国家出版基金项目
NATIONAL PUBLICATION FOUNDATION

文榕生　著

THE DISTRIBUTIONS AND *CHANGES OF RARE WILD* ANIMALS IN CHINA

(*SEQUEL*)

中国珍稀野生动物分布变迁（续）

上

山东科学技术出版社

图书在版编目(CIP)数据

中国珍稀野生动物分布变迁:续/文榕生著. —济南:山东科学技术出版社,2018.9
ISBN 978-7-5331-9669-1

Ⅰ.①中… Ⅱ.①文… Ⅲ.①珍稀动物—野生动物—地理分布—研究—中国 Ⅳ.①Q958.52

中国版本图书馆 CIP 数据核字(2018)第 208299 号

责任编辑:张　波　周建辉
装帧设计:孙　佳

主管单位:山东出版传媒股份有限公司
出 版 者:山东科学技术出版社
地址:济南市市中区英雄山路 189 号
邮编:250002　电话:(0531)82098088
网址:www.lkj.com.cn
电子邮件:sdkj@sdpress.com.cn
发 行 者:山东科学技术出版社
地址:济南市市中区英雄山路 189 号
邮编:250002　电话:(0531)82098071
印 刷 者:山东新华印务有限责任公司
地址:济南市世纪大道 2366 号
邮编:250104　电话:(0531)82079112

开本:890mm×1230mm　1/16
印张:154
字数:4500 千
印数:1－800
版次:2018 年 9 月第 1 版　2018 年 9 月第 1 次印刷
审图号:GS(2018)3660 号
定价:1280.00 元(上、中、下)

中国珍稀野生动物分布变迁

贾兰坡

贾兰坡（1908—2001）　中国科学院古脊椎动物与古人类研究所研究员、中国杰出的旧石器时代考古学家、古人类学家和第四纪地质学家、深受国内外学术界推崇和爱戴的中国科学院院士、第三世界科学院院士、美国国家科学院外籍院士、九三学社中央委员会委员。本书名为贾兰坡院士生前所题。

永远缅怀

中国历史动物地理学开拓者

文焕然研究员*

---

* 文焕然研究员(1919—1986)是中国第一位终身从事历史自然地理学研究的学者。

1947年,文焕然自浙江大学文学院史地研究所师从谭其骧教授研究生毕业后,即直接聘任为国立海疆学校(在福建晋江,是现福建师范大学前身之一)地理学副教授,曾代理教务主任及校长等职。1950年至1962年,在福建师范学院任副教授(该系当时无正教授),先后担任该校地理系"中国地理"教学组组长和"区域自然地理"教研部主任。1962年调北京,在中国科学院地理研究所首任历史地理学科组组长,最终为中国科学院、国家计划委员会地理研究所研究员。

从1940年代,文焕然即以历史时期中国自然环境变迁为主要研究方向,涉及中国历史时期的气候、土壤、植物、动物、森林、竹林、生态和疫病等多个方面,尤其对中国历史植物地理学和历史动物地理学两分支学科的确立做出了开创性贡献,在气候变迁等研究领域也做出重要贡献,是我国首位长期系统从事历史环境变迁研究者。他还参加了《中国自然地理・历史自然地理》(主要撰稿人之一)与《中华人民共和国国家历史地图集》(负责历史动物地理图组)等编撰工作。

文焕然独著或为主的专著有《秦汉时代黄河中下游气候研究》(商务印书馆,1959,是我国最早正式出版的气候变迁专著之一,国外多家图书馆仍见收藏)、《历史时期中国森林的分布及其变迁》[《云南林业调查规划》1980年专以"增刊"出版。《中国大百科全书・地理学・历史地理学》(中国大百科全书出版社,1990)唯一明确提到:"中国学者在这一领域也进行了不少研究,如文焕然的《试论七八千年来中国森林的分布及其变迁》。"]、《中国自然地理・历史自然地理》(科学出版社,1982,是"第三章 历史时期的植被变迁"主要作者)、《中国自然保护地图集》(科学出版社,1989,承担《中国珍稀濒危动物分布图》中"中国犀牛历史变迁图""中国扬子鳄历史变迁图""中国亚洲象历史变迁图")、《中国历史时期植物与动物变迁研究》(重庆出版社,1995,2006重印)、《中国历史时期冬半年气候冷暖变迁》(遗稿,科学出版社,1996)、《中华人民共和国国家历史地图集》(第一册已由中国社会科学出版社、中国地图出版社2014年出版;担任动植物图组组长,其工作部分待出版)等。

文焕然在长期的科研工作中能自觉地将自己的科研工作与国家的建设需要结合起来,注重科研与生产结合,重视资料积累。因此,他完成的多项科研成果受到国家有关领导机关的重视与好评。学术专著先后获得"中国科学院科技进步奖"一等奖(1986)、"西南西北地区优秀科技图书奖"一等奖(1996)、"中国科学院自然科学奖"二等奖(1997)、"郭沫若中国历史学奖"二等奖(2002)、"全国城市出版社优秀图书"一等奖(2006)、入选新闻出版总署首届"三个一百"原创图书出版工程(2007)。

文焕然长期抱病坚持工作,奋力拼搏,开拓出新的研究领域,做出重要贡献。其学术水平、治学态度、拼搏精神皆为人们所称颂。

本书正式出版,恰逢文焕然百年诞辰,谨以此告慰他在天之灵。

作者简介

文榕生，1951 年出生，汉族，湖南益阳人，1964 年就读于北京大学附属中学，1968 年到山西农村插队，1974 年到工厂当工人，1981 年毕业于晋中师范专科学校英语系，现为中国科学院文献情报中心研究馆员。

业余从事图书馆学与历史地理学研究，迄今已发表论文 280 多篇（多刊于核心期刊，多篇被国内外重要刊物全文转载或摘译，多篇获奖）；出版学术专著（含合作）有《中国历史时期植物与动物变迁研究》（重庆出版社，1995 初版，2006 再版）、《中国历史时期冬半年气候冷暖变迁》（科学出版社，1996）、《金丝猴研究》（上海科技教育出版社，2002，承担其中“历史时期中国金丝猴的分布与变迁”部分）、《大熊猫：人类共有的自然遗产》（中国林业出版社，2006，承担其中“古人心中神奇的大熊猫”部分）、《中国珍稀野生动物分布变迁》（山东科学技术出版社，2009）、《中国古代野生动物地理分布》（山东科学技术出版社，2013）、《中华大典·生物学典·动物分典》（云南教育出版社，2015，担任各有关总部地理分布部主编、兽纲总部副主编、动物狩猎与保护总部副主编）、《中国古代动物名称考》（科学出版社，2017，合作）。

已获得较重要奖项有“西南西北地区优秀科技图书奖”一等奖（1996）、“中国科学院自然科学奖”二等奖（1997）、“郭沫若中国历史学奖”二等奖（2002）、中国图书馆学会“第二届图书馆学情报学学术成果奖”论文二等奖（2004）、“全国城市出版社优秀图书”一等奖（2006）、新闻出版总署首届“三个一百”原创图书出版工程（2007）、首届“山东省新闻出版奖图书奖”（2011）、新闻出版总署第三届“三个一百”原创图书出版工程（2011）。

内容提要

《中国珍稀野生动物分布变迁》(2009)出版后，获得国内外多学科专家、学者好评，不仅被国内外多家图书馆、研究机构收藏，而且荣获首届“山东省新闻出版奖图书奖”(2011)、入选新闻出版总署第三届“三个一百”原创图书出版工程(2011)。然而，该书仅限于少数珍稀野兽的分布与变迁，有读者迫切希望获知更多较全面物种的分布变迁。

本书作为续集，除继续保持自然科学与人文科学融合研究特点外，再次精选中国境内各具代表性、濒危珍稀多门类动物，如大鲵、扬子鳄、鹳、朱鹮、天鹅、鸳鸯、丹顶鹤、猕猴、仰鼻猴、长臂猿、穿山甲、熊、大熊猫、猞猁、豹、虎、亚洲象、野马、野驴、犀牛、双峰驼、麝、河麂、梅花鹿、麋鹿等50余种野生动物(包括原生与灭绝后重新引进物种)，通过简介，尤其是选择能够准确反映其特征、习性、生态等方面的形态彩图确定具体物种。根据迄今发现的遗存标本(尤其是全新世遗存甚至商周时代，可与文献记载衔接)、早期文物形象、历史文献记载、现代野外调查研究成果等大量资料相互印证，综合考虑古今人们对不同物种的认识与表达差异、环境相互影响与变迁规律、不同时期文献状况客观实际等，通过鉴别，去伪存真、去粗取精、合理推断、科学置换，以简洁形象的方式显示，不仅反映这些珍稀野生动物分布与变迁，而且通过其现今分布与保护区对照反映问题，还对某些资料较丰富的物种提出起源、扩散、亚种分布等变迁规律，以纠正误解。对现存认识误区与混淆，则通过翔实证据辨析，以期正本清源。就是对一些自己力不从心的较重要疑点，也以存疑方式提出，为再研究者留下线索。

对《中国珍稀野生动物分布变迁》(2009)中物种的再研究，主要是修订、增补，内容不再重复，一般按4～5个阶段展示分布变迁，其中不乏更为深入性、突破性研究。

本书不仅适合地理、历史地理、动物、环境、气候、林业、生态、自然史等专业人士阅读，而且可供历史、人口、社会、经济等多种专业师生和有关科研人员参考；此外，对野生动物感兴趣的非专业人员，本书也具有某种科普作用。

Executive Summary

Since the publication of the book *The distributions and changes of rare wild animals in China* in 2009, it has drawn the attention from specialists and researchers from multiple disciplines, both domestic and abroad. The book has won several awards in China, including the "First Shandong Province Press and Publication Book Award" (2011), and the third "Three Hundred" Original Book Project by China's National Press and Publication Administration Bureau (2011). However the species included in the original book is limited and there are requests from the readers to include more species and more geographical areas.

The original book was a fusion between the science of nature and the science of humanities. As the sequel, this edition continues in this direction. More species of rare wild animals representing different geographic areas and the different animal kingdoms of China were selected in this new edition. More than 50 kinds of animals were selected for this book, including the original native and the extricated but reintroduced species (the giant salamander, Chinese alligator, the stork, the crested ibi, the swan, the mandarin duck, the red-crowned crane, the macaque, the snub-nosed monkey, the gibbon, the pangolin, the bear, the panda, the lynx, the leopard, the tiger, the Asian elephant, the mustang, the wild ass, the rhino branch, the bactrian camel, the musk deer, Chinese river deer, the sika deer, Pere David's deer and so on). Each individual species is introduced and specified with colored morphological map to accurately identify its characteristics, habits, ecology and other aspects. The materials used in this study (including the ancient record of the Holocene relics and the history book records up to the Shang and Zhou dynasties, the early relics, and the modern field investigation and research results) were used together to confirm findings regards. The final results of the study were determined using careful deciphering and logical prediction and/or scientific conclusion, while considering different aspects of the raw materials collected. This includes in the differences in language between ancient and modern people, the difference of the environment between the ancient and modern time, and the legitimacy of the document. The book not only presents the distribution and the changes of rare wild animals in China in history, but also current ecology and the problems existing for animal protection and nature reserve areas. The book clarifies some misunderstandings and confusions of some species including the origins, proliferation, subspecies distribution through detailed evidence analysis and the investigation of the original date source. The author further identifies some areas which need further investigation to arrive after a definitive conclusion.

The distributions and changes of rare wild animals in China in 2009 is a revised edition of the original, with new material and analysis added. The distribution and the changes were presented through four or five stages in each species. Some paradises-shifting results are presented in the book.

This book can be used by people from a number of diverse fields, including geography, animal geography in historical periods, animal, environment, climate, forestry, ecology, natural history, humanity studies in the field of history, population, social, economic and so on. This work is also of high interests to nonprofessionals who have general interest in ecology.

李序*

动物是地球生物圈重要成分之一，它与其他生物和自然环境要素共存并相互依赖，也与人类生存和发展具有密切关系。随着人们对环境变迁的重视和研究手段的不断进步，取得万年以上尺度与百年尺度变化数据并非十分困难，而千年尺度变化数据，目前主要取自动物作为直接数据或代用数据，并且基本上只涉及中国范围内。一方面，中国幅员辽阔，地质、地形、地貌丰富，使得生态环境具备多样性，进而产生并孕育着生物多样性；更为重要的是，在历史发展的长河中，中华民族的文明没有中断，仅文字记载的丰富知识就可以延续 3 500 多年，向前延伸，可与古生物、考古研究成果相衔接。研究全新世以来动物地理分布与变迁，主要依赖古籍中记载，故唯有中国可向世界提供绝无仅有的科学数据（尤其是较全面、完整、正确诠释、形成序列的），供人类共享。另一方面，尽管中国古籍完全开放并无设防，但限于文字、文化等独特性，并非世人皆可领悟；就是列强劫掠走的中国古籍，他们多仅可将它们充作文物，对其中蕴含的丰富知识束手无策。有较高智商的汉学家做出引人注目的成绩，不少只能借用现代中国学者的二手资料。

已故文焕然研究员是首位从事历史自然地理学研究的著名学者，他的研究涉及中国历史时期的气候、土壤、植物、动物、森林、竹林、生态和疫病等多个方面，学术界公认其中历史动物地理学是文焕然先生确立并做出开创性贡献的 2 个重要分支学科之一。我与焕然先生生前虽非同一单位，但相邻而处，时常切磋学术，深知他不但刻苦钻研，默默耕耘，学识渊博，造诣深厚，而且待人坦诚，成果颇丰。他过早离世，我感到甚为可惜，同时也惦念他的研究是否后继有人。

记得 20 年前文榕生先生（焕然先生之子）辗转联系到我，带来几部经他整理出版的焕然先生遗作。顿时，焕然先生的音容笑貌又浮现在我眼帘。得知榕生先生克服种种困难，立志继续从事问津者寥寥的焕然先生未竟研究，我便义不容辞地为他撰写推荐意见：

> 动植物的历史变迁是当前研究生物多样性保护和全球变化的重要内容，并对今后资源的合理开发和保护起到宝贵的借鉴作用。我国是一个历史悠久的文明古国，在历代古籍中有着大量的记载，它们零散地分布于浩瀚的历史文献中。在这方面，已故学者文焕然先生毕生默默耕耘，做出了重大贡献。文榕生同志继承乃父遗志，系统地整理了文焕然先生的遗稿，并在整理过程中进行了再创造，以自己的研究的体会丰富了这一成果，并获中

---

* 李文华是著名生态学家，中国工程院院士，国际欧亚科学院院士。现任中国科学院地理科学与资源研究所研究员、博士生导师，自然与文化遗产研究中心主任；兼任农业部全球/中国重要农业文化遗产专家委员会主任，中国人民大学名誉董事、环境学院名誉院长，中国生态学学会顾问，中国农业生态环境保护协会副理事长。曾任联合国教科文组织人与生物圈（MAB）国际协调理事会主席，联合国粮农组织南亚十国小流域治理首席顾问及全球重要农业文化遗产（GIAHS）第一、二届指导委员会主席，国际自然保护联盟（IUCN）理事，国际山地综合开发中心（ICIMOD）理事、轮值副主席，国际科联（ICSU）环境问题委员会委员，东亚生态学会联盟（EAFES）第一届主席等职。

科院自然科学二等奖和其他奖励。评审专家一致希望这一工作得以继续和深入下去。今文榕生同志决心继续从事这方面的研究，是值得鼓励的，并具备完成这一研究的条件。尽管文榕生同志在文化浩劫中失去了获得专业学位的机会，但他能在图书馆工作的同时，孜孜不倦，锲而不舍研究动植物的历史变迁，是难能可贵的。

这是我与一些专家、学者的希望与呼吁，遗憾的是由于种种原因而收效不大。

然而，又值得庆幸的是，在多年失联再度重逢时，文榕生先生带来他自己独立完成的新作《中国珍稀野生动物分布变迁》，这部著作已然获得首届"山东省新闻出版奖图书奖"并入选新闻出版总署第三届"三个一百"原创图书出版工程等奖励，果不出我与一些专家、学者们所望。更让人惊喜的是，他还带来了内容更为丰富的前作续集《中国珍稀野生动物分布变迁(续)》(据最新信息，此书获得 2017 年度国家出版基金资助)。

浏览文稿，我们可以看到本书这样一些亮点：

• 这是一部十分难得的全面而深入地描述我国 50 余种代表性珍稀野生动物在史前、历史时期及现代，既展示静态地理分布，又反映动态分布变迁的全景式过程的学术专著。

• 中国早期(约起于清末)的野生动物分布调查主要由外国传教士、探险家与少量学者进行，20 世纪 50 年代后，这方面工作才主要由我国动物学工作者承担。故对于外国人发表关于中国 20 世纪前半叶之前的野生动物分布情况，我们往往难以置喙。只有经过我国动物学工作者的野外实地调查、考察，与历史动物地理学研究、古生物遗存的综合成果证实，才能理性地正本清源(如虎的起源与扩散、地理分布与变迁)。

• 作为新兴的分支学科专著，本书不仅简述其发展史，而且对其定位、原理、作用、要素、研究机理等多方面，还列举实例进行阐述，实际上又是理论联系实际的教科书。

• 作者能够坚持辩证唯物主义和历史唯物主义指导科学研究工作，排除对历史动物地理学甚至古动物地理学与(现代)动物地理学的一些误解、误判、误用。

• 书中既有不同物种的古生物遗存分布或不同时期的分布(例如，扬子鳄的遗存可以上溯到距今 6 500 万年前的古新世；又如，虎则通过 200 万年以来的 100 余处遗存的成序列分布以及古今分布，反映其发源于中国黄河流域中游，然后首先在国内散布，最后越出现国界而进一步扩散到亚洲 10 余国)，又着重于历史时期的分布变迁(如考证出中国历史上曾有 9 种虎亚种分布，有 3 种野生犀牛存在)，最后联系到它们在 21 世纪的分布状况。

• 书中(包括其前部《中国珍稀野生动物分布变迁》)基本上皆有不同物种的简介(形态、生态、行为、别称等)与古人对该物种的认识，这既是榕生先生对该物种鉴别的体会，也有助于读者对它们古今情况的认识，更可检验与判断所描述对象与提取相关科学数据的准确性。

• 书中还全面反映对各物种在中国自然保护区分布情况的查证结果(在信息不对称情况下，这一工作难度不小)，有些物种还可与其前部(《中国珍稀野生动物分布变迁》)的相关部分比对。榕生先生的调查反映，我国自然保护区现状并不容乐观；同时，他还对我国自然保护区提出不少值得重视、改进的建议。

• 尤其是通过大量物种形态图(不仅网上鱼龙混杂，就是某些学术著作中也有误用)，反映具体物种隐含的多方面信息，大量分布与变迁地图(也隐含多种相关信息)，直观、形象、生动地浓缩、展现历史时期动物的地理分布与变迁。这些图，看似一般，实际上它们的选择、制作、组合、排列等皆显示出作者独具匠心。

• 据榕生先生研究，马来熊（*Helarctos malayanus*）是我国现生熊科动物中最珍稀物种，仅在低于29.6°N 的云南南部与西藏东南部少数地方有残存。迄今明确鉴定出马来熊的仅见山西省武乡县 1 处有早上新世布氏太阳熊（*Helarctos böckhi*）化石。这一空白直到上世纪末才见何业恒教授有所研究，只是何先生误将（晋）郭璞所称“建平”（“建平郡”，在今湖北的兴山县、秭归县与重庆的巫溪县、巫山县等地）判断为“今云南曲靖”（已改为“麒麟区”）。榕生先生考证不仅更有较可靠的佐证，而且提出“迄今数量不少的熊科遗存中似有马来熊”“马来熊远不是人们曾认为的是仅生息繁衍于热带地区的动物”等新观点。

当然，以上浅见只是些许拙见与体会，且挂一漏万。由于尚未见到可与本书相媲美的历史动物地理研究著作，也由于我自己的学识有限，我虽不敢说其结论全部正确，但可以肯定所获得的结论、数据皆有大量、多方面、相互关联的证据支持，有源可追溯，是可靠的；可以代表当今这方面的研究水平，具有重大学术意义与利用、再创新价值。

此外，值得提及的是，文榕生先生由于“文革”耽误，仅在大劫之后获得英语学大专学历。然而，他在完成本职工作之余，不但结合工作实际，撰写并发表大量高水平图书馆学论文，而且在历史自然地理方面虽有家学传承，更多则是自学；他无缘获得课题（项目）经费，成果对晋升助力不大，但经 30 年如一日刻苦钻研，锲而不舍，也获得丰硕成果，实乃青出于蓝。其独自出版的数部大部头历史动物地理学专著不仅获得出版基金资助，而且皆获得高等级奖励。文榕生先生应邀还参加了《中华大典·生物学典·动物分典》编纂，承担一些总部的主编、副主编。令人欣慰的是，中国科学院文献情报中心 2016 年公开提到（穿越时空　浓缩经典：中国科学院文献情报中心为《中华大典·生物学典·动物分典》做贡献，http://www.las.cas.cn/xwzx/zhxw/201612/t20161216_4722871.html）：

> 由于《动物分典》涉及大量文献学、历史学以及历史地理等方面的古籍资料，项目启动之初，编撰委员会中缺少此方面人才。鉴于中心文榕生研究馆员在完成本职工作之余，长期坚持历史地理学研究，且有强烈意愿参与《动物分典》的编撰工作，院中心同意其在职参与分典工作。在编纂中，文榕生先生与其他老专家取长补短，同心协力，“以老骥伏枥之志”为《动物分典》的编撰工作做出努力与贡献，获得中国科学院动物研究所表彰。

这是对榕生先生 20 余年在职工作之余从事处于冷门状态的科学研究工作的肯定。当我看到榕生先生克服种种困难，矢志不渝地继承其父焕然先生的遗志与作风，默默无闻地坚持开展研究，并能有所前进和发展，完成《中国珍稀野生动物分布变迁（续）》这又一部难得的著作时，十分欣喜，并为之序。

李文華

2017-02-22

邱序*

文榕生先生的《中国珍稀野生动物分布变迁(续)》是文先生 2009 年在山东科学技术出版社出版的《中国珍稀野生动物分布变迁》的续集。2009 年研究的对象包括 11 个属 27 个种;续集中预计除对这 11 个属进行补充和修订外,再增加 17 个属 20 多个种,涵盖了除鱼类之外的所有脊椎动物纲一级的分类单元。在研究的内涵上,仅就我所见到的关于虎的部分文稿,可以看出,作者除延续 2009 年版本对所研讨的珍稀动物在历史时期和现代的资料进行详尽搜集与分析外,对“虎的遗存分布”一节进行了较大幅度的改动:不但对其史前时期化石材料进行了更为全面的搜索,对其中重要的资料重新进行梳理,增加了更清晰准确的分布变迁地图,而且特别重要的是,在这一部分中改变了按地区分别介绍的模式而以时间顺序为主轴,使其产生与演化的历史更为清晰而易为读者理解。

拟出版的续集是一部对我国最重要的常见大型珍稀动物的史前、历史时期及现代分布资料的全面而深入的整理,其中对于历史时期部分的工作是该书的核心。由于我国得天独厚地具有近五千年的文字记录的历史,这一部分的资料整理和正确诠释在全世界来说都是绝无仅有的。历史时期的动物化石的研究对于人们了解生物演化的一般规律是极为重要的一部分,但由于其在自然和社会科学的交界的特殊位置,往往容易被忽略,甚至成为科学研究中的缺环。我国的古生物学家对此很少涉及,我国的考古学家,据我所知,似乎更偏重于对遗址内出土的实物材料的研究。在这方面拟出版的续集恰恰填补了这个空白。

编写这样一部书所要求的付出是常人很难做到的:除了必须有雄厚的多领域的知识储备外,还必须有超常的毅力与巨大的时间和精力投入。我十分钦佩文榕生先生能矢志不渝地继承其父文焕然先生的遗志与作风,并有所前进和发展,完成这样一部巨著。我希望贵社能够继续支持文榕生先生将这部著作尽快出版。

邱占祥

2016 年 7 月 5 日

---

* 原为邱占祥先生鼎力支持我申请国家出版基金的推荐书,特作为代序。

邱占祥先生是著名古哺乳动物学及地层学家,中国科学院古脊椎动物与古人类研究所研究员、博士生导师,中国科学院院士;德国美茵兹古堡大学博士,中国第四纪委员会常务理事,曾任中国科学院古脊椎动物与古人类研究所所长等职。

葛序*

20世纪50年代，中国科学院副院长竺可桢将研究中国珍稀动植物分布的任务交给文焕然先生，作为气候和环境变迁研究的重要方面。文先生为之贡献毕生精力，取得重大成果，并留下大批宝贵的资料。文榕生继承父业，持之以恒，不仅进一步广罗博收，而且又在原有基础上扩大研究领域，完成了一系列重要著作。

《中国珍稀野生动物分布变迁》(2009)出版后，获得国内外多学科专家、学者好评，而且荣获首届"山东省新闻出版奖图书奖"(2011)、入选新闻出版总署第三届"三个一百"原创图书出版工程(2011)。然而，该书仅限于珍稀野兽(猕猴属、仰鼻猴属、长臂猿科、大熊猫、虎、亚洲象、普氏野马、亚洲野驴、犀科、野生双峰驼、麝科、獐等物种)的地理分布与历史变迁状况，本书作为续集，除继续保持自然科学与人文科学融合的研究特点外，又精选了中国境内具有代表性、濒危或刚刚灭绝的珍稀两栖类(如大鲵)、爬行类(如扬子鳄)、鸟类(如鹳、朱鹮、天鹅、鸳鸯、丹顶鹤等)、兽类(如穿山甲、熊、猞猁、豹、梅花鹿、麋鹿等)共50余种野生动物。基于迄今发现的遗存标本(尤其是全新世甚至商周时代遗存标本，可与文献记载衔接)、早期文物形象、历史文献记载、现代野外调查研究成果等大量资料，相互印证，综合考虑古今人们对不同物种的认识与表达差异、环境影响与变迁规律、不同时期文献状况等，去伪存真、去粗取精、合理推断、科学置换，不仅反映出这些珍稀野生动物的地理分布与历史变迁状况，而且还对某些资料较丰富的物种提出了起源、扩散、亚种分布等变迁规律以纠正误解。对于人们现存的认识误区与认识混乱问题，则通过充实的证据辨析正本清源。对一些作者自己难以解决的较重要疑点，则以存疑的方式提出，为后来的研究者留下线索。本书还包括对作者已研究过的珍稀野兽的再研究，内容没有重复，主要是修订、增补，对它们的分布变迁，一般按4～5个阶段展示，其中不乏更为深入的突破性研究。

本书是珍稀动物变迁研究的重要成果，不仅适合地理、历史地理、动物、环境、气候、林业、生态、自然史等专业人士阅读，而且可供历史、人口、社会、经济等多种专业的高校师生和有关科研人员参考；此外，对动物感兴趣的非专业人员，本书也具有某种科普作用。但本书篇幅大，图表多，插图要求精，印制成本高，且专业性强，定价高，如无出版基金资助，很难取得推广学术成果的社会效益，为此郑重推荐，希望予以资助。

葛剑雄

2016年6月20日

---

* 原为葛剑雄先生鼎力支持我申请国家出版基金的推荐书，特作为代序。

葛剑雄先生是历史地理、中国史、人口史、移民史等方面研究的著名专家，复旦大学中国历史地理研究所资深教授、博士生导师，全国政协委员会常委，国际地圈生物圈中国委员会委员；是我国首批两名文科博士之一，曾任中国地理学会历史地理专业委员会主任、复旦大学中国历史地理研究所所长等职。

目录

CONTENTS

CONTENTS

第一章
绪　论

学界一般将文焕然曾以集体名义正式发表的《我国古籍有关南海诸岛动物的记载》(中国科学院地理研究所历史地理组,1976)[①]作为历史动物地理学之发轫,虽然筹划并开展这方面研究的时间则要早得多。据此而论,历史动物地理学正式出现已经40余年,成果不少,却依然不是显学,值得论说。

1　守望历史动物地理学

文焕然在师从谭其骧教授(后为中国科学院院士)研究生毕业后的1947年,就破格任福建晋江国立海疆学校地理学副教授;1949年至1950年仍留任该校地理学副教授,任代理教务主任及校长等职;1950年8月至1962年在福建师范学院任副教授(地理研究所古地理历史地理研究室,1987)。亦即,他自从事教学、科研之初,便立志并终身从事历史自然地理学研究,毫不动摇。1959年,他的专著《秦汉时代黄河中下游气候研究》(商务印书馆1959年版),是我国最早正式出版的气候变迁专著之一。

在此,我们不能不提原中国科学院竺可桢副院长,他在1956年筹建独立学科建制的历史地理学科组时提出的"二要"[②]指导思想高瞻远瞩。尽管斗转星移,时代变迁,竺可桢的远见卓识仍显生命力。1962年,中国科学院地理研究所特将远在福建任教、在历史自然地理方面已有一些研究成果的文焕然征调进京,并任命为学科组长,意味着历史自然地理被作为重要研究方向(王守春,2011)。尽管后来有"文革"动乱等干扰,但文焕然终生坚守并锲而不舍地开展历史自然地理多方向研究[③],触类旁通而开拓历史动物地理学新领域。故"如果说竺可桢先生是中国历史气候与历史自然地理的开创者,那么,文焕然则是第一位长期坚持历史自然地理研究方向的学者"的评价毫不过分[④]。

不能忘却的是中国历史地理学主要奠基人谭其骧、侯仁之、史念海等诸位先贤对这一分支学科的支持与扶持。尤其是谭其骧先生,作为授业恩师,他自己是以历史人文地理为主要研究方向,却鼎力支持文焕然展开历史自然地理为研究方向。谨举4例佐证:

①1980年代初《中华人民共和国国家历史地图集》开编,谭其骧毅然将破土而出不久的历史动物地理分布变迁作为独立图组之一,由文焕然

---

①该文在入选《中国历史时期植物与动物变迁研究》(重庆出版社,1995年初版,2006年重印)时,已经恢复个人署名。

②即竺可桢提出的"要把作为历史学附庸的历史地理学改造为现代地理学分支学科,建成现代科学历史地理学;要为社会主义建设服务,走中国道路"。

③从其正式发表的成果看,涉及气候、土壤、植物、植被、动物、疫病等多方面。

④文焕然晚年在双目已完全无法辨认文字的情况下,仍坚持《中华人民共和国国家历史地图集》的编图工作,甚至在去世前的上午仍与该书设计室刘宗弼主任磋商动物图的编绘。可以说,他是在科研工作岗位上倒下的。

担任组长（图 1.1）。

②据刊发《历史时期中国野骆驼分布变迁的初步研究》编辑部披露谭其骧 1989 年的审稿意见（图 1.2）：

作者文焕然（已故）对我国各种稀有动物在历史时期的分布变迁，做过长期细致的研究，累积了大量资料，曾发表过论文多篇，其学术价值向为学术界所称许。本文是他一篇未定稿的遗作，兹由其子文榕生整理成文。资料丰富，论证严密，也是一篇科学性很强的高质量学术论文，适宜于公开发表。

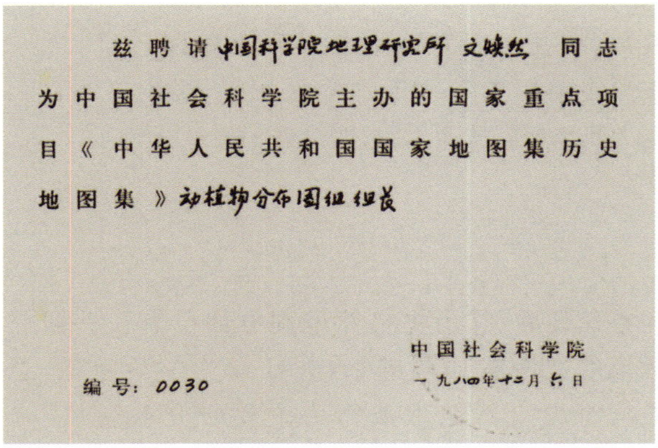

兹聘请中国科学院地理研究所文焕然同志为中国社会科学院主办的国家重点项目《中华人民共和国国家地图集历史地图集》动植物分布图组组长

中国社会科学院

编号：0030

一九八四年十二月六日

图 1.1 《中华人民共和国国家地图集历史地图集》聘书

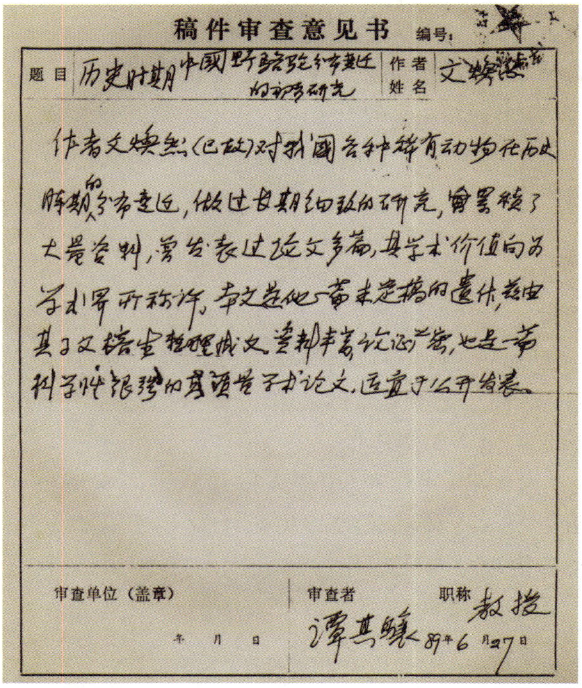

稿件审查意见书 编号：

题目：历史时期中国野骆驼分布变迁的初步研究　作者姓名：文焕然

作者文焕然（已故）对我国各种稀有动物在历史时期的分布变迁，做过长期细致的研究，曾累积了大量资料，曾发表过论文多篇，其学术价值向为学术界所称许，本文是他一篇未定稿的遗作，兹由其子文榕生整理成文，资料丰富，论证严密，也是一篇科学性很强的高质量学术论文，适宜于公开发表。

审查单位（盖章）　年　月　日

审查者　谭其骧　89年6月27日　职称　教授

图1.2 《历史时期中国野骆驼分布变迁的初步研究》审稿意见

③谭其骧先生之子谭德睿（上海博物馆研究员。现任中国科技考古学会常任理事、中国传统工艺研究会副理事长、复旦大学文博学院兼职教授）披露其父对文焕然的看法（图 1.3）。

④曾长期担任谭其骧先生助手的葛剑雄教授披露文焕然情况（图 1.4）。

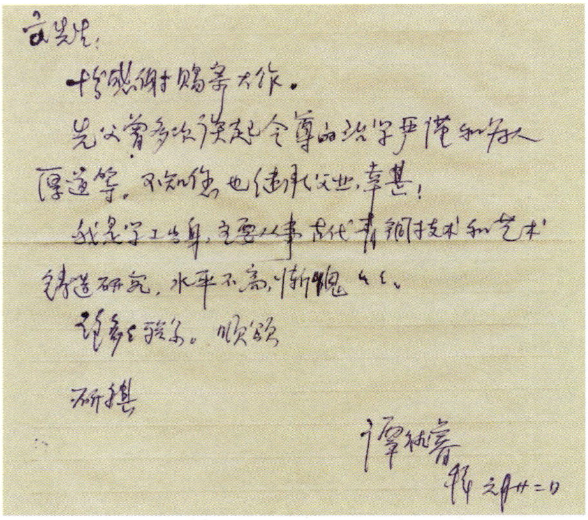

文先生：

十分感谢赠寄大作。

先父曾多次谈起令尊的治学严谨和为人厚道等，不知您也继承父业，幸甚！

我是学工出身，主要从事古代青铜技术和艺术铸造研究，水平不高，惭愧之至。

谨表谢意。顺颂

研祺

谭德睿

图 1.3 谭德睿研究员披露谭其骧先生对文焕然的看法

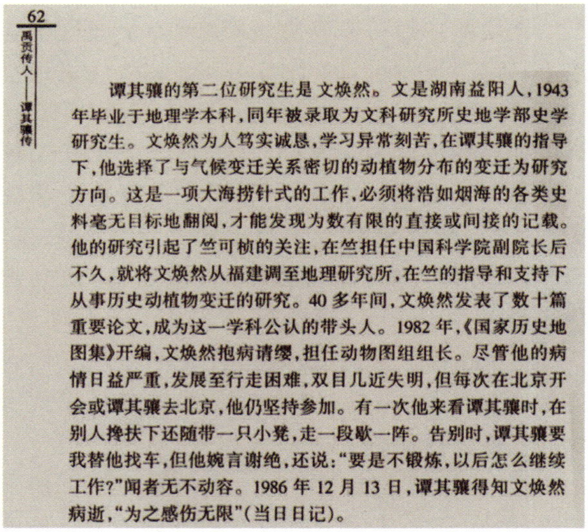

62　禹贡传人——谭其骧传

谭其骧的第二位研究生是文焕然。文是湖南益阳人，1943年毕业于地理学本科，同年被录取为文科研究所史地学部史学研究生。文焕然为人笃实诚恳，学习异常刻苦，在谭其骧的指导下，他选择了与气候变迁关系密切的动植物分布的变迁为研究方向。这是一项大海捞针式的工作，必须将浩如烟海的各类史料毫无目标地翻阅，才能发现为数有限的直接或间接的记载。他的研究引起了竺可桢的关注，在竺担任中国科学院副院长后不久，就将文焕然从福建调至地理研究所，在竺的指导和支持下从事历史动植物变迁的研究。40 多年间，文焕然发表了数十篇重要论文，成为这一学科公认的带头人。1982 年，《国家历史地图集》开编，文焕然抱病请缨，担任动物图组组长。尽管他的病情日益严重，发展至行走困难，双目几近失明，但每次在北京开会或谭其骧去北京，他仍坚持参加。有一次他来看谭其骧时，在别人搀扶下还随带一只小凳，走一段歇一阵。告别时，谭其骧要我替他找车，但他婉言谢绝，还说："要是不锻炼，以后怎么继续工作？"闻者无不动容。1986 年 12 月 13 日，谭其骧得知文焕然病逝，"为之感伤无限"（当日日记）。

图 1.4 葛剑雄教授披露文焕然情况①

侯仁之（1995）院士早在 1988 年就明确指出："文焕然先生在部门历史地理学方面是开辟我国历史植物地理和历史动物地理专题研究新领域的先驱之一。"

①见：葛剑雄. 2003. 禹贡传人：谭其骧传. 杭州：浙江人民出版社；葛剑雄. 1997. 悠悠长水：谭其骧前传. 上海：华东师范大学出版社。

不能忘却的还有何业恒教授，他不仅在文焕然晚年与之共同推进历史动物地理学研究，而且在文焕然去世后，依然在这一领域辛勤耕耘，撰写出一系列著作①，为历史动物地理学的发展做出重要贡献。

诚然，有些学者也涉猎历史动物地理学研究，不少人由于种种原因而浅尝辄止，或转向其他研究领域，但不争的事实是，他们即使短暂的研究成果也为创建历史动物地理学做出了贡献。

时光荏苒，岁月如梭，迄今这一分支学科已至不惑之年，成果斐然，涉足者依然屈指可数，更反映综合性研究的难度非比寻常。史念海(1995)指出：

历史自然地理除了研究气候、土壤，还研究地形、水文、植被、动物等项。地形、水文以及植被等和气候、土壤等，研究者甚多，成就亦殊不少，独于动物的变化问津者却甚稀少。这当然是较为困难的工作。

谭其骧(1996)更一针见血地指出：

由于这是一个新的研究领域，既缺乏现成的经验，又没有捷径可走，取得的成果也不一定能在短期内得到学术界的承认和肯定，所以具备了这两方面条件②的学者而又愿意选择这一研究方向的，更是屈指可数了。

研究历史动物地理学，我国具备得天独厚的条件：幅员辽阔，东西延续近70经度，南北跨50余纬度；地质、地形、地貌丰富多彩，尤其是地球第三极主要处于我国境内；生态环境的多样性产生并繁育着动物多样性，使得研究对象繁多并可以相互印证；更为重要的是中华民族的文明没有中断，文字记载可以延续3 500多年，与古生物、考古研究可以相衔接。这些，使得世界上不少学者对此只能望而兴叹。

生于斯、长于斯、死于斯的中国学人更有责任与义务，横下一条心，甘于寂寞，锲而不舍，世代相传，才有可能充分利用得天独厚的条件，逐一解开动物地理分布变迁的千古之谜，而不愧对先人嘱托，不愧对生我、养我的沃土，也是对人类的有益奉献。

2 独树一帜，不可替代

尽管历史动物地理学只是现代科学体系中的细小分支，然而仅就迄今的研究成果看，却反映出其既不可小觑，也难以替代。

2.1 明确定位

实际上，“历史动物地理学”的名称本身就已明确无误地概括了其研究定位。

郑度(2013)院士诠释(现代)动物地理道：

在地球陆地表层的自然环境中，地貌、气候、水文、生物和土壤等各种自然要素密切联系，它们彼此影响、相互制约，有规律地形成具有相对一致性的自然综合体。在生物要素中主要包括植物和动物，形成不同类型的植被和动物群。野生动物能够迁徙、移动，它们在陆地表层的分布和变迁，与地表自然环境的空间格局及其时空变化紧密相关，同时也受到人类社会发展变化的影响。作为自然地理学的重要分支，动物地理学研究陆地表层动物的分布、迁移及其生态地理规律，以及动物区系的形成演化和发展。正如地理学前辈黄秉维先生所指出：“研究和解决可持续发展问题，不能不在自然的综合及自然与社会的综合中包括动物在内。”在实践上，动物地理研究可以应用于动物资源的合理利用与保护、自然保护区规划与建设、自然环境的变迁、动物疫情流行和自然疫源地研究等领域。

历史动物地理学则是在时间段上与其有所区分，研究介于地质时代与现代二者之间的中间环节——历史时期，对动物(非特指，即默认为野生动物)的空间分布状况与分布区的盈缩变化规律等及其原因进行探索，在学术上和实践上均有

①有《中国珍稀兽类的历史变迁》(湖南科学技术出版社，1993)、《中国珍稀鸟类的历史变迁》(湖南科学技术出版社，1994)、《中国虎与中国熊的历史变迁》(湖南师范大学出版社，1996)、《中国珍稀爬行类两栖类的历史变迁》(湖南师范大学出版社，1997)、《中国珍稀兽类(Ⅱ)的历史变迁》(湖南师范大学出版社，1997)、《稀世珍宝大熊猫》(何业恒、何立庠编著，重庆出版社，2000)等。

②即指重视资料工作，采用一手资料，准确理解；运用科学的研究方法。

重要意义。

诚然，谭其骧等大家划定以“人类文明”作为古地理与历史地理的分水岭，当代地理亦即“今地理”，并指明不同的基本研究方法（葛剑雄，2005）。窃以为，这种划分，只是规划出不同的研究侧重点，并不存在不可逾越的界限，而往往出现交错现象。在时间方面，我们的研究都有可能出现一定程度的前伸或后延，这是由于自然界的变化实际上是连续性的，而我们的研究只能截取其中某一片段；并且，我们研究以往的目的都是为了指导现实或将来的行为。至于研究的对象，一般来说，处于时序在后的，我们往往可以采取更多的方法，获取的资料也更加丰富、详细，准确度更高。因此，我们从事历史地理研究，不能拘泥于前人的模式，而应有所发展，既可利用留传下来的文字记录，也可利用没有文字记录的其他科学手段。

如果说，研究历史人文地理更多的是依靠古文献记载，这种成果与人类文明之初尚有一段空白的话，那么，研究历史自然地理，除了利用古籍外，已经大量采用现代科学研究新手段的成果（如遗存、遗迹、孢粉、泥炭、树轮、断代法等），使之与人类文明之前的状况可以实现对接，这些客观实证更具说服力。

就研究历史动物地理所利用文献，于希贤（1995）教授明晰地指出：

近几千年来，特别是有文字记载以来近期的动植物的变化，外国学者囿于文献不足，常常可望而不可即。他们有的只是在小范围内、少数地区研究火山喷发前后植物种属与植物区系的变迁。

中国拥有世界上数量最多、内容最丰富、涉及范围最广的文献资料。如游记、笔记、正史典籍、文物考古资料、甲骨文、金文、地方史和地方志中，有着浩如烟海的丰富内容，为历史时期动植物变迁的研究提供了广阔的前景。如何利用这些文献以发挥中国科学研究的特长，并补外国学者之不足，是中国历史地理工作者的历史使命。要取得科学研究成果，这首先需要有关学者有驾驭这些材料的能力与具备有关生物学的基础，并了解国内外本学术领域研究的前沿。

试看历史动物地理学在地理学中的关系（图 1.5）：

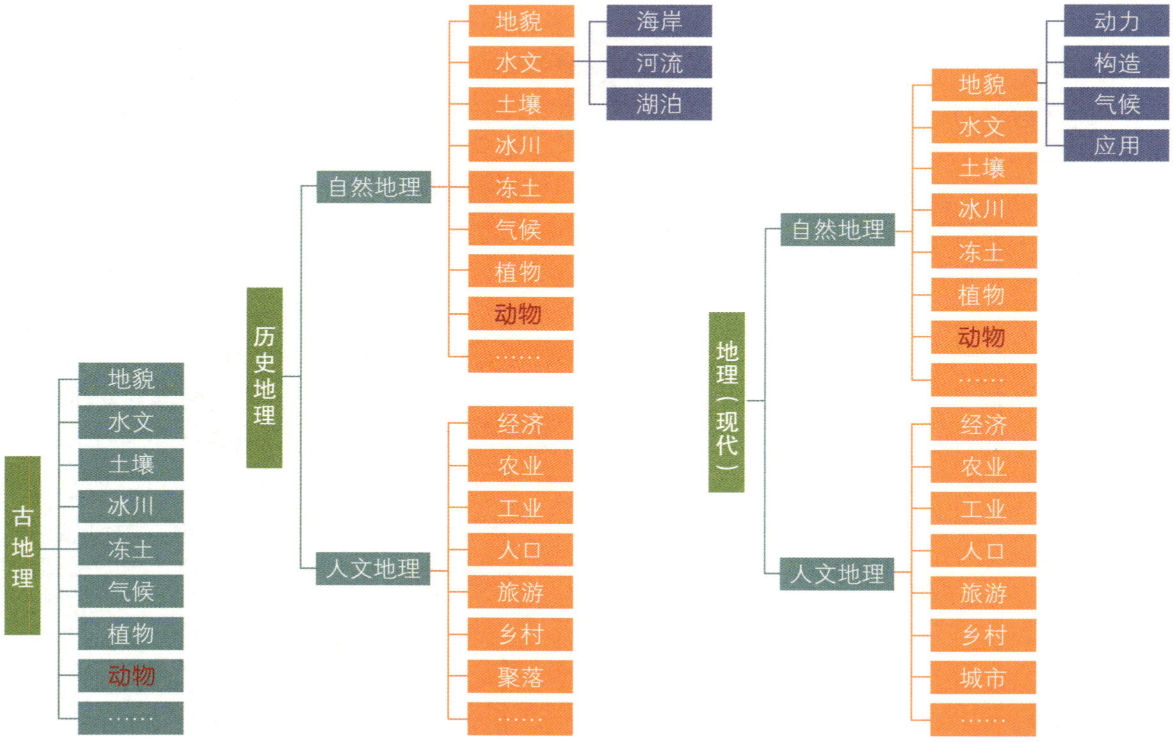

图 1.5　历史动物地理学在地理学中的关系

就地理学而论,现通常可将其研究划分为3个阶段——古地理(人类文明之前)、历史地理(人类文明以来—现代)、(现代)地理。在"古地理"阶段,基本上仅涉及自然地理方面;在"历史地理"阶段,由于人类文明而出现人类活动影响因素,进而产生人文地理;"(现代)地理"中在自然地理方面与之前的研究内容不尽相同(如气候研究往往需要通过千年、百年甚至万年以上的变化,才有可能探索其变化规律,故现代地理学中纯粹的现代气候研究仅限于数年、数十年的变化),就是人文地理中的研究内容也有变化(如"聚落地理"仅存在于历史时期)。

即使是贯通于地理学全过程的"动物地理"研究,在不同阶段也是各有侧重。例如,对于现代动物地理学基本定型的动物区系划分并不适宜历史时期的动物分布变迁,这是由于动物区系是在历史因素和生态因素共同作用下形成的,涉及物种鉴定、组合,气候、地貌、动物、植物、植被及其变迁等多要素,从目前研究结果显示,历史时期与今截然不同,需要通过多方面大量的研究,才有可能发现其中的规律性,进而展开动物区系的划分。

当然,对于地理学各分支及其相互关系的划分并不意味着各自内容的壁垒森严,在实际研究中,研究者则往往取长补短、相互交融,使其更接近真理。

2.2 环境变迁组成部分

现代科学研究已经明确,动物的繁衍与栖息处于一定的时间、空间中,它们与地貌、气候、水文、土壤、植被、其他动物等的多样性相适应。在特定的生态系统演变过程中,对立因素通过食物链的相互制约,或物质循环和能量交换达到相对稳定状态,从而保持了生态环境的稳定和平衡,如果环境负载超过了生态系统所能承受的极限,就可能导致生态系统的弱化或衰竭。外部环境发生复杂性或剧烈突变,不仅造成动物种群数量的增减,而且使得它们的分布出现变化,甚至发生物种灭绝,或产生变异,出现亚种或新物种。人类活动日益呈现广度扩展、力度增大,也直接或间接影响动物分布变迁。

正是由于环境各要素既相互影响,又可以相互印证,故在获取直接数据困难的历史时期,往往可以通过获取代用数据,综合分析,来复原或重建当时的环境状况。例如,通过仅栖息于某类特殊环境的动物或物种组合的分布研究(代用数据),就有可能了解与其相对应时空的地貌、气候、水文、土壤、植被、其他动物等某一或多方面情况。

● 竹类是大熊猫的主要食物,故"无竹分布地区不可能有大熊猫栖息"的论点本身并无差错。但既要注意具体的时间与空间范围,又不能反推臆断有竹类分布地就有大熊猫。

● 虎是肉食性动物,主要捕食野猪、马鹿、狍、麝、麂、青羊等有蹄类动物。据黑龙江省野生动物资源调查办公室调查,野猪占东北虎食物总量56%,在野猪集群和越冬地,常有虎分布。我们注意到,无论是古动物发掘,还是古文献记载与现代野生动物调查,在虎的伴生动物名单上往往都有野猪。虽难以用是否有野猪来推断虎的存在,但其可以作为我们查证历史上虎分布的重要线索之一。现今虎的分布地已屈指可数,但野猪却分布较广,甚至时有野猪成灾而不得不捕杀一部分以维持生态平衡的报道。

● 扬子鳄、野生亚洲象、野生犀牛等皆为对气温敏感且历史上分布变迁界限较明显的物种,根据扬子鳄(在最寒冷的季节,扬子鳄卧台上的温度也有10℃左右)、野生亚洲象(野象在15℃以下的低温中就难以忍受;若温度低于10℃,可使其丧生。高温湿热或烈日暴晒也是野象难以忍耐,并极力逃避的)、印度犀(就是经过一段时期适应,冬季也需15℃以上的温度)等对气温适应的特点,可以将它们的分布北界变迁状况,作为历史气候变迁重要的代用指标之一。

● 文焕然等(1996)根据中国历史时期森林植被、多种对气候敏感的动植物分布变迁,结合海洋生物、土壤、海岸等多方面资料,以其毕生对历史时期气候变迁的研究,认为我国近8 000年来冬半年气候变迁呈现阶段性由暖转冷的总趋势(图1.6),气温变化的峰谷之差约为5℃。

图 1.6　近 8 000 年来冬半年气温变迁曲线

澳大利亚国立大学伊懋可（Elvin，2004）教授在《象之隐退：中国环境史》中引用文焕然等对历史时期亚洲象的研究（文焕然等，1979；文焕然，1990；文焕然等，1990）多达 30 处，该专著被誉为"中国环境史研究中谁也绕不开的里程碑式的著作"，2005 年获得国际汉学界有"诺贝尔奖"之称的儒莲奖（Prix Stanislas Julien）。

2.3　填补古代与现代动物分布间空白

动物分布变迁是多方面因素造成的，其中主要是生态环境。对于珍稀物种而言，其分布区古今差异显著，值得研究。以马来熊为例：

马来熊（*Helarctos malayanus*）是我国现生熊科动物中最珍稀物种，仅在低于 29.6°N 的云南省南部与西藏自治区东南部少数地方残存。尽管迄今出土的熊科遗存不少，但明确鉴定出马来熊的仅有山西省武乡县①的早上新世布氏太阳熊（*Helarctos böckhi*）化石（中国科学院古脊椎动物与古人类研究所《中国脊椎动物化石手册》编写组，1979），亦即说明马来熊分布最北达到 36.8°N。

马来熊古今分布纬度在 7.2°以上、经度则是更大的范围，这一空白长久未见有人考察、填补。何业恒是首位对此进行过研究的学者，虽认为历史时期马来熊分布在 30°N 以内，即今福建、台湾、广东、海南、广西、云南等省区较多（何业恒，1996），但没有形成分布变迁图。

我们根据新发现的证据形成以下观点。①将马来熊历史时期的分布范围扩展到墨脱县（95.3°E）—宜兰县（121.7°E），绵延经度 26.4°；武乡县（36.8°N）—三亚市（18.2°N），纵跨纬度 18.2°。②历史上主要分布于秦岭—淮河以南，涉及 17 个省级政区，更接近早上新世布氏太阳熊化石出土地。③马来熊历史上在我国县级及其以上政区的分布将近 400 个，约占全国的 17%。④马来熊远不是人们曾认为的是仅生息繁衍于热带地区的动物。⑤形成"历史时期中国马来熊分布变迁图"（详见下文）。

2.4　验证并供解决史前悬案参考

历史动物地理学的成果可以验证或向史前研究的悬案提供参考。

● 有作者将大熊猫遗存的界线画到台湾中西部。笔者所见最早持这一画法的是黄万波（1985）研究员，他将大熊猫化石地点标到"高雄"，但又见他在《大熊猫颅骨、下颌骨及牙齿特征在进化上的意义》中大熊猫化石地点画界并没有跨海（黄万波，1993）。笔者 2006 年 3 月 27 日

①承蒙邱占祥院士 2016 年 2 月 5 日赐教。

特向黄先生咨询，他答复道："以《学报》为准。"为何某些作者会出现大熊猫化石"跨海分布"或地点语焉不详现象？由于缺乏参考文献查考，又未见相关说明，笔者揣测，可能是他们将"大熊猫"与"大熊猫—剑齿象动物群"的概念混淆，因前者确定是"大熊猫"物种，后者只要包含其中主要物种即可。

● 河麂（*Hydropotes inermis*）与麝科麝属（*Moschus*）动物①不仅在称谓上易混，而且在地理分布上存在重叠，就是在解剖学上也有相似之处。对于西藏昌都县城东南约 12 km 的加卡区卡若村出土的新石器时代（距今 4 000～5 000 年前）的"獐（河麂）"齿与骨，尽管有描述（三个零星的左上犬齿，三段下颌骨，分别代表 2～3 个中、青年个体；与西安半坡和江西万年仙人洞出土的 *Hydropotes inermes* 相比较，齿长相近，齿宽略小）（黄万波，1980），但察看古生物学者对獐（河麂）与麝的齿、骨比较，除了有差异，还与时间有较大关系②；尤其是对二者历史时期的分布变迁状况综合考察（参见"獐与麝分布界限图"③），我们更加对昌都县卡若遗址的"獐（河麂）"存疑（文榕生，2009a），因为西藏现生多种麝皆有"獐（河麂）"之称谓，而卡若遗址的"獐（河麂）"只是孤独地远离我们所知的河麂（*Hydropotes inermis*）西界。

● 古生物学者在研究更新世长臂猿化石（顾玉珉，1986；顾玉珉等，1996）难以决断时，就引用历史时期的长臂猿分布（高耀亭等，1981）印证。这说明动物尤其是哺乳动物的分布变迁不仅存在前后关联的密切关系，而且在空间位置上首先是相连而后才出现隔离。

● "鹳"是古人对鸟纲鹳形目鹳科鹳属 *Ciconia* 的通称，我国现生有 3 种——东方白鹳（*Ciconia boyciana*）、白鹳（*Ciconia ciconia*）与黑鹳（*Ciconia nigra*）。区分清各具体物种的分布区域与变迁过程也是难点之一④。尽管一般说来，东方白鹳与白鹳存在比较明确的地理分布隔离，但东方白鹳与黑鹳、白鹳与黑鹳，甚至少数东方白鹳与白鹳则存在同域分布现象，更何况这可能只是一个多世纪以来的状况。若要将现今的鹳属分布情况套用到更长久的历史时期，我们以为应当更慎重一些，因为至少更早时期的生态环境显然与百余年来并不相同。

● 尽管古生物学者论证出河南渑池、甘肃东乡和陕西蓝田三地出土早更新世虎化石（而不是 mtDNA 的研究分析估计虎是在 72 000～108 000 年才分化出来），但由于未梳理出不同时期序列化的虎遗存分布，更缺乏历史时期的虎分布变迁资料，致使国内外不少专家、学者、国际组织对虎的起源、扩散及历史时期的分布众说纷纭，莫衷一是；更有至今依然沿用外国学者 30 年前缺乏根据的结论（参见"世界自然基金会展示的古今虎地理分布变迁图"⑤，"《野外的老虎》中的古今虎

①分类虽尚有争议，但一般认为有 5 个种：原麝（*Moschus moschiferus*）、林麝（*Moschus berezovskii*）、马麝（*Moschus sifanicus*）、黑麝（*Moschus fuscus*）、喜马拉雅麝（*Moschus leucogaster*）。

②陕西西安市半坡遗址（距今 5 600～6 700 年）的獐骨，"将这些标本和现代生存的獐来比较，半坡的这些下颌骨和上犬齿，一般来说，都比较大一些，但没有性质上的区别。若与现代生存的麝比较，则更显著地粗大，因而不能认为是麝麂"（李有恒，韩德芬．陕西西安半坡新石器时代遗址中之兽类骨骼．古脊椎动物与古人类，1959，4）；蓝田县涝池河遗址（距今 2 万～3 万年）的"麝：残破的右下颌；比周口店的北京麝略小，与现生种接近"（计宏祥．陕西蓝田涝池河晚更新世哺乳动物化石．古脊椎动物与古人类，1974，3）；河南许昌市灵井遗址（距今 8 万～10 万年）的标本"与现生的獐（*Hydropotes inermes*）相比有不少相似之处，如发育的军刀状上犬齿，在颊齿形态方面也比较接近。但灵井标本比现生獐明显要大一些……笔者建议将周口店第十三地点的更新獐变异种修订为更新獐（*Hydropotes pleistocenica*），作为獐属中的 1 个时间种，在系统演化关系上更新獐是现生獐的直接祖先"（董为等，2008）。

③此图因故不得已删除，有兴趣的读者可以根据所列出处查看原图。此图是笔者旧作地图，其中在红色的"獐（现为"河麂"）主要分布西界"之末尾尚保留一段"獐（现为"河麂"）分布辅助西界"，后者是据历史时期河麂的分布状况划定的，其中包括值得质疑的原"昌都县"（现为卡若区）出土的所谓"獐遗存"（笔者认为有误，详见后文）。

④尤其是动物学界约 20 世纪 90 年代才将原误作白鹳亚种的东方白鹳确定为独立的新种。

⑤据：WWF 之图．http://article.yeeyan.org/view/104422/81907．此图因故不得已删除，有兴趣的读者可以根据所列出处查看原图。该图显示，历史时期至今，中国的中西部（除了似新疆少数地区外）没有虎分布。新疆一带分布的虎确是与中亚、西亚的大片虎分布相连的。

分布变迁图”①）。如果将它们与根据笔者研究（文榕生，2009b；马逸清等，2015）绘制成的地图（图 1.7，图 1.8）比较，结果将不言而喻：虎首先起源于中国黄河中游一带（而不是有人提出的起源于东北或华南某地），然后向四外扩散；虎在 20 世纪前，分布达到全国县、市级政区的 82%（显然不是至今仍流行的虎 19 世纪末至 20 世纪初，在中国中西部分布呈现空白状态的误导）。

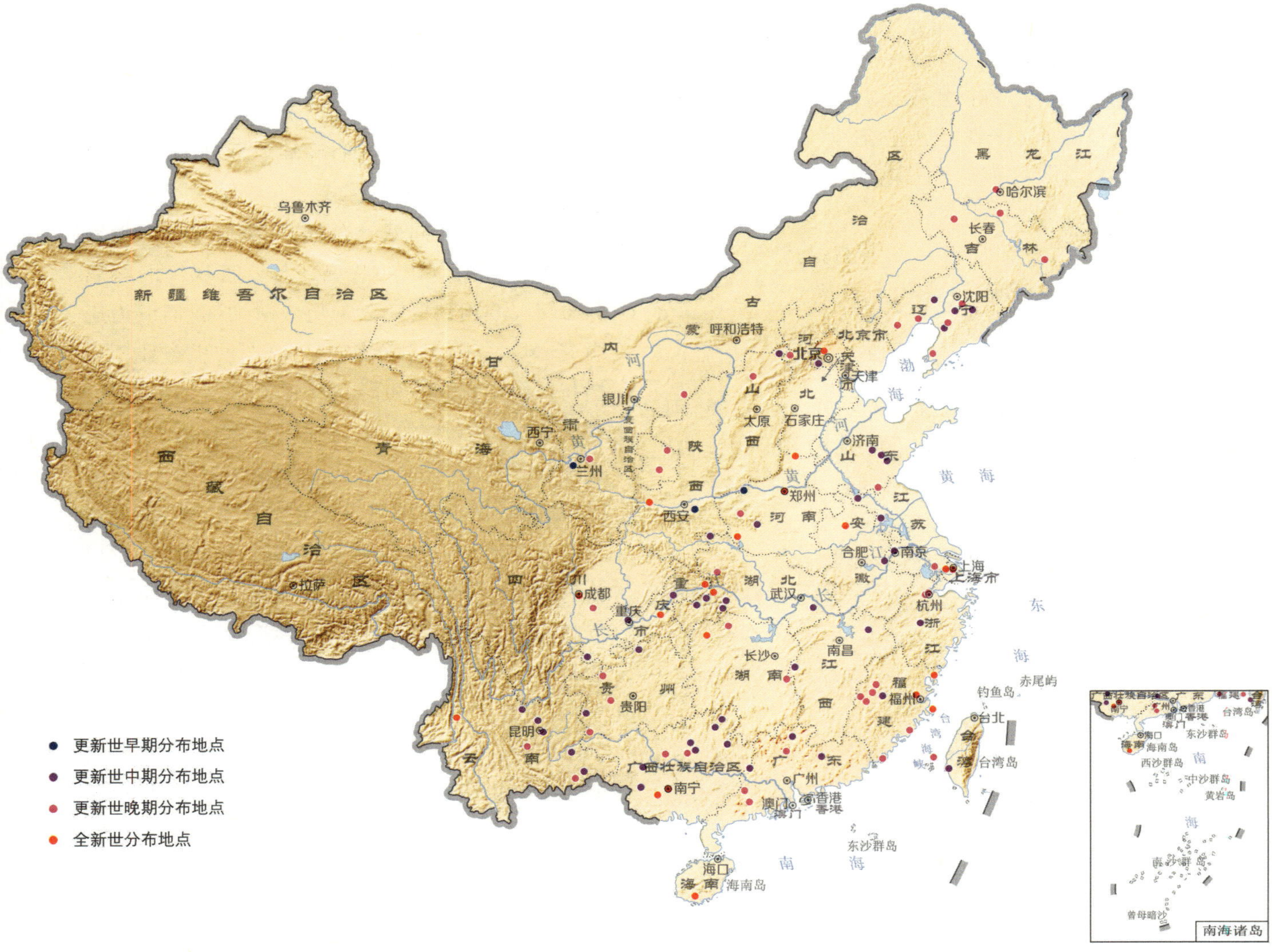

图 1.7　虎遗存分布图

①据：彼得·杰克逊. 野外的老虎：一九九六世界自然基金会物种研究报告. 世界自然基金会，1996. 此图因故不得已删除，有兴趣的读者可以根据所列出处查看原图。该图显示，在中国部分的虎分布与“世界自然基金会展示的古今虎地理分布变迁图”大体相似。尤其值得注意的是，在该图左下方的图注：“资料来源：Viatisiaw Mazák. Der Tiger，1979”。故此，我们不难断定，其后出现的历史上全球虎分布图，凡与其大致相似者，皆主要是根据 Der Tiger 资料。何业恒对历史时期全国虎分布变迁的研究成果 1996 年问世，尽管其中某些观点待商榷，但这是历史动物地理学者的早期研究，也证实 Mazák 关于中国历史时期虎分布的功课还差相当大火候，而国内外不少研究虎的专家则是盲从于 Mazák。

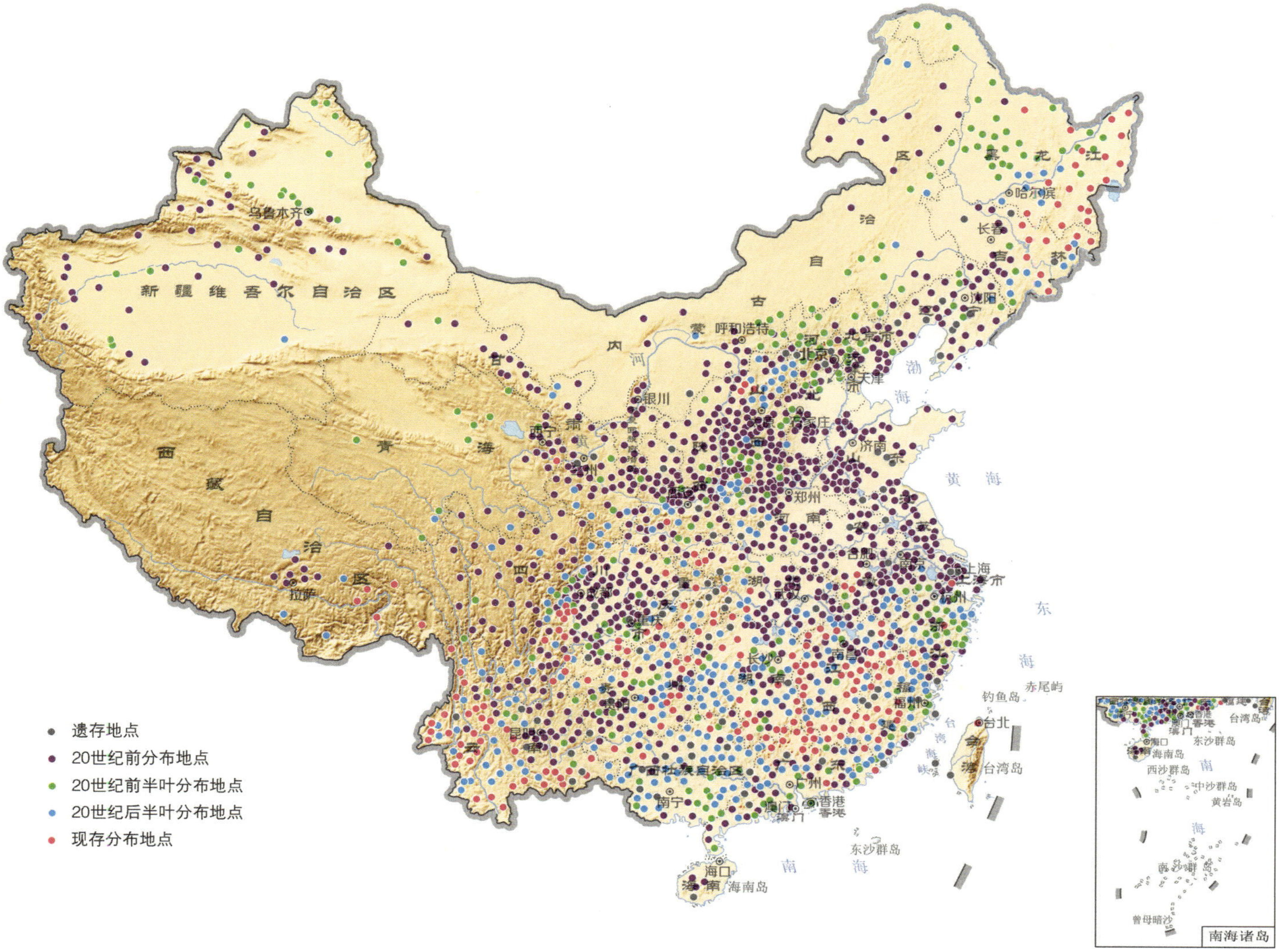

图 1.8　历史时期虎分布变迁图

2.5　验证现代动物地理分布

历史动物地理学对于现代动物地理分布等也可发挥验证作用。

●《中国动物志·两栖纲(上卷)·总论　蚓螈目　有尾目》记载大鲵的分布(费梁等,2006):

地理分布　河北(?),河南(卢氏、淇县、商城、西峡、嵩县、栾川、内乡、济原[济源市]、林州、辉县、大别山、太行山),山西(垣曲),陕西(洋县、太白、洛南、宁强、岚皋、佛坪、丹凤、汉中、商南、柞水、留坝),甘肃(临洮、天水、文县、武县[武都区]、康县、两当、徽县、成县、兰州、平凉),青海(曲麻莱),四川(宝兴、雅安、洪雅、峨眉、乐山、马边、屏山、合江、叙永、武平[平武]、南坪[九寨沟县]、城口、青川),重庆(巫溪、巫山、奉节、黔江、武隆、彭水、酉阳、秀山),贵州(贵阳、雷山、正安、凤冈、道真、桐梓、务川、湄潭、余庆、罗甸、惠水、长顺、都匀、平塘、龙里、贵定、福泉、江口、松桃、玉屏、德江、黄平、凯里、施秉、镇远、岑巩、榕江、锦屏、金沙、黔西),云南(奕良[彝良县]),湖北(均县、神农架、宜昌、巴东、恩施、利川、咸丰),安徽(金寨、霍山、岳西、休宁、祁门),江苏(苏州、徐州?),上海(?),浙江(杭州、龙泉、遂昌、丽水、开化、新安江、云和、淳安、庆元),江西(井冈山、靖安),湖南(大庸、桑植、凤凰、长沙、沅陵、城步、炎陵、江永、衡山),福建(厦门?),广东(广州、北部),

广西（金秀、西林、那坡、桂平、玉林、梧州、花坪）。

笔者据自己成稿的《大鲵分布变迁》（详见下文）与之比较，在“20世纪”阶段的，就约有510地，是《中国动物志》的3.8倍。就是“现今（即21世纪初）”阶段，笔者调查到分布有大鲵的自然保护区达168处，也超过《中国动物志》；笔者列出的县级及其以上政区大鲵分布地更有274地，是《中国动物志》的2.1倍。此外，上述分布地记载还存在：①文字差错（对照文中“[]”内容）；②旧名未更改（对照文中“[]”内容）；③将方位误作地名（“广州、北部”的多义）；④张冠李戴（将福建省“武平县”，错入四川省；将重庆市城口县，误属四川省）；⑤自然地名难置换成政区名；⑥误用其他物种资料（20世纪40年代就否定了厦门的物种是“大鲵”）。

通过对《中国动物志》的大鲵分布图（参见“《中国动物志·两栖纲（上卷）·总论　蚓螈目　有尾目》大鲵”[1]）与拙“历史时期大鲵分布变迁图”（图1.9）比较，可以明显看出，后者就是“现今分布地点”（红点）的范围与密集度皆高于前者。

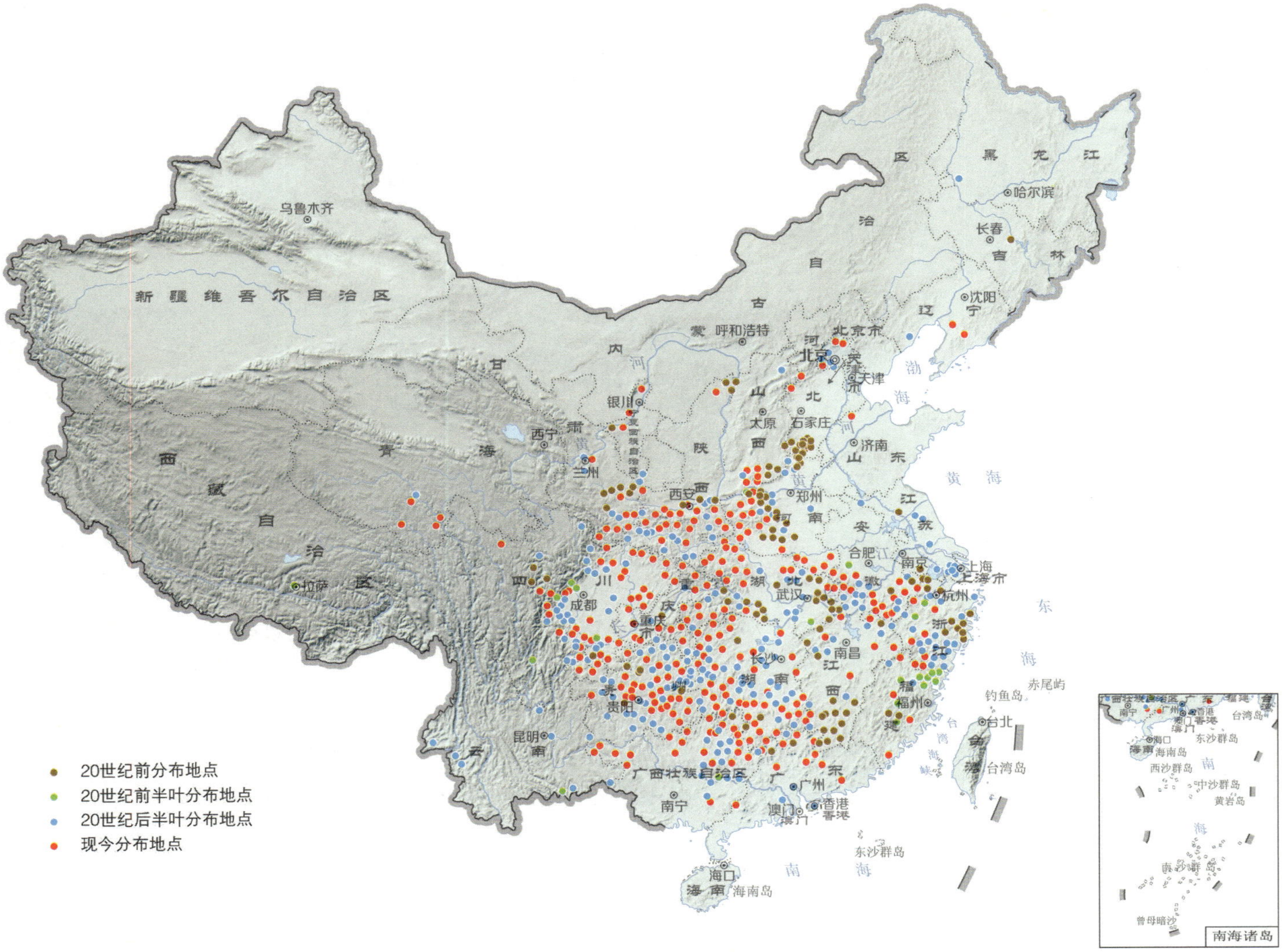

图1.9　历史时期大鲵分布变迁图

①此图因故不得已删除，有兴趣的读者可以根据所列出处查看原图。该图显示，现今大鲵仅分布于甘肃东南部—山西南部—河南北部一线以南地区；在甘肃东南部—四川中部一带以西地区，仅见青海有一处大鲵分布点。就是在上述范围内，大鲵的分布密度也远较笔者调查的范围小，密度低。

●《中国动物志·兽纲第八卷·食肉目》在各论“虎(*Panthera tigris*)”时,列举出我国分布的6个亚种(指名亚种、东北亚种、华北亚种、西北亚种、华南亚种、云南亚种)(高耀亭等,1987)。

从虎亚种数量上看,基本上符合现代情况,但若推敲,值得商榷:

①我国历史时期分化出的虎亚种,除已有6个外,还有新疆应该是2个,台湾与海南各有1个,亦即达到7～9个。如果因台湾与海南的虎亚种消失较早,可以排除在现代之外,那么,新疆的2个虎亚种在20世纪上半叶依然存在,基本上记载现代虎的著作中也涉及(张荣祖等,1997)。

②虎亚种的拉丁学名中部分值得商榷,主要是采用地名形式。“东北亚种(*P. t. altaica*)”用“阿尔泰”与其分布区不符①,曾用于该亚种的多个拉丁文中②,还是“*Panthera tigris longipilis*”(有“长毛”特征)比较适用。“华北亚种(*P. t. coreensis*)”的标本取自“朝鲜”,就是从地理分布角度看,显然也不合适。

③虎亚种的中文学名中大部分值得商榷,主要是采用地名形式时,要摒弃狭隘的观念。在虎亚种名中尽量选取其分布地名,既易于区分,又便于了解其分布地域。a)“印度虎”(印度亚种)取代“指名亚种”等,主要指其分布于印度次大陆(又称南亚次大陆)的不丹、孟加拉、尼泊尔、印度等国以及缅甸、中国等国的虎亚种,而不仅是“印度共和国”或“孟加拉人民共和国”存在者。b)“东北亚虎”(东北亚亚种)取代“东北亚种”,是指其分布在东北亚,除我国自然地理的东北③外,还包括今蒙古国东部与我国接壤部分地区、俄罗斯远东地区、朝鲜与韩国等地。c)由于新疆有2个亚种,故不宜用“西北亚种”。北疆的“阿尔泰虎”(阿尔泰亚种),反映其历史上并非独在我国境内。南疆的“塔里木虎”(塔里木亚种)虎亚种,是在没有判明其与“里海虎”的关系之前可能比较妥当。d)“印支虎”(印支亚种)取代“云南亚种”,是指其在印度支那半岛的柬埔寨、老挝、缅甸、泰国、越南与中国云南省分布的虎亚种;“印度支那半岛”虽是旧称,但比起称“中南半岛”(中南虎)或“中印半岛”(中印虎)更便于区分④。e)华北虎(华北亚种)和华南虎(华南亚种)皆是我国特有的虎亚种,可以保留。

2.6 提出建设性意见

历史动物地理学研究探索历史时期动物地理分布与变迁状况,与构成环境的一些主要因素相配合,可以较准确地复原当时的环境状况,通过不同时段或不同地域的环境变迁,寻找大自然的奥秘与变迁规律,还可以就其中某些典型性问题提出建议。

例如,研究表明,我国猞猁(*Lynx lynx*)历史上分布的县级及其以上政区最大数量达到685个,尽管这仅约占全国政区的29%,但实际地域范围不少于50%,因为其中相当部分为生态环境极为恶劣的人迹罕至地区甚至无人区。据调查,现今猞猁仍在近440个县级及其以上政区存在,分布有猞猁的自然保护区仅99个(占县级及其以上政区不到160个),亦即约64%残存的猞猁得不到保护区庇护,甚至在辽宁省、山东省、重庆市、贵州省、陕西省等没有一个相关保护区,这一严重状况通过地图显示便一目了然(详见下文)。有必要提请有关部门予以重视,采取切实可行的整改措施。

又如,对于河麂(*Hydropotes inermis*)的分布,(宋)苏颂《图经本草》就指出:“獐,今陂泽浅草中多有之。”笔者主要据文献记载,考证出历史上河麂虽仅占全国县级及其以上政区的38%,但

---

①“阿尔泰”主要是指呈西北—东南走向,斜跨中国、哈萨克斯坦、俄罗斯、蒙古国境,绵延2 000余km的阿尔泰山脉,以及蒙古国的戈壁阿尔泰省、俄联邦的阿尔泰共和国(1992年前为戈尔诺—阿尔泰自治州)、俄罗斯的阿尔泰边疆区。与“东北亚种”的实际分布区南辕北辙。

②1844 *Panthera tigris altaica* Temminck, Fauna Japonica, etc., Mamm., P.43(模式产地:朝鲜)
1868 *Panthera tigris longipilis* Fitzinger, S. B. Akad. Wiss. Wien., 58:453(模式产地:黑龙江流域)
1871 *Panthera tigris* var. *amurensis* Dode, Proc. Zool. Soc. P. 480
1926 *Panthera tigris* var. *mandshurica* Baykov, Manchzhur tigr【tiger】, 3(模式产地:哈尔滨)

③此“东北”,主要指我国境内自然地理概念,约与今行政区域的黑龙江省、吉林省、辽宁省以及内蒙古自治区东北部的呼伦贝尔市、兴安盟和东南部的通辽市与赤峰市相当的地区。

④“中南半岛”易于与中国的“中南地区”混同,“中印半岛”易误解为“只在中国与印度分布的虎亚种”。

其主要分布在华东与中南，绝大多数省级政区皆有分布，与古人记述基本吻合。至于河麂的现今分布，所见20世纪末的一些调研与分布图标示，则寥若晨星，这与其定为国家Ⅱ级保护动物不相称（所反映的濒危度要高于《国家重点保护野生动物名录》）；所幸《中国重点陆生野生动物资源调查》称"本次调查，河麂见于……江西（除九连山外全省都有分布，集中分布在鄱阳湖濒河赣北的湿地）"（国家林业局，2008），加之其他报道资料，反映河麂濒危程度达不到国家Ⅰ级保护动物标准（详见下文）。

3　广度可见，深度莫测

不同于一般学科的研究，历史动物地理学研究的广度是可估计的。曾见有人提出历史动物地理学要研究所有动物的历史时期情况，这显然是不负责任的信口开河。且不论全球已知动物达130万种（脊椎动物约占5%），就是我国动物也有20余万种（无脊椎动物5万余种、昆虫15万种、脊椎动物6 280种），仅脊椎动物中，兽类约500种，鸟类约1 258种，爬行类约376种，两栖类约284种，鱼类约3 862种。对如此大量的物种展开研究，不是一拍脑袋就可实现的。

况且，历史动物地理学研究最主要的是需要有丰富的古籍资料支撑，对此，笔者略有体会：①拙作《中国古代野生动物地理分布》（文榕生，2013）主要采用原文献摘编的形式，对古文献中记载的野生动物资料深入发掘，认真进行鉴别、确认与梳理，较全面、系统与客观地反映古人对野生动物的分类、命名以及形态特征描述、生活习性与地理分布等相关信息的记载。尽管成书约200万字，但选取的古方志不到5%。②笔者参与《中华大典·生物学典·动物分典》编纂工作，尽管搜集了大量素材，最后却因版面限制，不得已仅保留科学性部分资料，动物地理分布内容更是大为精简。

据了解，我国历史时期有文字记载且可辨认的动物有1 500多种，隶属于16门、50纲、206目、622科[①]，即使难免有遗漏，但出入不会很大。如果我们从中再选择具有研究价值的物种，数量就更加屈指可数了。

尽管如此，历史动物地理学研究的深度难测。

仅以研究"虎"为例。已见有多位学者或就某一历史阶段，或就某一地区的虎为主体的研究成果。就历史时期全国范围而言，何业恒率先在1996年发表10余万言的《中国虎的历史变迁》，笔者后在2009年发表约25万字的《虎的分布变迁》研究，曹志红（2010）也发表了《老虎与人》的博士论文（在此前后，将一些内容以论文另行发表），尤其是后者更多从土地开发、虎贸易利益驱动、打虎等人类活动方面切入研究，有独特见解。笔者近期应邀再度对虎的一些有关情况展开研究，又有一些突破：

①虎的起源与扩散。根据迄今分布于我国27个省级政区（北京、河北、山西、内蒙古、辽宁、吉林、黑龙江、上海、江苏、浙江、安徽、福建、江西、山东、台湾、河南、湖北、湖南、广东、广西、海南、重庆、四川、贵州、云南、陕西、甘肃等地）、105地、129点出土的更新世—全新世虎遗存看，更新世早期的虎化石就有河南渑池县、陕西蓝田县、甘肃东乡族自治县三地，尤其是渑池县与东乡族自治县的古中华虎（*Panthera palaeosinensis* 或 *Panthera tigris palaeosinensis*）[②]化石为距今200万年前的遗物；此外，中更新世的虎化石分布在46地，晚更新世的虎化石分布在38地，全新世的虎遗存分布在18地。这些分布广阔且成序列的虎遗存充分证明虎是起源于第四纪的更新世早期，首先在我国的黄河流域出现，然后才扩散开的。

②虎的主要扩散方向。呈现：a）在黄河流域，除了迄今三地出土早更新世虎遗存外，还有中更新世、晚更新世与全新世的虎遗存出土，形成序列，说明这一区域的虎是一脉相承的。b）虎向东北方的扩散路线比较清晰，亦即先在今辽宁省出

---

①朱江.中华大典动物分典历时九年编纂完成.http://news.sciencenet.cn/htmlnews/2016/10/358896.shtm? id=358896.但笔者浏览《中华大典·生物学典·动物分典》（2015年出版），发现其仍存在一些遗憾，有些珍稀动物没有鉴定出来。例如，根据形态特征，可以鉴定出马来熊；根据地理分布，可以鉴定出原麝；根据行为特征，可以鉴定出林麝。

②此即虎的年代亚种。

土中更新世虎遗存(也有晚更新世虎遗存),然后在今吉林省与黑龙江省出土晚更新世虎遗存,时间的先后说明虎依此顺序向东北亚(除我国东北[①]外,还包括今蒙古国东部与我国接壤部分地区、俄罗斯远东地区、朝鲜与韩国等地)一带扩散。c)尽管迄今在西北出土的动物遗存中有虎的并不多,但可以借助古地理图反映的环境判断虎向西北方的扩散大势[②],虎向北与向西北扩散处于畅通状态,而且也打开了某些虎越出现今国境向中亚扩散的通道,从而证明新疆分布的虎既来自黄土高原,又成为再向境外扩散的中节点。而"高加索虎向东迁徙的孑遗"的认识,显然是本末倒置。d)相对而言,虎向南扩展比较顺畅,在中更新世便南抵台湾—广东—广西—云南一线。e)虎向西南扩散主要受阻于恰与虎出现同期处于强烈隆起、难以逾越的青藏高原。故其扩散当是选择间接绕行,因而分布于中南半岛(旧称印度支那半岛、中印半岛)及其以西的南亚次大陆(又称印度次大陆)的虎似晚于分布于华南的虎出现。

③台湾与海南历史上有虎。虎在中更新世时,就已扩散到东南沿海一带。《中国古地理图集》图说描述道(中国地质科学院地质研究所等,1985):

> 晚更新世晚期,大约距今2.5万年时,气候急剧变冷,整个东部海面大幅度下降,到距今1.8万年时,海面下降到最低位置,大约在现代海面以下150 m左右。在华南沿海形成宽达上千公里的辽阔滨海平原,其上发育古土壤层、风化壳和泥炭,与此同时很多河流一直延伸到滨海平原的外缘。在距今1万年左右,气候复又转暖,海面回升到海深25～30 m处,接近现代海面。

台湾海峡最深处不到80 m,琼州海峡最大深度114 m,虎是完全有可能在海退时登上此二海岛上的,古籍也有记载虎在二海岛,一直延续到宋代与清初。据我国近8 000年来冬半年气候变迁总趋势(见图1.6)看,虎又由于海进而与大陆隔离各自形成虎亚种(文榕生,2015a)。

④虎的亚种问题。动物地理亚种的出现是由于出现"与同一种内的其他居群在地理分布上界线明显、形态特征上有一定差异的居群"。笔者对《虎的分布变迁》进行修订与增补,根据约2 600种文献记载,我国县、市级政区在历史上有虎分布地(不含不同时期的重复)达1 960个,约占政区的82%。如此大面积且连片的虎分布说明虎的早、中期地理分布尚未出现隔离,因此也没有产生亚种。其后则不然:

新疆有虎的2个亚种。现有资料表明,新疆分布的虎早在清代以前就基本上与河西走廊的虎处于分布隔离状态,亦即由此产生虎亚种;天山南北的生态环境迥异,古籍中出现不同虎的名称、形态记载等,皆表明存在2个亚种(文榕生,2016)。

"东北虎"的由来。"东北分布的'虎'"与"东北虎"虽是2个不同概念,但前者可以涵盖后者,后者只是特定时期的称谓。换言之,它们是虎在演化过程中,虽皆处于"东北"地区,但在不同时期才出现的动物种名与亚种名。东北分布的虎之兴盛持续到清末,故两修乾隆《盛京通志》皆称"虎:诸山皆有之"。此"盛京"是广义概念,其范围包括今辽、吉、黑大部分地方,证实了虎在东北的广泛分布。19世纪末,先是沙俄,随后日寇,皆疯狂掠夺我国东北森林等资源,造成东北森林满目疮痍甚至荒山秃岭,至今仍历历在目。这些活动以及伴随而来的人口迁入与增长,关乎利益的战火硝烟等,严重地损毁了林栖动物的生态环境,既造成虎分布隔离而出现虎亚种,更危及虎的生息、繁衍(文榕生,2014)。

云南存在虎的3个亚种及界线。云南既是虎向境外扩散的重要通道之一,又由于生态环境多样,成为虎亚种最多的省级政区。尤其是以往文

---

①此"东北",主要指我国境内自然地理概念,约与今行政区域的黑龙江、吉林、辽宁以及内蒙古东北部的呼伦贝尔、兴安盟和东南部的通辽与赤峰相当的地区。

②《中国古地理图集》显示,早更新世时,在内蒙古高平原、黄土高平原及山西高平原是大片浅色(亦即"高平原")与间有深色(亦即"台地")以及"冰水—洪积泥、沙、砾组合",在古阿尔泰山山麓下已呈现出浅绿带点图标(亦即"海陆交互沙、砾石、泥组合"的"低地"),在今伊犁谷地一带则是浅绿色图标(亦即"平原")。到中—晚更新世时,内蒙古高平原、黄土高平原及山西高平原的"高平原"与"冰水—洪积泥、沙、砾组合"基本如故,"台地"呈破碎状;今阿尔泰山山麓下的"低地"扩大;今伊犁谷地一带也变为扩大的"低地";此外,在今塔城一带又新出现了较大片"低地"。

献对该省虎亚种记载的随意性，更有必要理性地从历史地理角度梳理清楚它们的分布状况[①]。

4　借鉴虽多，辩证使用

诚然，研究历史动物地理完全可以借鉴多学科的理论、方法、成果，但需要注意的是，把握住历史动物地理之本质，尤其汲取其他学科的合理理念，而不是机械地照搬。

4.1　正确看待现代动物系统分类学与动物区系

历史动物地理研究全新世存在的物种，绝大部分在现生种中可以找到它们的踪迹，故应当尽可能归入现代动物系统分类中。尽管我国在先秦时就产生了动物分类，但古今类目并不完全对应，从《尔雅》中可窥其一斑（表 1.1）。

表 1.1　《尔雅》记载动物的古今分类异同

	释虫	释鱼	释鸟	释兽	释畜	釋地・五方	古代分类合计
环节动物	1	1					2
软体动物		17					17
甲壳动物	2	1					3
唇足动物	1						1
倍足动物	1						1
蛛形动物	6						6
昆虫	70	1					71
鱼类		20				1	21
两栖动物	1	4					5
爬行动物		25				1	26
鸟类			102		4	1	107
哺乳动物		1	3	68	85	1	158
现代分类合计	82	70	105	68	89	4	419

注释：①成体与幼体等并列时，按 1 种统计；②个别重复出现的，皆统计；③不区分野生种与饲养种；④神话、传说动物也统计。

古今相当部分名称不同，又由于描述或者不多，或者有一定偏差，或者新分化出种[②]等原因，不可能完全与现生物种一一对应，有的只能对应到属[③]、科（亚科）[④]。在没有确凿证据时，暂且不作区分可能更妥当。

虽然动物"种"与"亚种"的定义有多点，但对于历史地理而言，窃以为，关键在于：前者是相互之间存在生殖隔离（不能繁衍后代），但在分布上可以重叠；后者是由于分布隔离而出现异化。

动物区系指在一定历史条件下形成的适应某种自然环境的动物群，由分布范围大体一致的多物种群体组成。其中很明确"一定历史条件

①详见拙文《探究云南省分布的 3 种虎亚种》（待刊）。

②如东方白鹳（*Ciconia boyciana*）曾长期被视为白鹳（*Ciconia ciconia*）的亚种之一。1983 年，国际鸟类保护委员会才正式使用了"东方白鹳"（英文名：Eastern White Stork）这一名称。我国约从 1987 年开始，逐步将东方白鹳作为鹳属中的独立种。

③如生态环境相近、古人记载不详的"野马"或"野驴"，有时只能对应到今同属于马属的野马（*Equus caballus*）和野驴（*Equus hemionus*）。

④如古籍中的"豹"，有时就难以区分究竟属于豹亚科的雪豹属雪豹（*Uncia uncia*）、豹属豹（*Panthera pardus*）还是云豹属云豹（*Neofelis nebulosa*）之一、之二，因为它们的分布有重叠。

下”与“适应某种自然环境”两个特定条件。张荣祖等划定的我国动物区系，则是以现代较稳定的自然环境为基础，适用于一般动物情况。例如，虎是广布性物种，在古北界与东洋界皆有分布。笔者偶然看到由国外10位具有显赫头衔者编纂的大型画册《野生动物》①居然将虎列为东洋界物种②，这对读者而言则是误导。历史气候变迁表明，曾有多次气候带变动，故不宜将现代动物区系用于历史动物分布。

何业恒《中国虎的历史变迁》就套用了《中国动物志·兽纲·食肉目》中6个虎亚种来划分我国历史时期虎的分布，却疏忽了直到清代，我国虎的分布基本上还是连成大片，没有出现分布隔离（除海南与台湾外）的事实。这除了虎分布变迁概况外，还有历史时期我国人口的变化（图1.10）可为佐证③。

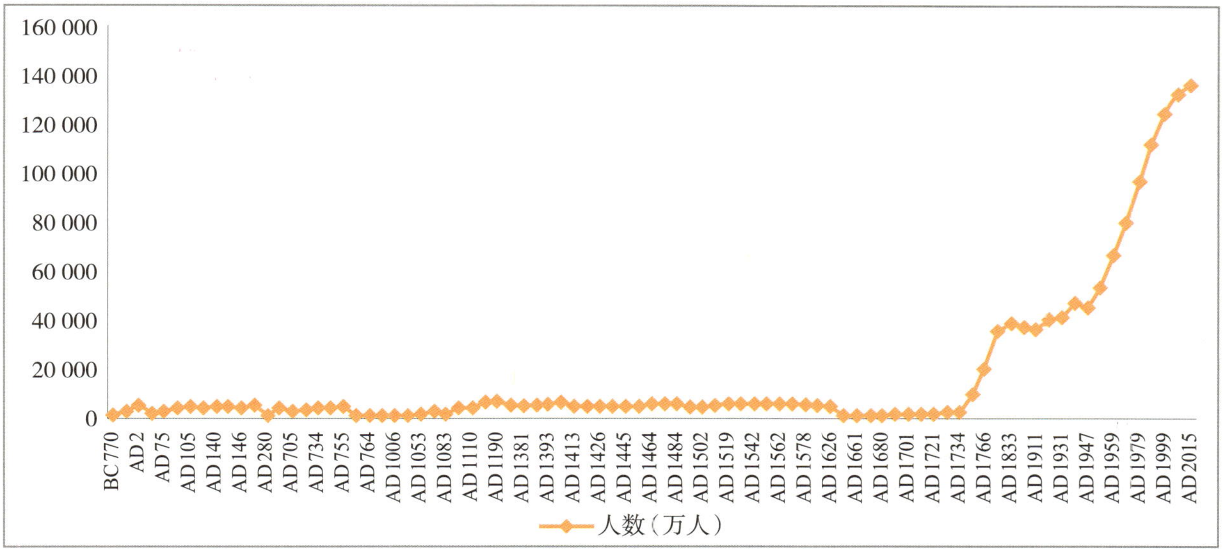

图1.10 历史时期中国人口变化

4.2 同物异名

动物名称实际上是代码，存在繁杂的同物异名状况，古今中外概莫能外，就是采用双名制的拉丁学名也不能完全避免。故使用异名的同物种记载资料反映其地理分布本无问题，但笔者多年前曾撰就《历史时期大熊猫分布变迁再探索》，是在前人已有基础上着重于新掌握资料与认识的文稿，编辑部转述审稿者意见有2条（作为研究历史动物地理学思维，有必要探讨④），其一：

以前有人将“白虎”“貘”“驺虞”“角端”“猛豹”等都看成是大熊猫，是有争议的，而本文从之，未作令人信服的考辨，由此将许多名实有争议的动物分布都当作大熊猫的分布，恐有不妥。故在文献的运用上，有些地方的推论应再加斟酌。

对此，笔者当时申述：

① 拙稿中所提古人所称“貘”（通“狛”“貊”“狛”“貘”“貊”）、“白豹”“食铁兽”等就是大熊猫的古称谓，是文焕然、何业恒（1981）明确，并得到动物地理学家张荣祖教授等肯定的。张荣祖教授在《中国动物地理》中特指出：“……还有少数经过考证，可以确认无误的，如鼍为鳄（张孟闻

①《野生动物》（邦姆巴拉登尼亚等，2012）的编写由查娜·邦姆巴拉登尼亚［世界自然保护联盟（IUCN）亚洲区域物种及生物多样性项目协调员］领衔，10位顾问、教授、研究员等头衔作者参与。

②在介绍“东洋界”称：“仍有数百只虎生活在这里的森林中。”无论是虎的数量，还是分布地域，皆有误。

③探讨虎的分布变迁诸要素中，人类活动影响力更大，人口的增减又成为重要指标之一。

④虽笔者提出申述，编辑部回应“主编会尽快处理并给您答复”，但至今再未见只言片语回复。当然，拙文稿内容后来已在更高层次文献上正式发表。在此谨作为不同思维实例提出。

1978)，貊为大熊猫(文焕然等，1981)。”(张荣祖，1999)。我国研究大熊猫的专家基本上也都认同这些情况，如果需要，我还可以列举。因此，我认为大札所转达的审稿专家提出人们有争议的说法，这就需要看是哪些人，有多少，是否确实有道理。

② 拙稿中又提：胡锦矗又认为对古文献中记载的“貔貅”“白狐”“角端”“驺虞”“猛氏兽”“猛豹”等也是今大熊猫的古称谓(胡锦矗，1990)。我认为也有一定道理，但同时对他的某些提法、说明有所保留。

③ 因为上述两条是他人先论述，并已公开发表的文章，故我认为只要列出参考文献即可。而我此次提出的某些“白虎”“驺虞”，也是大熊猫。古人对物种的认识、描述存在偏差是难免的，就是现今的人们对物种名称也存在误用(2006 年在贵刊上刊登的拙文可以说明)。此次投贵刊的拙稿中之所以没有更多论述大熊猫古称的考证：其一，是受篇幅限制(拙文稿已近 4 万字)；其二，此文的重点在于古今大熊猫的分布变迁全貌(如所列大熊猫遗存都有可靠的文献出处，并且比较完整，这也是有别于所见已发表关于大熊猫的其他作品之一)。我还另外写了一篇 1.2 万余字的《大熊猫的古称考》，已经被中国科学院古脊椎动物与古人类研究所刊物录用，主编告知，尽管文字不少，他们还是要用，分 2～3 期连载。这可以说明我的相关看法得到更专业的专家认可。

④ 古人绘制的大熊猫图形，流传至今的，简直难以使人将它们与真实的大熊猫联系起来。但他们的绘制并非无中生有，考证古人的文字论述，皆有来源。故我选出的 8 幅各时代古人绘制的大熊猫图被《大熊猫：人类共有的自然遗产》采用。该书虽由赵学敏主编，但从其中特约作者、提供资料者名单看，绝大多数是我国从事大熊猫研究的较著名专家、学者(赵学敏，2006)。这可作为研究大熊猫的现代动物学家对我所做的有关研究的认可佐证。

直至最近，历史地理学家王守春在《重要珍稀动物地理分布的变化·大熊猫》中更进一步提到(邹逸麟等，2013)：

在中国古代文献中，大熊猫有多种称谓：“貘”“貘豹”“白豹”“猛豹”“貊”或“貊兽”“貔”“花熊”等。另外，中国古代所说的奇兽“貔貅”，胡锦矗认为也是大熊猫(胡锦矗，2001)。但据文献对“貔貅”的描述，把“貔貅”作为大熊猫，尚存诸多疑点。

按：据此看，则有更多不同的大熊猫别称出现。此外：

① “貔”，出自《大明一统志·天全六番招讨使司》。虽未见对其描述，但从当地(今四川省天全县)发现有大熊猫遗存，且自 20 世纪 50 年代以来调查一直有大熊猫活体，故认为“貔”是大熊猫别称，不无道理。

② 对于“貔貅”，窃以为需要具体分析。周建人记述《关于熊猫》(周建人，1957)：

据调查者说，本地人叫它“白熊”。这名称也对，因为它的体毛大部分呈白色，形态又像熊。但我们现在称北极熊为白熊，两个名称容易混淆，现在就通叫它熊猫，不叫它白熊了。《辞源》的编者、读书极广博的傅运森先生曾经对我说过，古时候所谓貔貅大概便是指这动物。他说时虽没有十分断定，但这里不妨记一笔。

《峨眉山志》记述(《峨眉山志》编纂委员会，1997)：

大熊猫：……大熊猫别名较多，又名白熊、花熊、竹熊、银狗、大浣熊、貔、貊、貘等。属食肉目，大熊猫科，自成一科……

典籍中早有记载，宋人罗愿的《尔雅翼》说，大熊猫“出蜀中，今蜀人云，峨眉山多有之”。峨眉山古称“貔貅”，据清代大学士胡世安《译峨籁》载：“貔貅，自木皮殿以上林间有之。形类犬，黄质白章，庞赘迟钝，见人不惊，群犬常侮之，声訇訇，似念‘陀佛’。能援树，食杉松巅并实，夜卧高篱上。古老传名‘皮裘’，纪游者易以‘貔貅’。此兽却不猛。”木皮殿即今大乘寺，海拔 2 300 m。

从大乘寺至山顶，在针阔叶混交林、常绿针叶林中，生长着丰茂的箭竹等竹类，是大熊猫最喜爱的主食，尤其是竹笋，有时它也食其他一些植物。大熊猫通常过着孤独生活，繁殖能力(力)低，发情期为每年的 3～6 月，分娩期多在 9～10 月，每胎产 1 仔。它的产量极为稀少，极难发现它的踪迹。

早在 1943 年，河北一家报纸有峨眉山大熊猫的报道。1948 年 12 月 18 日，《东南日报》也报道，当年8月中旬，在峨眉山获一雄性幼仔大熊猫，重12 kg，训练4个月后准备展出，因故未成。据峨眉山市有关部门透露，70年代修建峨眉山后公路时，有一位民工在雷洞坪附近、海拔2 355 m的双水井捕杀过一只大熊猫；80年代，在山麓的高桥乡张沟村（摄身岩[①]下）和千佛岩下的龙池，以及张山等地，也有当地村民捕杀或发现过大熊猫。按：仅从以上摘录看，不仅确是大熊猫，而且从宋代以来一直有记载；此"貔貅"，由古名"皮裘"转称；峨眉山位于今四川省峨眉山市，至今仍有大熊猫分布。窃以为，将此貔貅与大熊猫画等号，难道还有争议吗？

限于篇幅，不多论述，有兴趣读者可参见笔者关于大熊猫古称的争议观点（文榕生，2013）。

4.3 同名异物

古往今来，人们不仅对相当多并不了解且缺乏详细描述之物名不知所云，而且大量存在同物异名、异物同名现象使得一些研究者如雾里看花，这种因不辨真伪而造成的张冠李戴，就是现代也并不罕见。

例如，麝属（*Moschus*）的多个种在我国不少地方被称为"獐"，如仅凭名称则容易与同是偶蹄目的"獐（*Hydropotes inermis*）"（现中文学名一般用"河麂"）混淆。"有无麝香"虽是区分麝与獐的显著特征之一，但雌麝与幼麝也无香，还是有被误认而错记。獐仅适宜栖息于暖湿环境，现今主要处于淮河以南地区。麝的适应性较强，虽适宜于温凉气候环境，但其分布区的海拔却随纬度降低而升高。故在一些地区呈现獐与麝重叠分布现象，进而呈现二者重叠分布的北界即獐的分布北界，重叠分布的南界即麝的分布南界，重叠分布的西界即獐的分布西界，重叠分布的东界即麝的分布东界（详见下文）。

又如，大鲵（*Andrias davidianus*）常见别名有"娃娃鱼"，而在甘肃省临夏州与甘南州一带有将小鲵科山溪鲵属山溪鲵（*Batrachuperus pinchonii*）也俗称为"娃娃鱼"。尽管大鲵与山溪鲵皆是有尾、有足的两栖类动物，但见到实物还是比较容易区分的：大鲵个体大，要比山溪鲵大得多；即使是大鲵幼体，也可通过前后足指、趾的差异（大鲵为前4指、后5趾，山溪鲵则皆为4个指、趾）鉴别（文榕生，2015b）。

再如，河麂（*Hydropotes inermis*）由于曾用中文学名与古称"獐"（图1.11、图1.12），不仅在古代被混同于麝属（*Moschus spp.*）（图1.13～图1.20），就是现今，也有见误作"山獐"（实乃赤麂 *Muntiacus muntjak*）、"山獐"（实乃小麂 *Muntiacus reevesi*）、"野獐"（实乃小麂 *Muntiacus reevesi*）等，经比对图片，得以纠偏。

图1.11 河麂（雄）[②]

图1.12 河麂（雌与幼仔）[③]

①此"摄身岩"，疑似"舍身岩"之误。

②http://baike. baidu. com/link? url = PS8q69buhWHYyiWCH5p2x56UYEY5016EgFDUhShrNFkauqip4XRZSIQH6mipqVt-ET926jB7xCDXF5449n4Gh_

③http://www. arkive. org/chinese-water-deer/hydropotes-inermis/image-G37045. html

图 1.13　原麝①

图 1.14　马麝②

图 1.15　黑麝③

图 1.16　喜马拉雅麝④

①http://niaolei.org.cn/posts/49125

②董磊. 2013 年黄河源区生物多样性快速调查初步成果出炉. http://www.yellowriver.gov.cn/xwzx/lylw/201308/t20130802_134128.html

③http://www.guokr.com/post/480882/

④http://blog.sina.com.cn/s/blog_a03808760102wzar.html

图 1.17 赤麂①

图 1.18 山獐(实为赤麂)②

图 1.19 山獐(实为小麂)③

图 1.20 野獐(实为小麂)④

由此可见,不仅要知道物种名称,而且要掌握其形态特征、习性以及时间、空间、环境等,也只有同时或基本具备这些要素,才可鉴别与获取令人信服的野生动物地理分布证据。

4.4 称谓僵化

所谓"称谓僵化",是指不能辩证地对待动物的"同物异名"或"同名异物"实际,只是固守同一称谓,并用其去套取所有物,或否定所有物。这种现象笔者时有所见。

例如,笔者参与《中华大典·生物学典·动物分典》,承担猫科动物等编纂工作,在提交"虎(*Panthera tiger*)"文稿时,审稿专家将其中名为"野兽"的资料一律删除,并以现代动物学概念的"野兽"(家畜以外的兽类)作为解释。殊不知,历

①http://baike.baidu.com/view/81526.htm? subLemmaId=81526&fromenter=Red+Muntjac
②俞志村,谢明飞.市区一小区停车库 半夜闯进一只山獐.http://www.mnw.cn/news/photo/19307.html
③福建九仙山拍摄野生动物.http://www.photofans.cn/album/showpic.php? year=2006&picid
④叶涛,李娜.野獐惊现城区警民携手相救.http://news.sina.com.cn/c/2004-07-20/13573138670s.shtml

史上，唐高祖李渊之祖父名叫李虎[①]。为避讳，唐代讳“虎”字，皆作“武”或作“兽”。同时，现存古方志中“灾异”等记载的“兽”“野兽”绝大部分也是指“虎”。若按审稿者原意，虎岂不在唐宋之际突然“消失”？

再如，古籍中出现的“白虎”，约有 4 种含义，不能一概而论：

①四灵之一，并非实际动物种类。《礼记·曲礼》称：“行：前朱雀，后玄武，左青龙，右白虎，招摇在上。”

这是由于古人认为虎乃山君，其威猛和传说中降服鬼怪的能力，使它变成了属阳的神兽。白虎也是战神、杀伐之神，具有避邪、禳灾、祈丰及惩恶扬善、发财致富、喜结良缘等多种神力，使其成为四灵之一，由星宿变成。在二十八星宿中，西方七宿（奎、娄、胃、昴、毕、觜、参）恰构成虎形；西方在五行中属金，色白，故称为白虎。此“白虎”之形差异颇大。

②大熊猫。不仅所描述其形态、神态等方面，如“貌首，虎躯，白质，黑章”，“其性甚驯”，“玄灵之文，玉雪之质”，“双瞳炯日”等，更接近大熊猫，而且在记载它们出现的时间、地点方面，也更接近大熊猫遗存发现地，同时其环境也符合现生大熊猫的生态条件。

③白化虎。实际确有白化的虎，故并不排除古籍中记载的“白虎”无一是实。动物的白化现象，不仅古今皆有，而且并非少数种类。但是，存在“白”的程度与古人认同、记载的差异。

④现实中的虎。应当不是白化虎，而是古人记载之误差。如清乾隆二十七年《福宁府（治今福建霞浦县，辖今宁德市蕉城区、福安、福鼎、寿宁、霞浦、柘荣、周宁等地）志》中 2 条记载：

嘉靖元年（1522），痘症大作，殇者千人。二年（1523），亦然。有白虎咆哮伤人，旋入福安。县民戴姓格杀之。

十五年（1536），旱。宁德地震。六月，两虎往来西南门，五日不去。知县程世鹏为文告城隍神，数日遁（林文迁《两虎行》：风生惨淡鹊噪枝，两两驰逐相追随。牛羊狗彘俱辟易，饥肠饱饫肉成糜。蝗蠡税亩旱仍灾，可怜焦土堪涕垂。藩篱失守破还撤，昼防夜警相凭危。街童里妪不省事，负隙垂蜯窃管窥。雪毛白额尽丑类，无由可借张良椎。谁能冯妇善攘臂，安得毙之寝其皮。击奸除暴职不任，我有一剑光陆离。用之不减斩马快，旁观袖手无从施。往来窥伺甚可畏，看女肆暴能几时。吾闻苛政猛于虎，兽心人面哪得知）。

试分析之：①宁德市地处中亚热带，降水量丰沛，植被繁茂；地势西、北部高，东、南部低，中部隆起；地貌以山地丘陵为主，其间杂有山间盆地，沿海一带为狭长的滨海冲积平原，鹫峰山和太姥山脉分别斜贯西北部、中部，千米高峰连绵，以海拔 1 649 m 的寿宁县平尖山为最高。历史上适宜华南虎等动物栖息。②伤害人畜，当是现实中的虎。③所称非人工繁殖的“白虎”（前者直呼，后者描述为“雪毛白额”）在 13 年的短期内再次现身，值得怀疑是“白化虎”。④这 2 条资料记载的虎出现，皆与异常的灾害相关，当是华南虎的“不得已”而为。

4.5 对古动物图的认识

古人绘制的动物图形象多注重神似，甚至捕风捉影，即使是比较严谨的中草药图谱中也难避免，这有种种主客观原因。如果求全责备，则将否定相当一部分自然界实际存在的物种。

例如，笔者编纂《中华大典·生物学典·动物分典》提交了一幅实际上的宋人绘制的“麝”（图 1.21；郭璞，1985），并将其鉴定为林麝（*Moschus berezovskii*），却遭到审稿专家质疑。因为我国现生 5 种麝，唯有林麝“能登上倾斜的树干，站立于树枝上”[②]，况且还有现代摄制的林麝在树上（图 1.22）的照片（盛和林等，1999）。

---

①李渊登位后，李虎被尊为皇帝，庙号唐太祖，谥号景帝。

②林麝从 4 周龄开始，便能从斜靠在树干的倒木爬上斜生的树枝；成年麝则能直接跳上斜生树干或 2 m 左右高的较粗侧枝，并能用主蹄和侧蹄嵌着树枝在树上随意攀爬，采食新鲜嫩叶（盛和林等，2007）。

图 1.21 麝(《尔雅音图》)

图 1.22 在树上的林麝

又如，我国历史上曾有苏门答腊犀牛(简称苏门犀，又称双角犀 *Didermocerus sumatrensis*)、印度犀牛(简称印度犀，又称大独角犀 *Rhinoceros unicornis*)、爪哇犀(简称爪哇犀，又称小独角犀 *Rhinoceros sondaicus*)，但它们的形象在历史上曾出现逼真→失真→逼真的反复：到战国时期，制作的犀牛形器物还比较逼真，但其时也开始出现走样的犀牛形象，并且延续到清代后期，有的“犀牛”形象还十分离奇；直到清末，绘制的犀牛形象才又归真，这与犀牛的分布变迁是吻合的(文榕生，2013)。

我们不能苛求古人对野生动物描述(无论是文字还是形象)的绝对准确，尤其是那些难以常见或近距离观察的物种，否则，我们不是无法充分利用延绵数千年来古人对野生动物记载进行研究①，就是容易因不辨真伪而造成张冠李戴。

4.6 不可忽视古人的思维

一些学者对于古籍中出现的“鹤”与“白鹤”的定种十分纠结，这往往是将现代人的思维强加于古人。

笔者的根据：①《故宫鸟谱》中清人绘制的4幅有关“鹤”的彩图(分别标明“鹤”“灰鹤”“小灰鹤”“蓝”)与文字，经现代动物学者鉴定，“鹤”即丹顶鹤(*Grus japonensis*)，“灰鹤”为灰鹤(*Grus grus*；)或白头鹮(*Mycteria leucocephalus*)，“小灰鹤”为蓑羽鹤(*Anthropoides virgo*)，“蓝”为白鹤(*Grus leucogeranus*)或白枕鹤(*Grus vipio*)；②参看方志中记载有关“鹤”的不同情况(表 1.2)，亦可窥古人对“鹤”与“白鹤”的思维。

表 1.2 方志中记载有关“鹤”的不同情况

所属地区	出处	相关内容	分析说明
华北	明嘉靖九年《通州志》	鹤(出吕四场芦苇中，白水荡多有之。又有野鹤，色灰，似鹤而小)	不仅有“鹤”(丹顶鹤)，并有“野鹤，色灰”，且与“鹤”(丹顶鹤)比较
	明嘉靖十九年《河间府志》	鹤……灰鹤(又谓之玄鹤，又谓之青鸟)	前者“鹤”，即是丹顶鹤

①通称大熊猫(熊猫)仅数十年，就是其学名“*Ailuropoda melanoleuca*”的出现只不过百余年历史，这些相对其现生种已60万～70万年而言，只是一瞬；古籍中，其被记载为“食铁兽”等怪诞动物，描述的形态、行为更是离奇，尤其是至今我们仍难觅古人所绘比较接近大熊猫实际的图形。若拘泥于此，则无法研究实际上一直存在的这种动物。

（续表）

所属地区	出处	相关内容	分析说明
	清光绪四年《唐县志》	山鸟有：石鸡、灰鹤……	十分明确，并非丹顶鹤
东北	民国二十年《安东县志》	鹤（高二三尺，嘴及颈、脚皆长，体色纯白，丹顶，额、颊及自咽喉至颈色黑，翼尖亦黑，尾羽白。鸣声高朗，喜食鱼。滨海芦塘中有之。一种灰色者，俗名土鹤）	“鹤”中之前者，显然就是丹顶鹤。“土鹤”，似指灰鹤
	民国十七年《桦川县志》	鹤（有灰色者飞自江北。桦川或有见之者）	“鹤”中含有丹顶鹤。而“灰色者”，似指灰鹤
华东	清光绪五年《丹徒县志》	鹤（宋雍熙四年十月，知润州程文庆献鹤，颈毛如垂缨）	此“鹤”有“颈毛如垂缨”特征，似为“小灰鹤、水鹤、丹歌”，亦即蓑羽鹤（*Anthropoides virgo*）
	清光绪八年《宜兴荆溪县志》	东南之涧，有翔鹤之洞（张公山后白鹤洞有白鹤飞翔，故名。《相鹤经》云：鹤乃羽族之宗，仙人之骥。千六百年乃胎产。据此，则谓鹤不卵生者，误也。鹤初生多灰色，年久，渐白。至大，毛落而氄毛生，则白如雪矣。又一种似鹭而头无丝，脚黄色，俗名白鹤子。色红者，名红鹤。皆非鹤而冒鹤名者）	此处所称先灰后白之“鹤”，虽不尽准确，但基本上还是指丹顶鹤。而“似鹭而头无丝，脚黄色”的“白鹤子”与“色红者，名红鹤”者，明确“非鹤而冒鹤名者”；后者为朱鹮（*Nipponia nippon*）
	清光绪十一年《庐州府志》	青鹤	仅有一种“鹤”。十分明确，并非丹顶鹤
	明嘉靖九年《惠安县志》	苍鹤（似鹤而色苍，可驯畜）……鹤（鹤相唳）	记载有2种鹤，后者似为丹顶鹤
	明嘉靖十七年《福宁州志》	鹤（又有扬鹤）	“扬鹤”，似指“扬州鹤”，原似出自（南朝梁）殷芸《小说》：“有客相从，各言所志，或愿为扬州刺史，或愿多赀财，或愿骑鹤上升。其一人曰，腰缠十万贯，骑鹤上扬州，欲兼三者。”从其描述看，当是丹顶鹤；著名的产丹顶鹤地“吕四场”，即在“扬州府”
	明嘉靖二十四年《清流县志》	鹤（有灰、青、白色。丹顶，其寿最久）	记载有3种鹤。其中“丹顶”当是“白色”者，亦即丹顶鹤
	明崇祯六年《海澄县志》	鹤顶（刘安期曰：鹲，水鸟。黄喙，长尺余，南人以为酒器。即今鹤顶也。按《华夷考》：海鹤，大者修顶，五尺许翅足称是。昼啄于海。春暮，宿岩谷间。岛夷以小镖伏于鹤常宿所刺之，剥其顶售于舶估。又南番有鱼，顶中鱿红如血，名鹤鱼，以为带号鹤顶红。有人在达官处见其鹤顶红带，云是鹤顶剪碎，夹打而成）	非丹顶鹤，有人认为是盔犀鸟（Helmeted hornbill）
	清光绪二十年《闽县乡土志》	海鹤（粪能化石）	非丹顶鹤，有人认为是盔犀鸟（Helmeted hornbill）
	清光绪十二年《日照县志》	鹤（《旧志》云，止有灰鹤）	既然仅有一种“鹤”，且明确为“灰鹤”，显然不是丹顶鹤

（续表）

所属地区	出处	相关内容	分析说明
	1971年《屏东县志》	白鹤	尽管该志出版已属现代，但台湾并无白鹤（*Grus leucogeranus*）记录，且现代白鹤在中国主要分布在从东北到长江中下游
	明嘉靖三十年《巴东县志》	鹤……白鹤	疑皆是丹顶鹤。可参见“鸳鸯”文，古人将“鸳鸯”与“鸂鶒”分为2物种，实际皆为鸳鸯
中南	明嘉靖四十三年《归州志》	鹤（有黑、白二色）……红鹤（色桃红。鸣于咽）	“鹤”中白色者，似丹顶鹤。“红鹤”是朱鹮（*Nipponia nippon*）
	明嘉靖二十七年《香山县志》	鹤（灰白二种，皆丹顶）	此指出灰鹤（*Grus grus*，见图8.40～图8.42）与丹顶鹤“皆丹顶”是准确的
	清道光十年《西宁县志》	鹤（邑产者灰色，苍色。亦有白者，颈有酱色毛。又有蓑衣鹤，半颈以上毛俱酱色，足青《采访册》）	据此注释，不足证明有丹顶鹤
	清同治十年《番禺县志》	鹤（一种水鹤。状如白鹭。其性通风雨，有风雨，则鸣而上山；否则鸣而下海。寻常多在榕树上）	含有丹顶鹤，而“水鹤”特征很明确（可对照《故宫鸟谱》）
	清同治十二年《海丰县志》	水鹤	非丹顶鹤，乃蓑羽鹤（*Anthropoides virgo*）
	清光绪六年《清远县志》	鹤（有灰色、苍色。一种似白鹭者，水鹤也《采访册》）	此“鹤”，据注释看，并无丹顶鹤
	清光绪七年《惠州府志》	鹤（亦有鹭鸶）	“鹤”中含有丹顶鹤。此注释中出现“亦有鹭鸶”，似指“水鹤”（蓑羽鹤）
	清光绪十五年《高州府志》	鹤（凡数种。有通身洁白者，曰白鹤。有缟衣，丹顶者。有通身灰色者，俗呼蓑衣鹤。土产无鹤，所见均非真鹤也）	此时已至清末，并得现代动物学启蒙；且在明确有丹顶鹤之外，仍有“通身洁白者，曰白鹤”，当就是白鹤（*Grus leucogeranus*）
	清宣统三年《高要县志》	鹳鹤（南方之鹤皆灰色，白者则少。此盖鹳雀俗呼为鹤耳。《正字通》：鹳雀似鹤，顶无丹，项无乌带，长颈，赤喙，翅、尾黑者。是。城上披云楼，左右有大树数株，向栖灰鹤，即鹳雀也。千百为群，夜出饮啄，黎明即回城中。人因其飞鸣而知夜之早晚。若有兵事，往往不知所往。事定，则聚集如故《采访册》）	尽管此“鹳鹤”似主要指“鹳属”，但其中提及“南方之鹤皆灰色，白者则少”，不能排除没有丹顶鹤；尤其是康熙十二年《高要县志》同时记载“灰鹤”和“丹顶鹤”。故此“鹳鹤”，疑似“鹳”与“鹤”2物种之误
	民国十年《东莞县志》	鹤（有白，有元，有黄，有苍《嘉祐本草》。灰鹤大如鹤，通身灰色，去顶二寸许毛始丹，及颈之半，亦能歌舞《桂海虞衡志》。南方之鹤皆灰色。白者则小。有水鹤，[亦小，状]类白鹭。其性通风雨，有风雨则鸣而上山，否则鸣而下海，寻常多在榕树。广人以其顶丹可贵，故曰丹歌。有诗：丹歌时引舞）	从“鹤”的描述看，其中既有丹顶鹤，也有蓑羽鹤
	民国二十二年《开平县志》	鹤（有黄，有苍，有白。白而颈长者，声最高。其颈短、灰色者，名灰鹤，是鹤之别种）	多种“鹤”。其中“白而颈长者，声最高”者，是丹顶鹤

（续表）

所属地区	出处	相关内容	分析说明
	民国二十三年《恩平县志》	鹤（有白，有玄，有黄，有苍。或取其雏饲之，翔步阶除有闲客态，甚驯扰可观。//南方之鹤皆灰色，白者则少有。水鹤类白鹭，其性通风雨。有风雨则鸣而山上，否则鸣而下海《广东新语》。又，鹤灰色，谓之海鹤。水鹤尤小，自春深至秋中，相率以千百至，鸣声彻晓夜。昔尝栖止于邑境水洲陂。弋人张网以待，时有所获，名为鹤埗。今则鹤已少至《采访册》）、灰鹤（一名寒鹤。颈短。能知更。//大如鹤，通身灰色，去顶二寸许毛始丹，及颈之半，亦能鸣舞《虞衡志》）	明确分为2种鹤（“鹤”与“灰鹤”），就是“鹤”中，包括有丹顶鹤
	明嘉靖十八年《钦州志》	鹤（灰色，不如扬州之雪白）	此虽用“鹤”，但加注释，相当于“灰鹤”
	民国十三年《陆川县志》	野鹤（陆川鹤洞山有野鹤）……鹤（有黄、白、玄、青各色。又有高大而顶有翎者，俗呼为大水鹤）、夜鹤（或云，即野鹤）	此“鹤”中有丹顶鹤，而“水鹤”的特征类蓑羽鹤
	民国二十三年《贺县志》	水鹤……白鹤	前者“水鹤”是蓑羽鹤，后者“白鹤”是丹顶鹤
	明正德六年《琼台志》	蓑衣鹤（俗名牛奴）	物名即表明并非丹顶鹤。“蓑衣鹤”究竟是今何物？待探究
	明万历年《琼州府志》	蓑衣鹤……鹤（通身灰色，去[顶二]寸许，毛始丹。[亦能]鸣舞。其色白，顶丹者，则传自广）	“鹤”中，前者似灰鹤，后者乃丹顶鹤
	清康熙四十七年《琼山县志》	老鹤……蓑衣鹤	既然万历年《琼州府志》已有丹顶鹤，那么此“老鹤”似指此（古人有将“白色”作为“老”，如东方白鹳即称“老鹳”）
	清光绪十六年《琼州府志》	鹤（粤中最少鹤，惟琼州则元裳，缟衣，丹顶。其余，灰鹤居多。又有蓑衣鹤，俗名牛奴《通志》）	“鹤”中有丹顶鹤、灰鹤、“蓑衣鹤”
西北	清嘉庆二十四年《崆峒山志》	元鹤（栖东台岩洞之中。丹顶，皂身，白腹，朱啄，跱老者色深黑）	尽管描述不是很准确，但其中的“丹顶，皂身，白腹”仅丹顶鹤较符合（《尔雅翼》将元鹤释为“鹤之老者”），且在其周边有丹顶鹤栖息
	民国二十四年《灵台县志》	水鹤（似鹄，长颈，高脚，纯白，丹顶。食于水）	尽管此称“水鹤”，但“纯白，丹顶”显然是丹顶鹤

窃以为，古人并未尽识现生我国的2属9种鹤，他们所称的“鹤”或“白鹤”等乃默认或多指丹顶鹤（现代中文学名）；若将古人称“鹤”领悟成是类名（亦即含有多种鹤。就是有此意的，所见多有注释），则缺乏更有力的证据。

4.7 自然地域名称与政区名称

常见的动物分布使用地名是自然地名与政区地名，虽二者各有千秋，但窃以为，从涉及较大范围而最终要标注到地图（尤其是小比例尺图）

上，或历史动物分布变迁（在资料来源与处理政区变迁等方面）等方面考虑，政区地名更胜一筹。

值得注意的是，即使在同时段，自然地名与政区地名不仅各自有同名异义现象，而且相互之间也有异名同义现象，应注意区分。在文字描述过程中，不同概念的地名混用尚影响不大；到分布图标注时，其空间位置往往是唯一的，需要表达隐含的逻辑关系，便于读者领悟。

在地图上标注动物分布，一般是采用经审定的标准底图，依然是“点”“线”“面”三种形式。政区地名可以按治所标“点”，自然地名的山也可按其主峰标“点”，河流的显示难度就较大。

例如，对“秦岭”就有二说：①其主体位于陕西省中部的，亦即狭义的“秦岭”；②“秦岭山脉”，也简称“秦岭”。其西起甘肃南部，经陕西南部到湖北、河南西部，长 1 600 多 km，为黄河支流渭河与长江支流嘉陵江、汉水的分水岭。秦岭—淮河一线是中国地理上最重要的南北分界线。这是广义的“秦岭”。

又如，《中国动物志 · 鸟纲 · 第一卷》记述白鹳“国内分布于新疆喀什、天山、伊犁”（郑作新等，1997）。根据该书白鹳分布图（参见“《中国动物志 · 鸟纲》白鹳”①）左上方的标注情况看，由上而下的三处应是“伊犁”“天山”与“喀什”。但笔者对照《中华人民共和国分省地图集》察看实际标注，由上而下的三处则似是：①托里县与裕民县一带；②我国境内之天山的哈尔克山一带，或现伊犁哈萨克自治州的伊宁市一带；③公格尔山与慕士塔格山一带，或阿克陶县与塔什库尔干塔吉克自治县一带（地图出版社，1974）。

尽管“喀什地区”与其所属“喀什市”皆可简称为“喀什”，尽管“天山”有广义（东西横贯横跨中国、哈萨克斯坦、吉尔吉斯斯坦和乌兹别克斯坦等国）与狭义（横贯新疆维吾尔自治区中部）二说，但“伊犁”则只是地级的“伊犁地区”或“伊犁哈萨克自治州”驻伊宁市，由此看来，“喀什”也是广义，“天山”则应指国内部分。

4.8 时间的重要性

历史时期动物地理分布虽是介于古动物与现生动物的中间环节，但在具体研究中往往在时间段方面要有所前伸或后延，才能达到更佳效果。

鉴别特异情况，不得不考虑到具体时段。尽管上文已有所涉及，但还有一例可以说明：有人将动物古称“貘”与现今动物“貘属”对应，进而否认其为大熊猫别称之一。窃以为，由于其未注意到两相关事物的时间差异，得出错误结论，难以信服。①我国出土的动物遗存中确有多处含有貘属，然笔者对于“河南安阳殷墟附近也曾出土过商代晚期的貘的残骨”的提法颇疑惑：殷墟发掘出 10 余万片契刻有文字的甲骨，固然是商代文献，但在那里出土的马来貘化石，并不意味着也是商代遗物。它们是两个概念，亦即在同一地点，既可是同时段，也可是不同时段的遗物。如不注意区分，有可能再出现“关公战秦琼”的笑话。②张之杰提到“许是明治初年，日本学者将 tapir 译为貘的依据吧”（张之杰，2008）。“明治”乃日本睦仁天皇的年号（1867～1912），其“初年”恰在清同治（1862～1874）年间。在此之前，古人就已使用“貘”来称大熊猫了。③还有多种其他理由（详见《中国珍稀野生动物分布变迁》）。

剔除虚假的时间，还原事物本来面目。笔者见到的一些动物分布变迁图、名录存在有两方面问题。①不合逻辑的夸大，或者是“以点带面”（时间并不久远），或者信口开河。例如，称朱鹮历史上除新疆与西藏外，全国皆有分布。但我们没有看到其论据中有点滴朱鹮在云南的分布信息，并且从历史上朱鹮的分布情况看，其西北界线达到青海东北部—甘肃中部（固然可以排除新疆有所分布），其西南界线则在四川中部—贵州东南部—广西西南部一线（固然可以排除西藏有所分布，但其分布同样也达不到云南）。②毫无时间观念地罗列分布地，相当部分沿用百余年前

①此图因故不得已删除，有兴趣的读者可以根据所列出处查看原图。该图显示，在左上方“1”号地区（白鹳分布地区）的“和布克赛尔”略东→“帕米尔高原”东段一带有一道弧线，在该弧线的东北方向有 3 个标有“▲”点，原作者称是“伊犁”“天山”与“喀什”，但根据比例尺较小的地图核查，则有出入。

外国学者的调查资料。朱鹮的分布变迁颇具代表性，不少外国学者的记录固然可以与古方志记载相互印证，但到20世纪70年代甚至21世纪依然毫无时间区分的单纯地点（还有不少只是笼统到省级政区），显然不符合事实。尽管我国古代朱鹮分布十分广阔，但到20世纪初就急剧缩减，到20世纪80年代野外仅五地（而不是通常所说仅洋县一地）有残存。显然20世纪70年代以来记载的不少朱鹮分布地至少是几十年前的状况，尤其应当注意区分。

反映历史动物地理研究成果也离不开时间观念。就笔者研究过的物种看，清中期以来，尤其是近百年来，它们的分布状况变化巨大。如果说在文字记述方面尚不显现这种现象的话，而通过分布变迁图显示相当一段时期的动物分布，如果缺少时段，难免使人疑惑，或造成误导效果。就是狭义的“动物地理”与“动物分布”，亦即人们默认的“现代动物地理”与“现代动物地理分布”，至今也有百余年历史，动物分布变迁更为显著。

4.9 综合判断

对于一些难解问题，往往需要根据若干相关情况做出综合判断。

例如，编辑部转述审稿者对《历史时期大熊猫分布变迁再探索》文稿的第2条意见是：

文中关于山西、黄土高原、东北等地的大熊猫的分布，也缺乏说服力，因为大熊猫以竹为食，而这些区域是无竹类的，作者没有考虑大熊猫的食料问题。

笔者对此申述道：

① 何业恒教授还提出：“据我们估计，到17世纪，全国还约有100个县为大熊猫的栖息地。这100个县地跨现在的华北（北京、河北、山西）、西北……”（何业恒等，2000）提到的大熊猫分布地与拙稿中的应当相当。

② 拙稿所认为历史上山西有大熊猫分布的根据在：a）平陆县嵩店村出土有大熊猫化石；b）根据文献记载，晋南曾有大熊猫，并且与陕西中东部的分布点毗邻，而现今秦岭仍是大熊猫的分布区之一；c）晋北代县一带曾有大熊猫，虽然证据不是十分充分，但纬度甚至低于后来河北的分布点，应当还是可能的。

③ 至于历史上竹类分布，纬度较高且可考的有北京怀柔、内蒙古准格尔旗、山西太原、陕西陇县、宁夏海原、甘肃张掖等处（文焕然，1993；文焕然等，2006）。可以说，历史上可考的竹林分布地与大熊猫分布地点是对应的，甚至前者的北界还高于后者。如果审稿专家认为历史上山西、黄土高原等地无竹类分布，恐怕是不太了解情况。因为就是现今，这些区域的部分地方还是有竹；以你们所处的××（也是黄土高原的一部分），就有竹与大熊猫的事实，可以证明。

④ 对于“东北历史上分布的大熊猫”，在拙稿中只是作为“讨论”提出的，并没有列入“表3”中（古今分布变迁图上也不会显示），而且也只占很小比例的篇幅。即使审稿专家认为有碍，删去即可。若作为拙稿不宜采用的重要理由，是否过于牵强？

⑤ 此外，古今大熊猫分布差异还与气候变迁有关。如果仅用现今情况来判断历史时期，难免会产生认识偏差。

又如，有人就涉及亚洲象遗存等讨论历史气候（邹逸麟等，2013）时，提出：

阳原发现野象遗存只是一个象齿，并不是完整的骨骼，尚不能完全排除异地带入的可能性。退一步说，肯定它的原生性，也不能排除在某些特殊的年份或时期，少数的野象活动到这个地区，因为野象具有短期内长途活动的能力。显然，阳原的野象遗存目前尚不能证实当时阳原是野象稳定分布的北界。事实上，出现在华北的喜暖的生物成分也绝非仅野象一例，如北京、天津、白洋淀等地发现的水蕨孢子，以及滦河下游发现的柞木和杨梅的花粉，都是典型的亚热带地区植物。这些发现也都没有被认同为当时亚热带北界的标志，而仅是一些特例。

窃以为值得商榷：

① 研究者贾兰坡等（1980）记述：a）河北阳原县出土的亚洲象位于相距约30 km的两处（其方位与距离参见“阳原县出土亚洲象遗存地点及周

围环境”)①。b)前者是丁家堡水库东距约 30 km 的花稍营公社(现化稍营镇)大渡口村,确实仅出土“一枚象的第三臼齿”。c)后者则是阳原县东约 14 km 的井儿沟公社(现井儿沟乡)上八角村和浮图讲公社(现浮图讲乡)丁家堡村之间的丁家堡水库,“亚洲象(*Elephas maximus*)材料是一枚右上臼齿和一枚右下第三臼齿,还有一些肢骨”。d)“发现不少几乎尚未碳化的树干朽木,经中国科学院古脊椎动物与古人类研究所和北京大学历史系的 ^{14}C 实验室测定年代分别为 3 630 年 ±90 年 B. P. 和 3 830 年±85 年 B. P.”,亦即“三四千年以前我国夏、商时代”。

② 对象遗存的鉴别:a)第一手资料反映,阳原出土的象遗存是相距 30 km 的两处,而非“只是一个象齿”。b)丁家堡水库出土的象遗存至少含有 5 枚标本。c)现生哺乳动物长鼻目象科只有 2 种——分别栖息于亚非两大洲的亚洲象与非洲象。阳原的标本出自全新统地层,显然就是亚洲象。d)标本中没有珍贵的“上颌门齿”,而只见数枚“臼齿”。

③ 对象遗存的分析:a)丁家堡水库的象标本虽未见多枚相同部位遗骸,但如果它们呈分离状态(值得探究),还是可以反映不只是同一头象。b)动物遗存需要具备易于保存的硬体,有某种沉积作用把它迅速埋藏起来,在一定时间内经过固结、充填、换质等石化作用等综合条件;并且成功的概率极低,比照大鲵情况(仅见一地出土遗存)便可想而知。c)尽管古生物学家估计大渡口村丁家堡水库的象遗存是同一地层产物,但它们的实际年代差异也相当大,起码并非同年出现。d)就目前状况看,也可证明阳原在夏商时期有较多象栖息。e)古代所称“象齿”是指珍贵的工艺品原材料,现特区分为“象牙”或“獠牙”等称谓。阳原既没有发现此物,也毫无“异地带入”的蛛丝马迹,故可认为是野生亚洲象。

结论:窃以为,既然在夏商时期的不同年代有野象在阳原栖息并非偶尔一次,既然只有相当长时期生存才会出现的柞木和杨梅的花粉存在,并且都是典型的亚热带地区动植物,依然表明这一带曾有一段时期呈现亚热带气候环境。然而,一些研究者却得出“仅是一些特例”的结论,令人费解。

5　瞻前顾后,合理推断

推断是历史动物地理研究者采用的研究方法之一,主要是由于种种原因缺少直接证据而通过旁证来确定,但前提是要瞻前顾后,合理推断。

● 推断未见记载地有虎。尽管仅广西的隆林各族自治县与大化瑶族自治县未见有明确的虎分布记载,但不妨通过其周边(图 1.23 中紫方块与红星)情况分析,此二地皆处山丘地带,周围各地历史上皆有虎分布。

具体看隆林各族自治县的东邻,《田林县志》记载(田林县地方志编纂委员会,1996):

1953 年……牛、马、猪、羊受虎豹害 1 005 头(匹)。这年,打死虎豹 106 只,野猪 412 头,箭猪 356 头,黄麂 443 头,其他兽类 422 头。

1959 年,央边公社(今板桃乡)共打死各种兽类 2 805 只,其中野猪 510 头,箭猪 159 只,虎豹 4 只,黄麂 964 只。

按:从记述看,田林县不仅有丰富的供虎食用的有蹄类动物,而且虎的数量也非常大。更值得注意的是,当地现今仍有虎栖息。

再看大化瑶族自治县,该县是 1988 年 10 月由当时河池地区都安瑶族自治县、巴马瑶族自治县以及南宁地区的边缘结合部组成年代并不久远的县。尽管历史资料稀少,但我们可以从当地乌龙岭地区尚有野猪、黄猄、野山羊、猴子、山鸡、毛鸡、果子狸、穿山甲、竹鼠、蛤蚧、蛇类、剑鱼、巴马纯唇鱼、暗岩鱼、长尾唇等动物组合②看到仍有虎的食物存在。大化瑶族自治县北毗邻的《都安

①据:天地图. http://map.tianditu.com/. 此图因故不得已删除,有兴趣的读者可以根据所列出处查看原图。该图显示,出土象遗存的 3 个县、镇皆在东北—西南向的长沟谷中,略呈锐角三角形状:“井儿沟乡”与“浮图讲乡”属于北南相邻的两个乡,“化稍营镇”在前二乡东北,且分别有两个镇、乡(“东城镇”与“马圈堡乡”)阻隔。

②大化瑶族自治县. http://baike.baidu.com/view/395054.htm? fr=aladdin

瑶族自治县志》记载（都安瑶族自治县志编纂委员会，1993）：

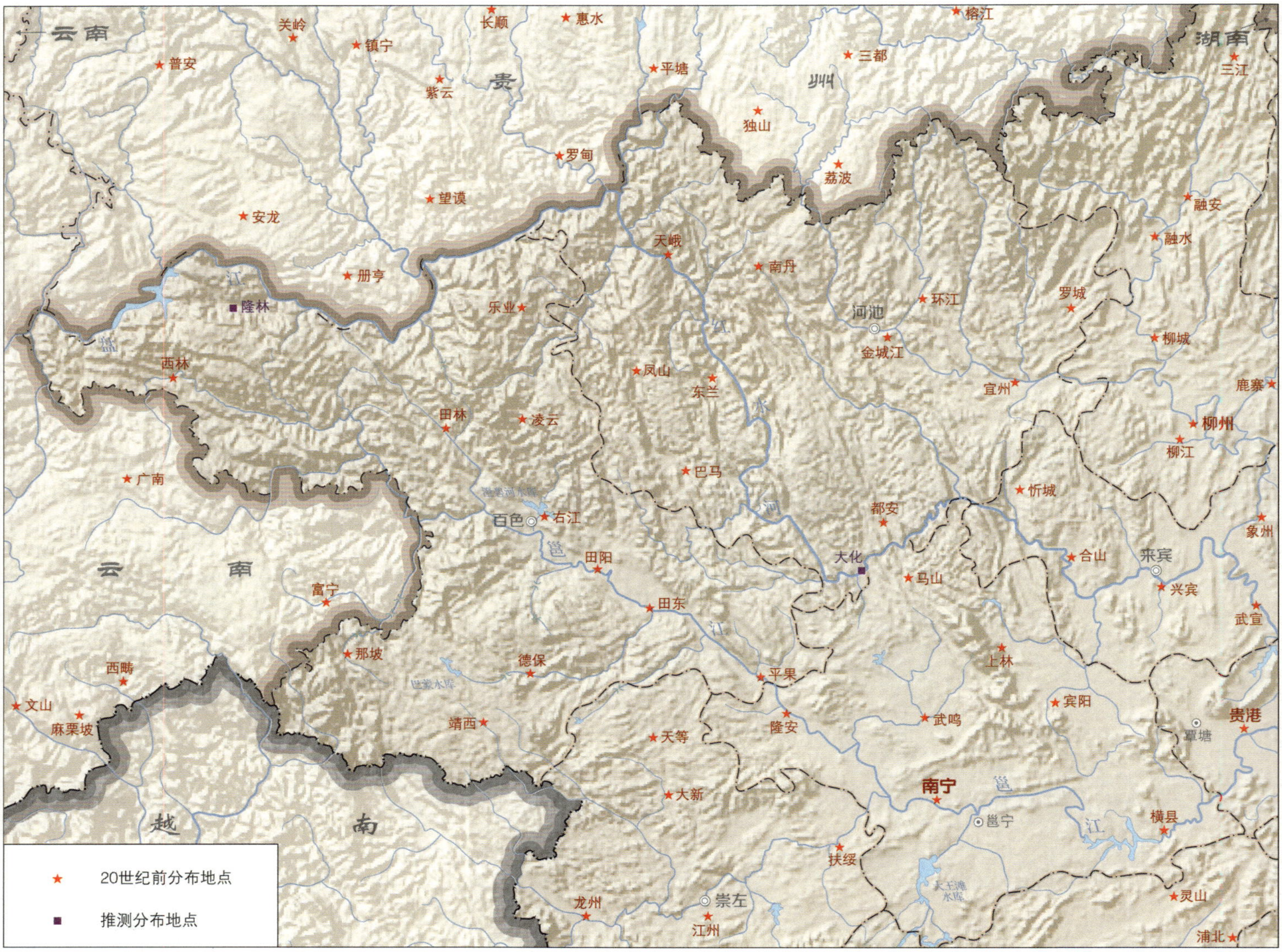

图 1.23　广西隆林与大化一带地形与虎分布图

1952 年县内发生虎患，计咬死黄牛 54 头、山羊 749 只、生猪 130 头，咬伤 14 人，咬死 1 人。

1953 年各族群众除兽保苗畜禽，打死老虎 21 只，黄猄 31 只，猴子 197 只，泥猪 191 只，箭猪 350 只，团猪 318 只，鸟兽老鼠所得更多，无法统计。按：据此看来，在 20 世纪 50 年代，都安瑶族自治县不仅也有可供虎食用的丰富有蹄类，而且打死的虎确实不在少数。就是大化瑶族自治县西北的巴马瑶族自治县，至今仍有虎存在。

推测东北分布的虎之数量。人们即使对现有虎的数量估计也出入颇大①，更何况对历史上虎

①如 WCS 俄罗斯科学家估计，19 世纪末，全世界东北虎的总数有 2 000～3 000 只，中国有 1 200～2 400 只（东北虎. http://baike.baidu.com/link? url=5fgUgszBtuG8eOCACtsw1WwHTQxqbyxSeN0PDvuFHvXXbw）。

又如，虎在食物丰富的热带地区，繁殖雌性个体的领域为 15～51 km^2，个体之间重叠很小（小于 10%）；在食物较少的黑龙江地区领域达到 300～1 000 km^2，个体之间领域重叠很大（但不在同一时间）（史密斯等，2009）。

数量的估计更是难点之一。笔者根据历史记载①，换算得出现今俄罗斯的虎占地 12.8～16.8 km²/只(杰克逊，1996)(而不是有 10～150 km²/只多种提法)，并综合考虑历史时期气候带变动、东北地区地广人稀、植被良好，生物多样性平衡时，估计历史上东北分布的虎数量不少于 13 000 只。

6 时段的划分

动物地理分布变迁，即意味着由静态的动物地理分布进入到反映其地理分布的动态变化，这就有必要划分时段，从中发现规律性问题。

动物地理分布变迁时段的划分与掌握不同时期的地理分布资料多寡成正比关系，亦即如果掌握的资料丰富，便可将变迁时段划分较密集一些，反之亦然。既不同于古动物研究的阶段性(少则数万年，多则数百万年；就是误差往往也是以千百年计)，也不同于现代动物研究(在不长的时段内，往往可以忽略分段)，历史动物地理研究则要有明确的时段(历史时期较多采用朝代)。

本书涉及多动物门类物种，限于主客观条件，不仅古人对它们的记录差异不小，就是今人对它们的关注度也不尽相同，可利用的资料也不一样。

为便于比较与全书体例一致，我们将反映具体物种分布的资料先按实证性遗存(动物的骨骼、牙齿、脑、粪便、足印、痕迹等)与文献记载(反映显著特征的文物、文字记载、图片等)分别设定时段。对前者，按古生物、考古学的一般时段，基本上按照早更新世、中更新世、晚更新世、全新世区分，出现较早的物种再适时前延。后者一般按20世纪前、20 世纪前半叶、20 世纪后半叶、现今划分。这是由于：①动物地理分布在时间与空间方面较明确记录的文献主要是方志，留传下来且处于 20 世纪前的方志主要是清代；从生态环境与动物分布变迁整体看，到清末变化不大。②民国时期的方志，恰可作为反映 20 世纪前半叶动物分布的主要资料。③1980 年代前后展开的新方志修编，一些地方进行的现代野外调查资料等，是 20 世纪后半叶动物分布的较坚实资料。④我国首次展开的全国性野生动物普查或重点普查起于 20 世纪末，到 21 世纪初才完成并公布；近年网络发布动物分布信息基本更新到 2010 年以后。

诚然，对于具体物种或局部范围内的某些物种，也存在分布变迁的一些特殊性，有的界线比较清晰，则根据具体情况处理。

7 地点

本书涉及的动物分布地点采用政区地点。

古地名与原资料中的自然地名皆经考证，置换成现今政区地名。

由于今政区地名屡有变动，而本书撰写多年，前后地名变动，皆特按资料截止于 2007 年底的中华人民共和国民政部主编《中华人民共和国行政区划简册》(辞海编辑委员会，2010)，排序略有变动。

8 野生动物

本书涉及的“野生动物”包括 20 世纪末以来原生野生动物灭绝后重新引进、回归的物种，放养的物种，尽量不用圈养物种。

这是由于前者虽存在人工干预因素，但主要选择该物种原栖息地，逐步将该物种放归自然，恢复野性。后者更多在人工干预条件下起保存、展示作用。

9 网络资料

尽管现代网络资料丰富多彩，鱼龙混杂，往

①诸如，《元史》称：“松州(今内蒙古赤峰市松山区)知州布萨图格(仆散秃哥)前后射虎万计，赐号万虎将军。”
康熙仅在哈达城(今西丰县境内)就“杀虎数十”。
民国《吉林省地理志》记：“虎林县山川皆以虎得名，产虎最多，其各大山亦有之。”
民国《汤原县志略》载：“猎户入山，每年共得五六只。”“每年”尚且如此，野外实际生存的虎数量至少要高出数倍。
民国《临江县志》称：“虎：临江深山中极多。”采用“极多”来形容当地野生动物，这在方志中十分罕见。

往被学术界视为“鸡肋”。窃以为，对此应当辩证对待，不宜“一刀切”。对于不负责任的信口开河，固然不足取；对习以采用二三手资料，出问题往前者身上推的文过饰非，也不足取；就是对持“言多必失”者而言，往往是人云亦云，不但创新不多，反而产生垃圾不少，同样未必可取。

我选用网络资料需要有所判断，主要是看中其资料多而新，尽量采用较权威性网站的，或证据较充分的，或可以验证的，或有延续性的。

正如诗词歌赋、笔记、传奇等，本身并非科学性记录，但其中也存在作者不经意间的纪实性内容，经过鉴别、提取、梳理，既可为学术研究相互印证，也可补充缺失环节，产生质变。网络资料中亦不乏此类情况。

10　地图设计

虽然地图的制作与显示现多用色彩丰富图形而早已今非昔比，但如何把握与运用，所产生的效果则有所不同，值得探究。

例如，测绘出版社曾协助笔者制作一幅《历史时期“东北虎”分布变迁图》（参见“历史时期”东北虎“分布变迁图（一）①（二）②”），尽管采用地形图作底图，尽管提供的“东北虎”③分布变迁资料相同，但由于处置方式不同，显示效果有差异：“图（一）”编辑或是出于美学考虑，一方面淡化了原设计所显示的地形色彩，另一方面采用现比较流行的渐变色彩气泡表示分布点。这就既使我们原要表达的显示“东北虎”的分布与环境（因为在生态环境中，地形是比较稳定且容易表达的因素之一）这一隐含用意大为弱化（可与“图（二）”比较），又使我们原要表达的显示“东北虎”在不同时段（而非持续性）分布状况，不甚明显。

11　相关说明

本书中还包括对《中国珍稀野生动物分布变迁》已经论述过的珍稀野兽再研究，内容没有重复，主要是修订、增补，对它们的分布变迁，一般按相互一致的阶段展示；其中不乏更为深入性、突破性研究。

笔者见到某些“地理分布”的作品，或只闪现出结论，或只在图上圈点，却将原始资料甚至将其来源隐蔽。此种做法或许有种种理由，然窃以为，如此效果（让他人去猜测分布地的图，看到难以验证的结论）或许是“自我保护”，但其可信度则无疑大大降低。

“学术乃社会公器”，有鉴于亲身感受，有鉴于了解到《中国珍稀野生动物分布变迁》对他人再研究（包括通过学位论文，国际核心刊物发表论文，参与重大创新项目等）发挥作用，笔者对《续编》仍坚持：展现鉴别过的资料→梳理→成图→得出结论的透明研究方式。

就是对一些自己力不从心的较重要疑点，也以存疑方式提出，为再研究者留下线索。

对野生动物分布变迁的原因本书再未作专门论述，主要由于：①笔者已在《中国珍稀野生动物分布变迁》中有过讨论，从目前看，尚未发现新的重大突破。②此次研究成果的篇幅已然不小，无论从出版方，还是作者方，甚至读者方都值得暂告一段落。③笔者尚有与此相关的重任在身，力不从心。

另有 2 点值得说明：

（1）我国政区每年皆有调整，本书稿撰写前后有 10 余年，尽管最后成文时的现今政区的资料截止主要依据民政部公布的 2007 年底，个别又延

---

①据：文榕生. 2014. 诸山皆有虎. 人与生物圈(6)：18～22. 因故不得已删除，有兴趣的读者可以根据所列出处查看原图。该图尽管也显示出历史时期“东北虎”的地理分布与变迁状况，但此图在出版前未与笔者打招呼，径自改动了专业地图运用地图语言所反映的颇多寓意，大大降低了笔者所要表达的多种信息，颇为可惜。

②因故不得已删除，有兴趣的读者可参见主要内容相似的上图。测绘出版社制图专家与笔者充分磋商之后，按照笔者意图，采用地图语言，既反映出东北地区的地形特征，又将 4 个不同阶段的“东北虎”地理分布与变迁的静态状况与动态变化都表达出来了。十分遗憾的是，现无法将两幅更便于比较的地图展现给读者，好在下文[第十七章 虎的分布变迁(续)]中有一幅另绘制的《历史时期“东北虎”分布变迁概况图》也可与其进行比较。

③因包含有历史时期分布于东北的虎与清末以来由于分布隔离而出现的虎亚种（东北虎）两种概念，特采用“东北虎”表示。

至2010年，但从目前看，还是稍显陈旧；尤其是此次特请中国地图出版社专家制图，希望采用最新资料；由于整个文稿已经付梓而不宜再作较大改动，为了避免全部更新工作量巨大，且容易出现新的失误。经征得责编同意，文稿仍然保持原样，地图则采用最新政区资料，并按下列方式处置：①区分地级市的正式称谓［包括市辖区、县级市、县(自治县、自治旗、特区、林区等)等］与俗称(三要指同地名的城区部分)不同概念。本书主要采用后者，并加标记区分。②凡仅有1个市辖区的，直接采用该区名称。③含有2个及其以上市辖区的地级市，采用其俗称(尽可能加标记)。④个别现分离的政区名称，同时使用分离后的新名。⑤现合并的政区，直接改用合并后的新名。⑥增加的政区，察看当时的情况，酌情增加新名。⑦为方便读者细查，特将中国县级及其以上政区名称作为附表。⑧文字描述与地图显示则因此略有出入，特请读者理解。

(2)本书稿撰写中涉及的自然保护区资料主要依据中华人民共和国环境保护部公布的《(2011年)全国自然保护区名录》资料，在使用过程中，有些数据已经进行修订。然而，在正式出版绘制地图时，我们见到目前最新版本的《2015年全国自然保护区名录》。经过逐一比对，我们发现二者数据不仅各个项目皆有变动，而且幅度高达80%～90%，并且后者中还有一些数据需要修订。这不得不使笔者对其准确性产生动摇，若再据后者逐一修订文稿，不仅难度极大，而且有可能形成“非驴非马”状态，倒不如保持原样，仅供读者做一大致参考；若读者需要更准确的数据或统计结果，将不得不再度仔细核查；或者关注笔者对《2015年全国自然保护区名录》经过校对、修订的版本(若有机会出版的话)。

参考文献

邦姆巴拉登尼亚等著；张劲硕译. 2012. 野生动物(画册). 北京：中国大百科全书出版社

彼得·杰克逊. 1996. 野外的老虎：世界自然基金会1996物种研究报告

曹志红. 2010. 老虎与人：中国虎地理分布和历史变迁的人文影响因素研究［博士学位论文］. 西安：陕西师范大学

辞海编辑委员会编纂. 2010. 辞海：第六版：缩印本. 上海：上海辞书出版社

地图出版社. 1974. 中华人民共和国分省地图集. 北京：地图出版社

董为，李占扬. 2008. 河南许昌灵井遗址的晚更新世偶蹄类. 人类学学报(1)

都安瑶族自治县志编纂委员会编. 1993. 都安瑶族自治县志. 南宁：广西人民出版社

《峨眉山志》编纂委员会. 1997. 峨眉山志. 成都：四川科学技术出版社

费梁，等. 2006. 中国动物志·两栖纲. 上卷，总论、蚓螈目、有尾目. 北京：科学出版社

高耀亭，等. 1987. 中国动物志·兽纲. 第八卷，食肉目. 北京：科学出版社

高耀亭，文焕然，等. 1981. 历史时期我国长臂猿分布的变迁. 动物学研究(1)

葛剑雄. 2005. 创建考古地理学的有益尝试//高蒙河著. 长江下游考古地理. 上海：复旦大学出版社

顾玉珉，等. 1996. 广东罗定更新世灵长类化石. 古脊椎动物学报(3)

顾玉珉. 1986. 我国更新世长臂猿化石的初步研究. 人类学学报(3)

(晋)郭璞. 1985. 尔雅音图. 北京：中国书店

国家林业局主编. 2008. 中国重点陆生野生动物资源调查. 北京：中国林业出版社

何业恒，何立庠. 2000. 稀世珍宝大熊猫. 重庆：重庆出版社

何业恒. 1996. 中国虎与中国熊的历史变迁. 长沙：湖南师范大学出版社

何业恒. 1996. 中国熊的历史变迁·马来熊//中国虎与中国熊的历史变迁. 长沙：湖南师范大学出版社

侯仁之. 1995. 期待着文焕然先生关于历史动植物地理研究的专题论文能够以论文集的专著早日出版(代序)//文焕然等著. 中国历史时期植物与动物变迁研究. 重庆：重庆出版社

胡锦矗. 1990. 大熊猫的历史记载//大熊猫生物学研究与进展. 成都：四川科学技术出版社

胡锦矗. 2001. 大熊猫. 上海：上海科技教育出版社
黄万波. 1980. 西藏昌都卡若新石器时代遗址动物群. 古脊椎动物与古人类(2)
黄万波. 1985. 化石大熊猫//四川省动物学会编. 大熊猫：四川省动物学会学术论文集. 成都：四川科学技术出版社
黄万波. 1993. 大熊猫颅骨、下颌骨及牙齿特征在进化上的意义. 古脊椎动物学报(3)
计宏祥. 1974. 陕西蓝田涝池河晚更新世哺乳动物化石. 古脊椎动物与古人类(3)
贾兰坡，卫奇. 1980. 桑干河阳原县丁家堡水库全新统中的动物化石. 古脊椎动物与古人类(4)
李有恒，韩德芬. 1959. 陕西西安半坡新石器时代遗址中之兽类骨骼. 古脊椎动物与古人类(4)
马逸清，文榕生. 2015. 虎(*Panthera tigris*)的起源与地理分布变迁. 野生动物学报(2)
盛和林，刘志霄. 2007. 中国麝科动物. 上海：上海科学技术出版社
盛和林等编著. 1999. 中国野生哺乳动物. 北京：中国林业出版社
[美]史密斯，解焱主编. 2009. 中国兽类野外手册. 长沙：湖南教育出版社
史念海. 1995. 史念海序//文焕然等著. 中国历史时期植物与动物变迁研究. 重庆：重庆出版社
谭其骧. 1996. 谭其骧序//文焕然，文榕生著. 中国历史时期冬半年气候冷暖变迁. 北京：科学出版社
田林县地方志编纂委员会编. 1996. 田林县志. 南宁：广西人民出版社
王守春. 2011. 中国历史地理学的回归与展望：建所 70 周年历史地理学研究成果与发展前景. 地理科学进展(4)
文焕然，等. 1979. 历史时期中国野象的初步研究. 思想战线(6)
文焕然，何业恒. 1981. 近五千年来豫鄂相川间的大熊猫. 西南师范学院学报(自然科学版)(1)
文焕然，文榕生. 1990. 再探历史时期中国野象的变迁. 西南师范大学学报(自然科学版)(2)
文焕然，文榕生著. 1996. 中国历史时期冬半年气候冷暖变迁. 北京：科学出版社
文焕然，张济和. 2006. 北京栽培竹林初探//文焕然等著. 中国历史时期植物与动物变迁研究. 重庆：重庆出版社
文焕然. 1990. 再探历史时期的中国野象分布. 思想战线(5)
文焕然. 1993. 二千多年来华北西部经济栽培竹林之北界. 历史地理(11)：246～258
文榕生. 2009a. 獐的分布变迁//中国珍稀野生动物分布变迁. 济南：山东科学技术出版社
文榕生. 2009b. 虎的分布变迁//中国珍稀野生动物分布变迁. 济南：山东科学技术出版社
文榕生. 2013. 中国古代野生动物地理分布. 济南：山东科学技术出版社
文榕生. 2014. 诸山皆有虎. 人与生物圈(6)：18～22
文榕生. 2015a. 对虎在我国两大岛屿上分布的历史考察. 晋中学院学报(社会科学版)(2)：74～79
文榕生. 2015b. 野生中国大鲵地理分布变迁及讨论. 历史地理(31)：86～98
文榕生. 2016. 再探历史时期新疆分布的虎. 四川动物，35(2)：311～320
于希贤. 1995. 前言//文焕然等著. 中国历史时期植物与动物变迁研究. 重庆：重庆出版社
张荣祖. 1999. 中国动物地理. 北京：科学出版社
张荣祖等著. 1997. 中国哺乳动物分布. 北京：中国林业出版社
张之杰. 2008. 郭璞、大卫和露丝：猫熊故事三部曲. 科学月刊(8)
赵学敏. 2006. 大熊猫：人类共有的自然遗产. 北京：中国林业出版社
郑度. 2013.《中国古代野生动物地理分布》推荐书//文榕生编著. 中国古代野生动物地理分布. 济南：山东科学技术出版社
郑作新，等. 1997. 中国动物志 · 鸟纲. 第一卷. 北京：科学出版社
中国地质科学院地质研究所，武汉地质学院编制. 1985. 中国古地理图集. 北京：地图出版社
中国科学院地理研究所古地理历史地理研究室. 1987. 悼念文焕然先生. 地理研究，6(1)
中国科学院地理研究所历史地理组. 1976. 我国古籍有关南海诸岛动物的记载. 动物学报(1)
中国科学院古脊椎动物与古人类研究所《中国脊椎动物化石手册》编写组编. 1979. 中国脊椎动物化石手册：增订版. 北京：科学出版社
周建人. 1957. 关于大熊猫//中国作家协会. 1956 散文小品选. 北京：人民文学出版社
邹逸麟，张修桂主编. 2013. 中国历史自然地理. 北京：科学出版社
Elvin，Mark. 2004. The Retreat of the Elephants：An Environmental History of China. London：Yae University Press

第二章

大鲵的分布变迁

中国大鲵(*Andrias davidianus*;本文简称"大鲵")是两栖纲 Amphibia 有尾目 Caudata 隐腮鲵科 Cryptobranchidae 大鲵属 *Andrias* 之一种动物,也是我国特有动物。

美洲、欧洲和亚洲发现的动物化石表明,在中生代或更早年代,隐腮鲵科动物就已广泛地在劳亚古陆繁衍生息,是与恐龙同时代并存的古老物种。随着地球生态环境,尤其是地质、气候的变迁,经历风雨沧桑后,仅存留下大鲵属 2 种和隐腮鲵属 1 种,被称之为"活化石"。大鲵不仅是鱼类向爬行类演变具有代表性的过渡动物,具有重要研究价值,而且既是现存世界上体形最大者,也是最珍贵的两栖动物。在我国,其已被列为国家二级重点保护动物。

1 大鲵的概况

大鲵有娃娃鱼、呱呱鱼、人鱼、孩儿鱼、狗鱼、鲵鱼、脚鱼、啼鱼、腊狗、四足鱼、鰕、鲵、鲇、鳑、鳎、魶、婴鱼、龙鱼、王鲔、海狗鱼、水和尚、四脚鱼、山橅鱼等诸多俗名[①]。

大鲵(图 2.1)的外形有点类似蜥蜴,只是相比之下,前者更肥壮扁平。大鲵的头部扁平、钝圆,口大,眼不发达,无眼睑。身体前部扁平,至尾部逐渐转为侧扁,体两侧有明显的肤褶。躯干部粗壮,四肢短粗,尤其前肢很像小孩的一对小胳膊,指、趾前四后五,具微蹼。尾圆形,尾上下有鳍状物。体表裸露,皮肤光滑而有弹性且布满黏液。犁骨齿发达,为大鲵主要的捕食工具。大鲵的体色可随不同的环境而变化(图 2.2～图 2.5),但一般多呈灰褐色,也有暗黑、红棕、土黄、浅褐、金黄等色,背腹面布满不规则褐色或深褐色斑点,腹面颜色浅淡。

图 2.1　大鲵[②]

①亦有误称。例《中国濒危动物红皮书:两栖类和爬行类》所列大鲵别名"鲉狗鱼、鳕鱼《本草纲目》"。前者,是"鲉"(或鲉鱼)与"狗鱼"两称谓的误合并;后者,经核查《本草纲目》,则未见。

②费梁等,2006

图 2.2　大鲵①

图 2.3　大鲵②

图 2.4　红色大鲵③

图 2.5　大鲵④

大鲵在仔幼期具外鳃，倚此吸收溶在水中的氧。长到 17～22 cm 时，外鳃逐渐退缩消失，由咽部向外突成一对肺囊，代替了原来鳃的呼吸功能，从而可以呼吸空气中游离的氧。除了肺囊呼吸外，其周身皮肤和口腔黏膜都可进行辅助性呼吸（高武，1987；费梁等，2006）。

大鲵成体长度一般可达 50 cm 以上，最大的野生大鲵可达 3 m 多，体重近 70 kg；最年长的大鲵，据称可存活 130 年。

大鲵喜栖息在阴暗环境，常匿居在石灰岩广布、水质清澈、多沙石和深潭、水量充沛的深山溪流、石隙、岩穴、泉洞及水沟中；水之深浅与其体型相关，体型较大的个体生活于深水中，中小型个体生活在浅水中。幼鲵群居，喜栖息在溪流支流的小水潭内；成鲵穴居，多栖息在海拔 100～1 200 m 水流较急而清凉的溪河中。大鲵一般昼伏夜出，4～10 月摄食生长，冬季休眠（也有人称其不休眠，只是减少食量）；最适宜生长的水温为 16～23℃，当水温低于 14℃或高于 33℃时，摄食减少，行动迟钝，生长缓慢；当水温降至 10℃以下，则开始休眠。大鲵为肉食性动物，食性广，常以溪中的鱼、虾、蟹、蛙等为食，也捕食螺、蚌、水蛇、鼠类及水生昆虫等。大鲵的新陈代谢较为缓慢，耐饥饿能力很强，只要饲养在清洁凉爽的水中，数月不喂食物也不至饿死。

大鲵是卵生，4～5 龄即达到性成熟。繁殖期为每年的 5～10 月。在繁殖季节，大鲵常发出类似娃娃的叫声。产卵前，由雄鲵先选择产卵场

①我国大鲵资源与保护管理现状. http://www.china.com.cn/aboutchina/zhuanti/ysdw/2008-11/20/content_16799556

②http://guizhou.yxgz.cn/photo/2011/0725/560916.html

③http://shineu20121030.gotoip55.com/photolist.php? page=5

④http://www.yelang.net.cn/info.aspx? modelid=1&id=10588

所，一般在水深 1 m 左右有泥沙质底的溪河洞穴处，雄鲵用足、尾及头部将“产房”打扫干净后，雌鲵才住进去。产卵多在夜间进行，雌鲵一次产卵数与其个体大小有关，可达数百至千余枚，卵乳黄色，直径 5～8 mm，形成长达数米的念珠状卵带，漂浮在水中；雄鲵随即排精，在水中完成受精过程。之后，雌鲵随即离开，雄鲵则留在洞穴中看护。孵卵期间，雄鲵在卵周围洄游爬动，还常把身体弯成半圆形将卵围住，以防敌害或卵被水冲走，直至 30～40 天后孵化结束[①]。

2 大鲵的遗存分布

大鲵的遗存十分罕见，迄今，笔者仅见一例。

重庆市忠县县城以北 4.5 km 㽏井河左岸冲积扇上的中坝遗址，具有从新石器时代—近现代长达 5 000 年各历史时代几乎完整无缺的考古文化层（朱诚等，2005）。从遗址 T0202 探方（秦代遗存）出土近 20 万件动物骨骼，经对其中 129 165 块骨骼标本归类分析，有哺乳类、鱼类、鸟类、两栖类和爬行类这几大类，共 13 目 28 科 42 属，其中两栖动物就有大鲵（*Andrias davidianus*）和另一种不确定种（朱诚等，2008）。所获得的这 2 000 多年前大鲵标本是十分难得的实证。

3 古人对大鲵的认识

古人对大鲵有多种称谓，多根据大鲵的形态、生态、生理与行为特征等，结合自己已有的知识储备予以区分命名。

大鲵实际上是水陆两栖动物，古人多见其在水中栖息，且大鲵有尾若鱼，故多附之以“鱼”称谓，如鲵鱼、娃娃鱼、呱呱鱼、蛙蛙鱼、人鱼、魚鱿鱼、孩儿鱼、狗鱼、猫鱼、猫子鱼、脚鱼、啼鱼、四足鱼、鰟鱼、鳎鱼、鰕鱼、魶鱼、婴鱼、龙鱼等，不一而足。

● 鲵，鰕：（晋）郭璞注；（唐）陆德明音义；（宋）邢昺疏《尔雅注疏》诠释：

鲵，大者谓之鰕。注：今鲵鱼似鲇，四脚，前似猕猴，后似狗，声如小儿啼。大者长八九尺，别名鰕。

（清）张照[②]《尔雅注疏考证》鉴别道：

按《本草》：鲵鱼，一名王鲔。在山溪中，似鲇，有四脚，长尾，能上树。天旱，则含水，上叶覆身。鸟来饮水，因而取之。伊洛间，亦有声如小儿啼，故曰鲵鱼，一名䱱鱼，一名人鱼。膏燃烛不灭，此与郭合。若从《邢疏》曰：雌鲸也，则是鲸鲵之鲵，未必如郭氏之旨。

● 鰕鱼：（南朝梁）虞荔《鼎录》记述：

宋文帝得鰕鱼，遂作一鼎，其文曰：鰕鱼四足。

（明）杨慎原本；胡世安笺《异鱼图赞笺·鰕鱼》诠释：

《山海经》：名人鱼。《尔雅》：一名魵。蜀人名魶（音纳）。秦人名鳎（音塔。与比目音蝶异）。《拾遗》名鲵鱼，与海中鲸雌同名异物。

鰕，实四足而有鱼名，头尾类鳀，岐岐（一作跂）而行。长生山涧，出入沉浮。云是懒妇怨怼自投（《异物志·旧赞》）。

● 鰕，魶，鳎，鰟鱼：（汉）司马迁撰；（宋）裴骃集解；（唐）司马贞索引；（唐）张守节正义《史记·司马相如列传》解释：

禺禺鱋魶（【集解】徐广曰：……魶，音纳，一作鳎。骃案《汉书音义》曰：……魶，鲵鱼）。

（宋）宋祁撰《益部方物略记》说明：

[魶]有足若鲵，大首长尾，其啼如婴。缘木弗坠。

右魶鱼：出西山溪谷及雅江。状似鲵，有足，能缘木。其声如儿啼。蜀人养之。

（明）李时珍《本草纲目》诠释：

大者名鰕，音霞。时珍曰：鲵声如小儿，故

---

①大鲵. http://baike.baidu.com/view/25385.htm?fromId=9672；我国大鲵资源与保护管理现状. http://www.china.com.cn/aboutchina/zhuanti/ysdw/2008-11/20/content_16799556；河源桂山大鲵市级自然保护区科学呵护娃娃鱼. http://www.farmer.com.cn/wlb/yyb/yy3/200406080212.htm

②（清）张照（1691—1745），初名默，字得天、长卿，号泾南、梧窗、天瓶居士。19 岁成进士，官至刑部尚书，参与修纂《大清会典》及《一统志》等。

名，即鰟鱼之能上树者。俗云：鲇鱼上竿，乃此也。与海中鲸，同名异物。蜀人名鳼，秦人名鳎。《尔雅》云：大者曰鰕。《异物志》云：有鱼之形，以足行如鰕，故名鰕。

● 人鱼：（汉）司马迁撰；（宋）裴骃集解；（唐）司马贞索引；（唐）张守节正义《史记·秦始皇本纪》记载：

始皇初即位，穿治郦山……以人鱼膏为烛（【集解】徐广曰：人鱼似鲇，四脚。【正义】《广志》云：鲵鱼，声如小儿啼，有四足，形如鳢。可以治牛。出伊水。《异物志》云：人鱼，似人形，长尺余。不堪食。皮利于鲛鱼，锯材木入。项上有小穿，气从中出。秦始皇冢中以人鱼膏为烛，即此鱼也。出东海中，今台州有之。按：今帝王用漆灯冢中，则火不灭）度不灭者久之。

（南朝梁）陶弘景诠释：

人鱼……似鳀而有四足，声如小儿。其膏然之不消耗，秦始皇骊山塚中所用人[鱼]膏，是也。

● 懒妇鱼：（南朝梁）任昉撰《述异记》记述：

淮南有懒妇鱼。俗云，昔杨氏家妇为姑所溺而死，化为鱼焉。其脂膏可燃灯烛。以之照鸣琴，博弈，则灿然有光。及照纺绩，则不复明矣①。

● 鰟鱼：（宋）寇宗奭观察后道：

鰟鱼形微似獭，四足，腹重坠如囊，身微紫色，无鳞，与鲇鮠相类。尝剖视之，中有小蟹，小鱼，小石数枚也。

● 鰟鱼，人鱼，孩儿鱼，鲵鱼：《钦定续通志》说明：

谨案李时珍云：鰟鱼，一名人鱼，一名孩儿鱼。考《山海经》人鱼，郭注皆指鲵鱼。鲵鱼者，如小儿，故名孩儿鱼。

李时珍认为：

孩儿鱼有二种：生江湖中，形色皆如鲇，鮠；腹下翅形似足，其颙颊轧轧音如儿啼，即鰟鱼也。一种生溪涧中，形声皆同，但能上树，乃鲵鱼也。《北山经》云：决水多人鱼，状如鳀，四足，音如小儿。食之无瘕疾。又云：休水北注于洛。中多鰟鱼，状如蟄蜼而长距，足白而对，食之无蛊疾。可以御兵。按此二说，前与陶合，后与寇合，盖一物也。今渔人网得，以为不利，即惊异而弃之。盖不知其可食如此也。

（明）曹学佺撰《蜀中广记·方物记·鳞介》诠释：

《酉阳杂俎》：鲵鱼如鲇，四足，长尾，能上树。天旱，辄含水上山，以草叶覆身，张口。鸟来饮水，因吸食之。声如小儿。峡中人先缚之于树，鞭之，身上白汗出如沟汁。去此，方可食。不尔，有毒。鲵，《志》作鰟。范镇《东斋笔录》作鳼。《方物略》云：鳼鱼出西山溪谷及雅江。状似鲵，有足，能缘木。其声如儿啼。蜀人豢之，赞曰：有足若鲵，大首长尾。其啼如婴，缘木弗坠。

● 狗鱼，狗崽鱼：民国《蓝山县图志》说明：

狗鱼：头横扁，深苍色，四足，尾长。体富胶液，有毛甚稀，不易见。能上树。

《城步苗族自治县概况》（《城步苗族自治县概况》编写组，1984）记述：

大鲵就狡猾得多，它不仅栖居于山溪水源头，而且觅食山坡林间，一遇有响动，便迅速隐避躲藏，由于它生有四只脚，蹲着形如小狗，又名狗崽鱼。

● 根据大鲵啼叫特征：因大鲵叫声"唔哇，唔哇"，宛如婴儿啼哭（作儿啼），故人们既有以其行为称之为"啼鱼""鰟鱼"等，也有以其鸣叫称之为"娃娃鱼""蛙蛙鱼""呱呱鱼""猫鱼""猫子鱼"等。

● 根据大鲵有足的特征：常见的，是称大鲵为"四足鱼"或"四脚鱼"；但也有略误而道其"有两足，能缘木"，或"腹下出两手，若壮夫者，十指皆具"；并以此称为"人鱼""脚鱼""孩儿鱼""婴鱼""狗鱼"等。

● 或模拟，或寓意：如人鱼、魞鱼，又如鳼、鳎、鳀、鰟。

我们看到（清）汪绂《山海经存》中有一幅难得的古人绘制的"鼍"图（图 2.6）。"鼍"本是人们对扬子鳄（图 2.7）的通称，古今皆使用（详本书第三章扬子鳄的分布变迁），其形态（尤其是头、足、皮肤等）本与大鲵迥异，汪绂绘制的"鼍"，则更接近大鲵。探究其原因，从（清）吴任臣注《山海经

①他人诠释"懒妇鱼"，尽管提及源于《述异记》，但内容或个别文字略异。

广注》卷五约可觅其端倪：

岷山，江水出焉，东北流注于海。其中多良龟，多鼍（郭曰：似蜥蜴，大者长二丈，有鳞彩，皮可以冒鼓。任臣案《博物志》：名土龙。《本草》谓之鮀鱼。苏颂曰：形似守宫，鲮鲤。其声夜鸣应更，号曰鼍更。《埤雅》云：鼍身十二生肖肉，惟蛇肉在尾，最毒）。

按：吴任臣（1628—1689）与汪绂（1692—1759）皆清初人士，但吴任臣过世后汪绂才出世；吴注《山海经》显然包含并比郭璞注《山海经》更详尽。汪绂似读《山海经广注》而误解"鮀鱼""鲮鲤"等；尽管其绘制的"鼍"保留大鲵扁平而钝圆的大头、无眼睑的大眼、前粗后侧扁的体形，可以反映粗线条的大鲵外貌，但却错将无鳞的大鲵"披上"鳞甲，微蹼的大鲵换做钩爪，尾部侧扁的大鲵改为扁平的"鱼尾"，人为造成一尾"怪鱼"。

图 2.6 《山海经存》中"鼍"

图 2.7 现生鼍（扬子鳄）①

4　20 世纪前的大鲵分布

历史时期，大鲵的分布实际上涉及我国各大区，只是相当一些地点尚未见到古文献记载。然而，我们可以通过后世的记载与发现，证实历史上曾经有所分布。

4.1　华北地区

大鲵在华北历史上的分布，古文献中仅见河北与山西有所记载。

4.1.1　北京

尽管尚未见到古籍中记载北京的大鲵栖息情况，但现代却有颇多发现（详见下文），表明历史上实际有此物种分布，只是缺少记载而已。

4.1.2　河北

河北历史上记载的大鲵分布，仅见于南部，主要在今邯郸市一带。

● 邯郸市：明天顺五年《明一统志·彰德府（辖境属今邯郸市的有武安市、临漳县、涉县、磁县等地）·土产》与明嘉靖三十四年《河南通志·彰德府（辖境同前）》都记载有大鲵分布。//明嘉靖三十二年（1553）《磁州（今磁县）志·土产》"鳞类"记载有"鲤、鲂、鲇、鳖、孩儿鱼"等。

按：乍看上述记载情况，似仅今磁县有"孩儿鱼"（大鲵）栖息，其实不然。今河北南部与河南北部一带（亦即明清彰德府与广平府）地处太行山东南麓，既有太行山地流出的清漳水与浊漳水流经，又有发源于这一带的卫河与滏阳河，适宜大鲵生息繁衍。况且清代的广平府志（详见下）记

①http://tupian.hudong.com/s/%E6%89%AC%E5%AD%90%E9%B3%84/xgtupian/1/3

载“孩儿鱼”（大鲵），表明并非唯独今磁县产大鲵。

清《嘉庆重修一统志・广平府（治今永年，辖今邯郸市、邯郸县、临漳县、成安县、磁县、肥乡县、永年县、鸡泽县、广平县、曲周县等地）・土产》记载有：“孩儿鱼：《旧志》：广平府产。”

4.1.3 山西

山西历史上关于大鲵分布的记载不多见，主要是南北两地区，尤其是南部延续至今。但根据生态环境、零星记载及毗邻地区的大鲵分布情况，至少在太行山南段的辽州、沁州、潞安府与黄河沿岸的平阳府、绛州等地都可能有过大鲵栖息。

● 晋城市：《山海经・五藏山经・北次三经》记载：

龙侯之山无草木，多金玉。决决之水出焉，而东流注于河。其中多人鱼，其状如鯑鱼，四足，其音如婴儿。食之，无痴疾。

按：笔者所见诠释“龙侯之山”的今地，一般皆认为是今太行山支脉（何业恒，1997），更具体的则主要有河南济源县西之五指山（卫挺生等，1974）与“山西解州安邑—夏县的南山，夏商周代名虞山”（郭郛，2004）二说。笔者综合考虑有关情况，以为似为今河南济源县以西之王屋山一带，约涉及今山西属今晋城市的阳城县及运城市的垣曲县与河南济源市。郭璞注《山海经》指出：“鯑，见《中山经》。或曰：人鱼，即鲵也。似鲇而四足，声如小儿啼。今亦呼鲇为鯑，音蹄。”可见是大鲵，说明当时即有分布。

《古今图书集成・禽虫典・鲵鱼引直省志书・泽州（治今城区，辖今城区、高平县、泽州县、沁水县、阳城县、陵川县等地）》记述：

《山海经》载：人鱼在太行之东北二百里，凡记鯑鱼、鲵鱼、孩儿鱼，名鳎、名魶，能缘木，声如婴儿。今青罗河有之。土人云：闻雷，则奔窜山谷。

清雍正十二年（1734）《山西通志・山川・泽州府・阳城县（今县）》记载：

青萝河在县东南九十里，源出底柱山，缘溪环转繇王屋山下入济源。《山海经》：人鱼在太行之东北二百里。凡记鯑鱼、鲵鱼、孩儿鱼，名鳎、名魶，能缘木，声如婴儿。土人云：闻雷，则奔窜山谷。

按：据《古今图书集成》与《山西通志》描述并据今实际，此“底柱山”乃今山西阳城县与河南济源市之界山——王屋山；这一带地处太行山南段西侧，山地古代森林茂密，有丹水、白水与沁水等流经，适宜大鲵栖息。

● 忻州市：清康熙四十九年（1710）与道光四年（1824）《保德州（治今保德县，辖今河曲、保德二县）志・土产》皆在“鳞属”中有“鲵鱼：出天桥峡口”的记载。

● 运城市：《山海经》记载“龙侯之山”有“人鱼”，反映属今运城市的垣曲县等地当时有大鲵栖息。

4.2 东北地区

历史时期大鲵在东北栖息的记载并不多见，还是可以反映大鲵有所分布。

4.2.1 辽宁

虽未见古籍记载大鲵在辽宁的分布情况，然而现代还是有所发现（详见下文）。

4.2.2 吉林

迄今，仅见一文献记载历史上吉林有大鲵分布。

清光绪十七年（1891）《吉林通志・物产・鳞介》记载：

鲵：《尔雅》郭注：今鲵鱼似鲇，四脚，前似猕猴，后似狗，声如小儿啼。大者，长八九尺。《史记》徐广注：人鱼即鲵，是也。《广雅》云：魶，鲵也。《司马相如传》郭注：鳎，鲵鱼也。《汉书音义》云：魶，鳎，鳀俱鲵之别名也。《王会篇》之前，兒，即此物。兒，鲵，古字通也（《尔雅义疏・释鱼》）。《王会解》：秽人前兒，前兒若猕猴，立行，声似小兒（《逸周书》七）。

按：从该描述看，当是大鲵无疑，只是该志的诠释中没有更具体的大鲵分布地点。其时的《吉林通志》，当是指“吉林副都统辖区”，据谭其骧（1982c），治今吉林市，其辖境范围（参见“清代吉林副都统辖区(谭其骧,1982c)")[①]略小于今吉林省,但含有今辽宁省部分地点,约以今集安市—长白朝鲜族自治县—安图县—蛟河市—舒兰市—德惠市—长春市—伊通县—辽源市—东丰县—柳河县—桓仁县(今属辽宁省)为闭合圈范围内。由于具体地点难以确定,暂以其治所今"吉林市?"为分布点。

4.3 华东地区

历史时期大鲵在华东地区的分布,除台湾可以确定没有外,绝大部分省级政区有不同程度的分布,以浙江、安徽、江西较多。

4.3.1 上海

历史上,上海曾有大鲵分布(详见下文),只是尚未见到有确切的古籍记载。

4.3.2 江苏

古籍记载江苏分布的大鲵,仅见一处。

● 无锡市:(宋)薛季宣《浪语集·游竹陵善权洞(之一)》吟诵:

万古英台面,云泉响佩环。
练衣归洞府,香雨落人间。
蜨舞疑山魄,花开想玉颜。
几如禅观适,游鲉献澄湾。

(寺故祝英台宅。唐昭义帅李蠙尝见白龙出水洞而为雷雨。今小水洞存鳠鱼,四足)。

(明)方以智《物理小识·鸟兽类》诠释:

四足鱼:鲉鱼,有足缘木,音如儿啼。周益公记:宜兴洞有四足鲇。

《古今图书集成·禽虫典·鲵鱼引泛舟录》记载:

宜兴善权寺水洞,时有四足鲇鱼出游,村夫或击而食之。

按:上述三文献记载的皆是位于今宜兴市西南25 km螺岩山的"善卷洞"(亦即"善权洞""宜兴洞""善权寺水洞"),是夏季凉爽的天然古溶洞;无论是薛季宣(1134—1173)所称"鲉(鳠鱼)",周益公(即周必大,1126—1204)所称"鲇",还是《古今图书集成》所称"鲵鱼"等,皆是大鲵。反映那里不仅有大鲵,而且存在较长久。

4.3.3 浙江

浙江是历史上我国东部大鲵分布广泛的省级政区之一,栖息有大鲵的市、县41个,约占全省59%,居华东地区之首。

● 杭州市:清光绪二十四年(1898)《杭州府(治今杭州市,辖境包括今属杭州市的杭州市、临安市与富阳市等地)志·物产·鳞属》记述:

神鱼:张公洞西崖下丹池时有神鱼。异形,四足,鼓鬣。群游,吐气作云(《西天目山志》)。

按:有"四足"的"神鱼",显然就是大鲵。并且杭州市的其他地点也有大鲵分布的记载。

清康熙二十二年(1683)《临安县(今市)志·物产·鳞类》列举有"鳗、鳝、■、石斑、四足鱼"等物种,其中"四足鱼"就是大鲵。

● 湖州市:清同治九年(1870)《湖州府(治今湖州市,辖今湖州市、长兴县、德清县、安吉县)志·物产》记述道:

鲵:即四足鱼。《酉阳杂俎》:鲵鱼似鲇,四足,长尾,能上树。天旱,辄含水上山,以草叶覆身,张口。鸟来饮水,因吸食之。声如小儿啼。《孝丰郭志》:四足鱼,出天目[山]龙潭内。能行树杪,闻跫然足音,即跃入水中。《夷坚志》:乾道六年,湖州市中弄蛇客养一鱼于瓦盆,状似鲇而色黑,腹下出两手,若壮夫者,十指皆具,盖所谓人鱼也。按:此人鱼亦鲵类。鲵,一名人鱼也。

按:从记载的描述判断,所称"鲵"即大鲵。说明当时今湖州市仍有大鲵分布。

清光绪三年(1877)《孝丰县(今属安吉县)志·土产·鳞属》记述:

四足鱼:名鲵。似鲇,西溪最多。唯在天目龙潭者,色黑,性坚,有四足。乡人谓之斑鱼龙。《罗志》:能行树杪,闻足音即跃入水中。

按:从描述的形态、生态看,"四足鱼"即大鲵,反映当时今安吉县有所分布。

● 嘉兴市:清光绪二十四年《杭州府(辖境包括今属嘉兴市的海宁市等地)志·物产》记载有称为"神鱼"的大鲵。

①此图因故不得已删除,有兴趣的读者可以根据所列出处查看原图。该图显示,清代的"吉林副都统辖区"尽管包括今辽宁省的桓仁满族自治县,但总体要略小于现今吉林省,其北界约在黑龙江省的肇州县—五常市—吉林省敦化市—和龙市一线的以西、以南地区。

● 宁波市：张守节《史记正义·秦始皇本纪》称大鲵“今台州有之”，其辖境包括今属于宁波市的宁海县、象山县等地，表明唐代有大鲵分布。

● 台州市：上文诸解汇编《史记·秦始皇本纪》提到：

以人鱼膏为烛(【集解】……秦始皇冢中以人鱼膏为烛，即此鱼也。出东海中，今台州有之。按：今帝王用漆灯冢中则火不灭)度不灭者久之。

按：笔者对所称大鲵亦出自“东海中，今台州有之”，信疑参半，因海中不可能有两栖动物生存。经查《史记》诸诠释者(如裴骃、郑樵等)多沿用徐广之说，唯(唐)张守节《史记正义·秦始皇本纪》诠释：

以人鱼膏为烛(《广志》云：鲵鱼，声如小儿啼，有四足，形如鳢。可以治牛。出伊水。《异物志》云：人鱼，似人形，长尺余。不堪食。皮利于鲛鱼，锯材木入。项上有小穿，气从中出。秦始皇冢中以人鱼膏为烛，即此鱼也。出东海中，今台州有之。按：今帝王用漆灯冢中，则火不灭)度不灭者久之。

又查，“台州”是唐武德五年(622)改海州置，治所在临海县(今临海市)，辖境相当今台州市所属的台州市、临海市、温岭市、三门县、天台县、仙居县与宁波市的2个属县等地(史为乐，2005)，这与所谓“今台州”提法吻合；这一带虽有部分濒临东海，然而是处于天台山东麓与大陆接壤的丘陵平原相间地带；更为重要的是，该辖境中的宁海县(详见下文)现仍有大鲵的记载，表明历史上这一带有大鲵分布。

● 温州市：清光绪四年(1878)《分疆录(今泰顺县)·物产》“鳞介之属”：……四脚鱼。

清康熙三十三年(1694)《平阳县(今县)志·物产·鳞类》列举有“吹沙鱼、红鳞鱼、鲵鱼、鳡鱼”等，其中“鲵鱼”实际上是大鲵(见后文中地方志的描述)。

● 丽水市：清雍正十三年(1735)《浙江通志·物产·处州府(治今丽水市莲都区，辖区与今丽水市相当，即今莲都区、龙泉市、缙云县、青田县、云和县、遂昌县、松阳县、庆元县、景宁畲族自治县等地)》与光绪三年(1877)《处州府(同前)志·土产》皆记述：

景宁物产与丽水同外，唯……鳞有……翼鱼：姜师闵《翼鱼说》：景宁山溪间有翼鱼，四足，飞立树梢，张口注水。鸟见水就饮，鱼渐闭口，[擒]饮水之鸟，伺其腐而吞之(《通志》)。

按：此处所谓“翼鱼”，即大鲵。尽管此府志只明确“景宁”有，并不说明其乃该府绝无仅有的大鲵栖息地，而是较显著而已。

清同治三年(1864)《云和县(今县)志·物产·鳞介之属》记载：

翼鱼：俗呼四足鱼。七都山溪有之。炙干可治痢疾。姜师闵《翼鱼说》：景宁山溪有翼鱼，四足。飞立树梢，张口注水。鸟见水就饮，[鱼]渐闭口，[擒]饮水之鸟，伺其腐而吞之。

按：仅此记载，即表明清处州府仅景宁有大鲵分布，更何况后世有更充分记载。

《景宁畲族自治县志·动物》称：该县“国家二级保护动物”中两栖动物有“大鲵、虎纹蛙”(景宁畲族自治县志编纂委员会，1995)，说明大鲵依然存在。

《云和县志·动物》除记载“两栖纲：主要有大鲵(娃娃鱼)、蟾蜍、蛙类等”，又记载“境内列入国家重点保护的动物有14种，其中……二级保护10种：猕猴、短尾猴、穿山甲、水獭、大灵猫、小灵猫、白鹇、鸳鸯、草鸮、大鲵(娃娃鱼)”(《云和县志》编纂委员会，1996)，反映当地确有大鲵分布。

《遂昌县志·动物》记载：“两栖类：大鲵(娃娃鱼)、东方蝾螈、崇安髭蟾(角怪)”(遂昌县志编纂委员会，1996)，证明仍有大鲵栖息。

《松阳县志·动物》尽管在保护动物中未列，但在“两栖类”中明确“隐腮鲵科：大鲵”(松阳县志编纂委员会，1996)，表明还有大鲵存在。

● 关于浙东“人鱼”的讨论

清光绪六年《定海县(今属舟山市)志》记载有“人鱼”，是否可以证明由1 390个岛屿组成的今舟山市有大鲵栖息，颇令人生疑。因为大鲵属于既不能适应海洋咸水环境，也不能生活在极端干旱环境中的两栖动物。(宋)李昉等撰《太平御览·人鱼》摘录三条：

《山海经》曰：龙侯之山，决水出焉。其中多人鱼，状如鳑鱼，四足，其音如婴儿。食之无痴疾。

《史记》曰：秦始皇冢中以人鱼膏为灯烛。

《临海异物志》曰：人鱼，似人，长三尺余，不可食。

其中第三条与《异物志》有相似之处（似人，不可食），但难以与大鲵吻合，而且其他诠释《史记》者皆坚持其后之徐广诠释①，值得思考。

民国十二年（1923）《定海县（今属舟山市）志》仍记载有"人鱼"：

人鱼：海牛类儒艮科。

一名儒艮，即学名 Dugong 之译音。俗名海和尚。头圆，左右微扁，颈部尚明显；口小，吻端呈截断形；唇厚，有柔软之鬚；鼻孔左右并列，鼻端有瓣；眼甚小；无耳壳；颚有齿。躯部长圆，肩向左右开张后，渐收削前肢为鳍状，无后肢，亦无脊鳍，尾扁平成鳍状。皮肤滑，疏生短毛。背面苍黑，或灰色；腹部白。牝之胸部有圆膨之乳房一对。三四月间，常见牝者以前肢抱儿露出水面，远望之，宛如抱儿之妇。声如儿啼。为哺乳类，非鱼类也。毛及油皆有。齿，供(彫)[雕]刻。

本产热带下之海洋。常游于海湾及河口。渔舟经过时间，或窜入舟中。性鲁钝，见人哀鸣不去。渔人以为神，不敢捕之。

按：人鱼，即《尔雅》之所谓鲵。《史记》谓：秦始皇以人鱼膏为烛，燃于圹穴中，即此也。

按：据上述记述并综合相关情况，可见尽管当地所称"人鱼"实际上是儒艮，却又固守前人误作"大鲵"，以致误导现代也有人认为"舟山岛上的定海县（今定海区）也产大鲵。"

4.3.4　安徽

安徽历史上的大鲵主要分布于皖东南一带，部分与浙江、江西分布区相连。

● 芜湖市：清嘉庆二十年《宁国府（辖境中包括属今芜湖市的芜湖市、芜湖县与南陵县等地）志·物产·鳞介之属》记载有称之为"魶鱼"的大鲵。

● 黄山市：明弘治十五年（1502）《徽州府（治今歙县，辖境中属今黄山市的有黄山、歙县、休宁、黟县、祁门等地）·土产》在"鳞族"中记述：

翼鱼：四足而色苍黑，状如蝘蜓，能缘木。歙浦及紫阳山南坞池中有之。

按：从形态、生态及其后的记载情况看，所谓"翼鱼"即今大鲵。

清嘉庆二十年《宁国府（辖境中包括属今黄山市的黄山市等地）志·物产·鳞介之属》记载有称之为"魶鱼"的大鲵。

● 宣城市：明弘治十五年《徽州府（辖境中包括属今宣城市的绩溪县等地）·土产》有称之为"翼鱼"的大鲵栖息。

清嘉庆二十年（1815）《宁国府（治今宣城市宣州区，辖境中包括属宣城市的宣州、宁国、泾县、旌德等地）志·物产·鳞介之属》诠释道：

曰魶鱼：生诸潭中。似鳀，四足，长尾，无鳞。能升木。其膏燃灯久而不耗。

按：所描述的"似鳀，四足，长尾，无鳞"，与大鲵的形态吻合，反映这一带曾有大鲵栖息。

清光绪七年（1881）《广德州（治今广德县，辖今广德县与郎溪县）志·物产》记载有"魶鱼"，表明有大鲵分布。尤其是其地与浙北的湖州、安吉接壤，皆有大鲵栖息，当是大鲵连片分布区。

4.3.5　福建

福建历史上的大鲵分布以东部为主，尤其是东北部与浙江的分布区连片。

● 福州市：（明）徐应秋《玉芝堂谈荟·金沙龙盘鱼》摘录：

《闽书》：永福方壶岩下有流泉。泉中有鱼，红色，腹下有四足。

按：所谓"永福"，即永福县，亦即今永泰县；"方壶岩"在城西盘谷乡水尾村；"腹下有四足"的"鱼"，即大鲵。

● 南平市：清康熙三十二年（1693）《瓯宁县（今建瓯市）志·物产·鳞属》记载"有鳊，有鲵，有鳅"等。所谓"鲵"，即大鲵。这对于地属武夷山东延余脉、闽江上游的山地丘陵地貌来说，此地具有适宜大鲵栖息的生态环境。

● 三明市：清乾隆五十二年《永春州（辖境包括今属三明市的大田县等地）志》记载的"四足

①《临海异物志》又称《临海水土异物志》，是（三国吴）沈莹撰。从现存的佚文看，书中所记多为我国南部沿海地区鱼类、鸟类、树木等动植物等物产及风俗。其之前或同时还有（汉）杨孚《异物志》，（三国吴）万震《南州异物志》等，皆早于徐广（351—425）。

鱼”，说明当地有大鲵分布。

● 泉州市：清乾隆五十二年（1787）《永春州（治今永春县，辖境包括今属泉州市的永春县与德化县等地）志·物产·鳞之属》记述：

四足鱼：产高山池中。瘦若刀剑，有四脚。性驯。

按：据生态与形态描述，是大鲵，说明当时有所分布。

● 宁德市：清道光九年（1829）《福建通志·物产》有“四足鱼”，产于“福宁府（治今霞浦县，辖今蕉城区、福安市、福鼎市、寿宁县、霞浦县、柘荣县、周宁县等地）”等地。

4.3.6 江西

江西历史上的大鲵分布于该省四周，与周边各省相连成较大分布区。

● 九江市：清康熙二年（1663）与同治十二年（1873）《南昌府志·物产·鳞之属》皆记述：

四足鱼：产靖安，宁武深山溪中。体似鲇，时沿溪陆行，呃呃呃呃小儿声。俗呼呱儿鱼。大者，数十斤，味旨。或曰鳎鱼也。

按：所谓“四足鱼”，即今所称大鲵；指出的“武宁”，即今属九江市的武宁县。该县多山，整个地形呈两山夹一谷态势：北耸幕阜山，南有九岭山，两山均近东西走向；其间发源于幕阜山脉的修水，自西由修水县进入武宁境内，修水及其支流在本县构成一个近似羽状的水系横穿县境，已属中游，河面较宽，河曲发育多滩。尽管现今大鲵在武宁县已不见踪迹，但其生态环境曾适宜大鲵生息繁衍，尤其是与靖安县接壤。

明隆庆四年（1570）《瑞昌县（今瑞昌市）志·物产》有“鰕”。据《异物志》之描述“鰕，实四足而有鱼名，头尾类鳀，岐岐（一作跂）而行”，即是大鲵。

● 赣州市：明嘉靖十五年（1536）《赣州府（治今章贡区，辖今章贡区、瑞金市、赣县、信丰县、安远县、龙南县、定南县、全南县、宁都县、于都县、兴国县、会昌县、寻乌县、石城县等地）志·物产》也有“鰕”，亦即反映当时有大鲵分布，至今还有一些县有大鲵存在。

● 上饶市：明弘治十五年《徽州府（辖境中包括属今上饶市的婺源县等地）·土产》有称之为“翼鱼”的大鲵栖息。

● 宜春市：清雍正十年（1732）《江西通志·土产·瑞州府（治今高安市，辖今高安市、上高县与宜丰县等地）》与同治十二年（1873）《瑞州府志·物产》皆记述有：

懒妇鱼：一名馋灯灶。其膏照歌舞则明，照纺绩则暗。

按：古人所称“懒妇鱼”，则有属今两栖纲与哺乳纲数种动物。而横穿“瑞州府”境内的河流只是赣江上游支流锦江，并无大河流；且此“懒妇鱼”与《史记》记载“秦始皇冢中以人鱼膏为烛”，《述异记》对“淮南有懒妇鱼”描述较吻合；加之该府境距盛产大鲵的靖安县不远。由此反映当时“瑞州府”仍多有大鲵分布。

清康熙二年与同治十二年《南昌府志·物产·鳞之属》皆记述“四足鱼：产靖安……深山溪中”。指出的“靖安”，即今属宜春市的靖安县，该县至今依然是大鲵主要产地之一。

4.4 中南地区

中南历史上也是大鲵的主要分布区之一，但在其南部的海南①、澳门未见有大鲵分布。

4.4.1 河南

河南是古今大鲵主要分布区之一，历史上，约占全省36%的市、县有大鲵栖息。

● 郑州市：《古今图书集成·职方典·河南府（辖境包括属今郑州市的登封与巩义市等地）物产考》与乾隆四十四年《河南府（辖境同前）志》皆记载有大鲵分布。

清康熙十八年（1679）《嵩山志·物产》记载：“人鱼，即鲵也。”说明今嵩山一带当时有大鲵栖居。//清乾隆五十二年（1787）《登封县（今市）志·物产志》记述：

鰟鱼：《山海经》：少室之山，休水出焉。其中

①尽管清道光二十一年《琼州府志》中有类似大鲵的“乳六鱼”（或“乳穴鱼”）记述，但其所引用文献地点讹误，又缺乏其他佐证难以证明，故不宜采用。

多鰟鱼，状如蛰蜼而长，距足白而符，音如婴儿。食者无蛊疾，可以御兵。

按：少室山乃嵩山著名山峰之一，处今登封市境。由《山海经》等记载，反映至清代，仍有大鲵栖息。

● 三门峡市：《山海经·中山经·中次六经》记述：

傅山无草木，多瑶碧。厌染之水出于其阳，而南流注于洛。其中多人鱼。

按：傅山，在今渑池县西（卫挺生等，1974；郭郛，2004）；厌染之水，又名厌梁河，在今宜阳县北，范围约包括今豫西北的渑池县与宜阳县一带；“多人鱼”，说明当时栖息有数量颇多的大鲵。

《古今图书集成·职方典·河南府（辖境包括属今三门峡市的义马市与渑池县等地）物产考》与乾隆四十四年《河南府（辖境同前）志》皆记载有大鲵分布。

清光绪十八年（1892）《卢氏县（今县）志·纪物》记述：

《山海经》：……熊耳之山，其上多漆，其下多棕。浮濠之水出焉，西流注于洛，其中多水玉，多人鱼。

按：卢氏县处今熊耳山西麓，洛河绕城而过，其上游陕西洛南县一带与其下游宜阳县一带皆有较多大鲵栖居，故当地的大鲵分布历史较长，到清代还有。

● 洛阳市：《山海经·中山经·中次六经》记述的“傅山”“厌染之水”即涉及今属洛阳市的宜阳县，多大鲵栖息。

清雍正十三年（1735）《河南通志·物产》记载：“鰟，鲵鱼。出洛水。”//《古今图书集成·职方典·河南府（治今洛阳市，辖境包括属今洛阳市的洛阳市、偃师市、孟津县、新安县、嵩县、宜阳县、洛宁县、伊川县等地）物产考》亦称：“鰟，出洛水。”//乾隆四十四年（1779）《河南府（辖境同前）志·物产志》亦记述：

人鱼：《山海经》：厌染之水注于洛。其中多鰟鱼。鰟鱼，俗呼娃娃鱼。

清乾隆五十三年（1788）《偃师县（今市）志·土产》在“鳞介之属”记载：

鰟[1]水多鰟鱼，状如盩蜼而长，距足白而对。食者无蛊疾。

按：由上述多文献记载看，洛河流域历史上是大鲵广泛分布区域。

（北魏）郦道元《水经注·伊水》记述：

伊水又东北流，注于洛水。《广志》曰：鲵鱼，声如小儿啼，有四足，形如鲮鳢，可以治牛。出伊水也。司马迁谓之人鱼，故其着《史记》曰：始皇帝之葬也，以人鱼膏为烛。徐广曰：人鱼，似鲇而四足，即鲵鱼也。

清康熙三十三年（1694）、乾隆三十一年（1766）、道光十八年（1838）《伊阳县（今汝阳县）志·物产》均记载有：

孩儿鱼：类鲇，有四足，其声呱呱。

清乾隆十年（1745）《洛阳县（今市）志·物产》在“鱼属”中记述：

人鱼：出伊水。头尖，有足，能陆行，音如儿啼。《史记》注：人鱼，即鲵。

清道光二十年《汝州（辖境包括属今洛阳市的汝阳县等地）全志·物产》仍然记载有大鲵。

清乾隆三十二年（1767）《嵩县（今县）志·食货》也记述：

鲵：《水经注》：声如小儿，有四足，形似鳢。出伊水。今土人亦捕食之。

按：上述文献记载表明，今伊河流域也是历史上大鲵广泛分布区域。尽管尚未见到明确记载伊川县有大鲵，然而其周边皆有所分布，又地处伊河下游，可以推断当地也曾有大鲵栖息。

● 鹤壁市：明天顺五年《明一统志·彰德府（辖境包括今鹤壁市等地）·土产》与嘉靖三十四年《河南通志·彰德府（辖境同前）》记载有大鲵分布。

● 安阳市：明天顺五年（1461）《明一统志·彰德府（治今安阳市，辖境属今安阳市的有安阳市、林州市、安阳县、汤阴县等地）·土产》：孩儿鱼：俱磁州（今河北磁县）出。//明嘉靖三十四年（1555）《河南通志·彰德府（辖境同前）》记载：“婴儿鱼，出磁州（今河北磁县）滏阳河中。”这一带历史上曾有大鲵分布。

---

[1] 原书中该字不清楚，但察看地图，绕偃师而过的较大河流是“洛水”。

● 漯河市：《山海经·中山经·中次十一经》记述：

朝歌之山，潕水出焉，东南流注于荥。其中多人鱼。

按：据郭璞注“潕水今在南阳舞阳县”，此“朝歌之山”当在今舞阳县与方城县之间，“潕水”乃今洪河，为淮河支流。表明当时今洪河上游一带有大鲵分布。

● 平顶山市：清道光二十年（1840）《汝州（治今汝州市，辖境包括属今平顶山市的平顶山市、汝州市、宝丰县、鲁山县、郏县等地）全志·物产》记载有“娃娃鱼”，说明当时有大鲵栖息。

● 南阳市：《山海经·中山经·中次十一经》记述：

葴山，视水出焉，东南流注于汝水。其中多人鱼，多蛟。

按：据郭璞注“视，宜为瀙。瀙水，今在南阳也”，“视水”乃今淮河支流“南汝河”，源于时称“舞阴”（在今南阳市与驻马店市驿城区之间）略东（谭其骧，1982a）。反映当时今南汝河上游（包括辖境属今南阳市的南阳市与社旗县等地）一带多“人鱼”（即大鲵）栖息。

《山海经·中山经·中次十一经》记述“朝歌之山”“潕水”包括今南阳市方城县等地有大鲵栖息。

● 驻马店市：《山海经·中山经·中次十一经》记述“葴山”“视水”，反映当时今南汝河上游（包括辖境属今驻马店市的驿城区与泌阳县等地）一带多“人鱼”（即大鲵）栖息。

● 济源市：《山海经》记载“龙侯之山”有“人鱼”，反映属今济源市等地当时有大鲵栖息。清雍正十二年《山西通志》记载王屋山一带有大鲵栖息，涉及今济源市。

4.4.2 湖北

湖北不仅历史上是大鲵主要分布区之一，有大鲵栖息的市、县占67%，而且与周边省的大鲵分布地连成大片分布区。

● 武汉市：《物理小识》诠释“四足鱼”时，提及“黄州四足鲇”。其时黄州的辖境包括属今武汉市的黄陂区与新洲区等地，表明北宋时，当地有大鲵栖息。

清光绪十年《黄州府（辖境包括属今武汉市的新洲区等地）志·物产》记述的“鳑”即大鲵。

● 十堰市：清乾隆五十年（1785）与同治四年（1865）《竹山县（今县）志·物产·鳞介属》皆记载有“草鱼、孩儿鱼、蟹”等，证明有大鲵存在。

清同治四年（1865）《房县（今县）志·物产·鳞》记载有“鲤、鳀、鳅”等。其“鳀”，即大鲵，现今仍有分布。

● 荆门市：乾隆《大清一统志·安陆府·山川》诠释：

天生堰：在京山县北。堰处四山中，无泄处。产牙牙鱼，如儿啼。人不忍捕。盖即《山海经》所谓人鱼。《尔雅注》所谓鲵，声似小儿者。

按：所指“京山县”，今仍为县，改属荆门市；此“牙牙鱼”即大鲵。说明当地有所栖息。

● 黄冈市：（明）方以智撰《物理小识·鸟兽类》诠释：

四足鱼：魶鱼，有足缘木，音如儿啼……张舜民记：黄州四足鲇。

按：张舜民乃北宋文学家、画家；北宋时“黄州”，治今黄州区，辖境包括今属黄冈市的黄州区、麻城市、武穴市、红安县等地；所谓“四足鲇”，就是大鲵。由此反映当时有大鲵分布。

清光绪十年（1884）《黄州府（治今黄州区，辖境包括属今黄冈市的黄州区、麻城市、武穴市、红安县、罗田县、英山县、浠水县、蕲春县、黄梅县、团风县等地）志·物产》记述：

鳑：头如鲇，四足，有声如儿啼。无食之者。

按：所描述的“鳑”符合大鲵特征；“无食之者”，无意中使大鲵得到保护；“黄州府”地处大别山西南，迄今尚有个别地方残存大鲵。

● 鄂州市：（宋）洪迈撰《夷坚志·牙儿鱼》记载：

张芸叟《南迁录》云：过武昌见苏子瞻，言近获一鱼，似鲇而有四足，能履地而行。不敢杀，复纵之江中。或曰，此鲵鱼也。殆亦此类。

按：此时“武昌”，乃今鄂州市；所称“似鲇而有四足，能履地而行”之“牙儿鱼”，显然就是大鲵。

清光绪十一年（1885）《武昌县（治今鄂州市）志·物产·鳞之属》记载：

有鲵：四足。见张舜民《画墁集》，详《杂志》。

按：指出了大鲵最显著特征“四足”，反映当地有大鲵栖息。

● 咸宁市：（宋）王象之《舆地纪胜·江南西路·兴国军》记载：

朝阳洞在通山县东，泉穴中有异鱼，具四足。

按：通山县（今县）在幕府山北麓，位于富水上游；有“四足”之异鱼在泉穴中，符合大鲵的形态与生态。说明当时还有大鲵分布。

● 荆州市：清乾隆二十二年（1757）《荆州府（治今江陵县，辖境包括今荆州市的荆州市、石首市、松滋市、江陵县、公安县、监利县等地）志·物产》即有“鰟：一名孩儿鱼”记载。光绪六年（1880）《荆州府（同前）志·物产·鳞之属》记述：

鰟：一名孩儿鱼。《本草》：荆州临沮青溪多有之。似鲇而有四足，声如小儿。其膏然之不消耗。

又 鲵鱼：声如小儿，故名。即鰟之能上树者。

按：据其形态、生态、用途描述，即是大鲵。只是“荆州临沮”，是今当阳市。可见，清末之荆州府，仍有大鲵分布。

清光绪三年（1877）《江陵县（今县）志·物产》有“鰟：一名孩儿鱼”记载。宣统元年（1909）《江陵（今县）乡土志》仍有“鲵”。皆表明有大鲵栖息。

● 宜昌市：明弘治九年（1496）《夷陵州（治今宜昌市，辖今宜昌市、宜都市、远安县、长阳土家族自治县等地）志》记载有“鰟：即孩儿鱼”，表明有大鲵分布。

清乾隆二十二年《荆州府（辖境包括今宜昌市的枝江市、宜都市、远安县、兴山县、秭归县等地）志·物产》与光绪六年《荆州府（同前）志》皆有大鲵记载。

清同治三年（1864）《宜昌府（治今宜昌市，辖境包括今宜昌市的宜昌市、秭归县、兴山县、五峰土家族自治县、长阳土家族自治县等地）志·物产》记载《东湖（宜昌市）·鳞类》：

鰟：即孩儿鱼。

鲵：有足，声亦似鰟，名人鱼。能上树。《酉阳杂俎》记云：峡中人每于溪边树上取之。

《本草纲目》引述：

弘景曰：人鱼，荆州临沮青溪多有之。似鳀而有四足，声如小儿。

（元）吴师道《敬乡录·题青溪神女祠次东坡韵》称：

青溪为琳法师道场。琳，峨眉人。一日思乡，水龙女为致四足魶为证。

生居万山中，二年依泽国。偶于生曹暇，聊欲访禅默。

再拜神女祠，劈山定何术。上有琳公岩，作论期破惑。

只今澄潭中，异影眩莫执。宗源人幽窈，峨眉如可及。

吾闻大地下，出没水中日。胡为二魶鱼，欲归犹未得。

变化乘云雷，那能系不食。山深风窍号，天寒日车急。

寄语龙宫君，安隐藏故穴。近来托怪多，勿遣容易测。

按：陶弘景所记“荆州临沮”乃临沮县，即今当阳市；“青溪”，则是青溪山，有颇多称之为“人鱼”的大鲵栖息。无独有偶，琳法师道场亦在青溪山；所称“四足魶”，也是大鲵。

又《长阳（今长阳土家族自治县）·鳞类》：

多与东湖同，另有产于山洞者若……魶：俗名娃娃鱼。似鲢，有四足，能沿岸行，鸣作小儿啼。

按：所称“鰟”“鲵”“魶”“孩儿鱼”“人鱼”“娃娃鱼”，皆是大鲵。反映历史上“宜昌府”有所分布，而今宜昌市与长阳土家族自治县更为盛产。

明嘉靖元年《湖广图经志书》记载：“施州卫军民指挥使司（辖境包括今属宜昌市的五峰土家族自治县等地）·土产”中有“鲵”，亦即大鲵。

清乾隆十九年（1754）《长阳（今长阳土家族自治县）·物产》记载有“魶：有四足，亦善鸣如儿啼”，证明有大鲵。

清乾隆二十八年（1763）与同治三年（1864）《东湖县（今宜昌市）志·物产·鳞属》记载：

鰟：即孩儿鱼。

鲵：有足，声亦似鰟。名[人鱼，能上树。《酉阳杂记》：峡中人每于]溪边树上取[之]。

按：进一步表明历史上，今宜昌市多有大鲵分布。

清同治五年（1866）《宜都县（今宜都市）志·

物产·鳞介之属》即记载有：

鲵、鲵、鳊……

又有人鱼作婴儿哭声，俗呼娃娃鱼。春夏，清江有之。

按：所称“鲵”与“人鱼”，皆指大鲵，说明有所分布。

清咸丰八年（1858）与同治五年（1866）《远安县（今县）志·物产·鳞介之属》记载有“蚌、人鱼、白鳝”等。所称“人鱼”，即证明当时有今之大鲵栖息。

清光绪十年（1884）《兴山县（今县）志·物产志·鳞介》记述：

鳑：似鲢，四足，作小儿声，故俗名孩儿鱼。

按：描述的“鳑”，与今大鲵相符，反映有该物种。

● 随州市：（宋）洪迈《夷坚志》记述：

牙儿鱼：应山县外大龟山，高峻可二十里。其上有小寺，寺外一池，泉源未尝竭。产一种鱼形模与常异，名曰牙儿鱼。有四足，能登岸升木，作声咿嘎，全如婴孩。大者亦重一斤许。相传云，不可网钓。尝为寺头陀捕取其一，欲烹而食之。傍人苦词劝止，不听。未几，疫死。自是，人莫敢害。

按：应山县，即今广水市；所称“牙儿鱼”，从形态与生态看，即今大鲵。当地在宋代即有大鲵记载，与今依然存在大鲵，可以相互印证；而“人莫敢害”，也从客观上保护了此物种。

● 恩施州：明嘉靖元年（1522）《湖广图经志书·府州县志·土产》记载：“施州卫军民指挥使司（治今恩施市，辖境包括今属恩施州的恩施市、利川市、宣恩县、咸丰县、来凤县、鹤峰县等地）·土产”中有“鲵”，亦即大鲵。

清同治三年《宜昌府（辖境包括今恩施州的巴东县与鹤峰县等地）志·物产》所称“鳑”“鲵”“鲉”等，反映有大鲵分布。

清同治三年（1864）《恩施县（今市）志·物产·鳞族》记载有“魞鱼：四足，作儿啼”①，说明有大鲵分布。

清同治四年（1865）《咸丰县（今县）志·物产·鳞属》记载“蛙蛙鱼：即魞鱼。有两足，能缘木”，亦即有大鲵栖息。

清同治五年（1866）《建始县（今县）志》记载产“鲵”鱼，反映有大鲵存在。

清同治五年（1866）《来凤县（今县）志·物产》记载：

鲵鱼：别名呱呱鱼，为腐薪所化。

按：虽与通常的“娃娃鱼”发音略异，但称“腐薪所化”则误。

清光绪二十年（1894）《利川县（今利川市）志》记述：

龙鱼：《尔雅》：鲵之大者，谓之鰕。注：今鲵鱼似鲇，四脚。

按：据此诠释，所称“龙鱼”，即是大鲵。

4.4.3 湖南

湖南古今皆是大鲵分布最广省级政区，尤其是历史上，72%以上的市、县皆有大鲵栖息。

● 张家界市：清同治八年（1869）《慈利县（今县）志·物产志·潜类》记述：

鲵：《尔雅注》：鲵鱼似鲇，四脚，前似猕猴，后似狗，声如小儿啼。《水经注》谓：出伊水。今河中亦间有之。

按：此处不仅引用其他古籍说明大鲵的形态与分布，而且明确在慈利县溪河流中也有此物种分布。

● 常德市：清道光元年（1821）与光绪十八年（1892）《桃源县（今县）志·土产考·鳞介虫》记述：

鲵：孩儿鱼。《尔雅》：鲵，大者谓之鰕。《本草》：鲵，一名王鲔。在山溪中，似鲇，四脚，长尾。能上树。天旱，则含水上，叶覆身。鸟来饮水，因而取之。声如小儿啼，故曰鲵。一曰鳠，一名人鱼。膏燃烛不灭。今邑之南乡山溪间有之。

按：据描述看，是大鲵。尽管该地与今仍盛产大鲵的慈利县毗邻，但志称“间有之”，则表明处于大鲵分布区之边缘，或当时已然濒危。

清同治七年（1868）《石门县（今县）志·物产·鳞类》记述：

鲵：有二种。生江湖者，形色如鲇鲵，腹下翅形似足，颗颊轧轧如儿啼。一种生溪洞中，形声皆同，能上树，即鲵也。四足，长尾。大旱，则含

---

①成文出版社同时有2部《恩施县志》：一标“清同治三年”，另一标“清同治七年”。经核对“物产”动物部分则相同，当是同版不同本。

水上山，以草叶覆身，张口。鸟来饮水，因吸食之。

按：此虽转引前人的描述，但也可反映当地确有大鲵分布。

● 衡阳市：清道光八年《永州府（辖境包括今属衡阳市的祁东县等地）志》记载有称之为“鲸”的大鲵。

清光绪十一年（1885）《湖南通志·食货志·物产·衡州府（治今衡阳市，辖境包括今属衡阳市的衡阳市、常宁市、耒阳市、衡阳县、衡山县、衡东县等地）》记述：

娃娃鱼：安仁以上多有之。形短，其声如孩啼。每山水发，则横岭而上。土人珍之（《旧志》）。//案：娃娃鱼，即鲵之俗名。

按：据此表明当时“衡州府”有大鲵栖息，至今还有个别地点有大鲵存在。

清同治九年（1870）《常宁县（今常宁市）志·物产》记述：

夜鱼：出五洞涧中。夜眠于树，见人则跃入水。

按：平时在涧中，能上树的“夜鱼”，当是大鲵，现今当地依然产大鲵。

● 郴州市：清光绪十一年《湖南通志·食货志·物产·衡州府（辖境包括今属郴州市的安仁县等地）》在记述“娃娃鱼”时，特别指出“安仁以上多有之”，窃以为不仅是指流经安仁县的永乐江水系，而且在其上游（处今资兴市）一带大鲵也较多。

清嘉庆二十五年（1820）《郴州（治今郴州市，辖今郴州市、资兴市、永兴县、宜章县、汝城县、桂东县等地）总志·物产志·鳞之属》记述：

狗鱼：狗鱼能上树。产山洞中。味极佳。

按：描述显示的“能上树”“产山洞中”“味极佳”等，皆是大鲵特征，反映当时分布较广。

清同治五年（1866）《桂东县（今县）志·物产·鳞之属》记述：

狗鱼：狗鱼能上树，产山涧中，味极佳。

按：所描述的符合大鲵的生态特征，表明当地有大鲵栖息。

● 永州市：清道光八年（1828）《永州府（治今永州市，辖境包括今属永州市的永州市、东安县、道县、宁远县、江永县、新田县、双牌县、祁阳县、江华瑶族自治县等地）志·物产·鳞属》记述：

道州、江华《物产志》皆有鲸。鲸，海鱼之至大者。此当是山溪中之鲵鱼，似鲇，有足，能上树者。《本草》注云：与海中鲸同名称鲸，或由此也（《闻见偶记》）。郭景纯曰：鲵鱼四脚，前脚如猴，后脚似狗，声如儿啼。大者长八九尺。

按：此处既明确“鲸”有海中哺乳动物之鲸与山溪中两栖动物之大鲵二种，又道州（今道县）与江华（今江华瑶族自治县）较多大鲵。

清嘉庆二十五年（1820）与光绪四年（1878）《道州（今道县）志·风土·鳞属》皆记载有“鲇”，此亦大鲵之别称，如果联系上文所称“夜鱼”“狗鱼”“鲸”等，便不足为奇。

● 邵阳市：《古今图书集成·方舆汇编·职方典·靖州（辖境包括今邵阳市的绥宁县等地）物产考》记载有“鲵”，亦即有大鲵分布。

清光绪三十三年（1897）《邵阳县（今邵阳市与邵阳县）乡土志·物产·鳞族》记述：

鲵：似鲇，有足四，长尾，声如小儿啼。能上树捕鸟。取其膏燃烛不灭。

按：所描述的形态、生态、作用等都表明是指大鲵。

● 怀化市：《古今图书集成·方舆汇编·职方典·靖州（治今靖州苗族自治县，辖境包括今怀化市的洪江市、会同县、靖州苗族自治县、通道侗族自治县等地）物产考》记载有“鲵”，亦即有大鲵分布。这与大鲵的生态环境（当地乃雪峰山脉南段，山地冬冷夏凉、潮湿多雨，位于资水与沅江上游等）特点相符。

清乾隆三十年（1765）《辰州府（治今沅陵县，辖境包括今怀化市的沅陵县、辰溪县与溆浦县等地）志·物产》记述：

曰鲵：音倪。《尔雅》：鲵，大者谓之鰕。郭注：今鲵鱼似鲇，四脚，前似猕猴，后似狗，声如小儿啼。大者，长八九尺，则名鰕。《本草》：鲵鱼，一名王鲔。在山溪中，似鲇，有四脚，长尾。能上树。天旱，则含水上叶覆身。鸟来饮水，因而取之。声如小儿啼[①]，故曰鲵鱼，一名人鱼。膏燃烛不灭。辰郡山溪间，多有之。俗呼为呱呱鱼，以其声如小儿呱呱泣也。作娃娃者，误。大者，能上岸获取小儿。获之，亦可食。

按：上所描述的与大鲵情况吻合，证明这一带有大鲵栖息。

清乾隆二十七年（1762）《溆浦县（今县）志·物产·动物》记载有"娃娃鱼"，可与《辰州府志》相互印证，有大鲵分布。

清道光元年（1821）《辰溪县（今县）志·物产》有"鲵"，为当地产大鲵的佐证。

清同治十二年（1873）《沅陵县（今县）志·物产》诠释：

鲵：一名人鱼，一名鱼双，俗呼娃娃鱼。

按：据此，进一步证实当地栖息有大鲵。

● 娄底市：清同治十一年（1872）《新化县（今县）志·物产·鳞》记有"鲵（俗名孩儿鱼）"，表明当地有大鲵分布。

● 湘西州：清乾隆三十年《辰州府（治今沅陵县，辖境包括今湘西州的泸溪县等地）志·物产》记载的"鲵"，反映当地有大鲵分布。

清嘉庆二十三年（1818）《龙山县（今县）志·物产·鳞之属》记述：

呱呱鱼：腐薪所化。四脚，长尾，前似猕猴，后似狗，声如小儿啼。大者长八九尺。能上树。天旱，则含水吐叶上覆身，鸟来饮水，因而取食之。又或上岸攫取小儿。山溪中多有之。获之，可食，膏燃烛不灭。

按：即此描述，此"呱呱鱼"就是大鲵，主要根据其叫声取名。

4.4.4 广东

广东历史上10余处有大鲵栖息，但古文献记载大鲵主要在粤北一带分布。

● 清远市：清雍正九年（1731）《广东通志·物产志·鳞》：

鲵：大者谓之鰕（同上。按郭璞注：鲵鱼似鲇，四足，前似猕猴，后似狗。声如小儿啼）。大者长八九尺。别名鰕……今连州有狗子鱼，似鲇，四足。大者裁数斤，盖鲵之小者耳。

按：此处所谓"鲵""狗子鱼"等，皆是大鲵；"连州"，治今连州市，辖今连州市、阳山县、连南瑶族自治县等地。反映这一带有大鲵栖息。

● 韶关市：清光绪元年（1875）《曲江县（今属韶关市）志·土产·鳞介属》记载有"甜鱼、鳀、鰍鱼"等。其中所称"鳀"，即大鲵。

4.4.5 广西

广西虽然是大鲵分布的西南边界之一，但也是古今大鲵主要分布区之一，历史上近半数市、县有大鲵栖息记载。

● 桂林市：（唐）段公路《北户录·乳穴鱼》记载：

全义之西南有山，曰盘龙山。有乳洞，斜贯一溪，号曰灵水（《洞记》曰：山曰灵山，水曰灵水，幽而有灵，是以名也。且地志、山经所不载。又云：鱼无大小，修尾四足，朱丹其腹。游泳自若，渔人不敢钓之）。

（宋）李昉等《太平御览·龙蟠山》记载：

《桂林风土记》曰：龙蟠山本名盘龙山，有石洞深致洞中。天然石床，石盘，洞门数重。人秉烛游，常见龙迹。迹大如椀。洞有水，水中有鱼，四足，有角，如龙形。人杀之，即风雨。

（明）陆应阳《广舆记》记载：在桂林兴安，鱼四足有角，俗名魶鱼。

按：此三文献记载的"乳穴鱼""魶鱼"等，皆有"四足"特征，当是大鲵。只是具体地点有所考证：①《北户录》称"全义之西南有山，曰盘龙山"，"全义山"乃今南岭之一的越城岭，西南恰是桂林市一带。②《桂林风土记》不仅明确是在桂林市一带，而且说明"龙蟠山本名盘龙山"，可与《北户录》呼应，加之记述的内容也与《北户录》吻合。③《广舆记》不仅所称"魶鱼"与前二者相符，而且地点更具体到"桂林兴安"，亦即今兴安县，更有后世的记载可以佐证。

清雍正十一年（1733）《广西通志·山川·桂林府·兴安县（今县）》记述：

龙蟠山，在县东十五里，有洞门数重。中潭产魶鱼，四足，有角，今无。

又《物产·桂林府》：

---

①此乃《尔雅注疏考证》内容，但其中有删节；与《本草纲目》稍异（未见"鲵鱼，一名王鲔"之说），《证类本草》有"鲵鱼，一名主鲔"。现摘录《本草纲目》相关内容如下：

藏器曰：鲵生山溪中。似鲇，有四足，长尾。能上树。大旱，则含水上山，以草叶覆身，张口。鸟来饮水，因吸食之。声如小儿啼。

魶鱼：灵川出。四足，有角，声如小儿。

清道光十四年(1834)与同治十年(1871)《兴安县志·物产》皆有“魶鱼”记载。

按：所称“魶鱼”，“有角”之说尚待查缘由；但“四足”与“声如小儿”，则是大鲵特征。该《志》所称“今无”，不能证明大鲵在兴安县灭绝，因现今当地依然有大鲵。基于前文称兴安县“今无”，故在桂林府的物产中只称“灵川出”，亦即今灵川县曾有大鲵分布。清代的桂林府辖境略小，约辖今桂林市、阳朔县、临桂县、灵川县、全州县、兴安县、永福县、灌阳县、资源县、龙胜各族自治县等地，历史上大鲵似广泛分布。

清道光二十年(1840)《西延(今资源县)铁志·物产》也记载有称为“娃娃鱼”的大鲵。

4.4.6 香港

尽管尚未见古籍直接记载香港的大鲵分布情况，但后世还是发现当地有大鲵栖息(详见下文)。

4.5 西南地区

西南五省级政区历史上皆有大鲵分布，而且获得最早的大鲵标本也出自这一地区。

4.5.1 重庆

尽管仅见一处古籍记载大鲵在重庆的分布，但实际上则广得多(详见下文)。

清康熙四十九年(1710)《丰都县(今县)志·物产》记载有“孩儿鱼”，证明当地古代即有大鲵分布。

4.5.2 四川

四川古今皆是大鲵主要分布区之一，历史上虽然有大鲵分布的市、县占40%，但其绝对数量达到63个。

● 成都市：清嘉庆十八年(1813)与同治九年(1870)《郫县(今县)志·物产》有“娃娃鱼”记载，说明有大鲵栖息。

清光绪三年(1877)《崇庆州(今崇州市)志·物产》记载有“娃娃鱼”，亦即有大鲵。

清光绪十二年(1886)《灌县(今都江堰市)志·物产》有称为“人鱼”的大鲵。

● 绵阳市：清嘉庆十九年(1814)与同治十二年(1873)《直隶绵州志·物产·安县(今县)》记述：

娃娃鱼：《县志》：四足，两乳，声如儿啼，即《史记·始皇本纪》人鱼也。

按：据其描述，就是大鲵，证明当地有所分布。

● 乐山市：清嘉庆十八年(1813)《夹江县(今县)志·物产》有“娃娃鱼”记载，证明有大鲵栖息。

清嘉庆十二年(1807)《马边厅(今县)志略·物产》有“鲵”记载，亦即有大鲵分布。

● 宜宾市：清光绪九年(1883)《珙县(今县)志·物产·鳞之属》记载有“红尾鱼、人鱼、金鱼”等。尽管此处缺少对“人鱼”的描述，但根据珙县地貌状况(是四川盆地南缘的山区县，地势南高北低，大部分地区在海拔600～1 000 m，现今境内有大小溪河77条)，不难断定其为大鲵。

● 达州市：清光绪十九年(1893)《太平县(今万源市)志·物产》记载有“娃娃鱼”，亦即大鲵。

● 眉山市：明嘉靖四十一年(1562)《洪雅县(今县)志·物产·鳞介之类》记载：

有人鱼：其形似人，有手有足。

按：从形态描述看，是大鲵，表明当地有所分布。

● 雅安市：(宋)洪迈撰《夷坚志·牙儿鱼》记载：

王闻礼立之过雅州，有馈一枚，如前所说。

按：“有馈一枚，如前所说”，即指得一尾“牙儿鱼”①，亦即大鲵；宋代雅州，治今雨城区，辖今雨城区、名山县、荥经县、天全县、芦山县。诚然，虽然此条史料难以概括“雅州”，但还是可以证明至少今雨城区一带有大鲵分布。

(明)何宇度撰《益部谈资》记述：

鲵鱼，一名魶，一名鳀。出荣经河中。大首，长尾而有四足，能援树攀木。声作儿啼。土人多食之。

明天顺五年(1461)《明一统志·雅州·土产》记述：

魶鱼：荣经水及西山溪谷出。似鲵，有足，能缘木，声如儿啼。蜀人食之。

清雍正七年(1729)《四川通志·物产·雅州府》亦记述：

---

①即“有四足，能登岸升木，作声咿嚘，全如婴孩”，详见前文(宋)洪迈撰《夷坚志》。

鲵鱼:状似鲵,有足,大头,长尾,声如婴儿,能缘木不坠。出荥锦水及西山溪谷中。

清乾隆四年(1739)《雅州府志·物产·雅州府雅安县附郭》称:

鲵鱼:有四足,长尾,状如婴儿。俗呼为娃娃鱼。

又《荥经县(今县)》鲵鱼。

又《芦山县(今县)》鲵:即娃娃鱼。

清嘉庆二十一年(1816)《四川通志·食货·物产》记述:

鲵鱼:出西山溪谷及雅江。状似鲵,有足,能缘木。其声如儿啼。

鳑:雅州有鱼曰鳑。有四足,大首,长尾。声如婴儿,善缘木。天旱,(舍)[含]水上山,以草覆身,张口露水。鸟来饮水,因吸食之。

清《嘉庆重修一统志·雅州府·土产·鱼》记载:

《明统志》:鲵鱼:出荥经水及西山。有足,能缘木。天(早)[旱],辄含水上山,以草覆身,张口露水。鸟来饮水,因吸食之。

按:"荥经",在明代称"荥经",南境有今青衣江的两支流——荥水与经水(谭其骧,1982b),故"荥经河""荥经水""荥锦水""雅江"等皆是今青衣江不同称谓;明代"雅州",治今雨城区,辖今雨城区、名山县、荥经县、芦山县、宝兴县等地;清代"雅州府"虽仍治今雨城区,但辖境则大为扩展,在今四川境内除属雅安市的雨城区、名山县、荥经县、汉源县、天全县、芦山县、宝兴县外,还有甘孜州(其中有康定县、泸定县、九龙县、雅江县、道孚县、炉霍县、甘孜县、新龙县、德格县、白玉县、石渠县、色达县、理塘县、巴塘县、乡城县、稻城县、得荣县)以及西藏昌都地区(其中有江达县与贡觉县)等地。窃以为,雅安市历史上大鲵的分布要略广于明代"雅州"大大小于清代"雅州府",亦即在今雨城区、名山县、荥经县、汉源县、天全县、芦山县、宝兴县等地。

清光绪二十五年(1899)《雅安(今雨城区)志稿·物产》有"娃娃鱼"记载,亦即证明有大鲵栖息。

● 阿坝州:(清)李心衡《金川琐记》记述:

大江(今称大渡河)中产孩儿鱼……

甲午(乾隆三十九年,1774)秋赴任,路过小牛厂,见民家盆盎中养二尾,皆长尺许。问所用,云可治跌扑损伤。细视其爪有四,绝似鸡距。讶其形异,售之放大江中。

乙巳(乾隆五十年,1785)秋,因公事出民间,获一巨者,重九十余斤。市人环观,哀鸣甚惨。翌日旋罢,已不获购。

按:李心衡曾参加"大小金川之役"(1747～1776,约今金川县与小金县一带),并在懋功厅为官,《金川琐记》为当时所作。反映当时不仅有大鲵,而且有年龄颇长的巨大者。

清道光五年(1825)《绥靖屯(今金川县)志·物产》记载有"娃娃鱼",反映当地有大鲵分布。

清光绪三十二年(1906)《懋功屯(今小金县)志略·土产》记载有"猫鱼",证明当地有大鲵栖息。

● 甘孜州:清同治十三年(1874)《章谷屯(今丹巴县)志略·土产·物宜》记述:

猫子鱼:似猫,俗以猫子鱼呼之。

按:"猫子鱼"是清代懋功厅一带对大鲵的俗称,说明乃当地土产。

4.5.3 贵州

贵州古今皆大鲵主要分布区之一,不仅历史上栖息有大鲵的市、县绝对数量多达62个,而且占全省总数约76%,位居全国前列。

● 贵阳市:清道光二十年(1840)《贵阳府(治今贵阳市,辖境包括今属贵阳市的贵阳市、开阳县、修文县与息烽县等地)志·食货志》记载有"孩儿鱼",亦即有大鲵分布。

● 遵义市:清道光二十一年(1841)《遵义府(治今遵义市,辖今遵义市、仁怀市、遵义县、桐梓县、绥阳县、正安县、习水县、道真仡佬族苗族自治县等地)志·物产·鳞介类》记述:

哇哇鱼:《桐梓志》:邑产。《尔雅》:鲵,大者谓之鰕。注:今鲵鱼似鲇,四脚,前似猕猴,后似狗。声如小儿啼。大者,长八九尺。别名鰕。《旧四川志》:鳑,即鲵鱼。大首,长尾,善缘木。天旱,辄含水上山,以草覆身,张口露水。鸟来饮水,因吸食之。性有毒。按:嘉庆中,桐梓水涨,有一妪至魁岩民家乞食。民家食米苣饭,与一缶。妪缘河去。午后,此民捕得一哇哇鱼,甚巨。剖其腹,前饭在焉。大骇,弃之。

按:所称"哇哇鱼",即大鲵;该物种历史上在今遵义市分布较广，只是桐梓县等较突出。

清道光二十一年《思南府(辖境包括属今遵义市的务川仡佬族苗族自治县等地)》记载有称为“娃娃鱼”的大鲵。

清光绪二十五年(1899)《湄潭县(今县)志·物产》在“水类”记载“大虾、鲲鲵、鲢鱼、石扁头、黄蜡丁”等，其中“鲲鲵”似即今所称大鲵，因至今当地还有所分布。

民国十八年(1929)《桐梓县(今县)志·物产》在“鳞介类”记述：

人鱼：俗呼娃娃鱼。杨村沟小溪有之。长者三四寸，古名人鱼(《山海经》)。即鲵也。似鲇，四足，前似猕猴，后似狗，声似小儿啼。今则呼鲇为鳑，大者名鰕(郭注)。一名鲉(《广雅》)。别作鳎，又作鳀(《史逸音注》)。人鱼，四足，长尾，能上树(《本草拾遗》)。嘉庆(1796—1820)中，溱溪水涨，有一妪至魁岩民家乞食。适饭米豆，因与一缶，遂沿涨去。午后，村民捕得一娃娃鱼，剖视其腹，豆饭仍在。此物不但似人，且能化人(参《黄志》)。故旧俗，以见者为不祥。

按：由其详尽记述看，更多的则是反映20世纪前的大鲵状况。

● 安顺市：清道光七年(1827)《安平县(今平坝县)志·物产》记载有“呱呱鱼”，显然是根据大鲵鸣叫特征命名的。

● 铜仁市：清道光二十一年(1841)《思南府(治今思南县，辖境包括属今铜仁市的思南县、德江县、印江土家族苗族自治县、沿河土家族自治县等地)志·物产》记述：

娃娃鱼：无鳞，四足。能陆行，鸣声最恶。鲜有食者。

按：所描述的“娃娃鱼”，就是大鲵。

清道光十一年(1831)《续黔书·鲇鱼洞》记述：

洞在玉屏，大江右石壁百丈，中凹一洞，碧水沉涵，产鲇鱼焉。或曰：洞中一石乖为鲇形，故名也。按《说文》：鲇，鳑也。佘四《释鱼注》：别名鳀，江东呼为鲏，昔陈蔡之厄，作祟以与季路搏者，即此物也。夫鲇之为言黏滑也。鳑鱼似之。鳑两目上陈，方头，腹重坠若囊，身微紫色，无鳞。一名人鱼。其膏燃之不消耗，秦始皇常以其膏为烛。又似鲵。鲵，偃额，大首，长尾，四足。一名孩儿鱼。生溪涧，能上树，含水上叶覆身。鸟来饮水，辄取之。知鳑鲵之状，鲇形如绘。毛传《说文》，以鲩为鲇，以鳂为鲇，殊闇于训稽矣。周益公记：宜兴洞有四足鲇。宋乾道六年，行都北关有鲇鱼，黑色，腹下出人手于两旁，各具五指，则粘妖也。玉屏城西二十五里又有鳑鱼洞，产鳑，肥美。

按：由此描述看，所记就是大鲵；所谓“鲇鱼洞”，在今玉屏侗族自治县，表明有大鲵分布。

● 黔东南州：明嘉靖三十四年(1555)《贵州通志·土产·镇远府(治今镇远县，辖今施秉县、三穗县与镇远县等地)·鳞之属》记载有“鳜、青鱼、孩儿鱼”等。所谓“孩儿鱼”，即大鲵，表明有所分布。

清道光十八年(1838)《清平县(今凯里市)志·物产》记载有“娃娃鱼”，说明有大鲵栖息。

● 黔南州：清道光二十年《贵阳府(辖境包括今属黔南州的贵定县、罗甸县、长顺县、龙里县与惠水县等地)志》记载有称之为“孩儿鱼”的大鲵。

4.5.4 云南

尽管未见古籍记载大鲵在云南的分布情况，但是现代的调查发现，云南历史上栖居有大鲵这一物种(详见下文)。

4.5.5 西藏

古籍中虽未见到记载西藏栖息的大鲵，然而后世还是有相关记载证明有所分布(详见下文)。

4.6 西北地区

除新疆外，西北的其余4个省级政区古今皆有大鲵分布。

4.6.1 陕西

陕西古今皆是大鲵主要分布区之一，在西北更是首屈一指；历史上不仅栖息有大鲵的市、县约占全省40%，而且绝对数量达到37个。

● 西安市：1950年代，西安市半坡遗址(距今6 000年左右)发掘出7件绘有人面纹的陶器，有两件较为完整，其中就有人面鱼纹彩陶盆(图2.8、图2.9)。对于先民绘制“人—鱼”复合图形的含义，现代人们众说纷纭，见仁见智。虽然此图形与大鲵形象相去较远，但窃以为，就仰韶文化中“人—鱼”复合图形的多样性，此类彩陶相当一部分出土地点与历史上的大鲵分布地点不谋而合，其中也隐含先民对大鲵(人鱼)的认识的抽象。

图 2.8　人面鱼纹彩陶盆①

图 2.9　人面鱼纹彩陶盆局部

位于西安市临潼区临河北岸的姜寨遗址是仰韶文化遗存，1972～1979 年进行 11 次大规模发掘，发现半坡类型原始聚落遗迹，也出土有人面鱼纹彩陶盆(图 2.10)，反映当地曾有大鲵栖息。

图 2.10　人面鱼纹彩陶盆(姜寨)②

(宋)宋敏求《长安志·临潼县(今西安市临潼区)》记述：

秦始皇陵在县东一十五里。《史记》：始皇初即位，穿治郦山……以人鱼膏为烛(徐广曰：人鱼，似鲇，四脚)，度不灭者久之。

按：自司马迁在《史记》中记载秦始皇陵墓中“人鱼膏为烛”，转引者趋之若鹜。至于“人鱼”为何物？所见文献引用较早诠释且较明确释义的是徐广(351—425)之说，是可以确定其是大鲵。固然，若以秦始皇陵来确定大鲵产地未免失之偏颇，但至少可以反映：①以相当数量的大鲵油脂为烛燃灯，表明当时大鲵不仅分布广、种群数量多，而且个体大(只有生存年代较长的大鲵个体大，便于提取脂肪)；②西安一带，再扩大之陕西南部及其周边的河南、湖北、重庆、四川、甘肃等地历史上皆盛产大鲵，获取供秦始皇陵用之“人鱼膏”并非绝对困难。

清雍正十三年(1735)《陕西通志·物产》记载“人鱼”时，有较明确地点的有：

鳎，鲵鱼也《上林赋注》。

按：此记载既表明“鳎”“鲵鱼”也是“人鱼”，又反映当时在“上林苑”(辖境包括属今西安市的有西安市、蓝田县、周至县、户县等地)一带有大鲵分布。

● 渭南市：《山海经·西山经·中次六经》记述：

竹山，其上多乔木……竹水出焉，北流注于渭。其阳多竹箭，多苍玉。丹水出焉，东南流注于洛水。其中多水玉，多人鱼。

按：竹山，在今渭南市临渭区东南 20 km；竹水，亦名大赤水，又名箭谷水(史为乐，2005)；“渭”，即今黄河支流渭河；此“丹水”，乃今洛河(当时称“洛水”)支流。范围约包括今临渭区与商洛市的洛南县一带。“人鱼”，郭璞注释：“如鯑鱼，四脚”，即今大鲵。反映当时这一带颇多大鲵分布。

①file：//C：\Users\user\AppData\Local\Microsoft\Windows\Temporary Internet Files\Content. IE5\HDC36C3R\20101125080435_conew_conew_1-0041[1]. jpg

②姜寨遗址. http：//amuseum. cdstm. cn/AMuseum/jianzhu/content/shiqian/text/jiangzhai. html

《山海经·中山经·中次六经》记述：

阳华之山，其阳多金玉，其阴多青雄黄……杨水出焉，而西南流注于洛。其中多人鱼。

按："阳华"，即华山之南；"阳华之山"，约指今洛南县至华山之间山岭；杨水，则是发源于这一带的今洛河支流。反映当时这一带(包括属今渭南市的华阴市与潼关县等地)"多人鱼"(即大鲵)。

● 咸阳市：清雍正十三年(1735)《陕西通志》记载"人鱼"时，提及"上林苑"(辖境包括今咸阳市等地)一带有大鲵分布。

● 宝鸡市：1958～1960 年 5 次发掘宝鸡市区东北部、南距渭河约 2 km 的北首岭仰韶遗址(上层年代为 5 745 年±110 年～6 035 年±140 年，下层年代为 6 970 年±145 年～7 100 年±140 年。在所涉及"鲵纹彩陶"的数处仰韶遗址北首岭遗址的年代显然要早)，出土的彩陶中有多个与半坡遗址类似的"人面纹""人面鱼纹"碎片(图 2.11)，还有一件鲵纹彩陶壶(图 2.12、图 2.13)(中国社会科学院考古研究所，1983)。从图 2.11 的线描展开图上，尽管我们看到的是一尾变形的大鲵形象，但"有足"(尤其是其绘制的如金鱼大尾下露出的一足)的特征十分明显。至今，宝鸡市一些地点依然有大鲵栖息，这些出土的"鲵纹彩陶"可作为历史上有大鲵分布的佐证。

图 2.11　彩陶之人面纹与人面鱼纹

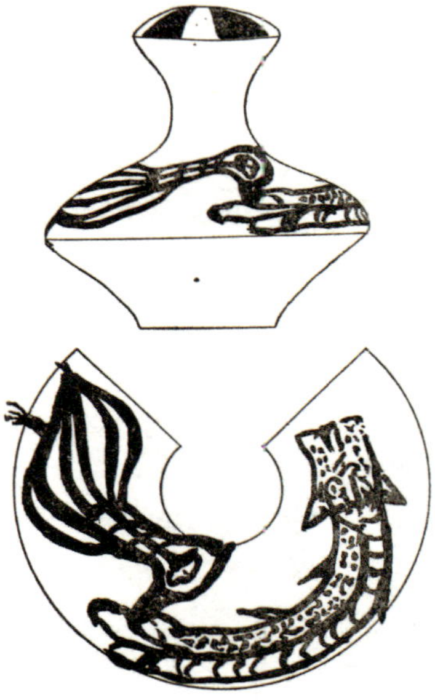

图 2.12　鲵纹彩陶壶(线描)

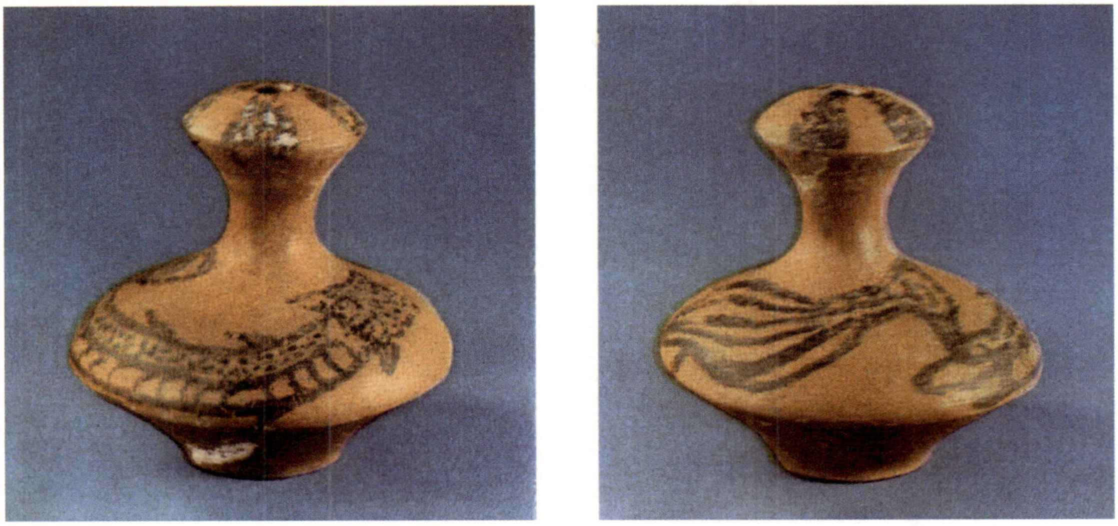

图 2.13　鲵纹彩陶壶(正面与背面)

● 汉中市：清雍正十三年(1735)《陕西通志·物产》记载"人鱼"时，有较明确地点的有：

出天桥窖口《府谷县志》；按：《西乡志》有孩儿鱼，即此类。

按：所称"西乡"，即今县，反映西乡县当时有大鲵分布。

清光绪五年(1879)《定远厅(今镇巴县)志·物产》仍在"鳞之属"中诠释："孩儿鱼：俗呼娃娃鱼"，表明当地也出产大鲵。

清光绪二十四年(1898)与民国二十六年(1937)《洋县(今县)志·纪事》皆记述：

明……嘉靖……十五年(1536)夏，汉水涨泛，获人鱼数十，大者盈丈。

按：尽管此仅明确今洋县曾有大鲵，但共处汉水且为上游的城固县20世纪仍有大鲵，当时也应当有大鲵分布；其直接下游——石泉县的周边(宁陕、汉阴、镇巴诸县)皆有大鲵，历史上似也有过分布。

● 榆林市：清雍正十三年(1735)《陕西通志·物产》记载"人鱼"时，有较明确地点的有：

出天桥窖口《府谷县志》；按：《西乡志》有孩儿鱼，即此类。

按：此记载既诠释"人鱼"即"孩儿鱼"，亦即今大鲵；又反映在府谷县"天桥窖口"有分布。

清乾隆四十八年(1783)《府谷县(今县)志·物产》在"鱼属"中记载有"鲤鱼、鲇鱼、鲵鱼、钻沙、白条"等，此"鲵鱼"当是大鲵。

● 安康市：清光绪二十四年与民国二十六年《洋县(今县)志》记载之大鲵，反映同在汉水上游的洋县与石泉县，历史上曾有大鲵栖息。

● 商洛市：《山海经·中山经·中次六经》记述：

熊耳之山，其上多漆，其下多棕。浮濠之水出焉，而西流注于洛。其中多水玉，多人鱼。

按：熊耳之山(亦名"熊耳获舆山")，据郭璞注："今在上洛县南"，乃今商州区南；故"浮濠之水"，亦即今丹江支流(谭其骧，1982a)。

《山海经·西山经·中次六经》所记载"竹山""丹水"等所涉及今洛南县等地，皆"多人鱼"；《山海经·中山经·中次六经》记述"杨水……其中多人鱼"，反映当时这一带(包括属今商洛市的洛南县等地)"多人鱼"，皆说明在这一带多大鲵分布。

清雍正十三年(1735)《陕西通志·物产》记载"人鱼"时，有较明确地点的有：

人鱼：丹水注于洛，其中多人鱼《西山经》。

……

人鱼，俗名娃鱼《商州志》。

人鱼，《山海经》云：出洛水。丰水亦有之。形似鲇，有四足，皮青，腹白。能缘木，行陆则发水。生剥皮干之，能治儿啼，故名娃鱼《山阳县志》。

按：此处引用"丹水……其中多人鱼"，反映处于今丹江上游的商州区、丹凤县、商南县与山阳县等地当时还有大鲵栖息。引用《商州志》，反映当时商州(治今商州区，辖今商州、洛南、丹凤、商南、山阳、镇安等地)有大鲵分布。引用《山阳县志》，既是诠释"人鱼"，又表明当地大鲵更为突出。

清乾隆七年(1744)《商州志·物产》再次记述：

人鱼：丹水多人鱼，即鳑鱼之上树者。

清乾隆十三年(1748)《商南县(今县)志·物产》记载有"人鱼"，亦即大鲵。

清光绪年间(1875～1908)《雒南县(今洛南县)乡土志·物产》在"鳞虫之属"中记载："鲤、鲫、鳝、鳙、人鱼间有，惟鲦为常"，反映大鲵等虽有所分布，但当时并不多。

清光绪九年(1883)《孝义厅(今柞水县)志·物产》描述：

娃娃鱼：巨口，有齿，四足，无鳞。皮可作汤，火(？入)药，亦可裹物。

从形态、资源利用等看，就是大鲵；尤其是指出人们不多提到的"有齿"的特征也符合实际，大鲵口中的牙齿又尖又密，虽不能咀嚼，但用于突袭猎物进入口内后很难逃掉则颇有成效。

4.6.2 甘肃

甘肃历史上的大鲵分布，基本上处于河西走廊以东地区。

● 天水市：1958年，甘谷县西平乡遗址出土一"双耳鲵鱼纹彩陶瓶"(图2.14)，据^{14}C测定为公元前3900～前2780年，属于仰韶文化中期(李永平，1997)。不仅从简约的线条勾勒出"鲵鱼"的脸酷似人形，两只眼睛炯炯有神，身躯卷曲似在游动，两只前肢仿佛在支撑着身体，昂头"唔哇，唔哇”鸣叫，憨态可掬，大鲵的神采跃然而出；而且该县毗邻今仍盛产大鲵的天水市，可以佐证历史上有大鲵分布。

1972年，武山县马力乡傅家门村边上的种谷台出土仰韶文化晚期(距今5 500～4 900年)鲵鱼纹彩陶瓶(图2.15)，尽管被称为“充满神秘色彩的变体鲵鱼纹”，“它弯曲着身体趴在彩陶瓶上，为了追求夸张效果，先民们将它的身体画成了宽大的弯月形，身体上被画出八只足”①，但以“有足”之重要特征，依然可以断定为大鲵。武山县与甘谷县皆处于流经天水的渭河上游，历史上有大鲵分布并非绝无可能。

图2.14 双耳鲵鱼纹彩陶瓶②

图2.15 鲵鱼纹彩陶瓶③

清乾隆二十九年(1764)《秦州(治今天水市，辖境属今天水市的有天水、清水、秦安、张家川等地)志・物产》在“鳞介属”记载有“孩鱼”，即大鲵。

● 陇南市：清乾隆二十九年(1764)《秦州(辖境属今陇南市的有礼县、两当、徽县等地)志・物产》记载有“孩鱼”，即大鲵。

清乾隆五十二年(1787)与道光二十年(1840)《两当县(今县)志・物产》在“鳞介属”皆记载有“孩儿鱼”等；光绪三十四年(1908)《甘肃通志・物产》记载“孩儿鱼(两当出)”。所称“孩儿鱼”即今大鲵；“两当”即今两当县。

4.6.3 青海

青海虽未见古籍记载大鲵栖息情况，然而现代调查证明还是有此物种分布(详见下文)。

4.6.4 宁夏

记载宁夏大鲵分布的古籍，仅见一部。

清乾隆二十五年(1760)《中卫(今沙坡头区)志・物产・水族》有“鲤、鲫、鲇、脚鱼、沙嘴、白鲦、鳝鱼、鳅”等。按：大鲵的别称“四脚鱼”较多见，但此处的列举“脚鱼”在诸多名副其实的鱼类之中，并且沙坡头区正处现今仍明确有大鲵栖息的青铜峡市与中宁县之间，历史上有大鲵分布并非不可能。

①傅家门：彩陶遥远的5000年. http://www.godppgs.gov.cn/2011/0928/6864.html

②http://www.gs.xinhuanet.com/gansucaitao/2006-04/19/xin_02040319142034711711.jpg

③http://glsmzx.blog.163.com/blog/static/164743423201301610808 92/

5 大鲵在20世纪的分布

20世纪,我国大鲵分布的省级政区只有吉林未见再现大鲵,黑龙江、上海、西藏等地的大鲵分布尚待进一步证实,河北、山东、宁夏等地少量分布,其余省级政区的大鲵栖息地基本上仍然保持较高比例。

《中国动物志:两栖纲》(费梁等,2006)关于大鲵的地理分布应是比较权威的总汇,再结合出版时间考虑,笔者曾试图将其作为跨过20世纪的分布之一方面;但综合多方情况,尤其是从时间节点看,所用资料基本上还是出自20世纪[①],且其中还存在一些值得注意的瑕疵,不得不改变初衷。

5.1 华北

华北地区的北京、河北、山西3个省级政区依然有大鲵栖息,只是河北与山西的分布点减少比较显著。

5.1.1 北京

《中国动物志:两栖纲》(费梁等,2006)中大鲵的地理分布并没有提及北京,但根据多地多次获得大鲵活体标本,证明北京数处仍有大鲵栖息,并进行首次增殖放流。

● 丰台区与昌平区:北京自然博物馆在南苑大红门(属今丰台区)、昌平县(今昌平区)沙河采到标本,或当地群众反映捕捉到大鲵,这也证明大鲵在北京地区能生存,但它们是否为从饲养场或市场逃出者,或为野生种类,有待进一步研究(王鸿媛,1998)。

● 门头沟区:1991年6月,北京西部大暴雨致使门头沟山洪暴发,有一条长33.3 cm、重0.55 kg的大鲵顺水流冲入三家店地区的轼水河,被捕获(曹玉萍等,1999)。

● 大兴区:1961~1962年,曾有人在南郊的凉水河(约处今大兴区)中捕到大鲵,大的有重近6 kg(刘后一等,1988)。尽管从大鲵以山溪为主的自然栖息地来考虑,此处发现的大鲵很有可能是从上游顺水漂流过来,而不是本地产的,但还是可以证明其可以在此生存。

● 怀柔区:1996年3~4月,怀柔水库2次捕捞到2.5 kg与1.4 kg娃娃鱼[②]。又有称怀柔水库周边渔民就先后4次捕到了野生娃娃鱼,并原地放流。经专家考证,怀柔水库的水质和生存环境非常利于大鲵生存[③]。《怀柔县(现怀柔区)志·自然资源·野生动物·两栖类》记载"计17种。大蟾蜍、无斑斑雨蛙、中国林蛙、金线蛙、黑斑蛙(青蛙)、北方狭口蛙、大鲵"等(怀柔县志编纂委员会,1999),皆证明仍有大鲵分布。

5.1.2 河北

《中国动物志:两栖纲》记载20世纪大鲵在河北的分布,虽然标记为"(?)"(费梁等,2006),亦即难以确定,但近年来并非一处发现大鲵(见下文),表明河北个别地方仍有大鲵。

5.1.3 山西

《中国动物志:两栖纲》记载大鲵在山西的分布仅"垣曲"一处(费梁等,2006)。实际上,大鲵尚见于山西北部与南部(晋城、临汾、运城三市)4个县。

有报道称,大鲵在山西的分布仅限于垣曲县及沁水、阳城与翼城三县交汇处。1970年代末,全省大鲵资源量在10 000 kg以上,到1994年资源量仅存2 000 kg左右,年流失量达500 kg以上,有些河溪中的大鲵已经绝迹(连晋等,2000)。

● 大同市:《浑源县志·野生动物·鱼类》列举有"青蛙、蝌蚪、水蚤、娃娃鱼等"(山西省浑源县志编纂委员会,1999),值得注意的是"娃娃鱼"。尽管该志设立的是"鱼类",但从列举的物种看,则并非如此:前二者,则是属于两栖纲动物;"水蚤"俗称鱼虫,属于节肢动物门甲壳纲鳃足亚纲水蚤科;"娃娃鱼"一般是大鲵的别称之一,也是两栖纲动物[④]。此外,浑源境内河流主要

①尽管《中国动物志:两栖纲》正式出版于2006年,未明确时间概念,但据"前言"标注为"2002年6月",所列参考文献绝大部分出自2000年以前,亦即成稿的主要资料没有跨越20世纪。当然,分布地点缺乏引文,难以核查。

②摘自《北京青年报》。1996.北京怀柔发现娃娃鱼.大自然(3)

③两百娃娃鱼水库放生进行增殖放流尚属国内首次.http://news.sohu.com/20070415/n249442888.shtml

④我们(2013.11.23)在网上看到"浑源县肉牛养殖场"(http://www.jinnong.cn/bizsdyjmy/2013/11/17/2013111720401593817.shtml)滚动"给大鲵打针有技巧"提到"大鲵俗称娃娃鱼。属两栖纲、有尾目、隐腮鲵科"。

有浑河、唐河，分属海河流域的桑干河水系和唐河水系；尤其是桑干河水系，与北京西部多次发现的大鲵不无关系。故我们认为此“娃娃鱼”当为大鲵。

● 晋城市：民国二十三年(1934)《阳城县(今县)乡土志·物产》记载的“野兽”中提及“婴鱼状似婴儿，产桑林一水”。所谓“婴鱼”，即今大鲵，与之前的记载可以呼应。《阳城县志·野生动物·两栖动物》记述(阳城县志编纂委员会，1994)：

以大鲵(俗称娃娃鱼)为珍奇，产于桑林乡石圈河和李圪塔乡西哄哄河内。

按：据此，表明阳城县一直是大鲵在山西省的主要分布地之一。

1992年10月，山西与陕西俩农民2次将剧毒农药倒入历山国家级自然保护区(包括属晋城市的沁水县与阳城县等地)内的白寺沟河中，致使4 km长的河水被严重污染，河中水生动物全部死亡，其中有247条娃娃鱼(大鲵)，最大的13 kg(荣立等，1994)。

● 临汾市：1992年，山西与陕西农民将剧毒农药倒入历山国家级自然保护区(包括属临汾市的翼城县等地)内的白寺沟河中，表明那里有大鲵。

● 运城市：1980年代末调查，垣曲县的娃娃鱼主要分布于2处：一是离县城80 km的同善镇东北角，其东与阳城县的马家河、杨家河、扶家河、李家河等溪流相连，这些溪流河床极为复杂，河道长达16 km，下游均通到西阳河；另一是离县城10 km的上王乡铜矿峪一带，溪水汇入亳清河再入黄河(王自育等，1989)。既说明当时垣曲县多处有大鲵分布，又反映与其毗邻的阳城县也有大鲵栖息。//1992年，山西与陕西农民将剧毒农药倒入历山国家级自然保护区(包括属运城市的垣曲县等地)内的白寺沟河中。《垣曲县志：1991—2000·动物·两栖类》还列举有“大鲵、青蛙等”(垣曲县地方志编纂委员会，2001)，表明那里有大鲵。

《绛县志·动物·鱼类》列举有“草鱼、鲤鱼、鳝鱼、泥鳅、娃娃鱼、虹鳟鱼”(绛县志编纂委员会，1997)，其中“娃娃鱼”当是两栖类之“大鲵”误归入“鱼类”①。

5.2 东北

一般认为东北无大鲵分布，实际则不尽然。从前文提到清光绪十七年《吉林通志》有大鲵记载，到近20余年发现的辽宁与黑龙江省个别发现大鲵的记载，可以相互印证东北非绝对大鲵不宜栖息地。

5.2.1 辽宁

辽宁省葫芦岛市兴城市三合水库，1998年1月28日，捕获一条长0.8 m、重约3 kg的娃娃鱼，“浑身褐色，具斑纹；头大眼小；四肢较短，前肢4指，后肢5趾；全身光滑”，经核对首报道与照片，确认是大鲵(*Andrias davidianus*)。据调查，三合水库建于1970年代，属小型水库；上游多是荒山秃岭，植被稀少；山间多无溪流，水库主要靠雨季蓄水。大鲵是否自然分布尚存疑，但水库内约20 m的水深和水下复杂的地形，使得其安全度过7～8年东北寒冷的冬季，种类繁多的水生动物又为其生存提供了丰富的食物等状况，说明大鲵在野外生长多年(姜雅风等，1999)，至少可以证明当地适宜大鲵栖息。

兴城市捕获野生大鲵在辽宁似是孤证，也不尽然。《辽宁日报》2013年报道，同属葫芦岛市的建昌县药王庙乡响鸡村饲养娃娃鱼获得初步成功②，可作为参考。

此外，鞍山市至今依然有数处娃娃鱼记载(详见下文)。

5.2.2 黑龙江

黑龙江省疑似有大鲵分布。

《杜尔伯特蒙古族自治县志·野生动物·两栖和爬行动物》(杜尔伯特蒙古族自治县地方志编纂委员会，1996)记述：

1985年1月，兴隆村渔民在嫩江冰下撒网捕鱼时，捕获两栖动物两只。体长2尺余，头似蛙，尾似鲇鱼，肤黑褐色，无鳍无鳞，有4足。渔民将其中一只放回江中，另一只带回村中死亡。

按：尽管该《志》记载“两栖与爬行类名录：花背蟾

①该志还出现误将“蛙类以及虾、蟹、甲鱼(鳖)等”归入“爬行类”。

②娃娃鱼“游”进响鸡村. http://epaper.lnd.com.cn/html/lnrb/20130204/lnrb1152411.html

螈、无斑雨蛙、黑斑蛙、中国林蛙、鳖、麻蜥、蛇”，并无有尾目物种，但从记载所描述“头似蛙，尾似鲇鱼，肤黑褐色，无鳍无鳞，有 4 足”，显然是有尾目动物；小鲵科，尤其是极北小鲵与东北小鲵，在东北分布较广，但它们体长仅 65～300 mm，与“体长 2 尺余”（700 mm 左右）相差甚远，倒是大鲵与所描述的更接近。只是此记载乃孤证，又远离可相互印证的大鲵分布区处于最北地（46.8°N），暂以“？”标记，以待今后验证。

5.3 华东

从文献记载与获取标本看，华东地区的上海、江苏、浙江、安徽、福建、江西 6 省级政区皆可确定有大鲵分布；山东省在其后也获得大鲵活体（详见下文），表明也有大鲵存在。

5.3.1 上海

现代文献记载表明，上海历史上有大鲵分布。

《中国动物志：两栖纲》记载大鲵地理分布作“上海（？）”标记（费梁等，2006），亦即尚持疑问。

《香港风物志》（叶灵凤，1985）对 1950 年代初的大鲵记述：

广东、广西、福建的山岭地带都出产海狗鱼，上海的黄埔滩和苏州河里也有。

按：在香港所称之“海狗鱼”，实际上就是大鲵（详见下文）。窃以为，既然《中国动物志》确认苏州栖息有大鲵，那么上海与之有吴淞江—苏州河①相通，历史上，大鲵就是由上游的苏州迁移到上海也是可能的。当然，到 20 世纪下半叶，这一带的大鲵已然极度濒危，以致灭绝。

5.3.2 江苏

笔者所见记载江苏大鲵的资料比较罕见，就是记载有大鲵分布点也十分零散孤立，可以表明其时大鲵已然濒危，或可认为到 20 世纪末，江苏出现大鲵灭绝现象。

《中国动物志：两栖纲》记载现今大鲵在江苏的分布，记载为“苏州、徐州？”（费梁等，2006），亦即难以确定。

● 盐城市：1988 年 11 月 15 日，盐城市在市内一池塘中捕获一尾全长 800 cm、重 4.3 kg 大鲵。盐城位于苏北平原中部，气候温和，四季分明；年平均气温 14.1℃，最低气温 －17℃，最高气温 39℃；年均降水量 1 300 mm 左右（唐伯平，1990）。尽管此大鲵是否当地所产还待进一步证实，但至少可以说明这一带的生态环境适宜大鲵栖息。

5.3.3 浙江

20 世纪，浙江还有 30 个市、县栖息有大鲵，占全省的 43%，仍然位居华东地区之首。

《中国动物志：两栖纲》记载大鲵在浙江的分布为“杭州、龙泉、遂昌、丽水、开化、新安江、云和、淳安、庆元”（费梁等，2006）。其中绝大部分地点是行政概念，唯“新安江”例外，比较含糊②。既然在安徽段的新安江上游皆有大鲵分布记载，而在浙江建德境内的新安江最后一段也有明确的大鲵记载，那么，处于二者之间的淳安县有大鲵分布并不意外。

● 杭州市：清宣统二年（1910）《临安县（今市）志·物产·鳞类》记述：

四足鱼：头如龙，背黑，口红。出玲珑九仙泉内。

按：有“四足”之“鱼”，栖息在清泉中，当是大鲵。

民国八年（1919）《建德县（今市）志·地理志·物产表·两栖类》记载有“蝾螈、鲵鱼”等，后者显然就是大鲵。//《建德县志·动物》在“非鱼类水生动物”中仍记载有“娃娃鱼”，表明依然有大鲵存在（建德县志编纂委员会，1986）。

民国十一年（1922）《新登县（今属富阳县）志·物产·鳞之属》记述：

龙：……天柱山龙池中，鱼四足，赤腹，人呼为龙子（《旧志》）。

按：此“人呼为龙子”的“四足”之“鱼”，则是大鲵。

《淳安县志·动物》记载“据 1985 年初步调查，本县有……两栖纲·隐腮鲵科：大鲵”（浙江省淳安县志编纂委员会，1990），证明仍有大鲵栖息。

《余杭市（今属杭州市）志·资源·野生动物》记载有“大鲵”等（余杭市地方志编纂委员会，

①苏州河是吴淞江上海段俗称，入上海境后经青浦、嘉定、闵行、普陀、长宁、静安、闸北、虹口、黄浦等区，在外白渡桥入黄浦江。

②新安江发源于安徽黄山市，属钱塘江水系，居钱塘流域的上游；在浙江境内仅流经淳安县与建德市，到桐庐县则称富春江，亦即在富春江之前，可以泛称“新安江”。

2000)，表明依然有大鲵存在。

● 宁波市:《宁海县志·野生动物》(宁海县地方志编纂委员会,1993)记载:

大鲵(娃娃鱼,俗称水和尚)*Megalobatrachus davidianus*.国家二级保护动物。

按:从地貌看,宁海县坐落在天台山脉和四明山脉之间,背山靠海,西高东低,属沿海低山丘陵地区。西部和西南山岭重叠,属于天台山脉中段,自华顶山、括苍山分别从西北、西南蜿蜒入境,山地约占总面积的51%,溪流纵横,森林覆盖率达62%,适宜大鲵栖息。尽管该《志》记载有“水和尚”之俗称,但“大鲵”与“娃娃鱼”皆为较通用名称,中国大鲵的拉丁学名是 *Andrias*(=*Megalobatrachus*)*davidianus*,并且该物种处于该志所标“两栖类”与“国家二级保护动物”,皆确切无误地证明当地有大鲵分布。

● 绍兴市:《绍兴县(今越城区)志·动物》记载有“两栖纲·隐腮鲵科:大鲵”(绍兴县地方志编纂委员会,1999),反映还有大鲵分布。

● 衢州市:《龙游县志·动物》在“两栖类”中记载有“大鲵科:娃娃鱼 *Megalobatrachus davidianus*(Blanchard)”(浙江省龙游县志编纂委员会,1991),证明有大鲵栖息。

● 温州市:民国十四年(1925)《平阳县(今县)志·物产》记述:

鲵鱼:栖息深山溪流。体长如鲶而具四肢,皮肤暗褐色而有黑斑,背有疣腺,能分泌香液。

按:此所描述的情况与大鲵相符,反映当地有所分布。

《温州市(辖今温州市、瑞安市、乐清市、永嘉县、文成县、平阳县、泰顺县、洞头县、苍南县)志·野生动物资源》尽管称“温州市野生动物资源尚未作过全面调查”,但“习见野生动物属……两栖类有金线蛙、蟾蜍、大鲵、蝾螈等”(温州市志编纂委员会,1998),说明有大鲵存在。符合该境内地势由西南向东北呈现梯形倾斜,绵亘洞宫、括苍、雁荡诸山脉;有瓯江、飞云江、鳌江和楠溪江等主要水系,境内大小河流150余条的生态环境。只是洞头县由海岛组成,恐怕没有大鲵。

● 丽水市:据吕耀平等(2001)介绍:

1970年代前,本区9县(市)除缙云县未发现过大鲵外,其余各县(市)均有分布,其中以景宁、庆元、遂昌、龙泉等县(市)数量为多[①]。

按:所称“本区”,即今丽水市,仍辖9区(市、县)。由此表明,丽水市今辖之莲都区、龙泉市、青田县、云和县、遂昌县、松阳县、庆元县、景宁畲族自治县八地,1970年代前都有大鲵分布。

尽管1980年代中后期,大鲵被大肆滥捕和生态环境改变,山区溪流中大鲵资源几乎绝迹,但在这些源头地带的部分溪坑中仍有大鲵存在。据调查,至1992年,瓯江最大支流——小溪的上游庆元与景宁二县交界一带的一些乡镇溪坑中,大鲵密度在2～10尾/km。然而,人为灭绝性的捕杀愈演愈烈。景宁畲族自治县1991年夏秋,黄水坑10多km长的溪坑中就被捕捉大鲵100多尾、200多kg;甚至出现有的村庄70户人家,除2户五保户外,其余全部参加捕捉大鲵现象。1992年6月,一村民就捕捉30多尾大鲵。庆元县1991～1992年,2条溪被捕捉大鲵200～300尾。遂昌(县)、龙泉(市)等地也一样,大鲵被大量捕捉,资源蕴藏量急骤下降,部分原产大鲵的溪坑已很难觅其踪迹(吕耀平等,1996)。

1970年代,在遂昌县九龙山沿溪20 km的范围内,每年可捕获到大鲵40～50尾(刘宝和,1990)。1983～1985年,对地处遂昌县境内、属武夷山系北端仙霞岭余脉之一的九龙山自然保护区进行两栖动物资源调查,在2处采得8个大鲵标本;并了解到:大鲵在1970年代初,“十几公斤重的个体经常被捕获,如今五公斤以上的已难以捕到”(刘宝和,1989),表明仍有分布。

《青田县志·动物》记载:属国家“二类保护动物有水獭、穿山甲、大鲵、草鸮、鹰”(青田县志编纂委员会,1990),反映仍有大鲵栖息。

《丽水市(今莲都区)志·动物》记载“两栖纲:有2目7科13属35种,主要有:大鲵(娃娃鱼)、蟾蜍、蛙类等。大鲵属国家二类保护动物”(《丽水市志》编纂委员会,1994),证明还有大鲵栖息。//《中国动物志》记载所称“丽水”(费梁等,2006),即今莲都区,2000年6月6日前为县

①此内容的原出处标为:“吕耀平等.1996.大鲵的生态及养殖技术.天津农学院学报(3)”,尚未查找到;且从题名难以看出与此相关,故采用“吕耀平等,2001”。

级丽水市。

《缙云县志·动物》记载“两栖纲有2目8科10属21种。有中国瘰螈、肥螈、大鲵、淡肩蟾”等(缙云县志编纂委员会,1996),说明还有大鲵分布。

景宁畲族自治县境拥有发源于洞宫山脉的瓯江支流小溪,自西南向东北贯穿县境,形成宽约62.3 km的狭长溪谷低陷地带,水资源较为丰富,水质无任何污染,适宜冷水性水生动物繁衍。县境天然水域中广泛分布大鲵,其中英川、毛洋、标溪、炉西峡等小流域都曾是大鲵的原始栖息地(何德庭等,2009)。

5.3.4 安徽

安徽到20世纪,依然有25个市、县分布有大鲵,占全省的32%,在华东地区仅次于浙江。

《中国动物志:两栖纲》记载大鲵在安徽的分布地为“金寨、霍山、岳西、休宁、祁门”等(费梁等,2006)。

● 安庆市:《安庆地区(治今安庆市,辖境包括属今安庆市的安庆市、桐城市与怀宁县、枞阳县、潜山县、太湖县、宿松县、望江县、岳西县等地)志·动物资源》记载“国家二级保护动物”有“大鲵”等(安庆地区地方志编纂委员会,1995)。

1976~1981年调查,地处大别山腹地的岳西等县有大鲵分布。据霍山县漫水河供销社(该地位于今安庆市岳西县等地交界)1967~1973年有大鲵(胡小龙,1987)。//1994年3~11月,对以往分布有大鲵的皖南山区和大别山区的黄山市、安庆市、六安地区(今六安市)和宣城地区(今宣城市)全面调查,涉及安庆市岳西县等地还有一定数量的大鲵资源,岳西县鹞落(平)[坪]自然保护区基本控制了大鲵资源的进一步衰减(王渊,1996)。//《岳西县志·动物资源》记载“两栖类:……蟾蜍、蝾螈、大鲵(娃娃鱼)、角鞘山溪鲵(山溪鲵)等”(岳西县地方志编纂委员会,1996)。这些记载表明,此地仍有大鲵分布。

《潜山县志·野生动物资源》(潜山县地方志编纂委员会,1993)记述:

两栖类:主要有青蛙、树蛙、虎纹蛙(田鸡)、东方蝾螈、爪鲵、大鲵(娃娃鱼)等。

珍稀动物:……大鲵:亦名“娃娃鱼”。自然界现存最大的两栖动物,是为国家一类保护动物。主要分布于天柱山、大麻岩等山溪清澈的流水中。头宽而扁,鼻孔和眼极小,口大。躯干粗壮。尾侧扁平。四肢甚短,前肢四指,后肢五趾。身紫黑色,腹面色淡,皮肤光泽。喜静。以鱼、虾、蛙为食。叫声似小孩啼哭,其肉可食用或入药。

按:较全面地记载了大鲵的形态、生态、生活习性、分布、价值等情况。

● 黄山市:民国二十六年(1937)《歙县(今县)志·物产》在“鳞介及其他属”记述:

鲵鱼:一名魶,俗呼四脚鱼。大者三尺余。皮肤富黏液,口阔而尾长。产溪涧中。土人不知烹法,又以其状甚怪,偶获之辄弃去。日本人谓为其国特产,亦辽东豕之类也。

按:“鲵鱼”“魶”“四脚鱼”皆大鲵;有“四脚”“皮肤富黏液,口阔”皆其特征。至于“日本人谓为其国特产”则确有,是大鲵之另一特有种,亦即日本大鲵(*Andrias japonicus*),俗称“大山椒鱼”。值得注意的是,“土人不知烹法,又以其状甚怪,偶获之辄弃去”,历史上大鲵在当地处于自然繁衍生息状态,致有“三尺余”者存在。

程炳功(1998)认为,“黄山市的休宁县、祁门县、歙县、黟县、黄山区和黄山均有大鲵分布”,“这种广布状况一直延续到20世纪50年代末期”。

1994年3~11月,对以往分布有大鲵的皖南山区和大别山区的黄山市、安庆市、六安地区(今六安市)和宣城地区(今宣城市)全面调查,涉及39个乡镇。结果表明,全省大鲵成片的重点分布区在皖南山区休宁与祁门交界一带,黄山区与歙县等地还有一定数量的大鲵资源,史料曾记载的黟县已基本绝迹(王渊,1996)。

《黟县志·动物》记载“非鱼类水生动物有:娃娃鱼、龟、鳖、虾、螺、棘胸蛙等”(黟县地方志编纂委员会,1988),反映当时还有大鲵存在。

《休宁县志·动物资源》在“两栖类”中不仅记载“大鲵(娃娃鱼)”并附有“大鲵”黑白照片,而且还明确“大鲵为国家二类保护动物”(休宁县地方志编纂委员会,1990)。//1998~2000年对位于休宁县岭南乡的岭南自然保护区进行调查,了解到:1980年代初期,还能看到大鲵;进入1990年代,已难得见到大鲵了(唐鑫生等,2001)。

《歙县志·动物》记载“两栖类有16种。其中，属国家二类保护的有：大鲵（娃娃鱼）、虎纹蛙（虎斑蛙）2种”（歙县地方志编纂委员会，1995），表明当地仍有大鲵栖息。

《祁门县志·动物》虽只指出“爬行类27种”，在“属国家一类保护的动物”与“二类保护动物”皆未列大鲵，但有“此外，珍贵动物有蕲蛇、乌梢蛇、眼镜蛇、大鲵（娃娃鱼）等”说明（祁门县地方志编纂委员会办公室，1990），还是反映当地有大鲵分布。

● 六安市：1976～1981年调查，地处大别山腹地的金寨、霍山等县有大鲵分布。据漫水河供销社（当处今漫水河镇，属今霍山县。但该地位于今六安市霍山县与金寨县等地交界）收购大鲵：1967年收购500多kg，1968年收购500多kg，1969年发大水产量下降，1970～1973年每年只能收30～40 kg。个体也由大变小，开始收购时，以3～4 kg个体为主，最大者可达8 kg，以后收到的一般均为0.5～1.0 kg的个体了。作者于1976年5月在金寨县长岑乡老湾狗捕得2～7龄大鲵47条（胡小龙，1987）。//高本刚（1988）指出：

六安地区的大鲵分布于山高林密、溪河众多、人口稀少、雨量充沛、气候温和湿润的金寨和霍山两县……六安地区的大鲵主要分布在史河水系的倒马河、姚弯河和梅河，东淠河水系的姐妹河、龙进河、项家河以及其上游山溪中。

按：这只是近几十年的大鲵分布概况，金寨和霍山地处大别山区，有大鲵毫无疑义。与霍山接壤的六安市则处于大别山区东北麓，淠河从城北绕流而过，历史上当亦有大鲵分布。

1994年3～11月，对以往分布有大鲵的皖南山区和大别山区的黄山市、安庆市、六安地区（今六安市）和宣城地区（今宣城市）全面调查，涉及39个乡镇。结果表明，金寨县等地还有一定数量的大鲵资源，天堂寨［国家森林］公园基本控制了大鲵资源的进一步衰减（王渊，1996），表明这一带有大鲵分布。据1990年中期调查，皖西大鲵主要分布在金寨县的长岭乡、天堂寨乡、沙河乡、铁冲乡、张冲乡、吴家店乡、燕子河镇及汤家汇镇，霍山县的太阳乡、上土市乡、道士冲乡、胡家河乡及漫水河镇（陈静，1995）。

《霍山县志·动物》（霍山县地方志编纂委员会，1993）记述：

其中大鲵（娃娃鱼）、甲板龟、菜花蛇、乌梢蛇属名特产。

娃娃鱼：是联合国确定的全世界保护和禁运的稀有动物，我国定为二类保护动物，具有科研、观赏、药用、食用等多种价值，主产地在漫水河、大化坪等深山区。娃娃鱼要在特殊的生态环境中才能生存、繁衍。多喜居于水深而水流动较缓的水潭或石缝下的水凼内。大的体重十几千克，体长1 m多。白天少见活动，夜晚四处觅食（以虾、蟹、鳝、泥鳅和水昆虫为食）。每年5月产卵，7月可见幼鲵，11月到次年3月为冬眠期。大鲵能离水上树，特别是在天旱时含水上山，以草叶（复）［覆］身，饮露水生活。近年来因森林锐减，农药、化肥大量施放，水源遭到污染，生态环境恶化，滥捕严重，不少地方已绝迹。

按：此涉及多方面的记载，既反映当地仍有大鲵，也指出已经濒危。

《舒城县志·野生动植物》记载“还有爬虫类，如娃娃鱼、穿山甲、虎纹蛙、蝮蛇等”（舒城县地方志编纂委员会，1995），尽管该志分类欠准确，但还是说明当地有大鲵栖息。

● 池州市：《安庆地区（辖境包括属今池州市的贵池区与东至县等地）志·动物资源》记载“国家二级保护动物”有“大鲵”等（安庆地区地方志编纂委员会，1995）。

● 宣城市：《宁国县志·野生动物资源》称“宁国县野生动物资源未进行全面普查，根据专家1991年在板桥初步调查共4类215种”，并指出“两栖类18种……国家二级保护有：大鲵”（宁国县地方志编纂委员会，1997），说明还有大鲵。//1994年3～11月，对以往分布有大鲵的皖南山区和大别山区的黄山市、安庆市、六安地区（今六安市）和宣城地区（今宣城市）全面调查，涉及39个乡镇，结果表明，史料曾记载的宁国已基本绝迹（王渊，1996）。

《郎溪县志·动物》记载的“珍稀动物”中有“大鲵”等（郎溪县地方志编纂委员会，1998），表明还有大鲵分布。

《绩溪县志·动物》记载“两栖类：国家二级保护的有：大鲵（娃娃鱼）”（绩溪县地方志编纂委

员会，1998），也反映大鲵依然存在。

5.3.4 福建

福建到20世纪，还有15个市、县有大鲵分布。

● 南平市：民国十八年（1929）《建瓯县（今市）志·物产志·鳞之属》记载有“金鱼、乌鱼、鲢、鲵、鲃、圆眼、青鱼”等。其中所称“鲵”，即是大鲵。

《武夷山市志·水产业·主要品种》记述（武夷山市志编纂委员会，1994）：

大鲵：俗称娃娃鱼。1989年7月，由福建省野生动物保护协会将福建省武警海巡支队在海上没收的大鲵运100尾到九曲溪上游桐木河段放流。1991年10月，星村一村民在曹墩河段捕获一尾5 kg的大鲵，该大鲵系1989年7月放流的，个体增重达2 kg，放流效果甚好。

按：历史上，武夷山脉多处有大鲵分布记录，此记述进一步证明今武夷山市也有大鲵栖息。只是所称放流的大鲵不到2年“个体增重达2 kg”恐怕有出入，通常“野生大鲵大约3年才能长0.5 kg”。

《浦城县志·野生动物·两栖、环节、爬行类》记载“大鲵科：娃娃鱼（俗名山鲵），在忠信乡雁塘、际洋等山涧深潭中有发现”（浦城县地方志编纂委员会，1994），说明还有大鲵在此分布。

● 三明市：民国十六年（1927）《尤溪县（今县）志·物产·鳞之属》记载有“鲢、草鱼、鲉、金箍鱼”等物种。其中所称“鲉”，即是大鲵。可作为曾有大鲵分布参考的是：尤溪县地处戴云山脉北段西部，境内以中低山地和丘陵为主，占总面积93%；地势中部低，西北与东南山岭耸峙，千米山峰林立；山间盆地及河谷平原错落其间，尤溪河斜贯南北。尤其是县西南部的九阜山自然保护区，更是奇峰四起，岩石嵯峨，其中九阜溪峡谷达10 km，峡谷险峻，瀑布众多；保护区以原始森林为主，林木错落，满目绿荫；现分布有野生动物10纲44目241科1 147种，两栖纲2目5科15种，虽然未列出大鲵，但有多与之相伴的虎纹蛙等56种国家二级保护动物[①]。

● 泉州市：民国十六年（1927）《永春县（今县）志·动物·鳞之属》记述：

四足鱼：产高山水窟中。瘦若刀剑，有四脚。性驯。

按：所称“四足鱼”，即大鲵，证明当地有所分布。

● 厦门市：《中国动物志：两栖纲》记载福建唯一的大鲵分布地为“厦门?”（费梁等，2006），说明当地是否有残存的大鲵待进一步证实[②]。

● 宁德市：民国二十七年（1938）《福建通志·物产志·鳞类》记述：

人鱼：宁德土人取其油以燃灯，不易消耗。

按：此“人鱼”，即大鲵；所指“宁德”，似沿指清代“福宁府（治今霞浦县，辖今蕉城区、福安市、福鼎市、寿宁县、霞浦县、柘荣县、周宁县等地）”，表明不仅有大鲵栖息，且当时并非珍稀物种。

寿宁县坑底乡芎坑溪位于瓯江上游，地处海拔1 300～1 400 m，年降水量1 900 mm，水质清澈，水温低，密布灌木林和针叶林，人迹罕至。1987年8月25日在该溪的一块大石下捕获一尾全长80 cm、重4 kg的大鲵标本（李树青等，1990），证明当地有大鲵栖息。《寿宁县志·野生动物·两栖类》记述（寿宁县地方志编纂委员会，1992）：

有大鲵：俗称娃娃鱼。为珍稀动物。生活于县境北部和西北部山涧。蟾溪中上游亦时有所见。

按：据此，表明大鲵在该县仍有多处分布。

《屏南县志·野生动物·脊椎动物·两栖类》称“主要有虾蟆、棘胸蛙（石冻）、蟾蜍、寒蛤、中华雨蛙、泽蛙、黑斑蛙（俗称田郎）、树蛙、大鲵（娃娃鱼）”（屏南县地方志编纂委员会，1999），证明也有大鲵栖息。

5.3.5 江西

江西分布的大鲵到20世纪减少较显著，46%的市、县已较以往不见大鲵踪迹。

《中国动物志：两栖纲》记载大鲵在江西省的分布，仅有“井冈山、靖安”（费梁等，2006）2处，显然有较多遗漏（详见下文）。

● 南昌市：《安义县志·动物资源》在“两栖类”记载有“虎斑蛙、蟾蜍、蝾螈、娃娃鱼等”（江西省安义县志编纂领导小组，1990），说明还有大鲵

---

①九阜山自然保护区. http://baike.baidu.com/view/481035.htm

②窃以为，若无更有力的佐证，李树青等（1990）的否定记述，可作为“厦门?”参考：丁汉波（1950）指出，原始记录是从厦门鼓浪屿海滨获得的巨蝾螈的照片，原始记录的发表者在40年代就根据大鲵的生活习性提出了否定的看法。

分布。

● 景德镇市：《中国国情丛书：百县市经济社会调查：景德镇(即景德镇市)卷·自然地理与资源·野生动物·两栖介壳类》列举“有鳖、龟、石鸡、大鲵、蟹、河蚌、虾、蜗牛等”(丁伟志等，1996)，尽管设类与物种归类皆有瑕疵，然而还是反映有大鲵存在。

《浮梁县志·野生动物资源·两栖介壳类》记载有“蜗牛、青蛙、石鸡、大鲵(娃娃鱼)、蟾蜍(癞蛤蟆)等”(浮梁县地方志编纂委员会，1998)，证明当地还分布有大鲵。

● 萍乡市：《萍乡市志·动物资源》在“两栖介壳类”中记载有“虾、蟹、蜗牛、娃娃鱼、青蛙、石蛙、蟾蜍(癞蛤蟆)等”(萍乡市志编纂委员会，1996)，说明仍有大鲵栖息。

● 赣州市：《宁都县志·自然资源·动物》(宁都县志编辑委员会，1986)记载：

鱼类：……非人工放养的主要有鳖、鳝、鳅、鲫、河鲤、石鲩、虾、鲦、鳑、鲶、鳗、鳜、娃娃鱼等20多种……除上述四类[1]外，还有青蛙(田鸡)、石鸡(石蚜)、蝙蝠、蟹、蚌、螺等多种。

按：尽管该志错将“娃娃鱼”归入“鱼类”，尽管该志归类多处错误(如“鱼类”中不应有“鳖”“虾”；又如“还有”中的“青蛙”“石鸡”应是两栖类，“蝙蝠”应是“兽类”；“蟹”应是甲壳类；“蚌”“螺”应是软体动物，前者是腹足纲，后者是双壳纲)，但还是可以说明当地有大鲵分布。

《崇义县志·野生动物》虽在“鱼类”中记载有“黄鳝、鳜鱼、千年鱼(庐山鱼)、■嘴鱼、娃娃鱼(小鳍鱼)”，然而同时记载的“国家二类保护动物：苏门羚、毛冠鹿、山黑鹿、水黑鹿、穿山甲、水獭、小灵猫、大灵猫、白鹇、娃娃鱼、蟒蛇等12种”(江西省崇义县编史修志委员会，1989)，可见所称“娃娃鱼”就是大鲵。

《大余县志·野生动物》在“鱼类”中记载有“鲶鱼、潭捕(猪婆鱼)、坐鱼(娃娃鱼)、石鳞、扁鱼”等(江西省大余县志编纂委员会，1990)，所称“坐鱼(娃娃鱼)”就是大鲵[2]。

《上犹县志·野生动物》尽管未设“两栖类”，但在“珍稀动物”记载“国家三级保护动物：大鲵(娃娃鱼)、小灵猫(黄鳅狸)，还有水獭、猫头鹰等”，且在该志首的“概述”中称“光姑山产鲵鱼(俗名狗鱼)体型奇特，鸣声似鼠，属珍稀鱼种”(江西省上犹县志编纂委员会，1992)，可见当地还有大鲵存在。

● 上饶市：《弋阳县志·动物资源·珍稀动物》(弋阳县县志编纂委员会，1991)在“属国家二类保护的”中记载：

大鲵：俗称娃娃鱼，体长1 m，大者可达2 m。头宽而大，口大，眼小，躯干扁平而壮实，四肢短小，背面深褐色，具不规则的深色斑，腹面浅褐或灰白色。栖息于山区水质清澈、水温低的溪流中，昼伏洞中，夜出觅食，以鱼、蛙、鼠为食。出现在县内山区溪流中。

按：据此，反映当地仍有大鲵分布。

《德兴县(今市)志·生物资源·珍稀动物》记述(江西省德兴市地方志编纂委员会，1993)：

大鲩：又名“鲩鱼”。俗称“四脚鱼”；且叫声似婴儿啼哭，故又称“娃娃鱼”。大鲩属两栖爬行动物，体长20 cm左右，背呈褐色，有大黑斑。腹部色较淡，头宽扁，口大，鼻孔与眼极小，躯干粗壮带扁，尾则扁。四肢很短，脚有五趾，皮肤较光滑。喜静，常栖息在山谷溪水与石隙间。县地仅见于三清山。

按：尽管当地将大鲵称为“大鲩”，描述中也稍有偏差，但大体情况与大鲵相符，并且指出当时“仅见于三清山”，已近灭绝。

● 宜春市：《中国动物志》记载有大鲵的“靖安”，乃靖安县。

《高安县(今市)志·动物》记载“水生动物以鱼类为主，硬骨鱼类有：鲤、鲵、草鱼、鲢、鳙、鲫、鲂……罗非鱼等”(江西省高安县史志编纂委员会，1988)，所误记载入“硬骨鱼类”中的“鲵”，当

---

①即该志所设“兽类”“鸟类”“鱼类”“虫类”。

②大鲵在赣州市多称为“娃娃鱼”，该志错将其归入“鱼类”；再看其“虫类：主要有蚕、蜥蜴、蝙蝠、蚯蚓、蜘蛛、斑蝥、螳螂、蛇、蜈蚣、蜜蜂……虱子、跳蚤、青蛙等”，“介类：主要有鳖(脚鱼)、龟、蚌和鹰头龟(石龟)、螺、虾、蟹等”，可见该志对动物的设类与归类皆有误。

是大鲵[①]。《中国国情丛书：百县市经济社会调查：高安（高安市）卷·建制、地理与人口·生物资源·水生动物》虽亦以讹传讹："以鱼类为主。硬骨鱼类有鲤、鲵、草、鲢、鳙、鲫、鲂、青、鳜、鲇、鳗、鳝、鳅、罗非鱼等"（丁伟志等，1994），也显示所列举物种并非纯粹"鱼类"。

据宜丰县人民政府网站"自然资源·动物资源"，发布县境内属国家二级保护的"两栖类有2种：大鲵、虎纹蛙"[②]，表明该县仍有大鲵存在。

● 吉安市：《宁冈县（今并入井冈山市）志·野生动物资源》（宁冈县地方志编纂委员会，1995）记载：

水产类：主要有鲤鱼、鲫鱼、草鱼、鲢鱼、娃娃鱼、龙鱼……蟾蜍（癞蛤蟆）、黄鳅、虾、蚌、螃蟹、田螺等。其中：娃娃鱼（学名鲵鱼，又名人鱼、狗鱼）列为国家一级保护动物。

按：尽管就其罗列的物种看设"水产类"不妥，但还是可以证明当地有大鲵分布。//《井冈山（即井冈山市）志·动物资源》也记载"国家二类保护动物有：水鹿、大鲵、断尾猴等"（井冈山市地方志编纂委员会，1997），表明大鲵仍栖息于此。

《遂川县志·动物·两栖类》记载有"牛蛙、棘胸蛙（石拐）、斑腿树蛙、髭蟾（角怪）、大鲵（娃娃鱼）、东方蝾螈"等（遂川县地方志编纂委员会，1996），反映当时还有大鲵栖息。

5.4 中南

20世纪，中南地区有大鲵分布的省级政区绝大部分依然保持较多数量的大鲵栖息地。

5.4.1 河南

河南到20世纪，虽然大鲵栖息的市、县较历史上减少了42%，但还有26个。

《中国动物志：两栖纲》记载大鲵在河南的分布地有"卢氏、淇县、商城、西峡、嵩县、栾川、内乡、济（原）[源]、林州、辉县、大别山、太行山"等（费梁等，2006），只是此段记录有讹误、重复（如自然地域"太行山"与一些行政区）、含混[③]等瑕疵。

● 郑州市：1954年，在登封县（今市）城郊北庄乡山溪中捕获7尾大鲵，其中有一尾体长1 m的灰黄色大鲵（登封一中生物学组，1955），反映当地依然有残存。《登封县（现登封市）志简编·物产志·动物·其他》中记载有"蜂、蚕、娃娃鱼（一名鯑鱼，产于法王寺西溪）、蝙蝠"等（登封县革命委员会文化局，1979），也证实有大鲵栖息。

《巩县（现巩义市）志·动物·两栖类》称"经济价值大的有大鲵、中华大蟾蜍及蛙"（巩县志编纂委员会，1991），反映仍有大鲵在此生息繁衍。

● 三门峡市：民国十七年（1928）《渑池县（今县）志·物产》依然有"娃娃鱼"记载。

1990年8月至1991年10月，对卢氏县自然保护区大鲵资源的环境、分布与数量进行了全面调查。大鲵主要分布在狮子坪、官坡、瓦窑沟3个乡，此外在牧关等8个乡也有少量分布；据估计大鲵储藏量，1970年以前达30 000 kg以上，到1984年下降到15 000 kg，现今不会超过5 000 kg（郑合勋等，1992）。

● 洛阳市：伏牛山（涉及洛阳市的栾川县与嵩县等地）是大鲵主要分布区之一，20世纪末，张炳言等（1999）对这一地区的大鲵生物学特性进行了专题观察，反映当地还有此物种栖息。《栾川县志·动物·鱼类及两栖动物》记载"有大鲵（娃娃鱼）、绵鱼、甲鱼（老鳖、园鱼）、草鱼、鲫鱼"等（栾川县地方史志编纂委员会，1994），可以相互印证。

《新安县志·野生动物》指出（新安县地方史志编纂委员会，1989）：

畛河上游曹村乡城崖地村黑鱼沟一带所产娃娃鱼，属稀有珍贵动物，后因人为因素，已濒临绝迹。县政府已将该地列为珍贵动物自然保护区，加强保护，严禁捕杀。

按：据此，表明当地有大鲵栖息繁衍。

《嵩县志·动物·水产类》列举有"鲤、鲫、

①相对而言，1980～1990年代的江西方志中，对野生动物的分类与归类不当并非个别现象，就该志记载的"爬行、斧足类有：龟、鳖、螃蟹、虾、蚌、螺等"也可见一斑。该志所称"鲵"，当是"鲵鱼"，参考《上犹县志》称"鲵鱼（俗名狗鱼）"、《宁冈县志》称"娃娃鱼（学名鲵鱼，又名人鱼、狗鱼）"，皆大鲵别称。

②笔者注：据该记录描述，物种调查截止于20世纪末（宜丰县人民政府. http://www.jxyf.gov.cn/News/ZJYF/zrhj/2011/YF_2011101413543.html）

③据查，河南省有大鲵栖息的信阳市、商城县、新县等地（详见下文）就在大别山北麓。

鲇、鲢、鲩、虾、蟹、蛙、绵鱼、甲鱼、泥鳅、蛤蟆、螺、蚌、鳝、龟等”(河南省嵩县志编纂委员会,1990),虽然用比较笼统的“水产类”用于动物分类不尽恰当,然而其中夹杂有“鲵”,应是该县现今仍有分布的“大鲵”。

《洛宁县志·动物·两栖类》列举“有青蛙、螃蟹【甲壳】、鲵鱼、元鱼【爬行】等”(洛宁县志编纂委员会,1991),尽管存在物种归类错误①,但值得注意的是,所提到的“鲵鱼”当是大鲵,从该县现今仍有此物种可以佐证。

《汝阳县志·动物·野生动物·水生动物》记载“主要有:鲤、鲫、鲂、鲢、鳝、泥鳅、大鲵(娃娃鱼)、蟹、虾、甲鱼(鳖)、河蚌、青蛙、蟾蜍、水蝎、水蛇、蚂蟥等”(汝阳县地方史志编纂委员会,1995),说明还有大鲵存在。

● 新乡市:辉县市在太行山南麓,《中国动物志》称有大鲵分布。

● 安阳市:林州市地处太行山东麓,《中国动物志》称有大鲵分布。

● 平顶山市:伏牛山(涉及平顶山市鲁山县等地)20世纪末还有大鲵栖息。《平顶山市志·动物·两栖类》记载“在鲁山县石人山自然保护区和舞钢区(现舞钢市)深山中有大鲵(娃娃鱼)”(平顶山市地方史志编纂委员会,1994),尽管当时平顶山市辖现3市5县,但只明确有两地有大鲵存在。《舞钢市志·动物·两栖类》列举的“蟾蜍、虎纹蛙、大鲵(娃娃鱼)、雨蛙、泽蛙、哈士蟆、青蛙等”(舞钢市地方史志编纂委员会,1993)物种,进一步证实了这一点。

《鲁山县志·野生动物·水生类》指出“珍稀鱼有大鲵(娃娃鱼),分布在西部深山区河中”(鲁山县地方史志编纂委员会,1994),进一步证实有大鲵分布。

《宝丰县志·野生动物·两栖纲》列举“有泥螈、大鲵、雨蛙、浮蛙、青蛙、哈士蟆、金钱蛙、粗皮蛙、牛蛙”等(宝丰县志编纂委员会,1996),说明当地也有大鲵存在。

● 南阳市:伏牛山(涉及南阳市的西峡县、内乡县、南召县等地)20世纪末还有大鲵栖息。

《南阳地区志》在“动物·两栖类”记载“大鲵为国家重点保护动物,仅分布在桐柏山、伏牛山的深山区河流上游”;同时在“自然保护区”指出:内乡县宝天曼自然保护区、西峡县老界岭自然保护区、南召县牧虎顶自然保护区、桐柏县太白顶自然保护区等有大鲵栖息(南阳地区地方史志编纂委员会,1994)。《南阳地区志:1986—1994·野生动物》再次确认“现存野生动物”与“列为国家保护动物”皆有“大鲵”(南阳地区地方史志编纂委员会,1996)。只是当时南阳地区辖现2市10县,并非皆有大鲵存在。

《西峡县志》在“野生动物”所附“老界岭自然保护区”②记载“两栖纲有大鲵科中的大鲵(娃娃鱼),曾发现重25 kg以上、长1.3 m左右的成体”(西峡县志编纂委员会,1990),证明一直有大鲵分布。

《淅川县志·动物·水生类》列举有“黑鱼、黄鲇、虾、螃蟹、泥鳅、黄鳝、大鲵(娃娃鱼)、鳡鱼、珍珠贝、田螺等”(淅川县地方史志编纂委员会,1990),虽然物种较杂,但其中有大鲵。

《内乡县志》既在“动物·两栖类”中记述(内乡县地方史志编纂委员会,1994):

有青蛙、蟾蜍、大鲵等5科5属7种。其中珍稀两栖动物大鲵,分布于境内北部深山区河谷中,宝天曼自然保护区尤多,最大者四五公斤重,1983年被列为国家重点水产动物保护品种之一。

又在“宝天曼自然保护区”称:

在县境北部,东与南召县宝天曼自然保护区,西与西峡县宝天曼自然保护区……有国家……二级保护动物有:大鲵、鸳鸯、金雕、穿山甲、水獭、麝、秃鹫……

按:可见确有大鲵存在。//1985年7月,在靠近该保护区(指地处内乡县的宝天曼自然保护区)林缘边的大石窑河中捕获一条体长45 cm、体重600 g的大鲵;1987年春末,又在该保护区东侧湍河中被洪水冲积一处大沙滩上捉到一条体长70 cm、体重6.5 kg、年龄30～50年的大鲵(熊宏伟等,1996)。

---

①例如,“螃蟹”是无脊椎动物,应属节肢动物门甲壳纲;“元鱼”是“鳖”类俗称之一,虽是脊椎动物,但属爬行纲龟鳖目。

②据称:西峡县老界岭自然保护区位于西峡县境北部,伏牛山南坡上部地段,1998年划为国家级自然保护区(老界岭自然保护区. http://baike.baidu.com/view/480048.htm),《全国自然保护区名录》却未见,似并入伏牛山国家级自然保护区。

《桐柏县志·动物·两栖类》记载“分属2目6科，其种类是：大鲵、东方蝾螈、中华大蟾蜍、花背蟾蜍、无斑雨蛙”等（桐柏县地方史志编纂委员会，1995），证实有大鲵存在。

《南召县志》在“野生动物·两栖、爬行类”中记载“大鲵仅在山区有少量分布”；在“省级保护动物名单”中列有“金钱豹、雪豹（艾叶豹）、麝（香獐）、大鲵（娃娃鱼）”；在“宝天曼自然保护区”中称“县境西部，西线与内乡宝天曼自然保护区……列为国家重点保护的主要有金钱豹、艾叶豹、麝、金雕、大鲵等”（南召县史志编纂委员会，1995）。皆证明在该县西部有大鲵存在。

● 信阳市：民国二十五年（1936）《信阳县（今市）志·物产》在“鳞类”记述：

孩儿鱼：即鰟鱼。形似守宫，四足，红色。声如小儿。龙潭有之。

按：据此，可见信阳市有大鲵长久生存。

《信阳地区志·动物》在“信阳地区两栖类动物名录”中有“大鲵（商城、新县）”记载（信阳地区地方史志编纂委员会，1992），尤其证实所辖现1市8县中有2县存在大鲵。

《罗山县志·动物》虽然在混合列举的物种中没有提及“大鲵”，但最后指出“境内的豹、娃娃鱼等濒于灭绝”（罗山县地方史志编纂委员会，1987），说明还有大鲵分布。

《新县志·野生动物·水生动物》指出，有“金钱龟（甲板龟）、蛙、鳖、鲵等两栖类数十种”（新县志编纂委员会，1990），虽存在误将多种爬行动物归入“两栖类”，但“鲵”当是两栖动物——大鲵，说明仍有此物种。

● 周口市：《太康县志·动物·鱼类》列举有“鲤鱼、鲢鱼、鲫鱼、乌鱼（火头）、鳝鱼、鲇鱼、鲵鱼（娃娃鱼）、鳅鱼、团鱼、虾及其他杂鱼”（太康县志编纂委员会，1991），尽管出现将其他“门”“纲”物种误归入其类现象①，但值得注意的是仍可证明有大鲵栖息。

● 济源市：《焦作市志·野生动物·两栖类》记载“主要有大鲵（娃娃鱼）、中国林蛙、隆肛蛙、黑斑蛙、蟾蜍、青蛙等”（河南省焦作市地方史志编纂委员会，1993），尽管可以说明有大鲵存在，但由于该市辖现4市（其中包括现济源市）与4县而缺乏更具体地点，可以确定的则是地处太行山南麓的济源市。《济源市志·动物》记载的“珍贵稀有动植物”中有“大鲵”等（济源市地方史志编纂委员会，1993），说明还有分布。//到济源市王屋山人视娃娃鱼（大鲵）为神明，每逢寒食节，便有不少人焚纸烧香来水边拜跪，其虔诚似祭祀苍天；到此旅游的人们沿着谷底潺潺的溪水逆流而上，在森林茂密处可以见到娃娃鱼（李德化等，1998）。

5.4.2 湖北

到20世纪，湖北虽然大鲵分布的市、县绝对数减少比较显著，但仍占全省的45%。

《中国动物志：两栖纲》记载大鲵在湖北的分布地有“均县、神农架、宜昌、巴东、恩施、利川、咸丰”等（费梁等，2006）。

● 武汉市：民国十年（1921）《湖北通志·物产》记载武昌县（今武汉市武昌区）产“娃娃鱼”，即仍有大鲵残存。《武汉市志·总志类·野生动物·两栖类》记载“大鲵、娃娃鱼、大蟾蜍（又名蛤蟆）、棘腹蛙、沼蛙、田蛙、井蛙、斑腿树蛙、青蛙”（武汉市地方志编纂委员会，1998），尽管不准确（大鲵与娃娃鱼实乃一物异名），但还是表明当时仍有大鲵栖息。

● 十堰市：据1980年代调查，位于鄂西大山区的竹溪县是湖北省大鲵主要分布县之一，该县14个行政区中就有10个有大鲵分布；该县10个大鲵收购贩运专业户，1983年以来已收购贩卖大鲵11 500多千克，最盛时有上千群众为他们捕捉（赵学刚，1986）。

《中国动物志》所记载的“均县”，即今丹江口市，说明有大鲵分布。

《郧西县志·野生动物》在“其他”类中记述（湖北省郧西县地方志编纂委员会办公室，1995）：

鲵：即娃娃鱼，分短尾、大鲵。多产于黄云、六斗大水河及马鞍关、安家河、关防等地。

按：尽管“分短尾”颇费解，但还是说明当地有多处分布有大鲵。

《十堰市志·动物资源·鱼类》记载有“桃花鱼、大鲵脚鱼（鳖）、虾、龟、蟹等”（湖北省十堰市

① 如“团鱼”通常是鳖的别称，属于爬行纲；“虾”则是属于节肢动物门甲壳纲。

地方志编纂委员会，1999），不仅其中“大鲵脚鱼（鳖）”疑似“大鲵、脚鱼（鳖）”之误，显示该志的动物归类失误，但还可以说明当地仍有大鲵栖息。

● 襄樊市：民国十一年（1922）《南漳县（今县）志・物产・鳞介类》记述：

鲵：《本草》：似鲇，有四脚，声如小儿啼。产漳水。俗名孩儿鱼。

按：从其描述的特征与栖息环境看，皆与大鲵相符，说明有所分布。

《襄樊市志・动物资源》在20余种“列入国家保护的珍稀动物”中有“大鲵”（湖北省襄樊市地方志编纂委员会，1994），虽可证明有大鲵栖息，但由于当时辖境较广①，要表明其为“全市皆有”尚需进一步考证。

《谷城县志・林业・林间动物》在“二类国家保护动物”中有“大鲵（娃娃鱼）”等（湖北省谷城县地方志编纂委员会，1991），反映还有其生息繁衍。

《宜城志・野生动物》记载有“鳖、龟、螃蟹、虾、蚌、大鲵（娃娃鱼）、田螺、喜鹊”等（湖北省宜城市地方志编纂委员会，1998），证明当时还有大鲵在今宜城市分布。

● 孝感市：据孝感市1997～1999年调查，“我市近十年间曾出现过豹、水獭、大灵猫、大鲵、穿山甲几种动物，它们都属于国家重点保护对象”（丁强等，2001）。表明曾有大鲵分布，只是更具体地方不详。

孝感市辖1区、3市、3县，从其古今记载情况看，难以断定皆有大鲵栖息，故笔者据地理环境推断安陆县（地处桐柏山、大洪山余脉的丘陵与江汉平原北部交汇地带）②、孝昌县（地貌以丘陵山地为主，地形北高南低，溶蚀低山与切割丘陵互为穿插）③、大悟县（位于大别山脉西段，境内山峦起伏，丘陵密布，河流、溪涧穿插其间）④曾有大鲵分布。

● 黄冈市：据安徽霍山县漫水河供销社（该地位于今黄冈市英山县等地交界）1967～1973年有大鲵（胡小龙，1987），表明有大鲵分布。《英山县志・野生动物・鱼类》则记“娃娃鱼产于县北高山（狭）[峡]谷中，是稀有鱼种”（英山县志编纂委员会，1998），误将其归入“鱼类”。

《罗田县志・野生动物・两栖类》记载“主要有青蛙、土蛙、田娃、牛蛙、蟾蜍（癞蛤蟆）、大鲵（娃娃鱼）、水狗”（罗田县地方志编纂委员会，1998），证明还有大鲵栖息。

● 咸宁市：民国十年《湖北通志・物产》记载通山县（今县）产“娃娃鱼”，即仍有大鲵残存。

《中国国情丛书：百县市经济社会调查：蒲圻卷》在“自然资源・野生动物资源”称“其中爬行类和两栖类有50种”，又在“水生动物”（152种）中列举有“大鲵、青蛙”（丁伟志等，1992），“蒲圻”乃“蒲圻县”，现为赤壁市，证实有大鲵栖息。现今该市是否还有大鲵，尚待进一步查证⑤。

《嘉鱼县志・野生动物》虽然误将“娃娃鱼”⑥归入“鱼类”（湖北省嘉鱼县地方志编纂委员会，1993），但还是可以证明有大鲵栖息。

● 荆州市：《荆州地区志・动物・爬行类》记载“有大鲵、黄绿闭壳龟、湖龟、金钱龟、鳖”等（荆州地区地方志编纂委员会，1996），所记载的“大鲵”混杂在“爬行类”中，仍勉强可作为误归类；其时辖今荆州市、石首市、洪湖市、松滋市与江陵县、公安县、监利县及钟祥市、仙桃市、天门市、潜江市等地，唯“松滋市”其后仍有分布。

《中国国情丛书：百县市经济社会调查：洪湖卷》在“自然资源・野生动物・鱼类”列举“银鱼、大银鱼、胭脂鱼、唇鲴、花鱼鮰、铜鱼、娃娃鱼等50种已在湖内少见”（丁伟志等，1994），显然将大鲵误归“鱼类”，但还是可以说明今洪湖市有此物种，只是已濒危。

● 宜昌市：《宜都县（今市）志・动物资源・两栖类》记载“县境内两栖动物种类较少，主要有

①辖现襄樊市、老河口市、枣阳市、宜城市南漳县、谷城县、保康县及随州市曾都区等地。

②安陆. http://baike.baidu.com/view/40528.htm? from_id=5147981&type=syn&fromtitle=安陆市&fr=aladdin

③孝昌县. http://baike.baidu.com/view/471988.htm? fr=aladdin

④大悟县. http://baike.baidu.com/view/61719.htm? fr=aladdin

⑤据称，赤壁市现已查明的生物资源有2024种。其中水生生物180种（赤壁市人民政府网. http://www.chibi.gov.cn/Item/9.aspx）. 虽然数量增幅较大，但不知大鲵是否仍存在？

⑥同时误归其类的还有“白鳍豚”（应入“兽类”）、“鳄”（当是扬子鳄，应入“爬行类”），可参见摘录的部分“鱼类”：“银鱼、河豚、白鳍豚、鳄、娃娃鱼。”

大鲵、大蟾蜍、棘胸蛙和青蛙”（湖北省枝城市地方志编纂委员会，1990），说明仍有大鲵残存。

《远安县志·动物资源》记载“两栖类主要有青蛙、蟾蜍以及西河为数不多的娃娃鱼（学名大鲵）”（湖北省远安县地方志编纂委员会，1990），说明仍有大鲵存在。

《宜昌县（今属宜昌市）志·动物·两栖类》记载“有青蛙、鲵（俗称娃娃鱼）等”（湖北省宜昌县地方志编纂委员会，1993），说明还有大鲵栖息。《中国动物志》记载的“宜昌”，也反映宜昌市有大鲵分布。

《五峰县（今五峰土家族自治县）志·生物资源·两栖类》有“青蛙、蟾蜍、大鲵（娃娃鱼）”等（湖北省五峰土家族自治县地方志编纂委员会，1994）记载，表明还有大鲵存在。

● 随州市：《随州（今曾都区）志·野生动物·鱼甲类》记载“有鳊、白、鲤、乌、鲇、鳡、鲫、鳝、鳅、蟹、虾、大鲵（娃娃鱼）、鳖、龟等”（湖北省随州市地方志编纂委员会，1988），尽管归类有误，但还是可以证明有大鲵存在。

● 神农架林区：《神农架（即神农架林区）志·野生动物资源·两栖类》有“2目，6科，共计10种。即中国小鲵、巴鲵、大鲵、圆疣短齿蟾、中华大蟾蜍”等（湖北省神农架林区地方志编纂委员会，1996），说明还有大鲵。《中国动物志》记载的“神农架”也有大鲵分布。

● 恩施州：《恩施州（治今恩施市，辖今恩施市、利川市、建始县、巴东县、宣恩县、咸丰县、来凤县、鹤峰县）志·动物》不仅记载“境内国家珍稀保护动物16种”，其中“二类保护动物”有“大鲵”等，还列举“两栖类：大鲵（娃娃鱼）、棘胸蛙（螃螃）、青蛙、树蛙、土蛙、蟾蜍”（湖北省恩施土家族苗族自治州地方志编纂委员会，1998）。

据1980年代调查，位于鄂西大山区的咸丰县是湖北省大鲵主要分布县之一，该县13条主要河流中的6条有大鲵分布；发现最大的体重75 kg，为全国罕见（赵学刚，1986）。

《鹤峰县志·动物·珍稀动物》记述（湖北省鹤峰县史志编纂委员会，1990）：

大鲵：两栖纲，有尾目隐腮鲵科，俗名娃娃鱼。体表光滑无鳞，黄黑色，头大扁平，眼小，口阔，内有三排锐齿，前后肢各一对，体末有尾。昼伏夜出，能游善爬，分布在低山流岩壑中。每年6～9月为繁殖期，最大体重20 kg左右。因其声若小儿啼哭，故得其名。

按：据此，表明仍有大鲵栖息。

《利川市志·动物·两栖纲》记载“大鲵、棘胸蛙、青蛙、红点髭蟾、蟾蜍”等（湖北省利川市地方志编纂委员会，1993），证明还有大鲵栖息。

《巴东县志·野生动物·两栖类》中有“大鲵、大蟾蜍、青蛙、棘胸蛙等”（湖北省巴东县地方志编纂委员会，1993），说明仍有大鲵存在。

《宣恩县志·生物资源》列举包括“大鲵（俗名娃娃鱼）、棘胸蛙”等262种动物（宣恩县志编纂委员会，1995），反映还有大鲵生息繁衍。

《恩施市志·动物·两栖类动物》尽管列举的“大鲵（娃娃鱼）、棘胸蛙（螃螃）、螃蟹、田螺”（湖北省恩施市地方志编纂委员会，1996），夹杂有非其类动物，但还是可以说明当地有大鲵存在。

5.4.3 湖南

湖南到20世纪依然是野生大鲵主要产区之一，全省有大鲵栖息的市、县仍高达70%。

据《中国濒危动物红皮书：两栖类和爬行类》记述（汪松等，1998）：

在湖南，50年代百斤以上的巨型大鲵曾捕起过3条，70～80斤的也曾捕到过好几条。70年代以后，像上述提到的大型个体就难见到了，所能发现的，绝大多数尾重均在10斤以下……1986年，在岳阳火车站一次没收的600多斤大鲵，计400多条；最大尾重15斤以上的有10条，占总尾重的1/10，为总重的1/4。又1987年3月，在湖南怀化火车站查获一起贩运大鲵的商贩，有大鲵531斤，计323尾；其中10～13斤的9条，占总尾重的1/36，总重的1/5，其余大多数为半斤以下的个体，最小的尾重只3两。

按：尽管火车站等处查获尚难以作为具体分布地点的依据，但也展现出当时大鲵分布的数量多，个体重量今非昔比。

《中国动物志：两栖纲》记载湖南有大鲵分布的地点有“大庸、桑植、凤凰、长沙、沅陵、城步、炎陵、江永、衡山”等（费梁等，2006）。

● 长沙市：1987～1988年，长沙市的市区及浏阳河磨盘洲等处多次捕获1.0～2.5 kg的大鲵。大鲵之所以在市区阴沟出现，是因山洪暴发被冲下，又由于湘江涨水而顺水流往缓处游动所致（沈猷慧，1997）。因“长沙”存在“长沙市”与“长沙县”两地，故《中国动物志》记载的“长沙”如果是指后者，待进一步查证，但说明有大鲵分布。

据何业恒（1997）记载，1970年代，在宁乡县城还捕获一尾从源于该县的沩水上游漂流下来的大鲵。证明当地还有大鲵分布。

● 张家界市：清光绪三十二年（1906）《永定县（今张家界市）乡土志·物产·鳞虫属》记载：

又有娃娃鱼：即人鱼。其形似人，无鳞，味似河豚。

按：所描述“其形似人”，恐怕主要指其有四肢。结合当地生态环境与现今分布情况，当是大鲵。

据《中国濒危动物红皮书：两栖类和爬行类》记述，直至1960年代中期，今张家界市与桑植县仍广泛分布大鲵（汪松等，1998）。

《中国动物志》记载的“大庸”，即今张家界市，也说明有大鲵分布。

据1983年报道，桑植县巴第溪供销社曾收购一尾巨型大鲵，全长达3 m，体重70 kg（费梁等，2006）。

● 益阳市：民国二十一年（1932）《益阳县（今市）志·食货志·物产》记述：

鲵：志溪中产之。能上树。

按：所称“能上树”之“鲵”，显然就是大鲵。所谓“志溪”，即志溪河，是资江的一级支流，流域面积在益阳市赫山区境内453.2 km^2，并最终入资江。

《益阳地区志·野生动物资源·两栖类》明确记载（湖南省益阳地区地方志编纂委员会，1997）：

20余种。其中属国家一级保护动物的大鲵，分布在安化、沅江县，数量很少。

按：据此，表明尽管今益阳市辖多市县，但其时确有大鲵的仅存在于今沅江市与安化县等少数地方①，说明已然濒危。

《安化县志·野生动物·两栖类》记载“主要有青蛙（品种多、颜色、斑纹各异）、泥蛙、大树蛙、癞蛤蟆、大鲵（俗称娃娃鱼）等”（安化县志编纂委员会，1993），证实确有大鲵残存。

● 岳阳市：《汨罗市志·脊椎动物·两栖类》称“常见的有大鲵（娃娃鱼。二类保护动物，现已濒临绝迹）”（汨罗市志编纂委员会，1995），显示当地虽有大鲵，但已濒危。

● 株洲市：《茶陵县志·野生动物》记载“两栖动物有青蛙、中国雨蛙、泥蛙、大鲵（娃娃鱼）、蝾螈、蟾蜍、棘胸蛙等”（湖南省茶陵县地方志编纂委员会，1993），证明还有大鲵生息繁衍。

《酃县（今炎陵县）志·野生动物·两栖纲》尽管记载“有尾目·隐腮鲵科：娃娃鱼、大鲵”（酃县志编纂委员会，1994），误将同物异名作为二物，但还是表明当地有大鲵存在②。《中国动物志》记载的“炎陵”，也说明炎陵县有大鲵分布。

● 湘潭市：《韶山（今韶山市）志·现存野生动物·两栖类》记载“有青蛙、蟾蜍、泥蛙、娃娃鱼等”（韶山市地方志编纂委员会，1993），反映仍有大鲵分布。

● 衡阳市：《衡阳市（辖今衡阳市、耒阳市、常宁市、衡东县、衡山县、衡南县、祁东县）志·野生动物·两栖类动物》记载（衡阳市地方志编纂委员会，1998）：

20种。主要有大鲵（娃娃鱼）、虎皮蛙、黑斑蛙、大蟾蜍……其中，大鲵和虎皮蛙属国家二级保护动物。

按：由于该志记载的物种至少是多处有分布的，表明当时大鲵仍有较广泛分布。

《中国动物志》记载“衡山”，即表明衡山县仍有大鲵栖息。

● 郴州市：《郴州地区志·自然资源·野生动物》记载“属国家二类保护的”与“濒危珍稀动物”中，皆有“娃娃鱼”（郴州地区地方志编纂委员会，1996），尽管说明还有大鲵分布，但其时并非全境（辖今郴州市、资兴市、桂阳县、永兴县、宜章县、嘉禾县、临武县、汝城县、桂东县、安仁县等）皆有③。

《郴县（今郴州市）志·野生动物》记载“两栖

①尽管《桃江县志》（桃江县志编纂委员会编．1993．桃江县志．北京：中国社会出版社）未见记载野生动物，但其后的资料表明该县尚有大鲵栖息。

②该志前冠彩页有“娃娃鱼”等珍稀物种彩照。

③据该记载说明，“据1981年和1985年2次调查及1987年3月华南濒危动物所在郴县五盖山等地实地考察”。

动物有大鲵、大蟾蜍（癞蛤蟆）、黑斑蛙（青蛙）、虎纹蛙（泥蛙）等”（郴县志编纂委员会，1995），证明当地仍有大鲵栖息。

《安仁县志・野生动物》在“其他”类中称“还有属国家保护的娃娃鱼（鲵），产于豪山的山谷溪间”（安仁县志编委会，1996），表明虽有大鲵，但已然濒危。

《汝城县志・野生动物》记述（汝城县志编委会，1997）：

娃娃鱼：生活在盈洞乡的乌青山溪流乱石丛中，以及小垣镇的五指峰一带，南洞乡西边山区，附城乡的东冈岭等地亦有。每年的6～8月活动频繁。

按：据此，表明还有大鲵分布。

《中国国情丛书：百县市经济社会调查：宜章卷》在“野生动物资源・两栖类”中记载“大鲵（娃娃鱼）、虎纹蛙为国家二级保护动物”（丁伟志等，1997），进一步证实宜章县存在大鲵。

● 永州市：民国二十二年（1933）《蓝山县（今县）图志・食货》记述：

狗鱼：头横扁，深苍色，四足，尾长。体富胶液，有毛甚稀，不易见。能上树。舜乡深山溪涧有之。

按：虽称“狗鱼”，但“头横扁”“四足”“体富胶液”“能上树”等特征与大鲵相符，且上文记载表明今永州市历史上大鲵分布较广。《蓝山县志・野生动物・两栖类》（蓝山县志编纂委员会，1995）记述：

主要有青蛙、泥蛙、石蛙、树蛙、蟾蜍、黄蛙、大鲵（娃娃鱼）等。其中大鲵为国家二级保护动物，主要分布于荆竹、大桥河流中。

按：不仅更明确该县大鲵依然存在，而且有更具体分布地。

《祁阳县志・野生动物・两栖纲》列举有“小鲵、大鲵、蝾螈、中华大蟾蜍、棘胸蛙、虎斑蛙”等多种（《祁阳县志》编纂委员会，1993），证明仍有大鲵分布。

《中国国情丛书：百县市经济社会调查：宁远卷》在“自然资源・野生动植物”中记载有“泥蛙、石蛙和娃娃鱼”等两栖动物（丁伟志等，1993），反映宁远县仍有大鲵。

《江华瑶族自治县志・野生动物・两栖类》则记述（湖南省江华瑶族自治县志编纂委员会，1994）：

大鲵：又名娃娃鱼。分布在码市镇邬龙河支流大龙水、小龙水、泥村河及湘江乡麻江河等地，尤以小龙水较多。《山海经》载：“决决之水，其中多人鱼……四足，其音如婴儿。”长60～70 cm。大者长可达1.5～1.8 m，重达15～20 kg。四脚短肥，体无鳞，柔软而多黏液，肉味鲜，体色有棕、灰、金黄3种。喜栖于水流较急、水质清澈的石缝和石岩中，昼伏夜出，以鱼、虾、蛙为食。是国家保护的稀有动物之一。

按：据此，反映大鲵在该县分布较广，只是《山海经》所称“决决之水”不在此地。

《江永县志・野生动物・两栖类》记载，有“20种。主要有中国瘰螈……花臭蛙、华南湍蛙、长吻湍蛙、大鲵（俗称娃娃鱼）”等（湖南省江永县志编纂委员会，1995），说明有大鲵栖息。《中国动物志》记载的“江永”，也表明江永县有大鲵分布。

● 邵阳市：《邵阳市（辖今邵阳市、武冈市、邵东县、邵阳县、新邵县、隆回县、洞口县、绥宁县、新宁县、城步苗族自治县等）志・野生动物》指出“全市”都有国家二级保护动物，有“大鲵”等33种，该志前冠彩照中有“娃娃鱼”等珍稀动物并记述（邵阳市地方志编纂委员会，1997）：

两栖纲：全市有26种……大鲵（叫声似婴儿啼哭而得俗名娃娃鱼。城步、洞口、绥宁等县的山溪中常见，多隐于石隙间，捕食鱼虾、蟹、鼠、蛇等。肉细软香甜，长可达1.5 m，重可达25 kg）。

按：据此，证明当地大鲵分布较广。

《城步苗族自治县概况・富饶的自然资源》记述（《城步苗族自治县概况》编写组，1984）：

大鲵就狡猾得多，它不仅栖居于山溪水源头，而且觅食山坡林间，一遇有响动，便迅速隐避躲藏。由于它生有四只脚，蹲着形如小狗，又名狗崽鱼。又因它的叫声如小孩啼哭，故又称娃娃鱼，这种两栖类动物，在城步山区溪涧到处可见。

按：据此说明当时大鲵在城步的分布仍十分广泛。//《城步苗族自治县志・野生动物・两栖纲》也记载：

有大鲵（娃娃鱼、狗崽鱼）、蝾螈（化骨丹）、中华大蟾蜍（癞蛤蟆）、沼蛙……小弧斑蛙等15种。大鲵、虎纹蛙为国家二级保护动物。

《新邵县志·动物·两栖类》列有"大鲵(娃娃鱼)、宽头大角蟾(石坝麻蟾)、蟾蜍(癞蛤蟆)、黑蛙、黑斑蛙(田鸟青蛙)、虎纹蛙(石坝麻蝈)、泽蛙(土麻蝈)、大树蛙、姬蛙等"(新邵县志编委会,1994),反映当地还有大鲵生息繁衍。

《新宁县志·野生动物》记载"两栖类:黄颜蟆、黑斑蛙、青蛙、虎纹蛙(泥蛙)、蟾蜍、大鲵、石斑哇"等(新宁县县志编委会,1995),也说明仍有大鲵栖息。

《武冈县(今市)志·动物·两栖类》指出"隐腮鲵科有大鲵(娃娃鱼)"(武冈县志编委会,1997),证明还有大鲵。

《绥宁县志·野生动物·两栖类》记载"有大鲵(一名娃娃鱼,见彩照99)、虎纹蛙(俗名石蚌蝻)、黑斑蛙(俗名青蛙)、肥螈、日本林蛙等20余种"(湖南省绥宁县志编纂委员会,1997),表明大鲵仍在当地栖息。

● 怀化市:《新晃侗族自治县概况·地理物产》记述(《新晃侗族自治县概况》编写组,1985):

在山溪中,还有十分珍贵的大鲵。它的外表一般为棕褐色,身体扁长光滑,四肢圆润厚敦,叫声宛如小孩啼哭,因此俗称为"娃娃鱼",是国家列入保护范围的稀有动物。

按:据此描述,说明当地有大鲵生息繁衍。《新晃县志·动物·两栖类》也列举有"娃娃鱼、蟾蜍、雨蛙、虎纹蛙"等(新晃侗族自治县志编纂委员会,1993),证实有大鲵栖息。

《通道侗族自治县概况·森林牧草矿藏富足》指出"通道山高林密,野生动物也不少",其中有"娃娃鱼"(《通道侗族自治县概况》编写组,1985),说明有大鲵栖息。《通道县志·野生动物·两栖类》列举"有大鲵(娃娃鱼)、蛙、螃蟹、蟾蜍、蚂蟥、鳖(脚鱼)、螺等"(湖南省通道侗族自治县县志编纂委员会,1999),尽管出现物种归类错误,但还是可以证明有大鲵存在。

《黔阳县(今中方县)志·野生动物·两栖类》记载"有乌龟、大平胸龟、平胸龟(鹰咀龟)、团鱼(神水鱼)、大鲵(娃娃鱼)、华南大蟾蜍(大癞蛤蟆)、黑眶蟾蜍(癞蛤蟆)、黑斑蛙(青蛙、田鸡)"等(黔阳县地方志编纂委员会,1991),虽然存在物种归类不当,但也可证明有大鲵分布。

《沅陵县志·野生动物·两栖类》列举"有蟾、蛙、娃娃鱼(大鲵)等"(沅陵县地方志编纂委员会,1993),表明当地有大鲵存在。《中国动物志》记载的"沅陵",也说明沅陵县还有大鲵分布。

《溆浦县志·野生动物·两栖类》记载"主要有小角蟾、蟾蜍(俗称癞蛤蟆)、雨蛙、树蛙、姬蛙、青蛙等。大华、温水、小横垅、北斗溪、九溪江、思蒙和兰岗山米粮洞等山地带生长有石蛙(俗称石蚌)、大鲵(俗称娃娃鱼)"等多种(溆浦县县志编纂委员会,1993),说明当时该县还有较多处有大鲵。

《芷江县(今芷江侗族自治县)志·野生动物》记载"两栖类有娃娃鱼(大鲵)、青蛙、螃蟹、乌龟等……两栖类多分布于溪河和池塘近处"(芷江侗族自治县志编纂委员会,1993),存在物种混归现象,然而所附黑白照片"芷江深山溪涧中的大鲵",还是可以证明有大鲵存在。

《怀化市(今鹤城区)志·脊椎动物》列举"水蛇、鸡婆蛇、蜥蜴、大鲵、龟、鳖、青蛙、雨蛙、虎纹蛙、泽蛙、金钱蛙等"(湖南省怀化市志编纂委员会,1994),尽管存在动物归类混杂,但还是可以证明有大鲵存在。

《辰溪县志·野生动物·两栖类》记载"主要有大鲵、棘胸蛙、虎皮蛙、青蛤蟆、癞蛤蟆、山蛙等。大鲵主要分布在龙门溪上游地段"(辰溪县志编纂委员会,1994),表明有大鲵生息繁衍。

《靖州县(今靖州苗族侗族自治县)志·野生动物·两栖类》记载"有蛙、蟾蜍、龟、大鲵(娃娃鱼)"(靖州苗族侗族自治县县志编纂委员会,1994),虽存在个别物种归类不当,但还是可以说明有大鲵分布。

《麻阳县志·野生动物·两栖类》列举"有娃娃鱼、花鱼、癞蛤蟆(蟾蜍)、泥蛙、蛇娃、黑斑蛙"(麻阳县志编纂委员会,1994),证明有大鲵存在。

● 娄底市:《新化县志·野生动物·两栖动物》记载"县内有大鲵、牛蛙、青蛙、金丝蛙、黄蛤蟆、蟾蜍、蝾螈"(新化县志编纂委员会,1996),证明还有大鲵栖息。

● 湘西州:《湘西土家族苗族自治州概况·自然资源》附有彩照"湘西特产——娃娃鱼(又名:大鲵)",还记述(《湘西土家族苗族自治州概况》编写组,1985):

自治州还有世界稀有的两栖动物——大鲵。

因其叫声似小孩啼叫，故又称“娃娃鱼”。大鲵各县均有出产，以桑植、凤凰为多。一般体长六十到七十厘米，体重十余斤，最大的有百余斤。栖息于山区溪流冷浸水的岩穴、泉洞、阴河之中，白天深藏暗处，夜间出来活动。大鲵肉味鲜美，营养丰富，是一种名贵佳肴。它不仅具有一定的经济价值，而且对研究生物的进化有着重要的科学价值。国家将它列为第二类保护对象。

按：据此，反映大鲵在该州分布广泛。//据《中国濒危动物红皮书：两栖类和爬行类》记述（汪松等，1998）：

湘西自治州10个县，地处沅水和澧水上游，均出产大鲵。1965年，10个县同时在产大鲵的上游支流各建中型水库一座。由于这样，近年来从水库坝下的河里，大小大鲵踪迹都看不到了。

按：湘西州治今吉首市，辖1市（吉首市）7县（泸溪、凤凰、花垣、保靖、古丈、永顺、龙山）。1957年9月，湘西土家族苗族自治州成立时，确实原管辖10县；但1982年和1985年，吉首、大庸先后改县为市，1988年，大庸市和桑植县划归大庸市（即今张家界市）。反映直至1960年代中期，这些地方仍广泛分布大鲵。

沈猷慧（1997）称：其1960年到凤凰县腊尔山区调查大鲵，访问过许多捕大鲵能手。其中一位苗族老人能根据地形、溪流、洞穴等情况准确判断出当地大鲵情况，不仅现场展示，还介绍其曾亲手钓过一尾约60 kg大鲵。由此，反映当时这一带大鲵资源之丰富。《凤凰县志·生物资源》称“娃娃鱼（大鲵）原是本县特产，现已不多”（凤凰县志编纂委员会，1988），也反映出当地大鲵由兴盛转向濒危。

《泸溪县志·野生动物·两栖类》列举“有金钱蛙、大蟾蜍、青蛙、蟾（本县叫‘车棒’‘杓把’）、娃娃鱼、铜蛙”等（湖南省泸溪县志编纂委员会，1993），说明当时还有大鲵残存。

《花垣县志·野生动物》记述（湖南省花垣县地方志编纂委员会，1993）：

两栖动物团鱼、娃娃鱼等。娃娃鱼因叫声如儿啼故名，多产于兄弟河下游及牛角河—高岩河。头扁圆、口大眼小，有四肢及扁平。

按：尽管误将“团鱼”归入“两栖动物”①，但还是说明当地有大鲵分布。

5.4.4 广东

《中国动物志：两栖纲》记载广东的大鲵分布只是“广州、北部”（费梁等，2006）。“广州”，无疑是指市级行政区。“北部”，就比较含混：既可指“广州市北部”，也可泛指“广东省北部”（粤北地区）；从积极方面领悟，当是后者。遗憾的是，经查考该文中大鲵分布图，所标位置则是今广州市花都区一带。

根据现今报道，广东的大鲵分布，无论是地域还是地点，则均超出《中国动物志》记载，详见有关方志记载与下文。

● 清远市：《连南瑶族自治县县志·野生动物·水生类》列举有“草鱼、鲢鱼、鲤鱼、鲷鱼、鳞鱼、鲫鱼、娃娃鱼、泥鳅、黄鳝、鳗鱼”（连南瑶族自治县地方志编纂委员会，1996）等，尽管该志设立“水生类”已经不妥，又误将娃娃鱼（即大鲵）归入鱼纲物种之中，但还是可以说明当地有大鲵分布是事实。

《连山壮族瑶族自治县志·动物·陆地动物》指出（连山壮族瑶族自治县志编纂委员会，1997）：

大鲵（俗称娃娃鱼）和黄腹角鸡在县境最北部大龙山偶有发现。

按：据此记载，反映虽仍有大鲵，但已然濒危。

● 韶关市：《乐昌县（现市）志·动物资源》指出“野生动物列入国家一、二类保护的有：华南虎、金钱豹、金猫、河麂、黄腹角雉、猕猴、麝、水鹿、毛冠鹿、石羊、大灵猫、狸、穿山甲、水獭、白鹇、山瑞、短尾猴、娃娃鱼、虎纹蛙、蟒蛇等”（乐昌市地方志编纂委员会，1994），其中“娃娃鱼”即大鲵。

● 江门市：《新会县（现江门市新会区）志·野生动物》不仅指出“两栖类的黑斑纹（田鸡）、林蛙（油蛤）、树蛙、雨蛙、姬蛙（三角符）、棘胸蛙（石蛤）、蟾蜍、大鲵（娃娃鱼）”，而且记述（新会县地方志编纂委员会，1995）：

娃娃鱼：学名大鲵，属两栖纲有尾目大鲵科。一般长60～70 cm，头宽而扁，躯干粗壮而扁，尾

①“团鱼”通常是爬行纲龟鳖目鳖科动物的别称。

侧扁，四肢短小，前肢四指，后肢五趾，栖息山谷溪水中，叫声似小孩啼哭，故名娃娃鱼。本县偶有发现。

按：据此，证实江门市在20世纪末虽仍有大鲵栖息，但已然濒危。

● 茂名市：《信宜县（现市）志·动物》尽管记载"鱼类：黄鳝……鲫、鮠鳝、黄牛鱼、塘虱、娃娃鱼"，但又记载"属国家保护的野生动物：穿山甲、啄木鸟、猫头鹰、青蛙、虎、鹿、猴、娃娃鱼"（信宜县地方志编纂委员会，1993），可见存在物种归类错误，却可证实有大鲵分布。

5.4.5 广西

到20世纪，广西有大鲵栖息市、县的仅36个，看似较少，依然约占全省的40%。

《中国动物志：两栖纲》记载广西的大鲵分布于"金秀、西林、那坡、桂平、玉林、梧州、花坪"等地（费梁等，2006）。

● 桂林市：民国十八年（1929）《灵川县（今县）志·物产·鳞介》记载"鳅、丰鱼、狗鱼（出一七两区）、白鱼、饭鱼、石黄鱼"等。尽管此处所称"狗鱼"缺少形态、生态描述，但这一称谓是大鲵的别称之一，且历史上与其后灵川县皆有大鲵可为佐证。《灵川县志·动物·珍稀动物简介》记述（灵川县地方志编纂委员会，1997）：

娃娃鱼：学名大鲵，又名狗仔鱼，属有尾两栖类。体大，全长1 m左右，皮肤光滑，全身散有小疣点。头宽扁，眼小，四肢四趾，体为黑褐色。喜独居，多在海拔1 000 m以上的溪中岩石下的有回流且阴暗的岩洞里。一般定居，山洪暴发时被迫迁出。多夜间觅食，喜食虫、鱼、虾、蛇，幼鱼喜食植物。性懒，张口待食，故有"狗仔鱼吃现食"之说。春天有时出来晒太阳，繁殖多在六、七、八月，产卵，附于洞壁，为圆豆状。有冬眠习性，立秋后少活动。小鲵血球大且具核，可作血细胞实验研究用；为国家二级保护动物。

按：虽然某些描述欠准确，但还是可以证明确有大鲵分布。

《阳朔县志·动物·两栖类》列举"主要有大鲵（娃娃鱼）、虎纹蛙、黑斑蛙、泽蛙、沼蛙、棘胸蛙（山蚂蜗）、蟾蜍（癞蛤蟆）等"（阳朔县志编纂委员会，1988），表明还有大鲵存在。

《恭城县志·动物》记述（恭城瑶族自治县地方志编纂委员会，1992）：

除上述五类[①]外，还有大鲵、青蛙、山蛙、泽蛙、沼蛙黑斑蛙、虎斑蛙、蟾蜍（癞蛤蟆）、蝙蝠、蜈蚣、虾……大鲵是稀有珍贵两栖动物，分布于三江、西岭等乡山谷清澈的溪流中，因滥肆捕杀，日趋稀少。

按：从其中内容看，还是可以证明有大鲵存在。

《平乐县志·动物·两栖类》列举有"大鲵（娃娃鱼）、棘胸蛙（山蚂蜗）、虎纹蛙、青蛙、蟾蜍（癞蛤蟆）等"（平乐县地方志编纂委员会，1995），说明仍有大鲵存在。

《荔浦县志·动物·两栖类》列举有"龟、鳖、青蛙、娃娃鱼、蟾蜍等"（荔浦县地方志编纂委员会，1996），尽管存在将一些爬行类物种误归入现象，但还是可以看出确有大鲵存在。

《临桂县志·动物·两栖类》记述（临桂县志编纂委员会，1996）：

有蟾蜍、沼蛙、泽蛙、山蚂蜗、癞子蚂蜗、油蚂蜗、雪蚂蜗、滑背蚂蜗、冬蚂蜗、泥蚂蜗、娃娃鱼等。蟾蜍、山蚂蜗、泥蚂蜗为多，其中娃娃鱼属国家二级保护动物。

按：据此，表明所谓"娃娃鱼"就是大鲵。

《永福县志·农业·渔业资源·鱼类品种》记载"两栖类有大鲵（俗称狗鱼）、山蚂蜗（山青蛙）、田鸡"（永福县志编纂委员会，1996），反映分布有大鲵。

《资源县志·动物资源·两栖动物》记述（广西壮族自治区资源县志编纂委员会，1998）：

大鲵：俗称娃娃鱼、狗崽鱼。有四肢，全身无鳞而生细毛，列为国家保护珍稀动物，资江、五排河及其大小支流均有分布。60年代前数量多，70年代以来已明显减少。

按：据此，反映当地大鲵依然存在。

《兴安县志·动物》既在"两栖类"列举有"田鸡、青蛙、土蛙、石板蛙、上树蛙、塘孔蛙、蟾蜍、大鲵"，又指出"属国家二类保护动物的有""大鲵……等15种"（兴安县地方志编纂委员会，2002），

---

①指该志所设"兽类""鸟类""蛇类""鱼类""虫类"；从整体情况看，不仅不恰当（不就此展开讨论），而且还有归类遗漏之物种；从列举的物种看，还涉及多门、纲，宜综合为"其他类"。

可见确有大鲵栖息。

《中国动物志》记载广西大鲵分布地之一有"花坪"（费梁等，2006）。尽管广西龙胜县三门镇确有"花坪村"，但与该志"地理分布"主要以县级及其以上行政区颇不相称，似指"位于龙胜、临桂两县交界处的花坪国家级自然保护区"，该处确有大鲵栖息。

● 柳州市：《鹿寨县志・生物资源・浮游动物》列举"主要有龟、鳖、草鱼、鲢鱼……泥鳅、白鳅、草帽鱼、娃娃鱼、鳄鱼、水獭等"（鹿寨县地方志编纂委员会，1996），尽管在此设"浮游动物"不妥，且归入其类的物种有误，但还是可以说明当地有大鲵栖息。

《融水苗族自治县志・野生动物资源・爬行动物类》记载"此外，元宝山、九万大山、泗涧山均有娃娃鱼（大鲵）"（广西融水苗族自治县地方志编纂委员会，1998），尽管误将"两栖类"的大鲵归入"爬行类"，但还是可以证明当地有大鲵生息。

● 梧州市：民国二十年《宣汉县志》在记述"娃娃鱼"时，摘引：

又考《金粟香诗集》有《狗鱼诗》，序云：产梧州。青黑色，无鳞，巨首，平额，大口，细目，四足，五指，身长而扁，尾侧如鳅。能升木食果。冬暖，卧树负暄，涎出黏身，遂为人所获。食之补阴。

按：其描述基本符合大鲵特征（大鲵应为"指、趾前四后五"），并指出"产梧州"，亦即今梧州市有大鲵栖息。

《蒙山县志・动物资源》记述（蒙山县志编纂委员会，1993）：

大鲵：娃娃鱼。属两栖类有尾目，栖息于深山溪流。县内仅长坪瑶族乡山区有，但常被捕捉出售，数量逐年减少。为国家保护的珍稀动物。

按：表明尽管仍有大鲵栖息，但已然濒危。

《藤县志・动物・爬行类》记述（藤县志编纂委员会，1996）：

……滑油蛇、壁虎、蛤蚧、蟾蜍、青蛙、石蛤、大鲵（娃娃鱼）、蚯蚓、水蛭等。大鲵（娃娃鱼）1984 年 6 月 1 日在泗培河捕获 1 条。

按：从列举的物种看，除了确属爬行类外，还夹杂有其他"门""纲"物种，只是尚可证实有大鲵分布。

《苍梧县志・动物资源・两栖类》记述（苍梧县志编纂委员会，1997）：

大鲵（娃娃鱼）、蝾螈（肥螈）、蟾蜍（癞蛤蟆）、青蛙、石蛤等。其中大鲵为国家二级重点保护动物。

按：据此，可以证明当地确有大鲵分布。

据《广西两栖动物》记载，梧州市与蒙山县均有大鲵分布（张玉霞等，2000）。

● 贵港市：民国二十九年（1940）《平南县（今县）鉴・物产・动物产・本县鱼类》记述：

狗鱼：即鲵，两栖动物之最大者，一名山椒鱼。长者约二尺。体暗褐色，有黑斑，头圆扁，四肢短小。拙于陆行。尾大而侧扁。居溪流中。以产平竹乡罗丹村河及罗运上村等山涌为多，每年约产二三百市斤。

按：从描述看，就是大鲵，并有产量之说明。

● 玉林市：《广西两栖动物》（张玉霞等，2000）与《中国动物志》（费梁等，2006）所称"玉林"（疑似现玉州区与兴业县①）有大鲵栖息。

● 百色市：1980 年代末，凌云县玉洪乡还有大鲵发现（许秀熙等，2010）。

《田林县志・动物资源・两栖类》列举"主要有大鲵（娃娃鱼）、山瑞、青蛙、沙龟、鹰嘴龟、蚌、螺、蟹等"（田林县地方志编纂委员会，1996），显然夹杂有其他"门""纲"物种，但还是可以表明有大鲵存在。

● 河池市：民国二十四年（1935）《罗城县（今罗城仫佬族自治县）志・产业・渔猎・水产・鳞属》记述：

狗鱼：即鲵鱼，亦名山椒鱼。属两栖类动物。产于一防之深山溪涧中。无鳞，口阔，头扁，暗褐色。头身尾似鲇鱼，惟四足五爪。能在陆地爬行，黏质甚厚。滋阴降火。

按：此描述的大鲵准确而详细，反映当地有所栖息。

民国二十二年（1933）《思恩县（今属环江毛南族自治县）志・产业・无鳞之属》记述：

特产狗鱼：但此种狗鱼甚小，每条只二三两，非如滇省所产之大。生高山岩泉水中。

①据 1997 年 4 月 22 日，国务院批复（国函[1997]26 号）提到：①撤销玉林地区和县级玉林市，设立地级玉林市，市人民政府驻新设立的玉州区玉林镇东门路。②玉林市设立玉州区和兴业县。

按：虽然介绍"狗鱼甚小，每条只二三两"，但该县至今仍有大鲵分布，疑似作者未了解到当地有更大的大鲵。

● 来宾市：《金秀瑶族自治县志·动物资源》记述（金秀瑶族自治县志编纂委员会，1992）：

大鲵：两栖纲大鲵科动物，又称为狗鱼、娃娃鱼。县产大鲵大者长 50 cm，重近 5 kg，以鱼、虾、蛙等为食。其肉嫩味美，为上等佳肴，可供出口，为国家一级珍稀保护动物。

大鲵主要分布于滴水河上游，以罗香乡罗丹、罗运及罗孟和长垌乡滴水等村一带为多，忠良乡永和村等地也有分布。近年来，县内不少地方用人工养殖大鲵。

按：据此，反映当地有多处分布大鲵。《广西两栖动物》也称，"大瑶山罗香和罗运"有大鲵栖居，反映金秀瑶族自治县有所分布（张玉霞等，2000）。

《象州县志·动物·两栖类》列举有"青蛙、蟾蜍、肥蛇、大鲵（狗鱼）"（象州县志编纂委员会，1994），虽然误将应属爬行纲的"肥蛇"归入，但还是可以证明当地有大鲵存在之事实。

《武宣县志·动物资源·水产类》列举"……脚鱼、乌龟、大田蛙、山蚂蜴、山瑞、金钱龟、鲵鱼（又名海狗鱼、娃娃鱼，两栖动物，产于小琳山涧和百崖漕，可入药）、蟹、虾、蚌、蚬、螺"（武宣县志编纂委员会，1995），既反映出设类欠妥，又显示物种的无序罗列，但还是可以说明有大鲵栖息。

● 贺州市：《昭平县志·动物·较珍贵和稀有的简介》记述（昭平县志编纂委员会，1992）：

大鲵：俗称娃娃鱼或狗鱼。多产仙回乡茅坪和文竹乡象棋山冲。

按：据此，反映当地仍有一些地方有大鲵分布。

《富川瑶族自治县志·动物·两栖类》记载"主要有田青蛙、山蛙、犁头蛙、三角蛙、蛤蟆、大鲵（娃娃鱼）等，娃娃鱼现在很少出现"（富川瑶族自治县志编纂委员会，1993），表明当地大鲵曾一度濒危。

5.4.6 香港

香港的大鲵分布，见有 1950 年代的纪实性短文（叶灵凤，1985）较详尽记述：

在香港专卖海鲜的大酒家门口，不时可以见到有一种怪鱼，养在木盆或特制的喷水鱼柜里，多数同山瑞等养在一起，它的形状像大鳗鱼和乌龟，周身有滑涎，可是有四只脚，像是一条小鳄鱼或是蛤蚧蛇，酒家称它们为海狗鱼，认为是很有美味滋补的东西。

海狗鱼是两栖类，喜欢栖息在浅水滨或山边的溪水沟里，头部大而扁，两只眼睛很细小，前脚四趾，后脚五趾，全身无黑色，有一条尾巴，那样子与其说是像小鳄鱼，不如说是像一条大蝌蚪。海狗鱼普通有二三尺长，大的可以长至五尺，形状实在很丑恶。香港、新界和大屿山的山涧里，也偶然可以捉得到海狗鱼……

海狗鱼在中国方物志书上被著录得很早，旧时称它们为"魶"，为"鲵"，俗称孩儿鱼或娃娃鱼，认为是一种很神异的东西。《尔雅》释鱼说，"鲵，大者谓之鰕。"注说："今鲵鱼似鲇，四脚，前似猕猴，后似狗，声如小儿啼，大者长八九尺。"

《水经注》说："鲵鱼声如小儿，有四足。"郭璞注《山海经》，又称它们为"鰟"，说是声啼如小儿，故呼为"鰟"。但说得最详细可靠的是《益部方物略》，作者宋祁记西川所出产的这种"鰟"鱼说："出西山溪谷及鸦江，状似鲵，有足，能缘木，其声如儿啼，蜀人养之。"又说"有足若鲵，大首长尾，其啼如婴，缘木弗坠。"

将这类的描写用今日所见的海狗鱼来对证，大都正确符合，可见从前人所认为怪物的魶或鲵，其实就是海狗鱼。甚至"啼声如小儿"，也不是杜撰的，因为将海狗鱼捉在手里时，它往往能发出"呀呀"的叫声。

按：此处所谓"海狗鱼"就是大鲵，在该书前部，还附有一张"海狗鱼"照片（图 2.16），虽然限于当时条件不是很清晰，但是大体上可以看出是大鲵。

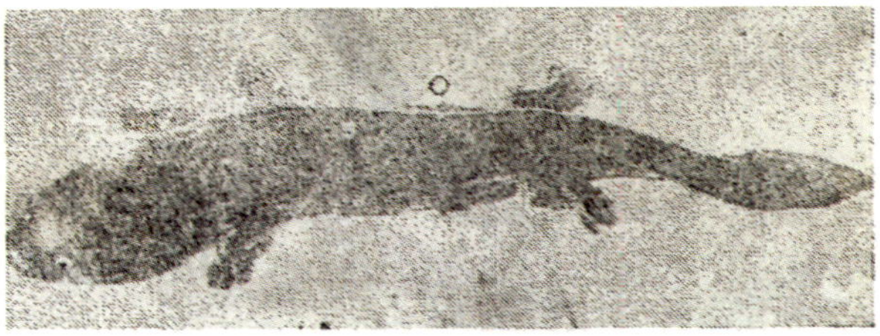

图 2.16 "海狗鱼"（大鲵）

5.5 西南

西南地区的 5 个省级政区皆有大鲵栖息，只是云南与西藏处于大鲵分布区的西南边缘，分布点较少，重庆、四川与贵州大鲵分布皆不少。

5.5.1　重庆

20 世纪，重庆仍有较多大鲵分布，分布的区、县约占全市的 38%。

《中国动物志：两栖纲》记载重庆有大鲵栖息地点有“巫溪、巫山、奉节、黔江、武隆、彭水、酉阳、秀山”等（费梁等，2006）。还有误归“四川”的“城口”，亦即重庆市城口县。

酉阳土家族苗族自治县是重庆市大鲵主要产地之一。该县属山区，地势东低西高，平均海拔约 900 m。1973 年 6～8 月，对该县主产大鲵 6 个区的溪河进行调查，大鲵主要分布在沅江水系的冷水河、热水河上游、龙潭河中下游和酉水的干流及其支流后河、车田河、拖把河、大江河、水口河、多碧河、偏柏河、王家河等以及乌江水系的细沙河。在最热的 8 月上旬平均气温 25.5℃时，这些溪河测定的水温为 17～20℃；溪河的河床复杂，上下落差 30～180 m，两岸多为石灰岩，河中多裸露的乱石；河中滩连着滩，水流湍急，水质清澈透明。由于长期受到水侵蚀和风化作用，形成了许多溶洞石穴，大鲵喜栖息在有回水的洞穴中。该县 1966～1972 年的大鲵收购量分别为：42 担、27 担、31 担、19 担、20 担、21 担、37 担，年平均收购 28.85 担；由于 1972 年天旱水枯易捕捉，收购量较高；推算大鲵年产量为 39（1 担等于 50 kg）担左右（四川省长江水产资源调查组，1974）。

《巫溪县志·野生动物·两栖类》记述有（巫溪县志编纂委员会，1993）：

……泽蛙（干疙蚂）、沼蛙（蓑衣背）、大鲵（娃娃鱼）、小鲵等。大鲵为国家重点保护动物，主要分布于大宁河上游的西溪河和巴岩子河。

按：据此，说明当地仍有大鲵分布。

《武隆县志·野生动物·两栖类》列举有“大鲵、中国林蛙、金钱蛙、虎纹蛙、黑斑蛙、泽蛙、沼蛙、姬蛙”等（四川省武隆县志编纂委员会，1994），说明还有大鲵在此生息繁衍。

《黔江县（现黔江区）志·动物·两栖类》指出有“大鲵（娃娃鱼）、大蟾蜍（癞蛤蟆）、沼蛙（田鸡）”等（黔江土家族苗族自治县志编纂委员会，1994），反映还有大鲵存在。

《涪陵市（现涪陵区）志·动物·水生动物》记载“常见的两栖类动物有：中华大蟾蜍（俗名癞蛤蟆、癞疙宝）、黑斑蛙（青蛙、田鸡、水疙蚂）、泽蛙（干疙蚂）、沼蛙（蓑衣背）、棘皮蛙（梆梆蛙）、大鲵（娃娃鱼）等”（四川省涪陵市志编纂委员会，1995），可见仍有大鲵栖息在此。

《彭水县志·动物·两栖动物》列举有“青蛙、林蛙（简棒）、蟾蜍（癞蛤蟆）、大鲵（娃娃鱼）”等（彭水县志编纂委员会，1997），证明还有大鲵分布。

《云阳县志·脊椎动物》仍有“大鲵、蟾蜍、黑斑蛙、泽蛙、沼蛙”等“两栖类”（云阳县志编纂委员会，1999）栖息。

《秀山县志·野生动物》在“其他”类中指出有“有蜜蜂、牛角蜂，蛇类、蛙类、鱼类、两栖类（大鲵）等”（秀山土家族苗族自治县志编纂委员会，2001），反映还有大鲵。

5.5.2　四川

20 世纪，四川有大鲵栖息的市、县减少并不显著，尽管存在大鲵的仅占全省的 38%，但绝对数量高达 59 个。

《中国动物志：两栖纲》记载四川的大鲵栖息地点有“宝兴、雅安、洪雅、峨眉、乐山、马边、屏山、合江、叙永、武平、南坪、城口、青川”等（费梁等，2006）。

● 成都市：民国十五年（1926）《崇庆县（今崇州市）志》还有“娃娃鱼”记载。《崇庆县（现崇州市）志·生物资源》虽然在“两栖动物”中未列举，但记载的最后称“还有罕见的大鲵（娃娃鱼）和梆梆鱼（俗名）等”（四川省崇庆县志编纂委员会，1991），反映有大鲵存在。

民国二十二年（1933）《灌县（今都江堰市）志》还记载有“人鱼”，亦即大鲵。

民国三十七年（1948）《郫县（今县）志·物产》记载有“娃娃鱼”，说明还有大鲵。

《大邑县志·动物·两栖纲》明确“隐腮鲵科有大鲵”（四川省大邑县志编纂委员会，1992），显示还有大鲵栖息。

《邛崃县（现市）志·动物资源》记述（四川省邛崃县志编纂委员会，1993）：

两栖纲：解放后（1950—1985）有：大鲵（娃娃鱼）、棘腹蛙（梆梆鱼）。

属于国家规定保护的野生珍贵动物名录·两栖类：大鲵（娃娃鱼），体形扁平，（装）［状］如蜥蜴，口位于前端，口裂宽大，上下颌前沿有锐而坚硬的锯状小齿。

按：据此，证明当时现邛崃市仍有大鲵分布。

● 广元市：《苍溪县志・动物・两栖动物》记载"有大鲵、蟾蜍等"（四川省苍溪县志编纂委员会，1993），反映有此物种存在。

《旺苍县志・动物》没有明确分类，值得注意的是，其中有"青绒、重口（跷壳）、鲵、青鳝"等（四川省旺苍县志编纂委员会，1996），此"鲵"当是大鲵①，现今还有该物种。

● 绵阳市：民国二十一年（1932）《绵阳县（今市）志・食货・物产》记述"鲵鱼：即人鱼"，反映有大鲵分布。《绵阳（县级）市志・主要动物・两栖类》称"主要有华西雨蛙、黑斑蛙、蟾蜍和大鲵等"（绵阳市地方志编纂办公室，1999），表明大鲵存在延续到20世纪末。

民国三十三年（1944）《四川省方志简编》提到"安县"产"娃娃鱼"，亦即今安县还有大鲵存在。《安县志・动物・两栖爬行动物》记述：

《四川动物》杂志2000年第1期《安县两栖爬行动物的生态及区系研究》记载，县境内有两栖爬行动物4目、15科、35属、53种。属国家二类保护动物的有中华大鲵（娃娃鱼），分布在茶坪河、安昌河、秀水河、塔水河及溪沟中。1994年10月5日，安县水产站在安昌镇南河桥下游捕获一条长1.35 m、重12.5 kg的中国大鲵②。

按：据此看来，安县的大鲵不仅分布较广，而且存在时间也较长久。

《北川县志・野生动物》虽在"两栖纲"记载"蝾螈科：小鱼儿、隐腮鱼儿、蝾螈"比较含混，然而在"珍稀野生动物"中指出"二级有：小熊猫、马熊、黑熊、黄喉貂、水獭、大灵猫、小灵猫、兔狲、金猫、猞猁、林麝、马麝、水鹿、藏原羚、鬣羚、岩羊、猕猴、藏雪鸡……纵纹腹小鸮、大鲵"（北川县志编纂委员会，1996），还是可以证明有大鲵栖息。

《平武县志・动物・爬行类、两栖类和鱼类》记述（平武县县志编纂委员会，1997）：

县境两栖类动物分布最广，种类最多的是蛙形目中的蛙科、蟾蜍科、树蛙科等，而最有名的是蝾螈目隐腮鲵科的大鲵。

大鲵又名娃娃鱼，长60～70 cm，重20～25 kg，是现存最大的两栖类动物。背面棕褐色，有大黑斑，头宽而扁，口大，有四肢，均短，前肢四（趾）[指]，后肢五趾，皮肤光滑，以鱼、蛙、虾为食。因叫声似小孩啼，故名娃娃鱼。主要分布在县境涪江河段及清澈的溪流中。大鲵为国家二级保护动物。

按：据此，证明当地确有大鲵分布。此外，《中国动物志》所称四川有大鲵分布的"武平"，显然是将"平武县"讹误为福建省龙岩市所辖的"武平县"。

《江油县（现市）志・主要动物・两栖纲》记载"主要有大鲵、蛙、蟾蜍等野生种属"（江油市地方志编纂委员会，1999），说明仍有大鲵分布。

《梓潼县志・动物・珍稀特产动物》中记述（四川省梓潼县志编纂委员会，1999）：

大鲵：又名娃娃鱼、中国大鲵，属两栖纲蝾螈隐腮鲵科。背棕黑色，浅灰斑，四脚，以鱼、虾、水巴虫为食。主产潼江上游之岐江，境内潼江河段有零星分布。此鱼为国家二类保护鱼类，禁止捕捞。

按：其中对大鲵的分类"目"与"科"欠准确，然而还是可以说明有此物种存在。

● 遂宁市：《遂宁县（现市）志・动物资源》既记载"列为国家和省级保护动物的有6种，即……两栖动物中的大鲵"，又指出"赤狐、白鹤、大鲵等逐渐减少成为濒危动物"（四川省遂宁市地方志编纂委员会，1992），表明大鲵等濒危程度相当严重。

● 乐山市：《乐山市志・动物・两栖类》记载称有"36种。山溪鲵、大鲵、大凉疣螈"等（乐山市地方志编纂委员会，2000），这固然可以证明有大鲵分布，只是若要表明当时全市③皆有大鲵栖息，

①可为佐证的是，该志还记载"属国家三类保护动物有大灵猫、鬣羚、斑羚、红腹锦鸡、鲵（山溪鲵、秦巴北鲵）等"。据《中华人民共和国野生动物保护法》规定，"国家重点保护的野生动物分为一级保护野生动物和二级保护野生动物"只有2个等级，并无"国家三类保护动物"之说；而且据《国家重点保护野生动物名录》明确保护的两栖纲有尾目动物只有2科（即隐腮鲵科与蝾螈科）动物，并无"小鲵科"。可见该志的物种设类、归类、物种名称等皆有待改进。

②安县政务网. http://anxian.my.gov.cn/ax/219841861039161344/20110623/258949.html

③当时乐山市辖现乐山市、峨眉山市、犍为县、井研县、夹江县、峨边县、沐川县、马边彝族自治县、仁寿县、彭山县、洪雅县、丹棱县、青神县及眉山市东坡区等。

则需要进一步证实。

民国二十四年(1935)《夹江县(今县)志·物产》还有“娃娃鱼”记载。《夹江县志·动物·节肢两栖爬行类》记载，“鲵(娃娃鱼)、螃蟹、蜘蛛(石蜘蛛、水蜘蛛、金蜘蛛)、蜈蚣……其中鳖、龟现已为数不多，鲵已不常见”(四川省夹江县编史修志委员会，1989)，表明虽有大鲵，却已濒危；另，此处误设的“节肢两栖爬行类”将无脊椎动物与脊椎动物混为一谈，失当。

民国二十六年(1937)《犍为县(今县)志·物产》有“人鱼”记载，亦即有大鲵分布。从犍为县的生态看，无不适宜大鲵栖息：境内以丘陵为主；水系发达，以岷江、马边河为主干，大小河流 30 条；气候宜人，冬暖夏凉，年平均气温为 17.5℃，无霜期长达 333 天，雨量充沛。

民国二十六年(1937)《马边纪实·物产》记载有“鲵”，亦即说明今马边彝族自治县有大鲵栖息。《马边彝族自治县志·动物》记述(马边彝族自治县地方志编纂委员会，1994)：

大鲵：娃娃鱼。马边河水清凉，河中乱石交错，石缝岩穴多，宜大鲵生长。境内水域有万只左右，被誉为“大鲵之乡”。1985 年乐山市人民政府定马边河为大鲵保护区，大鲵身体呈扁平状，头宽而扁圆，上面有绿豆般的小眼，尾部侧扁，四肢短小。大嘴里有密排的锋利小齿。体色有棕色、红棕色、黑棕色、黄色、褐色五种，以褐色为普遍，以金黄色为名贵。1981 年马边城北河边捕到一只 31 kg、长 152 cm 的大娃娃鱼。大鲵是动物界的长寿者。一般可活五六十年。《本草纲目》说鲵“声如小孩哭”。1980 年珠江电影制片厂专程来马边摄制娃娃鱼与地震的科教片，就录到一头金黄色大鲵的鸣叫声。1986 年，县政府发布告，保护大鲵。

按：据此，证明 1980 年代，马边彝族自治县尚有较多大鲵分布。《中国动物志：两栖纲》数次引用 1980 年代马边河(涉及马边与沐川县两地)与马边彝族自治县野生大鲵资料(费梁等，2006)，但现在多见马边的大鲵为人工养殖。

《沐川县志·动物》记载有“两栖类二级保护大鲵(娃娃鱼)”(四川省沐川县地方志编纂委员会，1989)，证明仍有大鲵分布。

《峨眉山县(今市)志·珍稀动物》记载该县“国家二级保护动物：小熊猫、岩羊、大鲵(娃娃鱼)、猕猴”等(四川省峨眉山县志编纂委员会，1991)；《峨眉山志》也记述(《峨眉山志》编纂委员会，1997)：

大鲵：峨眉山珍贵的两栖动物，也是我国珍贵的野生动物，已划为国家二级保护对象。

属两栖纲，有尾目，隐腮鲵科。一般体长 60～70 cm，背面棕褐色，带有无数大黑斑，腹面色泽较淡，周身皮肤润湿光滑。头宽而扁，口大而鼻孔和眼极小，无眼睑(眼皮)。身躯粗壮而扁平。尾长侧扁。四肢很短，前肢 4 指，后肢 5 趾，趾间有微蹼，犹如婴儿的手掌，叫声好似小儿啼叫，本地习称“娃娃鱼”。《本草纲目·鳞部四》引陈藏器语：“鲵生山溪中，似鲵，有四足，长尾，能上树……声如小儿啼。”

生长缓慢，生活在海拔 500 m 左右的龙门洞一带的峨眉河中。白天潜居于岩穴内，傍晚或夜间出洞漫游，捕食鱼、虾、蛇、蛙。每次产卵约 300 枚，卵带呈串珠状。

由于峨眉河泥沙逐年淤积，水涸滩浅，大鲵将濒于绝灭。

按：据这些记载，证明仍有所栖息。《中国动物志》所称有大鲵分布的“峨眉”，即今峨眉山市。

《峨边彝族自治县志·动物·节肢两栖爬行类》列举有“大鲩(娃娃鱼，产于大渡河)、弹琴蛙、石鹅、蟾蜍(癞格宝)、蛇(乌梢蛇、青竹标、菜花蛇、碎蛇、水蛇)、壁虎、蜗牛、水蛭(蚂蟥)、蚯蚓等”(峨边彝族自治县志编纂委员会，1994)，尽管节肢动物门是动物分类体系中最大的“门”，此志所设“节肢两栖爬行类”出现不同的“门”与“纲”混杂不妥，其中一些物种(如蜗牛、水蛭、蚯蚓等)超出所设类目，但值得注意的是，所称“大鲩”，疑似“大鲵”之误，故可说明有大鲵栖息。

● 泸州市：《泸州市志·两栖类》记载“计 12 种。青蛙……木槐、树蛙、蛤蟆、蟾蜍、鲵鱼、大鲵等”(泸州市地方志编纂委员会，1998)，尽管错将“鲵鱼”与“大鲵”误作二物①，但还是可相互印证表明有大鲵分布，只是是否全市(辖现泸州市、泸

①该志中称“属国家一级保护的有豹、云豹、金丝猴、野鹿 4 种；二级有黑熊、猴类、鲵鱼、红腹雉 4 种”，明确所谓“鲵鱼”即大鲵。

县、合江县、叙永县、古蔺县等地）皆有，尚待进一步查证。

《合江县志·动物资源·鱼类》列举有“鲭针鱼、团鱼、蚌蛤、乌龟、螺蛳、青虾、螃蟹、娃娃鱼”等（合江县志编纂委员会，1993），虽存在归类混乱现象，然而还是说明有大鲵存在。

《叙永县志·生物资源·水产类》记述（叙永县地方志编纂委员会，1998）：

有黄鱼、青波、红鱼、鲵（娃娃鱼）分布于主要河溪、塘库，鳖、龟多分布于水尾区，鲵主要分布于大树河、清水河洞口一带。

按：细察，虽存在分类不当①，但还是可以说明有大鲵栖息。

● 宜宾市：民国二十一年（1932）《南溪县（今县）志·物产》记载有“娃娃鱼”，反映当地有所分布。

《宜宾市（现翠屏区）志·野生动物·两栖纲》列举有“大鲵、大蟾蜍中华亚种、沼蛙、日本林蛙指名亚种、泽蛙、黑斑蛙”等（宜宾市地方志办公室，1992），反映仍有大鲵栖息。

《长宁县志·动物·两栖类》记述（四川省长宁县志编纂委员会，1993）：

长宁河中尚发现鲵（娃娃鱼）。民国三十二年（1943）在安宁镇鲤鱼湾曾捕捉到1条，重9 kg。1963年在梅硐至官兴河道中仍有发现。

按：据此，证明还有大鲵生息繁衍。

《兴文县志·野生动物》虽未专设“两栖类”，但在“鱼类”中列举有“黄鳝、青鳝、鱼鳅、草虾、螃蟹、草鱼……罗非鱼、洞鱼、鲵鱼等”（兴文县志编纂委员会，1994），察其中并非纯粹鱼类而夹杂其他物种，故所称“鲵鱼”，疑似大鲵。

《江安县志·动物·两栖类》列举有“木蛙、竹蛙、琴蛙、青蛙、大鲵、蟾蜍等”（四川省江安县志编纂委员会，1998），表明还有大鲵栖息。

《筠连县志·动物·珍稀动物》记述（筠连县县志编纂委员会，1998）：

大鲵：俗名娃娃鱼。原多产于巡司河。现多出现在该河的平寨河段。乐义冷水河、联合小河亦产。

按：从该记载看，大鲵的分布范围有所收缩，还是存在多处。

《屏山县志·动物·两栖纲》列举有“大鲵（娃娃鱼）、峨眉角蟾蜍（癞疙疱）、黑眶蟾蜍（癞疙疱）、华西雨蛙”等（屏山县志编纂委员会，1998），反映仍有大鲵栖息。

● 巴中市：《通江县志·动物》在“两栖类”与“动物珍闻”记述（四川省通江县志编纂委员会，1998）：

除大鲵主产于大、小通江上游流域外，蛙类动物县内各处可见。大鲵（人鱼、娃娃鱼）、秦巴北鲵……

1974年9月13日，诺水突发百年未遇的洪水，洪水退后，诺水上游两岸的大鲵（娃娃鱼）随处可见，不少农户捕捉回家喂猪。

按：据此，可见还有较多大鲵分布。

● 达州市：民国二十年（1931）《宣汉县（今县）志·物产志》中记载：

娃娃鱼：背青黑，腹白，无鳞，有涎。头扁阔，颚有钩齿密排如针，与鲢鱼同。腹大，尾侧四足五指。体重有大至数十斤者。时水时陆，不时作声。盖两栖类也。暴涨骤落，往往获之。蒸食，味美。剥去其皮，肉白而细，略似小儿。其皮研为细末，可治汤火伤。按：鱼四足者，载籍甚夥。近人，如《俞荫甫诗集》有《鰕鱼诗在新安》，作序云：鰕鱼生山涧中，有四足，能缘木食鸟雀，不水客活。又考《金粟香诗集》有《狗鱼诗》，序云：产梧州。青黑色，无鳞，巨首，平额，大口，细目，四足，五指，身长而扁，尾侧如鳅。能升木食果。冬暖，卧树负暄，涎出黏身，遂为人所获。食之补阴。古籍，如《尔雅》：鲵，大者谓之鰕。郭璞注云：鲵鱼似鲇，四足，声似小儿啼。《海外西经》云：龙鱼陵居，一曰鰕，一曰鳖。又《北山经》云：决决之水，多人鱼。其状如鯑鱼，四足。其音如婴儿。食之，已癡疾。《史记·司马相如传》：禺禺鱋魶。徐广曰：魶，一作鳎。《汉书》正作鳎。注引郭璞云：鳎，鲵鱼，似鲇，四足，声似婴儿状喒合。惟啼未必如小儿，亦未见有缘木而食鸟雀者。岂真风土不同歟？盖亦耳食者多误也。或者，又引鲇鱼上竹竿，谓为升木之证。察《归田录》云：梅圣俞初受勅修《唐书》，语妻曰：吾之修书，可谓猢

①比较该志另设的“野兽类”与“野禽类”，此“水产类”与前二者难以匹配，显然不妥当。

猢入布袋矣。妻曰：君之仕宦，何异鲇鱼上竹竿耶。不知此正不能升木之铁证。梅意谓猢狲非可入布袋者，入则自缚。喻修书而受拘束也。妻意谓鲇鱼非可上竹竿者，上则立堕。喻仕宦难久于其位也。比例而观，语意自明。恶得以反语而作正解耶？由误解而误传，盖不知几何年矣。然则，鰕也，鲵也，鲇也，鳑也，鳎也，鳚也，人鱼也，龙鱼也，狗鱼也，娃娃鱼也，实皆一物而异名耳。近因调查各县志书载娃娃鱼者，各引古书、古名分歧不一，故备考之，以见其同，又明辨之，以纠其缪。

按：此记载不仅有大鲵的具体描述，而且旁征博引，更指出大鲵的诸多别称。

民国二十一年（1932）《万源县（今市）志·物产·鳞介类》记述：

鲵：俗名哇哇鱼。似鲇，四足，长尾，声如小儿啼。每含水上树，张口待鸟饮而取之。

按：此描述的"鲵"，即大鲵，反映今万源市有此物种分布。《万源县志·野生动物》在"县境内国家和省重点保护陆生野生动物资源状况一览表"有：

大鲺：［分布］旧院乡七村八村、竹峪区罗文乡八村、大翁龙王沟、草坝区的金山水库、官渡白龙洞。［估计数量］2 000。［栖息地状况］高山溪流。

按：所称"大鲺"，疑似"大鲵"之误①，不仅分布地点尚多处，而且数量可观。

● 资阳市：《安岳县志·野生动物·爬行、两栖、鱼类》中记述（四川省安岳县志编纂委员会，1993）：

两栖类动物：计 2 目 4 科 5 种。（偏）［有］尾目隐腮鲵科大鲵（娃娃鱼。1974 年在宝华朱家水库首先发现两条，以后县内陆续发现，属国家二类保护动物）。

按：据此，虽可表明有大鲵栖息，但大鲵所属的"目"名称有误。

● 眉山市：《洪雅县志·动物·两栖类动物》所列举"有青蛙、蟾蜍、龟、鳖、大鲵（娃娃鱼）等"（洪雅县地方志编纂委员会，1997），虽存在归类错误现象，然而可表明有大鲵生息繁衍。

● 雅安市：民国十八年（1929）《西康问题》与民国二十三年（1934）《西康之实况》等皆将"娃娃鱼"作为当地特产之一，表明尽管大鲵在西康（治所屡迁，以今康定县为主；辖境有今四川的甘孜州、凉山州、攀枝花市、雅安市，西藏的昌都地区、林芝地区等）分布较广泛，但可考的大鲵分布具体地点则以今雅安市为主。

民国四年（1915）《荥经县（今县）志·物产志·鳞属》记载有"细鳞鱼、金鱼、鲉鱼（俗呼娃娃鱼）、黄魟"等。其中"鲉鱼"，即是大鲵。《荥经县志·动物资源·珍稀保护动物》仍记述（四川省荥经县地方志编纂委员会，1998）：

大鲵：因叫声似儿啼，故名"娃娃鱼"。荥河、经河、荥经河皆有，属国家二类保护动物。

按：证实不仅仍有大鲵存在，而且在多处分布。

民国十二年（1923）《雅安县（今雨城区）志·物产》记述：

鲉鱼：一名鳑鱼。雅安有鳑鱼，状似鲵，有四足，大首，长尾。声如婴儿，缘木弗坠。俗谓之娃娃鱼。味甚美。

按：据其描述，就是大鲵，证明当地有所分布。//《中国动物志》所称有大鲵分布的"雅安"，疑似今雨城区②。

民国十九年（1930）《名山县（今县）新志·物产》记载有"娃娃鱼"，说明有大鲵在当地分布。《名山县志·野生动物·水生动物》称，"60 年代，大板桥下还捕捞到重约 5 斤鲵鱼"（名山县志编纂委员会，1992），说明仍有大鲵存在。

民国三十年（1941）《汉源县（今县）新志·物产》也记载有"娃娃鱼"，表明当地栖息有大鲵。《汉源县志·野生动物》称，"列为我国第二类保护动物的有：小熊猫、金猫、华南虎、毛冠鹿、鸳鸯、红腹角雉、绿尾虹雉、大鲵"（汉源县志编纂委员会，1994），尽管欠准确，但还是可以证明有大鲵存在。

民国三十二年（1943）《芦山县（今县）志·物

---

①该志虽在"两栖类"中为列举，但在"鱼"中有"黄鳝、娃娃鱼（大鲵。被列为国家保护的鱼类）"记载；且据记载的"栖息地状况"与"分布（地点）"等情况，皆可断定。

②2000 年 6 月 14 日，国务院批准：撤销雅安地区和县级雅安市，设立地级雅安市。雅安市设立雨城区，以原县级雅安市的行政区域为雨城区的行政区域。

产》仍有称作"娃娃鱼"的大鲵记载。

《天全县志·野生动物·珍稀保护动物》在"属国家二类保护动物"中记述(天全县志办公室,1997):

大鲵:大者长1.6 m左右,重20～25 kg,是现存最大的两栖动物。栖息于山谷清澈的河、溪中,因叫声酷似小孩啼哭,故名"娃娃鱼"。天全河及县境内的荥经河均产。

按:表明不仅有大鲵,而且分布较广。

《宝兴县志·动物·两栖纲》列举有"山溪鲵(羌活鱼)、大鲵(娃娃鱼)、沙坪角蟾、宝兴齿"等(四川省宝兴县地方志编纂委员会,2000),反映仍有大鲵存在。

● 阿坝州:《马尔康县志·动物》尽管在"两栖类"中未列举,但在"鱼类"记载有"厚唇裸重唇鱼(冷水鱼)、鲵鱼(猫鱼)、石鲅刺(石巴子)"等(四川省马尔康县志编纂委员会,1995)。马尔康县无论从地理位置、地貌(位于青藏高原南缘、四川盆地西北部;全县属高原峡谷区,地势由东北向西南逐渐降低,地面海拔在2 180～5 301 m;境内河流湍急,湖泊罗列,有丰富的水资源)论,还是从"鲵鱼"名称(也是大鲵的别称之一)与当地归类(就是在四川也存在)看,都有可能是大鲵,尚待进一步查证。

《中国动物志》所称有大鲵分布的"南坪",即今九寨沟县。

● 凉山州:民国三十二年(1943)《大小凉山开发概论·物产》记载有"鲵",说明有大鲵栖息。只是缺乏更具体的分布地点,暂且以今西昌市(?)作为一个点。

5.5.3 贵州

贵州到20世纪仍有67%的市、县有大鲵栖息,绝对数量更高达55个。

《中国动物志:两栖纲》所记载大鲵在贵州的分布地为:贵阳、雷山、正安、凤冈、道真、桐梓、务川、湄潭、余庆、罗甸、惠水、长顺、都匀、平塘、龙里、贵定、福泉、江口、松桃、玉屏、德江、黄平、凯里、施秉、镇远、岑巩、榕江、锦屏、金沙、黔西等(费梁等,2006)。

朱玲(2006)指出:

贵州省是大鲵的主产区之一。早在20世纪70年代,有关部门曾经对该省的大鲵资源作了详尽调查。调查结果显示,大鲵在贵州分布甚广,遍及7个州市、30多个县,乌江、清水江、阳河、芙蓉江等都有大鲵的踪迹。

按:笔者虽对此描述存有疑问,并发现被张冠李戴地引用①,但因原文未列出依据,无法准确核查。试作剖析:所提及"遍及7个州市、30多个县,乌江、清水江、阳河、芙蓉江等都有大鲵的踪迹",与《中国动物志:两栖纲》记载的分布,无论是数字,还是河流都基本吻合②;但此并不符合1970年代情况,因为仅铜仁地区在1980年代,全区10个市(县、特区)皆有大鲵分布;从贵州省近90个县级行政区划单位比例看,实际分布则要大大超出"30多个县"。按野生动物自然分布可"以后证前"之原理,且作为当时的分布参考。

● 贵阳市:民国十八年(1929)《桐梓县(今县)志·物产·鳞介类》记载"人鱼:俗呼娃娃鱼。杨村沟小溪有之。长者三四寸,古名人鱼",表明还有大鲵栖息。

民国二十九年(1940)《开阳县(今县)志稿·物产·水族之属》记述:"多产乌江、清水两河。南贡河以鲵鱼(俗名狗鱼)。"按:所称"清水河",即今"清水江",其与乌江皆盛产大鲵;南贡河是清水江支流之一,有大鲵栖息不足为奇。

民国三十七年(1948)《修文县(今县)志·物产》还记载有称之为"鲵鱼"的大鲵。《修文县志·动物·两栖纲》列举"有青蛙、蟾蜍、石蛙(石蚌)、树蛙、大鲵(娃娃鱼)等"(贵州省修文县地方志编纂委员会,1998),表明还有大鲵栖息。

《息烽县志·野生动物·两栖动物》记载,"主要有青蛙、蟾蜍(癞格宝)、格蚌、大鲵(娃娃鱼)等……娃娃鱼主要产于乌江、息烽河等江河沿岸"(贵州省息烽县地方志编纂委员会,1993),说明当地数处有大鲵栖息。

《中国动物志》还称"贵阳",即贵阳市有大鲵。

①详查:姚俊杰,张红星.2010.贵州省大鲵养殖产业化的发展前景.现代渔业信息,25(7)

②贵州10州市中,尚未见安顺市、六盘水市与黔西南州有大鲵分布的记载。平塘与独山县的大鲵分布,超出所列举贵州有大鲵栖息的河流。

● 遵义市：《凤冈县志・动物》称“大鲵、水獭、鸳鸯、锦鸡为县内珍稀动物”，“大鲵产于南部蜂岩、中部花坪、北部土溪等地”（贵州省凤冈县地方志编纂委员会，1994），反映还有大鲵，却已濒危。

《桐梓县志・野生动物・珍稀动物》记载，“大鲵：属国家二级保护动物，生长河溪洞穴，少”（桐梓县地方志编纂委员会，1997），可见虽仍有大鲵，但已濒危。

《正安县志・野生动物・主要珍稀动物》记述（正安县地方志编纂委员会，1999）：

> 大鲵：属国家二类保护动物。产于谢坝溪流中。一般长达40～60 cm，头宽而扁，口大，鼻孔和眼睛极小，位于头的上部，无眼睑，躯干粗壮而扁，四肢极短，指四、趾五，趾间有蹼，皮肤光滑。体外受精，以鱼、蛙、虾为食。因叫声似小孩哭，故有“娃娃鱼”之称。

按：据此，证实当地仍有大鲵生息。

《务川仡佬族苗族自治县志・动物》记载，“两栖类有蛙、大鲵等12种”，虽存在“三类保护动物：小灵猫、雀鹰、猫头鹰、大鲵、虎纹蛙等”（贵州省务川仡佬族苗族自治县志编纂委员会，2001）误差，然而还是表明有大鲵存在的事实。

《中国动物志》还称“正安、凤冈、务川”，亦即此三县有大鲵栖息。

● 安顺市：《关岭布依族苗族自治县志・动物・两栖动物》列举有“大鲵（娃娃鱼）、蟾蜍、华西雨蛙、斑腿树蛙、日本林蛙、泽蛙、黑带蛙、绿臭蛙、棘蛙、小弧斑姬蛙、饰放姬蛙”等（关岭布依族苗族自治县地方志编纂委员会，2002），说明还有大鲵存在。

● 毕节地区：《毕节县（今市）志・动物》记载“两栖类：有中华大蟾蜍……牛蛙、斑腿树蛙、乌龟、娃娃鱼等，全县各地均有”（毕节县地方志编纂委员会，1996），证明其时大鲵尚多。

徐宁等（1992）在1988～1990年对位于黔西县的黔西娃娃鱼自然保护区的大鲵进行形态特征、生活环境、行为活动、食性及体温日变化与气温、水温的关系进行研究，既获得大鲵生态的一手资料，也有力地证明当地仍有分布。

《大方县志・动物・两栖类》列举“有蟾蜍、青蛙、斑腿蛙、雨蛙、泽蛙、大鲵等”（贵州省大方县地方志编纂委员会，1996），反映还有大鲵存在。

《织金县志・动物》记载“有野生动物50余种，其中属于国家野生动物资源保护的有：短尾猴（大青猴）、云豹、金钱豹、獐、麂子、穿山甲、大鲵”等（贵州省织金县地方志编纂委员会，1997），说明还有大鲵栖息。

《纳雍县志・动物・两栖类》记载“山溪鲵、大鲵（俗称娃娃鱼），数量极少”（贵州省纳雍县地方志编纂委员会，1999），说明虽有大鲵，却已然濒危。

《中国动物志》还称“金沙”，即金沙县有大鲵。

● 铜仁地区：民国三十一年（1942）《德江县（今县）志・物产・水产》称有：

> 玉溪之龟，大龙阡之细鳞，乐子溪之鲵鱼，乌江之鲢鱼。

按：所谓“鲵鱼”，即大鲵。《德江县志・动物・鱼类》列举有“短头鱼、鳝鱼、乌龟、虾、蚌、螺、鳖、鲵（娃娃鱼）等”（贵州省德江县地方志编纂委员会，1994），虽存在明显的归类错误，但还是证实有大鲵生息。

陈广城（1988）在1980年代调查本区大鲵情况：

> 本区（即今所辖铜仁市与江口、石阡、思南、德江、玉屏、印江、沿河、松桃及万山特区）大鲵分布广，常见的体色有暗褐色、红棕色和深黄色三种，个体一般为2～10 kg。1982年，在江口县曾捕到一尾52 kg的大鲵。从水平分布来看，境内9县1特区都有分布，较集中地分布在55个乡的溪河中，尤以中部武陵山脉东西两侧39个乡最多，占全区分布点的70.9%。江口县的闵孝河、太平河、桃映河及东坝河等4条主要河流，贯穿全县，都盛产大鲵。松桃县、石阡县境内的武陵山脉的溪河上游，也是大鲵的主要产区。铜仁、德江、沿河、思南、玉屏县及万山特区的分布较为零散。
>
> ……
>
> 解放初期，本区植被良好，溪河中经常可见大鲵，而目前大鲵的蕴藏量急剧下降。据各县调查统计，以前全区的年捕获量为3 000～3 500 kg，其中江口县约1 000 kg。至1986年统计，全区捕获量只有1 000～1 500 kg。

“铜仁地区有十个县、市及特区，都有大鲵分布”，即说明今铜仁市，江口、石阡、思南、德江、玉屏、印江、沿河、松桃县及万山特区皆曾有大鲵栖息；“其中以梵净山周围的江口、松桃、印江、石阡等县数量最多”。据调查，铜仁地区20世纪50年代自然捕捞大鲵量，每年在3 500 kg以上，其中江口县在1 500 kg以上，该县1992年曾捕获一尾大鲵重达52kg。据70年代调查，石阡县五德镇烂沟村86户居民中有62户水缸养有大鲵用于防毒。1992年，铜仁、江口两地共查处非法捕捉买卖大鲵的案件22起，松桃渔政站曾查获非法收购的大鲵9条。江口县公安局1993年5月，就查获了非法毒死贩卖的大鲵12条（桂庆平，1998）。

据铜仁地区渔业局披露，该区大鲵资源丰富，各县、市、特区都有分布，主要分布在梵净山一带的江口、松桃、印江与石阡、思南等县。据统计，野生大鲵数量，江口县为0.6万～1.3万尾，松桃县为0.5万～1.0万尾。松桃县1970年统计，大鲵储存量达3万kg，1998年曾捕获过41 kg巨型大鲵。由于过度捕捞，资源数量急剧下降，到1984年储量下降至1.5万kg，1992年储量下降至0.8万千克①。

《玉屏侗族自治县志·野生动物·珍稀动物》记述（玉屏侗族自治县志编纂委员会，1993）：

大鲵（娃娃鱼）：产于县境北部高桥河中游地带。属国家三类保护动物。

按：据此，表明当地依然有大鲵栖息，只是该志记载的保护级别不准确。

● 黔东南州：民国二十年（1931）《八寨县（今属丹寨县）志稿·物产·鳞类》记述：

鲵：名狗鱼。黑色，无鳞，头圆大，口巨于头半部裹如错，四脚，能缘木，声如小儿啼。又名哇哇鱼。大者长二三尺。日晴，含水上河岸林木处，以木叶覆身，张口于外，诱山鸟就口饮水，则吞之（《旧四川志》）。鲵肉清补，广商贩于南粤，嗜者尤众，价甚昂。

按：从描述特征、用途等看，反映今丹寨县有大鲵分布。《丹寨县志·野生动物》记载“两栖动物有蛙、蟾蜍、岩蛙（石蚌）、大鲵等……大鲵仅分布于排调河、摆泥河的部分河段，其余全县均有分布”（贵州省丹寨县地方志编纂委员会，1999），不仅印证有大鲵，而且还有多处分布。

民国二十七年（1938）《麻江县（今县）志·物产·鳞之属》也记述：

鲵：或名魶，一名山櫄鱼，俗名狗鱼。色黑，无鳞。幼时，颈侧有小鳃，长状全失而多黏质，形如蝌蚪，扁头如饭瓢，细目，巨口，四足短小，能缘木，尾大而侧扁，声如小儿啼。渔者以鬚笼取之。将烹时，以热灰匋剥去滑皮。肉如鳖，最滋阴。皮焙干研末，初病寒疾，姜汤下，能发汗并治疟疾。

按：此处除描述大鲵的特征、用途等外，还记载了不常见的“山櫄鱼”别称，说明麻江县确有大鲵分布。

《黎平县志·动物·河产类》记载“属于国家二类保护的有大鲵（娃娃鱼）”（贵州省黎平县志编纂委员会，1989），虽可证实有大鲵生息繁衍，但该志的设类并不妥当。

《镇远县志·野生动物·鱼产类》记载有“蛇花鱼、千年鱼、团鱼、娃娃鱼、乌龟、马口鱼、泥鳅、黄鳝等。镇远尤以团鱼、娃娃鱼、黄鳝最为人喜爱”（贵州省镇远县志编纂委员会，1992），虽然存在归类错误，然而还是可以表明有大鲵栖息。

《黄平县志·野生动物·鱼类》记载“主要有大鲵（娃娃鱼、狗鱼）、河鲤鱼、青鱼、鲫鱼……等105种。主要分布在重安江、清水江、㵲阳河，其中大鲵是黄平县珍稀鱼类，产于上塘乌梅河、㵲阳河上游，为国家二类保护动物”（黄平县地方志编纂委员会，1993），尽管错将大鲵归入“鱼类”，但还是说明当地有此物种，且在多处分布。

《岑巩县志·野生动物·水产类》记载“有青鱼、鲤鱼……武昌鱼、爬岩酱鱼、娃娃鱼（大鲵）、甲鱼（团鱼）、龟鹰咀龟、螃蟹等”（贵州省岑巩县志编纂委员会，1993），固然可说明还有大鲵存在，但其设类与归类都待改进。

《台江县志·野生动物》记载的“珍稀动物”中有“大鲵（俗名娃娃鱼）”等（贵州省台江县志编纂委员会，1994）多种，表明还有大鲵分布。

《剑河县志·动物、植被、真菌·两栖纲》列举有“田娃（青蛙、黄蛙）、石棒（俗称叉棒）、蟾蜍

①《铜仁地区大鲵养殖规划（2009—2014年）》. http://www.360doc.com/content/11/0907/01/7082867_146350570.shtml。所称“储存量”与前述1980年代记载的有出入。

（赖客宝）、大鲵（娃娃鱼）等”（贵州省剑河县志编纂委员会，1994），反映确有大鲵栖居。

《锦屏县志·动物·其他》记载“除上述的动物外，境内主要还有青蛙、蟾蜍（癞蛤蟆）、大鲵（娃娃鱼）等两栖类动物”（贵州省锦屏县志编纂委员会，1995），反映仍有大鲵存在。

《施秉县志·野生动物》在“二类保护动物”中记述（贵州省施秉县地方志编纂委员会，1997）：

大鲵：俗称“娃娃鱼”。两栖纲有尾目鲵科。体长一般 50～80 cm，大者重达 20 余 kg；头宽而扁，口大眼小，躯体壮实而扁平，尾侧扁，四肢甚短，前肢四指，后脚五趾，指间有蹼。背面深褐色，有混乱的色斑，腹呈浅褐色或白色。栖息于山谷清澈的溪流中，以鱼、蛙、虾、蟹、蛇、鼠类为食。县境内的黄洲河、杉木河、小塘河、㵲阳河等河的溪流深沟中均有。叫声似小儿哭，故民间称其为“娃娃鱼”。

按：不仅证实有大鲵，而且还在多处有分布。

《凯里市志·野生动物·两栖类》列举有“山溪鲵、大鲵、沼蛙”数种（贵州省凯里市地方志编纂委员会，1998），反映还有大鲵生息。

《榕江县志·动物·两栖纲》列举有“大鲵（娃娃鱼）、石蚌（叉蚌）、黑眶蟾蜍、三港雨蛙……花棘蛙、乌龟（平胸龟）、鳖等 3 科 24 种”（贵州省榕江县地方志编纂委员会，1999），虽可证实有大鲵分布，但有些物种显然不属“两栖纲”。

《中国动物志》还称“凯里、黄平、施秉、镇远、岑巩、锦屏、榕江、雷山”，即凯里市与黄平等 7 县仍有大鲵存在。

● 黔南州：民国十四年（1925）《都匀县（今市）志稿·物产》记述：

鲵：俗名狗鱼。色黑无鳞，细目巨口，四足。能缘木，声如小儿啼。大者长八九尺。剑江多产之，易钩取。味可解热，广商市之至南粤，值甚昂，粤人嗜者尤众。

按：此“鲵”显然就是大鲵；所称大鲵的“剑江”，乃今穿越该市的龙头江。《都匀市志·动物·水产品种资源》记载“此外，鳖鱼（团鱼）以及属国家二类保护的大鲵（娃娃鱼），主要分布于洛邦、江洲、甘塘、谷江、沙包堡等地”（贵州省都匀市史志编纂委员会，1999），说明大鲵依然存在，只是该志设类与归类有待改进。

民国二十六年（1937）《贵定（今县）一览·特产·动物类》记载：

五区之瓮城河、落北河产河■、狗鱼（即娃娃鱼，大者重廿余斤，小者亦二三斤不等，每年产量在二万余斤以上。

按：贵定县一直是该州盛产大鲵处，所称“狗鱼”，即今大鲵；只是现今已无往昔“每年产量在二万余斤以上”的风光。

《福泉县（今市）志·野生动物》在“主要珍稀动物”中记述（贵州省福泉县地方志编纂委员会，1992）：

大鲵：俗称娃娃鱼或狗鱼，列为国家三类保护动物。主要分布陆坪、翁羊、董炳、气坪、谷汪深等冷水性河溪中，繁殖力弱，资源稀少。

按：说明当地仍有大鲵栖息，但已然濒危，且对保护级别说明欠准确。

《瓮安县志·动物·两栖类》记载“共 8 种。其中大鲵、虎纹蛙，属国家三类保护动物”（贵州省瓮安县地方志编纂委员会，1995），虽证明仍有大鲵存在，但保护级别说明也欠准确。

《龙里县志·野生动物》所记载的“二级保护动物”称（贵州省龙里县志编纂委员会，1995）：

大鲵（娃娃鱼）：属有尾目隐腮鲵科。头宽而扁，眼小口大，身躯壮实扁平，四肢短小，背呈深褐色，腹部为浅褐色或白色。栖息于山溪水质清澈、水温较低的溪流石洞或坝基的洞隙中。昼伏洞中，夜间出洞觅食，主要是鱼、蛙、蛇、蟹及鼠等。县内各山区溪流均有分布。

按：从该志记述看，不仅有大鲵，而且当时分布还比较广泛。

《独山县志·动物》称“林麝、水獭、大鲵、鳖等也日渐减少”（贵州省独山县志编纂委员会编，1996），可见大鲵在当地已然濒危。

《荔波县志·野生动植物植被·水生动物》记述（贵州省荔波县地方志编纂委员会，1997）：

两栖类的鲵（即娃娃鱼）、蛙等。鲵主要分布在樟河流域的水维、巴鲜、时来龙王洞，王蒙的大七孔、小七孔等河流中。

按：据此，反映大鲵分布在多处。

《中国动物志》还称“罗甸、长顺、惠水”（费梁等，2006），即此三县有大鲵分布。

5.5.4 云南

到 20 世纪，云南还有大鲵分布，其中昭通市是该省主要分布区。

民国三十三年(1944)《云南通志·物产》记述:

鲵鱼:别名娃娃鱼。产河口、大关及黔桂河谷,他县亦往往有之。水陆两栖,体色黑褐,头扁齿锐,尾大,四肢甚短。黔省产者,名狗鱼,长可数尺。桂省产名鲉鱼。

按:所称"鲵鱼"等即大鲵,当毫无疑义。只是该省具体分布地点,约指"河口""大关""黔桂河谷""他县"等,颇难考证:①据其语义、逻辑与行政区设置,可以断定"河口"即今河口县,"大关"即今"大关县","他县"是指该省未明确的其他地方。②大关县不仅与现今仍有大鲵分布的彝良县接壤,而且明确记载当地有大鲵(见下文),更可以佐证其历史上有大鲵栖息。③窃以为,历史上,今河口县有大鲵分布的证据尚不充分,暂按"河口县?"处置。

● 昆明市:《禄劝彝族苗族自治县志·动物·两栖、爬行类》列举"主要有娃娃鱼、石蚌、田鸡、蛤蟆、水箐鸡、水蛭、蚯蚓、蜈蚣、乌梢蛇……蜗牛、螃蟹、蜘蛛、蚌等"(禄劝彝族苗族自治县地方志编纂委员会,1995),尽管存在多物种误归类现象①,但值得注意的是有"娃娃鱼",反映有大鲵栖息。

《宜良县志·动物·鱼类》列举有"石扁头、将鳅、鳝鱼、大鲵(娃娃鱼)等"(宜良县志编纂委员会,1998),虽然也是将大鲵误归入"鱼纲",但还是可以说明有此物种。

● 昭通市:《昭通地区志·动物·两栖爬行类》记载"大鲵(娃娃鱼)、大蟾蜍、黑眶蟾蜍(癞蛤蟆)、王锦蛇(王蛇、菜花蛇)……其中大鲵(红蛤蚧、水蛤、娃娃鱼)为国家二级保护动物"(昭通地区地方志编纂委员会,1997),显示有较多大鲵生息繁衍。

据《云南两栖类志》报道,该省的大鲵仅分布于"奕良"②一地(杨大同,1991)。《彝良县志·动物·鱼类》明确记载的"国家二级保护动物"中就有"大鲵"(云南省彝良县志编纂委员会,1995)。据《中国动物志:两栖纲》记载,云南"奕良"(彝良)依然有大鲵分布(费梁等,2006)。

《绥江县志·动物·两栖纲》列举有"青蛙、蟾蜍、大鲵等"(绥江县志编纂委员会,1994)物种,反映仍有大鲵存在。

《盐津县志·动物·鱼类》列举"有鲵(娃娃鱼)、青钵鱼、白甲鱼、细鳞鱼……泥鳅、乌龟、螃蟹"(云南省盐津县志编纂委员会,1994),显然是将大鲵与"乌龟、螃蟹"等误归入"鱼类"。

《永善县志·动物·两栖类》列举"有青蛙、蛤蟆、癞蛤蟆(蟾蜍)、娃娃鱼等"(云南省永善县人民政府,1995)物种,也说明还有大鲵栖息。

《水富县志·动物·两栖动物》列举有"青蛙、田鸡、蟾蜍、团鱼、乌龟、螃蟹、鲵(娃娃鱼)……属二级保护的有大鲵"(水富县志编纂委员会,1996),显然也存在物种归类错误,然而还是可以确定有大鲵存在。

《大关县志·动物》尽管在"两栖类"未列出,但在"鱼类"列举有"中华花鳅、大斑花鳅,还有大鲵、青鱼、草鱼、鲢鱼、鳊鱼、鳝鱼"(云南省大关县地方志编纂委员会,1998),当是将大鲵误归类。

《威信县志·动物》不仅明确"娃娃鱼属国家二级保护动物",而且记述(云南省威信县志编纂委员会,1999):

娃娃鱼:学名大鲵,分布于罗布河、旧城河、高田河、扎西河、三桃乡鱼洞河。尤以旧城镇龙舞沟、杨家沟、花龙沟最多。70年代曾有一尾重35 kg的娃娃鱼被洪水冲到文兴稻田中。由于屡遭人类捕食,娃娃鱼已极为罕见。

按:由此可见,当地不仅有大鲵,而且在多处有分布。

● 临沧市:《镇康县志·野生动物·爬行类》列举有"马鬃蛇、蜗牛、蛤蟆、青蛙、田鸡、四脚蛇、棒棒蛇、草上飞、绿牙蛇、两头蛇、娃娃鱼"(云南省镇康县志编纂委员会,1992),虽存在物种归类之误,但还是指出"在水产资源中,河谷地带偶见娃娃鱼",表明还有大鲵栖息。

《耿马傣族佤族自治县志·野生动物·水生

①存在不少非两栖纲或爬行纲物种,例如,水蛭,属环节动物门蛭纲;蚯蚓,属环节动物门寡毛纲;蜈蚣,属节肢动物门多足纲;蜈蚣,属节肢动物门多足纲;螃蟹,属节肢动物门甲壳纲;蜘蛛,属节肢动物门蛛形纲;蜗牛,属软体动物门腹足纲;蚌,属软体动物门瓣鳃纲。

②云南有同音(Yíliǎng)异名("宜良"与"彝良")两地名,无"奕良"地名。据《云南两栖类志》"大鲵在云南的分布"图,其地理位置大于E104°,小于N28°,当是今属昭通市的"彝良"(E104.0°,N27.6°),下文另以讹传讹之地名亦即此地。

动物》列举“有鲤鱼、鲢鱼、角鱼、马头鱼、娃娃鱼、蛇鱼、薄刀鱼、面瓜鱼、甲鱼、鳝鱼、泥鳅和田螺、虾、蟹、蚌等”（耿马傣族佤族自治县志编纂委员会，1995），出现物种设类欠妥，然而值得注意的是有“娃娃鱼”，亦即表明有大鲵分布。

● 德宏州：《德宏州志：综合卷·动物》记载“属国家三类保护动物：白琵鹭……灰鹤、猛禽、豹猫、蛤蚧、娃娃鱼等”（德宏傣族景颇族自治州志编纂委员会，1994），虽未指出更具体地点，但还是说明有此物种。《瑞丽市志·动物》既列举“三类保护动物有原鸡、钢鸡、白鹇、蟒蛇、鹦鹉、蛤蚧、娃娃鱼等”，又列举“两栖类：娃娃蛇、水獭猫、田鸡、青蛙、蟾蜍、石蚌等”（云南省瑞丽市志编纂委员会，1996），值得注意的是，所称“娃娃鱼”与“娃娃蛇”似为一物，亦即大鲵。

● 文山州：《马关县志·动物·水生类》列举“有花鱼、鲤鱼、翻白鱼、油鱼、刺嘴鱼、娃娃鱼、草鱼、黄鱼……龟、鳖、蚌、螺、蟹以及近年引进的鲢鱼、细鳞鱼、罗非鱼等”（云南省马关县地方志编纂委员会，1996），其中的“娃娃鱼”当是大鲵。

5.5.5 西藏

西藏也有文献记载分布有大鲵。

刘家驹(1932)在《西藏》的物产中指出有“娃娃鱼”；洪涤尘(1936)《西藏史地大纲·物产·动物·昆虫鳞介》也提到西藏产“娃娃鱼”（亦即大鲵），并指出是“兹举其常见者”，说明尚未成为十分珍稀者，只是缺少更具体分布地点，暂按其首府“拉萨市？”处置。

5.6 西北

西北地区也是大鲵地理分布的西北边缘，除新疆未见分布外，甘肃、青海、宁夏分布地的数量皆不多。

5.6.1 陕西

到20世纪，陕西仍有34%的市、县栖息着大鲵，尤其在陕南比较集中。

陕南地区的秦岭与米仓山、大巴山之间是历史上陕西野生大鲵的主要分布区①。

《陕西省志·地理志》在“陕西省珍贵动物的种类及地理分布”指出：大鲵，数量稀少，分布在秦巴山地、关中平原（陕西省地方志编纂委员会，2000）。//据调查，20年前在秦巴山区山涧小溪中随处可见成体的大鲵，个体一般在3～6 kg。90年代后，捕捉个体的重量下降到1.5 kg以下（张树明等，2010）。

《中国动物志：两栖纲》记载陕西大鲵分布地有“洋县、太白、洛南、宁强、岚皋、佛坪、丹凤、汉中、商南、柞水、留坝”等（费梁等，2006）。

● 西安市：《西安市志·动物》指出，“在秦岭深山地带的山溪中，还有珍稀动物大鲵（娃娃鱼）”（西安市地方志编纂委员会，1996），此说固然可信，只是指该市所辖部分县域。

《周至县志·野生和水生动物》记述（《周至县志》编纂委员会，1993）：

珍稀鱼类及水生动物有：大鲵（娃娃鱼）、秦岭细鳞鲑等。

大鲵：又称娃娃鱼，属两栖动物，国家列为二类保护动物，分布在板房子、厚畛子、黑河主支流，数量极多。

按：据此看来，尽管大鲵分布在陕西省看来“数量稀少”，但就整个西安市看来“还有”，具体到周至县当时仍“数量极多”。

《蓝田县志·动物·虫、鱼类》记载“县境内秦岭浅山一带，有属于国家二级保护的两栖类动物大鲵，分布于浅山”（蓝田县地方志编纂委员会，1994），说明还有大鲵分布。

● 渭南市：《渭南地区志·动物·两栖类》记述（渭南地区地方志编纂委员会，1996）：

大鲵：娃娃鱼。栖息山谷溪水中，以鱼、蛙、虾等为食，因叫声似小孩啼，故称“娃娃鱼”，属国

---

①“沿秦岭、大巴山和米仓山的南部30余县区均有野生大鲵的存在和分布；从种群数量看，秦岭南麓是大鲵的集中分布区，数量优势明显”（姚俊杰等，2010）；但所描述“沿秦岭、大巴山和米仓山的南部”存在失误：从实际地理位置看，秦岭在北，大巴山和米仓山在南；若按其述，“大巴山和米仓山的南部30余县区”则指今四川、重庆所属县区；然察其文，转引自刘爱华等(2007)。再查原文，其前冠有“陕西省系统性的大鲵资源调查与资源评估情况尚无史料可查。据资料记载及1980年代后期大鲵成为非法猎捕对象反映出的情况看”（刘爱华等，2007）。由此看来，就是积极领会所称陕南“30余县区均有野生大鲵的存在和分布”，也只是推测泛指。

此外，“汉中市的略阳、宁强、勉县、留坝、城固；安康市的宁陕、岚皋、平利、镇平、旬阳、白河、石泉、汉阴自古以来就是大鲵的栖息地和主产区。目前，陕西省已经建立略阳、洛南、岚皋县等8个各级大鲵自然保护区”（姚俊杰等，2010）。此记述与笔者掌握的资料出入较大，暂作为另一家之言保留，尚待今后查证。

家一级保护动物。分布于华阴市华阳乡及华县金堆城一带的山间河流。

《华阴县志·野生动物》更具体记述(华阴市地方志编纂委员会,1995):

属于国家二级保护动物的有:大鲵(娃娃鱼。主要分布于华阳乡的罗敷河中)。

按:由此看来,在华阴市与华县个别地点还有大鲵存在。

● 宝鸡市:《宝鸡市志·动物》不仅在书前冠彩照中有"太白山国家二类保护动物大鲵",而且指出,秦岭南坡:"在海拔 2 000 m 左右的密林中","两栖动物有大鲵、丽纹龙蜥、秦岭雨蛙、饰纹姬蛙等"(宝鸡市地方志编纂委员会,1998),虽证明有大鲵,但并非现辖 1 市 9 县的宝鸡市皆有此物种分布。//据资料记载,凤县和太白县,1970～1978 年每年捕捉大鲵量在 2 000～5 000 kg(张树明等,2010)。

太白县 1973、1974 和 1978 年 3 年收购用于出口的大鲵总量 8 896 kg。据 1978 年底完成的《太白县鲵鱼资源调查报告》,全县大鲵资源总量 150～250 kg 的分布区有 6 处、50～150 kg 分布区有 9 处、50 kg 以下分布区有 25 处。1988 年,太白县发生捕杀大鲵案件 97 起,倒卖大鲵 4 000 kg 以上(刘爱华等,2007)。1990 年代初,太白县等地还有大鲵分布记录(中华人民共和国濒危物种进出口管理办公室等,1994)。《太白县志·脊椎动物·两栖纲》记述(太白县地方志编纂委员会,1995):

大鲵:其背棕褐色,有黑斑,腹色淡。头部宽而扁,口大,锄骨齿呈"⌒"状,鼻孔、眼极小,位于头背,无眼睑。躯干平扁,尾侧扁。四肢甚短,前肢 4 指、后肢 5 趾,似小儿手,鸣声似婴儿啼,故名"娃娃鱼"。肉可食,营养价值极高,油入药治烫伤,皮可制革。在研究动物进化方面,具有重要地位。分布于本县嘴头、白云、靖口、王家堎、太白河、二郎坝、黄柏塬等地之河水中。其为世界珍稀动物之一,仅中国、美国、日本有之,属国家二类保护动物。

按:据此,充分反映该县多处有大鲵分布。

《凤县志》既在"野生动物"指出"落叶阔叶林带(海拔 1 200 m 以下)"有"两栖类动物:蟾蜍……中国林蛙、隆肛蛙、大鲵、蝾螈"等,还在"名优特产"着重记述(凤县志编纂委员会,1994):

大鲵:大鲵,属两栖动物。产于平木、岩湾、平坎乡车道河水域中,瓦房坝乡长坪、庄房坝村及温江寺的小溪流中也产。属国家二类保护动物。大鲵形似蜥蜴,身体扁圆,光滑无鳞,背呈淡绿色,腹白,头大,眼小,尾巴扁长,四肢短,前肢各四指,后肢各五趾,口大,叫声如小儿啼,故称"娃娃鱼",身长可达 1 m 以上,重者四五十斤,大者近百斤。大鲵多栖息于河流山涧的石缝里,喜在清水中漫游。夏、秋天气闷热或下雷雨阵雨时,从水中爬出,栖息于岸边或山坡林草间,在陆地上可连续生活一两天。喜食鱼、虾、蛙等。夏末为繁殖期,一只雌鲵每次产卵 300 枚以上,幼鲵生长特慢,3 年仅能长 200 mm。

按:据此,证实尚有较多大鲵。//据报道,前不久,一村民在凤县一小河中捕获一条长 1 m、重 7.5 kg 的大鲵(娃娃鱼)后,主动上交当地有关部门(刘先寿,2000),表明到 20 世纪末,还有大鲵存在。

● 汉中市:汉中市是大鲵在陕西的主要分布区之一,绝大部分县(区)有大鲵分布记载。//1970 年代,汉中市大鲵年出口量在 5 000 kg 左右(张树明等,2010)。

1990 年代初,洋县、宁强、留坝与佛坪等地还有大鲵分布记录(中华人民共和国濒危物种进出口管理办公室等,1994)。

湑水河源于秦岭西北主峰太白山,由太白县流经洋县,进入城固县后汇入汉江。据《城固县水电局关于湑水河大鲵资源的报告》称,湑水河中大鲵至少有 23 280 条,在陕西省同量水域中是比较丰富的。1990 年暑假,征得同意,在湑水河道中段双溪镇和河道上段小河镇分别捕获长 50 cm、重 0.8 kg 和长 40 cm、重 0.5 kg 的大鲵各一(杨继强,1991)。经查,"小河镇"隶属城固县,故此表明城固县及其湑水河上游(至少在洋县)皆有大鲵分布。

《勉县志·野生动物》虽然在"两栖动物和爬行动物"中都未列举,然而在"属二类保护的"动物中有"鲵(俗称娃娃鱼)"记载(勉县志编纂委员会,1989),可见还有大鲵。

《略阳县志·动物·两栖类》列举有"蟾蜍(癞蛤蟆)……隆肚蛙、秦岭雨蛙、泽蛙、大鲵(娃娃鱼)等”物种(略阳县志编纂委员会,1992),表明当地依然有大鲵存在。

《佛坪县志·动物·两栖类·有尾目》列举“小鲵科:山溪鲵(小娃娃鱼、接骨鱼)、秦巴北鲵(小娃娃鱼)、巴鲵(接骨鱼、羌活鱼)。隐腮鲵科:大鲵(娃娃鱼)”(佛坪县地方志编纂委员会,1993),明确无误地表明有大鲵存在。

《汉中市(现汉台区)志·动物·两栖动物》记述(汉中市地方志编纂委员会,1994):

大鲵:在褒河和山间溪流中可见,50年代饮马池内有大鲵,有时夜间爬出池外街巷中。

按:据此可见确实还有大鲵栖息。//此外,《中国动物志》还记载有大鲵的“汉中”,当即指现汉台区。

《城固县志·主要野生动物·两栖类》列举有“大鲵(娃娃鱼)、中华小鲵(短尾鲵)、大蟾蜍(癞蛤蟆)、花背蟾蜍、黑斑蛙(青蛙、田鸡)、秦岭雨蛙”等(城固县地方志编纂委员会,1994),可见有大鲵栖息。//此外,1989年,不法分子自大鲵原产地农民手中低价收购大鲵,高价倒卖出去的地点属今汉中市的有城固县等地(刘爱华等,2007)。1999年12月城固县一举查获一起非法走私贩运大鲵案件,当场收缴大鲵103尾(吴凡,2000)。

《镇巴县志·动物·两栖类》称“主要有:青蛙(蛤蟆)、蟾蜍(癞蛤蟆)、大鲵(娃娃鱼)、小鲵(铁娃娃鱼)等”(镇巴县地方志编纂委员会,1996),说明也有大鲵分布。

《洋县志·野生动植物·保护动物》中记述(洋县地方志编纂委员会,1996):

大鲵:俗称“娃娃鱼”。两栖纲,大鲵科。体长达60~70 cm,最大者可达1.8 m,体重可达20~25 kg,是现存最大的两栖动物。头宽扁,口大,有弧形锄骨齿;鼻孔和眼极小,无眼睑;躯干粗壮而扁,尾侧扁;四肢短,前4指,后5趾,趾间有微蹼。皮肤光滑有黏液,头部疣粒显著,成双排列。体外受精,亲体有护卵习性。叫声似小儿啼。分布在华阳山区溪流中,常遭捕杀。列为国家二级保护动物。

按:据此,进一步证明当地仍有大鲵存在。

● 安康市:1989年,不法分子自大鲵原产地农民手中低价收购大鲵,高价倒卖出去的地点属今安康市的有汉阴与宁陕县等地(刘爱华等,2007)。

《中国动物志》还记载有大鲵的“岚皋”,即是岚皋县。

《石泉县志·动物·水生动物》记述(石泉县地方志编纂委员会,1991):

大鲵:即娃娃鱼。两栖动物,常栖于水域。眼小口大,四肢短,尾巴扁。有脚,脚有五趾,有似人手。肉质细嫩,味鲜可口。

按:虽然该志设类不尽妥当,但还是可以证明有大鲵存在。

《宁陕县志·野生动物·国家二类保护动物》中记述(宁陕县地方志编纂委员会,1992):

大鲵:别名:娃娃鱼。生态:大鲵是两栖纲有尾目中个体最大的一种动物,头宽而扁、口大,因叫声似婴孩啼哭,故名“娃娃鱼”。四肢短,前肢四指,后肢五趾。栖息于海拔1 300 m以下的河流中,常处于500~900 m之间范围内的石质性河床或水潭里。昼伏夜出。属冷水性鱼类。分布:本县为秦岭大鲵主产地之一,县内五大河流1 600 m以下河中均有分布。据农业区划调查,全县大鲵储存量约为12.5万kg。

按:据此,反映该县大鲵不仅分布较广,而且数量较大。

《平利县志·野生动物》列举的“境内主要野生动物”虽并未明确划分类目,但在“珍稀兽、鸟”称“受国家重点保护的有……二级:猕猴、豺、黑熊、大灵猫(九节狸)、小灵猫(七节狸)、林麝、鬣羚、红腹角雉、岩羊、松花鸡、杜鹃、斑啄木鸟、大鲵”(平利县志编纂委员会,1995),还是可以看出存在两栖纲的大鲵。

● 商洛市:该县不仅也是陕西省大鲵分布的主要地区之一,而且各县(区)皆有大鲵分布的记载。

清光绪三十四年(1908)《镇安县(今县)乡土志·物产》描述:

娃娃鱼:其形如人,又名人鱼。长一二尺不等。嘴阔而尾尖,有手足。出山中老林内,年久朽木变成。将有大水,即见之。

按:尽管其中有所讹传(“年久朽木变成”等),但基本上就是指大鲵。//民国十五年(1926)《镇安县(今县)志·物产》仍有“娃娃鱼”记载。

民国八年(1919)《商南县(今县)志·物产》在"鳞之属"中也称：

人鱼：一名娃娃鱼。此物不常见，见则主凶荒。

按：所称"人鱼""娃娃鱼"皆今大鲵。//另据报道，1970年代末，商南县腰庄清油河上游，长500 m、宽5～10 m的河流中，一次尚能捕获大鲵49尾(宋鸣涛，1983)。

民国二十五年(1936)《山阳县志·物产·鱼类》记述：

鳀：即人鱼。《山海经》："出洛水。丰水亦有之。形如鲇，有四足，皮青腹白。能缘木行陆。能治啼。"又曰"娃娃鱼"。

按：据此，表明确实是有大鲵。《山阳县志·野生动物·水族》记述(山阳县地方志编纂委员会，1991)：

鲵：又名娃娃鱼，生于林区溪水中，肉质细嫩，营养丰富。《山海经》载："鲵出洛水，丰水亦有之。形如鳍，有四足，皮青腹白，能缘木行陆，能治儿啼。"现资源极少。

按：据此，说明大鲵虽然一直存在，但其时已然濒危。

据1978年8～9月调查柞水县境内乾佑河上游(红庙河段)，该河平日水流不急，清澈见底。尽管调查中捕捉到大鲵体重1.25 kg的不多，但1977年6月，当地人在西沟峡二道河子捕获一条娃娃鱼，去内脏后体重达12.5 kg(宋鸣涛等，1979)，表明尚有大鲵存在。

1982年，洛南县选捕大鲵120 kg参加广交会看样订货(刘爱华等，2007)。

1990年代初，洛南、丹凤、商南与柞水等地还有大鲵分布记录(中华人民共和国濒危物种进出口管理办公室等，1994)。

《丹凤县志·野生动物·水族类》记述(丹凤县志编纂委员会，1994)：

江、河、溪、涧尚有大鲵(娃娃鱼)、白条鱼、鲫鱼、鳝鱼……甲鱼等……水族类，以生于县北山溪流中的娃娃鱼为最珍贵，经济价值极高，属国家重点保护动物之一。

按：由此可见，丹凤县大鲵等依然存在。

《镇安县志·野生动物》值得注意的是，在"兽类"中记述(镇安县志编纂委员会，1995)：

大鲵：又名娃娃鱼，是两栖纲有尾目动物。分布旬河、乾佑河、月河、东川河、达仁河、县河等河流，以高山朽木河溪为最多。皮入药，主治烧、烫伤，肉味鲜美。栖于海拔400～1 300 m之间的河流中，白天伏于洞或石块下，夜出觅食。一般体长40 cm，重5 kg左右。全身滑腻，头扁嘴大眼小，鼻孔在吻端两侧。四肢肥短，前四指，后五趾。被列为国家重点保护动物。

按：该志分明也清楚大鲵是"两栖纲有尾目"，却将其误夹杂在"兽类"(亦即"哺乳纲")中，但还是可以证明有大鲵生息。

《商州市(现商州区)志·动物》虽在"水生及两栖类"中未列举，但称"国家公布的一类、二类、三类保护动物，在境内有金钱豹、青羊、羚羊、红脚鸮(猫头鹰)、大鲵、水獭、锦鸡、金雕"等(商州市地方志编纂委员会，1998)，表明还有大鲵等珍稀物种存在。

《柞水县志》在"野生动物"中称(柞水县志编纂委员会，1998)：

主要虫、鱼：……鱼类主产于乾佑、金井、社川、金钱四条大河及7 320多条小河中。有鲫鱼……黄蜡丁鱼、牛尾鱼、鳜鱼、娃娃鱼、白条鱼等。

又在"林业·野生兽类"称：

已列入国家保护的稀有珍贵动物有：羚牛、鬃羊、青羊、林麝(亦名獐子)、金冠鹿、金钱豹、水獭、大鲵(娃娃鱼)、大灵猫(亦名九节狸)、豹猫(野猫)、大小熊猫。普通动物有野猪、黑熊、狼、狐狸、林猪(亦称刺猪)、豪猪、狗獾、草鹿、山羊、鼬(亦名黄鼠狼)、草兔、松鼠等。

按：据此，可见虽存在物种归类之误，然而也可证明当地有大鲵栖息。

5.6.2 甘肃

20世纪，甘肃仅在兰州以东、以南市、县有大鲵分布。

《中国动物志：两栖纲》记载甘肃的大鲵分布于"临洮、天水、文县、武县、康县、两当、徽县、成县、兰州、平凉"等地(费梁等，2006)。

● 兰州市：《兰州市志·地理志·脊椎动物》在"兰州地区脊椎动物名录"列出：两栖纲的大鲵，分布在榆中县，其生境是河流农田；同时在"主要经济动物·两栖类和爬行类·珍稀经济两栖动物"记述(兰州市地方志编纂委员会等，1998)：

兰州地区有两栖动物6种及亚种。其中重要

的有大鲵（娃娃鱼），在七里河黄河段、雁滩先后捕获过。滨河饭店一职工捕获的一只，体长 750 cm，重 12.5 kg。大鲵数量稀少，处于濒危，为国家二类保护动物。其头部平扁而宽阔，躯干粗扁；尾侧扁，游离端圆钝；吻圆钝；眼小，无眼睑；体色棕褐，或褐色沾橄榄绿；体背具有不规则的黑斑，腹面通常灰白，体侧具肋沟，头背具疣粒。

按：由此记述情况，证明兰州市和榆中县确有大鲵分布。

《中国动物志》记载有大鲵的“兰州”（费梁等，2006），乃兰州市。

● 天水市：1990 年代初，天水市等地还有大鲵分布记录（中华人民共和国濒危物种进出口管理办公室等，1994）。《中国国情丛书：百县市经济社会调查：秦城卷》证实“有大鲵（娃娃鱼、孩鱼），属国家二级保护动物”（丁伟志等，1998）。

● 平凉市：《华亭县志·动物·珍稀动物·兽类》记述（华亭县志编纂委员会，1996）：

鲵：又称娃娃鱼，见于关山水溪中。大鲵属于国家二级保护动物。

按：尽管将其误归入“兽类”，但还是可以看出所谓“鲵”，就是大鲵，并在当地仍有分布，只是已处于濒危状态。

《中国动物志》记载有大鲵分布的“平凉”，乃今崆峒区①。

● 定西市：《中国动物志》记载有大鲵的“临洮”，乃临洮县。

● 陇南市：光绪三十四年（1908）《甘肃新通志·物产》仍称“孩儿鱼（两当出）”。1980 年代末，“甘肃两当等地人烟稀少的深涧清溪里有娃娃鱼”（胡延清，1988），可见两当县的大鲵延续到 20 世纪后期。

1990 年代初，武都、康县、文县与两当等地还有大鲵分布记录（中华人民共和国濒危物种进出口管理办公室等，1994）。

民国二十五年（1936）《康县（今县）县志·物产》记载“娃娃鱼（一名人头鱼）”，说明有大鲵栖居。//有报道称，1992 年 12 月，在康县附近发现与常见大鲵略异的原始性种群与罕见的红色大鲵（谭汉杰，1993）。

《西和县志·动物·鱼虾类》列举有“草鱼……鳊鱼、鲂鱼、大鲵（娃娃鱼）、蚌、海螺、瞎眯子（虾）”（西和县志编纂委员会，1997），该志虽设类不尽恰当，但还是可以看出是两栖纲的大鲵。

《武都县（现武都区）志·野生动物》尽管在“兽类”［有“……金丝猴、扭（羊）（角）羚、羚牛、鬣羚、大鲵、崖羊、水獭”］与“鱼类”［有：“……鲫鱼、泥鳅、黄鳝、团鱼、大鲵、螃蟹、小虾（红、黄两种）、对虾等”］皆有误归入的“大鲵”，但在“稀有动物”中指出“武都县国家二级重点保护野生稀有动物有：猕猴、穿山甲、豺、黑熊、石貂、水獭（所有种）、麝（所有种）、鬣羚、岩羊、天鹅（所有种）、鹰（所有种）、红腹角雉、灰鹤、血雉、蓝马鸡、锦鸡（所有种）、白腹黑啄木鸟、大鲵等”（武都县地方志编纂委员会，1998），可见确实有大鲵分布。《中国动物志》记载有大鲵的“武县”，乃今“武都区”之讹误②。

● 讨论：关于临夏州与甘南州出现的“娃娃鱼”记载。

《临夏回族自治州志·动物资源·野畜》中列举有“豹、狼、野猪、猞猁、貂、旱獭、鹿、獐、麝、石羊、牛羚、大鲵（娃娃鱼）、野山羊等”（临夏回族自治州志编纂委员会，1993）。尽管记录中的“大鲵”误归入“野兽”类中，但似说明该州有两栖动物大鲵。

经查该州所属 1 市 7 县有关动物分布记载，笔者未见到东乡族自治县的，另所见《广河县志》却无“野生动植物资源”记载（广河县志编纂委员会，1995），仅在《积石山保安族东乡族撒拉族自治县》见到类似记载：

吊水峡是小积石山中一条很长的峡谷，两边山势峻峭，林木繁茂，有诸多山泉汇集而成的河水翻着白浪，泄流而出，在较平坦的地方汇成清

---

①1949 年以来，“平凉”曾有“分区”“县”“市”“地区（专区）”等不同政区与称谓。最近的变化为：2002 年 6 月，撤销平凉地区和县级平凉市，设立地级平凉市，原县级平凉市改为崆峒区。

②所称“武县”的政区名，“即西汉之骆县。在今内蒙古清水河县西南窑沟乡下城湾古城”（史为乐，2005），显然超出今甘肃境内。“武都”原称“县”；2004 年 1 月，国务院批准撤销陇南地区和武都县，设立甘肃省陇南市和武都区；且其周边盛产大鲵。

湫的深潭。在峡谷中逆流攀缘而上，不时会看到飞奔在山腰的獭兔，飞翔于林中的百鸟和野鸡，盘卧在石板上的蛇，翻起河边的石块，有时还能摸到娃娃鱼①。

虽然记载中出现"娃娃鱼"称谓，但同属该州的《和政县志·野生动物·水生动物》中列举（和政县志编纂委员会，1993）：

有鲫鱼、金鱼、山溪鲵（娃娃鱼）、狗须鱼；引进的有鲤鱼、鲢鱼、草鱼。山溪鲵为三类保护动物。

按：《国家重点保护野生动物名录》对两栖纲有尾目动物只涉及"隐腮鲵科"和"蝾螈科"，尤其是前者只有大鲵一种，何来"山溪鲵"之说？对重点保护野生动物只分"一级"和"二级"2个级别，又何来"山溪鲵为三类保护动物"之说？故此，临夏州所称"娃娃鱼"究竟是指"大鲵"，还是"山溪鲵"？值得探究。

与临夏州毗邻且位于其南部的甘南州虽未见有大鲵记载，但不乏"山溪鲵"。《甘南州志·动物资源·鱼类》记述（甘南藏族自治州地方史志编纂委员会，1999）：

甘肃省重点保护的鱼类有山溪鲵（娃娃鱼、接骨丹）。主要分布在卓尼、临潭、夏河、碌曲、迭部、舟曲等县的山间小溪之中。

按：该《志》虽误将山溪鲵归入"鱼类"，但说明其在甘南州分布较广泛（仅玛曲县未见记载）。

合作市在"自然资源"中指出，"在沼泽、水域中有石花鱼、绵鱼、小鲵等"②。山溪鲵属于"小鲵科"，故此记载，将其与"鱼"类并列，欠妥；称其"小鲵"，尚不够专指。

临潭县八角乡与冶力关乡交界处，有一高山湖泊，称冶海，民间又称常爷池。在"湖边浅水处有小鲵（当地称娃娃鱼）栖息，别无其他水生动物"③。明确当地人将"山溪鲵"称"娃娃鱼"。

《卓尼县志·野生动物品种资源·两栖类》列举有"山溪鲵（俗称接骨丹）、中国林蛙、花背蟾蜍、岷山大蟾蜍、西藏短齿蟾等"（卓尼县志编纂委员会，1994），则指出"接骨丹"是山溪鲵的另一俗称。

《迭部县志·动物·具有较高价值的野生动物》中列举有"山溪鲵（一名接骨丹、娃娃鱼）"等，又准确地将其归入"两栖类"（迭部县志编纂委员会，1998），表明当地将山溪鲵又称"接骨丹""娃娃鱼"。

尽管大鲵与山溪鲵皆是有尾、有足的两栖类动物，但见到实物还是比较容易区分的：大鲵个体大，要比山溪鲵大得多；即使是大鲵幼体，也可通过前后足指、趾的差异（大鲵为前4指，后5趾。山溪鲵则皆为4个指、趾）鉴别。

据《中国动物志：两栖纲》（费梁等，2006）称，山溪鲵属在我国西部现有5种，从地理分布看，在临夏州与甘南州是西藏山溪鲵（*Batrachuperus tibetanus*），又称"羌活鱼""杉木鱼""接骨丹"。只是该《志》记载这一带分布的西藏山溪鲵，只有"卓尼"与"临夏"两地。

为核查《临夏回族自治州志》记载的"大鲵（娃娃鱼）"是否大鲵（*Andrias davidianus*），笔者曾在2014年2月求助于该州与临夏市人民政府，但至今没有得到答复。

5.6.3　青海

《青海省志·林业志·野生动物资源管理·野生动物资源》记载"分布于青海省的国家一、二类保护动物名称（1987年国务院批准）"的"二类保护动物"中有"大鲵（娃娃鱼）"（青海省地方志编纂委员会，1993），表明有大鲵存在。然而，大鲵在青海的市级分布仅玉树州一处，只是所见文献记载更具体只涉及曲麻莱县，实际非止一地（详见下文）。

1990年代初，曲麻莱县等地还有大鲵分布记录（中华人民共和国濒危物种进出口管理办公室等，1994）。据报道，1966年，曾在曲麻莱县境内通天河支流得曲河一处急流下的回水潭内钓得一尾长675 mm的雌鲵（中国科学院西北高原生物研究所，1989）。《中国动物志：两栖纲》记载青海有大鲵的地点也仅有"曲麻莱"一地（费梁等，2006）。

①积石山保安族东乡族撒拉族自治县. http://baike.baidu.com/link? url=VEcbiX7pNQS-RgFxOi-L-6Rrd-g3wteNNaX5sWp6NyOd_E31xMU5ib3Tp6ZfTZYBhk7rqFtWE9LJdbOLFFdVK_

②合作（甘肃省甘南藏族自治州合作市）. http://baike.baidu.com/subview/183582/5063862.htm#viewPageContent

③临潭县. http://baike.baidu.com/link? url=_7kAeMhaFNeSZUVOJCV_HQmx9fJGbXNI8MXcw7cFW6cPn9xTwJDZUxqwAIDFTNcB

5.6.4 宁夏

此时段仅见宁夏 2 处记载有大鲵,实际则不然(详见下文)。

1981 年,位于青铜峡市的青铜峡水电站水库中捕到一尾长 81 cm、重 4.7 kg 大鲵。从其个体来判断,它的年龄至少当有十几岁了(谭邦杰,1985)。

位于平罗县西南的沙湖,分别在 1992 年 9 月、1994 年与 1998 年 3 次捕获大鲵,其中 1992 年捕获的身长 89 cm,体重 4.8 kg①,至少可以表明其可以在此越冬。

6 大鲵的现今分布

1960 年代以来,不少地方开展大鲵的人工繁育与养殖,这与我们所探讨的野生大鲵有所区别,故在调查中竭力将此类情况剥离。从整体上看,除未见东北有野生大鲵后续报道外,其他各区依然程度不同地存在野生大鲵栖息情况。

6.1 华北

现今,华北地区依然是 3 个省级政区(北京、河北与山西)有大鲵残存。

6.1.1 北京

北京现今依然有大鲵存在,并且不止一处。

● 房山区:地处房山区十渡与张坊镇的拒马河自然保护区就是以大鲵等水生野生动物为主要保护对象的②。

● 怀柔区:2007 年 4 月,在原有野生大鲵栖息的基础上,又特地从外地引进 2004～2006 年出生的 3 个年龄段、长 15～30 cm 的 200 条幼鲵,植入芯片并进行适应性生活,一切显示正常之后,在怀沙河、怀九河水生野生动物自然保护区进行增殖放流,以丰富该水域野生动物资源,同时还可达到保护这一珍稀物种的目的③。

● 密云县:据报道,2009 年 4 月 26 日,密云县四合堂村附近的一处山坳里,意外地发现了一条身长 1 m 有余的野生娃娃鱼。尽管北京市也曾发现过娃娃鱼,但是野保人员表示,这么大的娃娃鱼他们也是第一次见到④。

6.1.2 河北

尽管现今河北仅见 1 市级行政区有大鲵分布,但由于其处于数个县级境内,表明还有大鲵残存。

● 保定市:2009 年 7 月 28 日,涞源县拒马河渔民发现一条体重 2 kg、身长 60 cm、左后腿受伤的大鲵。经过处理,得到救治⑤。

据 2010 年 8 月 10 日报道,近日,阜平县海沿水库的一块大石头旁,发现一尾奇怪的水生动物。经鉴定,确认这是一尾国家二类保护水生野生动物大鲵,俗称“娃娃鱼”。这尾娃娃鱼颜色棕色偏黑,长约 60 cm,体重约 4 kg。尽管报道称,“由于此前阜平境内并无野生娃娃鱼的记载,技术人员推测这尾娃娃鱼可能是被人带至水库放生的。随后,技术人员监督游客将娃娃鱼放回水库”⑥。窃以为此条资料不可忽视:①既然经鉴定确为大鲵,估计其有 20 余龄⑦;当然,其在海沿水库一带栖息的时间待考证。②以往无野生大鲵记载,后来发现有所分布并非个案,本文采用的记载就不少。③即使此大鲵是“被人带至水库放生的”,但发现后依然“将娃娃鱼放回水库”,说明当地还是存在适宜大鲵栖息的生态环境。④再查看其周围环境:阜平县是太行山中段的山区

①庄电一. 沙湖娃娃鱼记趣. 宁夏日报,2004-10-19;央视 2014-11-27《走遍中国:娃娃鱼缘何现沙湖》;娃娃鱼缘何现沙湖. 中国电视报,2015-01-08(D8)

②全国自然保护区名录. http://sts. mep. gov. cn/zrbhq/zrbhq/201208/t20120824_235172. htm;山西历山国家级自然保护区. http://www. nre. cn/htm/04/bhq/2004-12-17-14462. htm

③两百娃娃鱼水库放生进行增殖放流尚属国内首次. http://news. sohu. com/20070415/n249442888. shtml

④轩燕龙. 北京密云山坳发现野生娃娃鱼. http://news. ifeng. com/mainland/200904/0427_17_1128132. shtml

⑤拒马河受伤大鲵获救. http://www. shidu. cn/jumahe/baohu/1645. html

⑥阜平县海沿水库惊现“娃娃鱼”. http://www. dayoo. com/roll/201008/10/10000307_103202599. htm

⑦按野生大鲵大约 3 年才能长 0.5 kg 估算。

县，不仅具有适宜大鲵栖息的地貌①，而且地方小气候特征明显；海沿水库位于该县阜平镇海沿村西，属大清河水系沙河支流柳泉河上游。⑤纬度高于阜平县而有大鲵分布地点也并非个别。

6.1.3　山西

现今，山西南部的3个市级行政区（晋城、运城与临汾）的4个县境内有大鲵残存。

历山自然保护区位于翼城、垣曲、阳城、沁水四县交界处，其中还有大鲵等珍稀野生动物栖息②。

沁水县的“自然资源”介绍：沁水地貌以山地丘陵为主。其中中山区面积占40%，低山丘陵区占50%，河谷平川区占10%。山岭多属太岳和中条山脉。海拔1 100 m以上的高山被称之为“十山”（历山、鹿台山、大尖山、白云山、柏尖山、仙翁山、岳神山、牛头山、宇峻山、荒山）、“十岭”（东坞岭、老马岭、界牌岭、夜明珠岭、秋峪岭、关门岭、夫妻岭、山中岭、香山岭、佛庙岭）；森林覆盖率48.4%；全县野生动物220余种，属国家重点保护的珍稀动物有大鲵（娃娃鱼）等26种③。

地处阳城县南部山区桑林乡境内的阳城莽河猕猴国家级自然保护区除了有我国现存分布较北的猕猴著称外，还有大鲵等珍稀野生动物④。

● 运城市：垣曲县是现今大鲵主要分布地，但随着工农业和矿业开发对大鲵栖息地的河道、水源等自然环境造成很大破坏和污染，使大鲵栖息区大大缩小，加之偷盗、捕杀和贩运倒卖，致使大鲵资源锐减，到2000年，资源量仅存2 000 kg左右，有些河段大鲵绝迹。近10年来，大鲵资源量下降到不足1 000 kg。但在马家河、杨家河、扶家河、李家河、白寺沟等溪流依然有野生大鲵栖息⑤。//2010年4月，3名犯罪嫌疑人在垣曲县历山水库用“电猫”猎捕了12条野生“娃娃鱼”，其中最重的近2 kg。次日，在返回时被查获⑥。可见至今，垣曲仍多处分布有野生大鲵。

6.2　东北

现今，位于辽宁省鞍山市非止1处依然有大鲵（尽管仅有“娃娃鱼”称谓，但是属于“国家、省级重点保护动物”，且该信息源于较具权威性机构发布）存在的记载，值得注意。

● 鞍山市：海城市东南部孤山满族自治镇的白云山风景区（2002年被评定为国家2A级旅游区）有山峰450个，其中最高峰唐帽山海拔876 m；白云山是海城河的发源地之一，山内分布着大小河沟30多条。这里林木繁茂，生长着华北植系两大群落800多种植物。良好的生态环境也为野生动物的生存和繁衍创造了有利的自然条件。据初步调查，白云山森林公园内有植物900多种，其中国家和省级重点保护的植物就有20多种；野生动物300多种，属国家、省级重点保护动物有40多种，如白鹳、戴胜、娃娃鱼、中国林蛙、红腹锦鸡等⑦。

位于岫岩满族自治县东北汤沟镇的清凉山风景区因山深林密、气候温润凉爽而得名，共有植物600多种；50多种山野菜；有猫头鹰、秃头鹫、棒槌鸟、狐狸、野猪等丰富的珍奇野生动物。尤其是在山泉中还有珍稀动物娃娃鱼⑧。

---

①例如，县城西南30多km处百草坨东侧，分布着九个大瀑布，是北方最大的瀑布群和由变质岩形成的天生桥；瀑布群集中在与百草坨相连的一条沟谷中，最高的瑶台瀑布落差112.5m，盛水期飞流直下，惊天动地；枯水期清流潺潺，声韵清脆。

又如，云花溪谷一带奇峰险峻，峭壁林立，怪石遍布，1 000 m以上高峰90余座；森林植被完好，原始森林、次生林、人工林密布，森林覆盖率高达65%；降水充沛，加之相对落差大，山泉叮咚，水溪纵横，三步一瀑，五步一潭，或方或圆，或深或浅，不拘一格，巧夺天工。

②山西历山国家级自然保护区. http://baike.baidu.com/view/481816.htm? fromId=248775

③沁水县. http://baike.baidu.com/subview/726125/11122164.htm? fr=aladdin

④山西阳城莽河猕猴自然保护区. http://baike.baidu.com/view/391601.htm? fromId=472724；（蟒）[莽]河自然保护区. http://baike.baidu.com/link? url=DCkVNmAB9na7w08TnbsEFgv-NjcnLN1dRhX4j-glAtvvTuOkbOLNE85iVAw7EU37

⑤垣曲县历山大鲵养殖发展规划（2010～2015）. http://wenku.baidu.com/view/9b58bb2ccfc789eb172dc85b.html

⑥3名陕西人窜至垣曲偷猎12条野生“娃娃鱼”. http://jjsx.china.com.cn/c10/0414/18283723935.htm

⑦海城. http://baike.baidu.com/link? url=zpUOosOlWMu_EicqpRlLGgic_EOjfE8EaqhpPg0tonWPtNHqPFYTiAkvDg8UQwb0071gN1q4lsSWxQgr5CUao23MT612Lla6DvOejwPAHDi；辽宁省海城市白云山风景区项目. http://www.haicheng.gov.cn/shownews.asp? id=642

⑧岫岩满族自治县. http://baike.baidu.com/link? url=1srWI8Ap1csGbQ8I2-WXJw1b-0zelupPflE7_I_CbBCN6gWYBQ65w8ZvxU9JU7ocolvuEEfXx94fedUByNzcBa

6.3 华东

现今华东地区仅浙江、安徽、福建、江西及山东仍有大鲵存在。

6.3.1 浙江

大鲵现今在浙江的分布，主要处于西部的山地丘陵区。

● 杭州市：龙王山自然保护区（与临安市等地交界）依然有大鲵分布。

● 湖州市：龙王山自然保护区位于安吉县西南部、西天目山脉北侧，其中珍稀动物有娃娃鱼（大鲵）等[①]。

● 绍兴市：位于诸暨市东白镇的东白山省级自然保护区虽是以经济树种（香榧）为保护重点，但其中也有大鲵栖息[②]。

● 金华市：位于武义县的牛头山是浙中第一高峰，海拔 1 560 m，群峰高耸，峭壁林立，山上低温、多雨或浓雾。建立的牛头山自然保护区中就有适宜这种生态环境的大鲵等珍稀野生动物[③]。

● 丽水市：据报道，地处景宁畲族自治县的瓯江、飞云江水系，现今依然有大鲵分布（何德庭等，2009）。

《凤阳山（龙泉市境内）志·珍稀动物》记述（《凤阳山志》编委会，2012）：

大鲵：俗称娃娃鱼。生活于林区溪涧的两栖动物。20 世纪 70 年代以前，在瓯江支流小溪上游的桌案际、岱根及双溪以下的山坑深潭还有发现。现有否残存无法肯定，故本志两栖类名录中未予列入。

按：记录了所发现的一些大鲵栖息具体地点。至于现残存情况，凤阳山—百山祖自然保护区（处龙泉市与庆元县一带）依然有大鲵等珍稀野生动物栖息[④]。

据调查，庆元县分布有动物 100 多种，其中珍稀动物有大鲵（娃娃鱼）、大灵猫、獐鬣羚、白鹇、相思鸟等[⑤]。

九龙山位于浙、闽、赣三省毗邻地带的遂昌县西南部，与福建浦城、浙江龙泉接壤，属武夷山系仙霞岭的一个分支，是钱塘江水系的最南端源头。所建浙江九龙山自然保护区仍有国家重点保护动物大鲵等分布[⑥]。

6.3.2 安徽

现今，安徽仍有约占全省 17% 的 13 个市、县分布有大鲵，在华东地区首屈一指。

● 安庆市：板仓省级自然保护区以潜山县板仓村为依托，又与潜山、舒城、岳西三县毗邻，境内重峦叠嶂，涧谷幽深，气候条件独特，生物资源丰富，加之森林茂密、人迹罕至，野生动植物种类繁多，其中有大鲵等野生脊椎动物 200 余种[⑦]。据 2009 年 4 月 30 日报道，潜山县天柱山风景区工作人员近日偶然在岩缝中发现几条头宽而扁圆，并有四条腿的“鱼”，其背部为黑色，腹部为红棕色，鱼长 10 cm 左右，并认定其为野生的国家二级保护动物娃娃鱼（大鲵）。后来又在多处溪水中的岩石下发现有娃娃鱼栖息（大鲵）[⑧]，并配发多幅照片。综合天柱山的自然环境与周边情况，该处有大鲵栖息并非意外。这是十多年来天柱山景区首次发现野生的娃娃鱼[⑨]。

● 黄山市：1998～2000 年对岭南自然保护区（位于休宁县岭南乡）调查，虽未见到大鲵踪迹，但从保护区的生态环境分析，应该是适宜大鲵生长繁殖的（唐鑫生等，2001），况且该地毗邻现仍

---

①龙王山自然保护区. http://www.huzhou.gov.cn/art/2008/11/26/art_66_7323.html

②东白山. http://baike.baidu.com/view/542896.htm

③牛头山. http://wenku.baidu.com/view/9674342ced630b1c59eeb5a5.html；金华牛头山. http://blog.sina.com.cn/s/blog_4a67957c010005r6.html

④凤阳山—百山祖自然保护区. http://cidian.iask.sina.com.cn/a/eqnm.html；浙江百山祖国家级自然保护区. http://zjbsz.nre.cn/htm/baishanzu/jibengaikuang/20100914/576.html

⑤庆元县. http://baike.baidu.com/link? url=zCrys3q9wl8ieFqNQ59ERwEhrrqI7BFiCuhD4fO4_leXHC1vE1adUFgXjf0hXPWq

⑥浙江九龙山国家级自然保护区. http://jls.suichang.gov.cn/zybh/dwzy/201006/t20100621_78562.htm

⑦板仓自然保护区. http://baike.baidu.com/view/1060662.htm

⑧汪建平. 天柱山发现野生娃娃鱼. http://qianshan.mofcom.gov.cn/aarticle/subject/hancan/localaa/200904/20090406212966.html

⑨天柱山发现野生娃娃鱼. http://travel.anhuinews.com/system/2009/05/01/002250332.shtml

有大鲵分布的浙江开化县，安徽省林业厅发布的信息也显示该保护区存在大鲵①。

《黄山(位于黄山市、歙县、休宁县、黟县)志·特产》记述(《黄山志》编纂委员会，1988)：

鲵鱼(*Megalobatrachus davidianus*)名蝾螈，又名娃娃鱼、四脚鱼。《本草纲目·鳞部四》引陈藏器曰："鲵生山溪中，似鲇，有四足，长尾，能上树……声如小儿啼。"两栖动物。头扁口大，身呈紫黑色，尾部侧扁，尾梢钝圆，腹部朱红色，有不规则的褐色斑点，有光泽。眼小，脚有五趾，喜静，惯于生活在清澈的水幽和石隙间。游泳时，靠四足划水，叫声似婴儿啼哭，故俗称娃娃鱼。分布在前后山各山谷溪中。属于国家二类保护动物。

按：据"分布在前后山各山谷溪中"记载，进一步证实这一带大鲵曾广泛分布。

位于黟县宏潭乡的五溪山省级自然保护区中仍有大鲵等野生动物分布②。

● 六安市：大别山是中国南北水系的分水岭，其主峰天堂寨(位于安徽省一侧属金寨县)有大鲵(最大的长 1.5 m、重 26 kg)等珍稀动物③。地处金寨县的金寨天马国家级自然保护区虽然是以森林生态系统及珍稀动植物为保护重点，但其中还有大鲵等珍稀动物栖息④。

舒城万佛山省级自然保护区位于距舒城县城 85 km 处，以山高、峰险、松奇、石怪、瀑多、洞幽、林深、佛真而著称于世，森林覆盖率 95%。因万佛山处于北亚热带，优良的生态环境孕育了丰富的动植物资源，还栖息有娃娃鱼(大鲵)等 10 余种国家保护动物⑤。

地处霍山县的霍山佛子岭省级自然保护区不仅主要保护水源涵养林，而且还有大鲵等珍稀野生动物⑥。

● 池州市：老山省级自然保护区地处贵池区东南部，与青阳、石台及九华山风景区毗邻。虽然其在野生动物方面以云豹、珍稀鸟类为重点保护对象，但其间还有大鲵等珍稀物种⑦。

石台县在"自然资源·野生动物·两栖类"中列举有"大鲵(娃娃鱼)、棘胸蛙(石鸡)、斑脚树蛙、日本林蛙、中华蟾蜍、蝾螈等"，表明依然有大鲵分布。

● 宣城市：龙王山自然保护区(与宁国市等地交界)依然有大鲵分布。

旌德县在"自然资源·动物资源·两栖类"详细记载有"隐鳃鲵科：大鲵(娃娃鱼)。蝾螈科：东方蝾螈、中国瘰螈、肥螈。角蟾科：淡肩角蟾。蟾蜍科：中华蟾蜍。姬蛙科：小弧斑姬蛙。蛙科：棘胸蛙、沼蛙、泽蛙、黑斑蛙、花臭蛙、竹叶蛙、虎纹蛙、武夷湍蛙。树蛙科：斑腿树蛙"等各科种动物⑧，表明还有大鲵存在。

6.3.3 福建

福建现今虽然仍有 4 市级政区的 4 县境内仍有大鲵，但显然已濒于灭绝。

● 南平市：蒲城县地处仙霞岭南侧，1 000 m 以上的山峰有 290 余座，是典型的中亚热带季风湿润气候区，年降水量 1 780 mm，年均气温 17.4℃；境内水系有南浦溪为干流的大小河流 57 条。至今依然分布有大鲵等珍稀野生动物⑨。

● 莆田市：据 2011 年 8 月 12 日报道，仙游县西苑乡凤顶村捕获体长分别为 8 cm 与 12 cm 的 2 尾"怪鱼"。该县石苍、菜溪等地也有此类"怪鱼"。目击者称，其"头部扁平钝圆，身体两侧有明显的肤褶，四肢短而扁，体表布满黏液，身上有

①安徽省自然保护区简介. http://www.ahly.gov.cn/main/model/newinfo/newinfo.do? infoId=14166

②牛头山. http://wenku.baidu.com/view/9674342ced630b1c59eeb5a5.html；金华牛头山. http://blog.sina.com.cn/s/blog_4a67957c010005r6.html

③天堂寨. http://baike.baidu.com/view/155702.htm

④安徽省自然保护区简介. http://www.ahly.gov.cn/main/model/newinfo/newinfo.do? infoId=14166

⑤万佛山自然保护区. http://www.baike.com/wiki/%E4%B8%87%E4%BD%9B%E5%B1%B1%E8%87%AA%E7%84%B6%E4%BF%9D%E6%8A%A4%E5%8C%BA

⑥牛头山. http://wenku.baidu.com/view/9674342ced630b1c59eeb5a5.html；金华牛头山. http://blog.sina.com.cn/s/blog_4a67957c010005r6.html

⑦老山自然保护区. http://app.travel.ifeng.com/scenery_info-482.html

⑧中国·旌德. http://www.ahjd.gov.cn/ReadNews.asp? NewsID=1297

⑨浦城县. http://baike.baidu.com/view/190726.htm

许多黑色花斑，4 只脚的脚趾十分明显，肚皮呈黄色花斑”，渔政监察负责人鉴定为野生娃娃鱼[1]。由此，表明这一带仍有大鲵残存。

● 漳州市：2013 年 2 月 20 日，在漳浦县梁山水库的源头石窟间发现一只“怪鱼”，经漳浦海洋与渔业局专家鉴定为雌性大鲵，长 76 mm，重 2.4 kg。最终被送到厦门海底世界放养[2]。说明当地依然有残存的大鲵。

● 宁德市：寿宁县坑底乡杨梅州村峡谷内河水清澈见底，偶可见大鲵等珍稀野生动物[3]，2007 年建成杨梅州大鲵自然保护区。//据报道，2013 年 4 月，寿宁县法院“从群众手中解救出两条国家二级重点保护野生动物——娃娃鱼”[4]。反映仍有多处大鲵栖息地。

6.3.4 江西

现今大鲵在江西的分布呈现较孤立的散布状态。

● 九江市：庐山省级自然保护区地处九江市南部，北倚长江，东濒鄱阳湖，不仅森林覆盖率由建区前的 42%提高到目前的 80.7%，而且还有大鲵等多种珍稀野生动物[5]。

● 景德镇市：瑶里自然保护区位于浮梁县瑶里镇，境内最高峰五华山海拔 1 618 m，是昌江的东河源头，森林覆盖率达 94%以上，栖息有娃娃鱼（大鲵）等国家珍稀动植物 180 多种[6]。

● 萍乡市：据萍乡市林业局发布的“萍乡野生动物资源”中，市境内有分布的国家二级保护动物，就有大鲵（娃娃鱼）等 12 种，反映萍乡市仍有大鲵[7]。

地处袁水河上游的芦溪县，还有娃娃鱼（大鲵）等珍稀野生动物分布[8]。

● 赣州市：上犹县位于罗霄山脉中段的丘陵山区，又是赣江上游，森林覆盖率达 81.5%，迄今依然有大鲵（娃娃鱼）栖息[9]。

既是赣江上游，又是章江源头，且北与上犹县接壤的崇义县境内，也有娃娃鱼（大鲵）分布[10]。

全南县位于江西最南端，地貌以山地为主，有大小河溪 142 条，尽管该县错将大鲵（娃娃鱼）归入“鱼贝类”，但并不妨碍说明当地有该物种[11]。

● 上饶市：广丰县地处武夷山北麓低山丘陵，属半丘陵半山区。铜钹山省级自然保护区群山连绵，峰峦叠嶂，县南部仍有娃娃鱼（大鲵）与虎纹蛙，为国家重点保护两栖爬行动物[12]。

弋阳县山地面积占全县土地总面积的 57.1%，境内河流分属信江和饶河水系。据该县政府网站“自然资源”中列举的珍稀动物中就有大鲵[13]。

● 抚州市：宜黄县在“自然资源·动物资源”中仍记载有“大鲵”等 25 种属国家二级保护动物[14]，说明还有该物种分布。

● 宜春市：1970 年代，作为我国娃娃鱼主要原产地之一的靖安县就发布了我国第一个保护娃娃鱼资源的通告，设立了我国第一个野生娃娃鱼自然保护区，组建了全国首个娃娃鱼研究所。2005 年，靖安县被授予“中国娃娃鱼（大鲵）之乡”称号。《中国动物志：两栖纲》记载江西靖安县仍

---

①李金春. 仙游发现野生“娃娃鱼”. http://bbs. ptfdc. com/thread-74851-1-1. html

②福建漳州老农发现 76 厘米娃娃鱼已送到厦门海底世界. http://www. fishery. org. cn/shaquaria/article. jsp? id=1361863807921

③杨梅州. http://baike. soso. com/v34087854. htm

④福建寿宁法院解救两条野生动物“娃娃鱼”. http://fishery. aweb. com. cn/20130418/590470. html

⑤庐山自然保护区. http://baike. baidu. com/view/118116. htm

⑥浮梁县. http://baike. baidu. com/view/704587. ht

⑦萍乡野生动物资源. http://bm. pingxiang. gov. cn/lyj/article/200911/156949. html

另，萍乡市辖 3 县，上栗县未见记载动物；莲花县与芦溪县皆有华南虎记载，萍乡市林业局未提及，似该名单中“大鲵”并非包括辖县情况。

⑧芦溪县. http://baike. baidu. com/view/159248. htm

⑨上犹县. http://baike. baidu. com/view/173586. htm

⑩崇义县. http://baike. baidu. com/view/173779. htm

⑪全南县. http://baike. baidu. com/view/173615. htm

⑫江西广丰县铜钹山自然保护区晋升省级保护区. http://www. forestry. gov. cn/portal/main/s/72/content-347928. html

⑬自然资源. http://www. jxyy. gov. cn/yygk/zrzy. html

⑭宜黄县. http://baike. baidu. com/link? url=VtQMdFbKQMo7TdDSeTbhQoLyKSzJzoAjUHcv3-oEdIQKtf5Rk3X5RS6Os-SvpMre#5_4

有大鲵(费梁等,2006)。//自然保护区[①]在山区的中源乡、罗湾乡、璪都镇和大杞、北港两个林场,区内4条溪水中生长着约2 400条大鲵[②]。//查考《全国自然保护区名录》,靖安县就有国家级"江西九岭山自然保护区"、省级"潦河大鲵自然保护区"与县级"靖安大鲵自然保护区"3处仍有大鲵分布的自然保护区[③]。

● 吉安市:井冈山国家级自然保护区地处湘赣两省交界的罗霄山脉中段的井冈山市,境内山高林密,沟壑纵横,重峦叠嶂,地势险峻,陆栖脊椎动物有260多种,其中就有大鲵等珍稀动物[④]。

6.3.5　山东

迄今,仅见一条明确记载山东野生大鲵资料。

德州市:据报道,2012年4月3日,乐陵市碧霞湖风景区(碧霞湖水库)工作人员清理泄洪口时意外捕获一条"从未见过的鱼",该"鱼""呈青黑色,头平,口大,眼小,肤褶,四肢短扁而微蹼,体表光滑,有斑块,体长62 cm,宽11 cm,体重为2.8 kg"。经专业人员鉴定,确认是在我国北方地区十分罕见,在该市更是首次报道的两栖动物"娃娃鱼"[⑤],亦即大鲵。尽管乐陵市处于大鲵分布区内,此大鲵显然非人工饲养,但其是否自然分布,尚待更多佐证。

6.4　中南

现今中南地区存在的大鲵除广东处于分布区南部较少外,其余有大鲵栖息的省级政区中仍有较多,尤以湖南与湖北较多,前者更胜一筹。

6.4.1　河南

河南现今大鲵栖息地仍有近20处,除北部与东部外,呈散状分布。

● 三门峡市:卢氏县是我国大鲵主要的分布区和栖息地之一,自1982年设立自然保护区(其核心区在明朗河、颜子河、毛河等河流及其溪流的无人居住区)以来,不断加大保护力度[⑥]。2009年11月,卢氏县大鲵省级自然保护区还进行了大鲵增殖放流(赵宪钧,2009)。

● 洛阳市:"中国网"的"中国珍稀野生动物",在介绍河南大鲵地理分布时,指出嵩县仍有大鲵栖息[⑦]。

位于新安县西北部曹村乡境内的青要山省级自然保护区,苍山叠翠,峡谷深幽,怪石嶙峋,碧水长流,古木参天,有青鲵(娃娃鱼)、虾蟹戏游于清流[⑧]。亦即前称为"新安曹村县级自然保护区"依然有大鲵栖息(甘雨等,2004)。

栾川县位于八百里伏牛山腹地,地跨长江、黄河两大水系,处亚热带向暖温带过渡地区,所以冬无严寒,夏无酷暑;森林广布,水源充沛,奇峰峻岭林立,河流、瀑布、温泉、溶洞众多。特殊的地理位置,优越的生态、水文、气候环境,适宜大鲵在此栖息,现全县14个乡(镇)仍有分布。尤其是栾川大鲵自然保护区大鲵种群分布密度较大[⑨]。伏牛山国家级自然保护区(包括属洛阳市的栾川县等地)内仍有大鲵栖息[⑩]。

● 平顶山市:伏牛山国家级自然保护区(包括属平顶山市的鲁山县等地)内仍有大鲵栖息。

● 南阳市:伏牛山国家级自然保护区(包括

---

①靖安县有省级"潦河大鲵自然保护区"与县级"靖安大鲵自然保护区"2处(据全国自然保护区名录. http://sts.mep.gov.cn/zrbhq/zrbhq/201208/t20120824_235172.htm),疑似将原县级"靖安大鲵自然保护区"升格为省级"潦河大鲵自然保护区"重复统计。

②中国靖安. http://www.jxjaxzf.gov.cn/Category_121/Index.aspx

③全国自然保护区名录. http://sts.mep.gov.cn/zrbhq/zrbhq/201208/t20120824_235172.htm;江西九岭山国家级自然保护区. http://baike.baidu.com/view/8390036.htm

④井冈山自然保护区. http://baike.baidu.com/view/248434.htm

⑤乐陵市碧霞湖惊现野生"娃娃鱼". http://www.dzta.gov.cn/n1654373/n1653983/c1734217/content.html;山东德州地区水库内发现野生娃娃鱼. http://www.dw-planet.com/Content8/Post/847.aspx

⑥河南卢氏大鲵自然保护区项目正式启动. http://www.hnfsa.com/index.php? option=com_content&view=article&id=261:2009-01-07-09-16-09&catid=35:2009-01-01-06-03-17&Itemid=118

⑦大鲵. http://www.china.com.cn/aboutchina/zhuanti/ysdw/2008-11/20/content_16799556.htm

⑧青要山自然保护区. http://www.mafengwo.cn/poi/35596.html

⑨栾川大鲵自然保护区. http://www.hnep.gov.cn/tabid/324/InfoID/4369/frtid/161/Default.aspx

⑩伏牛山国家级自然保护区. http://baike.baidu.com/view/472684.htm? subLemmaId=472684&fromenter=%B7%FC%C5%A3%C9%BD%D7%D4%C8%BB%B1%A3%BB%A4%C7%F8

属平顶山市的南召县、西峡县与内乡县等地）内仍有大鲵栖息。

与卢氏县毗邻的西峡县也有大鲵栖息，主要在该县北部的老界岭，也是1982年设立的自然保护区[1]。

宝天曼国家级自然保护区位于秦岭东段伏牛山中部南坡的内乡县北部山区，海拔1 840 m，山体巍峨，雄伟壮阔，森林茂密，物种繁多，依然有大鲵栖息[2]。自北向南跨内乡县夏馆、七里坪、赤眉、赵店、湍东、大桥6乡镇的湍河湿地省级自然保护区，平均海拔165 m，北高南低，地势平坦，其中也有大鲵分布[3]。

淅川县西和西南部有秦岭、大巴山纵贯，与湖北交界的泰山系走马岭呈东西两峰。丹江水库位于县境南部，由于群山环抱，形成西北突起向东展开的马蹄形地形，所设立的丹江湿地自然保护区野生动物资源丰富，其中就有大鲵[4]。

地处桐柏县东北部的高乐山省级自然保护区中仍然有大鲵栖息[5]。桐柏县西部的太白顶省级自然保护区中也还有大鲵分布[6]。

● 信阳市：信阳黄缘闭壳龟自然保护区地处信阳市浉河区与固始、商城、罗山、新县一带，其中有列为国家重点保护野生动物大鲵等74种[7]。

地处信阳市的信阳天目山自然保护区有丰富的野生动物，数量达2 000余种，其中有大鲵等珍稀动物[8]。处于该市南端、桐柏山与大别山之间的鸡公山国家级自然保护区，也有大鲵等53种国家重点保护动物[9]。位于该市狮河区狮河港乡境内的四望山省级自然保护区，同样有大鲵等陆生脊椎动物260多种存在[10]。在该市平桥区西北部的信阳天目山省级自然保护区也有大鲵等2 300余种野生动物[11]。多个自然保护区皆有，反映出大鲵在信阳市分布较广泛。

据2013年5月7日报道，位于商城县东南20 km的金刚台景区在建漂流挖河道时，发现有四五条约2.5 kg重的娃娃鱼[12]。金刚台不仅山势雄伟，群峰叠起，怪石幽洞比比皆是，瀑布深潭时映眼帘，而且与安徽省盛产大鲵的金寨县毗邻。//金刚台省级自然保护区有陆栖脊椎动物250余种，其中就有大鲵[13]。在该县西南部的鲇鱼山省级自然保护区中也发现有大鲵存在[14]。由此表明，至少在商城县南部仍有大鲵栖息。

位于新县西部、大别山北麓的连康山国家级自然保护区，在花岗岩基岩上发育形成棕色森林土，肥力高；地带性植被属常绿落叶阔叶混交林，仅存黄山松和马尾松与栎类的天然次生林，覆盖率达70%。区内有大鲵等陆栖脊椎动物300多种[15]。

● 济源市：据报道，2010年11月6日，济源市王屋镇庭芳村村民在一条小河内发现一条长1.16 m、重11.5 kg的巨型野生娃娃鱼[16]，这既表明当地还有大鲵存在，也是历史上大鲵栖息的进一步佐证。

---

①老界岭自然保护区. http://www.baike.com/wiki/%E8%80%81%E7%95%8C%E5%B2%AD%E8%87%AA%E7%84%B6%E4%BF%9D%E6%8A%A4%E5%8C%BA

②宝天曼国家级自然保护区. http://baike.baidu.com/view/481830.htm? fromId=114594

③湍河湿地省级自然保护区. http://www.forestry.gov.cn/portal/main/s/144/content-82439.html

④丹江湿地保护区. http://www.baike.com/wiki/%E4%B8%B9%E6%B1%9F%E6%B9%BF%E5%9C%B0%E4%BF%9D%E6%8A%A4%E5%8C%BA

⑤桐柏高乐山自然保护区. http://blog.sina.com.cn/s/blog_469466520100rpa7.html

⑥太白顶自然保护区. http://baike.baidu.com/view/825946.htm

⑦信阳黄缘闭壳龟省级自然保护区. http://www.hnep.gov.cn/tabid/324/InfoID/4379/frtid/161/Default.aspx

⑧河南省林业厅. http://www.hnly.gov.cn/portal/zrbh/zrbhq/webinfo/2003/07/1256616634366592.htm

⑨河南鸡公山国家级自然保护区. http://www.zwbk.org/MyLemmaShow.aspx? lid=114589

⑩四望山自然保护区. http://www.hnly.gov.cn/portal/zrbh/zrbhq/webinfo/2004/11/1256616634390320.htm

⑪信阳天目山省级自然保护区. http://baike.baidu.com/view/9431064.htm

⑫信阳商城县金刚台景区惊现大量野生娃娃鱼. http://www.agronet.com.cn/News/844809.html

⑬金刚台自然保护区. http://www.hnep.gov.cn/tabid/324/InfoID/4286/frtid/229/Default.aspx

⑭商城鲇鱼山省级自然保护区. http://www.hnly.gov.cn/xinyang/zybh/zrbhq/webinfo/2009/12/1259720231300833.htm

⑮连康山国家级自然保护区. http://baike.baidu.com/view/1093453.htm? fromId=825952

⑯郭长秀. 济源发现巨型娃娃鱼. http://newpaper.dahe.cn/dhb/html/2010-11/13/content_416305.htm

6.4.2 湖北

湖北现今依然是中南大鲵较多分布区之一，达到23个市、县，尤其是中部与西部一带。

● 十堰市：丹江口库区湿地自然保护区地处丹江口市，乃秦岭余脉与大巴山东延余脉之武当山脉过渡区的汉江谷地，也是汉江上游；保护区南北两侧群峰耸立，溪谷纵横，地势陡峻，水流湍急，地形复杂，多险滩，呈现东低西高的立体气候分异现象。其中栖息繁衍有大鲵等363种脊椎动物①。2005年8月中旬，丹江口市官山镇遭遇了百年不遇的特大暴雨袭击，山洪将一只长90 cm、年龄在10年以上的野生娃娃鱼（大鲵）冲到沙滩的淤泥里，该娃娃鱼浑身伤痕累累，奄奄一息，幸被救治②，进一步表明当地仍有野生大鲵存在。

位于十堰市茅箭区小川乡境内的赛武当国家级自然保护区气势磅礴，峰峦叠嶂，森林覆盖率95.1%，其中栖息有大鲵等30余种国家重点保护野生动物③。

《竹山县志·动物·爬行、两栖动物类》中记载"主要有大鲵（娃娃鱼）"等（竹山县地方志编纂委员会，2002）。//竹山县位于秦巴山区腹地，山地占总面积80%以上；南部山地尤为险峻，海拔多在1 500 m以上；仅中部河谷有狭小坪坝。境内雨量充沛，河流纵横且河道落差大，水利资源十分丰富；全县河流均属堵河水系，有大小河流646条，众多河流源出边缘山地奔腾而下，汇入堵河。尽管误称"名贵鱼有大鲵等"④，综合多方情况，仍可反映该县有珍稀两栖动物大鲵。

地处竹溪县南部的十八里长峡省级自然保护区与位于泉溪镇、鄂坪乡一带的万江河大鲵省级自然保护区都有大鲵栖息⑤。

在房县南部的野人谷省级自然保护区南与神农架林区相连，有丰富的生物资源，野生脊椎动物285种，其中有大鲵等国家重点保护野生动物58种⑥。

● 襄樊市：南漳县在汉水以南，荆山山脉以东，地处秦巴山系的东缘、江汉平原的北缘、南阳盆地的南缘；西部为海拔750 m以上的山地，中部和东南部多为海拔200～600 m的低山丘陵；境内有汉水水系的蛮河、漳河和沮河；分布有大鲵等珍稀动物⑦。

地处谷城县中西部的薤山林场和南河镇一带的南河省级自然保护区，在武当山脉东南麓与荆山脉北麓之间；区内山峦重叠，沟壑纵横，地势起伏多变；雨量充沛，光照充足，气候温和，四季分明。栖息有大鲵等47种国家重点保护动物⑧。

保康县境内的五道峡自然保护区东与南漳县接壤，地处荆山山脉主脉；境内地质构造复杂，多由沉积岩和石灰岩及变质岩构成，山峦重叠，沟壑纵横，地势起伏多变；地带性植被属北亚热带常绿落叶阔叶混交林。分布有大鲵等268种野生脊椎动物⑨。

● 黄冈市：大别山是中国南北水系的分水岭，主峰天堂寨（位于湖北省一侧属罗田与英山县）有大鲵等珍稀动物⑩。

● 荆州市：据报道，2010年6月10日，在松滋市刘家场镇柳林冲村发现一条体重6.5 kg、长95 cm的娃娃鱼。捕获后，发现这条娃娃鱼状态

---

①丹江口库区湿地自然保护区. http://baike.baidu.com/view/8913586.htm

②湖北丹江口：洪水冲来特大畸形娃娃鱼. http://news.sina.com.cn/o/2005-08-22/08136749928s.shtml

③赛武当自然保护区动物资源. http://www.symjswd.cn/Lisheng_ReadNews.asp? NewsID=211

④竹山县. http://baike.baidu.com/view/17835.htm

⑤十八里长峡自然保护区. http://www.baike.com/wiki/%E5%8D%81%E5%85%AB%E9%87%8C%E9%95%BF%E5%B3%A1%E8%87%AA%E7%84%B6%E4%BF%9D%E6%8A%A4%E5%8C%BA；湖北省万江河大鲵自然保护区的夏季之美. http://pic.cnhubei.com/sp.php? do=album&id=49045

⑥野人谷自然保护区. http://baike.baidu.com/view/8913521.htm

⑦南漳县. http://baike.baidu.com/view/615493.htm；南漳县人民政府网站. http://www.hbnz.gov.cn/E_ReadNews.asp? News-ID=3676

⑧南河湿地自然保护区. http://baike.baidu.com/view/4178635.htm

⑨五道峡自然保护区. http://baike.baidu.com/view/8913553.htm；保康. http://baike.baidu.com/view/116727.htm? fromtitle=保康县&fromid=1400123&type=syn

⑩天堂寨. http://baike.baidu.com/view/155702.htm

欠佳，估计是由于前几日暴雨天气，从山涧溪流中冲下来的[①]。

● 宜昌市：远安县作为全省重要的大鲵原产地，已建立西河、沮河两个湿地自然保护区。保护区内典型的高山丹霞地貌为碳酸盐岩母质，人烟稀少，河流沟谷陡坡纵横交错，重峦叠嶂，千姿百态，岩溶地貌发育充分，溪河、溶洞、伏流众多，四周森林茂密，水质清澈冰凉，环境幽静，是大鲵理想栖息地。河内野生大鲵资源丰富，数量多，个体大（赵永华等，2010）。皆表明远安县古今一直有大鲵分布。

地处兴山县的万朝山省级自然保护区保存着原始、完好、独特的物种，其中有大鲵等国家一、二级保护动物 39 种[②]。

位于五峰土家族自治县中南部的五峰后河国家级自然保护区乃武陵山东段余脉山地，区内峰岳矗峙，群山环绕，峡谷幽深；有大小河流 12 条，大小潭池 200 多个，瀑布 60 余条，清泉无以计数；后河河水从原始森林的山脚下汩汩流淌，四季清亮碧透。其中依然繁衍有大鲵等 307 种脊椎动物[③]。

与远安县接壤的当阳市处于鄂西山地向江汉平原过渡地带，地势西北高，东南低，境内一般海拔在 300 m 以下，其中山地、丘陵、岗地占 71%。现存珍稀野生动物有大鲵（娃娃鱼）等多种[④]。

● 随州市：随州市地貌以山地、丘陵、岗地为主，将近 90%，尤其是西南部大洪山一带石灰岩分布广泛、溶洞发育；又由于地处长江流域和淮河流域的交汇地带，气候适宜，雨量充沛；林木茂密，森林覆盖率达 53%，南部高达 70%。“至今还保留有一些珍贵的物种如大鲵”等[⑤]，即在随州市所属曾都区和广水市皆有大鲵分布[⑥]。

● 神农架林区：地处神农架林区的神农架国家级自然保护区有丰富的野生动物资源，仅国家重点保护野生动物就有 79 种，其中有大鲵[⑦]。

● 恩施州：星斗山国家级自然保护区位于利川市、恩施市与咸丰县一带，境内群山绵亘，沟壑纵横，溪谷相连；水系大致分为长江支流的清江水系与乌江水系，呈典型的放射状水系；气候变化较大，山地气候明显。有大鲵等国家重点保护动物栖息[⑧]。

位于宣恩县东北部的七姊妹山国家级自然保护区，因七峰依次排列似传说中的七仙女而得名。境内主要为喀斯特地貌，山体气势宏大，以七姊妹山为代表的绝壁孤峰卓然秀丽，象形山石众多；沟壑纵横，地形复杂，沟谷切割较深，水量充沛，瀑布高悬；原始林、次生林发育、保存良好；依然有大鲵等珍稀动物栖息[⑨]。

地处武陵山余脉、鹤峰县境内的木林子省级自然保护区，地形大致是南北高、中间低，山脉由南向北延伸的一个狭长地带，也是我国西部高山到东南低山丘陵的过渡地带，群山起伏，幽谷深坠，溪涧长流，其中栖息有大鲵等国家重点保护动物 50 多种[⑩]。2005 年 4 月，鹤峰县铁炉乡碉堡村村民在大典河捕捉了一条重 5.5 kg、长 1.2 m 的娃娃鱼，被林业部门依法收缴。经过近 2 年的喂养，这条娃娃鱼伤口痊愈，体重增加，被带到溇水河一个布满岩石、水质优良的地方放生[⑪]。可见当地还有大鲵存在。

6.4.3 湖南

湖南现今依然是大鲵主要分布区之一，在 12 个市级政区的 38 个市、区、县中仍栖息有大鲵（图 2.17），分布地首屈一指。

---

①陈元，张强. 松滋惊现世界现存最大最珍贵娃娃鱼. http://www.cnchu.com/viewnews-26302.html

②湖北三峡万朝山自然保护区晋升省级保护区. http://www.forestry.gov.cn/portal/main/s/228/content-276996.html

③后河国家级自然保护区. http://baike.baidu.com/view/345586.htm? fromId=473379

④当阳县. http://baike.baidu.com/view/1576772.htm

⑤随州. http://baike.baidu.com/view/10674.htm? fromId=30470

⑥据查，曾都区亦称“至今还保留有一些珍贵的物种如大鲵”（曾都区. http://baike.baidu.com/view/1507862.htm）。

⑦湖北神农架国家级自然保护区·动物资源. http://www.snjbhq.com/html/baohuqugaikuang/20090727/77.html

⑧星斗山自然保护区. http://baike.baidu.com/view/488558.htm

⑨七姊妹山. http://baike.baidu.com/view/937234.htm

⑩木林子自然保护区. http://baike.baidu.com/view/5145374.htm

⑪鹤峰受伤大鲵精心寄养 2 年后被放归大自然. http://www.cnhubei.com/200703/ca1312115.htm

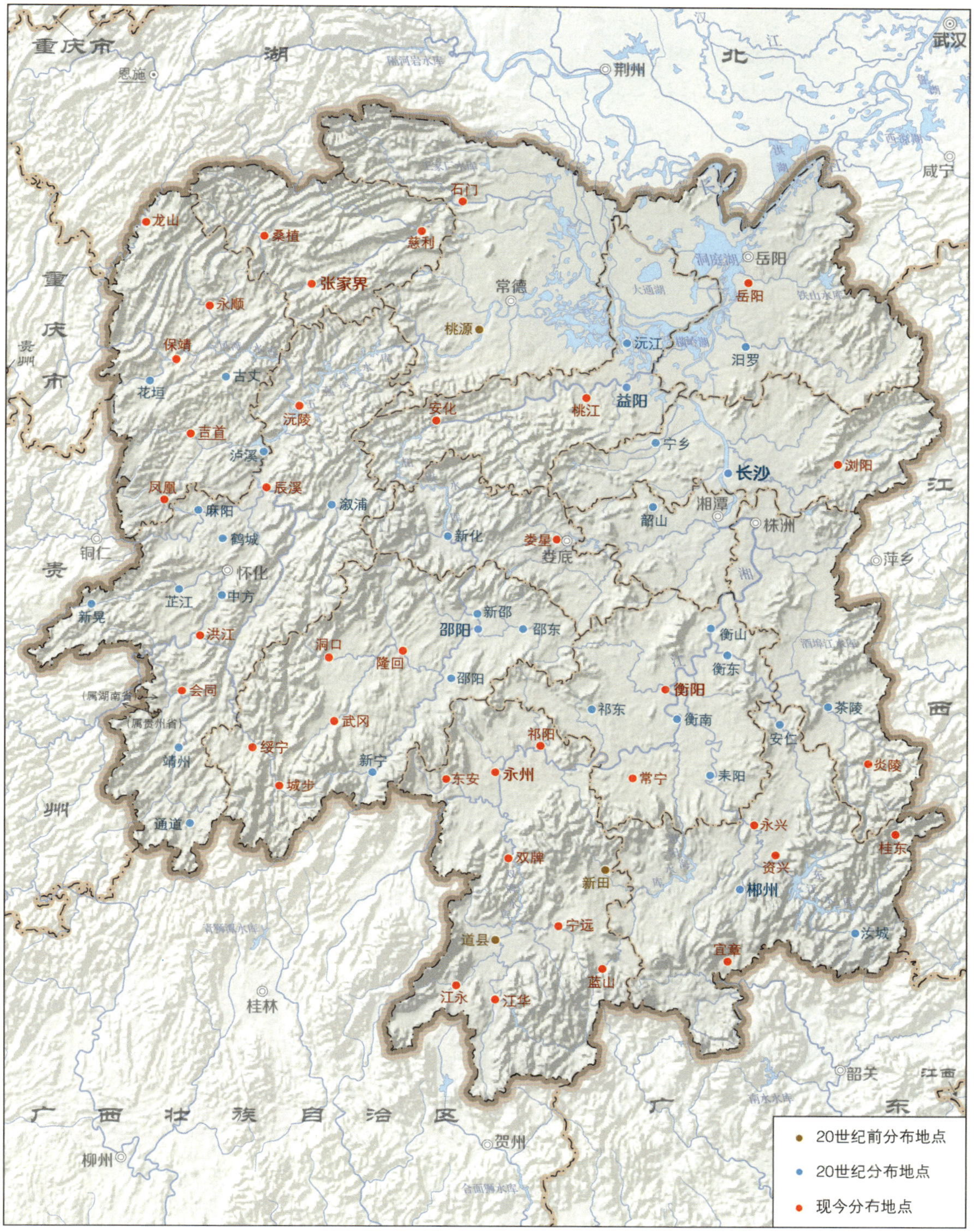

图 2.17　湖南省地形与大鲵分布变迁图

● 长沙市：位于浏阳市东北大围山镇境内的浏阳大围山省级自然保护区属于罗霄山脉北段，浏阳河主干支流小溪河、大溪河分别发源于大围山的南北麓；由于地势复杂，气候温和，雨量充沛，生物资源丰富，大鲵等珍稀动物依然存在①。

● 张家界市：据 2006～2008 年对张家界大

① 大围山. http://baike.baidu.com/view/55200.htm

鲵国家级自然保护区（涉及张家界市与慈利、桑植县）的大鲵资源分布区域和数量进行系统调查研究，结果表明，野生大鲵呈不连续点状分布，在澧水北、中、南3条支流以及酉水、溇水、索水与河段相连的31处地下溶洞中有大鲵分布（建有8个保护站），主要集中在桑植县的五道水，武陵源区的索溪，慈利县的三官寺、江垭、象市等处，其中有院子、芭茅溪、四都坪等9个重要分布点，每年稳定有大鲵苗流出。推算出野生大鲵资源总共约为2 001尾，少于2006年报道的2 500尾，大鲵平均体重约1 kg，资源量仍有衰退趋势（罗庆华等，2009a）。

张家界国家森林公园在张家界市与慈利、桑植县交界处（辞海编辑委员会，2010），张家界大鲵国家级自然保护区①地处张家界市西部的武陵源区，2处皆有大鲵分布；尤其是后者，“当地人叫作‘娃娃鱼’的大鲵，则遍布于溪沟、泉眼和深潭之中”，更为普遍。

桑植县的上洞街大鲵保护站，每年从（容）[溶]洞中出苗700尾左右②。据2006～2007年对桑植县野生大鲵的分布区域和资源量进行系统调查，显示大鲵已呈不连续点状分布于澧水北、中、南3条支流以及酉水、溇水与河段相连的地下溶洞中，主要存在于澧水北源、南源与酉水流经的14处水域的山洞或河段中，总量为976尾，大鲵资源呈衰减趋势（罗庆华等，2009b）。距该县城85 km的八大公山国家级自然保护区查证脊椎动物中也有大鲵等③。

慈利县地处武陵山脉东部边缘，澧水中游，东北与石门县毗连，东南与桃源县接壤，西北与桑植县相邻，西南与张家界是永定区连接。该县也有大鲵等珍稀动物记载④。

● 常德市：位于石门县的壶瓶山国家级自然保护区地处武陵山脉北支的太青山系，与鄂西山地毗连，属亚热带山地气候，植被种类丰富，多为天然阔叶林，森林覆盖率81.2%。保护区内有7条小河，还生存较多野生大鲵。调查发现，由于人类活动的干扰，7～8年前均有大量大鲵分布的深溪河、高桥河、吴家池和江坪河，现只能在深溪河和江坪河可以找到成鲵和繁殖场地，还可以见到当年的幼鲵（吴方同等，2007）。

● 益阳市：据报道，2013年5月15日，桃江县马迹塘镇罗家洲村小溪内捕到一条重0.9 kg、长50 cm的“怪鱼”，晚上会发出类似小孩的叫声。经鉴定，“怪鱼”为娃娃鱼，学名大鲵，属国家二级保护动物。这是有记载以来桃江县境内发现的首条野生娃娃鱼⑤。

位于安化县西北部的六步溪国家级自然保护区，境内原始次生林为湖南境内雪峰山脉北部唯一的一块保存完好的原始植被，良好的自然条件和独特的地质构造，塑造了区内丰富多彩的景观资源。雄伟壮丽的险峰峡谷景观、气势磅礴的瀑布景观、神秘原始的幽谷景观、野趣横生的动物景观，其中以险峰峡谷、溪涧瀑布景观最为迷人。依然保存有大鲵等国家重点保护野生动物20余种⑥。

● 岳阳市：据报道，2013年4月25日，岳阳县公田镇杨墩村在新墙河上游误捕到一条重约2.5 kg、长60 cm的野生娃娃鱼。经过鉴定确认后，将该娃娃鱼放生到铁山水库⑦。

● 株洲市：炎陵桃源洞自然保护区位于炎陵县的东北隅，该保护区与井冈山国家级自然保护区连为一体，在其核心区有原始森林。在南风面

①此据《全国自然保护区名录》（http://sts.mep.gov.cn/zrbhq/zrbhq/201208/t20120824_235172.htm）与《大鲵国家级自然保护区》（http://baike.baidu.com/view/469503.htm?fromId=825882）

②中国大鲵苗种繁育现状及其相关技术探讨. http://wenku.baidu.com/view/03b88cbc960590c69ec37693.html

③八大公山国家级自然保护区. http://baike.baidu.com/view/481725.htm?fromId=248739；湖南八大公山自然保护区导游词. http://wenku.baidu.com/view/b7e210c42cc58bd63186bd89.html

④慈利县. http://baike.baidu.cn/view/993404.htm

⑤桃江首次发现野生娃娃鱼. http://www.iyzx.com/portal.php?mod=view&aid=8562

⑥六步溪国家级自然保护区. http://www.zwbk.org/MyLemmaShow.aspx?lid=126724

⑦岳阳一村民误捕一2.5公斤重野生娃娃鱼. http://hunan.sina.com.cn/news/s/2013-04-26/193349569.html

至石禾坪一带小溪有大鲵栖息①。另据报道，2012 年 4 月 15 日，该县梨树洲风景区发现一尾身体扁平，四肢短小，尾部侧扁，重约 0.3 kg，身长近 20 cm 的野生娃娃鱼(大鲵)②。

● 衡阳市：地处衡阳市南岳区的南岳衡山国家级自然保护区中发现仍然有大鲵等 18 种野生动物列入《濒危野生动植物国际贸易公约》③。

常宁市境内海拔 1 000 m 以上的山峰有 16 座，100～1 000 m 山峰 63 座，群峰巍峨，构成南部的天然屏障，为第一级阶梯；北部的平原，丘陵交错，海拔多在 200 m 以下，地形起伏，为第二阶梯；山地与丘陵占全市总面积的 62.6%；水系完整，河网稠密；四季分明，雨量充沛。依然繁衍有大鲵等陆栖野生动物 200 余种④。

● 郴州市：位于宜章县的莽山国家级自然保护区，境内山峦重叠，深谷悬岩之中有几至几十公顷的台地，是北江的发源地，许多溪流蜿蜒穿行于峡谷之间，河流落差大，水力资源丰。仍栖息有大鲵等多种珍稀野生动物⑤。

位于资兴市烟坪乡顶寮村的顶寮银杉省级自然保护区⑥，尽管是以银杉群落及其生境为保护重点，但其中也有大鲵等 30 余种珍稀野生动物分布⑦。

永兴县在“自然地理概况 · 生物资源”中称仍有“娃娃鱼”等多种“保护动物”⑧，表明大鲵长久分布在当地。

桂东县发布的信息在“林业”中指出有国家重点保护野生动物“Ⅱ级 36 种”，其中两栖类有“大鲵、虎纹蛙”⑨，反映一直有大鲵分布。

● 永州市：永州市称，“全市已查明的野生动物有 1 000 余种，其中有大量的珍稀动物。现列为国家保护的有 31 种”，“属国家二级濒危保护动物”有“大鲵(娃娃鱼)”等⑩，说明此物种不仅在当地分布较广，且长久存在。

位于祁阳县东北部的祁阳小鲵自然保护区，虽地处属低山丘陵区的祁山山脉中段，最高海拔 779 m，但山势特别，相对高差较大，其挂榜山即因山势陡险，坡面宽削，好像一张大榜文挂在空中而得名；植被良好，挂榜山的主体森林就是天然竹林，森林覆盖率达 95.2%。其中还栖息有大鲵等 170 种陆栖野生动物⑪。

地处双牌县东北隅的阳明山国家级自然保护区，境内山高谷幽，石怪峰奇；森林覆盖率达 98%，古木参天，茂林修竹；更兼以云天雾海，流泉飞瀑。该保护区虽以保护珍稀植物为主，但也存在娃娃鱼(大鲵)等珍稀野生动物⑫。

江永县西南角的大远、源口省级自然保护区主要保护森林生态系统，其中还有大鲵等(零陵地区地方志编纂委员会，2001)21 种国家重点保护的动物⑬。

宁远县南部的九嶷山属泥盆系沉积地层，以石灰岩为主，是典型的喀斯特地貌。九嶷山省级自然保护区山高林密，茂林修竹，古木参天，森林资源十分丰富，是中国森林和动植物资源富集地区之一，仍存在娃娃鱼(大鲵)等 104 种野生

---

①炎陵桃源洞自然保护区. http://www.baike.com/wiki/%E7%82%8E%E9%99%B5%E6%A1%83%E6%BA%90%E6%B4%9E%E8%87%AA%E7%84%B6%E4%BF%9D%E6%8A%A4%E5%8C%BA

②炎陵梨树洲旅游区惊现野生娃娃鱼. http://zhuzhou.loupan.com/html/news/201204/367569.htm

③南岳衡山国家级自然保护区. http://baike.baidu.com/view/7036341.htm

④常宁. http://baike.baidu.com/view/321417.htm? fromId=589256

⑤莽山国家级自然保护区. http://baike.baidu.com/view/481726.htm? fromId=248733

⑥尽管《全国自然保护区名录》称“顶寮银杉自然保护区”，但其原产地实际是“顶寮村”，宜改正。

⑦顶寮银杉自然保护区. http://baike.baidu.com/view/8739262.htm

⑧永兴县政府网站. http://www.yxx.gov.cn/2012/zjyx/default.htm

⑨桂东县人民政府. http://www.gdx.gov.cn/page/item340/index.html

⑩永州. http://baike.baidu.com/link? url=CqoVDb6buFO-3CzfeuH4rbs4SPP7Ml-eyKLLdt_wqMAFKmA1sWLtJ331MoF9bsniIl3KcfrpMOFW-OpQQruxxq#4_2

⑪祁阳小鲵自然保护区. http://baike.baidu.com/view/2623730.htm

⑫阳明山自然保护区. http://baike.baidu.com/view/2080192.htm

⑬江永源口省级自然保护区. http://baike.baidu.com/view/8712781.htm

动物[①]。

蓝山县地处九嶷山东麓，地势由西南向东北倾斜，境内山、丘、岗、平区相互交错，以山地为主，是典型的山区县，全县海拔 1 000 m 以上的高峰 258 座；境内多河流源头，舂陵水、潇水、舜水等广布，河流总长度达 850 km。当地依然栖息有娃娃鱼（大鲵）等 60 余种珍稀野生动物[②]。

江华瑶族自治县位于湖南省南端，境内萌诸岭山系的姑婆山（包括属永州市的江华瑶族自治县等地）面积约 200 km^2；气候温和，热量充足，年降水量在 1 500 mm 以上；地势险峻，峰峦高耸重叠，山间小溪很多，落差大；林木繁茂，苦竹遍野；野生动物种类多而珍奇，野猪、鹿、竹鼠、山鸡、野兔、娃娃鱼（大鲵）、眼镜蛇等不时出现[③]。

● 邵阳市：位于绥宁县西南部、地处五岭山系与雪峰山系交汇处的黄桑国家级自然保护区，境内海拔 1 000 m 以上峰峦 16 座，山势起伏，峰峦叠翠；长度超出 5 km 的大小溪流 14 条，清澈见底，终年流淌；古木参天，构成了南方原始次生林自然而古朴的神奇魅力。栖息有大鲵等陆栖脊椎动物 223 种[④]。

城步苗族自治县境内崇山峻岭，溪河纵横，地势南高北低，南岭山脉绵亘南境，雪峰山脉耸峙东西，形成东、南、西三面重峦叠嶂，北面丘岗疏落，北部与中部连成狭长平缓地带；县内有 1 000 m 以上的山峰 657 座，1 500 m 以上山峰 234 座，大小溪河 816 条。在县东北的沙角洞银杉自然保护区，不仅以保护 30 多种珍稀植物著称，而且还栖息有大鲵等 11 种珍贵野生动物[⑤]。

武冈市在雪峰山东南麓与南岭山脉北缘，属湘南丘陵区向云贵高原隆起的过渡地带，有天子山、照面山等海拔 1 000 m 以上大的山系 5 处；资水自西向东斜贯武冈全境，有大小溪流 150 多条，山塘、水库星罗棋布；森林面积大，植被资源十分丰富。该市城南 5 km 处的武冈云山省级自然保护区，不仅山峰千姿百态，景观奇异，而且娃娃鱼（大鲵）等珍稀动物不时可见[⑥]。

隆回县西北部的白马山是湘中第一峰，又名白茅山，据考察有珍贵野生动物鹿、锦鸡、金鸡、猫头鹰、娃娃鱼、五步蛇等 20 余种[⑦]，表明当地仍有大鲵存在。

截止到 2012 年年末，洞口县全县境内已发现的动物种类中，两栖动物有青蛙、娃娃鱼、蟾蜍等[⑧]，也反映依然有大鲵分布。

● 怀化市：地处沅陵县借母溪乡的借母溪国家级自然保护区，毗邻张家界及小溪国家级自然保护区，是我国罕见的沟谷原始次生林区；由于岩溶地貌十分发育，奇特传神的孤峰、石芽、石林、石墙、溶洞大量存在，其间分布有大鲵等国家重点保护野生动物 35 种[⑨]。

会同县东南部约 35 km 的鹰嘴界国家级自然保护区，在沅水上游，地处雪峰山脉西支南段，是一个低海拔、集森林生态系统和野生动植物物种保护于一体的自然保护区，尽管主要保护珍稀野生植物，但也栖息有大鲵等国家重点保护野生脊椎动物 20 余种[⑩]。

雪峰山森林公园位于洪江市东部雪峰山脉主峰苏宝顶地域，海拔 1 934 m，群峰叠嶂，林木丰茂，森林覆盖率高达 90.7%；山间溪水潺潺，四季长流不断。天然高山平湖星罗棋布，较有名的湖泊有天池、瑶池；大坑瀑布群泉涌浪奔。境内有野生动物约 190 种，国家重点保护野生动物有

①九嶷山国家森林公园. http://baike.baidu.com/view/1204617.htm

②蓝山县. http://baike.baidu.com/view/589324.htm

③江华瑶族自治县. http://baike.baidu.com/view/589325.htm

④黄桑国家级自然保护区. http://baike.baidu.com/view/3687370.htm? fromId=793019

⑤邵阳沙角洞银杉森林公园简介. http://beijing.lotour.com/shajiaoyinshangy/lvyoujianjie/

⑥武冈云山. http://baike.soso.com/v24331812.htm

⑦回县. http://baike.baidu.com/link? url=6UHtLIYeD04CZROPP_UTvKWCEU5dkunwoRsqFJGqMy_46lgLmimG7HcpglwiU-UE

⑧洞口县. http://baike.baidu.com/link? url=cQHIq2hAE95a6_YxdYm5nhmUvxn25TaxmNFlAagDrlYOWDwwAWJuxqNveiFp26iy

⑨湖南借母溪国家级自然保护区. http://baike.baidu.com/view/5704834.htm? fromId=1501539&redirected=seachword

⑩湖南鹰嘴界国家级自然保护区. http://baike.baidu.com/view/1280248.htm? subLemmaId=1280248&fromenter=%D3%A5%D7%EC%BD%E7%D7%D4%C8%BB%B1%A3%BB%A4%C7%F8

16 种，其中Ⅱ级动物有大鲵等 14 种[①]。

● 湘西州：永顺县两岔乡出产野生大鲵苗，2005 年出苗 200 余尾，还成立了“永顺县大鲵繁育场”[②]，却不幸夭折[③]。但又有报道称，“以娃娃鱼（大鲵）、团鱼（鳖）、桂鱼为猛洞河特有”[④]。

八仙湖县级自然保护区建立在吉首市河溪水库内，属低山丘岗地貌。现有陆栖野生脊椎动物 142 种，其中有大鲵等 30 余种国家重点保护野生动物[⑤]。位于吉首市西北部的齐心金雕县级自然保护区，境内森林茂密，森林覆盖率达 76%；溪谷纵横，水系呈复聚合状，溪河稠密，河床狭窄；已知的陆生脊椎动物仍保存有 145 种，其中有大鲵等国家重点保护野生动物 35 种[⑥]。

凤凰县地处武陵山脉南部，云贵高原东侧，以山地和中山台地为主体，间有山中盆地，山峦重叠，林谷深幽，沟壑纵横；境内大小溪河 156 条，均系长江水系，总长 709 km，最大的河流沱江。境内仍有娃娃鱼（大鲵）等珍稀野生动物存在[⑦]。

保靖县呈西北和东南高、中间低的马鞍形地形，武陵山脉斜贯县境，群山起伏，岭谷相间，山、丘、岗、坪交错；沅江的支流渠水自南向北纵贯该县，植被茂密，森林覆盖率 62.8%。迄今还有大鲵等国家重点保护动物 60 余种[⑧]。

龙山县地貌形如巨掌，北高南低，横贯武陵山脉西侧，万山耸立，峰峦起伏，酉水、澧水及其支流纵横其间。不仅当地仍有大鲵等珍稀野生动物栖息[⑨]，而且其周边，如东连永顺，南接保靖，西近湖北来凤和重庆酉阳、秀山，北靠湖北宣恩，皆有大鲵分布，形成较大的大鲵分布区。

6.4.4　广东

广东省目前仍然有 5 个市级政区的 10 个市、县境内还有残存的大鲵，虽呈散状分布，但主要在粤北一带。

● 清远市：据 2005 年 7 月 22 日报道，2004 年，连南瑶族自治县就有群众向当地渔政部门反映，在五海顶山上发现有鱼会爬上石头，怀疑是娃娃鱼。2005 年 6 月底，一条长约 30 cm 的娃娃鱼终于现身在乱石流水中；过了数日，工作人员又发现一条。这一对娃娃鱼经专家鉴定，为野生种群，并称这是广东 20 多年来第一次记录到野生娃娃鱼[⑩]。

位于连州市的三水水生野生动物市级自然保护区的主要保护物种中就有大鲵[⑪]，反映当地依然有所分布。

滨江在清新县南部汇入珠江支流北江，地处该县的滨江水生生物市级自然保护区所承担的主要保护物种之一就有大鲵[⑫]。

● 韶关市：乳源大峡谷省级自然保护区位于乳源瑶族自治县西南部，属南岭山脉南麓群山区。境内大峡谷长 15 km，深 300 m，向南蜿蜒至英德境内；峡谷顶部地势平缓，大布河从谷口梯级状的崖顶飞流直下，形成气势磅礴的大瀑布，落差达 200 m，为广东第一瀑；谷内沟壑纵横，奇峰林立，深邃险峻，更兼有云山雾海、飞瀑流泉、奇花异草，自然风光优美。保护区内有陆生脊椎动物 141 种，其中有大鲵等属国家珍稀保

①雪峰山. http://www. zjjta. com/jingdian/huaihua-995282. html；雪峰山国家森林公园. http://baike. baidu. com/link? url=r0JewRSAi3eyQ4DDZM7nTaG_XISXVOYtrtcp8MhrX8eA0903QTH_2MrQ6RZ43Uafx4lJMtHeOs6ZJIVkbUUrzq

②中国大鲵苗种繁育现状及其相关技术探讨. http://wenku. baidu. com/view/03b88cbc960590c69ec37693. html

③是否 1988 年建“两岔大鲵自然保护区”？见：全国共有多少大鲵自然保护区. http://zhidao. baidu. com/question/99059412. html

④永顺县. http://baike. baidu. com/link? url=BvOH7myS1ah7lwuSKhVgBmmNOi56xL9E_VwyB-4O6stUIKZ0aRd-lSnsgxzcC7PG

⑤八仙湖自然保护区. http://baike. baidu. com/view/8739320. htm

⑥齐心自然保护区. http://baike. baidu. com/view/8739386. htm

⑦凤凰县. http://baike. baidu. com/view/86087. htm

⑧保靖县. http://baike. baidu. com/view/589346. htm

⑨龙山县. http://baike. baidu. com/view/589352. htm

⑩广东首次发现野生娃娃鱼. http://lt. cjdby. net/thread-194168-1-1. html

⑪全国自然保护区名录. http://sts. mep. gov. cn/zrbhq/zrbhq/201208/t20120824_235172. htm

⑫全国共有多少大鲵自然保护区. http://zhidao. baidu. com/question/99059412. html

护动物13种①。但该县也出现非大鲵的误称"娃娃鱼"②。

地处仁化县长江镇的万时山大鲵县级自然保护区，明确表明当地仍有大鲵存在。

据报道，新丰县"列入国家一、二类保护的野生动物"中依然有"蟒蛇、娃娃鱼"等③，表明当地依然栖息有大鲵。

● 河源市：位于东源县的桂山是河源市第一高峰。境内古树参天，奇石怪树星罗棋布，山涧瀑布飞溅，适宜大鲵等野生动物栖息。仅《全国自然保护区名录》中就介绍有桂山大鲵市级自然保护区和新丰江鼋县级自然保护区2处④。

连平县公布的"野生动物资源 · 两栖类"列举"有青蛙、蟾蜍、石蛙、犁头蛙、娃娃鱼等"⑤，可见仍有大鲵存在。

● 汕尾市：在陆河县南万镇的陆河南万大鲵市级自然保护区就明确显示当地还有大鲵。

● 茂名市：据《全国自然保护区名录》介绍，地处信宜市的黄华江县级自然保护区以保护"大鲵等水产资源"为主⑥。

6.4.5 广西

现今广西依然是大鲵较多分布区之一，有7个市级政区的22个市、区、县境内仍有大鲵栖息。

● 桂林市：据报道，位于龙胜、临桂两县交界处的花坪国家级自然保护区，确有大鲵栖息⑦。

桂林市不仅以其奇特的山水和悠久的历史文化闻名天下，而且动物资源也很丰富，据报道有各类动物1 593种，其中有珍贵的娃娃鱼（大鲵）⑧。

猫儿山国家级自然保护区地处资源县与兴安县，经2004～2005年对该区的两栖爬行动物进行初步调查，其中有大鲵与猫儿山小鲵等有尾目两栖动物（蒋锷斌等，2006）。

位于灌阳县城东南18 km的千家洞国家级自然保护区，主要用以保护水源涵养林及野生动植物，其中仍有大鲵栖息⑨。

据2007年8月14日报道，近日，临桂县宛田瑶族乡平水村捕捉到一尾体长约80 cm、重近4 kg的娃娃鱼⑩。进一步验证该县有野生大鲵栖息。

● 柳州市：九万山国家级自然保护区（包括属柳州市的融水苗族自治县等地），截止到2006年4月调查统计，有陆生脊椎动物309种，其中两栖纲22种，就有大鲵⑪。//融水苗族自治县泗涧山是广西野生娃娃鱼主产区，但20世纪末，由于过度开发和人工捕杀，使得"娃娃鱼"一度销声匿迹。2000年，泗涧山正式被列为国家水源林保护区后，严禁在河沟里电鱼、毒鱼和炸鱼。于是，近几年来，娃娃鱼又重新出现在大山里（采集到4尾大鲵活体样本）并于2004年被自治区人民政府批

---

①广东乳源大峡谷省级自然保护区. http://baike.baidu.com/view/2253165.htm

②2012年1月29日起，诸多媒体刊发"广东乳源县观音山下的小溪流中28日发现了8条娃娃鱼"的消息，颇能误导人。然而"中国水产养殖网"等发布钟平生（获"2010年斯巴鲁生态保护奖"）认为其并非大鲵，而是无斑肥螈的看法值得重视，"据钟平生介绍，濒临灭绝的无斑肥螈的外形与娃娃鱼十分相似，但有多个明显特征可以将它们区分开来。娃娃鱼身体颜色较浅，头部扁扁的；无斑肥螈身体颜色较深，头部呈现竖状，最主要的是身上有黄色斑点。此外，无斑肥螈体形较小，重量较轻，娃娃鱼最大会长到一米多长十几斤重。"（广东乳源发现"娃娃鱼"实为两栖"贵族"无斑肥螈. http://www.shuichan.cc/news_print.asp? id=108980）

③新丰县. http://baike.baidu.com/link? url=Gb1O37tD4SQWSnYITLpil0fc7lQIwi4KfSUAJhjy0pvwuklA9nZlxxNp8kEdfQBL#3_3

④全国共有多少大鲵自然保护区. http://zhidao.baidu.com/question/99059412.html

⑤连平县人民政府网站. http://www.lianping.gov.cn/publicfiles/business/htmlfiles/gdlp/pzrzy/index.htm

⑥全国共有多少大鲵自然保护区. http://zhidao.baidu.com/question/99059412.html

⑦广西花坪国家级自然保护区. http://app.travel.ifeng.com/scenery_info-4180.html

⑧桂林市. http://baike.baidu.com/view/7304.htm? fromId=672632

⑨灌阳县. http://baike.baidu.com/view/395161.htm

⑩徐超. 临桂县宛田瑶族乡惊现近八斤重野生"娃娃鱼". http://bbs.guilinlife.com/thread-267215-1-1.html

⑪九万山国家级自然保护区. http://baike.baidu.com/view/3018401.htm

复同意建立广西泗涧山大鲵自治区级自然保护区①。尽管至2011年7月26日《广西法治日报》报道称，该保护区尚未正常运转②，但还是可以佐证融水有多处野生大鲵分布。

鹿寨县境东北部为架桥岭余脉，大瑶山余脉则延伸至县境东南部，与架桥岭余脉相连，约占全县面积的五分之一；西北部为峰林谷地区，是典型的喀斯特地貌，为著名的四十八弄。县境地形有不连座的稀疏孤峰和连座的密集峰林，也有和缓的低丘。据报道，该县还有娃娃鱼（大鲵）等珍稀动物存在③。

位于隆林各族自治县西南部、距县城94 km的金钟山[黑颈长尾雉]自然保护区，尽管以保护鸟类及其生境为主，但其中仍有“大鲵（娃娃鱼）”等珍稀动物④。

● 玉林市：“中国网”记载的“中国珍稀野生动物”称，玉林（现玉州区）至今仍有大鲵等物种栖息⑤。

● 百色市：据西林县政府网证实，当地野生动物有大鲵等珍稀物种⑥。

田林县的西部与西林县、隆林各族自治县毗邻，也有大鲵、猕猴、林麝等20余种国家野生保护动物⑦。

澄碧河自然保护区地处云贵高原边缘余脉，行政隶属右江区，呈现丘陵、低山、中山地貌，境内河溪众多，森林覆盖率45.4%。经2005～2007年实地考察两栖爬行动物，其中就有大鲵栖居（曾小飚等，2008）。

凌云县在2008年建立省级“广西凌云洞穴鱼类自然保护区”⑧，其中明确保护的是我国特有的珍稀洞穴鱼虾⑨。然而，2010年4月15日，该县玉洪乡达内沟溪流湍急处捕获一尾棕黑色“狗鱼”，经鉴定为体长50 cm、重0.7 kg、3～4龄的大鲵（许秀熙等，2010），反映该县仍有大鲵残存。

● 河池市：九万山国家级自然保护区（包括属河池市的罗城仫佬族自治县与环江毛南族自治县等地）有大鲵等珍稀野生动物分布。

据报道，2013年3月11日，宜州市下枧河小龙湾河段发现一尾全身布满皱褶和小疙瘩的野生娃娃鱼，经调查、鉴定，已经放归大自然⑩。

● 来宾市：据2012年4月2日“中国水产养殖网”转引“广西新闻网”报道，大瑶山被称为“广西野生娃娃鱼主产区”⑪之说，表明金秀瑶族自治县仍有大鲵栖息。

● 贺州市：萌诸岭山系的姑婆山（包括属贺州市的八步区、钟山县与富川县等地）娃娃鱼（大鲵）、眼镜蛇等不时出现。

昭平县的森林覆盖率达84.2%，境内的七冲省级自然保护区中更有原始森林74.8 km^2，森林覆盖率达95%。良好的生态环境，使得大鲵等多种国家重点保护动物得以在其中栖息繁衍⑫。

6.5　西南

西南地区是传统大鲵分布区。现今除西藏未见报道外，其余各省级政区皆仍有大鲵存在，尤其是四川、贵州与重庆皆有较多分布点。

6.5.1　重庆

重庆市现今仍有12个区、县有大鲵栖居。

---

①广西柳州市金秀政府出资“养”娃娃鱼. http://www.shuichan.cc/news_view-80098.html；广西壮族自治区人民政府批复同意建立广西泗涧山大鲵自治区级自然保护区. 2004. 广西水产科技(4)；广西首个“娃娃鱼”繁殖保护区将落户融水县. http://news.sina.com.cn/c/2004-11-01/09594103079s.shtml

②水产—农博网. http://fishery.aweb.com.cn

③鹿寨县. http://baike.baidu.com/view/259530.htm

④广西隆林网. http://www.gxll.gov.cn/html/longlin/about/resources/；《全国自然保护区名录》称“金钟山黑颈长尾雉自然保护区”。

⑤大鲵. http://www.china.com.cn/aboutchina/zhuanti/ysdw/2008-11/20/content_16799556.htm

⑥西林县政府网. http://www.114huoche.com/zhengfu_BaiSe/XiLinXian/

⑦田林概要. http://map.mapbar.com/a_baise_tianlin_map/

⑧《全国自然保护区名录》称“凌云洞穴”自然保护区。

⑨凌云洞穴鱼类自治区级自然保护区获批. http://www.gx.chinanews.com/2008/1610_0422/4470.html

⑩谭丽娴. 下枧河野生娃娃鱼已放生. http://hcrb.hcwang.cn/html/2013-03/19/content_60683.htm

⑪广西柳州市金秀政府出资“养”娃娃鱼. http://www.shuichan.cc/news_view-80098.html

⑫七冲自然保护区野生动物日渐增多. http://www.zpol.cn/lyj/stly/show_news.asp? id=555

彭筱葳等(2004)称三峡库区有大鲵栖息，虽在部分地方存在，但未免过于泛指。因为“三峡库区”地处四川盆地与长江中下游平原的结合部，跨越鄂中山区峡谷及川东岭谷地带，北屏大巴山，南依川鄂高原，包含了长江流域因三峡水电站的修建从而被淹没的政区，具体是湖北省宜昌市所辖宜昌市、兴山与秭归县，恩施州所辖巴东县；重庆市所辖核心城区（包括渝中区、沙坪坝区、南岸区、九龙坡区、大渡口区和江北区）与渝北、巴南、万州、涪陵、长寿、江津区，武隆、丰都、开县、巫溪、巫山、奉节、云阳、忠县、石柱县等地。

重庆市境内的巫溪、城口、酉阳、彭水、武隆等地都有大鲵资源存在，其中巫溪、酉阳、武隆的大鲵资源相对还有较大贮量（逍遥，2007～2008）。

有报道称，2009年7月3日，在渝中区嘉陵江畔钓起了一条长1 m、重7 kg的野生娃娃鱼（大鲵），当即上交朝天门水上派出所①。

据报道，2011年9月25日，一小学生在位于黔江区后坝乡与南海乡之间的黔江小南海风景区码头附近的海边捕捉到一尾1.5 kg的大鲵。在进一步调查访问中了解到，早在1996年，当地村民就曾经在海口发现过娃娃鱼；2002年，也有村民在码头附近发现过娃娃鱼。还有村民反映，曾到小南海湖泊上游的八面山暗河见到野生娃娃鱼，最大的约0.5 kg；估计暗河涨水后，河里的野生娃娃鱼就顺着流水流入到小南海湖内②。小南海风景区中含有小南海省级自然保护区，有大鲵等珍稀野生动物③。

据报道，2011年9月6日晚，位于合川区狮滩镇白银村的华蓥山响水洞，发现一条长约0.5 m、重约3 kg的“娃娃鱼”④。华蓥山区确有大鲵分布，既然此大鲵已超过20龄，又是在“10余米深的响水洞连体姊妹洞”中“卡住抽水管”而被发现的，加之其后白银村“400多个村民跑来看稀奇”、“在华蓥山响水洞尚属首次”，不难断定其为野生大鲵。

位于城口县境内的大巴山国家级自然保护区就有大鲵栖息，其南与巫溪县接壤⑤，也有大鲵资源存在。

地处开县的彭溪河湿地自然保护区与雪宝山国家森林公园（又称雪宝山自然保护区）中，都有大鲵等珍稀野生动物⑥。

经调查，位于奉节县的天坑地缝自然保护区动物资源中，珍稀物种有大鲵等（张维宾等，2009）。

据报道，在万盛区的溶洞、暗河中，还有红蝙蝠、大鲵（俗称娃娃鱼）等珍稀动物⑦。

五里坡自然保护区在巫山县境内，有不少珍稀生物物种，值得提到的有大鲵等⑧。

大板营自然保护区地处酉阳土家族苗族自治县北面，是武陵山支脉的延伸，山上有900多km^2原始森林，古木参天，四季葱郁，适宜大鲵等野生动物栖息⑨。

6.5.2 四川

四川现今依然是大鲵主要分布区之一，境内有13个市级政区的33个市、县分布有大鲵（图2.18），仅次于湖南。

---

①嘉陵江里钓起7 kg重娃娃鱼暂不会被放生. http://cq.qq.com/a/20090704/000014.htm

②李诗素.小南海惊现野生娃娃鱼百余干群送其“回家”. http://cq.qq.com/a/20110927/000478.htm

③黔江小南海风景区. http://www.auyou.cn/scenerylist/10564.html

④周云.合川区狮滩镇白银村华蓥山响水洞惊现“娃娃鱼”. http://www.hechuan.gov.cn/hc_content/2011-09/08/content_1667681.htm

⑤重庆大巴山国家级自然保护区. http://www.forestry.gov.cn/portal/zrbh/s/2713/content-438113.html；城口县. http://baike.baidu.com/link? url=g8ngvyNeW9LAI_jJOfiBEL0PuFUl4SyO0yuEKJrep8h6euQP7ZVMrr-PKLN4JNG2#6

⑥重庆开县彭溪河湿地自然保护区. http://www.zhchsh.net/a/wenxueyuanchuang/sanwensuibi/2011/0520/3951.html；雪宝山国家森林公园. http://baike.baidu.com/view/906206.htm

⑦万盛区. http://baike.baidu.com/link? url=qJ4l5rIAm5owZ8zJnB4PAAtefCPdNi58NAQdGDpeCuJczzDI1P1wsguTLnrmDzcN

⑧看看巫山五里坡自然保护区的野生动物照片. http://cq.qq.com/a/20120213/000130.htm

⑨大板营. http://baike.baidu.com/view/1060463.htm

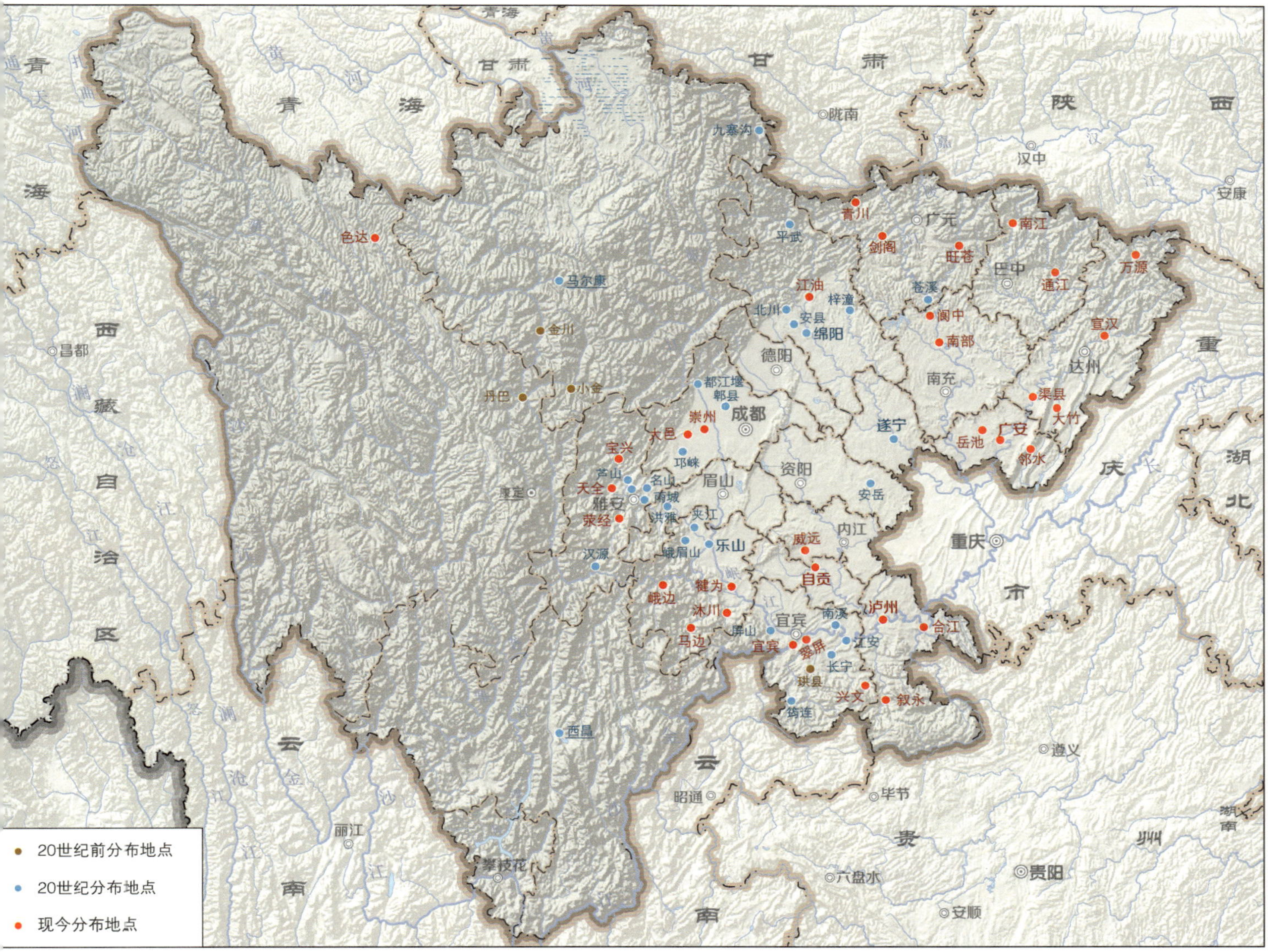

图 2.18　四川省地势与大鲵分布变迁概况图

● 成都市：崇州市境内地貌兼有山地、丘陵、平原，主要河流有西河、黑石河和金马河 3 条，至今还有大鲵（娃娃鱼）存在①。

● 广元市：米仓山是川陕二省西段的主要界山，先后皆建立国家级自然保护区，位于旺苍县的称为“米仓山自然保护区”，其中依然有大鲵栖居②。

位于国家级米仓山森林公园之中、地处青川县的大小沟市级自然保护区内，初步查明的野生动物资源中就有大鲵③。//同在青川县的毛寨省级自然保护区内，也有大鲵栖息④。

剑阁县地处川、陕、甘三省结合部，经调查统计，全县现有各类野生动物 146 种，其中有少量大鲵栖息⑤，表明仍有残存。

● 绵阳市：观雾山省级自然保护区地处江油市，这里保存了较典型的亚热带向温带过渡地带

①崇州. http://baike.baidu.com/view/399421.htm
②米仓山国家级自然保护区. http://baike.baidu.com/view/3069089.htm
③青川大小沟自然保护区. http://sc.zwbk.org/MyLemmaShow.aspx? lid=1584
④毛寨自然保护区. http://baike.baidu.com/view/5609246.htm
⑤剑阁县. http://baike.baidu.com/view/377905.htm

的森林生态系统，其中有大鲵等多种国家重点保护野生动物[①]。

● 南充市：位于阆中市的构溪河湿地生态保护区中有大鲵与龟、鳖等两栖爬行动物[②]。

南部县境内分布着大巴山余脉和剑门山余脉，嘉陵江及其支流贯通，动物资源丰富，现存两栖类动物，“主要有：蟾蜍、青蛙、沼蛙、大鲵等”[③]，说明还有大鲵生息繁衍。

● 广安市：华蓥山区及沟谷地带迄今还有大鲵栖息[④]，该山之东西两侧分别是邻水县与广安区，尽管是否处于保护区内及数量等待查，但此地似是具体分布地。

据报道，2011 年 5 月 2 日，岳池县罗渡镇戚家沟村捕获一尾长 70 cm、重 2.1 kg 的野生娃娃鱼(大鲵)[⑤]。

● 内江市：据 2012 年 9 月 4 日报道，威远县惊现一体长 1.2 m 的野生娃娃鱼，表明其生存长久。威远山区面积大，深山老林多，泉水冰凉，盛夏入山林也非常凉爽；许多地方山路崎岖，没有环境污染，适宜大鲵栖息[⑥]。

● 乐山市：2005 年 7 月，对位于马边彝族自治县的马边大风顶自然保护区进行两栖爬行动物调查，依然有大鲵等珍稀物种分布(孙厚成等，2006)。

据报道，犍为县现存两栖类有“蛙类、癞蛤蟆(蟾蜍)、娃娃鱼(大鲵)”等[⑦]，表明大鲵分布之长久。

沐川县现存珍稀动物中也有“大鲵(娃娃鱼)”等[⑧]。

峨边彝族自治县也称“两栖爬行类有：石鹅、大鲵(娃娃鱼)、蛇等”物种[⑨]。

● 自贡市：据报道，2010 年 1 月 26 日，自贡市贡井区天然河流内偶然打捞到一条长 58 cm、重 1.25 kg 的“怪鱼”，经确定为野生大鲵(俗称娃娃鱼)[⑩]。

● 泸州市：叙永县城东北 40 km 处的画稿溪国家级自然保护区虽以桫椤等珍稀植物及地质遗迹为重点保护对象，但据该保护区官网称，其中也有大鲵等珍稀野生动物栖息[⑪]。

有报道称，2010 年 7 月 30 日洪峰过后，在泸州市江阳区长江边的庄稼地里捉到一尾约 2 kg 重的野生大鲵[⑫]。

据报道，2012 年 7 月 21 日，合江县先市镇洋石桥村的小河石穴中，两位玩耍的小孩意外发现并捕获一尾“特殊”鱼类，其头部和身体前部扁平，尾圆形，身体两侧有明显的肤褶，四肢短扁，约长 50 cm，重 2.5 kg。经鉴定，为野生娃娃鱼，亦即大鲵[⑬]。

● 宜宾市：据报道，2009～2010 年，翠屏区曾分别 3 次发现 3 条野生大鲵(其中 2 尾约长 60 cm，重 1.5 kg)，其中一尾在长江、金沙江、岷江结合部水域放生[⑭]。

流经宜宾县 13 个乡镇汇入岷江的越溪河(又名大牢溪)，其中有大鲵、水獭等野生动物[⑮]。//2007 年 3 月 31 日，在该县横江镇张窝水电站

---

①四川观雾山自然保护区. http://www.my.gov.cn/MYGOV/150619928930549760/20111202/605140.html

②构溪河湿地保护区：原生态之行. http://www.lz520.net/2009/0729/794.html

③南部县人民政府. http://www.scnanbu.gov.cn/a/detail/97.html

④广安市. http://baike.baidu.com/view/32808.htm? subLemmaId=6335920&fromenter=%B9%E3%B0%B2%CA%D0；邻水县：倒须沟看桫椤树. http://blog.zhiji.com/blog/readblog_467615.html

⑤四川岳池惊现野生娃娃鱼. http://www.foods1.com/content/1119868/

⑥四川威远惊现 1.2 米野生娃娃鱼(大鲵). http://www.lswawayu.com/NewsInfo_48_4.aspx

⑦中国·四川·犍为. http://www.qianwei.gov.cn/WebPage/showInfo.aspx? id=6803

⑧沐川县. http://baike.baidu.com/link? url = MkKEeiu2CvPC7TkNUz0AXTmUy6vrj2enfvFoUpbZGnGRB3THmsqERsUs-hDqVnLVmdH2ed7LqOfcNUdCmeiHm_#2_4

⑨中国·峨边. http://www.eb.gov.cn/HTML/NewsView.asp? ID=3202

⑩自贡贡井区首次发现野生娃娃鱼已放生沱江. http://cd.qq.com/a/20100307/001042.htm

⑪画稿溪国家级自然保护区官网. http://www.huagaoxi.org/info/? InfoType=4

⑫拾到娃娃鱼放生长江中. http://country.scol.com.cn/new/html/scncrb/20100810/scncrb394283.html

⑬合江惊现世界最大珍贵野生动物娃娃鱼. http://www.forestry.gov.cn/portal/bwwz/s/2788/content-554884.html

⑭罕见野生娃娃鱼被成功解救. http://www.21food.cn/html/news/35/508701.htm；四川宜宾将一条大鲵放归长江. http://www.chinanews.com/sh/2010/09-14/2531597.shtml

⑮越溪河. http://www.baike.com/wiki/%E8%B6%8A%E6%BA%AA%E6%B2%B3

施工区挖掘的泥土中突现一条体长 115 cm、体重 9 kg、胸围 14 cm 的大鲵，其体表呈红棕色，布满了波浪形花纹，并有浓稠的黏液。如此巨大的大鲵在宜宾市范围内尚属罕见①。

兴文县被确认为“大鲵集中分布地”之一，该县不仅大坝镇和毓秀苗族乡是野生大鲵繁衍生息地，而且还发现罕见的白色与红色大鲵②。//据对 2003～2006 年从洞口涌出并收集到且存活的大鲵进行调查，大鲵群体中白化基因频率达 15.8%（王身立，2006）。另据报道，兴文县大坝镇大鲵洞，每年从洞中涌出大鲵幼苗 2 000 余尾。县政府高度重视，专门成立了兴文县大鲵驯繁中心（民营企业）③。

● 巴中市：诺水河国家级自然保护区位于通江县内大、小通江河段，保护区河流全长 217 km，面积 92.2 km^2。主要保护对象包括大鲵、水獭、岩原鲤、重口裂腹鱼、青石爬鱼兆、鳖、乌龟等珍稀水生动物，是长江上游大鲵的重要分布区④，后又在大鲵分布核心区建立诺水河大鲵省级自然保护区。

光雾山省级自然保护区位于南江县北部 70 km，以自然地质地貌为主要保护对象，由于有完好的原始森林，植被覆盖率达 98% 以上，依然有 195 种野生动物，其中有大鲵等 25 种国家保护野生动物⑤。

● 达州市：百里峡省级自然保护区位于宣汉县东北部樊哙镇境内，是喀斯特岩溶地貌构成的峡谷型自然风景区，也是川东北地区珍稀野生动植物的集中分布区，水中有娃娃鱼（大鲵）等动物分布⑥。

位于万源市境内的花萼山国家级自然保护区，现已查明仅两栖类动物就有 23 种，其中就有大鲵⑦。

据报道，2012 年 4 月 28 日，渠县龙潭乡龙潭村捕获一尾体长 110 cm、重 13.5 kg 的巨型野生大鲵（俗称娃娃鱼）。经渠县渔政部门专业人员分析，此“娃娃鱼”极有可能来自于附近龙潭风景区的老龙洞⑧。又据报道，2012 年 7 月 7 日，渠县賨人谷惊现一条体长 90 cm、重 6.5 kg 的大型野生娃娃鱼（大鲵）；自巨型野生大鲵（指 4 月 28 日捕获）发现以来，先后因为地震和特大山洪灾害，出现过不同体型的 5 条娃娃鱼在老龙洞附近的河谷⑨。再据报道，2013 年 2 月 9 日，渠县龙潭乡龙潭堰管所水渠内发现一条巨型野生娃娃鱼，体长 124 cm、体重约 14.3 kg，也放生于老龙洞⑩。可见渠县野生大鲵资源丰富，尤其是在老龙洞一带。

据报道，2013 年 5 月 12 日晚，地处大竹县境内、位于渠江水系州河支流东柳河上的乌木滩水库区杂草丛中发现一尾体长约 50 cm、体重 1.5 kg 左右的 6 龄野生娃娃鱼（大鲵），经水产专家对娃娃鱼进行仔细辨认，在确认其为野生娃娃鱼且长势良好后，将其放归乌木滩水库⑪。

● 雅安市：荥经县位于四川盆地与青藏高原的过渡地带，属盆周山区，地势高低悬殊，荥河和经河两大支流在县城东北交汇成荥经河，由于流域面积广，流域内降水量丰沛，在青衣江水系各

①宜宾县横江惊现特大“娃娃鱼”. http://www.lnfisher.com/html/42/n-942.html

②兴文县毓秀苗族乡强化四举措全力保护娃娃鱼. http://yb.newssc.org/system/20120726/000566820.html；四川宜宾兴文县发现罕见白色娃娃鱼. http://www.cnki.com.cn/Article/CJFDTotal-YYZF200513013.htm；四川兴文县发现出产娃娃鱼的山洞 http://wenku.baidu.com/view/0cab34eb998fcc22bcd10d8f.html；四川兴文县被确定为中国大鲵集中分布地. http://www.foods1.com/content/224053/

③中国大鲵苗种繁育现状及其相关技术探讨. http://wenku.baidu.com/view/03b88cbc960590c69ec37693.html

④通江诺水河珍稀水生动物国家级自然保护区获批. http://www.sc.xinhuanet.com/content/2012-02/27/content_24786936.htm

⑤光雾山. http://baike.baidu.com/view/48004.htm；南江县. http://baike.baidu.com/link?url=KxpJggT279xJOXgg9AYXgQEAYGQff1Edop7hvRLOakmpoAoyNl384QeSzfsPDVJYEdw6TLUx_qcQrjWRu-Iala#3_2

⑥宣汉县百里峡省级自然保护区. http://www.zwbk.org/MyLemmaShow.aspx?lid=224930；宣汉县. http://baike.baidu.com/link?url=0NDzHvs1UHCCVtpPIsYld4is_wFptm0WLYAMHiIRHwkFxJvNBatxfgyCGaE6TvkM

⑦花萼山国家级自然保护区. http://www.huaeshan.gov.cn/docc/about.htm

⑧渠县龙潭风景区惊现罕见野生“娃娃鱼”. http://www.dzsta.gov.cn/lyyw/system/2009/05/3/000021367.html

⑨四川渠县特大山洪后大型野生“娃娃鱼”现身. http://www.flssw.com/fazhixinwen/info/41675844/

⑩四川渠县惊现体长 124 厘米的巨型野生“娃娃鱼”. http://pic.gmw.cn/channelplay/6103/480905/0/1/1.html

⑪四川乌木滩水库再现野生“娃娃鱼”. http://www.zg3n.com.cn/2013/0516/093955.html

支流中列第二位，其中依然有大鲵等存在①。

据报道，雨城区“业已查明的脊推动物种类有330余种”，其中属国家“二级保护的有苍鹰、雀鹰、秃鹫、红腹角雉、小熊猫、林麝、黑熊、金猫、大鲵9种”②，说明大鲵依然存在。

位于天全县思经乡境内的天全河珍稀鱼类省级自然保护区，是四川重点保护水生动物的分布区、主要栖息地和繁殖地，其中就有国家保护动物大鲵③。

位于宝兴县东北部的蜂桶寨国家级自然保护区，地处邛崃山西坡。尽管其主要保护对象是珍稀濒危动物大熊猫、金丝猴及山地混合森林生态系统，但其中仅两栖动物就有大鲵等10种④。

6.5.3 贵州

贵州现今依然是大鲵主要分布区之一，境内有8个市级政区的33个市、县分布有大鲵（图2.19），名列第三。

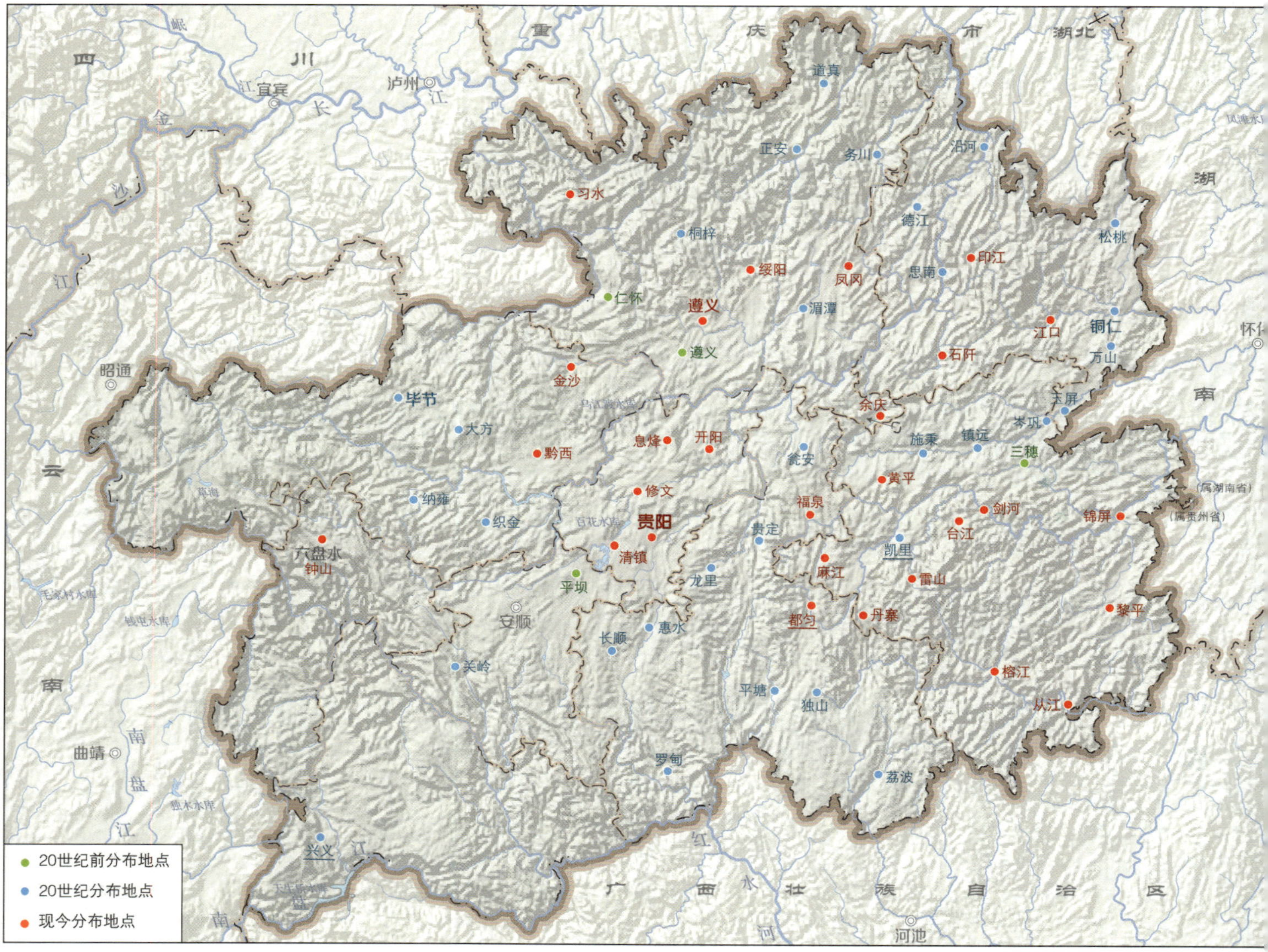

图2.19　贵州省地势与大鲵分布变迁概况图

①荥经县. http://baike.baidu.com/view/985922.htm

②雨城区. http://baike.baidu.com/link?url=PxG_GCKt7yKIGHJdThC3o_JCiYjKw0ErEUR7gL8LFN1RmHQp3Lewa_pUl-Gv7TCC3#6_5

③探访四川雅安天全河珍稀鱼类省级自然保护区. http://www.bbwfish.com/article.asp?artid=122786

④蜂桶寨国家级自然保护区. http://baike.baidu.com/view/481806.htm?fromId=246947

● 贵阳市：据报道，“目前贵阳市远郊和三县一市深山中尚存少量国家各级保护动物。计有大鲵”等[①]，亦即说明贵阳市、清镇市、开阳县、修文县、息烽县皆有少量大鲵存在。

2005年7月，贵阳市一市民在花溪河畔捕捉到一尾长100 cm、重10 kg“怪鱼”，经市野生动植物管理站鉴定为野生大鲵，当天下午将其放归阿哈水库[②]。

2010年6月，贵阳森林野生动物园接收了一尾据称是开阳县溶洞中钓得的野生大鲵，体色较浅，夹杂深色云斑，头宽23 cm，重16 kg，全长130 cm，约有64岁[③]。开阳县政府网也明确当地栖息的大鲵（娃娃鱼）等为“二类保护动物”[④]。

● 六盘水市：钟山区政府发布的“野生动物”称，当地“国家二级保护动物有穿山甲、水獭、灵猫、白腹锦鸡、小鲵（娃娃鱼）、角蛙等”[⑤]。因为“国家保护动物名录”中“两栖纲·有尾目”仅有“隐鳃鲵科”与“蝾螈科”，且前者仅有1种，即大鲵，又多称“娃娃鱼”，故此“小鲵”当是误标。

● 遵义市：位于凤冈县南部的万佛山自然保护区依然栖息有大鲵[⑥]。

大娄山北坡与四川盆地南缘的过渡地带、习水县西北部的习水中亚热带常绿阔叶林国家级自然保护区中，已查清的两栖动物就有31种，其中有大鲵[⑦]。习水县政府也肯定当地分布的“国家二级重点保护动物”中有“大鲵”等物种[⑧]。

有报道称，2010年3月21日，绥阳县旺草镇从芙蓉江里打捞到一条长有四条腿，指、趾前四后五的“怪鱼”，经确认是大鲵后放生[⑨]。

据报道，2013年6月3日，余庆县敖溪镇指挥村捕获一尾体长97 cm、重4.8 kg的野生娃娃鱼，该动物“扁平、口大、身体呈褐灰色、四肢短扁，趾为前四后五，体表光滑无鳞”并配发多幅照片。据称，像这样大的“娃娃鱼”在野生环境条件下，能长到这么大，在余庆实属罕见[⑩]。此“娃娃鱼”，即大鲵。

● 毕节地区：金沙县西北30 km的冷水河自然保护区中，由于植被茂盛，河流长年不断，瀑布四季高挂，相连成群，有近20处，落差一般超过40m；沿河流两岸奇峰突兀，古木参天，林冠波状起伏，终年翠绿；其中栖息有大鲵等珍稀野生动物[⑪]。另据2012年6月5日报道，近日，在金沙县城关镇太极村岩灰洞口、326国道金沙过境改道公路施工现场，挖掘机挖掘作业时从洞口下的小河里挖出一只大型野生娃娃鱼。经鉴定，这只野生娃娃鱼体长75 cm，重4 kg。养殖专业人员分析认为，该娃娃鱼年龄10岁左右，属雌性[⑫]。

位于黔西县的黔西娃娃鱼自然保护区证明当地仍有娃娃鱼分布[⑬]。

● 铜仁地区：地处江口县、印江土家族苗族自治县、松桃苗族自治县交界处的梵净山国家级自然保护区，尽管主要保护对象为亚热带森林生态系统及黔金丝猴、珙桐等珍稀动植物，但其中依然有大鲵等栖息[⑭]。

位于石阡县西南的佛顶山是贵州东部仅次于梵净山的第二大高山，佛顶山自然保护区也是黔东北除梵净山国家级自然保护区以外，保存较好的中亚热带常绿阔叶林林区，也分布有大鲵等

---

① 中国·贵阳. http://www.gygov.gov.cn/col/col10801/index.html
② 贵阳一市民“捉放”娃娃鱼. http://gzdsb.gog.com.cn/system/2005/07/07/000835998.shtml
③ 贵阳惊现64岁高龄超级娃娃鱼. http://bbs.gzdsw.com/thread-325272-1-1.html
④ 中国·开阳. http://www.kygov.gov.cn/zjky/dlzy/1314691527ky4840.html
⑤ 钟山区. http://baike.baidu.com/link?url=ipHBy7tntXMmLsNoHoxGoRWMG35VkIvsvkzz8IQxhOY5Zd1DpyvXsUavhreicTju
⑥ 凤冈县万佛山自然保护区. http://www1.cfsdc.org/wwwroot/baohuqu/28.htm
⑦ 习水中亚热带常绿阔叶林国家级自然保护区. http://baike.baidu.ccm/view/472694.htm?fromId=181358
⑧ 习水政府网. http://www.gzxishui.gov.cn/html/xsgov/col4/1_11_6.html
⑨ 旺草镇村民捞条娃娃鱼放生芙蓉江. http://www.suiyang.gov.cn/show_zwdt.aspx?id=991
⑩ 野生娃娃鱼体长97 cm体重4.8 kg. http://www.cswca.org/xhdt/news/1672.html
⑪ 冷水河自然保护区. http://baike.baidu.com/view/2664875.htm
⑫ 金沙县太极村发现一大型野生娃娃鱼. http://rb.bjrb.cn/html/2012-06/05/content_137355.htm
⑬ 全国自然保护区名录. http://sts.mep.gov.cn/zrbhq/zrbhq/201208/t20120824_235172.htm
⑭ 梵净山国家级自然保护区. http://baike.baidu.com/view/824110.htm?fromId=120315

珍稀野生动物①。

梵净山西南麓的洋溪自然保护区位于印江土家族苗族自治县洋溪镇、杨柳乡境内，仍然栖息着大鲵等国家重点保护动物②。

2011 年 2 月，松桃苗族自治县冷水乡桐子坪村黄泥岔组冷水河边一条山洞溪流有大量鲵苗流出；5 月，瓦溪乡小沟村的山洞溪流里又有 230 多尾大鲵苗流出③。//当年 9 月 21 日，梵净山麓的松江河上游松桃苗族自治县冷水溪乡河段，发现一条体长 73 cm、体重 3.7 kg 野生娃娃鱼（大鲵）。其状态欠佳，估计是由于前几日暴雨天气，从山涧溪流中冲下来的④。//当年，在冷水溪乡双龙村犀牛洞建立大鲵自然保护区，保护区 69.3 km^2，其中核心区 26.1 km^2，缓冲区 26.3 km^2，项目可行性研究报告得到批复⑤。皆证实当地有野生大鲵分布。

● 黔东南州：上塘朱家山自然保护区（包括属黔东南州的黄平县等地）仍有大鲵等珍稀动物⑥。

锦屏县因四周青山如屏，秀丽似锦而得名，境内山脉为苗岭余脉。其地处云贵高原东部边缘，地势由西北向东南逐渐降低，西部及西南部为低中山区，中部及东北部为低山峡谷区，东南部为低山丘陵盆地区；森林覆盖率 72%，水资源丰富；依然有“大绍（娃娃鱼）”，亦即大鲵等珍稀动物分布⑦。

与锦屏县同处清水江，并在其上游的剑河县，森林覆盖率达 63.2%，也有娃娃鱼（大鲵）等国家重点保护动物栖息⑧。

也处于清水江支流、北与锦屏县接壤的黎平县，森林覆盖率达 58.4%，亦有大鲵等珍稀动物⑨。

从江县位于黔东南州东南部，虽与黎平县相邻，却另属珠江水系。珠江支流上游的都柳江穿越县境，处该县西部的月亮山自然保护区林木葱郁，遮天蔽日，溪流潺潺，鸟兽出没，栖息有大鲵等国家重点保护动物⑩。

雷公山国家级自然保护区位于黔东南州内，其范围涉及雷山、台江、剑河与榕江四县，其中有大鲵分布⑪，这使得大鲵在该州内的分布区连成大片。

位于地处麻江县西南角的老蛇冲自然保护区内森林繁茂，古树参天，为亚热带常绿落叶阔叶混交林植被，森林覆盖率达 99.6%，也有珍稀动物大鲵等栖息⑫。

地处雷山县南的丹寨县亦属珠江水系，是都柳江发源地之一，森林覆盖率 57.3%，仍有大鲵栖息⑬。

● 黔南州：位于贵定县岩下乡的岩下（大鲵）自然保护区境内，因每年冬季有大量野生鲵苗从溶洞中涌出而备受关注。据 2006～2007 年调查，当地大鲵种群密度为 0.085 kg/m^2，总资源量约 1 700 kg；捕获量表明，大鲵种群数量在 20 世纪 80 年代末后急剧减少，90 年代中期至 2000 年后，数量变化趋于缓和（栗海军等，2009），证明了野生大鲵的存在与自然保护区的作用不容忽视。

---

①佛顶山自然保护区资源概况. http://www.sq-tour.com/Article/ShowArticle.asp? ArticleID=242

②印江自治县洋溪野生动植物县级自然保护区. http://www1.cfsdc.org/wwwroot/baohuqu/35.htm

③铜仁地区大鲵养殖规划(2009—2014 年)》. http://www.360doc.com/content/11/0907/01/7082867_146350570.shtml

④贵州梵净山麓河流发现罕见野生“娃娃鱼”. http://www.zgsc123.com/index.php? m=content&c=index&a=show&catid=109&id=6541

⑤贵州铜仁市松桃县大鲵自然保护区项目建设前期工作全部完成. http://fishery.aweb.com.cn/2011/1014/512910334360.shtml

⑥黄平上塘朱家山州级自然保护区. http://www.baike.com/wiki/%E9%BB%84%E5%B9%B3%E4%B8%8A%E5%A1%98%E6%9C%B1%E5%AE%B6%E5%B1%B1%E5%B7%9E%E7%BA%A7%E8%87%AA%E7%84%B6%E4%BF%9D%E6%8A%A4%E5%8C%BA

⑦锦屏县. http://baike.baidu.com/view/189088.htm

⑧剑河县. http://baike.baidu.com/view/166498.htm#sub8049929

⑨黎平县. http://gz.zwbk.org/MyLemmaShow.aspx? lid=2295

⑩从江县月亮山自然保护区. http://www1.cfsdc.org/wwwroot/baohuqu/25.htm

⑪雷公山国家级自然保护区. http://baike.baidu.com/view/246379.htm

⑫老蛇冲自然保护区. http://www.51yala.com/Html/200792422341-1.html

⑬丹寨县. http://baike.baidu.com/view/1429161.htm

//贵定斗篷山自然保护区内有大鲵栖息的报道①。

上塘朱家山自然保护区(包括属黔南州的福泉市与瓮安县等地)仍有大鲵等珍稀动物。

都匀市西北约 30 km 处的斗篷山自然保护区,因该山形似一巨大斗篷而得名。山上有大小溪流百余条,是长江水系沅江的重要源头之一;森林覆盖率 88%,分布有娃娃鱼(大鲵)等数百种动物②。

福泉市之四邻皆有大鲵分布,据该市政府网称,当地珍稀保护动物中也有大鲵③。

平塘县地处云贵高原东南坡向广西丘陵的过渡地带上,境内重峦叠嶂,河谷深切,峰林谷地、坡立谷、间歇泉、落水洞、地下河、漏斗井泉、溶洞、阴潭等应有尽有,植被保护较好,森林覆盖率 42%。据报道,也有大鲵(娃娃鱼)等几十种珍稀动物④。

惠水县境内碳酸盐岩出露占全县面积的65%,各种喀斯特形态,如峰丛、峰林、溶蚀的盆地、洼地、盲谷、漏斗、溶洞、天生桥、嶂谷、溶沟、石芽等十分完备;在碎屑岩和不纯质碳酸盐岩分布地区,地下水溶蚀作用微弱,而以流水的剥蚀—侵蚀为主,这些地区主要表现为常态的中低山和丘陵地貌;加之亚热带季风气候,冬无严寒,夏无酷暑,四季如春;动植物资源丰富,其中依然有大鲵(娃娃鱼)等珍稀种类存在⑤。

● 黔西南州:兴义市境内地势西北高、东南低,山峦起伏,南盘江支流纵横,喀斯特地貌发育良好;当地“自然资源·生物”中,仍有“黑猴、穿山甲、娃娃鱼等国家保护动物”⑥存在。

6.5.4 云南

云南现存大鲵主要栖息于昭通市这一市级行政区内的数县境内。

● 昭通市:2010 年 3 月 5 日有报道称,彝良县牛街镇附近水域的野生娃娃鱼遭到疯狂盗捕⑦,可以证实尽管存活个体的体重大为减小,但依然有野生大鲵。//位于彝良县东北部的海子坪自然保护区中也有大鲵栖息⑧。

据《云南省 2012 年自然保护区名录》称,位于镇雄与威信县间的长江上游珍稀特有鱼类(云南段)国家级自然保护区内还有大鲵等珍稀野生动物⑨。

盐津县境内地势起伏较大,海拔 330~2 263 m,山势以高中山为主,呈南高北低状,地形险峻,山势陡峭,重峦叠嶂,沟壑纵横,形成景观丰富多样的山地生态环境。白老林自然保护区就是一片原始森林,生物资源丰富多样,其中有野生大鲵栖息⑩。

6.6 西北

除新疆外,西北其余 4 个省级行政区中依然不同程度地残存大鲵。

---

①贵定斗篷山自然保护区. http://www.baike.com/wiki/%E8%B4%B5%E5%AE%9A%E6%96%97%E7%AF%B7%E5%B1%B1%E8%87%AA%E7%84%B6%E4%BF%9D%E6%8A%A4%E5%8C%BA

此条署名:兰成华(贵定县林业局),其中提及,“斗篷山位于贵定、麻江、都匀三县市交界处,主峰海拔 1948 米,为黔南最高峰,是长江、珠江两大水系支流独木河、剑江的发源地。该保护区地处贵定县岩下乡境内”;由此出现 2 个问题:①据《全国自然保护区名录》未见麻江县设“斗篷山自然保护区”,麻江县的报道仅见“老蛇冲自然保护区”有大鲵。②查贵州省环境保护厅公布《贵州省自然保护区目录》,“贵定岩下大鲵自然保护区”批准年截止于 2008 年;但 2009 年 12 月 7 日却发布有:贵定岩下大鲵自然保护区申报建立省级自然保护区通过专家审查(见:贵定岩下大鲵自然保护区总体规划通过专家审查. http://www.gzhjbh.gov.cn/zrst/zrbhq/23925.shtml);与“贵定斗篷山自然保护区”又皆处“贵定县岩下乡”(总面积 63km^2。据岩下乡. http://baike.baidu.com/view/2363935.htm),是否一地,待查证。

②斗篷山自然保护区. http://baike.baidu.com/view/473399.htm

③自然环境. http://www.gzfuquan.gov.cn/page/huangjing/index.php

④平塘县. http://baike.baidu.com/view/1372288.htm

⑤惠水县. http://baike.baidu.com/view/282267.htm

⑥兴义. http://baike.baidu.com/link?url=kLEJaYI62iZjS0eulpB3bbBVgVsuH0IzpaHdZGeUQuCt4c6FX60FXNH-AA-zPpkY-vJB7ZR6fuv6JQzcy0z9NK

⑦云南昭通市彝良县牛街镇附近水域的野生娃娃鱼遭到疯狂盗捕. http://fishery.aweb.com.cn/2010/0305/5129162412200.shtml

⑧海子坪自然保护区. http://baike.baidu.com/view/9123788.htm

⑨云南省 2012 年自然保护区名录. http://www.ynepb.gov.cn/xxgk/read.aspx?newsid=35981

⑩盐津白老林自然保护区. http://yn.zwbk.org/lemma/1894

6.6.1 陕西

陕西现今依然是大鲵主要分布区，有 20 个市、县有大鲵栖息。

据《全国自然保护区名录》中统计，陕西省各级自然保护区有 55 个，其中有大鲵分布的至少 15 个。

● 西安市：据统计，1997 年以来，西安市共出动渔政执法人员百余人次，深入到临潼、长安、周至、户县、蓝田等区县的山区，进行大鲵保护、救护的宣传；先后查处各类捕捉、偷运、贩卖大鲵违法案件数十起，收缴保护大鲵百余条（胡军，2005）。表明西安市属大部分地区仍有大鲵存在。

调查太白山国家级自然保护区（所处地域包括属今西安市的周至县等地）内以及周边毗邻地带，有大鲵栖息（马勇等，2006）。地处周至县秦岭主脊之北侧的周至国家级自然保护区中分布的珍稀保护动物也有大鲵[①]。//据报道，2010 年 1 月 20 日，周至县水产渔政管理人员在秦岭黑河（源头在周至县境内）沙梁子鱼洞口发现野生大鲵幼苗，在 33 小时内捞获 103 尾，随后每天捞苗 30～80 余尾（王启军等，2010）。

位于秦岭东段的牛背梁国家级自然保护区（所处地域包括属今西安市的西安市长安区等地），还有大鲵等栖居[②]。据报道，2010 年 6 月 19 日，位于西安市长安区南边约 35 km 处沣峪口（沣峪是秦岭北麓的一条山沟）河边一处不大的死水潭石头缝中发现一条体长 40 cm 野生娃娃鱼[③]，可为佐证。

● 渭南市：华县现今的“动物资源 · 爬行两栖类”中列举“有国家二类保护动物大鲵（俗称娃娃鱼）、青蛙、蟾蜍、鳖、龟、壁虎、蛇类等”[④]，表明大鲵依然存在。

● 宝鸡市：据 1996 年与 1997～2005 年 4～9 月对太白山国家级自然保护区（所处地域包括属今宝鸡市的太白县、眉县等地）内以及周边毗邻地带两栖爬行动物进行调查，虽有大鲵栖息，但数量极少（马勇等，2006）。

位于太白县境内、地处秦岭中段南坡的黄柏塬省级自然保护区，东南与佛坪国家级自然保护区接壤，北与太白山国家级自然保护区相连，虽以大熊猫及其栖息地为主要保护对象，但其中也有大鲵栖息[⑤]。

● 汉中市：位于秦岭中段南坡、处洋县北部的长青国家级自然保护区，也是以保护大熊猫为主的森林和野生动物类型自然保护区，北与黄柏塬省级自然保护区相接，其中也有大鲵分布[⑥]。据近年来调查，长青自然保护区栖息的两栖纲有尾目动物仅 2 种，其中就有大鲵（张宏杰，2002）。

米仓山是川陕二省西段的主要界山，位于西乡县的“陕西米仓山自然保护区”中仍有大鲵栖息[⑦]。

《留坝县志 · 动物地理分布 · 森林动物》记载，在海拔 1 200 m 以下落叶阔叶林带“有蟾蜍、黑斑蛙、中国林蛙、隆肛蛙、大鲵、蝾螈、螃蟹等两栖动物”（陕西省留坝县地方志编纂委员会，2002），尽管其中有个别误归入的物种，但还是可以证明有大鲵生息繁衍。//桑园国家级自然保护区位于留坝县东北角，处于秦岭中段大熊猫自然保护区群的西缘，虽然同样是以大熊猫及其栖息地为主要保护对象，但其中依然存在大鲵等珍稀野生动物[⑧]。

位于佛坪县西北部的佛坪国家级自然保护

①周至国家级自然保护区. http://baike. baidu. com/view/825934. htm? fromId=248554

②牛背梁国家级自然保护区. http://baike. baidu. com/view/825933. htm? subLemmaId=825933&fromenter=%C5%A3%B1%B3%C1%BA%D7%D4%C8%BB%B1%A3%BB%A4%C7%F8

③宁军. 大热天困在死水潭中 5 岁男童救了野生娃娃鱼. http://news. 163. com/10/0620/07/69JU3N8R00014AEE. html

④华县. http://baike. baidu. com/subview/975622/11094402. htm? fr=aladdin#4_3

⑤陕西黄柏塬自然保护区. http://baike. baidu. com/view/7103034. htm

⑥长青国家级自然保护区. http://baike. baidu. com/view/514992. htm? fromId=246385

⑦米仓山国家级自然保护区. http://baike. baidu. com/view/3069089. htm；西乡县. http://baike. baidu. com/link? url=kHRXsZe502Smkk3ObnCJT3NY8BSbHU8GolHLrLdT0bTHdLX8-xVE6wRWwdUGmdlzQ7ff7-UyiIPkHLsCgnL8vWjEyKZY6D9gMm3K4U2zzQW

⑧桑园保护区脊椎动物资源. http://www. taibaishan. com. cn/publicfiles/business/htmlfiles/bsj/s1765/201107/2649. html

区中，仅保护野生动物就有大鲵等 40 余种①。

据报道，2013 年 5 月 25 日，在略阳县省级大鲵自然保护区放生 3 条在北京罚没、调查溯源来自于陕西汉中、各重约 2.5 kg 的大鲵②。

● 榆林市：据 2012 年 5 月 29 日报道，近日神木县常家沟水库捕获一尾身长 65 cm、体重 3 kg 娃娃鱼(大鲵)。据描述，其“头部宽阔扁平，眼小口大，前脚有四个脚趾，后脚有五个脚趾，胖乎乎的，酷似小孩的手”，并附多幅照片。据称，常家沟水库修建于 1978 年，“发现野生娃娃鱼，这在神木甚至陕北地区尚属首次”③。固然，常家沟水库捕获的大鲵并非人工饲养，而且与神木县东北接壤的府谷县在历史上曾有大鲵分布的记载，但其是否自然分布，尚待进一步考证。

● 安康市：据报道，位于汉滨区境内的瀛湖湿地省级自然保护区中仍有大鲵等栖息④。

位于秦岭东段的牛背梁国家级自然保护区(所处地域包括属今安康市的宁陕县等地)，还有大鲵等栖居⑤。

位于岚皋县东部、海拔 1 000～3 000 m 的南宫山国家森林公园，依然存在“灵猫、金雕、锦鸡、大鲵等”珍稀野生动物⑥。

● 商洛市：灵口大鲵自然保护区位于商南、洛南、丹凤三县与河南省卢氏县交界处的大山中，约有千条大鲵。2004 年 4 月 13 日，商南县松树沟村，发现一条长 1.03 m、重达 6 kg 左右的罕见大鲵⑦。

丹凤县的桃坪乡位于县城最东边，与河南省卢氏县相邻，这里森林覆盖率高，低温，高氧，且水质状况良好，是典型的山区溪流型水系，也是野生大鲵的理想栖息地⑧，已经建立丹凤县桃坪大鲵自然保护区(李宝清，2009)，有利于对大鲵实施保护。

据商南县林业网介绍，该县调查的两栖爬行动物中有大鲵，但是否出自位于该县的“新开岭省级自然保护区”待进一步查证⑨。

镇安县地貌以山地河流为主，其中中低山地超过全县面积的 80%，又有长江水系汉江支流的大小河流 5 801 条。经调查，位于该县境内的鹰嘴石省级自然保护区中仍有大鲵等珍稀野生动物分布⑩。

位于秦岭东段的牛背梁国家级自然保护区(所处地域包括属今商洛市的柞水县等地)，还有大鲵等多种动物栖息繁衍⑪。

6.6.2 甘肃

现今甘肃仍有 3 个市级政区内有大鲵繁衍栖息。

● 兰州市：据报道，2012 年 9 月 9 日，位于榆中县兴隆山村村民在该村一水渠发现一尾体长 68 cm、重约 2.2 kg 的娃娃鱼，从目击描述“头部扁平，口大，身体呈灰褐色，四肢短扁，体表光滑无鳞”等特征与配有照片及县畜牧水产中心水产专家鉴定，是超过 10 龄的野生大鲵。在兴隆山附

①陕西佛坪国家级自然保护区. http://baike. baidu. com/view/341113. htm? fromId=251906

②陕西略阳县三条野生娃娃鱼回归大自然. http://fishery. aweb. com. cn/20130528/596402. html

③刘宇明. 神木县常家沟水库惊现野生娃娃鱼. http://www. smwhys. com/show. asp? id=1448

④陕西安康瀛湖湿地省级自然保护区简介. http://hb. hanbin. gov. cn/Article/Show. asp? id=1445

⑤牛背梁国家级自然保护区. http://baike. baidu. com/view/825933. htm? subLemmaId=825933&fromenter=%C5%A3%B1%B3%C1%BA%D7%D4%C8%BB%B1%A3%BB%A4%C7%F8

⑥南宫山国家森林公园. http://baike. baidu. com/view/907841. htm

⑦商南警民同力呵护罕见娃娃鱼被放生. http://www. xiancn. com/gb/wbpaper/2004-04/18/content_203985. htm。又，原文称“灵口大鲵自然保护区位于商南、洛南、丹凤三县与河南省卢氏县”，有误；实际上“洛南大鲵省级自然保护区”地处洛南县灵口镇，故此只能作为四地有大鲵分布，而非保护区位置。

⑧丹凤桃坪成商洛野生大鲵栖息地. http://shangluo. hsw. cn/system/2012/08/10/051425670. shtml

⑨商南林业网. http://www. snlyw. gov. cn/Article/ShowClass. asp? ClassID=30；新开岭红豆杉. http://blog. sina. com. cn/s/blog_4c55c16b0100ydhv. html。

又，据称“新开岭自然保护区与金丝峡森林公园，一套人马，两幅牌子”，且皆在商南县林业局网上，更具体地点待进一步查证。

⑩陕西省镇安鹰嘴石省级自然保护区筹建处. 2003.(秦岭自然保护群)镇安鹰嘴石省级自然保护区管理计划. http://www. wwfchina. org/wwfpress/publication/species/200407012. pdf

⑪牛背梁国家级自然保护区. http://baike. baidu. com/view/825933. htm? subLemmaId=825933&fromenter=%C5%A3%B1%B3%C1%BA%D7%D4%C8%BB%B1%A3%BB%A4%C7%F8

近发现野生“娃娃鱼”实属首例①。

● 天水市：据新华网报道，2007 年 8 月 21 日，天水市几名小孩在河边玩耍时发现了一条长 93 cm、重约 7.5 kg、15～20 年的大娃娃鱼（即大鲵）②。又据报道，2008 年 8 月 5 日，在天水市麦积区麦积镇东柯河捕捉到一尾体长 96 cm、重 5.75 kg 野生娃娃鱼，经鉴定后，安置在仙人崖之下的仙人湖③。//秦州大鲵省级自然保护区就地处天水市秦州区，2010 年成立。表明当地依然存在野生大鲵。

● 陇南市：白水江国家级自然保护区地处武都区与文县，据 2007 年 6 月至 2009 年 5 月调查，在该保护区的刘家坪、让水河、碧口、红土河 4 个保护站及白龙江一带仍有大鲵分布（滕继荣等，2010）。

地处文县的尖山省级自然保护区，毗邻白水江国家级自然保护区，虽然主要保护对象也是大熊猫及其栖息地，但其中也有大鲵等国家重点保护动物④。据报道，2003 年 8 月 5 日，文县森林公安分局在碧口镇查获一尾长约 1 m、重 65 kg 的大鲵，后将其放生（高婷婷，2003）。

康县地处长江上游、甘肃省东南部，境内分布着嘉陵江 16 条支流，水资源十分丰富，溪河两岸植被完整，乔灌丛生，环境阴凉，河水清澈见底，清潭密布，奇石纵立，是大鲵栖息繁衍的最佳环境，2009 年建立省级“大鲵自然保护区”⑤（万寿春等，2010）。据《甘肃日报》2011 年 8 月 11 日报道称，康县大鲵保护区涵盖素河、清河和岸门口河等 9 条河流，总面积超过 1 万 $hm^2$⑥。可见当地依然有野生大鲵分布。

据两当县称，“经济作物”中有“水獭、大鲵、麝、锦鸡等珍稀动物”⑦。

徽县也提到有野生动物 200 多种，其中有“娃娃鱼”等多种珍稀动物⑧。

6.6.3 青海

青海现存大鲵仅处于玉树州一些县域。

据青海农业经济信息网称，大鲵“省内见于通天河流域”⑨。按：该流域乃黄河上游青海段，处于玉树藏族自治州境内，涉及曲麻莱、治多、称多、玉树四县，这一带是大鲵栖息的海拔最高处⑩。

6.6.4 宁夏

宁夏现今仍有 2 处大鲵存在。

据 2010 年 4 月 22 日报道，位于青铜峡市与中宁县交界的青铜峡库区湿地自然保护区经综合考察，依然有大鲵等珍稀野生动物栖息⑪。

据报道，平罗县的沙湖生态旅游区仍有大鲵存在⑫。

6.7 栖息有大鲵的自然保护区概况

截止于 2013 年 7 月调查，我国有 166 个自然保护区中有大鲵栖息（表 2.1），约占全国自然保护区⑬的 6%，涉及五大地区 18 个省级政区（其中华北地区 2 个省级政区，华东地区 4 个省级政区，中南地区 5 个省级政区，西南地区 4 个省级政区，西北地区 3 个省级政区），总面积不少于 2.86 万 km^2。

---

①张学江. 甘肃兴隆山首次发现野生“娃娃鱼”专家将进一步鉴定. http://news. ifeng. com/gundong/detail_2012_09/10/17482576_0. shtml? _from_ralated

②甘肃天水发现罕见的大娃娃鱼. http://www. gs. xinhuanet. com/news/2007-08/22/content_10928133. htm

③甘肃天水惊现“巨型娃娃鱼”体长约 1 米. http://club. china. com/data/thread/1011/2545/69/38/1_1. html

④尖山自然保护区. http://baike. baidu. com/view/581745. htm

⑤此保护区似即《全国自然保护区名录》中的“康县大鲵自然保护区”。

⑥康县保护大鲵野生生物种群. http://gsrb. gansudaily. com. cn/system/2011/08/11/012122439. shtml

⑦两当县. http://baike. baidu. com/link? url=VEOiI9NWE6LbxuN9eJDw3aEnyv_I0_7WUc-JWLzfyKC1E2iE0wYejjizmpeJ2hRO

⑧徽县. http://baike. baidu. com/link? url=HnEbYDMXg8XQNzihdEFbM-F9FPibvvBeh-NtAycZ7_bhTJ-0eV8wvl3pnwkKBJH1

⑨青海农村经济信息网：高原旅游. http://www. nj. qhei. gov. cn/gyly/ysdw-05. shtml

⑩曲麻莱“县域内平均海拔 4 500 m 以上，其中县城海拔 4 226 m。”. http://baike. baidu. com/view/927470. htm

⑪青铜峡库区湿地自然保护区. http://sxyyn1999. blog. 163. com/blog/static/850873201032282455347/

⑫沙湖. http://baike. baidu. com/link? url = w0IFYDd3MOdz _ H20OO-F-RugX76JQ7OhqN1mjcOJtwyWiDkmW48McICwLJYTEESm918vpl4gdCQGPfh39NCWwLsK2bOrjRecFaRIstuZRbS

⑬截止到 2010 年底。

表 2.1 **栖息有大鲵的自然保护区概况**

地区	省级政区	保护区名称	所处地点	面积（hm^2）	级别	建立时间	主管部门
华北	北京	拒马河	房山区	1 125	省级	19961101	农业
		怀沙河怀九河	怀柔区	111	省级	19961101	农业
	山西	历山	垣曲县、沁水县、翼城县、阳城县	24 800	国家级	19831226	林业
		阳城莽河猕猴	阳城县	5 600	国家级	19831226	林业
		垣曲县大鲵繁育保护站	垣曲县	3.4	省级	2003	水利
华东	浙江	凤阳山一百山祖	庆元县、龙泉市	26 052	国家级	19750101	林业
		浙江九龙山	遂昌县	5 525	国家级	19830903	林业
		龙王山	安吉县	1 242	省级	19850807	林业
		牛头山	武义县	3 000	县级	19951226	林业
		东白山	诸暨市	5 072	省级	20031217	林业
	安徽	金寨天马	金寨县	28 914	国家级	19820601	林业
		舒城万佛山	舒城县	2 000	省级	19870801	林业
		鹞落坪	岳西县	12 300	国家级	19911229	环保
		岭南	休宁县	2 771	省级	19951202	林业
		板仓	潜山县	1 523	省级	19951202	林业
		十里山	黄山市	1 936	省级	19951221	林业
		天湖	黄山市	4 500	省级	20000318	林业
		五溪山	黟县	4 050	省级	20000318	林业
		霍山佛子岭	霍山县	6 667	省级	20001201	林业
		老山	贵池区	16 909	省级	20010406	林业
		九龙峰	黄山市	2 720	省级	20010406	林业
		祁门佛子岭	祁门县	166	县级	20070910	林业
	福建	杨梅州大鲵	寿宁县	19 610	县级	20070411	林业
	江西	靖安大鲵	靖安县	100	县级	19800101	农业
		井冈山	井冈山市	21 499	国家级	19810301	林业
		庐山	九江市	30 452	省级	19810306	林业
		江西九岭山	靖安县	11 541	国家级	19970106	林业
		瑶里	浮梁县	3 627	省级	20010330	林业
		铜钹山	广丰县	10 800	省级	20040820	林业
		潦河大鲵	靖安县	3 733	省级	20110101	农业

（续表）

地区	省级政区	保护区名称	所处地点	面积（hm²）	级别	建立时间	主管部门
中南	河南	宝天曼	内乡县	5 413	国家级	19800430	林业
		伏牛山	西峡县、内乡县、南召县、栾川县、嵩县、鲁山县	56 024	国家级	19820624	林业
		鸡公山	信阳市	2 917	国家级	19820624	林业
		连康山	新县	10 580	国家级	19820624	林业
		太白顶	桐柏县	4 924	省级	19820624	林业
		金刚台	商城县	2 972	省级	19820624	林业
		卢氏县大鲵	卢氏县	1 000	省级	19820703	农业
		西峡县大鲵	西峡县	1 000	省级	19820703	农业
		青要山	新安县	4 000	省级	19881120	林业
		栾川大鲵	栾川县	800	县级	19950810	农业
		嵩县大鲵	嵩县	600	县级	19960624	农业
		丹江湿地	淅川县	64 027	国家级	20010810	林业
		湍河湿地	内乡县	4 547	省级	20010810	林业
		信阳天目山	信阳市	6 750	省级	20011205	林业
		鲇鱼山	商城县	5 805	省级	20011205	林业
		高乐山	桐柏县	9 060	省级	20040226	林业
		四望山	信阳市	14 000	省级	20040226	林业
		熊耳山	嵩县、洛宁县、宜阳县、栾川县	32 525	省级	20041119	林业
	湖北	星斗山	利川市、咸丰县、恩施市	68 339	国家级	19811218	林业
		木林子	鹤峰县	20 838	省级	19830101	林业
		五峰后河	五峰土家族自治县	10 340	国家级	19850101	林业
		神农架	神农架林区	70 467	国家级	19860709	林业
		赛武当	十堰市	21 203	国家级	19870101	林业
		十八里长峡	竹溪县	30 459	省级	19881001	林业
		万江河大鲵	竹溪县	780	省级	19890701	农业
		五道峡	保康县	23 816	省级	19900101	林业
		七姊妹山	宣恩县	34 550	国家级	19900301	林业
		忠建河大鲵	咸丰县	264	省级	19940801	农业
		三峡万朝山	兴山县	20 986	省级	20001201	林业
		丹江口库区	丹江口市	45 103	省级	20030318	林业
		南河	谷城县	14 834	省级	20030928	林业
		野人谷	房县	36 892	省级	20040806	林业

（续表）

地区	省级政区	保护区名称	所处地点	面积（hm^2）	级别	建立时间	主管部门
	湖南	沙角洞银杉	城步苗族自治县	3 762	县级	19810201	林业
		炎陵桃源洞	炎陵县	23 786	国家级	19820101	林业
		莽山	宜章县	19 833	国家级	19820101	林业
		浏阳大围山	浏阳市	5 220	省级	19820401	林业
		武冈云山	武冈市	952	省级	19820401	林业
		黄桑	绥宁县	12 590	国家级	19820403	林业
		壶瓶山	石门县	40 847	国家级	19820405	林业
		九嶷山	宁远县	3 648	省级	19820427	林业
		大远、源口	江永县	5 527	省级	19820527	林业
		东安舜皇山	东安县	14 311	省级	19820701	林业
		阳明山	双牌县	12 795	国家级	19840101	林业
		小龙门娃娃鱼	辰溪县	1 760	县级	19840501	环保
		南岳衡山	衡阳市	11 992	国家级	19840509	林业
		顶辽银杉	资兴市	953	省级	19860101	林业
		八大公山	桑植县	20 000	国家级	19860709	林业
		张家界大鲵	张家界市、慈利县、桑植县	14 285	国家级	19961129	农业
		借母溪	沅陵县	13 041	国家级	19980101	林业
		鹰嘴界	会同县	15 900	国家级	19980101	林业
		六步溪	安化县	14 239	国家级	19990426	林业
		齐心金雕	吉首市	13 344	县级	20010101	林业
		七眼泉	桑植县	464	市级	20010901	农业
		八仙湖	吉首市	7 032	县级	20030101	林业
		祁阳小鲵	祁阳县	6 060	省级	20040301	林业
		两岔大鲵	永顺县		县级		
		大乘山大鲵	娄星区		县级		
	广东	黄华江	信宜市	1 000	县级	19960201	海洋
		乳源大峡谷	乳源瑶族自治县	3 468	省级	19981101	林业
		桂山大鲵	东源县	133	市级	20011101	农业
		新丰江鼋	东源县	3 000	县级	20011201	林业
		连南大鲵	连南瑶族自治县	1 047	省级	20041201	农业
		滨江水生生物	清新县	1 400	市级	20041201	农业
		三水水生野生动物	连州市	210	市级	20041201	农业
		万时山大鲵	仁化县	850	县级	20060601	农业
		陆河南万大鲵	陆河县	500	市级	20060901	海洋

（续表）

地区	省级政区	保护区名称	所处地点	面积（hm²）	级别	建立时间	主管部门
	广西	猫儿山	资源县、兴安县	17 009	国家级	19760501	林业
		千家洞	灌阳县	12 231	国家级	19820601	林业
		九万山	罗城仫佬族自治县、环江毛南族自治县、融水苗族自治县	25 213	国家级	19820601	林业
		澄碧河	右江区	77 000	市级	19820601	林业
		金钟山黑颈长尾雉	隆林各族自治县	20 924	国家级	19820601	林业
		七冲	昭平县	13 024	省级	20031101	林业
		泗涧山大鲵	融水苗族自治县	10 384	省级	20041001	其他
西南	重庆	大巴山	城口县	136 017	国家级	19790501	林业
		三黛沟	酉阳土家族苗族自治县	9 400	县级	19890701	水利
		天坑地缝	奉节县	26 458	省级	19981201	环保
		小南海	黔江区	15 000	省级	19990301	环保
		大板营	酉阳土家族苗族自治县	21 246	省级	19991001	林业
		雪宝山	开县	23 452	国家级	20000401	林业
		五里坡	巫山县	35 277	省级	20000901	林业
		彭溪河湿地	开县	3 686	省级	20080101	林业
	四川	蜂桶寨	宝兴县	39 039	国家级	19750320	林业
		马边大风顶	马边彝族自治县	30 164	国家级	19781215	林业
		诺水河	通江县	63 000	国家级	19860101	环保
		观雾山	江油市	21 034	省级	19920201	林业
		光雾山	南江县	34 984	省级	19960101	住建
		画稿溪	叙永县	23 827	国家级	19980101	环保
		米仓山	旺苍县	23 400	国家级	19990101	林业
		百里峡	宣汉县	26 260	省级	19990101	环保
		构溪河	阆中市	65 830	县级	19991101	林业
		花萼山	万源市	48 203	国家级	19960101	环保
		天全河珍稀鱼类	天全县	3 619	省级	20000101	水利
		大小沟	青川县	4 067	市级	20000101	环保
		毛寨	青川县	14 150	省级	20011001	林业
		诺水河大鲵	通江县	9 480	省级	20020101	水利
		曲河	色达县	43 000	市级	20020901	农业
		川溪河大鲵	大邑县		县级		

（续表）

地区	省级政区	保护区名称	所处地点	面积（hm^2）	级别	建立时间	主管部门
	贵州	雷公山	雷山县、台江县、剑河县、榕江县	47 300	国家级	19820601	林业
		上塘朱家山	黄平县、瓮安县、福泉市	12 346	市级	19840302	林业
		黔西娃娃鱼	黔西县	2 000	县级	19850101	环保
		从江月亮山	从江县	24 800	市级	19860101	林业
		梵净山	江口县、印江土家族苗族自治县、松桃苗族自治县	41 900	国家级	19860709	林业
		冷水河	金沙县	8 133	县级	19920901	林业
		石阡佛顶山	石阡县	12 635	省级	19921001	林业
		老蛇冲	麻江县	8 678	市级	19921201	林业
		习水中亚热带常绿阔叶林	习水县	48 666	国家级	19940908	林业
		都匀斗篷山	都匀市	4 233	县级	19980301	林业
		贵定斗篷山	贵定县	2 438	县级	19980501	林业
		洋溪	印江土家族苗族自治县	13 000	县级	19990101	林业
		凤冈万佛山	凤冈县	8 400	县级	20021201	林业
		岩下大鲵	贵定县		省级	2009	
		松桃大鲵	松桃苗族自治县	69	市级	2011	农业
		江口自然保护区	江口县		市级		
	云南	海子坪	彝良县	2 782	省级	19840501	林业
		白老林	盐津县	2 200	市级	20030501	林业
		长江上游珍稀特有鱼类（云南段）	镇雄县、威信县	136	国家级	国办函[2005]29 号	农业
西北	陕西	太白山	太白县、眉县、周至县	56 325	国家级	19650909	林业
		佛坪	佛坪县	29 240	国家级	19781215	林业
		牛背梁	柞水县、西安市、宁陕县	16 418	国家级	19880509	林业
		周至	周至县	56 393	国家级	19880509	林业
		太白湑水河	太白县	5 343	省级	19901126	农业
		长青	洋县	29 906	国家级	19951222	林业
		洛南大鲵	洛南县	5 715	省级	19990401	其他
		陇县秦岭细鳞鲑	陇县	6 559	国家级	20011101	水利
		瀛湖湿地	汉滨区	19 800	省级	20020101	林业
		桑园	留坝县	13 806	国家级	20020826	林业
		陕西米仓山	西乡县	34 192	国家级	20030820	林业
		新开岭	商南县	14 963	省级	20040101	林业
		鹰嘴石	镇安县	11 462	省级	20040101	林业
		略阳大鲵	略阳县	5 600	省级	20060101	林业
		黄柏塬	太白县	21 865	省级	20060101	林业
		秦巴山区水生生物					

（续表）

地区	省级政区	保护区名称	所处地点	面积（hm^2）	级别	建立时间	主管部门
	甘肃	白水江	武都区、文县	183 799	国家级	19630101	林业
		尖山	文县	10 040	省级	19921216	林业
		文县大鲵	文县	13 579	省级	20040509	农业
		康县大鲵	康县	10 247	省级	20091021	农业
		秦州大鲵	天水市	2 350	省级	20100719	农业
	宁夏	青铜峡库区	青铜峡市、中宁县	19 500	省级	20020701	其他

注：①本表参考多方面信息综合而成，并修正个别误差。

②四川省大邑县川溪河大鲵自然保护区则正在申办县级大鲵自然保护区；湖南省永顺县两岔大鲵自然保护区（县级，1988 年建立）、娄底市大乘山大鲵自然保护区（县级，1987 年建立）、辰溪县龙门大鲵自然保护区（县级，1983 年建立），贵州省黔西县大鲵自然保护区（县级，1984 年建立）等 4 个大鲵自然保护区目前实际处于“三无”状态（全国共有多少大鲵自然保护区. http://zhidao. baidu. com/question/99059412. html）。

③另有“贵州铜仁松桃县市级自然保护区”“贵州铜仁江口县市级自然保护区”与“陕西秦巴山区水生生物省级自然保护区”（我国大鲵资源与保护管理现状. http://www. cdshuichan. com/detail. asp? ID＝1357&ZL＝0）待进一步查证。

④本表据全国自然保护区名录. http://sts. mep. gov. cn/zrbhq/zrbhq/201208/t20120824_235172. htm；安徽省自然保护区简介. http://www. ahly. gov. cn/main/model/newinfo/newinfo. do? infoId＝14166；山西垣曲县大鲵繁育保护站通过省级验收. http://www. zgny. com. cn/ifm/consultation/show. asp? n_con_id＝47364；凤阳山—百山祖自然保护区. http://cidian. iask. sina. com. cn/a/eqnm. html；浙江百山祖国家级自然保护区. http://zjbsz. nre. cn/htm/baishanzu/jibengaikuang/20100914/576. html；浙江九龙山国家级自然保护区. http://jls. suichang. gov. cn/zybh/dwzy/201006/t20100621_78562. htm；龙王山自然保护区. http://www. huzhou. gov. cn/art/2008/11/26/art_66_7323. html；牛头山. http://wenku. baidu. com/view/9674342ced630b1c59eeb5a5. html；金华牛头山. http://blog. sina. com. cn/s/blog_4a67957c010005r6. html；鹞落坪国家级自然保护区. http://baike. baidu. com/view/481670. htm；全国共有多少大鲵自然保护区（2009）. http://zhidao. baidu. com/question/99059412. html；我国大鲵资源与保护管理现状. http://www. cdshuichan. com/detail. asp? ID＝1357&ZL＝0；马勇等，2006；壶瓶山. http://baike. baidu. com/view/341740. htm；重庆大巴山国家级自然保护区. http://www. forestry. gov. cn/portal/zrbh/s/2713/content-438113. html；重庆开县彭溪河湿地自然保护区. http://www. zhchsh. net/a/wenxueyuanchuang/sanwensuibi/2011/0520/3951. html；张维宾等，2009；大板营. http://baike. baidu. com/view/1060463. htm；云南省 2012 年自然保护区名录. http://www. ynepb. gov. cn/xxgk/read. aspx? newsid＝35981；宝天曼国家级自然保护区. http://baike. baidu. com/view/481830. htm? fromId＝114594；炎陵桃源洞自然保护区. http://www. baike. com/wiki/%E7%82%8E%E9%99%B5%E6%A1%83%E6%BA%90%E6%B4%9E%E8%87%AA%E7%84%B6%E4%BF%9D%E6%8A%A4%E5%8C%BA；白水江自然保护区. http://www. china. com. cn/aboutchina/zhuanti/ysdw/2008-12/05/content_16905471. htm；青铜峡库区湿地自然保护区. http://sxyyn1999. blog. 163. com/blog/static/850873201032282455347/；曾小飚等，2008；孙厚成等，2006；蒋锝斌等，2006；周至国家级自然保护区. http://baike. baidu. com/view/825934. htm? fromId＝248554；陕西黄柏塬自然保护区. http://baike. baidu. com/view/7103034. htm；长青国家级自然保护区. http://baike. baidu. com/view/514992. htm? fromId＝246385；米仓山国家级自然保护区. http://baike. baidu. com/view/3069089. htm；丹江湿地保护区. http://www. baike. com/wiki/%E4%B8%B9%E6%B1%9F%E6%B9%BF%E5%9C%B0%E4%BF%9D%E6%8A%A4%E5%8C%BA；桑园保护区脊椎动物资源. http://www. taibaishan. com. cn/publicfiles/business/htmlfiles/bsj/s1765/201107/2649. html；陕西佛坪国家级自然保护区. http://baike. baidu. com/view/341113. htm? fromId＝251906；陕西安康瀛湖湿地省级自然保护区简介. http://hb. hanbin. gov. cn/Article/Show. asp? id＝1445；商南林业网. http://www. snlyw. gov. cn/Article/ShowClass. asp? ClassID ＝ 30；新开岭红豆杉. http://blog. sina. com. cn/s/blog_4c55c16b0100ydhv. html；陕西省镇安鹰嘴石省级自然保护区筹建处. 2003.（秦岭自然保护群）镇安鹰嘴石省级自然保护区管理计划. http://www. wwfchina. org/wwfpress/publication/species/200407012. pdf；牛背梁国家级自然保护区. http://baike. baidu. com/view/825933. htm? subLemmaId＝825933&fromenter＝%C5%A3%B1%B3%C1%BA%D7%D4%C8%BB%B1%A3%BB%A4%C7%F8；尖山自然保护区. http://baike. baidu. com/view/581745. htm；凤冈县万佛山自然保护区. http://www1. cfsdc. org/wwwroot/baohuqu/28. htm；习水中亚热带常绿阔叶林国家级自然保护区. http://baike. baidu. com/view/472694. htm? fromId＝181358；梵净山国家级自然保护区. http://baike. baidu. com/view/824110. htm? fromId＝120315；佛顶山自然保护区资源概况. http://www. sq-tour. com/Article/ShowArticle. asp? ArticleID＝242；印江自治县洋溪野生动植物县级自然保护区. http://www1. cfsdc. org/wwwroot/baohuqu/35. htm；冷水河自然保护区. http://baike. baidu. com/view/2664875. htm；黄平上塘朱家山州级自然保护区. http://www. baike. com/wiki/%E9%BB%84%E5%B9%B3%E4%B8%8A%E5%A1%98%E6%9C%B1%E5%AE%B6%E5%B1%B1%E5%B7%9E%E7%BA%A7%E8%87%AA%E7%84%B6%E4%BF%9D%E6%8A%A4%E5%8C%BA；从江县月亮山自然保护区. http://www1. cfsdc. org/wwwroot/baohuqu/25. htm；雷公山国家级自然保护区. http://baike. baidu. com/view/246379. htm；老蛇冲自然保护区. http://www. 51yala. com/Html/200792422341-1. html；斗篷山自然保护区. http://baike. baidu. com/view/473399. htm；贵定斗篷山自然保护区. http://www. baike. com/wiki/%E8%B4%B5%E5%AE%9A%E6%96%97%E7%AF%B7%E5%B1%B1%E8%87%AA%E7%84%B6%E4%BF%9D%E6%8A%A4%E5%8C%BA；画稿溪国家级自然保护区官网. http://www. huagaoxi. org/info/? InfoType=4；四川观雾山自然保护区. http://www. my. gov. cn/MYGOV/150619928930549760/20111202/605140. html；青川大小沟自然保护区. http://sc. zwbk. org/MyLemmaShow. aspx? lid=1584；毛寨自然保护区. http://baike. baidu. com/view/5609246. htm；构溪河湿地保护区：原生态之行. http://www. lz520. net/2009/0729/794. html；宣汉县百里峡省级自然保护区. http://www. zwbk. org/MyLemmaShow. aspx? lid=224930；花萼山国家级自然保护区. http://www. huaeshan. gov. cn/docc/about. htm；探访四川雅安天全河珍稀鱼类省级自然保护区. http://www. bbwfish. com/article. asp? artid=122786；蜂桶寨国家级自然保护区. http://baike. baidu. com/view/481806. htm? fromId=246947；通江诺水河珍稀水生动物国家级自然保护区获批. http://www. sc. xinhuanet. com/content/2012-02/27/content_24786936. htm；光雾山. http://baike. baidu. com/view/48004. htm；灌阳县. http://baike. baidu. com/view/395161. htm；七冲自然保护区野生动物日渐增多. http://www. zpol. cn/lyj/stly/show_news. asp? id=555；九万山国家级自然保护区. http://baike. baidu. com/view/3018401. htm；东白山. http://baike. baidu. com/view/542896. htm；浮梁县. http://baike. baidu. com/view/704587. htm；庐山自然保护区. http://baike. baidu. com/view/118116. htm；井冈山自然保护区. http://baike. baidu. com/view/248434. htm；江西九岭山国家级自然保护区. http://baike. baidu. com/view/8390036. htm；江西广丰县铜钹山自然保护区晋升省级保护区. http://www. forestry. gov. cn/portal/main/s/72/content-347928. html；黔江小南海风景区. http://www. auyou. cn/scenerylist/10564. html；青要山自然保护区. http://baike. baidu. com/view/1776388. htm；栾川大鲵自然保护区. http://www. hnep. gov. cn/tabid/324/InfoID/4369/frtid/161/Default. aspx；熊耳山自然保护区. http://baike. baidu. com/view/8805288. htm；伏牛山国家级自然保护区. http://baike. baidu. com/view/472684. htm? subLemmaId=472684&fromenter=%B7%FC%C5%A3%C9%BD%D7%D4%C8%BB%B1%A3%BB%A4%C7%F8；湍河湿地省级自然保护区. http://www. forestry. gov. cn/portal/main/s/144/content-82439. html；桐柏高乐山自然保护区. http://blog. sina. com. cn/s/blog_469466520100rpa7. html；太白顶自然保护区. http://baike. baidu. com/view/825946. htm；河南鸡公山国家级自然保护区. http://www. zwbk. org/MyLemmaShow. aspx? lid=114589；四望山自然保护区. http://www. hnly. gov. cn/portal/zrbh/zrbhq/webinfo/2004/11/1256616634390320. htm；信阳天目山省级自然保护区. http://baike. baidu. com/view/9431064. htm；连康山国家级自然保护区. http://baike. baidu. com/view/1093453. htm? fromId=825952；金刚台自然保护区. http://www. hnep. gov. cn/tabid/324/InfoID/4286/frtid/229/Default. aspx；商城鲇鱼山省级自然保护区. http://www. hnly. gov. cn/xinyang/zybh/zrbhq/webinfo/2009/12/1259720231300833. htm；赛武当自然保护区动物资源. http://www. symjswd. cn/Lisheng_ReadNews. asp? NewsID=211；十八里长峡自然保护区. http://www. baike. com/wiki/%E5%8D%81%E5%85%AB%E9%87%8C%E9%95%BF%E5%B3%A1%E8%87%AA%E7%84%B6%E4%BF%9D%E6%8A%A4%E5%8C%BA；湖北省万江河大鲵自然保护区的夏季之美. http://pic. cnhubei. com/sp. php? do=album&id=49045；野人谷自然保护区. http://baike. baidu. com/view/8913521. htm；丹江口库区湿地自然保护区. http://baike. baidu. com/view/8913586. htm；湖北三峡万朝山自然保护区晋升省级保护区. http://www. forestry. gov. cn/portal/main/s/228/content-276996. html；后河国家级自然保护区. http://baike. baidu. com/view/345586. htm? fromId=473379；南河湿地自然保护区. http://baike. baidu. com/view/4178635. htm；五道峡自然保护区. http://baike. baidu. com/view/8913553. htm；星斗山自然保护区. http://baike. baidu. com/view/488558. htm；七姊妹山. http://baike. baidu. com/view/937234. htm；木林子自然保护区. http://baike. baidu. com/view/5145374. htm；湖北神农架国家级自然保护区·动物资源. http://www. snjbhq. com/html/baohuqugaikuang/20090727/77. html；大围山. http://baike. baidu. com/view/55200. htm；南岳衡山国家级自然保护区. http://baike. baidu. com/view/7036341. htm；黄桑国家级自然保护区. http://baike. baidu. com/view/3687370. htm? fromId=793019；邵阳沙角洞银杉森林公园简介. http://beijing. lotour. com/shajiaoyinshangy/lvyoujianjie/；武冈云山. http://baike. soso. com/v24331812. htm；八大公山国家级自然保护区. http://baike. baidu. com/view/481725. htm? fromId=248739；湖南八大公山自然保护区导游词. http://wenku. baidu. com/view/b7e210c42cc58bd63186bd89. html；六步溪国家级自然保护区. http://baike. baidu. com/view/9404429. htm；莽山国家级自然保护区. http://baike. baidu. com/view/481726. htm? fromId=248733；顶寮银杉自然保护区. http://baike. baidu. com/view/8739262. htm；祁阳小鲵自然保护区. http://baike. baidu. com/view/2623730. htm；阳明山自然保护区. http://baike. baidu. com/view/2080192. htm；江永源口省级自然保护区. http://baike. baidu. com/view/8712781. htm；九疑山国家森林公园. http://baike. baidu. com/view/1204617. htm；湖南借母溪国家级自然保护区. http://baike. baidu. com/view/5704834. htm? fromId=1501539&redirected=seachword；湖南鹰嘴界国家级自然保护区. http://baike. baidu. com/view/1280248. htm? subLemmaId=1280248&fromenter=%D3%A5%D7%EC%BD%E7%

D7%D4%C8%BB%B1%A3%BB%A4%C7%F8;万佛山自然保护区. http://www.baike.com/wiki/%E4%B8%87%E4%BD%9B%E5%B1%B1%E8%87%AA%E7%84%B6%E4%BF%9D%E6%8A%A4%E5%8C%BA;八仙湖自然保护区. http://baike.baidu.com/view/8739320.htm;齐心自然保护区. http://baike.baidu.com/view/8739386.htm;广东乳源大峡谷省级自然保护区. http://baike.baidu.com/view/2253165.htm;广西隆林网. http://www.gxll.gov.cn/html/longlin/about/resources/;雪宝山国家森林公园. http://baike.baidu.com/view/906206.htm

由表 2.1 可见:历史时期我国有大鲵分布的省级政区中,除 6 个(吉林省、黑龙江省、上海市、江苏省、香港特别行政区、西藏自治区)现今未再见大鲵栖息外,仅有 4 个(辽宁省、河北省、山东省、青海省)未见栖息有大鲵的自然保护区。

据调查,存在一地多个栖息大鲵的自然保护区概况:有 2 个大鲵栖息的自然保护区是山西省阳城县、垣曲县,江西省靖安县,河南省内乡县、西峡县、桐柏县、商城县,湖北省竹溪县,湖南省吉首市,广东省东源县,重庆市开县、酉阳土家族苗族自治县,四川省青川县,贵州省江口县、印江土家族苗族自治县、松桃苗族自治县、贵定县,陕西省周至县;有 3 个大鲵栖息的自然保护区是安徽省黄山市,河南省栾川县、嵩县、信阳市,湖南省桑植县,陕西省太白县,甘肃省文县。

我们再对栖息有大鲵的自然保护区作分类比较(表 2.2)。

表 2.2　栖息有大鲵的自然保护区分类统计比较

地区	省级政区	保护区小计	保护区级别					主管部门							
			国家	省	市	县	不详	农业	林业	环保	水利	海洋	住建	其他	不详
华北	北京	2		2				2							
	山西	3	2	1					2		1				
华东	浙江	5	2	2		1			5						
	安徽	12	2	9		1			11	1					
	福建	1				1			1						
	江西	7	2	4		1		2	5						
中南	河南	18	11	5		2		4	14						
	湖北	14	5	9				2	12						
	湖南	25	11	7	1	6		2	20	1					2
	广东	9		2	4	3		5	1			2			
	广西	7	4	2	1				6					1	
西南	重庆	8	2	5		1			5	2	1				
	四川	16	6	6	2	2		1	6	5	2		1		1
	贵州	16	3	2	5	6		1	12	1					2
	云南	3	1	1	1			1	2						
西北	陕西	16	8	7			1	1	12		1			1	1
	甘肃	5	1	4				3	2					1	
	宁夏	1	1												
合计		168	61	68	14	24	1	24	116	10	5	2	1	3	6

由表 2.2 可见：

● 目前所知，全国共有 168 个自然保护区中栖息有大鲵。

● 各省级政区有大鲵栖息的自然保护区数量排序：湖南省(25 个)，河南省(18 个)，四川省、贵州省、陕西省(皆 16 个)，湖北(14 个)，安徽省(12 个)，广东省(9 个)、重庆市(8 个)，江西省、广西壮族自治区(皆 7 个)，浙江省、甘肃省(皆 5 个)，山西省、云南省(皆 3 个)，北京市(2 个)，福建省、宁夏回族自治区(皆 1 个)。

● 大鲵栖息的各级自然保护区排序：以省级为首，约占总数 40%；国家级次之，约占总数 36%；县级再次，约占总数 14%。

● 在相关省级政区中，拥有各级保护区前三者排序：①国家级自然保护区：河南省、湖南省(皆 11 个)，陕西省(8 个)，四川省(6 个)；②省级自然保护区：安徽省、湖北省(皆 9 个)，湖南省、陕西省(皆 7 个)，四川省(6 个)；③市级自然保护区：贵州省(5 个)，广东省(4 个)，四川省(2 个)；④县级自然保护区：湖南省、贵州省(皆 6 个)，广东省(3 个)，河南省、四川省(皆 2 个)。

● 保护区分别隶属农业、林业、环保、水利、海洋、住建等部门，前三者占绝对优势，占总数 89%。其中，以林业部门为最多，占总数 69%；农业部门次之，占总数 14%；环保部门再次之，占总数 6%。

● 现今存在大鲵分布地点大部分与含有大鲵的自然保护区地点一致(图 2.21、表 2.3)，亦即在残存大鲵较集中的天然分布地获得法定特殊保护和管理区域。

表 2.3 现今大鲵分布地点与分布有大鲵的自然保护区地点对照

地区	省级政区	现今分布地点	自然保护区地点
华北	北京	房山区、怀柔区、密云县	房山区、怀柔区
	河北	涞源县、阜平县	
	山西	沁水县、阳城县、翼城县、垣曲县	垣曲县、沁水县、翼城县、阳城县
东北	辽宁	海城市、岫岩满族自治县	
华东	浙江	临安市、安吉县、诸暨市、武义县、龙泉市、遂昌县、庆元县、景宁畲族自治县	安吉县、诸暨市、武义县、龙泉市、遂昌县、庆元县
	安徽	潜山县、岳西县、黄山市、休宁县、黟县、祁门县、舒城县、金寨县、霍山县、贵池区、宁国市	潜山县、岳西县、黄山市、休宁县、黟县、祁门县、舒城县、金寨县、霍山县、贵池区
	福建	浦城县、仙游县、漳浦县、寿宁县	寿宁县
	江西	九江市、浮梁县、萍乡市、上犹县、崇义县、全南县、广丰县、弋阳县、宜黄县、靖安县、井冈山市	九江市、浮梁县、广丰县、靖安县、井冈山市
	山东	乐陵市	
中南	河南	卢氏县、新安县、栾川县、嵩县、宜阳县、洛宁县、鲁山县、南召县、西峡县、内乡县、淅川县、桐柏县、信阳市、固始县、商城县、罗山县、新县、济源市	卢氏县、新安县、栾川县、嵩县、宜阳县、洛宁县、鲁山县、南召县、西峡县、内乡县、淅川县、桐柏县、信阳市、商城县、新县
	湖北	十堰市、丹江口市、郧县、竹山县、房县、竹溪县、南漳县、谷城县、保康县、罗田县、英山县、松滋市、远安县、兴山县、五峰土家族自治县、曾都区、广水市、神农架林区、恩施市、利川市、宣恩县、咸丰县、鹤峰县	十堰市、丹江口市、房县、竹溪县、谷城县、保康县、兴山县、五峰土家族自治县、神农架林区、恩施市、利川市、宣恩县、咸丰县、鹤峰县

（续表）

地区	省级政区	现今分布地点	自然保护区地点
	湖南	浏阳市、张家界市、慈利县、桑植县、石门县、桃江县、安化县、岳阳县、炎陵县、衡阳市、常宁市、资兴市、永兴县、宜章县、桂东县、永州市、东安县、宁远县、江永县、蓝山县、双牌县、祁阳县、江华瑶族自治县、武冈市、隆回县、洞口县、绥宁县、城步苗族自治县、洪江市、沅陵县、辰溪县、会同县、娄星区、吉首市、凤凰县、保靖县、永顺县、龙山县	浏阳市、张家界市、慈利县、桑植县、石门县、安化县、炎陵县、衡阳市、资兴市、宜章县、东安县、宁远县、江永县、双牌县、祁阳县、武冈市、绥宁县、城步苗族自治县、沅陵县、辰溪县、会同县、娄星区、吉首市、永顺县
	广东	连州市、清新县、连南瑶族自治县、仁化县、新丰县、乳源瑶族自治县、连平县、东源县、陆河县、信宜市	连州市、清新县、连南瑶族自治县、仁化县、乳源瑶族自治县、东源县、陆河县、信宜市
	广西	桂林市、临桂县、兴安县、灌阳县、资源县、龙胜县、鹿寨县、融水苗族自治县、玉州区、右江区、凌云县、西林县、田林县、隆林各族自治县、宜州市、罗城仫佬族自治县、环江毛南族自治县、金秀瑶族自治县、八步区、昭平县、钟山县、富川县	兴安县、灌阳县、资源县、融水苗族自治县、右江区、隆林各族自治县、罗城仫佬族自治县、环江毛南族自治县、昭平县
西南	重庆	渝中区、万盛区、黔江区、合川区、武隆县、城口县、开县、巫溪县、巫山县、奉节县、彭水县、酉阳土家族苗族自治县	黔江区、城口县、开县、巫山县、奉节县、酉阳土家族苗族自治县
	四川	崇州市、大邑县、旺苍县、青川县、剑阁县、江油市、阆中市、南部县、广安区、岳池县、邻水县、威远县、犍为县、沐川县、峨边彝族自治县、马边彝族自治县、自贡市、泸州市、合江县、叙永县、翠屏区、宜宾县、兴文县、通江县、南江县、万源市、宣汉县、大竹县、渠县、荥经县、天全县、宝兴县、色达县	大邑县、旺苍县、青川县、江油市、阆中市、马边彝族自治县、叙永县、通江县、南江县、万源市、宣汉县、天全县、宝兴县、色达县
	贵州	贵阳市、清镇市、开阳县、修文县、息烽县、钟山区、绥阳县、凤冈县、余庆县、习水县、黔西县、金沙县、江口县、石阡县、印江土家族苗族自治县、松桃苗族自治县、黄平县、锦屏县、剑河县、台江县、黎平县、榕江县、从江县、雷山县、麻江县、丹寨县、都匀市、福泉市、贵定县、瓮安县、平塘县、惠水县、兴义市	凤冈县、习水县、黔西县、金沙县、江口县、石阡县、印江土家族苗族自治县、松桃苗族自治县、黄平县、剑河县、台江县、榕江县、从江县、雷山县、麻江县、都匀市、福泉市、贵定县、瓮安县
	云南	盐津县、镇雄县、彝良县、威信县	盐津县、镇雄县、彝良县、威信县
西北	陕西	西安市、蓝田县、周至县、户县、眉县、陇县、太白县、洋县、西乡县、略阳县、留坝县、佛坪县、神木县、汉滨区、宁陕县、洛南县、丹凤县、商南县、镇安县、柞水县	西安市、周至县、眉县、陇县、太白县、洋县、西乡县、略阳县、留坝县、佛坪县、汉滨区、宁陕县、洛南县、商南县、镇安县、柞水县
	甘肃	榆中县、天水市、武都区、康县、文县、两当县、徽县	天水市、武都区、康县、文县
	青海	玉树县、杂多县、称多县、治多县	
	宁夏	青铜峡市、中宁县	青铜峡市、中宁县

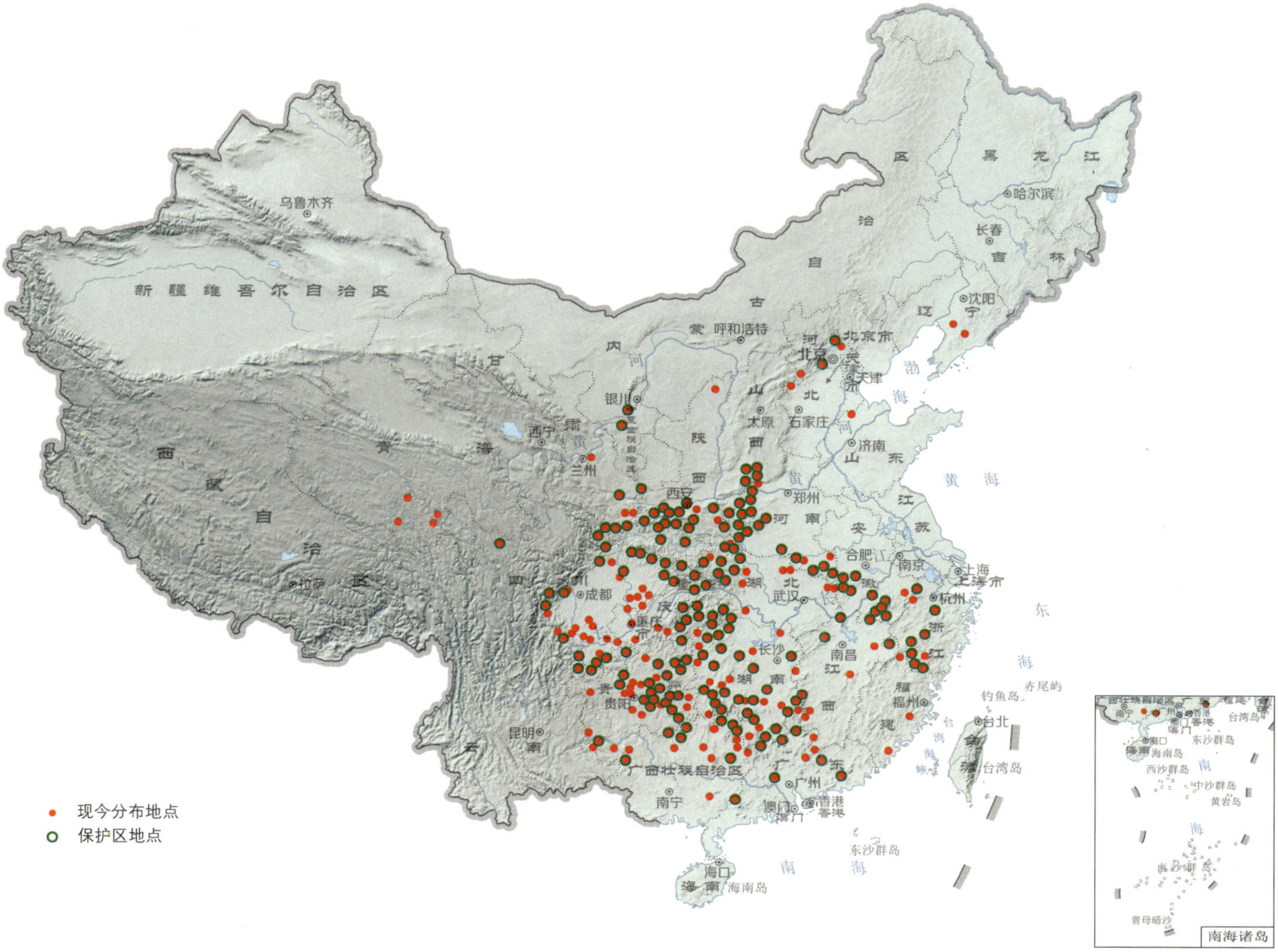

图 2.20 现有大鲵分布与分布有大鲵的自然保护区概况

结合图 2.20 与表 2.3，可见有一部分省级政区（如山西省、云南省、宁夏回族自治区等）仅在自然保护区残存大鲵；也有一些省级政区还有较多地方未处于自然保护区内（如江西省、湖北省、湖南省、广西壮族自治区、重庆市、四川省、贵州省等达到 5 地及其以上者），需要进一步调查，考虑增设自然保护区；当然，也有一些地方仅偶然发现个别大鲵，也需要进一步跟踪调查，采取恰当的保护措施；尤其对少数地带且生态环境恶劣地区，更应加大扶持与保护力度。

7 大鲵的分布变迁大势

历史时期，我国除 6 个省级政区（天津市、内蒙古自治区、台湾、海南省、澳门特别行政区、新疆维吾尔自治区）未见有大鲵分布之外，其余省级政区中的大鲵分布与变迁都很大（图 2.21、表 2.4）。

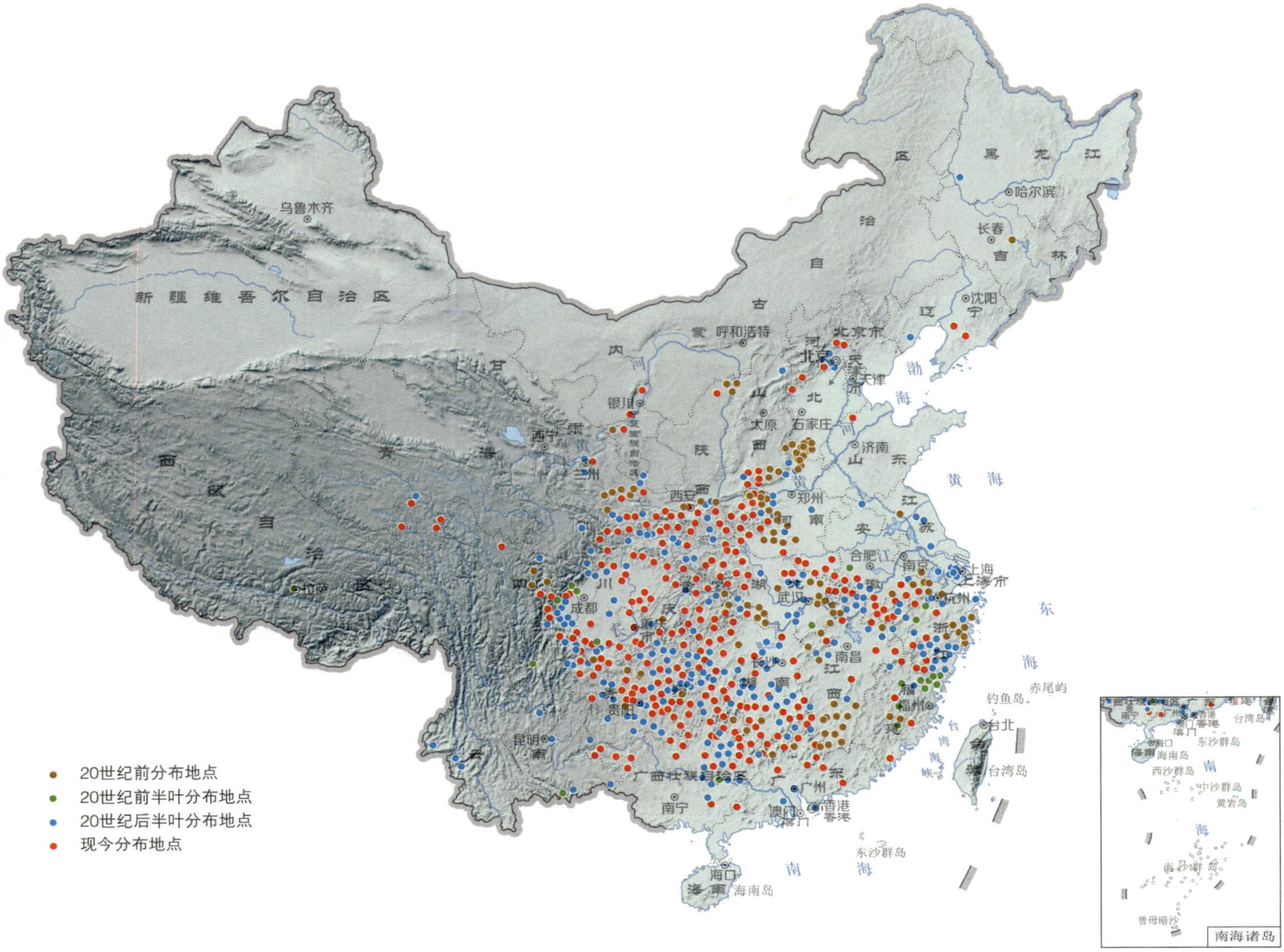

图 2.21　历史时期大鲵分布变迁图

表 2.4　　**历史时期大鲵的分布与变迁**

地区	省级政区	遗存地点	历史分布地点	20世纪前半叶分布地点	20世纪后半叶分布地点	现今分布地点
华北	北京		丰台区、门头沟区、房山区、昌平区、大兴区、怀柔区、密云县	丰台区、门头沟区、房山区、昌平区、大兴区、怀柔区、密云县	丰台区、门头沟区、房山区、昌平区、大兴区、怀柔区、密云县	房山区、怀柔区、密云县
	河北		涞源县、阜平县、邯郸市、武安市、邯郸县、临漳县、成安县、涉县、磁县、肥乡县、永年县、鸡泽县、广平县、曲周县	涞源县、阜平县	涞源县、阜平县	涞源县、阜平县
	山西		浑源县、城区、高平市、泽州县、沁水县、阳城县、陵川县、河曲县、保德县、翼城县、绛县、垣曲县	浑源县、沁水县、阳城县、翼城县、绛县、垣曲县	浑源县、沁水县、阳城县、翼城县、绛县、垣曲县	沁水县、阳城县、翼城县、垣曲县

（续表）

地区	省级政区	遗存地点	历史分布地点	20 世纪前半叶分布地点	20 世纪后半叶分布地点	现今分布地点
东北	辽宁		海城市、岫岩满族自治县兴城市	海城市、岫岩满族自治县兴城市	海城市、岫岩满族自治县兴城市	海城市、岫岩满族自治县
	吉林		吉林市？			
	黑龙江		杜尔伯特蒙古族自治县？	杜尔伯特蒙古族自治县？	杜尔伯特蒙古族自治县？	
华东	上海		黄浦区、长宁区、静安区、普陀区、闸北区、虹口区、闵行区、嘉定区、青浦区	黄浦区、长宁区、静安区、普陀区、闸北区、虹口区、闵行区、嘉定区、青浦区	黄浦区、长宁区、静安区、普陀区、闸北区、虹口区、闵行区、嘉定区、青浦区	
	江苏		徐州市？盐城市、宜兴市、苏州市	徐州市？盐城市、苏州市	徐州市？盐城市、苏州市	
	浙江		杭州市、临安市、富阳市、建德市、淳安县、湖州市、长兴县、德清县、安吉县、海宁市、宁海县、象山县、越城区、诸暨市、开化县、龙游县、武义县、台州市、临海市、温岭市、三门县、天台县、仙居县、温州市、瑞安市、乐清市、永嘉县、文成县、平阳县、泰顺县、苍南县、莲都区、缙云县、青田县、云和县、遂昌县、松阳县、庆元县、景宁畲族自治县	杭州市、临安市、富阳市、建德市、淳安县、安吉县、宁海县、越城区、诸暨市、开化县、龙游县、武义县、温州市、瑞安市、乐清市、永嘉县、文成县、平阳县、泰顺县、苍南县、莲都区、龙泉市、缙云县、青田县、云和县、遂昌县、松阳县、庆元县、景宁畲族自治县	杭州市、临安市、淳安县、安吉县、宁海县、越城区、诸暨市、开化县、龙游县、武义县、温州市、瑞安市、乐清市、永嘉县、文成县、平阳县、泰顺县、苍南县、莲都区、龙泉市、缙云县、青田县、云和县、遂昌县、松阳县、庆元县、景宁畲族自治县	临安市、安吉县、诸暨市、武义县、龙泉市、遂昌县、庆元县、景宁畲族自治县
	安徽		安庆市、桐城市、怀宁县、枞阳县、潜山县、太湖县、宿松县、望江县、岳西县、黄山市、歙县、休宁县、黟县、祁门县、六安市、舒城县、金寨县、霍山县、贵池区、东至县、石台县、宣州区、宁国市、郎溪县、广德县、泾县、旌德县、绩溪县	安庆市、桐城市、怀宁县、枞阳县、潜山县、太湖县、宿松县、望江县、岳西县、黄山市、歙县、休宁县、黟县、祁门县、六安市、舒城县、金寨县、霍山县、贵池区、东至县、石台县、宁国市、郎溪县、旌德县、绩溪县	安庆市、桐城市、怀宁县、枞阳县、潜山县、太湖县、宿松县、望江县、岳西县、黄山市、歙县、休宁县、黟县、祁门县、舒城县、金寨县、霍山县、贵池区、东至县、石台县、宁国市、郎溪县、旌德县、绩溪县	潜山县、岳西县、黄山市、休宁县、黟县、祁门县、舒城县、金寨县、霍山县、贵池区、石台县、宁国市、旌德县
	福建		武夷山市、建瓯市、浦城县、大田县、尤溪县、仙游县、永春县、德化县、漳浦县、蕉城区、福安市、福鼎市、寿宁县、霞浦县、柘荣县、屏南县、周宁县	武夷山市、建瓯市、浦城县、尤溪县、仙游县、永春县、漳浦县、蕉城区、福安市、福鼎市、寿宁县、霞浦县、柘荣县、屏南县、周宁县	武夷山市、浦城县、仙游县、漳浦县、寿宁县、屏南县	浦城县、仙游县、漳浦县、寿宁县
	江西		安义县、九江市、瑞昌市、武宁县、景德镇市、浮梁县、萍乡市、章贡区、瑞金市、赣县、信丰县、大余县、上犹县、崇义县、安远县、龙南县、定南县、全南县、宁都县、于都县、兴国县、会昌县、寻乌县、石城县、德兴市、广丰县、弋阳县、婺源县、宜黄县、高安市、上高县、宜丰县、靖安县、井冈山市、遂川县	安义县、九江市、景德镇市、浮梁县、萍乡市、大余县、上犹县、崇义县、全南县、宁都县、德兴市、广丰县、弋阳县、宜黄县、高安市、宜丰县、靖安县、井冈山市、遂川县	安义县、九江市、景德镇市、浮梁县、萍乡市、大余县、上犹县、崇义县、全南县、宁都县、德兴市、广丰县、弋阳县、宜黄县、高安市、宜丰县、靖安县、井冈山市、遂川县	九江市、浮梁县、萍乡市、上犹县、崇义县、全南县、广丰县、弋阳县、宜黄县、靖安县、井冈山市
	山东		乐陵市	乐陵市	乐陵市	乐陵市

（续表）

地区	省级政区	遗存地点	历史分布地点	20世纪前半叶分布地点	20世纪后半叶分布地点	现今分布地点
中南	河南		登封市、巩义市、义马市、渑池县、卢氏县、洛阳市、偃师市、孟津县、新安县、栾川县、嵩县、汝阳县、宜阳县、洛宁县、伊川县、辉县市、鹤壁市、淇县、安阳市、林州市、安阳县、汤阴县、舞阳县、平顶山市、舞钢市、汝州市、宝丰县、鲁山县、郏县、南阳市、南召县、方城县、西峡县、内乡县、淅川县、社旗县、桐柏县、信阳市、固始县、商城县、罗山县、新县、太康县、驿城区、泌阳县、济源市	登封市、巩义市、渑池县、卢氏县、新安县、栾川县、嵩县、汝阳县、宜阳县、洛宁县、辉县市、淇县、林州市、舞钢市、宝丰县、鲁山县、南召县、西峡县、内乡县、淅川县、桐柏县、信阳市、固始县、商城县、罗山县、新县、太康县、济源市	登封市、巩义市、卢氏县、新安县、栾川县、嵩县、汝阳县、宜阳县、洛宁县、辉县市、淇县、林州市、舞钢市、宝丰县、鲁山县、南召县、西峡县、内乡县、淅川县、桐柏县、信阳市、固始县、商城县、罗山县、新县、太康县、济源市	卢氏县、新安县、栾川县、嵩县、宜阳县、洛宁县、鲁山县、南召县、西峡县、内乡县、淅川县、桐柏县、信阳市、固始县、商城县、罗山县、新县、济源市
	湖北		武汉市、十堰市、丹江口市、郧县、竹山县、房县、郧西县、竹溪县、宜城市、南漳县、谷城县、保康县、京山县、黄州区、麻城市、武穴市、红安县、安陆县、孝昌县、大悟县、罗田县、英山县、浠水县、蕲春县、黄梅县、团风县、鄂州市、赤壁市、嘉鱼县、通山县、荆州市、石首市、洪湖市、松滋市、江陵县、公安县、宜昌市、枝江市、宜都市、远安县、兴山县、秭归县、长阳土家族自治县、五峰土家族自治县、曾都区、广水市、神农架林区、恩施市、利川市、建始县、巴东县、宣恩县、咸丰县、来凤县、鹤峰县	武汉市、十堰市、丹江口市、郧县、竹山县、房县、郧西县、竹溪县、宜城市、南漳县、谷城县、保康县、安陆县、孝昌县、大悟县、罗田县、英山县、赤壁市、嘉鱼县、通山县、洪湖市、松滋市、宜昌市、宜都市、远安县、兴山县、五峰土家族自治县、曾都区、广水市、神农架林区、恩施市、利川市、建始县、巴东县、宣恩县、咸丰县、来凤县、鹤峰县	武汉市、十堰市、丹江口市、郧县、竹山县、房县、郧西县、竹溪县、宜城市、南漳县、谷城县、保康县、安陆县、孝昌县、大悟县、罗田县、英山县、赤壁市、嘉鱼县、洪湖市、松滋市、宜昌市、宜都市、远安县、兴山县、五峰土家族自治县、曾都区、广水市、神农架林区、恩施市、利川市、建始县、巴东县、宣恩县、咸丰县、来凤县、鹤峰县	十堰市、丹江口市、郧县、竹山县、房县、竹溪县、南漳县、谷城县、保康县、罗田县、英山县、松滋市、远安县、兴山县、五峰土家族自治县、曾都区、广水市、神农架林区、恩施市、利川市、宣恩县、咸丰县、鹤峰县
	湖南		长沙市、浏阳市、宁乡县、张家界市、慈利县、桑植县、桃源县、石门县、益阳市、沅江市、桃江县、安化县、汨罗市、岳阳县、茶陵县、炎陵县、韶山市、衡阳市、耒阳市、常宁市、衡东县、衡山县、衡南县、祁东县、郴州市、资兴市、永兴县、宜章县、汝城县、桂东县、安仁县、永州市、东安县、道县、宁远县、江永县、蓝山县、新田县、双牌县、祁阳县、江华瑶族自治县、邵阳市、武冈市、邵东县、邵阳县、新邵县、隆回县、洞口县、绥宁县、新宁县、城步苗族自治县、鹤城区、洪江市、沅陵县、辰溪县、溆浦县、中方县、会同县、麻阳县、新晃侗族自治县、芷江侗族自治县、靖州苗族侗族自治县、通道侗族自治县、娄星区、新化县、吉首市、泸溪县、凤凰县、花垣县、保靖县、古丈县、永顺县、龙山县	长沙市、浏阳市、宁乡县、张家界市、慈利县、桑植县、石门县、益阳市、沅江市、桃江县、安化县、汨罗市、岳阳县、茶陵县、炎陵县、韶山市、衡阳市、耒阳市、常宁市、衡东县、衡山县、衡南县、祁东县、郴州市、资兴市、永兴县、宜章县、汝城县、桂东县、安仁县、永州市、东安县、宁远县、江永县、蓝山县、双牌县、祁阳县、江华瑶族自治县、邵阳市、武冈市、邵东县、邵阳县、新邵县、隆回县、洞口县、绥宁县、新宁县、城步苗族自治县、鹤城区、洪江市、沅陵县、辰溪县、溆浦县、中方县、会同县、麻阳县、新晃侗族自治县、芷江侗族自治县、靖州苗族侗族自治县、通道侗族自治县、娄星区、新化县、吉首市、泸溪县、凤凰县、花垣县、保靖县、古丈县、永顺县、龙山县	长沙市、浏阳市、宁乡县、张家界市、慈利县、桑植县、石门县、益阳市、沅江市、桃江县、安化县、汨罗市、岳阳县、茶陵县、炎陵县、韶山市、衡阳市、耒阳市、常宁市、衡东县、衡山县、衡南县、祁东县、郴州市、资兴市、永兴县、宜章县、汝城县、桂东县、安仁县、永州市、东安县、宁远县、江永县、蓝山县、双牌县、祁阳县、江华瑶族自治县、邵阳市、武冈市、邵东县、邵阳县、新邵县、隆回县、洞口县、绥宁县、新宁县、城步苗族自治县、鹤城区、洪江市、沅陵县、辰溪县、溆浦县、中方县、会同县、麻阳县、新晃侗族自治县、芷江侗族自治县、靖州苗族侗族自治县、通道侗族自治县、娄星区、新化县、吉首市、泸溪县、凤凰县、花垣县、保靖县、古丈县、永顺县、龙山县	浏阳市、张家界市、慈利县、桑植县、石门县、桃江县、安化县、岳阳县、炎陵县、衡阳市、常宁市、资兴市、永兴县、宜章县、桂东县、永州市、东安县、宁远县、江永县、蓝山县、双牌县、祁阳县、江华瑶族自治县、武冈市、隆回县、洞口县、绥宁县、城步苗族自治县、自治县、洪江市、沅陵县、辰溪县、会同县、娄星区、吉首市、凤凰县、保靖县、永顺县、龙山县

（续表）

地区	省级政区	遗存地点	历史分布地点	20世纪前半叶分布地点	20世纪后半叶分布地点	现今分布地点
	广东		广州市、连州市、阳山县、清新县、连山壮族瑶族自治县、连南瑶族自治县、韶关市、乐昌市、仁化县、新丰县、乳源瑶族自治县、连平县、东源县、陆河县、江门市、信宜市	广州市、连州市、清新县、连山壮族瑶族自治县、连南瑶族自治县、乐昌市、仁化县、新丰县、乳源瑶族自治县、连平县、东源县、陆河县、江门市、信宜市	广州市、连州市、清新县、连山壮族瑶族自治县、连南瑶族自治县、乐昌市、仁化县、新丰县、乳源瑶族自治县、连平县、东源县、陆河县、江门市、信宜市	连州市、清新县、连南瑶族自治县、仁化县、新丰县、乳源瑶族自治县、连平县、东源县、陆河县、信宜市
	广西		桂林市、阳朔县、临桂县、灵川县、全州县、兴安县、永福县、灌阳县、资源县、平乐县、荔浦县、龙胜县、恭城县、鹿寨县、融水苗族自治县、梧州市、苍梧县、藤县、蒙山县、桂平市、平南县、玉州区、兴业县、右江区、那坡县、凌云县、西林县、田林县、隆林各族自治县、宜州市、罗城仫佬族自治县、环江毛南族自治县、象州县、武宣县、金秀瑶族自治县、八步区、昭平县、钟山县、富川瑶族自治县	桂林市、阳朔县、临桂县、灵川县、兴安县、永福县、灌阳县、资源县、平乐县、荔浦县、龙胜县、恭城县、鹿寨县、融水苗族自治县、梧州市、苍梧县、藤县、蒙山县、桂平市、平南县、玉州区、兴业县、右江区、那坡县、凌云县、西林县、田林县、隆林各族自治县、宜州市、罗城仫佬族自治县、环江毛南族自治县、象州县、武宣县、金秀瑶族自治县、八步区、昭平县、钟山县、富川瑶族自治县	桂林市、阳朔县、临桂县、灵川县、兴安县、永福县、灌阳县、资源县、平乐县、荔浦县、龙胜县、恭城县、鹿寨县、融水苗族自治县、梧州市、苍梧县、藤县、蒙山县、桂平市、玉州区、兴业县、右江区、那坡县、凌云县、西林县、田林县、隆林各族自治县、宜州市、罗城仫佬族自治县、环江毛南族自治县、象州县、武宣县、金秀瑶族自治县、八步区、昭平县、钟山县、富川瑶族自治县	桂林市、临桂县、兴安县、灌阳县、资源县、龙胜县、鹿寨县、融水苗族自治县、玉州区、右江区、凌云县、西林县、田林县、隆林各族自治县、宜州市、罗城仫佬族自治县、环江毛南族自治县、金秀瑶族自治县、八步区、昭平县、钟山县、富川瑶族自治县
	香港		香港	香港	香港	
西南	重庆	忠县	渝中区、万盛区、涪陵区、黔江区、合川区、武隆县、丰都县、城口县、开县、巫溪县、巫山县、奉节县、云阳县、彭水县、酉阳土家族苗族自治县、秀山县	渝中区、万盛区、涪陵区、黔江区、合川区、武隆县、城口县、开县、巫溪县、巫山县、奉节县、云阳县、彭水县、酉阳土家族苗族自治县、秀山县	渝中区、万盛区、涪陵区、黔江区、合川区、武隆县、城口县、开县、巫溪县、巫山县、奉节县、云阳县、彭水县、酉阳土家族苗族自治县、秀山县	渝中区、万盛区、黔江区、合川区、武隆县、城口县、开县、巫溪县、巫山县、奉节县、彭水县、酉阳土家族苗族自治县
	四川		都江堰市、邛崃市、崇州市、郫县、大邑县、旺苍县、青川县、剑阁县、苍溪县、绵阳市、江油市、安县、梓潼县、北川县、平武县、阆中市、南部县、广安区、岳池县、邻水县、遂宁市、威远县、乐山市、峨眉山市、马边彝族自治县、犍为县、夹江县、沐川县、峨边彝族自治县、马边彝族自治县、自贡市、泸州市、合江县、叙永县、翠屏区、宜宾县、南溪县、江安县、长宁县、筠连县、珙县、兴文县、屏山县、通江县、南江县、万源市、宣汉县、大竹县、渠县、安岳县、洪雅县、雨城区、名山县、荥经县、汉源县、天全县、芦山县、宝兴县、马尔康县？九寨沟县、金川县、小金县、丹巴县、色达县、西昌市？	都江堰市、邛崃市、崇州市、郫县、大邑县、旺苍县、青川县、剑阁县、苍溪县、绵阳市、江油市、安县、梓潼县、北川县、平武县、阆中市、南部县、广安区、岳池县、邻水县、遂宁市、威远县、乐山市、峨眉山市、马边彝族自治县、犍为县、夹江县、沐川县、峨边彝族自治县、马边彝族自治县、自贡市、泸州市、合江县、叙永县、翠屏区、宜宾县、南溪县、江安县、长宁县、筠连县、兴文县、屏山县、通江县、南江县、万源市、宣汉县、大竹县、渠县、安岳县、洪雅县、雨城区、名山县、荥经县、汉源县、天全县、芦山县、宝兴县、马尔康县？九寨沟县、色达县、西昌市？	邛崃市、崇州市、大邑县、旺苍县、青川县、剑阁县、苍溪县、绵阳市、江油市、安县、梓潼县、北川县、平武县、阆中市、南部县、广安区、岳池县、邻水县、遂宁市、威远县、乐山市、峨眉山市、马边彝族自治县、犍为县、夹江县、沐川县、峨边彝族自治县、马边彝族自治县、自贡市、泸州市、合江县、叙永县、翠屏区、宜宾县、江安县、长宁县、筠连县、兴文县、屏山县、通江县、南江县、万源市、宣汉县、大竹县、渠县、安岳县、洪雅县、雨城区、名山县、荥经县、汉源县、天全县、宝兴县、马尔康县？九寨沟县、色达县	崇州市、大邑县、旺苍县、青川县、剑阁县、江油市、阆中市、南部县、广安区、岳池县、邻水县、威远县、犍为县、沐川县、峨边彝族自治县、马边彝族自治县、自贡市、泸州市、合江县、叙永县、翠屏区、宜宾县、兴文县、通江县、南江县、万源市、宣汉县、大竹县、渠县、荥经县、天全县、宝兴县、色达县

（续表）

地区	省级政区	遗存地点	历史分布地点	20世纪前半叶分布地点	20世纪后半叶分布地点	现今分布地点
	贵州		贵阳市、清镇市、开阳县、修文县、息烽县、钟山区、遵义市、仁怀市、遵义县、桐梓县、绥阳县、正安县、凤冈县、湄潭县、余庆县、习水县、道真仡佬族苗族自治县、务川仡佬族苗族自治县、平坝县、关岭布依族苗族自治县、毕节市、大方县、黔西县、金沙县、织金县、纳雍县、铜仁市、江口县、石阡县、思南县、德江县、玉屏侗族自治县、印江土家族苗族自治县、沿河县、松桃苗族自治县、万山特区、凯里市、黄平县、施秉县、三穗县、镇远县、岑巩县、锦屏县、剑河县、台江县、黎平县、榕江县、从江县、雷山县、麻江县、丹寨县、都匀市、福泉市、荔波县、贵定县、瓮安县、独山县、平塘县、罗甸县、长顺县、龙里县、惠水县、兴义市	贵阳市、清镇市、开阳县、修文县、息烽县、钟山区、桐梓县、绥阳县、正安县、凤冈县、湄潭县、余庆县、习水县、道真仡佬族苗族自治县、务川仡佬族苗族自治县、关岭布依族苗族自治县、毕节市、大方县、黔西县、金沙县、织金县、纳雍县、铜仁市、江口县、石阡县、思南县、德江县、玉屏侗族自治县、印江土家族苗族自治县、沿河县、松桃苗族自治县、万山特区、凯里市、黄平县、施秉县、镇远县、岑巩县、锦屏县、剑河县、台江县、黎平县、榕江县、从江县、雷山县、麻江县、丹寨县、都匀市、福泉市、荔波县、贵定县、瓮安县、独山县、平塘县、罗甸县、长顺县、龙里县、惠水县、兴义市	贵阳市、清镇市、开阳县、修文县、息烽县、钟山区、桐梓县、绥阳县、正安县、凤冈县、湄潭县、余庆县、习水县、道真仡佬族苗族自治县、务川仡佬族苗族自治县、关岭布依族苗族自治县、毕节市、大方县、黔西县、金沙县、织金县、纳雍县、铜仁市、江口县、石阡县、思南县、德江县、玉屏侗族自治县、印江土家族苗族自治县、沿河县、松桃苗族自治县、万山特区、凯里市、黄平县、施秉县、镇远县、岑巩县、锦屏县、剑河县、台江县、黎平县、榕江县、从江县、雷山县、麻江县、丹寨县、都匀市、福泉市、荔波县、贵定县、瓮安县、独山县、平塘县、罗甸县、长顺县、龙里县、惠水县、兴义市	贵阳市、清镇市、开阳县、修文县、息烽县、钟山区、绥阳县、凤冈县、余庆县、习水县、黔西县、金沙县、江口县、石阡县、印江土家族苗族自治县、松桃苗族自治县、黄平县、锦屏县、剑河县、台江县、黎平县、榕江县、从江县、雷山县、麻江县、丹寨县、都匀市、福泉市、贵定县、瓮安县、平塘县、惠水县、兴义市
	云南		宜良县、禄劝彝族苗族自治县、盐津县、大关县、永善县、绥江县、镇雄县、彝良县、威信县、水富县、镇康县、耿马傣族佤族自治县、瑞丽市、河口县？马关县	宜良县、禄劝彝族苗族自治县、盐津县、大关县、永善县、绥江县、镇雄县、彝良县、威信县、水富县、镇康县、耿马傣族佤族自治县、瑞丽市、河口县？马关县	宜良县、禄劝彝族苗族自治县、盐津县、大关县、永善县、绥江县、镇雄县、彝良县、威信县、水富县、镇康县、耿马傣族佤族自治县、瑞丽市、马关县	盐津县、镇雄县、彝良县、威信县
	西藏		拉萨？	拉萨？		
西北	陕西		西安市、蓝田县、周至县、户县、临渭区、华阴市、华县、潼关县、咸阳市、眉县、陇县、凤县、太白县、汉台区、城固县、洋县、西乡县、勉县、宁强县、略阳县、镇巴县、留坝县、佛坪县、神木县、府谷县、汉滨区、汉阴县、石泉县、宁陕县、岚皋县、平利县、商州区、洛南县、丹凤县、商南县、山阳县、镇安县、柞水县	西安市、蓝田县、周至县、户县、华阴市、华县、眉县、陇县、凤县、太白县、汉台区、城固县、洋县、西乡县、勉县、宁强县、略阳县、镇巴县、留坝县、佛坪县、神木县、汉滨区、汉阴县、石泉县、宁陕县、岚皋县、平利县、商州区、洛南县、丹凤县、商南县、山阳县、镇安县、柞水县	西安市、蓝田县、周至县、户县、华阴市、华县、眉县、陇县、凤县、太白县、汉台区、城固县、洋县、西乡县、勉县、宁强县、略阳县、镇巴县、留坝县、佛坪县、神木县、汉滨区、汉阴县、石泉县、宁陕县、岚皋县、平利县、商州区、洛南县、丹凤县、商南县、山阳县、镇安县、柞水县	西安市、蓝田县、周至县、户县、眉县、陇县、太白县、洋县、西乡县、略阳县、留坝县、佛坪县、神木县、汉滨区、宁陕县、洛南县、丹凤县、商南县、镇安县、柞水县
	甘肃		兰州市、榆中县、天水市、清水县、秦安县、甘谷县、武山县、张家川县、崆峒区、华亭县、临洮县、武都区、成县、康县、文县、西和县、礼县、两当县、徽县	兰州市、榆中县、天水市、崆峒区、华亭县、临洮县、武都区、成县、康县、文县、西和县、两当县、徽县	兰州市、榆中县、天水市、崆峒区、华亭县、临洮县、武都区、成县、康县、文县、西和县、两当县、徽县	榆中县、天水市、武都区、康县、文县、两当县、徽县
	青海		三树县、杂多县、称多县、治多县、曲麻莱县	玉树县、杂多县、称多县、治多县、曲麻莱县	玉树县、杂多县、称多县、治多县、曲麻莱县	玉树县、杂多县、称多县、治多县
	宁夏		平罗县、青铜峡市、沙坡头区、中宁县	平罗县、青铜峡市、中宁县	平罗县、青铜峡市、中宁县	平罗县、青铜峡市、中宁县

综上所述，大鲵的地理分布与变迁约呈现以下特点：

● 由于迄今所发现的大鲵遗存地点仅见1处且在历史分布地点内①，故难以形成分布区。

● 历史上，大鲵分布的最大范围：北自黑龙江省杜尔伯特蒙古族自治县（46.8°N），南达广东省信宜市（22.3°N），纵跨纬度24.5°；西起西藏自治区拉萨市（91.1°E），东抵浙江省象山县（121.8°E），横占经度30.7°。

● 大鲵分布范围的变迁显示：从纬度看，北界有所退缩，达到辽宁省海城市（40.8°N）。从经度看，到20世纪，其东部界限向西退缩到浙江省宁海市（121.4°E）；现今，其西界退缩到青海省杂多县（95.3°E），东界则再退缩至浙江省诸暨市（120.2°E）。

● 大鲵分布的省级政区数量变化：最多时，达到28个省级政区；20世纪，吉林省未见大鲵分布，减少到27个省级政区；现今，除吉林省依然未见大鲵外，黑龙江省、上海市、江苏省、香港特区与西藏自治区，也未见大鲵分布，再减少到22个省级政区。

● 历史上，大鲵省级政区内占有分布地绝对数（吉林省、上海市与西藏自治区待进一步核查），以湖南省最广泛（有73地，占全省72%），其余含有或超过10地的省级政区依次为四川省（66地），贵州省（63地）②，湖北省（52地），河南省（46地），浙江省（46地），广西壮族自治区（39地），陕西省（38地），江西省（35地），安徽省（28地），甘肃省（18地），福建省（17地），广东省与重庆市（皆16地），云南省（15地），河北省（14地），山西省（12地），共达到17个省级政区。

● 到20世纪，大鲵省级政区内占有分布地绝对数（西藏自治区待进一步核查），仍以湖南省最广泛（有70地，占全省69%），其余含有或超过10地的省级政区依次为四川省（61地），贵州省（58地）③，广西壮族自治区（38地），湖北省（35地），陕西省（34地），浙江省（29地），河南省（28地），安徽省（25地），江西省（19地），福建省、重庆市与云南省（皆15地），广东省（14地），甘肃省（12地），共达到15个省级政区；前3名没有变化，其后的排序略有改变。其中与历史上比较，大鲵栖息地减少较少的是北京市、辽宁省、黑龙江省、山东省、香港特别行政区、云南省与青海省，尽管地点不多，但未见变化；江苏省、广西壮族自治区、重庆市与宁夏回族自治区，仅减少1地；福建省与广东省，减少2地；安徽省与湖南省，减少3地；四川省减少5地。

● 现今，大鲵在省级政区内占有分布地绝对数，还是以湖南省最广泛（有38地，占全省38%），其余含有或超过10地的省级政区依次为四川省与贵州省（皆33地），湖北省（23地），广西壮族自治区（22地），陕西省（20地），河南省（18地），安徽省（13地），重庆市（12地），江西省（11地），广东省（10地），共达到10个省级政区；后7名的排序有所变化。变化较大（减少超过10地）的省级政区有9个：福建省（减少11地），安徽省、湖北省与陕西省（皆减少12地），广西壮族自治区（减少16地），浙江省（减少21地），贵州省（减少25地），四川省（减少28地），湖南省（减少32地）。

8 小结

由于大鲵遗存的保留与发现难度非比寻常，探讨其地理分布与变迁主要依靠文字记载，故主要仅有数千年历史。

根据现有资料，大鲵在历史上仅分布于我国大陆，其最大范围：约以黑龙江省杜尔伯特蒙古族自治县→北京市密云县→怀柔→门头沟区→河北省涞源县→阜平县→山西省陵川县→河曲县→陕西省府谷县→神木县→宁夏回族自治区青铜峡市→沙坡头区→甘肃省兰州市→青海省曲麻莱县→西藏自治区拉萨市→云南省河口县→广西壮族自治区西林县→右江区→玉州区→

①尽管2002年在内蒙古自治区赤峰市宁城县一处中侏罗纪（距今1.65亿年）火山沉积层中，发现了200件真螈类动物化石，表明包括娃娃鱼在内的隐腮螈科动物应该起源于侏罗纪时期的亚洲大陆（娃娃鱼祖先在内蒙古．http://www.xiancn.com/gb/wbpaper/2005-06/29/content_590904.htm），但毕竟还不是大鲵。

②贵州省与湖南省难分伯仲。若按占该省76%比例，贵州省则更胜一筹。

③若按占该省71%比例，贵州省还高于湖南省。

广东省信宜市→香港特区→广东省陆河县→福建省漳浦县→仙游县→霞浦县，占有面积略超过现有国土的2/3。

历史时期，大鲵分布边界的迁移不是很显著，尤其是南北界线基本未见变化，只是东西界线略有收缩（西界向东移动4.2°，东界向西移动1.6°）；但在百余年中，大鲵的分布地点则由约631地减少到274地，减少幅度约57%；具体到各地，大鲵的产量锐减或分布点消失状况则更是惊人。

以省级政区为单位看大鲵的分布，从我们所分的几个时间段看，古今分布地点最多的前三者排序始终是：湖南省、四川省、贵州省。

尽管现今不少地方开展人工繁殖、饲养大鲵，对合理利用大鲵资源产生积极作用，但对于保护野生大鲵资源则丝毫不可松懈。

参考文献

安化县志编纂委员会编．1993．安化县志．北京：社会科学文献出版社

安庆地区地方志编纂委员会编．1995．安庆地区志．合肥：黄山书社

安仁县志编委会编．1996．安仁县志．北京：中国社会出版社

宝丰县志编纂委员会编．1996．宝丰县志．北京：方志出版社

宝鸡市地方志编纂委员会编．1998．宝鸡市志．西安：三秦出版社

北川县志编纂委员会编纂．1996．北川县志．北京：方志出版社

毕节县地方志编纂委员会编．1996．毕节县志．贵阳：贵州人民出版社

苍梧县志编纂委员会编．1997．苍梧县志．南宁：广西人民出版社

曹玉萍等．1999．对大鲵自然种群在河北省（含京津）分布的质疑．四川动物，18(3)

郴县志编纂委员会编．1995．郴县志．北京：中国社会出版社

郴州地区地方志编纂委员会编．1996．郴州地区志．北京：中国社会出版社

辰溪县志编纂委员会编．1994．辰溪县志．北京：生活·读书·新知三联书店

陈广城．1988．黔东武陵山区大鲵的资源现状．淡水渔业(1)

陈静．1995．皖西金寨、霍山大鲵资源初步调查．安庆师院学报（自然科学版），1(3)

《城步苗族自治县概况》编写组编．1984．城步苗族自治县概况．长沙：湖南人民出版社

城固县地方志编纂委员会编．1994．城固县志．北京：中国大百科全书出版社

程炳功．1998．黄山市大鲵资源古今及保护．四川动物，17(2)

辞海编辑委员会编纂．2010．辞海：第六版缩印本．上海：上海辞书出版社

丹凤县志编纂委员会编．1994．丹凤县志．西安：陕西人民出版社

德宏傣族景颇族自治州志编纂委员会编．1994．德宏州志：综合卷．德宏：德宏民族出版社

登封县革命委员会文化局编．1979．登封县志简编．登封：登封县革命委员会文化局

登封一中生物学组．1955．河南登封县出产大鲵．生物学通报(7)

迭部县志编纂委员会．1998．迭部县志．兰州：兰州大学出版社

丁强，冯榕．2001．孝感地区陆生野生动物资源调查初报．湖北林业科技(3)：30～34

丁伟志［总］主编，高安市情调查组．1994．中国国情丛书：百县市经济社会调查：高安卷．北京：中国大百科全书出版社

丁伟志［总］主编，洪湖县情调查组．1994．中国国情丛书：百县市经济社会调查：洪湖卷．北京：中国大百科全书出版社

丁伟志［总］主编，景德镇市情调查组．1996．中国国情丛书：百县市经济社会调查：景德镇卷．北京：中国大百科全书出版社

丁伟志［总］主编，宁远县情调查组．1993．中国国情丛书：百县市经济社会调查：宁远卷．北京：中国大百科全书出版社

丁伟志［总］主编，蒲圻市情调查组．1992．中国国情丛书：百县市经济社会调查：蒲圻卷．北京：中国大百科全书出版社

丁伟志［总］主编，秦城区情调查组．1998．中国国情丛书：百县市经济社会调查：秦城卷．北京：中国大百科全书出版社

丁伟志［总］主编，县情调查组编．1997．中国国情丛书：百县市经济社会调查：宜章卷．北京：中国大百科全书出

版社
杜尔伯特蒙古族自治县地方志纂委员会编.1996.杜尔伯特蒙古族自治县志.哈尔滨:黑龙江人民出版社
峨边彝族自治县志编纂委员会编.1994.峨边彝族自治县志.成都:四川辞书出版社
《峨眉山志》编纂委员会编纂.1997.峨眉山志.成都:四川科学技术出版社
费梁等编著.2006.中国动物志:两栖纲.上卷,总论、蚓螈目、有尾目.北京:科学出版社
凤凰县志编纂委员会编.1988.凤凰县志.长沙:湖南人民出版社
凤县志编纂委员会编.1994.凤县志.西安:陕西人民出版社
《凤阳山志》编委会编.2012.凤阳山志.北京:中国林业出版社
佛坪县地方志编纂委员会编.1993.佛坪县志.西安:三秦出版社
浮梁县地方志编纂委员会编.1998.浮梁县志.北京:方志出版社
富川瑶族自治县志编纂委员会编.1993.富川瑶族自治县志.南宁:广西人民出版社
甘南藏族自治州地方史志编纂委员会编.1999.甘南州志.兰州:甘肃民族出版社
甘雨,方保华主编.2004.河南省野生动植物资源调查与保护.郑州:黄河水利出版社
高本刚.1988.皖西六安地区大鲵资源的初步调查.四川动物(1)
高婷婷.2003.文县查处一起贩卖大鲵案.甘肃林业(6)
高武.1987.中国大鲵呼吸系统的解剖.首都师范大学学报(自然科学版)(1)
耿马傣族佤族自治县志编纂委员会编.1995.耿马傣族佤族自治县志.昆明:云南人民出版社
恭城瑶族自治县地方志编纂委员会编.1992.恭城县志.南宁:广西人民出版社
巩县志编纂委员会编.1991.巩县志.郑州:中州古籍出版社
关岭布依族苗族自治县地方志编纂委员会编.2002.关岭布依族苗族自治县志.贵阳:贵州人民出版社
广河县志编纂委员会.1995.广河县志.兰州:兰州大学出版社
广西融水苗族自治县地方志编纂委员会编.1998.融水苗族自治县志.北京:生活·读书·新知三联书店
广西壮族自治区资源县志编纂委员会编.1998.资源县志.南宁:广西人民出版社
贵州省岑巩县志编纂委员会编.1993.岑巩县志.贵阳:贵州人民出版社
贵州省大方县地方志编纂委员会编.1996.大方县志.北京:方志出版社
贵州省丹寨县地方志编纂委员会编.1999.丹寨县志.北京:方志出版社
贵州省德江县地方志编纂委员会编.1994.德江县志.贵阳:贵州人民出版社
贵州省都匀市史志编纂委员会编.1999.都匀市志.贵阳:贵州人民出版社
贵州省独山县志编纂委员会编.1996.独山县志.贵阳:贵州人民出版社
贵州省凤冈县地方志编纂委员会编.1994.凤冈县志.贵阳:贵州人民出版社
贵州省福泉县地方志编纂委员会编.1992.福泉县志.贵阳:贵州人民出版社
贵州省剑河县志编纂委员会编.1994.剑河县志.贵阳:贵州人民出版社
贵州省锦屏县志编纂委员会编.1995.锦屏县志.贵阳:贵州人民出版社
贵州省凯里市地方志编纂委员会编.1998.凯里市志.北京:方志出版社
贵州省黎平县志编纂委员会编.1989.黎平县志.成都:四川巴蜀书社
贵州省荔波县地方志编纂委员会编.1997.荔波县志.北京:方志出版社
贵州省龙里县志编纂委员会编.1995.龙里县志.福州:福建人民出版社
贵州省纳雍县地方志编纂委员会编.1999.纳雍县志.贵阳:贵州人民出版社
贵州省榕江县地方志编纂委员会编.1999.榕江县志.贵阳:贵州人民出版社
贵州省施秉县地方志编纂委员会编.1997.施秉县志.北京:方志出版社
贵州省台江县志编纂委员会编.1994.台江县志.贵阳:贵州人民出版社
贵州省瓮安县地方志编纂委员会编.1995.瓮安县志.贵阳:贵州人民出版社
贵州省务川仡佬族苗族自治县志编纂委员会编.2001.务川仡佬族苗族自治县志.贵阳:贵州人民出版社
贵州省息烽县地方志编纂委员会编.1993.息烽县志.贵阳:贵州人民出版社
贵州省修文县地方志编纂委员会编.1998.修文县志.贵阳:贵州人民出版社
贵州省镇远县志编纂委员会编.1992.镇远县志.贵阳:贵州人民出版社
贵州省织金县地方志编纂委员会编.1997.织金县志.北京:方志出版社

桂庆平.1998.贵州铜仁地区大鲵资源及保护.野生动物(2)
郭郛著.2004.山海经注证.北京:中国社会科学出版社
汉源县志编纂委员会编.1994.汉源县志.成都:四川科学技术出版社
汉中市地方志编纂委员会编.1994.汉中市志.北京:中共中央党校出版社
合江县志编纂委员会编纂.1993.合江县志.成都:四川科学技术出版社
何德庭等.2009.景宁县人工养殖大鲵可行性分析.现代农业科技(18)
何业恒.1997.大鲵//中国珍稀爬行两栖类和鱼类的历史变迁.长沙:湖南师范大学出版社
和政县志编纂委员会.1993.和政县志.兰州:兰州大学出版社
河南省焦作市地方史志编纂委员会编.1993.焦作市志.北京:红旗出版社
河南省嵩县志编纂委员会编.1990.嵩县志.郑州:河南人民出版社
衡阳市地方志编纂委员会编.1998.衡阳市志.长沙:湖南人民出版社
洪滌尘编著.1936.西藏史地大纲.南京:正中书局
洪雅县地方志编纂委员会编.1997.洪雅县志.成都:电子科技大学出版社
胡军.2005.西安市大鲵保护救护成效显著.渔业致富指南(9)
胡小龙.1987.安徽大别山区大鲵的生态研究.安徽大学学报(自然科学版)(1)
胡延清.1988.大西北的动物趣闻.野生动物(3)
湖北省巴东县地方志编纂委员会编.1993.巴东县志.武汉:湖北科学技术出版社
湖北省恩施市地方志编纂委员会编.1996.恩施市志.武汉:武汉工业大学出版社
湖北省恩施土家族苗族自治州地方志编纂委员会编.1998.恩施州志.武汉:湖北人民出版社
湖北省谷城县地方志编纂委员会编.1991.谷城县志.北京:新华出版社
湖北省鹤峰县史志编纂委员会编.1990.鹤峰县志.武汉:湖北人民出版社
湖北省嘉鱼县地方志编纂委员会编纂.1993.嘉鱼县志.武汉:湖北科学技术出版社
湖北省利川市地方志编纂委员会编.1993.利川市志.武汉:湖北科学技术出版社
湖北省神农架林区地方志编纂委员会编.1996.神农架志.武汉:湖北科学技术出版社
湖北省十堰市地方志编纂委员会编.1999.十堰市志.北京:中华书局
湖北省随州市地方志编纂委员会编纂.1988.随州志.北京:中国城市经济社会出版社
湖北省五峰土家族自治县地方志编纂委员会编.1994.五峰县志.北京:中国城市出版社
湖北省襄樊市地方志编纂委员会编.1994.襄樊市志.北京:中国城市出版社
湖北省宜昌县地方志编纂委员会编.1993.宜昌县志.北京:冶金工业出版社
湖北省宜城市地方志编纂委员会编.1998.宜城志.北京:新华出版社
湖北省远安县地方志编纂委员会编.1990.远安县志.北京:中国城市经济社会出版社
湖北省郧西县地方志编纂委员会办公室编.1995.郧西县志.武汉:武汉测绘科技大学出版社
湖北省枝城市地方志编纂委员会编.1990.宜都县志.武汉:湖北人民出版社
湖南省茶陵县地方志编纂委员会编.1993.茶陵县志.北京:文史出版社
湖南省花垣县地方志编纂委员会编.1993.花垣县志.北京:生活·读书·新知三联书店
湖南省怀化市志编纂委员会编.1994.怀化市志.北京:生活·读书·新知三联书店
湖南省江华瑶族自治县志编纂委员会编.1994.江华瑶族自治县志.北京:中国城市出版社
湖南省江永县志编纂委员会编.1995.江永县志.北京:方志出版社
湖南省泸溪县志编纂委员会编.1993.泸溪县志.北京:社会科学文献出版社
湖南省绥宁县志编纂委员会编.1997.绥宁县志.北京:方志出版社
湖南省通道侗族自治县县志编纂委员会编.1999.通道县志.北京:民族出版社
湖南省益阳地区地方志编纂委员会编纂.1997.益阳地区志.北京:新华出版社
华亭县志编纂委员会编.1996.华亭县志.兰州:甘肃人民出版社
华阴市地方志编纂委员会编.1995.华阴县志.北京:作家出版社
怀柔县志编纂委员会编.1999.怀柔县志.北京:北京出版社
黄平县地方志编纂委员会编.1993.黄平县志.贵阳:贵州人民出版社
《黄山志》编纂委员会编.1988.黄山志.合肥:黄山书社
霍山县地方志编纂委员会编.1993.霍山县志.合肥:黄山书社
绩溪县地方志编纂委员会编.1998.绩溪县志.合肥:黄山

书社
济源市地方史志编纂委员会编. 1993. 济源市志. 郑州：河南人民出版社
建德县志编纂委员会编. 1986. 建德县志. 杭州：浙江人民出版社
江西省安义县志编纂领导小组编纂. 1990. 安义县志. 海口：南海出版公司
江西省崇义县编史修志委员会编. 1989. 崇义县志. 海口：海南人民出版社
江西省大余县志编纂委员会编. 1990. 大余县志. 北京：三环出版社
江西省德兴市地方志编纂委员会编. 1993. 德兴县志. 北京：光明日报出版社
江西省高安县史志编纂委员会编纂. 1988. 高安县志. 南昌：江西人民出版社
江西省上犹县志编纂委员会编. 1992. 上犹县志. 上犹：上犹印刷厂
江油市地方志编纂委员会编. 1999. 江油县志. 成都：四川人民出版社
姜雅风等. 1999. 辽宁发现大鲵. 四川动物(3)
绛县志编纂委员会编. 1997. 绛县志. 西安：陕西人民出版社
金秀瑶族自治县志编纂委员会编. 1992. 金秀瑶族自治县志. 北京：中央民族学院出版社
缙云县志编纂委员会编. 1996. 缙云县志. 杭州：浙江人民出版社
荆州地区地方志编纂委员会编纂. 1996. 荆州地区志. 北京：方志出版社
井冈山市地方志编纂委员会编. 1997. 井冈山志. 北京：新华出版社
景宁畲族自治县志编纂委员会编. 1995. 景宁畲族自治县志. 杭州：浙江人民出版社
靖州苗族侗族自治县县志编纂委员会编. 1994. 靖州县志. 北京：生活·读书·新知三联书店
筠连县县志编纂委员会编. 1998. 筠连县志. 成都：四川科学技术出版社
兰州市地方志编纂委员会，兰州市林业志编纂委员会编纂. 1998. 兰州市志. 第二卷，地理志. 兰州：兰州大学出版社
蓝山县志编纂委员会编. 1995. 蓝山县志. 北京：中国社会出版社
蓝田县地方志编纂委员会编. 1994. 蓝田县志. 西安：陕西人民出版社
郎溪县地方志编纂委员会编. 1998. 郎溪县志. 北京：方志出版社
乐昌市地方志编纂委员会编. 1994. 乐昌市志. 广州：广东人民出版社
乐山市地方志编纂委员会编纂. 2000. 乐山市志. 成都：巴蜀书社
李宝清. 2009. 丹凤县桃坪大鲵自然保护区项目顺利通过专家评审. 陕西水利(4)期
李德化，郭谨栋. 1998. 王屋山中娃娃鱼. 中州统战(3)
李树青，黄笑玲. 1990. 福建省大鲵的记录. 福建水产(2)
李永平. 1997. 双耳鲵鱼纹彩陶瓶. 丝绸之路(5)
《丽水市志》编纂委员会编. 1994. 丽水市志. 杭州：浙江人民出版社
荔浦县地方志编纂委员会编. 1996. 荔浦县志. 北京：生活·读书·新知三联书店
栗海军等. 2009. 贵州岩下自然保护区的野生大鲵资源现状及历史动态. 长江流域资源与环境，18(7)
连晋等. 2000. 山西大鲵资源保护现状及对策. 中国渔业经济研究(1)
连南瑶族自治县地方志编纂委员会编. 1996. 连南瑶族自治县县志. 广州：广东人民出版社
连山壮族瑶族自治县志编纂委员会编. 1997. 连山壮族瑶族自治县志. 北京：生活·读书·新知三联书店
临桂县志编纂委员会编. 1996. 临桂县志. 北京：方志出版社
临夏回族自治州志编纂委员会编. 1993. 临夏回族自治州志. 兰州：甘肃人民出版社
灵川县地方志编纂委员会编. 1997. 灵川县志. 南宁：广西人民出版社
零陵地区地方志编纂委员会编. 2001. 零陵地区志. 长沙：湖南人民出版社
鄗县志编纂委员会编. 1994. 鄗县志. 北京：中国社会出版社
刘爱华，鲁振省. 2007. 陕西省大鲵资源保护及管理初探. 水利渔业，27(4)
刘宝和. 1989. 九龙山两栖动物初步调查报告. 动物学杂志，24(5)
刘宝和. 1990. 浙江省九龙山中国大鲵的生态调查及饲养观察. 野生动物(4)
刘后一等. 1988. 中华国宝：珍稀动植物. 南京：江苏少年儿童出版社
刘家驹. 1932. 西藏. 新亚细亚. 3(4)
刘先寿. 2000. 陕西一农民在秦岭发现特大个体大鲵. 中国水产(9)
泸州市地方志编纂委员会编. 1998. 泸州市志. 北京：方志出版社
鲁山县地方史志编纂委员会编. 1994. 鲁山县志. 郑州：中州古籍出版社
鹿寨县地方志编纂委员会编. 1996. 鹿寨县志. 南宁：广西

人民出版社
禄劝彝族苗族自治县地方志编纂委员会编.1995.禄劝县志.昆明:云南人民出版社
吕耀平,王凯伟.1996.丽水山区的大鲵资源现状.科学养鱼(8)
吕耀平等.2001.丽水市水生野生保护动物的历史变迁与现状.水产学杂志.14(2)
栾川县地方史志编纂委员会编.1994.栾川县志.北京:生活·读书·新知三联书店
略阳县志编纂委员会编.1992.略阳县志.西安:陕西人民出版社
罗庆华等.2009a.湖南张家界市大鲵资源调查.四川动物.28(3)
罗庆华等.2009b.在桑植县大鲵资源调查.长江流域资源与环境,18(8)
罗山县地方史志编纂委员会编纂.1987.罗山县志.郑州:河南人民出版社
罗田县地方志编纂委员会编.1998.罗田县志.北京:中华书局
洛宁县志编纂委员会编.1991.洛宁县志.北京:生活·读书·新知三联书店
麻阳县志编纂委员会编.1994.麻阳县志.北京:生活·读书·新知三联书店
马边彝族自治县地方志编纂委员会编.1994.马边彝族自治县志.成都:成都科技大学出版社
马勇等.2006.陕西太白山国家级自然保护区两栖爬行动物的初步调查.四川动物,25(2)
蒙山县志编纂委员会编.1993.蒙山县志.南宁:广西人民出版社
汨罗市志编纂委员会编.1995.汨罗市志.北京:方志出版社
绵阳市地方志编纂办公室编.1999.绵阳(县级)市志.成都:四川辞书出版社
勉县志编纂委员会主编.1989.勉县志.北京:地震出版社
名山县志编纂委员会编.1992.名山县志.成都:四川科学技术出版社
内乡县地方史志编纂委员会编.1994.内乡县志.北京:生活·读书·新知三联书店
南阳地区地方史志编纂委员会编.1994.南阳地区志.郑州:河南人民出版社
南阳地区地方史志编纂委员会编.1996.南阳地区志:1986—1994.郑州:中州古籍出版社
南召县史志编纂委员会编.1995.南召县志.郑州:中州古籍出版社
宁都县志编辑委员会编.1986.宁都县志.宁都(江西):编者
宁冈县地方志编纂委员会编.1995.宁冈县志.北京:中共中央党校出版社
宁国县地方志编纂委员会编.1997.宁国县志.北京:生活·读书·新知三联书店
宁海县地方志编纂委员会编.1993.宁海县志.杭州:浙江人民出版社
宁陕县地方志编纂委员会编.1992.宁陕县志.西安:陕西人民出版社
彭水县志编纂委员会编.1997.彭水县志.成都:四川人民出版社
彭筱葳,曾波.2004.重庆安澜鹭类自然保护区和三峡库区鸟类资源比研究.西南师范大学学报(自然科学版).29(6)
平顶山市地方史志编纂委员会编.1994.平顶山市志.郑州:河南人民出版社
平乐县地方志编纂委员会编.1995.平乐县志.北京:方志出版社
平利县志编纂委员会编.1995.平利县志.西安:三秦出版社
平武县县志编纂委员会编.1997.平武县志.成都:四川科学技术出版社
屏南县地方志编纂委员会编.1999.屏南县志.北京:方志出版社
屏山县志编纂委员会编.1998.屏山县志.成都:四川人民出版社
萍乡市志编纂委员会编.1996.萍乡市志.北京:方志出版社
浦城县地方志编纂委员会编.1994.浦城县志.北京:中华书局
祁门县地方志编纂委员会办公室编.1990.祁门县志.合肥:安徽人民出版社
《祁阳县志》编纂委员会编.1993.祁阳县志.北京:社会科学文献出版社
潜山县地方志编纂委员会编.1993.潜山县志.北京:社会科学文献出版社
黔江土家族苗族自治县志编纂委员会编.1994.黔江县志.北京:中国社会出版社
黔阳县地方志编纂委员会编.1991.黔阳县志.北京:中国文史出版社
青海省地方志编纂委员会编.1993.青海省志.十三,林业志.西宁:青海人民出版社
青田县志编纂委员会编.1990.青田县志.杭州:浙江人民出版社
荣立,李岗.1994.黎银汉王本旗猎杀娃娃鱼被判刑.山西林业(4)
汝城县志编委会编.1997.汝城县志.长沙:湖南出版社

汝阳县地方史志编纂委员会编. 1995. 汝阳县志. 北京:生活·读书·新知三联书店
山西省浑源县志编纂委员会编. 1999. 浑源县志. 北京:方志出版社
山阳县地方志编纂委员会编. 1991. 山阳县志. 西安:陕西人民出版社
陕西省地方志编纂委员会编. 2000. 陕西省志. 第三卷,地理志. 西安:陕西人民出版社
陕西省留坝县地方志编纂委员会编. 2002. 留坝县志. 西安:陕西人民出版社
商州市地方志编纂委员会编. 1998. 商州市志. 北京:中华书局
韶山市地方志编纂委员会编. 1993. 韶山志. 北京:中国大百科全书出版社
邵阳市地方志编纂委员会编. 1997. 邵阳市志. 长沙:湖南出版社
绍兴县地方志编纂委员会编. 1999. 绍兴县志. 北京:中华书局
沈猷慧. 1997. 湖南的大鲵和肥螈. 大自然(2)
石泉县地方志编纂委员会编. 1991. 石泉县志. 西安:陕西人民出版社
史为乐主编. 2005. 中国历史地名大辞典. 北京:中国社会科学出版社
寿宁县地方志编纂委员会编. 1992. 寿宁县志. 厦门:鹭江出版社
舒城县地方志编纂委员会编. 1995. 舒城县志. 合肥:黄山书社
水富县志编纂委员会编. 1996. 水富县志. 昆明:云南人民出版社
四川省安岳县志编纂委员会编纂. 1993. 安岳县志. 成都:四川人民出版社
四川省宝兴县地方志编纂委员会编. 2000. 宝兴县志. 北京:方志出版社
四川省苍溪县志编纂委员会编. 1993. 苍溪县志. 成都:四川人民出版社
四川省长江水产资源调查组. 1974. 大鲵的资源调查. 淡水渔业(2)
四川省长宁县志编纂委员会编纂. 1993. 长宁县志. 成都:巴蜀书社
四川省崇庆县志编纂委员会编纂. 1991. 崇庆县志. 成都:四川人民出版社
四川省大邑县志编纂委员会编. 1992. 大邑县志. 成都:四川人民出版社
四川省峨眉山县志编纂委员会编纂. 1991. 峨眉山县志. 成都:四川人民出版社
四川省涪陵市志编纂委员会编. 1995. 涪陵市志. 成都:四川人民出版社
四川省夹江县编史修志委员会编纂. 1989. 夹江县志. 成都:四川人民出版社
四川省江安县志编纂委员会编. 1998. 江安县志. 北京:方志出版社
四川省马尔康县志编纂委员会编纂. 1995. 马尔康县志. 成都:四川人民出版社
四川省沐川县地方志编纂委员会编纂. 1989. 沐川县志. 成都:巴蜀书社
四川省邛崃县志编纂委员会编纂. 1993. 邛崃县志. 成都:四川人民出版社
四川省遂宁市地方志编纂委员会编. 1992. 遂宁县志. 成都:巴蜀书社
四川省通江县志编纂委员会编纂. 1998. 通江县志. 成都:四川人民出版社
四川省旺苍县志编纂委员会编. 1996. 旺苍县志. 成都:四川人民出版社
四川省武隆县志编纂委员会编. 1994. 武隆县志. 成都:四川人民出版社
四川省荥经县地方志编纂委员会编. 1998. 荥经县志. 重庆:西南师范大学出版社
四川省梓潼县志编纂委员会编纂. 1999. 梓潼县志. 北京:方志出版社
松阳县志编纂委员会编. 1996. 松阳县志. 杭州:浙江人民出版社
宋鸣涛,方荣盛. 1979. 陕西乾佑河上游大鲵的生态调查. 淡水渔业(Z1)
宋鸣涛. 1983. 商南地区大鲵的种群组成. 生态学杂志(4)
绥江县志编纂委员会编. 1994. 绥江县志. 成都:四川辞书出版社
遂昌县志编纂委员会编. 1996. 遂昌县志. 杭州:浙江人民出版社
遂川县地方志编纂委员会编. 1996. 遂川县志. 南昌:江西人民出版社
太白县地方志编纂委员会编. 1995. 太白县志. 西安:三秦出版社
太康县志编纂委员会编. 1991. 太康县志. 郑州:中州古籍出版社
谭邦杰. 1985. 中国的珍禽异兽. 北京:中国青年出版社
谭汉杰. 1993. 甘肃发现大鲵原始种群和珍稀红大鲵. 科学养鱼(3)
谭其骧主编. 1982a. 中国历史地图集. 第二册,秦、西汉、东汉时期. 北京:中国地图出版社
谭其骧主编. 1982b. 中国历史地图集. 第七册,元、明时期. 北京:中国地图出版社
谭其骧主编. 1982c. 中国历史地图集. 第八册,清时期. 北

京:中国地图出版社
唐伯平.1990.我国平原地区首次发现大鲵.动物学杂志,25(5)
唐鑫生等.2001.安徽岭南自然保护区两栖爬行动物多样性及保护.四川动物,20(2)
滕继荣等.2010.甘肃白水江国家级自然保护区有尾两栖动物资源现状及保护对策.四川动物,29(1)
藤县志编纂委员会编.1996.藤县志.南宁:广西人民出版社
天全县志办公室主编.1997.天全县志.成都:四川科学技术出版社
田林县地方志编纂委员会编.1996.田林县志.南宁:广西人民出版社
《通道侗族自治县概况》编写组编.1986.通道侗族自治县概况.长沙:湖南人民出版社
桐柏县地方史志编纂委员会编.1995.桐柏县志.郑州:中州古籍出版社
桐梓县地方志编纂委员会编.1997.桐梓县志.北京:方志出版社
万寿春等.2010.大鲵省级自然保护区对康县发展大鲵产业的影响.水产养殖(5)
汪松主编,赵尔宓分主编.1998.中国濒危动物红皮书:两栖类和爬行类.北京:科学出版社
王鸿媛编著.1998.北京鱼类和两栖、爬行动物志.北京:北京出版社
王启军等.2010.秦岭黑河沙梁子野生大鲵出苗点生境调查.河南水产(4)
王身立.2006.四川省兴文县大鲵洞的大鲵种群中白化基因的频率.生命科学研究,10(3)
王渊.1996.安徽省大鲵资源初步调查报告.淡水渔业,26(3)
王自育等.1989.垣曲娃娃鱼.特产研究(1)
卫挺生考释,徐圣谟制图.1974.台北:中华学术院
渭南地区地方志编纂委员会编.1996.渭南地区志.西安:三秦出版社
温州市志编纂委员会编.1998.温州市志.北京:中华书局
巫溪县志编纂委员会编.1993.巫溪县志.成都:四川辞书出版社
吴凡.2000.陕西汉中重视保护大鲵资源.渔业致富指南(13)
吴方同等.2007.壶瓶山大鲵栖息地水环境因子的调查分析.长沙理工大学学报(自然科学版),4(4)
武都县地方志编纂委员会编.1998.武都县志.北京:生活·读书·新知三联书店
武冈县志编委会编.1997.武冈县志.北京:中华书局
武汉市地方志编纂委员会主编.1998.武汉市志·总志类.武汉:武汉大学出版社
武宣县志编纂委员会编.1995.武宣县志.南宁:广西人民出版社
武夷山市志编纂委员会编.1994.武夷山市志.北京:中国统计出版社
舞钢市地方史志编纂委员会编.1993.舞钢市志.郑州:中州古籍出版社
西安市地方志编纂委员会编.1996.西安市志.西安:西安出版社
西和县志编纂委员会编.1997.西和县志.西安:陕西人民出版社
西峡县志编纂委员会编.1990.西峡县志.郑州:河南人民出版社
淅川县地方史志编纂委员会编.1990.淅川县志.郑州:河南人民出版社
歙县地方志编纂委员会编.1995.歙县志.北京:中华书局
《湘西土家族苗族自治州概况》编写组.1985.湘西土家族苗族自治州概况.长沙:湖南人民出版社
象州县志编纂委员会编.1994.象州县志.北京:知识出版社
逍遥.2007—2008.重庆市大鲵驯养繁殖走向.重庆水产(4-1)
新安县地方史志编纂委员会编.1989.新安县志.郑州:河南人民出版社
新化县志编纂委员会编.1996.新化县志.长沙:湖南出版社
《新晃侗族自治县概况》编写组编.1985.新晃侗族自治县概况.长沙:湖南人民出版社
新晃侗族自治县志编纂委员会编.1993.新晃县志.北京:生活·读书·新知三联书店
新会县地方志编纂委员会编.1995.新会县志.广州:广东人民出版社
新宁县县志编委会编.1995.新宁县志.长沙:湖南出版社
新邵县志编委会编.1994.新邵县志.北京:人民出版社
新县志编纂委员会编.1990.新县志.郑州:河南人民出版社
信阳地区地方史志编纂委员会编.1992.信阳地区志.北京:生活·读书·新知三联书店
信宜县地方志编纂委员会编.1993.信宜县志.广州:广东人民出版社
兴安县地方志编纂委员会编.2002.兴安县志.南宁:广西人民出版社
兴文县志编纂委员会编.1994.兴文县志.成都:四川辞书出版社
熊宏伟,熊宗厚.1996.宝天曼保护区的珍贵动物:大鲵(娃娃鱼).中国生物圈保护区(4)

休宁县地方志编纂委员会编. 1990. 休宁县志. 合肥：安徽教育出版社
秀山土家族苗族自治县志编纂委员会编. 2001. 秀山县志. 北京：中华书局
徐宁等. 1992. 贵州产大鲵生态初步研究. 遵义医学院学报，15(3～4)
许秀熙，韩耀全. 2010. 广西凌云县再次发现野生大鲵. 广西水产科技(2)
叙永县地方志编纂委员会编. 1998. 叙永县志. 北京：方志出版社
溆浦县县志编纂委员会编. 1993. 溆浦县志. 北京：社会科学文献出版社
宣恩县志编纂委员会编. 1995. 宣恩县志. 武汉：武汉工业大学出版社
阳城县志编纂委员会编. 1994. 阳城县志. 北京：海潮出版社
阳朔县志编纂委员会编. 1988. 阳朔县志. 南宁：广西人民出版社
杨大同主编. 1991. 云南两栖类志. 北京：中国林业出版社
杨继强，肖松林. 1991. 涓水河流域大鲵生境考察. 大自然(1)
洋县地方志编纂委员会编. 1996. 洋县志. 西安：三秦出版社
姚俊杰，张红星. 2010. 贵州省大鲵养殖产业化的发展前景. 现代渔业信息，25(7)
叶灵凤. 1985. 香港风物志. 北京：生活・读书・新知三联书店
黟县地方志编纂委员会编. 1988. 黟县志. 北京：光明日报出版社
宜宾市地方志办公室编. 1992. 宜宾市志. 北京：新华出版社
宜良县志编纂委员会编. 1998. 宜良县志. 北京：中华书局
弋阳县县志编纂委员会编. 1991. 弋阳县志. 海口：南海出版公司
英山县志编纂委员会编纂. 1998. 英山县志. 北京：中华书局
永福县志编纂委员会编. 1996. 永福县志. 北京：新华出版社
余杭市地方志编纂委员会编. 2000. 余杭市志. 北京：中华书局
玉屏侗族自治县志编纂委员会编. 1993. 玉屏侗族自治县志. 贵阳：贵州人民出版社
沅陵县地方志编纂委员会编. 1993. 沅陵县志. 北京：中国社会出版社
垣曲县地方志编纂委员会编. 2001. 垣曲县志：1991—2000. 北京：中华书局
岳西县地方志编纂委员会编. 1996. 岳西县志. 合肥：黄山书社
《云和县志》编纂委员会编. 云和县志. 1996. 杭州：浙江人民出版社
云南省大关县地方志编纂委员会编. 1998. 大关县志. 昆明：云南人民出版社
云南省马关县地方志编纂委员会编. 1996. 马关县志. 北京：生活・读书・新知三联书店
云南省瑞丽市志编纂委员会编. 1996. 瑞丽市志. 成都：四川辞书出版社
云南省威信县志编纂委员会编. 1999. 威信县志. 昆明：云南人民出版社
云南省盐津县志编纂委员会编. 1994. 盐津县志. 昆明：云南人民出版社
云南省彝良县志编纂委员会编. 1995. 彝良县志. 昆明：云南人民出版社
云南省永善县人民政府编纂. 1995. 永善县志. 昆明：云南人民出版社
云南省镇康县志编纂委员会编. 1992. 镇康县志. 成都：四川民族出版社
云阳县志编纂委员会编. 1999. 云阳县志. 成都：四川人民出版社
曾小飚，苏仕林. 2008. 广西澄碧河自然保护区两栖爬行动物资源调查. 福建林业科技，35(3)
张炳言等. 1999. 河南伏牛山的大鲵. 野生动物(5)
张宏杰. 2002. 陕西长青自然保护区的两栖爬行动物. 氨基酸和生物资源，24(1)
张树明等. 2010. 陕西大鲵资源养护与产业发展. 中国水产(7)
张维宾等. 2009. 重庆奉节天坑地缝自然保护区动植物资源调查. 安徽农业科学，37(3)：1 255～1 256
张玉霞，温业棠编著. 2000. 广西两栖动物. 桂林：广西师范大学出版社
昭平县志编纂委员会编. 1992. 昭平县志. 南宁：广西人民出版社
昭通地区地方志编纂委员会编纂. 1997. 昭通地区志. 昆明：云南人民出版社
赵宪钧. 2009. 河南省首次大鲵增殖放流在三门峡市举行. 河南水产(4)
赵学刚. 1986. 湖北省大鲵主要分布县完成资源调查工作. 环境与可持续发展(2)
赵永华等. 2010. 远安县发展大鲵产业兴起调查与思考. 农家之友(9)
浙江省淳安县志编纂委员会编. 1990. 淳安县志. 上海：汉语大词典出版社
浙江省龙游县志编纂委员会编. 1991. 龙游县志. 北京：中

华书局
镇安县志编纂委员会编.1995.镇安县志.西安:陕西人民教育出版社
镇巴县地方志编纂委员会编.1996.镇巴县志.西安:陕西人民出版社
正安县地方志编纂委员会编.1999.正安县志.贵阳:贵州人民出版社
郑合勋等.1992.卢氏县的大鲵资源.河南大学学报(自然科学版),22(4)
芷江侗族自治县志编纂委员会编.1993.芷江县志.北京:生活·读书·新知三联书店
中国科学院西北高原生物研究所.1989.青海经济动物志.西宁:青海人民出版社
中国社会科学院考古研究所编著.1983.宝鸡北首岭.北京:文物出版社
中华人民共和国濒危物种进出口管理办公室主编,郑生武等编著.1994.中国西北地区珍稀濒危动物志.北京:中国林业出版社
《周至县志》编纂委员会编.1993.周至县志.西安:三秦出版社
朱诚等.2005.长江三峡库区中坝遗址地层古洪水沉积判别研究.科学通报,50(20):2 240～2 250
朱诚等.2008.重庆忠县中坝遗址出土的动物骨骼揭示的动物多样性及环境变化特征.科学通报,53(增刊1):66～76
朱玲.2006.贵州省大鲵资源现状及其保护对策.中国水产(4)
竹山县地方志编纂委员会编.2002.竹山县志.北京:方志出版社
卓尼县志编纂委员会编.1994.卓尼县志.兰州:甘肃民族出版社
柞水县志编纂委员会编.1998.柞水县志.西安:陕西人民出版社

第三章

扬子鳄的分布变迁

扬子鳄(*Alligator sinensis*)又称鼍(tuó),属于爬行纲 Reptilia 鳄目 Crocodilia 鼍科 Alligatoridae 短吻鳄属 *Alligator*。

扬子鳄不仅是现存 23 种鳄类中仅分布于亚热带的淡水鳄之一(另一种密河鳄分布于北美),而且是我国特有物种,1972 年即被列为国家一级重点保护动物。尤其是其与中生代(距今约 2.5 亿年～约 6 500 万年)不可一世的恐龙近亲,闯过无数劫难而九死一生,既是沧海桑田的见证者,又作为"活化石"携带更为珍贵的环境变迁与爬行动物兴衰、动物演化等重要信息,值得我们进一步发掘,准确解读。

1 扬子鳄的概况

扬子鳄(图 3.1、图 3.2)外形与放大的蜥蜴有几分相似,体长 150～200 cm,全身可明显分为头、颈、躯干、四肢和尾部分,最显著的特征是它的吻短而钝,其第四枚下颌齿嵌入上颌的一个凹槽内,口闭合时此齿不显露(文焕然等,1981)。

图 3.1 扬子鳄[①]

图 3.2 临水之成年扬子鳄[②]

① http://animaldiversity.ummz.umich.edu/site/resources/Grzimek_herps/Alligatoridae/Alligator_sinensis.jpg/medium.jpg

② http://www.wwfchina.org/cj/cy/netcy/netcy/pic/cy17_2.jpg

图 3.3　嬉水之幼鳄①

图 3.4　在苇草丛中的幼鳄②

扬子鳄的体形扁平，全身被革质甲片，腹甲较高而软；甲片约呈长方形，排列整齐；有两列甲片突起，形成两条嵴纵贯全身。背部呈暗褐色或墨黄色，腹部为灰色或略浅，自肛门向后灰黄相间。幼鳄体表有橘红色的横纹，色泽非常鲜艳，与成鳄体色明显不同，但随生长而转为深色(图 3.3、图 3.4)。

扬子鳄的头扁，吻部突出，外鼻孔位于吻端，具活瓣。眼为全黑色，且有眼睑和膜，眼睛可张开或闭合。四肢短粗而有力，前肢与后肢有明显的区别：前肢有五指，指间无蹼；后肢有四趾，趾间有蹼，趾端有爪。尾长与身长相近，长而侧扁，有灰黑或灰黄相间的手术纹，尾既在水中起到推动身体前进的作用，又是自卫和攻击敌人的利器。这些结构特点适于它既可在水中，也可在陆地栖息。

扬子鳄是栖息于亚热带的变温动物，又是穴居，洞穴多处阳坡林下，一般在地下 3 m。从 10 月下旬到次年 4 月初，它蛰伏在洞穴中进行冬眠。其时，扬子鳄爬贴地下，呼吸微弱，不食不动，即使在严冬，也能维持 4℃左右的体温(朱承琯，1954)。扬子鳄洞穴内构造复杂，不仅有多个出口，还设置有洞道、卧室、卧台、水潭、气筒等不同部位。卧台是扬子鳄爬卧处，在最寒冷的季节，卧台上的温度也有 10℃左右。扬子鳄蛰伏初始和即将结束的这两段时间内，入眠的程度较浅，受到外界刺激，能够有所反应；中间时段较长，且入眠的程度很深沉，就像死了似的，看不到它的呼吸现象。

出蛰后的扬子鳄亦喜静，白天常隐居在洞穴中，夜间外出觅食。不过它也在白天出来活动，尤其是喜欢在洞穴附近的岸边、沙滩上晒太阳。它常紧闭双眼，爬伏不动，处于半睡眠状态，给人们以行动迟钝的假象。当它一旦遇到敌害或发现食物时，即能纵跳抓捕，或利用粗大的尾巴猛烈横扫，或用尖锐锋利的牙齿像钳子一样把食物“夹住”然后囫囵吞咬下去，即使捕到较大的陆生动物，不能把它们咬死，而是把它们拖入水中淹死；相反，当扬子鳄捕到较大水生动物时，又往往把它们抛上陆地，使猎物因缺氧而死；遇到大块食物不能吞咽时，则把它猛烈摔打，直到摔软或摔碎后再张口吞下；如还不行，它干脆把猎物丢在一旁，任其自然腐烂，再吞食。扬子鳄的胃不仅胃酸多而且酸度高，因此消化功能很强。

它们在 6 月交配，以呼叫声作为信号，雌雄一呼一应，逐渐靠拢，聚合到一起。但发出的求偶叫声不同，雄鳄洪亮的叫声在百米之外可听到，雌鳄则叫声较为低沉。它们在水中交配，体内受精。7～8 月产卵，每窝可产卵 20 枚以上。卵为灰白色，比鸡蛋略大。卵产于草丛中圆形的巢穴

①http://www.ahyze.com/ewebeditor/UploadFile/20081030112753146.jpg
②http://www.google.com.hk/imgres? q

内，上覆杂草，母鳄则守护在一旁，靠自然温度孵化，孵化期约为 60 天。母鳄在巢边听到仔鳄的叫声后，会马上扒开盖在仔鳄身体上面的覆草等，帮助仔鳄爬出巢穴，并把它们引到水池内。

现生扬子鳄栖息在长江下游的干流和一些支流的河滩、湖泊以及丘陵山涧的滩地，植被主要是芦苇或竹林，土质疏松，食物来源比较丰富。扬子鳄是肉食性动物，性情凶猛，以各种小型兽类、鸟类、爬行类、两栖类和甲壳类为食。其食量很大，能把吸收的营养物质大量地贮存在体内，因而它就有很强的耐饥能力，以度过漫长的冬眠期。

2 扬子鳄的遗存分布

最早的鼍科化石是在北美的晚白垩纪地层中发现的。虽然在东亚的同时代的地层中还没有找到鼍科的材料，但是在我国的东北及蒙古等地都找到了副鳄的化石，周廷儒(1982)、徐钦琦、黄祝坚(1984)等认为，早新生代时期，副鳄很可能是由中鳄类进化到鼍类的过渡类型(Konjukova E D, 1954)，并且通过亚洲与北美之间的白令陆桥迁徙①。

自从晚白垩纪到古新世期间气温下降以后，虽然始新世气温已有所回升，但毕竟不如白垩纪那么暖和了。在这段时间内，鼍科在北美相当发育，出现了许多新的种类；在我国广东南雄的古新世地层中也找到了鼍科的化石(*Eoalligator chunyii*)。杨钟健(1964)认为，此化石不但与北美同时代的鼍(*Allognathosuchus*)很相似，而且与扬子鳄也相接近。

迄今，已发现扬子鳄遗存在我国多处分布地点。

2.1 华北

华北发现有扬子鳄遗存确切地点的省级政区，目前仅见于山西一省②。

● 晋中市：1976～1985 年，灵石县静升镇旌介村的三座商代墓葬发掘出的随葬品中就有鼍鼓，鼓面直径 30 cm，骨面因腐朽塌陷，表面布满鳄鱼骨板，并有红色漆痕(海金乐等，2006)。该鼍鼓与殷墟王陵和日本泉屋博物馆收藏的一件商代青铜鼍鼓模型一致。《诗·大雅》中就有“鼍鼓逢逢”之句。《礼记·月令》：“季夏之月……命渔师伐蛟取鼍登龟取鼋。”(汉)郑玄注曰：“鼍、鼋言取，羞物，贱也。鼍皮又可以冒鼓。”可见先民早就使用木质鼓腔，外壁着彩绘，扬子鳄皮蒙面的“鼍鼓”，反映当地曾有扬子鳄栖息。

● 临汾市：1978～1987 年，中国科学院考古研究所山西队与临汾行署文化局合作，揭露了襄汾县陶寺村南一超大型聚落遗址，据^{14}C断代并经校正，年代约公元前 2500～前 1900 年。在居住区和墓葬区，发掘墓葬 1 000 余座。其中大贵族墓葬 9 座，出土了鼍鼓与陶龙盘、陶鼓、石磬、玉器、彩绘木器等精美文物(中国科学院考古研究所山西工作队，1980)。在 5 座大墓中出土鼍鼓 8 件③，鼍鼓的鼓腔为木质，外壁着彩绘，采用扬子鳄皮蒙鼓面。在鼍鼓腔中或周围还散落鳄骨板，最多的一处达 32 枚(谢希恭，2007)。

陶寺遗址地处汾河下游，旌介遗址地处汾河中游，反映当时汾河流域曾有扬子鳄分布。

2.2 华东

华东是现残存扬子鳄的最后地区，所发现史前扬子鳄遗存地点也最多，表明这一地区的生态环境最适宜扬子鳄栖息。

2.2.1 上海

上海市有扬子鳄遗存发现。

上海出土的新石器时代 1 100 件动物遗骸

---

①近年来，也有学者认为扬子鳄起源于亚洲的可能性更大些(陈壁辉，2002b)。

②内蒙古伊克昭盟(今鄂尔多斯市)鄂克托旗西约 80 km 处，在上白垩统上部发现的鳄化石，杨钟健(1964)认为则是多齿马来鳄(新种)(*Eotomiostoma multidentata* sp. nov.)。尽管现生马来鳄(*Tomistoma schlegelii*)栖息于淡水湖沼河流中，尽管历史上马来鳄曾在我国广东、广西、海南、福建、台湾、香港等地有分布(文焕然等，1980)，但在其间约 15°纬度空白的内蒙古高原上出现“马来鳄化石”，值得慎重对待。固然，这一带现今鄂克托旗属于坡状高原区，地势平坦，起伏不大，海拔 1 300～1 500 m；气候较为干旱，降雨稀少，年平均降水量在 200 mm 左右，属典型的半荒漠草原；土壤成分以钙土为主，部分地区也有不少风积沙。我们查考《中国古地理图集》，鄂克托旗一带在早白垩世早期处于“鄂尔多斯盆地”西北缘，到早白垩世晚期已演变成为“晋陕高地”(中国地质科学院地质研究所等，1985)，这样的环境并不适宜马来鳄生存。

③后来考证，陶寺鼍鼓主要是约公元前 2500～前 2400 年遗存。

（大部分呈亚化石，距今约 5 000 年①），代表 20 个以上物种，其中在闵行区马桥发现有鼍（*Alligator sinensis* Fauvel）尾椎骨（所有特征与馆藏现生已知骨架较前的尾椎相同）、龟、鲤、裸顶鲷、刺鳍鱼、裂齿鲨等标本（黄象洪等，1978），证明这一带曾是扬子鳄分布地带。

2.2.2　江苏

江苏省出土的两处扬子鳄遗存年代较早，反映其在这一带繁衍的历史久远。

● 南京市：在南京市浦镇的长江北岸，离江岸约 8 km 的猪头山的东坡发现有中新世短吻鳄（有称“钝吻鳄”）牙齿未定种（*Alligator* sp.）等脊椎动物化石（周明镇等，1964）。现代分布于我国长江下游的扬子鳄，不论从地理分布或地质时代上说，都是一个孤立的种。在我国的新第三纪和更新统中还未有过关于这一类化石的记录，浦镇的地点正在这一属现代分布的范围内，虽然由于材料太少，还看不清它和扬子鳄的关系，但这是我国第一次发现的新生代晚期的鳄类化石，为了解我国扬子鳄的历史提供了有价值的线索。

● 宿迁市：位于淮河中游、洪泽湖西岸的泗洪县双沟镇下草湾村的下草湾遗址，所发现中新世脊椎动物化石中也有短吻鳄遗存（周明镇等，1964）。表明当地扬子鳄存在之久远。

2.2.3　浙江

浙江省目前仅见处于宁绍平原的余姚市一地有扬子鳄遗存出土。

余姚市河姆渡新石器时代遗址发掘出的动物群中有鳄标本，经与中华鳄（即扬子鳄 *Alligator sinensis*）对比，“牙齿相比较十分相近，但比中华鳄的牙齿粗壮”，“在目前标本不太完整的情况下，暂时将它们定作中华鳄的相似种（*Alligator* cf. *sinensis*）。”“中华鳄于 1879 年定名，属猛鳄亚科。这个科的主要特征是：头部较宽，吻端圆钝，齿不等大，下颌的第 4 齿嵌入上颌的洞内。该亚科重要的属是鳄属（*Alligator*），它只有两个现生种，其中之一是我国产的中华鳄或称扬子鳄”（魏丰等，1990）。这是距今较近的扬子鳄遗骸之一。

2.2.4　安徽

安徽省是现存野生扬子鳄的主要分布地，从迄今所发现的年代相距数千万年至 7 000 多年前的鳄遗骸，表明当地扬子鳄栖息之久远。

● 蚌埠市：1986～1992 年，三次发掘位于淮河中游蚌埠市淮上区小蚌埠镇双墩村北侧一个台地上的双墩遗址，确定其是距今 7 300 多年的新石器时代台地遗址，有鱼、鸟、爬行和哺乳类动物 50 多个种类遗骸，其中就有扬子鳄上颌骨等遗存（安徽省文物考古研究所等，2008）。

● 安庆市：出土于怀宁县丁花屋的中—晚古新世（距今约 5 700 万年前）的怀宁始猛鳄（*Eoalligator huiningensis* Young，1982）化石②，尽管只是头骨前部和不完整的下颌标本（图 3.5、图 3.6），但也可以从钝吻等显著特征看出其与扬子鳄较密切的联系。

图 3.5　怀宁始猛鳄（右视）

图 3.6　怀宁始猛鳄（左视）③

---

①该遗址年代后来又有所修正，即用 ^{14}C 常规方法测定的数据，经树轮校正后，可作为判定马桥文化真实年代的参考。马桥文化存在于公元前 2000 年，大体相当于夏代和商代。马桥遗址并不能包含整个马桥文化，只是它的早中阶段（上海市文物管理委员会，1997）。

②怀宁始猛鳄. http://159.226.2.78/paleozoo/zpcx/zpdetail2.jsp? id=7014

③怀宁始猛鳄. http://ag20031003.wap.blog.163.com/w2/blogDetail.do? hostID=ag20031003&blogId=fks_087067087083089071081086081069072087086068082082083067085084&tip=0&&currentTimeMillis=1363651400903

● 巢湖市：1974～1980 年，和县善厚镇陶店村汪家山北坡的龙潭洞发掘出似扬子鳄(*Alligator* cf. *sinensis*)等 50 多种中更新世脊椎动物化石①。

2.2.5 山东

山东省虽然是历史上扬子鳄分布较北的省级行政区，但发现其遗存的地点却最多。

● 聊城市：2000 年以来，在平县教场铺村西北发现的教场铺遗址进行多次发掘，出土有属龙山文化(公元前 2500～前 2000 年)的动物遗骸 37 种，其中有"鳄"(动物考古课题组，2011)。根据标本年代与我国"鳄目"以及其周边爬行纲动物情况综合考虑，窃以为是扬子鳄。

● 东营市：广饶县五村乃一处新石器时代大汶口至汉代文化遗存，出土的动物遗存中就有扬子鳄残骸及适应暖湿流水的软体动物(山东省文物考古研究所等，1989)。

● 潍坊市：1984 年，在临朐县尧山乡山旺村发掘出土中新世一近于完整的头骨、破碎的下颌、部分头后骨骼，经鉴定为鲁钝吻鳄(*Alligator luicus* sp. nov.)。山旺标本在形态上最为接近的是产于北美 Nebraska 早中新世晚期组的 *Aiigator mcgrewi*，与扬子鳄确实存在许多相似之处，但也有所差异。似乎暗示沟通了北美与亚洲两大陆钝吻鳄之间的联系(李锦玲等，1987)。临朐县城南约 5 km 的西朱封村龙山文化(约公元前 2500～前 2000 年)遗址中发现有随葬的扬子鳄骨板(中国社会科学院考古研究所山东队，1990；高广仁等，1991)。

● 枣庄市：枣庄市峄城区出土有距今 4 500 年左右的扬子鳄遗存②。

1978～1979 年，中国社会科学院考古研究所与滕州市博物馆联合组成考古队，对滕州市北辛遗址进行了发掘清理，出土了陶器、石器、骨器、蚌器、角器等各类文物 2 000 余件，值得注意的是还发现有扬子鳄腹甲。据遗址获得的含碳标本^{14}C测定，距今约为 7 345 年③，属新石器早期(中国社会科学院考古研究所山东队等，1984)。此外，滕州市前掌大遗址也出土距今 3 500 年左右的扬子鳄骨板、鳄皮制品等遗存(高广仁等，1991)。

● 济宁市：兖州市王因镇新石器时代遗址第③、④文化层中发现扬子鳄遗骸，据^{14}C 年代测定，王因遗址第③层的年代为 5 950 年±125 年(4 000 B. C.)，说明保存鳄残骸的地层年代应当是距今 6 000 年左右；同时，这些材料至少代表 20 个扬子鳄个体，这批材料个体大小不等，分布零散且范围较广，又与当时人们食后抛弃的其他动物残骸一同弃置于灰坑中，说明这些鳄很可能是被当时当地居民在距离遗址不远的河流或湖泊中捕获的。说明扬子鳄在当时并非是由外地输入的罕见珍贵动物，而是当时习见的动物之一(周本雄，1982)。兖州市西桑园村乃北辛文化遗址，也出土一些被焚烧过的扬子鳄残骸及骨板(高广仁等，1991)。

汶上县苑庄镇东贾柏村发现的东贾柏遗址，也是一处原始社会早期系北辛文化类型，距今 7 000 年左右的文化遗存。当地出土有扬子鳄头骨、腹甲、骨板以及一些亚热带动物遗存(高广仁等，1991)。这不仅表明当时扬子鳄分布比较广泛，而且反映当地气候较为温暖湿润。

泗水县金庄镇尹家城村南的一座山东龙山文化大型墓葬中，曾发现鳄骨板 40 余枚以及鳄制品(于海广，1982；山东大学历史系考古专业教研室，1990)。

● 泰安市：大汶口遗址处于泰安市与宁阳县交界处，1959 年对一处集中的新石器时代晚期④氏族公共墓地进行发掘，其中出土数量众多的"骨板"，如在墓 10 出土的就达 84 枚，由其大小、厚薄、骨缝的结构及具矩形的式样观察，很接近我国的扬子鳄腹部前边的骨板(李有恒，1974)。由于当时可参考的资料不多，故有"为大汶口一带当时有鳄类生活"与"作为一种交换品或礼品由外地带入大汶口的"两种推测。现根据较多的扬子鳄遗存分布情况，可以认为是当时大汶口一

①龙潭洞和县猿人遗址. http://baike. baidu. com/link? url=93RvaDEJvlf8JwblbMNKXiWtsRN-YMI3KbEpO≥ZaaS6SPDKnTg-3h3XMLI8kAUknlnxVnxRy89aegUjmtxRAK

②中国社会科学院考古研究所胡秉华研究员 1992 年 12 月 5 日提供考古资料。

③枣庄市文物局(引用日期 2013-05-29)修正："经科学方法鉴定，这片遗址距今约 7 300～8 400 年，是我国在黄淮地区发现最早的新石器时代遗址。"(北辛遗址. http://baike. baidu. com/view/482731. htm)

④大汶口文化遗址出土的木炭经^{14}C 年代测定，距今 6 100～5 700 年(山东省文物考古研究所编，1997)。

带有扬子鳄栖息。

2.3 中南

中南也发现有多处扬子鳄遗存地点，并且它们的时间跨度较大，表明这一带也是扬子鳄长久繁衍栖息地。

2.3.1 河南

河南省迄今发现的扬子鳄遗存皆处于全新世。

● 安阳市：处于安阳市殷都区的殷墟遗址，1934～1935 年，在侯家庄 1217 号大墓发掘出土了扬子鳄骨板与“鼍鼓”实物，该鼓面的蒙皮曾被误认为是“蟒皮”，扬子鳄骨板也曾被误认为是“麻龟片”。将“人形饕餮纹双禽铜鼓”两边饰鼍皮纹与侯家庄 1217 号大墓出土的木身“鼍皮鼓”比较（石璋如，1933；周本雄，2000），更加明显地看出二者相似（图 3.7，图左下的铜鼓面与图右上的“鼍鼓”蒙皮）。反映安阳一带当时有扬子鳄分布。

图 3.7 “铜鼓”（左）与“鼍鼓”前侧（右）比较

● 漯河市：属于淮河上游沙河水系的舞阳县贾湖遗址，1983～1987 年进行了 6 次科学发掘，发掘面积达 2 300 m^2。据^{14}C 年代测定，贾湖遗址年代跨度为公元前 7 000～前 5 800 年。出土的动物群中，爬行动物有扬子鳄与龟、鳖，鸟类有天鹅、丹顶鹤、环颈雉等，哺乳动物有獐、四不像（麋）、麂、梅花鹿、貉、狗獾、豹猫、野猪等。其中既有喜温湿的种类，也在最早期的灰坑中发现喜冷的紫貂等。植物群落中喜暖湿的有枫香、山毛榉、水蕨、香蒲、盐肤木、野生稻及大量湿生环纹藻类等，同时耐旱的蒿属、藜科植物也大量存在。反映出的是疏林—草原—湖沼景观，中晚期气温高于现今这一地区 2～3℃，降水量高于现今 400～600 mm，相当于现今长江流域的自然景观与气候特征（河南省文物考古研究所，1999）。

2.3.2 湖北

位于长江中游的湖北省也有扬子鳄遗骸出土。

● 荆州市：1981～1982 年，位于长江北岸的沙市市（今为荆州市沙市区）周梁玉桥商代后期遗址试掘，灰坑中出土了许多满布钻灼痕迹的占卜龟甲片，伴随文物出土了大量脊椎动物碎骨，其中检出扬子鳄左侧齿骨与当属鳄骨板的“麻面骨片”（彭锦华，1988；李天元，1984）。说明曾有扬子鳄栖息。

● 宜昌市：位于长江中游南岸的宜都市红花套镇城背溪新石器时代遗址出土的动物骨骼中，也发现有扬子鳄材料（李天元，1984）。反映距今 7 000 多年前扬子鳄曾在这一带分布。

2.3.3 湖南

湖南省曾是扬子鳄分布较广的省级行政区之一，然而对于扬子鳄遗存而言，仅在湘江中游、衡阳盆地之一县发现，且年代久远。

衡东县霞流市乡茶山坳一带出土有衡阳原古马、衡阳两湖鳄（*Lianghusuchus hengyangensis*）、湘江田氏鳄（*Tienosuchus hsiangjiangensis*）等动物化石①，其时代经鉴定为始新世或中始新世（中国科学院古脊椎动物与古人类研究所《中国脊椎动物化石手册》编写组编，1979）。1982 年，又在该县岭茶乡甑箕岭发掘了大批距今 5 200 万～5 000 万年前的古脊椎动物化石，其中有鳄与蜥蜴两种爬行动物化石②。

2.3.4 广东

广东省所见扬子鳄遗存分布地点虽有多处，但时代比较久远。

● 韶关市：杨钟健（1961）认为，产于南雄市（城西南 210 号公路标 416 附近，修仁东约 1 km，西南的风门坳附近）古新统的鳄标本（存义始短吻鳄鳄 *Eoalligator chunyii*）和亚洲鳄很相近。下颚的大小和形状以及牙齿的构造彼此十分相像。虽然没有一个完整的下颚标本，但是由已有的下颚相互比较，可以看出，下颚的牙齿部分比

①霞流市组. http://baike.baidu.com/view/2249802.htm

②甑箕岭古动物化石. http://www.ipiao.com.cn/travel/13/1938.htm

牙列的后部为短。这也是亚洲鳄的一个重要特征。尽管也有些区别，但其甚至和中国扬子鳄也相近似。将南雄的鳄鱼粪化石和北京动物园所饲养的中国扬子鳄所排的粪相比，很有些相似之处，但也有所不同。动物园饲养的鳄的粪，可能为一年幼个体所排泄的，也可能受了人工饲养的关系。由此，证明当地曾有扬子鳄栖息。

● 云浮市：1984 年，在罗定市苹塘区的下山洞出土有更新世中期似扬子鳄（*Alligator* cf. *sinensis*）零星牙齿等脊椎动物化石。虽然是首次发现扬子鳄遗存，但也说明更新世时期的扬子鳄的地理分布已越过云开大山抵达罗定河流域（黄万波等，1988）。

2.3.5　广西

广西壮族自治区虽处于扬子鳄分布的西南部，但也有数处扬子鳄遗存出土。

● 桂林市：桂林市南郊独山西南麓的甑皮岩遗址，1965～2001 年数次发掘，根据洞穴发育及沉积物年代测定为更新世晚期（约距今 15 000 年）—全新世中期（距今 3 000 年）①，出土遗存十分丰富。其中，1973 年发掘出鳄鱼板 1 件及天鹅、鹦鹉科、猕猴、红面猴、亚洲象、熊、水獭、大灵猫、豹、虎、犀牛、獐、麝、梅花鹿、水鹿、苏门羚等动物遗骸；2001 年又发掘出鳄鱼（左下颌骨）与鹭、鹤、猴、豪猪、大型食肉动物、鹿科、水獭（大中小型皆有）、苏门羚、熊等动物遗骸（中国社会科学院考古研究所等，2003）。尽管作者没有确定该鳄遗骸种类，但从对该遗址的环境复原看，“遗址处于一个多水的、有小型湖沼分布的山间盆地之中”。再从动物群组合与我国历史上鳄类分布整体情况看，很可能就是扬子鳄。

● 百色市：1999～2000 年，在田东县以西 11 km 的布兵镇雾云山一石灰岩溶洞发现一批中更新世或晚更新世早期脊椎动物化石，共有 9 目 24 科 44 个属种，其中就有中华扬子鳄（相似种）牙齿化石（陈耿娇，2002）。

● 河池市：1977～1978 年，都安瑶族自治县城西北约 12 km 的九楞山②洞内出土了晚更新世后期人类化石，还有 3 枚短吻鳄（*Alligator* sp.）牙齿、龟与华南豪猪、扫尾豪猪、板齿鼠、竹鼠、猕猴、金丝猴、似黑长臂猿、猪獾、灵猫、果子狸、古爪哇豺、鬣狗、中国黑熊、熊、大熊猫巴氏亚种、虎、豹、德氏野狸、小野猫、猫类、似高冠剑齿象、亚洲象、巨貘、貘、中国犀、野猪、鹿、水鹿、水牛、牛羚、苏门羚、羊等十分丰富的动物化石（赵仲如等，1981）。

2.3.6　海南

海南省所见扬子鳄遗存虽然仅一处，但却是我国已知扬子鳄分布的最南端。

海南岛澹县（今儋州市）长坡地质队在矿区地质勘探过程中，于上新世煤系地层的钻孔岩芯内发现大量动植物化石。其中脊椎动物化石标本 14 块，由中国科学院地质研究所第四纪地质组进行鉴定，其中发现鳄鱼（*Alligator* sp.）的牙齿 4 颗、头骨碎片 2 块。最大一颗鳄鱼牙齿长 2 cm，横截面为椭圆形，前后有显著的棱，齿尖较钝，齿冠面上有不明显的条纹（袁宝印，1975）。

2.4　西南

西南地区仅在四川省一地发现有扬子鳄遗存，也是迄今所知扬子鳄分布较西的地点。

翠屏区出土的“扬子鳄脚印的皮痕”标本，经杨钟健（1961）将其与相当部分的现代中国鳄（即扬子鳄）进行比较，认为：总的说来，彼此十分相像。但是在现代的标本，折曲排列较为规则，分布的也较密。而在化石则较不规则，也排列得较稀。反映当地曾有扬子鳄分布。

2.5　西北

西北地区出土的扬子鳄仅见新疆维吾尔自治区的准噶尔盆地南缘一处，这是迄今所知扬子鳄分布最西北的地点，更显珍贵。

1963～1964 年，中国科学院古脊椎动物与古人类研究所新疆古生物考察队在玛纳斯县清水河哈萨克族乡采集到一个不甚完整的脊椎动物右下颌骨，后部缺失，齿骨大部分保存，下颌齿彼此分开，每侧有 13～14 个，齿间距近相等；犬状齿大，基部膨胀，有两个犬状齿前齿。牙齿锥状，具

---

①据该书又称：“数据结果全部进行了 ^{14}C 校正，而且是以木头为标准进行统一校正……一期的年代应在距今 12 500～11 400 年，二、三、四期大致处于距今 11 000～10 300 年，五期为距今 8 800～7 600 年。”

②原称作“九娚山”，现一般改称“九楞山”。

有放射纹，两侧形成棱嵴，构造近似亚洲鳄。下颌花纹与一般鳄亚科属种比，显得纤细[①]。经鉴定为玛纳斯准噶尔鳄（*Dzungarisuchus manacensis*），属亚洲鳄的一种，年代为晚始新世（中国科学院古脊椎动物与古人类研究所《中国脊椎动物化石手册》编写组，1979）。

2.6 遗存披露的扬子鳄分布变迁

梳理迄今发现的近 40 处扬子鳄遗存分布概况（表 3.1、图 3.8），呈现以下情况：

表 3.1 不同时代与地点的扬子鳄遗存概况

纪	世	起始年（距今万年）	省级政区	遗存发现地	遗存年代（距今万年）
第三纪	古新世	6500	广东省	南雄市	古新世
			安徽省	怀宁县丁花屋	中—晚古新世（约 5 700 前）
	始新世	5780	湖南省	衡东县霞流市乡茶山坳遗址	始新世（5 780～3 660）
			湖南省	衡东县岭茶古脊椎动物化石遗址	中始新世（5 200～5 000）
			湖南省	衡东县霞流市乡茶山坳遗址	中始新世（5 200～4 360）
			新疆维吾尔自治区	玛纳斯县清水河哈萨克族乡	晚始新世（4 360～3 360）
	渐新世	3500			
	中新世	2400	江苏省	南京市浦镇遗址	中新世
			江苏省	泗洪县双沟镇下草湾村	中新世
			山东省	临朐县尧山乡山旺遗址	中新世中期
	上新世	530	海南省	儋州市	上新世
第四纪	更新世	240	安徽省	和县善厚镇陶店村龙潭洞猿人遗址	更新世中期（40～30）
			广东省	罗定市苹塘区	更新世中期（40～30）
			广西壮族自治区	田东县布兵镇雾云山	中更新世或晚更新世早期
			广西壮族自治区	桂林市南郊独山西南麓的甑皮岩遗址	更新世晚期—全新世中期（约 1.5～0.3）
			广西壮族自治区	都安瑶族自治县	晚更新世后期
			四川省	翠屏区	?
	全新世	1.0	河南省	舞阳县北舞渡镇贾湖遗址	0.9～0.78
			安徽省	蚌埠市淮上区小蚌埠镇双墩遗址	0.73 多
			山东省	滕州市北辛遗址	新石器早期（约 0.84～0.73）
			山东省	兖州市西桑园村	新石器早期（约 0.84～0.73）
			湖北省	宜都市红花套镇城背溪遗址	0.7 多
			山东省	汶上县苑庄镇东贾柏遗址	0.7 多
			浙江省	余姚市河姆渡新石器时代遗址	0.7～0.6
			山东省	泰安市与宁阳县大汶口遗址	大汶口文化（0.63～0.45）
			山东省	广饶县五村遗址	大汶口文化（0.63～0.45）
			山东省	兖州市王因遗址	约 0.6
			山东省	茌平县教场铺遗址	龙山文化（0.45～0.4）
			山东省	临朐县西朱封遗址	龙山文化（0.45～0.4）
			山东省	泗水县金庄镇尹家城遗址	龙山文化（0.45～0.4）
			山东省	枣庄市（峄城区）	龙山文化（0.45～0.4）
			山西省	襄汾县陶寺遗址	龙山文化（0.45～0.4）
			上海市	闵行区马桥遗址	约 0.4
			山东省	滕州市前掌大遗址	约 0.35
			山西省	灵石县静升镇旌介遗址	商代（0.36～0.305）
			湖北省	荆州市沙市区周梁玉桥遗址	商后期（0.33～0.305）
			河南省	安阳市殷墟	商后期（0.33～0.305）

注：目前，我国尚未发现渐新世扬子鳄遗存。

①玛纳斯准噶尔鳄. http://baike.baidu.com/view/3387283.htm

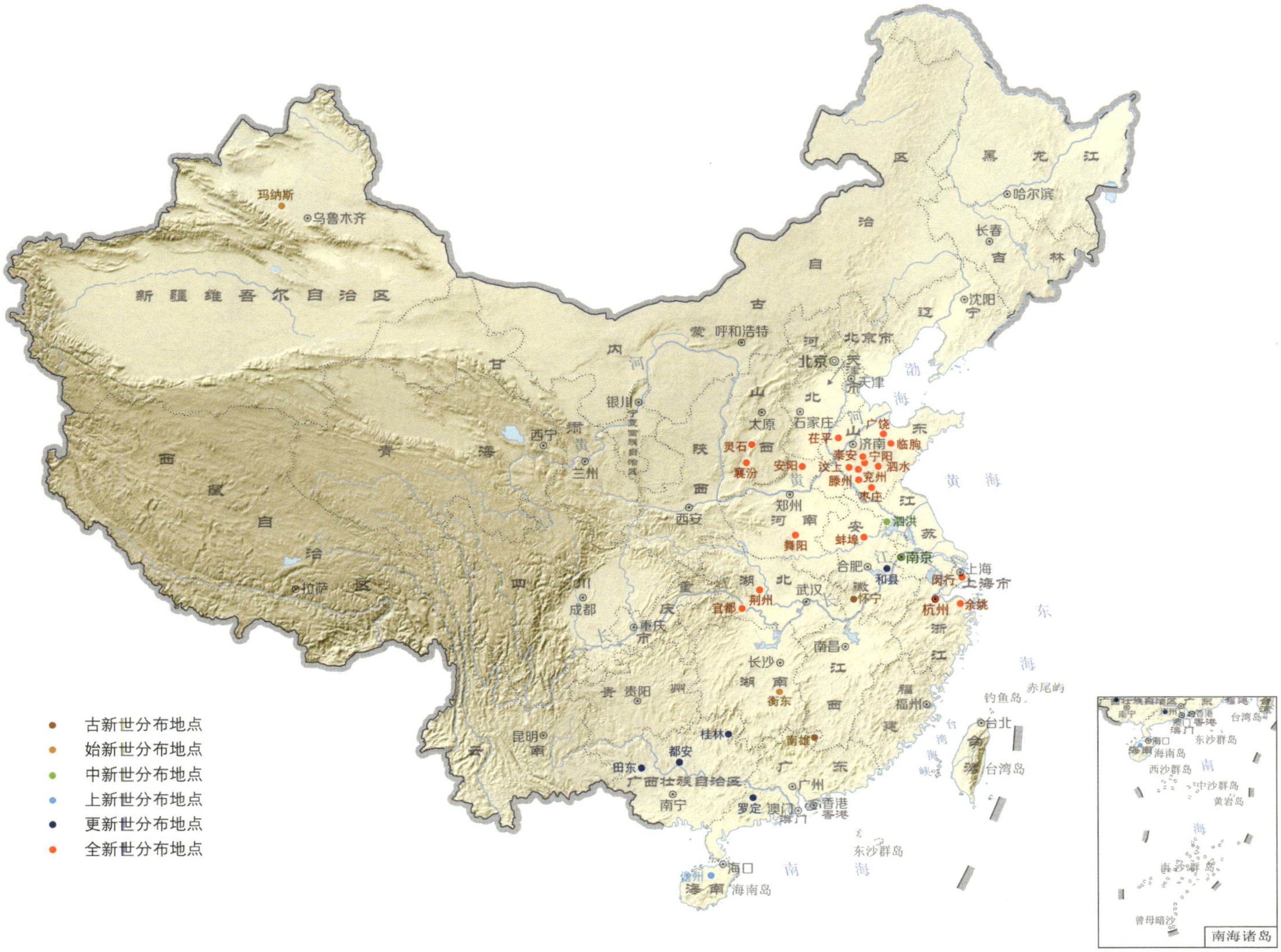

图 3.8 扬子鳄遗存分布地点概况图

● 从第三纪以来，除渐新世外，扬子鳄遗存在我国都有所分布，基本上呈连续状态并延绵至今。

● 可补救渐新世扬子鳄遗存在我国尚未发现分布的是，据陈壁辉（2002a）称：日本学者披露，在该国的上新统地层中，两次发现扬子鳄轭（jugals）、方骨（quadrates）、齿骨（dentary）、关节骨（articular）和隅骨（angular）等遗存。并根据渐新世时，亚洲大陆一直延伸到日本以东（许靖华，1985），或老第三世至中新世早期，台湾地区可能是与大陆相连的边缘冒地槽（李亚美等，1985）的说法，可以理解日本与我国大陆在渐新世至中新世早期是相连或靠近。

● 就整体情况看，地质时代，尤以第三纪，扬子鳄的分布范围最广阔；到第四纪，扬子鳄的分布显示较明显的收缩趋势。

● 在更新世，扬子鳄的分布主要南移到长江以南广大地带。

● 到全新世初期，扬子鳄在我国东部的分布曾向北有所扩展。

3 古人对扬子鳄的认识

尽管“鳄”之称谓已有数千年历史，但我国历史上曾栖息有多种野生鳄。更早使用且较稳定称呼扬子鳄的则是“鼍”，在最古老成系统的文字——甲骨文与拓片（图 3.9～图 3.11）及拓片释文(图 3.12、图 3.13)中就已出现，尤其是图 3.13的释文更明确是“鼍”。

图 3.9　甲骨文拓片 1

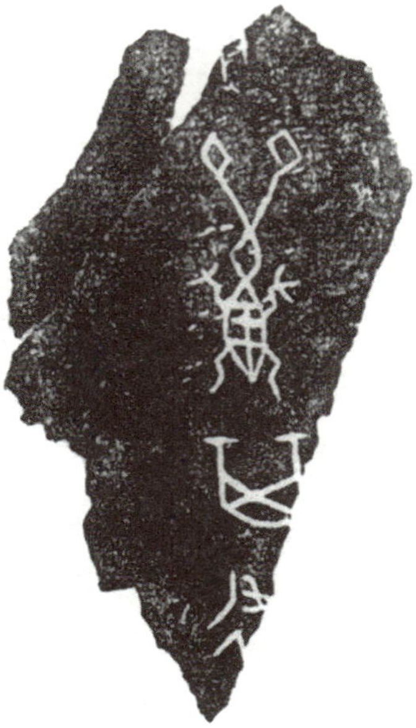

图 3.10　甲骨文拓片 2

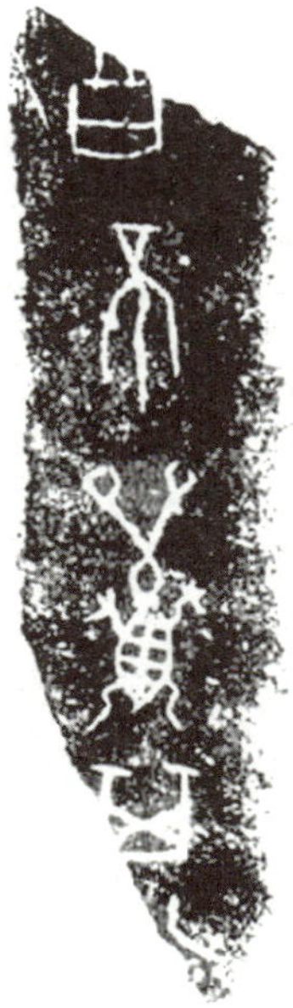

图 3.11　甲骨文拓片 3

图 3.12　拓片(图 3.9)释文

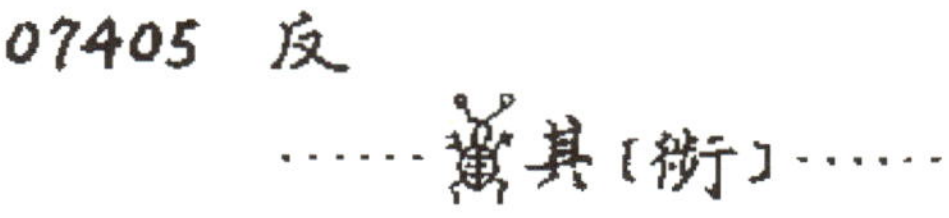

图 3.13　拓片(图 3.10)释文

尽管人们对金文中是否有“鼍”还认识不一，但笔者认为金文延续用较稳定的“鼍”，甚至持续至今，不仅所见 2 件称为“吊龟鼎”上的金文(图 3.14、图 3.15)与甲骨文“鼍”相似，而且用饵诱钓(详下文)也是古人捕获扬子鳄的有效方法之一，皆可佐证。

图 3.14　吊龟鼎拓片 1

图 3.15　吊龟鼎拓片 2

此外，古人对扬子鳄的称谓还有“鼍”“它”（图3.16）“鱓”“鳝”（图3.17）“鼍龙”“鮀鱼”“土龙”“猪婆龙”等多种，但它们所使用时间或地域皆有限。《逸周书》就记载“会稽以鼍”。（晋）孔晁注释“鼍”道“其皮可以为鼓”，可见是指扬子鳄。

（东汉）许慎《说文》称：“鼍，水虫，似蜥蜴而长大。”（晋）郭璞《尔雅注》道：“卵如鹅卵，甲如铠甲，皮坚厚，可冒鼓。”可见是指扬子鳄。

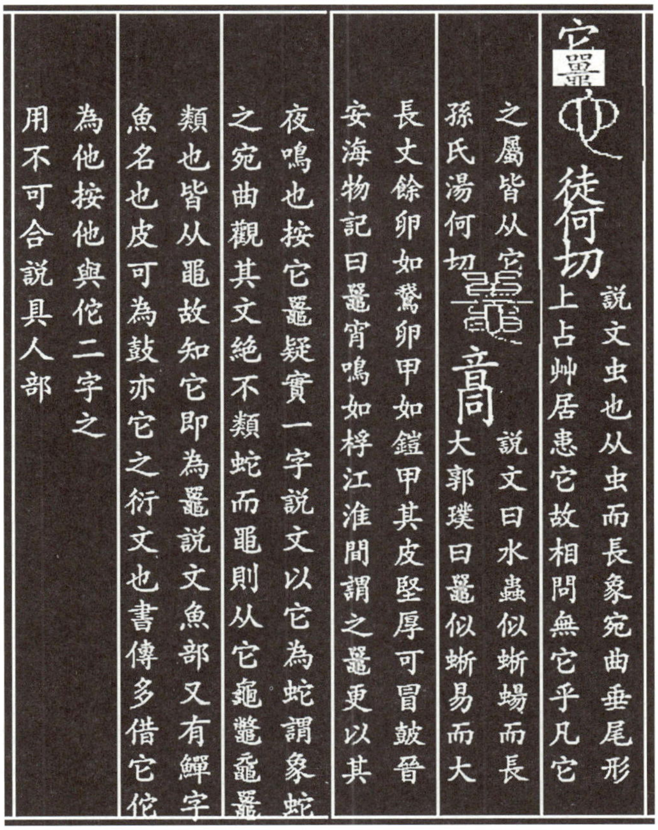
它也 徒何切 說文虫也从虫而長象宛曲垂尾形上古艸居患它故相問無它乎凡它之屬皆从它
鼉 孫氏湯何切 音 說文曰水蟲似蜥蜴而長大郭璞曰鼉似蜥易而大長丈餘卵如鵞卵甲如鎧甲其皮堅厚可冒鼓晉安海物記曰鼉宵鳴如桴江淮間謂之鼉更以其夜鳴也按它鼉疑實一字說文以它為蛇謂象蛇之宛曲觀其文絕不類蛇而黽則从它龜鼈黿鼉類也皆从黽故知它即為鼉說文魚部又有鱓字魚名也皮可為鼓亦它之衍文也書傳多借它佗為他按他與佗二字之用不可合說具人部

图 3.16　《六书故》中“它”与“鼍”

鱓 石遣切 似鰻而無鱗穴土水以居淮南子曰鱓似虵 又作鱔䱇說文鱓魚名 皮可為鼓說見它下

图 3.17　《六书故》中“鱓”与“鳝”

（宋）戴侗《六书故》中就追记了 2 000 多年前汉代人对扬子鳄的认识：刘安（前 179～前 122）《淮南子》中就记述“鱓”之两说：其一，是今属于鱼纲的鳝鱼；另一，则是现代人往往忽略的今属于爬行纲的扬子鳄。

值得注意的是对“鱓”（现皆用“鳝”；以下不另区分）的认识：唐代《集韵》就明确：“唐何切，音驼，与鼍同。《说文》：鱼名，皮可冒鼓。”司马贞对《史记·太史公自序》中“鼋鳝与处”所作索隐道：“鼋音元，鳝音鼍。”明代《异鱼图赞补》在诠释“鼍”时提到：扬子鳄“皮坚厚，宜冒鼓”，“夜鸣应更，吴越谓之鳝（音‘陀’）更。”清《康熙字典》中“鳝”注释引“李斯《上秦始皇书》：树灵鳝之鼓。注：徒何切。鳝皮可以冒鼓”，未用通常之“鼍”而重复用“鳝”，说明古代“鼍”与“鳝”相通。

（明）李时珍《本草纲目》诠释为：

鼍龙（《本经》中品）。

鮀鱼（《本经》）。土龙（藏器曰：《本经》鮀鱼，合改作鼍。鼍形如龙，声甚可畏。长一丈者，能吐气成云致雨。既是龙类，宜去其鱼。时珍：鼍字像其头腹足尾之形，故名。《博物志》谓之土龙。鮀乃鱼名，非此物也。今依陈氏改正之）。

《别录》曰：鮀鱼甲生南海池泽，取无时。弘景曰：即鼍甲也。皮可冒鼓。性至难死，沸汤沃口入腹，良久乃剥之。藏器曰：鼍性嗜睡，恒闭目。力至猛，能攻江岸。人于穴中掘之，百人掘，须百人牵之；一人掘，亦一人牵之。不然，终不可出。颂曰：今江湖极多，形似守宫、鲮鲤辈，而长一二丈，背尾俱有鳞甲。夜则鸣吼，舟人畏之。时珍曰：鼍穴极深，渔人以篾缆系饵探之，候其吞钩，徐徐引出。性能横飞，不能上腾。其声如鼓，夜鸣应更，谓之鼍鼓，亦曰鼍更，俚人听之以占

(两)[雨]。其枕莹净，胜于鱼枕。生卵甚多至百，亦自食之。南人珍其肉，以为嫁娶之敬。陆佃云：鼍身具[十]二生肖肉，惟蛇肉在尾，最毒也。

(明)胡世安《异鱼图赞补·鼍》描述：

鼍状守宫，亦名土龙。吐水向日鸣即雨，从力攻碕岸，树鼓逄逄，其枕莹洁。卵至盈胸，就穴掘，牵人不易踪。《说文》：鼍状如守宫，长一二丈，文五色背毛，有鳞甲如铠，能吐云致雨。身具十二肖肉，蛇肉最后在尾。皮坚厚，宜冒鼓。《本经》：名鮀鱼，一名土龙。其甲黑色，能横飞不能上腾。夜鸣应更，吴越谓之鱔(音陀)更。向日吐水，日沉则没，此属阳也。《埤雅》云：欲雨则鸣。旧云，性嗜睡，目常闭，力尤酋健，善攻碕岸。

尽管存在某些讹误，但是古人对扬子鳄形态、生态、分布、用途等的认识还是相当有价值，值得我们重视。

4　20世纪前的扬子鳄分布

文献记载反映，历史时期的扬子鳄曾分布于我国除东北之外的各大地区，但分布状况并不平衡，尤以华东地区为多，中南地区次之，华北地区再次之，西南地区与西北地区只是少数地点有所分布。

4.1　华北地区

扬子鳄在华北地区的分布，我们仅见今河北与山西有一些记载。

4.1.1　河北

虽然河北省未见直接的扬子鳄分布证据，然而以甲骨文中出现的“鼍”反映其分布状况（何业恒，1997；周跃云等，2002），窃以为不无一定道理。

甲骨文出现于殷商时期，商都曾数度迁移（谭其骧，1982a），大致是：亳（今山东曹县）→嚣（今河南郑州市与荥阳市以北）→相（今河南内黄县）→邢（今河北邢台市）→庇（今山东郓城县）→奄（今山东曲阜市）→殷（今河南安阳市），故而形成“商时期中心区域”。这一区域已有多处发现扬子鳄遗存；虽然邢台（37.0°N）纬度略高，但与证实有扬子鳄的山西石楼（36.9°N）相当，况且后者海拔显然要高。

既然扬子鳄在当时并非罕见的珍稀动物，其甲骨文称谓——鼍已流行，尤其是与之毗邻的今安阳一带确有扬子鳄栖息，那么，至少在与其毗邻的河北南部也有扬子鳄分布是很有可能的。

4.1.2　山西

虽然实证还发现不多，但山西省历史上有扬子鳄栖息则是可以肯定的。

《周礼》中有“以晋鼓鼓金奏”的记载。尽管前人对“晋鼓”有多种诠释，我们所见古人绘制的“晋鼓”图形也多样，就是宋代，聂崇义撰《三礼图集注》（图3.18），杨甲撰、毛邦翰补《六经图》（图3.19）与阮逸、胡瑗撰《皇佑新乐图记》（图3.20）三部古籍上的图形亦迥异，然而，窃以为其即“鼍鼓”，理由在于：

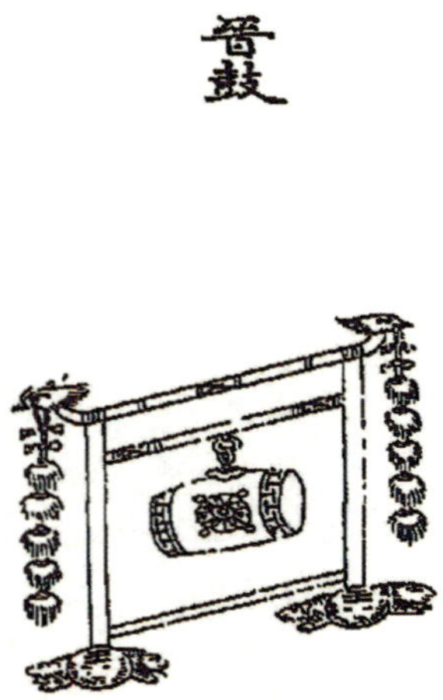

图3.18　《三礼图集注》

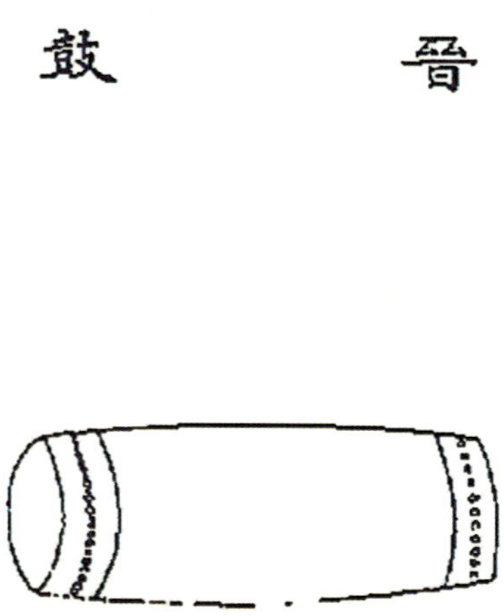

图3.19　《六经图》

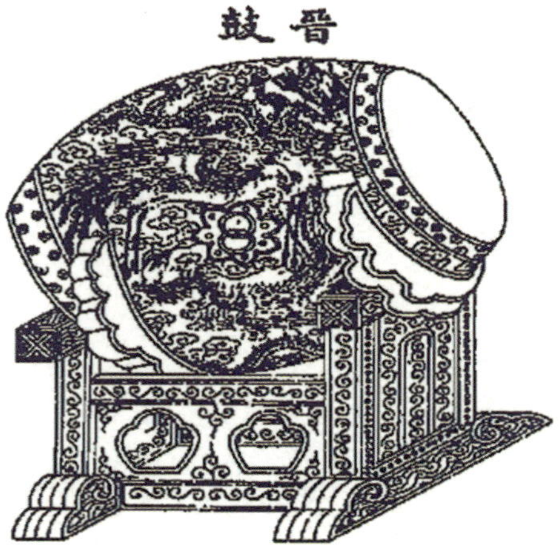

图3.20　《皇佑新乐图记》

①"鼍鼓"乃上古打击乐器上品。考古发现，从龙山文化时代直到商、周，鼍鼓始终是王室、诸侯、方国首领专用的礼制重器，也是考古发掘用以断定这一时代墓葬主人身份尊贵的重要依据之一，这是一说。另外，据（三国吴）陆玑撰、（明）毛晋《毛诗陆疏广要》诠释：鼍

皮中冒鼓。《夏小正》曰：剥鼍以为鼓也。今狁将风则踊，鼍欲雨则鸣。故里俗以狁谶风，以鼍谶雨。《诗》曰：鼍鼓逢逢。先儒以为鼍皮坚厚，取以冒鼓，故曰鼍鼓。盖鼍鼓非特有取于皮，亦其鼓声逢逢然，象鼍之鸣，故谓之鼍鼓也。

周秦皆以冒鼓也。

按：据此描述，证明到周秦时期仍多采用扬子鳄皮蒙鼓，还说明击打"鼍鼓"，其音响洪亮，传远。

②"晋鼓"之"晋"，乃西周开国分封的诸侯国。《史记》曰：

周公诛灭唐。成王与叔虞戏，削桐叶为珪以与叔虞，曰："以此封若。"史佚因请择日立叔虞。成王曰："吾与之戏尔。"史佚曰："天子无戏言。言则史书之，礼成之，乐歌之。"于是，遂封叔虞于唐。

按：此为晋国设置之由来，其最初疆域在今山西南部。

③山西有"鼍鼓"出土。上文提到灵石县旌介村与襄汾县陶寺村皆有"鼍鼓"实物出土，又有散落的扬子鳄骨板，表明在汾河中下游一带有扬子鳄分布。

④有扬子鳄形象遗存。石楼县桃花庄龙形觥侧面惟妙惟肖的扬子鳄形象，在交流并不便利的先秦时期，若非熟悉，就是能工巧匠也是难以凭空绘制出来的。

● 吕梁市：1959 年，石楼县出土了一件商代早期（有的考古学家以为是夏代文化遗物）青铜器龙形觥（有称"舟形器""兕觥"；图 3.21、图 3.22），前端的龙首造型昂翘，瞪眼张口，威风凛凛；觥两侧装饰有鼍纹，栩栩如生（图 3.23），尤其是短吻鳄形象（图 3.24）更是罕见的写实作品。石楼县地处黄河东岸，曾有扬子鳄繁衍并非不可能。

图 3.21　青铜器龙形觥[1]

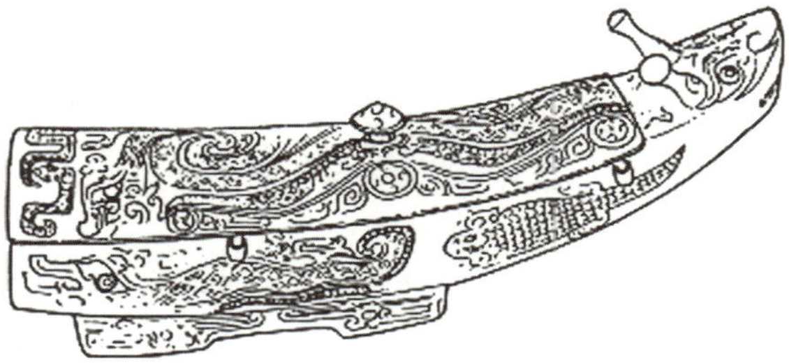

图 3.22　桃花庄龙形觥线描图（韩金秋，2009）

图 3.23　桃花庄青铜龙纹觥侧面龙纹[2]

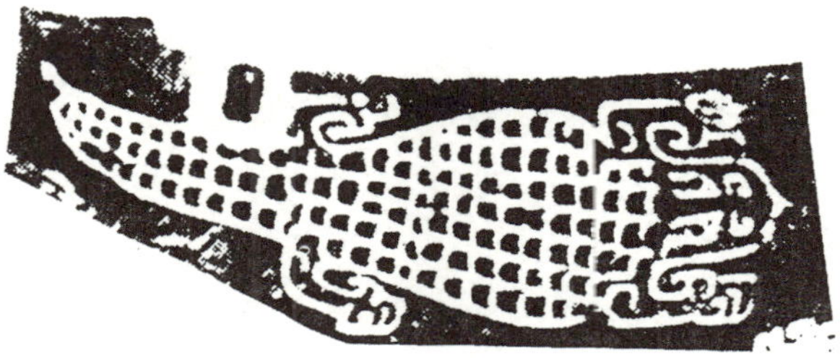

图 3.24　青铜龙纹觥上短吻鳄形象

①黄宏．犀牛归来．中国社会科学报，2011-04-12(18)

②历代龙纹：关于龙的故事．http://www.zh5000.com/JS/zhgypzx/cpxs/2007/07/23/1118025027.html

4.2 华东地区

华东8个省级行政区，除台湾外，都有文献记载历史上有扬子鳄分布。

（三国）曹植《七启》提到"臛江东之潜鼍，腾汉南之鸣鹑"之句。按：此"江东"，泛指东吴，约即今长江中下游以南广大地区，属华东的有江苏南部及上海、浙江、江西、福建等地；大部分地方在历史上确有扬子鳄栖居。

《古今事文类聚前集·地理部·诗话·谪官渡淮》摘录：

唐子方谪官，渡淮至中流，风作舟欲覆，作诗曰：圣宋非狂楚，清淮异汨罗。平生仗忠信，今日任风波。日暮，泊舟岸下，续云：舟楫颠危甚，鼋鼍出没多。斜阳幸无事，沽酒听渔歌[①]。

按：此乃记述宋代唐介（1010—1069，字子方，今湖北荆州市人，曾任宋神宗宰相）渡淮河亲历所作，反映淮河当时有扬子鳄栖息。

4.2.1 上海

文献比较详尽地记述清代上海市有扬子鳄分布。

● 闵行区：民国七年（1918）《上海县（约今闵行区）续志》追记：清道光二十二年（1842），有巨鼍、长蛇出于炮台外，游鱼千万浮于黄浦西入泖淀。按："黄浦西入泖淀"，表明是在内陆；"巨鼍"乃扬子鳄，反映到清末仍有栖息。

● 崇明县：民国十三年（1924）《崇明县（今县）志》亦追记：

清康熙三十五年（1696）四月二日夜，潮溢，坏民居，人溺死无算。张网港获海鱼，头戴一角，遍体铁色，有鳞如鼍，长四五尺。

按：康熙年间捕获的虽称"海鱼"，但"张网港"在长兴岛内并非咸水，况且从县志描述看似"鼍"，尤其是现今崇明有放野扬子鳄栖息，故其很可能就是扬子鳄。

4.2.2 江苏

历史上扬子鳄在江苏省的分布涉及绝大部分地级市。

● 南京市：（晋）左思《吴都赋》中有"乘鲎鼋鼍，同罛共罗"之句。按：此"吴都"，乃三国吴的都城建业，即今南京市；反映有扬子鳄栖息。

（唐）张籍《白鼍鸣》道：

天欲雨，有东风，南溪白鼍鸣窟中。六月人家井无水，夜闻白鼍人尽起。

按：此杂歌谣辞被《吴都文粹续集》收录，说明是记载今南京市之景物，亦反映当时有扬子鳄繁衍生息。

（明）陆容《菽园杂记》记述：

国初（洪武，1368—1398），江岸（长江岸）善崩，土人谓有水兽曰猪婆龙者搜抉其下而然。适朝廷访求其故，人以猪与国姓同音，讳之，乃嫁祸于鼋。上以鼋与元同音，益恶之，于是下令捕鼋。大江中，鼋无大小，索捕殆尽。老鼋逃捕者，不上滩浅，则以炙猪为饵钓之。众力掣不能起，有老渔云："此盖四足爬土石为力耳。当以翁穿底，贯钓缗而下，翁罩其头，必用前二足推拒，从而并力掣之，则足浮而起矣。"如其言，果然。猪婆龙，云四足而长尾，有鳞甲，疑即鼋也，未知是否。闻鼋之大者能食人，是亦可恶。然搜抉江岸，非其罪也。

按：（明）郎瑛《七修类稿》有类似记述，并明确：

众曰：此鼍也。老渔曰：鼍之大者能食人，即世之所谓猪婆龙。汝等可告天子，江岸可成也。

可见所谓"猪婆龙""鼍"，皆是扬子鳄。至于具体地点，（明）王可大《国宪家猷》道：

南都上河地，明初江岸常崩。盖猪婆龙于此搜抉故也……所获皆鼍。老渔曰：鼍之大者食犬，即世之所谓猪婆龙也。

按：所谓"南都"，乃明代所称今南京。据此，表明在明初，今南京一带扬子鳄颇多，也惨遭大量捕杀。

（清）宋琬（1614—1674）《登燕子矶阁望大江作》吟诵：

绝壁衔飞阁。倚寒空，嶒崚窈窕，是谁琱琢。六代兴亡如逝水，烟冷千寻铁索。梦不到，乌衣帘箔。结绮临春歌舞散，大江流，尚绕青山郭。悲自语，檐边铎。

滔滔东下风涛作。俯层栏，鼋鼍出没，雪山喷薄。况是清秋明月夜，何处楼船吹角。早惊起，南飞乌鹊。估客船从巴蜀下，看帆樯，半向青天落。吾欲醉，骑黄鹤。

---

①《类说》《氏族大全》等皆有类似摘录。

按：所谓"燕子矶"，是长江三大名矶之首，位于今南京市主城区北郊观音门外，是岩山东北的一支。由清初宋琬所作词中提及"鼍"，反映其时尚有扬子鳄存在。

● 徐州市：《庄子·达生》记载：

孔子观于吕梁，(县)[悬]水三十仞，流沫四十里，鼋鼍鱼鳖之所，不能游也。

按：关于此"吕梁"有二说：①(晋)郭缘生《述征记》曰：彭城吕梁县有吕梁水。②"吕梁水"又作"吕梁洪"，《中国历史地名大辞典》认为乃今江苏铜山县东南古泗水，即庄子所称"丈夫水"(史为乐，2005)。"彭城"乃今"铜山县"，故第②说更加具体。

● 淮安市：清雍正十一年(1733)与清嘉庆十五年(1810)《扬州府(辖境属今淮安市的有金湖县等地)志·物产·介之属》皆有鼍与鼋、龟、鳖等记载。

● 盐城市：清雍正十一年(1733)与清嘉庆十五年(1810)《扬州府(辖境属今盐城市的有东台市、大丰市等地)志·物产·介之属》皆有鼍与鼋、龟、鳖等记载。

清嘉庆二十二年(1817)《东台县(今市)志·物产·介之属》记载有鼋、鼍、龟、鳖(俗呼团鱼)等。说明有扬子鳄栖息。

● 扬州市：《山海经·中山经》记载"岷山，江水出焉，东北流注于海。其中多良龟，多鼍"。即反映今长江下游(尤其是长江入海口的扬州市一带)也多有扬子鳄栖息。

(清)姚文田《广陵(今扬州市)事略》记载：

鼍：[唐]肃宗上元二年(761)，有鼍聚于扬州城门上①。

按：据此，表明当时扬子鳄并非罕见。

清雍正十一年(1733)与清嘉庆十五年(1810)《扬州府(治今扬州市，辖境属今扬州市的有扬州市、仪征市、江都市、高邮市、宝应县等地)志·物产·介之属》皆有鼍与鼋、龟、鳖等记载。

明隆庆元年(1567)《仪真县(今仪征市)志·食货考》记载："有鼋、鼍，多鳖"，反映有扬子鳄栖息。

明万历二十七年(1599)与清康熙五十六年(1717)《江都县(今江都市)志》均产"鼍"，说明有扬子鳄。

● 泰州市：清雍正十一年(1733)与清嘉庆十五年(1810)《扬州府(辖境属今泰州市的有泰州市、姜堰市、兴化市等地)志·物产·介之属》皆有鼍与鼋、龟、鳖等记载。

● 南通市：清雍正十一年(1733)与清嘉庆十五年(1810)《扬州府(辖境属今南通市的有海安县等地)志·物产·介之属》皆有鼍与鼋、龟、鳖等记载。

《如皋县(今市)志·动物》尽管记载"鼍：扬子鳄，今无"(如皋市地方志编纂委员会，1995)，但还是能够反映当地历史上曾有扬子鳄分布。

● 镇江市：(明)郑善夫(1485—1523)《怀金山》吟诵：

我爱金山寺，洪波万顷开。
乾坤留柱石，沧海失蓬莱。
曝日鼋鼍出，抟风鹳鹤回。
中泠洗心处，极目意悠哉。

(明)归有光(1506—1571)《金山寺》也吟诵：

长江涌块石，万古江中浮。
倚空结危构，凌波成奇游。
僧呼鼋鼍出，客指蛟龙湫。
云开钟山岑，日映扶桑洲。
海峰三数点，甫北一航舟。
百年战争息，江水此安流。

按：金山寺在镇江市西北长江南岸的金山上，上述两首明中后期针对金山寺的诗句中皆提到"鼋鼍出"，表明当地有鼋与扬子鳄等爬行动物栖息。

《古今图书集成·方舆汇编·职方典·镇江府物产考》引《府志》(指康熙十三年志)提到镇江府(治今镇江市，辖境属今镇江市的有镇江市、扬中市、丹阳市等地)产"鼍，圆首利齿"，反映有扬子鳄分布。

清光绪五年(1879)《丹徒县(今镇江市丹徒区)志·物产》记载：

鼍：《博物志》谓之土龙。《康熙志》云：圆首利牙，值阴雾辄腾起丈余。《诗疏》：鼍似蜥蜴，长丈余。其甲如铠，皮坚厚，可冒鼓。《本草》：鼍性能横飞，不能上腾。其声如鼓，夜鸣应更，谓之鼍

①《新唐书》、清嘉庆十五年《扬州府志》等皆有类似记载。

吏。道光朝，河帅麟庆尝放鼍于焦山，作窟栖之。常游江中，亦能远去。然久之必还其所。兵燹[1]后，乃不知其所往。今山之东麓有麟公放鼍处。

另，1853 年，E. Reynolds 就曾见到镇江一带的扬子鳄实体。1879 年，上海亚洲文会博物院名誉总管傅阜尔（Fauvel）就是根据见于镇江（今市）等地的“鼍”，正式为其定以拉丁学名（*Alligator sinensis*）并附有图版（张孟闻等，1979；Fauvel，2012）。可见直到清末，这一带仍有扬子鳄栖息。

● 常州市：（唐）卢仝《观放鱼歌》：

常州贤刺史，从谏议大夫除。天地好生物，刺史性与天地俱……水苞弘窟有蛟鼍，饵非龙饵唯无鲈。丛杂百千头，性命悬须臾。天心应刺史，刺史尽活诸。一一投深泉，跳脱不复拘。得水竞腾突，动作诡怪殊。或透藻而出，或破浪而趋。或掉尾孑孑，或奋鬣愉愉。或如莺掷梭，或如蛇衔珠。四散渐不见，岛屿徒萦纡。

按：该诗固然是赞赏孟简（常州刺史）之善举，但也描绘出水生动物获释后的千姿百态，尤其是其中提到鼍（扬子鳄），反映当时今常州市扬子鳄的栖息状况。

《古今图书集成·方舆汇编·职方典·镇江府物产考》引《府志》（指康熙十三年《志》）提到镇江府（辖境属今常州市的有金坛市、溧阳市等地）产“鼍，圆首利齿”。

● 无锡市：（宋）苏轼（1037—1101）《无锡道中赋水车》吟诵：

翻翻联联衔尾鸦，荦荦确确蜕骨蛇。
分畴翠浪走云阵，刺水绿针抽稻芽。
洞庭五月欲飞沙，鼍鸣窟中如打衙。
天公不念老农泣，唤取阿香推雷车。

按：此“洞庭”，乃指太湖之洞庭山。反映今无锡市一带当时有扬子鳄分布。

（宋）程俱（1078—1144）《北山集·松江赋》中亦有“五湖之中大曰包，山风穴昼暝霜林……麟鹤之所憩，蛟鼍之所渊”之句。（宋）范成大（1126—1193）《石湖诗集·渡太湖》仍有“晚得芗山堪寄缆，卧听鼍吼与龙吟”之描述。

按：所称“五湖”之一说，乃指“太湖”；三首诗赋都记述有当时栖息的扬子鳄。再看环太湖的有今属江苏的宜兴市、无锡市、苏州市、吴江市，属浙江的湖州市、长兴县等地；尤其是后二者（湖州市到 20 世纪末，长兴县至今）还有扬子鳄。

清光绪八年（1882）《宜兴荆溪县（今宜兴市）志》记述：

潭巅湫洞，有龙则名。今崖谷溪涧诸处，池游蜥，土孕蛟，涧依鳄［铜峰、墨岭间及长兴、广德交界之山有物如蜥蜴而大，长四五尺，或盈丈，喙长居身七之一，其色土黄，巨口利齿，龙吻，鼍鳞，尾有二十七龃龉。穴居溪涧旁。生子如鹅、鸭卵。土人呼为乌鱼蟺。丁宝书《广德州（今安徽广德县）志》以为鼍。谓蟺蜂刺人，故凡有刺者皆称蟺。鼍之鳞、尾亦刺人也。按：鼍背有甲，此无甲，乃鳄也。鳄有午音，讹变为乌耳］。

按：所指“铜峰”，乃今宜兴市的铜官山；“墨岭”，乃今宜兴市西南泼溪墨岭；“长兴”，乃今浙江湖州市长兴县；“广德”，乃今安徽宣城市广德县。所描述的“鼍”，从形态、生态、行为等看，与扬子鳄基本吻合。

● 苏州市：（宋）朱长文《吴郡（治今苏州市）图经续记·物产》不仅记载有“鼍”，而且数量多，达到“随时而有”的程度。

（宋）苏轼《无锡道中赋水车》、程俱《北山集·松江赋》与范成大《石湖诗集·渡太湖》记述属今苏州市的苏州市与吴江市等地有扬子鳄栖息。

（元）释宗衍（1280—1358）《题扁舟醉眠图》吟诵：

江水萧萧江岸风，泊舟不归何处翁。
鼋鼍出没浪如此，尔尚醉游春梦中。
空山云深白日静，松声如涛屋如艇。
归来归来毋久留，不归恐君将覆舟。

按：释宗衍，乃元代高僧，字道原，姑苏（今苏州市）人。元至正初，住石湖（位于苏州市西南郊）楞伽寺，后主嘉禾德藏寺。由其诗句中的“鼍出”，反映其时今苏州市仍有扬子鳄。

（明）王世贞（1526—1590）《黎惟敬内翰，沈嘉则，张幼于诸君过弇州园分韵》吟诵：

下马捋须无限情，微言入座有余清。
巉岩水落鼋鼍出，峭蒨风过鸾凤鸣。
宾主东南当代事，庙廊丘壑暂时盟。

---

① 指咸丰、同治年间（1851～1864），太平军与清政府军争斗。

中朝若问王廷尉，一曲沧浪寄此生。

按：所称“弇州园”，又作“弇山园”，是明后期文学家、史学家王世贞（官至刑部尚书）在其故乡今太仓市隆福寺西所筑私园。诗中描述有“鼋鼍出”，反映当地有鼋与扬子鳄等爬行动物分布。

4.2.3 浙江

浙江省历史上分布的扬子鳄，主要处于北部与东部。

《逸周书·王会解》即记载“会稽以鼍”。按：此“会稽”，约指长江下游南部和杭州湾一带地区。“鼍”，据《毛诗陆疏广要》则称“《周书·王会》曰：会稽以鼍”；《逸周书校定本》更诠释“鼍即鼍字”，可见是指扬子鳄。反映先秦时，今浙江北部以扬子鳄栖息著称。

● 杭州市：（宋）陆游《北窗》有“云湿沙洲秋下雁，雨来荻浦夜鸣鼍”。按：荻浦村位于今桐庐县江南镇东面，与富阳市交界。夜有鼍鸣，反映当时这一带有扬子鳄分布。

● 湖州市：（宋）程俱《北山集·松江赋》与范成大《石湖诗集·渡太湖》记述属今湖州市的湖州市与长兴县等地有扬子鳄栖息。

清道光九年（1829）《武康县（今属德清县）志·物产》有“鼍”等动物记载。

《湖州市志·动物》（湖州市地方志编纂委员会，1999）称：

清同治（1862～1874）《湖州府（治今湖州市，辖今湖州市、长兴县、德清县、安吉县）志》有……爬行纲：乌龟……鼋、鳖……蟒蛇……扬子鳄。

按：就记载情况看，表明其时扬子鳄分布仍较广。

清光绪八年《宜兴荆溪县志》记述“鼍”涉及今长兴县。

《安吉县志·动物》（安吉县地方志编纂委员会，1994）记述：

爬行纲主要有：……鳖（甲鱼）、扬子鳄、壁虎……

附：扬子鳄

扬子鳄，属国家一类保护动物。安吉西苕溪中游河谷平原一带，竹林、芦苇茂密，沟塘纵横交错，灌木、乔木繁茂，境内红黄壤微带酸性，适于扬子鳄生息。50 年代前，三官以北升区有众多野生扬子鳄，常为饲群鸭者捕杀作雏鸭饲料。60 年代以来，因农田水利建设的开展和水质污染，扬子鳄已不多见。1983 年调查 8 个乡 80 个村，仅发现 26 条。同期，灵峰寺林场建立饲养场，曾饲养成鳄 3 条；塘浦乡农民拾到 18 个卵、孵出幼鳄 6 条。因缺乏饲养经验，效果不佳。

按：该志记录了当地扬子鳄由盛转衰，直至濒危概况。

● 嘉兴市：（明）孙一元《中秋夜携诸友澉墅湖泛月望海》吟诵：

中秋此地成高会，山雨初收澉野隈。
望里星河舟楫近，坐中沧海酒杯开。
月明静抱鼋鼍出，树色晴浮岛屿来。
烂醉狂歌真自得，回头天地莫生哀[①]。

按：据考证，所谓“澉墅湖”，即今海盐县境内的“南北湖”，又称“高士湖”。明正德十三年（1518）秋八月既望，进士许相卿偕关中孙一元和董沄、朱朴、陈鉴、许渝、沈拓、释明秀等文人雅士泛舟南北湖[②]。所称“鼍”，即扬子鳄。由此看来，到明代，今海盐县仍有扬子鳄分布。

● 绍兴市：《太平广记·智者禅师》记述：

唐越州山阴县有智禅师院，内有池恒赎生。以放之有一鼍，长三尺，恒食其鱼。禅师患之，取鼍送向禹王庙前池中，至夜还来。禅师咒之曰：汝勿食我鱼，即从汝在。此鼍于是出外放粪，皆是青泥。禅师每至池上，唤鼍即出，于师前伏地。经数十年，渐长七八尺。禅师亡后，鼍亦不复见（出《朝野佥载》）。

按：所谓“唐越州山阴县”，即今越城区与绍兴县，在唐代曾数次复置又废除。“恒食其鱼”之“鼍”，当是扬子鳄。

宋嘉泰元年（1201）《会稽（今绍兴市越城区与绍兴县）志·物产》记载有“鼍”，以后就不见有记载，大概已经绝迹。

● 台州市：乾隆元年《浙江通志·物产·温州府》称：万历《温州府志》中记载有“鮀鱼”（即扬子鳄），其辖境属今台州市的有玉环县等地。

● 温州市：（宋）苏轼《次韵子由送赵几归觐钱塘遂赴永嘉》中有“归舟转河曲，稍见楚山苍。

---

①另见有相同内容诗句，据称是“明·王良佐（华亭人）《中秋夜永安湖泛月》”（见沈季友编《槜李诗系》），疑似误编。

②南北湖. http://niaolei.org.cn/tag/%E5%8D%97%E5%8C%97%E6%B9%96

候吏来迎客，吴音已带乡……海静蛟鼍出，山空草木长”之句。按：南宋时的“钱塘”即今杭州市，“永嘉”乃今温州市。诗中之“鼍”，表明当时今温州市有扬子鳄栖居。

乾隆元年《浙江通志·物产·温州府》称：“万历（1573～1619）《温州府志》有：河豚，乌郎，鸱夷，鲔鱼，鮀鱼，鲵鱼之名。”按：所称“鮀鱼”，即扬子鳄；明“温州府”，治今温州市，辖境属今温州市的有温州市、瑞安市、乐清市、永嘉县、文成县、平阳县、泰顺县、苍南县等地。尽管由此可以反映当时温州府有扬子鳄分布，但从自然环境看，洞头县并不适宜扬子鳄栖息。

4.2.4 安徽

安徽省是扬子鳄分布的主要地区之一，但古籍中记载并不多见①。

● 合肥市：清嘉庆八年（1803）《庐州府（治今合肥市，辖境属今合肥市的有合肥市、肥东县、肥西县等地）志·土产》和光绪十一年（1885）《庐州府志·风土志》都有“鼍”，反映到清末还有扬子鳄栖息。

● 芜湖市：1879年，Fauvel（傅阜尔）获得在芜湖（今芜湖市与芜湖县）海关任职的L. Palm买到的活体扬子鳄后，经认真比对研究，确认是中国特有种，给“鼍”正式定以拉丁学名（*Alligator sinensis*）并附有图版（张孟闻等，1979；Fauvel，2012）。反映当时还有扬子鳄栖息。

● 铜陵市：明嘉靖二十四年（1545）《池州府（辖境属今铜陵市的有铜陵市与铜陵县等地）志·土产·介》记载：“有鼋，有鼍，有龟，有鳖，有蟹，多蚌蛤，多虾，多螺蛳。”说明其中有扬子鳄。

清乾隆二十二年（1757）《铜陵县（今铜陵市与铜陵县）志·物产·鳞之属》记载“鼍：一名鼍龙，俗名猪婆龙。形似蜥蜴而大，长一二丈”，虽不免有所夸大，但所述是指扬子鳄。

● 安庆市：清康熙三十四年（1695）《望江县（今县）志·物产·介类》列举有“龟、鳖、鼍、鼋、蟹、蛤、蚌、虾、螺”等物种，其中“鼍”即扬子鳄。

● 六安市：《晋书·韩友传》记述：

韩友，字景先，庐江舒人也……刘世则女病魅积年，巫为攻祷，伐空冢故城间，得狸鼍数十，病犹不差。

按：所称“庐江舒人”，即今舒城县人；由“得狸鼍数十”，可见捕获物中有扬子鳄。从舒城处大别山东麓、巢湖之滨，更有丰乐河与杭埠河等河网情况看，曾有扬子鳄分布不足为奇。

明万历十二年（1584）《六安州（治今安徽六安市，辖境属今六安市的有六安市与霍山县等地）志·土产·鳞介属》记载“有龟，有鳖，有鼍，有螺”等。

● 巢湖市：清嘉庆八年（1803）《庐州府（辖境属今巢湖市的有居巢区、无为县、庐江县等地）志·土产》和光绪十一年（1885）《庐州府志·风土志》都有“鼍”，反映到清末，当地还有扬子鳄栖息。

● 池州市：明嘉靖二十四年（1545）《池州府（治今池州市贵池区，辖境属今池州市的有贵池区、东至县、石台县、青阳县等地）志·土产·介》记载：“有鼋，有鼍，有龟，有鳖，有蟹，多蚌蛤，多虾，多螺蛳。”说明其中有扬子鳄栖息。

● 宣城市：清光绪八年《宜兴荆溪县志》记载“鼍”涉及今广德县。

4.2.5 福建

福建省历史上也有扬子鳄分布，并且似乎与浙江栖息的扬子鳄分布区相连。

（南唐）陈致雍《晋安海物记》（又称《晋安海物异名记》）记载：

鼍宵鸣如桴鼓，今江淮间谓鼍鸣为鼍鼓。

按：尽管“晋安”为晋太康三年（282）分建安郡置，治所在今福州市，辖境相当今福建东部及南部，但到南朝则又分梁安郡、南安郡，辖境缩小，仅含今福建东部地区。故陈致雍记载的扬子鳄分布当是指后者范围，亦即是闽江下游（闽侯县、福州市一带）及其以北地带，至明代还有所记载。

● 宁德市：明嘉靖十七年（1538）、万历二十一年（1593）、万历四十四年（1616）《福宁州（治今霞浦县，辖今宁德市蕉城区、福安市、福鼎市、霞浦县、柘荣县）志·土（物）产·介类》中皆记载有鼍与鼋、龟、鳖等，它们虽在现代动物分类中分属

---

①安徽皖南山地，过去数量甚多的当涂、芜湖、繁昌、南陵、泾县、宣城、宁国、郎溪、广德、青阳等县，均没有见诸记载。又如长江以北的和州（今县）、无为（今县），安庆府的安庆、望江、宿松、太湖也没有见到记载……由于许多野生动物过去不为一般修志人所重视，也不一定有认识，所以记载的一般较实际产地为少（陈壁辉等，1985）。

不同纲，但"鼍"即扬子鳄。

明万历二十五年(1597)《福安县(今福安市)志·舆地志·土产》在"介类"中也记载有鼍与鼋、龟、鳖等动物。

4.2.6 江西

历史上扬子鳄在江西省的分布主要处于赣北，只是古籍记载较少。

1869年，有人在上海展示了一条长约1.2 m的幼鳄，据说是从江西的一个洞穴里挖出来的。1879年，Fauvel(傅阜尔)又看到据称来自鄱阳湖的扬子鳄活体(Fauvel,2012)。

● 九江市：清乾隆三十二年《江西考古录》记载春秋时今九江市与九江县有鳄：

《竹书纪年》云：周穆王三十七年(前939)，大起九师，东至于九江，驾鼋鼍以为梁，遂伐越，至于纡。《路史·国名》：紀以纡为周世侯伯国，云在江东，殆即所谓于越也。或从系，作紆。故《路史》又转为紂。疑莫能详要为周穆王在九江事。郭璞《山海经序》云：穆王东跻鼋鼍之梁，是矣。而王子年《拾遗记》则以为夏禹事，云：济巨海则鼋鼍而为梁。江淹《恨赋》又以为秦始皇事，云：驾鼋鼍而为梁巡海，右以送日意。皆本《竹书纪年》说而转相附会耳。

《列仙传》①曰："庐山(在今九江市)顶上有湖，湖广数顷，鼋鼍盈于水中。"

明嘉靖六年(1527)《九江府(治今九江市，辖今九江市、瑞昌市、九江县、德安县、湖口县、彭泽县等地)志·物产·鳞属》记载：

鼍：一名土龙。鳞甲黑色。性嗜睡，目睛常闭。能吐雾致雨。善颓岸横飞。声如鼓，故取其皮以冒鼓。《诗》曰："鼍鼓逢逢。"欲雨则鸣，故里俗以鼍讖雨。

清同治十三年(1874)《九江府志》未记载鼍，实际上其依然存在(详见下文)。

● 上饶市：清同治十一年(1872)《余干县(今县)志·土产·介之属》记载"有龟，有鼋，有鼍，有鳖"。余干地处鄱阳湖东南岸，九江位于鄱阳湖北口，当时皆有扬子鳄栖息，其实际意义还不仅于此②。

● 抚州市：(晋)干宝(283—351)《搜神记》记述：

河间管弼侨居临水北岸田作商贾，往往如意。尝载两舫米下都粜，垂行，忽于宅中见二物，形似鼍而长大。行还，輙大得利。如此，一家遂巨富，二十年恒有万斛米。

按：尽管以扬子鳄现身为吉兆之说未必可信，但说明当地曾有此物种。所谓"临水"，据《中国历史地名大辞典》诠释"临水"两处：其一，即今江西临川市(现为抚州市临川区)西崇仁河；另一，为今广西贺县(现为贺州市八步区)南贺江(史为乐，2005)。经综合考虑，窃以为此似指前者。

4.2.7 山东

山东省历史上分布的扬子鳄呈现由盛转衰，以致灭绝过程。

● 济宁市与菏泽市：上述"商都曾数度迁移"，涉及山东的有：亳(今山东曹县)、庇(今山东郓城县)、奄(今山东曲阜市)，处于鲁西南地区，不仅纬度低于相当部分在山东分布的扬子鳄遗存，或与多个扬子鳄遗存分布点毗邻，而且正是适宜扬子鳄栖息的湖泊相连、河网密布地带，皆可佐证殷商时期有扬子鳄分布。

● 济南市：到唐代及其之后，唯见古人诗作中尽管提及济南有扬子鳄，也仅是残存。(唐)杜甫《暂如临邑，至鹊山湖亭奉李员外率尔成兴》诗：

野亭逼湖水，歇马高林间。
鼍吼风奔浪，鱼跳日映山。
暂游阻词伯，却望怀青关。
霭霭生云雾，唯应促驾还。

按：此诗是杜甫作于唐天宝四年(745)；"临邑"，唐属齐州(治历城县，即今济南市)，历城县东门外有历水入鹊山湖，(宋)曾巩有《鹊山亭》诗可证。(清)仇兆鳌注"鼍吼风奔浪"道："《草木疏》云：鼍，形似蜥蜴，四足，长丈余，首尾皆有鳞甲。《续博物志》：鼍，一名土龙，其声如鼓。"更明确就是扬子鳄。

(明)李开先(1502—1568)《白云湖夜泛》：

①《四库提要》称：其(《列仙传》)为魏晋间文士所为。余嘉锡《四库提要辩证》对本传有较详考证，谓"此书已盛行于东汉"，盖明帝以后，顺帝以前人之所作。本书托于刘向，《汉志》无著录，但晋葛洪《抱朴子》及《神仙传》序均曾言及此书。

②扬子鳄"就是江西省也不仅限于九江一地，赣北的湖口、彭泽、星子、都昌等县，也应有分布"(陈壁辉等，1985)。

夹岸人烟水四围，苏堤景物亦依稀。

中流击楫鼋鼍出，树底鸣榔鸟雀飞。

按：白云湖位于今章丘市城区明水西北 20 km，北临黄河，被誉为有苏杭风光之地。杜甫与李开先诗作先后相互印证济南市历史上曾有扬子鳄栖息。

4.3　中南

历史上，中南唯见河南、湖北与湖南有扬子鳄分布记载。

（三国魏）曹植《七启》提到“耀江东之潜鼍，腾汉南之鸣鹑”之句。按：此“江东”，泛指东吴，约即今长江中下游以南广大地区，尽管属中南的有湖北南部、湖南与广东及广西部分地区，但唯前二者见有历史上扬子鳄栖居记载。

4.3.1　河南

古文献记载历史上河南省扬子鳄分布主要在东半部。

● 郑州市：前文提到“商时期中心区域”有扬子鳄分布的就有今郑州市与荥阳市。

《山海经·中山经》所记载：“蔓渠之山……伊水出焉，而东流注于洛。”伊水汇入洛水，再经今巩义市归入黄河，其中有扬子鳄栖息。

● 洛阳市：《山海经·中山经》记载：

蔓渠之山……其下多竹箭。伊水出焉，而东流注于洛。有兽焉，其名曰马腹，其状如人面，虎身，其音如婴儿，是食人。

按：“蔓渠山”乃熊耳山支峰，伊水之发源地，该水向东经今栾川县，又折北经嵩县、伊川县、偃师市汇入洛水。所谓“马腹”兽，（清）吴任臣注《山海经》以 2 条中庐县（今湖北南漳县）之“水唐”“水虎”称“其为马腹异名审矣”，从记述（见下文）看，是扬子鳄。由此反映当时伊水流域有扬子鳄分布。

（唐）张说《东都酺宴四首》其中有“震震灵鼍起，翔翔舞凤来”之句。按：唐代东都，即今洛阳市；反映当时还有扬子鳄栖居。

● 安阳市：前文提到“商时期中心区域”有扬子鳄分布的就有今安阳市与内黄县。

殷墟妇好墓出土的司母辛觥盖上有角爬行龙纹（图 3.25），与前文提及石楼县出土青铜龙形觥侧之角爬行龙相似；殷墟出土的扬子鳄遗存（鼍鼓及鳄骨板）及甲骨文“鼍”的使用，都表明当时还有扬子鳄栖息。

图 3.25　司母辛觥盖上的有角爬龙纹①

● 开封市：（宋）梅尧臣（1002—1060）《金明池游》诗有“三月天池上，都人袨服多。水明摇碧玉，岸响集灵鼍”之句。按：所谓“金明池”，是北宋时期著名的皇家园林，位于东京汴梁城（今开封市）外；由“岸响集灵鼍”描述，反映当时栖息的扬子鳄尚多。

（宋）朱翌《猗觉寮杂记》记述：

宣和己亥，都城北小民家晨起，见一物如龙，伏床下，大惊。都人争往观之。禁中取去，验之鼍也，杖杀之。城北去水远，不知所从来。已而，大水。

按：“宣和己亥”，即宣和元年（1119）；所谓“都城”，乃北宋国都，即今开封市；“验之鼍也”，说明经过验证，明确是扬子鳄。

（宋）释志磐《佛祖统纪·法运通塞志》也记载：

宣和元年……三月，京师（今开封市）大水，鼋鼍出于院舍，宫庙危甚②。

按：所谓“京师”，亦指北宋国都，即今开封市；尽管这两条资料都是记载“宣和元年（1119）”今开封市之扬子鳄，但前者明确是在市民家中床下发现的，并在“杖杀”扬子鳄后，“已而，大水”；后者则出自宫庙，并先发生“大水”，导致“鼋鼍出于院舍”，说明它们并非记载的同一事件，而是说明北宋末，今开封市扬子鳄虽已濒危，但还数次发现。

● 许昌市：《三国志补注·魏书·武帝纪》记载：

郭义公《广志》曰：鼍长三尺，有四[足]，高尺余，美似蝘蜓。南方嫁娶，必得食之。魏武赤壁

①历代龙纹—关于龙的故事. http://www.zh5000.com/JS/zhgypzx/cpxs/2007/07/23/1118025027.html

②http://sutra.goodweb.cn/lon/other49/2035/2035_47.htm

还，所掘得。是也[①]。

说明曹操赤壁战败后退回许昌（即今许昌市魏都区），还掘地捕捉到扬子鳄。

● 南阳市：（东汉）张衡（78—139）《南都赋》中有"其水虫，则有：蠳龟鸣蛇，潜龙伏螭。鱏鳣鳊鳙，鼋鼍鲛鲔"之句子。按：此"南都"指张衡的家乡今南阳市，郡治在宛，因其地理位置在京之南，故此称。说明当时有扬子鳄栖息。

● 周口市：《魏书·崔休、裴延儁、袁翻列传》记载：

袁翻，字景翔。陈郡项人也……熙平初，除冠军将军廷尉少卿寻加征虏将军，后出为平阳太守。翻为廷尉颇有不平之论，及之郡甚不自得，遂作《思归赋》：……北眺羊肠诘屈，南望龙门嵯峨。迭千重以耸翠，横万里而扬波。远狎鼯与麏麚，走鳐鳖及龟鼍。彼暧然兮巩洛，此邈矣兮关河。动了心兮徒伤，思摇摇兮空满。思故人兮不见，神翻覆兮魂断。断魂兮如乱忧来兮不散。

按：北魏袁翻乃陈郡项县（"陈郡"，在今沈丘县一带；今项城市在沈丘县西北上游与其毗邻）人，该地处于淮河支流颍河中游。从袁翻《思归赋》中的描述，反映当时有扬子鳄、龟、鳖等爬行动物分布。

4.3.2　湖北

历史上，湖北省是扬子鳄的主要分布区之一。

《墨子》称：

荆之地方五千里，宋之地方五百里，此犹文轩之与弊舆也。荆有云梦，犀兕麋鹿盈之。以江汉之鱼鳖鼋鼍，为天下饶。

按：据其描述情况，说明江汉一带扬子鳄曾广布且数量多。

● 武汉市：（宋）王象之《舆地纪胜》与明清《黄州府志》记载有扬子鳄栖息，属今武汉市的有黄陂与新洲区。

《古今图书集成·方舆汇编·职方典·武昌府物产考》引《府志》提到清雍正五年（1727）以前，武昌府（治今武汉市武昌区，辖境属今武汉市的有武汉市东部与南部等地）内有"鼍"，"出涧谷中"。

清光绪十年《黄州府（辖境有今武汉市的新洲区等地）志》记载有"鼍"，即扬子鳄。

● 襄樊市：（北魏）郦道元《水经注·沔水》记述：

沔水又南与疎水合，水出中庐县西南，东流至邔县北界（案：邔，近刻讹作"即"）东入沔水，谓之疎口也（案：近刻脱"之"字）。水中有物如三四岁小儿，鳞甲如鲮鲤，射之不可入。七八月中，好在碛上自曝（案：上，近刻讹作"中"）。膝头似虎，掌爪常没水中，出膝头。小儿不知，欲取弄戏，便杀人。或曰人有生得者摘其皋厌可小小使（案：近刻作"可以小使"）名为水虎者也（案：虎，近刻讹作"唐"）。

（南朝宋）盛弘之《荆州记》云：

生得者，摘其（鼻）[皋]厌，可小小（便）[使之]，名曰水卢。

（唐）吴从政《襄沔记》亦记：

中庐有涑水，注于沔。此水有物啖人，名水虎。

（清）吴任臣注称：

合诸书观之，水唐，水卢，水虎，其为马腹异名审矣。

按：据《中国历史地名大辞典》："中庐县"，即"中卢县"，治今襄阳县西南；"邔县"有二说（其一，治所在今宜城市北；另一，在今襄阳县南欧庙镇）。"疎水"，乃今蛮河；"沔"，即今汉水。可见汉水沿岸称谓不同的"水虎""水唐""水卢""马腹"等，皆扬子鳄。由此可见，当时在今汉水上游，至少在今蛮河沿岸的南漳县与宜城市一带，有扬子鳄栖息。

（明）李梦阳《空同集·义鱼行》记述：

汉江七月黄水涨，男妇义鱼立江上……如飞快浆谁曾傍，夜风大声吼盘涡。地拆澒洞陋鼋鼍，如瓮之蛟手可得。蛇龙岂复安巢窝，消息定理鱼奈何。

按：其中描绘出农历七月，汉江洪峰汹涌，涨水期间还有扬子鳄活动。

清康熙二十二年（1683）《宜城县（今宜城市）志》物产中仍有"鼍"，可以证明还有扬子鳄栖息。

---

①（明）陈耀文《天中记·鼍》摘引，对扬子鳄的描述更准确：

嫁娶之用：鼍鱼有四足，尾如蝘蜓而大。南方嫁娶，必得食之。魏武赤壁还，所掘得之。是也（《广志》）。

● 荆门市:《山海经·中山经》记载今睢漳河流域(涉及今荆门市)有"神𩹉"(扬子鳄)。

按:据已经明确的今汉水上(详襄樊市)、下游(详仙桃市等)大部分地点有扬子鳄栖息,据《空同集》等记述,处于其干流中游的钟祥市也应有扬子鳄分布。

● 黄冈市:(宋)王象之《舆地纪胜·黄州(治今黄州区,辖境属今黄冈市的有黄州区、麻城市、红安县等地)·景物》谈到黄州黄冈县有鼍龙桥。在13世纪初以前,有鼍出没于桥下港中,故名。

明弘治十三年(1500)《黄州府志·地产》有"鼍"。清光绪十年(1884)《黄州府(治今黄冈市黄州区,辖境属今黄冈市的有黄州区、麻城市、武穴市、红安县、罗田县、浠水县、蕲春县、黄梅县、团风县等地)志·介之属》记载:

鼋、鼍(水陆俱有之。江畔苦其攻岸。俗呼猪婆龙。顺索而出,破芦为篾击之,即不动。肉味鲜美)、鳖、龟。

按:明代黄州和清代黄州府(范围扩大,除黄陂属汉阳府外,还增加今罗田、浠水、蕲春、黄梅等县)皆记载有扬子鳄,尤其由府志来看,扬子鳄为全府所产。

明万历十二年(1584)《六安州(辖境属今黄冈市的有英山县等地)志·土产·鳞介属》记载"有龟,有鳖,有鼍,有螺"等。

● 鄂州市:清康熙二十二年(1683)与同治六年(1867)《大冶县(今大冶市)志·物产》皆有"鼍"记载。

《古今图书集成》提到清雍正五年前,武昌府(辖境属今鄂州市的有鄂州市、黄石市、大冶市、阳新县等地)有鼍记载,说明当时仍有扬子鳄分布。

● 咸宁市:《古今图书集成》提到清雍正五年前,武昌府(辖境属今咸宁市的有咸安区、赤壁市、嘉鱼县、通城县、崇阳县、通山县等地)有鼍记载,说明当时仍有扬子鳄栖息。

● 荆州市:《山海经·中山经》记载:

骄山,其上多金,其下多青雘。其木多松柏,多桃枝钩端。神𩹉围处之。其状如人面,羊角虎爪。恒游于睢漳之渊,出入有光。郭璞注:"𩹉,音鼍鱼之鼍。"

按:所谓"骄山",即今聚龙山。所称"神𩹉",即扬子鳄。所称"睢漳",即今睢漳河,经今江陵县归入长江,说明当时今睢漳河流域有扬子鳄分布。

《墨子·公输》叙述墨子到郢(今江陵县西北)与公输盘谈话中,曾指出"江汉之鱼鳖鼋鼍,为天下富"。其中之"鼍",就是扬子鳄。

(唐)李贺《昌谷集·江楼曲》:

楼前流水江陵道,鲤鱼风起芙蓉老。
晓钗催鬓语南风,抽帆归来一日功。
鼍吟浦口飞梅雨,竿头酒旗换青苎。
萧骚浪白云差池,黄粉油衫寄郎主。
新槽酒声苦无力,南湖一顷菱花白。
眼前便有千里愁,小玉开屏见山色。

按:由此,反映到9世纪初,今江陵县一带仍有扬子鳄栖息。

● 宜昌市:《山海经·中山经》记载的游于睢漳之渊的神𩹉乃扬子鳄;所称"睢漳",即今睢漳河,流经今属宜昌市的远安县与当阳市。反映当时这一带有扬子鳄栖息。

● 荆州市:《吴志》记载:"孙亮初,公安(今公安县)有白鼍鸣。"即反映当地有扬子鳄分布,并为后世的记载所证实。

明嘉靖元年(1522)《湖广图经志书·沔阳州(辖境有属今荆州市的洪湖市等地)·土产》记载有"(鱼鼍)[鱼,鼍]"。明嘉靖九年(1530)《沔阳州(辖境有属今荆州市的洪湖市等地)志》"介"记载:"有龟,多鳖,有鼋,有鼍,多螺,多蚌,多虾。"清康熙十二年(1678)《沔阳州(辖境有属今荆州市的洪湖市等地)志·物产》仍有"鼍"。

清光绪六年《荆州府(治今江陵县,辖境属今荆州市的有荆州市、石首市、松滋市、江陵县、公安县、监利县等地)志》在"古迹"中记载:"鼍穴:在县西南廖解村。"又在"名胜志"称:"三国时,有灵鼍鸣此其穴也。"由此记载,反映以往曾有扬子鳄分布。

● 宜昌市:清光绪六年《荆州府(辖境属今宜昌市的有枝江市、宜都市等地)志》记载以往的"鼍穴""灵鼍鸣",此反映以往曾有扬子鳄分布。

● 仙桃市:明正德(1506～1521)《湖广图经志书·沔阳县(今仙桃市)》产"鼍"。嘉靖元年(1522)《湖广图经志书·沔阳州(治今仙桃市,辖今仙桃市等地)·土产》记载有"(鱼鼍)[鱼,鼍]"。嘉靖九年(1530)《沔阳州(治今仙桃市,辖今仙桃市等地）志》与嘉靖十年（1531）《沔阳（今仙桃市）志》“介”皆记载“有龟，多鳖，有鼋，有鼍，多螺，多蚌，多虾”。清康熙十二年（1678）《沔阳州（治今仙桃市，辖今仙桃市等地）志·物产》仍有“鼍”。

● 天门市：明正德（1506～1521）《湖广图经志书·景陵县（今天门市）》产“鼍”。嘉靖元年（1522）《湖广图经志书·沔阳州（辖境有今天门市等地）·土产》记载有“（鱼鼍）[鱼，鼍]”。嘉靖九年（1530）《沔阳州（辖境有今天门市等地）志》“介”记载“有龟，多鳖，有鼋，有鼍，多螺，多蚌，多虾”。清康熙十二年（1678）《沔阳州（辖境有今天门市等地）志·物产》仍有“鼍”。皆反映有扬子鳄分布。

● 恩施州：（明）贝琼《郭忠恕出峡图》记述：

巫峡何危哉，夹拱如龙门。
禹治九州（岛岛）不得到此，峡口水作雷霆奔。
问汝江中人，几日三巴去？
峨眉五月销古雪，滟滪堆深虎须怒。
巫峡之险安可攀，胡为吴樯楚柁日日来往乎其间？
高堂中有如花颜，银屏翠箔青春闲。
涉此万里道，经年犹未还。
黄金不买死，直欲高南山。
汝舟非龙汝非虎，鼋鼍出没馋蛟舞。
前者已脱后者号，江神无情天又雨。
石巉岩兮利刃攒，一叶宛转行千盘。
睹此魂魄悸，岂待杜宇夜叫猾声酸。
安得凿之尽平土，万古不识风波苦①。

按：由于郭忠恕（？—977；字恕先，又字国宝；今河南洛阳人）是北宋初画家，故此文乃间接描述。从文中，可以看出是指长江三峡一带，尤其是巫峡一带（属今恩施州的有巴东县等地）当时还有扬子鳄分布。

4.3.3 湖南

古文献记载了湖南省历史上的扬子鳄分布情况。

（宋）范成大《神弦》吟诵：

双娥一去三千秋，粉篁春泪凝古愁。
神鼍悲鸣老龙怨，水为翻澜云为留。
素空逗露晚花泣，神官行水鳞幢湿。
潮声不平江风急，苍梧冥茫九山立。

按：从“双娥”（舜帝之二妃娥皇、女英）、“苍梧”与“九山”（皆指九嶷山）、“江”（即湘江）看，反映当时湘江一带有“神鼍”，即有扬子鳄分布。

（明）廖鸣吾《鸿轮篇送楚客南归寄王稚钦》中有“三湘时见鼋鼍出，七泽聊羁鸾凤翔”之句，反映当时湖南（主要还是湘北）一带依然有扬子鳄栖息。

● 长沙市：（唐）杜甫《追酬故高蜀州人日见寄唐大历五年》中有“潇湘水国旁鼋鼍，鄠杜秋天失鵰鹗”之句。按：这是唐大历五年（770），漂泊在湖南的杜甫在舟中整理书信时，读到高适这首诗时，高适早已亡故，睹物思人而作。其中“湘水国旁鼋鼍”，说明其和诗之地在潭州（今长沙市）。（宋）黄希注曰“《诗正义》云：鼍，似蜥蜴，四（尺）[足]，长丈余。甲如铠，皮坚可以冒鼓。《上林赋》云：击鸿鼍之鼓②”，则更明确是扬子鳄，反映当时今长沙市一带有扬子鳄分布。（明）史谨《潇湘夜雨》吟诵：

鼋鼍出没吼烟涛，墨色江云不断飘。
乔口橘州何处是，满汀芦荻夜萧萧。

按：“橘州”，乃长沙市的显著地标“橘子洲”，表明仍有扬子鳄栖息。

● 常德市：（唐）刘禹锡（772—842）被贬为朗州（治今常德市，辖今常德市、汉寿县、桃源县等地）刺史时，作有《武陵书怀五十韵》，其中有“虎咆空野震，鼍作满川浑”之句，反映当地曾有扬子鳄分布。

明弘治元年（1488）《岳州府志·物产志（详州县）》记载“巴陵县·物产志·介：鼋、鼍、龟、鳖”，同时在澧州（今澧县）、安乡县（今县）、石门县（今县）皆称“俱同巴陵”，亦即当时皆有扬子鳄分布。

清乾隆十五年（1750）《直隶澧州志林》与道光元年（1820）《直隶澧州志》都有“鼍”记载。按：澧州，治今澧县，辖境中属今常德市的有安乡县、

①此据（明）贝琼《清江诗集》（《四库全书》本）。

②《史记》等多作“树灵鼍之鼓”。但也有作“击鸣鼍之鼓”[如（宋）李樗、黄櫄《毛诗集解》，（宋）范处义《诗补传》，（清）黄中松《诗疑辨证》等]，而“击鸿鼍之鼓”仅见此。

澧县、临澧县、石门县等地，反映有扬子鳄分布；辖境中还有一些地方，则未见有扬子鳄记载。

清同治二年（1863）《武陵县（今常德市）志》不仅记载“有鼍”，还记述：

清顺治十二年（1655）大水，（武陵县，今常德市）龙坑有巨鼍，射之不入。

顺治十五年（1658）大水，（武陵县，今常德市）槐花堤决，巨鼍迁。

按：反映到清末，当地还有扬子鳄栖息。

清同治七年（1868）《石门县（今县）志·物产·介类》记载：

鼍：皮可冒鼓，力能攻岸。夜鸣应更，嗜睡，性至难死。具十二肖肉，惟蛇肉在尾。一名土龙。能横飞，不能上腾。鼍与鼋，石门亦不常见。

按：由描述看，确是扬子鳄，但是到清末，扬子鳄数量已少。

清光绪元年（1875）《龙阳县（今汉寿县）志》称“团山在洞庭湖中，每风浪，鼋鼍蚁集其下”，表明当时扬子鳄数量尚多。

按：综合周边情况，位于雪峰山北端以安化县为中心的多雨区边缘的今桃源县，历史上似也曾有扬子鳄分布。

● 益阳市：商代神人纹双鸟青铜鼓（又称双鸟鼍鼓、双鸟饕餮纹鼓、人形饕餮纹鼓、双禽饰鼓或夔纹神鼓），今收藏于日本京都泉屋博物馆，是最早面世的商代青铜鼓。相传它原为圆明园旧藏；（日）樋口隆康先生根据“铜色、花纹的特征暗示本器系商代晚期华南所作”；李学勤根据湖南出土的青铜铙纹饰，指出，“双鸟鼍鼓有可能也是湖南地区的产物，和A型铙是同一地区同一时期的作品”；还有人推测其出土地点可能在湖南安化一带（王宁，2008）。安化县位于资水中游，存在适宜扬子鳄栖息的环境。

● 岳阳市：（唐）李亢《独异志》记载：

炖煌李鹬开元中为邵州刺史，挈家之任。泛洞庭时，晴景登岸。因鼻衄血沙上，为江鼍所舐。

《唐代传奇》记载：

贞元（785～804）中，有湘媪常以丹篆救人病。一日，告乡人曰：往洞庭救数百人性命。至洞庭前一日，有大风涛蹙。一巨舟泊一岛上而碎，所载近百人各星居于岛上。忽有一白鼍，长（大）[丈]余，游于河上。数十人挞杀之，分食其肉。明日，有雪城围岛，渐窄如束，其广不三数丈。岳阳人亦遥望雪城，莫能晓也。媪登岛，飞剑刺之，白城如一声霹雳遂崩，乃一大白鼍，长十余丈，蜿蜒而毙。媪乃刘纲妻樊夫人也。

按：尽管上述两条乃故事性质，但所涉及的岳阳市地处洞庭湖滨，历史上当有扬子鳄栖息。

（唐）张说《和尹懋秋夜游㴩湖》道：

坐啸人事闲，佳游野情发。
山门送落照，湖口升微月。
林寻猿狖居，水戏鼋鼍穴。
朔风吹飞雁，芳草亦云歇。

按：这是张说（667—730）被贬为岳州（今岳阳市与县）刺史时作；“㴩湖”即今岳阳市的南湖，反映当时确有扬子鳄栖息。

（宋）陆游（1125—1210）《岳阳楼》吟诵：

身如病鹤短翅翎，雨雪飘洒号沙汀。
天风忽吹不得住，东下巴峡泛洞庭。
轩皇张乐虽已矣，此地至今朝百灵。
雄楼岌嶪镇吴楚，我来举手扪天星。
帆樯才放已隐隐，云气乱入何冥冥。
鼋鼍出没蛟鳄横，浪花遮尽君山青。
黄衫仙翁喜无恙，袖剑近到城南亭。
眼前俗子败人意，安得与翁同醉醒。

按：岳阳楼在今岳阳市西门城头、紧靠洞庭湖畔，诗句“鼋鼍出没蛟鳄横”，反映当地有扬子鳄分布。

明弘治元年（1488）《岳州府（治今岳阳市）志·物产志（详州县）》记载“巴陵县（今岳阳市与县）·物产志·介：鼋，鼍，龟，鳖”，同时在临湘县（今临湘市）、平江县（今县）、华容县（今县）皆称“俱同巴陵”。隆庆（1567～1572）《岳阳府志·食货志》记载：巴陵县（今岳阳市与县）产“鼍，似龙，喜穿穴坏堤。”这些记载表明当时皆有扬子鳄分布。

明嘉靖四十四年（1565）《湘阴县志·物产·介》列举有“龟、鼋、虾、蚌、鳖、鼍、螺”等，其中“鼍”，即今扬子鳄。清康熙八年（1669）、乾隆二十二年（1757）与嘉庆二十五年（1820）《湘阴县志》也都记载有鼍，证明仍有扬子鳄。

清康熙二十四年（1685）《临湘县（今临湘市）志·物产·介之属》列举有“龟、鳖、鼋、鼍、蟹、螺、蚌、蚬、蛤”等物种，其中“鼍”即反映仍有扬子鳄栖息。

清嘉庆九年（1804）和光绪十二年（1886）《巴

陵县(今岳阳市与县)志·物产》有"鼍,善攻岸。城陵矶外江岸多有之"。由此看来,其时扬子鳄已经退缩到城陵矶外江岸。

清道光五年(1825)《洞庭湖志·物产·介属》中有鼍;该志《洲港》卷记载:

鼍鹤州,在巴陵县西北,有芦苇之利。鼍鹤港,在巴陵县西。白鼍池,在巴陵县西。鼋鼍江,在巴陵县西。

又《湖山》卷记载:

层山,在华容县东四十里,屹立水中,旧有鼍鹤驿。水涸,故址犹存。

按:该志中记载多处因鼍而得名之地,反映今岳阳市与县历史上扬子鳄很多。

清光绪八年(1882)《华容县(今县)志》记载:

国朝……同治……十一年,南城外琵琶湖渔人获鼍龙二以报县。县饬送之调弦江口。

按:据此,反映到清末(同治十一年,即1872),今华容县还有扬子鳄栖息。

● 怀化市:清初,聂璜于清康熙三十七年(1698)完成的《海错图》中就有"鼍"的记载与图形(图3.26),记述道(文金祥等,2014):

图3.26 聂璜绘制的"鼍"

康熙二十九年,福宁祝建如客楚之辰州。时七月也,天甚炎热。忽有一物长丈余,盘于江岸石上。身黑色,有鳞甲,四爪,尾亦长,额有小角,口阔眼圆,面大,鼻上有硬须数茎,动摇可怖。舟人曰:此鼍也。戒勿语,并禁客手指,恐鼍觉入水负舟则危矣。因为予图述。

……龙嘘气成云,鼍吐气成雾,可以理会。

鼍体与鲮相似,并有气力,能攻岸。多伏于江、海、岛屿土中,非网罟之所能得。大约多系掘土而得者。今药市往往悬枯鼍以壮观,不能甚大,不过三四尺之小者耳。张汉逸曾见过,特为予图。至于《篇海》所云:大者身有文彩。其说可证鳄鱼火焰为生成之文,非浪传也。

《鼍吐雾赞》:世知山雾,罕识海云。取鼍以证,知所自兴。

按:尽管聂璜绘制的图与记述存在一些失实(并非毫无依据),但其所记之"鼍"无疑就是扬子鳄,具体时间与地点也可确定为"康熙二十九年(1690)"与"楚之辰州(今沅陵县)",证明当时确有扬子鳄分布。

4.4 西南

西南地区历史上关于扬子鳄的分布,迄今仅见涉及重庆与四川的不多记载①。

4.4.1 重庆

历史上,重庆市沿长江一带似有扬子鳄分布,只是见到较明确记载的不多。

①尽管较明确的扬子鳄遗存仅发现1个标本,但据《中国脊椎动物化石手册》记载,其周边在地质时代更早的"中鳄亚目"遗存还有数处,如真蜥鳄(未定种)出自重庆市大足县与四川省自贡市,长鼻北碚鳄出自重庆市与四川省威远县。

（明）贝琼《郭忠恕出峡图》反映长江三峡一带，尤其是巫峡一带（属今重庆市的有巫山县等地），在宋初，还有扬子鳄分布。

4.4.2 四川

虽然明确记载四川省历史上扬子鳄分布的资料寥寥，但还是可以证明曾有所栖息。

● 成都市：（元）揭傒斯《大元敕赐修堰碑》记述：

江水出蜀西南徼外，东至于岷山，而禹导之。秦昭王时，蜀太守李冰凿离堆，分其江以灌川蜀川，蜀以饶。自秦历千数百年，所过冲薄荡啮，大为民害。有司岁治堤防百三十三所，役兵民多者万余人，少者千人，其下犹数百人。人七十日不及七十日虽事治不得休息不役者……呜呼。后之莅此土者尚永鉴于兹，勿怠其政，隳其事，以为民病，以为国家之忧臣，拜手稽首而作颂曰：

……召龙工兮汝为汝，讵知兮予所期。江滔滔兮广且深，鼋鼍出没兮蛟龙昼吟。下不可以极兮上若有，临洲澶漫兮江之心……

按：从其描述看，是记述位于今都江堰市灌口镇的都江堰大型水利工程，反映仍有扬子鳄出没于长江支流的岷江上。

● 阿坝州：（清）吴任臣《山海经广注·中山经》记载：

又东北三百里曰岷山，江水出焉（郭曰：岷山今在汶山郡广阳县西，大江所出。任臣案：岷山，即渎山也，亦谓文汶阜山。《纬书》曰：岷山之精，上为井络，帝以会昌，神以建福。刘会孟云：岷山，今四川茂州，即陇山之南。《四川总志》曰：岷山在茂州之列鹅村，一名鸿蒙，为陇山之南首；又名沃焦山，江水所出也。《水利志》云：蜀诸江咸出岷江，江源在羊膊岭，分为二：一西南流为大渡河，一正南流谓之南江。《益州记》曰：大江泉源始发羊膊岭下缘崖，散漫小大百数，殆未滥觞。《图赞》曰：岷山之精，上络东井。始出一勺，终致淼溟。作纪南夏，天清地静。又《全蜀艺文志》云：蜀山，在左皆名岷；在右，皆名嶓。不独茂州之汶山为岷，金牛之嶓冢为嶓也），东北流注于海（郭曰：至广阳县入海）。其中多良龟（郭曰：良，善。任臣案《禹贡》：九江纳锡大龟），多鼍（郭曰：似蜥蜴。大者长二丈，有鳞彩，皮可以冒鼓。任臣案：《博物志》名土龙。《本草》谓之鮀鱼。苏颂曰：形似守宫、鲮鲤，其声夜鸣应更，号曰鼍更。《埤雅》云：鼍身十二生肖肉，惟蛇肉在尾，最毒）。

按：此“岷山”只是指今茂县一带（包括郭璞所称“汶山郡广阳县”，刘会孟等称“茂州”）。“江水”，乃古人将今岷江误指为今长江之源①，但我们在此不妨将其视为指今茂县以下的岷江，流经汶川、都江堰、郫县、成都、新津、眉山、乐山，最后在宜宾汇入长江。至于“东北流注于海”，则是指今长江；郭璞所注“至广阳县入海”，（清）郝懿行笺疏：“广阳县当为广陵郡（治所在广陵，今江苏扬州市）”。所称“鼍”，从注释看，显然就是扬子鳄。窃以为，尽管“中山经”此段提及今长江下游，然而其“多鼍”则是指在长江（扬子江，包括其支流今岷江）分布，这与上述宜宾市翠屏区出土的“扬子鳄脚印的皮痕”标本不无联系，只是尚未发现记载今岷江扬子鳄分布的更多，尤其是涉及其他地点的资料，故仅保留今茂县作为文献记载，也是先秦时期扬子鳄分布的最西地。

4.5 西北

古文献记载历史上扬子鳄在西北地区分布的资料，仅见涉及陕西省渭河中下游一带。

● 西安市：《诗·大雅·灵台》中就有“鼍鼓逢逢”之句。按：所称“灵台”，在今西安市长安区与户县之间；“鼍鼓”反映有扬子鳄。

（西汉）司马相如《上林赋》仍有“建翠华之旗，树灵鼍之鼓”。

（东汉）张衡《西京赋》称：

其中则有鼋鼍巨鳖，鳣鲤鱮鲖。鲔鲵鲿魦，修额短项。大口折鼻，诡类殊种。

按：所谓“鼍”，则表明当时西京长安（今西安市）有扬子鳄等水生动物栖息。

明嘉靖二十年（1541）《高陵县（今县）志》记载水中动物，有鳣与鲦、鳣、鰋、鲤、鲨、鲂、鲔等，并称“皆周、汉以为上羞者也”。按：虽然古籍中

---

①如《尚书·夏书（禹贡）》称“岷山导江”。《水经注·江水》也记载“岷山，在蜀郡氐道县。大江所出，东南过其县北”。郦道元诠释：“岷山，即渎山也。水，曰渎水矣。又谓之汶阜山，在徼外，江水所导也。《益州记》曰：大江泉源，即今所闻始发羊膊岭下缘崖，散漫小水百数（案：水，近刻讹作大）殆未滥觞矣。”

“鱷”多用于其他鳄种，但此处分布的“鱷”当是扬子鳄，与郑玄诠释“鼍、鼋言取，羞物，贱也”相吻合。

● 咸阳市：《史记·李斯列传》记述：李斯在始皇十年（前236[1]）上《谏逐客书》，其中有“建翠凤之旗，树灵鼍之鼓”之句子，裴骃集解道：“鄭玄注《月令》云：鼍皮可以冒鼓。”按：今咸阳市是秦国最后迁移的都城，秦始皇统一全国后，继续在此建都。

5 扬子鳄在20世纪的分布

扬子鳄在20世纪已经陷于濒危状态，其分布的大区仅限于华东与中南以及西南（疑似）等地。

5.1 华东

20世纪，扬子鳄在上海、江苏、浙江、安徽、江西等一些地方仍有分布。

5.1.1 上海

上海市本地的野生扬子鳄大约是在20世纪中期灭绝的。

1920～1940年期间，英国博物学家Sowerby曾多次目睹扬子鳄在上海黄浦江被捉住[2]，证实扬子鳄在当地的消失并非久远。

《香港风物志》（叶灵凤，1985）中记载：

（太平湖）[太湖]边上也是很多，因此浙江境内有时也会发现扬子鳄鱼，若是遇到长江水涨，鳄鱼的巢穴被冲毁了，它们便顺水流散各处，那时就是苏州河和黄浦江里也有鳄鱼了。因此，过去有人在上海马路边上也捉到鳄鱼，这就是乘了潮水从沟里爬上来的。

按：这是1950年代初的记述，所谓“扬子鳄鱼”就是扬子鳄；虽然缺乏更具体的地点，但从描述情况看，大约涉及黄浦区、普陀区、闸北区、杨浦区、闵行区、宝山区、松江区一带。

● 闵行区：民国七年（1918）《上海县（约今闵行区）续志》记载清道光年间有“巨鼍”（详见上文），表明其时仍有扬子鳄栖息。

● 崇明县：民国十三年（1924）《崇明县（今县）志》记载清康熙年间捕获的“海鱼”（详见上文），很可能就是扬子鳄。

5.1.2 江苏

江苏省栖息的野生扬子鳄，到20世纪已经是残存。

● 南京市：《六合县志·动物·其他动物及昆虫》（六合县地方志编纂委员会，1991）记载：

扬子鳄：俗名“猪婆龙”，栖息于长江下游沼泽、芦苇滩水边，为国家一类保护动物。

按：“六合县”今为南京市六合区，表明到20世纪末，还有残存的扬子鳄栖息。

● 无锡市：据黄祝坚等（1985）对扬子鳄调查，1980年代其产于“江苏省宜兴（今宜兴市）”等地。据宜兴县（今宜兴市）林业局工作人员报道，1995年一个渔民在扬湖村（音译）抓到一条全长50～60 cm的小鳄鱼（Thorbjarnason，2012）。

● 苏州市：民国二十二年（1933）《吴县（今属苏州市）志·物产·介之属》记载：

龟（《说文》久也。外骨内肉者也……）、鳖（一名团鱼……）、鼋（状如鳖而甚大，有重至四五十斤者。头有磊块，故名称癞头鼋……）、鼍（《太湖备考》：与鳖相似，以背隆，色黑辨之。味劣，不中食）。

按：爬行类中龟、鳖、鼋皆有，故虽对“鼍”描述不十分贴切，但应是扬子鳄。

5.1.3 浙江

浙江省的野生扬子鳄生存状况在20世纪也每况愈下。

● 杭州市：《杭州市（辖今杭州市、临安市、富阳市、建德市、桐庐县、淳安县）志·动物》记载“爬行类1种（扬子鳄）”（杭州市地方志编纂委员会，1995），亦即还有扬子鳄。

《湖州市志·动物》称，尹家边扬子鳄保护区“到90年代已繁殖扬子鳄116条，其中10条幼鳄被引入淳安[县]千岛湖的姥山岛旅游点定居”（湖州市地方志编纂委员会编，1999），表明当地环境依然适宜扬子鳄栖息。

● 湖州市：1976年，人们在湖州（即湖州市）捕获了3条扬子鳄，将它们送到宁波动物园（Thorbjarnason，2012），证明还有扬子鳄残存。

据黄祝坚等（1985）对扬子鳄调查，1980年

---

①有称是“前239年”。

②扬子鳄为何被称为“活化石”？http://www.people.com.cn/h/2012/0907/c25408-1480590682.html

代，其产于“浙江省孝丰（今属安吉县）、安吉（今县）、长兴（今县）”等地。

长兴县在1982年从野外收集有11条扬子鳄（丁由中等，2004）。

1983年，安吉县居民从野外扬子鳄巢里捡回18只鳄卵（Thorbjarnason，2012）。《安吉县志·动物》记载（安吉县地方志编纂委员会，1994）：

扬子鳄：安吉西苕溪中游河谷平原一带，竹林、芦苇茂密，沟塘纵横交错，灌木、乔木繁茂，境内红黄壤微带酸性，适于扬子鳄生息……1983年调查8个乡80个村，仅发现26条。

据此，反映当时还有扬子鳄残存。2001年再调查，“据浙江省林业部门和当地居民介绍，安吉县10年内未发现野生扬子鳄的活动踪迹”（丁由中等，2004）。

《湖州市（辖今湖州市、长兴县、德清县、安吉县）志·动物》除记载清同治《湖州府（与今辖境相当）志》有“扬子鳄”外，还记述尹家边扬子鳄保护区“位于长兴县，到90年代已繁殖扬子鳄116条”。

● 宁波市：《海宁市志·野生动物》还记载有“平胸龟、乌龟、黄喉水龟、黄缘闭壳龟、鼋、鳖、鼍（扬子鳄）……王蟒蛇”等爬行动物（《海宁市志》编纂委员会，1995），反映还有扬子鳄等栖息。

5.1.4 安徽

相对而言，安徽省的野生扬子鳄在20世纪生存状况较其他省级行政区略强。

● 淮北市：1981年，濉溪县在浍河和闸河各捕到1只扬子鳄[①]。

● 马鞍山市：民国二十四年（1935）《首都志·物产》记载：

鼍：(*Allegator*)在南京未见过。余曾于当涂（今当涂县）得一只，长约六英尺。当涂在南京之西二十英里，在芜湖之东二十英里。芜湖为此类产生最盛之区。此类名称为中国鼍（*Allegator sniensis*）。

此乃修志者[②]亲历之记载，反映1930年代，今当涂县还有扬子鳄残存。

《香港风物志》（叶灵凤，1985）中记载：

扬子鳄鱼比我们在电影上惯见的那些非洲产的大鳄鱼为小，一般的只有三四尺长，但有时也可以长至七尺（非洲和印度南洋的鳄鱼长十二尺至十五尺）。它们喜欢栖息在浅水和沼泽地带，因此在扬子江下游两岸，安徽和江苏两省沿江各处的港湾洲渚和湖沼之间很多。它们的集中栖息地点是芜湖和南京之间的采石矶太平洲一带。

按：从这1950年代初的记述看，所谓“扬子鳄鱼”就是扬子鳄，其分布情况也基本符合客观实际；尽管笔者对“太平洲”存疑[③]，但“采石矶”（又称牛渚矶）位于长江中游南岸，在今马鞍山市区西南约5 km采石公园内，表明当时马鞍山市盛产扬子鳄。《马鞍山市志·动物资源》记载有“鲟……鳖、虾、蚌、扬子鳄、白鳍豚等”水生动物（马鞍山市地方志编纂委员会，1992）；《中国国情丛书：百县市经济社会调查：马鞍山卷》也有类似记载（丁伟志等，1996），这些不仅可以佐证，而且表明仍有扬子鳄栖息。

据黄祝坚等（1985）对扬子鳄调查，1980年代“主要产地是安徽省……当涂（今县）”等地。//陈壁辉等（2003）指出，“过去扬子鳄数量甚多”而“现在扬子鳄均已基本绝迹”的地点，属今马鞍山市的是当涂县等地。

● 芜湖市：民国二十四年（1935）《首都志·物产》记载称“芜湖为此类（指扬子鳄）产生最盛之区”，此“芜湖”，当指今芜湖市与芜湖县。

1950年代初，今芜湖市卜家店一带栖息有扬子鳄（朱承琯，1957）。//1954年，芜湖市镜湖捕获一条鳄；1958年，芜湖市易太乡发现被毒死的一条鳄；1970年代，在扬子鳄模式产地——今芜湖市清水河镇的万春乡和易太乡一带，呈现地势平坦开阔、农田成片、村庄密布、河渠纵横、交通发达景象，现在该地的扬子鳄已完全绝迹（陈壁

---

①濉溪县. http://baike. baidu. com/link? url = W6QGmyLHQ95gm4S4x-JE1vHHQfUldtsulvCG2OGSiMpyyGy6wcyyw5v-gVR-ERNms#4_1

②该志由叶楚伧（政治活动家、文人）、柳诒征（著名学者，历史学家、古典文学家、图书馆学家、书法家）主编。

③长江下游确有“太平洲”地名，乃今扬中市（属镇江市）古称，但其已超出“芜湖和南京之间”范围；虽到清末，镇江一带还有扬子鳄记载，但《首都志》已明确“在南京未见过”扬子鳄，且无证据表明长江南京下游段有扬子鳄栖息，更何况其后反倒会出现扬子鳄“集中栖息地点”。鉴于该书将“太湖”讹误为“太平湖”（见上文），更促使笔者对此“芜湖和南京之间的采石矶太平洲一带”提法存疑。

辉等,2003)。

据黄祝坚等(1985)对扬子鳄调查,1980年代"主要产地是安徽省……南陵(今县)……繁昌(今县)、芜湖(今县)"等地。//1998年9月,南陵县长东扬子鳄自然保护点还有扬子鳄误食被药死的鼠而中毒死亡。

《芜湖县志·动物》在"爬行类"记载有"家蛇(花蛇)、石龙子、杨子鳄"等(芜湖县地方志编纂委员会,1993),只是将"扬子鳄"误作"杨子鳄"。

陈壁辉等(2003)指出"过去扬子鳄数量甚多"而"现在扬子鳄均已基本绝迹"的地点,属今芜湖市的是芜湖与繁昌县等地。

● 安庆市:《安庆市志·动物》(安庆市地方志编纂委员会,1997)记载:

以上野生动物中,属国家一级保护动物的有扬子鳄、丹顶鹤。

按:明确无误地证明安庆市当时还有扬子鳄存在①。

● 巢湖市:陈壁辉等(2003)指出"过去扬子鳄数量甚多"而"现在扬子鳄均已基本绝迹"的地点,属今巢湖市的是无为县等地。

● 池州市:陈壁辉等(2003)指出"过去扬子鳄数量甚多"而"现在扬子鳄均已基本绝迹"的地点,属今池州市的是青阳县等地。

● 宣城市:据黄祝坚等(1985)对扬子鳄调查,1980年代"主要产地是安徽省径县(今县)……宣城(今宣州区)、宁国(今市)……郎溪(今县)、广德(今县)"等地。

《宣城县(今宣州区)志·动物》(安徽省宣州市地方志编纂委员会,1996)中记载关于扬子鳄的情况有:

扬子鳄繁殖研究中心,建立在城南4 km。

野生动物:扬子鳄:世界性珍稀动物。

扬子鳄人工繁殖:1973年被列为国家一类保护动物。1979年底,在国营宣城县夏渡林场内建"扬子鳄繁殖场",1983年国家林业部和省林业厅将该场扩建为"安徽省扬子鳄繁殖研究中心",同年7月,该中心攻克人工养鳄不产卵的难题,首次获人工养鳄产卵232枚。1986年8月,共有人工繁殖各龄鳄910条(1982年产66条,1983年产77条,1984年产117条,1985年产650条),孵化率90.3%,成活率95.4%……1988年全中心共有各龄[1~7龄]幼鳄2 438条……加上原有野生鳄170条,共有扬子鳄群体2 608条;孵化率为95%,成活率为97.8%,提前超额完成林业部下达的到1990年人工繁殖2 000条的任务。

1984年,泾县有2条扬子鳄被农药毒死于田沟中(周应健,1997)。//《泾县志·野生动物》记载称"还有古生物扬子鳄"(泾县地方志编纂委员会,1996)。

《广德县志·动植物资源》记载"爬行、两栖动物类主要有:……甲鱼、青蛙、蟾蜍、扬子鳄等"(广德县地方志编纂委员会,1996),反映还有扬子鳄栖息。

《郎溪县志·动物》记载"珍稀动物有扬子鳄"等(郎溪县地方志编纂委员会,1998)。

陈壁辉等(2003)指出"过去扬子鳄数量甚多"而"现在扬子鳄均已基本绝迹"的地点,属今宣城市的是宁国县(今市)等地。

5.1.5 江西

尽管未见正式记载江西省20世纪扬子鳄分布的文献,但实际上还有扬子鳄栖息②。

5.2 中南

到20世纪,中南地区省级政区仅湖北与湖南还有扬子鳄残存。

5.2.1 湖北

湖北省到20世纪,仅个别地方还残存有扬子鳄。

● 武汉市:《新洲县(今武汉市新洲区)·野生动物》仍记载有"蛇……龟、鳖、扬子鳄"等爬行动物(新洲县志编纂委员会,1992),表明仍有分布。

● 咸宁市:《嘉鱼县志·野生动物》误将"鳄"③归入"鱼类"(湖北省嘉鱼县地方志编纂委员会,1993),还是可以证明残存有扬子鳄。

---

①《安庆地区志·动物资源》虽也有丹顶鹤记载,却无扬子鳄,进一步明确仅安庆市有残存。

②中国科学院地理研究所钮仲勋研究员1930年代在九江曾多次看到扬子鳄。

③同时误归其类的还有"白鳍豚"(应入"兽")、"娃娃鱼"(即大鲵,应入"两栖类"),可参见摘录的部分"鱼类":"……银鱼、河豚、白鳍豚、鳄、娃娃鱼。"

●荆州市：《监利县志·动物·两栖类》记载有“龟、鳖（甲鱼、团鱼）、鼍”等（湖北省监利县县志编纂委员会，1994），虽然误将爬行动物“鼍”（扬子鳄）等归为“两栖类”，但说明当地还是有此种动物。

5.2.2 湖南

湖南省到20世纪，唯见一地有扬子鳄残存记载。

《湘阴县志·动物》在“水生动物·哺乳类”记载“此外，尚有鳄鱼。上述水生动物中的白鳍豚和鳄鱼已属罕见”（湖南省湘阴县志编纂委员会，1995），此地的“鳄鱼”，显然是指扬子鳄。

5.2.3 广西

广西壮族自治区中隶属柳州市的鹿寨县出现“鳄鱼”记载，值得重视（见下文）。

5.3 西南

西南的云南省，到20世纪末，还有疑似扬子鳄发现的记载（见下文），尤其值得重视。

6 扬子鳄的现今分布

野生扬子鳄现今在华东与中南的5个省级政区还有残存，主要在华东地区（图3.27）。

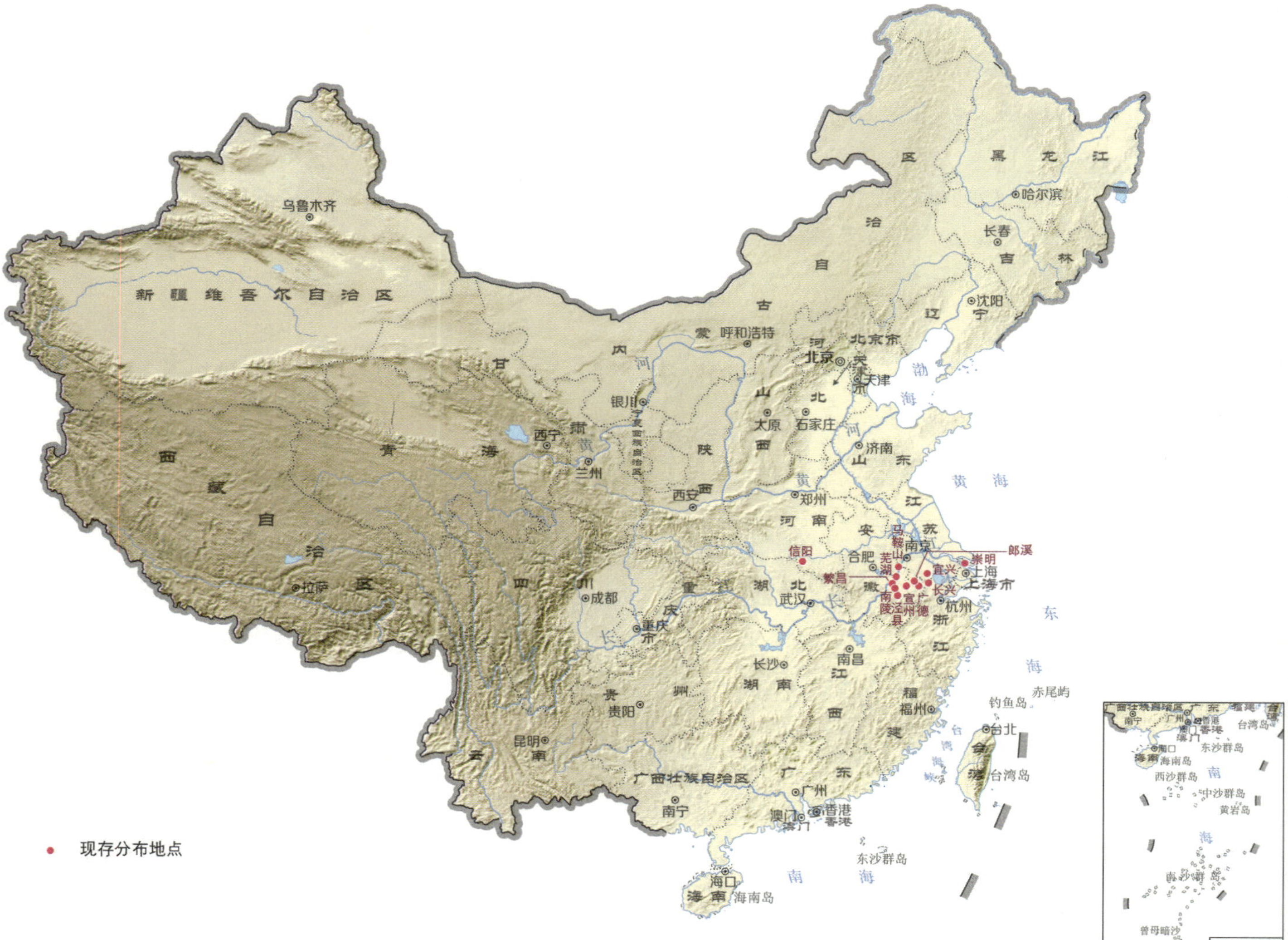

图3.27 现存扬子鳄地理分布概况图

6.1 上海

上海市现有的野生扬子鳄，实际上是重新投放野外的。

为了提高野外扬子鳄的遗传多样性，WCS 从北美引进了 12 只扬子鳄，其中布朗克斯动物园 6 只，迪斯僧动物王国和圣奥古斯丁鳄鱼养殖园各 3 只。在这些扬子鳄中，研究人员们挑拣了 3 只，与浙江长兴扬子鳄自然保护区提供的 3 只扬子鳄一起，于 2007 年 6 月，释放到了崇明东滩湿地。据监测职员发现，这些引入的扬子鳄成功地进入了冬眠，并且在第二年交配成功，在野外第一次产下 16 枚卵①。

2012 年，据《新民晚报》报道：自从 5 年前放归 6 条扬子鳄后，崇明东滩湿地成为它们的乐园。一次晚上调查，发现了至少 12 条扬子鳄，其中更有多条出生仅两个月左右的幼鳄②。

可见崇明县的野生扬子鳄虽非自然迁徙分布，但仍存在适宜的生存环境。

6.2 江苏

江苏省依然有残存的扬子鳄。

尽管有调查报告称“2001 年 10 月，考察了江苏省宜兴市的伏西涧、大汉介，该地区没有野生扬子鳄生存的证据”（丁由中等，2004）；但据《江南晚报》在 2005 年报道称：“从宜兴市有关方面获悉，国家正准备把扬子鳄放归自然基地放在宜兴，认为宜兴山区良好的生态环境非常适合扬子鳄生存。事实上，宜兴杨巷、徐舍等镇的农民已经不止一次在家门口发现自然环境下的扬子鳄了。”③

6.3 浙江

浙江省现今仅有一县残存野生扬子鳄。

长兴县在 1982 年后，只有村民传闻见到过一条野生鳄，当地居民认为在毛家村、西界水库、二界岭水库仍有扬子鳄洞穴，至少有 3 条扬子鳄。但调查人员在野外没有见过活的个体，仅发现了两个扬子鳄穴，考虑到各地点距离很近且相互连通（同一个乡），估计可能有 2 条野生扬子鳄（丁由中等，2004）。

6.4 安徽

安徽省是现存野生扬子鳄最多的省级行政区，涉及马鞍山、芜湖、宣城 3 个市级行政区。

安徽省林业厅于 1996 年至 2001 年历时 6 年完成的野生动物资源调查，认为在宣州、泾县、广德、郎溪、南陵以及马鞍山市等地虽有残存，但种群规模小，分布范围狭窄，呈不连续的孤岛状分布。野外种群仅为 150 条左右，并以每年 4%～6%的速率下降，野外种群已濒临灭绝（安徽省林业厅，2006）。

据丁由中等（2004）1999～2003 年对安徽省野生扬子鳄分布集中的 16 个地点连续 4 年重复调查，认为野生扬子鳄在安徽仅残存于属芜湖市的南陵县与属宣城市的宣城（今宣州区）、郎溪县、广德县、泾县五地，数量约 112 条（分别为 25 条，31 条，17 条，12 条，27 条）。

据 2012 年 8 月报道，泾县昌桥乡泉水村马塘组一村民在田畈中发现了一条扬子鳄，当即报警。泾县森林公安局民警和泾县扬子鳄保护站工作人员闻讯火速赶到现场，确认这是一条体格健壮的野生幼鳄（图 3.28）④。

图 3.28 泉水村田畈中捕获幼鳄

①扬子鳄. http://k.ifeng.com/106401/1624291

②崇明东滩湿地初步形成扬子鳄野生种群. http://sh.eastday.com/m/20120910/u1a6850598.html

③扬子鳄再现宜兴山区：60 万亩的山林中两栖动物增多. 江南晚报. 2005－02－19. http://news.sina.com.cn/c/2005－02－19/10145142351s.shtml

④野生扬子鳄现身水田. http://epaper.xuanwww.com/wnck/html/2012-08/02/content_1734.htm? div=-1

● 芜湖市：芜湖市地处长江下游，南倚皖南山系，北望江淮平原。其北部、东北部与马鞍山市毗邻，南部、东南部与宣城市接壤，这一带曾是扬子鳄广泛分布地带。芜湖市在“资源·动物资源”称“还保存了一些古老而珍稀的种类，如扬子鳄、白鳍豚和白鲟等”[①]，说明仍有残存，然而此“芜湖市”乃地级市（除该市外，还辖芜湖县、繁昌县、南陵县等地），据查同一时期的野生动物记载，却未见曾有扬子鳄分布的芜湖县还有该物种。

繁昌县在“资源·动物资源·兽类”中记载“野猪、穿山甲（又称鲮鲤）、扬子鳄、狐、竹狗（豹狗）、果子狸等偶尔出现在中、南部山区”[②]，虽误将扬子鳄归入“兽类”，但还是反映该物种残存且濒危。

南陵县也说明，“由于水热条件优越，利于动植物繁衍栖息，生物资源十分富饶。有多种珍稀动物，如扬子鳄、梅花鹿、金钱豹、穿山甲、鬣羚和白鹇等”[③]，进一步证实还有扬子鳄。

● 宣城市：2003 年，安徽扬子鳄研究繁育中心将 3 只人工繁育的扬子鳄释放到了宣城红星水库，当时那里还有野生扬子鳄分布[④]。//据报道，2012 年 1 月 31 日，宣州区新田镇新田村发现一只体长 105 cm 的雌性野生扬子鳄，这是近几年来在该地区又一次发现的野生扬子鳄的活动痕迹[⑤]。

6.5 河南

据报道，信阳市的南湾水库（南湾湖）有动物种类达 1 000 余种，其中脊椎动物 200 余种，属国家级保护动物有扬子鳄、大鲵、猕猴、小灵猫、白冠长尾雉等[⑥]。

对于此信息的可靠性曾存疑问，但从环境看：

南湾湖处在北亚热带向暖温带过渡气候区，年降水量在 1 000 mm 以上，年平均气温为 15.1℃，夏季炎热之时，林内最高温度在 35℃以下。

湖内有 61 个岛屿，大小不一，形态各异，错落有致地散落于清碧的湖中，犹如碧珠洒盘，美不胜收，被称为翡翠群岛。碧波万顷，水质清澈，掬手可饮。在湖的上游有黑龙潭、白龙潭，黑龙潭大潭套小潭，小潭连清泉；白龙潭两山对峙，一水中涵，相传为豫南第一泉。

生物多样性得到保护，种子植物有 116 科 525 种，森林覆盖率达 96% 以上；水生动植物丰富。

值得注意的是，南湾湖位于淮河支流浉河上，是 1950 年代初首批兴建的大型治淮骨干工程，上承浉河（发源地：鸡公山、四望山）、五道河（发源地：拦箭，是垛北侧豫鄂两省交界处）、董家河（发源地：天云寨东麓）、小泗河（发源地：天云寨北部）、飞沙河（发源地：湖北省应山境内）5 条河流之水汇聚，扬子鳄有可能顺势而来并在此处生息繁衍。

正是由于多方面的适宜条件，使得此地扬子鳄并不引人注目地存留下来。只是此处发现扬子鳄应引起有关方面的重视，并采取更有力的保护措施。

7 扬子鳄的分布变迁大势

扬子鳄的分布古今变化巨大，从其遗存、历史文献记载与现今野外调查结果（图 3.29、表 3.2），可以显示这种状况。

---

①芜湖市. http://baike.baidu.com/link? url=q9aLkO5Y1_67DcIcY4VprnfM6Vo-3X1YIpYn7ibCUJTLifdXEoz_caIpOq0xjAsb_AEzLXHqg_YuwUxf2NDaZLXsPRJPASpsNQmU7fTUiae

②繁昌县. http://baike.baidu.com/link? url=tXxfQqHLIVHVlJ5XGWcIC3p_lCljM4Btm-hlT6jO2qoANoF9LXPY4ee_K59PV4sK

③南陵县. http://baike.baidu.com/subview/282227/7964034.htm? fr=aladdin

④扬子鳄. http://k.ifeng.com/106401/1624291

⑤安徽宣城扬子鳄自然保护区再次发现野生扬子鳄. http://news.qq.com/a/20120207/000589.htm

⑥南湾水库. http://baike.baidu.com/link? url=RlMYREmSCKBblYDnawej0mABbTPnjh3stWkHyKDX5STjJ9AU1XfWgVGdoMOwProqH7t6HYanhwcjbGwARWMLfK

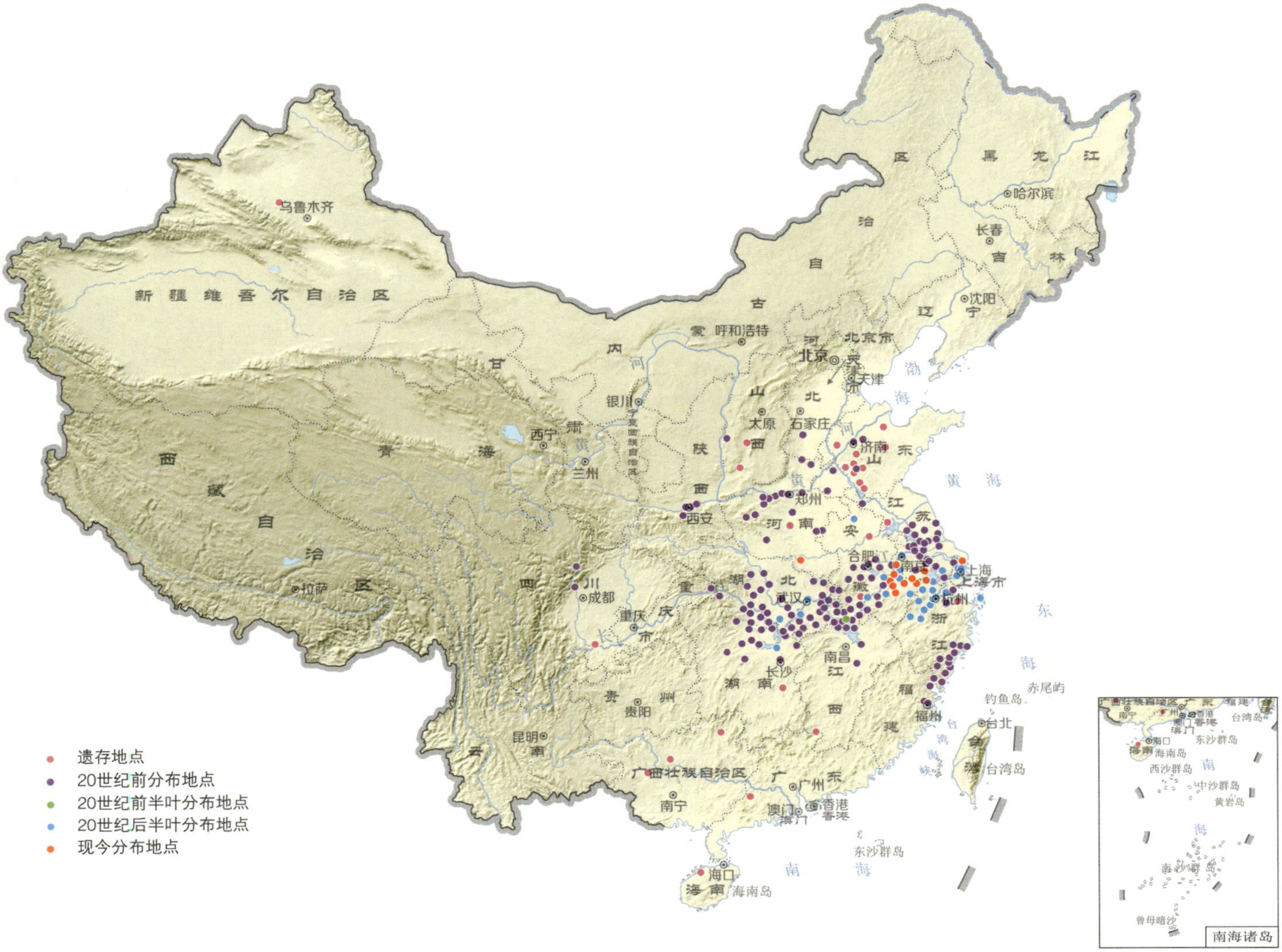

图 3.29 历史时期扬子鳄分布变迁图

表 3.2 **历史时期扬子鳄的分布与变迁**

地区	省级政区	遗存地点	20 世纪前分布地点	20 世纪前半叶分布地点	20 世纪后半叶分布地点	现今分布地点
华北	河北		邢台市			
	山西	灵石县、襄汾县	石楼县			
华东	上海	闵行区	黄浦区、普陀区、闸北区、杨浦区、闵行区、宝山区、松江区、崇明县	黄浦区、普陀区、闸北区、杨浦区、闵行区、宝山区、松江区、崇明县	黄浦区、普陀区、闸北区、杨浦区、闵行区、宝山区、松江区、崇明县	崇明县
	江苏	南京市、泗洪县	南京市、铜山县、金湖县、东台市、大丰市、扬州市、仪征市、江都市、高邮市、宝应县、泰州市、姜堰市、兴化市、如皋市、海安县、镇江市、扬中市、丹阳市、常州市、金坛市、溧阳市、无锡市、宜兴市、苏州市、吴江市、太仓市	南京市、宜兴市、苏州市	南京市、宜兴市、苏州市	宜兴市

（续表）

地区	省级政区	遗存地点	20世纪前分布地点	20世纪前半叶分布地点	20世纪后半叶分布地点	现今分布地点
	浙江	余姚市	杭州市、临安市、富阳市、建德市、桐庐县、淳安县、湖州市、长兴县、德清县、安吉县、海宁市、海盐县、越城区、绍兴县、玉环县、温州市、瑞安市、乐清市、永嘉县、文成县、平阳县、泰顺县、苍南县	杭州市、临安市、富阳市、建德市、桐庐县、淳安县、湖州市、长兴县、德清县、安吉县、海宁市	杭州市、临安市、富阳市、建德市、桐庐县、淳安县、湖州市、长兴县、德清县、安吉县、海宁市	长兴县
	安徽	蚌埠市、怀宁县、和县	合肥市、肥东县、肥西县、濉溪县、马鞍山市、当涂县、芜湖市、芜湖县、繁昌县、南陵县、铜陵市、铜陵县、安庆市、太湖县、宿松县、望江县、六安市、舒城县、霍山县、居巢区、庐江县、无为县、和县、贵池区、东至县、石台县、青阳县、宣州区、宁国市、郎溪县、广德县、泾县	濉溪县、马鞍山市、当涂县、芜湖市、芜湖县、繁昌县、南陵县、安庆市、无为县、青阳县、宣州区、宁国市、郎溪县、广德县、泾县	濉溪县、马鞍山市、当涂县、芜湖市、芜湖县、繁昌县、南陵县、安庆市、无为县、青阳县、宣州区、宁国市、郎溪县、广德县、泾县	马鞍山市、芜湖市、繁昌、南陵县、宣州区、郎溪县、广德县、泾县
	福建		福州市、闽侯县、蕉城区、福安市、福鼎市、霞浦县、柘荣县			
	江西		九江市、瑞昌市、九江县、德安县、星子县、都昌县、湖口县、彭泽县、余干县、临川区	九江市		
	山东	茌平县、广饶县、临朐县、枣庄市、滕州市、兖州市、汶上县、泗水县、泰安市、宁阳县	济南市、章丘市、曲阜市、曹县、郓城县			
中南	河南	安阳市、舞阳县	郑州市、荥阳市、巩义市、洛阳市、偃师市、栾川县、嵩县、伊川县、安阳市、内黄县、开封市、魏都区、南阳市、信阳市、项城市、沈丘县	信阳市	信阳市	信阳市
	湖北	荆州市、宜都市	武汉市、宜城市、南漳县、荆门市、钟祥市、黄州区、麻城市、武穴市、红安县、罗田县、英山县、浠水县、蕲春县、黄梅县、团风县、鄂州市、黄石市、大冶市、阳新县、咸安区、赤壁市、嘉鱼县、通城县、崇阳县、通山县、荆州市、石首市、洪湖市、松滋市、江陵县、公安县、监利县、枝江市、宜都市、当阳市、远安县、仙桃市、天门市、巴东县	武汉市、嘉鱼县、监利县	武汉市、嘉鱼县、监利县	
	湖南	衡东县	长沙市、常德市、安乡县、汉寿县、澧县、临澧县、桃源县、石门县、安化县、岳阳市、临湘市、岳阳县、华容县、湘阴县、平江县、沅陵县	湘阴县	湘阴县	
	广东	南雄市、罗定市				
	广西	桂林市、田东县、都安瑶族自治县				
	海南	儋州市				

（续表）

地区	省级政区	遗存地点	20世纪前分布地点	20世纪前半叶分布地点	20世纪后半叶分布地点	现今分布地点
西南	重庆		巫山县			
	四川	翠屏区	都江堰市、茂县			
西北	陕西		西安市、户县、高陵县、咸阳市			
	新疆	玛纳斯县				

● 从中生代白垩纪，甚至古新世以来发现的鼍（扬子鳄）遗存（包括化石、亚化石、遗骸与骨骼、齿、粪便、足印、遗物等）、活体以及文献记载的扬子鳄分布与变迁大势，大致呈现为四大分布圈及地区：

①从东部的鲁山东北麓，向西经黄土高原到准噶尔盆地南缘，又向东南折返，经四川盆地南缘、右江西岸，抵达黎母岭西北麓，再北返到大云雾山南麓，形成一个大水滴状分布区。界限大体上是：从渤海莱州湾西南岸旁的山东广饶县（118.4°E，37.0°N）→河北邢台市（114.5°E，37.0°N）→山西灵石县（111.8°E，36.8°N）→石楼县（110.8°E，36.9°N）→新疆玛纳斯县（86.2°E，44.3°N）→四川茂县（103.8°E，31.6°N）→翠屏区（104.5°E，28.7°N）→广西田东县（107.1°E，23.6°N）→海南儋州市（109.5°E，19.5°N）→广东罗定市（111.5°E，22.7°N）→东海之滨的福建福州市（119.3°E，26.°N）。这是迄今我们所了解的历史上扬子鳄最大的分布范围：最北新疆玛纳斯县（86.2°E，44.3°N），最南海南儋州市（109.5°E，19.5°N），最东上海闵行区121.4°E，最西新疆玛纳斯县（86.2°E，44.3°N）。

②到历史时期，扬子鳄的地理分布范围大大收缩，主要在我国东部，略扩展到中部，南起闽江，北达黄河都栖息有扬子鳄，尤以长江中下游一带分布最为密集，黄河中下游也有较多分布。按大区论，则是中南地区为主，华东地区也较多，华北地区、西南地区与西北地区已处于濒危向灭绝发展。

③到20世纪，扬子鳄的分布地区已从北、南、西三个方向后退，基本上紧缩到长江下游。在上海、江苏、浙江、安徽、江西、河南、湖北等省级政区还有扬子鳄残存或濒于灭绝。

④现今，扬子鳄的分布进一步收缩，基本上处于苏浙皖交界处，以皖东南为主，上海也有野外放养的扬子鳄。

● “孤独”的玛纳斯准噶尔鳄（以下简称“玛鳄”）。相对于我国中东部更密集的扬子鳄遗存分布（更有文献记载于现残存扬子鳄证实），远处西北准噶尔盆地西北缘玛纳斯的“玛鳄”由于与前者之间较大距离的“空白”而更显得“落单”。实际上则不然：

①时光遥远。“玛鳄”不仅是古新世存义始短吻鳄、怀宁始猛鳄的延续，而且与地处湖南衡阳的3种鳄化石（衡阳两湖鳄、岭茶鳄与湘江田氏鳄）以及现生扬子鳄皆隶属于白垩纪晚期发展起来的，生活于新生代到现代的真鳄亚目，只是它们出现的时代有差异，按早晚顺序排列看：存义始短吻鳄（中始新世）→怀宁始猛鳄（中—晚古新世）→衡阳两湖鳄（始新世）→岭茶鳄（中始新世）→湘江田氏鳄（中始新世）→“玛鳄”（晚始新世）→扬子鳄（古新世—现代），它们存在更为密切的关系。

②其间并不“空白”。尽管尚未发现“玛鳄”同类，但实际上还是有关系较密切的物种：中鳄亚目是“生活在中生代晚期的一类古老的类群，是鳄类发展的主干”（中国科学院古脊椎动物与古人类研究所《中国脊椎动物化石手册》编写组，1979），其中副鳄科·副鳄属①与扬子鳄关系也非

①副鳄科“是白垩纪晚期鳄类，其特点是吻部短，下颌重，无下颌侧孔，目前发现仅限于亚洲，康尤可娃认为它和真鳄类的短吻鳄有关。可能是其过渡类型”；副鳄属“头骨的吻部短、宽，头骨顶部宽平。头骨的外形与短吻鳄（*Alligator*）很相似”。

同一般；尤其是白垩纪的圆环嘉峪鳄，其一标本就出土于“玛鳄”东南的新疆昌吉市，另一标本在“玛鳄”再东南的甘肃嘉峪关市发现；更早的苗氏孙氏鳄（晚侏罗纪）就出现于“玛鳄”更东南的甘肃永登县。

● 扬子鳄分布变迁呈现分布地的收缩大势。经过三个主要方向性的退缩，使得现今扬子鳄分布虽然在小比例尺图上看似还成小片区，但实际上则成一些孤岛状。

①由西向东迁移。最显著的是遗存分布到文献记载分布的地理位置变化，由新疆玛纳斯县（86.2°E，44.3°N）到四川茂县（103.8°E，31.6°N）以西，迁移经度达 17.6°。当然，这是一个漫长的变迁过程，长达数千万年。

②由北向南迁移。从距今约 10 000 年以来全新世、分布较密集的我国中东部扬子鳄分布看（图 3.30），扬子鳄的分布既有从西向东迁徙，也有由南向北收缩，但大势则是分布北界南移：扬子鳄大致分布北界约 5 条，最北界在山东济南市北，约达到 36.6°N；分布北界并非一味南移，期间曾有北返现象；目前，分布北界南移至上海崇明县，约处于 31.6°N（天然分布则是安徽芜湖县 31.3°N）。现天然分布仅在长江南岸与安徽省黄山山系以北的皖南丘陵地带、沿江平原及苏浙皖交界一带（30.6°～31.7°N，118.3°～121.3°E），以皖东南为主的更小范围内呈点状分布。

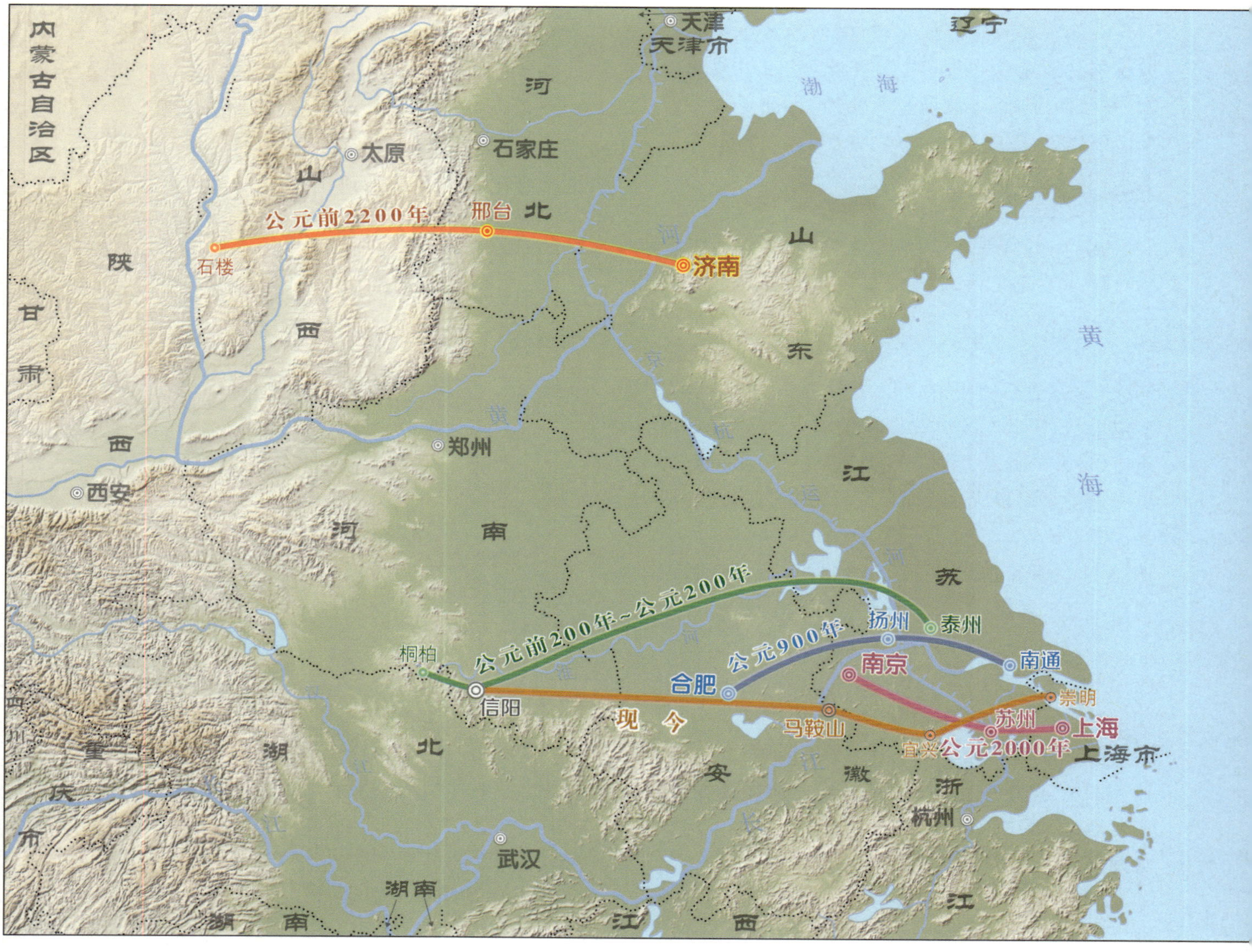

图 3.30 历史时期扬子鳄分布北界变迁图

③由南向北迁移。从文献记载扬子鳄分布最南端的福建福州市(119.3°E,26.0°N)到现今扬子鳄残存的最南端安徽泾县(118.4°E,30.60°N)看,迁移纬度也达到4.6°。尽管这一迁移位置的绝对数不大,但其间仅经历约1700年,平均每千年的移动数量则是最高的(达到2.7°/千年)。

● 省级政区扬子鳄分布变迁也呈现不同情况,全新世以来,皆以安徽为首。

①我国曾有扬子鳄分布的省级政区达到19个,地域比较宽广。

②到历史时期,有扬子鳄分布的省级政区减少到15个,广东省、广西壮族自治区、海南省、新疆维吾尔自治区只是有扬子鳄遗存发现,表明较早就已经灭绝。

③历史时期扬子鳄分布较广的省级政区依次是安徽省(32地)、湖北省(29地)、江苏省(26地)、浙江省(22地)、河南省(16地)、湖南省(15地)、江西省(10地),其余河北省、山西省、上海市、福建省、山东省、重庆市、四川省、陕西省等也不同程度地有扬子鳄分布。

④到20世纪,仅存8个省级政区仍有扬子鳄,其分布地数量依次为:安徽省(15地),浙江省(11地),上海市(8地),江苏省(3地),湖北省(3地),江西省、河南省与湖南省(皆1地)。同时反映变化较大的,有绝迹(如河北省、山西省、福建省、山东省、重庆市、四川省、陕西省等)、急剧减少(如江苏省、江西省、湖北省、湖南省等)、保持较多(如上海市、浙江省、安徽省等)三种状况。

⑤现今,仅有5个省级政区(上海市、江苏省、浙江省、安徽省、河南省)残存有扬子鳄,以安徽省较多(8地),浙江省则急剧减少。

● 讨论

(1)明代,扬子鳄在山东的残存:明代,扬子鳄分布北界已基本退缩至淮河以南。然而,据文献记载,明嘉靖年间(1522～1566),在山东章丘市(36.7°N)和陕西高陵县(34.5°N)还有扬子鳄残存,难免有令人费解之处。

就环境与历史情况看,章丘市位于山东省历史上扬子鳄分布区北部,地处泰沂山区北麓,与华北平原接壤,北临黄河,境内最高峰为南部的鸡爪顶(海拔924 m),最低处系北部辛寨乡朱家洼一带(海拔15 m),存在适宜扬子鳄分布的环境与渊源。高陵县也是位于陕西省历史上扬子鳄分布区北部,境内地势平坦,自西北微向东南倾斜,海拔357～414 m,黄河支流泾河与渭河自西向东流经县境南部,于马家湾乡泾渭堡村东北交汇,也有适宜扬子鳄分布的环境与渊源。

但是,以现今扬子鳄分布地的1月平均温度论,马鞍山市与宣州区皆2.9℃①,广德县为3.2℃②,上海市为4.3℃③;章丘市为－0.4℃④,高陵县为－1.5℃⑤,皆有较大差距。并且章丘市与高陵县相距甚远,就是这两地与当时扬子鳄的其他分布地之间也有较大空白地带。

(2)广东的"鼍":我们所见明末清初的方志中,广东有记载"鼍"的资料2条。

明万历二十九年(1601)《广东通志·郡县志·惠州府·土产·介》记载"有鼋,有鼍,有蠵,多鳖,多蚌……"。

清康熙二十九年(1690)《新会县志·地理志·物产·甲》有"鼍、鳖、龟、蚬"等。

尽管此处两古籍记载皆称"鼍",但是否扬子鳄,却未见对其形态描述,故我们只能从时空与生态等对其判定。

从时间上看,其时乃17世纪。之前,这一带

①今年1月份日平均气温比历年同期平均气温偏高1.2℃,今年是暖冬已成定局. http://www.mas.gov.cn/html/20070228034bf1ab-e0fd-4d16-b003-e0711ab88357.html;关于上报宣州区实施"千万亩森林增长工程"总体规划的报告. http://www.xuanzhou.gov.cn/xxgk/xx9833/201301/content_33032_1.html

②广德县. http://baike.baidu.com/view/264040.htm

③上海今年1月平均气温为近34年来最低. http://news.xinhuanet.com/society/2011-01/31/c_121045355.htm

④章丘市气象资料. http://wenku.baidu.com/view/979980c05fbfc77da269b17a.html

⑤高陵县气候. http://www.sanqinyou.com/shaanxi/info/128114090459835.html

虽有鳄记载，却并非扬子鳄。《水经注·泿水注》即记述：

建安中，吴遣步骘为交州。骘到南海，见土地形势，观尉他旧治处，负山带海，博敞渺目，高则桑土，下则沃衍，林麓鸟兽，于何不有。海怪鱼鳖，鼋鼍鲜鳄，珍怪异物，千种万类，不可胜纪……建安二十二年，迁州番禺。

按：所记述的是建安十五年至二十二年（210～217），步骘到南海郡的情况。所称“南海”，是三国吴之“南海郡”［参见“（三国吴）交州（谭其骧，1982b）”］①，郡治番禺，即今广州市；辖境以今广东省的阳山县—英德市—翁源县以南的东部为主，还含有今福建省的漳浦、诏安、东山三县地。“南海郡”的西南部正是珠三角一带，当时虽确有马来鳄（显然不仅仅指今广州市），却已不可能再有扬子鳄分布，因二者的生态环境有明显差异，分布区没有重叠。

明代“惠州府”，治今广东省惠州市，辖今新丰县、源城区、紫金县、龙川县、连平县、和平县、兴宁市、五华县、城区、陆丰市、海丰县、陆河县、惠州市、博罗县、惠东县等地（参见“广东省地势图”）②，虽涉及今韶关、河源、梅州、汕尾、惠州五市地，但从地势看，有鳄分布的主要还是“惠州府”南部，即在珠江三角洲东侧（东江下游）的今惠州市一些地方。清代的“新会县”，亦即今广东省江门市所辖区之一，亦处珠江三角洲，但在西侧（西江下游）。不难看出，此二地恰在三国吴时的南海郡境内。珠江三角洲已是远离长江中下游的扬子鳄分布区的南部沿海地带，故此“鼍”似沿用古人对马来鳄的另一俗称。

（3）20 世纪中期，广西出现残存的“鳄鱼”：在 20 世纪之前的历史时期，据文献记载，扬子鳄在西南与中南的分布西南界已然约处于四川省都江堰市（103.6°E，31.0°N）→茂县（103.8°E，31.6°N）→重庆市巫山县（109.8°E，31.0°N）→湖南省安化县（111.2°E，28.4°N）→平江县（113.5°E，28.7°N）一线（图 3.31 右上方玫瑰色线）。然而，在 20 世纪中期，广西鹿寨县又有“鳄鱼”记载。《鹿寨县志·生物资源》记述（鹿寨县地方志编纂委员会，1996）：

1965 年，鹿寨镇（鱼）［渔］民在洛清江捕获两条鳄鱼，每条约重 10 多 kg，悬挂在河岸树让人参观，县人民委员会发现即派人前往抢救，然鳄鱼已死，被埋掉。

按：所称“鳄鱼”究竟是何种？笔者曾向鹿寨县史志办公室咨询，蒙李日芳同志回复：

很抱歉，让你失望了。

1. 当年“鳄鱼”因没有得到专家认证，故不知是何种鳄鱼。

2. 从当年至今再也没有发现，其实“鳄鱼”在境内存在。

鉴于此情况，笔者只能对现生 23 种鳄类（文榕生，2006）中我国历史上曾分布的湾鳄（*Crocodylus porosus*）、马来鳄（*Tomistoma schlegelii*）和扬子鳄三种试作推测：

①湾鳄（图 3.32～图 3.35），又名食人鳄、河口鳄、咸水鳄、入江鳄等，也有人称其“马来鳄”而造成混淆。湾鳄是现生鳄类中最巨大者，一般体躯 5～6 m，体重超过 1 400 kg；成熟期为 12 年，体长最长纪录为 10 m；体重最大者有 1 600 kg。湾鳄体长与体重逐年增长：刚出壳之雏鳄即长 0.203～0.28 m，1 年后长至 0.48～0.5 m，3 年长至 1.156 m，重 5.2 kg（黄祝坚，1995）。

---

①此图因故不得已删除，有兴趣的读者可以根据所列出处查看原图。该图显示，（三国吴）的“交州”辖南海、苍梧、郁林、高梁、合浦、交趾等郡，主要范围在今广东省南部与广西壮族自治区，还有今越南东北部与中部一带。

②据：广东省国土资源厅. http://www.gdlr.gov.cn/cms/directory/StandardMap_gd.jsp#. 此图因故不得已删除，有兴趣的读者可以根据所列出处查看原图。该图显示，广东省的粤北山脉则多为向南拱出的弧形山脉，此外粤东和粤西有少量北西—南东走向的山脉，山脉之间有大小谷地和盆地分布。以珠江三角洲平原最大，潮汕平原次之，此外还有高要、清远、杨村和惠阳等冲积平原。台地以雷州半岛—电白—阳江一带和海丰—潮阳一带分布较多。

图 3.31 湘桂川滇间的扬子鳄与马来鳄状况图

图 3.32 从水中上岸的湾鳄①

图 3.33 跃立的湾鳄②

①http://www.quanjing.com/share/iblpfm01472536.html
②http://www.flickr.com/photos/32738821@N00/3051169275

图 3.34 湾鳄捕获猎物①

图 3.35 初出壳的雏鳄吻部②

鹿寨“鳄鱼”显示的仅“约重 10 多 kg”这一特点，是难与湾鳄、马来鳄、扬子鳄比较的，因为就是小型鳄种——扬子鳄成年前也经过这一状况③，更何况湾鳄与马来鳄皆是大型鳄种。虽然野生湾鳄近年在香港还有发现并被捕获、取名“贝贝”(图 3.36、图 3.37)④，虽然湾鳄是生息于热带亚热带的鳄种，但多种称谓基本上反映出其生态特点，尤其是“咸水鳄”说明其既栖息于咸水环境的大海、海湾，又在咸淡水交汇的河口地带活动，鹿寨这样距海或河口较远的内陆难有此物种分布。

图 3.36 捕获的“贝贝”⑤

图 3.37 重入水中的“贝贝”⑥

②马来鳄(图 3.38～图 3.41)，也叫马来长吻鳄，虽略小于湾鳄，但也是大型鳄种之一。马来鳄“与其他鳄类最明显的区别，是它的第四枚下颌齿对着上颌的缺刻处，口闭合时，此齿显露在外。它的吻比较长，吻长超过吻基宽部的 1.7～2.2 倍，如此长的吻必然口裂大。加以它的牙齿尖锐强固，全身披着坚甲，就使它列入极为凶猛残暴的动物之内。它的咽与口腔间有鳄帆对着舌后端的横襞褶，当呼出的空气触动鳄帆时，会发出轰隆的吼声，有如远方传来的雷声，这就更增强了它的凶猛性”(文焕然等，1980)。

①http://www.arkive.org/saltwater-crocodile/crocodylus-porosus/image-G59683.html

②http://www.arkive.org/saltwater-crocodile/crocodylus-porosus/image-G57589.html

③成年扬子鳄体长一般在 1.5 m 左右，体重约为 36 kg。2013 年 12 月，从动物福利的角度考虑，上海海洋水族馆以大(8 条扬子鳄长度为 1.6～2.1 m、平均重量为 30 多 kg)与长兴扬子鳄保护基地之小(10 条年龄均在 1 岁左右的扬子鳄，平均长度约为 1 m、重量 5 kg 左右)进行互换(俞陶然. 10 条扬子鳄宝宝入住上海海洋水族馆. http://data.jfdaily.com/a/7673808.htm)

④2004 年 6 月，“贝贝”捕获时体重 14 kg。到 2006 年 8 月，长成体长 1.75 m、重 23.5 kg(香港山贝河有湾鳄现身：专家徒手捕鳄三度失手. 人民日报(海外版)，2003-11-17；山贝河. http://zh.wikipedia.org/zh/山贝河；香江漫话：小湾鳄“贝贝”迁入香港湿地公园. http://www.chinanews.com/ga/shly/news/2006/08-16/774481.shtml)

⑤小湾鳄“贝贝”. http://image.baidu.com/i? ct=503316480&z=&tn=baiduimagedetail&ipn=d&word=小湾鳄“贝贝”

⑥小湾鳄“贝贝”迁居香港湿地公园永久居住. http://gd.sohu.com/20060815/n244802068.shtml

图 3.38　俯视沙滩上的马来鳄[①]

图 3.39　马来鳄细长的吻部[②]

图 3.40　岸边绿茵上的马来鳄[③]

图 3.41　幼年马来鳄强壮的尾部[④]

文献记载表明，历史上，马来鳄在我国的分布固然达到广西南部与东南部一带（文焕然等，1980），并形成南宁市（108.3°E，22.8°N）→横县（109.2°E，22.6°N）→玉林市（110.1°E，22.6°N）→梧州市（111.3°E，23.4°N）一条历史时期马来鳄分布西北界线（见图 3.33 右下角青绿色线），但其在广西的分布也仅延续到清初便不再见记载。

广西主要处于珠江流域的西江水系，鹿寨捕获的 2 条"鳄鱼"出自洛清江，洛清江发源于临桂县宛田瑶族乡东江村公所的横岭界，是西江干流红水河段支流柳江的支流，由北向南流，于鹿寨县江口圩汇入柳江。由此看来，鹿寨（109.7°E，24.4°N）"鳄鱼"既与广西历史上的马来鳄同处一水系，又相距较其他鳄种更近。然而，鹿寨"鳄鱼"毕竟只是孤证，且扬子鳄并非绝对与此毫无瓜葛（详见下文）。

③扬子鳄的分布与广西并非毫无渊源：上文提及在桂林市、田东县、都安瑶族自治县等地出土有扬子鳄遗存（见图 3.31 右下角绿色点）。历史上扬子鳄不仅广泛分布于长江（扬子江）[⑤]，而且其分布范围到 20 世纪已基本缩至长江中下游一带，尤其是地处湖南省双牌县国营阳明山林场境内的阳明山国家级自然保护区，最近依然称"是野生动物的乐园，珍稀动物有白鹇、扬子鳄、野牛、白蛇、石蛙、竹根鼠等"[⑥]，虽然该地是否确有扬子鳄，是否野生种，都待进一步查证，但其位置处于湘桂边界，且距桂林不远，又存在 2000 多年来已形成的"通道"（见图 3.31）；位于广西兴安

①http://www.naturalis.nl/nl/kennis/collectie/Sterren-van-Naturalis/onechte-gaviaal/
②http://venomland.forumotions.net/t135-crocs-at-herpaworld-picture
③http://calphotos.berkeley.edu/cgi/img_query? enlarge=0091+3183+0989+0083
④http://venomland.forumotions.net/t135-crocs-at-herpaworld-picture
⑤扬子江，狭义即古称江苏丹徒与江都之间的（长江）大江；广义的则由于西方传教士的误会与误用，时至今日，已演变为称整条长江。
⑥阳明山自然保护区.http://baike.baidu.com/view/2080192.htm

县境的灵渠（见图 3.31）沟通起长江和珠江两大水系，灵渠连接的漓江恰与流经鹿寨的洛清江上游毗邻，鹿寨“鳄鱼”不无可能是由此通道来的扬子鳄。云南发现的疑似扬子鳄，也难断然排除鹿寨“鳄鱼”是此种类。

（4）20 世纪末，疑似扬子鳄在云南的残存：20 世纪末，云南省南部三市（州）的三县有鳄类（见图 3.31 左下角红点）记载。

普洱市：《孟连傣族拉祜族佤族自治县志・动物・爬行类》列举有“蛇（含各类）、蜥蜴、穿山甲、山乌龟、水乌龟、鳖、水蛤蚧、旱蛤蚧、鳄等”（孟连傣族拉祜族佤族自治县志编纂委员会，1999），虽然存在个别物种归类不当（如“穿山甲”应是“兽类”），但尤其值得注意的是“鳄”的出现。

德宏州：《德宏州志：综合卷・动物・爬行类》记述（德宏傣族景颇族自治州志编纂委员会，1994）：

鼍（池狐。属国家一类保护动物。体长 2 m，头和躯干扁平，吻钝圆，尾侧扁而长，背部呈章绿色，有黄斑或黄条。常栖息于水边芦苇或竹林地带，掘穴而居。以鱼、蛙、蚁、鼠为食。肉可供药用，能驱淤、消积、杀虫。分布于盈江县那邦坝，数量极少）。

文山州：《麻栗坡县志・动物资源・爬行类》也列举有“蟒蛇、巨蜥、蛤蚧……墨蛇、蜥蜴、鳄鱼、水獭等”（云南省麻栗坡县地方志编纂委员会，2000），也存在个别物种归类不当（如“水獭”应是“兽类”），但其中更明确出现“鳄鱼”。

如果说孟连记载的只是“鳄”，麻栗坡进一步明确为“鳄鱼”，那么德宏州的“鼍”基本上仅用于扬子鳄的称谓，并有更详细的形态、生态、用途及“属国家一类保护动物”的提法，准确无误地表明就是扬子鳄；况且还指出具体分布地在“盈江县那邦坝”，只是“数量极少”，处于极度濒危状态。

8　小结

从古新世以来各时代，我国基本上皆有扬子鳄分布，表明它是我国特有物种，更显珍稀。鉴于扬子鳄是对气候变化较敏感的动物，其地理分布的变迁可以作为显示历史气候变化指标之一，更具研究价值。

扬子鳄历史上在我国的最大分布范围，约占我国土面积的 50%。随着时间的推移，扬子鳄的分布范围呈现较明显的变化：到全新世，扬子鳄的分布西界退缩到我国中东部一带，从黄河流域到闽江流域皆有分布；分布北界也显示出较显著的由北向南退缩总趋势。

现今，虽然扬子鳄的人工繁育与饲养技术日渐成熟，但仍不可忽视其自然分布每况愈下的趋势，只有采取更加强有力的措施，保护日益濒危的野生扬子鳄，辅之以人工繁育，增加野外放养的数量，才能使此物种得以延续。

参考文献

安徽省林业厅主编．2006．安徽省陆生野生动植物资源．合肥：合肥工业大学出版社

安徽省文物考古研究所，蚌埠市博物馆编著．2008．蚌埠双墩：新石器时代遗址发掘报告．北京：科学出版社

安徽省宣州市地方志编纂委员会编．1996．宣城县志．北京：方志出版社

安吉县地方志编纂委员会编．1994．安吉县志．杭州：浙江人民出版社

安庆市地方志编纂委员会编．1997．安庆市志．北京：方志出版社

陈壁辉等．1985．扬子鳄．合肥：安徽科学技术出版社

陈壁辉．2002a．试论鼍在中国的地史渊源和衰弱原因．动物学杂志，37(5)：87～90

陈壁辉．2002b．扬子鳄的起源．动物学杂志，37(5)

陈壁辉等．2003．扬子鳄研究．上海：上海科技教育出版社

陈耿娇．2002．广西田东雾云洞更新世脊椎动物群．古脊椎动物学报，40(1)：42～51

德宏傣族景颇族自治州志编纂委员会编．1994．德宏州志：综合卷．德宏：德宏民族出版社

丁伟志[总]主编；马鞍山市情调查组．1996．中国国情丛

书:百县市经济社会调查:马鞍山卷.北京:中国大百科全书出版社
丁由中,王小明.2004.野生扬子鳄种群动态变化及致危因素.生物多样性,12(3):324~332
动物考古课题组.2011.中华文明形成时期的动物考古学研究//中国社会科学院考古研究所科技考古中心编.科技考古.第三辑.北京:科学出版社,80~99
高广仁,胡秉华.1991.山东新石器时代生态环境的初步研究//环境考古研究:第一辑.北京:科学出版社
广德县地方志编纂委员会编.1996.广德县志.北京:方志出版社
海金乐,韩炳华编著.2006.灵石旌介商墓.北京:科学出版社
《海宁市志》编纂委员会编.1995.海宁市志.上海:汉语大词典出版社
韩金秋.2009.鄂尔多斯龙首镳刍论.内蒙古文物考古(1):63~68
杭州市地方志编纂委员会编.1995.杭州市志.北京:中华书局
何业恒.1997.扬子鳄//中国珍稀爬行类两栖类和鱼类的历史变迁.长沙:湖南师范大学出版社,33~53
河南省文物考古研究所编著.1999.舞阳贾湖.北京:科学出版社
湖北省嘉鱼县地方志编纂委员会编纂.1993.嘉鱼县志.武汉:湖北科学技术出版社
湖北省监利县县志编纂委员会编纂.1994.监利县志.武汉:湖北人民出版社
湖南省湘阴县志编纂委员会编.1995.湘阴县志.北京:生活·读书·新知三联书店
湖州市地方志编纂委员会编.1999.湖州市志.北京:昆仑出版社
黄万波等.1982.安徽和县猿人化石及有关问题的初步研究.古脊椎动物与古人类,20(3):248~255
黄万波等.1988.记广东首次发现巨羊及扬子鳄化石.古脊椎动物学报,26(3):227~231
黄象洪,曹克清.1978.上海马桥、嵩泽新石器时代遗址中的动物遗骸.古脊椎动物与古人类,16(1):60~65
黄祝坚,张淑德.1985.扬子鳄的生态及地理分布.海洋湖沼通报(1)
黄祝坚.1995.栖居海湾的巨鳄:湾鳄.知识就是力量(6)
泾县地方志编纂委员会编.1996.泾县志.北京:方志出版社
郎溪县地方志编纂委员会编.1998.郎溪县志.北京:方志出版社
李锦玲,王宝忠.1987.记山东山旺钝吻鳄(*Alligator*)一新种.古脊椎动物学报,25(3):199~207
李天元.1984.沙市周梁玉桥商代遗址中的扬子鳄.江汉考古(2)
李亚美等编著.1985.地学史.北京:地质出版社
李有恒.1974.大汶口墓群的兽骨及其他动物骨骼//山东省文物管理处,济南市博物馆编.大汶口:新石器时代墓葬发掘报告:156~158
六合县地方志编纂委员会编.1991.六合县志.北京:中华书局
鹿寨县地方志编纂委员会编.1996.鹿寨县志.南宁:广西人民出版社
马鞍山市地方志编纂委员会主编.1992.马鞍山市志.合肥:黄山书社
孟连傣族拉祜族佤族自治县志编纂委员会编.1999.孟连傣族拉祜族佤族自治县志.昆明:云南人民出版社
彭锦华.1988.沙市周梁玉桥商代遗址动物遗骸的鉴定与研究.农业考古(2)
如皋市地方志编纂委员会编.1995.如皋县志.香港:新亚洲出版社
山东大学历史系考古专业教研室编.1990.泗水尹家城.北京:文物出版社
山东省文物考古研究所编.1997.大汶口续集:大汶口遗址第二、三次发掘报告.北京:科学出版社,199
山东省文物考古研究所等.1989.广饶五村遗址发掘报告//海岱考古.济南:山东大学出版社
上海市文物管理委员会.1997.上海市闵行区马桥遗址1993~1995年发掘报告.考古学报(2):197~236
石璋如.1933.第七次殷墟发掘:E区工作报告.安阳发掘报告(4):725
史为乐主编.2005.中国历史地名大辞典.北京:中国社会科学出版社
谭其骧主编.1982a.中国历史地图集.第一册,原始社会、夏、商、西周、春秋、战国时期.北京:中国地图出版社
谭其骧主编.1982b.中国历史地图集.第三册,三国、西晋时期.北京:中国地图出版社
王宁.2008.神人纹双鸟青铜鼓的铸地.中原文物(2)
魏丰等.1990.浙江余姚河姆渡新石器时代遗址动物群.北京:海洋出版社,21
文焕然,何业恒,黄祝坚,等.1980.历史时期中国马来鳄分布的变迁及其原因的初步研究.上海师范大学学报(自然科学版)(3)
文焕然,黄祝坚,何业恒,等.1981.试论扬子鳄的地理变迁.湘潭大学自然科学学报(1):
文金祥主编;故宫博物院编.2014.清宫海错图.北京:故

宫出版社
文榕生. 2006. 现存鳄类与扬子鳄盛衰//文焕然等著，文榕生选编整理. 中国历史时期植物与动物变迁研究. 重庆：重庆出版社
芜湖县地方志编纂委员会编. 1993. 芜湖县志. 北京：社会科学文献出版社
谢希恭主编. 2007. 襄汾陶寺遗址研究. 北京：科学出版社
新洲县志编纂委员会编. 1992. 新洲县志. 武汉：武汉出版社
徐钦琦，黄祝坚. 1984. 试论晚白垩世以来气候、地理等因素的变化对鼍类的进化及地理分布等影响. 古脊椎动物学报，22(1)：49～52
许靖华著，何起群等译. 1985. 大地构造与沉积作用. 北京：地质出版社
杨钟健. 1961. 四川宜宾扬子鳄脚印的皮痕. 古脊椎动物与古人类(1)：65～66
杨钟健. 1964. 中国新发现的颚类化石. 古脊椎动物与古人类，8(2)：189～198
叶灵凤. 1985. 香港风物志. 北京：生活・读书・新知三联书店
叶祥奎. 1958. 广东茂名鳄类化石的新发现. 古脊椎动物与古人类，2(4)：237～242
于海广. 1982. 山东泗水殷家城遗址第三次发掘简介. 文史哲(2)
袁宝印. 1975. 海南岛儋县长坡矿区发现脊椎动物化石. 古脊椎动物学报(2)
云南省麻栗坡县地方志编纂委员会编. 2000. 麻栗坡县志. 昆明：云南民族出版社
张孟闻，黄祝坚. 1979. 中国的鳄类：扬子鳄和湾鳄. 动物学杂志(2)
赵仲如等. 1981. 广西都安九楞山人类化石与共生动物群及其在岩溶发育史上的意义. 古脊椎动物与古人类，19(1)：45～54
中国地质科学院地质研究所，武汉地质学院编制. 1985. 中国古地理图集. 北京：地图出版社
中国科学院古脊椎动物与古人类研究所《中国脊椎动物化石手册》编写组编. 1979. 中国脊椎动物化石手册. 北京：科学出版社
中国科学院考古研究所山西工作队，临汾地区文化局. 1980. 山西襄汾县陶寺遗址发掘简报(1)
中国社会科学院考古研究所等. 2003. 桂林甑皮岩. 北京：文物出版社
中国社会科学院考古研究所山东队，山东省滕县博物馆. 1984. 山东藤县北辛遗址发掘报告(2)
中国社会科学院考古研究所山东队. 1990. 山东临朐朱封龙山文化墓葬. 考古(7)
周本雄. 1982. 山东兖州王因新石器时代遗址中的扬子鳄遗骨. 考古学报(2)：251～260
周本雄. 2000. 山东兖州王因新石器时代遗址中的扬子鳄遗骸//中国社会科学院考古研究所编著. 山东王因：新石器时代遗址发掘报告. 北京：科学出版社，417～423
周明镇，王伴月. 1964. 江苏南京浦镇及泗洪下草湾中新世脊椎动物化石. 古脊椎动物与古人类，8(4)：341～348
周廷儒. 1982. 古地理学. 北京：北京师范大学出版社，114
周应健. 1997. 扬子鳄野生种群衰落探析. 四川动物，16(3)
周跃云，何业恒. 2002. 试论野生水牛、四不像鹿和中国鼍在黄河中下游的绝迹. 第四纪研究，22(2)：182～187
朱承琯. 1954. 扬子鳄. 生物学通报(9)
朱承琯. 1957. 鼍生活史的初步研究. 动物学报，9(2)
Fauvel，Alert-Auguste. 2012. 第一次命名. 人与生物圈(5)：35～36
Konjukova E D. 1954. Newly discovered crocodiles from Mongolia. Trav. Inst. Paleozool. Acad. Sci. S. S. S. R.，48，p. 171～194
Thorbjarnason，John. 2012. 最后的土龙. 人与生物圈(5)：56～63

第四章

鹳属的分布变迁

鸟纲 Aves 鹳形目 Ciconiiformes 鹳科 Ciconiidae 中现生我国的鹳属 *Ciconia* 一般认为有 3 种——东方白鹳(*Ciconia boyciana*)、白鹳(*Ciconia ciconia*)与黑鹳(*Ciconia nigra*),皆是体态优美、体色鲜明、活动敏捷、性情机警的大型涉禽,虽然它们在不少国家广泛分布,但现代数量已经稀少,皆被视为世界珍禽之一,在我国也都被列为国家一级重点保护野生动物①。

尽管我们现今对东方白鹳、白鹳与黑鹳的形态、生态、行为、分布等有更多的了解,但在历史上,人们往往将它们混作"鹳"等通称,且绝大部分记载只有简略的称谓。一般说来,东方白鹳与白鹳存在比较明确的地理分布隔离,但东方白鹳与黑鹳、白鹳与黑鹳,甚至少数东方白鹳与白鹳则存在同域分布现象,更何况这可能只是一个多世纪以来的状况。若将现今的鹳属分布情况套用到更长久的历史时期,我们以为应当更慎重一些,至少更早时期的生态环境显然与百余年来并不相同。即使将它们重新区分,由于主客观种种原因,也一时难以达到泾渭分明的地步,故对它们的前期分布只能按属处理。

1 鹳属的概况

鹳属的外形特征是:雌雄两性外形相似的大型涉禽;嘴长而直,基部较厚并向尖端逐渐变细;鼻呈长裂缝状;头无冠,颈长,头与颈皆被羽,但眼线和眼周裸露;胫下部裸出;跗蹠长而被鳞;趾基部间具蹼,爪虽短,却宽而扁平。

世界上现生鹳属约 7 种,绝大部分分布于北半球。一般说来,我国分布有 3 种鹳,历史时期在全国各省级政区皆有分布。

1.1 东方白鹳的概况

东方白鹳的别名有白鹳、老鹳、白老、洼子、黑尻、皂裙、皂君、负金、负釜、藋儿、旱群、老等、灰鹤、水老老、鸳鸯鸭、缩脖鸟、信天翁、大嘴鸟、捞鱼鹳、红脚鹳、乌童鹳、瓦亭仙等。它曾长期被视为白鹳的亚种之一。1983 年,国际鸟类保护委员会下属"鹳、鹮、琵鹭专家组"在第 1 期工作报告中正式使用了"东方白鹳"(英文名:Eastern White Stork)这一名称(王岐山,1987;赵正阶,1999)。笔者据"知网"检索正式公开发表文献,

①《国家重点保护野生动物名录》虽只列出鹳科的彩鹳、白鹳与黑鹳 3 种,但动物学界约 1990 年代将原误作白鹳亚种的东方白鹳确定为独立的新种,故也可以将其视同与白鹳、黑鹳一样的国家一级保护动物。

我国约从 1987 年开始，逐步将东方白鹳作为鹳属中的独立种，只是其中也存在非正常的误用（下文中将涉及）。下文对 20 世纪及现今我国中部与东部（甚至于西部出现的少数）非直接引用的“白鹳”，径改用“东方白鹳”。

东方白鹳（图 4.1～图 4.20）的雌雄鸟外形相似。成鸟雄性略大，体长 1.2～1.3 m，体重 4.0～4.4 kg；嘴呈黑色，仅基部缀有淡紫色或深红色，长而直（嘴峰长约 24 cm），基部较粗，往先端逐渐变细。雌鸟略小，体长 1.1～1.2 m，体重 4.3～4.5 kg；嘴峰长约 23 cm。东方白鹳的鼻呈长裂缝状；眼周、眼线和喉部的裸露皮肤均为朱红色，眼内的虹膜为粉红色，外圈为黑色；颈细而长。头、颈及体羽以纯白色为主；翅膀宽而长，翼展约 2.22 m，大覆羽、初级覆羽、初级飞羽和次级飞羽均为黑色，并具有绿色或紫色的光泽；初级飞羽的基部为白色，内侧初级飞羽和次级飞羽外㗊除羽缘和羽端外，均为银灰色，向内逐渐转为黑色；前颈的下部有呈披针形的长羽，在求偶炫耀或低温环境时能竖直起来，形成蓬松的颈领。腿修长，胫下部裸出，前趾基部间具蹼，爪钝而短；腿、趾裸露部分皆为鲜红色（郑作新等，1979；赵正阶，2001）。

雏鸟全身被有白色绒羽，嘴与腿、趾皆橙红色，但嘴部偏黄。随其成长发育，嘴部颜色转黑，覆羽与飞羽部分黑色也更加显现。据笼养观察，东方白鹳的寿命可达 48 年以上。

东方白鹳性宁静而机警，飞行或步行举止缓慢，休息时常单足站立。白天，常在沼泽、湿地、塘边涉水觅食，以早晨 6～7 时和下午 4～6 时活动最为频繁，中午则在树上休息或在领地上空盘旋滑翔。飞行时，头颈前伸，双腿后掠并超出其尾尖，形成一条直线。

东方白鹳的繁殖期觅食活动范围一般在 500 m 内，但在食物缺乏时，也常飞到 1～2 km，甚至 5～6 km 以外的地方去觅食。春季和夏季，它们大多单独或成对觅食，秋季和冬季，则大多组成小群觅食。东方白鹳觅食，在地面上主要依靠视觉，常常伸长颈部，低垂着头，一边大步而缓慢地行走，一边四处寻觅，发现食物后则急速向前，迅猛啄食；在水中则主要通过触觉，通常单独漫步在浅水处，有时也进到齐腹深的水中，一边缓慢地向前行走，一边不时将半张着的嘴插入水中，一般每分钟将嘴插入水中 17 次以上。

东方白鹳的食物种类非常丰富，鱼类占绝大多数，捕食的最大鱼个体可达 0.5 kg 以上。随着季节的不同，取食的内容也有变化：在冬季和春季，主要采食苔藓和植物根、叶、种子及少量鱼类；夏季，则以鱼类为主，也吃软体动物、节肢动物、甲壳动物、环节动物、昆虫及小型两栖动物、爬行动物、哺乳动物，如蛙、蛇、蜥蜴、鼠、雏鸟等；秋季，还捕食大量的蝗虫；此外，它们平时也常吃一些沙砾和小石子来帮助消化食物。

东方白鹳多为候鸟，但也发现一些地方有留鸟存在。每年 9 月末至 10 月初，东方白鹳开始离开繁殖地，组成群体分批地往南迁徙。迁徙时，常集聚在开阔的草原湖泊和芦苇沼泽地带活动，沿途需要选择适当的地点停歇，有些地方可以停歇 40 天以上。

每年 3 月初至 3 月中旬，北返的东方白鹳通常成几只至十多只的小群到达我国东北繁殖地。先在开始融化的河流和湖泊岸边觅食，或在上空盘旋寻觅巢位和觅食地。3 月下旬，才开始分散成对进入各自的繁殖地。雌雄亲鸟共同营巢，东方白鹳巢呈盘状，外径 120～230 cm，内径 50～74 cm，深 15～35 cm。若巢未受干扰和破坏，或当年繁殖成功，第二年还继续被利用，但每年雌雄亲鸟都要对旧巢进行修理和加高，因此，巢常随利用年限的增加而变得相当庞大。每窝产卵 3～5 枚。孵卵以雌鸟为主，由双亲鸟共同承担，孵卵期 31～34 天。东方白鹳雏鸟由雌雄亲鸟共同喂养，为晚成性，当雏鸟长到 55 日龄时，即可在巢附近来回短距离飞翔；60～63 日龄后，才随亲鸟飞离巢区觅食，不再回窝①。

① 东方白鹳. http://baike. baidu. com/link? url=XKxQsjL6D9ci3CrGaoSB6n5BUi8X_GD7JiImmPdQ6TX0eUWgu6rQeWa8Xlz6SjSl；东方白鹳. http://www. baike. com/wiki/东方白鹳

图 4.1 东方白鹳①

图 4.2 前视东方白鹳②

图 4.3 东方白鹳捕食小鱼③

图 4.4 东方白鹳显露的颈领④

图 4.5 仰视翱翔的东方白鹳⑤

图 4.6 东方白鹳水中觅食⑥

①http://www.oiseaux.net/photos/alain.renaud-studer/cigogne.orientale.3.html
②http://ibc.lynxeds.com/photo/oriental-white-stork-ciconia-boyciana/standing-bird-0
③http://www.birdnet.cn/thread-702300-1-1.html
④http://image.baidu.com/i?ct=503316480&z=&tn=baiduimagedetail&ipn=d&word=东方白鹳
⑤http://dcbbs.zol.com.cn/1/34029_278.html
⑥http://sjl.csie.chu.edu.tw/birds/displayimage.php?pid=2025

图 4.7　几分似鹤绅士①

图 4.8　闲庭信步在灌丛②

图 4.9　傲霜雪的东方白鹳③

图 4.10　雪地上的东方白鹳④

图 4.11　深情凝视⑤

图 4.12　伉俪双降⑥

①http://dcbbs.zol.com.cn/1/34029_278.html

②https://www.flickr.com/photos/ezchou/5397988670/

③http://baike.baidu.com/picview/17710/17710/0/024f78f0f736afc389260da9b219ebc4b64512d7.html?fr=lemma#albumindex=3&picindex=5

④http://www.poulia.info/2011/10/blog-post_5702.html

⑤http://dcbbs.zol.com.cn/1/34029_278.html

⑥http://dcbbs.zol.com.cn/1/34029_278.html

图 4.13 比翼双飞①

图 4.14 出壳的东方白鹳②

图 4.15 “狼吞虎咽”③

图 4.16 亲鸟与幼鹳④

图 4.17 期盼的东方白鹳⑤

图 4.18 东方白鹳小家庭⑥

---

①http://xiehui.ysdw.net/niaolei/ShowArticle.asp? ArticleID=719

②http://baike.baidu.com/picview/17710/17710/0/024f78f0f736afc389260da9b219ebc4b64512d7.html? fr=lemma#albumindex=3&picindex=8

③http://onbird.ru/opredelitel-ptic/semejstvo-aistovye

④http://wiki.lets-study.com/uploads/200905/1241760670QuL7wwei.jpg

⑤http://xiehui.ysdw.net/niaolei/ShowArticle.asp? ArticleID=719

⑥http://dcbbs.zol.com.cn/1/34029_278.html

图 4.19　东方白鹳群在水边嬉戏觅食①

图 4.20　苇荡边呈现近年罕见的东方白鹳群②

1.2　白鹳的概况

白鹳(图 4.21～图 4.36)，别称欧洲白鹳。在欧洲，白鹳有“送子鸟”之美称，被认为是吉祥鸟；在德国，则被尊为国鸟。白鹳有两个亚种：指名亚种(*Ciconia* ciconia *ciconia*)；中亚亚种(*Ciconia* ciconia *asiatica*)，又称新疆亚种。我国分布的是后者(下文用“白鹳”通称)。

白鹳略小于东方白鹳，雌雄鸟在外观上完全相同，只是一般雄性体形大于雌性。体长 0.9～

①http://dcbbs.zol.com.cn/1/34029_278.html

②http://dcbbs.zol.com.cn/1/34029_278.html

1.2 m，翼展 1.95～2.15 m，体重 3.0～3.5 kg；据笼养观察，寿命可达 35 年以上。

尽管白鹳的体形与羽色皆与东方白鹳相似，但二者还是有较显著的区别，主要有：①形态上，东方白鹳的个体、嘴、跗蹠和尾等都比白鹳大，嘴为黑色，眼周、眼线和喉部裸露皮肤为红色；白鹳正相反，嘴为红色，眼周、眼线和喉部裸露皮肤为黑色。②生态上，东方白鹳比白鹳在性格上更孤僻，更远离人类活动地；白鹳性情较温顺，常成群一起营巢。③行为上，东方白鹳的攻击性明显强于白鹳，对入侵者有威吓性行为反应；白鹳仅在同类入侵时，才有此行为。东方白鹳雌雄鸟皆有求偶击喙（通过上下嘴的急速拍打而发出"嗒嗒"声）行为，但两性接触击喙行为却不同步；白鹳雄鸟虽无求偶击喙行为，但两性接触击喙行为则是同步。④地理上，相对而言，东方白鹳分布在东，白鹳分布在西，两者相距 4 000 km，长期处于生殖隔离状态。

白鹳性情较温顺，不甚怕人，是一种较安静的鸟类，活动时沉默无声。但在繁殖期或受到入侵者干扰时，才通过击喙警示威吓。

白鹳巢呈盘状，如不受外界干扰破坏，可连续多年使用，且每年都要在原基础上增加新的巢材修补，直径 0.75～2.25 m，高 0.5～2.8 m（郑作新等，1979；赵正阶，2001）。

雌鸟通常每年产 4 枚卵，雌雄亲鸟共同承担孵化。雏鸟全身被白色绒羽，鸟喙、眼周、眼线和喉为黑色，腿与趾呈肉色。雏鸟由雌雄亲鸟共同喂养①。

图 4.21　白鹳②

图 4.22　林荫小溪旁的白鹳③

①白鹳. http://baike.baidu.com/link? url=NFbxta7IALtVJNHGKB4aEZWKJX5w9BcAwBhReRr3GdVK8OY4pFR30EWPDwO_9FWv；欧洲白鹳. http://baike.baidu.com/link? url=irW_WhTsuPvKEJGP5-OtNy2lrHDgqaJ7-WLgD1Il557qXtREAtjzY_XIEkhi6dk7

②http://zh.wikipedia.org/wiki/File：Ciconia_ciconia_(aka).jpg

③http://www.wildanimalsonline.com/birds/whitestork.php

图 4.23　闭嘴的白鹳头颈部①

图 4.24　张嘴的白鹳头颈部②

图 4.25　觅食的白鹳③

图 4.26　秋色中的白鹳④

图 4.27　飞翔在水面⑤

图 4.28　在灌丛巢内孵化⑥

---

①http://www.juzaphoto.com/me.php? p=1&pg=3521&l=it

②http://image.baidu.com/i? ct=503316480&z=&tn=baiduimagedetail&ipn

③http://www.cusufai.it/om/om06_CA/slides/Cicogna%20Bianca%20(%20Ciconia%20ciconia%20)%201.html

④http://baike.baidu.com/picview/51317/51317/0/ac6eddc451da81cb92569b5f5366d016082431eb.html? fr=lemma#albumindex=0&picindex=4

⑤http://ibc.lynxeds.com/files/pictures/White_stork_Ciconia_ciconia.jpg

⑥http://baike.baidu.com/picview/51317/51317/10003000000/9358d109b3de9c82399373096c81800a18d84346.html? fr=level2#albumindex=2&picindex=10

图 4.29　松树上筑巢的伉俪①

图 4.30　松梢上育雏②

图 4.31　海边崖壁育雏③

图 4.32　双亲护雏④

图 4.33　雏鸟破壳而出⑤

图 4.34　白鹳雏鸟⑥

①http://baike.baidu.com/picview/51317/51317/0/ac6eddc451da81cb92569b5f5366d016082431eb.html?fr=lemma#albumindex=1&picindex=2

②http://baike.baidu.com/picview/51317/51317/0/ac6eddc451da81cb92569b5f5366d016082431eb.html?fr=lemma#albumindex=1&picindex=9

③http://baike.baidu.com/picview/51317/51317/0/ac6eddc451da81cb92569b5f5366d016082431eb.html?fr=lemma#albumindex=1&picindex=7

④http://baike.baidu.com/picview/51317/51317/0/ac6eddc451da81cb92569b5f5366d016082431eb.html?fr=lemma#albumindex=1&picindex=8

⑤http://baike.baidu.com/picview/51317/51317/0/ac6eddc451da81cb92569b5f5366d016082431eb.html?fr=lemma#albumindex=1&picindex=5

⑤http://www.naturephoto-cz.com/white-stork-photo-8700.html

图 4.35　停歇的白鹳群①

图 4.36　雪地上的白鹳②

1.3　黑鹳的概况

黑鹳(图 4.37～图 4.52)别名有乌鹳、褐鹳、老鹳、锅鹳、阳乌、黑老鹳、黑鹳鹤、红鹳、油鹳、黑巨鸡、麻啄、青鹳、青桩、青庄、豆文、青椿鸟、苍鹳等,也是一种雌雄两性外形相似的大型涉禽,被白俄罗斯尊为国鸟。成鸟体长 1.0～1.2 m,体重 2～3 kg。嘴长而直,基部较粗,往先端逐渐变细。鼻孔小,呈裂缝状。第 2 和第 4 枚初级飞羽外翈有缺刻。尾较圆,尾羽 12 枚。脚甚长,胫下部裸出,前趾基部间具蹼,爪钝而短。黑鹳的虹膜褐色或黑色,嘴红色,尖端较淡,眼周裸露皮肤和脚均为朱红色。身体除下胸、腹、两胁和尾下覆羽白色外,以黑色为主,在不同角度的光线下,可以映出变幻多彩的颜色:头、颈、上体和上胸黑色,颈具辉亮的绿色光泽。背、肩和翅具紫色和青铜色光泽,胸亦有紫色和绿色光泽。前颈下部羽毛延长,形成相当蓬松的颈领,而且在求偶期间和四周温度较低时能竖直起来。

雏鸟嘴黄色,基部色深;长腿呈灰色;体披绒羽,以白色为主,但在翅缘、尾部有黑色散布。幼鸟的色泽随其成长而变化,头、颈和上胸褐色,颈和上胸具棕褐色斑点,上体包括两翅和尾黑褐色,具绿色和紫色光泽,翅覆羽、肩羽、次级飞羽、三级飞羽和尾羽具淡黄褐色斑点,下胸、腹、两胁和尾下覆羽白色,胸和腹部中央微沾棕色,嘴、脚褐灰色。

黑鹳栖息于河流沿岸、沼泽、山区溪流附近,即使是森林、荒原和荒山地带,也需要有一定面积的水域或湿地得以生息繁衍。营巢主要处于隐蔽的悬崖岩壁凹进去的岩石平台上和高大的乔木枝杈上,在灌木丛中也见有黑鹳巢。如当年繁殖成功并未受到干扰,该巢来年继续利用,但每年都要重新进行修补和增加新的巢材,从而使巢随使用年限的增加而变得愈来愈庞大;黑鹳巢一般直径 1～2 m,高 70 cm。黑鹳的食物主要是小型鱼类,如鲫鱼、鳔鳅、泥鳅、条鳅、雅罗鱼、团头鲂、虾虎鱼、白条、杜父鱼等,占 80%～90%;其次为两栖动物蛙类;也食蝼蛄、蟋蟀、龙虱等昆虫,以至爬行动物蛇类和甲壳动物螺类等(郑作新等,1979;赵正阶,2001)。

黑鹳平时活动悄然无声,不善鸣叫;休息时,常站立于水边沙滩上或草地上,脖颈收缩成驼背状。但到繁殖地点的黑鹳,经常成双成对地在高空中盘旋、嬉戏,雄鸟和雌鸟紧密相随,相互追逐。雌鸟在盘旋时,往往会放慢滑翔速度,双腿下垂,似乎在等待着雄鸟的靠近。它们也用垂颈、点头,或频频鸣叫的方式来表达相互间的爱慕之情,还不时地夹杂着上下喙的叩击或雄鸟和雌鸟间用喙相互亲吻,磕碰所发出的清脆的如同敲击竹板的"嗒,嗒"声。

黑鹳的产卵期多数在 4 月初至 4 月中旬,但随地域差异而有提前或退后达半个月之久者。每年仅繁殖 1 窝,每窝通常产卵 4～5 枚,也有少至 2 枚和多至 6 枚的现象。孵化期 31～38 天。自第一枚卵产出后,即由雌雄亲鸟轮流进行孵卵。后期,则整天均由雌鸟孵化,不再轮换。雏鸟孵出后的最初几天,通常由一亲鸟外出寻食,

①http://www.andaluciaguides.com/images/imagebank/White-Storks-Ciconia-ciconia_s6972.jpg

②http://baike.baidu.com/picview/51317/51317/0/ac6eddc451da81cb92569b5f5366d016082431eb.html? fr=lemma#albumindex=0&picindex=5

另一亲鸟留在巢中继续孵卵和暖雏。随着卵全部孵出和雏鸟逐步长大，雌雄亲鸟才同时外出觅食喂雏，但大多数时候仍有一亲鸟留在巢中警卫，或轮流外出觅食和休息。如遇干扰者进入巢区，则雌雄亲鸟长时间地在巢上空飞翔、盘旋，直至隐患消失。黑鹳雏鸟是晚成性鸟类，留巢期甚长，70 日龄时才具飞行能力，并可在巢附近做短距离的练习飞行；75 日龄后可随亲鸟到河湖岸边或河漫滩觅食，夜晚仍归巢栖息；直至 100 日龄后，跟随亲鸟到更大范围活动，才不归巢。幼鸟在 3～4 龄时性成熟。据笼养条件下的观察，黑鹳最高寿命可达 31 年。

黑鹳基本上是一种候鸟。在俄罗斯东部和中国繁殖的黑鹳种群，主要迁到我国长江以南越冬，春暖再返回繁殖地。飞行时，也是头颈前伸，双腿后掠，形成一条直线；它们主要靠两翼鼓动飞翔，有时也利用热气流进行滑翔；常集合成 10 余只至 20 多只的小群活动，白天迁飞，夜晚歇宿。它们在地面行走时，步履轻盈，跨步很大[①]。

图 4.37 黑鹳[②]

图 4.38 黑鹳前部特写[③]

图 4.39 雌雄黑鹳[④]

图 4.40 降落下水[⑤]

①李湘涛. 栖居于深山中的涉禽——黑鹳. http://www.bjkp.gov.cn/dwly/dwbh/k20442-05.htm；黑鹳. http://baike.baidu.com/view/17715.htm；黑鹳的形态特征. http://black-stork.forestry.gov.cn/html/info/10658.html

②http://image.baidu.com/i? ct=503316480&z=&tn=baiduimagedetail&word=%BA%DA%F0%D9&in=26973&cl=2&lm

③http://www.leszoosdanslemonde.com/documentation.wilhelma.php

④http://image.baidu.com/i? ct=503316480&z=&tn=baiduimagedetail&word=%BA%DA%F0%D9&in=32409&cl

⑤http://image.baidu.com/i? ct=503316480&z=&tn=baiduimagedetail&word=%BA%DA%F0%D9&in=18300&cl

图 4.41　侧视黑鹳颈领①

图 4.42　仰视黑鹳颈领②

图 4.43　仰视飞翔中的黑鹳③

图 4.44　捕食小鱼④

图 4.45　栖息崖壁巢中的成鸟⑤

图 4.46　崖壁巢中的雏鸟⑥

①http://www.gaosendao.com/bbs/forum.php?mod=viewthread&tid=4192

②http://image.baidu.com/i?ct=503316480&z=0&tn=baiduimagedetail&ipn=d&word=黑鹳求偶

③http://www.photofans.cn/album/showpic.php?year=2011&picid=329509&page=1

④http://www.arkive.org/black-stork/ciconia-nigra/image-G43182.html

⑤http://pdubois.free.fr/oiseaux/images/8844CiconiaNigra.jpg

⑥http://black-stork.forestry.gov.cn/html/info/20257.html

图 4.47　双亲呵护雏鸟①

图 4.48　在灌木地巢中的黑鹳②

图 4.49　筑巢于针叶树上的黑鹳③

图 4.50　筑巢于落叶阔叶树上的黑鹳④

图 4.51　黑鹳雏鸟⑤

图 4.52　尚未离巢的幼黑鹳⑥

①http://www.natur-in-nrw.de/HTML/Tiere/Voegel/TV-73.html
②http://commons.wikimedia.org/wiki/File：Ciconia_nigra_650.jpg
③http://www.naturephoto-cz.com/ciconia-nigra-photo_lat-126.html
④http://www.hlasek.com/ciconia_nigra_10586.html
⑤http://www.iltaw.com/animals_detail_type_introduction_id_390
⑥http://www.vivo.sk/photo/266205/Bociani-cierny-Ciconia-nigra

2 鹳属的遗存分布

迄今，在我国出土的鹳遗存虽仅见 4 处，但地域分布广（图 4.53），经度跨越 35°（87.5°E～122.5°E），纬度相距 21.9°（25.2°N～47.1°N）；时间则从中新世至全新世，跨度约长达 2 300 万年。并且，通过文献记载与实物标本记录，鹳一直延续到现今。

1982 年，在新疆维吾尔自治区准噶尔盆地北部三个泉[①]地区化石沟采集到一鸟类左跗蹠骨，(Gray)始鹳属（新属）*Eociconia* gen. nov. 三个泉始鹳（新种）*Eociconia sangequanensis* sp. nov.，时代不晚于中新世（距今约 2 330 万～约 530 万年）早期。也可以说这是“早第三纪鹳科（Ciconiidae）在我国的首次记录”（侯连海，1989）。可见在福海县距今约 2 330 万年就有目前所知我国最早的鹳科存在。

北京市房山县周口店更新世洞穴，尤其北京猿人产地的第一地点（Loc. 1）富含鸟类化石，自 1927 年开始至 1980 年采获的鸟类化石多达万件，约有 122 种（13 目 31 科）。其中的白鹳化石

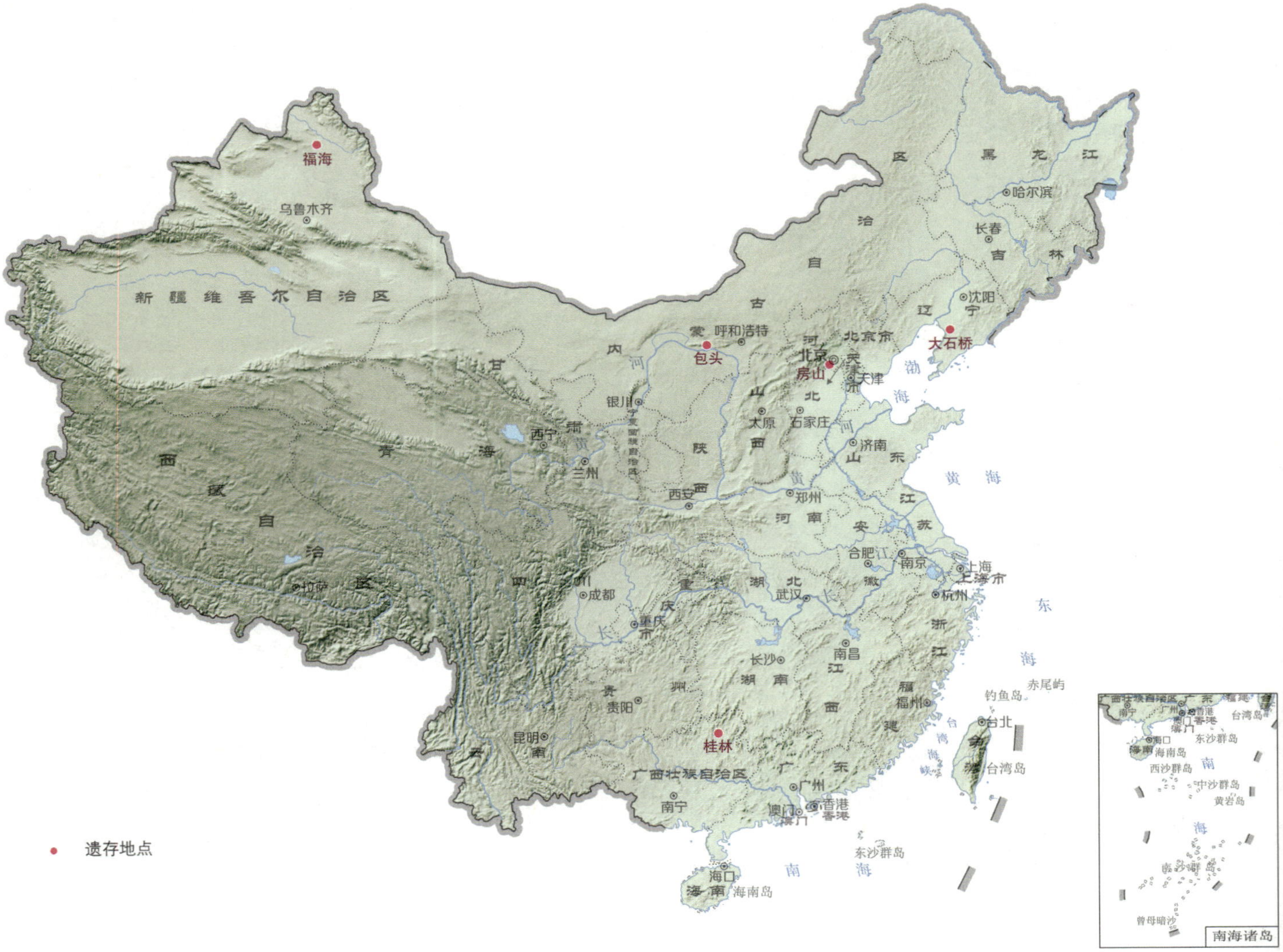

图 4.53 鹳属遗存分布图

①尽管该文对“三个泉”的具体位置语焉不详，但据《中华人民共和国地名大词典》称，“在（新疆维吾尔）自治区北端，福海县福海南 167 公里沙漠深处”（崔乃夫，2002）。

1978年，辽宁省大石桥市永安镇西田屯村的金牛山A点进行第四次发掘，出土有52种晚更新世以前的动物化石，绝大部分是哺乳动物，也发现有鸟类（鹳 *Ciconia* sp.）与爬行动物（龟、鳖）、鱼类等（郑绍华等，1993）。

2001年，广西壮族自治区桂林市南郊象山区独山西南麓的甑皮岩遗址发掘出土的动物遗存中，第三期有鹳与鹭、雁、鸭、雕、石鸡、白马鸡、原鸡等鸟类遗骨，第四期又有鹳与鹭、雁、鸭、石鸡、原鸡、鹤等鸟类遗骨，它们大致处于距今11 000～10 300年（袁靖等，2003）。

1979～1981年，内蒙古自治区包头市阿善遗址发掘出大量脊椎动物骨骼，经鉴定，其中就有鹳属骨骼，反映在新石器时代（具体经^{14}C测定为距今4 330年±50年和4 240年±80年），这一带就有鹳栖息（侯连海等，2004）。

3 古人对鹳属的认识

古人早就认识鹳，并赋予其鹳、雚、鹳雀、鹳鹤、负釜、黑尻、背灶、皁裙、皁帔、堕羿、䳭、鸖、鵶、负金、背宫、旱群、黑老鹳、乌鹳、锅鹳、鹳鹅等别称。

《诗·豳风·东山》就有“鹳鸣于垤，妇叹于室”之句。（东汉）郑玄笺：“鹳，水鸟也。将阴雨则鸣，行者于阴雨尤苦，妇念之，则叹于室也。”后用为典故，谓妇人因天将雨而为其征夫担忧。对于“鹳”为水鸟的属性，今动物学界依然保持。另，《韩诗章句》诠释：

鹳，水鸟。巢居知风穴处，知雨。天将雨，而蚁出壅土，鹳鸟见之，长鸣而喜。

《禽经》[①]记述：

鹳，仰鸣则晴，俯鸣则阴。又，鹳生三子，一为鹤。巽极成震，阴变为阳。震为鹤，巽为鹳。

《本草陶弘景注》：

头无丹，项无乌带，身似鹤。不善唳，但以喙相击而鸣。鹳有二种：似鹄而巢树者，为白鹳。黑色曲颈者，为乌鹳。

按：尽管鹳与鹤体形相似，但还是有不少可区分处，“鹳生三子，一为鹤”显然有误。（南朝梁）陶弘景对“鹳”与“鹤”的区分，就切中要害；只是所称“白鹳”，从百余年来的地理分布情况看，则主要指东方白鹳。

（三国吴）陆玑《毛诗草木鸟兽虫鱼疏·鹳鸣于垤》疏：

鹳，鹳雀也。似鸿而大，长颈，赤喙，白身，黑尾翅。树上作巢，大如车轮。卵如三升杯。望见人，按其子令伏，径舍去。一名负釜，一名黑尻，一名背灶，一名皂裙。又泥其巢一傍为池，含水满之。取鱼置池中，稍稍以食其雏。

按：据此描述，则侧重于黑鹳特征。（三国魏）《广雅》释道：“背灶，皁帔，鹳雀也。”

《禽经》云：

覆卵则鹳入水。张注云：鹳，水鸟也。伏卵时，数入水。冷则不孵，取礜石周卵以助暖气。故方术家以鹳巢中礜石为真物也。

《埤雅》释曰：

鹳形状略如鹤。每遇巨石，知其下有蛇，即于石前如术士禹步，其石阞然而转南方。里人学其法者，伺其养雏，缘木以蔑絙缚其巢，鹳必作法解之。乃于木下铺沙，印其足迹而仿学之。又泥其巢，一傍为池，以石宿水，今人谓之鹳石。飞则将之取鱼置池中，稍稍以饲其雏。俗说：鹊梁蔽形，鹳石归酒。又曰：礜石温，鹳石凉。故能卵不瞅水，不臭腐也。

至于鹳的别称，《尔雅》道“一名堕羿”。（南唐）徐锴《说文系传·鹳》释之：“鹳，專。畐，蹂。如鹊，短尾。射之，衔天射人。”《康熙字典·亥集中·鸟部·䳭》则有不同写法：“鹳，䳭。鸟名。《尔雅·释鸟》：鹳，䳭。鸖，鵶。如鹊，短尾。疏：鹳，一名鸖。鵶，一名堕羿。注：言此鸟劲捷，虽羿亦不敢射也。”

明万历元年《兖州府志·物产》还记述有：

鹳：一名负金，一名背宫，一名旱群。状类鹤，巢于高木绝顶处。善飞搏。仰天号鸣，必将有雨。

清咸丰《南高平（今湖南隆回县）物产记》记述：

鹳：俗名鹳鹅。大如鹅。尖喙，高脚，长颈。

①旧本题（春秋）师旷撰，（晋）张华注。现一般认为是我国早期的鸟类志，总结了宋代以前的鸟类知识，包括命名、形态、种类、生活习性、生态等内容。

飞旋绕作阵，《左氏春秋传》所谓“鹳阵”也。

清初，蒋廷锡（1669—1732）即绘有《鸟谱》，现存张为邦、余省临摹的《清宫鸟谱》（李湜等，2014）中就有鹳（今东方白鹳）与黑鹳 2 幅（图 4.54、图 4.55），并有描述：

图 4.54 《清宫鸟谱》鹳

图 4.55 《清宫鸟谱》黑鹳

鹳（一名鹳鹤，一名鹳雀，一名皂裙，亦名皂帔，一名老鹳，一名瓦亭仙）。

白鹳：黑睛，黄白晕；红颊，黑长嘴，吻根鲜红；头、颈、背、腹俱白，黑翅翮盖尾；殷红足胫甚高，趾、爪似鸡，根有连皮。身高二尺余，昂头高三尺，张翼广几三尺。陆玑《诗疏》云：鹳：鹳雀也。似鸿而大，长颈，赤喙，白身，黑尾、翅。树上作巢，大如车轮。卵如三升杯。一名负釜，一名黑尻，一名背灶，一名皂裙。鹳，注云：鹳，陆鸟也。而生涯于水。绿嘴，修颈，鹄首，黑翅，赤脚，皂帔，胸釜，背灶。短尾，高足，类鹤而顶不丹，不善唳。相戛而鸣，鸣则反颈击啄；其鸣转摇其颈，如砧杵声。北方谓之老鹳；南方通语曰雚，亦曰乌童鹳；河南谓曰雚儿；陈、魏之间，亦曰皂帔；自关而西，谓之冠雀。天旱则群飞作阵，故《诗考》又名旱群。《名医列[别]录》注云：鹳之似鹄而巢树者，为白鹳。黑色，曲颈者，为乌鹳。《清异录》云：鹳多在殿阁鸱尾及人家屋兽结巢，故或有呼瓦亭仙者。《禽经》云：鹳，仰鸣晴，俯鸣阴；雄鸣晴，雌鸣阴。

黑鹳：黑鹳，黑睛，赤黑晕；红长嘴，赤颊连于嘴根，头、项、颈、臆、背、翅俱沉黑色，腹下纯白；鲜红足、胫，面带青黑色，趾根亦有连皮。身略小于白者。

按：对照现代的东方白鹳与黑鹳的图片及研究资料，可以看出古人对它们的了解已经比较到位了。

4　20 世纪前的鹳属分布

历史时期，虽有较多方志较具体记载鹳属的地理分布①，但由于多简略称之为“鹳”而缺乏更进一步的形态、生态描述，难以进行具体的物种区分，且存在不同种同域分布现象，故只能对个别情况加以鉴别。

20 世纪前，我国的鹳属分布十分广阔（图 4.56、表 4.1），显示以下一些特点：

①据不完全统计，约有近 800 部次方志记载 20 世纪前的鹳分布。

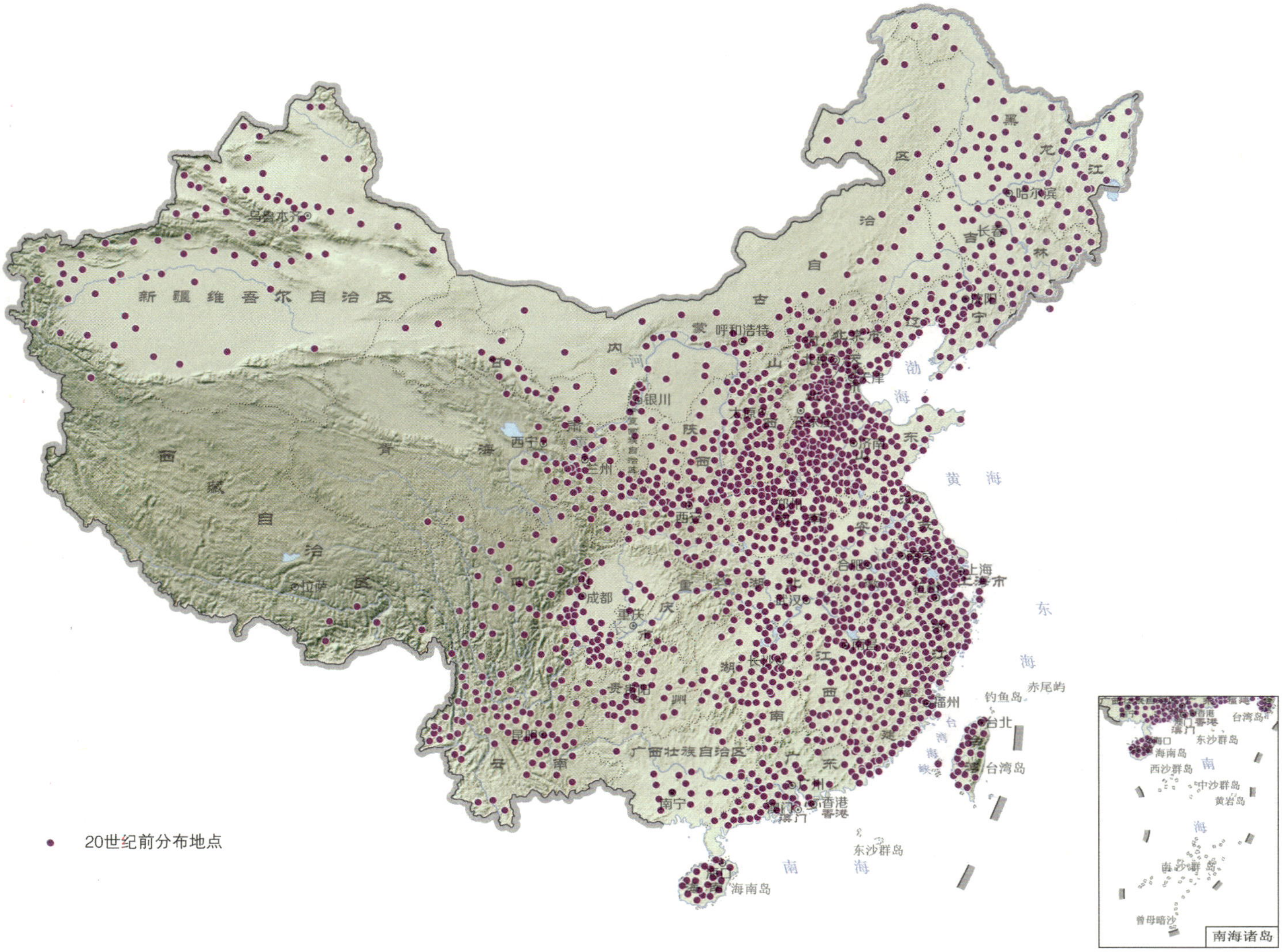

图 4.56　20 世纪前中国的鹳属分布图

● 历史时期，我国各省级政区皆有鹳属分布，多数还有 2 个独立种同域分布。

● 据统计，鹳属分布有记录的有超过 1 670 个县级及其以上政区，约超过全国相应政区总数的 70%。

● 从分布地的绝对数量看，河北省居首（114 地），其次是河南省（109 地），再次则是山东省（89 地）。

● 相对而言，除香港与澳门（仅按 1 地统计）外，则是辽宁省、台湾与海南最密集，有鹳记录地点达到 100%；再有较密集的依次是：江苏省（97%），浙江省（96%），黑龙江省（95%），安徽省（90%）。

● 鹳属的分布地在东部比较密集，并呈现向西逐渐稀疏的趋势，

● 3 种鹳的分布皆有特点：东方白鹳主要分布于东部与中部；白鹳主要分布在西部；黑鹳的分布较广，在东部、中部、西部皆有分布。

表 4.1　　20 世纪前我国的鹤属分布概况

地区	省级政区	分布地点
华北	北京	丰台区、石景山区、海淀区、门头沟区、房山区、顺义区、大兴区、怀柔区、平谷区、延庆县、密云县
	天津	河东区、塘沽区、汉沽区、大港区、东丽区、津南区、北辰区、武清区、宝坻区、宁河县、静海县
	河北	辛集市、正定县、高邑县、深泽县、赵县、张家口市、宣化县、张北县、康保县、沽源县、尚义县、蔚县、阳原县、怀安县、万全县、怀来县、涿鹿县、赤城县、崇礼县、承德市、承德县、兴隆县、平泉县、滦平县、隆化县、丰宁满族自治县、宽城满族自治县、围场满族蒙古族自治县、秦皇岛市、昌黎县、抚宁县、卢龙县、青龙满族自治县、唐山市、滦县、滦南县、唐海县、廊坊市、霸州市、三河县、香河县、文安县、保定市、定州市、涿州市、安国市、高碑店市、满城县、清苑县、易县、徐水县、定兴县、顺平县、唐县、望都县、涞水县、高阳县、安新县、雄县、容城县、阜平县、博野县、蠡县、沧州市、泊头市、任丘市、黄骅市、河间市、沧县、青县、东光县、海兴县、盐山县、肃宁县、南皮县、吴桥县、献县、孟村回族自治县、桃城区、冀州市、枣强县、武邑县、武强县、故城县、景县、阜城县、邢台市、沙河市、邢台县、临城县、内丘县、柏乡县、隆尧县、任县、南和县、宁晋县、威县、清河县、临西县、邯郸市、武安市、邯郸县、临漳县、成安县、大名县、涉县、磁县、肥乡县、永年县、鸡泽县、广平县、馆陶县、魏县、曲周县
	山西	太原市、清徐县、阳曲县、娄烦县、广灵县、灵丘县、朔州市、山阴县、盂县、襄垣县、平顺县、长子县、武乡县、沁县、沁源县、城区、高平市、泽州县、沁水县、阳城县、陵川县、忻府区、原平市、定襄县、五台县、代县、繁峙县、宁武县、静乐县、神池县、五寨县、岢岚县、河曲县、保德县、偏关县、介休市、榆社县、左权县、和顺县、寿阳县、太谷县、祁县、平遥县、灵石县、尧都区、霍州市、曲沃县、翼城县、襄汾县、洪洞县、古县、安泽县、浮山县、蒲县、大宁县、永和县、隰县、盐湖区、永济市、河津市、芮城县、临猗县、万荣县、稷山县、闻喜县、夏县、绛县、平陆县、垣曲县、离石区、文水县、中阳县、兴县、方山县、交城县、石楼县
	内蒙古	呼和浩特市、托克托县、武川县、和林格尔县、清水河县、土默特左旗、包头市、土默特右旗、达尔罕茂明安联合旗、乌海市、赤峰市、宁城县、林西县、阿鲁科尔沁旗、巴林左旗、巴林右旗、克什克腾旗、翁牛特旗、喀喇沁旗、敖汉旗、科尔沁区、霍林郭勒市、开鲁县、库伦旗、奈曼旗、扎鲁特旗、科尔沁左翼中旗、科尔沁左翼后旗、海拉尔区、满洲里市、扎兰屯市、牙克石市、根河市、额尔古纳市、阿荣旗、新巴尔虎右旗、新巴尔虎左旗、鄂伦春自治旗、鄂温克族自治旗、东胜区、鄂托克旗、杭锦旗、伊金霍洛旗、集宁区、化德县、商都县、凉城县、临河区、五原县、磴口县、乌拉特前旗、乌拉特中旗、乌拉特后旗、杭锦后旗、乌兰浩特市、阿尔山市、突泉县、科尔沁右翼前旗、科尔沁右翼中旗、扎赉特旗、锡林浩特市、多伦县、太仆寺旗、镶黄旗、正镶白旗、正蓝旗、阿拉善左旗、阿拉善右旗、额济纳旗
东北	辽宁	沈阳市、新民市、辽中县、康平县、法库县、朝阳市、北票市、凌源市、朝阳县、建平县、喀喇沁左翼蒙古族自治县、阜新市、彰武县、阜新蒙古族自治县、铁岭市、调兵山市、开原市、铁岭县、西丰县、昌图县、抚顺市、抚顺县、新宾满族自治县、清原满族自治县、本溪市、本溪满族自治县、桓仁满族自治县、辽阳市、灯塔市、辽阳县、鞍山市、海城市、台安县、岫岩满族自治县、丹东市、凤城市、东港市、宽甸满族自治县、大连市、瓦房店市、普兰店市、庄河市、长海县、营口市、大石桥市、盖州市、盘锦市、大洼县、盘山县、锦州市、凌海市、北镇市、黑山县、义县、葫芦岛市、兴城市、绥中县、建昌县
	吉林	长春市、德惠市、九台市、榆树市、大安市、镇赉县、通榆县、宁江区、扶余县、乾安县、前郭尔罗斯蒙古族自治县、吉林市、磐石市、蛟河市、桦甸市、舒兰市、永吉县、双辽市、公主岭市、梨树县、伊通满族自治县、辽源市、东丰县、东辽县、通化市、梅河口市、集安市、通化县、辉南县、柳河县、白山市、临江市、抚松县、靖宇县、长白朝鲜族自治县、延吉市、图们市、敦化市、珲春市、龙井市、和龙市、汪清县、安图县
	黑龙江	哈尔滨市、双城市、尚志市、五常市、阿城市、依兰县、方正县、宾县、巴彦县、木兰县、通河县、延寿县、齐齐哈尔市、讷河市、龙江县、依安县、甘南县、富裕县、克山县、克东县、拜泉县、爱辉区、北安市、五大连池市、嫩江县、逊克县、孙吴县、大庆市、杜尔伯特蒙古族自治县、伊春市、铁力市、嘉荫县、鹤岗市、萝北县、绥滨县、佳木斯市、同江市、富锦市、桦南县、桦川县、汤原县、抚远县、双鸭山市、集贤县、友谊县、宝清县、饶河县、七台河市、勃利县、鸡西市、虎林市、密山市、鸡东县、牡丹江市、穆棱市、绥芬河市、海林市、宁安市、东宁县、林口县、北林区、肇东市、海伦市、望奎县、兰西、青冈县、庆安县、明水县、绥棱县、大兴安岭地区、呼玛县、塔河县、漠河县

（续表）

地区	省级政区	分布地点
华东	上海	闵行区、宝山区、嘉定区、浦东新区、金山区、松江区、青浦区、南汇区、奉贤区、崇明县
	江苏	南京市、溧水县、高淳县、徐州市、邳州市、新沂市、睢宁县、沛县、丰县、连云港市、赣榆县、灌云县、东海县、灌南县、宿迁市、沭阳县、泗阳县、泗洪县、淮安市、金湖县、盱眙县、洪泽县、涟水县、盐城市、东台市、大丰市、射阳县、阜宁县、滨海县、响水县、建湖县、扬州市、仪征市、江都市、高邮市、宝应县、泰州市、靖江市、泰兴市、姜堰市、兴化市、南通市、海门市、通州市、如皋市、如东县、海安县、镇江市、扬中市、丹阳市、句容市、常州市、金坛市、溧阳市、无锡市、江阴市、宜兴市、苏州市、吴江市、昆山市、太仓市、常熟市、张家港市
	浙江	杭州市、临安市、富阳市、建德市、桐庐县、淳安县、湖州市、长兴县、德清县、安吉县、嘉兴市、平湖市、海宁市、桐乡市、嘉善县、海盐县、舟山市、岱山县、嵊泗县、宁波市、慈溪市、余姚市、奉化市、宁海县、象山县、越城区、诸暨市、上虞市、嵊州市、绍兴县、新昌县、衢州市、江山市、常山县、开化县、龙游县、金华市、兰溪市、永康市、义乌市、东阳市、武义县、浦江县、磐安县、台州市、临海市、温岭市、三门县、天台县、仙居县、玉环县、温州市、瑞安市、乐清市、永嘉县、平阳县、泰顺县、莲都区、龙泉市、缙云县、青田县、云和县、遂昌县、松阳县、庆元县、景宁畲族自治县
	安徽	合肥市、肥东县、肥西县、埇桥区、萧县、灵璧县、泗县、阜阳市、界首市、临泉县、太和县、阜南县、颍上县、谯城区、蒙城县、怀远县、五河县、淮南市、凤台县、滁州市、明光市、天长市、来安县、全椒县、凤阳县、马鞍山市、当涂县、芜湖市、芜湖县、繁昌县、南陵县、铜陵市、铜陵县、安庆市、桐城市、怀宁县、枞阳县、潜山县、太湖县、宿松县、望江县、岳西县、黄山市、歙县、休宁县、黟县、祁门县、六安市、寿县、霍邱县、舒城县、金寨县、霍山县、居巢区、庐江县、无为县、含山县、和县、贵池区、东至县、石台县、青阳县、宣州区、宁国市、郎溪县、广德县、泾县、旌德县、绩溪县
	福建	福州市、福清市、长乐市、闽侯县、连江县、罗源县、闽清县、永泰县、平潭县、延平区、邵武市、武夷山市、建瓯市、建阳市、顺昌县、浦城县、光泽县、松溪县、政和县、三明市、永安市、明溪县、清流县、宁化县、大田县、尤溪县、沙县、将乐县、泰宁县、建宁县、莆田市、仙游县、泉州市、晋江市、惠安县、安溪县、永春县、德化县、金门县、厦门市、龙海市、云霄县、漳浦县、诏安县、平和县、新罗区、漳平市、长汀县、永定县、上杭县、武平县、连城县、蕉城区、福安市、福鼎市、寿宁县、霞浦县、柘荣县、屏南县、古田县、周宁县
	江西	南昌市、南昌县、新建县、安义县、进贤县、九江市、瑞昌市、九江县、武宁县、修水县、永修县、德安县、星子县、都昌县、湖口县、彭泽县、景德镇市、乐平市、浮梁县、月湖区、贵溪市、余江县、渝水区、分宜县、萍乡市、章贡区、瑞金市、南康市、赣县、信丰县、大余县、上犹县、崇义县、安远县、龙南县、定南县、全南县、宁都县、于都县、兴国县、会昌县、寻乌县、石城县、信州区、德兴市、上饶县、广丰县、玉山县、铅山县、横峰县、弋阳县、余干县、鄱阳县、万年县、婺源县、临川区、南城县、黎川县、南丰县、崇仁县、乐安县、宜黄县、金溪县、资溪县、东乡县、广昌县、丰城市、樟树市、奉新县、万载县、靖安县、吉水县、峡江县、新干县、万安县、永新县
	山东	济南市、章丘市、平阴县、济阳县、东昌府区、临清市、阳谷县、莘县、东阿县、冠县、高唐县、德城区、乐陵市、禹城市、陵县、平原县、夏津县、武城县、齐河县、临邑县、宁津县、庆云县、东营市、利津县、广饶县、淄博市、桓台县、高青县、沂源县、潍坊市、安丘市、青州市、诸城市、寿光市、临朐县、昌乐县、烟台市、莱阳市、招远市、长岛县、荣成市、青岛市、胶州市、即墨市、日照市、五莲县、莒县、临沂市、郯城县、莒南县、沂水县、蒙阴县、平邑县、费县、沂南县、临沭县、枣庄市、滕州市、济宁市、曲阜市、兖州市、邹城市、微山县、鱼台县、金乡县、嘉祥县、汶上县、泗水县、梁山县、泰安市、新泰市、肥城市、宁阳县、东平县、莱芜市、滨城区、阳信县、无棣县、沾化县、博兴县、邹平县、牡丹区、曹县、定陶县、成武县、单县、巨野县、郓城县、东明县
	台湾	台北市、基隆市、高雄市、台南市、台中市、新竹市、嘉义市、台北县、高雄县、台南县、台中县、新竹县、嘉义县、屏东县、台东县、花莲县、宜兰县、桃园县、苗栗县、彰化县、南投县、云林县、澎湖县

（续表）

地区	省级政区	分布地点
中南	河南	郑州市、登封市、荥阳市、巩义市、中牟县、湖滨区、灵宝市、渑池县、卢氏县、洛阳市、偃师市、孟津县、新安县、栾川县、嵩县、汝阳县、宜阳县、洛宁县、伊川县、焦作市、孟州市、博爱县、温县、新乡市、卫辉市、辉县市、新乡县、原阳县、封丘县、长垣县、浚县、安阳市、林州市、安阳县、汤阴县、滑县、内黄县、华龙区、清丰县、南乐县、范县、濮阳县、开封市、尉氏县、开封县、兰考县、商丘市、永城市、虞城县、民权县、宁陵县、睢县、夏邑县、柘城县、魏都区、禹州市、长葛市、许昌县、襄城县、漯河市、舞阳县、平顶山市、汝州市、宝丰县、叶县、鲁山县、郏县、南阳市、邓州市、南召县、方城县、西峡县、镇平县、内乡县、淅川县、社旗县、唐河县、新野县、桐柏县、信阳市、息县、淮滨县、潢川县、光山县、固始县、商城县、罗山县、新县、川汇区、项城市、扶沟县、西华县、商水县、太康县、鹿邑县、郸城县、淮阳县、沈丘县、驿城区、确山县、泌阳县、遂平县、西平县、上蔡县、汝南县、平舆县、新蔡县、正阳县、济源市
	湖北	武汉市、丹江口市、郧县、竹山县、房县、郧西县、竹溪县、襄樊市、老河口市、枣阳市、宜城市、南漳县、谷城县、保康县、荆门市、钟祥市、京山县、应城市、安陆市、大悟县、云梦县、黄州区、麻城市、武穴市、红安县、罗田县、英山县、浠水县、蕲春县、黄梅县、团风县、鄂州市、阳新县、咸安区、通城县、荆州市、石首市、洪湖市、松滋市、江陵县、公安县、监利县、宜昌市、枝江市、宜都市、当阳市、远安县、兴山县、秭归县、长阳土家族自治县、五峰土家族自治县、曾都区、广水市、仙桃市、天门市、潜江市、神农架林区、巴东县、宣恩县、鹤峰县
	湖南	长沙市、浏阳市、长沙县、望城县、宁乡县、张家界市、慈利县、安乡县、汉寿县、澧县、桃源县、石门县、益阳市、沅江市、南县、桃江县、安化县、岳阳市、临湘市、岳阳县、华容县、湘阴县、平江县、株洲市、醴陵市、株洲县、攸县、茶陵县、湘潭市、湘乡市、韶山市、湘潭县、衡阳市、常宁市、耒阳市、衡阳县、衡南县、衡山县、衡东县、祁东县、永州市、东安县、道县、宁远县、江永县、蓝山县、新田县、双牌县、祁阳县、江华瑶族自治县、邵阳市、武冈市、邵东县、邵阳县、新邵县、隆回县、洞口县、绥宁县、新宁县、城步苗族自治县、中方县、会同县、麻阳县、新晃侗族自治县、芷江侗族自治县、靖州苗族侗族自治县、涟源县、双峰县、新化县
	广东	广州市、增城市、从化市、清城区、连州市、佛冈县、阳山县、清新县、连山壮族瑶族自治、连南瑶族自治县、乐昌市、始兴县、连平县、梅江区、兴宁市、梅县、大埔县、丰顺县、五华县、平远县、蕉岭县、湘桥区、潮安县、饶平县、汕头市、南澳县、榕城区、普宁市、揭东县、揭西县、惠来县、惠州市、惠东县、东莞市、深圳市、珠海市、中山市、江门市、恩平市、台山市、开平市、鹤山市、佛山市、肇庆市、高要市、四会市、广宁县、怀集县、封开县、德庆县、云城区、罗定市、云安县、新兴县、郁南县、江城区、阳春市、阳西县、阳东县、茂名市、化州市、信宜市、高州市、电白县、吴川市、廉江市
	广西	南宁市、横县、宾阳县、上林县、隆安县、桂林市、阳朔县、临桂县、梧州市、岑溪市、苍梧县、藤县、兴业县、容县、博白县、灵山县、上思县、扶绥县、平果县、田林县、兴宾区、昭平县
	海南	海口市、三亚市、文昌市、琼海市、万宁市、五指山市、东方市、儋州市、临高县、澄迈县、定安县、屯昌县、昌江黎族自治县、白沙黎族自治县、琼中黎族苗族自治县、陵水黎族自治县、保亭黎族苗族自治县、乐东黎族自治县
	香港	香港
	澳门	澳门
西南	重庆	万州区、涪陵区、合川区、南川区、巫山县、奉节县
	四川	成都市、崇州市、郫县、江油市、北川羌族自治县、旌阳区、什邡市、广汉市、绵竹市、南充市、营山县、岳池县、内江市、威远县、乐山市、峨眉山市、夹江县、沐川县、马边彝族自治县、自贡市、富顺县、泸州市、泸县、合江县、叙永县、古蔺县、翠屏区、宜宾县、南溪县、江安县、长宁县、高县、筠连县、珙县、兴文县、屏山县、万源市、大竹县、渠县、东坡区、仁寿县、彭山县、洪雅县、丹棱县、青神县、荥经县、宝兴县、理县、阿坝县、若尔盖县、红原县、康定县、泸定县、丹巴县、九龙县、雅江县、道孚县、炉霍县、甘孜县、新龙县、德格县、白玉县、石渠县、色达县、理塘县、巴塘县、乡城县、稻城县、得荣县、盐源县、会理县、布拖县、喜德县、美姑县、雷波县

（续表）

地区	省级政区	分布地点
	贵州	贵阳市、清镇市、开阳县、修文县、息烽县、六枝特区、水城县、遵义市、仁怀市、遵义县、桐梓县、绥阳县、正安县、湄潭县、习水县、道真仡佬族苗族自治县、务川仡佬族苗族自治县、西秀区、平坝县、普定县、关岭布依族苗族自治县、镇宁布依族苗族自治县、紫云苗族布依族自治县、金沙县、纳雍县、赫章县、威宁彝族回族苗族自治县、沿河土家族自治县、凯里市、施秉县、岑巩县、榕江县、瓮安县、罗甸县、长顺县、龙里县、惠水县、三都水族自治县
	云南	昆明市、安宁市、呈贡县、晋宁县、富民县、宜良县、嵩明县、石林彝族自治县、寻甸回族彝族自治县、麒麟区、宣威市、沾益县、富源县、师宗县、陆良县、会泽县、通海县、华宁县、易门县、隆阳区、施甸县、腾冲县、龙陵县、隆阳区、鲁甸县、巧家县、永善县、威信县、古城区、永胜县、华坪县、玉龙纳西族自治县、宁蒗彝族自治县、景东彝族自治县、永德县、镇康县、耿马傣族佤族自治县、潞西市、瑞丽市、梁河县、盈江县、陇川县、泸水县、福贡县、贡山独龙族怒族自治县、兰坪白族普米族自治县、香格里拉县、德钦县、维西傈僳族自治县、大理市、祥云县、宾川县、永平县、云龙县、洱源县、剑川县、鹤庆县、南涧彝族自治县、楚雄市、双柏县、牟定县、南华县、姚安县、大姚县、永仁县、元谋县、武定县、禄丰县、蒙自县、建水县、石屏县、弥勒县、泸西县、红河县、马关县、丘北县、景洪市、勐海县、勐腊县
	西藏	芒康县、米林县、墨脱县、察隅县、隆子县、错那县
西北	陕西	西安市、蓝田县、周至县、高陵县、宝塔区、延长县、延川县、子长县、安塞县、志丹县、吴旗县、甘泉县、富县、宜川县、黄龙县、黄陵县、铜川市、宜君县、临渭区、华阴市、韩城市、华县、潼关县、大荔县、白水县、合阳县、咸阳市、三原县、礼泉县、彬县、淳化县、武功县、宝鸡市、凤翔县、岐山县、扶风县、眉县、陇县、千阳县、麟游县、凤县、太白县、城固县、洋县、勉县、宁强县、略阳县、佛坪县、榆阳区、神木县、府谷县、横山县、定边县、吴堡县、清涧县、汉滨区、汉阴县、石泉县、宁陕县、紫阳县、岚皋县、平利县、镇坪县、旬阳县、白河县、商州区、丹凤县、商南县、山阳县、镇安县、柞水县
	甘肃	兰州市、永登县、皋兰县、榆中县、嘉峪关市、金川区、永昌县、白银市、靖远县、会宁县、景泰县、天水市、清水县、秦安县、武山县、张家川回族自治县、凉州区、民勤县、古浪县、天祝藏族自治县、肃州区、敦煌市、金塔县、瓜州县、甘州区、民乐县、临泽县、高台县、山丹县、肃南裕固族自治县、西峰区、庆城县、环县、华池县、合水县、正宁县、宁县、镇原县、崆峒区、泾川县、灵台县、崇信县、华亭县、庄浪县、静宁县、临洮县、岷县、渭源县、武都区、成县、宕昌县、西和县、礼县、两当县、徽县、临夏市、临夏县、康乐县、永靖县、广河县、和政县、东乡族自治县、积石山保安族东乡族撒拉族自治县、合作市、临潭县、卓尼县、舟曲县、迭部县、玛曲县、碌曲县、夏河县
	青海	西宁市、大通回族自治县、循化撒拉族自治县、祁连县、贵德县、贵南县、同仁县、尖扎县、玉树县
	宁夏	银川市、灵武市、永宁县、贺兰县、石嘴山市、平罗县、青铜峡市、盐池县、同心县、沙坡头区、中宁县
	新疆	乌鲁木齐市、乌鲁木齐县、克拉玛依市、石河子市、图木舒克市、五家渠市、喀什市、疏勒县、英吉沙县、莎车县、叶城县、麦盖提县、岳普湖县、伽师县、巴楚县、塔什库尔干塔吉克自治县、阿克苏市、温宿县、库车县、沙雅县、新和县、拜城县、乌什县、阿瓦提县、和田市、和田县、墨玉县、皮山县、洛浦县、于田县、民丰县、吐鲁番市、托克逊县、哈密市、伊吾县、巴里坤哈萨克自治县、阿图什市、阿克陶县、阿合奇县、乌恰县、博乐市、精河县、昌吉市、阜康市、呼图壁县、玛纳斯县、奇台县、吉木萨尔县、木垒哈萨克自治县、库尔勒市、轮台县、尉犁县、若羌县、且末县、和静县、和硕县、博湖县、焉耆回族自治县、伊宁市、奎屯市、伊宁县、霍城县、巩留县、新源县、昭苏县、特克斯县、尼勒克县、塔城市、乌苏市、额敏县、沙湾县、托里县、布尔津县、富蕴县、福海县、哈巴河县、青河县

4.1 华北

虽然方志记载中仅有少数明确说明“鹳”“有二种”或“白鹳、乌鹳”，但据现代调查、鉴别，这一带分布的则是东方白鹳与黑鹳，并且是旅鸟。在个别地方还以“多鹳”或“随处皆有”的记载，说明当时数量较多。

古方志记载本区鹳属的分布地不少（表4.2）。

表 4.2　　历史时期方志记载华北的“鹳”

省级政区	今　地	来　源		备　注
		时　间	方志名	
北京	延庆县	明嘉靖二十七年(1548)	《隆庆志》	
	属延庆县	明万历十四年(1586)	《居庸关志》	
	延庆县	清顺治十年(1653)	《延庆州志》	
	延庆县等地	清康熙十三年(1674)	《宣府志》	
	分属丰台区、石景山区、海淀区、门头沟区、房山区、大兴区	清康熙二十四年(1685)	《宛平县志》	
	房山区	清康熙(1662～1722)	《良乡县志》	
	大兴区	清康熙(1662～1722)	《大兴县志》	
	延庆县等地	清乾隆二十二年(1757)	《宣化府志》	
	延庆县	清光绪七年(1881)	《延庆州志》	
	昌平区	清光绪十一年(1885)	《昌平州志》	
天津	静海县等地	明嘉靖十九年(1540)	《河间府志》	
	静海县等地	明万历四十三年(1615)	《河间府志》	
	武清县	清康熙(1662～1722)	《武清县志》	
	静海县	清同治十二年(1873)	《静海县志》	
河北	大名县、魏县等地	明正统十年(1445)	《大名府志》	因另有“鹊”，故其一似为“鹳”
	辛集市、深泽县，保定市、安国市、高碑店市、满城县、清苑县、易县、徐水县、定兴县、顺平县、唐县、望都县、涞水县、高阳县、安新县、雄县、容城县、博野县、蠡县	明弘治七年(1494)	《保定郡志》	有“白鹳”“乌鹳”
	赵县	明弘治十一年(1498)	《赵州志》	
	宁晋县	明弘治十一年(1498)	《宁晋县志》	
	隆尧县	明弘治十一年(1498)	《隆平县志》	
	易县	明弘治十五年(1502)	《易州志》	
	隆尧县	明正德十年(1515)	《赵州志》	各地单列物种
	雄县	明嘉靖十二年(1533)	《雄乘》	多鹳
	属保定市	明嘉靖十七年(1538)	《清苑县志》	有“白鹳”“乌鹳”
	沧州市、泊头市、任丘市、黄骅市、河间市、沧县、青县、东光县、海兴县、盐山县、肃宁县、南皮县、吴桥县、献县、孟村回族自治县、故城县、阜城县等地	明嘉靖十九年(1540)	《河间府志》	
	武安市	明嘉靖二十六年(1547)	《武安县志》	
	霸州市	明嘉靖二十七年(1548)	《霸州志》	
	威县、清河县、邯郸市、邯郸县、成安县、肥乡县、永年县、鸡泽县、广平县、曲周县	明嘉靖二十九年(1550)	《广平府志》	

（续表）

省级政区	今地	来源		备注
		时间	方志名	
	威县	明嘉靖二十九年(1550)	《威县志》	
	张家口市、宣化县、怀安县、万全县、赤城县	明嘉靖四十年(1516)	《宣府镇志》	
	沧州市、泊头市、任丘市、黄骅市、河间市、沧县、青县、东光县、海兴县、盐山县、肃宁县、南皮县、吴桥县、献县、孟村回族自治县、故城县、阜城县等地	明万历四十三年(1615)	《河间府志》	
	属廊坊市	明天启五年(1625)	《东安县志》	
	永年县	明崇祯十四年(1641)	《永年县志》	
	正定县	清顺治三年(1646)	《真定县志》	
	鸡泽县	清顺治四年(1647)	《鸡泽县志》	
	曲周县	清顺治十三年(1656)	《曲周县志》	
	南和县	清康熙六年(1667)	《南和县志》	
	涿鹿县	清康熙十年(1671)	《保安州志》	
	阜城县	清康熙十一年(1672)	《阜志》	
	唐县	清康熙十一年(1672)	《唐县新志》	
	东光县、吴桥县、故城县、景县	清康熙十一年(1672)	《景州志》	
	张家口市、宣化县、蔚县、阳原县、怀安县、万全县、怀来县、赤城县等地	清康熙十三年(1674)	《宣府志》	
	深泽县	清康熙十四年(1675)	《深泽县志》	
	清河县	清康熙十七年(1678)	《清河县志》	
	桃城区	清康熙十九年(1680)	《衡水县志》	
	武邑县	清康熙三十三年(1694)	《武邑县志》	
	宣化县	清康熙五十年(1711)	《宣化乡土志》	
	涿鹿县	清康熙五十一年(1712)	《保安州志》	
	怀来县	清康熙五十一年(1712)	《怀来县志》	
	三河县	清康熙(1662～1722)	《三河县志》	
	阜城县	清雍正十三年(1735)	《阜城县志》	
	威县、清河县、邯郸市、邯郸县、成安县、肥乡县、永年县、鸡泽县、广平县、曲周县	清乾隆二年(1737)	《广平府志》	
	武安市	清乾隆四年(1739)	《武安县志》	
	邢台市、邢台县	清乾隆六年(1741)	《邢台县志》	
	万全县	清乾隆七年(1742)	《万全县志》	
	沧州市	清乾隆八年(1743)	《沧州志》	
	赤城县	清乾隆十三年(1748)	《赤城县志》	
	邢台市、邢台县、内丘县、任县、南和县	清乾隆十五年(1750)	《顺德府志》	
	安国市	清乾隆二十一年(1756)	《祁州志》	

（续表）

省级政区	今地	来源		备注
		时间	方志名	
	张家口市、宣化县、阳原县、赤城县、怀安县、怀来县、蔚县、涿鹿县、万全县等地	清乾隆二十二年(1757)	《宣化府志》	
	永年县	清乾隆二十二年(1757)	《永年县志》	
	张北县、康保县、沽源县、尚义县、崇礼县等地	清乾隆二十三年(1758)	《口北三厅志》	
	鸡泽县	清乾隆三十一年(1766)	《鸡泽县志》	
	武安市、临漳县、涉县等地	清乾隆五十二年(1787)	《彰德府志》	
	武强县	清道光十一年(1831)	《武强县新志》	鹳爵
	曲周县	清同治八年(1869)	《曲周县志》	
	武邑县	清同治十一年(1872)	《武邑县志》	
	涿州市	清同治十一年(1872)	《涿州县志》	
	永年县	清光绪三年(1877)	《永年县志》	
	抚宁县	清光绪三年(1877)	《抚宁县志》	
	怀来县	清光绪八年(1882)	《怀来县志》	
	承德市、承德县、兴隆县、平泉县、滦平县、隆化县、丰宁满族自治县、围场满族蒙古族自治县、宽城满族自治县等地	清光绪十三年(1887)	《承德府志》	
	南和县	清光绪十九年(1893)	《南和县志》	
	涞水县	清光绪二十一年(1895)	《涞水县志》	
	高邑县、赵县、临城县、隆尧县、宁晋县	清光绪二十三年(1897)	《赵州志》	
	滦县	清光绪二十四年(1898)	《滦州志》	鹳(二种)
山西	万荣县	明嘉靖十七年(1538)	《荣河县志》	
	翼城县	明嘉靖二十七年(1548)	《翼城县志》	
	属太原市	明嘉靖三十年(1551)	《太原县志》	
	霍州市	明嘉靖三十七年(1558)	《霍州志》	
	永济市	明嘉靖三十八年(1559)	《蒲州志》	
	稷山县	明万历四十年(1612)	《稷山县志》	
	盐湖区	明万历四十六年(1618)	《安邑县志》	
	文水县	明天启五年(1625)	《文水县志》	
	山阴县	明崇祯二年(1629)	《山阴县志》	
	洪洞县	清顺治十六年(1659)	《赵城县志》	
	祁县	清康熙四年(1665)	《祁县志》	
	平陆县	清康熙九年(1670)	《平陆县志》	
	岢岚县	清康熙十一年(1672)	《岢岚州志》	
	寿阳县	清康熙十一年(1672)	《寿阳县志》	
	河津县	清康熙十一年(1672)	《河津县志》	
	文水县	清康熙十二年(1673)	《文水县志》	
	霍州市	清康熙十二年(1673)	《霍州志》	

（续表）

省级政区	今地	来源		备注
		时间	方志名	
	尧都区	清康熙十二年(1673)	《临汾县志》	
	五台县	清康熙二十六年(1687)	《五台县志》	
	介休市	清康熙三十五年(1696)	《介休县志》	
	盂县	清康熙四十一年(1702)	《盂县志》	
	长子县	清康熙四十四年(1705)	《长子县志》	
	蒲县、大宁县、永和县、隰县	清康熙四十八年(1709)	《隰州志》	
	兴县	清雍正八年(1730)	《兴县志》	
	武乡县	清雍正八年(1730)	《武乡县志》	
	石楼县	清雍正十年(1732)	《石楼县志》	
	榆社县、左权县、和顺县	清雍正十一年(1733)	《辽州志》	
	属朔州市	清雍正十三年(1735)	《朔州志》	
	城区、高平市、泽州县、沁水县、阳城县、陵川县	清雍正十三年(1735)	《泽州府志》	
	翼城县	清乾隆二年(1737)	《翼城县志》	
	阳城县	清乾隆二十年(1755)	《阳城县志》	
	并入洪洞县	清乾隆二十五年(1760)	《赵城县志》	鹳（又名负金，名龟背，名旱群）
	太谷县	清乾隆三十年(1765)	《太谷县志》	
	沁县	清乾隆三十六年(1771)	《沁州志》	
	尧都区	清乾隆四十四年(1779)	《临汾县志》	
	五台县	清乾隆四十五年(1780)	《五台县志》	
	武乡县	清乾隆五十五年(1790)	《武乡县志》	
	太谷县	清乾隆六十年(1795)	《太谷县志》	
	介休市	清嘉庆二十四年(1819)	《介休县志》	
	太原市	清道光六年(1826)	《太原县志书》	
	阳曲县	清道光二十三年(1843)	《阳曲县志》	
	大宁县	清道光二十四年(1844)	《大宁县志》	
	太谷县	清咸丰五年(1855)	《太谷县志》	
	稷山县	清同治四年(1865)	《稷山县志》	
	阳城县	清同治十三年(1874)	《阳城县志》	鹳（随处皆有）
	平陆县	清光绪六年(1880)	《平陆县志》	
	榆社县	清光绪七年(1881)	《榆社县志》	
	盂县	清光绪七年(1881)	《盂县志》	
	交城县	清光绪八年(1882)	《交城县志》	
	寿阳县	清光绪八年(1882)	《寿阳县志》	
	祁县	清光绪八年(1882)	《祁县志》	
	岢岚县	清光绪十一年(1884)	《岢岚州志》	
内蒙古	化德县、商都县、多伦县、太仆寺旗、镶黄旗、正镶白旗、正蓝旗等地	清乾隆二十三年(1758)	《口北三厅志》	
	宁城县、林西县、巴林左旗、巴林右旗、翁牛特旗、喀喇沁旗、敖汉旗、库伦旗、奈曼旗等地	清光绪十三年(1887)	《承德府志》	

唐代王之涣《登鹳雀楼》是妇孺皆知的千古绝唱：

白日依山尽，黄河入海流。
欲穷千里目，更上一层楼。

还引发永济市在 1 500 年后再次重建旷世名楼——鹳雀楼。对该楼，传闻“因时有鹳鹊栖其上而得名”。窃以为，此只是其中后起之一说。

北周筑此高楼，乃主要作军事瞭望之用。所称“鹳雀楼”，则颇有含义：①“鹳雀”，亦即“鹳”，大型涉禽。②《左传》所称“鹳阵”，又指如鹳飞旋环绕作军阵。③“高楼”，即有“鹳井”（群鹳旋飞之形。唐·段成式《酉阳杂俎·羽篇》：“江淮谓群鹳旋飞为鹳井。”清·曹寅《满江红·乌拉江看雨》：“鹳井盘空，遮不住，断崖千尺。偏惹得，北风动地，呼号喷吸。”）含义。④当地多鹳。无论是黄河西南岸的陕西合阳县、大荔县、华阴市、潼关县，还是黄河东岸的山西万荣县、永济市一带，自古皆有鹳的记载。⑤当然，东方白鹳与黑鹳，尤其是前者往往筑巢于高大乔木上，或有栖息于殿宇屋脊的记载。

4.2 东北

据现代调查、鉴别，东北分布的有东方白鹳与黑鹳两种，尤其在吉林省与黑龙江省还是它们的主要繁殖地之一。然而，由于地区开发的进程不同，古方志（表 4.3）所记载的吉林省与黑龙江省资料不多。

表 4.3 历史时期方志记载东北的“鹳”

省级政区	今地	来源		备注
		时间	方志名	
辽宁	与今辽宁省相当	明嘉靖四十五年(1566)	《全辽志》	
	开原市	清康熙十七年(1678)	《开原县志》	
	辽阳市	清康熙二十年(1681)	《辽阳州志》	
	台安县、锦州市、凌海市、北镇市、黑山县、义县、葫芦岛市、兴城市、绥中县	清康熙二十一年(1682)	《锦州府志》	
	兴城市	清康熙二十一年(1682)	《宁远州志》	
	凌海市	清康熙二十一年(1682)	《锦县志》	
	盖州市	清康熙二十一年(1682)	《盖平县志》	
	北镇市	清康熙三十一年(1692)	《广宁县志》	
	沈阳市、新民市、辽中县、法库县、铁岭市、调兵山市、开原市、铁岭县、西丰县、昌图县、抚顺市、抚顺县、新宾满族自治县、清原满族自治县、本溪市、本溪满族自治县、辽阳市、灯塔市、辽阳县、鞍山市、海城市、岫岩满族自治县、丹东市、凤城市、东港市、宽甸满族自治县、大连市、瓦房店市、普兰店市、庄河市、长海县、营口市、大石桥市、盖州市，台安县、盘锦市、大洼县、锦州市、北镇市、黑山县、义县、葫芦岛市、兴城市、绥中县，彰武县，盘山县、凌海市，桓仁满族自治县等地	清乾隆元年(1736)	《盛京通志》	鹳(黑白两种)
	沈阳市、新民市、辽中县、法库县、铁岭市、调兵山市、开原市、铁岭县、西丰县、昌图县、抚顺市、抚顺县、新宾满族自治县、清原满族自治县、本溪市、本溪满族自治县、辽阳市、灯塔市、辽阳县、鞍山市、海城市、岫岩满族自治县、丹东市、凤城市、东港市、宽甸满族自治县、大连市、瓦房店市、普兰店市、庄河市、长海县、营口市、大石桥市、盖州市，台安县、盘锦市、大洼县、锦州市、北镇市、黑山县、义县、葫芦岛市、兴城市、绥中县，彰武县，盘山县、凌海市，桓仁满族自治县等地	清乾隆四十四年(1779)	《盛京通志》	鹳(黑白两种)

（续表）

省级政区	今地	来源		备注
		时间	方志名	
	岫岩满族自治县	清咸丰七年(1857)	《岫岩县志》	
	朝阳市、北票市、凌源市、朝阳县、建平县、喀喇沁左翼蒙古族自治县、阜新市、建昌县等地	清光绪十三年(1887)	《承德府志》	
吉林	延吉市、图们市、敦化市、珲春市、龙井市、和龙市、汪清县，长春市、德惠市、九台市、榆树市、宁江区、扶余县、吉林市、磐石市、蛟河市、桦甸市、舒兰市、永吉县、伊通满族自治县、辽源市、东丰县、东辽县、通化市、梅河口市、集安市、通化县、辉南县、柳河县、白山市、临江市、抚松县、靖宇县、长白朝鲜族自治县、安图县等地	清乾隆元年(1736)	《盛京通志》	鹳(黑白两种)
	延吉市、图们市、敦化市、珲春市、龙井市、和龙市、汪清县，长春市、德惠市、九台市、榆树市、宁江区、扶余县、吉林市、磐石市、蛟河市、桦甸市、舒兰市、永吉县、伊通满族自治县、辽源市、东丰县、东辽县、通化市、梅河口市、集安市、通化县、辉南县、柳河县、白山市、临江市、抚松县、靖宇县、长白朝鲜族自治县、安图县等地	清乾隆四十四年(1779)	《盛京通志》	鹳(黑白两种)
黑龙江	依兰县、方正县、通河县、鹤岗市、绥滨县、佳木斯市、同江市、富锦市、桦南县、桦川县、汤原县、抚远县、双鸭山市、集贤县、友谊县、宝清县、饶河县、七台河市、勃利县、虎林市，哈尔滨市(不含呼兰区)、双城市、尚志市、五常市、宾县、木兰县、延寿县、鸡西市、密山市、鸡东县、牡丹江市、穆棱市、绥芬河市、海林市、宁安市、东宁县、林口县，爱辉区、逊克县、孙吴县、嘉荫县、萝北县、大兴安岭地区、呼玛县、塔河县、漠河县，讷河市、嫩江县，哈尔滨的呼兰区、巴彦县、齐齐哈尔市、龙江县、依安县、甘南县、富裕县、克山县、克东县、拜泉县、北安市、五大连池市、伊春市、铁力市、北林区、海伦市、望奎县、兰西县、青冈县、庆安县、明水县、绥棱县等地	清乾隆元年(1736)	《盛京通志》	鹳(黑白两种)
	依兰县、方正县、通河县、鹤岗市、绥滨县、佳木斯市、同江市、富锦市、桦南县、桦川县、汤原县、抚远县、双鸭山市、集贤县、友谊县、宝清县、饶河县、七台河市、勃利县、虎林市，哈尔滨市(不含呼兰区)、双城市、尚志市、五常市、宾县、木兰县、延寿县、鸡西市、密山市、鸡东县、牡丹江市、穆棱市、绥芬河市、海林市、宁安市、东宁县、林口县，爱辉区、逊克县、孙吴县、嘉荫县、萝北县、大兴安岭地区、呼玛县、塔河县、漠河县，讷河市、嫩江县，哈尔滨的呼兰区、巴彦县、齐齐哈尔市、龙江县、依安县、甘南县、富裕县、克山县、克东县、拜泉县、北安市、五大连池市、伊春市、铁力市、北林区、海伦市、望奎县、兰西县、青冈县、庆安县、明水县、绥棱县等地	清乾隆四十四年(1779)	《盛京通志》	鹳(黑白两种)

4.3 华东

据现代调查、鉴别，华东也分布有东方白鹳与黑鹳两种，古方志的记载（表4.4）数量占总数的四成多。不仅本区南部是东方白鹳与黑鹳越冬地，而且在中、北部还显示有旅鸟，甚至少数繁殖鸟现象。

表 4.4　历史时期方志记载华东的“鹳”

省级政区	今　地	来　源		备　注
		时　间	方志名	
上海	闵行区	明弘治十七年(1504)	《上海县志》	
	上海中心城区及闵行区、浦东新区、金山区、松江区、青浦区、南汇区、奉贤区	明正德七年(1512)	《松江府志》	
	崇明县	明正德八年(1513)	《崇明县志》	
	嘉定区	明万历三十三年(1605)	《嘉定县志》	
	崇明县	清康熙二十年(1681)	《崇明县志》	鹳(昔有，今无)
	宝山区	清乾隆十一年(1746)	《宝山县志》	
	闵行区	清乾隆十五年(1750)	《上海县志》	鹳(亦如鹤，无丹顶，不善唳)
	松江区	清乾隆五十三年(1788)	《娄县志》	
	宝山区、嘉定区、崇明县等地	清嘉庆七年(1802)	《太仓州志》	
	嘉定区	清嘉庆十六年(1811)	《嘉定县志》	
	上海中心城区及闵行区、浦东新区、金山区、松江区、青浦区、南汇区、奉贤区	清嘉庆二十二年(1817)	《松江府志》	
江苏	镇江市、丹阳市、金坛市	元治顺三年(1323)	《镇江志》	
	靖江市、常州市、无锡市、江阴市、宜兴市	明成化十九年(1483)	《毗陵志》	鹳(白鹳、乌鹳)
	句容市	明弘治九年(1496)	《句容县志》	
	属镇江市	明正德十四年(1519)	《丹徒县志》	
	南通市	明嘉靖九年(1530)	《通州志》	鹳(喜巢庙观屋脊上，或老树)
	沛县	明嘉靖二十二年(1543)	《沛县志》	
	江阴市	明嘉靖二十七年(1548)	《江阴县志》	鹳(似鹤而顶不丹，好巢高危处)
	太仓市	明嘉靖二十七年(1548)	《太仓州志》	
	属南京市	明嘉靖三十二年(1553)	《六合县志》	
	兴化市	明嘉靖三十八年(1559)	《兴化县志》	
	如皋市	明嘉靖三十九年(1560)	《如皋县志》	
	仪征市	明隆庆元年(1567)	《仪真县志》	多鹳
	邳州市、新沂市、睢宁县、连云港市、赣榆县、灌云县、东海县、灌南县、宿迁市、沭阳县、泗阳县、泗洪县、淮安市、洪泽县、涟水县、盐城市、阜宁县、响水县、建湖县	明万历元年(1573)	《淮安府志》	
	属镇江市	明万历元年(1573)	《丹徒县志》	

（续表）

省级政区	今地	来源		备注
		时间	方志名	
	宿迁市	明万历五年(1577)	《宿迁县志》	
	南通市	明万历六年(1578)	《通州志》	
	江都市	明万历二十五年(1597)	《江都县志》	多鹳
	沛县	明万历二十五年(1597)	《沛志》	
	常熟市	明万历四十五年(1617)	《常熟县志》	
	属苏州市	明崇祯十五年(1642)	《吴县志》	
	金湖县、东台市、大丰市、扬州市、仪征市、江都市、高邮市、宝应、泰州市、姜堰市、兴化市、海安县	清康熙三年(1664)	《扬州府志》	鹳(一名黑尻)
	仪征市	清康熙七年(1668)	《仪真县志》	多鹳
	靖江市	清康熙八年(1669)	《靖江县志》	
	泰兴市、南通市、通州市、如皋市、如东县	清康熙十三年(1674)	《通州志》	
	镇江市、扬中市、丹阳市、金坛市、溧阳市	清康熙十三年(1674)	《镇江府志》	
	睢宁县	清康熙二十二年(1683)	《睢宁县志》	
	如皋市	清康熙二十二年(1683)	《如皋县志》	
	属镇江市	清康熙二十二年(1683)	《丹徒县志》	
	宝应县	清康熙二十九年(1690)	《宝应县志》	
	苏州市、吴江市、昆山市、常熟市、张家港市	清康熙三十年(1691)	《苏州府志》	
	金湖县、东台市、大丰市、扬州市、仪征市、江都市、高邮市、宝应、泰州市、姜堰市、兴化市、海安县	清雍正十一年(1733)	《扬州府志》	
	盐城市	清乾隆十一年(1746)	《盐城县志》	
	宜兴市	清嘉庆二年(1797)	《宜兴县志》	老鹳
	太仓市等地	清嘉庆七年(1802)	《太仓州志》	
	如皋市	清嘉庆十三年(1808)	《如皋县志》	
	金湖县、东台市、大丰市、扬州市、仪征市、江都市、高邮市、宝应、泰州市、姜堰市、兴化市、海安县	清嘉庆十五年(1810)	《扬州府志》	
	连云港市、赣榆县、灌云县、东海县、灌南县、沭阳县、响水县	清嘉庆十六年(1811)	《海州直隶州志》	
	高邮市	清嘉庆十八年(1813)	《高邮州志》	
	东台市	清嘉庆二十二年(1817)	《东台县志》	
	高邮市	清道光二十三年(1843)	《高邮州志》	
	泰兴市、南通市、通州市、如皋市、如东县	清光绪元年(1875)	《通州直隶州志》	
	属镇江市	清光绪五年(1879)	《丹徒县志》	
	宜兴市	清光绪八年(1882)	《宜兴荆溪县志》	
	阜宁县	清光绪十二年(1886)	《阜宁县志》	
	赣榆县	清光绪十四年(1888)	《赣榆县志》	
	丰县	清光绪二十年(1894)	《丰县志》	

（续表）

省级政区	今地	来源		备注
		时间	方志名	
浙江	乐清市	明永乐十年(1412)	《乐清县志》	
	衢州市、江山市、龙游县、常山县、开化县	明弘治十六年(1503)	《衢州府志》	
	淳安县	明嘉靖三年(1524)	《淳安县志》	
	武义县	明嘉靖三年(1524)	《武义县志》	
	浦江县	明嘉靖五年(1526)	《浦江志略》	
	温岭市	明嘉靖十九年(1540)	《太平县志》	鹳(有两种:似鹄而巢木者,为白鹳。黑色,曲颈者为乌鹳)
	瑞安市	明嘉靖三十四年(1555)	《瑞安县志》	
	象山县	明嘉靖三十五年(1556)	《象山县志》	
	海宁市	明嘉靖三十六年(1557)	《海宁县志》	
	属舟山市	明嘉靖四十二年(1563)	《定海县志》	
	越城区	明万历三年(1575)	《会稽县志》	
	湖州市、长兴县、德清县、安吉县	明万历六年(1578)	《湖州府志》	
	属台州市	明万历七年(1579)	《黄岩县志》	
	新昌县	明万历七年(1579)	《新昌县志》	
	建德市	明万历十四年(1586)	《寿昌县志》	
	杭州市部分、慈溪市、余姚市、越城区、诸暨市、上虞市、嵊州市、绍兴县、新昌县	明万历十五年(1587)	《绍兴府志》	
	属舟山市	明万历二十四年(1596)	《秀山县志》	
	温州市、瑞安市、乐清市、永嘉县、平阳县	明万历三十三年(1605)	《温州府志》	
	属杭州市	明万历三十七年(1609)	《钱塘县志》	
	建德市、桐庐县、淳安县	明万历四十二年(1614)	《严州府志》	
	平湖市	明天启七年(1627)	《平湖县志》	
	嘉兴市	明崇祯十年(1637)	《嘉兴县志》	
	属湖州市	明崇祯十年(1637)	《乌程县志》	
	义乌市	明崇祯十三年(1640)	《义乌县志》	
	湖州市、长兴县、德清县、安吉县	清顺治六年(1649)	《湖州府志》	
	龙泉市	清顺治十二年(1655)	《龙泉县志》	
	富阳市	清顺治十二年(1655)	《富阳县志》	
	永康市	清康熙十一年(1672)	《永康县志》	
	属越城区	清康熙十三年(1674)	《会稽县志》	
	属越城区	清康熙十三年(1674)	《山阴县志》	
	嘉兴市、平湖市、桐乡市、嘉善县、海盐县	清康熙二十年(1681)	《嘉兴府志》	
	属建德市	清康熙二十二年(1683)	《寿昌县志》	
	属杭州市	清康熙二十四年(1685)	《余杭县志》	

（续表）

省级政区	今　地	来　源		备　注
		时　间	方志名	
	属杭州市	清康熙二十六年(1687)	《仁和县志》	
	平阳县	清康熙三十三年(1694)	《平阳县志》	
	武义县	清康熙三十七年(1698)	《武义县志》	
	衢州市、江山市、常山县、开化县、龙游县	清康熙五十年(1711)	《衢州府志》	
	杭州市	清康熙五十七年(1718)	《钱塘县志》	
	金华市、兰溪市、永康市、义乌市、东阳市、武义县、浦江县、磐安县	清雍正六年(1728)	《古今图书集成·方舆汇编·职方典·金华府物产考》	
	衢州市、江山市、常山县、开化县、龙游县	清雍正六年(1728)	《古今图书集成·方舆汇编·职方典·衢州府物产考》	
	慈溪市	清雍正八年(1730)	《慈溪县志》	
	舟山市、岱山县、嵊泗县、宁波市、奉化市、象山县	清乾隆六年(1741)	《宁波府志》	
	平湖市	清乾隆十年(1745)	《平湖县志》	
	安吉县	清乾隆十五年(1750)	《安吉州志》	鹳(状类鹤，常栖大树上，其巢如轮)
	属杭州市	清乾隆十六年(1751)	《萧山县志》	
	属武义县	清乾隆十八年(1753)	《宣平县志》	
	杭州市部分、慈溪市、余姚市、越城区、诸暨市、上虞市、嵊州市、绍兴县、新昌县	清乾隆五十七年(1792)	《绍兴府志》	
	属临安市	清嘉庆十七年(1812)	《于潜县志》	
	象山县	清道光十四年(1834)	《象山县志》	
	嵊州市	清同治九年(1870)	《嵊县志》	
	江山市	清同治十二年(1873)	《江山县志》	
	松阳县	清光绪元年(1875)	《松阳县志》	
	属台州市	清光绪元年(1875)	《黄岩县志》	
	缙云县	清光绪二年(1876)	《缙云县志》	
	海盐县	清光绪二年(1876)	《海盐县志》	
	属安吉县	清光绪三年(1877)	《孝丰县志》	
	莲都区、龙泉市、缙云县、青田县、云和县、遂昌县、松阳县、庆元县、景宁畲族自治县	清光绪三年(1877)	《处州府志》	
	属台州市	清光绪三年(1877)	《黄岩县志》	
	龙泉市	清光绪四年(1878)	《龙泉县志》	
	泰顺县	清光绪四年(1878)	《分疆录》	
	嘉兴市、平湖市、桐乡市、嘉善县、海盐县	清光绪五年(1879)	《嘉兴府志》	

（续表）

省级政区	今地	来源		备注
		时间	方志名	
	属宁波市	清光绪五年(1879)	《镇海县志》	
	属桐乡市	清光绪五年(1879)	《石门县志》	
	兰溪市	清光绪十四年(1888)	《兰溪县志》	
	上虞市	清光绪十七年(1891)	《上虞县志》	
	嘉善县	清光绪十八年(1892)	《嘉善县志》	
	仙居县	清光绪二十年(1894)	《仙居志》	
	杭州市、富阳市、临安市、海宁市	清光绪二十四年(1898)	《杭州府志》	
	上虞市	清光绪二十五年(1899)	《上虞县志校续》	
	余姚市	清光绪二十五年(1899)	《余姚县志》	
	慈溪市	清光绪二十五年(1899)	《慈溪县志》	
安徽	含山县、和县	明正统六年(1441)	《和州志》	
	凤阳县	明成化六年(1470)	《中都志》	
	歙县、休宁县、黟县、祁门县、绩溪县等地	明弘治十五年(1502)	《徽州府志》	
	阜阳市、界首市、临泉县、太和县、阜南县、颍上县、凤台县	明正德六年(1511)	《颍州志》	
	铜陵市、铜陵县、贵池区、东至县、石台县、青阳县	明正德十三年(1518)	《池州府志》	
	无为县	明正德十五年(1520)	《无为州志》	
	和县	明嘉靖七年(1528)	《和州志》	
	郎溪县	明嘉靖十年(1531)	《建平县志》	
	阜阳市、界首市、临泉县、太和县、阜南县、颍上县、凤台县	明嘉靖十五年(1536)	《颍州志》	
	灵璧县	明嘉靖十六年(1537)	《宿州志》	仅见灵璧县
	铜陵市、铜陵县、贵池县、东至县、石台县、青阳县	明嘉靖二十四年(1545)	《池州府志》	多鹳
	宁国市	明嘉靖二十八年(1549)	《宁国县志》	鹳(似鹤而差小。屋上结巢)
	寿县	明嘉靖二十九年(1550)	《寿州志》	
	天长市	明嘉靖二十九年(1550)	《天长县志》	
	安庆市、桐城市、怀宁县、枞阳县、潜山县、太湖县、宿松县、望江县、岳西县	明嘉靖三十年(1551)	《安庆府志》	
	六安市、霍山县等地	明嘉靖三十四年(1555)	《六安州志》	
	谯城区	明嘉靖四十三年(1564)	《亳州志》	
	太和县	明万历二年(1574)	《太和县志》	
	合肥市、肥东县、肥西县、舒城县、六安市、霍山县、居巢区、庐江县、无为县等地	明万历三年(1575)	《庐州府志》	
	舒城县	明万历八年(1580)	《舒城县志》	
	六安市、霍山县等地	明万历十二年(1584)	《六安州志》	
	望江县	明万历二十二年(1594)	《望江县志》	
	埇桥区	明万历二十四年(1596)	《宿州志》	

（续表）

省级政区	今地	来源		备注
		时间	方志名	
	怀远县	明万历三十三年(1605)	《怀远县志》	
	铜陵市、铜陵县、贵池区、东至县、石台县、青阳县	明万历四十年(1612)	《池州府志》	
	滁州市、来安县、全椒县	明万历四十二年(1614)	《滁阳志》	
	含山县	清顺治八年(1651)	《含山县志》	
	太湖县	清顺治十年(1653)	《太湖县志》	
	潜山县	清顺治十一年(1654)	《潜山县志》	
	贵池区	清顺治十四年(1657)	《贵池县志》	
	东至县	清康熙元年(1662)	《建德县志》	
	霍邱县	清康熙九年(1670)	《霍邱县志》	
	泗县	清康熙十一年(1672)	《虹县志》	
	五河县	清康熙十一年(1672)	《五河县志》	
	马鞍山市、当涂县、芜湖市、繁昌县	清康熙十二年(1673)	《太平府志》	
	滁州市、来安县、全椒县	清康熙十二年(1673)	《滁州志》	
	安庆市、桐城市、怀宁县、枞阳县、潜山县、太湖县、宿松县、望江县、岳西县	清康熙十二年(1673)	《安庆府志》	
	蒙城县	清康熙十五年(1676)	《蒙城县志》	
	桐城县	清康熙二十二年(1683)	《桐城县志》	
	含山县、和县	清康熙二十三年(1684)	《和州志》	
	含山县	清康熙二十三年(1684)	《含山县志》	
	望江县	清康熙三十四年(1695)	《望江县志》	
	合肥市	清康熙三十六年(1697)	《合肥县志》	
	当涂县	清康熙四十六年(1707)	《当涂县志》	鹳(白鹳、青鹳两种)
	怀远县	清雍正二年(1724)	《怀远县志》	
	居巢区	清雍正八年(1730)	《巢县志》	
	来安县	清雍正十三年(1735)	《来安县志》	
	郎溪县、广德县	清乾隆四年(1739)	《广德州志》	
	无为县	清乾隆八年(1743)	《无为州志》	
	当涂县	清乾隆十五年(1750)	《当涂县志》	
	六安市、霍山县等地	清乾隆十六年(1751)	《六安州志》	
	繁昌县	清乾隆十六年(1751)	《繁昌县志》	
	颍上县	清乾隆十八年(1753)	《颍上县志》	
	绩溪县	清乾隆二十一年(1756)	《绩溪县志》	
	寿县	清乾隆三十二年(1767)	《寿州志》	
	望江县	清乾隆三十三年(1768)	《望江县志》	
	合肥市、肥东县、肥西县、舒城县、居巢区、庐江县、无为县	清嘉庆八年(1803)	《庐州府志》	

（续表）

省级政区	今地	来源		备注
		时间	方志名	
	合肥市	清嘉庆九年(1804)	《合肥县志》	
	泾县	清嘉庆十一年(1806)	《泾县志》	
	绩溪县	清嘉庆十五年(1810)	《绩溪县志》	鹳(白鹳、乌鹳)
	天长市	清嘉庆十七年(1812)	《天长县志》	
	芜湖县、南陵县、黄山市、宣州区、宁国市、泾县、旌德县	清嘉庆二十年(1815)	《宁国府志》	
	萧县	清嘉庆二十年(1815)	《萧县志》	
	怀远县	清嘉庆二十四年(1819)	《怀远县志》	
	繁昌县	清道光六年(1826)	《繁昌县志》	
	休宁县、歙县、祁门县、黟县、绩溪县等地	清道光七年(1827)	《徽州府志》	
	桐城市	清道光七年(1827)	《桐城县志》	
	宿松县	清道光八年(1828)	《宿松县志》	
	寿县	清道光九年(1829)	《寿州志》	
	颍上县	清同治九年(1870)	《颍上县志》	
	蒙城县	清同治九年(1870)	《蒙城县志》	
	宿松县	清同治九年(1870)	《宿松县志》	
	祁门县	清同治十二年(1873)	《祁门县志》	
	合肥市、肥东县、肥西县、舒城县、居巢区、无为县、庐江县	清光绪十一年(1885)	《庐州府志》	
	金寨县等地	清光绪十三年(1887)	《光州志》	
	泗县	清光绪十四年(1888)	《泗虹合志》	
	五河县	清光绪二十年(1894)	《五河县志》	
福建	将乐县	明弘治十八年(1505)	《将乐县志》	
	顺昌县	明正德十五年(1520)	《顺昌邑志》	鹳(白鹳、乌鹳)
	延平区、顺昌县、三明市、永安市、大田县、尤溪县、沙县、将乐县	明嘉靖四年(1525)	《延平府志》	
	明溪县、宁化县、清流县、长汀县、武平县、上杭县、永定县、连城县	明嘉靖六年(1527)	《汀州府志》	
	惠安县	明嘉靖九年(1530)	《惠安县志》	鹳(似鹤而不善唳，其鸣但以喙相击作声)
	尤溪县	明嘉靖九年(1530)	《尤溪县志》	
	蕉城区、福安市、福鼎市、霞浦县、柘荣县	明嘉靖十七年(1538)	《福宁州志》	
	蕉城区	明嘉靖十七年(1538)	《宁德县志》	
	仙游县	明嘉靖十七年(1538)	《仙游县志》	
	武夷山市、建阳市、浦城县	明嘉靖二十年(1541)	《建宁府志》	专标注
	沙县	明嘉靖二十四年(1545)	《沙县志》	
	漳平市	明嘉靖二十八年(1549)	《漳平县志》	

（续表）

省级政区	今地	来源		备注
		时间	方志名	
	安溪县	明嘉靖三十一年(1552)	《安溪县志》	
	建阳市	明嘉靖三十二年(1553)	《建阳县志》	鹳(白鹳、乌鹳)
	蕉城区、福安市、福鼎市、霞浦县、柘荣县	明万历二十一年(1593)	《福宁州志》	
	永安市	明万历二十二年(1594)	《永安县志》	
	福州市、福清市、长乐市、闽侯县、连江县、罗源县、闽清县、永泰县、平潭县、屏南县、古田县	明万历二十四年(1596)	《福州府志》	
	福安市	明万历二十五年(1597)	《福安县志》	
	建阳市	明万历二十九年(1601)	《建阳县志》	
	福州市、福清市、长乐市、闽侯县、连江县、罗源县、闽清县、永泰县、平潭县、屏南县、古田县	明万历四十一年(1613)	《福州府志》	
	蕉城区、福安市、福鼎市、霞浦县、柘荣县	明万历四十四年(1616)	《福宁州志》	
	尤溪县	明崇祯九年(1636)	《尤溪县志》	
	浦城县	清顺治八年(1651)	《蒲城县志》	
	泰宁县	清康熙二十五年(1686)	《泰宁县志》	
	武夷山市、建瓯市、建阳市、浦城县、松溪县、政和县	清康熙三十二年(1693)	《建宁府志》	
	漳浦县	清康熙三十九年(1700)	《漳浦县志》	
	平和县	清康熙五十七年(1718)	《平和县志》	
	永安市	清雍正十年(1732)	《永安县志》	
	福州市、福清市、长市乐、闽侯县、连江县、罗源县、闽清县、永泰县、平潭县、屏南县、古田县	清乾隆十六年(1751)	《福州府志》	
	明溪县、宁化县、清流县、长汀县、武平县、上杭县、永定县、连城县	清乾隆十七年(1752)	《汀州府志》	
	蕉城区、福安市、福鼎市、寿宁县、霞浦县、柘荣县、周宁县	清乾隆二十七年(1762)	《福宁府志》	
	龙海市	清乾隆二十七年(1762)	《龙溪县志》	
	晋江市	清乾隆三十年(1765)	《晋江县志》	
	延平区、顺昌县、三明市、永安市、将乐县、沙县、尤溪县	清乾隆三十年(1765)	《延平府志》	
	属厦门市	清乾隆四十二年(1777)	《马巷厅志》	
	大田县、永春县、德化县	清乾隆五十二年(1787)	《永春州志》	
	福鼎市	清嘉庆十一年(1806)	《福鼎县志》	
	莆田市、仙游县	清道光九年(1829)	《福建通志·兴化府》	
	上杭县	清同治三年(1864)	《上杭县志》	
	明溪县、清流县、宁化县、长汀县、永定县、上杭县、武平县、连城县	清同治六年(1867)	《汀州府志》	
	长乐市	清同治八年(1869)	《长乐县志》	
	分属永安市、新罗区、漳平市	清光绪元年(1875)	《宁洋县志》	

（续表）

省级政区	今　地	来　源		备　注
		时　间	方志名	
	长汀县	清光绪五年(1879)	《长汀县志》	
	福安市	清光绪十年(1884)	《福安县志》	
	福州市	清光绪二十年(1894)	《闽县乡土志》	
	闽侯县	清光绪二十年(1894)	《侯官县乡土志》	
	光泽县	清光绪二十三年(1897)	《光泽县志》	
	邵武市、光泽县、泰宁县、建宁县	清光绪二十四年(1898)	《邵武府志》	
江西	婺源县等地	明弘治十五年(1502)	《徽州府志》	
	临川区、崇仁县、乐安县、宜黄县、金溪县、东乡县	明弘治十五年(1502)	《抚州府志》	
	南丰县、南城县、资溪县、广昌县、黎川县	明正德十二年(1517)	《建昌府志》	
	铅山县	明嘉靖四年(1525)	《铅山县志》	
	月湖区、贵溪县、信州区、上饶县、广丰县、玉山县、铅山县、横峰县、弋阳县	明嘉靖五年(1526)	《广信府志》	
	九江市、瑞昌市、九江县、德安县、湖口县、彭泽县	明嘉靖六年(1527)	《九江府志》	
	金溪县	明嘉靖六年(1527)	《金溪县志》	
	章贡区、瑞金市、石城县、安远县、赣县、宁都县、寻乌县、兴国县、定南县、于都县、龙南县、信丰县、全南县、会昌县	明嘉靖十五年(1536)	《赣州府志》	
	修水县	明嘉靖二十二年(1543)	《宁州志》	
	丰城市	明嘉靖四十二年(1563)	《丰乘》	
	渝水区、樟树市、新干县、峡江县	明隆庆六年(1572)	《临江府志》	
	永新县	明万历六年(1578)	《永新县志》	
	南昌市、南昌县、新建县、进贤县、武宁县、丰城市、奉新县、靖安县	明万历十六年(1588)	《南昌府志》	鹳(状类鹤)
	丰城县	清康熙三年(1664)	《丰城县志》	
	九江市、瑞昌市、九江县、德安县、湖口县、彭泽县	清康熙十二年(1673)	《九江府志》	鹳(形状如鹤)
	浮梁县	清康熙十二年(1673)	《浮梁县志》	
	渝水区	清康熙十二年(1673)	《新喻县志》	
	崇仁县	清康熙十二年(1673)	《崇仁县志》	
	资溪县	清康熙十二年(1673)	《泸溪县志》	
	会昌县	清康熙十四年(1675)	《会昌县志》	
	新建县	清康熙十九年(1680)	《新建县志》	
	修水县	清康熙十九年(1680)	《宁州志》	
	万载县	清康熙二十二年(1683)	《万载县志》	
	分宜县	清康熙二十二年(1683)	《分宜县志》	
	贵溪市、信州区、上饶县、广丰县、玉山县、铅山县、横峰县、弋阳县	清康熙二十二年(1683)	《广信郡志》	鹳(类鹤小，无丹顶)
	万安县	清康熙二十八年(1689)	《万安县志》	

（续表）

省级政区	今地	来源		备注
		时间	方志名	
	临川区	清乾隆五年(1740)	《临川县志》	
	吉水县	清乾隆十五年(1750)	《吉水县志》	
	黎川县	清乾隆十六年(1751)	《新城县志》	
	南城县	清乾隆十七年(1752)	《南城县志》	
	南丰县、南城县、资溪县、广昌县、黎川县	清乾隆二十一年(1756)	《建昌府志》	
	南丰县	清乾隆三十年(1765)	《南丰县志》	
	宜黄县	清道光五年(1825)	《宜黄县志》	
	丰城市	清道光五年(1825)	《丰城县志》	
	婺源县等地	清道光七年(1827)	《徽州府志》	
	金溪县	清道光二十八年(1848)	《金溪县志》	
	崇义县	清同治六年(1867)	《崇义县志》	
	樟树市	清同治九年(1870)	《清江县志》	
	临川区	清同治九年(1870)	《临川县志》	
	横峰县	清同治十年(1871)	《兴安县志》	哵哵(即鹳鸽)
	黎川县	清同治十年(1871)	《新城县志》	
	安义县	清同治十年(1871)	《安义县志》	
	鄱阳县	清同治十年(1871)	《鄱阳县志》	
	宜黄县	清同治十年(1871)	《宜黄县志》	
	景德镇市、乐平市、浮梁县、余江县、德兴市、鄱阳县、余干县、万年县	清同治十一年(1872)	《饶州府志》	
	九江县	清同治十一年(1872)	《德化县志》	
	德兴市	清同治十一年(1872)	《德兴县志》	
	都昌县	清同治十一年(1872)	《都昌县志》	鹳(似鹤,不善唳)
	丰城市	清同治十二年(1873)	《丰城县志》	
	修水县	清同治十二年(1873)	《义宁州志》	
	渝水区	清同治十二年(1873)	《新喻县志》	
	南康市、大余县、上犹县、崇义县	清光绪元年(1875)	《南安府志补正》	
	临川区、崇仁县、乐安县、宜黄县、金溪县、东乡县	清光绪二年(1876)	《抚州府志》	
山东	东明县等地	明正统十年(1445)	《大名府志》	因另有“鹊”,故其一似为“鹳”
	属德城区	明嘉靖七年(1528)	《德州志》	
	广饶县、沂源县、安丘市、青州市、诸城市、寿光市、临朐县、昌乐县、日照市、五莲县、莒县、莒南县、沂水县、蒙阴县、沂南县、博兴县	明嘉靖十二年(1533)	《山东通志·青州府》	“灾祥”专标注
	宁津县、庆云县等地	明嘉靖十九年(1540)	《河间府志》	
	夏津县	明嘉靖十九年(1540)	《夏津县志》	
	临朐县	明嘉靖三十一年(1552)	《临朐县志》	

（续表）

省级政区	今　地	来　源		备　注
		时　间	方志名	
	平阴县、阳谷县、东阿县、临沂市、郯城县、平邑县、费县、临沭县、枣庄市、滕州市、济宁市、曲阜市、兖州市、邹城市、微山县、鱼台县、金乡县、嘉祥县、汶上县、泗水县、梁山县、宁阳县、东平县、牡丹区、曹县、定陶县、成武县、单县、巨野县、郓城县	明万历元年(1573)	《兖州府志》	鹳(一名负金，一名背宫，一名旱群)
	宁津县、庆云县等地	明万历四十三年(1615)	《河间府志》	
	巨野县	明天启三年(1623)	《巨野县志》	
	郓城县	明崇祯七年(1634)	《郓城县志》	
	招远市	清顺治十七年(1660)	《招远县志》	
	利津县	清康熙十二年(1673)	《利津县新志》	
	临清市	清康熙十三年(1674)	《临清州志》	
	属枣庄市	清康熙十三年(1674)	《沂州志》	鹳(白鹳、黑鹳)
	桓台县	清康熙三十二年(1693)	《新城县志》	
	邹城市	清康熙五十四年(1715)	《邹县志》	
	平原县	清乾隆十四年(1749)	《平原县志》	
	东明县	清乾隆二十一年(1756)	《东明县志》	
	高青县	清乾隆二十三年(1758)	《高苑县志》	
	潍坊市	清乾隆二十五年(1760)	《潍县志》	
	属枣庄市	清乾隆二十六年(1761)	《沂县志》	
	乐陵市	清乾隆二十七年(1762)	《乐陵县志》	
	莒县	清嘉庆元年(1796)	《莒州志》	
	平阴县	清嘉庆十三年(1808)	《平阴县志》	
	东阿县	清道光九年(1829)	《东阿县志》	
	冠县	清道光十年(1830)	《冠县县志》	
	属济南市	清道光十五年(1835)	《长清县志》	
	博兴县	清道光二十年(1840)	《博兴县志》	
	济南市、章丘市、济阳县、德城区、禹城市、陵县、平原县、齐河县、临邑县、淄博市、桓台县、邹平县	清道光二十年(1840)	《济南府志》	
	济宁市、鱼台县、金乡县、嘉祥县	清道光二十一年(1841)	《济宁州志》	
	胶州市	清道光二十五年(1845)	《胶州志》	鹳(俗名灰鹳)
	庆云县	清咸丰五年(1855)	《庆云县志》	
	滨城区	清咸丰十年(1860)	《滨州志》	
	即墨市	清同治十一年(1872)	《即墨县志》	
	临朐县	清光绪十年(1884)	《临朐县志》	
	日照市	清光绪十二年(1886)	《日照县志》	

（续表）

省级政区	今地	来源		备注
		时间	方志名	
台湾	台北市、基隆市、高雄市、台南市、台中市、新竹市、嘉义市、台北县、高雄县、台南县、台中县、新竹县、嘉义县、屏东县、台东县、花莲县、宜兰县、桃园县、苗栗县、彰化县、南投县、云林县、澎湖县	清康熙三十年(1691)	《台湾府志》	黑鹳
	台南市	清康熙五十九年(1720)	《台湾县志》	
	台北市、基隆市、高雄市、台南市、台中市、新竹市、嘉义市、台北县、高雄县、台南县、台中县、新竹县、嘉义县、屏东县、台东县、花莲县、宜兰县、桃园县、苗栗县、彰化县、南投县、云林县、澎湖县	清乾隆十二年(1747)	《台湾府志》	

4.4 中南

据现代调查、鉴别，中南也分布有东方白鹳与黑鹳两种，并且本区大部分地区是它们的越冬地。

1978 年，汝州市（原临汝县）阎村出土一件新石器时代仰韶文化的敞口、圆唇、深腹彩陶缸（高 47 cm，口径 32.7 cm，底径 19.5 cm），外腹部彩绘（画面纵 37 cm，横 44 cm，约占缸 1/3），整幅作品分为两组（图 4.57、图 4.58）：右画面是一把竖立的装有木柄的石斧，左画面是一水鸟（瞪眼，长喙，身躯后倾，双腿直撑，昂首衔鱼）面对竖立的石斧（临汝县文化馆，1981；孙彦，2008）。据水鸟的形态与生态判断，是一只鹳；亦即反映在公元前 5000 年至公元前 3000 年，这一带不仅早有鹳栖息，而且并不罕见，使得先民可以成竹在胸地绘制出其形象。古方志中《汝州志》相关记载，可作为佐证。

古方志记载本区鹳属的分布地也不少（表 4.5）。

图 4.57 鹳鱼石斧缸①

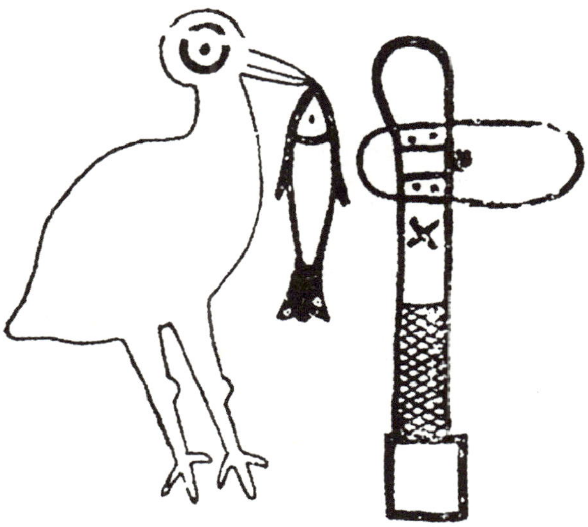

图 4.58 线描鹳鱼石斧图（孙彦，2008）

①河南博物院《国家宝藏》特展. http://bbs.artron.net/forum.php? mod=viewthread&tid=942731

表 4.5　　历史时期方志记载中南的“鹳”

省级政区	今地	来源		备注
		时间	方志名	
河南	长垣县、浚县、滑县、内黄县、华龙区、清丰县、南乐县、濮阳县等地	明正统十年(1445)	《大名府志》	因另有“鹊”，故其一似为“鹳”
	内乡县	明成化二十一年(1485)	《内乡县志》	
	汝阳县、伊川县、平顶山市、汝州市、宝丰县、鲁山县、郏县	明正德元年(1506)	《汝州志》	
	新乡市、新乡县	明正德元年(1506)	《新乡县志》	
	舞阳县、叶县、南阳市、邓州市、南召县、方城县、西峡县、镇平县、内乡县、淅川县、社旗县、唐河县、新野县、桐柏县、泌阳县	明正德二年(1507)	《南阳府志》	
	太康县	明嘉靖三年(1524)	《太康县志》	
	辉县市	明嘉靖六年(1527)	《辉县志》	
	属范县	明嘉靖六年(1527)	《濮州志》	
	属华龙区、濮阳县	明嘉靖十三年(1534)	《开州志》	
	范县	明嘉靖十四年(1535)	《范县志》	
	南乐县	明嘉靖十八年(1539)	《南乐县志》	
	固始县	明嘉靖二十一年(1542)	《固始县志》	
	叶县	明嘉靖二十一年(1542)	《叶县志》	
	商丘市、永城市、虞城县、民权县、宁陵县、睢县、夏邑县、柘城县、鹿邑县、郸城县	明嘉靖二十二年(1543)	《归德志》	
	方城县	明嘉靖二十五年(1546)	《裕州志》	
	兰考县	明嘉靖二十五年(1546)	《兰阳县志》	
	夏邑县	明嘉靖二十七年(1548)	《夏邑县志》	
	尉氏县	明嘉靖二十七年(1548)	《尉氏县志》	
	商城县	明嘉靖三十年(1551)	《商城县志》	
	鲁山县	明嘉靖三十一年(1552)	《鲁山县志》	
	属兰考县	明嘉靖三十三年(1554)	《仪封县志》	
	属漯河市	明嘉靖三十三年(1554)	《郾城县志》	
	正阳县	明嘉靖三十四年(1555)	《真阳县志》	
	光山县	明嘉靖三十五年(1556)	《光山县志》	
	项城市	明万历二十八年(1600)	《项城县志》	
	滑县	清顺治十一年(1654)	《滑县志》	
	封丘县	清顺治十六年(1659)	《封丘县志》	
	西华县	清顺治十六年(1659)	《西华县志》	
	固始县	清顺治十七年(1660)	《固始县志》	
	登封市、巩义市、渑池县、洛阳市、偃师市、孟津县、新安县、嵩县、宜阳县、洛宁县、伊川县	清顺治十八年(1661)	《河南府志》	

（续表）

省级政区	今地	来源		备注
		时间	方志名	
	信阳市、罗山县、驿城区、确山县、遂平县、西平县、上蔡县、汝南县、平舆县、新蔡县、正阳县	清康熙元年(1662)	《汝宁府志》	
	西平县	清康熙九年(1670)	《西平县志》	
	华龙区、濮阳县	清康熙十二年(1673)	《开州志》	
	长垣县	清康熙十九年(1680)	《长垣县志》	
	睢县	清康熙三十二年(1693)	《睢州志》	
	登封市、巩义市、渑池县、洛阳市、偃师市、孟津县、新安县、嵩县、宜阳县、洛宁县、伊川县	清康熙三十四年(1695)	《河南府志》	
	兰考县	清康熙三十四年(1695)	《兰阳县志》	
	卫辉市	清康熙三十四年(1695)	《汲县志》	
	太康县	清康熙三十六年(1697)	《太康县志》	
	商丘市	康熙四十四年(1705)	《商丘县志》	
	虞城县	清乾隆三年(1738)	《虞城县志》	
	方城县	清乾隆五年(1740)	《裕州志》	
	属荥阳市	清乾隆九年(1744)	《汜水县志》	
	洛阳市	清乾隆十年(1745)	《洛阳县志》	
	渑池县	清乾隆十一年(1746)	《渑池县志》	
	川汇区、项城市、扶沟县、西华县、商水县、太康县、淮阳县、沈丘县	清乾隆十一年(1746)	《陈州府志》	
	襄城县	清乾隆十一年(1746)	《襄城县志》	
	确山县	清乾隆十一年(1746)	《确山县志》	
	新乡市	清乾隆十二年(1747)	《新乡县志》	
	原阳县	清乾隆十二年(1747)	《原武县志》	
	禹州市	清乾隆十二年(1747)	《禹州志》	
	属灵宝市	清乾隆十二年(1747)	《闵乡县志》	
	淮阳县	清乾隆十九年(1754)	《淮宁县志》	
	西华县	清乾隆十九年(1754)	《西华县志》	
	汝阳县	清乾隆三十一年(1766)	《伊阳县志》	
	安阳市、林州市、安阳县、汤阴县、内黄县等地	清乾隆五十二年(1787)	《彰德府志》	
	方城县	清乾隆五十五年(1790)	《裕州志》	
	商城县	清嘉庆八年(1803)	《商城县志》	
	舞阳县、叶县、南阳市、邓州市、南召县、方城县、西峡县、镇平县、内乡县、淅川县、社旗县、唐河县、新野县、桐柏县、泌阳县	清嘉庆十二年(1807)	《南阳府志》	
	长垣县	清嘉庆十五年(1810)	《长垣县志》	
	渑池县	清嘉庆十五年(1810)	《渑池县志》	

（续表）

省级政区	今地	来源		备注
		时间	方志名	
	安阳市、安阳县	清嘉庆二十四年(1819)	《安阳县志》	
	太康县	清道光八年(1828)	《太康县志》	
	泌阳县	清道光八年(1828)	《泌阳县志》	
	扶沟县	清道光十三年(1833)	《扶沟县志》	
	辉县市	清道光十五年(1835)	《辉县志》	
	汝阳县	清道光十八年(1838)	《伊阳县志》	
	魏都区	清道光十八年(1838)	《许州志》	
	灵宝市	清光绪二年(1876)	《灵宝县志》	
	商丘市	清光绪十一年(1885)	《商丘县志》	
	息县、淮滨县、潢川县、光山县、固始县、商城县、新县等地	清光绪十三年(1887)	《光州志》	
	扶沟县	清光绪十九年(1893)	《扶沟县志》	
	虞城县	清光绪二十一年(1895)	《虞城县志》	
湖北	属襄樊市、老河口市、宜城市、南漳县	明天顺三年(1459)	《襄阳郡志》	襄阳县、宜城县产“老鹳”，南漳县、光化县产“鹳”
	属武汉市、大悟县、黄州区、麻城市、武穴市、红安县、罗田县、浠水县、蕲春县、黄梅县、团风县	明弘治十三年(1500)	《黄州府志》	
	老河口市	明正德十年(1515)	《光化县志》	老鹳
	应城市、安陆市、云梦县、曾都区、广水市	明正德十二年(1517)	《德安府志》	
	仙桃市	明嘉靖九年(1530)	《沔阳州志》	多鹳
	仙桃市	明嘉靖十年(1531)	《沔阳志》	多鹳
	广水市	明嘉靖十九年(1540)	《应山县志》	
	巴东县	明嘉靖三十年(1551)	《巴东县志》	
	英山县等地	明嘉靖三十四年(1555)	《六安州志》	
	兴山县、秭归县、巴东县	明嘉靖四十三年(1564)	《归州志》	
	英山县等地	明万历三年(1575)	《庐州府志》	
	丹江口市、襄樊市、老河口市、枣阳市、宜城市、南漳县、谷城县	明万历十二年(1584)	《襄阳府志》	
	英山县等地	明万历十二年(1584)	《六安州志》	
	红安县	明万历十三年(1585)	《黄安初乘》	
	荆门市、钟祥市、京山县、洪湖市、当阳市、仙桃市、天门市、潜江市	明万历三十年(1602)	《承天府志》	
	兴山县、秭归县、巴东县	明万历三十七年(1609)	《归州志》	
	郧县、竹山县、房县、郧西县、竹溪县、保康县	清康熙二十四年(1685)	《郧阳府志》	
	潜江市	清康熙三十三年(1694)	《潜江县志》	
	宜都市	清康熙三十六年(1697)	《宜都县志》	

（续表）

省级政区	今　地	来　源		备　注
		时　间	方志名	
	监利县	清康熙四十一年(1702)	《监利县志》	
	英山县等地	清乾隆十六年(1751)	《六安州志》	
	蕲春县	清乾隆二十年(1755)	《蕲州志》	
	竹山县	清乾隆五十年(1785)	《竹山县志》	
	房县	清乾隆五十三年(1788)	《房县志》	
	钟祥市	清乾隆六十年(1795)	《钟祥县志》	
	鹤峰县	清道光二年(1822)	《鹤峰州志》	
	枝江市	清道光八年(1828)	《枝江县志》	
	蕲春县	清咸丰二年(1852)	《蕲州志》	
	应城市	清咸丰三年(1853)	《应城县志》	
	宣恩县	清同治二年(1863)	《宣恩县志》	白鹳
	宜昌市	清同治三年(1864)	《东湖县志》	
	竹山县	清同治四年(1865)	《竹山县志》	
	宜昌市、兴山县、秭归县、长阳土家族自治县、五峰土家族自治县、巴东县	清同治五年(1866)	《宜昌府志》	
	当阳市	清同治五年(1866)	《当阳县志》	老鹳
	宜城市	清同治五年(1866)	《宜城县志》	
	巴东县	清同治五年(1866)	《巴东县志》	
	宜都市	清同治五年(1866)	《宜都县志》	
	远安县	清同治五年(1866)	《远安县志》	老鹳
	郧西县	清同治五年(1866)	《郧西县志》	
	秭归县	清同治五年(1866)	《归州志》	
	石首县	清同治五年(1866)	《石首县志》	
	英山县	清同治九年(1870)	《英山县志》	
	安陆市	清同治十一年(1872)	《安陆县志》	
	潜江市	清光绪六年(1880)	《潜江县志》	
	浠水县	清光绪六年(1880)	《蕲水县志》	
	属咸安区	清光绪八年(1882)	《咸宁县志》	
	属武汉市、黄州区、麻城市、武穴市、红安县、罗田县、浠水县、蕲春县、黄梅县、团风县	清光绪十年(1884)	《黄州府志》	老鹳
	鄂州市	清光绪十一年(1885)	《武昌县志》	
湖南	长沙市、浏阳市、长沙县、望城县、宁乡县、益阳市、桃江县、安化县、株洲市、湘阴县、醴陵市、株洲县、攸县、茶陵县、湘潭市、湘乡市、韶山市、湘潭县、涟源县、双峰县	明嘉靖十二年(1533)	《长沙府志》	
	慈利县、安乡县、澧县、石门县	明嘉靖四十一年(1562)	《澧州志》	
	邵阳市、武冈市、邵东县、邵阳县、新邵县、隆回县、洞口县、新宁县、城步苗族自治县、新化县	明隆庆元年(1567)	《宝庆府志》	

(续表)

省级政区	今　地	来　源		备　注
		时　间	方志名	
	桃源县	明万历四年(1576)	《桃源县志》	
	邵阳市、邵阳县	清康熙二十三年(1684)	《邵阳县志》	
	临湘市	清康熙二十四年(1685)	《临湘县志》	
	张家界市	清康熙二十四年(1685)	《永定卫志》	老鹳
	安乡县	清康熙二十六年(1687)	《安乡县志》	
	祁东县、永州市、东安县、道县、宁远县、江永县、新田县、双牌县、祁阳县、江华瑶族自治县	清雍正六年(1728)	《古今图书集成·方舆汇编·职方典·永州府物产考》	
	安乡县	清乾隆十三年(1748)	《安乡县志》	
	张家界市、慈利县、安乡县、澧县、石门县	清乾隆十五年(1750)	《直隶澧州志林》	
	中方县、麻阳县、芷江侗族自治县	清乾隆二十三年(1758)	《沅州府志》	
	慈利县	清嘉庆二十二年(1817)	《慈利县志》	
	新宁县	清道光三年(1823)	《新宁县志》	
	新晃侗族自治县	清道光五年(1825)	《晃州厅志》	
	祁东县、永州市、东安县、道县、宁远县、江永县、新田县、双牌县、祁阳县、江华瑶族自治县	清道光八年(1828)	《永州府志》	白鹳
	隆回县	清咸丰三年(1854)前	《南高平物产记》	
	石门县	清同治七年(1868)	《石门县志》	
	慈利县	清同治八年(1869)	《慈利县志》	
	新化县	清同治十一年(1872)	《新化县志》	
	属永州市	清光绪二年(1876)	《零陵县志》	
	耒阳市	清光绪十一年(1885)	《耒阳县志》	
广东	梅江区、梅县、大埔县、丰顺县、平远县、蕉岭县、湘桥区、潮安县、饶平县、汕头市、南澳县、榕城区、普宁市、揭东县、揭西县、惠来县	明弘治十三年(1500)	《潮州府志》	
	始兴县	明嘉靖十五年(1536)	《始兴县志》	
	封开县、德庆县	明嘉靖二十五年(1546)	《德庆州志》	
	中山市	明嘉靖二十七年(1548)	《香山县志》	鹳(黑白两种)
	梅江区、梅县、大埔县、丰顺县、平远县、蕉岭县、湘桥区、潮安县、饶平县、汕头市、南澳县、榕城区、普宁市、揭东县、揭西县、惠来县	明嘉靖二十六年(1547)	《潮州府志》	
	广州市、增城市、从化市、清城区、连州市、佛冈县、阳山县、清新县、连山壮族瑶族自治、连南瑶族自治县、龙门县、东莞市、深圳市、珠海市、中山市、江门市、恩平市、台山市、开平市、鹤山市、佛山市、肇庆市、高要市、四会市、广宁县、封开县、德庆县、新兴县、江城区、阳春市、阳西县、阳东县、云城区、罗定市、云安县、郁南县等地	明万历二十九年(1601)	《广东通志》	鹳、乌鹳

（续表）

省级政区	今地	来源		备注
		时间	方志名	
	茂名市、化州市、信宜市、高州市、电白县、吴川市、廉江市	明万历(1573～1620)	《高州府志》	
	茂名市、化州市、信宜市、高州市、电白县、吴川市、廉江市	清康熙十一年(1672)	《高州府志》	
	江门市、恩平市、开平市、鹤山市、肇庆市、高要市、四会市、广宁县、封开县、德庆县、新兴县、江城区、阳春市、阳西县、阳东县	清康熙十四年(1675)	《广东通志·物产》	“肇庆府产乌鹳”
	云城区、罗定市、云安县、郁南县	清康熙十四年(1675)	《广东通志·物产》	“罗定州产乌鹳”
	潮安县	清康熙二十五年(1686)	《海阳县志》	
	兴宁市	清康熙二十六年(1687)	《兴宁县志》	
	阳春市	清康熙二十六年(1687)	《阳春县志》	白鹳、乌鹳
	云城区、罗定市、郁南县	清康熙二十六年(1687)	《罗定州志》	
	乐昌市	清康熙二十六年(1687)	《乐昌县志》	
	深圳市	清康熙二十七年(1688)	《新安县志》	
	兴宁市	清乾隆四年(1739)	《兴宁县志》	
	梅江区、兴宁市、梅县、蕉岭县、五华县、平远县	清乾隆十五年(1750)	《嘉应州志》	
	梅江区、梅县、大埔县、丰顺县、平远县、蕉岭县、湘桥区、潮安县、饶平县、汕头市、南澳县、榕城区、普宁市、揭东县、揭西县、惠来县	清乾隆二十八年(1763)	《潮州府志》	
	属惠州市	清乾隆四十八年(1783)	《归善县志》	
	蕉岭县	清乾隆四十八年(1783)	《镇平县志》	
	属佛山市	清嘉庆二十四年(1819)	《三水县志》	
	增城市	清嘉庆二十五年(1820)	《增城县志》	
	平远县	清嘉庆二十五年(1820)	《平远县志》	
	云城区	清道光四年(1824)	《东安县志》	
	电白县	清道光五年(1825)	《电白县志》	
	郁南县	清道光十年(1830)	《西宁县志》	
	化州市	清道光十四年(1834)	《化州志》	
	兴宁市	清咸丰六年(1856)	《兴宁县志》	
	怀集县等地	清同治十二年(1873)	《梧州府志》	
	中山市	清光绪五年(1879)	《香山县志》	
	化州市	清光绪十六年(1890)	《化州志》	
	梅江区、兴宁市、梅县、蕉岭县、五华县、平远县	清光绪二十四年(1898)	《嘉应州志》	

（续表）

省级政区	今地	来源		备注
		时间	方志名	
广西	南宁市、横县、隆安县、上思县、扶绥县、平果县	明嘉靖四十三年(1564)	《南宁府志》	鹳(类鹤而小，丹顶)
	宾阳县、上林县、兴宾区	明万历十三年(1585)	《宾州志》	
	南宁市、横县、隆安县、上思县、扶绥县、平果县	明崇祯十三年(1640)	《南宁府志》	鹳(类鹤而小，丹顶)
	灵山县	清雍正十一年(1733)	《灵山县志》	
	兴业县	清乾隆四十三年(1778)	《兴业县志》	
	藤县	清同治七年(1868)	《藤县志》	
	梧州市、岑溪市、苍梧县、藤县、容县等地	清同治十二年(1873)	《梧州府志》	
	属扶绥县	清光绪四年(1878)	《新宁州志》	
海南	海口市、三亚市、文昌市、琼海市、万宁市、五指山市、东方市、儋州市、临高县、澄迈县、定安县、屯昌县、昌江黎族自治县、白沙黎族自治县、琼中黎族苗族自治县、陵水黎族自治县、保亭黎族苗族自治县、乐东黎族自治县	明正德六年(1511)	《琼台志》	老鹳
	海口市、三亚市、文昌市、琼海市、万宁市、五指山市、东方市、儋州市、临高县、澄迈县、定安县、屯昌县、昌江黎族自治县、白沙黎族自治县、琼中黎族苗族自治县、陵水黎族自治县、保亭黎族苗族自治县、乐东黎族自治县	万历四十六年(1618)	《琼州府志》	老鹤，疑似“老鹳”，因另有“鹤”
香港	香港等地	明万历二十九年(1601)	《广东通志》	
澳门	澳门等地	明万历二十九年(1601)	《广东通志》	

4.5 西南

本区据现代调查、鉴别，实际上大部分也有东方白鹳与黑鹳两种分布，只是古方志的记载明确区分的罕见。

古方志记载本区鹳属的分布地相对较少(表4.6)，尤其是西藏根本未见提及。

表4.6　历史时期方志记载西南的“鹳”

省级政区	今地	来源		备注
		时间	方志名	
重庆	合川区	明万历七年(1579)	《合州志》	
	涪陵区	清康熙五十三年(1714)	《涪州志》	
	万州区	清乾隆十一年(1746)	《万县志》	
	合川区	清光绪四年(1878)	《合州志》	
四川	洪雅县	明嘉靖四十一年(1562)	《洪雅县志》	
	营山县	明万历四年(1576)	《营山县志》	
	泸州市、泸县、合江县、江安县	清康熙四十八年(1709)	《泸州志》	
	东坡区、彭山县、丹棱县、青神县	清康熙五十六年(1717)	《眉州属志》	
	岳池县	清乾隆二十一年(1756)	《岳池县志》	

（续表）

省级政区	今　地	来　源		备　注
		时　间	方志名	
	威远县	清乾隆四十年(1775)	《威远县志》	
	属成都市、旌阳区、什邡市、广汉市、绵竹市	清嘉庆十七年(1812)	《汉州志》	
	江安县	清嘉庆十七年(1812)	《江安县志》	鹳：有两种：似鹄而巢树者为白鹳，黑色曲头者为黑鹳
	属泸州市	清嘉庆十八年(1813)	《纳豁[溪]县志》	鹳
	属高县	清嘉庆十九年(1814)	《庆符县志》	
	彭山县	清嘉庆十九年(1814)	《彭山县志》	
	属成都市	清嘉庆二十年(1815)	《温江县志》	
	营山县	清同治九年(1870)	《营山县志》	
	江油市	清同治十一年(1872)	《彰明县志》	
	会理县	清同治十三年(1874)	《会理州志》	鹳
	旌阳区	清同治十三年(1874)	《德阳县志》	
	岳池县	清光绪元年(1875)	《岳池县志》	
	属高县	清光绪二年(1876)	《庆符县志》	
	属成都市	清光绪二年(1876)	《双流县志》	
	珙县	清光绪九年(1883)		
	兴文县	清光绪十三年(1887)		鹳
	沐川县、马边彝族自治县、自贡市、富顺县、翠屏区、宜宾县、南溪县、长宁县、高县、筠连县、珙县、兴文县、屏山县、美姑县、雷波县	清光绪二十二年(1896)		
贵州	岑巩县	清乾隆五十五年(1790)	《清江志》	
	属凯里市	清道光十八年(1838)	《清平县志》	
	贵阳市、开阳县、修文县、息烽县、贵定县、罗甸县、长顺县、龙里县、惠水县	清道光二十年(1840)	《贵阳府志》	
	遵义市、仁怀市、遵义县、桐梓县、绥阳县、正安县、习水县、道真仡佬族苗族自治县	清道光二十一年(1841)	《遵义府志》	
	清镇市、六枝特区、西秀区、平坝县、普定县、关岭布依族苗族自治县、镇宁布依族苗族自治县、紫云苗族布依族自治县	清咸丰元年(1851)	《安顺府志》	
	正安县	清光绪三年(1877)	《正安州志》	
	湄潭县	清光绪二十五年(1899)	《湄潭县志》	

（续表）

省级政区	今地	来源		备注
		时间	方志名	
云南	寻甸回族自治县	明嘉靖二十九年(1550)	《寻甸府志》	
	大理市、祥云县、宾川县、云龙县、洱源县	明嘉靖四十二年(1563)	《大理府志》	
	昆明市、安宁市、呈贡县、晋宁县、富民县、宜良县、嵩明县、易门县、禄丰县	清康熙三十五年(1696)	《云南府志》	
	隆阳区、施甸县、龙陵县、永德县、镇康县、耿马傣族佤族自治县、潞西市、永平县	清康熙四十一年(1702)	《永昌府志》	
	建水县	清雍正九年(1731)	《建水县志》	
	师宗县、弥勒县、泸西县、丘北县	清乾隆四年(1739)	《广西府志》	
	陆良县	清乾隆十七年(1752)	《陆凉州志》	
	石屏县	清乾隆二十四年(1759)	《石屏州志》	
	昆明市(东川区)、会泽县、巧家县	清乾隆二十六年(1761)	《东川府志》	注：因“东川区”乃今昆明市飞地，故特标出
	永胜县、华坪县、宁蒗彝族自治县	清乾隆三十年(1765)	《永北府志》	
	永善县	清嘉庆八年(1803)	《永善县志》	
	寻甸回族彝族自治县	清道光八年(1828)	《寻甸州志》	
	牟定县	清道光十五年(1835)	《定远县志》	
	昆明市	清道光二十一年(1841)	《昆明县志》	
	宣威市	清道光二十四年(1844)	《宣威州志》	
	大姚县	清道光二十五年(1845)	《大姚县志》	
	麒麟区	清咸丰二年(1852)	《南宁县志》	
	属洱源县	清咸丰四年(1854)	《邓川州志》	
	隆阳区、施甸县、龙陵县、永德县、镇康县、耿马傣族佤族自治县、潞西市、永平县	清光绪十一年(1885)	《永昌府志》	
	沾益县	清光绪十一年(1885)	《霑益州志》	
	腾冲县、瑞丽市、梁河县、盈江县、陇川县	清光绪十三年(1887)	《腾越厅志》	
	鹤庆县	清光绪二十年(1894)	《鹤庆州志》	
	富源县	清光绪二十一年(1895)	《平夷县志》	
	古城区、玉龙纳西族自治县、福贡县、贡山独龙族怒族自治县、兰坪白族普米族自治县、香格里拉县、德钦县、维西傈僳族自治县、剑川县、鹤庆县	清光绪二十一年(1895)	《丽江府志》	

4.6　西北

据现代调查、鉴别，本区既有东方白鹳与黑鹳两种同域分布，在新疆等地也存在白鹳与黑鹳同域分布现象。只是古方志（表4.7）未见记载20世纪前新疆的“鹳”。

表4.7　　历史时期方志记载西北的“鹳”

省级政区	今地	来源		备注
		时间	方志名	
陕西	高陵县	明嘉靖二十年(1541)	《高陵县志》	
	岐山县	明万历十九年(1591)	《岐山县志》	
	华阴市	明万历四十二年(1614)	《华阴县志》	鹳(状赤脚无朱顶，巢于高木绝顶处)
	武功县	明万历四十五年(1617)	《武功县志》	
	礼泉县	明崇祯十一年(1638)	《醴泉县志》	
	属西安市	清康熙四十年(1701)	《临潼县志》	
	淳化县	清康熙四十年(1701)	《淳化县志》	
	神木县	清康熙五十年(1711)	《神木县志》	
	陇县	清康熙五十二年(1713)	《陇州志》	
	蓝田县	清雍正八年(1730)	《蓝田县志》	
	扶风县	清雍正九年(1731)	《扶风县志》	
	高陵县	清雍正十年(1732)	《高陵县志》	
	宜川县	清乾隆十八年(1753)	《宜川县志》	
	武功县	清乾隆二十六年(1761)	《武功县志》	
	延长县	清乾隆二十七年(1762)	《延长县志》	
	宝鸡市	清乾隆二十九年(1764)	《宝鸡县志》	
	宝鸡市、岐山县、凤翔县、陇县、太白县、麟游县、扶风县、千阳县、眉县	清乾隆三十一年(1766)	《凤翔府志》	
	合阳县	清乾隆三十四年(1769)	《郃阳县全志》	
	属西安市	清乾隆四十一年(1776)	《临潼县志》	
	汉滨区、汉阴县、石泉县、紫阳县、岚皋县、平利县、镇坪县、旬阳县、白河县	清嘉庆十七年(1812)	《兴安府志》	
	清涧县	清道光八年(1828)	《清涧县志》	鹳(似鹤而不丹)
	延川县	清道光十一年(1931)	《延川县志》	
	宝塔区、安塞县、子长县、延川县、延长县、甘泉县、宜川县、志丹县、吴旗县、定边县	清嘉庆七年(1802)	《延安府志》	
	宁强县	清光绪十四年(1888)	《宁羌州志》	
	洛南县	清光绪	《雒南县乡土志》	《香旧录》记载明确的，到“光绪戊寅(四年，1878)”

(续表)

省级政区	今地	来源		备注
		时间	方志名	
甘肃	西峰区、庆城县、环县、华池县、合水县、正宁县、宁县	明嘉靖三十六年(1557)	《庆阳府志》	
	徽县	明嘉靖四十二年(1563)	《徽郡志》	
	兰州市、榆中县、临洮县、渭源县、临夏市、临夏县、康乐县、永靖县、广河县、和政县、东乡族自治县、积石山保安族东乡族撒拉族自治县、夏河县等地	明万历三十三年(1605)	《临洮府志》	
	嘉峪关市、肃州区、金塔县、高台县、肃南裕固族自治县	清顺治十四年(1657)	《肃镇志》	
	庄浪县	清康熙六年(1667)	《庄浪县志》	
	兰州市	清康熙二十五年(1686)	《兰州志》	
	兰州市、榆中县、临洮县、渭源县、临夏市、临夏县、康乐县、永靖县、广河县、和政县、东乡族自治县、积石山保安族东乡族撒拉族自治县、夏河县等地	清康熙二十六年(1687)	《临洮府志》	
	临洮县	清康熙二十六年(1687)	《狄道县志》	
	肃州区、高台县	清乾隆二年(1737)	《肃州新志》	
	成县	清乾隆六年(1741)	《成县新志》	
	静宁县	清乾隆十一年(1746)	《静宁州志》	
	凉州区、民勤县	清乾隆十四年(1749)	《五凉全志》	各地物产专列
	泾川县	清乾隆十八年(1753)	《泾州志》	
	临洮县	清乾隆二十八年(1763)	《狄道州志》	
	天水市、清水县、秦安县、张家川回族自治县、礼县、两当县、徽县	清乾隆二十九年(1764)	《直隶秦州新志》	
	皋兰县	清乾隆四十三年(1778)	《皋兰县志》	
	甘州区、民乐县、山丹县、临泽县等地	清乾隆四十四年(1779)	《甘州府志》	
	华亭县	清嘉庆元年(1796)	《华亭县志》	
	徽县	清嘉庆十四年(1809)	《徽县志》	
	崆峒区	清嘉庆二十四年(1819)	《崆峒山志》	
	民勤县	清道光五年(1825)	《镇番县志》	老鹳
	敦煌市	清道光十一年(1831)	《敦煌县志》	
	两当县	清道光二十年(1840)	《两当县志》	
	岷县	清同治四年(1865)	《岷州乡土志》	
	兰州市、皋兰县	清光绪十八年(1892)	《皋兰县志》	老鹳
	肃州区、高台县	清光绪二十三年(1897)	《肃州新志》	老鹳
青海	循化撒拉族自治县、贵德县、贵南县、同仁县、尖扎县等地	明万历三十三年(1605)	《临洮府志》	
	西宁市	清顺治十四年(1657)	《西镇志》	
	循化撒拉族自治县、贵德县、贵南县、同仁县、尖扎县等地	清康熙二十六年(1687)	《临洮府志》	
	祁连县等地	清乾隆四十四年(1779)	《甘州府志》	
宁夏	同心县	清光绪五年(1879)	《平远县志》	

迄今所见早期的文献记载，白鹳在新疆主要分布于西南部的喀什噶尔河流域和叶尔羌河流域（在今喀什地区与和田地区）：牙甫泉（今疏勒县的“牙甫泉镇”）、莎车（县）、依盖尔其（今莎车县的“依盖尔其镇”）、泽普（县）、叶城（县）、桑珠（皮山县的“桑珠乡”）及喀什附近[①]等（Scully J，1876）。

5 20世纪以来的东方白鹳分布变迁

比较确定的是，20世纪以来东方白鹳在我国六大地区皆有分布，主要分布在东部与中部地区，但西部也有少数地方有分布。

5.1 东方白鹳在20世纪的分布

东方白鹳在20世纪分布依然较广，涉及我国六大地区30个省级政区。

5.1.1 华北

本区省级政区皆有东方白鹳栖息记录[②]。它们在这一带多表现为旅鸟，但也发现有繁殖鸟，甚至越冬鸟。

● 天津

所见天津市可确定为东方白鹳的资料，基本上是20世纪后半叶的。

1990年1月，在北大港地区（现大港区）发现有13只东方白鹳越冬（陆健健，1990）。

● 河北

河北省有较多东方白鹳分布记录。

在20世纪，国外学者曾对北戴河（现属秦皇岛市）的东方白鹳进行2次阶段性调查。

1940年代，丹麦的海明森（Axel Hemmingsen）对北戴河的东方白鹳就有连续4年记录：1942年10月22日～11月28日共见1 000～1 500只东方白鹳；1943年，见687～887只东方白鹳；1944年，至少见1 466只东方白鹳；1945年，见1 000～4 000只东方白鹳。

1980年代，英国威廉姆斯（Martin Williams）连续5年观察南飞的东方白鹳：1986年10月11日～11月16日，约2 729只东方白鹳；1987年10月15日～11月21日，见1 531只东方白鹳；1988年10月11日～11月13日，见1 789只东方白鹳；1989年10月15日～11月13日，见1 113只东方白鹳；1990年11月2日～11月14日，有848只东方白鹳（Williams M D，et al，1992）。

据此，可以看出：在20世纪前半叶，途经北戴河一带的东方白鹳曾多达约4 000只；到20世纪后半叶，所见东方白鹳最多的年份，也没有达到3 000只。

● 内蒙古

所见内蒙古自治区可确定为东方白鹳的资料，基本上也是20世纪后半叶的。值得注意的是，已有多地发现东方白鹳在这一带有繁殖鸟。

《内蒙古珍稀濒危动物图谱》称，白鹳（即东方白鹳）的蒙名为查干—乌日比，别名为老鹳。在内蒙古自治区主要繁殖于呼伦贝尔盟（现呼伦贝尔市）、兴安盟、哲里木盟（现通辽市）和赤峰市（凤凌飞，1991），只是缺乏更具体的地点。

《巴林右旗志》（《巴林右旗志》编纂委员会，1990）记述：

> 鹳：当地又称捞鱼鹳、红脚鹳。旗内各水域都有，属大型涉禽，喙长而直，翼长大而尾圆短，羽毛洁白，脚为红色。飞行时长腿抿在后面，“噍噍”地叫。以鱼、虫、蛙、蛇及甲壳为食。

按：该记述仅强调“羽毛洁白，脚为红色”特征，而未提嘴的颜色，说明是东方白鹳，尤其是指出“旗内各水域都有”，表明数量多，更可以排除是“白鹳”的可能性。

土默特左旗境内的“哈素海”（是蒙语“哈拉乌素海”的简称，意为“清澈水之湖”），据1996～1998年6次调查，有白鹳（即东方白鹳）分布（格日乐图等，1999）。

1986年3～10月，在地处克什克腾旗的达里诺尔自然保护区见到2只东方白鹳（旭日干，2007）。

在达赉湖自然保护区（位于新巴尔虎右旗、满洲里市、新巴尔虎左旗）夏季见到过东方白鹳，但近10年没有见到（旭日干，2007）。

1991年6月中旬，在位于伊金霍洛旗的桃力

①据记载情况看，此似指“喀什市”。
②尽管《山西通志》有“一类保护动物：白鹳（是旅鸟）”（山西省史志研究院，1996），但其应是东方白鹳，经核查，仅少数地方有记载。

庙—阿拉善湾海子湿地发现一只东方白鹳，这是在其繁殖季节现于内蒙古西部地区荒漠—半荒漠生境条件的首例报道（Zhang yinsun et al，1992）。

1987年3～10月，在位于科尔沁右翼中旗的科尔沁自然保护区见到17只东方白鹳（张自学等，1989）。自1988年以来，连续7年对科尔沁自然保护区中的东方白鹳的栖息、繁殖情况进行调查研究，证实有40～50只东方白鹳在其间繁育（于有忠，2005）。

1990年，在扎赉特旗图木吉南部的青龙乡发现1对东方白鹳在高压电线杆塔上繁殖（巢中有3只雏鸟）；1991年9月13日，在扎赉特旗图木吉见到14只东方白鹳（刘伯文等，1996）。

5.1.2 东北

能够证实本区东方白鹳20世纪分布的资料基本上是后半叶的。它们在这一带主要表现为繁殖鸟，但也有越冬鸟发现。

● 辽宁

辽宁省多地发现东方白鹳栖息。

《辽宁动物志：鸟类》记载有白鹳（即东方白鹳），别名：老鹳（北名）。分布：庄河（市）的大郑、沙岭，大连（市）的旅顺，盖县的熊岳（现属营口市），大洼（县）的赵圈河，盘山（县），台安（县）的富家，沈阳（市）的浑河，绥中（县），朝阳（朝阳市与朝阳县）。旅鸟（黄沐朋等，1989）。

所见东方白鹳迁飞的地点尚有朝阳、法库（县）、沈阳、辽中（县）、台安、大洼、盖县（现盖州市）、熊岳、庄河（市）、大连等处（王岐山等，1995）。

《中国东北地区珍稀濒危动物志》则称：东方白鹳在庄河、大连、盖县（现盖州市）、大洼、盘山、台安、沈阳、绥中、朝阳等地繁殖（赵正阶，1999）。

1981年12月底～1982年2月，庄河（市）发现一只越冬的东方白鹳（Sun Shide，1991）。

1983年秋季，400余只东方白鹳先后出现在双台子河口附近①，该地是东方白鹳南迁途中的重要停歇站（Sun Shide，1991）。

● 吉林

吉林省也是东方白鹳的主要栖息地之一。

1987年春，在向海自然保护区（通榆县）见到迁徙停歇的东方白鹳30～40只。吉林省见到东方白鹳的地点尚有安图（县）、敦化（市）、靖宇（县）等处（具诚等，1990）。

据《中国动物志：鸟纲.第一卷》记载，向海、莫莫格（在镇赉县）、磐石县（现市）等地是东方白鹳的繁殖地之一（郑作新等，1979）。

《中国东北地区珍稀濒危动物志》称：东方白鹳在向海、莫莫格、吉林（市）、长白山（保护区在安图县、抚松县、长白朝鲜族自治县）等地繁殖（赵正阶，1999）。

● 黑龙江

黑龙江省是东方白鹳的主要繁殖地之一。

据《中国动物志：鸟纲.第一卷》记载，齐齐哈尔（市）、三江平原（保护区在抚远县、同江市）、兴凯湖（在密山市）、哈尔滨（市）等地是东方白鹳的繁殖地之一（郑作新等，1979）。

据黑龙江省自然资源研究所与动物研究所1981～1984分别调查，在乌裕尔河流域（流经北安市、克东县、克山县、拜泉县、依安县、富裕县）、嘟噜河流域（在萝北县一带）、抚远三角洲②、洪河保护区（在抚远县、同江市）、挠力河下游、七星河流域（流经双鸭山市、宝清县、友谊县、富锦市）、阿布沁河（在虎林一带）、兴凯湖发现有东方白鹳栖息（朴仁珠等，1987）。

《中国东北地区珍稀濒危动物志》称：东方白鹳在三江平原、七星河、挠力河（在富锦市、饶河县一带）、浓江（在抚远县）、梧桐河（在鹤岗市与萝北县间）、兴凯湖、齐齐哈尔（市）扎龙、嫩江流域、讷木尔河（在讷河市）、乌裕尔河、镜泊湖（在宁安市）等地繁殖（赵正阶，1999）。

嫩江上游的松岭林业局青林林场（地处宜春市新青区）发现有东方白鹳作巢孵卵（马逸清等，1989）。

5.1.3 华东

华东是东方白鹳主要越冬地之一。

● 上海

上海市有东方白鹳栖息。

①“双台子河口”在盘锦市，2011年正式改称“辽河口”。关于1983年秋季，路过当地的东方白鹳数量，另一说是：孙士德于1983年3月20日和9月中旬至11月中旬，在辽河口分别见到52只、200多只（王岐山，1987）。

②又称熊瞎子岛，2008年10月，其半个正式划归我国，属抚远县。

《上海地区的国家保护动物》称，黑鹳在上海地区是冬候鸟，每年 9 月下旬至翌年 3 月上旬在当地及其以南地区越冬(黄正一等，1991)。

● 浙江

浙江省也有东方白鹳分布，但称“全省各地有分布”，尚缺乏可靠证据。

《浙江动物志：鸟类》称，白鹳(即东方白鹳，别名老鹳)，虽在全省各地有分布，但仅在诸暨(市)、温州(市)采到 2 只东方白鹳(诸葛阳，1990)。

● 山东

山东省分布的东方白鹳多为旅鸟。

王岐山等(1995)记载：据纪家义称，微山湖、济南北部黄河附近、胶东等地都发现过为旅鸟的东方白鹳。

地处长岛县的长岛自然保护区，渔民在海上救出几只可能是从辽宁飞越黄海体力衰竭的东方白鹳(Simba Chan，1991)。可以证实有东方白鹳。

● 台湾

台湾也有东方白鹳栖息。

《台湾脊椎动物志》记述(陈兼善等，1984)：

白鹳：英名 Japanese Stork，Eastern White Stork(译曰东方白鹳)。分布于我国东北、华北各省，在台湾为稀见之冬候鸟，曾见于台南、高雄等地。

按：据此，表明在高雄市、台南市、高雄县、台南县曾有东方白鹳栖息。

1985 年 11～12 月与 1986 年，在台湾西海岸发现 1 只东方白鹳。1989 年 1 月在台南(县)，1990 年 11 月在屏东(县)，各发现 1 只东方白鹳(Simba Chan，1991)。这些发现的东方白鹳，曾被认为是罕见冬候鸟。

然而，在 1993 年 12 月至 1994 年 7 月，东方白鹳在台湾频繁出现，共 19 次观察，记录到 43 只次(林雕，1994)。可见台湾也是东方白鹳可达的越冬地。

5.1.4 中南

中南也是东方白鹳主要越冬地之一。

● 河南

河南省有东方白鹳分布记录，但大部分地方似为其停歇地。

尽管有报道称：1988 年 1 月，在河南黄河故道沼泽区见到 3 只东方白鹳(陆健健，1990)，但缺少具体政区，因河南省有多处称为“黄河湿地”的保护区①，所幸大部分有东方白鹳栖息记录。

● 湖北

湖北省已是东方白鹳正式越冬地。

据 1986 年 11 月至 1989 年 3 月调查，位于武汉市的沉湖湿地，白鹳(即东方白鹳)每年 11 月初开始迁入，翌年 3 月以前北迁，越冬期 100 天左右(王勇军等，1990)。

● 广东

广东省也有东方白鹳抵达。

1988 年 1 月，在深圳市的福田自然保护区发现 2 只东方白鹳(陆健健，1990)。

● 香港

香港特别行政区是东方白鹳较南的越冬地。

香港虽有东方白鹳越冬，“但在香港只能算是迷鸟。因为至 1987 年为止，只有四次确实无疑的记录，每次数量是一只或两只”。然而，1990 年冬季，自 11 月下旬至次年 3 月 9 日，约 80 只东方白鹳②突然飞临香港，主要在与深圳毗邻的香港米埔自然保护区栖息(陈承彦，1991)。

此后，飞临香港的东方白鹳又恢复到过去的正常数量(1991/1992 年冬季，10 只；1992/1993 年冬季，17 只；1993/1994 年冬季，5 只)，亦即从 1990 年开始，在香港出现的东方白鹳被确认为是冬候鸟(王岐山等，1995)。

5.1.5 西南

西南仅零星地方有东方白鹳分布记录。

● 四川

四川省少数地方有东方白鹳栖息。

郑作新(1962)实地调查研究，确认若尔盖高原湿地有白鹳(东方白鹳)等 21 种国家保护动物。

《四川资源动物志》记载，东方白鹳在若尔盖(县)为旅鸟(施白南等，1982)。

1992 年 1 月，在西藏高原东南部的泸沽湖(位于盐源县与云南交界处)见 1 只东方白鹳。居

---

①如“郑州黄河湿地自然保护区(曾称“豫北黄河故道鸟类湿地国家自然保护区”)”“新乡黄河湿地鸟类自然保护区”“濮阳黄河湿地自然保护区”“河南黄河湿地自然保护区”等。

②一说，“到 1991 年 1 月中旬达到 121 只”(王岐山等，1995)。

民反映，东方白鹳在当地悬崖上做过巢（Zhang Yinsun et al，1992）。

● 贵州

贵州省也有少量东方白鹳的报道。

1979 年 12 月，在威宁县保家杨湾水库（海拔 2 250 m）见到 1 只东方白鹳，似为冬候鸟（吴至康等，1986）。王岐山等（1995）又称，据吴至康反映，1984 年 12 月，在威宁县的草海有 4 只东方白鹳越冬。其后几年，均可见到。

据罗蓉反映，1984 年 10 月，在水城县收割后的稻田见 2 只在觅食的东方白鹳（王岐山等，1995）。

● 云南

云南省西北部也有东方白鹳报道。

1992 年，泸沽湖（位于宁蒗彝族自治县与四川交界处）曾见 1 只东方白鹳（Zhang Yinsun et al，1992）。表明东方白鹳可以在此栖息。

5.1.6 西北

西北仅见陕西、甘肃与青海三省有东方白鹳（详见下文）报道。

1985 年 12 月，在陕南大巴山区的平利县发现 2 只东方白鹳；次年冬季，又在此处发现东方白鹳。表明它们可能在此越冬（成英友，1990）。

《中国西北地区珍稀濒危动物志》所称“陕西的平利（旅鸟）”的“白鹳（*Ciconia ciconia*）”（郑生武等，1994），实则东方白鹳（*Ciconia boyciana*）之误。不仅从这 2 种鹳的地理分布（1985 年 12 月的发现可为佐证）可以区分，就是从该书对标本的描述“嘴铅黑色……脚暗橘红色”看，也可以明辨平利县的标本是东方白鹳。

5.1.7 方志记载的东方白鹳

我们根据不同时期的方志记载，截取 20 世纪前、后半叶的东方白鹳记载（表 4.8、表 4.9）。

表 4.8　方志记载的 20 世纪前半叶东方白鹳分布概况

地区	省级政区	今地	来源		内容
			时间	方志名	
华北	北京	房山区	民国十七年(1928)	《房山县志》	鹳(似鹤而顶不丹，颈、嘴皆长。全身灰白色，翼、尾黑色。巢于高树，群鹳旋飞如井字，俗名鹳井)
		顺义区	民国二十二年(1933)	《顺义县志》	鹳(一名大嘴鸟)
		平谷县	民国二十三年(1934)	《平谷县志》	老鹳
	天津	静海县	民国十八年(1929)	《静海县志》	鹳(性喜食蚁。嘴尖，细长，大如鸭。《诗》：鹤(鹳)鸣于垤。俗名与北平之灰鹤所谓鹳者不同)
	河北	馆陶县	清光绪三十四年(1908)	《馆陶县乡土志》	鹳
		泊头市	民国五年(1916)	《交河县志》	鹳(水鸟。似鸿而小。巢于树。将雨则鸣)
		盐山县	民国五年(1916)	《盐山新志》	鹳爵(《广雅》作雚雀。陆玑疏：似鸿而大树上作巢。陶云：有两种。似鹄而巢树上者，为白鹳。)
		昌黎县	民国六年(1917)	《昌黎县志》	鹳
		文安县	民国十一年(1922)	《文安县志》	鹳(性喜食蚁。天阴则鸣。《诗》云：鹳鸣于垤)
		宣化县	民国十一年(1922)	《宣化县新志》	鹳(似鹤，好水。《诗・豳风》言：鹳鸣于垤。《禽经》云：仰鸣则晴，俯鸣则阴)
		宁晋县	民国十八年(1929)	《宁晋县志》	鹳
		馆陶县	民国二十年(1931)	《馆陶县志》	鹳
		柏乡县	民国二十一年(1932)	《柏乡县志》	鹳
		昌黎县	民国二十二年(1933)	《昌黎县志》	鹳
		赤城县	民国二十三年(1934)	《龙关县志》	鹳
		霸州市	民国二十三年(1934)	《霸县新志》	鹳(俗名黄老们)

（续表）

地区	省级政区	今地	来源		内容
			时间	方志名	
		张北县	民国二十四年(1935)	《张北县志》	水鹳（长腿，长嘴，白灰色，长脖，形似灰鹤。一产地，常居河滨，每逢雨前即发现。二食料，喜食水虫类，与人无害）
		香河县	民国二十五年(1936)	《香河县志》	鹳
		馆陶县	民国二十五年(1936)	《馆陶县志》	鹳
	山西	闻喜县	民国八年(1919)	《闻喜县志》	鹳（灰色黄喙）
	山西	盐湖区	民国九年(1920)	《虞乡县新志》	老鹳
东北	辽宁	海城市	清光绪三十三年(1907)	《海城县志》	鹳
东北	辽宁	辽中县	清光绪三十四年(1908)	《辽中县乡土志》	鹳
东北	辽宁	沈阳市	民国六年(1917)	《沈阳县志》	鹳（俗呼水老鹳。鸣则必雨，俗以占雨候）
东北	辽宁	凌海市	民国九年(1920)	《锦县志》	鹳（一名皂裙，又名负釜。《格物总论》曰：鹳，水鸟。状类于鹤。《本草纲目》李时珍曰：鹳似鹤而顶不丹，长颈，赤喙，色灰白，翅尾俱黑。多巢于高木。其飞也，奋于层宵，旋绕如阵。仰天号鸣，必主有雨。其抱卵以影。或云，以声聒之。陶弘景曰：鹳有两种。似鹄而巢树者，为白鹳）
东北	辽宁	岫岩满族自治县	民国十七年(1928)	《岫岩县志》	鹳
东北	辽宁	辽阳市、辽阳县	民国十七年(1928)	《辽阳县志》	鹳（俗名水老鹳。有灰、白二色。高足，长颈喙称之。惯栖浅水捕鱼，得鳝类。屡吞屡洩，末余脊刺一条。其巢每在高树上群集，多年不轻移）
东北	辽宁	盖州市	民国十九年(1930)	《盖平县志》	鹳（即老鹳）
东北	辽宁	辽中县	民国十九年(1930)	《辽中县志》	鹳（似鹤而顶不丹，颈、嘴皆长，全身色灰白。每鸣，则天必雨云）
东北	辽宁	义县	民国十九年(1930)	《义县志》	鹳（状类鹤，长颈，赤喙，色灰白，翅尾俱黑）
东北	辽宁	普兰店市	民国二十年(1931)	《南金乡土志》	鹳
东北	辽宁	东港市	民国二十年(1931)	《安东县志》	鹳（似鹤而顶不丹，高足，颈嘴皆长，全身灰白，翼尾黑色。惯涉浅水捕鱼。巢于高树。县俗名水老鹳，又名水老老）
东北	辽宁	庄河市	民国二十三年(1934)	《庄河县志》	鹳
东北	吉林	公主岭市	清光绪三十四年(1908)	《怀德县乡土志》	鹳
东北	吉林	双辽市	民国三年(1914)	《双山县乡土志》	间有灰鹤（即《诗》所谓鹳也）
东北	吉林	集安市	民国四年(1915)	《辑安县乡土志》	鹳
东北	吉林	双辽市	民国十五年(1926)	《双山县乡土志》	鹳
东北	吉林	双辽市	民国十五年(1926)	《双城县志》	鹳（黑、白两种）
东北	吉林	镇赉县	民国十六年(1927)	《镇东县志》	鹳
东北	吉林	梨树县	民国十八年(1929)	《梨树县志》	鹳

（续表）

地区	省级政区	今地	来源		内容
			时间	方志名	
		安图县	民国十八年(1929)	《安图县志》	鹳(一名水老鹳。状似鹤而顶不丹，长颈，赤喙，身毛灰白，翅尾俱黑。巢必高木。飞奋云霄。每鸣必雨。陈藏器曰：其巢中以泥为池，含水满中养鱼蛇以哺雏)
		抚松县	民国十九年(1930)	《抚松县志》	鹳(俗名水老鹳。有灰、白两色[种]。高足，长颈。惯栖浅水捕鱼，得鳝类屡吞屡泄，末余脊刺一条。其巢每在高树上。时喜群飞)
		集安市	民国二十年(1931)	《辑安县志》	鹳(似鹤而顶不丹，高足，颈嘴皆长，全身灰白，翼尾黑。惯涉浅水捕鱼。俗呼老等，又名缩脖鸟。巢于高树。江河中恒见之)
	黑龙江	依兰县	民国十年(1921)	《依兰县志》	鹳鸟(俗呼为老鹳。足似鸡。又名信天翁)
	黑龙江	宁安市	民国十三年(1924)	《宁安县志》	鹳(水鸟。黑、白两种。清时，羽充贡为箭翎)
	黑龙江	双城市	民国十五年(1926)	《双城县志》	鹳(有黑、白两种)
华东	江苏	常熟市	清光绪三十年(1904)	《常昭合志》	明……万历……十五年(1587)……四月十九日，县治旋风起，飘一席。群鹳随之入云。大水，无麦秋。多飓风，无禾菽(《钱志》)
华东	江苏	沛县	民国九年(1920)	《沛县志》	鹳
华东	江苏	江都市	民国十五年(1926)	《江都县志》	鹳[一名黑尻。似鹤无丹顶，颈赤，喙[长]，色灰白，翅、尾俱黑。巢高木上，不鸣。天将雨，则响发于嘴际(《诗》：鹳鸣于垤。鹳实不鸣)。善旋飞，江淮人谓鹳旋为鹳井]
华东	江苏	属江都市	民国十五年(1926)	《甘泉县续志》	鹳[似鹤无丹顶，颈嘴皆长，全身灰白色，翼尾皆黑，以喙相击作声(《诗》：鹳鸣于垤。实不鸣)，天将雨则为之(《酉阳杂俎》：江淮谓群鹳旋飞为鹳井)]
华东	江苏	宝应县	民国二十一年(1932)	《宝应县志》	鹳
华东	江苏	阜宁县	民国二十三年(1934)	《阜宁县新志》	鹳(栖河沼近旁，或水田中，捕食鱼、介。参《旧志》)
华东	浙江	奉化市	清光绪三十四年(1908)	《奉化县志》	鹳(《尔雅翼》：似鸿而大，长颈，赤喙，啄[长]，白身，黑尾。《乾隆志》注：天将雨，则长鸣。泥其巢旁为一池，含水满之。取鱼置池中，食其雏。若杀其子，则一村致旱灾)
华东	浙江	临安市	清宣统二年(1910)	《临安县志》	鹳(乌、白两种。似鹤而顶不丹)
华东	浙江	新昌县	民国八年(1919)	《新昌县志》	鹳(《嵊志》：春至，巢高木上哺子。秋去海上)
华东	浙江	属舟山市	民国十三年(1924)	《定海县志》	鹳(涉禽，类鹤科。似鹤而顶不丹，颈嘴皆长，全身灰白色，翼尾黑色。巢于乔木。将阴雨则鸣)
华东	浙江	属三门县	民国十九年(1930)	《南田县志》	鹳
华东	浙江	平阳县	民国十四年(1925)	《平阳县志》	鹳(旧：全身白色而形似鹤，食鱼、蛙、虫类)
华东	浙江	嵊州市	民国二十二年(1933)	《嵊县志》	鹳(春至，巢高木上哺子。秋去海上)
华东	浙江	属杭州市	民国二十四年(1935)	《萧山县志稿》	鹳(出白马湖、湘湖)

（续表）

地区	省级政区	今地	来源		内容
			时间	方志名	
		宁海市、台州市、临海市、温岭市、玉环县、天台县、仙居县、三门县等地	民国二十五年(1936)	《台州府志》	鹳(有黑、白二种。仰天号鸣,必主有雨)
		临海市	民国二十四(1935)	《临海县志》	鹳(陶弘景云:有两种:似鹄而巢木者,为白鹳)
	安徽	枞阳县	清光绪三十二年(1906)	《分水县志》	鹳(声若咳啸)
		蒙城县	民国四年(1915)	《蒙城县志书》	鹳
		太和县	民国十四年(1925)	《太和县志》	鹳(《禽经》:仰鸣则晴,俯鸣则阴)
		宁国市	民国二十五年(1936)	《宁国县志》	鹳
		歙县	民国二十六年(1937)	《歙县志》	鹳(似鹤而顶不丹。巢于高树)
	福建	浦城县	清光绪二十六年(1900)	《浦城县志》	鹳(《博物志》:俯鸣则阴,仰鸣则晴)
		延平区	民国九年(1920)	《南平县志》	鹳(似雀[鹤]而顶不丹,颈赤,喙[长],色灰白,翅尾俱黑)
		连江县	民国十六年(1927)	《连江县志》	鹳(以翼相击而鸣。有黑、白二和)
		尤溪县	民国十六年(1927)	《尤溪县志》	鹳(水鸟。仰鸣则晴,俯鸣则阴)
		永春县	民国十六年(1927)	《永春县志》	鹳
		沙县	民国十七年(1928)	《沙县志》	鹳(《豳风注》:水鸟也。天将阴雨则鸣。陶隐居云:似鹄而巢树者,曰白鹳)
		属厦门市	民国十八年(1929)	《同安县志》	鹳(《诗注》:水鸟也。似鹄而巢树者,为白鹳……仰鸣则晴,俯鸣则阴。似鹤无红顶,但以翼相击而鸣。或取其子则旱)
		建瓯市	民国十八年(1929)	《建瓯县志》	鹳(水鸟。仰鸣则晴,俯鸣则雨)
		霞浦县	民国十八年(1929)	《霞浦县志》	鹳(白者似鹊。南乡海滨多有成群聚处者)
		大田县	民国二十年(1931)	《大田县志》	鹳(水鸟也。性好旋飞。将雨则鸣。《诗》云:鹳鸣于垤。《禽经》曰:俯鸣则阴,仰鸣则晴)
		连城县	民国二十七年(1938)	《连城县志》	鹳
		明溪县	民国三十二年(1943)	《明溪县志》	鹳(形略如鹤,无丹顶,全身灰白色。喜食鱼、蛇。亦水鸟也)
		云霄县	民国三十六年(1947)	《云霄县志》	鹳
	山东	高唐县、禹城市、陵县、平原县、临邑县等地	清光绪三十二年(1906)	《高唐州乡土志》	鹳
		章丘市	清光绪三十三年(1907)	《章丘县乡土志》	鹳
		肥城市	清光绪三十四年(1908)	《肥城县乡土志》	鹳
		分属武城县、平原县、夏津县	清宣统元年(1909)	《恩县志》	鹳
		分属高青县、邹平县	清宣统二年(1910)	《齐东县乡土志》	鹳

（续表）

地区	省级政区	今　地	来　　源		内　　容
			时　间	方志名	
		临沂市	民国六年(1917)	《临沂县志》	鹳(似鸿而大)
		无棣县	民国十四年(1925)	《无棣县志》	鹳
		阳信县	民国十五年(1926)	《阳信县志》	鹳(性嗜蚁。每于雨前守蚁封发声)
		青岛市、胶州市、即墨市	民国十七年(1928)	《胶澳志》	鹳
		沾化县	民国二十年(1931)	《霑化县志》	鹳(水禽,不能常见)
		属烟台市	民国二十年(1931)	《福山县志稿》	観
		胶州市	民国二十年(1931)	《胶县志》	鹳(身如鹤,顶无丹,项无乌带。俗名灰鹤)
		齐河县	民国二十二年(1933)	《齐河县志》	鹳(《诗疏》谓之皂君。以其翅尾黑色也。《禽经》云:鹳生三子,一为鹤,巽极成震,阴变阳也。故震为鹤,巽为鹳)
		阳谷县、莘县与河南省等地	民国二十二年(1933)	《朝城县乡土志》	鹳
		曲阜市	民国二十三年(1934)	《曲阜县志》	鹳
		东阿县	民国二十三年(1934)	《东阿县志》	鹳
		广饶县	民国二十四年(1935)	《广饶县志》	鹳(似鹤而顶不丹,颈长,喙赤,色灰白,尾翅俱黑)
		沾化县	民国二十四年(1935)	《霑化县志》	鹳(颈嘴皆长,全身色灰白,翼尾黑色)
		莘县	民国二十六年(1937)	《莘县志》	鹳
中南	河南	南乐县	清光绪二十九年(1903)	《南乐县志》	鹳
		洛宁县	民国六年(1917)	《洛宁县志》	鹳
		魏都区、许昌县	民国十二年(1923)	《许昌县志》	鹳(高脚鸟。性嗜食蛇)
		兰考县	民国十三年(1924)	《考城县志》	鹳(《诗》:鹳鸣于垤。亦作雚。形似鹤,颈嘴皆长,全身灰白色,翼尾黑色。巢于高树。群飞成阵,军中效之。《左传》:郑翩愿为鹳,其御愿为鹅,是也。苏轼诗:诗坛欲敛鹳鹅军)
		长葛市	民国十九年(1930)	《长葛县志》	鹳
		确山县	民国二十年(1931)	《确山县志》	鹳
		商丘市	民国二十一年(1932)	《商丘县志》	鹳
		滑县	民国二十一年(1932)	《滑县志》	鹳(名负釜)
		华龙区、范县与山东省等地	民国二十二年(1933)	《朝城县乡土志》	鹳
		淮阳县	民国二十三年(1934)	《淮阳县志》	鹳
		西平县	民国二十三年(1934)	《西平县志》	鹳爵
		范县	民国二十四年(1935)	《范县县志》	鹳
		中牟县	民国二十五年(1936)	《中牟县志》	鹳
		信阳市	民国二十五年(1936)	《信阳县志》	鹳
		正阳县	民国二十五年(1936)	《正阳县志》	鹳
		汝南县	民国二十七年(1938)	《汝南县志》	鹳

（续表）

地区	省级政区	今地	来源		内容
			时间	方志名	
	湖北	南漳县	民国十一年(1922)	《南漳县志》	鹳(水鸟。一名老鹳)
		郧西县	民国二十五年(1936)	《郧西县志》	老鹳
	湖南	靖州苗族侗族自治县	清光绪三十四年(1908)	《靖州乡土志》	鹳(《说文》作雚。赤喙,修颈,灰白色,翅尾俱黑色。形颇似鹭而较高大。空中飞绕号鸣。靖地偶见之)
		蓝山县	民国二十二年(1933)	《蓝山县图志》	鹳(形似鹤而小,顶亦不丹,颈、嘴、脚皆长,全身灰白。巢于高树。俗名为泥鳅鸟,以其好食泥鳅、小鱼也)
		安乡县	民国二十五年(1936)	《安乡县志》	鹳(《禽经》云:鹳生三子,一为鹤)
	广东	潮安县	清光绪二十六年(1900)	《海阳县志》	鹳
		东莞市	民国十年(1921)	《东莞县志》	鹳(《东莞记》:鹳毛灰、白两种。雚《经》)
		始兴县	民国十五年(1926)	《始兴县志》	鹳
		乐昌市	民国二十年(1931)	《乐昌县志》	鹳(似鹤而项不丹,颈嘴皆长,全身色灰,亦有白者)
		高要市	民国二十七年(1938)	《高要县志》	鹳鹤[南方之鹤皆灰色,白者则少。此盖鹳雀,俗呼为鹤耳。《正字通》:鹳雀似鹤,顶无丹,项无乌带,长颈,赤喙,翅尾黑者,是。城上披云楼左右有大树数株,向栖灰鹤,即鹳雀也。千百为群,夜出饮啄黎明即回。城中人因其飞鸣而知夜之早晚。若有兵事,往往不知所往。事定,则聚集如故(采访册)]
	广西	上林县	民国二十三年(1934)	《上林县志》	鹳
		属南宁市	民国二十六年(1937)	《邕宁县志》	鹳(似鹤而小,身灰白,翼尾黑,足赤嘴丰)
西南	重庆	南川区	民国十五年(1926)	《南川县志》	鹳(《本草》:一名皂君。李时珍曰:鹳字,篆文象形,背、尾黑。故陆玑《诗疏》有皂君、负釜、黑尻诸名。状似鹤而顶不丹,长颈,赤喙,毛色外灰而里白。巢于田边高木,与白鹭同林。其飞也,奋于层宵,旋绕如阵。仰天号鸣,主有雨。《诗》:鹳鸣于垤,是也。常于田间延颈以俟捕鳅鱼为食。乡人呼为饿老鹳,以喻人身长而瘦者)
	四川	内江市	清宣统三年(1911)	内江县志	鹳
		荥经县	民国四年(1915)	《荥经县志》	鹳
		渠县	民国二十一年(1932)	《渠县志》	鹳
		万源市	民国二十一年(1932)	《万源县志》	夜老鹳(昼栖山林间,夜始飞鸣)
	贵州	瓮安县	民国二年(1913)	《瓮安县志》	鹳
		平坝县	民国二十一年(1932)	《平坝县志》	鹳
		开阳县志	民国二十九年(1940)	《开阳县志稿》	鹳
		属三都水族自治县	民国二十九年(1940)	《三合县志略》	鹳

（续表）

地区	省级政区	今地	来源		内容
			时间	方志名	
	云南	昆明市	清光绪二十七年(1901)	《昆明县志》	鹳
		楚雄市	清宣统二年(1910)	《楚雄县志》	鹳
		石林彝族自治县	民国六年(1917)	《路南县志稿》	鹳
		龙陵县	民国六年(1917)	《龙陵县志》	鹳
		景东彝族自治县	民国十一年(1922)	《景东县志稿》	鹳
		马关县	民国二十一年(1932)	《马关县志》	鹳
		禄丰县	民国二十一年(1932)	《禄丰县志条目》	鹳
		巧家县	民国三十一年(1942)	《巧家县志》	鹳
西北	陕西	华县	清光绪二十六年(1900)	《华州乡土志》	鹳
		潼关县	清光绪三十四年(1908)	《潼关县乡土志稿》	鹳
		商南县	民国八年(1919)	《商南县志》	鹳
		周至县	民国十四年(1925)	《盩厔县志》	鹳
		彬县	民国十八年(1929)	《邠县新志稿》	鹳
		佛坪县	民国十八年(1929)	《佛坪县志》	鹳
		华阴市	民国二十一年(1932)	《华阴县志》	鹳
		咸阳市	民国二十一年(1932)	《咸阳县志》	鹳
		淳化县	民国二十三年(1934)	《淳化县志》	鹳
		岐山县	民国二十四年(1935)	《岐山县志》	鹳
		宜川县	民国三十三年(1944)	《宜川县志》	鹳
		礼泉县	民国二十四年(1935)	《醴泉县志》	觀(鹳)
	甘肃	崇信县	民国十五年(1926)	《崇信县志》	鹳(身似鹤,但头无丹,项无白带,不善唳)
		民勤县	民国十五年(1926)	《民勤县志》	老鹳
		灵台县	民国二十四年(1935)	《灵台县志》	鹳(水鸟。天将雨则鸣。有黑、白二种)
		镇原县	民国二十四年(1935)	《镇原县志》	鹳[(辑志)似鹤,顶不丹,长颈,赤喙,色灰白,短尾俱黑。多集于高木。其飞上奋层宵旋绕如阵。仰天鸣号,必主有雨。俗呼为老鹳]
		临泽县	民国三十二年(1943)	《临泽县志》	鹳[一名皂裙,一名黑尻。其身如鹤,但无丹,项无乌带,又不善唳]
	青海	大通回族自治县	民国八年(1919)	《大通县志》	鹳(案《本草纲目》:鹳,一名皂裙,一名负金,一名黑尻。寇宗奭曰:鹳,身如鹤,但头无丹,项无乌带,兼不善鸣)

表 4.9　　方志记载的 20 世纪后半叶东方白鹳分布概况

地区	省级政区	今地	来源 时间	来源 方志名	内容	出处
华北	天津	武清区	1991	《武清县志》	白鹳	武清县地方史志编修委员会,1991
		静海县	1995	《静海县志》	白鹳	静海县志编修委员会,1995
		津南区	1999	《津南区志》	白鹳	天津市津南区地方志编修委员会,1999
		北辰区	2000	《北辰区志》	白鹳	天津市北辰区地方志编修委员会,2000
	河北	唐山市	1950年代	《唐山市志》	据[明清]《永平府志》记载,当时禽类有 65 种之多:雁……凫、鸥、鹭、鸳鸯、信天翁、鹳、鹈、鱼狼……解放初期调查禽类不下 200 种	唐山市地方志编纂委员会,1999
		宽城满族自治县	1990	《宽城县志》	鹳(白老鹳)	宽城县志编纂委员会,1990
		属唐山市	1990	《丰南县志》	鹳	丰南县地方志编纂委员会,1990
		滦县	1993	《滦县志》	鹳	滦县志编纂委员会,1993
		张北县	1994	《张北县志》	白鹳	张北县地方志编纂委员会,1994
		秦皇岛市	1994	《秦皇岛市志》	白鹳	秦皇岛市地方志编纂委员会,1994
		属秦皇岛市	1994	《北戴河志》	白鹳	秦皇岛市北戴河区地方志编纂委员会,1994
		卢龙县	1994	《卢龙县志》	鹳	卢龙县地方志编纂委员会,1994
		围场满族蒙古族自治县	1997	《围场满族自治县志》	白鹳	围场满族自治县地方志编纂委员会,1997
		青龙满族自治县	1997	《青龙满族自治县志》	白鹳	青龙满族自治县志编纂委员会,1997
		滦南县	1997	《滦南县志》	鹳	河北省滦南县地方志编纂委员会,1997
		属唐山市	1997	《唐海县志》	鹳(候鸟,六七十年代,南部芦苇洼淀中常见白鹳)	唐海县志编纂委员会,1997
	山西	方山县	1993	《方山县志》	白鹳	方山县志编纂委员会,1993
		交城县	1994	《交城县志》	白鹳	交城县志编写委员会,1994
	内蒙古	巴林右旗	1990	《巴林右旗志》	鹳(当地又称捞鱼鹳、红脚鹳。旗内各水域都有,属大型涉禽,喙长而直,翼长大而尾圆短,羽毛洁白,脚为红色。飞行时长腿抿在后面,“瞧瞧”地叫。以鱼、虫、蛙、蛇及甲壳为食)	《巴林右旗志》编纂委员会,1990
		克什克腾旗	1993	《克什克腾旗志》	白鹳	克什克腾旗地方志编纂委员会,1993
		翁牛特旗	1993	《翁牛特旗志》	鹳[俗称“捞鱼鹳”……根据羽色,有白鹳(*C. ciconia boyciana*)]	翁牛特旗志编纂委员会,1993
		扎兰屯市	1993	《扎兰屯市志》	白鹳	扎兰屯市史志编纂委员会,1993

（续表）

地区	省级政区	今地	来源 时间	来源 方志名	内容	出处
		属额尔古纳市	1993	《额尔古纳右旗志》	白鹳	额尔古纳右旗史志编纂委员会，1993
		科尔沁右翼中旗	1993	《科尔沁右翼中旗志》	白鹳	科尔沁右翼中旗志编纂委员会，1993
		乌拉特中旗	1994	《乌拉特中旗志》	捞鱼鹳	乌拉特中旗地方志编纂委员会，1994
		赤峰市	1996	《赤峰市志》	白鹳	赤峰市地方志编纂委员会，1996
		牙克石市	1996	《牙克石市志》	白鹳	牙克石市志编纂委员会，1996
		鄂温克族自治旗	1996	《鄂温克族自治旗志》	白鹳	鄂温克族自治旗志编纂委员会，1996
		乌兰浩特、阿尔山市、突泉县、科尔沁右翼前旗、科尔沁右翼中旗、扎赉特旗等地	1997	《兴安盟志》	白鹳	兴安盟地方志编纂委员会，1997
		根河市	1998	《根河市志》	白鹳	根河市史志编纂委员会，1998
东北	辽宁	沈阳市、新民市、辽中县、康平县、法库县等地	1989	《沈阳市志》	白鹳	沈阳市人民政府地方志编纂办公室，1989
		清原满族自治县	1991	《清原县志》	水鹳	清原县志编纂委员会办公室，1991
		凌源市	1995	《凌源县志》	白鹳（亦称“老鹳”。咀黑色，体羽主要为白色，翼羽主要为黑色。集成小群活动，常在浅水处站立。以鱼、蛙、蝗虫等为食料）	凌源县志编纂委员会，1995
		营口市	1997	《营口市志》	白鹳	营口市地方志编纂委员会办公室，1997
		盘锦市、大洼县、盘山县	1998	《盘锦市志》	白鹳	盘锦市人民政府地方志办公室，1998
	吉林	前郭尔罗斯蒙古族自治县	1993	《前郭尔罗斯蒙古族自治县志》	鹳	前郭尔罗斯蒙古族自治县地方志编纂委员会，1993
		通榆县	1994	《通榆县志》	白鹳	通榆县志编纂委员会，1994
	黑龙江	漠河县	1993	《漠河县志》	白鹳	漠河县志编纂委员会，1993
		伊春市、铁力市、嘉荫县等地	1995	《伊春市志》	白鹳	伊春市地方志编纂委员会，1995
		爱辉区、北安市、五大连池市、嫩江县、逊克县、孙吴县等地	1996	《黑河地区志》	白鹳	黑河市地方志编纂委员会，1996
		杜尔伯特蒙古族自治县	1996	《杜尔伯特蒙古族自治县志》	白鹳	杜尔伯特蒙古族自治县地方志纂委员会，1996
		抚远县	1998	《抚远县志》	白鹳	抚远县地方志编纂委员会，1998

（续表）

地区	省级政区	今地	来源		内容	出处
			时间	方志名		
华东	上海	浦东新区	1990	《川沙县志》	鹳	上海市川沙县县志编修委员会，1990
		松江区	1991	《松江县志》	鹳	上海市松江县地方史志编纂委员会，1991
	江苏	属淮安市	1995	《淮阴市志》	白鹳	淮阴市地方志编纂委员会，1995
		兴化市	1995	《兴化市志》	鹳	兴化市地方志编纂委员会，1995
		如皋市	1995	《如皋县志》	白鹳	如皋市地方志编纂委员会，1995
		通州市	1996	《南通县志》	鹳	通州市地方志编纂委员会，1996
		射阳县	1997	《射阳县志》	白鹳	射阳县地方志编纂委员会，1997
		盐城市、东台市、大丰市、射阳县、阜宁县、滨海县、响水县、建湖县等地	1998	《盐城市志》	白鹳	盐城市地方志编纂委员会，1998
	浙江	江山市	1990	《江山市志》	白鹳	江山市志编纂委员会，1990
		平阳县	1993	《平阳县志》	白鹳	平阳县志编纂委员会，1993
		衢州市、江山市、常山县、开化县、龙游县等地	1994	《衢州市志》	白鹳	《衢州市志》编纂委员会，1994
		玉环县	1994	《玉环县志》	白鹳	玉环县志编纂委员会，1994
		杭州市、临安市、富阳市、建德市、桐庐县、淳安县等地	1995	《杭州市志》	白鹳	杭州市地方志编纂委员会，1995
		海宁市	1995	《海宁市志》	白鹳	《海宁市志》编纂委员会，1995
		宁波市、慈溪市、余姚市、奉化市、宁海县、象山县等地	1995	《宁波市志》	白鹳	宁波市地方志编纂委员会，1995
		景宁畲族自治县	1995	《景宁畲族自治县志》	白鹳	景宁畲族自治县志编纂委员会，1995
		属宁波市	1996	《鄞县志》	鹳	浙江省鄞县志编纂委员会，1996
		越城区、诸暨市、上虞市、嵊州市、绍兴县、新昌县等地	1996	《绍兴市志》	白鹳	绍兴市地方志编纂委员会，1996
		云和县	1996	《云和县志》	白鹳	《云和县志》编纂委员会，1996
		松阳县	1996	《松阳县志》	白鹳	松阳县志编纂委员会，1996
		嘉兴市、平湖市、海宁市、桐乡市、嘉善县、海盐县等地	1997	《嘉兴市志》	白鹳	《嘉兴市志》编纂委员会，1997

（续表）

地区	省级政区	今地	来源		内容	出处
			时间	方志名		
	安徽	休宁县	1990	《休宁县志》	白鹳	休宁县地方志编纂委员会，1990
		桐城县	1995	《桐城县志》	鹳	桐城县地方志编纂委员会，1995
		歙县	1995	《歙县志》	白鹳	歙县地方志编纂委员会，1995
		马鞍山市	1996	《中国国情丛书：百县市经济社会调查：马鞍山卷》	白鹳	丁伟志，1996a
		安庆市	1997	《安庆市志》	白鹳	安庆市地方志编纂委员会，1997
		淮南市	1998	《淮南市志》	鹳	淮南市地方志编纂委员会，1998
		郎溪县	1998	《郎溪县志》	鹳	郎溪县地方志编纂委员会，1998. 郎溪县志. 北京：方志出版社
		绩溪县	1998	《绩溪县志》	白鹳	绩溪县地方志编纂委员会，1998
	福建	沙县	1992	《沙县志》	鹳（白鹳）	沙县地方志编纂委员会，1992
		德化县	1992	《德化县志》	鹳	德化县地方志编纂委员会，1992
		光泽县	1994	《光泽县志》	鹳	光泽县地方志编纂委员会，1994
		永安市	1994	《永安市志》	鹳	永安市地方志编纂委员会，1994
		罗源县	1998	《罗源县志》	白鹳	罗源县地方志编纂委员会，1998
		将乐县	1998	《将乐县志》	白鹳	将乐县地方志编纂委员会，1998
		诏安县	1999	《诏安县志》	鹳	诏安县地方志编纂委员会，1999
	江西	乐平县	1987	《乐平县志》	鹳	乐平县志编纂委员会，1987
		万载县	1988	《万载县志》	鹳	江西省万载县志编纂委员会，1988
		星子县	1990	《星子县志》	白鹳	江西省星子县志编纂委员会，1990
		德安县	1991	《德安县志》	鹳	德安县地方志编纂委员会，1991
		景德镇市	1996	《中国国情丛书：百县市经济社会调查：景德镇卷》	鹳	丁伟志，1996b
		南昌市、南昌县、新建县、安义县、进贤县等地	1997	《南昌市志》	白鹳	南昌市地方志编纂委员会编. 1997. 南昌市志. 北京：方志出版社
		资溪县	1997	《资溪县志》	鹳	资溪县地方志编纂委员会，1997
		浮梁县	1998	《浮梁县志》	鹳	浮梁县地方志编纂委员会，1998
	山东	乐陵市	1991	《乐陵县志》	鹳	山东省乐陵县史志编纂委员会，1991
		肥城市	1992	《肥城县志》	鹳	山东省肥城县史志编纂委员会，1992
		淄博市、桓台县等地	1995	《淄博市志》	白鹳	淄博市志编纂委员会，1995
		高唐县	1996	《高唐县志》	鹳	山东省高唐县史志编纂委员会，1996
		济南市、章丘市、平阴县等地	1997	《济南市志》	白鹳	济南市史志编纂委员会，1997
		泰安市、新泰市、肥城市、宁阳县、东平县、汶上县、泗水县、莱芜市等地	1997	《泰安地区志》	白鹳	山东省泰安市地方史志编纂委员会，1997

（续表）

地区	省级政区	今地	来源		内容	出处
			时间	方志名		
	台湾	桃园县	1956	《桃园县志》	鹳（属涉禽。形似鹭，羽色灰白。嘴长而直，色黑，全部为角质，眼缘色赤，翼白，略带黑，脚长而赤，爪甚小，尾头。营巢于水傍高树上，捕鱼、介等为饵）	郭薰风，1956
	台湾	台南县	1960	《台南县志》	白鹳［*C. c. boyoiana* (Swinhoe)体除后半黑色外，初列三列拨风羽外瓣灰白色而有黑色狭外缘，大覆雨羽黑色，内侧各羽带灰白色，故闭合时其体之后半黑色，上下均纯白色，眼光及眼之周围红色，嘴黑色脚赤色，翼长约 60 cm，尾长二三厘米］	洪波浪等，1960
中南	河南	嵩县	1990	《嵩县志》	老鹳	河南省嵩县志编纂委员会，1990
中南	河南	洛宁县	1991	《洛宁县志》	水老鹳	洛宁县志编纂委员会，1991
中南	河南	温县	1991	《温县志》	鹳	温县志编纂委员会，1991
中南	河南	长垣县	1991	《长垣县志》	鹳	长垣县地方史志编纂委员会，1991
中南	河南	信阳市、息县、淮滨县、潢川县、光山县、固始县、商城县、罗山县、新县等地	1992	《信阳地区志》	白鹳	信阳地区地方史志编纂委员会，1992
中南	河南	卫辉市	1993	《卫辉市志》	白鹳	卫辉市地方史志编纂委员会，1993
中南	河南	栾川县	1994	《栾川县志》	老鹳	栾川县地方史志编纂委员会，1994
中南	河南	博爱县	1994	《博爱县志》	老鹳	博爱县志编纂委员会总编辑室等，1994
中南	河南	上蔡县	1995	《上蔡县志》	白鹳（洼子）	上蔡县地方史志编纂委员会，1995
中南	湖北	属武汉市	1989	《汉阳县志》	白鹳	汉阳县县志编纂委员会，1989
中南	湖北	枝江市	1990	《枝江县志》	鹳	湖北省枝江县地方志编纂委员会，1990
中南	湖北	宜都市	1990	《宜都县志》	鹳	湖北省枝城市地方志编纂委员会，1990
中南	湖北	属武汉市	1992	《新洲县志》	白鹳	新洲县志编纂委员会，1992
中南	湖北	洪湖县	1992	《洪湖县志》	白鹳	洪湖市地方志编纂委员会，1992
中南	湖北	洪湖县	1994	《中国国情丛书：百县市经济社会调查：洪湖卷》	白鹳	丁伟志等，1994
中南	湖北	监利县	1994	《监利县志》	白鹳（俗称鸳鸯鸭）	湖北省监利县县志编纂委员会，1994

（续表）

地区	省级政区	今地	来源		内容	出处
			时间	方志名		
		荆州市、石首市、洪湖市、松滋市、江陵县、公安县、监利县、钟祥市、仙桃市、天门市、潜江市等地	1996	《荆州地区志》	白鹳	荆州地区地方志编纂委员会，1996
		神农架林区	1996	《神农架志》	白鹳	湖北省神农架林区地方志编纂委员会，1996
		蕲春县	1997	《蕲春县志》	鹳	湖北省蕲春县地方志编纂委员会，1997
		武汉市	1998	《武汉市志》	白鹳	武汉市地方志编纂委员会，1998
	湖南	平江县	1994	《平江县志》	白鹳	湖南省平江县志编纂委员会，1994
	湖南	醴陵市	1995	《醴陵市志》	鹳	醴陵市志编纂委员会，1995
	湖南	蓝山县	1996	《蓝山县志》	鹳	蓝山县志编纂委员会，1995
	湖南	益阳市、沅江市、南县、桃江县、安化县等地	1997	《益阳地区志》	白鹳	湖南省益阳地区地方志编纂委员会，1997
	湖南	岳阳县	1997	《岳阳县志》	白鹳（世界濒危Ⅰ级物种。每年冬春之际常见于大西湖、小西湖、飘尾洲，记录到300多只）	岳阳县地方志编委会，1997
	湖南	邵阳市、武冈市、邵东县、邵阳县、洞口县、新邵县、绥宁县、新宁县、隆回县、城步县等地	1997	《邵阳市志》	白鹳	邵阳市地方志编纂委员会，1997
	湖南	衡阳市、常宁市、耒阳市、衡阳县、衡南县、衡山县、衡东县、祁东县等地	1998	《衡阳市志》	白鹳	衡阳市地方志编纂委员会，1998
	广东	蕉岭县	1992	《蕉岭县志》	鹳	蕉岭县地方志编纂委员会，1992
	广东	信宜市	1993	《信宜县志》	鹳	信宜县地方志编纂委员会，1993
	广东	连南瑶族自治县	1996	《连南瑶族自治县县志》	白鹳	连南瑶族自治县地方志编纂委员会，1996
	广东	阳春市	1996	《阳春县志》	白鹳	阳春县地方史志办公室，1996
	广东	化州市	1996	《化州县志》	鹳	化州市地方志编纂委员会，1996
	广东	茂名市	1997	《茂名市志》	鹳	茂名市地方志编纂委员会，1997
	广西	昭平县	1992	《昭平县志》	鹳	昭平县志编纂委员会，1992
	广西	博白县	1994	《博白县志》	鹳	博白县志编纂委员会，1994
	广西	田林县	1996	《田林县志》	白鹳	田林县地方志编纂委员会，1996
	广西	桂林市、阳朔县、临桂县等地	1997	《桂林市志》	白鹳	桂林市地方志编纂委员会，1997
	海南	万宁市	1994	《万宁县志》	鹳	万宁县地方志编纂委员会，1994

（续表）

地区	省级政区	今地	来源		内容	出处
			时间	方志名		
西南	重庆	南川区	1991	《南川县志》	老鹳	四川省南川县志编纂委员会,1991
	四川	郫县	1989	《郫县志》	鹳	四川省郫县志编纂委员会,1989
		夹江县	1989	《夹江县志》	鹳	四川省夹江县编史修志委员会,1989
		崇州市	1991	《崇庆县志》	鹳鸟	四川省崇庆县志编纂委员会,1991
		东坡区	1992	《眉山县志》	白鹳	四川省眉山县志编纂委员会,1992
		喜德县	1992	《喜德县志》	老鹳	四川省喜德县志编纂委员会,1992
		威远县	1993	《威远县志》	老鹳	四川省威远县志编纂委员会,1993
		阿坝县	1993	《阿坝县志》	白鹳	阿坝县地方志编纂委员会,1993
		兴文县	1994	《兴文县志》	老鹳	兴文县志编纂委员会,1994
		珙县	1995	《珙县志》	鹳	四川省珙县志编纂委员会,1995
		北川羌族自治县	1996	《北川县志》	鹳	北川县志编纂委员会,1996
		红原县	1996	《红原县志》	白鹳	四川省红原县志编纂委员会,1996
		理县	1997	《理县志》	白鹳	理县志编纂委员会,1997
		泸州市、泸县、合江县、叙永县、古蔺县等地	1998	《泸州市志》	鹳(白鹳)	泸州市地方志编纂委员会,1998
	贵州	沿河土家族自治县	1993	《沿河县志》	鹳	沿河土家族自治县志编纂委员会,1993
		水城县	1994	《水城县(特区)志》	鹳	水城县地方志编纂委员会,1994
		瓮安县	1995	《瓮安县志》	老鹳	贵州省瓮安县地方志编纂委员会,1995
		施秉县	1997	《施秉县志》	白鹳	贵州省施秉县地方志编纂委员会,1997
		金沙县	1997	《金沙县志》	鹳(巢树者为白鹳)	贵州省金沙县地方志编纂委员会,1997
		修文县	1998	《修文县志》	鹳	贵州省修文县地方志编纂委员会,1998
		纳雍县	1999	《纳雍县志》	白鹳	贵州省纳雍县地方志编纂委员会,1999
		榕江县	1999	《榕江县志》	白鹳	贵州省榕江县地方志编纂委员会,1999
	云南	鲁甸县	1995	《鲁甸县志》	白鹳	云南省鲁甸县志编纂委员会,1995
		祥云县	1996	《祥云县志》	白鹳	祥云县志编纂委员会,1996
		威信县	1999	《威信县志》	白鹳	云南省威信县志编纂委员会,1999
西北	陕西	勉县	1989	《勉县志》	白鹳	勉县志编纂委员会,1989
		略阳县	1992	《略阳县志》	鹳	略阳县志编纂委员会,1992
		城固县	1994	《城固县志》	白鹳	城固县地方志编纂委员会,1994
		华阴县	1995	《华阴县志》	白鹳	华阴市地方志编纂委员会,1995
		平利县	1995	《平利县志》	白鹳	平利县志编纂委员会,1995
	甘肃	永昌县	1993	《永昌县志》	白鹳	永昌县志编纂委员会,1993
		金川区、永昌县	1995	《金昌市志》	鹳	甘肃省金昌市地方志编纂委员会,1995

5.2 东方白鹳的现今分布

随着对东方白鹳、白鹳与黑鹳研究的深入，对它们的鉴别日益清晰，更便于我们探究它们的现今地理分布。

5.2.1 华北

现今华北仅山西省未见有东方白鹳分布的报道。

● 北京

北京市仍有东方白鹳栖息记录。

《中国重点陆生野生动物资源调查》称：本次调查（1995 年开始，持续近 10 年），东方白鹳见于顺义（区）等地（国家林业局，2008）。

● 天津

天津市至今仍然有多处东方白鹳分布地。

《中国重点陆生野生动物资源调查》称：本次调查（1995 年开始，持续近 10 年），东方白鹳见于大港（区）、塘沽（区）、东丽（区）、宁河（县）、汉沽（区）等地（国家林业局，2008）。

据《北辰区志》记载，“鸟类”还有白鹳与灰背隼、苍鹰等 33 种（天津市北辰区地方志编修委员会，2000），表明北辰区仍有东方白鹳。

据报道，东方白鹳在团泊洼（保护区在静海县）和东七里海（在宁河县）等地越冬（刘志鹏等，2008）。

武清县北依燕山、东临渤海，该县东部的大黄堡湿地自然保护区仍有东方白鹳等多种珍稀鸟类栖息（王凤琴等，2008；李春燕等，2013）。

地处大港区的北大港湿地是东方白鹳的栖息地。2012 年 11 月 13 日，当地又发现 8 具东方白鹳尸体。至此，共有 21 只东方白鹳被毒杀（曾志杨，2013）。

● 河北

河北省现有东方白鹳记录地点主要处于东北部。

《平泉县志》“野生动物 · 鸟类”（河北省平泉县地方志编纂委员会，2000）记述：

鹳：鸟纲，鹳科。有“苍鹳”“白鹳”之分。大型涉禽，活动于溪流中，以鱼、虾为食。椁椤树河鱼虾很多，故郭杖子的黄土梁子庄东茔地的大松树和二道沟东山的几棵大树上是白鹳的栖息，生育地。70 年代中，还有 30 余只。

按：此处所谓“白鹳”当是东方白鹳，说明平泉县仍有残存。

《中国鸟类志》指出：东方白鹳迁徙时经过秦皇岛（市）和北戴河（属秦皇岛市）及承德（承德市与承德县）（赵正阶，2001）。

《中国重点陆生野生动物资源调查》称：本次调查（1995 年开始，持续近 10 年），东方白鹳见于滦南（县）等地（国家林业局，2008）。

沽源县在“自然资源 · 野生动物 · 鸟类”列举有“鹳”与“百灵、山画眉、麻雀、雁、鹰、雕、鸦、雉、谷鸟、鹌鹑、布谷鸟、燕子、山雀、石鸡、沙鸡、半痴、叫天子、猫头鹰、红靛、蓝靛、野鸡、野鸽、野鸭等”。①

秦皇岛市北戴河区赤土山以东，海滨林场西部的赤土河下游河口地区与北戴河海滨地区是各种鸟类的聚居地，是众多旅鸟迁徙的通道和栖息站。据调查称，有 386 种鸟，分属于 19 个目 59 个科 4 个亚科，其中就有东方白鹳等 60 余种国家保护鸟类。这里曾一度建立县级“北戴河海滨鸟类自然保护区”，后并入“河北省北戴河湿地公园”②。

● 内蒙古

内蒙古自治区依然有东方白鹳分布记录，主要在东半部。

《中国重点陆生野生动物资源调查》称：本次调查（1995 年开始，持续近 10 年），东方白鹳见于兴安新佳木湿地（在科尔沁右翼中旗）、哲里木荷叶花湿地（在扎鲁特旗）、赤峰达里湖湿地（在克什克腾旗）、桃—阿海子（“桃力庙—阿拉善湾海子”简称，在伊金霍洛旗）等地（国家林业局，2008）。

2007 年 8 月～2008 年 7 月，对乌兰浩特市的

---

①中国 · 沽源. http://www.zjkgy.gov.cn/article/20090227/zjkgyzfb-2011-04229.html

②北戴河鸟类自然保护区. http://www.hb12369.net：8000/hjzw/zrst/zrbhq/201106/t20110618_20994.html；北戴河海滨鸟类自然保护区（市县级）简介. http://www.forestry.gov.cn/portal/main/s/144/content-82474.html；关于取消“北戴河鸟类自然保护区”的通知. http://www.beidaihe.gov.cn/newbdh/zfwj/2432.htm；北戴河湿地被列入国家湿地公园试点. http://www.tianjinwe.com/tianjin/tjwy/201104/t20110412_3519040.html

鸟类资源进行调查，发现其中仍有东方白鹳等珍禽（陈文婧等，2012）。

通辽市（辖科尔沁区、霍林郭勒市、开鲁县、库伦旗、奈曼旗、扎鲁特旗、科尔沁左翼中旗、科尔沁左翼后旗等地）在“资源・野生动物”称，“通辽市野生动物繁多，有国家一级保护动物丹顶鹤、白鹳、鸨、梅花鹿、紫貂 5 种”[①]，只是具体地点仍需核查。

赤峰市（辖 3 区 7 旗 2 县）称有野生动物 551 种，其中野生禽类 253 种，其中有“白鹳、黑鹳”等 4 种属于国家一级保护的禽类[②]，“白鹳”当是东方白鹳，但有分布的似仅赤峰市当地。

5.2.2　东北

东北现今依然是东方白鹳的主要分布地区之一。

辽宁

辽宁省依然多有东方白鹳分布报道，基本上是途经的旅鸟。

《中国鸟类志》指出：东方白鹳迁徙时经过沈阳（市）、朝阳（市与县）、庄河（市）、大连（市）、营口（市）、盖县（现盖州市）、盘山（县）（赵正阶，2001）。

《中国重点陆生野生动物资源调查》称：本次调查（1995 年开始，持续近 10 年），东方白鹳见于东港（市）、瓦房店（市）、普兰店（市）、长海（县）等地（国家林业局，2008）。

对葫芦岛市的鸟类实地调查称，“白鹳（*Ciconia ciconia*）在全东北地区很少发现，这次调查于龙港区笊笠山海滩发现 5 只”（田德启，2001），尽管作者在“白鹳”处加注拉丁学名，称“在全东北地区很少发现”，但窃以为疑似东方白鹳（*Ciconia boyciana*）之误，因为白鹳（*Ciconia ciconia*）在我国东部出现的记载仅见于内蒙古，否则应作为重大发现。

据报道，鞍山市（鞍山市、海城市、台安县、岫岩满族自治县）禽类常见的有啄木鸟、布谷鸟、沼泽山雀、翠鸟、黄鹂、云雀等 180 余种，其中有国家和省规定一类保护（Ⅰ级保护动物）东方白鹳等多种[③]。

海城市的三岔河湿地自然保护区位于浑河、大辽河、太子河三条河流的交汇处，面积达 54 km^2，以水域、草甸、滩涂、水稻田为主，气候温暖湿润，土壤肥沃，有东方白鹳等 578 种动物在这里繁衍生息[④]。

大麦科湿地自然保护区位于台安县新台镇境内，以柳河、旧绕阳河下游入辽河冲积河滩地为主，动植物资源丰富，有 75 种国家、省级保护的野生动物，其中国家一级保护鸟类有白鹳（东方白鹳）等 5 种[⑤]。

位于沈阳市西北部的法库县獾子洞水库有东方白鹳栖息，2006 年首次报道；2011 年 3 月 21 日～4 月 17 日，10 月 14 日～11 月 7 日又见（于晶晶等，2013）。

据报道，大连市旅顺口区双岛湾张家村自 2010 年冬就有 10 只白鹳（即东方白鹳）到该村越冬 4 个多月，2011 年则增至 70 余只（包尚友，2012）。

2015 年 3 月，“在盘锦的万顷湿地上发现 1 800 多只身披白羽尾挂黑色裙摆的大鸟非常惹眼，这些身躯约 1 米多高，比其他鸟类明显高大一些的候鸟就是东方白鹳”；又称，“据统计，目前东方白鹳全球数量仅 2 499 只，并仍在减少”[⑥]。由此可见，途经辽河入海口盘锦市的东方白鹳占全球的大多数。

吉林

吉林省多处仍有东方白鹳分布。

《中国鸟类志》指出：东方白鹳在向海（在通榆县）、莫莫格（在镇赉县）繁殖（赵正阶，2001）。

---

①通辽市. http://baike. baidu. com/link? url = CGtCaZHr4uN1Vc9FSNa9PStL6KvsHzcCDEOF447ORwS9OlWDy20BDqp-Ior5P-a0UylnknlYEclPEwtsDHzsEK

②赤峰市. http://baike. baidu. com/view/5442. htm? fromId=128662

③鞍山市. http://baike. baidu. com/link? url=zjDCawJT5tD-4sp-xHbdXNYeZKQIaxfljPlZuvly2HXnnyto28xCHWyxsNb2cGsOQyF_itxzT5WGQ5HSwT159BvIFWAJMijg5QicC3yGAW

④海城. http://baike. baidu. com/link? url = zpUOosOlWMu _ EicqpRlLGgic _ EOjfE8EaqhpPg0tonWPtNHqPFYTiAkvDg8UQwb0071gN1q4lsSWxQgr5CUao23MT612Lla6DvOejwPAHDi

⑤台安县. http://baike. baidu. com/link? url=iDFGo3x7P4rsxCG8YHNL8rU_ZUN2IuVVHAj-NBmzFLuuTLUUJAn42C_zoZ4VEheR

⑥上千东方白鹳现身辽宁盘锦. 中国电视报，2015-03-26（A10）

《中国重点陆生野生动物资源调查》称：本次调查（1995 年开始，持续近 10 年），东方白鹳见于莫莫格自然保护区（在镇赉县）、向海自然保护区（在通榆县）、大安（市）、辉南（县）、吉林丰满（在吉林市）、安图（县）、汪清（县）等地（国家林业局，2008）。

据报道，镇赉县有东方白鹳等珍稀鸟类栖息①。

磐石市称当地“鸟类动物”记载“常见的有鸬鹚（鱼鹰）、苍鹭、白鹳、野鸭、鸿雁”等②，其中所称“白鹳”则是东方白鹳。

据 2009 年调查，在延吉市、图们市、敦化市、珲春市、龙井市、和龙市、汪清县、安图县等地还有东方白鹳栖息（廉文浩等，2013）。

● 黑龙江

黑龙江省有较多东方白鹳分布。

《中国鸟类志》指出：东方白鹳在齐齐哈尔（市）、哈尔滨（市）、三江平原（保护区在抚远县、同江市）、兴凯湖（在密山市）繁殖（赵正阶，2001）。

据对黑龙江省森林工业总局管辖的 40 个林业局调查，发现有东方白鹳。在沾河林业局（在五大连池市、孙吴县、逊克县）见到 1 对繁殖个体和 1 个繁殖巢，在通北林业局（在北安市）和兴隆林业局（在巴彦县）只见到 2 只东方白鹳，没有找到繁殖巢（卢向东等，2002）。

《中国重点陆生野生动物资源调查》称：本次调查（1995 年开始，持续近 10 年），东方白鹳见于东部抚远三角洲（在抚远县）、洪河（在抚远县、同江市）、萝北都鲁河（又作“嘟噜河”，在萝北县一带）下游、宝清七星河流域（在宝清县）、挠力河流域（保护区在富锦市、饶河县）、伊春友好（即伊春市友好区）、依兰达连河（在依兰县）、桦南孟家岗（在桦南县）、迎春（在虎林市）、东方红（在虎林市）、虎林（市）、阿布沁河下游（在虎林市）、加格达奇（属大兴安岭地区）、松岭（属大兴安岭地区）、呼中（属大兴安岭地区）、兴凯湖地区（在密山市），西部黑河地区的嫩江（县）、富裕（县）、扎龙（在齐齐哈尔市）等地（国家林业局，2008）。

据 2007 年 12 月至 2009 年 2 月调查，鸡西市与鸡东县有“白鹳（*Ciconia boyciana*）”栖息（王晓光等，2010），拉丁学名则是正确的“东方白鹳”。地处鸡东县的凤凰山国家级自然保护区内有脊椎动物 81 科 280 种，其中有东方白鹳等 41 种珍稀濒危野生动物③。

位于乌苏里江畔的东方红湿地国家级自然保护区工作人员在对野生动物日常监测中，首次惊喜地发现一东方白鹳鸟巢，并见 2 只成鸟成功繁殖了 4 只幼雏（杨礼平等，2012），证实虎林市是东方白鹳的繁殖地。

2010 年 4 月 24～26 日和 5 月 14～16 日调查，东方白鹳在肇东市东南约 32 km 处的五站镇西约 2 km 湿地沼泽迁徙停歇（朱井丽等，2013）。

据哈尔滨市报道，当地有“国家一类保护”（Ⅰ级保护动物）“白鹳”④，似表明哈尔滨市、双城市、尚志市、五常市、阿城市、依兰县、方正县、宾县、巴彦县、木兰县、通河县、延寿县等地有东方白鹳栖息。

富锦市西南 50 km 的富锦国家湿地公园地处三江平原腹地，园区内原始生态资源保持完好、水生植物繁多……这里水渚密布、碧波荡漾，丰富的水资源为河虾、青蛙以及各种鱼类，提供了生存的环境和空间。这片广袤的绿洲，也就成为了候鸟的重要繁殖地和迁徙地。经国家环志中心专家观察，在湿地公园内筑巢栖息的国家一级保护的鸟类有东方白鹳、白头鹤等多种⑤。

宝清县多处湿地（东升湿地、七星河湿地、雁

---

①镇赉县. http://baike. baidu. com/link? url=ZhFF4VG_u_mdwQ8umk2ljMakAUON28ieyFu-VcTheJ3XKFpr09bhlh5fitDvgqWR；吉林莫莫格国家级自然保护区 · 资源 · 野生动物. http://baike. baidu. com/link? url = p4Rw9LcHYaIPD7AedYDbBnLkWM_9rYdHyoH2GjAZvRka9u59Fp1AUZLZuAMHDkCHyW-IdhZQlFpNuj4RxrpVnK

②磐石. http://www. panshi. gov. cn/infopub25/PubTemplet/%7B981A15F3-277B-4638-B554-959A6DCB38F6%7D. asp? infoid=125&style={981A15F3-277B-4638-B554-959A6DCB38F6}q

③鸡东县. http://baike. baidu. com/link? url=4_1IOSjFlkA7cvuWxhdp9D16BzlzocxHXf9PEi9w5_CFviztwkq1wfNSYNuCqSx8

④中国哈尔滨. http://www. harbin. gov. cn/zjhrb/sqgl/csgk/zrdl. htm

⑤富锦. http://baike. baidu. com/link? url=w3ISmGyLgDo-o_kM2BIhv0qeRpf7LGa-7qWkw15ikI8NmwDwehPD5AmxfvP51p Vy-fNV4lb73Bef57LCL3btKL_#2_2

窝岛等）有东方白鹳等多种国家保护鸟类栖息[①]，只是雁窝岛所列举的“白鹤”，当是东方白鹳。

三江平原是东方白鹳的主要繁殖地区，据报道，抚远三角洲（在抚远县）、洪河、七星河流域、挠力河流域、珍宝岛湿地、兴凯湖湿地等，在繁殖季节皆发现有东方白鹳栖息（李晓民等，2010）。

5.2.3 华东

华东各省级政区皆有东方白鹳栖息。

● 上海

上海市仍有一些地方有东方白鹳栖息。

《中国重点陆生野生动物资源调查》称：本次调查（1995 年开始，持续近 10 年），东方白鹳见于杭州湾北岸漕泾边滩（在金山区）等地（国家林业局，2008）。

《华东鸟类物种和亚种分类名录》记载，东方白鹳在“金山（旅）、崇明东滩、奉贤边滩、南汇东滩、九段沙（旅）”（朱曦等，2008）分布，亦即处于金山区、崇明县、奉贤区、南汇区、浦东新区等政区。

崇明县经历年调查，崇明东滩记录的鸟类有 290 种，其中鹤类、鹭类、雁鸭类、鸻鹬类和鸥类是主要水鸟类群。目前已观察到的国家重点保护的一、二级鸟类共 39 种，其中列入国家一级保护的鸟类 4 种，分别为东方白鹳（*Ciconia boyciana*）与白尾海雕（*Haliaeetus albicilla*）和白头鹤（*Grus monacha*）等[②]。

● 江苏

江苏省仍有多处栖息有东方白鹳。

《连云港市志》称当地鸟类 255 种，其中主要珍稀鸟类有“白鹳”（连云港市地方志编纂委员会，2000），说明还有东方白鹳在连云港市栖息。

《中国重点陆生野生动物资源调查》称：本次调查（1995 年开始，持续近 10 年），东方白鹳见于连云港（市）、徐州（市）、淮安（市）、盐城地区（1983 年即改设盐城市，辖盐城市、东台市、大丰市、射阳县、阜宁县、滨海县、响水县、建湖县）及镇江（市）、长江口北支岛屿（在海门市）等地（国家林业局，2008）。

据报道，东方白鹳在洪泽湖（保护区在洪泽县、淮安市、盱眙县）、盐城（市）、卲伯湖（在扬州市）、高邮湖（江苏在高邮市）等地越冬（刘志鹏等，2008）。

《华东鸟类物种和亚种分类名录》记载，东方白鹳在“骆马湖（旅）、尚湖（冬）”与“石臼湖（冬）”（朱曦等，2008），亦即处于新沂市、宿迁市、常熟市、溧水县、高淳县等政区。

2002 年以来，地处大丰市的大丰麋鹿国家级自然保护区持续发现东方白鹳，最多时，发现有 12 只；并且在 2010 年发现其繁育出 4 只幼鹳（刘彬等，2013），也证明是东方白鹳繁殖地之一。

据调查，高邮市的高邮湖湿地发现有东方白鹳一定数量的繁殖个体（俞长好等，2004；周莉，2006）。

● 浙江

浙江省虽仍有东方白鹳的记录，但已并不多。

《华东鸟类物种和亚种分类名录》记载，东方白鹳在“杭州（冬）、绍兴（冬）、衢州（冬）、兰溪（冬）、诸暨、温州”（朱曦等，2008），亦即处于杭州市、越城区、绍兴县、衢州市、兰溪市、诸暨市、温州市等政区。

《浙江林业》刊登一篇以童话形式撰写，记述一只东方白鹳北返途经武义县降落后受到保护的经历（朱谢旻，2005），但也反映有东方白鹳停歇，为过路鸟。

● 安徽

安徽省仍有多处有东方白鹳栖息记录。

《中国重点陆生野生动物资源调查》称：本次调查（1995 年开始，持续近 10 年），东方白鹳见于颍上（县）、五河（县）、霍邱（县）、明光（市）、寿肥（疑似“寿县”）、合肥（市）、巢湖（应是“居巢区”）、当涂（县）、枞阳（县）、桐城（市）、庐江（县）、望江（县）、宿松（县）、东至（县）、贵池（区）、郎溪（县）等地（国家林业局，2008）。

《华东鸟类物种和亚种分类名录》记载，东方白鹳在“菜子湖、颍上、五河、霍邱、明光、寿县、合

---

①宝清县. http://baike. baidu. com/link? url＝PNSAATLGWrZ0pguQ4uYunEVa6f2i-gg_s9aPtSfx3avylF9MyMcQmZBf-nG4jRXrwuviulEYjj_KWsPm_I5yy_

②上海崇明东滩鸟类国家级自然保护区·鸟类的天堂. http://www. dongtan. cn/sites/dongtan/baohuqu. aspx? ctgId＝b7c758d2-8f23-4bda-a8c0-c0bd4c3765f0

肥、巢湖、当涂、枞阳、桐城、庐江、望江、宿松、东至、贵池、郎溪、霍邱东西湖自然保护区、升金湖(冬)、石臼湖(冬)”(朱曦等,2008),亦即处于颍上县、五河县、霍邱县、明光市、寿县、合肥市、居巢区、当涂县、枞阳县、桐城县、庐江县、望江县、宿松县、东至县、贵池区、郎溪县、马鞍山市等政区。

据报道,位于长江南岸东至县与贵池市(现贵池区)交界的升金湖国家级珍稀水禽自然保护区中每年有许多珍贵的白鹳(即东方白鹳)等鸟类来此越冬。据初步统计,越冬水禽总数每年超过10万只,其中,东方白鹳占世界总数的1/8(陈保平,2000)。

据发现,东方白鹳在安庆市营巢繁殖(王岐山等,2002),表明是在此处繁殖的鸟类。

据调查,安庆市(安庆沿江湿地)、望江县等地发现有东方白鹳一定数量的繁殖个体(俞长好等,2004;周莉,2006)。

五河县称:当地的沱湖芦苇丛生、菱藕连片、鸥鹭成群,水草、沼泽资源丰富,历来是许多水鸟的越冬和迁徙途中的停歇地。目前已采集的野生动物有21目46科99种,其中鸟类13目8科68种,包括留鸟类9种,旅鸟和冬候鸟59种,其中有许多珍稀鸟类,如国家一级保护动物白鹤、白鹳、大鸨[①]。只是“白鹳”,应是东方白鹳。

据宿松县人民政府公布的“常见鸟”有:鹳与锦鸪(水咕咕)、麻雀、鹧鸪、竹鸡、秧鸡、鹚鸡、鹬、鸥、鹭、鸬鹚(鱼鹰)、凫等[②]。所称“鹳”,应包括东方白鹳。

据报道,黄山市称黄山动物种类300多种,其中属于国家保护的珍贵鸟兽有20多种,其中属于国家一级保护动物有“白鹳”等[③],应是东方白鹳。

旌德县称,当地有东方白鹳等鸟类17目40科143种[④]。

● 福建

福建省现东方白鹳的栖息地已屈指可数。

《中国重点陆生野生动物资源调查》称:本次调查(1995年开始,持续近10年),东方白鹳见于福清湾(在福清市)等地(国家林业局,2008)。

● 江西

江西省还有多地有东方白鹳栖息。

《中国重点陆生野生动物资源调查》称:本次调查(1995年开始,持续近10年),东方白鹳见于南昌(南昌市与南昌县)、新建(县)、永修(县)、湖口(县)、进贤(县)、德安(县)、星子(县)、都昌(县)、波阳(现“鄱阳县”)、余干(县)等环鄱阳湖区域等地(国家林业局,2008)。

《华东鸟类物种和亚种分类名录》记载,东方白鹳在“南矶山、鄱阳湖(冬)、进贤县、余干县康山湖区自然候鸟保护区、白沙洲自然保护区、南矶山省级自然保护区、(波阳)[鄱阳]、余干程池(冬)、南昌县西湖、共青城牛鸭湖、新建(冬)”(朱曦等,2008),亦即处于新建县、永修县、星子县、进贤县、余干县、鄱阳县、南昌县、九江市等政区。

据调查,鄱阳湖候鸟(永修县、星子县、新建县)与鄱阳湖南矶湿地(新建县)等地发现有东方白鹳一定数量的繁殖个体(俞长好等,2004;周莉,2006)。

位于都昌县的都昌候鸟自然保护区(由多宝、泗山两个子保护区组成,涵盖10多个卫星湖泊,涉及9个乡镇,34个村委会)有东方白鹳等7种国家一级重点保护鸟类分布[⑤]。

● 山东

山东省有较多东方白鹳栖息记录。

《华东鸟类物种和亚种分类名录》记载,东方白鹳在“聊城(旅)、泰安(旅)、青岛、济南(旅)、东平湖(旅)”(朱曦等,2008),亦即处于东昌府区、泰安市、青岛市、济南市、东平县等政区。

早在2003年,东方白鹳已在黄河口其他一些地区被发现。目前,黄河三角洲(东营市)已成为东方白鹳的重要繁殖地。据统计,2008年入冬以

---

①沱湖·资源丰富. http://baike. baidu. com/link? url=o-paKn7z6i1mTTiQ0XXww6wmGMwuSsIEmS0fvov DFIJSKUsJzkymVV8GHApTLPNW

②宿松县人民政府网站. http://www. susong. gov. cn/

③黄山. http://baike. baidu. com/link? url = TXz6VdTD2MLNIyAN4Xf0ruJeJQ4 _ oOksw5h-AumU9oJ7Gtrm48rD _ WApD85I8CBLPwuBriSnOyK15GiaT6tY085V7UBi8zb2beUSIeo6LPe#3_3

④旌德. http://www. ahjd. gov. cn/ReadNews. asp? NewsID=1297

⑤吕承华. 谈谈都昌县鄱阳湖湿地. 候鸟资源保护与利用. http://www. duchang. org/simple/? t66317. html

来已有18对东方白鹳在黄河三角洲地区成功筑巢繁育，比2005年首次在这里繁育时多了16对①。

据报道，微山湖（在微山县）、济南（市）、胶东②等地是东方白鹳迁徙的停歇地（刘志鹏等，2003）。

● 台湾

台湾还有东方白鹳栖息。

据台湾《中国时报》报道，2014年11月11日黄昏，屏东县候鸟重要栖地恒春半岛的龙銮潭发现1只东方白鹳，以及鸳鸯、黑面琵鹭和斑尾鷸。东方白鹳在12日上午10时飞走。据称，这是恒春半岛第2次发现东方白鹳③。

5.2.4 中南

中南省级政区仅广西壮族自治区与澳门特别行政区未见东方白鹳飞临记录。

● 河南

河南省一些地方仍见东方白鹳。

《河南省野生动植物资源调查与保护》称：白鹳（应为东方白鹳）地方名：白老鹳。据资料记载，分布于太行、大别、桐柏山区及豫东平原。本次调查发现于平顶山市叶县孤石滩水库，三门峡市卢氏县老灌河、官坡河、兰草河、范里水库，济源市曲阳湖。非繁殖季节共23只，其中叶县1只，卢氏县14只，济源市8只（甘雨等，2004）。

《中国重点陆生野生动物资源调查》称：本次调查（1995年开始，持续近10年），东方白鹳见于叶县、卢氏（县）、济源（市）等地（国家林业局，2008）。

据称信阳市仍有东方白鹳等鸟类350多种，占河南省鸟类的90%以上（熊林春等，2014）。

孟津县称，当地黄河湿地依然有动物724种，其中鸟类175种，其中国家一级保护动物有"白鹳"等10种④，将东方白鹳误作"白鹳"。

据报道，2014年11月，百余只国家一级保护动物东方白鹳过境栖息民权县黄河故道国家湿地公园，群鸟时而觅食嬉戏，时而低空飞翔，场面蔚为壮观⑤。

● 湖北

湖北省还有多地有东方白鹳栖息的记录。

《中国鸟类志》称：东方白鹳在沉湖（在武汉市）、洪湖（在洪湖市）、长湖（在荆州市）等地越冬（赵正阶，2001）。

《中国重点陆生野生动物资源调查》称：本次调查（1995年开始，持续近10年），东方白鹳见于武汉蔡甸区（在武汉市）、黄梅（县）、神农架林区、洪湖（市）、鄂州（市）等地（国家林业局，2008）。

● 湖南

《中国重点陆生野生动物资源调查》称：本次调查（1995年开始，持续近10年），东方白鹳见于洞庭湖等地（国家林业局，2008）。只是缺乏更具体的分布地点，洞庭湖由东、西、南洞庭湖和大通湖四个较大的湖泊组成，前三者皆设有保护区，其中有东方白鹳。

发源于贵州省都匀县斗篷山的沅水北流至湖南省常德市从新兴嘴西入汉寿县境，又东流至岩汪湖镇新堤拐处汇入目平湖而进洞庭湖，在沅、澧二水尾间和目平湖建立了西洞庭省级自然保护区。据2002～2011年鸟类监测，记录到鸟类205种，含国家一、二级保护鸟类26种，其中有东方白鹳等（彭平波，2013）。

衡阳市称有鸟类17目40科170种以上，其中国家一级保护动物有"白鹳"（应为东方白鹳）、中华秋沙鸭等⑥，但现辖（衡阳市、常宁市、耒阳市、衡南县、衡阳县、衡山县、衡东县、祁东县）是否仍皆有，值得核查。

地处耒阳市与衡南县的江口鸟岛（俗称江口鸟洲）栖息和繁衍16目38科182种鸟类，总数达10万只以上，其中就有"白颧"（应为东方白鹳）⑦。

①刘宝森.黄河三角洲成为东方白鹳重要繁殖地.http://news.xinhuanet.com/environment/2008-12/03/content_10449958.htm

②"胶东地区"与大范围的"胶东半岛"地域相当，约涉及烟台市、栖霞市、海阳市、龙口市、莱阳市、莱州市、蓬莱市、招远市、长岛县、环翠区、荣成市、乳山市、文登市、青岛市、胶州市、即墨市、平度市、胶南市、莱西市等地。但作为东方白鹳的现今迁徙停歇地，显然过于宽泛。

③白鹳现踪台湾屏东.http://www.ucola.com/bjlyxx/2014/1115/13011.html

④孟津县人民政府网站.http://www.mengjin.gov.cn/

⑤张增峰.国家一级保护动物东方白鹳栖息民权黄河故道公园.http://www.hnr.cn/news/yc/sq/201411/t20141118_1710885.html

⑥衡阳.http://www.hengyang.gov.cn/main/hygk/hyjs/1_626/default.shtml

⑦江口鸟岛.http://baike.baidu.com/view/2708697.htm

● 广东

广东省现有东方白鹳分布地寥寥。

连平县公布的“野生动物资源·禽类”列举有鹳与布谷鸟、黄鹤、白鹤、山寒、山凤凰、呼恶鸟、五彩鸟、夜莺、子规、池鹭等100多种[①]。此“鹳”，当是东方白鹳。

● 海南

海南省还有几地有东方白鹳栖息记录。

《三亚市志》记载的鸟类有鹳与斑鸠、画眉、鹌鹑、伯劳、竹鸡、褐支鸦鹃、翠鸟、鹩哥、大嘴乌鸦、麻雀、家燕等（三亚市地方志编纂委员会，2001）。此“鹳”，似指东方白鹳。

琼中黎族苗族自治县地处海南岛中部，五指山北麓，动物资源十分丰富，鸟类有300多种，候鸟有鹳与莺、鹬、鸫、翁鸟、鸥、鸲、野鸭、隼、鹞、沙锥、行鸟、鹨、杜鹃等[②]。据历史记录，此“鹳”，似指东方白鹳。

● 香港

香港特别行政区仍有东方白鹳。

据香港观鸟会制作的2013年2月25日最新修订的《香港鸟类名录》，共计518种鸟类，其中就有东方白鹳（*Ciconia boyciana*）[③]。

5.2.5 西南

西南现今东方白鹳已稀少，省级政区中仅四川、贵州与云南数地有记录。

● 四川

四川省还有数地有东方白鹳栖息记录。

《丹棱县志》记载的鸟类有老鹳与马伯鶨、鹭鸶、青桩等（四川省丹棱县志编纂委员会，2000），说明丹棱县还有东方白鹳。

《中国重点陆生野生动物资源调查》称：本次调查（1995年开始，持续近10年），东方白鹳见于若尔盖（县）等地（国家林业局，2008）。

会理县公布的鸟类有鹳与啄木鸟、黄豆雀、点水雀、四喜、竹鸡、秧鸡、翠鸟、大雁、野鸭、鹊、白颈鸦、乌鸦、鹰、鹞、鹭、戴胜、斑鸠、杜鹃、喜鹊、黑头哥、鹧鸪、长尾雉、猫头鹰、麻雀、锦鸡、山喳等[④]。所称“鹳”，当是指东方白鹳。

● 贵州

贵州省也有一些地方有东方白鹳栖息。

《务川仡佬族苗族自治县志》在“鸟纲”中列举有鹳（别名饿老鹳）等（贵州省务川仡佬族苗族自治县志编纂委员会，2001），表明还有东方白鹳。

《赫章县志》列举当地有鹳（老鹳）等鸟类（贵州省赫章县地方志编纂委员会，2001），反映依然有东方白鹳在赫章县栖息。

开阳县的鸟类有老鹳与猫头鹰、啄木鸟、燕、阳雀、鹧鸪、野鸡、竹鸡、八哥、喜鹊、画眉、山麻雀、布谷、黄豆雀、鹭鸶、鹞子、鹰、乌鸦、斑鸠、麻斑鸠、野鸭、黄莺、山岔、秧鸡、林鸡、金鸡[⑤]。此“老鹳”，应是东方白鹳。

据《贵州野生动物名录》，威宁彝族回族苗族自治县有东方白鹳，是冬候鸟（李子忠，2011）。

● 云南

云南省现今东方白鹳不多见。

《中国重点陆生野生动物资源调查》称：本次调查（1995年开始，持续近10年），东方白鹳见于宁蒗（宁蒗彝族自治县）等地（国家林业局，2008）。

5.2.6 西北

西北现有东方白鹳仅见分布于陕西省与甘肃省。

● 陕西

陕西省现有东方白鹳的栖息地屈指可数。

《中国重点陆生野生动物资源调查》称：本次调查（1995年开始，持续近10年），东方白鹳见于平利（县）等地（国家林业局，2008）。

陕西黄河湿地省级自然保护区（应为“合阳黄河湿地省级自然保护区”）地处合阳县、韩城市、大荔县、华阴市、潼关县，据报道，2005年12月，曾在本区发现11只东方白鹳[⑥]。2006年

①连平县人民政府网站. http://www.lianping.gov.cn/publicfiles/business/htmlfiles/gdlp/pzrzy/index.htm

②琼中黎族苗族自治县. http://baike.baidu.com/view/167660.htm? fromtitle=琼中&fromid=4284456&type=syn

③香港鸟类名录. http://baike.niaolei.org.cn/香港

④会理县人民政府. http://hl.lsz.gov.cn/zjhli.jsp? urltype=tree.TreeTempUrl&wbtreeid=1009

⑤开阳. http://www.kygov.gov.cn/zjky/dlzy/1314691527ky4840.html

⑥陕西黄河湿地省级自然保护区现状与问题. http://bbs.dzwww.com/thread-24671743-1-1.html

1月至2012年12月调查，韩城市、潼关县还有东方白鹳（何冰等，2013）。

● 甘肃

甘肃省现今仅个别地方有东方白鹳栖息记录。

敦煌西湖国家级自然保护区地处甘肃河西走廊最西端，位于敦煌市城西120 km处，西接库姆塔格大沙漠，南与阿克赛哈萨克族自治县相邻，北与新疆维吾尔自治区接壤。内有“白鹳”等34种国家重点保护野生动物①，此地虽接近新疆，但分布的“白鹳”却是东方白鹳。

5.2.7 分布有东方白鹳的保护区

现今分布在各级自然保护区的东方白鹳（图4.59、表4.10）既反映它们依然存在，也说明它们能够得到较好的保护。从现已知的保护区情况看：

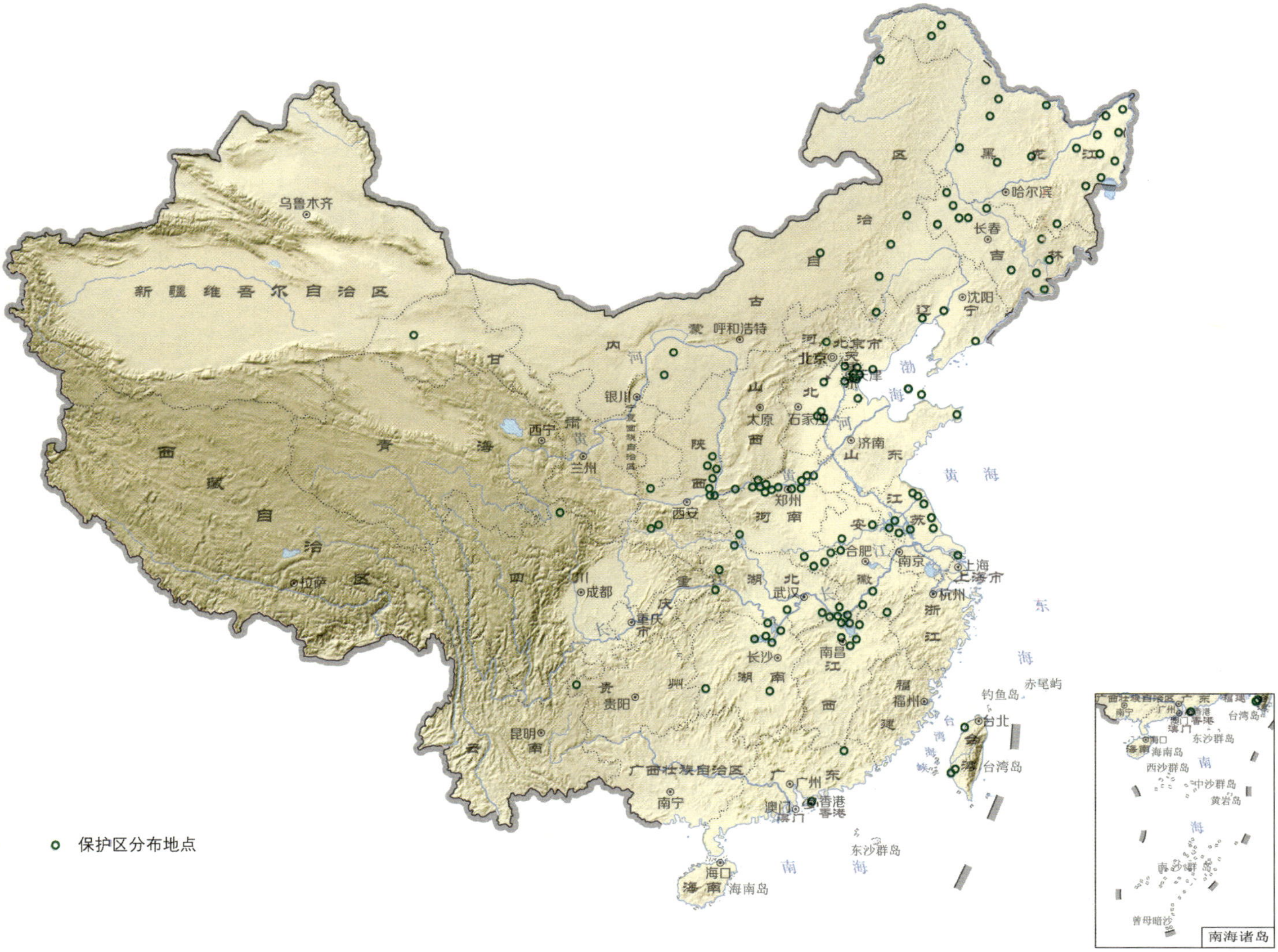

图4.59 栖息有东方白鹳的自然保护区分布图

①敦煌西湖自然保护区. http://www.baike.com/wiki/%E6%95%A6%E7%85%8C%E8%A5%BF%E6%B9%96%E8%87%AA%E7%84%B6%E4%BF%9D%E6%8A%A4%E5%8C%BA

● 栖息有东方白鹳的保护区总数达到 134 个,约超过全国保护区总数的 5%。

● 保护区涉及国家、省、市、县 4 级,主管部门分别有林业、水利、环保、海洋等。

● 栖息有东方白鹳的保护区的总面积超过 7.45 万 km^2,约超过全国保护区面积总数的 5%。

● 保护区虽在六大地区皆有,但西南地区仅有 2 个,这与东方白鹳的分布大势基本相符。

● 甘肃(敦煌西湖自然保护区)与四川(若尔盖湿地自然保护区)有利于保护东方白鹳在西北边缘的分布。

● 台湾的 3 个保护区,有利于保护东方白鹳在最南的越冬地。

● 栖息有东方白鹳的保护区的数量在省级政区中排名前 5 位:以黑龙江省为首(有 29 个),湖北省其次(有 11 个),河南省再次(有 10 个),内蒙古自治区第四(有 9 个),安徽省与江西省并列第五(有 8 个),基本上覆盖了东方白鹳的主要繁殖地与越冬地。

● 保护区的级别情况,以省级居首(约占 41%),国家级其次(约占 39%)。

● 保护区的主管部门情况,以林业占绝对优势,约占 70%。

表 4.10　　栖息有东方白鹳的自然保护区概况

地区	省级政区	保护区名称	所处地点	面积(hm^2)	级别	建立时间	主管部门	备注
华北	北京	野鸭湖	延庆县	8 700	省级	20001201	林业	
	天津	古海岸与湿地	汉沽区、塘沽区、大港区、东丽区、津南区、宁河县	35 913	国家级	19841201	海洋	
		团泊洼鸟类	静海县	6 040	省级	19950622	林业	据网上检索,天津静海县有"团泊镇""团泊洼""团泊湖"等地名。综合有关情况,自然保护区疑似用"团泊洼"为宜
		北大港湿地	大港区	34 887	省级	19990824	环保	
		大黄堡	武清区	11 200	省级	20040921	林业	
	河北	衡水湖	桃城区、冀州市、枣强县	18 787	国家级	20000701	林业	
		白洋淀湿地	安新县	31 200	省级	20021106	环保	
		唐海湿地鸟类	唐海县	11 064	省级	20030401	林业	
		海兴湿地和鸟类	海兴县	16 800	省级	20051101	林业	
	内蒙古	科尔沁	科尔沁右翼中旗	126 987	国家级	19850209	环保	
		锡林郭勒草原	锡林浩特市	580 000	国家级	19850808	环保	
		黑里河	宁城县	27 638	国家级	19961229	林业	
		额尔古纳湿地	额尔古纳市	126 000	省级	19971101	林业	
		额尔古纳	额尔古纳市	124 527	国家级	19980101	林业	
		阿鲁科尔沁	阿鲁科尔沁旗	136 794	国家级	19980201	环保	
		松树山	翁牛特旗	78 400	市级	19990401	林业	
		杭锦淖尔	杭锦旗	85 750	省级	20030101	林业	
		都斯图河	鄂托克旗	38 004	省级	20031101	林业	

（续表）

地区	省级政区	保护区名称	所处地点	面积（hm^2）	级别	建立时间	主管部门	备注
东北	辽宁	双台河口	盘锦市	128 000	国家级	19850909	林业	
		丹东鸭绿江口湿地	东港市	101 000	国家级	19870701	环保	曾泛称“丹东市”
		大麦科	台安县	7 190	省级	20020801	林业	
		凌河口湿地	凌海市	83 556	市级	20050401	林业	
	吉林	吉林长白山	安图县、抚松县、长白朝鲜族自治县	196 465	国家级	19600401	林业	
		莫莫格	镇赉县	144 000	国家级	19810308	林业	
		向海	通榆县	105 467	国家级	19810309	林业	
		查干湖	前郭尔罗斯蒙古族自治县、大安市、乾安县	50 684	国家级	19860802	水利	前郭县只是主体
		龙湾	辉南县	15 061	国家级	19910801	林业	
		雁鸣湖	敦化市	53 940	国家级	19911120	林业	
		扶余洪泛	扶余县	61 010	省级	20090722	林业	
	黑龙江	凉水	伊春市	12 133	国家级	19800707	林业	
		兴凯湖	密山市	222 488	国家级	19860405	林业	
		西洼荒湿地	望奎县	8 292	省级	19900401	环保	
		洪河	抚远县、同江市	21 835	国家级	19880111	环保	
		宝清七星河	宝清县	20 000	国家级	19911017	环保	
		三环泡	富锦市	25 075	省级	19910701	林业	
		安邦河	集贤县	3 716	省级	19930301	环保	
		三江	抚远县、同江市	198 089	国家级	19940919	林业	
		雁窝岛	宝清县	8 074	省级	19971127	其他	《名录》无，但国家林业局保护司认可
		黑龙江凤凰山	鸡东县	26 570	国家级	19890403	林业	
		挠力河	富锦市、饶河县	160 595	国家级	19981204	环保	
		八岔岛	同江市	32 014	国家级	19991001	环保	
		南瓮河	大兴安岭地区	229 523	国家级	19991215	林业	
		乌苏里江	抚远县	39 668	省级	20010111	环保	
		珍宝岛湿地	虎林市	44 364	国家级	20020415	林业	
		胜山	爱辉区	60 000	国家级	20030211	林业	
		龙凤湿地	大庆市	5 050	省级	20030313	其他	
		库尔滨湿地	伊春市	66 964	省级	20040101	环保	
		东升	宝清县	19 244	省级	20040901	林业	
		红星湿地	伊春市	111 995	国家级	20040913	林业	
		朗乡	铁力市	31 355	省级	20050101	林业	《名录》误作“伊春市”
		黑龙江双河	塔河县	88 849	国家级	20050316	林业	
		东方红湿地	虎林市	31 516	国家级	20050419	林业	

（续表）

地区	省级政区	保护区名称	所处地点	面积（hm²）	级别	建立时间	主管部门	备注
		大沾河湿地	五大连池市、孙吴县、逊克县	211 618	国家级	20060127	林业	
		乌裕尔河	富裕县	55 423	省级	20060301	林业	
		小北湖	宁安市	20 834	省级	20061226	林业	
		绥滨两江湿地	鹤岗市	55 490	省级	20070608	林业	
		呼兰河口湿地	哈尔滨市	19 262	省级	20080114	林业	
		太平沟	鹤岗市	22 199	国家级	20091230	林业	2014 年晋升国家级
华东	上海	崇明东滩鸟类	崇明县	24 155	国家级	19981116	林业	
	江苏	盐城湿地珍禽	东台市、大丰市、射阳县、滨海县、响水县	284 179	国家级	19830225	环保	
		大丰麋鹿	大丰市	2 667	国家级	19860208	林业	
		洪泽湖东部湿地	洪泽县、淮安市、盱眙县	54 000	省级	20041124	林业	
		高邮湖湿地	高邮市	46 667	市级	20050615	林业	“高邮湖”在高邮市与天长市之间
	安徽	升金湖	东至县、贵池区	33 400	国家级	19860204	林业	
		沱湖	五河县	4 200	省级	19940701	环保	
		岭南	休宁县	2 771	省级	19951202	林业	
		安庆沿江湿地	安庆市	120 000	省级	19951202	林业	
		十八索	贵池区	7 500	省级	20010401	林业	
		八里河	颍上县	14 600	省级	20010401	林业	
		东西湖	霍邱县	14 200	省级	20010401	林业	
		高邮湖湿地	天长市					“高邮湖”在高邮市与天长市之间
	江西	庐山	九江市	30 452	省级	19810306	林业	
		江西鄱阳湖	新建县、进贤县、九江市、瑞昌市、九江县、星子县、湖口县、余干县、鄱阳县	22 400	国家级	19830600	林业	成立于 1983 年 6 月；原名“鄱阳湖候鸟”，现已有扩大
		青岚湖	进贤县	1 000	省级	19970106	林业	
		鄱阳湖南矶湿地	新建县	33 300	国家级	19970106	林业	
		白沙洲	鄱阳县	40 900	县级	20001020	林业	
		赛城湖候鸟	九江县	4 500	县级	20001120	林业	
		康山候鸟	余干县	13 333	县级	20010326	林业	
		都昌候鸟	都昌县	41 100	省级	20031001	林业	
	山东	长岛	长岛县	5 300	国家级	19880509	林业	
		黄河三角洲	东营市	153 000	国家级	19901227	林业	
		荣成大天鹅	荣成市	1 675	国家级	19920530	林业	
	台湾	四草	台南市	51 505	市级	19941130		
		滨海	新竹市	1 600	市级	20010608		
		曾文溪口北岸黑面琵鹭	台南县	300	市级	20021015		一作“634 hm²”

（续表）

地区	省级政区	保护区名称	所处地点	面积（hm^2）	级别	建立时间	主管部门	备注
中南	河南	鸡公山	信阳市	2 917	国家级	19820624	林业	
		新乡黄河湿地鸟类	封丘县、长垣县	22 780	国家级	19880727	环保	
		开封柳园口	开封市、开封县	16 148	省级	19940609	林业	
		河南黄河湿地	巩义市、湖滨区、洛阳市、偃师市、孟津县、新安县、焦作市、孟州市、济源市	68 000	国家级	19950818	林业	
		丹江湿地	淅川县	64 027	国家级	20010810	林业	
		信阳天目山	信阳市	6 750	省级	20011205	林业	
		信阳黄缘闭壳龟	新县、商城县、信阳市、罗山县、固始县	109 930	省级	20040226	水利	2004 年文件称：省农业厅为主管部门
		郑州黄河湿地	郑州市、巩义市、荥阳市、中牟县	36 574	省级	20041119	林业	
		固始淮河湿地	固始县	4 388	省级	20071120	林业	
		白龟山湿地	平顶山市	6 600	省级	20071120	林业	
	湖北	神农架	神农架林区	70 467	国家级	19860709	林业	
		龙感湖	黄梅县	22 322	国家级	19880101	林业	
		沉湖湿地	武汉市	11 579	省级	19940101	林业	
		洪湖湿地	洪湖市	37 088	省级	19960101	林业	
		梁子湖湿地	鄂州市	37 946	省级	20010101	林业	
		长湖湿地	荆州市	8 470	市级	20020101	林业	
		神农溪	巴东县	10 150	省级	20020101	林业	
		丹江口库区	丹江口市	79 523	省级	20030318	林业	
		网湖湿地	阳新县	20 495	省级	20040313	林业	
		上涉湖湿地	武汉市	4 149	市级	20060101	林业	
		大九湖湿地	神农架林区	9 320	县级	20060101	林业	
	湖南	江口鸟洲	衡南县	35	省级	19840401	林业	《名录》称 20 hm^2；核心区域面积就有 35 hm^2
		东洞庭湖	岳阳市、华容县、岳阳县	190 000	国家级	19841101	林业	
		南洞庭湖湿地	沅江市、益阳市	168 000	省级	19910701	林业	
		西洞庭	汉寿县	35 680	省级	19970101	林业	
		鹰嘴界	会同县	15 900	国家级	19980101	林业	
		横岭湖	湘阴县	43 000	省级	20010301	林业	
	广东	铁山渡田河	兴宁市	17 827	省级	19991101	林业	
	香港	米浦	香港	380	省级	1984		
西南	四川	若尔盖湿地	若尔盖县	166 571	国家级	19941118	林业	
	贵州	威宁草海	威宁彝族回族苗族自治县	12 000	国家级	19850101	林业	

（续表）

地区	省级政区	保护区名称	所处地点	面积（hm^2）	级别	建立时间	主管部门	备注
西北	陕西	汉中朱鹮	洋县、城固县	37 549	国家级	19830101	林业	
		合阳黄河湿地	合阳县、韩城市、大荔县、华阴市、潼关县	57 348	省级	19960201	林业	
		延安黄龙山褐马鸡	黄龙县、宜川县	81 753	国家级	20010825	林业	
		千湖湿地	千阳县	7 156	省级	20060101	林业	
	甘肃	敦煌西湖	敦煌市	660 000	国家级	19921214	林业	

注：①本表参考多方面信息综合而成，个别误差进行更正。②本表主要据全国自然保护区名录. http://sts. mep. gov. cn/zrbhq/zrbhq/201208/t20120824_235172. htm；简称《手册》。③台湾地区实际称“野生动物保护区”。④另参考北京野鸭湖湿地自然保护区. http://jingguan. yuanlin. com/marsh/2010-5-31/11804. html；古海岸与湿地自然保护区. http://baike. baidu. com/view/248465. htm；团泊洼鸟类湿地自然保护区与天津湿地. http://tjleshuixing. blog. sohu. com/63881406. html；团泊风景区. http://baike. baidu. com/view/859423. htm；天津市环境保护科学研究院. 2003. 天津市北大港湿地自然保护区总体规划. http://www. docin. com/p-458104745. html；衡水湖国家级自然保护区. http://baike. baidu. com/view/1094925. htm? fromId=533014；白洋淀湿地自然保护区. http://www. bydsd. com/Intro/index. asp；唐海湿地和鸟类自然保护区. http://www. baike. com/wiki/%E5%94%90%E6%B5%B7%E6%B9%BF%E5%9C%B0%E5%92%8C%E9%B8%9F%E7%B1%BB%E4%BF%9D%E6%8A%A4%E5%8C%BA；海兴湿地（鸟类自然保护区）. http://www. haixingdj. gov. cn/Article/ShowArticle. asp? ArticleID=899；科尔沁右翼中旗. http://baike. baidu. com/view/418800. htm；锡林郭勒草原. http://baike. baidu. com/view/30789. htm；黑里河自然保护区. http://baike. baidu. com/view/211369. htm；额尔古纳湿地自然保护区. http://www. ceweekly. cn/html/Article/20111129495000890. html；额尔古纳国家级自然保护区. http://baike. baidu. com/view/1429347. htm? subLemmaId=1429347&fromenter=%B6%EE%B6%FB%B9%C5%C4%C9%D7%D4%C8%BB%B1%A3%BB%A4%C7%F8；阿鲁科尔沁草原自然保护区. http://baike. baidu. com/view/1429349. htm；松树山自然保护区. http://www. wqly. gov. cn/html/gylc/42. html；杭锦淖尔保护区. http://www. baike. com/wiki/%E6%9D%AD%E9%94%A6%E6%B7%96%E5%B0%94%E4%BF%9D%E6%8A%A4%E5%8C%BA；杭锦淖尔自然保护区成候鸟乐园. http://hb. cctv. com/20091130/101657. shtml；鄂尔多斯市自然保护区基本情况. http://www. ordosly. gov. cn/zsdw/ysdzw/zrbhq/；双台河口国家级自然保护区. http://baike. baidu. com/view/473485. htm；鸭绿江口湿地. http://www. dandong. gov. cn/a/lvyoupindao/lvyoujingdian/2011/1104/2236. html；辽宁鸭绿江口滨海湿地国家级自然保护区. http://baike. baidu. com/link? url=AQke9bDOfTNCUAwxORUIsb6f1b_sfqAslAxgQd7 WKcz2Ees3_lpwO-z_E0AnaHzE；大麦科湿地. http://news. sina. com. cn/c/2006-06-07/08299141655s. shtml；凌河口湿地自然保护区. http://www. jyeoo. com/bio/ques/detail/488c6c4a-474b-4a65-bdf6-44098d7044c7；大凌河口湿地风景区. http://www. lnlh. gov. cn/newsinfo277. html；吉林长白山国家级自然保护区. http://baike. baidu. com/view/90326. htm；国家林业局，2008；向海国家级自然保护区. http://baike. baidu. com/view/481640. htm? fromId=56447；查干湖国家级自然保护区. http://baike. baidu. com/view/1310535. htm? fromId=246478；吉林龙湾国家级自然保护区. http://baike. baidu. com/view/1091004. htm? subLemmaId=1091004&fromenter=%C1%FA%CD%E5%D7%D4%C8%BB%B1%A3%BB%A4%C7%F8；雁鸣湖国家级自然保护区. http://baike. baidu. com/view/4064671. htm；吉林扶余洪泛湿地省级自然保护区简介. http://hbj. jl. gov. cn/zrst/zrbhq/201011/t20101105_887616. html；伊春市带岭区. http://baike. baidu. com/view/472678. htm? fromId=514493；李晓民等，2010；黑龙江望奎西洼荒湿地自然保护区. http://www. hljforest. gov. cn/view/lm0494/article/308184. html；黑龙江洪河国家级自然保护区. http://baike. baidu. com/view/146456. htm? fromId=246973；安邦河湿地省级自然保护区. http://baike. baidu. com/view/1090994. htm；雁窝岛湿地自然保护区生态旅游. http://www. forestry. gov. cn/portal/zrbh/s/3059/content-454966. html；李世民等，2005；八岔岛国家级自然保护区. http://baike. baidu. com/view/1094445. htm? subLemmaId=1094445&fromenter=%B0%CB%B2%ED%B5%BA%D7%D4%C8%BB%B1%A3%BB%A4%C7%F8；南瓮河国家级自然保护区. http://www. zwbk. org/MyLemmaShow. aspx? lid=117548；乌苏里江. http://baike. baidu. com/view/52521. htm；珍宝岛湿地国家级自然保护区. http://baike. baidu. com/view/3896102. htm；胜山国家级自然保护区. http://baike. baidu. com/view/3155625. htm；大庆龙凤湿地自然保护区. http://baike. baidu. com/view/1350527. htm；黄守华，2010；小兴安岭库尔滨湿地保护区简介. http://hlj. gqt. org. cn/sglq/ftrq/200903/t20090316_186915. htm；宝清县. http://baike. baidu. com/view/1001204. htm；崔悦. 东升自然保护区. http://epaper. hljnews. cn/hljrb/html/2009-06/15/content_402657. htm；红星湿地自然保护区. http://baike. baidu. com/view/2516370. htm；邱胜荣等，2009；双河国家级自然保护区. http://baike. baidu. com/view/3155645. htm；黑龙江东方红湿地国家级自然保护区. http://baike. baidu. com/view/2940831. htm；大沾河湿地国家级自然保护区. http://baike. baidu. com/view/5488006. htm；乌裕尔河国家级自然保护区. http://baike. baidu. com/

view/10274345. htm;小北湖自然保护区. http://baike. baidu. com/view/7767038. htm;黑龙江绥滨两江湿地自然保护区. http://www. hljforest. gov. cn/view/lm0657/article/311203. html;呼兰河口湿地. http://baike. baidu. com/view/1589344. htm;太平沟自然保护区. http://www. arkoo. cn/sf_B9EEEB128A7F4B80AEB5FA847A85313F_274_nfp0179. html;上海市崇明东滩鸟类自然保护区. http://www. shidi. org/sf_4D31144DEC67450A87C81BDC7236BBF8_151_column. html;江苏盐城国家级珍禽自然保护区. http://www. shidi. org/sf_01EC08C282C54A49819970D2DE7E0047_151_column. html;江苏大丰麋鹿国家级自然保护区. http://baike. baidu. com/view/327678. htm? fromId=248479;王荣等. 带你探访洪泽湖东部湿地自然保护区看洪泽湖大堤飞鸟. http://jsnews. jschina. com. cn/system/2012/04/28/013240088. shtml;关于建立高邮湖湿地自然保护区的建议. http://www. tcszx. gov. cn/html/2010-05/3269. html;安徽省自然保护区简介. http://www. ahly. gov. cn/main/model/newinfo/newinfo. do? infoId=14166;庐山自然保护区. http://baike. baidu. com/view/118116. htm;鄱阳湖国家级自然保护区简介. http://www. poyanglake. org/articleDetail. aspx? id=1;南昌大美南矶山. http://www. jxnews. com. cn/jxrb/system/2013/04/19/012378698. shtml;朱曦等,2008;赛城湖候鸟保护区. http://www. jxlushan. com/Article/jingdian/sixian/201206/20120616175100_1444. shtml;江西都昌候鸟省级自然保护区. http://baike. baidu. com/view/9300365. htm;吕承华. 谈谈都昌县鄱阳湖湿地·候鸟资源保护与利用. http://www. duchang. org/simple/? t66317. html;山东长岛国家级自然保护区. http://baike. baidu. com/view/481690. htm? fromId=248805;山东黄河三角洲国家级自然保护区. http://baike. baidu. com/view/251907. htm? fromId=488661;荣成大天鹅国家级自然保护区. http://baike. baidu. com/view/3154416. htm;台南市四草野生动物保护区. http://baike. baidu. com/link? url=BOe6nzxYbklZqH1t0ymf0I5iU-RXXWCJNDiTSDfssUgIc_xUIW39lW0Ee_hOmtZNjbiS8GST3nJk0qSlWMMX6q;新竹市滨海野生动物保护区. http://baike. baidu. com/link? url=6maYfle6lVODLRMgpXSUo-MTnc3Zir_LtWd3z8eTwwOBPBzvKn15HGT4 QDDSekTmKClV5ENciNHPhTMKWmS_Za;台南县曾文溪口北岸黑面琵鹭野生动物保护区. http://baike. baidu. com/link? url=u-QmdeCMFzqrjzs8_BHPgjR_szgAD1zb0cC1Vz6GsOzQYUpOlFd9cRggLA4NiE3EG4Xm0GNLcF2G8euhW5gIYa;七股黑面琵鹭保护区. http://zh. wikipedia. org/wiki/黑面琵鷺生態保護區;河南鸡公山国家级自然保护区. http://www. zwbk. org/MyLemmaShow. aspx? lid=114589;河南新乡黄河湿地鸟类国家级自然保护区. http://www. hnhhsd. com/about. php? typeid=2;自然保护区和湿地. http://www. hnly. gov. cn/portal/zrbh/zrbhq/webinfo/2012/01/1325925618391824. htm;河南黄河湿地国家级自然保护区. http://baike. baidu. com/view/2198500. htm;丹江湿地国家级自然保护区. http://baike. soso. com/v11020991. htm;丹江湿地保护区. http://www. baike. com/wiki/%E4%B8%B9%E6%B1%9F%E6%B9%BF%E5%9C%B0%E4%BF%9D%E6%8A%A4%E5%8C%BA;河南省林业厅. http://www. hnly. gov. cn/portal/zrbh/zrbhq/webinfo/2003/07/1253616634366592. htm;信阳黄缘闭壳龟省级自然保护区批准建立. http://www. cnki. com. cn/Article/CJFDTotal-HNSC200403027. htm;信阳黄缘闭壳龟省级自然保护区. http://www. hnep. gov. cn/tabid/324/InfoID/4379/frtid/161/Default. aspx;郑州黄河湿地自然保护区. http://baike. baidu. com/view/901271. htm;固始淮河湿地自然保护区. http://www. hnly. gov. cn/portal/zrbh/zrbhq/webinfo/2012/01/1325925618369635. htm;河南林业自然保护区:平顶山白龟山湿地省级自然保护区. http://www. doc88. com/p-950282993658. html;神农架. http://baike. baidu. com/view/617. htm? fromId=120015;湖北神农架国家级自然保护区·动物资源. http://www. snjbhq. com/html/baohuqugaikuang/20090727/77. html;龙感湖. http://baike. baidu. com/view/1246296. htm;沉湖湿地自然保护区. http://baike. baidu. com/view/8911163. htm;洪湖省级湿地自然保护区. http://baike. baidu. com/view/5861175. htm;梁子湖湿地自然保护区. http://baike. baidu. com/view/8911050. htm;荆州市长湖湿地自然保护区概况. http://lyj. cnchu. com/viewnews-133;神农溪. http://www. baike. com/wiki/%E7%A5%9E%E5%86%9C%E6%BA%AA;丹江口库区湿地自然保护区. http://baike. baidu. com/view/8913586. htm;网湖湿地自然保护区. http://baike. baidu. com/view/8913454. htm;白涛等,2008;大九湖湿地自然保护区. http://baike. baidu. com/view/8913858. htm;江口鸟岛. http://baike. baidu. com/view/2708697. htm;中国·衡阳. http://www. hengyang. gov. cn/main/hygk/hyjs/1_626/default. shtml;江口鸟洲. http://www. baike. com/wiki/江口鸟洲;湖南东洞庭湖自然保护区. http://zh. wikipedia. org/wiki/%E4%B8%9C%E6%B4%9E%E5%BA%AD%E6%B9%96;东洞庭湖自然保护区. http://www. yyx. gov. cn/Item/7133. aspx;东洞庭湖. http://baike. baidu. com/view/4600621. htm;南洞庭湖自然保护区. http://baike. baidu. com/view/5860380. htm;西洞庭湖自然保护区. http://baike. baidu. com/view/540970. htm;湖南鹰嘴界国家级自然保护区. http://baike. baidu. com/view/1280248. htm? subLemmaId=1280248&fromenter=%D3%A5%D7%EC%BD%E7%D7%D4%C8%BB%B1%A3%BB%A4%C7%F8;横岭湖自然保护区. http://baike. baidu. com/view/8700630. htm;广东兴宁铁山渡田河省级自然保护区. http://baike. baidu. com/view/2264296. htm;陈承彦,1991;米埔自然保护区. http://baike. baidu. com/view/246362. htm? fr=aladdin;四川若尔盖湿地自然保护区. http://baike. baidu. com/view/472790. htm? fromId=472803;若尔盖县. http://baike. baidu. com/view/480849. htm;威宁草海越冬候鸟逾4万只. http://travel. gog. com. cn/system/2012/11/26/011776459. shtml;汉中朱鹮国家级自然保护区. http://www. zwbk. org/MyLemmaShow. aspx? lid=115670#3;合阳黄河湿地自然保护区位于陕西省合阳县. http://wenku. baidu. com/view/bc515ed4360cba1aa811da24. html;李宏群等,2009;陕西千湖湿地省级自然保护区. http://baike. baidu. com/view/7103037. htm;敦煌西湖自然保护区. http://www. baike. com/wiki/%E6%95%A6%E7%85%8C%E8%A5%BF%E6%B9%96%E8%87%AA%E7%84%B6%E4%BF%9D%E6%8A%A4%E5%8C%BA

5.3 东方白鹳 20 世纪以来分布变迁大势

20 世纪以来，东方白鹳在我国的分布变迁（图 4.60、表 4.11）状况显示：

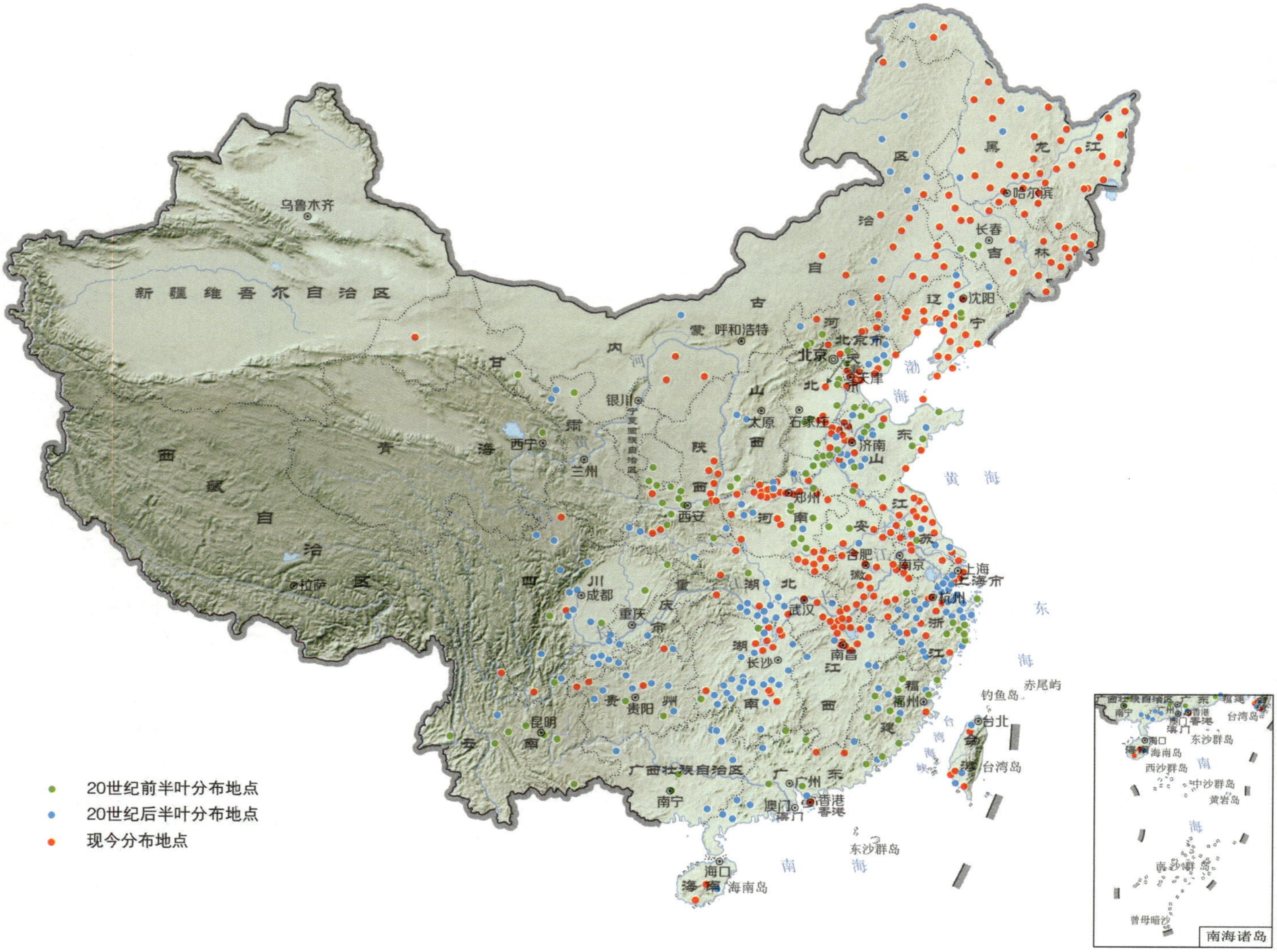

图 4.60　20 世纪以来东方白鹳的分布变迁图

● 省级政区中仅澳门、西藏、宁夏、新疆未见有确实的东方白鹳分布记录。

● 东方白鹳的分布地略呈现东部与北方数量多而密集，向西、向南则数量少而稀疏的趋势。

● 可确定有东方白鹳的县级及其以上分布地总数约 576 个（不包括重复）。

● 东方白鹳的分布地数量，按地区排序为：华东（193 个），中南（131 个），东北（95 个），华北（75 个），西南（51 个），西北（31 个）。

● 东方白鹳的县级及其以上分布地绝对数量，按省级政区排序为：河南省（49 个），浙江省（44 个），黑龙江省（43 个），山东省（42 个），湖南省（33 个），内蒙古自治区（30 个）。

● 东方白鹳的县级及其以上分布地相对数量，按省级政区排序为：浙江省（64%），黑龙江省（56%），辽宁省（50%），吉林省（皆 48%），东北三省皆名列前茅；除香港（仅按 1 地）外，重庆市与青海省实际上也各自仅有 1 地。

● 到 20 世纪后半叶变化较大的省级政区是：山东省与河南省（皆减少 14 个地方），福建省(减少 12 个地方),河北省(减少 10 个地方),云南省与陕西省(皆减少 8 个地方),浙江省(皆减少 7 个地方);实际上青海省仅有 1 个地方还消失了。

● 20 世纪后半叶以来,变化较大的省级政区是:浙江省(减少 29 个地方),湖南省(减少 21 个地方),四川省(减少 17 个地方),山东省与湖北省(皆减少 12 个地方),内蒙古自治区(减少 10 个地方);实际上山西省仅有 2 个地方、重庆市仅有 1 个地方,皆消失了。

● 现今,北京市与广东省仅有 2 地,福建省与云南省仅有 1 地有东方白鹳飞临记载。

表 4.11　　20 世纪以来东方白鹳的分布变迁概况

地区	省级政区	20 世纪前半叶分布地点	20 世纪后半叶分布地点	现今分布地点
华北	北京	顺义区、平谷区、延庆县	顺义区、延庆县	顺义区、延庆县
	天津	塘沽区、汉沽区、大港区、东丽区、津南区、北辰区、武清区、宁河县、静海县	塘沽区、汉沽区、大港区、东丽区、津南区、北辰区、武清区、宁河县、静海县	塘沽区、汉沽区、大港区、东丽区、津南区、北辰区、武清区、宁河县、静海县
	河北	宣化县、张北县、沽源县、赤城县、承德市、承德县、平泉县、宽城满族自治县、围场满族蒙古族自治县、秦皇岛市、昌黎县、卢龙县、青龙满族自治县、唐山市、滦县、滦南县、唐海县、霸州市、香河县、文安县、安新县、泊头市、盐山县、桃城区、冀州市、枣强县、柏乡县、宁晋县、馆陶县	张北县、沽源县、承德市、承德县、平泉县、宽城满族自治县、围场满族蒙古族自治县、秦皇岛市、卢龙县、青龙满族自治县、唐山市、滦县、滦南县、唐海县、安新县、桃城区、冀州市、枣强县	沽源县、承德市、承德县、平泉县、秦皇岛市、滦南县、唐海县、安新县、桃城区、冀州市、枣强县
	山西	盐湖区、闻喜县、方山县、交城县	方山县、交城县	
	内蒙古	赤峰市、宁城县、阿鲁科尔沁旗、巴林右旗、克什克腾旗、翁牛特旗、科尔沁区、霍林郭勒市、开鲁县、库伦旗、奈曼旗、扎鲁特旗、科尔沁左翼中旗、科尔沁左翼后旗、扎兰屯市、牙克石市、根河市、额尔古纳市、鄂温克族自治旗、鄂托克旗、杭锦旗、伊金霍洛旗、乌拉特中旗、乌兰浩特市、阿尔山市、突泉县、科尔沁右翼前旗、科尔沁右翼中旗、扎赉特旗、锡林浩特市	赤峰市、宁城县、阿鲁科尔沁旗、巴林右旗、克什克腾旗、翁牛特旗、科尔沁区、霍林郭勒市、开鲁县、库伦旗、奈曼旗、扎鲁特旗、科尔沁左翼中旗、科尔沁左翼后旗、扎兰屯市、牙克石市、根河市、额尔古纳市、鄂温克族自治旗、鄂托克旗、杭锦旗、伊金霍洛旗、乌拉特中旗、乌兰浩特市、阿尔山市、突泉县、科尔沁右翼前旗、科尔沁右翼中旗、扎赉特旗、锡林浩特市	赤峰市、宁城县、阿鲁科尔沁旗、克什克腾旗、翁牛特旗、科尔沁区、霍林郭勒市、开鲁县、库伦旗、奈曼旗、扎鲁特旗、科尔沁左翼中旗、科尔沁左翼后旗、额尔古纳市、鄂托克旗、杭锦旗、伊金霍洛旗、乌兰浩特市、科尔沁右翼中旗、锡林浩特市
东北	辽宁	沈阳市、新民市、辽中县、康平县、法库县、朝阳市、凌源市、朝阳县、清原满族自治县、辽阳市、辽阳县、鞍山市、海城市、台安县、岫岩满族自治县、东港市、大连市、瓦房店市、普兰店市、庄河市、长海、营口市、盖州市、盘锦市、大洼县、盘山县、凌海市、义县、葫芦岛市	沈阳市、新民市、辽中县、康平县、法库县、朝阳市、凌源市、朝阳县、清原满族自治县、鞍山市、海城市、台安县、岫岩满族自治县、东港市、大连市、瓦房店市、普兰店市、庄河市、长海、营口市、盖州市、盘锦市、大洼县、盘山县、凌海市、葫芦岛市	沈阳市、法库县、朝阳市、朝阳县、鞍山市、海城市、台安县、岫岩满族自治县、东港市、大连市、瓦房店市、普兰店市、庄河市、长海、营口市、盖州市、盘锦市、盘山县、凌海市、葫芦岛市
	吉林	大安市、镇赉县、通榆县、扶余县、乾安县、前郭尔罗斯蒙古族自治县、吉林市、磐石市、双辽市、公主岭市、梨树县、集安市、辉南县、抚松县、长白朝鲜族自治县、延吉市、图们市、敦化市、珲春市、龙井市、和龙市、汪清县、安图县	大安市、镇赉县、通榆县、扶余县、乾安县、前郭尔罗斯蒙古族自治县、吉林市、磐石市、辉南县、抚松县、长白朝鲜族自治县、延吉市、图们市、敦化市、珲春市、龙井市、和龙市、汪清县、安图县	大安市、镇赉县、通榆县、扶余县、乾安县、前郭尔罗斯蒙古族自治县、吉林市、磐石市、辉南县、抚松县、长白朝鲜族自治县、延吉市、图们市、敦化市、珲春市、龙井市、和龙市、汪清县、安图县

（续表）

地区	省级政区	20世纪前半叶分布地点	20世纪后半叶分布地点	现今分布地点
	黑龙江	哈尔滨市、双城市、尚志市、五常市、阿城市、依兰县、方正县、宾县、巴彦县、木兰县、通河县、延寿县、富裕县、爱辉区、北安市、五大连池市、嫩江县、逊克县、孙吴县、大庆市、杜尔伯特蒙古族自治县、伊春市、铁力市、嘉荫县、鹤岗市、萝北县、同江市、富锦市、桦南县、抚远县、集贤县、宝清县、饶河县、鸡西市、虎林市、密山市、鸡东县、宁安市、肇东市、望奎县、大兴安岭地区、塔河县、漠河县	哈尔滨市、双城市、尚志市、五常市、阿城市、依兰县、方正县、宾县、巴彦县、木兰县、通河县、延寿县、富裕县、爱辉区、北安市、五大连池市、嫩江县、逊克县、孙吴县、大庆市、杜尔伯特蒙古族自治县、伊春市、铁力市、嘉荫县、鹤岗市、萝北县、同江市、富锦市、桦南县、抚远县、集贤县、宝清县、饶河县、鸡西市、虎林市、密山市、鸡东县、宁安市、肇东市、望奎县、大兴安岭地区、塔河县、漠河县	哈尔滨市、双城市、尚志市、五常市、阿城市、依兰县、方正县、宾县、巴彦县、木兰县、通河县、延寿县、富裕县、爱辉区、五大连池市、嫩江县、逊克县、孙吴县、大庆市、伊春市、铁力市、鹤岗市、萝北县、同江市、富锦市、桦南县、抚远县、集贤县、宝清县、饶河县、鸡西市、虎林市、密山市、鸡东县、宁安市、肇东市、望奎县、大兴安岭地区、塔河县
华东	上海	浦东新区、金山区、松江区、南汇区、奉贤区、崇明县	浦东新区、金山区、松江区、南汇区、奉贤区、崇明县	浦东新区、金山区、南汇区、奉贤区、崇明县
	江苏	溧水县、高淳县、徐州市、沛县、连云港市、宿迁市、淮安市、盱眙县、洪泽县、盐城市、东台市、大丰市、射阳县、阜宁县、滨海县、响水县、建湖县、扬州市、江都市、高邮市、宝应县、兴化市、海门市、通州市、如皋市、镇江市、常熟市	溧水县、高淳县、徐州市、连云港市、宿迁市、淮安市、盱眙县、洪泽县、盐城市、东台市、大丰市、射阳县、阜宁县、滨海县、响水县、建湖县、扬州市、高邮市、兴化市、海门市、通州市、如皋市、镇江市、常熟市	溧水县、高淳县、徐州市、连云港市、宿迁市、淮安市、盱眙县、洪泽县、盐城市、东台市、大丰市、射阳县、阜宁县、滨海县、响水县、建湖县、扬州市、高邮市、海门市、镇江市、常熟市
	浙江	杭州市、临安市、富阳市、建德市、桐庐县、淳安县、嘉兴市、平湖市、海宁市、桐乡市、嘉善县、海盐县、舟山市、宁波市、慈溪市、余姚市、奉化市、宁海县、象山县、越城区、诸暨市、上虞市、嵊州市、绍兴县、新昌县、衢州市、江山市、常山县、开化县、龙游县、兰溪市、武义县、台州市、临海市、温岭市、三门县、天台县、仙居县、玉环县、温州市、平阳县、云和县、松阳县、景宁畲族自治县	杭州市、临安市、富阳市、建德市、桐庐县、淳安县、嘉兴市、平湖市、海宁市、桐乡市、嘉善县、海盐县、宁波市、慈溪市、余姚市、奉化市、宁海县、象山县、越城区、诸暨市、上虞市、嵊州市、绍兴县、新昌县、衢州市、江山市、常山县、开化县、龙游县、兰溪市、武义县、玉环县、温州市、平阳县、云和县、松阳县、景宁畲族自治县	杭州市、越城区、诸暨市、绍兴县、衢州市、兰溪市、武义县、温州市
	安徽	合肥市、太和县、颍上县、蒙城县、五河县、淮南市、明光市、天长市、马鞍山市、当涂县、安庆市、桐城市、枞阳县、宿松县、望江县、黄山市、歙县、休宁县、寿县、霍邱县、居巢区、庐江县、贵池区、东至县、宁国市、郎溪县、旌德县	合肥市、颍上县、五河县、淮南市、明光市、天长市、马鞍山市、当涂县、安庆市、桐城市、枞阳县、宿松县、望江县、黄山市、歙县、休宁县、寿县、霍邱县、居巢区、庐江县、贵池区、东至县、郎溪县、旌德县	合肥市、颍上县、五河县、明光市、天长市、马鞍山市、当涂县、安庆市、桐城市、枞阳县、宿松县、望江县、黄山市、休宁县、寿县、霍邱县、居巢区、庐江县、贵池区、东至县、郎溪县、旌德县
	福建	福清市、连江县、罗源县、延平区、建瓯市、浦城县、光泽县、永安市、明溪县、大田县、尤溪县、沙县、将乐县、永春县、德化县、厦门市、云霄县、诏安县、连城县、霞浦县	福清市、罗源县、光泽县、永安市、沙县、将乐县、德化县、诏安县	福清市

（续表）

地区	省级政区	20世纪前半叶分布地点	20世纪后半叶分布地点	现今分布地点
	江西	南昌市、南昌县、新建县、安义县、进贤县、九江市、瑞昌市、九江县、永修县、德安县、星子县、都昌县、湖口县、景德镇市、乐平市、浮梁县、余干县、鄱阳县、资溪县、万载县	南昌市、南昌县、新建县、安义县、进贤县、九江市、瑞昌市、九江县、永修县、德安县、星子县、都昌县、湖口县、景德镇市、乐平市、浮梁县、余干县、鄱阳县、资溪县、万载县	南昌市、南昌县、新建县、进贤县、九江市、瑞昌市、九江县、永修县、德安县、星子县、都昌县、湖口县、余干县、鄱阳县
	山东	济南市、章丘市、平阴县、东昌府区、阳谷县、莘县、东阿县、高唐县、乐陵市、禹城市、陵县、平原县、夏津县、武城县、齐河县、临邑县、东营市、广饶县、淄博市、桓台县、高青县、烟台市、莱阳市、长岛县、青岛市、胶州市、即墨市、日照市、临沂市、曲阜市、微山县、汶上县、泗水县、泰安市、新泰市、肥城市、宁阳县、东平县、阳信县、无棣县、沾化县、邹平县	济南市、章丘市、平阴县、东昌府区、高唐县、乐陵市、东营市、淄博市、桓台县、莱阳市、长岛县、青岛市、日照市、微山县、汶上县、泗水县、泰安市、新泰市、肥城市、宁阳县、东平县	济南市、东昌府区、东营市、长岛县、青岛市、日照市、微山县、泰安市、东平县
	台湾	高雄市、台南市、高雄县、台南县、新竹县、屏东县、桃园县	高雄市、台南市、高雄县、台南县、新竹县、屏东县、桃园县	台南市、台南县、新竹县、屏东县
中南	河南	郑州市、荥阳市、巩义市、中牟县、湖滨区、卢氏县、洛阳市、偃师市、孟津县、新安县、栾川县、嵩县、洛宁县、焦作市、孟州市、博爱县、温县、卫辉市、长垣县、滑县、华龙区、南乐县、范县、开封市、兰考县、商丘市、民权县、魏都区、长葛市、许昌县、平顶山市、叶县、淅川县、信阳市、息县、淮滨县、潢川县、光山县、固始县、商城县、罗山县、新县、淮阳县、确山县、西平县、上蔡县、汝南县、正阳县、济源市	郑州市、荥阳市、巩义市、中牟县、湖滨区、卢氏县、洛阳市、偃师市、孟津县、新安县、栾川县、嵩县、洛宁县、焦作市、孟州市、博爱县、温县、卫辉市、长垣县、开封市、商丘市、民权县、平顶山市、叶县、淅川县、信阳市、息县、淮滨县、潢川县、光山县、固始县、商城县、罗山县、新县、上蔡县、济源市	郑州市、荥阳市、巩义市、中牟县、湖滨区、卢氏县、洛阳市、偃师市、孟津县、新安县、焦作市、孟州市、长垣县、开封市、商丘市、民权县、平顶山市、叶县、淅川县、信阳市、固始县、商城县、罗山县、新县、济源市
	湖北	武汉市、丹江口市、郧西县、南漳县、钟祥市、蕲春县、黄梅县、鄂州市、阳新县、荆州市、石首市、洪湖市、松滋市、江陵县、公安县、监利县、枝江市、宜都市、仙桃市、天门市、潜江市、神农架林区、巴东县	武汉市、丹江口市、钟祥市、蕲春县、黄梅县、鄂州市、阳新县、荆州市、石首市、洪湖市、松滋市、江陵县、公安县、监利县、枝江市、宜都市、仙桃市、天门市、潜江市、神农架林区、巴东县	武汉市、丹江口市、黄梅县、鄂州市、阳新县、荆州市、洪湖市、神农架林区、巴东县
	湖南	安乡县、汉寿县、益阳市、沅江市、南县、桃江县、安化县、岳阳市、岳阳县、华容县、湘阴县、平江县、醴陵市、衡阳市、常宁市、耒阳市、衡阳县、衡南县、衡山县、衡东县、祁东县、蓝山县、邵阳市、武冈市、邵东县、邵阳县、新邵县、隆回县、洞口县、绥宁县、新宁县、城步苗族自治县、会同县、靖州苗族侗族自治县	汉寿县、益阳市、沅江市、南县、桃江县、安化县、岳阳市、岳阳县、华容县、湘阴县、平江县、醴陵市、衡阳市、常宁市、耒阳市、衡阳县、衡南县、衡山县、衡东县、祁东县、蓝山县、邵阳市、武冈市、邵东县、邵阳县、新邵县、隆回县、洞口县、绥宁县、新宁县、城步苗族自治县、会同县	汉寿县、益阳市、沅江市、岳阳市、岳阳县、华容县、湘阴县、衡阳市、耒阳市、衡南县、会同县

（续表）

地区	省级政区	20 世纪前半叶分布地点	20 世纪后半叶分布地点	现今分布地点
	广东	连南瑶族自治县、乐昌市、始兴县、连平县、兴宁市、蕉岭县、潮安县、东莞市、深圳市、高要市、阳春市、茂名市、化州市、信宜市	连南瑶族自治县、连平县、兴宁市、蕉岭县、深圳市、阳春市、茂名市、化州市、信宜市	连平县、兴宁市
	广西	南宁市、上林县、桂林市、阳朔县、临桂县、博白县、田林县、昭平县	桂林市、阳朔县、临桂县、博白县、田林县、昭平县	
	海南	三亚市、万宁市、琼中黎族苗族自治县	三亚市、万宁市、琼中黎族苗族自治县	三亚市、琼中黎族苗族自治县
	香港	香港	香港	香港
西南	重庆	南川区	南川区	
	四川	崇州市、郫县、北川羌族自治县、内江市、威远县、夹江县、泸州市、泸县、合江县、叙永县、古蔺县、珙县、兴文县、万源市、渠县、东坡区、丹棱县、荥经县、理县、阿坝县、若尔盖县、红原县、会理县、喜德县	崇州市、郫县、北川羌族自治县、威远县、夹江县、泸州市、泸县、合江县、叙永县、古蔺县、珙县、兴文县、东坡区、丹棱县、理县、阿坝县、若尔盖县、红原县、会理县、喜德县	丹棱县、若尔盖县、会理县
	贵州	开阳县、修文县、水城县、务川仡佬族苗族自治县、平坝县、金沙县、纳雍县、赫章县、威宁彝族回族苗族自治县、沿河土家族自治县、施秉县、榕江县、瓮安县、三都水族自治县	开阳县、修文县、水城县、务川仡佬族苗族自治县、金沙县、纳雍县、赫章县、威宁彝族回族苗族自治县、沿河土家族自治县、施秉县、榕江县、瓮安县	开阳县、务川仡佬族苗族自治县、赫章县、威宁彝族回族苗族自治县
	云南	昆明市、石林彝族自治县、龙陵县、鲁甸县、巧家县、威信县、宁蒗彝族自治县、景东彝族自治县、祥云县、楚雄市、禄丰县、马关县	鲁甸县、威信县、宁蒗彝族自治县、祥云县	宁蒗彝族自治县
西北	陕西	周至县、宜川县、黄龙县、华阴市、韩城市、华县、潼关县、大荔县、合阳县、咸阳市、礼泉县、彬县、淳化县、岐山县、千阳县、城固县、洋县、勉县、略阳县、佛坪县、平利县、商南县	宜川县、黄龙县、华阴市、韩城市、潼关县、大荔县、合阳县、千阳县、城固县、洋县、勉县、略阳县、平利县	宜川县、黄龙县、华阴市、韩城市、潼关县、大荔县、合阳县、千阳县、城固县、洋县
	甘肃	金川区、永昌县、民勤县、敦煌市、临泽县、镇原县、灵台县、崇信县	金川区、永昌县、敦煌市	敦煌市
	青海	大通回族自治县		

6　20 世纪以来的白鹳分布变迁

白鹳并非主要在我国分布的鹳属，在我国发现的分布地方不多。20 世纪以来在华北（内蒙古自治区）、华东（浙江省）、西南（西藏自治区）、西北（新疆维吾尔自治区）少数地方有分布记录，以西部地区为主。

6.1　白鹳在 20 世纪的分布

20 世纪，白鹳在内蒙古自治区、浙江省、西藏自治区与新疆维吾尔自治区有分布记录。

6.1.1　内蒙古

内蒙古自治区有白鹳栖息。

据《中国动物志：鸟纲. 第一卷》记载，呼伦贝尔盟（现呼伦贝尔市）有白鹳分布（郑作新等，1979），但缺乏更具体地点，暂以现地级市政府所在地海拉尔区作标记。

《中国鸟类志》已经将白鹳在内蒙古的分布删除（赵正阶，2001）。

《内蒙古动物志》则认为，虽有白鹳在内蒙古东北西北部呼伦贝尔盟（现改为呼伦贝尔市）有分布（繁殖鸟）记载，但近几十年来在该地区没有确切的分布记录，可能已绝迹。有人认为曾在内蒙古呼伦贝尔记录到的白鹳可能是迷鸟。因未采集有标本，所以也有人怀疑可能是东方白鹳之误（旭日干，2007）。

实际情况则并非如此（详见下文）。

6.1.2　浙江

浙江省偶见白鹳，似为迷鸟。

民国二十四年（1935）《临海县志》记述：

鹳：陶弘景云：有两种：似鹄而巢木者，为白鹳。黑色曲头者，为乌鹳。《赤城志》：又一种身白，嘴与足皆赤者，为红鹳（《光绪志稿》）。

按：该志在论及“白鹳”（即今东方白鹳）与“乌鹳”（即今黑鹳）之后，特提及“红鹳”，从形态特征描述看，无疑就是白鹳，且该《志》同时记载有“鹤（本邑所产鹤毛微红，俗称红鹤）”①。进而反映今临海市历史上曾有白鹳到达。

6.1.3　西藏

西藏自治区是我国白鹳分布较多的省级政区。

据《中国动物志：鸟纲. 第一卷》记载，白鹳分布于西藏南部（郑作新等，1979）。

《西藏珍稀野生动物与保护》记载白鹳（*Ciconia ciconia*），不仅有别名老鹳、水老鹳，更难得的是有“嘴长直稍侧扁，呈灰黑色”，“脚暗朱红色”等准确特征描述，还有较具体的“分布于门隅、珞瑜地区”记述（尹秉高，1993）。门隅地区位于西藏山南地区南部，包括错那县等地；珞瑜地区，是指西藏林芝地区的察隅县、墨脱县、米林县，山南地区的隆子县等边缘山区。

6.1.4　新疆

新疆维吾尔自治区是白鹳的繁殖地。

据报道，1934 年 7 月间，曾在喀什（今市）附近见到白鹳（*Ciconia ciconia*）的一雄性成鸟和一雌性幼鸟，说明是繁殖鸟（Ludlow F et al，1934）。

清光绪三十三年（1907）《孚远县乡土志》记载有“鹳”，根据新疆鹳属的分布情况，似可说明处于天山北麓的今吉木萨尔县曾有白鹳与黑鹳栖息。

据《中国动物志：鸟纲. 第一卷》记载，白鹳分布于喀什、天山、伊犁（州）（郑作新等，1979）。

《新疆珍贵动物图谱》提及：白鹳（俗名老鹳）在新疆西部喀什一带繁殖（梁崇岐，1986）。

《中国西北地区珍稀濒危动物志》白鹳②“为候鸟，每年 2 月中旬陆续迁到繁殖地，我国见于新疆西部和东北。10 月陆续南迁，通常到 11 月初在繁殖地即已不见”，“见于新疆西部的喀什（繁殖鸟）”（郑生武等，1994）。

《沙雅县志》记载有“鹳、黑鹳（*Ciconia nigra*）”（沙雅县史志编纂委员会，1995），后者显然就是黑鹳，前者当是白鹳，表明沙雅县仍然有栖息。

《哈密地区志》同时记载有“黑鹳、白鹳”（哈密地区地方志编纂委员会，1997），反映在哈密市、伊吾县、巴里坤县等地还有白鹳。

《塔城地区志》（塔城地区地方志编纂委员会，1997）记述：

白鹳：俗名老鹳，大型涉禽，体长 1 m 以上，体重 4～5 kg，除尾部和双翅腹羽为黑色外，全身灰白，颈下羽毛长而呈矛状。为夏候鸟，春季从越冬地飞经塔城地区……分布于塔城市、额敏县、

---

①当是朱鹮，详见本书《朱鹮的分布变迁》。

②该书记述“白鹳（*Ciconia ciconia*）别名水老鹳、东方白鹳”有误：1）我国在 1983 年正式将分布地区最广、原作为白鹳亚种之一的“东方亚种”从 *Ciconia ciconia* 中划分出来，定名为“东方白鹳（*Ciconia boyciana*）”。初期，学界尚有误用也可理解，但此时已然超过 10 年。2）既然在 1983 年后，“白鹳（*Ciconia ciconia*）”与“东方白鹳（*Ciconia boyciana*）”是同属并列种，就不存在“正名”与“别名”的区分。3）白鹳（*Ciconia ciconia*）在我国仅见在新疆、西藏与内蒙古 3 个省级政区分布，其他省级政区（包括内蒙古大部分）分布的“白鹳”实际上是东方白鹳。所称“在长江下游、福建和广东沿海岛屿以及台湾越冬”，“国内还分布于黑龙江”的，正是东方白鹳。4）所称“陕西的平利（旅鸟）”，也是东方白鹳，可注意该书的形态描述。

乌苏县的沼泽地带。

按:据此,表明在塔城市、额敏县、乌苏县一带仍有白鹳栖息,是夏候鸟。

6.2 白鹳的现今分布

白鹳现今依然在内蒙古自治区、西藏自治区、新疆维吾尔自治区有残存。

作为候鸟来说,与留鸟截然不同的是不能简单地以其是否在当地消失为判断,因为前者还涉及繁殖地、季节栖息地、途经地等多处不同情况的地点,或许间隔若干年又飞临的情况也有先例。况且,就是按“50 年未再发现”惯例[①],仅在几年未见到就轻易宣布“灭绝”,未免过于轻率。

6.2.1 内蒙古

白鹳再现内蒙古自治区呼伦贝尔市地区,证实郑作新之前的记录并非误认。

据李林等(2001)称,2009 年 9 月 3 日在满洲里市西北 35 km 的二卡湿地考察时,在 200 m 外湖中芦苇沼泽发现 2 只“欧洲白鹳(*Ciconia ciconia asitica*)”(跗蹠和嘴皆为橘红色)取食,并有摄像资料。从显著特征看,无疑就是白鹳。

6.2.2 西藏

西藏自治区现今还有白鹳分布。

《中国鸟类志》仍称,白鹳分布于西藏南部(赵正阶,2001)。

《中国重点陆生野生动物资源调查》称:本次调查,白鹳见于墨脱(县)(国家林业局,2008),亦即处于藏南的林芝地区。

6.2.3 新疆

新疆维吾尔自治区依然是我国白鹳分布最多的省级政区。

《中国鸟类志》仍称,白鹳分布于喀什、天山、伊犁(州)(赵正阶,2001)。

《额敏县志》称当地禽类有 40 余种,其中被国家列为一、二级保护动物的有“白鹳”等多种(额敏县地方志编纂委员会,2000),说明额敏县还有白鹳分布。

《阜康县志》在“鸟纲”中还记载有白鹳与赤颈鹏、金雕、白肩雕、乌雕、红隼、白鹤、灰鹤、蓑羽鹤、红角鸮等多种鸟类(阜康市党史地方志编纂委员会,2001),反映今阜康市还有白鹳栖息。

《中国重点陆生野生动物资源调查》称:本次调查,白鹳见于喀什、塔里木河上游[②]、天山山地[③]、伊犁[④]及(河尔泰)[阿尔泰]南部水域的福海[⑤](国家林业局,2008)。遗憾的是,据此信息结合历史记载,我们只能约获悉 2 处县级政区:喀什市和福海县。其余的也有必要再作推敲。

位于吐鲁番市南 50 km 恰特卡勒乡境内的艾丁湖,又称“觉洛浣”“艾丁库勒”和“月光湖”,既是吐鲁番盆地水系的尾间和最后归宿地,也是白鹳等珍稀动物的栖息地(冯晓华等,2007)。

据报道,阿瓦提县现存禽类还有白鹳等多种[⑥]。

6.3 白鹳 20 世纪以来分布变迁大势

20 世纪以来,白鹳在我国的分布变迁大势(图 4.61、表 4.12)如下:

- 白鹳在 20 世纪中的分布变迁未显出太大变化,或许是由于缺乏更细致的调查。
- 白鹳已几近灭绝,尤其是在现有保护区中没有发现,故有必要在发现白鹳较稳定地区增设新的保护地。

---

①根据“世界自然保护联盟”(IUCN)的物种等级标准:灭绝(EX)指在过去的 50 年中未在野外找到的物种。

②塔里木河是指塔里木水系的下游,现今的河段是指阿瓦提县境叶尔羌河与阿克苏河会合口以下,即阿瓦提县上游水库以下河段。尽管从塔里木盆地周围山区流到塔里木盆地的大小河流约 100 条,但目前能汇纳到塔里木河的只有阿克苏、和田及叶尔羌 3 条大河;换言之,阿克苏河、和田河及叶尔羌河可视为塔里木河上游。

③“天山”有广义(东西横贯中国、哈萨克斯坦、吉尔吉斯斯坦和乌兹别克斯坦等国)与狭义(横贯新疆维吾尔自治区中部)之说,此处虽可按后者理解,但也绵延 1 700 km,占新疆全区面积约 1/3。

④“伊犁”现称“伊犁哈萨克自治州”(2001 年前曾称伊犁地区),驻伊宁市。

⑤原文是“河尔泰南部水域、福海”,不仅将山脉名称“阿尔泰”误作“河尔泰”,而且再将“福海县”(水资源丰富,有乌伦古湖、额尔齐斯河、乌伦古河、福海水库和哈拉霍英水库)与“阿尔泰南部水域”并列。

⑥阿瓦提县. http://baike.baidu.com/link?url=0_inlIGwUNWg8d5Qqvu81UOJSMRibdVbdR8m8h8ti0HapD_ADQHaGoh8Nxr2R7bw#4_3

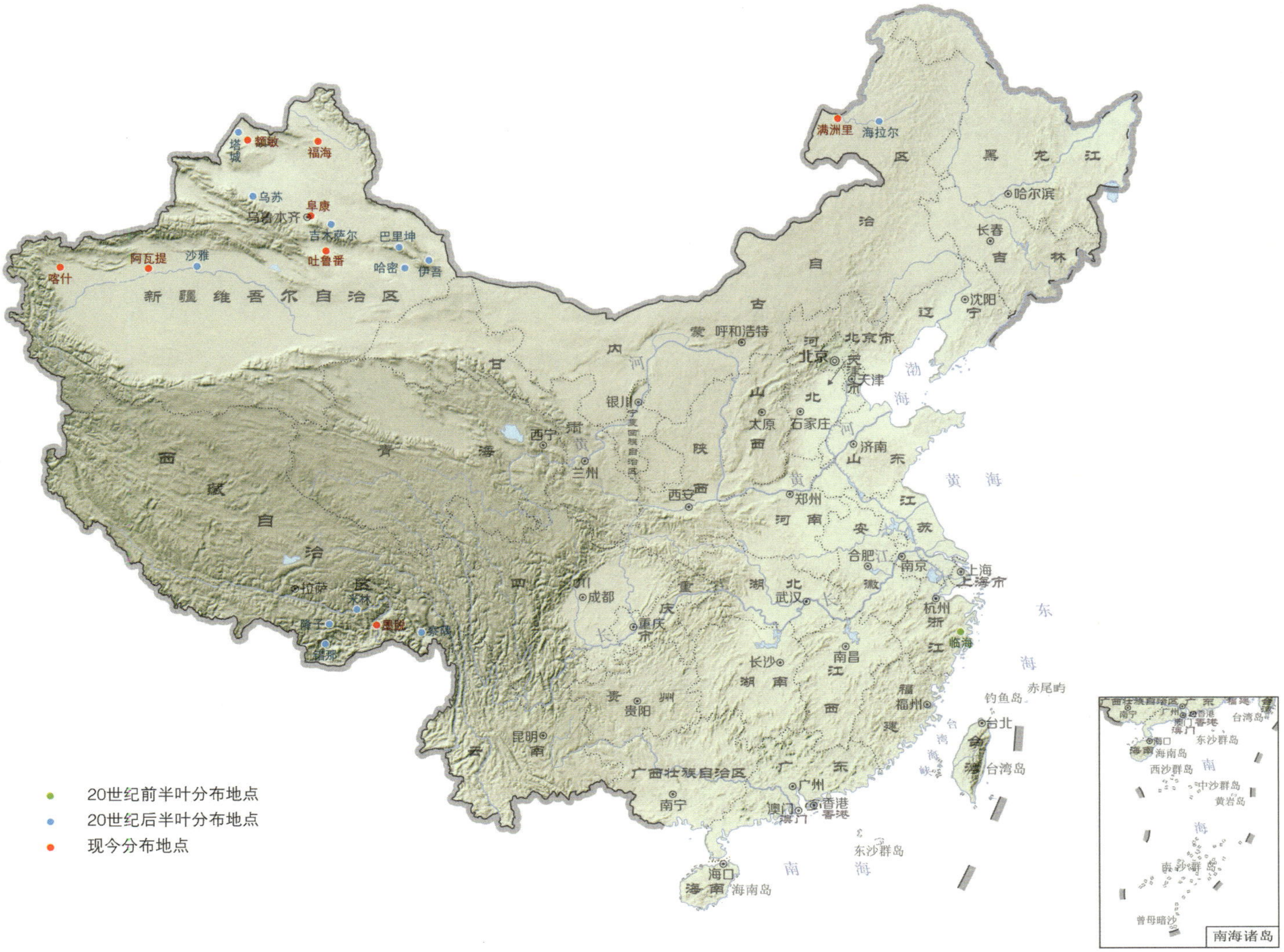

图 4.61 20 世纪以来白鹳的分布变迁图

表 4.12 20 世纪以来白鹳的分布变迁概况

地区	省级政区	20 世纪前半叶分布地点	20 世纪后半叶分布地点	现今分布地点
华北	内蒙古	海拉尔区、满洲里市	海拉尔区、满洲里市	满洲里市
华东	浙江	临海市		
西南	西藏	米林县、墨脱县、察隅县、隆子县、错那县	米林县、墨脱县、察隅县、隆子县、错那县	墨脱县
西北	新疆	喀什市、沙雅县、阿瓦提县、吐鲁番市、哈密市、伊吾县、巴里坤哈萨克自治县、阜康市、吉木萨尔县、塔城市、乌苏市、额敏县、福海县	喀什市、沙雅县、阿瓦提县、吐鲁番市、哈密市、伊吾县、巴里坤哈萨克自治县、阜康市、吉木萨尔县、塔城市、乌苏市、额敏县、福海县	喀什市、阿瓦提县、吐鲁番市、阜康市、额敏县、福海县

7　20世纪以来的黑鹳分布变迁

黑鹳在我国各大区以及绝大部分省级政区都有分布。

7.1　黑鹳在20世纪的分布

20世纪，黑鹳在我国省级政区中仅澳门特别行政区未见有分布记录。

7.1.1　华北

华北的各省级政区皆有黑鹳分布。

● 北京

北京市有多处黑鹳栖息的报道。

《中国鸟类分布名录》记载，黑鹳在河北北部燕山①等地有分布(郑作新，1976)。

《北京鸟类志》记载：有黑鹳(别名：乌鹳、锅鹳、黑巨鸡)，为夏候鸟。采集地：1978年5月5日，门头沟区永定河畔采集到黑鹳。1980年6月中旬，黑鹳见于房山县(现房山区)拒马河畔十渡乡(蔡其侃，1987)。

《北京脊椎动物检索表》指出，黑鹳在北京是夏候鸟。见于门头沟区永定河畔与百花山自然保护区、房山区十渡乡拒马河畔、密云县石城乡白河畔(高武等，1994)。

● 河北

河北省较多地方有黑鹳分布的报道。

《中国鸟类分布名录》记载，黑鹳在河北北部燕山②等地有分布(郑作新，1976)。

● 山西

山西省分布的鹳属，确证的是黑鹳。

《山西通志》在"重点保护野生动物"称"一类保护动物：黑鹳(为夏候鸟，其数量很少)"(山西省史志研究院，1996)。

据樊龙锁等(1998)《山西鸟类在各自然保护区的分布》记录：黑鹳在山西省是夏候鸟，分布于灵丘青檀自然保护区(灵丘县)、芦芽山自然保护区(宁武县、岢岚县、五寨县)、庞泉沟自然保护区(交城县、方山县)、天龙山自然保护区(太原市)、绵山自然保护区(介休市)、灵空山自然保护区(沁源县)、五鹿山自然保护区(蒲县、隰县)、历山自然保护区(垣曲县、沁水县、翼城县、阳城县)、蟒河自然保护区(阳城县)等地。

据称，1990年代资源清查，晋中市③有哺乳类42种，国家保护动物有"黑鹳"等多种(董亚峰，2014)。

● 内蒙古

内蒙古自治区有多处栖息有黑鹳。

《中国鸟类分布名录》记载，黑鹳在内蒙古王源地(在乌海市)、伊克昭盟(现鄂尔多斯市)，东北北部巴林(似指巴林右旗)④、阿伦河(主要流经阿荣旗境内)等地有分布(郑作新，1976)。

据《中国动物志：鸟纲．第一卷》记载，黑鹳于西北部，中部伊克昭盟与东胜(现为区)⑤、乌梁素海(在乌拉特前旗)、呼和浩特(市)，东北部巴林、赤峰(市)、阿伦河分布(郑作新等，1979)。

《内蒙古珍稀濒危动物图谱》称，黑鹳的蒙名为哈日—乌日比，别名为乌鹳、黑巨鹳。但所称"内蒙古自治区内几乎都有分布记录"(凤凌飞，1991)，未免夸张。

《中国西北地区珍稀濒危动物志》记载，黑鹳见于贺兰山(郑生武等，1994)，亦即其西侧约涉及阿拉善左旗等地。

《中国东北地区珍稀濒危动物志》称：黑鹳在东北部巴林、赤峰、阿伦河等地繁殖(赵正阶，1999)。

《内蒙古动物志》也称(旭日干，2007)：黑鹳

分布于内蒙古各地。见到或采到标本的地点有：呼伦贝尔盟(现呼伦贝尔市)的达赉湖(保护区位于新巴尔虎右旗、满洲里市、新巴尔虎左旗)、牙克石市(克一河)⑥，兴安盟的科尔沁右翼

---

①广义"燕山"系指坝上高原以南，河北平原以北，白河谷地以东，山海关以西的山地；约有属北京市的怀柔区、延庆县、密云县等地。

②广义"燕山"约有属河北省的张家口市、宣化县、张北县、怀来县、赤城县、崇礼县、承德市、承德县、兴隆县、平泉县、滦平县、宽城满族自治县、青龙满族自治县等地。但作为东方白鹳的现今繁殖地，显然过于宽泛。

③晋中市为地级市，今辖区内曾有7地有"鹳"记载；但20世纪末，仅介休市可以证实有黑鹳。

④赤峰市虽同时辖有巴林左旗与巴林右旗，但据《内蒙古动物志》仅称"巴林右旗"(旭日干，2007)一地。

⑤原文是"中部伊克昭盟、东胜、乌梁素海……"，但实际上仅"东胜"属"伊克昭盟"。

⑥据查，"克一河镇"隶属于鄂伦春自治旗。

中旗、扎赉特旗，赤峰市的巴林右旗、阿鲁科尔沁旗、白音敖包（在克什克腾旗）、达里诺尔（在克什克腾旗），锡林郭勒盟的西部草原，呼和浩特市的市郊及和林格尔县，包头市的达尔罕茂明安联合旗（艾不盖河），巴彦淖尔市的乌拉特前旗、磴口县、五原县、杭锦后旗、乌拉特中旗（哈布其勒水库），鄂尔多斯市，阿拉善盟的额济纳旗。

7.1.2 东北

本区既有东方白鹳，也有黑鹳分布，皆是它们的繁殖地。

● 辽宁

辽宁省已是黑鹳繁殖地之一。

《中国鸟类分布名录》记载，黑鹳在南部熊岳（属营口市）、西南部朝阳（有朝阳市与朝阳县）等地有分布（郑作新，1976）。

据《中国动物志：鸟纲．第一卷》记载，黑鹳在熊岳、朝阳、鞍山（市）分布（郑作新等，1979）。

《辽宁动物志：鸟类》记载有黑鹳，别名：黑莺鹚（辽宁）、乌鹳（辞典）、黑巨鸡（北名）。分布：在大连（市）、盖县的熊岳（现属营口市）、大洼的赵圈河（在大洼县）、盘山（县）、鞍山的千山（在鞍山市）、朝阳（朝阳市与朝阳县）等地有分布，大部分为夏候鸟，但目前仅知有几只在千山繁殖（黄沐朋等，1989）。

《中国东北地区珍稀濒危动物志》称：黑鹳在大连（市）、盖州（市）、大洼（县）、盘山（县）、鞍山、朝阳等地繁殖（赵正阶，1999）。

● 吉林

吉林省有较多的黑鹳分布，不止长白山一带。

《中国鸟类分布名录》记载，黑鹳在“中部长白山”[①]等地有分布（郑作新，1976）。

《中国东北地区珍稀濒危动物志》称：黑鹳在长白山（保护区在安图县、抚松县、长白朝鲜族自治县）、吉林（市）、通化（有通化市与通化县）、浑江（现名白山市）等地繁殖（赵正阶，1999）。

● 黑龙江

黑龙江省是东北黑鹳分布最广的省级政区，也是其主要繁殖地之一。

据《中国动物志：鸟纲．第一卷》记载，黑鹳分布于哈尔滨（市）、山河屯（属哈尔滨市）、牡丹江[②]（郑作新等，1979）。

《中国东北地区珍稀濒危动物志》称：黑鹳在大兴安岭[③]、五常（市）、牡丹江、伊春（市）、镜泊湖（在宁安市）等地繁殖（赵正阶，1999）。

7.1.3 华东

华东淮河以南是黑鹳主要越冬地之一。

● 上海

黑鹳在上海是冬候鸟。

黑鹳每年9月下旬至翌年3月上旬在上海地区及其以南地区越冬（黄正一等，1991）。

● 浙江

浙江省有黑鹳栖息记录。

《浙江动物志：鸟类》称，黑鹳（别名乌鹳、锅鹳）。虽在全省各地有分布，是冬候鸟，但在诸暨（市）、平阳（县）采到标本（诸葛阳，1990）。

● 台湾

台湾也有确切的黑鹳栖息记录。

《台湾脊椎动物志》记载，黑鹳（*Ciconia nigra*；英文名 Black Stork），亦名锅鹳、乌鹳、阳乌、黑巨鸡……在台湾为稀见之冬候鸟，曾见于台北（市与县）、台中（市与县）、台南（市与县）、高雄（市与县）等地（陈兼善等，1986）。

7.1.4 中南

中南省级政区中虽仅海南省与澳门特别行政区未见黑鹳分布，但该区也是黑鹳主要越冬地之一。

● 河南

黑鹳在河南省的一些地方有分布。

《中国鸟类分布名录》记载，黑鹳在伏牛山[④]

---

①此提法颇令人费解：因为，广义的“长白山”，是指整个长白山地，为中国东北地区东部山地的总称；狭义的“长白山”，则是指张广才岭、威虎岭、龙岗山脉以东的长白山脉；在吉林省乃至东北地区皆难有“中部”之方位。

②“牡丹江”有二意：1）城市名称：黑龙江省牡丹江市；2）河流名称：源于吉林省长白山脉敦化市的牡丹岭，向北流入黑龙江省，经宁安市、海林市、牡丹江市、林口县，在依兰县城附近汇入松花江。此处似指前者。

③“大兴安岭”有自然地理与行政区二概念。此处似指行政区“大兴安岭地区”，辖加格达奇区、松岭区、新林区、呼中区、呼玛县、塔河县、漠河县。

④伏牛山脉是秦岭延伸到河南省的一条重要山脉，西北—东南走向，形如卧牛。涉及的政区有卢氏县、嵩县、叶县、鲁山县、南召县、方城县、西峡县、镇平县、内乡县等地。

等地有分布（郑作新，1976）。

● 香港

香港特别行政区偶尔发现有黑鹳。

1990 年 11 月下旬至 1991 年 3 月初，偶有大批东方白鹳群飞临香港米埔自然保护区越冬，值得注意的是，其中还有一只幼年黑鹳（陈承彦，1991）。

7.1.5 西南

西南也有黑鹳分布的记录。

● 重庆

虽然不多，但重庆市也有黑鹳越冬。

《四川资源动物志》记载，黑鹳在重庆北碚（现北碚区）为冬候鸟（李桂垣，1985）。

● 四川

四川省有黑鹳越冬的记录。

《中国鸟类分布名录》记载，黑鹳在理塘（县）等地有分布（郑作新，1976）。

《四川资源动物志》记载，黑鹳在理塘（县）、峨眉（现峨眉山市）、宝兴（县）、乐山（市）、南充（市）为冬候鸟（李桂垣，1985）。

● 云南

云南省有较多黑鹳分布。

《中国云南野生动物》称，黑鹳在全省大部分地区都有分布，但数量稀少（季维智，1999）。经核查，能够证实的地点仅约占全省 40%。

● 西藏

西藏自治区也发现有黑鹳。

《西藏珍稀野生动物与保护》记载，1989 年，首次在西藏发现黑鹳；黑鹳别名为乌鹳、锅鹳，为冬候鸟，仅见于芒康（县）、察隅（县）海拔 3 800～4 000 m 的河湖边（尹秉高，1993）。

7.1.6 西北

西北各省级政区皆有黑鹳分布。

● 陕西

黑鹳在陕西省南北都有栖息记录。

1908～1909 年，美国克拉克考察队在我国北方考察，在榆林府（今榆林市，治今榆阳区）停留期间，见到了黑鹳（罗伯特等，2010）。

《中国鸟类分布名录》记载，黑鹳在陕西北部延安（旅鸟，地方性繁殖鸟）①、陕西南部等地有分布（郑作新，1976）。

《中国西北地区珍稀濒危动物志》记述“黑鹳，俗名：老鹳、乌鹳、锅鹳”，“在西北地区为夏候鸟……2 月中旬至月底迁来……9 月中下旬南迁，居留期达 7 个月之久”。见于长安（现属西安市）、西安（市）、临潼（现属西安市）、周至（县）、眉县、华阴（市）、大荔（县）、榆林（现榆阳区）、神木（县）、延安（现宝塔区）、黄陵（县）等地。1985～1986 年调查，仅在榆林、神木、横山（县）见到迁飞的过路鸟，在黄陵发现两窝正在繁殖的亲鸟（郑生武等，1994）。

● 甘肃

黑鹳是甘肃省分布的鹳属之一。

《中国鸟类分布名录》记载，黑鹳在甘肃东北部、中部武山（县）至西北部张掖（现甘州区）、酒泉（现肃州区），甘肃西北部等地有分布（郑作新，1976）。

据《中国动物志：鸟纲. 第一卷》记载，黑鹳分布于甘肃省东北部、中部、西南部祁连山（在肃州区、肃南裕固族自治县、甘州区、民乐县一带）和西北部张掖（现甘州区）、酒泉（现肃州区）、敦煌（市）（郑作新，1979）。

《中国西北地区珍稀濒危动物志》称，黑鹳，见于兰州（市）、平凉（现崆峒区）、武山（县）、张掖（现甘州区）、武威（现凉州区）、酒泉（现肃州区）、卓尼（县）、碌曲（县）、玛曲（县）等地（郑生武等，1994）。

● 青海

青海省有黑鹳栖息记录。

《青海省志》称该省有“黑鹳（黑巨鸡）”分布（青海省地方志编纂委员会，1993）。

《中国鸟类分布名录》记载，黑鹳在西宁（市）等地有分布（郑作新，1976）。又据《中国动物志：鸟纲. 第一卷》记载，黑鹳分布于西宁、东北部祁连山（在祁连县）（郑作新，1979）。《中国西北地区珍稀濒危动物志》也记载，黑鹳见于西宁等地（郑生武等，1994）。

● 宁夏

宁夏回族自治区也有黑鹳分布。

《中国西北地区珍稀濒危动物志》记载，黑鹳

①此时“延安”疑似“延安地区”（即现延安市），所辖有黄陵县等。

见于贺兰山（郑生武等，1994），亦即其东侧约涉及石嘴山市、贺兰县、银川市、永宁县、青铜峡市等地。

● 新疆

新疆维吾尔自治区大部分地方有黑鹳分布。

据1960年代初中国科学院新疆综合考察队称：在考察过程中，曾在吐鲁番（市）、和靖（现和静县）、阿合奇（县）、若羌（县）及且末（县）等地见到黑鹳（*Ciconia nigra*）。又称，黑鹳在9月见于喀什（市）和莎车（县），冬季未见。3月下旬见于巴楚（县），4月见于阿克苏（市）；亦见于夏台（在昭苏县），9月见于科克铁列克（在尼勒克县）（钱燕文等，1965）。

《中国鸟类分布名录》记载，黑鹳分布于新疆西部、中部及北部等地（郑作新，1976）。

据《中国动物志：鸟纲．第一卷》记载，黑鹳分布于塔里木河流域、天山山地、阿尔泰山山地、准噶尔盆地和东部盆地（郑作新，1979）。

《新疆珍贵动物图谱》与《中国西北地区珍稀濒危动物志》皆提及：黑鹳（俗名乌鹳、黑巨鸡）在吐鲁番（市）、和静（县）、阿合奇（县）、若羌（县）、且末（县）、喀什（市）、莎车（县）、巴楚（县）、阿克苏（市）、奇台（县）、尉犁（县）、温宿（县）等地繁殖；在温宿（县）多数为夏候鸟，少数为留鸟（梁崇岐，1986；郑生武等，1994）。

1989年6月和1990年4～7月在新疆塔里木河中游沙雅县的帕满水库附近观察，共见到13个黑鹳巢，1989年6月7～9日，在帕满水库坝线两侧曾记录到黑鹳90余只（马鸣等，1991）。

《中国东北地区珍稀濒危动物志》则称：黑鹳在塔里木河流域、天山山地、阿尔泰山地、准噶尔盆地等地繁殖（赵正阶，1999）。

《新疆鸟类分布名录》据称“本名录是迄今最为完整的一部新疆鸟类分布名录”，关于黑鹳记载为：

若羌、瓦石峡、且末、车尔臣河、民丰、尼雅河、于田、克里雅河、洛浦、和田、墨玉、皮山、昆仑山（繁殖鸟）、叶城、喀喇昆仑山、红其拉甫（马鸣等，2004）、塔什库尔干、克孜勒苏自治州（克州）、阿克陶、吉根、乌恰、阿图什、喀什、疏勒、莎车、英吉沙、麦盖提、克拉玛水库、巴楚、小海子水库、图木舒克、伽师、西克尔库勒、乌什、阿合奇、阿克苏、阿瓦提、阿拉尔、温宿、塔里木盆地（马鸣等，2004；Ma et al，2006）、木扎特河流域、拜城、克孜尔水库、沙雅、帕满、塔里木河流域（繁殖鸟）、新和、库车、大龙池、轮台、库尔勒（巴州）、普惠、尉犁、恰拉、罗布泊地区、博斯腾湖、和硕、焉耆、和静、天山、巴音布鲁克、开都河、新源、巩乃斯、巩留、特克斯、尼勒克、昭苏、伊犁河、伊宁、霍城、赛里木湖、伯乐（博州）、艾比湖（繁殖鸟）、精河、甘家湖、乌苏、奎屯、沙湾、石河子、玛纳斯、雀儿沟（4月11日）、呼图壁、昌吉、五家渠、乌鲁木齐、米泉、阜康、吉木萨尔、奇台、木垒、准噶尔盆地、托里、克拉玛依、哈巴河、布尔津、阿尔泰、北屯、富蕴、青河、托克逊、吐鲁番（艾丁湖）、哈密、南湖（繁殖鸟）。

从记录看，分布地数量确实不少，但该书地理分布“涉及新疆的五大地理单元：昆仑山、塔里木盆地、天山、准噶尔盆地、阿尔泰山。分布地点由南向北，由西至东，一般标至县或者县级以下”，并且是依据1876～2009年资料。由于是多重标准列举，必然存在地域重复。现特将其一并置于20世纪这一历史阶段（少数资料的时间略前伸或后延），并试按政区对应如下：

乌鲁木齐市、乌鲁木齐县、克拉玛依市、石河子市、图木舒克市、五家渠市、喀什市、疏勒县、英吉沙县、莎车县、叶城县、麦盖提县、伽师县、巴楚县、塔什库尔干塔吉克自治县、阿克苏市、温宿县、库车县、沙雅县、新和县、拜城县、乌什县、阿瓦提县、和田市、和田县、墨玉县、支山县、洛浦县、于田县、民丰县、吐鲁番市、托克逊县、哈密市、阿图什市、阿克陶县、阿合奇县、乌恰县、博乐市、精河县、昌吉市、阜康市、呼图壁县、玛纳斯县、奇台县、吉木萨尔县、木垒哈萨克自治县、库尔勒市、轮台县、尉犁县、若羌县、且末县、和静县、和硕县、博湖县、焉耆回族自治县、伊宁市、奎屯市、伊宁县、霍城县、巩留县、新源县、昭苏县、特克斯县、尼勒克、乌苏市、沙湾县、托里县、布尔津县、富蕴县、哈巴河县、青河县。

或许仍有遗漏，但已有71地县级及其以上政区，约占新疆全区的79%。

7.1.7　方志记载的黑鹳

我们根据不同时期的方志记载，截取20世纪前、后半叶的黑鹳记载（表4.13、表4.14）。

表 4.13　　方志记载的 20 世纪前半叶黑鹳分布概况

地区	省级政区	今地	来源 时间	来源 方志名	内容
华北	北京	属房山区	民国十三年(1924)	《良乡县志》	鹳[水鸟。《禽经》：鹳：俯鸣则阴，仰鸣则青（晴）。群绕族（柱）飞必有风雨]
		房山区	民国十七年(1928)	《房山县志》	鹳（似鹤而顶不丹，颈、嘴皆长。全身灰白色，翼、尾黑色。巢于高树，群鹳旋飞如井字，俗名鹳井）
	天津	静海县	民国十八年(1929)	《静海县志》	鹳（性喜食蚁。嘴尖，细长，大如鸭。《诗》：鹤（鹳）鸣于垤。俗名与北平之灰鹤所谓鹳者不同）
	河北	馆陶县	清光绪三十四年(1908)	《馆陶县乡土志》	鹳
		泊头市	民国五年(1916)	《交河县志》	鹳（水鸟。似鸿而小。巢于树。将雨则鸣）
		盐山县	民国五年(1916)	《盐山新志》	鹳爵（《广雅》作雚雀。陆玑疏：似鸿而大树上作巢。陶云：有两种……黑者，花颈，为乌鹳。能吸水似取鱼。疑俗名淘河者即此）
		昌黎县	民国六年(1917)	《昌黎县志》	鹳
		文安县	民国十一年(1922)	《文安县志》	鹳（性喜食蚁。天阴则鸣。《诗》云：鹳鸣于垤）
		宣化县	民国十一年(1922)	《宣化县新志》	鹳（似鹤，好水。《诗·豳风》言：鹳鸣于垤。《禽经》云：仰鸣则晴，俯鸣则阴）
		宁晋县	民国十八年(1929)	《宁晋县志》	鹳
		满城县	民国二十年(1931)	《满城县志略》	鹳（水鸟也。将雨则鸣）
		馆陶县	民国二十年(1931)	《馆陶县志》	鹳
		柏乡县	民国二十一年(1932)	《柏乡县志》	鹳
		昌黎县	民国二十二年(1933)	《昌黎县志》	鹳
		赤城县	民国二十三年(1934)	《龙关县志》	鹳
		香河县	民国二十五年(1936)	《香河县志》	鹳
		馆陶县	民国二十五年(1936)	《馆陶县志》	鹳
		无极县	民国二十五年(1936)	《无极县志》	鹳
	山西	安泽县	民国二年(1913)	《岳阳县志》	鹳（知雨鸟也。将雨则鸣。状类鹤，但赤脚而无朱顶，又不善唳。《禽经》云：仰鸣则晴，俯鸣则阴）
		朔州市	民国七年(1918)	《马邑县志》	鹳
		闻喜县	民国八年(1919)	《闻喜县志》	鹳（灰色黄喙，黑色朱喙两种）
		襄汾县	民国十二年(1923)	《襄陵县志》	鹳
		襄垣县	民国十七年(1928)	《襄垣县志》	鹳
		介休市	民国十九年(1930)	《介休县志》	鹳
		安泽县	民国二十一年(1932)	《安泽县志》	鹳（知雨鸟也。将雨则鸣。状类鹤，但赤脚而无朱顶，又不善唳。《禽经》云：仰鸣则晴，俯鸣则阴）
		沁源县	民国二十二年(1933)	《沁源县志》	鹳
		陵川县	民国二十二年(1933)	《陵川县志》	鹳
		尧都区	民国二十二年(1933)	《临汾县志》	鹳
		浮山县	民国二十四年(1935)	《浮山县志》	鹳

（续表）

地区	省级政区	今地	来源		内容
			时间	方志名	
	内蒙古	呼和浩特市、托克托县、清水河县、土默特左旗、和林格尔县、武川县、土默特右旗等地	清光绪三十三年(1907)	《土默特志》	鹳
		集宁区	民国十三年(1924)	《集宁县志》	鹳
东北	辽宁	海城市	清光绪三十三年(1907)	《海城县志》	鹳
		凌海市	民国九年(1920)	《锦县志》	鹳(黑色曲颈者，为乌鹳。性喜食蚁。《诗》：鹳鸣于垤。垤，蚁冢也)
		海城市	民国十三年(1924)	《海城县志》	鹳
		辽阳市、辽阳县	民国十七年(1928)	《辽阳县志》	鹳(俗名水老鹳。有灰、白两色)
		开原市	民国十八年(1929)	《开原县志》	鹳
		葫芦岛市	民国十八年(1929)	《锦西县志》	鹳
		盖州市	民国十九年(1930)	《盖平县志》	鹳(即老鹳)
		普兰店市	民国二十年(1931)	《南金乡土志》	鹳
		铁岭市、铁岭县	民国二十年(1931)	《铁岭县志》	鹳(水鸟。仰鸣则晴，俯鸣则阴。天将雨，鸣益急。阴云浓厚之际，夜间常闻之。俗用以占雨候)
		彰武县	民国二十二年(1933)	《彰武县志》	鹳
	吉林	双辽市	民国三年(1914)	《双山县乡土志》	间有灰鹳(即《诗》所谓鹳也)
		双辽市	民国十五年(1926)	《双山县乡土志》	鹳
		双辽市	民国十五年(1926)	《双城县志》	鹳(黑、白两种)
		抚松县	民国十九年(1930)	《抚松县志》	鹳(俗名水老鹳。有灰、白两色[种])
	黑龙江	宁安市	民国十三年(1924)	《宁安县志》	鹳(水鸟。黑、白两种。清时，羽充贡为箭翎)
		双城市	民国十五年(1926)	《双城县志》	鹳(有黑、白两种)
		桦川县	民国十七年(1928)	《桦川县志》	油鹳儿(嘴长如箸，其声如曰：豆文，豆文。故又称豆文。种豆时，始见)
		属尚志市	民国十八年(1929)	《珠河县志》	油鹳
华东	浙江	临安市	清宣统二年(1910)	《临安县志》	鹳(乌、白两种)
		属三门县	民国十九年(1930)	《南田县志》	鹳
		宁海市、台州市、临海市、温岭市、玉环县、天台县、仙居县、三门县等地	民国二十五年(1936)	《台州府志》	鹳(有黑、白两种。仰天号鸣，必主有雨)
		临海市	民国二十四年(1935)	《临海县志》	鹳(陶弘景云：有两种：……黑色曲头者，为乌鹳)
	安徽	枞阳县	清光绪三十二年(1906)	《分水县志》	鹳(声若咳啸)
		太和县	民国十四年(1925)	《太和县志》	鹳(《禽经》：仰鸣则晴，俯鸣则阴)

（续表）

地区	省级政区	今地	来源		内容
			时间	方志名	
	福建	浦城县	清光绪二十六年(1900)	《浦城县志》	鹳(《博物志》:俯鸣则阴,仰鸣则晴)
		连江县	民国十六年(1927)	《连江县志》	鹳(有黑、白两种)
		尤溪县	民国十六年(1927)	《尤溪县志》	鹳(水鸟。仰鸣则晴,俯鸣则雨)
		永春县	民国十六年(1927)	《永春县志》	鹳
		沙县	民国十七年(1928)	《沙县志》	鹳(《豳风注》:水鸟也。天将阴雨则鸣。陶隐居云:……黑色而曲头者,为乌鹳)
		属厦门市	民国十八年(1929)	《同安县志》	鹳(《诗注》:水鸟也……黑色而油[曲]颈者,为乌鹳)
		建瓯市	民国十八年(1929)	《建瓯县志》	鹳(水鸟。仰鸣则晴,俯鸣则雨)
		连城县	民国二十七年(1938)	《连城县志》	鹳
		云霄县	民国三十六年(1947)	《云霄县志》	鹳
	江西	南昌县	民国二十四年(1935)	《南昌县志》	鹳(俗呼青桩鸟。色青。飞宿与鹭同)
		萍乡市	民国二十四年(1935)	《昭萍志略》	鹳(俗呼青桩鸟。色青。飞宿与鹭同)
	山东	高唐县、禹城市、陵县、平原县、临邑县等地	清光绪三十二年(1906)	《高唐州乡土志》	鹳
		章丘市	清光绪三十三年(1907)	《章丘县乡土志》	鹳
		肥城市	清光绪三十四年(1908)	《肥城县乡土志》	鹳
		分属武城县、平原县、夏津县	清宣统元年(1909)	《恩县志》	鹳
		分属高青县、邹平县	清宣统二年(1910)	《齐东县乡土志》	鹳
		临沂市	民国六年(1917)	《临沂县志》	鹳(似鸿而大)
		无棣县	民国十四年(1925)	《无棣县志》	鹳
		阳信县	民国十五年(1926)	《阳信县志》	鹳(性嗜蚁。每于雨前守蚁封发声)
		青岛市、胶州市、即墨市	民国十七年(1928)	《胶澳志》	鹳
		属烟台市	民国二十年(1931)	《福山县志稿》	観
		齐河县	民国二十二年(1933)	《齐河县志》	鹳(《禽经》云:鹳生三子,一为鹤,巽极成震,阴变阳也。故震为鹤,巽为鹳)
		阳谷县、莘县与河南省等地	民国二十二年(1933)	《朝城县乡土志》	鹳
		曲阜市	民国二十三年(1934)	《曲阜县志》	鹳
		东阿县	民国二十三年(1934)	《东阿县志》	鹳
		莘县	民国二十六年(1937)	《莘县志》	鹳

（续表）

地区	省级政区	今地	来源		内容
			时间	方志名	
中南	河南	南乐县	清光绪二十九年(1903)	《南乐县志》	鹳
		南阳市	清光绪三十年(1904)	《南阳府南阳县户口地土物产畜牧表图说》	鹳
		洛宁县	民国六年(1917)	《洛宁县志》	鹳
		魏都区、许昌县	民国十二年(1923)	《许昌县志》	鹳(高脚鸟。性嗜食蛇)
		兰考县	民国十三年(1924)	《考城县志》	鹳(有白鹳、乌鹳之异)
		长葛市	民国十九年(1930)	《长葛县志》	鹳
		确山县	民国二十年(1931)	《确山县志》	鹳
		商丘市	民国二十一年(1932)	《商丘县志》	鹳
		华龙区、范县与山东省等地	民国二十二年(1933)	《朝城县乡土志》	鹳
		淮阳县	民国二十三年(1934)	《淮阳县志》	鹳
		西平县	民国二十三年(1934)	《西平县志》	鹳爵
		范县	民国二十四年(1935)	《范县县志》	鹳
		灵宝市	民国二十四年(1935)	《灵宝县志》	鹳
		中牟县	民国二十五年(1936)	《中牟县志》	鹳
		信阳市	民国二十五年(1936)	《信阳县志》	鹳
		正阳县	民国二十五年(1936)	《正阳县志》	鹳
		汝南县	民国二十七年(1938)	《汝南县志》	鹳
	广东	东莞市	民国十年(1921)	《东莞县志》	鹳(《东莞记》:鹳毛灰、白两种)
西南	云南	华宁县	清光绪二十九年(1903)	《黎县旧志》	鹳(一名青桩)
		宜良县	民国十年(1921)	《宜良县志》	老鹳
		昭阳区	民国十三年(1924)	《昭通县志》	老鹳(长颈,高足。一名青庄。居水泽,食鱼、螺)
		宣威市	民国二十三年(1934)	《宣威县志稿》	老鹳(一名青庄。颈、嘴皆长,足甚高。产水泽,食鱼、螺)
		昭阳区	民国二十五年(1936)	《昭通县志稿》	老鹳(长颈,高足。一名青庄。居水泽,食鱼、螺)
		通海县		《通海县志》*	1949年后,老鹳已绝迹
西北	陕西	潼关县	清光绪三十四年(1908)	《潼关县乡土志稿》	鹳
		延长县	民国二年(1913)	《延长县志》	鹳
		商南县	民国八年(1919)	《商南县志》	鹳
		延川县	民国十六年(1927)	《延川县志》	鹳
		富县	民国二十年(1931)	《鄜州志》	鹳
		华阴市	民国二十一年(1932)	《华阴县志》	鹳
	甘肃	高台县	民国十年(1921)	《高台县志》	鹳
		灵台县	民国二十四年(1935)	《灵台县志》	鹳(有黑、白两种)
		甘州区	民国三十八年(1949)	《张掖县志》	鹳
	新疆	吉木萨尔县	清光绪三十三年(1907)	《孚远县乡土志》	鹳

* 云南省通海县史志工作委员会,1992

表 4.14　　方志记载的 20 世纪后半叶黑鹳分布概况

地区	省级政区	今地	来源		内容	出处
			时间	方志名		
华北	北京	密云县	1998	《密云县志》	黑鹳	密云县志编纂委员会，1998
		海淀区	1999	《北京市海淀区志》	“鹳”，与中华民国时期无太大变化	北京市海淀区志编纂委员会，1999
	天津	大港区	1994	《大港区志》	黑鹳（乌鹳）	天津市大港区地方志编修委员会，1994
		静海县	1995	《静海县志》	黑鹳	静海县志编修委员会，1995
	河北	唐山市	1950年代	《唐山市志》	据［明清］《永平府志》记载，当时禽类有 65 种之多：雁……凫、鸥、鹭、鸳鸯、信天翁、鹳、鹈、鱼狼……解放初期调查禽类不下 200 种	唐山市地方志编纂委员会，1999
		属唐山市	1990	《丰南县志》	鹳	丰南县地方志编纂委员会，1990
		邯郸市	1992	《邯郸市志》	鹳	邯郸市地方志编纂委员会，1992
		灵寿县	1993	《灵寿县志》	鹳	河北省灵寿县地方志编纂委员会，1993
		滦县	1993	《滦县志》	鹳	滦县志编纂委员会，1993
		涿鹿县	1994	《涿鹿县志》	鹳	涿鹿县地方志编纂委员会，1994
		秦皇岛市	1994	《秦皇岛市志》	黑鹳	秦皇岛市地方志编纂委员会，1994
		属秦皇岛市	1994	《北戴河志》	黑鹳	秦皇岛市北戴河区地方志编纂委员会，1994
		卢龙县	1994	《卢龙县志》	鹳	卢龙县地方志编纂委员会，1994
		沙河市	1994	《沙河市志》	鹳	河北省沙河市地方志编纂委员会，1994
		安国市	1996	《安国县志》	鹳	河北省安国市地方志编纂委员会，1996
		临西县	1996	《临西县志》	鹳	临西县地方志编纂委员会，1996
		阳原县	1997	《阳原县志》	鹳	阳原县地方志编纂委员会，1997
		青龙满族自治县	1997	《青龙满族自治县志》	黑鹳	青龙满族自治县志编纂委员会，1997
		滦南县	1997	《滦南县志》	鹳	河北省滦南县地方志编纂委员会，1997
		属唐山市	1997	《唐海县志》	鹳（候鸟，六七十年代，南部芦苇洼淀中常见灰鹳）	唐海县志编纂委员会，1997
		赞皇县	1998	《赞皇县志》	黑鹳	河北省赞皇县地方志编纂委员会，1998
		定州市	1998	《定州市志》	鹳	定州市地方志编纂委员会，1998
		保定市、满城县、清苑县	1999	《保定市志》	鹳	保定市地方志编纂委员会，1999
		阜平县	1999	《阜平县志》	黑鹳	阜平县地方志编纂委员会，1999
		青县	1999	《青县志》	鹳爵（鱼鹰子）	青县地方志编纂委员会，1999
		宁晋县	1999	《宁晋县志》	鹳（*Ciconia nigra*）	宁晋县地方志编纂委员会，1999

（续表）

地区	省级政区	今地	来源		内容	出处
			时间	方志名		
	山西	宁武县	1985	《宁武县志》	黑鹳	山西省宁武县县志编纂办公室，1985
		五台县	1988	《五台县志》	黑鹳	五台县志编纂委员会，1988
		河津县	1989	《河津县志》	黑鹳	河津县志编纂委员会，1989
		曲沃县	1991	《曲沃县志》	鹳	曲沃县志编纂委员会，1991
		五寨县	1992	《五寨县志》	黑鹳	山西省五寨县志编纂办公室，1992
		灵石县	1992	《灵石县志》	捞鱼鹳	山西省灵石县志编纂委员会，1992
		广灵县	1993	《广灵县志》	鹳鸟	山西省广灵县县志编纂委员会，1993
		和顺县	1993	《和顺县志》	河泊鸟(灰鹳)	和顺县志编纂委员会，1993
		太谷县	1993	《太谷县志》	鹳	太谷县志编纂委员会，1993
		兴县	1993	《兴县志》	黑鹳	贾维桢等，1993
		交城县	1994	《交城县志》	黑鹳	交城县志编写委员会，1994
		盂县	1995	《盂县志》	捞鱼鹳	盂县史志编纂委员会，1995
		离石县	1996	《离石县志》	鹳(捞鱼鹳)	李文凡，1996
		中阳县	1996	《中阳县志》	鹳	中阳县志编纂委员会，1996
		平顺县	1997	《平顺县志》	鹳	平顺县志编纂委员会，1997
		城区	1997	《晋城县志》	鹳	晋城县志编纂委员会，1997
		安泽县	1997	《安泽县志》	鹳(黑鹳 *Ciconia nigra*)	安泽县志编纂委员会，1997
		太原市、古交市、阳曲县、清徐县、娄烦县	1999	《太原市志》	黑鹳	太原市方志编纂委员会，1999
		清徐县	1999	《清徐县志》	黑鹳	清徐县地方志编纂办公室，1999
		娄烦县	1999	《娄烦县志》	黑鹳	山西省娄烦县地方志编纂委员会，1999
		城区、高平市、泽州县、沁水县、阳城县、陵川县	1999	《晋城市志》	黑鹳	晋城市地方志编纂委员会，1999
		陵川县	1999	《陵川县志》	乌鹳	陵川县志编纂委员会，1999
		忻府区、原平市、定襄县、五台县、代县、繁峙县、宁武县、静乐县、神池县、五寨县、苛岚县、河曲县、保德县、偏关县	1999	《忻州地区志》	黑鹳	《忻州地区志》编纂委员会，1999
		榆社县	1999	《榆社县志》	黑鹳(俗称捞鱼鹳)	榆社县志编纂委员会，1999
		平遥县	1999	《平遥县志》	黑鹳	平遥县地方志编纂委员会，1999
	内蒙古	科尔沁右翼前旗	1991	《科尔沁右翼前旗志》	黑鹳	科尔沁右翼前旗志编纂委员会，1991
		翁牛特旗	1993	《翁牛特旗志》	鹳[俗称“捞鱼鹳”……根据羽色，有白鹳(*C. ciconia boyciana*)、黑鹳(*Ciconia nigra*)之分]	

（续表）

地区	省级政区	今地	来源		内容	出处
			时间	方志名		
		属额尔古纳市	1993	《额尔古纳右旗志》	黑鹳	额尔古纳右旗史志编纂委员会，1993
		科尔沁右翼中旗	1993	《科尔沁右翼中旗志》	黑鹳	科尔沁右翼中旗志编纂委员会，1993
		乌拉特中旗	1994	《乌拉特中旗志》	捞鱼鹳	乌拉特中旗地方志编纂委员会，1994
		赤峰市	1996	《赤峰市志》	黑鹳	赤峰市地方志编纂委员会，1996
		牙克石市	1996	《牙克石市志》	黑鹳	牙克石市志编纂委员会，1996
		鄂温克族自治旗	1996	《鄂温克族自治旗志》	黑鹳	鄂温克族自治旗志编纂委员会，1996
		五原县	1996	《五原县志》	鹳	《五原县志》编纂委员会，1996
		临河区、五原县、磴口县、乌拉特前旗、乌拉特中旗、乌拉特后旗、杭锦后旗	1997	《巴彦淖尔盟志》	黑鹳	巴彦淖尔盟志编纂委员会，1997
		临河区	1997	《临河市志》	苍鹭（捞鱼鹳）	《临河市志》编纂委员会，1997
		乌兰浩特市、阿尔山市、突泉县、科尔沁右翼前旗、科尔沁右翼中旗、扎赉特旗等地	1997	《兴安盟志》	黑鹳	兴安盟地方志编纂委员会，1997
		根河市	1998	《根河市志》	黑鹳	根河市史志编纂委员会，1998
		阿拉善左旗、阿拉善右旗、额济纳旗	1998	《阿拉善盟志》	黑鹳	阿拉善盟志编纂委员会，1998
		呼和浩特市、土默特左旗、托克托县	1999	《呼和浩特市志》	黑鹳	呼和浩特市地方志编修办公室，1999
东北	辽宁	沈阳市、新民市、辽中县、康平县、法库县等地	1989	《沈阳市志》	黑鹳	沈阳市人民政府地方志编纂办公室，1989
		清原满族自治县	1991	《清原县志》	水鹳	清原县志编纂委员会办公室，1991
		岫岩满族自治县	1993	《丹东市志》	黑鹳（地方名黑老鹳……岫岩有分布记录）	丹东市地方志办公室，1993
		凌源市	1995	《凌源县志》	黑鹳（体羽除下胸和腹部为白色外，余为纯黑色，嘴长而色红）二者均栖息于环境较好的河坎子乡，为稀有旅鸟）	凌源县志编纂委员会，1995
		海城市	1995	《中国国情丛书：百县市经济社会调查：海城卷》	黑鹳	丁伟志，1995
		盘锦市、大洼县、盘山县	1998	《盘锦市志》	黑鹳	盘锦市人民政府地方志办公室，1998

（续表）

地区	省级政区	今地	来源		内容	出处
			时间	方志名		
	吉林	前郭尔罗斯蒙古族自治县	1993	《前郭尔罗斯蒙古族自治县志》	鹳	前郭尔罗斯蒙古族自治县地方志编纂委员会，1993
		通榆县	1994	《通榆县志》	黑鹳［保护区有］	通榆县志编纂委员会，1994
		延吉市、图们市、敦化市、珲春市、龙井市、和龙市、汪清县、安图县等地	1996	《延边朝鲜族自治州志》	黑鹳	延边朝鲜族自治州地方志编纂委员会，1996
	黑龙江	密山县	1993	《密山县志》	黑鹳	密山县志编纂委员会，1993
		漠河县	1993	《漠河县志》	黑鹳	漠河县志编纂委员会，1993
		伊春市、铁力市、嘉荫县等地	1995	《伊春市志》	黑鹳	伊春市地方志编纂委员会，1995
		爱辉区、北安市、五大连池市、嫩江县、逊克县、孙吴县等地	1996	《黑河地区志》	黑鹳	黑河市地方志编纂委员会，1996
		杜尔伯特蒙古族自治县	1996	《杜尔伯特蒙古族自治县志》	黑鹳	杜尔伯特蒙古族自治县地方志纂委员会，1996
华东	上海	浦东新区	1990	《川沙县志》	鹳	上海市川沙县县志编修委员会，1990
		松江区	1991	《松江县志》	鹳	上海市松江县地方史志编纂委员会，1991
	江苏	建湖县	1994	《建湖县志》	青鹳	建湖县地方志编纂委员会，1994
		属淮安市	1995	《淮阴市志》	黑鹳	淮阴市地方志编纂委员会，1995
		兴化市	1995	《兴化市志》	鹳	兴化市地方志编纂委员会，1995
		如皋市	1995	《如皋县志》	黑鹳	如皋市地方志编纂委员会，1995
		通州市	1996	《南通县志》	鹳	通州市地方志编纂委员会，1996
		射阳县	1997	《射阳县志》	黑鹳	射阳县地方志编纂委员会，1997
		盐城市、东台市、大丰市、射阳县、阜宁县、滨海县、响水县、建湖县等地	1998	《盐城市志》	黑鹳	盐城市地方志编纂委员会，1998
	浙江	宁海县	1993	《宁海县志》	黑鹳	宁海县地方志编纂委员会，1993
		平阳县	1993	《平阳县志》	黑鹳	平阳县志编纂委员会，1993
		玉环县	1994	《玉环县志》	黑鹳	玉环县志编纂委员会，1994
		杭州市、临安市、富阳市、建德市、桐庐县、淳安县等地	1995	《杭州市志》	黑鹳	杭州市地方志编纂委员会，1995
		海宁市	1995	《海宁市志》	黑鹳	《海宁市志》编纂委员会，1995
		越城区、诸暨市、上虞市、嵊州市、绍兴县、新昌县等地	1996	《绍兴市志》	黑鹳	绍兴市地方志编纂委员会，1996

（续表）

地区	省级政区	今地	来源		内容	出处
			时间	方志名		
		松阳县	1996	《松阳县志》	黑鹳	松阳县志编纂委员会,1996
		嘉兴市、平湖市、海宁市、桐乡市、嘉善县、海盐县等地	1997	《嘉兴市志》	黑鹳	《嘉兴市志》编纂委员会,1997
	安徽	安庆市、桐城市、怀宁县、枞阳县、潜山县、太湖县、宿松县、望江县、岳西县、贵池区、东至县等地	1995	《安庆地区志》	黑鹳鹤(黑鹳)	安庆地区地方志编纂委员会,1995
		桐城县	1995	《桐城县志》	鹳	桐城县地方志编纂委员会,1995
		安庆市	1997	《安庆市志》	黑鹳	安庆市地方志编纂委员会,1997
	福建	沙县	1992	《沙县志》	鹳(乌鹳)	沙县地方志编纂委员会,1992
		德化县	1992	《德化县志》	鹳	德化县地方志编纂委员会,1992
		光泽县	1994	《光泽县志》	鹳	光泽县地方志编纂委员会,1994
		永安市	1994	《永安市志》	鹳	永安市地方志编纂委员会,1994
		罗源县	1998	《罗源县志》	黑鹳	罗源县地方志编纂委员会,1998
		将乐县	1998	《将乐县志》	黑鹳	将乐县地方志编纂委员会,1998
		诏安县	1999	《诏安县志》	鹳	诏安县地方志编纂委员会,1999
	江西	乐平县	1987	《乐平县志》	鹳	乐平县志编纂委员会,1987
		万载县	1988	《万载县志》	鹳	江西省万载县志编纂委员会,1988
		德安县	1991	《德安县志》	鹳	德安县地方志编纂委员会,1991
		景德镇市	1996	《中国国情丛书:百县市经济社会调查:景德镇卷》	鹳	丁伟志,1996b
		南昌市、南昌县、新建县、安义县、进贤县等地	1997	《南昌市志》	黑鹳	南昌市地方志编纂委员会编. 1997. 南昌市志. 北京:方志出版社
		资溪县	1997	《资溪县志》	鹳	资溪县地方志编纂委员会,1997
		浮梁县	1998	《浮梁县志》	鹳	浮梁县地方志编纂委员会,1998
		章贡区	1999	《赣州市志》	黑鹳	江西省赣州市地方志编纂委员会,1999
	山东	乐陵市	1991	《乐陵县志》	鹳	山东省乐陵县史志编纂委员会,1991
		肥城市	1992	《肥城县志》	鹳	山东省肥城县史志编纂委员会,1992
		淄博市、桓台县等地	1995	《淄博市志》	黑鹳	淄博市志编纂委员会,1995
		高唐县	1996	《高唐县志》	鹳	山东省高唐县史志编纂委员会,1996
		鱼台县	1997	《鱼台县志》	红鹳	山东省鱼台县地方史志编纂委员会,1997
		泰安市、新泰市、肥城市、宁阳县、东平县、汶上县、泗水县、莱芜市、平阴县等地	1997	《泰安地区志》	红鹳	山东省泰安市地方史志编纂委员会,1997

（续表）

地区	省级政区	今地	来源		内容	出处
			时间	方志名		
	台湾	台南县	1960	《台南县志》	黑鹳（*C. nigra*）	洪波浪等，1960
	台湾	台中市	1983	《台中市志》	黑鹳［*Ciconia nigra*……体除下胸以下（包括腹、腋、尾下覆羽）纯白色外，全体为铜绿色或铜赤色，飞羽、覆羽，尾铜绿色或铜赤色，但下覆羽、腋羽、胫羽白色，眼先及眼周围红色；嘴、脚暗赤（幼鸟由颊以下至胸暗褐色，各羽端淡灰色）……英名 Black stork 亦名锅鹳、乌鹳、阳乌、黑巨鸡］	王建竹等，1983
中南	河南	嵩县	1990	《嵩县志》	老鹳	河南省嵩县志编纂委员会，1990
中南	河南	洛宁县	1991	《洛宁县志》	水老鹳	洛宁县志编纂委员会，1991
中南	河南	温县	1991	《温县志》	鹳	温县志编纂委员会，1991
中南	河南	长垣县	1991	《长垣县志》	鹳	长垣县地方史志编纂委员会，1991
中南	河南	方城县	1992	《方城县志》	鹳	方城县地方志编纂委员会，1992
中南	河南	信阳市、息县、淮滨县、潢川县、光山县、固始县、商城县、罗山县、新县等地	1992	《信阳地区志》	黑鹳	信阳地区地方史志编纂委员会，1992
中南	河南	南阳市、邓州市、南召县、方城县、西峡县、镇平县、内乡县、淅川县、社旗县、唐河县、新野县、桐柏县等地	1994	《南阳地区志》	黑鹳	南阳地区地方史志编纂委员会，1994
中南	河南	镇平县	1998	《镇平县志》	鹳	镇平县地方史志编纂委员会，1998
中南	湖北	通城县	1985	《通城县志》	鹳	通城县志编纂委员会 1985
中南	湖北	属武汉市	1989	《汉阳县志》	黑鹳	汉阳县县志编纂委员会，1989
中南	湖北	枝江市	1990	《枝江县志》	鹳	湖北省枝江县地方志编纂委员会，1990
中南	湖北	宜都市	1990	《宜都县志》	鹳	湖北省枝城市地方志编纂委员会，1990
中南	湖北	属武汉市	1992	《新洲县志》	黑鹳	新洲县志编纂委员会，1992
中南	湖北	洪湖县	1992	《洪湖县志》	黑鹳	洪湖市地方志编纂委员会，1992
中南	湖北	洪湖县	1994	《中国国情丛书：百县市经济社会调查：洪湖卷》	黑鹳	丁伟志等，1994

（续表）

地区	省级政区	今地	来源		内容	出处
			时间	方志名		
		监利县	1994	《监利县志》	黑鹳	湖北省监利县县志编纂委员会，1994
		荆州市、石首市、洪湖市、松滋市、江陵县、公安县、监利县、钟祥市、仙桃市、天门市、潜江市等地	1996	《荆州地区志》	黑鹳	荆州地区地方志编纂委员会，1996
		武汉市	1998	《武汉市志》	黑鹳	武汉市地方志编纂委员会，1998
	湖南	益阳市、沅江市、南县、桃江县、安化县等地	1997	《益阳地区志》	黑鹳	湖南省益阳地区地方志编纂委员会，1997
	湖南	岳阳县	1997	《岳阳县志》	黑鹳(世界濒危Ⅰ级物种。在中洲、飘尾可偶见，到1990年记录到5只)	岳阳县地方志编委会，1997
	广东	阳春市	1996	《阳春县志》	黑鹳	阳春县地方史志办公室，1996
	广东	化州市	1996	《化州县志》	鹳	化州市地方志编纂委员会，1996
	广东	茂名市	1997	《茂名市志》	鹳	茂名市地方志编纂委员会，1997
	广西	昭平县	1992	《昭平县志》	鹳	昭平县志编纂委员会，1992
	广西	博白县	1994	《博白县志》	乌鹳	博白县志编纂委员会，1994
西南	四川	沐川县	1989	《沐川县志》	黑鹳	四川省沐川县地方志编纂委员会，1989
西南	四川	崇州市	1991	《崇庆县志》	鹳鸟	四川省崇庆县志编纂委员会，1991
西南	四川	大竹县	1992	《大竹县志》	黑鹳(乌鹳、褐鹳)	四川省大竹县志编纂委员会，1992
西南	四川	长宁县	1993	《长宁县志》	黑鹳(麻啄)	四川省长宁县志编纂委员会，1993
西南	四川	在峨眉山市	1997	《峨眉山志》	黑鹳(与白鹳相似，全长约1 m，翅长56 cm。头、颈和背均呈黑褐色，故名黑鹳。成鸟的头部和上体黑色，带紫红绿的金属光泽。头顶暗褐，向后逐渐显现辉绿，颊和喉呈紫铜色辉亮，颈部绿色反光。翅上覆羽黑褐，具青铜色反光。上背、腰部和尾上覆羽黑褐，带金属紫色，羽缘却带绿辉。尾羽黑色，具紫铜色光泽。前胸暗褐，带金属青铜色辉亮；下胸至尾下覆羽则全为白色。嘴粗厚、侧扁、长而直，与长脚同为红色)	《峨眉山志》编纂委员会，1997

（续表）

地区	省级政区	今地	来源		内容	出处
			时间	方志名		
		康定县、泸定县、丹巴县、九龙县、雅江县、道孚县、炉霍县、甘孜县、新龙县、德格县、白玉县、石渠县、色达县、理塘县、巴塘县、乡城县、稻城县、得荣县等地	1997	《甘孜州志》	黑鹳	甘孜州志编纂委员会，1997
		道孚县	1997	《道孚县志》	黑鹳	四川省道孚县志编纂委员会，1997
		泸州市、泸县、合江县、叙永县、古蔺县等地	1998	《泸州市志》	鹳（灰鹳）	泸州市地方志编纂委员会，1998
	贵州	金沙县	1997	《金沙县志》	鹳（黑色曲颈常栖水边为乌鹳）	贵州省金沙县地方志编纂委员会，1997
	贵州	修文县	1998	《修文县志》	鹳	贵州省修文县地方志编纂委员会，1998
	贵州	普定县	1999	《普定县志》	黑鹳	贵州省普定县地方志编纂委员会，1999
	云南	景洪市、勐海县、勐腊县等地	1989	《西双版纳傣族自治州林业志》	黑鹳	西双版纳傣族自治州林业局，1989
	云南	鹤庆县	1991	《鹤庆县志》	鹳	云南省鹤庆县志编纂委员会，1991
	云南	红河县	1991	《红河县志》	黑鹳	云南省红河县志编纂委员会，1991
	云南	泸西县	1992	《泸西县志》	老鹳	云南省泸西县志编纂委员会，1992
	云南	楚雄市、双柏县、牟定县、南华县、姚安县、大姚县、永仁县、元谋县、武定县、禄丰县等地	1993	《楚雄彝族自治州志》	黑鹳（老鹳、黑老鹳）	楚雄彝族自治州地方志编纂委员会，1993
	云南	潞西市、瑞丽市、梁河县、盈江县、陇川县等地	1994	《德宏州志》	黑鹳	德宏傣族景颇族自治州志编纂委员会，1994
	云南	蒙自县	1995	《蒙自县志》	黑鹳	蒙自县志编纂委员会，1995
	云南	洱源县	1996	《洱源县志》	鹳	云南省洱源县志编纂委员会，1996
	云南	巧家县	1997	《巧家县志》	鹳	云南省巧家县志编纂委员会，1997
	云南	古城区、永胜县、华坪县、玉龙纳西族自治县、宁蒗彝族自治县等地	1998	《丽江地区林业志》	鹳	丽江地区行政公署林业局，1998
	云南	宜良县	1998	《宜良县志》	老鹳	宜良县志编纂委员会，1998
	云南	富民县	1999	《富民县志》	鹳	云南省富民县地方志编纂委员会，1999
	云南	宣威市	1999	《宣威市志》	老鹳	中共宣威市委史志办公室，1999
	云南	丘北县	1999	《丘北县志》	老鹳	云南省丘北县地方志编纂委员会，1999

（续表）

地区	省级政区	今地	来源		内容	出处
			时间	方志名		
西北	陕西	勉县	1989	《勉县志》	黑鹳	勉县志编纂委员会,1989
		神木县	1990	《神木县志》	黑鹳(俗称“捞鱼鹳”)	神木县志编纂委员会,1990
		山阳县	1991	《山阳县志》	黑鹳	山阳县地方志编纂委员会,1991
		略阳县	1992	《略阳县志》	鹳	略阳县志编纂委员会,1992
		扶风县	1993	《扶风县志》	黑鹳	扶风县地方志编纂委员会,1993
		佛坪县	1993	《佛坪县志》	黑鹳	佛坪县地方志编纂委员会,1993
		商州区	1993	《中国国情丛书:百县市经济社会调查:商州卷》	鹳	丁伟志,1993
		富县	1994	《富县志》	黑鹳	富县地方志编纂委员会,1994
		城固县	1994	《城固县志》	黑鹳	城固县地方志编纂委员会,1994
		府谷县	1994	《府谷县志》	黑鹳	府谷县志编纂委员会,1994
		吴堡县	1995	《吴堡县志》	鹳(俗称捞鱼鹳,鹭科,夏候鸟,在黄河里捕食鱼类)	吴堡县志编纂委员会,1995
		镇安县	1995	《镇安县志》	黑鹳	镇安县志编纂委员会,1995
		华县、合阳县等地	1996	《渭南地区志》	黑鹳(锅鹳、乌鹳)	渭南地区地方志编纂委员会,1996
		宝鸡市	1996	《宝鸡县志》	黑鹳	《宝鸡县志》编纂委员会,1996
		榆阳区	1996	《榆林市志》	黑鹳	榆林市地方志编纂委员会,1996
		宝鸡市、凤翔县、岐山县、扶风县、眉县、陇县、千阳县、麟游县、凤县、太白县等地	1998	《宝鸡市志》	黑鹳	宝鸡市地方志编纂委员会,1998
		商州区	1998	《商州市志》	鹳	商州市地方志编纂委员会,1998
		柞水县	1998	《柞水县志》	黑鹳	柞水县志编纂委员会,1998
	甘肃	华池县	1984	《华池县志》	鹳	华池县志编写领导小组,1984
		永昌县	1993	《永昌县志》	白鹳、青鹳(青桩)	永昌县志编纂委员会,1993
		高台县	1993	《高台县志》	黑鹳(青庄)	高台县志编纂委员会,1993
		和政县	1993	《和政县志》	老鹳	和政县志编纂委员会,1993
		敦煌市	1994	《敦煌市志》	鹳	敦煌市志编纂委员会,1994
		卓尼县	1994	《卓尼县志》	黑鹳	卓尼县志编纂委员会,1994
		金川区、永昌县	1995	《金昌市志》	鹳	甘肃省金昌市地方志编纂委员会,1995
		甘州区	1995	《张掖市志》	老鹳	甘肃省张掖市志编修委员会,1995
		宕昌县	1995	《宕昌县志》	鹳	宕昌县县志编纂委员会,1995
		崆峒区	1996	《平凉市志》	黑鹳	平凉市志编纂委员会,1996
		西和县	1997	《西和县志》	鹳	西和县志编纂委员会,1997

（续表）

地区	省级政区	今地	来源		内容	出处
			时间	方志名		
		兰州市、永登县、皋兰县、榆中县等地	1998	《兰州市志》	黑鹳（又名老鹳、乌鹳……最大特点是嘴长、颈长、腿长。上体自头至尾，包括双翅呈黑色且具紫绿色闪光；胸部与上体同色，下体余部白色。嘴、颊、胫的裸出部、跗蹠、趾均为红色。迁徙途经兰州，但近几十年来，由于环境污染，乱捕滥猎，在兰州水域已绝迹）	兰州市地方志编纂委员会等，1998
		凉州区	1998	《武威市志》	黑鹳	武威市市志编纂委员会，1998
		肃州区	1998	《酒泉市志》	鹳	酒泉市志办公室，1998
		西峰区、庆城县、环县、华池县、合水县、正宁县、宁县、镇原县等地	1998	《庆阳地区志》	黑鹳（大型涉禽。形似鹤亦似鹭，体长约 1 m，上体黑色，泛紫绿光泽，下体部分纯白。夏候鸟）	甘肃省庆阳地区志编纂委员会，1998
		武都区	1998	《武都县志》	黑鹳	武都县地方志编纂委员会，1998
		白银市、靖远县、景泰县、会宁县等地	1999	《白银市志》	鹳	白银市地方志编纂委员会，1999
		合作市、临潭县、卓尼县、舟曲县、迭部县、玛曲县、碌曲县、夏河县等地	1999	《甘南州志》	黑鹳	甘南藏族自治州地方史志编纂委员会，1999
	宁夏	中宁县	1994	《中宁县志》	黑鹳	中宁县志编纂委员会，1994
		沙坡头区	1995	《中卫县志》	黑鹳	中卫县县志编纂委员会，1995
		平罗县	1996	《平罗县志》	黑鹳	平罗县志编纂委员会，1996
		现属石嘴山市	1999	《惠农县志》	黑鹳	惠农县志编纂委员会，1999
	新疆	轮台县	1991	《轮台县志》	黑鹳	轮台县党史、县志编纂委员会，1991
		沙雅县	1995	《沙雅县志》	黑鹳（*Ciconia nigra*）	沙雅县史志编纂委员会，1995
		塔城市	1995	《塔城市志》	黑鸡[黑鹳]	塔城市地方志编纂委员会，1995
		塔城市、额敏县、乌苏县、沙湾县	1997	《塔城地区志》	黑鹳（体长 1 m 左右，体重 3 kg。嘴、脚红色，均特长，上体黑色，头颈黑褐并具紫绿金属光泽，下体前部与上体同色，余部白色。为夏候鸟，视觉、听觉灵敏，以鱼、蛙、甲壳类为食，也食蜥蜴、昆虫、蛇类及植物茎叶和籽种。为观赏鸟）	塔城地区地方志编纂委员会，1997
		新和县	1997	《新和县志》	黑鹳……属国家一级珍禽，但数量很少，且呈下降趋势	《新和县志》编纂委员会，1997
		哈密市、伊吾县、巴里坤县等地	1997	《哈密地区志》	黑鹳	哈密地区地方志编纂委员会，1997

7.2 黑鹳的现今分布

黑鹳虽已濒危，但在我国多处仍有栖息记录。

7.2.1 华北

现今华北各省级政区依然有黑鹳分布。

● 北京

北京市一些郊区（县）仍有黑鹳飞临记录。

《中国鸟类志》仍指出，黑鹳在燕山（见前文注）等地繁殖（赵正阶，2001）。

据报道，2012 年 6 月，房山区拒马河畔悬崖边拍摄到黑鹳一窝 4 雏皆成活的罕见照片，证明是繁殖鸟。据称北京地区的黑鹳已达 41 只①。据 2014 年 4 月报道，房山区一直是北京地区重要的黑鹳越冬、繁殖和迁徙停歇地，拒马河流域还是该地区黑鹳在冬季的唯一栖息地。在拒马河房山段，最多曾栖息黑鹳 40 多只，累计发现黑鹳巢穴十余处。中国野生动物保护协会已正式授予北京房山区“中国黑鹳之乡”的称号②。

据 2015 年 2 月报道，近日，怀柔区森林公安处接雁栖镇一村民报称有人捡到一只大鸟，左腿有伤。经鉴定此鸟为国家一级重点保护野生动物黑鹳，并将该受伤的黑鹳送北京市野生动物救护中心精心调养③。

● 天津

天津市也发现有黑鹳栖息。

据报道，2012 年 11 月，古海岸与湿地国家级自然保护区冬季鸟类监测时，首次在七里海湿地核心区（位于宁河县）发现了迁徙过境，短暂停留后将飞往长江以南越冬的 4 只黑鹳④。

据 2013 年 1 月报道，河东区真理道东惠家园小区拍摄到 1 只黑头、黑背、黑尾巴、白肚皮，长相与东方白鹳相近的罕见大鸟。经确认，是国家濒危珍稀动物黑鹳⑤。表明是一只临时停歇的黑鹳。

团泊湖（又称团泊洼水库）位于静海县团泊镇西侧，是著名的鸟类自然保护区。鸟类多达 38 科 164 种，其中有白鹳等国家一类（Ⅰ级保护）珍禽 3 种⑥。

● 河北

河北省还有黑鹳栖息的记录。

《中国鸟类志》仍指出，黑鹳在燕山（见前文注）等地繁殖（赵正阶，2001）。

《平泉县志》在“鸟纲，鹳科”中记载的“苍鹳”（河北省平泉县地方志编纂委员会，2000），当是根据黑鹳的羽色给出的别称，表明仍有存在。

《磁县志》列举有鹳与鹰、雕、秃鹫、水鸭、翠鸟等鸟类（磁县地方志编纂委员会，2000），“鹳”似为黑鹳。

据报道，涿鹿县现有黑鹳与鹰、猫头鹰、啄木鸟、布谷鸟、寒号鸟、燕子、鹊、鸦、麻雀、鸽子、山鸡、褐马鸡等鸟类⑦。

据 2014 年 6 月报道，在小五台山国家级自然保护区（地处蔚县与涿鹿县）今年启动的兽类和鸟类本底调查中，首次发现 7 种珍稀动物，其中包括国家一级保护动物黑鹳 20 只⑧。

据 2014 年 11 月报道，承德市大学城附近的湿地公园内看到，6 只背黑肚白、腿长的黑鹳正在河流沿河休闲散步。它们的光临也吸引了不少承德市民慕名而来，一睹它们的美丽容姿。可能是通过几天的接触，黑鹳和大家已经建立起了感情，在拍照时，它们都很配合。据了解，这是黑鹳首次光临承德湿地公园⑨。

据 2014 年 12 月报道，易县中易水河段有黑鹳、火烈鸟、灰鹤、白天鹅、绿头鸭的停歇⑩。

---

①赵卓. 北京再添四个黑鹳宝宝. http://bjyouth. ynet. com/3. 1/1206/16/7198074. html

②魏梦佳. 世界濒危珍禽黑鹳“落户”北京新家. http://news. xinhuanet. com/video/2014-04/01/c_1110043701. htm

③怀柔区森林公安民警救助国家一级重点保护野生动物“黑鹳”. http://black-stork. forestry. gov. cn/html/info/625821. html

④王祖凌. 世界珍稀濒危鸟类黑鹳. http://www. tianjinwe. com/tianjin/bh/lx/201211/t20121121_147768. html

⑤高立红. 居民区发现世界级珍稀动物大鸟竟是黑鹳. http://news. enorth. com. cn/system/2013/10/18/011382436. shtml

⑥团泊镇. http://baike. baidu. com/link? url＝8-Ei7wgHnYkJ-I5iKlSXIuDTI46MHTudJv57Bz0pzGjorSP0mAXwRc4j4Qdemg-klG-wDn4icQCjagu2jbhgFFK

⑦中国・涿鹿. http://www. zjkzl. gov. cn/article/20090724/000936730-2011-00342. html

⑧河北蔚县小五台山首次发现黑鹳等 7 种珍稀动物. http://black-stork. forestry. gov. cn/html/info/22571. html

⑨濒危野生黑鹳“光临”承德湿地公园. http://black-stork. forestry. gov. cn/html/info/23648. html

⑩保定易县中易水河纷现黑鹳、火烈鸟、灰鹤、白天鹅、绿头鸭形成候鸟南飞的天然驿站. http://black-stork. forestry. gov. cn/html/info/24559. html

● 山西

山西省多地还有黑鹳栖息。

《垣曲县志：1991—2000》称仍有黑鹳等多种国家一级保护动物（垣曲县地方志编纂委员会，2001）。

《河津市志》记载有黑鹳与灰顶鹤、白鹭、苍鹭等鸟类（河津市志编纂委员会，2002），说明还有栖息。

据报道，岢岚县还有160多种动物，其中有黑鹳、金雕等珍稀动物①。

临汾市称有鸟类232种，其中有黑鹳、金雕、褐马鸡、大鸨等珍稀物种②。但"临汾市"乃地级市，辖有2市、1区、14县，能够核查到的只是少数。

霍州市的70余种野生动物中，鸟类有鹳与枭、鹘、雕、鸮、啄木鸟等③，此"鹳"似为黑鹳。

据调查，位于泽州县的泽州猕猴省级自然保护区还有黑鹳等多种珍稀物种（李宝堂，2010）。

2010～2011年，调查地处交城县与方山县的庞泉沟国家级自然保护区，其中还有黑鹳与褐马鸡、金雕、苍鹰、草原雕、雀鹰、白尾鹞等26种鸟类（王政芳等，2011）。

在古县与霍州市交界处的灵空山省级自然保护区④内，仍有黑鹳等珍稀动物栖息（李润强等，2012）。

据2013年4月报道，朔州市朔城区神头镇的湿地公园发现并被拍摄到1只"大黑鸟"，经专家鉴定是珍稀鸟类黑鹳⑤。

据2015年3月报道，10多年前，黑鹳曾在定襄县境内的滹沱河中栖息过。这次，虽然只见到6只黑鹳，却是去年秋天飞来的，在这里过冬，让人惊喜⑥。

● 内蒙古

内蒙古自治区仍是黑鹳的主要繁殖地之一。

《中国鸟类志》指出，黑鹳在西北部，中部伊克昭盟（现鄂尔多斯市）与东胜（现为区）⑦、乌梁素海（在乌拉特前旗）、呼和浩特（市），东北部巴林（有巴林左旗与巴林右旗）、赤峰（市）、阿伦河（主要流经阿荣旗境内）等地繁殖（赵正阶，2001）。

据报道，赤峰市称现有野生动物551种，其中野生禽类253种，属于国家一级保护的就有黑鹳等4种⑧。其作为地级市则辖1市、2县、7旗，并非皆有黑鹳栖息，目前核查到的仅赤峰市、巴林左旗与巴林右旗。

据报道，位于新巴尔虎左旗、新巴尔虎右旗和满洲里市之间的呼伦湖（又名达赉湖、呼伦池）是内蒙古第一大湖，与贝尔湖为姊妹湖，栖息有鸟类17目41科241种，其中有黑鹳等多种国家保护鸟类⑨。

7.2.2 东北

东北是黑鹳的主要繁殖地之一，3个省级政区仍皆有黑鹳栖息记录。

● 辽宁

辽宁省多地有黑鹳飞临记录。

《中国鸟类志》指出，黑鹳在熊岳（属营口市）、朝阳（市与县）、鞍山（市）等地繁殖（赵正阶，2001）。

根据实地调查，葫芦岛市的245种（含亚种）鸟类中，有黑鹳等国家Ⅰ级保护动物（田德启，2001）。

据报道，鞍山市（鞍山市、海城市、台安县、岫岩满族自治县）禽类中有国家和省规定一类保护

---

①岢岚县. http://baike. baidu. com/link? url=W2nwp4ia9Fgpy-H2T4T42xkCwvO6Yr2t_zTIqSS8PbRpHbr2Ws2ixahLOnAn6paJ

②临汾市. http://baike. baidu. com/view/35311. htm? from_id=529505&type=syn&fromtitle=临汾市 &fr=aladdin

③霍州市. http://baike. baidu. com/link? url=5et931MVILHOTlZtUi-S5pLG7olmmzeVliFwqbFxj1xUOvW-MYm4s35jc92ruEdwzKTnnpDFivvthHskI30VQq

④原题名误作"山西灵空寺省级自然保护区"。

⑤李楠，崔小林. 山西朔州发现国家一级保护动物黑鹳. http://www. tianjinwe. com/hotnews/txtt/201304/t20130410_288518. html

⑥刘晓辰. "鸟中熊猫"黑鹳栖息定襄. http://news. sina. com. cn/o/2015-03-21/052631629699. shtml

⑦原文是"中部伊克昭盟、东胜、乌梁素海……"，但实际上仅"东胜"属"伊克昭盟"。

⑧赤峰市. http://baike. baidu. com/view/5442. htm? fromId=128662

⑨呼伦湖. http://baike. baidu. com/link? url = YhCSohRn30tT7f7nd2YokmphmLMdXisH9BAdG8YMcd60d2hukUnXU287q_MFqg7L

（Ⅰ级保护动物）黑鹳等多种①。

据报道，地处海城市的三岔河湿地自然保护区有黑鹳等多种珍稀动物在这里繁衍生息②。

位于台安县的大麦科湿地自然保护区，有75种国家、省级保护的野生动物，其中有黑鹳等5种国家一级保护鸟类③。

据2014年1月报道，北票市白石库区再次发现黑鹳，该种群数量为6只，也是最近3年来发现黑鹳种群数量最多的一次。据了解，白石湿地已经成为黑鹳种群的栖息地，自从2005年在该地发现黑鹳种群后，北票野保人员在之后的几年都能发现黑鹳的踪迹。尤其是2009年秋季，野保人员在该处湿地一次性发现37只黑鹳，创下了国内发现黑鹳种群数量最多的纪录。之后的两年时间里，野保人员也曾发现过多只黑鹳，但自从2012年始，野保人员尽管也发现过黑鹳，但同一地点的集群数量均未超过3只，基本都在牤牛河流域；这次在同一地点一次性发现6只黑鹳，确实让野保人员激动不已。野保人员认为，目前该处湿地内不应仅此6只黑鹳④。

● 吉林

吉林省仍有黑鹳栖息，主要处于长白山一带。

《中国长白山动物》明确“长白山主脉位于和龙、安图、长白、抚松、白山、靖宇等县（市）一带”。有黑鹳多于山区悬崖峭壁的凹处或浅洞处营巢；是夏候鸟，3月下旬至4月初迁来，9月下旬至10月初南迁，居留期为180天左右（高玮等，2002）。

据报道，镇赉县有黑鹳等珍稀鸟类栖息⑤。

据2009年调查，在延吉市、图们市、敦化市、珲春市、汪清县、安图县等地还有黑鹳栖息（廉文浩等，2013）。

和龙市境内已查明并具有一定经济价值的野生动物近300科600多种，有鸟类50余科300余种，其中有黑鹳等国家一级珍稀保护动物⑥。

● 黑龙江

黑龙江省也有一些地方有黑鹳栖息记录。

《中国鸟类志》指出，黑鹳在哈尔滨（市）、山河屯（属哈尔滨市）、牡丹江⑦等地繁殖（赵正阶，2001）。

据哈尔滨市报道，当地有“国家一类保护”（Ⅰ级保护动物）黑鹳⑧。

尚志市称当地“鸟类”主要有野鸡、飞龙、鸠、山鸽子、沙鸡、麻鹰、鸱鸮（猫头鹰）、苏雀、色鹰、乌鸦、喜鹊、鹁鸪、灰鹳等近百种⑨，所称“灰鹳”当是黑鹳。

延寿县列举的“鸟类动物”有野鸡、野鸭、鸠、鸽子、沙鸡、麻鹰、猫头鹰、苏雀、麻雀、色鹰、油鹳、乌鸦、喜鹊、鹁鸪、燕子、啄木鸟、布谷鸟等⑩，所称“油鹳”当是黑鹳。

7.2.3 华东

虽然今非昔比，但是华东各省级政区仍有黑鹳栖息记录。

● 上海

上海市现存黑鹳主要在崇明县。

《华东鸟类物种和亚种分类名录》记载，黑鹳在“崇明东滩（冬）”（朱曦等，2008），亦即处于崇明县。

---

①鞍山市. http://baike. baidu. com/link? url=zjDCawJT5tD-4sp-xHbdXNYeZKQIaxfljPlZuvly2HXnnyto28xCHWyxsNb2cGsOQyFitxzT5WGQ5HSwT159BvIFWAJMijg5QicC3yGAW

②海城. http://baike. baidu. com/link? url = zpUOosOlWMu _ EicqpRlLGgic _ EOjfE8EaqhpPg0tonWPtNHqPFYTiAkvDg8UQwb0071gN1q4lsSWxQgr5CUao23MT612Lla6DvOejwPAHDi

③台安县. http://baike. baidu. com/link? url = iDFGo3x7P4rsxCG8YHNL8rU _ ZUN2IuVVHAj-NBmzFLuuTLUUJAn42C _zoZ4VEheR

④北票白石库区再次发现黑鹳种群. http://black-stork. forestry. gov. cn/html/info/23741. html

⑤镇赉县. http://baike. baidu. com/link? url=ZhFF4VG_u_mdwQ8umk2ljMakAUON28ieyFu-VcTheJ3XKFpr09bhlh5fitDvgqWR；吉林莫莫格国家级自然保护区·资源·野生动物. http://baike. baidu. com/link? url=p4Rw9LcHYaIPD7AedYDbBnLkWM_9rYdHyoH2GjAZvRka9u59Fp1AUZLZuAMHDkCHyW-IdhZQlFpNuj4RxrpVnK

⑥和龙. http://www. helong. gov. cn/user/index. xhtml? menu_id=528

⑦“牡丹江”有二意：1)城市名称：黑龙江省牡丹江市；2)河流名称：源于吉林省长白山脉敦化市的牡丹岭，向北流入黑龙江省，经宁安市、海林市、牡丹江市、林口县，在依兰县城附近汇入松花江。此处似指前者。

⑧中国哈尔滨. http://www. harbin. gov. cn/zjhrb/sqgl/csgk/zrdl. htm

⑨尚志. http://baike. baidu. com/link? url=1tjBwclOuJoKXvk1eK5BRTGHjyarcbkDagOiHFG4usvIQYqP_ZEMFQfFfaW8Mphw_XSc5yEllDRDFMRytCypAlxTkUnBLab02FiPDVFKz7q

⑩中国·延寿. http://www. hlyanshou. gov. cn/zjys/dlzy/2011/08/3430. htm

崇明县经历年调查，在崇明东滩记录的鸟类有290种，其中黑鹳（*Ciconia nigra*）等列入国家一级保护的鸟类4种[①]。

● 江苏

江苏省也有一些地方还有黑鹳栖息。

《华东鸟类物种和亚种分类名录》记载，黑鹳在“七里湖”与“尚湖（冬）、牛岛山、达念山岛、平山岛（旅）、骆马湖（旅）、前三岛（旅）”（朱曦等，2008），亦即处于盱眙县、常熟市、连云港市、新沂市、宿迁市等政区。

● 浙江

浙江省主要在东部少数地方还有黑鹳栖息。

《华东鸟类物种和亚种分类名录》记载，黑鹳在“温州（冬）、诸暨、平阳”（朱曦等，2008），亦即处于温州市、诸暨市、平阳县等政区。

● 安徽

安徽省还有较多黑鹳栖息地方。

据《安徽省陆生野生动植物资源》调查，黑鹳在安徽省是冬候鸟。分布在沿江平原地区越冬，如青阳县的庙前，贵池的牛头山，东至县的升金湖和宿松（县）泊湖等地。迁飞时，途经五河、明光和舒城等县市。主要越冬地在升金湖国家级自然保护区，1997年见到7只，1998年为11只，2000年1月见到7只；贵池十八索见到2只，宿松县泊湖见到8只（安徽省林业厅，2006）。

《华东鸟类物种和亚种分类名录》记载，黑鹳在“七里湖、升金湖（旅、冬）、泊湖、九华山（冬）、青阳县庙前、贵池牛头山、东至县升金湖、宿松泊湖、牯牛降自然保护区、安庆沿江水禽自然保护区、五河沱湖保护区、贵池十八索自然保护区”（朱曦等，2008），亦即处于明光市、东至县、贵池区、宿松县、青阳县、石台县、祁门县、安庆市、五河县等政区。

据宿松县人民政府公布的“常见鸟”所称“鹳”[②]，应包括黑鹳。

据报道，位于长江南岸东至县与贵池市（现贵池区）交界的升金湖国家级珍稀水禽自然保护区中每年有许多珍贵的黑鹳等珍稀鸟类来此越冬（陈保平，2000）。

● 福建

福建省已是黑鹳更偏东南的越冬地。

《华东鸟类物种和亚种分类名录》记载，黑鹳在“邵武郊区（旅）、金门（冬）”（朱曦等，2008），亦即处于邵武市、金门县等政区。

泉州市称当地野生动物资源有30目85科385种，其中有国家Ⅰ级重点保护野生动物11种，鸟类则是黑鹳与黄腹角雉等[③]。

● 江西

江西省也有黑鹳较重要的越冬地之一。

《华东鸟类物种和亚种分类名录》记载，黑鹳在“南矶山、鄱阳湖（冬）、白沙洲自然保护区”（朱曦等，2008），亦即处于新建县、南昌县、进贤县、星子县、都昌县、余干县、鄱阳县、永修县、德安县、湖口县等政区。

都昌县的鄱阳湖一带有黑鹳等珍稀候鸟越冬[④]。

● 山东

山东省仍有黑鹳，是旅鸟。

《华东鸟类物种和亚种分类名录》记载，黑鹳在“青岛（旅）”（朱曦等，2008），亦即处于青岛市。

据报道，位于泰山南麓的泰安市还有鸟类17目38科190余种，其中有黑鹳、红角鸮、金雕等珍稀鸟类[⑤]。

● 台湾

台湾罕有黑鹳分布。

据2004年3月报道，彰化县安溪寮上空发现黑鹳，盘旋十余分钟，往西边飞去。此种鸟类主要出现在湖泊、沼泽或河口地带，此次在八卦山区发现，应是过境行为。八卦山区向来是许多鸟类迁徙的重要路线，每年调查期间，也都会发现

---

①上海崇明东滩鸟类国家级自然保护区·鸟类的天堂. http://www.dongtan.cn/sites/dongtan/baohuqu.aspx? ctgId=b7c758d2-8f23-4bda-a8c0-c0bd4c3765f0

②宿松县人民政府网站. http://www.susong.gov.cn/

③泉州. http://baike.baidu.com/link? url=F6R15ZHCMZjokP3nNZfyyS9XEa_YHvnvaTFZb8kfO_TycQ6kbxmgDjfGLZ4vAtZGoAjVZeuxLdCfu4_wIENhe_#6_5

④都昌县. http://baike.baidu.com/link? url=IJpN2Xy1JedF_TSaRMP8u_MLrQ35D7jqyqZgJkLSjaL9VcX5Un1NNGtQKztFTjmP#5_3

⑤泰安市. http://baike.baidu.com/view/9481.htm? fromId=136318

许多珍稀鸟类[①]。

7.2.4 中南

中南绝大部分省级政区仍有黑鹳栖息记录。

● 河南

河南省有较多黑鹳栖息地方。

《中国鸟类志》仍指出，伏牛山（见前文注）是黑鹳的繁殖地之一（赵正阶，2001）。

《河南省野生动植物资源调查与保护》称：黑鹳的地方名：黑老鹳。据资料记载，分布于太行、伏牛山区及豫东平原。本次调查发现于洛阳市孟津黄河省级湿地水禽自然保护区；平顶山市叶县孤石滩水库；三门峡市卢氏县范里水库；济源市曲阳湖；南阳市南召县冢岗庙水库、三道岭水库、磁塔岩水库、疗庄水库、铁河、灌河、排路河、白河，淅川县灌河、丹江河、丹江水库。非繁殖季节共 81 只，其中孟津县 3 只，叶县 1 只，卢氏县 2 只，济源市 2 只，南召县 30 只，淅川县 43 只（甘雨等，2004）。

据 2013 年 8 月报道：

黑鹳在我国多为夏候鸟，栖息于河流沿岸、沼泽山区溪流附近，以鱼类和螺类为食，迁飞时结群活动，平时单独活动。而这次能够在市区发现到 8 只黑鹳，实属罕见[②]。

按："三门峡市"是辖有 2 市、3 县、1 区的地级市，从该报道称"市区"看，当是指市政府所在的湖滨区。

据称，信阳市仍有黑鹳等珍稀鸟类多种（熊林春等，2014）。

孟津县称，当地黄河湿地仍有动物 724 种，其中鸟类 175 种，其中国家一级保护动物有黑鹳等 10 种[③]。

位于嵩县境内南部的龙池曼国家自然保护区野生动物资源，经调查分类鉴定共有 26 目 59 科 201 种。其中有黑鹳等鸟纲 16 目 39 科 147 种[④]。

● 湖北

湖北省发现一些地方有黑鹳栖息。

《中国长江三峡动物大全》称该地区[⑤]有黑鹳，别名：乌鹳、黑巨鹳、锅鹳、黑老鹳、黑巨鸡（刘先新，2010）。

据 2015 年 3 月报道，当阳市沮河里拍摄水鸟时，意外发现 8 只体长为 1 m 左右"黑鸟"，4 只为成年鸟，另外 4 只为亚成体幼鸟。经鉴定照片，确定是黑鹳。据当地几位渔民说，他们去年 11 月就发现这批黑鸟在此活动[⑥]。

随后，2015 年 3 月 13 日《荆州晚报》也配发照片，报道石首市首现国家一级保护动物黑鹳[⑦]。

● 湖南

湖南省也还有一些地方有黑鹳栖息记录。

汉寿县境的西洞庭省级自然保护区，据 2002～2011 年鸟类监测，记录到鸟类 205 种，其中有黑鹳等国家一、二级保护鸟类 26 种（彭平波，2013）。据 2014 年 9 月报道，西洞庭湿地自然保护区最近几年的鸟类监测记录显示，自 2010 年以来，半边湖每年的黑鹳种群数量一直稳定在 25 只左右，2013 年 12 月至 2014 年 1 月，最高纪录达到 35 只[⑧]。

● 广西

广西壮族自治区现有黑鹳栖息地已寥寥。

据报道，兴业县龙安镇东部的寒山生态资源丰富，生物种类繁多，其中就有濒危的中国一级保护鸟类黑鹳[⑨]。

● 香港

香港特别行政区仍有黑鹳。

据香港观鸟会制作的 2013 年 2 月 25 日《最新修订的香港鸟类名录》，共计 518 种鸟类，其中

---

①陈晓钟. 台湾彰化出现丹顶鹤及黑鹳. http://www.people.com.cn/GB/shizheng/1025/2406061.html

②三门峡发现 8 只世界珍稀鸟类黑鹳. http://black-stork.forestry.gov.cn/html/info/20281.html

③孟津县人民政府网站. http://www.mengjin.gov.cn/

④龙池曼国家自然保护区. http://baike.baidu.com/view/1308259.htm

⑤据该书《前言》："三峡地区是指东起宜昌，西至重庆，北抵大巴山，南接云贵高原，跨越鄂、渝中低山峡谷和川东平行岭谷低山丘陵，处于我国地貌第二阶梯向第三阶梯过渡的区域，总面积达 8.5 万 km^2。"缺乏具体政区名称。笔者仅按长 193 km 的通常"大三峡"涉及地，即属湖北省的巴东县、秭归县、宜昌市等地。

⑥李风. 湖北宜昌现世界濒危珍禽黑鹳. http://www.hb.chinanews.com/news/2015/0302/204729.html

⑦石首现国家一级保护动物黑鹳. http://www.hb.chinanews.com/news/2015/0313/206211.html

⑧刘炬. 常德西洞庭湖湿地欲"留宿"黑鹳. http://black-stork.forestry.gov.cn/html/info/23276.html

⑨兴业县. http://baike.baidu.com/link?url=-V-901IDj18K1xToM_rKsNIMMJJm1x3-ZVsC9WxNQDz2HXnSOVmeVe4e-ZklWY68

就有黑鹳(*Ciconia nigra*)[①]。

7.2.5 西南

西南大部分省级政区还有黑鹳栖息,但已不多。

● 重庆

重庆市还有黑鹳分布。

《中国长江三峡动物大全》称该地区[②]有黑鹳(刘先新,2010)。

● 四川

四川省还有一些地方有黑鹳栖息记录。

《乐山市志》称,冬候鸟有黑鹳、赤麻鸭、绿头鸭(野鸭)、普通秋沙鸭、灰鹤、红嘴鸥等(乐山市地方志编纂委员会,2000),但其时该地级市辖2市、1区、11县。据核查,似仅乐山市、峨眉山市、仁寿县、丹棱县有黑鹳栖息[③]。

《宝兴县志》记载"鸟纲"有281种,其中有黑鹳(乌鹳)与池鹭、白鹭、绿翅鸭、红腹锦鸡、灰鹤、凤头麦鸡等(四川省宝兴县地方志编纂委员会,2000)。

《盐源县志》称:野生动物现已知有160余种,其中有珍禽黑鹳、白尾海雕、灰鹤等(盐源县志编纂委员会,2000)。

位于布拖县西溪河片区乐安乡境内的乐安黑鹳自然保护区野生动物资源十分丰富,调查表明区内有野生动物33目91科357种,有国家一级保护动物黑鹳、扭角羚、林麝等7种[④]。

据2014年11月报道,虾拉沱省级湿地公园地处炉霍县东南部的虾拉沱片区内,每年的11月初,黑鹳会来到虾拉沱湿地公园规划区域越冬。但此一次性发现200余只黑鹳种群聚集还是首次,这在四川还是比较罕见[⑤]。

据2014年11月报道,广汉市鸭子河保护区观测到一只黑鹳,这也是鸭子河湿地自然保护区第三次记录到此种鸟类[⑥]。

● 贵州

贵州省虽仍有黑鹳,但不多见。

据《贵州野生动物名录》,威宁彝族回族苗族自治县有黑鹳,是旅鸟(李子忠,2011)。

● 云南

云南省少数地方有黑鹳栖息记录。

《丽江纳西族自治县志》称,境内鸟类共计290种(玉龙雪山分布有288种),主要鸟类有黑鹳与百灵鸟、血雉、藏马鸡、白腹锦鸡、红腹锦鸡、秋沙鸭、鸬鹚、黑颈鹤、灰鹤、白鹭、火斑鸠、灰头鹦鹉、打绯胸鹦鹉、白颊噪鹛、雉鹑等(丽江纳西族自治县志编纂委员会,2001),该地现分为古城区、玉龙纳西族自治县。

2010年3～8月对兰坪云岭省级自然保护区(位于兰坪白族普米族自治县)进行综合科学考察,证实有黑鹳与黑颈长尾雉、凤头蜂鹰、灰鹤、大紫胸鹦鹉等(崔茂欢,2011)。

7.2.6 西北

西北各省级政区依然皆有黑鹳分布。

● 陕西

陕西省分布的鹳属以黑鹳为主。

《陕西省志》(陕西省地方志编纂委员会,2000)记述:

黑鹳:……喙长而直,红色。上体自头部至尾羽,包括两翼皆为黑色并带紫绿色的金属光泽。胸部与上体色同,下体余部纯白色,腿长,赤褐色。

近年来,黑龙江、吉林、辽宁、内蒙古为数极少的黑鹳,春季迁来陕北以及关中平原繁殖,主要分布于秦岭北麓周至(县)、眉县、西安(市)、长安(今属西安市)、临潼(今属西安市)等地。

【地理分布】秦巴山地、关中平原、黄土高原。

按:据此,表明在西安市、周至县与眉县一带还有黑鹳栖息。

《中国鸟类志》指出,黑鹳在延安(现宝塔区)等地繁殖(赵正阶,2001)。

据报道,2014年11月25日,西安市长安区

---

①香港鸟类名录. http://baike. niaolei. org. cn/香港

②笔者仅按长193 km的通常"大三峡"涉及地,即属重庆市的奉节县与巫山县等地。

③据查,峨眉山市称"野生动物有2 300多种"(峨眉山市市情. http://www. emeishan. gov. cn/View_331. html);"仁寿县野生动物100余种"(仁寿县人民政府. http://www. rs. gov. cn/zjrs/zrdl. htm);丹棱县:称"野生动物达80余种"(丹棱县. http://baike. baidu. com/link? url=R1AsWrbv4Si72e37Q3CaOAnu6kPC8j5KMAsKBY4wvFVsPu96AoOyVg4tJJUIdWlPUPegIe244vdaow5GwMyA1q)。

④布拖县. http://baike. baidu. com/view/377769. htm

⑤四川炉霍200余只黑鹳群聚湿地公园. http://black-stork. forestry. gov. cn/html/info/23808. html

⑥广汉鸭子河保护区观测到黑鹳. http://black-stork. forestry. gov. cn/html/info/23740. html

东大一处渔场发现两只黑鹳（一大一小）。见有人靠近，机警的黑鹳瞬间飞到空中，盘旋了十余分钟不再落地[1]。

《三原县志》列举当地野生鸟类有黑鹳与鸬鹚（水老鸦、鱼鹰）、苍鹭、池鹭、鸳鸯、野鸭、老鹰等（三原县志编纂委员会，2000）。

据宜君县报道，当地还有脊椎动物23目60科110属163种，其中包括国家Ⅰ级保护动物黑鹳、金雕等3种[2]。

临渭区称，野生动物还有300多种，其中有受国家保护的黑鹳等23种珍禽珍兽驰名全国[3]。

陕西黄河湿地省级自然保护区（应为“合阳黄河湿地省级自然保护区”）地处合阳县、韩城市、大荔县、华阴市、潼关县，据报道，2000年1月，合阳曾发现最多40只的黑鹳群[4]。2006年1月至2012年12月调查，韩城市、潼关县还有黑鹳（何冰等，2013）。据2014年12月报道，在保护区昝村段还发现了数量超过90只的黑鹳群体[5]。

据报道，城固县现有的珍稀鸟类中还有“黑鹳 *Ciconia nigra*”等多种[6]。

商南县发布的《商南县鸟类调查名录》仍有栖息的15目鸟类，其中就有黑鹳为冬候鸟[7]。

据2013年8月报道，千阳县千湖国家湿地公园的亲水湾附近发现并拍摄到十分清晰的一只黑鹳照片。经陕西林业厅专家核实，确定所拍鸟类就是国家一级保护动物——黑鹳[8]。

据2014年6月23日报道，5月，在白水县境内林皋湖附近的山崖上意外地发现了黑鹳繁殖巢穴，该巢穴内不仅有1只成鸟和3只幼鸟，而且另一只成鸟在距巢穴20 m远处的空中盘旋警戒。根据统计，当地已发现黑鹳10余只[9]。可见黑鹳在当地是繁殖鸟。

子午岭自西向东北倾斜，横跨陕甘二省，其中陕西占1.21万 km^2，涉及铜川市、富县、黄陵县、宜君县、旬邑县，栖息有黑鹳等150多种野生动物[10]。

● 甘肃

甘肃省仍有黑鹳较多栖息的记录。

《中国鸟类志》指出，黑鹳在东北部、中部、西南部祁连山（在肃州区、肃南裕固族自治县、甘州区、民乐县一带）、西北部张掖（现甘州区）、酒泉（现肃州区）、敦煌（市）繁殖（赵正阶，2001）。

《临泽县志》在“禽类”中列举当地有黑鹳分布（临泽县县志编纂委员会，2001）。

据报道，崇信县现存的野鸟类中还有鹳[11]，似为黑鹳。

据报道，位于敦煌市城西的敦煌西湖国家级自然保护区内有黑鹳等34种国家重点保护野生动物[12]。

据2005年10月《甘南日报》报道，玛曲县地处青藏高原的东端，若尔盖高原西北边缘，在我国大地貌单元中处于第二和第三阶梯交界，是黄河流经的上游地区。这里曾因草场广阔，水草丰美，被誉为“亚洲第一优良牧场”。境内有贡曲、朗曲、斗隆曲、尕加曲等大小300余条河流，境内栖息着国家一级保护野生动物有黑鹳等10种[13]。

据2010年4月报道，位于青藏高原东北边缘碌曲县境内的尕海—则岔国家级自然保护区今年来繁殖的国际濒危物种黑鹳，2004年以前不足10只，2009年曾达到310多只，今年又有所减少

①市民拍鸟发现野生黑鹳全球仅千只被称鸟中熊猫. http://black-stork. forestry. gov. cn/html/info/24554. html

②宜君县人民政府网站. http://www. yijun. gov. cn/news/2011727/n62952168. html

③临渭区. http://www. baike. com/wiki/临渭区

④陕西黄河湿地省级自然保护区现状与问题. http://bbs. dzwww. com/thread-24671743-1-1. html

⑤渭南发现罕见黑鹳群数量在90只以上. http://www. sxdaily. com. cn/n/2014/1218/c324-5582487. html

⑥城固县主要野生动物介绍. http://www. sanqinyou. com/shaanxi/info/1211120261255343_1. html

⑦商南县鸟类调查名录. http://www. snlyw. gov. cn/Article/ShowArticle. asp? ArticleID=47

⑧石志勇，薛天. 陕西千阳发现濒危珍禽黑鹳. http://www. tianjinwe. com/hotnews/zxxx/201308/t20130810_398217. html

⑨白水林皋湖湿地首次发现世界濒危珍禽黑鹳繁殖巢穴. http://black-stork. forestry. gov. cn/html/info/22633. html

⑩子午岭. http://baike. baidu. com/view/359112. htm

⑪崇信. http://www. chongxin. gansu. gov. cn/contents/12085/91706. html

⑫敦煌西湖自然保护区. http://www. baike. com/wiki/%E6%95%A6%E7%85%8C%E8%A5%BF%E6%B9%96%E8%87%AA%E7%84%B6%E4%BF%9D%E6%8A%A4%E5%8C%BA

⑬黄河首曲玛曲在行动. http://www. gansudaily. com. cn/20051023/462/2005A23A0043C003. htm

到150多只[①]。

横跨陕甘二省的子午岭，其中甘肃占2.3万km^2，涉及华池县、合水县、正宁县、宁县，有黑鹳等多种野生动物150种[②]。

● 青海

青海省现仍有黑鹳的栖息地方并不多。

《中国鸟类志》指出，黑鹳在西宁（市）、祁连山（在祁连县）繁殖（赵正阶，2001）。

据称，西宁市现已查明的有经济价值的动物250多种，其中有黑鹳、黑颈鹤等10种国家级保护动物[③]。

● 宁夏

宁夏回族自治区还有一些地方有黑鹳栖息。

平罗县西南的沙湖旅游区盛产鱼、鸟，黑鹳等几十种鸟类、数万只在这里栖居，有时像移动的乌云在天空左右盘旋，遮天蔽日。它们的窝巢就筑在水边的苇秆间、芦丛底，每年春季，各种颜色的鸟蛋散布其间，可称得上是大自然中的一处奇观[④]。

据2014年9月报道，银川市黄沙古渡国家湿地公园出现了8只身形优美的黑鹳，它们在河滩悠闲觅食，吸引了众多观鸟爱好者。据了解，这是银川湿地首次观测到国家一级保护动物黑鹳集群[⑤]。

● 新疆

新疆维吾尔自治区仍有黑鹳分布。

《中国鸟类志》指出，黑鹳在塔里木河流域、天山山地、阿尔泰山地、准噶尔盆地和东部盆地繁殖（赵正阶，2001）。

《额敏县志》称当地禽类有40余种，其中被国家列为一、二级保护动物的有"黑鹳"等多种（额敏县地方志编纂委员会，2000），说明额敏县还有黑鹳分布。

《阜康县志》在"鸟纲"中还记载有"黑鹳"等多种鸟类（阜康市党史地方志编纂委员会，2001），反映今阜康市还有黑鹳栖息。

据报道，位于吐鲁番市南的艾丁湖，仍有黑鹳等珍稀动物的栖息（冯晓华等，2007）。

据2005年7～10月野外调查卡拉麦里山（卡拉麦里山省级自然保护区：阜康市、吉木萨尔县、奇台县、福海县、富蕴县、青河县），还有黑鹳与普氏野马（2001年放归物种）、蒙古野驴、北山羊、金雕、白肩雕、玉带海雕、胡兀鹫、大鸨、波斑鸨、雕鸮、黑颈鹤等12种国家一类（一级）保护动物（岳建兵，2006）。

据报道，乌鲁木齐市与乌鲁木齐县目前有各类野生陆栖脊椎动物约212种。河流、湖沼动物群分布在本市的河流、湖泊等水域，代表种类有黑鹳与灰雁、绿头鸭等[⑥]。

巩留县东部的天山西部林区野生动物资源也很丰富，有陆栖脊椎动物21目52科146种，其中两栖纲3种，爬行纲7种，鸟纲101种，哺乳纲35种。其中国家一级保护动物有黑鹳、金雕、白肩雕等5种[⑦]。

乌苏市现有鸟类黑鹳、环颈雉、原鸽、百灵类等[⑧]。

据2015年3月报道，岳普湖县阿其克乡13村村民一大早到自家地里劳动，发现地外荒滩水塘边有一只受了伤却叫不上名的大鸟。经鉴定该大鸟学名为"黑鹳"，属国家一级野生保护动物[⑨]。

---

①曹志政. 150多只黑鹳回迁尕海湿地. http://www. shidi. org/sf_102B4BBE12FA47A0BF933EFF6CE9521D_151

②子午岭. http://baike. baidu. com/view/359112. htm

③西宁市. http://baike. baidu. com/link? url=uWToGJc3-KspYGZqbU3FsR2l2hUCVxSfVP7YeajpwrD2bX6guE3vGOJmWRPPV4E3IN0dEkTGy1FvtRJJJzpIwItDe8vCA91s9WgXmjWmvRN2P6RbJTaboO9qk_yQJ3e5#9_3

④沙湖. http://baike. baidu. com/link? url=w0IFYDd3MOdz_H20OO-F-RugX76JQ7OhqN1mjcOJtwyWiDkmW43McICwLJYTEESm913vpl4gdCQGPfh39NCWwLsK2bOrjRecFaRIstuZRbS

⑤银川湿地首次观测到黑鹳集群. http://black-stork. forestry. gov. cn/html/info/23277. html

⑥乌鲁木齐市. http://www. baike. com/wiki/乌鲁木齐市

⑦巩留县. http://baike. baidu. com/link? url=NG8BEfC64rEx60MoMd01wUnRD7yj4iWdtocjlIYnoaMl1yp1WcH1m8WmJM0YmCrK；西天山国家级自然保护区. http://baike. baidu. com/link? url=5D_iTeqMPHEbN0vomegh0m6OMoBnTlR0dCnHP1TD-l7r0-0nXN6zdG1Ggo--IR2HRHq8RZeLMbkxTllnyhQVAK

⑧乌苏. http://baike. baidu. com/link? url=g85KFya_T82zU1bSaIQ4PDXXylPjArEKquWmtzZPB51rQV6MR72zMf3wfgAQ5afkEWRRNr5big0lYaLWTAq7SK

⑨任丽瑛，朱浩才. 新疆岳普湖村民救助"鸟中熊猫"：黑鹳. http://www. xj. xinhuanet. com/2015-03/31/c_1114827158. htm

7.2.7 分布有黑鹳的保护区

现今分布在各级自然保护区的黑鹳（图 4.62、表 4.15）既反映它们依然存在，也说明它们能够得到较好的保护。从已知的保护区情况看：

- 栖息有黑鹳的保护区总数达到 143 个（较东方白鹳多 9 个），约超过全国保护区总数的 5%。
- 保护区涉及国家、省、市、县 4 级，主管部门分别有林业、水利、环保、海洋等。
- 栖息有黑鹳的保护区的总面积超过 10.95 万 km^2，约超过全国保护区面积总数的 7%。
- 保护区在六大地区皆有，按地区统计比较，以华北居首（47 个），西北其次（27 个），中南再次（25 个），这与黑鹳的分布大势基本相符。
- 台湾的 4 个保护区，有利于保护黑鹳在最南的越冬地。
- 栖息有黑鹳的保护区的数量在省级政区中，达到或超过 10 个的是：以内蒙古自治区为首（有 17 个），山西省与河南省其次（皆 12 个），河北省与陕西省再次（皆 11 个），黑龙江省第四（有 10 个），基本上覆盖了黑鹳的主要繁殖地与越冬地。
- 仅有 1 个保护区的省级政区有上海市、福建省、山东省、广东省、重庆市、贵州省、青海省，还有的省级政区没有保护区。
- 保护区的级别情况，以国家级居首（约占 48%），省级其次（约占 44%）。
- 保护区的主管部门情况，以林业占绝对优势，约占 79%。

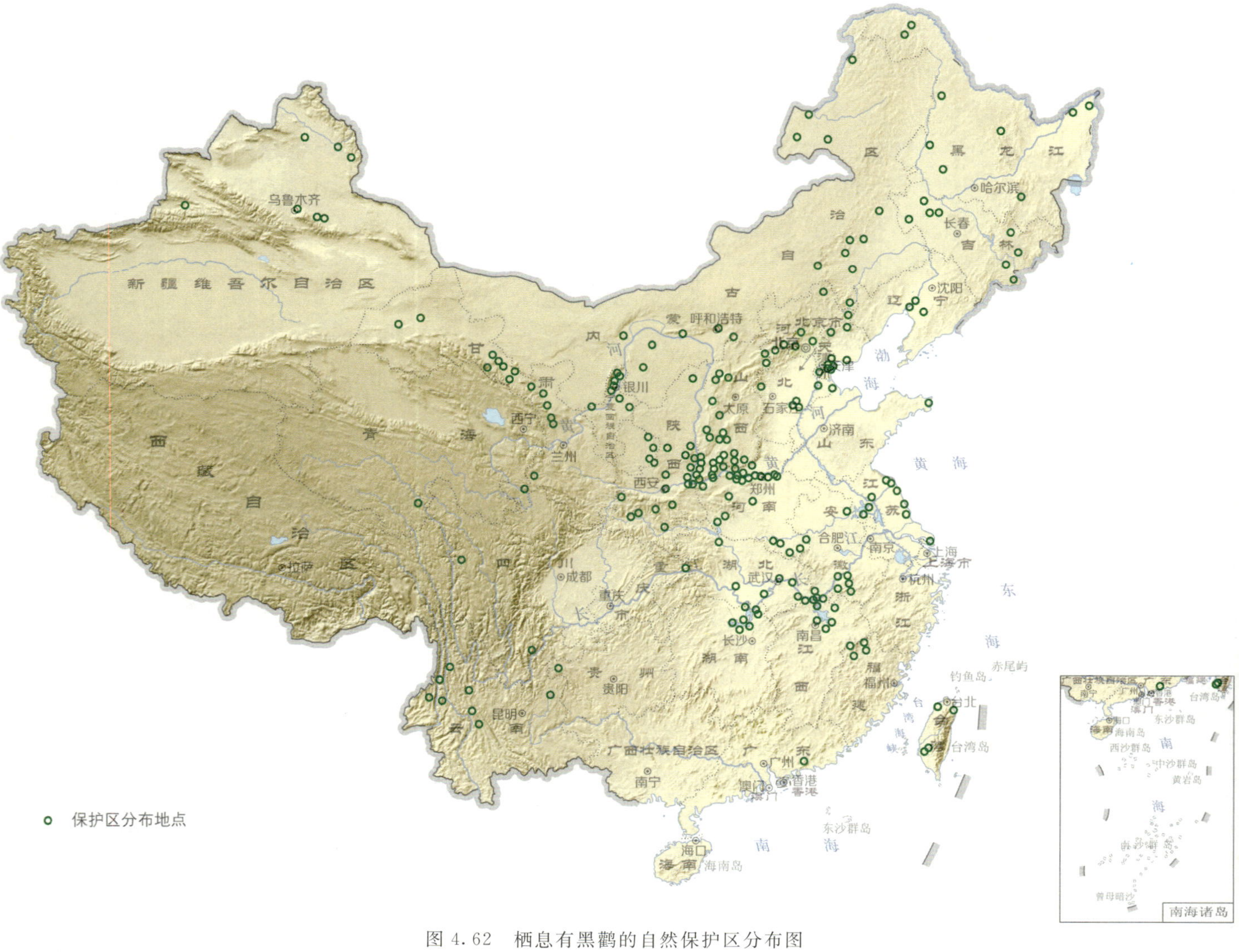

图 4.62 栖息有黑鹳的自然保护区分布图

表 4.15 栖息有黑鹳的自然保护区概况

地区	省级政区	保护区名称	所处地点	面积（hm^2）	级别	建立时间	主管部门	备注
华北	北京	百花山	门头沟区	21 743	国家级	19850401	林业	
		北京松山	延庆县	4 660	国家级	19860709	林业	
		野鸭湖	延庆县	8 700	省级	20001201	林业	
		汉石桥湿地	顺义区	1 615	省级	20050404	林业	
	天津	古海岸与湿地	汉沽区、塘沽区、大港区、东丽区、津南区、宁河县	35 913	国家级	19841201	海洋	
		团泊洼鸟类	静海县	6 040	省级	19950622	林业	静海县有“团泊镇”“团泊洼”“团泊湖”等地名；综合有关情况，自然保护区疑似用“团泊洼”为宜
		北大港湿地	大港区	34 887	省级	19990824	环保	
	河北	小五台山	蔚县、涿鹿县	21 833	国家级	19831101	林业	
		围场红松洼	围场满族蒙古族自治县	7 970	国家级	19940815	农业	
		南大港湿地	沧州市	13 380	省级	19950301	林业	
		衡水湖	桃城区、冀州市、枣强县	18 787	国家级	20000701	林业	
		驼梁	平山县	21 312	国家级	20010331	林业	
		塞罕坝	围场满族蒙古族自治县	20 030	国家级	20010801	林业	
		滦河上游	围场满族蒙古族自治县	50 637	国家级	20020626	林业	
		唐海湿地鸟类	唐海县	11 064	省级	20030401	林业	
		辽河源	平泉县	45 225	省级	20030701	林业	
		千鹤山	宽城满族自治县	14 038	省级	20030801	环保	
		海兴湿地和鸟类	海兴县	16 800	省级	20051101	林业	
		六里坪	兴隆县	16 088	省级	20071127	林业	
	山西	庞泉沟	交城县、方山县	10 466	国家级	19801201	林业	
		芦芽山	宁武县、岢岚县、五寨县	21 453	国家级	19801218	林业	
		历山	垣曲县、沁水县、翼城县、阳城县	24 800	国家级	19831226	林业	
		阳城莽河猕猴	阳城县	5 600	国家级	19831226	林业	
		运城湿地	永济市、河津市、万荣县、临猗县、芮城县、平陆县、夏县、垣曲县	86 861	省级	19930120	林业	
		五鹿山	蒲县、隰县	20 617	国家级	19930120	林业	
		灵空山	古县、霍州市	1 334	省级	19930120	林业	《名录》称在沁源县
		灵丘黑鹳	灵丘县	134 667	省级	20020620	林业	
		泽州猕猴	泽州县	93 775	省级	20020620	林业	
		涑水河源头	绛县、闻喜县、翼城县、垣曲县	23 144	省级	20020620	林业	
		霍山	霍州市、古县、洪洞县	17 852	省级	20020620	林业	
		壶流河湿地	广灵县	12 918	省级	20071228	林业	

（续表）

地区	省级政区	保护区名称	所处地点	面积（hm^2）	级别	建立时间	主管部门	备注
	内蒙古	达赉湖	新巴尔虎右旗、满洲里市、新巴尔虎左旗	740 000	国家级	19860710	林业	
		白音敖包	克什克腾旗	13 862	国家级	19791004	林业	
		科尔沁	科尔沁右翼中旗	126 987	国家级	19850209	环保	
		达里诺尔	克什克腾旗	119 413	国家级	19870908	环保	
		哈腾套海	磴口县	123 600	国家级	19950101	林业	
		黑里河	宁城县	27 638	国家级	19961229	林业	
		赛罕乌拉	巴林右旗	100 400	国家级	19970401	林业	有误作“巴林左旗”者
		乌兰坝—石棚沟	巴林左旗	120 000	省级	19971101	林业	
		额尔古纳	额尔古纳市	124 527	国家级	19980101	林业	
		阿鲁科尔沁	阿鲁科尔沁旗	106 284	国家级	19980201	环保	
		石人湾	呼和浩特市	3 000	县级	19991001	环保	
		松树山	翁牛特旗	78 400	市级	19990401	林业	
		岱海湖泊湿地	凉城县	12 970	省级	19990701	环保	
		潢源	克什克腾旗	45 438	省级	20000102	环保	
		南海子湿地	包头市	1 664	省级	20011201	其他	
		杭锦淖尔	杭锦旗	85 750	省级	20030101	林业	
		都斯图河	鄂托克旗	38 004	省级	20031101	林业	
东北	辽宁	双台河口	盘锦市	128 000	国家级	19850909	林业	
		大麦科	台安县	7 190	省级	20020801	林业	
		三岔河	海城市	5 400	县级	20041201	林业	
	吉林	吉林长白山	安图县、抚松县、长白朝鲜族自治县	196 465	国家级	19600401	林业	
		向海	通榆县	105 467	国家级	19810309	林业	
		查干湖	前郭尔罗斯蒙古族自治县、大安市、乾安县	50 684	国家级	19860802	水利	前郭县只是主体
		雁鸣湖	敦化市	53 940	国家级	19911120	林业	
		鸭绿江上游	长白朝鲜族自治县	20 306	国家级	19961001	水利	
	黑龙江	洪河	抚远县、同江市	21 835	国家级	19880111	环保	
		三江	抚远县、同江市	198 089	国家级	19940919	林业	
		碧水中华秋沙鸭	伊春市	2 535	省级	19970711	林业	
		海林莲花湖	海林市	190 000	省级	19971226	其他	
		南瓮河	大兴安岭地区	229 523	国家级	19991215	林业	
		龙凤湿地	大庆市	5 050	省级	20030313	其他	
		红星湿地	伊春市	111 995	国家级	20040913	林业	
		黑龙江双河	塔河县	88 849	国家级	20050316	林业	
		乌裕尔河	富裕县	55 423	省级	20060301	林业	
		中央站黑嘴松鸡	嫩江县	46 743	省级	20061226	林业	

（续表）

地区	省级政区	保护区名称	所处地点	面积（hm^2）	级别	建立时间	主管部门	备注
华东	上海	崇明东滩鸟类	崇明县	24 155	国家级	19981116	林业	
	江苏	盐城湿地珍禽	东台市、大丰市、射阳县、滨海县、响水县	284 179	国家级	19830225	环保	
		洪泽湖东部湿地	洪泽县、淮安市、盱眙县	54 000	省级	20041124	林业	
	安徽	牯牛降	祁门县、石台县	6 713	国家级	19821028	林业	《名录》称“古牛绛”
		升金湖	东至县、贵池区	33 400	国家级	19860204	林业	
		十八索	贵池区	7 500	省级	20010401	林业	
		沱湖	五河县	4 200	省级	19940701	环保	
		安庆沿江湿地	安庆市	120 000	省级	19951202	林业	
	福建	福建武夷山	武夷山市、建阳市、光泽县、邵武市	56 527	国家级	19790703	林业	
	江西	庐山	九江市	30 452	省级	19810306	林业	
		江西鄱阳湖	新建县、进贤县、九江市、瑞昌市、九江县、星子县、湖口县、余干县、鄱阳县	22 400	国家级	19830600	林业	成立于1983年6月；原名“鄱阳湖候鸟”，现已有扩大
		鄱阳湖南矶湿地	新建县	33 300	国家级	19970106	林业	
		赛城湖候鸟	九江县	4 500	县级	20001120	林业	
	山东	荣成大天鹅	荣成市	1 675	国家级	19920530	林业	
	台湾	四草	台南市	51 505	市级	19941130		
		兰阳溪口水鸟	宜兰县	206	县级	19960916		
		滨海	新竹市	1 600	市级	20010608		
		曾文溪口北岸黑面琵鹭	台南县	300	市级	20021015		一作“634 hm^2”
中南	河南	宝天曼	内乡县	5 413	国家级	19800430	林业	
		小秦岭	灵宝市	15 160	国家级	19820624	林业	
		鸡公山	信阳市	2 917	国家级	19820624	林业	
		龙池曼	嵩县	7 573		1982		虽称“国家级”，却是省政府批准，疑有误
		开封柳园口	开封市、开封县	16 148	省级	19940609	林业	
		河南黄河湿地	巩义市、湖滨区、洛阳市、偃师市、孟津县、新安县、焦作市、孟州市、济源市	68 000	国家级	19950818	林业	
		丹江湿地	淅川县	64 027	国家级	20010810	林业	
		湍河湿地	内乡县	4 547	省级	20010810	林业	
		信阳天目山	信阳市	6 750	省级	20011205	林业	
		信阳黄缘闭壳龟	新县、商城县、信阳市、罗山县、固始县	109 930	省级	20040226	水利	2004年文件称：省农业厅为主管部门
		郑州黄河湿地	郑州市、巩义市、荥阳市、中牟县	36 574	省级	20041119	林业	
		白龟山湿地	平顶山市	6 600	省级	20071120	林业	

（续表）

地区	省级政区	保护区名称	所处地点	面积（hm²）	级别	建立时间	主管部门	备　注
	湖北	龙感湖	黄梅县	22 322	国家级	19880101	林业	
		沉湖湿地	武汉市	11 579	省级	19940101	林业	
		洪湖湿地	洪湖市	37 088	省级	19960101	林业	
		梁子湖湿地	鄂州市	37 946	省级	20010101	林业	
		长湖湿地	荆州市	8 470	市级	20020101	林业	
		南河	谷城县	14 834	省级	20030928	林业	
		网湖湿地	阳新县	20 495	省级	20040313	林业	
		上涉湖湿地	武汉市	4 149	市级	20060101	林业	
	湖南	东洞庭湖	岳阳市、华容县、岳阳县	190 000	国家级	19841101	林业	
		南洞庭湖湿地	沅江市、益阳市	168 000	省级	19910701	林业	
		西洞庭	汉寿县	35 680	省级	19970101	林业	
		横岭湖	湘阴县	43 000	省级	20010301	林业	
	广东	莲花山白盆珠	惠东县	4 127	省级	19991201	林业	
西南	重庆	五里坡	巫山县	35 277	省级	20000901	林业	
	四川	察青松多白唇鹿	白玉县	143 683	国家级	19950101	林业	
		布拖乐安	布拖县	22 751	市级	20030101	林业	
	贵州	威宁草海	威宁彝族回族苗族自治县	12 000	国家级	19850101	林业	
	云南	云岭	兰坪白族普米族自治县	75 894	省级	19980101	林业	
		高黎贡山	隆阳区、腾冲县、泸水县	405 200	国家级	19830101	林业	《名录》中“行政区域”似误
		无量山	景东彝族自治县、南涧彝族自治县、大理市	30 938	国家级	19860320	林业	
		海峰	沾益县	26 610	省级	20010401	林业	
西北	陕西	汉中朱鹮	洋县、城固县	37 549	国家级	19830101	林业	
		牛背梁	柞水县、西安市、宁陕县	16 418	国家级	19880509	林业	
		红碱淖	神木县	21 700	县级	19960101	环保	
		合阳黄河湿地	合阳县、韩城市、大荔县、华阴市、潼关县	57 348	省级	19960201	林业	
		陕西子午岭	富县	40 621	国家级	19990101	林业	
		延安黄龙山褐马鸡	黄龙县、宜川县	81 753	国家级	20010825	林业	
		瀛湖湿地	汉滨区	19 800	省级	20020101	林业	
		紫柏山	凤县	17 472	国家级	20030101	林业	原称“屋梁山”，2012年升国家级并更名
		韩城黄龙山褐马鸡	韩城市	60 439	省级	20031021	林业	
		铜川香山	铜川市	14 196	省级	20040101	林业	
		柴松	富县	17 640	省级	20040101	林业	

（续表）

地区	省级政区	保护区名称	所处地点	面积（hm^2）	级别	建立时间	主管部门	备　注
	甘肃	尕海—则岔	碌曲县	27 416	省级	20050202	农业	
		甘肃祁连山	凉州区、天祝藏族自治县、古浪县、永昌县、甘州区、山丹县、民乐县、肃南裕固族自治县	230 000	国家级	19870101	林业	原称“武威市、张掖市、酒泉市”有误
		安西极旱荒漠	瓜州县	800 000	国家级	19870602	环保	原称“安西县”
		张掖黑河湿地	高台县、甘州区、临泽县	41 165	国家级	19921210	环保	
		敦煌西湖	敦煌市	660 000	国家级	19921214	林业	
		黄河首曲湿地候鸟	玛曲县	37 500	省级	19951123	林业	
		连城	永登县	47 930	国家级	20010401	林业	
		合水子午岭	华池县、合水县、正宁县、宁县	242 106	省级	20050202	林业	
	青海	隆宝	玉树县	10 000	国家级	19860709	林业	
	宁夏	宁夏贺兰山	银川市、永宁县、贺兰县、石嘴山市	193 536	国家级	19820701	林业	
		沙坡头	沙坡头区	14 043	国家级	19840901	环保	
		灵武白芨滩	灵武市	74 843	国家级	19850101	林业	
		沙湖	平罗县	5 580	省级	19970101	农业	
		哈巴湖	盐池县	84 000	国家级	19980701	林业	
	新疆	卡拉麦里山	阜康市、吉木萨尔县、奇台县、福海县、富蕴县、青河县	1 423 558	省级	19820408	林业	
		西天山	巩留县	31 217	国家级	19831002	林业	

注：①本表参考多方面信息综合而成，个别误差进行更正。②本表主要据全国自然保护区名录. http://sts. mep. gov. cn/zrbhq/zrbhq/201208/t20120824_235172. htm；简称《手册》。③台湾地区实际称“野生动物保护区”。④另参考百花山国家级自然保护区. http://baike. baidu. com/view/1294479. htm? fromId＝246927；北京松山国家级自然保护区. http://www. songshan. org. cn/index. php? id＝151；北京野鸭湖湿地自然保护区. http://jingguan. yuanlin. com/marsh/2010-5-31/11804. html；汉石桥湿地自然保护区考察报告. http://wenku. baidu. com/view/08bea4ef5ef7ba0d4a733b28. html；王祖凌. 世界珍稀濒危鸟类黑鹳. http://www. tianjinwe. com/tianjin/bh/lx/201211/t20121121_147768. html；团泊洼鸟类湿地自然保护区与天津湿地. http://tjleshuixing. blog. sohu. com/63881406. html；团泊风景区. http://baike. baidu. com/view/859423. htm；天津市环境保护科学研究院. 2003. 天津市北大港湿地自然保护区总体规划. http://www. docin. com/p-458104745. html；红松洼国家自然保护区. http://www. tourunion. com/spot/jd/2243. htm；南大港湿地自然保护区. http://baike. baidu. com/view/2920089. htm；衡水湖国家级自然保护区. http://baike. baidu. com/view/1094925. htm? fromId＝533014；驼梁自然保护区. http://baike. baidu. com/view/5664683. htm；塞罕坝国家级自然保护区. http://baike. baidu. com/view/3155517. htm；滦河上游国家级自然保护区. http://baike. baidu. com/link? url＝Skkw4RrQj3wSorgXVX8rE0RYtH7je29jM4Zj-iB8bQPVZGzep；唐海湿地和鸟类自然保护区. http://www. baike. com/wiki/%E5%94%90%E6%B5%B7%E6%B9%BF%E5%9C%B0%E5%92%8C%E9%B8%9F%E7%B1%BB%E4%BF%9D%E6%8A%A4%E5%8C%BA；辽河源自然保护区成为野生动物的家园. http://www. heb. chinanews. com/5/2011-06-22/124230. shtml；千鹤山：河北省鸟类自然保护区. http://blog. sina. com. cn/s/blog_518e0b450100b6io. html；海兴湿地（鸟类自然保护区）. http://www. haixingdj. gov. cn/Article/ShowArticle. asp? ArticleID＝899；河北在承德市兴隆建立第二个猕猴保护区. http://www. aptchina. com/news/81022/；山西庞泉沟国家级自然保护区. http://baike. baidu. com/view/746921. htm? fromId＝138438；芦芽山国家级自然保护区. http://www. china. com. cn/aboutchina/zhuanti/ysdw/2008-12/04/content_16897927. htm；芦芽山国家级自然保护区. http://www. china. com. cn/aboutchina/zhuanti/ysdw/2008-12/04/content_16897927. htm；山西历山国家级自然保护区. http://www. nre. cn/htm/04/bhq/2004-12-17-14462. htm；山西历山国家级自然保护区. http://baike. baidu. com/view/481816. htm? fromId＝248775；山西阳城莽河猕猴自然保护区. http://baike. baidu. com/

view/391601. htm? fromId = 472724；运城湿地自然保护区. http://baike. baidu. com/link? url = KV57C8tcvOYTydcu-
nd68p427NO5iYzKhvaG7Z3LxTLKAAS2zYCdyfaXR-kIcFoK；赵天梁，2005；五鹿山自然保护区. http://www. shanxigov. cn/
n16/n8319541/n8319672/n8325142/8353772. html；李润强等，2012；泽州猕猴自然保护区发现国家一级保护动物黑鹳. http://
www. jcnews. com. cn/Html/ly_sxy/2008-7/15/10161215. html；山西涑水河源头首拍金钱豹母豹携两幼仔现丛林. http://www.
chinanews. com/gn/2011/03-03/2881390. shtml；山西省霍山自然保护区. http://www. lfhb. gov. cn/main/News. asp? NewsID=
15850；达赉湖国家级自然保护区. http://baike. baidu. com/view/825991. htm? fromId=746861；呼伦湖. http://baike. baidu.
com/link? url=YhCSohRn30tT7f7nd2YokmphmLMdXisH9BAdG8YMcd60d2hukUnXU287q_MFqg7L；白音敖包国家级自然保
护区. http://baike. baidu. com/view/478703. htm? fromId=246966；科尔沁右翼中旗. http://baike. baidu. com/view/418800.
htm；达里诺尔自然保护区. http://baike. baidu. com/view/74463. htm? fromId=248382；哈腾套海国家级自然保护区. http://
baike. baidu. com/view/1429348. htm；黑里河自然保护区. http://baike. baidu. com/view/211369. htm；赛罕乌拉国家级自然保护
区. http://baike. baidu. com/view/1865667. htm? fromId=110207；赛罕乌拉国家级自然保护区简介. http://baike. baidu. com/
view/1865667. htm? fromId=110207；乌兰坝一石棚沟自治区级森林自然保护区生态环境一派和谐. http://www. northnews.
cn/2012/0611/814884. shtml；额尔古纳国家级自然保护区. http://baike. baidu. com/view/1429347. htm? subLemmaId=
1429347&fromenter=%B6%EE%B6%FB%B9%C5%C4%C9%D7%D4%C8%BB%B1%A3%BB%A4%C7%F8；阿鲁科尔沁
草原自然保护区. http://baike. baidu. com/view/1429349. htm；松树山自然保护区. http://www. wqly. gov. cn/html/gylc/42. ht-
ml；凉城县岱海湖泊湿地自然保护区. http://www. nmgepb. gov. cn/ywgl/stbh/zrbhqml/wlcb/201310/t20131024_1435613. ht-
ml；内蒙古克什克腾旗潢源自然保护区. http://www. cfhb. gov. cn/hjgl/zrst/zrbhq/201310/t20131023_1435445. html；包头市自
然保护区简介. http://www. baotou-epb. gov. cn/news/shownews. asp? document_id=157；杭锦淖尔保护区. http://www.
baike. com/wiki/%E6%9D%AD%E9%94%A6%E6%B7%96%E5%B0%94%E4%BF%9D%E6%8A%A4%E5%8C%BA；杭
锦淖尔自然保护区成候鸟乐园. http://hb. cctv. com/20091130/101657. shtml；鄂尔多斯市自然保护区基本情况. http://www.
ordosly. gov. cn/zsdw/ysdzw/zrbhq/；双台河口国家级自然保护区. http://baike. baidu. com/view/473485. htm；大麦科湿地. http://
news. sina. com. cn/c/2006-06-07/08299141655s. shtml；吉林长白山国家级自然保护区. http://baike. baidu. com/view/90326.
htm；向海国家级自然保护区. http://baike. baidu. com/view/481640. htm? fromId=56447；查干湖国家级自然保护区. http://
baike. baidu. com/view/1310535. htm? fromId=246478；雁鸣湖国家级自然保护区. http://baike. baidu. com/view/4064671. htm；
鸭绿江上游国家级自然保护区. http://baike. baidu. com/view/871347. htm? subLemmaId=871347&fromenter=%D1%BC%
C2%CC%BD%AD%C9%CF%D3%CE%D7%D4%C8%BB%B1%A3%BB%A4%C7%F8；黑龙江洪河国家级自然保护区.
http://baike. baidu. com/view/146456. htm? fromId=246973；三江国家级自然保护区. http://baike. baidu. com/view/5484380.
htm? fromId=110203；碧水中华秋沙鸭自然保护区. http://www. 53kz. com/server. asp? adid=35194；海林莲花湖保护区. ht-
tp://www. baike. com/wiki/%E6%B5%B7%E6%9E%97%E8%8E%B2%E8%8A%B1%E6%B9%96%E4%BF%9D%E6%
8A%A4%E5%8C%BA；南瓮河国家级自然保护区. http://www. zwbk. org/MyLemmaShow. aspx? lid=117548；黄守华，2010；
红星湿地自然保护区. http://baike. baidu. com/view/2516370. htm；双河国家级自然保护区. http://baike. baidu. com/view/
3155645. htm；乌裕尔河国家级自然保护区. http://baike. baidu. com/view/10274345. htm；黑龙江中央站黑嘴松鸡自然保护区.
http://baike. baidu. com/view/9108462. htm；上海崇明东滩鸟类国家级自然保护区·鸟类的天堂. http://www. dongtan. cn/
sites/dongtan/baohuqu. aspx? ctgId=b7c758d2-8f23-4bda-a8c0-c0bd4c3765f0；江苏盐城国家级珍禽自然保护区. http://www.
shidi. org/sf_01EC08C282C54A49819970D2DE7E0047_151_column. html；王荣等. 带你探访洪泽湖东部湿地自然保护区看洪泽湖
大堤飞鸟. http://jsnews. jschina. com. cn/system/2012/04/28/013240088. shtml；安徽省自然保护区简介. http://www. ahly.
gov. cn/main/model/newinfo/newinfo. do? infoId = 14166；福建武夷山国家级自然保护区. http://baike. baidu. com/view/
391621. htm；庐山自然保护区. http://baike. baidu. com/view/118116. htm；鄱阳湖国家级自然保护区简介. http://www. poyang-
lake. org/articleDetail. aspx? id=1；南昌大美南矶山. http://www. jxnews. com. cn/jxrb/system/2013/04/19/012378698. shtml；
赛城湖候鸟保护区. http://www. jxlushan. com/Article/jingdian/sixian/201206/20120616175100_1444. shtml；荣成大天鹅国家级
自然保护区. http://baike. baidu. com/view/3154416. htm；台南市四草野生动物保护区. http://baike. baidu. com/link? url=
BOe6nzxYbklZqH1t0ymf0I5iU-RXXWCJNDiTSDfssUgIc_xUIW39lW0Ee_hOmtZNjbiS8GST3nJk0qSlWMMX6q；兰阳溪口水鸟
保护区. http://baike. baidu. com/link? url = fr7_GffoJSpU1IbvZZXsoYEwfC73eTcBsDvvwsLErgw3FVcq4xgifNXSbmZTQS
rolyXVymOs0AKvlWBDp3JItK；新竹市滨海野生动物保护区. http://baike. baidu. com/link? url=6maYfle6lVODLRMgpXSUo-
MTnc3Zir_LtWd3z8eTwwOBPBzvKn15HGT4QDDSekTmKClV5ENciNHPhTMKWmS_Za；台南县曾文溪口北岸黑面琵鹭野生
动物保护区. http://baike. baidu. com/link? url=u-QmdeCMFzqrjzs8_BHPgjR_szgAD1zb0cC1Vz6GsOzQYUpOlFd9cRggLA4
NiE3EG4Xm0GNLcF2G8euhW5gIYa；七股黑面琵鹭保护区. http://zh. wikipedia. org/wiki/黑面琵鷺生態保護區；宝天曼国家级
自然保护区. http://baike. baidu. com/view/481830. htm? fromId=114594；小秦岭国家级自然保护区. http://baike. baidu. com/

view/1301428. htm? fromId＝825961；河南鸡公山国家级自然保护区. http://www. zwbk. org/MyLemmaShow. aspx? lid＝114589；龙池曼国家自然保护区. http://baike. baidu. com/view/1308259. htm? fr＝aladdin；自然保护区和湿地. http://www. hnly. gov. cn/portal/zrbh/zrbhq/webinfo/2012/01/1325925618391824. htm；河南黄河湿地国家级自然保护区. http://baike. baidu. com/view/2198500. htm；丹江湿地国家级自然保护区. http://baike. soso. com/v11020991. htm；丹江湿地保护区. http://www. baike. com/wiki/%E4%B8%B9%E6%B1%9F%E6%B9%BF%E5%9C%B0%E4%BF%9D%E6%8A%A4%E5%8C%BA；淄河湿地省级自然保护区. http://www. forestry. gov. cn/portal/main/s/144/content-82439. html；河南省林业厅. http://www. hnly. gov. cn/portal/zrbh/zrbhq/webinfo/2003/07/1256616634366592. htm；信阳黄缘闭壳龟省级自然保护区批准建立. http://www. cnki. com. cn/Article/CJFDTotal-HNSC200403027. htm；信阳黄缘闭壳龟省级自然保护区. http://www. hnep. gov. cn/tabid/324/InfoID/4379/frtid/161/Default. aspx；郑州黄河湿地自然保护区. http://baike. baidu. com/view/901271. htm；河南林业自然保护区：平顶山白龟山湿地省级自然保护区. http://www. doc88. com/p-950282993658. html；龙感湖. http://baike. baidu. com/view/1246296. htm；沉湖湿地自然保护区. http://baike. baidu. com/view/8911163. htm；洪湖省级湿地自然保护区. http://baike. baidu. com/view/5861175. htm；梁子湖湿地自然保护区. http://baike. baidu. com/view/8911050. htm；荆州市长湖湿地自然保护区概况. http://lyj. cnchu. com/viewnews-133；南河湿地自然保护区. http://baike. baidu. com/view/4178635. htm；网湖湿地自然保护区. http://baike. baidu. com/view/8913454. htm；白涛等，2008；湖南东洞庭湖自然保护区. http://zh. wikipedia. org/wiki/%E4%B8%9C%E6%B4%9E%E5%BA%AD%E6%B9%96；东洞庭湖自然保护区. http://www. yyx. gov. cn/Item/7133. aspx；东洞庭湖. http://baike. baidu. com/view/4600621. htm；南洞庭湖自然保护区. http://baike. baidu. com/view/5860380. htm；西洞庭湖自然保护区. http://baike. baidu. com/view/540970. htm；横岭湖自然保护区. http://baike. baidu. com/view/8700630. htm；惠东莲花山白盆珠省级自然保护区. http://www. baike. com/wiki/%E6%83%A0%E4%B8%9C%E8%8E%B2%E8%8A%B1%E5%B1%B1%E7%99%BD%E7%9B%86%E7%8F%A0%E7%9C%81%E7%BA%A7%E8%87%AA%E7%84%B6%E4%BF%9D%E6%8A%A4%E5%8C%BA；看看巫山五里坡自然保护区的野生动物照片. http://cq. qq. com/a/20120213/000130. htm；察青松多白唇鹿自然保护区. http://baike. baidu. com/view/2263738. htm；布拖县. http://baike. baidu. com/view/377769. htm；威宁草海越冬候鸟逾 4 万只. http://travel. gog. com. cn/system/2012/11/26/011776459. shtml；崔茂欢，2011；高黎贡山. http://www. glgs. gov. cn/zrzy. asp? sortid＝013002；无量山国家级自然保护区. http://baike. baidu. com/view/1429931. htm? fromId＝248391；云南曲靖沾益海峰自然保护区. http://www. ynjoy. com/html/1317. htm；汉中朱鹮国家级自然保护区. http://www. zwbk. org/MyLemmaShow. aspx? lid＝115670＃3；牛背梁国家级自然保护区. http://baike. baidu. com/view/825933. htm? subLemmaId＝825933&fromenter＝%C5%A3%B1%B3%C1%BA%D7%D4%C8%BB%B1%A3%BB%A4%C7%F8；陕西省林业勘察设计院. 2006. 陕西红碱淖湿地省级自然保护区建设可行性研究报告. http://www. docin. com/p-316695330. html? bsh_platform＝renren&uid＝390394；合阳黄河湿地自然保护区位于陕西省合阳县. http://wenku. baidu. com/view/bc515ed4360cba1aa811da24. html；李宏群等，2009；陕西安康瀛湖湿地省级自然保护区简介. http://hb. hanbin. gov. cn/Article/Show. asp? id＝1445；陕西省新增 3 个国家级自然保护区. http://travel. hsw. cn/system/2012/02/01/051228125. shtml；宝鸡市紫柏山自然保护区晋升国家级. http://www. bjslyj. gov. cn/URL. aspx? DID＝2941986e-4cfa-4544-9c98-3d4fa7a45875；陕西韩城黄龙山褐马鸡省级自然保护区. http://www. wnlyw. gov. cn/news_read. asp? id＝1177；甘肃尕海一则岔国家级自然保护区简介. http://www. ghzczrbhq. com/second. asp? classid＝46&classidx＝86；甘肃祁连山自然保护区. http://www. qilianshan. com. cn/client/qlsbhq/html/6/20/22/24. html；安西极荒漠国家级自然保护区. http://www. gsjhhm. com/show. aspx? id＝70&cid＝22；张掖黑河湿地国家级自然保护区概况. http://wenku. baidu. com/view/073d4419a8114431b90dd830. html；敦煌西湖自然保护区. http://www. baike. com/wiki/%E6%95%A6%E7%85%8C%E8%A5%BF%E6%B9%96%E8%87%AA%E7%84%B6%E4%BF%9D%E6%8A%A4%E5%8C%BA；黄河首曲玛曲在行动. http://www. gansudaily. com. cn/20051023/462/2005A23A0043C003. htm；连城国家级自然保护区. http://baike. baidu. com/view/1429880. htm? subLemmaId＝1429880&fromenter＝%C1%AC%B3%C7%D7%D4%C8%BB%B1%A3%BB%A4%C7%F8；子午岭国家级自然保护区. http://baike. baidu. com/view/3157711. htm；隆宝国家级自然保护区. http://baike. baidu. com/view/824182. htm? subLemmaId＝824182&fromenter＝%C2%A1%B1%A6%D7%D4%C8%BB%B1%A3%BB%A4%C7%F8；贺兰山国家级自然保护区. http://baike. baidu. com/view/6235142. htm? subLemmaId＝6326342&fromenter＝%C4%FE%CF%C4%BA%D8%C0%BC%C9%BD%D7%D4%C8%BB%B1%A3%BB%A4%C7%F8；沙坡头国家级自然保护区. http://baike. baidu. com/view/824185. htm? fromId＝246940；灵武白芨滩国家级自然保护区. http://baike. baidu. com/view/1429868. htm? fromId＝473500；沙湖. http://baike. baidu. com/link? url＝w0IFYDd3MOdz_H20OO-F-RugX76JQ7OhqN1mjcOJtwyWiDkmW48McICwLJYTEESm918vpl4gdCQGPfh39NCWwLsK2bOrjRecFaRIstuZRbS；哈巴湖国家级自然保护区. http://baike. baidu. com/view/1429855. htm? subLemmaId＝1429855&fromenter＝%B9%FE%B0%CD%BA%FE%D7%D4%C8%BB%B1%A3%BB%A4%C7%F8；岳建兵，2006；西天山国家级自然保护区. http://baike. baidu. com/view/1429331. htm? fr＝aladdin

7.3 黑鹳20世纪以来分布变迁大势

20世纪以来，黑鹳在我国的分布变迁（图4.63、表4.16）状况显示：

● 省级政区中除澳门外，皆有确实的黑鹳分布记录。

● 黑鹳的分布地略呈现北方与西部数量多而密集，向南、向东则数量少而稀疏的趋势。

● 可确定有黑鹳的县级及其以上分布地总数约775个（不包括重复）。

● 黑鹳的分布地数量，按地区排序为：西北（185个），华北（169个），华东（150个），中南（108个），西南（108个），东北（76个）。

● 黑鹳的县级及其以上分布地绝对数量，按省级政区排序为：新疆维吾尔自治区（77个），山西省（62个），河南省（58个），陕西省（49个），甘肃省（46个），内蒙古自治区（45个），云南省（44个）。

● 黑鹳的县级及其以上分布地相对数量，按省级政区排序为：新疆维吾尔自治区（87%），甘肃省（58%），宁夏回族自治区（56%），内蒙古自治区与陕西省（皆53%），辽宁省（50%）。

● 到20世纪后半叶变化较大的省级政区是：山东省（减少20个地方），河南省（减少13个地方），河北省（减少9个地方），辽宁省与福建省（皆减少8个地方）。

20世纪后半叶以来，变化较大的省级政区是：新疆维吾尔自治区（减少66个地方），云南省（减少31个地方），山西省（减少30个地方），四川省（减少25个地方），甘肃省（减少24个地方），内蒙古自治区（减少22个地方），河北省与浙江省（皆减少20个地方）。现今，西藏自治区尚未见有黑鹳飞临的新报道。

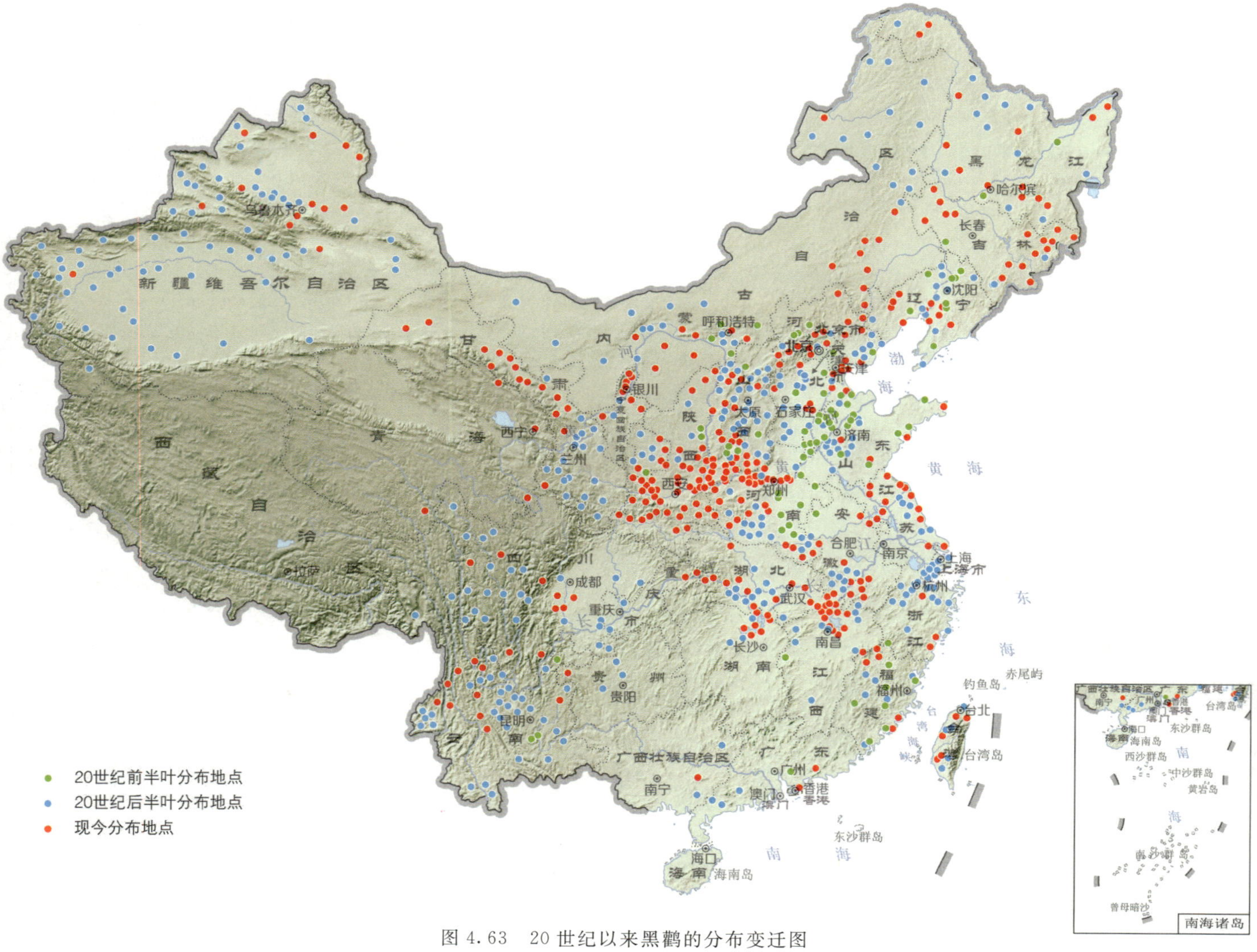

图4.63 20世纪以来黑鹳的分布变迁图

表 4.16 20世纪以来黑鹳的分布变迁概况

地区	省级政区	20世纪前半叶分布地点	20世纪后半叶分布地点	现今分布地点
华北	北京	海淀区、门头沟区、房山区、顺义区、怀柔区、延庆县、密云县	海淀区、门头沟区、房山区、顺义区、怀柔区、延庆县、密云县	门头沟区、房山区、顺义区、怀柔区、延庆县
	天津	河东区、塘沽区、汉沽区、大港区、东丽区、津南区、宁河县、静海县	河东区、塘沽区、汉沽区、大港区、东丽区、津南区、宁河县、静海县	河东区、塘沽区、汉沽区、大港区、东丽区、津南区、宁河县、静海县
	河北	灵寿县、赞皇县、无极县、平山县、宣化县、蔚县、阳原县、涿鹿县、赤城县、承德市、兴隆县、平泉县、宽城满族自治县、围场满族蒙古族自治县、秦皇岛市、昌黎县、卢龙县、青龙满族自治县、唐山市、滦县、滦南县、唐海县、香河县、文安县、保定市、定州市、安国市、满城县、清苑县、易县、阜平县、沧州市、泊头市、青县、海兴县、盐山县、桃城区、冀州市、枣强县、沙河市、宁晋县、临西县、邯郸市、磁县、馆陶县	灵寿县、赞皇县、平山县、蔚县、阳原县、涿鹿县、承德市、兴隆县、平泉县、宽城满族自治县、围场满族蒙古族自治县、秦皇岛市、卢龙县、青龙满族自治县、唐山市、滦县、滦南县、唐海县、保定市、定州市、安国市、满城县、清苑县、易县、阜平县、沧州市、青县、海兴县、桃城区、冀州市、枣强县、沙河市、宁晋县、临西县、邯郸市、磁县	平山县、蔚县、涿鹿县、承德市、兴隆县、平泉县、宽城满族自治县、围场满族蒙古族自治县、唐海县、易县、沧州市、海兴县、桃城区、冀州市、枣强县、磁县
	山西	太原市、清徐县、娄烦县、广灵县、灵丘县、朔州市、盂县、襄垣县、平顺县、沁源县、城区、高平市、泽州县、沁水县、阳城县、陵川县、忻府区、原平市、定襄县、五台县、代县、繁峙县、宁武县、静乐县、神池县、五寨县、岢岚县、河曲县、保德县、偏关县、介休市、榆社县、和顺县、太谷县、平遥县、灵石县、尧都区、霍州市、曲沃县、翼城县、襄汾县、洪洞县、古县、安泽县、浮山县、蒲县、隰县、永济市、河津市、芮城县、临猗县、万荣县、闻喜县、夏县、绛县、平陆县、垣曲县、离石区、中阳县、兴县、方山县、交城县	太原市、清徐县、娄烦县、广灵县、灵丘县、盂县、平顺县、沁源县、城区、高平市、泽州县、沁水县、阳城县、陵川县、忻府区、原平市、定襄县、五台县、代县、繁峙县、宁武县、静乐县、神池县、五寨县、岢岚县、河曲县、保德县、偏关县、介休市、榆社县、和顺县、太谷县、平遥县、灵石县、霍州市、曲沃县、翼城县、洪洞县、古县、安泽县、蒲县、隰县、永济市、河津市、芮城县、临猗县、万荣县、闻喜县、夏县、绛县、平陆县、垣曲县、离石区、中阳县、兴县、方山县、交城县	广灵县、灵丘县、泽州县、沁水县、阳城县、定襄县、宁武县、五寨县、岢岚县、霍州市、翼城县、洪洞县、古县、蒲县、隰县、永济市、河津市、芮城县、临猗县、万荣县、闻喜县、夏县、绛县、平陆县、垣曲县、方山县、交城县
	内蒙古	呼和浩特市、托克托县、武川县、和林格尔县、清水河县、土默特左旗、包头市、土默特右旗、达尔罕茂明安联合旗、乌海市、赤峰市、宁城县、阿鲁科尔沁旗、巴林左旗、巴林右旗、克什克腾旗、翁牛特旗、满洲里市、牙克石市、根河市、额尔古纳市、阿荣旗、新巴尔虎右旗、新巴尔虎左旗、鄂伦春自治旗、鄂温克族自治旗、东胜区、鄂托克旗、杭锦旗、集宁区、凉城县、临河区、五原县、磴口县、乌拉特前旗、乌拉特中旗、乌拉特后旗、杭锦后旗、乌兰浩特市、阿尔山市、突泉县、科尔沁右翼前旗、科尔沁右翼中旗、扎赉特旗、阿拉善左旗、阿拉善右旗、额济纳旗	呼和浩特市、托克托县、和林格尔县、土默特左旗、包头市、达尔罕茂明安联合旗、乌海市、赤峰市、宁城县、阿鲁科尔沁旗、巴林左旗、巴林右旗、克什克腾旗、翁牛特旗、满洲里市、牙克石市、根河市、额尔古纳市、阿荣旗、新巴尔虎右旗、新巴尔虎左旗、鄂伦春自治旗、鄂温克族自治旗、东胜区、鄂托克旗、杭锦旗、凉城县、临河区、五原县、磴口县、乌拉特前旗、乌拉特中旗、乌拉特后旗、杭锦后旗、乌兰浩特市、阿尔山市、突泉县、科尔沁右翼前旗、科尔沁右翼中旗、扎赉特旗、阿拉善左旗、阿拉善右旗、额济纳旗	呼和浩特市、包头市、赤峰市、宁城县、阿鲁科尔沁旗、巴林左旗、巴林右旗、克什克腾旗、翁牛特旗、满洲里市、额尔古纳市、阿荣旗、新巴尔虎右旗、新巴尔虎左旗、东胜区、鄂托克旗、杭锦旗、凉城县、磴口县、乌拉特前旗、科尔沁右翼中旗

（续表）

地区	省级政区	20世纪前半叶分布地点	20世纪后半叶分布地点	现今分布地点
东北	辽宁	沈阳市、新民市、辽中县、康平县、法库县、朝阳市、北票市、凌源市、朝阳县、彰武县、铁岭市、开原市、铁岭县、清原满族自治县、辽阳市、辽阳县、鞍山市、海城市、台安县、岫岩满族自治县、大连市、普兰店市、营口市、盖州市、盘锦市、大洼县、盘山县、凌海市、葫芦岛市	沈阳市、新民市、辽中县、康平县、法库县、朝阳市、北票市、凌源市、朝阳县、清原满族自治县、鞍山市、海城市、台安县、岫岩满族自治县、大连市、营口市、盖州市、盘锦市、大洼县、盘山县、葫芦岛市	朝阳市、北票市、朝阳县、鞍山市、海城市、台安县、岫岩满族自治县、营口市、盘锦市、葫芦岛市
	吉林	大安市、镇赉县、通榆县、乾安县、前郭尔罗斯蒙古族自治县、双辽市、通化市、通化县、白山市、抚松县、靖宇县、长白朝鲜族自治县、延吉市、图们市、敦化市、珲春市、龙井市、和龙市、汪清县、安图县	大安市、镇赉县、通榆县、乾安县、前郭尔罗斯蒙古族自治县、通化市、通化县、白山市、抚松县、靖宇县、长白朝鲜族自治县、延吉市、图们市、敦化市、珲春市、龙井市、和龙市、汪清县、安图县	大安市、镇赉县、通榆县、乾安县、前郭尔罗斯蒙古族自治县、白山市、抚松县、靖宇县、长白朝鲜族自治县、延吉市、图们市、敦化市、珲春市、和龙市、汪清县、安图县
	黑龙江	哈尔滨市、双城市、尚志市、五常市、延寿县、富裕县、爱辉区、北安市、五大连池市、嫩江县、逊克县、孙吴县、大庆市、杜尔伯特蒙古族自治县、伊春市、铁力市、嘉荫县、同江市、桦川县、抚远县、密山市、牡丹江市、海林市、宁安市、大兴安岭地区、塔河县、漠河县	哈尔滨市、尚志市、五常市、延寿县、富裕县、爱辉区、北安市、五大连池市、嫩江县、逊克县、孙吴县、大庆市、杜尔伯特蒙古族自治县、伊春市、铁力市、嘉荫县、同江市、抚远县、密山市、牡丹江市、海林市、宁安市、大兴安岭地区、塔河县、漠河县	哈尔滨市、尚志市、延寿县、富裕县、嫩江县、大庆市、伊春市、同江市、抚远县、牡丹江市、海林市、大兴安岭地区、塔河县
华东	上海	浦东新区、松江区、崇明县	浦东新区、松江区、崇明县	崇明县
	江苏	新沂市、连云港市、宿迁市、淮安市、盱眙县、洪泽县、盐城市、东台市、大丰市、射阳县、阜宁县、滨海县、响水县、建湖县、兴化市、通州市、如皋市、常熟市	新沂市、连云港市、宿迁市、淮安市、盱眙县、洪泽县、盐城市、东台市、大丰市、射阳县、阜宁县、滨海县、响水县、建湖县、兴化市、通州市、如皋市、常熟市	新沂市、连云港市、宿迁市、淮安市、盱眙县、洪泽县、东台市、大丰市、射阳县、滨海县、响水县、常熟市
	浙江	杭州市、临安市、富阳市、建德市、桐庐县、淳安县、嘉兴市、平湖市、海宁市、桐乡市、嘉善县、海盐县、宁海县、越城区、诸暨市、上虞市、嵊州市、绍兴县、新昌县、玉环县、温州市、平阳县、松阳县	杭州市、临安市、富阳市、建德市、桐庐县、淳安县、嘉兴市、平湖市、海宁市、桐乡市、嘉善县、海盐县、宁海县、越城区、诸暨市、上虞市、嵊州市、绍兴县、新昌县、玉环县、温州市、平阳县、松阳县	诸暨市、温州市、平阳县
	安徽	太和县、五河县、明光市、安庆市、桐城市、怀宁县、枞阳县、潜山县、太湖县、宿松县、望江县、岳西县、祁门县、舒城县、贵池区、东至县、石台县、青阳县	五河县、明光市、安庆市、桐城市、怀宁县、枞阳县、潜山县、太湖县、宿松县、望江县、岳西县、祁门县、舒城县、贵池区、东至县、石台县、青阳县	五河县、明光市、安庆市、宿松县、祁门县、舒城县、贵池区、东至县、石台县、青阳县
	福建	连江县、罗源县、邵武市、武夷山市、建瓯市、建阳市、浦城县、光泽县、永安市、尤溪县、沙县、将乐县、泉州市、永春县、德化县、金门县、厦门市、云霄县、诏安县、连城县	罗源县、邵武市、武夷山市、建阳市、光泽县、永安市、沙县、将乐县、泉州市、德化县、金门县、诏安县	邵武市、武夷山市、建阳市、光泽县、泉州市、金门县

（续表）

地区	省级政区	20世纪前半叶分布地点	20世纪后半叶分布地点	现今分布地点
	江西	南昌市、南昌县、新建县、安义县、进贤县、九江市、瑞昌市、九江县、永修县、德安县、星子县、都昌县、湖口县、景德镇市、乐平市、浮梁县、萍乡市、章贡区、余干县、鄱阳县、资溪县、万载县	南昌市、南昌县、新建县、安义县、进贤县、九江市、瑞昌市、九江县、永修县、德安县、星子县、都昌县、湖口县、景德镇市、乐平市、浮梁县、章贡区、余干县、鄱阳县、资溪县、万载县	南昌县、新建县、进贤县、九江市、瑞昌市、九江县、永修县、德安县、星子县、都昌县、湖口县、余干县、鄱阳县
	山东	章丘市、平阴县、阳谷县、莘县、东阿县、高唐县、乐陵市、禹城市、陵县、平原县、夏津县、武城县、齐河县、临邑县、淄博市、桓台县、高青县、烟台市、荣成市、青岛市、胶州市、即墨市、临沂市、曲阜市、鱼台县、汶上县、泗水县、泰安市、新泰市、肥城市、宁阳县、东平县、莱芜市、阳信县、无棣县、邹平县	平阴县、高唐县、乐陵市、淄博市、桓台县、荣成市、青岛市、鱼台县、汶上县、泗水县、泰安市、新泰市、肥城市、宁阳县、东平县、莱芜市	荣成市、青岛市、泰安市
	台湾	台北市、高雄市、台南市、台中市、台北县、高雄县、台南县、台中县、新竹县、宜兰县、彰化县	台北市、高雄市、台南市、台中市、台北县、高雄县、台南县、台中县、新竹县、宜兰县、彰化县	台南市、台南县、新竹县、宜兰县、彰化县
中南	河南	郑州市、荥阳市、巩义市、中牟县、湖滨区、灵宝市、卢氏县、洛阳市、偃师市、孟津县、新安县、嵩县、洛宁县、焦作市、孟州市、温县、长垣县、南乐县、范县、濮阳县、开封市、开封县、兰考县、商丘市、魏都区、长葛市、许昌县、平顶山市、叶县、鲁山县、南阳市、邓州市、南召县、方城县、西峡县、镇平县、内乡县、淅川县、社旗县、唐河县、新野县、桐柏县、信阳市、息县、淮滨县、潢川县、光山县、固始县、商城县、罗山县、新县、淮阳县、确山县、西平县、汝南县、正阳县、济源市	郑州市、荥阳市、巩义市、中牟县、湖滨区、灵宝市、卢氏县、洛阳市、偃师市、孟津县、新安县、嵩县、洛宁县、焦作市、孟州市、温县、长垣县、开封市、开封县、平顶山市、叶县、鲁山县、南阳市、邓州市、南召县、方城县、西峡县、镇平县、内乡县、淅川县、社旗县、唐河县、新野县、桐柏县、信阳市、息县、淮滨县、潢川县、光山县、固始县、商城县、罗山县、新县、济源市	郑州市、荥阳市、巩义市、中牟县、湖滨区、灵宝市、卢氏县、洛阳市、偃师市、孟津县、新安县、嵩县、焦作市、孟州市、开封市、开封县、平顶山市、叶县、南召县、内乡县、淅川县、信阳市、固始县、商城县、罗山县、新县、济源市
	湖北	武汉市、谷城县、钟祥市、黄梅县、鄂州市、阳新县、通城县、荆州市、石首市、洪湖市、松滋市、江陵县、公安县、监利县、宜昌市、枝江市、宜都市、当阳市、秭归县、仙桃市、天门市、潜江市、巴东县	武汉市、谷城县、钟祥市、黄梅县、鄂州市、阳新县、通城县、荆州市、石首市、洪湖市、松滋市、江陵县、公安县、监利县、宜昌市、枝江市、宜都市、当阳市、秭归县、仙桃市、天门市、潜江市、巴东县	武汉市、谷城县、黄梅县、鄂州市、阳新县、荆州市、石首市、洪湖市、宜昌市、当阳市、秭归县、巴东县
	湖南	汉寿县、益阳市、沅江市、南县、桃江县、安化县、岳阳市、岳阳县、华容县、湘阴县	汉寿县、益阳市、沅江市、南县、桃江县、安化县、岳阳市、岳阳县、华容县、湘阴县	汉寿县、益阳市、沅江市、岳阳市、岳阳县、华容县、湘阴县
	广东	惠东县、东莞市、阳春市、茂名市、化州市	惠东县、阳春市、茂名市、化州市	惠东县
	广西	兴业县、博白县、昭平县	兴业县、博白县、昭平县	兴业县
	香港	香港	香港	香港

（续表）

地区	省级政区	20世纪前半叶分布地点	20世纪后半叶分布地点	现今分布地点
西南	重庆	北碚区、巫山县、奉节县	北碚区、巫山县、奉节县	巫山县、奉节县
	四川	崇州市、南充市、乐山市、峨眉山市、沐川县、泸州市、泸县、合江县、叙永县、古蔺县、大竹县、仁寿县、丹棱县、宝兴县、康定县、泸定县、丹巴县、九龙县、雅江县、道孚县、炉霍县、甘孜县、新龙县、德格县、白玉县、石渠县、色达县、理塘县、巴塘县、乡城县、稻城县、得荣县、盐源县、布拖县	崇州市、南充市、乐山市、峨眉山市、沐川县、泸州市、泸县、合江县、叙永县、古蔺县、大竹县、仁寿县、丹棱县、宝兴县、康定县、泸定县、丹巴县、九龙县、雅江县、道孚县、炉霍县、甘孜县、新龙县、德格县、白玉县、石渠县、色达县、理塘县、巴塘县、乡城县、稻城县、得荣县、盐源县、布拖县	乐山市、峨眉山市、仁寿县、丹棱县、宝兴县、炉霍县、白玉县、盐源县、布拖县
	贵州	修文县、普定县、金沙县、威宁彝族回族苗族自治县	修文县、普定县、金沙县、威宁彝族回族苗族自治县	威宁彝族回族苗族自治县
	云南	富民县、宜良县、宣威市、沾益县、通海县、华宁县、隆阳区、腾冲县、昭阳区、巧家县、古城区、永胜县、华坪县、玉龙纳西族自治县、宁蒗彝族自治县、景东彝族自治县、潞西市、瑞丽市、梁河县、盈江县、陇川县、泸水县、兰坪白族普米族自治县、大理市、洱源县、鹤庆县、南涧彝族自治县、楚雄市、双柏县、牟定县、南华县、姚安县、大姚县、永仁县、元谋县、武定县、禄丰县、蒙自县、泸西县、红河县、丘北县、景洪市、勐海县、勐腊县	富民县、宜良县、宣威市、沾益县、隆阳区、腾冲县、巧家县、古城区、永胜县、华坪县、玉龙纳西族自治县、宁蒗彝族自治县、景东彝族自治县、潞西市、瑞丽市、梁河县、盈江县、陇川县、泸水县、兰坪白族普米族自治县、大理市、洱源县、鹤庆县、南涧彝族自治县、楚雄市、双柏县、牟定县、南华县、姚安县、大姚县、永仁县、元谋县、武定县、禄丰县、蒙自县、泸西县、红河县、丘北县、景洪市、勐海县、勐腊县	沾益县、隆阳区、腾冲县、古城区、玉龙纳西族自治县、景东彝族自治县、泸水县、兰坪白族普米族自治县、大理市、南涧彝族自治县
	西藏	芒康县、察隅县	芒康县、察隅县	
西北	陕西	西安市、周至县、宝塔区、延长县、延川县、富县、宜川县、黄龙县、黄陵县、铜川市、宜君县、临渭区、华阴市、韩城市、华县、潼关县、大荔县、白水县、合阳县、三原县、宝鸡市、凤翔县、岐山县、扶风县、眉县、陇县、千阳县、麟游县、凤县、太白县、城固县、洋县、勉县、略阳县、佛坪县、榆阳区、神木县、府谷县、横山县、吴堡县、汉滨区、宁陕县、旬阳县、商州区、丹凤县、商南县、山阳县、镇安县、柞水县	西安市、周至县、宝塔区、富县、宜川县、黄龙县、黄陵县、铜川市、宜君县、临渭区、华阴市、韩城市、华县、潼关县、大荔县、白水县、合阳县、三原县、宝鸡市、凤翔县、岐山县、扶风县、眉县、陇县、千阳县、麟游县、凤县、太白县、城固县、洋县、勉县、略阳县、佛坪县、榆阳区、神木县、府谷县、横山县、吴堡县、汉滨区、宁陕县、旬阳县、商州区、丹凤县、商南县、山阳县、镇安县、柞水县	西安市、周至县、富县、宜川县、黄龙县、铜川市、宜君县、临渭区、华阴市、韩城市、潼关县、大荔县、白水县、合阳县、三原县、眉县、千阳县、城固县、洋县、神木县、汉滨区、宁陕县、旬阳县、丹凤县、商南县、柞水县
	甘肃	兰州市、永登县、皋兰县、榆中县、金川区、永昌县、白银市、靖远县、会宁县、景泰县、武山县、凉州区、古浪县、天祝藏族自治县、肃州区、敦煌市、瓜州县、甘州区、民乐县、临泽县、高台县、山丹县、肃南裕固族自治县、西峰区、庆城县、环县、华池县、合水县、正宁县、宁县、镇原县、崆峒区、灵台县、崇信县、武都区、宕昌县、西和县、和政县、合作市、临潭县、卓尼县、舟曲县、迭部县、玛曲县、碌曲县、夏河县	兰州市、永登县、皋兰县、榆中县、金川区、永昌县、白银市、靖远县、会宁县、景泰县、武山县、凉州区、古浪县、天祝藏族自治县、肃州区、敦煌市、瓜州县、甘州区、民乐县、临泽县、高台县、山丹县、肃南裕固族自治县、西峰区、庆城县、环县、华池县、合水县、正宁县、宁县、镇原县、崆峒区、崇信县、武都区、宕昌县、西和县、和政县、合作市、临潭县、卓尼县、舟曲县、迭部县、玛曲县、碌曲县、夏河县	永登县、永昌县、凉州区、古浪县、天祝藏族自治县、肃州区、敦煌市、瓜州县、甘州区、民乐县、临泽县、高台县、山丹县、肃南裕固族自治县、华池县、合水县、正宁县、宁县、崇信县、玛曲县、碌曲县

（续表）

地区	省级政区	20 世纪前半叶分布地点	20 世纪后半叶分布地点	现今分布地点
	青海	西宁市、祁连县、玉树县	西宁市、祁连县、玉树县	西宁市、祁连县、玉树县
	宁夏	银川市、灵武市、永宁县、贺兰县、石嘴山市、平罗县、青铜峡市、盐池县、沙坡头区、中宁县	银川市、灵武市、永宁县、贺兰县、石嘴山市、平罗县、青铜峡市、盐池县、沙坡头区、中宁县	银川市、灵武市、永宁县、贺兰县、石嘴山市、平罗县、盐池县、沙坡头区
	新疆	乌鲁木齐市、乌鲁木齐县、克拉玛依市、石河子市、图木舒克市、五家渠市、喀什市、疏勒县、英吉沙县、莎车县、叶城县、麦盖提县、岳普湖县、伽师县、巴楚县、塔什库尔干塔吉克自治县、阿克苏市、温宿县、库车县、沙雅县、新和县、拜城县、乌什县、阿瓦提县、和田市、和田县、墨玉县、皮山县、洛浦县、于田县、民丰县、吐鲁番市、托克逊县、哈密市、伊吾县、巴里坤哈萨克自治县、阿图什市、阿克陶县、阿合奇县、乌恰县、博乐市、精河县、昌吉市、阜康市、呼图壁县、玛纳斯县、奇台县、吉木萨尔县、木垒哈萨克自治县、库尔勒市、轮台县、尉犁县、若羌县、且末县、和静县、和硕县、博湖县、焉耆回族自治县、伊宁市、奎屯市、伊宁县、霍城县、巩留县、新源县、昭苏县、特克斯县、尼勒克县、塔城市、乌苏市、额敏县、沙湾县、托里县、布尔津县、富蕴县、福海县、哈巴河县、青河县	乌鲁木齐市、乌鲁木齐县、克拉玛依市、石河子市、图木舒克市、五家渠市、喀什市、疏勒县、英吉沙县、莎车县、叶城县、麦盖提县、岳普湖县、伽师县、巴楚县、塔什库尔干塔吉克自治县、阿克苏市、温宿县、库车县、沙雅县、新和县、拜城县、乌什县、阿瓦提县、和田市、和田县、墨玉县、皮山县、洛浦县、于田县、民丰县、吐鲁番市、托克逊县、哈密市、伊吾县、巴里坤哈萨克自治县、阿图什市、阿克陶县、阿合奇县、乌恰县、博乐市、精河县、昌吉市、阜康市、呼图壁县、玛纳斯县、奇台县、吉木萨尔县、木垒哈萨克自治县、库尔勒市、轮台县、尉犁县、若羌县、且末县、和静县、和硕县、博湖县、焉耆回族自治县、伊宁市、奎屯市、伊宁县、霍城县、巩留县、新源县、昭苏县、特克斯县、尼勒克县、塔城市、乌苏市、额敏县、沙湾县、托里县、布尔津县、富蕴县、福海县、哈巴河县、青河县	乌鲁木齐市、乌鲁木齐县、岳普湖县、吐鲁番市、阜康市、奇台县、吉木萨尔县、巩留县、乌苏市、额敏县、富蕴县、福海县、青河县

8 鹳属的分布变迁概况

以省级政区为单位概括我国历史时期鹳属的分布变迁（表 4.17），可以看到：

● 20 世纪前，我国鹳属在各省级政区皆有分布。

● 澳门曾有“鹳”记录，但在 17 世纪初以来未再见有，亦即说明较早就已绝迹。

● 3 种鹳在北部皆有分布，尤其是白鹳，仅基本上在北部与西部有记录；浙江省 1930 年代唯一的白鹳记录，说明其乃迷鸟。

● 3 种鹳中，白鹳的分布显著稀少，且在保护区中尚未发现其踪迹，更值得注重该物种。

● 虽东方白鹳与黑鹳的大体分布旗鼓相当，但仔细察看，黑鹳无论是在整体分布数量、现存数量，还是拥有保护区数量等方面皆略胜一筹。

表 4.17　　我国鹳属的分布变迁概况

地区	省级政区	20世纪前	东方白鹳				白鹳				黑鹳			
			20世纪前半叶	20世纪后半叶	现今	保护区	20世纪前半叶	20世纪后半叶	现今	保护区	20世纪前半叶	20世纪后半叶	现今	保护区
华北	北京	★	★	★	★	★					★	★	★	★
	天津	★	★	★	★	★					★	★	★	★
	河北	★	★	★	★	★					★	★	★	★
	山西	★	★	★							★	★	★	★
	内蒙古	★	★	★	★	★	★	★	★		★	★	★	★
东北	辽宁	★	★	★	★	★					★	★	★	★
	吉林	★	★	★	★	★					★	★	★	★
	黑龙江	★	★	★	★	★					★	★	★	★
华东	上海	★	★	★	★	★					★	★	★	★
	江苏	★	★	★	★	★					★	★	★	★
	浙江	★	★	★	★		★				★	★	★	
	安徽	★	★	★	★	★					★	★	★	★
	福建	★	★	★	★						★	★	★	★
	江西	★	★	★	★	★					★	★	★	★
	山东	★	★	★	★	★					★	★	★	★
	台湾	★	★	★	★	★					★	★	★	★
中南	河南	★	★	★	★	★					★	★	★	★
	湖北	★	★	★	★	★					★	★	★	★
	湖南	★	★	★	★	★					★	★	★	★
	广东	★	★	★	★	★					★	★	★	★
	广西	★	★	★							★	★	★	
	海南	★	★	★	★						★	★		
	香港	★	★	★	★	★					★	★	★	
	澳门	★												
西南	重庆	★	★	★							★	★	★	★
	四川	★	★	★	★	★					★	★	★	★
	贵州	★	★	★	★	★					★	★	★	★
	云南	★	★	★	★						★	★	★	★
	西藏	★					★	★	★		★	★		
西北	陕西	★	★	★	★	★					★	★	★	★
	甘肃	★	★	★	★	★					★	★	★	★
	青海	★	★								★	★	★	★
	宁夏	★									★	★	★	★
	新疆	★					★	★	★		★	★	★	★

参考文献

阿坝县地方志编纂委员会编.1993.阿坝县志.北京:民族出版社

阿拉善盟志编纂委员会编.1998.阿拉善盟志.北京:方志出版社

安徽省林业厅主编.2006.安徽省陆生野生动植物资源.合肥:合肥工业大学出版社

安庆地区地方志编纂委员会编.1995.安庆地区志.合肥:黄山书社

安庆市地方志编纂委员会编.1997.安庆市志.北京:方志出版社

安泽县志编纂委员会编.1997.安泽县志.太原:山西古籍出版社

《巴林右旗志》编纂委员会编.1990.巴林右旗志.呼和浩特:内蒙古人民出版社

巴彦淖尔盟志编纂委员会编.1997.巴彦淖尔盟志.呼和浩特:内蒙古人民出版社

白涛等.2008.武汉上涉湖湿地自然保护区生物资源现状及评价.林业调查规划,33(6)

白银市地方志编纂委员会编.1999.白银市志.北京:中华书局

包尚友.2012.白鹳来仪张家村.农产品市场周刊(2):46~47

宝鸡市地方志编纂委员会编.1998.宝鸡市志.西安:三秦出版社

《宝鸡县志》编纂委员会编.1996.宝鸡县志.西安:陕西人民出版社

保定市地方志编纂委员会编.1999.保定市志.北京:方志出版社

北川县志编纂委员会编纂.1996.北川县志.北京:方志出版社

北京市海淀区志编纂委员会编.1999.北京市海淀区志.北京:北京出版社

博爱县志编纂委员会总编辑室编著;李英芳主编.1994.博爱县志.北京:中国国际广播出版社

博白县志编纂委员会编.1994.博白县志.南宁:广西人民出版社

蔡其侃.1987.北京鸟类志.北京:北京出版社

长垣县地方史志编纂委员会编.1991.长垣县志.郑州:中州古籍出版社

陈保平.2000.池州地区生态旅游发展初探.池州师专学报,14(3):34~35,41

陈承彦.1991.大群东方白鹳在香港越冬.大自然(2):16~17

陈兼善著;于名振增订.1986.台湾脊椎动物志.2次增订.台北:台湾商务印书馆

成英友.1990.陕西发现珍稀保护鸟类白鹳.野生动物(5):47

城固县地方志编纂委员会编.1994.城固县志.北京:中国大百科全书出版社

赤峰市地方志编纂委员会编.1996.赤峰市志.呼和浩特:内蒙古人民出版社

楚雄彝族自治州地方志编纂委员会编.1993.楚雄彝族自治州志.北京:人民出版社

磁县地方志编纂委员会编.2000.磁县志.北京:新华出版社

崔茂欢.2011.兰坪云岭省级自然保护区森林生态旅游资源评价.林业调查规划,36(1):93~98

崔乃夫主编.2002.中华人民共和国地名大词典.北京:商务印书馆:6340

丹东市地方志办公室编.1993.丹东市志.沈阳:辽宁科学技术出版社

宕昌县县志编纂委员会编.1995.宕昌县志.兰州:甘肃文化出版社

德安县地方志编纂委员会编.1991.德安县志.上海:上海古籍出版社

德宏傣族景颇族自治州志编纂委员会编.1994.德宏州志:综合卷.德宏:德宏民族出版社

德化县地方志编纂委员会编.1992.德化县志.北京:新华出版社

丁伟志[总]主编,海城市情调查组.1995.中国国情丛书:百县市经济社会调查:海城卷.北京:中国大百科全书出版社

丁伟志[总]主编,洪湖县情调查组.1994.中国国情丛书:百县市经济社会调查:洪湖卷.北京:中国大百科全书出版社

丁伟志[总]主编,景德镇市情调查组.1996b.中国国情丛书:百县市经济社会调查:景德镇卷.北京:中国大百科全书出版社

丁伟志[总]主编,马鞍山市情调查组.1996a.中国国情丛书:百县市经济社会调查:马鞍山卷.北京:中国大百科全书出版社

丁伟志[总]主编,商州市情调查组.1993.中国国情丛书:百县市经济社会调查:商州卷.北京:中国大百科全书

出版社
丁伟志[总]主编，营口市情调查组.1992.中国国情丛书：百县市经济社会调查：营口卷.北京：中国大百科全书出版社
定州市地方志编纂委员会编.1998.定州市志.北京：中国城市出版社
东阳市地方志编纂委员会编.1993.东阳市志.上海：汉语大词典出版社
董亚峰.2014.晋中市野生动物现状及对策浅析.山西林业科技，43(4)：58，封4
杜尔伯特蒙古族自治县地方志编纂委员会编.1996.杜尔伯特蒙古族自治县志.哈尔滨：黑龙江人民出版社
敦煌市志编纂委员会编.1994.敦煌市志.北京：新华出版社
《峨眉山志》编纂委员会编纂.1997.峨眉山志.成都：四川科学技术出版社
额尔古纳右旗史志编纂委员会编.1993.额尔古纳右旗志.海拉尔：内蒙古文化出版社
额敏县地方志编纂委员会编.2000.额敏县志.乌鲁木齐：新疆人民出版社
鄂温克族自治旗志编纂委员会编.1996.鄂温克族自治旗志.北京：中国城市出版社
樊龙锁等.1998.山西两栖爬行类.北京：中国林业出版社
方城县地方志编纂委员会编.1992.方城县志.郑州：中州古籍出版社
方山县志编纂委员会编.1993.方山县志.太原：山西人民出版社
丰南县地方志编纂委员会编纂.1990.丰南县志.北京：新华出版社
冯晓华等.2007.艾丁湖北景区旅游环境容量预测研究.干旱区地理，30(6)：974～980
风凌飞主编.1991.内蒙古珍稀濒危动物图谱.北京：中国农业科技出版社
佛坪县地方志编纂委员会编.1993.佛坪县志.西安：三秦出版社
扶风县地方志编纂委员会编.1993.扶风县志.西安：陕西人民出版社
浮梁县地方志编纂委员会编.1998.浮梁县志.北京：方志出版社
福建省龙海县地方志编纂委员会编.1993.龙海县志.北京：东方出版社
抚远县地方志编纂委员会编.1998.抚远县志.北京：中华书局
府谷县志编纂委员会编.1994.府谷县志.西安：陕西人民出版社
阜康市党史地方志编纂委员会编.2001.阜康县志.乌鲁木齐：新疆人民出版社
阜平县地方志编纂委员会编.1999.阜平县志.北京：方志出版社
富县地方志编纂委员会编.1994.富县志.西安：陕西人民出版社
甘南藏族自治州地方史志编纂委员会编.1999.甘南州志.兰州：甘肃民族出版社
甘肃省金昌市地方志编纂委员会编纂.1995.金昌市志.北京：中国城市出版社
甘肃省庆阳地区志编纂委员会编.1998.庆阳地区志.兰州：兰州大学出版社
甘肃省张掖市志编修委员会编纂.1995.张掖市志.兰州：甘肃人民出版社
甘雨，方保华主编.2004.河南省野生动植物资源调查与保护.郑州：黄河水利出版社
甘孜州志编纂委员会编.1997.甘孜州志.成都：四川人民出版社
高台县志编纂委员会编.1993.高台县志.兰州：兰州大学出版社
高玮，盛连喜主编.2002.中国长白山动物.延吉：延边人民出版社；北京：北京科学技术出版社
高武等编著.1994.北京脊椎动物检索表.北京：北京出版社
格日乐图，吉格米德.1999.哈素海鸟类调查研究.内蒙古大学学报自然科学(汉文)版，28(2)：146～151
根河市史志编纂委员会编.1998.根河市志.海拉尔：内蒙古文化出版社
公安县志编纂委员会编.1990.公安县志.上海：汉语大词典出版社
光泽县地方志编纂委员会编.1994.光泽县志.北京：群众出版社
贵州省赫章县地方志编纂委员会编.2001.赫章县志.贵阳：贵州人民出版社
贵州省金沙县地方志编纂委员会编.1997.金沙县志.北京：方志出版社
贵州省纳雍县地方志编纂委员会编.1999.纳雍县志.贵阳：贵州人民出版社
贵州省普定县地方志编纂委员会编.1999.普定县志.贵阳：贵州人民出版社
贵州省榕江县地方志编纂委员会编.1999.榕江县志.贵阳：贵州人民出版社
贵州省施秉县地方志编纂委员会编.1997.施秉县志.北

京：方志出版社
贵州省瓮安县地方志编纂委员会编.1995.瓮安县志.贵阳：贵州人民出版社
贵州省务川仡佬族苗族自治县志编纂委员会编.2001.务川仡佬族苗族自治县志.贵阳：贵州人民出版社
贵州省修文县地方志编纂委员会编.1998.修文县志.贵阳：贵州人民出版社
桂林市地方志编纂委员会编.1997.桂林市志.北京：中华书局
郭薰风主修；石璋如等纂.1956.桃园县志.台北：成文出版社
国家林业局主编.2008.中国重点陆生野生动物资源调查.北京：中国林业出版社
哈密地区地方志编纂委员会编.1997.哈密地区志.乌鲁木齐：新疆大学出版社
《海宁市志》编纂委员会编.1995.海宁市志.上海：汉语大词典出版社
邯郸市地方志编纂委员会编纂.1992.邯郸市志.北京：新华出版社
汉阳县县志编纂委员会编.1989.汉阳县志.武汉：武汉出版社
杭州市地方志编纂委员会编.1995.杭州市志.北京：中华书局
何冰等.2013.陕西黄河湿地鸟类资源调查分析与研究.防护林科技(10)：38～42
和顺县志编纂委员会编.1993.和顺县志.北京：海潮出版社
和政县志编纂委员会.1993.和政县志.兰州：兰州大学出版社
河北省安国市地方志编纂委员会编.1996.安国县志.北京：方志出版社
河北省灵寿县地方志编纂委员会编纂.1993.灵寿县志.北京：新华出版社
河北省滦南县地方志编纂委员会编.1997.滦南县志.北京：生活·读书·新知三联书店
河北省平泉县地方志编纂委员会编.2000.平泉县志.北京：作家出版社
河北省沙河市地方志编纂委员会编.1994.沙河市志.北京：生活·读书·新知三联书店
河北省赞皇县地方志编纂委员会编.1998.赞皇县志.北京：方志出版社
河津市志编纂委员会编.2002.河津市志.太原：山西人民出版社
河津县志编纂委员会编.1989.河津县志.太原：山西人民出版社
河南省嵩县志编纂委员会编.1990.嵩县志.郑州：河南人民出版社
黑河市地方志编纂委员会编.1996.黑河地区志.北京：生活·读书·新知三联书店
衡阳市地方志编纂委员会编.1998.衡阳市志.长沙：湖南人民出版社
洪波浪等.1960.台南县志.台北：成文出版社
洪湖市地方志编纂委员会编.1992.洪湖县志.武汉：武汉大学出版社
侯连海，张子慧.2004.内蒙古包头市阿善遗址鸟类化石.地质通报，23(8)：784～789
侯连海.1989.新疆三个泉地区一中始新世鸟化石.古脊椎动物学报，27(1)：65～70
呼和浩特市地方志编修办公室编.1999.呼和浩特市志.呼和浩特：内蒙古人民出版社
湖北省监利县县志编纂委员会编纂.1994.监利县志.武汉：湖北人民出版社
湖北省蕲春县地方志编纂委员会编.1997.蕲春县志.武汉：湖北科学技术出版社
湖北省神农架林区地方志编纂委员会编.1996.神农架志.武汉：湖北科学技术出版社
湖北省枝城市地方志编纂委员会编.1990.宜都县志.武汉：湖北人民出版社
湖北省枝江县地方志编纂委员会编纂.1990.枝江县志.北京：中国城市经济社会出版社
湖南省平江县志编纂委员会编.1994.平江县志.北京：国防大学出版社
湖南省湘阴县志编纂委员会编.1995.湘阴县志.北京：生活·读书·新知三联书店
湖南省益阳地区地方志编纂委员会编纂.1997.益阳地区志.北京：新华出版社
湖南省志编纂委员会编.1987.湖南省志(修订本).长沙：湖南人民出版社
华池县志编写领导小组.1984.华池县志.兰州：甘肃人民出版社
华亭县志编纂委员会编.1996.华亭县志.兰州：甘肃人民出版社
华阴市地方志编纂委员会编.1995.华阴县志.北京：作家出版社
化州市地方志编纂委员会编.1996.化州县志.广州：广东人民出版社
淮南市地方志编纂委员会编.1998.淮南市志.合肥：黄山书社
淮阴市地方志编纂委员会编.1995.淮阴市志.上海：上海

社会科学院出版社
黄沐朋等编著.1989.辽宁动物志：鸟类.沈阳：辽宁科学技术出版社
黄守华.2010.黑龙江龙凤湿地自然保护区鸟类研究.林业科技，36(5)：57～59
黄正一等编著.1991.上海地区的国家保护动物.上海：复旦大学出版社
惠农县志编纂委员会编.1999.惠农县志.银川：宁夏人民出版社
绩溪县地方志编纂委员会编.1998.绩溪县志.合肥：黄山书社
季维智主编.1999.中国云南野生动物.北京：中国林业出版社
济南市史志编纂委员会编.1997.济南市志.北京：中华书局
《嘉兴市志》编纂委员会编.1997.嘉兴市志.北京：中国书籍出版社
贾维桢等主编.1993.兴县志.北京：中国大百科全书出版社
建湖县地方志编纂委员会编.1994.建湖县志.南京：江苏人民出版社
江山市志编纂委员会编.1990.江山市志.杭州：浙江人民出版社
江西省赣州市地方志编纂委员会编.1999.赣州市志.北京：中国文史出版社
江西省万载县志编纂委员会编纂.1988.万载县志.南昌：江西人民出版社
江西省星子县志编纂委员会编纂.1990.星子县志.南昌：江西人民出版社
将乐县地方志编纂委员会编.1998.将乐县志.北京：方志出版社
交城县志编写委员会编.1994.交城县志.太原：山西古籍出版社
蕉岭县地方志编纂委员会编.1992.蕉岭县志.广州：广东人民出版社
晋城市地方志编纂委员会编.1999.晋城市志.北京：中华书局
晋城县志编纂委员会编.1997.晋城县志.太原：山西古籍出版社
荆州地区地方志编纂委员会编纂.1996.荆州地区志.北京：方志出版社
景宁畲族自治县志编纂委员会编.1995.景宁畲族自治县志.杭州：浙江人民出版社
静海县志编修委员会编著.1995.静海县志.天津：天津社会科学院出版社
酒泉市志办公室编.1998.酒泉市志.兰州：兰州大学出版社
具诚等.1990.吉林省的东方白鹳及保护对策.野生动物(3)：9～11
科尔沁右翼前旗志编纂委员会编.1991.科尔沁右翼前旗志.呼和浩特：内蒙古人民出版社
科尔沁右翼中旗志编纂委员会编.1993.科尔沁右翼中旗志.呼和浩特：内蒙古人民出版社
克什克腾旗地方志编纂委员会编.1993.克什克腾旗志.呼和浩特：内蒙古人民出版社
宽城县志编纂委员会编.1990.宽城县志.石家庄：河北人民出版社
兰州市地方志编纂委员会，兰州市林业志编纂委员会编纂.1998.兰州市志.第二卷，地理志.兰州：兰州大学出版社
蓝山县志编纂委员会编.1995.蓝山县志.北京：中国社会出版社
郎溪县地方志编纂委员会编.1998.郎溪县志.北京：方志出版社
乐平县志编纂委员会编.1987.乐平县志.上海：上海古籍出版社
乐山市地方志编纂委员会编纂.2000.乐山市志.成都：巴蜀书社
李宝堂.2010.山西泽州自然保护区生物多样性及保护研究.科技创新导报(16)：23～24
李春燕等.2013.天津大黄堡湿地鸟类资源现状及保护对策.天津农林科技(5)：29～30
李宏群等.2009.陕西延安黄龙山褐马鸡自然保护区鸟类资源调查.四川动物，28(3)：458～461
李林等.2001.内蒙古满洲里发现欧洲白鹳.野生动物学报(4)：21
李润强，高晋红.2012.浅析山西灵空寺省级自然保护区的保护价值.山西林业(3)：32～33
李湜主编；故宫博物院编.2014.清宫鸟谱.北京：故宫出版社
李世民，赵玉龙.2005.试论凤凰山自然保护区的评价.今日科苑(9)：108
李文凡主编.1996.离石县志.太原：山西人民出版社
李晓民，朱宝光.2010.东方白鹳的建园大业.生命世界(5)：20～23
李子忠主编.2011.贵州野生动物名录.贵阳：贵州科技出版社
理县志编纂委员会编.1997.理县志.成都：四川民族出

版社
醴陵市志编纂委员会编. 1995. 醴陵市志. 长沙:湖南人民出版社
丽江地区行政公署林业局编撰. 1998. 丽江地区林业志. 昆明:云南民族出版社
丽江纳西族自治县志编纂委员会编纂,李汝明总纂. 2001. 丽江纳西族自治县志. 昆明:云南人民出版社
连南瑶族自治县地方志编纂委员会编. 1996. 连南瑶族自治县县志. 广州:广东人民出版社
连云港市地方志编纂委员会编. 2000. 连云港市志. 北京:方志出版社
廉文浩等. 2013. 延边州湿地水鸟资源调查. 吉林林业科技,42(2):25～27,46
梁崇岐主编. 1986. 新疆珍贵动物图谱. 北京:中国林业出版社
林雕. 1994. 这一年,台湾的天空很白鹳. 中华飞翔,7(8):46～48
《临河市志》编纂委员会编. 1997. 临河市志. 呼和浩特:内蒙古人民出版社
临汝县文化馆. 1981. 临汝阎村新石器时代遗址调查. 中原文物(1)
临西县地方志编纂委员会编. 1996. 临西县志. 北京:中国书籍出版社
临泽县县志编纂委员会编. 2001. 临泽县志. 兰州:甘肃人民出版社
凌源县志编纂委员会编. 1995. 凌源县志. 沈阳:辽宁古籍出版社
陵川县志编纂委员会编. 1999. 陵川县志. 北京:人民日报出版社
刘彬等. 2013. 大丰麋鹿保护区东方白鹳的繁殖行为及筑巢特征研究. 野生动物,34(5):300～303
刘伯文等. 1996. 内蒙古兴安盟图木吉地区鸟类资源的考察. 东北林业大学学报,28(6):58～66
刘先新主编. 2010. 中国长江三峡动物大全. 北京:科学出版社
刘志鹏,李晓民. 2008. 关于东方白鹳的研究进展. 国土与自然资源研究(1):77～78
卢龙县地方志编纂委员会编纂. 1994. 卢龙县志. 天津:天津人民出版社
卢向东等. 2002. 黑龙江森工林区东方白鹳生物学研究. 特产研究(4):42～44
泸州市地方志编纂委员会编. 1998. 泸州市志. 北京:方志出版社
陆健健. 1990. 中国湿地. 上海:华东师范大学出版社
栾川县地方史志编纂委员会编. 1994. 栾川县志. 北京:生活·读书·新知三联书店
滦县志编纂委员会编. 1993. 滦县志. 石家庄:河北人民出版社
略阳县志编纂委员会编. 1992. 略阳县志. 西安:陕西人民出版社
轮台县党史、县志编纂委员会编. 1991. 轮台县志. 北京:新华出版社
罗伯特·斯特林·克拉克,阿瑟·德·卡尔·索尔比著,C. H. 切普梅尔编. 史红帅译. 2010. 穿越陕甘:1908—1909年克拉克考察队华北行纪. 上海:上海科学技术文献出版社
罗源县地方志编纂委员会编. 1998. 罗源县志. 北京:方志出版社
洛宁县志编纂委员会编. 1991. 洛宁县志. 北京:生活·读书·新知三联书店
马鸣编著. 2011. 新疆鸟类分布名录. 北京:科学出版社
马鸣等. 1991. 黑鹳在塔里木河流域繁殖生态的初步观察//中国科学院新疆生物土壤研究所编辑. 新疆动物研究. 北京:科学出版社,70～76
马逸清等. 1989. 大兴安岭地区野生动物. 哈尔滨:东北林业大学出版社
茂名市地方志编纂委员会编. 1997. 茂名市志. 北京:生活·读书·新知三联书店
蒙自县志编纂委员会编. 1995. 蒙自县志. 北京:中华书局
密山县志编纂委员会编. 1993. 密山县志. 北京:中国标准出版社
密云县志编纂委员会. 1998. 密云县志. 北京:北京出版社
勉县志编纂委员会主编. 1989. 勉县志. 北京:地震出版社
漠河县志编纂委员会编纂. 1993. 漠河县志. 北京:中国大百科全书出版社
南昌市地方志编纂委员会编. 1997. 南昌市志. 北京:方志出版社
南阳地区地方史志编纂委员会编. 1994. 南阳地区志. 郑州:河南人民出版社
宁波市地方志编纂委员会编. 1995. 宁波市志. 北京:中华书局
宁海县地方志编纂委员会编. 1993. 宁海县志. 杭州:浙江人民出版社
宁晋县地方志编纂委员会编. 1999. 宁晋县志. 北京:中华书局
盘锦市人民政府地方志办公室编. 1998. 盘锦市志:综合卷. 北京:方志出版社
彭平波. 2013. 沅水入洞庭湖口生态现状及保护. 岳阳职

业技术学院学报,28(1):43～46,114
平和县地方志编纂委员会编.1994.平和县志.北京:群众出版社
平利县志编纂委员会编.1995.平利县志.西安:三秦出版社
平凉市志编纂委员会编.1996.平凉市志.北京:中华书局
平罗县志编纂委员会编.1996.平罗县志.银川:宁夏人民出版社
平顺县志编纂委员会编.1997.平顺县志.北京:海潮出版社
平阳县志编纂委员会编.1993.平阳县志.上海:汉语大词典出版社
平遥县地方志编纂委员会编.1999.平遥县志.北京:中华书局
朴仁珠,冯科民.1987.世界白鹳现状及其研究.林业科技(6):22～23
前郭尔罗斯蒙古族自治县地方志编纂委员会编.1993.前郭尔罗斯蒙古族自治县志.沈阳:辽宁民族出版社
钱燕文等.1965.新疆南部的鸟兽.北京:科学出版社,49～50
秦皇岛市北戴河区地方志编纂委员会编纂.1994.北戴河志.天津:天津人民出版社
秦皇岛市地方志编纂委员会编纂.1994.秦皇岛市志.天津:天津人民出版社
青海省地方志编纂委员会编.1993.青海省志.十三,林业志.西宁:青海人民出版社
青龙满族自治县志编纂委员会编纂.1997.青龙满族自治县志.北京:中国城市出版社
青县地方志编纂委员会编.1999.青县志.北京:方志出版社
清徐县地方志编纂办公室编.1999.清徐县志.太原:山西古籍出版社
清原县志编纂委员会办公室编.1991.清原县志.沈阳:辽宁人民出版社
邱胜荣等.2009.黑龙江省朗乡自然保护区鸟类区系初步分析.林业资源管理(2):83～87
曲沃县志编纂委员会编.1991.曲沃县志.北京:海潮出版社
《衢州市志》编纂委员会编.1994.衢州市志.杭州:浙江人民出版社
如皋市地方志编纂委员会编.1995.如皋县志.香港:新亚洲出版社
三亚市地方志编纂委员会编.2001.三亚市志.北京:中华书局
三原县志编纂委员会编.2000.三原县志.西安:陕西人民出版社
沙县地方志编纂委员会编.1992.沙县志.北京:中国科学技术出版社
沙雅县史志编纂委员会编.1995.沙雅县志.乌鲁木齐:新疆人民出版社
山东省肥城县史志编纂委员会编.1992.肥城县志.济南:齐鲁书社
山东省高唐县史志编纂委员会编.1996.高唐县志.济南:齐鲁书社
山东省乐陵县史志编纂委员会编.1991.乐陵县志.济南:齐鲁书社
山东省泰安市地方史志编纂委员会编.1997.泰安地区志.济南:齐鲁书社
山东省鱼台县地方史志编纂委员会编.1997.鱼台县志.济南:山东人民出版社
山西省广灵县县志编纂委员会编.1993.广灵县志.北京:人民出版社
山西省灵石县志编纂委员会编.1992.灵石县志.北京:中国社会科学出版社
山西省娄烦县地方志编纂委员会编.1999.娄烦县志.北京:中华书局
山西省宁武县县志编纂办公室编.1985.宁武县志:初稿.宁武县县志编纂办公室
山西省史志研究院编.1996.山西通志.第二卷,地理志.北京:中华书局
山西省五寨县志编纂办公室编.1992.五寨县志.北京:人民日报出版社
山阳县地方志编纂委员会编.1991.山阳县志.西安:陕西人民出版社
陕西省地方志编纂委员会编.2000.陕西省志.第三卷,地理志.西安:陕西人民出版社
商州市地方志编纂委员会编.1998.商州市志.北京:中华书局
上蔡县地方史志编纂委员会编.1995.上蔡县志.北京:生活·读书·新知三联书店
上海市川沙县县志编修委员会编.1990.川沙县志.上海:上海人民出版社
上海市松江县地方史志编纂委员会编著.1991.松江县志.上海:上海人民出版社
邵阳市地方志编纂委员会编.1997.邵阳市志.长沙:湖南出版社
绍兴市地方志编纂委员会编.1996.绍兴市志.杭州:浙江人民出版社

射阳县地方志编纂委员会编. 1997. 射阳县志. 南京:江苏科学技术出版社
神木县志编纂委员会编. 1990. 神木县志. 北京:经济日报出版社
沈阳市人民政府地方志编纂办公室编. 1989. 沈阳市志. 沈阳:沈阳出版社
水城县地方志编纂委员会编. 1994. 水城县(特区)志. 贵阳:贵州人民出版社
四川省宝兴县地方志编纂委员会编. 2000. 宝兴县志. 北京:方志出版社
四川省长宁县志编纂委员会编纂. 1993. 长宁县志. 成都:巴蜀书社
四川省崇庆县志编纂委员会编纂. 1991. 崇庆县志. 成都:四川人民出版社
四川省大竹县志编纂委员会编. 1992. 大竹县志. 重庆:重庆出版社
四川省丹棱县志编纂委员会编纂. 2000. 丹棱县志. 丹棱:丹棱印刷厂
四川省道孚县志编纂委员会编. 1997. 道孚县志. 成都:四川人民出版社
四川省珙县志编纂委员会编纂. 1995. 珙县志. 成都:四川人民出版社
四川省红原县志编纂委员会编纂. 1996. 红原县志. 成都:四川人民出版社
四川省夹江县编史修志委员会编纂. 1989. 夹江县志. 成都:四川人民出版社
四川省眉山县志编纂委员会编纂. 1992. 眉山县志. 成都:四川人民出版社
四川省沐川县地方志编纂委员会编纂. 1989. 沐川县志. 成都:巴蜀书社
四川省南川县志编纂委员会编. 1991. 南川县志. 成都:四川人民出版社
四川省郫县志编纂委员会编纂. 1989. 郫县志. 成都:四川人民出版社
四川省威远县志编纂委员会编纂. 1993. 威远县志. 成都:巴蜀书社
四川省喜德县志编纂委员会编. 1992. 喜德县志. 成都:电子科技大学出版社
《四川资源动物志》编辑委员会主编,李桂垣卷主编. 1985. 四川资源动物志. 第三卷,鸟类. 成都:四川科学技术出版社
《四川资源动物志》编辑委员会主编,施白南,赵尔宓卷主编. 1982. 四川资源动物志. 第一卷,总论(2版). 成都:四川人民出版社
松阳县志编纂委员会编. 1996. 松阳县志. 杭州:浙江人民出版社
孙彦. 2008. "鹳鱼石斧图"题材象征意义辨析. 中原文物(1):41～44
塔城地区地方志编纂委员会编. 1997. 塔城地区志. 乌鲁木齐:新疆人民出版社
塔城市地方志编纂委员会编. 1995. 塔城市志. 乌鲁木齐:新疆人民出版社
太谷县志编纂委员会编. 1993. 太谷县志. 太原:山西人民出版社
太原市方志编纂委员会编. 1999. 太原市志. 第一册. 太原:山西古籍出版社
唐海县志编纂委员会编. 1997. 唐海县志. 天津:天津人民出版社
唐山市地方志编纂委员会编. 1999. 唐山市志. 北京:方志出版社
天津市北辰区地方志编修委员会编著. 2000. 北辰区志. 天津:天津古籍出版社
天津市大港区地方志编修委员会编著. 1994. 大港区志. 天津:天津社会科学院出版社
天津市津南区地方志编修委员会编著. 1999. 津南区志. 天津:天津社会科学院出版社
田德启. 2001. 葫芦岛市鸟类动物区系构成特点分析与研究. 辽宁林业科技(6):7～9,17
田林县地方志编纂委员会编. 1996. 田林县志. 南宁:广西人民出版社
通城县志编纂委员会编. 1985. 通城县志. 通城:通城县印刷厂
通榆县志编纂委员会编. 1994. 通榆县志. 长春:吉林人民出版社
通州市地方志编纂委员会编. 1996. 南通县志. 南京:江苏人民出版社
桐城县地方志编纂委员会编. 1995. 桐城县志. 合肥:黄山书社
万宁县地方志编纂委员会编. 1994. 万宁县志. 海口:南海出版公司
王凤琴等. 2008. 天津大黄堡湿地自然保护区的水鸟生态. 河北大学学报(自然科学版),28(4):427～434
王改芳,赵燕. 2011. 庞泉沟野生动物资源调查. 经济动物学报,15(3):134～140
王建竹,林猷穆. 1983. 台中市志. 台北:成文出版社
王岐山,杨兆芬. 1995. 东方白鹳研究现状. 安徽大学学报(自然科学版)(1):82～99
王岐山. 1987. 世界濒危鸟类:东方白鹳. 野生动物(5):12

～14，21

王岐山等.2002.东方白鹳在安庆营巢繁殖的再考察.中国鹤类通讯，6(1)：30～31

王晓光等.2010.黑龙江鸡西矿区鸟类多样性调查分析.东北林业大学学报，38(5)：131～135

王勇军等.1990.白鹳冬季生态的初步调查.动物学研究，11(4)：284，298

围场满族自治县地方志编纂委员会编纂.1997.围场满族自治县志.沈阳：辽海出版社

卫辉市地方史志编纂委员会编.1993.卫辉市志.北京：生活·读书·新知三联书店

渭南地区地方志编纂委员会编.1996.渭南地区志.西安：三秦出版社

渭南县志编纂委员会编.1987.渭南县志.西安：三秦出版社

温县志编纂委员会编.1991.温县志.北京：光明日报出版社

翁牛特旗志编纂委员会编.1993.翁牛特旗志.呼和浩特：内蒙古人民出版社

乌拉特中旗地方志编纂委员会编.1994.乌拉特中旗志.呼和浩特：内蒙古人民出版社

吴堡县志编纂委员会编.1995.吴堡县志.西安：陕西人民出版社

吴至康等.1986.贵州鸟类志.贵阳：贵州人民出版社

五台县志编纂委员会编.1988.五台县志.太原：山西人民出版社

《五原县志》编纂委员会编.1996.五原县志.呼和浩特：内蒙古人民出版社

武都县地方志编纂委员会编.1998.武都县志.北京：生活·读书·新知三联书店

武汉市地方志编纂委员会主编.1998.武汉市志·总志类.武汉：武汉大学出版社

武清县地方史志编修委员会编著.1991.武清县志.天津：天津社会科学院出版社

武威市市志编纂委员会.1998.武威市志.兰州：兰州大学出版社

西和县志编纂委员会编.1997.西和县志.西安：陕西人民出版社

西双版纳傣族自治州林业局编.1989.西双版纳傣族自治州林业志.昆明：云南人民出版社

歙县地方志编纂委员会编.1995.歙县志.北京：中华书局

祥云县志编纂委员会编.1996.祥云县志.北京：中华书局

《忻州地区志》编纂委员会编.1999.忻州地区志.太原：山西古籍出版社

《新和县志》编纂委员会编.1997.新和县志.乌鲁木齐：新疆人民出版社

新洲县志编纂委员会编.1992.新洲县志.武汉：武汉出版社

信阳地区地方史志编纂委员会编.1992.信阳地区志.北京：生活·读书·新知三联书店

信宜县地方志编纂委员会编.1993.信宜县志.广州：广东人民出版社

兴安盟地方志编纂委员会编.1997.兴安盟志.呼和浩特：内蒙古人民出版社

兴化市地方志编纂委员会编.1995.兴化市志.上海：上海社会科学院出版社

兴文县志编纂委员会编.1994.兴文县志.成都：四川辞书出版社

熊林春等.2014.信阳市野生动植物资源概述.河南林业科技，34(1)：46～48

休宁县地方志编纂委员会编.1990.休宁县志.合肥：安徽教育出版社

旭日干主编.2007.内蒙古动物志.第三卷，鸟纲·非雀形目.呼和浩特：内蒙古大学出版社

牙克石市志编纂委员会编.1996.牙克石市志.呼和浩特：内蒙古人民出版社

延边朝鲜族自治州地方志编纂委员会编.1996.延边朝鲜族自治州志.北京：中华书局

沿河土家族自治县志编纂委员会编.1993.沿河县志.贵阳：贵州人民出版社

盐城市地方志编纂委员会编.1998.盐城市志.南京：江苏科学技术出版社

盐源县志编纂委员会编.2000.盐源县志.成都：四川民族出版社

阳春县地方史志办公室编.1996.阳春县志.广州：广东人民出版社

阳原县地方志编纂委员会编.1997.阳原县志.北京：中国大百科全书出版社

杨礼平等.2012.东方红湿地国家级自然保护区首现国家珍稀鸟类：东方白鹳.野生动物，33(5)：304

伊春市地方志编纂委员会编.1995.伊春市志.哈尔滨：黑龙江人民出版社

宜良县志编纂委员会编.1998.宜良县志.北京：中华书局

尹秉高，刘务林.1993.西藏珍稀野生动物与保护.北京：中国林业出版社

营口市地方志编纂委员会办公室编.1997.营口市志.第二卷，行政建置、自然环境、城市建设、交通邮电.北京：方志出版社

永安市地方志编纂委员会编. 1994. 永安市志. 北京：中华书局
永昌县志编纂委员会编. 1993. 永昌县志. 兰州：甘肃人民出版社
于晶晶等. 2013. 辽宁獾子洞湿地水鸟春秋迁徙研究. 野生动物，34(3)：159～162
于有忠. 2005. 东方白鹳在科尔沁保护区栖息繁殖的初报. 野生动物 (1)：27～28
盂县史志编纂委员会编. 1995. 盂县志. 北京：方志出版社
俞长好等. 2004. 在鄱阳湖繁殖的东方白鹳. 大自然(5)：23～24
榆林市地方志编纂委员会编. 1996. 榆林市志. 西安：三秦出版社
榆社县志编纂委员会编. 1999. 榆社县志. 太原：山西古籍出版社
玉环县志编纂委员会编. 1994. 玉环县志. 上海：汉语大词典出版社
垣曲县地方志编纂委员会编. 2001. 垣曲县志：1991—2000. 北京：中华书局
袁靖，杨梦菲. 2003. 甑皮岩遗址各期出土的水陆生动物//中国社会科学院考古研究所等编. 桂林甑皮岩. 北京：文物出版社，541～645
岳建兵. 2006. 卡拉麦里有蹄类自然保护区蒙古野驴的种群数量分布及食性选择的研究. 北京林业大学硕士论文
岳阳县地方志编委会编. 1997. 岳阳县志. 长沙：湖南出版社
《云和县志》编纂委员会编. 1996. 云和县志. 杭州：浙江人民出版社
云南省洱源县志编纂委员会编. 1996. 洱源县志. 昆明：云南人民出版社
云南省富民县地方志编纂委员会编. 1999. 富民县志. 昆明：云南人民出版社
云南省鹤庆县志编纂委员会编. 1991. 鹤庆县志. 昆明：云南人民出版社
云南省红河县志编纂委员会编. 1991. 红河县志. 昆明：云南人民出版社
云南省泸西县志编纂委员会编. 1992. 泸西县志. 昆明：云南人民出版社
云南省鲁甸县志编纂委员会编. 1995. 鲁甸县志. 昆明：云南人民出版社
云南省巧家县志编纂委员会编. 1997. 巧家县志. 昆明：云南人民出版社
云南省丘北县地方志编纂委员会编. 1999. 丘北县志. 北京：中华书局
云南省通海县史志工作委员会编. 1992. 通海县志. 昆明：云南人民出版社
云南省威信县志编纂委员会编. 1999. 威信县志. 昆明：云南人民出版社
曾志杨. 2013. 21只东方白鹳被毒杀背后的警示. 绿色视野(1)：1
扎兰屯市史志编纂委员会编. 1993. 扎兰屯市志. 天津：百花文艺出版社
张北县地方志编纂委员会编. 1994. 张北县志. 北京：中国社会科学出版社
张自学等. 1989. 科尔沁草原湿地的珍稀鸟类. 野生动物(1)：27，16
昭平县志编纂委员会编. 1992. 昭平县志. 南宁：广西人民出版社
诏安县地方志编纂委员会编. 1999. 诏安县志. 北京：方志出版社
赵天梁. 2005. 运城湿地自然保护区生物多样性及其保护. 山西大学学报(自然科学版)28(1)
赵正阶编著. 2001. 中国鸟类志. 上卷，非雀形目. 长春：吉林科学技术出版社
赵正阶主编. 1999. 中国东北地区珍稀濒危动物志. 北京：中国林业出版社
浙江动物志编辑委员会；诸葛阳卷主编. 1990. 浙江动物志：鸟类. 杭州：浙江科学技术出版社
浙江省鄞县志编纂委员会编. 1996. 鄞县志. 北京：中华书局
镇安县志编纂委员会编. 1995. 镇安县志. 西安：陕西人民教育出版社
镇平县地方史志编纂委员会编. 1998. 镇平县志. 北京：方志出版社
郑绍华，韩德芬. 1993. 哺乳类化石：金牛山(1978年发掘)旧石器遗址综合研究//张森水，侯连海主编. 中国科学院古脊椎动物与古人类研究所集刊. 第19号. 北京：科学出版社，43～127
郑作新. 1962. 川西地区鸟兽资源调查报告//中国科学院南水北调综合报告. 北京：科学出版社
郑作新. 1976. 中国鸟类分布名录. 2版. 北京：科学出版社
郑作新等编著. 1979. 中国动物志：鸟纲. 第一卷. 北京：科学出版社
中共宣威市委史志办公室编纂. 1999. 宣威市志. 昆明：云南人民出版社
中华人民共和国濒危物种进出口管理办公室主编，郑生武等编著. 1994. 中国西北地区珍稀濒危动物志. 北京：

中国林业出版社
中宁县志编纂委员会编. 1994. 中宁县志. 银川:宁夏人民出版社
中卫县县志编纂委员会编. 1995. 中卫县志. 银川:宁夏人民出版社
中阳县志编纂委员会编. 1996. 中阳县志. 太原:山西人民出版社
周莉. 2006. 黄河三角洲自然保护区东方白鹳的繁殖保育. 山东林业科技(2):38~39
朱井丽,吴庆明. 2013. 黑龙江水鸟迁徙停歇地的新发现. 安徽农业科学,41(20):8804,8812
朱曦等编著. 2008. 华东鸟类物种和亚种分类名录. 北京:科学出版社
朱谢旻,郑文成. 2005. 东方白鹳武义礼遇记. 浙江林业(4):39
卓尼县志编纂委员会编. 1994. 卓尼县志. 兰州:甘肃民族出版社
涿鹿县地方志编纂委员会编. 1994. 涿鹿县志. 石家庄:河北人民出版社
资溪县地方志编纂委员会编. 1997. 资溪县志. 北京:方志出版社
淄博市志编纂委员会编. 1995. 淄博市志. 北京:中华书局
柞水县志编纂委员会编. 1998. 柞水县志. 西安:陕西人民出版社
Ludlow F and Kinnear N B. 1934. A contribution to the ornithology of Chinese Turkestan. Ibis (13):120
Scully J. 1876. A contribution to the omithology of Eastern Turkestan. Stray Feathers (4):41~205
Simba Chan. 1991. The Historical and current status of the Oriental White Stork// The Hong Kong Bird Report 1990. Hong Kong: Hong Kong Bird Watching Society
Sun Shide. 1991. Status of the Storks in Liaoning Province, China// Biology and Conservation of the Oriental White Stork (Ciconia boyciana). Aiken, South Carolina, USA:89~95
Williams M D, et al. 1992. Autumn bird migration at Beidahe, China, 1986—1990. Forktail Journal of the Oriental Bird Club (7):3~55
Zhang Yinsun and He Fenqi. 1992. Recent records of the Oriental Stork from China. Oriental Bird Club Bullentin (16):45

第五章

朱鹮的分布变迁

朱鹮(*Nipponia nippon*)是鸟纲 Aves 鹳形目 Ciconiiformes 鹮科 Threskiornithidae 朱鹮属 *Nipponia* 之一种,无亚种分化。

朱鹮是一种体态秀美典雅,行动端庄大方,美丽动人的中型涉禽,被称为“吉祥之鸟”。朱鹮曾广泛分布于东亚地区,但由于其在历史时期的地理分布变迁中,一度在野外仅残存于我国陕西省与河南省五地(洋县仅发现 7 只),更被视为世界极度濒危的珍禽之一。在我国,朱鹮被列为国家一级重点保护动物。

1 朱鹮的概况

朱鹮为雄雌同形同色的鸟类(图 5.1～图 5.20),体形和大小均似白鹭,但嘴下屈,飞行时长颈伸直向前,而有别于鹭。体长 54～69 cm,体重 1.4～1.9 kg。成鸟全身羽色以白色为基调,但上下体的羽干以及飞羽略沾淡淡的粉红色,亦即白中夹红,尤以初级飞羽的粉红色较浓。两个翅膀的下侧和圆形尾羽的一部分却闪耀着朱红色的光辉,显得淡雅而美丽,飞行时飞羽下面红色。后颈部的羽毛特化伸长形成下垂的冠羽,颈部披有下垂的长柳叶型羽毛,形成羽冠,耸立时鲜艳夺目。整个面部,包括额部、眼周、眼睑、脸颊和下嘴基部裸露无羽毛,且呈朱红色。嘴细长而末端下弯,长约 18 cm,尖端和下喙的基部红色,其他部分黑色。虹膜金黄色。赤颊。脚亦为鲜亮的红色,腿长约 9 cm,胫的下部裸露,颜色也是朱红色。

在繁殖季节,朱鹮成鸟会用嘴不断地啄取从颈部的肌肉中分泌出来的一种灰色(或黑色)的色素,涂抹到羽毛上,使它的头部、颈部、上背和两翅等都变成灰黑色,这种颜色的变化是由分泌物造成的,而非羽毛本身颜色的变化,4～6 月色染最深。夏羽则由黑色变为灰褐色,肩羽灰褐色,下体污白色,翅膀下方在阳光映射下呈橙红色。冬羽灰白色,亚成鸟灰色,部分成鸟仍为灰色;夏季灰色较浓,饰羽较长。幼鸟的头部冠羽较短,羽色在成鸟应为白色的羽毛处幼鸟均为灰色。

朱鹮的鸣声似乌鸦,嘈杂刺耳,但性较孤僻而沉静,除起飞时鸣叫外,一般活动时不鸣叫。常单独或成对或呈小群活动,极少与别的鸟合群。行动时,步履迟缓;飞行时,两翅鼓动亦较慢,头、颈向前伸直,两脚伸向后,但不突出于尾外,鼓翼缓慢而有力(见图 5.3～图 5.5)。朱鹮休息时,则把长嘴插入背上的羽毛中。白天活动觅食,晚上栖于高大树上。其巢多选择在海拔 1 200～1 400 m 疏林地带的栗树、栓皮栎树、白杨树或松树的粗大树枝间,用树枝、草棍搭成一个距地面高度为 5～20 m 简陋的巢。巢由树枝架成,像一个平盘子,中间稍下凹,外径 73 cm,内径 53 cm,深 8 cm;里面垫以玉米秆、蕨类、细藤条、草叶及草根等，有时也利用旧巢。

朱鹮在浅水或泥地上觅食的时候，常常将长而弯曲的嘴不断插入泥土和水中去探索，一旦发现食物，立即啄而食之。食物有鲫鱼、泥鳅、黄鳝等鱼类，蛙、蝌蚪、蝾螈等两栖类，蟹、虾等甲壳类，贝、田螺、蜗牛等软体动物，蚯蚓等环节动物，蟋蟀、蝼蛄、蝗虫、甲虫、水生昆虫及昆虫的幼虫等，它们有时还吃一些芹菜、稻米、小豆、谷类、草籽、嫩叶等植物性的食物。

朱鹮春季繁殖，此时成年的雄鸟和雌鸟结成配偶，离开越冬时组成的群体，分散在高大的树上筑巢、产卵。朱鹮每窝产卵 2～4 枚，通常仅 3 枚，卵的大小约为 65 mm×45 mm，卵重 70 g 左右，表面是蓝灰色或浅绿色的，上面带有黑褐色的斑点。雄鸟和雌鸟轮流孵卵，经 30 天左右的孵化，雏鸟破壳而出。刚孵出时，雏鸟上体被有淡灰色的绒羽，下体被有白色绒羽，脚为橙红色。出壳后，雏鸟由亲鸟轮流将口中半消化的食物吐出喂养。亲鸟在育雏的前期，每天返回巢中的次数为 7～9 次。随着雏鸟的迅速生长和对食物需求的增加，后期，亲鸟返回巢中则增加到每天 14～15 次。喂完食物后，亲鸟还要帮助雏鸟清理粪便。雏鸟在亲鸟的精心哺育下生长很快，60 天后，雏鸟的羽翼逐渐丰满起来，就能跟随亲鸟自由飞翔了。它们的羽毛比成年朱鹮的颜色稍深，呈灰色。直到 3 年之后，小朱鹮才完全发育成熟，并开始生儿育女。

雏鸟之间平时在巢内很亲密，依偎在一起，互相理羽，但在亲鸟喂食时，却常发生争吵，彼此相啄，互不相让，抢先吃食的雏鸟用翅拍打前来吃食的雏鸟，吃一口后又啄，然后再抢第二口。雏鸟生长迅速，1 月龄时，体重可达 1.6 kg，全长 65 cm。

繁殖期结束后，朱鹮开始游荡期与越冬期，活动范围增大，逐渐从繁殖地迁移至 500～600 m 的丘陵农耕地带集群活动，觅食于稻田、河滩、池塘、沼泽、山溪等湿地或山麓荒草坡之中①。

在我国繁殖的朱鹮，通常不迁徙，为留鸟②。朱鹮寿命最长的纪录为 37 年。秋、冬季朱鹮成小群向低山及平原作小范围游荡（郑作新等，1997；赵正阶，2001；丁长青等，2002；雍严格等，2013）。

图 5.1　朱鹮前部③

图 5.2　浅水中的朱鹮④

①朱鹮. http://www.baike.com/wiki/%E6%9C%B1%E9%B9%AE；朱鹮. http://baike.baidu.com/link? url=ACN3wQb2syLoAwf5UYjp-_LKg9W4MAro1bGTr11JRG5jWvmwwrOAqGppjPQROpLa

②此当是指目前所见的朱鹮情况。

③朱鹮. http://www.ysdw.net/dispbbs.asp? boardid=38&id=1625

④朱鹮. http://i281.photobucket.com/albums/kk238/andy-00_album/others/CL-1.jpg

图 5.3　林间翱翔的朱鹮①

图 5.4　空中翱翔的朱鹮②

图 5.5　扇动羽翼的朱鹮③

图 5.6　稻田中的朱鹮伉俪④

图 5.7 水中的朱鹮伉俪⑤

图 5.8　枝头的朱鹮伉俪⑥

①http://tupian.baike.com/a2_72_09_01300001389655134612099651245_jpg.html

②http://a3.att.hudong.com/55/71/01300001009299133518716962774.jpg

③http://a1.att.hudong.com/17/23/20300001373165133302230980417.jpg

④http://www.swild.cn/bbs/redirect.php? tid=274&goto=lastpost

⑤http://a0.att.hudong.com/18/80/01300000242726134605806894886.png

⑥朱鹮,放飞一个世界奇迹. http://blog.sina.com.cn/s/blog_4a38ee9501009vzn.html

图 5.9　恩爱夫妇①

图 5.10　孵化②

图 5.11　朱鹮雏鸟③

图 5.12　朱鹮护雏勇斗王锦蛇④

图 5.13　爱抚（雍严格等，2013）

图 5.14　关爱⑤

①http://image.baidu.com/i?ct=503316480&z=0&tn=baiduimagedetail&ipn=d&word=朱鹮
②http://www.sxlyff.com/view.asp?id=471
③http://www.photofans.cn/album/showpic.php?pid=399589
④张松等.为救巢中幼鸟，朱鹮勇斗王锦蛇.http://www.yxxcb.com/mtjj/201406053135.html
⑤http://www.wwf.com.cn/birdgallery/oldbpic/12455680144.jpg

图 5.15　幸福的小家庭①

图 5.16　哺育②

图 5.17　争先恐后③

图 5.18　朱鹮幼鸟④

图 5.19　朱鹮捕食⑤

图 5.20　栖息在大树上的朱鹮群⑥

①朱鹮，放飞一个世界奇迹. http://blog.sina.com.cn/s/blog_4a38ee9501009vzn.html
②http://image.baidu.com/i? ct=503316480&z=0&tn=baiduimagedetail&ipn=d&word=朱鹮
③http://www.huway.com/photo/2010/0531/642.html
④http://www.birdnet.cn/thread-25903-1-1.html
⑤http://image.baidu.com/i? ct=503316480&z=0&tn=baiduimagedetail&ipn=d&word=朱鹮
⑥http://att.bbs.hsw.cn/day_071006/20071006_91ad6ef9211efd383002692SatIaiUYm.jpg

2 古人对朱鹮的认识

朱鹮又名朱鹭、旋目、红鹤、鹮、䴉(xuán)目、翾翾、鹮鹭、红鹭、红鸭儿、红牙、红鹅、鵚鶖、灰鹤、灰鹅、日本凤头鹳、鹮朱鹭、鸹等。我国古人早就注意到这一物种。春秋时期的师旷《禽经》中就有“朱鹭不吞鲤①”的描述。“朱鹭”即今朱鹮。

《春秋战国异辞·楚》记述：

楚成王时，有朱鹭合沓飞翔，复有赤色者。旧鼓吹音乐《朱鹭曲》，是也《艺文类聚》。

按：楚成王，芈姓，熊氏，名恽，楚文王之子，是春秋时期楚国23代国君（公元前671～前626），在位45年。楚国最早兴起于丹江流域的今河南淅川一带，其全盛时的最大辖地大致为现在的湖北、湖南、浙江、上海、江苏、江西、重庆、贵州、山东、广东部分地方。这一地域历史上基本上是朱鹮分布区，楚人以朱鹮之祥瑞而作《朱鹭曲》并非无中生有，后世更有所发挥②。

《尔雅·释鸟疏》记述：

楚威王时，有朱鹭合沓飞翔而来舞。则复有赤者，旧鼓吹《朱鹭曲》，是也。

按：楚威王是楚国39代国君（公元前339～前329），是楚国最兴旺的“宣威盛世”后期。“朱鹭合沓飞翔而来舞”，表明在广阔的楚地，朱鹮常见。

《汉书·司马相如传上》记载：“交精旋目，烦鹜庸渠。”颜师古注：“今荆郢间有水鸟，大于鹭而短尾，其色红白，深目，目旁毛皆长而旋，此其旋目乎？”据颜师古的诠释，旋目即朱鹮。（南朝梁）编辑的《文选·上林赋》也采用“旋目”。

南北朝时期，王僧儒、裴宪伯、陈后主、张正见、苏子卿等人的乐府诗中，皆有以《朱鹭》为题的诗句。（南朝齐梁）裴宪伯《朱鹭》道：

秋来惧寒劲，岁寒畏冰坚。
群飞向葭下，奋羽欲南迁。
暂戏龙池侧，时住凤楼前。
所叹恩光歇，不得久联翩。

按：此诗句主要描述朱鹮的生态环境，朱鹮还是畏惧冰雪严寒的，低温无疑将影响它们获取食物，故“奋羽欲南迁”。从“群飞向葭下”，说明数量多；“葭”，指芦苇，生长禾本科植物的湿地正是朱鹮的主要觅食地之一。朱鹮能够栖息在宫廷内，乃常见水禽。

唐代，虞世南、宋之问、张籍、顾况、温庭筠、皮日休、陆龟蒙、杨衡、李德裕等名士都写过有关朱鹭的诗句。其中的张籍《乐府·朱鹭》：

翩翩兮朱鹭，来泛春塘栖绿树。
羽毛如剪色如染，远飞欲下双翅敛。
避人引子入深堑，动处水纹开滟滟。
谁知豪家网尔躯，不如饮啄江海隅。

按：张籍游历秦岭，目睹朱鹮身姿华彩有感而作咏物诗。其中不仅有对朱鹮形态、生态的描述，而且还提及“避人引子入深堑”与“谁知豪家网尔躯”等人为捕捉的危机。

（明）李时珍《本草纲目》记述：

汪颖曰：似鹭而头无丝脚黄色者，俗名白鹤子。又有红鹤相类，色红。《禽经》所谓朱鹭是也。

按：可见“红鹤”之名，早在明代汪颖的《食物本草》就出现了。

（汉）司马迁《史记·司马相如列传》与（唐）司马贞《史记索引》等皆用“䴉(xuán)目”作为朱鹮的称谓，这与颜师古诠释相仿。

（汉）扬雄《扬子法言》根据朱鹮善于绕飞的习性，称之为“翾翾”(xuán xuán)。

由于朱鹮的体形与鹤、鹭、鹳、鸭、鹅等涉禽、游禽相似，而其面部、脚赤红色，羽色微红，故又被称为红鹤、红鹭、朱鹭、鹮朱鹭、红鸭儿、红牙（“红鸭儿”谐音）、红鹅、鵚鶖、鸹等；又由于朱鹮雌鸟在繁殖期身着灰色婚羽，又获得有灰鹤、灰鹅之称；另由于朱鹮的后颈部下垂的冠羽，颈部下

①有作“鲲”（如《钦定四库全书总目·子部·谱录类》卷一百十五：“《禽经一卷（内府藏本）》……朱鸢不攫肉，朱鹭不吞鲲。”）。但从朱鹮的习性看，并非不沾腥，只是食小型鱼类。

②郑樵《通志·乐略·汉短箫铙歌二十二曲》记述：

朱鹭：鹭惟白色。汉有朱鹭之祥，因而为诗。梁元帝《放生[池]碑》云：元龟夜梦，终见取于宋王。朱鹭晨飞，尚张罗于汉后。谓此也。

《甘肃通志·艺文·诗·明·杨汝业〈浑瑊庙次高适韵〉》中有“师出每听刁斗声，凯奏常闻朱鹭鸣”之句。

杨慎《丹铅续录·杂识·朱鹭》诠释：

古乐府有《朱鹭曲》。解云：因饰鼓以鹭而名曲焉。又云：朱鹭呪鼓飞于云末。徐陵诗有“凫钟鹭鼓”之句。宋之问诗“稍看朱鹭转，尚识紫骝骄”，皆用此事。盖鹭色本白，汉初有朱鹭之瑞，故以鹭形饰鼓。又以朱鹭名鼓，吹曲也。

垂习冠，耸立时鲜艳夺目，得到凤头鹳、日本凤头鹳等名称。

3 20世纪前的朱鹮分布

据现有资料，历史时期朱鹮在我国的分布涉及六大区的绝大部分省级政区。

3.1 华北

华北的5个省级政区皆有朱鹮栖息。

3.1.1 北京

北京市历史上有朱鹮分布。

康熙《宛平志》中记载的"鹤"，就有属于朱鹮者①，亦即今西城区、宣武区、丰台区、石景山区、海淀区、门头沟区等地曾有朱鹮。

Swinhoe(1861)与David(1867，1877)皆认为北京有朱鹮，尤其是"郊区山间有鱼的河流中只有冬天才能见到"朱鹮。

戴维神父一行自内蒙古回到宣化府见到朱鹮，其地域包括今延庆县等地。

3.1.2 天津

天津市固然曾有朱鹮分布，只是有具体地点的记录不多见。

1867年6月初，戴维神父②在天津大沽(今塘沽区)见到了几只朱鹮，并注明朱鹮在大沽附近是常见种(何芬奇，2008)。戴维神父等人的《中国之鸟类》中的朱鹮彩绘图(图5.21)栩栩如生地反映出对该物种的准确认识。

图5.21 戴维等《中国之鸟类》中的朱鹮彩绘图(何芬奇，2008)

3.1.3 河北

河北省历史上有朱鹮分布。

1866年9月15日左右，戴维神父一行自内蒙古徒步考察后回到宣化府，此时正值鸟类迁徙季节，他看到过境的候鸟中有 *Ibis nippon*(朱鹮)(何芬奇，2008)。宣化府辖今张家口市、宣化县、阳原县、赤城县、怀安县、怀来县、蔚县、涿鹿县、万全县等地。

无独有偶，次年1月就有朱鹮标本在宣化被采集到(David，1867)。

3.2 东北

东北的3个省级政区皆有朱鹮分布记载。

19世纪后半叶，辽宁省在大连市还见到朱鹮的记载(Swinhoe，1861)。

3.3 华东

华东各省级政区也都有朱鹮栖息记录。

3.3.1 浙江

浙江省曾有朱鹮分布。

1872年，戴维神父在浙江西部进行考察时，见到河边水稻田里有一只鹮鸟在捕食蚂蟥和小鱼。这只鹮鸟的大小和部分羽色同朱鹮的粉红色很相近，但是戴维觉得却不同于他在北京所见的上体完全深灰色的那种。此鸟为这一地区的留鸟，在陵园的高大松树上筑巢。"当它们飞翔时，它们发出非常嘹亮的单音节叫声，同乌鸦的呱呱叫声有某种相似之处"(何芬奇，2008)。

与戴维神父相当时期、关于衢州有朱鹮的记载(David，1875；David et al，1877)，可以相互印证浙西金(华)衢(州)盆地一带有朱鹮。只是其时的"衢州"乃"衢州府"，辖今衢州市、江山市、常山县、开化县、龙游县等地，反映当时朱鹮分布较广。

多位外国学者记录到19世纪后半叶的宁波(市)朱鹮栖息(Swinhoe，1861；Styan，1891)。

3.3.2 福建

福建省有朱鹮栖息。

①(法)戴维在北京所见的朱鹮，上体完全呈深灰色，与"鹤"有别。

②戴维(Fr Jean Pierre Armand David)是法国神父、植物学家、动物学家，在中国发现大熊猫、麋鹿等珍稀物种。本文所引用"David A"资料，似亦即其人。

清乾隆二年(1737)《福建通志·物产·福州府》尽管记载的称“鹄”(天鹅)，但其注释“似鹤，身白而微红”的特征显然是朱鹮。

外国学者在1860年代也注意到福州市有朱鹮(Swinhoe,1861)。

3.3.3 江西

江西省也有朱鹮分布记载。

1874年1月31日夜，戴维神父在由鄱阳湖口至九江段(约今星子县与九江市之间)的长江江面上看见3只朱鹮掠过(何芬奇,2008)。

3.3.4 台湾

台湾是朱鹮最东南方的越冬地。

据记载，1861年4月在淡水(今属台北县)见到小群(6只)朱鹮(Swinhoe,1863)。

3.4 中南

中南仅香港与澳门两特别行政区未见有朱鹮分布记录。

3.4.1 河南

河南省有朱鹮栖息记录。

清顺治《中州杂俎·禽志》记述：

密如红鹤，大如舒雁，羽白而窃朱，声最浊，食鱼巢树，疑汉朱鹭即此也。

按：据此，反映清初河南一带仍有朱鹮分布。

(南朝陈)苏子卿《朱鹭》，反映包括今河南淅川县一带有朱鹮栖息。

3.4.2 湖北

湖北省有较多朱鹮分布的记载。

前文提及颜师古注《汉书·司马相如传上》“旋目”时称“今荆郢间有”。按：“荆郢”，指春秋战国时楚国都城所在地，即今荆州市一带。由此证明在颜师古所在的隋唐时期，今荆州市一带还有朱鹮栖息。

(南朝陈)苏子卿《朱鹭》，反映包括今湖北丹江口市一带有朱鹮栖息。

3.4.3 海南

海南省历史上就有朱鹮栖息记载。

19世纪，外国学者就注意到海南是朱鹮越冬地(Swinhoe,1861)。

3.5 西南

西南仅四川省与贵州省有少数朱鹮分布记载。

3.6 西北

西北仅新疆维吾尔自治区没有朱鹮分布。

3.6.1 陕西

陕西省古今皆是朱鹮的省级重要分布区。

(南朝陈)苏子卿《朱鹭》：

玉山一朱鹭，容与入王畿。
欲向天池饮，还绕上林飞。
金堤晒羽翮，丹水浴毛衣。
非贪葭下食，怀恩自远归。

按：诗中提及“上林”，乃上林苑，是秦旧苑，汉武帝时重新扩建，故址在今西安市西及周至县、户县界；“丹水”，即今称丹江，发源于陕西省商洛区西北部的秦岭南麓，流经陕西省(商州区、丹凤县、山阳县)、河南省、湖北省。反映在这一带曾有朱鹮分布。

(唐)宋之问《鲁忠王挽词三首之一》：

同盟会五月，归葬出三条。
日惨咸阳树，天寒渭水桥。
稍看朱鹭转，尚识紫骝骄。
寂寂泉台恨，从兹罢玉箫。

按：诗中之“咸阳”与“渭水桥”，反映是在今咸阳市一带；“朱鹭”，则说明有朱鹮栖息。

明正德年间(1506～1521)，张颂(时任汉中通判)《书台晚翠》：

茫茫宇宙一帡幪，山护书堂入半空。
触目草生春雨后，举头人在夕阳中。
一行鹭起凌白云，数点花飞落地红。
风土不凡人物盛，勉县何处见英雄。

按：诗中之“鹭”乃曾称为“朱鹭”，从“数点花飞落地红”(朱鹮朱红色的面部、喙基与腿胫部)可佐证；尤其是提及“勉县”，反映当时勉县有朱鹮栖息。

清雍正十三年(1735)《陕西通志》记载“鹄”(天鹅)的注释中有“似鹳而小，毛略红。巢于木《商州志》”，此描述并非天鹅，而是朱鹮，反映当时在商州区、洛南县、丹凤县、商南县、山阳县、镇安县栖息。

1872年11月至1873年1月，戴维神父在秦岭，包括约今周至县一带见到朱鹮(何芬奇,2008)。也有记录证明(David,1875)。

3.6.2 甘肃

甘肃省历史上也有朱鹮分布。

外国学者留意到了甘肃的朱鹮，称甘肃南部的朱鹮分布在徽县和成县周围，且整年留居（Berezovskii at el，1891；Deditius，1897），亦即说明是留鸟。

兰州市也有朱鹮分布记录（郑作新，1976），估计也是外国学者19世纪末发现的。

3.7 方志中记载的朱鹮

方志中记载有较多朱鹮分布情况（表5.1），涉及绝大多数省级政区。

表5.1 方志记载的20世纪前朱鹮分布状况

地区	省级政区	今地点	出处	内容
华北	北京	东城区	（民国）北京市志稿①	鹤（见《宛平志》。今按：京师清故宫东太庙有鹤成群，秋集春去，其色灰白。相传自东海滨来，或云是鹳之属）
	河北	永年县	明崇祯十四年（1641）《永年县志》	
		威县、清河县、邯郸市、邯郸县、成安县、磁县、肥乡县、永年县、鸡泽县、广平县、魏县、曲周县	清康熙十五年（1676）《广平府志》	灰鹤、红鹤
		安新县	清康熙十九年（1680）《安州志》	红鹤
		威县、清河县、邯郸市、邯郸县、成安县、磁县、肥乡县、永年县、鸡泽县、广平县、魏县、曲周县	清乾隆二年（1737）《广平府志》	
		永年县	清乾隆二十二年（1757）《永年县志》	灰鹤、红鹤
		安新县	清道光二十六年（1846）《安州志》	红鹤
	山西	盐湖区、芮城县、夏县、平陆县	明嘉靖四年（1525）《解州志》	红鹤
		太原市	明嘉靖三十年（1551）《太原县志》	红鹤
		盐湖区	明万历四十六年（1618）《安邑县志》	红鹤
		夏县	明万历四十六年（1618）《夏县志》	红鹤
		太原市	明天启六年（1626）《太原县志》	红鹤（出晋泽）
		闻喜县	清顺治十年（1653）《闻喜县志》	红鹤
		尧都区、霍州市、隰县、盐湖区、永济市、新绛县	清顺治十七年（1660）《河东运司志》	红鹤
		夏县	清康熙四十七年（1708）《夏县志》	红鹤
		永和县	清康熙四十九年（1710）《永和县志》	红鹤
		武乡县、沁县、沁源县	清雍正四年（1726）《古今图书集成·方舆汇编·职方典·沁州物产考》	红鹤
		榆社县、左权县、和顺县	清雍正十二年（1734）《山西通志·物产·辽州》	红鹤（似鹤而差小）
		寿阳县	清乾隆三十六年（1771）《寿阳县志》	红鹤
		昔阳县	清乾隆四十二年（1777）《乐平县志》	红鹤
		阳泉市、平定县、盂县、昔阳县、寿阳县	清乾隆五十五年（1790）《平定州志》	红鹤
		武乡县	清乾隆五十五年（1790）《武乡县志》	红鹤
		阳泉市、平定县、盂县、昔阳县、寿阳县	清光绪八年（1882）《平定州志》	红鹤
		寿阳县	清光绪八年（1882）《寿阳县志》	红鹤

（续表）

地区	省级政区	今地点	出处	内容
东北	内蒙古	海拉尔区、满洲里市、扎兰屯市、牙克石市、根河市、额尔古纳市、阿荣旗、新巴尔虎右旗、新巴尔虎左旗、陈巴尔虎旗、鄂伦春自治旗、鄂温克族自治旗、莫力达瓦达斡尔族自治旗等地	乾隆元年(1736)《盛京通志》	红鸭（形如白鹭，翅白）……红牙（背白，翅微红。羽亦可翎箭）
		海拉尔区、满洲里市、扎兰屯市、牙克石市、根河市、额尔古纳市、阿荣旗、新巴尔虎右旗、新巴尔虎左旗、陈巴尔虎旗、鄂伦春自治旗、鄂温克族自治旗、莫力达瓦达斡尔族自治旗等地	乾隆四十四年(1779)《盛京通志》	红鸭（形如白鹭，翅白）……红牙（背白，翅微红。羽亦可翎箭）
	辽宁	沈阳市、新民市、辽中县、法库县、彰武县、铁岭市、调兵山市、开原市、铁岭县、西丰县、昌图县、抚顺市、抚顺县、新宾满族自治县、清原满族自治县、本溪市、本溪满族自治县、桓仁满族自治县、辽阳市、灯塔市、辽阳县、鞍山市、海城市、台安县、岫岩满族自治县、丹东市、凤城市、东港市、宽甸满族自治县、大连市、瓦房店市、普兰店市、庄河市、长海县、营口市、大石桥市、盖州市、盘锦市、大洼县、盘山县、锦州市、凌海市、北镇市、黑山县、义县、葫芦岛市、兴城市、绥中县等地	乾隆元年(1736)《盛京通志》	同前
		沈阳市、新民市、辽中县、法库县、彰武县、铁岭市、调兵山市、开原市、铁岭县、西丰县、昌图县、抚顺市、抚顺县、新宾满族自治县、清原满族自治县、本溪市、本溪满族自治县、桓仁满族自治县、辽阳市、灯塔市、辽阳县、鞍山市、海城市、台安县、岫岩满族自治县、丹东市、凤城市、东港市、宽甸满族自治县、大连市、瓦房店市、普兰店市、庄河市、长海县、营口市、大石桥市、盖州市、盘锦市、大洼县、盘山县、锦州市、凌海市、北镇市、黑山县、义县、葫芦岛市、兴城市、绥中县等地	乾隆四十四年(1779)《盛京通志》	同前
	吉林	长春市、德惠市、九台市、榆树市、扶余县、吉林市、磐石市、蛟河市、桦甸市、舒兰市、永吉县、公主岭市、伊通满族自治县、辽源市、东丰县、东辽县、通化市、梅河口市、集安市、通化县、辉南县、柳河县、白山市、临江市、江源县、抚松县、靖宇县、长白朝鲜族自治县、延吉市、图们市、敦化市、珲春市、龙井市、和龙市、汪清县、安图县等地	乾隆元年(1736)《盛京通志》	同前

（续表）

地区	省级政区	今地点	出处	内容
		长春市、德惠市、九台市、榆树市、扶余县、吉林市、磐石市、蛟河市、桦甸市、舒兰市、永吉县、公主岭市、伊通满族自治县、辽源市、东丰县、东辽县、通化市、梅河口市、集安市、通化县、辉南县、柳河县、白山市、临江市、江源县、抚松县、靖宇县、长白朝鲜族自治县、延吉市、图们市、敦化市、珲春市、龙井市、和龙市、汪清县、安图县等地	乾隆四十四年(1779)《盛京通志》	同前
	黑龙江	哈尔滨市、双城市、尚志市、五常市、依兰县、方正县、宾县、巴彦县、木兰县、通河县、延寿县、齐齐哈尔市、讷河市、龙江县、依安县、甘南县、富裕县、克山县、克东县、拜泉县、爱辉区、北安市、五大连池市、嫩江县、逊克县、孙吴县、伊春市、铁力市、嘉荫县、鹤岗市、萝北县、绥滨县、佳木斯市、同江市、富锦市、桦南县、桦川县、汤原县、抚远县、双鸭山市、集贤县、友谊县、宝清县、饶河县、七台河市、勃利县、鸡西市、虎林市、密山市、鸡东县、牡丹江市、穆棱市、绥芬河市、海林市、宁安市、东宁县、林口县、北林区、海伦市、望奎县、兰西、青冈县、庆安县、明水县、绥棱县、大兴安岭地区、呼玛县、塔河县、漠河县等地	乾隆元年(1736)《盛京通志》	同前
		哈尔滨市、双城市、尚志市、五常市、依兰县、方正县、宾县、巴彦县、木兰县、通河县、延寿县、齐齐哈尔市、讷河市、龙江县、依安县、甘南县、富裕县、克山县、克东县、拜泉县、爱辉区、北安市、五大连池市、嫩江县、逊克县、孙吴县、伊春市、铁力市、嘉荫县、鹤岗市、萝北县、绥滨县、佳木斯市、同江市、富锦市、桦南县、桦川县、汤原县、抚远县、双鸭山市、集贤县、友谊县、宝清县、饶河县、七台河市、勃利县、鸡西市、虎林市、密山市、鸡东县、牡丹江市、穆棱市、绥芬河市、海林市、宁安市、东宁县、林口县、北林区、海伦市、望奎县、兰西、青冈县、庆安县、明水县、绥棱县、大兴安岭地区、呼玛县、塔河县、漠河县等地	乾隆四十四年(1779)《盛京通志》	同前
华东	江苏	赣榆县	清康熙十一年(1672)《赣榆县志》	红鹤
		赣榆县	清康熙二十三年(1684)《江南通志·食货志·海州》	红鹤(赣榆时有至者)
		连云港市、赣榆县、灌云县、东海县、灌南县、沭阳县、响水县	清嘉庆十六年(1811)《海州直隶州志》	红鹤

（续表）

地区	省级政区	今地点	出处	内容
	浙江	宁海县、台州市、临海市、温岭市、三门县、天台县、仙居县	宋嘉定十六年(1223)《赤城志》	红鹤(身白，嘴与足皆赤)
		舟山市	元大德二年(1298)《昌国州图志》	红鹤
		温岭市	明嘉靖十九年(1540)《太平县志》	红鹤(身白，嘴与足皆赤)
		玉环县、温州市、瑞安市、乐清市、永嘉县、文成县、平阳县、泰顺县、洞头县、苍南县	明万历三十三年(1605)《温州府志》	红鹤
		天台县	清康熙二十三年(1684)《天台县志》	红鹤
		玉环县、温州市、瑞安市、乐清市、永嘉县、文成县、平阳县、泰顺县、洞头县、苍南县	清雍正四年(1726)《古今图书集成·方舆汇编·职方典·温州府物产考》	红鹤
		舟山市、岱山县、嵊泗县、宁波市、奉化市、象山县	清雍正十三年(1735)《浙江通志·物产·宁波府》	鹤：成化《四明郡志》：红鹤产明州海岛万历《象山县志》：南田悬海，周环一百余里。高出海中诸山，山多鹤，鹿。水多海错
		临安市	清乾隆十三年(1748)《昌化县志》	红鹤
		今属宁波市	清乾隆五十三年(1788)《鄞县志》	红鹤(产明州海岛《成化志》)
		今属宁波市	清咸丰六年(1856)《鄞县志》	红鹤
		属台州市	清光绪三年(1877)《黄岩县志》	红鹤(《赤城志》：身白，嘴与足皆赤)
		泰顺县	清光绪四年(1878)《分疆录》	红鹤
		属宁波市	清光绪五年(1879)《镇海县志》	红鹤(产明州海岛《成化志》)
	安徽	黄山市、歙县、休宁县、黟县、祁门县、绩溪县等地	宋淳熙二年(1175)《新安志》	鹭之类而翼下红者曰红鹤
		黄山市、歙县、休宁县、黟县、祁门县、绩溪县等地	明弘治十五年(1502)《徽州府志》	红鹤(鹭之类而翼下红)
		阜阳市	明正德六年(1511)《颍州志》	红鹤
		阜阳市	明嘉靖十五年(1536)《颍州志》	红鹤
		埇桥区、灵璧县	明万历二十四年(1596)《宿州志》	灰鹤、红鹤
		歙县	清康熙二十九年(1690)《歙县志》	红鹤
		休宁县	清康熙三十二年(1693)《休宁县志》	红鹤
		黄山市、歙县、休宁县、黟县、祁门县、绩溪县等地	清康熙三十八年(1699)《徽州府志》	鹭之类而翼下红者曰红鹤
		长丰县、埇桥区、灵璧县、淮北市、濉溪县、蚌埠市、怀远县、固镇县、淮南市、凤台县、定远县、凤阳县、寿县	清雍正四年(1726)《古今图书集成·方舆汇编·职方典·凤阳府物产考》	灰鹤、红鹤
		绩溪县	清乾隆二十一年(1756)《绩溪县志》	红鹤
		歙县	清乾隆三十六年(1771)《歙县志》	红鹤
		绩溪县	清嘉庆十五年(1810)《绩溪县志》	红鹤(鹭之类而翼下红者)
		黟县	清嘉庆十七年(1812)《黟县志》	红鹤
		休宁县	清道光三年(1823)《休宁县志》	红鹤
		黄山市、歙县、休宁县、黟县、祁门县、绩溪县等地	清道光七年(1827)《徽州府志》	鹭之类而翼下红者曰红鹤

（续表）

地区	省级政区	今地点	出处	内容
	福建	福州市、福清市、长乐市、闽侯县、连江县、平潭县、永泰县、闽清县、罗源县、屏南县、古田县	清乾隆二年(1737)《福建通志·福州府》	鹄(似鹤,身白而微红)
	江西	婺源县等地	宋淳熙二年(1175)《新安志》	同前
		婺源县等地	明弘治十五年(1502)《徽州府志》	同前
		铅山县	明嘉靖四年(1525)《铅山县志》	红鹤
		南康市、大余县、上犹县、崇义县	明万历三十七年(1609)《南安府志》	红雁
		袁州区	清康熙二十二年《宜春县志》	红鹤
		婺源县等地	清康熙三十八年(1699)《徽州府志》	同前
		分宜县、萍乡市、上栗县、袁州区、万载县	清雍正四年(1726)《古今图书集成·方舆汇编·职方典·袁州府物产考》	红鹤
		婺源县等地	清道光七年(1827)《徽州府志》	同前
	山东	滕州市	清康熙五十五年(1716)《滕县志》	灰鹤、红鹤
		滕州市	清道光三十年(1850)《滕县志》	灰鹤、红鹤
中南	河南	汝阳县、平顶山市、汝州市、宝丰县、鲁山县、郏县	明正德元年(1506)《汝州志》	红鹤
		焦作市、孟州市、沁阳市、修武县、博爱县、武陟县、温县、济源市	明正德十三年(1518)《怀庆府志》	红鹤
		鲁山县	明嘉靖三十一年(1552)《鲁山县志》	红鹤
		汝阳县	清康熙三十三年(1694)《伊阳县志》	红鹤
		遂平县	清乾隆二十四年(1759)《遂平县志》	红鹤
		汝阳县	清乾隆三十一年(1766)《伊阳县志》	红鹤
		新密市	清嘉庆二十二年(1817)《密县志》	红鹤(《中州杂俎》:大如舒雁,羽白而窃朱;声最浊,食鱼,巢树。疑汉朱鹭即此也)
		汝阳县	清道光十八年(1838)《伊阳县志》	红鹤
	湖北	嘉鱼县	明正统十四年(1449)《嘉鱼县志》	红鹤
		应城市、安陆市、云梦县、曾都区、广水市	明正德十二年(1517)《德安府志》	鹤(又有红鹤)
		洪湖市、仙桃市、天门市	明嘉靖元年(1522)《湖广图经志书·沔阳州》	红鹤
		兴山县、秭归县、巴东县	明嘉靖四十三年(1564)《归州志》	红鹤(色桃红。鸣于咽)
		红安县	清康熙四年(1665)《黄安初乘》	红鹤
		钟祥市、京山县、天门市、潜江市、丹江口市、襄樊市、老河口市、枣阳市、宜城市、南漳县、谷城县、十堰市、郧县、竹山县、房县、郧西县、竹溪县、保康县	清乾隆五年(1740)《下荆南道志》	红鹤

（续表）

地区	省级政区	今地点	出处	内容
		丹江口市、襄樊市、老河口市、枣阳市、宜城市、南漳县、谷城县	清乾隆二十五年（1760）《襄阳府志》	红鹤
		红安县	清同治八年（1869）《黄安县志》	红鹤
		襄樊市	清同治十三年（1874）《襄阳县志·卷三，食货志·物产》	红鹤
		红安县	清光绪八年（1882）《黄安县志》	红鹅
		丹江口市、襄樊市、老河口市、枣阳市、宜城市、南漳县、谷城县	清光绪十一年（1885）《襄阳府志·卷四，舆地志·物产》	红鹤
	湖南	常德市、汉寿县、桃源县、沅江市	明嘉靖十七年（1538）《常德府志·食货志·物产》	红鹤（类鹅而喙长，色红，浅白股）
		邵阳市、武冈市、邵东县、邵阳县、新邵县、隆回县、洞口县、新宁县、城步苗族自治县、新化县	明隆庆元年（1567）《宝庆府志》	红鹤（似鹅，喙长而红）
		桃源县	明万历四年（1576）《桃源县志》	红鹤
		沅陵县、辰溪县、溆浦县、泸溪县	明万历二十五年（1597）《辰州府志》	红鹤
		新宁县	明万历三十四年（1606）《新宁县志》	红鹤
		新化县	清康熙七年（1668）《新化县志》	红鹤
		汉寿县	清康熙二十四年（1685）《龙阳县志》	红鹤（类鹅）
		桃源县	清康熙二十四年（1685）《桃源县志》	红鹤（类鹅）
		常德市、桃源县、汉寿县、沅江市	清雍正四年（1726）《古今图书集成·方舆汇编·职方典·常德府物产考》	红鹤（类鹅而喙长，色红，浅白股）
		沅陵县、辰溪县、溆浦县、泸溪县	清雍正四年（1726）《古今图书集成·方舆汇编·职方典·辰州府物产考》	红鹤
		沅陵县、辰溪县、溆浦县、泸溪县	清雍正五年（1727）《辰州府志》	红鹤
		汉寿县	清嘉庆十九年（1814）《龙阳县志》	红鹤（类鹅）
	广西	昭平县	清雍正十一年（1733）《广西通志·物产·平乐府》	红顶鹤（昭平出）
		宾阳县	清道光六年（1826）《宾州志》	红鹤
		钟山县	民国二十二年（1933）《钟山县志》	红顶鹤
		宾阳县	民国三十七年（1948）《宾阳县志》	红鹤（似春虫而稍小，毛嘴皆红）
西南	四川	广元市、旺苍县、剑阁县、苍溪县、梓潼县、阆中市、南部县、巴州区、通江县、南江县、平昌县	明嘉靖二十二年（1543）《保宁府志》	红鹤
		洪雅县	明嘉靖四十一年（1562）《洪雅县志》	红鹤
		属成都市	清道光二十四年（1844）《新都县志》	红鹤
		并入成都市	清光绪三十三年（1907）《新繁县乡土志》	朱鹭（似鹭，惟头颈红色，繁人呼为半头红）
	贵州	凯里市	明弘治（1488～1505）《贵州图经新志·清平卫》	红鹤

（续表）

地区	省级政区	今地点	出处	内容
西北	陕西	勉县	清光绪六年(1880)《勉县志》	“明正德(1506～1521)”鹭[②]
		宝塔区	明嘉靖二十一年(1542)《陕西通志·物产·延安府》	红鹤(肤施县出)
		略阳县	明嘉靖三十一年(1552)《略阳县志》	红鹤
		汉阴县	明崇祯十五年(1642)《汉阴县志》	红鹤
		岐山县	清顺治十四年(1657)《岐山县志》	红鹤
		西乡县	清康熙二十二年(1683)《西乡县志》	红鹤
		宝鸡市、凤翔县、岐山县、扶风县、眉县、陇县、千阳县、麟游县、太白县	清康熙三十三年(1694)《凤翔府志》	红鹤
		宝鸡市、凤翔县、岐山县、扶风县、眉县、陇县、千阳县、麟游县、太白县	清康熙四十九年(1710)《凤翔府志》	红鹤
		陇县	清康熙五十二年(1713)《陇州志》	红鹤
		蓝田县	清雍正八年(1730)《蓝田县志》	朱鹭
		凤翔县	清雍正十一年(1733)《凤翔县志》	红鹤
		宝塔区等地	清雍正十三年(1735)《陕西通志》	旋目[司马彪曰：旋目，鸟名也(《上林赋注》)。大如鹭而短，尾红白色，深目，目旁毛皆长而旋。《上林赋》云：鵁鶄旋目。是矣(《本草纲目》)]……红鹤[色红，《禽经》所谓朱鹭。是也(《图经本草》)。出肤施县(《马志》)]
		宝鸡市、凤翔县、岐山县、扶风县、眉县、陇县、千阳县、麟游县、太白县	清乾隆三十一年(1766)《凤翔府志》	红鹤
		宝鸡市、凤翔县、岐山县、扶风县、眉县、陇县、千阳县、麟游县、太白县	清乾隆三十二年(1767)《凤翔府志》	红鹤
		合阳县	清乾隆三十四年(1769)《郃阳县全志》	红鹤
		属西安市	清乾隆四十一年(1776)《临潼县志》	红鹤
		西安市、蓝田县、周至县、户县、高陵县、铜川市、临渭区、富平县、咸阳市、兴平市、三原县、泾阳县、礼泉县、宁陕县、柞水县	清乾隆四十四年(1779)《西安府志》	旋目(《上林赋注》：司马彪曰：旋目.鸟名。《本草纲目》：大如鹭而短尾，红白色，深目)
		府谷县	清乾隆四十八年(1783)《府谷县志》	红雀(善鸣)
		汉滨区、汉阴县、石泉县、紫阳县、岚皋县、平利县、镇坪县、旬阳县、白河县	清乾隆五十三年(1788)《兴安府志》	红鹤
		蓝田县	清嘉庆元年(1796)《蓝田县志》	朱鹭
		山阳县	清嘉庆元年(1796)《山阳县志》	红鹤:《图经本草》说(朱鹮)色红,《禽经》所谓朱鹭是也

（续表）

地区	省级政区	今地点	出处	内容
		宝塔区、安塞县、子长县、延川县、延长县、甘泉县、宜川县、志丹县、吴旗县、定边县	清嘉庆七年（1802）《延安府志》	红鹤
		汉滨区、汉阴县、石泉县、紫阳县、岚皋县、平利县、镇坪县、旬阳县、白河县	清嘉庆十七年（1812）《兴安府志》	红鹤
		汉阴县	清嘉庆十七年（1812）《汉阴厅志》	红鹤
		略阳县	清道光二十六年（1846）《略阳县志》	红鹤
		洋县	清光绪二十四年（1898）《洋县志》	红鹤
	甘肃	临夏市、临夏县	明嘉靖二十五年（1546）《河州志》	红鹤
		庄浪县	清康熙六年（1667）《庄浪县志》	红鹤
		临夏市、临夏县	清康熙四十六年（1707）《河州志》	红鹤
		天水市、清水县、秦安县、张家川回族自治县、礼县、两当县、徽县	清乾隆二十九年（1764）《直隶秦州新志》	红鹤
		甘谷县	清乾隆三十五年（1770）《伏羌县志》	红鹤
		清水县志	清乾隆六十年（1795）《清水县志》	红鹤
		两当县	清道光二十年（1840）《两当县新志》	红鹤
		清水县	2001年《清水县志》③	清乾隆时期，还可见到虎、猴、红鹤（又名朱鹮、朱鹭）等动物，现已绝迹

注：①吴廷燮等，1998；②详见明正德（1506～1521）张颂《书台晚翠》；③清水县志编纂委员会，2001。

4　朱鹮在20世纪的分布

尽管此时朱鹮分布地已然大为减少，但曾有朱鹮栖息的省级政区大部分仍有朱鹮延续到20世纪前半叶。

4.1　华北

华北栖息的朱鹮一直延续到20世纪，其地域范围涉及5个省级政区。

4.1.1　北京

北京市曾有朱鹮栖息。

尽管现代《北京脊椎动物检索表》在朱鹮分布仅有"罕见夏候鸟。近年来仅见于陕西洋县"（高武等，1994）语焉不详说明，但《（民国）北京市志稿》（吴廷燮等，1998）记述：

京师清故宫东太庙有鹤成群，秋集春去，其色灰白。相传自东海滨来，或云是鹳之属。

按：描述"色灰白"与"或云是鹳之属"，表明其并非是人们熟悉的"鹤"，而是曾分布覆盖北京地区的朱鹮；"清故宫东太庙"约属东城区。

4.1.2　天津

虽未见明确记载此时天津市有朱鹮，但其邻近有朱鹮。

4.1.3　河北

河北省虽还有朱鹮，但已处于极度濒危状态。

郑作新（1976）只称"河北"有朱鹮，缺乏具体地点。

《大城县志》（河北省大城县地方志编纂委员会，1995）记述：

朱鹮：俗称"地鹄"，六七十年代尚见于北大洼水泊之中，近年来则鲜见。

按：据此，反映朱鹮在河北省中东部、与天津市毗邻的大城县一带持续到20世纪后半叶。

4.1.4　山西

山西省在20世纪仍有朱鹮栖息。

1910年代，太原市还见有朱鹮(Sowerby,1914)。

谭耀匡(1986)指出，1930年代山西还有朱鹮分布。

郑作新(1976)只是笼统地称“山西东南部”有朱鹮。尽管“晋城市主要经济鸟类名录表”中明确有“朱鹮”等不乏珍稀鸟类(晋城市地方志编纂委员会，1999)，似可与郑作新的说法相互印证，但是与其同期的《山西通志》则明确“朱鹮已濒灭绝”(山西省史志研究院，1996)，且我国在1978年以来曾千方百计寻找野外的朱鹮①，仅在不包括山西省的陕西省与河南省屈指可数的几地发现朱鹮，怎可能其后反而在晋城市(辖城区、高平市、泽州县、沁水县、阳城县、陵川县)多处出现朱鹮？窃以为，这可能是说的之前的分布情况。

4.1.5 内蒙古

内蒙古自治区分布的朱鹮持续到20世纪前半叶，主要还是在今呼伦贝尔市一带。

民国十二年(1923)《呼伦贝尔志略》记载的“土鹅”，联系到之前的“红鸭”“红牙”记载，反映在海拉尔区、满洲里市、扎兰屯市、牙克石市、根河市、额尔古纳市、阿荣旗、新巴尔虎右旗、新巴尔虎左旗、陈巴尔虎旗、鄂伦春自治旗、鄂温克族自治旗、莫力达瓦达斡尔族自治旗等地仍有朱鹮。

4.2 东北

东北的3个省级政区依然有朱鹮分布。

4.2.1 辽宁

20世纪前半叶，在辽宁仍有较多朱鹮分布，尤其是南部沿海地区。

外国学者发现并记录下辽河河岸繁殖和鸭绿江上空飞翔的朱鹮个体(Sowerby at el,1914；Sowerby,1923)。

20世纪前半叶，在旅顺(今属大连市)(黑田长禮，1914；森為三，1927)、营口市(森為三，1927；水野馨，1934；郑作新，1976)、牛庄(在今海城市)(Meise,1934)、貔子窝或新金(皆今普兰店市)(水野馨，1934)等地仍有朱鹮，并获得标本。

虽《沈阳市志》称“朱鹮等已绝迹”(沈阳市人民政府地方志编纂办公室，1989)，但还是可以印证曾经有朱鹮栖息，同时据早期相关资料，似在20世纪初所辖沈阳市、新民市、辽中县、康平县、法库县一带仍有分布。

《丹东市志》记述：

朱鹮：地方名朱鹭。夏候鸟。主要栖息于水田、沼泽。是世界上濒临灭绝的鸟类。辽宁省仅在省实验中学保存着1939年在丹东市鸭绿江口采到的1只标本。此后很少见到其踪迹。

按：现存标本既证实辽宁省曾有朱鹮，又说明20世纪前半叶还有朱鹮存在，进而似可表明在岫岩县、丹东市、东港市、凤城县、宽甸满族自治县一带20世纪初仍有朱鹮。

但以后再未见有任何朱鹮栖息的报道。1979年以来，曾到辽南部分地区寻找，至今没有发现朱鹮(黄沐朋等，1989)。

4.2.2 吉林

吉林省在20世纪前半叶有朱鹮，主要是在长春市(森为三，1927；水野馨，1934；郑作新，1976)，但已有多年未曾有人报道(吉林省野生动物保护协会，1987)。说明已经灭绝。

4.2.3 黑龙江

黑龙江省的朱鹮分布持续较长久。

民国十三年(1924)《宁安县志》记载“红鸭(形如白鹭，翅白)”，说明今宁安市还有朱鹮。

20世纪前半叶，在哈尔滨市(森为三，1927；Loukashikin,1934)、兴凯湖②(Hartert,1920；郑作新，1976)等地还有朱鹮分布记载。

直到1963年，在兴凯湖附近仍然有人曾经发现过1只朱鹮幼鸟，此后未见有关朱鹮的报道(Won,1971)。说明在密山市一带栖息的朱鹮存留较长久。

4.3 华东

华东7个省级政区仍有朱鹮栖息。

4.3.1 上海

20世纪初，上海市有朱鹮分布记载。

《中国朱鹮》虽称朱鹮分布于“上海(Tristram,1912)”，却无更具体地点，也无法查证③。所

①从1978年起，中国科学院动物研究所的鸟类学家们组成考察队，调查了东北、华北和西北三大地区，跨越9个省区，行程5万km。

②兴凯湖是中俄界湖，中方距密山市35 km。

③《中国朱鹮》后附《有关朱鹮的文献·中国部分》(史东仇等，2001)未见详细出处。

称“扬子江口附近的夏威山（La Touche，1909）”，在长江口附近既找不到此地名（或谐音地），又因地处水网地带无山，而难以确定。

虽然未见上海市的其他有关朱鹮记载，但从朱鹮的整体分布变迁考虑，至少朱鹮在上海停歇是可能的，故暂且以崇明县标在图上。

4.3.2 江苏

江苏省仍见少数地方分布有朱鹮。

外国学者对1910年代的朱鹮有记录，其中有南京市（Courtois，1912）。《华东鸟类物种和亚种分类名录》记载朱鹮在“南京（夏）”（朱曦等，2008），似为早期状况。

民国十六年（1927）《江苏通志·方物考》仍有“红鹤”等鸟类记载，说明依然有所分布。

4.3.3 浙江

浙江省仍有较多朱鹮分布，尤其在20世纪前半叶。

外国学者记录下桐庐（县）（Courtois，1912）与处州（La Touche，1934）有朱鹮栖息。“处州”是今丽水市的古称，辖今莲都区、龙泉市、缙云县、青田县、云和县、遂昌县、松阳县、庆元县、景宁畲族自治县，说明当时朱鹮在浙南也有较多分布。

据记载，1951年5月，在温州瑞安县采集到雄性朱鹮标本1只；1956年，又在宁波采集到朱鹮标本3只。这4只朱鹮标本现存放在复旦大学与上海师范大学（张健康，2008；芮晓倩，2008）。

《中国鸟类分布名录》称衢县（衢州市）仍有朱鹮（郑作新，1976）。

《浙江动物志》记载朱鹮在宁波、衢州、瑞安等地为夏候鸟（浙江动物志编辑委员会，1990），《华东鸟类物种和亚种分类名录》记载朱鹮在“温州（夏）、衢州（夏）、宁波（夏）、桐庐、瑞安（夏）”分布（朱曦等，2008）。结合文献资料，2003～2004年调查温州市、瑞安市、乐清市、永嘉县、文成县、平阳县、泰顺县、洞头县、苍南县等地的“朱鹮”（陈余钊等，2007），似皆较早期的朱鹮分布。

方志记载20世纪前半叶浙江省有多地的朱鹮分布（表5.2）。

表5.2　**方志记载20世纪前半叶浙江省朱鹮分布概况**

今地点	出处	内容
象山县	民国十五年（1926）《象山县志》	红鹤（《成化郡志》：产四明海岛乐妙山居集。倪九三前辈云：红鹤或是红鸦之伪。予谓是《本草·集解》所谓朱鹭。《西城杂录》：红鹤合声即鷮）
衢州市	民国十五年（1926）《衢县志》	红鹤
今属宁波市	民国二十三年（1934）《镇海县志》	红鹤
临海市	民国二十四年（1935）《临海县志》	鹤（本邑所产鹤毛微红，俗称红鹤）
宁海县、台州市、临海市、温岭市、三门县、天台县、仙居县、玉环县	民国二十五年（1936）《台州府志》	红鹤（《赤城志》：身白，嘴与足皆赤）

4.3.4 安徽

安徽省还有朱鹮栖息，但主要是20世纪前半叶。

外国学者记载1910年代，朱鹮见南陵水东（在今南陵县）、徽州（Courtois，1912）。但其时“徽州”乃今“黄山市”，辖今黄山市、歙县、休宁县、黟县、祁门县、绩溪县等地。

《中国鸟类分布名录》称，朱鹮“从前采自安徽、浙江的灰色型，或均是幼鸟”（郑作新，1976）。

《华东鸟类物种和亚种分类名录》称朱鹮分布于安徽“徽州、德县（夏）”（朱曦等，2008），此记载有误：①资料显然是早期的记录而未核查，因“近几十年来，安徽原有分布、现已绝迹的野生种群”就有朱鹮（安徽省林业厅，2006）。②历史上曾有“德县”，却在山东；安徽却有2个含“德县”（旌德县与广德县）皆在宣城市，从地望看，似指旌德县。

4.3.5 福建

福建省还有朱鹮栖息记录。

《中国鸟类分布名录》称：福州市有朱鹮（郑作新，1976）。

《华东鸟类物种和亚种分类名录》称朱鹮分布于“厦门（冬）”（朱曦等，2008），似为早期，甚至是20世纪厦门市朱鹮的栖息情况。

4.3.6 江西

20 世纪,江西省仍有朱鹮分布。

外国学者记载 1910 年代,朱鹮见徽州(Courtois,1912),其时"徽州"辖今婺源县等地。

《石城县志》记载"常见候鸟:燕、朱鹭、白鹭、雁等"(江西省石城县志编纂委员会,1990)。所称"朱鹭",当是朱鹮;但在石城县可能只是 20 世纪前半叶的状况。

4.3.7 山东

山东省依然有朱鹮。

毫无疑义山东省曾有朱鹮(郑作新,1976),只是有具体地点的不多见。

《山东鸟类分布名录》记载:朱鹮分布在"鲁西北平湖湖区(La touché, 1925;纪加义等,1987a)"(赛道建等,2013)。此资料值得推敲:①此原始信息似指 1920 年代的朱鹮情况。②"鲁西北平湖湖区",据字面看,似主体是方位(鲁西北)与地点(平湖),但在鲁西北较显著的湖泊不多,"平湖"检索不到。③鲁西南不仅可见东平湖、南阳湖、独山湖、昭阳湖、微山湖等一系列较著名湖泊,而且有早期的滕州市有"灰鹤、红鹤"佐证。窃以为存在讹误,似指 20 世纪初在鲁西南的东平县、梁山县、济宁市、鱼台县、滕州市、微山县一带有朱鹮栖息。

4.3.8 台湾

台湾在 20 世纪前半叶还有朱鹮栖息的记录。

据报道,1912 年在台北县淡水 4 月采集到朱鹮标本(Uchida,1912),8 月又在金包里见到朱鹮(大岛正满等,1916)。

风野铁吉(1939)则称,在高雄的东港(今属屏东县)和台中的员林(今属于彰化县)皆采集到朱鹮标本。

郑作新(1976)只是确认台湾有朱鹮,没有更具体地点。

《台湾脊椎动物志》(陈兼善,1986)记述:

朱鹭(*Nipponia nippon*;英文名 Japanese Crested)。任国荣氏名此为白鹮,误也。亦名日本凤头鹳(祁)、鹮朱鹭、红鹤。分布我国东北、韩国及日本,在台湾为罕见之冬候鸟,曾见于淡水、台北、台中、高雄等地。

按:内容基本正确,只是其中指出的地点"淡水、台北、台中、高雄",据查证应是台北县、彰化县、屏东县。

方志记载 20 世纪后半叶台湾有多地的朱鹮分布(表 5.3)。

表 5.3 方志记载 20 世纪后半叶台湾朱鹮分布概况

今地点	出处	内容	参考文献
苗栗县	1957 年《苗栗县志》	朱鹭:*Nipponica nippon* (TEMMINGK) 亦称:白鹮。产于苑里之涉禽类。嘴细长而弯曲。趾间有蹼。翼长雄约 42 cm,雌约 38 cm;尾长约 17 cm。全身除头部为鲜红色外,均白色而各羽基部有极淡之朱鹭色(紫红),尾浅朱鹭色;嘴黑色,前端赤色,脚褐赤色	黄新亚等,1983
台北县	1960 年《台北县志》	朱鹭:体百色;翼、尾及腋部带玫瑰红色;后头及颈之羽延长而成鸟冠;面之裸皮胭脂红色。嘴黑色但先端红色。脚粉红色(以上为百色型)。颈与胸之上部鼠灰色或石板灰色;胸部、大覆雨羽及中雨羽带白色或纯白色(灰色型)。翼 39～43 cm,尾 15.5～16.9 cm。淡水河	林兴仁等,1983
台南县	1960 年《台南县志》	朱鹭:*Nipponia nippon*(Temminck)头部颈部无羽毛,皮肤裸出,三列拨风羽不成为饰物,羽毛白色或灰色,白色型除裸出部为鲜红色外,全体白色,各羽基部有极淡之紫红色,初列次列拨风羽轴朱鹭色,嘴黑色,先端赤色,脚褐赤色,翼长约 40 cm,尾长 16 cm	洪波浪等,1983
台中市	1983 年《台中市志》	朱鹭:*Nipponia nippon* TEMMINCK 主要特征:嘴细长而弯曲。颜面及喉部裸出而无羽毛;三级飞羽不成饰羽,后头后颈之羽毛细长而为柳叶状之羽冠(*Nipponia* 属)。羽毛白色(白色型较为普通)或灰色(灰色型);白色型除头部裸出部为鲜红色外,全体白色,各羽基部有极淡之紫红色(朱鹭色)(初级飞羽羽轴朱鹭色),尾浅朱鹭色;嘴黑色,先端赤色,脚赤褐色;灰色体型上面石板灰色,下面近于白色,余同白色型;嘴峰(露出部)15.6～20.3 cm;翼长:雄者 40.0～43.2 cm,雌者 37.5～39.5 cm;尾长 15.0～17.5 cm。英名 Japanese Crested Ibis,亦名日本凤头鹳、鹮朱鹭、红鹤	王建竹等,1983

4.4 中南

中南虽大部分省级政区有朱鹮栖息，但已是强弩之末。

4.4.1 河南

河南省是中南仍有朱鹮分布较多的省级政区。

《中国鸟类分布名录》称：朱鹮在河南西部熊耳山（郑作新，1976），亦即约卢氏县、栾川县、嵩县、宜阳县、洛宁县一带。

《河南省野生动植物资源调查与保护》（甘雨等，2004）记述：

据资料记载，最早由傅桐生于1937年记载于河南淅川县的荆紫关，1979年西峡县外贸部门曾在丹水镇收购过“红鹤”（朱鹮）羽皮一张①。据淅川县荆关镇石洪亮、郑关柯等当地群众反映，1995年、1997年和1998年在淅川县荆关镇狮子沟、龙峪沟、淇河庄水坝等与西峡县交界处发现朱鹮活动。本次调查时未发现踪迹。根据调查分析，此区在繁殖季节可能有数量很少的朱鹮，估计1～3对，但需要长期深入调查，故本种未列入《河南省鸟类名录》。

《西峡县志》记载有“朱鹮”（西峡县志编纂委员会，1990）；《南阳地区志》也明确有“朱鹮”（南阳地区地方史志编纂委员会，1994），不仅皆证实西峡县有朱鹮，而且还可以反映南阳市、邓州市、南召县、方城县、西峡县、镇平县、内乡县、淅川县、社旗县、唐河县、新野县、桐柏县一带在20世纪初曾有朱鹮分布。

《信阳地区志》（信阳地区地方史志编纂委员会，1992）记述：

1982年经省政府批准，划定鸡公山、连康山、董寨、金刚台4个自然保护区……另外，光山县政府将牢山林场、净居寺、泼河水库、五岳水库，信阳市政府将南湾水库鸟岛，新县将戴咀、周河等10个乡划为自然保护区。

一类保护的鸟类：……白鹤、白头鹤、黑枕鹤、黑颈鹤、黑鹳、朱鹮、丹顶鹤、白鹳、黑长尾雉、黑颈长尾雉（黑地鸡）、天鹅、白肩雕、蓝雕。

按：据此，有朱鹮地已涉及信阳市、商城县、罗山县、新县等地；然而在此之前，在信阳市、息县、淮滨县、潢川县、光山县、固始县、商城县、罗山县、新县一带似也有朱鹮分布。

4.4.2 湖南

湖南省仍有少量朱鹮栖息记录。

《汉寿县志》虽记载有“红鹤”（汉寿县志编纂委员会，1993），但从朱鹮分布变迁整体情况分析，这似指20世纪前半叶汉寿县的朱鹮情况。

4.4.3 广东

广东省个别地方仍有朱鹮栖息。

民国十九年（1930）《龙山乡志》有“红鹤（朱鹭）”记载，说明今佛山市一带曾有朱鹮。

4.4.4 海南

海南省有朱鹮栖息，也是朱鹮分布的最南记录。

国内外学者对海南省栖息朱鹮都有记载，但认为已是罕见冬候鸟（水野馨，1940；郑作新，1976；广东省昆虫研究所动物室等，1983）。

《琼中县志》称“鹮（有白鹮和朱鹮之分）”（琼中黎族苗族自治县地方志办公室，1995），证实到20世纪琼中县仍有朱鹮，只是存在时间要靠前一些。

4.5 西南

此阶段，西南仅四川省个别地方仍有朱鹮。

民国二十一年（1932）《新都韵言》记载有“红鹤”，新都县今属成都市，说明当地的朱鹮延续到1930年代。

4.6 西北

西北仅新疆维吾尔自治区没有朱鹮分布。

4.6.1 陕西

陕西省依然有较多朱鹮存在。

外国学者在20世纪初，注意到临潼（今属西安市）（Blackwelder，1907）、石泉县（La Touche，1934）一带有朱鹮分布。

《秦岭鸟类志》（郑作新等，1973）记述：

朱鹮

【地方名】红鹤。

---

①《伏牛山自然保护区科学考察集》也有类似记载，但时间是“1977年”（宋朝枢，1994）。

【分布】秦岭北坡的眉县、周至(县)、户县、西安(市)、长安(今属西安市);南坡的汉中(今汉台区)、洋县、安康(今汉滨区)。

【居留其间】夏候鸟。在周至、户县等地,自1957年以来,由于许多杨树被砍伐,此鸟也相应地减少……我们1957年4月在洋县解剖2号标本……

1960年代,洋县、周至县和西安市附近还采到过朱鹮标本,以后就看不到它们的踪影了(唐锡阳,1984)。《陕西省志》称:尤其是珍稀鸟类朱鹮,20世纪60年代尚有发现,到80年代,已在本区(西安市)绝迹(陕西省地方志编纂委员会,2000)。

《中国鸟类分布名录》又称,陕西朱鹮分布在"南部太白山、洋县"(郑作新,1976),"太白山"主体在眉县、太白县一带。

《中国西北地区珍稀濒危动物志》(中华人民共和国濒危物种进出口管理办公室等,1994):

朱鹮

【俗名】红鹤、朱鹭。

【生态】在洋县的分布属留鸟型。

【标本采集】陕西的洋县1957.6.13(2只),1983.6.15(1只),1986.5.9(1只),1987.5.29(3只,野外实测)。

【分布】1948年以前,朱鹮是候鸟,夏季北迁。1949年前,陕西长安上红庙村郑家大院内3颗(棵)大白杨树上,每年夏季就曾有朱鹮筑巢繁殖,当地老乡叫红鹤。建国后再未见到朱鹮迁来。现在分布在陕南的朱鹮基本上属于留鸟。

《中国濒危动物红皮书:鸟类》(汪松,1998)记述:

朱鹮……60年代以后未见踪影,曾一度被认为已在中国灭绝。此后,1981年5月在陕西洋县重新发现了仅7只的繁殖群体。目前分布于洋县、城固(县)、汉中(汉台区)、勉县、西乡(县)和佛坪(县),面积近3 000 km^2。

修订过的《中国经济动物志:鸟类》(郑作新,1993):

朱鹮

【别名】朱鹭(通名)、鹮(辞典)、日本凤头鹮(鸟类试编)、红鹤(陕西俗名)、朱脸鹮鹭。

【标本采集地】:(♂,♀幼鸟)陕西洋县、(♂)西安。"我们在鄠县(户县)时曾见一对在河流、水田附近飞翔,头向前伸,腿伸向后,鼓翼飞行,翅膀鼓动缓慢但有力,离地约20 m;当用猎枪瞄准时,它们就很快斜向另一方向飞走了。据当地居民谈,这种朱鹮过去较多,栖息在村边的高大白杨树上并作巢繁殖。后来这些高大的白杨树被砍伐,以后这种朱鹮就逐渐稀少了"。

【地理分布】:……在本世纪20～30年代,相当广泛,北自黑龙江的兴凯湖,西抵甘肃中部,南至安徽、浙江等地;近年来甚为少见。我们曾于1960年左右在秦岭南、北坡见到(郑作新,1973)……直到1981年5月才在陕西南部洋县的山区发现2窝正在孵育幼鸟的2对朱鹮。

据1982～1990年陕西省7次对可能有残存朱鹮栖息地进行调查,仅在城固县、洋县、佛坪县野外发现朱鹮,尤其是1982年3月就在城固县、洋县新发现朱鹮(史东仇等,2001)。

据李保国等(1992)对关中、商洛地区的朱鹮调查,分布于西安市、蓝田县、周至县、户县、岐山县、眉县、陇县、商州区、洛南县、丹凤县、山阳县等地的朱鹮都延续到20世纪后半叶,其中最长久的达到1970年代初。

截止到2006年,20多年野外调查,秦岭北坡的眉县、周至、西安(含长安)、华阴,南坡的留坝、城固、洋县、佛坪、宁陕、山阳、丹凤和地跨秦岭南北的太白等县市,及主要隶属大巴山系的宁强、南郑、汉台、西乡、石泉、汉阴和安康(汉滨区)等地。调查的自然保护区包括秦岭北坡的周至,南坡的留坝桑园、长青、周至老城、佛坪、宁陕,跨秦岭南北坡的太白山和牛背梁,及属大巴山系的宁强青木川、西乡龙池猕猴和跨镇平与平利两县的化龙山;所调查的水系包括汉中南湖公园、褒河水库、石泉水库、汉中汉江水系,确认有朱鹮等珍稀物种(巩会生等,2007)。对此,由于时间跨度较长久,我们认为可以反映20世纪后半叶的朱鹮分布情况,其中只有部分地方栖息的朱鹮延续到现今。

方志记载20世纪后半叶陕西省有多地的朱鹮分布(表5.4)。

表 5.4　　方志记载20世纪后半叶陕西省朱鹮分布概况

今地点	出处	内容	参考文献
宝鸡市、凤翔县、岐山县、扶风县、眉县、陇县、千阳县、麟游县、凤县、太白县	1992年《中国国情丛书：百县市经济社会调查：宝鸡卷》	共有动物近500种，属于珍稀保护的动物有28种，其中一类保护动物有大熊猫、金丝猴、羚羊、秦岭虎（华北虎）和朱鹮	丁伟志，1992
周至县	1993年《周至县志》	县内稻田原有不少朱鹮，在高大阔叶树上作巢，俗称红鹤。60年代后，稻田大多改为夏秋两料（季），生活条件恶化	《周至县志》编纂委员会，1993
城固县	1994年《城固县志》	书前冠彩照中，有金丝猴1幅，朱鹮3幅。 【鸟类】……中白鹭、大白鹭（白鹤鹭）、夜鹭、黑鹳、白鹳、朱鹮（红鹤）、白鹮、绿头鸭……豆雁、斑头雁、鸿雁、大天鹅（鹄）、普通秧鸡……	城固县地方志编纂委员会，1994
洋县	1996年《洋县志》	【朱鹳】……朱鹮，脸颊、腿、爪呈朱红色，翅下部羽色粉红，背部具灰色繁殖羽，枕部有数十根柳叶状羽毛，颈、腿稍长，体形中等，性情温和。 历史上对朱鹮的记载，最早见于春秋时期的《禽经》，称之为“朱鹭”。民间向称红鹤，被视为吉祥的象征……陕西省主要分布在洋县及汉中、安康、眉县、周至、户县、长安的县（市） 【栖息区域】据朱鹮保护观察站调查，民国十九年（1930），平川、丘陵和浅山地带上空时见其飞行，停歇于槲栎（青冈）或松树上，觅食于溪流、渠、塘和水田。民国二十九年前后，阳河乡东沟、金水乡白石河、东柳乡张王沟、铁河乡大西沟、阳坪乡两河口、窑坪乡油坊沟、四郎乡马道、八里关乡姚家沟、长溪乡太白、谢村镇智果、罗曲乡陈家坪、磨子桥镇冯阳和小江乡董家沟等地时有所见。解放后，群体去向不明。1957年，中国科学院动物研究所人员在本县只采到2只朱鹮尸体 1978年9月，国务院环境保护领导小组办公室和林业部自然保护处，委托中国科学院动物研究所组成考察小组，寻找和研究朱鹮。考察小组从1979年起，历时3年，先后4次考察有过朱鹮生存记录的燕山、吕梁山、大别山、中条山；湖北、江苏、浙江、江西一带丘陵、低山地带；沿黄河、渤海、雷州半岛一线；甘肃、四川东部以及秦岭、巴山地带。最后，在1981年5月21日15时，根据本县纸坊乡农民何丑旦提供的线索，同县林副局技术人员在四郎乡山峰村金家河发现朱鹮两只，朱鹮巢一处。27日，又在八里关乡大店村姚家沟发现成鸟2只，雏鸟4只（其中死雏1只），遂将这群幸存的朱鹮命名为“秦岭一号朱鹮群体”。6月23日，经林业部批准，将姚家沟一只雄性幼鸟“华华”送北京动物园饲养。1982年初，在姚家沟一次直观中发现有朱鹮8只。1984年4月27日，在窑坪乡三岔河发现朱鹮巢地一处，雏鸟3只，次年6月15日，幼鸟“青青”被送往北京动物园饲养。朱鹮保护观察站经过连续两年的调查，初步认定朱鹮中心活动区在：八里关乡的姚家沟、大店、黑峡、银杏坝、龙溪，四郎乡的清凉寺、夭庄，铁河乡的菊家坪、代家店、南长沟，关帝乡的杆柏，窑坪乡的三岔河、岳树坝，阳坪乡的后坝河、团山河、牯牛坪，花园乡的木家河等地。活动地区涉及县境内湑水、溢水、傥水、酉水、金水等水域的川坝、丘陵和低山区。活动范围，东西长44.2 km，南北宽42.6 km，包括华阳、茅坪、八里关、铁河、窑坪、阳坪、花园、关帝、倪家、溢水、前湾、湑水、五间、四郎、白石、八龙、东柳、长溪、戚氏、纸坊、城关、贯溪、龙亭、秧田、槐树关、阳河、罗曲等27个乡（镇），总面积1 587.33 km^2。	洋县地方志编纂委员会，1996
宝鸡市、凤翔县、岐山县、扶风县、眉县、陇县、千阳县、麟游县、凤县、太白县	1998年《宝鸡市志》	【渭河谷地】（此地为宝鸡市主要农业区，与农林有关的平原动物较多）……大型兽类几乎绝迹……还有国家保护的珍贵禽鸟天鹅、大鸨、灰鹤、朱鹮	宝鸡市地方志编纂委员会，1998

4.6.2 甘肃

甘肃省分布的朱鹮有"红鹤、朱鹭"俗称(中华人民共和国濒危物种进出口管理办公室等,1994),并延续到20世纪下半叶。

外国学者称,在今天水市和甘肃中部地区分别于1924年4月和11月采集到2只朱鹮雄鸟(Lönnberg,1924)。郑作新(1976)所称在"甘肃兰州、东南部徽县、武都"分布的朱鹮,其中兰州市约涉及甘肃中部,武都乃今武都区。

1950年代,又在"武都(1953.9.24;1只雌鸟)、康县(1958.7.?;2只雌鸟)"采集到朱鹮标本(中华人民共和国濒危物种进出口管理办公室等,1994)。

1964年6月,康县再次采集到朱鹮标本(谭耀匡,1986)。

4.6.3 青海

青海省所见有朱鹮记载不多。

见到的朱鹮栖息地似在祁连县①,存在时间似在20世纪前半叶。

4.6.4 宁夏

宁夏回族自治区分布朱鹮的记录也不多见。《中国朱鹮》既称"1909年2月23日至3月31日,在宁夏东部采集到4只朱鹮(3雄,1雌)(Bianchi,1916)",又道:朱鹮在宁夏分布于"东部万曲山地区(Bianchi,1916)"(史东仇等,2001)。然而,笔者多方核查,没有找到"万曲山"或其谐音的具体地点。

从朱鹮的整体分布变迁考虑,宁夏应曾有朱鹮栖息。根据地望并参考Bianchi描述,暂且定原州区与彭阳县②。

5 朱鹮的现今分布

现今,朱鹮仅在华东、中南、西北的部分省级政区还有分布。

5.1 华东

华东现有朱鹮分布地在浙江省德清县。

50多年前,浙江曾有朱鹮栖息记录,现分布的朱鹮来源于两处。

2008年4月16日下午,德清县下渚湖风景区的鸟岛上放飞了一对朱鹮,伴随着一阵扑翅拍打声,朱鹮易地保护暨浙江种群重建项目正式启动了。这5对朱鹮是从陕西省楼观台野生动物救护中心抵达下渚湖的(芮晓倩,2008)。

据2011年12月报道,德清县下渚湖朱鹮繁育基地接受了8只从日本返回尚未成年的朱鹮(5只出生于2010年,3只出生于2011年),它们是陕西洋县的朱鹮后代。2008年4月,直接从陕西引进的10只朱鹮,经过4年的繁育,新出生了44只朱鹮。日本返回朱鹮的加入有利于下渚湖朱鹮繁育基地朱鹮种群的基因多样化,可以改善朱鹮种群的品质,提升朱鹮种群的数量和质量③。

又据2015年5月21日报道,去年11月12日,下渚湖朱鹮繁育基地实施朱鹮野化放飞计划,当天33只朱鹮飞出笼舍,回归大自然怀抱。今年1月下旬,观察到野放朱鹮的羽毛变色了,这预示着朱鹮开始进入繁殖期。之后,有7对朱鹮经常成双成对地活动。进入3月,观察到朱鹮衔着树枝飞来飞去,朱鹮开始筑巢了。4月初,基地工作人员找到了朱鹮巢,不久,他们观察到了朱鹮开始轮番卧巢,表明朱鹮已经产蛋,正在孵化。到现在为止,就发现了一只雏鸟④。这是国内朱鹮种群扩大的又一个重大突破。

5.2 中南

中南现在河南与广东两省有朱鹮分布。

5.2.1 河南

河南省现存的朱鹮分布在数地,既有当地的历史孑遗,也有祖籍陕西省的回归朱鹮。

《信阳市野生动植物资源概述》称该市现有的国家一级保护动物中有"朱鹮(野化放飞)"(熊林春等,2014),需要认真辨析:①此"信阳市"乃辖有7~8个县的地级市。②此"信阳市"中确有

①《中国朱鹮》提及的相关信息有3处:"由中国黑龙江的兴凯湖到海南岛,从青海东部的大通山到台湾的金包里"(P8);"最西在中国甘肃、青海两省的交界处(100°E)"(P87);"青海甘肃交界处(安田健,1989)"(P91)(史东仇等,2001)。由于根据原文提示的《有关朱鹮的文献·中国部分》查不到,只能根据"大通山""甘肃、青海两省的交界处(100°E)"察看青海省,似仅祁连县(100.2°E)相符。

②基于几方面考虑:①六盘山与"万曲山"含义相近;②狭义的六盘山主要指地处原州区的六盘山脉第二高峰(海拔2 928 m);③原州区与彭阳县处于宁南偏东位置;④此两地既较接近历史上甘南朱鹮分布地张家川回族自治县、秦安县、清水县等地,纬度又低于陕北。

③下渚湖再迎旅日朱鹮后代. http://news.hz66.com/Item/112341.aspx

④陈星凯."鸟类中的大熊猫"国宝朱鹮成功"野生"了. http://www.zj.xinhuanet.com/newscenter/traveling/2015-05/21/c_1115358883.htm

数个自然保护区有朱鹮栖息。③有朱鹮的自然保护区地处范围既有信阳市，也有所辖县。④故现今的朱鹮并非在整个“信阳市”皆有分布。

地处新县、商城县、信阳市、罗山县、固始县一带的信阳黄缘闭壳龟省级自然保护区现有陆生脊椎动物 258 种，其中鸟类 17 目 39 科 170 种，有朱鹮栖息①。

据 2007 年 11 月报道，从日本返还我国的 13 只朱鹮经检疫检验后，连夜被送到地处罗山县的董寨国家级自然保护区“安家”（田宜龙，2007）。又据 2014 年 8 月报道，位于大别山的董寨国家级自然保护区举行第二次朱鹮放飞，26 只朱鹮从野化训练大网笼中起飞，投入大自然怀抱②。

位于淅川县境内的丹江湿地国家级自然保护区是我国“南水北调”中线工程的水源地，以保护水生和陆栖野生生物及其生境共同形成的次生内陆河口湿地生态系统为主要目的。区域内生物资源丰富，有国家一级保护动物朱鹮、白鹤等多种③。淅川县正是前文提及，在 1990 年代与西峡县数处交界地有朱鹮活动。

5.2.2 广东

广东省现今也有投放的朱鹮栖息。

据 2010 年 1 月报道，地处珠海市的华南地区第一个国家级动物物种保护中心——华南珍稀动物物种保护中心已经奠基。该中心规划面积 30 多公顷，将建设成为以大熊猫、金丝猴、华南虎、朱鹮等为主要珍稀动物的保育中心④。又据 2014 年报道，由德清县下渚湖朱鹮繁育基地提供 4 只朱鹮已入户广东⑤。表明祖籍陕西省、又经在浙江省繁育的朱鹮后代再扩散到广东省，不仅使朱鹮的分布再次扩展到更南部，而且更有利于提升朱鹮种群的数量和质量。

5.3 西北

西北现有朱鹮主要在陕西省，陕西也是恢复分布地点最多的省级政区。

《中国重点陆生野生动物资源调查》称：本次调查（1995 年开始，持续近 10 年），朱鹮分布于洋县、城固（县）、汉中（汉台区）、勉县、西乡（县）和佛坪（县）等地，在陕西为留鸟（国家林业局，2008）。

2009 年，佛坪县大河坝镇水田坪村首次⑥发现 4 只朱鹮分别在两处松树上筑巢栖息（祝国军，2009），表明当地具备适宜朱鹮生存的环境。

据 2009 年报道，朱鹮野外种群已在汉中市 11 个县和安康市宁陕县境内分布。人工种群主要分布在陕西省洋县、周至县、宁陕县，北京动物园和河南、浙江⑦。亦即说明在汉中市所辖所有（区）（汉台区、南郑县、城固县、洋县、西乡县、勉县、宁强县、略阳县、镇巴县、留坝县、佛坪县）皆有朱鹮栖息。

野生朱鹮从 2003 年开始，在城固县秦岭南坡中山区、丘陵低山区和巴山低山丘陵区三种生态环境中营巢繁殖，至 2012 年，已在 5 个镇 14 个村的繁殖地成功繁殖 34 窝，成活朱鹮雏鸟 68 只（付志超等，2013）。

2012 年 9～10 月调查，在洋县、宁陕县和城固县发现野生朱鹮游荡期夜宿地 23 个，其中 20 个有朱鹮夜宿（洋县 16 个、宁陕县 3 个、城固县 1 个），共统计到野生朱鹮 1 090 只（其中 97.2%分布在洋县，最大的夜宿群数量 184 只），表明朱鹮在游荡期有趋于集结较大群体夜宿的习性（王超等，2014）。

据 2013 年 7 月报道，在秦岭以北的铜川市耀州区柳林林场放飞了 32 只朱鹮（王永峰等，2013）。

经过 5 年野外观察，并结合近年对西乡县鸟类的调查资料、野生动物救助及动物爱好者拍鸟记录，确认该县有鸟 251 种，其中包括国家一级保护动物朱鹮与金雕 2 种（周华明等，2013）。

据调查，朱鹮的栖息地已从洋县扩展到周边

---

①信阳黄缘闭壳龟省级自然保护区. aike. baidu. com/link? url=M2ihJDJbuogHqsdU0xVwnSo2loqu5dXqp5eiw9gm0hSWS0gnYzzOdEvqAdkfniwTrjn0CaV9uraqOKFG9qA2FfJGmhB9DEflQDpB_FuEsDW6AOc92XdK3w1ZxmqmAcSa45JOIlL7UI1w4phYhSkCMrcg9PzS_z3OMMAjt4zmmgvbfRgKO9_DmIhuEpTeizXRPSh0UTMx7gwWJkCn5uJIN2n3jMEh_DacM-XXRj283rG

②董寨国家级自然保护区实施第二次朱鹮放飞. http://www. dongzhai. com/news_view. asp? newsid=273

③丹江湿地国家级自然保护区. http://baike. soso. com/v11020991. htm

④华南珍稀动物物种保护中心落户珠海横琴新区. http://news. qq. com/a/20100123/001649. htm

⑤下渚湖再迎旅日朱鹮后代. http://news. hz66. com/Item/112341. aspx

⑥称“首次”不准确，因在 1982 年野外就有朱鹮被发现

⑦10 只朱鹮返回我国落户德清下渚湖. http://gov. zjly. gov. cn/sndt/10365. htm

的周至县、户县、宝鸡市、太白县、汉中(汉台区)、南郑县、城固县、西乡县、勉县、佛坪县。有一对朱鹮甚至飞越秦巴山区,定居在太白山。分布面积由最初不足 100 km^2 增加到 3 000 km^2 以上,野生种群数量由 1981 年的 7 只,2013 年已超过 2 000 只(含人工饲养)(蒲舒涵,2013),栖息的政区在陕西省达到 11 地。

汉江上游的秦岭和巴山之间的汉中盆地以及周边地区全部或部分地区有朱鹮分布,包括以洋县为中心,其周边的南郑县、城固县、西乡县、留坝县、佛坪县等地(107°1′～108°9′E,32°50′～33°37′N),属于北亚热带到暖温带过渡气候,年均气温 12～14℃,年均降水 900～1 000 mm。植被以北亚热带常绿阔叶林和落叶阔叶林、落叶阔叶林及针叶林为主,优势树种有麻栎、板栗、栓皮栎、侧柏、马尾松等(颜文博等,2014)。

据 2014 年报道,宁陕县城关镇寨沟村为全国第一个朱鹮异地野化放飞试验基地。自 2007 年 5 月开始,共进行了 3 次异地野化放飞,共放飞朱鹮 46 只。7 年来,放飞后的朱鹮成功繁育了子一代和二代。截至今年 6 月,野外可监测朱鹮达 60 余只,绝大多数都是放飞朱鹮的后代,目前,在城关镇寨沟和小堰沟已经形成了两个野化放飞后相对成熟、稳定的朱鹮野生居群。该县已正式向上级申请建立省级朱鹮自然保护区①。

陕西省珍稀野生动物抢救饲养研究中心位于秦岭北麓终南山下的周至县楼观镇,2003 年从洋县引进朱鹮 60 只异地饲养繁殖,2014 年 3 月已达 256 只②。

2015 年 4 月 28 日,石泉县中池镇操场坪的枞树林中发现朱鹮巢。现场看到,一只朱鹮大鸟正在巢中孵化幼鸟,在朱鹮巢所在的树兜周围发现大量乳白色朱鹮粪便,证明该朱鹮已在此居留很久;同时还在巢下不远处发现褐色斑点蛋壳一只,蛋壳内还沾有破壳而出后留下的血丝,经林业技术干部分析,该鸟蛋蛋壳属刚孵化后遗留的朱鹮幼鸟蛋壳,这是首只在石泉降生的朱鹮宝宝,朱鹮家族首次有了石泉籍"户口"。在近两个小时的隐蔽观察中,朱鹮大鸟一直待在巢中不离左右,时而静伏巢中,时而站立透气,疑似巢中还有未孵化的朱鹮蛋,由于担心对朱鹮孵化过程造成干扰,观测人员未进行近距离观察③。

5.4　有朱鹮的保护区概况

现有朱鹮栖息的自然保护区共 6 个(表 5.5、图 5.22),从现状还可看出:

表 5.5　栖息有朱鹮的自然保护区概况

地区	省级政区	保护区名称	所处地点	面积(hm^2)	级别	建立时间	主管部门	备注
中南	河南省	董寨	罗山县	46 800	国家级	19820624	林业	
		丹江湿地	淅川县	64 027	国家级	20010810	林业	
		信阳黄缘闭壳龟	新县、商城县、信阳市、罗山县、固始县	109 930	省级	20040226	水利	
西北	陕西省	汉中朱鹮	洋县、城固县	37 549	国家级	19830101	林业	
		长青	洋县	29 906	国家级	19951222	林业	
		汉江湿地	勉县、汉台区、城固县、西乡县	33 605	省级	20091216	林业	

注:①陕西省宁陕县正申报朱鹮省级自然保护区,没有列入。②本表参考多方面信息综合而成,个别误差进行更正。③本表据全国自然保护区名录. http://sts.mep.gov.cn/zrbhq/zrbhq/201208/t20120824_235172.htm;田宜龙,2007;董寨国家级自然保护

①黄积,王永锋. 宁陕将建朱鹮自然保护区. http://www.sxdaily.com.cn/n/2014/0713/c266-5469107.htm

②陕西省珍稀野生动物抢救饲养研究中心. http://baike.baidu.com/link? url=aPdbYFCEeyYOtntAabghfHH-JqeWJA6ZEza9JTcp8nIKZQXXiCEE6o4eo13vASDYwEZXug1y7L8FZftw_l1yw4lMLDUqHkTRimOBGFk_Y-NYgjxEU-F_SB7TnGeoP4_pRay3wcYU9-BsKDHONsYJO7b _ Bv5pS2pKwwkICrFePjgNMG-e56A MCATqjtgUbeEKNmKfwcZKfgfT3cTgyWfqUo6OPd4nw38iNY9Vp-YAM-laH36Mhm_p7qkxclJRtdint;终南山楼观台、楼观台森林公园、珍稀动物保护中心一日游. http://www.lvyou114.com/line/636/636748.html;秦岭珍稀动物博览园. http://shizheng.xilu.com/20140312/1000150001179531.html

③陈思存,宋世兵."国宝"朱鹮家族首次在安康石泉县安家添丁. http://news.hsw.cn/system/2015/0505/245421.shtml

区实施第二次朱鹮放飞. http://www.dongzhai.com/news_view.asp? newsid=273；丹江湿地国家级自然保护区. http://baike.soso.com/v11020991.htm；信阳黄缘闭壳龟省级自然保护区. aike.baidu.com/link? url=M2ihJDJbuogHqsdU0xVwnSo2loqu5dXqp5eiw9gm0hSWS0gnYzzOdEvqAdkfniwTrjn0CaV9uraqOKFG9qA2FfJGmhB9D EflQDpB_FuEsDW6AOc92XdK3w1ZxmqmAcSa45JOIlL7UI1w4phYhSkCMrcg9PzS_z3OMMAjt4zm mgvbf RgKO9_DmIhuEpTeizXRPSh0UTMx7gwWJkCn5uJIN2n3jMEh_DacM-XXRj283rG；长青国家级自然保护区. http://baike.baidu.com/view/514992.htm? fromId=246385；陕西汉江湿地省级自然保护区. http://baike.baidu.com/view/3144368.htm#3

● 栖息有朱鹮的保护区仅在两个省级政区内，共 6 个，总面积达 0.32 万 km^2。

● 仅有 1 个明确以保护朱鹮等濒危珍禽及其栖息地为主的保护区。

● 栖息有朱鹮的保护区涉及 11 地，在两省内基本相当。

● 保护区建立的时间为 1982～2009 年，时间不是很长久。

● 保护区的级别较高，这对保护朱鹮的生息繁衍力度较大。

● 保护区的主管部门以林业占绝大多数。

● 从目前的保护区分布看，基本上处于秦岭—淮河以南，这些朱鹮基本上属于留鸟。

● 在陕南和豫南的保护区虽略呈断续分布，但相距不很遥远，这与现存朱鹮主要种群分布相对应。

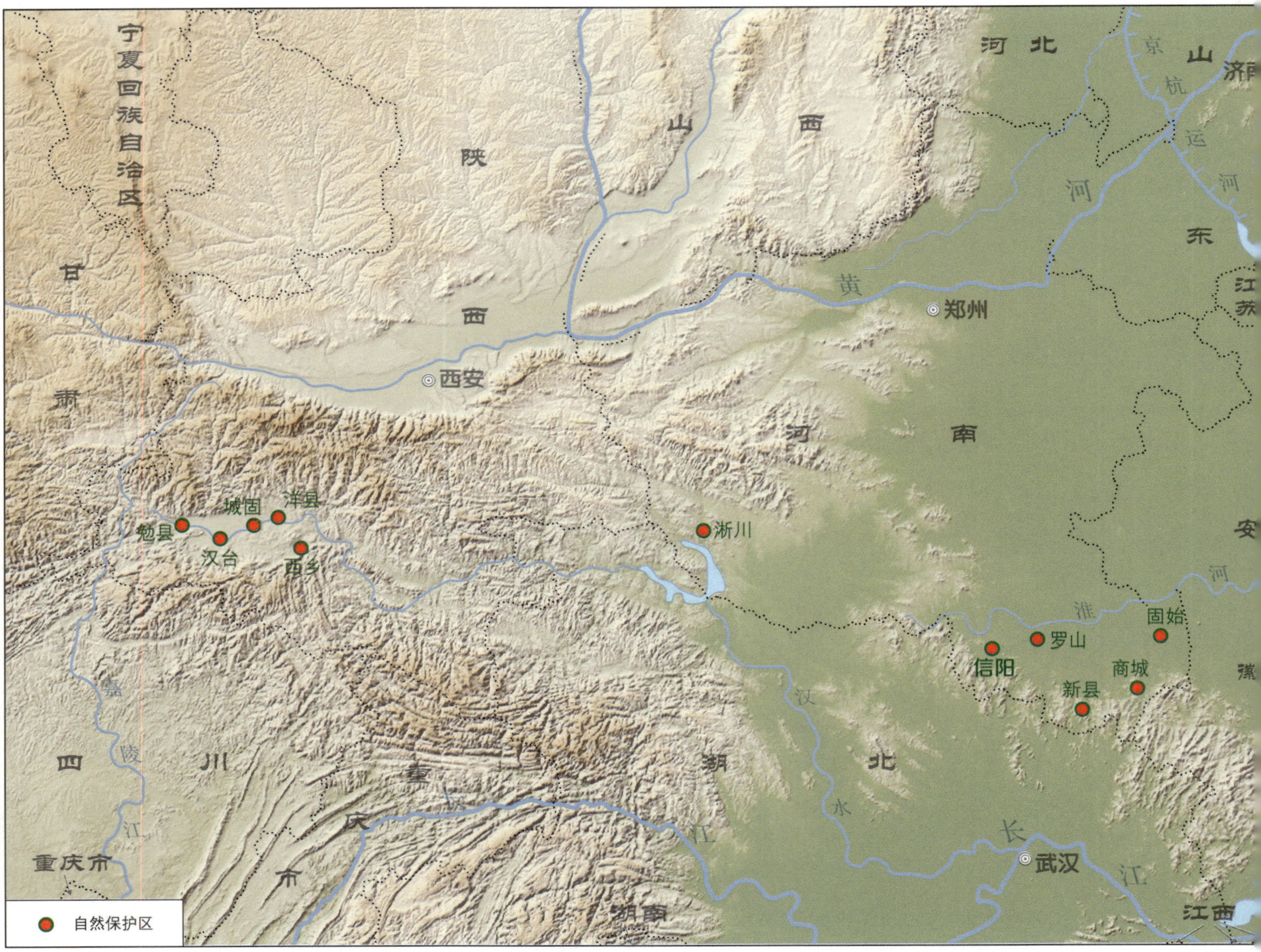

图 5.22 栖息有朱鹮的自然保护区分布大势图

6　朱鹮的分布变迁大势

历史时期，朱鹮的分布变迁巨大（图 5.23、图 5.24、表 5.6），表现如下：

● 虽然香港、澳门、重庆三省级政区未见有朱鹮记载，但由于其乃飞禽，从地望看可以推断历史时期皆有可能有过朱鹮栖息。

● 历史上我国仅云南省、西藏自治区、新疆维吾尔自治区没有朱鹮分布。

● 历史上朱鹮分布最广时期，北界处于青海东北部—甘肃中部—宁夏中部—陕西北部—山西中部—河北北部—内蒙古东北部一线；西南界达到四川中部—贵州东南部—广西西南部一线。

● 分布有朱鹮的县级及其以上政区的绝对数超过 30 个的省级政区排名：黑龙江省（69 个），陕西省（65 个），辽宁省（49 个），河南省（38 个），吉林省与浙江省（皆 36 个），湖北省（31 个）。

● 分布有朱鹮的县级及其以上政区占本省级政区 30%以上的省级政区排名：黑龙江省（90%），辽宁省（84%），吉林省（75%），陕西省（70%），浙江省（52%），湖北省（41%），河南省（30%）。

● 就地区论，东北曾是朱鹮分布最多处。

● 从延续物种时间长久讲，陕西省与河南省名列前茅，尤其是陕西省更胜一筹。

● 朱鹮分布区的显著缩减，主要处于 20 世纪，到后半叶已经屈指可数了。

● 1980 年代以来，朱鹮从极度濒危境地得到有效拯救，已经大为改观。

● 朱鹮现有数量与分布地最多的省级政区是陕西省。

● 目前，朱鹮的扩散还主要处于秦岭—淮河以南，还需要逐步向北推进。

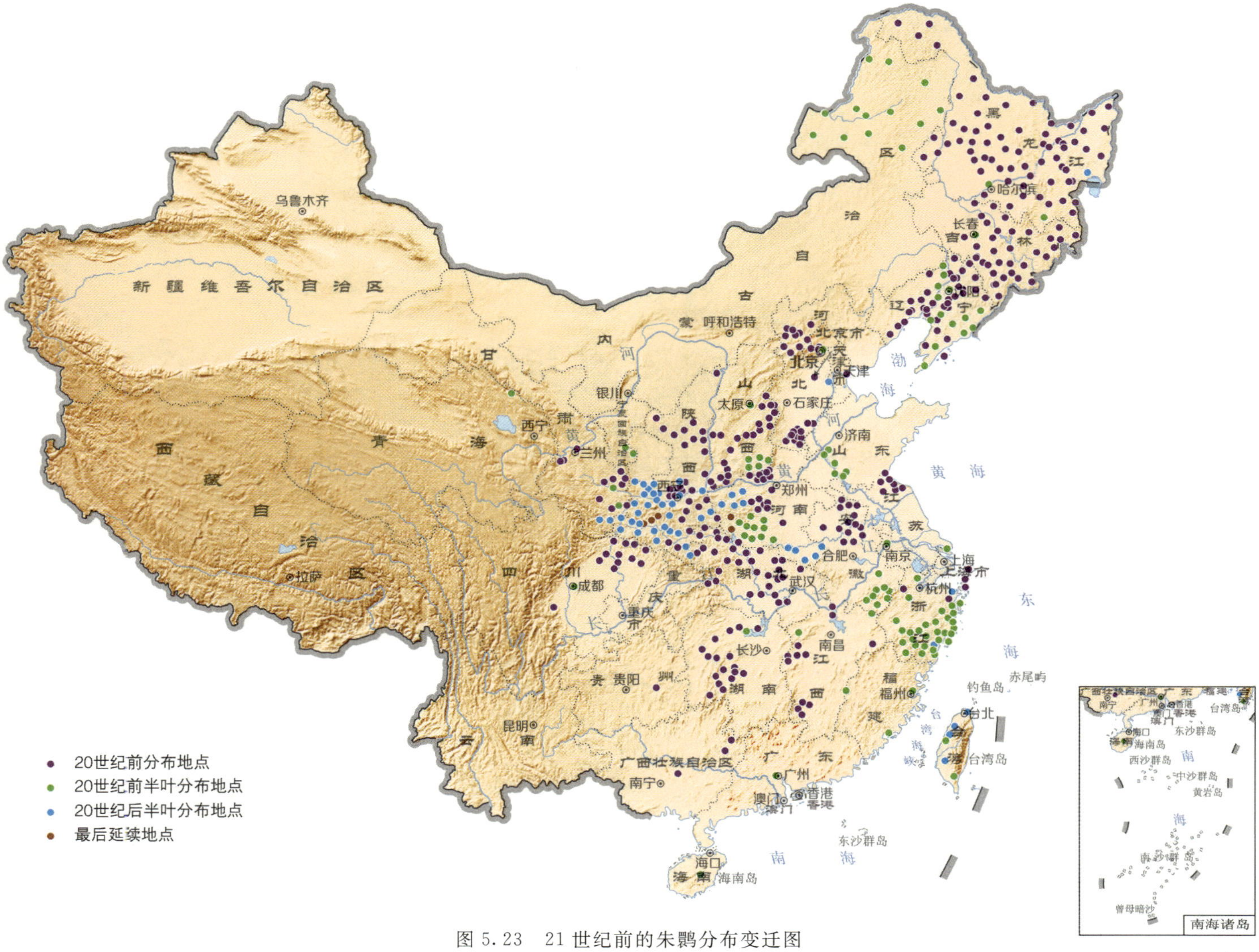

图 5.23　21 世纪前的朱鹮分布变迁图

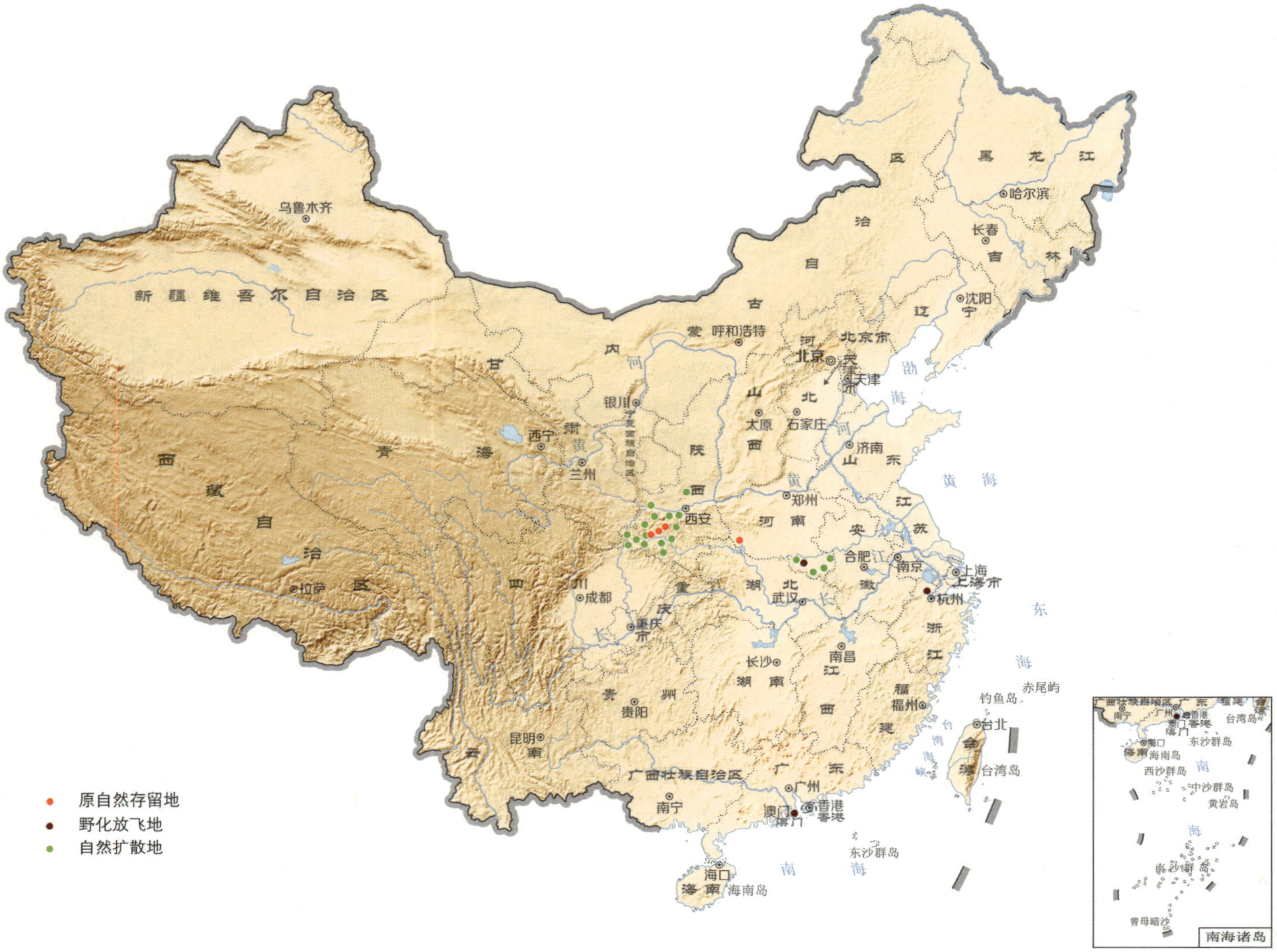

图 5.24　现今的朱鹮分布图

表 5.6　　　　**历史时期朱鹮分布变迁状况**

地区	省级政区	20世纪前分布地点	20世纪前半叶分布地点	20世纪后半叶分布地点	现今分布地点
华北	北京	东城区、西城区、宣武区、丰台区、石景山区、海淀区、门头沟区	东城区		
	天津	塘沽区			
	河北	张家口市、宣化县、蔚县、阳原县、怀安县、万全县、怀来县、涿鹿县、赤城县、大城县、安新县、威县、清河县、邯郸市、邯郸县、成安县、磁县、肥乡县、永年县、鸡泽县、广平县、魏县、曲周县	大城县	大城县	

（续表）

地区	省级政区	20世纪前分布地点	20世纪前半叶分布地点	20世纪后半叶分布地点	现今分布地点
	山西	太原市、阳泉市、平定县、盂县、武乡县、沁县、沁源县、城区、高平市、泽州县、沁水县、阳城县、陵川县、榆社县、左权县、和顺县、昔阳县、寿阳县、尧都区、霍州市、永和县、隰县、盐湖区、永济市、芮城县、新绛县、闻喜县、夏县、平陆县	太原市、城区、高平市、泽州县、沁水县、阳城县、陵川县		
	内蒙古	海拉尔区、满洲里市、扎兰屯市、牙克石市、根河市、额尔古纳市、阿荣旗、新巴尔虎右旗、新巴尔虎左旗、陈巴尔虎旗、鄂伦春自治旗、鄂温克族自治旗、莫力达瓦达斡尔族自治旗	海拉尔区、满洲里市、扎兰屯市、牙克石市、根河市、额尔古纳市、阿荣旗、新巴尔虎右旗、新巴尔虎左旗、陈巴尔虎旗、鄂伦春自治旗、鄂温克族自治旗、莫力达瓦达斡尔族自治旗		
东北	辽宁	沈阳市、新民市、辽中县、康平县、法库县、彰武县、铁岭市、调兵山市、开原市、铁岭县、西丰县、昌图县、抚顺市、抚顺县、新宾满族自治县、清原满族自治县、本溪市、本溪满族自治县、桓仁满族自治县、辽阳市、灯塔市、辽阳县、鞍山市、海城市、台安县、岫岩满族自治县、丹东市、凤城市、东港市、宽甸满族自治县、大连市、瓦房店市、普兰店市、庄河市、长海县、营口市、大石桥市、盖州市、盘锦市、大洼县、盘山县、锦州市、凌海市、北镇市、黑山县、义县、葫芦岛市、兴城市、绥中县	沈阳市、新民市、辽中县、康平县、法库县、海城市、岫岩满族自治县、丹东市、凤城市、东港市、宽甸满族自治县、大连市、普兰店市、营口市		
	吉林	长春市、德惠市、九台市、榆树市、扶余县、吉林市、磐石市、蛟河市、桦甸市、舒兰市、永吉县、公主岭市、伊通满族自治县、辽源市、东丰县、东辽县、通化市、梅河口市、集安市、通化县、辉南县、柳河县、白山市、临江市、江源县、抚松县、靖宇县、长白朝鲜族自治县、延吉市、图们市、敦化市、珲春市、龙井市、和龙市、汪清县、安图县	长春市		

（续表）

地区	省级政区	20世纪前分布地点	20世纪前半叶分布地点	20世纪后半叶分布地点	现今分布地点
	黑龙江	哈尔滨市、双城市、尚志市、五常市、依兰县、方正县、宾县、巴彦县、木兰县、通河县、延寿县、齐齐哈尔市、讷河市、龙江县、依安县、甘南县、富裕县、克山县、克东县、拜泉县、爱辉区、北安市、五大连池市、嫩江县、逊克县、孙吴县、伊春市、铁力市、嘉荫县、鹤岗市、萝北县、绥滨县、佳木斯市、同江市、富锦市、桦南县、桦川县、汤原县、抚远县、双鸭山市、集贤县、友谊县、宝清县、饶河县、七台河市、勃利县、鸡西市、虎林市、密山市、鸡东县、牡丹江市、穆棱市、绥芬河市、海林市、宁安市、东宁县、林口县、北林区、海伦市、望奎县、兰西、青冈县、庆安县、明水县、绥棱县、大兴安岭地区、呼玛县、塔河县、漠河县	哈尔滨市、密山市、宁安市	密山市	
华东	上海	崇明县	崇明县		
	江苏	南京市、连云港市、赣榆县、灌云县、东海县、灌南县、沭阳县、响水县	南京市		
	浙江	临安市、桐庐县、德清县、舟山市、岱山县、嵊泗县、宁波市、奉化市、宁海县、象山县、衢州市、台州市、临海市、温岭市、三门县、天台县、仙居县、玉环县、温州市、瑞安市、乐清市、永嘉县、文成县、平阳县、泰顺县、洞头县、苍南县、莲都区、龙泉市、缙云县、青田县、云和县、遂昌县、松阳县、庆元县、景宁畲族自治县	桐庐县、德清县、宁波市、宁海县、象山县、衢州市、台州市、临海市、温岭市、三门县、天台县、仙居县、玉环县、温州市、瑞安市、乐清市、永嘉县、文成县、平阳县、泰顺县、洞头县、苍南县、莲都区、龙泉市、缙云县、青田县、云和县、遂昌县、松阳县、庆元县、景宁畲族自治县	宁波市、瑞安市	德清县*
	安徽	长丰县、埇桥区、灵璧县、淮北市、濉溪县、阜阳市、蚌埠市、怀远县、固镇县、淮南市、凤台县、定远县、凤阳县、南陵县、黄山市、歙县、休宁县、黟县、祁门县、寿县、旌德县、绩溪县	南陵县、黄山市、歙县、休宁县、黟县、祁门县、旌德县、绩溪县		
	福建	福州市、福清市、长乐市、闽侯县、连江县、罗源县、闽清县、永泰县、平潭县、厦门市、屏南县、古田县	福州市、厦门市		
	江西	九江市、星子县、分宜县、萍乡市、上栗县、南康市、大余县、上犹县、崇义县、石城县、铅山县、婺源县、袁州区、万载县	石城县、婺源县		
	山东	滕州市、济宁市、微山县、鱼台县、梁山县、东平县	滕州市、济宁市、微山县、鱼台县、梁山县、东平县		

（续表）

地区	省级政区	20 世纪前分布地点	20 世纪前半叶分布地点	20 世纪后半叶分布地点	现今分布地点
	台湾	台中市、台北县、台南县、屏东县、苗栗县、彰化县	台中市、台北县、台南县、屏东县、苗栗县、彰化县	台中市、台北县、台南县、苗栗县	
中南	河南	新密市、卢氏县、栾川县、嵩县、汝阳县、宜阳县、洛宁县、焦作市、孟州市、沁阳市、修武县、博爱县、武陟县、温县、平顶山市、汝州市、宝丰县、鲁山县、郏县、南阳市、邓州市、南召县、方城县、西峡县、镇平县、内乡县、淅川县、社旗县、唐河县、新野县、桐柏县、信阳市、固始县、商城县、罗山县、新县、遂平县、济源市	卢氏县、栾川县、嵩县、宜阳县、洛宁县、南阳市、邓州市、南召县、方城县、西峡县、镇平县、内乡县、淅川县、社旗县、唐河县、新野县、桐柏县、信阳市、固始县、商城县、罗山县、新县	卢氏县、栾川县、嵩县、宜阳县、洛宁县、西峡县、淅川县、信阳市、固始县、商城县、罗山县、新县	淅川县、信阳市、固始县、商城县、罗山县*、新县
	湖北	十堰市、丹江口市、郧县、竹山县、房县、郧西县、竹溪县、襄樊市、老河口市、枣阳市、宜城市、南漳县、谷城县、保康县、钟祥市、京山县、应城市、安陆市、云梦县、红安县、嘉鱼县、荆州市、洪湖市、兴山县、秭归县、曾都区、广水市、仙桃市、天门市、潜江市、巴东县			
	湖南	常德市、汉寿县、桃源县、沅江市、邵阳市、武冈市、邵东县、邵阳县、新邵县、隆回县、洞口县、新宁县、城步苗族自治县、沅陵县、辰溪县、溆浦县、新化县、泸溪县	汉寿县		
	广东	佛山市	佛山市		珠海市*
	广西	宾阳县、昭平县、钟山县			
	海南	琼中县	琼中县		
西南	四川	成都市、广元市、旺苍县、剑阁县、苍溪县、梓潼县、阆中市、南部县、巴州区、通江县、南江县、平昌县、洪雅县	成都市		
	贵州	凯里市			
西北	陕西	西安市、蓝田县、周至县、户县、高陵县、宝塔区、延长县、延川县、子长县、安塞县、志丹县、吴旗县、甘泉县、宜川县、铜川市、临渭区、华阴市、合阳县、富平县、咸阳市、兴平市、三原县、泾阳县、礼泉县、宝鸡市、凤翔县、岐山县、扶风县、眉县、陇县、千阳县、麟游县、凤县、太白县、太白县、汉台区、南郑县、城固县、洋县、西乡县、勉县、宁强县、略阳县、镇巴县、留坝县、佛坪县、府谷县、定边县、汉滨区、汉阴县、石泉县、宁陕县、紫阳县、岚皋县、平利县、镇坪县、旬阳县、白河县、商州区、洛南县、丹凤县、商南县、山阳县、镇安县、柞水县	西安市、周至县、户县、铜川市、华阴市、宝鸡市、凤翔县、岐山县、扶风县、眉县、陇县、千阳县、麟游县、凤县、太白县、汉台区、南郑县、城固县、洋县、西乡县、勉县、宁强县、略阳县、镇巴县、留坝县、佛坪县、汉滨区、汉阴县、石泉县、宁陕县、平利县、镇坪县、丹凤县、山阳县	西安市、周至县、户县、铜川市、华阴市、宝鸡市、凤翔县、岐山县、扶风县、眉县、陇县、千阳县、麟游县、凤县、太白县、汉台区、南郑县、城固县、洋县、西乡县、勉县、宁强县、略阳县、镇巴县、留坝县、佛坪县、汉滨区、汉阴县、石泉县、宁陕县、平利县、镇坪县、丹凤县、山阳县	周至县、户县、铜川市、宝鸡市、太白县、汉台区、南郑县、城固县、洋县、西乡县、勉县、宁强县、略阳县、镇巴县、留坝县、佛坪县、石泉县、宁陕县

（续表）

地区	省级政区	20世纪前分布地点	20世纪前半叶分布地点	20世纪后半叶分布地点	现今分布地点
	甘肃	兰州市、天水市、清水县、秦安县、甘谷县、张家川回族自治县、庄浪县、武都区、成县、康县、礼县、两当县、徽县、临夏市、临夏县	天水市、武都区、康县、徽县	武都区、康县	
	青海	祁连县	祁连县		
	宁夏	原州区、彭阳县	原州区、彭阳县		

注：标*者是野化放飞种群。

参考文献

安徽省林业厅主编. 2006. 安徽省陆生野生动植物资源. 合肥：合肥工业大学出版社

宝鸡市地方志编纂委员会编. 1998. 宝鸡市志. 西安：三秦出版社

陈兼善著，于名振增订. 1986. 台湾脊椎动物志. 2次增订. 台北：台湾商务印书馆

陈余钊，等. 2007. 温州地区湿地生态系统脊椎动物物种多样性调查及其保护对策. 浙江林业科技，27(3)：62～68，74

城固县地方志编纂委员会编. 1994. 城固县志. 北京：中国大百科全书出版社

大岛正满，黑田长禮. 1916. 台北博物館所蔵鳥類標本目錄. 動物學雜誌 XXⅧ，8(334)：283

丁伟志[总]主编，宝鸡市情调查组. 1992. 中国国情丛书：百县市经济社会调查：宝鸡卷. 北京：中国大百科全书出版社

丁长青，刘冬平. 2002. 朱鹮（*Nipponia nippon*）. 动物学杂志，37(2)：84

风野铁吉. 1939. 台南博物館鳥類目錄，鳥，10(48)：370

付志超，等. 2013. 城固县2003—2012年野生朱鹮繁殖数量统计. 陕西林业科技(5)：29～33

甘雨，方保华主编. 2004. 河南省野生动植物资源调查与保护. 郑州：黄河水利出版社

高武，等编著. 1994. 北京脊椎动物检索表. 北京：北京出版社

巩会生，等. 2007. 陕西秦岭及大巴山地区的鸟类资源调查. 四川动物，26(4)：746～759

广东省昆虫研究所动物室，中山大学生物系著. 1983. 海南岛的鸟兽. 北京：科学出版社

国家林业局主编. 2008. 中国重点陆生野生动物资源调查. 北京：中国林业出版社

汉寿县志编纂委员会编. 1993. 汉寿县志. 北京：人民出版社

何芬奇. 2008. 略谈戴维神父对朱鹮的一些历史记述. 大自然(6)：36～38

河北省大城县地方志编纂委员会编. 1995. 大城县志. 北京：华夏出版社

黑田长禮. 1914. 旅顺附近產鳥類数にに種就. 動物學雜誌. XXⅥ，1(303)：5

洪波浪，等. 1983. 台南县志. 台北：成文出版社

黄沐朋等编著. 1989. 辽宁动物志：鸟类. 沈阳：辽宁科学技术出版社

黄新亚，等. 1983. 苗栗县志. 台北：成文出版社

吉林省野生动物保护协会. 1987. 吉林省野生动物图鉴：鸟类. 长春：吉林科学技术出版社

江西省石城县志编纂委员会编. 1990. 石城县志. 北京：书目文献出版社

晋城市地方志编纂委员会编. 1999. 晋城市志. 北京：中华书局

李保国，等. 1992. 朱鹮在陕西地理分布的变迁. 生态学杂志，11(5)：50～55，58

林兴仁，等. 1983. 台北县志. 台北：成文出版社

南阳地区地方史志编纂委员会编. 1994. 南阳地区志. 郑州：河南人民出版社

蒲舒涵. 2013. 野生朱鹮种群扩散及其保护研究调查分析. 生物技术世界(3)：45～46

琼中黎族苗族自治县地方志办公室编. 1995. 琼中县志. 海口：海南摄影美术出版社

芮晓倩. 2008. "南飞"朱鹮落户下渚湖：朱鹮易地保护暨浙江种群重建项目在德清启动. 浙江林业(4)：13
赛道建，孙玉刚主编. 2013. 山东鸟类分布名录. 北京：科学出版社
森為三. 1927. 满洲及東部内蒙古脊椎動物目錄：38
山西省史志研究院编. 1996. 山西通志. 第二卷，地理志. 北京：中华书局
陕西省地方志编纂委员会编. 2000. 陕西省志. 第三卷，地理志. 西安：陕西人民出版社
沈阳市人民政府地方志编纂办公室编. 1989. 沈阳市志. 沈阳：沈阳出版社
史东仇，曹永汉主编. 2001. 中国朱鹮. 北京：中国林业出版社
水野馨. 1934. 满洲鳥類分布目錄(著者発行)：127
水野馨. 1940. 满洲鳥類原色大図鑒. 東京：プロャス社刊：40
宋朝枢主编. 1994. 伏牛山自然保护区科学考察集. 北京：中国林业出版社
谭耀匡. 1986. 中国珍稀保护动物：鸟类(二). 野生动物(3)
唐锡阳. 1984. 又有五只朱鹮起飞了. 大自然(3)
田宜龙. 2007. 13 只朱鹮"飞"抵董寨保护区. 河南日报，11-21
汪松主编；郑光美，王岐山分主编. 1998. 中国濒危动物红皮书：鸟类. 北京：科学出版社
王超，等. 2014. 野生朱鹮的种群数量和分布现状. 动物学杂志，49(5)：666～671
王建竹，等. 1983. 台北市志. 台北：成文出版社
王永峰，等. 2013. 中国秦岭以北朱鹮放飞仪式在铜川举行. 陕西时报，07-04
吴廷燮，等纂. 1998. 北京市志稿. 北京：燕山出版社
西峡县志编纂委员会编. 1990. 西峡县志. 郑州：河南人民出版社
信阳地区地方史志编纂委员会编. 1992. 信阳地区志. 北京：生活·读书·新知三联书店
熊林春，等. 2014. 信阳市野生动植物资源概述. 河南林业科技，34(1)：46～48
颜文博，等. 2014. 陕西朱鹮国家级自然保护区外围朱鹮扩散种群弃巢的生境评价. 四川动物，33(5)：758～761
洋县地方志编纂委员会编. 1996. 洋县志. 西安：三秦出版社
雍严格，等. 2013. 朱鹮：汉江湿地中的"东方宝石". 人与自然(8)：28～39
张健康. 2008. 浙江启动朱鹮易地保护与野外种群重建项目. 中国绿色时报，04-21(1)
赵正阶编著. 2001. 中国鸟类志. 上卷，非雀形目. 长春：吉林科学技术出版社
浙江动物志编辑委员会；诸葛阳卷主编. 1990. 浙江动物志：鸟类. 杭州：浙江科学技术出版社
郑作新. 1976. 中国鸟类分布名录. 2 版. 北京：科学出版社
郑作新，等编著. 1997. 中国动物志：鸟纲. 第一卷. 第二部，潜鸟目、鹈鹕目、鹱形目、鹈形目、鹳形目. 北京：科学出版社
郑作新，等著. 1973. 秦岭鸟类志. 北京：科学出版社
郑作新主编. 1993. 中国经济动物志：鸟类. 2 版. 北京：科学出版社
中华人民共和国濒危物种进出口管理办公室主编，郑生武等编著. 1994. 中国西北地区珍稀濒危动物志. 北京：中国林业出版社
周华明，向昌德. 2013. 西乡县鸟类资源及保护对策. 陕西林业科技(5)：34～38
《周至县志》编纂委员会编. 1993. 周至县志. 西安：三秦出版社
朱曦，等编著. 2008. 华东鸟类物种和亚种分类名录. 北京：科学出版社
祝国军. 2009. 佛坪首次发现朱鹮巢穴. 陕西林业(3)：47
Berezovskii M and Bianki V. 1891. Pitsy Gan suiskago puteshestviya C. N. Potanina 1884—1887. P. p. 7～11, 144. St. Pétersburg
Bianchi V. 1916. Aves expeditionis P. K. Kozlowi per Mongoliam orientalem et Tibetiam orientali-septentrionalem 1907—1909. Ann. Mus. Zool., 20, p. 1. Peterograd
Blackwelder E. 1907. Research in Cnina. Expedition of 1903—1904, under the direction of Bailey Willis. Report on zoology. Carnegie Inst. Of Washington Publ. 54, vol. I, part ii, p. 485
Courtois R P F S. 1912. Catalogue des oiseaux du Muséede Zi-Ka-Wei. Mémoires Concernant l' histoire Naturelle de l' Empire Chinois. Tome V. p. 73
David M A. 1867. Journal d' un Voyage en Mongolie fait en 1866 sous les auspices de S. E. M. Duruy Ministre de l' Instruction Publique. Nouvelles Archives du Muséum d' Histoire Naturelle Bulletin, ser. 1, vol. III, p. 39. Paris
David A. 1875. Journal de mon troisème voyage d' exploration dans l' Empire Chinois. Vol. 1. P. 28
David A and Oustaler M E. 1877. Les oiseaux de la Chine, p. p. 453-454. Pl. 116-117. Libraire de Academie de Medecine
Deditius K. 1897. Die Vögel der westchine-sischen Provinz

Gan-su.（Aus dem russischen Originalwerke des Reisenden M. Beresowski und seines Mitarbeiters V. Bianchi ausgezogen und übersetzt.）Journal für Ornithologie No. 1S. 60u. S. 62

Hartert E. 1920. Die Vöge der Paläarktiachen Fauna. Band II. p. p. 1 224～1 225. Berlin

La Touche J D D. 1909. The collection of birds in the Shanghai Museum，1907—1909. Journal of the North Chian Branch of Royal Asiatic Society. XL. P. 103

La Touche J D D. 1934. Handbook of the birds of eastern China. II，pt 5，p. 434

Lönnberg E. 1924. Note on some birds from Kansu. Ibis，XI series，vol. VI，2，p. 322

Loukashikin A S. 1934. New ornithological records and some observations upon the birds at northern Manchuria.（in Russian）. Manchuria Monitor Sept. p. p. 15～16. Harbin

Meise W. 1934. Dei Vogelwelt der Mandschurei. Nr. 2. Abhandlungen und Berichte der Museum für Tierkunde und Völkerkunde zu Dresden. Band XVIII p. 62

Sowerby A de C. 1914. Fue and Feather in north Cnina. P. 146. Tientsin

Sowerby C. 1923. The naturalist in Manchuria. Vol. III，p. p. 204～205

Styan F W. 1891. On the birds of the lower Yangtse basin. Ibis，p. 327，p. p. 493～494

Swinhoe R. 1863. The ornithology of Formosa or Taiwan. Ibis，p. 416

Swinhoe R. 1871. A revised catalogue of the birds of China and its islands，weith desciptions of new species，references to former notes，and occasional remarks. P. Z. S. London，p. 411

Swinhoe R. 1861. Notes on the birds observed about Talien Bay（North China）from June 21 to July 25，1860. Ibis，p. 261

Uchida. 1912. A hand-list of Formosan birds. 動物學彙報，8:1，146，206

Won P O. 1971. The status of bird conservation in Korea，1966—1970. Bull. I. C. B. 10:242～247

第六章

天鹅属的分布变迁

天鹅属(*Cygnus*)在动物分类中,是鸟纲 Aves 雁形目 Anseriformes 鸭科 Anatidae 之一属。

天鹅是大型水禽,头颈很长,约占体长的一半,在游泳时脖子经常伸直,两翅贴伏。由于它们优雅的体态,古往今来,天鹅成了纯真与善良的化身。

全球现生 5 种天鹅(郑作新,1981),在我国有 3 种,并已将天鹅所有种(*Cygnus*s pp.)列为国家二级重点保护野生动物。虽然各种天鹅皆有形态特征可以区分,但有的需要近距离观察(如大天鹅与小天鹅),且古籍一般只以"天鹅"称之,加之它们存在同域分布现象,故只能对晚近能够区分的天鹅各物种再行标定分布区。

1 天鹅属的概况

天鹅是现生鸟纲中颈占体长比例最大的鸟,其修长的颈与体躯等长或略长于体躯;嘴形适中,基部高而前端趋平,约呈 30°角,嘴甲位于嘴端正中;成体眼先裸露;鼻孔接近嘴基,为椭圆形;第 1 枚初级飞羽的长度约为第 2 枚与第 3 枚飞羽的一半,后二者几乎等长;羽色单纯;尾短而略呈圆形;有 20 余枚尾羽;跗蹠位于体躯后部,短而粗壮,其前缘被以网鳞;足具强大的蹼膜,极善游水。天鹅是飞翔最高的鸟之一,高度可达海拔 9 000 m,可顺利飞过珠穆朗玛峰。天鹅又是我国现生鸟纲中最大者,体长可达 1.5～1.8 m,体重可达 15 kg。

天鹅雌雄同色,雌体略小。近代环志证明,天鹅是单配制婚姻,多数配偶具有牢固夫妻关系,终身配对。寿命达 20～30 岁。它们每年繁殖一次,营巢于浅水高处或近水的岛岸上。每窝产卵通常 3～7 枚,最多达 12 枚。

幼鸟为早成性,3～5 岁性成熟,它们的体羽大都呈灰褐色,眼先被绒羽。

1.1 大天鹅

大天鹅(*Cygnus cygnus*)又叫白天鹅、咳声天鹅、喇叭天鹅、黄嘴天鹅、白鹅、鹄、鸿鹄、白鸿鹤、黄鹄等。

大天鹅是一种大型游禽(图 6.1～图 6.12),体长 1.2～1.6 m,翼展 2.2～2.5 m,体重可超过 10 kg。全身羽毛雪白,仅头略沾棕黄色;它们的头颈很长,约占体长的一半,在游泳时脖子经常伸直;虹膜暗褐色;嘴黑色,上嘴基部至鼻孔下部为黄色,形成一喇叭状;跗蹠、蹼、爪皆黑色;两翅贴伏。

大天鹅常栖居于开阔的、生长蒲草、芦苇等高茂水生植物的湖泊中,在食料较丰富的池塘、水库、河流、海滩和开阔的农田地带等湿地也常见到它们的身影。它们性喜集群,但多成对活动;昼夜均有活动,性机警、胆怯,善游泳,游泳多在开阔的水域,甚至晚上亦栖息在离岸较远的水中；视力强，很远即能发现危险而游走。除非迫不得已，一般很少起飞；由于体躯大而笨重，起飞不甚灵活，需两翅急剧拍打水面，两脚在水面奔跑一定距离才能飞起。长途迁徙时，常以小家庭或家族组成 6～20 余只小群，排成“一”字或“人”字队形飞翔。鸣声响亮，发出似“ho－ho”或“houk”声。

图 6.1　大天鹅头颈部特征①

图 6.2　大天鹅雏鸟②

图 6.3　腾空而起③

图 6.4　空中比翼④

图 6.5　岸边的温馨小家庭⑤

图 6.6　水中的温馨小家庭⑥

①http://www.iltaw.com/animal/birds
②http://baike.baidu.com/album/17747/17747
③http://baike.baidu.com/album/17747/17747
④http://baike.baidu.com/album/17747/17747
⑤http://baike.baidu.com/album/17747/17747
⑥http://baike.baidu.com/album/17747/17747

图 6.7 刚到繁殖地的大天鹅①

图 6.8 越冬地的大天鹅②

图 6.9 孵化与警卫③

图 6.10 携子畅游④

图 6.11 空中起舞⑤

图 6.12 水中交颈⑥

大天鹅的食物主要是水生植物的茎、叶和种子,兼食少量的软体动物、环节动物、水生昆虫等。

每年 4 月,当北方的水面刚刚冰消解冻的时候,几乎是在一夜之间,经过长途迁飞的大天鹅便成群结队地来到繁殖地。最多在 2 周内,大天鹅即开始营巢。巢址大多筑于人、畜和其他大天鹅天敌难以到达的孤洲边浅水中,或是距岸边较远、水流平缓的浅水中,水位要求稳定,周围长有

①http://baike.baidu.com/album/17747/17747
②http://blog.sina.com.cn/s/blog_5384bffe0102vhw0.html
③http://baike.baidu.com/album/17747/17747
④http://baike.baidu.com/album/17747/17747
⑤http://at.yoka.com/url_52fae066cf4d69c759000007.html
⑥聂艳. http://www.ctps.cn/PhotoNet/bbs/showdoc.asp? method=normal&bid=28&id=76972&ran=77030

高秆沼生植物，还要有大片的明水区，建在大量堆集的干芦苇上。巢呈圆帽状，底部直径 1 m 左右，高 0.6～0.8 m，主要由干芦苇、三棱草和苔藓构成，内放以细软的干草茎、苔藓、羽毛和雌鸟从自己胸部和腹部拔下的绒羽。雌雄双方共同参与营巢，但分工不同，雄鸟负责收集、搬运巢材，雌性负责搭建整理。每窝产卵 4～7 枚，通常 4～5 枚。

大天鹅孵卵由雌鸟单独承担，雄鸟在巢附近警戒。当有危险时，雄鸟发出高声鸣叫，雌鸟立刻用绒羽和巢边植物将卵盖住，然后飞走。雌鸟在孵卵期间通常仅在每天最暖和的时候才离巢很短时间去觅食，孵化期 31～40 天。

大天鹅雏鸟全身被雪白绒毛，嘴灰褐色，上嘴基部至鼻孔下部为粉红色。幼鸟身上是灰棕色羽毛，嘴呈暗肉色；一年后，它们才完全长出和成鸟的羽毛相同的白羽毛。雏鸟早成性，刚出壳的幼雏，胎绒羽湿润，不能站立，偎依在母亲翅下或腹下取暖；绒羽干燥松软，即可站立；8 h 后雏鸟能从母亲翅下伸出头颈观察四周；不久即能跟随双亲觅食，如遇危险，双亲先将它们藏入草丛中，然后自己飞走，直到危险过去才又飞回来。

10 月上旬，当大天鹅成鸟和幼鸟都已全部换好了羽毛，具备了长途迁徙到越冬地的能力时，便开始分成小批陆续向南方飞去；最早迁离的是不繁殖的亚成鸟，携带幼鸟的成鸟稍晚离开。它们迁飞多在夜间进行，以免遭到猛禽等天敌的袭击，到 11 月底全部迁离繁殖地。

1.2 小天鹅

小天鹅（*Cygnus columbianus*）又称短嘴天鹅、啸天鹅、苔原天鹅、白鹅、鹄、食鹅、短嘴黑鼻鸭等。

小天鹅（图 6.13～图 6.18）在国内 3 种天鹅中虽体形最小，但身体也只是稍稍小一些（体长约 1.1 m，体重 4～7 kg），颈部和嘴比大天鹅略短。小天鹅的体形与大天鹅非常相似，同样是长长的脖颈，纯白的羽毛，黑色的脚和蹼，嘴也是黄、黑二色，不是很容易区分。主要是比较二者嘴基部的黄颜色的大小，大天鹅嘴基的黄色延伸到鼻孔以下，小天鹅嘴基的黄色仅限于嘴基的两侧，沿嘴缘不延伸到鼻孔以下。小天鹅的鸣声清脆，有似“叩，叩”的哨声，不像大天鹅的像喇叭一样的叫声。

图 6.13 小天鹅头颈部特征①

图 6.14 小天鹅伉俪②

图 6.15 孵化③

①http://commons.wikimedia.org/wiki/File：Bewick_swan_(Cygnus_columbianus)_(2).JPG
②http://blog.sina.com.cn/s/blog_48aed2a40100ri1w.html
③http://ibc.lynxeds.com/photo/tundra-swan-cygnus-columbianus/shot-was-taken-lake-bank-near-dusk

图 6.16　飞降①

图 6.17　翱翔的小天鹅②

图 6.18　环顾的小天鹅③

小天鹅也是两性同色，但雌体略小；成鸟全身羽毛白色，仅头顶至枕部常略沾棕黄色。

小天鹅性喜集群，除繁殖期外，常呈小群或家族群活动。有时也和大天鹅在一起混群，行动极为小心谨慎，常常远远地离开人群和其他危险物；觅食时，常有一对成鸟戒备。它们在水中游泳和栖息时，也常在距离岸边较远的地方；生性活泼，游泳时颈部垂直竖立。鸣声高而清脆，发出"kouk－kouk"声，常常显得有些嘈杂。

小天鹅的食性与大天鹅相仿。

小天鹅是迁徙距离最长的天鹅，每年在越冬地与繁殖地间往返距离通常在 2 000 km 左右，甚至达到 4 000～6 000 km。每年 8 月末至 9 月初，小天鹅离开繁殖地前往越冬地，迁徙是逐步进行的，沿途常在富有食物的湖泊地区停息，有时甚至直到天变冷后才逐渐南迁，因此到达我国南部越冬地的时间多在 11 月初至 11 月中下旬。3 月下旬，小天鹅则从越冬地迁往繁殖地。通常呈 6～10 只的小群或家族群迁徙。配偶为一雄一雌制，雄鸟和雌鸟配对以后就固定下来；新的配对形成仅仅出现在第一次参与繁殖的个体或者失去配偶的个体之间，配对的形成大多在春季迁徙途中。雄鸟之间为了争夺雌鸟也会发生争斗，这时两只雄鸟彼此面对面地伸长脖子，互相用两个翅膀不断地拍打，同时全身的羽毛也都竖直了起来，然后彼此扑向对方，直到有一只被斗败逃走为止。通常在 5 月底至 6 月初到达繁殖地后，立即开始营巢。巢多筑于不同大小湖泊和水塘之间的多草苔原地上和苔原沼泽中的小土丘上，也有在河湾和海湾附近的开阔苔原上营巢的。巢主要由干芦苇、三棱草和其他干草构成，内垫有绒羽，形状呈盘状。营巢由雌鸟单独承担，并有利用旧巢的习性，通常将上一年的旧巢稍加修整而成。

①http://www.biopix.com/zoom.aspx? photoid=84897
②http://bbs.blnews.com.cn/forum.php? mod=viewthread&page=1&tid=199512
③http://camel.dwins.net.tw/vista/modules/newbb/viewtopic.php? viewmode=thread&post_id=4147

小天鹅每窝产卵2～5枚，卵为白色。雌鸟孵卵，雄鸟担任警戒。孵化期为29～30天。

雏鸟为早成性，孵出后不久即能行走，40～45天后可以飞翔。

1.3 疣鼻天鹅

疣鼻天鹅（*Cygnus olor*），又称赤嘴天鹅、瘤鹄、哑声天鹅、丹鹄、白鹅、无声天鹅、虎鼻天鹅、瘤鼻天鹅等。

疣鼻天鹅（图6.19～图6.26）因其喙基上方具有黑色疣状凸起，故得名。它是天鹅中体形最大的一种，体长1.3～1.6 m，体重通常超过10 kg。此外，其喙为橙色，也与大天鹅、小天鹅显著不同，其他方面与前两种相似。

图6.19 疣鼻天鹅头颈部特征①

图6.20 疣鼻天鹅侧视②

图6.21 呵护③

图6.22 出壳④

图6.23 浅滩伉俪⑤

图6.24 水中起飞⑥

①http://www.publicdomainpictures.net/view-image.php? image=36326&large=1

②http://upload.wikimedia.org/wikipedia/commons/4/4f/Cygnus_olor.jpg

③http://www.panoramio.com/photo/22568453

④http://baike.baidu.com/picview/17767/17767/0/4034970a304e251f9ca87c56a686c9177e3e53c4.html#albumindex=1&picindex=6

⑤http://commons.wikimedia.org/wiki/File：Cygnus_olor_flirt_quadrat.jpg

⑥http://img4.chinaface.com/original/2123qHQdIMsJBow56LAnL9trQOvHa.jpg

图 6.25 盘旋①

图 6.26 交颈②

疣鼻天鹅体羽雪白，雌雄基本同形，雌鸟略小，前额疣状突不显。幼鸟头、颈淡棕灰色，前额和眼先裸露、黑色，不具疣状突，飞羽灰白色，尾羽较长而尖，淡棕灰色，具污白色端斑。下体较浅淡，多呈淡棕灰色，虹膜褐色，嘴红灰色，爪和蹼、跗蹠绿褐色。

疣鼻天鹅颈部弯曲时略呈"S"形；在地上行走拙笨，但极善游泳；飞行时也将头部伸直，但很少发出叫声，故又得名"无声天鹅"。它们在水中起飞时，双翅拍打水面，在水面助跑约 50 m 才能徐徐离水飞起。飞行时颈向前伸直，脚伸向后，两翅扇动缓慢而有力。疣鼻天鹅游泳时，隆起两翅，颈向后曲，头朝前低垂，姿态极为优雅。它们可快速游泳，既能用一只脚划水，也能两只脚同时划，并不时张开和扇动两翅，高兴时发出一种沙哑而低沉的"koup－koup"声，"哑声天鹅"的名字即由此而来。它们性温顺而胆怯，行动极为谨慎小心，视力强，颈伸直，能远眺数里。常在开阔的湖心水面游泳和觅食，晚上亦多栖息在安静而少干扰的湖心岛上或漂浮在水面的物体和干的芦苇堆上，没有危险时才上岸。

疣鼻天鹅通常每窝产卵 5～7 枚，是天鹅中产卵最多的一种；卵呈蓝绿色，重约 340 g。孵化主要由雌鸟承担，雄鸟偶尔代替孵卵，孵化期 35～36 天。雄鸟护巢尽力，当危险逼近时，亦不离开，而是迎上前去，低胸拱颈，发出"ho－ho"恐吓声，驱赶进犯者。雏鸟出壳后，由双亲共同哺育，常携带雏鸟游弋于水面。

疣鼻天鹅的食性、配偶、南迁与北返时间、方式等与大天鹅、小天鹅相仿（郑作新等，1979；马鸣等，1993；赵正阶，2001）。

2 天鹅的遗存分布

由于鸟类骨骼中空、骨壁薄脆，易于风化，生活环境又较为独特，尸体很难保持下来。尽管在我国辽宁省西部有一些中生代鸟类化石出土，但目前所知比利时中新统地层发现的赫伦氏天鹅（*Cygnus herrenthalsi*）是最古老的天鹅化石（郑作新，1981）。此后发现的天鹅化石，多处于国外。

近年，我国也有较近的天鹅遗存发现（图 6.27）。

广西壮族自治区桂林市南郊甑皮岩遗址在 1973 年出土的动物遗存经鉴定，其中鸟类有天鹅与雁，距今 12 500～7 600 年（袁靖等，2003）。

河南省舞阳县北舞渡镇贾湖遗址 1983～1987 年 6 次发掘，有距今 7 800～9 000 年多类型动物遗存出土，其中就有天鹅与鱼、蚌、龟、鳖、扬子鳄、丹顶鹤、环颈雉、麂、獐、麋等适应水生、湿地动物（河南省文物考古研究所，1999）。

浙江省杭州市萧山区跨湖桥遗址 1990～2002 年 3 次发掘，在距今约 8 000 年地层中出土有天鹅与螃蟹、鲤鱼、乌鳢、龟、扬子鳄、鸭、鹰、雕、丹顶鹤、灰鹤、鸻等水生动物与鸟类以及哺乳动物 32 种（浙江省文物考古研究所等，2004；蒋乐平，2014）。

①http://birdnet.cn/thread-796514-1-1.html

②http://bbs.rexian.net.cn/read-htm-tid-798008-fpage-7.html

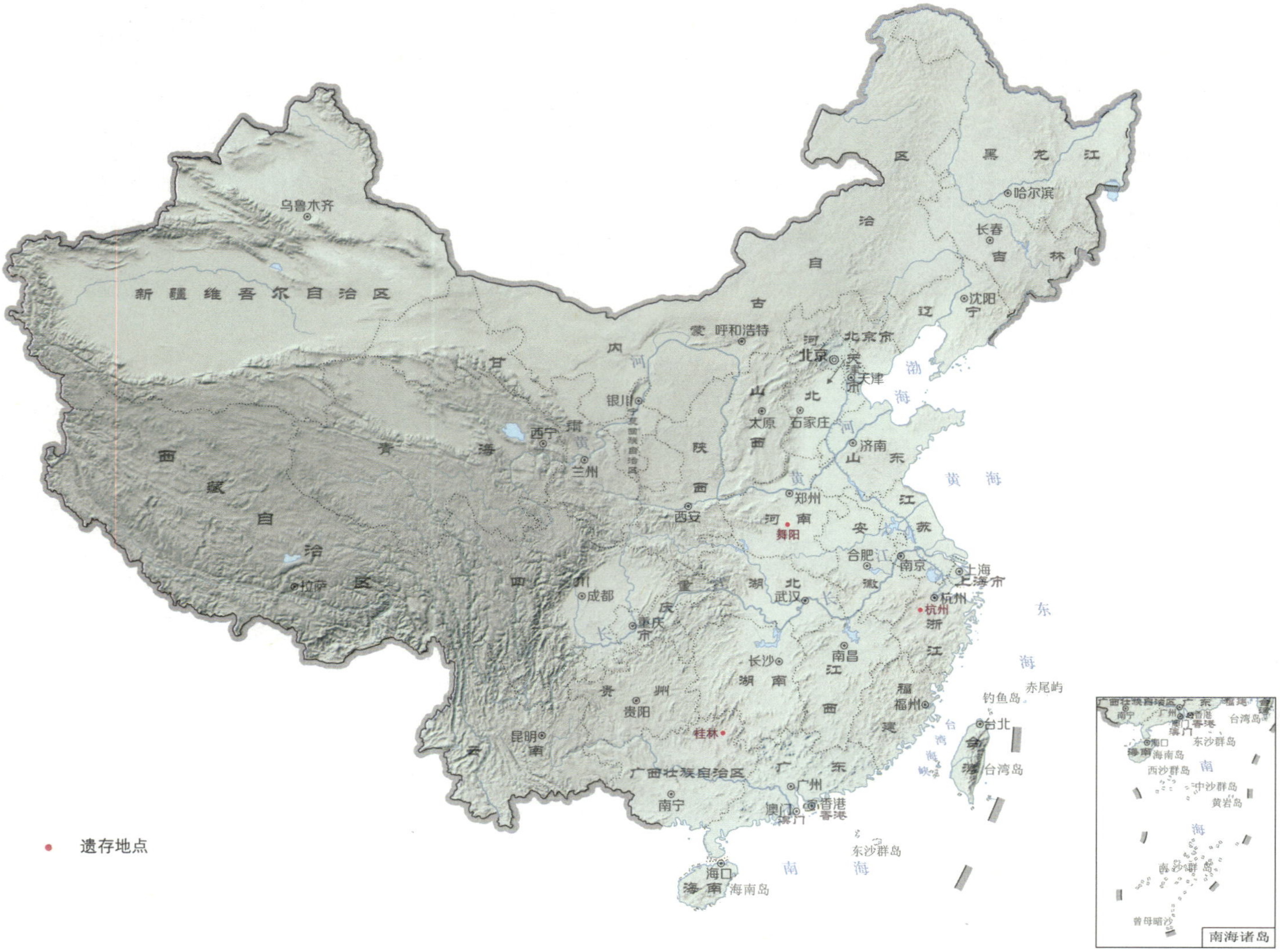

图 6.27　天鹅遗存分布地点概况图

3　古人对天鹅的认识

古人对天鹅的称谓有白鸟、鹄、鹄鸟、天鹅、大鹅、大鹄、大雁、海鹅、江鹅、鸿、鸿鹄、白鸿鹤、黄鹤、黄鹄、丹鹄、白鹅、驾鹅、鹜鸧、白鸿鹤、大金头鹅、小金头鹅、不能鸣鹅、野鹅等。

《诗经·大雅·灵台》中有“王在灵囿,麀鹿攸伏。麀鹿濯濯,白鸟翯翯。王在灵沼,於牣鱼跃”之句。所称“白鸟”,就是来自天鹅的白色体羽特征。

师旷(公元前 572—前 532)《禽经》云:“鹄鸣哠哠,故谓之鹄。湖海江汉间皆有之,出辽东者尤甚而畏海青鹘。”道出天鹅原称“鹄”之由来。

尸佼《尸子》:“鸿鹄之鷇,羽翼未合而有四海之心。”借尚在待哺食的天鹅雏鸟,以喻很早便怀有高远志向之有识之士。

屈原(约公元前 342—前 278)《楚辞·天问》道“缘鹄饰玉,后帝是飨”。(汉)王逸注:“后帝,谓殷汤也。言伊尹始仕,因缘烹鹄鸟之羹,脩玉鼎以事汤。汤贤之,遂以为相也。”后因以“鹄鼎”指佳肴。

又《楚辞·卜居》中也有“宁与黄鹄比翼乎?将与鸡鹜争食乎?”按:所谓“黄鹄”,通常说是根据大天鹅与小天鹅嘴部的黄斑。马鸣等(1993)则提出:实际上白天鹅在越冬时,头和颈常被浸泡着枯草的黄浊死水染成黄褐色,在冬和春季尤为明显。

(约公元前 369～前 275)《庄子·天运》:“夫鹄不日浴而白,乌不日黔而黑。”意即天鹅并不天天沐浴,羽毛却是洁白的;乌鸦并不天天暴晒,羽毛却是乌黑的。说明物之本质。

(汉)刘邦《鸿鹄歌》中有“鸿鹄高飞,一举千里。羽翮已就,横绝四海”,乃是对尸子隐喻的发挥;《史记·陈涉世家》以陈涉(胜)的口吻道出:“嗟呼,燕雀安知鸿鹄之志哉?”所称“鸿鹄”,皆指今天鹅。

(汉)扬雄(前 53—公元 18)《法言·问明》:“鸿飞冥冥,弋人何篡焉?”意即猎手对于飞翔高远的天鹅束手无策。比喻隐者要远走高飞,全身避害。

(汉)许慎(约 58—约 147)《说文解字》:“鸿,鹄也。从鸟,江声。”(清)段玉裁注:

黄鹄,一名鸿。《豳风》:鸿飞遵渚。毛曰:鸿不宜循渚,鸿飞遵陆。毛曰:陆非鸿所宜止。按郑笺,只云:鸿,大鸟。不言何鸟。学者多云:雁之大者。夫鸿雁遵渚,遵陆,亦其常耳。何以毛云不宜。以喻周公未得礼。正谓:一举千里之大鸟,常集高山茂林之上,不当循小州之渚,高平之陆也。《经》传:鸿字,有谓大雁者。如《曲礼》:前有车骑则载飞鸿,易鸿渐于盘,是也。有谓黄鹄者,此《诗》,是也。单呼鹄,絫呼黄鹄、鸿鹄。黄言其色。鸿之言琟也。言其大也。故又单呼鸿雁之大者,曰鸿。字当作鳿而假借也。

按:所见古方志中,多以“鹄”为天鹅别称;个别同时既有“鹄”,又有“天鹅”,前者似称“雁”①。“鸿”较多见用于“雁”。如《毛诗品物图考》的相关图、文(图 6.28)(冈元凤,1985),可与《本草纲目》(图 6.29)的“鹄、天鹅”比较。

(三国吴)陆玑《毛诗草木鸟兽虫鱼疏》释:

鸿飞遵渚

鸿鹄,羽毛光泽纯白,似鹤而大,长颈,肉美如雁。又有小鸿,大小如凫,色亦白,今人直谓鸿也。

按:首见将根据体形,将天鹅区分出大天鹅(鸿鹄)与小天鹅(小鸿、鸿)。(明)毛晋《毛诗陆疏广要》进一步区分天鹅与雁之异同道:

图 6.28 “鸿则离之”写意

图 6.29 《本草纲目》中天鹅形象(《四库》本)

① 又如清光绪二十一年《恒春县志》记载:

黄鹄:色黄长嘴,高足凋尾,小如鸠,好居浦溆。按:尾短而觜长者,为山禽。尾长而嘴短者,为水禽。此鸟好居浦溆,盖水禽也。以其色黄,故名。非仙人所乘之黄鹄也。同名,异实,俗名误之耳。

按:尽管称“黄鹄”,其“色黄长嘴,高足凋尾,小如鸠”的体形与形态都与天鹅迥异。

鸿、雁大略相类。以中秋来宾，一同也。鸣如家鹅，二同也。进有渐，飞有序，三同也。雁色苍而鸿色白，一异也。雁多群而鸿寡侣，二异也。毛有粗细，形有大小……但云：鸿肉美如雁，似与雁非一物。

《古今注》云："天鹅：似鹅而大，长颈，善斗。"①这符合天鹅的形态与习性。

（南朝宋）吴迈远《飞来双白鹄》道：

可怜双白鹄，双双绝尘氛。
连翩弄光景，交颈游青云。
逢罗复逢缴，雌雄一旦分。
哀声流海曲，孤叫出江濆。
岂不慕前侣？为尔不及群。
步步一零泪，千里犹待君。
乐哉新相知，悲来生别离。
持此百年命，共逐寸阴移。
譬如空山草，零落心自知。

按：吴迈远的这首古乐府固然是借喻一对天鹅的相恋相顾来象征人间的爱情，但其中不少行为恰较准确地反映出天鹅的习性，而且还提出"白鹄"的新称谓。

（宋）赞宁曰："凡物大者，皆以天名。天者，大也。则天鹅名义，盖亦同此。"这只是一说。另有一说，将天鹅与不善飞翔的家鹅（地鹅）进行区分。

（元）忽思慧《饮膳正要》称：

天鹅有四等：大金头鹅，似雁而长项，入食为上，美于雁；小金头鹅，形差小；花鹅，色花；一种不能鸣鹅，飞则翔响，其肉微腥，并不及大金头鹅。各有所产之地。

按：所称4种"天鹅"，据现生种考证：①"大金头鹅"，乃根据天鹅嘴基部的黄斑颜色面积较大，即今称大天鹅；②"小金头鹅"，既然根据体形较小，又考虑到嘴基部的黄斑颜色面积较小，今称小天鹅；③"不能鸣鹅"，指鸣声沙哑而低沉、飞行时发出沉重鼓翅声，今称为疣鼻天鹅；④"花鹅"，是天鹅雏鸟，羽色尚未完全变白前的灰白色，一年后才完全纯白。

《本草纲目·集解》：

时珍曰：鹄大于雁，羽毛白泽，其翔极高而善步，所谓鹄不浴而白，一举千里，是也。亦有黄鹄、丹鹄，湖、海、江、汉之间皆有之，出辽东者尤甚，而畏海青鹘。其皮毛可为服饰，谓之天鹅绒。

按：不仅肯定了有"黄鹄"（大天鹅与小天鹅），而且提出有"丹鹄"（疣鼻天鹅的嘴斑特征）。

清初《鸟谱》②，先蒋廷锡原画，傅恒、刘统勋、兆惠、阿里衮、刘纶、舒赫德、阿桂、于敏中题跋；后由余省、张为邦摹彩图。其中有黑嘴天鹅、金头天鹅与红嘴天鹅可与我国现生3种天鹅对应（图6.30～图6.32），题文分别为（李湜等，2014）：

黑觜天鹅

黑觜天鹅：黑睛，白睑，黑觜；顶颊白毛上有浅苍赭晕，通身白质带淡苍；黑足、掌；身似鹅而大，颈甚长而细；展翅甚阔，其飞极高。其毛可织为绒，其油可治疳，肉亦可食。《本草集解》谓：此即鹄。按：鹄有数种，此所谓白鹄也。《古今注》云：天鹅：似鹅而大，长颈，善斗。《本草纲目》云：鹄大于雁，羽毛白泽。其翔极高而善步。所谓鹄不浴而白，是也。师旷《禽经》云：鹄鸣哠哠，故谓之鹄。湖海江汉间皆有之，出辽东者尤甚而畏海青鹘。吴僧赞宁云：凡物大者，皆以天名。天者，大也。则天鹅名义盖亦同此。

图6.30　黑嘴天鹅（小天鹅）

①据核查，现存（晋）崔豹《古今注》与（五代）马缟《中华古今注》皆未见此说。

②该彩图现分为两部分：原1～4册以《故宫鸟谱》名义出版（故宫博物院编辑委员会，1997）；原5～12册以《故宫鸟谱》名义出版（李湜等，2014）。

图 6.31 金头天鹅(大天鹅)

图 6.32 红嘴天鹅(疣鼻天鹅)

金头天鹅

金头天鹅:黑睛,黄睑,黑觜,黄根;顶颊有赭毛金色隐约,通身白质,淡苍边晕;黑足、掌。《饮膳正要》:天鹅有四等:大金头鹅,似雁而长项。入食为上,美于雁。小金头鹅,形差小。花鹅,色花。一种不能鸣鹅,飞则翔响,其肉微腥,并不及大金头鹅。各有所产之地。

红觜天鹅

红觜天鹅:黑睛,黄睑,粉红觜,黑根;有冠顶颊白毛上皆有赤晕,通身白质带微苍;黑足、掌。

4 20世纪前的天鹅分布

历史时期,天鹅在我国分布甚广,除澳门特别行政区外,各省级政区皆有记录。

4.1 华北

华北各省级政区虽皆有天鹅栖息,但有明确时间、地点且较详细的记载主要见于北京市。

4.1.1 北京

所见北京市的天鹅记载,可追溯至辽代。

清光绪十年《畿辅通志》摘称:

漷县西有延芳淀。辽时,每季春来此弋猎,打鼓惊天鹅《燕山丛话》。

按:所称"漷县",乃今通州区漷县镇;"延芳淀"在辽金时期,是方圆数百里的辽阔水域,曾"水鸟亿万成群",多天鹅更不足为奇。

(元)熊梦祥《析津志》记述:

天鹅又名驾鹅。大者三五十斤,小者二十余斤。俗称"金冠,玉体,乾皂靴",是也。每岁,大兴县管南柳林中飞放之所。彼中县官每岁差役乡民于湖中多种茨菰,以诱之来游食。其湖面甚宽,所种延蔓。天鹅来,千万为群。俟大驾至,飞放海东青,所获甚厚,乃大张筵会以为庆赏,必数宿而返。

按:所谓"驾鹅","金冠,玉体,乾皂靴"的特征,正与天鹅相符;"大者三五十斤",乃大天鹅;"小者二十余斤",则是小天鹅。"大兴县",即今大兴区。"天鹅来,千万为群",可见在元代数量颇多。

清光绪十二年(1886)《顺天府志》记述:

鸭䳘:各《县志》作天鹅……按《艺文类聚》引《广志》曰:驾鹅,野鹅也。驾,与鸭同。天鹅,鹄也。《析津志》以駕鹅为天鹅,误矣。详下《鹄》注。

鹄:见各《县志》。按《本草》:鹄大于雁,羽毛白泽,其翔极高而善步,一名天鹅。然则鸿鹄并称者,取其皆高飞耳。鹄,实鹅类也。有黄白二色。

按:该《志》在两处皆强调称"各《县志》",可见当时天鹅分布颇广。"顺天府"共领五州十九县(又混称为顺天府二十四州县),辖今北京、天津、河北多地(表 6.1),

4.1.2 方志记载

尽管方志记载较简略,但可以反映不同时期华北的多地天鹅分布情况(见表 6.1)。

表 6.1　　方志记载 20 世纪前的华北天鹅情况

省级政区	今　地	文　献	内　容
北京	平谷区	清康熙六年(1667)《平谷县志》	天鹅
	顺义区、昌平区、密云县	清康熙十二年(1673)《昌平州志》	天鹅(形极大，飞能入云际。畏海青)
	西城区、宣武区、丰台区、石景山区、海淀区、门头沟区	清康熙二十三年(1684)《宛平县志》	天鹅
	大兴区	清康熙二十四年(1685)《大兴县志》	天鹅
	顺义区	清康熙五十八年(1719)《顺义县志》	天鹅
	平谷区等地	清康熙(1662～1722)《蓟州志》	天鹅
	通州区、昌平区、大兴区、西城区、宣武区、丰台区、石景山区、海淀区、门头沟区、房山区、平谷区、顺义区、密云县、怀柔区等地	清雍正六年(1728)《古今图书集成·方舆汇编·职方典·顺天府物产考》	天鹅
	通州区	清雍正十三年(1735)《畿辅通志》	天鹅(《燕山丛录》：漷县西有延芳淀……)①
	顺义区、昌平区、密云县	清光绪五年(1879)《昌平州志》	鹄(俗谓之天鹅)
	通州区、大兴区	清光绪十年(1884)《畿辅通志》	漷县延芳淀、大兴县：天鹅
	顺义区、昌平区、密云县	清光绪十一年(1885)《昌平州志》	鹄(俗谓之天鹅)
	通州区、昌平区、大兴区、西城区、宣武区、丰台区、石景山区、海淀区、门头沟区、房山区、平谷区、顺义区、密云县、怀柔区等地	清光绪十二年(1886)《顺天府志》	天鹅
天津	静海县等地	明万历四十三年(1615)《河间府志》	天鹅
	武清县	清康熙十四年(1675)《武清县志》	天鹅
	蓟县等地	清康熙(1662～1722)《蓟州志》	天鹅
	蓟县、武清区、宝坻区、宁河县等地	清雍正六年(1728)《古今图书集成·方舆汇编·职方典·顺天府物产考》	天鹅
	武清县	清光绪七年(1881)《武清县志》	天鹅
	蓟县、武清区、宝坻区、宁河县等地	清光绪十二年(1886)《顺天府志》	天鹅
	治今天津市	清光绪二十一年(1895)《天津府志》	天鹅(出海下《天津县志》)
	静海县等地	明嘉靖十九年(1540)《河间府志》	天鹅
河北	秦皇岛市、昌黎县、抚宁县、卢龙县、唐山市、迁安市、滦县、滦南县、乐亭县、迁西县、唐海县	明弘治十四年(1501)《永平府志》	天鹅
	易县	明弘治十五年(1502)《易州志》	鹄(禽之大者。有白、黄、丹三色。善高翔)
	宁晋县	明正德十年(1515)《赵州志·宁晋县》	天鹅
	雄县	明嘉靖十二年(1533)《雄乘》	天鹅
	秦皇岛市	明嘉靖十四年(1535)《山海关志》	天鹅
	沧州市、泊头市、任丘市、黄骅市、河间市、沧县、青县、东光县、海兴县、盐山县、肃宁县、南皮县、吴桥县、献县、孟村回族自治县、故城县、阜城县等地	明嘉靖十九年(1540)《河间府志》	天鹅

（续表）

省级政区	今 地	文 献	内 容
	属唐山市	明隆庆四年(1570)《丰润县志》	天鹅
	乐亭县	明万历二十一年(1593)《乐亭县志》	天鹅
	沧州市、泊头市、任丘市、黄骅市、河间市、沧县、青县、东光县、海兴县、盐山县、肃宁县、南皮县、吴桥县、献县、孟村回族自治县、故城县、阜城县等地	明万历四十三年(1615)《河间府志》	天鹅
	安国市	《安国县志》	据明崇祯《祁州志》记载有天鹅
	南和县	清康熙六年(1751)《南和县志》	天鹅
	灵寿县	清康熙十一年(1672)《灵寿县志》	天鹅
	昌黎县	清康熙十四年(1675)《昌黎县志》	天鹅
	香河县	清康熙十七年(1678)《香河县志》	天鹅
	安新县	清康熙十九年(1680)《安州志》	天鹅
	三河县	清康熙(1662～1722)《三河县志》	天鹅
	属唐山市、遵化市、玉田县等地	清康熙(1662～1722)《蓟州志》	天鹅
	涿州市、霸州市、廊坊市、固安县、永清县、文安县、大城县、香河县、三河县等地	清雍正六年(1728)《古今图书集成·方舆汇编·职方典·顺天府物产考》	天鹅
	保定市、安国市、满城县、清苑县、徐水县、定兴县、顺平县、唐县、望都县、高阳县、安新县、雄县、容城县、博野县、蠡县	清雍正六年(1728)《古今图书集成·方舆汇编·职方典·保定府物产考》	天鹅
	泊头市、任丘市、河间市、东光县、肃宁县、吴桥县、献县、故城县、景县、阜城县等地	清雍正六年(1728)《古今图书集成·方舆汇编·职方典·河间府物产考》	天鹅
	邢台市、邢台县、内丘县、任县、南和县、巨鹿县、广宗县、平乡县	清雍正六年(1728)《古今图书集成·方舆汇编·职方典·顺德府物产考》	天鹅
	大名县等地	清雍正六年(1728)《古今图书集成·方舆汇编·职方典·大名府物产考》	天鹅
	沧州市	清乾隆八年(1743)《沧州志》	天鹅
	属廊坊市	清乾隆十四年(1749)《东安县志》	鹄、皃、天鹅②
	南和县	清乾隆十四年(1749)《南和县志》	天鹅
	平乡县	清乾隆十六年(1751)《平乡县志》	天鹅
	张北县、康保县、沽源县、尚义县、崇礼县等地	清乾隆二十三年(1758)《口北三厅志》	天鹅(《辽史·营卫志》:……)③
	石家庄市、藁城市、晋州市、新乐市、鹿泉市、井陉县、正定县、栾城县、行唐县、灵寿县、赞皇县、无极县、平山县、元氏县、赵县、阜平县、临城县、宁晋县	清乾隆二十七年(1762)《正定府志》	天鹅
	任丘市	清乾隆二十七年(1762)《任丘县志》	天鹅
	盐山县	清同治七年(1868)《盐山县志》	天鹅
	灵寿县	清同治十三年(1874)《灵寿县志》	天鹅
	行唐县	清同治(1861～1875)《行唐县志》	天鹅
	乐亭县	清光绪三年(1877)《乐亭县志》	天鹅

（续表）

省级政区	今　　地	文　献	内　容
	秦皇岛市、昌黎县、抚宁县、卢龙县、青龙满族自治县、迁安市、滦县、滦南县、乐亭县、迁西县	清光绪五年(1879)《永平府志》	天鹅
	怀来县	清光绪八年(1882)《怀来县志》	天鹅
	涿州市、霸州市、廊坊市、固安县、永清县、文安县、大城县、香河县、三河县等地	清光绪十二年(1886)《顺天府志》	天鹅
	南和县	清光绪十九年(1893)《南和县志》	天鹅
	涞水县	清光绪二十一年(1895)《涞水县志》	鹄
	滦县	清光绪二十四年(1898)《滦州志》	天鹅
山西	大同市、大同县、属盐湖区	明嘉靖四十三年(1544)《山西通志》	天鹅(俱出大同、解州野池水泽内)
	属太原市	明嘉靖三十年(1551)《太原县志》	天鹅
	万荣县	明嘉靖十七年(1538)《荣河县志》	天鹅
	属盐湖区	明万历四十三年(1615)《平阳府志》	天鹅(解州水泽中出)
	属盐湖区	清顺治十七年(1660)《河东运司志》	天鹅
	属盐湖区	清康熙四十七年(1708)《平阳府志》	天鹅(解州水泽中出)
	大同市、阳高县、天镇县、广灵县、灵丘县、浑源县、大同县、山阴县、应县、怀仁县等地	清雍正六年(1728)《古今图书集成·方舆汇编·职方典·大同府物产考》	天鹅
	尧都区	清雍正七年(1729)《临汾县志》	天鹅
	大同市、大同县	清雍正十二年(1734)《山西通志》	鸿鹄(出大同县)
内蒙古	集宁区、丰镇市、兴和县、察哈尔右翼前旗、察哈尔右翼中旗、察哈尔右翼后旗等地	清雍正六年(1728)《古今图书集成·方舆汇编·职方典·大同府物产考》	天鹅
	海拉尔区、满洲里市、扎兰屯市、牙克石市、根河市、额尔古纳市、阿荣旗、新巴尔虎右旗、新巴尔虎左旗、陈巴尔虎旗、鄂伦春自治旗、鄂温克族自治旗、莫力达瓦达斡尔族自治旗等地	清雍正六年(1728)《古今图书集成·方舆汇编·职方典·盛京物产考》	天鹅
	海拉尔区、满洲里市、扎兰屯市、牙克石市、根河市、额尔古纳市、阿荣旗、新巴尔虎右旗、新巴尔虎左旗、陈巴尔虎旗、鄂伦春自治旗、鄂温克族自治旗、莫力达瓦达斡尔族自治旗等地	清乾隆元年(1736)《盛京通志》	鹄:俗名天鹅。江海间皆有之。其毛可为服饰
	化德县、商都县、多伦县、太仆寺旗、镶黄旗、正镶白旗、正蓝旗等地	清乾隆二十三年(1758)《口北三厅志》	同前
	海拉尔区、满洲里市、扎兰屯市、牙克石市、根河市、额尔古纳市、阿荣旗、新巴尔虎右旗、新巴尔虎左旗、陈巴尔虎旗、鄂伦春自治旗、鄂温克族自治旗、莫力达瓦达斡尔族自治旗等地	清乾隆四十四年(1779)《盛京通志》	鹄:俗名天鹅。江海间皆有之。其毛可为服饰

注:①正文有相关内容,不再重复。②同时有“鹄”与“天鹅”记载,前者似指大雁。③正文有相关内容,不再重复。

4.2 东北

东北各省级政区虽皆有天鹅栖息，但有明确时间、地点且较详细的记载主要见于吉林省。

4.2.1 吉林

吉林省自辽代以来就有天鹅记载。

《辽史·营卫志》记述：

春捺钵：曰鸭子河泺。皇帝正月上旬起牙帐，约六十日方至。天鹅未至，卓帐冰上，凿冰取鱼，冰泮，乃纵鹰鹘捕鹅雁。晨出暮归，从事弋猎。鸭子河泺东西二十里，南北三十里，在长春州东北三十五里，四面皆沙埚，多榆柳杏林。皇帝每至，侍御皆服墨绿色衣，各备连鎚一柄，鹰食一器，刺鹅锥一枚，于泺周围相去各五七步排立。皇帝冠巾，衣时服，系玉束带，于上风望之。有鹅之处举旗，探骑驰报，远泊鸣鼓。鹅惊腾起，左右围骑皆举帜麾之。五坊擎进海东青鹘，拜授皇帝放之。鹘擒鹅坠，势力不加，排立近者，举锥刺鹅，取脑以饲鹘。救鹘人例赏银绢。皇帝得头鹅，荐庙，群臣各献酒果，举乐。更相酬酢，致贺语，皆插鹅毛于首以为乐。赐从人酒，遍散其毛。弋猎网钓，春尽乃还。

按：辽代"春捺钵"乃辽代帝王在春季游猎地区设的行帐，地处"长春州"，治今吉林大安市，辖今大安市、乾安县、前郭尔罗斯蒙古族自治县一带，反映有较多天鹅。

清光绪十七年(1891)《吉林通志》记述：

鹄：能食蚌珠，藏其嗉。又有后鹘，号海东青者，能击天鹅。人既以俊鹘而得天鹅，则于其嗉得珠焉《北盟会编》三。俗名天鹅，江海间有之。其毛可为服饰《盛京通志》。高士奇《扈从杂纪诗》：新翻艳谱天鹅曲。注云：旗门铙吹，多奏海青捉天鹅曲《扈从日录》。

按：据此看来，所称"鹄"即天鹅。

4.2.2 方志记载

尽管方志记载较简略，但可以反映不同时期东北的多地天鹅分布情况(表6.2)。

表6.2 方志记载20世纪前的东北天鹅情况

省级政区	今地	文献	内容
辽宁	沈阳市、建平县、铁岭市、调兵山市、开原市、铁岭县、西丰县、昌图县、抚顺市、抚顺县、新宾满族自治县、清原满族自治县、本溪市、本溪满族自治县、桓仁满族自治县、辽阳市、灯塔市、辽阳县、鞍山市、海城市、岫岩满族自治县、丹东市、凤城市、东港市、宽甸满族自治县、大连市、瓦房店市、普兰店市、庄河市、长海县、营口市、大石桥市、盖州市、盘锦市、大洼县、盘山县、锦州市、凌海市、北镇市、黑山县、义县、葫芦岛市、兴城市、绥中县	明嘉靖十六年()《辽东志》	天鹅
	台安县、盘锦市、大洼县、锦州市、北镇市、黑山县、义县、葫芦岛市、兴城市、绥中县	清康熙二十一年(1682)《锦州府志》	天鹅
	兴城市	清康熙二十一年(1682)《宁远州志》	天鹅
	盖州市	清康熙二十一年(1682)《盖平县志》	天鹅
	沈阳市、新民市、辽中县、法库县、彰武县、铁岭市、调兵山市、开原市、铁岭县、西丰县、昌图县、抚顺市、抚顺县、新宾满族自治县、清原满族自治县、本溪市、本溪满族自治县、桓仁满族自治县、辽阳市、灯塔市、辽阳县、鞍山市、海城市、台安县、岫岩满族自治县、丹东市、凤城市、东港市、宽甸满族自治县、大连市、瓦房店市、普兰店市、庄河市、长海县、营口市、大石桥市、盖州市、盘锦市、大洼县、盘山县、锦州市、凌海市、北镇市、黑山县、义县、葫芦岛市、兴城市、绥中县等地	清雍正六年(1728)《古今图书集成·方舆汇编·职方典·盛京物产考》	天鹅

（续表）

省级政区	今　　地	文　献	内容
	沈阳市、新民市、辽中县、法库县、彰武县、铁岭市、调兵山市、开原市、铁岭县、西丰县、昌图县、抚顺市、抚顺县、新宾满族自治县、清原满族自治县、本溪市、本溪满族自治县、桓仁满族自治县、辽阳市、灯塔市、辽阳县、鞍山市、海城市、台安县、岫岩满族自治县、丹东市、凤城市、东港市、宽甸满族自治县、大连市、瓦房店市、普兰店市、庄河市、长海县、营口市、大石桥市、盖州市、盘锦市、大洼县、盘山县、锦州市、凌海市、北镇市、黑山县、义县、葫芦岛市、兴城市、绥中县等地	清乾隆元年(1736)《盛京通志》	同前
	沈阳市、新民市、辽中县、法库县、彰武县、铁岭市、调兵山市、开原市、铁岭县、西丰县、昌图县、抚顺市、抚顺县、新宾满族自治县、清原满族自治县、本溪市、本溪满族自治县、桓仁满族自治县、辽阳市、灯塔市、辽阳县、鞍山市、海城市、台安县、岫岩满族自治县、丹东市、凤城市、东港市、宽甸满族自治县、大连市、瓦房店市、普兰店市、庄河市、长海县、营口市、大石桥市、盖州市、盘锦市、大洼县、盘山县、锦州市、凌海市、北镇市、黑山县、义县、葫芦岛市、兴城市、绥中县等地	清乾隆四十四年(1779)《盛京通志》	同前
吉林	长春市、德惠市、九台市、榆树市、扶余县、吉林市、磐石市、蛟河市、桦甸市、舒兰市、永吉县、公主岭市、伊通满族自治县、辽源市、东丰县、东辽县、通化市、梅河口市、集安市、通化县、辉南县、柳河县、白山市、临江市、抚松县、靖宇县、长白朝鲜族自治县、延吉市、图们市、敦化市、珲春市、龙井市、和龙市、汪清县、安图县等地	清雍正六年(1728)《古今图书集成·方舆汇编·职方典·盛京物产考》	天鹅
	长春市、德惠市、九台市、榆树市、扶余县、吉林市、磐石市、蛟河市、桦甸市、舒兰市、永吉县、公主岭市、伊通满族自治县、辽源市、东丰县、东辽县、通化市、梅河口市、集安市、通化县、辉南县、柳河县、白山市、临江市、抚松县、靖宇县、长白朝鲜族自治县、延吉市、图们市、敦化市、珲春市、龙井市、和龙市、汪清县、安图县等地	清乾隆元年(1736)《盛京通志》	同前
	长春市、德惠市、九台市、榆树市、扶余县、吉林市、磐石市、蛟河市、桦甸市、舒兰市、永吉县、公主岭市、伊通满族自治县、辽源市、东丰县、东辽县、通化市、梅河口市、集安市、通化县、辉南县、柳河县、白山市、临江市、抚松县、靖宇县、长白朝鲜族自治县、延吉市、图们市、敦化市、珲春市、龙井市、和龙市、汪清县、安图县等地	清乾隆四十四年(1779)《盛京通志》	同前
	长春市、德惠市、九台市、榆树市、扶余县、吉林市、磐石市、蛟河市、桦甸市、舒兰市、永吉县、公主岭市、伊通满族自治县、辽源市、东丰县、东辽县、通化市、梅河口市、集安市、通化县、辉南县、柳河县、白山市、临江市、抚松县、靖宇县、长白朝鲜族自治县、延吉市、图们市、敦化市、珲春市、龙井市、和龙市、汪清县、安图县等地	清光绪十七年(1891)《吉林通志》	鹄(天鹅)
黑龙江	哈尔滨市、双城市、尚志市、五常市、依兰县、方正县、宾县、巴彦县、木兰县、通河县、延寿县、齐齐哈尔市、讷河市、龙江县、依安县、甘南县、富裕县、克山县、克东县、拜泉县、爱辉区、北安市、五大连池市、嫩江县、逊克县、孙吴县、伊春市、铁力市、嘉荫县、鹤岗市、萝北县、绥滨县、佳木斯市、同江市、富锦市、桦南县、桦川县、汤原县、抚远县、双鸭山市、集贤县、友谊县、宝清县、饶河县、七台河市、勃利县、鸡西市、虎林市、密山市、鸡东县、牡丹江市、穆棱市、绥芬河市、海林市、宁安市、东宁县、林口县、北林区、海伦市、望奎县、兰西、青冈县、庆安县、明水县、绥棱县、大兴安岭地区、呼玛县、塔河县、漠河县等地	清雍正六年(1728)《古今图书集成·方舆汇编·职方典·盛京物产考》	天鹅

（续表）

省级政区	今地	文献	内容
	哈尔滨市、双城市、尚志市、五常市、依兰县、方正县、宾县、巴彦县、木兰县、通河县、延寿县、齐齐哈尔市、讷河市、龙江县、依安县、甘南县、富裕县、克山县、克东县、拜泉县、爱辉区、北安市、五大连池市、嫩江县、逊克县、孙吴县、伊春市、铁力市、嘉荫县、鹤岗市、萝北县、绥滨县、佳木斯市、同江市、富锦市、桦南县、桦川县、汤原县、抚远县、双鸭山市、集贤县、友谊县、宝清县、饶河县、七台河市、勃利县、鸡西市、虎林市、密山市、鸡东县、牡丹江市、穆棱市、绥芬河市、海林市、宁安市、东宁县、林口县、北林区、海伦市、望奎县、兰西、青冈县、庆安县、明水县、绥棱县、大兴安岭地区、呼玛县、塔河县、漠河县等地	清乾隆元年(1736)《盛京通志》	同前
	哈尔滨市、双城市、尚志市、五常市、依兰县、方正县、宾县、巴彦县、木兰县、通河县、延寿县、齐齐哈尔市、讷河市、龙江县、依安县、甘南县、富裕县、克山县、克东县、拜泉县、爱辉区、北安市、五大连池市、嫩江县、逊克县、孙吴县、伊春市、铁力市、嘉荫县、鹤岗市、萝北县、绥滨县、佳木斯市、同江市、富锦市、桦南县、桦川县、汤原县、抚远县、双鸭山市、集贤县、友谊县、宝清县、饶河县、七台河市、勃利县、鸡西市、虎林市、密山市、鸡东县、牡丹江市、穆棱市、绥芬河市、海林市、宁安市、东宁县、林口县、北林区、海伦市、望奎县、兰西、青冈县、庆安县、明水县、绥棱县、大兴安岭地区、呼玛县、塔河县、漠河县等地	清乾隆四十四年(1779)《盛京通志》	同前

注：①“内容”所标“同前”，是指原文献由于现分属不同省级政区，为避免重复而省略；若有需要，可详见前者。

4.3 华东

华东各省级政区历史上皆有天鹅分布，唯山东省的资料需要另行说明。

4.3.1 山东

山东省记载的天鹅资料更早，在唐代就有。

《东观汉记·肃宗孝章皇帝》记载：

章帝元和二年，东巡狩，至于岱宗，柴望毕。有黄鹄三十从西南来，经祀坛上，东过于宫，翱翔而上[①]。

按：这是记载唐元和二年(807)，唐宪宗李纯至泰山(位于泰安市)，有天鹅飞临岱庙。

清乾隆元年(1736)《山东通志·物产志·物产总部凡民间日用之物，皆各州县所同，有则通列于总部》就有“鹄：即天鹅。《禽经》曰：鹄鸣咭咭，故谓之鹄”记载。尽管有“各州县所同”的说明，但我们认为其时很可能只是较多地方有天鹅，而不是“全省”。

4.3.2 方志记载

尽管方志记载较简略，但可以反映不同时期华东的多地天鹅分布情况(表6.3)。

表6.3　方志记载20世纪前的华东天鹅情况

省级政区	今地	文献	内容
江苏	属徐州市	明正统三年(1438)《彭城志》	天鹅
	徐州市	明弘治七年(1494)《徐州志》	天鹅
	邳州市、新沂市、睢宁县、连云港市、赣榆县、灌云县、东海县、灌南县、宿迁市、沭阳县、泗阳县、泗洪县、淮安市、洪泽县、涟水县、盐城市、阜宁县、响水县、建湖县	明正德十三年(1518)《淮安府志》	天鹅

①《初学记》与《太平御览》等皆有类似记载，只是后者是“白鹄”。

（续表）

省级政区	今　地	文　献	内　容
	泗洪县、盱眙县等地	明嘉靖十三年(1534)《南畿志·凤阳府》	天鹅
	金湖县、东台市、扬州市、仪征市、江都市、高邮市、宝应县、泰州市、泰兴市、姜堰市、兴化市、南通市、海门市、启东市、通州市、如皋市、如东县、海安县	明嘉靖二十一年(1542)《淮扬志·扬州府》	天鹅
	兴化市	明嘉靖三十八年(1559)《兴化县志》	天鹅
	仪征市	明隆庆元年(1567)《仪真县志》	鹄
	宝应县	明隆庆三年(1569)《宝应县志》	天鹅
	丹阳市	明隆庆三年(1569)《丹阳县志》	天鹅
	属连云港市	明隆庆六年(1572)《海州志》	天鹅
	金湖县、高邮市、宝应县、兴化市	明隆庆六年(1572)《高邮州志》	天鹅
	邳州市、新沂市、睢宁县、连云港市、赣榆县、灌云县、东海县、灌南县、宿迁市、沭阳县、泗阳县、泗洪县、淮安市、洪泽县、涟水县、盐城市、阜宁县、响水县、建湖县	明万历元年(1573)《淮安府志》	天鹅
	宿迁市	明万历五年(1577)《宿迁县志》	天鹅
	盐城市	明万历十一年(1583)《盐城县志》	天鹅
	属苏州市	明崇祯十五年(1642)《吴县志》	鹄
	金湖县、东台市、大丰市、扬州市、仪征市、江都市、高邮市、宝应、泰州市、姜堰市、兴化市、海安县	清康熙三年(1664)《扬州府志》	天鹅
	泗阳县、淮安市、洪泽县、涟水县、盐城市、射阳县、阜宁县、滨海县、建湖县、徐州市、邳州市、新沂市、铜山县、睢宁县、沛县、丰县、宿迁市等地	清康熙二十三年(1684)《江南通志》	淮安府：天鹅，仓鸡，鹄；徐州府：天鹅(间有至者)
	泗阳县、淮安市、洪泽县、涟水县、盐城市、射阳县、阜宁县、滨海县、建湖县	清康熙二十三年(1685)《淮安府志》	天鹅
	邳州市、宿迁县、睢宁县	清康熙三十二年(1693)《邳州志》	天鹅
	涟水县	清康熙三十七年(1698)《安东县志》	天鹅
	金湖县、东台市、大丰市、扬州市、仪征市、江都市、高邮市、宝应县、泰州市、姜堰市、兴化市、海安县	清雍正六年(1728)《古今图书集成·方舆汇编·职方典·扬州府物产考》	天鹅
	金湖县、东台市、大丰市、扬州市、仪征市、江都市、高邮市、宝应、泰州市、姜堰市、兴化市、海安县	清雍正十一年(1733)《扬州府志》	天鹅
	盐城市	清乾隆十二年(1747)《盐城县志》	天鹅
	泗阳县、淮安市、洪泽县、涟水县、盐城市、射阳县、阜宁县、滨海县、建湖县	清乾隆十三年(1748)《淮安府志》	鹄(天鹅也)

（续表）

省级政区	今 地	文 献	内 容
	铜山县	清乾隆十三年(1748)《铜山县志》	天鹅
	丰县	清乾隆二十四年(1759)《丰县志》	天鹅
	属连云港市	清乾隆三十七年(1772)《云台山志》	天鹅
	宜兴市	清嘉庆二年(1797)《宜兴县志》	天鹅
	金湖县、东台市、大丰市、扬州市、仪征市、江都市、高邮市、宝应、泰州市、姜堰市、兴化市、海安县	清嘉庆十五年(1810)《扬州府志》	天鹅
	连云港市、赣榆县、灌云县、东海县、灌南县、沭阳县、响水县	清嘉庆十六年(1811)《海州直隶州志》	天鹅
	高邮市	清嘉庆十八年(1813)《高邮州志》	天鹅
	东台市	清嘉庆二十二年(1817)《东台县志》	鹄
	连云港市	清道光十七年(1837)《云台新志》	天鹅
	高邮市	清道光二十三年(1843)《高邮州志》	天鹅
	宜兴市	清光绪八年(1882)《宜兴荆溪县志》	鹄：天鹅(鹄鸣哰哰，故谓之鹄。吴僧赞宁云：凡物大者，皆以天名。天鹅名义亦同此也。鹄大于雁而羽毛白泽。所谓鹄不浴而白者，是矣。其皮毛可为服饰，谓之天鹅绒)
	丰县	清光绪二十年(1894)《丰县志》	天鹅
	盐城市	清光绪二十一年(1895)《盐城县志》	前明盐邑上贡：……有天鹅二只
浙江	嵊州市	宋嘉定八年(1215)《剡录》	鹄(出《山居赋》。《广志》曰：黄鹄出东海。徐干《七喻》曰：云鸧水鹄。张伯玉诗：冷风徐引江鹄飞，白云回首清猿啼。李易《剡山有浴鹄池诗》：沼从鹄举添萧索，峰以鸾翔解叹嗟。又：浴鹄开新鉴，纤尘莫遣遮)
	平阳县	清康熙三十三年(1694)《平阳县志》	鹄
	属杭州市	清乾隆十六年(1751)《萧山县志》	鹄
	临安市	清乾隆四十九年(1784)《杭州府志》	鹄(昌化大鹄头山，大鹄曾来栖止《成化旧志》)
	慈溪市、余姚市、越城区、诸暨市、上虞市、嵊州市、绍兴县、新昌县	清乾隆五十七年(1792)《绍兴府志》	鹄(《剡录》：出《山居赋》。《广志》曰：黄鹄出东海。徐干《七喻》曰：云鸧水鹄。张伯玉诗：冷风徐引江鹄飞，白云回首清猿啼。李易《剡山有落鹄池诗》：沼从鹄举添萧索，峰以鸾翔解叹嗟。又：浴鹄开新鉴，纤尘莫遣遮)

（续表）

省级政区	今　地	文　献	内　容
	建德市	清道光八年(1828)《建德县志》	鹄
	嵊州市	清同治九年(1870)《嵊县志》	鹄(《剡录》云：见《山居赋》。《广志》：黄鹄出东海)
	龙泉市	清光绪四年(1878)《龙泉县志》	鹄
	泰顺县	清光绪四年(1878)《分疆录》	鹄
	桐乡市	清光绪五年(1879)《石门县志》	鹄
	临安市	清光绪二十四年(1898)《杭州府志》	鹄(昌化大鹄头山，大鹄曾来栖止《成化志》)
安徽	和县、含山县	明正统六年(1441)《和州志》	天鹅
	凤阳县	明成化六年(1470)《中都志》	天鹅
	阜阳市	明正德六年(1511)《颍州志》	天鹅
	铜陵市、铜陵县、贵池区、东至县、石台县、青阳县	明正德十三年(1518)《池州府志》	天鹅
	和县、含山县	明嘉靖七年(1528)《和州志》	天鹅
	居巢区、庐江县、无为县	明嘉靖七年(1528)《无为州志》	天鹅
	长丰县、埇桥区、灵璧县、泗县、淮北市、濉溪县、阜阳市、界首市、临泉县、太和县、阜南县、颍上县、谯城区、涡阳县、蒙城县、利辛县、蚌埠市、怀远县、五河县、固镇县、淮南市、凤台县、明光市、天长市、定远县、凤阳县、寿县、霍邱县等地	明嘉靖十三年(1534)《南畿志·凤阳府》	天鹅
	宣州区	明嘉靖十五年(1536)《宁国府志·宣城》	天鹅
	阜阳市	明嘉靖十五年(1536)《颍州志》	天鹅
	灵璧县	明嘉靖十六年(1537)《宿州志·灵璧县》	天鹅
	宁国市	明嘉靖二十八年(1549)《宁国县志》	天鹅(宁国乡间有之)
	寿县	明嘉靖二十九年(1550)《寿州志》	天鹅
	六安市、霍山县等地	明嘉靖三十四年(1555)《六安州志》	天鹅
	含山县	明嘉靖三十四年(1555)《含山邑乘》	天鹅
	合肥市、肥东县、肥西县、舒城县、居巢区、无为县、庐江县、六安市、舒城县、霍山县等地	明万历三年(1575)《庐州府志》	天鹅
	和县、含山县	明万历三年(1575)《和州志》	天鹅
	芜湖市、芜湖县、南陵县、黄山市、宣州区、宁国市、泾县、旌德县	明万历五年(1577)《宁国府志》	嘉靖中，通判李默常建议定为每岁审征之期寻亦废格野味十一：天鹅
	舒城县	明万历八年(1580)《舒城县志》	天鹅
	六安市、霍山县等地	明万历十二年(1584)《六安州志》	天鹅

（续表）

省级政区	今　地	文　献	内　容
	怀远县	明万历三十三年(1605)《怀远县志》	天鹅
	埇桥区、来安县、全椒县	明万历四十二年(1614)《滁阳志》	岁贡：天鹅(九)
	霍邱县	清康熙九年(1570)《霍邱县志》	天鹅
	五河县	清康熙十一年(1672)《五河县志》	天鹅
	宿松县	清康熙十四年(1675)《宿松县志》	天鹅
	石台县	清康熙十四年(1675)《石埭县志》	天鹅
	砀山县、萧县等地	清康熙二十三年(1684)《江南通志》	徐州府：天鹅(间有至者)
	合肥市	清康熙三十六年(1697)《合肥县志》	天鹅
	庐江县	清康熙三十七年(1698)《庐江县志》	天鹅
	安庆市、桐城市、怀宁县、枞阳县、潜山县、太湖县、宿松县、望江县、岳西县	清康熙六十年(1721)《安庆府志》	天鹅
	怀远县	清雍正二年(1724)《怀远县志》	天鹅
	长丰县、埇桥区、灵璧县、淮北市、濉溪县、蚌埠市、怀远县、固镇县、淮南市、凤台县、定远县、凤阳县、寿县	清雍正六年(1728)《古今图书集成·方舆汇编·职方典·凤阳府物产考》	天鹅
	和县、含山县	清雍正六年(1728)《古今图书集成·方舆汇编·职方典·和州物产考》	天鹅(州产洲渚间。大者至十余斤)
	阜阳市	清乾隆二十年(1755)《阜阳县志》	天鹅
	铜陵市、铜陵县	清乾隆二十二年(1757)《铜陵县志》	天鹅
	东至县	清乾隆二十三年(1758)《东流县志》	天鹅
	寿县	清乾隆三十二年(1767)《寿州志》	天鹅
	萧县	清嘉庆十九年(1814)《萧县志》	天鹅(《本草》：鹄，名天鹅)
	宣州区	清嘉庆二十年(1815)《宁国府志》	天鹅(《洪武志》：宣城岁贡天鹅四只)
	居巢区、和县、含山县、六安市、霍山县等地	清光绪四年(1878)《安徽通志》	庐州府·巢县、和州、六安州：天鹅
	宁国市	清光绪八年(882)《宁国县志》	天鹅
	合肥市、肥东县、肥西县、舒城县、居巢区、无为县、庐江县	清光绪十一年(1885)《庐州府志》	天鹅
	五河县	清光绪二十年(1894)《五河县志》	天鹅
福建	明溪县、宁化县、清流县、长汀县、武平县、上杭县、永定县、连城县	明嘉靖六年(1527)《汀州府志》	鹄
	蕉城区、福安市、福鼎市、霞浦县、柘荣县	明嘉靖十七年(1538)《福宁州志》	鹄
	蕉城区	明嘉靖十七年(1538)《宁德县志》	鹄
	蕉城区、福安市、福鼎市、霞浦县、柘荣县	明万历二十一年(1593)《福宁州志》	鹄
	福州市、福清市、长乐市、闽侯县、连江县、罗源县、闽清县、永泰县、平潭县、屏南县、古田县	明万历二十四年(1596)《福州府志》	鹄

（续表）

省级政区	今地	文献	内容
	福安市	明万历二十五年(1597)《福安县志》	鹄
	福州市、福清市、长乐市、闽侯县、连江县、罗源县、闽清县、永泰县、平潭县、屏南县、古田县	明万历四十一年(1613)《福州府志》	鹄
	蕉城区、福安市、福鼎市、霞浦县、柘荣县	明万历四十四年(1616)《福宁州志》	鹄
	福州市、福清市、长乐市、闽侯县、连江县、罗源县、闽清县、永泰县、平潭县、屏南县、古田县	清乾隆十六年(1751)《福州府志》	鹙鸧(野鹅也。大于雁。又名驾鹅，亦曰天鹅)
	蕉城区、福安市、福鼎市、寿宁县、霞浦县、柘荣县、周宁县	清乾隆二十四年(1759)《福宁府志》	鹄(似鹤)
	晋江市	清乾隆三十年(1765)《晋江县志》	天鹅、野鸭、鹄[①]
	大田县、永春县、德化县	清乾隆五十二年(1787)《永春州志》	鹄
	福鼎市	清嘉庆十一年(1806)《福鼎县志》	鹄(《三山志》：似鹤而白)
	福安市	清光绪十年(1884)《福安县志》	鹄(似鹤而白)
	邵武市、光泽县、泰宁县、建宁县	清光绪二十四年(1888)《邵武府志》	鹄(似鹤)
	福州市	清光绪二十年(1894)《闽县乡土志》	【常产】天鹅(大于雁。又名鸿) 【特产】鹄(似鹤)
	闽侯县	清光绪二十年(1894)《侯官县乡土志》	【常产】天鹅(大于雁。又名野鹅)
江西	景德镇市、乐平市、浮梁县、余江县、德兴市、余干县、鄱阳县、万年县	明正德六年(1511)《饶州府志》	天鹅
	永修县	明隆庆四年(1570)《建昌县志》	天鹅
	南昌市、南昌县、新建县、进贤县、武宁县、丰城市、奉新县、靖安县	明万历十六年(1588)《南昌府志》	天鹅(入贡)
	新建县	清康熙十九年(1680)《新建县志》	天鹅
	南城县	清康熙十九年(1680)《南城县志》	天鹅
	鄱阳县	清康熙二十二年(1683)《鄱阳县志》	天鹅
	南城县	清康熙五十四年(1715)《南城县志》	天鹅
	瑞昌市	清雍正四年(1726)《瑞昌县志》	天鹅
	永修县	清雍正十年(1732)《江西通志·土产·南康府》	天鹅(建昌县出)
	南城县	清乾隆十七年(1752)《南城县志》	天鹅
	鄱阳县	清同治十年(1871)《鄱阳县志》	天鹅
	永修县	清同治十年(1871)《建昌县志》	天鹅
	星子县	清同治十年(1871)《星子县志》	天鹅
	景德镇市、乐平市、浮梁县、余江县、德兴市、鄱阳县、余干县、万年县	清同治十一年(1872)《饶州府志》	天鹅
	南昌市、南昌县、新建县、进贤县、武宁县、修水县、丰城市、奉新县、靖安县、铜鼓县	清同治十一年(1873)《南昌府志》	天鹅
	南康市、鄱阳县	清光绪六年(1880)《江西通志》	饶州府·鄱阳、南康府·建昌：天鹅

（续表）

省级政区	今地	文献	内容
山东	章丘市	明嘉靖九年(1530)《章丘县志》	天鹅
	宁津县、庆云县等地	明嘉靖十九年(1540)《河间府志》	天鹅
	临朐县	明嘉靖三十一年(1552)《临朐县志》	天鹅
	广饶县、沂源县、安丘市、青州市、诸城市、寿光市、临朐县、昌乐县、日照市、五莲县、莒县、莒南县、沂水县、蒙阴县、沂南县、博兴县	明嘉靖四十四年(1565)《青州府志》	天鹅
	临沂市、鱼台县	明万历元年(1573)《兖州府志》	天鹅(似鹅而大，项肥。鱼台县岁办土贡)；土贡：鱼台县(天鹅二只)，沂州(天鹅三只)
	潍坊市	明万历二年(1574)《潍县志》	天鹅
	泰安市	明万历三十一年(1603)《泰安州志》	天鹅
	济阳县	明万历三十七年(1609)《济阳县志》	天鹅
	宁津县、庆云县等地	明万历四十三年(1615)《河间府志》	天鹅
	属烟台市	明万历四十六年(1618)《福山县志》	天鹅
	属济南市	明崇祯十三年(1640)《历城县志》	天鹅
	临邑县	清顺治九年(1652)《临邑县志》	天鹅
	宁阳县	清顺治十一年(1654)《宁阳县志》	天鹅
	招远市	清顺治十七年(1660)《招远县志》	鹄(即天鹅。师旷《禽经》云：鹄鸣咭咭，故谓之鹄。语云：鹄不浴而白。今人多取其皮，谓之天鹅绒)
	无棣县	清康熙九年(1670)《海丰县志》	天鹅
	兖州市	清康熙十一年(1672)《滋阳县志》	天鹅
	济宁市、鱼台县、金乡县、嘉祥县	清康熙十二年(1673)《济宁州志》	天鹅
	东平县	清康熙十九年(1680)《东平州志》	天鹅
	桓台县	清康熙三十二年(1693)《新城县志》	天鹅
	属邹平县	清康熙四十三年(1704)《长山县志》	天鹅
	邹城市	清康熙五十四年(1715)《邹县志》	鹄、鹤、雁()、鹳()、凫、鸥、鸨()、鹁()、鹌鹑()、啄木()、鹭鸶、天鹅
	滕州市	清康熙五十六年(1717)《滕县志》	天鹅
	广饶县、安丘市、青州市、诸城市、寿光市、临朐县、昌乐县、博兴县	清康熙六十年(1721)《青州府志》	天鹅
	文登市	清雍正三年(1725)《文登县志》	天鹅
	宁津县等地	清雍正六年(1728)《古今图书集成·方舆汇编·职方典·河间府物产考》	天鹅

（续表）

省级政区	今　地	文　献	内　容
	东明县等地	清雍正六年(1728)《古今图书集成·方舆汇编·职方典·大名府物产考》	天鹅
	济南市、章丘市、济阳县、德城区、禹城市、陵县、平原县、齐河县、临邑县、淄博市、邹平县	清雍正六年(1728)《古今图书集成·方舆汇编·职方典·济南府物产考》	天鹅
	乐陵市	清乾隆二十七年(1762)《乐陵县志》	天鹅(全似家鹅而微大，头亦微长。其毛深厚，可饰领袖)
	济阳县	清乾隆三十年(1765)《济阳县志》	鹄
	济南市	清乾隆三十八年(1773)《历城县志》	天鹅
	莒县	清嘉庆元年(1796)《莒州志》	鹄(即天鹅。《禽经》曰：鹄鸣哠哠，故谓之鹄)
	东阿县	清道光九年(1829)《东阿县志》	天鹅
	滕州市	清道光二十六年(1846)《滕县志》	天鹅
	日照市	清光绪十二年(1886)《日照县志》	鹄(鸿鹄也。大于雁)
台湾	【未见更具体地点】②	清光绪二十年(1894)《台湾通志》	天鹅(见《福建通志》)

注：①同时记载有“天鹅”与“鹄”，后者似指大雁。②该《志》未列更具体地点，又不可能皆有分布。

4.4　中南

中南除澳门特别行政区未见记录外，其余各省级政区皆有天鹅分布。

4.4.1　河南

仅见天鹅在河南省栖息的纪实诗作有具体时间与地点可考。

(唐)高适《自淇涉黄河途中作》是一组长诗①，其第二首：

清晨泛中流，羽族满汀渚。
黄鹄何处来，昂藏寡俦侣。
飞鸣无人见，饮啄岂得所。
云汉尔固知，胡为不轻举。

按：这是高适在唐玄宗末年所作。诗中的“黄鹄”，即天鹅。该诗固寄托有诗人的心情感受，但也描绘出在清晨的洲渚落满各种水禽，其中有一只罕见而失落的天鹅。通过“自淇涉黄河”与其他首诗中出现的“滑台”，可推测其主要在今淇县、滑县一带，曾有天鹅栖息或停歇。

4.4.2　方志记载

尽管方志记载较简略，但可以反映不同时期中南的多地天鹅分布情况(表6.4)。

表 6.4　　方志记载20世纪前的中南天鹅情况

省级政区	今　地	文　献	内　容
河南	中牟县	明正德十年(1515)《中牟县志》	天鹅
	辉县市	明嘉靖六年(1527)《辉县志》	鹄
	襄城县	明嘉靖三十年(1551)《襄城县志》	天鹅
	封丘县	清顺治十六年(1659)《封丘县志》	天鹅

①扬州诗局本《全唐诗》作《自淇涉黄河途中作十三首》；活字本作《自淇涉黄河途中作十二首》；《四库》本作《自淇涉黄河途中十二首》，均少末首。

（续表）

省级政区	今地	文献	内容
	信阳市、罗山县、确山县、遂平县、西平县、上蔡县、汝南县、平舆县、新蔡县、正阳县	清康熙元年（1662）《汝宁府志》	天鹅
	获嘉县	清康熙二十六年（1687）《获嘉县志》	天鹅
	长垣县、华龙区、清丰县、南乐县、濮阳县等地	清雍正六年（1728）《古今图书集成・方舆汇编・职方典・大名府物产考》	天鹅
	获嘉县	清乾隆二十一年（1756）《获嘉县志》	天鹅
	遂平县	清乾隆二十四年（1759）《遂平县志》	天鹅
湖北	嘉鱼县	明正统十四年（1449）《嘉鱼县志》	鹄
	属武汉市	明天顺五年（1461）《明一统志・汉阳府》	天鹅
	武汉市、大悟县、黄州区、麻城市、武穴市、红安县、罗田县、浠水县、蕲春县、黄梅县、团风县	明弘治十三年（1500）《黄州府志》	天鹅
	孝南区、应城市、安陆市、云梦县、曾都区、广水市	明正德十二年（1517）《德安府志》	天鹅
	武汉市、黄州区、鄂州市、黄石市、大冶市、阳新县、咸安区、赤壁市、嘉鱼县、通城县、崇阳县、通山县、汉川市、大悟县、黄州区、麻城市、武穴市、红安县、罗田县、浠水县、蕲春县、黄梅县、团风县、荆州市、石首市、松滋市、江陵县、公安县、监利县、宜昌市、枝江市、宜都市、远安县、兴山县、秭归县、巴东县、仙桃市等地	明嘉靖元年（1522）《湖广图经志书》	武昌府、汉阳府、黄州府、荆州府、沔阳州：天鹅
	仙桃市	明嘉靖九年（1530）《沔阳州志》	天鹅
	仙桃市	明嘉靖十年（1531）《沔阳志・物产・贡》	天鹅（六十有五）
	宜城市	明嘉靖三十三年（1554）《宜城县志》	天鹅
	英山县等地	明嘉靖三十四年（1555）《六安州志》	天鹅
	英山县等地	明万历三年（1575）《庐州府志》	天鹅
	英山县等地	明万历十二年（1584）《六安州志》	天鹅
	丹江口市、襄樊市、老河口市、枣阳市、宜城市、南漳县、谷城县	明万历十二年（1584）《襄阳府志》	鹄
	荆门市、钟祥市、京山县、洪湖市、当阳市、仙桃市、天门市、潜江市	明万历三十年（1602）《承天府志》	天鹅
	蕲春县	清康熙三年（1664）《蕲州志》	天鹅
	应城市、安陆市、云梦县、大悟县、曾都区、广水市	清康熙八年（1669）《安陆府志》	天鹅
	武汉市、孝南区、汉川市、洪湖市、仙桃市	清康熙八年（1669）《汉阳府志》	天鹅
	通城县	清康熙十一年（1672）《通城县志》	鹄
	大冶市	清康熙十二年（1673）《大冶县志》	鹄

（续表）

省级政区	今　地	文　献	内　容
	孝南区	清康熙十二年(1673)《孝感县志》	天鹅
	属武汉市	清康熙十三年(1674)《武昌县志》	天鹅
	嘉鱼县	清乾隆二年(1737)《嘉鱼县志》	鹄
	属武汉市	清乾隆十三年(1748)《汉阳县志》	天鹅(向出太白湖中。今已无)
	蕲春县	清乾隆二十年(1755)《蕲州志》	天鹅
	汉川市	清乾隆三十八年(1773)《汉川县志》	天鹅
	嘉鱼县	清乾隆五十五年(1790)《嘉鱼县志》	鹄
	钟祥市	清乾隆六十年(1795)《钟祥县志》	鹄(一名天鹅)
	枝江市	清道光八年(1828)《枝江县志》	鹄(大天鹅)
	宜昌市	清同治三年(1864)《宜昌府志·东湖》	鹄(一名天鹅)
	宜昌市	清同治三年(1864)《东湖县志》	鹄(一名天鹅)
	竹山县	清同治四年(1865)《竹山县志》	天鹅
	巴东县	清同治五年(1866)《巴东县志》	鹄(一名天鹅)
	枝江市	清同治五年(1866)《枝江县志》	鹄
	宜昌市、秭归县、兴山县、长阳土家族自治县、五峰土家族自治县、巴东县、鹤峰县	清同治五年(1866)《宜昌府志》	鹄(一名天鹅)
	谷城县	清同治六年(1867)《谷城县志》	鹄
	嘉鱼县	清同治五年(1866)《嘉鱼县志》	有鸽、鹄
	荆州市、石首市、松滋市、江陵县、公安县、监利县、枝江市、宜都市	清光绪六年(1880)《荆州府志》	鹄(一名天鹅)、凫……天鹅[1]
	咸安区	清光绪八年(1882)《咸宁县志》	鹄
	英山县等地	清光绪四年(1878)《安徽通志》	六安州:天鹅
	属武汉市	清光绪九年(1883)《汉阳县志》	天鹅(即驾鹅)
	武汉市、黄州区、麻城市、武穴市、红安县、罗田县、浠水县、蕲春县、黄梅县、团风县	清光绪十年(1884)《黄州府志》	鹄
	蕲春县	《蕲春县志》	光绪《蕲州志》载，时境内"禽属"有：……鹄
湖南	临湘市、华容县、安乡县	明弘治元年(1488)《岳州府志·物产志》	临湘县、华容县、安乡县:天鹅
	临湘市、华容县等地	明嘉靖元年(1522)《湖广图经志书》	岳州府·临湘、华容:天鹅
	湘阴县	明嘉靖四十四年(1565)《湘阴县志》	天鹅
	临湘市、华容县	明隆庆(1567～1572)《岳州府志》	临湘县、华容县:天鹅
	湘阴县	清康熙八年(1669)《湘阴县志》	天鹅
	长沙市、浏阳市、长沙县、望城县、宁乡县、益阳市、桃江县、安化县、株洲市、湘阴县、醴陵市、株洲县、攸县、茶陵县、湘潭市、湘乡市、韶山市、湘潭县、涟源县、双峰县	清康熙二十四年(1685)《长沙府志》	天鹅

（续表）

省级政区	今　地	文　献	内　容
	安乡县	清康熙二十六年(1687)《安乡县志》	天鹅
	长沙市、浏阳市、望城县、宁乡县、益阳市、桃江县、安化县、汨罗县、湘阴县、株洲市、醴陵市、湘潭市、湘乡市、韶山市、涟源县、双峰县	清乾隆十二年(1747)《长沙府志》	天鹅
	安乡县	清乾隆十三年(1748)《安乡县志》	天鹅
	张家界市、慈利县、安乡县、澧县、临澧县、石门县	清乾隆十五年(1750)《直隶澧州志林》	天鹅
	湘阴县	清乾隆二十二年(1757)《湘阴县志》	天鹅
	沅陵县、辰溪县、溆浦县、泸溪县	清乾隆三十年(1765)《辰州府志》	鹄(《本草》:大于雁，羽毛白泽。其翔高而善步。一名天鹅)
	常德市、桃源县、汉寿县、沅江市	清嘉庆十八年(1813)《常德府志》	鹄[《本草·释名》:天鹅。李时珍曰:……黄鹄，丹鹄，湖、(海、江)、汉之间皆有之]
	属道县	清道光八年(1828)《永州府志·永明县》	天鹅(《县志》。一名鹄《全州志》)
	张家界市、慈利县、津市市、安乡县、澧县、临澧县、石门县、南县	清同治八年(1869)《澧州直隶州志》	天鹅(鹄，别名。《庄子》:鹄不日浴而白)
	慈利县	清同治八年(1869)《慈利县志》	天鹅(鹄别名。《庄子》:鹄不日浴而白)
	石门县	清同治七年(1868)《石门县志》	鹄(大于雁，不浴而白，一举千里。亦有黄与丹者。其皮可为服饰，谓天鹅绒)
	桃源县	清光绪十八年(1892)《桃源县志》	鹄(颜师古曰:其声鹄鹄。《本草》:鹄，大如雁，羽毛白泽。其翔极高而善步。一名天鹅)
	邵阳市、邵阳县	清光绪三十三年(1897)《邵阳县乡土志》	鹄
广东	属封开县	清康熙十二年(1673)《肇庆府志》	天鹅(出封川。似鹅而大)
	源城区、连平县、和平县	清雍正八年(1730)《连平州志》	鹄
	属佛山市	清嘉庆二十四年(1819)《三水县志》	多鹄
	属封开县	清道光十三年(1833)《肇庆府志》	天鹅(似鹅而大。出封川《吴志》)
	属封开县	清道光十五年(1835)《封川县志》	天鹅(出封川。似鹅而大《吴志》)
	怀集县等地	清同治十二年(1873)《梧州府志》	鹄

（续表）

省级政区	今　地	文　献	内　容
广西	梧州市、岑溪市、苍梧县、藤县、容县	清乾隆十年(1745)《梧州府志》	鹄
	昭平县	清乾隆二十五年(1760)《昭平县志》	鹄
	全州县	清嘉庆四年(1799)《全州志》	鹄
	钦州市	清道光十四年(1834)《钦州志》	天鹅
	藤县	清同治七年(1868)《藤县志》	鹄
	梧州市、岑溪市、苍梧县、藤县、容县	清同治十二年(1873)《梧州府志》	鹄
海南	定安县	清康熙二十五年(1686)《定安县志》	天鹅
	澄迈县	清乾隆三十九年(1774)《琼州府志》	海鹅(即天鹅。苍色，嘴尖，如鹅而大《澄迈志》)

注：①同时记载“鹄(一名天鹅)”与“天鹅”，似表明有不同物种。

4.5 西南

西南各省级政区皆有天鹅分布，但具体地点与数量皆不多，且只能以方志记载(表6.5)为证。

表6.5　方志记载20世纪前的西南天鹅情况

省级政区	今　地	文　献	内　容
重庆	黔江区、彭水县、酉阳土家族苗族自治县、秀山土家族苗族自治县	清同治三年(1864)《酉阳直隶州总志》	鸿(俗名天鹅)
	梁平县	清光绪二十年(1894)《梁山县志》	鹄(即天鹅)
四川	雨城区等地①	清雍正六年(1728)《古今图书集成·方舆汇编·职方典·雅州府物产考》	黄鹤
	什邡市	清嘉靖十八年(1813)《什邡县志》	天鹅
贵州	盘县	清光绪十五年(1889)《普安直隶厅志》	鹄
云南	禄劝彝族苗族自治县、元谋县、武定县	清康熙二十八年(1689)《武定府志》	黄鹄
	云龙县	清雍正六年(1728)《云龙州志》	天鹅
西藏	城关区	清康熙六十年(1721)《西藏志·拉撒》	天鹅
	江达县、贡觉县等地	清雍正六年(1728)《古今图书集成·方舆汇编·职方典·雅州府物产考》	黄鹤
	【似与《雅州府志·西藏》类似】	清雍正七年(1729)《四川通志·西域·西藏》	天鹅蛋
	不含“察木多(今昌都县)、类五齐(今类乌齐县)、洛隆宗(今洛隆县)、达隆宗(今边坝县)、江达(今江达县)、工布江达(今工布江达县)”②	清乾隆四年(1739)《雅州府志·西藏》	天鹅蛋
	城关区	清乾隆五十七年(1792)《西藏志》	拉撒：天鹅
	城关区	清道光二十五年(1845)《拉萨厅志》	天鹅

注：①“雅州府”辖境颇广，仅选府治今雨城区为代表，今四川省地点待进一步确认。②此“西藏”边界不十分明确，仅能排除该《志》中虽明确地点而未记载天鹅处。

4.6　西北

西北各省级政区皆有天鹅分布，不仅范围广，而且记载也最早。

4.6.1　陕西

陕西省是天鹅分布记录最早且可考具体地点的省级政区。

《诗经·大雅·灵台》中"麀鹿濯濯，白鸟翯翯"之句，意为：母鹿肥壮毛色光鲜，天鹅羽毛洁白而润泽。按：所称"灵台"，在今西安市长安区与户县之间；"白鸟"即天鹅，是这一带有天鹅的最早记录。

（汉）刘歆撰，（晋）葛洪辑《西京杂记》记载：

始元元年，黄鹄下太液池上，为歌曰：

黄鹄飞兮下建章，羽衣肃兮行跄跄。

金为衣兮菊为裳，唼喋荷荇出入蒹葭。

自顾菲薄，愧尔嘉祥。

按：太液池，是西汉建章宫西北一座由渠引昆明池水形成的人工湖，占地 10 hm^2，象征北海。池北岸有人工雕刻的石鲸，西岸有石鳖 3 只，池中建有 20 丈高的渐台，还堆筑象征仙山的瀛洲、蓬莱、方壶等假山。池旁有许多水生植物，池边多平沙，水生动物丰富，也吸引了成群的水禽。故在汉始元元年（前 86）就有天鹅飞临，不足为奇。（汉）太液池遗址位于今西安市未央区三桥镇高堡子、低堡子村西北一片洼地处。

无独有偶，（唐）贾岛《黄鹄下太液池》道：

高飞空外鹄，下向禁中池。岸印行踪浅，波摇立影危。来从千里岛，舞拂万年枝。踉跄孤风起，裴回水沫移。幽音清露滴，野性白云随。太液无弹射，灵禽翅不垂。

按：诗歌描绘了天鹅被皇宫禁苑中太液池的优雅环境所吸引，而从高空降落其间游荡的情景。值得注意的是，（唐）太液池位于唐长安城大明宫的北部，是唐代最重要的皇家池苑；遗址现位于西安市未央区大明宫乡孙家湾村南。也反映西安市一带仍有天鹅栖息。

4.6.2　方志记载

尽管方志记载较简略，但可以反映不同时期西北的多地天鹅分布情况（表 6.6）。

表 6.6　方志记载 20 世纪前的西北天鹅情况

省级政区	今　地	文　献	内　容
陕西	略阳县	明嘉靖三十一年(1552)《略阳县志》	天鹅、鹄①
	榆阳区	清康熙十二年(1673)《延绥镇志》	天鹅
	户县	清康熙二十一年(1682)《鄠县志》	天鹅(亦时有之，不恒有)
	属西安市	清康熙四十年(1701)《临潼县志》	天鹅
	西安市、蓝田县、周至县、户县、高陵县、铜川市、临渭区、富平县、咸阳市、兴平市、三原县、泾阳县、礼泉县、宁陕县、柞水县	清雍正六年(1728)《古今图书集成·方舆汇编·职方典·西安府物产考》	天鹅
	汉滨区、汉阴县、石泉县、紫阳县、岚皋县、平利县、镇坪县、旬阳县、白河县	清雍正六年(1729)《古今图书集成·方舆汇编·职方典·兴安州物产考》	天鹅
	【描述与《西安府志》类似】	清雍正十三年(1735)《陕西通志》	鹄(《说文》曰：鹄，黄鹄也《西都赋注》。始元元年，黄鹄下太液池上。为歌曰：黄鹄飞兮下建章《西京杂记》)
	西安市、蓝田县、周至县、户县、高陵县、铜川市、临渭区、富平县、咸阳市、兴平市、三原县、泾阳县、礼泉县、宁陕县、柞水县	清乾隆四十四年(1779)《西安府志》	鹄(《西京杂记》:《说文》：鹄，黄鹄也。始元元年，黄鹄下太液池上。为歌曰：黄鹄飞兮下建章)

（续表）

省级政区	今　地	文　献	内　容
	汉滨区、汉阴县、石泉县、紫阳县、岚皋县、平利县、镇坪县、旬阳县、白河县	清乾隆五十三年(1788)《兴安府志》	天鹅
	华阴市	清乾隆五十三年(1788)《华阴县志》	天鹅
	咸阳市	清道光十六年(1836)《咸阳县志》	天鹅
	榆阳区、神木县、府谷县、横山县、佳县	清道光二十一年(1841)《榆林府志》	天鹅
	宝塔区、安塞县、子长县、延川县、延长县、甘泉县、宜川县、志丹县、吴旗县、定边县	清嘉庆七年(1802)《延安府志》	天鹅
	汉滨区、汉阴县、石泉县、紫阳县、岚皋县、平利县、镇坪县、旬阳县、白河县	清嘉庆十七年(1812)《兴安府志》	天鹅
	平利县	清光绪二十二年(1896)《平利县志》	鹄
甘肃	嘉峪关市、肃州区、金塔县、高台县、肃南裕固族自治县	清顺治十四年(1657)《肃镇志》	天鹅
	凉州区、民勤县	清乾隆十四年(1749)《五凉全志·武威县、镇番县》	大鹅、天鹅②
	甘州区、民乐县、山丹县、临泽县等	清乾隆四十四年(1779)《甘州府志》	天鹅
	民勤县	清道光五年(1825)《镇番县志》	天鹅
	敦煌市	清道光十一年(1831)《敦煌县志》	鹄
	山丹县	清道光十五年(1835)《山丹县志》	天鹅
青海	西宁市、大通回族自治县、湟源县、湟中县、平安县、乐都县、民和回族土族自治县、互助土族自治县志、化隆回族自治县、循化撒拉族自治县、门源回族自治县、贵德县、尖扎县	清顺治十四年(1657)《西镇志》	天鹅
	西宁市、大通回族自治县、湟源县、湟中县、平安县、乐都县、民和回族土族自治县、互助土族自治县志、化隆回族自治县、循化撒拉族自治县、门源回族自治县、贵德县、尖扎县	清乾隆十二年(1747)《西宁府新志》	天鹅
	祁连县等	清乾隆四十四年(1779)《甘州府志》	同前
宁夏	银川市、永宁县、贺兰县、石嘴山市、平罗县、利通区、青铜峡市、灵武市、盐池县、同心县、沙坡头区、中宁县	明弘治十四年(1501)《宁夏新志》	天鹅
	银川市、永宁县、贺兰县、石嘴山市、平罗县、利通区、青铜峡市、灵武市、盐池县、同心县、沙坡头区、中宁县	明万历四十二年(1614)《朔方新志》	天鹅
	银川市、永宁县、贺兰县、石嘴山市、平罗县、利通区、青铜峡市、灵武市、同心县、盐池县、沙坡头区、中宁县	清乾隆四十五年(1780)《宁夏府志》	天鹅
	灵武市	清嘉庆三年(1798)《灵州志》	天鹅

（续表）

省级政区	今地	文献	内容
新疆	【天山以南地区】[③]	清乾隆(1736～1795)《回疆志》	天鹅
	博乐市、温泉县、伊宁市、伊宁县、霍城县、巩留县、新源县、昭苏县、特克斯县、尼勒克县、察布查尔锡伯自治县	清乾隆四十年(1775)《伊江汇览》	鹅[④]
	鄯善县	清乾隆四十二年(1777)《西域总志·辟展列传》	收天鹅绒为裘卧，籍水禽之羽
	哈密市	清道光二十六年(1846)《哈密志》	天鹅

注：①同时记载“天鹅”与“鹄”，后者似指大雁。②同时记载“大鹅”与“天鹅”，似为不同物种的天鹅。③“回疆”相当于现称“南疆”。④此“鹅”未列家禽中，疑似天鹅。

4.7 天鹅在20世纪前的分布

20世纪前，天鹅在我国的分布不仅较密集，而且范围广阔(表6.7、图6.33)，可见以下特点：

表6.7 20世纪前的天鹅分布概况

地区	省级政区	遗存地点	文献记载地点
华北	北京		西城区、宣武区、朝阳区、丰台区、石景山区、海淀区、门头沟区、房山区、通州区、顺义区、昌平区、大兴区、怀柔区、平谷区、延庆县、密云县
	天津		塘沽区、汉沽区、大港区、东丽区、津南区、北辰区、武清区、宝坻区、蓟县、宁河县、静海县
	河北		石家庄市、藁城市、晋州市、新乐市、鹿泉市、井陉县、正定县、栾城县、行唐县、灵寿县、赞皇县、无极县、平山县、元氏县、赵县、张北县、康保县、沽源县、尚义县、蔚县、怀来县、赤城县、崇礼县、兴隆县、平泉县、宽城满族自治县、围场满族蒙古族自治县、秦皇岛市、昌黎县、抚宁县、卢龙县、青龙满族自治县、唐山市、遵化市、迁安市、滦县、滦南县、乐亭县、迁西县、玉田县、唐海县、廊坊市、霸州市、三河县、固安县、永清县、香河县、大城县、文安县、保定市、定州市、涿州市、安国市、满城县、清苑县、易县、徐水县、定兴县、顺平县、唐县、望都县、涞水县、高阳县、安新县、雄县、容城县、阜平县、博野县、蠡县、沧州市、泊头市、任丘市、黄骅市、河间市、沧县、青县、东光县、海兴县、盐山县、肃宁县、南皮县、吴桥县、献县、孟村回族自治县、桃城区、冀州市、枣强县、饶阳县、故城县、景县、阜城县、邢台市、南宫市、邢台县、临城县、内丘县、任县、南和县、宁晋县、巨鹿县、广宗县、平乡县、磁县
	山西		太原市、古交市、清徐县、阳曲县、娄烦县、大同市、阳高县、天镇县、广灵县、灵丘县、浑源县、大同县、朔州市、山阴县、应县、怀仁县、长治市、城区、沁水县、阳城县、忻府区、原平市、定襄县、五台县、代县、繁峙县、宁武县、静乐县、神池县、五寨县、岢岚县、河曲县、保德县、偏关县、榆次区、介休市、和顺县、寿阳县、太谷县、祁县、平遥县、灵石县、尧都区、侯马市、霍州市、曲沃县、翼城县、襄汾县、洪洞县、蒲县、隰县、汾西县、盐湖区、永济市、河津市、芮城县、临猗县、万荣县、新绛县、稷山县、夏县、平陆县、垣曲县、孝义市、文水县、岚县、交城县

（续表）

地区	省级政区	遗存地点	文献记载地点
	内蒙古		呼和浩特市、土默特左旗、托克托县、包头市、固阳县、土默特右旗、赤峰市、宁城县、林西县、阿鲁科尔沁旗、巴林左旗、巴林右旗、克什克腾旗、翁牛特旗、喀喇沁旗、敖汉旗、科尔沁区、霍林郭勒市、开鲁县、库伦旗、奈曼旗、扎鲁特旗、科尔沁左翼中旗、科尔沁左翼后旗、海拉尔区、满洲里市、扎兰屯市、牙克石市、根河市、额尔古纳市、阿荣旗、新巴尔虎右旗、新巴尔虎左旗、陈巴尔虎旗、鄂伦春自治旗、鄂温克族自治旗、莫力达瓦达斡尔族自治旗、东胜区、达拉特旗、准格尔旗、鄂托克前旗、鄂托克旗、杭锦旗、乌审旗、伊金霍洛旗、集宁区、丰镇市、化德县、商都县、兴和县、凉城县、察哈尔右翼前旗、察哈尔右翼中旗、察哈尔右翼后旗、临河区、五原县、磴口县、乌拉特前旗、乌拉特中旗、乌拉特后旗、杭锦后旗、乌兰浩特市、阿尔山市、突泉县、科尔沁右翼前旗、科尔沁右翼中旗、扎赉特旗、锡林浩特市、二连浩特市、多伦县、阿巴嘎旗、苏尼特左旗、苏尼特右旗、东乌珠穆沁旗、西乌珠穆沁旗、太仆寺旗、镶黄旗、正镶白旗、正蓝旗、阿拉善左旗、阿拉善右旗、额济纳旗
东北	辽宁		沈阳市、新民市、辽中县、康平县、法库县、朝阳市、北票市、朝阳县、建平县、喀喇沁左翼蒙古族自治县、彰武县、铁岭市、调兵山市、开原市、铁岭县、西丰县、昌图县、抚顺市、抚顺县、新宾满族自治县、清原满族自治县、本溪市、本溪满族自治县、桓仁满族自治县、辽阳市、灯塔市、辽阳县、鞍山市、海城市、台安县、岫岩满族自治县、丹东市、凤城市、东港市、宽甸满族自治县、大连市、瓦房店市、普兰店市、庄河市、长海县、营口市、大石桥市、盖州市、盘锦市、大洼县、盘山县、锦州市、凌海市、北镇市、黑山县、义县、葫芦岛市、兴城市、绥中县、建昌县
	吉林		长春市、德惠市、九台市、榆树市、洮北区、大安市、洮南市、镇赉县、通榆县、扶余县、长岭县、乾安县、前郭尔罗斯蒙古族自治县、吉林市、磐石市、蛟河市、桦甸市、舒兰市、永吉县、公主岭市、梨树县、伊通满族自治县、辽源市、东丰县、东辽县、通化市、梅河口市、集安市、通化县、辉南县、柳河县、白山市、临江市、抚松县、靖宇县、长白朝鲜族自治县、延吉市、图们市、敦化市、珲春市、龙井市、和龙市、汪清县、安图县
	黑龙江		哈尔滨市、双城市、尚志市、五常市、依兰县、方正县、宾县、巴彦县、木兰县、通河县、延寿县、齐齐哈尔市、讷河市、龙江县、依安县、泰来县、甘南县、富裕县、克山县、克东县、拜泉县、爱辉区、北安市、五大连池市、嫩江县、逊克县、孙吴县、大庆市、肇州县、肇源县、林甸县、杜尔伯特蒙古族自治县、伊春市、铁力市、嘉荫县、鹤岗市、萝北县、绥滨县、佳木斯市、同江市、富锦市、桦南县、桦川县、汤原县、抚远县、双鸭山市、集贤县、友谊县、宝清县、饶河县、七台河市、勃利县、鸡西市、虎林市、密山市、鸡东县、牡丹江市、穆棱市、绥芬河市、海林市、宁安市、东宁县、林口县、北林区、安达市、肇东市、海伦市、望奎县、兰西、青冈县、庆安县、明水县、绥棱县、大兴安岭地区、呼玛县、塔河县、漠河县
华东	上海		宝山区、浦东新区、南汇区、崇明县
	江苏		南京市、溧水县、徐州市、邳州市、新沂市、铜山县、睢宁县、沛县、丰县、连云港市、赣榆县、灌云县、东海县、灌南县、宿迁市、沭阳县、泗阳县、泗洪县、淮安市、金湖县、盱眙县、洪泽县、涟水县、盐城市、东台市、大丰市、射阳县、阜宁县、滨海县、响水县、建湖县、扬州市、仪征市、江都市、高邮市、宝应县、泰州市、泰兴市、姜堰市、兴化市、南通市、海门市、启东市、通州市、如皋市、如东县、海安县、丹阳市、宜兴市、苏州市、吴江市、常熟市
	浙江	杭州市	杭州市、临安市、富阳市、建德市、桐庐县、淳安县、嘉兴市、平湖市、海宁市、桐乡市、嘉善县、海盐县、宁波市、慈溪市、余姚市、奉化市、越城区、诸暨市、上虞市、嵊州市、绍兴县、新昌县、衢州市、开化县、永康市、武义县、磐安县、三门县、平阳县、泰顺县、苍南县、龙泉市、云和县、遂昌县、松阳县、庆元县
	安徽		合肥市、长丰县、肥东县、肥西县、埇桥区、砀山县、萧县、灵璧县、泗县、淮北市、濉溪县、阜阳市、界首市、临泉县、太和县、阜南县、颍上县、谯城区、涡阳县、蒙城县、利辛县、蚌埠市、怀远县、五河县、固镇县、淮南市、凤台县、滁州市、明光市、天长市、来安县、全椒县、定远县、凤阳县、当涂县、芜湖市、芜湖县、繁昌县、南陵县、铜陵市、铜陵县、安庆市、桐城市、怀宁县、枞阳县、潜山县、太湖县、宿松县、望江县、岳西县、黄山市、六安市、寿县、霍邱县、舒城县、霍山县、居巢区、庐江县、无为县、含山县、和县、贵池区、东至县、石台县、青阳县、宣州区、宁国市、郎溪县、泾县、旌德县

（续表）

地区	省级政区	遗存地点	文献记载地点
	福建		福州市、福清市、长乐市、闽侯县、连江县、罗源县、闽清县、永泰县、平潭县、邵武市、武夷山市、建阳市、顺昌县、光泽县、明溪县、清流县、宁化县、大田县、尤溪县、泰宁县、建宁县、晋江市、永春县、德化县、龙海市、长汀县、永定县、上杭县、武平县、连城县、蕉城区、福安市、福鼎市、霞浦县、柘荣县、屏南县、古田县
	江西		南昌市、南昌县、新建县、安义县、进贤县、九江市、瑞昌市、九江县、武宁县、修水县、永修县、德安县、星子县、都昌县、湖口县、景德镇市、乐平市、浮梁县、余江县、南康市、大余县、德兴市、余干县、鄱阳县、万年县、南城县、丰城市、奉新县、靖安县、铜鼓县
	山东		济南市、章丘市、平阴县、济阳县、东阿县、德城区、乐陵市、禹城市、陵县、平原县、齐河县、临邑县、宁津县、庆云县、东营市、垦利县、利津县、广饶县、淄博市、桓台县、高青县、沂源县、潍坊市、安丘市、昌邑市、高密市、青州市、诸城市、寿光市、临朐县、昌乐县、烟台市、海阳市、莱州市、招远市、长岛县、荣成市、乳山市、文登市、青岛市、胶州市、即墨市、平度市、胶南市、莱西市、日照市、五莲县、莒县、临沂市、苍山县、莒南县、沂水县、蒙阴县、平邑县、费县、沂南县、枣庄市、滕州市、济宁市、兖州市、邹城市、微山县、鱼台县、金乡县、嘉祥县、汶上县、泗水县、梁山县、泰安市、新泰市、肥城市、宁阳县、东平县、莱芜市、滨城区、惠民县、阳信县、无棣县、沾化县、博兴县、邹平县、甄城县、东明县
	台湾		新竹市、台中县、新竹县、宜兰县、桃园县、苗栗县、澎湖县
中南	河南	舞阳县	郑州市、荥阳市、巩义市、中牟县、湖滨区、义马市、灵宝市、渑池县、陕县、卢氏县、洛阳市、偃师市、孟津县、新安县、洛宁县、栾川县、焦作市、孟州市、沁阳市、修武县、卫辉市、辉县市、获嘉县、延津县、封丘县、长垣县、淇县、林州市、滑县、华龙区、清丰县、南乐县、濮阳县、柘城县、魏都区、禹州市、长葛市、许昌县、鄢陵县、襄城县、平顶山市、舞钢市、汝州市、宝丰县、叶县、鲁山县、郏县、南阳市、邓州市、南召县、方城县、西峡县、镇平县、内乡县、淅川县、社旗县、唐河县、新野县、桐柏县、信阳市、固始县、罗山县、确山县、遂平县、西平县、上蔡县、汝南县、平舆县、新蔡县、正阳县、济源市
	湖北		武汉市、丹江口市、竹山县、襄樊市、老河口市、枣阳市、宜城市、南漳县、谷城县、荆门市、钟祥市、沙洋县、京山县、孝南区、应城市、安陆市、汉川市、孝昌县、大悟县、云梦县、黄州区、麻城市、武穴市、红安县、罗田县、英山县、浠水县、蕲春县、黄梅县、团风县、鄂州市、黄石市、大冶市、阳新县、咸安区、赤壁市、嘉鱼县、通城县、崇阳县、通山县、荆州市、石首市、洪湖市、松滋市、江陵县、公安县、监利县、宜昌市、枝江市、宜都市、当阳市、远安县、兴山县、秭归县、长阳土家族自治县、五峰土家族自治县、曾都区、广水市、仙桃市、天门市、潜江市、巴东县、咸丰县、来凤县、鹤峰县
	湖南		长沙市、浏阳市、长沙县、望城县、宁乡县、张家界市、慈利县、常德市、津市市、安乡县、汉寿县、澧县、临澧县、桃源县、石门县、益阳市、沅江市、南县、桃江县、安化县、岳阳市、汨罗市、临湘市、岳阳县、华容县、湘阴县、平江县、株洲市、醴陵市、株洲县、攸县、茶陵县、炎陵县、湘潭市、湘乡市、韶山市、湘潭县、常宁市、汝城县、道县、江华瑶族自治县、邵阳市、武冈市、邵阳县、沅陵县、辰溪县、溆浦县、中方县、麻阳县、靖州苗族侗族自治县、涟源县、双峰县、新化县、泸溪县
	广东		连山壮族瑶族自治县、源城区、连平县、和平县、湘桥区、海丰县、深圳市、佛山市、怀集县、封开县、湛江市
	广西	桂林市	全州县、平乐县、柳州市、柳江县、柳城县、鹿寨县、融水苗族自治县、梧州市、岑溪市、苍梧县、藤县、容县、钦州市、合浦县、江州区、扶绥县、天等县、田东县、平果县、隆林各族自治县、罗城仫佬族自治县、环江毛南族自治县、合山市、八步区、昭平县、钟山县
	海南		海口市、三亚市、东方市、澄迈县、定安县、保亭黎族苗族自治县、乐东黎族自治县
	香港		香港

（续表）

地区	省级政区	遗存地点	文献记载地点
西南	重庆		巴南区、黔江区、长寿区、大足县、梁平县、巫山县、奉节县、彭水县、酉阳土家族苗族自治县、秀山土家族苗族自治县
	四川		成都市、都江堰市、彭州市、邛崃市、崇州市、金堂县、双流县、郫县、大邑县、蒲江县、新津县、三台县、什邡市、绵竹市、罗江县、营山县、南江县、大竹县、简阳市、仁寿县、雨城区、马尔康县、九寨沟县、壤塘县、阿坝县、若尔盖县、红原县、康定县、泸定县、丹巴县、九龙县、雅江县、道孚县、炉霍县、甘孜县、新龙县、德格县、白玉县、石渠县、色达县、理塘县、巴塘县、乡城县、稻城县、得荣县、西昌市、宁南县、布拖县、冕宁县
	贵州		盘县、威宁彝族回族苗族自治县、剑河县、台江县、榕江县、雷山县
	云南		禄劝彝族苗族自治县、宣威市、施甸县、鲁甸县、威信县、古城区、玉龙纳西族自治县、潞西市、瑞丽市、梁河县、盈江县、陇川县、香格里拉县、祥云县、云龙县、鹤庆县、南涧彝族自治县、元谋县、武定县、富宁县
	西藏		城关区、林周县、当雄县、尼木县、曲水县、堆龙德庆县、达孜县、墨竹工卡县、那曲县、聂荣县、安多县、巴青县、尼玛县、江达县、贡觉县、扎囊县、贡嘎县、琼结县、措美县、错那县、浪卡子县、拉孜县、昂仁县、措勤县
西北	陕西		西安市、蓝田县、周至县、户县、高陵县、宝塔区、延长县、延川县、子长县、安塞县、志丹县、吴旗县、甘泉县、富县、宜川县、黄陵县、铜川市、临渭区、华阴市、韩城市、华县、潼关县、大荔县、合阳县、富平县、咸阳市、兴平市、三原县、泾阳县、礼泉县、宝鸡市、凤翔县、岐山县、扶风县、眉县、陇县、千阳县、麟游县、凤县、太白县、汉台区、城固县、勉县、略阳县、榆阳区、神木县、府谷县、横山县、靖边县、定边县、绥德县、米脂县、佳县、清涧县、汉滨区、汉阴县、石泉县、宁陕县、紫阳县、岚皋县、平利县、镇坪县、旬阳县、白河县、商南县、镇安县、柞水县
	甘肃		兰州市、永登县、嘉峪关市、金川区、永昌县、天水市、凉州区、民勤县、古浪县、天祝藏族自治县、肃州区、玉门市、敦煌市、金塔县、瓜州县、肃北蒙古族自治县、阿克塞哈萨克族自治县、甘州区、民乐县、临泽县、高台县、山丹县、肃南裕固族自治县、华池县、合水县、正宁县、宁县、崆峒区、武都区、西和县、永靖县、卓尼县、玛曲县、碌曲县
	青海		西宁市、大通回族自治县、湟源县、湟中县、平安县、乐都县、民和回族土族自治县、互助土族自治县志、化隆回族自治县、循化撒拉族自治县、海晏县、祁连县、刚察县、门源回族自治县、共和县、同德县、贵德县、兴海县、贵南县、尖扎县、玛多县、玉树县、杂多县、德令哈市、格尔木市、乌兰县、都兰县、天峻县
	宁夏		银川市、灵武市、永宁县、贺兰县、石嘴山市、平罗县、利通区、青铜峡市、盐池县、同心县、沙坡头区、中宁县、海原县
	新疆		乌鲁木齐市、乌鲁木齐县、克拉玛依市、石河子市、阿拉尔市、图木舒克市、五家渠市、喀什市、疏附县、疏勒县、英吉沙县、泽普县、莎车县、叶城县、麦盖提县、岳普湖县、伽师县、巴楚县、塔什库尔干塔吉克自治县、阿克苏市、温宿县、库车县、沙雅县、新和县、拜城县、乌什县、阿瓦提县、柯坪县、和田市、和田县、策勒县、吐鲁番市、鄯善县、托克逊县、哈密市、伊吾县、巴里坤哈萨克自治县、阿图什市、阿克陶县、乌恰县、博乐市、精河县、温泉县、昌吉市、阜康市、米泉市、呼图壁县、玛纳斯县、奇台县、吉木萨尔县、木垒哈萨克自治县、库尔勒市、轮台县、尉犁县、若羌县、且末县、和静县、和硕县、博湖县、焉耆回族自治县、伊宁市、奎屯市、伊宁县、霍城县、巩留县、新源县、昭苏县、特克斯县、尼勒克县、察布查尔锡伯自治县、塔城市、乌苏市、额敏县、沙湾县、托里县、裕民县、和布克赛尔蒙古自治县、阿勒泰市、布尔津县、富蕴县、福海县、哈巴河县、青河县、吉木乃县

● 有出土天鹅遗存 3 地，文献记载天鹅 1 344 地，共 1 347 地(二者无重叠)。

● 天鹅分布地除澳门特别行政区外，各省级政区皆有分布。

● 天鹅在县级及其以上分布地约占全国政区的 57％。

● 天鹅分布大势呈现北部分布较密集，南部分布较稀疏；东部分布较密集，西部分布较稀疏。这与我国分布的天鹅种类状况与天鹅的繁衍、栖息特点相吻合。

● 按天鹅分布地绝对数排名前 10 位的省级政区是：河北省（103 地），新疆维吾尔自治区（84 地），山东省（83 地），内蒙古自治区（82 地），黑龙江省（77 地），河南省（71 地），安徽省（70 地），陕西省与山西省（皆 67 地），湖北省（65 地）。

● 按天鹅分布地相对数排名前 10 位的省级政区是：黑龙江省（100%），辽宁省（95%），新疆维吾尔自治区（94%），内蒙古自治区（92%），辽宁省（90%），安徽省（90%），北京市（89%），湖北省（86%），山东省（77%），陕西省（72%）。

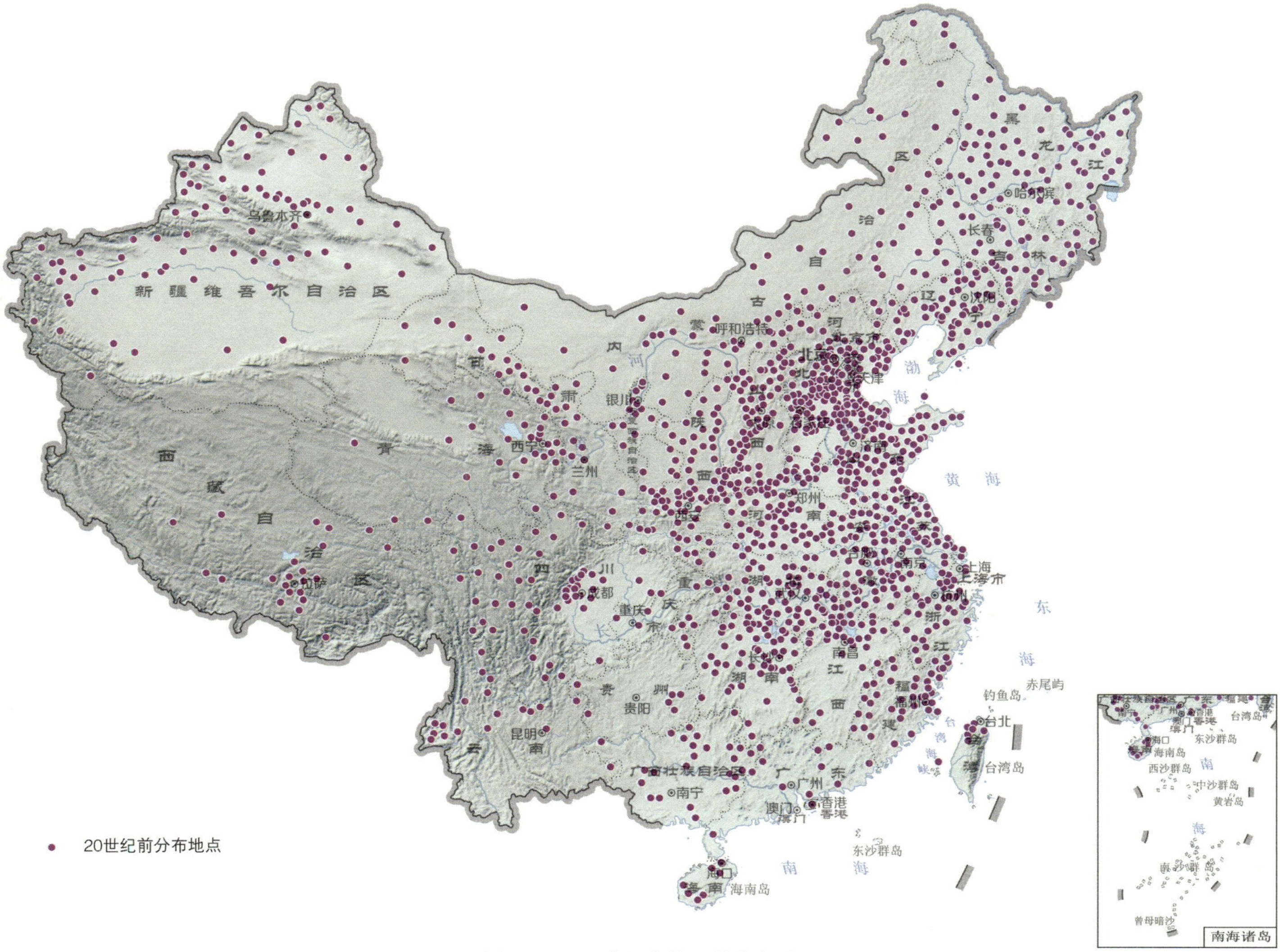

图 6.33　20 世纪前的天鹅分布图

5　20 世纪以来的大天鹅分布变迁

大天鹅是我国现生 3 种天鹅中分布范围最广，但也是数量最少的物种。

大天鹅在我国主要在北部的新疆、内蒙古、黑龙江等地繁殖，到南部越冬。它们的分布范围，无论是繁殖期还是越冬期，都与当年的气候因素有着密切的关系。在气候温和年份，它的繁殖区域可以向北方扩展，繁殖的时间也可以提前一些；而在气温较低的年份，它的越冬区则可以到达长江流域及附近湖泊，甚至到更南的地区。

5.1　华北

华北 5 个省级政区皆有大天鹅分布。

5.1.1　北京

北京市栖息的大天鹅分布较广，几遍及郊区

绝大部分区（县），主要处于平原地区（图 6.34）。

《北京鸟类志》记述（蔡其侃，1987）：

大天鹅

别名：鹄、咳声天鹅、白鹅、黄嘴天鹅。

采集地：1962 年 3 月 20 日，良乡琉璃河。1980 年 11 月 5 日，密云水库。

按：据此，证明在房山区与密云县有大天鹅栖息。

《野生天鹅》记载，大天鹅迁徙经过"北京郊区密云水库、顺义"（马鸣等，1993），说明在顺义区、密云县有大天鹅飞临。

《北京脊椎动物检索表》则进一步记述（高武等，1994）：

大天鹅

分布：旅鸟。

见于海淀区颐和园，密云水库、燕落村、十里堡，昌平县十三陵水库，门头沟区向阳口，房山区琉璃河。

按：则反映大天鹅在海淀区、门头沟区、房山区、昌平区、密云县等地还有分布。

《北京市丰台区志》在"鸟类"中仍列举有天鹅与白眉鸭（小八鸭）、鸿雁（大雁）等（北京市丰台区志编纂委员会，2001）。"天鹅"当包括大天鹅等。

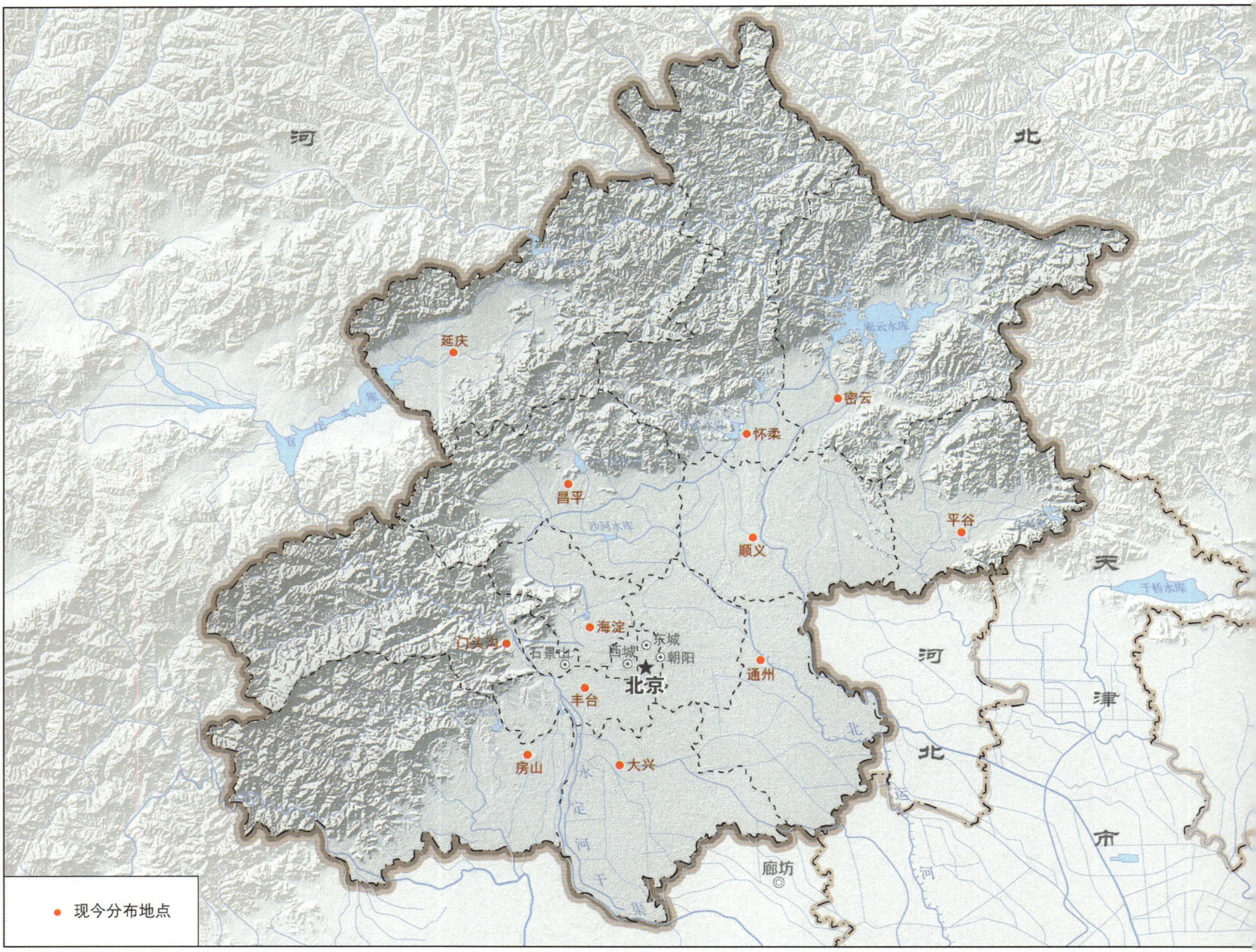

图 6.34　北京市的大天鹅分布图

《中国重点陆生野生动物资源调查》称，“本次调查，大天鹅见于”“北京（密云、官厅、怀柔、白河堡、金海湖、十三陵水库、斋堂水库、珠窝水库等大中型水库、潮白河、永定河、颐和园、圆明园的水面）”（国家林业局，2008），亦即在海淀区、门头沟区、房山区、通州区、顺义区、昌平区、大兴区、怀柔区、平谷区、延庆县、密云县等地仍有大天鹅分布。

朝阳区的动物资源大致类同于北京平原地区。在本市繁殖的鸟类中，有 76 种鸟类生活在湿地或水滨生境中，占北京留鸟的 51.7%，主要种类包括大天鹅与沼泽山雀、翠鸟、黑水鸡、红胸田鸡、斑嘴鸭、绿头鸭、池鹭、大苇鹭、大白鹭等[①]。表明仍有大天鹅分布。

据 2009 年 5 月报道，海淀区上庄水库。“五一”前后，水库来了一对白羽黑嘴的天鹅。曾有推测天鹅来自湿地公园，但翠湖湿地公园办公室的一名工作人员称，园内只养育黑天鹅，没有白天鹅，说明是野生种迁徙停歇于此；据所附照片嘴上黄斑大察看，是大天鹅[②]。

据 2013 年 12 月报道，北京的气温连续多日降到冰点以下，最后一批大天鹅约有 20 只（其中还有几只幼鸟，它们的头部和身体呈灰白色，与成年大天鹅的外表明显不同）也离开了官厅水库（刘淋，2013）。官厅水库位于延庆县与河北省怀来县。

5.1.2 天津

大天鹅在天津市主要分布于东南部一带（图 6.35）。

《野生天鹅》只是提及，大天鹅迁徙经过“天津”（马鸣等，1993）。

《北辰区志》记述（天津市北辰区地方志编修委员会，2000）：

由于生态环境的改善和人们野生动物保护意识的增强，近年春秋两季常可见到大雁、鸥类、天鹅、白鹤等候鸟种群在大兴水库、永金水库及东部大型养殖水面上栖息，各有几十、数百、上千只不等。

按：尽管采用统称“天鹅”，但北辰区应有分布较多的大天鹅。

《中国重点陆生野生动物资源调查》称“本次调查，大天鹅见于”“天津（大港、塘沽、东丽、宁河、蓟县）”（国家林业局，2008），亦即说明在塘沽区、大港区[③]、东丽区、宁河县、静海县等地仍有大天鹅栖息。

位于宁河县境内的七里海不仅是天津最大的芦苇产地和重要的水产品基地，同时还是鸟类的天堂。已发现鸟类 181 种，国家Ⅰ级、Ⅱ级重点保护鸟类达到 20 余种，其中就有大天鹅等（蔡振洋，2015）。七里海还是古海岸与湿地国家级自然保护区的一部分，也是津京唐三角地带极其难得的一片绿洲[④]。

团泊湖（又称团泊洼水库）位于静海县团泊镇西侧，是著名的鸟类自然保护区，有大天鹅等鸟类 38 科 164 种，每年春秋两季还有成千上万的候鸟在此路过停歇[⑤]。

据 2015 年 3 月报道称，位于滨海新区（包括原大港区）的北大港湿地已迎来首批提前北返的大天鹅等 6 000 余只候鸟[⑥]。

5.1.3 河北

河北省有大天鹅分布的地方已经不多。

《野生天鹅》也只是提及，大天鹅迁徙经过“河北”（马鸣等，1993）。

《磁县志 · 动物资源》在“鸟类”中列举有“鹄鹰、雕、秃鹫”等（磁县地方志编纂委员会，2000）。此“鹄鹰”疑似“鹄、鹰”之误，亦即表明当地还有大天鹅。

---

①朝阳区. http://baike.baidu.com/subview/138836/5080064.htm? fr=aladdin#4_1

②张巍华. 白天鹅现身北京上庄水库. http://cache.baiducontent.com/c? m=9f65cb4a8c8507ed4fece763105392230e54f73364c0d062358cf12d43707160171e3cc767f4f19839d3e3116a83d1dbcb87c6f370122bc8cc8fe48daa6902d32d97a68364bda0705d46daccf4021c2249359feaf6ebdfcaf26d6f39285d0&p=9174c54ad6c610fc57efd62a5355&newp=903fc64ad4934eaf5db7cb3e524992695803ed633dddd6&user=baidu

③由于 2009 年已将塘沽区、汉沽区、大港区合并为滨海新区，故《天地图》上显示的是“滨海新区”。

④七里海国家湿地公园. http://baike.baidu.com/link? url=ZXKaDlT-tnkPxKZKDt1miz-TUEj7ltgxlNw7dgggH01RzcxHY2VsYhWNzSumWfuUtpMaN7eM5b0_D6-gdiLmjq

⑤团泊镇. http://baike.baidu.com/link? url=8-Ei7wgHnYkJ-I5iKlSXIuDTI46MHTudJv57Bz0pzGjorSP0mAXwRc4j4Qdemg-klG-wDn4icQCjagu2jbhgFFK

⑥北大港湿地迎来今年首批六千余只候鸟飞抵. http://www.greentv.com.cn/zhuanti/zhuanti_detail.aspx? ID=146138

《永清县志》记载“飞禽类”中列举有天鹅与鹌鹑、喜鹊、布谷鸟、百灵鸟等（永清县志办公室，2000），反映仍有大天鹅。

《中国重点陆生野生动物资源调查》称“本次调查，大天鹅见于”“河北（白洋淀、井陉、赤城、蔚县、平山）”（国家林业局，2008），反映在井陉县、平山县、蔚县、赤城县、安新县等地仍有大天鹅栖息。

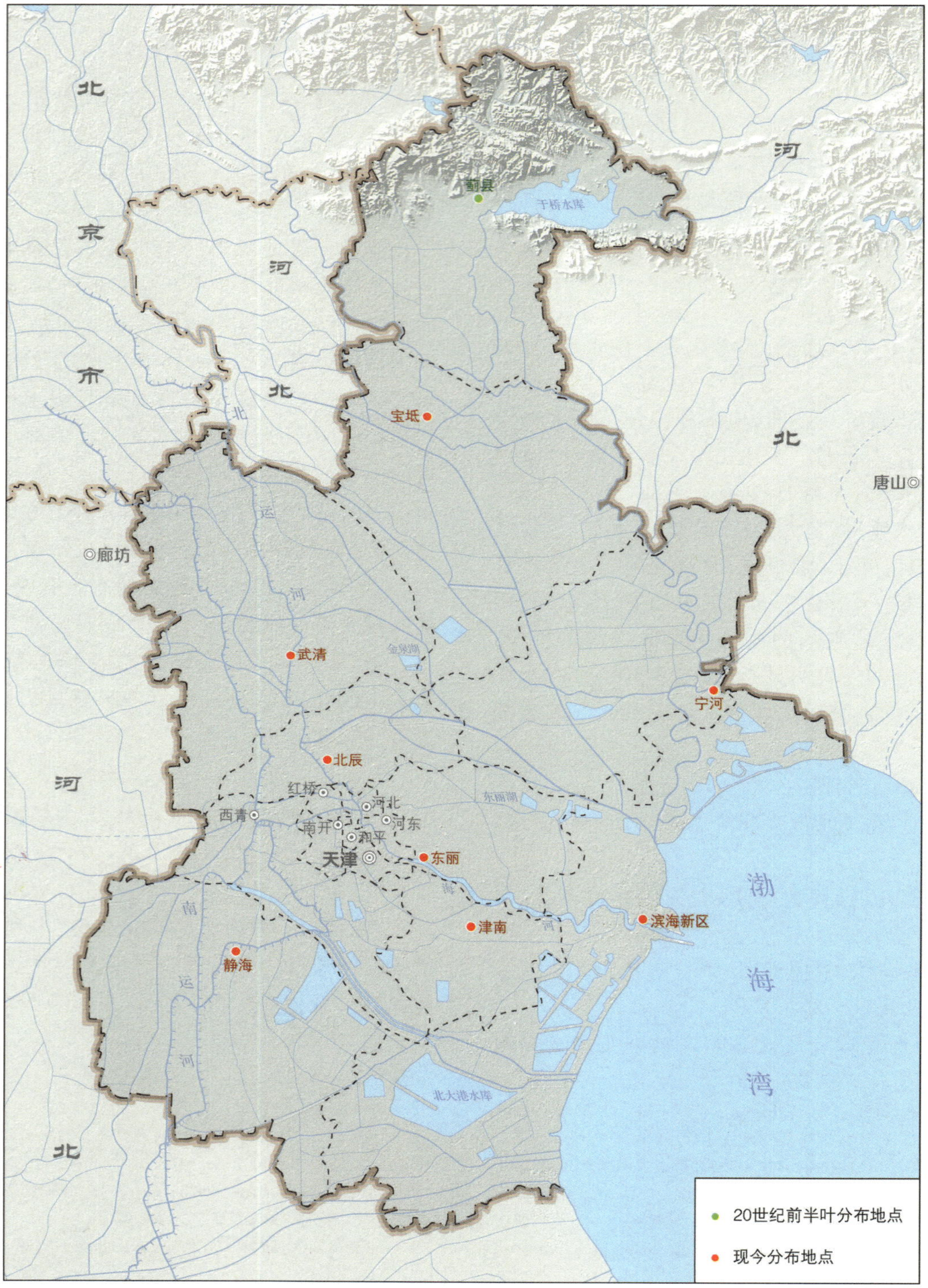

图 6.35　天津市 20 世纪以来的大天鹅分布变迁图

秦皇岛市北戴河区赤土山以东，海滨林场西部的赤土河下游河口地区与北戴河海滨地区是各种鸟类的聚居地，是众多旅鸟迁徙的通道和栖息站。据调查称，有386种鸟，分属于19个目59个科4个亚科，其中有大天鹅等60余种国家保护鸟类。这里曾一度建立县级“北戴河海滨鸟类自然保护区”，后并入“河北省北戴河湿地公园”①。

据报道，平山县在当地动物的“禽类”中记载“白天鹅，十分罕见”②，反映当地仍有大天鹅，但已然极度濒危。

据2013年12月报道，官厅水库最后一批大天鹅南迁（刘琳，2013），证明在怀来县等地仍有大天鹅分布。

据2014年12月报道，易县中易水河段又迎来了贵客——四只白天鹅，12月11日，记者也对中易水河进行了回访。火烈鸟还在，四只白天鹅，一飞就是几十里，而成群的绿头鸭则在河流上游觅食、戏水③。

5.1.4 山西

山西省较多地方有大天鹅分布。

《野生天鹅》记载，大天鹅迁徙经过“山西长治，河津黄河流域”（马鸣等，1993），说明在长治市、河津市等地有大天鹅飞临。

《山西两栖爬行类》明确大天鹅在“芦芽山保护区、历山保护区”，“获得标本”（樊龙锁等，1998），亦即在宁武县、岢岚县、五寨县、垣曲县、沁水县、翼城县、阳城县有大天鹅栖息。

《河津市志》在“鸟”中列举“有灰顶鹤、天鹅（大天鹅、白天鹅）、黑鹳、白鹭、苍鹭”等（河津市志编纂委员会，2002），证明还有大天鹅。

《垣曲县志：1991—2000》称，该县属中条山东部山地森林、灌丛动物区，仍有天鹅等多种珍稀鸟类（垣曲县地方志编纂委员会，2001），反映应有大天鹅。

《中国重点陆生野生动物资源调查》称，“本次调查，大天鹅见于”“山西（滹沱河、汾河、桑干河、运城新绛湿地自然保护区④、河津黄河段、临猗、万荣、永济黄河段、芮城圣天湖、平陆黄河段、垣曲小浪底水库）”，“山西运城鸭子池和芮城圣天湖”（国家林业局，2008），证明在太原市、古交市、清徐县、娄烦县、大同市、朔州市、山阴县、应县、怀仁县、原平市、定襄县、五台县、代县、繁峙县、榆次区、介休市、寿阳县、太谷县、祁县、平遥县、灵石县、尧都区、侯马市、霍州市、曲沃县、襄汾县、洪洞县、汾西县、盐湖区、永济市、河津市、芮城县、临猗县、万荣县、新绛县、稷山县、夏县、平陆县、垣曲县、孝义市、文水县、岚县、交城县等地大天鹅仍有栖息。

大同县的“野生动物·禽鸟类”有天鹅、大雁、燕子、麻雀、鸽子、喜鹊、布谷鸟、啄木鸟、老鹰以及画眉、黄莺、山雀等⑤，此“天鹅”，似指大天鹅。

临汾市称，野生动物种类丰富，仅鸟类就有232种，属国家二类保护动物的有：大天鹅与绿鹭、鸢、苍鹰、雀鹰、松雀鹰、大鵟、普通鵟、毛脚鵟、草原雕、乌雕、秃鹫、白尾鹞、猎隼、游隼、燕隼、灰背隼、黄爪隼、红隼、勺鸡、灰鹤、领角鸮、红角鸮、鸮、纵纹腹小鸮、长耳鸮、短耳鸮等⑥。此“临汾市”乃辖17区、市、县之地级市，只是其中尧都区、侯马市、霍州市、曲沃县、翼城县、襄汾县、洪洞县、汾西县等地有大天鹅。

平陆县城西南6 km处的三湾村一带，有一处白天鹅栖息地，区域面积3.9 km^2，濒临黄河，植被丰富，生物多样，野生动植物繁多。每年11月中旬到次年的2月中旬，有数千到上万只白

---

①北戴河鸟类自然保护区. http://www.hb12369.net：8000/hjzw/zrst/zrbhq/201106/t20110618_20994.html；北戴河海滨鸟类自然保护区（市县级）简介. http://www.forestry.gov.cn/portal/main/s/144/content-82474.html；关于取消“北戴河鸟类自然保护区”的通知. http://www.beidaihe.gov.cn/newbdh/zfwj/2432.htm；北戴河湿地被列入国家湿地公园试点. http://www.tianjinwe.com/tianjin/tjwy/201104/t20110412_3519040.html

②平山县. http://baike.baidu.com/link? url=nQVJ_B17ROzdK6HEOaNYi0zIe8htVzGDNfpD7avG96hWhOL7eSg_AdEsFDy49eZ6

③保定易县中易水河纷现黑鹳、火烈鸟、灰鹤、白天鹅、绿头鸭形成候鸟南飞的天然驿站. http://black-stork.forestry.gov.cn/html/info/24559.html

④似为“运城湿地省级自然保护区”。

⑤大同县. http://baike.baidu.com/subview/371431/10320085.htm? fr=aladdin

⑥临汾市. http://baike.baidu.com/view/35311.htm? from_id=529505&type=syn&fromtitle=临汾市&fr=aladdin

天鹅和红嘴鸥到这里越冬①。此地的“白天鹅”应包括大天鹅。

5.1.5 内蒙古

内蒙古自治区有较多大天鹅分布。

《内蒙古珍稀濒危动物图谱》记述（凤凌飞，1991）：

大天鹅

蒙名：干戈尔—鹄恩。别名：白鹅、咳声天鹅、洪戗鲁、鹄。分布：在黑龙江、内蒙古和新疆北部等地繁殖，越冬于华中及东南沿海各省；内蒙古广泛分布于各盟的草原湖泊地区，特别是呼伦贝尔盟的达赉湖、赤峰市的达里诺尔湖和锡林郭勒盟的乌拉盖河流域数量较多。据1983年10月调查，赤峰市的达里诺尔湖集结的大天鹅最多时可达2 400多只。

《野生天鹅》记述（马鸣等，1993）：

大天鹅繁殖于……内蒙古的鄂尔多斯、呼伦贝尔盟的达赉湖（呼伦湖）、绰尔河。

大天鹅的迁徙几乎遍布北方各省。如……内蒙古辉河流域、赤峰市的达里诺尔（1983年10月集结了2 400只）、乌拉盖河沼泽区。

按：据此反映在克什克腾旗、牙克石市、满洲里市、新巴尔虎右旗、新巴尔虎左旗、鄂温克族自治旗、东胜区、达拉特旗、准格尔旗、鄂托克前旗、鄂托克旗、杭锦旗、乌审旗、伊金霍洛旗、扎赉特旗、东乌珠穆沁旗、西乌珠穆沁旗等地有大天鹅分布。

《中国东北地区珍稀濒危动物志》称，大天鹅分布于“东北部呼伦贝尔盟，为夏候鸟”；另有“阿拉善左旗”②（中华人民共和国濒危物种进出口管理办公室等，1999）。

《扎鲁特旗志》称有野生动物150余种，其中就有“天鹅”等（《扎鲁特旗志》编纂委员会，2001），所称“天鹅”主要指大天鹅。

《内蒙古动物志.第三卷，鸟纲·非雀形目》记述（旭日干，2007）：

大天鹅

别名：白鹅、黄嘴天鹅。

居留型：内蒙古东部为夏候鸟，中、西部为旅鸟。

地理分布：在内蒙古繁殖于赤峰市达里诺尔周围及以东地区，见到或采到标本的地点有呼伦贝尔市的鄂温克族自治旗（1998）、达赉湖（1976）、乌尔逊河（1998）、满洲里市（1989），兴安盟的科尔沁右翼中旗（1987，1989）、图木吉（1996），锡林郭勒盟的锡西草原（1981）、开发区（1998）、阿巴嘎旗的查干诺尔（2005.5，9）、正蓝旗扎嘎斯召湖南面（2000.6），赤峰市的克什克腾旗（1993）、白音敖包保护区（1986，2000）、达里诺尔（1987.11，1999.10，1985，1986，1988）、巴林右旗（1991.4，1993）、敖汉旗（2000）、察哈尔右翼前旗的黄旗海（2005.4），呼和浩特市（1982，1987，1995），包头市（1997，1992），巴彦淖尔市乌梁素海（1963，1986，1996，1997），鄂尔多斯市、杭锦旗（2001.11）、桃力庙—阿拉善湾海子（1993）。

按：据此，约在呼和浩特市、包头市、巴林右旗、克什克腾旗、敖汉旗、满洲里市、新巴尔虎右旗、新巴尔虎左旗、鄂温克族自治旗、东胜区、杭锦旗、伊金霍洛旗、察哈尔右翼前旗、乌拉特前旗、科尔沁右翼中旗、扎赉特旗、锡林浩特市、阿巴嘎旗、苏尼特右旗、正蓝旗等地有大天鹅分布。

《中国重点陆生野生动物资源调查》称，“本次调查，大天鹅见于”“内蒙古（呼伦贝尔、兴安盟、哲里木盟、赤峰市、锡林郭勒盟”（国家林业局，2008），亦即在赤峰市、宁城县、林西县、阿鲁科尔沁旗、巴林左旗、巴林右旗、克什克腾旗、翁牛特旗、喀喇沁旗、敖汉旗、科尔沁区、霍林郭勒市、开鲁县、库伦旗、奈曼旗、扎鲁特旗、科尔沁左翼中旗、科尔沁左翼后旗、海拉尔区、满洲里市、扎兰屯市、牙克石市、根河市、额尔古纳市、阿荣旗、新巴尔虎右旗、新巴尔虎左旗、陈巴尔虎旗、鄂伦春自治旗、鄂温克族自治旗、莫力达瓦达斡尔族自治旗、乌兰浩特市、阿尔山市、突泉县、科尔沁右翼前旗、科尔沁右翼中旗、扎赉特旗、锡林浩特市、二连浩特市、多伦县、阿巴嘎旗、苏尼特左旗、苏尼特右旗、东乌珠穆沁旗、西乌珠穆沁旗、太仆寺旗、镶黄旗、正镶白旗、正蓝旗等地仍有大天鹅栖息。

---

①平陆县. http://baike.baidu.com/link? url=03aOUv2DcV5DQKEATefbh6X3fOfbSUzUS8jAFOjDDqv2lvIE_OzSYV_YVEXdFk3hIFqbv3JhQz_IIjFZIpZ2NK

②该书在大天鹅地理分布中所称“宁夏的左旗”，疑似“内蒙古的阿拉善左旗”之误会。

科尔沁左翼中旗公布的主要野生动物资源有：鹌鹑、山雀、沙半鸡、百灵、鹰、猫头鹰、大雁、雉、鸨、枭等禽及候鸟[①]，此"鹄"主要指大天鹅。

林西县的"生物资源"中野生飞禽类20余种，有天鹅、鸿雁、斑翅山鹑、环颈雉等[②]，所称"天鹅"就有大天鹅。

通辽市野生动物繁多，国家二级保护动物有天鹅等近30种[③]，此"天鹅"显示有大天鹅，表明地级通辽市辖区大天鹅分布较广。

据新巴尔虎右旗称，当地飞禽类有17目38科，有天鹅(附有彩照)等约100种[④]，无疑有大天鹅。新巴尔虎左旗也称，当地有大小河流16条，湖泊198个，其中淡水湖97个，不光有水，有鱼，有森林，还有各种野生动物，如天鹅等多种[⑤]，可与新巴尔虎右旗相互印证。

杜鹃湖位于阿尔山市东北92 km处，海拔1 244 m，面积128 hm^2，因湖畔开满杜鹃花而得名。湖中野凫成群，灰鹤、天鹅栖息，成群的柳根鱼竞相觅食[⑥]，此"天鹅"应有大天鹅。

扎赉特旗称，当地沙海浩瀚，野生动物种类繁多，有白天鹅、沙鸡等几十种经济价值较高的珍禽野兽，在这里安家繁殖后代[⑦]，所称"白天鹅"就有大天鹅。

多伦县虽地处浑善达克沙地南缘，具有边缘沙地的典型地貌，但这里并非黄沙漫漫，赤地千里，而是黄裸的沙地中，散落着点点翠绿。耐旱的天然榆树疏林苍劲挺拔，青绿的沙生灌丛团团簇簇，加之沙地上生存的飞鸟走兽，构成了动植物互相依存，沙化、绿化相互竞争的风景线。栖息的鸟类主要有天鹅、大鸨、大雁、喜鹊、沙鸡、乌鸦、苍鹰、百灵等[⑧]。阿巴嘎旗的丰林茂草之间，栖息着种类繁多的珍禽异兽，有天鹅、灰鹤、大鸨、黄羊、旱獭、狍、獾、白琵鹭等野生动物[⑨]。苏尼特左旗是广阔草原，境内栖居的野生动物有50多种，其中有属于国家二类保护的野生动物天鹅[⑩]。西乌珠穆沁旗地处大兴安岭北麓，蒙古地槽东南，地势由东南向西北倾斜，相对高差在200 m以上。境内河流均为内陆河，属乌拉盖水系。较大的河流14条，主要干流7条，均为南北流向。天然草场19 687 km^2，80%以上为良质中产型，天然次生林131.2 km^2。是草原的东南屏障。栖息有天鹅、百灵、野鸡、斗鸡、狍、鹿、黄羊、旱獭等数十种珍禽野兽[⑪]。此五地所称"天鹅"，皆有大天鹅。

腾格里沙漠天鹅湖，位于阿拉善左旗巴彦浩特镇，地处腾格里沙漠东部边缘，南北长约1 500 m，东西宽约500 m，面积约3.2 km^2。该湖被分割的时令湖之一，因存在地下承压水而不干枯。景区四周沙丘连绵，湖水碧波荡漾，湖光沙色令人心旷神怡。每年春秋季节，天鹅、野鸭、灰鹤等数百种鸟类云集于此[⑫]。横贯阿拉善右旗全境的巴丹吉林沙漠是中国第三、世界第四大沙漠，总面积4.7万 km^2(其中1万 km^2 的地域人类尚未涉足)；由于沙漠海拔1 200～1 700 m，沙峰相对高度在300～500 m，又是世界上相对高度最高的沙漠。沙漠中分布着113个大小湖泊，每个湖泊及周围各有独特的景致，湖与湖相接成链状，沙水相映，水天相连，构成了"沙漠湖群"的罕见奇景。沙漠中还生息着天鹅、野鸭、山鸡、盘羊、青羊、黄

---

①科尔沁左翼中旗. http://baike. baidu. com/link? url=xQGlr3zzP1w6QOCKdNvZei_F3feI9n_bzhRVjOvqUgIRa12PvuKrfuuijFgN1qWY

②林西县. http://baike. baidu. com/link? url=OCi3X5OBlmQk_k8o8fPIMnlXsnWMejBrW8DNtW3i4HS-X_AaFxKMGgQDr0-fZCz8

③通辽市. http://baike. baidu. com/link? url=CGtCaZHr4uN1Vc9FSNa9PStL6KvsHzcCDEOF447ORwS9OlWDy20BDqp-Ior5P-a0UylnknlYEclPEwtsDHzsEK

④内蒙古·新巴尔虎右旗. http://www. xbehyq. gov. cn/main/viewDetail. jsp? newsid=92861&subjectid=3634

⑤新巴尔虎左旗. http://baike. baidu. com/link? url=tR4fiuZAZJZbEzn7LysegYGjHZd05z OSbmHaOR2D8QEUJZDEEks6zK3luk0iviqA

⑥阿尔山. http://baike. baidu. com/link? url=EFJsPeTKsDJdOEnHlOPK9X8ufg 2AJaWXp4HDuJy2ri-0Dj2e07kvHlY5fMePgnxq

⑦扎赉特旗. http://baike. baidu. com/link? url=nxfTjOdii7NuyYZSSH6j5_19cQ4TIvR-Z_Fy5H 6IpySPCz3nyO4ohs_qGzhSy6uP

⑧多伦县. http://baike. baidu. com/view/300670. htm

⑨阿巴嘎旗. http://baike. baidu. com/view/336472. htm

⑩苏尼特左旗. http://baike. baidu. com/link? url=84LL4TwLRfdsgKiHdUUvWh-Q9RVd55WdQ6qLcD4wQ4UVYa896fxZq5WD45E9avhi

⑪西乌珠穆沁旗. http://baike. baidu. com/link? url=uJeZVw71Vp8K7RRm7_9ThBILvixQri7fgvN8zVD3DCqcZ2mwUFM9CeuVx2Niksh2

⑫阿拉善左旗. http://baike. baidu. com/link? url=IcoP_Rv10ze1Ep-AiTbFxqKB1NKUXj1L_Poz2oScho79roL9z2SvKpfYqxmK6rbv；阿拉善左旗. http://baike. baidu. com/view/402674. htm

羊、狐狸、骆驼等数十种野生动物，堪称一个天然动物园①。此两地所称“天鹅”，都包括有大天鹅。

据初步调查统计，乌拉特中旗全旗范围内生存的野生动物有：野驴、石羊、黄羊、团羊、青羊、狼、土豹子、狐狸、野鸡、石鸡、鹌鹑、野鸭、地脯、捞鱼鹳、喜鹊、乌鸦、老鹰、猫头鹰、老雕、灰鹤、天鹅、野兔、兔狲、獾子、猞猁、刺猬、黄鼠、松鼠、蛇等②。“天鹅”当包括大天鹅。

科尔沁右翼中旗境内的沙岛湖生态旅游景区，有鸟类 11 目 20 科 54 种。其中国家二级保护鸟类 2 种，分别为大天鹅、白琵鹭③。

5.2　东北

东北的三省皆有大天鹅分布。

5.2.1　辽宁

辽宁省多地仍有大天鹅分布。

《辽宁动物志：鸟类》记述（黄沐朋等，1989）：

大天鹅

别名：鹄（古通名）、咳声天鹅、白鹅、天鹅、白天鹅（辽宁）。

分布：东沟（今东港市）（前阳），庄河，新金（赞子河、普兰店），大连（凌水、旅顺），复县（许屯），盖县（今盖州市）（九龙地），营口（沟沿）大洼（县），盘山（县）（甜水），台安（县）（桓洞）。旅鸟。按：据此表明在台安县、东港市、大连市、瓦房店市、普兰店市、庄河市、营口市、盖州市、大洼县、盘山县等地还有大天鹅栖息。

《野生天鹅》记载：大天鹅迁徙经过“辽宁庄河县沿海、盘锦辽河三角洲、鸭绿江瓦房店④（上千只）、本溪市郊”（马鸣等，1993），表明在本溪市、丹东市、东港市、宽甸满族自治县、瓦房店市、庄河市、盘锦市等地有大天鹅飞临。

《中国东北地区珍稀濒危动物志》称，大天鹅分布于“东沟（现东港市）、庄河、新金、普兰店、大连、复县、盖州、营口、大洼、盘山、台安；旅鸟”（中华人民共和国濒危物种进出口管理办公室等，1999），与上文类似。

根据对葫芦岛市实地调查统计，有鸟类 17 目 51 科 145 属 245 种（含亚种），其中有大天鹅指名亚种等（田德启，2001）。

《中国重点陆生野生动物资源调查》称，“本次调查，大天鹅见于”“辽宁（本溪、桓仁、辽阳、灯塔、建昌、建平、喀左、新民、法库）”（国家林业局，2008），显示在新民市、建平县、喀喇沁左翼蒙古族自治县、本溪市、本溪满族自治县、桓仁满族自治县、辽阳市、灯塔市、辽阳县、建昌县等地大天鹅仍有栖息。

法库县獾子洞水库 2006 年首次报道有大天鹅等珍稀鸟类栖息，2011 年又见它们在此停歇（于晶晶等，2013）。

据报道，鞍山市（鞍山市、海城市、台安县、岫岩满族自治县）180 余种禽类中有大天鹅等多种⑤国家Ⅰ级保护动物。

台安县新台镇境内的大麦科湿地自然保护区，以柳河、旧绕阳河下游入辽河冲积河滩地为主，动植物资源丰富，有 75 种国家、省级保护的野生动物。其中国家二级保护野生动物如大天鹅、苍鹰等 23 种⑥。

凌海市的“鸟类”有：天鹅、雁、野鸡（雉鸡）、野鸭、鹌鹑、红咀鸥、猫头鹰、海鸥、鹭鸶、喜鹊、寿带 40 多种⑦。北镇市人民政府公布当地动植物资源中有天鹅等鸟类 45 种⑧。两地所称“天鹅”，似仅指大天鹅。

绥中县在动物地理分布上处于华北、东北动物区系的延续交汇地区，属辽西山地丘陵生物环

①阿拉善右旗. http://baike. baidu. com/link? url=iFVK1FnJY8BIqY-3gQMQ2h9TReLkuLyWrVI_hZtdP_o09NOWXKTKfP7H9ITgT5aK

②乌拉特中旗. http://baike. baidu. com/view/168612. htm

③沙岛湖生态旅游景区. http://baike. baidu. com/view/5937925. htm

④辽宁省现有 2 处“瓦房店”，皆与鸭绿江不搭界：其一是大连市辖瓦房店市，另一是凌源市瓦房店乡（镇）。

⑤鞍山市. http://baike. baidu. com/link? url=zjDCawJT5tD-4sp-xHbdXNYeZKQIaxfljPlZuvly2HXnnyto28xCHWyxsNb2cGsOQyFitxzT5WGQ5HSwT159BvIFWAJMijg5QicC3yGAW

⑥台安县. http://baike. baidu. com/link? url=iDFGo3x7P4rsxCG8YHNL8rU_ZUN2IuVVHAj-NBmzFLuuTLUUJAn42C_zoZ4VEheR

⑦凌海. http://baike. baidu. com/subview/40841/6140234. htm? toSubview=1&fromId=40841&from=rdtself

⑧中国·北镇市人民政府网站. http://www. bzs. gov. cn/

境区，有大天鹅等17目37科374种鸟类①。

据2014年3月报道，人们在辽阳市的太子河上看到有3只美丽的白天鹅在游动。有人称，去年12月的时候就看到过这几只天鹅，不知啥原因就没飞走。听说最初来的是4只，一只落在高压线上伤着了。据当地野保站过去发布的消息说，在2009年年初曾在太子河流域发现过7只迁徙停歇的天鹅②。据所附照片判断，是大天鹅；冬天没有飞走，当已成为越冬鸟。

据2014年12月报道，朝阳市区人工湖下游栖息的大天鹅，由前几日的7只增至目前的14只(其中5只天鹅身上的披羽呈灰白色，应该是亚成体)，并成为在此越冬鸟③。位于该市西南郊25 km处的燕山湖，2015年3月，首批大天鹅、豆雁等水鸟已经飞临至此④。

据2015年3月报道，大凌河朝阳县城段，发现有50余只白天鹅水中嬉戏⑤。尽管所附照片尚不清晰，但参考朝阳市情况，似为大天鹅。

据2015年2月报道，旅顺地区从2001年起共记录过3次大天鹅出现的情况(2003年春季发现2只，2014年10月有3只，这一次有9只)⑥，可见仍时有大天鹅迁徙途中在大连市停歇。

据2015年2月报道，北票市白石水库发现在300只以上的北返天鹅群⑦，据地望判断，当是大天鹅。

据2015年3月报道，发现有3只大天鹅在浑河沈阳东陵段嬉戏，并配有照片⑧。由此可证实沈阳市仍有大天鹅飞临；联系大连、北票、朝阳等地的发现，可判断大天鹅北返的时间与路线。

据2015年3月报道，长海县大长山岛镇小龙口水库一只洁白的天鹅在波光潋滟的水中时而悠然游动，时而翩然飞舞，这只白天鹅的到来引得周围的村民和晨练者驻足观赏。据专家介绍，这只天鹅很有可能是在迁徙过程中掉队的⑨。据所附照片判断，是大天鹅。

据2015年3月报道，在102线小凌河水面上，几十只白天鹅在这里落脚歇息，自由自在地觅食⑩。据所附照片判断，是大天鹅；证实锦州市仍有大天鹅飞临。

5.2.2 吉林

大天鹅在吉林省还有较多地方有分布记录。

清宣统二年(1910)《长白汇征录》记述：

鹄：鹄鸣声咭咭，故谓之鹄。大于雁，羽毛白泽。其翔极高。所谓：鹄不浴而白，一举千里者，是也。李时珍曰：有黄鹄、丹鹄。出辽东及湖、海、江、汉之间。《释名》谓鹄为天鹅。天者，亦大之意也。

按：据此，不仅道出鹄即天鹅，而且不止一种；此外，至少反映在长白山(核心区约抚松县、长白朝鲜族自治县、和龙市、安图县)⑪一带有大天鹅。

《野生天鹅》记载，大天鹅迁徙途经“吉林嫩江(莫莫格)⑫、向海(几千只)、长白山区”(马鸣等，1993)，约涉及镇赉县、通榆县、抚松县、长白朝鲜族自治县、和龙市、安图县等地。

《中国东北地区珍稀濒危动物志》称，大天鹅分布于“白城、通榆、浑江(现白山市)、长白山；旅鸟”(中华人民共和国濒危物种进出口管理办公室等，1999)。约在洮北区、通榆县、通化市、梅河口市、集安市、通化县、辉南县、柳河县、白山市、抚松县、长白朝鲜族自治县、和龙市、安图县等地。

《中国长白山动物》记述(高玮等，2002)：

---

①绥中县. http://baike.baidu.com/link? url=M8Zr2avbXPYlbP-D3ji8RVI7TDuJ3kY7QsH44Es58SdQPj7NIaDuf3hNX7W04D2y

②河水清清太子河上再现白天鹅. http://www.lnzx.gov.cn/lnszx/myNews/wenhuashalong/szls/2014-03-24/Article_38638.shtml

③孙良. 朝阳：人工湖下游天鹅群又增新成员. http://liaoning.nen.com.cn/system/2014/12/11/014378450.shtml

④孙良. 燕山湖冰层融化引来首批大天鹅. http://www.ln.chinanews.com/html/2015-03-12/1038090.html

⑤李松娟. 大凌河朝阳县城段活水引来白天鹅. http://www.ln.chinanews.com/html/2015-03-09/1035793.html

⑥满文飞. 15年来第一次9只大天鹅来大连旅顺“过年”. http://liaoning.nen.com.cn/system/2015/02/25/016420128.shtml

⑦北票白石：天鹅部队回来啦. http://www.ln.chinanews.com/html/2015-02-28/1031040.html

⑧于震. 沈阳：天鹅初临浑河. http://liaoning.nen.com.cn/system/2015/03/11/016737775.shtml

⑨毕庆等. 大连：海岛现白天鹅. http://liaoning.nen.com.cn/system/2015/03/26/016980552.shtml

⑩樊洪波，宁旭. 锦州成为白天鹅迁徙“驿站”. http://liaoning.nen.com.cn/system/2015/03/19/016843983.shtml

⑪广义的“长白山”指整个长白山脉，即东北地区东部山地的总称，涉及辽、吉、黑三省，总计48个市县，总面积约为20万 km^2。《长白汇征录》的范围似广于狭义的“长白山”，小于广义的“长白山”。

⑫即莫莫格国家级自然保护区。位于镇赉县境内，地处松辽沉降带北段，松嫩平原西部边缘，为嫩江及其支流冲积、洪积低平原。

大天鹅

旅鸟，4月中旬北迁，8月下旬南迁时经过长白山，停留30天左右。

见于通化地区。

按：据此，亦即约在通化市、梅河口市、集安市、通化县、辉南县、柳河县、白山市、抚松县、长白朝鲜族自治县、和龙市、安图县等地有大天鹅分布。

《中国重点陆生野生动物资源调查》称，“本次调查，大天鹅见于”“吉林（镇赉莫莫格自然保护区、通榆向海自然保护区、大安月亮泡、长白、安图、珲春敬信湿地）”（国家林业局，2008），反映在大安市、镇赉县、通榆县、长白朝鲜族自治县、珲春市、安图县等地仍有大天鹅栖息。

和龙市在“野生动植物资源”称：境内已查明并具有一定经济价值的野生动物近300科600多种，其中鸟类50余科300余种，其中就有大天鹅[①]。

5.2.3 黑龙江

黑龙江省是东北栖息有大天鹅最多的省，也是大天鹅的繁殖地之一。

《黑龙江省兽类志》即附录有“大天鹅”（马逸清等，1986），反映有所分布。

《野生天鹅》记述（马鸣等，1993）：

大天鹅繁殖于黑龙江齐齐哈尔（扎龙）、兴凯湖、三江平原。

大天鹅的迁徙几乎遍布北方各省。如黑龙江兴凯湖（千只以上）、三江平原。

按：据此说明在依兰县、齐齐哈尔市、鹤岗市、萝北县、绥滨县、佳木斯市、同江市、富锦市、桦南县、桦川县、汤原县、抚远县、双鸭山市、集贤县、友谊县、宝清县、饶河县、七台河市、勃利县、鸡西市、虎林市、密山市、鸡东县等地有大天鹅分布。

《中国东北地区珍稀濒危动物志》称，大天鹅分布于“大兴安岭、东部山地、佳木斯、三江平原、哈尔滨、齐齐哈尔、完达山、松嫩平原；为夏候鸟”（中华人民共和国濒危物种进出口管理办公室等，1999）。亦即哈尔滨市、尚志市、五常市、方正县、齐齐哈尔市、鹤岗市、萝北县、绥滨县、佳木斯市、同江市、富锦市、桦南县、桦川县、汤原县、抚远县、双鸭山市、集贤县、友谊县、宝清县、饶河县、七台河市、勃利县、鸡西市、虎林市、密山市、鸡东县、牡丹江市、穆棱市、绥芬河市、海林市、宁安市、东宁县、林口县、大兴安岭地区、呼玛县、塔河县、漠河县等地皆有大天鹅分布。

《中国重点陆生野生动物资源调查》称，“本次调查，大天鹅见于”“黑龙江（松嫩平原、三江平原、东部山地）”（国家林业局，2008），反映在尚志市、五常市、方正县、齐齐哈尔市、龙江县、泰来县、甘南县、富裕县、大庆市、肇州县、肇源县、林甸县、杜尔伯特蒙古族自治县、鹤岗市、萝北县、绥滨县、佳木斯市、同江市、富锦市、桦南县、桦川县、汤原县、抚远县、双鸭山市、集贤县、友谊县、宝清县、饶河县、七台河市、勃利县、鸡西市、虎林市、密山市、鸡东县、牡丹江市、穆棱市、绥芬河市、海林市、宁安市、东宁县、林口县、安达市、肇东市等地仍有大天鹅栖息。

据哈尔滨市报道，当地有大天鹅[②]，似表明哈尔滨市、双城市、尚志市、五常市、依兰县、方正县、宾县、巴彦县、木兰县、通河县、延寿县等地有分布。

富锦市西南50 km的富锦国家湿地公园地处三江平原腹地，水渚密布，碧波荡漾，丰富的水资源为河虾、青蛙以及各种鱼类提供了生存的环境和空间。这片广袤的绿洲，也就成了候鸟的重要繁殖地和迁徙地。其中鸟类有大天鹅、白枕鹤、白琵鹭、白翅浮鸥、绿头鸭、骨顶鸡各种水禽达42种[③]。

大兴安岭地区所辖松岭区就有鸟类237种，其中有大天鹅等多种珍禽[④]。

桦川县[⑤]与友谊县[⑥]皆处于三江平原腹地，故当地现有“天鹅”应包括大天鹅。

---

①中国·和龙. http://www.helong.gov.cn/user/index.xhtml? menu_id=528

②中国哈尔滨. http://www.harbin.gov.cn/zjhrb/sqgl/csgk/zrdl.htm

③富锦. http://baike.baidu.com/link? url=w3ISmGyLgDo-o_kM2BIhv0qeRpf7LGa-7qWkw15ikI8NmwDwehPD5AmxfvP51pVyfNV4lb73Bef57LCL8btKL_#2_2

④松岭区. http://baike.baidu.com/link? url=6fnhAAxj5t_yHBCGJuUE1R-S3p8tfnwm-RrwtBzUyefPNZQb4oF2LuRD09G2zEj8

⑤桦川县. http://baike.baidu.com/link? url=_35HUvwhCrr3qJsW5XyBukhquAeeqobvQO4dU2cUAFpru_mO9l7w5j5NaYHhCvzf

⑥友谊县. http://baike.baidu.com/view/351590.htm

5.3　华东

华东各省级政区皆有大天鹅分布，但情况不一。

5.3.1　上海

上海市明确记载大天鹅不多见。

《上海地区的国家保护动物》记载“大天鹅：（冬候鸟）崇明东滩”（黄正一等，1991），说明崇明县倡有大天鹅降临。

5.3.2　江苏

江苏省有大天鹅栖息，也是大天鹅主要越冬地之一。

《野生天鹅》记载，大天鹅“在冬季寒冷的年份，也分布到”“江苏高邮、盐城[①]、扬州邵伯湖”（马鸣等，1993），说明在东台市、大丰市、射阳县、滨海县、响水县、扬州市、高邮市等地有大天鹅飞临。

《连云港市志》（连云港市地方志编纂委员会，2000）记述：

> 大天鹅：是一种较大的游禽，脖颈修长，全身洁白，属国家二类保护珍禽。在市境安峰山、塔山、石梁河等水库越冬。1984 年 2 月 21 日，在安峰山水库发现越冬的大天鹅 130 只。

按：据此可见，在连云港市仍然确有大天鹅等栖息。

《中国重点陆生野生动物资源调查》称，“本次调查，大天鹅见于”“江苏（盐城）”（国家林业局，2008），表明在东台市、大丰市、射阳县、滨海县、响水县等地仍有大天鹅栖息。

淮安市称该市（辖淮安市、金湖县、盱眙县、洪泽县、涟水县）普查统计，全市鸟类资源有 125 种，隶属 15 目 38 科，其中有大天鹅等[②]，证明也有大天鹅分布。

据 2015 年 1 月报道，有成群白天鹅飞落在渔洋山与光福之间的水面上，数量共有 29 只，其中有两只幼鸟。这表明近年来，每年冬季天鹅都选择太湖栖息[③]。反映苏州市再度成为大天鹅越冬地之一。

5.3.3　浙江

浙江省确有大天鹅分布，但并不多。

2007 年 11 月，有报道称苍南县许多大天鹅飞至福建福鼎市（见下文）。

《中国重点陆生野生动物资源调查》只称“文献记载大天鹅分布”有“浙江”（国家林业局，2008），反映在该省曾有大天鹅栖息。

据 2008 年 11 月报道，开化县城芹江先后发现两群迁徙途经停歇的“天鹅”：先来的 7 只，“两只遭遇枪击，一只意外身亡”；当地随即成立了保护天鹅小分队。随后“又来了 2 大 7 小，共 9 只天鹅”[④]。证明有大天鹅栖息。

据 2013 年 3 月报道，西湖里发现一只受伤的“天鹅”，尽管人们想救助它，但仍难以捕获。且目击者称，“以前天鹅都是一群群游过来的，最少也是一对。而且，它们一般见人就跑，在这附近不会逗留很长时间。但早上我看见时只有这一只天鹅，孤零零站着，后来也没见有同伴过来看它”[⑤]。证明杭州市还有大天鹅飞临[⑥]。

2007 年 12 月报道，11 月下旬以来，一种小天鹅相继在云和县的云和湖、庆元县的松源溪上嬉戏、觅食。据悉，该鸟在云和、庆元两地出现尚属首次[⑦]。

5.3.4　安徽

安徽省虽有大天鹅栖息，然而并不多。

《野生天鹅》记载，大天鹅“在冬季寒冷的年份，也分布到”“安徽升金湖”（马鸣等，1993），说

---

①疑似“盐城湿地珍禽国家级自然保护区”。

②淮安. http://baike.baidu.com/link? url=99sKC6wvs_yRznLGEsR9NRJonpyn201g_0WC7caoYzYM3B47kzvmRI0Dzlld0opFzhxpdD6LyxFWtF-5M65bmq

③叶文婕. 太湖又现白天鹅，水美湖静吸引天鹅来越冬. http://jsnews.jschina.com.cn/system/2015/01/05/023209130.shtml

④两只天鹅在浙江开化遭枪击. http://news.xtol.cn/2008/1110/79137.shtml

⑤西湖里这只天鹅为什么七八个小时一动不动?. http://zjnews.zjol.com.cn/05zjnews/system/2013/03/03/019132248.shtml

⑥另据 2015 年 6 月报道：有人在西湖抓“白天鹅”，在市民干预下放归自然；不过，杭州动物园工作人员说，西湖里的天鹅都收回到了动物园。（钱祎. 一群小年轻抓了西湖里两只白天鹅？被抓的可能是家鹅. http://zjnews.zjol.com.cn/system/2015/06/01/020676880.shtml）故不能排除有野生天鹅偶尔飞临。

⑦刘建灵，周仙根. 小天鹅相继“做客”云和庆元. http://cache.baiducontent.com/c? m=9d78d513d9d706ef06e2ce384b54c0676a499c267992c715088ad216d8735b36123ba7ac27554158ce932b2152f4174bea863771360137b7ec92ce1583&p=8b2a971382d813e508e2963b5f&newp=9e72c64ad4af1bee17bd9b7c5b53d8274e3980603fd2bc4f3e9b&user=baidu

明在贵池区、东至县一带有大天鹅越冬。

《安徽省陆生野生动植物资源》记述（安徽省林业厅，2006）：

大天鹅（冬候鸟）

分布：仅见于凤阳花园湖和明光女山湖一带。

数量：稀少，十分罕见。1984 年曾在明光女山湖采到标本，调查时未见到此鸟。

《中国重点陆生野生动物资源调查》称，"本次调查，大天鹅见于""安徽（凤阳花园湖、明光女山湖）""湖北（黄梅龙感湖）①"（国家林业局，2008），反映大天鹅在明光市、凤阳县、宿松县等地仍有栖息。

怀宁县"动物资源 · 禽类"中的"天鹅"②，似含有大天鹅。

5.3.5 福建

福建省有少数大天鹅分布。

《野生天鹅》称，大天鹅"偶见于福建"（马鸣等，1993）。

《福州市郊区志 · 自然资源 · 生物资源》称，境内历史上有"天鹅"③。实际上现今仍有不止一种。

据 2007 年 11 月报道，一大天鹅（当地称"白天鹅"）小家庭（雌雄大天鹅与两只幼鸟）迁往台湾途中在福鼎市桐溪停歇时，被不法分子猎杀雄性大天鹅④。约 10 日后，又飞来一只雄性"白天鹅"，并在其带领下，4 只大天鹅第二天便继续向南迁徙。同时，还从浙江"苍南县也飞来许多白天鹅"；前岐镇两渔民还捡到一只受伤的大天鹅⑤。

《中国重点陆生野生动物资源调查》称，"本次调查，大天鹅见于""福建（邵武、长乐）"（国家林业局，2008），反映在长乐市与邵武市等地仍有大天鹅栖息。

5.3.6 江西

江西省栖息的大天鹅不多见。

《野生天鹅》记载，大天鹅"在冬季寒冷的年份，也分布到""江西鄱阳湖"（马鸣等，1993），说明在南昌市、南昌县、新建县、进贤县、九江市、九江县、永修县、德安县、星子县、都昌县、湖口县、余干县、鄱阳县等地偶有大天鹅越冬。

据 2011 年 12 月报道，在都昌县的都昌候鸟自然保护区用长筒望远镜观察湖区候鸟时，突然发现在小天鹅群中有两只形态特征不一样的天鹅在湖中游来游去，长长的脖子比周围的小天鹅要高出一点，特别是脸部的黄斑明显过了鼻孔。经在场的专家继续观察，同行的肯尼亚专家拿出图谱前来辨认，经仔细核对无误后，认同这一事实⑥。

5.3.7 山东

山东省曾有较多大天鹅分布。

《野生天鹅》记载，大天鹅迁徙途经"微山、无棣、长岛、寿光、日照海滩"；主要越冬地有"荣成沿海地区（约 5 000 只），黄河三角洲（350～500 只），埕口（200 只）"（马鸣等，1993），亦即说明在乐陵市、庆云县、东营市、垦利县、利津县、广饶县、高青县、昌邑市、寿光市、莱州市、荣成市、日照市、微山县、滨城区、惠民县、阳信县、无棣县、沾化县、博兴县、邹平县等地有大天鹅栖息。

《山东省志 · 生物志》记述（山东省地方史志编纂委员会，1998）：

大天鹅：全身洁白，嘴基两侧黄斑沿嘴缘向前伸于鼻孔之下。颈长。每年迁徙时有大量大天鹅路经山东，是旅鸟。近几年在荣成市的成山头，每年冬季有千只以上的大天鹅在此越冬，遂有"天鹅湖"之称。

……

上述两种天鹅，均属国家二级保护鸟类。栖息在岸边丛生很多水生植物的各种水面和芦苇、蒲草丛生的湖泊中。在水面浮游时，颈成"S"形；空中飞行时，颈向前伸直，脚引伸腹部后方。结

①宿松县与湖北省黄梅县共有。

②怀宁县. http://baike. baidu. com/link? url = 4YHD30xWD72NejmpoKC7rQxPXR9VqZDkTMrSFGhvnblIUiskpXzWAWVQ5KGT3Qbj#4_1

③福州地情网. http://www. fzdqw. com/showtext. asp? ToBook=1115&index=6&

④黄义伟等. 国家保护动物白天鹅在福建过冬被射杀. http://news. qq. com/a/20071115/000259. htm

⑤福鼎白天鹅事件后续报道. http://blog. sina. com. cn/s/blog_4015066201000do7. html

⑥都昌县鄱阳湖区首次发现大天鹅. http://www. cndcta. com/news/201201/news_20120105085921. html

群飞行时，队列成“V”字形。

大天鹅(冬;全省)。

按:据此，可见大天鹅是该省分布较广的天鹅属之一。

《中国重点陆生野生动物资源调查》称，“本次调查，大天鹅见于”“山东(荣成沿海、内陆湖面及沿黄水域)”(国家林业局，2008)，即约在济南市、济阳县、东阿县、齐河县、东营市、垦利县、利津县、高青县、安丘市、荣成市、日照市、苍山县、沂水县、蒙阴县、平邑县、费县、枣庄市、滕州市、济宁市、邹城市、微山县、鱼台县、梁山县、东平县、莱芜市、滨城区、甄城县、东明县等地仍有大天鹅栖息。

济宁市称该市鸟类共有201种，包括留鸟、夏候鸟、冬候鸟、旅鸟等，其中有“大小天鹅”等;在微山湖区，水鸟数量居全省首位[①]。虽然可以据此认定有大天鹅等，然而此“济宁市”当是地级市，所辖地中仅济宁市、邹城市、微山县、鱼台县等确有大天鹅分布佐证。

桓台县北部的马踏湖湿地保护区动物资源丰富，仅鸟类就有大天鹅等174种[②]。

济宁市的南四湖自然保护区经过多年努力，湿地生态系统得到了明显改善，水质和环境质量大幅提高，水生植物呈现多样化，鱼虾质量及资源量也有明显提高和回升，大鸨、大天鹅、白枕鹤等国家级保护鸟类，雁鸭类、鹭类等省级重点保护鸟类明显增多，生态环境明显改善[③]。

5.3.8　台湾

虽然不少文献提及台湾曾有大天鹅以迷鸟形式分布(郑作新，1976;浙江动物志编辑委员会等，1990;中华人民共和国濒危物种进出口管理办公室等，1994)，但都缺乏更具体地点。

《野生天鹅》称，大天鹅“偶见于……台湾”(马鸣等，1993)。

《台湾脊椎动物志》记载“黄嘴天鹅:……又名大天鹅。分布我国西北、东北各地。在台湾为稀见之迷鸟，曾见于罗东”(陈兼善等，1984)，证明宜兰县曾有大天鹅栖息。

《中国重点陆生野生动物资源调查》只称“文献记载大天鹅分布”有“台湾”(国家林业局，2008)，反映在该省曾有大天鹅栖息。

5.4　中南

中南仅河南、湖北、湖南、广西、香港等有大天鹅分布记录，有的仅有1地。

5.4.1　河南

大天鹅是河南省主要分布的天鹅属之一。

《野生天鹅》记载，大天鹅迁徙途经“河南三门峡[④]、驻马店以东宿鸭湖、花园口黄河滩[⑤]、丹江口水库、信阳南湾水库、郑州”;主要越冬地有“河南黄河流域[⑥]、新乡[⑦]”(马鸣等，1993)。据此，约指郑州市、荥阳市、巩义市、中牟县、湖滨区、义马市、灵宝市、渑池县、陕县、卢氏县、洛阳市、偃师市、孟津县、新安县、焦作市、孟州市、封丘县、长垣县、淅川县、信阳市、汝南县、济源市等地有大天鹅栖息。

《河南省野生动植物资源调查与保护》记述(甘雨等，2004):

大天鹅

地方名:天鹅、大白鹅、白天鹅

分布与数量:据资料记载，分布于全省。本

---

①济宁. http://baike. baidu. com/link? url＝WW-_Gx8cPKwZEl8y7aNtfzJ5UkbpnMgPKzWI4cGX_HNFTHa8RaetxMS5w9yAXDOLPi98uHn_VLQdf5RqTHBX6_＃14_4

②徐鹏，陈思. 马踏湖湿地保护区:鸟类增多捕杀难杜绝. http://cache. baiducontent. com/c? m＝9f65cb4a8c8507ed4fece763104a802358438014629f8c423a958448e435075c4764e0bd3a201104d0d8796603ac4956fdf04128715c7ea3de95c81cd2&p＝8e49c54ad6c342f811be9b7c57499d&newp＝8b2a9715d9c341ac11b7cd2516428f231610db2151d0d612&user＝baidu

③我市监测到大批国家重点保护鸟类. http://cache. baiducontent. com/c? m＝9d78d513d9d706ef06e2ce384b54c0676a499d267992c715088ccf09cd2f4c413033beff302267558fd8273b57f8034bea877428751421c3c4df893c8ce6ce6e78d461237018d75613a542f39d116fd6209409feae6fa6e0ad7784aed6828c12089c44040c83f78f4d00109139e71547e4a0934c&p ＝ b47fc216d9c15fe701bd9b7d071d9f&newp ＝ c07dc64ad4934eac52e685361c438b231610db2151d1d617&user＝baidu

④似指地级“三门峡市”。

⑤疑似指“郑州黄河湿地自然保护区”。

⑥疑似指“河南黄河湿地自然保护区”。

⑦疑似指“新乡黄河湿地鸟类自然保护区”。

次调查发现于信阳市罗山县石山水库；安阳市的林州市弓上水库、南谷洞水库；平顶山市湛河区白龟山水库；三门峡市卢氏县洛河、老灌河、范里水库，三门峡库区省级湿地自然保护区；郑州市二七区尖岗水库；南阳市内乡县湍河。非繁殖季节共1 645只，其中罗山县3只，林州市6只，湛河区10只，卢氏县10只，陕县1 609只，二七区6只，内乡县1只。种群密度0.009 471只/km^2。

按：据此可见，在郑州市、巩义市、湖滨区、陕县、卢氏县、洛阳市、偃师市、孟津县、新安县、栾川县、焦作市、孟州市、林州市、平顶山市、内乡县、罗山县、济源市等地仍有大天鹅分布。

孟津县的黄河湿地有动物724种，其中鸟类175种[①]，据介绍：

河南孟津黄河湿地自然保护区位于孟津县北部，地处黄河中游，东连偃师(市)、巩义(市)，西与新安县交界，南接孟津县会盟、白鹤、小浪底三乡镇，北与洛阳市吉利区、孟州市相接，是以保护水禽及其湿地生态环境为主的自然保护区。保护区是1995年8月经省政府批准成立，2003年6月由国务院办公厅批准，与三门峡库区、洛阳吉利保护区合在一起晋升为国家级自然保护区。

这一带鸟类资源尤其众多，已记录到鸟类175种，属国家Ⅰ级重点保护动物有大鸨、黑鹳、白尾海雕等10种；国家Ⅱ级重点保护动物有白琵鹭、灰鹤、大天鹅等29种。

按：经核查，该保护区应是“河南黄河湿地国家级自然保护区”[②]，地处巩义市、湖滨区、洛阳市、偃师市、孟津县、新安县、焦作市、孟州市、济源市一带。

《中国重点陆生野生动物资源调查》称，“本次调查，大天鹅见于”“河南(信阳罗山石山口水库、安阳林州弓上水库、南谷洞水库、平顶山湛河白龟山水库、三门峡卢氏洛河、老灌河、范里水库、三门峡库区湿地自然保护区、郑州二七尖岗水库、南阳内乡湍河)”(国家林业局，2008)，与《河南省野生动植物资源调查与保护》记载相似。

据报道，信阳市有大天鹅与勺鸡、蜂鹰、凤头蜂鹰等鸟类350多种，占河南省鸟类90%以上(熊林春等，2014)。但此“信阳市”乃地级市，有大天鹅的似仅其中个别地方。

固始县的安山森林公园与固始淮河湿地自然保护区皆保持良好的生态环境，区域内生物多样性丰富，是鸟类重要的停歇地和繁殖地，有大天鹅等栖息[③]。

5.4.2 湖北

湖北省有大天鹅分布。

《野生天鹅》记载，大天鹅迁徙途经“湖北洪湖、汉阳沉湖”；“在冬季寒冷的年份，也分布到”“湖北江汉湖群”(马鸣等，1993)，说明在武汉市、荆门市、钟祥市、沙洋县、京山县、孝南区、应城市、汉川市、孝昌县、云梦县、黄州区、武穴市、罗田县、英山县、浠水县、蕲春县、黄梅县、团风县、鄂州市、黄石市、大冶市、阳新县、咸安区、赤壁市、嘉鱼县、通城县、崇阳县、通山县、荆州市、石首市、洪湖市、松滋市、江陵县、公安县、监利县、枝江市、当阳市、仙桃市、天门市、潜江市等地有大天鹅栖息。

《黄石市志·野生动物》记载的“飞禽类”有天鹅与鹌鹑、鹭鸶、白鹤、鸳鸯、黄雀、布谷鸟(子规、杜鹃)、强汉、汤池等(黄石市志编纂委员会，2001)。所称“天鹅”，当包括大天鹅。

《中国重点陆生野生动物资源调查》称，“本次调查，大天鹅见于”“湖北(武汉沉湖、黄梅龙感湖[④]、洪湖、阳新网湖、鄂州梁子湖)”(国家林业局，2008)，表明约在武汉市、黄梅县、鄂州市、阳新县、洪湖市等地仍有大天鹅栖息。

《中国长江三峡动物大全》记载有“大天鹅(别名：大鹄、咳声天鹅、天鹅、金头鹅)”(刘先新，2010)，证明在宜昌市、秭归县、巴东县等地还有大天鹅栖息。

位于松滋市的洈水国家森林公园在洈水湖北侧，常见飞禽类近40种，其中白天鹅等珍稀动

---

①孟津县人民政府网站. http://www.mengjin.gov.cn/

②全国自然保护区名录. http://sts.mep.gov.cn/zrbhq/zrbhq/201208/t20120824_235172.htm

③安山森林公园. http://baike.baidu.com/link? url=rxiCJ4kQiewxteIdcA_l9e0_fco6y-L9WHo-PUh0bmOewO-x-ecsWCCGDFb-CC8-owzt5pw6w5ilpyQMO_nN7kq；河南固始淮河湿地省级自然保护区. http://baike.baidu.com/link? url=4ZKZD8YhKpSniojZUOdJv-RnGTmKvSns0f4oC2t7fUeqAQXf9ZQgaVqja6WvMV0iz4K77RPu5FVEKbnx_vyJg

④“龙感湖”乃黄梅县和安徽省宿松县共有。

物时有发现[①]。此“白天鹅”应含有大天鹅。

浠水县现有野生动物中鸟类包括“天鹅类”40余种[②]。似含有大天鹅。

据2014年4月报道，1只由洞庭湖北返的天鹅，虽佩戴GPS，却因病降落在钟祥市汉江边得到救助[③]。据所附照片上天鹅的黄斑特征，是大天鹅。

5.4.3　湖南

大天鹅是湖南省分布的天鹅属之一。

据何业恒(1990)亲历，1950年代初，益阳县欧江岔区(现益阳市赫山区欧江岔镇)曾有不少人捕猎到天鹅。

《野生天鹅》记载，大天鹅“在冬季寒冷的年份，也分布到”“湖南洞庭湖”(马鸣等，1993)，反映望城县、常德市、津市市、安乡县、汉寿县、澧县、临澧县、桃源县、益阳市、沅江市、南县、岳阳市、汨罗市、临湘市、岳阳县、华容县、湘阴县、平江县等地也是大天鹅越冬地。

《中国重点陆生野生动物资源调查》称，“本次调查，大天鹅见于”“湖南(洞庭湖)”(国家林业局，2008)，说明洞庭湖区栖息的大天鹅变化不大。

常宁市已知动物200余种，其中鸟类70余种，有天鹅与翠鸟、白鹭、鹰、绿头鸭、红脚隼、红腹锦鸡、雉斑鸠、杜鹃、画眉、百灵鸟、黄眉柳莺、啄木鸟、喜鹊、乌鸦、大山雀、麻雀、夜莺、长耳鹗、短耳鹗、原鸽、原鸡、燕鸡、猫头鹰、鹧鸪、八哥、猴面鹰、白鸽、竹鸡、环鸽雉、董鸡、黑水鸡等[④]。所称“天鹅”，当包括大天鹅。

汝城县现有“禽类”中有“野鸡、野鸭、鹰、猫头鹰、鹄、斑鸠、鹭、雁等”[⑤]，其中所称“鹄”，应有大天鹅。

2011年1月报道，在沅江市进行越冬水鸟调查活动时，记录到国家二级保护动物小天鹅1 100多只，是近十年来记录最多的一次，也是目前洞庭湖小天鹅记录到的最大种群[⑥]。

5.4.4　香港

香港特别行政区仍有大天鹅。

据香港观鸟会制作的2013年2月25日最新修订的《香港鸟类名录》，共计518种鸟类，其中就有大天鹅(*Cygnus cygnus*)[⑦]。

5.5　西南

西南各省级政区皆有程度不同的大天鹅分布。

5.5.1　重庆

重庆市少数地方有大天鹅分布。

《中国重点陆生野生动物资源调查》称，“本次调查，大天鹅见于”“重庆(长寿湖)”(国家林业局，2008)，证明在长寿区等地仍有大天鹅栖息。

《中国长江三峡动物大全》记载有“大天鹅”(刘先新，2010)，说明在奉节县、巫山县等地还有小天鹅飞临。

5.5.2　四川

四川省有大天鹅分布，主要处于西部地区。

《四川资源动物志．第三卷，鸟类》记述(《四川资源动物志》编辑委员会等，1985)：

大天鹅：黄嘴天鹅、大白鹅。

见于马尔康、若尔盖、红原、色达、石渠等县。

按：据此，表明在马尔康县、若尔盖县、红原县、石渠县、色达县等地有大天鹅分布。

《巴塘县志：续编·生物资源》记载有“天鹅”等珍稀动物(四川省巴塘县地方志编纂委员会，2001)，其中就有大天鹅。

《中国重点陆生野生动物资源调查》称，“本次调查，大天鹅见于”“四川(若尔盖、雅江、得荣、石渠)”(国家林业局，2008)，反映在若尔盖县、雅江县、石渠县、得荣县等地仍有大天鹅栖息。

石渠县地处雅砻江、金沙江、黄河(查曲支流)的三江河源头，以天然草地生态系统为主要

①松滋市. http://baike.baidu.com/view/26167.htm? fromId=323515
②浠水县. http://baike.baidu.com/view/497671.htm
③吴奇勇. 湖北钟祥摄友船工接力拯救受伤白天鹅. http://news.sohu.com/20140421/n398570760.shtml
④中国·常宁. http://www.hnchangning.gov.cn/main/zjcn/cngk/zrdl/c84cdd23-8cd6-436b-94a3-7411d795b989.shtml
⑤汝城县. http://baike.baidu.com/view/748363.htm
⑥何宇翔. 千余只小天鹅迁飞沅江南洞庭湖湿地. http://www.yuanjiang.gov.cn/sitepublish/site1/xwzx/yjkx/content_2566.html
⑦香港鸟类名录. http://baike.niaolei.org.cn/香港

生态屏障,构成了天然湿地环境的广泛发育基础,既是重要绿色生物水库的形成地区,更是野生动物的栖息之地。长沙贡马乡境内的扎加坝湿地是青藏高原的生态宝库湿地,栖息在这里的动物主要有天鹅、黑颈鹤、白唇鹿、金雕、棕头鸥、斑头雁等40余种国家重点保护动物①。所称"天鹅"当包括大天鹅。

布拖县西溪河片区的乐安黑鹳自然保护区野生动物资源十分丰富,调查表明区内有野生动物33目91科357种,有天鹅等②,其"天鹅"似含有大天鹅。

仁寿县龙泉山南麓的黑龙滩水面宽阔,白浪滔滔。这儿栖息着天鹅、野鸭、白鹭、灰鹤等上百种禽鸟③,此"天鹅"似有大天鹅。

壤塘县香拉东吉圣山风景区距县城29 km,这里栖息着许多珍稀野生动物,其中有天鹅、兰(蓝)马鸡、白马鸡、藏雪鸡、猫头鹰等珍稀鸟类④,所谓"天鹅"当含有大天鹅。

西昌市的邛海是四川省第二大淡水湖,距市中心7 km,卧于泸山东北麓,山光云影,一碧千顷。邛海水质清澈透明,面积约31 km^2。湖内有40多种鱼类,秋末冬初,便会有成群的候鸟,如天鹅与白鹭、鹭鸶、凫雁、苍鹭、池鹭、和绿头鸭、赤麻鸭、沙秋鸭等约50余种飞临⑤。所称"天鹅"应包括大天鹅在内。

红原县境内草原辽阔,水草丰茂,矿藏、森林极丰,野生动物繁多,有天鹅、盘羊、苏门羚、藏马鸡、斑羚、喜马拉雅山旱獭、藏狐、灰毛兔、鹰、狼、豺、林蛙、黄河条鳅、厚唇鱼、水獭等珍稀动物200余种⑥,此"天鹅"似含有大天鹅。

5.5.3 贵州

贵州省曾有大天鹅分布。

《中国重点陆生野生动物资源调查》仅称"文献记载大天鹅分布于""贵州"(国家林业局,2008)。

《贵州野生动物名录》有"＊大天鹅:分布:贵州(威宁,冬候鸟)"(李子忠,2011),据"＊"标识,表明曾在威宁彝族回族苗族自治县有分布,但"近十几年以来未见踪迹"。

5.5.4 云南

云南省少数地方有大天鹅分布。

《野生天鹅》称,大天鹅"偶见于……云南"(马鸣等,1993)。

《中国云南野生动物》记述(季维智,1999):

大天鹅:据奚志农报道,1992年3月7日,在中甸县纳帕海观察到一对雪白的天鹅在平静的水面上游弋。

按:据此,可以确定在香格里拉县偶有大天鹅飞临。

《中国重点陆生野生动物资源调查》称,"本次调查,大天鹅见于""云南(丽江、南涧,为新分布)"(国家林业局,2008),说明在古城区、玉龙纳西族自治县、南涧彝族自治县等地新发现有大天鹅栖息。

5.5.5 西藏

西藏自治区仅见天鹅属中大天鹅一种分布,称天鹅、白天鹅。

拉萨市现有野生动物主要有天鹅与野牦牛、野驴、黄羊、藏羚羊、野马、鹿、黑颈鹤、藏雪鸡等⑦,说明在城关区、林周县、当雄县、尼木县、曲水县、堆龙德庆县、达孜县、墨竹工卡县一带有大天鹅。

当雄县现仍有白天鹅、黑颈鹤等迁徙的候鸟⑧。

那曲县现有野生动物68种,野生鸟类32种,其中就有天鹅、黑颈鹤、斑头鹰等国家重点保护鸟类⑨。

聂荣县现存野生动物的飞禽中有天鹅、雪

①扎加坝湿地. http://baike. baidu. com/view/895050. htm
②布拖县. http://baike. baidu. com/view/377769. htm
③黑龙滩. http://baike. baidu. com/link? url=o8dP_WoXQLgIT2kmXZJcJq5xFxDP2tCyEDZk8sF9-0dGXkL1nxPlWLkBJ7-6kQSn
④香拉东吉圣山风景区. http://www. bytravel. cn/Landscape/27/xiangladongjishengshanfengjingqu. html
⑤西昌. http://baike. baidu. com/view/5868. htm? fromId=377813
⑥红原县. http://baike. baidu. com/view/991951. htm
⑦拉萨市. http://www. baike. com/wiki/拉萨市
⑧当雄县. http://baike. soso. com/v260984. htm
⑨那曲县. http://baike. baidu. com/link? url=tyxwjkA9LjmsNOTZytkAQAFycdj26AusIPXF1KuH-13-Cqrov0dYrJT3uXeMkQ-x

鸡、马鸡、野鸽、黄鸭、灰鸭、黑颈鹤、乌鸦、秃鹫等①。

安多县称“闻名世界的藏雪鸡、黑颈鹤、白天鹅，在安多所辖的安北草原常能看到”②。

巴青县的主要鸟类有天鹅、水鸭、雪鸡、贝母鸡、鹰等③。

扎囊县动植物资源中主要鸟类有天鹅与黑颈鹤、马鸡、灰鹤、斑头雁、雪鸡等④。

贡嘎县主要有天鹅与藏马鸡、红脚鹭、斑头雁、赤麻鸭、贝母鸡、灰鹤、黑颈鹤等⑤。

琼结县野生动物有天鹅与羚羊、黑颈鹤、水獭、秃鹫、獐子(麝)⑥。

措美县被列入国家重点保护的野生动物有天鹅与藏野驴、黑颈鹤、水獭、马麝、藏雪鸡、藏原羚、秃鹫、灰鹤等⑦。

错那县现有野生动物中鸟类有天鹅、秃鹫、藏雪鸡、贝母鸡、野鸡、野鸽等⑧。

拉孜县珍稀动物资源有天鹅与灰颈鹤、獐子(麝)、水獭、岩羊、黄羊、黑颈鹤、雪鸡、野鸭、野驴、狐狸等⑨。

措勤县一带的扎日南木错为西藏自治区的大型咸水湖之一，面积 10 万 hm^2，海拔 4 613 m。湖中鱼类主要为裂腹鱼，在沼泽区的鸟类有天鹅与黑颈鹤，以及鸥类、鸭类、斑头雁、鹬类等⑩。

浪卡子县的羊卓雍湖，藏语意为“天鹅池”，是西藏三大圣湖之一，湖面海拔 4 410 m，总面积 638 km^2，是喜马拉雅山北麓最大的内陆湖，也是藏南最大的水鸟栖息地，每逢冬季群鸟南徙至此，在湖岸及湖心岛一带，天鹅、水鸽、黄鸭、鱼鹰以及斑头雁都非常多⑪。

5.6 西北

西北各省级政区皆有大天鹅分布。

5.6.1 陕西

大天鹅在陕西省是唯一天鹅属，也是冬候鸟或旅鸟。

《野生天鹅》记载，大天鹅迁徙途经“陕西榆林⑫、潼关、西安、汉中”(马鸣等，1993)，据此看，约在西安市、潼关县、汉台区、榆阳区、神木县、府谷县一带有大天鹅栖息。

《中国西北地区珍稀濒危动物志》记载，大天鹅在“陕西的西安(冬候鸟)、榆林、神木(旅鸟)”(中华人民共和国濒危物种进出口管理办公室等，1994)，则反映在西安市、榆阳区、神木县、府谷县等地有大天鹅飞临。

《陕西省志·地理志》记述(陕西省地方志编纂委员会，2000)：

红碱淖一带偶尔可见到大天鹅。

大天鹅：大天鹅成鸟全体洁白，从眼到嘴基淡黄，并一直前伸于鼻孔之下；颈长，在游泳时常伸直。多栖息于河滩、湖泊等水域，以水生植物及昆虫为食。

大天鹅在新疆、黑龙江等地繁殖，秋冬主要到长江以南地区越冬。陕西渭河沿岸及陕北风沙高原的一些海子附近有分布，但很稀少。

大天鹅：(数量)稀少；(地理分布)关中平原。

按：“红碱淖”在神木县，由此可见陕西省分布的天鹅主要是大天鹅，且是迁徙鸟，但不仅限于“关中平原”。

---

①聂荣县. http://baike.baidu.com/link? url=dZCt3gej3eZrfFJ8g2QmZKuG3JxHJfMA3KmMEO9eug_rbIr5yIcxuWqvTA1PFrKQ

②安多县. http://baike.baidu.com/link? url=qdxZP3T_63btMWmilopjTrJJnusVpvoFUD-eGbS65945-FIEqPj1CFfSbeesFzc3

③巴青县. http://baike.baidu.com/link? url=kXE_PupTTBWsTB_Y6LarP3I-wr3Jr3LTkcv3dfDN2o1Jvby-x1lVqZ-galtEAc

④扎囊县. http://baike.baidu.com/link? url=tr-1bqDHgekl8-3bIzFTEA533eCw_QyuimpIBGY-eEHA4GBSFM8nf9npOOOf_dNg

⑤贡嘎县. http://baike.baidu.com/link? url=FTlw-EiUqplUe3_oQiLGgL8xQG-zvdlN9VlavHDZEuzyr9fzBr1Jo7OkC7avt2ty

⑥琼结县. http://baike.baidu.com/link? url=XYPFca4qUWQifw3hvEl3tW5JWTiBfHl4H2cqzzlHIDYWZLsyifHzijv0Id-wYVkP

⑦措美县. http://baike.baidu.com/link? url=rt4i3LDeXmigjv-495lhU1JoGSCT8nBJBKcAdoKmqgCjMBbbRAGrOsEyRwlbxtM0

⑧错那县. http://baike.baidu.com/link? url=ISmDGuI4vcDDPU2wmFLbYB1eLfOjazErVimFzspnMOL0u0zIBmoGWw6oG6cGhmHp

⑨拉孜县. http://baike.baidu.com/link? url=y-MZ-gyQA2I4gmKS7mn4zjv4pGX7G-tnfZtQ61aA4GxXBTo10LZaPDMWcyfYJbWH

⑩措勤县. http://baike.baidu.com/link? url=kFcNnQbH1_ZwFFZ-cKDX6Gn1RDUtEpPKfgzqtSzzjM9iVHd-F1mdTa1l3-K-KDv4

⑪圣湖·羊卓雍湖. http://baike.baidu.com/link? url=wYBcecvxb5TOJ4BkjBBIECWI6DjsG-ZSIVYTxi19TOZbJ12smY8Nhlojbp6iZzIXClJu_R4e_9VzddMCM0ORw_#3

⑫近年的“榆林”有三说：1)1979～2000 年，为“地区行政公署”；2)1988 年前，有榆林县，是榆林地区行政公署驻地；3)1988～2000 年，榆林县改为县级榆林市；4)2000 年以来，榆林地区行政公署撤销，设立地级榆林市，原县级榆林市改为榆阳区。

另据现榆林市的天鹅记录，要少于全“榆林市”，广于“榆阳区”。

《中国重点陆生野生动物资源调查》称，“本次调查，大天鹅见于”“陕西（神木红碱淖、无定河、黄河滩涂湿地①）”（国家林业局，2008），证明约在华阴市、韩城市、潼关县、大荔县、合阳县、神木县、靖边县、定边县、绥德县、米脂县、清涧县等地仍有大天鹅栖息。

据 2006 年 1 月至 2012 年 12 月对陕西黄河湿地鸟类资源调查，发现仍有“大天鹅（一般种；冬候鸟）”（何冰等，2013），说明在合阳县、韩城市、大荔县、华阴市、潼关县一带仍有大天鹅停歇。

临渭区现仍有野生动物 300 多种，其中有大天鹅等 23 种珍禽珍兽②。

黄陵县的“野生动物·鸟类”列举有：大天鹅与斑沮鹈鹕、普通鸬鹚、苍鹭、绿头鸭、豆雁、普通秋沙鸭、赤麻鸭等水禽③。

宜川县地处渭北高原、黄河沿岸，属黄土高原丘陵沟壑区。迄今仍有“天鹅”等珍稀野生动物栖息④。此“天鹅”乃大天鹅。

城固县主要野生动物介绍中，依然列举有“大天鹅（鹄 *Cygnus cygnus*）”⑤。

商南县野生动物十分丰富，仅鸟纲鸭科的冬候鸟就有大天鹅、赤麻鸭、豆雁、绿头鸭、普通秋沙鸭等⑥。

5.6.2 甘肃

甘肃省有大天鹅分布，但记录并不多见。

《中国西北地区珍稀濒危动物志》记载，大天鹅在“甘肃的平凉（崆峒区）、兰州（市）、天水（市）、张掖（甘州区）、武威（凉州区）、酒泉（肃州区）、肃北（肃北蒙古族自治县）、阿克赛（阿克塞哈萨克族自治县）、玛曲（县）（旅鸟）等地”（中华人民共和国濒危物种进出口管理办公室等，1994）。

《阿克塞哈萨克族自治县志·野生动物》记述（阿克塞哈萨克族自治县地方志编纂委员会，1993）：

天鹅：地方名叫大雁。雁形目、鸭科。天鹅为雁形目鸟类体形最大的种类，体长可达 1.5 m。其特征为：腿和颈较长，通体洁白，仅嘴的大部分和嘴甲、跗、跖、趾和蹼为黑色；眼至嘴角淡黄色，上嘴基部为黄色，下嘴的中部和基部黑黄色。见于大苏干湖、小苏干湖和乌乎图沼泽湖泊。

按：据此可见阿克塞哈萨克族自治县确有天鹅分布，并且延续至今。只是所描述的天鹅特征只能排除疣鼻天鹅，而据大苏干湖自然保护区的资料，是大天鹅⑦。

《野生天鹅》记载，大天鹅迁徙途经“兰州”（马鸣等，1993），也证实兰州市有大天鹅停歇。

《兰州市志·地理志》中有关大天鹅的记述（兰州市地方志编纂委员会等，1998）：

大天鹅：地理分布：兰州市；生境：河流农田；居留型：旅鸟。

天鹅：又称大白鹅，俗称白天鹅。大型游禽。体长 1 520 mm，体重为 7 200～7 500 g，翅长 635 mm。羽色洁白如玉，仅头稍沾棕黄，嘴基两侧黄斑沿嘴缘前伸于鼻孔之下，颈细长，体态优美，是世界珍禽中著名的观赏鸟类。它常栖于芦苇丛生的开阔水域或大面积的湖泊、水库明水区，在水面漂浮时，颈成“S”形，受惊时则向上直伸。栖息或觅食时保持成对现象。夏季多在新疆等地水草密集和芦苇丛生的湖泊地带生活，繁殖季节常选择远离岸边的沙洲上营巢。每窝产卵 4～6 枚，孵卵期 30 天，冬季则迁往南方越冬。1986～1987 年有 4 只天鹅在兰州东岗雁儿湾连续两年越冬，11 月飞来，第二年 3 月离去。近十年来，由于环境破坏，水质污染，未有发现……

黄河兰州段候鸟保护区：……兰州黄河铁桥以西至七里河桥以东黄河段的滩涂，被誉为“黄河鸟岛”。每到冬天就有赤麻鸭……豆雁、苍鹭、大天鹅、灰鹤、鱼鸥、红嘴鸥、大白鹭、银鸥等 20 余种，达千只以上，在这里过冬。

---

①疑似“合阳黄河湿地省级自然保护区”。

②临渭区. http://www. baike. com/wiki/临渭区

③黄陵县. http://baike. baidu. com/link? url=csh8ct7bE6aRhCgDiBklyy6oqqEOOxeRZxmlpm59DxhzAs0YvHIWUouoYok72Rle

④宜川县. http://baike. baidu. com/link? url=K_dujLd1LRBxunPiH2U87oqBWNOBAlWnwLuHunQZJCk2cYfIP9ALrGhdr31OEiJU

⑤城固县主要野生动物介绍. http://www. sanqinyou. com/shaanxi/info/1211120261255343_1. html

⑥商南林业网. http://www. snlyw. gov. cn/Article/ShowClass. asp? ClassID=30

⑦大苏干湖自然保护区. http://baike. baidu. com/link? url=gWGD5TUqns5Usu138U80WI22UjaNH-_vaRksSxblUZSmHDXjFDnTNUNeremuidmo

按:据此可见,分布的就是大天鹅,仅在兰州市而不涉及其他辖县;在此地是越冬候鸟;曾经一度消失。

《临泽县志·动物》列举当地的"禽类"有"鹊鸭、野鸭(麻鸭、绿翅鸭)、中国鹅、天鹅(大天鹅、小天鹅、疣鼻天鹅)、雁、麻雀、山雀……啄木鸟、杜鹃(布谷)、黑鹳、燕鸥、遗鸥、大鸨、灰鹤、蓑羽鹤(闺羽鹤)、红隼(红鸽子)"等(临泽县县志编纂委员会,2001),可见3种天鹅在临泽县皆有分布。

《玛曲县志·野生动物》记述(玛曲县志编纂委员会,2001):

天鹅:又名大雁,是雁形目鸟类中体形最大的种类,全身洁白,颈长,成体眼前至嘴角淡黄色,嘴大部黑色,趾和蹼黑色,虹膜暗褐色。

天鹅在每年10月以后南迁,翌年3月北返,在玛曲境内栖息时间延续不超过1个月,营集群生活,高空飞行,常排成"一"字形斜线或"人"字形阵列,鸣叫前进,停息时常在河流岸边及水草丰富的湖泊中觅食。群鹅休息时,有"警戒鹅"执勤,遇惊发出叫声,率众鹅急速起飞逃避。食物为水生植物、水栖昆虫、虾和小鱼、杂草及草籽等。

天鹅在玛曲县境内短期停留,不繁殖,但也产卵于湖水中。天鹅去掉油脂和羽毛(仅留绒毛)的绒板皮为制粉扑子的主要原料,绒羽可做被褥和制衣的填充物,既轻又暖。飞羽在商品上称做翼羽,5~10枚为刀翎,11~16枚为窝翎,是做鹅毛扇和羽毛球的主要原料,余可作装饰品。属国家二类保护鸟类。

按:此处较详细描述了天鹅在玛曲县的情况。只是从显示的特征看,只能排除疣鼻天鹅,似包括大天鹅。

《中国重点陆生野生动物资源调查》称,"本次调查,大天鹅见于""甘肃"(国家林业局,2008),虽然缺乏更具体地点,但还是可以说明该省仍有大天鹅分布。

敦煌西湖国家级自然保护区地处甘肃河西走廊最西端,位于敦煌市城西120 km处,西接库姆塔格大沙漠,南与阿克赛哈萨克族自治县相邻,北与新疆维吾尔自治区接壤。内有大天鹅等34种国家重点保护野生动物[①]。

据2012年8月《兰州日报》报道:

近年来,兰州黄河段湿地目前已形成长152 km、面积达10.5万亩的黄河兰州段湿地及候鸟保护区和鱼类保护流域。大量鸟类在兰州开始栖息,每年从西伯利亚南迁途经黄河兰州段的候鸟有数万只。记者从甘肃省林业厅了解到,去年入冬以来,从西伯利亚南迁途经黄河兰州段的候鸟有数万只,一天留足兰州的候鸟最多时超过1万只,平常每天也有几千只。这些候鸟以赤麻鸭、绿头鸭为最多,其中也有中华秋沙鸭、斑头秋沙鸭、赤颈鸭以及天鹅等,共有52种之多[②]。

按:据此看来,兰州市曾一度绝迹的大天鹅再度现身。

金昌市(辖金川区与永昌县)境内现仍有各类野生动物220种。其中有天鹅、淡腹雪鸡、蓝马鸡等多种国家保护动物[③]。所谓"天鹅"似包括大天鹅。

5.6.3 青海

青海省是大天鹅主要栖息地之一。

1982年12月,青海湖鸟岛自然保护区猎获一只不能起飞的天鹅(李德浩等,1989),亦即表明在海晏县、刚察县、共和县一带有大天鹅越冬。

《野生天鹅》记载,大天鹅繁殖于"柴达木盆地和青海湖";主要越冬地有"青海湖(约1 200只)"(马鸣等,1993),反映在海晏县、刚察县、共和县、德令哈市、格尔木市、乌兰县、都兰县、天峻县等地有大天鹅分布。

《中国西北地区珍稀濒危动物志》记载,大天鹅在"青海的刚察、柴达木、海南、玛多"(中华人民共和国濒危物种进出口管理办公室等,1994),反映在刚察县、共和县、同德县、贵德县、兴海县、贵南县、玛多县、德令哈市、格尔木市、乌兰县、都兰县、天峻县等地有大天鹅分布。

《海西蒙古族藏族自治州志》记述(海西蒙古族藏族自治州地方志编纂委员会,1995):

①敦煌西湖自然保护区. http://www.baike.com/wiki/%E6%95%A6%E7%85%8C%E8%A5%BF%E6%B9%96%E8%87%AA%E7%84%B6%E4%BF%9D%E6%8A%A4%E5%8C%BA

②葛强. 再现"山水兰州":我市黄河段生态文明建设成效明显. http://www.lzbs.com.cn/xwpl/gz/2012-08/08/content_2386063.htm

③金昌. http://baike.baidu.com/view/24123.htm

大天鹅：别名大鹄，为冬候鸟型。分布于青海湖、柴达木的克鲁克湖、托素湖、香日德、宗加一带及唐古拉山一带雅兴措、不冻泉等沼泽地。天鹅全身洁白如家鹅，但体形较大，体长超过1 m，是青海的冬候鸟，每年10月以后，排成“一”字形或“V”字形，由寒冷的地方飞来，在青海高原各湖泊地带越冬。栖息于青海湖西北泉湾地带的天鹅，最多时达1 000多只，栖息于柴达木巴音河两岸及克鲁克湖、托素湖一带芦苇杂草丛中的天鹅，也有相当数量。在格尔木以西唐古拉山以南海拔4 200～5 000 m、常年积雪的一些草甸沼泽地带，也有天鹅栖息。天鹅选择比较干燥地面或浅滩、芦苇间，用芦苇、苔藓枝条筑成80 cm左右高、直径1 m大小的巢穴，巢内垫以干草、苔藓及自身腹部的绒毛，隔一日产卵1枚。卵白色或象牙色，枚重340 g左右，达4～6枚时，雌雄天鹅轮流孵化，30～40天雏鸟出壳，毛干后当天就能在亲鸟跟前觅食。雏鸟生长甚快，两个月后体形已很大，会飞行时便跟随亲鸟向南方迁徙。大天鹅体形笨拙，但警惕性甚高。天鹅为杂食性，既食水生植物，也食水栖昆虫、水蛭、蚯蚓等软体动物、水中小型动物。天鹅体态优美，全身洁白，是珍贵观赏鸟，动物园饲养较普遍。翼羽可做鹅毛扇和羽毛球及装饰品等。天鹅皮可以出口，多销日本，可制粉刷子、粉扑子，国内也有人自己加工做衣服穿，是高级制装原料。天鹅肉可食但肉味不佳。

按：据此，可以看出海西州所辖德令哈市、格尔木市、乌兰县、都兰县、天峻县一带有大天鹅等天鹅属分布。

《都兰县志·野生动物》记载当地现有“禽类”有“天鹅、黑颈鹤、斑头雁、青雁、麻鸭”等（都兰县县志编纂委员会，2001）。所称“天鹅”，应包括大天鹅等。

《中国重点陆生野生动物资源调查》称，“本次调查，大天鹅见于”“青海（青海湖、可鲁克湖—托素湖、扎陵湖—鄂陵湖、尕海、君曲滩①、旦荣滩等湿地）”（国家林业局，2008），反映在海晏县、刚察县、共和县、玛多县、杂多县、德令哈市等地仍有大天鹅栖息。

据2014年3月报道，随着位于海南藏族自治州的龙羊峡库区周边生态环境的不断好转，每年都有数百只大天鹅来这里过冬，成为当地一景②。据所附照片，就是大天鹅；说明在共和县与贵南县有分布。

祁连县记载有“天鹅”③，祁连山国家级自然保护区明确有大天鹅④，反映在互助土族自治县、海晏县、祁连县、刚察县、门源回族自治县一带也有大天鹅。

5.6.4 宁夏

宁夏回族自治区有大天鹅分布。

《野生天鹅》记载，大天鹅迁徙途经“青铜峡、银川”（马鸣等，1993），说明在银川市、青铜峡市等地有大天鹅飞临。

《中国西北地区珍稀濒危动物志》记载，大天鹅在“宁夏的左旗⑤、平罗、灵武、永宁、盐池、银川、贺兰、陶乐”（中华人民共和国濒危物种进出口管理办公室等，1994），说明在银川市、灵武市、永宁县、贺兰县、平罗县、盐池县有大天鹅栖息。

《中国重点陆生野生动物资源调查》称，“本次调查，大天鹅见于”“宁夏（青铜峡、平罗沙湖）”（国家林业局，2008），反映在平罗县、青铜峡市等地仍有大天鹅栖息。

银川市的鸣翠湖国家湿地公园中有国家二级保护动物大天鹅等⑥。

平罗县的沙湖是候鸟极为重要的繁殖与迁

---

①疑似“万曲滩”。

②龙羊湖迎来大天鹅. http://www.tibetculture.net/2012whzx/tpxw/201401/t20140117_1967987.html

③祁连县. http://baike.baidu.com/link? url=XAgSvMmoET0PdYMfCCUTY07cTPSqvqNZiDoUtSiRQsRDr5eTVdY8Y9_w6ThnXwYl

④祁连山国家级自然保护区. http://baike.baidu.com/link? url=wILzLBBDrSCc9Yf8GnCuoWKZ82pZwpvKhwUlvinztJOXMeHanFLmVhNsWhC4wLBHepwil-5u_ongKSdB1RqIJhg3hfnZmWAEbB_cVQ5lpzj7Slzpk7xcGKkt3yRUrdygurKEh26PXl_V8x5Zx2R9wlv8RzkqoNzX06YG1mYRFmRN2QRXEAVBx3zERHyzbGSZn9oaPOxbPlIwz2W3czhKXi-6nTvCqGAfSDgC3aARqH7

⑤此“左旗”，疑似指内蒙古“阿拉善左旗”之误。

⑥银川鸣翠湖国家湿地公园. http://www.mingcuihu.com/page/html/index.php

徙停歇地，其中至今仍有大天鹅等珍稀动物①。

5.6.5　新疆

新疆维吾尔自治区是大天鹅的主要繁殖地之一。

《新疆南部的鸟兽》即记述（中国科学院新疆综合考察队等，1965）：

天鹅

分布：据 Ludlow and Kinnear，曾见到不止一种天鹅，并在天山繁殖。据 Scully，天鹅的分布自罗布泊往西一直到阿克苏均有，11 月并见于喀什。

按：据此，表明约在乌鲁木齐市、乌鲁木齐县、喀什市、疏附县、疏勒县、英吉沙县、泽普县、莎车县、叶城县、麦盖提县、岳普湖县、伽师县、巴楚县、塔什库尔干塔吉克自治县、阿克苏市、温宿县、库车县、沙雅县、新和县、拜城县、乌什县、阿瓦提县、柯坪县、吐鲁番市、鄯善县、托克逊县、哈密市、伊吾县、巴里坤哈萨克自治县、博乐市、精河县、温泉县、昌吉市、阜康市、米泉市、呼图壁县、玛纳斯县、奇台县、吉木萨尔县、木垒哈萨克自治县、库尔勒市、轮台县、尉犁县、若羌县、且末县、和静县、和硕县、博湖县、焉耆回族自治县、伊宁市、奎屯市、伊宁县、霍城县、巩留县、新源县、昭苏县、特克斯县、尼勒克县、察布查尔锡伯自治县等地分布有大天鹅等。

《新疆动物研究》仅确认有“大天鹅”等天鹅属（中国科学院新疆生物土壤研究所，1991）。

《野生天鹅》记载，大天鹅繁殖于“新疆天山中部的巴音布鲁克天鹅湖、西部的赛里木湖、艾比湖、伊犁河、乌伦古河（湖）”，主要越冬地有“新疆南部石河子（800～1 000 只）”（马鸣等，1993），说明石河子市、博乐市、精河县、和静县、伊宁市、伊宁县、霍城县、尼勒克县、察布查尔锡伯自治县、福海县等地有大天鹅栖息。

值得注意的是，《野生天鹅》在另一处记述：

新疆是国内大天鹅和疣鼻天鹅的主要繁殖与越冬地区。偶然有短嘴天鹅分布。

天鹅的繁殖见于艾比湖、赛里木湖、乌伦古湖、伊犁河流域和巴音布鲁克“天鹅湖”等。

迁徙和越冬见于额尔齐斯河、乌伦古湖、巴里坤湖、石河子蘑菇湖、玛纳斯河流域、乌鲁木齐郊外的水域、博斯腾湖、塔里木河流域（沙雅、尉犁、阿克苏等）、和田河、喀什噶尔河、叶尔羌河（泽普、巴楚等）、车尔臣河下游（若羌）、策勒达玛沟水库等②。

按：据此，可考省级以下较具体地名是：乌鲁木齐市、乌鲁木齐县、克拉玛依市、石河子市、喀什市、疏附县、疏勒县、泽普县、伽师县、巴楚县、阿克苏市、沙雅县、阿瓦提县、和田市、和田县、策勒县、巴里坤哈萨克自治县、乌恰县、博乐市、精河县、玛纳斯县、尉犁县、若羌县、和静县、博湖县、伊宁市、伊宁县、霍城县、巩留县、新源县、昭苏县、特克斯县、尼勒克县、察布查尔锡伯自治县、沙湾县、布尔津县、富蕴县、福海县、哈巴河县③。

《中国西北地区珍稀濒危动物志》记述（中华人民共和国濒危物种进出口管理办公室等，1994）：

大天鹅

俗名：鹄、咳声天鹅。

指名亚种：见于新疆的西部及天山山地（繁殖鸟）。

按：所指地域基本沿袭《新疆南部的鸟兽》说法。

《额敏县志》称当地禽类 40 余种，其中被国家列为一、二级保护动物的有“大天鹅”等多种（额敏县地方志编纂委员会，2000），说明额敏县还有大天鹅分布。

《中国重点陆生野生动物资源调查》称，“本次调查，大天鹅见于”“新疆（巴音布鲁克天鹅自然保护区、赛里木湖、艾比湖、伊犁河流域、乌伦古河湖（乌伦古河、乌伦古湖）、额尔齐斯河、巴里坤湖、石河子蘑茹（菇）水库、玛纳斯河流域、乌鲁木齐河流域、博斯腾湖、塔里木河流域的沙雅、尉犁、阿克苏等地，和田河、喀什噶尔河、叶尔羌河

①碧水粼粼百鸟云集，沙湖湿地自然保护区候鸟回迁显灵韵. http://cache. baiducontent. com/c? m＝9f65cb4a8c8507ed4fece763105392230e54f73f768b89027fa3c215cc7901071838feb8273f1205d3c1616301ad4a4bea876c34685d34f2c688de45&p＝9870d216d9c106ee43bd9b7e0a55&newp＝8649d716d9c102b308e294797f7a92695803ed633bd19309&user＝baidu

②原文未分段。为避免原文由于天鹅的不同状况出现重复地名，特分段处理。

③此记述虽与该书对大天鹅、小天鹅、疣鼻天鹅专论中的“地理分布”不尽一致，但经与《中国重点陆生野生动物资源调查》比对，基本上是大天鹅与疣鼻天鹅在新疆的地理分布。

的泽普、巴楚等地，车尔臣河下游的若羌、策勒达玛沟水库）”（国家林业局，2008），反映在乌鲁木齐市、乌鲁木齐县、克拉玛依市、石河子市、疏勒县、泽普县、伽师县、巴楚县、阿克苏市、沙雅县、和田市、和田县、策勒县、巴里坤哈萨克自治县、乌恰县、博乐市、精河县、米泉市、玛纳斯县、尉犁县、若羌县、和静县、博湖县、伊宁市、伊宁县、霍城县、巩留县、新源县、昭苏县、特克斯县、尼勒克县、察布查尔锡伯自治县、沙湾县、和布克赛尔蒙古自治县、阿勒泰市、布尔津县、富蕴县、福海县、哈巴河县、青河县等地仍有大天鹅栖息。

吉木乃县的“鸟类”中明确有“大天鹅”等①。

5.7　方志与保护区记载的大天鹅

方志记载可以反映相当部分地方的大天鹅分布（表6.8）状况。

表6.8　**方志记载反映20世纪大天鹅分布概况**

地区	省级政区	今地	文献	内容	新方志出处
华北	北京	顺义区	民国二十二年（1933）《顺义县志》	鹄（鹅类。色白洁，飞翔极高）	
		平谷区	民国二十三年（1934）《平谷县志》	天鹅	
		海淀区	《北京市海淀区志》	中华民国时期：鹄	北京市海淀区志编纂委员会，1999
		密云县	1998年《密云县志》	大天鹅（鹄、咳声天鹅、白鹅）	密云县志编纂委员会，1998
		房山区	1999年《北京市房山区志》	天鹅	北京市房山区地方志编纂委员会，1999
		怀柔区	1999年《怀柔县志》	大天鹅	怀柔县志编纂委员会，1999
	天津	静海县	民国十八年（1929）《静海县志》	天鹅（白色，赤足，大如鹅）	
		蓟县	民国三十三年（1944）《蓟县志》	天鹅	
		南郊地区	1991年《天津简志》	大天鹅（南郊地区）	天津市地方志编修委员会，1991
		武清区	1991年《武清县志》	天鹅	武清县地方史志编修委员会，1991
		宝坻区	1995年《宝坻县志》	天鹅	宝坻县志编修委员会，1995
		静海县	1995年《静海县志》	大天鹅	静海县志编修委员会，1995
	河北	属廊坊市	民国三年（1914）《安次县志》	天鹅	
		盐山县	民国五年（1916）《盐山新志》	天鹅（即鹄鸟。似雁而大，其翔极高）	
		昌黎县	民国六年（1917）《昌黎县志》	天鹅	
		文安县	民国十一年（1922）《文安县志》	天鹅（白色，赤足。群飞甚高）	
		青县	民国二十年（1931）《青县志》	天鹅（即鹄鸟。李时珍曰：鹄大于雁，其翔极高。羽毛白泽。邑谚：蛤蟆要吃天鹅肉。即喻其飞之高也）	

①吉木乃县. http://jmn.gov.cn/Item/2242.aspx

（续表）

地区	省级政区	今地	文献	内容	新方志出处
		满城县	民国二十年(1931)《满城县志》	天鹅[似鹅而颈长，无顶(项)肉]	
		南皮县	民国二十一年(1932)《南皮县志》	鹄	
		昌黎县	民国二十二年(1933)《昌黎县志》	天鹅(似鹅而颈长，无项肉)	
		定州市	民国二十三年(1934)《定县志》	天鹅(即鹄鸟。似雁而大)	
		霸州市	民国二十三年(1934)《霸县新志》	鹄(俗名天鹅)	
		香河县	民国二十五年(1936)《香河县志》	鹄……天鹅	
		南宫县	民国二十五年(1936)《南宫县志》	天鹅(即鹄鸟。似雁而大，其翔极高)	
		滦县	《滦县志》	《旧志》载之……天鹅等，今已无	滦县志编纂委员会，1993
		安新县	《安新县志》	天鹅(20世纪50年代以前，随处可见)	安新县地方志编纂委员会，2000
		灵寿县	1993年《灵寿县志》	天鹅	河北省灵寿县地方志编纂委员会，1993
		张北县	1994年《张北县志》	天鹅(鹄)	张北县地方志编纂委员会，1994
		秦皇岛市	1994年《秦皇岛市志》	大天鹅、短嘴天鹅、鼻天鹅	秦皇岛市地方志编纂委员会，1994
		属秦皇岛市	1994年《北戴河志》	大天鹅(旷野；旅鸟；春、秋)	秦皇岛市北戴河区地方志编纂委员会，1994
		文安县	1994年《文安县志》	天鹅	河北省文安县地方志编纂委员会，1994
		桃城区	1996年《衡水市志》	大天鹅	衡水市地方志编纂委员会，1996
		滦南县	1997年《滦南县志》	白天鹅(在淡水草泊群居，现已很少见)	河北省滦南县地方志编纂委员会，1997
		唐海县	1997年《唐海县志》	白天鹅(候鸟，曾在南部洼淀、水库中发现。1984年4月，第十一农场一名职工在水库堤埝上遇救一只受伤的白天鹅，抱回家中饲养，后送唐山凤凰公园)	唐海县志编纂委员会，1997
		满城县	1997年《满城县志》	天鹅	满城县地方志编纂委员会，1997
		饶阳县	1998年《饶阳县志》	天鹅(偶有发现)	饶阳县地方志编纂委员会，1998
		保定市、满城县、清苑县	1999年《保定市志》	天鹅	保定市地方志编纂委员会，1999
		唐县	1999年《唐县志》	白天鹅(在西大洋水库及大茂山偶有所见)	河北省唐县地方志编纂委员会，1999
		宁晋县	1999年《宁晋县志》	天鹅(*Cygnus cuygnus cygnus*)①	宁晋县地方志编纂委员会，1999

（续表）

地区	省级政区	今地	文献	内容	新方志出处
	山西	和顺县	民国三年(1914)《和顺县志》	鹄	
	山西	尧都区	民国二十二年(1933)《临汾县志》	天鹅	
	山西	河津市	1989年《河津县志》	天鹅(大天鹅、白天鹅)	河津县志编纂委员会,1989
	山西	阳高县	1993年《阳高县志》	天鹅(占全省总数的7%,偶尔年份在桑干河流域水面出现,数量极少)	郭海,1993
	山西	广灵县	1993年《广灵县志》	天鹅	山西省广灵县县志编纂委员会,1993
	山西	盐湖区	1994年《运城市志》	大天鹅、小天鹅	运城市地方志编纂委员会,1994
	山西	全省②	1996年《山西通志》	大天鹅(晋北、晋中、晋南)	山西省史志研究院,1996
	山西	城区	1997年《晋城县志》	鹄	晋城县志编纂委员会,1997
	山西	太原市、古交市、阳曲县、清徐县、娄烦县	1999年《太原市志》	大天鹅(鸭科。为旅鸟,国家二级保护动物,中、日保护候鸟。栖息活动于汾河水域)	太原市方志编纂委员会,1999
	山西	娄烦县	1999年《娄烦县志》	大天鹅	山西省娄烦县地方志编纂委员会,1999
	山西	忻府区、原平市、定襄县、五台县、代县、繁峙县、宁武县、静乐县、神池县、五寨县、岢岚县、河曲县、保德县、偏关县	1999年《忻州地区志》	天鹅[栖息生境:黄河、草滩;栖息海拔(米):500～800;分布范围:全区]	《忻州地区志》编纂委员会,1999
	内蒙古	根河市、额尔古纳市	民国十二年(1923)《呼伦贝尔志略》	天鹅出室韦、奇乾两县	
	内蒙古	科尔沁右翼前旗	1991年《科尔沁右翼前旗志》	天鹅	科尔沁右翼前旗志编纂委员会,1991
	内蒙古	翁牛特旗	1993年《翁牛特旗志》	天鹅(亦称“鹄”。鸭科。雄性体长1.5 m以上,雌性体较小,颈极长。羽毛纯白色,喙端黑色,喙基黄色。群栖于湖泊、沼泽地带。主食水生植物,兼食贝类、鱼虾。飞行快速而肉可食。羽毛洁白松软,可制毛扇或绒被。//冬季迁飞长江以南,春季北迁繁殖)	翁牛特旗志编纂委员会,1993
	内蒙古	扎兰屯市	1993年《扎兰屯市志》	大天鹅	扎兰屯市史志编纂委员会,1993
	内蒙古	属额尔古纳市	1993年《额尔古纳右旗志》	大天鹅	额尔古纳右旗史志编纂委员会,1993

（续表）

地区	省级政区	今地	文献	内容	新方志出处
		科尔沁右翼中旗	1993年《科尔沁右翼中旗志》	大天鹅	科尔沁右翼中旗志编纂委员会，1993
		阿鲁科尔沁旗	1994年《阿鲁科尔沁旗志》	天鹅（雁形目，鸭科。本旗天鹅有两种：……另一种是大天鹅，又称黄嘴天鹅、咳嘴天鹅。候鸟）	《阿鲁科尔沁旗志》编纂委员会，1994
		乌拉特中旗	1994年《乌拉特中旗志》	天鹅	乌拉特中旗地方志编纂委员会，1994
		乌拉特前旗	1995年《乌拉特前旗志》	大天鹅	乌拉特前旗志编纂委员会，1995
		赤峰市	1996年《赤峰市志》	大天鹅	赤峰市地方志编纂委员会，1996
		牙克石市	1996年《牙克石市志》	大天鹅	牙克石市志编纂委员会，1996
		鄂温克族自治旗	1996年《鄂温克族自治旗志》	天鹅	鄂温克族自治旗志编纂委员会，1996
		海拉尔区、满洲里市、扎兰屯市、牙克石市、根河市、额尔古纳市、阿荣旗、新巴尔虎右旗、新巴尔虎左旗、陈巴尔虎旗、鄂伦春自治旗、鄂温克族自治旗、莫力达瓦达斡尔族自治旗	1997年《内蒙古自治区志：科学技术志》	大兴安岭林区内有大天鹅、小天鹅等二类保护动物	内蒙古自治区科学技术志编纂委员会，1997
		包头市、固阳县、土默特右旗	1997年《中国国情丛书：百县市经济社会调查：包头卷》	天鹅	丁伟志等，1997
		乌拉特前旗	1997年《巴彦淖尔盟志》	乌梁素海，是内蒙古西部重要的候鸟停歇、水禽换羽和繁殖场所。据不完全统计，分布在这一地区的鸟类有150余种，其中有国家二级保护鸟类大天鹅等	巴彦淖尔盟志编纂委员会，1997
		乌兰浩特、阿尔山市、突泉县、科尔沁右翼前旗、科尔沁右翼中旗、扎赉特旗	1997年《兴安盟志》	大天鹅	兴安盟地方志编纂委员会，1997

（续表）

地区	省级政区	今　地	文　　献	内　　容	新方志出处
		额济纳旗	1998 年《阿拉善盟志》	大天鹅（蒙名：干戈尔—鹄恩；别名：白鹅。分布：额济纳旗苏泊淖尔）、疣鼻天鹅（蒙名：套日木图—鹄恩；别名：赤嘴天鹅。分布：额济纳旗嘎顺淖尔）	阿拉善盟志编纂委员会，1998
		根河市	1998 年《根河市志》	大天鹅	根河市史志编纂委员会，1998
		莫力达瓦达斡尔族自治旗	1998 年《莫力达瓦达斡尔族自治旗志》	大天鹅	莫力达瓦达斡尔族自治旗史志编纂委员会，1998
		临河区	1998 年《中国国情丛书：百县市经济社会调查：临河卷》	天鹅	丁伟志等，1998
		磴口县	1998 年《磴口县志》	天鹅	磴口县地方志编纂委员会，1998
		额济纳旗	1998 年《额济纳旗志》	天鹅	额济纳旗编纂委员会，1998
		镶黄旗	1999 年《镶黄旗志》	天鹅（亦称“鹄”，鸭科。雄体长 1.5 m 以上，雌体较小。颈极长。羽毛纯白色，嘴端黑色，嘴基黄色。飞行快速而高。群栖于湖沼地带，主食水生植物）	镶黄旗志编纂委员会，1999
		呼和浩特市、土默特左旗、托克托县	1999 年《呼和浩特市志》	大天鹅（大型游禽，全身纯白，十分美丽。春季经由呼市飞往北方湖泊进行繁殖。数量稀少，3 月间在托克托县一带黄河中偶尔可见）	呼和浩特市地方志编修办公室，1999
		锡林浩特市	1999 年《锡林浩特市志》	天鹅	《锡林浩特市志》编纂委员会，1999
东北	辽宁	法库县	清光绪三十四年（1908）《法库厅乡土志》	天鹅（鹄）	
		沈阳市	民国六年（1917）《沈阳县志》	鹄（俗名天鹅。其羽可为服饰）	
		新民市	民国十五年（1926）《新民县志》	鹄（颜师古曰：鹄，水鸟。其声鹄鹄。《本草》：鹄：大于雁，羽毛白泽。其翔极高而善步。一名天鹅）	
		北镇市	民国十七年（1928）《北镇县志》	鹄（俗名天鹅。大于雁，羽毛皆白。其毛可为服饰）	
		辽阳市、辽阳县	民国十七年（1928）《辽阳县志》	鹄（颜师古曰：鹄，水鸟。其声鹄鹄。《本草》：鹄：大于雁，羽毛白泽。其翔极高而善步。一名天鹅，又名黄鹄。形颇类似鹤，亦曰黄鹤，与雁异）	

（续表）

地区	省级政区	今地	文献	内容	新方志出处
		开原市	民国十七年(1929)《开原县志》	鹄、大鹄	
		辽中县	民国十九年(1930)《辽中县志》	鹄(俗称天鹅。似雁而大，全体色白，故或称为白鸟。颈长，嘴根有瘤，色黄赤，故又谓之黄鹄)	
		盖州市	民国十九年(1930)《盖平县志》	鹄(俗曰天鹅)	
		铁岭市、铁岭县	民国二十年(1931)《铁岭县志》	鹄(水鸟。大如雁，羽毛白洁。其翔极高而又善步。一名天鹅)	
		沈阳市、新民市、辽中县、康平县、法库县	1989年《沈阳市志》	天鹅	沈阳市人民政府地方志编纂办公室，1989
		丹东市、东港市、宽甸满族自治县	1993年《丹东市志》	大天鹅(地方名大鹄、白天鹅、咳声天鹅。旅鸟。多栖息于江河等水域。以谷物、甲壳、软体动物及水生植物为食。鸭绿江、宽甸、东沟前阳等均有)	丹东市地方志办公室，1993
		海城市	1995年《中国国情丛书：百县市经济社会调查：海城卷》	鹄	丁伟志等，1995a
		抚顺县	1995年《抚顺县志》	大天鹅	杜景琴，1995
		营口市	1997年《营口市志》	大天鹅(又叫咳声天鹅、白天鹅；天鹅属。数量稀少，主要分布在多蒲草的大型湖泊、池塘、水库等地。常成双活动，食水生植物种子、茎、叶和杂草种子，兼食少量软体动物、水生昆虫和蚯蚓等)	营口市地方志编纂委员会办公室，1997
		盘锦市	1998年《盘锦市志》	大天鹅[鹄。雁形目，鸭科……每年3月成群飞来盘锦域内双台河口自然保护区停留20余天后，继续北迁至黑龙江北部、内蒙(古)等地繁殖，9月南迁越冬。是国际重要保护资源，为国家二类保护动物]	盘锦市人民政府地方志办公室，1998

（续表）

地区	省级政区	今地	文献	内容	新方志出处
	吉林	约白山市、临江市、抚松县、长白朝鲜族自治县、和龙市、安图县一带	清宣统二年(1910)《长白汇征录》	鹄(天鹅)	
		大安市	民国二年(1913)《大赉县志》	天鹅(颈仰高三尺余，黄顶，全身纯白)	
		安图县	民国十八年(1929)《安图县志》	鹄(一名天鹅。形大如雁，羽毛白泽。其飞极高，一举千里。毛可为服饰，曰天鹅绒)	
		公主岭市	民国十八年(1929)《怀德县志》	鹄	
		梨树县	民国十八年(1929)《黎树县志》	天鹅	
		抚松县志	民国十九年(1930)《抚松县志》	鹄(水鸟。大于雁，羽毛白，飞极高，善步行。一名天鹅，又名黄鹄。形颇似鹤，亦名黄鹤，与雁异)	
		洮北区、大安市、洮南市、镇赉县、通榆县、乾安县、长岭县、扶余县、前郭尔罗斯蒙古族自治县	1992年《白城地区志》	大天鹅	白城地区地方志编纂委员会，1992
		梨树县	1992年《梨树县志》	大天鹅	梨树县志编纂委员会，1992
		前郭尔罗斯蒙古族自治县	1993年《前郭尔罗斯蒙古族自治县志》	天鹅	前郭尔罗斯蒙古族自治县地方志编纂委员会，1993
		通榆县	1994年《通榆县志》	大天鹅	通榆县志编纂委员会，1994
		延吉市、图们市、敦化市、珲春市、龙井市、和龙市、汪清县、安图县	1996年《延边朝鲜族自治州志》	大天鹅	延边朝鲜族自治州地方志编纂委员会，1996
	黑龙江	宁安市	民国十三年(1924)《宁安县志》	鹄(俗名天鹅。江海间皆有之。宁古塔近于东海，故时有见之。其毛可为服饰)	
		桦川县	民国十七年(1928)《桦川县志》	鹄(俗名天鹅。似雁而大，全体色白，头长，嘴根有瘤，色黄，故又谓之黄鹄。江中有之)	

（续表）

地区	省级政区	今地	文献	内容	新方志出处
		大庆市	1988年《大庆市志》	天鹅	大庆市地方志编纂委员会办公室，1988
		萝北县	1992年《萝北县志》	天鹅	萝北县地方志编纂委员会，1992
		密山市	1993年《密山县志》	天鹅	密山县志编纂委员会，1993
		漠河县	1993年《漠河县志》	大天鹅	漠河县志编纂委员会，1993
		五大连池市	1994年《德都县志》	鹄（天鹅）	德都县地方志办公室，1994
		伊春市、铁力市、嘉荫县	1995年《伊春市志》	大天鹅	伊春市地方志编纂委员会，1995
		杜尔伯特蒙古族自治县	1996年《杜尔伯特蒙古族自治县志》	大天鹅	杜尔伯特蒙古族自治县地方志编纂委员会，1996
		齐齐哈尔市、龙江县、泰来县、甘南县、富裕县、大庆市、肇州县、肇源县、林甸县、杜尔伯特蒙古族自治县、安达市、肇东市	1998年《黑龙江省志》	大天鹅（夏候鸟；松嫩平原）	黑龙江省地方志编纂委员会，1998
		抚远县	1998年《抚远县志》	白天鹅	抚远县地方志编纂委员会，1998
华东	江苏	沛县	民国九年（1920）《沛县志》	天鹅	
		邳州市	民国十二年（1923）《邳志补》	鹄（天鹅。羽可为扇）	
		属江都市	民国十五年（1926）《甘泉县志》	鹄（俗名天鹅。全体色白。腹毛可为绒。颈长，嘴根有瘤，色黄赤，故又名黄鹄。飞翔甚高，又善步。立时作延企状。《禽经》：鹄鸣喈喈，故谓之鹄）	
		江都市	民国十五年（1926）《江都县志》	鹄（羽毛白泽，飞翔极高，又善步。一名天鹅。腹毛可为绒，立时如企伫状。黄色者，为黄鹄）	
		睢宁县	民国十八年（1929）《睢宁县志》	天鹅	
		吴江市	民国二十二年（1933）《吴江志》	天鹅	
		高邮市	1990年《高邮县志》	天鹅	高邮县编史修志领导小组，1990
		睢宁县	1993年《睢宁县志》	天鹅（睢宁原少见。建有水库以后，每年冬季常有天鹅飞来）	睢宁县地方志编纂委员会，1993
		启东市	1993年《启东县志》	天鹅	江苏省启东县志编纂委员会，1993

（续表）

地区	省级政区	今地	文献	内容	新方志出处
		徐州市	1994年《徐州市志》	大天鹅	徐州市地方志编纂委员会，1994
		建湖县	1994年《建湖县志》	天鹅	建湖县地方志编纂委员会，1994
		邳州市	1995年《邳县志》	大天鹅	邳州市地方志编纂委员会，1995
		如皋市	1995年《如皋县志》	大天鹅	如皋市地方志编纂委员会，1995
		兴化市	1995年《兴化市志》	天鹅	兴化市地方志编纂委员会，1995
		属淮安市	1996年《淮阴县志》	天鹅	淮阴县地方志编纂委员会，1996
		响水县	1996年《响水县志》	天鹅	响水县地方志编纂委员会，1996
		江都市	1996年《江都县志》	大天鹅	江都市地方志编纂委员会，1996
		沭阳县	1997年《沭阳县志》	大天鹅	沭阳县地方志编纂委员会，1997
		射阳县	1997年《射阳县志》	天鹅	射阳县地方志编纂委员会，1997
		盐城市、东台市、大丰市、射阳县、阜宁县、滨海县、响水县、建湖县	1998年《盐城市志》	天鹅	盐城市地方志编纂委员会，1998
		滨海县	1998年《滨海县志》	天鹅	滨海县地方志编纂委员会，1998
		灌云县	1999年《灌云县志》	天鹅	灌云县地方志编纂委员会，1999
		洪泽县	1999年《洪泽县志》	天鹅	洪泽县地方志编纂委员会，1999
	浙江	属宁波市	民国二十二年(1933)《鄞县通志》	鹄（天鹅。游禽类，鸭科。体形甚大，全体纯白色；嘴部前端为柠檬黄色，基部有黑色；脚黑色；颈长。冬季始来，常在田间或海滨觅食。极机警，不易捕获。象山港一带偶有见之）	
		淳安县	1990年《淳安县志》	大天鹅	浙江省淳安县志编纂委员会，1990
		属宁波市	1996年《鄞县志》	鹄（天鹅）	浙江省鄞县志编纂委员会，1996
		越城区、诸暨市、上虞市、嵊州市、绍兴县、新昌县	1996年《绍兴市志》	大天鹅	绍兴市地方志编纂委员会，1996
	安徽	和县、含山县	清光绪二十七年(1901)《直隶和州志》	天鹅	
		全椒县	民国九年(1920)《全椒县志》	鹄（一名天鹅）	
		霍邱县	1992年《霍邱县志》	白天鹅	霍邱县地方志编纂委员会，1992

（续表）

地区	省级政区	今地	文献	内容	新方志出处
		安庆市、桐城市、怀宁县、枞阳县、潜山县、太湖县、宿松县、望江县、岳西县、贵池区、东至县	1995年《安庆地区志》	大天鹅	安庆地区地方志编纂委员会，1995
		桐城县	1995年《桐城县志》	天鹅（为过境候鸟）	桐城县地方志编纂委员会，1995
		宣州区	1996年《宣城县志》	天鹅（国家级保护动物）	安徽省宣州市地方志编纂委员会，1996
		安庆市	1997年《安庆市志》	大小天鹅	安庆市地方志编纂委员会，1997
		淮南市	1998年《淮南市志》	天鹅	淮南市地方志编纂委员会，1998
		滁州市	1998年《滁州市志》	大天鹅	滁州市（县级）地方志编纂委员会，1998
	福建	连江县	民国十六年（1927）《连江县志》	天鹅	
		闽侯县	民国二十二年（1933）《闽侯县志》	天鹅（江产者，大于鹅。海产者，高如童子）	
	江西	星子县	1990年《星子县志》	鹄（即天鹅）	江西省星子县志编纂委员会，1990
		大余县	1990年《大余县志》	黄鹄	江西省大余县志编纂委员会，1990
		德安县	1991年《德安县志》	天鹅	德安县地方志编纂委员会，1991
		南昌市、南昌县、新建县、安义县、进贤县	1997年《南昌市志》	大天鹅	南昌市地方志编纂委员会，1997
	山东	临沂市	民国六年（1917）《临沂县志》	鹄（即天鹅）	
		属烟台市	民国九年（1920）《福山县志》	天鹅	
		沾化县	民国二十年（1931）《霑化县志》	鹄	
		属烟台市	民国二十年（1931）《福山县志》	鹄	
		东阿县	民国二十三年（1934）《东阿县志》	天鹅	
		利津县	民国二十四年（1935）《利津县志》	天鹅	
		沾化县	民国二十四年（1935）《霑化县志》	鹄（一名天鹅。全身色白，故或称为白鸟。嘴根有瘤，色黄赤，故又称黄鹄）	
		广饶县	民国二十四年（1935）《广饶县志》	鹄［即天鸡（鹅）］	

（续表）

地区	省级政区	今地	文献	内容	新方志出处
		属烟台市	民国二十五年(1936)《牟平县志》	鹄(一名天鹅。全体色白,故又名白鸟)	
		海阳县	1988年《海阳县志》	天鹅	山东省海阳县志编纂委员会,1988
		枣庄市	1993年《枣庄市志》	大天鹅	枣庄市地方史志编纂委员会,1993
		日照市	1994年《日照市志》	大天鹅	日照市地方史志编纂委员会,1994
		无棣县	1994年《无棣县志》	大天鹅	山东省无棣县史志编纂委员会,1994
		淄博市	1995年《淄博市志》	大天鹅	淄博市志编纂委员会,1995
		潍坊市、安丘市、昌邑市、高密市、青州市、诸城市、寿光市、临朐县、昌乐县、五莲县	1995年《潍坊市志》	大天鹅	潍坊市地方史志编纂委员会,1995
		滨城区、惠民县、阳信县、无棣县、沾化县、博兴县、邹平县、高青县	1996年《滨州地区志》	天鹅	山东省滨州地区地方史志编纂委员会,1996
		文登市	1996年《文登市志》	天鹅	山东省文登市地方史志编纂委员会,1996
		垦利县	1997年《垦利县志》	大天鹅	山东省垦利县地方史志编纂委员会,1997
		微山县	1997年《微山县志》	大天鹅	山东省微山县地方史志编纂委员会,1997
		泰安市、新泰市、肥城市、宁阳县、东平县、汶上县、泗水县、莱芜市、平阴县	1997年《泰安地区志》	白天鹅	山东省泰安市地方史志编纂委员会,1997
		乳山市	1998年《乳山市志》	天鹅	山东省乳山市地方史志编纂委员会,1998
		荣成市	1999年《荣成市志》	大天鹅	山东省荣成市地方史志编纂委员会,1999
	台湾	个别地方③	清光绪二十年(1894)《台湾通志》	天鹅(见《福建通志》)	
中南	河南	获嘉县	民国二十四年(1935)《获嘉县志》	天鹅	
		信阳市	民国二十五年(1936)《信阳县志》	鹄……天鹅	
		新安县	1989年《新安县志》	白天鹅(过境鸟)	新安县地方史志编纂委员会,1989
		洛宁县	1991年《洛宁县志》	白天鹅	洛宁县志编纂委员会,1991
		延津县	1991年《延津县志》	天鹅	延津县志编纂委员会,1991
		柘城县	1991年《柘城县志》	天鹅	柘城县志编纂委员会,1991

（续表）

地区	省级政区	今地	文献	内容	新方志出处
		灵宝市	1992年《灵宝县志》	天鹅	灵宝县地方史志编纂委员会，1992
		罗山县	1992年《信阳地区志》	大天鹅（罗山县竹竿）	信阳地区地方史志编纂委员会，1992
		焦作市	1993年《焦作市志》	天鹅	河南省焦作市地方史志编纂委员会，1993
		卫辉市	1993年《卫辉市志》	大天鹅	卫辉市地方史志编纂委员会，1993
		魏都区、禹州市、长葛市、许昌县、鄢陵县	1993年《许昌市志》	大天鹅	许昌市地方志编纂委员会，1993
		平顶山市、舞钢市、汝州市、宝丰县、叶县、鲁山县、郏县、襄城县	1994年《平顶山市志》	大天鹅	平顶山市地方史志编纂委员会，1994
		南阳市、邓州市、南召县、方城县、西峡县、镇平县、内乡县、淅川县、社旗县、唐河县、新野县、桐柏县	1994年《南阳地区志》	大天鹅	南阳地区地方史志编纂委员会，1994
		遂平县	1994年《遂平县志》	天鹅（现数量稀少，汝河下游偶尔见之）	遂平县志编纂委员会，1994
		桐柏县	1995年《桐柏县志》	天鹅	桐柏县地方史志编纂委员会，1995
		淇县	1996年《淇县志》	大天鹅	《淇县志》编纂委员会，1996
		宝丰县	1996年《宝丰县志》	天鹅	宝丰县志编纂委员会，1996
		南阳市、邓州市、南召县、方城县、西峡县、镇平县、内乡县、淅川县、社旗县、唐河县、新野县、桐柏县	1996年《南阳地区志：1986—1994》	大天鹅	南阳地区地方史志编纂委员会，1996
		中牟县	1999年《中牟县志》	白天鹅	中牟县地方志编纂委员会，1999
	湖北	钟祥市	1990年《钟祥县志》	天鹅	湖北省钟祥县县志编纂委员会，1990
		来凤县	1990年《来凤县志》	鸿雁（天鹅）	湖北省来凤县县志编纂委员会，1990
		汉川市	1992年《汉川县志》	天鹅（亦称鹄，每年冬天均有少量来县内湖泊池沼地带栖息）	湖北省汉川县地方志编纂委员会，1992
		红安县	1992年《红安县志》	天鹅	红安县县志编纂委员会，1992

（续表）

地区	省级政区	今地	文献	内容	新方志出处
		咸安区	1992年《咸宁市志》	鹄（亦名天鹅，大于雁，羽毛洁白，飞翔很高，且善走，但已少见）	湖北省咸宁市地方志编纂委员会，1992
		赤壁市	1992年《中国国情丛书：百县市经济社会调查：蒲圻卷》	长颈鹅	丁伟志等，1992b
		洪湖市	1992年《洪湖县志》	大天鹅	洪湖市地方志编纂委员会，1992
		宜昌市	1993年《宜昌县志》	鹄	湖北省宜昌县地方志编纂委员会，1993
		监利县	1994年《监利县志》	天鹅（亦名鹄，有大、小之分）	湖北省监利县县志编纂委员会，1994
		洪湖市	1994年《中国国情丛书：百县市经济社会调查：洪湖卷》	大天鹅	丁伟志等，1994a
		荆州市、石首市、洪湖市、松滋市、江陵县、公安县、监利县、钟祥市、仙桃市、天门市、潜江市	1996年《荆州地区志》	天鹅	荆州地区地方志编纂委员会，1996
		宜城市	1998年《宜城志》	天鹅	湖北省宜城市地方志编纂委员会，1998
	湖南	安乡县	民国二十五年（1936）《安乡县志》	天鹅（鹄别名）	
	湖南	望城县、常德市、津市市、安乡县、汉寿县、澧县、临澧县、桃源县、益阳市、沅江市、南县、岳阳市、汨罗市、临湘市、岳阳县、华容县、湘阴县、平江县	1987年《湖南省志》	大天鹅	湖南省志编纂委员会，1987
	湖南	炎陵县	1994年《酃县志》	大天鹅	酃县志编纂委员会，1994
	湖南	汨罗市	1995年《汨罗市志》	天鹅（为候鸟，很少见）	汨罗市志编纂委员会，1995
	湖南	湘阴县	1995年《湘阴县志》	天鹅	湖南省湘阴县志编纂委员会，1995
	湖南	并非皆有[4]	1997年《益阳地区志》	天鹅（惜为数均不多，有的正在消失）	湖南省益阳地区地方志编纂委员会，1997
	广西	平乐县	1995年《平乐县志》	大天鹅	平乐县地方志编纂委员会，1995

（续表）

地区	省级政区	今地	文献	内容	新方志出处
西南	四川	阿坝县	1993 年《阿坝县志》	大天鹅	阿坝县地方志编纂委员会，1993
		九寨沟县	1994 年《南坪县志》	大天鹅	南坪县地方志编纂委员会，1994
		马尔康县	1995 年《马尔康县志》	大天鹅	四川省马尔康县志编纂委员会，1995
		红原县	1996 年《红原县志》	大小天鹅	四川省红原县志编纂委员会，1996
		西昌市	1996 年《西昌市志》	安宁河和琼海的河洲湖畔，过去常有的……天鹅、鸿雁等冬候鸟栖息，而今也没有了	四川省西昌市志编纂委员会编纂，1996
		康定县、泸定县、丹巴县、九龙县、雅江县、道孚县、炉霍县、甘孜县、新龙县、德格县、白玉县、石渠县、色达县、理塘县、巴塘县、乡城县、稻城县、得荣县	1997 年《甘孜州志》	大天鹅	甘孜州志编纂委员会，1997
	云南	云龙县	1992 年《云龙县志》	天鹅	云南省云龙县志编纂委员会，1992
		潞西市、瑞丽市、梁河县、盈江县、陇川县	1994 年《德宏州志》	天鹅	德宏傣族景颇族自治州志编纂委员会，1994
		鲁甸县	1995 年《鲁甸县志》	天鹅	云南省鲁甸县志编纂委员会，1995
		瑞丽市	1996 年《瑞丽市志》	天鹅	云南省瑞丽市志编纂委员会，1996
		祥云县	1996 年《祥云县志》	天鹅	祥云县志编纂委员会，1996
		施甸县	1997 年《施甸县志》	天鹅	云南省施甸县志编纂委员会，1997
		富宁县	1997 年《富宁县志》	天鹅（雨季多见，成群。白羽）	云南省富宁县地方志编纂委员会，1997
		威信县	1999 年《威信县志》	天鹅	云南省威信县志编纂委员会，1999
	西藏	城关区、当雄县、堆龙德庆县	清宣统三年（1911）《西藏志·拉萨》	天鹅（产于拉萨至杨八景一带地方）	
西北	陕西	潼关县	清光绪三十四年（1908）《潼关乡土志》	天鹅	
		商南县	民国八年（1919）《商南县志》	鹄	
		榆阳区	民国十八年（1929）《榆林县志》	天鹅	
		华阴市	民国二十一年（1932）《华阴县续志》	天鹅	
		佳县	民国二十二年（1933）《葭县志》	鹄（即天鹅）	

（续表）

地区	省级政区	今地	文献	内容	新方志出处
		勉县	1989年《勉县志》	白天鹅	勉县志编纂委员会，1989
		神木县	1990年《神木县志》	天鹅（旅鸟。北部湖泊地区有见。宜保护）	神木县志编纂委员会，1990
		扶风县	1993年《扶风县志》	白鹅、天鹅、鹄	扶风县地方志编纂委员会，1993
		蓝田县	1994年《蓝田县志》	天鹅（大型水禽，羽毛纯白色，迁徙时路过蓝田境内）	蓝田县地方志编纂委员会，1994
		城固县	1994年《城固县志》	大天鹅（鹄）	城固县地方志编纂委员会，1994
		府谷县	1994年《府谷县志》	天鹅（大鹄。全身洁白，身长可达1.5 m左右，为大型水禽。食性较杂，成鸟吃水中小动物或水生植物。属国家二类保护鸟类）	府谷县志编纂委员会，1994
		富县	1994年《富县志》	大天鹅	富县地方志编纂委员会，1994
		黄陵县	1995年《黄陵县志》	大天鹅	黄陵县志编纂委员会，1995
		临渭区、华阴市、韩城市、华县、潼关县、大荔县、合阳县	1996年《渭南地区志》	大天鹅（白鹅、天鹅、鹄。鸟纲，鸭科。大型水禽，重约7 kg。常成小群活动，迁徙时路过本区，在合阳黄河滩一带和渭河滩区尚能见到。属国家二级保护动物）	渭南地区地方志编纂委员会，1996
		合阳县	1996年《合阳县志》	天鹅	合阳县志编纂委员会，1996
		榆阳区	1996年《榆林市志》	天鹅	榆林市地方志编纂委员会，1996
		宝鸡市、凤翔县、岐山县、扶风县、眉县、陇县、千阳县、麟游县、凤县、太白县	1998年《宝鸡市志》	大天鹅	宝鸡市地方志编纂委员会，1998
	甘肃	民勤县	民国十五年(1926)《民勤县志》	天鹅	
		甘州区	民国三十八年(1949)《张掖县志》	天鹅	
		金塔县	1992年《金塔县志》	天鹅	金塔县地方志编纂委员会，1992
		永昌县	1993年《永昌县志》	大天鹅（白天鹅）	永昌县志编纂委员会，1993
		永靖县	1993年《临夏回族自治州志》	刘家峡水库栖息过路天鹅8只	临夏回族自治州志编纂委员会，1993
		民勤县	1994年《民勤县志》	白天鹅（红岸山水库、石羊河沿岸偶能见到，约16只）	民勤县志编纂委员会，1994
		敦煌市	1994年《敦煌市志》	天鹅	敦煌市志编纂委员会，1994

（续表）

地区	省级政区	今地	文献	内容	新方志出处
		卓尼县	1994 年《卓尼县志》	大天鹅	卓尼县志编纂委员会，1994
		金川区、永昌县	1995 年《金昌市志》	天鹅	卓尼县志编纂委员会，1994
		甘州区	1995 年《张掖市志》	天鹅	甘肃省张掖市志编修委员会，1995
		西和县	1997 年《西和县志》	天鹅	西和县志编纂委员会，1997
		武都区	1998 年《武都县志》	天鹅（所有种）；天鹅（……形状像鹅而体形较大，全身白色，上嘴分黄色和黑色两部分，脚和尾部都短，脚黑色，有蹼。生活在江河湖边，善飞，吃植物、昆虫等。也叫鹄。本县主要分布于白龙江一带，为季鸟）	武都县地方志编纂委员会，1998
		凉州区	1998 年《武威市志》	大天鹅	武威市市志编纂委员会，1998
		玛曲县、碌曲县	1999 年《甘南州志》	大天鹅。1985 年甘南州珍贵野生动物普查表：天鹅（碌曲 100 只，玛曲 252 只）	甘南藏族自治州地方史志编纂委员会，1999
	青海	部分地方[⑤]	1993 年《青海省志・林业志》	大天鹅	青海省地方志编纂委员会，1993
	青海	德令哈市、格尔木市、乌兰县、都兰县、天峻县	1995 年《海西蒙古族藏族自治州志》	大天鹅	海西蒙古族藏族自治州地方志编纂委员会，1995
	青海	天峻县	1995 年《天峻县志》	天鹅（各地均有分布）	天峻县县志编纂委员会，1995
	青海	刚察县	1998 年《刚察县志》	天鹅	刚察县志编纂委员会，1998
	宁夏	盐池县	清光绪三十三年（1907）《花马池志迹》	鹄	
	宁夏	属海原县	清光绪三十四年（1908）《海城县志》	鹄	
	宁夏	同心县	民国十四年（1925）《豫旺县志》	天鹅	
	宁夏	银川市、灵武市、永宁县、贺兰县、石嘴山市、平罗县、利通区、青铜峡县、沙坡头区	民国十五年（1926）《朔方道志》	天鹅（形同家鹅而稍大。好群飞，其鸣呕呕）	
	宁夏	中宁县	1994 年《中宁县志》	天鹅	中宁县志编纂委员会，1994
	宁夏	沙坡头区	1995 年《中卫县志》	大天鹅	中卫县县志编纂委员会，1995

（续表）

地区	省级政区	今地	文献	内容	新方志出处
		银川市、永宁县、贺兰县	1998年《银川市志》	大天鹅(银川市、永宁县、贺兰县)	银川市志编纂委员会，1998
		灵武市	1999年《灵武市志》	天鹅	灵武市志编纂委员会，1999
		海原县	1999年《海原县志》	大天鹅	《海原县志》编纂委员会，1999
	新疆	乌鲁木齐市、乌鲁木齐县、巴里坤哈萨克自治县	民国二十四年(1935)《新疆大记补编》	迪化道：天鹅，镇西县：天鹅	
		哈密市	1989年《哈密县志》	天鹅	哈密市地方志编纂委员会，1989
		轮台县	1991年《轮台县志》	天鹅	轮台县党史、县志编纂委员会，1991
		呼图壁县	1992年《呼图壁县志》	天鹅	呼图壁县志编纂委员会，1992
		博湖县	1993年《博湖县志》	天鹅	《博湖县志》编纂委员会，1993
		石河子市	1994年《农八师垦区石河子市志》	近年保护鸟类，白天鹅已在大泉沟水库栖息	《博湖县志》编纂委员会，1993
		霍城县	1994年《中国国情丛书：百县市经济社会调查：霍城卷》	天鹅	丁伟志等，1994b
		库车县	1995年《中国国情丛书：百县市经济社会调查：库车卷》	天鹅	丁伟志等，1995b
		沙雅县	1995年《沙雅县志》	天鹅(*Cygnus*)	沙雅县史志编纂委员会，1995
		和静县	1995年《和静县志》	大天鹅	和静县史志编纂委员会，1995
		塔城市	1995年《塔城市志》	天鹅	塔城市地方志编纂委员会，1995
		阿图什市	1996年《阿图什市志》	鹄	阿图什市地方志编纂委员会，1996
		阿克陶县	1996年《阿克陶县志》	天鹅	阿克陶县地方志编纂委员会，1996
		塔城市、额敏县、裕民县、和布克赛尔县	1997年《塔城地区志》	大天鹅(主要分布于塔城、额敏、裕民、和布克赛尔等县水泽芦苇地带)	塔城地区地方志编纂委员会，1997
		精河县	1998年《精河县志》	天鹅	精河县《精河县志》编纂委员会，1998
		米泉市	1998年《米泉县志》	天鹅	米泉县地方志编纂委员会，1998
		克拉玛依市	1999年《克拉玛依市志》	天鹅	克拉玛依市地方志编纂委员会，1999
		疏附县	1999年《疏附县志》	天鹅	疏附县地方志编纂委员会，1999
		博乐市、精河县、温泉县	1999年《博尔塔拉蒙古自治州志》	天鹅	博尔塔拉蒙古自治州地方志编纂委员会，1999

注：表中个别文献非通常意义的“方志”。

①大天鹅没有亚种分化，该学名有误；②尽管仅其中“晋南”比较明确具体地点(范围包括今临汾市、运城市和吕梁市的石楼县)，但并非皆有分布；③具体地点待考；④具体地点待考；⑤可参看本文。

保护区中现分布有大天鹅(表 6.9、图 6.36),可以表明它们依然存在。特点如下:

● 现分布有大天鹅的自然保护区达到 171 个,总面积达 22.25 万 km^2。

● 拥有保护区数量情况按地区排序:华北(50 个),东北(46 个),西北(31 个);与大天鹅分布地状况相当。

● 拥有保护区数量情况按省级政区排序:黑龙江省(36 个),内蒙古自治区(26 个),河北省与甘肃省(皆 11 个)。

● 一地有多个保护区的以内蒙古的克什克腾旗(6 个)和黑龙江省的富锦市(5 个)最为显著。

● 保护区的建立时间虽在 1960～2008 年间,但主要还是 1980 年代以来建立的。

● 保护区的等级情况 4 级皆有,但以省级(占 47%)与国家级(占 42%)占绝对优势。

● 主管部门以林业占绝对优势(高达 71%),但环保也不少(约占 20%)。

表 6.9 栖息有大天鹅的自然保护区概况

地区	省级政区	保护区名称	所处地点	面积(hm^2)	级别	建立时间	主管部门
华北	北京	野鸭湖	延庆县	8 700	省级	20001201	林业
		汉石桥湿地	顺义区	1 615	省级	20050404	林业
	天津	古海岸与湿地	汉沽区、塘沽区、大港区、东丽区、津南区、宁河县	35 913	国家级	19841201	海洋
		团泊(洼)鸟类	静海县	6 040	省级	19950622	林业
		北大港湿地	大港区	34 887	省级	19990824	环保
		青龙湾	宝坻区	416	省级	20030627	林业
		大黄堡	武清区	11 200	省级	20040921	林业
	河北	围场红松洼	围场满族蒙古族自治县	7 970	国家级	19940815	农业
		南大港湿地	沧州市	13 380	省级	19950301	林业
		衡水湖	桃城区、冀州市、枣强县	18 787	国家级	20000701	林业
		驼梁	平山县	21 312	国家级	20010331	林业
		塞罕坝	围场满族蒙古族自治县	20 030	国家级	20010801	林业
		御道口	宽城满族自治县	32 620	省级	20020501	农业
		滦河上游	围场满族蒙古族自治县	50 637	国家级	20020626	林业
		白洋淀湿地	安新县	31 200	省级	20021106	环保
		唐海湿地鸟类	唐海县	11 064	省级	20030401	林业
		辽河源	平泉县	45 225	省级	20030701	林业
		海兴湿地和鸟类	海兴县	16 800	省级	20051101	林业
	山西	芦芽山	宁武县、岢岚县、五寨县	21 453	国家级	19801218	林业
		历山	垣曲县、沁水县、翼城县、阳城县	24 800	国家级	19831226	林业
		运城湿地	永济市、河津市、万荣县、临猗县、芮城县、平陆县、夏县、垣曲县	86 861	省级	19930120	林业
		五鹿山	蒲县、隰县	20 617	国家级	19930120	林业
		汾河上游	娄烦县	27 000	省级	20020620	林业
		壶流河湿地	广灵县	12 918	省级	20071228	林业

（续表）

地区	省级政区	保护区名称	所处地点	面积（hm²）	级别	建立时间	主管部门
	内蒙古	白音敖包	克什克腾旗	13 862	国家级	19791004	林业
		锡林郭勒草原	锡林浩特市	580 000	国家级	19850808	环保
		达赉湖	新巴尔虎右旗、满洲里市、新巴尔虎左旗	740 000	国家级	19860710	林业
		达里诺尔	克什克腾旗	119 413	国家级	19870908	环保
		鄂尔多斯遗鸥	东胜区、伊金霍洛旗	14 770	国家级	19910101	林业
		乌梁素海湿地水禽	乌拉特前旗	29 333	省级	19930301	林业
		贺斯格淖尔	东乌珠穆沁旗	47 200	省级	19950601	林业
		赛罕乌拉	巴林右旗	100 400	国家级	19970401	林业
		辉河	鄂温克族自治旗、新巴尔虎左旗、陈巴尔虎旗	346 848	国家级	19971101	环保
		乌兰坝—石棚沟	巴林左旗	120 000	省级	19971101	林业
		高格斯台罕乌拉	阿鲁科尔沁旗	106 284	国家级	19971127	林业
		红花尔基樟子松林	鄂温克族自治旗	20 085	国家级	19980501	林业
		乌兰布统	克什克腾旗	30 089	省级	19980701	环保
		小河沿	敖汉旗	18 000	省级	19980901	环保
		巴丹吉林沙漠湖泊	阿拉善右旗	717 060	省级	19990501	环保
		岱海湖泊湿地	凉城县	12 970	省级	19990701	环保
		石人湾	呼和浩特市	3 000	县级	19991001	环保
		大漠沙湖	杭锦旗	300	县级	20000101	林业
		潢源	克什克腾旗	45 438	省级	20000102	环保
		贡格尔	克什克腾旗	101 900	县级	20001201	环保
		双合尔山	科尔沁左翼后旗	10 000	市级	20011201	其他
		南海子湿地	包头市	1 664	省级	20011201	其他
		杭锦淖尔	杭锦旗	85 750	省级	20030101	林业
		察右后旗天鹅湖	察哈尔右翼后旗	2 600	市级	20040101	环保
		黄岗梁	克什克腾旗	38 307	省级	20041201	林业
		乌拉盖湿地	东乌珠穆沁旗	612 650	省级	20041201	林业
东北	辽宁	医巫闾山	义县、北镇市	11 459	国家级	19810909	林业
		双台河口	盘锦市	128 000	国家级	19850909	林业
		丹东鸭绿江口湿地	东港市	101 000	国家级	19870701	环保
		卧龙湖	康平县	11 200	省级	20010501	林业
		大麦科	台安县	7 190	省级	20020801	林业
		六股河入海口湿地	绥中县	1 011	市级	20060701	林业
	吉林	吉林长白山	安图县、抚松县、长白朝鲜族自治县	196 465	国家级	19600401	林业
		莫莫格	镇赉县	144 000	国家级	19810308	林业
		向海	通榆县	105 467	国家级	19810309	林业
		查干湖	前郭尔罗斯蒙古族自治县、大安市、乾安县	50 684	国家级	19860802	水利

（续表）

地区	省级政区	保护区名称	所处地点	面积（hm²）	级别	建立时间	主管部门
	黑龙江	牡丹峰	牡丹江市	19 648	国家级	19810505	林业
		呼中	大兴安岭地区	167 213	国家级	19840509	林业
		兴凯湖	密山市	222 488	国家级	19860405	林业
		连环湖水禽	杜尔伯特蒙古族自治县	43 000	县级	19861202	其他
		洪河	抚远县、同江市	21 835	国家级	19880111	环保
		大庆黑鱼泡	大庆市	6 000	县级	19881120	其他
		西洼荒湿地	望奎县	8 292	省级	19900401	环保
		三环泡	富锦市	25 075	省级	19910701	林业
		宝清七星河	宝清县	20 000	国家级	19911017	环保
		安邦河	集贤县	3 716	省级	19930301	环保
		三江	抚远县、同江市	198 089	国家级	19940919	林业
		六峰湖	穆棱市	6 591	省级	19961113	环保
		科洛河	嫩江县	3 577	市级	19961202	环保
		雁窝岛	宝清县	8 074	省级	19971127	其他
		挠力河	富锦市、饶河县	160 595	国家级	19981204	环保
		八岔岛	同江市	32 014	国家级	19991001	环保
		嘟噜河	萝北县	9 967	省级	20000801	环保
		同江莲花河	同江市	13 000	市级	20001103	环保
		锦山	富锦市	8 100	市级	20001103	林业
		择林	富锦市	9 000	市级	20001103	林业
		东湖湿地	安达市	14 600	省级	20001205	环保
		乌苏里江	抚远县	39 668	省级	20010111	环保
		珍宝岛湿地	虎林市	44 364	国家级	20020415	林业
		肇东沿江湿地	肇东市	36 700	省级	20030312	林业
		龙凤湿地	大庆市	5 050	省级	20030313	其他
		东升	宝清县	19 244	省级	20040901	林业
		大佳河	饶河县	72 604	省级	20040901	林业
		绰纳河	大兴安岭地区	105 580	省级	20050316	林业
		黑龙江双河	塔河县	88 849	国家级	20050316	林业
		多布库尔	大兴安岭地区	128 959	国家级	20060125	林业
		中央站黑嘴松鸡	嫩江县	46 743	省级	20061226	林业
		绥滨两江湿地	鹤岗市	55 490	省级	20070608	林业
		汤原黑鱼泡	汤原县	22 401	省级	20070608	林业
		呼兰河口湿地	哈尔滨市	19 262	省级	20080114	林业
		平阳河湿地	嘉荫县	45 988	省级	20080512	林业
		富锦沿江湿地	富锦市	26 336	省级	20080512	林业

（续表）

地区	省级政区	保护区名称	所处地点	面积（hm^2）	级别	建立时间	主管部门
华东	上海	崇明东滩鸟类	崇明县	24 155	国家级	19981116	林业
	江苏	云台山森林	连云港市、灌云县	67	省级	19810812	林业
		盐城湿地珍禽	东台市、大丰市、射阳县、滨海县、响水县	284 179	国家级	19830225	环保
		泗洪洪泽湖湿地	泗洪县	49 365	国家级	19850701	环保
		大丰麋鹿	大丰市	2 667	国家级	19860208	林业
		启东长江口北支	启东市	21 491	省级	20021105	环保
		洪泽湖东部湿地	洪泽县、淮安市、盱眙县	54 000	省级	20041124	林业
		高邮湖湿地①	高邮市等地	46 667	市级	20050615	林业
	安徽	高邮湖湿地②	天长市等地	46 667	市级	20050615	林业
	福建	梁野山	武平县	14 365	国家级	19950101	林业
	江西	庐山	九江市	30 452	省级	19810306	林业
		江西鄱阳湖③	新建县、进贤县、九江市、瑞昌市、九江县、星子县、湖口县、余干县、鄱阳县	22 400	国家级	19830600	林业
		鄱阳湖南矶湿地	新建县	33 300	国家级	19970106	林业
		都昌候鸟	都昌县	41 100	省级	20031001	林业
	山东	鲁山	淄博市、沂源县	4 000	省级	19860826	林业
		长岛	长岛县	5 300	国家级	19880509	林业
		黄河三角洲	东营市、垦利县、利津县	153 000	国家级	19901227	林业
		荣成大天鹅	荣成市	1 675	国家级	19920530	林业
		南四湖	微山县、济宁市	127 547	省级	19940401	林业
		滨州贝壳堤岛与湿地	无棣县	43 542	国家级	19990101	海洋
		莱州湾	莱州市	13 975	市级	20060406	林业
中南	河南	太白顶	桐柏县	4 924	省级	19820624	林业
		董寨	罗山县	46 800	国家级	19820624	林业
		新乡黄河湿地鸟类	卫辉市、延津县、封丘县	22 780	国家级	19880727	环保
		河南黄河湿地	巩义市、湖滨区、洛阳市、偃师市、孟津县、新安县、焦作市、孟州市、济源市	68 000	国家级	19950818	林业
		丹江湿地	淅川县	64 027	国家级	20010810	林业
		郑州黄河湿地	郑州市、巩义市、荥阳市、中牟县	36 574	省级	20041119	林业
		固始淮河湿地	固始县	4 388	省级	20071120	林业
		白龟山湿地	平顶山市	6 600	省级	20071120	林业
	湖北	龙感湖	黄梅县	22 322	国家级	19880101	林业
		洪湖湿地	洪湖市	37 088	省级	19960101	林业
		长湖湿地	荆州市	8 470	市级	20020101	林业
		网湖湿地	阳新县	20 495	省级	20040313	林业
	湖南	东洞庭湖	岳阳市、华容县、岳阳县	190 000	国家级	19841101	林业
		南洞庭湖湿地	沅江市、益阳市	168 000	省级	19910701	林业

（续表）

地区	省级政区	保护区名称	所处地点	面积（hm²）	级别	建立时间	主管部门
西南	四川	九寨沟	九寨沟县	64 297	国家级	19781215	林业
西南	四川	卡莎湖	炉霍县	22 300	省级	19870101	林业
西南	四川	若尔盖湿地	若尔盖县	166 571	国家级	19941118	林业
西南	四川	察青松多白唇鹿	白玉县	143 683	国家级	19950101	林业
西南	四川	布拖乐安	布拖县	22 751	市级	20030101	林业
西南	云南	云龙天池	云龙县	6 630	省级	19810401	林业
西南	云南	拉市海高原湿地	玉龙纳西族自治县	6 523	省级	19971008	林业
西南	西藏	拉妥湿地	贡觉县	142	县级	19970701	林业
西南	西藏	扎日南木错湿地	措勤县、尼玛县、昂仁县	142 982	省级	20081029	林业
西北	陕西	红碱淖	神木县	21 700	县级	19960101	环保
西北	陕西	合阳黄河湿地	合阳县、韩城市、大荔县、华阴市、潼关县	57 348	省级	19960201	林业
西北	陕西	陕西子午岭	富县	40 621	国家级	19990101	林业
西北	陕西	瀛湖湿地	汉滨区	19 800	省级	20020101	林业
西北	陕西	千湖湿地	千阳县	7 156	省级	20060101	林业
西北	甘肃	尕海—则岔	碌曲县	247 431	国家级	19820902	林业
西北	甘肃	大苏干湖	阿克塞哈萨克族自治县	9 640	省级	19821011	林业
西北	甘肃	小苏干湖	阿克塞哈萨克族自治县	2 400	省级	19821011	林业
西北	甘肃	甘肃祁连山	凉州区、天祝藏族自治县、古浪县、永昌县、甘州区、山丹县、民乐县、肃南裕固族自治县	230 000	国家级	19870101	林业
西北	甘肃	安西极旱荒漠	瓜州县	800 000	国家级	19870602	环保
西北	甘肃	张掖黑河湿地	高台县、甘州区、临泽县	41 165	国家级	19921210	环保
西北	甘肃	敦煌西湖	敦煌市	660 000	国家级	19921214	林业
西北	甘肃	黄河三峡湿地	永靖县	19 500	省级	19950210	林业
西北	甘肃	黄河首曲湿地候鸟	玛曲县	37 500	省级	19951123	林业
西北	甘肃	沙枣园子	金塔县	163 404	省级	20020114	林业
西北	甘肃	合水子午岭	华池县、合水县、正宁县、宁县	242 106	省级	20050202	林业
西北	青海	青海湖	海晏县、刚察县、共和县	495 200	国家级	19750808	林业
西北	青海	隆宝	玉树县	10 000	国家级	19860709	林业
西北	青海	诺木洪	都兰县	118 000	省级	20051001	环保
西北	青海	海北祁连山	互助土族自治县、海晏县、祁连县、刚察县、门源回族自治县	834 700	省级	20051201	林业
西北	宁夏	灵武白芨滩	灵武市	74 843	国家级	19850101	林业
西北	宁夏	沙湖	平罗县	5 580	省级	19970101	农业
西北	宁夏	哈巴湖	盐池县	84 000	国家级	19980701	林业
西北	宁夏	青铜峡库区	青铜峡市、中宁县	19 500	省级	20020701	其他

（续表）

地区	省级政区	保护区名称	所处地点	面积（hm^2）	级别	建立时间	主管部门
	新疆	巴音布鲁克	和静县	100 000	国家级	19800509	林业
		天池	阜康市	38 069	省级	19800601	林业
		塔里木胡杨	尉犁县、轮台县	395 420	国家级	19830101	林业
		甘家湖梭梭林	乌苏市、精河县	54 667	国家级	19830901	林业
		新源山地草甸类草地	新源县	65 300	省级	19860705	农业
		罗布泊野骆驼	托克逊县、吐鲁番市、鄯善县、哈密市、尉犁县、若羌县	7 800 000	国家级	19860901	环保
		艾比湖湿地	精河县、博乐市	267 085	国家级	20000616	林业

注：①跨江苏、安徽两省。②跨安徽、江苏两省。③成立于 1983 年 6 月，原名“鄱阳湖候鸟”，已有扩大。④本表参考多方面信息综合而成，个别误差进行更正。⑤本表据全国自然保护区名录. http://sts. mep. gov. cn/zrbhq/zrbhq/201208/t20120824_235172. htm；北京野鸭湖湿地自然保护区. http://jingguan. yuanlin. com/marsh/2010-5-31/11804. html；大天鹅如约光临北京顺义汉石桥湿地. http://cache. baiducontent. com/c? m=9f65cb4a8c8507ed4fece76310428427430fdd3f2bd7a74e2b83cf1d84642c101a39fefd677154538dd8203044ee540db0ab6a212a5577f1c893d65ddacf922a2c883033041e875c12d504acca4025c124975afea86de5adf045d2f4948c814352be44020ed4b0d6051713be2fa34a62a5f1cf5c500250ece2&p = 882a954fcd945dfc57efd7295950&newp = 8966c54ad6c916ef03be9b7c5c4f92695803ed633680904e&user=baidu；古海岸与湿地自然保护区. http://baike. baidu. com/view/248465. htm；七里海成为天津市最大鸟类乐园. http://news. 022china. com/2011/07-12/484949_0. html；团泊风景区. http://baike. baidu. com/view/859423. htm；团泊洼鸟类湿地自然保护区与天津湿地. http://tjleshuixing. blog. sohu. com/63881406. html；北大港湿地. http://baike. baidu. com/view/3439704. htm；天津市环境保护科学研究院. 2003. 天津市北大港湿地自然保护区总体规划. ht-tp://www. docin. com/p-458104745. html；天津青龙湾固沙林自然保护区简介. http://www. china-citytour. com/tianjing/tianjin-jingqu/baoqu/jingqujieshao/813. html；大黄堡湿地自然保护区. http://baike. baidu. com/view/4975434. htm；红松洼国家自然保护区. http://www. tourunion. com/spot/jd/2243. htm；南大港湿地自然保护区. http://baike. baidu. com/view/2920089. htm；衡水湖国家级自然保护区. http://baike. baidu. com/view/1094925. htm? fromId=533014；驼梁自然保护区. http://baike. baidu. com/view/5664683. htm；塞罕坝国家级自然保护区. http://baike. baidu. com/view/3155517. htm；御道口草原森林风景区. ht-tp://www. bashang. net/weichang/yudaokou. asp；滦河上游国家级自然保护区. http://baike. baidu. com/view/3790110. htm；白洋淀湿地自然保护区. http://www. bydsd. com/Intro/index. asp；唐海湿地和鸟类自然保护区. http://www. baike. com/wiki/%E5%94%90%E6%B5%B7%E6%B9%BF%E5%9C%B0%E5%92%8C%E9%B8%9F%E7%B1%BB%E4%BF%9D%E6%8A%A4%E5%8C%BA；辽河源自然保护区成为野生动物的家园. http://www. heb. chinanews. com/5/2011-06-22/124230. sht-ml；海兴湿地（鸟类自然保护区）. http://www. haixingdj. gov. cn/Article/ShowArticle. asp? ArticleID=899；大天鹅. http://baike. baidu. com/link? url = x8FiSByAvLDfQKd6Y8uKsXHO7fzUOhiuAV29ON3Q5XqIDfKvTeXc_ETHkm42iVekOA-LvqU-wlzVmSlm3nix38a；赵天梁，2005；五鹿山自然保护区. http://www. shanxigov. cn/n16/n8319541/n8319672/n8325142/8353772. html；娄烦县. http://baike. baidu. com/view/337927. htm；壶流河湿地省级自然保护区. http://baike. baidu. com/view/5657969. htm；达赉湖国家级自然保护区. http://baike. baidu. com/view/825991. htm? fromId=746861；达里诺尔自然保护区. http://baike. baidu. com/view/74463. htm? fromId=248382；内蒙古鄂尔多斯遗鸥国家级自然保护区. http://www. forestry. gov. cn/portal/bhxh/s/660/content-100869. html；白音敖包国家级自然保护区. http://baike. baidu. com/view/478703. htm? fromId=246966；锡林郭勒草原. http://baike. baidu. com/view/30789. htm；乌梁素海. http://baike. baidu. com/view/60772. htm；赵建忠，2012；贺斯格淖尔保护区. http://www. baike. com/wiki/%E8%B4%BA%E6%96%AF%E6%A0%BC%E6%B7%96%E5%B0%94%E4%BF%9D%E6%8A%A4%E5%8C%BA；赛罕乌拉国家级自然保护区. http://baike. baidu. com/view/1865667. htm? fromId=110207；内蒙古国家级自然保护区简介 · 辉河自然保护区. http://www. nmgepb. gov. cn/ywgl/stbh/zrstgl/201310/t20131011_1434015. htm；乌兰坝—石棚沟自然保护区. http://www. cfhb. gov. cn/hjgl/zrst/zrbhq/201310/t20131023_1435445. html；内蒙古高格斯台罕乌拉自然保护区. http://baike. baidu. com/view/5664781. htm；红花尔基樟子松林国家级自然保护区. http://baike. baidu. com/view/871350. htm? subLemmaId=871350&fromenter=%BA%EC%BB%A8%B6%FB%BB%F9%D5%C1%D7%D3%CB%C9%C1%D6%D7%D4%C8%BB%B1%A3%BB%A4%C7%F8；乌兰布统自然保护区. http://www. cfhb. gov. cn/hjgl/zrst/zrbhq/201310/t20131023_1435445. html；小河沿湿地鸟类自然保护区. http://www. cfhb. gov. cn/

hjgl/zrst/zrbhq/201310/t20131023_1435445. html；巴丹吉林沙漠. http://baike. baidu. com/view/41478. htm；凉城县. http://baike. baidu. com/view/418351. htm；凉城县岱海湖泊湿地自然保护区. http://www. nmgepb. gov. cn/ywgl/stbh/zzrbhqml/wlcb/201310/t20131024_1435613. html；潢源自然保护区. http://baike. baidu. com/view/349742. htm；贡格尔草原. http://baike. baidu. com/view/782825. htm；内蒙古黄岗梁自然保护区. http://www. cfhb. gov. cn/hjgl/zrst/zrbhq/201310/t20131023_1435445. html；包头市自然保护区简介. http://www. baotou-epb. gov. cn/news/shownews. asp? document_id＝157；杭锦淖尔保护区. http://www. baike. com/wiki/%E6%9D%AD%E9%94%A6%E6%B7%96%E5%B0%94%E4%BF%9D%E6%8A%A4%E5%8C%BA；天鹅湖草原湿地候鸟观光生态旅游区. http://www. wulanchabu. gov. cn/information/wlcbzfw933/msg109684665292. html；白天鹅灰鹤野鸭落户内蒙古乌拉盖湿地自然保护区. http://www. forestry. gov. cn/portal/main/s/142/content-82295. html；辽宁医巫闾山国家级自然保护区. http://baike. baidu. com/link? url＝gZF-VFsgGuBh_RkjNZXNdA_-0BE9Qj_ns-lbJht-61s9iXhtVFsULYY769OFz-Y4h0IeXm_gMwtT2BMJL69XVB4Y5rB1viRNJr-J229TQTH7EtDaCH5UWwT8Ufpx8hzgn3YCtcRvibOP3gje0CwiTDCPaMPo4K83e4H4Hf9VNjEx0wsUX7i1fm7T6eGph29jvqyPEBkWQpgl4YcFN4vxD-cTf7Vznc343uo48cBs-yXSUZZ84wbFqvuaAG6Q0Mnm4QX6calLrz8Gwc2qBLIyH_；双台河口国家级自然保护区. http://baike. baidu. com/view/473485. htm；辽宁鸭绿江口滨海湿地国家级自然保护区. http://baike. baidu. com/link? url＝AQke9bDOfTNCUAwxORUIsb6f1b_sfqAslAxgQd7WKcz2Ees3_lpwO-z_E0AnaHzE；卧龙湖. http://baike. baidu. com/view/50656. htm；台安县. http://baike. baidu. com/link? url＝iDFGo3x7P4rsxCG8YHNL8rU_ZUN2IuVVHAj-NBmzFLuuTLUUJAn42C_zoZ4VEheR；今春候鸟缘何早又多：湿地保护给我市带来良好生态效益. http://www. hld. gov. cn/Item/61633. aspx；吉林长白山国家级自然保护区. http://baike. baidu. com/view/90326. htm；吉林莫莫格国家级自然保护区·资源·野生动物. http://baike. baidu. com/link? url＝p4Rw9LcHYaIPD7AedYDbBnLkWM_9rYdHyoH2GjAZvRka9u59Fp1AUZLZuAMHDkCHyW-IdhZQlFpNuj4RxrpVnK；通榆县. http://baike. baidu. com/view/469494. htm；宁江区. http://baike. baidu. com/link? url＝udWbV3xH4TSsb84GOuTD0zDQcgooqhVo-mhyzJZdNg7nXqGT1uk6KxcbB62PwqBl；查干湖国家级自然保护区. http://baike. baidu. com/view/1310535. htm? fromId＝246478；黑龙江牡丹峰国家级自然保护区. http://baike. baidu. com/view/389747. htm? fromId＝248416；资源概况. http://www. zrbhq. com/ziyuan_show. asp? id＝23；黑龙江兴凯湖国家级自然保护区. http://baike. baidu. com/view/431645. htm? fromId＝485581；连环湖水禽猎场. http://baike. baidu. com/view/1877289. htm；黑龙江洪河国家级自然保护区. http://baike. baidu. com/view/146456. htm? fromId＝246973；关于建立黑鱼湖自然保护区的建议. http://www. daqing. gov. cn/dqrdroot/db-jyppnyj/27627. shtml；黑龙江三环泡自然保护区. http://www. hljforest. gov. cn/view/lm0657/article/311269. html；宝清七星河国家级自然保护区. http://baike. soso. com/v4813199. htm；集贤县. http://baike. baidu. com/link? url＝P7K8YDJ0O_fFB4Cj1wyLTL5Us4CRwGgcuFD2zxjycA_ZcymX9nzANWlQlgwDs7r7；三江国家级自然保护区. http://baike. baidu. com/view/5484380. htm? fromId＝110203；穆棱林业局. http://baike. baidu. com/link? url＝_XDp-HUueCQvLXKR6u34p4exRpPQSaLukKL_63xq9iX-2H3brXj6c7vlOCzGQnucKHlZLeoNKTJiJA89or5x5K；六峰湖自然保护区. http://www. hljnews. cn/xw_whyl/system/2009/06/22/010384146. shtml；科洛河湿地. http://www. zglz. gov. cn/html/2012/fjms_0712/1175. html；雁窝岛湿地自然保护区生态旅游. http://www. forestry. gov. cn/portal/zrbh/s/3059/content-454966. html；挠力河. http://baike. baidu. com/view/725847. htm；黑龙江望奎西洼荒湿地自然保护区. http://www. hljforest. gov. cn/view/lm0494/article/308184. html；八岔岛国家级自然保护区. http://baike. baidu. com/view/1094445. htm? subLemmaId＝1094445&fromenter＝%B0%CB%B2%ED%B5%BA%D7%D4%C8%BB%B1%A3%BB%A4%C7%F8；苇场湿地丹顶鹤自然保护区. http://baike. baidu. com/link? url＝EU-mzYV2Ty5ULUs9AUg7b3eknB_aZkB7gRVUxa3dpkaG46vje0_ZM0ycSQXN0TyB3iRRqfiSxhT0v72F8WEg53q；东湖湿地保护区. http://www. shidi. org/sf_1AA4CB16991646719C98BBBDB410E8F6_151_cnplph. html；乌苏里江. http://baike. baidu. com/view/52521. htm；黑龙江成立乌苏里江自然保护区. http://news. sohu. com/82/94/news144259482. shtml；珍宝岛湿地国家级自然保护区. http://baike. baidu. com/view/3896102. htm；黑龙江肇东沿江湿地自然保护区. http://www. hljforest. gov. cn/view/lm0657/article/311224. html；大庆龙凤湿地自然保护区. http://baike. baidu. com/view/1350527. htm；崔悦. 东升自然保护区. http://epaper. hljnews. cn/hljrb/html/2009-06/15/content_402657. htm；大佳河自然保护区评价. http://www. hlraohe. gov. cn/zrbh/djhpj. htm；黑龙江绰纳河国家级自然保护区概况. http://www. dxal. gov. cn/gfqlyxzd/zwgk/index! tongyong. action? id＝5747&column_id＝37；双河国家级自然保护区. http://baike. baidu. com/view/3155645. htm；黑龙江中央站黑嘴松鸡自然保护区. http://baike. baidu. com/view/9108462. htm；黑龙江绥滨两江湿地自然保护区. http://www. hljforest. gov. cn/view/lm0657/article/311203. html；黑龙江黑鱼泡自然保护区. http://www. docin. com/p-413577047. html；呼兰河口湿地. http://baike. baidu. com/view/1589344. htm；黑龙江平阳河湿地省级自然保护区. http://www. hljforest. gov. cn/view/lm0657/article/311222. html；沿江湿地自然保护区管理局. http://www. fujin. gov. cn/yjsd/；上海市崇明东滩鸟类自然保护区. http://www. shidi. org/sf_4D31144DEC67450A87C81BDC7236BBF8_151_column. html；上海崇明东滩鸟类国家级自然保护区·鸟类的天堂. http://www. dongtan. cn/sites/dongtan/baohuqu. aspx? ctgId＝b7c758d2-8f23-4bda-a8c0-c0bd4c3765f0；云台山自然保护区. http://baike. baidu. com/view/821049. htm；江苏盐城国家级珍禽自然保护区. http://baike. baidu. com/link? url＝IgzAPvF-ZrxGlBop3YVYE

7oUV0wGkYw7Mwtr5QIqjx6uQq8nEZ2e_ORnG7zPbcUKd-SOLLCxRG_0X-823QmPtK；江苏盐城国家级珍禽自然保护区. http://www. shidi. org/sf_01EC08C282C54A49819970D2DE7E0047_151_column. html；泗洪县. http://baike. baidu. com/link? url=YO62uEZI5hxny4uutvJ5dWAW-yploHpXW-E0eQRzXManUkS3C1nMjTztPslOtcJo；泗洪湿地保护区. http://m. club. sohu. com/hubei/thread/%2126c401157345e3bd；启东长江口（北支）湿地省级自然保护区科学考察报告. http://www. docin. com/p-143042544. html；王荣等. 带你探访洪泽湖东部湿地自然保护区看洪泽湖大堤飞鸟. http://jsnews. jschina. com. cn/system/2012/04/28/013240088. shtml；关于建立高邮湖湿地自然保护区的建议. http://www. tcszx. gov. cn/html/2010-05/3269. html；梁野山自然保护区保护区. http://www. baike. com/wiki/%E6%A2%81%E9%87%8E%E5%B1%B1%E8%87%AA%E7%84%B6%E4%BF%9D%E6%8A%A4%E5%8C%BA；庐山自然保护区. http://baike. baidu. com/view/118116. htm；九江. http://baike. baidu. com/link? url=B8kGxPTKM1edRKLPd12J1ufk4YQXVc26AtVRqI44j-py1gNrzd29137psJlqcmABkASSqAbELX3lzoyKW_6de-K4reuwkyEu2xzscWFZOam#6；鄱阳湖国家级自然保护区简介. http://www. poyanglake. org/articleDetail. aspx? id=1；江西都昌候鸟省级自然保护区. http://baike. baidu. com/view/9300365. htm；吕承华. 谈谈都昌县鄱阳湖湿地·候鸟资源保护与利用. http://www. duchang. org/simple/? t66317. html；都昌县鄱阳湖区首次发现大天鹅. http://www. cndcta. com/news/201201/news_20120105085921. html；王俊亮等，2010；山东长岛国家级自然保护区. http://baike. baidu. com/view/481690. htm? fromId=248805；山东黄河三角洲国家级自然保护区. http://baike. baidu. com/view/251907. htm? fromId=488661；南四湖省级自然保护区. http://baike. baidu. com/view/6068802. htm；我市监测到大批国家重点保护鸟类. http://cache. baiducontent. com/c? m=9d78d513d9d706ef06e2ce384b54c0676a499d267992c715088ccf09cd2f4c413033beff302267558fd8273b57f8034bea877428751421c3c4df893c8ce6ce6e78d461237018d75613a542f39d116fd6209409feae6fa6e0ad7784aed6828c12089c44040c83f78f4d00109139e71547e4a0934c&p=b47fc216d9c15fe701bd9b7d071d9f&newp=c07dc64ad4934eac52e685361c438b231610db2151d1d617&user=baidu；滨州贝壳堤岛与湿地国家级自然保护区. http://baike. baidu. com/view/3154436. htm；莱州湾. http://www. baike. com/wiki/%E8%8E%B1%E5%B7%9E%E6%B9%BE；太白顶自然保护区. http://baike. baidu. com/view/825946. htm；孟津国家级黄河湿地自然保护区. http://www. baike. com/wiki/孟津黄河湿地；丹江湿地国家级自然保护区. http://baike. soso. com/v11020991. htm；丹江湿地保护区. http://www. baike. com/wiki/%E4%B8%B9%E6%B1%9F%E6%B9%BF%E5%9C%B0%E4%BF%9D%E6%8A%A4%E5%8C%BA；郑州黄河湿地自然保护区. http://baike. baidu. com/view/901271. htm；河南固始淮河湿地省级自然保护区. http://baike. baidu. com/link? url=4ZKZD8YhKpSniojZUOdJv-RnGTmKvSns0f4oC2t7fUeqAQXf9ZQgaVqja6WvMV0iz4K77RPu5FVEKbnx_vyJg；河南林业自然保护区：平顶山白龟山湿地省级自然保护区. http://www. doc88. com/p-950282993658. html；龙感湖. http://baike. baidu. com/view/1246296. htm；洪湖省级湿地自然保护区. http://baike. baidu. com/view/5861175. htm；荆州市长湖湿地自然保护区概况. http://lyj. cnchu. com/viewnews-133；网湖湿地自然保护区. http://baike. baidu. com/view/8913454. htm；东洞庭湖国家级自然保护区. http://baike. baidu. com/view/481706. htm? fromId=248586；四川九寨沟风景名胜区. http://baike. baidu. com/view/809590. htm；四川·卡莎湖湿地保护区基础设施建设项目建议书. http://xbzs. chinawestnews. net/system/2009/04/25/010120561. shtml；四川若尔盖湿地自然保护区. http://baike. baidu. com/view/472790. htm? fromId=472803；察青松多白唇鹿自然保护区. http://baike. baidu. com/view/2263738. htm；布拖县. http://baike. baidu. com/view/377769. htm；云龙天池. http://baike. baidu. com/view/503701. htm；丽江拉市海越冬水禽逾 10 万只. http://cache. baiducontent. com/c? m = 9d78d513d9d706ef06e2ce384b54c0676a499d206d9c8c027fa3d213cf374c413037bee4302267558fd8223c59f41a00bfed682a6b5465f68689d20098a6922a2c8b3a37701c8c5c10d81eadc94523c52b974de9d843a1e5ae&p = 9063ca0e86cc42a84ea7c7710f57&newp=882a9642cc8800f310f1c7710f0792695803ed6337d2d00f3495cf008f&user=baidu；拉妥湿地自然保护区. http://baike. baidu. com/view/9224681. htm；措勤县. http://baike. baidu. com/link? url=kFcNnQbH1_ZwFFZ-cKDX6Gn1RDUtEpPKfgzqtSzzjM9iVHd-F1mdTa1l3-K-KDv4；陕西省林业勘察设计院. 2006. 陕西红碱淖湿地省级自然保护区建设可行性研究报告. http://www. docin. com/p-316695330. html? bsh_platform=renren&uid=390394；陕西黄河湿地省级自然保护区现状与问题. http://bbs. dzwww. com/thread-24671743-1-1. html；合阳黄河湿地自然保护区. http://wenku. baidu. com/view/bc515ed4360cba1aa811da24. html；子午岭国家级自然保护区. http://baike. baidu. com/view/3157711. htm? fromId=1281924；陕西安康瀛湖湿地省级自然保护区简介. http://hb. hanbin. gov. cn/Article/Show. asp? id=1445；千湖国家湿地公园. http://baike. baidu. com/link? url = lxCixfPKfI1jp6PKJQVV878J4cViSgS3CCGtKTktmIFaYTLBhhqQnODh4SylV-9cCjBesoYvhJG-Y3nyjRn7M；甘肃尕海-则岔国家级自然保护区简介. http://www. ghzczrbhq. com/second. asp? classid=46&classidx=86；大苏干湖自然保护区. http://baike. baidu. com/link? url = gWGD5TUqns5Usu138U80WI22UjaNH-_vaRksSxblUZSmHDXjFDnTNUNeremuidmo；祁连山国家级自然保护区. http://baike. baidu. com/link? url=wILzLBBDrSCc9Yf8GnCuoWKZ82pZwpvKhwUlvinztJOXMeHanFLmVhNsWhC4wLBHepwil-5u_ongKSdB1RqIJhg3hfnZmWAEbB_cVQ5lpzj7Slzpk7xcGKkt3yRUrdygurKEh26PXl_V8x5Zx2R9wlv8RzkqoNzX06YG1mYRFmRN2QRXEAVBx3zERHyzbGSZn9oaPOxbPlIwz2W3czhKXi-6nTvCqGAfSDgC3aARqH7；甘肃祁连山自然保护区. http://www. qilianshan. com. cn/client/qlsbhq/html/6/20/22/24. html；安西极荒漠国家级自然保护区. http://www. gsjhhm. com/show. aspx? id=70&cid=22；黑河流域自然保护区简介. http://news. 163. com/10/0303/

15/60S2KS3I000146BC. html；敦煌西湖自然保护区. http://www. baike. com/wiki/%E6%95%A6%E7%85%8C%E8%A5%BF%E6%B9%96%E8%87%AA%E7%84%B6%E4%BF%9D%E6%8A%A4%E5%8C%BA；黄河三峡湿地自然保护区. http://baike. baidu. com/view/579784. htm；玛曲县. http://baike. baidu. com/link? url=eAKF3uDRzlJ6a7NgL fe6k5aepdbkX7cNudQgYO2Fx3gOynKZQcpayZ1U61i8UaP；子午岭国家级自然保护区. http://baike. baidu. com/view/3157711. htm；沙枣园子自然保护区. http://baike. baidu. com/view/8994585. htm；青海湖国家级自然保护区. http://baike. baidu. com/view/472729. htm? fromId=505794；隆宝国家级自然保护区. http://baike. baidu. com/view/824182. htm? subLemmaId=824182&fromenter=%C2%A1%B1%A6%D7%D4%C8%BB%B1%A3%BB%A4%C7%F8；青海诺木洪省级自然保护区. http://www. qhepb. gov. cn/hjgl/zrst/zrbhq/201001/t20100111_2553. html；祁连县. http://baike. baidu. com/link? url=XAgSvMmoET0PcYMfCCUTY07cTPScvqNZiDoUtSiRQsRDr5eTVdY8Y9_w6ThnXwYl；灵武白芨滩国家级自然保护区. http://baike. baidu. com/view/1429868. htm? fromId=473500；碧水粼粼百鸟云集 沙湖湿地自然保护区候鸟回迁显灵韵. http://cache. baiducontent. com/c? m=9f65cb4a8c8507ed4fece763105392230e54f73f768b89027fa3c215cc7901071838feb8273f1205d3c1616301ad4a4bea876c34685d34f2c688de45&p=9370d216d9c106ee43bd9b7e0a55&newp=8649d716d9c102b308e294797f7a92695803ed633bd19309&user=baidu；哈巴湖国家级自然保护区. http://baike. baidu. com/view/1429855. htm? subLemmaId=1429855&fromenter=%B9%FE%B0%CD%BA%FE%D7%D4%C8%BB%B1%A3%BB%A4%C7%F8；青铜峡库区湿地自然保护区. http://sxyyn1999. blog. 163. com/blog/static/85087320103228245534 7/；乌苏. http://baike. baidu. com/link? url=g85KFya_T82zU1bSaIQ4PDXXylPjArEKquWmtzZPB51rQV6MR72zMf3wfgAQ5afkEWRRNr5big0lYaLWTAq7SK；那孜—确鹿特山地草原自然保护区. http://baike. baidu. com/link? url=NHxCa7gMQKt05Ow7KadXEs_hOUYHTmaz4Ra175GUlY5aOSVEBHpu0NjWmqzmkrZr；罗布泊野骆驼国家级自然保护区. http://baike. baidu. com/view/910645. htm；艾比湖湿地国家级自然保护区. http://baike. baidu. com/view/1297050. htm? fromId=475845。

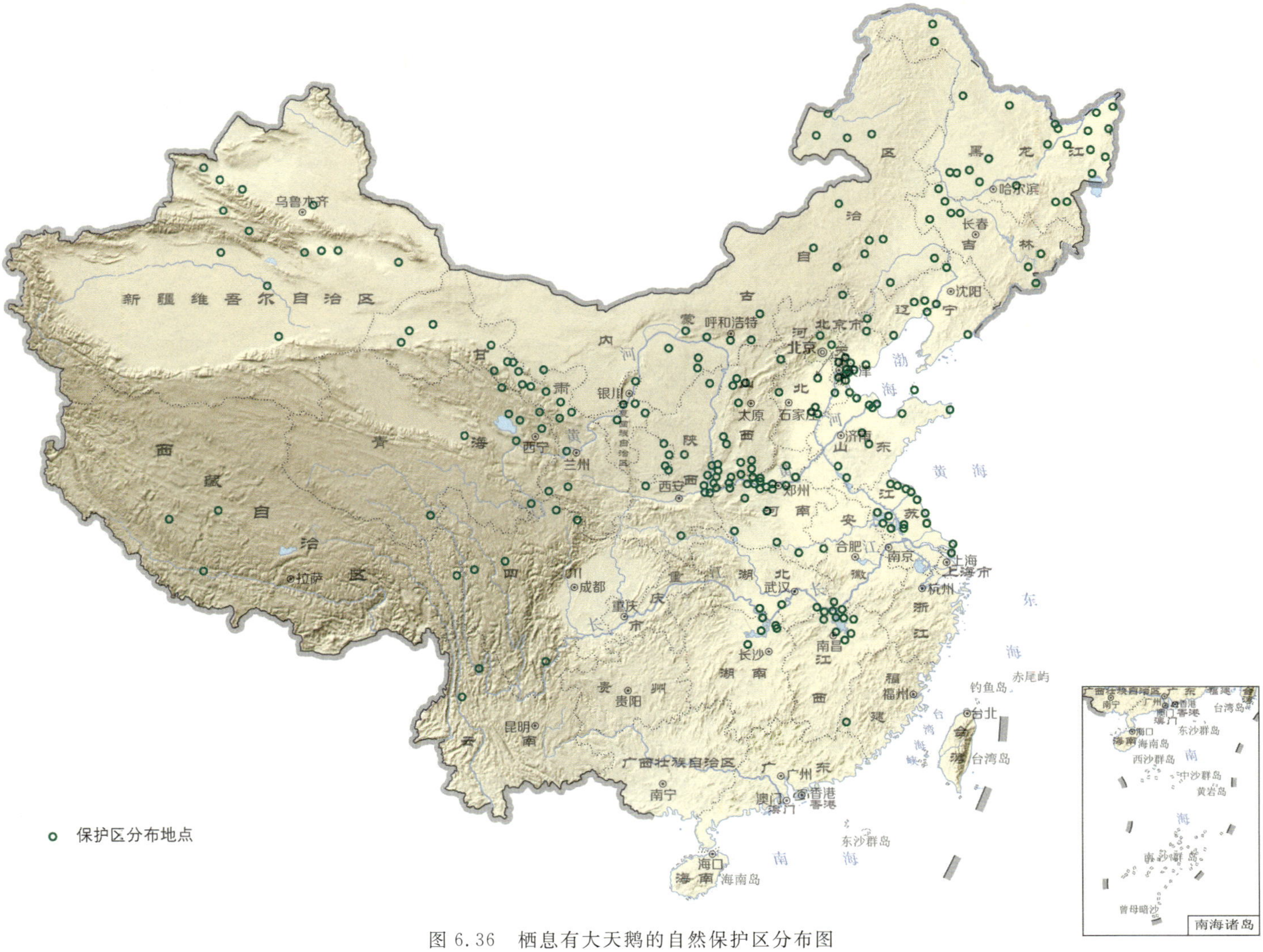

图 6.36　栖息有大天鹅的自然保护区分布图

5.8 大天鹅的分布变迁

20 世纪以来,大天鹅的分布变迁(表 6.10、图 6.37)状况显示:

● 省级政区中仅中南的广东、海南、澳门 3 个未见有大天鹅分布记录。

● 大天鹅的分布地呈现北方数量多而密集,向南方则数量少而稀疏的趋势。

● 可确定有大天鹅的县级及其以上分布地总数约 831 个(不包括重复)。

● 大天鹅的分布地数量,按地区排序为:华北(198 个),西北(178 个),东北(133 个),华东(127 个),中南(126 个),西南(69 个)。这与大天鹅分布大势相符。

● 大天鹅的县级及其以上分布地绝对数量,按省级政区排序为:新疆维吾尔自治区(80 个),内蒙古自治区(73 个),山西省(63 个),黑龙江省(61 个),河南省(57 个);仅有 1 个大天鹅分布地的省级政区有 5 个。

● 大天鹅的县级及其以上分布地相对数量,按省级政区排序为:新疆维吾尔自治区(90%),黑龙江省(79%),湖北省(75%),辽宁省(74%),内蒙古自治区(71%)。

● 到 20 世纪后半叶变化较大的省级政区是:河北省(减少 10 个地方),辽宁省、安徽省与宁夏回族自治区(皆减少 3 个地方)。

● 20 世纪后半叶以来,变化较大的省级政区是:湖北省(减少 33 个地方),河南省与新疆维吾尔自治区(皆减少 31 个地方),浙江省(减少 19 个地方),陕西省(减少 16 个地方),四川省(减少 14 个地方)。

表 6.10　　20 世纪以来大天鹅分布变迁概况

地区	省级政区	20 世纪前半叶分布地点	20 世纪后半叶分布地点	现今分布地点
华北	北京	丰台区、海淀区、门头沟区、房山区、通州区、顺义区、昌平区、大兴区、怀柔区、平谷区、延庆县、密云县	丰台区、海淀区、门头沟区、房山区、通州区、顺义区、昌平区、大兴区、怀柔区、平谷区、延庆县、密云县	丰台区、海淀区、门头沟区、房山区、通州区、顺义区、昌平区、大兴区、怀柔区、平谷区、延庆县、密云县
	天津	塘沽区、汉沽区、大港区、东丽区、津南区、北辰区、武清区、宝坻区、蓟县、宁河县、静海县	塘沽区、汉沽区、大港区、东丽区、津南区、北辰区、武清区、宝坻区、宁河县、静海县	塘沽区、汉沽区、大港区、东丽区、津南区、北辰区、武清区、宝坻区、宁河县、静海县
	河北	井陉县、灵寿县、平山县、张北县、蔚县、怀来县、赤城县、平泉县、宽城满族自治县、围场满族蒙古族自治县、秦皇岛市、昌黎县、滦县、滦南县、唐海县、廊坊市、霸州市、永清县、香河县、文安县、保定市、定州市、满城县、清苑县、易县、唐县、安新县、沧州市、青县、海兴县、盐山县、南皮县、桃城区、冀州市、枣强县、饶阳县、南宫市、宁晋县、磁县	井陉县、灵寿县、平山县、张北县、蔚县、怀来县、赤城县、平泉县、宽城满族自治县、围场满族蒙古族自治县、秦皇岛市、滦南县、唐海县、永清县、文安县、保定市、满城县、清苑县、易县、唐县、安新县、沧州市、海兴县、桃城区、冀州市、枣强县、饶阳县、宁晋县、磁县	井陉县、平山县、蔚县、怀来县、赤城县、平泉县、宽城满族自治县、围场满族蒙古族自治县、秦皇岛市、唐海县、永清县、易县、安新县、沧州市、海兴县、桃城区、冀州市、枣强县、磁县

（续表）

地区	省级政区	20 世纪前半叶分布地点	20 世纪后半叶分布地点	现今分布地点
	山西	太原市、古交市、清徐县、阳曲县、娄烦县、大同市、阳高县、广灵县、大同县、朔州市、山阴县、应县、怀仁县、长治市、沁水县、阳城县、忻府区、原平市、定襄县、五台县、代县、繁峙县、宁武县、静乐县、神池县、五寨县、岢岚县、河曲县、保德县、偏关县、榆次区、介休市、和顺县、寿阳县、太谷县、祁县、平遥县、灵石县、尧都区、侯马市、霍州市、曲沃县、翼城县、襄汾县、洪洞县、蒲县、隰县、汾西县、盐湖区、永济市、河津市、芮城县、临猗县、万荣县、新绛县、稷山县、夏县、平陆县、垣曲县、孝义市、文水县、岚县、交城县	太原市、古交市、清徐县、阳曲县、娄烦县、大同市、阳高县、广灵县、大同县、朔州市、山阴县、应县、怀仁县、长治市、沁水县、阳城县、忻府区、原平市、定襄县、五台县、代县、繁峙县、宁武县、静乐县、神池县、五寨县、岢岚县、河曲县、保德县、偏关县、榆次区、介休市、寿阳县、太谷县、祁县、平遥县、灵石县、尧都区、侯马市、霍州市、曲沃县、翼城县、襄汾县、洪洞县、蒲县、隰县、汾西县、盐湖区、永济市、河津市、芮城县、临猗县、万荣县、新绛县、稷山县、夏县、平陆县、垣曲县、孝义市、文水县、岚县、交城县	太原市、古交市、清徐县、娄烦县、大同市、广灵县、大同县、朔州市、山阴县、应县、怀仁县、长治市、沁水县、阳城县、原平市、定襄县、五台县、代县、繁峙县、宁武县、五寨县、岢岚县、榆次区、介休市、寿阳县、太谷县、祁县、平遥县、灵石县、尧都区、侯马市、霍州市、曲沃县、翼城县、襄汾县、洪洞县、蒲县、隰县、汾西县、盐湖区、永济市、河津市、芮城县、临猗县、万荣县、新绛县、稷山县、夏县、平陆县、垣曲县、孝义市、文水县、岚县、交城县
	内蒙古	呼和浩特市、土默特左旗、托克托县、包头市、固阳县、土默特右旗、赤峰市、宁城县、林西县、阿鲁科尔沁旗、巴林左旗、巴林右旗、克什克腾旗、翁牛特旗、喀喇沁旗、敖汉旗、科尔沁区、霍林郭勒市、开鲁县、库伦旗、奈曼旗、扎鲁特旗、科尔沁左翼中旗、科尔沁左翼后旗、海拉尔区、满洲里市、扎兰屯市、牙克石市、根河市、额尔古纳市、阿荣旗、新巴尔虎右旗、新巴尔虎左旗、陈巴尔虎旗、鄂伦春自治旗、鄂温克族自治旗、莫力达瓦达斡尔族自治旗、东胜区、达拉特旗、准格尔旗、鄂托克前旗、鄂托克旗、杭锦旗、乌审旗、伊金霍洛旗、凉城县、察哈尔右翼前旗、察哈尔右翼后旗、临河区、磴口县、乌拉特前旗、乌拉特中旗、乌兰浩特市、阿尔山市、突泉县、科尔沁右翼前旗、科尔沁右翼中旗、扎赉特旗、锡林浩特市、二连浩特市、多伦县、阿巴嘎旗、苏尼特左旗、苏尼特右旗、东乌珠穆沁旗、西乌珠穆沁旗、太仆寺旗、镶黄旗、正镶白旗、正蓝旗、阿拉善左旗、阿拉善右旗、额济纳旗	呼和浩特市、土默特左旗、托克托县、包头市、固阳县、土默特右旗、赤峰市、宁城县、林西县、阿鲁科尔沁旗、巴林左旗、巴林右旗、克什克腾旗、翁牛特旗、喀喇沁旗、敖汉旗、科尔沁区、霍林郭勒市、开鲁县、库伦旗、奈曼旗、扎鲁特旗、科尔沁左翼中旗、科尔沁左翼后旗、海拉尔区、满洲里市、扎兰屯市、牙克石市、根河市、额尔古纳市、阿荣旗、新巴尔虎右旗、新巴尔虎左旗、陈巴尔虎旗、鄂伦春自治旗、鄂温克族自治旗、莫力达瓦达斡尔族自治旗、东胜区、达拉特旗、准格尔旗、鄂托克前旗、鄂托克旗、杭锦旗、乌审旗、伊金霍洛旗、凉城县、察哈尔右翼前旗、察哈尔右翼后旗、临河区、磴口县、乌拉特前旗、乌拉特中旗、乌兰浩特市、阿尔山市、突泉县、科尔沁右翼前旗、科尔沁右翼中旗、扎赉特旗、锡林浩特市、二连浩特市、多伦县、阿巴嘎旗、苏尼特左旗、苏尼特右旗、东乌珠穆沁旗、西乌珠穆沁旗、太仆寺旗、镶黄旗、正镶白旗、正蓝旗、阿拉善左旗、阿拉善右旗、额济纳旗	呼和浩特市、包头市、赤峰市、宁城县、林西县、阿鲁科尔沁旗、巴林左旗、巴林右旗、克什克腾旗、翁牛特旗、喀喇沁旗、敖汉旗、科尔沁区、霍林郭勒市、开鲁县、库伦旗、奈曼旗、扎鲁特旗、科尔沁左翼中旗、科尔沁左翼后旗、海拉尔区、满洲里市、扎兰屯市、牙克石市、根河市、额尔古纳市、阿荣旗、新巴尔虎右旗、新巴尔虎左旗、陈巴尔虎旗、鄂伦春自治旗、鄂温克族自治旗、莫力达瓦达斡尔族自治旗、东胜区、杭锦旗、伊金霍洛旗、凉城县、察哈尔右翼前旗、察哈尔右翼后旗、乌拉特前旗、乌拉特中旗、乌兰浩特市、阿尔山市、突泉县、科尔沁右翼前旗、科尔沁右翼中旗、扎赉特旗、锡林浩特市、二连浩特市、多伦县、阿巴嘎旗、苏尼特左旗、苏尼特右旗、东乌珠穆沁旗、西乌珠穆沁旗、太仆寺旗、镶黄旗、正镶白旗、正蓝旗、阿拉善左旗、阿拉善右旗

（续表）

地区	省级政区	20 世纪前半叶分布地点	20 世纪后半叶分布地点	现今分布地点
东北	辽宁	沈阳市、新民市、辽中县、康平县、法库县、朝阳市、北票市、朝阳县、建平县、喀喇沁左翼蒙古族自治县、铁岭市、开原市、铁岭县、抚顺县、本溪市、本溪满族自治县、桓仁满族自治县、辽阳市、灯塔市、辽阳县、鞍山市、海城市、台安县、岫岩满族自治县、丹东市、东港市、宽甸满族自治县、大连市、瓦房店市、普兰店市、庄河市、营口市、盖州市、盘锦市、大洼县、盘山县、锦州市、凌海市、北镇市、义县、葫芦岛市、绥中县、建昌县	沈阳市、新民市、辽中县、康平县、法库县、朝阳市、北票市、朝阳县、建平县、喀喇沁左翼蒙古族自治县、抚顺县、本溪市、本溪满族自治县、桓仁满族自治县、辽阳市、灯塔市、辽阳县、鞍山市、海城市、台安县、岫岩满族自治县、丹东市、东港市、宽甸满族自治县、大连市、瓦房店市、普兰店市、庄河市、营口市、盖州市、盘锦市、大洼县、盘山县、锦州市、凌海市、北镇市、义县、葫芦岛市、绥中县、建昌县	沈阳市、新民市、康平县、朝阳市、北票市、朝阳县、建平县、喀喇沁左翼蒙古族自治县、本溪市、本溪满族自治县、桓仁满族自治县、辽阳市、灯塔市、辽阳县、鞍山市、海城市、台安县、岫岩满族自治县、东港市、盘锦市、锦州市、凌海市、北镇市、义县、葫芦岛市、绥中县、建昌县
东北	吉林	洮北区、大安市、洮南市、镇赉县、通榆县、扶余县、长岭县、乾安县、前郭尔罗斯蒙古族自治县、公主岭市、梨树县、通化市、梅河口市、集安市、通化县、辉南县、柳河县、白山市、临江市、抚松县、长白朝鲜族自治县、延吉市、图们市、敦化市、珲春市、龙井市、和龙市、汪清县、安图县	洮北区、大安市、洮南市、镇赉县、通榆县、扶余县、长岭县、乾安县、前郭尔罗斯蒙古族自治县、梨树县、通化市、梅河口市、集安市、通化县、辉南县、柳河县、白山市、抚松县、长白朝鲜族自治县、延吉市、图们市、敦化市、珲春市、龙井市、和龙市、汪清县、安图县	大安市、镇赉县、通榆县、乾安县、前郭尔罗斯蒙古族自治县、通化市、梅河口市、集安市、通化县、辉南县、柳河县、白山市、抚松县、长白朝鲜族自治县、珲春市、和龙市、安图县
东北	黑龙江	哈尔滨市、双城市、尚志市、五常市、依兰县、方正县、宾县、巴彦县、木兰县、通河县、延寿县、齐齐哈尔市、龙江县、泰来县、甘南县、富裕县、五大连池市、嫩江县、大庆市、肇州县、肇源县、林甸县、杜尔伯特蒙古族自治县、伊春市、铁力市、嘉荫县、鹤岗市、萝北县、绥滨县、佳木斯市、同江市、富锦市、桦南县、桦川县、汤原县、抚远县、双鸭山市、集贤县、友谊县、宝清县、饶河县、七台河市、勃利县、鸡西市、虎林市、密山市、鸡东县、牡丹江市、穆棱市、绥芬河市、海林市、宁安市、东宁县、林口县、安达市、肇东市、望奎县、大兴安岭地区、塔河县、漠河县	哈尔滨市、双城市、尚志市、五常市、依兰县、方正县、宾县、巴彦县、木兰县、通河县、延寿县、齐齐哈尔市、龙江县、泰来县、甘南县、富裕县、五大连池市、嫩江县、大庆市、肇州县、肇源县、林甸县、杜尔伯特蒙古族自治县、伊春市、铁力市、嘉荫县、鹤岗市、萝北县、绥滨县、佳木斯市、同江市、富锦市、桦南县、桦川县、汤原县、抚远县、双鸭山市、集贤县、友谊县、宝清县、饶河县、七台河市、勃利县、鸡西市、虎林市、密山市、鸡东县、牡丹江市、穆棱市、绥芬河市、海林市、宁安市、东宁县、林口县、安达市、肇东市、望奎县、大兴安岭地区、塔河县、漠河县	哈尔滨市、双城市、尚志市、五常市、依兰县、方正县、宾县、巴彦县、木兰县、通河县、延寿县、齐齐哈尔市、龙江县、泰来县、甘南县、富裕县、嫩江县、大庆市、肇州县、肇源县、林甸县、杜尔伯特蒙古族自治县、嘉荫县、鹤岗市、萝北县、绥滨县、佳木斯市、同江市、富锦市、桦南县、桦川县、汤原县、抚远县、双鸭山市、集贤县、友谊县、宝清县、饶河县、七台河市、勃利县、鸡西市、虎林市、密山市、鸡东县、牡丹江市、穆棱市、绥芬河市、海林市、宁安市、东宁县、林口县、安达市、肇东市、望奎县、大兴安岭地区、塔河县

（续表）

地区	省级政区	20世纪前半叶分布地点	20世纪后半叶分布地点	现今分布地点
华东	上海	崇明县	崇明县	崇明县
	江苏	徐州市、邳州市、睢宁县、沛县、连云港市、灌云县、沭阳县、泗洪县、淮安市、金湖县、盱眙县、洪泽县、涟水县、盐城市、东台市、大丰市、射阳县、阜宁县、滨海县、响水县、建湖县、扬州市、江都市、高邮市、兴化市、启东市、如皋市、苏州市、吴江市	徐州市、邳州市、睢宁县、连云港市、灌云县、沭阳县、泗洪县、淮安市、金湖县、盱眙县、洪泽县、涟水县、盐城市、东台市、大丰市、射阳县、阜宁县、滨海县、响水县、建湖县、扬州市、江都市、高邮市、兴化市、启东市、如皋市、苏州市	连云港市、灌云县、泗洪县、淮安市、金湖县、盱眙县、洪泽县、涟水县、东台市、大丰市、射阳县、滨海县、响水县、高邮市、启东市、苏州市
	浙江	杭州市、淳安县、宁波市、越城区、诸暨市、上虞市、嵊州市、绍兴县、新昌县、开化县、苍南县、云和县、庆元县	杭州市、淳安县、宁波市、越城区、诸暨市、上虞市、嵊州市、绍兴县、新昌县、开化县、苍南县、云和县、庆元县	杭州市、开化县、苍南县、云和县、庆元县
	安徽	淮南市、滁州市、明光市、天长市、全椒县、凤阳县、安庆市、桐城市、怀宁县、枞阳县、潜山县、太湖县、宿松县、望江县、岳西县、霍邱县、含山县、和县、贵池区、东至县、宣州区	淮南市、滁州市、明光市、天长市、凤阳县、安庆市、桐城市、怀宁县、枞阳县、潜山县、太湖县、宿松县、望江县、岳西县、霍邱县、贵池区、东至县、宣州区	明光市、天长市、凤阳县、怀宁县、宿松县
	福建	长乐市、闽侯县、连江县、邵武市、武平县、福鼎市	长乐市、邵武市、武平县、福鼎市	长乐市、邵武市、武平县、福鼎市
	江西	南昌市、南昌县、新建县、安义县、进贤县、九江市、九江县、永修县、德安县、星子县、都昌县、湖口县、大余县、余干县、鄱阳县	南昌市、南昌县、新建县、安义县、进贤县、九江市、九江县、永修县、德安县、星子县、都昌县、湖口县、大余县、余干县、鄱阳县	新建县、进贤县、九江市、九江县、星子县、都昌县、湖口县、余干县、鄱阳县
	山东	济南市、济阳县、东阿县、乐陵市、齐河县、庆云县、东营市、垦利县、利津县、广饶县、桓台县、高青县、安丘市、昌邑市、寿光市、莱州市、荣成市、日照市、苍山县、沂水县、蒙阴县、平邑县、费县、枣庄市、滕州市、济宁市、邹城市、微山县、鱼台县、梁山县、东平县、莱芜市、滨城区、惠民县、阳信县、无棣县、沾化县、博兴县、邹平县、甄城县、东明县	济南市、济阳县、东阿县、乐陵市、齐河县、庆云县、东营市、垦利县、利津县、广饶县、桓台县、高青县、安丘市、昌邑市、寿光市、莱州市、荣成市、日照市、苍山县、沂水县、蒙阴县、平邑县、费县、枣庄市、滕州市、济宁市、邹城市、微山县、鱼台县、梁山县、东平县、莱芜市、滨城区、惠民县、阳信县、无棣县、沾化县、博兴县、邹平县、甄城县、东明县	济南市、济阳县、东阿县、齐河县、东营市、垦利县、利津县、桓台县、高青县、安丘市、荣成市、日照市、苍山县、沂水县、蒙阴县、平邑县、费县、枣庄市、滕州市、济宁市、邹城市、微山县、鱼台县、梁山县、东平县、莱芜市、滨城区、甄城县、东明县
	台湾	宜兰县	宜兰县	

（续表）

地区	省级政区	20世纪前半叶分布地点	20世纪后半叶分布地点	现今分布地点
中南	河南	郑州市、荥阳市、巩义市、中牟县、湖滨区、义马市、灵宝市、渑池县、陕县、卢氏县、洛阳市、偃师市、孟津县、新安县、洛宁县、栾川县、焦作市、孟州市、卫辉市、获嘉县、延津县、封丘县、长垣县、淇县、林州市、柘城县、魏都区、禹州市、长葛市、许昌县、鄢陵县、襄城县、平顶山市、舞钢市、汝州市、宝丰县、叶县、鲁山县、郏县、南阳市、邓州市、南召县、方城县、西峡县、镇平县、内乡县、淅川县、社旗县、唐河县、新野县、桐柏县、信阳市、固始县、罗山县、遂平县、汝南县、济源市	郑州市、荥阳市、巩义市、中牟县、湖滨区、义马市、灵宝市、渑池县、陕县、卢氏县、洛阳市、偃师市、孟津县、新安县、洛宁县、栾川县、焦作市、孟州市、卫辉市、延津县、封丘县、长垣县、淇县、林州市、柘城县、魏都区、禹州市、长葛市、许昌县、鄢陵县、襄城县、平顶山市、舞钢市、汝州市、宝丰县、叶县、鲁山县、郏县、南阳市、邓州市、南召县、方城县、西峡县、镇平县、内乡县、淅川县、社旗县、唐河县、新野县、桐柏县、信阳市、固始县、罗山县、遂平县、汝南县、济源市	郑州市、荥阳市、巩义市、中牟县、湖滨区、洛阳市、偃师市、孟津县、新安县、栾川县、焦作市、孟州市、卫辉市、封丘县、长垣县、林州市、内乡县、淅川县、桐柏县、信阳市、固始县、罗山县、济源市
	湖北	武汉市、宜城市、荆门市、钟祥市、沙洋县、京山县、孝南区、应城市、汉川市、孝昌县、云梦县、黄州区、武穴市、红安县、罗田县、英山县、浠水县、蕲春县、黄梅县、团风县、鄂州市、黄石市、大冶市、阳新县、咸安区、赤壁市、嘉鱼县、通城县、崇阳县、通山县、荆州市、石首市、洪湖市、松滋市、江陵县、公安县、监利县、宜昌市、枝江市、当阳市、秭归县、仙桃市、天门市、潜江市、巴东县、来凤县	武汉市、宜城市、荆门市、钟祥市、沙洋县、京山县、孝南区、应城市、汉川市、孝昌县、云梦县、黄州区、武穴市、红安县、罗田县、英山县、浠水县、蕲春县、黄梅县、团风县、鄂州市、黄石市、大冶市、阳新县、咸安区、赤壁市、嘉鱼县、通城县、崇阳县、通山县、荆州市、石首市、洪湖市、松滋市、江陵县、公安县、监利县、宜昌市、枝江市、当阳市、秭归县、仙桃市、天门市、潜江市、巴东县、来凤县	武汉市、钟祥市、浠水县、黄梅县、鄂州市、黄石市、阳新县、荆州市、洪湖市、松滋市、宜昌市、秭归县、巴东县
	湖南	望城县、常德市、津市市、安乡县、汉寿县、澧县、临澧县、桃源县、益阳市、沅江市、南县、岳阳市、汨罗市、临湘市、岳阳县、华容县、湘阴县、平江县、炎陵县、常宁市、汝城县	望城县、常德市、津市市、安乡县、汉寿县、澧县、临澧县、桃源县、益阳市、沅江市、南县、岳阳市、汨罗市、临湘市、岳阳县、华容县、湘阴县、平江县、炎陵县、常宁市、汝城县	望城县、常德市、津市市、安乡县、汉寿县、澧县、临澧县、桃源县、益阳市、沅江市、南县、岳阳市、汨罗市、临湘市、岳阳县、华容县、湘阴县、平江县、常宁市、汝城县
	广西	平乐县	平乐县	
	香港	香港	香港	香港
西南	重庆	长寿区、巫山县、奉节县	长寿区、巫山县、奉节县	长寿区、巫山县、奉节县
	四川	仁寿县、马尔康县、九寨沟县、壤塘县、阿坝县、若尔盖县、红原县、康定县、泸定县、丹巴县、九龙县、雅江县、道孚县、炉霍县、甘孜县、新龙县、德格县、白玉县、石渠县、色达县、理塘县、巴塘县、乡城县、稻城县、得荣县、西昌市、布拖县	仁寿县、马尔康县、九寨沟县、壤塘县、阿坝县、若尔盖县、红原县、康定县、泸定县、丹巴县、九龙县、雅江县、道孚县、炉霍县、甘孜县、新龙县、德格县、白玉县、石渠县、色达县、理塘县、巴塘县、乡城县、稻城县、得荣县、西昌市、布拖县	仁寿县、九寨沟县、壤塘县、若尔盖县、红原县、雅江县、炉霍县、白玉县、石渠县、巴塘县、得荣县、西昌市、布拖县

（续表）

地区	省级政区	20世纪前半叶分布地点	20世纪后半叶分布地点	现今分布地点
	贵州	威宁彝族回族苗族自治县	威宁彝族回族苗族自治县	
	云南	施甸县、鲁甸县、威信县、古城区、玉龙纳西族自治县、潞西市、瑞丽市、梁河县、盈江县、陇川县、香格里拉县、祥云县、云龙县、南涧彝族自治县、富宁县	施甸县、鲁甸县、威信县、古城区、玉龙纳西族自治县、潞西市、瑞丽市、梁河县、盈江县、陇川县、香格里拉县、祥云县、云龙县、南涧彝族自治县、富宁县	古城区、玉龙纳西族自治县、云龙县、南涧彝族自治县
	西藏	城关区、林周县、当雄县、尼木县、曲水县、堆龙德庆县、达孜县、墨竹工卡县、那曲县、聂荣县、安多县、巴青县、尼玛县、贡觉县、扎囊县、贡嘎县、琼结县、措美县、错那县、浪卡子县、拉孜县、昂仁县、措勤县	城关区、林周县、当雄县、尼木县、曲水县、堆龙德庆县、达孜县、墨竹工卡县、那曲县、聂荣县、安多县、巴青县、尼玛县、贡觉县、扎囊县、贡嘎县、琼结县、措美县、错那县、浪卡子县、拉孜县、昂仁县、措勤县	城关区、林周县、当雄县、尼木县、曲水县、堆龙德庆县、达孜县、墨竹工卡县、那曲县、聂荣县、安多县、巴青县、尼玛县、贡觉县、扎囊县、贡嘎县、琼结县、措美县、错那县、浪卡子县、拉孜县、昂仁县、措勤县
西北	陕西	西安市、蓝田县、富县、宜川县、黄陵县、临渭区、华阴市、韩城市、华县、潼关县、大荔县、合阳县、宝鸡市、凤翔县、岐山县、扶风县、眉县、陇县、千阳县、麟游县、凤县、太白县、汉台区、城固县、勉县、榆阳区、神木县、府谷县、靖边县、定边县、绥德县、米脂县、佳县、清涧县、汉滨区、商南县	西安市、蓝田县、富县、宜川县、黄陵县、临渭区、华阴市、韩城市、华县、潼关县、大荔县、合阳县、宝鸡市、凤翔县、岐山县、扶风县、眉县、陇县、千阳县、麟游县、凤县、太白县、汉台区、城固县、勉县、榆阳区、神木县、府谷县、靖边县、定边县、绥德县、米脂县、清涧县、汉滨区、商南县	富县、宜川县、黄陵县、临渭区、华阴市、韩城市、潼关县、大荔县、合阳县、千阳县、城固县、神木县、靖边县、定边县、绥德县、米脂县、清涧县、汉滨区、商南县
	甘肃	兰州市、金川区、永昌县、天水市、凉州区、民勤县、古浪县、天祝藏族自治县、肃州区、敦煌市、金塔县、瓜州县、肃北蒙古族自治县、阿克塞哈萨克族自治县、甘州区、民乐县、临泽县、高台县、山丹县、肃南裕固族自治县、华池县、合水县、正宁县、宁县、崆峒区、武都区、西和县、永靖县、卓尼县、玛曲县、碌曲县	兰州市、金川区、永昌县、天水市、凉州区、民勤县、古浪县、天祝藏族自治县、肃州区、敦煌市、金塔县、瓜州县、肃北蒙古族自治县、阿克塞哈萨克族自治县、甘州区、民乐县、临泽县、高台县、山丹县、肃南裕固族自治县、华池县、合水县、正宁县、宁县、崆峒区、武都区、西和县、永靖县、卓尼县、玛曲县、碌曲县	兰州市、金川区、永昌县、凉州区、古浪县、天祝藏族自治县、敦煌市、金塔县、瓜州县、阿克塞哈萨克族自治县、甘州区、民乐县、临泽县、高台县、山丹县、肃南裕固族自治县、华池县、合水县、正宁县、宁县、永靖县、玛曲县、碌曲县
	青海	互助土族自治县、海晏县、祁连县、刚察县、门源回族自治县、共和县、同德县、贵德县、兴海县、贵南县、玛多县、玉树县、杂多县、德令哈市、格尔木市、乌兰县、都兰县、天峻县	互助土族自治县、海晏县、祁连县、刚察县、门源回族自治县、共和县、同德县、贵德县、兴海县、贵南县、玛多县、玉树县、杂多县、德令哈市、格尔木市、乌兰县、都兰县、天峻县	互助土族自治县、海晏县、祁连县、刚察县、门源回族自治县、共和县、贵南县、玛多县、玉树县、杂多县、德令哈市、乌兰县、都兰县

（续表）

地区	省级政区	20世纪前半叶分布地点	20世纪后半叶分布地点	现今分布地点
	宁夏	银川市、灵武市、永宁县、贺兰县、石嘴山市、平罗县、利通区、青铜峡市、盐池县、同心县、沙坡头区、中宁县、海原县	银川市、灵武市、永宁县、贺兰县、平罗县、青铜峡市、盐池县、沙坡头区、中宁县、海原县	银川市、灵武市、平罗县、青铜峡市、盐池县、中宁县
	新疆	乌鲁木齐市、乌鲁木齐县、克拉玛依市、石河子市、喀什市、疏附县、疏勒县、英吉沙县、泽普县、莎车县、叶城县、麦盖提县、岳普湖县、伽师县、巴楚县、塔什库尔干塔吉克自治县、阿克苏市、温宿县、库车县、沙雅县、新和县、拜城县、乌什县、阿瓦提县、柯坪县、和田市、和田县、策勒县、吐鲁番市、鄯善县、托克逊县、哈密市、伊吾县、巴里坤哈萨克自治县、阿图什市、阿克陶县、乌恰县、博乐市、精河县、温泉县、昌吉市、阜康市、米泉市、呼图壁县、玛纳斯县、奇台县、吉木萨尔县、木垒哈萨克自治县、库尔勒市、轮台县、尉犁县、若羌县、且末县、和静县、和硕县、博湖县、焉耆回族自治县、伊宁市、奎屯市、伊宁县、霍城县、巩留县、新源县、昭苏县、特克斯县、尼勒克县、察布查尔锡伯自治县、塔城市、乌苏市、额敏县、沙湾县、裕民县、和布克赛尔蒙古自治县、阿勒泰市、布尔津县、富蕴县、福海县、哈巴河县、青河县、吉木乃县	乌鲁木齐市、乌鲁木齐县、克拉玛依市、石河子市、喀什市、疏附县、疏勒县、英吉沙县、泽普县、莎车县、叶城县、麦盖提县、岳普湖县、伽师县、巴楚县、塔什库尔干塔吉克自治县、阿克苏市、温宿县、库车县、沙雅县、新和县、拜城县、乌什县、阿瓦提县、柯坪县、和田市、和田县、策勒县、吐鲁番市、鄯善县、托克逊县、哈密市、伊吾县、巴里坤哈萨克自治县、阿图什市、阿克陶县、乌恰县、博乐市、精河县、温泉县、昌吉市、阜康市、米泉市、呼图壁县、玛纳斯县、奇台县、吉木萨尔县、木垒哈萨克自治县、库尔勒市、轮台县、尉犁县、若羌县、且末县、和静县、和硕县、博湖县、焉耆回族自治县、伊宁市、奎屯市、伊宁县、霍城县、巩留县、新源县、昭苏县、特克斯县、尼勒克县、察布查尔锡伯自治县、塔城市、乌苏市、额敏县、沙湾县、裕民县、和布克赛尔蒙古自治县、阿勒泰市、布尔津县、富蕴县、福海县、哈巴河县、青河县、吉木乃县	乌鲁木齐市、乌鲁木齐县、克拉玛依市、石河子市、疏勒县、泽普县、伽师县、巴楚县、阿克苏市、沙雅县、和田市、和田县、策勒县、吐鲁番市、鄯善县、托克逊县、哈密市、巴里坤哈萨克自治县、乌恰县、博乐市、精河县、阜康市、米泉市、玛纳斯县、轮台县、尉犁县、若羌县、和静县、博湖县、伊宁市、伊宁县、霍城县、巩留县、新源县、昭苏县、特克斯县、尼勒克县、察布查尔锡伯自治县、乌苏市、额敏县、沙湾县、和布克赛尔蒙古自治县、阿勒泰市、布尔津县、富蕴县、福海县、哈巴河县、青河县、吉木乃县

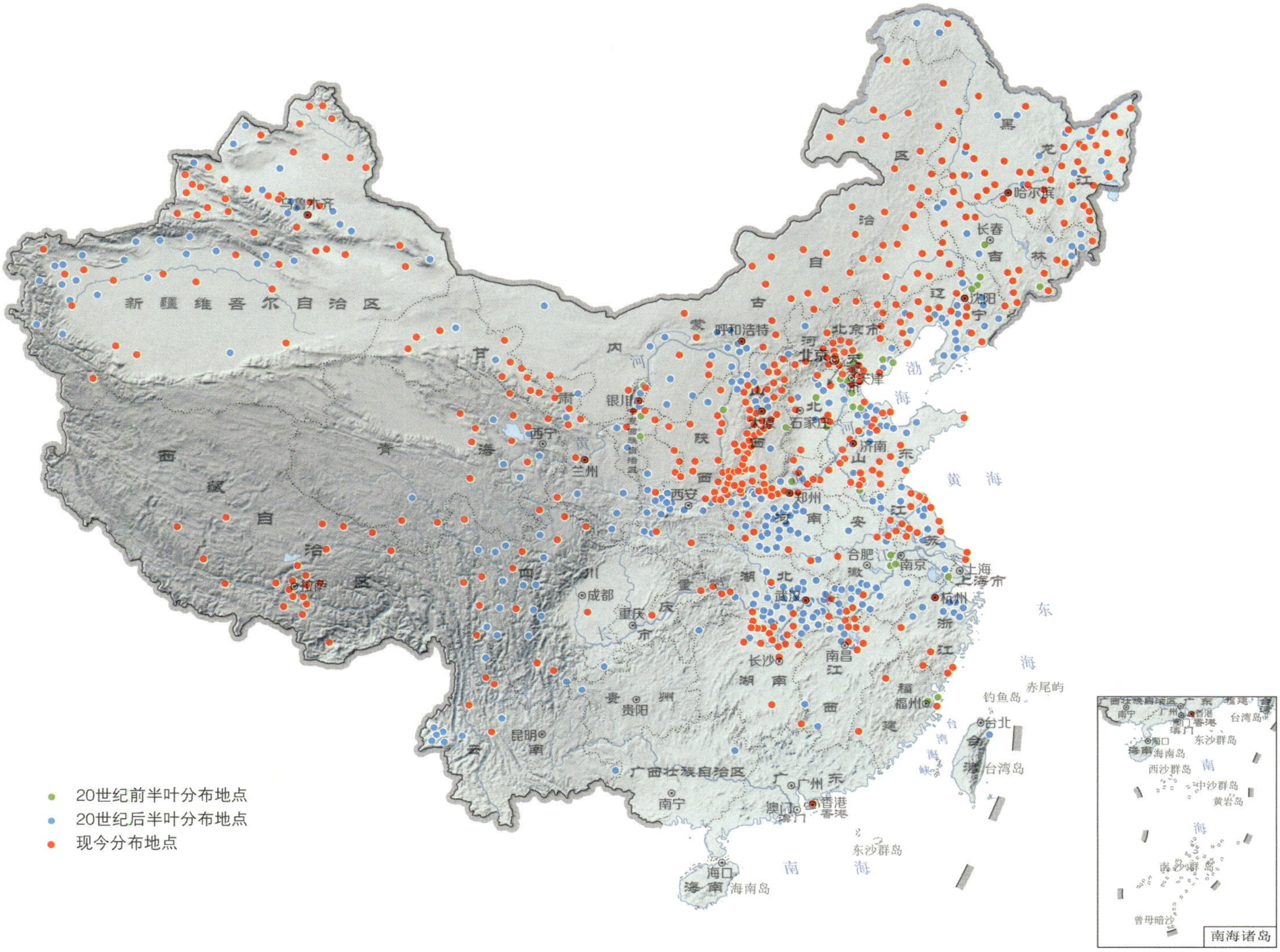

图 6.37　20 世纪以来大天鹅分布变迁图

6　20 世纪以来的小天鹅分布变迁

小天鹅在我国主要为旅鸟和冬候鸟，分布以东部为主，并向西呈递减状态。

6.1　华北

华北各省级政区皆有小天鹅栖息。

6.1.1　北京

北京市虽有小天鹅记录，但并不多见。

《北京鸟类志》记述（蔡其侃，1987）：

小天鹅

别名：短嘴天鹅、白鹅。

采集地：良乡琉璃河，1963 年 4 月 1 日。（旅鸟）

按：既然有标本为证，表明房山区曾有小天鹅飞临。

据 2015 年 1 月报道，8 只迁徙过程中掉了队的天鹅（从队形上看，像是两个家庭。每家各有 2 只未成年的幼鸟，因为它们的颜色还处在灰色状态）飞临房山拒马河流域。尽管所附照片尚难辨认具体“天鹅”物种，但提及“十渡地区曾经出现过天鹅，但最多的时候也不过 6 只”[①]，似为小天鹅。

① 刘琳. 拒马河畔飞来八只天鹅. http://news.xinhuanet.com/local/2015-01/27/c_127427542.htm

据 2015 年 11 月报道，地处延庆县的野鸭湖自然保护区也有小天鹅停歇，从 2005 年开始在野鸭湖地区开展鸟类监测，最初监测到的天鹅只有二三百只。但这些年来天鹅数量稳步增长，“现在大天鹅有 500 多只，小天鹅也将近 300 只”①。可见这里有重现小天鹅较固定停歇处。

6.1.2　天津

天津市也有一些小天鹅分布记录。

《北辰区志》记载有“天鹅”（天津市北辰区地方志编修委员会，2000），似含有小天鹅。

《中国重点陆生野生动物资源调查》仅称“据文献记载，小天鹅分布于”“天津”；又提及“本次调查，小天鹅在”“天津”“的分布区没有变化”（国家林业局，2008）。

据 2015 年 3 月报道，北大港湿地地处滨海新区（包括原大港区），近日迎来首批提前回归的候鸟 6 000 余只，其中有小天鹅等珍贵物种超过 500 只。从呼伦贝尔到渤海湾鸟类迁徙通道，是世界 8 条主要候鸟迁徙路线之一的东部迁徙路线重要组成部分。以北大港湿地为代表的渤海西部，又是这一重要组成部分中最为关键的鸟类迁徙通道。每年来此停歇、觅食、繁殖的候鸟达数十万只、140 多种②。

6.1.3　河北

河北省分布的小天鹅也不多，是旅鸟。

《野生天鹅》记载，短嘴天鹅（即小天鹅）迁徙途经“河北”（马鸣等，1993）。

《磁县志·动物资源》在“鸟类”中列举有“鹄鹰、雕、秃鹫”等（磁县地方志编纂委员会，2000）。此“鹄鹰”疑似“鹄、鹰”之误，似包括小天鹅。

《永清县志》记载“飞禽类”中列举天鹅与鹌鹑、喜鹊、布谷鸟、百灵鸟等（永清县志办公室，2000），似包括小天鹅。

《中国重点陆生野生动物资源调查》称“据文献记载，小天鹅分布于”“河北（北戴河、唐海、灵寿、沧州）”；又提及“本次调查，小天鹅在”“河北（赤城、冀州、黄骅）”（国家林业局，2008），表明小天鹅曾在灵寿县、秦皇岛市、唐海县、沧州市等地出现，现见于赤城县、黄骅市、冀州市等地。

兴隆县在“自然资源·动物资源”所列举的“国家Ⅱ级保护动物 21 种”中就有小天鹅③。

沽源县的闪电河湿地是张家口坝上保存最为完整的湿地，是环京津重要的生态屏障，也是距京津最近的高原湿地。该湿地总面积 272 km^2，是候鸟迁徙、停歇的重要中转站和繁殖地，鸟类多达 172 种，栖息着众多珍稀濒危鸟类，其中有数以万计的世界最大的小天鹅迁徙种群，在每年春秋迁徙季节在这里相聚④。

6.1.4　山西

山西省确有小天鹅分布，有标本可证实。

《山西两栖爬行类》明确小天鹅在“芦芽山保护区、历山保护区”，“获得标本”（樊龙锁等，1998），亦即在宁武县、岢岚县、五寨县、垣曲县、沁水县、翼城县、阳城县有小天鹅栖息。

《垣曲县志：1991—2000》称“仍有天鹅等多种珍稀鸟类”（垣曲县地方志编纂委员会，2001），可能含有小天鹅。

《河津市志》记载的“天鹅（大天鹅、白天鹅）”（河津市志编纂委员会，2002），似包括小天鹅。

岢岚县在“生物资源”中称，“还能见到 160 多种国家一、二类保护动物如黑鹳、金雕、小天鹅、虎、金钱豹等的踪影”⑤，证明还有小天鹅分布。

平陆县三湾村一带，每年 11 月中旬到次年的 2 月中旬，有数千到上万只白天鹅和红嘴鸥到这里越冬⑥，所称“白天鹅”当包括小天鹅。

6.1.5　内蒙古

内蒙古自治区有较多小天鹅分布。

《内蒙古珍稀濒危动物图谱》记述（凤凌飞，

---

①于丽爽. 疣鼻天鹅 30 年再来野鸭湖. http://news.ifeng.com/a/20151110/46178167_0.shtml

②北大港湿地迎来今年首批六千余只候鸟飞抵. http://www.greentv.com.cn/zhuanti/zhuanti_detail.aspx?ID=146138

③中国·兴隆. http://www.hbxl.gov.cn/syscolumn/zjxl/zrzy/index.html

④衡水湖入围“中国最美湿地”评选. http://cache.baiducontent.com/c?m=9f65cb4a8c8507ed4fece763105392230e54f72966808c403e8ed41384642c101a39fee770670d5f8f91217006db485ceef2316537747af1c4969c0f80fbc427&p=c97cc54ad4815dfc57ef853e4d&newp=8b2a9715d9c110e91fbbdb2f4653d8304a02c70e3d&user=baidu

⑤岢岚县. http://baike.baidu.com/link?url=W2nwp4ia9Fgpy-H2T4T42xkCwvO6Yr2t_zTIqSS8PbRpHbr2Ws2ixahLOnAn6paJ

⑥平陆县. http://baike.baidu.com/link?url=03aOUv2DcV5DQKEATefbh6X3fOfbSUzUS8jAFOjDDqv2lvIE_OzSYV_YVEXdFk3hIFqbv3JhQz_IIjFZIpZ2NK

1991)：

小天鹅

蒙名：奥登赫肖图—鹄恩。别名：短嘴天鹅、白鹅、食鹅、洪戕鲁。分布：迁徙时见于东北、内蒙古、新疆北部及华北等地，在华中及东南沿海地区越冬。在内蒙古小天鹅为旅鸟，迁徙时可见于呼伦贝尔盟、兴安盟、赤峰市和呼和浩特市的托克托县等地。

《野生天鹅》记载，短嘴天鹅（即小天鹅）迁徙途经“内蒙古（弱水、辉河）”（马鸣等，1993），说明在鄂温克族自治旗、额济纳旗等地有停歇。

《中国东北地区珍稀濒危动物志》称，小天鹅“见于内蒙古东北部呼伦贝尔盟”（中华人民共和国濒危物种进出口管理办公室等，1999）。

《内蒙古动物志.第三卷，鸟纲·非雀形目》记述（旭日干，2007）：

小天鹅

别名：短嘴天鹅、白鹅、食鹅。

居留型：旅鸟。

地理分布：见到或采到标本的地点有呼伦贝尔市的鄂温克族自治旗（1983）、达赉湖（1989）、满洲里（1976），兴安盟（1995），赤峰市克什克腾旗（1993）、白音敖包自然保护区（1986）、呼和浩特市托克托县（1991）、森林公园（1999），巴彦淖尔市乌梁素海（2003 年春季），阿拉善盟的弱水（1976）。

按：据此，反映在托克托县、克什克腾旗、满洲里市、新巴尔虎右旗、新巴尔虎左旗、鄂温克族自治旗、乌拉特前旗、乌兰浩特市、阿尔山市、突泉县、科尔沁右翼前旗、科尔沁右翼中旗、扎赉特旗、额济纳旗等地依然有小天鹅分布。

《中国重点陆生野生动物资源调查》称，“据文献记载，小天鹅分布于”“内蒙古（呼伦贝尔、兴安盟、锡林郭勒盟、赤峰市、鄂尔多斯）”；又提及“本次调查，小天鹅在”“内蒙古”“的分布区没有变化”（国家林业局，2008）。说明在赤峰市、宁城县、林西县、阿鲁科尔沁旗、巴林左旗、巴林右旗、克什克腾旗、翁牛特旗、喀喇沁旗、敖汉旗、海拉尔区、满洲里市、扎兰屯市、牙克石市、根河市、额尔古纳市、阿荣旗、新巴尔虎右旗、新巴尔虎左旗、陈巴尔虎旗、鄂伦春自治旗、鄂温克族自治旗、莫力达瓦达斡尔族自治旗、东胜区、达拉特旗、准格尔旗、鄂托克前旗、鄂托克旗、杭锦旗、乌审旗、伊金霍洛旗、乌兰浩特市、阿尔山市、突泉县、科尔沁右翼前旗、科尔沁右翼中旗、扎赉特旗、锡林浩特市、二连浩特市、多伦县、阿巴嘎旗、苏尼特左旗、苏尼特右旗、东乌珠穆沁旗、西乌珠穆沁旗、太仆寺旗、镶黄旗、正镶白旗、正蓝旗一带一直有小天鹅。

林西县的“生物资源”中的“天鹅”[①]，包括小天鹅。

新巴尔虎右旗[②]与新巴尔虎左旗[③]所称“天鹅”，皆含有小天鹅。

阿尔山市所称“天鹅”[④]与扎赉特旗所称“白天鹅”[⑤]略有差异，但皆包括小天鹅。

多伦县[⑥]、阿巴嘎旗[⑦]、苏尼特左旗[⑧]与西乌珠穆沁旗[⑨]所同称的“天鹅”都同时指小天鹅等。

乌拉特中旗所称当地的“天鹅”[⑩]，也包括小天鹅。

6.2 东北

东北三省皆有小天鹅分布记录。

---

①林西县. http://baike. baidu. com/link? url = OCi3X5OBlmQk _ k8o8fPIMnlXsnWMejBrW8DNtW3i4HS-X _ AaFxKMGgQDr0-fZCz8

②内蒙古·新巴尔虎右旗. http://www. xbehyq. gov. cn/main/viewDetail. jsp? newsid=92861&subjectid=3634

③新巴尔虎左旗. http://baike. baidu. com/link? url = tR4fiuZAZJZbEzn7LysegYGjHZd05zOSbmHaOR2D8QEUJZDEEks6zK3luk0iviqA

④阿尔山. http://baike. baidu. com/link? url=EFJsPeTKsDJdOEnHlOPK9X8ufg2AJaWXp4HDuJy2ri-0Dj2e07kvHlY5fMePgnxq

⑤扎赉特旗. http://baike. baidu. com/link? url=nxfTjOdii7NuyYZSSH6j5_19cQ4TIvR-Z_Fy5H6IpySPCz3nyO4ohs_qGzhSy6uP

⑥多伦县. http://baike. baidu. com/view/300670. htm

⑦阿巴嘎旗. http://baike. baidu. com/view/336472. htm

⑧苏尼特左旗. http://baike. baidu. com/link? url=84LL4TwLRfdsgKiHdUUvWh-Q9RVd55WdQ6qLcD4wQ4UVYa896fxZq5WD45E9εvhi

⑨西乌珠穆沁旗. http://baike. baidu. com/link? url=uJeZVw71Vp8K7RRm7_9ThBILvixQri7fgvN8zVD3DCqcZ2mwUFM9CeuVx2Niksh2

⑩乌拉特中旗. http://baike. baidu. com/view/168612. htm

6.2.1 辽宁

辽宁省分布的小天鹅一直持续到现今。

《辽宁动物志：鸟类》记述（黄沐朋等，1989）：

小天鹅

别名：短嘴天鹅、白鹅、食鹅。分布：盖县（今盖州市），营口（水野，1934），大连（市区、旅顺、大连湾）。旅鸟。

按：反映小天鹅曾在大连市、营口市、盖州市等地有分布，为旅鸟。

《野生天鹅》记载，短嘴天鹅（即小天鹅）迁徙途经“辽宁辽河上游康平沼泽、营口”（马鸣等，1993），反映在康平县、营口市一带有小天鹅栖息。

《中国东北地区珍稀濒危动物志》也有类似记载（中华人民共和国濒危物种进出口管理办公室等，1999）。

《中国重点陆生野生动物资源调查》称“据文献记载，小天鹅分布于”“辽宁（大连、旅顺、康平、营口、盖州）”；又提及“本次调查”，“辽宁新发现小天鹅的分布点有喀左、新民、法库”（国家林业局，2008）。可见在新民市、康平县、法库县、喀喇沁左翼蒙古族自治县、大连市、营口市、盖州市等地皆有小天鹅分布。

法库县獾子洞水库在2006年即首次报道有小天鹅等珍稀鸟类栖息，2011年又见它们在此停歇（于晶晶等，2013）。

台安县的大麦科湿地自然保护区，有75种国家、省级保护的野生动物。其中国家二级保护野生动物如小天鹅、苍鹰等23种①。

朝阳市的燕山湖，2013年曾有100多只小天鹅飞临②。

6.2.2 吉林

吉林省有小天鹅分布，但不多见。

《野生天鹅》记载，短嘴天鹅（即小天鹅）迁徙途经“吉林向海、长白山地区”（马鸣等，1993），反映在通榆县、抚松县、长白朝鲜族自治县、和龙市、安图县等地有小天鹅飞临。

《中国东北地区珍稀濒危动物志》记载“向海、长白山地区”等处见有小天鹅栖息（中华人民共和国濒危物种进出口管理办公室等，1999），也说明在通榆县、抚松县、长白朝鲜族自治县、和龙市、安图县等地有小天鹅栖息。

《中国长白山动物》在“长白山鸟纲检索表”中记载有“小天鹅”（高玮等，2002），说明约抚松县、长白朝鲜族自治县、和龙市、安图县一带有小天鹅。

《中国重点陆生野生动物资源调查》称“据文献记载，小天鹅分布于”“吉林（通榆向海自然保护区、长白山）”；又提及“本次调查，小天鹅在”“吉林……未见到”（国家林业局，2008），说明已极度濒危。

6.2.3 黑龙江

黑龙江省是东北小天鹅分布最多的省。

《黑龙江省兽类志》即附录有“小天鹅”（马逸清等，1986），反映有所分布。

《野生天鹅》记载，短嘴天鹅（即小天鹅）迁徙途经“黑龙江、牡丹江③、齐齐哈尔、兴凯湖”（马鸣等，1993），反映在齐齐哈尔市、密山市、牡丹江市、穆棱市、绥芬河市、海林市、宁安市、东宁县、林口县等地有小天鹅栖息。

《中国东北地区珍稀濒危动物志》记载“大兴安岭、黑河、松嫩平原、齐齐哈尔”等处见有小天鹅栖息（中华人民共和国濒危物种进出口管理办公室等，1999）。约在齐齐哈尔市、龙江县、泰来县、甘南县、富裕县、爱辉区、五大连池市、大庆市、肇州县、肇源县、林甸县、杜尔伯特蒙古族自治县、安达市、肇东市、大兴安岭地区、呼玛县、塔河县、漠河县等地。

《中国重点陆生野生动物资源调查》称“据文献记载，小天鹅分布于”“黑龙江（牡丹江、齐齐哈尔、兴凯湖）”；又道“本次调查，小天鹅在”“黑龙江”“的分布区没有变化”（国家林业局，2008），亦

①台安县. http://baike. baidu. com/link? url = iDFGo3x7P4rsxCG8YHNL8rU _ ZUN2IuVVHAj-NBmzFLuuTLUUJAn42C _ zoZ4VEheR

②隋婷. 朝阳发现百只小天鹅. http://cache. baiducontent. com/c? m=9d78d513d9d706ef06e2ce384b54c0676a499d2361898e027fa3d215c9234c413037bee43a221207d2c77d6706b2155deff23578320426b68cc8ff0b87fdcd76&p=8072d715d9c11cf70be296234b&newp=8067d715d9c12df90be296354653d8304a02c70e3abb86&user=baidu

③此处疑似“黑龙江的牡丹江市”之误。

即反映在齐齐哈尔市、密山市、牡丹江市、穆棱市、绥芬河市、海林市、宁安市、东宁县、林口县等地仍有小天鹅栖息。

桦川县[①]与友谊县[②]皆处于三江平原腹地，故所称当地“天鹅”似包括小天鹅。

6.3 华东

华东各省级政区皆有小天鹅栖息记录。

6.3.1 上海

上海市分布的“天鹅”，较多见是小天鹅。

《上海地区的国家保护动物》记载“小天鹅：(冬候鸟)崇明东滩”(黄正一等，1991)，说明有小天鹅分布。

《野生天鹅》记述(马鸣等，1993)，短嘴天鹅(小天鹅)

> 主要越冬地有两处：……二是上海崇明东滩，1986～1989 连续几年冬天统计至 3 000～3 500 只(虞快等，1991)。其他越冬地还有上海长兴岛、横沙岛。

按：据此，皆说明崇明县是小天鹅主要越冬地之一。

《中国重点陆生野生动物资源调查》称“据文献记载，小天鹅分布于”“上海(崇明东滩、长兴岛和长江口南岸三甲港以及朝阳农场边滩)”；又提及“本次调查，小天鹅在”“上海(崇明岛东滩、长兴岛)”(国家林业局，2008)。可见在浦东新区、南汇区、崇明县等地曾有小天鹅，然而现今仅见于崇明县。

据 2010 年 11 月报道，冬季来临，大量迁徙候鸟飞临地处南汇区的东滩禁猎区栖息觅食，小天鹅数量为历年最多，但也同时遭遇最为严重的偷猎行径[③]。

地处宝山区的宝钢水库虽然生境单一、水生植物稀少，但环境安静、少有人为干扰，使这里成为一些浮水游禽极佳的越冬停歇栖息地，历来记录中还不乏小天鹅、斑脸海番鸭、黑喉潜鸟、角鸊鷉等珍稀罕见鸟类[④]。

6.3.2 江苏

江苏省虽不多见有小天鹅记录，但难以绝对排除偶有现象。

《野生天鹅》记载，短嘴天鹅(小天鹅)“越冬地还有……江苏盐城高邮[⑤]、东台”(马鸣等，1993)，表明在东台市、大丰市、射阳县、滨海县、响水县、高邮市等地有小天鹅栖息。

据 2010 年 11 月报道，在溧水(县)石臼湖，大批小天鹅和其他冬候鸟已经抵达。除了石臼湖，南京(市)其他几处冬候鸟集中栖息地分别是玄武湖、紫金山、江心洲和浦口江边湿地等。“以前小天鹅都要到来年一二月份才能到来，今年似乎特别早”。鸟友分析，最近冷空气活动频繁，近期我国北方大部分地区出现暴雪天气，这加快了它们南徙的步伐[⑥]。

淮安市称该市普查统计，其中“二级保护动物有大天鹅、小天鹅、虎鼻天鹅”[⑦]，虽表明 3 种天鹅皆有，但小天鹅可能仅在所辖淮安市、金湖县、盱眙县、洪泽县、涟水县中偶尔飞临。

6.3.3 浙江

浙江省虽有小天鹅分布，但不多见。

《浙江动物志：鸟类》(浙江动物志编辑委员会等，1990)：

> **小天鹅**
>
> 别名：短嘴天鹅、啸声天鹅、白鹅。
>
> 分布：标本采自诸暨。冬候鸟。

按：由此证明在诸暨市曾有小天鹅栖息。

《野生天鹅》记载，短嘴天鹅(小天鹅)“偶见于浙江”(马鸣等，1993)。

《中国重点陆生野生动物资源调查》仅称“据文献记载，小天鹅分布于”“浙江(偶见)”，“本次调查”未提浙江(国家林业局，2008)。

---

①桦川县. http://baike. baidu. com/link? url=_35HUvwhCrr3qJsW5XyBukhquAeeqobvQO4dU2cUAFpru_mO9l7w5j5NaYHhCvzf

②友谊县. http://baike. baidu. com/view/351590. htm

③吴晓青. 五六十人在南汇东滩偷猎小天鹅 已有人被刑事立案. http://sh. sina. com. cn/news/s/2010-11-25/0843163679. html

④宝钢水库浮鹜成群. http://www. shanghai. gov. cn/shanghai/node2314/node2315/node17239/node18222/u21ai705458. html

⑤疑似指“盐城湿地珍禽自然保护区”与“高邮市”(有高邮湖)。

⑥北方大雪，小天鹅提前 3 月来“度假”. http://news. 163. com/10/1122/03/6M2JE37H00014AED. html

⑦淮安. http://baike. baidu. com/link? url = 99sKC6wvs _ yRznLGEsR9NRJonpyn201g _ 0WC7caoYzYM3B47kzvmRI0Dzlld0opFzhxpdD6LyxFWtF-5M65bmq

磐安县地处天台山、括苍山、仙霞岭、四明山等山脉的发脉处——大盘山脉中心地段。虽称"鸟纲属国家一级保护的有秋沙鸭、天鹅等"欠准确，但还是可以反映当地有小天鹅等栖息①。

据2010年11月报道，32只珍稀的小天鹅，在迁徙经过宁波慈溪（市）的杭州湾畔时被发现。小天鹅秋冬时节迁徙到长江流域的湖泊越冬，以前在宁波的记录很少，更不用说一次性发现那么多②。2011年12月，有人到杭州湾湿地中心管理部，要求给予协助放飞小天鹅（据称是从一个老渔民那里花高价买来的）③。杭州湾湿地位于慈溪市，正处在东亚—澳大利亚的候鸟迁徙路线的中端，杭州湾湿地既包括广阔的滩涂，也包括大片的芦苇荡与荒草地，以良好的环境、丰富的食物，每年吸引了大量候鸟的光临，成为鸟类迁徙必经的中转站；同时，还有不少珍稀鸟类来这里繁殖、越冬，也有的是留鸟④。

据2012年11月报道，松阳县的松阴溪边发现小天鹅群，共有8只（2只幼鸟，羽色为绒灰），长长的脖颈，纯白的羽毛，黑色的脚和蹼⑤。

6.3.4 安徽

安徽省分布的天鹅属以小天鹅为主。

《野生天鹅》记载，短嘴天鹅（小天鹅）"越冬地还有……安徽升金湖"（马鸣等，1993），反映在贵池区、东至县一带有小天鹅。

据报道，位于长江南岸东至县与贵池市（现贵池区）交界的升金湖国家级珍稀水禽自然保护区中每年有许多珍贵的天鹅等珍稀鸟类来此越冬（陈保平，2000）。此"天鹅"乃小天鹅。

《安徽省陆生野生动植物资源》记述（安徽省林业厅，2006）：

小天鹅（冬候鸟）

分布：迁徙时，在沿淮湖泊和江淮丘陵地区作短暂停留，后飞至沿江的黄陂湖、南漪湖、武昌湖、升金湖、七里湖、白荡湖、菜子湖和花凉亭水库等地越冬。

数量：2000年1月，在武昌湖见到620余只，升金湖40只，七里湖120只，白荡湖110只，菜子湖76只，花凉亭水库65只。

按：据此，反映在明光市、安庆市、桐城市、枞阳县、太湖县、望江县、庐江县、贵池区、东至县、郎溪县等地有小天鹅分布。

《中国重点陆生野生动物资源调查》称"据文献记载，小天鹅分布于""安徽（沿淮湖泊和江淮丘陵地区⑥、黄陂湖、南漪湖、武昌湖、升金湖、七里湖⑦、白荡湖、菜子湖、花凉亭水库等地）"；又提及"本次调查，小天鹅在""安徽的分布区没有变化"（国家林业局，2008）。表明在长丰县、肥东县、肥西县、颍上县、蚌埠市、怀远县、五河县、固镇县、淮南市、凤台县、滁州市、明光市、天长市、来安县、全椒县、定远县、凤阳县、桐城市、枞阳县、太湖县、望江县、六安市、寿县、霍邱县、居巢区、庐江县、东至县、宣州区、郎溪县等地还有小天鹅分布。

庐江县在"动物资源・鸟类"中称"天鹅是过境候鸟"⑧，也证明有小天鹅。

繁昌县现有"野生动物・禽类"列举有天鹅、雁、燕子、凫（一名野鸭，有绿翅，花脸、绿头野鸭之分）、寒鸭（俗称雪老鸭）等多种候鸟⑨。据地望判断，"天鹅"似为小天鹅。

怀宁县"动物资源・禽类"，列举出的就有天

---

①磐安县. http://baike. baidu. com/link? url＝TLu1VFFecdkXyNj9gbUGh1mJOxCPREn90AoKKSDhne6zDLUaarvNh4USbfovKuY9EVYMY2xOnu-ruS0BIwuwna

②张海华. 小天鹅光临慈溪 迷倒摄友. http://nb. people. com. cn/GB/200866/13120112. html

③小天鹅. http://www. hzwsdzx. com/a/gb2312/shidiyaowen/zhongxinxinwen/2011/1201/547. html

④杭州湾湿地. http://baike. baidu. com/link? url＝Jztl4kS0N7Usjbrx469wUBWGUHWPpPHlqMB5JFQRq4TdtiTMC7QOjYW4UaazTMfyDUsu2Bo2BNjHkDdTQeyqQK

⑤潘建英等. 田园松阳成了野鸟"天堂". http://syxww. zjol. com. cn/syxww/system/2012/11/16/015738165. shtml

⑥正式地理名称是"淮阳丘陵"。

⑦明光市与江苏省盱眙县共有。

⑧庐江县. http://baike. baidu. com/link? url＝QZQrgMmFPrIwbtBMqsJVIrPc3I1zo3MHqmX0fEWeul4AKntPJHzToNHcvg-WORlu＃3_1

⑨繁昌县. http://baike. baidu. com/link? url＝tXxfQqHLIVHVlJ5XGWcIC3p_lCljM4Btm-hlT6jO2qoANoF9LXPY4ee_K59PV4sK

鹅等 50 余种[①]。所称“天鹅”,似含有小天鹅。

近年来,飞抵贵池区齐山湿地月亮湖的候鸟逐年增多,今年的数量创历年之最,高峰期小天鹅达到 70 多只。月亮湖已成为候鸟停歇的“驿站”和越冬栖息地[②]。

6.3.5　福建

福建省仍有少数地方有小天鹅。

《野生天鹅》记载,短嘴天鹅(小天鹅)“偶见于……福建”(马鸣等,1993)。

《福州市郊区志·自然资源·生物资源》称,境内历史上有“天鹅”[③]。但实际上现今仍有存在。

据报道,2010 年 11 月 18 日,福州市上百村民到闽江口的乌龙江湿地抓蟹,惊走栖息的小天鹅[④]。其后,又有小天鹅飞临越冬。2012 年 3 月,配有多帧照片显示乌龙江湿地小天鹅结伴北返[⑤]。2013 年 2 月更有报道,闽江河口湿地主要分布在福州市的马尾和长乐市,每年 11 月至次年 4 月,福州闽江河口保护区都会迎来许多候鸟前来越冬,其中不乏有小天鹅、鸿雁、勺嘴琵鹭等珍稀鸟类。今年有 500 只小天鹅前来闽江河口湿地越冬,而往年只有 100 只左右[⑥]。

《中国重点陆生野生动物资源调查》虽“据文献记载,小天鹅分布于”“福建”,但在“本次调查,小天鹅在”“福建(邵武、顺昌)”(国家林业局,2008),证实在邵武市、顺昌县等地还有小天鹅栖息。

据 2009 年 11 月报道,研究人员在清流县嵩口镇调查时,在一处水面上发现了 3 只小天鹅,其中成鸟 1 只,另有 2 只亚成体幼鸟。这是清流县首次拍摄到小天鹅越冬停留画面[⑦]。

据 2010 年 11 月报道,君子峰国家级自然保护区核心区,位于明溪县夏坊乡通往芦下陂水库附近一个深山水塘发现一群 5 只小天鹅(3 只幼鸟)(图 6.38、图 6.39);此前,周边的清流县和尤溪县曾经有报道过出现天鹅的消息,而明溪县从来没有出现过[⑧]。

图 6.38　明溪县首现小天鹅在草丛

图 6.39　明溪县首现小天鹅下水

据 2012 年 11 月报道,“首批 45 只小天鹅,又飞回福州越冬!”但记者在(福州市辖)闽侯(县)江中岛(的)塔礁洲湿地采访时,在草丛中就发现

①怀宁县. http://baike.baidu.com/link? url=4YHD30xWD72NejmpoKC7rQxPXR9VqZDkTMrSFGhvnblIUiskpXzWAWVQ 5KGT3Qbj#4_1

②程昭,左泽川. 齐山平天湖风景区月亮湖今成“天鹅湖”. http://ah.anhuinews.com/system/2015/01/05/006645248.shtml

③福州地情网. http://www.fzdqw.com/showtext.asp? ToBook=1115&index=6&

④乌龙江湿地. http://baike.baidu.com/link? url=wK8vZfmJ58fCSrY8Mv_j9sC6gaQ-HYiN-7VN1X9WRmco9OT1t8Cxe7Q7MORH1O90XnPXpw5HEKzb2Gx1bu6P0MQ5NL7--f_rcaSnBvBe7623N-3-QnNAs3D7MByTCGgc

⑤福州小天鹅陆续北迁 只剩爱鸟人士在心里默默道别. http://cache.baiducontent.com/c? m=9d78d513d9d706ef06e2ce384b54c0676a499d267992c7150880cb09c4

⑥闽江口湿地小天鹅数量比往年暴增. http://domestic.kankanews.com/c/2013-02-27/004558911.shtml

⑦周自力. 福建清流发现小天鹅. http://www.fjforestry.gov.cn/InfoShow.aspx? InfoID=11673&InfoTypeID=5

⑧明溪惊现天鹅一家子. http://www.fjbirds.org/bbs/viewthread.php? tid=15684

了数十张捕鸟网[1]。

6.3.6 江西

小天鹅是江西省主要分布的天鹅属。

《野生天鹅》记载（马鸣等，1993），短嘴天鹅（小天鹅）：

主要越冬地有两处：一是江西鄱阳湖。1980/1981、1990/1991和1992/1993连续3个冬季调查统计结果分别为1 769、900和2 104只（陆健健等）。

按：据此，反映南昌市、南昌县、新建县、进贤县、九江市、九江县、永修县、德安县、星子县、都昌县、湖口县、余干县、鄱阳县等地是小天鹅的主要越冬地之一。

《中国重点陆生野生动物资源调查》称“据文献记载，小天鹅分布于”“江西（鄱阳湖）”，且未提及“本次调查”（国家林业局，2008），亦即表明在南昌市、南昌县、新建县、进贤县、九江市、九江县、永修县、德安县、星子县、都昌县、湖口县、余干县、鄱阳县等地仍有小天鹅分布。

新建县被列为国家保护的鸟类有天鹅、雁、野鸭、獐等8种[2]。

九江县现有禽类有天鹅、雉鸡、野鸭、大雁等20余种[3]。

永修县吴城镇等地的鄱阳湖候鸟自然保护区有越冬候鸟126种，其中有属国家保护的天鹅3 000多只，占世界首位[4]。

都昌县的鄱阳湖一带有天鹅等珍稀候鸟越冬[5]。

余干县仍有天鹅、白鹤、大雁等候鸟栖息[6]。

上述数地所称“天鹅”，多为小天鹅。

瑞昌市有天鹅、白鹤、鸿雁、灰雁、豆雁、大白鹭、小白鹭、野鸭、苍鹭、绿头鸭、乌鸡等18种候鸟分布在湖中大、中、小山和各湖汊、湖滩的芦苇中[7]；又据2015年1月报道，瑞昌市野生动植物保护站调查时发现，在赤湖和安定湖有一群小天鹅嬉戏[8]。

进贤县现仍有野生动物35种，其中国家Ⅱ级保护动物5种，即小天鹅、穿山甲、虎纹蛙、白额雁、鬣羚等[9]。

6.3.7 山东

山东省虽有小天鹅分布，但明确的具体地点并不多见。

《野生天鹅》记载，短嘴天鹅（即小天鹅）迁徙途经“山东（烟台长岛）”（马鸣等，1993），说明在烟台市、长岛县有小天鹅飞临。

《山东省志·生物志》记述（山东省地方史志编纂委员会，1998）：

小天鹅

体羽洁白，体形较大天鹅稍小。

上述两种天鹅，均属国家二级保护鸟类。栖息在岸边丛生很多水生植物的各种水面和芦苇、蒲草丛生的湖泊中。在水面浮游时，颈成“S”形；空中飞行时，颈向前伸直，脚引伸腹部后方。结群飞行时，队列成“V”字形。

小天鹅（旅；全省）。

按：据此，可见小天鹅也是该省分布较广的天鹅属之一。

《中国重点陆生野生动物资源调查》仅称“据文献记载，小天鹅分布于”“山东（烟台、长岛）”，而未提及“本次调查”（国家林业局，2008），只能反映在烟台市、长岛县等地有小天鹅分布。

---

①张志宏，黄孔瑜. 福建闽侯湿地数十张网捕鸟 野鸟成当地招牌菜. http://news. sina. com. cn/green/news/roll/2012-11-15/061925584030. shtml

②新建县. http://baike. baidu. com/view/370065. htm

③九江县. http://baike. baidu. com/link? url=dGTa5gR9_SujY3ob5Zxb8DZusttRfaFM8FpwxURKX6b2B5fpqiuc34amhO6DmkUW#6_2

④九江. http://baike. baidu. com/link? url = B8kGxPTKM1edRKLPd12J1ufk4YQXVc26AtVRqI44j-py1gNrzd29137psJlqcmABkASSqAbELX3lzoyKW_6de-K4reuwkyEu2xzscWFZOam#6

⑤都昌县. http://baike. baidu. com/link? url=IJpN2Xy1JedF_TSaRMP8u_MLrQ35D7jqyqZgJkLSjaL9VcX5Un1NNGtQKztFTjmP#5_3

⑥余干县. http://baike. baidu. com/link? url=wpTqCRIde4MF7KYr2etOqlrnqaYyDtvo8Wd5dLrNh1SQg1wvZqY54EBwo9g0-koZ#4_5

⑦瑞昌. http://baike. baidu. com/link? url = CBvuqioCljWQoYYRgRuUZqGF6BGMzV8nRjDSVwhd8S3THJFHwbaxWbG2SUsDW8_0ZrIcrNJV6o3e59gynCGs7W8TthwFNKpj6qzv20aN6o3#8_5

⑧小天鹅等22种珍稀保护动物来瑞昌赤湖安定湖过冬. http://www. haokoo. com/zhoubianyou/1575118. html

⑨进贤县. http://baike. baidu. com/link? url=IBeoV-Si6AGfTl_M38BWSEGtlFT2EWLYF_LagK0HGgJGydn6LqiJIDLrlRIHwusl#8

济宁市称该市有"大小天鹅"①，故可说明其中有小天鹅，但似仅辖区中济宁市、邹城市、微山县、鱼台县等地有所分布。

桓台县北部的马踏湖湿地保护区动物资源丰富，仅鸟类就有174种，其中国家二级保护动物有小天鹅、鹊鹞、白头鹞、白尾鹞、松雀鹰、苍鹰、毛脚鵟、游隼、灰鹤、白枕鹤、棕腹纹小鸮、长耳鸮、短耳鸮等15种②，

2014年3月报道，济宁市的南四湖自然保护区内监测到大批国家重点保护鸟类。据统计，国家一级保护鸟类东方白鹳达70余只，国家二级保护鸟类白琵鹭达20余只，小天鹅达150余只，此外还有大批雁鸭类飞经停歇③。

近见图片报道，青岛市白沙河发现3只小天鹅(其中1只亚成鸟)(图6.40、图6.41)④，使得以往所见青岛唯有"疣鼻天鹅"记录得到改写。此外，由于青岛所辖青岛市区、胶州市、即墨市、平度市、胶南市、莱西市近年皆有"天鹅"飞临停歇(详见后文疣鼻天鹅)，其中似皆有小天鹅。

图6.40 青岛市发现的小天鹅小家庭

图6.41 青岛市发现的小天鹅在戏水

6.3.8 台湾

台湾偶有小天鹅飞临。

《台湾脊椎动物志》记述(陈兼善等，1984)：

鹄：英名 Alpheraky's Swan(祁译阿非瑞科鹄)，Eastern Bewick's Swan；*C. columbianus jankowskii* Alpheraky 当为其异名。任译短嘴黑鼻鸭；俗名小天鹅。分布我国西北及东北，在台湾为稀见之迷鸟，曾见于桃园、宜兰、新竹、礁溪等地。

按：据此，说明在新竹市、新竹县、宜兰县、桃园县等地曾有小天鹅分布。

《野生天鹅》记载，短嘴天鹅(小天鹅)"偶见于……台湾"(马鸣等，1993)，证实台湾确有小天鹅。

据2013年3月报道，台中高美湿地靠灯塔附近水域，出现野地小天鹅踪迹，吸引不少鸟友驻足观赏，小天鹅悠游水域间，觅食水草、水生昆虫、螺类，或缩着脖子打盹、睡觉等可爱姿态。"小天鹅为冬季稀有过境鸟，脚黑色，成鹅全身白色、头颈部略带黄褐色，高约120 cm"⑤，据此描述，当是小天鹅；高美湿地位于台中县清水镇。

①济宁. http://baike.baidu.com/link? url=WW-_Gx8cPKwZEl8y7aNtfzJ5UkbpnMgPKzWI4cGX_HNFTHa8RaetxMS5w9yAXDOLFi98uHn_VLQdf5RqTHBX6_#14_4

②徐鹏，陈思. 马踏湖湿地保护区：鸟类增多 捕杀难杜绝. http://cache.baiducontent.com/c? m=9f65cb4a8c8507ed4fece763104a802358438014629f8c423a958448e435075c4764e0bd3a201104d0d8796603ac4956fdf04128715c7ea3de95c81cd2&p=8e49c54ad6c342f811be9b7c57499d&newp=8b2a9715d9c341ac11b7cd2516428f231610db2151d0d612&user=baidu

③我市监测到大批国家重点保护鸟类. http://cache.baiducontent.com/c? m=9d78d513d9d706ef06e2ce334b54c0676a499d267992c715088ccf09cd2f4c413033beff302267558fd8273b57f8034bea877428751421c3c4df893c8ce6ce6e78d461237018d75613a542f39d116fd6209409feae6fa6e0ad7784aed6828c12089c44040c83f78f4d00109139e71547e4a0934c&p=b47fc216d9c15fe701bd9b7d071d9f&newp=c07dc64ad4934eac52e685361c438b231610db2151d1d617&user=baidu

④小天鹅驾临青岛白沙河. http://itbbs.pconline.com.cn/dc/15978948.html

⑤台中高美湿地惊现小天鹅 可爱姿态引鸟友观赏. http://news.ifeng.com/gundong/detail_2013_03/29/23680049_0.shtml

6.4 中南

中南仅最南部的海南、香港、澳门 3 个省级政区未见小天鹅分布记录。

6.4.1 河南

河南省虽有小天鹅分布，但并不多。

《野生天鹅》记载，短嘴天鹅（即小天鹅）迁徙途经“河南花园口黄河滩①”（马鸣等，1993），反映在郑州市、巩义市、荥阳市、中牟县等地有小天鹅分布。

《河南省野生动植物资源调查与保护》记述（甘雨等，2004）：

小天鹅

地方名：白天鹅、天鹅。在河南省为旅鸟，偶见于冬季。

分布与数量：据资料记载，分布于全省。本次调查发现于洛阳市孟津黄河省级湿地水禽自然保护区，平顶山市叶县孤石滩水库，济源市曲阳湖。非繁殖季节共 105 只，其中孟津县 102 只，叶县 1 只，济源市 2 只。种群密度 0.148 372 只/km^2。

按：据此可知，在巩义市、湖滨区、洛阳市、偃师市、孟津县、新安县、焦作市、孟州市、封丘县、长垣县、叶县、济源市等地还有小天鹅栖息。

孟津县的黄河湿地有动物 724 种，其中鸟类 175 种②，据介绍：小天鹅、白肩雕等旅鸟飞临此地，欣然停歇，乐不思征③。经核查，该保护区应是“河南黄河湿地国家级自然保护区”④，地处巩义市、湖滨区、洛阳市、偃师市、孟津县、新安县、焦作市、孟州市、济源市一带。

《中国重点陆生野生动物资源调查》称“本次调查，小天鹅在”“河南（洛阳孟津黄河湿地水禽自然保护区、平顶山孤石滩水库、济源曲阳湖）”（国家林业局，2008），与《河南省野生动植物资源调查与保护》记载相似。

据报道，信阳市有小天鹅等鸟类 350 多种，占河南省鸟类 90% 以上（熊林春等，2014）。但此“信阳市”乃地级市，有小天鹅的似仅其中个别地方。

据 2013 年 2 月《淇河晨报》报道，有人在鹤壁市的淇河拍摄到小天鹅等珍稀鸟类⑤。证实偶有飞临。

地处固始县的安山森林公园与固始淮河湿地自然保护区皆保持良好的生态环境，区域内生物多样性丰富，是鸟类重要的停歇地和繁殖地，有小天鹅等栖息⑥。

6.4.2 湖北

湖北省有较多小天鹅分布，且是小天鹅主要越冬地之一。

《野生天鹅》记载，短嘴天鹅（小天鹅）“越冬地还有……湖北汉水流域、长江流域湖群、洪湖”（马鸣等，1993），即约在武汉市、丹江口市、郧县、竹山县、房县、郧西县、竹溪县、襄樊市、老河口市、枣阳市、宜城市、南漳县、谷城县、保康县、荆门市、钟祥市、沙洋县、京山县、孝南区、应城市、汉川市、孝昌县、云梦县、黄州区、武穴市、罗田县、英山县、浠水县、蕲春县、黄梅县、团风县、鄂州市、黄石市、大冶市、阳新县、咸安区、赤壁市、嘉鱼县、通城县、崇阳县、通山县、荆州市、石首市、洪湖市、松滋市、江陵县、公安县、监利县、枝江市、当阳市、仙桃市、天门市、潜江市等地皆有小天鹅。

《黄石市志・野生动物》记载的“天鹅”（黄石市志编纂委员会，2001），似包括小天鹅在内。

《中国长江三峡动物大全》记载有“小天鹅（别名：短嘴天鹅、白鹅、鹄、食鹅、啸声天鹅）”（刘先新，2010），表明在宜昌市、秭归县、巴东县等地还有小天鹅飞临。

---

①疑似指“郑州黄河湿地自然保护区”。

②孟津县人民政府网站. http://www. mengjin. gov. cn/

③孟津国家级黄河湿地自然保护区. http://www. baike. com/wiki/孟津黄河湿地

④全国自然保护区名录. http://sts. mep. gov. cn/zrbhq/zrbhq/201208/t20120824_235172. htm

⑤“鸟友”冯豫山又拍到 10 种鸟包括小天鹅、绶带鸟、黄眉、丝光椋鸟等. http://paper. hebiw. com/epaper/qhcb/2013/02/18/CB-A03/story/335943. shtml

⑥安山森林公园. http://baike. baidu. com/link? url=rxiCJ4kQiewxteIdcA_l9e0_fco6y-L9WHo-PUh0bmOewO-x-ecsWCCGDFb-CC8-owzt5pw6w5ilpyQMO_nN7kq；河南固始淮河湿地省级自然保护区. http://baike. baidu. com/link? url=4ZKZD8YhKpSniojZUOdJv-RnGTmKvSns0f4oC2t7fUeqAQXf9ZQgaVqja6WvMV0iz4K77RPu5FVEKbnx_vyJg

《中国重点陆生野生动物资源调查》仅称"文献记载，小天鹅分布于""湖北(武汉沉湖、洪湖、阳新网湖、黄梅龙感湖[①]、鄂州梁子湖、石首天鹅洲等地)"，而未提及"本次调查"(国家林业局，2008)，表明约在武汉市、黄梅县、鄂州市、阳新县、石首市、洪湖市等地仍有小天鹅栖息。

松滋市的洈水国家森林公园所谓"白天鹅"等珍稀动物时有发现[②]，应有小天鹅。

浠水县现有野生动物中鸟类包括"天鹅类"40余种[③]，其中似有小天鹅。

竹山县常见野生动物有23目33科300余种，其中有小天鹅等国家一、二级保护动物18种[④]。

据2015年3月报道，一群20只左右白天鹅迁移经过咸宁斧头湖区域时，两只小天鹅"落难"掉在湖滩。当地村民发现后紧急救治，但不幸的是其中一只伤重死亡[⑤]。"斧头湖"似在咸安区，不常见的"白天鹅"似为小天鹅。

6.4.3　湖南

湖南省是小天鹅分布较南的主要地区之一。

《野生天鹅》记载，短嘴天鹅(小天鹅)"越冬地还有……湖南洞庭湖"(马鸣等，1993)，反映在望城县、常德市、津市市、安乡县、汉寿县、澧县、临澧县、桃源县、益阳市、沅江市、南县、岳阳市、汨罗市、临湘市、岳阳县、华容县、湘阴县、平江县一带有小天鹅栖息。

发源于贵州省都匀县斗篷山的沅水北流至湖南省常德市，从新兴嘴西入汉寿县境，又东流至岩汪湖镇新堤拐处，汇入目平湖而进洞庭湖，在沅、澧二水尾闾和目平湖建立了西洞庭省级自然保护区。据2002～2011年鸟类监测，记录到鸟类205种，含国家一、二级保护鸟类26种，其中有小天鹅等(彭平波，2013)。

《中国重点陆生野生动物资源调查》称"据文献记载，小天鹅分布于""湖南(洞庭湖)"，又提及"本次调查，小天鹅在""湖南""的分布区没有变化"(国家林业局，2008)，亦即表明在望城县、常德市、津市市、安乡县、汉寿县、澧县、临澧县、桃源县、益阳市、沅江市、南县、岳阳市、汨罗市、临湘市、岳阳县、华容县、湘阴县、平江县等地有小天鹅栖息。

常宁市所称有"天鹅"等鸟类70余种[⑥]，当包括小天鹅。

汝城县现有"禽类"中有"鹄"等[⑦]，说明仍有小天鹅分布。

6.4.4　广东

广东省现今仍有小天鹅栖息，但主要处于自然保护区内。

《野生天鹅》记载，短嘴天鹅(小天鹅)"偶见于……广东"(马鸣等，1993)。

《中国重点陆生野生动物资源调查》也称"据文献记载，小天鹅分布于""广东(偶然见到)"(国家林业局，2008)，皆无具体地点。

据2011年1月报道，小天鹅在广东省属罕见冬候鸟，近年来已难觅踪迹。近日，地处海丰县的海丰鸟类省级自然保护区工作人员在日常监测、巡护中，发现3只国家二级保护动物小天鹅，这是小天鹅首次在这一地区现身[⑧]。

6.4.5　广西

尽管《中国重点陆生野生动物资源调查》并未提及广西有小天鹅(国家林业局，2008)，但实际上仍存在。

融水苗族自治县现有野生动物309种，其中属国家二级保护的有小天鹅、大鲵、林麝、水鹿、细痣疣螈、虎纹蛙、白鹇、红腹锦鸡、黑熊、灵猫、苏门羚等45种[⑨]。

---

①黄梅县和安徽省宿松县共有。

②松滋市. http://baike.baidu.com/view/26167.htm? fromId=323515

③浠水县. http://baike.baidu.com/view/497671.htm

④竹山县. http://baike.baidu.com/view/17835.htm

⑤湖北咸宁：白天鹅"落难"咸宁斧头湖 村民自发救治一只伤重死亡. http://news.hbtv.com.cn/2015/0303/918192.shtml

⑥中国·常宁. http://www.hnchangning.gov.cn/main/zjcn/cngk/zrdl/c84cdd23-8cd6-436b-94a3-7411d795b989.shtml

⑦汝城县. http://baike.baidu.com/view/748363.htm

⑧小天鹅首次现身海丰. http://www.greentimes.com/green/news/dzbh/ysdw/content/2011-01/24/content_116608.htm

⑨融水苗族自治县. http://baike.baidu.com/link? url=cFjCgllm_PHeIHy_5t7UzEbbklnpY8UObHt_dbx_D71g7IpEjTXIh2T7L-8q37zk#4_1

平果县现有飞禽类 20 多种，其中依然有小天鹅等二级保护动物栖息①。

隆林各族自治县野生动物十分丰富，有 900 多种。其中有天鹅、白锦鸡、红腹角雉、白鹇鸡、竹鸡、黑叶猴、猕猴、麝（獐子）、鹰、瑞鳖、蟒蛇、大鲵（娃娃鱼）、虎纹蛙等珍稀物种②。所称“天鹅”乃小天鹅。

6.5 西南

西南小天鹅分布不多，仅西藏自治区未见有小天鹅分布记录。

6.5.1 重庆

重庆市个别地方有小天鹅分布。

《中国重点陆生野生动物资源调查》仅称“据文献记载，小天鹅分布于”“重庆（长寿湖）”（国家林业局，2008），说明长寿区同时有小天鹅栖息。

《中国长江三峡动物大全》记载有“小天鹅”（刘先新，2010），说明在奉节县、巫山县等地还有小天鹅栖息。

6.5.2 四川

四川省是西南小天鹅分布最多的省级政区。

《四川资源动物志.第三卷，鸟类》记载“小天鹅：冬时见于阿坝藏族自治州沼泽河谷和成都平原的岷江流域”（《四川资源动物志》编辑委员会等，1985），表明约在成都市、都江堰市、彭州市、邛崃市、崇州市、金堂县、双流县、郫县、大邑县、蒲江县、新津县、绵竹市、罗江县一带有小天鹅分布。

《野生天鹅》记载，短嘴天鹅（小天鹅）“偶见于……四川”（马鸣等，1993）。

《巴塘县志：续编·生物资源》记载有“天鹅”等珍稀动物（四川省巴塘县地方志编纂委员会，2001），说明同时有小天鹅存在。

《中国重点陆生野生动物资源调查》称“据文献记载，小天鹅分布于”“四川（若尔盖、成都、西昌、南江、营山、三台、仁寿、简阳）”；又提及“本次调查，小天鹅在”“四川（若尔盖、雅江、石渠）”（国家林业局，2008），表明曾在成都市、三台县、营山县、南江县、简阳市、仁寿县、若尔盖县、西昌市等地有小天鹅栖息；此次见于若尔盖县、雅江县、石渠县等地。

仁寿县黑龙滩栖息的“天鹅”③当含有小天鹅。

位于布拖县西溪河片区的乐安黑鹳自然保护区野生动物资源十分丰富，调查表明区内有野生动物 33 目 91 科 357 种，有黑鹳、大雁、赤麻鸭、绿头鸭、苍鹭、天鹅等④。此“天鹅”似包括小天鹅。

壤塘县的香拉东吉圣山风景区⑤，石渠县的扎加坝湿地⑥，西昌市的邛海⑦，红原县境内草原⑧等所称“天鹅”，似皆有小天鹅。

6.5.3 贵州

贵州省个别地方也有小天鹅分布。

据 2010 年 11 月报道，雷公山丹江河畔猫猫河口（地名）湖面上，发现的一只白色大鸟（图 6.42），经雷公山保护区专家鉴定此鸟为雁行目鸭科小天鹅（*Cygnus columbianus*）⑨。

图 6.42 雷公山丹江河畔的小天鹅

①平果县. http://baike. baidu. com/link? url=QlvfXGBtg3elrk47SbybSJjie7ynpb9vJktANl2Z6b-T6q9Qy4AXSEWs1u-
②广西隆林网. http://www. gxll. gov. cn/html/longlin/about/resources/
③黑龙滩. http://baike. baidu. com/link? url=o8dP_WoXQLgIT2kmXZJcJq5xFxDP2tCyEDZk8sF9-0dGXkL1nxPlWLkBJ7-6kQSn
④布拖县. http://baike. baidu. com/view/377769. htm
⑤香拉东吉圣山风景区. http://www. bytravel. cn/Landscape/27/xiangladongjishengshanfengjingqu. html
⑥扎加坝湿地. http://baike. baidu. com/view/895050. htm
⑦西昌. http://baike. baidu. com/view/5868. htm? fromId=377813
⑧红原县. http://baike. baidu. com/view/991951. htm
⑨吴如雄. 雷公山小天鹅是贵州省鸟类新记录. http://qdnrm. com/a/qiandongnanxinwen/bendi/2010/1118/30028. html

据2012年11月报道，草海国家级自然保护区管理局观测，截至11月21日，前来草海越冬的候鸟已达40 571只，其中国家一级保护鸟类有黑颈鹤、白头鹤、白鹳、黑鹳、金雕、白肩雕、白尾海雕等7种；国家二级保护鸟类有20多种；有50多种是国际重点保护的珍稀鸟类。同时首次飞来88只小天鹅和27只钳嘴鹳，草海鸟类由此增至224种①。证明威宁彝族回族苗族自治县仍有小天鹅。

6.5.4 云南

云南省也有少量小天鹅分布记录。

据2010年12月报道，云南省环境科学研究院生态环境保护研究中心在鹤庆县草海湿地多次观测到一小天鹅群（共3只），经专家对录像和照片反复对比分析之后，确定为小天鹅②。2014年2月，已获批准为鹤庆东草海国家湿地公园位于鹤庆县，属古母屯海范围，由河流湿地和沼泽湿地构成，是黑鹳、小天鹅等珍稀越冬候鸟的重要停歇地和越冬地③，并有照片为证（图6.43）④。

图6.43 鹤庆草海湿地的小天鹅

据2011年12月报道，地处玉龙纳西族自治县的拉市海湿地是鸟类重要的水禽栖息地。由于实施了湿地恢复区项目，该恢复区栖息鸟类已达8万多水禽。据统计，今年拉市海湿地一二类鸟类已达35种，其中中华秋沙鸭、黑颈鹤、白头鹤、白尾海雕、金雕等国家一级保护动物9种，大天鹅、灰鹤、鸳鸯、棕背田鸡等26种国家二保护动物。湿地水禽的数量从原来的3万只增加到目前的10多万只。今年，新发现了小天鹅、草鹭、灰斑鸻3类鸟类种群⑤。

6.6 西北

西北各省级政区皆有小天鹅分布记录。

6.6.1 陕西

陕西省新发现有小天鹅分布。

《中国重点陆生野生动物资源调查》称“本次调查，小天鹅在”“陕西（镇安，为分布新记录）”（国家林业局，2008），证明镇安县有小天鹅栖息。

6.6.2 甘肃

甘肃省虽有小天鹅，但分布地方并不多见。

《野生天鹅》仅记载，短嘴天鹅（即小天鹅）迁徙途经“甘肃”（马鸣等，1993）。

《中国西北地区珍稀濒危动物志》记载，小天鹅在“甘肃的武威、张掖”越冬（中华人民共和国濒危物种进出口管理办公室等，1994），当是指凉州区与甘州区等地。

《临泽县志·动物》列举当地的“禽类”有“天鹅（大天鹅、小天鹅、疣鼻天鹅）”等（临泽县县志编纂委员会，2001），可见3种天鹅在临泽县皆有分布。

《玛曲县志·野生动物》记述的“天鹅”（玛曲县志编纂委员会，2001）仅从显示的特征看，只能排除有疣鼻天鹅，似包括小天鹅。近年玛曲县介绍只称有“白天鹅”⑥。此外，既“不繁，但也产卵于湖水中”的现象值得进一步探究。

《中国重点陆生野生动物资源调查》称“据文

①威宁草海 越冬候鸟逾4万只. http://travel. gog. com. cn/system/2012/11/26/011776459. shtml

②左学佳. 鹤庆草海发现3只小天鹅为云南省内首例. http://cache. baiducontent. com/c? m=9f65cb4a8c8507ed4fece7631055862d454380147d8c8c4668d4e419ce3b4c413037bfa67b755545ce93342d44b2495ee9f22b71370025aa98cb884cdcb191232d822123706bdc074d8d0dea960673ce&p=8474c64ad4d01cf806bd9b7d0f168e&newp=8b2a9715d9c043af44b38f3e1741c4231615d70e38dcd3&user=baidu

③尚伟，赵波. 云南：大理鹤庆东草海申报国家湿地公园获批. http://news. yuanlin. com/detail/2014219/173409. htm

④张银奎. 云南鹤庆草海首次发现珍稀鸟类小天鹅. http://www. foryn. cn/zjyn_htm/zjyn_1925. htm

⑤丽江拉市海越冬水禽逾10万只. http://cache. baiducontent. com/c? m=9d78d513d9d706ef06e2ce384b54c0676a499d206d9c8c027fa3d213cf374c413037bee4302267558fd8223c59f41a00bfed682a6b5465f68689d20098a6922a2c8b3a37701c8c5c10d81eadc94523c52b974de9d843a1e5ae&p=9063ca0e86cc42a84ea7c7710f57&newp=882a9642cc8800f310f1c7710f0792695803ed6337d2d00f3495cf008f&user=baidu

⑥玛曲县. http://baike. baidu. com/link? url=eAKF3uDRzlJ6a7NgLife6k5aepdbkX7cNudQgYO2Fx3gOynKZQcpayZ1U61i8UaP

献记载，小天鹅分布于”“甘肃（河西走廊高台黑河流域[①]）”；又道“本次调查，小天鹅在……甘肃……的分布区没有变化”（国家林业局，2008），说明在嘉峪关市、金川区、永昌县、凉州区、民勤县、古浪县、天祝藏族自治县、肃州区、玉门市、金塔县、甘州区、民乐县、临泽县、高台县、山丹县、肃南裕固族自治县等地仍有小天鹅分布。

金昌市（辖金川区与永昌县）境内现仍有各类野生动物220种。其中有天鹅、淡腹雪鸡、蓝马鸡等多种国家保护动物[②]。证实金川区与永昌县的“天鹅”当有小天鹅。

6.6.3　青海

青海省也有小天鹅分布。

祁连县记载有“天鹅”[③]，而祁连山国家级自然保护区明确有小天鹅[④]，反映在互助土族自治县、海晏县、祁连县、刚察县、门源回族自治县一带也有小天鹅。

6.6.4　宁夏

宁夏回族自治区有小天鹅栖息。

《中国西北地区珍稀濒危动物志》记载，小天鹅在“宁夏的永宁、贺兰、平罗、陶乐、青铜峡、灵武、中卫越冬”（中华人民共和国濒危物种进出口管理办公室等，1994），反映在银川市、灵武市、永宁县、贺兰县、平罗县、青铜峡市、沙坡头区等地越冬。

《中国重点陆生野生动物资源调查》称“据文献记载，小天鹅分布于”“宁夏（青铜峡、平罗、盐池、灵武、永宁、银川、贺兰、惠农、陶乐）”；又提及“本次调查，小天鹅在”“宁夏……的分布区没有变化”（国家林业局，2008），说明在银川市、灵武市、永宁县、贺兰县、石嘴山市、平罗县、青铜峡市、盐池县等地还有小天鹅栖息。

青铜峡市据报道：

南部广武镇一带由1960年代青铜峡水利枢纽工程将黄河拦腰截断而形成20 km长峡。在沙漠上突然出现的宽阔水面和茂密的芦苇，为各种飞来此地的鸟类提供了一个理想的栖息地。1986年，鸟岛被宁夏确定为全区唯一的鸟类自然保护区。80年代初，鸟岛以黄河补水为主分为中河、东河、西河，河水从中河经西河流入汇聚，逐渐形成了中心湖、西湖、洪闸湖和湖心岛屿——百鸟滩。鸟岛的总面积有50 km^2，其中的水域面积有20 km^2，160多种鸟类在此生活，其中有十余种属于国家保护的一二类鸟，天鹅、白鹤、中华秋沙鸭本是这里的常客，鸟类最多时有60多万只[⑤]。

按：尽管在《全国自然保护区名录》[⑥]中没有查到，但其描述青铜峡市有天鹅还是可信的，其中似有小天鹅。

据2012年3月报道，位于平罗县的沙湖是中亚候鸟迁徙路线的重要节点，是候鸟极为重要的繁殖与迁徙停歇地，由于近年来生态环境得到不断改善，每年有上百万只候鸟在沙湖栖息、繁衍。据统计，保护区中共栖息着鸟类11目24科190多种，其中有国家一类保护鸟类4种，国家二类保护鸟类中有小天鹅等16种，水、鸟、芦苇构成的自然美景使沙湖成为闻名遐迩的百鸟天堂和游人乐园[⑦]。

位于银川市兴庆区掌政镇境内的鸣翠湖国家湿地公园，距黄河3 km。公园湖中有自然植物109种，鸟类97种，其中有国家一级保护动物黑鹳、中华秋沙鸭、白尾海雕、大鸨，国家二级保护动物小天鹅等[⑧]。

北月海湿地公园位于银川市北郊，它东临滔滔黄河，西倚骏马贺兰山，气候适宜，风景秀丽，属原始湿地面貌，由湖泊、沼泽、草甸和星罗棋布

---

①此处疑似“河西走廊与高台黑河流域”。

②金昌. http://baike. baidu. com/view/24123. htm

③祁连县. http://baike. baidu. com/link? url=XAgSvMmoET0PdYMfCCUTY07cTPSqvqNZiDoUtSiRQsRDr5eTVdY8Y9_w6ThnXwYl

④祁连山国家级自然保护区. http://baike. baidu. com/link? url = wILzLBBDrSCc9Yf8GnCuoWKZ82pZwpvKhwUlvinztJOXMeHanFLmVhNsWhC4wLBHepwil-5u_ongKSdB1RqIJhg3hfnZmWAEbB_cVQ5lpzj7Slzpk7xcGKkt3yRUrdygurKEh26PXl_V8x5Zx2R9wlv8RzkqoNzX06YG1mYRFmRN2QRXEAVBx3zERHyzbGSZn9oaPOxbPlIwz2W3czhKXi-6nTvCqGAfSDgC3aARqH7

⑤青铜峡鸟岛. http://baike. baidu. com/link? url=2glJVk3m3qqybUJmsLoBbz9-XqsrWLZrZbu_8HCIM_t-XMZtA8cS5K77QVfvzuVk

⑥全国自然保护区名录. http://sts. mep. gov. cn/zrbhq/zrbhq/201208/t20120824_235172. htm

⑦碧水粼粼百鸟云集 沙湖湿地自然保护区候鸟回迁显灵韵. http://cache. baiducontent. com/c? m = 9f65cb4a8c8507ed4fece763105392230e54f73f768b89027fa3c215cc7901071838feb8273f1205d3c1616301ad4a4bea876c34685d34f2c688de45&p = 9870d216d9c106ee43bd9b7e0a55&newp=8649d716d9c102b308e294797f7a92695803ed633bd19309&user=baidu

⑧银川鸣翠湖国家湿地公园. http://www. mingcuihu. com/page/html/index. php

的农田组成，水域面积 1 000 余 hm^2，芦苇面积 500 余 hm^2。湖中有自然植物近 100 种，鸟类 107 种，其中有国家二级保护动物小天鹅、白鹤、草原雕、红隼、猎隼、灰鹤等 19 种，每年春夏季节，近百万只鸟类在这里繁衍栖息①。

6.6.5 新疆

新疆维吾尔自治区虽有小天鹅分布，但并不多。

《野生天鹅》记载，短嘴天鹅（即小天鹅）迁徙途经“新疆”；又称“偶然有短嘴天鹅分布”（马鸣等，1993），却未明确在新疆的更具体地点。

《中国西北地区珍稀濒危动物志》记述（中华人民共和国濒危物种进出口管理办公室等，1994）：

小天鹅

俗名：短嘴天鹅、啸声天鹅、白鹅。

乌苏里亚种：繁殖于新疆西部及天山山地中部巴音布鲁克天鹅自然保护区。

按：此处所称“新疆西部”比较抽象，具体地点只能参见有佐证的一些地方；而称小天鹅“繁殖”，也是不多见的提法。

《疏勒县志·动物》列举的“野生鸟”中有“天鹅”等（疏勒县地方志编纂委员会，2001），反映疏勒县仍有包括小天鹅在内的“天鹅”栖息。

《阿勒泰市志·动物》的“野生禽类”共 147 种，“属国家二级保护的禽类有鹈鹕、天鹅、黑琴鸡”等（阿勒泰市党史、地方志编纂委员会，2001），说明其中有小天鹅等栖息。

《中国重点陆生野生动物资源调查》称“本次调查，大天鹅见于”“新疆巴音布鲁克天鹅自然保护区、赛里木湖、艾比湖、伊犁河流域、乌伦古河湖（乌伦古河与乌伦古湖）、额尔齐斯河、巴里坤湖、石河子蘑茹（菇）水库、玛纳斯河流域、乌鲁木齐河流域、博斯腾湖、塔里木河流域的沙雅、尉犁、阿克苏等地，和田河、喀什噶尔河、叶尔羌河的泽普、巴楚等地，车尔臣河下游的若羌、策勒达玛沟水库”（国家林业局，2008），仍有大天鹅栖息所涉及的政区约在乌鲁木齐市、乌鲁木齐县、克拉玛依市、石河子市、疏勒县、泽普县、伽师县、巴楚县、阿克苏市、沙雅县、和田市、和田县、策勒县、巴里坤哈萨克自治县、乌恰县、博乐市、精河县、米泉市、玛纳斯县、尉犁县、若羌县、和静县、博湖县、伊宁市、伊宁县、霍城县、巩留县、新源县、昭苏县、特克斯县、尼勒克县、察布查尔锡伯自治县、沙湾县、和布克赛尔蒙古自治县、阿勒泰市、布尔津县、富蕴县、福海县、哈巴河县、青河县等地。

福海县称列为珍稀濒危的国家二级保护动物有天鹅与马鹿、盘羊、猞猁、北山羊等 20 种②；哈巴河县现存野生动物中的禽鸟类有天鹅、大雁、雪鸡、松鸡等③；青河县记载有河狸、鹅喉羚、北山羊、盘羊、紫貂、红隼、天鹅等几十种珍禽异兽④；吉木乃县在“鸟类”列举有小天鹅与石鸡、山鹑、野鸽、苍鹰、猫头鹰、秃鹫、雪鸡、灰雁、赤颈鸭、班嘴鹈鹕、啄木鸟、黑颈鹤、鹌鹑、呱呱鸡、草原周鸟、红隼、云雀、家燕、鹡鸰、红尾伯劳、寒鸦、喜鹊、大山雀、麻雀、白鹤、金周鸟、松鸡、灰鹤、白额雁、长耳鹗、短耳鹗、黑琴鸡、松鸡、榛鸡等⑤；乌苏市的“鸟类”中有天鹅、黑鹳、环颈雉、原鸽、百灵类等⑥；叶城县现存珍稀野生动物有黄羊、熊、牦牛、雪鸡、天鹅等⑦；巴楚县有大雁、天鹅、黄鸭、鹰、鸥、燕等数十种鸟类栖息⑧；乌什县野生动物资源有天鹅与雪豹、黄羊、大头羊、狐狸、旱獭、雪鸡，野猎、雁等⑨；阿瓦提县现有天鹅与秃鹫、白鹳、大鸨、野鸡、大雁、野鸭、玉带海鸥、灰鹤、白鹭、兔鹰、隼等禽类⑩；乌苏市的（甘家湖）梭梭林自然保护区与古尔图天鹅湖风景区等地皆有天

①北月海湿地. http://2010. nxnews. net/262/2003-8-8/16@7171. htm
②福海县. http://baike. baidu. com/link? url=MWMrHwucCMazWIGly3OTMUkTqcPZ1ofsl1E36qkzNyFaUcnglAskHlEFoKqN7RSM
③哈巴河县. http://baike. baidu. com/link? url=Je_EEHxeBOKOPCYcmOZ_eHXTMsia4sb-mMHmtGKdesk1Fzm8WSbeXJ632quP-Dno
④青河县. http://baike. baidu. com/link? url=f4Pw_aNhxb21iHhLFEJoqsx8Y4OkIz587LDkVyyb4YW3jxFhpFTmcG3v6UeACUuQ
⑤吉木乃县. http://jmn. gov. cn/Item/2242. aspx
⑥乌苏. http://baike. baidu. com/link? url=g85KFya_T82zU1bSaIQ4PDXXylPjArEKquWmtzZPB51rQV6MR72zMf3wfgAQ5afkEWRRNr5big0lYaLWTAq7SK
⑦叶城县. http://baike. baidu. com/link? url=SFcPQl6aNuQLv6Mbqjr15p2I-eACMPVEfi6_Tisp4cDtQNNINSpmMNXnlnRbiRN-
⑧巴楚县. http://baike. baidu. com/link? url=j4Cl5sgPbKzIcHf4m-nZtD5XNAetNc_uxsBIbwlE4ftopHTc6y2FTWdnKvPbVlM6
⑨乌什县. http://baike. baidu. com/link? url=Bkb4Pmq8jq6vp8vKCjXza9V0s1xhrBIUgqvUHtXnXladv5jNVEXx8u2eM2mepx5D
⑩阿瓦提县. http://baike. baidu. com/link? url=0_inlIGwUNWg8d5Qqvu81UOJSMRibdVbdR8m8h8ti0HapD_ADQHaGoh8Nxr2R7bw#4_3

鹅分布[①]；沙湾县北的千泉湖内鸟类繁多，天鹅、灰鹤、白鹤、鸬鹚、水鸥、野鸭等多种珍禽水鸟在芦苇中繁衍生息[②]；托里县还有鸟类 39 种，有天鹅、雪鸡等珍稀物种[③]；裕民县有雪豹、盘羊、羚羊、黄羊、大鸨、雪鸡、天鹅、灰雁等野生动物 90 余种[④]。这些所谓的“天鹅”，包括小天鹅。

吐鲁番市的艾丁湖，也是小天鹅等珍稀动物的栖息地（冯晓华等，2007）。

阿克苏市称当地有鸟纲 19 目 42 科 4 亚科 200 余种，鸟类有小天鹅、赤麻鸭、绿头鸭、潜鸭、黄鸭、角百灵等十几种国家保护动物[⑤]，说明在阿克苏市、温宿县、库车县、沙雅县、新和县、拜城县、乌什县、阿瓦提县、柯坪县一带还有小天鹅栖息。

小天鹅在新疆的天山与艾比湖、尤尔都斯盆地、伊犁河、巴音布鲁克、乌伦古湖分布[⑥]，亦即除了天山外，还在精河县、和静县、伊宁市、伊宁县、霍城县、尼勒克县、察布查尔锡伯自治县、青河县、福海县等地栖息。

6.7 方志与保护区记载的小天鹅

方志记载可以反映相当部分地方的小天鹅分布（表 6.11）状况。

表 6.11 方志记载反映 20 世纪小天鹅分布概况

地区	省级政区	今地	文献	内容	新方志出处
华北	天津	大港区	1994 年《大港区志》	短嘴天鹅	天津市大港区地方志编修委员会，1994
	河北	秦皇岛市	1994 年《秦皇岛市志》	短嘴天鹅	秦皇岛市地方志编纂委员会，1994
		属秦皇岛市	1994 年《北戴河志》	小天鹅（旷野；旅鸟；春）……短嘴天鹅（旷野；旅鸟；春、秋）[①]	秦皇岛市北戴河区地方志编纂委员会，1994
	山西	河津市	1989 年《河津县志》	天鹅（大天鹅、白天鹅）	河津县志编纂委员会，1989
		盐湖区	1994 年《运城市志》	小天鹅	运城市地方志编纂委员会，1994
		包括今临汾市、运城市和吕梁市的石楼县[②]	1996 年《山西通志》	小天鹅（晋南）	山西省史志研究院，1996
	内蒙古	科尔沁右翼前旗	1991 年《科尔沁右翼前旗志》	天鹅	科尔沁右翼前旗志编纂委员会，1991
		翁牛特旗	1993 年《翁牛特旗志》	天鹅（亦称“鹄”。鸭科。雄性体长 1.5 m 以上，雌性体较小，颈极长。羽毛纯白色，喙端黑色，喙基黄色。群栖于湖泊、沼泽地带。主食水生植物，兼食贝类、鱼虾。飞行快速而肉可食。羽毛洁白松软，可制毛扇或绒被。冬季迁飞长江以南，春季北迁繁殖）	翁牛特旗志编纂委员会，1993

①乌苏. http://baike. baidu. com/link? url＝g85KFya_T82zU1bSaIQ4PDXXylPjArEKquWmtzZPB51rQV6MR72zMf3wfgAQ5afkEWRRNr5big0lYaLWTAq7SK

②沙湾县人民政府. http://www. xjswx. gov. cn/lmlr/swgk/techanzy/2010/2/10251313225648_2. html

③托里县. http://baike. baidu. com/link? url＝2zQxfJlS7oLfi8KfC59kqRZULm05buTr-9aKGmDt1v8nIlvLXqosMLzEyJSs0CBA

④裕民县. http://baike. baidu. com/link? url＝f8kNoRu3znEMXuMm5qma2vMaEtjr-cbkxpJHRFTGsmL0Tz2z58p61pM5wQV5psWD

⑤阿克苏. http://baike. baidu. com/link? url＝-NQPY23qjtjTHq0nPFDv9l7hEU9jpkonezNgyxlusc3Jf6WRpL7-4SOGVEDp9y2MPZP-9MWQWyHOHeW_B_Hdt_#5_2

⑥小天鹅. http://baike. niaolei. org. cn/小天鹅

（续表）

地区	省级政区	今地	文献	内容	新方志出处
		克什克腾旗	1993年《克什克腾旗志》	小天鹅（蒙语：洪嘎鲁）	克什克腾旗地方志编纂委员会，1993
		扎兰屯市	1993年《扎兰屯市志》	小天鹅	扎兰屯市史志编纂委员会，1993
		乌拉特中旗	1994年《乌拉特中旗志》	天鹅	乌拉特中旗地方志编纂委员会，1994
		赤峰市	1996年《赤峰市志》	小天鹅	赤峰市地方志编纂委员会，1996
		牙克石市	1996年《牙克石市志》	小天鹅	牙克石市志编纂委员会，1996
		鄂温克族自治旗	1996年《鄂温克族自治旗志》	天鹅	鄂温克族自治旗志编纂委员会，1996
		海拉尔区、满洲里市、扎兰屯市、牙克石市、根河市、额尔古纳市、阿荣旗、新巴尔虎右旗、新巴尔虎左旗、陈巴尔虎旗、鄂伦春自治旗、鄂温克族自治旗、莫力达瓦达斡尔族自治旗	1997年《内蒙古自治区志：科学技术志》	大兴安岭林区内有……小天鹅等二类保护动物	内蒙古自治区科学技术志编纂委员会，1997
		锡林浩特市	1999年《锡林浩特市志》	天鹅	《锡林浩特市志》编纂委员会，1999
东北	辽宁	法库县	清光绪三十四年（1908）《法库厅乡土志》	天鹅（鹄）	
		新民市	民国十五年（1926）《新民县志》	鹄（颜师古曰：鹄，水鸟。其声鹄鹄。《本草》：鹄：大于雁，羽毛白泽。其翔极高而善步。一名天鹅）	
		开原市	民国十七年（1929）《开原县志》	鹄、大鹄	
		辽中县	民国十九年（1930）《辽中县志》	鹄（俗称天鹅。似雁而大，全体色白，故或称为白鸟。颈长，嘴根有瘤，色黄赤，故又谓之黄鹄）	
		铁岭市、铁岭县	民国二十年（1931）《铁岭县志》	鹄（水鸟。大如雁，羽毛白洁。其翔极高而又善步。一名天鹅）	
		沈阳市、新民市、辽中县、康平县、法库县	1989年《沈阳市志》	天鹅	沈阳市人民政府地方志编纂办公室，1989
		丹东市、东港市、宽甸满族自治县	1993年《丹东市志》	小天鹅	丹东市地方志办公室，1993
		海城市	1995年《中国国情丛书：百县市经济社会调查：海城卷》	鹄	丁伟志等，1995a

（续表）

地区	省级政区	今　地	文　　献	内　　容	新方志出处
	吉林	约白山市、临江市、抚松县、长白朝鲜族自治县、和龙市、安图县一带	清宣统二年(1910)《长白汇征录》	鹄(天鹅)	
		大安市	民国二年(1913)《大赉县志》	天鹅(颈仰高三尺余，黄顶，全身纯白)	
		安图县	民国十八年(1929)《安图县志》	鹄(一名天鹅。形大如雁，羽毛白泽。其飞极高，一举千里。毛可为服饰，曰天鹅绒)	
		公主岭市	民国十八年(1929)《怀德县志》	鹄	
		梨树县	民国十八年(1929)《梨树县志》	天鹅	
		抚松县志	民国十九年(1930)《抚松县志》	鹄(水鸟。大于雁，羽毛白，飞极高，善步行。一名天鹅，又名黄鹄。形颇似鹤，亦名黄鹤，与雁异)	
		洮北区、大安市、洮南市、镇赉县、通榆县、乾安县、长岭县、扶余县、前郭尔罗斯蒙古族自治县	1992年《白城地区志》	小天鹅	白城地区地方志编纂委员会，1992
		通榆县	1994年《通榆县志》	小天鹅	通榆县志编纂委员会，1994
		延吉市、图们市、敦化市、珲春市、龙井市、和龙市、汪清县、安图县	1996年《延边朝鲜族自治州志》	小天鹅	延边朝鲜族自治州地方志编纂委员会，1996
	黑龙江	宁安市	民国十三年(1924)《宁安县志》	鹄(俗名天鹅。江海间皆有之。宁古塔近于东海，故时有见之。其毛可为服饰)	
		桦川县	民国十七年(1928)《桦川县志》	鹄(俗名天鹅。似雁而大，全体色白，头长，嘴根有瘤，色黄，故又谓之黄鹄。江中有之)	
		大庆市	1988年《大庆市志》	天鹅	大庆市地方志编纂委员会办公室，1988
		密山市	1993年《密山县志》	天鹅	密山县志编纂委员会，1993
		漠河县	1993年《漠河县志》	小天鹅	漠河县志编纂委员会，1993
		五大连池市	1994年《德都县志》	鹄(天鹅)	德都县地方志办公室，1994

（续表）

地区	省级政区	今地	文献	内容	新方志出处
		爱辉区、北安市、五大连池市、嫩江县、逊克县、孙吴县	1996年《黑河地区志》	小天鹅	黑河市地方志编纂委员会，1996
		杜尔伯特蒙古族自治县	1996年《杜尔伯特蒙古族自治县志》	小天鹅	杜尔伯特蒙古族自治县地方志编纂委员会，1996
		大兴安岭	1998年《黑龙江省志》	小天鹅（旅鸟；大兴安岭）	黑龙江省地方志编纂委员会，1998
华东	上海	宝山区	1992年《宝山县志》	野天鹅	上海市宝山区地方志编纂委员会，1992
华东	江苏	邳州市	民国十二年（1923）《邳志补》	鹄（天鹅。羽可为扇）	
华东	江苏	属江都市	民国十五年（1926）《甘泉县志》	鹄（俗名天鹅。全体色白。腹毛可为绒。颈长，嘴根有瘤，色黄赤，故又名黄鹄。飞翔甚高，又善步。立时作延企状。《禽经》：鹄鸣咭咭，故谓之鹄）	
华东	江苏	江都市	民国十五年（1926）《江都县志》	鹄（羽毛白泽，飞翔极高，又善步。一名天鹅。腹毛可为绒，立时如企伫状。黄色者，为黄鹄）	
华东	江苏	高邮市	1990年《高邮县志》	天鹅	高邮县编史修志领导小组，1990
华东	江苏	常熟市	1990年《常熟市志》	小天鹅	江苏省常熟市地方志编纂委员会，1990
华东	江苏	启东市	1993年《启东县志》	天鹅	江苏省启东县志编纂委员会，1993
华东	江苏	徐州市	1994年《徐州市志》	小天鹅	徐州市地方志编纂委员会，1994
华东	江苏	邳州市	1995年《邳县志》	小天鹅	邳州市地方志编纂委员会，1995
华东	江苏	属扬州市	1995年《邗江县志》	小天鹅	邗江县地方志编纂委员会，1995
华东	江苏	如皋市	1995年《如皋县志》	小天鹅、短嘴天鹅	如皋市地方志编纂委员会，1995
华东	江苏	响水县	1996年《响水县志》	天鹅	响水县地方志编纂委员会，1996
华东	江苏	江都市	1996年《江都县志》	小天鹅	江都市地方志编纂委员会，1996
华东	江苏	沭阳县	1997年《沭阳县志》	小天鹅	沭阳县地方志编纂委员会，1997
华东	江苏	射阳县	1997年《射阳县志》	天鹅	射阳县地方志编纂委员会，1997
华东	江苏	盐城市、东台市、大丰市、射阳县、阜宁县、滨海县、响水县、建湖县	1998年《盐城市志》	天鹅	盐城市地方志编纂委员会，1998
华东	江苏	滨海县	1998年《滨海县志》	天鹅	滨海县地方志编纂委员会，1998
华东	江苏	洪泽县	1999年《洪泽县志》	天鹅	洪泽县地方志编纂委员会，1999

（续表）

地区	省级政区	今地	文献	内容	新方志出处
	浙江	建德市	民国八年（1919）《建德县志》	天鹅	
		平阳县	民国十四年（1925）《平阳县志》	鹄（羽色纯黑，可制绒织）[③]	
		衢州市	民国十五年（1926）《衢县志》	鹄	
		嵊州市	民国二十二年（1933）《嵊县志》	鹄［《剡录》云：见《山居赋》。《广志》：广（黄）鹄出东海］	
		属宁波市	民国二十二年（1933）《鄞县通志》	鹄（天鹅。游禽类，鸭科。体形甚大，全体纯白色；嘴部前端为柠檬黄色，基部有黑色；脚黑色；颈长。冬季始来，常在田间或海滨觅食。极机警，不易捕获。象山港一带偶有见之）	
		淳安县	1990年《淳安县志》	小天鹅	浙江省淳安县志编纂委员会，1990
		浦江县	1990年《浦江县志》	天鹅（属国家二类保护鸟类，1984年岳塘水库附近曾见翱翔）	浦江县志编纂委员会，1990
		桐庐县	1991年《桐庐县志》	小天鹅	桐庐县志编纂委员会，1991
		永康市	1991年《永康县志》	天鹅	永康县地方志编纂委员会，1991
		三门县	1992年《三门县志》	天鹅（江鹅）	三门县志编纂委员会，1992
		磐安县	1993年《磐安县志》	天鹅	磐安县志编纂委员会，1993
		新昌县	1994年《新昌县志》	天鹅	新昌县志编纂委员会，1994
		杭州市、临安市、富阳市、建德市、桐庐县、淳安县	1995年《杭州市志》	小天鹅	杭州市地方志编纂委员会，1995
		海宁市	1995年《海宁市志》	小天鹅	《海宁市志》编纂委员会，1995
		属宁波市	1996年《鄞县志》	鹄（天鹅）	浙江省鄞县志编纂委员会，1996
		越城区、诸暨市、上虞市、嵊州市、绍兴县、新昌县	1996年《绍兴市志》	小天鹅	绍兴市地方志编纂委员会，1996
		遂昌县	1996年《遂昌县志》	小天鹅	遂昌县志编纂委员会，1996
		松阳县	1996年《松阳县志》	小天鹅	松阳县志编纂委员会，1996
		嘉兴市、平湖市、海宁市、桐乡市、嘉善县、海盐县	1997年《嘉兴市志》	小天鹅	《嘉兴市志》编纂委员会，1997

（续表）

地区	省级政区	今　地	文　献	内　容	新方志出处
	安徽	和县、含山县	清光绪二十七年（1901）《直隶和州志》	天鹅	
		全椒县	民国九年（1920）《全椒县志》	鹄（一名天鹅）	
		霍邱县	1992年《霍邱县志》	白天鹅	霍邱县地方志编纂委员会，1992
		桐城县	1995年《桐城县志》	天鹅（为过境候鸟）	桐城县地方志编纂委员会，1995
		宣州区	1996年《宣城县志》	天鹅（国家级保护动物）	安徽省宣州市地方志编纂委员会，1996
		安庆市	1997年《安庆市志》	大小天鹅	安庆市地方志编纂委员会，1997
		淮南市	1998年《淮南市志》	天鹅	淮南市地方志编纂委员会，1998
		滁州市	1998年《滁州市志》	小天鹅	滁州市（县级）地方志编纂委员会，1998
	福建	连江县	民国十六年（1927）《连江县志》	天鹅	
		永春县	民国十六年（1927）《永春县志》	鹄（其飞入云，故古语曰：燕雀岂知鸿鹄志）	
		闽侯县	民国二十二年（1933）《闽侯县志》	天鹅（江产者，大于鹅。海产者，高如童子）	
		明溪县	民国三十二年（1943）《明溪县志》	鹄（色白，颈长，能远望高飞，较雁为大。俗名天鹅）	
		龙海市	1993年《龙海县志》	短嘴天鹅	福建省龙海县地方志编纂委员会，1993
		长汀县	1993年《长汀县志》	天鹅	长汀县地方志编纂委员会，1993
	江西	星子县	1990年《星子县志》	鹄（即天鹅）	江西省星子县志编纂委员会，1990
		大余县	1990年《大余县志》	黄鹄	江西省大余县志编纂委员会，1990
		德安县	1991年《德安县志》	天鹅	德安县地方志编纂委员会，1991
		南昌市、南昌县、新建县、安义县、进贤县	1997年《南昌市志》	小天鹅	德安县地方志编纂委员会，1991
		丰城市	1998年《江西省丰城县志》	小天鹅	德安县地方志编纂委员会，1991
	山东	属烟台市	民国九年（1920）《福山县志》	天鹅	
		属烟台市	民国二十年（1931）《福山县志》	鹄	
		沾化县	民国二十四年（1935）《霑化县志》	鹄（一名天鹅。全身色白，故或称为白鸟。嘴根有瘤，色黄赤，故又称黄鹄）	
		属烟台市	民国二十五年（1936）《牟平县志》	鹄（一名天鹅。全体色白，故又名白鸟）	

（续表）

地区	省级政区	今地	文献	内容	新方志出处
		广饶县	1995年《广饶县志》	小天鹅	山东省广饶县地方史志编纂委员会,1995
		淄博市	1995年《淄博市志》	小天鹅	淄博市志编纂委员会,1995
		济南市、章丘市、平阴县	1997年《济南市志》	小天鹅	济南市史志编纂委员会,1997
		微山县	1997年《微山县志》	小天鹅	山东省微山县地方史志编纂委员会,1997
	台湾	个别地方[4]	清光绪二十年(1894)《台湾通志》	天鹅(见《福建通志》)	
		苗栗县	1957年《苗栗县志》	鹄(*Cygnus bewiekii* ALPHERAKY[5]俗称:天鹅。偶尔栖息于竹南、头份等地之候鸟,体形似白鹅。翼长约50 cm。嘴灰褐色;除眼及上嘴基部嫩黄色外,全身白色……)	黄新亚等,1983
		澎湖县	1978年《澎湖县志》	鹄(天鹅、海鹅、野鹭)	李绍章等,1983
中南	河南	信阳市	民国二十五年(1936)《信阳县志》	鹄……天鹅	
		新安县	1989年《新安县志》	白天鹅(过境鸟)	新安县地方史志编纂委员会,1989
		洛宁县	1991年《洛宁县志》	白天鹅	洛宁县志编纂委员会,1991
		灵宝市	1992年《灵宝县志》	天鹅	灵宝县地方史志编纂委员会,1992
		罗山县	1992年《信阳地区志》	小天鹅(罗山县石山口)	信阳地区地方史志编纂委员会,1992
		焦作市	1993年《焦作市志》	天鹅	河南省焦作市地方史志编纂委员会,1993
		卫辉市	1993年《卫辉市志》	小天鹅	卫辉市地方史志编纂委员会,1993
		南阳市、邓州市、南召县、方城县、西峡县、镇平县、内乡县、淅川县、社旗县、唐河县、新野县、桐柏县	1994年《南阳地区志》	小天鹅	南阳地区地方史志编纂委员会,1994
		桐柏县	1995年《桐柏县志》	天鹅	桐柏县地方史志编纂委员会,1995
		中牟县	1999年《中牟县志》	白天鹅	中牟县地方志编纂委员会,1999
	湖北	属武汉市	1989年《汉阳县志》	小天鹅	汉阳县县志编纂委员会,1989
		钟祥市	1990年《钟祥县志》	天鹅	湖北省钟祥县县志编纂委员会,1990
		来凤县	1990年《来凤县志》	鸿雁(天鹅)	湖北省来凤县县志编纂委员会,1990
		属武汉市	1992年《新洲县志》	小天鹅	新洲县志编纂委员会,1992

（续表）

地区	省级政区	今地	文献	内容	新方志出处
		汉川市	1992年《汉川县志》	天鹅（亦称鹄，每年冬天均有少量来县内湖泊池沼地带栖息）	湖北省汉川县地方志编纂委员会，1992
		红安县	1992年《红安县志》	天鹅	红安县县志编纂委员会，1992
		咸安区	1992年《咸宁市志》	鹄（亦名天鹅，大于雁，羽毛洁白，飞翔很高，且善走，但已少见）	湖北省咸宁市地方志编纂委员会，1992
		赤壁市	1992年《中国国情丛书：百县市经济社会调查：蒲圻卷》	长颈鹅	丁伟志等，1992
		洪湖市	1992年《洪湖县志》	小天鹅	洪湖市地方志编纂委员会，1992
		宜昌市	1993年《宜昌县志》	鹄	湖北省宜昌县地方志编纂委员会，1993
		监利县	1994年《监利县志》	天鹅（亦名鹄，有大、小之分）	湖北省监利县县志编纂委员会，1994
		洪湖市	1994年《中国国情丛书：百县市经济社会调查：洪湖卷》	小天鹅	丁伟志等，1994a
		荆州市、石首市、洪湖市、松滋市、江陵县、公安县、监利县、钟祥市、仙桃市、天门市、潜江市	1996年《荆州地区志》	小天鹅	荆州地区地方志编纂委员会，1996
		宜城市	1998年《宜城志》	天鹅	湖北省宜城市地方志编纂委员会，1998
	湖南	汝城县	民国二十一年（1932）《汝城县志》	鹄（俗称天鹅）	
		安乡县	民国二十五年（1936）《安乡县志》	天鹅（鹄别名）	
		望城县、常德市、津市市、安乡县、汉寿县、澧县、临澧县、桃源县、益阳市、沅江市、南县、岳阳市、汨罗市、临湘市、岳阳县、华容县、湘阴县、平江县	1987年《湖南省志》	小天鹅	湖南省志编纂委员会，1987
		常宁县	1993年《常宁县志》	天鹅	常宁县志编纂委员会，1993
		江华瑶族自治县	1994年《江华瑶族自治县志》	天鹅	湖南省江华瑶族自治县志编纂委员会，1994
		麻阳县	1994年《麻阳县志》	天鹅	麻阳县志编纂委员会，1994

（续表）

地区	省级政区	今地	文献	内容	新方志出处
		靖州苗族侗族自治县	1994年《靖州县志》	天鹅	靖州苗族侗族自治县县志编纂委员会，1994
		汨罗市	1995年《汨罗市志》	天鹅（为候鸟，很少见）	汨罗市志编纂委员会，1995
		湘阴县	1995年《湘阴县志》	天鹅	湖南省湘阴县志编纂委员会，1995
		新化县	1996年《新化县志》	天鹅	新化县志编纂委员会，1996
		汝城县	1997年《汝城县志》	鹄（俗称天鹅）	汝城县志编委会，1997
		个别地方[6]	1997年《益阳地区志》	天鹅（惜为数均不多，有的正在消失）	湖南省益阳地区地方志编纂委员会，1997
		岳阳县	1997年《岳阳县志》	小天鹅（见于小西湖、红旗湖，已记录到7只）	岳阳县地方志编委会，1997
		武冈市	1997年《武冈县志》	小天鹅	武冈县志编委会，1997
	广东	连山壮族瑶族自治县	清光绪（1871～1908）《连山乡土志》	天鹅	
	广东	怀集县	民国五年（1916）《怀集县志》	鸲、鹄[7]	
	广东	湘桥区	1997年《潮阳县志》	天鹅	潮阳市地方志编纂委员会，1997
	广西	属扶绥县	民国二十二年（1933）《同正县志》	天鹅	
	广西	八步区	民国二十三年（1934）《贺县志》	天鹅	
	广西	鹿寨县	民国二十三年（1934）《雒容县志》	天鹅	
	广西	昭平县	民国二十三年（1934）《昭平县志》	鹄（《本草》：大如雁，羽毛白泽。其翔极高而善步。一名天鹅。其皮毛可为服饰，谓之天鹅绒。亦有黄鹄、丹鹄）	
	广西	江州区	民国二十六年（1937）《崇善县志》	天鹅	
	广西	钦州市	民国三十六年（1947）《钦县志》	天鹅	
	广西	天等县	1991年《天等县志》	白鹅	天等县志编纂委员会，1991
	广西	合浦县	1994年《合浦县志》	天鹅	合浦县志编纂委员会，1994
	广西	钟山县	1995年《钟山县志》	天鹅	钟山县志编纂委员会，1995
	广西	柳州市	1996年《中国国情丛书：百县市经济社会调查：柳州卷》	小天鹅	丁伟志等，1996

（续表）

地区	省级政区	今　地	文　　献	内　　容	新方志出处
		平果县	1996年《平果县志》	小天鹅	平果县志编纂委员会，1996
		柳州市、柳江县、柳城县	1998年《柳州市志》	小天鹅	柳州市地方志编纂委员会，1998
		田东县	1998年《田东县志》	天鹅（颈长、腿高，全身灰白色，也有杂间褐色，体重1 kg左右。县内右江河及一些沙滩和浅水处常见）	田东县志编纂委员会，1998
		合山市	1998年《合山市志》	天鹅	合山市志编纂委员会，1998
	海南	三亚市、保亭黎族苗族自治县、乐东黎族自治县	清光绪三十四年（1908）《崖州志》	鹄（颜师古曰：鹄，水鸟。其声鹄鹄。《本草》：鹄大于雁，羽毛白泽，其翔极高而足长善步，喜伫立。一曰天鹅）	
	海南	属东方市	民国二十年（1931）《感恩县志》	鹄（颜师古曰：鹄，水鸟。其声鹄鹄。《本草》：鹄大于雁，羽毛白泽。其翔极高而足长善步，喜伫立。一曰天鹅）	
	海南	属海口市	1999年《琼山县志》	小天鹅	海南省琼山县地方志编纂委员会，1999
西南	重庆	巴南区	1994年《巴县志》	天鹅	四川省巴县志编纂委员会，1994
西南	重庆	大竹县	1992年《大竹县志》	天鹅（纯白、灰白二种。嘴尖黑色，嘴基黄色。冬季于水库处可见数只成群游弋）	四川省大竹县志编纂委员会，1992
西南	四川	阿坝县	1993年《阿坝县志》	小天鹅	阿坝县地方志编纂委员会，1993
西南	四川	九寨沟县	1994年《南坪县志》	小天鹅	南坪县地方志编纂委员会，1994
西南	四川	宁南县	1994年《宁南县志》	小天鹅	宁南县志编纂委员会，1994
西南	四川	冕宁县	1994年《冕宁县志》	天鹅	四川省冕宁县志编纂委员会，1994
西南	四川	红原县	1996年《红原县志》	大小天鹅	四川省红原县志编纂委员会，1996
西南	四川	西昌市	1996年《西昌市志》	安宁河和琼海的河洲湖畔，过去常有的……天鹅、鸿雁等冬候鸟栖息，而今也没有了	四川省西昌市志编纂委员会，1996
西北	甘肃	永昌县	1993年《永昌县志》	大天鹅（白天鹅）	永昌县志编纂委员会，1993
西北	甘肃	高台县	1993年《高台县志》	小天鹅（短嘴天鹅）	高台县志编纂委员会，1993
西北	甘肃	民勤县	1994年《民勤县志》	白天鹅（红岸山水库、石羊河沿岸偶能见到，约16只）	民勤县志编纂委员会，1994
西北	甘肃	敦煌市	1994年《敦煌市志》	天鹅	敦煌市志编纂委员会，1994
西北	甘肃	金川区、永昌县	1995年《金昌市志》	天鹅	甘肃省金昌市地方志编纂委员会，1995
西北	甘肃	甘州区	1995年《张掖市志》	天鹅	甘肃省张掖市志编修委员会，1995

（续表）

地区	省级政区	今 地	文 献	内 容	新方志出处
		武都区	1998 年《武都县志》	天鹅(所有种)；天鹅(……形状像鹅而体形较大，全身白色，上嘴分黄色和黑色两部分，脚和尾部都短，脚黑色，有蹼。生活在江河湖边，善飞，吃植物、昆虫等。也叫鹄。本县主要分布于白龙江一带，为季鸟)	武都县地方志编纂委员会，1998
		凉州区	1998 年《武威市志》	大天鹅	武威市市志编纂委员会，1998
	宁夏	中宁县	1994 年《中宁县志》	天鹅	中宁县志编纂委员会，1994
		沙坡头区	1995 年《中卫县志》	大天鹅	中卫县县志编纂委员会，1995
		永宁县、贺兰县	1998 年《银川市志》	小天鹅(永宁县、贺兰县)	银川市志编纂委员会，1998
		灵武市	1999 年《灵武市志》	天鹅	灵武市志编纂委员会，1999
	新疆	博湖县	1993 年《博湖县志》	天鹅	《博湖县志》编纂委员会，1993
		石河子市	1994 年《农八师垦区石河子市志》	近年保护鸟类，白天鹅已在大泉沟水库栖息	农八师石河子市地方志编纂委员会，1994
		霍城县	1994 年《中国国情丛书：百县市经济社会调查：霍城卷》	天鹅	丁伟志等，1994b
		沙雅县	1995 年《沙雅县志》	天鹅(*Cygnus*)	沙雅县史志编纂委员会，1995
		和静县	1995 年《和静县志》	小天鹅	和静县史志编纂委员会，1995
		精河县	1998 年《精河县志》	天鹅	精河县《精河县志》编纂委员会，1998
		米泉市	1998 年《米泉县志》	天鹅	米泉县地方志编纂委员会，1998
		克拉玛依市	1999 年《克拉玛依市志》	天鹅	克拉玛依市地方志编纂委员会，1999
		博乐市、精河县、温泉县	1999 年《博尔塔拉蒙古自治州志》	天鹅	博尔塔拉蒙古自治州地方志编纂委员会，1999

注：表中个别文献非通常意义的“方志”。①“小天鹅”与“短嘴天鹅”乃同物异名。②“晋南”有较明确具体地点，但并非皆有分布。③我国现生天鹅皆白羽；浙江其他方志也多以“鹄”为天鹅别称；康熙《平阳县志》也有“鹄”。然而，此志加注“羽色纯黑”，据称“所有白天鹅的幼鸟在第一年羽色为灰褐色，逆光观察很易被误认为是黑色天鹅”(马鸣等，1993)。故此记载疑似有误。④具体地点待考。⑤此学名与现所用的不同。⑥具体地点待考。⑦原书不少双名物种(如白鹇、雉鸡、布谷、杜鹃、翡翠、画眉、鸳鸯、啄木、喜鹊等)皆为分离成单字，但此又似为两种禽；尤其是《梧州府志》含该县，之前曾有“鹄”记载。

保护区中现分布有小天鹅(表 6.12、图 6.44)，可以表明它们依然存在。特点如下：

- 现分布有小天鹅的自然保护区达到 123 个，总面积达 8.2 万 km^2。
- 拥有保护区数量情况按地区排序：华北(32 个)，华东(25 个)，中南(24 个)；与小天鹅分布地状况相当。
- 拥有保护区数量情况按省级政区排序：内蒙古自治区与黑龙江省(皆 18 个)，河南省(10 个)，河北省(8 个)，湖北省(7 个)，江西省(6 个)。
- 一地有多个保护区的以内蒙古的克什克腾旗(3 个)最为显著。
- 保护区的建立时间虽在 1960～2008 年间，但主要还是 1980 年代以来建立的。
- 保护区的等级情况 4 级皆有，但以省级(占 48%)与国家级(占 41%)占绝对优势。
- 主管部门以林业占绝对优势(高达 75%)，但环保也不少(约占 17%)。

表 6.12　**栖息有小天鹅的自然保护区概况**

地区	省级政区	保护区名称	所处地点	面积（hm^2）	级别	建立时间	主管部门
华北	北京	野鸭湖	延庆县	8 700	省级	20001201	林业
	天津	古海岸与湿地	汉沽区、塘沽区、大港区、东丽区、津南区、宁河县	35 913	国家级	19841201	海洋
		北大港湿地	大港区	34 887	省级	19990824	环保
		青龙湾	宝坻区	416	省级	20030627	林业
	河北	南大港湿地	沧州市	13 380	省级	19950301	林业
		衡水湖	桃城区、冀州市、枣强县	18 787	国家级	20000701	林业
		驼梁	平山县	21 312	国家级	20010331	林业
		塞罕坝	围场满族蒙古族自治县	20 030	国家级	20010801	林业
		御道口	宽城满族自治县	32 620	省级	20020501	农业
		白洋淀湿地	安新县	31 200	省级	20021106	环保
		唐海湿地鸟类	唐海县	11 064	省级	20030401	林业
		辽河源	平泉县	45 225	省级	20030701	林业
	山西	历山	垣曲县、沁水县、翼城县、阳城县	24 800	国家级	19831226	林业
		运城湿地	永济市、河津市、万荣县、临猗县、芮城县、平陆县、夏县、垣曲县	86 861	省级	19930120	林业
	内蒙古	达赉湖	新巴尔虎右旗、满洲里市、新巴尔虎左旗	740 000	国家级	19860710	林业
		达里诺尔	克什克腾旗	119 413	国家级	19870908	环保
		鄂尔多斯遗鸥	东胜区、伊金霍洛旗	14 770	国家级	19910101	林业
		大兴安岭汗马	根河市	107 348	国家级	19790501	林业
		乌梁素海湿地水禽	乌拉特前旗	29 333	省级	19930301	林业
		贺斯格淖尔	东乌珠穆沁旗	47 200	省级	19950601	林业
		乌兰坝—石棚沟	巴林左旗	120 000	省级	19971101	林业
		额尔古纳湿地	额尔古纳市	126 000	省级	19971101	林业
		红花尔基樟子松林	鄂温克族自治旗	20 085	国家级	19980501	林业
		石人湾	呼和浩特市	3 000	县级	19991001	环保
		巴丹吉林沙漠湖泊	阿拉善右旗	717 060	省级	19990501	环保
		大漠沙湖	杭锦旗	300	县级	20000101	林业
		贡格尔	克什克腾旗	101 900	县级	20001201	环保
		黄岗梁	克什克腾旗	38 307	省级	20041201	林业
		双合尔山	科尔沁左翼后旗	10 000	市级	20011201	其他
		杭锦淖尔	杭锦旗	85 750	省级	20030101	林业
		察右后旗天鹅湖	察哈尔右翼后旗	2 600	市级	20040101	环保
		乌拉盖湿地	东乌珠穆沁旗	612 650	省级	20041201	林业
东北	辽宁	卧龙湖	康平县	11 200	省级	20010501	林业
		大麦科	台安县	7 190	省级	20020801	林业
		六股河入海口湿地	绥中县	1 011	市级	20060701	林业

（续表）

地区	省级政区	保护区名称	所处地点	面积（hm^2）	级别	建立时间	主管部门
	吉林	吉林长白山	安图县、抚松县、长白朝鲜族自治县	196 465	国家级	19600401	林业
		莫莫格	镇赉县	144 000	国家级	19810308	林业
		向海	通榆县	105 467	国家级	19810309	林业
	黑龙江	牡丹峰	牡丹江市	19 648	国家级	19810505	林业
		兴凯湖	密山市	222 488	国家级	19860405	林业
		连环湖水禽	杜尔伯特蒙古族自治县	43 000	县级	19861202	其他
		洪河	抚远县、同江市	21 835	国家级	19880111	环保
		大庆黑鱼泡	大庆市	6 000	县级	19881120	其他
		宝清七星河	宝清县	20 000	国家级	19911017	环保
		安邦河	集贤县	3 716	省级	19930301	环保
		六峰湖	穆棱市	6 591	省级	19961113	环保
		科洛河	嫩江县	3 577	市级	19961202	环保
		挠力河	富锦市、饶河县	160 595	国家级	19981204	环保
		西洼荒湿地	望奎县	8 292	省级	19900401	环保
		嘟噜河	萝北县	9 967	省级	20000801	环保
		东湖湿地	安达市	14 600	省级	20001205	环保
		乌苏里江	抚远县	39 668	省级	20010111	环保
		龙凤湿地	大庆市	5 050	省级	20030313	其他
		东升	宝清县	19 244	省级	20040901	林业
		中央站黑嘴松鸡	嫩江县	46 743	省级	20061226	林业
		呼兰河口湿地	哈尔滨市	19 262	省级	20080114	林业
华东	上海	崇明东滩鸟类	崇明县	24 155	国家级	19981116	林业
		九段沙湿地	浦东新区	42 020	国家级	20000306	环保
	江苏	云台山森林	连云港市、灌云县	67	省级	19810812	林业
		泗洪洪泽湖湿地	泗洪县	49 365	国家级	19850701	环保
		大丰麋鹿	大丰市	2 667	国家级	19860208	林业
	浙江	临安清凉峰	临安市	10 800	国家级	19850801	林业
		牛头山	武义县	3 000	县级	19951226	林业
	安徽	升金湖	东至县、贵池区	33 400	国家级	19860204	林业
		安庆沿江湿地	安庆市	120 000	省级	19951202	林业
		十八索	贵池区	7 500	省级	20010401	林业
		东西湖	霍邱县	14 200	省级	20010401	林业
		石臼湖	当涂县	10 667	省级	20010406	农业
	福建	福建武夷山	武夷山市、建阳市、光泽县、邵武市	56 527	国家级	19790703	林业
		将石	邵武市	1 222	省级	19860327	林业
		君子峰	明溪县、泰宁县	18 061	国家级	19951220	林业
		闽江河口湿地	福州市、长乐市	3 129	省级	20030820	林业

（续表）

地区	省级政区	保护区名称	所处地点	面积（hm²）	级别	建立时间	主管部门
	江西	庐山	九江市	30 452	省级	19810306	林业
		江西鄱阳湖	新建县、进贤县、九江市、瑞昌市、九江县、星子县、湖口县、余干县、鄱阳县	22 400	国家级	19830600	林业
		鄱阳湖南矶湿地	新建县	33 300	国家级	19970106	林业
		青岚湖	进贤县	1 000	省级	19970106	林业
		赛城湖候鸟	九江县	4 500	县级	20001120	林业
		都昌候鸟	都昌县	41 100	省级	20031001	林业
	山东	鲁山	淄博市、沂源县	4 000	省级	19860826	林业
		黄河三角洲	东营市、垦利县、利津县	153 000	国家级	19901227	林业
		南四湖	微山县、济宁市	127 547	省级	19940401	林业
中南	河南	太白顶	桐柏县	4 924	省级	19820624	林业
		董寨	罗山县	46 800	国家级	19820624	林业
		太行山猕猴	济源市、沁阳市、修武县、辉县市	56 600	国家级	19820624	林业
		新乡黄河湿地鸟类	卫辉市、延津县、封丘县	22 780	国家级	19880727	环保
		河南黄河湿地	巩义市、湖滨区、洛阳市、偃师市、孟津县、新安县、焦作市、孟州市、济源市	68 000	国家级	19950818	林业
		丹江湿地	淅川县	64 027	国家级	20010810	林业
		郑州黄河湿地	郑州市、巩义市、荥阳市、中牟县	36 574	省级	20041119	林业
		固始淮河湿地	固始县	4 388	省级	20071120	林业
		白龟山湿地	平顶山市	6 600	省级	20071120	林业
		濮阳黄河湿地	濮阳县	3 300	省级	20071120	林业
	湖北	九宫山	通山县	16 609	国家级	19810201	林业
		龙感湖	黄梅县	22 322	国家级	19880101	林业
		沉湖湿地	武汉市	11 579	省级	19940101	林业
		洪湖湿地	洪湖市	37 088	省级	19960101	林业
		梁子湖湿地	鄂州市	37 946	省级	20010101	林业
		长湖湿地	荆州市	8 470	市级	20020101	林业
		网湖湿地	阳新县	20 495	省级	20040313	林业
	湖南	东洞庭湖	岳阳市、华容县、岳阳县	190 000	国家级	19841101	林业
		南洞庭湖湿地	沅江市、益阳市	168 000	省级	19910701	林业
		康龙森林	中方县	6 700	省级	19961001	林业
	广东	内伶仃岛—福田	深圳市	815	国家级	19840409	林业
		湛江红树林	湛江市	19 300	国家级	19900108	林业
		海丰鸟类	海丰县	11 591	省级	19980811	林业
	广西	九万山	罗城仫佬族自治县、环江毛南族自治县、融水苗族自治县	25 213	国家级	19820601	林业

（续表）

地区	省级政区	保护区名称	所处地点	面积（hm²）	级别	建立时间	主管部门
西南	四川	卡莎湖	炉霍县	22 300	省级	19870101	林业
		若尔盖湿地	若尔盖县	166 571	国家级	19941118	林业
		察青松多白唇鹿	白玉县	143 683	国家级	19950101	林业
		布拖乐安	布拖县	22 751	市级	20030101	林业
	贵州	雷公山	雷山县、台江县、剑河县、榕江县	47 300	国家级	19820601	林业
		威宁草海	威宁彝族回族苗族自治县	12 000	国家级	19850101	林业
	云南	拉市海高原湿地	玉龙纳西族自治县	6 523	省级	19971008	林业
		母屯海湿地	鹤庆县	400	市级	20011001	环保
西北	甘肃	甘肃祁连山	凉州区、天祝藏族自治县、古浪县、永昌县、甘州区、山丹县、民乐县、肃南裕固族自治县	230 000	国家级	19870101	林业
		张掖黑河湿地	高台县、甘州区、临泽县	41 165	国家级	19921210	环保
		黄河首曲湿地候鸟	玛曲县	37 500	省级	19951123	林业
	青海	海北祁连山	互助土族自治县、海晏县、祁连县、刚察县、门源回族自治县	834 700	省级	20051201	林业
	宁夏	灵武白芨滩	灵武市	74 843	国家级	19850101	林业
		沙湖	平罗县	5 580	省级	19970101	农业
		青铜峡库区	青铜峡市、中宁县	19 500	省级	20020701	其他
	新疆	巴音布鲁克	和静县	100 000	国家级	19800509	林业
		甘家湖梭梭林	乌苏市、精河县	54 667	国家级	19830901	林业
		艾比湖湿地	精河县、博乐市	267 085	国家级	20000616	林业

注：①本表参考多方面信息综合而成，个别误差进行更正。

②本表据全国自然保护区名录. http://sts. mep. gov. cn/zrbhq/zrbhq/201208/t20120824_235172. htm；北京野鸭湖湿地自然保护区. http://jingguan. yuanlin. com/marsh/2010-5-31/11804. html；于丽爽. 疣鼻天鹅 30 年再来野鸭湖. http://news. ifeng. com/a/20151110/46178167_0. shtml；古海岸与湿地自然保护区. http://baike. baidu. com/view/248465. htm；七里海成为天津市最大鸟类乐园. http://news. 022china. com/2011/07-12/484949_0. html；北大港湿地. http://baike. baidu. com/view/3439704. htm；天津市环境保护科学研究院. 2003. 天津市北大港湿地自然保护区总体规划. http://www. docin. com/p-458104745. html；天津青龙湾固沙林自然保护区简介. http://www. china-citytour. com/tianjing/tianjinjingqu/baoqu/jingqujieshao/813. html；南大港湿地自然保护区. http://baike. baidu. com/view/2920089. htm；衡水湖国家级自然保护区. http://baike. baidu. com/view/1094925. htm? fromId=533014；驼梁自然保护区. http://baike. baidu. com/view/5664683. htm；塞罕坝国家级自然保护区. http://baike. baidu. com/view/3155517. htm；御道口草原森林风景区. http://www. bashang. net/weichang/yudaokou. asp；白洋淀湿地自然保护区. http://www. bydsd. com/Intro/index. asp；唐海湿地和鸟类自然保护区. http://www. baike. com/wiki/%E5%94%90%E6%B5%B7%E6%B9%BF%E5%9C%B0%E5%92%8C%E9%B8%9F%E7%B1%BB%E4%BF%9D%E6%8A%A4%E5%8C%BA；辽河源自然保护区成为野生动物的家园. http://www. heb. chinanews. com/5/2011-06-22/124230. shtml；小天鹅. http://baike. niaolei. org. cn/小天鹅；赵天梁，2005；达赉湖国家级自然保护区. http://baike. baidu. com/view/825991. htm? fromId=746861；达里诺尔自然保护区. http://baike. baidu. com/view/74463. htm? fromId=248382；内蒙古鄂尔多斯遗鸥国家

级自然保护区. http://www. forestry. gov. cn/portal/bhxh/s/660/content-100869. html;大兴安岭汗马自然保护区保护区. http://baike. baidu. com/view/1429364. htm;乌梁素海. http://baike. baidu. com/view/60772. htm;赵建忠,2012;贺斯格淖尔保护区. http://www. baike. com/wiki/%E8%B4%BA%E6%96%AF%E6%A0%BC%E6%B7%96%E5%B0%94%E4%BF%9D%E6%8A%A4%E5%8C%BA;乌兰坝—石棚沟自然保护区. http://www. cfhb. gov. cn/hjgl/zrst/zrbhq/201310/t20131023_1435445. html;额尔古纳湿地自然保护区. http://www. ceweekly. cn/html/Article/20111129495000890. html;红花尔基樟子松林国家级自然保护区. http://baike. baidu. com/view/871350. htm? subLemmaId=871350&fromenter=%BA%EC%BB%A8%B6%FB%BB%F9%D5%C1%D7%D3%CB%C9%C1%D6%D7%D4%C8%BB%B1%A3%BB%A4%C7%F8;巴丹吉林沙漠. http://baike. baidu. com/view/41478. htm;贡格尔草原. http://baike. baidu. com/view/782825. htm;内蒙古黄岗梁自然保护区. http://www. cfhb. gov. cn/hjgl/zrst/zrbhq/201310/t20131023_1435445. html;杭锦淖尔保护区. http://www. baike. com/wiki/%E6%9D%AD%E9%94%A6%E6%B7%96%E5%B0%94%E4%BF%9D%E6%8A%A4%E5%8C%BA;天鹅湖草原湿地候鸟观光生态旅游区. http://www. wulanchabu. gov. cn/information/wlcbzfw933/msg109684665292. html;白天鹅灰鹤野鸭落户内蒙古乌拉盖湿地自然保护区. http://www. forestry. gov. cn/portal/main/s/142/content-82295. html;卧龙湖. http://baike. baidu. com/view/50656. htm;台安县. http://baike. baidu. com/link? url=iDFGo3x7P4rsxCG8YHNL8rU_ZUN2IuVVHAj-NBmzFLuuTLUUJAn42C_zoZ4VEheR;今春候鸟缘何早又多:湿地保护给我市带来良好生态效益. http://www. hld. gov. cn/Item/61633. aspx;吉林长白山国家级自然保护区. http://baike. baidu. com/view/90326. htm;吉林莫莫格国家级自然保护区·资源·野生动物. http://baike. baidu. com/link? url=p4Rw9LcHYaIPD7AedYDbBnLkWM_9rYdHyoH2GjAZvRka9u59Fp1AUZLZuAMHDkCHyW-IdhZQlFpNuj4RxrpVnK;通榆县. http://baike. baidu. com/view/469494. htm;黑龙江牡丹峰国家级自然保护区. http://baike. baidu. com/view/389747. htm? fromId=248416;黑龙江兴凯湖国家级自然保护区. http://baike. baidu. com/view/481645. htm? fromId=485581;连环湖水禽猎场. http://baike. baidu. com/view/1877289. htm;黑龙江洪河国家级自然保护区. http://baike. baidu. com/view/146456. htm? fromId=246973;关于建立黑鱼湖自然保护区的建议. http://www. daqing. gov. cn/dqrdroot/dbjypphyj/27627. shtml;宝清七星河国家级自然保护区. http://baike. soso. com/v4813199. htm;集贤县. http://baike. baidu. com/link? url=P7K8YDJ0O_fFB4Cj1wyLTL5Us4CRwGgcuFD2zxjycA_ZcymX9nzANWlQlgwDs7r7;穆棱林业局. http://baike. baidu. com/link? url=_XDp-HUueCQvLXKR6u34p4exRpPQSaLukKL_63xq9iX-2H3brXj6c7vlOCzGQnucKHlZLeoNKTJiJA89or5x5K;六峰湖自然保护区. http://www. hljnews. cn/xw_whyl/system/2009/06/22/010384146. shtml;科洛河湿地. http://www. zglz. gov. cn/html/2012/fjms_0712/1175. html;挠力河. http://baike. baidu. com/view/725847. htm;黑龙江望奎西洼荒湿地自然保护区. http://www. hljforest. gov. cn/view/lm0494/article/308184. html;苇场湿地丹顶鹤自然保护区. http://baike. baidu. com/link? url=EUmzYV2Ty5ULUs9AUg7b3eknB_aZkB7gRVUxa3dpkaG46vje0_ZM0ycSQXN0TyB3iRRqfiSxhT0v72F8WEg53q;东湖湿地保护区. http://www. shidi. org/sf_1AA4CB16991646719C98BBBDB410E8F6_151_cnplph. html;乌苏里江. http://baike. baidu. com/view/52521. htm;黑龙江成立乌苏里江自然保护区. http://news. sohu. com/82/94/news144259482. shtml;大庆龙凤湿地自然保护区. http://baike. baidu. com/view/1350527. htm;崔悦. 东升自然保护区. http://epaper. hljnews. cn/hljrb/html/2009-06/15/content_402657. htm;黑龙江中央站黑嘴松鸡自然保护区. http://baike. baidu. com/view/9108462. htm;呼兰河口湿地. http://baike. baidu. com/view/1589344. htm;上海市崇明东滩鸟类自然保护区. http://www. shidi. org/sf_4D31144DEC67450A87C81BDC7236BBF8_151_column. html;上海崇明东滩鸟类国家级自然保护区·鸟类的天堂. http://www. dongtan. cn/sites/dongtan/baohuqu. aspx? ctgId=b7c758d2-8f23-4bda-a8c0-c0bd4c3765f0;上海九段沙湿地国家级自然保护区. http://baike. baidu. com/view/2010947. htm;云台山自然保护区. http://baike. baidu. com/view/821049. htm;泗洪县. http://baike. baidu. com/link? url=YO62uEZI5hxny4uutvJ5dWAW-yploHpXW-E0eQRzXManUkS3C1nMjTztPslOtcJo;泗洪湿地保护区. http://m. club. sohu. com/hubei/thread/%2126c401157345e3bd;临安清凉峰自然保护区. http://baike. baidu. com/view/472705. htm;;金华牛头山. http://blog. sina. com. cn/s/blog_4a67957c010005r6. html;安徽省自然保护区简介. http://www. ahly. gov. cn/main/model/newinfo/newinfo. do? infoId=14166;邵武将石省级自然保护区. http://baike. baidu. com/view/9447150. htm? fromId=211244;明溪惊现天鹅一家子. http://www. fjbirds. org/bbs/viewthread. php? tid=15684;长乐闽江河口湿地省级自然保护区. http://baike. baidu. com/view/9444341. htm;庐山自然保护区. http://baike. baidu. com/view/118116. htm;九江. http://baike. baidu. com/link? url=B8kGxPTKM1edRKLPd12J1ufk4YQXVc26AtVRqI44j-py1gNrzd29137psJlqcmABkASSqAbELX3lzoyKW_6de-K4reuwkyEu2xzscWFZOam#6;鄱阳湖国家级自然保护区简介. http://www. poyanglake. org/articleDetail. aspx? id=1;赛城湖候鸟保护区. http://www. jxlushan. com/Article/jingdian/sixian/201206/20120616175100_1444. shtml;江西都昌候鸟省级自然保护区. http://baike. baidu. com/view/9300365. htm;吕承华. 谈谈都昌县鄱阳湖湿地·候鸟

资源保护与利用. http://www. duchang. org/simple/? t66317. html；都昌县鄱阳湖区首次发现大天鹅. http://www. cndcta. com/news/201201/news_20120105085921. html；王俊亮等，2010；山东黄河三角洲国家级自然保护区. http://baike. baidu. com/view/251907. htm? fromId＝488661；南四湖省级自然保护区. http://baike. baidu. com/view/6068802. htm；我市监测到大批国家重点保护鸟类. http://cache. baiducontent. com/c? m＝9d78d513d9d706ef06e2ce384b54c0676a499d267992c715088ccf09cd2f4c413033beff302267558fd8273b57f8034bea877428751421c3c4df893c8ce6ce6e78d461237018d75613a542f39d116fd6209409feae6fa6e0ad7784aed6828c12089c44040c83f78f4d00109139e71547e4a0934c&p＝b47fc216d9c15fe701bd9b7d071d9f&newp＝c07dc64ad4934eac52e685361c438b231610db2151d1d617&user＝baidu；太白顶自然保护区. http://baike. baidu. com/view/825946. htm；孟津国家级黄河湿地自然保护区. http://www. baike. com/wiki/孟津黄河湿地；丹江湿地国家级自然保护区. http://baike. soso. com/v11020991. htm；丹江湿地保护区. http://www. baike. com/wiki/%E4%B8%B9%E6%B1%9F%E6%B9%BF%E5%9C%B0%E4%BF%9D%E6%8A%A4%E5%8C%BA；郑州黄河湿地自然保护区. http://baike. baidu. com/view/901271. htm；河南固始淮河湿地省级自然保护区. http://baike. baidu. com/link? url＝4ZKZD8YhKpSniojZUOdJv-RnGTmKvSns0f4oC2t7fUeqAQXf9ZQgaVqja6WvMV0iz4K77RPu5FVEKbnx_vyJg；河南林业自然保护区：平顶山白龟山湿地省级自然保护区. http://www. doc88. com/p-950282993658. html；濮阳县黄河湿地保护区. http://baike. baidu. com/view/4807709. htm；九宫山国家级自然保护区. http://baike. baidu. com/view/8910754. htm；龙感湖. http://baike. baidu. com/view/1246296. htm；沉湖湿地自然保护区. http://baike. baidu. com/view/8911163. htm；洪湖省级湿地自然保护区. http://baike. baidu. com/view/5861175. htm；梁子湖湿地自然保护区. http://baike. baidu. com/view/8911050. htm；荆州市长湖湿地自然保护区概况. http://lyj. cnchu. com/viewnews-133；网湖湿地自然保护区. http://baike. baidu. com/view/8913454. htm；东洞庭湖国家级自然保护区. http://baike. baidu. com/view/481706. htm? fromId＝248586；[怀化]小天鹅受伤挨饿 动物园精心救治. http://hunan. big5. voc. com. cn/article/200911/200911180901124811. html；广东海丰鸟类省级自然保护区. http://baike. baidu. com/view/9226531. htm；九万山国家级自然保护区. http://baike. baidu. com/view/3018401. htm；四川·卡莎湖湿地保护区基础设施建设项目建议书. http://xbzs. chinawestnews. net/system/2009/04/25/010120561. shtml；四川若尔盖湿地自然保护区. http://baike. baidu. com/view/472790. htm? fromId＝472803；察青松多白唇鹿自然保护区. http://baike. baidu. com/view/2263738. htm；布拖县. http://baike. baidu. com/view/377769. htm；吴如雄. 雷公山小天鹅是贵州省鸟类新纪录. http://qdnrm. com/a/qiandongnanxinwen/bendi/2010/1118/30028. html；威宁草海 越冬候鸟逾 4 万只. http://travel. gog. com. cn/system/2012/11/26/011776459. shtml；丽江拉市海越冬水禽逾 10 万只. http://cache. baiducontent. com/c? m＝9d78d513d9d706ef06e2ce384b54c0676a499d206d9c8c027fa3d213cf374c413037bee4302267558fd8223c59f41a00bfed682a6b5465f68689d20098a6922a2c8b3a37701c8c5c10d81eadc94523c52b974de9d843a1e5ae&p＝9063ca0e86cc42a84ea7c7710f57&newp＝882a9642cc8800f310f1c7710f0792695803ed6337d2d00f3495cf008f&user＝baidu；张银奎. 云南鹤庆草海首次发现珍稀鸟类小天鹅. http://www. foryn. cn/zjyn_htm/zjyn_1925. htm；祁连山国家级自然保护区. http://baike. baidu. com/link? url＝wILzLBBDrSCc9Yf8GnCuoWKZ82pZwpvKhwUlvinztJOXMeHanFLmVhNsWhC4wLBHepwil-5u_ongKSdB1RqIJhg3hfnZmWAEbB_cVQ5lpzj7Slzpk7xcGKkt3yRUrdygurKEh26PXl_V8x5Zx2R9wlv8RzkqoNzX06YG1mYRFmRN2QRXEAVBx3zERHyzbGSZn9oaPOxbPlIwz2W3czhKXi-6nTvCqGAfSDgC3aARqH7；甘肃祁连山自然保护区. http://www. qilianshan. com. cn/client/qlsbhq/html/6/20/22/24. html；黑河流域自然保护区简介. http://news. 163. com/10/0303/15/60S2KS3I000146BC. html；玛曲县. http://baike. baidu. com/link? url＝eAKF3uDRzlJ6a7NgLife6k5aepdbkX7cNudQgYO2Fx3gOynKZQcpayZ1U61i8UaP；祁连县. http://baike. baidu. com/link? url＝XAgSvMmoET0PdYMfCCUTY07cTPSqvqNZiDoUtSiRQsRDr5eTVdY8Y9_w6ThnXwYl；灵武白芨滩国家级自然保护区. http://baike. baidu. com/view/1429868. htm? fromId＝473500；碧水粼粼百鸟云集沙湖湿地自然保护区候鸟回迁显灵韵. http://cache. baiducontent. com/c? m＝9f65cb4a8c8507ed4fece763105392230e54f73f768b89027fa3c215cc7901071838feb8273f1205d3c1616301ad4a4bea876c34685d34f2c688de45&p＝9870d216d9c106ee43bd9b7e0a55&newp＝8649d716d9c102b308e294797f7a92695803ed633bd19309&user＝baidu；青铜峡库区湿地自然保护区. http://sxyyn1999. blog. 163. com/blog/static/8508732010322824553347/；国家林业局，2008；乌苏. http://baike. baidu. com/link? url＝g85KFya_T82zU1bSaIQ4PDXXylPjArEKquWmtzZPB51rQV6MR72zMf3wfgAQ5afkEWRRNr5big0lYaLWTAq7SK；艾比湖湿地国家级自然保护区. http://baike. baidu. com/view/1297050. htm? fromId＝475845。

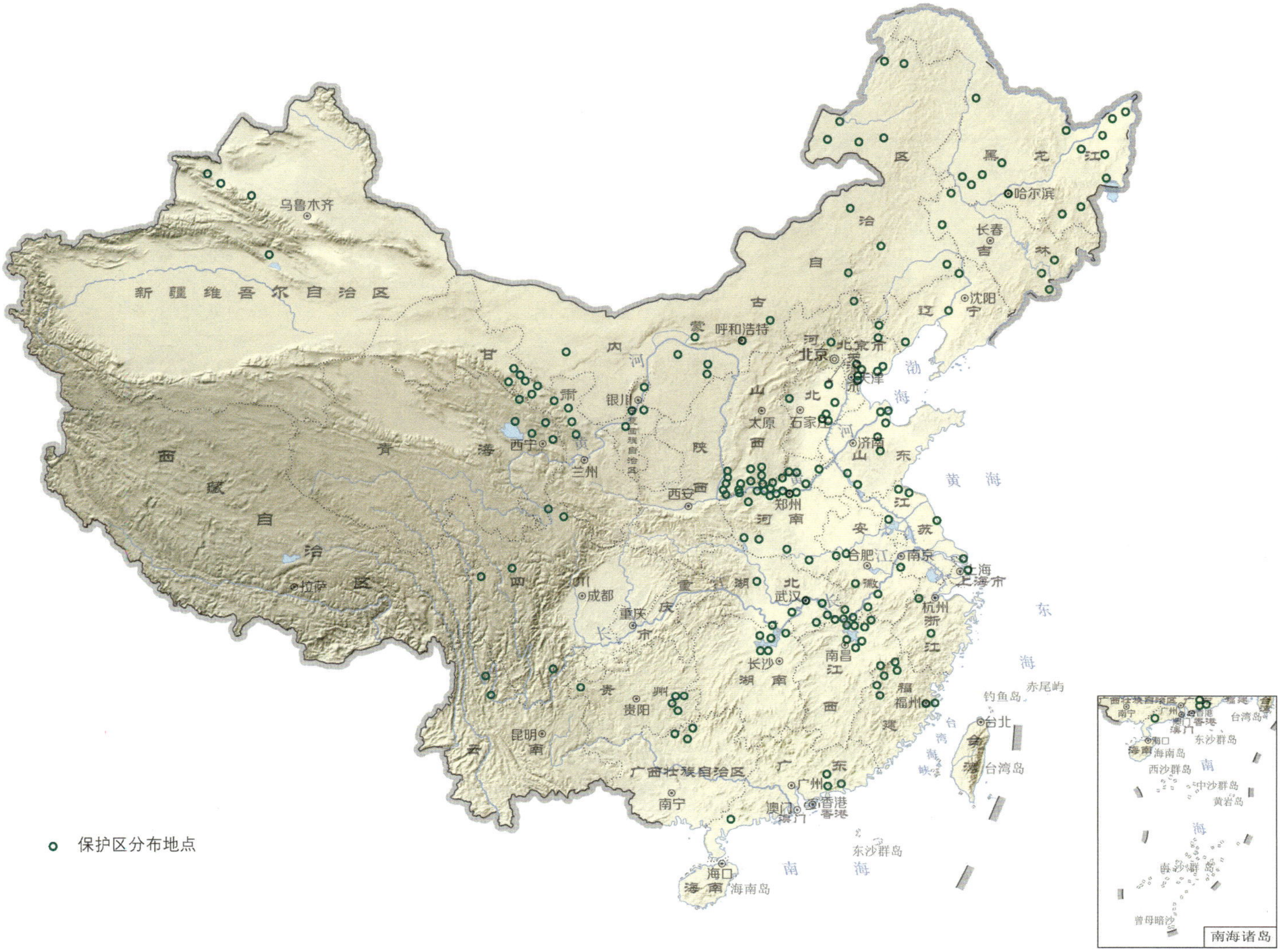

图 6.44　栖息有小天鹅的自然保护区分布图

6.8　小天鹅的分布变迁

20 世纪以来，小天鹅的分布变迁（表 6.13、图 6.45）状况显示：

● 省级政区中仅中南（香港、澳门）与西南（西藏）3 个未见有小天鹅分布记录。

● 小天鹅的分布地呈现由北向南、由东向西的数量多而密集向数量少而稀疏的趋势。

● 可确定有小天鹅的县级及其以上分布地总数约 556 个（不包括重复）。

● 小天鹅的分布地数量，按地区排序为：华东（123 个），中南（118 个），华北（100 个），西北（89 个），东北（82 个），西南（44 个）；这与小天鹅分布大势相符。

● 小天鹅的县级及其以上分布地绝对数量，按省级政区排序为：内蒙古自治区（57 个），新疆维吾尔自治区（54 个），黑龙江省（40 个），河南省（39 个），安徽省（34 个）；仅有 1 个小天鹅分布地的省级政区仅有 1 个。

● 小天鹅的县级及其以上分布地相对数量，按省级政区排序为：内蒙古自治区（64%），新疆维吾尔自治区（61%），宁夏回族自治区（56%），黑龙江省（52%），吉林省（48%），安徽省（44%）。

● 到 20 世纪后半叶变化较大的省级政区是：广西壮族自治区（减少 6 个地方），海南省（减少 5 个地方），吉林省（减少 4 个地方）；实际上则是海南省尤为严重，仅存 1 个地方。

● 20 世纪后半叶以来，变化较大的省级政区是：四川省（减少 22 个地方），湖北省（减少 19 个地方），黑龙江省（皆减少 16 个地方），吉林省（减少 13 个地方），河南省（皆减少 12 个地方）；实际上台湾尤为严重，由 7 个地方骤然减少到 1 个地方。

表 6.13 20 世纪以来小天鹅分布变迁概况

地区	省级政区	20 世纪前半叶分布地点	20 世纪后半叶分布地点	现今分布地点
华北	北京	房山区、延庆县	房山区、延庆县	房山区、延庆县
	天津	塘沽区、汉沽区、大港区、东丽区、津南区、北辰区、宝坻区、宁河县	塘沽区、汉沽区、大港区、东丽区、津南区、北辰区、宝坻区、宁河县	塘沽区、汉沽区、大港区、东丽区、津南区、北辰区、宝坻区、宁河县
	河北	灵寿县、平山县、沽源县、赤城县、兴隆县、平泉县、宽城满族自治县、围场满族蒙古族自治县、秦皇岛市、唐海县、永清县、安新县、沧州市、黄骅市、桃城区、冀州市、枣强县、磁县	灵寿县、平山县、沽源县、赤城县、兴隆县、平泉县、宽城满族自治县、围场满族蒙古族自治县、秦皇岛市、唐海县、永清县、安新县、沧州市、黄骅市、桃城区、冀州市、枣强县、磁县	平山县、沽源县、赤城县、兴隆县、平泉县、宽城满族自治县、围场满族蒙古族自治县、唐海县、永清县、安新县、沧州市、黄骅市、桃城区、冀州市、枣强县、磁县
	山西	沁水县、阳城县、宁武县、五寨县、岢岚县、曲沃县、翼城县、盐湖区、永济市、河津市、芮城县、临猗县、万荣县、平陆县、垣曲县	沁水县、阳城县、宁武县、五寨县、岢岚县、曲沃县、翼城县、盐湖区、永济市、河津市、芮城县、临猗县、万荣县、平陆县、垣曲县	沁水县、阳城县、岢岚县、曲沃县、翼城县、永济市、河津市、芮城县、临猗县、万荣县、平陆县、垣曲县
	内蒙古	呼和浩特市、托克托县、赤峰市、宁城县、林西县、阿鲁科尔沁旗、巴林左旗、巴林右旗、克什克腾旗、翁牛特旗、喀喇沁旗、敖汉旗、科尔沁左翼后旗、海拉尔区、满洲里市、扎兰屯市、牙克石市、根河市、额尔古纳市、阿荣旗、新巴尔虎右旗、新巴尔虎左旗、陈巴尔虎旗、鄂伦春自治旗、鄂温克族自治旗、莫力达瓦达斡尔族自治旗、东胜区、达拉特旗、准格尔旗、鄂托克前旗、鄂托克旗、杭锦旗、乌审旗、伊金霍洛旗、察哈尔右翼后旗、乌拉特前旗、乌拉特中旗、乌兰浩特市、阿尔山市、突泉县、科尔沁右翼前旗、科尔沁右翼中旗、扎赉特旗、锡林浩特市、二连浩特市、多伦县、阿巴嘎旗、苏尼特左旗、苏尼特右旗、东乌珠穆沁旗、西乌珠穆沁旗、太仆寺旗、镶黄旗、正镶白旗、正蓝旗、阿拉善右旗、额济纳旗	呼和浩特市、托克托县、赤峰市、宁城县、林西县、阿鲁科尔沁旗、巴林左旗、巴林右旗、克什克腾旗、翁牛特旗、喀喇沁旗、敖汉旗、科尔沁左翼后旗、海拉尔区、满洲里市、扎兰屯市、牙克石市、根河市、额尔古纳市、阿荣旗、新巴尔虎右旗、新巴尔虎左旗、陈巴尔虎旗、鄂伦春自治旗、鄂温克族自治旗、莫力达瓦达斡尔族自治旗、东胜区、达拉特旗、准格尔旗、鄂托克前旗、鄂托克旗、杭锦旗、乌审旗、伊金霍洛旗、察哈尔右翼后旗、乌拉特前旗、乌拉特中旗、乌兰浩特市、阿尔山市、突泉县、科尔沁右翼前旗、科尔沁右翼中旗、扎赉特旗、锡林浩特市、二连浩特市、多伦县、阿巴嘎旗、苏尼特左旗、苏尼特右旗、东乌珠穆沁旗、西乌珠穆沁旗、太仆寺旗、镶黄旗、正镶白旗、正蓝旗、阿拉善右旗、额济纳旗	呼和浩特市、托克托县、赤峰市、宁城县、林西县、阿鲁科尔沁旗、巴林左旗、巴林右旗、克什克腾旗、翁牛特旗、喀喇沁旗、敖汉旗、科尔沁左翼后旗、海拉尔区、满洲里市、扎兰屯市、牙克石市、根河市、额尔古纳市、阿荣旗、新巴尔虎右旗、新巴尔虎左旗、陈巴尔虎旗、鄂伦春自治旗、鄂温克族自治旗、莫力达瓦达斡尔族自治旗、东胜区、达拉特旗、准格尔旗、鄂托克前旗、鄂托克旗、杭锦旗、乌审旗、伊金霍洛旗、察哈尔右翼后旗、乌拉特前旗、乌拉特中旗、乌兰浩特市、阿尔山市、突泉县、科尔沁右翼前旗、科尔沁右翼中旗、扎赉特旗、锡林浩特市、二连浩特市、多伦县、阿巴嘎旗、苏尼特左旗、苏尼特右旗、东乌珠穆沁旗、西乌珠穆沁旗、太仆寺旗、镶黄旗、正镶白旗、正蓝旗、阿拉善右旗、额济纳旗
东北	辽宁	沈阳市、新民市、辽中县、康平县、法库县、朝阳市、喀喇沁左翼蒙古族自治县、铁岭市、开原市、铁岭县、海城市、台安县、丹东市、东港市、宽甸满族自治县、大连市、营口市、盖州市、绥中县	沈阳市、新民市、辽中县、康平县、法库县、朝阳市、喀喇沁左翼蒙古族自治县、海城市、台安县、丹东市、东港市、宽甸满族自治县、大连市、营口市、盖州市、绥中县	新民市、康平县、法库县、朝阳市、喀喇沁左翼蒙古族自治县、台安县、大连市、营口市、盖州市、绥中县

（续表）

地区	省级政区	20世纪前半叶分布地点	20世纪后半叶分布地点	现今分布地点
	吉林	洮北区、大安市、洮南市、镇赉县、通榆县、扶余县、长岭县、乾安县、前郭尔罗斯蒙古族自治县、公主岭市、梨树县、白山市、临江市、抚松县、长白朝鲜族自治县、延吉市、图们市、敦化市、珲春市、龙井市、和龙市、汪清县、安图县	洮北区、大安市、洮南市、镇赉县、通榆县、扶余县、长岭县、乾安县、前郭尔罗斯蒙古族自治县、抚松县、长白朝鲜族自治县、延吉市、图们市、敦化市、珲春市、龙井市、和龙市、汪清县、安图县	镇赉县、通榆县、抚松县、长白朝鲜族自治县、和龙市、安图县
	黑龙江	哈尔滨市、龙江县、泰来县、甘南县、富裕县、爱辉区、北安市、五大连池市、嫩江县、逊克县、孙吴县、大庆市、肇州县、肇源县、林甸县、杜尔伯特蒙古族自治县、萝北县、同江市、富锦市、桦川县、抚远县、集贤县、友谊县、宝清县、饶河县、密山市、牡丹江市、穆棱市、绥芬河市、海林市、宁安市、东宁县、林口县、安达市、肇东市、望奎县、大兴安岭地区、呼玛县、塔河县、漠河县	哈尔滨市、龙江县、泰来县、甘南县、富裕县、爱辉区、北安市、五大连池市、嫩江县、逊克县、孙吴县、大庆市、肇州县、肇源县、林甸县、杜尔伯特蒙古族自治县、萝北县、同江市、富锦市、桦川县、抚远县、集贤县、友谊县、宝清县、饶河县、密山市、牡丹江市、穆棱市、绥芬河市、海林市、宁安市、东宁县、林口县、安达市、肇东市、望奎县、大兴安岭地区、呼玛县、塔河县、漠河县	哈尔滨市、嫩江县、杜尔伯特蒙古族自治县、萝北县、同江市、富锦市、桦川县、抚远县、集贤县、友谊县、宝清县、饶河县、密山市、牡丹江市、穆棱市、绥芬河市、海林市、宁安市、东宁县、林口县、安达市、望奎县
华东	上海	宝山区、浦东新区、南汇区、崇明县	宝山区、浦东新区、南汇区、崇明县	宝山区、浦东新区、南汇区、崇明县
	江苏	南京市、溧水县、连云港市、灌云县、泗洪县、淮安市、金湖县、盱眙县、洪泽县、涟水县、东台市、大丰市、射阳县、滨海县、响水县、高邮市	南京市、溧水县、连云港市、灌云县、泗洪县、淮安市、金湖县、盱眙县、洪泽县、涟水县、东台市、大丰市、射阳县、滨海县、响水县、高邮市	南京市、溧水县、连云港市、灌云县、泗洪县、淮安市、金湖县、盱眙县、洪泽县、涟水县、大丰市
	浙江	临安市、慈溪市、诸暨市、武义县、磐安县、松阳县	临安市、慈溪市、诸暨市、武义县、磐安县、松阳县	临安市、慈溪市、武义县、磐安县、松阳县
	安徽	长丰县、肥东县、肥西县、颍上县、蚌埠市、怀远县、五河县、固镇县、淮南市、凤台县、滁州市、明光市、天长市、来安县、全椒县、定远县、凤阳县、当涂县、繁昌县、安庆市、桐城市、怀宁县、枞阳县、太湖县、望江县、六安市、寿县、霍邱县、居巢区、庐江县、贵池区、东至县、宣州区、郎溪县	长丰县、肥东县、肥西县、颍上县、蚌埠市、怀远县、五河县、固镇县、淮南市、凤台县、滁州市、明光市、天长市、来安县、全椒县、定远县、凤阳县、当涂县、繁昌县、安庆市、桐城市、怀宁县、枞阳县、太湖县、望江县、六安市、寿县、霍邱县、居巢区、庐江县、贵池区、东至县、宣州区、郎溪县	长丰县、肥东县、肥西县、颍上县、蚌埠市、怀远县、五河县、固镇县、淮南市、凤台县、滁州市、明光市、天长市、来安县、全椒县、定远县、凤阳县、当涂县、繁昌县、安庆市、桐城市、怀宁县、枞阳县、太湖县、望江县、六安市、寿县、霍邱县、居巢区、庐江县、贵池区、东至县、宣州区、郎溪县
	福建	福州市、长乐市、闽侯县、连江县、邵武市、武夷山市、建阳市、顺昌县、光泽县、明溪县、清流县、尤溪县、泰宁县、永春县、龙海市、长汀县	福州市、长乐市、闽侯县、邵武市、武夷山市、建阳市、顺昌县、光泽县、明溪县、清流县、尤溪县、泰宁县、龙海市、长汀县	福州市、长乐市、闽侯县、邵武市、武夷山市、建阳市、顺昌县、光泽县、明溪县、清流县、尤溪县、泰宁县
	江西	南昌市、南昌县、新建县、安义县、进贤县、九江市、瑞昌市、九江县、永修县、德安县、星子县、都昌县、湖口县、大余县、余干县、鄱阳县、丰城市	南昌市、南昌县、新建县、安义县、进贤县、九江市、瑞昌市、九江县、永修县、德安县、星子县、都昌县、湖口县、大余县、余干县、鄱阳县、丰城市	南昌市、南昌县、新建县、进贤县、九江市、瑞昌市、九江县、永修县、德安县、星子县、都昌县、湖口县、余干县、鄱阳县

（续表）

地区	省级政区	20世纪前半叶分布地点	20世纪后半叶分布地点	现今分布地点
	山东	济南市、章丘市、平阴县、东营市、垦利县、利津县、广饶县、淄博市、桓台县、沂源县、烟台市、长岛县、青岛市、胶州市、即墨市、平度市、胶南市、莱西市、济宁市、邹城市、微山县、鱼台县、沾化县	济南市、章丘市、平阴县、东营市、垦利县、利津县、广饶县、淄博市、桓台县、沂源县、烟台市、长岛县、青岛市、胶州市、即墨市、平度市、胶南市、莱西市、济宁市、邹城市、微山县、鱼台县	东营市、垦利县、利津县、淄博市、桓台县、沂源县、烟台市、长岛县、青岛市、胶州市、即墨市、平度市、胶南市、莱西市、济宁市、邹城市、微山县、鱼台县
	台湾	新竹市、台中县、新竹县、宜兰县、桃园县、苗栗县、澎湖县	新竹市、台中县、新竹县、宜兰县、桃园县、苗栗县、澎湖县	台中县
中南	河南	郑州市、荥阳市、巩义市、中牟县、湖滨区、灵宝市、洛阳市、偃师市、孟津县、新安县、洛宁县、焦作市、孟州市、沁阳市、修武县、卫辉市、辉县市、封丘县、长垣县、鹤壁市、濮阳县、平顶山市、叶县、南阳市、邓州市、南召县、方城县、西峡县、镇平县、内乡县、淅川县、社旗县、唐河县、新野县、桐柏县、信阳市、固始县、罗山县、济源市	郑州市、荥阳市、巩义市、中牟县、湖滨区、灵宝市、洛阳市、偃师市、孟津县、新安县、洛宁县、焦作市、孟州市、沁阳市、修武县、卫辉市、辉县市、封丘县、长垣县、鹤壁市、濮阳县、平顶山市、叶县、南阳市、邓州市、南召县、方城县、西峡县、镇平县、内乡县、淅川县、社旗县、唐河县、新野县、桐柏县、信阳市、固始县、罗山县、济源市	郑州市、荥阳市、巩义市、中牟县、湖滨区、洛阳市、偃师市、孟津县、新安县、焦作市、孟州市、沁阳市、修武县、卫辉市、辉县市、封丘县、长垣县、鹤壁市、濮阳县、平顶山市、叶县、淅川县、桐柏县、信阳市、固始县、罗山县、济源市
	湖北	武汉市、宜城市、荆门市、钟祥市、汉川市、红安县、黄梅县、鄂州市、阳新县、咸安区、赤壁市、通山县、荆州市、石首市、洪湖市、松滋市、江陵县、公安县、监利县、宜昌市、仙桃市、天门市、潜江市、来凤县	武汉市、宜城市、荆门市、钟祥市、汉川市、红安县、黄梅县、鄂州市、阳新县、咸安区、赤壁市、通山县、荆州市、石首市、洪湖市、松滋市、江陵县、公安县、监利县、宜昌市、仙桃市、天门市、潜江市、来凤县	武汉市、黄梅县、鄂州市、阳新县、通山县、荆州市、洪湖市
	湖南	望城县、常德市、津市市、安乡县、汉寿县、澧县、临澧县、桃源县、益阳市、沅江市、南县、岳阳市、汨罗市、临湘市、岳阳县、华容县、湘阴县、平江县、常宁市、汝城县、江华瑶族自治县、武冈市、中方县、麻阳县、靖州苗族侗族自治县、新化县	望城县、常德市、津市市、安乡县、汉寿县、澧县、临澧县、桃源县、益阳市、沅江市、南县、岳阳市、汨罗市、临湘市、岳阳县、华容县、湘阴县、平江县、常宁市、汝城县、江华瑶族自治县、武冈市、中方县、麻阳县、靖州苗族侗族自治县、新化县	望城县、常德市、津市市、安乡县、汉寿县、澧县、临澧县、桃源县、益阳市、沅江市、南县、岳阳市、汨罗市、临湘市、岳阳县、华容县、湘阴县、平江县、常宁市、汝城县、中方县
	广东	连山壮族瑶族自治县、湘桥区、海丰县、深圳市、怀集县、湛江市	湘桥区、海丰县、深圳市、湛江市	海丰县、深圳市、湛江市
	广西	柳州市、柳江县、柳城县、鹿寨县、融水苗族自治县、钦州市、合浦县、江州区、扶绥县、天等县、田东县、平果县、隆林各族自治县、罗城仫佬族自治县、环江毛南族自治县、八步区、昭平县、钟山县	柳州市、柳江县、柳城县、融水苗族自治县、合浦县、天等县、田东县、平果县、隆林各族自治县、罗城仫佬族自治县、环江毛南族自治县、钟山县	融水苗族自治县、平果县、隆林各族自治县、罗城仫佬族自治县、环江毛南族自治县
	海南	海口市、三亚市、东方市、保亭黎族苗族自治县、乐东黎族自治县	海口市	

（续表）

地区	省级政区	20世纪前半叶分布地点	20世纪后半叶分布地点	现今分布地点
西南	重庆	巴南区、长寿区、大足县、巫山县、奉节县	巴南区、长寿区、大足县、巫山县、奉节县	长寿区、巫山县、奉节县
	四川	成都市、都江堰市、彭州市、邛崃市、崇州市、金堂县、双流县、郫县、大邑县、蒲江县、新津县、三台县、绵竹市、罗江县、营山县、南江县、简阳市、仁寿县、九寨沟县、壤塘县、阿坝县、若尔盖县、红原县、雅江县、炉霍县、白玉县、石渠县、巴塘县、西昌市、宁南县、布拖县、冕宁县	成都市、都江堰市、彭州市、邛崃市、崇州市、金堂县、双流县、郫县、大邑县、蒲江县、新津县、三台县、绵竹市、罗江县、营山县、南江县、简阳市、仁寿县、九寨沟县、壤塘县、阿坝县、若尔盖县、红原县、雅江县、炉霍县、白玉县、石渠县、巴塘县、西昌市、宁南县、布拖县、冕宁县	仁寿县、壤塘县、若尔盖县、红原县、雅江县、炉霍县、白玉县、石渠县、巴塘县、西昌市、布拖县
	贵州	威宁彝族回族苗族自治县、剑河县、台江县、榕江县、雷山县	威宁彝族回族苗族自治县、剑河县、台江县、榕江县、雷山县	威宁彝族回族苗族自治县、剑河县、台江县、榕江县、雷山县
	云南	玉龙纳西族自治县、鹤庆县	玉龙纳西族自治县、鹤庆县	玉龙纳西族自治县、鹤庆县
西北	陕西	镇安县	镇安县	镇安县
	甘肃	嘉峪关市、金川区、永昌县、凉州区、民勤县、古浪县、天祝藏族自治县、肃州区、玉门市、敦煌市、金塔县、甘州区、民乐县、临泽县、高台县、山丹县、肃南裕固族自治县、武都区、玛曲县	嘉峪关市、金川区、永昌县、凉州区、民勤县、古浪县、天祝藏族自治县、肃州区、玉门市、敦煌市、金塔县、甘州区、民乐县、临泽县、高台县、山丹县、肃南裕固族自治县、武都区、玛曲县	嘉峪关市、金川区、永昌县、凉州区、民勤县、古浪县、天祝藏族自治县、肃州区、玉门市、金塔县、甘州区、民乐县、临泽县、高台县、山丹县、肃南裕固族自治县、玛曲县
	青海	互助土族自治县、海晏县、祁连县、刚察县、门源回族自治县	互助土族自治县、海晏县、祁连县、刚察县、门源回族自治县	互助土族自治县、海晏县、祁连县、刚察县、门源回族自治县
	宁夏	银川市、灵武市、永宁县、贺兰县、石嘴山市、平罗县、青铜峡市、盐池县、沙坡头区、中宁县	银川市、灵武市、永宁县、贺兰县、石嘴山市、平罗县、青铜峡市、盐池县、沙坡头区、中宁县	银川市、灵武市、永宁县、贺兰县、石嘴山市、平罗县、青铜峡市、盐池县、中宁县
	新疆	乌鲁木齐市、乌鲁木齐县、克拉玛依市、石河子市、疏勒县、泽普县、叶城县、伽师县、巴楚县、阿克苏市、温宿县、库车县、沙雅县、新和县、拜城县、乌什县、阿瓦提县、柯坪县、和田市、和田县、策勒县、吐鲁番市、巴里坤哈萨克自治县、乌恰县、博乐市、精河县、温泉县、米泉市、玛纳斯县、尉犁县、若羌县、和静县、博湖县、伊宁市、伊宁县、霍城县、巩留县、新源县、昭苏县、特克斯县、尼勒克县、察布查尔锡伯自治县、乌苏市、沙湾县、托里县、裕民县、和布克赛尔蒙古自治县、阿勒泰市、布尔津县、富蕴县、福海县、哈巴河县、青河县、吉木乃县	乌鲁木齐市、乌鲁木齐县、克拉玛依市、石河子市、疏勒县、泽普县、叶城县、伽师县、巴楚县、阿克苏市、温宿县、库车县、沙雅县、新和县、拜城县、乌什县、阿瓦提县、柯坪县、和田市、和田县、策勒县、吐鲁番市、巴里坤哈萨克自治县、乌恰县、博乐市、精河县、温泉县、米泉市、玛纳斯县、尉犁县、若羌县、和静县、博湖县、伊宁市、伊宁县、霍城县、巩留县、新源县、昭苏县、特克斯县、尼勒克县、察布查尔锡伯自治县、乌苏市、沙湾县、托里县、裕民县、和布克赛尔蒙古自治县、阿勒泰市、布尔津县、富蕴县、福海县、哈巴河县、青河县、吉木乃县	乌鲁木齐市、乌鲁木齐县、克拉玛依市、石河子市、疏勒县、泽普县、叶城县、伽师县、巴楚县、阿克苏市、温宿县、库车县、沙雅县、新和县、拜城县、乌什县、阿瓦提县、柯坪县、和田市、和田县、策勒县、吐鲁番市、巴里坤哈萨克自治县、乌恰县、博乐市、精河县、米泉市、玛纳斯县、尉犁县、若羌县、和静县、博湖县、伊宁市、伊宁县、霍城县、巩留县、新源县、昭苏县、特克斯县、尼勒克县、察布查尔锡伯自治县、乌苏市、沙湾县、托里县、裕民县、和布克赛尔蒙古自治县、阿勒泰市、布尔津县、富蕴县、福海县、哈巴河县、青河县、吉木乃县

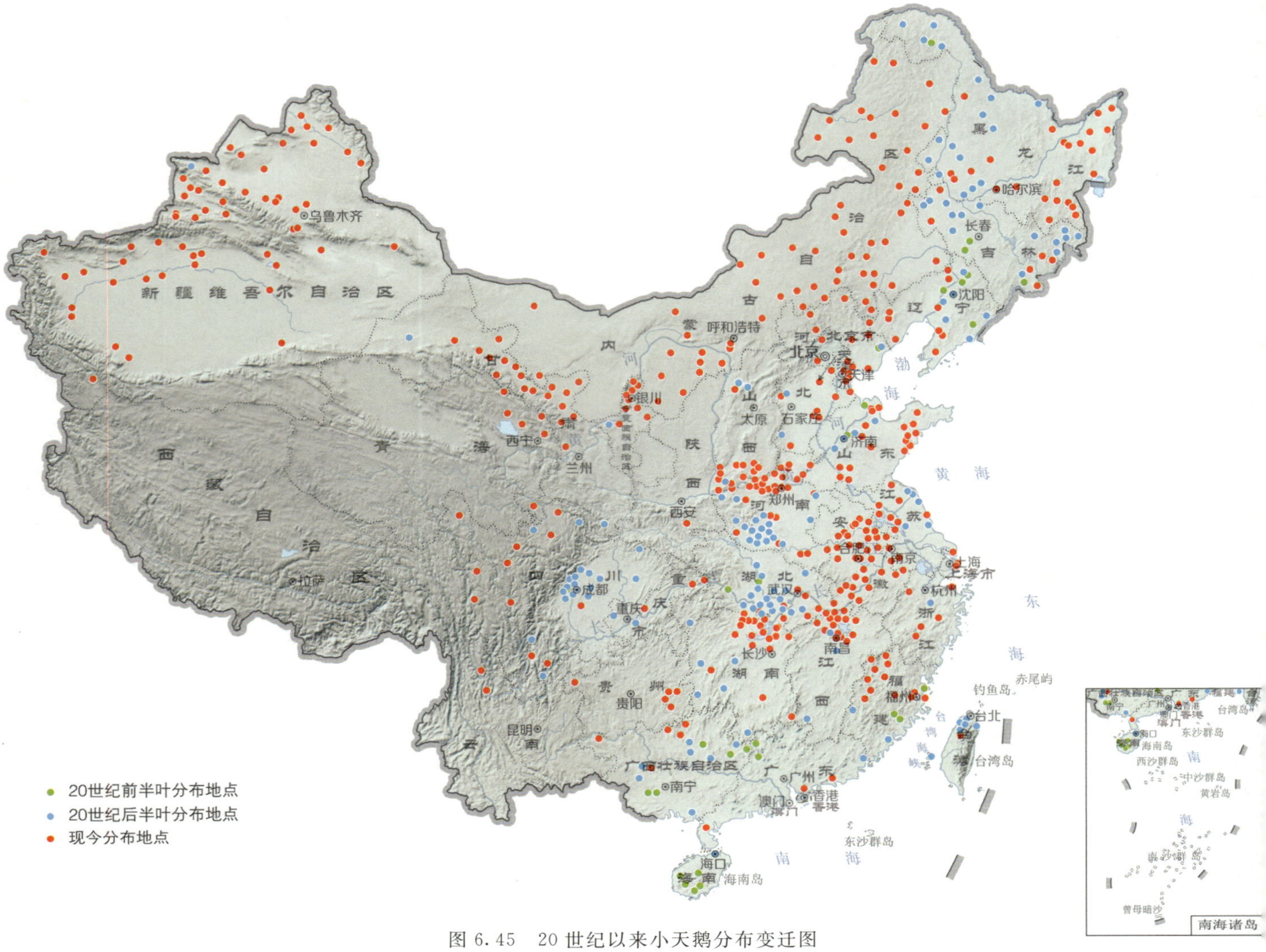

图 6.45　20 世纪以来小天鹅分布变迁图

7　20 世纪以来的疣鼻天鹅分布变迁

疣鼻天鹅在我国主要繁殖于新疆中部、北部、青海柴达木盆地、甘肃西北部和内蒙古。在长江中下游、东南沿海和台湾等地越冬；迁徙时，经过东北、华北和山东部分地区。

7.1　华北

华北仅陕西省未见有疣鼻天鹅分布记录。

7.1.1　北京

北京市有疣鼻天鹅分布记录。

有称 1980 年 12 月冬天①，在玉渊潭的湖面上，飞来了 2 对野生的疣鼻天鹅，这是近 40 年来所罕见的。但不久便被猎杀一只，它的情侣不断地在它的周围盘旋飞行，哀鸣 2 天之后，才黯然离去②。这证明海淀区曾有疣鼻天鹅栖息。

《北京鸟类志》记述（蔡其侃，1987）：

疣鼻天鹅

别名：瘤鹄、哑声天鹅、赤嘴天鹅。

采集地：1963 年 5 月 5 日，北京东郊。旅鸟。

《北京脊椎动物检索表》也指出（高武等，1994）：

---

①据马鸣等（1993）称，玉渊潭被枪杀的疣鼻天鹅是 1982 年 12 月。

②李湘涛. 红嘴的天鹅：疣鼻天鹅. http://www.bjkp.gov.cn/zhuanti/old_bjkp/dwly/dwbh/k20743-04.htm

疣鼻天鹅

分布：旅鸟。见于东郊、玉渊潭。

按："玉渊潭"在海淀区，可以确定。"东郊"的具体地点就比较含糊：①在 20 世纪，北京市的"城区"是 4 个（即东城区、西城区、崇文区、宣武区），2010 年合并为 2 个（即东城区、西城区）；②围绕"城区"的 4 个区（即海淀区、朝阳区、石景山区、丰台区）又称"近郊区""环城区"；③20 世纪末以来，又有将 4 个"城区"与 4 个"近郊区"通称为"城八区"。因此，所谓"东郊"的范围，据地望似指朝阳区、通州区、顺义区一带（图 6.46）。

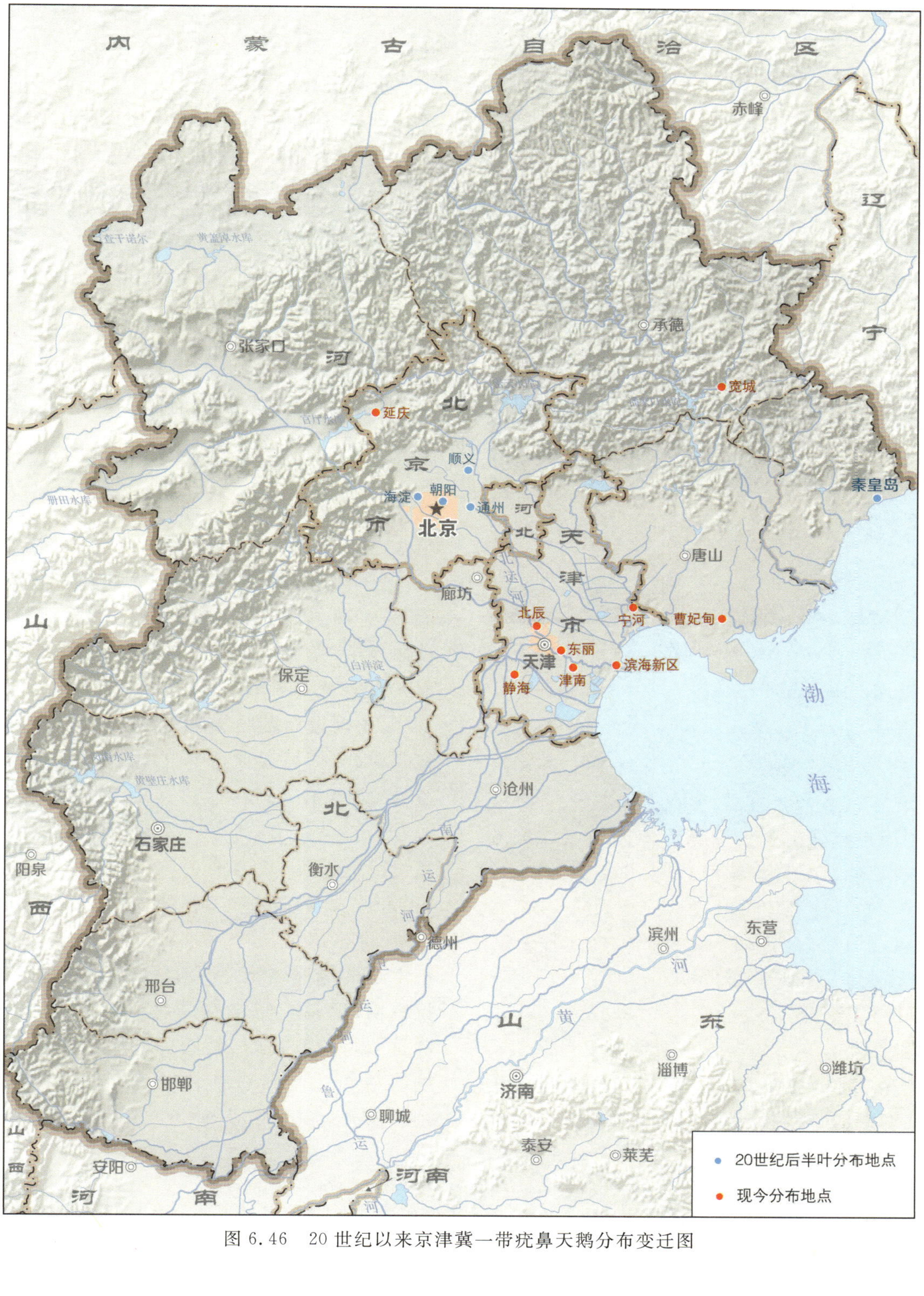

图 6.46　20 世纪以来京津冀一带疣鼻天鹅分布变迁图

据2015年11月报道，位于延庆县的野鸭湖自然保护区观测到6口之家（2大4小）的疣鼻天鹅，“大天鹅和小天鹅的嘴都是黄色的，疣鼻天鹅的嘴是红色的”，从图片（图6.47）可以清晰辨认。这是北京地区1980年代以来的再次发现，也说明我国现生3种天鹅在野鸭湖聚齐。据介绍，世界上一共有8条鸟类迁徙通道，经过中国的有三条，分别是西亚线、中亚线和东亚线。其中，东亚线的起点是俄罗斯远东地区，途经中国，终点是澳大利亚。这是唯一经过北京的候鸟迁徙通道。野鸭湖就在东亚线上，每年10月中旬到12月、次年2月到3月，都有多达10万只候鸟在野鸭湖中转。疣鼻天鹅的迁徙通道主要在西亚线上，在新疆、尼泊尔一带非常常见①。

图6.47　野鸭湖观测到的疣鼻天鹅（李理摄）

7.1.2　天津

天津市也有疣鼻天鹅栖息。

《北辰区志》记载有“天鹅”（天津市北辰区地方志编修委员会，2000），似含有疣鼻天鹅。

《中国重点陆生野生动物资源调查》称，疣鼻天鹅“本次调查”“天津（宁河）发现60只”（国家林业局，2008），证实在宁河县确有疣鼻天鹅飞临。

地处静海县的团泊湖（又称团泊洼水库），有疣鼻天鹅等候鸟在此路过停歇②。

7.1.3　河北

河北省个别地方有疣鼻天鹅栖息。

《野生天鹅》只称，疣鼻天鹅迁徙经过河北（马鸣等，1993），表明河北省有可能停歇。

《中国重点陆生野生动物资源调查》也称，“据文献记载，疣鼻天鹅”“迁徙经过……河北）”（国家林业局，2008），证实这一情况。

7.1.4　内蒙古

内蒙古自治区是疣鼻天鹅的主要栖息与繁殖地之一。

《内蒙古珍稀濒危动物图谱》记述（凤凌飞，1991）：

疣鼻天鹅

蒙名：套日木图—鹄恩。别名：哑声天鹅、赤嘴天鹅、白鹅。

分布：繁殖区主要在新疆中北部，青海、甘肃和内蒙古的西北部；越冬在长江中下游一带。在内蒙古分布于巴彦淖尔盟的乌梁素海、伊克昭盟及阿拉善盟的索戈诺尔等地。

按：据此，说明约在内蒙古的东胜区、达拉特旗、准格尔旗、鄂托克前旗、鄂托克旗、杭锦旗、乌审旗、伊金霍洛旗、乌拉特前旗、阿拉善左旗、阿拉善右旗、额济纳旗一带有疣鼻天鹅分布。

《野生天鹅》记载：疣鼻天鹅在古乌梁素海等地繁殖（马鸣等，1993），证实乌拉特前旗为其繁殖地之一。

《中国东北地区珍稀濒危动物志》称，疣鼻天鹅“见于内蒙古东部”，繁殖在“乌梁素海”（中华人民共和国濒危物种进出口管理办公室等，1999），与前文类似。

《中国重点陆生野生动物资源调查》称，“据文献记载，疣鼻天鹅分布于”“内蒙古（锡林郭勒盟、巴彦淖尔、阿拉善盟，其中：巴彦淖尔乌梁素海、阿拉善额济纳旗为繁殖地）”；又提及“本次调查，疣鼻天鹅在”“内蒙古”“的分布区没有变化”（国家林业局，2008）。亦即说明在东胜区、达拉特旗、准格尔旗、鄂托克前旗、鄂托克旗、杭锦旗、乌审旗、伊金霍洛旗、临河区、五原县、磴口县、乌拉特前旗、乌拉特中旗、乌拉特后旗、杭锦后旗、锡林浩特市、二连浩特市、多伦县、阿巴嘎旗、苏尼特左旗、苏尼特右旗、东乌珠穆沁旗、西乌珠穆沁旗、太仆寺旗、镶黄旗、正镶白旗、正蓝旗、阿拉

---

①于丽爽. 疣鼻天鹅30年再来野鸭湖. http://news.ifeng.com/a/20151110/46178167_0.shtml

②团泊镇. http://baike.baidu.com/link? url=8-Ei7wgHnYkJ-I5iKlSXIuDTI46MHTudJv57Bz0pzGjorSP0mAXwRc4j4Qdemg-klG-wDn4icQCjagu2jbhgFFK

善左旗、阿拉善右旗、额济纳旗一带依然有疣鼻天鹅分布。

前文阿拉善左旗[①]与阿拉善右旗[②]皆称之“天鹅”，包括疣鼻天鹅。

乌拉特中旗所称的“天鹅”[③]，也含有疣鼻天鹅。

7.2 东北

东北三省皆有疣鼻天鹅分布记录。

7.2.1 辽宁

辽宁省曾有疣鼻天鹅分布。

《辽宁动物志：鸟类》记述（黄沐朋等，1989）：

疣鼻天鹅

别名：哑声天鹅、赤嘴天鹅、白鹅。

分布：旅顺港（黑田，1933）。偶见。

按：说明疣鼻天鹅曾在大连市一带偶尔出现。

《野生天鹅》记载，疣鼻天鹅迁徙途经“辽宁（旅顺）”（马鸣等，1993），再次确认大连市有飞临。

《中国东北地区珍稀濒危动物志》也记载，疣鼻天鹅“见于辽宁的大连”（中华人民共和国濒危物种进出口管理办公室等，1999）。

《中国重点陆生野生动物资源调查》称，“据文献记载，疣鼻天鹅”“迁徙经过辽宁（旅顺）”（国家林业局，2008），虽明确在大连市有疣鼻天鹅，但从记载状况看，似为旧资料。

7.2.2 吉林

吉林省有疣鼻天鹅栖息记录。

清宣统二年《长白汇征录》中提及有“丹鹄”，乃疣鼻天鹅，进而反映至少在长白山核心地带（约抚松县、长白朝鲜族自治县、和龙市、安图县）曾有疣鼻天鹅分布。

《野生天鹅》只称，疣鼻天鹅迁徙经过吉林（马鸣等，1993），亦即笼统提及吉林省有可能停歇。

《中国重点陆生野生动物资源调查》称，“据文献记载，疣鼻天鹅”“迁徙经过……吉林”（国家林业局，2008），也认定吉林省有疣鼻天鹅，只是缺乏具体飞临地。

据2008年4月报道，蛟河市前进乡前进村农家院凌晨落下1只天鹅，经鉴定为疣鼻天鹅；从这只疣鼻天鹅头顶呈浅褐色的羽毛判断，它的年龄在二三岁，属雄性亚成体，很可能是迁徙过程中因体力不支掉队，误入农家的[④]。

7.2.3 黑龙江

黑龙江省是疣鼻天鹅迁徙途径地之一。

《黑龙江省兽类志》即附录有“疣鼻天鹅”（马逸清等，1986），反映有所分布。

《野生天鹅》也只称，疣鼻天鹅迁徙经过黑龙江（马鸣等，1993），亦即笼统提及黑龙江省也有可能停歇。

《中国东北地区珍稀濒危动物志》称，疣鼻天鹅“见于黑龙江的齐齐哈尔”（中华人民共和国濒危物种进出口管理办公室等，1999），明确齐齐哈尔市有疣鼻天鹅栖息。

《中国重点陆生野生动物资源调查》称，“据文献记载，疣鼻天鹅”“迁徙经过黑龙江”（国家林业局，2008），也认定黑龙江省有疣鼻天鹅。

7.3 华东

华东仅未见安徽省、福建省、江西省栖息疣鼻天鹅，但其他省级政区基本上也是零星分布。

《中国鸟类志.上卷，非雀形目》提到，疣鼻天鹅的地理分布之一是“东南沿海”（赵正阶，2001）。

7.3.1 上海

上海市明确记载疣鼻天鹅不多见。

《上海地区的国家保护动物》记载“疣鼻天鹅：（冬候鸟）崇明东滩”（黄正一等，1991），说明崇明县偶有疣鼻天鹅降临。

7.3.2 江苏

江苏省是华东有疣鼻天鹅分布较多的省级政区。

《连云港市志》（连云港市地方志编纂委员

---

①阿拉善左旗. http://baike.baidu.com/link? url = IcoP_Rv10ze1Ep-AiTbFxqKB1NKUXj1L_Poz2oScho79noL9z2SvKpfYqxmK6rbv;阿拉善左旗. http://baike.baidu.com/view/402674.htm

②阿拉善右旗. http://baike.baidu.com/link? url = iFVK1FnJY8BIqY-3gQMQ2h9TReLkuLyWrVI_hZtdP_o09NOWXKTKfP7H9ITgT5aK

③乌拉特中旗. http://baike.baidu.com/view/168612.htm

④天鹅夜半落农家. http://news.qq.com/a/20080401/001021.htm

会，2000）记述：

疣鼻天鹅：大型游禽，嘴红、额上有黑色疣突，发不出声响，又称哑声天鹅，列入国家二级保护动物，在市境石梁河水库曾有发现。

按：据此，可见在连云港市仍然确有疣鼻天鹅等栖息。

淮安市称该市现存的“虎鼻天鹅”①，当是疣鼻天鹅，说明所辖淮安市、金湖县、盱眙县、洪泽县、涟水县等也偶有疣鼻天鹅飞临。

7.3.3 浙江

浙江省也有罕见的疣鼻天鹅分布记载。

《浙江动物志：鸟类》记述（浙江动物志编辑委员会等，1990）：

疣鼻天鹅

别名：哑声天鹅、赤嘴天鹅、白鹅。

分布：标本采自浙江北部。//冬候鸟。

按：从疣鼻天鹅的整体分布情况看，浙江省已经是其分布较东南方向。只是“浙江北部”暂以杭州市代之，更具体位置尚待探究。

7.3.4 山东

山东省有疣鼻天鹅的栖息地屈指可数。

《野生天鹅》只称，疣鼻天鹅迁徙经过“山东（青岛）”（马鸣等，1993），表明青岛市有疣鼻天鹅停歇。

《山东省志·生物志》记载，“疣鼻天鹅（文献曾有记载。旅；胶东）”（山东省地方史志编纂委员会，1998），说明疣鼻天鹅就是在胶东也已不多见。

《中国重点陆生野生动物资源调查》仅称“据文献记载，疣鼻天鹅分布于”“山东（青岛）”，而未提及“本次调查”（国家林业局，2008），证实青岛有疣鼻天鹅。另据现见资料，此“青岛”包括所辖青岛市区、胶州市、即墨市、平度市、胶南市②、莱西市等地。

据2012年11月报道，姜山湿地（地处莱西市姜山镇）保护开发前并没有天鹅。2007年发现了3只天鹅落脚，2008年发现来了4只，2009年9只，2010年10只，2011年达到了11只，今年一下来了17只，数量连年递增，逗留的时间也越来越长③。

平度市的大泽山水库分为淄阳水库和泽山湖两部分。据2012年调查，据村民介绍，淄阳水库多年来一直有白天鹅落脚过冬，数量在100多只。据2012年11月报道，淄阳水库北岸可见有40多只白天鹅聚集在水面上自由地嬉戏。据村民介绍，从十多天前开始就陆续有白天鹅飞临淄阳水库，目前已达到46只，随着天气越来越冷，预计数量还会不断增加。

另据介绍，每年都会有大量的白天鹅途经青岛停留。如尹府水库（平度市）、少海湿地（胶州市）、棘洪滩水库（位于胶州市、即墨市和青岛市城阳区交界处）、墨水河（在即墨市境内）与青岛市的白沙河、崂山水库等十几个地方也都曾有过天鹅落脚④。

据2012年11月报道，青岛市白沙河中出现3只天鹅（身材矮小的是一只偏灰色天鹅，判断灰色的天鹅应该是两只白天鹅孵化的）⑤。又据2015年2月报道，市民发现1只受伤白天鹅出现在白沙河，“已经十多天没有移动过，只能以周边的芦苇为食，感觉上比刚看到的时候虚弱了很多”⑥。

尽管2次白沙河报道皆附有照片，但只能辨认出是天鹅；尽管有鸟类保护专家、高级工程师讲述，但并没有涉及具体物种或采用学名；尽管见到1条链接称“大天鹅又叫白天鹅、鹄，是一种大型游禽”⑦，但笔者所见涉及青岛市“天鹅”文献，只有疣鼻天鹅与可为实证的清晰小天鹅照片，故在获得可信证据前，暂按疣鼻天鹅。

---

①淮安. http://baike. baidu. com/link? url = 99sKC6wvs _ yRznLGEsR9NRJonpyn201g _ 0WC7caoYzYM3B47kzvmRI0Dzlld0opFzhxpdD6LyxFWtF-5M65bmq

②县级胶南市2012年撤销，并入青岛市。故现今报道仅涉及青岛所辖5市。

③青岛姜山湿地变天鹅湖 白天鹅鹤雁飞翔. http://ww. qdqss. cn/2012/november/A62054D9. html

④青岛姜山湿地变天鹅湖 白天鹅鹤雁飞翔. http://ww. qdqss. cn/2012/november/A62054D9. html；徐新东. 平度淄阳水库再迎白天鹅40多只水面起舞. http://news. bandao. cn/news_html/201411/20141120/news_20141120_2474765. shtml

⑤白沙河天鹅不怕人 专家建议打造“天鹅湖”. http://news. bandao. cn/news_html/201211/20121117/news_20121117_2021867. shtml? i|179904：1

⑥白天鹅被困白沙河 谁来救救它. http://news. xinmin. cn/shehui/2015/02/06/26753526. html

⑦白天鹅受伤被困白沙河 救助时发现20米长捕鸟钩绳. http://www. qing5. com/2015/0114/38911. shtml

7.3.5　台湾

台湾虽有疣鼻天鹅，记录则不多见。

《台湾脊椎动物志》记述（陈兼善等，1984）：

瘤鹄：……亦名瘤鼻天鹅、无声天鹅。

分布：我国西北及内蒙古、东北，在台湾为迷鸟，曾见于东港。

按：据此，表明在屏东县曾有疣鼻天鹅栖息。

7.4　中南

中南似曾是疣鼻天鹅较大的分布区。

《中国鸟类志.上卷，非雀形目》提到：疣鼻天鹅的地理分布之一是“长江中下游”（赵正阶，2001）。

现可考疣鼻天鹅具体分布地点的中南省级政区，仅见湖北省。

《中国重点陆生野生动物资源调查》称，“据文献记载，疣鼻天鹅”“越冬于湖北（江汉平原湖群）”，又称“本次调查，疣鼻天鹅”“湖北仅见于洪湖”（国家林业局，2008），亦即证实在武汉市、荆门市、钟祥市、沙洋县、京山县、孝南区、应城市、汉川市、孝昌县、云梦县、黄州区、武穴市、罗田县、英山县、浠水县、蕲春县、黄梅县、团风县、鄂州市、黄石市、大冶市、阳新县、咸安区、赤壁市、嘉鱼县、通城县、崇阳县、通山县、荆州市、石首市、洪湖市、松滋市、江陵县、公安县、监利县、枝江市、当阳市、仙桃市、天门市、潜江市等地曾有广泛分布，现今仅见于洪湖市一地。

7.5　西南

西南也仅见四川一省级政区有疣鼻天鹅分布记录。

《四川资源动物志.第三卷，鸟类》记述（《四川资源动物志》编辑委员会等，1985）：

疣鼻天鹅：哑声天鹅、昂哇（藏）。

见于若尔盖、德格等地。

按：反映在若尔盖县、德格县等地有疣鼻天鹅分布。

《野生天鹅》记载，疣鼻天鹅繁殖于若尔盖、德格（马鸣等，1993），再次确认若尔盖县、德格县等地也是疣鼻天鹅繁殖地之一。

《中国重点陆生野生动物资源调查》称，“据文献记载，疣鼻天鹅分布于”“四川（德格、若尔盖）”；又提及“本次调查，疣鼻天鹅在”“四川未见到”（国家林业局，2008）。

7.6　西北

西北的陕西与宁夏未见有疣鼻天鹅记录。

7.6.1　甘肃

甘肃省疣鼻天鹅分布地不多见。

《野生天鹅》记载，疣鼻天鹅繁殖于“甘肃弱水”（马鸣等，1993），表明金塔县一带也是疣鼻天鹅繁殖地之一。

7.6.2　青海

青海省是疣鼻天鹅的主要繁殖地之一。

《野生天鹅》记载，疣鼻天鹅繁殖于“柴达木盆地”（马鸣等，1993），反映疣鼻天鹅也在德令哈市、格尔木市、乌兰县、都兰县、天峻县等地繁殖。

《中国西北地区珍稀濒危动物志》记载，疣鼻天鹅“在青海的柴达木、海南、青海湖繁殖”（中华人民共和国濒危物种进出口管理办公室等，1994），说明海晏县、刚察县、共和县、同德县、贵德县、兴海县、贵南县、德令哈市、格尔木市、乌兰县、都兰县、天峻县等地是疣鼻天鹅的主要繁殖地之一。

《海西蒙古族藏族自治州志》记述（海西蒙古族藏族自治州地方志编纂委员会，1995）：

疣鼻天鹅：别名大鹄，为夏候鸟型。分布于柴达木盆地的湖泊沼泽地和青海湖，比大天鹅稀少，同属二类保护动物，更需加强保护。疣鼻天鹅体大，颈较长，尾脚均短，全身洁白。其经济意义与大天鹅同。

按：据此，可以看出海西州所辖德令哈市、格尔木市、乌兰县、都兰县、天峻县一带虽也有疣鼻天鹅分布，但比较稀少。

《都兰县志·野生动物》记载的“天鹅”等（都兰县县志编纂委员会，2001），应包括疣鼻天鹅。

《中国重点陆生野生动物资源调查》称，“据文献记载，疣鼻天鹅分布于”“青海（柴达木盆地）”；又提及“越冬于……青海（青海湖）”（国家林业局，2008），说明在海晏县、刚察县、共和县、德令哈市、格尔木市、乌兰县、都兰县、天峻县等地有疣鼻天鹅栖息。

祁连县记载有“天鹅”[①]，祁连山国家级自然保护区明确有“疣鼻天鹅属国家二级重点保护动物。体大（约 150 cm）”[②]，反映在互助土族自治县、海晏县、祁连县、刚察县、门源回族自治县一带也有疣鼻天鹅。

7.6.3 新疆

新疆维吾尔自治区也是疣鼻天鹅的主要繁殖地之一。

《新疆南部的鸟兽》记载“见到不止一种天鹅”（中国科学院新疆综合考察队等，1965），表明约在乌鲁木齐市、乌鲁木齐县、喀什市、疏附县、疏勒县、英吉沙县、泽普县、莎车县、叶城县、麦盖提县、岳普湖县、伽师县、巴楚县、塔什库尔干塔吉克自治县、阿克苏市、温宿县、库车县、沙雅县、新和县、拜城县、乌什县、阿瓦提县、柯坪县、吐鲁番市、鄯善县、托克逊县、哈密市、伊吾县、巴里坤哈萨克自治县、博乐市、精河县、温泉县、昌吉市、阜康市、米泉市、呼图壁县、玛纳斯县、奇台县、吉木萨尔县、木垒哈萨克自治县、库尔勒市、轮台县、尉犁县、若羌县、且末县、和静县、和硕县、博湖县、焉耆回族自治县、伊宁市、奎屯市、伊宁县、霍城县、巩留县、新源县、昭苏县、特克斯县、尼勒克县、察布查尔锡伯自治县等地分布的包括疣鼻天鹅等。

《新疆动物研究》仅确认有“大天鹅”等天鹅属（中国科学院新疆生物土壤研究所，1991）。

《野生天鹅》记述（马鸣等，1993）：

疣鼻天鹅，又叫赤嘴天鹅、丹鹄（古名）、瘤鹄（台湾）、哑声天鹅。

繁殖于新疆的艾比湖、赛里木湖、伊犁河流域。

按：据此，说明博乐市、精河县、伊宁市、伊宁县、霍城县、尼勒克县、察布查尔锡伯自治县等地是国内最大一片疣鼻天鹅繁殖地。此外，该书似将大天鹅与疣鼻天鹅混杂的分布地（可考的具体地名）是：乌鲁木齐市、乌鲁木齐县、克拉玛依市、石河子市、喀什市、疏附县、疏勒县、泽普县、伽师县、巴楚县、阿克苏市、沙雅县、阿瓦提县、和田市、和田县、策勒县、巴里坤哈萨克自治县、乌恰县、博乐市、精河县、玛纳斯县、尉犁县、若羌县、和静县、博湖县、伊宁市、伊宁县、霍城县、巩留县、新源县、昭苏县、特克斯县、尼勒克县、察布查尔锡伯自治县、沙湾县、布尔津县、富蕴县、福海县、哈巴河县[③]。

《中国西北地区珍稀濒危动物志》记述（中华人民共和国濒危物种进出口管理办公室等，1994）：

疣鼻天鹅

俗名：哑声天鹅、赤嘴天鹅、昂哇（藏）。

见于新疆西部、天山山地。

按：据此所指地域约与《新疆南部的鸟兽》相当。

《农六师垦区·五家渠市志：1949—2001·动物》在“鸟类”既列举“黑鸠、红脚隼、喜鹊、天鹅、鱼鹰、渔鸥、小鸥……云雀、凤头百灵、丹顶鹤、白鹤、林鹤、红尾伯劳”等，又在“国家保护动物”明确有“疣鼻天鹅”（文定讴，2001），可见五家渠市至少有疣鼻天鹅分布。

《中国重点陆生野生动物资源调查》称，“据文献记载，疣鼻天鹅在国内繁殖于新疆（乌伦古湖、艾比湖、赛里木湖、伊犁河流域和巴音布鲁克）”；“迁徙经过……新疆（天山山地、北疆地区）”；又提及“本次调查，疣鼻天鹅在新疆……的分布区没有变化”（国家林业局，2008）。亦即说明疣鼻天鹅约在乌鲁木齐市、乌鲁木齐县、克拉玛依市、石河子市、阿拉尔市、图木舒克市、五家渠市、喀什市、疏附县、疏勒县、英吉沙县、泽普县、莎车县、叶城县、麦盖提县、岳普湖县、伽师县、巴楚县、塔什库尔干塔吉克自治县、阿克苏市、温宿县、库车县、沙雅县、新和县、拜城县、乌什县、阿瓦提县、柯坪县、吐鲁番市、鄯善县、托克逊县、哈密市、伊吾县、巴里坤哈萨克自治县、博乐市、精河县、温泉县、昌吉市、阜康市、米泉市、呼图壁县、玛纳斯县、奇台县、吉木萨尔县、木垒哈萨克自治县、库尔勒市、轮台县、尉犁县、若羌县、且末县、和静县、和硕县、博湖县、焉耆回族自治县、伊宁市、奎屯市、伊宁县、霍城县、巩留县、新源县、昭苏县、特克斯县、尼勒克县、察布查尔

---

①祁连县. http://baike. baidu. com/link? url=XAgSvMmoET0PdYMfCCUTY07cTPSqvqNZiDoUtSiRQsRDr5eTVdY8Y9_w6ThnXwYl

②祁连山国家级自然保护区. http://baike. baidu. com/link? url=wILzLBBDrSCc9Yf8GnCuoWKZ82pZwpvKhwUlvinztJOXMeHanFLmVhNsWhC4wLBHepwil-5u_ongKSdB1RqIJhg3hfnZmWAEbB_cVQ5lpzj7Slzpk7xcGKkt3yRUrdygurKEh26PXl_V8x5Zx2R9wlv8RzkqoNzX06YG1mYRFmRN2QRXEAVBx3zERHyzbGSZn9oaPOxbPlIwz2W3czhKXi-6nTvCqGAfSDgC3aARqH7

③详见前文“大天鹅”部分。

锡伯自治县、塔城市、乌苏市、额敏县、沙湾县、托里县、裕民县、和布克赛尔蒙古自治县、阿勒泰市、布尔津县、富蕴县、福海县、哈巴河县、青河县、吉木乃县等地仍有分布。

7.7 方志与保护区记载的疣鼻天鹅

方志记载可以反映相当部分地方的疣鼻天鹅分布(表 6.14)状况。

表 6.14　方志记载反映 20 世纪疣鼻天鹅分布概况

地区	省级政区	今　地	文　献	内　容	新方志出处
华北	天津	静海县	民国十八年(1929)《静海县志》	天鹅(白色,赤足,大如鹅)[1]	
		郊区	1991 年《天津简志》	疣鼻天鹅(郊区偶见)	天津市地方志编修委员会,1991
		静海县	1995 年《静海县志》	疣鼻天鹅	静海县志编修委员会,1995
	河北	秦皇岛市	1994 年《秦皇岛市志》	鼻天鹅[2]	秦皇岛市地方志编纂委员会,1994
		属秦皇岛市	1994 年《北戴河志》	疣鼻天鹅(旷野;旅鸟;春)	秦皇岛市北戴河区地方志编纂委员会,1994
	内蒙古	阿鲁科尔沁旗	1994 年《阿鲁科尔沁旗志》	天鹅(雁形目,鸭科。本旗天鹅有两种:一种是疣鼻天鹅,浑身纯白,头颈长而高挺,体态丰满雍容,嘴红,前额具有黑色疣突)	《阿鲁科尔沁旗志》编纂委员会,1994
		乌拉特前旗	1995 年《乌拉特前旗志》	疣鼻天鹅	乌拉特前旗志编纂委员会,1995
		乌拉特前旗	1997 年《巴彦淖尔盟志》	乌梁素海,是内蒙古西部重要的候鸟停歇、水禽换羽和繁殖场所。据不完全统计,分布在这一地区的鸟类有 150 余种,其中有国家二级保护鸟类……疣鼻天鹅等	巴彦淖尔盟志编纂委员会,1997
		额济纳旗	1998 年《阿拉善盟志》	疣鼻天鹅(蒙名:套日木图—鹄恩;别名:赤嘴天鹅。分布:额济纳旗嘎顺淖尔)	阿拉善盟志编纂委员会,1998
东北	辽宁	辽中县	民国十九年(1930)《辽中县志》	鹄(俗称天鹅。似雁而大,全体色白,故或称为白鸟。颈长,嘴根有瘤,色黄赤,故又谓之黄鹄)	
		丹东市、东港市、宽甸满族自治县	1993 年《丹东市志》	疣鼻天鹅	阿拉善盟志编纂委员会,1998
	黑龙江	齐齐哈尔市、龙江县、泰来县、甘南县、富裕县、大庆市、肇州县、肇源县、林甸县、杜尔伯特蒙古族自治县、安达市、肇东市	1998 年《黑龙江省志》	疣鼻天鹅(旅鸟;松嫩平原)	黑龙江省地方志编纂委员会,1998

（续表）

地区	省级政区	今地	文献	内容	新方志出处
华东	江苏	属江都市	民国十五年(1926)《甘泉县志》	鹄(俗名天鹅。全体色白。腹毛可为绒。颈长，嘴根有瘤，色黄赤，故又名黄鹄。飞翔甚高，又善步。立时作延企状。《禽经》：鹄鸣咭咭，故谓之鹄)	
		泰兴市	1992年《中国国情丛书：百县市经济社会调查：泰兴卷》	疣鼻天鹅[3]	丁伟志等，1992a
	浙江	奉化市	1994年《奉化市志》	疣鼻天鹅	奉化市地方志编纂委员会，1994
		杭州市、临安市、富阳市、建德市、桐庐县、淳安县	1995年《杭州市志》	疣鼻天鹅	杭州市地方志编纂委员会，1995
		桐乡市	1996年《桐乡县志》	疣鼻天鹅(别名白鹅。雁形目，鸭科。冬候鸟，拙于行走而善于游泳，以水生植物为主要食物。为国家二类保护动物)	桐乡市《桐乡县志》编纂委员会，1996
		松阳县	1996年《松阳县志》	疣鼻天鹅	松阳县志编纂委员会，1996
	山东	沾化县	民国二十四年(1935)《霑化县志》	鹄(一名天鹅。全身色白，故或称为白鸟。嘴根有瘤，色黄赤，故又称黄鹄)	
		枣庄市	1993年《枣庄市志》	疣鼻天鹅	枣庄市地方史志编纂委员会，1993
西南	四川	阿坝县	1993年《阿坝县志》	疣鼻天鹅	阿坝县地方志编纂委员会，1993
		九寨沟县	1994年《南坪县志》	疣鼻天鹅	南坪县地方志编纂委员会，1994
		红原县	1996年《红原县志》	疣鼻天鹅	四川省红原县志编纂委员会，1996
		康定县、泸定县、丹巴县、九龙县、雅江县、道孚县、炉霍县、甘孜县、新龙县、德格县、白玉县、石渠县、色达县、理塘县、巴塘县、乡城县、稻城县、得荣县	1997年《甘孜州志》	疣鼻天鹅	甘孜州志编纂委员会，1997
西北	甘肃	高台县	1993年《高台县志》	疣鼻天鹅	高台县志编纂委员会，1993
		武都区	1998年《武都县志》	天鹅(所有种)	武都县地方志编纂委员会，1998
	青海	部分地方[4]	1993年《青海省志·林业志》	疣鼻天鹅(大鹄)	青海省地方志编纂委员会，1993
		海晏县	1994年《海晏县志》	疣鼻天鹅	海晏县志编纂委员会，1994
		德令哈市、格尔木市、乌兰县、都兰县、天峻县	1995年《海西蒙古族藏族自治州志》	疣鼻天鹅	海西蒙古族藏族自治州地方志编纂委员会，1995
		天峻县	1995年《天峻县志》	天鹅(各地均有分布)	海西蒙古族藏族自治州地方志编纂委员会，1995
		刚察县	1998年《刚察县志》	天鹅	刚察县志编纂委员会，1998

（续表）

地区	省级政区	今地	文献	内容	新方志出处
	新疆	乌鲁木齐市、乌鲁木齐县、巴里坤哈萨克自治县	民国二十四年(1935)《新疆大记补编》	迪化道：天鹅，镇西县：天鹅、	
		哈密市	1989年《哈密县志》	天鹅	哈密市地方志编纂委员会，1989
		轮台县	1991年《轮台县志》	天鹅	轮台县党史、县志编纂委员会，1991
		呼图壁县	1992年《呼图壁县志》	天鹅	呼图壁县志编纂委员会，1992
		博湖县	1993年《博湖县志》	天鹅	《博湖县志》编纂委员会，1993
		石河子市	1994年《农八师垦区石河子市志》	近年保护鸟类，白天鹅已在大泉沟水库栖息	农八师石河子市地方志编纂委员会，1994
		霍城县	1994年《中国国情丛书：百县市经济社会调查：霍城卷》	天鹅	丁伟志等，1994b
		库车县	1995年《中国国情丛书：百县市经济社会调查：库车卷》	天鹅	丁伟志等，1994b
		沙雅县	1995年《沙雅县志》	天鹅(*Cygnus*)	沙雅县史志编纂委员会，1995
		和静县	1995年《和静县志》	疣鼻天鹅	和静县史志编纂委员会，1995
		塔城市	1995年《塔城市志》	天鹅	塔城市地方志编纂委员会，1995
		塔城市、额敏县、裕民县、和布克赛尔县	1997年《塔城地区志》	大天鹅(主要分布于塔城、额敏、裕民、和布克赛尔等县水泽芦苇地带)	塔城地区地方志编纂委员会，1997
		精河县	1998年《精河县志》	天鹅	精河县《精河县志》编纂委员会，1998
		米泉市	1998年《米泉县志》	天鹅	米泉县地方志编纂委员会，1998
		克拉玛依市	1999年《克拉玛依市志》	天鹅	克拉玛依市地方志编纂委员会，1999
		疏附县	1999年《疏附县志》	天鹅	疏附县地方志编纂委员会，1999
		博乐市、精河县、温泉县	1999年《博尔塔拉蒙古自治州志》	天鹅	博尔塔拉蒙古自治州地方志编纂委员会，1999

注：表中个别文献非通常意义的“方志”；①所描述“赤足”，不准确；②疑似“疣鼻天鹅”之误；③“疣鼻天鹅”之误；④可参看本文。

保护区中现分布有疣鼻天鹅（表6.15、图6.48），可以表明它们依然存在。特点如下：

● 现分布有疣鼻天鹅的自然保护区达到24个，总面积达2.05万km^2；虽然难以企及大天鹅与小天鹅的情况，但与其分布区较狭小相吻合。

● 拥有保护区数量情况按地区排序：华北（14个），西北（5个），华东（2个），东北、中南与西南（皆1个）；也与疣鼻天鹅分布地状况相当。

● 拥有保护区数量情况按省级政区排序：内蒙古自治区（8个），天津市（3个），河北省、江苏省、甘肃省与新疆维吾尔自治区（皆2个）。

● 仅见天津的大港区一地有2个保护区现象。

● 保护区的建立时间在1980～2008年间，主要还是1990年代与2000年代（各有9个）建立的。

● 保护区的等级情况4级皆有，但以省级（占57%）与国家级（占35%）占绝对优势。

● 主管部门以林业占绝对优势（高达78%）。

表 6.15 **栖息有疣鼻天鹅的自然保护区概况**

地区	省级政区	保护区名称	所处地点	面积（hm^2）	级别	建立时间	主管部门
华北	北京	野鸭湖	延庆县	8 700	省级	20001201	林业
	天津	古海岸与湿地	汉沽区、塘沽区、大港区、东丽区、津南区、宁河县	35 913	国家级	19841201	海洋
		团泊（洼）鸟类	静海县	6 040	省级	19950622	林业
		北大港湿地	大港区	34 887	省级	19990824	环保
	河北	御道口	宽城满族自治县	32 620	省级	20020501	农业
		唐海湿地鸟类	唐海县	11 064	省级	20030401	林业
	内蒙古	鄂尔多斯遗鸥	东胜区、伊金霍洛旗	14 770	国家级	19910101	林业
		乌梁素海湿地水禽	乌拉特前旗	29 333	省级	19930301	林业
		哈腾套海	磴口县	123 600	国家级	19950101	林业
		额尔古纳	额尔古纳市	124 527	国家级	19980101	林业
		红花尔基樟子松林	鄂温克族自治旗	20 085	国家级	19980501	林业
		乌兰布统	克什克腾旗	30 089	省级	19980701	环保
		岱海湖泊湿地	凉城县	12 970	省级	19990701	环保
		大漠沙湖	杭锦旗	300	县级	20000101	林业
东北	辽宁	六股河入海口湿地	绥中县	1 011	市级	20060701	林业
华东	江苏	云台山森林	连云港市、灌云县	67	省级	19810812	林业
		洪泽湖东部湿地	洪泽县、淮安市、盱眙县	54 000	省级	20041124	林业
中南	湖北	丹江口库区	丹江口市	45 103	省级	20030318	林业
西南	四川	卡莎湖	炉霍县	22 300	省级	19870101	林业
西北	甘肃	甘肃祁连山	凉州区、天祝藏族自治县、古浪县、永昌县、甘州区、山丹县、民乐县、肃南裕固族自治县	230 000	国家级	19870101	林业
		黄河三峡湿地	永靖县	19 500	省级	19950210	林业
	青海	海北祁连山	互助土族自治县、海晏县、祁连县、刚察县、门源回族自治县	834 700	省级	20051201	林业
	新疆	巴音布鲁克	和静县	100 000	国家级	19800509	林业
		艾比湖湿地	精河县、博乐市	267 085	国家级	20000616	林业

注：①本表参考多方面信息综合而成，个别误差进行更正。

②本表据全国自然保护区名录. http://sts.mep.gov.cn/zrbhq/zrbhq/201208/t20120824_235172.htm；北京野鸭湖湿地自然保护区. http://jingguan.yuanlin.com/marsh/2010-5-31/11804.html；于丽爽. 疣鼻天鹅 30 年再来野鸭湖. http://news.ifeng.com/a/20151110/46178167_0.shtml；古海岸与湿地自然保护区. http://baike.baidu.com/view/248465.htm；七里海成为天津市最大鸟类乐园. http://news.022china.com/2011/07-12/484949_0.html；团泊风景区. http://baike.baidu.com/view/859423.htm；团泊洼鸟类湿地自然保护区与天津湿地. http://tjleshuixing.blog.sohu.com/63881406.html；北大港湿地. http://baike.baidu.com/view/3439704.htm；天津市环境保护科学研究院. 2003. 天津市北大港湿地自然保护区总体规划. http://www.docin.com/p-458104745.html；御道口草原森林风景区. http://www.bashang.net/weichang/yudaokou.asp；唐海湿地和鸟类自然保护区. http://www.baike.com/wiki/%E5%94%90%E6%B5%B7%E6%B9%BF%E5%9C%B0%E5%92%8C%E9%B8%9F%E7%B1%BB%E4%BF%9D%E6%8A%A4%E5%8C%BA；内蒙古鄂尔多斯遗鸥国家级自然保护区. http://www.forestry.gov.cn/portal/bhxh/s/660/content-100869.html；乌梁素海. http://baike.baidu.com/view/60772.htm；赵建忠，2012；哈腾套海

国家级自然保护区. http://baike.baidu.com/view/1429348.htm；额尔古纳国家级自然保护区. http://baike.baidu.com/view/1429347.htm? subLemmaId=1429347&fromenter=%B6%EE%B6%FB%B9%C5%C4%C9%D7%D4%C8%BB%B1%A3%BB%A4%C7%F8；红花尔基樟子松林国家级自然保护区. http://baike.baidu.com/view/871350.htm? subLemmaId=871350&fromenter=%BA%EC%BB%A8%B6%FB%BB%F9%D5%C1%D7%D3%CB%C9%C1%D6%D7%D4%C8%BB%B1%A3%BB%A4%C7%F8；乌兰布统自然保护区. http://www.cfhb.gov.cn/hjgl/zrst/zrbhq/201310/t20131023_1435445.html；凉城县. http://baike.baidu.com/view/418351.htm；凉城县岱海湖泊湿地自然保护区. http://www.nmgepb.gov.cn/ywgl/stbh/zrbhqml/wlcb/201310/t20131024_1435613.html；今春候鸟缘何早又多：湿地保护给我市带来良好生态效益. http://www.hld.gov.cn/Item/61633.aspx；云台山自然保护区. http://baike.baidu.com/view/821049.htm；王荣等. 带你探访洪泽湖东部湿地自然保护区看洪泽湖大堤飞鸟. http://jsnews.jschina.com.cn/system/2012/04/28/013240088.shtml；丹江口库区湿地自然保护区. http://baike.baidu.com/view/8913586.htm；四川·卡莎湖湿地保护区基础设施建设项目建议书. http://xbzs.chinawest-news.net/system/2009/04/25/010120561.shtml；祁连山国家级自然保护区. http://baike.baidu.com/link? url=wILz LBBDr-SCc9Yf8GnCuoWKZ82pZwpvKhwUlvinztJOXMeHanFLmVhNsWhC4wLBHepwil-5u_ongKSdB1RqIJhg3hfnZmWAEbB_cVQ5lpzj7Slzpk7xcGKkt3yRUrdygurKEh26PXl_ V8x5Zx2R9wlv8RzkqoNzX06YG1mYRFmRN2QRXEAVBx3zERHyzbGSZn9oa POxbPlI-wz2W3czhKXi-6nTvCqGAfSDgC3aARqH7；甘肃祁连山自然保护区. http://www.qilianshan.com.cn/client/qlsbhq/html/6/20/22/24.html；祁连县. http://baike.baidu.com/link? url=XAgSvMmoET0PdYMfCCUTY07cTPSqvqNZiDoUtSiRQsRDr5eTVdY8Y9_w6ThnXwYl；甘肃黄河三峡湿地自然保护区简介. http://lx.gsly.gov.cn/content/2013-01/7725.html；国家林业局，2008；艾比湖湿地国家级自然保护区. http://baike.baidu.com/view/1297050.htm? fromId=475845。

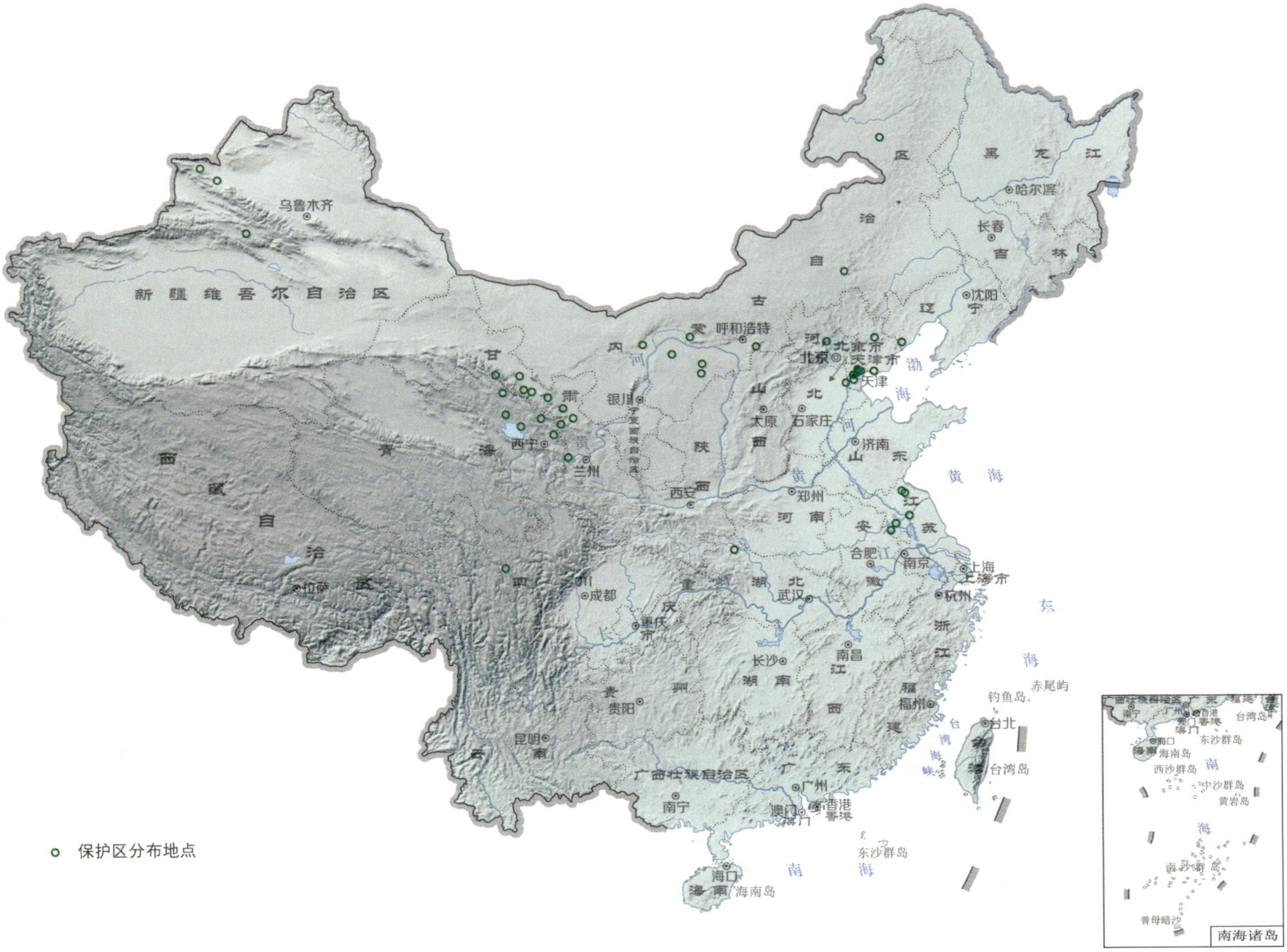

图 6.48 栖息有疣鼻天鹅的自然保护区分布图

7.8 疣鼻天鹅的分布变迁

20 世纪以来，疣鼻天鹅的分布变迁（表 6.16、图 6.49）状况显示：

● 省级政区中仅有半数有疣鼻天鹅分布记录。

● 疣鼻天鹅的分布地呈现北方与东部数量多而密集，向南、向西则数量少而稀疏的趋势。

● 可确定有疣鼻天鹅的县级及其以上分布地总数约 254 个（不包括重复）。

● 疣鼻天鹅的分布地数量，按地区排序为：西北（109 个），华北（51 个），中南（41 个）①，华东（28 个），东北（23 个），西南（3 个）；数量高低差别十分悬殊，中南与西南实际上各仅有 1 个省级政区。

● 疣鼻天鹅的县级及其以上分布地绝对数量，按省级政区排序为：新疆维吾尔自治区（82 个），内蒙古自治区（35 个），湖北省（41 个），青海省（15 个）；西藏自治区仅有 3 个疣鼻天鹅分布地。

● 疣鼻天鹅的县级及其以上分布地相对数量，按省级政区排序为：新疆维吾尔自治区（92%），湖北省（54%），内蒙古自治区（39%），青海省（38%）。

● 到 20 世纪后半叶变化较大的省级政区是：吉林省（减少 5 个地方），辽宁省、江苏省与山东省（皆减少 1 个地方）。

20 世纪后半叶以来，变化较大的省级政区是：湖北省（减少 39 个地方），黑龙江省（减少 11 个地方），浙江省（皆减少 8 个地方）；现今，仅台湾尚未见有疣鼻天鹅飞临的新报道。

表 6.16　　20 世纪以来疣鼻天鹅分布变迁概况

地区	省级政区	20 世纪前半叶分布地点	20 世纪后半叶分布地点	现今分布地点
华北	北京	朝阳区、海淀区、通州区、顺义区、延庆县	朝阳区、海淀区、通州区、顺义区、延庆县	延庆县
	天津	塘沽区、汉沽区、大港区、东丽区、津南区、北辰区、宁河县、静海县	塘沽区、汉沽区、大港区、东丽区、津南区、北辰区、宁河县、静海县	塘沽区、汉沽区、大港区、东丽区、津南区、北辰区、宁河县、静海县
	河北	宽城满族自治县、秦皇岛市、唐海县	宽城满族自治县、秦皇岛市、唐海县	宽城满族自治县、唐海县
	内蒙古	阿鲁科尔沁旗、克什克腾旗、额尔古纳市、鄂温克族自治旗、东胜区、达拉特旗、准格尔旗、鄂托克前旗、鄂托克旗、杭锦旗、乌审旗、伊金霍洛旗、凉城县、临河区、五原县、磴口县、乌拉特前旗、乌拉特中旗、乌拉特后旗、杭锦后旗、锡林浩特市、二连浩特市、多伦县、阿巴嘎旗、苏尼特左旗、苏尼特右旗、东乌珠穆沁旗、西乌珠穆沁旗、太仆寺旗、镶黄旗、正镶白旗、正蓝旗、阿拉善左旗、阿拉善右旗、额济纳旗	阿鲁科尔沁旗、克什克腾旗、额尔古纳市、鄂温克族自治旗、东胜区、达拉特旗、准格尔旗、鄂托克前旗、鄂托克旗、杭锦旗、乌审旗、伊金霍洛旗、凉城县、临河区、五原县、磴口县、乌拉特前旗、乌拉特中旗、乌拉特后旗、杭锦后旗、锡林浩特市、二连浩特市、多伦县、阿巴嘎旗、苏尼特左旗、苏尼特右旗、东乌珠穆沁旗、西乌珠穆沁旗、太仆寺旗、镶黄旗、正镶白旗、正蓝旗、阿拉善左旗、阿拉善右旗、额济纳旗	克什克腾旗、额尔古纳市、鄂温克族自治旗、东胜区、达拉特旗、准格尔旗、鄂托克前旗、鄂托克旗、杭锦旗、乌审旗、伊金霍洛旗、凉城县、临河区、五原县、磴口县、乌拉特前旗、乌拉特中旗、乌拉特后旗、杭锦后旗、锡林浩特市、二连浩特市、多伦县、阿巴嘎旗、苏尼特左旗、苏尼特右旗、东乌珠穆沁旗、西乌珠穆沁旗、太仆寺旗、镶黄旗、正镶白旗、正蓝旗、阿拉善左旗、阿拉善右旗、额济纳旗

① 中南地区仅湖北省有疣鼻天鹅分布记录，且主要是按较模糊的地域推断的，时间也不是很清晰。

（续表）

地区	省级政区	20世纪前半叶分布地点	20世纪后半叶分布地点	现今分布地点
东北	辽宁	辽中县、丹东市、东港市、宽甸满族自治县、大连市、绥中县	丹东市、东港市、宽甸满族自治县、大连市、绥中县	绥中县
	吉林	蛟河市、抚松县、长白朝鲜族自治县、和龙市、安图县	蛟河市	蛟河市
	黑龙江	齐齐哈尔市、龙江县、泰来县、甘南县、富裕县、大庆市、肇州县、肇源县、林甸县、杜尔伯特蒙古族自治县、安达市、肇东市	齐齐哈尔市、龙江县、泰来县、甘南县、富裕县、大庆市、肇州县、肇源县、林甸县、杜尔伯特蒙古族自治县、安达市、肇东市	齐齐哈尔市
华东	上海	崇明县	崇明县	崇明县
	江苏	连云港市、灌云县、淮安市、金湖县、盱眙县、洪泽县、涟水县、江都市、泰兴市	连云港市、灌云县、淮安市、金湖县、盱眙县、洪泽县、涟水县、泰兴市	连云港市、灌云县、淮安市、金湖县、盱眙县、洪泽县、涟水县
	浙江	杭州市、临安市、富阳市、建德市、桐庐县、淳安县、桐乡市、奉化市、松阳县	杭州市、临安市、富阳市、建德市、桐庐县、淳安县、桐乡市、奉化市、松阳县	杭州市
	山东	青岛市、胶州市、即墨市、平度市、胶南市、莱西市、枣庄市、沾化县	青岛市、胶州市、即墨市、平度市、胶南市、莱西市、枣庄市	青岛市、胶州市、即墨市、平度市、胶南市、莱西市
	台湾	屏东县	屏东县	
中南	湖北	武汉市、丹江口市、荆门市、钟祥市、沙洋县、京山县、孝南区、应城市、汉川市、孝昌县、云梦县、黄州区、武穴市、罗田县、英山县、浠水县、蕲春县、黄梅县、团风县、鄂州市、黄石市、大冶市、阳新县、咸安区、赤壁市、嘉鱼县、通城县、崇阳县、通山县、荆州市、石首市、洪湖市、松滋市、江陵县、公安县、监利县、枝江市、当阳市、仙桃市、天门市、潜江市	武汉市、丹江口市、荆门市、钟祥市、沙洋县、京山县、孝南区、应城市、汉川市、孝昌县、云梦县、黄州区、武穴市、罗田县、英山县、浠水县、蕲春县、黄梅县、团风县、鄂州市、黄石市、大冶市、阳新县、咸安区、赤壁市、嘉鱼县、通城县、崇阳县、通山县、荆州市、石首市、洪湖市、松滋市、江陵县、公安县、监利县、枝江市、当阳市、仙桃市、天门市、潜江市	丹江口市、洪湖市
西南	四川	若尔盖县、炉霍县、德格县	若尔盖县、炉霍县、德格县	炉霍县
西北	甘肃	永昌县、凉州区、古浪县、天祝藏族自治县、金塔县、甘州区、民乐县、高台县、山丹县、肃南裕固族自治县、武都区、永靖县	永昌县、凉州区、古浪县、天祝藏族自治县、金塔县、甘州区、民乐县、高台县、山丹县、肃南裕固族自治县、武都区、永靖县	永昌县、凉州区、古浪县、天祝藏族自治县、金塔县、甘州区、民乐县、山丹县、肃南裕固族自治县、武都区、永靖县

（续表）

地区	省级政区	20世纪前半叶分布地点	20世纪后半叶分布地点	现今分布地点
	青海	互助土族自治县、海晏县、祁连县、刚察县、门源回族自治县、共和县、同德县、贵德县、兴海县、贵南县、德令哈市、格尔木市、乌兰县、都兰县、天峻县	互助土族自治县、海晏县、祁连县、刚察县、门源回族自治县、共和县、同德县、贵德县、兴海县、贵南县、德令哈市、格尔木市、乌兰县、都兰县、天峻县	互助土族自治县、海晏县、祁连县、刚察县、门源回族自治县、共和县、德令哈市、格尔木市、乌兰县、都兰县、天峻县
	新疆	乌鲁木齐市、乌鲁木齐县、克拉玛依市、石河子市、阿拉尔市、图木舒克市、五家渠市、喀什市、疏附县、疏勒县、英吉沙县、泽普县、莎车县、叶城县、麦盖提县、岳普湖县、伽师县、巴楚县、塔什库尔干塔吉克自治县、阿克苏市、温宿县、库车县、沙雅县、新和县、拜城县、乌什县、阿瓦提县、柯坪县、和田市、和田县、策勒县、吐鲁番市、鄯善县、托克逊县、哈密市、伊吾县、巴里坤哈萨克自治县、乌恰县、博乐市、精河县、温泉县、昌吉市、阜康市、米泉市、呼图壁县、玛纳斯县、奇台县、吉木萨尔县、木垒哈萨克自治县、库尔勒市、轮台县、尉犁县、若羌县、且末县、和静县、和硕县、博湖县、焉耆回族自治县、伊宁市、奎屯市、伊宁县、霍城县、巩留县、新源县、昭苏县、特克斯县、尼勒克县、察布查尔锡伯自治县、塔城市、乌苏市、额敏县、沙湾县、托里县、裕民县、和布克赛尔蒙古自治县、阿勒泰市、布尔津县、富蕴县、福海县、哈巴河县、青河县、吉木乃县	乌鲁木齐市、乌鲁木齐县、克拉玛依市、石河子市、阿拉尔市、图木舒克市、五家渠市、喀什市、疏附县、疏勒县、英吉沙县、泽普县、莎车县、叶城县、麦盖提县、岳普湖县、伽师县、巴楚县、塔什库尔干塔吉克自治县、阿克苏市、温宿县、库车县、沙雅县、新和县、拜城县、乌什县、阿瓦提县、柯坪县、和田市、和田县、策勒县、吐鲁番市、鄯善县、托克逊县、哈密市、伊吾县、巴里坤哈萨克自治县、乌恰县、博乐市、精河县、温泉县、昌吉市、阜康市、米泉市、呼图壁县、玛纳斯县、奇台县、吉木萨尔县、木垒哈萨克自治县、库尔勒市、轮台县、尉犁县、若羌县、且末县、和静县、和硕县、博湖县、焉耆回族自治县、伊宁市、奎屯市、伊宁县、霍城县、巩留县、新源县、昭苏县、特克斯县、尼勒克县、察布查尔锡伯自治县、塔城市、乌苏市、额敏县、沙湾县、托里县、裕民县、和布克赛尔蒙古自治县、阿勒泰市、布尔津县、富蕴县、福海县、哈巴河县、青河县、吉木乃县	乌鲁木齐市、乌鲁木齐县、克拉玛依市、石河子市、阿拉尔市、图木舒克市、五家渠市、喀什市、疏附县、疏勒县、英吉沙县、泽普县、莎车县、叶城县、麦盖提县、岳普湖县、伽师县、巴楚县、塔什库尔干塔吉克自治县、阿克苏市、温宿县、库车县、沙雅县、新和县、拜城县、乌什县、阿瓦提县、柯坪县、吐鲁番市、鄯善县、托克逊县、哈密市、伊吾县、巴里坤哈萨克自治县、博乐市、精河县、温泉县、昌吉市、阜康市、米泉市、呼图壁县、玛纳斯县、奇台县、吉木萨尔县、木垒哈萨克自治县、库尔勒市、轮台县、尉犁县、若羌县、且末县、和静县、和硕县、博湖县、焉耆回族自治县、伊宁市、奎屯市、伊宁县、霍城县、巩留县、新源县、昭苏县、特克斯县、尼勒克县、察布查尔锡伯自治县、塔城市、乌苏市、额敏县、沙湾县、托里县、裕民县、和布克赛尔蒙古自治县、阿勒泰市、布尔津县、富蕴县、福海县、哈巴河县、青河县、吉木乃县

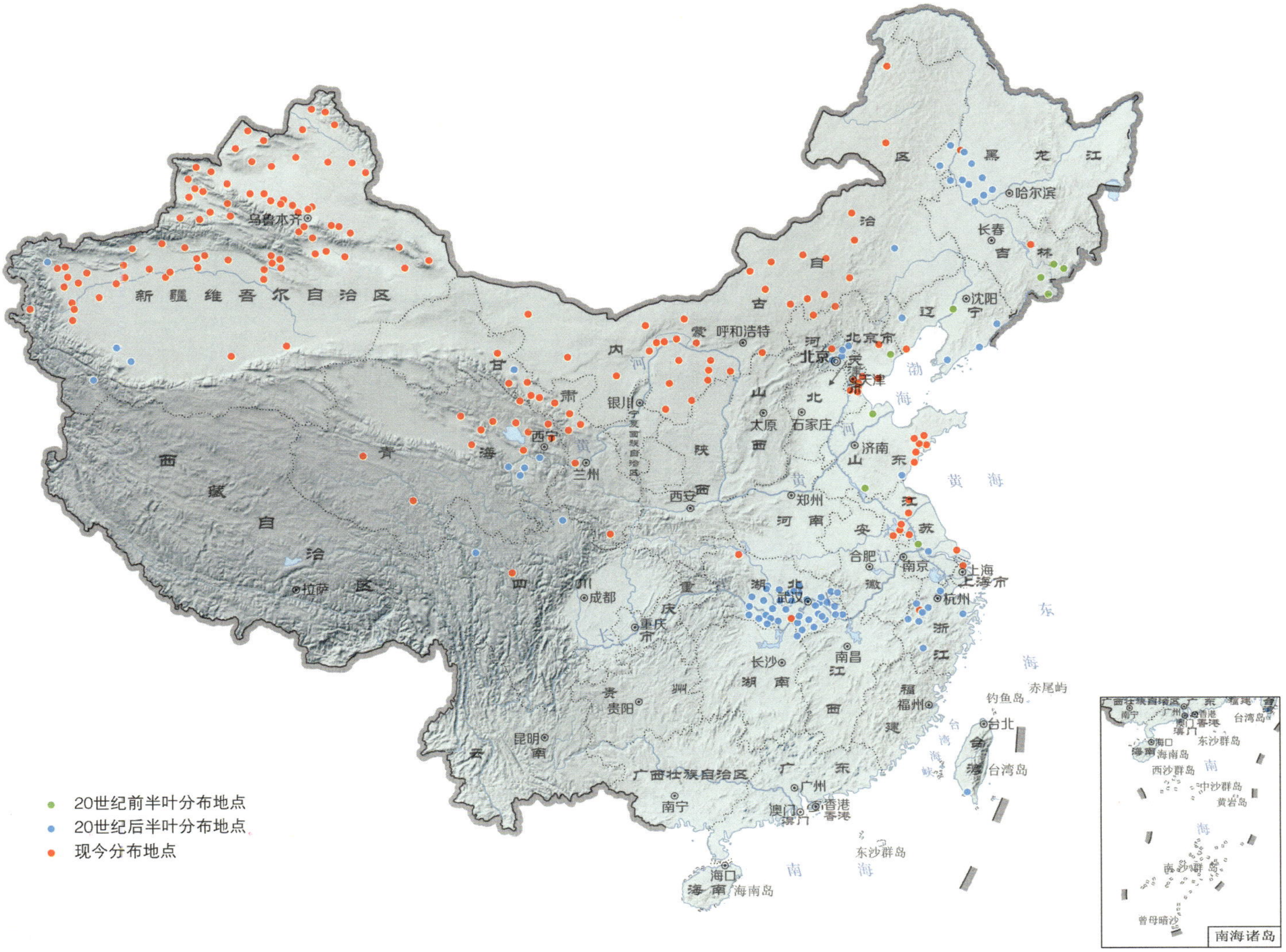

图 6.49 20 世纪以来疣鼻天鹅分布变迁图

8 天鹅属的分布变迁概况

以省级政区为单位概括我国历史时期天鹅属的分布变迁(表 6.17),可以看到:

● 除澳门外,各省级政区皆有天鹅属分布,但省级政区所拥有的物种多寡不一。

● 天鹅属的分布总态势呈现北密南稀,东多西少;这与它们适应生态环境的差异是吻合的。

● 3 种天鹅以大天鹅分布最广,其栖息的保护区在省级政区中的数量也最多。

● 天鹅属的濒危程度从抽象到较具体;尽管对 20 世纪前天鹅属的具体物种分布范围有待进一步探究,但就现有资料也可显示曾经分布密集的地方已经十分稀疏,在个别省级政区还呈现多年未见记录的现象。

● 天鹅属的濒危呈波动态势,既有消失现象,也存在新发现情况。这可能是由于:①它们是长途迁徙型候鸟,既有较稳定的停歇地,也存在临时降临地点,落地时间并不完全固定;②天鹅属的繁衍生息若无人类干扰,恢复种群数量并非十分困难;③天鹅属的栖息地涉及多地,有赖于较普遍改善或保护它们的栖息环境。

表 6.17　　　　　　　　　　　　**我国天鹅属的分布变迁概况**

地区	省级政区	20世纪前	大天鹅				小天鹅				疣鼻天鹅			
			20世纪前半叶	20世纪后半叶	现今	保护区	20世纪前半叶	20世纪后半叶	现今	保护区	20世纪前半叶	20世纪后半叶	现今	保护区
华北	北京	★	★	★	★	★	★	★	★	★	★	★	★	★
	天津	★	★	★	★	★	★	★	★	★	★	★	★	★
	河北	★	★	★	★	★	★	★	★	★	★	★	★	★
	山西	★	★	★	★	★	★	★	★	★				
	内蒙古	★	★	★	★	★	★	★	★	★	★	★	★	★
东北	辽宁	★	★	★	★	★	★	★	★	★	★	★	★	★
	吉林	★	★	★	★	★	★	★	★	★	★	★	★	
	黑龙江	★	★	★	★	★	★	★	★	★	★	★	★	
华东	上海	★	★	★	★	★	★	★	★	★	★	★	★	
	江苏	★	★	★	★	★	★	★	★	★	★	★	★	★
	浙江	★	★	★	★		★	★	★	★	★	★	★	
	安徽	★	★	★	★	★	★	★	★	★				
	福建	★	★	★	★	★	★	★	★	★				
	江西	★	★	★	★	★	★	★	★	★				
	山东	★	★	★	★	★	★	★	★	★	★	★	★	
	台湾	★	★	★			★	★	★		★	★		
中南	河南	★	★	★	★	★	★	★	★	★				
	湖北	★	★	★	★	★	★	★	★	★	★	★	★	★
	湖南	★	★	★	★	★	★	★	★	★				
	广东	★					★	★	★	★				
	广西	★	★	★			★	★	★	★				
	海南	★					★	★						
	香港	★	★	★	★									
	澳门													
西南	重庆	★	★	★	★		★	★	★					
	四川	★	★	★	★	★	★	★	★	★	★	★	★	★
	贵州	★	★	★			★	★	★	★				
	云南	★	★	★	★	★	★	★	★	★				
	西藏	★	★	★	★	★								
西北	陕西	★	★	★	★	★	★	★	★					
	甘肃	★	★	★	★	★	★	★	★	★	★	★		★
	青海	★	★	★	★	★	★	★	★	★	★	★		★
	宁夏	★	★	★	★	★	★	★	★	★				
	新疆	★	★	★	★	★	★	★	★	★	★	★		★

参考文献

阿坝县地方志编纂委员会编. 1993. 阿坝县志. 北京:民族出版社

阿克塞哈萨克族自治县地方志编纂委员会编. 1993. 阿克塞哈萨克族自治县志. 兰州:甘肃人民出版社

阿克陶县地方志编纂委员会编. 1996. 阿克陶县志. 乌鲁木齐:新疆人民出版社

阿拉善盟志编纂委员会编. 1998. 阿拉善盟志. 北京:方志出版社

阿勒泰市党史、地方志编纂委员会编. 2001. 阿勒泰市志. 乌鲁木齐:新疆人民出版社

《阿鲁科尔沁旗志》编纂委员会编. 1994. 阿鲁科尔沁旗志. 呼和浩特:内蒙古人民出版社

阿图什市地方志编纂委员会编. 1996. 阿图什市志. 乌鲁木齐:新疆大学出版社

安徽省林业厅主编. 2006. 安徽省陆生野生动植物资源. 合肥:合肥工业大学出版社

安徽省宣州市地方志编纂委员会编. 1996. 宣城县志. 北京:方志出版社

安庆地区地方志编纂委员会编. 1995. 安庆地区志. 合肥:黄山书社

安庆市地方志编纂委员会编. 1997. 安庆市志. 北京:方志出版社

安新县地方志编纂委员会编. 2000. 安新县志. 北京:新华出版社

巴彦淖尔盟志编纂委员会编. 1997. 巴彦淖尔盟志. 呼和浩特:内蒙古人民出版社

白城地区地方志编纂委员会编. 1992. 白城地区志. 长春:吉林文史出版社

宝坻县志编修委员会编著. 1995. 宝坻县志. 天津:天津社会科学院出版社

宝丰县志编纂委员会编. 1996. 宝丰县志. 北京:方志出版社

宝鸡市地方志编纂委员会编. 1998. 宝鸡市志. 西安:三秦出版社

保定市地方志编纂委员会编. 1999. 保定市志. 北京:方志出版社

北京市房山区地方志编纂委员会. 1999. 北京市房山区志. 北京:北京出版社

北京市丰台区志编纂委员会编. 2001. 北京市丰台区志. 北京:北京出版社

北京市海淀区志编纂委员会编. 1999. 北京市海淀区志. 北京:北京出版社

滨海县地方志编纂委员会编. 1998. 滨海县志. 北京:方志出版社

博尔塔拉蒙古自治州地方志编纂委员会编. 1999. 博尔塔拉蒙古自治州志. 乌鲁木齐:新疆大学出版社

《博湖县志》编纂委员会编. 1993. 博湖县志. 乌鲁木齐:新疆大学出版社

蔡其侃. 1987. 北京鸟类志. 北京:北京出版社

蔡振洋. 2015. 清冽浓郁的天津味. 中国气象报,01—23(8)

长汀县地方志编纂委员会编. 1993. 长汀县志. 北京:生活·读书·新知三联书店

常宁县志编纂委员会编. 1993. 常宁县志. 北京:社会科学文献出版社

潮阳市地方志编纂委员会编. 1997. 潮阳县志. 广州:广东人民出版社

陈保平. 2000. 池州地区生态旅游发展初探. 池州师专学报,14(3):34～35,41

陈兼善著;于名振增订. 1984. 台湾脊椎动物志. 增订2版. 台北:台湾商务印书馆

城固县地方志编纂委员会编. 1994. 城固县志. 北京:中国大百科全书出版社

赤峰市地方志编纂委员会编. 1996. 赤峰市志. 呼和浩特:内蒙古人民出版社

滁州市(县级)地方志编纂委员会编. 1998. 滁州市志. 北京:方志出版社

磁县地方志编纂委员会编. 2000. 磁县志. 北京:新华出版社

大庆市地方志编纂委员会办公室编. 1988. 大庆市志. 南京:南京出版社

丹东市地方志办公室编. 1993. 丹东市志. 沈阳:辽宁科学技术出版社,6,591

德安县地方志编纂委员会编. 1991. 德安县志. 上海:上海古籍出版社

德都县地方志办公室编. 1994. 德都县志. 合肥:黄山书社

德宏傣族景颇族自治州志编纂委员会编. 1994. 德宏州志:综合卷. 德宏:德宏民族出版社

磴口县地方志编纂委员会编. 1998. 磴口县志. 呼和浩特:内蒙古人民出版社

丁伟志[总]主编,包头市情调查组. 1997. 中国国情丛书:百县市经济社会调查:包头卷. 北京:中国大百科全书出版社

丁伟志[总]主编,海城市情调查组. 1995a. 中国国情丛

书：百县市经济社会调查：海城卷. 北京：中国大百科全书出版社
丁伟志[总]主编，洪湖县情调查组. 1994a. 中国国情丛书：百县市经济社会调查：洪湖卷. 北京：中国大百科全书出版社
丁伟志[总]主编，霍城县情调查组. 1994b. 中国国情丛书：百县市经济社会调查：霍城卷. 北京：中国大百科全书出版
丁伟志[总]主编，库车县情调查组. 1995b. 中国国情丛书：百县市经济社会调查：库车卷. 北京：中国大百科全书出版社
丁伟志[总]主编，临河市情调查组. 1998. 中国国情丛书：百县市经济社会调查：临河卷. 北京：中国大百科全书出版社
丁伟志[总]主编，柳州市情调查组. 1996. 中国国情丛书：百县市经济社会调查：柳州卷. 北京：中国大百科全书出版社
丁伟志[总]主编，蒲圻市情调查组. 1992b. 中国国情丛书：百县市经济社会调查：蒲圻卷. 北京：中国大百科全书出版社
丁伟志[总]主编，泰兴县情调查组. 1992a. 中国国情丛书：百县市经济社会调查：泰兴卷. 北京：中国大百科全书出版社
都兰县县志编纂委员会编. 2001. 都兰县志. 西安：陕西人民出版社
杜尔伯特蒙古族自治县地方志编纂委员会编. 1996. 杜尔伯特蒙古族自治县志. 哈尔滨：黑龙江人民出版社
杜景琴主编. 1995. 抚顺县志. 沈阳：辽宁人民出版社
敦煌市志编纂委员会编. 1994. 敦煌市志. 北京：新华出版社
额尔古纳右旗史志编纂委员会编. 1993. 额尔古纳右旗志. 海拉尔：内蒙古文化出版社
额济纳旗编纂委员会编. 1998. 额济纳旗志. 北京：方志出版社
额敏县地方志编纂委员会编. 2000. 额敏县志. 乌鲁木齐：新疆人民出版社
鄂温克族自治旗志编纂委员会编. 1996. 鄂温克族自治旗志. 北京：中国城市出版社
樊龙锁，等. 1998. 山西两栖爬行类. 北京：中国林业出版社
丰城县县志编纂委员会编. 1989. 江西省丰城县志. 上海：上海人民出版社
冯晓华，等. 2007. 艾丁湖北景区旅游环境容量预测研究. 干旱区地理，30(6)：974～980
风凌飞主编. 1991. 内蒙古珍稀濒危动物图谱. 北京：中国农业科技出版社
奉化市地方志编纂委员会编. 1994. 奉化市志. 北京：中华书局
扶风县地方志编纂委员会编. 1993. 扶风县志. 西安：陕西人民出版社
福建省龙海县地方志编纂委员会编. 1993. 龙海县志. 北京：东方出版社
抚远县地方志编纂委员会编. 1998. 抚远县志. 北京：中华书局
府谷县志编纂委员会编. 1994. 府谷县志. 西安：陕西人民出版社
富县地方志编纂委员会编. 1994. 富县志. 西安：陕西人民出版社
甘南藏族自治州地方史志编纂委员会编. 1999. 甘南州志. 兰州：甘肃民族出版社
甘肃省金昌市地方志编纂委员会编纂. 1995. 金昌市志. 北京：中国城市出版社
甘肃省张掖市志编修委员会编纂. 1995. 张掖市志. 兰州：甘肃人民出版社
甘雨，方保华主编. 2004. 河南省野生动植物资源调查与保护. 郑州：黄河水利出版社
甘孜州志编纂委员会编. 1997. 甘孜州志. 成都：四川人民出版社
刚察县志编纂委员会编. 1998. 刚察县志. 西安：陕西人民出版社
高台县志编纂委员会编. 1993. 高台县志. 兰州：兰州大学出版社
高玮，盛连喜主编. 2002. 中国长白山动物. 延吉：延边人民出版社；北京：北京科学技术出版社
高武，等编著. 1994. 北京脊椎动物检索表. 北京：北京出版社
高邮县编史修志领导小组编. 1990. 高邮县志. 南京：江苏人民出版社
根河市史志编纂委员会编. 1998. 根河市志. 海拉尔：内蒙古文化出版社
故宫博物院编辑委员会编辑. 1997. 故宫鸟谱. 台湾：故宫博物院
灌云县地方志编纂委员会编. 1999. 灌云县志. 北京：方志出版社
郭海主编. 1993. 阳高县志. 北京：中国工人出版社
哈密市地方志编纂委员会编. 1989. 哈密县志. 乌鲁木齐：新疆人民出版社
海南省琼山县地方志编纂委员会编. 1999. 琼山县志. 北京：中华书局
《海宁市志》编纂委员会编. 1995. 海宁市志. 上海：汉语大

词典出版社
海西蒙古族藏族自治州地方志编纂委员会编. 1995. 海西蒙古族藏族自治州志. 西安:陕西人民出版社
海晏县志编纂委员会编. 1994. 海晏县志. 兰州:甘肃文化出版社
《海原县志》编纂委员会编. 1999. 海原县志. 银川:宁夏人民出版社
邗江县地方志编纂委员会编. 1995. 邗江县志. 南京:江苏人民出版社
汉阳县县志编纂委员会编. 1989. 汉阳县志. 武汉:武汉出版社
杭州市地方志编纂委员会编. 1995. 杭州市志. 北京:中华书局
合浦县志编纂委员会编. 1994. 合浦县志. 南宁:广西人民出版社
合山市志编纂委员会编. 1998. 合山市志. 南宁:广西人民出版社
合阳县志编纂委员会编. 1996. 合阳县志. 西安:陕西人民出版社
何冰,等. 2013. 陕西黄河湿地鸟类资源调查分析与研究. 防护林科技,(10):38～42
何业恒. 1990. 大天鹅和鸳鸯/湖南珍稀动物的历史变迁. 长沙:湖南教育出版社,127～130
和静县史志编纂委员会编. 1995. 和静县志. 乌鲁木齐:新疆人民出版社
河北省安国市地方志编纂委员会编. 1996. 安国县志. 北京:方志出版社
河北省灵寿县地方志编纂委员会编纂. 1993. 灵寿县志. 北京:新华出版社
河北省滦南县地方志编纂委员会编. 1997. 滦南县志. 北京:生活·读书·新知三联书店
河北省唐县地方志编纂委员会编. 1999. 唐县志. 石家庄:河北人民出版社
河北省文安县地方志编纂委员会编. 1994. 文安县志. 北京:中国社会出版社
河津市志编纂委员会编. 2002. 河津市志. 太原:山西人民出版社
河津县志编纂委员会编. 1989. 河津县志. 太原:山西人民出版社
河南省焦作市地方史志编纂委员会编. 1993. 焦作市志. 北京:红旗出版社
河南省文物考古研究所编著. 1999. 舞阳贾湖. 北京:科学出版社
黑河市地方志编纂委员会编. 1996. 黑河地区志. 北京:生活·读书·新知三联书店
黑龙江省地方志编纂委员会编. 1998. 黑龙江省志·地理志. 哈尔滨:黑龙江人民出版社
衡水市地方志编纂委员会编. 1996. 衡水市志. 北京:民族出版社
红安县县志编纂委员会编. 1992. 红安县志. 上海:上海人民出版社
洪湖市地方志编纂委员会编. 1992. 洪湖县志. 武汉:武汉大学出版社
洪泽县地方志编纂委员会编. 1999. 洪泽县志. 北京:中国大百科全书出版社
呼和浩特市地方志编修办公室编. 1999. 呼和浩特市志. 呼和浩特:内蒙古人民出版社
呼图壁县志编纂委员会编. 1992. 呼图壁县志. 乌鲁木齐:新疆人民出版社
湖北省汉川县地方志编纂委员会编纂. 1992. 汉川县志. 北京:中国城市出版社
湖北省嘉鱼县地方志编纂委员会编纂. 1993. 嘉鱼县志. 武汉:湖北科学技术出版社
湖北省监利县县志编纂委员会编纂. 1994. 监利县志. 武汉:湖北人民出版社
湖北省来凤县县志编纂委员会编. 1990. 来凤县志. 武汉:湖北人民出版社
湖北省蕲春县地方志编纂委员会编. 1997. 蕲春县志. 武汉:湖北科学技术出版社
湖北省咸宁市地方志编纂委员会编. 1992. 咸宁市志. 北京:中国城市出版社
湖北省宜昌县地方志编纂委员会编. 1993. 宜昌县志. 北京:冶金工业出版社
湖北省宜城市地方志编纂委员会编. 1998. 宜城志. 北京:新华出版社
湖北省钟祥县县志编纂委员会编纂. 1990. 钟祥县志. 武汉:湖北人民出版社
湖南省江华瑶族自治县志编纂委员会编. 1994. 江华瑶族自治县志. 北京:中国城市出版社
湖南省湘阴县志编纂委员会编. 1995. 湘阴县志. 北京:生活·读书·新知三联书店
湖南省益阳地区地方志编纂委员会编纂. 1997. 益阳地区志. 北京:新华出版社
湖南省志编纂委员会编. 1987. 湖南省志. 修订本. 长沙:湖南人民出版社
怀柔县志编纂委员会编. 1999. 怀柔县志. 北京:北京出版社
淮南市地方志编纂委员会编. 1998. 淮南市志. 合肥:黄山书社
淮阴县地方志编纂委员会编. 1996. 淮阴县志. 上海:上海

社会科学院出版社
黄陵县志编纂委员会编.1995.黄陵县志.西安:西安地图出版社
黄沐朋,等编著.1989.辽宁动物志:鸟类.沈阳:辽宁科学技术出版社
黄石市志编纂委员会编.2001.黄石市志.北京:中华书局
黄正一,等编著.1991.上海地区的国家保护动物.上海:复旦大学出版社
霍邱县地方志编纂委员会编.1992.霍邱县志.北京:中国广播电视出版社
季维智主编.1999.中国云南野生动物.北京:中国林业出版社
济南市史志编纂委员会编.1997.济南市志.北京:中华书局
《嘉兴市志》编纂委员会编.1997.嘉兴市志.北京:中国书籍出版社
建湖县地方志编纂委员会编.1994.建湖县志.南京:江苏人民出版社
江都市地方志编纂委员会编.1996.江都县志.南京:江苏人民出版社
江苏省常熟市地方志编纂委员会编.1990.常熟市志.上海:上海人民出版社
江苏省启东县志编纂委员会编.1993.启东县志.北京:中华书局
江西省大余县志编纂委员会编.1990.大余县志.北京:三环出版社
江西省星子县志编纂委员会编纂.1990.星子县志.南昌:江西人民出版社
蒋乐平著.2014.跨湖桥文化研究.北京:科学出版社
金塔县地方志编纂委员会编.1992.金塔县志.兰州:甘肃人民出版社
晋城县志编纂委员会编.1997.晋城县志.太原:山西古籍出版社
荆州地区地方志编纂委员会编纂.1996.荆州地区志.北京:方志出版社
精河县《精河县志》编纂委员会编.1998.精河县志.乌鲁木齐:新疆人民出版社
靖州苗族侗族自治县县志编纂委员会编.1994.靖州县志.北京:生活·读书·新知三联书店
静海县志编修委员会编著.1995.静海县志.天津:天津社会科学院出版社
科尔沁右翼前旗志编纂委员会编.1991.科尔沁右翼前旗志.呼和浩特:内蒙古人民出版社
科尔沁右翼中旗志编纂委员会编.1993.科尔沁右翼中旗志.呼和浩特:内蒙古人民出版社
克拉玛依市地方志编纂委员会编.1999.克拉玛依市志.乌鲁木齐:新疆人民出版社
克什克腾旗地方志编纂委员会编.1993.克什克腾旗志.呼和浩特:内蒙古人民出版社
兰州市地方志编纂委员会,兰州市林业志编纂委员会编纂.1998.兰州市志.第二卷,地理志.兰州:兰州大学出版社
蓝田县地方志编纂委员会编.1994.蓝田县志.西安:陕西人民出版社
梨树县志编纂委员会编.1992.梨树县志.沈阳:辽宁教育出版社
李德浩,等.1989.青海经济动物志.西宁:青海人民出版社,254～255
李湜主编;故宫博物院编.2014.清宫鸟谱.北京:故宫出版社
李子忠主编.2011.贵州野生动物名录.贵阳:贵州科技出版社
连云港市地方志编纂委员会编.2000.连云港市志.北京:方志出版社
临夏回族自治州志编纂委员会编.1993.临夏回族自治州志.兰州:甘肃人民出版社
临泽县县志编纂委员会编.2001.临泽县志.兰州:甘肃人民出版社
灵宝县地方史志编纂委员会编.1992.灵宝县志.郑州:中州古籍出版社
灵武市志编纂委员会编.1999.灵武市志.银川:宁夏人民出版社
鄢县志编纂委员会编.1994.鄢县志.北京:中国社会出版社
刘琳.2013.气温持续冰点以下 最后一批南迁天鹅飞离北京.北京晚报,12—18
刘先新主编.2010.中国长江三峡动物大全.北京:科学出版社
柳州市地方志编纂委员会编.1998.柳州市志.南宁:广西人民出版社
滦县志编纂委员会编.1993.滦县志.石家庄:河北人民出版社
轮台县党史、县志编纂委员会编.1991.轮台县志.北京:新华出版社
萝北县地方志编纂委员会编.1992.萝北县志.北京:中国人事出版社
洛宁县志编纂委员会编.1991.洛宁县志.北京:生活·读书·新知三联书店
麻阳县志编纂委员会编.1994.麻阳县志.北京:生活·读书·新知三联书店

马鸣,等著.1993.野生天鹅.北京:气象出版社
马逸清,等编著.1986.黑龙江省兽类志.哈尔滨:黑龙江科学技术出版社
玛曲县志编纂委员会编.2001.玛曲县志.兰州:甘肃人民出版社
满城县地方志编纂委员会编.1997.满城县志.北京:中国建材工业出版社
米泉县地方志编纂委员会编.1998.米泉县志.乌鲁木齐:新疆人民出版社
汨罗市志编纂委员会编.1995.汨罗市志.北京:方志出版社
密山县志编纂委员会编.1993.密山县志.北京:中国标准出版社
密云县志编纂委员会.1998.密云县志.北京:北京出版社
勉县志编纂委员会主编.1989.勉县志.北京:地震出版社
民勤县志编纂委员会.1994.民勤县志.兰州:兰州大学出版社
莫力达瓦达斡尔族自治旗史志编纂委员会编.1998.莫力达瓦达斡尔族自治旗志.呼和浩特:内蒙古人民出版社
漠河县志编纂委员会编纂.1993.漠河县志.北京:中国大百科全书出版社
内蒙古自治区科学技术志编纂委员会编.1997.内蒙古自治区志:科学技术志.呼和浩特:内蒙古人民出版社
南昌市地方志编纂委员会编.1997.南昌市志.北京:方志出版社
南坪县地方志编纂委员会编.1994.南坪县志.北京:民族出版社
南阳地区地方史志编纂委员会编.1994.南阳地区志.郑州:河南人民出版社
南阳地区地方史志编纂委员会编.1996.南阳地区志:1986—1994.郑州:中州古籍出版社
宁晋县地方志编纂委员会编.1999.宁晋县志.北京:中华书局
宁南县志编纂委员会编.1994.宁南县志.成都:成都科技大学出版社
农八师石河子市地方志编纂委员会编.1994.农八师垦区石河子市志.乌鲁木齐:新疆人民出版社
盘锦市人民政府地方志办公室编.1998.盘锦市志:综合卷.北京:方志出版社
磐安县志编纂委员会编.1993.磐安县志.杭州:浙江人民出版社
彭平波.2013.沅水入洞庭湖口生态现状及保护.岳阳职业技术学院学报,28(1):43~46,114
邳州市地方志编纂委员会编.1995.邳县志.北京:中华书局
平顶山市地方史志编纂委员会编.1994.平顶山市志.郑州:河南人民出版社
平果县志编纂委员会编.1996.平果县志.南宁:广西人民出版社
平乐县地方志编纂委员会编.1995.平乐县志.北京:方志出版社
浦江县志编纂委员会编.1990.浦江县志.杭州:浙江人民出版社
《淇县志》编纂委员会编.1996.淇县志.郑州:中州古籍出版社
前郭尔罗斯蒙古族自治县地方志编纂委员会编.1993.前郭尔罗斯蒙古族自治县志.沈阳:辽宁民族出版社
秦皇岛市北戴河区地方志编纂委员会编纂.1994.北戴河志.天津:天津人民出版社
秦皇岛市地方志编纂委员会编纂.1994.秦皇岛市志.天津:天津人民出版社
青海省地方志编纂委员会编.1993.青海省志.十三,林业志.西宁:青海人民出版社
饶阳县地方志编纂委员会编纂.1998.饶阳县志.北京:方志出版社
(日)冈元凤.1985.毛诗品物图考.北京:中国书店
日照市地方史志编纂委员会编.1994.日照市志.济南:齐鲁书社
如皋市地方志编纂委员会编.1995.如皋县志.香港:新亚洲出版社
汝城县志编委会编.1997.汝城县志.长沙:湖南出版社
三门县志编纂委员会编.1992.三门县志.杭州:浙江人民出版社
沙雅县史志编纂委员会编.1995.沙雅县志.乌鲁木齐:新疆人民出版社
山东省滨州地区地方史志编纂委员会编.1996.滨州地区志.北京:中华书局
山东省地方史志编纂委员会编.1998.山东省志·生物志.济南:山东人民出版社
山东省广饶县地方史志编纂委员会编.1995.广饶县志.北京:中华书局
山东省海阳县志编纂委员会编.1988.海阳县志.海阳:海阳县印刷厂
山东省垦利县地方史志编纂委员会编.1997.垦利县志.济南:山东人民出版社
山东省荣成市地方史志编纂委员会编.1999.荣成市志.济南:齐鲁书社
山东省乳山市地方志编纂委员会编.1998.乳山市志.济南:齐鲁书社
山东省泰安市地方史志编纂委员会编.1997.泰安地区

志.济南:齐鲁书社
山东省微山县地方史志编纂委员会编.1997.微山县志.济南:山东人民出版社
山东省文登市地方史志编纂委员会编.1996.文登市志.北京:中国城市出版社
山东省无棣县史志编纂委员会编.1994.无棣县志.济南:齐鲁书社
山西省广灵县县志编纂委员会编.1993.广灵县志.北京:人民出版社
山西省娄烦县地方志编纂委员会编.1999.娄烦县志.北京:中华书局
山西省史志研究院编.1996.山西通志.第二卷,地理志.北京:中华书局
陕西省地方志编纂委员会编.2000.陕西省志.第三卷,地理志.西安:陕西人民出版社
上海市宝山区地方志编纂委员会编.1992.宝山县志.上海:上海人民出版社
绍兴市地方志编纂委员会编.1996.绍兴市志.杭州:浙江人民出版社
射阳县地方志编纂委员会编.1997.射阳县志.南京:江苏科学技术出版社
神木县志编纂委员会编.1990.神木县志.北京:经济日报出版社
沈阳市人民政府地方志编纂办公室编.1989.沈阳市志.沈阳:沈阳出版社
疏附县地方志编纂委员会编.1999.疏附县志.乌鲁木齐:新疆人民出版社
疏勒县地方志编纂委员会编.2001.疏勒县志.乌鲁木齐:新疆人民出版社
沭阳县地方志编纂委员会编.1997.沭阳县志.南京:江苏科学技术出版社
四川省巴塘县地方志编纂委员会编.2001.巴塘县志:续编.北京:方志出版社
四川省巴县志编纂委员会编.1994.巴县志.重庆:重庆出版社
四川省大竹县志编纂委员会编.1992.大竹县志.重庆:重庆出版社
四川省红原县志编纂委员会编纂.1996.红原县志.成都:四川人民出版社
四川省马尔康县志编纂委员会编纂.1995.马尔康县志.成都:四川人民出版社
四川省冕宁县志编纂委员会编纂.1994.冕宁县志.成都:四川人民出版社
四川省西昌市志编纂委员会编纂.1996.西昌市志.成都:四川人民出版社
《四川资源动物志》编辑委员会主编;李桂垣卷主编.1985.四川资源动物志.第三卷,鸟类.成都:四川科学技术出版社
松阳县志编纂委员会编.1996.松阳县志.杭州:浙江人民出版社
睢宁县地方志编纂委员会编纂.1993.睢宁县志.北京:中国社会科学出版社
遂昌县志编纂委员会编.1996.遂昌县志.杭州:浙江人民出版社
遂平县志编纂委员会编.1994.遂平县志.郑州:中州古籍出版社
塔城地区地方志编纂委员会编.1997.塔城地区志.乌鲁木齐:新疆人民出版社
塔城市地方志编纂委员会编.1995.塔城市志.乌鲁木齐:新疆人民出版社
太原市方志编纂委员会编.1999.太原市志.第一册.太原:山西古籍出版社
唐海县志编纂委员会编.1997.唐海县志.天津:天津人民出版社
天等县志编纂委员会编.1991.天等县志.南宁:广西人民出版社
天津市北辰区地方志编修委员会编著.2000.北辰区志.天津:天津古籍出版社
天津市大港区地方志编修委员会编著.1994.大港区志.天津:天津社会科学院出版社
天津市地方志编修委员会.1991.天津简志.天津:天津人民出版社
天峻县县志编纂委员会编.1995.天峻县志.兰州:甘肃文化出版社
田德启.2001.葫芦岛市鸟类动物区系构成特点分析与研究.辽宁林业科技,(6):7～9,17
田东县志编纂委员会编.1998.田东县志.南宁:广西人民出版社
通榆县志编纂委员会编.1994.通榆县志.长春:吉林人民出版社
桐柏县地方史志编纂委员会编.1995.桐柏县志.郑州:中州古籍出版社
桐城县地方志编纂委员会编.1995.桐城县志.合肥:黄山书社
桐庐县志编纂委员会编.1991.桐庐县志.杭州:浙江人民出版社
桐乡市《桐乡县志》编纂委员会编.1996.桐乡县志.上海:上海书店出版社
王俊亮,赵杨.2010.山东鲁山自然保护区动物资源调查及保护初探.野生动物,31(3)

潍坊市地方史志编纂委员会编. 1995. 潍坊市志. 北京：中央文献出版社
卫辉市地方史志编纂委员会编. 1993. 卫辉市志. 北京：生活·读书·新知三联书店
渭南地区地方志编纂委员会编. 1996. 渭南地区志. 西安：三秦出版社
文定讴总纂. 2001. 农六师垦区·五家渠市志：1949—2001. 乌鲁木齐：新疆人民出版社
翁牛特旗志编纂委员会编. 1993. 翁牛特旗志. 呼和浩特：内蒙古人民出版社
乌拉特前旗志编纂委员会编. 1995. 乌拉特前旗志. 呼和浩特：内蒙古人民出版社
乌拉特中旗地方志编纂委员会编. 1994. 乌拉特中旗志. 呼和浩特：内蒙古人民出版社
武都县地方志编纂委员会编. 1998. 武都县志. 北京：生活·读书·新知三联书店
武冈县志编委会编. 1997. 武冈县志. 北京：中华书局
武清县地方史志编修委员会编著. 1991. 武清县志. 天津：天津社会科学院出版社
武威市市志编纂委员会. 1998. 武威市志. 兰州：兰州大学出版社
西和县志编纂委员会编. 1997. 西和县志. 西安：陕西人民出版社
《锡林浩特市志》编纂委员会编. 1999. 锡林浩特市志. 呼和浩特：内蒙古人民出版社
镶黄旗志编纂委员会编. 1999. 镶黄旗志. 呼和浩特：内蒙古人民出版社
祥云县志编纂委员会编. 1996. 祥云县志. 北京：中华书局
响水县地方志编纂委员会编. 1996. 响水县志. 南京：江苏古籍出版社
《忻州地区志》编纂委员会编. 1999. 忻州地区志. 太原：山西古籍出版社
新安县地方史志编纂委员会编. 1989. 新安县志. 郑州：河南人民出版社
新昌县志编纂委员会编. 1994. 新昌县志. 上海：上海书店
新化县志编纂委员会编. 1996. 新化县志. 长沙：湖南出版社
新洲县志编纂委员会编. 1992. 新洲县志. 武汉：武汉出版社
信阳地区地方史志编纂委员会编. 1992. 信阳地区志. 北京：生活·读书·新知三联书店
兴安盟地方志编纂委员会编. 1997. 兴安盟志. 呼和浩特：内蒙古人民出版社
兴化市地方志编纂委员会编. 1995. 兴化市志. 上海：上海社会科学院出版社
熊林春，等. 2014. 信阳市野生动植物资源概述. 河南林业科技，34(1)：46～48
徐州市地方志编纂委员会编. 1994. 徐州市志. 北京：中华书局
许昌市地方志编纂委员会编. 1993. 许昌市志. 天津：南开大学出版社
旭日干主编. 2007. 内蒙古动物志. 第三卷，鸟纲·非雀形目. 呼和浩特：内蒙古大学出版社
牙克石市志编纂委员会编. 1996. 牙克石市志. 呼和浩特：内蒙古人民出版社
延边朝鲜族自治州地方志编纂委员会编. 1996. 延边朝鲜族自治州志. 北京：中华书局
延津县志编纂委员会编. 1991. 延津县志. 北京：生活·读书·新知三联书店
盐城市地方志编纂委员会编. 1998. 盐城市志. 南京：江苏科学技术出版社
伊春市地方志编纂委员会编. 1995. 伊春市志. 哈尔滨：黑龙江人民出版社
银川市志编纂委员会编. 1998. 银川市志. 银川：宁夏人民出版社
营口市地方志编纂委员会办公室编. 1997. 营口市志. 第二卷，行政建置、自然环境、城市建设、交通邮电. 北京：方志出版社
永昌县志编纂委员会编. 1993. 永昌县志. 兰州：甘肃人民出版社
永康县地方志编纂委员会编. 1991. 永康县志. 杭州：浙江人民出版社
永清县志办公室编. 2000. 永清县志. 石家庄：河北人民出版社
于晶晶，等. 2013. 辽宁獾子洞湿地水鸟春秋迁徙研究. 野生动物，34(3)：159～162
榆林市地方志编纂委员会编. 1996. 榆林市志. 西安：三秦出版社，110
垣曲县地方志编纂委员会编. 2001. 垣曲县志：1991—2000. 北京：中华书局
袁靖，杨梦菲. 2003. 甑皮岩遗址各期出土的水陆生动物//中国社会科学院考古研究所，等编. 桂林甑皮岩. 北京：文物出版社，541～645
岳阳县地方志编委会编. 1997. 岳阳县志. 长沙：湖南出版社
云南省富宁县地方志编纂委员会编. 1997. 富宁县志. 昆明：云南民族出版社
云南省鲁甸县志编纂委员会编. 1995. 鲁甸县志. 昆明：云南人民出版社
云南省瑞丽市志编纂委员会编. 1996. 瑞丽市志. 成都：四

川辞书出版社
云南省施甸县志编纂委员会编.1997.施甸县志.北京:新华出版社
云南省威信县志编纂委员会编.1999.威信县志.昆明:云南人民出版社
云南省云龙县志编纂委员会编.1992.云龙县志.北京:农业出版社
运城市地方志编纂委员会编.1994.运城市志.北京:生活·读书·新知三联书店
枣庄市地方史志编纂委员会编.1993.枣庄市志.北京:中华书局
扎兰屯市史志编纂委员会编.1993.扎兰屯市志.天津:百花文艺出版社
《扎鲁特旗志》编纂委员会编.2001.扎鲁特旗志.北京:方志出版社
张北县地方志编纂委员会编.1994.张北县志.北京:中国社会科学出版社
赵建忠.2012.乌梁素海湿地水禽自然保护区积极应对疣鼻天鹅等野生鸟类死亡事件.内蒙古林业(4)
赵天梁.2005.运城湿地自然保护区生物多样性及其保护.山西大学学报(自然科学版),28(1)
赵正阶编著.2001.中国鸟类志.上卷,非雀形目.长春:吉林科学技术出版社
柘城县志编纂委员会编.1991.柘城县志.郑州:中州古籍出版社
浙江动物志编辑委员会,诸葛阳卷主编.1990.浙江动物志:鸟类.杭州:浙江科学技术出版社
浙江省淳安县志编纂委员会编.1990.淳安县志.上海:汉语大词典出版社
浙江省文物考古研究所,萧山博物馆.2004.跨湖桥.北京:文物出版社
浙江省鄞县志编纂委员会编.1996.鄞县志.北京:中华书局
郑作新,等编著.1979.中国动物志:鸟纲.第二卷,雁形目.北京:科学出版社
郑作新.1981.天鹅的生物学.动物学杂志,(2):78～80
中国科学院新疆生物土壤研究所编辑.1991.新疆动物研究.北京:科学出版社
中国科学院新疆综合考察队、动物研究所编,钱燕文,等著.1965.新疆南部的鸟兽.北京:科学出版社
中华人民共和国濒危物种进出口管理办公室编,赵正阶主编.1999.中国东北地区珍稀濒危动物志.北京:中国林业出版社
中华人民共和国濒危物种进出口管理办公室主编,郑生武,等编著.1994.中国西北地区珍稀濒危动物志.北京:中国林业出版社
中牟县地方志编纂委员会编.1999.中牟县志.北京:生活·读书·新知三联书店
中宁县志编纂委员会编.1994.中宁县志.银川:宁夏人民出版社
中卫县县志编纂委员会编.1995.中卫县志.银川:宁夏人民出版社
钟山县志编纂委员会编.1995.钟山县志.南宁:广西人民出版社

第七章

鸳鸯的分布变迁

鸳鸯(*Aix galericulata*)在动物分类中,属于鸟纲 Aves 雁形目 Anseriformes 鸭科 Anatidae 栖鸭族 Cairinini 鸳鸯属 *Aix* 之一种。

鸳鸯是分布于亚洲东部的特有鸟类。鸳鸯的色彩、形象与行为皆深受人们喜爱,是传统的著名观赏鸟,其形象与品行经常出现在我国民间工艺品、神话传说与文学作品中。由于数量急剧下降,鸳鸯已被列为国家二级重点保护野生动物。

1 鸳鸯的概况

“鸳鸯”是较特殊的由雌雄鸟名合一称谓的动物之一。“鸳”指雄鸟,“鸯”指雌鸟,但通常合称之;现更作为该物种的中文学名。此外,又名匹鸟、鸂鶒、官鸭、乌仁哈钦、邓木鸟等。

鸳鸯是雌雄鸟有显著差异,又常成对相处的中小型游禽(图 7.1～图 7.22),由于它们非常奇特和醒目,野外极易辨认。其大小介于绿头鸭和绿翅鸭之间,体长 38～45 cm,体重 C.5 km 左右。

图 7.1 鸳鸯(雄)①

图 7.2 鸳鸯(雌)②

①http://www.juzaphoto.com/me.php? pg=3516&l=en#fot1070

②http://www.birdnet.cn/thread-455134-1-1.html

图 7.3　雄鸟头颈侧视①

图 7.4　雄鸟头颈正视②

图 7.5　绿荷下的鸳鸯③

图 7.6　水中并游④

图 7.7　枝上小憩⑤

图 7.8　衰草旁暂停⑥

①http://tieba.baidu.com/f? z=1997030467&ct=335544320&lm=0&sc=0&rn=50&tn=postBrowserAtom&word=&pn=0

②http://image.baidu.com/i? ct=503316480&z=0&tn=baiduimagedetail&ipn=d&word=鸳鸯

③http://www.nipic.com/show/2/27/690e248a4840cb46.html

④http://tupian.baike.com/a1_35_44_01300000324235124555444727910_jpg.html

⑤http://www.ctps.cn/PhotoNet/product.asp? proid=1508641

⑥http://www.birdnet.cn/thread-475518-1-1.html

图 7.9 岩畔梳理①

图 7.10 群翔②

图 7.11 飞升③

图 7.12 双飞④

图 7.13 传情⑤

图 7.14 交配⑥

①http://zh.wikipedia.org/wiki/File：MandarinDucks.jpg
②http://www.photofans.cn/album/showpic.php? year=2011&picid=146372
③http://www.birdnet.cn/thread-173842-1-1.html
④http://blog.ifeng.com/article/22799652.html
⑤http://zhidao.baidu.com/question/936168274005963412.html
⑥http://www.ctps.cn/photonet/bbs/UPLOAD/img200905/20097161757376214.jpg

图 7.15　依偎①

图 7.16　树洞中的鸳鸯卵②

图 7.17　巢口上的雌鸟与雏鸟③

图 7.18　雌鸟引雏出巢④

图 7.19　幼鸟（雌）⑤

图 7.20　幼鸟（雄）⑥

①http://www.ctps.cn/photonet/bbs/UPLOAD/img200905/20097161757376214.jpg
②http://image.baidu.com/i? ct=503316480&z=&tn=baiduimagedetail&ipn=d&word=鸳鸯巢
③http://www.ctps.cn/PhotoNet/product.asp? proid=1570181
④http://image.baidu.com/i? ct=503316480&z=&tn=baiduimagedetail&ipn=d&word=小鸳鸯
⑤http://image.baidu.com/i? ct=503316480&z=0&tn=baiduimagedetail&ipn=d&word=鸳鸯
⑥http://www.nipic.com/show/1/40/acd5a3749105ca4f.html

图 7.21　亚成鸟(雌)①

图 7.22　亚成鸟(雄)②

鸳鸯的雄鸟色彩丰富、艳丽并具文彩:额和头顶中央为翠绿色,并具金属光泽;枕部呈铜赤色,与后颈的暗紫绿色长羽组成羽冠。眉纹现白色,宽且长,并向后延伸构成羽冠的一部分。眼先为淡黄色,虹膜黑褐色,颊部具棕栗色斑,眼上方和耳羽皆棕白色,颈侧具长矛形的辉栗色领羽。颏与喉皆纯栗色;嘴暗角红色,尖端白色。上胸和胸侧呈暗紫色;下胸至尾下覆羽为乳白色;下胸两侧则呈绒黑色,具两条白色斜带;两胁近腰处具黑白相间的横斑,其后两胁为紫赭色,腋羽褐色。背与腰皆暗褐色,并呈具铜绿色金属光泽;内侧肩羽为紫色,但外侧数枚纯白色,并具绒黑色边;翅上覆羽与背则色彩相同。初级飞羽呈暗褐色,外翈具银白色羽缘,内翈先端具铜绿色光泽;次级飞羽为褐色,具白色羽端,内侧数枚外翈呈金属绿色;三级飞羽现黑褐色,外翈亦呈金属绿色,与内侧次级飞羽外翈上的绿色共同组成蓝绿色翼镜;最后一枚三级飞羽外翈为金属绿色,具栗黄色先端,内翈则扩大成一对栗黄色扇状直立羽,像帆一样立于后背,边缘前段为棕白色,后段为绒黑色,羽干黄色。尾羽暗褐色而带金属绿色。脚有蹼,橙黄色。

鸳鸯的雌鸟较之雄鸟则黯然失色:头和后颈皆灰褐色,无冠羽;虹膜黑褐色,眼周为白色,其后一条白纹与眼周白圈相连,形成特有的白色眉纹。颏与喉同为白色;嘴褐色至粉红色,嘴基白色。胸、胸侧和两胁皆暗棕褐色,杂有淡色斑点。上体呈灰褐色,两翅虽与雄鸟相似,但无金属光泽和帆状直立羽。腹和尾下覆羽白色。脚有蹼,暗灰色。

鸳鸯一般栖息在针叶和阔叶混交林及附近的溪流、沼泽、芦苇塘和湖泊等处,冬季多栖息于大的开阔湖泊、江河和沼泽地带;喜欢成群活动,一般有 20 多只,有时也同其他野鸭混在一起。在晨雾尚未散尽的时候,就从夜晚栖息的丛林中飞出来,聚集在水塘边,先在有树荫或芦苇丛的水面上漂浮、取食,然后再飞到树林中去觅食,一二个小时后,又先后回到河滩或水塘附近的树枝或岩石上休息。

鸳鸯的觅食活动主要在白天,特别是黎明到日出前和下午到黄昏前两段时间最为频繁。一般在河中水流平稳处和水边浅水处觅食,有时也到路边水塘和收获后的农田与耕地中觅食。除在浅水处直接觅食外,有时也潜水或将头伸入水中边游泳边觅食;休息时或漂浮在水面打盹或在水中来回游荡,有时亦成群站在水边沙滩上或石头上。

鸳鸯是杂食性鸟类,其食物种类常随季节和栖息地的不同而有变化:主要以青草、草叶、树叶、草根、草籽、苔藓等植物性食物为食,也吃玉米、稻谷、忍冬、橡、栎树等植物果实与种子;冬季,多以坚果为食;繁殖季节,主要以蚂蚁、石蝇、螽斯、蝗虫、蚊子、甲虫等昆虫及幼虫为食,也吃蝲蛄、虾、蜗牛、蜘蛛、蛙与小型鱼类等动物性

①http://baike.niaolei.org.cn/index.php? pic-view-39398-295
②http://baike.niaolei.org.cn/index.php? pic-view-39395-295

食物。

鸳鸯善游泳和潜水，飞翔力强；在地上行走也很好，除在水上活动外，也常到陆地上活动和觅食。它们生性机警，极善隐蔽。它们常浮游在距岸较远的水中，或水生植物茂密处。在饱餐后返回栖居处时，常常先有一对鸳鸯在栖居地的上空盘旋侦察，确认没有危险后才招呼大群一起落下歇息。如果发现情况，鸳鸯就发出"哦儿，哦儿"的报警声，与同伴们一起迅速逃离。

鸳鸯在山地森林中繁殖。3月末4月初迁到繁殖地时，并不立刻营巢，而是成群活动在林外河流与水塘中。随着天气逐渐变暖，鸳鸯才逐渐分散和成对进入营巢地。4月下旬到5月中旬进入交配；之前，雌雄双双游泳于水中，雄鸟频频向雌鸟曲颈点头，浸嘴于水中，同时竖直头部艳丽的冠羽，然后伸直颈部，头不时地左右摆动；随后，雌雄并肩徐徐游泳于水面，并不时将嘴浸入水中；游过一段时间后，雌鸟疾速向前，雄鸟紧跟其后，同时不断地翘起尾部，紧接着跃伏于雌鸟背上，用嘴衔着雌鸟的头羽进行交尾。交尾时间每次约2 s，可连续进行4～5次。交配后各自昂首展翅进行水浴和整理羽毛，然后上到岸上休息。

鸳鸯营巢于紧靠水边老龄树的天然树洞中，口小内大（洞口约为8 cm×9 cm，巢洞约为43 cm×34 cm，洞深约64 cm），距地高10～18 m。巢材极简陋，除树木本身的木屑外，再就是雌鸟从自己身上拔下的绒羽。5月初开始产卵，每窝产卵7～12枚，卵圆形，白色，光滑无斑。雌鸟担任孵卵任务，除觅食外，一般不离巢；特别是在孵卵的最后1～2天，几乎根本不离巢；孵化期28～30天。雄鸟在雌鸟开始孵卵后，即离开雌鸟到隐蔽的河段上换羽。

鸳鸯的雏鸟早成性，破壳而出后全身即长满了绒羽；孵出第二天，雏鸟即能从高高的树洞中跳下来，进入水中后即能游泳和潜水。离巢时，亲鸟先在洞中"嗤啊，嗤啊"地鸣叫，鸣声急而细，一直持续1 h之久；然后，亲鸟才从洞中飞出，落于树下水中，并继续不停地鸣叫，在洞中的雏鸟亦跟着"叽叽"地鸣叫，并利用锐利的爪慢慢爬到洞口，然后一个一个地跳到树下草地上，并很快地跑到水中，游泳于亲鸟周围。

我国栖息的鸳鸯有候鸟（多在东北北部、内蒙古繁殖，南方越冬）与留鸟（少数在台湾、云南、贵州等地）2种居留方式（郑作新等，1979；赵正阶，2001）。当然，鸳鸯作为留鸟的居留，不止于此3个省级政区。

2　古人对鸳鸯的认识

古人早就认识鸳鸯，但有多种称谓，如匹鸟、鸂鶒、官鸭、五彩鸳鸯、锦鸳鸯、紫鸳鸯、文禽、文鸟、乌仁哈钦、邓木鸟、黄鸭、红雁戈者、红鸭、相思鸟、双双鸟、青鹤、鸂鹜、鸂鸭、水鸳鸯、鸳鸯鸟、花鸭子、油痞档等。从方志记载中正式称谓的使用频次看，以"鸳鸯"①占绝大多数，其次是"鸂鶒"②，还有少量"黄鸭"及"相思鸟"等。

● 鸳鸯

《诗经·小雅·甫田之什》关于鸳鸯的句子有：

鸳鸯于飞，毕之罗之。
君子万年，福禄宜之。
鸳鸯在梁，戢其左翼。
君子万年，宜其遐福。

释文：鸳鸯双双轻飞翔，遭遇大小罗与网。好人万年寿而康，福禄一同来安享。鸳鸯相偎在鱼梁，喙儿插进左翅膀。好人万年寿而康，一生幸福绵绵长。

● 匹鸟

（春秋）师旷《禽经》："鸳鸯，匹鸟也。"（汉）郑玄《毛诗笺》："匹鸟，言其止则相耦，飞则为双，性驯耦也。"（晋）陆机《燕歌行》："白日既没明灯辉，夜禽赴林匹鸟栖。"（五代）马缟《中华古今注》："鸳鸯：水鸟，凫类也。雌雄未尝相离；人得其一，则其一思而死。故谓之匹鸟也。"（清）段玉裁《说文解字注》：

鸳：鸳鸯也。《小雅传》曰：鸳鸯，匹鸟也。

①包括含有附加成分的野鸳鸯、土鸳鸯、黄鸳鸯、黄鸳等。
②包括不同写法的类似称谓。

《古今注》曰：雌雄未尝相离。按：鸂鸩[1]者，鸳鸯属也从鸟，夗声。

鸯：鸳鸯也。二字双声从鸟，央声。

按：人们常见鸳鸯尽管形色悬殊，却成双入对；在水面上，它们相亲相爱，悠闲自得，风韵迷人；它们时而跃入水中，引颈击水，追逐嬉戏；时而又上到陆地，抖落身上的水珠，精心地梳理华丽的羽毛；尤其是看到鸳鸯恩爱有加，是人们心目中永恒爱情的象征，甚至认为鸳鸯一旦结为配偶，便陪伴终生，即使一方不幸死亡，另一方也不再寻觅新的配偶，而是孤独凄凉地度过余生。可见2 000多年来，除了作为著名的观赏鸟类之外，人们常见到的鸳鸯出双入对，相互依恋，将它们作为恩爱夫妻与忠贞的象征，成为神话传说、文学作品与民间工艺品中永恒的题材；继而，人们又引申出将它们用来比喻成双配对的事物。

● 邓木鸟

(北周)宗懔《荆楚岁时记》道："邓木鸟：羽毛五色，雌雄相逐。"

● 黄鸭

(明)李时珍《本草纲目》记述：

【释名】黄鸭《纲目》、匹鸟。

时珍曰：鸳鸯终日并游，有宛在水中央之意也。或曰：雄鸣曰鸳，雌鸣曰鸯。崔豹《古今注》云：鸳鸯，雄雌不相离，人获其一，则一相思而死，故谓之匹鸟。《涅经》：谓之婆罗迦邻提。

【集解】时珍曰：鸳鸯，凫类也，南方湖溪中有之。栖于土穴中，大如小鸭。其质杏黄色，有文采，红头翠鬣，黑翅黑尾，红掌，头有白长毛垂之至尾。交颈而卧，其交不再。

按：尽管未诠释"黄鸭"的由来，但对于雄鸳鸯的色彩描述基本恰当。

清乾隆元年与四十四年《盛京通志》皆有：

鸳鸯：形如小鸭，色黄，有文，红头，翠鬣。止则相偶，飞则成双。

按：此说似是鸳鸯别名为"黄鸭"的由来。

清光绪《宜兴荆溪县志》诠释：

鸳鸯：黄鸭形如小鸭，杏黄色，故名黄鸭。红头，翠鬣，黑羽，黑尾，红掌。雌雄交颈而卧。谓之匹鸟。

按：此说主要依据鸳鸯形如鸭，其雄鸟的杏黄色而获之"黄鸭"别称。

民国《横山县志》也明确：

鸳鸯：即黄鸭。尝栖河涧中，雌雄不相离。有五彩斑纹。县产毛质多杏黄色。

民国《临泽县志》确认：

鸳鸯：一名黄鸭，一名匹鸟。李时珍曰：鸳鸯，大如小鸭。其质杏黄色，有文彩。黑头，翠鬣，黑翅，黑尾，红掌。头有白长毛垂之至尾。我县河濑间多有之。

● 官鸭

此称谓由来尚未见到，但鸳鸯乃鸭科水禽，体形与鸭相似，雄性头部有明显的羽冠。故"官鸭"之称，似为"冠鸭"之谐音。

鸳鸯的英文名为 Mandarin Duck，翻译为"中国官鸭"。

● 文鸟

《古今注》诠释：

鸳鸯，一名文禽，凫类也。似凫，毛有文彩。

按：鸳鸯雄性的毛色多彩，古人以"毛有文彩""有文"描述，故有文鸟、文禽之称。

● 红鸭

似主要依据鸳鸯形如鸭，雄鸟的嘴红色而获之"红鸭"别称。

● 鸂鶒

(唐)杜甫《卜居》：

无数蜻蜓齐上下，一双鸂鶒对沉浮。

东行万里堪乘兴，须向山阴上小舟。

按：杜甫诗句中显示鸂鶒出双入对的特点。

(宋)罗愿《尔雅翼》记述："黄赤五彩者，首有缨者，皆鸂鶒耳。然鸂鶒亦鸳鸯之类，其色多紫。"较早就认定"鸂鶒"乃"鸳鸯"之类。

(元)胡三省《〈资治通鉴〉注》论及：

陆佃《埤雅》曰：鸂鶒五色，尾有毛如船柂，小于鸭。性食短狐，在山泽中，无复毒气。故《淮赋》云："鸂鶒寻邪而逐害。"此鸟盖溪中之敕邪逐害者，故以名云。

陈昭裕《建州图经》曰：鸂鶒于水中宿，先少若有敕令也。亦以浮游，雄者左，雌者右，群伍皆有(武)[式]度。

按：此既有鸂鶒的形态描述，又有其习性，还有名称的由来。

[1] 原文如此。该字在古文献中有多种写法，现一般写作"鸂鶒"。故其亦作为鸳鸯的别称之一。

(明)李时珍《本草纲目》记述：

鸂鶒其游于溪也，左雄右雌，群伍不乱，似有式度者，故《说文》又作溪鹉。其形大于鸳鸯而色多紫，亦好并游，故谓之紫鸳鸯也。

(明)文震亨《长物志》也诠释：

鸂鶒能敕水，故水族不能害。蓄之者宜于广池巨浸，十百为群，翠毛朱喙，灿然水中。他如乌喙白鸭，亦可畜一二，以代鹅群。曲栏垂柳之下，游泳可玩。

(清)张为邦、余省临摹蒋廷锡(1669—1732)《鸟谱》，留下了相关文字①与图形(图 7.23)，我们在《清宫鸟谱》(李湜等，2014)中可见：

图 7.23 《清宫鸟谱》中的鸂鶒

鸂鶒

鸂鶒黑睛，缥白眶至目后尖出；粉红嘴角，带微苍色；黑绿头项，缥白领，赭黑背、膊。翅根短毛分青、白两节，黑翅，苍尾。臆前、肋下俱苍色毛，间微白斑。黄足，粉红爪，趾间幕皮浅黑色。刘逵《〈吴都赋〉注》云：鶒，水鸟也。色黄赤，有斑文。江东诸郡皆有之。《图经》云：鸂鶒，于水渚宿。(老)[先]少若有敕令也。雄者左，雌者右，群伍皆有式度。《续博物志》云：鸂鶒能敕水，故宿水而物莫能害。《临海异物志》云：鸂鶒，毛有五色。食短狐，其在溪中无复毒气。《本草纲目》云：鸂鶒，大于鸳鸯而色多紫，亦好并游，故谓之紫鸳鸯也。

按：尽管存在个别出入，但综合相关情况，可见所谓“鸂鶒”，实际上主要是指鸳鸯的雌鸟。

鸳鸯并非十分罕见的鸟类，古往今来，人们纷纷采用金属、宝石、料器、瓷器、绘画、雕刻、刺绣、剪纸等材料或工艺制作鸳鸯形象，但我们所见的工艺品多为神似者(如文官七品的“鸂鶒”补子，图 7.24)，形似鸳鸯者寥寥。现存清初张为邦、余省临摹蒋廷锡的《清宫鸟谱》(李湜等，2014)鸳鸯图(图 7.25)，一对鸳鸯呼之欲出，则可称之标本画。

图 7.24 清文官七品补子②

图 7.25 清人绘制的鸳鸯

①题跋由傅恒等人编纂。

②http://auction.artxun.com/pic-724283-0.html

古人对于鸳鸯的描述也见仁见智（详见下文的方志资料等），除个别讹误[①]外，基本上点出鸳鸯的特征或特性、别称等。

3　20 世纪前的鸳鸯分布

历史时期，鸳鸯在我国的分布相当广，不仅涉及全国所有省级政区（图 7.26），而且地点 1 620 个（不含重复），约占全国县级及其以上政区的 68%。

鸳鸯在我国的纵向分布南北方皆有，横向分布主要在东部与中部地区的湿地。这与其繁殖、越冬及迁徙等生态与环境变迁是相互适应的。

以下按鸳鸯在不同分布的政区论述。

图 7.26　20 世纪前鸳鸯分布图

3.1　华北

历史上，华北各省级政区皆有鸳鸯分布。

清雍正十三年（1735）《畿辅通志》就记载有“鸳鸯”，反映在今北京市、天津市、河北省及辽宁省、内蒙古自治区、山东省等部分地方的较大区域内有鸳鸯分布。

3.1.1　北京

历史上，北京市不少地方有鸳鸯栖息。

清雍正六年（1728）《古今图书集成·方舆汇编·职方典·顺天府物产考》记载有“鸳鸯”，顺天府所属地方有大兴县、宛平县和近京州县 22 个，

①本文并未尽数更改，因其中存在同音字、异形字、流传的版本不一等，或非主要性误差等。

虽非全有,但也可反映不少地方有鸳鸯分布。

3.1.2 天津

历史上,天津市就有鸳鸯分布。

清光绪二十一年《天津府志》记载有“鸳鸯”,但更具体地点尚待考证。

3.1.3 山西

历史上,山西省有较多鸳鸯分布。

明崇祯二年(1629)《山西通志》记载有“鸳鸯”而未特指其分布地,表明是分布较广的物种。明代的“山西”辖境较今略大。

清乾隆二十五年(1760)《赵城县志》记述:

鸳鸯:又名文禽。雌雄未尝相离,获其一,一相思死,故曰匹鸟。《诗·小雅》:鸳鸯在梁,戢其左翼,是也。《正字通》:鸳鸯,红头,翅尾黑,头有长毛,质杏黄色,具文彩。梁简文帝赋云:朝飞绿岸,夕归丹屿。顾落日而俱吟,追清风而双举。徐陵赋云:特讶鸳鸯鸟,长情真可念。许处胜人多,何时肯相厌。(明)王世贞诗:翠领文绡浅着绯,软波芳渚自依依。生怜萧史前身是,长向韩朋故冢飞。璧月联窥秦殿瓦,银灯双上窦家机。烟波最好翻新曲,听罢吴侬并手归。

曰鸡鶒:《说文》云:水鸟也。毛有五色。《建州图经》曰:溪游,雄者左,雌者右,皆有式度。陈藏器曰:五彩,首有缨者,为鸡鶒。色多紫,尾有毛如船舵形。作鸂鶒者,非。

按:这些记载,对鸳鸯的形态与习性等有所描述。

3.1.4 方志记载的鸳鸯

较具体记载鸳鸯分布的文献,以方志为主。华北的鸳鸯在20世纪前分布(表7.1)如下。

表7.1　20世纪前华北的鸳鸯分布概况

省级政区	今地点	文献	内容
北京	延庆县	明嘉靖二十七年(1548)《隆庆志》	鸳鸯
	属延庆县	明万历十四年(1586)《居庸关志》	鸳鸯
	顺义区、昌平区、怀柔区、密云县	清康熙十二年(1673)《昌平州志》	鸳鸯(文身,如凫,好浴水中。飞则并翼,宿则交颈)
	延庆县	清康熙十九年(1680)《延庆州志》	鸳鸯
	西城区	清康熙二十三年(1684)《宛平县志》	鸳鸯
	大兴县	清康熙二十四年(1685)《大兴县志》	鸳鸯
	延庆县	清光绪七年(1881)《延庆州志》	鸳鸯
	昌平区	清光绪十一年(1885)《昌平州志》	鸳鸯
	昌平区	清光绪十二年(1886)《顺天府志》	鸳鸯(《昌平宋志》:文身,如凫,好浴水中。飞则比翼,宿则交颈)
天津	静海县等地	明嘉靖十九年(1540)《河间府志》	鸂鶒(或云,即水札)……鸳鸯(《诗·大雅》:凫鹥在泾,是也)
	静海县	清康熙十二年(1673)《静海县志》	鸳鸯
	静海县	清同治十二年(1873)《静海县志》	鸳鸯
河北	辛集市、深泽县、保定市、安国市、高碑店市、满城县、清苑县、易县、徐水县、定兴县、顺平县、唐县、望都县、涞水县、高阳县、安新县、雄县、容城县、博野县、蠡县	明弘治七年(1494)《保定郡志》	鸳鸯(《荆楚记》云:邓木鸟羽毛五色,雌雄相逐)、鸂鶒(尾五色如船柂。小于凫,能食短狐。杜台卿赋云:鸂鶒寻邪而逐害,是也)
	秦皇岛市、昌黎县、抚宁县、卢龙县、唐山市、迁安市、滦县、滦南县、乐亭县、迁西县、唐海县	明弘治十四年(1501)《永平府志》	鸳鸯

（续表）

省级政区	今地点	文献	内容
	易县	明弘治十五年(1502)《易州志》	鸳鸯(《尔雅翼》云:大如鹜,其质杏黄色,头戴白长毛垂之至尾,尾与翅皆黑)
	宁晋县	明正德十年(1515)《赵州志》	宁晋县:鸳鸯
	雄县	明嘉靖十二年(1533)《雄乘》	多鸳鸯……多鸂鶒
	清苑县	明嘉靖十七年(1538)《清苑县志》	鸂鶒(尾五色如船柂。小于凫,能食短狐)
	沧州市、泊头市、任丘市、黄骅市、河间市、沧县、青县、东光县、海兴县、盐山县、肃宁县、南皮县、吴桥县、献县、孟村回族自治县、故城县、阜城县等地	明嘉靖十九年(1540)《河间府志》	同前
	属廊坊市	明天启五年(1625)《东安县志》	鸳鸯
	蔚县、涞源县等地	明崇祯二年(1629)《山西通志》	鸳鸯
	永年县	明崇祯十四年(1641)《永年县志》	鸳鸯
	涿鹿县	清康熙十年(1671)《保安州志》	鸳鸯
	唐县	清康熙十一年(1672)《唐县新志》	鸳鸯
	东光县、吴桥县、故城县、景县	清康熙十一年(1672)《景州志》	鸳鸯
	涿鹿县	清康熙十一年(1672)《保安州志》	鸳鸯
	深泽县	清康熙十四年(1675)《深泽县志》	鸳鸯
	宣化县	清康熙五十年(1711)《宣化乡土志》	鸳鸯
	沙河市、邢台县、内丘县、隆尧县、任县、南和县、巨鹿县、广宗县、平乡县	清雍正六年(1728)《古今图书集成·方舆汇编·职方典·顺德府物产考》	鸳鸯
	威县、清河县、邯郸市、成安县、磁县、肥乡县、永年县、鸡泽县、曲周县	清雍正六年(1728)《古今图书集成·方舆汇编·职方典·广平府物产考》	鸳鸯
	大名县、魏县等地	清雍正六年(1728)《古今图书集成·方舆汇编·职方典·大名府物产考》	鸳鸯
	馆陶县等地	清雍正六年(1728)《古今图书集成·方舆汇编·职方典·东昌府物产考》	鸳鸯
	井陉县	清雍正八年(1730)《井陉县志》	鸳鸯
	属廊坊市	清乾隆十四年(1749)《东安县志》	鸳鸯
	南和县	清乾隆十四年(1749)《南和县志》	鸳鸯
	安国市	清乾隆二十一年(1756)《祁州志》	鸳鸯
	平山县	清咸丰四年(1854)《平山县志》	鸳鸯
	涿州市	清同治十一年(1872)《涿州续志》	鸳鸯
	属大名县	清同治十一年(1872)《元城县志》	鸳鸯……(以上春往北过,秋冬南去)
	迁安市	清同治十二年(1873)《迁安县志》	鸳鸯

（续表）

省级政区	今地点	文献	内容
	涞源县	清光绪元年(1875)《广昌县志》	鸳鸯
	昌黎县、抚宁县、卢龙县、青龙满族自治县、迁安市、滦县、滦南县、乐亭县、迁西县	清光绪二年(1876)《永平府志》	鸳鸯
	永年县	清光绪三年(1877)《永年县志》	鸳鸯
	抚宁县	清光绪三年(1877)《抚宁县志》	鸳鸯
	唐县	清光绪四年(1878)《唐县志》	鸳鸯
	怀来县	清光绪八年(1882)《怀来县志》	鸳鸯
	藁城市、晋州市、新乐市、鹿泉市、井陉县、正定县、栾城县、行唐县、灵寿县、赞皇县、无极县、平山县、元氏县、阜平县	光绪十年(1884)《畿辅通志》	鸳鸯(水鸟，凫类。雌雄未尝离，人得其一，则一者相思死，故谓之匹鸟《古今注》。戏水则同文彩，迁于南土《正定府志》)
	文安县	清光绪十二年(1886)《顺天府志》	鸂鶒(见《文安杨志》。按：亦呼鸳鸯。以其色紫，本名紫鸳鸯也。其尾旁有毛如船柁。今画家绘鸳鸯尾有船柁形，实鸂鶒矣。鸳鸯尾无毛如船柁者)
	馆陶县	清光绪十九年(1893)《馆陶县志》	鸳鸯
	涞水县	清光绪二十一年(1895)《涞水县志》	鸳鸯
	滦县	清光绪二十四年(1898)《滦州志》	鸳鸯
山西	翼城县	明嘉靖二十七年(1548)《翼城县志》	鸳鸯、鹭鸶百十成群
	属太原市	明嘉靖三十年(1551)《太原县志》	鸳鸯
	定襄县	明万历四十四年(1616)《定襄县志》	鸳鸯
	五台县	清康熙二十六年(1687)《五台县志》	鸳鸯
	中阳县	清康熙四十一年(1702)《宁乡县志》	鸳鸯
	定襄县	清雍正五年(1727)《定襄县志》	鸳鸯
	静乐县	清雍正十二年《山西通志》	忻州：鸳鸯(飞鸣栖止，两两相依。出静乐石峡水中)，解州：鸳鸯(出安邑)
	翼城县	清乾隆二年(1737)《翼城县志》	鸂鶒(间有之)、鸳鸯(亦间或有)
	广灵县	清乾隆十九年(1754)《广灵县志》	鸳鸯
	洪洞县	清乾隆二十五年(1760)《赵城县志》	鸳鸯*
	盐湖区	清乾隆二十八年(1763)《安邑县志》	鸳鸯(李义山诗：池塘渐暖蒲堪结，两两鸳鸯护水纹。义山久居晋，故引之。《山西通志》：出安邑东郭滩)
	左云县	清嘉庆八年(1803)《左云县志》	鸳鸯
	静乐县	清光绪十八年(1892)《山西通志》	鸳鸯(出静乐)

（续表）

省级政区	今地点	文献	内容
内蒙古	海拉尔区、满洲里市、扎兰屯市、牙克石市、根河市、额尔古纳市、阿荣旗、新巴尔虎右旗、新巴尔虎左旗、陈巴尔虎旗、鄂伦春自治旗、鄂温克族自治旗、莫力达瓦达斡尔族自治旗等地	清乾隆元年(1736)《盛京通志》	鸳鸯(形如小鸭,色黄,有文,红头,翠鬣。止则柞偶,飞则成双)
	海拉尔区、满洲里市、扎兰屯市、牙克石市、根河市、额尔古纳市、阿荣旗、新巴尔虎右旗、新巴尔虎左旗、陈巴尔虎旗、鄂伦春自治旗、鄂温克族自治旗、莫力达瓦达斡尔族自治旗等地	乾隆四十四年(1779)《盛京通志》	鸳鸯(形如小鸭,色黄,有文,红头,翠鬣。止则相偶,飞则成双)
	清水河县	清光绪九年(1883)《清水河厅志》	鸳鸯

注:"*"即详见正文。

3.2 东北

东北是鸳鸯的主要栖息地区之一。

明正统八年(1443)与嘉靖十六年(1537)《辽东志·物产》就记载有"鸳鸯,翡翠,鹤,鸠,鸂鶒"等禽类。此"辽东",乃辽东镇,辖境相当于今辽宁省的东部和南部及吉林省的东南部地区[①],反映在大部分地方有鸳鸯分布。

3.2.1 辽宁

辽宁省历史上曾有鸳鸯分布。

据称,辽阳市(辖辽阳市、灯塔市、辽阳县)在"300年前,境内仍见有……鸥、鹭、鸳鸯、翡翠、丹顶鹤、白头翁、天鹅、大雁、雕、鸮、鹫、鹰等。20世纪以来,随着生态环境不断遭到破坏,野生动物群的自下而上条件受到严重威胁,其种类和数量逐年减少,有的物种已经消失"[②]。说明历史上曾有鸳鸯栖息。

3.2.2 方志记载的鸳鸯

较具体记载鸳鸯分布的文献,以方志为主。东北的鸳鸯在20世纪前分布(表7.2)如下。

表7.2　20世纪前东北的鸳鸯分布概况

省级政区	今地点	文献	内容
辽宁	铁岭市、铁岭县	清康熙十六年(1677)《铁岭县志》	鸳鸯
	开原市	清康熙十七年(1678)《开原县志》	鸳鸯
	辽阳市、辽阳县	清康熙二十年(1681)《辽阳州志》	鸳鸯
	盘锦市、大洼县、盘山县、锦州市、北镇市、黑山县、义县、葫芦岛市、兴城市、绥中县	清康熙二十一年(1682)《锦州府志》	鸳鸯
	兴城市	清康熙二十一年(1682)《宁远州志》	鸳鸯
	盖州市	清康熙二十一年(1682)《盖平县志》	鸳鸯
	锦州市	清康熙二十一年(1682)《锦县志》	鸳鸯
	北镇市	清康熙三十一年(1692)《广宁县志》	鸳鸯

①由于其具体地点在清代较明确,不再具体考证。
②辽阳. http://baike.baidu.com/view/4994.htm

（续表）

省级政区	今地点	文献	内容
	沈阳市、新民市、辽中县、法库县、彰武县、铁岭市、调兵山市、开原市、铁岭县、西丰县、昌图县、抚顺市、抚顺县、新宾满族自治县、清原满族自治县、本溪市、本溪满族自治县、桓仁满族自治县、辽阳市、灯塔市、辽阳县、鞍山市、海城市、台安县、岫岩满族自治县、丹东市、凤城市、东港市、宽甸满族自治县、大连市、瓦房店市、普兰店市、庄河市、长海县、营口市、大石桥市、盖州市、盘锦市、大洼县、盘山县、锦州市、凌海市、北镇市、黑山县、义县、葫芦岛市、兴城市、绥中县等地	清乾隆元年(1736)《盛京通志》	同前
	沈阳市、新民市、辽中县、法库县、彰武县、铁岭市、调兵山市、开原市、铁岭县、西丰县、昌图县、抚顺市、抚顺县、新宾满族自治县、清原满族自治县、本溪市、本溪满族自治县、桓仁满族自治县、辽阳市、灯塔市、辽阳县、鞍山市、海城市、台安县、岫岩满族自治县、丹东市、凤城市、东港市、宽甸满族自治县、大连市、瓦房店市、普兰店市、庄河市、长海县、营口市、大石桥市、盖州市、盘锦市、大洼县、盘山县、锦州市、凌海市、北镇市、黑山县、义县、葫芦岛市、兴城市、绥中县等地	清乾隆四十四年(1779)《盛京通志》	同前
吉林	长春市、德惠市、九台市、榆树市、扶余县、吉林市、磐石市、蛟河市、桦甸市、舒兰市、永吉县、公主岭市、伊通满族自治县、辽源市、东丰县、东辽县、通化市、梅河口市、集安市、通化县、辉南县、柳河县、白山市、临江市、抚松县、靖宇县、长白朝鲜族自治县、延吉市、图们市、敦化市、珲春市、龙井市、和龙市、汪清县、安图县等地	清乾隆元年(1736)《盛京通志》	同前
	长春市、德惠市、九台市、榆树市、扶余县、吉林市、磐石市、蛟河市、桦甸市、舒兰市、永吉县、公主岭市、伊通满族自治县、辽源市、东丰县、东辽县、通化市、梅河口市、集安市、通化县、辉南县、柳河县、白山市、临江市、抚松县、靖宇县、长白朝鲜族自治县、延吉市、图们市、敦化市、珲春市、龙井市、和龙市、汪清县、安图县等地	清乾隆四十四年(1779)《盛京通志》	同前
黑龙江	哈尔滨市、双城市、尚志市、五常市、依兰县、方正县、宾县、巴彦县、木兰县、通河县、延寿县、齐齐哈尔市、讷河市、龙江县、依安县、甘南县、富裕县、克山县、克东县、拜泉县、爱辉区、北安市、五大连池市、嫩江县、逊克县、孙吴县、伊春市、铁力市、嘉荫县、鹤岗市、萝北县、绥滨县、佳木斯市、同江市、富锦市、桦南县、桦川县、汤原县、抚远县、双鸭山市、集贤县、友谊县、宝清县、饶河县、七台河市、勃利县、鸡西市、虎林市、密山市、鸡东县、牡丹江市、穆棱市、绥芬河市、海林市、宁安市、东宁县、林口县、北林区、海伦市、望奎县、兰西、青冈县、庆安县、明水县、绥棱县、大兴安岭地区、呼玛县、塔河县、漠河县等地	清乾隆元年(1736)《盛京通志》	同前
	哈尔滨市、双城市、尚志市、五常市、依兰县、方正县、宾县、巴彦县、木兰县、通河县、延寿县、齐齐哈尔市、讷河市、龙江县、依安县、甘南县、富裕县、克山县、克东县、拜泉县、爱辉区、北安市、五大连池市、嫩江县、逊克县、孙吴县、伊春市、铁力市、嘉荫县、鹤岗市、萝北县、绥滨县、佳木斯市、同江市、富锦市、桦南县、桦川县、汤原县、抚远县、双鸭山市、集贤县、友谊县、宝清县、饶河县、七台河市、勃利县、鸡西市、虎林市、密山市、鸡东县、牡丹江市、穆棱市、绥芬河市、海林市、宁安市、东宁县、林口县、北林区、海伦市、望奎县、兰西、青冈县、庆安县、明水县、绥棱县、大兴安岭地区、呼玛县、塔河县、漠河县等地	清乾隆四十四年(1779)《盛京通志》	同前

3.3 华东

华东各省级政区皆有鸳鸯分布记录。

3.3.1 江苏

江苏省是历史上鸳鸯分布最广的省级政区之一。

明万历元年(1573)《淮安府志》记载“鸳鸯(成化六年十月,盐城大纵湖渔父弋一雄鸳,置釜中煮之,其雌者飞鸣投死沸汤中)”。大纵湖位于盐城市盐都区与泰州市兴化两地,当地又名平湖,为古射阳湖经分化解体后的残迹湖之一。煮食雄鸳而招致雌鸯殉情而投沸汤的记载,反映在明成化六年(1470)前后,这一带确有鸳鸯;“十月”便可猎获鸳鸯,说明在阳历11月就有越冬的鸳鸯飞临。

3.3.2 浙江

浙江省也是历史上鸳鸯分布最广的省级政区之一。

宋嘉定八年(1215)《剡录》就记述:

鸂鶒:温庭筠诗:剡溪鱼客贺知章,任达怜才爱酒狂。鸂鶒苇花随钓艇,蜻蜓【有作“蛤蜊菰菜梦横塘”】菰菜梦横塘。谢惠连《鸂鶒赋》曰:览水禽之万类,信莫丽乎鸂鶒。服昭晰之鲜姿,憇川湄而偃息。《临海异物志》曰:鸂鶒食短狐,在溪中无毒气。古人《淮赋》曰:鸂鶒寻邪而逐害,是也。陈昭裕《图经》曰:鸂鶒宿渚,若有敕令。其浮游也,雄左雌右,皆有式度。

按:该方志虽未见“鸳鸯”而有“瀏鶒”,实乃同一物种。

明嘉靖四十年(1561)《浙江通志》记载有“鸳鸯,鸡鹊,瀏鶒”,至少表明该省绝大多数地方有鸳鸯分布。

清同治九年(1870)《湖州府志》记述:

鸳鸯:《谈志》:刘禹锡《[洛中]送韩[七]中丞之吴兴口号》曰:溪上鸳鸯避画旗。《山墟名》云:长兴忻湖,莲菱之下,鸳鸯所集,使人忻悦。《觚剩》:苕中吴太守菌次有饷水禽,见鸳鸯一双。义不忍食,瘗于岘山之阴,自为文祭之,立碑明霞墓侧,曰鸳鸯碑。

鸂鶒:《谈志》:旧编云:溪泊中多有。按:尾旁有毛如船柁,俗亦呼鸳鸯,以鸂鶒一名紫鸳鸯也。今画家所绘鸳鸯,实皆鸂鶒耳。鸳鸯头有长白毛,尾无船柁形。

按:此处虽不妥地将“鸳鸯”与“瀏鶒”诠释为两物种,但其中既记载了一些鸳鸯的具体地点,又提到“溪泊中多有”,可见当时鸳鸯乃常见水禽。

3.3.3 安徽

安徽省也有较多鸳鸯分布记录。

清同治《宁化县志》在诠释鸳鸯时,提及“宋庆元三年,池州铜陵县鸳鸯雄化雌”。此固然含有古人“化生”无稽之谈,但还是可以证明在1197年时,今铜陵市与铜陵县一带有鸳鸯分布。

3.3.4 福建

福建省同样是历史上鸳鸯分布最广的省级政区之一。

明嘉靖三十二年(1553)《建阳县志》记述:

鸳鸯:匹鸟而有思也。雌雄偶居。崔豹《古今注》云:鸳鸯,(鸠)[凫]类也。雌雄未尝相离,人得其一,一思而死。故谓之匹鸟。《本草·食疗方》云:人家夫妇不和,作羹私与服之,立相怜爱。吴融诗云:翠翅红颈覆金衣,滩上双双去又归。长短死生无两处,可怜黄鹄爱分飞。

鸂鶒:水鸟也。小于鸭,身五色,尾有毛如船柁。《临海异物志》云:能食短狐,其在山泽中则无毒气。谓之鸂鶒者,以其味溪中之勅邪逐害者也。杜甫诗云:故使笼宽织,须知动损毛。青云末惆怅,失水任呼号。六翮曾经剪,孤飞卒未高。且无鹰隼意,留滞莫辞劳。

按:此处虽列出鸳鸯与瀏鶒两物种,实际上是同物异名。

清同治八年(1869)《宁化县志》诠释:

鸳鸯:《尔雅》云:匹鸟也。喙、趾似凫,而文彩绚烂。雄曰鸳,雌曰鸯。止相偶,飞则双,其交不再。栖土穴中。《函史》曰:浮游,雄左雌右。宿则雄翼右掩左,雌翼左掩右。人得其一,则一必思而死。《诗》:鸳鸯在梁,戢其左翼。刺幽王,黜申后,嬖褒姒。鸳鸯之不如也。宋·张载曰:禽鸟并栖,一正一倒。戢左翼,以柑依于内;舒右翼,以防患于外。左不用而右便故也。史异:宋庆元三年,池州铜陵县鸳鸯雄化雌。《涅槃经》谓之婆罗迦邻提。

按:不仅有鸳鸯的形态与习性描述,而且更有一般文献少用的掌故。

3.3.5 山东

山东省历史上大部分地方有鸳鸯分布记录。

明万历元年(1573)《兖州府志》记述①:

鸳鸯:文禽,匹鸟也。似凫,毛有文彩。雌雄未尝相离,人得其一,则各相思忆而死。今泗水县岁办土贡。

李德裕《古风禽》:君不见昔时同心人,化作鸳鸯鸟,和鸣一夕不暂离,交颈千年尚为少。二月草菲菲,山樱花未稀。金塘风日好,何处不相依。既逢解佩游女,更值凌波宓妃。精光摇翠盖,丽色映珠玑。双影相伴,双心莫违。淹留碧沙上,荡漾洗红衣。春光兮宛转,嬉游兮未反。宿莫近天泉池,飞莫近长洲苑。尔愿欢爱不相忘,须去人间罗网远。南有潇湘洲,且为千里游。洞庭无苦寒,沅江多碧流。昔为薄命妾,无日不含愁。今为水中鸟,颉颃自相求。洛阳女儿在青阁,二月罗衣轻更薄。金泥文彩未足珍,画作鸳鸯始堪著。亦有少妇破瓜年,春闺无伴独婵娟。夜夜学织连枝锦,织作鸳鸯人共怜。悠悠湘水滨,清浅漾初蘋。菖花发艳无人识,江柳逶迤空自春。唯怜独鹤依琴曲,更念孤鸾隐镜尘。愿作鸳鸯被,长覆有情人②。

崔珏题:翠鬣红毛舞落晖,水禽情似此禽稀。暂分烟坞犹回首,祇过寒塘亦并飞。映雾乍迷金殿瓦,逐梭齐上玉人机。采莲无限兰桡女,笑指中流候尔归③。

按:此处不仅指出泗水县每岁贡鸳鸯④,而且特引用唐代关于鸳鸯的名篇 2 首;尤其是李德裕所提鸳鸯栖息地点,如果说"潇湘洲"指称湖南一带的湿地不够具体的话,那么"洞庭"与"沅江"则是候鸟的主要栖息地之一。

清乾隆元年(1736)《山东通志·物产志·物产总部》记载有"鸳鸯(崔豹《古今注》云:鸳鸯,雌雄不相离。人获其一,则不复匹而相思以死。盖其性然也。《涅槃经》谓之婆罗迦邻提)",并专门说明"皆各州县所同,有则通列于总部",但据现掌握的资料,只能证实是在该省不少地方有鸳鸯分布。

3.3.6 台湾

台湾历史上确有鸳鸯分布,只是台湾岛已出鸳鸯分布的东南边缘,迄今未见全岛皆有鸳鸯的更多佐证。

清康熙二十四年《台湾纪略:附澎湖》就有"鸂鶒,鸳鸯"记载。

随后,乾隆六年(1741)、十二年(1747)、二十九年(1764)三修《台湾府志》皆有"鸳鸯"记载,有的还描述"文彩(焰)[绚]烂。止必偶,飞必双,其交不再"。

3.3.7 方志记载的鸳鸯

较具体记载鸳鸯分布的文献,以方志为主。华东的鸳鸯在 20 世纪前分布(表 7.3)如下。值得注意的是,方志中说明鸳鸯数量的多与少的情况皆不多⑤,说明鸳鸯特殊的"多"与"少"情况皆不多见。

---

①为清晰易解,特标点并分段。

②今一般作"《鸳鸯篇》",个别文字不同。《鸳鸯篇》:君不见昔时同心人,化作鸳鸯鸟。和鸣一夕不暂离,交颈千年尚为少。二月草菲菲,山樱花未稀。金塘风日好,何处不相依。既逢解佩游女,更值凌波宓妃。精光摇翠盖,丽色映珠玑。双影相伴,双心莫违。淹留碧沙上,荡漾洗红衣。春光兮宛转,嬉游兮未反。宿莫近天泉池,飞莫近长洲苑。尔愿欢爱不相忘,须去人间罗网远。南有潇湘洲,且为千里游。洞庭无苦寒,沅江多碧流。昔为薄命妾,无日不含愁。今为水中鸟,颉颃自相求。洛阳女儿在青阁,二月罗衣轻更薄。金泥文彩未足珍,画作鸳鸯始堪著。亦有少妇破瓜年,春闺无伴独婵娟。夜夜学织连枝锦,织作鸳鸯人共怜。悠悠湘水滨,清浅漾初蘋。菖花发艳无人识,江柳逶迤空自春。唯怜独鹤依琴曲,更念孤鸾隐镜尘。愿作鸳鸯被,长覆有情人。

③个别文字与今本不同。现为:崔珏《和友人鸳鸯之诗》:翠鬣红毛舞夕晖,水禽情似此禽稀。暂分烟岛犹回首,只渡寒塘亦并飞。映雾尽迷珠殿瓦,逐梭齐上玉人机。采莲无限兰桡女,笑指中流羡尔归。

④"田赋·土贡"中指出"泗水县:……鸳鸯四只"。

⑤方志中使用"有"约存在 3 种情况:1)提示列举事物,仅在事物名称前使用 1 个"有"。2)起表示不同事物(相当标点)作用,则在不同事物名称前皆用"有"(当然,还有使用其他语词,如"曰"等)。3)表示数量(依其程度不同,约有:很多,多,有,间有,少见、偶见等),"有"只是中等程度。本书中摘录不省略的"有",皆属第 3 种情况。

表 7.3　20世纪前华东的鸳鸯分布概况

省级政区	今 地 点	文 献	内 容
上海	闵行区	明弘治十七年(1504)《上海县志》	鸳鸯
	崇明县	清康熙二十年(1681)《崇明县志》	鸳鸯
	中心城区及闵行区、浦东新区、金山区、松江区、青浦区、南汇区、奉贤区	清雍正六年(1728)《古今图书集成·方舆汇编·职方典·松江府物产考》	鸳鸯
	松江区	清乾隆五十三年(1788)《娄县志》	鸳鸯
	青浦区	清光绪五年(1879)《青浦县志》	鸳鸯
	中心城区及闵行区、浦东新区、金山区、松江区、青浦区、南汇区、奉贤区	清光绪十年(1884)《松江府续志》	鸳鸯
江苏	镇江市、扬中市、丹阳市、金坛市	元治顺三年(1323)《镇江志》	鸳鸯(毛色褐而头白。雄雌相逐)、鸂鶒(毛备五彩,尾如船柁。小于凫。能食短狐)
	靖江市、常州市、无锡市、江阴市、宜兴市	明成化十九年(1483)《毗陵志》	鸳鸯(《荆楚记》云:邓木鸟。翎毛五色,雌雄相逐)、鸂鶒(尾五色如船柂。小于凫,能食短狐。杜台卿赋云:鸂鶒寻邪而逐害,是也)
	沛县	明嘉靖二十二年(1543)《沛县志》	鸳鸯(《埤雅》云:凫类。雌雄未尝相离。《诗》曰:鸳鸯在梁,戢其左翼。盖匹鸟也)
	江阴市	明嘉靖二十七年(1548)《江阴县志》	鸳鸯(羽五色,偶常并游)、鸂鶒(类鸳鸯,而尾小异)
	属南京市	明嘉靖三十二年(1553)《六合县志》	鸳鸯
	如皋市	明嘉靖三十九年(1560)《如皋县志》	鸳鸯
	宝应县	明隆庆三年(1569)《宝应县志》	鸳鸯
	靖江市	明隆庆三年(1569)《靖江县志》	鸳鸯
	属连云港市	明隆庆六年(1572)《海州志》	鸳鸯
	邳州市、新沂市、睢宁县、连云港市、赣榆县、灌云县、东海县、灌南县、宿迁市、沭阳县、泗阳县、泗洪县、淮安市、洪泽县、涟水县、盐城市、阜宁县、响水县、建湖县	明万历元年(1573)《淮安府志》	鸳鸯
	南通市、海门市	明万历六年(1578)《通州志》	鸂鶒……鸳鸯
	沛县	明万历二十五年(1597)《沛志》	鸳鸯
	属苏州市	明崇祯十五年(1642)《吴县志》	鸳鸯
	金湖县、东台市、大丰市、扬州市、仪征市、江都市、高邮市、宝应县、泰州市、姜堰市、兴化市、海安县	清康熙三年(1664)《扬州府志》	鸳鸯
	属南京市	清康熙二十二年(1683)《江宁县志》	鸳鸯、鸂鶒
	睢宁县	清康熙二十二年(1683)《睢宁县志》	鸳鸯

(续表)

省级政区	今　　地	文　献	内　容
	南京市、溧水县、高淳县、句容市、泗阳县、淮安市、涟水县、盐城市、大丰市、射阳县、阜宁县、滨海县、响水县、建湖县	清康熙二十三年(1684)《江南通志》	江宁府:鸳鸯,淮安府:鸂鶒
	靖江市、常州市、无锡市、江阴市、宜兴市、张家港市	清康熙三十四年(1695)《常州府志》	鸳鸯
	徐州市、邳州市、新沂市、铜山县、睢宁县、沛县、丰县、宿迁市等地	清雍正六年(1728)《古今图书集成·方舆汇编·职方典·徐州府物产考》	鸳鸯
	泗阳县、淮安市、洪泽县、涟水县、盐城市、射阳县、阜宁县、滨海县、建湖县	清雍正六年(1728)《古今图书集成·方舆汇编·职方典·淮安府物产考》	鸳鸯
	南京市、溧水县、高淳县、句容市	清雍正六年(1728)《古今图书集成·方舆汇编·职方典·江宁府物产考》	鸳鸯
	镇江市、丹阳市、金坛市、溧阳市	清雍正六年(1728)《古今图书集成·方舆汇编·职方典·镇江府物产考》	鸳鸯
	苏州市、吴江市、昆山市、常熟市、张家港市	清雍正六年(1728)《古今图书集成·方舆汇编·职方典·苏州府物产考》	鸳鸯
	金湖县、东台市、大丰市、扬州市、仪征市、江都市、高邮市、宝应、泰州市、姜堰市、兴化市、海安县	清雍正十一年(1733)《扬州府志》	鸂鶒……鸳鸯
	泗阳县、淮安市、涟水县、盐城市、大丰市、射阳县、阜宁县、滨海县、响水县、建湖县	清乾隆十三年(1748)《淮安府志》	鸳鸯(黄鸭也)……鸂鷘(名紫鸳鸯)
	宜兴市	清嘉庆二年(1797)《宜兴县志》	鸳鸯、鸂鷘
	如皋市	清嘉庆十三年(1808)《如皋县志》	鸳鸯(水鸟。身有文彩。雌雄不相离)
	金湖县、东台市、大丰市、扬州市、仪征市、江都市、高邮市、宝应、泰州市、姜堰市、兴化市、海安县	清嘉庆十五年(1810)《扬州府志》	鸳鸯
	连云港市、赣榆县、灌云县、东海县、灌南县、沭阳县、响水县	清嘉庆十六年(1811)《海州直隶州志》	鸳鸯
	高邮市	清嘉庆十八年(1813)《高邮州志》	鸂鷘……鸳鸯
	东台市	清嘉庆二十二年(1817)《东台县志》	鸳鸯
	连云港市	清道光十七年(1837)《云台新志》	鸳鸯
	泰兴市、南通市、通州市、如皋市、如东县	清光绪元年(1875)《通州直隶州志》	鸳鸯……鸂鶒
	属镇江市	清光绪五年(1879)《丹徒县志》	鸳鸯(一名匹鸟《康熙志》。大如小鸭。雌雄不相离,并游溪湖,栖于土穴。质杏黄色,有文彩。红头,翠鬣,黑翅,黑尾,红掌。头有白长毛垂之至尾)、鸂鶒(五色,尾有毛如船舵。小于鸭。能食短狐。以其溪中刺邪逐恶,故名《康熙志》。按:鸂鶒,五色而多紫,首有缨,亦好并游,左雄右雌,群伍不乱。故一称紫鸳鸯)

（续表）

省级政区	今　地	文　献	内　容
	宜兴市	清光绪八年(1882)《宜兴荆溪县志》	鸳鸯：黄鸭（形如小鸭，杏黄色，故名黄鸭。红头，翠鬣，黑羽，黑尾，红掌。雌雄交颈而卧。谓之匹鸟）、鸂鶒
	属南京市	清光绪九年(1883)《溧水县志》	鸳鸯
	丰县	清光绪二十年(1894)《丰县志》	鸳鸯
浙江	嵊州市	宋嘉定八年(1215)《剡录》	鸂鶒*
	属舟山市	宋嘉定八年(1215)《秀山县志》	鸂鶒、鸳鸯
	杭州市、临安市、富阳市、海宁市	宋咸淳(1265～1274)《临安志》	鸂鶒（和靖《春日即事诗》：鸳鸯如绮杜衡肥，鸂鶒夷犹翠潋微）
	衢州市、江山市、龙游县、常山县、开化县	明弘治十六年(1503)《衢州府志》	鸳鸯
	淳安县	明嘉靖三年(1524)《淳安县志》	鸳鸯
	武义县	明嘉靖三年(1524)《武义县志》	鸳鸯……鸂鶒
	浦江县	明嘉靖五年(1526)《浦江志略》	鸂鶒
	温岭市	明嘉靖十九年(1540)《太平县志》	鸂鶒（毛五色。善勑，勑水取鱼）……鸳鸯（毛羽五色，雌雄相逐水滨）
	属杭州市	明嘉靖二十八年(1549)《仁和县志》	鸂鶒
	瑞安市	明嘉靖三十四年(1555)《瑞安县志》	鸳鸯
	象山县	明嘉靖三十五年(1556)《象山县志》	鸳鸯、鸂鶒
	属舟山市	明嘉靖四十二年(1563)《定海县志》	鸂鶒
	越城区	明万历三年(1575)《会稽县志》	鸂鶒……鸳鸯
	建德市、桐庐县、淳安县	明万历六年(1578)《严州府志》	鸳鸯
	属台州市	明万历七年(1579)《黄岩县志》	鸂鶒（毛五色。善勑水取鱼）……鸳鸯（五色。雌雄相逐）
	新昌县	明万历七年(1579)《新昌县志》	鸳鸯
	建德市	明万历十四年(1586)《寿昌县志》	鸳鸯……鸂鶒
	属舟山市	明万历二十四年(1596)《秀山县志》	鸂鶒、鸳鸯
	玉环县、温州市、瑞安市、乐清市、永嘉县、文成县、平阳县、泰顺县、洞头县	明万历三十三年(1605)《温州府志》	鸂鶒、鸳鸯
	属杭州市	明万历三十七年(1609)《钱塘县志》	鸳鸯、鸂鶒
	建德市、桐庐县、淳安县	明万历四十二年(1614)《严州府志》	鸳鸯
	平湖市	明天启七年(1627)《平湖县志》	鸳鸯
	开化县	明崇祯四年(1631)《开化县志》	鸂鶒
	属湖州市	明崇祯十年(1637)《乌程县志》	鸳鸯、鸂鶒
	嘉兴市	明崇祯十年(1637)《嘉兴县志》	鸳鸯
	义乌市	明崇祯十三年(1640)《义乌县志》	鸳鸯
	属湖州市	明崇祯十一年(1638)《乌程县志》	鸳鸯、鸂鶒

（续表）

省级政区	今　地	文　献	内　容
	龙泉市	清顺治十二年(1655)《龙泉县志》	鸂鶒……鸳鸯
	永康市	清康熙十一年(1672)《永康县志》	鸳鸯
	嘉兴市、平湖市、桐乡市、嘉善县、海盐县	清康熙二十年(1681)《嘉兴府志》	鸳鸯
	金华市、兰溪市、永康市、义乌市、东阳市、武义县、浦江县	清康熙二十二年(1683)《金华府志》	鸂鶒
	临安市	清康熙二十二年(1683)《临安县志》	鸳鸯……鸂鶒
	属建德市	清康熙二十二年(1683)《寿昌县志》	鸳鸯……鸂鶒
	平阳县	清康熙三十三年(1694)《平阳县志》	鸳鸯
	衢州市、江山市、常山县、开化县、龙游县	清康熙五十年(1711)《衢州府志》	鸳鸯……鸂鹕(本作鸂鸱)
	湖州市、长兴县、德清县、安吉县	清雍正六年(1728)《古今图书集成·方舆汇编·职方典·湖州府物产考》	鸳鸯
	嘉兴市、平湖市、桐乡市、嘉善县、海盐县	清雍正六年(1728)《古今图书集成·方舆汇编·职方典·嘉兴府物产考》	鸳鸯
	杭州市、富阳市、临安市、海宁市	清雍正六年(1728)《古今图书集成·方舆汇编·职方典·杭州府物产考》	鸳鸯
	建德市、桐庐县、淳安县	清雍正六年(1728)《古今图书集成·方舆汇编·职方典·严州府物产考》	鸳鸯
	衢州市、江山市、常山县、开化县、龙游县	清雍正六年(1728)《古今图书集成·方舆汇编·职方典·衢州府物产考》	鸳鸯
	余姚市、慈溪市、越城区、诸暨市、上虞市、嵊州市、绍兴县、新昌县	清雍正六年(1728)《古今图书集成·方舆汇编·职方典·绍兴府物产考》	鸳鸯
	玉环县、温州市、瑞安市、乐清市、永嘉县、文成县、平阳县、泰顺县、洞头县	清雍正六年(1728)《古今图书集成·方舆汇编·职方典·温州府物产考》	鸳鸯
	慈溪市	清雍正八年(1730)《慈溪县志》	鸂鶒
	嘉兴市、平湖市、桐乡市、嘉善县、海盐县、衢州市、江山市、常山县、开化县、龙游县、宁海县、台州市、临海市、温岭县、玉环县、天台县、仙居县、三门县、玉环县、温州市、瑞安市、乐清市、永嘉县、文成县、平阳县、泰顺县	清雍正十三年(1735)《浙江通志》	嘉兴府：鸳鸯(《名胜志》：宋·闻人滋《南湖纪略》云：槜李东南皆陂湖，而南湖尤大。其禽多鸳鸯，故名鸳湖)，衢州府：鸳鸯(万历《常山县志》：水禽有鸳鸯)，台州府：鸂鶒(《临海异物志》：水鸟有五色，食短(孤)[狐]。《说文》作鸂鶒)，温州府：鸂鶒(隆庆《乐清县志》：其羽五色，善勑水取鱼)
	舟山市、岱山县、嵊泗县、宁波市、奉化市、象山县	清乾隆六年(1741)《宁波府志》	鸂鶒
	安吉县	清乾隆十五年(1750)《安吉州志》	鸳鸯(《伍志》：常戏水中。雌雄未尝相离，失偶则死，故谓之匹鸟。近水常有之)

（续表）

省级政区	今　地	文　献	内　容
	分属莲都区和武义县	清乾隆十八年(1753)《宣平县志》	鸳鸯
	玉环县、温州市、瑞安市、乐清市、永嘉县、文成县、平阳县、泰顺县、洞头县	清乾隆二十一年(1756)《温州府志》	鸂鶒(隆庆《乐清县志》:其羽五色,善勑水取鱼)
	遂昌县	清乾隆三十年(1765)《遂昌县志》	鸳鸯
	杭州市、富阳市、临安市、海宁市	清乾隆四十九年(1784)《杭州府志》	鸳鸯(晋肇法师诵经西湖白莲院,鸳鸯亦能诵经《北磵集》。林逋《池上春日[即事]诗》鸳鸯如绮杜蘅肥,鸂鶒夷犹翠浛潋微。但据汀洲长并宿,莫冲烟霭輙惊飞)
	余姚市、慈溪市、越城区、诸暨市、上虞市、嵊州市、绍兴县、新昌县	清乾隆五十七年(1792)《绍兴府志》	鸂鶒**
	属衢州市	清嘉庆十六年(1811)《西安县志》	鸳鸯(《玉篇》:匹鸟。雄曰鸳,雌曰鸯。何三畏《葵圃诗》:池铺菡萏鸳鸯宿)
	嘉兴市、平湖市、桐乡市、嘉善县、海盐县	清嘉庆二十五年(1820)《嘉庆重修一统志》	嘉兴府:鸳鸯(秀水出。《名胜志》:南(潮)[湖]多鸳鸯,故名鸳湖)
	遂昌县	清道光十五年(1835)《遂昌县志》	鸳鸯
	湖州市、长兴县、德清县、安吉县	清同治九年(1870)《湖州府志》	鸳鸯、鸂鶒*
	嵊州市	清同治九年(1870)《嵊县志》	鸂鶒……鸳鸯
	江山市	清同治十二年(1873)《江山县志》	鸳鸯
	缙云县	清光绪二年(1876)《缙云县志》	鸳鸯(匹鸟也。雄鸣曰鸳,雌鸣曰鸯)……鸂鶒
	青田县	清光绪二年(1876)《青田县志》	鸂鶒(形小如鸭,毛有五彩,其首有缨,尾毛如船柁形)、鸳鸯(大如小鸭。红头,翠鬣,翅、尾俱黑。头有白长毛垂至尾)
	属安吉县	清光绪三年(1877)《孝丰县志》	鸳鸯(常戏水中。雌雄未尝相离,失偶则死,故谓之匹鸟。近水常有之)
	属台州市	清光绪三年(1877)《黄岩县志》	鸂鶒(《赤城志》:善勑水取鱼。《临海异物志》云:毛有五色,食短狐。其在溪中无毒气)……鸳鸯(《赤城志》:毛羽五色,雌雄相逐水滨。案:今鉴洋湖有之。雄五色,雌黄褐相间。宿则交颈)
	分属莲都区和武义县	清光绪四年(1878)《宣平县志》	鸳鸯
	龙泉市	清光绪四年(1878)《龙泉县志》	鸂鶒……鸳鸯
	泰顺县	清光绪四年(1878)《分疆录》	鸳鸯(俗名水鸭)
	嘉兴市、平湖市、桐乡市、嘉善县、海盐县	清光绪五年(1879)《嘉兴府志》	鸳鸯(宋・闻人滋《南湖草堂记》曰:槜李东南皆陂湖,而南湖尤大。其禽多鸳鸯,故名鸳鸯湖《名胜志》)

（续表）

省级政区	今　　地	文　献	内　容
	属宁波市	清光绪五年(1879)《镇海县志》	鸳鸯[匹鸟(《诗·鸳鸯传》。案《古今注》:雄雌未尝相离,故名)其大如鹜,其质杏黄色,头戴白长毛垂之至尾,尾、翅皆黑。今妇人闺房中饰以鸳鸯黄赤五彩,首有缨者,乃是鸂鶒耳《尔雅翼》]、鸂鶒(水鸟。毛有五色,食短菰。其在溪中,无毒气《尔雅翼》)
	属桐乡市	清光绪五年(1879)《石门县志》	鸳鸯……鸂鶒
	属湖州市	清光绪八年(1882)《归安县志》	鸳鸯、鸂鶒(《吴兴志旧编》云:溪泊中多有之)
	建德市、桐庐县、淳安县	清光绪九年(1883)《严州府志》	鸳鸯
	淳安县	清光绪十年(1884)《淳安县志》	鸳鸯
	平湖市	清光绪十三年(1887)《平湖县志》	鸳鸯(莲菱之下,鸳鸯所集)、鸂鶒(俗呼紫鸳鸯)
	兰溪市	清光绪十四年(1888)《兰溪县志》	鸳鸯
	上虞市	清光绪十七年(1891)《上虞县志》	鸂鶒(《本草·释名》:形大于鸳鸯而色紫,好并游,故谓之字鸳鸯)、鸳鸯(《尔雅翼》:其大如鹜,其质杏黄,头戴白毛垂之至尾,尾与翅皆黑。今饰以黄赤五彩,首有缨者,乃鸂鶒耳)
	永康市	清光绪十七年(1891)《永康县志》	鸳鸯
	嘉善县	清光绪十八年(1892)《嘉善县志》	鸳鸯(多集于莲菱之下)……鸂鶒(俗呼紫鸳鸯)
	金华市	清光绪二十年(1894)《金华县志》	鸂鶒、鸳鸯
	仙居县	清光绪二十年(1894)《仙居志》	鸳鸯(羽毛五色。雌雄相逐水滨,宿则交颈)
	遂昌县	清光绪二十二年(1896)《遂昌县志》	鸳鸯(《玉篇》:匹鸟。雄曰鸳,雌曰鸯)
	杭州市、富阳市、临安市、海宁市	清光绪二十四年(1898)《杭州府志》	鸳鸯(晋肇法师诵经西湖白莲院,鸳鸯亦能诵经《北硐集》)……鸂鶒(和靖《春日即事诗》:鸂鶒夷犹翠潋微《咸淳志》)
	上虞市	清光绪二十五年(1899)《上虞县志》	鸂鶒(《本草·释名》:形大于鸳鸯而色紫,好并游,故谓之紫鸳鸯)、鸳鸯(《尔雅翼》:其大如鹜,其质杏黄,头戴白毛垂之至尾,尾与翅皆黑。今饰以黄赤五彩,首有缨者,乃鸂鶒耳)
	慈溪市	清光绪二十五年(1899)《慈溪县志》	鸂鶒

（续表）

省级政区	今　地	文　献	内　容
安徽	黄山市、歙县、休宁县、黟县、祁门县、绩溪县等地	宋淳熙二年（1175）《新安志》	鸂鶒
	黄山市、歙县、休宁县、黟县、祁门县、绩溪县等地	明弘治十五年（1502）《徽州府志》	鸳鸯……鸂鶒（水鸟）
	阜阳市	明正德六年（1511）《颍州志》	鸳鸯
	郎溪县	明嘉靖十年（1531）《建平县志》	鸳鸯
	阜阳市	明嘉靖十五年（1536）《颍州志》	有鸳鸯
	铜陵市、铜陵县、贵池县、东至县、石台县、青阳县	明嘉靖二十四年（1545）《池州府志》	有鸳鸯
	宁国市	明嘉靖二十八年（1549）《宁国县志》	鸳鸯（匹鸟而有思。《本草》云：夫妇不和者，私取作羹以食之，立相怜爱。未之试也。宁国多溪，故名鸳鸯）
	寿县	明嘉靖二十九年（1550）《寿州志》	鸳鸯
	泾县	明嘉靖三十一年（1552）《泾县志》	鸳鸯
	六安市、霍山县等地	明万历十二年（1584）《六安州志》	有黄鸭，有鸳鸯
	望江县	明万历二十二年（1594）《望江县志》	鸳鸯（其肉主瘘疮，以清油炙食之。又主夫妻不和，作羹私与食之，则即相怜爱）
	埇桥区、来安县、全椒县	明万历四十二年（1614）《滁阳志》	鸳鸯
	金寨县等地	清顺治十六年（1659）《光州志》	鸳鸯
	东至县	清康熙元年（1662）《建德县志》	鸳鸯
	黄山市、歙县、休宁县、黟县	清康熙八年（1669）《黄山志》	鸳鸯
	埇桥区、来安县、全椒县	清康熙十二年（1673）《滁州志》	鸳鸯
	居巢区、六安市、霍山县、颍上县、霍邱县等地	清康熙二十三年（1684）《江南通志》	庐州府：黄鸭（巢县为多）……鸳鸯（出巢县），六安州：黄鸭，颍州府：鸳鸯（颍上，霍邱出）
	休宁县	清康熙三十二年（1693）《休宁县志》	鸳鸯、鸂鶒
	望江县	清康熙三十四年（1695）《望江县志》	鸳鸯
	黄山市、歙县、休宁县、黟县、祁门县、绩溪县等地	清康熙三十八年（1699）《徽州府志》	鸳鸯（匹鸟之有思者也）……鸂鶒（水鸟）
	安庆市、桐城市、怀宁县、枞阳县、潜山县、太湖县、宿松县、望江县、岳西县	清康熙六十年（1721）《安庆府志》	鸂鶒（水鸟）
	怀远县	清雍正二年（1724）《怀远县志》	鸳鸯
	砀山县、萧县等地	清雍正六年（1728）《古今图书集成·方舆汇编·职方典·徐州府物产考》	鸳鸯
	长丰县、埇桥区、灵璧县、淮北市、濉溪县、蚌埠市、怀远县、固镇县、淮南市、凤台县、定远县、凤阳县、寿县	清雍正六年（1728）《古今图书集成·方舆汇编·职方典·凤阳府物产考》	鸳鸯

（续表）

省级政区	今　地	文　献	内　容
	合肥市、肥东县、肥西县、舒城县、居巢区、无为县、庐江县	清雍正六年(1728)《古今图书集成·方舆汇编·职方典·庐州府物产考》	鸳鸯
	金寨县等地	清雍正九年(1731)《河南通志》	（以下水鸟出各陂泽中……光等处有之）鸳鸯、鸂鶒①
	郎溪县、广德县	清乾隆四年(1739)《广德州志》	鸳鸯
	阜阳市、临泉县、太和县、阜南县、颍上县、谯城区、涡阳县、蒙城县、利辛县、霍邱县	清乾隆十七年(1752)《颍州府志》	鸳鸯
	绩溪县	清乾隆二十一年(1756)《绩溪县志》	鸳鸯
	铜陵市、铜陵县	清乾隆二十二年(1757)《铜陵县志》	鸳鸯
	歙县	清乾隆三十六年(1771)《歙县志》	鸂鶒
	霍山县	清乾隆四十一年(1776)《霍山县志》	鸳鸯（生有定匹，居不乱群。雄尤文彩可观。多栖水次，非山中所常有）
	居巢区	清嘉庆八年(1803)《庐州府志》	巢县：黄鸭、鸳鸯
	泾县	清嘉庆十一年(1806)《泾县志》	鸳鸯
	绩溪县	嘉庆十五年(1810)《绩溪县志》	鸳鸯（雄曰鸳，雌曰鸯）
	芜湖市、芜湖县、南陵县、黄山市、宣州区、宁国市、泾县、旌德县	清嘉庆二十年(1815)《宁国府志》	鸳鸯
	繁昌县	清道光六年(1826)《繁昌县志》	鸳鸯
	黄山市、歙县、休宁县、黟县、祁门县、绩溪县等地	清道光七年(1827)《徽州府志》	鸳鸯（匹鸟之有思者也）……鸂鳶（水鸟）
	桐城市	清道光七年(1827)《桐城县志》	鸳鸯***
	颍上县	清同治九年(1870)《颍上县志》	鸳鸯
	祁门县	清同治十二年(1873)《祁门县志》	鸂[illegible]……鸳鸯
	居巢区、六安市、霍山县、颍上县、霍邱县等地	清光绪四年(1878)《安徽通志》	庐州府：黄鸭（巢县为多）……鸳鸯（出巢县），六安州：黄鸭（以上山禽十一种，皆有文彩，为羽属之特异者。州邑皆产），颍州府：鸳鸯（颍上，霍邱出）
	合肥市、肥东县、肥西县、舒城县、居巢区、无为县、庐江县	清光绪十一年(1885)《庐州府志》	有黄鸭，有鸳鸯
	金寨县等地	清光绪十三年(1887)《光州志》	鸳鸯
	五河县	清光绪二十年(1894)《五河县志》	鸳鸯（凫类。雌雄未尝相离，人获其一，则一必思而死）
福建	将乐县	明弘治十八年(1505)《将乐县志》	鸂鶒（《埤雅》云：鸂鶒五色，尾有毛如船舵，甚浮游，雄者左，雌者右。群伍皆有式度）

（续表）

省级政区	今地	文献	内容
	顺昌县	明正德十五年(1520)《顺昌邑志》	鸳鸯(匹鸟,有思者)……鸂鶒(《埤雅》云:鸂鶒五色,(翅)[尾]有毛如船柁。小于鸭,性食短狐。陈昭裕《建州图经》曰:鸂鶒宿水渚,先后若有勅令。浮游则雄左而雌右,群伍皆有式度)
	延平区、顺昌县、三明市、永安市、大田县、尤溪县、沙县、将乐县	明嘉靖四年(1525)《延平府志》	鸂鶒
	明溪县、宁化县、清流县、长汀县、武平县、上杭县、永定县、连城县	明嘉靖六年(1527)《汀州府志》	鸂鶒、鸳鸯
	惠安县	明嘉靖九年(1530)《惠安县志》	鸳鸯(善思。人得其一,其一思而死,故谓之匹鸟)
	尤溪县	明嘉靖九年(1530)《尤溪县志》	鸳鸯、鸂鶒
	属龙海市	明嘉靖十三年(1534)《龙溪县志》	鸳鸯
	蕉城区、福安市、福鼎市、霞浦县、柘荣	明嘉靖十七年(1538)《福宁州志》	鸳鸯
	蕉城区	明嘉靖十七年(1538)《宁德县志》	鸳鸯
	仙游县	明嘉靖十七年(1538)《仙游县志》	鸳鸯***
	清流县	明嘉靖二十四年(1545)《清流县志》	鸳鸯(善思。人得其一,其一思而死,故谓之匹鸟。故曰:鸳鸯交颈,野鹊传枝)
	沙县	明嘉靖二十四年(1545)《沙县志》	鸳鸯、鸂鶒
	建宁县	明嘉靖二十五年(1546)《建宁县志》	鸳鸯
	福清市	明嘉靖二十六年(1547)《福清县志》	鸳鸯
	漳平市	明嘉靖二十八年(1549)《漳平县志》	鸳鸯……鸂鶒
	安溪县	明嘉靖三十一年(1552)《安溪县志》	鸳鸯(匹鸟而有思也。雌雄偶居。崔豹《古今注》云:鸳鸯,凫类也。雌雄未尝相离,人得其一,一思而死。故谓之匹鸟。《本草·食疗方》云:人家夫妇不和,作羹私与服之,立相怜爱)
	建阳市	明嘉靖三十二年(1553)《建阳县志》	鸳鸯*
	蕉城区、福安市、福鼎市、霞浦县、柘荣县	明万历二十一年(1593)《福宁州志》	鸳鸯
	永安市	明万历二十二年(1594)《永安县志》	鸂鶒、鸳鸯
	福州市、福清市、长乐市、闽侯县、连江县、罗源县、闽清县、永泰县、平潭县、屏南县、古田县	明万历二十四年(1596)《福州府志》	鸂鶒、鸳鸯
	福安市	明万历二十五年(1597)《福安县志》	鸳鸯
	建阳市	明万历二十九年(1601)《建阳县志》	鸳鸯、鸂鶒
	福州市、福清市、长乐市、闽侯县、连江县、罗源县、闽清县、永泰县、平潭县、屏南县、古田县	明万历四十一年(1613)《福州府志》	鸂鶒、鸳鸯

（续表）

省级政区	今　地	文　献	内　容
	蕉城区、福安市、福鼎市、霞浦县、柘荣县	明万历四十四年(1616)《福宁州志》	鸳鸯
	属龙海市	明崇祯六年(1633)《海澄县志》	鸂鶒**、鸳鸯(《古今注》曰：凫类也。雄雌未尝相离，故谓之匹鸟。嵇叔夜诗：鸳鸯于飞，肃肃其羽。噰噰和鸣，顾盼俦侣)②
	尤溪县	明崇祯九年(1636)《尤溪县志》	鸳鸯
	浦城县	清顺治八年(1651)《浦城县志》	鸳鸯……鸂鶒
	泰宁县	清康熙二十五年(1686)《泰宁县志》	鸳鸯
	武夷山市、浦城县	清康熙三十二年(1693)《建宁府志》	鸳鸯(崇、浦产)
	建瓯市	清康熙三十二年(1693)《瓯宁县志》	鸳鸯
	漳浦县	清康熙三十九年(1700)《漳浦县志》	鸂鶒(《异物志》曰：毛五色。食短狐，其在溪中，无复毒气。《淮赋》云：鸂鶒寻邪而逐害。《图经》作溪䳵。邑罕见)、鸳鸯(凫类也。雌雄不相离，故称匹鸟。嵇叔夜诗：鸳鸯于飞，肃肃其羽。噰噰和鸣，顾盼俦侣)
	平和县	清康熙五十七年(1718)《平和县志》	鸂鶒(毛五色。食短狐，其在溪中，无复毒气)、鸳鸯(凫类也。匹鸟)
	永安市	清雍正十年(1732)《永安县志》	鸳鸯……鸂鸂
	福州市、福清市、长市乐、闽侯县、连江县、罗源县、闽清县、永泰县、平潭县、屏南县、古田县、延平区、顺昌县、三明市、永安市、将乐县、沙县、尤溪县、邵武市、光泽县、泰宁县、建宁县、武夷山市、浦城县、莆田市、仙游县、泉州市、石狮市、晋江市、南安市、惠安县、安溪县、永春县、德化县、金门县、厦门市、大田县、永春县、德化县、新罗区、漳平市、明溪县、宁化县、清流县、长汀县、武平县、上杭县、永定县、连城县、蕉城区、福安市、福鼎市、寿宁县、霞浦县、柘荣县、周宁县	清乾隆二年(1737)《福建通志》	福州府：鸂鶒(《埤雅》云：鸂鶒，五色尾，有毛如船舵，小于鸭，性食短狐。盖溪中之勑邪逐害者。陈昭裕《建州图经》曰：溪䳵宿水渚，先少若有。又其浮游，雄者左，雌者右。群伍，皆有式度)、鸳鸯(匹鸟。有思者也。雄雌未尝相离，人得其一，一思而死)，延平府：鸂鶒，邵武府：鸂鶒、鸳鸯，建宁府：鸂鶒、鸳鸯，兴化府：鸂鶒、鸳鸯，泉州府：鸳鸯，永春州：鸳鸯，龙岩州：鸳鸯，汀州府：鸂鶒、鸳鸯，福宁府：鸳鸯
	长泰县	清乾隆十三年(1748)《长泰县志》	鸂鸂(俗呼锦鸳鸯。出善化里)……鸳鸯(《古今注》曰：凫类也。雌雄未尝相离，故谓之匹鸟)
	永泰县	清乾隆十四年(1749)《永福县志》	鸳鸯、鸂鶒
	福州市、福清市、长市乐、闽侯县、连江县、罗源县、闽清县、永泰县、平潭县、屏南县、古田县	清乾隆十六年(1751)《福州府志》	鸳鸯、鸂鶒(《埤雅》：五色，尾有毛如船舵，小于鸭)
	古田县	清乾隆十六年(1751)《古田县志》	鸳鸯

（续表）

省级政区	今　地	文　献	内　容
	明溪县、宁化县、清流县、长汀县、武平县、上杭县、永定县、连城县	清乾隆十七年(1752)《汀州府志》	鸳鸯(匹鸟。有思者也。雄雌未尝相离,人得其一,则必思而死)
	蕉城区、福安市、福鼎市、寿宁县、霞浦县、柘荣县、周宁县	清乾隆二十七年(1762)《福宁府志》	鸳鸯(水中西鸟也。《涅槃经》谓之婆罗迦邻提)
	龙海市	清乾隆二十七年(1762)《龙溪县志》	鸂鶒(五色。尾有毛如船舵)……鸳鸯
	属龙海市	清乾隆二十七年(1762)《海澄县志》	鸳鸯(《古今注》曰:凫类也。雄雌未尝相离,故谓之匹鸟)
	泉州市、石狮市、晋江市、南安市、惠安县、安溪县、永春县、德化县、金门县、厦门市	清乾隆二十八年(1763)《泉州府志》	鸂鶒(能勅水,杀射工毒)、鸳鸯(少见)
	延平区、顺昌县、三明市、永安市、将乐县、沙县、尤溪县	清乾隆三十年(1765)《延平府志》	鸂鶒(《埤雅》:鸂鶒五色,尾有毛如船舵,小于鸭。性食短狐,盖溪中之勅邪逐害者)……鸳鸯(匹鸟也。雌雄未尝相离。人得其一,一思念而死)
	晋江市	清乾隆三十年(1765)《晋江县志》	鸳鸯(匹鸟也。雌雄不相离)……鸂鶒(能勅水,杀射工毒)
	将乐县	清乾隆三十一年(1766)《将乐县志》	鸳鸯
	仙游县	清乾隆三十六年(1771)《仙游县志》	鸂鶒……鸳鸯
	大田县、永春县、德化县	清乾隆五十二年(1787)《永春州志》	鸳鸯(匹鸟也)……鸂鶒(《埤雅》:五色,尾有毛如船舵。山谷中多有之)
	福鼎市	清嘉庆十一年(1806)《福鼎县志》	鸳鸯(水中匹鸟也。《涅槃经》谓之婆罗迦邻提)
	延平区	清嘉庆十五年(1810)《南平县志》	鸳鸯
	云霄县	清嘉庆二十一年(1816)《云霄厅志》	鸳鸯(凫类也。雌雄不相离,故称匹鸟)
	永安市	清道光十四年(1834)《永安县续志》	鸳鸯(凫类。如小鸭,匹鸟也。有文彩,红头,翠鬣,黑翅,红掌,头有白长毛垂之至尾。交颈而卧)
	宁化县	清同治八年(1869)《宁化县志》	鸳鸯
	分属永安市、新罗区、漳平市	清光绪元年(1875)《宁洋县志》	鸳鸯
	漳州市、龙海市、云霄县、漳浦县、诏安县、长泰县、东山县、南靖县、平和县、华安县、东山县	清光绪三年(1877)《漳州府志》	鸂鶒(毛五色。食短狐,其在溪中,无复毒气。其浮游,雄左雌右,群伍皆有式度)、鸳鸯(凫类也。雄雌未尝相离,故谓之匹鸟)
	福安市	清光绪十年(1884)《福安县志》	鸳鸯[匹鸟也。《涅槃(记)[经]》谓之婆罗迦邻提]
	福州市	清光绪二十年(1894)《闽县乡土志》	鸳鸯(又一种海鸳,俗名鱼翼)[3]……鸂鶒(食短狐。尾如船舵)
	闽侯县	清光绪二十年(1894)《侯官县乡土志》	鸳鸯……鸂鶒(产溪中。尾五色,小于鸭)

（续表）

省级政区	今　地	文　献	内　容
	光泽县	清光绪二十三年(1897)《光泽县志》	相思鸟(俗又呼相宿鸟，言宿必交颈也。此鸟为山蛤所化。山蛤性至淫，虽变鸟而性仍存，故雌雄相守。人获其一，则一自至。又山蛤皮辛，肉温，最能起痘。物之极阳者以变。是鸟附此，不另见)④
	邵武市、光泽县、泰宁县、建宁县	清光绪二十四年(1898)《邵武府志》	鸳鸯，瀏鷘
江西	婺源县等地	宋淳熙二年(1175)《新安志》	瀏鶒
	婺源县等地	明弘治十五年(1502)《徽州府志》	鸳鸯……瀏鷘
	临川区、崇仁县、乐安县、宜黄县、金溪县、东乡县	明弘治十五年(1502)《抚州府志》	瀏鶒
	黎川县	明正德十一年(1516)《新城县志》	瀏鷘(《埤雅》云：瀏鷘五色，尾有毛如船柁。小于鸭。《临海异物志》云：能食短狐，其在山泽中则无毒气。谓之瀏鷘者，以其味溪中之勅邪逐恶者也)……鸳鸯(匹鸟也。崔豹《古今注》云：鸳鸯，凫类也。雌雄未尝相离，人得其一，一思而死。故先王慎于取之也。俗云：雄鸣曰鸳，雌鸣曰鸯)
	南丰县、南城县、资溪县、广昌县、黎川县	明正德十二年(1517)《建昌府志》	鸳鸯(物之有思者也。《古今注》曰：鸳鸯，凫类也。雄雌未尝相离，人得其一，一必思而死)
	月湖区、贵溪县、信州区、上饶县、广丰县、玉山县、铅山县、横峰县、弋阳县	明嘉靖五年(1526)《广信府志》	鸳鸯(物之有思者也)
	铅山县	明嘉靖四年(1525)《铅山县志》	鸳鸯
	九江市、瑞昌市、九江县、德安县、湖口县、彭泽县	明嘉靖六年(1527)《九江府志》	鸳鸯(匹鸟。失其一，不食而死)
	章贡区、瑞金市、石城县、安远县、赣县、宁都县、寻乌县、兴国县、定南县、于都县、龙南县、信丰县、全南县、会昌县	明嘉靖十五年(1536)《赣州府志》	鸳鸯
	南康市、大余县、上犹县、崇义县	明嘉靖十五年(1536)《南安府志》	瀏鶒，鸳鸯
	南康市	明嘉靖三十四年(1555)《南康县志》	瀏鷘、鸳鸯
	渝水区、樟树市、新干县、峡江县	明隆庆六年(1572)《临江府志》	瀏鷘……鸳鸯
	南昌市、南昌县、新建县、进贤县、武宁县、修水县、丰城市、奉新县、靖安县	明万历十六年(1588)《南昌府志》	鸳鸯(匹鸟也)……瀏鷘
	南康市、大余县、上犹县、崇义县	明万历三十七年(1609)《南安府志》	瀏鶒、鸳鸯
	丰城市	清康熙三年(1664)《丰城县志》	鸳鸯
	浮梁县	清康熙十二年(1673)《浮梁县志》	鸳鸯、瀏鷘

（续表）

省级政区	今　地	文　献	内　容
	渝水区	清康熙十二年(1673)《新喻县志》	鸂鶒……鸳鸯
	新建县	清康熙十九年(1680)《新建县志》	鸳鸯……鸂鶒
	万载县	清康熙二十二年(1683)《万载县志》	鸳鸯……鸂鶒
	贵溪市、信州区、上饶县、广丰县、玉山县、铅山县、横峰县、弋阳县	清康熙二十二年(1683)《广信郡志》	鸳鸯(性挚而不别也)
	婺源县等地	清康熙三十八年(1699)《徽州府志》	鸳鸯
	瑞昌市	清雍正四年(1726)《瑞昌县志》	鸳鸯
	九江市、瑞昌市、九江县、德安、湖口、彭泽县	清雍正六年(1728)《古今图书集成·方舆汇编·职方典·九江府物产考》	鸳鸯
	临川区、崇仁县、乐安县、宜黄县、金溪县、东乡县	清雍正六年(1728)《古今图书集成·方舆汇编·职方典·抚州府物产考》	鸳鸯
	临川区、崇仁县、乐安县、宜黄县、金溪县、东乡县、南丰县、南城县、资溪县、广昌县、黎川县	清雍正十年(1732)《江西通志》	抚州府:鸳鸯,建昌府:鸳鸯
	大余县	清乾隆十三年(1748)《大庾县志》	鸂鶒
	黎川县	清乾隆十六年(1751)《新城县志》	鸳鸯、鸂鶒(尾五色,小于鸭)
	瑞金市、宁都县、石城县	清道光四年(1824)《宁都直隶州志》	鸳鸯(李时珍曰:鸳鸯,凫类也。南方湖溪中有之,栖于土穴中。大如小鸭,其质杏黄色,有文彩,红头翠鬣,黑翅黑尾,红掌,头有白长毛垂之至尾。《涅槃经》谓之婆罗迦邻提)
	丰城市	清道光五年(1825)《丰城县志》	鸳鸯
	婺源县等地	清道光七年(1827)《徽州府志》	鸂鸿
	分宜县、萍乡市、袁州区、万载县	清咸丰十年(860)《袁州府志》	鸂鹈……鸳鸯
	樟树市	清同治九年(1870)《清江县志》	鸳鸯
	万年县	清同治十年(1871)《万年县志》	鸳鸯
	安义县	清同治十年(1871)《安义县志》	鸳鸯……鸂鹈
	黎川县	清同治十年(1871)《新城县志》	鸂鶒(尾五色,小于鸭)
	鄱阳县	清同治十年(1871)《鄱阳县志》	鸳鸯
	景德镇市、乐平市、浮梁县、余江县、德兴市、鄱阳县、余干县、万年县	清同治十一年(1872)《饶州府志》	鸂鶒
	都昌县	清同治十一年(1872)《都昌县志》	鸳鸯
	安义县、星子县、永修县、都昌县	清同治十一年(1872)《南康府志》	鸳鸯
	九江县	清同治十一年(1872)《德化县志》	鸳鸯(匹鸟)
	德兴市	清同治十一年(1872)《德兴县志》	鸳鸯
	广丰县	清同治十一年(1872)《广丰县志》	鸳鸯
	萍乡市	清同治十一年(1872)《萍乡县志》	鸂鶒

（续表）

省级政区	今地	文献	内容
	玉山县	清同治十二年(1873)《玉山县志》	石鼓溪边鸳鸯时翔
	永新县	清同治十三年(1874)《永新县志》	鸳鸯、鸂鶒
	南康市、大余县、上犹县、崇义县	清光绪元年(1875)《南安府志》	鸂鶒……鸳鸯
	临川区、崇仁县、乐安县、宜黄县、金溪县、东乡县	清光绪二年(1876)《抚州府志》	鸳鸯……鸂鶒
	上犹县	清光绪十九年(1893)《上犹县志》	鸳鸯
山东	德城区	明嘉靖七年(1528)《德州志》	鸳鸯
	章丘市	明嘉靖九年(1530)《章丘县志》	鸳鸯
	宁津县、庆云县等地	明嘉靖十九年(1540)《河间府志》	同前
	临朐县	明嘉靖三十一年(1552)《临朐县志》	鸳鸯
	广饶县、沂源县、安丘市、青州市、诸城市、寿光市、临朐县、昌乐县、日照市、五莲县、莒县、莒南县、沂水县、蒙阴县、沂南县、博兴县	明嘉靖四十四年(1565)《青州府志》	鸳鸯
	泗水县	明万历元年(1573)《兖州府志》	鸳鸯
	招远市	清顺治十七年(1660)《招远县志》	鸳鸯(崔豹《古今注》云：鸳鸯，雌雄不相离，人获其一，则一思而死。故谓之匹鸟。《涅槃经》谓之婆罗迦邻提)
	利津县	清康熙十二年(1673)《利津县新志》	鸳鸯
	桓台县	清康熙三十二年(1693)《新城县志》	鸳鸯
	东明县等地	清雍正六年(1728)《古今图书集成·方舆汇编·职方典·大名府物产考》	鸳鸯
	济南市、章丘市、济阳县、德城区、禹城市、陵县、平原县、齐河县、临邑县、淄博市、邹平县	清雍正六年(1728)《古今图书集成·方舆汇编·职方典·济南府物产考》	鸳鸯
	东昌府区、临清市、莘县、茌平县、冠县、高唐县、平原县等地	清雍正六年(1728)《古今图书集成·方舆汇编·职方典·东昌府物产考》	鸳鸯
	广饶县、安丘市、青州市、诸城市、寿光市、临朐县、昌乐县、博兴县	清雍正六年(1728)《古今图书集成·方舆汇编·职方典·青州府物产考》	鸳鸯
	潍坊市、昌邑市、高密市、莱州市、青岛市、胶州市、即墨市、平度市、胶南市	清雍正六年(1728)《古今图书集成·方舆汇编·职方典·莱州府物产考》	鸳鸯
	烟台市、栖霞市、海阳市、龙口市、莱阳市、蓬莱市、招远市、长岛县、环翠区、荣成市、乳山市、文登市、莱西市	清雍正六年(1728)《古今图书集成·方舆汇编·职方典·登州府物产考》	鸳鸯
	昌邑县	清乾隆七年(1742)《昌邑县志》	鸳鸯
	莱州市	清乾隆二十三年(1758)《掖县志》	鸳鸯
	潍坊市	清乾隆二十五年(1760)《潍县志》	鸳鸯

（续表）

省级政区	今　地	文　献	内　容
	郯城县	清乾隆二十八年(1763)《郯城县志》	鸳鸯
	诸城市	清乾隆二十九年(1764)《诸城县志》	鸳鸯
	莒县	清嘉庆元年(1796)《莒州志》	鸳鸯(崔豹《古今注》云:鸳鸯,雌雄(不)[未尝]相离,人(获)[得]其一,(则不复匹而相思以死)[一思而至死]。盖其性然)
	属济南市	清道光十五年(1835)《长清县志》	鸳鸯
	滨城区	清咸丰十年(1860)《滨州志》	鸳鸯
	即墨市	清同治十一年(1872)《即墨县志》	鸳鸯
	临朐县	清光绪十年(1884)《临朐县志》	鸳鸯……鸂鶒
	日照县	清光绪十二年(1886)《日照县志》	鸳鸯(匹鸟也。一名文禽)
台湾	嘉义县	清康熙五十六年(1717)《诸罗县志》	鸳鸯(《尔雅》:匹鸟也。喙趾似凫,而文彩(炯)[绚]烂。雄曰鸳,雌曰鸯。止相偶,飞则双,其交不再)
	台南市	清乾隆十七年(1752)《台湾县志》	鸳鸯、鸂鶒(俗呼锦鸳鸯)
	属高雄市	清乾隆二十九年(1764)《凤山县志》	鸳鸯、鸂鶒(俗呼锦鸳鸯)
	彰化县	清道光十四年(1834)《彰化县志》	鸳鸯(《尔雅》:匹鸟也。喙趾似凫,而文彩绚烂。雄曰鸳,雌曰鸯。止相偶,飞则双,其交不再)
	宜兰县	清道光十七年(1837)《噶玛兰志略》	鸳鸯
	宜兰县	清咸丰二年(1852)《噶玛兰厅志》	鸳鸯(《尔雅》:匹鸟也。雄曰鸳,雌曰鸯)
	新竹县	清同治十年(1871)《淡水厅志》	鸳鸯
	苗栗县	清光绪十七年(1891)《苗栗县志》	鸳鸯
	嘉义县、属高雄市	清光绪二十年(1894)《台湾通志》	鸳鸯(喙趾似凫而文彩(炯)[绚]烂。雄曰鸳,雌曰鸯。止相偶,飞则双,其交不再《诸罗县志》)、鸂鶒:俗呼锦鸳鸯《凤山县志》

注:“*”即详见正文;“* *”即原注与一般文献无异;“* * *”即原注字迹不清楚,依稀可见内容基本无异议。①“光”似指光州。②(三国魏)嵇康《赠秀才入军诗》之一:鸳鸯于飞,肃肃其羽。朝游高原,夕宿兰渚。邕邕和鸣,顾眄俦侣,俛仰慷慨,优游容与。③福州市20世纪后半叶还有鸳鸯。④描述含不科学内容,但与鸳鸯较接近,且在鸳鸯分布范围内,似为鸳鸯。

3.4 中南

中南各省级政区皆有鸳鸯分布记录。

明嘉靖三十九年(1560)《广东通志》就记载有:

有鸳鸯……多鸂鶒。

鸳鸯(匹鸟也。雌雄未尝相离。人得其一,则其一辄思而死)。表明有鸳鸯栖息。

……

鸂鶒:水鸟。毛有五彩。食短狐。其在溪中,无毒气。

清雍正九年(1731)《广东通志》也有“鸂鶒:水鸟。毛亦五色,食短狐。其所在溪中,无复毒气”记载。

清道光十一年(1831)《广东通志》再诠释:

鸳鸯:多宿洲穴中。其色杏黄,有文彩,红头翠颈,翅尾俱黑,喙掌俱红。并游莲荇间。

鸂鷘:杜台卿赋云:鸂鷘寻邪而逐害。此鸟专食短狐,乃溪中勅逐害物者。其游于溪也,左雄右雌,群伍不乱,【略】其形大于鸳鸯而色多紫,亦好并游,故谓之紫鸳鸯《本草纲目》。

按:这些证实确有鸳鸯分布。其时,今香港与澳门皆处其辖境内,亦即表明在今广东省不少地方及香港与澳门一带有鸳鸯分布。

3.4.1 海南

海南省历史时期确有鸳鸯分布。

明正德六年(1511)《琼台志》就记载"鸳鸯(毛羽五色。雌雄相逐滨溪)"。明万历二十九年(1601)《广东通志·琼州府》也记载有"鸳鸯"。明万历(1573～1620)《琼州府志》仍记载"鸳鸯(毛羽五色。人得其一,其一辄思而死)"。

清雍正六年(1728)《古今图书集成·方舆汇编·职方典·琼州府物产考》记载有"鸳鸯"。

清道光十一年(1831)《琼州府志》诠释:

鸂鶒:水鸟。毛有五色,食短狐。其所在,溪中无毒气《海语》。

……

鸳鸯:亦名鸂鶒。毛羽五色,文彩绚烂。昼则并游,夜必交颈双栖。失偶,则相思而死。凡毒虫不敢犯,故所宿水中无毒。

按:这些记载皆说明海南省确有不少鸳鸯分布,只是缺乏更具体地点。海南省已处于鸳鸯分布的南端,且尚未见其他佐证表明整个海南岛曾有鸳鸯分布。

3.4.2 方志记载的鸳鸯

较具体记载鸳鸯分布的文献,以方志为主。中南的鸳鸯在20世纪前分布(表7.4)如下。

表7.4　20世纪前中南的鸳鸯分布概况

省级政区	今地点	文献	内容
河南	新乡市、新乡县	明正德元年(1506)《新乡县志》	鸳鸯
	固始县	明嘉靖二十一年(1542)《固始县志》	鸳鸯
	商丘市、永城市、虞城县、民权县、宁陵县、睢县、夏邑县、柘城县、鹿邑县、郸城县	明嘉靖二十二年(1543)《归德志》	鸳鸯
	尉氏县	明嘉靖二十七年(1548)《尉氏县志》	鸳鸯……鸂鶒
	襄城县	明嘉靖三十年(1551)《襄城县志》	鸳鸯
	商城县	明嘉靖三十年(1551)《商城县志》	鸳鸯
	鲁山县	明嘉靖三十一年(1552)《鲁山县志》	鸳鸯
	正阳县	明嘉靖三十四年(1555)《真阳县志》	鸳鸯
	光山县	明嘉靖三十五年(1556)《光山县志》	鸳鸯
	邓州市、内乡县、淅川县、新野县	明嘉靖四十三年(1564)《邓州志》	有鸳鸯
	潢川县、光山县、固始县、息县、商城县、新县、淮滨县等地	清顺治十六年(1659)《光州志》	鸳鸯
	邓州市	清顺治十六年(1659)《邓州志》	有鸳鸯
	固始县	清顺治十七年(1660)《固始县志》	鸳鸯
	舞阳县、叶县、方城县	清康熙五十五年(1716)《裕州志》	鸳鸯
	长垣县、华龙区、清丰县、南乐县等地	清雍正六年(1728)《古今图书集成·方舆汇编·职方典·大名府物产考》	鸳鸯
	信阳市、罗山县、确山县、遂平县、西平县、上蔡县、汝南县、平舆县、新蔡县、正阳县	清雍正六年(1728)《古今图书集成·方舆汇编·职方典·汝宁府物产考》	鸳鸯

（续表）

省级政区	今地点	文献	内容
	舞阳县、舞钢市、叶县、南阳市、邓州市、南召县、方城县、西峡县、镇平县、内乡县、淅川县、社旗县、唐河县、新野县、桐柏县、泌阳县	清雍正六年(1728)《古今图书集成·方舆汇编·职方典·南阳府物产考》	鸳鸯
	舞阳县、舞钢市、叶县、南阳市、邓州市、南召县、方城县、西峡县、镇平县、内乡县、淅川县、社旗县、唐河县、新野县、桐柏县、泌阳县、川汇区、项城市、扶沟县、西华县、商水县、太康县、淮阳县、沈丘县、湖滨区、灵宝市、卢氏县、郑州市、荥阳市、汝阳县、平顶山市、汝州市、宝丰县、鲁山县、郏县、息县、淮滨县、潢川县、光山县、固始县、商城县、新县等地	清雍正九年(1731)《河南通志》	(以下水鸟出各陂泽中。南，汝，陈，郑，陕，光等处有之)鸳鸯、鸂鶒①
	舞阳县、叶县、方城县	清乾隆五年(1740)《裕州志》	鸳鸯
	洛阳市	清乾隆十年(1745)《洛阳县志》	鸳鸯、鸂鶒
	渑池县	清乾隆十一年(1746)《渑池县志》	鸳鸯
	沈丘县	清乾隆十一年(1746)《沈丘县志》	鸳鸯
	新野县	清乾隆十九年(1754)《新野县志》	鸳鸯
	汝阳县	清乾隆三十一年(1766)《伊阳县志》	鸳鸯
	渑池县	清嘉庆十五年(1810)《渑池县志》	鸳鸯
	孟津县	嘉庆二十一年(1816)《孟津县志》	鸳鸯
	泌阳县	清道光四年(1824)《泌阳县志》	鸳鸯(《古今注》云：鸳鸯，文禽，匹鸟也。似凫，毛有文彩，头白。雌雄未尝相离)
	辉县市	清道光十五年(1835)《辉县志》	鸳鸯
	汝阳县	清道光十八年(1838)《伊阳县志》	鸳鸯
	灵宝市	清光绪二年(1876)《灵宝县志》	鸳鸯
	宜阳县	清光绪七年(1881)《宜阳县志》	鸳鸯(匹鸟也)
	息县、淮滨县、潢川县、光山县、固始县、商城县、新县等地	清光绪十三年(1887)《光州志》	鸳鸯(匹鸟也。崔豹《古今注》：凫类。雌雄未尝相离)
	湖滨区、灵宝市、卢氏县	清光绪十七年(1891)《陕州直隶州志》	鸳鸯
	虞城县	清光绪二十一年(1895)《虞城县志》	鸳鸯
湖北	武汉市、大悟县、黄州区、麻城市、武穴市、红安县、罗田县、浠水县、蕲春县、黄梅县、团风县	明弘治十三年庚申(1500)《黄州府志》	鸳鸯
	武汉市、大悟县、黄州区、麻城市、武穴市、红安县、罗田县、浠水县、蕲春县、黄梅县、团风县	明嘉靖元年(1522)《湖广图经志书·黄州府》	鸳鸯
	仙桃市	明嘉靖十年(1531)《沔阳志》	有鸳鸯
	兴山县、秭归县、巴东县	明嘉靖四十三年(1564)《归州志》	鸳鸯(水禽。[redacted]而有别)
	英山县等地	明万历十二年(1584)《六安州志》	有鸳鸯

(续表)

省级政区	今地点	文献	内容
	丹江口市、襄樊市、老河口市、枣阳市、宜城市、南漳县、谷城县	明万历十二年(1584)《襄阳府志》	鸳鸯
	荆门市、钟祥市、京山县、洪湖市、当阳市、仙桃市、天门市、潜江市	明万历三十年(1602)《承天府志》	鸳鸯
	荆门市、钟祥市、京山县、安陆市、仙桃市、天门市、潜江市	清康熙八年(1669)《安陆府志》	鸳鸯
	郧县	清康熙二十二年(1683)《郧县志略》	鸳鸯
	英山县等地	清康熙二十三年(1684)《江南通志》	六安州:黄鸭【同前】
	应城市、安陆市、云梦县、曾都区、广水市	清雍正六年(1728)《古今图书集成·方舆汇编·职方典·德安府物产考》	鸳鸯
	荆州市、石首市、松滋市、江陵县、公安县、监利县、枝江市、宜都市	清雍正六年(1728)《古今图书集成·方舆汇编·职方典·荆州府物产考》	鸳鸯
	丹江口市、襄樊市、老河口市、枣阳市、宜城市、南漳县、谷城县	清雍正六年(1728)《古今图书集成·方舆汇编·职方典·襄阳府物产考》	鸳鸯
	房县	清乾隆五十三年(1788)《房县志抄》	鸳鸯
	宜昌市、秭归县、兴山县、长阳土家族自治县、五峰土家族自治县、巴东县、鹤峰县	清同治三年(1864)《宜昌府志》	鸳鸯
	宜昌市	清同治三年(1864)《东湖县志》	鸳鸯
	竹山县	清同治四年(1865)《竹山县志》	鸳鸯
	房县	清同治四年(1865)《房县志》	鸳鸯、瀏鶒
	宜城市	清同治五年(1866)《宜城县志》	鸳鸯
	巴东县	清同治五年(1866)《巴东县志》	鸳鸯
	宜都市	清同治五年(1866)《宜都县志》	鸳鸯、瀏鷉
	属襄樊市	清同治十三年(1874)《襄阳县志》	鸳鸯、瀏鶒
	英山县等地	清光绪四年(1878)《安徽通志》	六安州:黄鸭【同前】
	荆州市、石首市、松滋市、江陵县、公安县、监利县、枝江市、宜都市、远安县、兴山县、秭归县	清光绪六年(1880)《荆州府志》	鸳鸯(一名匹鸟)
	咸安区	清光绪八年(1882)《咸宁县志》	瀏鷉、鸳鸯
	孝南区	清光绪八年(1882)《孝感县志》	鸳鸯
	红安县	清光绪八年(1882)《黄安县志》	鸳鸯
	武汉市、黄州区、麻城市、武穴市、红安县、罗田县、浠水县、蕲春县、黄梅县、团风县	清光绪十年(1884)《黄州府志》	瀏鶩……鸳鸯
	属老河口市	清光绪十年(1884)《光化县志》	鸳鸯

（续表）

省级政区	今地点	文献	内容
湖南	常德市、汉寿县、桃源县、沅江市	明嘉靖十七年(1538)《常德府志》	有鸳鸯（凫类。匹鸟，有思者也。雌雄未尝相离，人得其一，一思而死。所谓紫山交颈，寒塘并飞者也）
	湘阴县	明嘉靖四十四年(1565)《湘阴县志》	鸳鸯
	邵阳市、武冈市、邵东县、邵阳县、新邵县、隆回县、洞口县、新宁县、城步苗族自治县、冷水江市、新化县	明隆庆元年(1567)《宝庆府志》	鸳鸯（凫类。雌雄常不分离）
	郴州市、资兴市、宜章县、汝城县、桂东县、永兴县	明万历四年(1576)《郴州志》	鸳鸯
	桃源县	明万历四年(1576)《桃源县志》	鸳鸯……鸂鶒
	新宁县	明万历三十四年(1606)《新宁县志》	鸳鸯
	邵阳市、邵阳县	清康熙二十三年(1684)《邵阳县志》	鸳鸯
	长沙市、浏阳市、长沙县、望城县、宁乡县、益阳市、桃江县、安化县、株洲市、湘阴县、醴陵市、株洲县、攸县、茶陵县、湘潭市、湘乡市、韶山市、湘潭县、涟源县、双峰县	清康熙二十四年(1685)《长沙府志》	鸳鸯
	岳阳市、临湘市、岳阳县、华容县、平江县	清康熙二十四年(1685)《岳州府志》	鸳鸯
	郴州市、资兴市、宜章县、汝城县、桂东县、永兴县	清康熙二十四年(1685)《郴州总志》	鸳鸯
	临湘市	清康熙二十四年(1685)《临湘县志》	鸳鸯
	张家界市	清康熙二十四年(1685)《永定卫志》	鸳鸯……鸂鶒
	安乡县	清康熙二十六年(1687)《安乡县志》	鸳鸯
	宁乡县	清康熙四十一年(1702)《宁乡县志》	鸳鸯
	常德市、汉寿县、桃源县、沅江市	清雍正六年(1728)《古今图书集成·方舆汇编·职方典·常德府物产考》	鸳鸯
	郴州市、资兴市、宜章县、汝城县、桂东县、永兴县	清雍正六年(1728)《古今图书集成·方舆汇编·职方典·郴州物产考》	鸳鸯
	祁东县、永州市、东安县、道县、宁远县、江永县、新田县、双牌县、祁阳县、江华瑶族自治县	清雍正六年(1728)《古今图书集成·方舆汇编·职方典·永州府物产考》	鸳鸯
	邵阳市、武冈市、邵东县、邵阳县、新邵县、隆回县、洞口县、新宁县、城步苗族自治县、冷水江市、新化县	清雍正六年(1728)《古今图书集成·方舆汇编·职方典·宝庆府物产考》	鸳鸯
	沅陵县、辰溪县、溆浦县、泸溪县	清雍正六年(1728)《古今图书集成·方舆汇编·职方典·辰州府物产考》	鸳鸯
	绥宁县、会同县、靖州苗族侗族自治县、通道侗族自治县	清雍正六年(1728)《古今图书集成·方舆汇编·职方典·靖州物产考》	鸳鸯

（续表）

省级政区	今地点	文献	内容
	长沙市、浏阳市、望城县、宁乡县、益阳市、桃江县、安化县、汨罗县、湘阴县、株洲市、醴陵市、攸县、茶陵县、湘潭市、湘乡市、韶山市、湘潭县、涟源县、双峰县	清乾隆十二年(1747)《长沙府志》	鸳鸯
	张家界市、慈利县、桑植县、安乡县、澧县、石门县	清乾隆十五年(1750)《直隶澧州志林》	鸳鸯
	沅陵县、辰溪县、溆浦县、泸溪县	清乾隆三十年(1765)《辰州府志》	鸳鸯(匹鸟。雄曰[鸳,雌曰鸯。雌]雄未尝相离)
	常德市、汉寿县、桃源县、沅江市	清嘉庆十八年(1813)《常德府志》	[鸳]鸯(《古今注》:鸳鸯,雄雌不相离。人获[其]一,则一相思而死)……鸂鶒
	汉寿县	清嘉庆十九年(1814)《龙阳县志》	鸳鸯(凫类)……鸂鶒(一名紫鸳鸯)
	宜章县	清嘉庆二十年(1815)《宜章县志》	鸳鸯
	武冈市	清嘉庆二十二年(1817)《武冈州志》	鸳鸯
	郴州市、资兴市、宜章县、汝城县、桂东县、永兴县	清嘉庆二十五年(1820)《郴州总志》	鸳鸯
	新宁县	清道光三年(1823)《新宁县志》	鸳鸯
	永州市、东安县、江永县、江华瑶族自治县	清道光八年(1828)《永州府志》	零陵,东安,永明,江华有鸳鸯《县志》
	桂东县	清同治五年(1866)《桂东县志》	鸳鸯
	石门县	清同治七年(1868)《石门县志》	鸂鶒(本名溪鵡。宿水渚,老少若有敕令。好并游,雄者左,雌者右,皆有式度。在溪中无复毒气。《淮赋》云:寻邪而逐害)
	张家界市、慈利县、安乡县、澧县、石门县、南县	清同治八年(1869)《澧州直隶州志》	鸂鶒(本名鸡鵡。浮游,雄者左,雌者右,皆有式度。在溪涧中,无复毒气。淮赋所云:寻邪而逐害者也)、鸳鸯(止则相耦,飞则成双。雌雄未尝相离。人得其一,[一]相思而死,故谓之匹鸟。李诗:宁同万死碎锦翼,不忍云间两分张)
	慈利县	清同治八年(1869)《慈利县志》	鸂鶒(本名鸡鵡。浮游,雄者左,雌者右,皆有式度。在溪涧中,无复毒气)、鸳鸯(水鸟。似凫,毛有文彩。止则相偶,飞则成双。雌雄未尝相离,人得其一,则其一思而死。故谓之匹鸟。李[白]诗:宁同万死碎锦翼,不忍云间两分张)

（续表）

省级政区	今地点	文献	内容
	江华瑶族自治县	清同治九年(1870)《江华县志》	鸳鸯
	资兴市	清光绪元年(1875)《兴宁县志》	鸳鸯
	属永州市	清光绪二年(1876)《零陵县志》	鸳鸯
	耒阳市	清光绪十一年(1885)《耒阳县志》	鸳鸯(《玉篇》：匹鸟。雄曰鸳，雌曰鸯)
	桃源县	清光绪十八年(1892)《桃源县志》	鸳鸯(《古今注》：鸳鸯，水鸟。雌雄未尝相离，人得其一，则一思而致死。故谓之匹鸟)……鸂鶒(《埤雅》：五色，尾有毛如船舵。小如鸭)
	邵阳市、邵阳县	清光绪三十三年(1897)《邵阳县乡土志》	鸳鸯
广东	梅江区、梅县、大埔县、丰顺县、平远县、蕉岭县、湘桥区、潮安县、饶平县、汕头市、南澳县、榕城区、普宁市、揭东县、揭西县、惠来县	明弘治十三年(1500)《潮州府志》	鸳鸯……鸂鶒
	增城市	明嘉靖十七年(1538)《增城县志》	鸳鸯……鸂鸿
	新丰县、源城区、紫金县、龙川县、连平县、和平县、东源县、兴宁市、五华县、城区、陆丰市、海丰县、陆河县、惠州市、博罗县、惠东县	明嘉靖二十一年(1542)《惠州府志》	鸳鸯
	封开县、德庆县	明嘉靖二十五年(1546)《德庆州志》	有鸳鸯
	梅江区、梅县、大埔县、丰顺县、平远县、蕉岭县、湘桥区、潮安县、饶平县、汕头市、南澳县、榕城区、普宁市、揭东县、揭西县、惠来县	明嘉靖二十六年(1547)《潮州府志》	鸳鸯……鸂鶒
	中山市	明嘉靖二十七年(1548)《香山县志》	鸳鸯(善思。人得其一，其一思而死，故谓之匹鸟)
	兴宁市	明嘉靖三十一年(1552)《兴宁县志》	鸳鸯
	仁化县	明嘉靖三十二年(1553)《仁化县志》	鸳鸯
	新丰县、源城区、紫金县、龙川县、连平县、和平县、东源县、兴宁市、五华县、城区、陆丰市、海丰县、陆河县、惠州市、博罗县、惠东县	明嘉靖三十五年(1556)《惠州府志》	有鸳鸯
	茂名市、化州市、信宜市、高州市、电白县、吴川市、廉江市	明万历(1573～1620)《高州府志》	鸳鸯
	梅江区、梅县、大埔县、丰顺县、平远县、蕉岭县、湘桥区、潮安县、饶平县、汕头市、南澳县、榕城区、普宁市、揭东县、揭西县、惠来县、肇庆市、高要市、四会市、广宁县、封开县、德庆县、新兴县、江城区、阳春市、阳西县、阳东县、云城区、罗定市、云安县、郁南县等地	明万历二十九年(1601)《广东通志》	潮州府：鸳鸯……鸂鶒，肇庆府、罗定州：鸳鸯
	湛江市、雷州市、遂溪县、徐闻县	明万历四十二年(1614)《雷州府志》	鸳鸯

（续表）

省级政区	今地点	文献	内容
	兴宁市	明崇祯十年(1637)《兴宁县志》	鸳鸯
	茂名市、化州市、信宜市、高州市、电白县、吴川市、廉江市	清康熙十一年(1672)《高州府志》	鸳鸯
	湛江市、雷州市、遂溪县、徐闻县	清康熙十一年(1672)《雷州府志》	鸳鸯
	乳源瑶族自治县	清康熙二十五年(1686)《乳源县志》	鸳鸯、鸂鶒
	阳春市	清康熙二十六年(1687)《阳春县志》	鸳鸯(水鸟。红头，翅尾黑。头有白毛，质杏黄色，具文彩。一名匹鸟。止则偶，飞则双)
	雷州市	清康熙二十六年(1687)《海康县志》	鸳鸯
	属广州市	清康熙二十六年(1687)《花县志》	鸂鶒
	佛山市	清康熙三十年(1691)《南海县志》	有鸳鸯
	平和县	清康熙五十七年(1718)《平和县志》	鸂鶒(毛五色，食短狐。其在溪中无复毒气)、鸳鸯(凫类也。匹鸟)
	新丰县、源城区、紫金县、龙川县、连平县、和平县、东源县、城区、陆丰市、海丰县、陆河县、惠州市、博罗县、惠东县	清雍正六年(1728)《古今图书集成·方舆汇编·职方典·惠州府物产考》	鸳鸯
	连平县	清雍正八年(1730)《连平州志》	鸳鸯……鸂鶒
	惠来县	清雍正九年(1731)《惠来县志》	鸳鸯……鸂鶒
	怀集县等地	清乾隆十年(1745)《梧州府志》	鸳鸯
	普宁市	清乾隆十年(1745)《普宁县志》	鸳鸯
	属佛山市	清乾隆十五年(1750)《顺德县志》	鸳鸯
	梅江区、梅县、大埔县、丰顺县、平远县、蕉岭县、湘桥区、潮安县、饶平县、汕头市、南澳县、榕城区、普宁市、揭东县、揭西县、惠来县	清乾隆二十八年(1763)《潮州府志》	《膳夫录》：鸳鸯为羽族而不栖树林，类水鸟而常在江浒。《古今注》：鸳鸯，一名文禽，凫类也。似凫，毛有文彩。雌雄未尝相离，人获其一，则一相思而死……《埤雅》：鸂鶒五色，尾有毛如船柁，小于鸭。
	梅江区、梅县、大埔县、丰顺县、平远县、蕉岭县、湘桥区、潮安县、饶平县、汕头市、南澳县、榕城区、普宁市、揭东县、揭西县、惠来县	清乾隆四十年(1775)《潮州府志》	《埤雅》：(鸂鷩)[溪鶒]五色，尾有毛如船柁，小于鸭。《膳夫录》：鸳鸯，为羽族(而)[即]不栖树林，类水鸟而(常)[不]在江浒。《古今注》：鸳鸯，一名文禽，匹鸟也。似凫，毛有文彩。雌雄未尝相离，人获其一，则一相思而死
	属惠州市	清乾隆四十八年(1783)《归善县志》	鸂鶒……鸳鸯

（续表）

省级政区	今地点	文献	内容
	属汕头市	清嘉庆二十年(1815)《澄海县志》	鸳鸯(为羽族而不栖树林,类水鸟而常在江浒)
	增城市	清嘉庆二十五年(1820)《增城县志》	多鸳鸯
	阳江市	清道光二年(1822)《阳江县志》	《前志》所载鸳鸯、白鹇……之类盖未见,古或有之,今为广陵散矣
	广宁县	清道光四年(1824)《广宁县志》	鸳鸯
	郁南县	清道光十年(1830)《西宁县志》	鸳鸯[雄雌(不)[未尝]相离《古今注》。雄则红头翠鬣,顶有文毛长二寸。雌则否《采访册》]
	恩平市、开平市、鹤山市、佛山市、肇庆市、高要市、四会市、广宁县、封开县、德庆县、新兴县、江城区、阳春市、阳西县、阳东县	清道光十三年(1833)《肇庆府志》	鸳鸯
	化州市	清道光十四年(1834)《化州志》	鸳鸯
	遂溪县	清道光二十八年(1848)《遂溪县志》	鸳鸯……鸂鶒
	属佛山市	清咸丰三年(1853)《顺德县志》	鸳鸯
	连州市、阳山县	清同治九年(1870)《连州志》	鸳鸯、鸂鷘
	乐昌市	清同治十年(1871)《乐昌县志》	鸳鸯(文禽。名匹鸟)
	怀集县等地	清同治十二年(1873)《梧州府志》	鸳鸯
	英德市、韶关市、乐昌市、仁化县、翁源县、乳源瑶族自治县	清同治十三年(1874)《韶州府志》	鸳鸯
	属韶关市	清光绪元年(1875)《曲江县志》	鸳鸯
	新丰县、源城区、紫金县、龙川县、连平县、和平县、东源县、城区、陆丰市、海丰县、陆河县、惠州市、博罗县、惠东县	清光绪七年(1881)《惠州府志》	鸂鶒……鸳鸯
广西	钦州市、灵山县、浦北县、北海市、合浦县、防城港市、东兴市	明嘉靖十八年(1539)《钦州志》	鸳鸯(匹鸟,有思者。雌雄不相离,人得其一,其一思之必死)
	南宁市、横县、隆安县、上思县、扶绥县、平果县	明嘉靖四十三年(1564)《南宁府志》	鸳鸯(物之有思者)
	江州区、大新县	明万历三年(1575)《太平府志》	鸳鸯
	钦州市、灵山县、浦北县、北海市、合浦县、防城港市、东兴市	明万历二十九年(1601)《广东通志》	廉州府:鸳鸯
	钦州市、灵山县、浦北县、北海市、合浦县、防城港市、东兴市	明崇祯十年(1637)《廉州府志》	鸳鸯
	南宁市、横县、隆安县、上思县、扶绥县、平果县	明崇祯十三年(1640)《南宁府志》	鸳鸯(物之有思者)
	全州县	清康熙二十八年(1689)《全州志》	鸳鸯
	钦州市、灵山县、浦北县、北海市、合浦县	清康熙六十年(1721)《廉州府志》	鸳鸯

(续表)

省级政区	今地点	文献	内容
	平乐县、荔浦县、恭城县、蒙山县、金秀瑶族自治县、八步区、昭平县、钟山县、富川瑶族自治县	清雍正六年(1728)《古今图书集成·方舆汇编·职方典·平乐府物产考》	鸳鸯
	灵山县	清雍正十一年(1733)《灵山县志》	鸳鸯
	岑溪市	清乾隆四年(1739)《岑溪县志》	鸳鸯
	梧州市、岑溪市、苍梧县、藤县、容县等地	清乾隆十年(1745)《梧州府志》	鸳鸯
	全州县	清嘉庆四年(1799)《全州志》	鸳鸯
	藤县	清同治七年(1868)《藤县志》	鸳鸯
	梧州市、岑溪市、苍梧县、藤县、容县等地	清同治十二年(1873)《梧州府志》	鸳鸯
	属扶绥县	清光绪四年(1878)《新宁州志》	鸳鸯(水鸟。匹偶不离)
	平乐县	清光绪十年(1884)《平乐县志》	鸳鸯
	容县	清光绪二十三年(1897)《容县志》	鸳鸯(水宿,雌雄不相离。《古今注》谓之匹鸟)……鸂鶒(鸡喙。水宿。《埤雅》尾[有毛]如船柁。山泽中无毒气。陈昭裕《建州图经》:溪鸡浮游,左雄右雌,群伍皆有式度。形大如鸳鸯,色紫。亦名紫鸳鸯)
海南	属海口市	清康熙四十七年(1708)《琼山县志》	鸂鶒(尾有五色。所居水中无毒)……鸳鸯(亦名鸂鶒。毛羽五色,文彩绚烂。昼则并游,夜必交颈双栖。失偶则相思而死。凡毒虫不敢犯,故所宿水中无毒)
	万宁市	清道光八年(1828)《万州志》	鸳鸯(又名鸂鶒。毛羽五色,文形绚烂。昼则[并游],夜必交颈双栖。或失其偶,则相思而[死]。[凡]毒虫不敢犯之,故所宿水中无毒)
	属海口市	清咸丰七年(1857)《琼山县志》	鸂鶒(尾有五色。所居水中无毒)……鸳鸯(亦名鸂鶒。毛羽五色,文彩绚烂。昼则并游,夜则交颈双栖。失偶则相思而死。凡毒虫不敢犯,故所宿水中无毒)
	定安县	清光绪四年(1878)《定安县志》	鸳鸯(亦名鸂鶒)
香港	香港等地	明嘉靖三十九年(1560)《广东通志》	鸳鸯*
	香港等地	清道光二年(1822)《广东通志》	鸳鸯、鸂鶒*
澳门	澳门等地	明嘉靖三十九年(1560)《广东通志》	鸳鸯*
	澳门等地	清道光二年(1822)《广东通志》	鸳鸯、鸂鶒*

注:“*”即详见正文。①“南,汝,陈,郑,陕,光”似指南阳府、陈州府、汝州、郑州、陕州、光州。

3.5 西南

西南各省级政区皆有鸳鸯分布记录，只是分布范围比较悬殊。

3.5.1 四川

四川省历史上就有鸳鸯分布记录。

清雍正六年(1728)《古今图书集成·方舆汇编·职方典·雅州府物产考》虽然记载有"鸳鸯"，但由于该地辖境涉及今四川省眉山市、雅安市、甘孜州以及西藏自治区东部个别地方，且处于鸳鸯分布的边缘地带，又缺乏佐证，只能暂取东坡区、洪雅县、雨城区、康定县为图上标点代表。

3.5.2 云南

云南省历史时期确实有鸳鸯栖息。

清乾隆元年(1736)《云南通志·物产·通省》记载有"鸳鸯"，虽然将"鸳鸯"作为"通省"所产之一，但现掌握的资料尚难以证实鸳鸯是全省皆有的物种。

3.5.3 方志记载的鸳鸯

较具体记载鸳鸯分布的文献，以方志为主。西南的鸳鸯在20世纪前分布(表7.5)如下。

表7.5 20世纪前西南的鸳鸯分布概况

省级政区	今地点	文献	内容
重庆	城口县等地	清乾隆十二年(1747)《直隶达州志》	鸳鸯
	梁平县	清光绪二十年(1894)《梁山县志》	鸳鸯
四川	洪雅县	明嘉靖四十一年(1562)《洪雅县志》	有鸂鶒
	营山县	明万历四年(1576)《营山县志》	鸳鸯……(皆产于野也)
	成都市、都江堰市、彭州市、崇州市、金堂县、双流县、郫县、新津县、绵阳市、安县、旌阳区、什邡市、广汉市、绵竹市、罗江县、内江市、资中县、井研县、雁江区、简阳市、仁寿县、汶川县、理县、茂县	明天启元年(1621)《成都府志》	鸳鸯
	通川区、万源市、达县、宣汉县、开江县等地	清乾隆十二年(1747)《直隶达州志》	鸳鸯
	邛崃市、蒲江县、大邑县	清嘉庆二十三年(1818)《邛州直隶州志》	鸳鸯[《尔雅》《古今注》：匹鸟也。似凫而文彩绚烂。雄曰鸳，雌曰鸯。止相偶，飞则双，其交不再]
	珙县	清光绪九年(1883)《珙县志》	鸳鸯
	隆昌县、马边彝族自治县、自贡市、富顺县、翠屏区、宜宾县、南溪县、长宁县、高县、筠连县、珙县、兴文县、屏山县、美姑县、雷波县	清光绪二十一年(1895)《叙州府志》	鸳鸯
	遂宁县	民国十八年(1929)《遂宁县志》	鸳鸯
贵州	务川仡佬族苗族自治县、德江县、思南县、印江土家族苗族自治县、沿河土家族自治县	明嘉靖十六年(1537)《思南府志》	鸳鸯
	余庆县	清康熙五十六年(1717)《余庆县志》	鸳鸯
	务川仡佬族苗族自治县、德江县、思南县、印江土家族苗族自治县、沿河土家族自治县	清乾隆六年(1741)《贵州通志》	思南府：鸳鸯(出府属)
	关岭布依族苗族自治县	清道光十七年(1837)《永宁州志》	鸳鸯
	遵义市、仁怀市、遵义县、桐梓县、绥阳县、正安县、习水县、道真仡佬族苗族自治县	清道光二十一年(1841)《遵义府志》	鸳鸯
	荔波县	清光绪元年(1875)《荔波县志》	鸳鸯

（续表）

省级政区	今　　地	文　献	内　容
云南	昆明市、安宁市、呈贡县、晋宁县、富民县、宜良县、嵩明县、易门县、禄丰县、通海县、峨山彝族自治县、元江哈尼族彝族傣族自治县、蒙自县、个旧市、开远市、绿春县、建水县、石屏县、元阳县、红河县、金平苗族瑶族自治县、河口瑶族自治县、屏边苗族自治县、文山县、砚山县、西畴县、麻栗坡县、马关县、隆阳区、施甸县、龙陵县、永德县、镇康县、耿马傣族佤族自治县、潞西市、永平县、麒麟区、宣威市、马龙县、沾益县、富源县、罗平县、陆良县	明天启五年(1625)《滇志》	云南府：鸳鸯，临安府：黄鸭，永昌府：鸳鸯(有真鸳，有草鸳，不知何分别)，曲靖府：鸳鸯
	昆明市、安宁市、呈贡县、晋宁县、富民县、宜良县、嵩明县、易门县、禄丰县	清康熙三十五年(1696)《云南府志》	鸳鸯
	永胜县、华坪县、宁蒗彝族自治县	清乾隆三十年(1765)《永北府志》	鸳鸯
	腾冲县、瑞丽市、梁河县、盈江县、陇川县	清乾隆五十五年(1790)《腾越州志》	黄鸭
	广南县、富宁县	清道光二十八年(1849)《广南府志》	鸳鸯
	属洱源县	清咸丰四年(1854)《邓川州志》	羽毛文彩有雉，有锦鸡，有鸳鸯
	师宗县、弥勒县、泸西县、丘北县	清嘉庆十三年(1808)《滇系》	广西州：鸳鸯
	隆阳区、施甸县、龙陵县、永德县、镇康县、耿马傣族佤族自治县、潞西市、永平县	清光绪十一年(1885)《永昌府志》	鸳鸯……黄鸭
	沾益县	清光绪十一年(1885)《霑益州志》	鸳鸯
	腾冲县、瑞丽市、梁河县、盈江县、陇川县	清光绪十三年(1887)《腾越厅志》	鸳鸯
	祥云县	清光绪十六年(1890)《云南县志》	鸳鸯
	南华县	清光绪十八年(1892)《镇南州志略》	鸳鸯
	石林彝族自治县	1996年《路南彝族自治县志》	一百多年前曾有……鸳鸯
西藏	城关区	清康熙六十年(1721)《西藏志》	拉撒：黄鸭
	城关区①	清雍正七年(1729)《四川通志・西域・西藏》	黄鸭
	城关区、当雄县、堆龙德庆县	清乾隆五十七年《西藏志》	拉撒：黄鸭，拉撒至杨八景一带：黄鸳
	城关区	清道光二十五年《拉萨厅志》	黄鸳……黄鸭

注：①似指“城关区”。

3.6　西北

历史时期，西北各省级政区皆有鸳鸯分布记录，尤其是现今已然不再见到的资料更弥足珍贵。

3.6.1　青海

青海省历史上就有鸳鸯分布记录。

清顺治十四年(1657)《西镇志》，又名《西宁志》，是现存最早的一部专指青海的地方志书，其中就记载有鸳鸯。

3.6.2 新疆

新疆维吾尔自治区历史上有鸳鸯分布的记录尚未见到现代学者提及。

清乾隆二十四年《回疆志》记述：

野鸭：状与鸭子同，身躯微小，毛色极白。左眼角一道黑毛穿头至右眼角，左耳根一道黑毛穿头至右耳根。脖上黑毛，脖下白色，脊上黑毛。其翅膀胸下，纯是白毛。黑白分明而不混杂。回人捕而畜之，不食其肉。又有黄鸭，与内地同。

按：此记述涉及空间与物种两个关键问题：①“回疆”，是清代对新疆天山南路的通称，亦称“回部”。具体范围界定为，天山以南，昆仑山以北，东界为玉门关、阳关，西界在帕米尔高原，即今新疆南疆及东疆吐鲁番、哈密两地。中间有库鲁克塔格山相隔，形成两个相对独立的区域，西部为塔里木盆地，东部为吐鲁番盆地。②此处在记述“野鸭”的同时，提到“有黄鸭，与内地同”。“黄鸭”乃鸳鸯的别称之一，尤其在西北各省级政区的方志中皆有使用这一称谓者，且最近在南疆民丰县（地处塔里木盆地南缘，82°22′～85°55′E，35°20′～39°29′N）发现鸳鸯实体[①]，二者可互为新疆古今鸳鸯之佐证。为在图上标记，暂以塔里木盆地南北两端的和田市与库尔勒市作为历史上鸳鸯的分布地点。

3.6.3 方志记载的鸳鸯

较具体记载鸳鸯分布的文献，以方志为主。西北的鸳鸯在20世纪前分布（表7.6）如下。

表7.6 20世纪前西北的鸳鸯分布概况

省级政区	今地点	文献	内容
陕西	高陵县	明嘉靖二十年（1541）《高陵县志》	鸂鶒、鸳鸯
	陇县	清康熙五十二年（1713）《陇州志》	鸳鸯
	汉滨区、汉阴县、石泉县、紫阳县、岚皋县、平利县、镇坪县、旬阳县、白河县	清雍正六年（1728）《古今图书集成·方舆汇编·职方典·新安州物产考》	鸳鸯
	咸阳市、榆阳区、神木县、横山县、靖边县、定边县、米脂县、凤县、汉台区、南郑县、城固县、洋县、西乡县、勉县、宁强县、略阳县、镇巴县、留坝县、佛坪县等地	清雍正十三年（1735）《陕西通志》	鸳鸯（鸳鸯于飞《诗经·小雅》。鸳鸯雄雌不相离，故谓之匹鸟崔豹《古今注》。一名黄鸭。其质杏黄色，有文彩，红头，翠鬣，黑翅，黑尾，红掌。其交不再《本草纲目》。性有定偶《咸阳县志》。黄鸭，野鸳鸯也《延绥镇志》。羽有黄鸭《米脂县志》）……鸂鶒（其形大于鸳鸯，而色多紫，亦好并游，谓之紫鸳鸯《本草纲目》。汉中有之《汉中府志》）
	宝鸡市	清乾隆二十九年（1764）《宝鸡县志》	鸳鸯
	宝鸡市、岐山县、凤翔县、陇县、太白县、麟游县、扶风县、千阳县、眉县	清乾隆三十一年（1766）《凤翔府志》	鸳鸯
	合阳县	清乾隆三十四年（1769）《郃阳县全志》	鸳鸯
	属西安市	清乾隆四十一年（1776）《临潼县志》	鸳鸯
	西安市、蓝田县、周至县、户县、高陵县、铜川市、临渭区、富平县、咸阳市、兴平市、三原县、泾阳县、礼泉县、宁陕县、柞水县	清乾隆四十四年（1779）《西安府志》	鸳鸯（《诗·小雅》：鸳鸯于飞。《本草纲目》：一名黄鸭。有文彩，其交不再。《咸阳志》性有定偶）

①详见下文“鸳鸯的现今分布·新疆”的部分。

（续表）

省级政区	今 地 点	文 献	内 容
	白河县	清嘉庆六年(1801)《白河县志》	鸳鸯
	甘泉县、榆阳区、神木县、横山县、靖边县、定边县等地	清嘉庆七年(1802)《延安府志》	延绥镇:黄鸭(野宛央也),甘泉县:鸳鸯
	千阳县	清道光二十一年(1841)《汧阳县志》	鸳鸯
	石泉县	清道光二十九年(1849)《石泉县志》	鸳鸯
	镇巴县	清光绪五年(1879)《定远厅志》	鸳鸯
	富平县	清光绪十七年(1891)《富平县志》	鸳鸯
	白河县	清光绪十九年(1893)《白河县志》	鸳鸯
甘肃	秦安县	明嘉靖十四年(1535)《秦安县志》	有鸳鸯
	华亭县	明嘉靖三十九年(1560)《平凉府志》	华亭县:鸂鶒
	兰州市、榆中县、临洮县、渭源县、临夏市、临夏县、康乐县、永靖县、广河县、和政县、东乡族自治县、积石山保安族东乡族撒拉族自治县、夏河县等地	明万历三十三年(1605)《临洮府志》	鸳鸯
	嘉峪关市、肃州区、金塔县、高台县、肃南裕固族自治县	清顺治十四年(1657)《肃镇志》	鸳鸯
	武山县	清康熙四十八年(1709)《宁远县志》	鸳鸯
	成县	清乾隆六年(1741)《成县新志》	鸳鸯
	凉州区	清乾隆十四年(1749)《五凉全志》	武威县:鸳鸯
	临洮县	清乾隆二十八年(1763)《狄道州志》	鸳鸯
	天水市、清水县、秦安县、张家川回族自治县、礼县、两当县、徽县	清乾隆二十九年(1764)《直隶秦州新志》	鸳鸯
	甘谷县	清乾隆三十五年(1770)《伏羌县志》	鸳鸯
	皋兰县	清乾隆四十三年(1778)《皋兰县志》	鸳鸯
	清水县	清乾隆六十年(1795)《清水县志》	鸳鸯
	两当县	清道光二十年(1840)《两当县新志》	鸳鸯
	皋兰县	清光绪十八年(1892)《皋兰县志》	鸳鸯(黄鸭、匹鸟)
青海	循化撒拉族自治县、贵德县、贵南县、同仁县、尖扎县等地	明万历三十三年(1605)《临洮府志》	鸳鸯
	西宁市、大通回族自治县、湟源县、湟中县、平安县、乐都县、民和回族土族自治县、互助土族自治县、化隆回族自治县、循化撒拉族自治县、门源回族自治县、贵德县、尖扎县	清顺治十四年(1657)《西镇志》	鸳鸯
	乐都县	清康熙五十年(1711)《碾伯所志》	鸳鸯
	西宁市、大通回族自治县、湟源县、湟中县、平安县、乐都县、民和回族土族自治县、互助土族自治县、化隆回族自治县、循化撒拉族自治县、门源回族自治县、贵德县、尖扎县	清乾隆二十七年(1762)《西宁府志》	鸳鸯,碾伯县:黄鸳鸯

（续表）

省级政区	今地点	文献	内容
宁夏	银川市、永宁县、贺兰县、石嘴山市、平罗县、利通区、青铜峡市、灵武市、盐池县、同心县、沙坡头区、中宁县	明弘治十四年(1501)《宁夏新志》	鸳鸯
	原州区	明万历四十四年(1616)《固原州志》	鸳鸯
	盐池县等地	清雍正十三年(1735)《陕西通志》	鸳鸯(……黄鸭，野鸳鸯也《延绥镇志》)
	银川市、永宁县、贺兰县、石嘴山市、平罗县、利通区、青铜峡市、灵武市、同心县、盐池县、沙坡头区、中宁县	清乾隆四十五年(1780)《宁夏府志》	鸳鸯
	灵武市	清嘉庆三年(1798)《灵州志》	鸳鸯
	盐池县等地	清嘉庆七年(1802)《延安府志》	延绥镇:黄鸭(野匹央也)
	同心县	清光绪五年(1879)《平远县志》	黄鸭……鸳鸯

4 鸳鸯在20世纪的分布

20世纪，鸳鸯在我国的分布仅澳门特别行政区未见有确切证据。

4.1 华北

20世纪，华北各省级政区依然有鸳鸯存在。

4.1.1 北京

北京市还有多处地方有鸳鸯分布记录。

民国时期北京市的方志《北京市志稿》记载有“瀏鶒(色紫，即紫鸳鸯。尾旁有毛如船舵形)”(吴廷燮等，1998)，说明当时还有鸳鸯分布。

《北京鸟类志》记述：

鸳鸯

别名：匹鸟(古名)、官鸭。

采集地：1962年4月，延庆官厅水库。1962年11月，房山坨里佛子岭水库。

罕见旅鸟。

按：据此，说明在房山区与延庆县确有鸳鸯停歇。

4.1.2 天津

天津市也有鸳鸯栖息。

民国二十三年(1934)《天津卫志》记载有“鸳鸯”，表明在天津市(至少在郊县一带)与河北省、山东省少数地方有所分布。

《天津简志》记载“鸳鸯(沼泽、水塘、洼淀地区)”(天津市地方志编修委员会，1991)，说明还有鸳鸯分布。

4.1.3 河北

河北省依然有鸳鸯分布记录。

《中国鸟类分布名录》记载，鸳鸯在“？河北东陵(夏候鸟，旅鸟)”(郑作新，1976)，表明似在遵化市曾有分布。

《中国濒危动物红皮书：鸟类》也称，鸳鸯分布于“河北兴隆”(汪松等，1998)，说明在兴隆县有鸳鸯栖息。

4.1.4 山西

山西省不少地方仍有鸳鸯栖息记录。

《山西通志.第二卷，地理志》在“山西省国家重点保护野生动物名录”称“鸳鸯(晋中、晋东南、晋西)”，在“山西省主要经济动物名录·二类保护动物”记载“鸳鸯(在运城、太谷、柳林、汾河水库都有生存，数量极少)”(山西省史志研究院，1996)，亦即说明在盐湖区、太谷县、柳林县、娄烦县等地还有鸳鸯栖息。

4.1.5 内蒙古

内蒙古自治区的鸳鸯主要在东北部地区。

《中国鸟类分布名录》记载，鸳鸯在“东北北部(札)[扎]兰屯”（郑作新，1976），说明在今扎兰屯市有分布。

《内蒙古自治区志：科学技术志》称，“80年代，内蒙古大兴安岭林区内属于国家保护的野生动物有……二类保护动物：……鸳鸯、细嘴松鸡、大天鹅、小天鹅”等（内蒙古自治区科学技术志编纂委员会，1997）。

《兴安盟志》记载属国家二类保护动物有鸳鸯等多种（兴安盟地方志编纂委员会，1997），说明在乌兰浩特市、阿尔山市、突泉县、科尔沁右翼前旗、科尔沁右翼中旗、扎赉特旗等地有鸳鸯栖息。

《中国濒危动物红皮书：鸟类》也称，鸳鸯分布于“内蒙古呼伦贝尔盟”（汪松等，1998），说明约在海拉尔区、满洲里市、扎兰屯市、牙克石市、根河市、额尔古纳市、阿荣旗、新巴尔虎右旗、新巴尔虎左旗、陈巴尔虎旗、鄂伦春自治旗、鄂温克族自治旗、莫力达瓦达斡尔族自治旗等地有鸳鸯栖息。

4.1.6 方志记载的鸳鸯

此阶段的鸳鸯分布记录，虽有野外调查，但方志仍占较大比重。华北的鸳鸯在20世纪的分布（表7.7）如下。

表7.7　20世纪华北的鸳鸯分布概况

省级政区	今 地 点	文 献	内 容	新方志出处
北京	属房山区	民国十三年（1924）《良乡县志》	鸳鸯（北方不多。宋·范石湖过琉璃河，尝咏之）	
	平谷区	民国二十三年（1934）《平谷县志》	鸳鸯	
	延庆县等地	民国二十四年（1935）《察哈尔省通志》	鸳鸯	
	海淀区	1999年《北京市海淀区志》	中华民国时期，野生动物脊索动物门……鸟纲的主要动物有：……紫鸳鸯……与中华民国时期无太大变化	北京市海淀区志编纂委员会，1999
	房山区	1999年《北京市房山区志》	鸳鸯等水鸟，民国末，已基本绝迹	北京市房山区地方志编纂委员会，1999
天津	大港区	1994年《大港区志》	鸳鸯	天津市大港区地方志编修委员会，1994
	静海县	1995年《静海县志》	鸳鸯	静海县志编修委员会，1995
河北	馆陶县	清光绪三十四年（1908）《馆陶县乡土志》	鸳鸯	
	宣化县	民国十一年（1922）《宣化县新志》	鸳鸯（匹鸟也。雌（雄）[雄]不相离。《诗》注云：止则相偶，飞则成双）……鸂鶒（水鸟。五色毛，如船舵。小如鸭。鶒，一作鵣）	
	昌黎县	民国十七年（1928）《昌黎县志》	鸳鸯	
	宁晋县	民国十八年（1929）《宁晋县志》	鸳鸯	

（续表）

省级政区	今地点	文献	内容	新方志出处
	馆陶县	民国二十年(1931)《馆陶县志》	鸳鸯	
	昌黎县	民国二十二年(1933)《昌黎县志》	鸳鸯(俗名红鸭)	
	沧州市、黄骅市、沧县、青县、海兴县、盐山县、南皮县等地	民国二十三年(1934)《天津卫志》	鸳鸯	
	井陉县	民国二十三年(1934)《井陉县志》	鸳鸯(《古今注》:鸳鸯,水鸟,凫类。雌雄未尝离,人得其一,则一相思而死。故谓之匹鸟。绵蔓河下游有之)	
	张家口市、宣化县、张北县、康保县、沽源县、尚义县、蔚县、阳原县、怀安县、万全县、怀来县、涿鹿县、赤城县、崇礼县等地	民国二十四年(1935)《察哈尔省通志》	鸳鸯	
	香河县	民国二十五年(1936)《香河县志》	鸳鸯	
	馆陶县	民国二十五年(1936)《馆陶县志》	鸳鸯(体小于鸭,嘴扁平而短,趾有蹼。雄者羽美,雌者全体苍褐色。常偶居,故以喻夫妇之和睦。此种栖息于池沼,不多见)	
	南宫市	民国二十五年(1936)《南宫县志》	鸳鸯(亦鹜类)	
	易县	民国二十八年(1939)《易县志稿》	鸳鸯	
	滦县	1993年《滦县志》	《旧志》载之鹭鸶、鸳鸯、鸿、天鹅等,今已无	滦县志编纂委员会,1993
	安新县	2000年《安新县志》	20世纪50年代以前……鸳鸯、白鹭等也随处可见	安新县地方志编纂委员会,2000
	三河县	1988年《三河县志》	鸳鸯	河北省三河县志编纂委员会,1988
	宽城县	1990年《宽城县志》	鸳鸯	宽城县志编纂委员会,1990
	属唐山市	1990年《丰南县志》	鸳鸯(1958年曾在草泊区发现)	丰南县地方志编纂委员会,1990
	张北县	1994年《张北县志》	鸳鸯	张北县地方志编纂委员会,1994
	秦皇岛市	1994年《秦皇岛市志》	鸳鸯	秦皇岛市地方志编纂委员会,1994
	属秦皇岛市	1994年《北戴河志》	鸳鸯(【发现地点或生活环境】树林【居留期间】旅鸟【季节】春、秋)	秦皇岛市北戴河区地方志编纂委员会,1994
	安国市	1996年《安国县志》	鸳鸯	河北省安国市地方志编纂委员会编.1996

(续表)

省级政区	今 地 点	文 献	内 容	新方志出处
	桃城区	1996年《衡水市志》	鸳鸯	衡水市地方志编纂委员会,1996
	唐海县	1997年《唐海县志》	鸳鸯(1985年,第七农场职工曾在双龙河中发现)	唐海县志编纂委员会,1997
	曲阳县	1998年《曲阳县志》	鸳鸯	河北省曲阳县地方志编纂委员会,1998
	涉县	1998年《涉县志》	鸳鸯(栖于水中,成双而行,羽毛斑驳灰褐。境内古台水库栖息最多)	涉县地方志编纂委员会,1998
	尚义县	1999年《尚义县志》	鸳鸯	尚义县地方志编纂委员会,1999
	宁晋县	1999年《宁晋县志》	鸳鸯	宁晋县地方志编纂委员会,1999
	平乡县	1999年《平乡县志》	鸳鸯(近年少见)	平乡县地方志编纂委员会,1999
山西	和顺县	民国三年(1914)《和顺县志》	鸳鸯	
	朔州市	民国七年(1918)《马邑县志》	鸳鸯(时游泳于河中。文鸟也。每徘徊波际上下和鸣,令人动关雎思之焉)	
	浮山县	民国二十四年(1935)《浮山县志》	鸳鸯……瀱鹕(间有之)	
	沁水县	1987年《沁水县志》	鸳鸯	沁水县志编纂办公室,1987
	广灵县	1993年《广灵县志》	鸳鸯	山西省广灵县县志编纂委员会,1993
	盐湖区	1994年《运城市志》	鸳鸯	运城市地方志编纂委员会,1994
	交城县	1994年《交城县志》	鸳鸯	交城县志编写委员会,1994
	平顺县	1997年《平顺县志》	鸳鸯	平顺县志编纂委员会,1997
	太原市	1999年《太原市志》	鸳鸯(鸭科。为旅鸟,国家三级重点保护动物。栖息于晋阳湖一带)	太原市方志编纂委员会,1999
	娄烦县	1999年《娄烦县志》	鸳鸯	山西省娄烦县地方志编纂委员会,1999
	城区、高平市、泽州县、沁水县、阳城县、陵川县	1999年《晋城市志》	鸳鸯	晋城市地方志编纂委员会,1999
	榆社县	1999年《榆社县志》	鸳鸯(1983—1991年,云簇水库时有发现,属国家二级重点保护动物)	榆社县志编纂委员会,1999
	左权县	1999年《左权县志》	野鸳鸯	左权县志编纂委员会,1999

（续表）

省级政区	今 地 点	文 献	内 容	新方志出处
内蒙古	集宁区	民国十三年(1924)《集宁县志》	鸳鸯	
	集宁区、丰镇市、商都县、兴和县、察哈尔右翼前旗、察哈尔右翼中旗、察哈尔右翼后旗、锡林浩特市、二连浩特市、多伦县、阿巴嘎旗、苏尼特左旗、苏尼特右旗、东乌珠穆沁旗、西乌珠穆沁旗、太仆寺旗、镶黄旗、正镶白旗、正蓝旗等地	民国二十四年(1935)《察哈尔省通志》	鸳鸯	
	巴林右旗	1990年《巴林右旗志》	鸳鸯(旗内少见，唯东南部泡沼里发现，当地称土鸳鸯。雄性长30余cm，羽色美丽；眼棕色，外围有黄白色环纹。雌性稍小，背部苍褐色，腹部纯白。飞行力很强。以捕捉鱼、蛇类为食)	《巴林右旗志》编纂委员会，1990
	科尔沁右翼前旗	1991年《科尔沁右翼前旗志》	鸳鸯	科尔沁右翼前旗志编纂委员会，1991
	克什克腾旗	1993年《克什克腾旗志》	鸳鸯	克什克腾旗地方志编纂委员会，1993
	扎兰屯市	1993年《扎兰屯市志》	鸳鸯	扎兰屯市史志编纂委员会，1993
	属额尔古纳市	1993年《额尔古纳右旗志》	鸳鸯	额尔古纳右旗史志编纂委员会，1993
	准格尔旗	1993年《准格尔旗志》	数量较多的禽鸟有：麻雀、喜鹊、鸳鸯	《准格尔旗志》编纂委员会，1993
	赤峰市	1996年《赤峰市志》	鸳鸯	赤峰市地方志编纂委员会，1996
	牙克石市	1996年《牙克石市志》	鸳鸯	牙克石市志编纂委员会，1996
	鄂温克族自治旗	1996年《鄂温克族自治旗志》	鸳鸯	鄂温克族自治旗志编纂委员会，1996
	东胜市	1997年《东胜市志》	鸳鸯(境内均有分布)	《东胜市志》编纂委员会，1997
	伊金霍洛旗	1997年《伊金霍洛旗志》	鸳鸯	《伊金霍洛旗志》编纂委员会，1997
	根河市	1998年《根河市志》	鸳鸯	根河市史志编纂委员会，1998
	莫力达瓦达斡尔族自治旗	1998年《莫力达瓦达斡尔族自治旗志》	鸳鸯	莫力达瓦达斡尔族自治旗史志编纂委员会，1998
	磴口县	1998年《磴口县志》	常见的野生禽类有：野鸭、鸳鸯	磴口县地方志编纂委员会，1998

4.2 东北

东北各省级政区此时仍有鸳鸯分布记录。

《中国濒危动物红皮书：鸟类》也称，鸳鸯分布于"东北的长白山、乌苏里江、黑龙江一带的山地水域，以及图们江、松花江、鸭绿江上游山地水域繁殖"（汪松等，1998）。

4.2.1 辽宁

辽宁省还有鸳鸯栖息。

民国二十三年（1934）《奉天通志》还记载有"鸳鸯"，表明其时今辽宁省还有不少鸳鸯分布。

《辽宁动物志：鸟类》记述（黄沐朋等，1989）：

鸳鸯

别名：匹鸟（古名）、官鸭（通名）。

分布：鸭绿江，丹东，东沟（孤山），大连（马栏河、旅顺），盖县（仙人岛），营口，锦县（圈河），朝阳。

旅鸟。

按：据此，表明在宽甸县、丹东市、东港市、大连市、盖州市、营口市、凌海市、朝阳市、朝阳县等地有鸳鸯分布。

4.2.2 吉林

吉林省在20世纪还有不少地方有鸳鸯栖息。

《长白山鸟类》记载，鸳鸯"为夏候鸟。每年3月末至4月初迁来，9月末至10月初迁走。居留时间长达180天左右"，"为常见种"（傅桐生等，1984），说明在抚松县、长白朝鲜族自治县、和龙市、安图县一带有鸳鸯分布。

《吉林省野生动物图鉴：鸟类》称，鸳鸯"分布于四平、吉林、延边等地区"（吉林省野生动物保护协会，1987），亦即说明在吉林市、磐石市、蛟河市、桦甸市、舒兰市、永吉县、四平市、双辽市、公主岭市、梨树县、伊通满族自治县、延吉市、图们市、敦化市、珲春市、龙井市、和龙市、汪清县、安图县等地有鸳鸯栖息。

《白城地区志》记述（白城地区地方志编纂委员会，1992）：

50年代初，境内天然植被完好，有獐、东北原麝、鸳鸯、跳鼠等较珍贵野生动物群……到60年代，濒于绝迹。斑羚、猞猁、貉、豹猫、赤狐、草狐、狼等也大量减少。

1981年，建立向海、莫莫格自然保护区；1984年，建立洮安县永茂、四海和镇赉县大岗、通榆县兴隆山、白城市戈亮泡、扶余县木头垛禁猎区，使野生动物有所增多。

按：由此反映在洮北区、大安市、洮南市、镇赉县、通榆县、宁江区、扶余县、长岭县、乾安县、前郭尔罗斯蒙古族自治县等地虽还有鸳鸯栖息，但大部分地方未见延续记录。

4.2.3 黑龙江

黑龙江省是鸳鸯的主要繁殖地之一。

《中国鸟类分布名录》记载，鸳鸯在"东北部小兴安岭、中部一面坡和长白山，主要在松花江流域上游及乌苏里江流域"（郑作新，1976），这些地区似主要在黑龙江省境内。

《黑龙江省鸟类志》记述（黑龙江野生动物研究所，1992）：

鸳鸯

分布：国内分布于东部地区，繁殖于东北地区的东北部及河北。在黑龙江省分布几遍全境，采到标本的有完达山、带岭、镜泊湖、哈尔滨、帽儿山等地。

采集地：镜泊湖1925.4.22；哈尔滨1980.5.30；带岭1966.6.6；完达山1989.5

按：据此，反映在宝清县、饶河县、虎林市、伊春市、宁安市、哈尔滨市、尚志市等地有鸳鸯分布。

《黑龙江省志·地理志》（黑龙江省地方志编纂委员会，1998）不仅记述：

鸳鸯：又叫匹鸟，是美丽而珍贵的观赏鸟类，属于雁形目、鸭科。它雌雄成双，但外形相差悬殊。雄鸟羽毛华美绚丽，背褐色、腹白色，头上生有红、绿、紫、白色的长羽毛，翅膀生出一对栗黄色的扇状如帆的直立翼羽，十分漂亮；雌鸟小，灰褐色、没有帆羽。在北方，鸳鸯喜栖于山林中的溪流、湖泊和沼泽等地，雌雄形影不离，白天在水面上漂游、戏水，夜间常到阔叶林里活动觅食。主要食物有植物种子、根、茎、叶以及各种水生昆虫、小鱼和软体动物等。冬季迁到南方越冬，夏季飞回东北地区的吉林、黑龙江省一带营巢繁殖，属夏候鸟。

同时又散布有分布地信息：

鸳鸯：大兴安岭、小兴安岭、东部山地、三江平原、松嫩平原。

河谷沼地草甸州：主要位于黑龙江及呼玛河

沿岸，地势较低，海拔均在600 m以下。

“东南山地”主要位于松花江南岸，包括牡丹江、穆棱河流域的张广才岭、老爷岭及完达山等山地，在行政区划上包括尚志、延寿、依兰、勃利、密山、东宁、五常等20多个市县的全部或部分土地，总面积约占全省面积的1/5。

丰林自然保护区：位于宜春市五营区。

七星砬子自然保护区：位于桦南县、集贤县、双鸭山市的交接处。

牡丹峰自然保护区：位于牡丹江市东南15 km处。

按：据这些相关信息，排除重叠，约在尚志市、五常市、依兰县、方正县、延寿县、齐齐哈尔市、龙江县、泰来县、甘南县、富裕县、爱辉区、北安市、五大连池市、嫩江县、逊克县、孙吴县、大庆市、肇州县、肇源县、林甸县、杜尔伯特蒙古族自治县、伊春市、铁力市、嘉荫县、佳木斯市、同江市、富锦市、桦南县、桦川县、汤原县、抚远县、双鸭山市、集贤县、宝清县、饶河县、勃利县、虎林市、密山市、牡丹江市、穆棱市、绥芬河市、海林市、宁安市、东宁县、林口县、安达市、肇东市、大兴安岭地区、呼玛县、塔河县、漠河县等地，说明是鸳鸯栖息地。

4.2.4 方志记载的鸳鸯

此阶段的鸳鸯分布记录，虽有野外调查，但方志仍占较大比重。东北的鸳鸯在20世纪的分布(表7.8)如下。

表7.8　　20世纪东北的鸳鸯分布概况

省级政区	今地点	文献	内容	新方志出处
辽宁	沈阳市	民国六年(1917)《沈阳县志》	鸳鸯(《诗》:鸳鸯在梁，即此。止则相偶，飞则成双，失一俱死。义鸟也)	
	北镇市	民国十七年(1928)《北镇县志》	鸳鸯(形如鸭，色黄有纹，红头，翠鬣。止则相偶，飞则成双)	
	沈阳市、新民市、辽中县、康平县、法库县	1989年《沈阳市志》	鸳鸯	沈阳市人民政府地方志编纂办公室，1989
	属大连市	1989年《金县志》	鸳鸯	金州区地方志编纂委员会办公室，1989
	辽中县	1993年《辽中县志》	鸳鸯	沈阳市辽中县人民政府地方志编纂委员会，1993
	新宾满族自治县	1993年《新宾满族自治县志》	鸳鸯	房守志，1993
	丹东市、东港市、凤城市、宽甸满族自治县	1993年《丹东市志》	鸳鸯(旅鸟。水池水域较多见。杂食性，春秋迁徙时，以植物为食，兼食少量鱼、蛙及昆虫。市郊、东沟、宽甸、凤城等有分布。有较高的观赏价值)	丹东市地方志办公室，1993
	凌海市	1994年《锦州市志》	鸳鸯(旅鸟。锦县圈河)	锦州市地方志编纂委员会，1994
	凌源县	1995年《凌源县志》	鸳鸯(古代称“匹鸟”，俗称“宫鸟”。栖息于河坎子碾子沟村。性机警，遇惊即飞，边飞边叫，发出短促响亮的“哦几……哦几”声音。是价值较高的观赏动物)	凌源县志编纂委员会，1995
	抚顺县	1995年《抚顺县志》	鸳鸯	杜景琴，1995

（续表）

省级政区	今地点	文献	内容	新方志出处
	东港市	1996年《东沟县志》	鸳鸯	许敬文，1996
	庄河市	1996年《庄河县志》	鸳鸯	《庄河县志》编纂委员会办公室，1996
	凤城市	1997年《凤城市志》	鸳鸯	赵万兴主编，1997
	盘锦市、大洼县、盘山县	1998年《盘锦市志》	鸳鸯（匹鸟。雁形目，鸭科……主要分布在双台河口自然保护区）	盘锦市人民政府地方志办公室，1998
	抚顺市、抚顺县、新宾县、清原县	1999年《抚顺市志》	鸳鸯	抚顺市社会科学院，1999
吉林	安图县	民国十八年（1929）《安图县志》	鸳鸯（一名匹鸟，亦凫类也）	
	永吉县	1991年《永吉县志》	鸳鸯（少见）	永吉县志编纂委员会，1991
	属白山市、临江市、抚松县、靖宇县、长白县	1994年《浑江市志》	鸳鸯（140多只）	浑江市地方志编纂委员会，1994
	抚松县	1994年《抚松县志》	鸳鸯	抚松县地方志编纂委员会，1994
	辽源市、东丰县、东辽县	1995年《辽源市志》	鸳鸯（17只）	辽源市地方志编纂委员会，1995
	通化县	1996年《通化县志》	鸳鸯	通化县地方志编纂委员会，1996
	延吉市、图们市、敦化市、珲春市、龙井市、和龙市、汪清县、安图县	1996年《延边朝鲜族自治州志》	鸳鸯	延边朝鲜族自治州地方志编纂委员会，1996
黑龙江	宁安市	民国十三年（1924）《宁安县志》	鸳鸯（形如小鸭，色黄有文，红头翠鬣。止则相偶，飞则成双）	
	桦川县	民国十七年（1928）《桦川县志》	鸳鸯（水鸟。体小于鸭，嘴扁平而短，趾有蹼。雄者羽毛美丽，头有赤黑色羽冠，翼之上部黄褐色。雌者全体黄褐色，胸腹灰白。雄曰鸳，雌曰鸯。偶则不离，故以喻夫妇）	
	铁力县	1990年《铁力县志》	鸳鸯	铁力县志编纂委员会办公室，1990
	双鸭山市	1991年《双鸭山市志》	鸳鸯	双鸭山市地方志编纂委员会办公室，1991
	萝北县	1992年《萝北县志》	鸳鸯	萝北县地方志编纂委员会，1992
	安达县	1992年《安达县志》	鸳鸯	安达市地方志办公室，1992
	密山市	1993年《密山县志》	鸳鸯	密山县志编纂委员会，1993
	漠河县	1993年《漠河县志》	鸳鸯（……漠河为大兴安岭繁殖区的西北界）	漠河县志编纂委员会，1993

（续表）

省级政区	今地点	文献	内容	新方志出处
	伊春市、铁力市、嘉荫县	1995年《伊春市志》	鸳鸯	伊春市地方志编纂委员会，1995
	爱辉区、北安市、五大连池市、嫩江县、逊克县、孙吴县	1996年《黑河地区志》	鸳鸯	黑河市地方志编纂委员会，1996
	鸡西市、鸡东县	1996年《鸡西市志》	鸳鸯	鸡西市地方志编纂委员会，1996
	抚远县	1998年《抚远县志》	鸳鸯	抚远县地方志编纂委员会，1998

4.3 华东

华东各省级政区仍皆有鸳鸯分布记载。

4.3.1 上海

上海市有鸳鸯栖息记录。

《上海地区的国家保护动物》记载“鸳鸯：(冬候鸟)分布于崇明、金山2县和宝山区”（黄正一等，1991），亦即在宝山区、金山区、崇明县有鸳鸯越冬。

4.3.2 浙江

浙江省依然有较多鸳鸯分布地。

民国二十二年(1933)《鄞县通志》记述：

游禽类，鸭科。

为鸭类中最美丽者。体小于家鸭。色彩雌雄全异。雄之前头绿色有强光，后头铜赤色之长冠毛，眼之周围白色，颈部有赤褐色之长羽毛，胸部有黑白之横纹，背部黄褐，翼之上部有如银杏叶之饰羽一对，色黄褐，为其特征。雌之体色不及雄之美丽，全体苍褐色，翼无饰羽，胸腹间有白色浓斑。惟雄者夏季体色变异，稍似雌之色彩。善游泳，喜栖于淡水边，营巢于深山之树洞内。至秋冬，则至溪之下流、山麓、平原等处之湖流江河。

人以其美丽，常有养于园池以为赏玩。且又以其性喜偶栖，故比之于夫妇之爱好者。

按：此乃现代人对鸳鸯的描述，说法稍有差异。

《浙江动物志：鸟类》记述（浙江动物志编辑委员会等，1990）：

鸳鸯

别名：匹鸟、官鸭。

分布：全省分布；杭州、余杭、桐庐、淳安、宁波、金华、黄岩、瓯海、乐清、瑞安、泰顺等地的山塘水库中都有发现。1988年冬季，在离温州市区不远的一个水库中，发现100多只鸳鸯。标本采自杭州、余杭、萧山、嘉兴、宁波、瓯海、乐清和平阳。

冬候鸟。

按：据此，反映在杭州市、余杭市、桐庐县、淳安县、宁波市、金华市、台州市、温州市、乐清市、瑞安市、泰顺县、嘉兴市、平阳县等地皆有鸳鸯栖息。

4.3.3 福建

福建省还有不少鸳鸯分布地方。

《中国濒危动物红皮书：鸟类》称，鸳鸯分布于“福建中部山地”（汪松等，1998），实际上不止于此。

据“福州地情网”发布的信息①，就其中关于鸳鸯分布的几处情况综合判断，其资料记载似截止于20世纪末，而不是现今。

福州市郊区的“禽类”：历史上有雉、白鹇、雁、鸳鸯、鸡鶒、鹞、鹰、进鸟、鹊、鸦、鸠、燕、雀、黄雀、花鸰、鹧鸪、翡翠、画眉、蜡嘴、鹭鸶、啄木鸟、竹鸡、水鸭、天鹅、鸥、鹰、鸶、练雀（长尾三娘）、白头翁、信天翁、郭公、鹈鹕、布谷、百舌鸲（伯劳）、八哥（鸲鹆）、杜鹃、鸮、雉、鸽、海鹳、隼、虎鹰、山鹊、鸰、金晖、海鹤、倒挂鸟、嘉多鸟、独足鸟（山■鸟）、红娘、雷舞、山胡、雪姑儿、呼潮鹧等。现在有雉、白鹇、鹞、鹰、进鸟、鹊、鸠、燕、雀、黄雀、花鸰、鸰、鹧鸪、翡翠、画眉、啄木鸟、竹鸡、水鸭、八哥、山鹊等。似反映当地鸳鸯曾有分布。

长乐市的“鸟类”，主要有黑叉尾海燕、白鹈

① 福州地情网. http://www.fzdqw.com/showtext.asp? ToBook=1115&index=6&

鹕、斑嘴鹈鹕、鸬鹚、军舰鸟、白鹭、雁、野鸭、鸳鸯、蜂鹰、海雕、鹧鸪、鹌鹑、竹鸡、雉、小田鸡、鹬、海鸥、银鸥、灰背鸥、灰翅鸥、红嘴鸥、黑嘴鸥、白翅浮鸥、普通燕鸥、黑枕燕鸥、褐翅燕鸥、乌燕鸥、白额燕鸥、白顶燕鸥福建亚种、大凤头燕鸥、黑嘴端凤头燕鸥、扁嘴海雀、红翅绿鸠、斑尾鹃鸠、山斑鸠、灰斑鸠、鹦鹉、杜鹃、鸮、夜鹰、雨燕、鹃、鸦、乌鸦、喜鹊、鹪鹩、鸲、鹟、鹛、画眉、相思鸟、莺、鹟、燕雀、鸥。还有麻雀，却逐年减少，有的地方已见不到。说明长乐市当时还有鸳鸯等分布。

连江县境内山多，海阔，动物资源丰富。据1984年普查统计，还存在及可见的有247科519种，其中农、林业天敌动物62科173种。属国家一类保护的有金钱豹；属二类保护的有穿山甲、水獭、白鹇、鸳鸯；属三类保护的有猫头鹰、啄木鸟等。表明当时连江县还有鸳鸯存在。

4.3.4 山东

山东省仍有不少鸳鸯分布地方。

《中国鸟类分布名录》仅记载，鸳鸯在“山东青岛(旅鸟)”(郑作新，1976)，说明在青岛市有分布，但实际上不止于此。

《山东省志·生物志》记述(山东省地方史志编纂委员会，1998)：

鸳鸯：……分布较广，活动于河流、水库及山地溪流等处。雄鸟羽色艳丽，头具羽冠，由铜赤、紫、绿及白色等羽构成。翼上有1对栗黄色扇状直立羽，易于识别。雌鸟头、背灰褐，腹面纯白。

按：省志主要确认该省有鸳鸯广泛分布，以及活动的环境。

4.3.5 台湾

台湾不仅还有鸳鸯，而且明确为留鸟。

《台湾脊椎动物志》记述(陈兼善等，1984)：

鸳鸯(*Aix galericulata*)：此即所谓 Mandarin Duck(祁译官鸭)；亦名鸫，匹鸟。分布西伯利亚、我国东北各省，在台湾为稀有之留鸟，见于日月潭、鸳鸯湖等地。

按：据此，可见鸳鸯在南投县、新竹县、宜兰县等地有分布。

4.3.6 方志记载的鸳鸯

此阶段的鸳鸯分布记录，虽有野外调查，但方志仍占较大比重。华东的鸳鸯在20世纪的分布(表7.9)如下。

表7.9　20世纪华东的鸳鸯分布概况

省级政区	今 地 点	文 献	内 容	新方志出处
上海	嘉定区	民国十九年(1930)《嘉定县续志》	鸳鸯(体比鸭小，雄的毛片美丽，叫鸳。雌的苍褐色，叫鸯。常成对在一起，不分离。和凫同产自西乡。味道也很美)	
	崇明县	民国十三年(1924)《崇明县志》	鸳鸯(凫属。似鹂而文羽。《玉篇》云：匹鸟)	
	松江区	1991年《松江县志》	鸳鸯(近年均极少见)	上海市松江县地方史志编纂委员会，1991
江苏	常熟市	清光绪三十年(1904)《常昭合志》	鸳鸯	
	杭州市、富阳市、临安市、海宁市	民国五年(1916)《杭州府志》	鸳鸯……㶉鶒	
	沛县	民国九年(1920)《沛县志》	鸳鸯	
	邳州市	民国十二年(1923)《邳志补》	鸳鸯(俗名红雁戈者，讳之曰红鸭)	

（续表）

省级政区	今地点	文献	内容	新方志出处
	江都市	民国十五年(1926)《江都县志》	鸳鸯[毛羽有文彩。雌雄不相离。雄曰鸳，雌曰鸯。雄者美丽，嘴扁平[而]短，趾有蹼。雌者小，无毛冠]、鸂鶒[小如鸭。毛有五彩，首有缨，尾有毛。游行时，左雄右雌，群伍不乱。(《北湖续志》：俗名青鹤。《府志》以为秃秋，误)]	
	属江都市	民国十五年(1926)《甘泉县续志》	鸂鶒(似鸳鸯而大。羽五彩，多紫色。头有缨，尾羽上矗。游行时，雄左雌右，如有式度)、鸳鸯(雄鸣曰鸳，雌鸣曰鸯。雌雄不相离，卧则交颈，其交不再。雄者有文彩，红头，翠鬣，并有白毛下垂至尾。雌者小，无毛冠)	
	属苏州市	民国二十二年(1933)《吴县志》	鸳鸯(《香山小志》：即野鸭之类，网师时有获之者。按：体小于鸭，嘴扁平而短，趾有蹼。雄者羽毛美丽，头有白色羽冠，翼之上部黄褐色。雌者全体苍褐色，胸、腹灰白。栖于池沼之上。雄曰鸳，雌曰鸯。常偶居不离。《诗》：鸳鸯于飞。故以喻夫妇之和睦)、鸂鶒(《香山小志》：首有缨，尾如船柁。乡人不知其名，混呼之水鸟，今按俗。亦呼为鸳鸯，以鸂鶒一名紫鸳鸯也。今画家所绘鸳鸯，实皆鸂鶒耳。盖鸳鸯头有长白毛，尾无船柁形也)	
	南京市	民国二十四年(1935)《首都志》	鸭科有凫、金眼凫、鸳鸯(为此类中最美丽者)、雁、小鹅或绿翼鹅	
	高邮市	1990年《高邮县志》	鸳鸯	高邮县编史修志领导小组，1990
	溧阳县	1992年《溧阳县志》	鸳鸯	溧阳县志编纂委员会，1992
	盱眙县	1993年《盱眙县志》	鸳鸯	盱眙县县志编纂委员会，1993
	姜堰市	1993年《泰县志》	鸳鸯	泰县县志编纂委员会，1993
	徐州市	1994年《徐州市志》	鸳鸯	徐州市地方志编纂委员会，1994
	属苏州市	1994年《吴县志》	鸳鸯	吴县地方志编纂委员会，1994
	属南京市	1995年《江浦县志》	鸳鸯	江浦县地方志编纂委员会，1995
	邳州市	1995年《邳县志》	鸳鸯	邳州市地方志编纂委员会，1995
	属淮安市	1995年《淮阴市志》	鸳鸯	淮阴市地方志编纂委员会，1995

（续表）

省级政区	今地点	文献	内容	新方志出处
	兴化市	1995 年《兴化市志》	鸳鸯	兴化市地方志编纂委员会，1995
	如皋市	1995 年《如皋县志》	鸳鸯	如皋市地方志编纂委员会，1995
	常州市、金坛市、溧阳市	1995 年《常州市志》	鸳鸯	常州市地方志编纂委员会，1995
	苏州市、吴江市、昆山市、太仓市、常熟市、张家港市	1995 年《苏州市志》	鸳鸯（*Aix galericulate*，又名鸂鶒）	苏州市地方志编纂委员会，1995
	属淮安市	1996 年《淮阴县志》	鸳鸯	淮阴县地方志编纂委员会，1996
	江都市	1996 年《江都县志》	鸳鸯	江都市地方志编纂委员会，1996
	射阳县	1997 年《射阳县志》	鸳鸯	射阳县地方志编纂委员会，1997
	盐城市、东台市、大丰市、射阳县、阜宁县、滨海县、响水县、建湖县	1998 年《盐城市志》	鸳鸯	盐城市地方志编纂委员会，1998
	洪泽县	1999 年《洪泽县志》	鸳鸯	洪泽县地方志编纂委员会，1999
浙江	临安市	清宣统二年（1910）《临安县志》	鸳鸯（匹鸟。雌雄相匹，人得其一，其一必死）、鸂鷘（水鸟。五色，尾如船舵。在山泽中）	
	建德市	民国八年（1919）《建德县志》	鸳鸯	
	属富阳市	民国十一年（1922）《新登县志》	鸳鸯（毛色悦目。飞宿成双）	
	平阳县	民国十四年（1925）《平阳县志》	鸳鸯（旧：凫类而小，头戴长白毛垂之至尾。尾翅皆黑。雌雄不离。一种鸂鶒极相似。雌者羽毛灰色，雄者黄赤五彩，两翼尤美丽。羽可为饰）	
	象山县	民国十五年（1926）《象山县志》	鸳鸯（《嘉靖志》。案：《诗传》：匹鸟。《尔雅翼》：杏黄色尾，尾翅黑，头戴白长毛者，鸳鸯）、鸂鶒（《嘉靖志》。案：《埤雅》：溪鶒，五色，尾有毛如船柁。小于鸭。《尔雅翼》：五彩，首有缨者。一名溪式，又名紫鸳鸯）	
	莲都区	民国十五年（1926）《丽水县志》	鸳鸯	
	衢州市	民国十五年（1926）《衢州县志》	鸳鸯	
	入淳安县	民国十九年（1930）《遂安县志》	鸳鸯（按：鸳鸯，今殊未见）	

（续表）

省级政区	今 地 点	文 献	内 容	新方志出处
	嵊县志	民国二十二年(1933)《嵊县志》	鸂鶒……鸳鸯	
	属宁波市	民国二十二年(1933)《鄞县通志》	鸳鸯*	
	分属莲都区和武义县	民国二十三年(1934)《宣平县志》	鸳鸯(大如小鸭。其质杏黄色，有文彩)	
	属杭州市	民国二十四年(1935)《萧山县志稿》	鸳鸯	
	临海市	民国二十四(1935)《临海县志》	鸂鶒(《临海志》云：毛五色。善敕水取鱼)……鸳鸯(毛羽五色，雌雄相逐水滨)	
	宁海县、台州市、临海市、温岭县、玉环县、天台县、仙居县、三门县	民国二十五年(1936)《台州府志》	鸂鶒……鸳鸯	
	属杭州市	1987 年《萧山县志》	鸳鸯	萧山县志编纂委员会，1987
	淳安县	1990 年《淳安县志》	鸳鸯	浙江省淳安县志编纂委员会，1990
	江山市	1990 年《江山市志》	鸳鸯	江山市志编纂委员会，1990
	浦江县	1990 年《浦江县志》	鸳鸯(属国家二类保护鸟类，通济桥等水库附近有见)	浦江县志编纂委员会，1990
	青田县	1990 年《青田县志》	鸳鸯(也久已不见)	青田县志编纂委员会，1990
	龙游县	1991 年《龙游县志》	鸳鸯	浙江省龙游县志编纂委员会，1991
	永康县	1991 年《永康县志》	鸳鸯(已很少见)	永康县地方志编纂委员会，1991
	海盐县	1992 年《海盐县志》	鸳鸯	海盐县志编纂委员会，1992
	金华市	1992 年《金华县志》	鸳鸯	金华县志编纂委员会，1992
	三门县	1992 年《三门县志》	鸳鸯	三门县志编纂委员会，1992
	东阳市	1993 年《东阳市志》	鸳鸯	东阳市地方志编纂委员会，1993
	平阳县	1993 年《平阳县志》	鸳鸯等已绝迹	平阳县志编纂委员会，1993
	新昌县	1994 年《新昌县志》	鸳鸯	新昌县志编纂委员会，1994
	衢州市、江山市、常山县、开化县、龙游县	1994 年《衢州市志》	鸳鸯	《衢州市志》编纂委员会，1994
	莲都区	1994 年《丽水市志》	鸳鸯	《丽水市志》编纂委员会，1994
	杭州市、临安市、富阳市、建德市、桐庐县、淳安县	1995 年《杭州市志》	鸳鸯	杭州市地方志编纂委员会，1995
	海宁市	1995 年《海宁市志》	鸳鸯	《海宁市志》编纂委员会，1995

（续表）

省级政区	今地点	文献	内容	新方志出处
	宁波市、慈溪市、余姚市、奉化市、宁海县、象山县	1995年《宁波市志》	鸳鸯（雄性头顶具绿、白、栗色羽冠，成扇形竖立镜羽二片，背羽浅褐色，胸腹部纯白。雌性体羽苍褐色，胸腹间白色浓斑。营巢于深山树洞，成对生活湖河溪流中。1992年1月14日，发现近百对鸳鸯在奉化大堰镇柏坑水库越冬，筑窝于石崖上）	宁波市地方志编纂委员会，1995
	景宁畲族自治县	1995年《景宁畲族自治县志》	鸳鸯	景宁畲族自治县志编纂委员会，1995
	桐乡市	1996年《桐乡县志》	鸳鸯（别名匹鸟、官鸭。雁形目，鸭科。冬候鸟。善于游泳和潜水，主要以鱼类为食，属罕见种类）	桐乡市《桐乡县志》编纂委员会，1996
	属宁波市	1996年《鄞县志》	鸳鸯	浙江省鄞县志编纂委员会，1996
	越城区、诸暨市、上虞市、嵊州市、绍兴县、新昌县	1996年《绍兴市志》	鸳鸯	绍兴市地方志编纂委员会，1996
	苍南县	1996年《中国国情丛书：百县市经济社会调查：苍南卷》	鸳鸯	丁伟志等，1996
	缙云县	1996年《缙云县志》	鸳鸯	缙云县志编纂委员会，1996
	云和县	1996年《云和县志》	鸳鸯	《云和县志》编纂委员会，1996
	遂昌县	1996年《遂昌县志》	鸳鸯	遂昌县志编纂委员会，1996
	松阳县	1996年《松阳县志》	鸳鸯	松阳县志编纂委员会，1996
	嘉兴市、平湖市、海宁市、桐乡市、嘉善县、海盐县	1997年《嘉兴市志》	鸳鸯	《嘉兴市志》编纂委员会，1997
	湖州市、长兴县、德清县、安吉县	1999年《湖州市志》	鸳鸯	湖州市地方志编纂委员会，1999
	绍兴县	1999年《绍兴县志》	鸳鸯	绍兴县地方志编纂委员会，1999
安徽	霍山县	清光绪三十一年（1905）《霍山县志》	鸳鸯	
	枞阳县	清光绪三十二年（1906）《分水县志》	鸳鸯	
	南陵县	清宣统三年（1911）《南陵县志》	鸳鸯（一名匹鸟，一名文禽。雄曰鸳，雌曰鸯。性相偶，游水雄左雌右。并翅而飞，交颈而卧）	【3方志】
	蒙城县	民国四年（1915）《蒙城县志书》	鸳鸯	

（续表）

省级政区	今地点	文献	内容	新方志出处
	芜湖市	民国八年(1919)《芜湖县志》	㶉鶒……鸳鸯	
	太和县	民国十四年(1925)《太和县志》	鸳鸯	
	歙县	民国二十六年(1937)《歙县志》	鸳鸯(体小于凫。雄者文彩甚美,雌则否。雌雄常双栖)、㶉鶒(似鸳鸯而稍大,羽五彩而多紫色。故又名紫鸳鸯)	
	黄山市、歙县、休宁县、黟县	1988年《黄山志》	鸳鸯	《黄山志》编纂委员会,1988
	休宁县	1990年《休宁县志》	鸳鸯	休宁县地方志编纂委员会,1990
	祁门县	1990年《祁门县志》	鸳鸯	祁门县地方志编纂委员会办公室,1990
	芜湖县	1993年《芜湖县志》	鸳鸯	芜湖县地方志编纂委员会,1993
	临泉县	1994年《临泉县志》	鸳鸯	临泉县地方志编纂委员会,1994
	埇桥区、砀山县、萧县、灵璧县、泗县	1995年《宿县地区志》	鸳鸯	安徽省宿县地区地方志编纂委员会,1995
	界首市	1995年《界首县志》	鸳鸯	界首市地方志编纂委员会,1995
	安庆市、桐城市、怀宁县、枞阳县、潜山县、太湖县、宿松县、望江县、岳西县、贵池区、东至县	1995年《安庆地区志》	鸳鸯	安庆地区地方志编纂委员会,1995
	桐城县	1995年《桐城县志》	鸳鸯	桐城县地方志编纂委员会,1995
	歙县	1995年《歙县志》	鸳鸯	歙县地方志编纂委员会,1995
	安庆市	1997年《安庆市志》	鸳鸯	安庆市地方志编纂委员会,1997
	宁国市	1997年《宁国县志》	鸳鸯	宁国县地方志编纂委员会,1997
	淮南市	1998年《淮南市志》	鸳鸯	淮南市地方志编纂委员会,1998
	滁州市	1998年《滁州市志》	鸳鸯	滁州市(县级)地方志编纂委员会,1998
	绩溪县	1998年《绩溪县志》	鸳鸯	绩溪县地方志编纂委员会,1998
	合肥市、长丰县、肥东县、肥西县	1999年《合肥市志》	鸳鸯	合肥市地方志编纂委员会,1999
福建	浦城县	清光绪二十六年(1900)《浦城县志》	鸳鸯(喙趾似凫,毛有五采)……㶉鶒(身五色,尾有毛如船柁)	
	政和县	民国八年(1919)《政和县志》	鸳鸯(喙趾似凫,文彩斑斓。雄曰鸳,雌曰鸯。偶居,双飞。其交不再浮游,则雄左雌右。鸟中之知义者。《尔雅》称匹鸟)	

（续表）

省级政区	今地点	文献	内容	新方志出处
	建宁县	民国八年(1919)《建宁县志》	鸳鸯(凫属。羽黄赤五色，匹鸟也。雄曰鸳，雌曰鸯。飞止不舍。其浮游，雄左，雌右。宿则雄翼右掩左。人得其一，则其一相思而死)、鸂鶒(鸳鸯类。尾有毛如船舵。亦群伍不乱。食短狐，以勅逐邪害而名)	
	延平区	民国九年(1920)《南平县志》	鸳鸯(匹鸟。雌雄不相离)……鸂鹕[毛五色。游于溪中，左雄右雌，群(舞)[伍]不乱]	
	永泰县	民国十一年(1922)《永泰县志》	鸂鶒(《埤雅》：鸂鶒，五色，尾有毛如船舵。小于鸭。性食短狐，盖溪中之勅邪逐恶者)……鸳鸯(水鸟，似凫。毛有文彩。雄雌未尝相离，人得其一，则其一必相思而死)	
	尤溪县	民国十六年(1927)《尤溪县志》	鸳鸯(《古今注》：鸳鸯，水鸟。雌雄未尝相离。人得其一，则一者相思而死)	
	永春县	民国十六年(1927)《永春县志》	鸳鸯(匹鸟也)	
	沙县	民国十七年(1928)《沙县志》	鸳鸯(凫类。如鸭，有文彩，红头，翠鬣，黑翅，红掌。头有白毛垂之至尾。交颈而卧。雌雄不相离，匹鸟也。人得其一，一思而死)……鸂鶒(《埤雅》：鸂鶒，五色，尾有毛如船舵。小于鸭。性食短狐，盖溪中之勅邪逐恶者)	
	属厦门市	民国十八年(1929)《同安县志》	鸳鸯(匹鸟也。体小于鸭，嘴扁平而短，趾有蹼。雄者羽毛丽美，头有紫黑色羽冠，翼上部黄褐色。雌者全体皆黑，胸腹灰白。雌雄不相离。人得其一，其一则死)	
	建瓯市	民国十八年(1929)《建瓯县志》	鸳鸯(水鸟。雌雄未尝相离。喙、趾似凫而有文彩)	
	建阳市	民国十八年(1929)《建阳县志》	鸳鸯(一名匹鸟。李时珍曰：鸳鸯终日并游，有宛在水中央之意也。崔豹《古今注》曰：鸳鸯，雌雄不相离。人获其一，则其一相思而死，故谓之匹鸟)……相思鸟(俗呼双双鸟。捕之者多得成对，亦鸳鸯之亚也。身小如燕，鸣声甚佳)	

（续表）

省级政区	今地点	文献	内容	新方志出处
	大田县	民国二十年(1931)《大田县志》	鸂鶒(《埤雅》云：鸂鶒，五色，尾有毛如船柁。其浮游，雄者左，雌者右，群伍皆有式度。盖溪中之勅邪逐恶者)、鸳鸯(《尔雅》曰：匹鸟也。喙、趾如凫，文彩绚烂。雄曰鸳，雌曰鸯。飞止不离。栖土穴中。《函史》曰：人得其一，则一必思而死)	
	闽侯县	民国二十二年(1933)《闽侯县志》	鸳鸯(雄雌未尝相离，人得其一，一必思而死)	
	连城县	民国二十七年(1938)《连城县志》	鸳鸯	
	云霄县	民国三十六年(1947)《云霄县志》	鸳鸯	
	尤溪县	1987年《尤溪县志》	鸳鸯	尤溪县志编纂委员会，1987
	宁化县	1992年《宁化县志》	鸳鸯	宁化县志编纂委员会，1992
	沙县	1992年《沙县志》	鸳鸯……鸂鶒	沙县地方志编纂委员会，1992
	德化县	1992年《德化县志》	鸳鸯	德化县地方志编纂委员会，1992
	新罗区、漳平市、长汀县、永定县、上杭县、武平县、连城县	1992年《龙岩地区志》	鸳鸯	龙岩地区地方志编纂委员会，1992
	龙海市	1993年《龙海县志》	鸳鸯	福建省龙海县地方志编纂委员会，1993
	长汀县	1993年《长汀县志》	鸳鸯	长汀县地方志编纂委员会，1993
	连城县	1993年《连城县志》	鸳鸯	连城县地方志编纂委员会，1993
	周宁县	1993年《周宁县志》	鸳鸯	周宁县地方志编纂委员会，1993
	建瓯市	1994年《建瓯县志》	鸳鸯	建瓯县地方志编纂委员会，1994
	建阳市	1994年《建阳县志》	鸳鸯	建阳县地方志编纂委员会，1994
	顺昌县	1994年《顺昌县志》	鸳鸯	顺昌县地方志编纂委员会，1994
	浦城县	1994年《浦城县志》	鸳鸯(冬候鸟，东坑等水库有见)	浦城县地方志编纂委员会，1994
	松溪县	1994年《松溪县志》	鸳鸯(为数甚少，分布于堑上、花岩等地溪涧山林)	松溪县地方志编纂委员会，1994
	政和县	1994年《政和县志》	鸳鸯	政和县地方志编纂委员会，1994
	永安市	1994年《永安市志》	鸳鸯	永安市地方志编纂委员会，1994
	清流县	1994年《清流县志》	鸳鸯	清流县地方志编纂委员会，1994
	属泉州市	1994年《晋江市志》	鸳鸯	晋江市地方志编纂委员会，1994
	平和县	1994年《平和县志》	鸳鸯	平和县地方志编纂委员会，1994
	建宁县	1995年《建宁县志》	鸳鸯	建宁县地方志编纂委员会，1995
	仙游县	1995年《仙游县志》	鸳鸯	仙游县地方志编纂委员会，1995

（续表）

省级政区	今地点	文献	内容	新方志出处
	蕉城区	1995 年《宁德市志》	鸳鸯	宁德市地方志编纂委员会，1995
	大田县	1996 年《大田县志》	鸳鸯	大田县地方志编纂委员会，1996
	华安县	1996 年《华安县志》	鸳鸯	华安县地方志编纂委员会，1996
	南靖县	1997 年《南靖县志》	鸳鸯	南靖县地方志编纂委员会，1997
	古田县	1997 年《古田县志》	鸳鸯（官鸭）	古田县地方志编纂委员会，1997
	罗源县	1998 年《罗源县志》	鸳鸯	罗源县地方志编纂委员会，1998
	将乐县	1998 年《将乐县志》	鸳鸯	将乐县地方志编纂委员会，1998
	福安市	1999 年《福安市志》	鸳鸯	福安市地方志编纂委员会，1999
	屏南县	1999 年《屏南县志》	鸳鸯	屏南县地方志编纂委员会，1999
江西	萍乡市	民国二十四年(1935)《昭萍志略》	灢①	
	分宜县	民国二十九年(1940)《分宜县志》	鸳鸯（各山林间。无确数）	
	星子县	1990 年《星子县志》	鸳鸯	江西省星子县志编纂委员会，1990
	大余县	1990 年《大余县志》	鸳鸯	江西省大余县志编纂委员会，1990
	铅山县	1990 年《铅山县志》	鸳鸯（1982 年 5 月发现于武夷山桐木水上。此鸟雄雌偶居不离，古称“匹鸟”“官鸟”，民间视为男女美好姻缘的象征。列国家二类保护）	铅山县县志编纂委员会，1990
	新干县	1990 年《新干县志》	鸳鸯	江西省新干县志编纂委员会，1990
	德安县	1991 年《德安县志》	鸳鸯	德安县地方志编纂委员会，1991
	弋阳县	1991 年《弋阳县志》	鸳鸯（候鸟，是美丽的观赏鸟类，雌雄异色，雄鸟羽毛绚烂，栖息于幽静的溪流，成对生活，善行走和游泳，在信江水面出现）	弋阳县县志编纂委员会，1991
	上犹县	1992 年《上犹县志》	鸳鸯	江西省上犹县志编纂委员会，1992
	永新县	1992 年《永新县志》	鸳鸯	永新县志编纂委员会，1992
	渝水区	1993 年《新余市志》	鸳鸯	江西省新余市志编纂委员会，1993
	瑞金市	1993 年《瑞金县志》	鸳鸯	瑞金县志编纂委员会，1993
	南康市	1993 年《南康县志》	鸳鸯	南康县志编纂委员会，1993
	德兴县	1993 年《德兴县志》	鸳鸯	江西省德兴市地方志编纂委员会，1993
	婺源县	1993 年《婺源县志》	鸳鸯	婺源县志编纂委员会，1993
	永丰县	1993 年《永丰县志》	鸳鸯（雄性羽毛绚丽，眼棕色，外围有黄白色环，嘴红棕色。雌性稍小，背部苍褐色，腹部纯白。能飞善泳。鸳鸯雌雄偶居不离，故称“匹鸟”。常栖息于池沼和溪流中）	江西省永丰县志编纂委员会，1993

（续表）

省级政区	今地点	文献	内容	新方志出处
	吉安县	1994年《吉安县志》	鸳鸯	吉安县志编纂委员会，1994
	南昌市、南昌县、新建县、安义县、进贤县	1997年《南昌市志》	鸳鸯	南昌市地方志编纂委员会，1997
	资溪县	1997年《资溪县志》	鸳鸯	资溪县地方志编纂委员会，1997
	浮梁县	1998年《浮梁县志》	鸳鸯	浮梁县地方志编纂委员会，1998
山东	章丘市	清光绪三十三年（1907）《章丘县乡土志》	鸳鸯	
	分属武城、平原、夏津县	清宣统元年（1909）《恩县志》	鸳鸯	
	邹平县	民国三年（1914）《邹平县志》	鸳鸯	
	临沂市	民国六年（1917）《临沂县志》	鸳鸯（俗名红鸭。沂河中有之）	
	属烟台市	民国九年（1920）《福山县志》	鸳鸯	
	青岛市、胶州市、即墨市	民国十七年（1928）《胶澳志》	鸳鸯	
	属烟台市	民国二十年（1931）《福山县志稿》	鸳鸯	
	齐河县	民国二十二年（1933）《齐河县志》	鸳鸯（一名文禽，匹鸟也。似凫，毛有文彩，头白。雌雄不能相离。人获其一，其一则不复匹。盖性然也）	
	庆云县等地	民国二十三年（1934）《天津卫志》	鸳鸯	
	利津县	民国二十四年（1935）《利津县续志》	鸳鸯	
	莱阳市	民国二十四年（1935）《莱阳县志》	鸳鸯（雄曰鸳，雌曰鸯。偶居不离，人获其一，则不复匹而相思以死。《涅槃经》谓之婆罗迦邻提）	
	临朐县	民国二十四年（1935）《临朐县志》	鸳鸯	
	高密市	民国二十四年（1935）《高密县志》	鸳鸯（按：境内无仙鹤、鸳鸯鸟。此本《旧志》或百脉湖九穴泊未塞以前有之）、鸂鶒	
	东平县	民国二十五年（1936）《东平县志》	鸳鸯（水鸟。体小于鸭，嘴扁平而短，趾有蹼。雄者羽毛美丽，头有紫黑色羽冠，翼之上部黄褐色。雌者全体苍褐色，胸、腹灰白。栖息于池沼之上。雄曰鸳，雌曰鸯。常偶居不离，故人喻夫妇之和好）	
	临沂市	民国二十六年（1937）《临沂县志》	鸳鸯	

（续表）

省级政区	今地点	文献	内容	新方志出处
	平阴县	1991 年《平阴县志》	鸳鸯	平阴县地方史志编纂委员会，1991
	蒙阴县	1992 年《蒙阴县志》	鸳鸯	蒙阴县志编纂委员会办公室，1992
	日照市	1994 年《日照市志》	鸳鸯	日照市地方史志编纂委员会，1994
	文登市	1996 年《文登市志》	鸳鸯	山东省文登市地方史志编纂委员会，1996
	兖州市	1997 年《兖州市志》	鸳鸯	山东省兖州市地方史志编纂委员会，1997
	泰安市、新泰市、肥城市、宁阳县、东平县、汶上县、泗水县、莱芜市、平阴县	1997 年《泰安地区志》	鸳鸯	山东省泰安市地方史志编纂委员会，1997
	乳山市	1998 年《乳山市志》	鸳鸯	山东省乳山市地方志编纂委员会，1998
	东昌府区	1999 年《聊城市志》	鸳鸯	山东省聊城市地方史志编纂委员会，1999
台湾	桃园县	1956 年《桃园县志》	鸳鸯（属游禽类，似凫而小，嘴扁颈长，趾有蹼，羽色美丽。雄者头后有冠毛，铜赤色，背部黄褐，腹白。翼之上部有黄褐色饰羽，形似银杏叶。嘴红足黄，雄体稍小。水中游禽）	郭薰风等，1956
	宜兰县	1965 年《宜兰县志》	鸳鸯（*Aix galericulata*……雄颇美丽，头部金属绿色，头后部附长冠毛，背面呈有光泽之紫褐色，翼切风羽，内瓣发达成扇形，胸部紫青色，有黑及白两条横线随至侧部，腹白色，嘴赤褐色，长约 30 cm。栖息山地）	卢世标，1965
	南投县	1978 年《南投县志稿》	鸳鸯（*Aix galericulata*（LINNAEUS）雄鸟之额、头顶为有金属光泽之绿色，后头铜赤色与有金属光泽之绿色，此部之羽毛延长成冠状……日月潭、埔里）	刘枝万等，1978
	嘉义县	1982 年《嘉义县志》	鸳鸯（《尔雅》：匹鸟也。喙、趾似凫，而文彩绚烂，雄曰鸳，雌曰鸯，止想偶，飞则双，其交不再）	赖子清等，1982

注："*"即详见正文。①原文即此。

4.4 中南

中南在20世纪绝大部分省级政区仍有鸳鸯分布记录。

4.4.1 湖北

湖北省仍有多地有鸳鸯栖息记载。

主要根据多种资料汇集的《襄樊地区鸟类概况》称当地有鸟类360多种，其中有鸳鸯等国家一、二级保护物种45种（陈秋实，2002）。可以说反映了襄樊市、老河口市、枣阳市、宜城市、南漳县、谷城县、保康县等地在21世纪前的分布情况。

4.4.2 湖南

湖南省依然有鸳鸯生息、繁衍。

据何业恒称，宁乡县沙田一带，1930年代冬季，常见到鸳鸯；1950年代后，就很少见到了（何业恒，1994）。

《湖南省志》（湖南省志编纂委员会，1987）记述：

鸳鸯：匹鸟。我省游禽中的地方性留鸟。常栖息于河湖、山川等僻静水区。终生成对生活，形影不离。性嗜水浴，称为“戏水”。休息时将头藏于背羽下，或伫立水边，或漂浮水面，深有情趣。飞翔力强，离水面时常直线上升。多营巢于树洞中。体形小，嘴扁平而短。雄鸟羽色艳丽，翼上三级飞羽的最后一枚竖立成扇形，格外醒目，被称为“相思羽”。雌鸟背色苍褐，腹面白色，体态一般。主要分布于洞庭湖区，湘西、湘南等山区的水域也有分布。鸳鸯是一种名贵的观赏鸟，由于数量不多，现已列入第二类保护对象。

按：此处不仅有鸳鸯的形态与习性描述，而且说明其在湖南属留鸟，还提及它们在洞庭湖区，湘西、湘南等山区的水域分布。

4.4.3 广西

广西壮族自治区仍有鸳鸯栖息记录。

《广西通志：自然地理志》虽在“国家二级重点保护的野生动物”中列举有鸳鸯与斑嘴鹈鹕、白琵鹭、白额雁、褐冠鹃隼、凤头鹃隼、厚嘴绿鸠、斑尾鹃鸠、绯胸鹦鹉、花头鹦鹉、褐翅鸦鹃（毛鸡）、小鸦鹃等多种（广西壮族自治区地方志编纂委员会，1994），但不能证明在全自治区有鸳鸯分布。

4.4.4 方志记载的鸳鸯

此阶段的鸳鸯分布记录，虽有野外调查，但方志仍占较大比重。中南的鸳鸯在20世纪的分布（表7.10）如下。

表7.10　20世纪中南的鸳鸯分布概况

省级政区	今地点	文献	内容	新方志出处
河南	南阳市	清光绪三十年（1904）《南阳县户口地土物产畜牧表图说》	鸳鸯（见白水侧）	
	洛宁县	民国六年（1917）《洛宁县志》	鸳鸯（即鸂鶒）	
	魏都区、许昌县	民国十二年（1923）《许昌县志》	鸳鸯（水鸟）	
	荥阳市	民国十七年（1928）《汜水县志》	鸳鸯	
	分属郑州市、新郑市、中牟县	民国二十年（1931）《郑县志》	鸳鸯	
	确山县	民国二十年（1931）《确山县志》	鸳鸯	
	魏都区、许昌县	民国二十二年（1933）《许昌县志》	鸳鸯（《玉篇》：匹鸟。雄曰鸳，雌曰鸯。崔豹《古今注》：凫类。雌雄未尝相离，人得其一，则一必思而死，故谓匹鸟。《正字通》：鸳鸯，红头，翅尾黑。头有白长毛，质杏黄色，具文彩）	

（续表）

省级政区	今 地 点	文 献	内 容	新方志出处
	淮阳县	民国二十三年(1934)《淮阳县志》	鸳鸯	
	灵宝市	民国二十四年(1935)《灵宝县志》	鸳鸯	
	陕县	民国二十五年(1936)《陕县志》	鸳鸯	
	信阳市	民国二十五年(1936)《信阳县志》	鸳鸯	
	光山县	民国二十五年(1936)《光山县志》	鸳鸯(凫类。头红有帻，翅、尾黑，身杏黄具文彩。雄鸳，雌鸯。匹偶未尝相离，故称匹鸟)	
	邓州市	民国三十一年(1942)《邓县志》	鸳鸯	
	洛阳市	民国三十五年(1946)《洛阳县志》	鸳鸯	
	淮滨县	1986 年《淮滨县志:1951—1983》	鸳鸯	淮滨县志编纂委员会,1986
	陕县	1988 年《陕县志》	鸳鸯	陕县地方史志编纂委员会,1988
	西峡县	1990 年《西峡县志》	鸳鸯	西峡县志编纂委员会,1990
	淅川县	1990 年《淅川县志》	鸳鸯	淅川县地方史志编纂委员会,1990
	渑池县	1991 年《渑池县志》	鸳鸯	渑池县志编纂委员会,1991
	洛宁县	1991 年《洛宁县志》	鸳鸯	洛宁县志编纂委员会,1991
	长垣县	1991 年《长垣县志》	鸳鸯	长垣县地方史志编纂委员会,1991
	柘城县	1991 年《柘城县志》	鸳鸯	柘城县志编纂委员会,1991
	光山县	1991 年《光山县志》	鸳鸯	光山县史志编纂委员会,1991
	淮阳县	1991 年《淮阳县志》	鸳鸯	淮阳县地方志编纂委员会,1991
	新密市	1992 年《密县志》	鸳鸯	密县地方史志编纂委员会,1992
	灵宝市	1992 年《灵宝县志》	鸳鸯	灵宝县地方史志编纂委员会,1992
	辉县市	1992 年《辉县市志》	鸳鸯	辉县市史志编纂委员会,1992
	方城县	1992 年《方城县志》	鸳鸯	方城县地方志编纂委员会,1992
	信阳市、息县、淮滨县、潢川县、光山县、固始县、商城县、罗山县、新县	1992 年《信阳地区志》	鸳鸯，连康山保护区：鸳鸯	信阳地区地方史志编纂委员会,1992
	卫辉市	1993 年《卫辉市志》	鸳鸯	卫辉市地方史志编纂委员会,1993
	魏都区、禹州市、长葛市、许昌县、鄢陵县	1993 年《许昌市志》	鸳鸯	许昌市地方志编纂委员会,1993
	舞阳县	1993 年《舞阳县志》	鸳鸯	舞阳县志编纂委员会,1993
	舞钢市	1993 年《舞钢市志》	鸳鸯	舞钢市地方史志编纂委员会,1993
	栾川县	1994 年《栾川县志》	鸳鸯	栾川县地方史志编纂委员会,1994
	平顶山市、舞钢市、汝州市、宝丰县、叶县、鲁山县、郏县、襄城县	1994 年《平顶山市志》	鸳鸯	平顶山市地方史志编纂委员会,1994

（续表）

省级政区	今地点	文献	内容	新方志出处
	南阳市、邓州市、南召县、方城县、西峡县、镇平县、内乡县、淅川县、社旗县、唐河县、新野县、桐柏县	1994年《南阳地区志》	西峡县老界岭自然保护区：鸳鸯，桐柏县太白顶自然保护区：鸳鸯	南阳地区地方史志编纂委员会，1994
	内乡县	1994年《内乡县志》	鸳鸯	内乡县地方史志编纂委员会，1994
	遂平县	1994年《遂平县志》	鸳鸯	遂平县志编纂委员会，1994
	汝阳县	1995年《汝阳县志》	鸳鸯	汝阳县地方史志编纂委员会，1995
	叶县	1995年《叶县志》	鸳鸯	叶县地方史志编纂委员会，1995
	桐柏县	1995年《桐柏县志》	鸳鸯	桐柏县地方史志编纂委员会，1995
	上蔡县	1995年《上蔡县志》	鸳鸯	上蔡县地方史志编纂委员会，1995
	南阳市、邓州市、南召县、方城县、西峡县、镇平县、内乡县、淅川县、社旗县、唐河县、新野县、桐柏县	1996年《南阳地区志：1986—1994》	鸳鸯	南阳地区地方史志编纂委员会，1996
	邓州市	1996年《邓州市志》	鸳鸯	邓州市地方史志编纂委员会，1996
	镇平县	1998年《镇平县志》	鸳鸯	镇平县地方史志编纂委员会，1998
	漯河市	1999年《漯河市志》	鸳鸯	漯河市地方史志编纂委员会，1999
湖北	郧西县	民国二十五年(1936)《郧西县志》	鸳鸯	
	来凤县	1990年《来凤县志》	鸳鸯	湖北省来凤县县志编纂委员会，1990
	谷城县	1991年《谷城县志》	鸳鸯	湖北省谷城县地方志编纂委员会，1991
	崇阳县	1991年《崇阳县志》	鸳鸯	崇阳县志编纂委员会，1991
	属武汉市	1992年《新洲县志》	鸳鸯	新洲县志编纂委员会，1992
	红安县	1992年《红安县志》	鸳鸯	红安县县志编纂委员会，1992
	咸安区	1992年《咸宁市志》	鸂鸯(亦名鸂鸭，又名鸳鸯，身有纹，尾如船舵，游弋时左雄右雌，成双成对)	湖北省咸宁市地方志编纂委员会，1992
	洪湖县	1992年《洪湖县志》	鸳鸯	洪湖市地方志编纂委员会，1992
	丹江口市	1993年《丹江口市志》	鸳鸯	湖北省丹江口市地方志编纂委员会，1993
	属宜昌市	1993年《宜昌县志》	鸳鸯	湖北省宜昌县地方志编纂委员会，1993
	建始县	1994年《建始县志》	鸳鸯	建始县地方志编纂委员会，1994

（续表）

省级政区	今地点	文献	内容	新方志出处
	郧西县	1995年《郧西县志》	鸳鸯（多出现山沟溪边，今略少见）	湖北省郧西县地方志编纂委员会办公室，1995
	神农架林区	1996年《神农架志》	鸳鸯	湖北省神农架林区地方志编纂委员会，1996
	荆州市、石首市、洪湖市、松滋市、江陵县、公安县、监利县、钟祥市、仙桃市、天门市、潜江市	1997年《荆州地区志》	鸳鸯	荆州地区地方志编纂委员会，1996
	蕲春县	1997年《蕲春县志》	鸳鸯	湖北省蕲春县地方志编纂委员会，1997
	武汉市	1998年《武汉市志》	鸳鸯	武汉市地方志编纂委员会，1998
	宜城市	1998年《宜城志》	鸳鸯	湖北省宜城市地方志编纂委员会，1998
	罗田县志	1998年《罗田县志》	鸳鸯	罗田县地方志编纂委员会，1998
	英山县	1998年《英山县志》	鸳鸯	英山县志编纂委员会，1998
	属黄石市	1998年《铁山区志》	鸳鸯	黄石市铁山区地方志编纂委员会，1998
	恩施市、利川市、建始县、巴东县、宣恩县、咸丰县、来凤县、鹤峰县	1998年《恩施州志》	鸳鸯	湖北省恩施土家族苗族自治州地方志编纂委员会，1998
湖南	城步苗族自治县	1984年《城步苗族自治县概况》	鸳鸯	《城步苗族自治县概况》编写组，1984
	属常德市	1993年《常德市志》	鸳鸯	常德市志编纂委员会，1993
	汉寿县	1993年《汉寿县志》	鸳鸯	汉寿县志编纂委员会，1993
	湘乡县	1993年《湘乡县志》	鸳鸯	湘乡县志编纂委员会，1993
	常宁县	1993年《常宁县志》	鸳鸯	常宁县志编纂委员会，1993
	祁阳县	1993年《祁阳县志》	鸳鸯	《祁阳县志》编纂委员会，1993
	新晃侗族自治县	1993年《新晃县志》	鸳鸯	新晃侗族自治县志编纂委员会，1993
	平江县	1994年《平江县志》	鸳鸯	湖南省平江县志编纂委员会，1994
	江华瑶族自治县	1994年《江华瑶族自治县志》	鸳鸯	湖南省江华瑶族自治县志编纂委员会，1994
	鹤城区	1994年《怀化市志》	鸳鸯	湖南省怀化市志编纂委员会，1994
	辰溪县	1994年《辰溪县志》	鸳鸯	辰溪县志编纂委员会，1994
	麻阳县	1994年《麻阳县志》	鸳鸯	麻阳县志编纂委员会，1994

（续表）

省级政区	今 地 点	文 献	内 容	新方志出处
	汨罗市	1995 年《汨罗市志》	鸳鸯	汨罗市志编纂委员会，1995
	湘阴县	1995 年《湘阴县志》	鸳鸯	湖南省湘阴县志编纂委员会，1995
	湘潭县	1995 年《湘潭县志》	鸳鸯（濒临绝迹）	湘潭县地方志编纂委员会，1995
	江永县	1995 年《江永县志》	鸳鸯鸟	湖南省江永县志编纂委员会，1995
	郴州市、资兴市、桂阳县、永兴县、宜章县、嘉禾县、临武县、汝城县、桂东县、安仁县	1996 年《郴州地区志》	鸳鸯	郴州地区地方志编纂委员会，1996
	城步苗族自治县	1996 年《城步苗族自治县志》	鸳鸯	城步苗族自治县志编纂委员会，1996
	岳阳县	1997 年《岳阳县志》	鸳鸯（见于君山后湖、铁山水库，记录到 8 只）	岳阳县地方志编委会，1997
	宜章县	1997 年《中国国情丛书：百县市经济社会调查：宜章卷》	鸳鸯	丁伟志等，1997
	邵阳市、武冈市、邵东县、邵阳县、洞口县、新邵县、绥宁县、新宁县、隆回县、城步苗族自治县	1997 年《邵阳市志》	鸳鸯	邵阳市地方志编纂委员会，1997
	武冈市	1997 年《武冈县志》	鸳鸯	武冈县志编委会，1997
	绥宁县	1997 年《绥宁县志》	鸳鸯	湖南省绥宁县志编纂委员会，1997
	衡阳市、常宁市、耒阳市、衡阳县、衡南县、衡山县、衡东县、祁东县	1998 年《衡阳市志》	鸳鸯	衡阳市地方志编纂委员会，1998
	通道侗族自治县	1999 年《通道县志》	鸳鸯	湖南省通道侗族自治县县志编纂委员会，1999
广东	潮安县	清光绪二十六年(1900)《海阳县志》	鸳鸯、鸂鶒	
	徐闻县	清宣统三年(1911)《徐闻县志》	鸳鸯	
	怀集县	民国五年(1916)《怀集县志》	鸳鸯	
	东莞市	民国十年(1921)《东莞县志》	鸳鸯（多宿洲穴中。其色杏黄，有文彩。头红，翠颈，翅、尾俱黑，喙、掌俱红。并游莲荇间《岭海名胜记》）	
	四会市	民国十四年(1925)《四会县志》	鸳鸯	
	仁化县	民国二十年(1931)《仁化县志》	鸳鸯	

（续表）

省级政区	今地点	文献	内容	新方志出处
	廉江市	民国二十年(1931)《石城县志》	鸳鸯(亦名鸂鶒。毛羽五色文彩绚烂。昼则并游，夜必交颈双栖。失偶，则相思而死)	
	乐昌市	民国二十年(1931)《乐昌县志》	鸳鸯(如鸭而体小，嘴扁而短，趾有蹼。雄者羽毛美丽，头有紫黑色羽冠，翼上部黄褐色。雌者全体苍褐色，胸腹灰白。多宿洲渚。雄曰鸳，雌曰鸯)	
	龙门县	民国二十五年(1936)《龙门县志》	鸳鸯……鸂鷘	
	阳山县	民国二十七年(1938)《阳山县志》	鸳鸯、鸂鶒	
	清城区	1993年《清远县志》	鸳鸯	清远市地方志编纂办公室，1993
	信宜市	1993年《信宜县志》	鸳鸯	信宜县地方志编纂委员会，1993
	增城县	1995年《增城县志》	鸳鸯	增城市地方志编纂委员会，1995
	普宁市	1995年《普宁县志》	鸳鸯	普宁市地方志编纂委员会，1995
	阳春县	1996年《阳春县志》	鸳鸯	阳春县地方史志办公室，1996
	化州市	1996年《化州县志》	鸳鸯	化州市地方志编纂委员会，1996
	乳源瑶族自治县	1997年《乳源瑶族自治县志》	鸳鸯	乳源瑶族自治县地方志编纂委员会，1997
	茂名市	1997年《茂名市志》	鸳鸯	茂名市地方志编纂委员会，1997
广西	上林县	民国二十三年(1934)《上林县志》	鸳鸯	
	昭平县	民国二十三年(1934)《昭平县志》	鸳鸯(《玉篇》：匹鸟，雄曰鸳，雌曰鸯。《古今注》：水鸟，似凫。毛有文彩。雄雌未尝相离，人得其一，其一必思而死。故谓匹鸟)	
	属鹿寨县	民国二十六年(1937)《榴江县志》	鸳鸯	
	属南宁市	民国二十六年(1937)《邕宁县志》	鸳鸯(状似鸭而小。雄者羽毛美丽，头有黑色羽冠，翼之上部黄褐色。雌者全体苍褐色。匹偶甚笃)	
	扶绥县	1989年《扶绥县志》	鸳鸯(今已罕见)	扶绥县志编纂委员会，1989
	昭平县	1992年《昭平县志》	鸳鸯	昭平县志编纂委员会，1992
	蒙山县	1993年《蒙山县志》	鸳鸯(鸭科)	蒙山县志编纂委员会，1993
	都安瑶族自治县	1993年《都安瑶族自治县志》	鸳鸯	都安瑶族自治县志编纂委员会，1993

（续表）

省级政区	今地点	文献	内容	新方志出处
	平乐县	1995年《平乐县志》	鸳鸯	平乐县地方志编纂委员会，1995
	永福县	1996年《永福县志》	鸳鸯	永福县志编纂委员会，1996
	荔浦县	1996年《荔浦县志》	鸳鸯	荔浦县地方志编纂委员会，1996
	融安县	1996年《融安县志》	鸳鸯	融安县志编纂委员会，1996
	藤县	1996年《藤县志》	鸳鸯	藤县志编纂委员会，1996
	桂林市、阳朔县、临桂县	1997年《桂林市志》	鸳鸯	桂林市地方志编纂委员会，1997
	南宁市、武鸣县	1998年《南宁市志：综合卷》	鸳鸯	南宁市地方志编纂委员会，1998
	资源县	1998年《资源县志》	鸳鸯	广西壮族自治区资源县志编纂委员会，1998
	融水苗族自治县	1998年《融水苗族自治县志》	鸳鸯	广西融水苗族自治县地方志编纂委员会，1998
	田东县	1998年《田东县志》	鸳鸯鸟（头颈短，躯体似鸭，尾向上翘起，头顶上有撮毛，翼金绿色，成双结伴。遨游在偏僻池塘、水库和江河中觅食）	田东县志编纂委员会，1998
海南	澄迈县	清光绪三十四年（1908）《澄迈县志》	鸳鸯（毛羽五色。雌雄相逐滨溪。人得其一，其一辄思而死）	
	属琼海市	清宣统三年（1911）《乐会县志》	鸳鸯（并游交颈）	
	儋州市	民国二十四年（1935）《儋县志》	鸂鶒……鸳鸯（亦名鸂鶒。毛羽五色，文彩绚烂。昼则并游，夜必交颈双栖。失偶则相思而死。凡毒虫不敢犯，故所宿水中无毒）	

4.5 西南

西南各省级政区20世纪仍有鸳鸯记录，但西藏自治区已然屈指可数。

4.5.1 四川

四川省仍保有鸳鸯分布记录。

《四川资源动物志·鸟类》记载，鸳鸯“偶见于成都、南充、苍溪、资阳、隆昌等地”（《四川资源动物志》编辑委员会等，1985），反映在成都市、南充市、苍溪县、雁江区、隆昌县等地有鸳鸯分布。

4.5.2 贵州

贵州省还有较多地方栖息有鸳鸯。

《中国濒危动物红皮书：鸟类》也称，鸳鸯分布于“贵州江口、贵定、清镇”（汪松等，1998），表明在清镇市、江口县、贵定县有鸳鸯生息。

4.5.3 云南

云南省有鸳鸯分布的地方依然有数十处。

《中国濒危动物红皮书：鸟类》也称，鸳鸯分布于“云南师宗”（汪松等，1998），反映师宗县是鸳鸯的生息地之一。

4.5.4 方志记载的鸳鸯

此阶段的鸳鸯分布记录，虽有野外调查，但方志仍占较大比重。西南的鸳鸯在20世纪的分布(表7.11)如下。

表7.11　20世纪西南的鸳鸯分布概况

省级政区	今地点	文献	内容	新方志出处
重庆	长寿区	民国十七年(1928)《长寿县志》	鸳鸯(杏黄色，有文采。红头，翠鬣，黑翅，黑尾，红掌。头有白长毛垂之至尾。雄鸣曰鸳，雌鸣曰鸯。交颈而卧。人获其一则相思而死)	
	长寿区	民国三十三年(1944)《长寿县志》	鸳鸯[体小于鸭。嘴扁平而短，趾有(扑)[蹼]。杏黄色，有文彩。红头，翠鬣，黑翅、尾。红掌，头有白长毛垂之至尾。雄鸣曰鸳，雌鸣曰鸯。交颈而卧。人获其一则相思而死。故以喻夫妇之和睦]	
	巫溪县	1993年《巫溪县志》	鸳鸯	巫溪县志编纂委员会，1993
	黔江区	1994年《黔江县志》	鸳鸯	黔江土家族苗族自治县志编纂委员会，1994
	石柱土家族自治县	1994年《石柱县志》	鸳鸯	石柱县志编纂委员会，1994
	涪陵区	1995年《涪陵市志》	鸳鸯	四川省涪陵市志编纂委员会，1995
	彭水县	1997年《彭水县志》	鸳鸯	彭水县志编纂委员会，1997
四川	万源市	民国二十一年(1932)《万源县志》	土鸳鸯	
	西昌市	民国三十一年(1942)《西昌县志》	鸳鸯	
	筠连县	民国三十七年(1948)《筠连县志》	鸳鸯	
	翠屏区	1992年《宜宾市志》	鸳鸯	宜宾市地方志办公室，1992
	威远县	1993年《威远县志》	鸳鸯	四川省威远县志编纂委员会，1993
	达县	1994年《达县志》	鸳鸯	四川省达县志编纂委员会，1994
	汉源县	1994年《汉源县志》	鸳鸯	汉源县志编纂委员会，1994
	九寨沟县	1994年《南坪县志》	鸳鸯	南坪县地方志编纂委员会，1994
	乐至县	1995年《乐至县志》	鸳鸯	四川省乐至县志编纂委员会，1995
	旺苍县	1996年《旺苍县志》	鸳鸯	四川省旺苍县志编纂委员会，1996
	西昌市	1996年《西昌市志》	鸳鸯	四川省西昌市志编纂委员会，1996
	平武县	1997年《平武县志》	鸳鸯	平武县县志编纂委员会，1997
	天全县	1997年《天全县志》	鸳鸯(又名"匹鸟"或"官鸟"。多栖息于水溪边或沼泽高地。城厢、仁义见过)	天全县志办公室，1997
	屏山县	1998年《屏山县志》	鸳鸯(官鸭)	屏山县志编纂委员会，1998

（续表）

省级政区	今地点	文献	内容	新方志出处
贵州	平坝县	民国二十一年(1932)《平坝县志》	鸳鸯	
	黎平县	1989年《黎平县志》	鸳鸯	贵州省黎平县志编纂委员会,1989
	镇远县	1992年《镇远县志》	鸳鸯	贵州省镇远县志编纂委员会,1992
	福泉市	1992年《福泉县志》	鸳鸯(俗称花鸭,为国家二类保护动物。翁羊乡鱼梁江下游水面和仙桥、王卡乡清水江河谷一带有分布)	贵州省福泉县地方志编纂委员会,1992
	沿河土家族自治县	1993年《沿河县志》	鸳鸯	沿河土家族自治县志编纂委员会,1993
	岑巩县	1993年《岑巩县志》	鸳鸯	贵州省岑巩县志编纂委员会,1993
	凤冈县	1994年《凤冈县志》	鸳鸯	贵州省凤冈县地方志编纂委员会,1994
	德江县	1994年《德江县志》	鸳鸯	贵州省德江县地方志编纂委员会,1994
	剑河县	1994年《剑河县志》	鸳鸯	贵州省剑河县志编纂委员会,1994
	台江县	1994年《台江县志》	鸳鸯(俗名花鸭子)	贵州省台江县志编纂委员会,1994
	锦屏县	1995年《锦屏县志》	鸳鸯	贵州省锦屏县志编纂委员会,1995
	龙里县	1995年《龙里县志》	鸳鸯	贵州省龙里县志编纂委员会,1995
	毕节县	1996年《毕节县志》	鸳鸯	毕节县地方志编纂委员会,1996
	金沙县	1997年《金沙县志》	鸳鸯鸟(成偶鸟,早年少见,现长征电站库区多见)	贵州省金沙县地方志编纂委员会,1997
	织金县	1997年《织金县志》	鸳鸯	贵州省织金县地方志编纂委员会,1997
	施秉县	1997年《施秉县志》	鸳鸯	贵州省施秉县地方志编纂委员会,1997
	凯里市	1998年《凯里市志》	鸳鸯	贵州省凯里市地方志编纂委员会,1998
	正安县	1999年《正安县志》	鸳鸯	正安县地方志编纂委员会,1999
	都匀市	1999年《都匀市志》	鸳鸯	贵州省都匀市史志编纂委员会,1999
云南	昆明市	清光绪二十七年(1901)《昆明县志》	鸳鸯	
	楚雄市	清宣统二年(1910)《楚雄县志》	鸳鸯	
	龙陵县	民国六年(1917)《龙陵县志》	鸳鸯	
	巍山彝族回族自治县	民国八年(1919)《蒙化志稿》	鸳鸯(雄曰鸳,雌曰鸯。雄者羽毛美丽)	

（续表）

省级政区	今地点	文献	内容	新方志出处
	宜良县	民国十年(1921)《宜良县志》	鸳鸯	
	昭阳区	民国十三年(1924)《昭通县志》	鸳鸯(羽毛美丽。雄雌相依)	
	昭阳区	民国二十五年(1936)《昭通县志稿》	鸳鸯(羽毛美丽。雄雌相依)	
	姚安县	民国三十七(1948)《姚安县志》	鸳鸯(雌雄色彩互异，雄者尤美丽。喜并栖，故昔人以称夫妇之谐和者)	
	通海县	1992年《通海县志》	土鸳鸯(1949年后已绝迹)	云南省通海县史志工作委员会，1992
	景洪市、勐海县、勐腊县	1989年《西双版纳傣族自治州林业志》	鸳鸯	西双版纳傣族自治州林业局，1989
	泸西县	1992年《泸西县志》	鸳鸯	云南省泸西县志编纂委员会，1992
	楚雄市、双柏县、牟定县、南华县、姚安县、大姚县、永仁县、元谋县、武定县、禄丰县	1993年《楚雄彝族自治州志》	鸳鸯(水鸭子、匹鸟、官鸭)	楚雄彝族自治州地方志编纂委员会，1993
	华宁县	1994年《华宁县志》	鸳鸯	华宁县志编纂委员会，1994
	永平县	1994年《永平县志》	鸳鸯	云南省永平县志编纂委员会，1994
	鲁甸县	1995年《鲁甸县志》	鸳鸯	云南省鲁甸县志编纂委员会，1995
	泸水县	1995年《泸水县志》	鸳鸯	云南省泸水县志编纂委员会，1995
	祥云县	1996年《祥云县志》	鸳鸯	祥云县志编纂委员会，1996
	双柏县	1996年《双柏县志》	鸳鸯	云南省双柏县地方志编纂委员会，1996
	昭阳市、鲁甸县、巧家县、盐津县、大关县、永善县、绥江县、镇雄县、彝良县、威信县、水富县	1997年《昭通地区志》	鸳鸯	昭通地区地方志编纂委员会，1997
	禄丰县	1997年《禄丰县志》	鸳鸯	云南省禄丰县地方志编纂委员会，1997
	大关县	1998年《大关县志》	鸳鸯	云南省大关县地方志编纂委员会，1998
	丘北县	1999年《丘北县志》	鸳鸯	云南省丘北县地方志编纂委员会，1999
西藏	城关区	清宣统三年(1911)《西藏志》	产于拉萨者：黄鸭	

4.6 西北

西北虽然在20世纪鸳鸯分布不多，但各省级政区皆有记录。

4.6.1 甘肃

甘肃省此时保有的鸳鸯分布地寥寥，十分珍贵。

据2003年12月报道，玛曲县之“玛曲”，藏语意为黄河、孔雀河。当地人说，黄河流到这里，强烈的阳光透过清澈澄明的河水，映照在色彩斑斓的鹅卵石上，简直美丽得像孔雀尾羽一样。从地理位置看，玛曲地处甘肃南部，与青、川两省交界。从流域分布看，黄河自青海省久治县门堂乡注入甘肃省后，首先在玛曲形成了著名的“黄河九曲”的第一曲。玛曲县素有黄河“蓄水池”之称，是黄河水量的主要补水地，给黄河补充水量达45%左右。湿地也是黄河上游重要的蓄洪区和水位调节池。而且它对于研究高原生态系统的变迁，保存野生动物植物种质的遗传多样性和栖息地，保护和拯救濒危物种具有独特的价值。然而令人惊心的是，玛曲这个“蓄水池”给黄河补给水量已锐减15%。但更严重的是，“蓄水池”的萎缩之势未见明显收敛迹象，近年干涸2万多公顷，自玛曲县城东不远，一大片已经干涸了的沼泽呈现于眼帘。玛曲县草原总站负责人介绍，以前，这里是大片大片的水域，野鸳鸯、水鸭、水獭很多，尤其是在夏天的时候，漂亮极了；但现在不行了，由于这里是公用沼泽，牧民把牛羊大量地赶到这里来放牧，沼泽周围的水草全被吃掉了，沼泽里面的水量无法得到有效涵养，时间一久，便干涸了①。由此看来，在20世纪后半叶，还有鸳鸯存在。

4.6.2 方志记载的鸳鸯

此阶段的鸳鸯分布记录，虽有野外调查，但方志仍占较大比重。西北的鸳鸯在20世纪的分布（表7.12）如下。

表7.12　20世纪西北的鸳鸯分布概况

省级政区	今地点	文献	内容	新方志出处
陕西	神木县	光绪三十四年（1908）《神木乡土志》	鸳鸯	
	商南县	民国八年（1919）《商南县志》	鸳鸯	
	周至县	民国十四年（1925）《盩厔县志》	鸳鸯	
	横山县	民国十八年（1929）《横山县志》	鸳鸯（即黄鸭。尝栖河涧中，雌雄不相离。有五彩斑纹。县产毛质多杏黄色）	
	佳县	民国二十二年（1933）《葭县志》	鸳鸯	
	临渭区	1985年《渭南县志》	鸳鸯（过去有。现少见）	
	凤翔县	1991年《凤翔县志》	鸳鸯（珍贵观赏鸟，现绝迹）	陕西省凤翔县地方志编纂委员会，1991
	略阳县	1992年《略阳县志》	鸳鸯	略阳县志编纂委员会，1992
	扶风县	1993年《扶风县志》	鸳鸯	扶风县地方志编纂委员会，1993
	陇县	1993年《陇县志》	鸳鸯	陇县地方志编纂委员会，1993
	麟游县	1993年《麟游县志》	鸳鸯（珍贵观赏鸟，不常见）	麟游县地方志编纂委员会，1993
	佛坪县	1993年《佛坪县志》	鸳鸯（油瘩档）	佛坪县地方志编纂委员会，1993
	宝塔区	1994年《延安市志》	鸳鸯	延安市志编纂委员会，1994

①黄河首曲的美丽与哀愁. http://popular.h2o-china.com/view.php? id=4561

（续表）

省级政区	今　地　点	文　献	内　容	新方志出处
	富县	1994 年《富县志》	鸳鸯	富县地方志编纂委员会，1994
	汉台区	1994 年《汉中市志》	鸳鸯（鸭科。在本市为冬候鸟，10 月前后在褒河水库等处可见）	汉中市地方志编纂委员会，1994
	府谷县	1994 年《府谷县志》	鸳鸯（栖息于溪流、近山河川等，雌雄喜偶居，食性较杂。属国家珍贵观赏鸟类，过去有，现少见）	府谷县志编纂委员会，1994
	丹凤县	1994 年《丹凤县志》	鸳鸯	丹凤县志编纂委员会，1994
	镇安县	1995 年《镇安县志》	鸳鸯（属珍贵观赏鸟类，交配季节雌雄偶居）	镇安县志编纂委员会，1995
	临渭区、华阴市、华县、潼关县	1996 年《渭南地区志》	鸳鸯（匹鸟。鸟纲，鸭科，珍贵的观赏鸟类。分布于三门峡库区。属国家二级保护动物）①	渭南地区地方志编纂委员会，1996
	合阳县	1996 年《合阳县志》	鸳鸯	合阳县志编纂委员会，1996
	宝鸡市	1996 年《宝鸡县志》	鸳鸯	《宝鸡县志》编纂委员会，1996
	榆阳区	1996 年《榆林市志》	鸳鸯	榆林市地方志编纂委员会，1996
	宝鸡市、凤翔县、岐山县、扶风县、眉县、陇县、千阳县、麟游县、凤县、太白县	1998 年《宝鸡市志》	鸳鸯	宝鸡市地方志编纂委员会，1998
	延川县	1999 年《延川县志》	鸳鸯（候鸟。珍贵观赏鸟类，嘴扁颈长，腿长，善游能飞，雌雄成双；农历五月后，活动于黄河边，今少见）	延川县志编纂委员会，1999
甘肃	和政县	民国十九年（1930）《和政县志》	鸳鸯	
	华亭县	民国二十二年（1933）《华亭县志》	鸳鸯（体色杏黄，头细，尾、翅黑。水鸟，雌雄不相离）……鸂鶒（小水鸟。毛五色，尾如船舵）	
	临泽县	民国三十二年（1943）《临泽县志》	鸳鸯（一名黄鸭，一名匹鸟。李时珍曰：鸳鸯，大如小鸭。其质杏黄色，有文彩。黑头，翠鬣，黑翅，黑尾，红掌。头有白长毛垂之至尾。我县河濑间多有之）	
	秦安县	2001 年《秦安县志》	明代境内有……鸳鸯、鹭等 20 种鸟类动物。清代有鸳鸯……等广布全县。20 世纪 40 年代初，这些鸟类已灭绝	秦安县志编纂委员会，2001
	康乐县	1995 年《康乐县志》	鸳鸯	甘肃省康乐县地方志编纂委员会，1995
	崆峒区	1996 年《平凉市志》	鸳鸯	平凉市志编纂委员会，1996

（续表）

省级政区	今地点	文献	内容	新方志出处
	景泰县	1996年《景泰县志》	鸳鸯（可供观赏，在五佛的水田中常见）	景泰县志编纂委员会，1996
	华亭县	1996年《华亭县志》	鸳鸯（国家二级保护动物。麻庵蒲塘庵水池内常见）	华亭县志编纂委员会，1996
	西和县	1997年《西和县志》	鸳鸯	西和县志编纂委员会，1997
	华池县、合水县、正宁县、宁县②	1998年《庆阳地区志》	鸳鸯（中国特产。雄鸟体长40余cm，雌鸟稍小。羽毛绚丽，最内两枚三级飞羽扩大成扁形而竖立。春季经本区飞往北方繁殖，秋季经此地到南方越冬，每年4～5月和9～10月，子午岭林区水库、塘坝中常可见到）	甘肃省庆阳地区志编纂委员会，1998
	礼县	1999年《礼县志》	鸳鸯	礼县志编纂委员会，1999
青海	大通回族自治县	民国八年（1919）《大通县志》	鸳鸯（案《本草纲目》：鸳鸯，一名黄鸭，又名匹鸟。李时珍曰：鸳鸯大如小鸭，其质杏黄色，有文彩，黑头，翠鬣，黑翅，皂尾，红掌。头有白色长毛，垂之至尾）	
宁夏	同心县	民国十四年（1925）《豫旺县志》	鸳鸯	
	银川市、灵武市、永宁县、贺兰县、石嘴山市、平罗县、利通区、青铜峡县、沙坡头区	民国十五年（1926）《朔方道志》	鸳鸯（大如小鸭，有文彩。不独宿）	
	中宁县	1994年《中宁县志》	鸳鸯	中宁县志编纂委员会，1994
	灵武市	1999年《灵武市志》	鸳鸯	灵武市志编纂委员会，1999
新疆	霍城县	清宣统三年（1911）《新疆图志》	《天山客话》云：绥定城出墨花鱼。盖雅苏图水也。当广仁城西，三泉并发，汇果子沟。水经塔勒奇城西，又南流经黄渠西，为小湖，周三里。凫、雁、鸳鸯冲烟拍水。	
	霍城县	民国十九年（1930）《新疆志稿》	《天山客话》云：绥定城出墨花鱼。盖雅苏图水也。当广仁城西，三泉并发，汇果子沟。水经塔勒奇城西，又南流经黄渠西，为小湖，周三里。凫、雁、鸳鸯冲烟拍水。	

注：①此处当指陕西省部分，约在临渭区到潼关县一带。②仅按“子午岭”甘肃段。

5　鸳鸯的现今分布

虽然现今鸳鸯分布地已大为减少，有的省级政区甚至灭绝，但各大区还有残存。

5.1　华北

华北各省级政区现今皆有鸳鸯分布。

5.1.1　北京

北京市现存鸳鸯栖息地已屈指可数。

位于海淀区的紫竹院公园（图 7.27、图 7.28）与圆明园等地皆有鸳鸯飞临的报道。

图 7.27　紫竹院公园飞临的鸳鸯群①

图 7.28　紫竹院公园中雌鸳鸯正吞食蛙②

位于怀柔区琉璃庙镇的琉璃庙湿地公园，以河流湿地为主，由白河、琉璃河及两河汇合而成的三段河流湿地组成，规划面积 290 hm^2。在白河段还有世界濒危、国家一级保护野生鸟类黑鹳，且有白鹭、鸳鸯的较大种群分布，是动植物生长、繁衍的乐园③。

5.1.2　天津

天津市约 40％的区（县）还有鸳鸯存在，在直辖市中首屈一指。

位于宁河县境内的七里海国家湿地公园是 1992 年经国务院批准的天津古海岸与湿地国家级自然保护区的重要组成区域。这里空气清新，水质洁净，植被资源非常丰富，有林木植被、灌草植被、草甸植被、盐生植被、水生植被等。有野生动物包括浮游生物 130 余种。其中有鸳鸯、大鸨等 20 余种动物属于国家一、二级保护动物（蔡振洋，2015）。

静海县团泊镇西侧的团泊湖（又称团泊洼水库）是著名的鸟类自然保护区。鸟类包括鸳鸯、海鸬鹚、灰鹤等 38 科 164 种④。

5.1.3　河北

河北省是华北现存鸳鸯地方绝对数量最多的省级政区。

滦河口湿地属滨海型湿地，毗邻昌黎黄金海岸自然保护区，居昌黎县与乐亭县交界处。据 2007～2008 年调查，这里栖息有 184 种鸟类，其中就有鸳鸯等珍稀物种（张玉峰等，2010）。

兴隆县的动物资源主要有陆生野生脊椎动物 206 种，其中有鸳鸯与猕猴、小天鹅、苍鹰、大鵟、长耳鸮、短耳鸮等国家Ⅱ级保护动物 21 种⑤。

据报道，平山县还有鸳鸯与大雁、小雁、野鸭、野鸡、石鸡、苍鹰、老雕、鸢、猫头鹰、雉、黄鹂、布谷、山雀、喜鹊、乌鸦、麻雀、鹌鹑、鸽子、燕子、斑鸠、啄木鸟等⑥。

2015 年 3 月 21 日，有人发布照片，称在渤海国际大酒店南，看见一个游隼在双龙河的河面上捕捉鸭子。端起相机，拍到的却是“一对寻找了

①立冬：紫竹院. http://blog. sina. com. cn/s/blog_63c3e48a0102edjb. html

②陈振强. 紫竹院公园内鸳鸯戏青蛙 携“手”游入荷花深处. http://www. takefoto. cn/viewnews-40201. html

③琉璃庙湿地公园获批市级公园. http://www. bjhr. gov. cn/publish/main/hrdt/xzdt/20150209161615547279499/index. html

④团泊镇. http://baike. baidu. com/link? url＝8-Ei7wgHnYkJ-I5iKlSXIuDTI46MHTudJv57Bz0pzGjorSP0mAXwRc4j4Qdemg-klG-wDn4icQCjagu2jbhgFFK

⑤中国・兴隆. http://www. hbxl. gov. cn/syscolumn/zjxl/zrzy/index. html

⑥平山县. http://baike. baidu. com/link? url＝nQVJ_B17ROzdK6HEOaNYi0zIe8htVzGDNfpD7avG96hWhOL7eSg_AdEsFDy49eZ6

几年的鸳鸯"①。渤海国际大酒店在唐山市曹妃甸区，亦即原"唐海县"，说明当地一直有鸳鸯分布。

5.1.4 山西

山西省现存鸳鸯主要在南部。

《垣曲县志》称，当地国家二级保护动物的鸟类有"天鹅、鸳鸯、金雕、骨顶鸡、秃鹫"等（垣曲县地方志编纂委员会，2001），说明垣曲县还有鸳鸯分布。

2010～2011年，调查庞泉沟国家级自然保护区有褐马鸡、金雕、黑鹳、金钱豹、苍鹰、原麝、草原雕、雀鹰、白尾鹞、鸳鸯等26种（王改芳等，2011），说明在交城县与方山县一带还有鸳鸯。

5.1.5 内蒙古

内蒙古自治区也是鸳鸯的主要繁殖地之一，但记录有鸳鸯的地方显著减少。

《奈曼旗志》称，鸳鸯等国家保护的稀有珍禽在境内时有暂栖（内蒙古自治区奈曼旗地方志编纂委员会，2002）。通辽市虽仍称有鸳鸯等珍稀鸟类18目49科212种②，但所辖科尔沁区、霍林郭勒市、开鲁县、库伦旗、奈曼旗、扎鲁特旗、科尔沁左翼中旗、科尔沁左翼后旗中似仅在奈曼旗等个别地方有分布。

《中国东北地区鸟类及生态学研究》称，鸳鸯分布在"呼伦贝尔市、兴安盟"（高玮，2006），说明似在海拉尔区、满洲里市、扎兰屯市、牙克石市、根河市、额尔古纳市、阿荣旗、新巴尔虎右旗、新巴尔虎左旗、陈巴尔虎旗、鄂伦春自治旗、鄂温克族自治旗、莫力达瓦达斡尔族自治旗、乌兰浩特市、阿尔山市、突泉县、科尔沁右翼前旗、科尔沁右翼中旗、扎赉特旗等地范围内仍有鸳鸯③。

《内蒙古动物志·鸟纲：非雀形目》记述（旭日干，2007）：

鸳鸯

别名：匹鸟（古名）、官鸭。

居留型：夏候鸟，旅鸟（每年3月底至4月初迁来内蒙古东北部地区；9月底至10月初开始南迁）

地理分布：东北型种。繁殖于内蒙古呼伦贝尔市的额尔古纳市（永安山）、牙克石市、根河市、扎兰屯市、赤峰市巴林右旗赛汗乌拉自然保护区、克什克腾旗潢源和白音敖包、敖汉旗；迁徙季节见于兴安盟扎赉特旗和赤峰市宁城县。

按：据此，反映现有鸳鸯分布地已经大为缩减。

据对地处根河市的满归林业局湿地资源进行调查，还有鸳鸯、绿头鸭、丹顶鹤、白鹤、苍鹰等鸟类栖息（张贵泉等，2007）。

据报道，阿荣旗有鸳鸯与雉鸡、榛鸡、鹌鹑等80多种珍禽在这里栖息④。

5.2 东北

东北各省级政区不仅仍有鸳鸯，而且分布地方也比较多。

5.2.1 辽宁

辽宁省依然有鸳鸯栖息记录，而且有鸳鸯繁殖的证据。

根据实地调查统计，葫芦岛市有鸟类17目51科145属245种（含亚种），其中就有鸳鸯等多种珍稀鸟类（田德启，2001）。

据1996～2000年对本溪地区野生动物调查，还有鸳鸯等多种国家保护鸟类（赵文双等，2004），此"本溪地区"当包括本溪市、本溪满族自治县、桓仁满族自治县。

本溪满族自治县称，当地有野生动物共493种，其中列入国家二类保护动物的有：鸳鸯（匹鸟、官鸭）、鸢（老鹰、鹞鹰）、苍鹰（黄鹰）、金雕（红头鹰）、水獭（水狗、獭）、狐（狐狸）、黑熊（狗熊、黑瞎子）等37种⑤。

《中国东北地区鸟类及生态学研究》称，鸳鸯分布于"丹东、大连、营口、朝阳、锦州"等地（高玮，2006），说明在朝阳市、朝阳县、丹东市、大连市、营口市、锦州市仍有栖息。

据2014年12月报道，随着近年来生态环境

①曹妃甸湿地第325个新鸟种：鸳鸯. http://www.birdnet.cn/thread-963994-1-1.html

②通辽市. http://baike.baidu.com/link? url=CGtCaZHr4uN1Vc9FSNa9PStL6KvsHzcCDEOF447ORwS9OlWDy20BDqp-Ior5P-a0UylnknlYEclPEwtsDHzsEK

③由于原文所列鸳鸯在内蒙古自治区地名皆市级政区，其准确性有待核查。

④阿荣旗. http://baike.baidu.com/link? url=mvJo3AcRK3Tu79BsZV5UC4BZBqw13MsA4fBTMmR1lVOhyJVxtNH418oH2z Un6Yde

⑤本溪满族自治县. http://baike.baidu.com/link? url=eIUKAfxw7mZasrKsj-gZbkuBZSlSqsl41WVF_OT1bWkL3m1miXBQaof1BDg0QoA0WszzDMDHUFEL7L5kGO15FPRrLqok1yUgbFWkCar5ZOwzGSzjuvU7UFPyeFgenwWx

的不断改善，流经义县城北的大凌河河段已经成为众多候鸟的“栖息地”和迁徙途中的“驿站”。特别是去年，前来落脚的野生鸟类数量达到了历史最多。除天鹅（去年春天，达到500多只）外，鸳鸯与灰鹤、灰鹭、白鹭、野鸭、大雁、中华翠鸟等十多种野生鸟类纷纷出现在野生动物保护人员的视野中和摄影家的镜头里①。

铁岭市现仍有鸳鸯分布的报道多见照片为证。据2011年6月报道，在铁岭市莲花湖湿地公园拍摄到的鸳鸯（图7.29）②。

据2012年6月报道，在铁岭市（具体地点未报道）拍摄到鸳鸯亚成鸟（图7.30）③，不仅证明有鸳鸯栖息，而且似反映鸳鸯可在当地繁殖。

据2012年4月报道，铁岭市柴河水库溢洪道不远处见到了鸳鸯（图7.31），并摄影为证④。数日后，又有人在柴河水库拍到鸳鸯（图7.32）⑤。

图7.29　莲花湖的鸳鸯

图7.30　铁岭发现的鸳鸯亚成鸟

图7.31　柴河水库先发现的鸳鸯

图7.32　柴河水库随后发现的鸳鸯

北镇市发布的信息称，当地野生动物中有属于保护的鸟类天鹅、鸳鸯等45种⑥。证明还有鸳鸯存在。

凌海市仍有鸳鸯、海鸥、丹顶鹤、鹭鸶、喜鹊、寿带40多种鸟类⑦。据2015年4月报道，凌源市南桥桥下，很多市民和摄影爱好者在抓拍春雪

①义县大凌河段为候鸟营造祥和家园. http://www.yxzx.ccoo.cn/news/local/3354375.html
②鸳鸯. http://birdnet.cn/thread-261545-1-1.html
③小鸳鸯. http://www.birdnet.cn/thread-365250-1-1.html
④鸳鸯. http://www.birdnet.cn/thread-335394-1-1.html
⑤鸳鸯. http://birdnet.cn/thread-337453-1-1.html
⑥中国·北镇市人民政府网站. http://www.bzs.gov.cn/
⑦凌海. http://baike.baidu.com/subview/40841/6140234.htm? toSubview=1&fromId=40841&from=rdtself

时，意外从镜头中发现有鸳鸯在水中游荡并摄下它们的身影。从发布的照片察看，不仅有成对的鸳鸯成鸟，而且有相随的幼鸟①。

5.2.2 吉林

吉林省也有不少鸳鸯栖息地记录。

《中国东北地区鸟类及生态学研究》称，鸳鸯分布在“长春、辽源、公主岭、白城、通化、白山、梅河口、吉林、延边”（高玮，2006），约在长春市、洮北区、吉林市、公主岭市、辽源市、通化市、梅河口市、白山市、延吉市、图们市、敦化市、珲春市、龙井市、和龙市、汪清县、安图县等地。

据2009年调查延边州湿地水鸟资源，有7目14科94种，其中就有鸳鸯等（廉文浩等，2013），说明在延吉市、图们市、敦化市、珲春市、龙井市、和龙市、汪清县、安图县一带仍有鸳鸯分布。

磐石市公布的鸟类百余种，常见的有鸳鸯与鸬鹚（鱼鹰）、苍鹭、白鹳、野鸭、鸿雁、雀鹰、鹊鹞（老鹞鹰）、花尾榛鸡（飞龙）、沙斑鸡、鹌鹑、环颈稚（野鸡）、秧鸡、斑胁田鸡、山鸽、岩鸽、山斑鸠、四声杜鹃、大杜鹃、猫头鹰、夜鹰、翠鸟、啄木鸟、云雀、百灵、家燕、金腰燕、太平鸟、黄鹂、灰喜鹊、喜鹊、乌鸦、画眉、树莺、苇莺、柳莺、大山雀、沼泽山雀、银喉长尾山雀、普通旋木鸟、攀雀、红胁绣眼鸟、麻雀（家雀）、苏雀、黄雀、白腰朱顶雀、松雀、长尾雀、黑尾蜡嘴雀②。

舒兰市辖区内野生动物十分丰富，有国家二级保护动物鸳鸯、黑熊、马鹿等二十几个种类，蛇类几十种，鸟类上百种③。

长白朝鲜族自治县发布的信息称，当地飞禽类有鸳鸯、苍鹰、云雀（百灵）、黑琴鸡（乌鸡）、土燕子、领角（棒棰鸟）、松鸦、喜鹊、大山雀等70余种④。

地处安图县的吉林长白山北坡国家森林公园发布的信息，介绍该公园有国家二级保护动物鸳鸯、苍鹰和雀鹰等7种⑤。

据2011年4月报道，松花江吉林市区段长白岛后面滩岛处，有11只今年首批飞抵到此的鸳鸯，白天始终在长白岛后面的水域选择水流比较湍急的地方戏水⑥。2015年4月报道，有吉林市民在船营区春光村的山上挖野菜时，无意间在半山腰发现了一只受伤的雄性鸳鸯，将其送至长白岛救助⑦。相互印证吉林市确有鸳鸯栖息。

和龙市称，境内已查明并具有一定经济价值的野生动物近300科600多种，其中鸟类50余科300余种；其中国家二级珍稀保护动物中就有鸳鸯等物种⑧。

5.2.3 黑龙江

黑龙江省是东北现今仍分布有鸳鸯最多的省级政区。

《中国东北地区鸟类及生态学研究》称，鸳鸯分布在“哈尔滨、齐齐哈尔、牡丹江、佳木斯、绥化、伊春、黑河”（高玮，2006），说明似在哈尔滨市、双城市、尚志市、五常市、依兰县、方正县、宾县、巴彦县、木兰县、通河县、延寿县、齐齐哈尔市、讷河市、龙江县、依安县、泰来县、甘南县、富裕县、克山县、克东县、拜泉县、爱辉区、北安市、五大连池市、嫩江县、逊克县、孙吴县、伊春市、铁力市、嘉荫县、佳木斯市、同江市、富锦市、桦南县、桦川县、汤原县、抚远县、牡丹江市、穆棱市、绥芬河市、海林市、宁安市、东宁县、林口县、北林区、安达市、肇东市、海伦市、望奎县、兰西、青冈县、庆安县、明水县、绥棱县等地范围内仍有鸳鸯⑨。

---

①杨柳. 大凌河凌源段出现鸳鸯. http://paper.cynews.com.cn/File/yanduchenbao/2015-4-14/20150414090716.htm? id=154376

②吉林·磐石. http://www.panshi.gov.cn/infopub25/PubTemplet/%7B981A15F3-277B-4638-B554-959A6DCB38F6%7D.asp? infoid=125&style={981A15F3-277B-4638-B554-959A6DCB38F6}

③舒兰市人民政府. http://www.shulan.gov.cn/UI/fronStage/LMLB01005.aspx? mas=2&menu_level_1=222104b3-4552-4530-b095-8710ed6a7232&menu_level_2=1fc4479e-2b3e-4828-bffb-22c13fb83585&menu_level_3=

④长白朝鲜族自治县人民政府. http://cb.cbs.gov.cn/BsWebCms/site/cbcms/list/nP_11_26_2_4List1.html? xxlb=P_11_26_1_4

⑤吉林长白山北坡国家森林公园. http://baike.baidu.com/link? url=aot32teqFG0NBvSZeNlpS-BVLXUDCOOI5ZBy5Vz8uppgOA-1MgPD5dPLcemK-jGZkCCMMU0KLPf2LMLxiVE_WFyteNP4LgPiompUL0f3mBysqPjkwHnBv1ElukDVNYKbuTyoOKbO2Kaz-vDex-O8v0OWJXMAiyDsRUUKeYyi6Iw_7pFrh183MOPnc2G2XbTvb-j_psuB-cdtgzZ-IxJrjs6YX7kIAjdm4wgKGeCoMTa

⑥苍雁. 今年首批鸳鸯飞抵吉林松花江长白岛. http://www.chinanews.com/sh/2011/04-23/2993297.shtml

⑦温月，杨晋浩. 吉林市民山中捡到鸳鸯 受伤鸳鸯长白岛安家. http://news.xwh.cn/2015/0409/310140.shtml

⑧中国·和龙. http://www.helong.gov.cn/user/index.xhtml? menu_id=528

⑨由于原文所列鸳鸯在黑龙江省地名皆市级政区，其准确性有待核查。

位于大庆市龙凤区东南的龙凤湿地自然保护区是一处位于城区中的湿地，距离市中心仅 8 km。据调查，其中栖息有鸳鸯等国家一级保护鸟类 5 种，国家二级保护鸟类 19 种（黄守华，2010）。

珍宝岛国家级自然保护区位于虎林市东部，三江平原的穆—兴低平原的东北部，乌苏里江中游西侧，隔江与俄罗斯相望。这里分布有国家Ⅰ级重点保护鸟类 2 种，国家Ⅱ级保护鸟类 21 种，其中就有鸳鸯（王振斌等，2010）。

据哈尔滨市报道，当地有鸳鸯①，似表明哈尔滨市、双城市、尚志市、五常市、依兰县、方正县、宾县、巴彦县、木兰县、通河县、延寿县等地有分布。

依兰县地处小兴安岭、完达山脉、张广才岭延伸地带，河网密布，有松花江、牡丹江、倭肯河、巴兰河、勃利河等大小河流 18 条，山涧小河 112 条。该县列举当地的鸟类有鸳鸯与野鸡、飞龙等②。

据 2015 年 6 月报道，哈尔滨市兆麟公园发现出生两窝的小鸳鸯被鳄龟（春天鸳鸯湖注水后，游客放生的，当时鸳鸯还没从南方飞回来）杀害 3 只③。

友谊县地处黑龙江、松花江、乌苏里江三江平原腹地，县域内地势平坦低洼，西南为丘陵，东北为低洼地，由西南向东北倾斜。该县的“自然资源”介绍，野生动物有国家一、二类保护动物鸳鸯与飞龙、马鹿、雪兔、天鹅、狍子、山鸡、田鸡、沙半鸡、狼、林蛙、黄鼬等十几种④。

嫩江县北依伊勒呼里山，东接小兴安岭，西邻嫩江，南连松嫩平原。当地动物资源丰富：截至 2010 年，野生鸟类尚存 216 种，分属 15 目 44 科。属国家二级的有鸳鸯与大天鹅、黑琴鸡、花尾榛鸡（飞龙）、白枕鹤、灰鹤、鹰类、鸮类⑤。

伊春市新青区位于红松故乡小兴安岭腹地，这里野生动物资源丰富，其中就有鸳鸯等国家二级保护动物 38 种⑥。

梧桐河农场位于汤原县境内，东以嘟噜河为界，南临松花江，西与振兴乡、新华农场毗邻，北至宝泉岭农场东二排干渠。梧桐河在域内汇入松花江，佳绥路、梧宝路贯穿腹地。老等山，又名老等窝，位于农场场部东北 19 km。开垦前此地东西南三面是漂筏子，北面与大片柞树林相接，面积约 15 万 m^2。每年春季起多种野禽在此栖息，如鸳鸯与大雁、老等鸟、野鸭等⑦。

宁安市属于低山丘陵区，西部与北部为张广才岭，东部和南部为老爷岭。当地的野生禽类十分丰富，有 300 多种，占全国鸟类品种的 1/3，其中被列为国家保护的珍贵野禽就有白鹤、鸳鸯、中华秋沙鸭、白腹海雕、虎头海雕等 8 种⑧。

属大兴安岭地区的松岭区介绍，全区有鸟类 237 种。陆禽中：大松鸡、黑琴鸡、飞龙、环径鸡等；涉禽中：丹顶鹤、灰鹤、白鹤、苍鹭等；游禽中：鸿雁、大天鹅、绿头鸭、秋沙鸭、鸳鸯等；猛禽中：雪枭、金雕、苍鹰、松雀鹰、乌林枭等；攀禽中：啄木鸟等；鸣禽中：角百灵、云雀、家燕、红背白劳、红点颏、蓝点颏、北极抑莺、北米雀等；此外，还有灰喜鹊、松鸭、啄木鸟等留鸟⑨。

5.3 华东

华东各省级政区还有鸳鸯栖息的记录。

5.3.1 上海

上海市现今仍有鸳鸯分布。

《华东鸟类物种和亚种分类名录》称，鸳鸯栖

①中国哈尔滨. http://www. harbin. gov. cn/zjhrb/sqgl/csgk/zrdl. htm

②依兰县. http://baike. baidu. com/link? url=BM-YoHAi6EoXAcbxe0KuuLZg2FQsvgWcKFMu6HdGtDCEdIQvonGbaWK0uZUIcbhz

③公园放生鳄龟 小鸳鸯惨被吃. http://view. inews. qq. com/a/SSH2015062100174501

④友谊县. http://baike. baidu. com/link? url=PuHX6a5NJ5pGP0cVOL4l6pXn7ZDdCXLTiWDxpDmExA9eHqacKKvt56xKT71_PSR0

⑤嫩江县. http://baike. baidu. com/link? url=0brNzhJvR079CNrvjWqupJ1BJMT1aQGB6JYW9qGvp8eo-dKymgrcR0XAD2VvoH-7ytk9x1YckPmXXLwPwHpeHq

⑥新青区. http://baike. baidu. com/link? url = w4p6aOPM _ m2Ln _ hAPT1SICsKJNd9OZKYplo718SuhorKeNUsW8HtwG38HD2fWkIbv5oI9xao2UEEN13PT0PlmK

⑦梧桐河农场. http://baike. baidu. com/link? url=xnbWLGXpkUjOkFoSvIX9ZfK9_lxdUfMbz3vNFtX3MwHHMLiPtBSmXDcDoQdHx3ixB3rvuRZ5nNjjrGYfQNFZQa

⑧中国·宁安. http://www. ningan. gov. cn/view. php? id=3354#viewtop

⑨松岭区. http://baike. baidu. com/link? url=6fnhAAxj5t_yHBCGJuUE1R-S3p8tfnwm-RrwtBzUyefPNZQb4oF2LuRD09G2zEj8

息于"崇明东滩(冬)、三甲港、奉贤边滩、宝钢水库、九段沙"(朱曦等,2008),反映在宝山区、浦东新区、奉贤区、崇明县等地仍有鸳鸯分布。

宝山区东部的吴淞炮台湾湿地森林公园背山面水,东临长江、黄浦江,西倚炮台山,总面积为 53.46 hm^2。其中时有鸳鸯停歇,被人们在镜头中捕捉到(图 7.33、图 7.34)。

图 7.33 炮台湾岸边停歇的鸳鸯

图 7.34 炮台湾水中浮游的鸳鸯

5.3.2 江苏

江苏省是华东现存鸳鸯分布地最多的省级政区。

《连云港市志》记载"鸳鸯(市域安峰山水库、石梁河水库及连云港湾发现有鸳鸯栖息。1984 年 11 月 11 日,在东海县黄川乡一河湾处发现 400 余只)"(连云港市地方志编纂委员会,2000)。

经 1998～2002 年连续对位于常熟市的虞山国家公园的鸟类种类、居留情况等方面进行观察和记录,共有 196 种鸟,新记录 58 种,其中有鸳鸯与蓝翅八色鸫、黄嘴白鹭、凤头蜂鹰、鸢、苍鹰、赤腹鹰、松雀鹰、雀鹰、白尾鹞、红脚隼、草鸮、红角鸮、领鸺鹠、长耳鸮、短耳鸮、红隼等珍稀物种(卢祥云等,2004)。

《长江中下游水鸟调查报告》称,在 2004 年 1 月下旬至 2 月上旬,同步的水鸟调查涉及三峡大坝和长江入海口之间跨度达 1 850 km 的许多重要湿地,发现"江苏 30 只"鸳鸯(巴特等,2004)。江苏是仅见的 2 个省级政区之一。

分布在盱眙县、洪泽县、金湖县一带的淮安市湿地,经 2004～2006 年调查,发现有鸳鸯等珍稀鸟类(蒋荣荣等,2006)。近年淮安市发布的"资源·野生动物资源"也证实普查统计,全市鸟类资源有 15 目 38 科 125 种,其中就有鸳鸯等多种国家保护动物①,亦即反映鸳鸯在所属淮安市、金湖县、盱眙县、洪泽县、涟水县一带情况。

《华东鸟类物种和亚种分类名录》称,鸳鸯分布于"尚湖(冬)、太湖、骆马湖(旅)"(朱曦等,2008),亦即在新沂市、宿迁市、无锡市、宜兴市、苏州市等地栖息。

江都市仍有鸟类 14 目 40 属 167 种,主要有鸳鸯与青头潜鸭、红头潜鸭、獐鸡、鸿雁、丹顶鹤、斑鸠、红嘴鸥、苍鹭、草鹭、牛背鹭、黄嘴白鹭、东方白鹳等(冯粉定等,2011)。

南京市(南京市、溧水县、高淳县)地处北亚热带,属于中国现代植物资源最丰富、植物种类最繁多的地区,又以山丘、河湖兼备,气候温和,野生动物资源丰富繁多,其动物种类足以代表长江下游地区。野生动物资源丰富,栖息、繁衍的国家级保护动物有中华鲟、白鳍豚、扬子鳄、河鹿(应是獐,亦即"河麂")、江豚、鸳鸯、长耳鹗、短耳鹗等②。据 2010 年 11 月报道,眼下国家二级保护鸟类野鸳鸯已经抵达位于南京市的玄武湖,不少雁群、野鸭也回到了江边湿地③。

高邮市北郊的江苏东湖省级湿地公园最常见的野鸟是灰鹭、白鹭,绿洲上、芦苇中还有秧鸡、杜鹃等 20 来种野鸟。幸运的游客还能与天

①淮安. http://baike. baidu. com/link? url = 99sKC6wvs_yRznLGEsR9NRJonpyn201g_0WC7caoYzYM3B47kzvmRI0Dzlld0opFzhxpdD6LyxFWtF-5M65bmq

②南京. http://baike. baidu. com/link? url = oPga5avcmHuoFvivVC4z3XUgZyjDgDJJRDw9t1rvO0vpxA49EDvWjVhJJMV4kWFW7emfbUe4TqBZViatCpQGaq3jaz4Jv9AAksHSTxuYjpK

③北方大雪,小天鹅提前 3 月来"度假". http://news. 163. com/10/1122/03/6M2JE37H00014AED. html

鹅、鸳鸯等珍贵动物不期而遇①。

阜宁县背倚苏北平原，面临苏中水网。境内野生动物具有当地环境特点，已不见大型动物踪影。现有物种中有野兔、草狐、黄鼠狼、黄鳝、虎头鲨、野鸡、野鸭、杜鹃、猫头鹰、灰喜鹊、白头翁、画眉、百灵、鸳鸯、青蛙、蜗牛、地鳖虫、青草蛇、赤练蛇等②。

江苏泗洪湿地自然保护区，地处南暖温带与北亚热带的过渡地带，保护区总面积 49 365 hm^2，全国淡水湿地第 11 位，华东地区第 2 位，江苏省第 1 位。保护区拥有鸟类 194 种，其中国家Ⅱ级保护鸟类 26 种：小天鹅、鸳鸯、黑耳鸢、雀鹰、苍鹰、游隼、红隼、褐翅鸦鹃、小鸦鹃、草鸮、短耳鸮、普通鵟等③。

5.3.3 浙江

浙江省鸳鸯分布地比起历史时期，已经减少了相当多。

《华东鸟类物种和亚种分类名录》称，鸳鸯在“嘉兴(冬)、杭州(冬)、绍兴(冬)、宁波(冬)、台州(冬)、温州(冬)、金华(冬)、衢州(冬)、兰溪(冬)、临安(冬)、江山(冬)、永康(冬)、新安江、富春江、钱塘江、黄岩(冬)、东白山自然保护区、古田山自然保护区(冬)、九龙山自然保护区(冬)、余杭、桐庐、淳安、黄岩、瓯海、乐清、瑞安、泰顺”分布(朱曦等，2008)，亦即在杭州市、临安市、富阳市、建德市、桐庐县、淳安县、嘉兴市、宁波市、越城区、诸暨市、衢州市、江山市、开化县、金华市、兰溪市、永康市、台州市、温州市、瑞安市、乐清市、泰顺县、遂昌县等地栖息④。

近年对于浙江省湿地水鸟区系成分研究虽有 2011 年 7 月至 2012 年 1 月的调查，但也不乏利用历史资料(吴伟志等，2013)，尤其是缺少具体地点与时间段，故只能证实浙江省还有鸳鸯栖息。

结合文献资料，于 2003～2004 年调查温州地区湿地生态系统脊椎动物，其中仍有鸳鸯等(陈余钊等，2007)，表明在地级市温州市所属温州市、瑞安市、乐清市、永嘉县、文成县、平阳县、泰顺县、洞头县、苍南县中多地仍有鸳鸯分布。

据 2005～2008 年调查与历史记载，杭州市共有野生动物 506 种，其中鸟类 354 种。虽然本次调查有 130 种鸟类未发现，但还是有鸳鸯等多种国家二级重点保护鸟类(丁平等，2008)。

据 2007 年 12 月报道，在宁波市的九峰山与江北一处，宁海县白溪水库每年都有大量鸳鸯前来越冬⑤。

开化县的森林广袤，为野生动物提供了丰富的食物，也是它们良好的栖息场所，野生动物资源丰富，并有大量珍稀保护种类。据调查，有两栖类 7 科 26 种，爬行类 9 科 51 种，鸟类 30 科 104 种，兽类 21 科 58 种。其中国家重点保护动物 34 种，鸟类就有鸳鸯与鸢、赤腹鹰、雀鹰、松雀鹰、普通鵟、毛脚鵟、灰胸竹鸡、红隼、白鹇、勺鸡、草鸮、红角鸮、领角鸮、鵰鸮、短耳鸮、领鸺鹠、斑头鸺鹠等⑥。

庆元县地形属浙西南中山区，有溪谷、盆地、丘陵、低山、中山等多种地貌，地势由东北向西南倾斜。据调查，分布有动物 100 多种，其中珍稀鸟类有鸳鸯与黄腹角雉、白鹇、相思鸟等⑦。

5.3.4 安徽

安徽省还有不少地方有鸳鸯栖息。

《华东鸟类物种和亚种分类名录》称，鸳鸯分布于“圆通山山塘(冬)、黄山(冬)、石臼湖(冬)、寿县瓦埠湖、滁州皇甫山、黄山区太平湖、霍山佛子岭水库、霍邱城西湖、东至升金湖、枞阳菜子湖、石台、祁门牯牛降国家级自然保护区、滁州皇甫山自然保护区、安庆沿江水禽自然保护区、五河沱[湖]保护区、颍上八里河自然保护区、霍邱东西湖自然保护区、贵池十八索自然保护区、当涂石臼湖自然保护区”(朱曦等，2008)，亦即在肥

①江苏东湖湿地公园. http://wenku. baidu. com/link? url＝iVf_PtpuRKOHm2nfqIiCpBiC0O_Gnv7R6V4OE0J6RyEMK5aByL8tvLXjpw6JVnJVKmGfEJaCjsH_qcCBrXCnXwC0nMUMatMihcFXaGlCKyO

②阜宁县. http://baike. baidu. com/link? url＝E9U9vnOLHpqnj0YD64EbgkjIL-D_2c7hy8UsNRBkOcHDH_Sw0wm1gulVr0JzKw4B

③泗洪湿地保护区. http://m. club. sohu. com/hubei/thread/%2126c401157345e3bd

④此记录的时间段待核查。

⑤王波. 数百鸳鸯宁波越冬同戏水 周围居民误认为野鸭. http://news. sohu. com/20071204/n253777246. shtml

⑥中国・开化. http://www. kaihua. gov. cn/zjkh/zrdl/zrzy/200804/t20080423_161236. html

⑦庆元县. http://baike. baidu. com/link? url＝zCrys3q9wl8ieFqNQ59ERwEhrrqI7BFiCuhD4fO4_leXHC1vE1adUFgXjf0hXPWq

西县、颍上县、五河县、滁州市、当涂县、安庆市、枞阳县、黄山市、祁门县、寿县、霍邱县、霍山县、贵池区、东至县、石台县等地栖息①。

2008年4月至2009年5月调查五河县境内的沱湖仍有鸳鸯作为旅鸟停歇(鲍方印等,2011)。

霍邱县东西湖湿地位于淮河干流中游南岸,是我国候鸟迁徙的必经路线之一,调查表明有鸳鸯等珍稀鸟类停歇(刘永敏,2012)。

太和县处于淮北淤积平原之西北部,黄泛平原是地貌类型的主体,地表平坦,地势由西北向东南缓倾。分布的鸟类有鸳鸯与鹊、鸦、鹰、雁、莺、燕、鸠、雀、布谷、子规、八哥、画眉、百灵、野鸭、猫头鹰、啄木鸟、鸡鸣喳等中小型②。

怀宁县位于长江下游北岸,大别山南麓前沿。境内陆栖动物以鸟类为多,主要有鸳鸯与豆雁、燕子、野鸡、雉、鹌鹑、鸽、竹鸡、麻雀(有山、家之分)、斑鸠(俗称鹁鸪)、大杜鹃(亦称布谷)、杜鹃(又名杜宇)、鸲鹆(亦称八哥)、画眉、白头翁、小鷿鷉(俗称水葫芦)、鹭(有池鹭、苍鹭之分)、鸬鹚(捕鱼)、翠鸟(俗称拖鱼鸟)、黄胸鹀(俗称黄春)、黄鹂(俗称黄莺)、啄木鸟、乌鸦、寒鸦(俗称麦子老鸦)、喜鹊、鹊鸲(又名四喜)、草鸦(猴面鹰)、鹰(有苍鹰、鹞、雀鹰、鸢4种)、长耳鸮(俗称大猫头鹰)、鸺鹠(俗称小猫头鹰)、夜鹰(亦称蚊母鸟)、十姐妹、棕背白劳、柳叶莺(俗称竹叶青)、山和尚、白鹭、丘鹬(俗称聋庞鸟)、长尾兰鹊、白冠顶、丹顶鹤、雁鹅、天鹅等③。

黄山市地处皖南山区,属中亚热带北缘,动物种类多达300多种,属于国家保护的珍贵鸟兽有20多种,其中属于国家二级保护动物的鸟类有鸳鸯、白鹇、勺鸡、鸢、赤腹鹰、雀鹰、普通狂、毛脚狂、乌雕、红隼等④。

庐江县志称,鸟类有鸳鸯与雉、鸦、鹰、燕、鸽、夜枭、鸬鹚、鹭鸶,秃鹫、野鸭、百灵、鸿雁、黄眉、柳莺、大杜鹃、黄鹂、山雀、画眉、斑鸠、啄木鸟、喜鹊、灰喜鹊、黑卷尾、翡翠鸟、红尾伯劳、红嘴蓝鹊、麻雀、鹦鹉、乌鸦、竹鸡、鸲鹆、鹧鸪、八哥、秧鸡、黄雀、白头翁、白腰草鹬、四声杜鹃、董鸡、野鸡、火鸡、天鹅等,但说明:其中雁、天鹅是过境候鸟,乌鸦、鸳鸯、鹭鸶等今已少见⑤。

石台县境内地貌以低山、高丘分布最广,约占全县总面积的82%,东南部为黄山北行千脉盘结,西北部是九华山脉的南端,形成南北高、东西低的地势,山峦起伏,沟壑纵横,也是生态环境最好的县。现有禽类:鸳鸯与白鹇、白颈长尾雉、鸢、赤腹鹰、雀鹰、白尾鹞、红隼、画眉(噪鹛)、棕噪鹛、灰头鸦雀、白呕雀眉、四声杜鹃、环颈雉、啄木鸟、竹鸡、勺鸡、斑鸠、乌鸦、喜鹊、麻雀、八哥、黄鹂、相思鸟、燕子、翡翠、水葫芦等⑥。

5.3.5 福建

福建省不但依然有较多鸳鸯栖息地,而且越冬的鸳鸯数量仅次于江西省。

《同安县志》称"鸳鸯(70年代已少见)"(同安县地方志编纂委员会,2000),表明厦门市栖息的鸳鸯已经濒危。

《华东鸟类物种和亚种分类名录》称,鸳鸯分布于"泉州湾及海岸、武夷山、平和(冬)、尤溪县、将石自然保护区(冬)、君子峰自然保护区、闽江源自然保护区、茫荡山自然保护区"(朱曦等,2008),亦即说明在延平区、邵武市、武夷山市、明溪县、尤溪县、泰宁县、建宁县、泉州市、平和县等地栖息。

建瓯市属东南沿海低山丘陵区,地势东南高、西南低,四周为海拔500 m以上的中低山环

①此记录的时间段待核查。

②太和县. http://baike. baidu. com/subview/354465/12231331. htm? fr=aladdin

③怀宁县. http://baike. baidu. com/link? url = 4YHD30xWD72NejmpoKC7rQxPXR9VqZDkTMrSFGhvnblIUiskpXzWAWVQ5KGT3Qbj#4_1

④黄山. http://baike. baidu. com/link? url = TXz6VdTD2MLNIyAN4Xf0ruJeJQ4_oOksw5h-AumU9oJ7Grm48rD_WApD85I8CBLPwuBriSnOyK15GiaT6tY085V7UBi8zb2beUSIeo6LPe#3_3

⑤庐江县. http://baike. baidu. com/link? url = QZQrgMmFPrIwbtBMqsJVIrPc3I1zo3MHqmX0fEWeul4AKntPJHzToNHcvg-WORlu#3_1

⑥石台县. http://baike. baidu. com/link? url=WvpMTJ_Cx-FAApa4W4i1PCmWv8z84O5ctg44S-gcmg9oCqJ7IlClf9vBtom1MBt1#4_2

绕，中西部是以建溪、松溪为主轴的河谷平原、丘陵与串珠状的山间盆谷，形成以水侵蚀为主的地貌。全市野生动物有 28 目 87 科 330 种，属国家保护的有 17 种，其中属二级保护的有鸳鸯、白鹇、褐林鸮等鸟兽、爬行动物等。动物的分布随种类、地点不同而异，繁殖力强的动物主要分布于原始森林少、人们活动频繁的地带；繁殖力差的珍稀动物多分布于人烟稀少的深山原始阔叶混交林中①。

泉州市西部为戴云山主体部分，地势西北高、东南低，境内山峦起伏，丘陵、河谷、盆地错落其间；加之地处低纬度，东临海洋，属亚热带海洋性季风气候，气候条件优越，动植物资源丰富。两栖类、爬行类、鸟类、哺乳类野生动物资源有 30 目 85 科 385 种，其中有鸳鸯与黄嘴白鹭、鸢、鹰雕、蛇雕、花田鸡等 57 种国家Ⅱ级重点保护野生动物②。这固然是指辖泉州市、石狮市、晋江市、南安市、惠安县、安溪县、永春县、德化县、金门县等多地之地级市情况，但仅有部分确有鸳鸯栖息。

浦城县既是武夷山脉和仙霞岭相衔接的地带，又是钱塘江水系与闽江水系的分水岭和闽江水系与鄱阳湖水系的分水岭；地势自北往南下降，北、东、西三面环山，中、南部低平宽广，南浦溪纵贯南北，地表径流呈树枝状，山间盆地串珠状错落。有鸳鸯等珍稀野生动物③。

鸳鸯溪国家级风景名胜区处屏南、周宁、政和三县交界，长 14 km，总面积 78.8 km^2。鸳鸯溪的溪流曲折，两岸群山绵延，悬崖峭壁，大部分地区为原始森林所覆盖，幽静而清净，是鸳鸯栖息的好地方。这一带溪流早在 100 多年前就发现鸳鸯，每年秋季有数百上千只鸳鸯从北方飞来这里越冬，使之声名远扬④。

5.3.6 江西

江西省不仅仍有鸳鸯分布，而且还是越冬野生鸳鸯的最多地。

《长江中下游水鸟调查报告》称，在 2004 年 1 月下旬至 2 月上旬，同步的水鸟调查涉及三峡大坝和长江入海口之间跨度达 1 850 km 的许多重要湿地，发现"婺源鸳鸯湖……鸳鸯 718 只"（巴特等，2004）。江西既是仅见的两个省级政区之一，更是有具体地点（婺源县），且此次调查中计数到鸳鸯数量最多的地方（约占 96%）。婺源鸳鸯湖是现今全球最大的野生鸳鸯越冬栖息地，据初步统计湖区共有动物 89 种，其中哺乳类 17 种，爬行两栖类 22 种，鸟类 50 种，尤以鸳鸯居多，最多时达 2 000 多对，占全世界已知野生鸳鸯数量的 2/3⑤。

《华东鸟类物种和亚种分类名录》称，鸳鸯分布于"鄱阳湖（冬）、高安、靖安、宜丰、万载（冬）、长江中下游（冬）、新建、分宜、宜黄、婺源、永新、高安、武夷山（冬）、井冈山（冬）、马头山自然保护区"（朱曦等，2008），似表明在南昌市、南昌县、新建县、进贤县、九江市、瑞昌市、九江县、永修县、德安县、星子县、都昌县、湖口县、彭泽县、分宜县、铅山县、余干县、鄱阳县、婺源县、宜黄县、资溪县、高安市、万载县、宜丰县、靖安县、井冈山市、永新县等地栖息⑥。

景德镇市坐落于黄山、怀玉山余脉与鄱阳湖平原过渡地带，是典型的江南红壤丘陵区。境内森林资源十分丰富，森林覆盖率达 70%。有鸳鸯、白鹇、红腹锦鸡等中华人民共和国国家Ⅰ、

---

①中国·建瓯. http://www.jianou.gov.cn/cms/sitemanage/index.shtml? siteId=30160281333960000

②泉州. http://baike.baidu.com/link? url=F6R15ZHCMZjokP3nNZfyyS9XEa_YHvnvaTFZb8kfO_TycQ6kbxmgDjfGLZ4vAtZGoAjVZeuxLdCfu4_wIENhe_#6_5

③浦城县. http://baike.baidu.com/view/190726.htm

④鸳鸯溪（福建省屏南县景区）. http://baike.baidu.com/link? url=yyl6yoXAb5BlY-v7BeSpemMcY05SS1GSNsald31qHXicDrUOLMIe8EayNjqbEhjRv3dGokVvxyq8ZboY1lMQD_IQoBrqkxf9nQdrpo157nG

⑤鸳鸯湖（婺源县风景区）. http://baike.baidu.com/link? url=AP2rvruwIL7SaZYr4Nh0_yWDzeLe2pV4aS_BLa5mvuC0hIUbQIawXUrg2FQVXi6ILlovA2qxKdCkdXSfpQKYf4uUenS7V-djZDwUzRM11vO

⑥此记录的时间段待核查。

Ⅱ级保护动物20余种[①]。此似指景德镇市、乐平市、浮梁县一带，但确有佐证的乃浮梁县；从地望判断(图7.35)，景德镇市与乐平市似至少在20世纪前半叶应有鸳鸯栖息[②]。

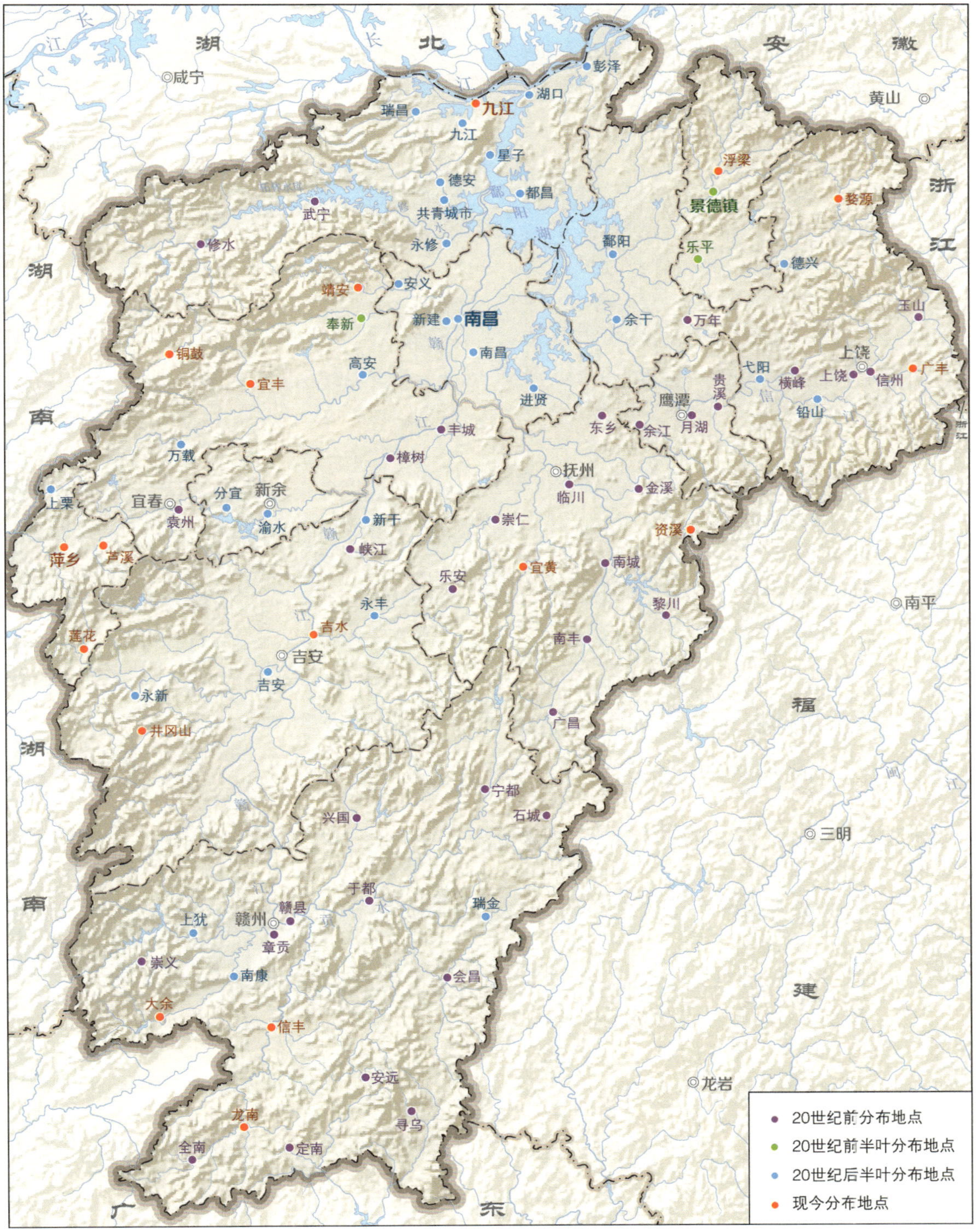

图7.35　江西省历史时期鸳鸯分布变迁图

①景德镇. http://baike. baidu. com/link? url = Vl50A6mi3BEKavjLwBXBBIieVVUfNaX6pponk2RkxfuxiqZ2L7l7JJwf38C7TYd7AY1RP95AgpnnC4WyHe5_H-4By0Zl0dGpMorp9wreJDy

②据此地望，湖北省武穴市的鸳鸯分布似也延续到20世纪前半叶。

信丰县境内地势虽由南向北倾斜，但海拔高低悬殊，相差约880 m，一般海拔则在200～400 m之间；县境边缘峻岭起伏，重峦叠嶂，中央却展布低丘岗埠，缓坡宽谷，阡陌农田；中部桃江纵贯南北，支流汇集，水势平缓。由于地形地貌的复杂多样，光、热、水资源的重新分配，造成立体气候较明显，动物资源丰富。仅鸟类就有国家级保护野生动物鸳鸯、黑冠鹃隼、（黑）鸢、苍鹰、赤腹鹰、凤头鹰（全市仅信丰县有）、鹰雕、游隼、燕隼、褐翅鸦鹃、草鸮、领角鸮、雕鸮、领鸺鹠、斑头鸺鹠、长耳鸮、斑尾鹃鸠（全市仅信丰有）、白鹇；省级保护野生动物小鸊鷉、（普通）鸬鹚、绿鹭、牛背鹭、寿带鸟（全市仅信丰有）、白鹭、（中华）鹧鸪、白额山鹧鸪、灰胸竹鸡、环颈雉、山斑鸠、珠颈斑鸠、火斑鸠、四声杜鹃、中杜鹃、八声杜鹃、普通翠鸟、蓝翡翠、家燕、金腰燕、红尾伯劳、棕背伯劳、黑卷尾、红嘴蓝鹊、画眉、大山雀等①。

宜黄县地处武夷山西翼，地势南高北低，东倚武夷山脉，西倚雩山山脉，东南西三面环山，北临赣抚平原，为山区与平原过渡地形。县境森林植被繁茂，生态环境优越，物种资源丰富，仅野生动物种类就达698种，其中有鸳鸯与斑头休鹠、领角鸮、草鸮、燕隼、游隼、黑鸢、苍鹰、勺鸡、白鹇等25种国家二级保护动物②。

靖安县是一个以山区为主的县，地势东西长、南北窄，四周环山，中部山地间杂丘陵，唯东南偶有少量河谷平原。由于山高林密，水草丰茂，果实丰厚，有许多亚热带动物栖身于此。野生脊椎动物有34目96科283属429种，占全省脊椎动物种数总量的50.41%。其中鸟类18目53科129属207种，主要有鸳鸯与雁、鹭、喜鹊、莺、燕、枭、鸠、鹰、鹞、鹭、黄雀、麻雀、画眉、相思鸟、啄木鸟、百舌、杜鹃、黄鸟、乌鸦、布谷鸟、白鹤、野雉、锦雉、角雉、鸽雉、竹雉、水雉、白锦雉、鸬鹚、野鸭、翠鸟、鹦鹉、猫头鹰等，属国家二级保护的还有海南虎斑、小鸦鹃、草鸮、短耳鸮、斑头鸺鹠、领角鸮、褐林鸮、鸮鸺鹠、黑冠鹃隼、小隼、赤腹鹰、松雀鹰、红隼、白鹇、勺鸡等24种③。

吉水县以丘陵为主，兼有山地、丘陵、平原三大类地形；东、北、南三面地势稍高，西与西北稍低，并依序由东向西倾斜形成一个半开口的盆地。飞禽有鸳鸯与野鸽、野鸡、野鸭、斑鸠、喜鹊、乌鸦、麻雀、斑鸡、白鹭、画眉、黄雀、凤鸡、白鹤、八哥、啄木鸟、猫头鹰等④。

大余县位于庾岭北麓，章江上游，地势西高东低，西北部、西部和东南部地势崛起，东部凹陷，形成三面环山、朝东敞开的丘陵盆地。森林资源丰富，森林覆盖率为76.2%。野生动物资源有16目37科116种，其中有鸟类11目27科65种，有鸳鸯与黄腹角雉、白鹇、灰胸竹鸡各级重点保护鸟类⑤。

萍乡市属江南丘陵地区，以丘陵地貌为主。东、南、北大多为山地，西部地势较低，境内山地、丘陵、盆地错综分布，地貌较为复杂。东南部有武功山脉，地势最高；北部杨岐山至大屏山一带地势较高，地形险要；中部偏东地势较高，成为洞庭湖水系和鄱阳湖水系的分水岭。全市有发源于罗霄山和武功山5条主要河流，即萍水、栗水、草水、袁水、莲水。野生动物中，仅鸟类就有鸳鸯与燕、雁、夜鹰、喜鹊、杜鹃（布谷鸟）、白鹇、啄木鸟、黄鹂、麻雀、铁雀、画眉、猫头鹰、竹鸡、鹧鸪、鹳、野鸭、水鸭、翠鸟、莺、鹭、鸥、百舌、白头翁、鹦鹉、草鸮、黄腹角雉、白颈长尾雉、唤春、鹤、鹞、伯劳、石燕、乌鸦等173种⑥。

5.3.7 山东

山东省仍有多处鸳鸯栖息记录。

《华东鸟类物种和亚种分类名录》称，鸳鸯分布于"威海（旅）、泰安（冬）、泰山（冬）、青岛、东南沿海、南四湖、东平湖（冬）、东平、大汶河（冬）、威

---

①信丰县. http://baike.baidu.com/link? url=xGGEGEUZCeIYVr6D_t6YlerFvpJE1c0o49eDS3TxeN-4SDLeLK-l2FyRUu5K1c8N#8_2

②宜黄县. http://baike.baidu.com/link? url=VtQMdFbKQMo7TdDSeTbhQoLyKSzJzoAjUHcv3-oEdIQKtf5Rk3X5RS6Os-SvpMre#5_4

③中国·靖安. http://www.jxjaxzf.gov.cn/Item/1354.aspx

④吉水县. http://baike.baidu.com/link? url=I3yxQ96nKhO7csQo5eVqOeD67HMngOdbNxsrR0N-FflV67oHmx6UZxfGxnQSCA2t#5_2

⑤大余县. http://baike.baidu.com/view/173756.htm

⑥萍乡野生动物资源. http://bm.pingxiang.gov.cn/lyj/article/200911/156949.html

海八河(旅)、黄河三角洲”(朱曦等,2008),约指东营市、垦利县、利津县、环翠区、青岛市、微山县、泰安市、东平县等地仍有栖息。

莱州湾南岸滨海湿地位于潍坊市、寿光市与昌邑市一带,经2005～2006年实地调查,其中就有鸳鸯等珍稀鸟类,有国家一级重点保护鸟类6种、国家二级重点保护鸟类8种(徐宗军等,2010)。

《山东鸟类分布名录》记录,鸳鸯分布于“黄河三角洲;南四湖;青岛,女姑口;日照;泰安,泰山,大汶河,东平湖;威海,荣成(八河);淄博;胶东半岛,鲁中山地,鲁西北平原,鲁西南平原湖区”(赛道建,2013),约有东营市、垦利县、利津县、淄博市、环翠区、荣成市、青岛市、日照市、微山县、泰安市、新泰市、肥城市、宁阳县、东平县、莱芜市等地①。

据2010年3月报道,莱州市南阳河上游后河水库里出现一群鸳鸯在畅游、嬉戏,十多只羽毛艳丽、活泼好动的鸳鸯或结伴追逐嬉戏,或成队盘旋飞跃,吸引了不少游客观看②。

济宁市属鲁南泰沂低山丘陵与鲁西南黄淮海平原交接地带,地形以平原洼地为主,地势东高西低,地貌较为复杂。东部山峦绵亘,丘陵起伏,各山之间分布有许多小型盆地和谷地。南四湖(微山湖、南阳湖、昭阳湖、独山湖的总称)居中,贯穿南北;南四湖以东,为泰沂山前冲积平原;南四湖以西,为较平坦的黄泛平原。济宁市鸟类共有201种,包括留鸟、夏候鸟、冬候鸟、旅鸟等,其中有鸳鸯与丹顶鹤、白鹤、大天鹅、小天鹅等珍稀物种③。济宁乃地级市,辖4市7县,现有鸳鸯栖息的只是在部分地方。

桓台县东北部、小清河南岸的马踏湖湿地保护区是泰沂山脉北麓山前洪积与黄泛冲积平原的叠交凹地,动物资源丰富,仅鸟类就有174种,其中国家一级保护动物有3种,国家二级保护动物有鸳鸯与大天鹅、小天鹅、鹊鹞、白头鹞、白尾鹞、松雀鹰、苍鹰、毛脚鵟、游隼、灰鹤、白枕鹤、棕腹纹小鸮、长耳鸮、短耳鸮等15种,省级保护动物有鸿雁、赤麻鸭、白眉鸭、花脸鸭、绿头鸭、罗纹鸭、绿翅鸭、红骨顶等8种④。

5.3.8　台湾

台湾依然有鸳鸯存在。

据台湾《中国时报》报道,2014年11月11日黄昏,屏东县候鸟重要栖地恒春半岛的龙銮潭发现鸳鸯与东方白鹳、黑面琵鹭和斑尾鹬等⑤。

台湾的鸳鸯湖(面积约3.6 hm^2)位于新竹县与宜兰县交界的深山中,为淡水河的上游水源之一。鸳鸯湖海拔高(约1 670 km),有如一柄汤匙,袋状的谷地吸纳了东北季风的湿冷水气,使得湖面上经常重雾深锁、迷蒙深邃。浓湿的环境也造就了独特的生态环境,复以人迹罕至,水泽生态维持完整,成为自然保留区,范围除湖面外,并涵盖了周遭的湿地及原生桧木林,总面积达374 hm^2。遇逢云消雾散,清澄的湖面一如明镜,鸳鸯、绿头鸭轻轻划过水面,好一幅宁静致远的画面⑥。

5.4　中南

中南除澳门未见记录、海南与香港有个别记录外,其余各省级政区仍有鸳鸯栖息。

5.4.1　河南

河南省依然有鸳鸯分布。

据调查,河南省有鸳鸯栖息的湿地有河南黄河湿地、豫北黄河故道鸟类湿地、丹江口水库湿地、内乡湍河湿地(孙红霞,2007),亦即反映在巩义市、湖滨区、洛阳市、偃师市、孟津县、新安县、焦作市、孟州市、济源市、卫辉市、延津县、淅川县、内乡县等地仍有鸳鸯。

---

①此记录既有专指地名,又有泛指地域。具体地名与时间段待核查。

②滕新书. 山东莱州阳春三月现鸳鸯戏水 数量时间近年罕见. http://news.iqilu.com/shandong/shandonggedi/20100323/205108.shtml

③济宁. http://baike.baidu.com/link?url=WW-_Gx8cPKwZEl8y7aNtfzJ5UkbpnMgPKzWI4cGX_HNFTHa8RaetxMS5w9y AX-DOLPi98uHn_VLQdf5RqTHBX6_#14_4

④徐鹏,陈思. 马踏湖湿地保护区:鸟类增多 捕杀难杜绝. http://cache.baiducontent.com/c?m=9f65cb4a8c8507ed4fece763104a802358438014629f8c423a958448e435075c4764e0bd3a201104d0d8796603ac4956fdf04128715c7ea3de95c81cd2&p=8e49c54ad6c342f811be9b7c57499d&newp=8b2a9715d9c341ac11b7cd2516428f231610db2151d0d612&user=baidu

⑤白鹳现踪台湾屏东. http://www.ucola.com/bjlyxx/2014/1115/13011.html

⑥宜兰鸳鸯湖. http://www.taiwan.cn/twzlk/baodaofengcai/201008/t20100816_1492741.htm

安阳市介于北纬35°12′～36°12′，东经113°38′～114°59′，鸟类有37种，其中有鸳鸯等珍稀物种（王毅彰，2009），据地域范围判断，是包括地级市所属安阳市、林州市、安阳县、汤阴县、滑县、内黄县，只是具体待核查。

据报道，信阳市有鸳鸯与勺鸡、蜂鹰、凤头蜂鹰等鸟类350多种，占河南省鸟类90%以上（熊林春等，2014）。信阳地势南高北低，呈岗川相间、形态多样的阶梯地貌。西部和南部是由桐柏山、大别山构成的豫南山地，占全市总面积的36.9%；两山首尾相接，连成一体，蜿蜒于豫鄂边界，是江淮两大流域的分水岭。中部是丘陵岗地，位于豫南山地以北，占全市总面积的38.5%。由于受淮南水系的强烈切割和冲淀，形成丘陵起伏、岗谷相间的组合，梯田层层，河渠纵横，塘堰密布，水田如网，酷似江南风光。北部是平原和洼地，占全市总面积的24.6%；其中洼地主要分布在淮河两岸。加之该地区中处于我国自然地理的南北分界线一带，野生动物丰富自然不言而喻。信阳是地级市，辖1市8县，现有鸳鸯栖息地只能在少数地方。

5.4.2 湖北

湖北省仍有较多鸳鸯栖息地。

《黄石市志》记载的“飞禽类”列举有鸳鸯与鹌鹑、鹭鸶、白鹤、黄雀、布谷鸟（子规、杜鹃）、强汉、汤池、天鹅等多种（黄石市志编纂委员会，2001）。

竹山县地处秦巴山区腹地，北属武当山，南属大巴山，山地占总面积80%以上；中部河谷间有狭小坪坝；堵河自西南向东北流经中部，主要支流有深河、霍河和苦桃河。境内茂林修竹、山清水秀，动物资源丰富。据《竹山县志》记载，有鸳鸯与鹞鹰、八哥、啄木鸟、鹁鸪、水斑鸠、黄鹂、杜鹃、喜鹊、鹦鹉、鹧鸪、乌鸦、燕子、百舌、白鹤、麻雀等多种禽类分布（竹山县地方志编纂委员会，2002）。据2012年11月报道，竹山县文峰乡东钦村黄龙库区水面上，上百只野生鸳鸯正在畅游嬉戏，场景十分壮观。县林业部门调查后认为，这是竹山县首次发现规模野生鸳鸯及栖息地①。

《中国长江三峡动物大全》记载有“鸳鸯”（刘先新，2010），反映至少在宜昌市、秭归县、巴东县等地仍有鸳鸯分布。

据2011年10月报道，武汉市东湖的楚风园、落雁岛、碧塘观鱼等景区、景点，连续4年来发现鸳鸯飞临，但是雄多雌少的性别比例严重失调（4∶1），让人们喜中有忧②。

巫峡山脉位于重庆与湖北交界区，自巫山县起，经奉节县、建始县、恩施市等，北与大巴山相连，主峰在奉节县境内的乌云顶，海拔2 400 m。拥有大量的珍稀动植物，有各种野鸟100余种，其中珍稀动物有鸳鸯与红腹角雉、白尾榷红雉、绿尾红雉、白冠长毛雉、锦鸡等③。

据2011年11月报道，在南漳县东巩镇昌集村漳河的一段，起自昌集电站蓄水坝，宽约150 m、长约3.5 km的水面上，近年栖息在此地的鸳鸯数量与日俱增，目前已达数百只。人们喜爱鸳鸯，便将漳河的这一段称之为鸳鸯湖④。2015年3月，人们摄下鸳鸯双双起飞（图7.36）与上百只野鸳鸯畅游嬉戏（图7.37）的镜头；据介绍，这群鸳鸯几年前就开始在这里栖息、活动。鸳鸯每天早晨和下午都要到河里觅食和嬉戏，并由开始的十几只发展到300多只⑤。

图7.36 鸳鸯双双起飞

①操春林等. 竹山县首次发现规模野生鸳鸯及栖息地. http://news.cnhubei.com/xw/hb/sy/201211/t2321799.shtml

②高宝燕. 野生鸳鸯连续4年在武汉东湖出现. http://www.mafengwo.cn/travel-news/117375.html

③巫山. http://baike.baidu.com/link?url=m-F087XduZ5uO0OBhxx5LkpEbIYkF8Y3S-mpL9IA7rhVmOgSbJgpvqmAYyxcHezm#5_2

④再访野鸳鸯的世外桃源：南漳昌集鸳鸯谷. http://www.jmbbs.com/forum.php?mod=viewthread&tid=1265674&page=1#pid8735546

⑤南漳发现野鸳鸯群. http://pic.cnhubei.com/space.php?uid=285&do=album&picid=41208&goto=down#pic_block

图 7.37　漳河中浮游的鸳鸯

据 2014 年 3 月报道，京山县杨集镇三泉水库近几年出现野鸳鸯，此次数量最多，有 20 多对，共有 50 多只。野鸳鸯生性胆小，一旦有人靠近便迅速飞走，但经观鸟协会和摄影家协会的专业人员证实是鸳鸯①。

5.4.3　湖南

湖南省也有不少鸳鸯栖息。

发源于贵州省都匀县斗篷山的沅水北流至湖南省常德市，从新兴嘴西入汉寿县境，又东流至岩汪湖镇新堤拐处，汇入目平湖而进洞庭湖，在沅、澧二水尾闾和目平湖建立了西洞庭省级自然保护区。据 2002～2011 年鸟类监测，记录到鸟类 205 种，含国家一、二级保护鸟类 26 种，其中有鸳鸯等珍稀物种(彭平波，2013)。

湘阴县位居幕阜山余脉走向洞庭湖凹陷处的过渡带上，地势自东南向西北递降，形成一个微向洞庭湖盆中心的倾斜面；地形以滨湖平原为主体，呈块状分布，占全县总面积的 44.4%；河湖交汇，水域广阔，尤其是北部平原、湖洲地区河湖交汇。“珍禽”中有鸳鸯与锦鸡等②。

据 2013 年 1 月报道，入冬以来，在沅陵县五强溪国家湿地公园鸟儿巢水库内，一群鸳鸯翩然汇聚于此越冬，记者在现场看到，数百只鸳鸯成群栖息在库湾中，红嘴翠羽，如鲜花盛开，双双对对形影不离，或嬉水觅食，或翱翔长空，吸引附近众多村民跑来观看③。

常宁市南部是南岭山簇余脉的塔山和大义山，两山之间夹有低平谷地；北部则平原、丘陵交错。境内属动物区划的古北区与东洋区的交叉过渡地带，已知各类动物 200 余种，其中鸟类 70 余种，主要有鸳鸯与翠鸟、白鹭、鹰、绿头鸭、天鹅、红脚隼、红腹锦鸡、雉斑鸠、杜鹃、画眉、百灵鸟、黄眉柳莺、啄木鸟、喜鹊、乌鸦、大山雀、麻雀、夜莺、长耳鸮、短耳鸮、原鸽、原鸡、燕鸡、猫头鹰、鹧鸪、八哥、猴面鹰、白鸽、竹鸡、环鸽雉、董鸡、黑水鸡等④。

《湖南日报》2013 年 1 月 5 日发布张京明照片，称元旦期间，一群鸳鸯翔集在桃源县王家湾水库。桃源县山清水秀，生态环境好，有人间仙境之誉。近年来每年有近百只鸳鸯在此越冬⑤。

永顺县的猛洞河平湖景区位于猛洞河的下游，上起猴儿跳，下至龙门峡，全长 45 km(含酉水一段)，因酉水下游凤滩水电站的建成，库水上涨而形成。在猛洞河天然动植物园两岸山谷中，有不少珍禽异兽。鸟类如锦鸡、野鸡、寒鸡、画眉、斑鸠、竹鸡、阳雀、相思鸟、岩鹰、布谷、猫头鹰以及其他各种小鸟。猛洞河里还有水凫与鸳鸯鸟，双双对对，在水面上飞翔⑥。

衡阳市四周山丘围绕，东部为罗霄山余脉，西部为越城岭的延伸，南部为南岭余脉，北部为大云山、九峰山和衡山，中部平岗丘交错形成衡阳盆地。境内有河长 5 km 或流域面积 10 km^2 以上的江河溪流 393 条，总境长达 8 355 km，河网密度为 0.55 km/km^2。全市已知鸟兽 200 余种，有鸳鸯与白鹭、环颈雉、竹鸡，白骨顶、珠颈斑鸠、山斑鸠、苍鹭、牛背鹭等鸟类 17 目 40 科 170 种以上⑦。按辖 3 市 5 县的地级市辖境论，鸳鸯栖息地则值得核查。

地处耒阳市与衡南县的江口鸟岛(俗称江口鸟洲)栖息和繁衍 16 目 38 科 182 种鸟类，总数达 10 万只以上，其中二级保护鸟类有鸳鸯、鸢、红隼、松雀鹰、凤头鹰、白头鹞、领角鸮、鹰鸮、横斑

①京山：罕见！50 多只野鸳鸯栖息山中水库. http://www.jmtv.com.cn/news/folder42/folder205/2014-03-31/60993.html

②湘阴县. http://baike.baidu.com/link? url=hiUeV4XPEwfBpqX8prb_K27M1AmoK_8IZOGRpE7D-CNRA6uAqIH9oIlt7tihZpFo#5

③肖军等. 沅陵五强溪湿地现鸳鸯群. http://www.hn.chinanews.com/news/2013/0105/162168.html

④中国·常宁. http://www.hnchangning.gov.cn/main/zjcn/cngk/zrdl/c84cdd23-8cd6-436b-94a3-7411d795b989.shtml

⑤沅陵五强溪湿地现鸳鸯群. http://www.hn.chinanews.com/news/2013/0105/162168.html

⑥永顺县. http://baike.baidu.com/link? url=BvOH7myS1ah7lwuSKhVgBmmNOi56xL9E_VwyB-4O6stUIKZ0aRd-lSnsgxzcC7PG

⑦中国·衡阳. http://www.hengyang.gov.cn/main/hygk/hyjs/1_626/default.shtml

腹、鹭鹗、短耳鹗等①。

5.4.4　广东

广东省还有一些地方有鸳鸯栖息。

位于肇庆市的星湖国家湿地公园有鸳鸯与丹顶鹤、东方白鹳、白枕鹤、蓑羽鹤、火烈鸟、瘤鹄、白面鹭、苍鹭、灰冠鹤、绿头鸭、夜鹭、绿翅小水鸭、尖羽树鸭、鸬鹚等珍禽栖息（李达标等，2005）。尽管该园中有湿地珍稀水禽养殖基地并成功引进、繁育了丹顶鹤、火烈鸟等，但该园现有湖泊面积达 650 多 hm^2（大于杭州西湖），又是国际候鸟迁徙的重要停歇地、繁殖地和越冬地，更是少见有鸳鸯报道，窃以为时有野生鸳鸯停歇还是可能的。

连平县地处粤北山区，地形复杂，起伏较大，地势自北向东南和西南方向倾斜；九连山脉在境内自北分别向西和西南方向延伸，两大水系（东江水系、北江水系）六条主要河流（连平河、大席河、忠信河、大湖河、陂头河、贵东河）纵横全境，北、中部多为中、低山，西南部大多是丘陵地带，东南部以谷底盆地为主。山地广阔，气候温和，雨量充沛，适宜植物生长。野生动物繁多，分布广，仅鸟类就有鸳鸯与山鸡、雉鸡、竹鸡、斑鸠、鹧鸪、野鸽、水鸭、燕子、乌鸦、雁、老鹰、麻雀、菜雀、白鹇、画眉、黄莺、啄木鸟、杜鹃、青翠、翡翠、白劳、天堂鸟、牛雀、蜡嘴、猫头鹰、鹞、鹭鸶、鹌鹑、喜鹊、鹊鸦、八哥、布谷鸟、黄鹤、白鹤、山寒、山凤凰、呼恶鸟、五彩鸟、夜莺、子规、池鹭、鹳等 100 多种②。

5.4.5　广西

广西壮族自治区现今还有一些地方有鸳鸯栖息记录。

靖西县境内以溶蚀高原地貌为主，除东部古龙出露一片花岗岩及南部有零星辉绿岩和少部分地区散布些页岩、砂岩外，大部分是由石灰岩组成的峰林、峰丛山地，群山林立，峰峦叠嶂，地貌类型复杂多样。整个地势由西北向东南倾斜，略呈阶梯形态。全县以低山为主，斜坡面积较大，阳坡面积较多，石灰岩峰林、峰丛广布，由于溶蚀作用不同，各地地貌有一定差异。山明水秀，以奇峰异洞、四季如春的自然风光闻名遐迩，又有山水“小桂林”之誉。全县森林资源极为丰富，树种繁多；县境东南部森林覆盖率较高，中部、北部森林覆盖率低、质量差，生态系统脆弱，原始森林小片零星分布。《靖西县志》称，动物资源丰富，共有 43 科 105 种。鸟类主要有鸳鸯与冠斑犀鸟、白鹇、白鹤、鹭、凤头鹃隼、猫头鹰老鹰、苍鹰、猴面鹰、绯胸鹦鹉、褐鹃隼、红隼等（靖西县县志编纂委员会，2000）。

兴安县的地形多样而复杂，山峦重叠，沟谷溪流纵横：西北部为越城岭山系，逐渐向西南倾斜；东南部是都庞岭的海洋山系，并逐渐向东北倾斜；进而形成两大山系之间的狭长谷地，称“湘桂走廊”，其间有土岭、石山、河谷平原。植被状况曾有多次反复，到 1990 年，全县森林面积为 14.6 万 hm^2，森林覆盖率 62.2%。《兴安县志》称“鸳鸯等今已少见”（兴安县地方志编纂委员会，2002）；近年县政府发布的信息也持类似观点③。

桂林市以喀斯特地貌闻名遐迩，动物资源也很丰富，现有脊椎动物 5 纲 31 目 76 科 272 种，其中有鸳鸯与白鹳（东方白鹳）、凤头鹃隼、鸢、苍鹰、白尾鹞、环颈雉等珍稀物种（中国社会科学院考古研究所，2003）。

西林县地势由西北向东南倾斜，境内诸山概属云贵高原余脉，土岭连绵，沟壑纵横；土山占 98%，其余为石灰熔岩区。境内地广人稀、山多田少。随山峦逶迤而形成驮娘江、古障河、那佐河 3 个明显的河谷地带。山高林密，生活着许多珍贵野生动物，鸟类有鸳鸯与白鹇鸡、锦鸡等④。

都安瑶族自治县地处云贵高原向广西盆地过渡的斜坡脚上，地势北西高、南东低；地貌景观奇特，是全国岩溶地貌发育最为典型的地区之一，境内洼地密布、石山连绵，地下河天窗、峰丛、峰林等地貌单元千姿百态，绮丽壮观。据报道，境内野生动物众多，鸟类有鸳鸯与鹧鸪、斑鸠、毛

①江口鸟岛. http://baike.baidu.com/view/2708697.htm

②连平县人民政府网站. http://www.lianping.gov.cn/publicfiles/business/htmlfiles/gdlp/pzrzy/index.htm

③兴安县人民政府. http://www.xazf.gov.cn/html/2012/zrdl_0426/52.html

④西林县. http://baike.baidu.com/link? url=NKBiqxzK-rB0d45LGs7g1_Egfzn2D8-p-Dhue7X_H69T6SSWztX85FrvhQ_YEyBE#3_3

鸡、黄莺、猫头膺、杜鹃、画眉、乌鸦、八哥、野鸡、布谷、麻雀、喜鹊、小云雀、甘珠鸟等①。

5.4.6 海南

海南省仍有鸳鸯分布记录，但已极度濒危。

文昌市位于海南岛东北部，东、南、北三面临海；地貌为低丘台地平原；属热带北缘沿海地带，具有热带和亚热带气候特点，属热带季风岛屿型气候。仅见《文昌县志》记载有鸳鸯与毛鸡、鹤鹭（鹤、鹭？）、鹊、乌鸦、鹦鹉、啄木鸟、谷鸡、水鸭、白面鸡、麻雀、鹰、燕子等鸟类（海南省文昌市地方志编纂委员会，2000）。

海南已是鸳鸯分布南缘。历史上，鸳鸯分布的明确地点即处于该岛北半部，且随着时间推移与生态环境的变化，有鸳鸯记录地点不断减少，处境岌岌可危。

5.4.7 香港

香港特别行政区仍有鸳鸯。

据香港观鸟会制作的 2013 年 2 月 25 日最新修订的《香港鸟类名录》，共计 518 种鸟类，其中就有鸳鸯（*Aix galericulata*）②。

5.5 西南

西南除西藏自治区久已未见有鸳鸯分布记录外，其余省级政区仍有鸳鸯栖息。

5.5.1 重庆

重庆市现存鸳鸯分布记录在西南算是较多者。

秀山土家族苗族自治县系武陵山二级隆起带南段，境内西南高、东北低，中部是一个类似三角形的盆地，平坝、丘陵、低山、中山互相交错；地表起伏大，山脉、河流多顺构造线东北向布展。野生动物种类较多，仅鸟类就有 200 多种。据《秀山县志》列举有鸳鸯与野鸡、画眉、白鹤、灰鹤、乌鸦、绿筒子、白头翁、燕子、黄鹂（黄波鸟）等（秀山土家族苗族自治县志编纂委员会，2001）。

《中国长江三峡动物大全》记载有“鸳鸯”（刘先新，2010），反映至少在巫山县、奉节县等地仍有鸳鸯分布。巫峡山脉位于重庆与湖北交界区，在重庆有巫山县与奉节县等地，有鸳鸯等 100 余种野鸟③。

据 2011 年 11 月报道，武隆县大溪河小三峡发现了野鸳鸯，得到重庆市自然博物馆专家证实；同时，专家还提供相关信息：2006 年至 2009 年对三峡库区长江干流及 12 条主要支流冬季水禽分布调查，三峡库区的野生鸳鸯有 100～120 只，在“我市 14 个区县有野鸳鸯越冬，包括长寿、丰都、涪陵、武隆、忠县、云阳、石柱、开县、巫山、巫溪、酉阳、巴南和九龙坡等”④，“鸳鸯仍主要集中在库区，以长寿的长寿湖、巫山的大宁河、武隆的芙蓉江最为稳定”，“武隆县鸭江镇三元村附近的大溪河发现鸳鸯”则是首次听说；“2009 年、2010 年调查结果表明，三峡库区长江主河道的越冬鸳鸯数量呈现减少趋势，3 条支流明显增多……这是主河道上人为活动增多，使鸳鸯更愿意选择支流的宁静生活”⑤。亦即在九龙坡区、巴南区、涪陵区、长寿区、武隆县、丰都县、开县、巫溪县、巫山县、云阳县、忠县、石柱土家族自治县、酉阳土家族苗族自治县等地仍有鸳鸯。

巫山县与湖北省交界，素有“渝东北门户”之称。境内大巴山、巫山、七曜山三大山脉交汇，形成典型的喀斯特地貌。长江横贯东西，大宁河、抱龙河等 7 条支流呈南北向强烈下切，地貌上呈深谷和中低山相间形态，地形起伏大，坡度陡，谷底海拔高程多在 300 m 以内，岸坡相顶多为 1 000 m 以上。有鸳鸯、红腹角雉、白尾椎红雉、绿尾红雉、白冠长毛雉、金鸡等各种野鸟 100 余种。据 2015 年 1 月发布，在大昌湖湿地拍摄的鸳鸯照片（图 7.38、图 7.39）⑥，证实在巫山县有鸳鸯停歇。

---

①都安瑶族自治县. http://baike.baidu.com/view/395051.htm? fr=aladdin

②香港鸟类名录. http://baike.niaolei.org.cn/香港

③巫山. http://baike.baidu.com/link? url=m-F087XduZ5uO0OBhxx5LkpEbIYkF8Y3S-mpL9IA7rhVmOgSbJgpvqmAYyxcHezm#5_2

④原文中虽称“14 个区县”，但列举的地名只有 13 个。

⑤弋静. 快看那里有一群野鸳鸯. 重庆晚报(数字报)，2011-11-02

⑥风雨. 大昌湖湿地的鸳鸯和鸟类. http://dp.pconline.com.cn/photo/list_3466036.html

图 7.38　大昌湖中的鸳鸯

图 7.39　大昌湖的鸳鸯腾飞

5.5.2　四川

四川省也有一些现今鸳鸯存在的记录。

盐源县位于青藏高原南缘，雅砻江下游西岸。境内地形周环高山峡谷，中部为丘陵盆地。《盐源县志》称该县野生动物有 160 余种，仅泸沽湖鸟禽即有 40 余种、20 余万只，其中有鸳鸯等（盐源县志编纂委员会，2000；胡小平，2007）。

金阳县以波洛梁子为界，地势自西北向东南倾斜：界北为凉山山原地貌区，相对高度差较小；界南为西南山地地貌区，岭谷高差大；并有平坝、台地、低山、低中山、中山、高山、山原、丘状高原 8 种微型地貌。《金阳县志》在“具有经济价值的飞禽类”中列举有“草鸡、翠雀、黄鸯、画眉”等（四川省金阳县志编纂委员会，2000），其中“黄鸯”疑似指鸳鸯。

巴塘县位于青藏高原东南缘，金沙江中游东岸的川、滇、藏结合部，金沙江由北向南贯穿县境西部，其地形通过金沙江走向反映出由北向南倾斜，并呈现北高南低、东高西低之状。《巴塘县志：续编》也列举有鸳鸯与胡兀鹫、野鸡、斑鸠、麻雀、天鹅、仙鹤等鸟（四川省巴塘县地方志编纂委员会，2001）。

1999～2002 年 3 次调查德阳市湿地水鸟资源，发现有鸳鸯与小天鹅、鹗、灰鹤等珍稀物种（陈凡等，2005），说明在所属旌阳区、什邡市、广汉市、绵竹市、罗江县、中江县一带有所分布。

安县位于四川盆地西北部，地貌可分为平坝、丘陵（台地）、低中山三种类型。境内有动物资源 1 000 多种，其中鸟类有 100 余种。在白水湖内，鱼群觅食卷浪，鸥鹭戏水成群，鸳鸯吻劲畅游，鹭鸶展翅盘旋①。

若尔盖县地处青藏高原东北边缘，境内地形复杂，黄河与长江流域分水岭将全县划分为两个截然不同的地理单元和自然经济区。中西部和南部为典型丘状高原，占全县总面积的 69%，地势由南向北倾斜，平均海拔 3 500 m；北部和东南部山地系秦岭西部迭山余脉和岷山北部尾端，境内山高谷深，地势陡峭，海拔 2 400～4 200 m。境内动物种类繁多，有脊椎动物 29 目 65 科 251 种，其中鸟类包括藏鸳鸯与黑颈鹤、白鹳（东方白鹳）、疵鼻天鹅（疣鼻天鹅）、秃鹫、蓝马鸡等 162 种②。

犍为县地处岷江中下游，川西平原西南边缘，地势东北、西南高，东、南低。地形地貌多样，坝、丘、山皆具，以丘陵为主，浅丘居多，西部边界一带为低山区，境内河流密布，沿江多有平坝。河流多属岷江水系，共有大小河流溪沟 26 条。鸟类有鸳鸯与杜鹃、野鸡（雉）、白鹭、白鹤、鹊、鸠、乌鸦、燕子、麻雀、竹鸡、啄木鸟、翠鸟、鹰、鹞子、鹌鹑、黄莺、猫头鹰、水鸭子（凫）、画眉、白头翁等多种③。

西昌市邛海是四川省第二大淡水湖，距市中

①安县. http://baike. baidu. com/link? url=vZMypga2RGfS6aEblyOYh4_rfsuWffKZHdBxEqifpDqBHB-OgcVnDN2atsZxwQw4

②若尔盖县. http://baike. baidu. com/link? url=0o1eYPjVilSOjBlr1wnrRHbBTFk7iICjRxkdf-eoJOOWnBWlIBUTXcyxcYo_-gy-WSrgDt63UYLx_0F1EdxVrKK

③中国·四川·犍为. http://www. qianwei. gov. cn/WebPage/showInfo. aspx? id=6803；犍为县. http://baike. baidu. com/link? url=t6MprREFarwDAy7LtOug4WYwLpwGAB7Y-7c5LfS7Pi9MNWb2DfS7zxngQCD6r7ChIEB0uGXOC4Ia4Df8MQIfHK

心 7 km，卧于泸山东北麓，山光云影，一碧千顷，邛海水质清澈透明，面积约 31 km^2。湖内有 40 多种鱼类，其中有特有的白鱼、鲤鱼、大虾、螃蟹等。每到秋末冬初，便会有成群的候鸟飞临邛海——白鹭、鹭鸶、凫雁、苍鹭、鸳鸯、池鹭、天鹅和绿头鸭、赤麻鸭、沙秋鸭等 50 余种，可以说这是一道靓丽的风景和独特的旅游资源①。

5.5.3 贵州

贵州省是现今西南鸳鸯分布最多的省级政区。

务川仡佬族苗族自治县处于云贵高原东北部向四川盆地过渡的斜坡地带，总体地势为西高东低，北高南低。现有陆栖脊椎动物 200 余种，《务川仡佬族苗族自治县志》在"鸟纲"中列举有鸳鸯（别名水鸳鸯）与杜鹃（别名阳雀）、鱼狗（别名刁鱼郎、翠碧鸟）、鹊鸭（别名水鸭子）、燕（别名燕子）、鹤（别名白鹤）、鹳（别名饿老鹳）、鸲哥（别名八哥）、鸺鹠、大杜鹃（别名布谷鸟）、麻雀、鹦鹉、麻雀、蜂鸟等（贵州省务川仡佬族苗族自治县志编纂委员会，2001）。

贵定县属浅中切割高原中心地貌类型，地势南北两端低，地貌复杂多样。全县森林覆盖率 39.2%，野生动物有鸟类、鱼类、哺乳类、爬行类、两栖类近千种。据 2006～2007 年调查报道，在位于贵定县岩下乡的岩下自然保护区境内偶见动物有鸳鸯、雀鹰、野猪等（栗海军等，2009）。

石阡县地处湘西丘陵向云贵高原过渡的梯级大斜坡地带，境内山峦起伏，沟谷纵横，东南高、西北低，岩溶地貌明显，全县有大小河流 117 条。据 2013 年 5 月报道，石阡县鸳鸯湖国家湿地公园总面积 778 hm^2，系修筑山坪水库形成的人工湖泊，由于鸳鸯聚集（图 7.40）而得名。现有 500 余对鸳鸯留驻，由于良好的植被与气候环境，使迁徙而来的鸳鸯将该地当成长期的"家"，近年来鸳鸯湖里的鸳鸯越来越多②。

图 7.40 石阡鸳鸯湖（石阡县委宣传部）

贵阳市地处黔中山原丘陵中部，长江与珠江分水岭地带。总地势西南高、东北低。苗岭横延市境，岗阜起伏，剥蚀丘陵与盆地、谷地、洼地相间。南明河自西南向东北纵贯市区，流域面积约占市区总面积的 70%。目前贵阳市远郊和三县一市深山中尚存少量国家各级保护动物，计有大鲵、鸳鸯、红腹锦鸡、穿山甲、八哥（鸲哥）、林麝、猕猴等及多种蛇类、蜥蜴类动物③，亦即说明在贵阳市、清镇市、开阳县、修文县、息烽县等地还有鸳鸯等珍稀动物分布。

开阳县属黔中高原区，地势西南高、东北低，由西南分水岭地带向北面乌江河谷和东面清水河谷倾斜。由于风化强烈，流水侵蚀、溶蚀严重，岩溶较为发育，形成复杂多样的地貌类型，山地、丘陵、盆地（坝地）皆有，以山地为主。野生动物中鸟类有鸳鸯与黑颈鹤、白鹳（东方白鹳）、中华秋沙鸭、红腹角雉、白冠长尾雉、猫头鹰、啄木鸟、燕、阳雀、鹧鸪、野鸡、竹鸡、八哥、喜鹊、画眉、山麻雀、布谷、黄豆雀、鹭鸶、老鹳、鹞子、鹰、乌鸦、

①西昌. http://baike.baidu.com/view/5868.htm? fromId=377813
②马垅鸣. 石阡鸳鸯湖国家湿地公园成"鸳鸯伊甸园". http://www.gz.xinhuanet.com/2013-05/29/c_115959023.htm
③中国·贵阳. http://www.gygov.gov.cn/col/col10801/index.html

斑鸠、麻斑鸠、野鸭、黄莺、山岔、秧鸡、林鸡、金鸡等①。在南江大峡谷景区记录鸟类共计122种,占全省鸟种的28.2%,隶属14目35科,属于国家二级保护的珍稀鸟类有13种,即鸳鸯、鸢、雀鹰、松雀鹰、普通鵟、白尾鹞、红隼、红腹锦鸡、白冠长尾雉、草鸮、斑头鸺鹠、褐林鸮和灰林鸮。其中尤以鸳鸯和白冠长尾雉最为重要,不仅因本地区为鸳鸯的繁殖地,而且在黔中地区,这两种珍禽仅在此发现如此多的种群②。

铜仁市处于云贵高原向湘西丘陵过渡的斜坡地带,西北高,东南低。以低中山丘陵为主,其次为高中山和河谷盆地,喀斯特地貌发育典型。境内有鸟类16目35科200余种,其中留鸟类、夏候鸟类等繁殖鸟约占65%,冬候鸟类、旅鸟类等非繁殖鸟约占35%,列为国家保护的珍稀鸟类有鸳鸯、红腹角雉、白冠长尾雉和红腹锦鸡等4种。鸳鸯(通常在北方繁殖,然而境内梵净山亦有鸳鸯繁殖,更显现出铜仁市自然环境的特殊魅力)③。还有佛顶山省级自然保护区原始常绿叶林原生植被,珍禽异兽……还有上千对鸳鸯栖息的情人谷④。据2014年3月报道,铜仁市碧江区天生桥国家湿地公园有湿地面积228.45 hm^2,每年10月中旬以后,鸳鸯都会成群地迁徙到这里,近千对鸳鸯成为天生桥景区的一道独特风景线⑤。由此可见铜仁这一在地级市所辖铜仁市、江口县、石阡县、思南县、德江县、玉屏侗族自治县、印江土家族苗族自治县、沿河土家族自治县、松桃苗族自治县、万山特区基本上有鸳鸯栖息记录。

据2014年11月报道,根据群众举报,台江县森林公安分局的民警在该县方召乡一村民家中搜出了7只野生鸳鸯。这位村民交代说,今年初,他在山上寻找自家耕牛时发现7只鸳鸯幼崽掉落烂泥潭中,无法走出困境,这位村民救出了这些小家伙,并带回家饲养。鉴于其属于非法饲养行为,台江森林警方决定将几只鸳鸯收缴放回大自然⑥。由此看来,在云贵高原东部苗岭主峰雷公山北麓、清水江中游南岸,境内地形地貌奇特,高山、盆地、河谷错落有致的台江县也有鸳鸯栖息。

据2014年11月报道,进入冬季以来,处在凯里、黄平、福泉接壤处重安江手爬岩电站河段,上百只野生鸳鸯(当地人将野鸳鸯称为"水鸭子")聚集在一起戏水觅食,给该河段增添了几分生机⑦。

思南县地处武陵山腹地,乌江流域的中心地带。受构造、岩性以及乌江水系控制,呈现出峰丛山地、缓丘谷地、河谷、石林等多种地貌形态。该县虽森林覆盖率23%,野生动物61种,皆不算高,但据2014年12月报道,从11月初开始,思南县白鹭湖陆续有5群百余只野生鸳鸯前来。当地管理人员说,这是白鹭湖近年来发现野生鸳鸯数量最多的一次。据了解,最近发现,部分鸳鸯也在贵州及云南等处繁殖⑧。

锦屏县地处黔东低山丘陵东缘,西南高、东北低,属中亚热带湿润季风气候区,植被条件较好,森林覆盖率71.2%。据介绍,现存的鸟类主要有鸳鸯与喜鹊、乌鸦、燕子、猫头鹰、猴头鹰、岩鹰、鹞鹰、飞虎、野鸡、谷鸣、竹鸡、红腹锦鸡、秧鸡、黄誉、黄鹏、白头翁、打鱼郎、八哥、画眉、白鹭、白级、野鸭、鸽鹤、布谷鸟、鹦鹉、雪鸟、斑鸠、山麻雀等⑨。

5.5.4 云南

云南省现今仍有一些地方有鸳鸯分布记录。

龙陵县地处怒江、龙川江两江之间,高黎贡山山脉由北向南伸入县境,地势呈中部高而东西倾斜之势,全境崇山峻岭,垂直高差大;丘陵起伏,河流纵横。据《龙陵县志》列举"禽类"有鸳鸯与孔雀、犀鸟、黄鸭、百灵鸟、翠鸟、画眉、鹦鹉、秃

---

①中国·开阳. http://www.kygov.gov.cn/zjky/dlzy/1314691527ky4840.html

②南江大峡谷. http://baike.baidu.com/view/379766.htm? fromtitle=南江峡谷&fromid=9034441&type=syn

③铜仁市人民政府. http://www.trs.gov.cn/news/2013223/n159.html

④中国·石阡. http://www.shiqian.gov.cn/Item/11.aspx

⑤铜仁市七个湿地公园绘就和美生态画卷. http://www.gzfjs.gov.cn/2014/0324/dongtai3041.html

⑥台江县森林警方放生7只野鸳鸯. http://j.news.163.com/docs/10/2014112109/ABIVCDIO00964LJS.html

⑦吴如雄.重安江上10 km河段间:上百只鸳鸯在此安家. http://www.gywb.cn/content/2014-11/23/content_1916834.htm? from=timeline&isappinstalled=0

⑧简冰冰.百余野鸳鸯 嬉戏白鹭湖. http://news.gmw.cn/newspaper/2014-12/01/content_102417519.htm

⑨锦屏县. http://baike.baidu.com/view/189088.htm

鹰、鹞子、八哥、鹭莺、家燕、拖白练、苦鸥、原鸡、白鹇、犀鸟、锦鸡、山呼、鸽、灵雀、八哥等（龙陵县委党史地方志工作办公室，2000）。

漾濞彝族自治县属横断山滇西高山峡谷区，地形起伏较大。地势由北向南渐次降低，北部山势陡峻，南部山势平缓。境内有大小溪流117条，属澜沧江—湄公河水系。有野生动物96科，4个亚科309种，据《漾濞彝族自治县志》介绍“野禽”知名常见者有：鸳鸯与金鸡、白鹭、翠鸟、燕子（有家燕、岩燕）、麻雀、鹰、喜鹊、乌鸦、鹦鹉、鹩哥、朱雀、白鹇、楔尾绿鸠、绿孔雀等（漾濞彝族自治县地方志编纂委员会，2000）。

墨江哈尼族自治县提到，“1949年后，土鸳鸯等已濒临绝迹，其他各种鸟类数量也大为减少”①，亦即表明鸳鸯虽可能还有，但已然极度濒危。

师宗县的地形为西北高、东南低，由西北向东南呈阶梯状。东南部的南盘江沿岸，受南盘江及其支流深切，形成山高、谷深、坡陡的特点；中南部为剥蚀溶蚀地区，多形成尖山；中西部为丘陵、岩溶盆地；西北部为侵蚀切割区，大山与小坝子相间。野生动物中的鸟类有鸳鸯与野鸡、杜鹃、箐鸡、画眉、啄木鸟、猫头鹰、八哥、斑鸠、鹭鸶、鹌鹑等②。

据2011年12月报道，地处玉龙纳西族自治县的拉市海湿地鸟类重要的水禽栖息地，由于实施了5 000亩的湿地恢复区项目以后，该恢复区栖息鸟类已达8万多水禽。据统计，今年拉市海湿地一二类鸟类已达35种，其中中华秋沙鸭、黑颈鹤、白头鹤、白尾海雕、金雕等国家一级保护动物9种，大天鹅、灰鹤、鸳鸯、棕背田鸡等国家二级保护动物26种。湿地水禽的数量从原来的3万只增加到目前的10多万只。今年，新发现了小天鹅、草鹭、灰斑鸻3类鸟类种群③。

5.6 西北

西北各省级政区现今皆有鸳鸯栖息。

5.6.1 陕西

陕西省是西北现有鸳鸯分布最多的省级政区。

《陕西省志·地理志》“鸳鸯(【数量】稀少【地理分布】黄土高原)”（陕西省地方志编纂委员会，2000），说明在宝塔区、延长县、延川县、子长县、安塞县、志丹县、吴旗县、甘泉县、富县、洛川县、宜川县、黄龙县、黄陵县、榆阳区、神木县、府谷县、横山县、靖边县、定边县、绥德县、米脂县、佳县、吴堡县、清涧县、子洲县一带仍有少量鸳鸯栖息。实际上远不止于此。

《三原县志》记载的“禽类”列举有鸳鸯与鸬鹚（水老鸦、鱼鹰）、苍鹭、池鹭、黑鹳、野鸭、老鹰等野生鸟类（三原县志编纂委员会，2000）。

黄龙山次生林区位于黄龙县与洛川县境内，据调查还有86种鸟类，其中有鸳鸯与褐马鸡、白鹳（东方白鹳）、黑鹳、丹顶鹤等珍稀物种（田国忠，2004）。

2006年1月至2012年12月调查陕西黄河湿地中韩城市、潼关县鸟类资源，发现有“鸳鸯（稀有种；旅鸟）”（何冰等，2013），证实仍有鸳鸯停歇。

佛坪县地处秦岭腹地，地形西北高、东南低。县境北界秦岭主脊自西而东有黄桶梁、光头山，为南北坡分水岭，亦为长江流域与黄河流域的分水岭；东有天花山、老庵子；西有烂店子梁、观音山；中部有鳌山、文观庙梁蜿蜒伸展，连接娘娘山主峰，构成倒挂的“山”字型骨架，形成低山和中山的高程差异。县东西两半以山相隔，汇集为金水、椒溪两个水系；蒲河系过境水，与椒溪交于三河口，三条河道纵贯佛坪县。山体多呈中切峡谷，沟壑纵横，群峰四起。河沟两岸分布大小不等的洪积、冲积、淤积台地，地势较平坦。已发现的野生脊椎动物433种，其中鸟类239种。自2007年11月在西河岳坝段首次发现9只鸳鸯实

---

①墨江哈尼族自治县. http://baike. baidu. com/link? url=7dwkfgTOF-rEFFjk-8pX_JI-tjK82xvBbpkfidTbQChD7ljSc57zKVdMkXoKI-IImRplJsIWmZO3RODHE4Y9e_#5_2

②师宗县. http://baike. baidu. com/link? url = 9HJzRa5UN2vq2ok99UFmQaYGfzl08jEStgrlD5 _ zNC2SjGB3N7ueG1QH56paF6KH96DlPEjM6n9eWVgkb4RhpK

③丽江拉市海越冬水禽逾10万只. http://cache. baiducontent. com/c? m=9d78d513d9d706ef06e2ce384b54c0676a499d206d9c8c027fa3d213cf374c413037bee4302267558fd8223c59f41a00bfed682a6b5465f68689c20098a6922a2c8b3a37701c8c5c10d81eadc94523c52b974de9d843a1e5ae&p=9063ca0e86cc42a84ea7c7710f57&newp=882a9642cc8800f310f1c7710f0792695803ed6337d2d00f3495cf008f&user=baidu

体（其中 5 雄 4 雌）起，到 2014 年春季连续 8 年观察发现，鸳鸯在每年的 11～12 月来到佛坪保护区的龙潭子、岳坝、大古坪、西河、三官庙保护站辖区及周边的西河、吕关河、大城壕、东河等地越冬。"清明"节前后，鸳鸯开始北飞到夏季栖息地进行繁殖。在佛坪保护区及周边，鸳鸯总数量在 30～40 只①。佛坪县 2013 年 11 月发布的动植物资源信息也证实当地有鸟类 239 种，属国家二级保护动物的有鸳鸯、鸢、赤腹鹰、雀鹰、松雀鹰、普通鵟、红信、大鵟、血雉、红腹角雉、勺鸡、白冠长尾雉、锦鸡、灰鹤、佛坪红翅绿鸠、红角鸮、鸺鹠、纵纹腹小鸮、长耳鸮等②。

西乡县地处秦岭巴山之间，其中山区占 64.79%，丘陵占 28.35%，平川占 6.86%。汉江自西向东横贯县域，还有牧马河、泾洋河、峡河等大的支流在此汇入汉江。经过 5 年野外观察，并结合近年对西乡县鸟类的调查资料、野生动物救助及动物爱好者拍鸟记录，确认该县有鸟 251 种，其中就有鸳鸯（周华明等，2013）。

高陵县高陵区位于陕西省关中平原腹地，黄河两大重要支流泾河、渭河在县境内交汇，形成闻名遐迩的千古胜景"泾渭分明"。该县称：明《高陵县志》记载，泾、渭河洲渚有鹤、凫、鸥、鹭、鸳鸯、云雁数百成群，今已不多见③。可见现今虽有鸳鸯栖息，早已今非昔比。

宜君县地属子午岭桥山山系，地势西南高而东北低，自西向东呈阶梯状，仅东与东北部分为破碎黄土高原。境内群山毓秀，林丰草茂。境内河流分属于洛河和渭河水系，前者的流域占全县面积的 89.2%。据 2014 年 3 月报道，县内福地湖湿地有湖面面积 150 hm^2，是一个集灌溉、防洪、养殖等多种效能为一体的中型水利枢纽工程，也是以湿地生态景观为主体、融湿地景观和人文景观于一体的旅游胜地，是黑鹳、白鹭、苍鹭、鸳鸯、野鸭等水鸟的主要觅食区和栖息地，每年到此区域繁殖、过境、越冬的鸟类 1 000 余只。初春的宜君福地湖，虽然寒冷异常，但因聚集了数百只在这里越冬的鸳鸯及野鸭而充满生机和情趣④。

洛川县在宜君县北，属渭北黄土高原沟壑区，居乔山、乔山林带之间，地势由东北向西南倾斜。当地禽类有鸳鸯与麻雀、布谷鸟、家燕雀、百灵鸟、雉（野鸡）、山鸡、啄木鸟、猫头鹰、野鸭、麻喜鹊、火连板、马燕、鹌鹑、沼泽山雀等⑤。

宜川县则在洛川县东北，属陕北黄土高原丘陵沟壑区，地形地貌以"山、川、沟、塬"为主，森林覆盖率 48.6%，林草覆盖率 60%。动物区系 80.5%属于古北界，只有 19.5%鸟类属于东洋界起源的品种。其中有鸳鸯、天鹅等国家二级保护动物⑥。

白水县处于关中平原与陕北高原的过渡地带，是关中与陕北的咽喉要地，也是渭河盆地北沿，桥山、黄龙山之南，洛河之滨。由于洛河及白水河各支沟的切割，境内沟壑纵横，地形破碎，山少沟多。据 2015 年 1 月报道，在白水县铁牛河水库发现一批国家Ⅱ级保护动物鸳鸯群，数量百只左右，并附有多幅照片⑦。

据 2015 年 3 月报道，地处合水县东北部子午岭中段的合水林区曾有脊椎动物 170 余种，其中鸟类 109 种，有金钱豹、水獭、鸳鸯、小灵猫、金雕、大鸨、苍鹰、黑鹳、秃鹫、灰顶鹳等 18 种国家一、二级保护动物。由于诸多原因，林线后移的事实确实存在，据 2000 年调查，50 年来，合水林区的林线向后退缩了约 9.5 km，甚至太白镇的葫芦河川和固城乡的固城川两岸坡面的森林基本消失。森林屡遭破坏，面积大量减少，导致生态失去平衡，原有的野生动物失去了生存环境，老虎早已绝迹，豹类、豺、狼、狐狸等野兽和鹳类、鸳鸯等鸟类也很少出现，现在剩下的动物主要是野猪、兔子、羊鹿、山鸡等，且数量急剧减少。近 10 年来，

①马亦生. 鸳鸯惊现大熊猫核心区. http://www.fpnr.org/_d276550414.htm

②中国・佛坪. http://www.foping.gov.cn/gov/Html/zjfp/20131123182652.html

③高陵县. http://baike.baidu.com/view/650226.htm

④宜君福地湖已成为鸟的天堂. http://travel.people.com.cn/n/2014/0303/c242130-24511257.html

⑤洛川. http://baike.baidu.com/link? url=YzX9neJmpa4w1Gl_z0g_3wfDsO6VZApPORJ4xegaPT2_q1OT8R0os3EXbTeMbnxd

⑥宜川县. http://baike.baidu.com/link? url=K_dujLd1LRBxunPiH2U87oqBWNOBAlWnwLuHunQZJCk2cYfIP9ALrGhdr31OEiJU

⑦白水林业. 陕西省渭南市白水县铁牛河湿地发现大群鸳鸯. http://www.shidi.org/sf_4D9ED1D8ACA84FB58CF3EAA9B964B170_151_E49E8152527.html

由于各级政府和主管部门重视，林区正在好转①。由此可见，鸳鸯已极度濒危。

5.6.2 甘肃

甘肃省仍有少数地方有鸳鸯栖息，主要在东部。

清水县东部为陇山余脉南北向的盘龙山，南部有盘龙山南段东西向的笔架峰，西部是弓形高峰科山梁，北部为南北向化岭山与封山；在山梁内外，形成以牛头河为中心的汤浴河、樊河、后川河四大水系。在群山环抱中，形成牛头河中部的山间盆地。野生动物虽仅 60 余种，但据《清水县志》列举的“鸟类”有：鸳鸯与鹌鹑、啄木鸟、凫（野鸭）、戴胜等（清水县志编纂委员会，2001）。

崇信县亦属黄土高原丘陵沟壑区，地势西南高、东北低。泾河的主要支流汭河、黑河、达溪河自西向东贯穿全境。野生动物中的鸟类有：鸳鸯与鹳、红腹锦鸡、麻雀、白头翁、画眉、百灵、雉（野鸡）、鹰（饿老鸨）、花鸨（兔鸨）、猫头（鹗、鸺鹠）、雕、喜鹊、灰喜鹊、麻鹤、鸫（野鸽子）、燕、马燕、杜鹃、啄木鸟、臭斑斑（羊大夫）、鹞子、布谷鸟（种谷虫）、黄鸟（黄鹭）、鹑（呱啦鸡）、乌鸦、红嘴鸦（鹛）、白脖鸦（鹣）、斑鸠（斑鹑鸽）、雉鸠、花雀、姑姑等②。

5.6.3 青海

青海省仍有的鸳鸯栖息地屈指可数。

门源回族自治县浩门镇 36 km 的“花海鸳鸯”，也称乱海子、眼睛湖，是祁连山草原的重要组成部分。春夏季节，时有近百只藏鸳鸯，双双对对，随波上下嬉戏，被称为“爱情鸟的乐园”③。

贵德县境内贵德黄河清湿地公园依托黄河森林公园和湿地而建，公园内湿地面积有 2 775 hm^2，黄河夹滩面积 382 hm^2，水域 1 093 hm^2，与黄河流域中分布的森林构成了贵德黄河流域的综合型生态系统。常见的鸟类有赤麻鸭、白鹭、野鸳鸯、鸬鹚等；春夏时节，常有天鹅、丹顶鹤、大雁等成群光临；河流两岸乔灌木林中栖息着喜鹊、鹰、布谷鸟、野鸡、乌鸦、猫头鹰、斑鸠、野鸭、石鸡、百灵鸟、云雀、山雀、麻雀等④。

5.6.4 宁夏

宁夏回族自治区现今还有少量鸳鸯分布地。

位于银川市兴庆区掌政镇境内的鸣翠湖国家湿地公园是黄河流域、西部地区第一家国家湿地公园，也是银川市东部最重要的湿地生态区域，距黄河 3 km。公园湖中有自然植物 109 种，鸟类 97 种，其中有鸳鸯与黑鹳、中华秋沙鸭、白尾海雕、大鸨、大天鹅、小天鹅、鸢等国家重点保护野生鸟类⑤。银川市北郊的北月海湿地公园东临滔滔黄河，西倚骏马贺兰山，气候适宜，风景秀丽，享有“大地之肾”“城市绿肺”之美誉。该公园属原始湿地面貌，由湖泊、沼泽、草甸和星罗棋布的农田组成。其中，水域面积 1 000 hm^2，芦苇面积 500 hm^2。湖中有自然植物近 100 种，鸟类 107 种，其中有鸳鸯与黑鹳、中华秋沙鸭、大鸨、小鸨、白尾鱼雕、大天鹅、小天鹅、白鹤、草原雕、红隼、猎隼、灰鹤等国家重点保护野生鸟类。每年春夏季节，近百万只鸟类在这里繁衍栖息⑥。

据 2012 年 3 月报道，位于平罗县的沙湖是中亚候鸟迁徙路线的重要节点，是候鸟极为重要的繁殖与迁徙停歇地，由于近年来生态环境得到不断改善，每年有上百万只候鸟在沙湖栖息、繁衍。据统计，保护区中共栖息着鸟类 11 目 24 科 190 多种，其中有国家一类保护鸟类大鸨、中华秋沙鸭、黑鹳、白尾海雕 4 种，国家二类保护鸟类大天鹅、小天鹅、鸳鸯等 16 种，水、鸟、芦苇构成的自然美景使沙湖成为闻名遐迩的百鸟天堂和游人

①孟建儒，廖芳．子午岭合水林区之发展变迁．http://www.hsxzf.gov.cn/Item/1628.aspx

②甘肃·崇信·自然资源．http://www.chongxin.gansu.gov.cn/contents/99/21508.html

③花海鸳鸯．http://baike.baidu.com/link?url=152w9OecUaC3R6WEmchCdg62izKp_ss0XESrxzNOP4mr0uuU012T64MA4O-9Iv32XPBjipKNKLIzy8QyEK2m4B4b0yPo8odInjLHV7O8XLa3NzQUoUJz7BvkmVEHZG9EaY3ya7003Lzb-SR-ZX0xDYxSQSg_hDyEndTf-5-Ytr3

④贵德黄河清国家湿地公园．http://baike.baidu.com/link?url=U5ePm8CQM1hHy8Afzkge5GZdy5fu4rbm5Zvuv0R7h5fV37cVyNC71R6lm2Qz5sYzLHElWmNa7HA_zsiM62GF1a

⑤银川鸣翠湖国家湿地公园．http://www.mingcuihu.com/page/html/index.php

⑥北月海湿地．http://2010.nxnews.net/262/2003-8-8/16@7171.htm

乐园①。

5.6.5 新疆

新疆维吾尔自治区仅见一处有鸳鸯栖息报道，却弥足珍贵。

据2015年4月报道，23日和田民丰县萨勒吾则克乡渔湖突降一只罕见水鸟，“有红色的嘴巴、橙黄色的脚，羽毛艳丽，翅膀上有一对栗黄色扇状的直立羽毛，像帆一样，很是醒目”。经抓拍（图7.41）并翻阅资料，确认是雄性鸳鸯。

图7.41 渔湖飞临的鸳鸯形单影只（陈文杰）

对于鸳鸯出现在和田地区，人们判断有两种可能性：一种是它在迁徙途中迷失方向来到这里，另一种是它有可能集群在这里繁殖。因为鸳鸯繁殖地从地图上看所处位置和新疆南部处在同一纬度上，它在繁殖季节极有可能出现在新疆南部。还没到鸳鸯的繁殖期，单独出现也不奇怪。“现在看来，新疆发现的这只鸳鸯有可能是一只迷鸟”，“这只鸳鸯可能是从甘肃或四川迁徙而来，途中迷了路误入和田。它可能会继续往北疆走”。②

清初就有关于南疆有鸳鸯的记载，20世纪初更有伊犁州的霍城县有鸳鸯的具体记录。故此次发现只能称之为现今重新发现鸳鸯。

5.7 有鸳鸯的自然保护区概况

现有鸳鸯栖息的自然保护区（图7.42、表7.13），可以表明它们依然存在。特点如下：

● 现分布有鸳鸯的自然保护区达到176个，总面积达67.2万km^2。与大天鹅相比，数量虽然更多，但占有面积却小得多。

● 拥有保护区数量情况按地区排序：东北（46个），中南（29个），华北（28个）。

● 拥有保护区数量情况按省级政区排序：黑龙江省（34个），福建省（14个），内蒙古自治区与河南省（皆11个）。

● 一地有多个保护区的以内蒙古的克什克腾旗（6个），黑龙江省的伊春市（5个），黑龙江省的同江市与抚远县（皆3个）最为显著。

● 保护区的建立时间虽在1958～2008年间，但主要还是1980年代以来建立的。

● 保护区的等级情况4级皆有，但以省级（占47%）与国家级（占41%）占绝对优势。

● 主管部门以林业占绝对优势（高达80%），但环保也不少（约占13%）。

● 按保护区所载政区地点看，达到232个（不含重复）。

● 拥有保护区的政区数量情况按地区排序则是：华东（68个），中南（44个），东北（43个）。

● 拥有保护区的政区数量情况按省级政区排序：黑龙江省（26个），河南省（23个），安徽省（17个），江苏省与福建省（皆13个）。

● 对于鸳鸯在东部地区与中部地区的分布，虽然栖息于保护区的比例较大，但它们在西部地区的分布，栖息于保护区的比例则小得多，甚至缺少保护区庇护。故此，宜在鸳鸯分布较稳定地域，或结合其他珍稀物种设立保护区，或单独为鸳鸯设立保护地。

---

①碧水粼粼百鸟云集 沙湖湿地自然保护区候鸟回迁显灵韵. http://cache. baiducontent. com/c? m＝9f65cb4a8c8507ed4fece763105392230e54f73f768b89027fa3c215cc7901071838feb8273f1205d3c1616301ad4a4bea876c34685d34f2c688de45&p＝9870d216d9c106ee43bd9b7e0a55&newp＝8649d716d9c102b308e294797f7a92695803ed633bd19309&user＝baidu

②盖煜. 新疆首次发现野生鸳鸯. http://www. xjbs. com. cn/news/2015-04/28/cms1763795article. shtml? nodes＝_365_369_；新疆首次发现野生鸳鸯. http://szb. loulanwang. com/2015-04/30/content_168433. htm

图 7.42 栖息有鸳鸯的自然保护区分布图

表 7.13 **栖息有鸳鸯的自然保护区概况**

地区	省级政区	保护区名称	所处地点	面积（hm^2）	级别	建立时间	主管部门
华北	北京	怀沙河怀九河	怀柔区	111	省级	19961101	农业
		野鸭湖	延庆县	8 700	省级	20001201	林业
		汉石桥湿地	顺义区	1 615	省级	20050404	林业
	天津	古海岸与湿地	汉沽区、塘沽区、大港区、东丽区、津南区、宁河县	35 913	国家级	19841201	海洋
		团泊(洼)鸟类	静海县	6 040	省级	19950622	林业
	河北	小五台山	蔚县、涿鹿县	21 833	国家级	19831101	林业
		昌黎黄金海岸	昌黎县	30 000	国家级	19900930	海洋
		南大港湿地	沧州市	13 380	省级	19950301	林业
		衡水湖	桃城区、冀州市、枣强县	18 787	国家级	20000701	林业
		驼梁	平山县	21 312	国家级	20010331	林业

（续表）

地区	省级政区	保护区名称	所处地点	面积（hm^2）	级别	建立时间	主管部门
		塞罕坝	围场满族蒙古族自治县	20 030	国家级	20010801	林业
		滦河上游	围场满族蒙古族自治县	50 637	国家级	20020626	林业
		白洋淀湿地	安新县	31 200	省级	20021106	环保
		辽河源	平泉县	45 225	省级	20030701	林业
		海兴湿地和鸟类	海兴县	16 800	省级	20051101	林业
	山西	庞泉沟	交城县、方山县	10 466	国家级	19801201	林业
		运城湿地	永济市、河津市、万荣县、临猗县、芮城县、平陆县、夏县、垣曲县	86 861	省级	19930120	林业
	内蒙古	白音敖包	克什克腾旗	13 862	国家级	19791004	林业
		达里诺尔	克什克腾旗	119 413	国家级	19870908	环保
		图牧吉	扎赉特旗	94 830	国家级	19960801	环保
		赛罕乌拉	巴林右旗	100 400	国家级	19970401	林业
		乌兰坝—石棚沟	巴林左旗	120 000	省级	19971101	林业
		高格斯台罕乌拉	阿鲁科尔沁旗	106 284	国家级	19971127	林业
		乌兰布统	克什克腾旗	30 089	省级	19980701	环保
		诺敏	鄂伦春自治旗	22 181	县级	19980708	环保
		潢源	克什克腾旗	45 438	省级	20000102	环保
		黄岗梁	克什克腾旗	38 307	省级	20041201	林业
		桦木沟	克什克腾旗	41 858	省级	20041201	林业
东北	辽宁	医巫闾山	义县、北镇市	11 459	国家级	19810909	林业
		恒仁老秃顶子	桓仁满族自治县、新宾满族自治县	15 219	国家级	19810915	林业
		双台河口	盘锦市	128 000	国家级	19850909	林业
		蒲石河	凤城市	12 184	市级	20010901	林业
		玉龙湖	凤城市	5 903	市级	20010901	林业
		大麦科	台安县	7 190	省级	20020801	林业
	吉林	莫莫格	镇赉县	144 000	国家级	19810308	林业
		松花江三湖	吉林市、蛟河市、桦甸市、抚松县、靖宇县	115 253	国家级	19900213	林业
		龙湾	辉南县	15 061	国家级	19910801	林业
		雁鸣湖	敦化市	53 940	国家级	19911120	林业
		天佛指山	龙井市	77 317	国家级	19960513	林业
		汪清	汪清县	42 756	省级	20021201	林业
	黑龙江	丰林	伊春市	18 400	国家级	19580614	林业
		五大连池	五大连池市	100 800	国家级	19800329	国土
		凉水	伊春市	12 133	国家级	19800707	林业
		牡丹峰	牡丹江市	19 648	国家级	19810505	林业
		逊别拉河	孙吴县、逊克县	45 000	省级	19821203	农业

（续表）

地区	省级政区	保护区名称	所处地点	面积（hm²）	级别	建立时间	主管部门
		呼中	大兴安岭地区	167 213	国家级	19840509	林业
		兴凯湖	密山市	222 488	国家级	19860405	林业
		连环湖水禽	杜尔伯特蒙古族自治县	43 000	县级	19861202	其他
		洪河	抚远县、同江市	21 835	国家级	19880111	环保
		黑龙江凤凰山	鸡东县	26 570	国家级	19890403	林业
		七星砬子东北虎	桦南县、集贤县、双鸭山市	23 000	省级	19900101	林业
		宝清七星河	宝清县	20 000	国家级	19911017	环保
		安邦河	集贤县	3 716	省级	19930301	环保
		三江	抚远县、同江市	198 089	国家级	19940919	林业
		六峰湖	穆棱市	6 591	省级	19961113	环保
		铁西	密山市	7 235	省级	19961113	环保
		碧水中华秋沙鸭	伊春市	2 535	省级	19970711	林业
		雁窝岛	宝清县	8 074	省级	19971127	其他
		挠力河	富锦市、饶河县	160 595	国家级	19981204	环保
		八岔岛	同江市	32 014	国家级	19991001	环保
		乌苏里江	抚远县	39 668	省级	20010111	环保
		珍宝岛湿地	虎林市	44 364	国家级	20020415	林业
		肇东沿江湿地	肇东市	36 700	省级	20030312	林业
		龙凤湿地	大庆市	5 050	省级	20030313	其他
		库尔滨湿地	伊春市	66 964	省级	20040101	环保
		大佳河	饶河县	72 604	省级	20040901	林业
		红星湿地	伊春市	111 995	国家级	20040913	林业
		朗乡①	铁力市	31 355	省级	20050101	林业
		大沾河湿地	五大连池市、孙吴县、逊克县	211 618	国家级	20060127	林业
		北安	北安市	36 505	省级	20061025	林业
		中央站黑嘴松鸡	嫩江县	46 743	省级	20061226	林业
		小北湖	宁安市	20 834	省级	20061226	林业
		呼兰河口湿地	哈尔滨市	19 262	省级	20080114	林业
		富锦沿江湿地	富锦市	26 336	省级	20080512	林业
华东	上海	崇明东滩鸟类	崇明县	24 155	国家级	19981116	林业
	江苏	云台山森林	连云港市、灌云县	67	省级	19810812	林业
		盐城湿地珍禽	东台市、大丰市、射阳县、滨海县、响水县	284 179	国家级	19830225	环保
		泗洪洪泽湖湿地	泗洪县	49 365	国家级	19850701	环保
		启东长江口北支	启东市	21 491	省级	20021105	环保
		洪泽湖东部湿地	洪泽县、淮安市、盱眙县	54 000	省级	20041124	林业
		新沂骆马湖湿地	新沂市	22 591	市级	20051224	林业

（续表）

地区	省级政区	保护区名称	所处地点	面积（hm^2）	级别	建立时间	主管部门
	浙江	凤阳山—百山祖	龙泉市、庆元县	26 052	国家级	19750101	林业
		浙江九龙山	遂昌县	5 525	国家级	19830903	林业
		临安清凉峰	临安市	10 800	国家级	19850801	林业
		大盘山	磐安县	4 558	国家级	19930420	环保
		牛头山	武义县	3 000	县级	19951226	林业
		东白山	诸暨市、嵊州市、东阳市	5 072	省级	20031217	林业
	安徽	皇甫山	滁州市	3 600	省级	19820601	林业
		古牛绛[②]	祁门县、石台县	6 713	国家级	19821028	林业
		沱湖	五河县	4 200	省级	19940701	环保
		安庆沿江湿地	安庆市、桐城市、怀宁县、枞阳县、潜山县、太湖县、宿松县、望江县、岳西县	120 000	省级	19951202	林业
		东西湖	霍邱县	14 200	省级	20010401	林业
		八里河	颍上县	14 600	省级	20010401	林业
		十八索	贵池区	7 500	省级	20010401	林业
		黄山鸳鸯湖	黄山市	505	县级	20070628	林业
	福建	屏南鸳鸯猕猴	屏南县、周宁县、政和县	1 457	省级	19840807	林业
		戴云山	德化县	13 472	国家级	19850516	林业
		将石	邵武市	1 222	省级	19860327	林业
		茫荡山	延平区	9 442	省级	19880205	林业
		梁野山	武平县	14 365	国家级	19950101	林业
		峨眉峰	泰宁县	5 418	省级	19951101	林业
		君子峰	明溪县、泰宁县	18 061	国家级	19951220	林业
		欧寮太极峰	平和县	800	县级	20010601	林业
		六六溪流域	寿宁县	1 071	县级	20010629	农业
		小托水库	寿宁县	289	县级	20010629	林业
		闽江源	建宁县	13 022	国家级	20011008	林业
		安溪云中山	安溪县	4 095	省级	20011008	林业
		松溪白马山	松溪县	3 250	省级	20030211	林业
		杨梅州大鲵	寿宁县	19 610	县级	20070411	林业
	江西	井冈山	井冈山市	21 499	国家级	19810301	林业
		庐山	九江市	30 452	省级	19810306	林业
		九连山	龙南县	13 412	国家级	19810306	林业
		官山	宜丰县、铜鼓县	11 501	国家级	19810306	林业
		婺源鸳鸯湖	婺源县	917	省级	19931206	林业
		江西马头山	资溪县	13 867	国家级	19940101	林业
		江西九岭山	靖安县	11 541	国家级	19970106	林业
		铜钹山	广丰县	10 800	省级	20040820	林业

（续表）

地区	省级政区	保护区名称	所处地点	面积（hm^2）	级别	建立时间	主管部门
	山东	鲁山	淄博市、沂源县	4 000	省级	19860826	林业
		荣成大天鹅	荣成市	1 675	国家级	19920530	林业
		南四湖	微山县、济宁市	127 547	省级	19940401	林业
	台湾	兰阳溪口水鸟	宜兰县	206	县级	19960916	
中南	河南	宝天曼	内乡县	5 413	国家级	19800430	林业
		伏牛山	西峡县、内乡县、南召县、栾川县、嵩县、鲁山县	56 024	国家级	19820624	林业
		太白顶	桐柏县	4 924	省级	19820624	林业
		董寨	罗山县	46 800	国家级	19820624	林业
		龙池曼[③]	嵩县	7 573	国家级	19820000	
		河南黄河湿地	巩义市、湖滨区、洛阳市、偃师市、孟津县、新安县、焦作市、孟州市、济源市	68 000	国家级	19950818	林业
		丹江湿地	淅川县	64 027	国家级	20010810	林业
		湍河湿地	内乡县	4 547	省级	20010810	林业
		郑州黄河湿地	郑州市、巩义市、荥阳市、中牟县	36 574	省级	20041119	林业
		固始淮河湿地	固始县	4 388	省级	20071120	林业
		白龟山湿地	平顶山市	6 600	省级	20071120	林业
	湖北	五峰后河	五峰土家族自治县	10 340	国家级	19850101	林业
		龙感湖	黄梅县	22 322	国家级	19880101	林业
		沉湖湿地	武汉市	11 579	省级	19940101	林业
		洪湖湿地	洪湖市	37 088	省级	19960101	林业
		大老岭	宜昌市	14 225	省级	20010101	林业
		梁子湖湿地	鄂州市	37 946	省级	20010101	林业
		长湖湿地	荆州市	8 470	市级	20020101	林业
		丹江口库区	丹江口市	45 103	省级	20030318	林业
		网湖湿地	阳新县	20 495	省级	20040313	林业
		上涉湖湿地	武汉市	4 149	市级	20060101	林业
	湖南	浏阳大围山	浏阳市	5 220	省级	19820401	林业
		江口鸟洲	衡南县	35	省级	19840401	林业
		东洞庭湖	岳阳市、华容县、岳阳县	190 000	国家级	19841101	林业
		花岩溪	常德市	4 032	省级	19971027	林业
	广东	南岭	乳源瑶族自治县、阳山县、连州市	50 000	国家级	19840401	林业
		龙文—黄田	平远县	7 961	省级	19850301	林业
		粤北华南虎	韶关市	16 361	省级	19900101	林业
	广西	龙虎山	隆安县	2 256	省级	19801101	林业

（续表）

地区	省级政区	保护区名称	所处地点	面积（hm^2）	级别	建立时间	主管部门
西南	重庆	五里坡	巫山县	35 277	省级	20000901	林业
		彭溪河湿地	开县	3 686	省级	20080101	林业
	四川	卡莎湖	炉霍县	22 300	省级	19870101	林业
		平武小河沟	平武县	28 227	省级	19930801	林业
		若尔盖湿地	若尔盖县	166 571	国家级	19941118	林业
		画稿溪	叙永县	23 827	国家级	19980101	环保
		构溪河	阆中市	65 830	县级	19991101	林业
	贵州	梵净山	江口县、印江土家族苗族自治县、松桃苗族自治县	41 900	国家级	19860709	林业
		石阡佛顶山	石阡县	12 635	省级	19921001	林业
	云南	哀牢山	新平彝族傣族自治县、楚雄市、双柏县、景东彝族自治县、镇沅彝族哈尼族拉祜族自治县	67 700	国家级	19880509	林业
		拉市海高原湿地	玉龙纳西族自治县	6 523	省级	19971008	林业
		罗平万峰山	罗平县	47 491	市级	19990201	林业
		大堵水库	师宗县	160	县级	19990601	林业
西北	陕西	佛坪	佛坪县	29 240	国家级	19781215	林业
		红碱淖	神木县	21 700	县级	19960101	环保
		合阳黄河湿地	合阳县、韩城市、大荔县、华阴市、潼关县	57 348	省级	19960201	林业
		陕西子午岭	富县	40 621	国家级	19990101	林业
		瀛湖湿地	汉滨区	19 800	省级	20020101	林业
		韩城黄龙山褐马鸡	韩城市	60 439	省级	20031021	林业
		千湖湿地	千阳县	7 156	省级	20060101	林业
	甘肃	黄河三峡湿地	永靖县	19 500	省级	19950210	林业
		合水子午岭	华池县、合水县、正宁县、宁县	242 106	省级	20050202	林业
	宁夏	灵武白芨滩	灵武市	74 843	国家级	19850101	林业
		沙湖	平罗县	5 580	省级	19970101	农业
		哈巴湖	盐池县	84 000	国家级	19980701	林业
		青铜峡库区	青铜峡市、中宁县	19 500	省级	20020701	其他

注：①原称“黑龙江朗乡原麝省级自然保护区”，后名称变更为“黑龙江朗乡省级自然保护区”，再变更为现名；同时由“省级”晋升为“国家级”。②安徽省林业厅介绍作“牯牛降”。③《名录》中未见；公布的建立时间仅到年。④本表参考多方面信息综合而成，个别误差进行更正。⑤本表据全国自然保护区名录. http://sts.mep.gov.cn/zrbhq/zrbhq/201208/t20120824_235172.htm；北京野鸭湖湿地自然保护区. http://jingguan.yuanlin.com/marsh/2010-5-31/11804.html；汉石桥湿地. http://baike.baidu.com/picture/1063775/1063775/952367/c8ea15ce36d3d5396e77b8323a87e950342ab0fd.html? fr=lemma&ct=cover#aid=952367&pic=ac6eddc451da81cb6f79353c5266d016082431a7；蔡振洋，2015；古海岸与湿地自然保护区. http://baike.baidu.com/view/248465.htm；七里海成为天津市最大鸟类乐园. http://news.022china.com/2011/07-12/484949_0.html；团泊风景区. http://

baike. baidu. com/view/859423. htm；团泊洼鸟类湿地自然保护区与天津湿地. http://tjleshuixing. blog. sohu. com/63881406. html；小五台山保护区首现野鸳鸯. http://www. phbang. cn/hotnews/shehuixinwen/201405/09/87029_2. html#；张玉峰等，2010；牟金玲，2002；衡水湖国家级自然保护区. http://baike. baidu. com/view/1094925. htm? fromId=533014；驼梁自然保护区. http://baike. baidu. com/view/5664683. htm；塞罕坝国家级自然保护区. http://baike. baidu. com/view/3155517. htm；滦河上游国家级自然保护区. http://baike. baidu. com/view/3790110. htm；白洋淀湿地自然保护区. http://www. bydsd. com/Intro/index. asp；辽河源自然保护区成为野生动物的家园. http://www. heb. chinanews. com/5/2011-06-22/124230. shtml；李保健. 又到候鸟南飞季 河北海兴衡水湖鸟类迁徙的重要驿站. http://yanzhao. yzdsb. com. cn/system/2014/10/12/013939493. shtml；王改芳等，2011；山西庞泉沟国家级自然保护区. http://baike. baidu. com/view/746921. htm? fromId=138438；赵天梁，2005；白音敖包国家级自然保护区. http://baike. baidu. com/view/478703. htm? fromId=246966；杨凤波. 达里诺尔发现鸳鸯. http://www. cfrtv. cn/Article/HTML/20090415055447_37588. html；李海清等，2006；赛罕乌拉国家级自然保护区. http://baike. baidu. com/view/1865667. htm? fromId=110207；乌兰坝—石棚沟自然保护区. http://www. cfhb. gov. cn/hjgl/zrst/zrbhq/201310/t20131023_1435445. html；内蒙古高格斯台罕乌拉自然保护区. http://baike. baidu. com/view/5664781. htm；乌兰布统自然保护区. http://www. cfhb. gov. cn/hjgl/zrst/zrbhq/201310/t20131023_1435445. html；诺敏自然保护区. http://baike. baidu. com/view/518807. htm；潢源自然保护区. http://baike. baidu. com/view/349742. htm；内蒙古黄岗梁自然保护区. http://www. cfhb. gov. cn/hjgl/zrst/zrbhq/201310/t20131023_1435445. html；内蒙古桦木沟自然保护区. http://www. cfhb. gov. cn/hjgl/zrst/zrbhq/201310/t20131023_1435445. html；辽宁医巫闾山国家级自然保护区. http://baike. baidu. com/link? url=gZF-VFsgGuBh_RkjNZXNdA_-0BE9Qj_ns-lbJht-61s9iXhtVFsULYY769OFz-Y4h0IeXm_gMwtT2BMJL69XVB4Y5rB1viRNJr-J229TQTH7EtDaCH5UWwT8Ufpx8hzgn3YCtcRvibOP3gje0CwiTDCPaMPo4K83e4H4Hf9VNjEx0wsUX7i1fm7T6eGph29jvqyPEBkWQpgl4YcFN4vxD-cTf7Vznc343uo48cBs-yXSUZZ84wbFqvuaAG6Q0Mnm4QX6calLrz8Gwc2qBLIyH_；辽宁老秃顶子国家级自然保护区. http://baike. baidu. com/link? url=26I6fB0d1MarxNc8zL0EgHatmGtCZZKdD2vIEpxdp5fjV74ypVYhkRKzTd20y9SElNnwnChGfi3NSsHkg31fuq；双台河口湿地. http://baike. baidu. com/link? url=teRbVoPkJQsD0rntY0D09UWV4DslH2bqyCW53iIBKpCbuCDh0GKuOUZgIh5wBfY7_5T4mABbZMQP4r8znj6QwK；蒲石河. http://www. fclyw. com/List-cps-424-1032；辽宁鞍山大麦科省级自然保护区简介. http://www. shidi. org/sf_81F31C112E2E4A61BEF3F2C1426C7FC3_151_lnssd. html；吉林莫莫格国家级自然保护区・资源・野生动物. http://baike. baidu. com/link? url=p4Rw9LcHYaIPD7AedYDbBnLkWM_9rYdHyoH2GjAZvRka9u59Fp1AUZLZuAMHDkCHyW-IdhZQlFpNuj4RxrpVnK；吉林松花江三湖国家级自然保护区简介. http://www. jlsanhu. com/index. php/2011-11-28-08-44-33/2011-05-22-08-48-29. html；吉林龙湾国家级自然保护区. http://baike. baidu. com/view/1091004. htm? subLemmaId=1091004&fromenter=%C1%FA%CD%E5%D7%D4%C8%BB%B1%A3%BB%A4%C7%F8；敦化. http://baike. baidu. com/link? url=qE8Kd5npoFuY_T-kTQoxet4RK-sdyRVE0So8r3r2TjRRMowip040LtPMJCEzVQ-zAaZ5wSYxTxu_xfS0jBPfkq；天佛指山自然保护区. http://baike. baidu. com/view/5453652. htm；汪清自然保护区首次拍到东北豹视频. http://bbs. dahe. cn/read-htm-tid-8018414-fpage-532. htm；黑龙江丰林国家级自然保护区. http://baike. baidu. com/link? url=v5jAKGYvW3sZKnAYvLRVsgd6TE2R7xURlyDjzkcQ_4biJFnhU7olYZp8ZBtGQydh；伊春市带岭区. http://baike. baidu. com/view/472678. htm? fromId=514493；金志民等，2010；逊别拉河自然保护区. http://baike. baidu. com/view/246876. htm；资源概况. http://www. zrbhq. com/ziyuan_show. asp? id=23；兴凯湖和小兴凯湖湿地. http://baike. baidu. com/link? url=LrZxjjlQ-ToBvGJXFiIQg8QeCpFrja0J3WGFhHlNaTgBW4FyINI8W6C8A3xPI54Jfam2z94o14_m1UuIeeL7Saq#7；连环湖水禽猎场. http://baike. baidu. com/view/1877289. htm；黑龙江洪河国家级自然保护区. http://baike. baidu. com/view/146456. htm? fromId=246973；李世民等，2005；七星砬子自然保护区. http://baike. baidu. com/view/673697. htm；七星河保护区. http://baike. baidu. com/link? url=nnDjCDet6qp5pWlvtWDwtrqFM9J1SW1XJ-SVeZiaeFEMp8cPiRjtBjvtdO-uG-n9n5KUZ7_WNRJkYyZ-KIr31h_；集贤县. http://baike. baidu. com/link? url=P7K8YDJ0O_fFB4Cj1wyLTL5Us4CRwGgcuFD2zxjycA_ZcymX9nzANWlQlgwDs7r7；三江国家级自然保护区. http://baike. baidu. com/view/5484380. htm? fromId=110203；穆棱林业局. http://baike. baidu. com/link? url=_XDp-HUueCQvLXKR6u34p4exRpPQSaLukKL_63xq9iX-2H3brXj6c7vlOCzGQnucKHlZLeoNKTJiJA89or5x5K；六峰湖自然保护区. http://www. hljnews. cn/xw_whyl/system/2009/06/22/010384146. shtml；铁西自然保护区. http://baike. baidu. com/view/827695. htm；碧水中华秋沙鸭自然保护区. http://www. 53kz. com/server. asp? adid=35194；孟祥凯. 八五三农场雁窝岛纪游. http://hegangnews. dbw. cn/system/2013/11/05/055212429. shtml；挠力河. http://baike. baidu. com/view/725847. htm；同江市休闲度假游 八岔自然保护区. http://hlj. sina. com. cn/travel/line/2012-06-15/1205241_3. html；乌苏里江. http://baike. baidu. com/view/52521. htm；黑龙江成立乌苏里江自然保护区. http://news. sohu. com/82/94/news144259482. shtml；珍宝岛湿地国家级自然保护区. http://baike. baidu. com/view/3896102. htm；黑龙江肇东沿江湿地自然保护区. http://

www. hljforest. gov. cn/view/lm0657/article/311224. html；大庆龙凤湿地自然保护区. http://baike. baidu. com/view/1350527. htm；张立芝等，2008；小兴安岭库尔滨湿地保护区简介. http://hlj. gqt. org. cn/sglq/ftrq/200903/t20090316_186915. htm；高龙. 生机盎然的大佳河湿地. http://shuangyashan. dbw. cn/system/2014/10/31/056093044. shtml；红星湿地自然保护区. http://baike. baidu. com/view/2516370. htm；邱胜荣等，2009；五大连池. http://baike. baidu. com/subview/25001/6799429. htm? fromId=289850；黑龙江北安自然保护区. http://www. hljforest. gov. cn/view/lm0657/article/311211. html；黑龙江中央站黑嘴松鸡自然保护区. http://baike. baidu. com/view/9108462. htm；小北湖自然保护区. http://baike. baidu. com/view/7767038. htm；呼兰河口湿地. http://baike. baidu. com/view/1589344. htm；沿江湿地自然保护区管理局. http://www. fujin. gov. cn/yjsd/；上海市崇明东滩鸟类自然保护区. http://www. shidi. org/sf_4D31144DEC67450A87C81BDC7236BBF8_151_column. html；上海崇明东滩鸟类国家级自然保护区·鸟类的天堂. http://www. dongtan. cn/sites/dongtan/baohuqu. aspx? ctgId=b7c758d2-8f23-4bda-a8c0-c0bd4c3765f0；云台山自然保护区. http://baike. baidu. com/view/821049. htm；江苏盐城湿地珍禽国家级自然保护区. http://baike. baidu. com/link? url=Yy9cMog8Av02w2Ho8pY_BIJjDw-2ZU33_mvI_7vMZyhG3-ciHSAWLgX09DI0FytQRUCmnBYTcRaM92GWiefXSq；泗洪洪泽湖湿地万鸟齐聚. http://www. jshb. gov. cn/jshbw/xwdt/sxxx/201501/t20150113_293396. html；启东长江口(北支)湿地省级自然保护区科学考察报告. http://www. docin. com/p-143042544. html；蒋荣荣等，2006；淮安. http://baike. baidu. com/link? url=99sKC6wvs_yRznLGEsR9NRJonpyn201g_0WC7caoYzYM3B47kzvmRI0Dzlld0opFzhxpdD6LyxFWtF-5M65bmq；冯照军等，2006；凤阳山国家级自然保护区发现成群野生鸳鸯. http://www. lsol. com. cn/html/2013/zuojiangbaodao_0110/119138. html；浙江九龙山国家级自然保护区. http://jls. suichang. gov. cn/zybh/dwzy/201006/t20100621_78562. htm；临安清凉峰自然保护区. http://baike. baidu. com/view/472705. htm；浙江大盘山国家级自然保护区. http://www. todps. com/fax-ian/zrzy/32010/11868775_1. html；金华牛头山. http://blog. sina. com. cn/s/blog_4a67957c010005r6. html；金国龙等，2004；安徽省自然保护区简介. http://www. ahly. gov. cn/main/model/newinfo/newinfo. do? infoId=14166；沱湖·资源丰富. http://baike. baidu. com/link? url=o-paKn7z6i1mTTiQ0XXww6wmGMwuSsIEmS0fvovDFIJSKUsJzkymVV8GHApTLPNW；刘永敏，2012；福建戴云山国家级自然保护区. http://baike. baidu. com/view/9462018. htm? fromId=821314；朱曦等，2008；邵武将石省级自然保护区. http://baike. baidu. com/view/9447150. htm? fromId=211244；梁野山自然保护区保护区. http://www. baike. com/wi-ki/%E6%A2%81%E9%87%8E%E5%B1%B1%E8%87%AA%E7%84%B6%E4%BF%9D%E6%8A%A4%E5%8C%BA；泰宁峨嵋峰自然保护区. http://baike. baidu. com/view/481091. htm；闽江源自然保护区. http://www. baike. com/wiki/%E9%97%BD%E6%B1%9F%E6%BA%90%E8%87%AA%E7%84%B6%E4%BF%9D%E6%8A%A4%E5%8C%BA；安溪云中山自然保护区. http://baike. baidu. com/view/3673013. htm；松溪白马山自然保护区. http://baike. baidu. com/view/8636012. htm；井冈山自然保护区. http://baike. baidu. com/view/248434. htm；庐山自然保护区. http://baike. baidu. com/view/118116. htm；九连山国家级自然保护区. http://baike. baidu. com/view/2716872. htm? fromId=825900；官山国家级自然保护区. http://baike. baidu. com/view/3140304. htm? fromId=161047；江西九岭山国家级自然保护区. http://baike. baidu. com/view/8390036. htm；江西广丰县铜钹山自然保护区晋升省级保护区. http://www. forestry. gov. cn/portal/main/s/72/content-347928. html；王俊亮等，2010；荣成大天鹅国家级自然保护区. http://baike. baidu. com/view/3154416. htm；邓立斌等，2006；南四湖省级自然保护区. http://baike. baidu. com/view/6068802. htm；我市监测到大批国家重点保护鸟类. http://cache. baiducontent. com/c? m=9d78d513d9d706ef06e2ce384b54c0676a499d267992c715088ccf09cd2f4c413033beff302267558fd8273b57f8034bea877428751421c3c4df893c8ce6ce6e78d461237018d75613a542f39d116fd6209409feae6fa6e0ad7784aed6828c12089c44040c83f78f4d00109139e71547e4a0934c&p=b47fc216d9c15fe701bd9b7d071d9f&newp=c07dc64ad4934eac52e685361c438b231610db2151d1d617&user=baidu；兰阳溪口水鸟保护区. http://baike. baidu. com/link? url=fr7_GffoJSpU1IbvZZXsoYEwfC73eTcBsDvvwsLErgw3FVcq4xgifNXSbmZTQSrolyXVymOs0AKvlWBDp3JItK；宝天曼国家级自然保护区. http://baike. baidu. com/view/481830. htm? fromId=114594；老界岭自然保护区. http://www. baike. com/wiki/%E8%80%81%E7%95%8C%E5%B2%AD%E8%87%AA%E7%84%B6%E4%BF%9D%E6%8A%A4%E5%8C%BA；太白顶自然保护区. http://baike. baidu. com/view/825946. htm；董寨观鸟纪行. http://blog. sina. com. cn/s/blog_574f51b40101kbue. html；董寨观鸟拍鸟活动总结. http://bbs. zmnh. com/viewthread. php? tid=21699；龙池曼国家自然保护区. http://baike. haosou. com/doc/568103. html；马朝红等，2008；孟津国家级黄河湿地自然保护区. http://www. baike. com/wiki/孟津黄河湿地；丹江湿地国家级自然保护区. http://baike. soso. com/v11020991. htm；丹江湿地保护区. http://www. baike. com/wiki/%E4%B8%B9%E6%B1%9F%E6%B9%BF%E5%9C%B0%E4%BF%9D%E6%8A%A4%E5%8C%BA；孙红霞，2007；淄河湿地省级自然保护区. http://www. forestry. gov. cn/portal/main/s/144/content-82439. html；郑州黄河湿地自然保护区. http://baike. baidu. com/view/901271. htm；河南固始淮河湿地省级自然保护区. http://baike. baidu. com/link? url=4ZKZD8YhKpSniojZUOdJv-RnGTmKvSns0f4oC2t7fUeqAQXf9ZQgaVqja6WvMV0iz4K77RPu5FVEKbnx_ vyJg;河南林业自然保护区:平顶山白龟山湿地省级自然保护区. http://www.doc88.com/p-950282993658.html;后河国家级自然保护区. http://baike.baidu.com/view/345586.htm? fromId=473379;龙感湖. http://baike.baidu.com/view/1246296.htm;沉湖湿地自然保护区. http://baike.baidu.com/view/8911163.htm;洪湖省级湿地自然保护区. http://baike.baidu.com/view/5861175.htm;三峡大老岭自然保护区. http://baike.baidu.com/view/8913308.htm;梁子湖湿地自然保护区. http://baike.baidu.com/view/8911050.htm;荆州市长湖湿地自然保护区概况. http://lyj.cnchu.com/viewnews-133;丹江口库区湿地自然保护区. http://baike.baidu.com/view/8913586.htm;网湖湿地自然保护区. http://baike.baidu.com/view/8913454.htm;楼利高等,2009;大围山. http://baike.baidu.com/view/55200.htm;江口鸟岛. http://baike.baidu.com/view/2708697.htm;东洞庭湖国家级自然保护区. http://baike.baidu.com/view/481706.htm? fromId=248586;花岩溪国家森林公园. http://baike.baidu.com/view/2003063.htm;南岭国家森林公园. http://baike.baidu.com/view/135695.htm;广东平远龙文一黄田省级自然保护区简介. http://www.pylyj.net/E_ReadNews.asp? NewsID=411;广东粤北华南虎省级自然保护区. http://baike.baidu.com/view/2258570.htm;龙虎山自然保护区. http://baike.baidu.com/view/488173.htm;五里坡自然保护区. http://cq.sina.com.cn/city/whly/2012-02-14/22174_2.html;重庆开县彭溪河湿地自然保护区. http://www.zhchsh.net/a/wenxueyuanchuang/sanwensuibi/2011/0520/3951.html;毛桃. 长江上游的高原绿洲. http://www.tibet.cn/info/geography/200504/t20050414_23953.html;小河沟自然保护区. http://baike.baidu.com/view/1628412.htm;四川若尔盖湿地自然保护区. http://baike.baidu.com/view/472790.htm? fromId=472803;画稿溪国家级自然保护区官网. http://www.huagaoxi.org/info/? InfoType=4;构溪河湿地保护区:原生态之行. http://www.lz520.net/2009/0729/794.html;梵净山. http://baike.baidu.com/link? url=7rqXyYyaiGtT-zkvM6d9JybHL1JkSeWK3H7GyhIZ8t4gF2_PBi7dplzj0vFApZ7A;中国·石阡. http://www.shiqian.gov.cn/Item/11.aspx;哀牢山. http://baike.baidu.com/link? url=0quFW7cOcoO-kmGVCNw7NobMxOcC6H23EPTu8w7xdoRS75nwpERrcyWHi016X8eY;刘宁等,2005;丽江拉市海越冬水禽逾10万只. http://cache.baiducontent.com/c? m=9d78d513d9d706ef06e2ce384b54c0676a499d206d9c8c027fa3d213cf374c413037bee4302267558fd8223c59f41a00bfed682a6b5465f68689d20098a6922a2c8b3a37701c8c5c10d81eadc94523c52b974de9d843a1e5ae&p=9063ca0e86cc42a84ea7c7710f57&newp=882a9642cc8800f310f1c7710f0792695803ed6337d2c00f3495cf008f&user=baidu;马亦生. 鸳鸯惊现大熊猫核心区. http://www.fpnr.org/_d276550414.htm;红碱淖简介. http://niaolei.org.cn/tag/红碱淖;陕西黄河湿地省级自然保护区现状与问题. http://bbs.dzwww.com/thread-24671743-1-1.html;合阳黄河湿地自然保护区. http://wenku.baidu.com/view/bc515ed4360cba1aa811da24.html;子午岭国家级自然保护区. http://baike.baidu.com/view/3157711.htm? fromId=1281924;赖兴会,2003;云南师宗大堵水库自然保护区. http://www.baike.com/wiki/%E4%BA%91%E5%8D%97%E5%B8%88%E5%AE%97%E5%A4%A7%E5%A0%B5%E6%B0%B4%E5%BA%93%E8%87%AA%E7%84%B6%E4%BF%9D%E6%8A%A4%E5%8C%BA;陕西安康瀛湖湿地省级自然保护区简介. http://hb.hanbin.gov.cn/Article/Show.asp? id=1445;李宏群等,2009;宝鸡市地方志办公室. 千湖国家湿地公园. http://www.bjdqw.cn/fjms/qyx/201106/t20110607_311743.htm;甘肃黄河三峡湿地自然保护区简介. http://lx.gsly.gov.cn/content/2013-01/7725.html;孟建儒,廖芳. 子午岭合水林区之发展变迁. http://www.hsxzf.gov.cn/Item/1628.aspx;灵武白芨滩国家级自然保护区. http://baike.baidu.com/view/1429868.htm? fromId=473500;沙湖水鸟. http://news.hexun.com/2013-04-29/153665598.html;哈巴湖介绍. http://www.cncn.net/blog/148442;青铜峡库区湿地自然保护区. http://sxyyn1999.blog.163.com/blog/static/850873201032282455347/

6 鸳鸯的分布变迁大势

历史时期,鸳鸯的分布变迁巨大(图 7.43、表 7.14),表现为:

● 历史上,我国各省级政区皆有鸳鸯分布,鸳鸯是鸟纲中分布最广的珍稀物种之一。

● 历史上,我国鸳鸯分布的县级及其以上政区最大数量达到 1 619 地。

● 历史上,我国鸳鸯分布的县级及其以上政区数量按地区排序为:华东(459 个),中南(386 个),华北(222 个),西南(230 个),东北(170 个),西北(152 个)。

● 分布有鸳鸯的县级及其以上政区的绝对数较高的省级政区排名:河北省(113 个),河南省(102 个),云南省(93 个),湖南省(87 个),江西省(85 个),陕西省(80 个)。

● 除香港与澳门特别行政区外,还出现鸳鸯遍布辖区的江苏省、浙江省、福建省。

● 此外,分布有鸳鸯的县级及其以上政区占本省级政区 80%以上的省级政区排名：黑龙江省（96%），吉林省与安徽省（皆 94%），江西省（93%），辽宁省（90%），广东省（88%），湖北省（87%），湖南省与陕西省（皆 86%），河南省（81%）。

● 到 20 世纪前半叶，鸳鸯分布地消失较多的省级政区排序：广东省（54 个），云南省（50 个），四川省（44 个），湖南省（37 个），江西省（34 个），河南省（31 个），安徽省（30 个）。

● 到 20 世纪后半叶，鸳鸯分布地消失较多的省级政区排序：河北省（19 个），山东省（14 个），广东省（9 个），宁夏回族自治区（7 个）。

● 到现今，鸳鸯分布地消失较多的省级政区排序：浙江省与河南省（皆 41 个），湖南省（36 个），江西省（30 个），云南省（29 个），湖北省（28 个），内蒙古自治区、黑龙江省与福建省（皆 26 个）。

● 现有鸳鸯分布地较多的省级政区排序：黑龙江省（42 个），陕西省（38 个），河南省（27 个），江苏省（26 个），吉林省（25 个），贵州省（22 个），福建省（20 个）。显示：①鸳鸯在我国东部、东北作为候鸟的主要繁殖地之一，江南作为候鸟的主要越冬地之一，皆有较多分布地。②鸳鸯作为留鸟的主要分布地之一，贵州省仍有较多分布地。

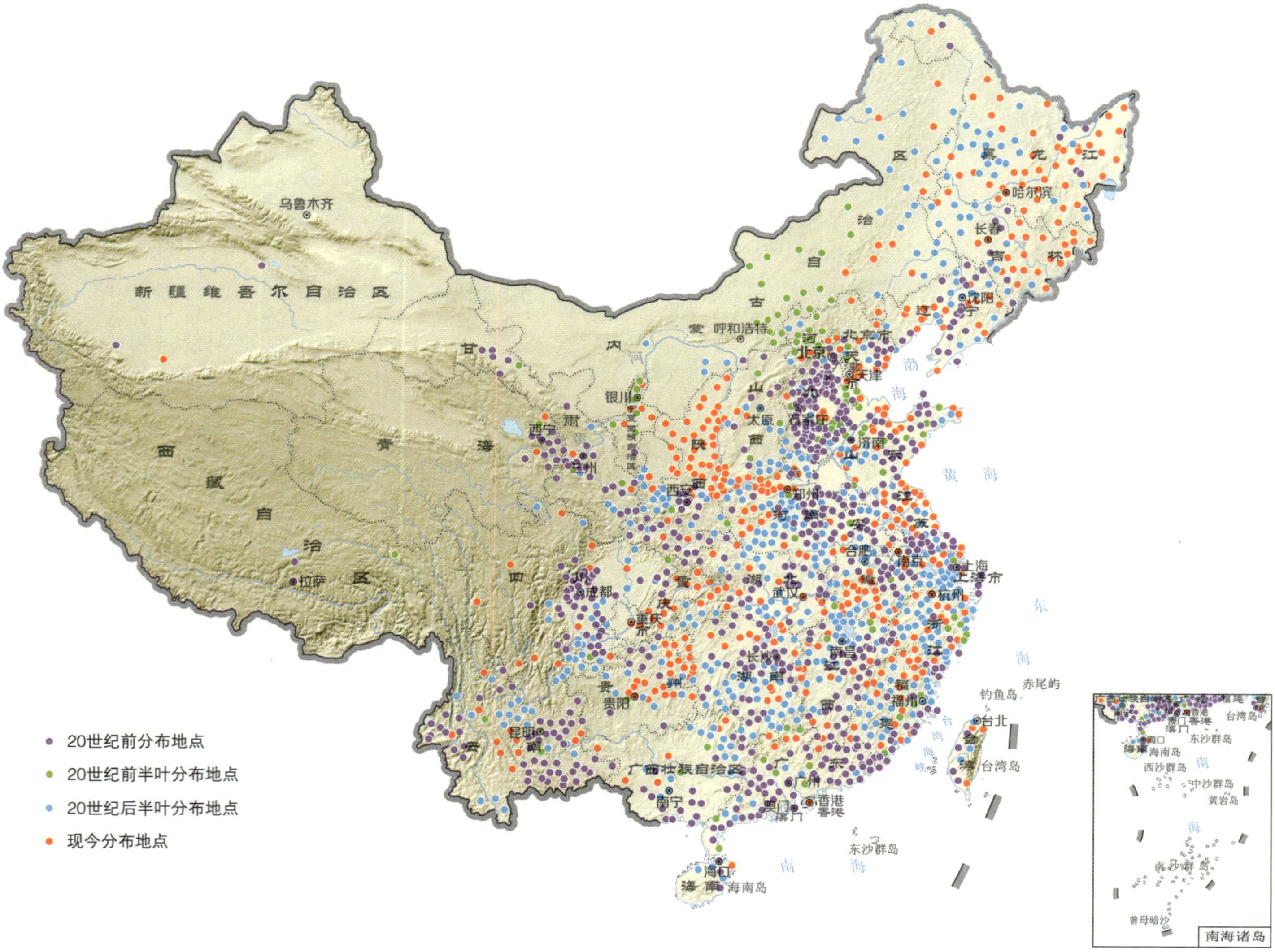

图 7.43　历史时期鸳鸯分布变迁图

表 7.14 **历史时期鸳鸯的分布变迁概况**

地区	省级政区	20 世纪前分布地点	20 世纪前半叶分布地点	20 世纪后半叶分布地点	现今分布地点
华北	北京	西城区、海淀区、房山区、顺义区、昌平区、大兴区、怀柔区、平谷区、延庆县、密云县	海淀区、房山区、顺义区、怀柔区、平谷区、延庆县	海淀区、房山区、顺义区、怀柔区、延庆县	海淀区、顺义区、怀柔区、延庆县
	天津	塘沽区、汉沽区、大港区、东丽区、津南区、宁河县、静海县	塘沽区、汉沽区、大港区、东丽区、津南区、宁河县、静海县	塘沽区、汉沽区、大港区、东丽区、津南区、宁河县、静海县	塘沽区、汉沽区、大港区、东丽区、津南区、宁河县、静海县
	河北	石家庄市、辛集市、藁城市、晋州市、新乐市、鹿泉市、井陉县、正定县、栾城县、行唐县、灵寿县、深泽县、赞皇县、无极县、平山县、元氏县、宣化县、张北县、康保县、沽源县、尚义县、蔚县、阳原县、怀安县、万全县、怀来县、涿鹿县、赤城县、崇礼县、兴隆县、平泉县、宽城满族自治县、围场满族蒙古族自治县、秦皇岛市、昌黎县、抚宁县、卢龙县、青龙满族自治县、唐山市、遵化市、迁安市、滦县、滦南县、乐亭县、迁西县、唐海县、三河县、香河县、文安县、保定市、涿州市、安国市、高碑店市、满城县、清苑县、易县、徐水县、涞源县、定兴县、顺平县、唐县、望都县、涞水县、高阳县、安新县、雄县、容城县、曲阳县、阜平县、博野县、蠡县、沧州市、泊头市、任丘市、黄骅市、河间市、沧县、青县、东光县、海兴县、盐山县、肃宁县、南皮县、吴桥县、献县、孟村回族自治县、桃城区、冀州市、枣强县、南宫市、沙河市、邢台县、内丘县、隆尧县、任县、南和县、宁晋县、巨鹿县、广宗县、平乡县、威县、清河县、邯郸市、成安县、大名县、涉县、磁县、肥乡县、永年县、鸡泽县、馆陶县、魏县、曲周县	石家庄市、井陉县、平山县、宣化县、张北县、康保县、沽源县、尚义县、蔚县、阳原县、怀安县、万全县、怀来县、涿鹿县、赤城县、崇礼县、兴隆县、平泉县、宽城满族自治县、围场满族蒙古族自治县、秦皇岛市、昌黎县、唐山市、遵化市、乐亭县、唐海县、三河县、香河县、安国市、安新县、由阳县、沧州市、黄骅市、沧县、青县、海兴县、盐山县、南皮县、桃城区、冀州市、枣强县、南宫市、宁晋县、平乡县、涉县、馆陶县	平山县、张北县、尚义县、蔚县、涿鹿县、兴隆县、平泉县、宽城满族自治县、围场满族蒙古族自治县、秦皇岛市、昌黎县、唐山市、遵化市、乐亭县、唐海县、三河县、安国市、安新县、曲阳县、沧州市、海兴县、桃城区、冀州市、枣强县、宁晋县、平乡县、涉县	平山县、蔚县、涿鹿县、兴隆县、平泉县、围场满族蒙古族自治县、昌黎县、乐亭县、唐海县、安新县、沧州市、海兴县、桃城区、冀州市、枣强县
	山西	太原市、娄烦县、广灵县、左云县、朔州市、平顺县、城区、高平市、泽州县、沁水县、阳城县、陵川县、定襄县、五台县、静乐县、榆社县、左权县、和顺县、太谷县、翼城县、洪洞县、浮山县、盐湖区、永济市、河津市、芮城县、临猗县、万荣县、夏县、平陆县、垣曲县、中阳县、方山县、柳林县、交城县	太原市、娄烦县、广灵县、朔州市、平顺县、城区、高平市、泽州县、沁水县、阳城县、陵川县、榆社县、左权县、和顺县、太谷县、浮山县、盐湖区、永济市、河津市、芮城县、临猗县、万荣县、夏县、平陆县、垣曲县、方山县、柳林县、交城县	太原市、娄烦县、广灵县、平顺县、城区、高平市、泽州县、沁水县、阳城县、陵川县、榆社县、左权县、太谷县、盐湖区、永济市、河津市、芮城县、临猗县、万荣县、夏县、平陆县、垣曲县、方山县、柳林县、交城县	永济市、河津市、芮城县、临猗县、万荣县、夏县、平陆县、垣曲县、方山县、交城县

（续表）

地区	省级政区	20世纪前分布地点	20世纪前半叶分布地点	20世纪后半叶分布地点	现今分布地点
	内蒙古	清水河县、赤峰市、宁城县、阿鲁科尔沁旗、巴林左旗、巴林右旗、克什克腾旗、科尔沁区、霍林郭勒市、开鲁县、库伦旗、奈曼旗、扎鲁特旗、科尔沁左翼中旗、科尔沁左翼后旗、海拉尔区、满洲里市、扎兰屯市、牙克石市、根河市、额尔古纳市、阿荣旗、新巴尔虎右旗、新巴尔虎左旗、陈巴尔虎旗、鄂伦春自治旗、鄂温克族自治旗、莫力达瓦达斡尔族自治旗、东胜区、准格尔旗、伊金霍洛旗、集宁区、丰镇市、商都县、兴和县、察哈尔右翼前旗、察哈尔右翼中旗、察哈尔右翼后旗、磴口县、乌兰浩特市、阿尔山市、突泉县、科尔沁右翼前旗、科尔沁右翼中旗、扎赉特旗、锡林浩特市、二连浩特市、多伦县、阿巴嘎旗、苏尼特左旗、苏尼特右旗、东乌珠穆沁旗、西乌珠穆沁旗、太仆寺旗、镶黄旗、正镶白旗、正蓝旗	赤峰市、宁城县、阿鲁科尔沁旗、巴林左旗、巴林右旗、克什克腾旗、科尔沁区、霍林郭勒市、开鲁县、库伦旗、奈曼旗、扎鲁特旗、科尔沁左翼中旗、科尔沁左翼后旗、海拉尔区、满洲里市、扎兰屯市、牙克石市、根河市、额尔古纳市、阿荣旗、新巴尔虎右旗、新巴尔虎左旗、陈巴尔虎旗、鄂伦春自治旗、鄂温克族自治旗、莫力达瓦达斡尔族自治旗、东胜区、准格尔旗、伊金霍洛旗、集宁区、丰镇市、商都县、兴和县、察哈尔右翼前旗、察哈尔右翼中旗、察哈尔右翼后旗、磴口县、乌兰浩特市、阿尔山市、突泉县、科尔沁右翼前旗、科尔沁右翼中旗、扎赉特旗、锡林浩特市、二连浩特市、多伦县、阿巴嘎旗、苏尼特左旗、苏尼特右旗、东乌珠穆沁旗、西乌珠穆沁旗、太仆寺旗、镶黄旗、正镶白旗、正蓝旗	赤峰市、宁城县、阿鲁科尔沁旗、巴林左旗、巴林右旗、克什克腾旗、科尔沁区、霍林郭勒市、开鲁县、库伦旗、奈曼旗、扎鲁特旗、科尔沁左翼中旗、科尔沁左翼后旗、海拉尔区、满洲里市、扎兰屯市、牙克石市、根河市、额尔古纳市、阿荣旗、新巴尔虎右旗、新巴尔虎左旗、陈巴尔虎旗、鄂伦春自治旗、鄂温克族自治旗、莫力达瓦达斡尔族自治旗、东胜区、准格尔旗、伊金霍洛旗、磴口县、乌兰浩特市、阿尔山市、突泉县、科尔沁右翼前旗、科尔沁右翼中旗、扎赉特旗	宁城县、阿鲁科尔沁旗、巴林左旗、巴林右旗、克什克腾旗、奈曼旗、海拉尔区、阿荣旗、鄂伦春自治旗、乌兰浩特市、扎赉特旗
东北	辽宁	沈阳市、新民市、辽中县、康平县、法库县、朝阳市、凌源市、朝阳县、彰武县、铁岭市、调兵山市、开原市、铁岭县、西丰县、昌图县、抚顺市、抚顺县、新宾满族自治县、清原满族自治县、本溪市、本溪满族自治县、桓仁满族自治县、辽阳市、灯塔市、辽阳县、鞍山市、海城市、台安县、岫岩满族自治县、丹东市、凤城市、东港市、宽甸满族自治县、大连市、瓦房店市、普兰店市、庄河市、长海县、营口市、大石桥市、盖州市、盘锦市、大洼县、盘山县、锦州市、凌海市、北镇市、黑山县、义县、葫芦岛市、兴城市、绥中县	沈阳市、新民市、辽中县、康平县、法库县、朝阳市、凌源市、朝阳县、铁岭县、抚顺市、抚顺县、新宾满族自治县、清原满族自治县、本溪市、本溪满族自治县、桓仁满族自治县、台安县、丹东市、凤城市、东港市、宽甸满族自治县、大连市、庄河市、营口市、盘锦市、大洼县、盘山县、锦州市、凌海市、北镇市、义县、葫芦岛市	沈阳市、新民市、辽中县、康平县、法库县、朝阳市、凌源市、朝阳县、铁岭县、抚顺市、抚顺县、新宾满族自治县、清原满族自治县、本溪市、本溪满族自治县、桓仁满族自治县、台安县、丹东市、凤城市、东港市、宽甸满族自治县、大连市、庄河市、营口市、盘锦市、大洼县、盘山县、锦州市、凌海市、北镇市、义县、葫芦岛市	朝阳市、朝阳县、铁岭县、新宾满族自治县、本溪市、本溪满族自治县、桓仁满族自治县、台安县、丹东市、凤城市、大连市、营口市、盘锦市、锦州市、凌海市、北镇市、义县、葫芦岛市

（续表）

地区	省级政区	20世纪前分布地点	20世纪前半叶分布地点	20世纪后半叶分布地点	现今分布地点
	吉林	长春市、德惠市、九台市、榆树市、洮北区、大安市、洮南市、镇赉县、通榆县、宁江区、扶余县、长岭县、乾安县、前郭尔罗斯蒙古族自治县、吉林市、磐石市、蛟河市、桦甸市、舒兰市、永吉县、公主岭市、伊通满族自治县、辽源市、东丰县、东辽县、通化市、梅河口市、集安市、通化县、辉南县、柳河县、白山市、临江市、抚松县、靖宇县、长白朝鲜族自治县、延吉市、图们市、敦化市、珲春市、龙井市、和龙市、汪清县、安图县	长春市、洮北区、大安市、洮南市、镇赉县、通榆县、宁江区、扶余县、长岭县、乾安县、前郭尔罗斯蒙古族自治县、吉林市、磐石市、蛟河市、桦甸市、舒兰市、永吉县、公主岭市、辽源市、东丰县、东辽县、通化市、梅河口市、通化县、辉南县、白山市、临江市、抚松县、靖宇县、长白朝鲜族自治县、延吉市、图们市、敦化市、珲春市、龙井市、和龙市、汪清县、安图县	长春市、洮北区、大安市、洮南市、镇赉县、通榆县、宁江区、扶余县、长岭县、乾安县、前郭尔罗斯蒙古族自治县、吉林市、磐石市、蛟河市、桦甸市、舒兰市、永吉县、公主岭市、辽源市、东丰县、东辽县、通化市、梅河口市、通化县、辉南县、白山市、临江市、抚松县、靖宇县、长白朝鲜族自治县、延吉市、图们市、敦化市、珲春市、龙井市、和龙市、汪清县、安图县	长春市、洮北区、镇赉县、吉林市、磐石市、蛟河市、桦甸市、舒兰市、公主岭市、辽源市、通化市、梅河口市、辉南县、白山市、抚松县、靖宇县、长白朝鲜族自治县、延吉市、图们市、敦化市、珲春市、龙井市、和龙市、汪清县、安图县
	黑龙江	哈尔滨市、双城市、尚志市、五常市、依兰县、方正县、宾县、巴彦县、木兰县、通河县、延寿县、齐齐哈尔市、讷河市、龙江县、依安县、泰来县、甘南县、富裕县、克山县、克东县、拜泉县、爱辉区、北安市、五大连池市、嫩江县、逊克县、孙吴县、大庆市、杜尔伯特蒙古族自治县、伊春市、铁力市、嘉荫县、鹤岗市、萝北县、绥滨县、佳木斯市、同江市、富锦市、桦南县、桦川县、汤原县、抚远县、双鸭山市、集贤县、友谊县、宝清县、饶河县、七台河市、勃利县、鸡西市、虎林市、密山市、鸡东县、牡丹江市、穆棱市、绥芬河市、海林市、宁安市、东宁县、林口县、北林区、安达市、肇东市、海伦市、望奎县、兰西、青冈县、庆安县、明水县、绥棱县、大兴安岭地区、呼玛县、塔河县、漠河县	哈尔滨市、双城市、尚志市、五常市、依兰县、方正县、宾县、巴彦县、木兰县、通河县、延寿县、齐齐哈尔市、讷河市、龙江县、依安县、泰来县、甘南县、富裕县、克山县、克东县、拜泉县、爱辉区、北安市、五大连池市、嫩江县、逊克县、孙吴县、大庆市、杜尔伯特蒙古族自治县、伊春市、铁力市、嘉荫县、萝北县、佳木斯市、同江市、富锦市、桦南县、桦川县、汤原县、抚远县、双鸭山市、集贤县、友谊县、宝清县、饶河县、鸡西市、虎林市、密山市、鸡东县、牡丹江市、穆棱市、绥芬河市、海林市、宁安市、东宁县、林口县、北林区、安达市、肇东市、海伦市、望奎县、兰西、青冈县、庆安县、明水县、绥棱县、大兴安岭地区、漠河县	哈尔滨市、双城市、尚志市、五常市、依兰县、方正县、宾县、巴彦县、木兰县、通河县、延寿县、齐齐哈尔市、讷河市、龙江县、依安县、泰来县、甘南县、富裕县、克山县、克东县、拜泉县、爱辉区、北安市、五大连池市、嫩江县、逊克县、孙吴县、大庆市、杜尔伯特蒙古族自治县、伊春市、铁力市、嘉荫县、萝北县、佳木斯市、同江市、富锦市、桦南县、桦川县、汤原县、抚远县、双鸭山市、集贤县、友谊县、宝清县、饶河县、鸡西市、虎林市、密山市、鸡东县、牡丹江市、穆棱市、绥芬河市、海林市、宁安市、东宁县、林口县、北林区、安达市、肇东市、海伦市、望奎县、兰西、青冈县、庆安县、明水县、绥棱县、大兴安岭地区、漠河县	哈尔滨市、双城市、尚志市、五常市、依兰县、方正县、宾县、巴彦县、木兰县、通河县、延寿县、齐齐哈尔市、爱辉区、北安市、五大连池市、嫩江县、逊克县、孙吴县、大庆市、杜尔伯特蒙古族自治县、伊春市、铁力市、佳木斯市、同江市、富锦市、桦南县、汤原县、抚远县、双鸭山市、集贤县、友谊县、宝清县、饶河县、虎林市、密山市、鸡东县、牡丹江市、穆棱市、宁安市、林口县、肇东市、大兴安岭地区
华东	上海	闵行区、宝山区、嘉定区、浦东新区、金山区、松江区、青浦区、南汇区、奉贤区、崇明县	宝山区、嘉定区、浦东新区、金山区、松江区、奉贤区、崇明县	宝山区、浦东新区、金山区、松江区、奉贤区、崇明县	宝山区、浦东新区、奉贤区、崇明县

（续表）

地区	省级政区	20世纪前分布地点	20世纪前半叶分布地点	20世纪后半叶分布地点	现今分布地点
	江苏	南京市、溧水县、高淳县、徐州市、邳州市、新沂市、铜山县、睢宁县、沛县、丰县、连云港市、赣榆县、灌云县、东海县、灌南县、宿迁市、沭阳县、泗阳县、泗洪县、淮安市、金湖县、盱眙县、洪泽县、涟水县、盐城市、东台市、大丰市、射阳县、阜宁县、滨海县、响水县、建湖县、扬州市、仪征市、江都市、高邮市、宝应县、泰州市、靖江市、泰兴市、姜堰市、兴化市、南通市、海门市、启东市、通州市、如皋市、如东县、海安县、镇江市、扬中市、丹阳市、句容市、常州市、金坛市、溧阳市、无锡市、江阴市、宜兴市、苏州市、吴江市、昆山市、太仓市、常熟市、张家港市	南京市、溧水县、高淳县、徐州市、邳州市、新沂市、沛县、连云港市、灌云县、东海县、宿迁市、泗洪县、淮安市、金湖县、盱眙县、洪泽县、涟水县、盐城市、东台市、大丰市、射阳县、阜宁县、滨海县、响水县、建湖县、江都市、高邮市、姜堰市、兴化市、启东市、如皋市、常州市、金坛市、溧阳市、无锡市、宜兴市、苏州市、吴江市、昆山市、太仓市、常熟市、张家港市	南京市、溧水县、高淳县、徐州市、邳州市、新沂市、连云港市、灌云县、东海县、宿迁市、泗洪县、淮安市、金湖县、盱眙县、洪泽县、涟水县、盐城市、东台市、大丰市、射阳县、阜宁县、滨海县、响水县、建湖县、江都市、高邮市、姜堰市、兴化市、启东市、如皋市、常州市、金坛市、溧阳市、无锡市、宜兴市、苏州市、吴江市、昆山市、太仓市、常熟市、张家港市	南京市、溧水县、高淳县、新沂市、灌云县、宿迁市、泗洪县、淮安市、金湖县、盱眙县、洪泽县、涟水县、东台市、大丰市、射阳县、阜宁县、滨海县、响水县、江都县、高邮市、启东市、无锡市、宜兴市、苏州市、常熟市
	浙江	杭州市、临安市、富阳市、建德市、桐庐县、淳安县、湖州市、长兴县、德清县、安吉县、嘉兴市、平湖市、海宁市、桐乡市、嘉善县、海盐县、舟山市、岱山县、嵊泗县、宁波市、慈溪市、余姚市、奉化市、宁海县、象山县、越城区、诸暨市、上虞市、嵊州市、绍兴县、新昌县、衢州市、江山市、常山县、开化县、龙游县、金华市、兰溪市、永康市、义乌市、东阳市、武义县、浦江县、磐安县、台州市、临海市、温岭县、三门县、天台县、仙居县、玉环县、温州市、瑞安市、乐清市、永嘉县、文成县、平阳县、泰顺县、洞头县、苍南县、莲都区、龙泉市、缙云县、青田县、云和县、遂昌县、松阳县、庆元县、景宁畲族自治县	杭州市、临安市、富阳市、建德市、桐庐县、淳安县、湖州市、长兴县、德清县、安吉县、嘉兴市、平湖市、海宁市、桐乡市、嘉善县、海盐县、宁波市、慈溪市、余姚市、奉化市、宁海县、象山县、越城区、诸暨市、上虞市、嵊州市、绍兴县、新昌县、衢州市、江山市、常山县、开化县、龙游县、金华市、兰溪市、永康市、东阳市、武义县、浦江县、磐安县、台州市、临海市、温岭县、三门县、天台县、仙居县、玉环县、温州市、瑞安市、乐清市、平阳县、泰顺县、苍南县、莲都区、龙泉市、缙云县、青田县、云和县、遂昌县、松阳县、庆元县、景宁畲族自治县	杭州市、临安市、富阳市、建德市、桐庐县、淳安县、湖州市、长兴县、德清县、安吉县、嘉兴市、平湖市、海宁市、桐乡市、嘉善县、海盐县、宁波市、慈溪市、余姚市、奉化市、宁海县、象山县、越城区、诸暨市、上虞市、嵊州市、绍兴县、新昌县、衢州市、江山市、常山县、开化县、龙游县、金华市、兰溪市、永康市、东阳市、武义县、浦江县、磐安县、台州市、三门县、温州市、瑞安市、乐清市、平阳县、泰顺县、苍南县、莲都区、龙泉市、缙云县、青田县、云和县、遂昌县、松阳县、庆元县、景宁畲族自治县	杭州市、临安市、宁波市、宁海县、诸暨市、嵊州市、开化县、东阳市、武义县、磐安县、温州市、乐清市、泰顺县、龙泉市、遂昌县、庆元县
	安徽	合肥市、长丰县、肥东县、肥西县、埇桥区、砀山县、萧县、灵璧县、泗县、淮北市、濉溪县、阜阳市、界首市、临泉县、太和县、阜南县、颍上县、谯城区、涡阳县、蒙城县、利辛县、蚌埠市、怀远县、五河县、固镇县、淮南市、凤台县、滁州市、来安县、全椒县、定远县、凤阳县、当涂县、芜湖市、芜湖县、繁昌县、南陵县、铜陵市、铜陵县、安庆市、桐城市、怀宁县、枞阳县、潜山县、太湖县、宿松县、望江县、岳西县、黄山市、歙县、休宁县、黟县、祁门县、六安市、寿县、霍邱县、舒城县、金寨县、霍山县、居巢区、庐江县、无为县、贵池区、东至县、石台县、青阳县、宣州区、宁国市、郎溪县、广德县、泾县、旌德县、绩溪县	合肥市、长丰县、肥东县、肥西县、埇桥区、砀山县、萧县、灵璧县、泗县、界首市、临泉县、太和县、颍上县、蒙城县、五河县、淮南市、滁州市、当涂县、芜湖县、南陵县、安庆市、桐城市、怀宁县、枞阳县、潜山县、太湖县、宿松县、望江县、岳西县、黄山市、歙县、休宁县、黟县、祁门县、寿县、霍邱县、霍山县、庐江县、贵池区、东至县、石台县、宁国市、绩溪县	合肥市、长丰县、肥东县、肥西县、埇桥区、砀山县、萧县、灵璧县、泗县、界首市、临泉县、太和县、颍上县、五河县、淮南市、滁州市、当涂县、芜湖县、安庆市、桐城市、怀宁县、枞阳县、潜山县、太湖县、宿松县、望江县、岳西县、黄山市、歙县、休宁县、黟县、祁门县、寿县、霍邱县、霍山县、庐江县、贵池区、东至县、石台县、宁国市、绩溪县	太和县、颍上县、五河县、滁州市、安庆市、桐城市、怀宁县、枞阳县、潜山县、太湖县、宿松县、望江县、岳西县、黄山市、祁门县、霍邱县、庐江县、贵池区、石台县

（续表）

地区	省级政区	20世纪前分布地点	20世纪前半叶分布地点	20世纪后半叶分布地点	现今分布地点
	福建	福州市、福清市、长乐市、闽侯县、连江县、罗源县、闽清县、永泰县、平潭县、延平区、邵武市、武夷山市、建瓯市、建阳市、顺昌县、浦城县、光泽县、松溪县、政和县、三明市、永安市、明溪县、清流县、宁化县、大田县、尤溪县、沙县、将乐县、泰宁县、建宁县、莆田市、仙游县、泉州市、石狮市、晋江市、南安市、惠安县、安溪县、永春县、德化县、金门县、厦门市、漳州市、龙海市、云霄县、漳浦县、诏安县、长泰县、东山县、南靖县、平和县、华安县、新罗区、漳平市、长汀县、永定县、上杭县、武平县、连城县、蕉城区、福安市、福鼎市、寿宁县、霞浦县、柘荣县、屏南县、古田县、周宁县	福州市、长乐市、闽侯县、连江县、罗源县、永泰县、延平区、邵武市、武夷山市、建瓯市、建阳市、顺昌县、浦城县、松溪县、政和县、永安市、明溪县、清流县、宁化县、大田县、尤溪县、沙县、将乐县、泰宁县、建宁县、仙游县、泉州市、晋江市、安溪县、永春县、德化县、金门县、厦门市、龙海市、云霄县、南靖县、平和县、华安县、新罗区、漳平市、长汀县、永定县、上杭县、武平县、连城县、蕉城区、福安市、屏南县、古田县、周宁县	福州市、长乐市、连江县、罗源县、延平区、邵武市、武夷山市、建瓯市、建阳市、顺昌县、浦城县、松溪县、政和县、永安市、明溪县、清流县、宁化县、大田县、尤溪县、沙县、将乐县、泰宁县、建宁县、仙游县、泉州市、晋江市、安溪县、德化县、金门县、厦门市、龙海市、南靖县、平和县、华安县、新罗区、漳平市、长汀县、永定县、上杭县、武平县、连城县、蕉城区、福安市、屏南县、古田县、周宁县	延平区、邵武市、武夷山市、建瓯市、浦城县、松溪县、政和县、明溪县、尤溪县、泰宁县、建宁县、泉州市、晋江市、安溪县、德化县、厦门市、平和县、武平县、屏南县、周宁县
	江西	南昌市、南昌县、新建县、安义县、进贤县、九江市、瑞昌市、九江县、武宁县、修水县、永修县、德安县、星子县、都昌县、湖口县、彭泽县、景德镇市、乐平市、浮梁县、月湖区、贵溪市、余江县、渝水区、分宜县、萍乡市、莲花县、上栗县、芦溪县、章贡区、瑞金市、南康市、赣县、信丰县、大余县、上犹县、崇义县、安远县、龙南县、定南县、全南县、宁都县、于都县、兴国县、会昌县、寻乌县、石城县、信州区、德兴市、上饶县、广丰县、玉山县、铅山县、横峰县、弋阳县、余干县、鄱阳县、万年县、婺源县、临川区、南城县、黎川县、南丰县、崇仁县、乐安县、宜黄县、金溪县、资溪县、东乡县、广昌县、袁州区、丰城市、樟树市、高安市、奉新县、万载县、宜丰县、靖安县、铜鼓县、井冈山市、吉安县、吉水县、峡江县、新干县、永丰县、永新县	南昌市、南昌县、新建县、安义县、进贤县、九江市、瑞昌市、九江县、永修县、德安县、星子县、都昌县、湖口县、彭泽县、景德镇市、乐平市、浮梁县、渝水区、分宜县、萍乡市、莲花县、上栗县、芦溪县、瑞金市、南康市、信丰县、大余县、上犹县、龙南县、德兴市、广丰县、铅山县、弋阳县、余干县、鄱阳县、婺源县、宜黄县、资溪县、高安市、奉新县、万载县、宜丰县、靖安县、铜鼓县、井冈山市、吉安县、吉水县、新干县、永丰县、永新县	南昌市、南昌县、新建县、安义县、进贤县、九江市、瑞昌市、九江县、永修县、德安县、星子县、都昌县、湖口县、彭泽县、浮梁县、渝水区、分宜县、萍乡市、莲花县、上栗县、芦溪县、瑞金市、南康市、信丰县、大余县、上犹县、龙南县、德兴市、广丰县、铅山县、弋阳县、余干县、鄱阳县、婺源县、宜黄县、资溪县、高安市、万载县、宜丰县、靖安县、铜鼓县、井冈山市、吉安县、吉水县、新干县、永丰县、永新县	九江市、浮梁县、萍乡市、莲花县、芦溪县、信丰县、大余县、龙南县、广丰县、婺源县、宜黄县、资溪县、宜丰县、靖安县、铜鼓县、井冈山市、吉水县
	山东	济南市、章丘市、平阴县、济阳县、东昌府区、临清市、莘县、茌平县、冠县、高唐县、德城区、禹城市、陵县、平原县、夏津县、武城县、齐河县、临邑县、宁津县、庆云县、东营市、垦利县、利津县、广饶县、淄博市、桓台县、沂源县、潍坊市、安丘市、昌邑市、高密市、青州市、诸城市、寿光市、临朐县、昌乐县、烟台市、栖霞市、海阳市、龙口市、莱阳市、莱州市、蓬莱市、招远市、长岛县、环翠区、荣成市、乳山市、文登市、青岛市、胶州市、即墨市、平度市、胶南市、莱西市、日照市、五莲县、莒县、临沂市、郯城县、莒南县、沂水县、蒙阴县、沂南县、济宁市、兖州市、微山县、汶上县、泗水县、泰安市、新泰市、肥城市、宁阳县、东平县、莱芜市、滨城区、博兴县、邹平县、东明县	章丘市、平阴县、东昌府区、平原县、夏津县、武城县、齐河县、庆云县、东营市、垦利县、利津县、淄博市、桓台县、沂源县、潍坊市、昌邑市、高密市、寿光市、临朐县、烟台市、莱阳市、莱州市、环翠区、荣成市、乳山市、文登市、青岛市、胶州市、即墨市、日照市、临沂市、蒙阴县、济宁市、兖州市、微山县、汶上县、泗水县、泰安市、新泰市、肥城市、宁阳县、东平县、莱芜市、邹平县	平阴县、东昌府区、东营市、垦利县、利津县、淄博市、桓台县、沂源县、潍坊市、昌邑市、寿光市、莱州市、环翠区、荣成市、乳山市、文登市、青岛市、日照市、蒙阴县、济宁市、兖州市、微山县、汶上县、泗水县、泰安市、新泰市、肥城市、宁阳县、东平县、莱芜市	东营市、垦利县、利津县、淄博市、桓台县、沂源县、潍坊市、昌邑市、寿光市、莱州市、环翠区、荣成市、青岛市、日照市、济宁市、微山县、泰安市、东平县

（续表）

地区	省级政区	20世纪前分布地点	20世纪前半叶分布地点	20世纪后半叶分布地点	现今分布地点
	台湾	高雄市、台南市、新竹县、嘉义县、屏东县、宜兰县、桃园县、苗栗县、彰化县、南投县	新竹县、嘉义县、屏东县、宜兰县、桃园县、南投县	新竹县、嘉义县、屏东县、宜兰县、桃园县、南投县	新竹县、屏东县、宜兰县
中南	河南	郑州市、新郑市、荥阳市、新密市、巩义市、中牟县、湖滨区、灵宝市、渑池县、陕县、卢氏县、洛阳市、偃师市、孟津县、新安县、栾川县、嵩县、汝阳县、宜阳县、洛宁县、焦作市、孟州市、新乡市、卫辉市、辉县市、新乡县、延津县、长垣县、安阳市、林州市、安阳县、汤阴县、滑县、内黄县、华龙区、清丰县、南乐县、尉氏县、商丘市、永城市、虞城县、民权县、宁陵县、睢县、夏邑县、柘城县、魏都区、禹州市、长葛市、许昌县、鄢陵县、襄城县、漯河市、舞阳县、平顶山市、舞钢市、汝州市、宝丰县、叶县、鲁山县、郏县、南阳市、邓州市、南召县、方城县、西峡县、镇平县、内乡县、淅川县、社旗县、唐河县、新野县、桐柏县、信阳市、息县、淮滨县、潢川县、光山县、固始县、商城县、罗山县、新县、川汇区、项城市、扶沟县、西华县、商水县、太康县、鹿邑县、郸城县、淮阳县、沈丘县、确山县、泌阳县、遂平县、西平县、上蔡县、汝南县、平舆县、新蔡县、正阳县、济源市	郑州市、新郑市、荥阳市、新密市、巩义市、中牟县、湖滨区、灵宝市、渑池县、陕县、洛阳市、偃师市、孟津县、新安县、栾川县、嵩县、汝阳县、洛宁县、焦作市、孟州市、卫辉市、辉县市、延津县、长垣县、安阳市、林州市、安阳县、汤阴县、滑县、内黄县、柘城县、魏都区、禹州市、长葛市、许昌县、鄢陵县、襄城县、漯河市、舞阳县、平顶山市、舞钢市、汝州市、宝丰县、叶县、鲁山县、南阳市、邓州市、南召县、方城县、西峡县、镇平县、内乡县、淅川县、社旗县、唐河县、新野县、桐柏县、信阳市、息县、淮滨县、潢川县、光山县、固始县、商城县、罗山县、新县、淮阳县、确山县、遂平县、上蔡县、济源市	郑州市、荥阳市、新密市、巩义市、中牟县、湖滨区、灵宝市、渑池县、陕县、洛阳市、偃师市、孟津县、新安县、栾川县、嵩县、汝阳县、洛宁县、焦作市、孟州市、卫辉市、辉县市、延津县、长垣县、安阳市、林州市、安阳县、汤阴县、滑县、内黄县、柘城县、魏都区、禹州市、长葛市、许昌县、鄢陵县、襄城县、漯河市、舞阳县、平顶山市、舞钢市、汝州市、宝丰县、叶县、鲁山县、南阳市、邓州市、南召县、方城县、西峡县、镇平县、内乡县、淅川县、社旗县、唐河县、新野县、桐柏县、信阳市、息县、淮滨县、潢川县、光山县、固始县、商城县、罗山县、新县、淮阳县、遂平县、上蔡县、济源市	郑州市、荥阳市、巩义市、中牟县、湖滨区、洛阳市、偃师市、孟津县、新安县、栾川县、嵩县、焦作市、孟州市、卫辉市、延津县、安阳市、平顶山市、鲁山县、南召县、西峡县、内乡县、淅川县、桐柏县、信阳市、固始县、罗山县、济源市
	湖北	武汉市、丹江口市、郧县、竹山县、房县、郧西县、襄樊市、老河口市、枣阳市、宜城市、南漳县、谷城县、保康县、荆门市、钟祥市、京山县、孝南区、应城市、安陆市、大悟县、云梦县、黄州区、麻城市、武穴市、红安县、罗田县、英山县、浠水县、蕲春县、黄梅县、团风县、鄂州市、黄石市、阳新县、咸安区、崇阳县、荆州市、石首市、洪湖市、松滋市、江陵县、公安县、监利县、宜昌市、枝江市、宜都市、当阳市、远安县、兴山县、秭归县、长阳土家族自治县、五峰土家族自治县、曾都区、广水市、仙桃市、天门市、潜江市、神农架林区、恩施市、利川市、建始县、巴东县、宣恩县、咸丰县、来凤县、鹤峰县	武汉市、丹江口市、竹山县、郧西县、襄樊市、老河口市、枣阳市、宜城市、南漳县、谷城县、保康县、钟祥市、京山县、、武穴市、红安县、罗田县、英山县、蕲春县、黄梅县、鄂州市、黄石市、阳新县、咸安区、崇阳县、荆州市、石首市、洪湖市、松滋市、江陵县、公安县、监利县、宜昌市、秭归县、五峰土家族自治县、仙桃市、天门市、潜江市、神农架林区、恩施市、利川市、建始县、巴东县、宣恩县、咸丰县、来凤县、鹤峰县	武汉市、丹江口市、竹山县、郧西县、襄樊市、老河口市、枣阳市、宜城市、南漳县、谷城县、保康县、钟祥市、京山县、红安县、罗田县、英山县、蕲春县、黄梅县、鄂州市、黄石市、阳新县、咸安区、崇阳县、荆州市、石首市、洪湖市、松滋市、江陵县、公安县、监利县、宜昌市、秭归县、五峰土家族自治县、仙桃市、天门市、潜江市、神农架林区、恩施市、利川市、建始县、巴东县、宣恩县、咸丰县、来凤县、鹤峰县	武汉市、丹江口市、竹山县、南漳县、京山县、黄梅县、鄂州市、黄石市、阳新县、荆州市、洪湖市、宜昌市、秭归县、五峰土家族自治县、恩施市、建始县、巴东县

（续表）

地区	省级政区	20世纪前分布地点	20世纪前半叶分布地点	20世纪后半叶分布地点	现今分布地点
	湖南	长沙市、浏阳市、长沙县、望城县、宁乡县、张家界市、慈利县、桑植县、常德市、安乡县、汉寿县、澧县、桃源县、石门县、益阳市、沅江市、南县、桃江县、安化县、岳阳市、汨罗市、临湘市、岳阳县、华容县、湘阴县、平江县、株洲市、醴陵市、株洲县、攸县、茶陵县、湘潭市、湘乡市、韶山市、湘潭县、衡阳市、常宁市、耒阳市、衡阳县、衡南县、衡山县、衡东县、祁东县、郴州市、资兴市、桂阳县、永兴县、宜章县、嘉禾县、临武县、汝城县、桂东县、安仁县、永州市、东安县、道县、宁远县、江永县、新田县、双牌县、祁阳县、江华瑶族自治县、邵阳市、武冈市、邵东县、邵阳县、新邵县、隆回县、洞口县、绥宁县、新宁县、城步苗族自治县、鹤城区、沅陵县、辰溪县、溆浦县、会同县、麻阳县、新晃侗族自治县、靖州苗族侗族自治县、通道侗族自治县、冷水江市、涟源县、双峰县、新化县、泸溪县、永顺县	浏阳市、常德市、汉寿县、桃源县、岳阳市、汨罗市、岳阳县、华容县、湘阴县、平江县、湘乡市、湘潭县、衡阳市、常宁市、耒阳市、衡阳县、衡南县、衡山县、衡东县、祁东县、郴州市、资兴市、桂阳县、永兴县、宜章县、嘉禾县、临武县、汝城县、桂东县、安仁县、江永县、祁阳县、江华瑶族自治县、邵阳市、武冈市、邵东县、邵阳县、新邵县、隆回县、洞口县、绥宁县、新宁县、城步苗族自治县、鹤城区、沅陵县、辰溪县、麻阳县、新晃侗族自治县、通道侗族自治县、永顺县	浏阳市、常德市、汉寿县、桃源县、岳阳市、汨罗市、岳阳县、华容县、湘阴县、平江县、湘乡市、湘潭县、衡阳市、常宁市、耒阳市、衡阳县、衡南县、衡山县、衡东县、祁东县、郴州市、资兴市、桂阳县、永兴县、宜章县、嘉禾县、临武县、汝城县、桂东县、安仁县、江永县、祁阳县、江华瑶族自治县、邵阳市、武冈市、邵东县、邵阳县、新邵县、隆回县、洞口县、绥宁县、新宁县、城步苗族自治县、鹤城区、沅陵县、辰溪县、麻阳县、新晃侗族自治县、通道侗族自治县、永顺县	浏阳市、常德市、汉寿县、桃源县、岳阳市、岳阳县、华容县、湘阴县、衡阳市、常宁市、耒阳市、衡南县、沅陵县、永顺县
	广东	广州市、增城市、清城区、英德市、连州市、阳山县、韶关市、乐昌市、仁化县、翁源县、新丰县、乳源瑶族自治县、源城区、紫金县、龙川县、连平县、和平县、东源县、梅江区、兴宁市、梅县、大埔县、丰顺县、五华县、平远县、蕉岭县、湘桥区、潮安县、饶平县、汕头市、南澳县、榕城区、普宁市、揭东县、揭西县、惠来县、城区、陆丰市、海丰县、陆河县、惠州市、博罗县、惠东县、龙门县、东莞市、中山市、恩平市、开平市、鹤山市、佛山市、肇庆市、高要市、四会市、广宁县、怀集县、封开县、德庆县、云城区、罗定市、云安县、新兴县、郁南县、江城区、阳春市、阳西县、阳东县、茂名市、化州市、信宜市、高州市、电白县、湛江市、吴川市、廉江市、雷州市、遂溪县、徐闻县	增城市、清城区、连州市、阳山县、韶关市、乐昌市、仁化县、乳源瑶族自治县、连平县、平远县、潮安县、普宁市、龙门县、东莞市、肇庆市、四会市、怀集县、阳春市、茂名市、化州市、信宜市、廉江市、徐闻县	增城市、清城区、连州市、阳山县、韶关市、乳源瑶族自治县、连平县、平远县、普宁市、肇庆市、阳春市、茂名市、化州市、信宜市	连州市、阳山县、韶关市、乳源瑶族自治县、连平县、平远县、肇庆市
	广西	南宁市、武鸣县、横县、上林县、隆安县、桂林市、阳朔县、临桂县、全州县、兴安县、永福县、资源县、平乐县、荔浦县、恭城县、鹿寨县、融安县、融水苗族自治县、梧州市、岑溪市、苍梧县、藤县、蒙山县、容县、钦州市、灵山县、浦北县、北海市、合浦县、防城港市、东兴市、上思县、江州区、扶绥县、大新县、田东县、平果县、靖西县、西林县、都安瑶族自治县、金秀瑶族自治县、八步区、昭平县、钟山县、富川瑶族自治县	南宁市、武鸣县、上林县、隆安县、桂林市、阳朔县、临桂县、兴安县、永福县、资源县、平乐县、荔浦县、鹿寨县、融安县、融水苗族自治县、藤县、蒙山县、扶绥县、田东县、靖西县、西林县、都安瑶族自治县、昭平县	南宁市、武鸣县、隆安县、桂林市、阳朔县、临桂县、兴安县、永福县、资源县、平乐县、荔浦县、融安县、融水苗族自治县、藤县、蒙山县、扶绥县、田东县、靖西县、西林县、都安瑶族自治县、昭平县	隆安县、桂林市、兴安县、靖西县、西林县、都安瑶族自治县

（续表）

地区	省级政区	20世纪前分布地点	20世纪前半叶分布地点	20世纪后半叶分布地点	现今分布地点
	海南	海口市、文昌市、琼海市、万宁市、儋州市、澄迈县、定安县	文昌市、琼海市、儋州市、澄迈县	文昌市、琼海市、儋州市、澄迈县	文昌市
	香港	香港	香港	香港	香港
	澳门	澳门			
西南	重庆	九龙坡区、巴南区、涪陵区、黔江区、长寿区、武隆县、丰都县、城口县、梁平县、开县、巫溪县、巫山县、奉节县、云阳县、忠县、石柱土家族自治县、彭水县、酉阳土家族苗族自治县、秀山土家族苗族自治县	九龙坡区、巴南区、涪陵区、黔江区、长寿区、武隆县、丰都县、开县、巫溪县、巫山县、奉节县、云阳县、忠县、石柱土家族自治县、彭水县、酉阳土家族苗族自治县、秀山土家族苗族自治县	九龙坡区、巴南区、涪陵区、黔江区、长寿区、武隆县、丰都县、开县、巫溪县、巫山县、奉节县、云阳县、忠县、石柱土家族自治县、彭水县、酉阳土家族苗族自治县、秀山土家族苗族自治县	九龙坡区、巴南区、涪陵区、长寿区、武隆县、丰都县、开县、巫溪县、巫山县、奉节县、云阳县、忠县、石柱土家族自治县、酉阳土家族苗族自治县、秀山土家族苗族自治县
	四川	成都市、都江堰市、彭州市、邛崃市、崇州市、金堂县、双流县、郫县、大邑县、蒲江县、新津县、旺苍县、苍溪县、绵阳市、安县、平武县、旌阳区、什邡市、广汉市、绵竹市、罗江县、南充市、阆中市、营山县、遂宁市、内江市、威远县、资中县、隆昌县、犍为县、井研县、马边彝族自治县、自贡市、富顺县、叙永县、翠屏区、宜宾县、南溪县、长宁县、高县、筠连县、珙县、兴文县、屏山县、通川区、万源市、达县、宣汉县、开江县、雁江区、简阳市、乐至县、东坡区、仁寿县、洪雅县、雨城区、汉源县、天全县、汶川县、理县、茂县、九寨沟县、若尔盖县、康定县、炉霍县、巴塘县、西昌市、盐源县、金阳县、美姑县、雷波县	成都市、旺苍县、苍溪县、安县、平武县、南充市、阆中市、威远县、隆昌县、犍为县、叙永县、翠屏区、筠连县、屏山县、万源县、达县、雁江区、乐至县、汉源县、天全县、九寨沟县、若尔盖县、炉霍县、巴塘县、西昌市、盐源县、金阳县	成都市、旺苍县、苍溪县、安县、平武县、南充市、阆中市、威远县、隆昌县、犍为县、叙永县、翠屏区、屏山县、达县、雁江区、乐至县、汉源县、天全县、九寨沟县、若尔盖县、炉霍县、巴塘县、西昌市、盐源县、金阳县	安县、平武县、阆中市、犍为县、叙永县、若尔盖县、炉霍县、巴塘县、西昌市、盐源县、金阳县
	贵州	贵阳市、清镇市、开阳县、修文县、息烽县、遵义市、仁怀市、遵义县、桐梓县、绥阳县、正安县、凤冈县、余庆县、习水县、道真仡佬族苗族自治县、务川仡佬族苗族自治县、平坝县、关岭布依族苗族自治县、毕节市、金沙县、织金县、铜仁市、江口县、石阡县、思南县、德江县、玉屏侗族自治县、印江土家族苗族自治县、沿河土家族自治县、松桃苗族自治县、万山特区、凯里市、黄平县、施秉县、镇远县、岑巩县、锦屏县、剑河县、台江县、都匀市、福泉市、荔波县、贵定县、龙里县	贵阳市、清镇市、开阳县、修文县、息烽县、正安县、凤冈县、务川仡佬族苗族自治县、平坝县、毕节市、金沙县、织金县、铜仁市、江口县、石阡县、思南县、德江县、玉屏侗族自治县、印江土家族苗族自治县、沿河土家族自治县、松桃苗族自治县、万山特区、凯里市、黄平县、施秉县、镇远县、岑巩县、锦屏县、剑河县、台江县、都匀市、福泉市、贵定县、龙里县	贵阳市、清镇市、开阳县、修文县、息烽县、正安县、凤冈县、务川仡佬族苗族自治县、毕节市、金沙县、织金县、铜仁市、江口县、石阡县、思南县、德江县、玉屏侗族自治县、印江土家族苗族自治县、沿河土家族自治县、松桃苗族自治县、万山特区、凯里市、黄平县、施秉县、镇远县、岑巩县、锦屏县、剑河县、台江县、都匀市、福泉市、贵定县、龙里县	贵阳市、清镇市、开阳县、修文县、息烽县、务川仡佬族苗族自治县、铜仁市、江口县、石阡县、思南县、德江县、玉屏侗族自治县、印江土家族苗族自治县、沿河土家族自治县、松桃苗族自治县、万山特区、凯里市、黄平县、锦屏县、台江县、福泉市、贵定县

（续表）

地区	省级政区	20世纪前分布地点	20世纪前半叶分布地点	20世纪后半叶分布地点	现今分布地点
	云南	昆明市、安宁市、呈贡县、晋宁县、富民县、宜良县、嵩明县、石林彝族自治县、麒麟区、宣威市、马龙县、沾益县、富源县、罗平县、师宗县、陆良县、通海县、华宁县、易门县、峨山彝族自治县、新平彝族傣族自治县、元江哈尼族彝族傣族自治县、隆阳区、施甸县、腾冲县、龙陵县、昭阳市、鲁甸县、巧家县、盐津县、大关县、永善县、绥江县、镇雄县、彝良县、威信县、水富县、古城区、永胜县、华坪县、玉龙纳西族自治县、宁蒗彝族自治县、墨江哈尼族自治县、景东彝族自治县、镇沅彝族哈尼族拉祜族自治县、永德县、镇康县、耿马傣族佤族自治县、潞西市、瑞丽市、梁河县、盈江县、陇川县、泸水县、祥云县、永平县、洱源县、漾濞彝族自治县、巍山彝族回族自治县、楚雄市、双柏县、牟定县、南华县、姚安县、大姚县、永仁县、元谋县、武定县、禄丰县、蒙自县、个旧市、开远市、绿春县、建水县、石屏县、弥勒县、泸西县、元阳县、红河县、金平苗族瑶族自治县、河口瑶族自治县、屏边苗族自治县、文山县、砚山县、西畴县、麻栗坡县、马关县、丘北县、广南县、富宁县、景洪市、勐海县、勐腊县	昆明市、罗平县、师宗县、通海县、华宁县、新平彝族傣族自治县、龙陵县、昭阳市、鲁甸县、巧家县、盐津县、大关县、永善县、绥江县、镇雄县、彝良县、威信县、水富县、古城区、玉龙纳西族自治县、墨江哈尼族自治县、景东彝族自治县、镇沅彝族哈尼族拉祜族自治县、泸水县、祥云县、永平县、漾濞彝族自治县、巍山彝族回族自治县、楚雄市、双柏县、牟定县、南华县、姚安县、大姚县、永仁县、元谋县、武定县、禄丰县、泸西县、丘北县、景洪市、勐海县、勐腊县	罗平县、师宗县、华宁县、新平彝族傣族自治县、龙陵县、昭阳市、鲁甸县、巧家县、盐津县、大关县、永善县、绥江县、镇雄县、彝良县、威信县、水富县、古城区、玉龙纳西族自治县、墨江哈尼族自治县、景东彝族自治县、镇沅彝族哈尼族拉祜族自治县、泸水县、祥云县、永平县、漾濞彝族自治县、楚雄市、双柏县、牟定县、南华县、姚安县、大姚县、永仁县、元谋县、武定县、禄丰县、泸西县、丘北县、景洪市、勐海县、勐腊县	罗平县、师宗县、新平彝族傣族自治县、龙陵县、玉龙纳西族自治县、墨江哈尼族自治县、景东彝族自治县、镇沅彝族哈尼族拉祜族自治县、漾濞彝族自治县、楚雄市、双柏县
	西藏	城关区、当雄县、堆龙德庆县	城关区		
西北	陕西	西安市、蓝田县、周至县、户县、高陵县、宝塔区、延长县、延川县、子长县、安塞县、志丹县、吴旗县、甘泉县、富县、洛川县、宜川县、黄龙县、黄陵县、宜君县、临渭区、华阴市、韩城市、华县、潼关县、大荔县、白水县、合阳县、富平县、咸阳市、兴平市、三原县、泾阳县、礼泉县、宝鸡市、凤翔县、岐山县、扶风县、眉县、陇县、千阳县、麟游县、凤县、太白县、汉台区、南郑县、城固县、洋县、西乡县、勉县、宁强县、略阳县、镇巴县、留坝县、佛坪县、榆阳区、神木县、府谷县、横山县、靖边县、定边县、绥德县、米脂县、佳县、吴堡县、清涧县、子洲县、汉滨区、汉阴县、石泉县、宁陕县、紫阳县、岚皋县、平利县、镇坪县、旬阳县、白河县、丹凤县、商南县、镇安县、柞水县	周至县、高陵县、宝塔区、延长县、延川县、子长县、安塞县、志丹县、吴旗县、甘泉县、富县、洛川县、宜川县、黄龙县、黄陵县、宜君县、临渭区、华阴市、韩城市、华县、潼关县、大荔县、白水县、合阳县、三原县、宝鸡市、凤翔县、岐山县、扶风县、眉县、陇县、千阳县、麟游县、凤县、太白县、汉台区、西乡县、略阳县、佛坪县、榆阳区、神木县、府谷县、横山县、靖边县、定边县、绥德县、米脂县、佳县、吴堡县、清涧县、子洲县、汉滨区、丹凤县、商南县、镇安县	高陵县、宝塔区、延长县、延川县、子长县、安塞县、志丹县、吴旗县、甘泉县、富县、洛川县、宜川县、黄龙县、黄陵县、宜君县、临渭区、华阴市、韩城市、华县、潼关县、大荔县、白水县、合阳县、三原县、宝鸡市、凤翔县、岐山县、扶风县、眉县、陇县、千阳县、麟游县、凤县、太白县、汉台区、西乡县、略阳县、佛坪县、榆阳区、神木县、府谷县、横山县、靖边县、定边县、绥德县、米脂县、佳县、吴堡县、清涧县、子洲县、汉滨区、丹凤县、镇安县	高陵县、宝塔区、延长县、延川县、子长县、安塞县、志丹县、吴旗县、甘泉县、富县、洛川县、宜川县、黄龙县、黄陵县、宜君县、华阴市、韩城市、潼关县、大荔县、白水县、合阳县、三原县、千阳县、西乡县、佛坪县、榆阳区、神木县、府谷县、横山县、靖边县、定边县、绥德县、米脂县、佳县、吴堡县、清涧县、子洲县、汉滨区

（续表）

地区	省级政区	20 世纪前分布地点	20 世纪前半叶分布地点	20 世纪后半叶分布地点	现今分布地点
	甘肃	兰州市、皋兰县、榆中县、嘉峪关市、景泰县、天水市、清水县、秦安县、甘谷县、武山县、张家川回族自治县、凉州区、肃州区、金塔县、临泽县、高台县、肃南裕固族自治县、华池县、合水县、正宁县、宁县、崆峒区、崇信县、华亭县、临洮县、渭源县、成县、西和县、礼县、两当县、徽县、临夏市、临夏县、康乐县、永靖县、广河县、和政县、东乡族自治县、积石山保安族东乡族撒拉族自治县、玛曲县、夏河县	景泰县、清水县、秦安县、临泽县、华池县、合水县、正宁县、宁县、崆峒区、崇信县、华亭县、西和县、礼县、康乐县、永靖县、和政县、玛曲县	景泰县、清水县、华池县、合水县、正宁县、宁县、崆峒区、崇信县、华亭县、西和县、礼县、康乐县、永靖县、玛曲县	清水县、华池县、合水县、正宁县、宁县、崇信县、永靖县
	青海	西宁市、大通回族自治县、湟源县、湟中县、平安县、乐都县、民和回族土族自治县、互助土族自治县、化隆回族自治县、循化撒拉族自治县、门源回族自治县、贵德县、贵南县、同仁县、尖扎县	大通回族自治县、门源回族自治县、贵德县	门源回族自治县、贵德县	门源回族自治县、贵德县
	宁夏	银川市、灵武市、永宁县、贺兰县、石嘴山市、平罗县、利通区、青铜峡市、盐池县、同心县、原州区、沙坡头区、中宁县	银川市、灵武市、永宁县、贺兰县、石嘴山市、平罗县、利通区、青铜峡市、盐池县、同心县、沙坡头区、中宁县	灵武市、平罗县、青铜峡市、盐池县、中宁县	灵武市、平罗县、青铜峡市、盐池县、中宁县
	新疆	和田市、民丰县、库尔勒市	民丰县	民丰县	民丰县

参 考 文 献

安达市地方志办公室编. 1992. 安达县志. 哈尔滨：黑龙江人民出版社

安徽省宿县地区地方志编纂委员会编. 1995. 宿县地区志. 北京：中国人民大学出版社

安庆地区地方志编纂委员会编. 1995. 安庆地区志. 合肥：黄山书社

安庆市地方志编纂委员会编. 1997. 安庆市志. 北京：方志出版社

安新县地方志编纂委员会编. 2000. 安新县志. 北京：新华出版社

《巴林右旗志》编纂委员会编. 1990. 巴林右旗志. 呼和浩特：内蒙古人民出版社

白城地区地方志编纂委员会编. 1992. 白城地区志. 长春：吉林文史出版社

宝鸡市地方志编纂委员会编. 1998. 宝鸡市志. 西安：三秦出版社

《宝鸡县志》编纂委员会编. 1996. 宝鸡县志. 西安：陕西人民出版社

鲍方印，等. 2011. 沱湖自然保护区鸟类群落结构及其多样性指数分析. 华东师范大学学报（自然科学版）(4)：124～233

北京市房山区地方志编纂委员会. 1999. 北京市房山区志. 北京：北京出版社

北京市海淀区志编纂委员会编. 1999. 北京市海淀区志. 北京：北京出版社

毕节县地方志编纂委员会编. 1996. 毕节县志. 贵阳：贵州人民出版社

蔡其侃. 1987. 北京鸟类志. 北京：北京出版社

蔡振洋. 2015. 清冽浓郁的天津味. 中国气象报，01-23(8)

长汀县地方志编纂委员会编. 1993. 长汀县志. 北京：生活·读书·新知三联书店

长垣县地方史志编纂委员会编. 1991. 长垣县志. 郑州：中

州古籍出版社
常德市志编纂委员会编.1993.常德市志.北京:中国科学技术出版社
常宁县志编纂委员会编.1993.常宁县志.北京:社会科学文献出版社
常州市地方志编纂委员会编.1995.常州市志.北京:中国社会科学出版社
郴州地区地方志编纂委员会编.1996.郴州地区志.北京:中国社会出版社
辰溪县志编纂委员会编.1994.辰溪县志.北京:生活·读书·新知三联书店
陈凡,等.2005.德阳市湿地水鸟资源及保护对策.四川林业科技,26(3):52~55
陈兼善著,于名振增订.1984.台湾脊椎动物志.增订2版.台北:台湾商务印书馆
陈秋实.2002.襄樊地区鸟类概况.襄樊职业技术学院学报,1(3):5~10
陈余钊,等.2007.温州地区湿地生态系统脊椎动物物种多样性调查及其保护对策.浙江林业科技,27(3):62~68,74
《城步苗族自治县概况》编写组编.1984.城步苗族自治县概况.长沙:湖南人民出版社
城步苗族自治县志编纂委员会编.1996.城步苗族自治县志.长沙:湖南出版社
赤峰市地方志编纂委员会编.1996.赤峰市志.呼和浩特:内蒙古人民出版社
崇阳县志编纂委员会编.1991.崇阳县志.武汉:武汉大学出版社
滁州市(县级)地方志编纂委员会编.1998.滁州市志.北京:方志出版社
楚雄彝族自治州地方志编纂委员会编.1993.楚雄彝族自治州志.北京:人民出版社
大田县地方志编纂委员会编.1996.大田县志.北京:中华书局
丹东市地方志办公室编.1993.丹东市志.沈阳:辽宁科学技术出版社,6,591
丹凤县志编纂委员会编.1994.丹凤县志.西安:陕西人民出版社
德安县地方志编纂委员会编.1991.德安县志.上海:上海古籍出版社
德化县地方志编纂委员会编.1992.德化县志.北京:新华出版社
邓立斌,等.2006.山东南四湖自然保护区综合评价.西北林业科学,35(4):123~126
邓州市地方史志编纂委员会编.1996.邓州市志.郑州:中州古籍出版社
磴口县地方志编纂委员会编.1998.磴口县志.呼和浩特:内蒙古人民出版社
丁平,等.2008.杭州市陆生野生动物资源.中国城市林业,6(4):62~71
丁伟志[总]主编,苍南县情调查组.1996.中国国情丛书:百县市经济社会调查:苍南卷.北京:中国大百科全书出版社
丁伟志[总]主编,县情调查组编.1997.中国国情丛书:百县市经济社会调查:宜章卷.北京:中国大百科全书出版社
《东胜市志》编纂委员会编.1997.东胜市志.呼和浩特:内蒙古人民出版社
东阳市地方志编纂委员会编.1993.东阳市志.上海:汉语大词典出版社
都安瑶族自治县志编纂委员会编.1993.都安瑶族自治县志.南宁:广西人民出版社
杜景琴主编.1995.抚顺县志.沈阳:辽宁人民出版社
额尔古纳右旗史志编纂委员会编.1993.额尔古纳右旗志.海拉尔:内蒙古文化出版社
鄂温克族自治旗志编纂委员会编.1996.鄂温克族自治旗志.北京:中国城市出版社
方城县地方志编纂委员会编.1992.方城县志.郑州:中州古籍出版社
房守志主编.1993.新宾满族自治县志.沈阳:辽沈书社
丰南县地方志编纂委员会编纂.1990.丰南县志.北京:新华出版社
冯粉定,等.2011.江都市湿地资源现状调查及评价.江苏林业科技,38(2):19~22
冯照军,等.2006.江苏骆马湖湿地鸟类资源及其保护.四川动物,25(3):564~569
佛坪县地方志编纂委员会编.1993.佛坪县志.西安:三秦出版社
扶风县地方志编纂委员会编.1993.扶风县志.西安:陕西人民出版社
扶绥县志编纂委员会编.1989.扶绥县志.南宁:广西人民出版社
浮梁县地方志编纂委员会编.1998.浮梁县志.北京:方志出版社
福安市地方志编纂委员会编.1999.福安市志.北京:方志出版社
福建省龙海县地方志编纂委员会编.1993.龙海县志.北京:东方出版社
抚顺市社会科学院编.1999.抚顺市志.沈阳:辽宁人民出版社
抚松县地方志编纂委员会编.1994.抚松县志.北京:中华书局
抚远县地方志编纂委员会编.1998.抚远县志.北京:中华书局

府谷县志编纂委员会编.1994.府谷县志.西安:陕西人民出版社
傅桐生,等著.1984.长白山鸟类.长春:东北师范大学出版社
富县地方志编纂委员会编.1994.富县志.西安:陕西人民出版社
甘肃省康乐县地方志编纂委员会编.1995.康乐县志.北京:生活·读书·新知三联书店
甘肃省庆阳地区志编纂委员会编.1998.庆阳地区志.兰州:兰州大学出版社
高玮著.2006.中国东北地区鸟类及生态学研究.北京:科学出版社
高邮县编史修志领导小组编.1990.高邮县志.南京:江苏人民出版社
根河市史志编纂委员会编.1998.根河市志.海拉尔:内蒙古文化出版社
古田县地方志编纂委员会编.1997.古田县志.北京:中华书局
光山县史志编纂委员会编.1991.光山县志.郑州:中州古籍出版社
广西融水苗族自治县地方志编纂委员会编.1998.融水苗族自治县志.北京:生活·读书·新知三联书店
广西壮族自治区地方志编纂委员会编.1994.广西通志:自然地理志.南宁:广西人民出版社
广西壮族自治区资源县志编纂委员会编.1998.资源县志.南宁:广西人民出版社
贵州省岑巩县志编纂委员会编.1993.岑巩县志.贵阳:贵州人民出版社
贵州省德江县地方志编纂委员会编.1994.德江县志.贵阳:贵州人民出版社
贵州省都匀市史志编纂委员会编.1999.都匀市志.贵阳:贵州人民出版社
贵州省凤冈县地方志编纂委员会编.1994.凤冈县志.贵阳:贵州人民出版社
贵州省福泉县地方志编纂委员会编.1992.福泉县志.贵阳:贵州人民出版社
贵州省剑河县志编纂委员会编.1994.剑河县志.贵阳:贵州人民出版社
贵州省金沙县地方志编纂委员会编.1997.金沙县志.北京:方志出版社
贵州省锦屏县志编纂委员会编.1995.锦屏县志.贵阳:贵州人民出版社
贵州省凯里市地方志编纂委员会编.1998.凯里市志.北京:方志出版社
贵州省黎平县志编纂委员会编.1989.黎平县志.成都:巴蜀书社
贵州省龙里县志编纂委员会编.1995.龙里县志.福州:福建人民出版社
贵州省施秉县地方志编纂委员会编.1997.施秉县志.北京:方志出版社
贵州省台江县志编纂委员会编.1994.台江县志.贵阳:贵州人民出版社
贵州省务川仡佬族苗族自治县志编纂委员会编.2001.务川仡佬族苗族自治县志.贵阳:贵州人民出版社
贵州省镇远县志编纂委员会编.1992.镇远县志.贵阳:贵州人民出版社
贵州省织金县地方志编纂委员会编.1997.织金县志.北京:方志出版社
桂林市地方志编纂委员会编.1997.桂林市志.北京:中华书局
郭薰风主修,石璋如,等纂.1956.桃园县志.台北:成文出版社
海南省文昌市地方志编纂委员会编.2000.文昌县志.北京:方志出版社
《海宁市志》编纂委员会编.1995.海宁市志.上海:汉语大词典出版社
海盐县志编纂委员会编.1992.海盐县志.杭州:浙江人民出版社
汉寿县志编纂委员会编.1993.汉寿县志.北京:人民出版社
汉源县志编纂委员会编.1994.汉源县志.成都:四川科学技术出版社
汉中市地方志编纂委员会编.1994.汉中市志.北京:中共中央党校出版社
杭州市地方志编纂委员会编.1995.杭州市志.北京:中华书局
合肥市地方志编纂委员会编.1999.合肥市志.合肥:安徽人民出版社
合阳县志编纂委员会编.1996.合阳县志.西安:陕西人民出版社
何冰,等.2013.陕西黄河湿地鸟类资源调查分析与研究.防护林科技(10):38～42
何业恒著.1994.中国珍稀鸟类的历史变迁.长沙:湖南科学技术出版社
河北省安国市地方志编纂委员会编.1996.安国县志.北京:方志出版社
河北省曲阳县地方志编纂委员会编.1998.曲阳县志.北京:新华出版社
河北省三河县志编纂委员会编.1988.三河县志.北京:学苑出版社
黑河市地方志编纂委员会编.1996.黑河地区志.北京:生活·读书·新知三联书店
黑龙江省地方志编纂委员会编.1998.黑龙江省志·地理志.哈尔滨:黑龙江人民出版社

黑龙江野生动物研究所编.1992.黑龙江省鸟类志.北京:中国林业出版社
衡水市地方志编纂委员会编.1996.衡水市志.北京:民族出版社
衡阳市地方志编纂委员会编.1998.衡阳市志.长沙:湖南人民出版社
红安县县志编纂委员会编.1992.红安县志.上海:上海人民出版社
洪湖市地方志编纂委员会编.1992.洪湖县志.武汉:武汉大学出版社
洪泽县地方志编纂委员会编.1999.洪泽县志.北京:中国大百科全书出版社
胡小平.2007.高原湿地泸沽湖、草海.森林与人类(11):39~51
湖北省丹江口市地方志编纂委员会编.1993.丹江口市志.北京:新华出版社
湖北省恩施土家族苗族自治州地方志编纂委员会编.1998.恩施州志.武汉:湖北人民出版社
湖北省谷城县地方志编纂委员会编.1991.谷城县志.北京:新华出版社
湖北省来凤县县志编纂委员会编.1990.来凤县志.武汉:湖北人民出版社
湖北省蕲春县地方志编纂委员会编.1997.蕲春县志.武汉:湖北科学技术出版社
湖北省神农架林区地方志编纂委员会编.1996.神农架志.武汉:湖北科学技术出版社
湖北省咸宁市地方志编纂委员会编.1992.咸宁市志.北京:中国城市出版社
湖北省宜昌县地方志编纂委员会编.1993.宜昌县志.北京:冶金工业出版社
湖北省宜城市地方志编纂委员会编.1998.宜城志.北京:新华出版社
湖北省郧西县地方志编纂委员会办公室编.1995.郧西县志.武汉:武汉测绘科技大学出版社
湖南省怀化市志编纂委员会编.1994.怀化市志.北京:生活·读书·新知三联书店
湖南省江华瑶族自治县志编纂委员会编.1994.江华瑶族自治县志.北京:中国城市出版社
湖南省江永县志编纂委员会编.1995.江永县志.北京:方志出版社
湖南省平江县志编纂委员会编.1994.平江县志.北京:国防大学出版社
湖南省绥宁县志编纂委员会编.1997.绥宁县志.北京:方志出版社
湖南省通道侗族自治县县志编纂委员会编.1999.通道县志.北京:民族出版社
湖南省湘阴县志编纂委员会编.1995.湘阴县志.北京:生活·读书·新知三联书店
湖南省志编纂委员会编.1987.湖南省志.修订本.长沙:湖南人民出版社
湖州市地方志编纂委员会编.1999.湖州市志.北京:昆仑出版社
华安县地方志编纂委员会编.1996.华安县志.厦门:厦门大学出版社
华宁县志编纂委员会编.1994.华宁县志.北京:中华书局
华亭县志编纂委员会编.1996.华亭县志.兰州:甘肃人民出版社
化州市地方志编纂委员会编.1996.化州县志.广州:广东人民出版社
淮滨县志编纂委员会编.1986.淮滨县志:1951—1983.郑州:河南人民出版社
淮南市地方志编纂委员会编.1998.淮南市志.合肥:黄山书社
淮阳县地方志编纂委员会编.1991.淮阳县志.郑州:河南人民出版社
淮阴市地方志编纂委员会编.1995.淮阴市志.上海:上海社会科学院出版社
淮阴县地方志编纂委员会编.1996.淮阴县志.上海:上海社会科学院出版社
黄沐朋,等编著.1989.辽宁动物志:鸟类.沈阳:辽宁科学技术出版社
《黄山志》编纂委员会编.1988.黄山志.合肥:黄山书社
黄石市铁山区地方志编纂委员会编.1998.铁山区志.武汉:湖北人民出版社
黄石市志编纂委员会编.2001.黄石市志.北京:中华书局
黄守华.2010.黑龙江龙凤湿地自然保护区鸟类研究.林业科技,36(5):57~59
黄正一,等编著.1991.上海地区的国家保护动物.上海:复旦大学出版社
辉县市史志编纂委员会编.1992.辉县市志.郑州:中州古籍出版社
浑江市地方志编纂委员会编.1994.浑江市志.北京:中华书局
鸡西市地方志编纂委员会编.1996.鸡西市志.北京:方志出版社
绩溪县地方志编纂委员会编.1998.绩溪县志.合肥:黄山书社
吉安县志编纂委员会编.1994.吉安县志.北京:新华出版社
吉林省野生动物保护协会.1987.吉林省野生动物图鉴:鸟类.长春:吉林科学技术出版社
《嘉兴市志》编纂委员会编.1997.嘉兴市志.北京:中国书籍出版社
建宁县地方志编纂委员会编.1995.建宁县志.北京:新华

出版社
建瓯县地方志编纂委员会编.1994.建瓯县志.北京:中华书局
建始县地方志编纂委员会编.1994.建始县志.武汉:湖北辞书出版社
建阳县地方志编纂委员会编.1994.建阳县志.北京:群众出版社
江都市地方志编纂委员会编.1996.江都县志.南京:江苏人民出版社
江浦县地方志编纂委员会编.1995.江浦县志.南京:河海大学出版社
江山市志编纂委员会编.1990.江山市志.杭州:浙江人民出版社
江西省大余县志编纂委员会编.1990.大余县志.北京:三环出版社
江西省德兴市地方志编纂委员会编.1993.德兴县志.北京:光明日报出版社
江西省上犹县志编纂委员会编.1992.上犹县志.上犹:上犹印刷厂
江西省新干县志编纂委员会编.1990.新干县志.北京:中国世界语出版社
江西省新余市志编纂委员会编.1993.新余市志.北京:汉语大词典出版社
江西省星子县志编纂委员会编纂.1990.星子县志.南昌:江西人民出版社
江西省永丰县志编纂委员会编.1993.永丰县志.北京:新华出版社
将乐县地方志编纂委员会编.1998.将乐县志.北京:方志出版社
蒋荣荣,姚振琴.2006.淮安湿地现状调查和可持续发展.污染防治技术,19(6):34～36
交城县志编写委员会编.1994.交城县志.太原:山西古籍出版社
界首市地方志编纂委员会编.1995.界首县志.合肥:黄山书社
金国龙,等.2004.东白山自然保护区鸟类资源调查.浙江林业科技,24(5):60～63
金华县志编纂委员会编.1992.金华县志.杭州:浙江人民出版社
金志民,等.2010.黑龙江省牡丹峰自然保护区鸳鸯繁殖习性观察.四川动物,29(3):489～491
金州区地方志编纂委员会办公室编.1989.金县志.沈阳:大连出版社
锦州市地方志编纂委员会编.1994.锦州市志:综合卷.北京:中国统计出版社
晋城市地方志编纂委员会编.1999.晋城市志.北京:中华书局
晋江市地方志编纂委员会编.1994.晋江市志.上海:生活·读书·新知三联书店上海分店
缙云县志编纂委员会编.1996.缙云县志.杭州:浙江人民出版社
荆州地区地方志编纂委员会编纂.1996.荆州地区志.北京:方志出版社
景宁畲族自治县志编纂委员会编.1995.景宁畲族自治县志.杭州:浙江人民出版社
景泰县志编纂委员会编.1996.景泰县志.兰州:兰州大学出版社
靖西县县志编纂委员会编.2000.靖西县志.南宁:广西人民出版社
静海县志编修委员会编著.1995.静海县志.天津:天津社会科学院出版社
科尔沁右翼前旗志编纂委员会编.1991.科尔沁右翼前旗志.呼和浩特:内蒙古人民出版社
克什克腾旗地方志编纂委员会编.1993.克什克腾旗志.呼和浩特:内蒙古人民出版社
宽城县志编纂委员会编.1990.宽城县志.石家庄:河北人民出版社
昆明市路南彝族自治县志编纂委员会编.1996.路南彝族自治县志.昆明:云南人民出版社
赖兴会.2003.拟建中的罗平万峰山自然保护区的保护价值.林业调查规划,28(3):40～42
赖子清,等纂修.1982.嘉义县志.台北:成文出版社
兰州市地方志编纂委员会,兰州市林业志编纂委员会编纂.1998.兰州市志.第二卷,地理志.兰州:兰州大学出版社
礼县志编纂委员会编.1999.礼县志.西安:陕西人民出版社
李达标,林志洪.2005.广东肇庆星湖湿地公园发展思路与对策.中国城市林业.3(1):45～46
李海清,等.2006.内蒙古图牧吉国家级自然保护区珍稀濒危鸟类种类、分布特点及保护措施.内蒙古林业调查设计,29(6):57～59
李宏群,等.2009.陕西延安黄龙山褐马鸡自然保护区鸟类资源调查.四川动物,28(3):458～461
李湜主编,故宫博物院编.2014.清宫鸟谱.北京:故宫出版社
李世民,赵玉龙.2005.试论凤凰山自然保护区的评价.今日科苑(9):108
丽江地区行政公署林业局编撰.1998.丽江地区林业志.昆明:云南民族出版社
《丽水市志》编纂委员会编.1994.丽水市志.杭州:浙江人民出版社
荔浦县地方志编纂委员会编.1996.荔浦县志.北京:生活·读书·新知三联书店

栗海军，等.2009.贵州岩下自然保护区的野生大鲵资源现状及历史动态.长江流域资源与环境，18(7)
溧阳县志编纂委员会编.1992.溧阳县志.南京：江苏人民出版社
连城县地方志编纂委员会编.1993.连城县志.北京：群众出版社
连云港市地方志编纂委员会编.2000.连云港市志.北京：方志出版社
廉文浩，等.2013.延边州湿地水鸟资源调查.吉林林业科技，42(2)：25～27，46
辽源市地方志编纂委员会编.1995.辽源市志.长春：吉林人民出版社
临泉县地方志编纂委员会编.1994.临泉县志.合肥：黄山书社
麟游县地方志编纂委员会编.1993.麟游县志.西安：陕西人民出版社
灵宝县地方史志编纂委员会编.1992.灵宝县志.郑州：中州古籍出版社
灵武市志编纂委员会编.1999.灵武市志.银川：宁夏人民出版社
凌源县志编纂委员会编.1995.凌源县志.沈阳：辽宁古籍出版社
刘宁，等.2005.拉市海自然保护区越冬水鸟面临的威胁及保护策略.西南林学院学报(2)：61
刘先新.2010.中国长江三峡动物大全.北京：科学出版社
刘永敏.2012.霍邱县东西湖湿地管理现状及保护对策浅析.安徽林业科技，38(4)：44～46
刘枝万，等纂.1978.南投县志稿.台北：成文出版社
龙陵县委党史地方志工作办公室编.2000.龙陵县志.北京：中华书局
龙岩地区地方志编纂委员会编.1992.龙岩地区志.上海：上海人民出版社
陇县地方志编纂委员会编.1993.陇县志.西安：陕西人民出版社
楼利高，等.2009.湖北上涉湖湿地自然保护区冬季鸟类物种多样性.林业调查规划，34(5)：57～61
卢世标总纂.1965.宜兰县志.台北：成文出版社
卢祥云，等.2004.江苏常熟虞山国家森林公园鸟类资源.四川动物，23(1)：31～34，40
吕磊，贾少波.2010.山东省滨州市湿地水鸟的多样性调查.动物学杂志，45(3)：133～138
栾川县地方史志编纂委员会编.1994.栾川县志.北京：生活·读书·新知三联书店
滦县志编纂委员会编.1993.滦县志.石家庄：河北人民出版社
略阳县志编纂委员会编.1992.略阳县志.西安：陕西人民出版社
罗田县地方志编纂委员会编.1998.罗田县志.北京：中华书局
罗源县地方志编纂委员会编.1998.罗源县志.北京：方志出版社
萝北县地方志编纂委员会编.1992.萝北县志.北京：中国人事出版社
洛宁县志编纂委员会编.1991.洛宁县志.北京：生活·读书·新知三联书店
漯河市地方史志编纂委员会编.1999.漯河市志.北京：方志出版社
麻阳县志编纂委员会编.1994.麻阳县志.北京：生活·读书·新知三联书店
马朝红，等.2008.河南黄河湿地国家级自然保护区孟津段水鸟资源调查.四川动物，27(5)：902～904
马克·巴特等著，陈立伟译.2004.长江中下游水鸟调查报告.北京：中国林业出版社
茂名市地方志编纂委员会编.1997.茂名市志.北京：生活·读书·新知三联书店
蒙山县志编纂委员会编.1993.蒙山县志.南宁：广西人民出版社
蒙阴县志编纂委员会办公室编.1992.蒙阴县志.济南：齐鲁书社
汨罗市志编纂委员会编.1995.汨罗市志.北京：方志出版社
密山县志编纂委员会编.1993.密山县志.北京：中国标准出版社
密县地方史志编纂委员会编.1992.密县志.郑州：中州古籍出版社
莫力达瓦达斡尔族自治旗史志编纂委员会编.1998.莫力达瓦达斡尔族自治旗志.呼和浩特：内蒙古人民出版社
漠河县志编纂委员会编纂.1993.漠河县志.北京：中国大百科全书出版社
牟金玲.2002.浅谈南大港农场滨海湿地保护对策.中国环境管理(4)：35～36
内蒙古自治区科学技术志编纂委员会编.1997.内蒙古自治区志：科学技术志.呼和浩特：内蒙古人民出版社
内蒙古自治区奈曼旗地方志编纂委员会编.2002.奈曼旗志.北京：方志出版社
内乡县地方史志编纂委员会编.1994.内乡县志.北京：生活·读书·新知三联书店
南昌市地方志编纂委员会编.1997.南昌市志.北京：方志出版社
南靖县地方志编纂委员会编.1997.南靖县志.北京：方志出版社
南康县志编纂委员会编.1993.南康县志.北京：新华出版社
南宁市地方志编纂委员会编.1998.南宁市志：综合卷.南

宁：广西人民出版社
南坪县地方志编纂委员会编. 1994. 南坪县志. 北京：民族出版社
南阳地区地方史志编纂委员会编. 1994. 南阳地区志. 郑州：河南人民出版社
南阳地区地方史志编纂委员会编. 1996. 南阳地区志：1986—1994. 郑州：中州古籍出版社
宁波市地方志编纂委员会编. 1995. 宁波市志. 北京：中华书局
宁德市地方志编纂委员会编. 1995. 宁德市志. 北京：中华书局
宁国县地方志编纂委员会编. 1997. 宁国县志. 北京：生活·读书·新知三联书店
宁化县志编纂委员会编. 1992. 宁化县志. 福州：福建人民出版社
宁晋县地方志编纂委员会编. 1999. 宁晋县志. 北京：中华书局
盘锦市人民政府地方志办公室编. 1998. 盘锦市志：综合卷. 北京：方志出版社
彭平波. 2013. 沅水入洞庭湖口生态现状及保护. 岳阳职业技术学院学报，28(1)：43～46，114
彭水县志编纂委员会编. 1997. 彭水县志. 成都：四川人民出版社
邳州市地方志编纂委员会编. 1995. 邳县志. 北京：中华书局
平顶山市地方史志编纂委员会编. 1994. 平顶山市志. 郑州：河南人民出版社
平和县地方志编纂委员会编. 1994. 平和县志. 北京：群众出版社
平乐县地方志编纂委员会编. 1995. 平乐县志. 北京：方志出版社
平凉市志编纂委员会编. 1996. 平凉市志. 北京：中华书局
平顺县志编纂委员会编. 1997. 平顺县志. 北京：海潮出版社
平武县县志编纂委员会编. 1997. 平武县志. 成都：四川科学技术出版社
平乡县地方志编纂委员会编. 1999. 平乡县志. 北京：方志出版社
平阳县志编纂委员会编. 1993. 平阳县志. 上海：汉语大词典出版社
平阴县地方史志编纂委员会编. 1991. 平阴县志. 济南：济南出版社
屏南县地方志编纂委员会编. 1999. 屏南县志. 北京：方志出版社
屏山县志编纂委员会编. 1998. 屏山县志. 成都：四川人民出版社
浦城县地方志编纂委员会编. 1994. 浦城县志. 北京：中华书局
浦江县志编纂委员会编. 1990. 浦江县志. 杭州：浙江人民出版社
普宁市地方志编纂委员会编. 1995. 普宁县志. 广州：广东人民出版社
祁门县地方志编纂委员会办公室编. 1990. 祁门县志. 合肥：安徽人民出版社
《祁阳县志》编纂委员会编. 1993. 祁阳县志. 北京：社会科学文献出版社
铅山县县志编纂委员会编. 1990. 铅山县志. 海口：南海出版公司
黔江土家族苗族自治县志编纂委员会编. 1994. 黔江县志. 北京：中国社会出版社
秦皇岛市北戴河区地方志编纂委员会编纂. 1994. 北戴河志. 天津：天津人民出版社
秦皇岛市地方志编纂委员会编纂. 1994. 秦皇岛市志. 天津：天津人民出版社
沁水县志编纂办公室编. 1987. 沁水县志. 太原：山西人民出版社
青田县志编纂委员会编. 1990. 青田县志. 杭州：浙江人民出版社
清流县地方志编纂委员会编. 1994. 清流县志. 北京：中华书局
清水县志编纂委员会编. 2001. 清水县志. 西安：陕西人民出版社，154～155
清远市地方志编纂办公室编. 1993. 清远县志. 清远：清远市印刷厂
邱胜荣，等. 2009. 黑龙江省朗乡自然保护区鸟类区系初步分析. 林业资源管理(2)：83～87
《衢州市志》编纂委员会编. 1994. 衢州市志. 杭州：浙江人民出版社
日照市地方史志编纂委员会编. 1994. 日照市志. 济南：齐鲁书社
融安县志编纂委员会编. 1996. 融安县志. 南宁：广西人民出版社
如皋市地方志编纂委员会编. 1995. 如皋县志. 香港：新亚洲出版社
汝阳县地方史志编纂委员会编. 1995. 汝阳县志. 北京：生活·读书·新知三联书店
乳源瑶族自治县地方志编纂委员会编. 1997. 乳源瑶族自治县志. 广州：广东人民出版社
瑞金县志编纂委员会编. 1993. 瑞金县志. 北京：中央文献出版社
赛道建，孙玉刚主编. 2013. 山东鸟类分布名录. 北京：科学出版社
三门县志编纂委员会编. 1992. 三门县志. 杭州：浙江人民出版社

三原县志编纂委员会编. 2000. 三原县志. 西安:陕西人民出版社
沙县地方志编纂委员会编. 1992. 沙县志. 北京:中国科学技术出版社
山东省地方史志编纂委员会编. 1998. 山东省志·生物志. 济南:山东人民出版社
山东省聊城市地方史志编纂委员会编. 1999. 聊城市志. 济南:齐鲁书社
山东省乳山市地方志编纂委员会编. 1998. 乳山市志. 济南:齐鲁书社
山东省泰安市地方史志编纂委员会编. 1997. 泰安地区志. 济南:齐鲁书社
山东省文登市地方史志编纂委员会编. 1996. 文登市志. 北京:中国城市出版社
山东省兖州市地方史志编纂委员会编. 1997. 兖州市志. 济南:山东人民出版社
山西省广灵县县志编纂委员会编. 1993. 广灵县志. 北京:人民出版社
山西省娄烦县地方志编纂委员会编. 1999. 娄烦县志. 北京:中华书局
山西省史志研究院编. 1996. 山西通志. 第二卷,地理志. 北京:中华书局
陕西省地方志编纂委员会编. 2000. 陕西省志. 第三卷,地理志. 西安:陕西人民出版社
陕西省凤翔县地方志编纂委员会编. 1991. 凤翔县志. 西安:陕西人民出版社
陕县地方史志编纂委员会编. 1988. 陕县志. 郑州:河南人民出版社
上蔡县地方史志编纂委员会编. 1995. 上蔡县志. 北京:生活·读书·新知三联书店
上海市松江县地方史志编纂委员会编著. 1991. 松江县志. 上海:上海人民出版社
尚义县地方志编纂委员会编. 1999. 尚义县志. 北京:方志出版社
邵阳市地方志编纂委员会编. 1997. 邵阳市志. 长沙:湖南出版社
绍兴市地方志编纂委员会编. 1996. 绍兴市志. 杭州:浙江人民出版社
绍兴县地方志编纂委员会编. 1999. 绍兴县志. 北京:中华书局
射阳县地方志编纂委员会编. 1997. 射阳县志. 南京:江苏科学技术出版社
涉县地方志编纂委员会编. 1998. 涉县志. 北京:中国对外翻译出版社
沈阳市辽中县人民政府地方志编纂委员会编. 1993. 辽中县志. 沈阳:沈阳出版社
沈阳市人民政府地方志编纂办公室编. 1989. 沈阳市志. 沈阳:沈阳出版社
渑池县志编纂委员会编. 1991. 渑池县志. 上海:汉语大词典出版社
石柱县志编纂委员会编. 1994. 石柱县志. 成都:四川辞书出版社
双鸭山市地方志编纂委员会办公室编. 1991. 双鸭山市志. 北京:中国展望出版社
顺昌县地方志编纂委员会编. 1994. 顺昌县志. 北京:中国统计出版社
四川省巴塘县地方志编纂委员会编. 2001. 巴塘县志:续编. 北京:方志出版社
四川省达县志编纂委员会编纂. 1994. 达县志. 成都:四川辞书出版社
四川省涪陵市志编纂委员会编. 1995. 涪陵市志. 成都:四川人民出版社
四川省金阳县志编纂委员会编纂. 2000. 金阳县志. 北京:方志出版社
四川省乐至县志编纂委员会编纂. 1995. 乐至县志. 成都:四川人民出版社
四川省遂宁市地方志编纂委员会编. 1992. 遂宁县志. 成都:巴蜀书社
四川省旺苍县志编纂委员会编. 1996. 旺苍县志. 成都:四川人民出版社
四川省威远县志编纂委员会编纂. 1993. 威远县志. 成都:巴蜀书社
四川省西昌市志编纂委员会编纂. 1996. 西昌市志. 成都:四川人民出版社
《四川资源动物志》编辑委员会主编,李桂垣主编. 1985. 四川资源动物志. 第三卷,鸟类. 成都:四川科学技术出版社
松溪县地方志编纂委员会编. 1994. 松溪县志. 北京:中国统计出版社
松阳县志编纂委员会编. 1996. 松阳县志. 杭州:浙江人民出版社
苏州市地方志编纂委员会编. 1995. 苏州市志. 南京:江苏人民出版社
遂昌县志编纂委员会编. 1996. 遂昌县志. 杭州:浙江人民出版社
遂平县志编纂委员会编. 1994. 遂平县志. 郑州:中州古籍出版社
孙红霞. 2007. 河南省湿地资源的现状及保护. 安徽农业科学,35(13):3965~3967
太原市方志编纂委员会编. 1999. 太原市志. 第一册. 太原:山西古籍出版社
泰县县志编纂委员会编. 1993. 泰县志. 南京:江苏古籍出版社
唐海县志编纂委员会编. 1997. 唐海县志. 天津:天津人民

出版社
唐山市地方志编纂委员会编. 1999. 唐山市志. 北京：方志出版社
藤县志编纂委员会编. 1996. 藤县志. 南宁：广西人民出版社
天津市大港区地方志编修委员会编著. 1994. 大港区志. 天津：天津社会科学院出版社
天津市地方志编修委员会. 1991. 天津简志. 天津：天津人民出版社
天全县志办公室主编. 1997. 天全县志. 成都：四川科学技术出版社
田德启. 2001. 葫芦岛市鸟类动物区系构成特点分析与研究. 辽宁林业科技(6)：7～9，17
田东县志编纂委员会编. 1998. 田东县志. 南宁：广西人民出版社
田国忠. 2004. 黄龙山林区鸟类资源及保护利用. 陕西林业科技(2)：1～4
铁力县志编纂委员会办公室编. 1990. 铁力县志. 哈尔滨：黑龙江人民出版社
通化县地方志编纂委员会编. 1996. 通化县志. 长春：吉林人民出版社
同安县地方志编纂委员会编. 2000. 同安县志. 北京：中华书局
桐柏县地方史志编纂委员会编. 1995. 桐柏县志. 郑州：中州古籍出版社
桐城县地方志编纂委员会编. 1995. 桐城县志. 合肥：黄山书社
桐乡市《桐乡县志》编纂委员会编. 1996. 桐乡县志. 上海：上海书店出版社
汪松主编；郑光美，王岐山分主编. 1998. 中国濒危动物红皮书：鸟类. 北京：科学出版社
王改芳，赵燕. 2011. 庞泉沟野生动物资源调查. 经济动物学报，15(3)：134～140
王毅彰. 2009. 安阳市国家重点保护野生动物的区系研究. 安阳师范学院学报(2)：108～110
王振斌，等. 2010. 珍宝岛国家级自然保护区湿地资源现状与保护对策. 防护林科技(1)：64～66
卫辉市地方史志编纂委员会编. 1993. 卫辉市志. 北京：生活・读书・新知三联书店
渭南地区地方志编纂委员会编. 1996. 渭南地区志. 西安：三秦出版社
巫溪县志编纂委员会编. 1993. 巫溪县志. 成都：四川辞书出版社
吴廷燮，等纂. 1998. 北京市志稿. 北京：燕山出版社
吴伟志，等. 2013. 浙江省湿地水鸟区系成分研究. 浙江林业科技，33(3)：24～27
吴县地方志编纂委员会编. 1994. 吴县志. 上海：上海古籍出版社
芜湖县地方志编纂委员会编. 1993. 芜湖县志. 北京：社会科学文献出版社
武冈县志编委会编. 1997. 武冈县志. 北京：中华书局
武汉市地方志编纂委员会主编. 1998. 武汉市志・总志类. 武汉：武汉大学出版社
舞钢市地方史志编纂委员会编. 1993. 舞钢市志. 郑州：中州古籍出版社
舞阳县志编纂委员会编. 1993. 舞阳县志. 郑州：中州古籍出版社
婺源县志编纂委员会编. 1993. 婺源县志. 北京：档案出版社
西和县志编纂委员会编. 1997. 西和县志. 西安：陕西人民出版社
西双版纳傣族自治州林业局编. 1989. 西双版纳傣族自治州林业志. 昆明：云南人民出版社
西峡县志编纂委员会编. 1990. 西峡县志. 郑州：河南人民出版社
淅川县地方史志编纂委员会编. 1990. 淅川县志. 郑州：河南人民出版社
歙县地方志编纂委员会编. 1995. 歙县志. 北京：中华书局
仙游县地方志编纂委员会编. 1995. 仙游县志. 北京：方志出版社
湘潭县地方志编纂委员会编. 1995. 湘潭县志. 长沙：湖南出版社
湘乡县志编纂委员会编. 1993. 湘乡县志. 长沙：湖南出版社
祥云县志编纂委员会编. 1996. 祥云县志. 北京：中华书局
萧山县志编纂委员会编. 1987. 萧山县志. 杭州：浙江人民出版社
新昌县志编纂委员会编. 1994. 新昌县志. 上海：上海书店
新晃侗族自治县志编纂委员会编. 1993. 新晃县志. 北京：生活・读书・新知三联书店
新洲县志编纂委员会编. 1992. 新洲县志. 武汉：武汉出版社
信阳地区地方史志编纂委员会编. 1992. 信阳地区志. 北京：生活・读书・新知三联书店
信宜县地方志编纂委员会编. 1993. 信宜县志. 广州：广东人民出版社
兴安盟地方志编纂委员会编. 1997. 兴安盟志. 呼和浩特：内蒙古人民出版社
兴安县地方志编纂委员会编. 2002. 兴安县志. 南宁：广西人民出版社
兴化市地方志编纂委员会编. 1995. 兴化市志. 上海：上海社会科学院出版社
熊林春，等. 2014. 信阳市野生动植物资源概述. 河南林业科技，34(1)：46～48

休宁县地方志编纂委员会编. 1990. 休宁县志. 合肥:安徽教育出版社
秀山二家族苗族自治县志编纂委员会编. 2001. 秀山县志. 北京:中华书局
盱眙县县志编纂委员会编. 1993. 盱眙县志. 南京:江苏科学技术出版社
徐州市地方志编纂委员会编. 1994. 徐州市志. 北京:中华书局
徐宗军,等. 2010. 莱州湾南岸滨海湿地的生物多样性特征分析. 生态环境学报,19(2):367～372
许昌市地方志编纂委员会编. 1993. 许昌市志. 天津:南开大学出版社
许敬文主编. 1996. 东沟县志. 沈阳:辽宁人民出版社
旭日干主编. 2007. 内蒙古动物志. 第三卷,鸟纲・非雀形目. 呼和浩特:内蒙古大学出版社
牙克石市志编纂委员会编. 1996. 牙克石市志. 呼和浩特:内蒙古人民出版社
延安市志编纂委员会编. 1994. 延安市志. 西安:陕西人民出版社
延边朝鲜族自治州地方志编纂委员会编. 1996. 延边朝鲜族自治州志. 北京:中华书局
延川县志编纂委员会编. 1999. 延川县志. 西安:陕西人民出版社
沿河土家族自治县志编纂委员会编. 1993. 沿河县志. 贵阳:贵州人民出版社
盐城市地方志编纂委员会编. 1998. 盐城市志. 南京:江苏科学技术出版社
盐源县志编纂委员会编. 2000. 盐源县志. 成都:四川民族出版社
阳春县地方史志办公室编. 1996. 阳春县志. 广州:广东人民出版社
漾濞彝族自治县地方志编纂委员会编. 2000. 漾濞彝族自治县志. 昆明:云南人民出版社
叶县地方史志编纂委员会编. 1995. 叶县志. 郑州:中州古籍出版社
伊春市地方志编纂委员会编. 1995. 伊春市志. 哈尔滨:黑龙江人民出版社
《伊金霍洛旗志》编纂委员会编. 1997. 伊金霍洛旗志. 呼和浩特:内蒙古人民出版社
宜宾市地方志办公室编. 1992. 宜宾市志. 北京:新华出版社
弋阳县县志编纂委员会编. 1991. 弋阳县志. 海口:南海出版公司
英山县志编纂委员会编纂. 1998. 英山县志. 北京:中华书局
永安市地方志编纂委员会编. 1994. 永安市志. 北京:中华书局
永福县志编纂委员会编. 1996. 永福县志. 北京:新华出版社
永吉县志编纂委员会编. 1991. 永吉县志. 长春:长春出版社
永康县地方志编纂委员会编. 1991. 永康县志. 杭州:浙江人民出版社
永新县志编纂委员会编. 1992. 永新县志. 北京:新华出版社
尤溪县志编纂委员会编. 1987. 尤溪县志. 福州:福建省地图出版社
榆林市地方志编纂委员会编. 1996. 榆林市志. 西安:三秦出版社,110
榆社县志编纂委员会编. 1999. 榆社县志. 太原:山西古籍出版社
垣曲县地方志编纂委员会编. 2001. 垣曲县志:1991—2000. 北京:中华书局
岳阳县地方志编委会编. 1997. 岳阳县志. 长沙:湖南出版社
《云和县志》编纂委员会编. 1996. 云和县志. 杭州:浙江人民出版社
云南省大关县地方志编纂委员会编. 1998. 大关县志. 昆明:云南人民出版社
云南省泸水县志编纂委员会编. 1995. 泸水县志. 昆明:云南人民出版社
云南省泸西县志编纂委员会编. 1992. 泸西县志. 昆明:云南人民出版社
云南省鲁甸县志编纂委员会编. 1995. 鲁甸县志. 昆明:云南人民出版社
云南省禄丰县地方志编纂委员会编. 1997. 禄丰县志. 昆明:云南人民出版社
云南省丘北县地方志编纂委员会编. 1999. 丘北县志. 北京:中华书局
云南省双柏县地方志编纂委员会编. 1996. 双柏县志. 昆明:云南人民出版社
云南省通海县史志工作委员会编. 1992. 通海县志. 昆明:云南人民出版社
云南省永平县志编纂委员会编. 1994. 永平县志. 昆明:云南人民出版社
运城市地方志编纂委员会编. 1994. 运城市志. 北京:生活・读书・新知三联书店
增城市地方志编纂委员会编. 1995. 增城县志. 广州:广东人民出版社
扎兰屯市史志编纂委员会编. 1993. 扎兰屯市志. 天津:百花文艺出版社
张北县地方志编纂委员会编. 1994. 张北县志. 北京:中国社会科学出版社
张贵泉,等. 2007. 满归林业局湿地资源及保护. 内蒙古林

业调查设计.30(3):80～84
张立芝，等.2008.黑龙江库尔滨河湿地自然保护区湿地及野生动植物资源.林业科技，33(3):31～32
张玉峰，等.2010.河北滦河口湿地鸟类多样性调查.四川动物，29(2):244～248
昭平县志编纂委员会编.1992.昭平县志.南宁:广西人民出版社
昭通地区地方志编纂委员会编纂.1997.昭通地区志.昆明:云南人民出版社
赵万兴主编.1997.凤城市志.北京:方志出版社
赵文双，等.2004.本溪地区野生动物资源调查研究.辽宁林业科技(4):6～9
赵正阶编著.2001.中国鸟类志.上卷，非雀形目.长春:吉林科学技术出版社
柘城县志编纂委员会编.1991.柘城县志.郑州:中州古籍出版社
浙江动物志编辑委员会，诸葛阳主编.1990.浙江动物志:鸟类.杭州:浙江科学技术出版社
浙江省淳安县志编纂委员会编.1990.淳安县志.上海:汉语大词典出版社
浙江省龙游县志编纂委员会编.1991.龙游县志.北京:中华书局
浙江省鄞县志编纂委员会编.1996.鄞县志.北京:中华书局
镇安县志编纂委员会编.1995.镇安县志.西安:陕西人民教育出版社
镇平县地方史志编纂委员会编.1998.镇平县志.北京:方志出版社
正安县地方志编纂委员会编.1999.正安县志.贵阳:贵州人民出版社
郑作新，等编著.1979.中国动物志:鸟纲.第二卷，雁形目.北京:科学出版社
郑作新.1976.中国鸟类分布名录.2版.北京:科学出版社
政和县地方志编纂委员会编.1994.政和县志.北京:中华书局
中国社会科学院考古研究所等编.2003.桂林甑皮岩.北京:文物出版社
中宁县志编纂委员会编.1994.中宁县志.银川:宁夏人民出版社
周华明，向昌德.2013.西乡县鸟类资源及保护对策.陕西林业科技(5):34～38
周宁县地方志编纂委员会编.1993.周宁县志.北京:中国科学技术出版社
朱曦，等编著.2008.华东鸟类物种和亚种分类名录.北京:科学出版社
竹山县地方志编纂委员会编.2002.竹山县志.北京:方志出版社
《庄河县志》编纂委员会办公室编.1996.庄河县志.北京:新华出版社
《准格尔旗志》编纂委员会编.1993.准格尔旗志.呼和浩特:内蒙古人民出版社
涿鹿县地方志编纂委员会编.1994.涿鹿县志.石家庄:河北人民出版社
资溪县地方志编纂委员会编.1997.资溪县志.北京:方志出版社
左权县志编纂委员会编.1999.左权县志.北京:高等教育出版社

第八章

丹顶鹤的分布变迁

丹顶鹤(*Grus japonensis*)是鸟纲 Aves 鹤形目 Gruiformes 鹤科 Gruidae 鹤属 *Grus* 之一种。

丹顶鹤是具有观赏价值的涉禽,尤其是东亚地区特有并已十分珍贵稀少的物种,现今主要分布在中国,已被列为我国一级重点保护野生动物。

1 丹顶鹤的概况

丹顶鹤(*Grus japonensis*)因头顶有裸出且醒目的红肉冠而得名,又有仙鹤、红顶鹤、白鹤、仙禽、鹭鸘、胎禽、日本鹤等称谓。

丹顶鹤(图 8.1～图 8.26)具备鹤类的特征,即三长——喙长、颈长、腿长。喙长 15～17 cm,直而略尖,橄榄绿色,尖端略淡。头顶裸部分皮肤呈乳头状,浅层内含有大量毛细血管及血窦,充血而呈鲜红色;具稀疏黑色刚毛,额及眼先具少量黑色纤羽。虽体羽纯白,但颈侧、次级和三级飞羽均为黑色;翅膀宽阔,打开长约 200 cm;次级与三级飞羽长而弯曲呈弓状,收拢时覆于纯白色尾羽上,酷似黑尾。腿细长,铅黑色;跗跖长,足具 4 趾,中外趾间具半蹼。

丹顶鹤属雌雄同形鸟类,尽管在野外极难辨别雌雄,但还是略有区别,就外形看:体形(雄鸟略粗大,体长 144～156 cm;雌鸟稍瘦小,体长 110～140 cm),头部裸露红皮肤(雄鸟裸露面积略大,色泽艳丽;雌鸟裸露面积较小,色泽偏淡),颊、喉、颈毛色(雄鸟呈珍珠灰色;雌鸟呈灰黑色),鸣声(雄鸟发出低而长的单音;雌鸟则发出短而高的双音)等还是具有一定差异。

丹顶鹤的幼鸟头顶并无红色,体羽大多呈棕黄色,背和两翅略深,近褐色,头部和颈部颜色稍浅,两颊为浅灰色或黄褐色,腹部较淡呈乳黄色。喙部略带黄色,并具有金属光泽。

丹顶鹤 1 龄亚成体的体羽几乎全为白色,仅残留一些褐色斑块,颈部羽毛颜色逐渐加深。头部裸区棕褐色。1 龄以后,颈侧羽毛逐渐变黑,头顶裸区逐渐变红,只是体形略小。丹顶鹤 2 龄时,身体基本发育成熟,头顶裸区越发鲜艳,虹膜褐色。唯初级飞羽尖端和基部尚残留黑色,至 3 龄时才完全消失。

丹顶鹤多栖息于苇草丛生的开阔平原、沼泽、草甸、湖泊、海滩及近水滩涂,食物依季节不同而有所变化,主要是处于浅水的鱼、虾、软体动物、蝌蚪与水生植物的叶、茎、块根、球茎、果实及昆虫等。活动多成对或以家族小群为单位,迁徙时,则集成大群;属日行性,性机警,无论在鸣叫、展翅、漫步、跳跃、追逐或观望活动,还是休息、睡眠时,均有雄鹤守卫瞭望;每当发现异常,就会发出低沉的鸣叫;危险进一步逼近,则鹤群便腾空而起,边飞边鸣。

图 8.1　闲步的丹顶鹤①

图 8.2　草丛中觅食的丹顶鹤②

图 8.3　丹顶鹤头部特写③

图 8.4　丹顶鹤头颈部④

①http://www.china.com.cn/aboutchina/zhuanti/ysdw/2008-11/24/content_16816756.htm

②http://wmj69888.blog.163.com/blog/static/16359768020116104749932/

③http://www.51bird.com/uploads/images/Crane/20090629/19Crane931.jpg

④http://img.blog.cctv.com/attachments/2010/04/812281_201004201744234.jpg

图 8.5　展翅的丹顶鹤①

图 8.6　飞翔的丹顶鹤②

图 8.7　雌雄丹顶鹤齐鸣③

图 8.8　雌雄丹顶鹤觅食④

图 8.9　雌雄丹顶鹤在绿苇岸边⑤

图 8.10　雌雄丹顶鹤在枯苇岸边⑥

①http://www.imageedu.com/bbs/archiver.asp? threadid=9148

②http://img04.tooopen.com/images/20121017/tooopen_201210171011041539.jpg

③http://img04.tooopen.com/images/20121017/tooopen_201210171011041539.jpg

④http://wsj6708375.blog.163.com/blog/static/180104420112298497872/

⑤http://baike.baidu.com/picview/4290/4290/2549786/1c950a7b02087bf49085eb19f2d3572c10dfcfd1.html#albumindex=6&picindex=3

⑥http://songci8.blog.163.com/blog/static/1321633122011111032756889/

图 8.11　雌雄丹顶鹤在冰融的岸边①

图 8.11　雌雄丹顶鹤在冰融的岸边②

图 8.13　冬日晴空雌雄鹤鸣③

图 8.14　滩涂上雌雄鹤嬉戏④

图8.15　丹顶鹤双亲护卵(马逸清等,2002)

图 8.16　丹顶鹤孵化间翻卵(马逸清等,2002)

---

①http://xcqxcyy13.blog.163.com/blog/static/179360032201101494552777/

②http://xcqxcyy13.blog.163.com/blog/static/179360032201101494552777/

③http://baike.baidu.com/picview/4290/4290/2549786/1c950a7b02087bf49085eb19f2d3572c10dfcfd1.html#albumindex=2&picindex=9

④http://nanhai.hinews.cn/forum-viewthread-tid-3609458-highlight.html

图 8.17 雌鹤育雏①

图 8.18 丹顶鹤家族②

图 8.19 丹顶鹤幼体③

图 8.20 丹顶鹤携当年幼鸟④

图 8.21 护卫⑤

图 8.22 嬉戏⑥

①http://img.blog.163.com/photo/K_J0ebuAzQZaOr6hSIozVg==/5354498481967206121.jpg
②http://p.lvyou114.com/TuPhoto/2007131165357.jpg
③http://www.imageedu.com/bbs/archiver.asp? threadid=9148
④http://baike.baidu.com/picview/4290/4290/2549786/1c950a7b02087bf49085eb19f2d3572c10dfcfd1.html#albumindex=7&picindex=0
⑤http://baike.baidu.com/picview/4290/4290/2549786/1c950a7b02087bf49085eb19f2d3572c10dfcfd1.html#albumindex=8&picindex=162
⑥http://www.photofans.cn/album/showpic.php? year=2013&picid=311671

图 8.23　草坡上的丹顶鹤群①

图 8.24　水中觅食的丹顶鹤群②

图 8.25　丹顶鹤家族及生境（王岐山，2005）

图 8.26　鹤鸣九皋③

丹顶鹤为早成鸟，2 龄即性成熟，寿命可达 50～60 年。成鸟每年换羽两次，春季换成夏羽，秋季换成冬羽，属于完全换羽，会暂时失去飞行能力。

丹顶鹤属于单配制鸟，若无特殊情况，雌雄可维持一生。它们的繁殖期每年从 3 月开始，持续 6 个月，到 9 月结束；求偶时，伴随跳跃、舞蹈、鸣叫、追逐等动作；营巢于具一定水深的芦苇丛、草丛中，巢材多是芦苇等禾本科植物；每窝产 2～4 枚卵；孵卵由雌雄鸟轮流进行或担任警戒，孵化期 30～33 天（郑作新，1963；赵正阶，2001；马逸清等，2002；王岐山等，2006）。

据马逸清等（2002）研究，丹顶鹤赖以生存的主要食物是浅水中的鱼虾、软体动物和某些植物的根茎，齐齐哈尔市的冬季气候却不能满足丹顶鹤的生存条件。为此，丹顶鹤必然要南迁，去寻找利于其生存的气候、土壤、环境。丹顶鹤每年南来北往有规律地迁徙，与气候，尤其是气温变化条件密切相关。以栖息、繁殖的齐齐哈尔市与越冬的盐城市，交替栖息的北南两地生态环境可以反映：每年从 10 月上旬开始，齐齐哈尔市的气温逐渐下降，历年平均温度稳定低于 3℃ 的日期

①http://blog.163.com/pang_yongli/blog/static/1320301582011719031394/
②http://baike.baidu.com/picview/4290/4290/2549786/1c950a7b02087bf49085eb19f2d3572c10dfcfd1.html#albumindex=0&picindex=13
③http://baike.baidu.com/picview/4290/4290/2549786/1c950a7b02087bf49085eb19f2d3572c10dfcfd1.html#albumindex=0&picindex=2

在10月17日前后，结冰和冻土现象都出现在此期间，最大冻土深度在10月中下旬便可达到13～22 cm；直至翌年3月中旬，月平均温度持续在0℃线以下。在此期间，盐城市的月平均温度则都稳定在0℃以上；冬天比较温暖，降雪和积雪日出现时间迟，持续时间短，尤其是结冰和冻土都较轻微，10 cm冻土现象每年只有6天（出现在1月9～15日）；在沿海滩涂上，由于土壤中含有一定的盐分，滩涂植被具有一定的保温作用，加之近海水体的影响，在那里的实际冻结程度要比统计资料更加轻微。

2 丹顶鹤的遗存分布

鸟类遗存保存困难，故迄今发现不多。

鹤科化石，在我国出现最早者是鹤一右胫跗骨，为内蒙古的上始新统（距今5 000万年左右）地层。

丹顶鹤遗存目前仅在华北与华东数处发现（图8.27）。

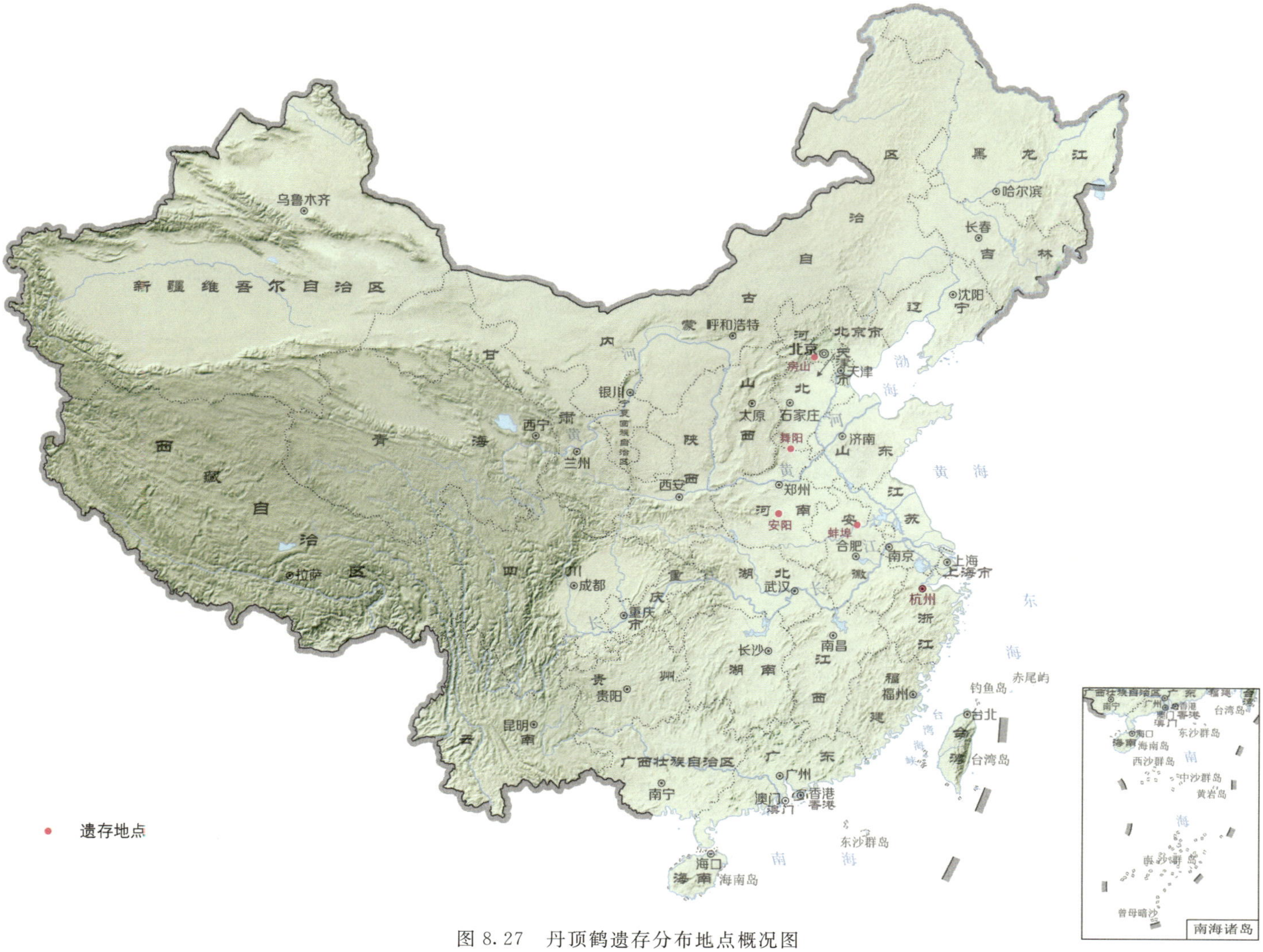

图8.27 丹顶鹤遗存分布地点概况图

更新统仅见有一种鹤属化石，即个体较大的丹顶鹤（*Grus japonensis*）尺骨，发现于周口店山顶洞上更新统地层。周口店出土大批鸟类化石，经鉴定至少有13目31科78属124种，除丹顶鹤外，还有周氏隼、裴氏石鸡、贾氏族马鸡、刘氏更新鸨、丛氏原鸽、蓝翡翠等（侯连海，1989；侯连海等，2004）。此似为迄今出土的最早丹顶鹤化石，证明北京市房山区一带有丹顶鹤栖息。

河南省舞阳县北舞渡镇贾湖遗址（实测与树轮校正，距今约7 800～9 000年）经1983～1987年

6 次发掘，出土有骨笛 25 件（完整器 17 件，残器 6 件，半成品 2 件），经鉴定，骨笛的原材料均系丹顶鹤的尺骨所制。在遗址中还见有丹顶鹤的肱骨、尺骨、腕掌骨、股骨、胫跗骨等（河南省文物考古研究所，1999），说明在这一带有较多数量的丹顶鹤分布。

浙江省杭州市萧山区的跨湖桥遗址出土有丹顶鹤与天鹅、雁、鸭、鹰、雕、灰鹤、鸻等多种鸟类骨骼；其中丹顶鹤骨骼在遗址的早、中、晚三期中皆有发现。跨湖桥遗址经^{14}C进行年代检测，距今约 8 000 年。反映这一带是候鸟丹顶鹤的稳定越冬地（浙江省文物考古研究所，1997；蒋乐平，2014）。

安徽省蚌埠市淮上区小蚌埠镇双墩遗址（距今 7 300 多年）经 1986～1992 年 3 次发掘，出土有丹顶鹤（股骨）、蓑羽鹤、白鹮等鸟类骨骼（韩立刚等，2008）。

河南省安阳市小屯村在 1987 年春发掘出丹顶鹤（左桡骨）与雕、家鸡、褐马鸡、耳鸮、冠鱼狗等鸟类骨骼。发现鸟类骨骼地为近 6 m 深坑，坑内主要为红褐色兔，局部有小片灰土；从鸟骨骼尚存的土块观察，含有钙质，故土较硬。据推测年代为“殷墟早期”（侯连海，1989），亦即约距今 3 300 年前。这也是有丹顶鹤栖息的实证。

3 古人对丹顶鹤的认识

古人对丹顶鹤的了解至少在商代就很熟悉了。先通常以“鹤”简称之，后更为与其他鹤类区分而出现仙鹤、仙禽、仙骥、仙子、胎仙、露禽、阴羽、沈尚书、蓬莱羽士、红顶鹤、白鹤、鸴鷜、胎禽、日本鹤、黄鹤、元鹤等多种不同称谓。

3.1 丹顶鹤的文字描述

诸鹤中①，尤以丹顶鹤的体态优雅（君子言行之象；雌雄相随，如道士禹步）、色彩分明吉庆（黑、白、红），具有吉祥、忠贞（单配制鸟）、长寿（50～60 年）、高雅（仙人之骥）之象征，赋之以“仙”，如仙鹤、仙骥、仙禽、蓬莱羽士等。尤其是道教在我国古代鬼神崇拜观念上，以黄、老道家思想为理论根据，承袭战国以来的神仙方术衍化形成，东汉末年大为扩展。他们认为丹顶鹤既是仙人的坐骑，又是先人的化身，因而称之为仙骥、仙客；道士的服装称之为“鹤氅”，修炼有功力的道士为“仙风鹤骨”，得道成仙称为“羽化”；丹顶鹤成了道教的图腾。

《周易·中孚》有“鸣鹤在阴，其子和之”卦辞。借用鹤的和鸣习性②，进而象征和比喻朋友之间的同声相应、同气相求的和谐关系；或修养高雅的人。

《诗·小雅·鹤鸣》中“鹤鸣于九皋，声闻于野”之句。意即鹤虽在沼泽深处鸣叫，但洪亮的声音传遍远方。比喻贤士身虽隐而名犹著。

春秋时期的诸侯国卫懿公爱鹤③而亡国丧身（下文有考证），真乃空前绝后。

师旷（前 572—前 532）撰，（晋）张华注《禽经》关于鹤有：

鹤以声交而孕

雄鸣上风，雌承下风，则孕。

露翥则露

露禽，鹤也。《古今注》：鹤千载变苍，又千载变黑，所谓玄鹤也。子野鼓琴，玄鹤来舞。露下，则鹤鸣也。鹤之驯养于家庭者，饮露则飞去。

《汲冢周书》称鹤为“阴羽”。（明）杨慎《气林伐山》诠释：“鹤恶阳而乐阴。”

（汉）路乔如《鹤赋》曰：

白鸟朱冠，鼓翼池干。举修距而跃跃，奋皓翅之䎃。宛修颈而顾步，啄沙碛而相欢。岂忘赤霄之上，忽池籞而盘桓。饮清流而不举，食稻粱而未安。故知野禽野性，未脱笼樊。赖吾王之广爱，虽禽鸟兮抱恩。方腾骧而鸣舞，凭朱槛而为欢。

①全球现生鹤科分为鹤亚科和冕鹤亚科 2 亚科 4 属 15 种。其中鹤亚科有 3 属 13 种，在南美洲以外的各大陆均有分布，而在东亚种类最多，中国有 2 属 9 种（即丹顶鹤、灰鹤、蓑羽鹤、白鹤、白枕鹤、白头鹤、黑颈鹤、赤颈鹤、沙丘鹤）。

②丹顶鹤开始配对和占领巢域时，更多鸣叫：雄鸟和雌鸟彼此通过在巢域内的不断鸣叫，宣布它们对领域的占有；求偶时，也伴随着鸣叫，常常是雄鸟嘴尖朝上，昂起头颈，仰向天空，双翅耸立，引吭高歌，发出“呵，呵，呵”的嘹亮声音；雌鸟则高声应和，然后彼此对鸣、跳跃和舞蹈。

③《东周列国志·卫懿公好鹤亡国》描述：“凡献鹤者皆有重赏，弋人百方罗致，都来进献。自苑囿宫廷，处处养鹤，何止数百。”“公若出游，其鹤亦分班从幸，命以大轩，载于车前，号曰‘鹤将军’。养鹤之人，亦有常俸。厚敛于民，以充鹤粮，民有饥冻，全不抚恤。”

按：此赋对丹顶鹤的形态（尤其是“白鸟朱冠”）、生态与习性等作了生动描述。

《淮南八公相鹤经》[①]记述：

鹤者，阳鸟也，而游于阳，因金气依火精以自养。金数九，火数七，故七年小变，十六年大变，百六十年变止，千六百年形定。体尚洁，故其色白；戸闻天，故头赤；食于水，故其喙长；轩于前，故后指短；栖于陆，故足高而尾凋；翔于云，故毛丰而肉疏；大喉以吐故，修颈以纳新，故生天寿不可量；戍以体无青、黄二色者，木土之气内养，故不表于外。是以行必依洲屿，止不集林木，盖羽族之宗长，仙人之骐骥也。鹤之上相：瘦头朱顶，露眼黑精，高鼻短喙，鲑颊骶耳，长颈促身，燕膺凤翼雀尾，龟背鳖腹，轩前腹后，高足粗节，洪髀纤指，此相植蹈者也。鸣则闻于天，飞则一举千里。鹤二年落子毛，易黑点；三年产伏，复七年羽翮具，复七年飞薄云汉，复七年舞应节，复七年昼夜十二时鸣声中律；复百六十年不食生物，复大毛落，茸毛生，雪白或纯黑，泥水不污；复百六十年，雄雌相见，目精不转而孕；千六百年，饮而不食，鸾凤同为群。圣人在位，则与凤凰翔于甸。

按：此说瑕瑜互见，而主要指丹顶鹤。李时珍即引用《相鹤经》道：

八公《相鹤经》云：鹤乃羽族之宗，仙人之骥，二六百年乃胎产。则胎、仙之称以此。世谓鹤不卵生者，误矣。

按：这是对丹顶鹤别称“胎禽”与“仙禽”的诠释。固然，谓丹顶鹤胎产之说，谬矣。

（三国吴）陆玑《毛诗草木鸟兽虫鱼疏》诠释：

鹤：大如鹅，长三尺，脚青黑，高三尺余，赤颊赤目，喙长四寸。多纯白，亦有苍色者。今人谓之“赤颊”。常夜半鸣，高闻八九里，惟老者乃声下。今吴人园中及士大夫家皆养之，鸡鸣时亦鸣。

按：此说主要是指丹顶鹤，但“赤颊”后来则是指含有白羽的白鹤、白枕鹤等。

（南朝宋）鲍照《舞鹤赋》道：

散幽经以验物，伟胎化之仙禽。钟浮旷之藻质，抱清迥之明心。指蓬壶而翻翰，望昆阆而扬音。潜日域以回骛，穷天步而高寻。践神区其既远，积灵祀而方多。精含丹而星曜，顶凝紫而烟华。引员吭之纤婉，顿修趾之洪姱。叠霜毛而弄影，振玉羽而临霞。朝戏于芝田，夕饮乎瑶池。厌江海而游泽，掩云罗而见羁。去帝乡之岑寂，归人寰之喧卑。岁峥嵘而愁暮，心惆怅而哀离。

于是穷阴杀节，急景凋年。骫沙振野，箕风动天。严严苦雾，皎皎悲泉。冰塞长河，雪满群山。既而氛昏夜歇，景物澄廓。星翻汉回，晓月将落。感寒鸡之早晨，怜霜雁之违漠。临惊风之萧条，对流光之照灼。唳清响于丹墀，舞飞容于金阁。始连轩以凤跄，终宛转而龙跃。踯躅徘徊，振迅腾摧。惊身蓬集，矫翅雪飞。离纲别赴，合绪相依。将兴中止，若往而归。飒沓矜顾，迁延迟暮。逸翮后尘，翱翥先路。指会规翔，临岐矩步。态有遗妍，貌无停趣。奔机逗节，角睐分形。长扬缓骛，并翼连声。轻迹凌乱，浮影交横。众变繁姿，参差洊密。烟交雾凝，若无毛质。风去雨还，不可谈悉。既散魂而荡目，迷不知其所之。忽星离而云罢，整神容而自持。仰天居之崇绝，更惆怅以惊思。

当是时也，燕姬色沮，巴童心耻。巾拂两停，丸剑双止。虽邯郸其敢伦，岂阳阿之能拟。入卫国而乘轩，出吴都而倾市。守驯养于千龄，结长悲于万里。

按：此赋虽有瑕疵，但以丹顶鹤的嬉戏舞蹈[②]的优雅美姿为题，竭尽华丽辞藻而抒情，成赋鹤之千古绝唱。更有多部全录的书法精品传世，为其锦上添花[③]。

（元）伊士珍《琅嬛记》记载：

鹤：一名仙子，一名沈尚书，一名蓬莱羽士（《采兰杂志》）。

按：追记了鹤的一些别称。

（明）《本草纲目·鹤·集解》曰：

鹤大于鹄，长三尺，高三尺余，喙长四寸。丹

---

①《相鹤经》的作者与流传下的版本皆有多说。其中有称之为汉儒“淮南八公”。

②丹顶鹤舞蹈的主要动作有伸腰抬头、弯腰、跳跃、跳踢、展翅行走、屈背、鞠躬、衔物等，但姿势、幅度、快慢有所不同。动作大多都有比较明确的目的，例如鞠躬一般表示友好和爱情；全身绷紧的低头敬礼，有表示自身的存在、炫耀、恐吓之意；弯腰和展翅则表示怡然自得、闲适消遣；亮翅有时表示欢快的心情等。

③例如，北宋著名书画家米芾56岁手书《舞鹤赋》，被元代著名书画家柯九思称之为“空前绝后”。明代书法家倪元璐以行草书录《舞鹤赋》全篇，用笔沉厚涩劲，富顿挫之致而露锋棱，创出的雄浑苍劲新书态，深得清以来帝王与书法大家青睐。

顶赤目，赤颊青脚，修颈凋尾，粗膝纤（指）[趾]。白羽黑翎，亦有灰色、苍色者。尝以夜半鸣，声唳云霄。雄鸣上风，雌鸣下风，声交而孕。亦啖蛇虺，闻降真香烟则降；其粪能化石，皆物类相感也。按：《相鹤经》云：鹤，阳鸟也，而游于阴。[鹤二年落子毛，易黑点；三年，产伏；复七]年，羽翮具；又七年，飞薄云汉；又七年，舞应节；又七年，鸣中律；又七年，[不食生物，]大毛落，[茸]毛生，或白如雪。（或）[俞]琰云：龟鹤能运任脉，故多寿。无死气于中也。鹤骨为笛，甚清越。

按：其引用前人诠释，既有脱漏，又有讹误，但从描述的形态（“丹顶赤目”“白羽黑翎”）看，主要是丹顶鹤。

3.2 丹顶鹤的图像演化

探究从“鹤”到“丹顶鹤”图像及其题款的演化，有助于我们领悟古人对丹顶鹤的认识。

1976 年，河南省安阳市殷墟妇好墓出土不少商代精美工艺品，其玉雕在造型和工艺上都堪称一绝。其中一玉鹤（图 8.28）为浅褐色，站立状的鹤，长颈下弯，头置于胸前，以小孔作眼，短翅微展，长尾下垂，足粗且短。颈饰羽毛纹，身雕翎纹①。虽尚难鉴定出玉鹤之“种”，但前文提及殷墟出土有丹顶鹤骨骼，二者可相互印证。

1949 年，湖南省长沙市陈家大山楚墓出土《龙凤仕女图》（又称《晚周帛画》、《夔凤美女图》和《人物龙凤图》），是现存两幅最早的帛画作品之一（图 8.29）。《龙凤仕女图》是随墓而葬的铭旌，对其内容和主题的新解释是：所绘人物是墓主，挽髻的贵妇，长袍细腰，垂地而盘的长衣前后张开；侧身而立，上身略微前倾，双手合掌颇具虔诚之态。在仕女头顶左上方，一只矫健振翅的凤鸟，双脚前屈后伸，大有意欲腾空之势，凤鸟形象几乎占据了画面重要的视觉位置。凤的前端，一龙扶摇直上，却不如凤的姿态显耀，大概这是关于凤龙与阴阳象征的意义。全图表示着祈神引导、使墓主灵魂升天这一主题②。既然墓主为妇人，那么以凤为主就比较合理。值得注意的是，此“凤”也有神话传说的添加物，但其主体则是以丹顶鹤为原型，这与楚地有丹顶鹤越冬，丹顶鹤形态优雅、长寿等皆相符。

图 8.28　玉鹤（商・妇好墓）

图 8.29　《龙凤仕女图》

①夏、商、西周. http://www.enorth.com.cn/art/ysbwg/tbzt/guobao/gb2-7.htm

②帛画《人物龙凤图》赏析. http://www.xiaonan.gov.cn/xnweb/government-getMlxnInfo.whbs? messageId=W14A56236DBC55E3FC9E3399

如果说前两件还是似鹤文物，那么到汉代又有变化。1965 年，河北省定县（今定州市）出土的金银错狩猎纹铜车饰（铜伞铤），是一件西汉时期杰出的金银错代表作品①。值得注意的是，竹管状铜伞铤中一段描绘飞禽走兽的场景中有一丹顶鹤（图 8.30，中部偏左）仰天扬翅而唳，比较前文的丹顶鹤图片，足见绘制得惟妙惟肖，显然是画工对此物种十分熟悉，才胸有成竹之作。当然，铜伞铤展开图中右方一大鸟，当也是“凤”，对照《龙凤仕女图》可见后者则改换成孔雀尾羽。图中还有一些鸟兽（如熊、虎、鹿、兔、天鹅等）形象不难辨识。

图 8.30　错金银狩猎纹铜车饰与展开图（西汉）

1935 年，吉林集安市城东洞沟盆地上发掘高句丽（前 37～668 年）贵族墓葬有丰富的内容，如四神崇拜、伏羲与女娲图、神农图、道家羽衣仙人图等，均体现了中原对高句丽文化的全面影响；同时高句丽的射猎、战争壁画也体现了其作为一个边疆民族所具有的尚武好战特点。应该指出的是，这些图画在构图等方面与中原魏晋以来的古墓壁画并无重大区别②。尤其是有一《驾鹤仙人》壁画（图 8.31），画中一高句丽装束的仙人右手持长矛，曲腿骑在鹤身上，侧身回顾；鹤则双翅伸展，双腿后伸，作飞翔状；仙人一带飘逸，四周祥云缭绕。亦或显示墓主人驾鹤西行之含义。尽管此图中的丹顶鹤特征不是很明显，但文献记载显示吉林省曾皆有丹顶鹤分布，且仙人的坐骑之一则是丹顶鹤。再有集安市与现仍有丹顶鹤繁衍的白山市和延边朝鲜族自治州皆毗邻。

图 8.31　高句丽《驾鹤仙人》壁画③

①金银错狩猎纹铜车饰. http://www.gmw.cn/01gmrb/2001-02/11/GB/02%5E18689%5E0%5EGMA4-121.htm
②四神墓. http://baike.baidu.com/subview/744802/744802.htm
③http://tieba.baidu.com/p/2392649467

《簪花仕女图》是(唐)周昉的粗绢工笔重彩绘画。现存作品无作者款印,亦无历代题跋及观款。最早著录此卷的是清安岐《墨缘汇观》,认为是唐周昉所绘,其后《石渠宝笈·续编》及《石渠随笔》皆沿用该观点,俱著录为《周昉仕女图》。《簪花仕女图》是目前全世界范围内唯一认定的唐代仕女画传世孤本。除了唯一性之外,其作品的艺术价值也很高,是典型的唐代仕女画标本型作品,是能代表唐代现实主义风格的绘画作品。原图中六人,分成3组,现截取其中含有丹顶鹤的2组(图8.32)。所绘丹顶鹤采用工笔重彩技法,较现存前世的鹤图都更接近丹顶鹤的神行。画中人物的比例问题,虽存在尊卑、远近等缘故,更有1972年对此图进行重新装裱时,有人发现此图系后拼接而成,较明显者为左数第二个比例较小的仕女为后嵌入,而白鹤与画左小狗亦为剪裁而来,有研究者据此认为其原为屏风画[①]。

图8.32 《簪花仕女图》(局部)

(宋)徽宗赵佶《瑞鹤图》(图8.33)描绘出庄严耸立的汴梁宣德门上方彩云缭绕,上空翱翔盘旋着18只神态各异的丹顶鹤,另有2只站立在殿脊的鸱吻之上,回首相望,天空及宫殿周围的祥云皆以平涂渲染,更烘托出仙鹤动飞之势和曼妙体态,气氛祥和吉庆。画后有作者赵佶以瘦金书自题:

图8.33 赵佶《瑞鹤图》[②]

政和壬辰,上元之次夕,忽有祥云拂郁,低映端门,众皆仰而视之。倏有群鹤飞鸣于空中,仍有二鹤对止于鸱尾之端,颇甚闲适,余皆翱翔,如应奏节。往来都民无不稽首瞻望,叹异久之。经时不散,迤俪归飞西北隅散。感兹祥瑞,故作诗以纪其实。

清晓觚稜拂彩霓,仙禽告瑞忽来仪。
飘飘元是三山侣,两两还呈千岁姿。
似拟碧鸾栖宝阁,岂同赤雁集天池。
徘徊嘹唳当丹阙,故使憧憧庶俗知。

御制御画并书,天下一人。

所述之事与《宋史·仪卫·卤簿仪服》载:“政和二年,延福宫宴辅臣,有群鹤自西北来,盘旋于睿谟殿上,及奏大晟乐而翔鹤屡至,诏制瑞鹤旗。”可相互印证。

按:此记载的是宋政和二年(1112)有丹顶鹤飞临今开封市。实际上,之前还有丹顶鹤飞临的记

①http://minghua.zhshw.com/10/shilv/04.htm

②http://www.xiexingcun.com/minghua/01/034L.htm

载[①]。值得注意的是，赵佶所题文字与《宋史》记载称"鹤"或"仙鹤"，而赵佶画作显然就是丹顶鹤，可见古人将丹顶鹤默认为"鹤"。

一《黑红彩仙鹤纹老鳖形扁壶》(图 8.34)，据称是宋代磁州窑产[②]。画面为一只在苇丛中栖息的丹顶鹤，画者用笔娴熟，寥寥数笔，就勾勒出长嘴、长颈、长腿的鹤特征，尤其是突出其丹顶和"次级与三级飞羽长而弯曲呈弓状，收拢时覆于纯白色尾羽上，酷似黑尾"的丹顶鹤特征。

(明)边景昭《雪梅双鹤图》(图 8.35)画风工细严谨，色彩明丽沉着，是较典型的明代画院派风格。图中主角乃 2 只丹顶鹤，其一正引颈长鸣，另一则曲颈理羽，神态舒展自如，栩栩如生，呼之欲出。背景为双勾绿竹、雪白芙蓉和傲雪白梅，交相辉映[③]。此画乃明永乐年间作品，尤其值得注意的是，在画右上角有"待诏边景昭写雪梅双鹤图"的题款，再次印证古人所称"鹤"一般即指丹顶鹤。

图 8.34 黑红彩仙鹤纹老鳖形扁壶

图 8.35 雪梅双鹤图

(意大利)郎世宁(1688—1766)于清康熙五十四年(1715)作为天主教耶稣会的修道士来中国传教，但却成为宫廷画师，历任康、雍、乾三朝，从事绘画达 50 多年。其《花荫双鹤图》(图 8.36)惟妙惟肖地描绘出一对丹顶鹤引一双鹤雏闲庭信步的其乐融融场景。

清初，由蒋廷锡原绘，张为邦、余省临摹，傅恒、刘统勋、兆惠、阿里衮、刘纶、舒赫德、阿桂、于敏中题跋的《鸟谱》共 12 册，图 360 幅。前 4 册由台北故宫博物院出版，名为《故宫鸟谱》，其中有"鹤"图(图 8.37)与题跋(故宫博物院编辑委员会，1997)：

---

①《宋史・仪卫・卤簿仪服》载"元符二年(1099)武夷君庙有仙鹤迎诏"。

②宋代磁州窑黑红彩仙鹤纹老鳖形扁壶. http://blog.sina.com.cn/s/blog_c6f3f3d20102v8z2.htm

③http://www.xiexingcun.com/minghua/01/196L.htm

图 8.36 《花荫双鹤图》①

图 8.37 鹤（《故宫鸟谱》）

鹤：一名露禽，一名仙子，一名胎仙，一名仙禽，一名胎禽，一名蓬莱羽士。

鹤，黑睛赤晕，青黑长觜，丹顶朱頬，白项黑颔，黑颈。通身毛羽纯白，翅有软黑翎，展翅广四五尺，敛翅则翎垂盖尾。长项长胫，昂首高四尺余。青黑足胫，青黑趾爪。《春秋繁露》云：鹤知夜半。鹤，水鸟也。夜半，水位感其生气，则［益］喜而鸣。性好在阴，故谓其羽为阴羽。《禽经》：露翥则露。注云：露禽，鹤也。露下则鹤鸣，雄鸣上风，雌承下风，以声交而孕。《埤雅》云：鹤性警。至八月，白露降流于草上，点滴滴有声，因即高鸣相警，移徙所宿处，虑有变害也。盖鹤体洁白，举则高至，鸣则远闻。性又善警，行必依洲渚，止不集林木。故《诗》、《易》以为君子言行之象。雌雄相随，如道士禹步，履迹而孕。《相鹤经》云：鹤者，阳鸟也，而游于阴，因金气乘火精以自养。金数九，火数七。故七年小变，十六年大变。体尚洁，故其色白。声闻天，故头赤。食于水，故其喙长。轩于前，故后趾短。栖于陆，故足高而尾凋。翔于云，故毛丰而肉疏。大喉以吐，(故)［且］修颈以纳新，故寿不可量。凡鹤之上相，隆鼻短口则少眠，高脚疏节则多力，露眼赤睛则视远，回翎亚膺则体轻，凤翼雀毛则善飞，龟背鳖腹则能产，轻前重后则善舞，洪髀纤趾则能行。《本草·集解》云：鹤大于鹄，长三尺，高三尺余，喙长四寸，丹须赤目，赤頬青脚，修颈凋尾，粗膝纤(指)［趾］，白羽黑翎，亦有灰色苍色者。能啖蛇虺，闻降真香烟则降。其粪能化石，物类相感也。俞琰云：龟鹤能运任脉，故多寿无死，气于中也。鹤骨为笛，甚清越。《汇雅》云：鹤岁生数，卵四月，雌鹤伏卵，雄鹤往来为卫。见雌起，则啄之。见人窥卵，则破而弃之。《谈荟》云：鹤初生，眼傍别有红点者，是雄。《五杂组［俎］》云：《诗传》谓：鹤，身白，颈黑尾。然鹤之黑者，非尾也。乃两翅之下翅敛则附于后，似尾耳。《物类志》云：鹤，一名露禽，一名仙子，一名胎仙，一名蓬莱羽士。其左右脚里第一指，名兵爪。

按：此作瑕瑜互见。所题文字，乃取自历代对丹顶鹤的诠释，内有瑕疵。所绘动物无疑就是丹顶鹤，但并非按其实际生态（如《埤雅》提到："行必依洲渚，止不集林木。"）。此为"松鹤图"，分别取丹顶鹤之长寿，松之常青，以喻长寿延年之吉祥。

红顶鹤之称，当是取丹顶鹤最显著的特征——头顶有裸出且醒目的红肉冠。

①http://detail.yofond.com/product/625/

日本鹤之称，是据其拉丁学名而意译。马逸清研究员解释说："这是德国人在1776年根据一只来自日本的丹顶鹤标本所定；标本来自日本，所以按照惯例在拉丁文的学名中有'japonensis'字样①"，但并不代表仅日本有。

3.3 同名异物之鉴别

古人对丹顶鹤采用的某些别称，易与现代人对某些不同鹤种的称谓相混淆，值得鉴别。

白鹤之称，则是以丹顶鹤体羽的白色为主而命名，也是古称。当然，此称谓与现代人对另一鹤种——白鹤(*Grus leucogeranus*)的中文学名相同，但二者还是可以区分。

白鹤(*Grus leucogeranus*)也是大型涉禽(图8.32～图8.42)，略小于丹顶鹤，体长130～140 cm。站立时通体白色，前额鲜红色，嘴和脚暗红色；飞翔时，翅尖黑色，其余羽毛白色②。幼鸟头被羽，上体赤褐色，下体、两胁白色而缀赤褐色(赵正阶，2001)。

图8.38 白鹤成鸟③

图8.39 白鹤幼鸟④

图8.40 站立的白鹤体羽白色⑤

图8.41 俯身的白鹤略露黑羽⑥

---

①田继忠. 丹顶鹤，美丽而又忧伤的日子. http://news.lnd.com.cn/htm/2010-01/06/content_1015007.htm

②或表述为：白鹤体羽白色，初级飞羽黑色，次级飞羽和三级飞羽白色，三级飞羽延长成镰刀状，覆盖于尾上，盖住了黑色初级飞羽，因此站立时通体白色，仅飞翔时可见黑色初级飞羽。

③http://www.birdnet.cn/forum.php? mod=viewthread&tid=184385

④http://www.birdnet.cn/thread-286922-1-1.html

⑤http://www.birdnet.cn/thread-289830-1-1.html

⑥http://www.oiseaux.net/photos/alain.renaud-studer/grue.de.siberie.1.html#monde

图 8.42　站立与展翅及飞翔的白鹤黑色羽尖①

《故宫鸟谱》中共有 4 幅鹤类图形，除前文“鹤”外，还有“灰鹤”（图 8.43）、“小灰鹤”（图 8.44）、“蓝”（图 8.45）3 幅，各有题跋（故宫博物院编辑委员会，1997）。

图 8.43　灰鹤（灰鹤、白头鹮）

8.44　小灰鹤（蓑羽鹤）

图 8.45　蓝（白鹤、白枕鹤）

①http://www.birdnet.cn/thread-293851-1-1.html

经现代动物学家鉴定，“灰鹤”①为灰鹤(*Grus grus*；图 8.46～图 8.48)或白头鹮(*Mycteria leucocephalus*)，“小灰鹤”②为蓑羽鹤(*Anthropoides virgo*)，“蓝”③为白鹤(*Grus leucogeranus*)或白枕鹤(*Grus vipio*)。值得注意的是，在“灰鹤”与“灰鹤”的题跋中皆有“小于白鹤”的说法，这与现代动物学家描述白鹤④与白枕鹤⑤时，皆与丹顶鹤相比较相仿。

图 8.46 灰鹤伉俪⑥

图 8.47 泥沼中的灰鹤⑦

图 8.48 灰鹤群在收割后的农田里⑧

①题跋原文：灰鹤

灰鹤，黑睛赤晕，青黑觜，黑红顶，白领白项，臆至背腹皆黑灰色，翅下黑翎盖尾，高足胫，黑足爪。身小于白鹤，隆背平腹，昂首高三尺许，喙长三寸余。初生顶黑，久则渐红。善夜鸣。

②题跋原文：小灰鹤：一名水鹤，一名丹歌。

小灰鹤，黑睛红晕，黑绿觜，浅红喙，灰顶，左右眼角各有灰白羽一根垂出脑后。黑颊黑项，嗉前间露灰毛，当胸黑毛下垂如缨深灰。腹、背、膊、两翅俱惨灰色。翅有长翎直出，盖于尾上，翎末带黑。深黑翮，黑足胫。其足有悬爪，无后趾，前三趾根有连皮。身高尺五六寸，喙长二寸许。善鸣，舞鹤之一种也。《粤志》云：南方有一种水鹤，亦名灰鹤。状类白鹭，颈有垂缨。善舞。其性通风雨，有风雨则鸣而上山，否则鸣而下于川泽。广人以其丹觜善鸣，故曰丹歌。

③题跋原文：蓝：一名赤颊。

蓝，黑睛黄晕，绿觜，觜根有黑短毛。红顶红颊，顶与颊红色相连。白项灰领，领至胸臆俱青灰色。领旁左右各有灰毛一片，上透两颊。青灰背、腹，白灰翅，翅有长翎垂于翮上，黑翮盖尾。粉红足，高胫，米白爪。身高二尺余，昂首高三尺余，喙长三寸许。小于白鹤而大于灰鹤。闽粤多有之。陆玑《诗疏》云：鹤或有苍色者。今人谓之赤颊客。《越志》云：蓝状与鹤同，灰身赤颊，长翅黑翮，颈无黑毛。群翔碧藻间，亦畜于园庭。性妒，见彩服则鸣舞，或逐而啄之。

④白鹤是大型涉禽，略小于丹顶鹤(白鹤. http://baike.baidu.com/link? url=qCGbs9efu_sIxNyuwNDWQv3LPWk3kb4aBvN8VoyvCwxujEzNRMP7GftAFehnoOGJnk-QhlF4RUNkYvoWMmmPzhZDciA08YG5GFuYQQbY7qS)

⑤白枕鹤体形与丹顶鹤相似，略小于丹顶鹤，而大于白头鹤(白枕鹤. http://baike.baidu.com/link? url=d8aYiEIFWxTG2nWpPDgIryNMgMMhzEy8Ge6p0rsCMDq6FmlvK7GHZKWcIBELcYYhrRH_RsUiA5jr1qtt1-lUEq)

⑥http://www.fotoplatforma.pl/cn/bigimages/4404/

⑦http://www.birdnet.cn/thread-721752-1-1.html

⑧http://www.fotoplatforma.pl/cn/bigimages/4404/

既然现代“白鹤”，直到清代，古人还称其为“蓝”或“赤颊”，对丹顶鹤则多以“鹤”或“白鹤”等称之，显然不同于某些考证过的物种（如“鹳”，就至少包括东方白鹳与黑鹳；又如“天鹅”，也包括大天鹅、小天鹅与疣鼻天鹅等）。那么窃以为，让现代动物学，尤其是历史动物地理研究者长期感到纠结的动物名称问题，在丹顶鹤这方面，可以基本认定是比较清晰的。

我们不能以现代动物系统分类的思维来套用或推断古人的分类思维，因为他们并未设置更为系统而详尽的分类阶元，对动物基本上仅按鸟、兽、鱼（或鳞、介）、虫作为一级阶元，或再分为次级、再次级阶元。

例如，古称“鹳”，虽多含“白鹳”与“黑鹳”，它们也确为现代动物分类的同属物种，但这只是巧合，因为“鹳”并未囊括在我国现生同属的3种鹳，并且此“白鹳”基本上只是东方白鹳（*Ciconia boyciana*）而非白鹳（*Ciconia ciconia asiatica*）①。

又如，《故宫鸟谱》中共有4幅鹤图：①其中3幅含“鹤”，另一则称“蓝（赤颊）”，并无与“鹤”联系；②就以3幅含“鹤”也都可定为鹤科动物，也仅有2种是同属（鹤属），蓑羽鹤则是另一属（蓑羽鹤属）。

再如，“鱼”是古人对动物分类的一大阶元。试看一些含“鱼”物种的现代分类情况：无脊椎动物刺胞（腔肠）动物门有蛇鱼（鲊鱼）等，环节动物门肢口纲有鲎鱼等，软体动物门有八带鱼、柔鱼、墨鱼、鳆鱼、蚝鱼、蛎鱼等，节肢动物门昆虫纲有蠹鱼（壁鱼、衣鱼、白鱼）等；脊椎动物头索动物亚门有文昌鱼，脊椎动物亚门两栖纲有石鳞鱼、坐鱼、四足鱼、懒妇鱼（翼鱼、鲵鱼）等，爬行纲有团鱼（圆鱼、甲鱼、脚鱼）、鳄鱼等，哺乳纲有鳅鱼、鲮鱼、暨鱼、蜈鱼、馋鱼、人鱼、水豬鱼等。这些含“鱼”称谓的物种并不能归入鱼纲，却分属于现代动物分类系统所设的动物界下属10个“门”中之5个。

“黄鹤”之称谓最著名的来自“黄鹤楼”。一说，原楼乃辛氏开设的酒店（建在黄鹄矶上。后人念“鹄”为“鹤”，以讹传讹，遂成事实），一道士为了感谢她千杯之恩，临行前在壁上画了一只鹤（有说鹤是用橘皮所画，故是黄色鹤），告之：座中人只要拍手歌唱，墙上的鹤便会随着歌声，合着节拍，蹁跹起舞；从此宾客盈门，生意兴隆；过了十年，道士复来，取笛吹奏助鹤舞，后道士跨上鹤直上云天②；辛氏为纪念帮她致富的仙翁，便在其地起楼，取名“黄鹤楼”③。故而，人们只是将“黄鹤”说成是传说中的神鸟。丹顶鹤的幼鸟体羽棕黄色，腹部淡黄。扎龙丹顶鹤自然保护区工作人员介绍：黄鹤就是丹顶鹤的幼鸟。这些幼鸟迁徙到南方越冬的时候，它们的羽毛带有一种黄色；但当它们翌年春天从南方飞回来的时候，除去几羽黑翎外，身上的羽毛已经发育成纯洁的白色了④。且丹顶鹤被冠“仙”名，就是仙人驾鹤皆绘成丹顶鹤，西北个别地方有此称谓（更不能将其视为现实不存在的神鸟）。

“元鹤”之称谓，有人认为是古人混淆了丹顶鹤、灰鹤与白头鹤三种不同种类的鹤，不无道理⑤。但清嘉庆《崆峒山志》确有“元鹤”记载（详表8.1），更符合丹顶鹤。

参看方志中记载有关“鹤”的不同情况（表8.1），亦可窥古人的思维。

---

①我国现生仅有其亚种之一（中亚亚种，或新疆亚种）。

②仙人驾鹤纪事，现知（汉）刘向《列仙传·王子乔》：“王子乔者，周灵王太子晋也。好吹笙，作凤凰鸣。游伊洛之间，道士浮丘公接以上嵩高山。三十余年后，求之于山上，见桓良曰：‘告我家：七月七日待我于缑氏山巅。’至时，果乘白鹤驻山头，望之不得到，举手谢时人，数日而去。”

③现知最早记载“黄鹤楼”，见（南朝齐）祖冲之《述异传》：“荀瓌，字叔玮……尝东游，憩江夏黄鹤楼上，望西南有物，飘然降自霄汉，俄顷已至，乃驾鹤之宾也。鹤止户侧，仙者就席，羽衣虹裳，宾主欢对。已而辞去，跨鹤腾空，眇然烟灭。”

④田继忠. 丹顶鹤，美丽而又忧伤的日子. http://news.lnd.com.cn/htm/2010-01/06/content_1015007.htm

⑤古籍中有记载，如《史记·十过》记载：“师旷援琴而鼓之，一奏之，有玄鹤二八集乎廊门；再奏之，延颈而鸣，舒翼而舞。”《古今注》：“鹤千岁则变苍，子二千岁则变黑，所谓元鹤也。”《三才图会》：“雷山有元鹤者，粹黑如漆，共寿满三百六十岁，则纯黑。五者，有音乐之节则至，昔黄帝习乐于昆化山，有元鹤飞翔。”

表 8.1 方志中各种"鹤"记载实例

所属地区	出处	相关内容	分析说明
华北	明嘉靖九年《通州志》	鹤(出吕四场芦苇中,白水荡多有之。又有野鹤,色灰,似鹤而小)	不仅有"鹤"(丹顶鹤),并有"野鹤,色灰",且与"鹤"(丹顶鹤)比较
	明嘉靖十九年《河间府志》	鹤……灰鹤(又谓之玄鹤,又谓之青鸟)	前者"鹤",即是丹顶鹤
	清光绪四年《唐县志》	山鸟有:石鸡、灰鹤……	十分明确,并非丹顶鹤
东北	民国二十年《安东县志》	鹤(高二三尺,嘴及颈、脚皆长,体色纯白,丹顶,额、颊及自咽喉至颈色黑,翼尖亦黑,尾羽白。鸣声高朗,喜食鱼。滨海芦塘中有之。一种灰色者,俗名土鹤)	"鹤"中之前者,显然就是丹顶鹤。"土鹤",似指灰鹤
	民国十七年《桦川县志》	鹤(有灰色者飞自江北。桦川或有见之者)	"鹤"中含有丹顶鹤。而"灰色者",似指灰鹤
华东	清光绪五年《丹徒县志》	鹤(宋雍熙四年十月,知润州程文庆献鹤,颈毛如垂缨)	此"鹤"有"颈毛如垂缨"特征,似为"小灰鹤、水鹤、丹歌",亦即蓑羽鹤(*Anthropoides virgo*)
	清光绪八年《宜兴荆溪县志》	东南之涧,有翔鹤之洞(张公山后白鹤洞有白鹤飞翔,故名。《相鹤经》云:鹤乃羽族之宗,仙人之骥。千六百年乃胎产。据此,则谓鹤不卵生者,误也。鹤初生多灰色,年久,渐白。至大,毛落而氄毛生,则白如雪矣。又一种似鹭而头无丝,脚黄色,俗名白鹤子。色红者,名红鹤。皆非鹤而冒鹤名者)	此处所称先灰后白之"鹤",虽不尽准确,但基本上还是指丹顶鹤。而"似鹭而头无丝,脚黄色"的"白鹤子"与"色红者,名红鹤"者,明确"非鹤而冒鹤名者";而后者为朱鹮(*Nipponia nippon*)
	清光绪十一年《庐州府志》	青鹤	仅有一种"鹤"。十分明确,并非丹顶鹤
	明嘉靖九年《惠安县志》	苍鹤(似鹤而色苍,可驯畜)……鹤(鹤相唳)	记载有2种鹤,后者似为丹顶鹤
	明嘉靖十七年《福宁州志》	鹤(又有扬鹤)	"扬鹤",似指"扬州鹤",原似出自(南朝梁)殷芸《小说》:"有客相从,各言所志,或愿为扬州刺史,或愿多赀财,或愿骑鹤上升。其一人曰,腰缠十万贯,骑鹤上扬州,欲兼三者。"从其描述看,当是丹顶鹤;著名的产丹顶鹤地"吕四场",即在"扬州府"
	明嘉靖二十四年《清流县志》	鹤(有灰、青、白色。丹顶,其寿最久)	记载有3种鹤。其中"丹顶"当是"白色"者,亦即丹顶鹤
	明崇祯六年《海澄县志》	鹤顶(刘安期曰:鹲,水鸟。黄喙,长尺余,南人以为酒器。即今鹤顶也。按《华夷考》:海鹤,大者修顶,五尺许翅足称是。昼啄于海。春暮,宿岩谷间。岛夷以小镖伏于鹤常宿所刺之,剥其顶售于舶估。又南番有鱼,顶中魫红如血,名鹤鱼,以为带号鹤顶红。有人在达官处见其鹤顶红带,云是鹤顶剪碎,夹打而成)	非丹顶鹤,有人认为是盔犀鸟(*Helmeted hornbill*)
	清光绪二十年《闽县乡土志》	海鹤(粪能化石)	非丹顶鹤,有人认为是盔犀鸟(*Helmeted hornbill*)

（续表）

所属地区	出处	相关内容	分析说明
	清光绪十二年《日照县志》	鹤（《旧志》云，止有灰鹤）	既然仅有一种"鹤"，且明确为"灰鹤"，显然不是丹顶鹤
	1971年《屏东县志》	白鹤	尽管该志出版已属现代，但台湾并无白鹤（*Grus leucogeranus*）记录，且现代白鹤在中国主要分布在从东北到长江中下游
中南	明嘉靖三十年《巴东县志》	鹤……白鹤	疑皆是丹顶鹤。可参见"鸳鸯"文，古人将"鸳鸯"与"鸂鶒"分为两物种，实际皆为鸳鸯
	明嘉靖四十三年《归州志》	鹤（有黑、白二色）……红鹤（色桃红。鸣于咽）	"鹤"中白色者，似丹顶鹤。"红鹤"是朱鹮（*Nipponia nippon*）
	明嘉靖二十七年《香山县志》	鹤（灰白二种，皆丹顶）	此指出灰鹤（*Grus grus*；见图8.40～图8.42）与丹顶鹤"皆丹顶"是准确的
	清道光十年《西宁县志》	鹤（邑产者灰色，苍色。亦有白者，颈有酱色毛。又有蓑衣鹤，半颈以上毛俱酱色，足青《采访册》）	据此注释，不足证明有丹顶鹤
	清同治十年《番禺县志》	鹤（一种水鹤。状如白鹭。其性通风雨，有风雨，则鸣而上山；否则鸣而下海。寻常多在榕树上）	含有丹顶鹤，而"水鹤"特征很明确（可对照《故宫鸟谱》）
	清同治十二年《海丰县志》	水鹤	非丹顶鹤，乃蓑羽鹤（*Anthropoides virgo*）
	清光绪六年《清远县志》	鹤（有灰色、苍色。一种似白鹭者，水鹤也《采访册》）	此"鹤"，从注释看，并无丹顶鹤
	清光绪七年《惠州府志》	鹤（亦有鹭鸶）	"鹤"中含有丹顶鹤。此注释中出现"亦有鹭鸶"，似指"水鹤"（蓑羽鹤）
	清光绪十五年《高州府志》	鹤（凡数种。有通身洁白者，曰白鹤。有缟衣，丹顶者。有通身灰色者，俗呼蓑衣鹤。土产无鹤，所见均非真鹤也）	此时已至清末，并得现代动物学启蒙；且在明确有丹顶鹤之外，仍有"通身洁白者，曰白鹤"，当就是白鹤（*Grus leucogeranus*）
	清宣统三年《高要县志》	鹳鹤（南方之鹤皆灰色，白者则少。此盖鹳雀俗呼为鹤耳。《正字通》：鹳雀似鹤，顶无丹，项无乌带，长颈，赤喙，翅、尾黑者。是。城上披云楼，左右有大树数株，向栖灰鹤，即鹳雀也。千百为群，夜出饮啄，黎明即回城中。人因其飞鸣而知夜之早晚。若有兵事，往往不知所往。事定，则聚集如故《采访册》）	尽管此"鹳鹤"似主要指"鹳属"，但其中提及"南方之鹤皆灰色，白者则少"，不能排除没有丹顶鹤；尤其是康熙十二年《高要县志》同时记载"灰鹤"和"丹顶鹤"。故此"鹳鹤"，疑似"鹳"与"鹤"两物种之误
	民国十年《东莞县志》	鹤（有白，有元，有黄，有苍《嘉祐本草》。灰鹤大如鹤，通身灰色，去顶二寸许毛始丹，及颈之半，亦能歌舞《桂海虞衡志》。南方之鹤皆灰色。白者则小。有水鹤，[亦小，状]类白鹭。其性通风雨，有风雨则鸣而上山，否则鸣而下海，寻常多在榕树。广人以其顶丹可贵，故曰丹歌。有诗：丹歌时引舞）	从"鹤"的描述看，其中既有丹顶鹤，也有蓑羽鹤

（续表）

所属地区	出　处	相关内容	分析说明
	民国二十二年《开平县志》	鹤（有黄，有苍，有白。白而颈长者，声最高。其颈短、灰色者，名灰鹤，是鹤之别种）	多种“鹤”。其中“白而颈长者，声最高”者，是丹顶鹤
	民国二十三年《恩平县志》	鹤（有白，有玄，有黄，有苍。或取其雏饲之，翔步阶除有闲客态，甚驯扰可观。//南方之鹤皆灰色，白者则少有。水鹤类白鹭，其性通风雨。有风雨则鸣而山上，否则鸣而下海《广东新语》。又，鹤灰色，谓之海鹤。水鹤尤小，自春深至秋中，相率以千百至，鸣声彻晓夜。昔尝栖止于邑境水洲陂。弋人张网以待，时有所获，名为鹤埗。今则鹤已少至《采访册》）、灰鹤（一名寒鹤。颈短。能知更。//大如鹤，通身灰色，去顶二寸许毛始丹，及颈之半，亦能鸣舞《虞衡志》）	明确分为两种鹤（“鹤”与“灰鹤”），就是“鹤”中，包括有丹顶鹤
	明嘉靖十八年《钦州志》	鹤（灰色，不如扬州之雪白）	此虽用“鹤”，但加注释，相当于“灰鹤”
	民国十三年《陆川县志》	野鹤（陆川鹤洞山有野鹤）……鹤（有黄、白、玄、青各色。又有高大而顶有翎者，俗呼为大水鹤）、夜鹤（或云，即野鹤）	此“鹤”中有丹顶鹤，而“水鹤”的特征类蓑羽鹤
	民国二十三年《贺县志》	水鹤……白鹤	前者“水鹤”是蓑羽鹤，后者“白鹤”是丹顶鹤
	明正德六年《琼台志》	蓑衣鹤（俗名牛奴）	物名即表明并非丹顶鹤。“蓑衣鹤”究竟是今何物？待探究
	明万历年《琼州府志》	蓑衣鹤……鹤（通身灰色，去[顶二]寸许，毛始丹。[亦能]鸣舞。其色白，顶丹者，则传自广）	“鹤”中，前者似灰鹤，后者乃丹顶鹤
	清康熙四十七年《琼山县志》	老鹤……蓑衣鹤	既然万历年《琼州府志》已有丹顶鹤，那么此“老鹤”似指此（古人有将“白色”作为“老”；如东方白鹳即称“老鹳”）
	清光绪十六年《琼州府志》	鹤（粤中最少鹤，惟琼州则元裳，缟衣，丹顶。其余，灰鹤居多。又有蓑衣鹤，俗名牛奴《通志》）	“鹤”中有丹顶鹤、灰鹤、“蓑衣鹤”
西北	清嘉庆二十四年《崆峒山志》	元鹤（栖东台岩洞之中。丹顶，皂身，白腹，朱啄，趼老者色深黑）	尽管描述不是很准确，但其中的“丹顶，皂身，白腹”仅丹顶鹤较符合（《尔雅翼》将元鹤释为“鹤之老者”），且在其周边有丹顶鹤栖息
	民国二十四年《灵台县志》	水鹤（似鹄，长颈，高脚，纯白，丹顶。食于水）	尽管此称“水鹤”，但“纯白，丹顶”显然是丹顶鹤

综上分析，窃以为，古人并未尽识现生我国的2属9种鹤；他们所称“鹤”或“白鹤”等多指丹顶鹤①；若将古人称“鹤”领悟成是类名（亦即含有多种鹤。就是有此意的，所见多有注释），则缺乏更有力的证据。容易混淆，且被一些学者误认的“鹤”与“白鹤”基本上是指丹顶鹤（现代中文学名）。可以认为，一般情况下，人们将“鹤”默认为丹顶鹤。

4　20世纪前的丹顶鹤分布

历史上，丹顶鹤在我国的分布十分广泛，除香港与澳门外，各省级政区皆有记录。

4.1　华北

华北各省级政区都有丹顶鹤栖息记录。

清康熙十年（1671）、雍正十三年（1735）与同治十年（1871）《畿辅通志》皆记载“鹤（有灰白二种）”，说明有丹顶鹤栖息。“畿辅”，乃清代直隶省的别称，涉及今天津市、河北省及内蒙古、山东、河南部分地区。

4.1.1　北京

北京市曾有丹顶鹤记录。

明嘉靖二十七年《隆庆志·食货·物产》列举：

禽之属：乌、鹊、鸦、燕、雁、雀、鸢、鹭、鸠、鸮、鹑、鸨、鸽、鹳、鹰、莺、鹏、鹘……野鸡、角鸡、雉鸡、鹤鸡、沙鸡、凫、枭、鸱老、洶河、白搵、狠虎（有名寡狐）、黄鹂、青肩、啄木、阿蓝、巧妇、半痴、噪天、拜天、鸳鸯、鹡鸰、硬翠、拖白练。

按：其中有不多见的“鹤鸡”称谓，据唐代文人用“鹤鸡”②，乃是指鹤（丹顶鹤）与鸡之异；隆庆州，今延庆县，说明有丹顶鹤飞临。

4.1.2　内蒙古

内蒙古自治区也有丹顶鹤记录。

清光绪二十年《黑龙江外记》记述：

辽东鹤：本方物。或得其二，略不加惜，以遗某公，日放置园中，饲以料。修颈，高趾，殊自得。性喜浴，每雨过，轩舞有节，或啄薪木掷空作添筹戏。丹顶日鲜，乃知此物非可剪翎而笼畜之者也。余因谓某公曰：是盍名放鹤园。

按：尤其是据“丹顶日鲜”，可见此“辽东鹤”就是丹顶鹤。

4.1.3　方志记载的丹顶鹤

较具体记载丹顶鹤分布的文献，以方志为主。华北的丹顶鹤在20世纪前分布（表8.2）如下。

表8.2　20世纪前华北的丹顶鹤分布概况

省级政区	今地点	文献	内容	新方志出处
北京	延庆县	明嘉靖二十七年（1548）《隆庆志》	鹤鸡*	
	延庆县等地	清乾隆二十二年（1757）《宣化府志》	鹤	
天津	静海县等地	明嘉靖十九年（1540）《河间府志》	鹤	
	部分地方①	清光绪二十五年（1899）《天津府志》	鹤	
河北	辛集市、深泽县、保定市、安国市、高碑店市、满城县、清苑县、易县、徐水县、定兴县、顺平县、唐县、望都县、涞水县、高阳县、安新县、雄县、容城县、博野县、蠡县	明弘治七年（1494）《保定郡志》	鹤（射生户多得灰色者。其白者，产淮乡）	
	赵县、宁晋县	明正德十年（1515）《赵州志》	赵州：鹤，宁晋县：鹤	

①就是现代方志，也有将丹顶鹤记载为“鹤”，例如1990年《大余县志》记载“禽类：主要有野鸡……翡翠、鹤鹰鸥、百舌、白鹇……鹧鸪、画眉、鸳鸯、黄鹄”。其中“鹤鹰鸥”，疑似“鹤、鹰、鸥”之误；之前涉及大余县的方志就记载有“鹤”（丹顶鹤）；此中记载的“黄鹄”乃大天鹅，也可为佐证。

②（唐）黄涛《出京别崔学士》：“一从门馆遍投文，旋忝恩知骤出群。不道鹤鸡殊羽翼，许依龙虎借风云。命奇未便乘东律，言重终期雪北军。欲逐飘蓬向歧路，数宵垂泪恋清芬。”

（唐）黄滔《代郑郎中上兴道郑相启》有“信鹤鸡之果异，谅牛骥之终悬”之句。

（续表）

省级政区	今地点	文献	内容	新方志出处
	雄县	明嘉靖十二年(1533)《雄乘》	有鹤	
	清苑县	明嘉靖十七年(1538)《清苑县志》	鹤(射生户多得灰色者)[2]	
	沧州市、泊头市、任丘市、黄骅市、河间市、沧县、青县、东光县、海兴县、盐山县、肃宁县、南皮县、吴桥县、献县、孟村回族自治县、故城县、阜城县等地	明嘉靖十九年(1540)《河间府志》	鹤	
	霸州市	明嘉靖二十七年(1548)《霸州志》	鹤	
	属唐山市	明隆庆四年(1570)《丰润县志》	鹤(白、灰二种)	
	保定市、高阳县、安新县	明万历三十六年(1608)《保定府志》	安州:鹤翎一百五十根	
	属廊坊市	明天启五年(1625)《东安县志》	鹤	
	灵寿县	清康熙十一年(1672)《灵寿县志》	鹤	
	涿鹿县	清康熙十一年(1672)《保安州志》	鹤	
	涿鹿县	清康熙五十年(1711)《保安州志》	鹤	
	沧州市	清乾隆八年(1743)《沧州志》	鹤(灰、白二种)	
	属安新县	清乾隆八年(1743)《新安县志》	仙鹤……鹤	
	赤城县	清乾隆十三年(1748 年)《赤城县志》	鹤	
	张家口市、宣化县、阳原县、赤城县、怀安县、怀来县、蔚县、涿鹿县、万全县等地	清乾隆二十二年(1757)《宣化府志》	鹤	
	内丘县	清道光十二年(1832)《内丘县志》	鹤	
	涿鹿县	清道光十五年(1835)《保安州志》	鹤	
	灵寿县	清同治十三年(1874)《灵寿县志》	鹤	
	承德市、承德县、兴隆县、平泉县、滦平县、隆化县、丰宁满族自治县、宽城满族自治县、围场满族蒙古族自治县等地	清光绪十三年(1887)《承德府志》	鹤(有灰、白二种。热河进榛子峪,[香草遍地,异花缀崖。]夹岭虬松苍蔚,鸣鹤飞翔《畿辅通志》)	
	属唐山市	清光绪十七年(1891)《丰润县志》	鹤(《畿辅通志》云:丰润产之。然惟近海及南海偶见,不多有)	
	馆陶县	清光绪十九年(1893)《馆陶县志》	鹤	
	滦县	清光绪二十四年(1898)《滦州志》	鹤(有灰、白二种)	
山西	吉县	清光绪五年(1879)《吉县志》	鹤	
	榆社县	清光绪七年(1881)《榆社县志》	鹤	
	寿阳县	清光绪八年(1882)《寿阳县志》	白鹤(嘉庆……二十一年,有双白鹤飞集学宫松上)	

（续表）

省级政区	今地点	文献	内容	新方志出处
	交城县	1994年《交城县志》	直到宋金年间，县境近山尚为白鹤、老虎栖息之地……到光绪初……鹤已绝迹	交城县志编写委员会，1994
内蒙古	海拉尔区、满洲里市、扎兰屯市、牙克石市、根河市、额尔古纳市、阿荣旗、新巴尔虎右旗、新巴尔虎左旗、陈巴尔虎旗、鄂伦春自治旗、鄂温克族自治旗、莫力达瓦达斡尔族自治旗等地	清雍正六年(1728)《古今图书集成·方舆汇编·职方典·盛京物产考》	鹤(一名仙鹤)	
	海拉尔区、满洲里市、扎兰屯市、牙克石市、根河市、额尔古纳市、阿荣旗、新巴尔虎右旗、新巴尔虎左旗、陈巴尔虎旗、鄂伦春自治旗、鄂温克族自治旗、莫力达瓦达斡尔族自治旗等地	清乾隆元年(1736)《盛京通志》	鹤(瘦头，朱顶，长颈，高脚，一名仙禽。有灰、白二种)	
	海拉尔区、满洲里市、扎兰屯市、牙克石市、根河市、额尔古纳市、阿荣旗、新巴尔虎右旗、新巴尔虎左旗、陈巴尔虎旗、鄂伦春自治旗、鄂温克族自治旗、莫力达瓦达斡尔族自治旗等地	清乾隆八年(1743)《大清一统志·黑龙江》	鹤	
	海拉尔区、满洲里市、扎兰屯市、牙克石市、根河市、额尔古纳市、阿荣旗、新巴尔虎右旗、新巴尔虎左旗、陈巴尔虎旗、鄂伦春自治旗、鄂温克族自治旗、莫力达瓦达斡尔族自治旗等地	乾隆四十四年(1779)《盛京通志》	鹤(瘦头，朱顶，长颈，高脚，一名仙禽。有灰、白二种)	
	宁城县、林西县、巴林左旗、巴林右旗、翁牛特旗、喀喇沁旗、敖汉旗、库伦旗、奈曼旗等地	清光绪十三年(1887)《承德府志》	同前	
	海拉尔区、满洲里市、牙克石市、根河市、额尔古纳市、新巴尔虎右旗、新巴尔虎左旗、陈巴尔虎旗、鄂温克族自治旗、鄂伦春自治旗、扎兰屯市、阿荣旗、莫力达瓦达斡尔族自治旗等地	清光绪二十年(1894)《黑龙江外记》	辽东鹤*	

注：“*”即详见正文。①待考。②据此说，不能排除有少量丹顶鹤。

4.2 东北

东北是丹顶鹤的主要栖息地区之一。

明正统八年(1443)与嘉靖十六年(1537)《辽东志·物产》就记载有“鹤”等禽类。此“辽东”，乃辽东镇，辖境相当于今辽宁省的东部和南部及吉林省的东南部地区[①]，反映在大部分地方有丹顶鹤分布。

①由于具体地点在清代较明确，不再具体考证。

4.2.1 辽宁

辽宁省较早就有丹顶鹤记录。

(北周)庾信(513—581)《鹤赞》指出,丹顶鹤"南游湘水,东入辽城"。按:所称"辽城",即今辽阳市,反映在1 400多年前,古人已注意到丹顶鹤的分布范围。//据称,辽阳市(辖辽阳市、灯塔市、辽阳县)在"300年前,境内仍见有……鸥、鹭、鸳鸯、翡翠、丹顶鹤、白头翁、天鹅、大雁、雕、鸮、鹜、鹰等。20世纪以来,随着生态环境不断遭到破坏,野生动物群的自下而上条件受到严重威胁,其种类和数量逐年减少,有的物种已经消失"①,可为佐证。

4.2.2 方志记载的丹顶鹤

较具体记载丹顶鹤分布的文献,以方志为主。东北的丹顶鹤在20世纪前分布(表8.3)如下。

表8.3 20世纪前东北的丹顶鹤分布概况

省级政区	今地点	文献	内容
辽宁	沈阳市、新民市、辽中县、法库县、彰武县、铁岭市、调兵山市、开原市、铁岭县、西丰县、昌图县、抚顺市、抚顺县、新宾满族自治县、清原满族自治县、本溪市、本溪满族自治县、桓仁满族自治县、辽阳市、灯塔市、辽阳县、鞍山市、海城市、台安县、岫岩满族自治县、丹东市、凤城市、东港市、宽甸满族自治县、大连市、瓦房店市、普兰店市、庄河市、长海县、营口市、大石桥市、盖州市、盘锦市、大洼县、盘山县、锦州市、凌海市、北镇市、黑山县、义县、葫芦岛市、兴城市、绥中县等地	清雍正六年(1728)《古今图书集成·方舆汇编·职方典·盛京物产考》	同前
	沈阳市、新民市、辽中县、法库县、彰武县、铁岭市、调兵山市、开原市、铁岭县、西丰县、昌图县、抚顺市、抚顺县、新宾满族自治县、清原满族自治县、本溪市、本溪满族自治县、桓仁满族自治县、辽阳市、灯塔市、辽阳县、鞍山市、海城市、台安县、岫岩满族自治县、丹东市、凤城市、东港市、宽甸满族自治县、大连市、瓦房店市、普兰店市、庄河市、长海县、营口市、大石桥市、盖州市、盘锦市、大洼县、盘山县、锦州市、凌海市、北镇市、黑山县、义县、葫芦岛市、兴城市、绥中县等地	清乾隆元年(1736)《盛京通志》	同前
	沈阳市、新民市、辽中县、法库县、彰武县、铁岭市、调兵山市、开原市、铁岭县、西丰县、昌图县、抚顺市、抚顺县、新宾满族自治县、清原满族自治县、本溪市、本溪满族自治县、桓仁满族自治县、辽阳市、灯塔市、辽阳县、鞍山市、海城市、台安县、岫岩满族自治县、丹东市、凤城市、东港市、宽甸满族自治县、大连市、瓦房店市、普兰店市、庄河市、长海县、营口市、大石桥市、盖州市、盘锦市、大洼县、盘山县、锦州市、凌海市、北镇市、黑山县、义县、葫芦岛市、兴城市、绥中县等地	清乾隆四十四年(1779)《盛京通志》	同前
	朝阳市、北票市、凌源市、建平县、喀喇沁左翼蒙古族自治县、阜新市、阜新蒙古族自治县、建昌县等地	清光绪十三年(1887)《承德府志》	同前
吉林	长春市、德惠市、九台市、榆树市、扶余县、吉林市、磐石市、蛟河市、桦甸市、舒兰市、永吉县、公主岭市、伊通满族自治县、辽源市、东丰县、东辽县、通化市、梅河口市、集安市、通化县、辉南县、柳河县、白山市、临江市、抚松县、靖宇县、长白朝鲜族自治县、延吉市、图们市、敦化市、珲春市、龙井市、和龙市、汪清县、安图县等地	清雍正六年(1728)《古今图书集成·方舆汇编·职方典·盛京物产考》	同前

①辽阳. http://baike.baidu.com/view/4994.htm

（续表）

省级政区	今地点	文献	内容
	长春市、德惠市、九台市、榆树市、扶余县、吉林市、磐石市、蛟河市、桦甸市、舒兰市、永吉县、公主岭市、伊通满族自治县、辽源市、东丰县、东辽县、通化市、梅河口市、集安市、通化县、辉南县、柳河县、白山市、临江市、抚松县、靖宇县、长白朝鲜族自治县、延吉市、图们市、敦化市、珲春市、龙井市、和龙市、汪清县、安图县等地	清乾隆元年(1736)《盛京通志》	同前
	长春市、德惠市、九台市、榆树市、扶余县、吉林市、磐石市、蛟河市、桦甸市、舒兰市、永吉县、公主岭市、伊通满族自治县、辽源市、东丰县、东辽县、通化市、梅河口市、集安市、通化县、辉南县、柳河县、白山市、临江市、抚松县、靖宇县、长白朝鲜族自治县、延吉市、图们市、敦化市、珲春市、龙井市、和龙市、汪清县、安图县等地	清乾隆四十四年(1779)《盛京通志》	同前
黑龙江	哈尔滨市、双城市、尚志市、五常市、依兰县、方正县、宾县、巴彦县、木兰县、通河县、延寿县、齐齐哈尔市、讷河市、龙江县、依安县、甘南县、富裕县、克山县、克东县、拜泉县、爱辉区、北安市、五大连池市、嫩江县、逊克县、孙吴县、伊春市、铁力市、嘉荫县、鹤岗市、萝北县、绥滨县、佳木斯市、同江市、富锦市、桦南县、桦川县、汤原县、抚远县、双鸭山市、集贤县、友谊县、宝清县、饶河县、七台河市、勃利县、鸡西市、虎林市、密山市、鸡东县、牡丹江市、穆棱市、绥芬河市、海林市、宁安市、东宁县、林口县、北林区、海伦市、望奎县、兰西、青冈县、庆安县、明水县、绥棱县、大兴安岭地区、呼玛县、塔河县、漠河县等地	清雍正六年(1728)《古今图书集成·方舆汇编·职方典·盛京物产考》	同前
	哈尔滨市、双城市、尚志市、五常市、依兰县、方正县、宾县、巴彦县、木兰县、通河县、延寿县、齐齐哈尔市、讷河市、龙江县、依安县、甘南县、富裕县、克山县、克东县、拜泉县、爱辉区、北安市、五大连池市、嫩江县、逊克县、孙吴县、伊春市、铁力市、嘉荫县、鹤岗市、萝北县、绥滨县、佳木斯市、同江市、富锦市、桦南县、桦川县、汤原县、抚远县、双鸭山市、集贤县、友谊县、宝清县、饶河县、七台河市、勃利县、鸡西市、虎林市、密山市、鸡东县、牡丹江市、穆棱市、绥芬河市、海林市、宁安市、东宁县、林口县、北林区、海伦市、望奎县、兰西、青冈县、庆安县、明水县、绥棱县、大兴安岭地区、呼玛县、塔河县、漠河县等地	清乾隆元年(1736)《盛京通志》	同前
	哈尔滨市、双城市、尚志市、五常市、依兰县、方正县、宾县、巴彦县、木兰县、通河县、延寿县、齐齐哈尔市、讷河市、龙江县、依安县、甘南县、富裕县、克山县、克东县、拜泉县、爱辉区、北安市、五大连池市、嫩江县、逊克县、孙吴县、伊春市、铁力市、嘉荫县、鹤岗市、萝北县、绥滨县、佳木斯市、同江市、富锦市、桦南县、桦川县、汤原县、抚远县、双鸭山市、集贤县、友谊县、宝清县、饶河县、七台河市、勃利县、鸡西市、虎林市、密山市、鸡东县、牡丹江市、穆棱市、绥芬河市、海林市、宁安市、东宁县、林口县、北林区、海伦市、望奎县、兰西、青冈县、庆安县、明水县、绥棱县、大兴安岭地区、呼玛县、塔河县、漠河县等地	清乾隆八年(1743)《大清一统志·黑龙江》	鹤

（续表）

省级政区	今地点	文献	内容
	哈尔滨市、双城市、尚志市、五常市、依兰县、方正县、宾县、巴彦县、木兰县、通河县、延寿县、齐齐哈尔市、讷河市、龙江县、依安县、甘南县、富裕县、克山县、克东县、拜泉县、爱辉区、北安市、五大连池市、嫩江县、逊克县、孙吴县、伊春市、铁力市、嘉荫县、鹤岗市、萝北县、绥滨县、佳木斯市、同江市、富锦市、桦南县、桦川县、汤原县、抚远县、双鸭山市、集贤县、友谊县、宝清县、饶河县、七台河市、勃利县、鸡西市、虎林市、密山市、鸡东县、牡丹江市、穆棱市、绥芬河市、海林市、宁安市、东宁县、林口县、北林区、海伦市、望奎县、兰西、青冈县、庆安县、明水县、绥棱县、大兴安岭地区、呼玛县、塔河县、漠河县等地	清乾隆四十四年（1779）《盛京通志》	同前
	爱辉区、逊克县、孙吴县、嘉荫县、萝北县、大兴安岭地区、呼玛县、塔河县、漠河县、讷河市、嫩江县、哈尔滨、巴彦县、齐齐哈尔市、龙江县、依安县、甘南县、富裕县、克山县、克东县、拜泉县、北安市、五大连池市、伊春市、铁力市、北林区、海伦市、望奎县、兰西县、青冈县、庆安县、明水县、绥棱县等地	清光绪二十年（1894）《黑龙江外记》	同前

4.3　华东

华东各省级政区历史上皆有丹顶鹤分布记录。

4.3.1　上海

上海市有较多关于丹顶鹤的历史记载。

宋绍定二年《吴郡志》记述：

鹤媒：吴人射鸟养驯鹤，使行前，而以草木叶为盾以自翳，夹弩矢以伺之。群鸟见鹤，以为同类无猜，遂为矢所中。陆龟蒙有《鹤媒歌》以讥同类相陷者。（歌云：偶系渔舟汀树枝，因看射鸟令人悲。盘空野鹤忽然下，背翳见媒心不疑。媒闲静立如无事，清唳时时入遥吹。裴回未忍过南塘，且应同声就同类。梳翎宛若相逢喜，只怕才来又惊起。窥鳞啄藻乍低昂，立定当胸流一矢。媒欢舞跃势离披，似谄功能邀弩儿。云飞水宿各自物，妒侣害群犹尔为。而况世间有名利，外头笑语中猜忌。君不见荒陂野鹤陷良媒，同类同声真可畏）

按：虽记载以驯鹤诱惑包括鹤等野鸟，但可以说明其中有丹顶鹤。

明正德七年《松江府志·土产》记述：

鹤：《［忘］怀录》：鹤，唯华亭鹤巢村所出为得地。他虽有，凡格也。《瘗鹤铭》亦谓：壬辰岁，得之华亭。鹤巢，即下沙，至今多鹤。尝询之土人，实自海东来。驯养久，乃生雏。以足有龟纹者贵。（梁）江淹诗：华亭失侣鹤，称乘轩宠遂终。三山凌苦雾，千里激悲风。心危白露下，声断彩弦中。何言斯物变，翻覆似辽东。

按：此所谓“鹤”，乃丹顶鹤。其中细节，则后有各说。

（清）王韬《瀛壖杂志》追记：

晋时，曾有白鹤一双自东海飞来，憩于鹤沙古柏，久乃生雏，相与冲霄而去。后百余年，复来二鹤徘徊村落间，或栖树杪，或宿坟园。村民聚观，则延颈长鸣，游行自若，其声嘹亮，远闻二十余里，羽毛似雪，朱顶黑尾，足高二尺余。数日后，逸翮凌霄，渺然烟灭。疑即前之雏鹤也。自后常有鹤至……

清康熙四十年（1701）《渊鉴类函·鹤》：

华亭鹤窠村所出为得地，盖自海东飞集于下沙，原非华产。其体高峻，绿足龟文，翔薄云汉，一举千里。他所有，凡格也。

按：此说虽不少沿用旧说，但明确指出“原非华产”，即“原非华亭县鹤窠村所产”，这与丹顶鹤在我国的繁殖地是东北，南方只是其越冬地或迁徙停歇地的实际较吻合。

清嘉庆十年（1805）《鹤沙瞿氏族谱·鹤沙旧德录》

《鹤沙志》：……云间申浦之东，相传有三沙焉，华亭十五保曰白沙，上海十七保曰川沙，十九保曰下沙。然居三沙之中，当时不通，为滨海沙涂鹤巢之地乎。

《南汇县志》考证（上海市南汇县县志编纂委员会，1992）：

下沙镇又名鹤沙镇，是本县古集镇之一。相传这一带，原为盛产丹顶鹤的鹤窠村所在地。原先的南汇县下沙镇，现已归属浦东新区航头镇；航头镇牌楼村十三组，就是下沙（又称鹤沙）古镇的策源地，也即旧时鹤窠村，其西端有条长着芦苇的小河，村民皆称之为鹤坡塘。

按："鹤窠村"亦即"鹤巢村"；松江府旧称"云间"，"华亭"为其治所。"鹤窠村"的方位虽见有四说①，但基本一致："鹤窠村"初属华亭，即今松江区；后改属南汇县（南汇区）②；现因南汇区并入浦东新区，再次变动属地，今航头镇、下沙镇、新场镇一带（《天地图》标有"航头镇"），古称"鹤沙"（图 8.49）。当然，历史上丹顶鹤并非"鹤窠村"而不在，只是该地更为著名而已。今上海境内还有不少带"鹤"的路名，如闵行区的鹤庆路、鹤坡路，嘉定区的鹤霞路、鹤旋路，浦东新区的鹤鸣路、鹤楼路，松江区的鹤诸路、鹤溪街，青浦区的鹤祥路、鹤吉路等多为曾有丹顶鹤飞临地点，这些基本与《松江府志》等记载吻合。

图 8.49　上海市古今丹顶鹤分布概况

①除《鹤沙瞿氏族谱》与《南汇县志》外，还有（宋）许尚《华亭百咏・鹤坡》："府东七十里，此地出鹤，俗呼鹤窠者是也。"（明）李日华《六研斋笔记》："上海下沙镇有鹤坡，或云鹤窠，乃陆机养鹤处。"

②南汇区在《天地图》中已不显示。

明崇祯三年《松江府志·物产》再记述：

鹤：陆士衡入洛阳，叹曰：华亭鹤唳可得闻乎？顾况《瘗鹤铭》亦谓：壬辰岁，得之华亭。韩偓诗云：正怜标格出华亭。华亭鹤，称之旧矣。宋·沈括曰：唯华亭鹤巢村所出，最为得地。盖自东海飞集于下沙，驯养久，乃生雏，其体高俊，绿足龟文，翔薄云汉，一举千里，诚羽族之家长，仙人之骐骥也。今沙拥平畴，去海几百里，下沙已无种矣。

刘禹锡《鹤叹序》云：友人白乐天，去年罢吴郡，挈双鹤雏以归。余相遇于扬子津，闲玩终日，翔舞调态，一符相书，信华亭之尤物也。今年春，乐天为秘书监，不以鹤随，置之洛阳第。一旦，予入门问讯其家人，鹤轩然来睨，如记相识。徘徊俯仰，似含情顾慕填膺，而不能言者。因作《鹤叹》：寂寞一双鹤，主人在西京。故巢吴苑树，深院洛阳城。徐引竹间步，远含云外情。谁怜好风月，邻舍夜吹笙。丹顶宜承日，霜翎不染泥。爱池能久立，看月未成栖。一院春草长，三山归路迷。主人朝谒早，贪养汝南鸡。

白居易《养鹤叹二首》：辞乡远隔华亭水，逐我来栖缑岭云。惭愧稻粱长不饱，未曾回眼向鸡群。荒草院中池水畔，衔恩不去又经春。见君惊喜双回顾，应为吟声似主人。

按：尽管有"今沙拥平畴，去海几百里，下沙已无种矣"之叹，反映沧桑巨变，但在上海市一带仍有丹顶鹤记载。

清嘉庆二十二年《松江府志》记述：

鹤：《云间志》：县之东，地名鹤窠。旧传产鹤，故陆平原有：华亭鹤唳之叹。《瘗鹤铭》谓：壬辰岁，得于华亭……《忘怀录》：鹤惟华亭鹤窠村所出为得地。他虽有，凡格也。《谈苑》：秀州华亭鹤胎生者，真鹤也。形体紧小，不食鱼虾，唯食稻粱。人诱以饭，则食之。其体大，好食鱼虾，啄蛇鼠者，鹤合所生，乃卵生也。食稻粱者虽甚驯，熟久，须飞去。唯食鱼虾者，不能去耳。

按：此记述多引旧述，以示当地丹顶鹤由来已久。

清同治十一年《上海县志》记述：

鹤：道光……二十一年辛丑，九团坝有鹤来翔，饮啄自如。居人即于城隍庙侧建一亭俾，栖息于其中。逾月，飞去，不复还。

按：记录了1841年曾有丹顶鹤停歇状况。

4.3.2 江苏

江苏省也有丹顶鹤记载的史料。

《述异记》记述：

宋玄嘉初，镇北将军王仲德镇彭城。左右出猎，遇一鹤将二子，悉禽之，归以献王。

按：此记载南朝宋元嘉（424～453）初，王仲德在今徐州市野外捕获一雌鹤与二幼鸟。证明当时有丹顶鹤栖息。

明正德元年《姑苏志·土产》记述：

鹤媒：吴中弋人尝养一驯鹤，以草木叶为盾，挟弓矢伺之。鸟见鹤同类，狎之无猜疑，遂为矢所中。

陆龟蒙《鹤媒歌》：

偶系渔舟汀树枝，因看射鸟令人悲。
盘空野鹤忽然下，背翳见媒心不疑。
媒闲静立如无事，清唳时时入遥吹。
裴回未忍过南塘，且应同声就同类。
梳翎宛若相逢喜，只怕才来又惊起。
窥鳞啄藻乍低昂，立定当胸流一矢。
媒欢舞跃势离披，似谄功能邀弩儿。
云飞水宿各自物，妒侣害群犹尔为。
而况世间有名利，外头笑语中猜忌。
君不见荒陂野鹤陷良媒，同类同声真可畏。

按：虽主要记载饲养的丹顶鹤，但其作为"鹤媒"，还是可以反映有野生丹顶鹤存在。

清光绪八年《宜兴荆溪县志》记述：

东南之洞，有翔鹤之洞（张公山后白鹤洞有白鹤飞翔，故名。《相鹤经》云：鹤乃羽族之宗，仙人之骥。千六百年乃胎产。据此，则谓鹤不卵生者，误也。鹤初生多灰色，年久，渐白。至大，毛落而氄毛生，则白如雪矣）

按：此处指出"则谓鹤不卵生者，误也"。

4.3.3 浙江

浙江省历史上也有丹顶鹤记录。

《永嘉郡记》记载：

沭溪野青田中有双白鹤，年年生伏，长大便去。

按："永嘉郡"乃晋明帝太宁元年（323），析临海郡南部四县置，辖境相当今温州市、乐清市、永嘉县；到唐乾元元年（758）废。说明这一带曾有丹顶鹤栖息。

《资治通鉴》记载：

大业二年……诏吏部尚书牛弘等议定舆服、

仪卫制度……课州县送羽毛，民求捕之，网罗被水陆，禽兽有堪氅毦之用者，殆无遗类。乌程有高树，逾百尺，旁无附枝，上有鹤巢，民欲取之，不可上，乃伐其根。鹤恐杀其子，自拔氅毛投于地。时人或称以为瑞，曰：天子造羽仪，鸟兽自献羽毛。所役工十万余人，用金银钱帛巨亿计。

按：所称“乌程”，乃今属湖州市。古今皆以其为“丹顶鹤”舍身救幼鸟佳话则误，根据丹顶鹤的生态与习性，并不上高树，当是东方白鹳之误。特记述。

清乾隆五十七年《绍兴府志》记述：

鹤：《剡录》：张籍诗：春云剡溪口，残月镜湖西。水鹤沙边立，山鼯竹里啼。李易《剡山诗》：鱼条破波奋赤鬣，鹤唳投松翻缟衣。卢天骥《剡中诗》：但数十家看鹤户，与三两只钓鱼船。

按：通过唐、宋文人的诗作，即反映早有丹顶鹤栖息，有说明其时仍有飞临。

清光绪二十四年《杭州府志》记述：

鹤：林君复尝畜两鹤，纵之，则飞入云霄盘旋，久之复入笼中……

仁和三峰里人夏诚有《三峰十咏》内有：石青鹤唳(《成化志》)。

按：此处两条资料，若以前者非野生丹顶鹤，则后者可反映其非驯养。

4.3.4 江西

江西省也有丹顶鹤记录。

明正德十二年《建昌府志》记述：

鹤：《翔鹤谣序》：……元符三年八月，有鹤百余翔于境内之紫霄。大观三年己丑，复衔花木传虚，而下郡以其事闻于朝。五月丁卯，又翔集于县城之清修观，回环飞舞。及暮，望西北翔空而去。是日也，天清日明，云气解剥……昔者，群鹤翔于武夷，神光发于亳社，皆载之咏歌，被之金石，所以褒大而显扬之甚盛德也。

按：原“序”较长，仅摘录与丹顶鹤相关的直接信息。可见当地在北宋时，至少丹顶鹤有2年[元符三年(1100)，大观三年(1109)]3次飞临，多时达到百余只。

4.3.5 山东

山东省也不乏丹顶鹤史料。

明万历元年《兖州府志》记述：

鹤：大如鹅，跱高，脚修，颈长喙。今人谓之赤颊。当夜半鸣。其鸣高亮。《鹤经》云：阳鸟也。行必依洲渚，止不集林木。羽族之宗长，仙人之骐骥也。鸣则闻于天，飞则一举千里。欧阳永叔诗：樊笼毛羽日低催，野水长松眼暂开。万里秋风天外意，日斜闲啄岸边苔。《步虚词》：华表千年一鹤归，凝丹为顶雪为衣。星星仙语人听信，却向五湖翻翅飞①。

按：此处的“鹤”，虽有“赤颊”之称谓，但最为关键的是“凝丹为顶雪为衣”描述，证明就是丹顶鹤。

民国二十四年《高密县志》记述：

鸳鸯(按：境内无仙鹤、鸳鸯鸟。此本《旧志》或百脉湖九穴泊未塞以前有之)

按：其时当地的丹顶鹤与鸳鸯虽绝迹，但还是可以反映之前它们曾有栖息。

4.3.6 方志记载的丹顶鹤

较具体记载丹顶鹤分布的文献，以方志为主。华东的丹顶鹤在20世纪前分布(表8.4)如下。

表8.4　20世纪前华东的丹顶鹤分布概况

省级政区	今地点	文献	内容	新方志出处
上海	松江区	宋绍熙四年(1193)《云间志》	县东地名鹤巢，旧传产鹤。云间，唳鹤之乡也	
	宝山区、嘉定区等地	宋绍定二年(1229)《吴郡志》	鹤媒*	
	闵行区	明弘治十七年(1504)《上海县志》	鹤	
	中心城区及闵行区、浦东新区、金山区、松江区、青浦区、南汇区、奉贤区	明正德七年(1512)《松江府志》	鹤*	

①另见一版本：(唐)刘禹锡《步虚词》：华表千年一鹤归，凝丹为顶雪为衣。星星仙语人听尽，毛骨珊珊白雪清。

（续表）

省级政区	今地点	文献	内容	新方志出处
	金山区	明正德十二年(1517)《金山县志》	鹤	
	中心城区及闵行区、浦东新区、金山区、松江区、青浦区、南汇区、奉贤区	明崇祯三年(1630)《松江府志》	鹤*	
	闵行区	清康熙二十二年(1683)《上海县志》	鹤：唯华亭鹤巢村所出……鹤巢，即今下沙也。比年以来，亦竟不至	
	南汇区	清雍正十三年(1735)《南汇县志》	鹤(丹顶绿足)	
	宝山区	清乾隆十一年(1746)《宝山县志》	鹤	
	崇明县	清乾隆二十五年(1760)《崇明县志》	鹤	
	闵行区	清嘉庆十九年(1814)《上海县志》	旧志称华亭为鹤巢，其地即下沙……今属南汇，鹤不至亦久矣	
	中心城区及闵行区、浦东新区、金山区、松江区、青浦区、南汇区、奉贤区	清嘉庆二十二年(1817)《松江府志》	鹤*	
	闵行区	清同治十一年(1872)《上海县志》	鹤*	
	松江区	清光绪四年(1878)《华亭县志》	昔有而今无者如……鹤	
	青浦区	清光绪五年(1879)《青浦县志》	鹤(旧传产鹤。故陆平原有：华亭鹤唳之叹)	
	属浦东新区	清光绪五年(1879)《川沙厅志》	鹤	
江苏	苏州市、吴江市、昆山市、太仓市、常熟市、张家港市等地	宋绍定二年(1229)《吴郡志》	同前	
	靖江市、常州市、无锡市、江阴市、宜兴市	明成化十九年(1483)《毗陵志》	鹤(射生户多得灰色者。其白者产淮乡)	
	苏州市	明正德元年(1506)《姑苏志》	鹤媒*	
	苏州市	明嘉靖八年(1529)《吴邑志》	鹤(邑中不产，来自江北。人家园亭多畜之，可辟蛇)	
	南通市	明嘉靖九年(1530)《通州志》	鹤(出吕四场芦苇中，白水荡多有之。又有野鹤，色灰，似鹤而小)	
	江阴市	明嘉靖二十七年(1548)《江阴县志》	鹤(以足有龟纹者，贵)	
	如皋市	明嘉靖三十九年(1560)《如皋县志》	鹤	
	连云港市	明隆庆六年(1572)《海州志》	鹤	
	高邮市	明隆庆六年(1572)《高邮州志》	鹤	
	连云港市	明万历元年(1573)《淮安府志》	仙鹤(海州出)	
	南通市、海门市	明万历六年(1578)《通州志》	鹤(出吕四场。足有龟纹者，佳)	
	盐城市	明万历十一年(1583)《盐城县志》	有仙鹤	
	通州市	1996年《南通县志》	明万历间(1590年左右)……鹤	通州市地方志编纂委员会，1996

（续表）

省级政区	今地点	文献	内容	新方志出处
	江都市	明万历二十七年(1599)《江都县志》	鹤	
	南通市	清康熙十三年(1674)《通州志》	鹤之生吕四场者，丹顶绿足，足有龟文。寻常不易见也	
	睢宁县	清康熙二十二年(1683)《睢宁县志》	仙鹤	
	金湖县、东台市、大丰市、扬州市、仪征市、江都市、高邮市、宝应、泰州市、姜堰市、兴化市、海安县	清雍正六年(1728)《古今图书集成·方舆汇编·职方典·扬州府物产考》	鹤	
	南京市、溧水县、高淳县、句容市	清雍正六年(1728)《古今图书集成·方舆汇编·职方典·江宁府物产考》	鹤(羽族之宗，仙人之骥)	
	金湖县、东台市、大丰市、扬州市、仪征市、江都市、高邮市、宝应县、泰州市、姜堰市、兴化市、海安县	清雍正十一年(1733)《扬州府志》	鹤	
	连云港市、赣榆县、灌云县、东海县、灌南县、沭阳县、响水县	清乾隆八年(1743)《大清一统志·海州直隶州》	鹤	
	阜宁县	清乾隆十二年(1747)《阜宁县志》	鹤	
	盐城市	清乾隆十二年(1747)《盐城县志》	鹤：出海滨芦苇滩深处。今产鹤之处阜宁，盐城绝无矣	
	淮安市	清乾隆十三年(1748)《淮安县志》	鹤	
	如皋市	清乾隆十五年(1750)《如皋县志》	仙鹤(声交而孕，古人多重之)	
	通州市	清乾隆二十年(1755)《通州志》	鹤(为仙鹤。产吕四场者，丹顶红胫，足有龟纹，绝不轻得)	
	在连云港市	清乾隆三十七年(1772)《云台山志》	鹤(有仙鹤、灰鹤二种)	
	通州市	清乾隆四十五年(1780)《州乘一览》	鹤(产吕四。声较响，更觉清亮，举止耸秀，别有一番庄雅之态)	
	如皋市	清嘉庆十三年(1808)《如皋县志》	鹤(不多有)	
	金湖县、东台市、大丰市、扬州市、仪征市、江都市、高邮市、宝应、泰州市、姜堰市、兴化市、海安县	清嘉庆十五年(1810)《扬州府志》	鹤(脚有龟纹者为贵)	
	连云港市	清嘉庆十六年(1811)《海州直隶州志》	海州：鹤	
	高邮市	清嘉庆十八年(1813)《高邮州志》	鹤(间出)	
	连云港市	清道光十七年(1837)《云台新志》	鹤(仙鹤、灰鹤二种)	
	兴化市	清咸丰二年(1852)《兴化县志》	鹤(出海滩，见《欧志》)	
	泰兴市、南通市、通州市、如皋市、如东县	清光绪元年(1875)《通州直隶州志》	鹤(出吕四场。丹顶，绿胫，足有龟文)	
	宜兴市	清光绪八年(1882)《宜兴荆溪县志》	东南之涧，有翔鹤之涧*	
	苏州市、吴江市、昆山市、常熟市、张家港市	清光绪九年(1883)《苏州府志》	鹤媒[①]	
	赣榆县	清光绪十四年(1888)《赣榆县志》	鹤	

（续表）

省级政区	今地点	文献	内容	新方志出处
浙江	平湖市	明天启七年(1627)《平湖县志》	鹤(邑有华亭乡鹤。本产此，今多来自他所)	
	属湖州市	明崇祯十年(1637)《乌程县志》	鹤(隋炀帝时，有灵鹤)	
	嘉兴市	明崇祯十年(1637)《嘉兴县志》	鹤(昔称华亭鹤，而今绝产矣)	
	衢州市、江山市、常山县、开化县、龙游县	清康熙五十年(1711)《衢州府志》	鹤	
	余姚市、慈溪市、越城区、诸暨市、上虞市、嵊州市、绍兴县、新昌县	清乾隆五十七年(1792)《绍兴府志》	鹤*	
	嵊州市	清同治九年(1870)《嵊县志》	鹤	
	青田县	清光绪二年(1876)《青田县志》	鹤(相传，太鹤洞天产鹤《旧志》。永乐庚子，鹤大集)	
	青田县	清光绪三年(1877)《处州府志》	青田：鹤(《太平寰宇记》：青田产。《相鹤经》云：青田之鹤，即此)	
	泰顺县	清光绪四年(1878)《分疆录》	鹤(明景泰元年，有鹤来巢)	
	嘉善县	清光绪五年(1879)《嘉兴府志》	鹤(嘉善县鹤湖中旧尝产鹤《明一统志》)	
	杭州市、富阳市、临安市、海宁市	清光绪二十四年(1898)《杭州府志》	鹤*	
	象山县	民国十五年(1926)《象山县志》	鹤(《浙江通志》引万历《象山县志》：南田悬海周环二百余里，高出海中诸山。山多鹤，鹿。《康熙志》同。今南田无鹤)②	
安徽	凤阳县	明成化六年(1470)《中都志》	鹤	
	黄山市、歙县、休宁县、黟县、祁门县、绩溪县等地	明弘治十五年(1502)《徽州府志》	鹤	
	阜阳市	明正德六年(1511)《颍州志》	鹤	
	阜阳市	明嘉靖十五年(1536)《颍州志》	鹤	
	宁国市	明嘉靖二十八年(1549)《宁国县志》	鹤(《诗》曰：鹤鸣子和。宁国有野鹤)	
	泾县	明嘉靖三十一年(1552)《泾县志》	鹤	
	属东至县	明万历三年(1575)《东流县志》	产仙鹤。	
	休宁县	清康熙三十二年(1693)《休宁县志》	明嘉靖九年，有鹤百余来栖齐云山	
	属东至县	清乾隆二十三年(1758)《东流县志》	产仙鹤。	
	歙县	清乾隆三十六年(1771)《歙县志》	鹤(集于南山为许真人鹤，盖亦以羽客而具仙姿者)	
	芜湖市、芜湖县、南陵县、黄山市、宣州区、宁国市、泾县、旌德县	清嘉庆二十年(1815)《宁国府志》	鹤(唐·李白诗：令弟佐宣城，赠余琴溪鹤。谓言天涯雪，忽向窗前落)	

（续表）

省级政区	今地点	文献	内容	新方志出处
福建	惠安县	明嘉靖九年(1530)《惠安县志》	鹤(鹤相唳)	
	蕉城区、福安市、福鼎市、霞浦县、柘荣县	明嘉靖十七年(1538)《福宁州志》	鹤(又有扬鹤)	
	清流县	明嘉靖二十四年(1545)《清流县志》	鹤(有灰、青、白色。丹顶,其寿最久)	
	福州市、福清市、长乐市、闽侯县、连江县、罗源县、闽清县、永泰县、平潭县、屏南县、古田县	明万历二十四年(1596)《福州府志》	鹤	
	福安市	明万历二十五年(1597)《福安县志》	鹤(又有扬鹤)	
	晋江市	清乾隆三十年(1765)《晋江县志》	鹤	
	宁化县	1992年《宁化县志》	明清县志记载的丹顶鹤……已不复见	宁化县志编纂委员会,1992
江西	婺源县等地	明弘治十五年(1502)《徽州府志》	鹤	
	南丰县、南城县、资溪县、广昌县、黎川县	明正德十二年(1517)《建昌府志》	鹤*	
	武宁县	明嘉靖二十二年(1543)《武宁县志》	仙鹤	
	南康市	明嘉靖三十四年(1555)《南康县志》	鹤	
	南昌市、南昌县、新建县、进贤县、武宁县、修水县、丰城市、奉新县、靖安县	明万历十六年(1588)《南昌府志》	鹤(阳鸟,仙禽。性警。霜降益鸣)	
	南康市、大余县、上犹县、崇义县	明万历三十七年(1609)《南安府志》	鹤	
	在九江市	清顺治十五年(1658)《庐山通志》	白鹤	
	武宁县	清雍正三年(1725)《武宁县志》	仙鹤	
	武宁县	清乾隆四十七年(1782)《武宁县志》	仙鹤	
	万年县	清同治十年(1871)《万年县志》	鹤	
	安义县、星子县、永修县、都昌县	清同治十一年(1872)《南康府志》	仙鹤	
山东	章丘市	明嘉靖九年(1530)《章丘县志》	鹤	
	宁津县、庆云县等地	明嘉靖十九年(1540)《河间府志》	鹤	
	广饶县、沂源县、安丘市、青州市、诸城市、寿光市、临朐县、昌乐县、日照市、五莲县、莒县、莒南县、沂水县、蒙阴县、沂南县、博兴县	明嘉靖四十四年(1565)《青州府志》	鹤	

（续表）

省级政区	今地点	文献	内容	新方志出处
	平阴县、阳谷县、东阿县、临沂市、郯城县、平邑县、费县、临沭县、枣庄市、滕州市、济宁市、曲阜市、兖州市、邹城市、微山县、鱼台县、金乡县、嘉祥县、汶上县、泗水县、梁山县、宁阳县、东平县、牡丹区、曹县、定陶县、成武县、单县、巨野县、郓城县	明万历元年(1573)《兖州府志》	鹤*	
	潍坊市	明万历二年(1574)《潍县志》	鹤	
	昌邑市	清康熙十一年(1672)《昌邑县志》	鹤(有灰鹤、白鹤)	
	属淄博市	清康熙二十六年(1687)《淄川县志》	鹤	
	鱼台县	清康熙三十年(1691)《鱼台县志》	鹤	
	邹城市	清康熙五十四年(1715)《邹县志》	鹤	
	滕州市	清康熙五十五年(1716)《滕县志》	鹤	
	莱州市	清乾隆二十三年(1758)《掖县志》	明神宗万历四十三年四月壬午，双鹤啣火，飞集掖县海神庙殿	
	潍坊市	清乾隆二十五年(1760)《潍县志》	鹤	
	高密市	清光绪二十二年(1896)《高密县志》	鹤	
	高密市	民国二十四年(1935)《高密县志》	鸳鸯*	

注：“*”即详见正文。①与《吴郡志》基本相同。②虽已绝迹，但之前有。

4.4 中南

历史时期，中南仅香港与澳门两省级政区未见有丹顶鹤栖息记录。

4.4.1 河南

河南省是迄今所知有关丹顶鹤史料最早的省级政区。

值得注意的是，上文《诗·小雅·鹤鸣》提及“九皋”，乃位于嵩县、汝阳县、伊川县交界处的九皋山，又名鸣皋山乃《鹤鸣》之所，优美壮观，闻名遐迩，引得帝王将相、文人墨客纷至沓来，游山玩景，吟诗作赋。(唐)李白赋诗《鹤鸣九皋》道：

昭化呈仙质，长鸣在九皋。
排空散清泪，映日委霜毛。
万里思寥廓，千山望郁陶。
香风光不见，风积韵弥高。
凤侣攀何及，鸡群思忽劳。

按：从诗中之“仙质”“霜毛”等特指信息，反映所谓“鹤”，乃丹顶鹤。说明在这一带早有丹顶鹤栖息。

《左传·闵公二年》记：

冬十二月，狄人伐卫。卫懿公好鹤，鹤有乘轩者。将战，国人受甲者皆曰：“使鹤。鹤实有禄位，余焉能战。”

《史记·卫康叔世家》也有记载：

懿公即位，好鹤，淫乐奢侈。九年，翟伐卫，卫懿公欲发兵，兵或畔。大臣言曰：“君好鹤，鹤可令击翟。”翟于是遂入，杀懿公。

按：此两条资料虽记述卫懿公好鹤亡国的同一事件，但其中某些细节值得考订：①据《辞海·中国历史纪年表》，《左传》所称“闵公二年”乃“鲁滑公二年”，《史记》所谓“九年”当是“卫戴公元年”，皆为公元前660年[辞海编辑委员会，2010)。②所称“卫”，乃春秋诸侯国。疆域大致位于黄河以北的今河南省北部、河北省南部、山东省聊城市西部一带[参见“（春秋）‘卫’地域及建都地（底图据：谭其骧，1982）”]①，先后建都于朝歌、楚丘、帝丘、野王，基本上在今河南省境内的淇县、滑县、濮阳县、沁阳市。可见在卫国有丹顶鹤分布。

4.4.2 湖北

湖北省历史上有丹顶鹤栖息。

（宋）《方舆揽胜》记述：

羊祜镇荆时，江陵多鹤，常取之教舞，以娱宾客，后遂名其地曰鹤穴，故今鹤穴有羊子庙。

按：羊祜（221—278），是西晋著名战略家、政治家和文学家；此“江陵”，乃今荆州市；“多鹤”，并“常取之教舞，以娱宾客”，表明是丹顶鹤。进而反映在当时常有丹顶鹤飞临荆州市。

4.4.3 湖南

湖南省历史上也有丹顶鹤飞临记录。

（晋）罗含《湘中记》记述：

衡山有悬泉滴沥岩间，声泠泠如弦。有白鹤回翔其上如舞。

（南朝宋）《异苑》也记述：

衡山有三峰极秀，其一名华盖，又名紫盖。澄天明景，辄有一双白鹤回翔其上。

按：南岳衡山在衡阳市；“白鹤回翔其上如舞”，说明是丹顶鹤；反映在3世纪时，衡山有丹顶鹤栖息。

明万历二年《慈利县志》记述：

鹤：阳鸟也，而游于阴。形甚奇伟，雀毛龟背，鸾胸凤翼，色亦精彩，朱顶丹睛，霜毛雪羽。性良，可驯畜。人或养之，悠悠阶前自适无惊动意。亦多寿。抱朴子谓：千岁之鹤能登木。其未千岁者，终不集树。少鸣，及鸣时，声甚清亮，远闻。其形、性、声、色、寿俱全如此。

按：描述的“鹤”基本符合丹顶鹤，说明当地有此物种栖息。

清道光八年《永州府志》记述：

全州有鹤：永州，唐时，固宜有之。子厚《与崔策登西山诗》曰：“鹤鸣楚山静，露白秋江晓。”其明证也。今鹤久不至矣（《香奁诗话》）。

按：据此，证明当地至少在唐代还有丹顶鹤抵达。

清同治八年《慈利县志》记载：

鹤：长颈，脚高三尺余，喙长三四寸，丹顶，赤目，青脚，白羽，黑翎。古谓之仙禽。《易经》：鸣鹤在阴。《诗》：鹤鸣于九皋。

按：此记载描述的“鹤”，特征十分明确，无疑就是丹顶鹤。

清光绪十一年《耒阳县志》记载：

鹤：《汲冢周书》曰：阴羽……宋·李昉畜五禽，以鹤为仙客。《尔雅翼》：一名仙子，一名蓬莱羽士。

按：对所称“鹤”，皆采用古人对丹顶鹤的别称，证明当地曾有丹顶鹤停歇。

4.4.4 广东

历史时期，广东省就有丹顶鹤记录。

民国十四年《阳江志》记述：

茹有仁，东乡人。举进士不第。因观稼，独游田野中。有鹤飞至，自语曰：“白鹤子。”有仁曰：“先生何方而来？”鹤语曰：“自丹田太液华池来。”有仁曰：“只闻鹤戏芝田，饮瑶池。未闻丹田太液华池之说。”鹤语曰：“芝田有草，丹田无根，瑶池无实。华池有津。”有仁拜曰：“愿乘先生之逸驾。”因诵希夷先生诗云：“自隐元都不会春，几回沧海变为尘。玉阶殿里朝元始，金阙宫中礼老君。漫去驾乘千岁鹤，闲来醉卧九霄云。我今愿学长生术，谁肯流传与世人。”鹤遂举双翎与之，亦以嘴画地，作诗曰：“王乔舞鹤丹山路，阿母蟠桃玉洞春。”但收白云双翎在须，见一鼎新，遂飞上紫逻而去（《舆地纪胜》）。

按：该志转引南宋地理总志《舆地纪胜》中记载当地学子茹有仁与仙鹤之事，反映曾有丹顶鹤。

4.4.5 海南

海南省历史上有丹顶鹤分布记录。

明万历年（1573～1620）《琼州府志》记述：

鹤：通身灰色，去[顶二]寸许，毛始丹。[亦能]鸣舞。其色白，顶丹者，则传自广。

按：此处所描述的两种“鹤”皆有丹顶，但前者“通身灰色”，似为灰鹤；后者“色白”，显然是丹顶鹤，

---

①此图因故不得已删除，有兴趣的读者可以根据所列出处查看原图。该图显示，春秋时，卫国的疆域大致位于黄河以北的河南鹤壁、安阳、濮阳，河北邯郸和邢台一部分，山东聊城西部、菏泽北部一带；都城皆在河南省，曾有数处，在野王（今沁阳市）、沬邑（原称“朝歌”，今鹤壁市淇滨区）、楚丘（今滑县东）、帝丘（今濮阳县）一线排开。

尽管其"传自广"。琼州府即今海南省，已处于丹顶鹤分布南缘，不可能在全岛广泛分布。

清光绪十六年(1890)《琼州府志》记述：

鸧：粤中最少鹤，惟琼州则元裳，缟衣，丹顶。其余，灰鹤居多。又有蓑衣鹤，俗名牛奴《通志》。

按：据此，表明海南省虽有丹顶鹤，但数量并不多。

4.4.6 方志记载的丹顶鹤

较具体记载丹顶鹤分布的文献，以方志为主。中南的丹顶鹤在20世纪前分布(表8.5)如下。

表8.5 20世纪前中南的丹顶鹤分布概况

省级政区	今地点	文献	内容
河南	舞阳县、叶县、方城县	明嘉靖二十五年(1546)《裕州志》	白鹤
	襄城县	明嘉靖三十年(1551)《襄城县志》	鹤
	商城县	明嘉靖三十年(1551)《商城县志》	鹤
	兰考县	清顺治十六年(1659)《仪封县志》	仙鹤
	获嘉县	清乾隆二十一年(1756)《获嘉县志》	鹤
	登封市	清乾隆五十二年(1787)《登封县志》	白鹤(《嵩书》：李八百炼药于嵩山，尝有三白鹤集于峰头)
	偃师市	清乾隆五十三年(1788)《偃师县志》	缑[氏]山有放鹤亭、饮鹤池
	孟津县	明嘉庆二十一年(1816)《孟津县志》	鹤
湖北	宜昌市、宜都市、远安县、长阳土家族自治县	明弘治九年(1496)《夷陵州志》	鹤
	武汉市、大悟县、黄州区、麻城市、武穴市、红安县、罗田县、浠水县、蕲春县、黄梅县、团风县	明弘治十三年庚申(1500)《黄州府志》	鹤
	仙桃市	明嘉靖十年(1531)《沔阳志》	有鹤
	广水市	明嘉靖十九年(1540)《应山县志》	鹤
	巴东县	明嘉靖三十年(1551)《巴东县志》	鹤……白鹤
	兴山县、秭归县、巴东县	明嘉靖四十三年(1564)《归州志》	鹤(有黑、白二色)
	荆门市、钟祥市、京山县、洪湖市、当阳市、仙桃市、天门市、潜江市	明万历三十年(1602)《承天府志》	鹤
	兴山县、秭归县、巴东县	明万历三十一年(1603)《归州志》	白鹤
	大冶市	清康熙八年(1669)《大冶县志》	白鹤
	属武汉市	清康熙十二年(1673)《武昌县志》	仙鹤(不易得)
	宜城市	清康熙二十二年(1683)《宜城县志》	白鹤
	武汉市、孝南区、汉川市、洪湖市，仙桃市	清雍正六年(1728)《古今图书集成·方舆汇编·职方典·汉阳府物产考》	仙鹤
	汉川市	清乾隆三十八年(1773)《汉川县志》	白鹤
	郧西县	清乾隆四十二年(1777)《郧西县志》	白鹤
	当阳县	清乾隆五十九年(1794)《当阳县志》	白鹤
	荆州市、石首市、松滋市、江陵县、公安县、监利县、枝江市、宜都市、远安县、兴山县、秭归县	清光绪六年(1880)《荆州府志》	鹤(江陵鹤泽多鹤，今亦稀矣)
	咸安区	清光绪八年(1882)《咸宁县志》	白鹤

（续表）

省级政区	今地点	文献	内容
	武汉市、黄州区、麻城市、武穴市、红安县、罗田县、浠水县、蕲春县、黄梅县、团风县	清光绪十年(1884)《黄州府志》	鹤
	属老河口市	清光绪十年(1884)《光化县志》	鹤
	房县	清同治四年(1865)《房县志》	鹤
	郧西县	清同治四年(1865)《郧西县志》	白鹤
	宜城市	清同治五年(1866)《宜城县志》	鹤
	来凤县	清同治五年(1866)《来凤县志》	白鹤(邑中时见，止洲渚间。莫知所从来)
	远安县	清同治五年(1866)《远安县志》	鹤
	建始县	清同治五年(1866)《建始县志》	野鹤
	嘉鱼县	清同治五年(1866)《嘉鱼县志》	鹤
	蕲春县	清光绪八年(1882)《蕲州志》	鹤
	云梦县	清光绪十四年(1888)《德安府志》	国朝乾陵四十四年乙亥八月，有二鹤翔舞云梦学宫，止古柏上《云梦志》
湖南	张家界市、慈利县、桑植县、安乡县、澧县、临澧县、石门县、南县、岳阳市、临湘市、岳阳县、华容县、平江县	明嘉靖四十一年(1562)《澧州志》	丹顶鹤
	安乡县	明隆庆(1567～1572)《岳州府志》	鹤(诸州邑，惟安乡有之)
	慈利县	明万历二年(1574)《慈利县志》	鹤*
	岳阳市、临湘市、岳阳县、平江县、华容县	清雍正六年(1728)《古今图书集成·方舆汇编·职方典·岳州府物产考》	鹤
	岳阳市、临湘市、岳阳县、平江县、华容县	清乾隆十一年(1746)《岳州府志》	野禽曰鹤雁，多集湖滨
	长沙市、浏阳市、长沙县、望城县、宁乡县、益阳市、桃江县、安化县、汨罗县、湘阴县、株洲市、醴陵市、攸县、茶陵县、湘潭市、湘乡市、韶山市、湘潭县、涟源县、双峰县	清乾隆十二年(1747)《长沙府志》	鹤
	桑植县、保靖县、古丈县、永顺县、龙山县	清乾隆二十八年(1763)《永顺府志》	鹤(长颈，膝高三尺余，喙长三四寸，丹顶，赤目，青脚，白羽，黑翎，古谓之仙禽)
	张家界市、慈利县、安乡县、澧县、临澧县、石门县、南县	清道光元年(1821)《澧州直隶州志稿》	丹顶鹤
	临澧县	清道光三年(1823)《安福县志》	鹤(古谓之仙鹤)
	永州市、东安县、道县、宁远县、江永县、新田县、双牌县、祁阳县、江华瑶族自治县	清道光八年(1828)《永州府志》	全州有鹤*
	慈利县	清同治八年(1869)《慈利县志》	鹤*
	耒阳市	清光绪十一年(1885)《耒阳县志》	鹤*

（续表）

省级政区	今地点	文献	内容
广东	江城区	民国十四年(1925)《阳江志》	鹤(南宋)*
	南雄市、始兴县	明嘉靖二十一年(1542)《南雄府志》	鹤
	新丰县、源城区、紫金县、龙川县、连平县、和平县、东源县、兴宁市、五华县、城区、陆丰市、海丰县、陆河县、惠州市、博罗县、惠东县	明嘉靖二十一年(1542)《惠州府志》	鹤
	梅江区、梅县、大埔县、丰顺县、平远县、蕉岭县、湘桥区、潮安县、饶平县、汕头市、南澳县、榕城区、普宁市、揭东县、揭西县、惠来县	明嘉靖二十六年(1547)《潮州府志》	鹤
	中山市	明嘉靖二十七年(1548)《香山县志》	鹤(灰白二种，皆丹顶)
	兴宁市	明嘉靖三十一年(1552)《兴宁县志》	鹤
	仁化县	明嘉靖三十二年(1553)《仁化县志》	白鹤鸟
	新丰县、源城区、紫金县、龙川县、连平县、和平县、东源县、兴宁市、五华县、城区、陆丰市、海丰县、陆河县、惠州市、博罗县、惠东县	明嘉靖三十五年(1556)《惠州府志》	有鹤
	仁化县	明嘉靖三十六年(1557)《仁化县志》	白鹤
	茂名市、化州市、信宜市、高州市、电白县、吴川市、廉江市	明万历(1573～1620)《高州府志》	鹤
	湛江市、雷州市、遂溪县、徐闻县	明万历四十二年(1614)《雷州府志》	鹤
	鹤山市	清康熙八年(1669)《高明县志》	丹顶鹤
	化州市、吴川市、廉江市	清康熙九年(1670)《化州志》	白鹤
	高要市	清康熙十二年(1673)《高要县志》	丹顶鹤
	属广州市	清康熙二十六年(1687)《花县志》	鹤
	雷州市	清康熙二十六年(1687)《海康县志》	鹤
	属佛山市	清康熙三十年(1691)《南海县志》	多鹤
	从化市	清康熙四十九年(1710)《从化县志》	鹤
	博罗县	清康熙六十一年(1722)《惠阳山水记·罗浮山纪胜》	白鹤
	从化市	清雍正八年(1730)《从化县志》	鹤
	惠来县	清雍正九年(1731)《惠来县志》	鹤
	怀集县	清乾隆二十年(1755)《怀集县志》	仙鹤
	紫金县	清嘉庆十八年(1813)《永安县志》	白鹤
	仁化县	清嘉庆二十四年(1819)《仁化县志》	白鹤
	增城市	清嘉庆二十五年(1820)《增城县志》	多鹤(多灰色。其白者多小，间亦有类扬州者)
	紫金县	清道光二年(1822)《永安县志》	鹤
	封开县	清道光三年(1823)《开建县志》	白鹤
	南雄市、始兴县	清道光四年(1824)《直隶南雄州志》	鹤
	广宁县	清道光四年(1824)《广宁县志》	鹤

（续表）

省级政区	今地点	文献	内容
	云城区	清道光四年(1824)《东安县志》	鹤
	恩平县	清道光五年(1825)《恩平县志》	鹤
	电白县	清道光五年(1825)《电白县志》	鹤
	化州市	清道光十四年(1834)《化州志》	鹤
	遂溪县	清道光二十八年(1848)《遂溪县志》	白鹤
	属佛山市	清咸丰三年(1853)《顺德县志》	鹤
	怀集县	清同治十二年(1873)《怀集县志》	仙鹤
	英德市、韶关市、乐昌市、仁化县、翁源县、乳源瑶族自治县	清同治十三年(1874)《韶州府志》	鹤
	属韶关市	清光绪元年(1875)《曲江县志》	鹤
	新丰县、源城区、紫金县、龙川县、连平县、和平县、东源县、城区、陆丰市、海丰县、陆河县、惠州市、博罗县、惠东县	清光绪七年(1881)《惠州府志》	鹤
	属佛山市	清光绪九年(1883)《九江儒林乡志》	白鹤
	茂名市	清光绪十四年(1888)《茂名县志》	鹤(南方之鹤皆灰色。白者,小,去顶二寸许,毛始丹《广东新语》)
	茂名市、化州市、信宜市、高州市、电白县、吴川市、廉江市	清光绪十五年(1889)《高州府志》	鹤(凡数种……有缟衣,丹顶者……土产无鹤,所见均非真鹤也)
广西	桂林市、阳朔县、临桂县、灵川县、全州县、兴安县、永福县、灌阳县、资源县、龙胜各族自治县、鹿寨县	明景泰元年(1450)《桂林郡志》	红顶鹤
	南宁市、横县、隆安县、上思县、扶绥县、平果县	明嘉靖四十三年(1564)《南宁府志》	鹤(性警。霜降益鸣)
	宾阳县	明万历十五年(1587)《宾州志》	鹤
	钦州市、灵山县、浦北县、北海市、合浦县、防城港市、东兴市	明崇祯十年(1637)《廉州府志》	鹤
	灵山县	清雍正十一年(1733)《灵山县志》	鹤①
	岑溪市	清乾隆四年(1739)《岑溪县志》	鹤
	兴业县	清乾隆四十三年(1778)《兴业县志》	鹳
	平乐县、荔浦县、恭城县、蒙山县、金秀瑶族自治县、八步区、昭平县、钟山县、富川瑶族自治县	清嘉庆十年(1805)《平乐府志》	红顶鹤
	灵山县	清嘉庆二十五年(1820)《灵山县志》	白鹤
	博白县	清道光十二年(1832)《博白县志》	白鹤
	北流市	清光绪六年(1880)《北流县志》	鹤(有白鹤、黄鹤二种)
	昭平县	清光绪十六年(1890)《广西通志》	红顶鹤(昭平县出)
海南	属海口市	清康熙四十七年(1708)《琼山县志》	老鹤
	属海口市	清咸丰七年(1857)《琼山县志》	鹤(粤中最少鹤,惟琼州则元裳缟衣,丹顶……《通志》)

注:“*”即详见正文。①原文“鹳鹤”,当是“鹳”与“鹤”两物种之误。

4.5 西南

历史上，西南各省级政区皆有丹顶鹤栖息记录。

4.5.1 四川

四川省有较早丹顶鹤记录。

(汉)扬雄《蜀都赋》有“山鹤既交，春羔秋鼆，脍鲅龟肴，杭田孺鷺”之句。说明在“蜀都”，亦即今成都市一带有丹顶鹤飞临。

4.5.2 云南

云南省历史上有丹顶鹤分布。

清乾隆四十七年(1782)《滇南见闻录》中记载有“仙鹤”，亦即丹顶鹤。据证实，丹顶鹤主要栖息在滇北一些地方。

4.5.3 方志记载的丹顶鹤

较具体记载丹顶鹤分布的文献，以方志为主。西南的丹顶鹤在 20 世纪前分布(表 8.6)如下。

表 8.6　　20 世纪前西南的丹顶鹤分布概况

省级政区	今地点	文献	内容	新方志出处
重庆	万州区、开县、巫溪县、巫山县、奉节县、云阳县	清康熙二十五年(1686)《夔州府志》	白鹤	
	垫江县	清乾隆十年(1745)《垫江县志》	白鹤	
	万州区、开县、巫溪县、巫山县、奉节县、云阳县	清乾隆十一年(1746)《夔州府志》	白鹤	
	万州区	清乾隆十一年(1746)《万县志》	白鹤	
	城口县	清道光二十四年(1844)《城口厅志》	鹤(长颈，高脚，羽毛为霜)	
	黔江区	清咸丰元年(1851)《黔江县志》	白鹤	
	黔江区	清光绪二十年(1894)《黔江县志》	白鹤	
四川	广元市、旺苍县、剑阁县、苍溪县、梓潼县、阆中市、南部县、巴州区、通江县、南江县、平昌县	明嘉靖二十二年(1543)《保宁府志》	白鹤	
	泸州市、泸县、合江县、江安县	清康熙四十八年(1709)《泸州志》	白鹤	
	中江县	清康熙五十四年(1715)《中江县志》	仙鹤	
	雨城区	清乾隆四年(1739)《雅州府志》	雅安县附郭：鹤	
	岳池县	清乾隆二十一年(1756)《岳池县志》	白鹤	
	广元市	清乾隆二十二年(1757)《广元县志》	白鹤	
	马边彝族自治县	清嘉庆十年(1805)《马边厅志略》	白鹤	
	长宁县	清嘉庆十三年(1808)《长宁县志》	白鹤	
	达县	清嘉庆二十年(1815)《达县志》	白鹤	
	双流县	清嘉庆二十一年(1816)《华阳县志》	鹤(一名仙客)	
	属叙永县	清嘉庆二十五年(1820)《九姓县志》	白鹤	
	隆昌县	清同治元年(1862)《隆昌县志》	白鹤	
	大邑县	清同治七年(1868)《大邑县志》	仙鹤	
	会理县	清同治十三年(1874)《会理州志》	鹤(名曰仙禽，曰胎禽，曰露禽，曰阴羽，曰八公，曰赤颊，曰仙人骐骥)	

（续表）

省级政区	今 地 点	文 献	内 容	新方志出处
	岳池县	清光绪元年(1875)《岳池县志》	白鹤	
	珙县	清光绪九年(1883)《珙县志》	鹤	
	郫县	1989年《郫县志》	(汉)扬雄《蜀都赋》和(晋)常璩《华阳国志》中……动物有：鹤	四川省郫县志编纂委员会，1989
贵州	贵阳市、开阳县、修文县、息烽县、钟山区、水城县、大方县、黔西县、金沙县、织金县、纳雍县、长顺县、惠水县、玉屏侗族自治县、岑巩县	明嘉靖三十四年(1555)《贵州通志》	贵州布政司宣慰司：鹤，思州府：鹤	
贵州	贵阳市、开阳县、修文县、息烽县、钟山区、水城县、大方县、黔西县、金沙县、织金县、纳雍县、长顺县、惠水县、铜仁市、江口县、松桃苗族自治县、万山特区	明万历二十五年(1597)《贵州通志》	贵阳府：仙鹤，铜仁府：鹤①	
贵州	玉屏侗族自治县、万山特区、岑巩县	清康熙六十一年(1722)《思州府志》	白鹤	
贵州	关岭布依族苗族自治县	清道光十七年(1837)《永宁州志》	鹤	
贵州	清镇市、六枝特区、西秀区、平坝县、普定县、关岭布依族苗族自治县、镇宁布依族苗族自治县、紫云苗族布依族自治县	清咸丰元年(1851)《安顺府志》	白鹤	
云南	大理市、祥云县、宾川县、云龙县、洱源县	明天启五年(1625)《滇志》	大理府：白鹤	
西藏	城关区、当雄县、堆龙德庆县	清康熙六十年(1721)《西藏志》	拉撒(拉萨)至杨八景(羊八井)：鹤	

注：①原文为“鹤雀”，疑似“鹤”与“雀”之误。

4.6 西北

历史时期，西北各省级政区皆有丹顶鹤栖息记录。

4.6.1 陕西

陕西省是历史上西北丹顶鹤分布最多的省级政区。

据报道，随着森林的破坏和消失，鹤、鹭鸶等今在子长县消失①。说明古代曾有丹顶鹤栖息。

《唐书》记载：

天宝中，华阴郡奏：白鹤见于西岳五福峰。至德中，肃宗降道戮辰，有庆云属天，白鹤飞舞于上所居殿宇，翱翔二十余匝而去。

按：据此，说明在唐天宝(742～755)间，今华阴市有丹顶鹤栖息；唐至德(756～757)间，今西安市有丹顶鹤飞临。

1994年《丹凤县志》记述：

鹤：唐人咏“四皓”及商山诗作中，屡言及鹤，如刘沧《题四皓》云“天高猿叫向山月，露下鹤声来庙松”，可知境内唐时有鹤。今绝迹。

按：据此，表明唐代以来，当地曾有丹顶鹤栖息。

①子长县. http://baike.baidu.com/link? url=CkrltCkzYUbUU-IRSzHdrMelPE_V4JntaBC03696JGjJfsb682DGU2gyQwbFM3gl

4.6.2 方志记载的丹顶鹤

较具体记载丹顶鹤分布的文献,以方志为主。西北的丹顶鹤在20世纪前分布(表8.7)如下。

表8.7 20世纪前西北的丹顶鹤分布概况

省级政区	今地点	文献	内容	新方志出处
陕西	丹凤县	1994年《丹凤县志》	鹤*	丹凤县志编纂委员会,1994
	高陵县	明嘉靖二十年(1541)《高陵县志》	洲渚之间:鹤……百千成群	
	礼泉县	明崇祯十一年(1638)《醴泉县志》	野鹤	
	陇县	清康熙五十二年(1713)《陇州志》	鹤	
	宜川县	清乾隆十八年(1753)《宜川县志》	黄鹤	
	铜川市	清乾隆三十年(1765)《同官县志》	鹤	
	宝鸡市、岐山县、凤翔县、陇县、太白县、麟游县、扶风县、千阳县、眉县	清乾隆三十一年(1766)《凤翔府志》	鹤	
	西安市、蓝田县、周至县、户县、高陵县、铜川市、临渭区、富平县、咸阳市、兴平市、三原县、泾阳县、礼泉县、宁陕县、柞水县	清乾隆四十四年(1779)《西安府志》	鹤(《诗·小雅》:鹤鸣于九皋。《陆疏》:多纯白,亦有苍色者。《临潼志》:鹤,间有之)	
	蒲城县	清乾隆四十七年(1782)《蒲城县志》	鹤(《诗·小雅》:鹤鸣于九皋。《陆疏》:多纯白,亦有苍色者。《旧志》:邑产灰鹤)	
	蓝田县	清嘉庆元年(1796)《蓝田县志》	鹤	
	洛南县	清光绪四年(1878)《雒南县乡土志》	鹤	
	镇巴县	清光绪五年(1879)《定远厅志》	鹤	
	岚皋县	清光绪二十一年(1895)《砖平地理志》	白鹤	
	平利县	清光绪二十二年(1896)《平利县志》	白鹤	
	户县	光绪二十四年(1898)《鄠县乡土志》	鹤	
甘肃	崆峒区、华亭县、庄浪县、静宁县等地	清雍正六年(1728)《古今图书集成·方舆汇编·职方典·平凉府物产考》	白鹤	
	静宁县	清乾隆十一年(1746)《静宁州志》	鹤	
	天水市、清水县、秦安县、张家川回族自治县、礼县、两当县、徽县	清乾隆二十九年(1764)《直隶秦州新志》	皇清乾隆四年,白鹤栖于秦州伏羲庙柏	
	清水县	清乾隆六十年(1795)《清水县志》	土产:黄鹤;灾祥:鹤	
	崆峒区	清嘉庆二十四年(1819)《崆峒山志》	元鹤(栖东台岩洞之中。丹顶,皂身,白腹,朱啄,野老者色深黑)	
宁夏	同心县、原州区、西吉县、隆德县、泾源县、彭阳县、海原县等地	清雍正六年(1728)《古今图书集成·方舆汇编·职方典·平凉府物产考》	白鹤	

注:“*”即详见正文。

5　丹顶鹤在20世纪的分布

20世纪，我国绝大部分省级政区仍有丹顶鹤栖息记录。

丹顶鹤在我国的分布主要呈现3种形态：在东北中部草甸一带，为繁殖鸟。到东北西南部、华北等地，则为旅鸟。在长江中下游一带，则为冬候鸟；到更南的福建、台湾等地，则为罕见的冬候鸟（郑作新，1976）。

5.1　华北

华北各省级政区在20世纪皆有丹顶鹤记录。

5.1.1　河北

河北省仍有丹顶鹤记录。

民国二十四年（1935）《察哈尔省通志》所记载的"松鹤"，即丹顶鹤。只是"察哈尔省"地域在今冀、晋、内蒙古交界一带，缺乏更具体地点，但可作为其他文献的佐证；在河北省可作为西北部有丹顶鹤栖息的证据。

《中国濒危动物红皮书：鸟类》称，丹顶鹤迁徙时途经"河北北戴河"等地（汪松等，1998），亦即在秦皇岛市等地。

据谢剑峰（1995）调查，乐亭（县）滦河口地区有丹顶鹤栖息（马逸清等，2002）①。

2007～2008年对地处昌黎县、乐亭县的滦河口湿地进行调查，该地属咸水淡水交接地区，是滨海型湿地。已发现有17目44科184种鸟类，其中就有丹顶鹤等多种珍稀物种（张玉峰等，2010）。

《香河县志》记载"20世纪60年代起，很多野生动物受环境恶化和人类过量捕杀的影响，狼、鹤、鹏、雉、秃鹫等已经绝迹"（河北省香河县地方志编纂委员会，2001）。此"鹤"与之前民国《香河县志》有"鹤"记载，表明皆有丹顶鹤②。

5.1.2　山西

山西省仍有丹顶鹤栖息记录。

民国二十四年《察哈尔省通志》记载的"松鹤"，表明在山西省东北部曾有丹顶鹤栖息。

5.1.3　内蒙古

内蒙古自治区有较多丹顶鹤栖息记载。

民国二十四年《察哈尔省通志》记载的"松鹤"，表明在内蒙古自治区中南部曾有丹顶鹤栖息。

《吉林省野生动物图鉴：鸟类》介绍：丹顶鹤见于白城等地（吉林省野生动物保护协会，1987）。亦即含有内蒙古自治区的乌兰浩特市、突泉县、科尔沁右翼前旗等地。

《中国濒危动物红皮书：鸟类》称，丹顶鹤繁殖地在"内蒙古达来诺尔、乌拉盖、科尔沁、呼伦湖、辉河"等地（汪松等，1998），约在克什克腾旗、满洲里市、新巴尔虎右旗、新巴尔虎左旗、鄂温克族自治旗、科尔沁右翼中旗、东乌珠穆沁旗等地。

《阿鲁科尔沁旗志》记述（《阿鲁科尔沁旗志》编纂委员会，1994）：

丹顶鹤：又名仙鹤。涉禽类，鹤形目，鹤科。本旗春夏季节，在河流、湖畔、苇塘畔常见……丹顶鹤，全身素装，喉、颊和颈部暗褐色。尾短，咀、颈和跗蹠长。头顶皮肤裸露，呈朱红色，幼时头顶不红。飞羽黑色，其次级和三级飞羽形长而弯曲成弓状；两翼折叠时，覆于整个白色短尾上面，每被误认为尾羽。鸣声响亮，飞翔力强。常涉于近水浅滩，取食鱼、虾、蛙、鼠类和蛇，也食乌拉草、三菱草、芦苇等植物。候鸟。寿命长。

按：据此，反映当地确有丹顶鹤分布。

《内蒙古动物志．第三卷，鸟纲·非雀形目》记述（旭日干，2007）：

丹顶鹤地理分布：繁殖于内蒙古的呼伦贝尔市鄂伦春族自治旗毕拉河林业局（1990.4.23）、大杨树（1991.3.12）、新巴尔虎左旗乌尔逊河（1988）、鄂温克族自治旗辉河自然保护区（1998），兴安盟科尔沁右翼中旗（1989.3.10）、科尔沁保护区（1989）、扎赉特旗图木吉（1996），通辽市（1982）、扎鲁特旗（1995），锡林郭勒盟乌拉盖（1998.5.25），赤峰市的克什克腾旗（1993）、达里诺尔（1987；1988）。笔者考察的结果，丹顶鹤的繁殖范围向西南延伸，直至内蒙古锡林浩特市

---

①由于原书未提供具体参考文献信息，笔者多方查找却未见原文；因较少见，故只能转移。下文还有数篇类似，均照此，不另加注。

②据称，香河县国华文化影视城的"天鹅湖畔"，黑白天鹅、丹顶鹤、鸳鸯、赤麻黄鸭等珍奇野生动物临岸而栖（廊坊十一好去处 香河县国华文化影视城免费开园．http://news.china.com.cn/live/2014-09/26/content_28980823.htm

的白银库伦。

按：据此，约在克什克腾旗、科尔沁区、扎鲁特旗、新巴尔虎左旗、鄂伦春自治旗、鄂温克族自治旗、扎赉特旗、科尔沁右翼中旗、锡林浩特市等地有丹顶鹤栖息。

据1999年中央新闻报道，翁牛特旗发现有丹顶鹤(马逸清等，2002)。

5.1.4　方志记载的丹顶鹤

此阶段的丹顶鹤分布记录，虽有野外调查，但方志仍占较大比重。华北的丹顶鹤在20世纪的分布(表8.8)如下。

表8.8　**20世纪华北的丹顶鹤分布概况**

省级政区	今地点	文献	内容	新方志出处
北京	平谷区	民国二十三年(1934)《平谷县志》	鹤	
	海淀区	1999年《北京市海淀区志》	中华民国时期：鹤	北京市海淀区志编纂委员会，1999
河北	馆陶县	清光绪三十四年(1908)《馆陶县乡土志》	鹤	
	馆陶县	民国二十年(1931)《馆陶县志》	鹤(体纯白，顶赤，尾羽白，高三尺许。鸣声高朗)	
	香河县	民国二十五年(1936)《香河县志》	鹤	
	赞皇县	1998年《赞皇县志》	旧志《羽类》中尚有白鹤	河北省赞皇县地方志编纂委员会，1998
	安新县	2000年《安新县志》	20世纪50年代以前……仙鹤	安新县地方志编纂委员会，2000
	秦皇岛市	1994年《秦皇岛市志》	丹顶鹤(【发现地点】旷野【居留期间】旅鸟【季节】春、秋)	秦皇岛市地方志编纂委员会，1994
	属秦皇岛市	1994年《北戴河志》	丹顶鹤(【发现地点或生活环境】旷野【居留期间】旅鸟【季节】春、秋)	秦皇岛市北戴河区地方志编纂委员会，1994
	安国市	1996年《安国县志》	鹤鹳①	河北省安国市地方志编纂委员会，1996
	唐海县	1997年《唐海县志》	鹤(境内南部芦苇洼淀中曾发现过灰鹤和丹顶鹤)	唐海县志编纂委员会，1997
	唐县	1999年《唐县志》	鹤(多分布在山区)	河北省唐县地方志编纂委员会，1999
山西	芮城县	民国十二年(1923)《芮城县志》	鹤	
	尧都区	民国二十二年(1933)《临汾县志》	鹤	
	浮山县	民国二十四年(1935)《浮山县志》	鹤	
	曲沃县	1991年《曲沃县志》	鹤	曲沃县志编纂委员会，1991
	襄垣县	1996年《山西通志》	丹顶鹤(仅偶见于长治市后湾水库，属于迁徙迷鸟)	山西省史志研究院，1996
	绛县	1997年《绛县志》	鹤	绛县志编纂委员会，1997
	浑源县	1999年《浑源县志》	仙鹤	山西省浑源县志编纂委员会，1999

（续表）

省级政区	今地点	文献	内容	新方志出处
内蒙古	海拉尔区、满洲里市、牙克石市、根河市、额尔古纳市、新巴尔虎右旗、新巴尔虎左旗、陈巴尔虎旗、鄂温克族自治旗、鄂伦春自治旗、扎兰屯市、阿荣旗、莫力达瓦达斡尔族自治旗等地	民国二十一年(1932)《黑龙江志稿》	鹤：瘦头朱顶，长颈高脚。一名仙鹤	
	科尔沁右翼前旗	1991 年《科尔沁右翼前旗志》	丹顶鹤	科尔沁右翼前旗志编纂委员会，1991
	克什克腾旗	1993 年《克什克腾旗志》	丹顶鹤	克什克腾旗地方志编纂委员会，1993
	扎兰屯市	1993 年《扎兰屯市志》	丹顶鹤	扎兰屯市史志编纂委员会，1993
	乌兰浩特市	1993 年《乌兰浩特市志》	丹顶鹤(只可见少量迁徙暂停的鸟类)	《乌兰浩特市志》编纂委员会，1993
	科尔沁右翼中旗	1993 年《科尔沁右翼中旗志》	丹顶鹤	科尔沁右翼中旗志编纂委员会，1993
	阿鲁科尔沁旗	1994 年《阿鲁科尔沁旗志》	丹顶鹤(又名仙鹤)*	《阿鲁科尔沁旗志》编纂委员会，1994
	赤峰市	1996 年《赤峰市志》	丹顶鹤(仙鹤)	赤峰市地方志编纂委员会，1996
	牙克石市	1996 年《牙克石市志》	丹顶鹤	牙克石市志编纂委员会，1996
	鄂温克族自治旗	1996 年《鄂温克族自治旗志》	丹顶鹤②	鄂温克族自治旗志编纂委员会，1996
	乌兰浩特市、阿尔山市、突泉县、科尔沁右翼前旗、科尔沁右翼中旗、扎赉特旗	1997 年《内蒙古自治区志：科学技术志》	80 年代，内蒙古大兴安岭林区内属于国家保护的野生动物有一类保护动物：丹顶鹤	内蒙古自治区科学技术志编纂委员会，1997
	乌兰浩特市、阿尔山市、突泉县、科尔沁右翼前旗、科尔沁右翼中旗、扎赉特旗	1997 年《兴安盟志》	丹顶鹤	兴安盟地方志编纂委员会，1997
	满洲里市	1998 年《满洲里市志》	呼伦湖有鹤类 5 种③	满洲里市志编纂委员会，1998
	莫力达瓦达斡尔族自治旗	1998 年《莫力达瓦达斡尔族自治旗志》	丹顶鹤	莫力达瓦达斡尔族自治旗史志编纂委员会，1998
	锡林浩特市	1999 年《锡林浩特市志》	鹤	《锡林浩特市志》编纂委员会，1999

注：“*”即详见正文。①疑似“鹤、鹳”之误。②该志误归作“鹤形目秧鸡科”。③其中包括丹顶鹤。

5.2 东北

东北各省级政区不仅仍有丹顶鹤栖息记录，且地点最多。

5.2.1 辽宁

辽宁省还有丹顶鹤栖息。

民国六年《开源县志》记述：

鹤：一名白鹤，亦名丹顶鹤。嘴、颈、胫皆长，头顶赤色。深秋高飞，偶一见之。能涉浅濑，时止河边，索食小鱼。

按：据此描述，历史上开源县栖息的“鹤”“丹顶鹤”，就是丹顶鹤。

民国十五年《新民县志》记述：

二区马厂刘家庐村农民刘克泰，年逾七旬，颇好道。前数年于住室外筑别野一所，引同志张翁树棠为伴侣。张亦逾七十。二老同居，别无往来，盖同为养静计也。于民国十年四月五日，突来仙鹤一只，飞落篱外。二老恐被人弋获，挥之去。岂意次日复来，任挥不去。饲以饮食，宛如家禽之驯。远近闻知，往观若驱市。月余，来人渐稀，而[鹤]愈驯，或(熟)飞，或鸣似乐得所。窃忆属境与比连之邻境向无崇山峻岭，茂林修竹，不产[鹤。鹤]亦稀来，故见[鹤]恒少。兹竟来而不云，且对稠众安处不惊。岂果为二老之德音所致欤？

按：据此，当时有丹顶鹤飞临。

民国二十年《安东县志》记述：

鹤：高二三尺，嘴及颈、脚皆长，体色纯白，丹顶，额、颊及自咽喉至颈色黑，翼尖亦黑，尾羽白。鸣声高朗，喜食鱼。滨海芦塘中有之。

按：据此描述，所称“鹤”就是丹顶鹤。

据邱英杰(1991)调查，本溪、宽甸、兴城有丹顶鹤栖息(马逸清等，2002)，说明约在本溪市、本溪满族自治县、宽甸满族自治县、兴城市等地有丹顶鹤栖息。

1993年《丹东市志》记述：

丹顶鹤：地方名仙鹤。夏候鸟。嘴长、全身几乎纯白，头顶裸出部分为鲜红色，故名。常栖息于开阔的芦苇丛，多草的沼泽地或低山丘陵的浅水池。早晚取食，以乌拉草、三楞草、芦苇嫩芽等食物为主，有时也吃些植物种子，软体动物及蝗虫等。据1982年出版的《岫岩县志》记载：东沟县有大量分布。80年代在东沟大孤山、凤城草河、宽甸的永甸均有发现，但数量稀少。

按：此处不仅对丹顶鹤的形态、生态、习性及别称有记述，而且对其在丹东市一带的分布情况也有记载。

1997年《营口市志》记述：

丹顶鹤：又叫仙鹤、鸴鷜；鹤属。是中国特有的珍稀鸟类。数量稀少，每年4月由越冬地迁到营口地区繁殖，生活于芦苇沼泽地带，夜间常栖息于周围有水的沙滩上。食物主要为鱼类、水生昆虫、软体动物、蝌蚪以及昆虫、植物嫩芽和种子等。该鸟是国家和省一类保护动物。

按：此处对丹顶鹤的别称与在营口市的栖息和生态也有所记载。

《中国濒危动物红皮书：鸟类》称，丹顶鹤繁殖地在“辽宁辽河三角洲地区”等地(汪松等，1998)，约在盘山县、大洼县等地。

1998年《盘锦市志》记述：

丹顶鹤：仙鹤。鹤形目，鹤科……每年3月份，由越冬地以家族为单位，成群结队驻足于盘锦域内双台河口自然保护区栖息繁殖，霜降后，仍以家族为单位飞往南方，约在盘锦栖息8个月。丹顶鹤寿命可达50～60年，为国家一类保护动物。

按：此处对丹顶鹤在盘锦市一带的栖息状况等有所记载。另据1999年报道，鞍山市野生动物救护中心海城站救助过来自盘锦的受伤丹顶鹤[①]，进一步证实在盘锦市有丹顶鹤飞临。

5.2.2 吉林

吉林省也有较多丹顶鹤栖息记录。

《长白山鸟类》称：丹顶鹤为旅鸟。春季4月中旬北迁、秋季9月上旬南迁时路经本区，停留20～30天。多成小群迁徙，每群3～5只。在1975年4月中旬，在通化地区浑江和靖宇县的松花江及集安鸭绿江曾见到有迁徙的丹顶鹤停留。但数量较少。为稀有种(傅桐生等，1984)。可见在集安市、白山市、靖宇县等地有丹顶鹤飞临。

《吉林省野生动物图鉴：鸟类》介绍：丹顶鹤的地方名有仙鹤、白鹤、紫鹤、大白布衫子。3～4月份迁来吉林省，10～11月份飞到南方越冬。见于白城、四平和延边地区(吉林省野生动物保护协会，1987)。亦即含有吉林省洮北区、大安市、洮南市、镇赉县、通榆县、宁江区、扶余县、长岭县、乾安县、前郭尔罗斯蒙古族自治县、四平市、双辽市、公主岭市、梨树县、伊通满族自治县、延吉市、图们市、敦化市、珲春市、龙井市、和龙市、汪清县、安图县等地。

《东北鸟类志》介绍在“珲春敬信”有丹顶鹤(赵正阶，1988)，表明珲春市的敬信镇一带是丹顶鹤栖息地。

《中国濒危动物红皮书：鸟类》称，丹顶鹤繁

①辽宁首家民营动物园老板：举债百万建园图个乐. http://tianqi.cncn.com/anshan/news-164463

殖地在“吉林向海、莫莫格”等地（汪松等，1998），约在镇赉县、通榆县等地。

5.2.3 黑龙江

黑龙江省还有较多丹顶鹤栖息记录。

1925 年 4 月 4 日，雅科夫列夫在哈尔滨市郊相距 5 000 m 的松花江岸边获得一成体丹顶鹤标本，当时有 6 只鸟在一起（Yakovleff，1929）。

《中国鸟类分布名录》称，丹顶鹤“主要在齐齐哈尔市东南郊的扎龙渔场及附近各县，如林甸、杜尔伯特蒙古族自治县（太康）①、泰来等（繁殖鸟）”（郑作新，1976），说明在齐齐哈尔市、泰来县、林甸县、杜尔伯特蒙古族自治县等地有丹顶鹤。

据马逸清等（1986）1980～1984 年对黑龙江省丹顶鹤调查，每年 3 月上旬，丹顶鹤开始陆续迁来；约 9 月底或 10 月上旬，便相继离去；它们在黑龙江省停留近 7 个月。丹顶鹤分布在扎龙地区（齐齐哈尔市、大庆市）、萝北（县）、绥滨（县）、三江平原②、友谊（县）、宝清（县）、兴凯湖东北（虎林县一带）等地。

《黑龙江省鸟类志》介绍：丹顶鹤，别名仙鹤。在黑龙江省为夏候鸟。自 3 月上中旬至 10 月下旬或 11 月上旬，丹顶鹤在黑龙江居留 7 个月左右。分布于扎龙、林甸、泰康、哈尔滨、肇源、三江平原、牡丹江及兴凯湖，大兴安岭、黑河嘉荫（黑河、嘉荫）亦有分布。标本采集地：哈尔滨、泰康、林甸（黑龙江野生动物研究所，1992）。约在哈尔滨市、双城市、尚志市、五常市、依兰县、方正县、宾县、巴彦县、木兰县、通河县、延寿县、齐齐哈尔市、爱辉区、北安市、五大连池市、嫩江县、逊克县、孙吴县、肇源县、林甸县、杜尔伯特蒙古族自治县、嘉荫县、佳木斯市、同江市、富锦市、桦南县、桦川县、汤原县、抚远县、密山市、牡丹江市、穆棱市、绥芬河市、海林市、宁安市、东宁县、林口县、大兴安岭地区、呼玛县、塔河县、漠河县等地。

《中国濒危动物红皮书：鸟类》称，丹顶鹤繁殖地在“黑龙江扎龙、三江平原东北部和洪河、七星河、挠力河流域、兴隆、嘟噜河下游地区、迎春、小兴凯湖、兴凯湖”等地（汪松等，1998），约在巴彦县、齐齐哈尔市、林甸县、杜尔伯特蒙古族自治县、萝北县、同江市、富锦市、抚远县、宝清县、饶河县、虎林市、密山市等地。

5.2.4 方志记载的丹顶鹤

此阶段的丹顶鹤分布记录，虽有野外调查，但方志仍占较大比重。东北的丹顶鹤在 20 世纪的分布（表 8.9）如下。

表 8.9 20 世纪东北的丹顶鹤分布概况

省级政区	今地点	文献	内容	新方志出处
辽宁	开原市	民国六年(1917)《开源县志》	鹤*	
	凤城市	民国十年(1921)《凤城县志》	鹤(高二三尺，色白，顶红，翼大。善飞，鸣声高朗，喜食鱼。滨海苇塘多有之)	
	新民市	民国十五年(1926)《新民县志》	仙鹤*	
	桓仁满族自治县	民国十九年(1930)《桓仁县志》	鹤(有灰、白二色。白者曰仙鹤，甚少)	
	丹东市	民国二十年(1931)《安东县志》	鹤*	
	沈阳市、新民市、辽中县、康平县、法库县	1989 年《沈阳市志》	丹顶鹤(罕见)	沈阳市人民政府地方志编纂办公室，1989

①此处有误，应是“泰康镇”。

②“三江平原”范围颇广：位于黑龙江省东部，北起黑龙江，南抵兴凯湖，西邻小兴安岭，东至乌苏里江；行政区域包括佳木斯市、鹤岗市、双鸭山市、七台河市和鸡西市等所属的 21 个县(市)和哈尔滨市所属的依兰县。按：在此使用此概念，不仅产生多次重叠，而且在当时是否皆有丹顶鹤分布也是值得推敲的。

（续表）

省级政区	今地点	文献	内容	新方志出处
	岫岩满族自治县、丹东市、东港市、凤城市、宽甸满族自治县	1993年《丹东市志》	丹顶鹤*	丹东市地方志办公室，1993
	营口市	1997年《营口市志．第二卷，行政建置、自然环境、城市建设、交通邮电》	丹顶鹤*	营口市地方志编纂委员会办公室，1997
	盘锦市、大洼县、盘山县	1998年《盘锦市志：综合卷》	丹顶鹤*	盘锦市人民政府地方志办公室，1998
吉林	大安市	民国二年(1913)《大赉县志》	仙鹤(颈上仰，高四尺余，红顶，头有长毛一缕，白色翅膀有黑斑点)	
	扶余县	民国十三年(1924)《扶余县志》	鹤(瘦头，朱顶，长颈，高脚。一名仙禽)	
	辉南县	民国十六年(1927)《辉南县志》	鹤(深山莽林之间……有纯白，丹顶，碧喙，修伟轩昂，戛然长鸣，声闻数里)	
	洮北区、大安市、洮南市、镇赉县、通榆县、宁江区、扶余县、长岭县、乾安县、前郭尔罗斯蒙古族自治县	1992年《白城地区志》	丹顶鹤(在区内繁殖)	白城地区地方志编纂委员会，1992
	前郭尔罗斯蒙古族自治县	1993年《前郭尔罗斯蒙古族自治县志》	丹顶鹤	前郭尔罗斯蒙古族自治县地方志编纂委员会，1993
	通榆县	1994年《通榆县志》	丹顶鹤	通榆县志编纂委员会，1994
	白山市、临江市、抚松县、靖宇县、长白朝鲜族自治县	1994年《浑江市志》	丹顶鹤	浑江市地方志编纂委员会．1994
	延吉市、图们市、敦化市、珲春市、龙井市、和龙市、汪清县、安图县	1996年《延边朝鲜族自治州志》	丹顶鹤	延边朝鲜族自治州地方志编纂委员会，1996
黑龙江	宁安市	民国十三年(1924)《宁安县志》	鹤(瘦头朱顶，长颈高脚。一名仙禽)	
	桦川县	民国十七年(1928)《桦川县志》	鹤	
	依安县	民国十九年(1930)《依安县志》	鹤	
	爱辉区、逊克县、孙吴县、嘉荫县、萝北县、大兴安岭地区、呼玛县、塔河县、漠河县、讷河市、嫩江县、哈尔滨、巴彦县、齐齐哈尔市、龙江县、依安县、甘南县、富裕县、克山县、克东县、拜泉县、北安市、五大连池市、伊春市、铁力市、北林区、海伦市、望奎县、兰西县、青冈县、庆安县、明水县、绥棱县等地	民国二十一年(1932)《黑龙江志稿》	鹤：瘦头朱顶，长颈高脚。一名仙鹤	

（续表）

省级政区	今 地 点	文 献	内 容	新方志出处
	富裕县	1990 年《富裕县志》	丹顶鹤	姜成厚等，1990
	克山县	1991 年《克山县志》	丹顶鹤	克山县志编纂委员会，1991
	泰来县	1992 年《泰来县志》	鹤①	泰来县地方志办公室，1992
	萝北县	1992 年《萝北县志》	随季节变化而来去的有丹顶鹤	萝北县地方志编纂委员会，1992
	密山县	1993 年《密山县志》	丹顶鹤	密山县志编纂委员会，1993
	伊春市、铁力市、嘉荫县	1995 年《伊春市志》	丹顶鹤	伊春市地方志编纂委员会，1995
	杜尔伯特蒙古族自治县	1996 年《杜尔伯特蒙古族自治县志》	丹顶鹤	杜尔伯特蒙古族自治县地方志编纂委员会，1996
	抚远县	1998 年《抚远县志》	丹顶鹤（主要分布在鸭绿河下游、别拉洪河下游及一些沼泽、湖泡地区）	抚远县地方志编纂委员会，1998

注："*"即详见正文。①包括丹顶鹤。

5.3 华东

丹顶鹤此阶段在华东各省级政区仍有记录。

5.3.1 上海

上海市仍有个别地方有丹顶鹤飞临。

《中国濒危动物红皮书：鸟类》称，丹顶鹤越冬于"上海崇明"等地（汪松等，1998），约在崇明县等地。

《华东鸟类物种和亚种分类名录》介绍丹顶鹤（似主要为 21 世纪前资料）分布于"上海：崇明东滩保护区"等地（朱曦等，2008），约在崇明县等地。

5.3.2 江苏

江苏省是丹顶鹤的主要越冬地之一。

据 1987 年普查统计，淮安全市鸟类资源有丹顶鹤、白枕鹤、白鹤、黑鹤、大天鹅、小天鹅、虎鼻天鹅、鸳鸯、灰鹤、鸿雁、灰雁、鹤鹑、黑嘴鸥、鹰头杜鹃、回声杜鹃、大杜鹃、戴胜、绿啄木鸟、斑啄木鸟、星头啄木鸟、喜鹊、大山雀、银喉长尾山雀、灰喜鹊、黑枕黄鹂、画眉等 15 目 38 科 125 种①，反映在淮安市、金湖县、盱眙县、洪泽县、涟水县有丹顶鹤栖息。

据调查，1985 年 1 月 6 日，在灌南县见 67 只丹顶鹤；灌云县有 25 只丹顶鹤。1990 年 1 月，启东县兴隆沙见 30 只丹顶鹤②。

《中国濒危动物红皮书：鸟类》称，丹顶鹤越冬于"江苏盐城、洪泽湖、高邮湖、灌江、如东"等地（汪松等，1998），约在淮安市、盱眙县、洪泽县、东台市、大丰市、射阳县、滨海县、响水县、高邮市、如东县等地。

①淮安. http://baike.baidu.com/link? url = 99sKC6wvs_yRznLGEsR9NRJonpyn201g_0WC7caoYzYM3B47kzvmRI0Dzlld0opFzhxpdD6LyxFWtF-5M65bmq

②丹顶鹤是卵生还是胎生. http://zhidao.baidu.com/link? url=KPRlfP0-riyid-kPg7qwpjKK4vsH20R7o-3gyon-TSwDYkCMg2_3-ICX_RUG9FjS4D5CBhYG7zaFYJo9lPiTc_

《华东鸟类物种和亚种分类名录》介绍丹顶鹤(似主要为21世纪前资料)分布于“江苏:盐城保护区(冬)、水盐滩、苏北、骆马湖(冬)、洪泽湖、高邮湖、邵伯湖、(东启市)[启东市]兴隆沙”等地(朱曦等,2008),约在新沂市、宿迁市、泗阳县、泗洪县、金湖县、盱眙县、洪泽县、东台市、大丰市、射阳县、滨海县、响水县、扬州市、高邮市、宝应县、启东市等地。

据王一兵(1997)调查,阜宁马家荡有丹顶鹤栖息;又据王会(1997)调查,高邮邵伯湖、兴化河沟苇荡、泗洪向阳水库也有丹顶鹤栖息(马逸清等,2002),表明约在阜宁县、高邮市、兴化市、泗洪县等地曾有丹顶鹤。

5.3.3 安徽

安徽省也有丹顶鹤栖息记录。

《华东鸟类物种和亚种分类名录》介绍丹顶鹤(似主要为21世纪前资料)分布于“安徽:石臼湖(冬)、升金湖(冬)”等地(朱曦等,2008),约在当涂县、东至县等地。

5.3.4 江西

江西省也是丹顶鹤主要越冬地之一。

《华东鸟类物种和亚种分类名录》介绍丹顶鹤(似主要为21世纪前资料)分布于“江西:鄱阳湖区(冬)”等地(朱曦等,2008),约在新建县、南昌县、进贤县、星子县、都昌县、余干县、鄱阳县、永修县、德安县、湖口县等地。

5.3.5 山东

山东省仍有较多丹顶鹤栖息地点。

《山东鸟类分布名录》介绍丹顶鹤(似主要为21世纪前资料,且时间更早)分布于“黄河三角洲,黄河口,(大汶流)[大汶河],河口区;费县,平邑;青岛;日照(沿海);汶上;昌邑(下营),寿光(羊口),坊子(峡山水库);长岛县;胶东半岛,鲁中山地,鲁西北平原,鲁西南平原湖区”等地(赛道建等,2013)。约在济南市、济阳县、商河县、东昌府区、临清市、阳谷县、莘县、在平县、东阿县、冠县、高唐县、德城区、乐陵市、禹城市、陵县、平原县、夏津县、武城县、齐河县、临邑县、宁津县、庆云县、东营市、垦利县、利津县、淄博市、潍坊市、安丘市、昌邑市、高密市、诸城市、寿光市、烟台市、栖霞市、海阳市、龙口市、莱阳市、莱州市、蓬莱市、招远市、长岛县、环翠区、荣成市、乳山市、文登市、青岛市、胶州市、即墨市、平度市、胶南市、莱西市、日照市、平邑县、费县、枣庄市、滕州市、济宁市、曲阜市、兖州市、邹城市、微山县、鱼台县、金乡县、嘉祥县、汶上县、泗水县、梁山县、泰安市、莱芜市、滨城区、惠民县、阳信县、无棣县、沾化县、邹平县、牡丹区、曹县、定陶县、成武县、单县、巨野县、郓城县、甄城县、东明县等地。

《中国濒危动物红皮书:鸟类》称,丹顶鹤迁徙时途经“山东长山列岛、寿光、昌邑、潍坊、青岛、平邑、汶上、费县”,“山东日照”等地(汪松等,1998),约在潍坊市、昌邑市、寿光市、长岛县、青岛市、日照市、平邑县、费县、汶上县等地。

《山东省志·生物志》记述(山东省地方史志编纂委员会,1998):

丹顶鹤:俗称仙鹤,为世界性珍稀鸟类。体长1 020 mm以上,全身大都白色。头顶皮肤裸露呈朱红色。初级飞羽白色,次级和三级飞羽黑色,尾白色。栖于沼泽、苇塘和草甸地带。食物有动物性(小鱼、水生昆虫、软体动物等)和植物性(麦苗、植物种子、嫩芽等)。

按:据此,可见山东省依然有丹顶鹤栖息。

《华东鸟类物种和亚种分类名录》介绍丹顶鹤(似主要为21世纪前资料)分布于“山东:青岛、东南沿海、东营黄河三角洲(冬)、长山列岛、寿光、昌邑、潍坊、平邑、(汶山)[汶上]、费县(旅)”等地(朱曦等,2008),约在东营市、垦利县、利津县、潍坊市、昌邑市、寿光市、长岛县、青岛市、胶南市、日照市、平邑县、费县、汶上县等地。

5.3.6 台湾

台湾仍有丹顶鹤抵达。

据称1932年,在宜兰县东临大海、三面环山的兰阳平原之罗东镇曾捕获3只丹顶鹤①。

5.3.7 方志记载的丹顶鹤

此阶段的丹顶鹤分布记录,虽有野外调查,但方志仍占较大比重。华东的丹顶鹤在20世纪的分布(表8.10)如下。

---

①王世停.盐城丹顶鹤首次飞临台湾.http://news.sina.com.cn/c/2005-07-21/18556495344s.shtml

表 8.10　　20 世纪华东的丹顶鹤分布概况

省级政区	今地点	文献	内容	新方志出处
上海	闵行区	民国七年(1918)《上海县志》	鹤	
	闵行区	民国二十四年(1935)《上海县志》	鹤	
江苏	邳州市	民国十二年(1923)《邳志补》	鹤	
	属江都市	民国十五年(1926)《甘泉县志》	本地不产鹤;鸿雁自北来,亦非产物	
	属苏州市	民国二十二年(1933)《吴县志》	鹤(《吴郡志》谓之鹤媒……邑中不产,来自江北)	
	南通市	民国二十七年(1938)《江苏省乡土志·南通》	吕四场并养鹤,丹顶绿胫,足有象文	
	盱眙县	1993 年《盱眙县志》	丹顶鹤也常来栖息	盱眙县县志编纂委员会,1993
	启东县	1993 年《启东县志》	丹顶鹤	江苏省启东县志编纂委员会,1993
	徐州市	1994 年《徐州市志》	丹顶鹤	徐州市地方志编纂委员会,1994
	东台市	1994 年《东台市志》	丹顶鹤	东台市地方志编纂委员会,1994
	属南京市	1995 年《江浦县志》	丹顶鹤	江浦县地方志编纂委员会,1995
	邳州市	1995 年《邳县志》	丹顶鹤	邳州市地方志编纂委员会,1995
	属淮安市	1995 年《淮阴市志》	丹顶鹤	淮阴市地方志编纂委员会,1995
	兴化市	1995 年《兴化市志》	丹顶鹤	兴化市地方志编纂委员会,1995
	如皋县	1995 年《如皋县志》	丹顶鹤(仙鹤)	如皋市地方志编纂委员会,1995
	响水县	1996 年《响水县志》	丹顶鹤	响水县地方志编纂委员会,1996
	江都县	1996 年《江都县志》	丹顶鹤	江都市地方志编纂委员会,1996
	射阳县	1997 年《射阳县志》	丹顶鹤	射阳县地方志编纂委员会,1997
	盐城市、东台市、大丰市、射阳县、阜宁县、滨海县、响水县、建湖县	1998 年《盐城市志》	丹顶鹤	盐城市地方志编纂委员会,1998
	滨海县	1998 年《滨海县志》	丹顶鹤	滨海县地方志编纂委员会,1998
	灌云县	1999 年《灌云县志》	丹顶鹤	灌云县地方志编纂委员会,1999
浙江	平阳县	民国四年(1915)《平阳县志》	鹤(见《旧志》)	
	平阳县	民国十四年(1925)《平阳县志》	鹤	
	嵊州市	民国二十二年(1933)《嵊县志》	鹤	
	平阳县	1993 年《平阳县志》	鹤(已绝迹)	平阳县志编纂委员会,1993
	越城区、诸暨市、上虞市、嵊州市、绍兴县、新昌县	1996 年《绍兴市志》	丹顶鹤	绍兴市地方志编纂委员会,1996

（续表）

省级政区	今地点	文献	内容	新方志出处
安徽	蒙城县	民国四年(1915)《蒙城县志书》	鹤	
	全椒县	民国九年(1920)《全椒县志》	明万历四十六年……白鹤复巢于县圃	
	霍邱县	1992年《霍邱县志》	鹤* *	霍邱县地方志编纂委员会,1992
	安庆市、桐城市、怀宁县、枞阳县、潜山县、太湖县、宿松县、望江县、岳西县、贵池区、东至县	1995年《安庆地区志》	丹顶鹤	安庆地区地方志编纂委员会,1995
	歙县	1995年《歙县志》	丹顶鹤	歙县地方志编纂委员会,1995
	桐城县	1995年《桐城县志》	鹤	桐城县地方志编纂委员会,1995
	安庆市	1997年《安庆市志》	丹顶鹤(冬候鸟)	安庆市地方志编纂委员会,1997
	淮南市	1998年《淮南市志》	鹤* *	淮南市地方志编纂委员会,1998
福建	上杭县	民国二十八年(1939)《上杭县志》	丹顶鹤	
江西	属临川区	民国元年(1912)《东乡县志》	白鹤	
	万年县	1982年《万年县志》	鹤	万年县县志编纂委员会,1982
	宁都县	1986年《宁都县志》	鹤	宁都县志编辑委员会,1986
	丰城市	1989年《江西省丰城县志》	鹤鸟	丰城县县志编纂委员会,1989
	星子县	1990年《星子县志》	丹顶鹤	江西省星子县志编纂委员会,1990
	大余县	1990年《大余县志》	鹤①	江西省大余县志编纂委员会,1990
	南昌市、南昌县、新建县、安义县、进贤县	1997年《南昌市志》	丹顶鹤	南昌市地方志编纂委员会,1997
山东	分属武城县、平原县、夏津县	清光绪三十四年(1908)《恩县乡土志》	鹤	
	海阳市	1988年《海阳县志》	鹤	山东省海阳县志编纂委员会,1988
	日照市	1994年《日照市志》	丹顶鹤	日照市地方史志编纂委员会,1994
	淄博市、桓台县	1995年《淄博市志》	丹顶鹤	淄博市志编纂委员会,1995
	潍坊市、安丘市、昌邑市、高密市、青州市、诸城市、寿光市、临朐县、昌乐县、五莲县	1995年《潍坊市志》	丹顶鹤	潍坊市地方史志编纂委员会,1995
	东营市、垦利县、利津县	1998年《山东省志·生物志》	近几年,每年有部分灰鹤、丹顶鹤、白枕鹤在黄河三角洲越冬	山东省地方史志编纂委员会,1998
	乳山市	1998年《乳山市志》	鹤	山东省乳山市地方志编纂委员会,1998
台湾	屏东县	1971年《屏东县志》	白鹤	钟桂兰等,1971

注:“* *”即含有丹顶鹤。①原文为“鹤鹰鸥”,疑似“鹤、鹰、鸥”之误。

5.4 中南

此阶段,中南绝大部分省级政区仍有丹顶鹤栖息。

5.4.1 河南

河南省还有丹顶鹤栖息的记录。

《中国濒危动物红皮书:鸟类》称,丹顶鹤迁徙时途经"河南黄河故道"等地(汪松等,1998),约在卫辉市、延津县、封丘县等地①。丹顶鹤越冬于"河南庞寨"等地(汪松等,1998),约在卫辉市等地。

据陆健健(1994)调查,卫辉有丹顶鹤栖息;又据王文林(1998)调查,黑港口、三门峡也有丹顶鹤栖息(马逸清等,2002),反映丹顶鹤曾飞临卫辉市、湖滨区等地。

5.4.2 湖北

湖北省也有丹顶鹤飞临记载。

尽管民国十年《湖北通志·物产》称"鹤(各县多有之)",但此言过其实矣。就是按不同物种的鹤而言,也并非全省皆有,更何况是丹顶鹤。

5.4.3 湖南

此阶段,湖南省虽有丹顶鹤飞临,但地点不多。

据1984～1985年冬在东洞庭湖区②实地调查,发现虽有丹顶鹤,但仅发现3只(何业恒,1994),可见在岳阳市、华容县、岳阳县一带的丹顶鹤已然岌岌可危。

5.4.4 海南

海南省还有丹顶鹤栖息记录。

民国二十四年《儋县志》记述:

鹤:粤中最少,唯琼则元裳,缟衣,丹顶。其余灰鹤居多。又有蓑鹤(俗名牛奴《通志》)、灰鹤(大如鹤,通身灰色,去顶二寸许毛始丹,及颈之半,亦能鸣舞《桂海虞衡志》)。

按:尽管有多种"鹤",但其中"元裳,缟衣,丹顶"显然是丹顶鹤的特征,说明当地有丹顶鹤飞临。

5.4.5 方志记载的丹顶鹤

此阶段的丹顶鹤分布记录,虽有野外调查,但方志仍占较大比重。中南的丹顶鹤在20世纪的分布(表8.11)如下。

表8.11 20世纪中南的丹顶鹤分布概况

省级政区	今地点	文献	内容	新方志出处
河南	南阳市	清光绪三十年(1904)《南阳县户口地土物产畜牧表图说》	鹤	
	确山县	民国二十年(1931)《确山县志》	鹤	
	获嘉县	民国二十四年(1935)《获嘉县志》	鹤	
	淮滨县	1986年《淮滨县志:1951—1983》	鹤	淮滨县志编纂委员会,1986
	柘城县	1991年《柘城县志》	鹤	柘城县志编纂委员会,1991
	光山县	1991年《光山县志》	鹤	光山县史志编纂委员会,1991
	淮阳县	1991年《淮阳县志》	鹤	淮阳县地方志编纂委员会,1991
	信阳市、息县、淮滨县、潢川县、光山县、固始县、商城县、罗山县、新县	1992年《信阳地区志》	丹顶鹤	信阳地区地方史志编纂委员会,1992
	方城县	1992年《方城县志》	鹤	方城县地方志编纂委员会,1992
	卫辉市	1993年《卫辉市志》	丹顶鹤	卫辉市地方史志编纂委员会,1993

①该地先设"豫北黄河故道鸟类湿地国家自然保护区"(豫北黄河故道鸟类湿地国家自然保护区. http://baike.baidu.com/link?url=uAY1oHPhs_iqj94d_aCLec0KfN_9RG5FyARZWG2bYUozshR8cVWkMtfDx0eRu37f),后改为"新乡黄河湿地鸟类国家级自然保护区"

②原文称"据1984年冬君山自然保护区实地调查"(何业恒,1990)。"君山"在东洞庭湖中。

（续表）

省级政区	今地点	文献	内容	新方志出处
	郾城区	1993年《郾城县志》	鹤	郾城县志编纂委员会，1993
	川汇区	1994年《周口市志》	鹤	周口市地方史志编纂委员会，1994
	栾川县	1994年《栾川县志》	鹤	栾川县地方史志编纂委员会，1994
	遂平县	1994年《遂平县志》	鹤	遂平县志编纂委员会，1994
	汝阳县	1995年《汝阳县志》	鹤	汝阳县地方史志编纂委员会，1995
	淇县	1996年《淇县志》	鹤	《淇县志》编纂委员会，1996
湖北	宜城市	清光绪三十二年(1906)《宜城县志》	白鹤	
	郧西县	民国二十五年(1936)《郧西县志》	白鹤	
	通城县	1985年《通城县志》	鹤	通城县志编纂委员会，1985
	公安县	1990年《公安县志》	鹤	公安县志编纂委员会，1990
	嘉鱼县	1993年《嘉鱼县志》	松鹤	湖北省嘉鱼县地方志编纂委员会，1993
	襄樊市、老河口市、枣阳市、南漳县、谷城县、保康县、曾都区	1994年《襄樊市志》	鹤	湖北省襄樊市地方志编纂委员会，1994
	建始县	1994年《建始县志》	丹顶鹤（出没于景阳河、火龙河峡谷）	建始县地方志编纂委员会，1994
	恩施市	1996年《恩施市志》	丹顶鹤、白鹤、仙鹤等①	湖北省恩施市地方志编纂委员会，1996
	蕲春县	1997年《蕲春县志》	鹤	湖北省蕲春县地方志编纂委员会，1997
	恩施市、利川市、建始县、巴东县、宣恩县、咸丰县、来凤县、鹤峰县	1998年《恩施州志》	丹顶鹤	湖北省恩施土家族苗族自治州地方志编纂委员会，1998
湖南	安乡县	民国二十一年(1932)《安乡县志》	鹤（亦名仙鹤，禽中最有寿者）	
	湘乡县	1993年《麻阳县志》	鹤	湘乡县志编纂委员会，1993
	麻阳县	1994年《湘乡县志》	鹤	麻阳县志编纂委员会，1994
	靖州苗族侗族自治县	1994年《靖州县志》	鹤	靖州苗族侗族自治县县志编纂委员会，1994
广东	高要市	清宣统三年(1911)《高要县志》	鹳鹤（南方之鹤皆灰色，白者则少）	
	徐闻县	清宣统三年(1911)《徐闻县志》	鹤	
	怀集县	民国五年(1916)《怀集县志》	仙鹤（有珠顶）	
	东莞市	民国十年(1921)《东莞县志》	鹤（有白，有元，有黄，有苍）	
	始兴县	民国十五年(1926)《始兴县志》	鹤（多灰色。其白者多小）	

（续表）

省级政区	今地点	文献	内容	新方志出处
	廉江市	民国二十年(1931)《石城县志》	鹤(有数种。有通身皆洁白者,有缟衣,丹顶者)	
	乐昌市	民国二十年(1931)《乐昌县志》	鹤(有白、灰、黄、苍数种。南方之鹤多灰色,白者颇少)	
	开平市	民国二十二年(1933)《开平县志》	鹤(有黄,有苍,有白。白而颈长者,声最高。其颈短、灰色者,名灰鹤,是鹤之别种)	
	恩平县	民国二十三年(1934)《恩平县志》	鹤(有白,有玄,有黄,有苍。或取其雏饲之,翔步阶除有闲客态,甚驯扰可观)**	
	罗定县	民国二十四年(1935)《罗定县志》	鹤	
	龙门县	民国二十五年(1936)《龙门县志》	鹤	
	阳山县	民国二十七年(1938)《阳山县志》	有鹤	
	南雄市、始兴县	1991年《南雄县志》	鹤	南雄县地方志编纂委员会,1991
	兴宁市	1992年《兴宁县志》	丹顶鹤	兴宁县地方志编纂委员会,1992
	怀集县	1993年《怀集县志》	丹顶鹤	怀集县地方志编纂委员会,1993
	平远县	1993年《平远县志》	黄鹤②	平远县地方志编纂委员会,1993
	信宜市	1993年《信宜县志》	鹤	信宜县地方志编纂委员会,1993
	乐昌市	1994年《乐昌市志》	鹤	乐昌市地方志编纂委员会,1994
	揭西县	1994年《揭西县志》	鹤	揭西县地方志编纂委员会,1994
	增城市	1995年《增城县志》	鹤	增城市地方志编纂委员会,1995
	丰顺县	1995年《丰顺县志》	鹤	丰顺县地方志编纂委员会,1995
	云城区	1995年《云浮县志》	鹤	云浮县地方志编纂委员会,1995
	连南瑶族自治县	1996年《连南瑶族自治县县志》	鹤	连南瑶族自治县地方志编纂委员会,1996
	化州市	1996年《化州县志》	鹤	化州市地方志编纂委员会,1996
	属汕头市	1997年《潮阳县志》	鹤③	潮阳市地方志编纂委员会,1997
	茂名市	1997年《茂名市志》	鹤	茂名市地方志编纂委员会,1997
广西	陆川县	民国十三年(1924)《陆川县志》	鹤(有黄、白、玄、青各色……)、夜鹤(或云,即野鹤)	
	平南县	民国十八年(1929)《平南县志》	白鹤	
	钟山县	民国二十二年(1933)《钟山县志》	红顶鹤	
	上林县	民国二十三年(1934)《上林县志》	鹤	
	八步区	民国二十三年(1934)《贺县志》	白鹤	

（续表）

省级政区	今 地 点	文 献	内 容	新方志出处
	昭平县	民国二十三年(1934)《昭平县志》	鹤(……形似鹄而颈长。亦有丹顶者)	
	贵港市	民国二十三年(1934)《贵县志》	鹤	
	属鹿寨县	民国二十三年(1934)《雒容县志》	白鹤	
	兴宾区	民国二十五年(1936)《来宾县志》	水鸟最多……其次为鹭与鹤	
	江州区	民国二十六年(1937)《崇善县志》	白鹤	
	属鹿寨县	民国二十六年(1937)《榴江县志》	白鹤	
	属南宁市	民国二十六年(1937)《邕宁县志》	鹤(仙禽也。脚高颈长，顶丹羽白，翼端黑，嘴尖长)	
	宾阳县	1987年《宾阳县志》	鹤	宾阳县志编纂委员会，1987
	横县	1989年《横县县志》	鹤	横县县志编纂委员会，1989
	北流县	1993年《北流县志》	鹤(常见者有白鹤、灰鹤、黄鹤、长嘴鹤、花鹤等，属国家一级保护珍禽)	北流县志编纂委员会，1993
	博白县	1994年《博白县志》	黄鹤	博白县志编纂委员会，1994
	合浦县	1994年《合浦县志》	鹤	合浦县志编纂委员会，1994
	属南宁市	1995年《邕宁县志》	鹤	邕宁县地方志编纂委员会，1995
	藤县	1996年《藤县志》	黄鹤	藤县志编纂委员会，1996
	田东县	1998年《田东县志》	丹顶鹤(在边远的稻田，池塘旁、河岸边时有发现。体重为0.25～0.5 kg。多为两只或单只行动)	田东县志编纂委员会，1998
海南	属海口市	清宣统三年(1911)《琼山县志》	鹤	
	属琼海市	清宣统三年(1911)《乐会县志》	丹顶鹤	
	属三亚	民国三年(1914)《崖州志》	鹤	
	文昌市	民国九年(1920)《文昌县志》	鹤	
	东方市	民国二十年(1931)《感恩县志》	鹤(……又粤中少鹤，惟琼州则元裳，缟衣，丹顶)	
	儋州市	民国二十四年(1935)《儋县志》	鹤*	
	临高县	1990年《临高县志》	鹤	《临高县志》编纂委员会，1990
	昌江黎族自治县	1998年《昌江县志》	群鹤	海南省昌江黎族自治县地方志编纂委员会，1998

注："*"即详见正文；"**"即详见表8.1。①"丹顶鹤"与"仙鹤"乃同一种。②该志同时记载有"黄鹤、白鹤"。③原文为"鸭鹤"，疑似"鸭、鹤"之误；可参见1994年《揭西县志》记载"鹰、鹤、野鸭"。

5.5 西南

此阶段,西南仅西藏未见有丹顶鹤记录。

5.5.1 云南

云南省仍有丹顶鹤飞临。

据实地调查,认为在昭通和中甸都有丹顶鹤(王紫江等,1986)。《中国濒危动物红皮书:鸟类》也称,丹顶鹤"在云南昭通市和中甸纳帕海有过记录"(汪松等,1998),亦即在昭阳区、香格里拉县等地有丹顶鹤栖息。

5.5.2 方志记载的丹顶鹤

此阶段的丹顶鹤分布记录,虽有野外调查,但方志仍占较大比重。西南的丹顶鹤在20世纪的分布(表8.12)如下。

表8.12　　20世纪西南的丹顶鹤分布概况

省级政区	今地点	文献	内容	新方志出处
重庆	垫江县	民国六年(1917)《垫江县志》	白鹤	
	合川区	民国十年(1921)《合川县志》	白鹤	
	垫江县	1993年《垫江县志》	鹤	四川省垫江县志编纂委员会,1993
四川	越西县	清光绪三十二年(1906)《越嶲厅志》	鹤	
	合江县	民国十四年(1925)《合江县志》	白鹤	
	大邑县	民国十九年(1930)《大邑县志》	仙鹤。	
	万源市	民国二十一年(1932)《万源县志》	鹤(春夏始见)	
	金堂县	民国二十五年(1936)《四川通志稿》	金堂采访录:仙鹤	
	马边彝族自治县	民国二十六年(1937)《马边纪实》	白鹤	
	筠连县	民国三十七年(1948)《筠连县志》	鹤	
	西昌市	1996年《西昌市志》	安宁河和琼海的河洲湖畔,过去常有的……丹顶鹤……等冬候鸟栖息,而今也没有了	四川省西昌市志编纂委员会,1996
	巴州区	1992年《巴中县志》	鹤	四川省巴中县志编纂委员会,1992
	筠连县志	1998年《筠连县志》	野鹤	筠连县县志编纂委员会,1998
贵州	仁怀县	清宣统(1909~911)《仁怀县志》	仙鹤(甚少)	
	瓮安县	民国四年(1915)《瓮安县志》	白鹤	
	镇宁布依族苗族自治县	民国三十六年(1947)《镇宁县志》	白鹤	
	镇宁布依族苗族自治县	1993年《中国国情丛书:百县市经济社会调查:镇宁卷》	鹤	丁伟志等,1993
	沿河土家族自治县志	1993年《沿河县志》	鹤	沿河土家族自治县志编纂委员会,1993
	台江县	1994年《台江县志》	丹顶鹤(常见)	贵州省台江县志编纂委员会,1994
	凯里市	1998年《凯里市志》	鹤	贵州省凯里市地方志编纂委员会,1998

（续表）

省级政区	今地点	文献	内容	新方志出处
云南	昆明市	清光绪二十七年(1901)《昆明县志》	鹤	
	大理市	民国五年(1916)《大理县志》	鹤	
	昆明市	民国二十八年(1939)《昆明县志》	鹤(种类最多，最贵者为丹顶鹤)	
	巧家县	民国三十一年(1942)《巧家县志》	鹤	
	石林彝族自治县	1996年《路南彝族自治县志》	鹤	昆明市路南彝族自治县志编纂委员会，1996
	洱源县	1996年《洱源县志》	鹤	云南省洱源县志编纂委员会，1996
	昭阳市、鲁甸县、巧家县、盐津县、大关县、永善县、绥江县、镇雄县、彝良县、威信县、水富县	1997年《昭通地区志》	丹顶鹤	昭通地区地方志编纂委员会，1997
	古城区、永胜县、华坪县、玉龙纳西族自治县、宁蒗彝族自治县	1998年《丽江地区林业志》	丹顶鹤	丽江地区行政公署林业局，1998

5.6 西北

西北并非丹顶鹤主要分布区，然而此阶段除宁夏外，其他省级政区皆有丹顶鹤记录。

5.6.1 陕西

陕西省是西北丹顶鹤栖息最多的省级政区。

民国二十三年(1934)《陕西通志稿·物产》就记载有"鹤(一名仙鹤)"，证明还有丹顶鹤栖息。

地处黄龙县与洛川县境内的黄龙山次生林区，经1999年调查，统计到有鸟类5目30科86种，其中有丹顶鹤等珍稀鸟类多种(肖柏辉，2005)。

据王百战(1995)调查，陕西黄河湿地自然保护区130只丹顶鹤冬候鸟；又据丁长青(1999)称，渭河湿地有150只(1995)丹顶鹤旅鸟(马逸清等，2002)。窃以为，报道有误：①所记载皆处于1995年，但对丹顶鹤的数量有出入(相差20只)。②所记载二地有异：前者是"陕西黄河湿地自然保护区"，后者称"渭河湿地"，似后者有误[1]。

合阳黄河湿地自然保护区(包括华阴市、韩城市、潼关县、大荔县、合阳县等地)有冬候鸟丹顶鹤，据报道[2]：

1995年春，经专家考察发现，这里有国家1级保护鸟类丹顶鹤在此越冬，这是我国目前发现的丹顶鹤越冬地(得)[的]最西端，在我省属首次发现。

按：对1995年陕西省发现的丹顶鹤有多种报道，数量在130～150只。有学者怀疑"可能是灰鹤"[3]，但其后还是有丹顶鹤飞临陕西省的报道(见下文)。

1996年《渭南地区志》记述：

---

①"渭河湿地"是指从宝鸡市陈仓区凤阁岭到潼关县港口沿渭河至渭河与黄河交汇处，包括渭河河道、河滩、泛洪区及河道两岸1 km范围内的人工湿地。含西安泾渭湿地自然保护区。行政区划上包括宝鸡、咸阳、西安、渭南等市。

②合阳黄河湿地自然保护区.http://wenku.baidu.com/view/bc515ed4360cba1aa811da24.html

③对此有不同意见称："陕西合阳虽有报道说1995年3月见到140余只的大群丹顶鹤，但10年已经过去，无人在此重新见到丹顶鹤，因此作者认为当时看到的有可能是灰鹤，而不是丹顶鹤"(王岐山等，2005)。

丹顶鹤：仙鹤。鸟纲，鹤科。体长在1.2m以上，体羽主要为白色，头顶皮肤裸露呈朱红色，常涉于近水浅滩取食鱼虫，兼食水草谷类。供展览，飞羽和尾羽可制扇。在合阳县黄河滩一带，最大种群可达百十只，属国家一级保护动物。

按：据此，确认合阳黄河湿地一带有丹顶鹤。

5.6.2 方志记载的丹顶鹤

此阶段的丹顶鹤分布记录，虽有野外调查，但方志仍占较大比重。西北的丹顶鹤在20世纪的分布（表8.13）如下。

表8.13　20世纪西北的丹顶鹤分布概况

省级政区	今地点	文献	内容	新方志出处
陕西	华县	清光绪二十六年（1900）《华州乡土志》	鹤	
	南郑县	清光绪三十四年（1908）《南郑县志》	鹤（多纯白，亦有苍色者）	
	商南县	民国八年（1919）《商南县志》	鹤	
	周至县	民国十四年（1925）《盩厔县志》	鹤	
	户县	民国二十二年（1933）《鄠县志》	鹤	
	佳县	民国二十二年（1933）《葭县志》	鹤	
	岐山县	民国二十四年（1935）《岐山县志》	鹤	
	礼泉县	民国二十四年（1935）《醴泉县志》	野鹤	
	宜川县	民国三十三年（1944）《宜川县志》	鹤	
	合阳县、韩城市、大荔县、华阴市、潼关县	1996年《渭南地区志》	丹顶鹤*	渭南地区地方志编纂委员会，1996
	合阳县	1996年《合阳县志》	丹顶鹤	合阳县志编纂委员会，1996
	商州区	1998年《商州市志》	鹤	商州市地方志编纂委员会，1998
甘肃	和政县	民国十九年（1930）《和政县志》	鹤	
	灵台县	民国二十四年（1935）《灵台县志》	水鹤（似鹄，长颈，高脚，纯白，丹顶。食于水）	
	甘州区	1995年《张掖市志》	野鹤	甘肃省张掖市志编修委员会，1995
	合作市、临潭县、卓尼县、舟曲县、迭部县、玛曲县、碌曲县、夏河县	1999年《甘南州志》	丹顶鹤	甘南藏族自治州地方史志编纂委员会，1999
	永宁县	1995年《永宁县志》	鹤	永宁县志编纂委员会，1995
新疆	尉犁县	1993年《尉犁县志》	丹顶鹤	尉犁县地方志编纂委员会，1993

注："*"即详见正文。

6 丹顶鹤的现今分布

现今，丹顶鹤在全国大多数省级政区依然有所分布。

6.1 华北

华北各省级政区皆有丹顶鹤栖息记录。

6.1.1 北京

北京市仍然发现有丹顶鹤栖息。

丹顶鹤在北京市出现的文字报道尚未见到，但十分偶然地检索到有人 2012 年 7 月在大兴区麋鹿苑拍摄到丹顶鹤（图 8.50、图 8.51）①，特征十分明显，证实北京市仍有丹顶鹤飞临。

图 8.50 麋鹿苑中的丹顶鹤（一）

图 8.51 麋鹿苑中的丹顶鹤（二）

6.1.2 天津

至今，天津市依然有数处丹顶鹤栖息地点。

位于武清区东部的大黄堡自然保护区是京津两大都市间面积较大、纯自然的芦苇湿地和东亚—澳大利亚候鸟迁徙途中的重要链条之一环。2005 年 3～12 月调查，有丹顶鹤等国家一、二级保护鸟类 11 种（王凤琴等，2008）。据介绍，该保护区是内陆湿地型，这里湿地资源丰富、水网密布、芦苇茂密、气候凉爽、空气清新、动植物种类繁多，是一个由草甸、沼泽、水体、野生动植物等多种生态要素组成的湿地生态系统，称的上是一个动植物基因宝库；共有鸟类 230 多种，其中国家一、二级保护鸟类就有 34 种②。其后调查，还有丹顶鹤等栖息（李春燕等，2013）。

位于宁河县境内的七里海国家湿地公园空气清新，水质洁净，植被资源非常丰富，有林木植被、灌草植被、草甸植被、盐生植被、水生植被等。区内蕴有野大豆、猫眼草、地锦草等多种珍贵保护植物，并有野生动物包括浮游生物 130 余种。其中有丹顶鹤、大天鹅、鸳鸯、大鸨等 20 余种动物属于国家一、二级保护动物（蔡振洋，2015）。

6.1.3 河北

河北省现今还有丹顶鹤栖息的记录。

《安新县志》称，20 世纪 50 年代以前，地处该县的白洋淀水质清新，食物丰盛，百鸟争鸣，翔游栖息……不仅普通鸟类众多，珍禽奇鸟如天鹅、仙鹤、鸳鸯、白鹭等也随处可见（安新县地方志编纂委员会，2000）。近期报道，白洋淀还是候鸟迁徙内陆通道途中的重要食物与能量补充栖息地。区内有鸟类 197 种，其中国家一级保护鸟类 4 种（大鸨、白鹤、丹顶鹤、东方白鹳），国家二级保护鸟类 26 种（灰鹤、大天鹅、鹰科、隼科等）③。

秦皇岛市北戴河区赤土山以东，海滨林场西部的赤土河下游河口地区与北戴河海滨地区是各种鸟类的聚居地，是众多旅鸟迁徙的通道和栖息站。据调查称，有 386 种鸟，分属于 19 目 59 科 4 亚科，其中有丹顶鹤、白鹤、白尾海雕、白琵鹭、

①大丽的博客. http://niaolei.org.cn/posts/58297

②大黄堡湿地自然保护区. http://baike.baidu.com/link? url=W9QbF6HqKRrQCrXzpO_wtbhiq6i1oiebRjsSwBJdQxJQqJTccf31K50c4LRAPDdVHuDiAwJSU2GqQEtNSQkHyK

③白洋淀. http://baike.baidu.com/link? url=ofbBtii4cphFgQXdgtfcuxpAjx-4kDM-mjJWIfQcNH63jM5q23ubACerEVfGbmIPXEJNbpcTN1Xi8mXlOrOox_

海鸬鹚、大天鹅等60余种国家保护鸟类。这里曾一度建立县级“北戴河海滨鸟类自然保护区”，后并入“河北省北戴河湿地公园”①。

位于桃城区、冀州市、枣强县的衡水湖湿地和鸟类自然保护区处于太行山麓平原向滨海平原过渡区，为鸟类南北迁徙的必经之地。其独特的地理位置和优良的水质资源孕育了丰富的物种，有着很高的生态价值和经济价值。在衡水湖栖息的鸟类多达317种（截至2010年5月观测记录），其中国家Ⅰ级保护的鸟类有丹顶鹤、白鹤、黑鹳、东方白鹳、大鸨、金雕、白肩雕等7种，国家Ⅱ级保护的鸟类有大天鹅、小天鹅、灰鹤等珍贵鸟类49种②。

6.1.4 山西

山西省仍有丹顶鹤飞临。

据报道，山西野生动物以陆栖类为主，已知的有439种（含历史记录种）。属于国家重点保护的珍稀动物有71种，其中，一级保护动物有17种：褐马鸡、金雕、朱鹮、白鹳、黑鹳、玉带海雕、白尾海雕、虎头海雕、丹顶鹤、大鸨、胡兀鹫、遗鸥、虎、金钱豹、梅花鹿、原麝、林麝③。反映确有丹顶鹤在山西栖息。

《河津市志》记载“鸟有：灰顶鹤、天鹅（大天鹅、白天鹅）、黑鹳、白鹭、苍鹭……”（河津市志编纂委员会，2002）。此“灰顶鹤”似为丹顶鹤之误。

据报道，截止到2005年曲沃县目前尚存动物中，鸟有鹤与金雕、鸢、雀鹰鹗、白头翁、戴胜（臭姑鸪）、啄木鸟、斑鸠、原鸽、杜鹃、喜鹊、云雀、麻雀、山麻雀、燕雀、金翅、鹪鹩、莺、乌鸦、红嘴山鸦、燕、雁、翠鸟、石鸡、灰头鸦、雉鸡、鹌鹑、鹳、鹭鸶、鸦等④。此“鹤”，似即丹顶鹤。

绵山横跨介休市、灵石县、沁源县三地，绵延百里，主体在介休市境内，总面积294.75 km²，最高海拔2 566 m，相对高度在1 400 m以上。年平均气温10℃，年平均降水量650 mm，森林覆盖率达98%，冬暖夏凉，清爽宜人。据2011年9月报道，自2005年1月至今，陆续发现了丹顶鹤、褐马鸡、麝、山猪（野猪）等大中型野生动物⑤。

运城湿地自然保护区地处永济市、河津市、芮城县、临猗县、万荣县、夏县、平陆县、垣曲县一带，是山西省目前最大的湿地自然保护区，现有鸟类238种、兽类28种、两栖爬行类动物38种、鱼类52种。保护区中游地区是我国候鸟的重要越冬地之一，水禽和其他野生鸟类达200余种，其中被列为国家一、二级重点保护的动物有丹顶鹤、黑鹳、大鸨、遗鸥、海雕等40余种⑥。

6.1.5 内蒙古

内蒙古自治区是丹顶鹤主要繁殖地之一。

《中国鹤类研究发展的回顾》介绍，丹顶鹤“繁殖地在内蒙古东部和东北三省，自1987年以后陆续发现一些新的繁殖地”，属内蒙古自治区的有“辉河、图牧吉、胡列也吐”等地（王岐山等，2005），约在鄂温克族自治旗、扎赉特旗、陈巴尔虎旗等地。

丹顶鹤栖息内蒙古自治区，其繁殖地在“奇乾、根河、达赉湖、达里诺（尔）湖、乌拉盖、科尔

---

①北戴河鸟类自然保护区. http://www.hb12369.net：8000/hjzw/zrst/zrbhq/201106/t20110618_20994.html；北戴河海滨鸟类自然保护区（市县级）简介. http://www.forestry.gov.cn/portal/main/s/144/content-82474.html；关于取消“北戴河鸟类自然保护区”的通知. http://www.beidaihe.gov.cn/newbdh/zfwj/2432.htm；北戴河湿地被列入国家湿地公园试点. http://www.tianjinwe.com/tianjin/tjwy/201104/t20110412_3519040.html

②衡水湖入围“中国最美湿地”评选. http://cache.baiducontent.com/c?m=9f65cb4a8c8507ed4fece763105392230e54f72966808c403e8ed41384642c101a39fee770670d5f8f91217006db485ceef2316537747af1c4969c0f80fbc427&p=c97cc54ad4815dfc57ef853e4d&newp=8b2a9715d9c110e91fbbdb2f4653d8304a02c70e3d&user=baidu

③山西. http://baike.baidu.com/link?url=2fcm0rf48uXX215tEjI3haE-LJvnMoDm0bB3m8n1Bbcorp7WnUsTy9iVw4P2oSoFSQA0yxmtOpIq2DDlc9aYeRzYcynZ8M6FkZkCFJysIxm

④曲沃县. http://baike.baidu.com/link?url=i_3XW7tYNF7LNYKg1r5tXY2Oo4-FLhrffxzBMhF0rVPXllpoQO7amFHoJ6hTlvM7XpN7LgczhgSfXvk9v-z_

⑤绵山风景名胜区. http://baike.baidu.com/link?url=x4uGTv28j14oLNwJlG1x22BZwFT2WX48Jmkf89ocFRiJn6t3TejSVvA6uDferp9WrZDon1wjuJ0k0oyG-Hd5057bdxaOmQpPiPOeZrockJcboNSwZKjVBXD28d7sPMynimRXZQWTbZPkV6705QTO9ijPG6bCLOz7_05aMa5IadytDVkVYecncfsnk3Q7JzycjT_Lqum0Ccywo4Cf1EF1wa；绵山不时出现的野生动物. http://bjwb.bjd.com.cn/html/2011-09/12/content_450371.htm?div=-1

⑥运城湿地自然保护区. http://baike.baidu.com/link?url=KV57C8tcvOYTydcu-nd68p427NO5iYzKhvaG7Z3LxTLKAAS2zYCdyfaXR-kIcFoK

沁、毕拉河、辉河”，非繁殖季节在“赤峰南部小河沿、达里诺尔、满归、科尔沁、辉河”等地（邢莲莲等，2005），约在赤峰市、克什克腾旗、科尔沁区、满洲里市、根河市、额尔古纳市、新巴尔虎右旗、新巴尔虎左旗、鄂伦春自治旗、鄂温克族自治旗、东乌珠穆沁旗等地。

《中国东北地区鸟类及生态学研究》介绍，丹顶鹤作为夏候鸟分布于“内蒙古呼伦贝尔市、兴安盟、通辽市、赤峰市”等地（高玮，2006），约在赤峰市、阿鲁科尔沁旗、克什克腾旗、科尔沁区、奈曼旗、扎鲁特旗、科尔沁左翼后旗、满洲里市、根河市、额尔古纳市、新巴尔虎右旗、新巴尔虎左旗、陈巴尔虎旗、鄂伦春自治旗、鄂温克族自治旗、阿尔山市、扎赉特旗等地①。

位于扎赉特旗境内的图牧吉湿地，在一次调查中在 4 个不同地点记录到 18 只丹顶鹤（分别为 9 只、2 只、5 只和 2 只）（李晓民，2004），证实仍有丹顶鹤。扎赉特旗发布的野生动物中也提及丹顶鹤、白天鹅、沙鸡等几十种经济价值较高的珍禽②。

科尔沁右翼中旗地处大兴安岭东南麓，科尔沁沙地北缘，霍林河（又称霍林郭勒河）是流经该旗的主要河流。经调查，该旗有鸟类 17 目 42 科 225 种，其中就有丹顶鹤等多种鹤类及其他珍稀鸟类（张岩等，2009）。

据报道，通辽市野生动物繁多，有国家一级保护动物丹顶鹤、白鹳、鸨、梅花鹿、紫貂 5 种③。但通辽市乃地级市，现辖科尔沁区、霍林郭勒市、开鲁县、库伦旗、奈曼旗、扎鲁特旗、科尔沁左翼中旗、科尔沁左翼后旗等地，丹顶鹤只在部分地方有记录。

《扎鲁特旗志》记载有“丹顶鹤”等珍稀动物（《扎鲁特旗志》编纂委员会，2001）。

《奈曼旗志》称，“有白鹤、丹顶鹤、鸳鸯等国家保护的稀有珍禽在境内时有暂栖”（内蒙古自治区奈曼旗地方志编纂委员会，2002）。另据 2010 年 8 月 6 日报道，位于奈曼旗所在地大沁他拉镇 65 km 的孟家段水库县级自然保护区，“最近发现有四只丹顶鹤繁衍生息于保护区，这一发现对重新定位该保护区的地位提供重要线索”④。

据报道，呼伦贝尔市 313 种鸟类中，受国家保护的鸟类有 60 多种，如丹顶鹤、白头鹤、白鹤、灰鹤、大天鹅、小天鹅等⑤。固然，丹顶鹤现在该市只是个别地方尚有栖息：呼伦湖又名达赉湖、呼伦池，位于新巴尔虎左旗、新巴尔虎右旗和满洲里市之间，为构造成因的半咸水湖；当地有鸟类 17 目 41 科 241 种，占中国鸟类总数的 1/5，其中有丹顶鹤等珍稀禽类⑥。新巴尔虎左旗不仅属于达赉湖国家级自然保护区之一地，有丹顶鹤；还有县级自然保护区（“莫达莫吉”是“湿地生态系统及珍禽、草原”，“诺门罕”是“湿地及珍禽”）也有可能栖息丹顶鹤⑦。新巴尔虎右旗也属于达赉湖国家级自然保护区之一地，在该旗介绍中附有丹顶鹤图片⑧。

位于科尔沁右翼中旗巴彦忙哈境内的沙岛湖生态旅游景区，据调查，有鸟类 11 目 20 科 54 种，其中国家一级保护鸟类是丹顶鹤、白鹳⑨。

据报道，阿尔山市的野生动物资源非常丰富，仅禽类有 12 目 19 科 40 余种，其中丹顶鹤、金雕、黑嘴松鸡、黑鹳等是国家一类保护动物⑩。

6.2　东北

东北各省级政区现今皆依然有丹顶鹤栖息。

---

①原作所列举的皆地级市、盟，但得到证实的并非皆有丹顶鹤。

②扎赉特旗. http://baike. baidu. com/link? url=nxfTjOdii7NuyYZSSH6:5_19cQ4TIvR-Z_Fy5H6IpySPCz3nyO4ohs_qGzhSy6uP

③通辽市. http://baike. baidu. com/link? url = CGtCaZHr4uN1Vc9FSNa9PStL6KvsHzcCDEOF447ORwS9OlWDy20BDqp-Ior5P-a0UylnknlYEclPEwtsDHzsEK

④通辽市孟家段水库. http://tongliaotong. com/blog/category/fjms/

⑤呼伦贝尔. http://baike. baidu. com/view/5577. htm? fromId=188490

⑥呼伦湖. http://baike. baidu. com/link? url=YhCSohRn30tT7f7nd2YokmphmLMdXisH9BAdG8YMcd60d2hukUnXU287q_MFqg7L

⑦新巴尔虎左旗. http://baike. baidu. com/view/108161. htm

⑧新巴尔虎右旗. http://baike. baidu. com/view/108149. htm

⑨沙岛湖生态旅游景区. http://baike. baidu. com/view/5937925. htm

⑩中国·阿尔山. http://cms. xam. cn/cms/search/searchResults. jsp? query=%B6%AF%CE%EF%D7%CA%D4%B4&siteID=11&offset=10&rows=10

6.2.1 辽宁

辽宁省现今还有多地有丹顶鹤栖息记录。

《中国东北地区鸟类及生态学研究》介绍，丹顶鹤作为夏候鸟分布于“辽宁省大连、盘锦、朝阳、锦州”等地（高玮，2006），约在朝阳市、北票市、大连市、大洼县、盘山县、凌海市等地[①]。

根据实地调查统计，葫芦岛市有鸟类17目51科145属245种（含亚种），其中就有丹顶鹤等国家Ⅰ级保护动物7种（田德启，2001）。

凌河口湿地位于凌海市南部沿海，东与盘锦市双台河口湿地接壤，西至小凌河，南临辽东湾，整个湿地沿凌海市境内的海岸线从东向西呈带状分布。据对该湿地科学考察，证实有丹顶鹤等多种珍稀鸟类栖息（李新香，2004）。

庄河口湿地位于庄河市境内沿海区域，栖息有丹顶鹤与黄嘴白鹭、黑脸琵鹭、红腰杓鹬、灰鹤、大天鹅、东方白鹳、斑嘴鸭、罗纹鸭、凤头潜鸭、琵嘴鸭、绿翅鸭、赤膀鸭、白眉鸭、赤麻鸭等鸟类（肖柏辉，2005）。

据报道，鞍山市鸟类共有60科277种，其中绝大部分是鞍山市区及县共有的，濒危鸟类有丹顶鹤和东方白鹤，近危鸟类有秃鹫、山鹛、红颈苇鹀、黄胸鹀、麻雀、喜鹊、白尾海雕、小天鹅、大天鹅、罗纹鸭、鸳鸯等11种[②]。据此，表明在鞍山市、海城市、台安县、岫岩满族自治县、丹东市、凤城市、东港市、宽甸满族自治县皆有丹顶鹤飞临记录。

法库县地处科尔沁沙地南缘、辽河中游西岸，地势北高南低，丘陵平原起伏交错；辽河及其支流秀水河、拉马河贯穿全境，在东、南、西及中部形成较大面积的冲积平原。是我国迁徙鹤类品种最多的地区之一，每年春秋两季，丹顶鹤与白鹤、白头鹤、白枕鹤、灰鹤等数万只禽鸟会聚于此停歇、觅食，停留时间在90～100天[③]。据报道，法库县獾子洞水库有丹顶鹤栖息，2006年首次报道；2011年又见（于晶晶等，2013）。獾子洞水库生态系统未受破坏，来此候鸟已达200多种，数量已达数十万只。最新发现的国家一级保护动物有丹顶鹤、白鹤、东方白鹳、白头鹤、白尾海雕，国家二级保护动物有大天鹅、小白额雁、白枕鹤等20余种[④]。

海城市的三岔河湿地自然保护区位于浑河、大辽河、太子河三条河流的交汇处，有丹顶鹤等578种动物在这里繁衍生息[⑤]。

位于台安县新台镇境内的大麦科湿地自然保护区，动植物资源丰富，有75种国家、省级保护的野生动物，其中国家一级保护动物丹顶鹤等5种鸟类[⑥]。

绥中县在动物地理分布上处于华北、东北动物区系的延续交汇地区，属辽西山地丘陵生物环境区。野生动物中鸟类共有17目37科374种，保护鸟类主要有丹顶鹤、大天鹅等[⑦]。

大洼县的红海滩嫣红似火，绿苇荡苍翠欲滴，蛤蜊岗溢彩流光，优越的生态环境吸引了丹顶鹤、黑嘴鸥等260多种珍稀鸟类在这里驻足繁衍[⑧]。

盘山县具有辽东湾最大的湿地和苇田，在辽河入海口的国家级自然保护区生存着珍稀鸟禽丹顶鹤、黑嘴鸥等200多个生物种群[⑨]。

凌海市列举的鸟类有丹顶鹤与雁、野鸡（雉鸡）、野鸭、鹌鹑、红嘴鸥、猫头鹰、天鹅、鸳鸯、海鸥、鹭鸶、喜鹊、寿带等40多种[⑩]。表明还有丹顶鹤栖息。

据报道，地处大洼县赵圈河乡境内红海滩风

①原作所列举的皆地级市，但得到证实的并非皆有丹顶鹤。

②鞍山市生物多样性调查与分析. http://wenku.baidu.com/view/8d9d77a2ad51f01dc381f172.htm

③法库县. http://baike.baidu.com/view/433556.htm

④阎孟杰. 又到候鸟回归时 辽西迎来观鸟潮. http://www.1m3d.com/read-htm-tid-15276.html

⑤海城. http://baike.baidu.com/link?url=zpUOosOlWMu_EicqpRlLGgic_EOjfE8EaqhpPg0tonWPtNHqPFYTiAkvDg8UQwb0071gN1q4lsSWxQgr5CUao23MT612Lla6DvOejwPAHDi

⑥台安县. http://baike.baidu.com/link?url=iDFGo3x7P4rsxCG8YHNL8rU_ZUN2IuVVHAj-NBmzFLuuTLUUJAn42C_zoZ4VEheR

⑦绥中县. http://baike.baidu.com/view/996398.htm

⑧中国·大洼. http://www.dawa.gov.cn/dawa.php?classid=2

⑨盘山县. http://baike.baidu.com/link?url=AlAetJIscDyaySzhF-13N8SSd2qQ9D4jgDBQcHRF92aERxXgVe1lwiGhhy5tbGfF

⑩凌海. http://baike.baidu.com/subview/40841/6140234.htm?toSubview=1&fromId=40841&from=rdtself

景区的苇海中架着一座 14 m 高的放鹤亭，是观包括丹顶鹤等鸟类的绝佳位置；因为盘锦双台子区是丹顶鹤繁殖的最南限，所以这里还是人工繁殖丹顶鹤的基地[①]。据此，说明盘锦市与大洼县皆有丹顶鹤飞临。

据 2013 年 11 月报道，26 日上午北票市野保部门工作人员在白石湿地监测候鸟迁徙动态时，意外拍摄到两只丹顶鹤的身影。野保人员表示，在这个季节拍摄到丹顶鹤的踪迹实属罕见。丹顶鹤在辽宁朝阳市曾连续多年出现，最多的一次，曾发现过 7 只；而这对丹顶鹤的发现，在今年还是首次[②]。

6.2.2　吉林

吉林省是丹顶鹤的重要分布区之一，尤其是向海、莫莫格、扎龙、查干湖、雁鸣湖、扶余洪泛等国家级、省级自然保护区共同构成了东北亚重要的水禽(其中包括丹顶鹤)迁徙通道。

《中国东北地区鸟类及生态学研究》介绍，丹顶鹤作为夏候鸟分布于“吉林省白城、通化、白山、吉林、延边”等地(高玮，2006)，约在大安市、镇赉县、通榆县、辉南县、柳河县、抚松县、长白朝鲜族自治县、敦化市、珲春市、安图县等地[③]。

《辉南县志》珍稀野生动物主要有：吉林省一类保护动物有丹顶鹤、梅花鹿(辉南县县志编纂委员会，2000)。

据 2009 年对延边州湿地调查，有鸟类 7 目 14 科 94 种，其中就有丹顶鹤等多种珍稀物种，尤以珲春市最多(廉文浩等，2013)。并确认在延吉市、图们市、珲春市、龙井市、和龙市、汪清县、安图县有丹顶鹤栖息。

莫莫格国家级自然保护区位于镇赉县，是汹涌的嫩江与温柔的洮儿河交汇处。据统计，保护区内有脊椎动物 282 种，其中鸟类 218 种(占 77%)，是我国重要的候鸟繁殖地和迁徙候鸟的停歇地，计有丹顶鹤、大鸨等 116 种夏候鸟在此繁殖[④]。

向海国家级自然保护区位于通榆县境内，属于科尔沁草原中部，霍林河、额木太河、洮儿河横贯区内，22 个大型和上百个小型自然泡沼星罗棋布，产鱼 20 多种，更有鸟类 173 种，其中有丹顶鹤、白枕鹤、白头鹤、灰鹤、白鹤等鹤类 6 种[⑤]。

查干湖国家级自然保护区在霍林河末端与嫩江的交汇处，行政区划属于前郭尔罗斯蒙古族自治县、大安市、乾安县。20 年来，保护区内动植物资源日益丰富。仅鸟类一项，已由过去的 117 种增至 239 种，有国家一二级保护鸟类 43 种，特别是丹顶鹤与东方白鹳、白头鹤、白鹤、大鸨、金雕、白尾海雕等在物种与数量方面，有逐年增加的趋势[⑥]。

宁江区毗邻查干湖自然保护区，据报道，也有丹顶鹤等偶尔飞临[⑦]。

基于扶余县境内的松花江及其支流拉林河沿岸洪泛湿地建立的扶余洪泛省级自然保护区有丹顶鹤、东方白鹤等 25 种国家 I、II 级保护动物[⑧]。

柳河县位于吉林省东南部长白山区，境内植被较好，野生动植物资源丰富。经济价值较高的野生动物有丹顶鹤与野猪、狍子、马鹿、狐狸、棒鸡、野鸭、林蛙等多种[⑨]。

雁鸣湖国家级自然保护区位于敦化市境内，地处长白山脉张广才岭南麓，是珍稀濒危鸟类的主要栖息地和迁徙途中的停歇地。据专家调查，该区鸟类达 251 种。其中，丹顶鹤等国家一级重

---

①红海滩. http://baike. baidu. com/link? url = 14A4YCn _ 4IJFrlHU6RiJAnxVzYOfrJqX7ZifjA5apzutgE3cz0ZRbrur85dxdStsxZ5XfYlc3YnS-PFKKuyCoK

②辽宁朝阳两只丹顶鹤现身白石湿地. http://travel. taiwan. cn/list/201311/t20131127_5274614. htm

③原作所列举的皆地级市、州，但得到证实的并非皆有丹顶鹤。

④吉林莫莫格国家级自然保护区. http://baike. baidu. com/view/334252. htm? fromId=246843

⑤通榆县. http://baike. baidu. com/view/469494. htm；向海国家级自然保护区. http://baike. baidu. com/view/481640. htm? fromId=56447

⑥查干湖国家级自然保护区. http://baike. baidu. com/view/1310535. htm? fromId=246478；查干湖国家级自然保护区. http://baike. baidu. com/view/1310535. htm? fromId=246478

⑦宁江区. http://baike. baidu. com/link? url=udWbV3xH4TSsb84GOuTD0zDQcgooqhVo-mhyzJZdNg7nXqGT1uk6KxcbB62PwqBl

⑧吉林扶余洪泛湿地省级自然保护区简介. http://hbj. jl. gov. cn/zrst/zrbhq/201011/t20101105_887616. html

⑨柳河县. http://baike. baidu. com/view/775396. htm

点保护的鸟类有 5 种，二级重点保护的鸟类 35 种[①]。

位于珲春市的珲春东北虎国家级自然保护区，东与俄罗斯的哈桑湿地保护区等接壤，西与朝鲜的卵岛和藩蒲湿地保护区相邻，有野生动物 34 目 77 科 183 属 316 种，其中有丹顶鹤、金雕、虎头海雕、白尾海雕等珍禽[②]。另据 2015 年 3 月报道，珲春市敬信湿地迎来又一波次候鸟北迁高峰，数以万计的野鸭、大雁陆续飞抵湿地后，发出了令人震撼的鸣叫声，数十只雕类和丹顶鹤在冰面和泽地里共舞，让冰雪尚未消融的湿地充满了生机，宛如一幅灵动的水墨画。据现场抓拍的 2 次丹顶鹤统计，分别为 15 只/次与 25 只/次[③]。

6.2.3 黑龙江

黑龙江省仍是丹顶鹤主要繁殖地之一。

《中国鹤类研究发展的回顾》介绍，丹顶鹤"繁殖地在内蒙古东部和东北三省，自 1987 年以后陆续发现一些新的繁殖地"，属黑龙江省的有"哈拉海、七星河、长林岛[④]、三环泡"等地（王岐山等，2005），约在龙江县、宝清县、富锦市等地。

《中国东北地区鸟类及生态学研究》介绍，丹顶鹤作为夏候鸟分布于"黑龙江省哈尔滨、齐齐哈尔、牡丹江、佳木斯、绥化、伊春、松花江、黑河、大兴安岭"等地（高玮，2006），约在哈尔滨市、木兰县、通河县、齐齐哈尔市、讷河市、龙江县、泰来县、甘南县、富裕县、五大连池市、嫩江县、逊克县、孙吴县、伊春市、嘉荫县、同江市、富锦市、汤原县、抚远县、宁安市、安达市、肇东市、海伦市、望奎县、大兴安岭地区、塔河县等地[⑤]。

经国家环志中心专家测查，富锦市西南 50 km 的富锦国家湿地公园有国家一级保护鸟类丹顶鹤等多种[⑥]。

木兰县大体呈北高南低的地势走向，北部为山区，东南部为丘陵，西南部为平原；境内有大小河流 29 条，均属松花江水系；森林覆盖率达 57.9%。列举的野禽类有丹顶鹤与布谷鸟、猫头鹰、啄木鸟、山燕、家燕、麻燕、黄雀、鹰、雕、蝙蝠、喜鹊、乌鸦、雁、野鸡、鱼鹰、野鸭、沙鸡、鹌鹑、山鸽、灰鹤、人参鸟、百灵鸟、麻雀、腊嘴、蓝大胆、长尾鸟、田鸦、铁雀、飞龙等[⑦]。

通河县位于小兴安岭南麓，松花江中游北岸。野生动物资源丰富，仅沿江泡泽就栖息着丹顶鹤、天鹅、白鹤、大白鹭、苍鹭、白骨顶、鸥类、雁类等珍稀禽类 20 余种[⑧]。

扎龙国家级自然保护区游览区位于齐齐哈尔市铁锋区扎龙乡，是湿地类型的自然保护区，以观赏珍禽丹顶鹤闻名遐迩。扎龙湿地是乌裕尔河下游失去河道、河水漫溢而成的一大片永久性弱碱性淡水沼泽区，由许多小型浅水湖泊和广阔的草甸、草原组成。芦苇沼泽广袤辽远，湖泊星罗棋布，苇草肥美，环境幽静，风光绮丽，生息繁衍着鱼类 46 种，昆虫类达 277 种，鸟类 260 种，兽类 21 种。其中丹顶鹤、白枕鹤、白头鹤、闺秀鹤（蓑羽鹤）、白鹤和灰鹤均为国家重点保护的一、二级动物。每年 4 月～5 月 200 余只丹顶鹤及其他水禽来此处栖息繁衍[⑨]。

甘南县地处大兴安岭南麓与松嫩平原过渡地带，嫩江中游右岸。据报道，该县长吉岗乡的沼泽苇塘里栖息有丹顶鹤、白鹤等珍禽[⑩]。

富裕县位于嫩江中游左岸，地势东北高、西南低，以冲击波状平原为主，平均海拔 185 m；属中温带大陆性季风气候，四季分明，年平均气温 2℃，年平均降水量 427.4 mm。乌裕尔河省级自然保护区就在县城南部，有脊椎动物 365 种，鸟类

---

①雁鸣湖国家级自然保护区. http://baike. baidu. com/view/4064671. htm

②珲春东北虎国家级自然保护区. http://baike. baidu. com/view/1520569. htm

③珲春敬信湿地迎候鸟北迁 数万野鸭大雁飞舞鸣叫. http://news. 365jilin. com/html/20150317/2119506. shtml

④虽《全国自然保护区名录(2011)》未列，但据称长林岛为县级自然保护区（长林岛. http://baike. baidu. com/link? url＝mEDxLN-VgBlEyvz-43dcmeTEwHBpdos8LpC-jGJvRBjVkULd75cjo3HvV_9g8zEh4NYiA6X1BJG2Ec3LiQPDD2_）

⑤原作所列举的皆地级市、区，但得到证实的并非皆有丹顶鹤。

⑥富锦. http://baike. baidu. com/link? url＝w3ISmGyLgDo-o_kM2BIhv0qeRpf7LGa-7qWkw15ikI8NmwDwehPD5AmxfvP51pVyfNV4lb73Bef57LCL8btKL_#2_2

⑦黑龙江・木兰. http://www. mulan. gov. cn/zjml/zrzy/2005/10/4200. htm

⑧通河县. http://baike. baidu. com/link? url＝SbyBd0fnBCL2i9TQn-ECfqGN_6FfV-3Nl1ejJJU8hTpQFjahjA2xnUQNouyX69Dc

⑨中国・齐齐哈尔. http://qiqihar. dbw. cn/system/2012/06/16/053974501. shtml

⑩甘南县. http://baike. baidu. com/view/108194. htm

就有 265 种，占黑龙江省鸟类总种数的 74%，其中有丹顶鹤、白鹤、白头鹤、大鸨、中华秋沙鸭等珍稀鸟类分布①。

五大连池市的山口湖不仅以湖光山色、水利枢纽、天然森林、河流、湿地等景观为特色带给游人无尽的乡情野趣，而且还有丹顶鹤、鸳鸯、灰鹤、大雁、中华秋沙鸭等百余种鸟类，有野猪、马鹿等大群野生动物②。

嫩江县内河流均属嫩江水系，嫩江干流由北境流入，接纳全部河溪后由南境流出，主要有科洛河、门鲁河、卧都河、固固河等。野生动物中鸟类最丰富，截至 2010 年尚存 216 种，分属 15 目 44 科，属国家一级的有丹顶鹤、黑鹳、金雕、黑嘴松鸡、白鹤，属国家二级的有大天鹅、鸳鸯、黑琴鸡、花尾榛鸡（飞龙）、白枕鹤、灰鹤、鹰类、鸮类③。

大庆市地处松嫩平原，由于地势低平，形成了广阔的湿地，特点是：面积大（湿地地区的范围有 120 万 hm^2，占全国已知湿地总面积的 4.95%，占该市土地总面积的六成）、发育较成熟（湿地类型十分齐全，环境基础为流速缓慢的河溪、池塘、淡水湖泊及相邻的沼泽地，具有显示湿地的全部标准，即它是具有特殊动植物、有大量水禽栖息的有代表性和独特意义的湿地）、湿地景观类型丰富（除了数量很多的湖泊和沼泽外，还有与之共存的草甸、自然次生林、天然灌丛、人工林、沙地等，它们共同形成陆地上一种风光壮美的系列景观）。在数万公顷浩浩芦苇荡中，苇林似海，水网如织，有丹顶鹤等 140 余种鸟类分布；就是在草原区域内，偶然也能见到丹顶鹤在草地上觅食；位于该市的扎龙、大庆黑鱼泡、龙凤湿地等各级自然保护区内皆有丹顶鹤栖息④。

伊春市由小兴安岭纵贯全境，境内沟谷密布，水系发达，有大小河流 702 条，分属黑龙江、松花江水系；汤旺河为伊春的主要河流，境内流长 443 km，注入松花江下游。仅所属新青区就有数十种珍禽，其中丹顶鹤、东方白鹳、金雕为国家一级保护鸟类⑤。

据报道，苇场丹顶鹤自然保护区（疑似"嘟噜河省级自然保护区"）位于萝北县苇场乡，湿地面积达 100 km^2，是黑龙江省三大水禽栖息地和候鸟迁徙坐标区，有丹顶鹤、天鹅等上百种水鸟在此繁衍生息⑥。

富锦市位于松花江下游南岸，三江平原腹地，境内水面辽阔，泡沼星罗棋布，江渠阡陌纵横，绿洲涟漪，水渚密布。丰富的水资源为河虾、青蛙以及各种鱼类，提供了生存的环境和空间，也就成了候鸟的重要繁殖地和迁徙地。该市的兴隆芦苇沼泽、连三泡、三环泡、挠力河、锦山、择林、富锦沿江湿地等各级自然保护区中就有丹顶鹤等珍稀鸟类栖息⑦。

梧桐河农场位于汤原县境内，其东以嘟噜河为界，南临松花江，西与振兴乡、新华农场毗邻，北至宝泉岭农场东二排干渠。梧桐河在域内汇入松花江，佳绥路、梧宝路贯穿腹地。老等山，又名老等窝，位于农场场部东北 19 km。开垦前此地东、西、南三面是漂筏子，北面与大片柞树林相接，面积约 15 万 m^2。每年春季起多种野禽在此栖息，如大雁、老等鸟、野鸭，鸟中之珍有丹顶鹤、天鹅、鸳鸯等。老等山三面环水，水草茂盛，盛产

---

①富裕县. http://baike.baidu.com/view/838025.htm；乌裕尔河国家级自然保护区. http://baike.baidu.com/view/10274345.htm

②五大连池. http://baike.baidu.com/subview/25001/6799429.htm? fromId=289850

③嫩江县. http://baike.baidu.com/link? url=0brNzhJvR079CNrvjWqupJ1BJMT1aQGB6JYW9qGvp8eo-dKymgrcR0XAD2VvoH-7ytk9x1YckPmXXLwPwHpeHq

④大庆. http://baike.baidu.com/link? url=d3H_udGqL007GcqTcGjb_-_dWSib_yCEBzPuHpTLMzdOMRD8PcmvnMHZFhK3ErP0nkSaFlxcZ8fsdfxZcnNJEpMBwgUfhj4P3P2KuK7rFjvt0B4LXnTjbq-fK8OKquGq；关于建立黑鱼湖自然保护区的建议. http://www.daqing.gov.cn/dqrdroot/dbjypphyj/27627.shtml；大庆龙凤湿地自然保护区. http://baike.baidu.com/view/1350527.htm

⑤新青区. http://baike.baidu.com/link? url=w4p6aOPM_m2Ln_hAPT1SICsKJNd9OZKYplo718SuhorKeNUsW8HtwG38HD2fWkIbv5oI9xao2UEEN13PT0PlmK

⑥鹤岗. http://baike.baidu.com/link? url=YsEsaCz6vLYtawN0PL6Kp-_73401bRcDXAgBYyT_fVGVdE7pkT7mtIn5q8bP8_b48V7QT1SARwVvH1RVxCsWV_

⑦富锦. http://baike.baidu.com/link? url=ajsJrv9jDCSIPDweA_rs22VbzEBkl7HS02UtOD7yL0gfPp3t1GIpGBBvnEfd8AxPoN8QN_WebMmMLcnHYvzjtK；马逸清等，2002；沿江湿地自然保护区管理局. http://www.fujin.gov.cn/yjsd/；黑龙江三环泡自然保护区. http://www.hljforest.gov.cn/view/lm0657/article/311269.html

鲤鱼、鲫鱼[①]。

集贤县的安邦河湿地自然保护区属于内陆湿地和水域生态系统保护区类型，是三江平原湿地的重要组成部分，珍稀物种较多，生物多样性丰富，有丹顶鹤、天鹅等珍稀物种，是重要的生物资源基因库[②]。

宝清县位于三江平原腹地，地势由西南向东北逐渐倾斜，东、西、南三面环山，北部为平原区，地势平坦，呈簸箕形。属中温带大陆性季风气候，年平均气温 3.2℃，年平均降水 574 mm。位于该县的长林岛、宝清七星河、雁窝岛、东升等市级、省级、国家级自然保护区内皆有丹顶鹤栖息，尤其是东升自然保护区，如今，已有近百只丹顶鹤在这里迁徙、繁衍[③]。

虎林市位于完达山南麓，以乌苏里江为界与俄罗斯联邦隔水相望，该地古为肃慎地，是赫哲族世居地。尽管“虎林”得名于横穿境内的七虎林河，是满语的译音，意思是“沙鸥云集之所”，但该市有丹顶鹤等百余种珍贵的野生动物，尤其在虎口湿地、珍宝岛湿地、东方红湿地等省级、国家级自然保护区内都有丹顶鹤栖息[④]。

地处鸡东县的凤凰山国家级自然保护区虽然主要保护对象是温带针阔混交林生态系统和珍稀动植物物种，但其中有脊椎动物 81 科 280 种，含有丹顶鹤等 41 种珍稀濒危野生动物[⑤]。

大兴安岭地区为重要的气候分带，夏季海洋季风受阻于山地东坡，东坡降水多，西坡干旱，二者呈明显的对比，但整个山区的气候比较湿润，覆被着茂密的森林，野生动物丰富。据所属松岭区称，全区有鸟类 237 种。涉禽中：丹顶鹤、灰鹤、白鹤、苍鹭等；陆禽中：大松鸡、黑琴鸡、飞龙、环径鸡等；游禽中：鸿雁、大天鹅、绿头鸭、秋沙鸭、鸳鸯等；猛禽中：雪枭、金雕、苍鹰、松雀鹰、乌林枭等；攀禽中：啄木鸟等；鸣禽中：角白灵、云雀、家燕、红背白劳、红点颏、蓝点颏、北极抑莺、北米雀等；此外，还有灰喜鹊、松鸭、啄木鸟等留鸟[⑥]。

6.3 华东

此阶段，华东大部分省级政区还有丹顶鹤栖息记录。

6.3.1 上海

上海市仍有丹顶鹤飞临。

据 2008 年 5 月报道，崇明东滩保护区发现一只多年未见的丹顶鹤(图 8.52)[⑦]，且未见后续报道。尽管 4 月初南汇也曾发现过 2 只丹顶鹤；据丹顶鹤的行为观察，疑似被人工饲养过；已过越冬候鸟栖息期(上海的鹤类到 3 月都迁徙到北方了)，应是偶然事件[⑧]；但上海一带历史上就是丹顶鹤迁徙的停歇地，且近期还有称“经动物保护专家多年观察，目前在南汇东滩湿地观测到的鸟类达到 250 余种，其中包括丹顶鹤、白鹤、东方白鹳、遗鸥等 4 种国家一级保护动物和黑脸琵鹭、小天鹅、鸳鸯等 17 种国家二级保护动物”[⑨]。还是可以说明南汇区与崇明县仍适宜丹顶鹤栖息。

①梧桐河农场. http://baike. baidu. com/link? url＝xnbWLGXpkUjOkFoSvIX9ZfK9_lxdUfMbz3vNFtX3MwHHMLiPtBSmXDcDoQdHx3ixB3rvuRZ5nNjjrGYfQNFZQa

②集贤县. http://baike. baidu. com/link? url＝P7K8YDJ0O_fFB4Cj1wyLTL5Us4CRwGgcuFD2zxjycA_ZcymX9nzANWlQlgwDs7r7

③马逸清等，2002；宝清七星河国家级自然保护区. http://baike. soso. com/v4813199. htm；宝清县. http://baike. baidu. com/view/1001204. htm；宝清县东升自然保护区获中德技术合作项目考察组肯定. http://heilongjiang. dbw. cn/system/2009/03/30/051835028. shtml

④虎林市. http://baike. soso. com/v756919. htm；虎林虎口湿地自然保护区. http://www. 51766. com/zhinan/11000/1100022406. html；珍宝岛湿地国家级自然保护区. http://baike. baidu. com/view/3896102. htm；黑龙江东方红湿地国家级自然保护区. http://baike. baidu. com/view/2940831. htm

⑤鸡东县. http://baike. baidu. com/link? url＝4_1IOSjFlkA7cvuWxhdp9D16BzlzocxHXf9PEi9w5_CFviztwkq1wfNSYNuCqSx8

⑥松岭区. http://baike. baidu. com/link? url＝6fnhAAxj5t_yHBCGJuUE1R-S3p8tfnwm-RrwtBzUyefPNZQb4oF2LuRD09G2zEj8

⑦钮栋梁. 崇明东滩保护区发现国家一级保护动物丹顶鹤. http://www. shidi. org/sf_BF5799E108B34A6F8F52F4624E20A6D6_151_cmdt. html

⑧鹤舞南汇. http://www. news365. com. cn/wxpd/cw/qy/200804/t20080411_1829538_2. htm

⑨浦东南汇东滩湿地为候鸟保留 2 000 亩湿地. http://blog. sina. com. cn/s/blog_91c634a70102v818. html

图 8.52　崇明东滩发现的丹顶鹤

6.3.2　江苏

江苏省仍有丹顶鹤越冬。

《连云港市志》记述（连云港市地方志编纂委员会，2000）：

> 丹顶鹤：每年 10 月底至翌年 2 月底、3 月初来到境内沿海滩涂，多在徐圩盐场西南盐田、洼地及临洪河口、沂河河口一带芦苇地栖息，有时也飞临东海县安峰山水库周围栖息，有的十数只成群，有的成对。

按：据此，表明丹顶鹤在当地是作为越冬候鸟停歇。连云港市"徐圩新区是在一片低产盐田上兴建的，在其管辖的临海东南区域南北狭长地带充斥着大量的野生盐蒿芦苇地，面积大约 500 hm^2，主要分布于香河村及埒子口片区。这里是候鸟迁徙的必经之路，每年冬春季节，丹顶鹤、大雁、野鸭等大量候鸟在此栖息"①。

有丹顶鹤越冬的盐城自然保护区由盐城五市（县），即东台市、大丰市、射阳县、滨海县、响水县的海岸滩涂组成。这里的丹顶鹤是由东北与俄罗斯经过长途迁徙到达盐城越冬的，这个种群得到了足够的保护；据 1987～2004 年统计，越冬的丹顶鹤最多时接近 600 只（王会等，2005）。

经对江都市湿地资源现状进行调查，统计有 14 目 40 科 167 种鸟类，其中有丹顶鹤等珍稀物种（冯粉定等，2011）。

据 2004～2006 年调查，淮安市湿地主要分布在盱眙县、洪泽县、金湖县，仍有丹顶鹤等国家一、二级保护鸟类 10 余种（蒋荣荣等，2006）。

地处泗洪县的洪泽湖湿地国家级自然保护区，地处南暖温带与北亚热带的过渡地带，保护区总面积 49 365 hm^2，居全国淡水湿地第 11 位，华东地区第 2 位，江苏省第 1 位。这里水草茂盛，饵料丰富，是候鸟越冬栖息的理想场所。保护区拥有鸟类 194 种，其中国家Ⅰ级保护动物的鸟类有丹顶鹤、大鸨、东方白鹳、黑鹳 4 种②。

6.3.3　浙江

浙江省现今有丹顶鹤分布地已硕果仅存。

据报道，义乌市既指出仍有 200 多种鸟类，又提及由于 1958 年"大办钢铁"，大树砍伐殆尽，致使在大树或树洞中筑巢孵化的如老鹰、隼、喜鹊、百舌、八哥、乌鸦、仙鹤等已罕见③。说明"仙鹤"（即丹顶鹤）虽罕见，但尚有飞临。

6.3.4　安徽

安徽省迄今仍有一些地方有丹顶鹤栖息。

据报道，位于长江南岸东至县与贵池市（现贵池区）交界的升金湖国家级珍稀水禽自然保护区，每年有许多珍贵的丹顶鹤等鸟类来此越冬（陈保平，2000）。

贵池区列举"禽类"有丹顶鹤、青苍、鹭、喜鹊、麻雀、画眉、白头翁、啄木鸟、灰喜鹊、猫头鹰、鹰、鹞、乌鸦、八哥、黑卷尾、鸽、斑鸠、雉、竹鸡、山鸡、苦哇鸟、布谷鸟、黄莺、雁、燕、鹌鹑、青鸭、对鸭、八鸭、水葫芦、翠鸟等④。

怀宁县公布境内飞禽主要有丹顶鹤及豆雁、燕子、野鸡、雉、鹌鹑、鸽、竹鸡、麻雀（有山、家之分）、斑鸠（俗称鹁鸪）、大杜鹃（亦称布谷）、杜鹃

①国家示范区在环保上也追求示范——徐圩让 8000 亩盐蒿地"纹丝未动". http://www. xwxq. gov. cn/2012/0906/800. shtml

②江苏泗洪洪泽湖湿地国家级自然保护区. http://baike. baidu. com/link? url = JqEE_0FwJAldUUA_e-BXxCoAAY_ztMdl8QPT6c5Zfw1B2npVsaoc-kh_Inb9CZTeTWuV6zftnd05oMZGlJkIva；泗洪湿地保护区. http://m. club. sohu. com/hubei/thread/%2126c4C1157345e3bd

③义乌. http://baike. baidu. com/link? url = 9oqQ-K1Ge4zZsi6BUEvsC4uc3A9StUCzksoaYeiYHd3olTweqq2OZn5epZS62ilKNf7_TkfX9vsJxhO5NHJvBa

④中国·贵池. http://www. ahgc. gov. cn/content/55844. html

（又名杜宇）、鸲鹆（亦称八哥）、画眉、白头翁、小䴙䴘（俗称水葫芦）、鹭（有池鹭、苍鹭之分）、鸬鹚（捕鱼）、翠鸟（俗称拖鱼鸟）、黄胸鹀（俗称黄春）、黄鹂（俗称黄莺）、啄木鸟、乌鸦、寒鸦（俗称麦子老鸦）、喜鹊、鹊鸲（又名四喜）、草鸮（猴面鹰）、鹰（有苍鹰、鹫、雀鹰、鸢 4 种）、长耳鸮（俗称大猫头鹰）、鸺鹠（俗称小猫头鹰）、夜鹰（亦称蚊母鸟）、十姐妹、棕背白劳、柳叶莺（俗称竹叶青）、山和尚、白鹭、丘鹬（俗称聋庞鸟）、长尾兰鹊、鸳鸯、白骨顶、雁鹅、天鹅等①。

6.3.5 江西

江西省尚有少数丹顶鹤栖息地。

都昌县南濒鄱阳湖，地貌以丘陵和滨湖平原为主，且水域宽阔，局部有低山分布。不仅有麻雀、八哥、乌鸦、喜鹊、玄鹊、啄木鸟、野鸭、布谷鸟、老鹰、燕子、猫头鹰、斑鸠、鸬鹚、池鹭、白鹭、鹧鸪、竹鸡、白鹇、野鸡、杜鹃、莺、银鸥等寻常鸟类，而且还有丹顶鹤、黑鹳、白鹤、天鹅、白琵鹭、苍鹭等越冬鸟类②。

6.3.6 山东

山东省是丹顶鹤停歇地，还见有丹顶鹤。

地处潍坊市、寿光市、昌邑市的莱州湾南岸滨海湿地经 2005 年、2006 年实地调查，发现有丹顶鹤等多种国家一、二级保护鸟类（徐宗军等，2010）。

《中国鹤类研究发展的回顾》介绍，丹顶鹤越冬地在"山东黄河三角洲"等（王岐山等，2005），约在东营市、垦利县、利津县等地。

据报道，截止到 2008 年，地处东营市的黄河三角洲自然保护区有丹顶鹤与东方白鹳等 9 种国家一级保护鸟类，有灰鹤、白枕鹤等 41 种国家二级保护鸟类③。

桓台县境内的马踏湖湿地保护区动物资源丰富，仅鸟类就有 174 种，其中，国家一级保护动物有丹顶鹤、中华秋沙鸭、大鸨 3 种，国家二级保护动物有大天鹅、小天鹅、鸳鸯、鹊鹞、白头鹞、白尾鹞、松雀鹰、苍鹰、毛脚鵟、游隼、灰鹤、白枕鹤、棕腹纹小鸮、长耳鸮、短耳鸮等 15 种，省级保护动物有鸿雁、赤麻鸭、白眉鸭、花脸鸭、绿头鸭、罗纹鸭、绿翅鸭、红骨顶等 8 种④。

庙岛群岛（又称长岛，古称沙门岛）属长岛县管辖，由 32 个岛屿组成，位于渤海、黄海交汇处，岛陆面积约 56 km^2。仅鸟类就有 19 目 50 科 240 余种，多达 5 万余只，其中国家Ⅰ级重点保护动物有丹顶鹤、金雕、白肩雕、白尾海雕、白鹤、大鸨、白鹳、黑鹳、中华秋沙鸭等 9 种⑤。

据介绍，济宁市鸟类共有 201 种，其中有丹顶鹤、白鹤、大天鹅、小天鹅、鸳鸯等珍稀物种，在微山湖区，水鸟数量居全省首位⑥。因其为地级市，丹顶鹤栖息似在济宁市、汶上县等地。

日照市称，共有野生动物 207 种，鸟纲有 171 种（留鸟 37 种，候鸟 134 种），属于国家重点保护的有 24 种，其中国家一级保护的鸟类有丹顶鹤、大鸨、金雕、白鹳 4 种⑦。因其乃地级市，亦即所辖日照市、五莲县、莒县皆有丹顶鹤飞临。另据 2015 年 3 月报道，近日，在日照的莒县和五莲（县）发现了 3 只无法飞翔的丹顶鹤，其中一只翅膀受伤，另两只可能误食了有毒的食物。目前这 3 只丹顶鹤都在日照森林公园接收治疗，恢复情况都很好，待完全恢复后将放归自然⑧。进而证实日照市有丹顶鹤。

---

①怀宁县. http://baike. baidu. com/link? url=4YHD30xWD72NejmpoKC7rQxPXR9VqZDkTMrSFGhvnblIUiskpXzWAWVQ 5KGT3Qbj#4_1

②都昌县. http://baike. baidu. com/view/650579. htm

③刘宝森. 黄河三角洲成为东方白鹳重要繁殖地. http://news. xinhuanet. com/environment/2008-12/03/content_10449958. htm

④徐鹏，陈思. 马踏湖湿地保护区：鸟类增多 捕杀难杜绝. http://cache. baiducontent. com/c? m=9f65cb4a8c8507ed4fece763104a802358438014629f8c423a958448e435075c4764e0bd3a201104d0d8796603ac4956fdf04128715c7ea3de95c81cd2&p = 8e49c54ad6c342f811be9b7c57499d&newp=8b2a9715d9c341ac11b7cd2516428f231610db2151d0d612&user=baidu

⑤庙岛群岛. http://baike. baidu. com/link? url=6yLvkVSxUbV_aBNp-qa4rvWdeD2BNPkBehvocJ5Kgvw7m5nJcJVDw7In-AZEN3_tm5lcjPNomy7Ec6aLi4hrpEB4oTPpGRo6SThA-ObSFsQtRMrzt_Ar9IKi0CY3ptxTqyW6jPuc7P9ffpjq8uBf15QeeeZC0dYNchg-Hq3Im5EU43LT81sfM4IOlNYcRpXc

⑥济宁市政府网. http://www. chengche. cc/news/93/9350. htm

⑦日照. http://baike. baidu. com/link? url = 6sTih3hxYn7Tt8pZUtO9F-5Fc8AurEf4gQlBdqqYsDluA8AgpqBySdjgVWX4oDqPs1qDPweeIMiagnPnmX3sjYYzQyBwBix18_JLUMYWd0hGLP9hGEIBpgFElGxoTps2hcAVmmAmWpKVxQJmrvdwOq6ekl4mlLF1GjAPGshoMhZrrIFBFHjIMqvExdq3g9i-

⑧刘九省. 受伤丹顶鹤，见人就撞墙. http://bddsb. bandao. cn/data/20150310/html/60/content_1. html

6.3.7 台湾

台湾迄今依然有丹顶鹤抵达。

2013年更新的《台湾鸟类名录》中有丹顶鹤①。

据2004年3月报道，彰化县近日在八卦山区发现罕见的丹顶鹤及黑鹳，为该县第一次记录到这两种珍稀鸟类。一只丹顶鹤出现于彰师大宝山校区附近的天空，并往北飞至安溪寮一带，最后往大肚溪口方向飞去，历时约20分钟。八卦山区向来是许多鸟类迁徙的重要路线，每年调查期间，也都会发现许多珍稀鸟类，故此次见到的丹顶鹤应是过境行为②。

据报道，2003年12月一只丹顶鹤翩然飞临台北县贡寮乡海岸的田寮洋后，立即引起各界重视并被鸟友昵称为丹丹或阿丹。丹顶鹤上次出现在台湾的记录是1932年，因此它被誉为睽违71年后再度降临台岛的丹顶鹤。不料，2004年9月，该鸟在新竹空军基地被赶鸟的霰弹枪击中，幸而及时救治，已度过危险期③。由此可以反映丹顶鹤在台北县与新竹县栖息。有消息称，依据地缘关系推断，这只丹顶鹤很有可能是从江苏盐城的度冬族群中被冷空气带到台湾的④。令人疑惑的是，这只丹顶鹤是次年9月在新竹县遭遇袭击，并非处于越冬期；另在台湾至少三地发现一只丹顶鹤，是否属于同一只……都值得深究。

有消息称，2007年台湾地区（具体地点待考）曾发现4只丹顶鹤，尽管争议很大，但很多专家还是认为它们是野鸟⑤。

6.4 中南

现今中南仅少数省级政区仍有丹顶鹤栖息记录。

6.4.1 河南

河南省乃中南有丹顶鹤栖息最多的省级政区。

孟津县称，当地黄河湿地有动物724种，其中鸟类175种，其中国家一级保护动物有丹顶鹤与大鸨、金雕、白肩雕、白头鹤、白鹤、玉带海雕、白尾海雕等10种⑥。

6.4.2 广东

广东省曾有较多丹顶鹤栖息，尽管今非昔比，但仍有少数地方有丹顶鹤飞临。

《电白县志》常见的有：水鸭……鹧鸪、夜鹤、白鹤、火鸠……海鸟等100多种（广东省电白县地方志编纂委员会，2000），所称“夜鹤”疑似“野鹤”谐音，乃丹顶鹤。

肇庆市区北侧的星湖国家湿地公园水面600 hm^2，比浙江杭州西湖还大，也是七星岩景区的重要组成部分，栖息有丹顶鹤等180余种鸟类，据称有丹顶鹤45只。此外，游人既可“穿梭于木栈道之中，欣赏一生难得一见的‘世界绝活’丹顶鹤编队飞翔，也可以通过鹤岛上设置的望远镜远距离观赏候鸟”（李达标等，2005）。再看发布的丹顶鹤图片（图8.53），丹顶鹤群悠闲自得，未见网罩等阻拦设施，似有野生丹顶鹤⑦。

图8.53 星湖公园中栖息的丹顶鹤⑧

①台北鸟会制作的台湾鸟类名录(The Checklist of Birds of Taiwan). http://baike.niaolei.org.cn/台湾

②陈晓钟.台湾彰化出现丹顶鹤及黑鹳. http://www.people.com.cn/GB/shizheng/1025/2406061.html

③台湾新竹空军基地乱枪赶鸟 误伤全台唯一丹顶鹤. http://www.china.com.cn/chinese/huanjing/710666.htm

④王世停.盐城丹顶鹤首次飞临台湾. http://news.sina.com.cn/c/2005-07-21/18556495344s.shtml

⑤鹤舞南汇. http://www.news365.com.cn/wxpd/cw/qy/200804/t20080411_1829538_2.htm

⑥孟津县人民政府网站. http://www.mengjin.gov.cn/

⑦任由驯养的丹顶鹤自由飞翔有风险。据报道，2004年4月，武汉黄鹤楼公园曾借扎龙保护区的丹顶鹤表演丹顶鹤绕着黄鹤楼盘旋飞翔美景，尽管有驯鸟师保驾，但还是在表演途中，3只丹顶鹤脱离了队伍，越飞越远，后仅寻回1只受伤的丹顶鹤(“鹤绕名楼”胜景有望重现 19只丹顶鹤练飞. http://www.cq.xinhuanet.com/2013-03/21/c_115104461.htm)

⑧星湖湿地公园. http://baike.baidu.com/picture/1877090/1877090/16869044/1c950a7b02087bf419556e87f6d3572c11dfcf26.html? fr=lemma&ct=

连平县位于南岭山脉的南麓，所列举的“禽类”，有山鸡、雉鸡、竹鸡、斑鸠、鹧鸪、野鸽、水鸭、燕子、乌鸦、雁、老鹰、麻雀、菜雀、白鹇、画眉、黄莺、啄木鸟、杜鹃、青翠、翡翠、白劳、天堂鸟、牛喜鹊、蜡嘴、猫头鹰、鹞、鹭鸶、鸳鸯、鹌鹑、喜鹊、鹊鸦、八哥、布谷鸟、黄鹤、白鹤、山寒、山凤凰、呼恶鸟、五彩鸟、夜莺、子规、池鹭、鹳等100多种①。值得注意的是，其中有“黄鹤、白鹤”，前者乃丹顶鹤的别称，故可以说明当地仍有丹顶鹤栖息。

海丰县北倚莲花山脉，南临南海，又处北回归线南缘，属南亚热带气候区，海洋性气候明显，常年气温适宜，雨量丰沛，热量充足。当地列举的“禽类”称，野生常见的有喜鹊、乌雅雁、苍鹭、鹰、鹤、百舌、雉、鹜（野鸭）、翡翠、麻雀、啄木鸟、白鹇、杜鹃、猫头鹰、鹗、黄莺、云雀、燕子、草号鸟、鹧鸪、斑鸠、夜游鹤、鸬鹚、海鹅、岸鹅、海鸥、海燕、山鸡、红脚水鸭等②。值得注意的是，其中有“鹤”，似为通常默认的丹顶鹤。

德庆县北回归线经过县境最北端，亦即该县处于亚热带北缘，境内又存在低山区与丘陵区互相交错的地理环境，生物多样性丰富。仅列举的“鸟类”就有山鸡、雉鸡、水鸡、水鸭、野鸽、鹌鹑、鹧鸪、斑鸠、山鹏、画眉、谷微、了哥、花了哥（又名牛屎了）、黄莺、白眼圈、喜鹊、白头翁、高髻翁、花翅、乌翅、燕子、雁、布谷鸟（杜鹃）、天吊水、啄木鸟、相思鸟、猫头鹰、大鹰（大鸢）、乌鸦、黄鹤、白鹤、灰鹤、大翠鸟、小翠鸟（吊鱼郎）、长尾朔、山麻雀、家雀、禾花雀等③。值得注意的是，其中有“黄鹤、白鹤、灰鹤”3种，前者当是丹顶鹤，说明在当地有栖息。

6.4.3 广西

广西壮族自治区现今仍有丹顶鹤栖息记录。

右江区地处云南、贵州、广西三省（区）结合部，其“鸟类主要有白鹭、鹏鸽、斑鸠、乌鸦、杜鹃、翠鸟、燕子、八哥、喜鹊、麻雀、红毛鸡、猫头鹰、鹰、啄木鸟、绿口鸭、画眉，野鸡、野鸭、难鸡等。其中属国家一级保护动物的有鹤鸽，属二级保护动物的有红毛鸡、猫头鹰、雄鸡④”。

值得注意的是，其中提到“难鸡”与“鹤鸽”，前者似为笔误（如“雄鸡”在前列举名单中就未见），此二称谓似为同一物种。但所称“属国家一级保护动物的有鹤鸽”值得推敲：①“鹤鸽”若侧重于“鸽”，《国家重点保护野生动物名录》仅见斑尾林鸽（*Columba palumbus*），还是二级重点保护动物。②因《国家重点保护野生动物名录》中“鹤科”列出7种，其中一级重点保护动物有4种（黑颈鹤、白头鹤、丹顶鹤、白鹤），除丹顶鹤外的3种或因外形，或因分布地域皆不符合⑤。③况此记录中瑕疵颇多，如《国家重点保护野生动物名录》根本没有“红毛鸡”，国家二级重点保护动物更不可能有“雄鸡”。故“鹤鸽”只能是丹顶鹤。

6.4.4 海南

海南省仍有丹顶鹤栖息，也是硕果仅存。

《文昌县志》在“鸟类”中列举有“毛鸡、鹤鹭、鹊、乌鸦、鹦鹉、啄木鸟、谷鸡、水鸭、白面鸡、鸳鸯、麻雀、鹰、燕子”等（海南省文昌市地方志编纂委员会，2000）。所称“鹤鹭”，疑似“鹤、鹭”之误。文昌县前志曾有“鹤”记载，说明今文昌市仍有丹顶鹤飞临。

---

①连平县人民政府网站. http://www.lianping.gov.cn/publicfiles/business/htmlfiles/gdlp/pzrzy/index.htm

②海丰县. http://baike.baidu.com/subview/132982/11000774.htm? fr=aladdin#3_2

③德庆县. http://baike.baidu.com/link? url=a03wlAVI_g6lyM3IOB1_khokFS62ifr4LEgDqWJUCN49T52X9N2DmmGT4xK2ek5R#2_2

④右江区. http://baike.baidu.com/link? url=8xqO7tIsNXNJdD-YWJjqudTmk15zJsm2qG7P2lyTI-jfZw9C4xZIUxHm-Ew9rMBr

⑤白鹤（*Grus leucogeranus*）略小于丹顶鹤，站立时通体白色，胸和前额鲜红色，嘴和脚暗红色；飞翔时，翅尖黑色，其余羽毛白色。在中国主要分布于从东北到长江中下游，迁徙时见于河北、内蒙古、辽宁、吉林、黑龙江、安徽、山东、河南等，越冬地主要在江西和湖南，越冬期间零星个体见于辽宁、江苏、浙江、山东以及新疆等。

白头鹤（*Grus monacha*）除了额和两眼前方有较密集的黑色刚毛，从头到颈是雪白的柔毛外，其余部分体羽都是石板灰色。分布于北京、河北、内蒙古、辽宁、吉林、黑龙江、上海、江苏、福建、江西、河南、湖北、贵州、云南等地。

黑颈鹤（*Grus nigricollis*）虽头顶前方裸区呈暗红色，但体羽灰白色，头部、前颈及飞羽黑色，尾羽褐黑色。尤其是其为世界上唯一生长、繁殖在高原的鹤，为中国特产种。分布于青藏高原和云贵高原，北起新疆的阿尔金山并延伸到甘肃的祁连山，南至西藏的喜马拉雅山北坡和云南的横断山，西起喀喇昆仑山，东至青藏高原东北缘的甘肃、青海和四川交界的松潘草地及云南与贵州交界的乌蒙山，包括青海、四川、甘肃、新疆、西藏、云南和贵州7个省区。

6.5 西南

现今，西南省级政区中唯有重庆市未再见有丹顶鹤记录。

6.5.1 四川

四川省仍有丹顶鹤栖息。

《巴塘县志：续编》记载有仙鹤与胡兀鹫、野鸡、斑鸠、鸳鸯、麻雀等（四川省巴塘县地方志编纂委员会，2001），说明还有丹顶鹤栖息。

乐安湿地位于布拖县西溪河片区乐安乡境内，是四川省境内少有的成片湿地之一，面积位居全省第二。乐安湿地四周山势平缓，湿地内水草丰茂，候鸟成群。据省、州专家实地考察，表明区内有野生动物 33 目 91 科 357 种，湿地里鸟类的品种也很多，有丹顶鹤、黑鹳、大雁、赤麻鸭、绿头鸭、苍鹭、天鹅等①。

石渠县位于青藏高原东南缘的川、青、藏三省区结合部，境内平均海拔超过 4 000 m。当地珍稀动物有丹顶鹤、羚羊、野牦牛、盘羊、獐（麝）、狐狸、水獭、旱獭等②。

6.5.2 贵州

贵州省也还有一些地方有丹顶鹤飞临。

《赫章县志》列举有鹤（仙鹤）与布谷鸟（包谷雀）、白鹭、鹳（老鹳）黄莺、燕子等鸟类（贵州省赫章县地方志编纂委员会，2001），反映还有丹顶鹤栖息。

《关岭布依族苗族自治县志》鸟类中列举有斑鸠、野鸽、柳莺、鹤、白鹭、野鸭等（关岭布依族苗族自治县地方志编纂委员会，2002），其中的“鹤”，似为丹顶鹤。

草海国家级自然保护区位于威宁彝族回族苗族自治县城西南侧，是一个完整、典型的高原湿地生态系统，四面青山环抱，林木茂密。湖中盛产鱼虾、蒲草等水生动植物，栖息着 178 种（亚种）鸟类，其中 27 种为国家重点保护动物。除了中国特有的高原候鸟黑颈鹤每年都要在这里越冬之外，还有丹顶鹤、灰鹤、黄斑苇雉、黑翅长脚鹬、草鹭等③。

6.5.3 云南

云南省还有丹顶鹤栖息，但地点不多。

《昭通市志》记载有丹顶鹤与黄豆雀、白冠长尾雉、鹭鸶、秃鹫、斑头雁、黑颈鹤、鸡、鹊等鸟类（昭通市志编纂委员会，2000），说明今昭阳区仍有丹顶鹤栖息。昭通市近期介绍当地动物，仍称有丹顶鹤与金钱豹、黑颈鹤、白冠长尾雉等国家一级保护动物④，但此“昭通市”已是地级市，辖 1 区 11 县，丹顶鹤具体栖息地点需进一步核查。

6.5.4 西藏

西藏自治区现今依然有丹顶鹤栖息记录。

白朗县列举的珍稀野生动物有“野驴、野牦牛、狐狸、鹤、狼、豹等”⑤。值得注意的是，其中有“鹤”。

尽管这是仅有的罕见的一条资料，但经过反复考虑，窃以为“鹤”是丹顶鹤，则基于以下考虑：①历史上，西藏曾有丹顶鹤栖息记录；白朗县与它们相距不远，且纬度更低（图 8.54）。②现方志或介绍西藏各市（县）情况中列举鹤属物种时，基本上皆有明确称谓，唯见此处以通常默认丹顶鹤的“鹤”相称。③白朗县虽处于黑颈鹤分布范围内，但在青藏高原和云贵高原分布有包括丹顶鹤在内的多种鹤。④石渠县有明确的丹顶鹤栖息，平均海拔超过 4 000 m，纬度 32.9°N；白朗县平均海拔 4 200 m，纬度 29.1°N，二者相当。⑤青海多处明确有丹顶鹤分布地，同时也有黑颈鹤。

---

①布拖县. http://baike. baidu. com/view/377769. htm

②石渠县. http://baike. baidu. com/link? url=vBT8IYFd2veVps6isCcGJ0Wfo0w0JvwHAEXd47Bjvymv3l0moc9_6nhj-q7l1PPJ#5_4

③贵州草海国家级自然保护区. http://baike. soso. com/v272256. htm

④昭通. http://baike. baidu. com/link? url=K54_G8cFM5IQgm4YZeLXebJMs87EvrnJnYuPgNRvVhjVi_wp8ip12Ll7A9wweH7e4EkzDq8yRSPHuNMpNoDvHa

⑤白朗县. http://baike. baidu. com/link? url=nBGGwTKat0Ztv_9idloIB8qANGuKoUlf7xiuU-KwkydT_GqGeEc2JSVCzFF49_3x

图 8.54　西藏古今丹顶鹤分布图

6.6　西北

现今，西北各省级政区皆有丹顶鹤栖息记录。

6.6.1　陕西

陕西省现今不仅仍有丹顶鹤栖息，而且发现地点略增。

2006 年 1 月至 2012 年 12 月对陕西黄河湿地调查，发现有鸟类 132 种，其中就有丹顶鹤（稀有种；旅鸟）等多种珍稀鸟类。“陕西黄河湿地”位置，“位于关中平原东缘，介于 34°36′～35°40′N，110°10′～110°36′E 之间，北起韩城禹门口（龙门），南到潼关港口，东以黄河治导控制线的中心线为界与山西省相接，西邻黄河老崖”（何冰等，2013）。由于其描述及个别称谓尚不清晰①，笔者特进行考证，其大致位置（参见“‘陕西黄河湿地’范围示意图”）②即北起韩城市的禹门镇，南达潼关县的港口镇（《天地图》上未标，其地在山西省芮城县西南端的风陵渡镇对岸），西至“黄河老崖”（在大荔县朝邑镇），濒黄河；亦即与合阳黄河湿地自然保护区（地处合阳县、韩城市、大荔县、华阴市、潼关县）相当。此前，曾有人质疑合阳发现的丹顶鹤，此次的调查与陕西省的其他地方发现丹顶鹤似可以释疑。

临渭区在秦岭以北，境内高山峻岭，深谷大川，宽阔平原，滔滔河流，构成了山峰起伏、丘陵连绵、河溪交汇、塬面相接的地貌；渭河自西向东从中部穿过，尤河、零河、赤水河发源于秦岭山

①如该文所称“陕西黄河湿地”，还有论文称“陕西三河湿地”（程铁锁等，2003），《全国自然保护区名录（2011）》则称“合阳黄河湿地自然保护区”，范围大致相同，皆有丹顶鹤栖息。

②据：天地图. http://map.tianditu.com/. 此图因故不得已删除，有兴趣的读者可以根据所列出处查看原图。该图显示，所谓“陕西黄河湿地”位于黄河西岸陕西省境内，沿黄河流向，北起韩城市，南达华阴市与潼关县，约呈“L”形。

地，自南向北呈“川”字形注入渭河。当地有野生动物300多种，其中就有国家重点保护的丹顶鹤、黑鹳、青羊、大天鹅等23种珍禽珍兽①。

千阳县境内的千湖湿地省级自然保护区，由关中地区最大的冯家山水库及渭河一级支流千河千阳段构成，范围涉及南寨、崔家头、城关3个乡镇的8个村。保护区属于暖温带半湿润大陆性季风气候区，是湿地生态系统类型自然保护区，由河谷川道地貌和黄土地貌构成。区内动植物资源丰富，湖内有秦岭细鳞鲑、马口鱼等3目3科5亚科10多种淡水鱼。有鸟类71种，含属于国家级保护鸟类的丹顶鹤、白鹳（东方白鹳）、黑鹤（黑颈鹤）、灰鹤、大天鹅、白鹭、豆雁、针尾鸭等②。

三河湿地自然保护区是黄河、渭河、洛河的交汇区，地处华阴市、潼关县、大荔县三地，总面积4.67万 hm^2。在保护区内共有水禽42种，其中受国家保护的一、二类动物有10多种，尤以丹顶鹤、白鹳（东方白鹳）、黑鹳、大、大天鹅（大天鹅、小天鹅）、灰鹤等备受人们喜欢，保护区内优势种群动物要数雁、鸭类，数量多达40余万只，占到总数的92%③。

高陵县位于关中平原腹地，泾河、渭河两岸，全境自西北微向东南倾斜，以泾渭河冲积平原区为主，其余则是黄土残塬及泾渭河道与河漫滩。据称，明《高陵县志》记载：泾、渭河洲渚有鹤、凫、鸥、鹭、鸳鸯、云雁数百成群，今已不多见④。可见尽管少见，但在高陵县偶尔还有丹顶鹤飞临。

西乡县地处秦岭巴山之间，位于秦岭—淮河以南，汉中盆地东部；全年气候温和，属北亚热带半湿润季风区；汉江自西向东横贯全县，还有牧马河、泾洋河、峡河等大的支流在此汇入汉江。当地野生动物中，禽类有石鸡、黄鹂、白头翁、长尾雉、鹤、鹬、崖鸽、雁、布谷、鱼鹰、百灵等⑤。表明仍有丹顶鹤栖息。

6.6.2　甘肃

甘肃省现今仍有丹顶鹤栖息。

玛曲县在青藏高原东端，甘、青、川三省交界处，黄河第一弯曲部。乔科大沼泽地（藏语称乔尔干）位于县东南曼尔玛乡境内，面积1 000 km^2，沼泽地平坦广阔，坡丘平缓，水草丰美，是得天独厚的天然草场。这里既产河曲马（原名乔科马）而闻名天下，也是丹顶鹤、黑颈鹤、白天鹅、黄羊、藏羚羊等珍稀野生动物的栖息乐园⑥。

据2015年2月报道，位于甘州区城郊北部的张掖国家湿地公园有湿地面积1 700 hm^2，主体位于城区北郊地下水溢出地带，与城区毗邻，是国内离城市最近的湿地公园。那里从扎龙自然保护区引进14只国家一级保护动物丹顶鹤（图8.55、图8.56）和2只白头鹤。经过近一年的适应期、合群期，现在有11只丹顶鹤进入放飞期⑦。

图8.55　张掖国家湿地公园的丹顶鹤（一）

图8.56　张掖国家湿地公园的丹顶鹤（二）

①临渭区. http://www. baike. com/wiki/临渭区
②陕西千湖湿地省级自然保护区. http://baike. baidu. com/view/7103037. htm
③三河湿地自然保护区. http://baike. haosou. com/doc/6620381-6834177. html
④高陵县. http://baike. baidu. com/view/650226. htm
⑤西乡县. http://baike. baidu. com/link? url = kHRXsZe502Smkk3ObnCJT3NY8BSbHU8GolHLrLdT0bTHdLX8-xVE6wRWwdUGmdlzQ7ff7-UyiIPkHLsCgnL8vWjEyKZY6D9gMm3K4U2zzQW
⑥玛曲县. http://baike. baidu. com/link? url=SjQz15hoT5ZWE6l0oPT1fUDNbWaRG7MJfyld6unAnXsB8QLrf_ikKotBGvS3B7U3QWZ0-zLCO5DQFlLYEYuX414KMwTDAnRZPt_wu5fFVuuphqOIwHA5ALZ1HacU5XJdg3ObqHFhJMPEsi8QlqeJ3kfkq994rkAG4IlzU1UeFVK
⑦甘肃河西走廊湿地丹顶鹤“闲庭散步”“起舞”. http://www. fj. xinhuanet. com/travel/2015-02/10/c_1114321500_3. htm

从发布的照片看，未见对丹顶鹤设置网罩等阻拦设施，它们可在湿地自由活动、飞翔。反映这一带适宜丹顶鹤栖息。

6.6.3 青海

青海省有丹顶鹤栖息记录主要是现今才发现的。

据2004年7月报道，青海省政府从1994年开始，对青海湖全面实施禁湖封渔措施，2001年又启动了包括沙漠化综合治理、天然草场恢复和退耕还草等十大环境保护工程，治理范围涉及环湖地区的3个州。经过10年治理，环湖地区的生态环境得到有效恢复，鸟类和鱼类等资源开始回升，美丽的丹顶鹤身影再现青海湖畔①。另据2010年8月报道，几位爱鸟人士在5月凌晨，冒着初春的寒冷，摸黑去找丹顶鹤。天刚微亮，他们近距离地悄悄地观看和拍摄了一群群丹顶鹤生活的场景，特选取几幅（图8.57～图8.60）②。由于种种原因，画面还不是很清晰，但已是迄今见到反映青海湖丹顶鹤效果最好的。我们可以借此判断确实是丹顶鹤，更可证明在刚察县、共和县、海晏县交汇处的青海湖依然有丹顶鹤栖息。

图8.57 青海湖岸边的丹顶鹤

图8.58 湖边伉俪

图8.59 岸边的丹顶鹤群

图8.60 翱翔在湖面

黄河清湿地公园位于贵德县境内，依托黄河森林公园和湿地而建，有湿地面积2 775 hm^2，黄河夹滩面积382 hm^2，水域1 093 hm^2，它与黄河流域中分布的森林构成了贵德黄河流域的综合型生态系统。有许多水鸟和候鸟，常见的鸟类有赤麻鸭、白鹭、野鸳鸯、鸬鹚等，春夏时节，常有天鹅、丹顶鹤、大雁等成群光临，河流两岸乔灌木林中栖息着喜鹊、鹰、布谷鸟、野鸡、乌鸦、猫头鹰、

①罗占祥.禁湖封渔显成效 丹顶鹤再现青海湖畔.http://www.people.com.cn/GB/huanbao/1074/2617387.html

②青海湖：实拍野生丹顶鹤.http://blog.sina.com.cn/s/blog_60cb189f0100kx1a.html

斑鸠、野鸭、石鸡、百灵鸟、云雀、山雀、麻雀等①。此处的丹顶鹤虽在公园内，然而只是在“春夏时节”“成群光临”，说明是野生物种。

门源县城西 42 km 的盘坡南侧的“花海鸳鸯”(亦称乱海子、眼睛湖)是位于有黄金草原之称的皇城大草原内的湖泊，也是祁连山草原的重要组成部分。“花海”，讲的是湖泊与周围山体内外相映相衬的天然构图——四围莲花瓣似山包拥护着花蕊样的湖斗，整体上呈现的是一朵盛开的八瓣莲花。“乱海”，则指的是它由百十处猛泼乱涌的泉水汇集而成，它的周围，星星般密布着亮晶晶的水汪，数也数不清，当地人只能以一个“乱”字形容，恰好与周围“浅草才可没马蹄，乱花渐欲迷人眼”的草原形成映照。此地虽以栖息的鸳鸯著称，却还有与鸳鸯相伴的丹顶鹤、黑颈鹤等珍禽，每年四五月来此产卵生子，八九月携子远翔②。据 2008 年 8 月报道，有人自驾旅游，“车行至乱海子天色已经阴沉得吓人，幸运的我们不仅见到了两只丹顶鹤，还在狂风暴雨来临之前离开了乱海子。晚上回到西宁”③。证实有丹顶鹤与黑颈鹤栖息。

据海西蒙古族藏族自治州称，有野生动物 196 种，其中国家一级保护动物的鸟类有丹顶鹤与中华秋沙鸭、金雕、白肩雕、玉带海雕、胡兀鹫、雉鹑、黑颈鹤等④。海西州辖 2 市 3 县，是否皆有丹顶鹤栖息，在未能证实前，暂以州治德令哈市作为有丹顶鹤与黑颈鹤栖息处。

乌兰县属海西州，东邻共和县，西接德令哈市。县境四周环山，中间平坦，北依祁连山支脉，南靠昆仑山；由东向西有茶卡契墨洛山、柯柯赛山、布依坦山、茶卡南山、哈里哈图山、希里沟南山、牦牛山等，形成西北高、东南低地势，呈波浪形狭长倾斜走向。野生动物中有丹顶鹤、黑颈鹤、胡兀鹫、雉鹑等鸟类 294 种⑤。可与海西州记载的丹顶鹤与黑颈鹤相互印证。

果洛藏族自治州称，当地莽莽草原上和深山密林中野生动物种类繁多，而且多为珍禽异兽，其中丹顶鹤、麝、金钱豹等 19 种为国家一级保护动物⑥。果洛州辖 6 县，是否皆有丹顶鹤栖息，在未能证实前，暂以州治玛沁县作为有丹顶鹤栖息处。

久治县属果洛州，南与班玛县相连，东北与甘肃省玛曲县接壤。地势由南、东北向西北部逐渐降低；境内山岭重叠，层峰起伏，巴颜喀拉山脉的年保山横贯全境，山南部多为南北走向的峡谷，山北部是宽谷和山间盆地。河流众多，且分布均匀，主要河流有 7 条，分属长江、黄河两大水系；还有众多湖泊，较大的湖泊有 6 处。地处索呼日麻乡与白玉乡境内的年保玉则是巴颜喀拉山的最高峰，顶部由 3 个常年积雪的山头组成，终年积雪，有面积约 8 km^2 的高原冰川，壮观的冰体与鬼斧神工般陡峭的山岩和 180 个湖泊使其披上了神秘的面纱。这里还是珍禽异兽的乐园，国家级一、二类保护动物多达二十几种。麝、马鹿、白唇鹿、棕熊、水獭、旱獭、雪豹、猞猁、岩羊、黄羊、雪鸡、黑颈鹤、丹顶鹤等常出没于林海雪地中，野鸭、斑头鸥、秃鹫常嬉戏于蓝天碧水间，构成了一幅天人合一、人兽共存的优美画卷⑦。记载的丹顶鹤与黑颈鹤亦可与果洛州的情况相互印证。

6.6.4 宁夏

宁夏回族自治区还有丹顶鹤飞临。

平罗县的沙湖生态旅游景区拥有大面积水域、沙丘、芦苇、荷池，盛产鱼类、鸟类。有鸟类

①贵德黄河清国家湿地公园. http://baike. baidu. com/link? url＝U5ePm8CQM1hHy8Afzkge5GZdy5fu4rbm5Zvuv0R7h5fV37cVyNC71R6lm2Qz5sYzLHElWmNa7HA_zsiM62GF1a

②大美青海湿地风光 花海鸳鸯旅游攻略. http://www. kllife. com/information/road/xibei/20140606/1990. html

③我的青海游. http://you. ctrip. com/travels/qinghai100032/1111673. html

④海西蒙古族藏族自治州. http://baike. baidu. com/link? url＝2cHbTADfy-fwxEwWCnpSePUj5HmCKhjRuwHNghFOzVMb9dv01307-bdjzAdfjdAyzdRaqbkgrTFebLF_kK3boa

⑤乌兰县. http://baike. baidu. com/link? url ＝ v0xisLQxQuG44kj4-EuwbshayoVfmTiyRnTWJ2DohRjdmBpnV5GYeOJBODuketGDmb7V6ZR0N61-O4gOqgE9aq

⑥果洛藏族自治州. http://www. qhsmzw. gov. cn/mzzzdf/zzz/50d71836_774e_4fe8_bc01_103a93fb1a9c. aspx

⑦年保玉则. http://baike. baidu. com/link? url＝qemcFtuHiVXiqEPDf0GwJv9dtwHjF_G8F4k98bEUSXoevJQiVQysS8BUCEejVCjse_7d3QCwso5CbypxIQcCVq

198种，100多万只，占宁夏鸟类总数的36.14%，其中有丹顶鹤、白鹤、黑鹤（黑颈鹤）、大鸨、中华秋沙鸭、白尾海雕、灰鹤（苍鹭）、白琵鹭、白额雁、大天鹅、小天鹅、鸳鸯、鸢、苍鹰等国家重点保护鸟类①，使这里成为所知宁夏现今唯一的丹顶鹤栖息地。

6.6.5 新疆

新疆维吾尔自治区现今仍有丹顶鹤栖息。

五家渠市位于中部天山山脉北麓、准噶尔盆地东南缘，是河流冲积形成的冲积、洪积平原中下游。《农六师垦区·五家渠市志：1949—2001》列举当地野生动物，就有丹顶鹤、黑鸠、红脚隼、喜鹊、天鹅、鱼鹰、渔鸥（鱼鸥）、小鸥、云雀、凤头百灵、白鹤、林鹤、红尾伯劳等鸟类（文定讴，2001），说明在五家渠市仍有丹顶鹤栖息。

吉木乃县位于准噶尔盆地北缘，萨吾尔山北麓，额尔齐斯河南岸，东与福海县毗邻。在当地的“鸟类”列举有丹顶鹤、黑颈鹤、白鹤、石鸡、山鹑、野鸽、苍鹰、猫头鹰、秃鹫、雪鸡、灰雁、赤颈鸭、班嘴鹈鹕、啄木鸟、白鹳（白鹤）、小天鹅、鹌鹑、呱呱鸡、草原周鸟、红隼、云雀、家燕、鹡鸰、红尾伯劳、寒鸦、喜鹊、大山雀、麻雀、金周鸟、松鸡、灰鹤、白额雁、长耳鹗、短耳鹗、黑琴鸡、松鸡、榛鸡等②。说明这里有鹤属多种共存。

福海县位于阿尔泰山与塔尔巴哈台山之间，额尔齐斯河与乌伦古河流经该县，后者在县境最终汇入乌伦古湖。当地野生动植物资源丰富，列为珍稀濒危的国家一级保护动物有野驴、赛加羚羊、雪豹、河狸、丹顶鹤、蒙新野马等15种③。此乃丹顶鹤在我国分布的最西北地。

石河子市地处天山北麓中段，古尔班通古特大沙漠南缘，地形由南向北依次为天山山区、山前丘陵区、山前倾斜平原、洪水冲积平原、风成沙漠区。该市的北湖风景区面积21 km^2，常年有水面积11 km^2，14 km长的湖岸线上有粗壮浓郁的湖岸林，茂密的芦苇、红柳、香蒲等野生植物，春秋之季吸引着黑颈鹤、大小天鹅、疣鼻天鹅、黑颧（鹳）、丹顶鹤、白鹭、野鸭等30多种国家一、二级保护动物④。

据2008年9月报道，8月25日，有3只丹顶鹤现身新疆兵团农五师八十一团巩哈泉二库，它们时而在水中舞蹈，时而鸣叫，吸引了许多人来库区观赏⑤。表明博乐市也有丹顶鹤飞临⑥。

6.7 有丹顶鹤的自然保护概况

相对其他珍稀动物而言，对丹顶鹤栖息的自然保护区值得探究。

6.7.1 自然保护区概况

现有丹顶鹤栖息的自然保护区（图8.61、表8.14），可以表明它们依然存在。特点如下：

- 现分布有丹顶鹤的自然保护区达到117个，总面积达8.47万 km^2。
- 拥有保护区数量情况按地区排序：东北（67个），华北（25个），华东（13个）。
- 拥有保护区数量情况按省级政区排序：黑龙江省（51个），内蒙古自治区（15个），辽宁省与吉林省（皆8个），江苏省（7个），河北省与浙江省（皆5个）。
- 一地有多个保护区的以黑龙江省的富锦市（5个），黑龙江省的同江市（5个），内蒙古自治区的克什克腾旗、黑龙江省的宝清县、抚远县、虎林市、伊春市（皆3个）最为显著。
- 保护区的建立时间虽在1960～2010年间，但主要还是1980年代以来建立的。
- 保护区的等级情况4级皆有，但以省级（占45%）与国家级（占37%）占绝对优势。

①宁夏沙湖. http://www.baike.com/wiki/宁夏沙湖；濒危珍稀动物白琵鹭惊现宁夏沙湖. http://china.huanqiu.com/hot/2015-03/5960775.html

②吉木乃县. http://jmn.gov.cn/Item/2242.aspx

③福海县. http://baike.baidu.com/link? url=MWMrHwucCMazWIGly3OTMUkTqcPZ1ofsl1E36qkzNyFaUcnglAskHlEFoKqN7RSM

④石河子. http://baike.baidu.com/link? url = i7-BA8osAbZfPOdyoZenRnrEKAeIknUGgKAkrTCgFcbn7NaEDyDdiUDMbxoioO0GN0vRXuvfPA_A9BSBFuFOaq

⑤龚冬. 丹顶鹤栖息新疆兵团农五师八十一团. http://www.shidi.org/sf_C064B24F0BE847BEB99D3ECBC23C1A0D_151_hw.html

⑥“巩哈泉”现属双河市（县级），由博乐市划出，自治区直辖。2014年2月26日，新疆维吾尔自治区双河市正式揭牌成立。

● 主管部门以林业占绝对优势（高达 73%），但环保也不少（约占 31%）。

● 按保护区所载政区地点看，达到 144 个（不含重复）。

● 拥有保护区的政区数量情况按地区排序则是：东北（69 个），华北（35 个），华东（21 个）。

● 拥有保护区的政区数量情况按省级政区排序：黑龙江省（35 个），河南省（18 个），吉林省（15 个），江苏省（13 个），内蒙古自治区（12 个）。

● 既有的省级政区保护区已完全或基本覆盖了现有丹顶鹤栖息地，如河南省、黑龙江省、江苏省等；也有相当一些丹顶鹤栖息地未处于保护区（不含其他保护机构）内，如辽宁省、内蒙古自治区、山东省（图 8.62～图 8.64，另见下文讨论）等。

● 现今仍有丹顶鹤飞临而尚无保护区的省级政区有：北京市、浙江省、台湾、广东省、广西壮族自治区、云南省、西藏自治区、青海省、宁夏回族自治区、新疆维吾尔自治区；当然其中有的则是其他保护机构。

● 丹顶鹤在东部地区虽栖息于保护区的比例较大，但它们在中部栖息于保护区的比例则小得多，尤其在西部地区栖息于保护区的比例则更小，甚至缺少保护区庇护。故此，宜在丹顶鹤分布较稳定地域，或结合其他珍稀物种设立保护区，或单独为丹顶鹤设立保护地。

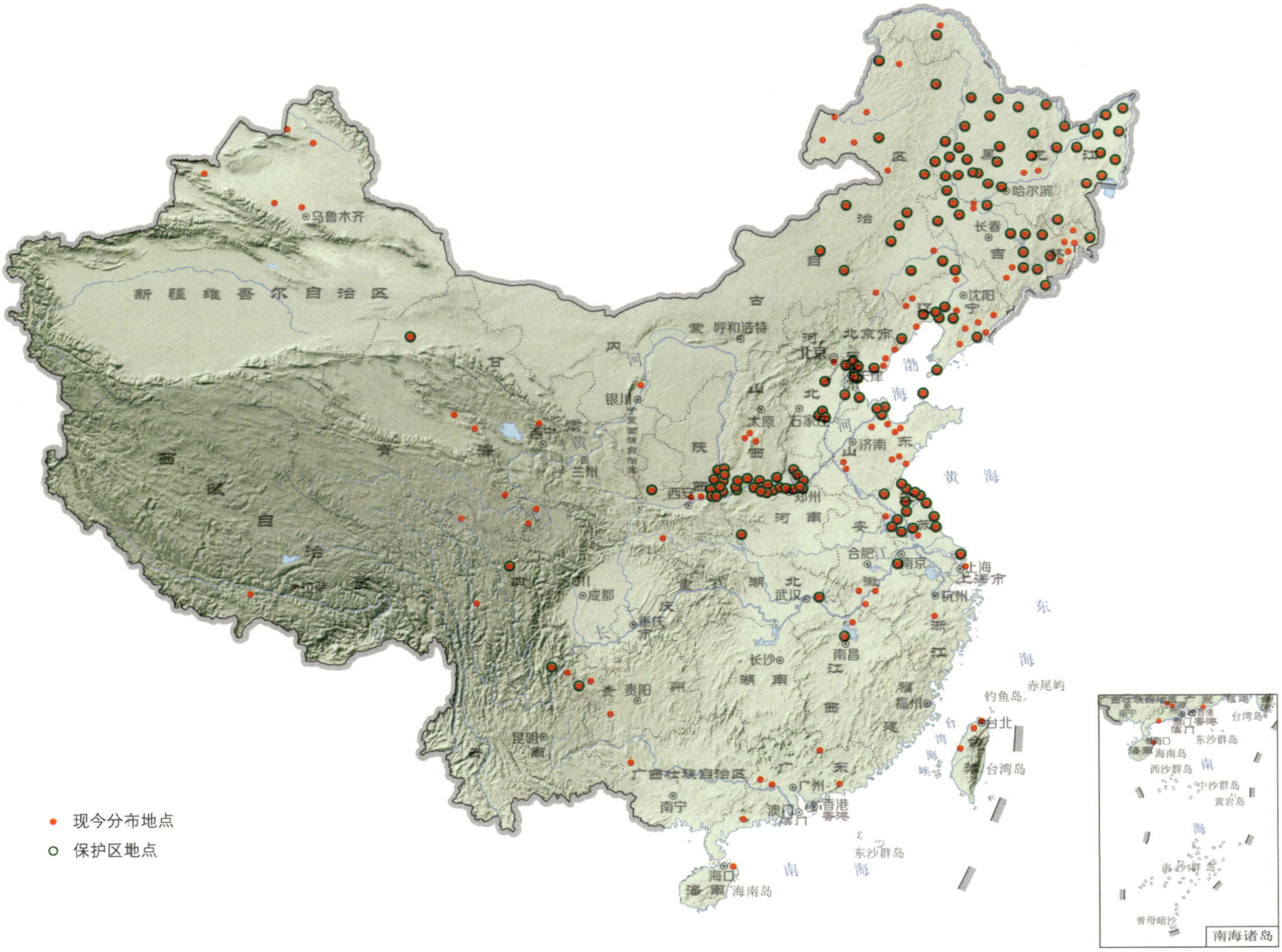

图 8.61　现有丹顶鹤栖息地与其栖息的自然保护区分布图

表 8.13　　栖息有丹顶鹤的自然保护区概况

地区	省级政区	保护区名称	所处地点	面积（hm²）	级别	建立时间	主管部门
华北	天津	古海岸与湿地	汉沽区、塘沽区、大港区、东丽区、津南区、宁河县	35 913	国家级	19841201	海洋
		北大港湿地	大港区	34 887	省级	19990824	环保
		青龙湾	宝坻区	416	省级	20030627	林业
		大黄堡	武清区	11 200	省级	20040921	林业
	河北	南大港湿地	沧州市	13 380	省级	19950301	林业
		衡水湖	桃城区、冀州市、枣强县	18 787	国家级	20000701	林业
		白洋淀湿地	安新县	31 200	省级	20021106	环保
		唐海湿地鸟类	唐海县	11 064	省级	20030401	林业
		海兴湿地和鸟类	海兴县	16 800	省级	20051101	林业
	山西	运城湿地	永济市、河津市、万荣县、临猗县、芮城县、平陆县、夏县、垣曲县	86 861	省级	19930120	林业
	内蒙古	科尔沁	科尔沁右翼中旗	126 987	国家级	19850209	环保
		锡林郭勒草原	锡林浩特市	580 000	国家级	19850808	环保
		达里诺尔	克什克腾旗	119 413	国家级	19870908	环保
		贺斯格淖尔	东乌珠穆沁旗	47 200	省级	19950601	林业
		图牧吉	扎赉特旗	94 830	国家级	19960801	环保
		辉河	鄂温克族自治旗	346 848	国家级	19971101	环保
		额尔古纳湿地	额尔古纳市	126 000	省级	19971101	林业
		阿鲁科尔沁	阿鲁科尔沁旗	136 794	国家级	19980201	环保
		诺敏	鄂伦春自治旗	22 181	县级	19980708	环保
		孟家段水库	奈曼旗	8 670	县级	19990101	水利
		潢源	克什克腾旗	45 438	省级	20000102	环保
		荷叶花湿地珍禽	扎鲁特旗	52 823	省级	20000201	林业
		贡格尔	克什克腾旗	101 900	县级	20001201	环保
		双合尔山	科尔沁左翼后旗	10 000	市级	20011201	其他
		乌拉盖湿地	东乌珠穆沁旗	612 650	省级	20041201	林业
东北	辽宁	蛇岛老铁山	大连市	9 072	国家级	19800806	环保
		双台河口	大洼县、盘山县	128 000	国家级	19850909	林业
		丹东鸭绿江口湿地	东港市	101 000	国家级	19870701	环保
		卧龙湖	康平县	11 200	省级	20010501	林业
		大麦科	台安县	7 190	省级	20020801	林业
		三岔河	海城市	5 400	县级	20041201	林业
		凌河口湿地	凌海市	83 556	市级	20050401	林业
		六股河入海口湿地	绥中县	1 011	市级	20060701	林业

（续表）

地区	省级政区	保护区名称	所处地点	面积（hm^2）	级别	建立时间	主管部门
	吉林	吉林长白山	安图县、抚松县、长白朝鲜族自治县	196 465	国家级	19600401	林业
		莫莫格	镇赉县	144 000	国家级	19810308	林业
		向海	通榆县	105 467	国家级	19810309	林业
		查干湖	前郭尔罗斯蒙古族自治县、大安市、乾安县	50 684	国家级	19860802	水利
		松花江三湖	吉林市、蛟河市、桦甸市、抚松县、靖宇县	115 253	国家级	19900213	林业
		雁鸣湖	敦化市	53 940	国家级	19911120	林业
		珲春东北虎	珲春市	108 700	国家级	20011022	林业
		扶余洪泛	扶余县	61 010	省级	20090722	林业
	黑龙江	镜泊湖	宁安市	126 000	省级	19801101	其他
		兴凯湖	密山市	222 488	国家级	19860405	林业
		连环湖水禽	杜尔伯特蒙古族自治县	43 000	县级	19861202	其他
		扎龙[①]	齐齐哈尔市、林甸县、杜尔伯特蒙古族自治县	210 000	国家级	19870418	林业
		洪河	抚远县、同江市	21 835	国家级	19880111	环保
		大庆黑鱼泡	大庆市	6 000	县级	19881120	其他
		傲宝山水禽湿地	甘南县	5 321	县级	19890124	其他
		黑龙江凤凰山	鸡东县	26 570	国家级	19890403	林业
		西洼荒湿地	望奎县	8 292	省级	19900401	环保
		富裕水禽	富裕县	2 880	县级	19901010	其他
		三环泡	富锦市	25 075	省级	19910701	林业
		宝清七星河	宝清县	20 000	国家级	19911017	环保
		茂山林场	讷河市	26 641	县级	19920306	林业
		安邦河	集贤县	3 716	省级	19930301	环保
		扎音河湿地	海伦市	21 953	省级	19940101	环保
		三江	抚远县、同江市	198 089	国家级	19940919	林业
		科洛河	嫩江县	3 577	市级	19961202	环保
		虎口湿地	虎林市	15 000	省级	19970204	环保
		碧水中华秋沙鸭	伊春市	2 535	省级	19970711	林业
		雁窝岛[②]	宝清县	8 074	省级	19971127	其他
		大庆小黑山	林甸县	8 604	市级	19980124	环保
		挠力河	富锦市、饶河县	160 595	国家级	19981204	环保
		八岔岛	同江市	32 014	国家级	19991001	环保
		南瓮河	大兴安岭地区	229 523	国家级	19991215	林业
		嘟噜河[③]	萝北县	19 967	省级	20000801	环保
		同江莲花河	同江市	13 000	市级	20001103	环保
		锦山	富锦市	8 100	市级	20001103	林业
		择林	富锦市	9 000	市级	20001103	林业

（续表）

地区	省级政区	保护区名称	所处地点	面积（hm^2）	级别	建立时间	主管部门
		东湖湿地	安达市	14 600	省级	20001205	环保
		乌苏里江	抚远县	39 668	省级	20010111	环保
		珍宝岛湿地	虎林市	44 364	国家级	20020415	林业
		肇东沿江湿地	肇东市	36 700	省级	20030312	林业
		龙凤湿地	大庆市	5 050	省级	20030313	其他
		库尔滨湿地	伊春市	66 964	省级	20040101	环保
		大佳河	饶河县	72 604	省级	20040901	林业
		东升	宝清县	19 244	省级	20040901	林业
		红星湿地	伊春市	111 995	国家级	20040913	林业
		朗乡	铁力市	31 355	省级	20050101	林业
		东方红湿地	虎林市	31 516	国家级	20050419	林业
		多布库尔	大兴安岭地区	128 959	国家级	20060125	林业
		大沾河湿地	五大连池市、孙吴县、逊克县	211 618	国家级	20060127	林业
		乌裕尔河	富裕县	55 423	省级	20060301	林业
		中央站黑嘴松鸡	嫩江县	46 743	省级	20061226	林业
		小北湖	宁安市	20 834	省级	20061226	林业
		绥滨两江湿地	绥滨县	55 490	省级	20070608	林业
		汤原黑鱼泡	汤原县	22 401	省级	20070608	林业
		哈拉海	龙江县	23 109	省级	20070813	林业
		呼兰河口湿地	哈尔滨市	19 262	省级	20080114	林业
		富锦沿江湿地	富锦市	26 336	省级	20080512	林业
		平阳河湿地	嘉荫县	45 988	省级	20080512	林业
		二龙涛湿地	泰来县	13 262	省级	20100225	林业
华东	上海	崇明东滩鸟类	崇明县	24 155	国家级	19981116	林业
	江苏	云台山森林	连云港市、灌云县	67	省级	19810812	林业
		盐城湿地珍禽	东台市、大丰市、射阳县、滨海县、响水县	284 179	国家级	19830225	环保
		大丰麋鹿	大丰市	2 667	国家级	19860208	林业
		涟漪湖黄嘴白鹭	涟水县	3 433	省级	19930101	环保
		洪泽湖东部湿地	洪泽县、淮安市、盱眙县	54 000	省级	20041124	林业
		高邮湖湿地	高邮市	46 667	市级	20050615	林业
		新沂骆马湖湿地	新沂市	22 591	市级	20051224	林业
	安徽	石臼湖	当涂县	10 667	省级	20010406	农业
		高邮湖湿地	天长市	46 667	市级	20050615	林业
	江西	鄱阳湖南矶湿地[4]	新建县	333 000	国家级	19970000	
	山东	长岛	长岛县	5 300	国家级	19880509	林业
		黄河三角洲	东营市、垦利县、利津县	153 000	国家级	19901227	林业

（续表）

地区	省级政区	保护区名称	所处地点	面积（hm²）	级别	建立时间	主管部门
中南	河南	新乡黄河湿地鸟类	卫辉市、延津县、封丘县	22 780	国家级	19880727	环保
		开封柳园口	开封市、开封县	16 148	省级	19940609	林业
		河南黄河湿地	巩义市、湖滨区、洛阳市、偃师市、孟津县、新安县、焦作市、孟州市、济源市	68 000	国家级	19950818	林业
		丹江湿地	淅川县	64 027	国家级	20010810	林业
		郑州黄河湿地	郑州市、巩义市、荥阳市、中牟县	36 574	省级	20041119	林业
	湖北	梁子湖湿地	鄂州市	37 946	省级	20010101	林业
西南	四川	卡莎湖	炉霍县	22 300	省级	19870101	林业
		布拖乐安	布拖县	22 751	市级	20030101	林业
	贵州	威宁草海	威宁彝族回族苗族自治县	12 000	国家级	19850101	林业
西北	陕西	合阳黄河湿地	合阳县、韩城市、大荔县、华阴市、潼关县	57 348	省级	19960201	林业
		千湖湿地	千阳县	7 156	省级	20060101	林业
	甘肃	敦煌西湖	敦煌市	660 000	国家级	19921214	林业

注：①地点修订。②《名录》无，但国家林业局保护司认可。③《名录》无此，疑似“嘟噜河自然保护区”。④《名录》中未见；公布的建立时间仅到年。⑤本表参考多方面信息综合而成，个别误差进行更正。⑥本表据全国自然保护区名录. http://sts. mep. gov. cn/zrbhq/zrbhq/201208/t20120824_235172. htm；七里海国家湿地公园. http://baike. baidu. com/link? url＝NNlunzRS0XXmM2lkYVlhBkSZ_FCAHoykxaUEzXwWmY7mwy11F_2WLCtfmYkfEL1ydZ0x2ub06zktn_M0k34rUq；北大港湿地. http://baike. baidu. com/view/3439704. htm；天津青龙湾固沙林自然保护区简介. http://www. china-citytour. com/tianjing/tianjin-jingqu/baoqu/jingqujieshao/813. html；李春燕等，2013；南大港湿地自然保护区. http://baike. baidu. com/view/2920089. htm；衡水湖国家级自然保护区. http://baike. baidu. com/view/1094925. htm? fromId＝533014；白洋淀湿地自然保护区. http://www. bydsd. com/Intro/index. asp；唐海湿地和鸟类自然保护区. http://www. baike. com/wiki/％E5％94％90％E6％B5％B7％E6％B9％EF％E5％9C％B0％E5％92％8C％E9％B8％9F％E7％B1％BB％E4％BF％9D％E6％8A％A4％E5％8C％BA；海兴湿地（鸟类自然保护区）. http://www. haixingdj. gov. cn/Article/ShowArticle. asp? ArticleID＝899；运城湿地自然保护区. http://baike. baidu. com/link? url＝KV57C8tcvOYTydcu-nd68p427NO5iYzKhvaG7Z3LxTLKAAS2zYCdyfaXR-kIcFoK；内蒙古科尔沁国家级自然保护区. http://baike. baidu. com/view/146442. htm? fromtitle＝科尔沁国家级自然保护区&fromid＝4962147&type＝syn；锡林郭勒草原. http://baike. baidu. com/view/30789. htm；达来诺尔. http://baike. baidu. com/view/139109. htm；达里诺尔自然保护区. http://baike. baidu. com/view/74463. htm? fromId＝248382；贺斯格淖尔保护区. http://www. baike. com/wiki/％E8％B4％EA％E6％96％AF％E6％A0％BC％E6％B7％96％E5％B0％94％E4％BF％9D％E6％8A％A4％E5％8C％BA；图牧吉国家级自然保护区. http://baike. baidu. com/link? url＝WI5746fS48KM2zslAXRDLnAvLjsp096BNir6vrBgaZUZi6v4owlK1nAF_h2aeht_6LgZuglVPah1mERk86B7pa；辉河国家级自然保护区. http://baike. baidu. com/view/1429363. htm；额尔古纳湿地自然保护区. http://www. ceweekly. cn/html/Article/20111129495000890. html；阿鲁科尔沁草原自然保护区. http://baike. baidu. com/view/1429349. htm；诺敏自然保护区. http://baike. baidu. com/view/518807. htm；通辽市孟家段水库. http://tongliaotong. com/blog/category/fjms/；潢源自然保护区. http://baike. baidu. com/view/349742. htm；荷叶花湿地珍禽自然保护区. http://www. nmg. gov. cn/nmgly/lyjd/tls_08. htm；贡格尔草原. http://baike. baidu. com/view/782825. htm；内蒙古・乌珠穆沁草原、乌拉盖湿地水资源损伤报告. http://163art. com/go1_ecology_a_news2_cjcy_waterresources. htm；吴玉，宋春玲. 又到候鸟回归时 辽西迎来观鸟潮. http://www. 1m3d. com/read-htm-tid-15276. html；辽宁省自然保护区名录（截至 2012 年底）. http://sts. mep. gov. cn/zrbhq/zrbhq/201309/t20130927_260962. htm? COLLCC＝2514017653&；鸭绿江口湿地. http://www. dandong. gov. cn/a/lvyoupincao/lvyoujingdian/2011/1104/2236. html；卧龙湖. http://baike. baidu. com/view/50656. htm；大麦科湿地. http://news. sina. com. cn/c/2006-06-07/08299141655s. shtml；海城. http://baike. baidu. com/link? url＝gypXVtPFowtHcv0K5g-PGyqU1hCe6FN4IHnGftk_gCN5tNgJGp6E5fr_ROFlZ7nahD--77J20KB-X35thVzhYghBj9AEcTs2WsRFGlX1qSK；凌河口湿地自然保护区. http://www. jyeoo. com/bio/ques/detail/488c6c4a-474b-4a65-bdf6-44098d7044c7；吉林长白山国家级自然保护区. http://baike. baidu. com/view/90326. htm；吉林莫莫格国家级自然保护区・资源・野生动物. http://baike. baidu. com/link? url＝p4Rw9LcHYaIPD7AedYDbBnLkWM_9rYdHyoH2GjAZvRka9u59Fp1AUZLZuAMHDkCHyW-IdhZQlFpNuj4RxrpVnK；查干湖国家级自然保护区. http://baike. baidu. com/view/1310535. htm? fromId＝246478；吉林松花江三湖国家级自然保护区简介. http://

www. jlsanhu. com/index. php/2011-11-28-08-44-33/2011-05-22-08-48-29. html；雁鸣湖国家级自然保护区. http://baike. baidu. com/view/4064671. htm；珲春东北虎国家级自然保护区. http://baike. baidu. com/view/1520569. htm；吉林扶余洪泛湿地省级自然保护区简介. http://hbj. jl. gov. cn/zrst/zrbhq/201011/t20101105_887616. html；镜泊湖自然保护区. http://baike. baidu. com/view/246956. htm；兴凯湖和小兴凯湖湿地. http://baike. baidu. com/link? url＝LrZxjjlQToBvGJXFiIQg8QeCpFrja0J3WGFhHlNaTgBW4FyINI8W6C8A3xPI54Jfam2z94o14_m1UuIeeL7Saq＃7；黑龙江兴凯湖国家级自然保护区. http://baike. baidu. com/view/481645. htm? fromId＝485581；中国・林甸. http://www. lindian. gov. cn/html/index/alone/000100010004. html；黑龙江洪河国家级自然保护区. http://baike. baidu. com/view/146456. htm? fromId＝246973；关于建立黑鱼湖自然保护区的建议. http://www. daqing. gov. cn/dqrdroot/dbjypphyj/27627. shtml；鸡东县. http://baike. baidu. com/link? url＝4_1IOSjFlkA7cvuWxhdp9D16BzlzocxHXf9PEi9w5_CFviztwkq1wfNSYNuCqSx8；七星河保护区. http://baike. baidu. com/link? url＝nnDjCDet6qp5pWlvtWDwtrqFM9J1SW1XJ-SVeZiaeFEMp8cPiRjtBjvtdO-uG-n9n5KUZ7_WNRJkYyZKIr31h_；安邦河湿地省级自然保护区. http://baike. baidu. com/view/1090994. htm；三江国家级自然保护区. http://baike. baidu. com/view/5484380. htm? fromId＝110203；科洛河湿地. http://www. zglz. gov. cn/html/2012/fjms_0712/1175. html；虎林虎口湿地自然保护区. http://www. 51766. com/zhinan/11000/1100022406. html；碧水中华秋沙鸭自然保护区. http://www. 53kz. com/server. asp? adid＝35194；雁窝岛湿地自然保护区生态旅游. http://www. forestry. gov. cn/portal/zrbh/s/3059/content-454966. html；孟祥凯. 八五三农场雁窝岛纪游. http://hegangnews. dbw. cn/system/2013/11/05/055212429. shtml；挠力河. http://baike. baidu. com/view/725847. htm；八岔岛国家级自然保护区. http://baike. baidu. com/view/1094445. htm? subLemmaId＝1094445&fromenter＝%B0%CB%B2%ED%B5%BA%D7%D4%C8%BB%B1%A3%BB%A4%C7%F8；同江市休闲度假游八岔自然保护区. http://hlj. sina. com. cn/travel/line/2012-06-15/1205241_3. html；南瓮河国家级自然保护区. http://www. zwbk. org/MyLemmaShow. aspx? lid＝117548；苇场湿地丹顶鹤自然保护区. http://baike. baidu. com/link? url＝EUmzYV2Ty5ULUs9AUg7b3eknB_aZkB7gRVUxa3dpkaG46vje0_ZM0ycSQXN0TyB3iRRqfiSxhT0v72F8WEg53q；嘟噜河湿地自然保护区. http://221. 210. 155. 150/jqjd/20110123/172754. html；乌苏里江. http://baike. baidu. com/view/52521. htm；黑龙江成立乌苏里江自然保护区. http://news. sohu. com/82/94/news144259482. shtml；珍宝岛湿地国家级自然保护区. http://baike. baidu. com/view/3896102. htm；黑龙江肇东沿江湿地自然保护区. http://www. hljforest. gov. cn/view/lm0657/article/311224. html；大庆龙凤湿地自然保护区. http://baike. baidu. com/view/1350527. htm；小兴安岭库尔滨湿地保护区简介. http://hlj. gqt. org. cn/sglq/ftrq/200903/t20090316_186915. htm；大佳河自然保护区评价. http://www. hlraohe. gov. cn/zrbh/djhpj. htm；高龙. 生机盎然的大佳河湿地. http://shuangyashan. dbw. cn/system/2014/10/31/056093044. shtml；宝清县东升自然保护区获中德技术合作项目考察组肯定. http://heilongjiang. dbw. cn/system/2009/03/30/051835028. shtml；崔悦. 东升自然保护区. http://epaper. hljnews. cn/hljrb/html/2009-06/15/content_402657. htm；红星湿地自然保护区. http://baike. baidu. com/view/2516370. htm；邱胜荣等，2009；黑龙江东方红湿地国家级自然保护区. http://baike. baidu. com/view/2940831. htm；多布库尔自然保护区. http://baike. baidu. com/view/7755184. htm；五大连池. http://baike. baidu. com/subview/25001/6799429. htm? fromId＝289850；黑龙江中央站黑嘴松鸡自然保护区. http://baike. baidu. com/view/9108462. htm；小北湖自然保护区. http://baike. baidu. com/view/7767038. htm；黑龙江绥滨两江湿地自然保护区. http://www. hljforest. gov. cn/view/lm0657/article/311203. html；黑龙江黑鱼泡自然保护区. http://www. docin. com/p-413577047. html；黑龙江哈拉海湿地自然保护区. http://www. hljforest. gov. cn/view/lm0494/article/308176. html；呼兰河口湿地. http://baike. baidu. com/view/1589344. htm；沿江湿地自然保护区管理局. http://www. fujin. gov. cn/yjsd/；黑龙江平阳河湿地省级自然保护区. http://www. hljforest. gov. cn/view/lm0657/article/311222. html；黑龙江二龙涛湿地省级自然保护区. http://baike. baidu. com/view/7977529. htm；钮栋梁. 崇明东滩保护区发现国家一级保护动物丹顶鹤. http://www. shidi. org/sf_BF5799E108B34A6F8F52F4624E20A6D6_151_cmdt. html；云台山自然保护区. http://baike. baidu. com/view/821049. htm；江苏盐城湿地珍禽国家级自然保护区. http://baike. baidu. com/link? url＝Yy9cMog8Av02w2Ho8pY_BIJjDw-2ZU33_mvI_7vMZyhG3-ciHSAWLgX09DI0FytQRUCmnBYTcRaM92GWiefXSq；江苏涟水涟漪湖黄嘴白鹭自然保护区. http://baike. baidu. com/view/9597413. htm；蒋荣荣等，2006；淮安. http://baike. baidu. com/link? url＝99sKC6wvs_yRznLGEsR9NRJonpyn201g_0WC7caoYzYM3B47kzvmRI0Dzlld0opFzhxpdD6LyxFWtF-5M65bmq；洪泽湖湿地自然保护区. http://baike. baidu. com/view/2307880. htm；关于建立高邮湖湿地自然保护区的建议. http://www. tcszx. gov. cn/html/2010-05/3269. html；冯照军等，2006；安徽省自然保护区简介. http://www. ahly. gov. cn/main/model/newinfo/newinfo. do? infoId＝14166；关于建立高邮湖湿地自然保护区的建议. http://www. tcszx. gov. cn/html/2010-05/3269. html；南昌大美南矶山. http://www. jxnews. co；m. cn/jxrb/system/2013/04/19/012378698. shtml；南矶山湿地国家级自然保护区. http://baike. baidu. com/link? url＝PkkLyQCIqeh5GX5Ns0K9P_9CebTq8Umal1ziIMOFBOW5YgkFeW76dJDSRj9HrfzVPH6-TkzuJpqlWaqOdYKK；山东长岛国家级自然保护区. http://baike. baidu. com/view/481690. htm? fromId＝248805；山东黄河三角洲国家级自然保护区. http://baike. baidu. com/view/251907. htm? fromId＝488661；豫北黄河故道鸟类湿地国家自然保护区. http://baike. baidu. com/link? url＝uAY1oHPhs_iqj94d_aCLec0KfN_9RG5FyARZWG2bYUozshR8cVWkMtfDx0eRu37f；汪松等，1998；自然保护区和湿地. http://www. hnly. gov. cn/portal/zrbh/zrbhq/webinfo/2012/01/1325925618391824. htm；河南黄河湿地国家级自然保护区. http://baike. baidu. com/view/2198500. htm；丹江湿地国家级自然保护区. http://baike. soso. com/v11020991. htm；丹江湿地保护区. http://www. baike. com/wiki/%E4%B8%B9%E6%B1%9F%E6%B9%BF%E5%9C%B0%E4%BF%9D%E6%8A%A4%E5%8C%BA；郑州黄河湿地

自然保护区. http://baike. baidu. com/view/901271. htm；梁子湖湿地自然保护区. http://baike. baidu. com/view/8911050. htm；毛桃. 长江上游的高原绿洲. http://www. tibet. cn/info/geography/200504/t20050414_23953. html；布拖县. http://baike. baidu. com/view/377769. htm；贵州草海国家级自然保护区. http://baike. soso. com/v272256. htm；合阳黄河湿地自然保护区位于陕西省合阳县. http://wenku. baidu. com/view/bc515ed4360cba1aa811da24. html；何冰等，2013；陕西千湖湿地省级自然保护区. http://baike. baidu. com/view/7103037. htm；敦煌西湖自然保护区. http://www. baike. com/wiki/%E6%95%A6%E7%85%8C%E8%A5%BF%E6%B9%96%E8%87%AA%E7%84%B6%E4%BF%9D%E6%8A%A4%E5%8C%BA

6.7.2 自然保护区探讨

我们试通过选取有代表性的辽宁省、内蒙古自治区与山东省的古今丹顶鹤分布变迁，探讨有关保护区（忽略其他形式保护机构）情况。

辽宁省（见图 8.62）20 世纪以来是丹顶鹤繁殖的南界。在 20 世纪前，全省皆有丹顶鹤栖息记录，这在全国省级政区中是唯一的；到 20 世纪后半叶，仅有 47% 的地方还有丹顶鹤栖息；现今，更进一步缩减到 34% 的地方有丹顶鹤。就现存丹顶鹤栖息地来看，仅 45% 处于有保护区的地方，且主要在辽河平原一带；在其两侧（西侧的松岭、锦州湾一带，东侧的千山、辽东半岛一带）更多丹顶鹤栖息地则未被保护区覆盖。

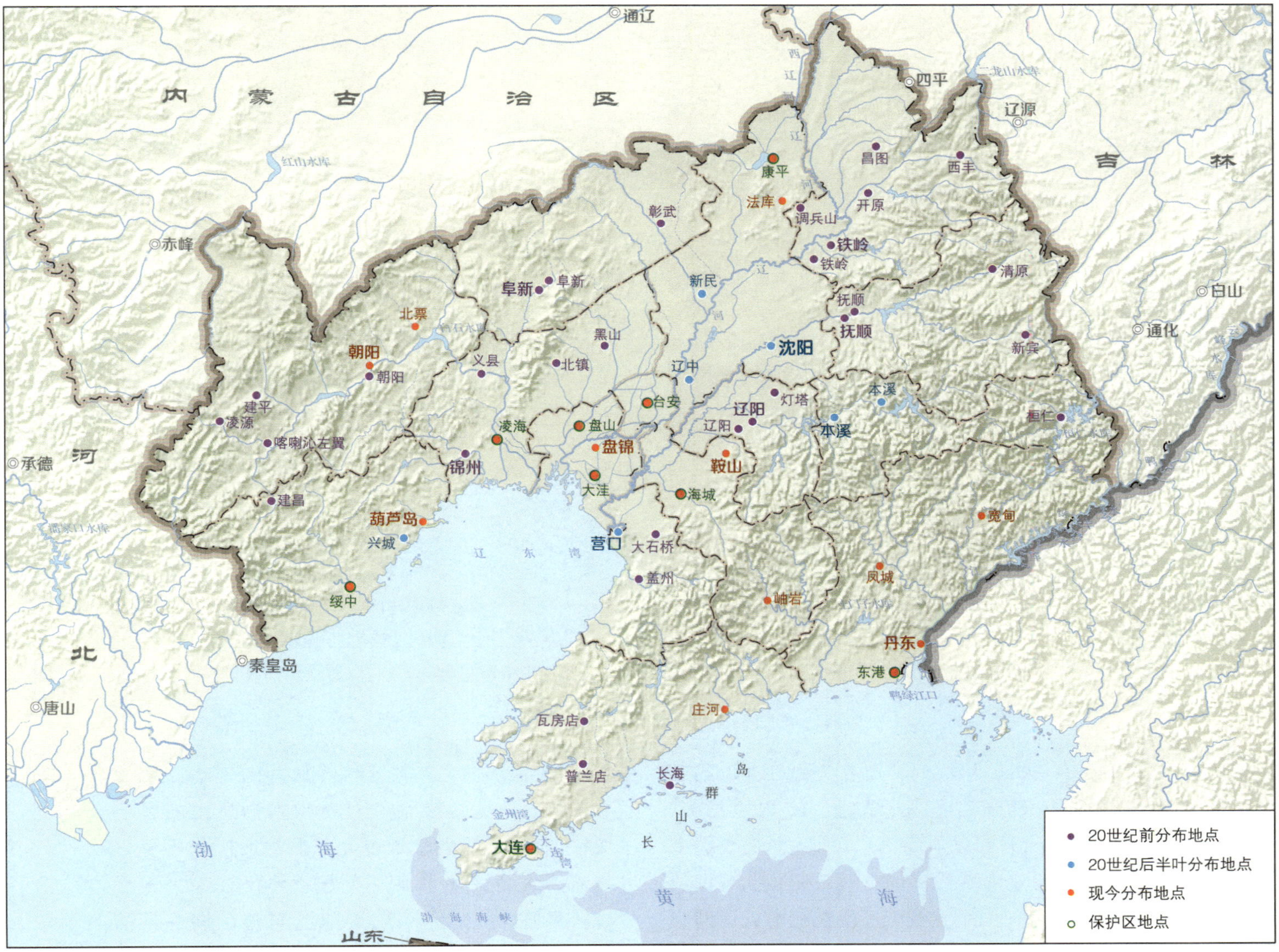

图 8.62 辽宁省古今丹顶鹤分布变迁图

内蒙古自治区东部(见图 8.63)20 世纪以来是丹顶鹤主要繁殖地之一。在 20 世纪前，这一地区丹顶鹤栖息颇密集，绝大部分地方皆有记录；到 20 世纪前半叶，仍有 78%的地方有丹顶鹤栖息；20 世纪后半叶，有丹顶鹤栖息的地方仅降低到 72%；现今，有丹顶鹤栖息的地方仍占 56%。就现存丹顶鹤栖息地来看，虽有 60%丹顶鹤栖息地处于有保护区地方，但仍有 40%主要处于大兴安岭东侧与南侧的丹顶鹤栖息地未被保护区覆盖。

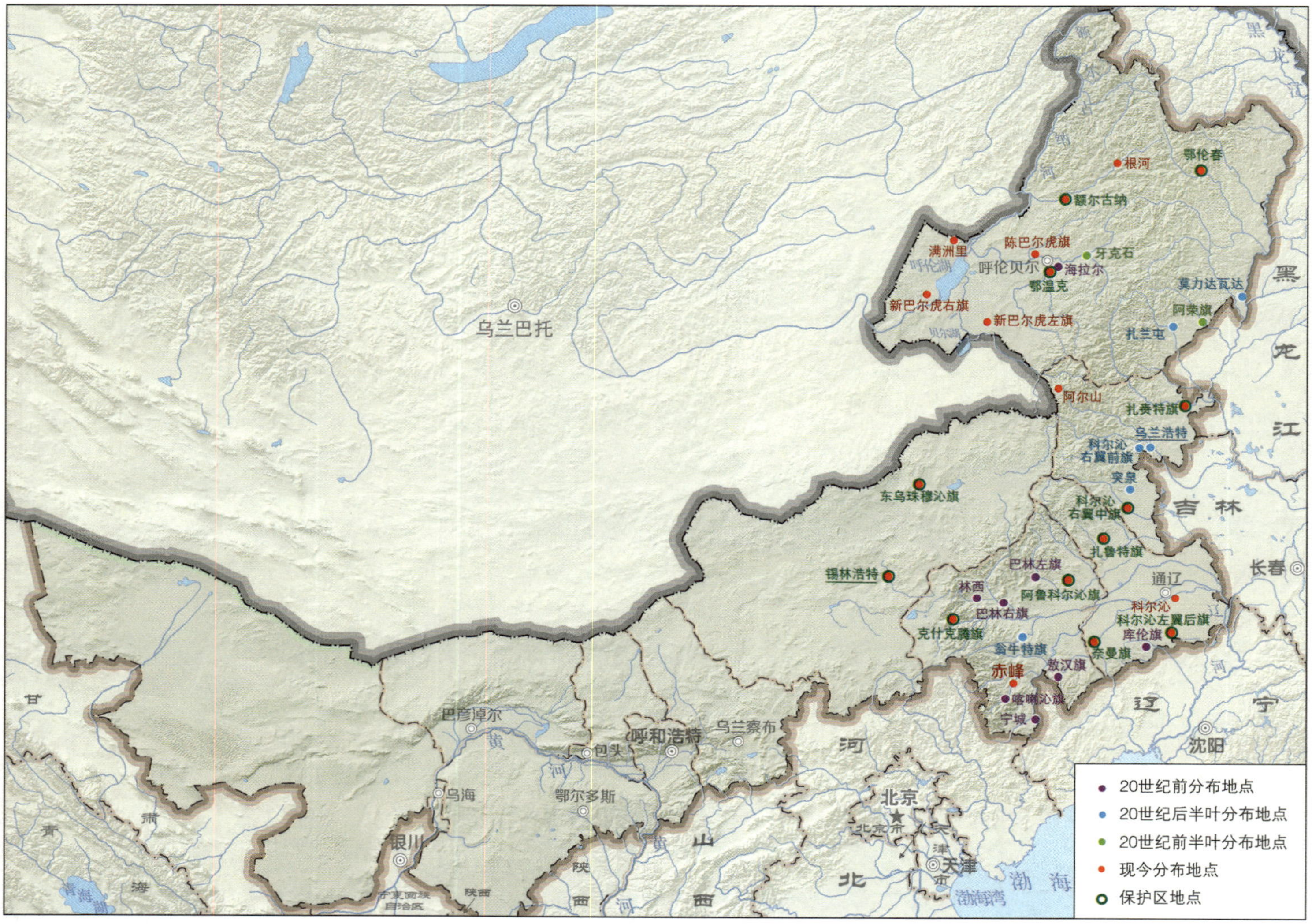

图 8.63　内蒙古自治区古今丹顶鹤分布变迁图

山东省(见图 8.64)20 世纪以来是丹顶鹤最北的越冬地或南来北往的停歇地。在 20 世纪前，全省 96%的地方有丹顶鹤栖息记录，也是历史上丹顶鹤栖息地绝对数最多的省级政区；到 20 世纪前半叶，仍有 83%的地方有丹顶鹤栖息；20 世纪后半叶，有丹顶鹤栖息的地方陡然降低到 24%；现今，丹顶鹤栖息的地方再降低到 12%。这相当大成分是由于人类活动对丹顶鹤栖息地的影响所致，故丹顶鹤栖息是否处于保护区庇护不可小觑。然而，现有丹顶鹤栖息记录地仅有 31%被保护区覆盖，处于莱州湾、胶州湾与南四湖一带的丹顶鹤则尚未得到正式体制保护。

图 8.64　山东省古今丹顶鹤分布变迁图

综上而言，关注针对丹顶鹤的保护区设立亟待调研。

7　丹顶鹤的分布变迁大势

历史时期，丹顶鹤的分布变迁巨大(图 8.65、表 8.14)，表现为：

● 历史上，我国除香港与澳门未见确切记录外，其他省级政区皆有丹顶鹤分布，说明其也是鸟纲中分布最广的珍稀物种之一。

● 历史上，我国丹顶鹤分布的县级及其以上政区最大数量达到 1 098 地。

● 历史上，我国丹顶鹤分布的县级及其以上政区数量按地区排序为：华东与中南(皆 288 个)，东北(181 个)，华北(142 个)，西南(108 个)，西北(89 个)。

● 分布有丹顶鹤的县级及其以上政区的绝对数较高的省级政区排名：山东省(104 个)，黑龙江省(76 个)，河北省(73 个)，广东省(72 个)，湖北省(61 个)，辽宁省与江苏省(皆 58 个)，河南省与湖南省(皆 50 个)。

● 丹顶鹤遍布辖区仅有辽宁省。

● 此外，分布有丹顶鹤的县级及其以上政区占本省级政区 80%及其以上的省级政区排名：黑龙江省(99%)，吉林省(98%)，山东省(96%)，江苏省(89%)，广东省(82%)，湖北省(80%)。

● 到 20 世纪前半叶，丹顶鹤分布地消失较多的省级政区排序：河北省(59 个)，湖南省(42 个)，广东省(41 个)，湖北省(40 个)，辽宁省(31 个)，广西壮族自治区(28 个)，江苏省与贵州省(25 个)，四川省与陕西省(23 个)。

● 到20世纪后半叶，丹顶鹤分布地消失较多的省级政区排序：山东省（64个），广东省（11个），广西壮族自治区（10个），黑龙江省与陕西省（皆9个），四川省（8个）。

● 现今丹顶鹤分布地消失较多的省级政区排序：黑龙江省（24个），云南省（22个），河南省与湖北省（皆18个），江苏省（16个），江西省（14个），山东省（13个），安徽省（11个）。

● 现有丹顶鹤分布地较多的省级政区排序：黑龙江省（35个），河南省（18个），辽宁省（15个），江苏省（13个），内蒙古自治区（12个）。显示：①丹顶鹤在我国东部，东北作为候鸟的主要繁殖地，江南作为候鸟的主要越冬地之一，皆有较多分布地。②丹顶鹤在中部与西部分布呈逐渐减少趋势，但栖息有丹顶鹤的自然保护区也随之减少，甚至全无，这种严峻形势值得重视。

图8.65　历史时期丹顶鹤分布变迁图

表 8.14　历史时期丹顶鹤的分布变迁概况

地区	省级政区	20 世纪前分布地点	20 世纪前半叶分布地点	20 世纪后半叶分布地点	现今分布地点
华北	北京	大兴区、平谷区、延庆县	大兴区、平谷区	大兴区	大兴区
	天津	塘沽区、汉沽区、大港区、东丽区、津南区、武清区、宝坻区、宁河县、静海县	塘沽区、汉沽区、大港区、东丽区、津南区、武清区、宝坻区、宁河县	塘沽区、汉沽区、大港区、东丽区、津南区、武清区、宝坻区、宁河县	塘沽区、汉沽区、大港区、东丽区、津南区、武清区、宝坻区、宁河县
	河北	辛集市、灵寿县、深泽县、赞皇县、赵县、张家口市、宣化县、蔚县、阳原县、怀安县、万全县、怀来县、涿鹿县、赤城县、承德市、兴隆县、平泉县、滦平县、隆化县、丰宁满族自治县、宽城满族自治县、围场满族蒙古族自治县、秦皇岛市、昌黎县、唐山市、滦县、乐亭县、唐海县、廊坊市、霸州市、香河县、保定市、定州市、安国市、高碑店市、满城县、清苑县、易县、徐水县、定兴县、顺平县、唐县、望都县、涞水县、高阳县、安新县、雄县、容城县、博野县、蠡县、沧州市、泊头市、任丘市、黄骅市、河间市、沧县、青县、东光县、海兴县、盐山县、肃宁县、南皮县、吴桥县、献县、孟村回族自治县、桃城区、冀州市、枣强县、故城县、阜城县、内丘县、宁晋县、馆陶县	秦皇岛市、昌黎县、乐亭县、唐海县、香河县、安国市、唐县、安新县、沧州市、海兴县、桃城区、冀州市、枣强县、馆陶县	秦皇岛市、昌黎县、乐亭县、唐海县、安国市、唐县、安新县、沧州市、海兴县、桃城区、冀州市、枣强县	秦皇岛市、昌黎县、乐亭县、唐海县、安新县、沧州市、海兴县、桃城区、冀州市、枣强县
	山西	浑源县、襄垣县、沁源县、介休市、榆社县、寿阳县、灵石县、尧都区、曲沃县、浮山县、吉县、蒲县、永济市、河津市、芮城县、临猗县、万荣县、夏县、绛县、平陆县、垣曲县	浑源县、襄垣县、沁源县、介休市、灵石县、尧都区、曲沃县、浮山县、永济市、河津市、芮城县、临猗县、万荣县、夏县、绛县、平陆县、垣曲县	浑源县、襄垣县、沁源县、介休市、灵石县、曲沃县、永济市、河津市、芮城县、临猗县、万荣县、夏县、绛县、平陆县、垣曲县	沁源县、介休市、灵石县、永济市、河津市、芮城县、临猗县、万荣县、夏县、平陆县、垣曲县
	内蒙古	赤峰市、宁城县、林西县、阿鲁科尔沁旗、巴林左旗、巴林右旗、克什克腾旗、翁牛特旗、喀喇沁旗、敖汉旗、科尔沁区、库伦旗、奈曼旗、扎鲁特旗、科尔沁左翼后旗、海拉尔区、满洲里市、扎兰屯市、牙克石市、根河市、额尔古纳市、阿荣旗、新巴尔虎右旗、新巴尔虎左旗、陈巴尔虎旗、鄂伦春自治旗、鄂温克族自治旗、莫力达瓦达斡尔族自治旗、乌兰浩特市、阿尔山市、突泉县、科尔沁右翼前旗、科尔沁右翼中旗、扎赉特旗、锡林浩特市、东乌珠穆沁旗	赤峰市、阿鲁科尔沁旗、克什克腾旗、翁牛特旗、科尔沁区、奈曼旗、扎鲁特旗、科尔沁左翼后旗、满洲里市、扎兰屯市、牙克石市、根河市、额尔古纳市、阿荣旗、新巴尔虎右旗、新巴尔虎左旗、陈巴尔虎旗、鄂伦春自治旗、鄂温克族自治旗、莫力达瓦达斡尔族自治旗、乌兰浩特市、阿尔山市、突泉县、科尔沁右翼前旗、科尔沁右翼中旗、扎赉特旗、锡林浩特市、东乌珠穆沁旗	赤峰市、阿鲁科尔沁旗、克什克腾旗、翁牛特旗、科尔沁区、奈曼旗、扎鲁特旗、科尔沁左翼后旗、满洲里市、扎兰屯市、根河市、额尔古纳市、新巴尔虎右旗、新巴尔虎左旗、陈巴尔虎旗、鄂伦春自治旗、鄂温克族自治旗、莫力达瓦达斡尔族自治旗、乌兰浩特市、阿尔山市、突泉县、科尔沁右翼前旗、科尔沁右翼中旗、扎赉特旗、锡林浩特市、东乌珠穆沁旗	赤峰市、阿鲁科尔沁旗、克什克腾旗、科尔沁区、奈曼旗、扎鲁特旗、科尔沁左翼后旗、满洲里市、根河市、额尔古纳市、新巴尔虎右旗、新巴尔虎左旗、陈巴尔虎旗、鄂伦春自治旗、鄂温克族自治旗、阿尔山市、科尔沁右翼中旗、扎赉特旗、锡林浩特市、东乌珠穆沁旗

（续表）

地区	省级政区	20世纪前分布地点	20世纪前半叶分布地点	20世纪后半叶分布地点	现今分布地点
东北	辽宁	沈阳市、新民市、辽中县、康平县、法库县、朝阳市、北票市、凌源市、朝阳县、建平县、喀喇沁左翼蒙古族自治县、阜新市、彰武县、阜新蒙古族自治县、铁岭市、调兵山市、开原市、铁岭县、西丰县、昌图县、抚顺市、抚顺县、新宾满族自治县、清原满族自治县、本溪市、本溪满族自治县、桓仁满族自治县、辽阳市、灯塔市、辽阳县、鞍山市、海城市、台安县、岫岩满族自治县、丹东市、凤城市、东港市、宽甸满族自治县、大连市、瓦房店市、普兰店市、庄河市、长海县、营口市、大石桥市、盖州市、盘锦市、大洼县、盘山县、锦州市、凌海市、北镇市、黑山县、义县、葫芦岛市、兴城市、绥中县、建昌县	沈阳市、新民市、辽中县、康平县、法库县、朝阳市、北票市、本溪市、本溪满族自治县、鞍山市、海城市、台安县、岫岩满族自治县、丹东市、凤城市、东港市、宽甸满族自治县、大连市、庄河市、营口市、盘锦市、大洼县、盘山县、凌海市、葫芦岛市、兴城市、绥中县	沈阳市、新民市、辽中县、康平县、法库县、朝阳市、北票市、本溪市、本溪满族自治县、鞍山市、海城市、台安县、岫岩满族自治县、丹东市、凤城市、东港市、宽甸满族自治县、大连市、庄河市、营口市、盘锦市、大洼县、盘山县、凌海市、葫芦岛市、兴城市、绥中县	康平县、法库县、朝阳市、北票市、鞍山市、海城市、台安县、岫岩满族自治县、丹东市、凤城市、东港市、宽甸满族自治县、大连市、庄河市、盘锦市、大洼县、盘山县、凌海市、葫芦岛市、绥中县
	吉林	长春市、德惠市、九台市、榆树市、洮北区、大安市、洮南市、镇赉县、通榆县、宁江区、扶余县、长岭县、乾安县、前郭尔斯蒙古族自治县、吉林市、磐石市、蛟河市、桦甸市、舒兰市、永吉县、四平市、双辽市、公主岭市、梨树县、伊通满族自治县、辽源市、东丰县、东辽县、通化市、梅河口市、集安市、通化县、辉南县、柳河县、白山市、临江市、抚松县、靖宇县、长白朝鲜族自治县、延吉市、图们市、敦化市、珲春市、龙井市、和龙市、汪清县、安图县	洮北区、大安市、洮南市、镇赉县、通榆县、宁江区、扶余县、长岭县、乾安县、前郭尔斯蒙古族自治县、吉林市、蛟河市、桦甸市、四平市、双辽市、公主岭市、梨树县、伊通满族自治县、辉南县、柳河县、白山市、临江市、抚松县、靖宇县、长白朝鲜族自治县、延吉市、图们市、敦化市、珲春市、龙井市、和龙市、汪清县、安图县	洮北区、大安市、洮南市、镇赉县、通榆县、宁江区、扶余县、长岭县、乾安县、前郭尔斯蒙古族自治县、吉林市、蛟河市、桦甸市、四平市、双辽市、公主岭市、梨树县、伊通满族自治县、辉南县、柳河县、白山市、临江市、抚松县、靖宇县、长白朝鲜族自治县、延吉市、图们市、敦化市、珲春市、龙井市、和龙市、汪清县、安图县	大安市、镇赉县、通榆县、宁江区、扶余县、乾安县、前郭尔斯蒙古族自治县、吉林市、蛟河市、桦甸市、辉南县、柳河县、抚松县、靖宇县、长白朝鲜族自治县、延吉市、图们市、敦化市、珲春市、龙井市、和龙市、汪清县、安图县
	黑龙江	哈尔滨市、双城市、尚志市、五常市、依兰县、方正县、宾县、巴彦县、木兰县、通河县、延寿县、齐齐哈尔市、讷河市、龙江县、依安县、泰来县、甘南县、富裕县、克山县、克东县、拜泉县、爱辉区、北安市、五大连池市、嫩江县、逊克县、孙吴县、大庆市、肇源县、林甸县、杜尔伯特蒙古族自治县、伊春市、铁力市、嘉荫县、鹤岗市、萝北县、绥滨县、佳木斯市、同江市、富锦市、桦南县、桦川县、汤原县、抚远县、双鸭山市、集贤县、友谊县、宝清县、饶河县、七台河市、勃利县、鸡西市、虎林市、密山市、鸡东县、牡丹江市、穆棱市、绥芬河市、海林市、宁安市、东宁县、林口县、北林区、安达市、肇东市、海伦市、望奎县、兰西县、青冈县、庆安县、明水县、绥棱县、大兴安岭地区、呼玛县、塔河县、漠河县	哈尔滨市、双城市、尚志市、五常市、依兰县、方正县、宾县、巴彦县、木兰县、通河县、延寿县、齐齐哈尔市、讷河市、龙江县、依安县、泰来县、甘南县、富裕县、克山县、克东县、拜泉县、爱辉区、北安市、五大连池市、嫩江县、逊克县、孙吴县、大庆市、肇源县、林甸县、杜尔伯特蒙古族自治县、伊春市、铁力市、嘉荫县、萝北县、绥滨县、佳木斯市、同江市、富锦市、桦南县、桦川县、汤原县、抚远县、集贤县、友谊县、宝清县、饶河县、虎林市、密山市、鸡东县、牡丹江市、穆棱市、绥芬河市、海林市、宁安市、东宁县、林口县、北林区、安达市、肇东市、海伦市、望奎县、兰西县、青冈县、庆安县、明水县、绥棱县、大兴安岭地区、呼玛县、塔河县、漠河县	哈尔滨市、双城市、尚志市、五常市、依兰县、方正县、宾县、巴彦县、木兰县、通河县、延寿县、齐齐哈尔市、讷河市、龙江县、泰来县、甘南县、富裕县、克山县、爱辉区、北安市、五大连池市、嫩江县、逊克县、孙吴县、大庆市、肇源县、林甸县、杜尔伯特蒙古族自治县、伊春市、铁力市、嘉荫县、萝北县、绥滨县、佳木斯市、同江市、富锦市、桦南县、桦川县、汤原县、抚远县、集贤县、友谊县、宝清县、饶河县、虎林市、密山市、鸡东县、牡丹江市、穆棱市、绥芬河市、海林市、宁安市、东宁县、林口县、安达市、肇东市、海伦市、望奎县、大兴安岭地区、呼玛县、塔河县、漠河县	哈尔滨市、木兰县、通河县、齐齐哈尔市、讷河市、龙江县、泰来县、甘南县、富裕县、五大连池市、嫩江县、逊克县、孙吴县、大庆市、林甸县、杜尔伯特蒙古族自治县、伊春市、铁力市、嘉荫县、萝北县、绥滨县、同江市、富锦市、汤原县、抚远县、集贤县、宝清县、饶河县、虎林市、密山市、鸡东县、宁安市、安达市、肇东市、海伦市、望奎县、大兴安岭地区、塔河县

（续表）

地区	省级政区	20世纪前分布地点	20世纪前半叶分布地点	20世纪后半叶分布地点	现今分布地点
华东	上海	闵行区、宝山区、嘉定区、浦东新区、金山区、松江区、青浦区、南汇区、奉贤区、崇明县	闵行区、宝山区、嘉定区、浦东新区、金山区、松江区、青浦区、南汇区、奉贤区、崇明县	南汇区、崇明县	南汇区、崇明县
	江苏	南京市、溧水县、高淳县、徐州市、邳州市、新沂市、睢宁县、连云港市、赣榆县、灌云县、东海县、灌南县、宿迁市、沭阳县、泗阳县、泗洪县、淮安市、金湖县、盱眙县、洪泽县、涟水县、盐城市、东台市、大丰市、射阳县、阜宁县、滨海县、响水县、建湖县、扬州市、仪征市、江都市、高邮市、宝应县、泰州市、靖江市、泰兴市、姜堰市、兴化市、南通市、海门市、启东市、通州市、如皋市、如东县、海安县、镇江市、句容市、常州市、无锡市、江阴市、宜兴市、苏州市、吴江市、昆山市、太仓市、常熟市、张家港市	南京市、徐州市、邳州市、新沂市、连云港市、灌云县、灌南县、宿迁市、泗阳县、泗洪县、淮安市、金湖县、盱眙县、洪泽县、涟水县、盐城市、东台市、大丰市、射阳县、阜宁县、滨海县、响水县、建湖县、扬州市、江都市、高邮市、宝应县、兴化市、南通市、启东市、如皋市、如东县、苏州市	南京市、徐州市、邳州市、新沂市、连云港市、灌云县、灌南县、宿迁市、泗阳县、泗洪县、淮安市、金湖县、盱眙县、洪泽县、涟水县、盐城市、东台市、大丰市、射阳县、阜宁县、滨海县、响水县、建湖县、扬州市、江都市、高邮市、宝应县、兴化市、启东市、如皋市、如东县	新沂市、连云港市、灌云县、泗洪县、淮安市、盱眙县、洪泽县、涟水县、东台市、大丰市、射阳县、滨海县、响水县、江都市、高邮市
	浙江	杭州市、临安市、富阳市、湖州市、嘉兴市、平湖市、海宁市、嘉善县、慈溪市、余姚市、宁海县、象山县、越城区、诸暨市、上虞市、嵊州市、绍兴县、新昌县、衢州市、江山市、常山县、开化县、龙游县、义乌市、平阳县、泰顺县、青田县	宁海县、越城区、诸暨市、上虞市、嵊州市、绍兴县、新昌县、义乌市、平阳县	越城区、诸暨市、上虞市、嵊州市、绍兴县、新昌县、义乌市、平阳县	义乌市
	安徽	阜阳市、蒙城县、淮南市、天长市、全椒县、凤阳县、当涂县、芜湖市、芜湖县、南陵县、安庆市、桐城市、怀宁县、枞阳县、潜山县、太湖县、宿松县、望江县、岳西县、黄山市、歙县、休宁县、黟县、祁门县、霍邱县、贵池区、东至县、宣州区、宁国市、泾县、旌德县、绩溪县	蒙城县、淮南市、天长市、全椒县、当涂县、安庆市、桐城市、怀宁县、枞阳县、潜山县、太湖县、宿松县、望江县、岳西县、歙县、霍邱县、贵池区、东至县	淮南市、天长市、当涂县、安庆市、桐城市、怀宁县、枞阳县、潜山县、太湖县、宿松县、望江县、岳西县、歙县、霍邱县、贵池区、东至县	天长市、当涂县、怀宁县、贵池区、东至县
	福建	福州市、福清市、长乐市、闽侯县、连江县、罗源县、闽清县、永泰县、平潭县、清流县、宁化县、晋江市、惠安县、上杭县、蕉城区、福安市、福鼎市、霞浦县、柘荣县、屏南县、古田县	宁化县、上杭县	宁化县	
	江西	南昌市、南昌县、新建县、安义县、进贤县、九江市、武宁县、修水县、永修县、德安县、星子县、都昌县、湖口县、南康市、大余县、上犹县、崇义县、宁都县、余干县、鄱阳县、万年县、婺源县、临川区、南城县、黎川县、南丰县、资溪县、广昌县、丰城市、奉新县、靖安县	南昌市、南昌县、新建县、安义县、进贤县、永修县、德安县、星子县、都昌县、湖口县、大余县、宁都县、余干县、鄱阳县、万年县、临川区、丰城市	南昌市、南昌县、新建县、安义县、进贤县、永修县、德安县、星子县、都昌县、湖口县、大余县、宁都县、余干县、鄱阳县、万年县、丰城市	新建县、都昌县

（续表）

地区	省级政区	20世纪前分布地点	20世纪前半叶分布地点	20世纪后半叶分布地点	现今分布地点
	山东	济南市、章丘市、平阴县、济阳县、商河县、东昌府区、临清市、阳谷县、莘县、茌平县、东阿县、冠县、高唐县、德城区、乐陵市、禹城市、陵县、平原县、夏津县、武城县、齐河县、临邑县、宁津县、庆云县、东营市、垦利县、利津县、广饶县、淄博市、桓台县、沂源县、潍坊市、安丘市、昌邑市、高密市、青州市、诸城市、寿光市、临朐县、昌乐县、烟台市、栖霞市、海阳市、龙口市、莱阳市、莱州市、蓬莱市、招远市、长岛县、环翠区、荣成市、乳山市、文登市、青岛市、胶州市、即墨市、平度市、胶南市、莱西市、日照市、五莲县、莒县、临沂市、郯城县、莒南县、沂水县、蒙阴县、平邑县、费县、沂南县、临沭县、枣庄市、滕州市、济宁市、曲阜市、兖州市、邹城市、微山县、鱼台县、金乡县、嘉祥县、汶上县、泗水县、梁山县、泰安市、宁阳县、东平县、莱芜市、滨城区、惠民县、阳信县、无棣县、沾化县、博兴县、邹平县、牡丹区、曹县、定陶县、成武县、单县、巨野县、郓城县、鄄城县、东明县	济南市、济阳县、商河县、东昌府区、临清市、阳谷县、莘县、茌平县、东阿县、冠县、高唐县、德城区、乐陵市、禹城市、陵县、平原县、夏津县、武城县、齐河县、临邑县、宁津县、庆云县、东营市、垦利县、利津县、淄博市、桓台县、潍坊市、安丘市、昌邑市、高密市、青州市、诸城市、寿光市、临朐县、昌乐县、烟台市、栖霞市、海阳市、龙口市、莱阳市、莱州市、蓬莱市、招远市、长岛县、环翠区、荣成市、乳山市、文登市、青岛市、胶州市、即墨市、平度市、胶南市、莱西市、日照市、五莲县、莒县、平邑县、费县、枣庄市、滕州市、济宁市、曲阜市、兖州市、邹城市、微山县、鱼台县、金乡县、嘉祥县、汶上县、泗水县、梁山县、泰安市、莱芜市、滨城区、惠民县、阳信县、无棣县、沾化县、邹平县、牡丹区、曹县、定陶县、成武县、单县、巨野县、郓城县、鄄城县、东明县	东营市、垦利县、利津县、淄博市、桓台县、潍坊市、安丘市、昌邑市、高密市、青州市、诸城市、寿光市、临朐县、昌乐县、海阳市、长岛县、乳山市、青岛市、胶南市、日照市、五莲县、莒县、平邑县、费县、济宁市、汶上县	东营市、垦利县、利津县、桓台县、潍坊市、昌邑市、寿光市、长岛县、日照市、五莲县、莒县、济宁市、汶上县
	台湾	台北县、新竹县、屏东县、宜兰县、彰化县	台北县、新竹县、屏东县、宜兰县、彰化县	台北县、新竹县、屏东县、彰化县	台北县、新竹县、彰化县
中南	河南	郑州市、登封市、荥阳市、巩义市、中牟县、湖滨区、洛阳市、偃师市、孟津县、新安县、栾川县、嵩县、汝阳县、伊川县、焦作市、孟州市、沁阳市、卫辉市、获嘉县、延津县、封丘县、淇县、安阳市、滑县、濮阳县、开封市、开封县、兰考县、柘城县、襄城县、漯河市、舞阳县、叶县、南阳市、方城县、淅川县、信阳市、息县、淮滨县、潢川县、光山县、固始县、商城县、罗山县、新县、川汇区、淮阳县、确山县、遂平县、济源市	郑州市、荥阳市、巩义市、中牟县、湖滨区、洛阳市、偃师市、孟津县、新安县、栾川县、汝阳县、焦作市、孟州市、卫辉市、获嘉县、延津县、封丘县、淇县、开封市、开封县、柘城县、漯河市、南阳市、方城县、淅川县、信阳市、息县、淮滨县、潢川县、光山县、固始县、商城县、罗山县、新县、川汇区、淮阳县、确山县、遂平县、济源市	郑州市、荥阳市、巩义市、中牟县、湖滨区、洛阳市、偃师市、孟津县、新安县、栾川县、汝阳县、焦作市、孟州市、卫辉市、延津县、封丘县、淇县、开封市、开封县、柘城县、漯河市、方城县、淅川县、信阳市、息县、淮滨县、潢川县、光山县、固始县、商城县、罗山县、新县、川汇区、淮阳县、遂平县、济源市	郑州市、荥阳市、巩义市、中牟县、湖滨区、洛阳市、偃师市、孟津县、新安县、焦作市、孟州市、卫辉市、延津县、封丘县、开封市、开封县、淅川县、济源市

（续表）

地区	省级政区	20世纪前分布地点	20世纪前半叶分布地点	20世纪后半叶分布地点	现今分布地点
	湖北	武汉市、房县、郧西县、襄樊市、老河口市、枣阳市、南漳县、谷城县、保康县、宜城市、荆门市、钟祥市、京山县、孝南区、应城市、安陆市、汉川市、大悟县、云梦县、黄州区、麻城市、武穴市、红安县、罗田县、浠水县、蕲春县、黄梅县、团风县、鄂州市、大冶市、咸安区、嘉鱼县、通城县、荆州市、石首市、洪湖市、松滋市、江陵县、公安县、监利县、宜昌市、枝江市、宜都市、当阳市、远安县、兴山县、秭归县、长阳土家族自治县、曾都区、广水市、仙桃市、天门市、潜江市、恩施市、利川市、建始县、巴东县、宣恩县、咸丰县、来凤县、鹤峰县	郧西县、襄樊市、枣阳市、南漳县、谷城县、保康县、宜城市、蕲春县、鄂州市、嘉鱼县、通城县、公安县、曾都区、恩施市、利川市、建始县、巴东县、宣恩县、咸丰县、来凤县、鹤峰县	襄樊市、枣阳市、南漳县、谷城县、保康县、蕲春县、鄂州市、嘉鱼县、通城县、公安县、曾都区、恩施市、利川市、建始县、巴东县、宣恩县、咸丰县、来凤县、鹤峰县	鄂州市
	湖南	长沙市、浏阳市、长沙县、望城县、宁乡县、张家界市、慈利县、桑植县、安乡县、澧县、临澧县、石门县、益阳市、南县、桃江县、安化县、岳阳市、汨罗县、临湘市、岳阳县、华容县、湘阴县、平江县、株洲市、醴陵市、株洲县、攸县、茶陵县、湘潭市、湘乡市、韶山市、湘潭县、耒阳市、永州市、东安县、道县、宁远县、江永县、新田县、双牌县、祁阳县、江华瑶族自治县、麻阳县、靖州苗族侗族自治县、涟源县、双峰县、保靖县、古丈县、永顺县、龙山县	安乡县、岳阳市、岳阳县、华容县、湘乡市、麻阳县、靖州苗族侗族自治县	岳阳市、岳阳县、华容县、湘乡市、麻阳县、靖州苗族侗族自治县	
	广东	广州市、增城市、清城区、英德市、阳山县、连南瑶族自治县、韶关市、乐昌市、南雄市、始兴县、仁化县、翁源县、新丰县、乳源瑶族自治县、源城区、紫金县、龙川县、连平县、和平县、东源县、梅江区、兴宁市、梅县、大埔县、丰顺县、五华县、平远县、蕉岭县、湘桥区、潮安县、饶平县、汕头市、南澳县、榕城区、普宁市、揭东县、揭西县、惠来县、城区、陆丰市、海丰县、陆河县、惠州市、博罗县、惠东县、龙门县、东莞市、中山市、恩平市、开平市、鹤山市、佛山市、肇庆市、高要市、四会市、广宁县、怀集县、封开县、德庆县、云城区、罗定市、江城区、茂名市、化州市、信宜市、高州市、电白县、吴川市、廉江市、雷州市、遂溪县、徐闻县	增城市、阳山县、连南瑶族自治县、乐昌市、南雄市、始兴县、连平县、兴宁市、丰顺县、平远县、汕头市、揭西县、海丰县、龙门县、东莞市、恩平市、开平市、肇庆市、高要市、四会市、怀集县、德庆县、云城区、罗定市、江城区、茂名市、化州市、信宜市、电白县、廉江市、徐闻县	增城市、连南瑶族自治县、乐昌市、南雄市、始兴县、连平县、兴宁市、丰顺县、平远县、汕头市、揭西县、海丰县、肇庆市、怀集县、德庆县、云城区、茂名市、化州市、信宜市、电白县	连平县、海丰县、肇庆市、德庆县、电白县

（续表）

地区	省级政区	20世纪前分布地点	20世纪前半叶分布地点	20世纪后半叶分布地点	现今分布地点
	广西	南宁市、横县、宾阳县、上林县、隆安县、桂林市、阳朔县、临桂县、灵川县、全州县、兴安县、永福县、灌阳县、资源县、平乐县、荔浦县、龙胜各族自治县、恭城县、鹿寨县、岑溪市、藤县、蒙山县、贵港市、平南县、北流市、兴业县、陆川县、博白县、钦州市、灵山县、浦北县、北海市、合浦县、防城港市、东兴市、上思县、江州区、扶绥县、右江区、田东县、平果县、兴宾区、金秀瑶族自治县、八步区、昭平县、钟山县、富川瑶族自治县	南宁市、横县、宾阳县、上林县、鹿寨县、藤县、贵港市、平南县、北流市、陆川县、博白县、合浦县、江州区、右江区、田东县、兴宾区、八步区、昭平县、钟山县	南宁市、横县、宾阳县、藤县、北流市、博白县、合浦县、右江区、田东县	右江区
	海南	海口市、三亚市、文昌市、琼海市、东方市、儋州市、临高县、昌江黎族自治县	海口市、三亚市、文昌市、琼海市、东方市、儋州市、临高县、昌江黎族自治县	文昌市、临高县、昌江黎族自治县	文昌市
西南	重庆	万州区、黔江区、合川区、垫江县、城口县、开县、巫溪县、巫山县、奉节县、云阳县	合川区、垫江县	垫江县	
	四川	金堂县、双流县、大邑县、广元市、旺苍县、剑阁县、苍溪县、梓潼县、中江县、阆中市、南部县、岳池县、隆昌县、马边彝族自治县、泸州市、泸县、合江县、叙永县、江安县、长宁县、筠连县、珙县、巴州区、通江县、南江县、平昌县、万源市、达县、雨城区、炉霍县、石渠县、巴塘县、西昌市、会理县、布拖县、越西县	金堂县、大邑县、马边彝族自治县、合江县、筠连县、巴州区、万源市、炉霍县、石渠县、巴塘县、西昌市、布拖县、越西县	筠连县、巴州区、炉霍县、石渠县、巴塘县、布拖县	炉霍县、石渠县、巴塘县、布拖县
	贵州	贵阳市、清镇市、开阳县、修文县、息烽县、钟山区、六枝特区、水城县、仁怀市、西秀区、平坝县、普定县、关岭布依族苗族自治县、镇宁布依族苗族自治县、紫云苗族布依族自治县、大方县、黔西县、金沙县、织金县、纳雍县、赫章县、威宁彝族回族苗族自治县、铜仁市、江口县、玉屏侗族自治县、沿河土家族自治县、松桃苗族自治县、万山特区、凯里市、岑巩县、台江县、瓮安县、长顺县、惠水县	仁怀市、关岭布依族苗族自治县、镇宁布依族苗族自治县、赫章县、威宁彝族回族苗族自治县、沿河土家族自治县、凯里市、台江县、瓮安县	关岭布依族苗族自治县、镇宁布依族苗族自治县、赫章县、威宁彝族回族苗族自治县、沿河土家族自治县、凯里市、台江县	关岭布依族苗族自治县、赫章县、威宁彝族回族苗族自治县
	云南	昆明市、石林彝族自治县、昭阳区、鲁甸县、巧家县、盐津县、大关县、永善县、绥江县、镇雄县、彝良县、威信县、水富县、古城区、永胜县、华坪县、玉龙纳西族自治县、宁蒗彝族自治县、香格里拉县、大理市、祥云县、宾川县、云龙县、洱源县	昆明市、石林彝族自治县、昭阳区、鲁甸县、巧家县、盐津县、大关县、永善县、绥江县、镇雄县、彝良县、威信县、水富县、古城区、永胜县、华坪县、玉龙纳西族自治县、宁蒗彝族自治县、香格里拉县、大理市、洱源县	石林彝族自治县、昭阳区、鲁甸县、巧家县、盐津县、大关县、永善县、绥江县、镇雄县、彝良县、威信县、水富县、古城区、永胜县、华坪县、玉龙纳西族自治县、宁蒗彝族自治县、香格里拉县、洱源县	昭阳区
	西藏	城关区、当雄县、堆龙德庆县、白朗县	白朗县	白朗县	白朗县

（续表）

地区	省级政区	20世纪前分布地点	20世纪前半叶分布地点	20世纪后半叶分布地点	现今分布地点
西北	陕西	西安市、蓝田县、周至县、户县、高陵县、洛川县、宜川县、黄龙县、铜川市、临渭区、华阴市、韩城市、华县、潼关县、大荔县、蒲城县、合阳县、富平县、咸阳市、兴平市、三原县、泾阳县、礼泉县、宝鸡市、凤翔县、岐山县、扶风县、眉县、陇县、千阳县、麟游县、太白县、南郑县、西乡县、镇巴县、佳县、宁陕县、岚皋县、平利县、商州区、洛南县、丹凤县、商南县、柞水县	周至县、户县、高陵县、洛川县、宜川县、黄龙县、临渭区、华阴市、韩城市、华县、潼关县、大荔县、合阳县、礼泉县、岐山县、千阳县、南郑县、西乡县、佳县、商州区、商南县	高陵县、洛川县、黄龙县、临渭区、华阴市、韩城市、潼关县、大荔县、合阳县、千阳县、西乡县、商州区	高陵县、临渭区、华阴市、韩城市、潼关县、大荔县、合阳县、千阳县、西乡县
	甘肃	天水市、清水县、秦安县、张家川回族自治县、敦煌市、崆峒区、灵台县、华亭县、庄浪县、静宁县、礼县、两当县、徽县、和政县、合作市、临潭县、卓尼县、舟曲县、迭部县、玛曲县、碌曲县、夏河县	敦煌市、灵台县、和政县、合作市、临潭县、卓尼县、舟曲县、迭部县、玛曲县、碌曲县、夏河县	敦煌市、合作市、临潭县、卓尼县、舟曲县、迭部县、玛曲县、碌曲县、夏河县	敦煌市、玛曲县
	青海	海晏县、刚察县、门源回族自治县、共和县、贵德县、玛沁县？久治县、德令哈市？乌兰县	门源回族自治县、久治县、乌兰县、玛沁县？德令哈市？	门源回族自治县、久治县、乌兰县、玛沁县？德令哈市？	门源回族自治县、久治县、乌兰县、玛沁县？德令哈市？
	宁夏	平罗县、同心县、原州区、西吉县、隆德县、泾源县、彭阳县、海原县	平罗县	平罗县	平罗县
	新疆	石河子市、五家渠市、博乐市、尉犁县、福海县、吉木乃县	石河子市、五家渠市、博乐市、尉犁县、福海县、吉木乃县	石河子市、五家渠市、博乐市、尉犁县、福海县、吉木乃县	石河子市、五家渠市、博乐市、福海县、吉木乃县

参考文献

《阿鲁科尔沁旗志》编纂委员会编．1994．阿鲁科尔沁旗志．呼和浩特：内蒙古人民出版社

安徽省文物考古研究所，蚌埠市博物馆编著．2008．蚌埠双墩：新石器时代遗址发掘报告．北京：科学出版社

安庆地区地方志编纂委员会编．1995．安庆地区志．合肥：黄山书社

安庆市地方志编纂委员会编．1997．安庆市志．北京：方志出版社

安新县地方志编纂委员会编．2000．安新县志．北京：新华出版社

白城地区地方志编纂委员会编．1992．白城地区志．长春：吉林文史出版社

北京市海淀区志编纂委员会编．1999．北京市海淀区志．北京：北京出版社

北流县志编纂委员会编．1993．北流县志．南宁：广西人民出版社

宾阳县志编纂委员会编．1987．宾阳县志．南宁：广西人民出版社

滨海县地方志编纂委员会编．1998．滨海县志．北京：方志出版社

博白县志编纂委员会编．1994．博白县志．南宁：广西人民出版社

蔡振洋．2015．清冽浓郁的天津味．中国气象报，01—23（8）

潮阳市地方志编纂委员会编．1997．潮阳县志．广州：广东人民出版社

陈保平．2000．池州地区生态旅游发展初探．池州师范专科学校学报，14(3)：34～35，41

程铁锁，等. 2003. 陕西三河湿地动植物资源现状及其保护对策. 陕西师范大学学报（自然科学版），31（专辑）：84～87
赤峰市地方志编纂委员会编. 1996. 赤峰市志. 呼和浩特：内蒙古人民出版社
辞海编辑委员会编纂. 2010. 辞海：第六版缩印本. 上海：上海辞书出版社
丹东市地方志办公室编. 1993. 丹东市志. 沈阳：辽宁科学技术出版社
丹凤县志编纂委员会编. 1994. 丹凤县志. 西安：陕西人民出版社
丁伟志[总]主编，镇宁县情调查组. 1993. 中国国情丛书：百县市经济社会调查：镇宁卷. 北京：中国大百科全书出版社
东台市地方志编纂委员会编. 1994. 东台市志. 南京：江苏科学技术出版社
杜尔伯特蒙古族自治县地方志编纂委员会编. 1996. 杜尔伯特蒙古族自治县志. 哈尔滨：黑龙江人民出版社
鄂温克族自治旗志编纂委员会编. 1996. 鄂温克族自治旗志. 北京：中国城市出版社
方城县地方志编纂委员会编. 1992. 方城县志. 郑州：中州古籍出版社
丰城县县志编纂委员会编. 1989. 江西省丰城县志. 上海：上海人民出版社
丰顺县地方志编纂委员会编. 1995. 丰顺县志. 广州：广东人民出版社
冯粉定，等. 2011. 江都市湿地资源现状调查及评价. 江苏林业科技，38（2）：19～22
冯照军，等. 2006. 江苏骆马湖湿地鸟类资源及其保护. 四川动物，25（3）：564～569
抚远县地方志编纂委员会编. 1998. 抚远县志. 北京：中华书局
傅桐生，等著. 1984. 长白山鸟类. 长春：东北师范大学出版社
甘南藏族自治州地方史志编纂委员会编. 1999. 甘南州志. 兰州：甘肃民族出版社
甘肃省张掖市志编修委员会编纂. 1995. 张掖市志. 兰州：甘肃人民出版社
高玮著. 2006. 中国东北地区鸟类及生态学研究. 北京：科学出版社
公安县志编纂委员会编. 1990. 公安县志. 上海：汉语大词典出版社
故宫博物院编辑委员会编辑. 1997. 故宫鸟谱. 台湾：故宫博物院
关岭布依族苗族自治县地方志编纂委员会编. 2002. 关岭布依族苗族自治县志. 贵阳：贵州人民出版社
灌云县地方志编纂委员会编. 1999. 灌云县志. 北京：方志出版社
光山县史志编纂委员会编. 1991. 光山县志. 郑州：中州古籍出版社
广东省电白县地方志编纂委员会编. 2000. 电白县志. 北京：中华书局
贵州省赫章县地方志编纂委员会编. 2001. 赫章县志. 贵阳：贵州人民出版社
贵州省凯里市地方志编纂委员会编. 1998. 凯里市志. 北京：方志出版社
贵州省台江县志编纂委员会编. 1994. 台江县志. 贵阳：贵州人民出版社
海南省昌江黎族自治县地方志编纂委员会编. 1998. 昌江县志. 北京：新华出版社
海南省文昌市地方志编纂委员会编. 2000. 文昌县志. 北京：方志出版社
韩立刚，郑龙亭. 2008. 蚌埠双墩新石器时代遗址动物遗存鉴定简报/安徽省文物考古研究所，蚌埠市博物馆编著. 蚌埠双墩：新石器时代遗址发掘报告. 北京：科学出版社，585～607
合浦县志编纂委员会编. 1994. 合浦县志. 南宁：广西人民出版社
合阳县志编纂委员会编. 1996. 合阳县志. 西安：陕西人民出版社
何冰，等. 2013. 陕西黄河湿地鸟类资源调查分析与研究. 防护林科技（10）：38～42
何业恒. 1990. 白鹤和灰鹤/湖南珍稀动物的历史变迁. 长沙：湖南教育出版社，121～122
何业恒. 1994. 丹顶鹤/中国珍稀鸟类的历史变迁. 长沙：湖南科学技术出版社，185～199
河北省安国市地方志编纂委员会编. 1996. 安国县志. 北京：方志出版社
河北省唐县地方志编纂委员会编. 1999. 唐县志. 石家庄：河北人民出版社
河北省香河县地方志编纂委员会编. 2001. 香河县志. 北京：中国对外翻译出版公司
河北省赞皇县地方志编纂委员会编. 1998. 赞皇县志. 北京：方志出版社
河津市志编纂委员会编. 2002. 河津市志. 太原：山西人民出版社
河南省文物考古研究所编著. 1999. 舞阳贾湖. 北京：科学出版社
黑龙江野生动物研究所编. 1992. 黑龙江省鸟类志. 北京：中国林业出版社
横县县志编纂委员会编. 1989. 横县县志. 南宁：广西人民出版社
侯连海，张子慧. 2004. 内蒙古包头市阿善遗址鸟类化石. 地质通报，23（8）：784～789

侯连海. 1989. 记安阳殷墟早期的鸟类. 考古(10):942～947
湖北省恩施市地方志编纂委员会编. 1996. 恩施市志. 武汉:武汉工业大学出版社
湖北省恩施土家族苗族自治州地方志编纂委员会编. 1998. 恩施州志. 武汉:湖北人民出版社
湖北省嘉鱼县地方志编纂委员会编纂. 1993. 嘉鱼县志. 武汉:湖北科学技术出版社
湖北省蕲春县地方志编纂委员会编. 1997. 蕲春县志. 武汉:湖北科学技术出版社
湖北省襄樊市地方志编纂委员会编. 1994. 襄樊市志. 北京:中国城市出版社
化州市地方志编纂委员会编. 1996. 化州县志. 广州:广东人民出版社
怀集县地方志编纂委员会编. 1993. 怀集县志. 广州:广东人民出版社
淮滨县志编纂委员会编. 1986. 淮滨县志:1951—1983. 郑州:河南人民出版社
淮南市地方志编纂委员会编. 1998. 淮南市志. 合肥:黄山书社
淮阳县地方志编纂委员会编. 1991. 淮阳县志. 郑州:河南人民出版社
淮阴市地方志编纂委员会编. 1995. 淮阴市志. 上海:上海社会科学院出版社
辉南县县志编纂委员会编. 2000. 辉南县志. 长春:吉林人民出版社
浑江市地方志编纂委员会编. 1994. 浑江市志. 北京:中华书局
霍邱县地方志编纂委员会编. 1992. 霍邱县志. 北京:中国广播电视出版社
吉林省野生动物保护协会. 1987. 吉林省野生动物图鉴:鸟类. 长春:吉林科学技术出版社
建始县地方志编纂委员会编. 1994. 建始县志. 武汉:湖北辞书出版社
江都市地方志编纂委员会编. 1996. 江都县志. 南京:江苏人民出版社
江浦县地方志编纂委员会编. 1995. 江浦县志. 南京:河海大学出版社
江苏省启东县志编纂委员会编. 1993. 启东县志. 北京:中华书局
江西省大余县志编纂委员会编. 1990. 大余县志. 北京:三环出版社
江西省星子县志编纂委员会编纂. 1990. 星子县志. 南昌:江西人民出版社
姜成厚,纪永长主编. 1990. 富裕县志. 北京:中共党史资料出版社
蒋乐平著. 2014. 跨湖桥文化研究. 北京:科学出版社
蒋荣荣,姚振琴. 2006. 淮安湿地现状调查和可持续发展. 污染防治技术,19(6):34～36
绛县志编纂委员会编. 1997. 绛县志. 西安:陕西人民出版社
交城县志编写委员会编. 1994. 交城县志. 太原:山西古籍出版社
揭西县地方志编纂委员会编. 1994. 揭西县志. 广州:广东人民出版社
靖州苗族侗族自治县县志编纂委员会编. 1994. 靖州县志. 北京:生活・读书・新知三联书店
筠连县县志编纂委员会编. 1998. 筠连县志. 成都:四川科学技术出版社
科尔沁右翼前旗志编纂委员会编. 1991. 科尔沁右翼前旗志. 呼和浩特:内蒙古人民出版社
科尔沁右翼中旗志编纂委员会编. 1993. 科尔沁右翼中旗志. 呼和浩特:内蒙古人民出版社
克山县志编纂委员会编. 1991. 克山县志. 北京:中国经济出版社
克什克腾旗地方志编纂委员会编. 1993. 克什克腾旗志. 呼和浩特:内蒙古人民出版社
昆明市路南彝族自治县志编纂委员会编. 1996. 路南彝族自治县志. 昆明:云南人民出版社
乐昌市地方志编纂委员会编. 1994. 乐昌市志. 广州:广东人民出版社
李春燕,等. 2013. 天津大黄堡湿地鸟类资源现状及保护对策. 天津农林科技(5):29～30
李达标,林志洪. 2005. 广东肇庆星湖湿地公园发展思路与对策. 中国城市林业,3(1):45～46
李晓民. 2004. 躲在深闺中的图牧吉湿地. 野生动物(1):4～5
李新香. 2004. 凌河口湿地科学考察. 辽宁林业科技(1):34～35
丽江地区行政公署林业局编撰. 1998. 丽江地区林业志. 昆明:云南民族出版社
连南瑶族自治县地方志编纂委员会编. 1996. 连南瑶族自治县县志. 广州:广东人民出版社
连云港市地方志编纂委员会编. 2000. 连云港市志. 北京:方志出版社
廉文浩,等. 2013. 延边州湿地水鸟资源调查. 吉林林业科技,42(2):25～27,46
《临高县志》编纂委员会编. 1990. 临高县志. 广州:广东人民出版社
栾川县地方史志编纂委员会编. 1994. 栾川县志. 北京:生活・读书・新知三联书店
萝北县地方志编纂委员会编. 1992. 萝北县志. 北京:中国人事出版社
麻阳县志编纂委员会编. 1994. 麻阳县志. 北京:生活・读

书·新知三联书店
马逸清，李晓民. 2002. 丹顶鹤研究. 上海：上海科技教育出版社
马逸清主编. 1986. 中国鹤类研究. 哈尔滨：黑龙江教育出版社
满洲里市志编纂委员会编. 1998. 满洲里市志. 呼和浩特：内蒙古人民出版社
茂名市地方志编纂委员会编. 1997. 茂名市志. 北京：生活·读书·新知三联书店
密山县志编纂委员会编. 1993. 密山县志. 北京：中国标准出版社
莫力达瓦达斡尔族自治旗史志编纂委员会编. 1998. 莫力达瓦达斡尔族自治旗志. 呼和浩特：内蒙古人民出版社
内蒙古自治区科学技术志编纂委员会编. 1997. 内蒙古自治区志：科学技术志. 呼和浩特：内蒙古人民出版社
内蒙古自治区奈曼旗地方志编纂委员会编. 2002. 奈曼旗志. 北京：方志出版社
南昌市地方志编纂委员会编. 1997. 南昌市志. 北京：方志出版社
南雄县地方志编纂委员会编. 1991. 南雄县志. 广州：广东人民出版社
宁都县志编辑委员会编. 1986. 宁都县志. 宁都印刷厂
宁化县志编纂委员会编. 1992. 宁化县志. 福州：福建人民出版社
盘锦市人民政府地方志办公室编. 1998. 盘锦市志：综合卷. 北京：方志出版社
邳州市地方志编纂委员会编. 1995. 邳县志. 北京：中华书局
平阳县志编纂委员会编. 1993. 平阳县志. 上海：汉语大词典出版社
平远县地方志编纂委员会编. 1993. 平远县志. 广州：广东人民出版社
《淇县志》编纂委员会编. 1996. 淇县志. 郑州：中州古籍出版社
前郭尔罗斯蒙古族自治县地方志编纂委员会编. 1993. 前郭尔罗斯蒙古族自治县志. 沈阳：辽宁民族出版社
秦皇岛市北戴河区地方志编纂委员会编纂. 1994. 北戴河志. 天津：天津人民出版社
秦皇岛市地方志编纂委员会编纂. 1994. 秦皇岛市志. 天津：天津人民出版社
邱胜荣，等. 2009. 黑龙江省朗乡自然保护区鸟类区系初步分析. 林业资源管理(2)：83～87
曲沃县志编纂委员会编. 1991. 曲沃县志. 北京：海潮出版社
日照市地方史志编纂委员会编. 1994. 日照市志. 济南：齐鲁书社
如皋市地方志编纂委员会编. 1995. 如皋县志. 香港：新亚洲出版社
汝阳县地方史志编纂委员会编. 1995. 汝阳县志. 北京：生活·读书·新知三联书店
赛道建，孙玉刚主编. 2013. 山东鸟类分布名录. 北京：科学出版社
山东省地方史志编纂委员会编. 1998. 山东省志·生物志. 济南：山东人民出版社
山东省海阳县志编纂委员会编. 1988. 海阳县志. 海阳：海阳县印刷厂
山东省乳山市地方志编纂委员会编. 1998. 乳山市志. 济南：齐鲁书社
山西省浑源县志编纂委员会编. 1999. 浑源县志. 北京：方志出版社
山西省史志研究院编. 1996. 山西通志. 第二卷，地理志. 北京：中华书局
商州市地方志编纂委员会编. 1998. 商州市志. 北京：中华书局
上海市南汇县县志编纂委员会编. 1992. 南汇县志. 上海：上海人民出版社
绍兴市地方志编纂委员会编. 1996. 绍兴市志. 杭州：浙江人民出版社
射阳县地方志编纂委员会编. 1997. 射阳县志. 南京：江苏科学技术出版社
沈阳市人民政府地方志编纂办公室编. 1989. 沈阳市志. 沈阳：沈阳出版社
史为乐主编. 2005. 中国历史地名大辞典. 北京：中国社会科学出版社
四川省巴塘县地方志编纂委员会编. 2001. 巴塘县志：续编. 北京：方志出版社
四川省巴中县志编纂委员会编. 1992. 巴中县志. 成都：巴蜀书社
四川省垫江县志编纂委员会编. 1993. 垫江县志. 成都：四川人民出版社
四川省郫县志编纂委员会编纂. 1989. 郫县志. 成都：四川人民出版社
四川省西昌市志编纂委员会编纂. 1996. 西昌市志. 成都：四川人民出版社
遂平县志编纂委员会编. 1994. 遂平县志. 郑州：中州古籍出版社
泰来县地方志办公室编. 1992. 泰来县志. 哈尔滨：黑龙江人民出版社
谭其骧主编. 1982. 中国历史地图集. 第八册，清时期. 北京：中国地图出版社
谭其骧主编. 1982. 中国历史地图集. 第一册，原始社会、夏、商、周、春秋、战国. 北京：中国地图出版社
唐海县志编纂委员会编. 1997. 唐海县志. 天津：天津人民出版社

藤县志编纂委员会编. 1996. 藤县志. 南宁:广西人民出版社
田德启. 2001. 葫芦岛市鸟类动物区系构成特点分析与研究. 辽宁林业科技(6):7～9,17
田东县志编纂委员会编. 1998. 田东县志. 南宁:广西人民出版社
田国忠. 2004. 黄龙山林区鸟类资源及保护利用. 陕西林业科技(2):1～4
通城县志编纂委员会编. 1985. 通城县志. 通城:通城县印刷厂
通榆县志编纂委员会编. 1994. 通榆县志. 长春:吉林人民出版社
通州市地方志编纂委员会编. 1996. 南通县志. 南京:江苏人民出版社
桐城县地方志编纂委员会编. 1995. 桐城县志. 合肥:黄山书社
童镛昌,等. 1986. 内蒙古东四盟鹤类调查报告//马逸清. 中国鹤类研究. 哈尔滨:黑龙江教育出版社
万年县县志编纂委员会编. 1982. 万年县志. 万年:万年县志编纂委员会
汪松主编;郑光美,王岐山分主编. 1998. 中国濒危动物红皮书:鸟类. 北京:科学出版社
王凤琴,等. 2008. 天津大黄堡湿地自然保护区的水鸟生态. 河北大学学报(自然科学版),28(4):427～434
王会,等. 2005. 盐城自然保护区丹顶鹤越冬种群数量与分布/王岐山,李凤山主编. 中国鹤类研究. 昆明:云南教育出版社,49～57
王岐山,等编著. 2006. 中国动物志:鸟纲. 第五卷,鹤形目、鸻形目、鸥形目. 北京:科学出版社
王岐山,杨兆芬. 2005. 中国鹤类研究发展的回顾/王岐山,李凤山主编. 中国鹤类研究. 昆明:云南教育出版社,3～18
王岐山主编. 2005. 中国鹤类研究. 昆明:云南教育出版社
王紫江,等. 1986. 云南鹤类的分布及数量/中国鹤类研究. 哈尔滨:黑龙江教育出版社,216
潍坊市地方史志编纂委员会编. 1995. 潍坊市志. 北京:中央文献出版社
卫辉市地方史志编纂委员会编. 1993. 卫辉市志. 北京:生活·读书·新知三联书店
尉犁县地方志编纂委员会编. 1993. 尉犁县志. 乌鲁木齐:新疆大学出版社
渭南地区地方志编纂委员会编. 1996. 渭南地区志. 西安:三秦出版社
文定议总纂. 2001. 农六师垦区·五家渠市志:1949—2001. 乌鲁木齐:新疆人民出版社
《乌兰浩特市志》编纂委员会编. 1993. 乌兰浩特市志. 呼和浩特:内蒙古人民出版社
《锡林浩特市志》编纂委员会编. 1999. 锡林浩特市志. 呼和浩特:内蒙古人民出版社
歙县地方志编纂委员会编. 1995. 歙县志. 北京:中华书局
湘乡县志编纂委员会编. 1993. 湘乡县志. 长沙:湖南出版社
响水县地方志编纂委员会编. 1996. 响水县志. 南京:江苏古籍出版社
肖柏辉. 2005. 关于建立庄河口湿地自然保护区的意见. 林业调查规划,30(1):52～53
信阳地区地方史志编纂委员会编. 1992. 信阳地区志. 北京:生活·读书·新知三联书店
信宜县地方志编纂委员会编. 1993. 信宜县志. 广州:广东人民出版社
兴安盟地方志编纂委员会编. 1997. 兴安盟志. 呼和浩特:内蒙古人民出版社
兴化市地方志编纂委员会编. 1995. 兴化市志. 上海:上海社会科学院出版社
兴宁县地方志编纂委员会编. 1992. 兴宁县志. 广州:广东人民出版社
邢莲莲,等. 2005. 内蒙古的鹤类资源及其保护/王岐山,李凤山主编. 中国鹤类研究. 昆明:云南教育出版社,81～86
盱眙县县志编纂委员会编. 1993. 盱眙县志. 南京:江苏科学技术出版社
徐州市地方志编纂委员会编. 1994. 徐州市志. 北京:中华书局
徐宗军,等. 2010. 莱州湾南岸滨海湿地的生物多样性特征分析. 生态环境学报,19(2):367～372
旭日干主编. 2007. 内蒙古动物志. 第三卷,鸟纲·非雀形目. 呼和浩特:内蒙古大学出版社
牙克石市志编纂委员会编. 1996. 牙克石市志. 呼和浩特:内蒙古人民出版社
延边朝鲜族自治州地方志编纂委员会编. 1996. 延边朝鲜族自治州志. 北京:中华书局
沿河土家族自治县志编纂委员会编. 1993. 沿河县志. 贵阳:贵州人民出版社
盐城市地方志编纂委员会编. 1998. 盐城市志. 南京:江苏科学技术出版社
郾城县志编纂委员会编. 1993. 郾城县志. 郑州:中州古籍出版社
伊春市地方志编纂委员会编. 1995. 伊春市志. 哈尔滨:黑龙江人民出版社
营口市地方志编纂委员会办公室编. 1997. 营口市志. 第二卷,行政建置、自然环境、城市建设、交通邮电. 北京:方志出版社
邕宁县地方志编纂委员会编. 1995. 邕宁县志. 北京:中国城市出版社

永宁县志编纂委员会编.1995.永宁县志.银川:宁夏人民出版社
云浮县地方志编纂委员会编.1995.云浮县志.广州:广东人民出版社
云南省洱源县志编纂委员会编.1996.洱源县志.昆明:云南人民出版社
增城市地方志编纂委员会编.1995.增城县志.广州:广东人民出版社
扎兰屯市史志编纂委员会编.1993.扎兰屯市志.天津:百花文艺出版社
《扎鲁特旗志》编纂委员会编.2001.扎鲁特旗志.北京:方志出版社
张岩,等.2009.科右中旗霍林河流域湿地保护现状、存在的主要问题及对策.内蒙古林业调查设计,32(5):32～34
张玉峰,等.2010.河北滦河口湿地鸟类多样性调查.四川动物,29(2):244～248
昭通地区地方志编纂委员会编纂.1997.昭通地区志.昆明:云南人民出版社
昭通市志编纂委员会编.2000.昭通市志.昆明:云南人民出版社
赵正阶主编.1988.东北鸟类志.沈阳:辽宁科学技术出版社
赵正阶编著.2001.中国鸟类志.上卷,非雀形目.长春:吉林科学技术出版社
柘城县志编纂委员会编.1991.柘城县志.郑州:中州古籍出版社
浙江省文物考古研究所.1997.萧山跨湖桥新石器时代遗址.北京:科学出版社
郑作新主编.1963.中国经济动物志:鸟类.北京:科学出版社
郑作新著.1976.中国鸟类分布名录.2版.北京:科学出版社
钟桂兰,古福祥纂修.1971.屏东县志.台北:成文出版社
周口市地方史志编纂委员会编.1994.周口市志.郑州:中州古籍出版社
朱曦,等编著.2008.华东鸟类物种和亚种分类名录.北京:科学出版社
淄博市志编纂委员会.1995.淄博市志.北京:中华书局
Yakovleff B P. 1929. The Manchurian birds. Harbin: Manchuria research society. 27

国家出版基金项目
NATIONAL PUBLICATION FOUNDATION

文榕生　著

THE DISTRIBUTIONS AND CHANGES OF RARE WILD ANIMALS IN CHINA
(*SEQUEL*)

中国珍稀野生动物分布变迁（续）

中

山东科学技术出版社

目录

ONTENTS

CONTENTS

第九章

猕猴属的分布变迁(续)

猕猴属(*Macaca*)隶属哺乳纲 Mammalia 灵长目 Primates 猴科 Cercopithecidae 之一,有 20 余种,我国现生有 7 种:短尾猴(红面猴)(*Macaca arctoides*)、熊猴(*Macaca assamensis*)、台湾猴(*Macaca cyclopis*)、猕猴(*Macaca mulatta*)、豚尾猴(*Macaca nemestrina*)、藏酋猴(*Macaca thibetana*),分别属于国家一、二级保护动物;最近,又有一新发现的白颊猕猴(*Macaca leucogenys*)新种。

笔者曾对历史时期的猕猴属地理分布与变迁有过研究(文榕生,2009),现根据新掌握的相关资料,对其分布与变迁按新体例再行研究、修正。

1 猕猴属的遗存分布

迄今,我国已见出土上新世以来百余地猕猴属遗存,个别遗存鉴定到种,但绝大部分还是属,且现今对于猕猴的某些种分类尚不稳定,故对于它们的遗存仍按不同时期的猕猴属处理。

从迄今出土的猕猴属遗存(表 9.1、图 9.1)看,有以下特点:

● 迄今出土的猕猴属遗存约分布 121 地、140 余点,六大地区皆有,但以华东、中南、西南为多。

● 猕猴属遗存上自上新世,一种延续到全新世;经梳理,形成序列,大致可以反映史前猕猴属的分布与变迁概况。

● 早期(上新世与更新世早期)的猕猴属遗存虽然仅约占出土遗存总数的 10%,但是主要分布于我国中西部一带,反映这一带似为猕猴属发源地。

● 随后,猕猴属据此为中心,向四外扩散:东北达到辽东一带,东南登上台湾岛,南部直抵海南岛,西南翻越青藏高原东部,西北在黄土高原驻足,其分布地域超过我国半壁江山。

● 猕猴属遗存出土地点从不同时期看,以更新世晚期最多,似可反映其时是猕猴属发展的顶峰。

● 全新世的猕猴属遗存出土地点不是很多,但客观上是这一时期延续时间较短;细观之,猕猴属的不少外围地点名列其中,说明猕猴属的退缩主要还是在全新世出现的。

● 从省级政区看,以广西壮族自治区(约 14 地)、云南省(约 12 地)、贵州省(约 9 地)出土猕猴属遗存最多,这一地域恰是现今猕猴属种类最多、种群数量最大之地。

表 9.1　　猕猴属遗存分布概况

地区	省级政区	市、县、区	遗存地点	时期	资料来源
华北	北京	房山区	周口店(第一地点,1～9层)	中更新世中期—中更新世末期	卡尔克等,1961;中国科学院古脊椎动物与古人类研究所《中国脊椎动物化石手册》编写组,1979
			周口店(山顶洞、北京猿人化石的H地的南首裂隙、田园洞)	晚更新世末	邱中郎等,1973;同号文等,2004;网络
	河北	武安市	磁山镇磁山遗址	全新世	周本雄,1981
东北	辽宁	喀拉沁左翼蒙古族自治县	兴隆庄乡二布尺洞穴	晚更新世	傅仁义,2006
		本溪县	庙后山遗址	中更新世中期—晚更新世早、中期	张镇洪,1981
		辽阳市	安平南山	更新世中期	张镇洪等,1980
		海城市	前阳镇前阳洞穴	晚更新世	王连春等,1985;林一璞等,1985;傅仁义,1996
		大石桥市	金牛山遗址、陈家堡藏山洞	中更新世	金牛山联合发掘队,1976;吕遵谔,1989;祁国琴,1989;尤玉柱等,1993;黄蕴平,1996;崔德文等,1994
华东	江苏	南京市	江宁区汤山镇驼子洞	早更新世	南京博物院等,2007
		溧水县	白马镇回峰山神仙洞	晚更新世—全新世	李炎贤等,1980
		铜山县	大黑山石灰岩裂隙	中更新世晚期	林玉芬,1981
		镇江市	蒋乔乡檀山白龙岗的莲花洞	晚更新世	李文明等,1982
		丹阳市		中更新世	卡尔克,1961
		苏州市	三山岛	晚更新世晚期	苏州市地方志编纂委员会,1995
	浙江	杭州市	凤凰山东坡	晚更新世早期	韩德芬等,1978
		临安市	西天目乡华严洞	晚更新世	张明华,1984
		建德市	李家镇上新桥村乌龟洞、白毛洞	更新世中—晚期	黄正维等,1964
			莲花镇樟树村	更新世晚期	韩德芬等,1978
		余姚市	罗江乡河姆渡遗址	全新世	吴维棠,1983
		衢州市	上方镇骆洞	更新世中—晚期	黄正维等,1964
		金华市	双龙洞	更新世中晚期—早全新世	
	安徽	铜陵市	铜山铜矿水泥厂	更新世晚期至晚更新世	叶元正等,1975
		和县	龙潭洞“和县猿人”遗址	中更新世末期	黄万波等,1982;黄万波等,2012

(续表)

地区	省级政区	市、县、区	遗存地点	时期	资料来源
	福建	永安市	寨岩山洞穴遗址	晚更新世	杨启成等,1975;尤玉柱等,1996
		明溪县	剪刀墘洞	晚更新世	尤玉柱等,1996;范雪春等,2006
		清流县	龙津洞3号裂隙、狐狸洞	晚更新世	董兴仁等,1996;尤玉柱等,1996;范雪春等,2006;余生富等,2013
		宁化县	石子嵊洞	晚更新世	尤玉柱等,1996;范雪春等,2006
		将乐县	岩仔洞(上层洞与下层洞)	晚更新世	尤玉柱等,1996;范雪春等,2006
		霞浦县	黄瓜山遗址	全新世	黄蕴平,2010
	江西	萍乡市	芦溪区宣风镇竹山园洞	更新世中期—晚期	李家和等,1992
		上栗县	杨家湾1号洞	晚更新世	网络*
		万年县	大源镇小河山仙人洞	全新世	黄万波等,1963
	山东	沂源县	土门镇芝芳村骑子鞍山	更新世中期—晚期	吕遵谔等,1989;尤玉柱等,1996
		沂水县		更新世中期—晚期	吕遵谔等,1989;尤玉柱等,1996
	台湾	台南市	菜寮溪、盐水溪	更新世中期—晚更新世	赖景阳,1987
中南	河南	灵宝市	阳平镇西坡遗址	全新世	动物考古课题组,2011
		渑池县		早更新世	中国科学院古脊椎动物与古人类研究所《中国脊椎动物化石手册》编写组,1979
		安阳市	殷墟	全新世	德日进等,1936;杨钟健等,1949
	湖北	郧县	梅铺镇杜家沟猿人洞(龙骨洞)	早更新世晚期	王善才,1976
		钟祥市	石牌镇肖店村	上新世	顾玉珉,1980
		宜昌市	路家河遗址	全新世	长江水利委员会,2002
		秭归县	九畹溪镇槐树坪村	晚更新世	网络*
		长阳土家族自治县	原柘坪乡桅杆坪遗址,津洋口镇西寺坪遗址、深潭湾遗址及巴人崖葬墓,资丘镇沙嘴遗址,渔峡口镇香炉石遗址	全新世	湖北省清江隔河岩考古队等,2004;陈全家等,2004
		神农架林区	犀牛洞	晚更新世早期	武仙竹,1998
		建始县	高坪镇巨猿洞、巨猿洞外	早更新世	许春华等,1974;郑绍华,2004;裴树文等,2010
			高坪镇杨家坡洞	晚更新世	陆成秋,2010
	湖南	石门县	燕儿洞遗址	晚更新世晚期	湖南省考古研究所等,1994
		道县	乐福堂乡塘贝村	晚更新世	陈醒斌,1986
		邵阳市	板桥乡龙头村	更新世晚期	邵阳市地方志编纂委员会,1997

（续表）

地区	省级政区	市、县、区	遗存地点	时期	资料来源
		新邵县	严塘乡邮亭村	更新世晚期？	邵阳市地方志编纂委员会，1997
		吉首市	螺丝旋山洞	晚更新世	王令红等，1982
		保靖县	洞泡山	早更新世晚期	王令红等，1982
	广东	英德市	西部的双岩一带	更新世中期之末或晚期之初	刘昌芝，1962
	广东		九龙礼堂山动物群	更新世晚期	张镇洪等，1998；网络*
	广东	东源县	必寿洞	中更新世晚期—晚更新世早期	黄东等，2008
	广东	封开县	罗沙岩、渔涝镇狮子岩	晚更新世	宋方义等. 1981；邱立诚，1986；张镇洪等，1994
	广东	罗定市	饭甑山岩洞、苹塘下山洞	晚更新世晚期	黄万波等，1988；宋方义等，1989；顾玉珉等，1996
	广东	阳春市	独石山仙人洞	晚更新世	邱立诚等，1980
	广西	横县	百合镇江口村	全新世	广西壮族自治区文物工作队，2012
	广西		积宝岩、沙河上村壶背山	晚更新世	王令红等，1982；中国社会科学院考古研究所等，2003；顾玉珉等，1996
	广西	桂林市	象山区甑皮岩遗址，甲山乡唐家村轿子岩洞遗址、释迦岩	全新世早期	李有恒等，1978；桂林市地方志编纂委员会，1997；中国社会科学院考古研究所等，2003；网络*
	广西	平乐县	石排后山盘古庙	更新世中期—晚期	吴新智等，1962
	广西	荔浦县	新坪镇栗山村的岩口坪	更新世中期—晚期	吴新智等，1962
	广西	柳州市	笔架山	早更新世早—中期	韩德芬等，1975
	广西	柳州市	园艺场白莲洞，柳东乡水边洞	更新世晚期	柳州市博物馆，1975；王令红等，1976
	广西	柳江县	柳江人洞（通天岩）	晚更新世	黄万波，1979
	广西	柳江县	土博镇四案咁前山洞穴，百朋乡北弄村母鸡山	更新世晚期	李有恒等，1984；顾玉珉等，1986
	广西	江州区	缺缺洞	早更新世	张颖奇等，2010
	广西	凭祥市	铁路机务段后侧洞穴、东罗矿务局那法矿区	中更新世—晚更新世	顾玉珉等，1986；王頠等，2004
	广西	扶绥县	那法矿区南部山洞	更新世晚期	王頠等，2004
	广西	大新县	牛睡山黑洞	中更新世	裴文中，1960；卡尔克，1961；韩德芬，1982；顾玉珉，1986
	广西		下雷马鞍山	晚更新世	顾玉珉，1986

(续表)

地区	省级政区	市、县、区	遗存地点	时期	资料来源
		右江区	百色镇东笋村革新桥遗址	全新世	黄蕴平,2010
			布兵盆地么会洞	早更新世	王頠等,2012
		田东县	雾云洞	中更新世或晚更新世早期	陈耿娇,2002
			祥周乡模范村定模山	更新世晚期	李有恒等,1985
		巴马瑶族自治县	弄莫山溶洞	中更新世	张银运等,1975;顾玉珉等,1996
		都安瑶族自治县	仙洞,地苏乡	晚更新世	吴茂霖等,1976;赵仲如等,1981;顾玉珉等,1996
	海南	三亚市	落笔洞遗址	全新世	郝思德等,1994;郝思德等,2004
西南	重庆	沙坪坝区	歌乐山	更新世中—晚期?	卡尔克,1961
		巴南区	和尚坡	更新世中—晚期?	卡尔克,1961
		黔江区	冯家坝土湾老屋基遗址	中更新世—晚更新世	网络*
		合川区	三汇坝牛尾洞	晚更新世	罗伦德,1984
		丰都县	高家镇玉溪遗址	全新世	黄蕴平,2010
		巫山县	玉米洞(位于庙宇镇龙骨坡遗址西南方)	晚更新世	网络*
		忠县	㽏井沟中坝遗址	全新世	傅罗文等,2006
	四川	成都市	蜀都大道十二桥路	全新世	何锟宇,2007
		筠连县	灯杆洞	中更新世—晚更新世	王正新,1991
		攀枝花市	回龙湾石灰岩溶洞	晚更新世	李淼,1988
	贵州	开阳县	哨上镇打儿窝遗址	晚更新世	贵州省文物考古研究所,2013
		盘县	十里坪大洞	中更新世后期—晚更新世	吴茂霖等,1975;李炎贤等,1978;斯信强等,1993;潘悦容等,1997
		桐梓县	马鞍山南洞	晚更新世后期	张森水,1988;黄泗亭等,1992
		普定县	白岩脚洞	晚更新世中—晚期	李炎贤等,1986
			穿洞	全新世早期	张森水,1995
		毕节市	老鸦洞遗址,团结乡麻窝口洞	中更新世晚期或者晚更新世早期	贵州省博物馆,1990;网络*
		黔西县	观音洞镇(沙井乡井山村)观音洞村	更新世中期	裴文中等,1965;蔡回阳,2005
		金沙县	石场石灵山	晚更新世?	贵州省金沙县地方志编纂委员会,1997
		兴义市	丰都乡云脚寨张口洞遗址	晚更新世后期	贵州省博物馆,1990
		安龙县	五台乡平广寨观音洞,菩萨洞遗址	晚更新世	贵州省博物馆,1990;网络*

（续表）

地区	省级政区	市、县、区	遗存地点	时期	资料来源
	云南	昆明市	花红洞、野猫洞	更新世中期—晚期	胡绍锦，1985
		富民县	河上洞	更新世中期—晚期	Yong，1932；Teilhard et al. 1938；卡尔克，1961
		宜良县	九乡张口洞	晚更新世至早全新世	胡绍锦，1995
		江川县		全新世早期	潘悦容等，1992；邱占祥等，2004
		峨山彝族自治县	老龙洞	更新世晚期	白子麒，1998
			塘子沟遗址	晚更新世末期	吉学平等，2004
		施甸县	塘子沟遗址	晚更新世末期	吉学平等，2004
		腾冲县	塘子沟遗址	晚更新世末期	吉学平等，2004
		沧源佤族自治县	勐省镇硝洞	晚更新世后期或末期	张兴永，1973；网络*
		禄丰县	金山镇石灰坝	上新世	祁国琴，1985；邱占祥等，1989
		西畴县	仙人洞	晚更新世	张兴永，1973；陈德珍等，1978；顾玉珉等，1996
		马关县	九龙口	晚更新世	陈德珍等，1978；顾玉珉等，1996
		丘北县	黑箐龙村大龙山洞	中更新世	卡尔克，1961
	西藏	昌都县	卡若遗址	全新世	黄万波等，1985
西北	陕西	西安市	临潼区姜寨遗址	全新世	西安半坡博物馆等，1988；祁国琴，1988；张宏彦，2006
		蓝田县	公王岭	早更新世晚期	周明镇，1965；吴新智等，1966；胡长康等，1978；陈恩志，1992
			锡水洞	中更新世早期	黄春长，1984；李传令等，1999
		宝鸡市	北首岭遗址	全新世	周本雄，1983
		商州区	东龙山	全新世	陕西省考古研究院等，2011
	甘肃	天水市	西山坪遗址	全新世	王仁湘等，1988；胡松梅，2006
		武都区	李家坪遗址	全新世	黄蕴平，2010
		东乡族自治县	龙担动物群	早更新世	邱占祥等，2002；邱占祥等，2004；网络*

注：* 山顶洞人. http://baike.baidu.com/view/2179.htm? fr=aladdin；萍乡上栗县发现晚更新世哺乳动物化石. http://jx.sina.com.cn/news/b/2016-07-04/detail-ifxtsatn8057931.shtml；刘洪进. 农民在山洞挖出猴头化石称价值超过亿元奇石. http://mt.sohu.com/20160403/n443232225.shtml；刘海军. 2007. 清远英德九龙礼堂山发现大理冰期动物群化石. http://www.qyta.com/news/20070330/105529856777.htm；老屋基旧石器遗址. http://baike.baidu.com/link? url = pW8Mi2N4Ll9OBTb3-KOfg8wGAfFCOLTtq3IgMprFQNC3UPNvB5srApzjgLtBatMV；中科院教授意外发现"巫山人"存在的链条痕迹. http://news.daxues.cn/qiwen/kexuetanmi/04/256284.html；贵州毕节发现古人类化石与哺乳动物群. http://www.cfpf.org.cn/portal/article/detail/8a01d45a4d8e602001558f52cd1c024e；铜鼓山菩萨洞遗址 http://www.gzanlong.com/lchx/wyal/y/2009-07-24/7218.html；沧源农克硝洞旧石器时代早期遗址. http://www.baike.com/wiki/沧源农克硝洞旧石器时代早期遗址；王朝霞，甘肃省惊现距今约二百万年的副长吻猴头骨化石. http://www.cctv.com/news/science/20060529/101798.shtml

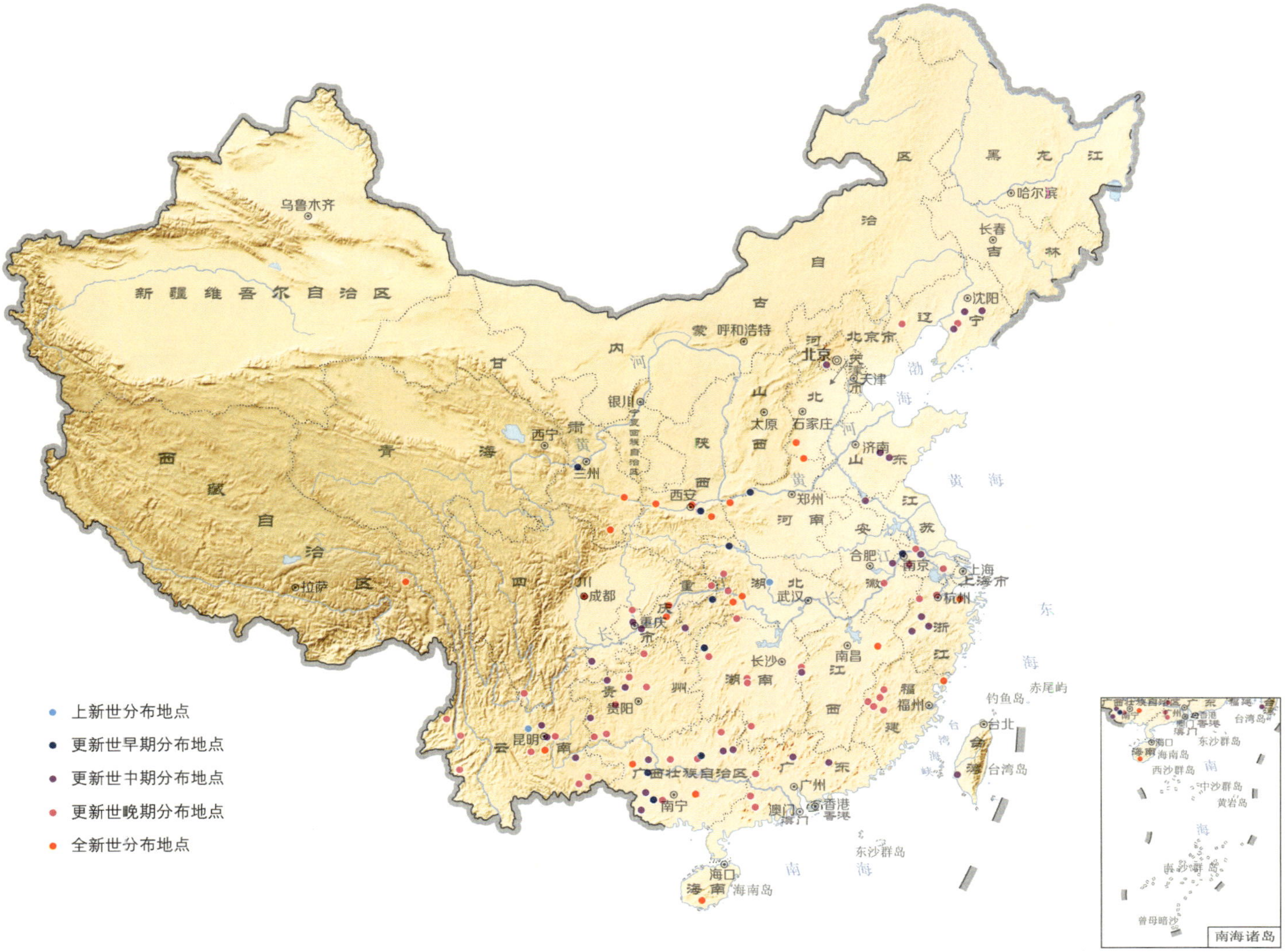

图 9.1　猕猴属遗存分布变迁图

2　20 世纪前的猕猴属分布

根据文献记载，20 世纪前，我国猕猴属除了东北外，其余各大区皆有分布，省级政区涉及 23 个，基本上可以确定具体地点的状况(表 9.2、图 9.2)显示：

● 根据文献记载地点，除东北外，其余五大地区皆有猕猴属分布，涉及 28 个省级政区。

● 根据县级及其以上政区统计，猕猴属分布地约有 1 220 地，约占全国政区的 51%。

● 猕猴属分布地，按地区排序前三者为：中南地区(有 379 地)，西南地区(有 374 地)，华东地区(有 286 地)；反映这一带曾是猕猴属主要分布区域，尤其是低纬度地区，分布的密集度更高。

● 猕猴属分布地，除台湾、广东省、广西壮族自治区、海南省、香港特别行政区、澳门特别行政区、云南省皆有分布外，从绝对数，按省级政区前 7 名排序为：四川省(有 117 地)，湖南省(有 97 地)，江西省(有 81 地)，贵州省(有 78 地)，福建省(有 63 地)，浙江省(有 62 地)，陕西省(有 59 地)。

● 猕猴属分布地，按省级政区，除皆有分布的省级政区外，相对数量超过半数的排序为：湖南省(占 96%)，贵州省(占 95%)，福建省(占 93%)，浙江省(占 90%)，江西省(占 89%)，四川省(占 75%)，陕西省(占 63%)，安徽省与湖北省(皆占 62%)，重庆市(占 53%)。

表 9.2 20 世纪前的猕猴属分布概况

地区	省级政区	20 世纪前分布地点
华北	北京	房山区、密云县
	河北	井陉县、行唐县、灵寿县、赞皇县、平山县、兴隆县、秦皇岛市、昌黎县、抚宁县、卢龙县、唐山市、遵化市、迁安市、滦县、滦南县、乐亭县、迁西县、玉田县、唐海县、安国市、唐县、临城县、武安市、涉县
	山西	长治市、潞城市、长治县、襄垣县、屯留县、平顺县、黎城县、壶关县、长子县、城区、高平市、泽州县、沁水县、阳城县、陵川县、定襄县、介休市、榆社县、左权县、和顺县、昔阳县、尧都区、翼城县、洪洞县、蒲县、大宁县、永和县、隰县、盐湖区、永济市、芮城县、临猗县、闻喜县、夏县、绛县、平陆县、垣曲县、方山县、交城县
	内蒙古	额济纳旗
华东	江苏	南京市、溧水县、高淳县、宿迁市、如皋市、句容市、常州市、苏州市
	浙江	杭州市、临安市、富阳市、建德市、桐庐县、淳安县、安吉县、海宁市、海盐县、舟山市、岱山县、嵊泗县、宁波市、慈溪市、余姚市、奉化市、宁海县、象山县、越城区、诸暨市、上虞市、嵊州市、绍兴县、新昌县、衢州市、江山市、常山县、开化县、龙游县、金华市、兰溪市、永康市、义乌市、东阳市、武义县、浦江县、磐安县、台州市、临海市、温岭市、三门县、天台县、仙居县、玉环县、温州市、瑞安市、乐清市、永嘉县、文成县、平阳县、泰顺县、洞头县、苍南县、莲都区、龙泉市、缙云县、青田县、云和县、遂昌县、松阳县、庆元县、景宁畲族自治县
	安徽	合肥市、肥东县、肥西县、界首市、来安县、定远县、马鞍山市、当涂县、芜湖市、芜湖县、繁昌县、南陵县、铜陵市、铜陵县、安庆市、桐城市、怀宁县、枞阳县、潜山县、太湖县、宿松县、望江县、岳西县、黄山市、歙县、休宁县、黟县、祁门县、六安市、霍邱县、舒城县、金寨县、霍山县、居巢区、庐江县、无为县、贵池区、东至县、石台县、青阳县、宣州区、宁国市、郎溪县、广德县、泾县、旌德县、绩溪县
	福建	福州市、福清市、长乐市、闽侯县、连江县、罗源县、闽清县、永泰县、平潭县、延平区、邵武市、武夷山市、建瓯市、建阳市、顺昌县、浦城县、光泽县、松溪县、政和县、三明市、永安市、明溪县、清流县、宁化县、大田县、尤溪县、沙县、将乐县、泰宁县、建宁县、莆田市、仙游县、泉州市、安溪县、永春县、德化县、厦门市、漳州市、龙海市、云霄县、漳浦县、诏安县、长泰县、东山县、南靖县、平和县、华安县、新罗区、漳平市、长汀县、永定县、上杭县、武平县、连城县、蕉城区、福安市、福鼎市、寿宁县、霞浦县、柘荣县、屏南县、古田县、周宁县
	江西	南昌市、南昌县、新建县、安义县、进贤县、九江市、瑞昌市、九江县、武宁县、修水县、永修县、德安县、湖口县、景德镇市、乐平市、浮梁县、月湖区、贵溪市、余江县、渝水区、分宜县、萍乡市、莲花县、上栗县、芦溪县、章贡区、瑞金市、南康市、赣县、信丰县、大余县、上犹县、崇义县、安远县、龙南县、定南县、全南县、宁都县、于都县、兴国县、会昌县、寻乌县、石城县、信州区、德兴市、上饶县、广丰县、玉山县、铅山县、横峰县、弋阳县、余干县、鄱阳县、万年县、婺源县、临川区、南城县、黎川县、南丰县、崇仁县、乐安县、宜黄县、金溪县、资溪县、东乡县、广昌县、袁州区、丰城市、奉新县、万载县、宜丰县、靖安县、铜鼓县、吉安市、井冈山市、吉安县、新干县、泰和县、遂川县、安福县、永新县
	山东	济南市
	台湾	台北市、基隆市、高雄市、台南市、台中市、新竹市、嘉义市、台北县、高雄县、台南县、台中县、新竹县、嘉义县、屏东县、台东县、花莲县、宜兰县、桃园县、苗栗县、彰化县、南投县、云林县、澎湖县
中南	河南	卢氏县、洛阳市、汝阳县、伊川县、焦作市、沁阳市、修武县、博爱县、辉县市、淇县、安阳市、林州市、安阳县、平顶山市、舞钢市、宝丰县、鲁山县、郏县、南阳市、南召县、内乡县、信阳市、息县、淮滨县、潢川县、光山县、固始县、商城县、罗山县、新县、驿城区、确山县、泌阳县、汝南县、平舆县、新蔡县、正阳县、济源市
	湖北	武汉市、十堰市、丹江口市、郧县、竹山县、房县、郧西县、竹溪县、襄樊市、南漳县、谷城县、保康县、荆门市、钟祥市、应城市、安陆市、黄州区、麻城市、武穴市、红安县、罗田县、浠水县、蕲春县、黄梅县、团风县、通城县、崇阳县、通山县、宜昌市、宜都市、当阳市、远安县、兴山县、秭归县、长阳土家族自治县、五峰土家族自治县、曾都区、广水市、神农架林区、恩施市、利川市、建始县、巴东县、宣恩县、咸丰县、来凤县、鹤峰县

（续表）

地区	省级政区	20世纪前分布地点
	湖南	长沙市、浏阳市、长沙县、望城县、宁乡县、张家界市、慈利县、桑植县、常德市、津市市、安乡县、汉寿县、澧县、临澧县、桃源县、石门县、益阳市、沅江市、南县、桃江县、安化县、岳阳市、汨罗市、临湘市、岳阳县、华容县、湘阴县、平江县、株洲市、醴陵市、株洲县、茶陵县、炎陵县、湘潭市、湘乡市、韶山市、湘潭县、衡阳市、常宁市、耒阳市、衡阳县、衡南县、衡山县、衡东县、祁东县、郴州市、资兴市、桂阳县、永兴县、宜章县、嘉禾县、临武县、汝城县、桂东县、安仁县、永州市、东安县、道县、宁远县、江永县、蓝山县、新田县、双牌县、祁阳县、江华瑶族自治县、邵阳市、武冈市、邵东县、邵阳县、新邵县、隆回县、洞口县、绥宁县、新宁县、城步苗族自治县、鹤城区、洪江市、沅陵县、辰溪县、溆浦县、中方县、会同县、麻阳苗族自治县、新晃侗族自治县、芷江侗族自治县、冷水江市、涟源市、双峰县、新化县、吉首市、泸溪县、凤凰县、花垣县、保靖县、古丈县、永顺县、龙山县
	广东	广州市、增城市、从化市、清城区、英德市、连州市、佛冈县、阳山县、清新县、连山壮族瑶族自治县、连南瑶族自治县、韶关市、乐昌市、南雄市、始兴县、仁化县、翁源县、新丰县、乳源瑶族自治县、源城区、紫金县、龙川县、连平县、和平县、东源县、梅江区、兴宁市、梅县、大埔县、丰顺县、五华县、平远县、蕉岭县、湘桥区、潮安县、饶平县、汕头市、南澳县、榕城区、普宁市、揭东县、揭西县、惠来县、城区、陆丰市、海丰县、陆河县、惠州市、博罗县、惠东县、龙门县、东莞市、深圳市、珠海市、中山市、江门市、恩平市、台山市、开平市、鹤山市、佛山市、肇庆市、高要市、四会市、广宁县、怀集县、封开县、德庆县、云城区、罗定市、云安县、新兴县、郁南县、江城区、阳春市、阳西县、阳东县、茂名市、化州市、信宜市、高州市、电白县、湛江市、吴川市、廉江市、雷州市、遂溪县、徐闻县
	广西	南宁市、武鸣县、横县、宾阳县、上林县、隆安县、马山县、桂林市、阳朔县、临桂县、灵川县、全州县、兴安县、永福县、灌阳县、资源县、平乐县、荔浦县、龙胜各族自治县、恭城瑶族自治县、柳州市、柳江县、柳城县、鹿寨县、融安县、三江侗族自治县、融水苗族自治县、梧州市、岑溪市、苍梧县、藤县、蒙山县、贵港市、桂平市、平南县、玉州区、北流市、兴业县、容县、陆川县、博白县、钦州市、灵山县、浦北县、北海市、合浦县、防城港市、东兴市、上思县、江州区、凭祥市、扶绥县、大新县、天等县、宁明县、龙州县、右江区、田阳县、田东县、平果县、德保县、靖西县、那坡县、凌云县、乐业县、西林县、田林县、隆林各族自治县、金城江区、宜州市、南丹县、天峨县、凤山县、东兰县、巴马瑶族自治县、都安瑶族自治县、大化瑶族自治县、罗城仫佬族自治县、环江毛南族自治县、兴宾区、合山市、象州县、武宣县、忻城县、金秀瑶族自治县、八步区、昭平县、钟山县、富川瑶族自治县
	海南	海口市、三亚市、文昌市、琼海市、万宁市、五指山市、东方市、儋州市、临高县、澄迈县、定安县、屯昌县、昌江黎族自治县、白沙黎族自治县、琼中黎族苗族自治县、陵水黎族自治县、保亭黎族苗族自治县、乐东黎族自治县
	香港	香港
	澳门	澳门
西南	重庆	万盛区、万州区、涪陵区、黔江区、江津区、合川区、南川区、綦江县、垫江县、武隆县、丰都县、城口县、梁平县、开县、巫溪县、巫山县、奉节县、云阳县、石柱土家族自治县、彭水苗族土家族自治县、酉阳土家族苗族自治县
	四川	都江堰市、彭州市、邛崃市、崇州市、大邑县、蒲江县、广元市、旺苍县、青川县、剑阁县、苍溪县、绵阳市、江油市、安县、北川羌族自治县、平武县、什邡市、绵竹市、中江县、营山县、邻水县、遂宁市、乐山市、峨眉山市、犍为县、井研县、夹江县、沐川县、峨边彝族自治县、马边彝族自治县、自贡市、荣县、富顺县、泸州市、泸县、合江县、叙永县、古蔺县、翠屏区、宜宾县、江安县、长宁县、高县、筠连县、珙县、兴文县、屏山县、攀枝花市、米易县、盐边县、巴州区、通江县、南江县、通川区、万源市、达县、宣汉县、东坡区、仁寿县、彭山县、洪雅县、丹棱县、青神县、雨城区、名山县、荥经县、汉源县、石棉县、天全县、芦山县、宝兴县、马尔康县、汶川县、理县、茂县、松潘县、九寨沟县、金川县、小金县、黑水县、若尔盖县、红原县、康定县、泸定县、丹巴县、九龙县、雅江县、道孚县、炉霍县、甘孜县、新龙县、德格县、白玉县、石渠县、色达县、理塘县、巴塘县、乡城县、稻城县、得荣县、西昌市、盐源县、德昌县、会理县、会东县、宁南县、普格县、布拖县、金阳县、昭觉县、喜德县、冕宁县、越西县、甘洛县、美姑县、雷波县、木里藏族自治县

（续表）

地区	省级政区	20世纪前分布地点
	贵州	贵阳市、清镇市、开阳县、修文县、息烽县、钟山区、盘县、六枝特区、水城县、遵义市、赤水市、仁怀市、遵义县、桐梓县、绥阳县、正安县、凤冈县、湄潭县、余庆县、习水县、道真仡佬族苗族自治县、务川仡佬族苗族自治县、西秀区、平坝县、普定县、关岭布依族苗族自治县、镇宁布依族苗族自治县、紫云苗族布依族自治县、毕节市、大方县、黔西县、金沙县、织金县、纳雍县、赫章县、威宁彝族回族苗族自治县、铜仁市、江口县、石阡县、思南县、德江县、印江土家族苗族自治县、沿河土家族自治县、松桃苗族自治县、万山特区、凯里市、黄平县、施秉县、三穗县、镇远县、天柱县、锦屏县、剑河县、台江县、黎平县、榕江县、从江县、雷山县、麻江县、丹寨县、都匀市、福泉市、荔波县、贵定县、瓮安县、独山县、平塘县、罗甸县、长顺县、龙里县、惠水县、三都水族自治县、兴义市、兴仁县、贞丰县、望谟县、册亨县、安龙县
	云南	昆明市、安宁市、呈贡县、晋宁县、富民县、宜良县、嵩明县、石林彝族自治县、禄劝彝族苗族自治县、寻甸回族彝族自治县、麒麟区、宣威市、马龙县、沾益县、富源县、罗平县、师宗县、陆良县、会泽县、红塔区、江川县、澄江县、通海县、华宁县、易门县、峨山彝族自治县、新平彝族傣族自治县、元江哈尼族彝族傣族自治县、隆阳区、施甸县、腾冲县、龙陵县、昌宁县、昭阳区、鲁甸县、巧家县、盐津县、大关县、永善县、绥江县、镇雄县、彝良县、威信县、水富县、古城区、永胜县、华坪县、玉龙纳西族自治县、宁蒗彝族自治县、思茅区、宁洱哈尼族彝族自治县、墨江哈尼族自治县、景东彝族自治县、景谷傣族彝族自治县、镇沅彝族哈尼族拉祜族自治县、江城哈尼族彝族自治县、孟连傣族拉祜族佤族自治县、澜沧拉祜族自治县、西盟佤族自治县、临翔区、凤庆县、云县、永德县、镇康县、双江拉祜族佤族布朗族傣族自治县、耿马傣族佤族自治县、沧源佤族自治县、潞西市、瑞丽市、梁河县、盈江县、陇川县、泸水县、福贡县、贡山独龙族怒族自治县、兰坪白族普米族自治县、香格里拉县、德钦县、维西傈僳族自治县、大理市、祥云县、宾川县、弥渡县、永平县、云龙县、洱源县、剑川县、鹤庆县、漾濞彝族自治县、南涧彝族自治县、巍山彝族回族自治县、楚雄市、双柏县、牟定县、南华县、姚安县、大姚县、永仁县、元谋县、武定县、禄丰县、蒙自县、个旧市、开远市、绿春县、建水县、石屏县、弥勒县、泸西县、元阳县、红河县、金平苗族瑶族自治县、河口瑶族自治县、屏边苗族自治县、文山县、砚山县、西畴县、麻栗坡县、马关县、丘北县、广南县、富宁县、景洪市、勐海县、勐腊县
	西藏	城关区、墨竹工卡县、嘉黎县、索县、昌都县、江达县、贡觉县、类乌齐县、丁青县、察雅县、八宿县、左贡县、芒康县、洛隆县、边坝县、林芝县、工布江达县、米林县、墨脱县、波密县、察隅县、朗县、曲松县、措美县、洛扎县、加查县、隆子县、错那县、定日县、定结县、亚东县、吉隆县、聂拉木县
西北	陕西	西安市、蓝田县、周至县、户县、高陵县、子长县、铜川市、临渭区、华阴市、韩城市、华县、潼关县、大荔县、蒲城县、澄城县、白水县、合阳县、富平县、咸阳市、兴平市、三原县、泾阳县、乾县、礼泉县、永寿县、彬县、长武县、旬邑县、淳化县、武功县、宝鸡市、凤翔县、岐山县、扶风县、眉县、陇县、千阳县、麟游县、太白县、南郑县、洋县、西乡县、勉县、宁强县、略阳县、镇巴县、佛坪县、宁陕县、平利县、镇坪县、旬阳县、白河县、商州区、洛南县、丹凤县、商南县、山阳县、镇安县、柞水县
	甘肃	会宁县、天水市、清水县、秦安县、甘谷县、武山县、敦煌市、崆峒区、泾川县、灵台县、崇信县、华亭县、庄浪县、静宁县、安定区、通渭县、漳县、岷县、渭源县、陇西县、武都区、成县、康县、文县、西和县、礼县、两当县、徽县、临夏市、临夏县、合作市、临潭县、卓尼县、舟曲县、迭部县、玛曲县、碌曲县
	青海	玛沁县、班玛县、甘德县、达日县、久治县、玛多县、玉树县、杂多县、称多县、治多县、囊谦县、曲麻莱县
	宁夏	原州区、西吉县、隆德县、泾源县、彭阳县、海原县

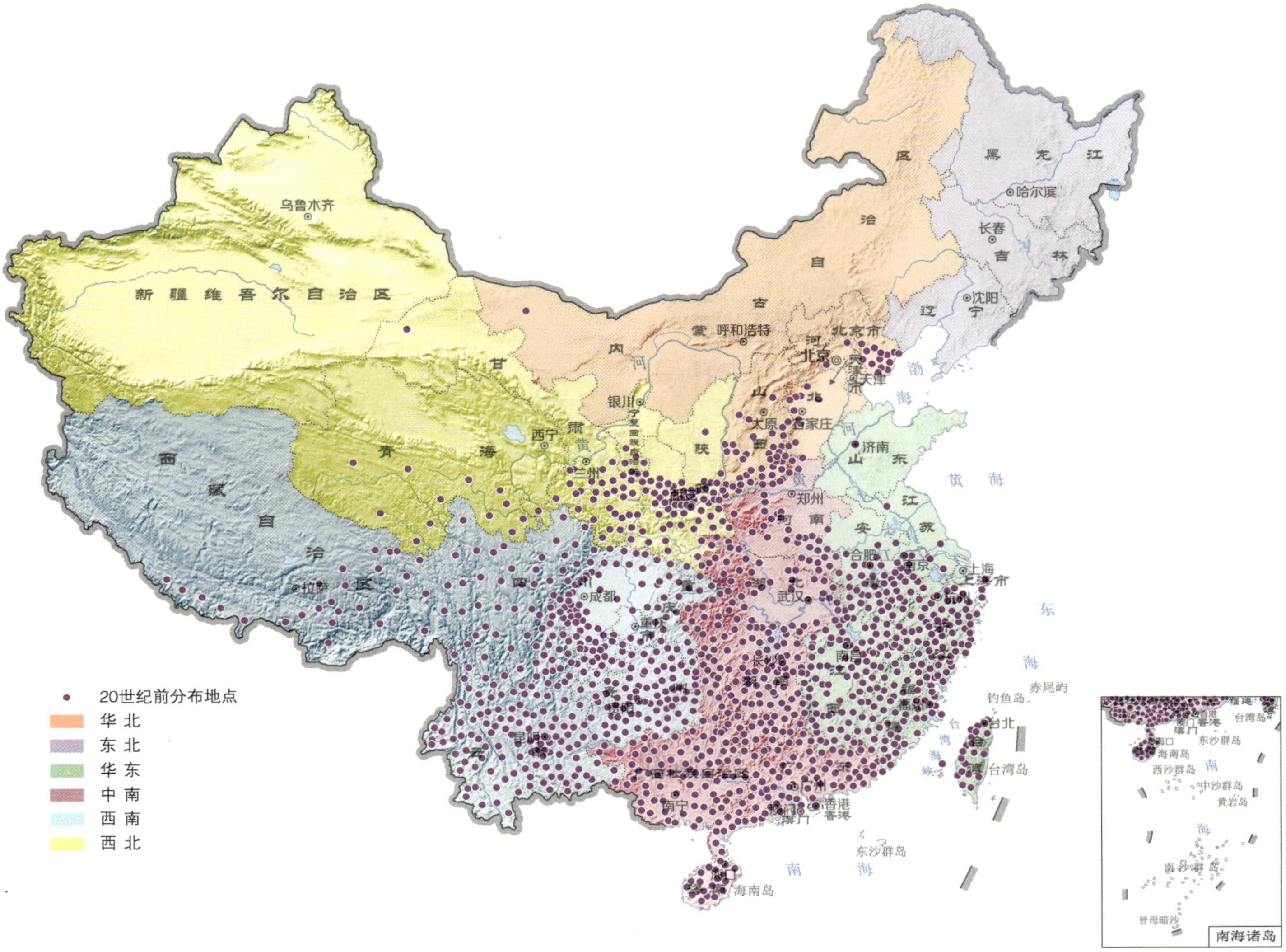

图 9.2　20 世纪前中国的猕猴属分布图

3　20 世纪以来的短尾猴分布变迁

短尾猴，别称红面猴、青猴、猴狲、黑猴、泥猴等，它是国家Ⅱ级保护野生动物。

3.1　短尾猴与藏酋猴的区分与地理分布

短尾猴与藏酋猴由于长期以来的分类问题屡有变化，落实到不同时期文献中多仅以名称出现，致使我们今天鉴别它们的地理分布困难重重。试看 2 种代表性（短尾猴分布广域论、短尾猴分布狭域论）与参考性论述：

其一（简称“广域论”）：

形态特征：……短尾猴的长相和藏酋猴十分相似，以至于很多书中都把它们混为一谈，也有人认为它们属于同一个种的不同亚种。但是，它们之间明显的不同之处也有不少，例如短尾猴比藏酋猴的体形小，体毛较长而稀疏，为黑褐色或朱古力色，所以在华南地区俗称为“黑猴”或者“泥猴”。另外，短尾猴雄兽的生殖器也与众不同，阴茎扁而长，呈矛状，长度约为 40 mm，还会发出一种难闻的腥臭气味。但是短尾猴与藏酋猴不同的最为显著的一个特征，是成体的面部均有鲜红色的斑块，有些老年个体还转为紫红色或者黑红色，所以又叫红面短尾猴、红面猴、红脸猴等。

中国分布：主要在西南部和南岭以南的华南地区和福建南部，包括云南、广西、贵州南部、江西南部、湖南南部、广东以及福建南部[①]。

其二（简称“狭域论”）：

以前，中国南部的藏酋猴曾广泛地与红面猴相混淆，所谓的短尾猴既被用来称呼藏酋猴，也被用来称呼红面猴，因为它们都具有一条很短的尾巴与长长的面部毛发，其实真正的短尾猴在我国仅分布于广西南部与滇南、滇西。广西北部、贵州、广东、湖南、福建等地的所谓短尾猴，其实是在我国广泛分布的藏酋猴。真正的短尾猴脸部具有典型的裸露红色皮肤，长长的头顶头发与背部毛发，头顶毛发中分，几乎短到没有的尾巴，酷似传说中披头散发的野人形象；藏酋猴则是一个长满了毛的大圆脸，尾巴相对短尾猴来说也相对要长一点[②]。

其三（参考性）：

【短尾猴】形态特征：头体长 485～650 mm，尾长 45～50 mm，后足长 145～177 mm，颅全长 120～157 mm，体重 7 kg（雄性）、5 kg（雌性）。被毛暗褐色，从浅黑色变化到浅红色。面部裸露，浅红褐色，激动和发情时变为鲜红色。尾非常短（大约是头体长的 10%），蹲坐时压着尾巴。头骨相对较宽，有明显的眉脊。

分布：中国西南部，一般在北纬 30°以南，延伸到不丹、阿萨姆、缅甸、印度尼西亚到马来半岛北部。中国有 2 亚种：①*M. a. brunneus*（Anderson，1871），云南；② *M. a. melli*（Matschie，1912），贵州、广西、广东、福建[③]。

“藏酋猴”这一中文名字最早出现于 1922 年出版的《动物学大辞典》，是因为它的拉丁学名中用了一个“西藏”的地名，但事实上，藏酋猴并不产于西藏，所以有的学者根据它的 2 个主要特点，认为应该叫做“毛面短尾猴”，因为它头顶上的长毛从中央向两侧披散开，而且在面颊上和下巴上都生有浓密的须毛，就像络腮胡须一般，是其独有的特征；另外它的尾巴比猕猴的要短得多，呈残结状，但覆毛良好，上侧的毛色比下侧深，长度仅为体长的十分之一。

藏酋猴是中国的特有物种，分布于中国中部地区，东至浙江、福建，西到四川，北达秦岭南部，南界为南岭。

在西藏分布于察雅、江达、贡觉、芒康等地。

贵州全省 9 个地、州、市中，有 7 个分布有藏酋猴，即铜仁地区、黔东南州、黔南州、六盘水市、安顺地区、毕节地区和遵义市[④]。

按：综合相关情况，窃以为短尾猴（图 9.3～图 9.6）与藏酋猴（图 9.7～图 9.10）较显著的形态区分有三：①短尾猴体形较小，藏酋猴体形较大（是中国猕猴属中最大者）。②短尾猴颜面裸露，颜色随年龄变化为红、紫色；藏酋猴成年雄猴两颊及下颏有似络腮胡样的长毛，颜面裸露部分红色主要在眼眶周围。③短尾猴额毛呈“中分型”，向两边披散；藏酋猴的额毛无此特征。它们的分布地域，笔者虽倾向于“狭域论”，但对于有比较明确描述且分布于毗邻地带（如贵州等）的短尾猴，也按其实际分布地点对待。

---

①短尾猴. http://baike. baidu. com/link? url=94G73wYqMi73Tg0ZoGBqIXJpjM4ooQW4eJLg2VuWSUAWWMok0Beu0wpP1 GP-PK8TAhwATt77j8ZTchMvjrS5phK

②猴年来了，你真的了解猕猴吗. http://j. news. 163. com/docs/5/2016021510/BFRSLV2B9001LV2C. html

③国家动物博物馆 http://www. nzmc. org/ztg/491

④藏酋猴. http://baike. baidu. com/link? url = bc3zk5HbdIwEnbsoQTeDFZqqkkXidaP7m4fCv_My8td6FXBL4NAT5VmOfxtkflFAxO60XF0UQaC6RF_ntA6BKa

图 9.3 攀附(短尾猴)①

图 9.4 俯视(短尾猴)②

图 9.5 爱抚(短尾猴)③

图 9.6 嬉戏(短尾猴)④

①国家动物博物馆 http://www.nzmc.org/ztg/491

②短尾猴. http://baike.baidu.com/link? url=ZDYiRSLE9IZ1A9m6_FS1WGZgbZ1Tb440wa-SYDzCQMCGTnILMCxAyeVOiVd-MANCAlyTmuc0ISsebsxdyGgPpTq

③值得一去的猴类自然保护区. http://j.news.163.com/docs/17/2016020117/BEDQP7IT05248I16.html

④国家重点保护野生动物(二类):短尾猴. http://www.360doc.com/content/12/1010/19/1630322_240695337.shtml

图 9.7　雄猴（藏酋猴）①

图 9.8　雌猴（藏酋猴）①

图 9.9　侧视（藏酋猴）②

图 9.10　小家庭（藏酋猴）③

3.2　短尾猴的分布

短尾猴仅见在广西壮族自治区、贵州省与云南省有分布记录。

3.2.1　广西

广西壮族自治区是短尾猴主要分布的省级政区之一。

《南宁地区（重点县）珍贵动物资源调查报告》记载（广西珍贵动物资源调查队，1979）：

短尾猴（*Macaca speciosas* F. Curier），又名断尾猴、泥猴。

崇左县的左州公社；龙州县的逐卜、金龙、水

①藏酋猴. http://baike.baidu.com/link? url=5cP5HkhTG2IqjrqhFLphDOBaH1PwCRhfI7Bt0PJNCuYJM8I6AJkWXlcwyV8L5zt7HvSOj51vcWgrIJIUGSOoxa

②唐家河的藏酋猴. http://www.birdnet.cn/forum.php? mod=viewthread&tid=751601&mobile=1

③张铭. 明星动物档案之藏酋猴. http://www.tnc.org.cn/home/richscience? cid=21

口和响水公社;大新县几乎所有公社以及但是林区均有分布,唯数量均不太丰富。

按:据此,说明在武鸣县、宾阳县、上林县、马山县、江州区、大新县、龙州县等地曾有短尾猴栖息。

《中国重点陆生野生动物资源调查》称(国家林业局,2008):

本次调查,短尾猴见于广西(龙州、宁明、大新、崇左、南丹、天峨、东兰、凤山、巴马、防城、上思、百色、凌云、乐业、田林、西林、田阳、德保、那坡、融水、忻城、荔浦、恭城、灌阳、龙胜)。

按:据此,表明在灌阳县、荔浦县、龙胜各族自治县、恭城瑶族自治县、融水苗族自治县、防城港市、上思县、江州区、大新县、宁明县、龙州县、右江区、田阳县、德保县、那坡县、凌云县、乐业县、西林县、田林县、南丹县、天峨县、凤山县、东兰县、巴马瑶族自治县、忻城县等地还有短尾猴分布。

据 2013 年 1 月报道,大明山自然保护区(地处武鸣县、马山县、上林县、宾阳县)工作人员去年 12 月 7 日下午巡林时发现一只被铁夹夹住左后脚的短尾猴,工作人员拍照鉴别,认定该伤猴属国家二级保护动物短尾猴。该短尾猴(图 9.11)颜面紫红,雄性,全身毛色棕褐,体重近20 kg。经救治痊愈放归大自然①。

图 9.11 放归前留影

武鸣县东部大明山连绵高耸,峰峦重叠,山势雄伟,并延伸向东北、东南,朝着武鸣河谷呈扇状分布,构成环绕北、东、南三面的马蹄形高丘陵、山地;西北部高土坡连绵,西南部为石灰岩群峰,中部是丘陵、岗地、平原相间交错,呈小盆地状。地属亚热带季风气候区,光热充足,雨量充沛,夏季炎热多雨,春秋季易旱,冬季温暖少雨,偶有霜雪。境内属国家保护的二类野生动物有短尾猴、猕猴、穿山甲、旱獭、大灵猫、小灵猫、金猫、河麂、鬣羚、白鹇、原鸡、蛤蚧等②。

上林县位于大明山东麓,西部多山,东南部属丘陵和平地,整个地势自西北向东南倾斜;各类地貌分布为:中山占 9%,低山占 17%,山丘占 12%,丘陵占 30%,平原占 28%。县境地处低纬度地区,北回归线横贯中部,属南亚热带季风气候区。境内属国家一类保护动物的有懒猴、斑冠犀鸟、金猫、金钱豹,属国家二类保护动物的有黑叶猴、林麝、猕猴、熊猴、短尾猴、苏门羚、穿山甲、大灵猫、小灵猫等③。保护动物等级存在瑕疵,但可说明有短尾猴等存在。

《上思县志》记载(上思县地方志编纂委员会,2000):

据 1974~1975 年调查,哺乳动物·灵长目:属国家一级保护的有蜂猴、赤叶猴;属国家二级保护的有猕猴、熊猴、红面猴、树鼩。

按:保护动物等级存在瑕疵,但据此还是可反映在 20 世纪后半叶,上思县还有"红面猴",即短尾猴栖息。

马山县地处红水河中段南岸,大明山北麓,境内多山,大体分东西两大部,东部多大石山,西部多丘陵。地属南亚热带季风气候区,日照充足,气候温和,雨量充沛。据称,已发现的野生动物有几十种,常见的有野猫、山猪、果子狸、猴子、松鼠、黄京[黄猄]、穿山甲、竹鼠、蛤蚧、龟、鳖、蛇类及山鸡、鹧鸪等④。此处泛指的"猴子",似包括短尾猴等。

临桂县地处南岭南缘,北部群山巍峨高耸,

---

①淘媛.误遭铁夹后截肢 受伤"猴王"大明山获成功放生. http://news.gxnews.com.cn/staticpages/20130125/newgx5102529c-6860044.shtml

②武鸣区. http://baike.baidu.com/link? url = dcITrtQXnwsezAZAv1955HuXKnGcF_oPpafS3POYLeAuFkY4Fjn6auvKD6zXmMFkC1csgGKfWp5NtzLcwAyarAyHf4BIRZejsuLgDNJ-s0q;武鸣县. http://baike.haosou.com/doc/5908142.html

③上林县. http://baike.baidu.com/view/132787.htm

④马山县. http://zy.zwbk.org/index.php? title=马山县&oldid=292284&printable=yes

南部峻岭连绵。东部略低于西部，由西北向东南倾斜，形成东西向分水岭。西北属三台山系，为越城岭余脉，山体庞大，峰峦挺拔，高山深谷随处可见，峡谷之中河道纵横，沿河陡坎、平台、壶穴特别发育。西南属架桥岭山地，山峰嶙峋，溪深谷幽，谷坡陡峭，底部狭小，山地边缘因长期受流水侵蚀，山体渐趋破碎，谷地逐步扩大，成为小型的山间谷地。东南部为峰林平原，石灰岩石山林立，孤峰突兀，地下河、岩溶、山洞奇多，故景色多姿、山水秀丽。中部属丘陵平原及岩溶山地，丘顶浑圆成馒头状，山岭无明显走向。地属中亚热带季风气候区，四季分明，热量丰富，雨量充沛，气候温和湿润：夏长而湿，酷暑鲜见，间有冰雹；冬短而干，严寒稀少，偶降小雪；春秋相当，秋温略高于春温，冬夏季风交替规律明显。境内宛田乡东部的蝴蝶谷瑶寨四周群山环绕、古木参天，栖息着娃娃鱼[大鲵]、野猪、麝羊[林麝]、猴子、寒鸡、锦鸡、穿山甲、竹鼠、熊油鱼、油丰鱼等珍禽异兽，是天然的动物乐园①。所谓“猴子”，似含有短尾猴。

全州县四面均为山地，中部是丘陵，中间有小块平原。丘陵地形随着湘江及其支流的流向，向西南和东北方向延伸，在县内形成鹿头状地形，占全县总面积的四分之一。地属岭南亚热带季风气候区，主要特点是太阳辐射强，大部分月份阳光充足，雨量充沛，但季节分布不均匀；气候状况为：春寒时间长，阴雨多，气温回升迟；夏季暴雨繁多，盛吹西南风；秋季多晴少雨，干旱明显；冬季干燥，多东北风，寒潮入侵频繁。野生动植物资源中珍稀物种较多，其中国家二级重点保护野生动物有短尾猴、穿山甲、豺、小熊猫、水獭、红腹角雉等161种（陈仁志，2011）。说明仍有短尾猴分布。

永福县地势西北部、中部和东南部高，中部两侧及东北部较低，地貌复杂，地形多样。地属中亚热带季风气候区，由于地形和地理位置的差异，可分为三种区域性气候类型：光温充裕易涝区、温暖易旱区、温凉湿润区。境内野生动物资源中有穿山甲、果子狸、猴子、狗熊等野兽18种（叶福多，2011）。据该县志记载，此“猴子”包括短尾猴。

《恭城瑶族自治县概况》记载（《恭城瑶族自治县概况》编写组，2009）：

动物资源·兽类　国家保护珍贵兽类有猕猴、短尾猴、华南虎、穿山甲、云豹（龟纹豹）、金猫、河麂、毛冠鹿、小灵猫、大灵猫等。其他野兽有果子狸、麂、獐[麝]、猸（田猪）、黄鼠狼、刺猬、山牛、水鹿、苏门羚（水羊）、麝（石羊）、豺狼、狐狸、山猪、豪猪（箭猪）、野猫、松鼠、竹鼠、野兔等。

按：据此，反映恭城瑶族自治县仍有短尾猴等栖息。

《崇左县志》记载，“短尾猴（产于左州的林村、立村一带山岸，数量不详……均属国家二类保护的动物）”（崇左县志编纂委员会，1994）。说明今江州区当时有短尾猴分布。

德保县地形为西北高、东南低，县境内最高峰为黄连山。地属亚热带季风气候区，主要特点是：冬无严寒，夏无酷暑，春秋温凉；光照充足，热量丰富，雨量充沛；春季干旱，夏季多雨。境内珍稀动物资源有恒河猴、短尾猴、穿山甲、小灵猫、原鸡等，属国家二级保护动物②。

那坡县地处桂西南边陲、云贵高原余脉六韶山南缘；西北地势较高，向东南倾斜，以德隆坡为南北分界线；南部岩层向西南和东南倾斜，北部岩层向北倾斜；境内，北部石山重峦叠嶂，中部、南部土山连绵起伏。地属亚热带季风气候区，四季分明，但受极地气团、热带气团和赤道气团的影响，天气变化无常。森林覆盖率73.3%。境内野生动物资源丰富，已列为国家保护的珍贵动物有熊猴、猕猴、短尾猴、麝香、林麝、水獭、穿山甲、山瑞、果子狸、大灵猫、苏门羚、南蛇、蛤蚧、猫头鹰、鹧鸪、鹌鹑、原鸡、寒鸡等③。

凌云县地处云贵高原的延伸部分，是比较典

---

①临桂区. http://baike. baidu. com/link? url = mKdjUhaLDAdCkutbDDgYVo12c5HGZhlIiwgMks05ISmwO9iXpfwpDyyBmactvZsN8xw-xJ51Q94j9eUosI4D7_

②德保县生态县建设规划（2010—2020年）. http://www. docin. com/p-841198257. html

③那坡县. http://baike. baidu. com/view/395078. htm

型的山地地形,山高谷深,山地面积广大,占全县总面积的93%;平地面积占3%。地属亚热带季风气候区,冬无严寒,夏无酷暑,冬短夏长,秋高气爽。森林覆盖率76.4%。当地常能见到的野生动物有山鸡、画眉、飞虎等飞禽,山猪、箭猪、猴子等走兽①。所称"猴子",似包括短尾猴。

隆林各族自治县地处云贵高原的东南边缘,是个海拔较高、以中山为主、无平原的山区县,素有山高谷深、"地无三里平"之称;地势南部高于北部,自西向东倾斜。地属亚热带高山气候区,四季较为明显,温润多雨;由于受地形的影响,县境各地降水量差异大,气温差异大,气温随着高度递增而降低,垂直变化显著。森林覆盖率53.6%。境内野生动物共有900多种,并称:

短尾猴(主要分布在龙滩乡的卡甫、弄甫,岩茶乡的卡白,桠杈镇的忠义、龙良、弄徕、纳贡等地,数量约60只)②。

按:可见当地仍有短尾猴生息繁衍。

东兰县地处云贵高原南缘,红水河中游;地势北高南低,自西北向东南倾斜。地貌大致分为构造剥蚀中低山土坡、岩溶化中低山、岩溶低山沟谷型、峰丛洼地型、峰丛谷地型等5种类型。位于中、南亚热带之间的季风气候区,四季分明,夏长冬短,雨热同季,冬暖夏凉,气候温和,光照充足,局部灾害天气频繁,光、温、水的地域差异明显。境内兽类有猴、麝、獐、箭猪、山獾、九江狸、果子狸(又称花面狸)、野猪、水獭、水鹿、黄麂(又名黄猄)、黄鼠狼、黄猺、野猫③。所泛指的"猴",似包括短尾猴。

都安瑶族自治县地处云贵高原向广西盆地过渡的斜坡上,都阳山脉东段,地势北西高、南东低,是全国岩溶地貌(喀斯特地貌)发育最为典型的地区之一。境内洼地密布,石山连绵,地下河天窗、峰丛、峰林等地貌单元千姿百态,绮丽壮观,山上岩石多为石灰岩。地属亚热带季风气候区,春季阴雨连绵,日照时数少;夏季高温湿热,暴雨集中;秋季多晴朗,往往出现秋旱;冬季较寒,雨量稀少。境内兽类有猴子、野狗、野猪、野猫、野兔、果子狸、黄猄、水獭、野山羊、麝、松鼠、田鼠、飞鼠、刺猬、狐狸、山瑞、旱獭等④。所泛指的"猴子",似含有短尾猴。

大化瑶族自治县位于红水河中游,地势呈西北向东南倾斜;属喀斯特地貌,境内峰丛密布,东北部和西南部为峰丛洼地,东南部多为峰丛谷地,中西部为低山丘陵;红水河贯穿大化全境。地属南亚热带季风气候区北缘,气候温和,雨热同季。境内野生动物有黑、麻、花三种毛色的山羊,蛤蚧、蛇类、野猪、黄猄、野山羊、猴子、山鸡、毛鸡、果子狸、穿山甲、竹鼠等⑤。所谓"猴子"乃泛指,似包括短尾猴等。

罗城仫佬族自治县位于云贵高原苗岭山脉九万大山南麓,地势高耸,峰峦起伏,四周青山环绕,中间重峦叠嶂、丘陵交错,夹杂着一小块一小块平坝。气候宜人,冬无严寒,夏无酷暑。森林覆盖率66.4%。北部的黄金镇在青明山麓,野生动物资源比较丰富,主要有山猪、竹鼠、野牛、娃娃鱼[大鲵]、山龟、黄麂、果子狸、翘鼻梁、蛇、野鸡、猴子、狐狸、穿山甲等⑥。泛指的"猴子",似包括短尾猴。

象州县东部大明山连绵高耸,峰峦重叠,山势雄伟,并延伸向东北、东南,朝着武鸣河谷呈扇状分布,构成环绕北、东、南三面的马蹄形高丘陵、山地。西北部高土坡连绵,西南部为石灰岩群峰,中部丘陵、岗地、平原相间交错,呈小盆地状。山地占总面积6.7%,平地占20.9%,丘陵占

①凌云县. http://baike. baidu. com/link? url=XGJcOEKQ2HQvkvSl1R_XhM2bHYss11iDhwyDU8qBRs4-rJEoHRnf1m_nYtQ4K5zx#4_5

②广西隆林网. http://www. gxll. gov. cn/html/longlin/about/resources/

③东兰县. http://baike. baidu. com/link? url=wmNz1i2w-8yUj1BfWYXnbsmHof3NuWVz-rPOynsQtSWwrGuq_LP3b1GHIvMEAyjesGjHDhzQzXjnzii7VUs2zK

④都安瑶族自治县. http://baike. baidu. com/link? url = kpfCwelqGQk6aWdKonpDPAHcMjp2HUrj1s7Ys2 _ yBTdMEpOZ-PW4ytXMPZDs F7eqIiA_MkDLBp8Vo9-q1Vksxg_

⑤大化瑶族自治县. http://baike. baidu. com/link? url=hPjduaLaCZXdBe99EMSJWI2BBlnEWGU2g1IMMWFDZoy1ygQI9xVbr78B1U9lr3XD4F8mna1e9REcI1HrA3QSV_

⑥黄金镇. http://www. chazidian. com/wxdt/list-n36842/

63.5%，其他占8.9%。地属亚热带季风气候区，光热充足，雨量充沛，夏季炎热多雨，春秋季易旱，冬季温暖少雨，偶有霜雪。森林覆盖率43.2%。野生动物多分布于大明山。1976年调查，有42科65属83种；属国家保护的野生动物，一类有熊猴、黑叶猴、蟒蛇；二类有短尾猴、猕猴、穿山甲、旱獭、大灵猫、小灵猫、金猫、河麂、鬣羚、白鹇①。据资料反映，野生动物还是21世纪之前的情况，但有短尾猴等多种猕猴属。

武宣县地形大体是中部低平、开阔，东西两侧抬升隆起；地貌上，中部为岩溶缓坡低丘和洪积、冲积平原，间或土岭、石山交错；向东为岩溶垄岗过渡到低山、中山陡坡的砂岩、页岩山区；向西则为峰林石山洼地过渡为峰林石山槽地，系岩溶地貌类型。地属亚热带气候区，气候温暖，雨量充沛。河马乡百崖槽一带有许多名贵珍奇动物，如穿山甲、娃娃鱼、山岩蛤蚧、猿猴、小旱獭、黄羊、画眉、山鸡、飞虎等②；东乡镇合群村百崖大峡谷有珍稀动物猴子、穿山甲、娃娃鱼等③。所谓"猿猴"或"猴子"，似包括短尾猴。

3.2.2 贵州

贵州省有少量短尾猴分布记录。

《赫章县志》记载（贵州省赫章县地方志编纂委员会，2001）：

哺乳纲　虎（华南虎）、豹（金钱豹）、花面狸（果子狸）、野猫、小灵猫、豺、狼（野狗）、狐狸（红狐、黄狐）、狗獾、岩羊（野山羊）、黄鹿、青鹿、野兔、野猪、猪獾、拱猪、黄鼬（黄鼠狼）、猸子（山獾）、水獭、竹溜、麝（香獐、牙獐）、刺猬（豪猪）、穿山甲、大青猴、黄猴、短尾猴、松鼠……蝙蝠、飞虎、狗熊、马熊（豺狗儿）。

按：据此看，反映赫章县有3种猕猴属，其中明确有"短尾猴"，且该地与云南省毗邻，证明赫章县仍有此物种栖息。

铜仁市自然资源介绍称，境内共有各类野生动物400余种，其中兽类60余种，有列为二类保护动物的熊猴、红面猴④。与熊猴一地分布的所谓"红面猴"似为短尾猴，表明地级铜仁市内（暂以铜仁市代表）一些地方有分布。

3.2.3 云南

云南省是短尾猴分布的主要省级政区。

《中国重点陆生野生动物资源调查》称（国家林业局，2008）：

本次调查，短尾猴见于……云南（玉溪、思茅、临沧、西双版纳、红河、文山、保山、大理、楚雄、德宏、怒江、丽江、昆明）。

按：由于此次所列举的皆地级市（州），表明在昆明市、安宁市、呈贡县、晋宁县、富民县、宜良县、嵩明县、石林彝族自治县、禄劝彝族苗族自治县、寻甸回族彝族自治县、红塔区、江川县、澄江县、通海县、华宁县、易门县、峨山彝族自治县、新平彝族傣族自治县、元江哈尼族彝族傣族自治县、隆阳区、施甸县、腾冲县、龙陵县、昌宁县、古城区、永胜县、华坪县、玉龙纳西族自治县、宁蒗彝族自治县、思茅区、宁洱哈尼族彝族自治县、墨江哈尼族自治县、景东彝族自治县、景谷傣族彝族自治县、镇沅彝族哈尼族拉祜族自治县、江城哈尼族彝族自治县、孟连傣族拉祜族佤族自治县、澜沧拉祜族自治县、西盟佤族自治县、临翔区、凤庆县、云县、永德县、镇康县、双江拉祜族佤族布朗族傣族自治县、耿马傣族佤族自治县、沧源佤族自治县、潞西市、瑞丽市、梁河县、盈江县、陇川县、泸水县、福贡县、贡山独龙族怒族自治县、兰坪白族普米族自治县、大理市、祥云县、宾川县、弥渡县、永平县、云龙县、洱源县、剑川县、鹤庆县、漾濞彝族自治县、南涧彝族自治县、巍山彝族回族自治县、楚雄市、双柏县、牟定县、南华县、姚安县、大姚县、永仁县、元谋县、武定县、禄丰县、蒙自县、个旧市、开远市、绿春县、建水县、石屏县、弥勒县、泸西县、元阳县、红河县、金平苗族瑶族自治县、河口瑶族自治县、屏边苗族自治县、文山县、砚山县、西畴县、麻栗坡县、马关县、丘北

---

①象州县. http://baike.baidu.com/link? url=hqlFy0ueFvLWMxOHST1diHZ4JTkWbFW_1hrJf_jvEFH_WE16USZnymkPeF4fmmE7_MoOHhDZi32bAa5xWIi0xq

②武宣县百崖槽峡谷. http://blog.sina.com.cn/s/blog_5994e54e0100dr9o.html

③走进武宣名山雅川奇峰秀水. http://www.lbdsw.net/laibin/ShowArticle.asp? ArticleID=44124

④铜仁市人民政府. http://www.trs.gov.cn/news/2013223/n159.html

县、广南县、富宁县、景洪市、勐海县、勐腊县等地还有短尾猴分布。

据称,临沧大雪山自然保护区有 206.2 km² 地跨临翔区和云县两地①,据初步考察,仅脊椎动物中的兽类和鸟类,就有 50 多种珍稀濒危动物,其中国家二级保护动物 25 种,如短尾猴、猕猴、穿山甲、黑熊、小熊猫、大小灵猫、水鹿等②。

永善县地处滇东北中山山原西北边缘,乌蒙山脉西北面的金沙江南岸,境内重峦叠嶂,峰高谷深,地势南高北低,海拔悬殊。地属中亚热带湿润气候区,由于海拔高低悬殊,气候垂直变化显著。据称,现有獐[麝]、猴、野猪、熊等数十种野兽③。此处泛指的“猴”,似包括短尾猴等。

镇雄县称,该县坪上镇境内曾出现过老虎、豹子、果子狸(地方语称维子)、猴子、獐[麝]、貂、野猫、狐狸、野狼、野猪、犀牛、穿山甲、野兔、野猪、黄鼠狼等兽类。但自从 20 世纪 70 年代以来,这些珍贵的野生兽类在坪上镇境内大部分种类已不复存在,这与当地和外地人的捕杀有关④。所谓“猴子”,似包括短尾猴等,反映延续到 20 世纪后半叶。

墨江哈尼族自治县地处云贵高原西南边缘、横断山系纵谷区东南段,即哀牢山脉中段,地势自西北向东南倾斜,境内山高谷深,河流纵横,山区半山区占 99.8%,丘陵谷地仅占 0.1%。地属南亚热带半湿润山地季风气候区,四季冷暖不太分明,有四季如春之称,干湿季明显。据称,“1949 年前,境内野兽主要有虎、豹、熊、豺、狼、破脸狗(果子狸)、獐[麝]、鹿、麂、猿、猴、麂子、岩羊、狐狸、刺猬、豪猪、野猪、野牛、野猫、野兔、野狗、水獭、旱獭、大灵猫、穿山甲、松鼠、山鼠、银鼠、蝙蝠等。1949 年后,虎、野牛已绝迹,熊、豹、豺、狼、水獭等也很少见,其他各种野兽数量大大减少”。⑤ 据描述,其“猴”似包括短尾猴,且仍有存在。

孟连傣族拉祜族佤族自治县地处怒山余脉,地貌以山地为主,南北部多高山峻岭,东西部偏低,多河谷盆地。地属南亚热带气候区,气候垂直变化明显,冬无严寒,夏无酷暑,四季如春。据称,动物资源有虎、豹、熊、猴、山驴、穿山甲、蟒等⑥。所谓“猴”,似含有短尾猴。

潞西市是以中、低山为主的低纬山原地区,海拔高低悬殊很大,山谷、河流、盆谷走向一致,并呈相间平行排列势态,展现了两山夹一峡谷、一条河、一个盆坝的地貌特征。地处低纬高原,热量丰富,气候温和,属南亚热带季风气候区,夏长冬短,干湿分明,冬无严寒,夏无酷暑,日照时间长,雨量充沛,冬季多雾。据称,2006 年分布于该市的野生动物有 258 科 1 643 种,属国家一级保护的有云豹、熊狸、苏门羚、蜂猴、长尾叶猴、菲氏叶猴、白掌长臂猿、豚尾猴、熊猴、黑鹿、绿孔雀等 50 种,国家二级保护的有金猫、香猫、大灵猫、小灵猫、岩羊、猕猴、短尾猴、河鹿、水鹿、豺、水獭、小爪水獭、江獭、青鼬、黑熊、穿山甲等 172 种⑦。反映当地有短尾猴等分布。

经过对兰坪县 8 个乡镇的 78 个村庄进行调查,获知有红面短尾猴 97~222 只(王浩瀚等,2015)。表明在兰坪白族普米族自治县依然有短尾猴栖息。

《漾濞彝族自治县志》记载(漾濞彝族自治县地方志编纂委员会,2000):

野兽 目前已知者有下列各种:猴(有猕猴、

①《全国自然保护区名录》(http://sts.mep.gov.cn/zrbhq/zrbhq/201208/t20120824_235172.htm)中未见,且基础信息不详。

②临沧大雪山自然保护区.http://baike.soso.com/v10779200.htm

③永善县.http://baike.baidu.com/link?url=ca9gPyPF7IcQQ3LoAGR0Ew4x3Bn356deOAIRVt9A8r93Cr8P0K6.douWavVNjoYX

④坪上镇.http://baike.baidu.com/link?url=NVZVlbo76larUNCcXVVeoisw6hedn1hu2_JcjcCRQ7AMuIvzeX05YiO1mir0WZmSgg0a0_-jGJpBvK57cXyRXVFeHaM63WCHERHiUNtc4nihbGAEZ1uJ3G-GBXE3u817

⑤墨江哈尼族自治县.http://baike.baidu.com/link?url=7dwkfgTOF-rEFFjk-8pX_JI-tjK82xvBbpkfidTbQChD7ljSc57zKVdMkXoKI-IImRplJsIWmZO3RODHE4Y9e_#5_2

⑥孟连傣族拉祜族佤族自治县.http://baike.baidu.com/link?url=Y9JSgGW7PMBqKouRw2kXGOWcZ0BrLFk-Hj2rW6XL1lBHtGF2BnqjdmVq3G80YCRX

⑦芒市.http://baike.baidu.com/link?url=tdonHnqNFzm6fiZY4zpQBrb7kPN_7u5XjVUezhKKkdWO-LC0g_ypNToZlgPniTZlG0fjqFxxemSnl2B90Ygc1FpN1iL4n-pTXSrZDtc82E_fWbyqxSnFC4RraSJSSCRVpaB5OfYD7UTy-fr2mh91WtVU9IWxl5s39cUREfg38zb1lt_5HoWA1gVrUyV5ILyO

熊猴、短尾猴、灰叶猴）、穿山甲、狼、狐（有赤狐、黄狐、黑狐）、豺、貉、黑熊、小猫熊［小熊猫］、青鼬（黄猺）、鼬（有黄鼬、纹鼬、黄腹鼬）、狗獾、猪獾、鼬獾、水獭、獐［麝］、麂（有赤、黑等色）、鹿、麝、大灵猫（九节狸）、小灵猫（香狸）、斑林狸、排子狸、果子狸（青猺）、熊狸、食蟹獴（石狟［食蟹獴］）、丛林猫（草猫）、金猫（红春豹）、豹猫（山猫）、豹（有龟纹、金钱）、虎、鼯鼠（飞鼠）、松鼠（有……巨型等）……野猪、苏门羚、斑羚、灰岩羚、刺猬。

按：据此，反映漾濞彝族自治县还有短尾猴等多种猴科动物。

南华县地势西北高、东南低，西南群山纵横，东北丘陵起伏，间有少量平坝和峡谷。以北亚热带季风气候为主，兼有大陆性和海洋性气候特点，立体气候明显。据称，动物主要有猴、绿孔雀、小熊猫、红白鹇等①。所泛指的“猴”，似含有短尾猴。

元谋县之山分属三台山、白草岭、鲁南山三个山系，将县域构成东南高、西北低，四周高、中间低的态势。地属南亚热带干热季风气候区。当地野生动物已发现的有 70 多种，较为名贵的有香獐［麝］、毫猪［豪猪］、猴、黄鼠狼、穿山甲、箐鸡、猫头鹰②。所称“猴”，似包括短尾猴等。

麻栗坡县地势由西向东南倾斜，山脉也大致呈西北—东南走向相间分布；地貌以中低山峡谷为主，喀斯特地貌分布广，有峰林、峰丛、石牙、溶斗、洼地、溶洞等。地属南亚热带高原季风气候区，立体气候明显。当地有野生动物 120 余种，主要有豹、黑熊、岩羊、猴、蟒蛇、眼镜蛇、鳄鱼以及各种鸟类、昆虫类和水生动物③。所称“猴”中，似含有短尾猴。

马关县地处滇东南岩溶高原南部边缘，为石灰岩山地与峡谷相间地貌，在石山起伏较为平缓地区，有高大的石峰林与深沉的溶蚀洼地、溶蚀盆地，无较大坝子，山地和窄型谷地面积约占全县面积的 87.7%，丘陵盆地占 12.3%；大致可分为中切割低山峡谷区、中山缓坡区、中山温凉山区、岩溶山区、丘陵盆地区 5 种地貌单元。气候类型跨北热带、南亚热带、中亚热带和北亚热带；低坝河谷炎热，中山浅丘温暖，高山温凉，有冬无严寒、夏无酷热、干雨季分明等气候特点。截至 2012 年，该县野生动物近百种，主要有懒猴、猕猴、短尾猴、毛冠鹿、麝、穿山甲、红腹角雉、黑鹿、水獭、旱獭、大灵猫、小灵猫、斑羚、岩羊、白鹇、锦鸡、蟒蛇、豹、狐狸、黄鼠狼、熊、画眉、鹌鹑、野鸡、猫头鹰、啄木鸟等④。说明还有短尾猴等栖息。

广南县地势由西南向东北呈阶梯状倾斜，南北走向，山岭互相切割，形成山区、半山区、丘陵、平坝、峰林交错的地貌。地属中亚热带高原季风气候区，冬无严寒，夏无酷暑。境内野生动物有豹、野猪、狼、鹿、麂、猴、岩羊、蛤蚧、穿山甲、蛇、蟒、猫头鹰、长尾雉、野鸡、鹦鹉等 40 多种⑤。所谓“猴”中，似含有短尾猴。

3.2.4 保护区

现分布有短尾猴的自然保护区仅在中南与西南各 1 个省级政区内（表 9.3、图 9.12），这既反映当地确仍有短尾猴存在，又使之得到庇护。保护区的状况显示：

● 栖息有短尾猴的保护区共 18 个，总面积 1.02 万 km^2。

● 从省级政区看，云南省有 10 个栖息短尾猴保护区，广西壮族自治区有 8 个栖息短尾猴保护区。

---

①南华县. http://baike. baidu. com/link? url = LDzu6USswunxxTq1OUtcVFEDVpRCIgLpCHy9AGOjqs2GEm8c73jdsY1E8pm6u7rd_xOA4icz2l01m2jFBKOZSCG39nttEVDp0AJEgpGpc4u

②元谋县. http://baike. baidu. com/link? url = p36gMAsryCgGtUIYeEqTCxO6Cp8dZpX3i6YLQ5zcnpfkqdg0k YYsnUT5SLWclTFcQY_h7yOERccWAmgwpmd5-a

③麻栗坡县. http://baike. baidu. com/link? url=KUUhGGZ5U_c8hZlz38iJoDs9PhhwWWNF_MsG7Xwp_wDNiPOpuCbq-DTxF_6XjCYHuQL5DEX6HWiS8tbYludxfa

④马关县. http://baike. baidu. com/link? url = NoSygezR55i_2RivWwxZVmjDUTTuaslk_qOJdqWjXbqpA4AuZe5RFi0v2Jck2KtEtCxxUSdu7w9foFlYYMXBYa

⑤广南县. http://baike. baidu. com/link? url = y9SqZSEUUth98klQKtfgFWvNIKsUkZioyPJEraQprjhOdT3pOpA-zg7uyar5VbHGhwuq_11D2Or53NfkurAKLq

● 栖息短尾猴保护区中，面积最大的是高黎贡山国家级自然保护区(在云南省)，达 405 200 km^2；面积最小的是大哄豹省级自然保护区(在广西壮族自治区)，达 2 035 km^2；二者相差将近 200 倍。

● 栖息有短尾猴保护区中，仅国家级与省级两种类型，各占 50%。

● 栖息有短尾猴保护区是 1961～2009 年设立的，说明较早就对短尾猴等的保护极为重视。

● 栖息有短尾猴保护区的主管部门皆林业部门。

● 栖息有短尾猴保护区地点仅占现有短尾猴栖息地点的 23%，尤其是贵州省尚无栖息短尾猴的保护区，亟待进一步调查研究，增加保护区数量。

表 9.3　栖息有短尾猴的保护区概况

地区	省级政区	保护区名称	所处地点	面积(hm^2)	级别	建立时间	主管部门
中南	广西	猫儿山	兴安县、资源县、龙胜各族自治县	17 009	国家级	19760501	林业
		大明山	武鸣县、马山县、上林县、宾阳县	16 994	国家级	19810801	林业
		元宝山	融水苗族自治县	4 159	省级	19820601	林业
		恩城	大新县	25 820	省级	19820601	林业
		花坪	龙胜各族自治县、临桂县	17 400	国家级	19611018	林业
		七冲	昭平县	13 024	省级	20031101	林业
		大哄豹	隆林各族自治县	2 035	省级	20040101	林业
		邦亮长臂猿	靖西县	6 530	省级	20090716	林业
西南	云南	云龙天池	云龙县	6 630	省级	19810401	林业
		菜阳河	思茅区	14 892	省级	19811101	林业
		碧塔海	香格里拉县	14 133	省级	19820101	林业
		古林箐	马关县	6 833	省级	19821001	林业
		高黎贡山	隆阳区、腾冲县、泸水县、福贡县、贡山独龙族怒族自治县	405 200	国家级	19830101	林业
		黄连山	绿春县	65 058	国家级	19830427	林业
		白马雪山	德钦县、维西傈僳族自治县	276 400	国家级	19840101	林业
		永德大雪山	永德县	17 541	国家级	19860320	林业
		云南大围山	屏边苗族自治县、河口瑶族自治县、个旧市、蒙自县	43 993	国家级	19860320	林业
		哀牢山	新平彝族傣族自治县、楚雄市、双柏县、景东彝族自治县、镇沅彝族哈尼族拉祜族自治县	67 700	国家级	19880509	林业

注：①本表参考多方面信息综合而成，个别误差进行更正。②本表据全国自然保护区名录. http://sts. mep. gov. cn/zrbhq/zrbhq/2C1208/t20120824_235172. htm；兴安县地方志编纂委员会，2002；误遭铁夹后截肢受伤"猴王"大明山获成功放生. http://news. gxnews. com. cn/staticpages/20130125/newgx5102529c-6860044. shtml；元宝山保护区. http://baike. baidu. com/view/246369. htm；融水元宝山. http://baike. baidu. com/link? url=hbYDktxF49eWbPVhLMHxueaJXcGwPo8jcuzxYnFtHJ_xDL6a9n0lQEsntWws23SOizIL2d76CqgkgLxFyjY3a；大新恩城自然保护区. http://baike. soso. com/v49118837. htm；花坪国家级自然保护区. http://baike. baidu. com/view/481766. htm? fromId=471252；七冲自然保护区野生动物日渐增多. http://www. zpol. cn/lyj/stly/show_news. asp? id=555；广西大哄豹自治区级自然保护区景色美. http://www. gxll. gov. cn/html/2013/longlinxinwen_0526/15659. html；徐治平，2014；云南云龙天池国家级自然保护区. http://baike. baidu. com/link? url=ZVyF6q9C7WaOz82O5ZODr.faMMcxS8Jze118FKsqrYHWXT7GYrE6H-BjST6z8VSjyD1-d3nWPmTrQZzvT8q31UK；菜阳河国家森林公园 http://

baike. baidu. com/link? url＝ZGTEpNQ3WEjmdF1Bu4XnbhoXWSNL7hZljfqZTYKBDpBLXP595xCQXQvxw-MJxCyadgGfUBm-LUn8qEK8fF9aOR_；王春雷. 绿色中国行走进普洱共植太阳河绿色中国林. http://news. iqilu. com/shandong/yuanchuang/2014/1128/2229590. shtml；马关古林箐省级自然保护区. http://yn. zwbk. org/lemma/1294；高黎贡山. http://www. glgs. gov. cn/zrzy. asp? sortid＝013002；高黎贡山国家级自然保护区. http://baike. baidu. com/link? url＝uFnTSd1tUWgEhSCjKiY1duwOyZKWfmbguQ7LKnybmTy9B-huQ6Q3O7h6pr55EmLH_ xPowRDOe6y4Itm5bo6k4q；黄连山国家级自然保护区. http://baike. baidu. com/view/1405397. htm? fromId＝246469；白马雪山自然保护区. http://www. baike. com/wiki/%E7%99%BD%E9%A9%AC%E9%9B%AA%E5%B1%B1%E8%87%AA%E7%84%B6%E4%BF%9D%E6%8A%A4%E5%8C%BA；永德大雪山自然保护区. http://baike. baidu. com/view/1094389. htm；云南永德大雪山国家级自然保护区. http://baike. baidu. com/link? url＝Jq94skpPfLCcQzAa9UISPUa2E4GvrlhJzBCE8DTJiif6SdU5cTqgi9EIEDyl3nHY KuWdGfSXKAXbEfWov4nNpa；大围山国家级自然保护区. http://baike. baidu. com/view/1439617. htm? subLemmaId＝1439617&fromenter＝%D4%C6%C4%CF%B4%F3%CE%A7%C9%BD%D7%D4%C8%BB%B1%A3%BB%A4%C7%F8；国家林业局，2008；哀牢山国家级自然保护区. http://baike. baidu. com/view/824116. htm? fromId＝20195；哀牢山国家级自然保护区. http://baike. baidu. com/link? url＝ghqjGv99RqHCAOVD2cvVzGaFH_OAMYWZ8_FYLD1YgXoSs-D3UALX9SWF0m-ct9-Z05ztaLSpE4e4dlUMvLwrgq＃4_2；豚尾猴. http://baike. baidu. com/link? url＝9IXnLdVCsNDR82daxp7cd-SQnBjO1EQ4itxyGdAfDDU7huGX2J1AWKJ8RAX75PzDwYQPis063fS2768amFDowq

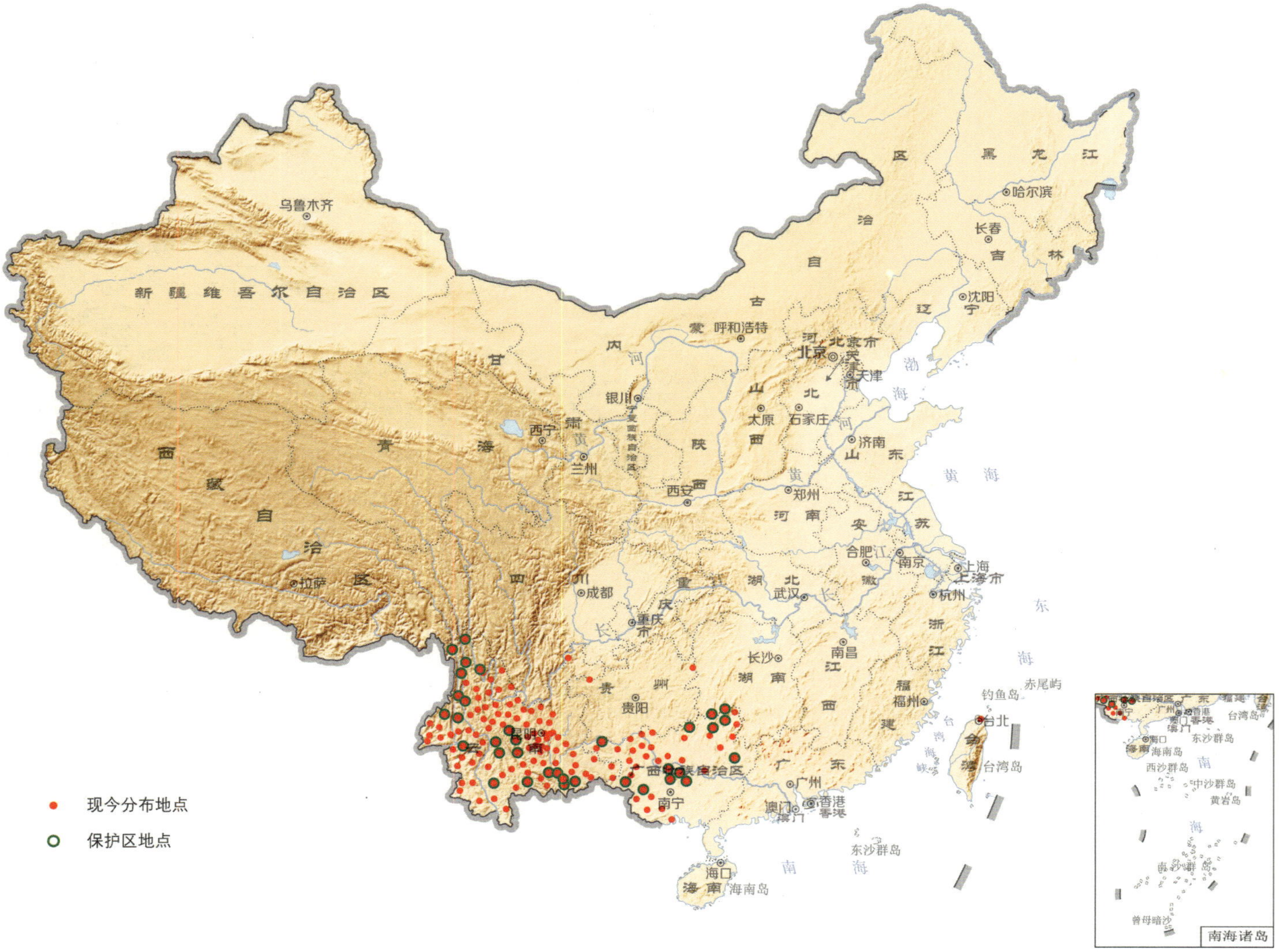

图 9.12　现有短尾猴栖息地与其栖息的自然保护区分布图

3.3　分布变迁

文献记载显示出百余年来短尾猴分布变迁状况(表 9.4、图 9.13),特点如下:

- 20 世纪初,可以确认的短尾猴分布地域并不大,主要在纬度较低的云南省、广西壮族自治区与贵州省,以前二者为主,约有近 180 地。
- 到 20 世纪后半叶,广西壮族自治区约 11 地分布的短尾猴消失。
- 到现今,云南省约有 10 地分布的短尾猴消失,广西壮族自治区约 9 地分布的短尾猴消失。
- 百余年间,短尾猴分布地约消失 40%,这一下降幅度之大不容我们忽视。
- 得到保护区庇护的短尾猴比例偏低,尽管短尾猴的保护等级略低,但数量减少急剧①,尤其是它们的实际分布范围并不大,至少应增设保护区,以加大保护力度。

表 9.4　20 世纪以来短尾猴分布变迁概况

地区	省级政区	20 世纪前半叶分布地点	20 世纪后半叶分布地点	现今分布地点
中南	广西	武鸣县、宾阳县、上林县、马山县、桂林市?阳朔县、临桂县、灵川县、全州县、兴安县、永福县、灌阳县、资源县、平乐县、荔浦县、龙胜各族自治县、恭城瑶族自治县、柳江县、柳城县、融安县、三江侗族自治县?融水苗族自治县、防城港市、东兴市?上思县、江州区、大新县、天等县?宁明县、龙州县、右江区、田阳县、田东县?平果县?德保县、靖西县、那坡县、凌云县、乐业县、西林县、田林县、隆林各族自治县、金城江区?宜州市?南丹县、天峨县、凤山县、东兰县、巴马瑶族自治县、都安瑶族自治县、大化瑶族自治县、罗城仫佬族自治县、环江毛南族自治县、兴宾区?合山市、象州县、武宣县、忻城县、金秀瑶族自治县、昭平县、富川瑶族自治县	武鸣县、宾阳县、上林县、马山县、阳朔县、临桂县、灵川县、全州县、兴安县、永福县、灌阳县、资源县、平乐县、荔浦县、龙胜各族自治县、恭城瑶族自治县、柳江县、柳城县、融安县、融水苗族自治县、防城港市、上思县、江州区、大新县、宁明县、龙州县、右江区、田阳县、德保县、靖西县、那坡县、凌云县、乐业县、西林县、田林县、隆林各族自治县、南丹县、天峨县、凤山县、东兰县、巴马瑶族自治县、都安瑶族自治县、大化瑶族自治县、罗城仫佬族自治县、合山市、象州县、武宣县、忻城县、金秀瑶族自治县、昭平县	武鸣县、宾阳县、上林县、马山县、临桂县、全州县、兴安县、永福县、灌阳县、资源县、荔浦县、龙胜各族自治县、恭城瑶族自治县、融水苗族自治县、防城港市、上思县、江州区、大新县、宁明县、龙州县、右江区、田阳县、德保县、靖西县、那坡县、凌云县、乐业县、西林县、田林县、隆林各族自治县、南丹县、天峨县、凤山县、东兰县、巴马瑶族自治县、都安瑶族自治县、大化瑶族自治县、罗城仫佬族自治县、武宣县、忻城县、昭平县

①《中国重点陆生野生动物资源调查》称,"云南短尾猴数量相较 20 世纪 80 年代报道的 50 000 余只减少了约 60%"(国家林业局,2008)。

（续表）

地区	省级政区	20世纪前半叶分布地点	20世纪后半叶分布地点	现今分布地点
西南	贵州	赫章县、铜仁市	赫章县、铜仁市	赫章县、铜仁市
	云南	昆明市、安宁市、呈贡县、晋宁县、富民县、宜良县、嵩明县、石林彝族自治县、禄劝彝族苗族自治县、寻甸回族彝族自治县、红塔区、江川县、澄江县、通海县、华宁县、易门县、峨山彝族自治县、新平彝族傣族自治县、元江哈尼族彝族傣族自治县、隆阳区、施甸县、腾冲县、龙陵县、昌宁县、昭阳区、鲁甸县、巧家县、盐津县、大关县、永善县、绥江县、镇雄县、彝良县、威信县、水富县、古城区、永胜县、华坪县、玉龙纳西族自治县、宁蒗彝族自治县、思茅区、宁洱哈尼族彝族自治县、墨江哈尼族自治县、景东彝族自治县、景谷傣族彝族自治县、镇沅彝族哈尼族拉祜族自治县、江城哈尼族彝族自治县、孟连傣族拉祜族佤族自治县、澜沧拉祜族自治县、西盟佤族自治县、临翔区、凤庆县、云县、永德县、镇康县、双江拉祜族佤族布朗族傣族自治县、耿马傣族佤族自治县、沧源佤族自治县、潞西市、瑞丽市、梁河县、盈江县、陇川县、泸水县、福贡县、贡山独龙族怒族自治县、兰坪白族普米族自治县、香格里拉县、德钦县、维西傈僳族自治县、大理市、祥云县、宾川县、弥渡县、永平县、云龙县、洱源县、剑川县、鹤庆县、漾濞彝族自治县、南涧彝族自治县、巍山彝族回族自治县、楚雄市、双柏县、牟定县、南华县、姚安县、大姚县、永仁县、元谋县、武定县、禄丰县、蒙自县、个旧市、开远市、绿春县、建水县、石屏县、弥勒县、泸西县、元阳县、红河县、金平苗族瑶族自治县、河口瑶族自治县、屏边苗族自治县、文山县、砚山县、西畴县、麻栗坡县、马关县、丘北县、广南县、富宁县、景洪市、勐海县、勐腊县	昆明市、安宁市、呈贡县、晋宁县、富民县、宜良县、嵩明县、石林彝族自治县、禄劝彝族苗族自治县、寻甸回族彝族自治县、红塔区、江川县、澄江县、通海县、华宁县、易门县、峨山彝族自治县、新平彝族傣族自治县、元江哈尼族彝族傣族自治县、隆阳区、施甸县、腾冲县、龙陵县、昌宁县、昭阳区、鲁甸县、巧家县、盐津县、大关县、永善县、绥江县、镇雄县、彝良县、威信县、水富县、古城区、永胜县、华坪县、玉龙纳西族自治县、宁蒗彝族自治县、思茅区、宁洱哈尼族彝族自治县、墨江哈尼族自治县、景东彝族自治县、景谷傣族彝族自治县、镇沅彝族哈尼族拉祜族自治县、江城哈尼族彝族自治县、孟连傣族拉祜族佤族自治县、澜沧拉祜族自治县、西盟佤族自治县、临翔区、凤庆县、云县、永德县、镇康县、双江拉祜族佤族布朗族傣族自治县、耿马傣族佤族自治县、沧源佤族自治县、潞西市、瑞丽市、梁河县、盈江县、陇川县、泸水县、福贡县、贡山独龙族怒族自治县、兰坪白族普米族自治县、香格里拉县、德钦县、维西傈僳族自治县、大理市、祥云县、宾川县、弥渡县、永平县、云龙县、洱源县、剑川县、鹤庆县、漾濞彝族自治县、南涧彝族自治县、巍山彝族回族自治县、楚雄市、双柏县、牟定县、南华县、姚安县、大姚县、永仁县、元谋县、武定县、禄丰县、蒙自县、个旧市、开远市、绿春县、建水县、石屏县、弥勒县、泸西县、元阳县、红河县、金平苗族瑶族自治县、河口瑶族自治县、屏边苗族自治县、文山县、砚山县、西畴县、麻栗坡县、马关县、丘北县、广南县、富宁县、景洪市、勐海县、勐腊县	昆明市、安宁市、呈贡县、晋宁县、富民县、宜良县、嵩明县、石林彝族自治县、禄劝彝族苗族自治县、寻甸回族彝族自治县、红塔区、江川县、澄江县、通海县、华宁县、易门县、峨山彝族自治县、新平彝族傣族自治县、元江哈尼族彝族傣族自治县、隆阳区、施甸县、腾冲县、龙陵县、昌宁县、永善县、古城区、永胜县、华坪县、玉龙纳西族自治县、宁蒗彝族自治县、思茅区、宁洱哈尼族彝族自治县、墨江哈尼族自治县、景东彝族自治县、景谷傣族彝族自治县、镇沅彝族哈尼族拉祜族自治县、江城哈尼族彝族自治县、孟连傣族拉祜族佤族自治县、澜沧拉祜族自治县、西盟佤族自治县、临翔区、凤庆县、云县、永德县、镇康县、双江拉祜族佤族布朗族傣族自治县、耿马傣族佤族自治县、沧源佤族自治县、潞西市、瑞丽市、梁河县、盈江县、陇川县、泸水县、福贡县、贡山独龙族怒族自治县、兰坪白族普米族自治县、香格里拉县、德钦县、维西傈僳族自治县、大理市、祥云县、宾川县、弥渡县、永平县、云龙县、洱源县、剑川县、鹤庆县、漾濞彝族自治县、南涧彝族自治县、巍山彝族回族自治县、楚雄市、双柏县、牟定县、南华县、姚安县、大姚县、永仁县、元谋县、武定县、禄丰县、蒙自县、个旧市、开远市、绿春县、建水县、石屏县、弥勒县、泸西县、元阳县、红河县、金平苗族瑶族自治县、河口瑶族自治县、屏边苗族自治县、文山县、砚山县、西畴县、麻栗坡县、马关县、丘北县、广南县、富宁县、景洪市、勐海县、勐腊县

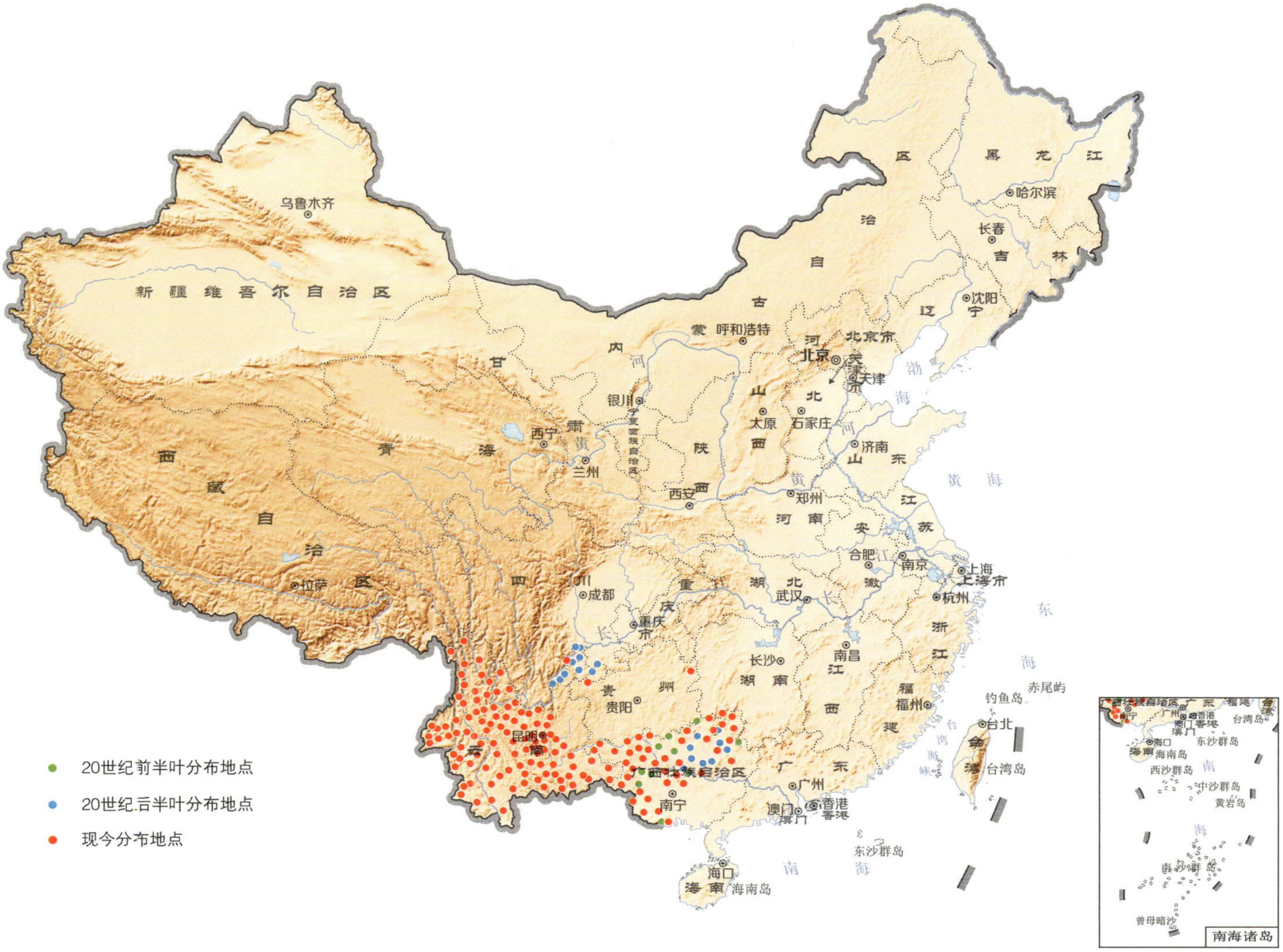

图 9.13 20 世纪以来短尾猴分布变迁图

4 20 世纪以来的熊猴分布变迁

熊猴是国家Ⅰ级保护野生动物。

4.1 分布概况

熊猴仅在中南与西南的 5 个省级政区有所分布。

4.1.1 广东

广东省有少量熊猴分布记录。

《中国重点陆生野生动物资源调查》称(国家林业局,2008),“据文献记载,熊猴在国内分布于广东(怀集)”。

据查《中国哺乳动物分布》中熊猴记载原文为“广东:怀集(据陈乾生 1982 年提供)”(张荣祖,1997);其后未再见有熊猴记录,反映其时已是残存。

4.1.2 广西

广西壮族自治区《南宁地区(重点县)珍贵动物资源调查报告》记载(广西珍贵动物资源调查队,1979):

熊猴(*Macaca assamensis* M'clelland),又名蓉猴、阿萨姆猴、白面猴。

在调查过程中,见于大明山林区;崇左县的驮卢和左州公社;龙州县的霞秀、逐卜、金龙、武德、水口和响水公社；宁明县的亭亮和驮龙公社；大新县几乎各个公社均有分布；凭祥市的南部少数地方也有分布。

按：反映在武鸣县、宾阳县、上林县、马山县、江州区、凭祥市、大新县、宁明县、龙州县等地曾有熊猴分布。

《中国重点陆生野生动物资源调查》称（国家林业局，2008）：

本次调查表明，熊猴见于广西（龙州、宁明、大新、河池、南丹、天峨、环江、罗城、德保、靖西、那坡、都安、融水、资源、灵川、临桂）。

按：据此，表明在临桂县、灵川县、资源县、融水苗族自治县、大新县、宁明县、龙州县、德保县、靖西县、那坡县、金城江区、南丹县、天峨县、都安瑶族自治县、罗城仫佬族自治县、环江毛南族自治县等地依然有熊猴栖息。

武鸣县称，境内属国家保护的野生动物，一类有熊猴、黑叶猴、蟒蛇等①。

上林县境内依然有熊猴等栖息②。

融水苗族自治县位于云贵高原苗岭山地向东延伸部分，地势为中部高、四周低，西南最低；中西部和西南部为中山地区，东南部和东北部为低山地区，南端为丘陵岩溶区，该地区较为平缓，被称之为县内平原。地属中亚热带季风气候区，由于海拔较高，山地较多，故山区气候特征比较明显。境内野生动物有 309 种，属国家一级重点保护的有鼋、蟒蛇、熊猴和金钱豹 4 种③。

《上思县志》记载“据 1974～1975 年调查，哺乳动物·灵长目：……有……熊猴”（上思县地方志编纂委员会，2000），反映在 20 世纪后半叶，上思县依然还有熊猴。

《崇左县志》记载“熊猴（产于左州乡的那坎，雷州乡的潭洞等一带山寨中。1979 年曾为区动物园收购过 48 只。估计年产量在 384 只左右）”（崇左县志编纂委员会，1994）。说明今江州区当时熊猴尚不少。

《靖西县志》记载（靖西县县志编纂委员会，2000）：

兽类　主要有：猕猴、熊猴、黑叶猴（又称乌猿）、蜂猴、黑熊、云豹、林麝、黄猄（赤麂）、苏门羚、鬣羚（又称山羊）、水鹿、毛冠鹿、小鹿、貉、豺、狐、野猪、豪猪、猪獾、水獭（眉子）、斑林狸（又称山彪）、果子狸（又称花面狸）、食蟹狞[獴]、穿山甲、华南兔、豹猫（又称抓鸡虎）、大灵猫、小灵猫、原猫（又称金猫）、鼯鼠（又称飞虎、飞猫）、白斑鼯鼠、蝙蝠、黄鼠狼、鼯、巨松鼠、松鼠……等约 70 种。

按：可见靖西县还有熊猴等分布。

2012 年 7～9 月，对弄岗自然保护区石山中的两群（11 个个体，10 个个体）熊猴（*Macaca assamensis*）进行跟踪和观察（黄中豪等，2016）。反映在龙州县、宁明县一带的该保护区内依然有熊猴分布。

那坡县野生动物资源丰富，已列为国家保护的珍贵动物有熊猴等④。

隆林各族自治县称当地野生动物共有 900 多种，分属 15 目 37 科：

其中国家一级保护的有……熊猴（主要分布在德峨乡的田坝和天生桥的风仁，数量约 10 只）⑤。

按：可见当地依然有珍贵的熊猴栖息。

环江毛南族自治县位于云贵高原东南麓，九万大山山麓，黔中高原南部边缘的斜坡地带；地势北高南低，四周山岭绵延，中部偏南为丘陵。地属亚热带季风气候区，气候温和，雨水充沛，日照充足，冬无严寒，夏无酷暑，雨热同季，无霜期长。森林覆盖率 27.9%。杨梅坳景区内野生动物种类颇多，属于国家一级保护的珍稀濒危动物有华南虎、云豹、熊猴、蟒等，二级保护的动物有猕猴、鬣羚、藏酋猴、林麝、黑熊、大灵猫、小灵猫、穿山甲、水鹿、金猫、大鲵、山瑞鳖、白鹇、红腹角

①武鸣区. http://baike. baidu. com/link? url=dcITrtQXnwsezAZAv1955HuXKnGcF_oPpafS3POYLeAuFkY4Fjn6auvKD6zXmMFkC1csgGKfWp5NtzLcwAyarAyHf4BIRZejsuLgDNJ-s0q；武鸣县. http://baike. haosou. com/doc/5908142. html

②上林县. http://baike. baidu. com/view/132787. htm

③融水苗族自治县. http://baike. baidu. com/link? url=cFjCgllm_PHeIHy_5t7UzEbbklnpY8UObHt_dbx_D71g7IpEjTXIh2T7L-8q37zk#4_1

④那坡县. http://baike. baidu. com/view/395078. htm

⑤广西隆林网. http://www. gxll. gov. cn/html/longlin/about/resources/

雉、红腹锦鸡、原鸡等[①]。说明有熊猴等多种猕猴属栖息。

象州县称，1976年调查，野生动物有42科65属83种；属国家保护的野生动物，一类有熊猴等[②]。据资料反映，野生动物还是21世纪之前的情况。

昭平县人民政府在2002年5月邀请自治区林业专家一行9人组成科考队，对文竹镇七冲原始森林进行为期一个星期的科学考察。动物组的专家发现了大批两栖类、爬行类动物，有多种蛇类、蛙类、昆虫类、鸟类，还在林区内发现了国家一级保护动物熊猴、国家二级保护动物猕猴的踪迹和猴毛、粪便等(劳学军，2002)。

4.1.3　贵州

贵州省有少量熊猴分布记录。

《中国哺乳动物分布》记载在"贵州：江口"有熊猴分布(张荣祖等，1997)。《中国重点陆生野生动物资源调查》虽也提及，但在"本次调查"中未再出现(国家林业局，2008)，表明江口县已经消失。

铜仁市自然资源介绍称，境内共有各类野生动物400余种，其中兽类60余种，有列为二类保护动物的熊猴、红面猴[③]。表明地级铜仁市内一些地方有熊猴栖息，具体地点待查，暂以铜仁市代表。

4.1.4　云南

云南省是熊猴分布较多的省级政区。

据蒋学龙等(1993)记载，在云南省获得熊猴标本地有贡山、碧江、泸水、盈江、潞西、耿马、勐腊、景洪、绿春、河口。亦即证实在耿马傣族佤族自治县、潞西市、盈江县、泸水县、福贡县、贡山独龙族怒族自治县、绿春县、河口瑶族自治县、景洪市、勐腊县等地曾有熊猴分布。

《中国重点陆生野生动物资源调查》称(国家林业局，2008)：

本次调查表明，熊猴见于……云南(德钦、中甸、丽江、维西、兰坪、剑川、洱源、大理、云龙、永平、贡山、福贡、泸水、腾冲、保山、龙陵、盈江、梁河、陇川、瑞丽、潞西、永德、镇康、耿马、双江、沧源、西盟、澜沧、孟连、景东、新平、镇沅、景谷、思茅、江城、勐海、景洪、勐腊、绿春、红河、元阳、金平、屏边、河口、马关、麻栗坡)。

按：据此，表明在新平彝族傣族自治县、隆阳区、腾冲县、龙陵县、古城区、玉龙纳西族自治县、思茅区、景东彝族自治县、景谷傣族彝族自治县、镇沅彝族哈尼族拉祜族自治县、江城哈尼族彝族自治县、孟连傣族拉祜族佤族自治县、澜沧拉祜族自治县、西盟佤族自治县、永德县、镇康县、双江拉祜族佤族布朗族傣族自治县、耿马傣族佤族自治县、沧源佤族自治县、潞西市、瑞丽市、梁河县、盈江县、陇川县、泸水县、福贡县、贡山独龙族怒族自治县、兰坪白族普米族自治县、香格里拉县、德钦县、维西傈僳族自治县、大理市、永平县、云龙县、洱源县、剑川县、绿春县、元阳县、红河县、金平苗族瑶族自治县、河口瑶族自治县、屏边苗族自治县、麻栗坡县、马关县、景洪市、勐海县、勐腊县等地仍然有熊猴分布。

西盟佤族自治县地处怒山山脉南段，属中高山峡谷地带，山脉均为南北走向，地形复杂，除一块200余 hm^2 的河谷川坝外，其余均为山区。地属亚热带海洋性季风气候区，由于相对高差大，立体气候明显，降水量丰富。森林覆盖率57.9%。据称，截至2009年，有懒猴、青猴、黄猴、虎、熊、豹等数十种兽类[④]。此处所谓"青猴"，乃熊猴。

云县地处滇西横断山系纵谷区南部，属深度切割中山宽谷、峡谷区，地貌大致分为3种类型：河谷盆地、中切割中山宽谷区、深切割中山峡谷区。地属低纬高原亚热带季风气候和暖温带季风气候区。主要野生动物有蜂猴、云豹、绿孔雀、蟒、金斑啄凤蝶、熊猴、灰叶猴、金钱豹、赤颈鹤、金雕、黑颈长尾雉等，为国家一级保护动物[⑤]。表明还有熊猴分布。

---

①环江毛南族自治县. http://gxi.zwbk.org/MyLemmaShow.aspx? lid=2446

②象州县. http://baike.baidu.com/link? url=hqlFy0ueFvLWMxOHST1diHZ4JTkWbFW_1hrJf_jvEFH_WE16USZnymkPeF4fmmE7_MoOHhDZi32bAa5xWIi0xq

③铜仁市人民政府. http://www.trs.gov.cn/news/2013223/n159.html

④西盟佤族自治县. http://baike.baidu.com/link? url=VnElUVgDCc0kJ2dWRcbAXLZTJhXTJeVo-grJrHxt_1yG5b14c_Mh-kUFi64qb_FUQ0FQtwozWHoSAIDNzOveR1K

⑤云县. http://baike.baidu.com/link? url=-ER_CgPZdisktPJWOxWE21YE2jH0nR0dki-MYOMjowQeLpwU3jrnhf-M6Mn1XSc9

潞西市称，2006年分布于该市的野生动物有258科1 643种，其中属国家一级保护的有熊猴等50种[①]。

经过对兰坪县8个乡镇的78个村庄进行调查，获知有熊猴205～540只（王浩瀚等，2015）。表明在兰坪白族普米族自治县依然有熊猴栖息。

德钦县全境山高坡陡，峡长谷深，地形地貌复杂，东有云岭山脉，西有怒山山脉，山脉均为南北走向，地势北高南低。按海拔高差划分，地形可分为3类：高山河谷区，占县自然村总数的28.75%；山区，占县自然村总数的55.07%；高寒山区，占自然村总数的16.16%。地属寒温带山地季风气候区，气候受海拔的影响较大，纬度影响不甚明显。随着海拔的升高，气温降低，降水增大，大部分地区四季不分明，冬季长、夏季短，正常年干湿两季分明。动物中兽类有18科47种，鸟类有14目37科215种，有国家一级保护动物云豹、金钱豹、雪豹、熊猴、黑仰鼻猴、金雕、胡兀鹫、绿孔雀、斑尾榛鸡、雉鹑等[②]。说明还有熊猴等分布。

鹤庆县地处滇西横断山脉南端、云岭山脉以东，境内峰峦起伏、山体连绵，形成有山地、丘陵、小盆地、河谷等多种地貌，地势西北高、东南低，南北两端有两个狭长的小盆地，南端的黄坪坝属低热河谷区。地属冬干夏凉的高原季风气候区，是介于亚热带与温带之间的过渡性气候区。特殊的地理环境，悬殊的地貌差异，构成了独特的“一山分四季，十里不同天”的“立体气候”。野生动物资源有爬行动物、兽类、鸟类等80多种。据云南省林业厅国家保护动物名录，属国家一类保护动物有：豹（别名：金钱豹）、野驴（俗名：山驴）、黑鹿，二类保护动物：熊猴（别名：大青猴）、猕猴（别名：恒河猴、黄猴）、白鹇（别名、银鸡）、白腹黑啄木（别名：啄木鸟）、猫头鹰[③]。此处保护动物等级有瑕疵，但还是可以说明鹤庆县有熊猴分布。

《漾濞彝族自治县志》记载有“熊猴”（漾濞彝族自治县地方志编纂委员会，2000），表明漾濞彝族自治县仍有熊猴等分布。

南华县称，动物主要有猴、绿孔雀、小熊猫、红白鹇等[④]。所泛指的“猴”，似含有熊猴。

元谋县称，当地野生动物已发现的有70多种，较为名贵的有“猴”等[⑤]。所称“猴”，似包括熊猴等。

泸西县地处珠江流域上游，地势东部高、西南低，坝区占土地面积的17%，山区占48.3%，丘陵占34.7%。地属北亚热带季风气候区，由于地形复杂，垂直分布着南亚热带、中亚热带、北亚热带、南温带和中温带5个气候类型。在南盘江峡谷两岸山势高峻陡峭，水岸满目葱翠，重峦叠嶂，不时可见岩羊、獐子[麝]、锦鸡、翠鸟嬉戏飞鸣，狐狸、穿山甲、飞虎、猿猴等野生动物偷窥游人踪迹[⑥]。所谓“猿猴”中，似含有熊猴等。

《景洪县志》记载（景洪县地方志编纂委员会，2000）：

> 除上述种类外，主要还有：树鼩、懒猴[蜂猴]、熊猴、灰叶猴、穿山甲、黑熊、小灵猫、椰子猫、花面狸、金猫、豹猫、金钱豹、赤麂、水鹿、豪猪、竹鼠等。

按：从列举的不完全物种看，也可说明今景洪市依然有熊猴生息繁衍。

勐海县地处横断山系纵谷区南段，怒江山脉向南延伸的余脉部，地势西北高、东南低，四周高峻，中部平缓，山峰、丘陵、平坝相互交错；其中山区面积占93.45%，坝区面积占6.55%。地属热带、亚热带西南季风气候区，冬无严寒，夏无酷

---

①芒市. http://baike.baidu.com/link? url=tdonHnqNFzm6fiZY4zpQBrb7kPN_7u5XjVUezhKKkdWO-LC0g_ypNToZlgPniTZlG0fjqPxxemSnl2B90Ygc1FpN1iL4n-pTXSrZDtc82E_fWbyqxSnFC4RraSJSSCRVpaB5OfYD7UTy-fr2mh91WtVU9IWxl5s39cUREfg38zb1lt_5HoWA1gVrUyV5ILyO

②德钦县. http://baike.baidu.com/link? url=XgRpniJJOovZq4CXL6OHhGmrphLFKxWxRVxf16RdNrqi4V1ALthFnIBVcE4fXvQP

③鹤庆县. http://baike.baidu.com/link? url=ZplavYaCQoO8FRfQrx0uxmHP7ubAKQurZGuGot_MM-HitLBV9BgHd4xsyY68ZTVSrucyW-JC4OUFOcvyEQpeI_

④南华县. http://baike.baidu.com/link? url=LDzu6USswunxxTq1OUtcVFEDVpRCIgLpCHy9AGOjqs2GEm8c73jdsY1E8pm6u7rd_xOA4icz2l01m2jFBKOZSCG39nttEVDp0AJEgpGpc4u

⑤元谋县. http://baike.baidu.com/link? url=p36gMAsryCgGtUIYeEqTCxO6Cp8dZpX3i6YLQ5zcnpfkqdg0kYYsnUT5SLWclTFcQY_h7yOERccWAmgwpmd5-a

⑥泸西简介. http://www.luxi.ccoo.cn/bendi/info-12405.html

暑，年温差小，日温差大；依海拔高低可分为北热带、南亚热带、中亚热带气候区。当地珍稀哺乳动物有象、野牛、虎、长臂猿、猴、熊等 9 目 27 科 67 种①。所谓“猴”中，似包括熊猴。

勐腊县位于澜沧江大断裂以东，无量山南端之尾梢，地势东北部高，西南部和南部低；山地占 95.6%，山间盆地(坝子)占 4.4%。地属北热带湿润季风气候区，热量丰富，夏无酷热，冬无严寒，降水充沛，旱雨两季分明。陆栖脊椎动物 500 种中，珍稀动物主要有亚洲象、孟加拉虎、东南亚虎、野牛、金钱豹、灵猫、小熊猫、长臂猿、蜂猴、熊猴、金丝猴、犀鸟、蟒蛇、绿孔雀等②。

4.1.5　西藏

西藏自治区有一些熊猴分布记录。

刘少初(1993)根据 1987～1989 年野外考察及相关资料，认为熊猴在西藏主要分布于东南部及南部一些森林地带，见于芒康、江达、类乌齐、洛隆、左贡、八宿、波密、林芝、米林、亚东、错那、措美、定结、聂拉木等县。表明在江达县、类乌齐县、八宿县、左贡县、芒康县、洛隆县、林芝县、米林县、波密县、措美县、定结县、亚东县、聂拉木县等地曾有熊猴分布。

据蒋学龙等(1993)记载，在西藏自治区波密获得熊猴标本。证实波密县曾有熊猴栖息。

《中国重点陆生野生动物资源调查》称(国家林业局，2008)：

本次调查表明，熊猴见于……西藏(林芝、波密、察隅、墨脱、聂拉木、亚东、吉隆)。

按：据此，表明在林芝县、墨脱县、波密县、察隅县、亚东县、吉隆县、聂拉木县等地依然有熊猴生息繁衍。

嘉黎县地处唐古拉山与念青唐古拉山之间，属藏北高原与藏东高山峡谷结合地带的高原山区，地势从西北到东南由高到低倾斜。属于典型的高原山地，高原大陆型气候，高原亚寒带半湿润季风气候区。有 1.5 万 hm^2 的原始森林。当地野生动物中兽类有：羚羊、黄羊、岩羊、盘羊、狼、野兔、狐狸、猞猁、豺、豹子、鹿、獐子[麝]、猴子、马熊、狗熊、獾等③。所谓“猴子”，似含有熊猴等。

索县位于藏北高原与藏东高山峡谷的结合部，南羌塘大湖盆区，怒江上游的索曲河流域，地势西北高、东南低，总体上由西北向东南呈阶梯状递降之势；西部有少数较开阔的高山草原，其余为高山峡谷。地属高原亚寒带季风气候区，空气稀薄，雨雪较多，气温低，日照充足，日温差较大，冬春多大风。据称，2013 年尚有獐子[麝]、鹿、豹、狗熊、猴、岩羊、黄羊、水獭及多种鸟类动物资源④。所泛指的“猴”，似包括熊猴。

江达县位于横断山脉的高山峡谷中，地势由西北向东南倾斜，为金沙江流域的河谷地带。年均温差大，太阳辐射强烈，日照时间长。该县是昌都地区较大林区之一。当地野生动物有野牛、盘羊、岩羊、黑秃鹤、胡秃鹫、马鹿、白唇鹿、猞猁、小灵猫、黑熊、棕熊、豹、水獭、石貂、金猫、猴子、藏狐、雪猪、雪鸡、野鸽、斑鸠、金雕、高山秃鹫等⑤。所称“猴子”，似包括熊猴等。

芒康县由北向南横断山脉纵贯县境，宁静山脉是境内主要山脉，呈南北走向。地属高原温带半湿润季风气候区，夏季湿润，冬季寒冷干燥。截止到 2014 年，境内野生动物主要有雕、鹫、鹿、獐、鹞子、黄猴、野猪、狐狸、猞猁、狗熊、金钱豹、苏门羚、小熊猫、大青猴、滇金丝猴等⑥。所谓“大青猴”，似指熊猴。

朗县地处喜马拉雅山北麓，雅鲁藏布江中下游，属于高原丘陵地貌类型，地势为北部和中部高、南部低，多为开阔谷地、坡地和山地。为青藏高原区气候，属温暖半湿润气候带；气候特点：夏

---

①勐海县. http://baike. baidu. com/link? url＝XombKAei_cr_Eqf5O5LdrowfhwfoQAdMVh5J4D_BXK4Cfo-9JUQypQyOPOnEZq4Hoy2G2nD12FiSTcIsDMJXDHEu9VY6wDQLfMfTyZmApOP6OZXZyeja4JnZXtLdjMsv5gzEpmZ-IqLFfQ5ojbyX2RoCU5MoyBI7-1zUw2zpouO

②勐腊县. http://baike. baidu. com/link? url＝ucw6eFXjp5nbRZNwCL2JuKkiNzC4wrbka3DcJHIqrU2drjf5wp-3Tq4Oy9gxwtVjclubmg1uM1ILm035rvMiznLhWJhNnd71QvjrV-Bjk4FVx8Q5bJW15M0S0q4t8JveLehQhha_KsG-qNHWWYepOcCeq7Rat0qYAJCQ3McSSa

③嘉黎县. http://baike. baidu. com/link? url＝u0rajRuoyZhzGsQ8Iv6s2X-q0dNDtE0XL7gQ_zuNFE0vdS6JEXbyvvt-1XkP_qiP

④索县. http://baike. baidu. com/link? url＝IFcd_Utgp6_PafXNUYzvM2BIWxaufc9xWfIENEYxGkpaB8li5fLiUoc9CMM1ie-i

⑤昌都地区·江达县自然资源. http://www. xzcd. com/_renshi/ziran/20140409/43153. html

⑥芒康县. http://baike. baidu. com/link? url＝EWV3p7VulgsgkWuILQgyF6uloVhCeAnGO0i7DO8bJptQ5AEdUN0G1IG05NGyw5y4

无酷热，冬无严寒，夏秋多雨，春冬干旱多风，垂直气候复杂多变，自然灾害较频繁，生态环境十分脆弱。境内野生动物资源有野牛、黄羊、羚羊、盘羊、樟子[麝]、鹿、豹、猴、熊、猞猁、水獭、野猪和鸟类等①。所泛称的“猴”，似包括熊猴。

定结县位于喜马拉雅山北麓，属喜马拉雅山北麓湖盆区，地势南北高、中间低。属高原内陆干燥气候。除西南部的陈塘林区受印度洋气候的影响，气候温和、夏秋雨水充沛、四季分明、无霜期长外，其他大部分地区四季不太分明，日照充足，紫外线强，昼夜温差大，干燥少雨，多大风，气候恶劣。野生动物有羚羊、鬣羚、喜马拉雅塔尔羊、盘羊、长尾猴、班羚、雪豹、熊猴、小熊猫、金猫、林麝、马麝、黑熊、豹猫、赤鹿、岩羊等②。亦即有熊猴等栖息。

4.1.6 保护区

现分布有熊猴的自然保护区仅在中南与西南5个省级政区内（表9.5、图9.14），这既反映当地确仍有熊猴存在，又使之得到庇护。保护区的状况显示：

● 栖息有熊猴的保护区共24个，总面积4.54万km^2。

● 从省级政区看，栖息有熊猴保护区较多的是云南省（有10个），广西壮族自治区（有6个），其余皆不足4个。

● 栖息有熊猴保护区中，面积最大的是珠穆朗玛峰国家级自然保护区（在西藏自治区），达3 381 000 km^2；面积最小的是元宝山省级自然保护区（在广西壮族自治区），达4 159 km^2；二者相差约813倍。

● 栖息有熊猴保护区中，有国家级、省级与市级3种类型，排序为：国家级（占54%），省级（占33%），市级（占13%）。

● 栖息有熊猴保护区是1978～2009年设立的，大部分是1980年代的，说明在改革开放后，加重了对熊猴等的保护。

● 值得注意的是，广西壮族自治区在1986年6月1日同时建立3处国家或省级栖息有熊猴保护区，云南省在1986年3月20日同时建立4处国家或省级栖息有熊猴保护区。

● 栖息有熊猴保护区的主管部门皆林业部门。

● 栖息有熊猴保护区地点约占现有熊猴栖息地点的45%，尽管调查反映数量基本稳定③，但对于国家Ⅰ级保护野生动物来说，保护区的比例还是过低，需进一步调查研究，增加保护区数量。

表9.5　栖息有熊猴的保护区概况

地区	省级政区	保护区名称	所处地点	面积（hm^2）	级别	建立时间	主管部门
中南	广东	南岭	乳源瑶族自治县、阳山县、连州市	50 000	国家级	19840401	林业
		皇佑笔	蕉岭县	7 404	市级	19870101	林业
		乳源大峡谷	乳源瑶族自治县	3 468	省级	19981101	林业
	广西	弄岗	龙州县、宁明县	10 080	国家级	19780101	林业
		元宝山	融水苗族自治县	4 159	省级	19820601	林业
		九万山	罗城仫佬族自治县、环江毛南族自治县、融水苗族自治县	25 213	国家级	19820601	林业
		恩城	大新县	25 820	省级	19820601	林业
		七冲	昭平县	13 024	省级	20031101	林业
		邦亮长臂猿	靖西县	6 530	省级	20090716	林业

①朗县. http://baike.baidu.com/link? url=NtncWkMq-842xX7O6irEwZkSBbUpA0IxDsmpc8oyjRhIYp5XodqwaWw-w_gmD06Y

②全县耕地面积18万亩·日喀则概要·定结概要. http://www.tubaobei.com/show-392d32d2-0-b9058516.html

③《中国重点陆生野生动物资源调查》称，“本次调查，全国约有熊猴8 200只。我国熊猴数量基本稳定，其分布区集中”（国家林业局，2008）。

(续表)

地区	省级政区	保护区名称	所处地点	面积(hm²)	级别	建立时间	主管部门
西南	贵州	从江月亮山	从江县	24 800	市级	19860101	林业
		梵净山	江口县、印江土家族苗族自治县、松桃苗族自治县	41 900	国家级	19860709	林业
		榕江月亮山	榕江县	32 849	市级	19980101	林业
	云南	文山	文山县、西畴县	26 867	国家级	19800605	林业
		菜阳河	思茅区	14 892	省级	19811101	林业
		高黎贡山	隆阳区、腾冲县、泸水县、福贡县、贡山独龙族怒族自治县	405 200	国家级	19830101	林业
		黄连山	绿春县	65 058	国家级	19830427	林业
		无量山	景东彝族自治县、南涧彝族自治县、大理市	30 938	国家级	19860320	林业
		铜壁关	盈江县、陇川县、瑞丽市	100 744	省级	19860320	林业
		永德大雪山	永德县	17 541	国家级	19860320	林业
		云南大围山	屏边苗族自治县、河口瑶族自治县、个旧市、蒙自县	43 993	国家级	19860320	林业
		哀牢山	新平彝族傣族自治县、楚雄市、双柏县、景东彝族自治县、镇沅彝族哈尼族拉祜族自治县	67 700	国家级	19880509	林业
		元江	元江哈尼族彝族傣族自治县	22 300	省级	19891001	林业
	西藏	珠穆朗玛峰	定日县、聂拉木县、定结县、吉隆县	3 381 000	国家级	19880405	林业
		类乌齐马鹿	类乌齐县	120 615	国家级	19930101	林业

注:①本表参考多方面信息综合而成,个别误差进行更正。②本表据全国自然保护区名录. http://sts. mep. gov. cn/zrbhq/zrbhq/201208/t20120824_235172. htm;广东南岭国家级自然保护区. http://baike. baidu. com/view/481761. htm? fromId=246957;南岭国家森林公园. http://www. baike. com/wiki/南岭国家森林公园;南岭自然保护区. http://www. baike. com/wiki/%E5%8D%97%E5%B2%AD%E8%87%AA%E7%84%B6%E4%BF%9D%E6%8A%A4%E5%8C%BA;皇佑笔自然保护区. http://baike. baidu. com/view/211258. htm;广东乳源大峡谷省级自然保护区. http://baike. baidu. com/view/2253165. htm;周歧海等,2007;肩华兴等,2011;黄中豪等,2016;元宝山保护区. http://baike. baidu. com/view/246369. htm;融水元宝山. http://baike. baidu. com/link? url=hbYDktxF49eWbPVhLMHxueaJXcGwPo8jcuzxYn_FtHJ_xDL6a9n0lQEsntWws23SOizIL2d76CqgkgLxFyjY3a;九万山国家级自然保护区. http://baike. baidu. com/view/3018401. htm;大新恩城自然保护区. http://baike. soso. com/v49118837. htm;七冲自然保护区野生动物日渐增多. http://www. zpol. cn/lyj/stly/show_news. asp? id=555;徐治平,2014;黄小龙等,2016;梵净山国家级自然保护区. http://baike. baidu. com/view/824110. htm? fromId=120315;梵净山. http://baike. baidu. com/view/2168. htm;榕江月亮山州级自然保护区. http://www. baike. com/wiki/%E6%A6%95%E6%B1%9F%E6%9C%88%E4%BA%AE%E5%B1%B1%E5%B7%9E%E7%BA%A7%E8%87%AA%E7%84%B6%E4%BF%9D%E6%8A%A4%E5%8C%BA;文山国家级自然保护区. http://baike. baidu. com/view/1429933. htm? subLemmaId=1429933&fromenter=%CE%C4%C9%BD%D7%D4%C8%BB%B1%A3%BB%A4%C7%F8;菜阳河国家森林公园 http://baike. baidu. com/link? url=ZGTEpNQ3WEjmdF1Bu4XnbhoXWSNL7hZljfqZTYKBDpBLXP595xCQXQvxw-MJxCyadgGfUBmLUn8qEK8fF9aOR_;王春雷. 绿色中国行走进普洱 共植太阳河绿色中国林. http://news. iqilu. com/shandong/yuanchuang/2014/1128/2229590. shtml;高黎贡山. http://www. glgs. gov. cn/zrzy. asp? sortid=013002;高黎贡山国家级自然保护区. http://baike. baidu. com/link? url=uFnTSd1tUWgEhSCjKiY1duwOyZKWfmbguQ7LKnybmTy9B-huQ6Q3O7h6pr55EmLH_xPowRDOe6y4Itm5bo6k4q;黄连山国家级自然保护区. http://baike. baidu. com/view/1405397. htm? fromId=246469;国家林业局,2008;无量山国家级自然保护区. http://baike. baidu. com/view/1429931. htm? fromId=248391;无量山国家级自然保护区. http://baike. baidu. com/view/1429931. htm;豚尾猴. http://baike. baidu. com/link? url=9IXnLdVCsNDR82daxp7cd-SQnBjO1EQ4itxyGdAfDDU7huGX2J1AWKJ8RAX75PzDwYQPis063fS2768amFDowq;铜壁关自然保护区. http://baike. baidu. com/view/246524. htm;铜壁关自然保护区. http://baike. baidu. com/view/246524. htm;大围山国家级自然保护区. http://baike. baidu. com/view/1439617. htm? subLemmaId=1439617&fromenter=%D4%C6%C4%CF%B4%F3%CE%A7%C9%BD%D7%D4%C8%BB%B1%A3%BB%A4%C7%F8;哀牢山国家级自然保护区. http://baike. baidu. com/view/824116. htm? fromId=20195;哀牢山国家级自然保护区. http://baike. baidu. com/link? url=ghqjGv99RqHCAOVD2cvVzGaFH_OAMYWZ8_FYLD1YgXoSs-D3UALX9SWF0m-ct9-Z05ztaLSpE4e4dlUMvLwrgq#4_2;豚尾猴. http://baike. baidu. com/link? url=9IXnLdVCsNDR82daxp7cd-SQnBjO1EQ4itxyGdAfD

DU7huGX2J1AWKJ8RAX75PzDwYQPis063fS2768amFDowq；国家林业局，2008；哀牢山国家级自然保护区. http://baike. baidu. com/view/824116. htm? fromId＝20195；哀牢山国家级自然保护区. http://baike. baidu. com/link? url＝ghqjGv99Rq HCA-OVD2cvVzGaFH_OAMYWZ8_FYLD1YgXoSs-D3UALX9SWF0m-ct9-Z05ztaLSpE4e4dlUMvLwrgq＃4_2；豚尾猴. http://baike. baidu. com/link? url＝9IXnLdVCsNDR82daxp7cd-SQnBjO1EQ4itxyGdAfDDU7huGX2J1AWKJ8RAX75Pz DwYQPis063fS2768amFDowq；元江自然保护区申报国家级自然保护区. http://www. forestry. gov. cn/portal/zrbh/s/3063/content-458031. html；珠穆朗玛峰自然保护区. http://baike. baidu. com/view/119958. htm；长毛岭马鹿自然保护区. http://baike. sogou. com/v10900247. htm

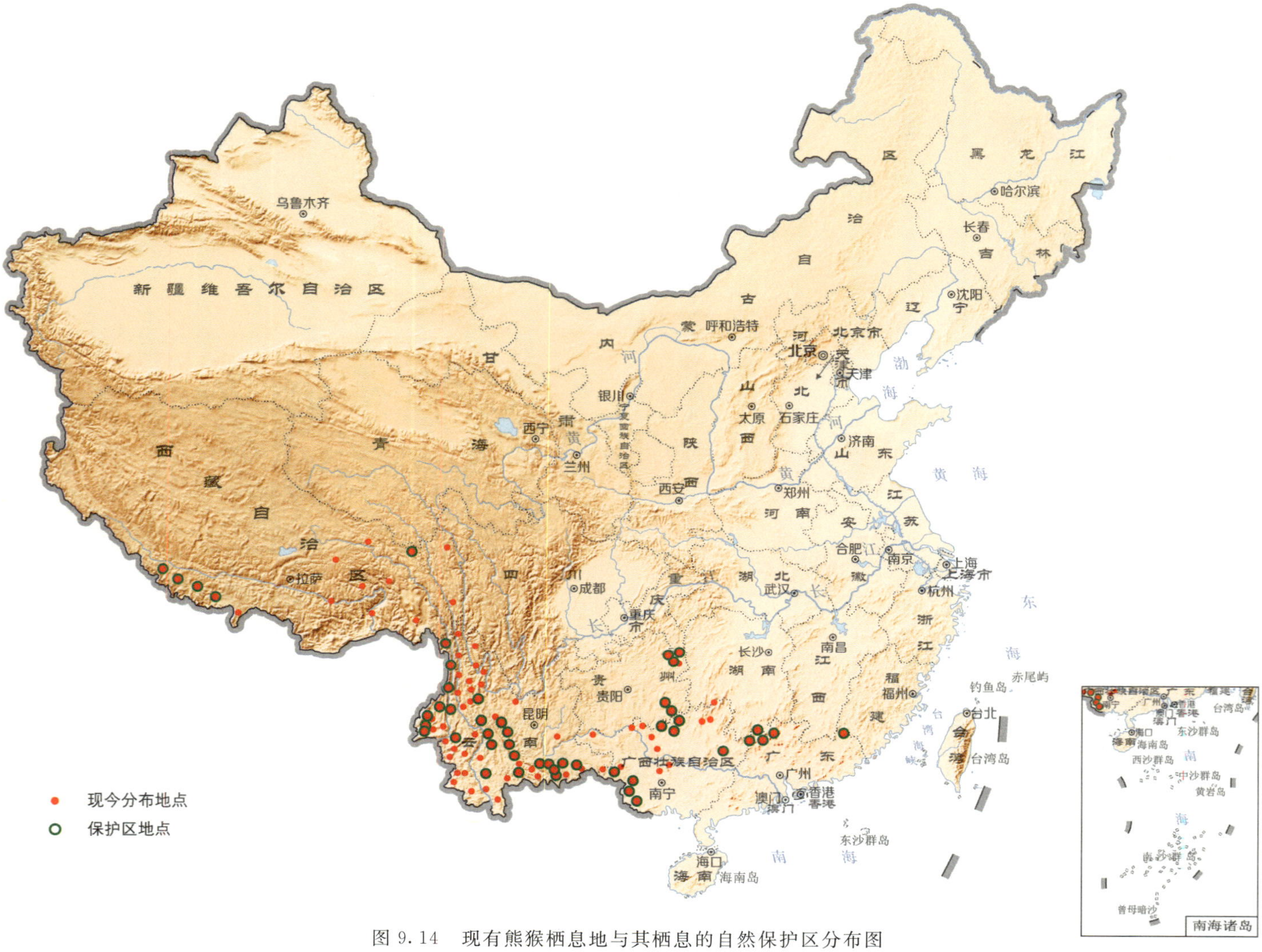

图 9.14　现有熊猴栖息地与其栖息的自然保护区分布图

4.2　分布变迁

文献记载显示出百余年来熊猴分布变迁状况（表 9.6、图 9.15），特点如下：

● 20 世纪初，可以确认的熊猴分布于纬度较低的广东省、广西壮族自治区、贵州省、云南省、西藏自治区一带，约有近 153 地。

● 从省级政区有熊猴分布的绝对数看，排序前三者为：云南省（83 地），广西壮族自治区（36 地），西藏自治区（20 地）。

● 到 20 世纪后半叶，云南省的熊猴分布地消失最多，达到 6 地。

● 到现今，熊猴分布地消失最多的前三者分别为：云南省（16 地），广西壮族自治区（15 地），西藏自治区（5 地）。

● 百余年间，熊猴分布地约消失 30%，这一下降幅度并不小，值得重视。

● 得到保护区庇护的熊猴比例不到 50%，说明加强保护力度还有较大空间，需要进一步调查研究，采取整改措施。

表 9.6 20 世纪以来熊猴分布变迁概况

地区	省级政区	20 世纪前半叶分布地点	20 世纪后半叶分布地点	现今分布地点
中南	广东	连州市、阳山县、连山壮族瑶族自治县、乐昌市、乳源瑶族自治县、蕉岭县、怀集县	连州市、阳山县、连山壮族瑶族自治县、乐昌市、乳源瑶族自治县、蕉岭县、怀集县	连州市、阳山县、连山壮族瑶族自治县、乳源瑶族自治县、蕉岭县
	广西	武鸣县、宾阳县、上林县、隆安县、马山县、阳朔县、临桂县、灵川县、兴安县、灌阳县、资源县、龙胜各族自治县、融水苗族自治县、容县、江州区、凭祥市、大新县、宁明县、龙州县、德保县、靖西县、那坡县、凌云县、西林县、田林县、隆林各族自治县、金城江区、南丹县、天峨县、都安瑶族自治县、罗城仫佬族自治县、环江毛南族自治县、兴宾区、象州县、金秀瑶族自治县、昭平县	武鸣县、上林县、隆安县、马山县、阳朔县、临桂县、灵川县、兴安县、灌阳县、资源县、龙胜各族自治县、融水苗族自治县、容县、江州区、凭祥市、大新县、宁明县、龙州县、德保县、靖西县、那坡县、凌云县、西林县、田林县、隆林各族自治县、金城江区、南丹县、天峨县、都安瑶族自治县、罗城仫佬族自治县、环江毛南族自治县、兴宾区、象州县、金秀瑶族自治县、昭平县	武鸣县、上林县、临桂县、灵川县、资源县、融水苗族自治县、大新县、宁明县、龙州县、德保县、靖西县、那坡县、隆林各族自治县、金城江区、南丹县、天峨县、都安瑶族自治县、罗城仫佬族自治县、环江毛南族自治县、昭平县
西南	贵州	铜仁市、江口县、印江土家族苗族自治县、沿河土家族自治县、松桃苗族自治县、榕江县、从江县	铜仁市、江口县、印江土家族苗族自治县、松桃苗族自治县、榕江县、从江县	铜仁市、江口县、印江土家族苗族自治县、松桃苗族自治县、榕江县、从江县
	云南	宜良县、禄劝彝族苗族自治县、新平彝族傣族自治县、元江哈尼族彝族傣族自治县、隆阳区、施甸县、腾冲县、龙陵县、昌宁县、古城区、玉龙纳西族自治县、思茅区、景东彝族自治县、景谷傣族彝族自治县、镇沅彝族哈尼族拉祜族自治县、江城哈尼族彝族自治县、孟连傣族拉祜族佤族自治县、澜沧拉祜族自治县、西盟佤族自治县、临翔区、凤庆县?云县、永德县、镇康县、双江拉祜族佤族布朗族傣族自治县、耿马傣族佤族自治县、沧源佤族自治县、潞西市、瑞丽市、梁河县、盈江县、陇川县、泸水县、福贡县、贡山独龙族怒族自治县、兰坪白族普米族自治县、香格里拉县、德钦县、维西傈僳族自治县、大理市、祥云县、永平县、云龙县、洱源县、剑川县、鹤庆县、漾濞彝族自治县、南涧彝族自治县、巍山彝族回族自治县、楚雄市、双柏县、牟定县、南华县、姚安县、大姚县、永仁县、元谋县、武定县、禄丰县、蒙自县、个旧市、开远市、绿春县、建水县、石屏县、弥勒县、泸西县、元阳县、红河县、金平苗族瑶族自治县、河口瑶族自治县、屏边苗族自治县、文山县、砚山县、西畴县、麻栗坡县、马关县、丘北县、广南县、富宁县、景洪市、勐海县、勐腊县	宜良县、禄劝彝族苗族自治县、新平彝族傣族自治县、元江哈尼族彝族傣族自治县、隆阳区、施甸县、腾冲县、龙陵县、昌宁县、古城区、玉龙纳西族自治县、思茅区、景东彝族自治县、景谷傣族彝族自治县、镇沅彝族哈尼族拉祜族自治县、江城哈尼族彝族自治县、孟连傣族拉祜族佤族自治县、澜沧拉祜族自治县、西盟佤族自治县、临翔区、云县、永德县、镇康县、双江拉祜族佤族布朗族傣族自治县、耿马傣族佤族自治县、沧源佤族自治县、潞西市、瑞丽市、梁河县、盈江县、陇川县、泸水县、福贡县、贡山独龙族怒族自治县、兰坪白族普米族自治县、香格里拉县、德钦县、维西傈僳族自治县、大理市、祥云县、永平县、云龙县、洱源县、剑川县、鹤庆县、漾濞彝族自治县、南涧彝族自治县、巍山彝族回族自治县、楚雄市、双柏县、南华县、永仁县、元谋县、禄丰县、蒙自县、个旧市、开远市、绿春县、建水县、弥勒县、泸西县、元阳县、红河县、金平苗族瑶族自治县、河口瑶族自治县、屏边苗族自治县、文山县、砚山县、西畴县、麻栗坡县、马关县、丘北县、广南县、富宁县、景洪市、勐海县、勐腊县	新平彝族傣族自治县、元江哈尼族彝族傣族自治县、隆阳区、腾冲县、龙陵县、古城区、玉龙纳西族自治县、思茅区、景东彝族自治县、景谷傣族彝族自治县、镇沅彝族哈尼族拉祜族自治县、江城哈尼族彝族自治县、孟连傣族拉祜族佤族自治县、澜沧拉祜族自治县、西盟佤族自治县、云县、永德县、镇康县、双江拉祜族佤族布朗族傣族自治县、耿马傣族佤族自治县、沧源佤族自治县、潞西市、瑞丽市、梁河县、盈江县、陇川县、泸水县、福贡县、贡山独龙族怒族自治县、兰坪白族普米族自治县、香格里拉县、德钦县、维西傈僳族自治县、大理市、永平县、云龙县、洱源县、剑川县、鹤庆县、漾濞彝族自治县、南涧彝族自治县、楚雄市、双柏县、南华县、元谋县、蒙自县、个旧市、绿春县、泸西县、元阳县、红河县、金平苗族瑶族自治县、河口瑶族自治县、屏边苗族自治县、文山县、西畴县、麻栗坡县、马关县、景洪市、勐海县、勐腊县

（续表）

地区	省级政区	20世纪前半叶分布地点	20世纪后半叶分布地点	现今分布地点
	西藏	嘉黎县、索县、江达县、类乌齐县、八宿县、左贡县、芒康县、洛隆县、林芝县、米林县、墨脱县、波密县、察隅县、朗县、措美县、定日县、定结县、亚东县、吉隆县、聂拉木县	嘉黎县、索县、江达县、类乌齐县、八宿县、左贡县、芒康县、洛隆县、林芝县、米林县、墨脱县、波密县、察隅县、朗县、措美县、定日县、定结县、亚东县、吉隆县、聂拉木县	嘉黎县、索县、江达县、类乌齐县、芒康县、林芝县、墨脱县、波密县、察隅县、朗县、定日县、定结县、亚东县、吉隆县、聂拉木县

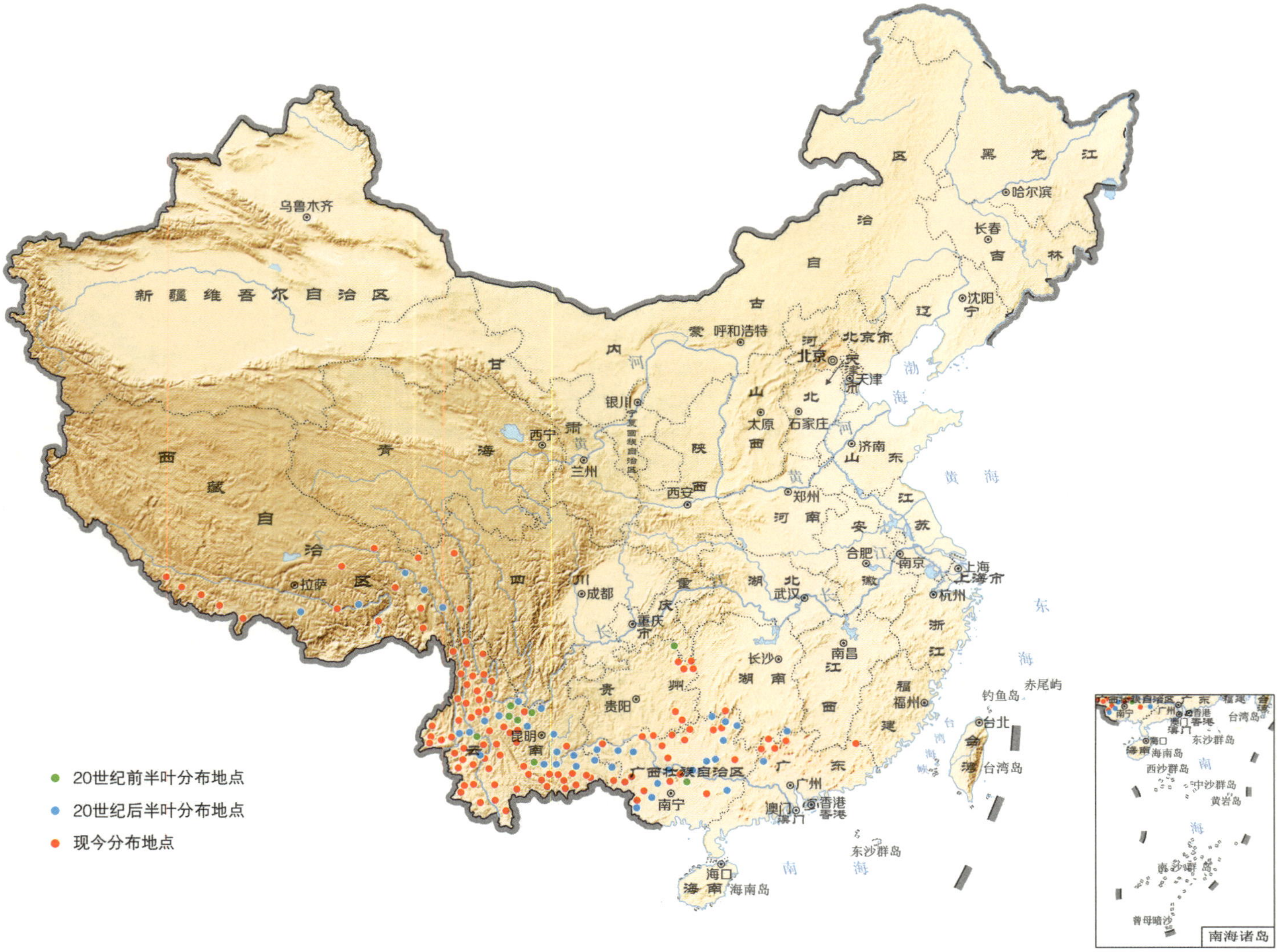

图9.15　20世纪以来熊猴分布变迁图

5 20世纪以来的台湾猴分布变迁

台湾猴是国家Ⅰ级保护野生动物，又有黑肢猴等别称。

5.1 分布概况

台湾猴是台湾地区特产。

5.1.1 各地分布情况

据报道：

台湾猴仅产于中国台湾，以高雄的寿山密林中最多，故称台湾猴。最早被发现于南部沿海的石岩地区，所以又有“岩栖猕猴”的名字，以后在中部内陆海拔3 000 m以上的高山密林中也有发现。截止到2005年在中国台湾已知的分布地点有：光复、彰化、玉里、延年、乌来、泰顺、太平山、台中、台东、三峡、扇平、明潭、屏东、南投、木栅、台南、垦丁、宜兰、恒春、关山、嘉义、高雄、清水沟、溪头、八挂山、鞍马山、花莲、太鲁阁等地①。按：据考证，约在台北市、基隆市、高雄市、台南市、台中市、新竹市、嘉义市、台北县、高雄县、台南县、台中县、新竹县、嘉义县、屏东县、台东县、花莲县、宜兰县、桃园县、苗栗县、彰化县、南投县、云林县、澎湖县等地，反映有台湾猴分布。

高雄市早有台湾猴记载，17世纪时，荷兰人所绘制的台湾地图上，将柴山(已改称“寿山”)写成“Apenberg”，意即“猴山”，亦即早在此前台湾猴就已存在。在军事管制时期，猕猴因此受到保护。1989年，柴山开放后，由于登山客积极保护，并开始喂食，所以猕猴不像一般野生动物对人类充满戒心，成为极易观察欣赏的对象。据2009年统计，寿山台湾猕猴之猴群数有22群，其中有2群在追踪中；数量约为780只，但增长率有趋缓之势②。

地跨花莲县、台中县、南投县三地的太鲁阁“国家公园”原始森林面积广阔，生态环境也非常的复杂，拥有许多生态资源，共有山椒鱼、莫氏树蛙、台湾黑熊、台湾猕猴、台湾野猪、台湾穿山甲、山羌、水鹿、长鬃山羊等数百种动物③。

地处台北市与台北县(现新北市)阳明山“国家公园”是台湾地区最早的“国家公园”之一，面积8 400 hm^2，有陆栖脊椎动物115种，其中兽类9种、鸟类60多种、爬行类28种、两栖类18种，兽类中数量较多的有赤腹松鼠、白鼻心(果子狸)、台湾野兔、台湾猕猴、穿山甲、台湾野猪、山羌等④。另据2015年6月报道，台北市阳明山下邻近士林与北投区交界处的天母小区内，近日出现十多只台湾猕猴在居民的汽、机车上玩耍，还会对靠近的居民龇牙咧嘴，留下的排泄物也造成困扰。台北市动保处表示，千万不要喂食猕猴，否则它们会更不想离开⑤。

地处桃园县复兴乡东南方的华陵村与台北县乌来乡交界处的达观山自然保护区(原称“拉拉山”)⑥内有很多难得一见的野生动物，如台湾黑熊、猕猴、山羌等，是本岛生态保育的重镇，也拥有种类多元的中海拔鸟类，为一赏鸟圣地⑦。

地处屏东县的林务局垦丁森林游乐区内林木茂盛，鸟语花香，笔者2015年3月观光时，亲见

---

①台湾猴. http://baike. baidu. com/link? url=TsOfyIO_DDwJhh3HYuCr_8EC8uCb_0MZKANXbW336bJga6QZ143Ab3Ewt0FLriYjdms_f9nJt9zHCzmnMrELba;于斯文. 多只台湾珍稀猕猴疑遭集体毒杀. http://news. 163. com/16/0503/18/BM5MGOPL00014AEE. html

②台湾猕猴. http://shrs. shu. edu. tw/blog/blog_article_view. asp? pid=560&xid=3992;欢迎熊猫来台 马英九拟向大陆回赠台湾猕猴. http://news. xinhuanet. com/newscenter/2005-05/03/content_2910138. htm;生态柴山. http://class. nwps. kh. edu. tw/takao/ui/home. php? strurl=nature#a1

③东台湾. http://baike. baidu. com/link? url = 9DyxHFaKPyxynfpLiLnqUOK9F3yLfcU-Now6kEJb6AsGU5A _ 6AMvD9Pg86 _V8JWehm7jbEO24tD4dP0_kmAwRq

④阳明山国家公园. http://baike. baidu. com/link? url=uC-J_26dJXNxvv87z2TOQC4IN_TgG7rNekqeAJbCLG-yEOBoBhueDig1ylHxA)dnUvw-oq7Hw7X2PeJH2sm-7a

⑤台湾北投大街上演“猩球崛起”大批猕猴占据汽车. http://www. fj. xinhuanet. com/news/2015-06/10/c_1115568654. htm

⑥该保护区总面积6 390 hm^2，其他基本信息不详，暂未列入保护区概况表。

⑦达观山自然保护区. http://baike. baidu. com/link? url=eU36SWGg4NclOyiOlvpLilc9HIOsQVoX3q9Qf_E0FSKKpa8CaQdaOJcTeTBC48987PBM4NqIFv7lf8IY4Ms8-K;达观山(拉拉山)自然保护区. http://baike. baidu. com/link? url=j4483ploj1tIHL8xRaQQciDTzWoNK6gZAjZvLOUYKRU5oNORTFUgPLWHZ9XBy9zdxqthOkG0IxzikvQTGlMHzK

颇多台湾猴在园内自由活动。

据 2016 年 3 月报道，台东县的东河乡、成功镇栖息的台湾猕猴猖獗十多年，农民想尽办法驱猴却发现猴子“越赶越聪明”，专挑女性欺负，抢不过水果就用“奥步”（闽南话，指不好的招数）报仇，农民苦不堪言①。

据 2014 年 9 月报道，花莲县一处农地被 10 多只台湾猕猴闯入，偷摘果园里的西红柿吃，农民发现立刻大声呵斥，并丢掷石头驱赶，但看见猴群闪避后又继续大快朵颐，只好点燃冲天炮驱赶，不慎引发大火，幸好及时将火扑灭，没有造成损失②。

笔者 2015 年 3 月参观兰阳博物馆（在宜兰县），见有台湾猕猴、穿山甲等标本，经向工作人员咨询，得知是本地物产。另据 2016 年 6 月报道，宜兰县仁山植物园山下的南瓜最近被拔光，农民很紧张，以为来了小偷，没想到撞见是猴子犯案，驱赶也没用。县农业部门说，农民可申请架设电网防猴③。

据 2015 年 11 月报道，苗栗县公馆乡一名 86 岁老农夫，清晨准备下田工作，却在老家仓库附近遭到猕猴咬伤，当场血流不止。所幸被及时送往医院，没有生命危险。附近居民指出，当地虽然偏僻但并非山区，咬伤人的猕猴最近这两天才出现，怀疑有人放生。县动物防疫所已派员前往调查④。

据 2016 年 5 月报道，3 月 20 日～4 月 16 日，彰化县二水乡丰柏步道陆续发现多达 6 只保育类台湾猕猴尸体，部分疑似药物中毒，其中 2 只还是怀孕的母猴⑤。

5.1.2 保护区

台湾现分布有台湾猴的自然保护区（表 9.7、图 9.16），这既反映当地确仍有熊猴存在，又使之得到庇护。保护区的状况显示：

- 由于台湾猴仅分布于台湾岛，故栖息有台湾猴的保护区也只在台湾设立。
- 栖息有台湾猴的保护区共 4 个，总面积 614 km^2。
- 栖息有台湾猴保护区实际上地处屏东县、台东县、花莲县三地，有一地两个保护区。
- 栖息有台湾猴保护区是 1988～2000 年设立的，反映“亡羊补牢，未为迟也”。
- 栖息有台湾猴保护区的主管部门主要是林务局。
- 栖息有台湾猴的保护区所处地点仅占现有台湾猴分布地的 23%，比率显然过低。

表 9.7　台湾栖息有台湾猴的保护区概况

保护区名称	所处地点	面积（hm^2）	级别	建立时间	主管部门
大武山	屏东县、台东县	47 000		19880608	林管处
玉里	花莲县	11 415	县级	20000127	林务局
利嘉	台东县	1 022		20001019	林务局
茶茶牙赖山	屏东县	2 004		20001019	林务局

注：①本表参考多方面信息综合而成，个别误差进行更正。②台湾地区保护机构区分为自然保留区、野生动物保护区及野生动物重要栖息环境、国家公园、自然保护区等 4 个类型；本表的台湾猴仅涉及前二者。③本表据大武山自然保留区. http://baike.haosou.com/doc/6691876-6905782.html；玉里野生动物保护区. http://baike.baidu.com/link? url=dgtBT1gAVaje4tgDV0AlOJrgkfgUK9tjPu15_2WL0EmwMjhd6bflHBVEQjXZ-YM90CkKjguF0fYqVstSqbv_B_；利嘉野生动物重要栖息环境. http://baike.baidu.com/link? url=d9_A7VtDEMdNjZI5vFEkG-bjmeaNhnTy2KgKyIpbtZyoSy2RX9TOXzW-Br_5BZJ6gJ6u8JBt5VTIrz0GCQqyuKP9vDV7PwYLByRucSeiR7ThfEQRxsUlkadIeAKfwcLt4j9FlPkFb0Vm68MkjIKbbVq-CAu2uaSRjZxR3GFnniYBE1gV_X_mUojJaiRVZlj94rpACoIAulEZcNNAxS4au_；茶茶牙赖山野生动物重要栖息环境. http://zh-cn.enc.tfode.com/茶茶牙赖山野生动物重要栖息环境

---

①台湾猕猴不满遭驱赶学会报仇 专挑女性欺负. http://news.xinhuanet.com/tw/2016-03/29/c_128841387.htm

②台湾猕猴偷吃番茄 果农放炮驱猴酿大火. http://news.cntv.cn/2014/09/16/ARTI1410833858315551.shtml

③台猕猴成群结队偷南瓜被驱赶 躲树后跟人捉迷藏. http://news.ifeng.com/a/20160623/49226629_0.shtml

④台湾老农出门遭猕猴咬伤血流不止 被及时送医. http://news.sohu.com/20151116/n426612291.shtml

⑤于斯文. 多只台湾珍稀猕猴疑遭集体毒杀. http://news.163.com/16/0503/18/BM5MGOPL00014AEE.html

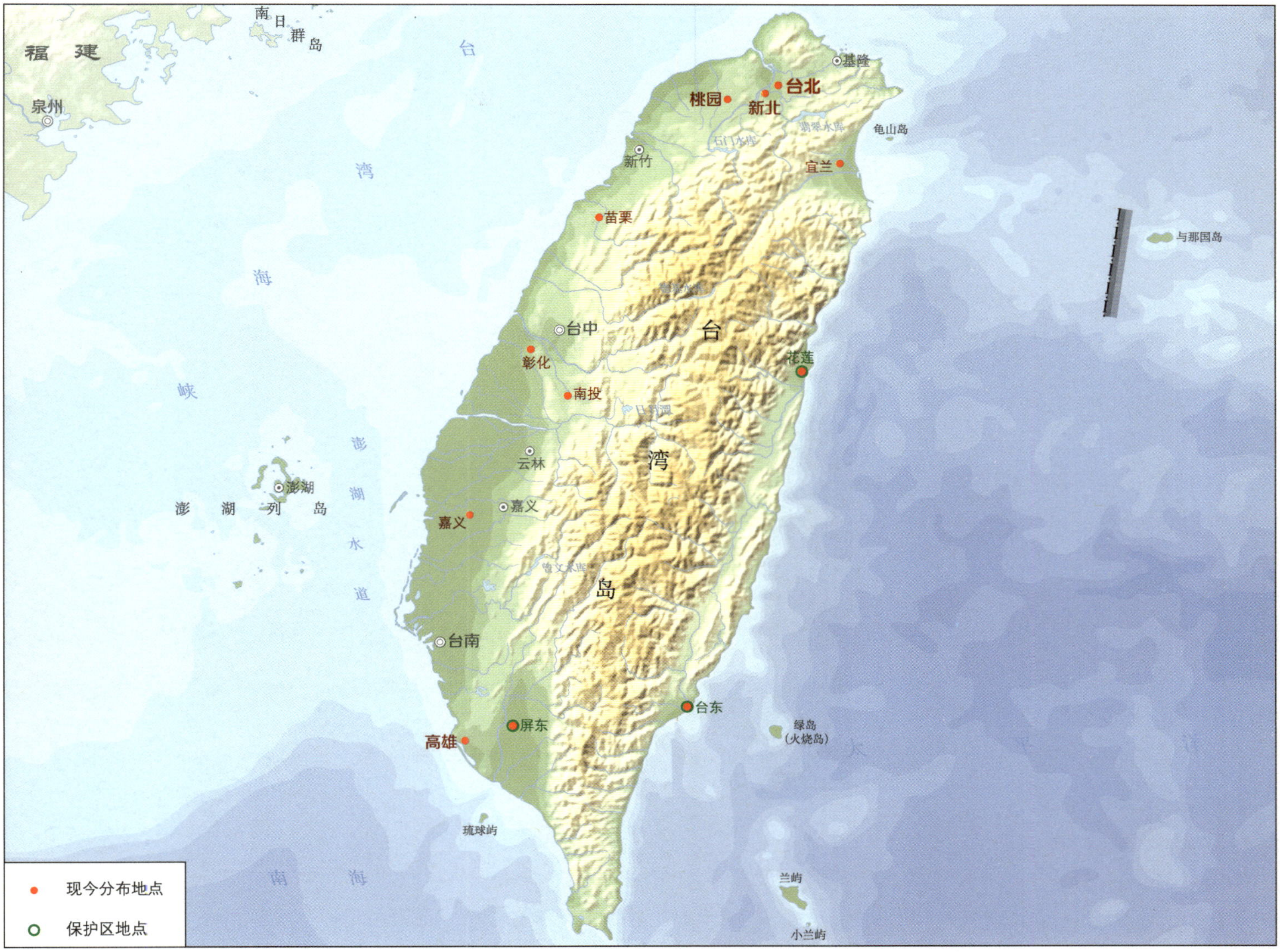

图 9.16　台湾岛上现有台湾猴栖息地与其栖息的自然保护区分布图

5.2　分布变迁

文献记载显示出百余年来台湾猴分布变迁状况(表 9.8、图 9.17),特点如下:

● 20 世纪初,尚可以确认的台湾猴在全省各地皆有分布。

● 到 20 世纪后半叶,台湾猴分布地约减少 35%。

● 到现今,台湾猴分布地又有 2 个消失。

● 百余年间,台湾猴分布地约消失 43%,这一下降幅度亦不小。

● 现今存留的台湾猴分布地还不算少,并且在台湾岛各方位皆有,但是得到保护区庇护的台湾猴比例偏低,宜增设保护区,以加大保护力度。

表 9.8　20 世纪以来台湾猴分布变迁概况

20 世纪前半叶分布地点	20 世纪后半叶分布地点	现今分布地点
台北市、基隆市、高雄市、台南市、台中市、新竹市、嘉义市、台北县、高雄县、台南县、台中县、新竹县、嘉义县、屏东县、台东县、花莲县、宜兰县、桃园县、苗栗县、彰化县、南投县、云林县、澎湖县	台北市、高雄市、台北县、高雄县、台南县、台中县、嘉义县、屏东县、台东县、花莲县、宜兰县、桃园县、苗栗县、彰化县、南投县	台北市、高雄市、台北县、台中县、嘉义县、屏东县、台东县、花莲县、宜兰县、桃园县、苗栗县、彰化县、南投县

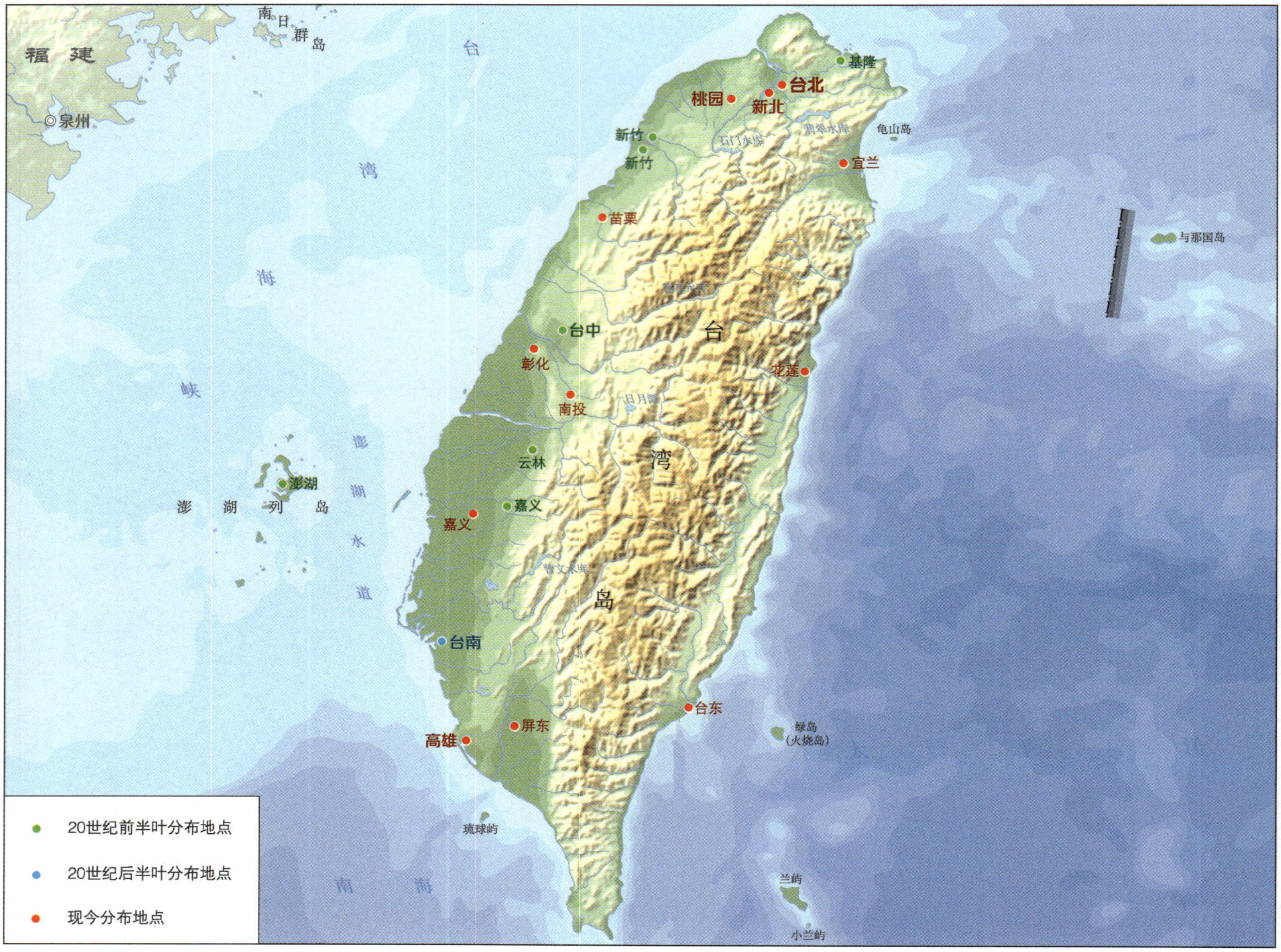

图 9.17　20 世纪以来台湾猴在台湾岛的分布变迁图

6　20 世纪以来的猕猴分布变迁

猕猴，又称恒河猴、广西猴、红面猴、金丝猴、猢猴、猡猪等，是我国猕猴属中分布最广的物种，也是国家Ⅱ级保护野生动物。

6.1　分布概况

猕猴分布于我国除东北外，其余五大地区 25 个省级政区。

6.1.1　华北

20 世纪以来，华北仅天津市未见有猕猴分布记录。

● 北京

北京市有猕猴分布记载。

现今密云县偶有猕猴出现，有人认为是毗邻地区流窜，也有人认为是人工饲养逃逸。

密云县新城子镇花园村地处燕山山脉主峰雾灵山北麓，安达木河上游，与河北省滦平、承德、兴隆三县接壤。地属暖温带季风半干旱气候区，四季分明。林木葱郁，森林覆盖率 86％以上。

有国家一类保护动物金雕、金钱豹,二类保护动物猕猴、斑羚等 18 种①。

据 2004 年 2 月报道,北京市林业局 6 日透露,在北京已绝迹 30 余年的国家二级保护动物猕猴,近日在京郊密云县新城子镇遥桥峪村重现(图 9.18)。经主管野生动物保护工作的技术人员鉴定,这 3 只野生猴子为国家二级保护动物猕猴。猕猴是北京市唯一的灵长目猴科动物,仅在雾灵山地区有分布(毛永久等,2004a;毛永久等,2004b)。

据 2013 年 3 月报道:

3 月 1 日,“北京您早”节目播出这样一条新闻:今年开春以来,在房山区的十七渡,发现了一个野生猕猴群!“这是几十年来十渡附近第一次出现猕猴的踪影。”——随着播音员的播报,屏幕上出现这样一段画面:不远的山头上,两只猕猴正蹲在峭壁上东张西望。在两只猕猴的下方,一群猕猴正在树丛中觅食,数量在十只左右,其中包括两只小猴②。

按:据此,表明在房山区的十渡附近有野生猕猴活动(图 9.19)。

图 9.18 重现雾灵山的猕猴

图 9.19 十渡附近野生猕猴

● 河北

河北省有猕猴分布,尽管仅在少数地方。

《唐山市志》记述(唐山市地方志编纂委员会,1999):

唐山优越的地理条件和自然环境,为多种野生动物繁衍、栖息创造了条件。

兽类有虎、豹、熊、豺、狼、獾、鹿、獐[麝]、狍、猴、猿、狐、狸、貉、兔、獭、紫貂、黄羊、野猪、鼠、黄鼠狼、鼷鼠、松鼠、香鼠、鼢鼠、刺猬等。随着人类活动范围的扩大和乱捕、滥猎,野生动物资源惨遭破坏,早在 20 世纪三四十年代虎、豹、黑熊、鹿、猴子等野生动物先后绝迹。

按:据此,说明猕猴等延续到 1930~1940 年代;此地级唐山市辖境包括唐山市、遵化市、迁安市、滦县、滦南县、乐亭县、迁西县、玉田县、唐海县等,亦即曾有猕猴栖息。

《迁西县志》之前曾提到(迁西县地方志编纂委员会,1991):

早在 20 世纪三四十年代,东北虎、黑熊、金钱豹、梅花鹿、猴子等多种野生动物先后绝迹。

按:反映曾有猕猴生息繁衍。

《中国重点陆生野生动物资源调查》称(国家林业局,2008):

据文献记载,猕猴在国内分布于河北(兴隆)。

按:证实兴隆县一直有猕猴分布。

兴隆县西北高、东南低,山峦起伏,沟壑纵横,以丘陵地带为主,形成了西北向东南倾斜的塔形地势,是典型的“九山半水半分田”的深山区。县境多山,气温垂直变化明显。境内主要有陆生野生脊椎动物 206 种,隶属于 4 纲 24 目 61 科 128 属,国家级保护动物 176 种,其中国家Ⅱ级保护动物 21 种,包括猕猴、小天鹅、鸳鸯、

①花园村. http://baike. baidu. com/link? url=xBMX-7JJTnfA_voiLSrwKeYg0x-CgXBeKMa6nfqs3J-JNnGYw764BOPZMlhfTgro1-Ax-Y-a2BF5pOe4P_uPIwIpayPyNZD7YOB7U-TZ6y427960FPbkeEx5KsW7OGV6

②刘光生.《北京您早》记者在房山区的十渡附近发现野生猕猴活动. http://tieba. baidu. com/p/2219741262

苍鹰、大鵟、长耳鸮、短耳鸮等[①]。

● 山西

山西省虽然猕猴分布不算多，但确是华北首屈一指的猕猴分布省级政区。

《中国重点陆生野生动物资源调查》称（国家林业局，2008）：

据文献记载，猕猴在国内分布于……山西（中条山、垣曲、阳城、翼城、晋城、芮城）。

本次调查表明，猕猴除了在上述地区有分布外，新增加的分布地还有山西（陵川、沁水、翼城）。

按：亦即表明在城区、沁水县、阳城县、陵川县、翼城县、盐湖区、永济市、芮城县、闻喜县、夏县、绛县、平陆县、垣曲县等地仍有猕猴栖息。

《垣曲县志：1991—2000》记述（垣曲县地方志编纂委员会，2001）：

本县属中条山东部山地森林、灌丛动物区，不仅动物种类多，且有大型森林动物栖息。国家……二级保护动物有：中条猕猴、天鹅、大鲵、林麝等。

按：所谓“中条猕猴”，即是猕猴；表明当地仍有分布。

2007年10报道并附照片（图9.20）：

9月底，介休市林业局森林资源管理站得到消息，绵山景区水涛沟景点有一只猴子出没。管理站工作人员介绍说……“我省过去只有中条山一带出现过太行猕猴，绵山属于太行山支脉，出现猕猴也是有可能的”[②]。

按：从发布的照片看，是猕猴。

图9.20　绵山的猕猴

图9.21　莽河的猕猴[③]

莽河猕猴自然保护区位于阳城县境内，地处晋南太行山区，地形呈东西走向，西高东低；地貌特征多以深涧、峡谷、奇峰、瀑潭为主，沟壑纵横，复杂壮观。位于暖温带向亚热带的过渡地带，生物资源十分丰富，区系成分复杂。有脊椎动物70科285种，属于国家重点保护的野生动物有金雕、黑鹳、金钱豹、猕猴、林麝、大鲵等28种。区内现有猕猴6群，400余只[④]。

---

①中国·兴隆. http://www.hbxl.gov.cn/syscolumn/zjxl/zrzy/index.html

②尚云. 介休绵山发现太行猕猴. http://cache.baiducontent.com/c? m=9d78d513d9d706ef06e2ce384b54c0676a499d3f6b9291027fa3904c92735b36163bbca625270d07d1c6787a03aa545d89964e79410151b599ca8b49ddbdea3f2fff7d722f42&p=8b2a975ec5d011a052ebce3a564c&newp=8b2a9710818a11a052ebdd25585c92695803ed6039d7d301298ffe0cc4241a1a1a3aecbf26221500d1c07f6503a84a5fe0f53d71330834f1f689df08d2ecce7e7adf6e&user=baidu

③ttp://www.nipic.com/show/12175402.html

④莽河猕猴自然保护. http://baike.baidu.com/link? url=f-lg2oJtTH5g3Qd8rm0FjhaKovcSrwSByHrqSq6heFXbKqgLzUlbfTdQqXHMOnyaVZiXxvQxui3mvg2C11Ew5_

泽州县位于太行山最南麓，东、西、南三面环山，山岭陡峻，倾向中央，北中部为丘陵地带；地貌呈黄土高原和褶皱山板相间分布，具有山地、丘陵、平川区等多种地貌类型，构成了北高南低波浪式的地貌景观。境内大陆性季风气候明显，四季分明，一般春季干旱多风，夏季炎热多雨，秋季秋高气爽，冬季寒冷干燥。境内野生动物100余种，兽类动物主要有狼、豹、獾、狐、猴、野猪、野兔、山羊、黄鼠狼、山猫、松鼠、刺猬、山鹿、麝等，猕猴分布于境内南部与河南省接界的深山里，数量很少①。

沁水县位于中条山东北，沁河中游，太行、太岳、中条三大山系衔接处，地势西高东低，地貌以山地丘陵为主，其中中山区面积占40%，低山丘陵区占50%，河谷平川区占10%。地属温带季风气候区，四季分明，冬长夏短，雨热同季，季风强盛；因地形复杂，差异显著，西部寒冷，东部温和。森林覆盖率48.4%。截止到2011年，共有野生动物220余种，属国家重点保护的珍稀动物有虎、金钱豹、金雕、猕猴、大鲵(娃娃鱼)等26种②。

6.1.2 华东

华东除台湾分布有台湾猴、上海市与山东省未见有猕猴分布外，其余省级政区皆有猕猴栖息。

● 浙江

浙江省是中国现有猕猴分布的东北部省级政区。

《中国重点陆生野生动物资源调查》称(国家林业局，2008)：

据文献记载，猕猴在国内分布于……浙江(安吉、衢县、浙西、浙南、富阳、江山、龙泉、临安、遂昌、泰顺)。

按：亦即在临安市、富阳市、安吉县、衢州市、江山市、泰顺县、龙泉市、遂昌县等地仍有猕猴分布。

据称，浙皖两省三县(浙江省的安吉、临安，安徽省的宁国)交界处的浙江安吉龙王山省级自然保护区③周边地区有野生动物30目72科183属269种，其中国家二级保护动物22种(猕猴、穿山甲、白鹇等)④，还是可以反映这一带有猕猴存在。

《凤阳山志》记述(《凤阳山志》编委会，2012)：

猕猴：又名恒河猴、广西猴，是最常见的一种猴子，个体稍小，尾较长，约为体长一半。分布较广，喜欢生活在石山的林灌地带。集群生活。原数较多，1976年建兴一带还被湖南人一次抓捕30余(条)[只]外运，后数量减少，现逐步回升。主要分布在海拔1 300 m以下，边有农田的林缘地带，大田坪水口以下常有活动。

按：据此，表明在龙泉市、庆元县一带依然有猕猴分布。

庆元县全境山岭连绵，群峰起伏，地势自东北向西南倾斜；北、东部为洞宫山脉所踞，西南部和中部是仙霞岭枫岭余脉，皆杂有山间盆地，后者分布有较多河谷，地势平缓。地属亚热带季风气候区，温暖湿润，四季分明。据调查，当地分布有动物100多种，其中珍稀动物有华南虎、黄腹角雉、短尾猴、猕猴、穿山甲、黑熊、金猫、云豹、金钱豹、鸳鸯、大鲵(娃娃鱼)、大灵猫、獐鬣羚、白鹇、相思鸟等⑤。反映仍有猕猴等分布。

开化县位于钱塘江的源头，地势西北高而东南低，西北部为地势最高的中山地区，东部与西南部还有2个中山地区，中部和东南部逐渐由中山向低山、高丘、低丘、河谷小盆地过渡。地属亚热带季风气候区，四季分明、温和宜人。据调查，兽类有21科58种，其中国家Ⅱ级保护动物有猕猴、穿山甲、豺、黑熊、青鼬、水獭、大灵猫、小灵猫、原猫、鬣羚⑥。

磐安县地处大盘山区，属中低山为主的纯山区地貌，山脉以大盘山群峰为中心，主干线向南

---

①中国·泽州. http://www.zezhou.cn/34/2012-12-13/42@97363.htm

②沁水县. http://baike.baidu.com/subview/726125/11122164.htm? fr=aladdin

③《全国自然保护区名录》(http://sts.mep.gov.cn/zrbhq/zrbhq/201208/t20120824_235172.htm)中未见此保护区。

④龙王山自然保护区. http://www.huzhou.gov.cn/art/2008/11/26/art_66_7323.html；浙江安吉龙王山省级自然保护区. http://lwsnr.forestry.gov.cn/business/htmlfiles/lwsbhq/jqgk/index.html

⑤庆元县. http://baike.baidu.com/link? url=zCrys3q9wl8ieFqNQ59ERwEhrrqI7BFiCuhD4fO4_leXHC1vE1adUFgXjf0hXPWq

⑥开化县. http://baike.baidu.com/link? url=NDqg7Pe_ybyLMNsgAvq_leXwsZjsQuQTw2hEpFP6jfvDSCtirhKnOvJMCYgsRnJ9y-7iRaBM0Hahn-FUjOH5ma

北伸展。地属亚热带季风气候区，天气温和，雨量充沛；由于地形有高山、低山、台地和丘陵等复杂因素，县内不同地段的气温、降水和日照差别很大。森林覆盖率75.4%。当地野兽属国家二级保护的有猕猴、香狸、赤麂、黑麂、穿山甲、野山羊（鬣羊），还有豺、灰狼、黄鼠狼、貉（山狗）、黄猺（两头乌）、青猺（花面狸）、狸子、獾、猸子、刺猬、猸、草狐、水獭、旱獭、豪猪、黄麂、獐［河麂］、白面猫、黑面猫、野猪、山兔、松鼠等①。反映有猕猴等栖息。

仙居县的俞坑自然保护区2007年被评为国家级森林公园，蝌蚪岩等景区已通过编审，等待开发，原生态的、无雕饰的、有品位的自然资源，构成了淡竹风景“山青、水秀、林幽、峰奇、瀑美”的特点。永安溪主支流韦羌溪穿境而过。为国内最大的亚热带原始林沟谷常绿阔叶林保护区之一，该景区集休闲、科普、森林探险于一体。景区拥有2 000多种动植物资源，其中属国家保护和珍稀濒危的野生动植物100余种，包括南方红豆杉、长叶榧、香果树、浙江楠、八角莲、厚朴、白颈长尾雉、云豹、金钱豹、黑麂、猕猴、猫头鹰、猴面鹰等，享有“绿色基因库”和“天然药物宝库”之美誉②。反映有猕猴等存在。

文成县称，自然资源中有脊椎动物5纲34目97科379种，列为国家保护的珍稀动物17种，云豹、黄腹角雉、猕猴等稀有动物常在林间出没③。

● 安徽

安徽省是华东猕猴分布最北的省级政区。

《中国重点陆生野生动物资源调查》称（国家林业局，2008）：

据文献记载，猕猴在国内分布于……安徽（黄山、贵池、宁国、东至、黟县、休宁、歙县、青阳、旌德、祁门、宣城、太平、黄山④）。

按：反映在黄山市、歙县、休宁县、黟县、祁门县、贵池区、东至县、青阳县、宣州区、宁国市、旌德县等地依然有猕猴栖息。

据称，黄山动物种类300多种，其中属于国家保护的珍贵鸟兽20多种，属于国家二级保护动物的兽类有黄山短尾猴、黄山猕猴、穿山甲、豺、黑熊、大灵猫、小灵猫、獐、苏门羚⑤。反映在黄山市、歙县、休宁县、黟县、祁门县一带仍有猕猴分布。

休宁县地貌以山地、丘陵为主，面积约占全县总面积的76.7%。整个地势南北高、中间低，起伏较大，垂直高差明显，主要地貌类型有中山、低山、高丘陵。地属北亚热带湿润季风气候区，总的特点是：气候温和，四季分明，热量丰富，雨量充沛，日照适宜，无霜期长，水热季节交替明显。春秋短，夏冬长。境内哺乳类已知的有梅花鹿、猕猴（黄猴）、黑鹿麂（乌金麂）、穿山甲、小灵猫、大灵猫、云豹、金钱豹、獐［河麂］、青羊、狗熊（黑熊）、猪熊、人熊、黄麂、狼、豺狗、黄鼬（黄鼠狼）、松鼠、华南兔（草兔）、獾（猪獾）、貉（狗獾）、水獭、貂、草狐、蝙蝠、刺猬、豪猪、野猪、熊面猴［?］、豹猫（山猫）、果子狸、山獾、鼬獾（白眉）等⑥。可见仍有猕猴等栖息。

庐江县称，境内兽类有金钱豹、鹿、狼、野猪、豺、野猫、水獭、黄鼬、狐、狸、野兔、猪獾、豪猪、鼠、穿山甲、刺猬、蝙蝠。其中金钱豹、鹿、狼、狐狸、黄鼬多出没于山区丘陵区或圩畈区，今已少见。虎、猴、獐、鹿等，旧志有载，今已绝见⑦。可见当地曾有猕猴分布。

贵池区位于长江中下游南岸，地势南高北低，依山傍水，分山区、丘陵、圩区，呈阶梯形分布；南部为中低山地，中部多丘陵，北部为沿江洲圩区。地处暖温带与亚热带的过渡地带，属亚热带季风湿润气候区，气候温和，雨量适中，光照充足，冬寒、夏热、春暖、秋凉，四季分明，季风明显。

①磐安县. http://baike. baidu. com/view/453254. htm

②仙居俞坑淡竹原始森林双穿越之旅. http://bbs. qjwb. com. cn/simple/? t948457. html

③文成县. http://baike. baidu. com/link? url=-5IW5RCqHQNwbEiKPubOx-_ccw4mo5ADjAapTEqKqvsxKhynEnG7eOY9_I_mQe-DO#6

④原文如此，但“黄山”重复。

⑤黄山. http://baike. baidu. com/link? url = TXz6VdTD2MLNIyAN4Xf0ruJeJQ4 _ oOksw5h-AumU9oJ7Gtrm48rD _ WApD85I8CBLPwuBriSnOyK15GiaT6tY085V7UBi8zb2beUSIeo6LPe#3_3

⑥休宁县2014年基础资料汇编. http://www. doc88. com/p-4095130894529. html

⑦庐江县. http://baike. baidu. com/link? url=QZQrgMmFPrIwbtBMqsJVIrPc3I1zo3MHqmX0fEWeul4AKntPJHzToNHcvg-WORlu#3_1

森林覆盖率48.8%。野生动物中兽类有梅花鹿、猕猴、短尾猴、虎、豹、豺、狼、獐、麂、兔、野猪、小熊猫、金猫、斑狗、松鼠、狗尾狸、白面、刺猬、穿山甲、箭猫、猪獾、鸡爪猪、野猫、香灵猫、黄鼠狼、狐狸、云豹等[①]。说明仍有猕猴等动物存在。

石台县位于皖南山区西部,低山、高丘分布最广,约占全县总面积的82%;东南部为黄山北行千脉盘结,西北部是九华山脉的南端,形成南北高、东西低的地势,境内山峦起伏,沟壑纵横。地属中亚热带湿润气候区,光照充足,四季分明,且冬夏长,春秋短;因受太平洋暖空气和北方冷空气的交替影响,一般年份,春季温凉多雨,夏季炎热湿润,秋季先干后湿,冬季寒冷少雨;又由于受特定的中低山及高丘地形影响,具有显著的山地气候特征。当地野生动物繁多,野兽就有梅花鹿、金钱豹、龟纹豹、云豹、乌麂、鬣羚、山羊、苏门羚、猕猴、短尾猴、毛冠鹿、大灵猫、小灵猫、花松鼠、黄鼬、白猬、黄摇、豹猫、黄麂、果子狸、野猪、豪猪、班狗、水獭、穿山甲、貉、灌、獐、狼、豺、刺猬、野兔等[②]。说明尚有猕猴等栖息。

据称,浙江安吉龙王山省级自然保护区(地域包括宁国市)有猕猴等22种国家二级保护动物[③]。反映仍有猕猴栖息。

旌德县位于皖南山区,黄山北麓;海拔自中部向东北和西南呈阶梯状上升,四面环山,中北部较低。地属北亚热带湿润季风气候区,气候温和,雨量充沛,光照适中,季风明显。春季冷暖变化大,光照不足阴雨多;夏季温高湿度大,梅雨集中汛洪多;秋季常遇夹秋旱,天高云淡早晚凉;冬季多晴湿度小。至2003年,已被人们认识的野生动物有兽类51种,鸟类143种,爬行类23种,两栖类16种,另有鱼类48种和其他水生动物多种。国家二级保护动物23种,其中兽类10种,有猴科:猕猴、短尾猴等[④]。亦即还有猕猴等野生动物。

● 福建

福建省处于华东地区猕猴分布的东南部。

《中国重点陆生野生动物资源调查》称(国家林业局,2008):

据文献记载,猕猴在国内分布于……福建(光泽、建阳、武夷山、浦城、屏南、周宁、建瓯、龙溪[⑤]、三明、沙县、泰宁、邵武、连城、龙岩、上杭、永泰、永春)。

本次调查表明,猕猴除了在上述地区有分布外,新增加的分布地还有……福建(顺昌、建阳、连城、浦城、屏南、武夷山、邵武、周宁、建瓯、三明、沙县、泰宁、邵武、连城、龙岩、上杭、永泰、永春)[⑥]。

按:据此,反映在永泰县、邵武市、武夷山市、建瓯市、建阳市、顺昌县、浦城县、光泽县、三明市、尤溪县、沙县、泰宁县、永春县、新罗区、上杭县、连城县、屏南县、周宁县等地依然有猕猴存在。

《马尾区志·野生动植物》称,"猕猴(20世纪50年代初,在快安后山见过)"[⑦]。表明福州市的少数地方在20世纪后半叶还有猕猴残存。

《闽侯县志·野生动植物》称,有"虎、豹、豺、狼、鹿、獐、麂、野猪、野山羊、豪猪、野兔、狐、狸、山猫、猴、黄鼠狼和水獭等兽类"。[⑧] 泛指的"猴",似包括猕猴,说明在20世纪末还有分布。

建瓯市位于武夷山脉东南面,鹫峰山脉西北侧,属东南沿海低山丘陵区,地势东南高、西南低,四周中低山环绕,中西部是以建溪、松溪为主轴的河谷平原、丘陵与串珠状的山间盆谷,形成以水侵蚀为主的地貌。山地占全市土地面积的57.34%,丘陵占29.86%,河谷平原与盆谷占12.8%。地属亚热带海洋性季风气候区,四季分明,雨量充足,春夏多雨,秋冬干燥,有"一山有四季,十里不同天"之说。野生动物有28目87科

---

①中国·贵池. http://www.ahgc.gov.cn/content/55844.html

②石台县. http://baike.baidu.com/link?url=WvpMTJ_Cx-FAApa4W4i1PCmWv8z84O5ctg44S-gcmg9oCqJ7IlClf9vBtom1MBt1#4_2

③王山自然保护区. http://www.huzhou.gov.cn/art/2008/11/26/art_66_7323.html;浙江安吉龙王山省级自然保护区. http://lwsnr.forestry.gov.cn/business/htmlfiles/lwsbhq/jqgk/index.html

④中国·旌德. http://www.ahjd.gov.cn/ReadNews.asp?NewsID=1297

⑤疑似"尤溪"之误。

⑥虽称"新增加的分布地"却有相当部分重复。其后仍有,不再加注。

⑦福州地情网. http://www.fzdqw.com/ShowText.asp?ToBook=1100&index=99&

⑧福州地情网. http://www.fzdqw.com/ShowText.asp?ToBook=1107&index=121&

330 种，属国家保护的有 17 种，其中属二级保护的有毛冠鹿、鬣羚、大灵猫、麝、小灵猫、穿山甲、水獭、猕猴、白鹇、鸳鸯、褐林鸮、蟒蛇、黑熊①。

将乐县处武夷山脉东南麓，扼闽江支流金溪中下游，境内山岭耸峙，丘陵起伏，河谷和盆地错落其间。山体多呈南西—北东走向，与金溪流向一致，构成西北、东南高，中间低，大致呈西南向东北延伸的山间盆谷。地属中亚热带季风气候区，四季分明，夏无酷暑，冬少严寒，雨热同期，干湿明显，受季风及地形影响，常有灾害性天气。森林覆盖率 85.2%。县城东南 7 km 的玉华洞风景名胜区主要野生动物中脊椎动物就有 5 纲 73 科 297 种。其中哺乳纲 16 科 41 种，国家二级保护动物有毛冠鹿、丛林猫、大灵猫、小灵猫、水獭、猕猴、穿山甲、河麂、水鹿、狼、豺、黄喉貂、金猫②。

德化县地势偏高，地形复杂，地貌以低中山地为主。境内山脉连绵，多呈北东—南西走向，河谷剧烈下切，峡谷十分发育，具鲜明山地景色，其间偶有散布于群山之中的山间盆地和河谷阶地。地属中亚热带海洋性季风气候区；由于海拔高低悬殊、地形复杂，又具有气候垂直变化大、小气候突出等特征。森林覆盖率 77.3%。国家级珍稀动物有蟒蛇、云豹、黄腹角雉、虎纹蛙、苏门羚、猕猴、穿山甲、水獭、毛冠鹿、黑熊、金猫、大灵猫、小灵猫、蛇雕、白鹇、鸳鸯、蝾螈、蜂鸟等③。

● 江西

江西省是华东有较多猕猴分布的省级政区。

《三清山志》记述（德兴县县志编纂委员会办公室，1990）：

兽类：有豹、豺、虎、兔、豪猪、猕猴、黑熊、野猪、青羊、狐狸、野猫、黄鼠狼、刺猬、獾狗、穿山甲、果子狸、松鼠等。

短尾猴：俗称猴狲。体长 60 cm 左右，四肢粗壮，毛色灰褐，体下部略带橙黄，有光辉，颜面和耳裸出，肉色，臀部有红色臀胝，尾短，约 6 cm。该兽栖息于 1 000 m 以上的常绿落叶混交林的悬崖峭壁上，秋、冬两季，常结伴潜入地间，采食玉米、红薯、野菜、瓜果等物。属国家二级保护动物。

按：据此，反映今德兴市有猕猴等动物栖息。

《中国重点陆生野生动物资源调查》称（国家林业局，2008）：

据文献记载，猕猴在国内分布于……江西（安远、泰和、井冈山、宁都、萍乡、崇义、宁冈）。

本次调查表明，猕猴除了在上述地区有分布外，新增加的分布地还有……江西（浮梁、贵溪、万载、宜丰、靖安、铜鼓、上饶、玉山、婺源、安福、黎川、上犹）。

按：据此，反映在浮梁县、贵溪市、萍乡市、上犹县、崇义县、安远县、宁都县、上饶县、玉山县、婺源县、黎川县、万载县、宜丰县、靖安县、铜鼓县、井冈山市、泰和县、安福县等地仍然有猕猴分布。

景德镇市称，全境山区特征明显，境内森林资源十分丰富，仍有国家Ⅱ级保护动物猕猴等④。反映在景德镇市、乐平市、浮梁县等地仍有猕猴栖息。

浮梁县境内仍有国家Ⅱ级保护动物猕猴等 16 种⑤。

据 2009 年 6 月报道，玉山县与德兴市交界处的三清山发现大规模猕猴群。据介绍，三清山的猴子多为猕猴，体形较小，身披棕黄色短毛，尾较长，常出现在景区的石鼓岭、吊桥、珍珠山、华眉山、贵人坑等常绿密林之中。近年来，三清山景区加大封山育林力度，严禁捕杀野生动物，良好的生态环境为猕猴提供了优越的生存空间，但如此大规模的猴群在景区出现实属罕见，此次猕猴群的出现应该与近期杨梅成熟有关。据实地观察，竟发现路边峭壁上的几株大树上爬满了猴子。随着人们的大叫声，一个意想不到的场面突然出现，成群结队的猴子纷纷跳下树木，爬下石

①中国·建瓯. http://www. jianou. gov. cn/cms/sitemanage/index. shtml? siteId=30160281333960000

②将乐县人民政府·玉华洞总体规划. http://www. jiangle. gov. cn/2008/6/7910. htm

③德化县. http://baike. baidu. com/link? url = sfR2hunADoP4jxunQ0eclyGIPu7J6XicgXI2jM-_ dtKMfn8PWxXp9vbmtvhZxgObnGXq3Ea26InN7VqJxodxTTgigvTh2zubuw9VbD-0Rfi

④景德镇. http://baike. baidu. com/link? url = Vl50A6mi3BEKavjLwBXBBIieVVUfNaX6pponk2RkxfuxiqZ2L7l7JJwf38C7TYd7AY1RP95AgpnnC4WyHe5_H-4By0Zl0dGpMorp9wreJDy

⑤浮梁县. http://baike. baidu. com/link? url = cbq1s2Pue2dPZvLKcM06BT7dsCHRvvSwwd541azggQun7Pht0R3eB9IPhA4gKYuLm0Byh2QQ4XL_F3r6wHN11a

壁,如潮水般穿过公路,跑向另一边的悬崖。初步估算,这一猴群数目最少 300 只①。

经查明,宜丰县仍有国家二级保护兽类猕猴等②。

靖安县四周环山,中部山地间杂丘陵,东南偶有少量河谷平原,是一个以山区为主的县。地属北亚热带湿润气候区,春季回暖迟,有春寒,夏季炎热时间长,秋季凉得快,冬季较寒冷,四季分明,气候温和,气温东西相差大。野生脊椎动物有 34 目 96 科 283 属 429 种,其中哺乳类 8 目 20 科 49 属 60 种,属国家二级保护的动物有猕猴、穿山甲、豺、水獭、大灵猫、小灵猫、河麂、水鹿、鬣羚等 11 种③。

萍乡市称,境内分布的国家二级保护动物有大灵猫、小灵猫、水鹿、河麂、猕猴、藏酋猴、穿山甲、大鲵(娃娃鱼)、虎纹蛙、草鸮、鸳鸯、白鹇等 12 种④。反映地级萍乡市所辖萍乡市、莲花县、上栗县、芦溪县似大部分有猕猴等存在。

莲花县地处罗霄山脉中段,属山地丘陵地区,地势东北西三面高、中部和南部低,四周山岭环绕,地貌由山地、丘陵、岗地、河谷平原和山间盆地组成。地属亚热带季风湿润气候区,光照充足,雨量充沛,四季分明,气候温和。森林覆盖率 67%。当地野生动物有华南虎、山牛、野猪、猩猩、山羊、野兔等,国家一、二类保护动物有穿山甲、王斑、虎[王斑虎,即华南虎]、豹、猴、猩猩等 20 多种⑤。所泛指"猴",当包括猕猴。

安远县地处长江水系赣江上游和珠江水系东江起源地,闽、粤、赣三省交汇处,是典型的丘陵山区县。境内野生动物繁多,列入国家保护的野生动物有 18 种,其中猕猴、穿山甲、金猫、香獐[麝]、水鹿、鸢、水獭、乌、白鹇为二类保护动物⑥。

寻乌县位于武夷山与九连山余脉相交处,地势呈东北、西北与东南高,向西南倾斜的趋势,似簸箕状,中山、低山、丘陵、岗地呈阶梯状分布。山间谷地占总面积的 2.4%,岗地占 7.7%,丘陵占 14.3%,山地占 75.6%。地属亚热带季风气候区,温暖湿润,雨量充沛,冬少严寒,夏无酷暑。动物资源中,国家二级保护动物有黑冠鹃隼、黑鸢、苍鹰、赤腹鹰、游隼、燕隼、褐翅鸦鹃、草鸮、雕鸮、斑头鸺、白鹇、猕猴、穿山甲、豺、小灵猫、斑灵猫、金猫、水鹿、苏门羚、斑羚、虎纹蛙⑦。

弋阳县地处弋阳一玉山丘陵盆地西部,地势南北高、中部低,南北两端为低山丘陵,山地面积占全县土地总面积的 57.1%。地属中亚热带湿润气候区,四季分明,光热资源丰富,降水季节分配不匀,变率大,易造成旱涝灾害。属国家二级保护的有金钱豹、苏门羚、斑羚、猕猴、黑鹿、穿山甲、水獭、锦鸡、蟒蛇⑧。

资溪县地处武夷山脉西麓,属山区,地形复杂,大体呈东南高、西北低的趋势。山地占总面积的 83.1%,丘陵占 6.5%。地属亚热带湿润季风气候区,气候温和,雨量充沛,四季分明。森林覆盖率 87.1%。据称,有华南虎、恒猴等珍贵动物⑨。"恒猴",当是"恒河猴",即猕猴。

袁州区位于罗霄山脉北麓中段,武功山脉北麓,属低山丘陵地形,南、西、北三面群山环抱,峰峦叠嶂,地势较高;中部和东部广布丘陵,地势较低。袁河自西向东于区境中部流过,形成一块狭长的河谷平原。可分为山区、丘陵、平原三种地貌:山区主要分布在南面和北面的区境边缘,占总面积的 21.7%;丘陵分布在区境中部,占总面积的 60.7%;平原主要分布在区境东部和袁河两岸以及丘陵地貌中夹插的小块平原,占总面积的 17.6%。属中亚热带季风气候区,四季分明,春秋季短而夏冬季长,冬季冷而夏季热,春季湿而秋季干,热量丰富,降水充沛,日照充足,霜期短。

---

①三清山发现大规模猕猴群. http://tour.jxnews.com.cn/system/2009/06/23/011142046.shtml

②宜丰县人民政府. http://www.jxyf.gov.cn/News/ZJYF/zrhj/2011/YF_2011101413543.html

③中国靖安. http://www.jxjaxzf.gov.cn/Category_121/Index.aspx

④萍乡野生动物资源. http://bm.pingxiang.gov.cn/lyj/article/200911/156949.html

⑤中国·莲花. http://www.zglh.gov.cn/html/lvyouzixun/1540.html

⑥安远县. http://baike.baidu.com/view/173679.htm

⑦寻乌县. http://baike.baidu.com/link? url=rj2qBX2xxffSe3nvb7lUZaP8sddNHCNjKA4035iIEhU-PuGLLxD3mEYBF

⑧自然资源. http://www.jxyy.gov.cn/yygk/zrzy.html

⑨资溪县. http://baike.baidu.com/view/16489.htm

当地珍贵野兽有虎、豹、豺、猴、野牛、红毛狗等①。从泛指的"猴"看，似包括猕猴。

宜丰县位于九岭山脉南麓，地貌构成为"七山半水分半田，一分道路和庄园"。地属中亚热带温暖湿润气候区，四季分明，气候温和宜人。森林覆盖率71.9%。共有脊椎动物341种，其中哺乳类43种，属国家二级保护的有10种：河麂、穿山甲、猕猴、金猫、大灵猫、小灵猫、水獭、豺、黑熊、短尾猴②。

靖安县以山区为主，四周环山，中部山地间杂丘陵，东南偶有少量河谷平原。地属北亚热带湿润气候区，春季回暖迟，有春寒，夏季炎热时间长，秋季凉得快，冬季较寒冷，四季分明，气候温和，气温东西相差大。2011年9月调查，野生脊椎动物有34目96科283属429种，其中兽类有猴、麂、獐、狐、獭、香狸（箭猫）、中尾狸、九节狸、小黑熊、青猺、黄猺、野兔、野猪、野牛、野鹿、野猫、山羊、刺猬、黄鼬、山（田）鼠、松鼠等，属国家二级保护的有猕猴、穿山甲、豺、水獭、大灵猫、小灵猫、河麂、水鹿、鬣羚等11种③。此处明确"猴"为猕猴，证明有所分布。

铜鼓县地处罗霄山脉北端东部，修河上游，地势由西南向东北倾斜，地形西宽东窄，山丘连绵起伏，其中山地占87%，丘陵盆地占13%。地属中亚热带北部湿润气候区，气候温润，冬无严寒，夏少酷暑，四季分明，雨量充沛，光照充足，无霜期长。野生动物资源丰富，门类繁多，有虎、豹、鹿、獐、麂、猴、鸦、鹊、燕、雁、竹鸡、野鸡、地花鸡、鲤鱼、鳙鱼、鲫鱼、青蛙、石鸡、蟾蜍、蕲蛇、菜花蛇、乌梢蛇、甲鱼、龟、蚌、蜂、蝉、蝶等④。所泛指的"猴"，似包括猕猴。

永新县地处罗霄山脉中段，处万洋山与武功山余脉接触地带，赣江支流禾水中上游，是以山地、丘陵为主的地形。县境边缘地势高耸，中部地势低缓，禾水横贯东西，全境自南、北两侧向中部倾斜，形成不对称的盆地地貌特征。地属亚热带湿润季风气候区，雨量充沛，气候温和，光照充足，春秋短，冬夏长，霜期短。当地兽类有豹、水鹿、金猫、猴、穿山甲、大灵猫、小灵猫、苏门羚、獐、狼、狐、野猪、刺猬、华南虎、狗獾、松鼠、竹鼠、老鼠等⑤。泛指的"猴"，似含有猕猴。

6.1.3 中南

中南的省级政区中仅澳门特别行政区未见有猕猴记录。

● 河南

河南省是中南猕猴分布的最北省级政区。

《中国重点陆生野生动物资源调查》称（国家林业局，2008）：

> 据文献记载，猕猴在国内分布于……河南（济源、辉县、沁阳、修武、博爱）。

按：据此，反映在沁阳市、修武县、博爱县、辉县市、济源市等地还有猕猴生息繁衍。

沁阳市北枕太行山，南瞰黄河，境内平原居多，约占总面积的66%，其余为山地丘陵区；地势西北高、东南低，从北向南依次为山区、丘陵、平原3种类型。地属暖温带大陆性气候区，四季分明，春季干旱多风，夏季炎热多雨，秋季昼暖夜凉，冬季寒冷干燥。境内物种丰富，繁衍生长着猕猴、金雕、领椿木、青檀等国家珍稀动植物⑥。

风景优美的南湾水库位于淮河支流浉河上，属于信阳市。地势西南高、东北低，低山环抱，丘陵起伏。地属北亚热带向暖温带过渡气候区，具有过渡气候特点。森林覆盖率96%以上。有脊椎动物200余种，属国家级保护动物有猕猴、扬子鳄、大鲵、小灵猫、白冠长尾雉等⑦。

● 湖北

湖北省有猕猴分布记录。

---

①袁州区. http://baike. baidu. com/link? url=GCLVXqWI0hWK68weFBpse0dugDomgApHGwpFo5XoflL_sSbb7cooXMO8ttSHv-0I#6

②宜丰县人民政府. http://www. jxyf. gov. cn/News/ZJYF/zrhj/2011/YF_2011101413543. html

③中国·靖安. http://www. jxjaxzf. gov. cn/Item/1354. aspx

④铜鼓县人民政府. http://www. tonggu. gov. cn/list. aspx? id=374419503170

⑤永新县. http://baike. baidu. com/link? url=qj6jspuQiTzdxlHF_G4-E6tkGBgco1T_CB4h0Pt6W9Jn1XcwDv8zR0uNyp--jQfe

⑥沁阳. http://baike. baidu. com/link? url = DysGxifZ8dR-lrk790xXKff0XsDxl3AlaMMIEZCyPuLs5 _ ysU-LaWBcphMCoyGpe2puLMSkYEfZ0qgqLP3IcKq

⑦南湾水库. http://baike. baidu. com/link? url = RlMYREmSCKBblYDnawej0mABbTPnjh3stWkHyKDX5STjJ9AU1XfWgVGdoMOwProqH7t6HYanhwcjbGwARWMLfK

《中国重点陆生野生动物资源调查》称(国家林业局,2008):

据文献记载,猕猴在国内分布于……湖北(兴山、宜昌、神农架、秭归)。

按:据此,反映在鄂西的宜昌市、兴山县、秭归县、神农架林区一带仍有猕猴存在。

竹山县常见野生动物有23目33科300余种,其中国家一、二级保护动物有金钱豹、金雕、白鹤、猕猴、黑熊、大灵猫、林麝、小天鹅等18种,省级重点保护动物有花面狸、豪猪等60余种[①]。

房县地势西高东低,南陡北缓,中为河谷平坝,平坝、丘陵占17.1%,高山占44.4%,高山区占38.5%。地属北亚热带季风气候区,冬长夏短,春秋相近,四季分明,垂直差异变化大,具有立体气候特征。森林覆盖率67.8%。西部的望佛山珍禽异兽多,如梅花鹿、獐子、麂子、野猪、豹子、猪獾子、猴子等[②]。所称"猴子",似主要指猕猴。

保康县城关镇林业工作站经过近1个月的调查发现,该镇凤凰山村分布有3个猕猴种群,数量超过180只。新近发现的猕猴种群多活动于海拔1 200～1 600 m的凤凰山古路垭一带。随着玉米、大豆等农作物逐渐成熟,猴群便开始下山觅食(王承鼎等,2009)。

长阳土家族自治县地处鄂西南清江中下游,云贵高原东延尾部,武陵山余脉,境内山峦起伏,沟壑纵横,东高西低。属亚热带大陆性夏热潮湿气候区,光照充足,热量丰富,雨量充沛,雨热同季,四季分明。野生哺乳动物有野猪、野羊、豪猪、獾、麂、獐、猴、果子狸、豸由、獭、野兔及虎、豹等[③]。此所谓"猴",似主要指猕猴。

巫峡山脉位于重庆与湖北(建始县、恩施市等)交界处,拥有大量的珍稀动植物,其中珍稀动物有金丝猴、鬣羚、牛羚、白唇鹿、鸳鸯、大鲵、红腹角雉、白尾椎红雉、绿尾红雉、猕猴、穿山甲、水獭、大灵猫、小灵猫、猞猁、獐、马鹿、斑羚、白冠长毛雉、锦鸡、豺、狼、熊、野猪、鹿等[④]。表明还有猕猴等栖息。

位于恩施市的二蹬岩林麝、猕猴自然保护区[⑤]内国家重点保护野生动物有林麝、猕猴、穿山甲、白冠长尾雉、红腹锦鸡、大鲵等(江建国等,2010)。证明确有猕猴分布。

● 湖南

湖南省也有猕猴分布记录。

《中国重点陆生野生动物资源调查》称(国家林业局,2008):

据文献记载,猕猴在国内分布于……湖南(常德、新宁、城步、桂东、永顺、张家界、慈力[慈利]、桑植)。

按:据此,说明在张家界市、慈利县、桑植县、常德市、桂东县、新宁县、城步苗族自治县、永顺县等地依然有猕猴分布。

张家界市称,区内有脊椎动物146种,其中有国家级保护动物40种,珍稀动物有娃娃鱼、独角兽[?]、苏门羚、华南虎、云豹、猕猴、灵猫等[⑥]。这显然是指辖张家界市、慈利县、桑植县的地级市还有猕猴等动物。

石门县地势自西向东南倾斜,西北部群山叠翠,东南部平岗交错。地属中亚热带向亚热带过渡的季风气候区。据林业部门1987年大型科学考察和20世纪90年代多次补充调查证实,在石门土地上,属国家二级保护的动物有穿山甲、水獭、猕猴、藏酋猴、黑熊、青鼬、金猫、黑麂、牙獐[河麂]、大灵猫、小灵猫、苏门羚、青草獐等49种[⑦]。反映还有猕猴栖息。

桂东县地处罗霄山脉南端,南岭北麓,诸广

---

①竹山县. http://baike. baidu. com/view/17835. htm

②房县. http://baike. baidu. com/link? url=1qp973fZGJyoDCx2cVTtX05eOKjJ4cVQrSDUmIWvLgCAJ1LoqHhtDv9ZidFpPe8Y#5_4

③长阳土家族自治县. http://baike. baidu. com/view/126925. htm? from_id=5951831&type=syn&fromtitle=长阳&fr=aladdin#3_6

④巫山. http://baike. baidu. com/link? url=m-F087XduZ5uO0OBhxx5LkpEbIYkF8Y3S-mpL9IA7rhVmOgSbJgpvqmAYyxcHezm#5_2

⑤所谓"二蹬岩林麝、猕猴自然保护区",据称在恩施市,面积666.7 hm^2。但一说"是2003年由湖北省人民政府批准"(江建国等,2010);另一说"成立于2004年",陈兵等,2006. 湖北恩施二蹬岩林麝、猕猴自然保护区维管植物区系及植被群落分析. 湖北林业科技(2):1～7。然而,《全国自然保护区名录》(http://sts. mep. gov. cn/zrbhq/zrbhq/201208/t20120824_235172. htm)则未见。

⑥中国·张家界. http://www. zjj. gov. cn/user/newscenter/001002-001002002-1. html

⑦中国石门·珍稀动物. http://www. shimen. gov. cn/Item/2791. aspx

山西翼，八面山东侧，山高谷深，重峦叠嶂，沟壑纵横，岭谷相间，构成以中山为主，山、丘、岗、平兼具的山区地貌。地属中亚热带湿润季风气候区，夏无酷暑，冬无严寒，温暖湿润，四季分明。有陆生脊椎动物240种，国家重点保护野生动物41种，其中Ⅱ级36种，即猕猴、藏酋猴、穿山甲、青鼬、水獭、大灵猫、小灵猫、金猫、水鹿、林麝、獐、斑羚、苏门羚、凤头鹃隼、苍鹰、鸢、雀鹰、松雀鹰、赤腹鹰、普通鵟、燕隼、红脚隼、红隼、红腹角雉、红腹锦鸡、白鹇、勺鸡、褐翅鸦鹃、草鸮、鹰鸮、长耳鸮、短耳鸮、斑头鸺鹠、领鸺鹠、大鲵、虎纹蛙[①]。

据《永州市志. 第二编，自然环境・自然资源》称：

哺乳纲有：刺猬、蝙蝠、黄猴、猕猴、黑猴[?]、短尾猴、华南兔、黑线姬、沟鼠、米鼠子、黄毛鼠、东方田鼠、喜马拉雅水鼠、花松鼠、红松鼠、媚鼠、猪獾、水獭、黄鼠狼、鼠、狼、豺狗、貂、华南虎、云豹、金钱豹、野猫、黑熊、花面狸、大灵猫、小灵猫、穿山甲、鲮、鹿、麝、黑鹿、赤鹿、梅花鹿、毛冠鹿、青羊、苏门羚、野猪、豪猪等[②]。

按：其中“黄猴”与“猕猴”重复，但说明在永州市、东安县、道县、宁远县、江永县、蓝山县、新田县、双牌县、祁阳县、江华瑶族自治县等地还有猕猴等存在。

《零陵地区志》记载（零陵地区地方志编纂委员会，2001）：

道县千家洞自然保护区内野生脊椎动物，属国家二类保护的有猕猴、鳞鲤[穿山甲]、麝、水獭、水鹿、苏门羚、红腹角雉、锦鸡、大灵猫、小灵猫等10种，还有《濒危野生动植物种国际贸易公约》规定保护的豹猫。

按：《全国自然保护区名录》[③]中仅有一个“千家洞国家级自然保护区”，并在广西的灌阳县，但据此记载也反映在道县仍有猕猴等存在。

道县属南岭地区，四周高山环绕，中部岗丘起伏，平川交错，东南有九嶷山，南有铜山岭，西有都庞岭，北有紫金山，整个地势从四周向中间倾斜，呈盆状结构，山地占总面积的44.7%，丘陵占11.4%，岗地占24.6%，平原占14.9%。已发现野生脊椎动物134种计22目54科，其中兽类8目16科29种，属国家二级保护动物的有猕猴、短尾猴、穿山甲、水獭、大灵猫、小灵猫、水鹿、林麝、獐、鬣羚10种[④]。反映仍有猕猴等存在。

蓝山县地处九嶷山东麓，地势由西南向东北倾斜，境内山、丘、岗、平区相互交错，以山地为主，是典型的山区县。地属中亚热带季风湿润气候区，光照充足，雨量充沛，无霜期长。森林覆盖率71.5%。有娃娃鱼[大鲵]、猕猴、猴面鹰、香獐[麝]、鹿子等珍稀动物60余种[⑤]。

双牌县位于潇水中游，地势东西高、南北低，形似马鞍；以山地为主，山势雄伟，层峦叠嶂；山系、山脉绵延，山、坳、寨、山冲阡陌，峰壑交错，连绵千重。地属中亚热带季风湿润气候区，冬夏长，春秋短；热量丰富，雨水充沛，温暖湿润；夏少酷暑，严寒期短；春温多变，春寒明显；降水集中，夏秋多旱；受境内地貌因素影响，气候有鲜明的地方特征。森林覆盖率80%以上。据史籍记载，历史上野生动物较多，由于人为滥捕和森林植被不断遭到破坏，栖息环境逐渐恶化，野生动物数量日趋减少，有些种类，如亚洲象、犀牛、熊、猿、猴、梅花鹿、华南虎等陆栖动物均已绝迹[⑥]。说明曾有猕猴等分布。

保靖县位于云贵高原东侧，武陵山脉中段，境内重山叠峰，岭谷相间，地貌类型齐全，山、丘、岗、平交错分布，以中山、中低山为主，呈现出西北和东南高、中间低的“马鞍型”地貌轮廓。气候因地带不同而存在一定差异，尤其是地势高低悬殊的中山地带，呈现出地跨三带的主体气候特征，“山下开桃花，山上飘雪花”，“一山有四季，十里不同天”，地势越高，气温越低。当地野生动物种类繁多，有云豹、金钱豹、猕猴、大鲵等国家保

①桂东县人民政府. http://www.gdx.gov.cn/page/item340/index.html
②永州市人民政府网站. http://www.yzcity.gov.cn/col/col16888/index.html
③http://sts.mep.gov.cn/zrbhq/zrbhq/201208/t20120824_235172.htm
④道县. http://baike.baidu.com/link? url=M8-H_eA4717r3-g-Gjqz8i5n_b74wdqmC-jR4LpGXLWDos-82I0scIi0c3bkrdEG
⑤蓝山县. http://baike.baidu.com/view/589324.htm
⑥双牌新闻网. http://www.spxw.gov.cn/zjsp/wczy.html

护动物60余种[①]。

龙山县地处云贵高原北东侧与鄂西山地西南端结合部，武陵山脉由北东和南西斜贯全境，地势北高南低，形成以山地为主，兼有丘陵、岗地、平原及水面等多种地貌类型，且大部分乡村有多种地貌类型。地属亚热带大陆性湿润季风气候区，四季分明：夏半年受夏季风影响，降水较丰沛，气候温暖湿润；冬半年受冬季风控制，气温较低，降水较少，气候较寒冷；在复杂的山体影响下，形成山地垂直地带和水平方向地域差异的多样性气候。森林覆盖率38.9%，灌草覆盖率31.9%。陆生脊椎动物有124种，哺乳动物已查明的有蝙蝠、猕猴、黑熊、豺、狐、黄鼬、青鼬、獾、鼬獾、狗獾、水獭、大灵猫、小灵猫、果子狸、华南虎(原有分布，现已绝迹)、云豹(原有分布，现已绝迹)、金猫、野猪、麝、獐、黄麂、毛冠鹿、岩羊、穿山甲、棕鼯鼠、黄鼠、赤腹松鼠、岩松鼠、竹鼠、豪猪、帚尾豪猪、野兔等32种[②]。

● 广东

广东省有猕猴分布记录。

《中国重点陆生野生动物资源调查》称(国家林业局，2008)：

据文献记载，猕猴在国内分布于……广东(连平、阳山、兴宁、平源[平远]、罗浮山、担杆岛、深圳、英德、乳源、惠东、怀集、连州)。

按：据此，表明在英德市、连州市、阳山县、乳源瑶族自治县、连平县、兴宁市、平远县、博罗县、惠东县、深圳市、珠海市、怀集县等地还有猕猴栖息。

新丰县地势为中高向东西倾斜，东部属低山地带，西南部为丘陵地带，中北部为中山地带。地属南亚热带季风气候区，季风明显，气候类型多样，冬无严寒，夏无酷暑，气候暖热，雨量充沛；山丘起伏，地形复杂，气温垂直差异大，立体气候显著。列入国家一、二类保护的野生动物有画眉、金钱豹、金猫、穿山甲、鹿、猿、麝、猴、水獭、果狸、猫头鹰、山牛、蟒蛇、娃娃鱼、杜鹃、喜鹊、长尾凤、白鹤、燕子、啄木鸟、白鹇等[③]。所泛指的"猴"，似包括猕猴。

怀集县地貌大致分为西部盆地区，中、南部低丘和高丘区，东、北、西北部山地区等三部分，总体为山地丘陵地貌，山地约占全县总面积的42%，丘陵约占38%，有"八成山地一成田，半成河流半成村"之说。地属亚热带气候区，夏长冬短，春比秋长，四季气候分明。经调查鉴定的陆栖脊椎野生动物有258种，隶属71科27目，其中属国家保护的珍稀濒危动物有32种，属国家一级重点保护的动物有黄腹角雉和蟒蛇，属国家二级保护的动物有猕猴、穿山甲、苏门羚、白鹇、虎纹蛙、地龟、三线闭壳龟、短尾猴、水獭、小灵猫、斑林狸、凤头鹃隼、赤腹鹰等[④]。

● 广西

广西壮族自治区是猕猴主要分布的省级政区之一。

《南宁地区(重点县)珍贵动物资源调查报告》记载(广西珍贵动物资源调查队，1979)：

猕猴(*Macaca mulatta* Zimmermann)，又名恒河猴、广西猴、"金丝猴"、"红面猴"、犸狌。

在本调查中，它们多分布在石山地区，包括崇左的驮卢、左州、太平和新和公社；龙州的霞秀、逐卜、彬桥、金龙、武德、水口、响水和八角公社；大新县各公社均有分布；宁明的亭亮和驮龙公社；扶绥的岜盆、昌平、中东和扶南公社；大明山林区以及凭祥南部的一些石山林区。

按：据此，表明在武鸣县、宾阳县、上林县、马山县、江州区、凭祥市、扶绥县、大新县、宁明县、龙州县等地曾是猕猴分布地。

《中国重点陆生野生动物资源调查》称(国家林业局，2008)：

据文献记载，猕猴在国内分布于……广西(靖西、龙州、上思、宁明、全州、天峨、罗城、百色、崇左、德保、田林、桂西【桂西僮族自治区延续到1956年3月2日，改桂西僮族自治州；同年12月20日，国务院会议做出了撤销桂西僮族自治州的决定】、龙胜、河池)。

本次调查表明，猕猴除了在上述地区有分布外，新增加的分布地还有……广西(武鸣、大新、

①保靖县. http://baike.baidu.com/view/589346.htm

②中国·龙山. http://www.xxls.gov.cn/lsgk/zrdl/st/201309/54614.html

③新丰县. http://baike.baidu.com/link?url=Gb1O37tD4SQWSnYITLpil0fc7lQIwi4KfSUAJhjy0pvwuklA9nZlxxNp8kEdfQBL#3_3

④怀集地情. http://www.gd-info.gov.cn/shtml/hjx/lanmu04/2015/09/01/136645.shtml

扶绥、隆安、马山、宜州、防城、容县、桂平、凌云、乐业、柳江、融水、三江、融安、鹿寨、忻城、阳朔、恭城、天等、钦州、南丹、东兰、凤山、大化、巴马、都安、环江、隆林、西林、田阳、田东、平果、富川、昭平、贺州、平乐、兴安、灌阳、资源、永福、灵川、临桂、荔浦、那坡）。

按：亦即表明在武鸣县、隆安县、马山县、阳朔县、临桂县、灵川县、全州县、兴安县、永福县、灌阳县、资源县、平乐县、荔浦县、龙胜各族自治县、恭城瑶族自治县、柳江县、鹿寨县、融安县、三江侗族自治县、融水苗族自治县、桂平市、容县、钦州市、防城港市、上思县、江州区、扶绥县、大新县、天等县、宁明县、龙州县、右江区、田阳县、田东县、平果县、德保县、靖西县、那坡县、凌云县、乐业县、西林县、田林县、隆林各族自治县、金城江区、宜州市、南丹县、天峨县、凤山县、东兰县、巴马瑶族自治县、都安瑶族自治县、大化瑶族自治县、罗城仫佬族自治县、环江毛南族自治县、忻城县、八步区、昭平县、富川瑶族自治县等地一直有猕猴分布。

李友邦等(2009)根据访问和实地调查法，表明广西猕猴（*Macaca mulatta*）分布于 51 个县（区）：南宁市：隆安、上林、马山、大明山（武鸣），崇左市：江州区、宁明、龙州、扶绥、天等、大新，河池市：金城江区、宜州市、罗城、环江、南丹、天峨、凤山、东兰，巴马、大化、都安，百色市：右江区、田阳、田东、平果、凌云、乐业、田林、隆林、西林、那坡、靖西、德保，柳州市：柳江、融安、融水、三江、鹿寨，来宾市：忻城、金秀，桂林市：七星区、荔浦、龙胜、兴安、灌阳、恭城，玉林市：容县、桂平，贺州市：富川、八步区，钦州市与防城港市：十万大山（防城和上思交界）①。亦即表明在武鸣县、上林县、隆安县、马山县、桂林市、兴安县、灌阳县、荔浦县、龙胜各族自治县、恭城瑶族自治县、柳江县、鹿寨县、融安县、三江侗族自治县、融水苗族自治县、桂平市、容县、钦州市、防城港市、江州区、扶绥县、大新县、天等县、宁明县、龙州县、右江区、田阳县、田东县、平果县、德保县、靖西县、那坡县、凌云县、乐业县、西林县、田林县、隆林各族自治县、金城江区、宜州市、南丹县、天峨县、凤山县、东兰县、巴马瑶族自治县、都安瑶族自治县、大化瑶族自治县、罗城仫佬族自治县、环江毛南族自治县、忻城县、金秀瑶族自治县、八步区、富川瑶族自治县等地仍有猕猴存在。

南宁市称，截至 2012 年自然分布的野生脊椎动物有 31 目 90 科 208 属 272 种，其中哺乳类 60 种，主要有黑叶猴、猕猴、小灵猫、大灵猫、林麝、苏门羚、黑熊、穿山甲等②。此显然是指地级南宁市的情况，其中部分地方有分布。

武鸣县称，境内属国家保护的野生动物，二类有猕猴等③。

宾阳县地势南高北低，由西南向东北倾斜，县境东、南、西三面边缘土山环亘，北及东北面边缘石山群立，中部为不闭合盆地，属大片冲积平原，北部及东北部为溶蚀平原及缓丘地区，东部为低山丘陵地带，东南部为高低丘为主的丘陵区。地属亚热带季风气候区，受海洋暖湿气流调节，高温多雨，夏长冬短。森林覆盖率 35.9%。境内野生脊椎动物有 31 目 90 科 208 属 294 种，其中哺乳类 60 种，主要有黑叶猴、猕猴、小灵猫、大灵猫、金钱豹、林麝、苏门羚、黑熊、穿山甲等④。

上林县称，境内还有猕猴等栖息⑤。

隆安县位于右江下游两岸，地形以石山为主，地势西北高、东南低。地属南亚热带季风气候区，湿润多雨，雨量集中，日照充足，暑多寒少，冰雪少见，偶有严霜。境内龙虎山自然保护区是珍稀动植物的王国，有植物 1 147 种，还有猕猴、黑叶猴、犀鸟、蟒、穿山甲等国家级保护动物，其

---

①该文中所谓“广西猕猴（*Macaca mulatta*）”，应是广西分布的猕猴（*Macaca mulatta*）。另据该文《广西壮族自治区猕猴数量分布表》列举的实际上有 52 地。

②南宁. http://baike. baidu. com/link? url = oBJjxFYvbivwYdidHdlvq6F26WAmJiX-VpTh44butHJfsHSrXHsp2vgMb8laePVIX1JmkHiEovD9KJ89KXOyiYlk7GzMo_MkEIZAnOxGsW3

③武鸣区. http://baike. baidu. com/link? url = dcITrtQXnwsezAZAv1955HuXKnGcF _ oPpafS3POYLeAuFkY4Fjn6auvKD6zXmMFkC1csgGKfWp5NtzLcwAyarAyHf4BIRZejsuLgDNJ-s0q；武鸣县. http://baike. haosou. com/doc/5908142. html

④广西宾阳县年产 16 万吨硅锰及富锰渣产品项目环境影响报告书. http://max. book118. com/html/2015/0417/15088115. shtm

⑤上林县. http://baike. baidu. com/view/132787. htm

中数量最多的是猕猴,共有 2 000 多只①。

马山县称,已发现的野生动物有几十种,常见的有"猴子"等②。此处所泛指的"猴子",包括猕猴。

桂林市七星景区 1980 年代初从铁笼逃出的七八只猕猴发展而成半野生种群,现今已达 120 只左右(周歧海等,2009)。证实确有猕猴存在。

临桂县境内宛田乡东部的蝴蝶谷瑶寨,据称有"猴子"等珍禽异兽③。其中似包括猕猴。

永福县称,境内野生动物资源中有"猴子"等野兽 18 种(叶福多,2011)。据该县志记载,此"猴子"应包括猕猴。

灌阳县位于都庞岭西麓,境内东、西、南三面高山环绕,向北开口;东西窄、南北长,中间低凹平坦,灌江自西南向东北纵贯全境,把全县自然分为东西两半;地势自西南向东北倾斜,地貌主要有中山、低山、丘陵、平地和台地 5 种。地属中亚热带季风气候区。该县千家洞国家级自然保护区有属国家二级保护的珍稀野生动物小灵猫、猕猴、穿山甲、锦鸡、水鹿、大鲵等④。

《恭城瑶族自治县概况》记载"动物资源·兽类"中"国家保护珍贵兽类有猕猴"(《恭城瑶族自治县概况》编写组,2009),表明当地还有猕猴等存在。

三江侗族自治县地貌分为残余山地、陡崖窄脊山、V 形谷、河丛丘陵河流谷地、残余山前梯地等六种层次一级地貌。地属中亚热带南岭湿润气候区,雨热同季,寒暑分明,晨昏多雾,四季宜耕;春多寒潮阴雨,夏有暴雨高温,伏秋易旱,冬有寒霜。境内兽类有毛冠鹿、猕猴、大灵猫、小灵猫、苏门羚、穿山甲、水獭、狐狸、田鼠、果子狸、黄腹、竹鼠、红腹松鼠、花鼠、青鼬、豪猪、野猪、黄鲸、貂猫、华南兔、猪獾等⑤。

桂平市地势西北、东南高,中间低,呈马鞍形向东北微微倾斜,西北的大瑶山和东南的大容山相对耸立,状似马鞍;山地边缘丘陵广布,形如马鞍的倾斜部;中部为开阔的浔江、郁江平原,宛如鞍部。总的来说,山地丘陵较多,平地稍少。地属南亚热带,气候温和,雨量充沛,阳光充足。据称,地处金田林场内的龙潭国家森林公园内有国家一级保护的动物瑶山鳄蜥,二级保护的猕猴、穿山甲等十余种⑥。

《上思县志》记载,"据 1974～1975 年调查,哺乳动物·灵长目:有猕猴"(上思县地方志编纂委员会,2000),反映在 20 世纪后半叶,上思县还有猕猴分布。

《崇左县志》记载,"恒河猴因分布较广,难估其数。均属国家二类保护的动物"(崇左县志编纂委员会,1994)。说明今江州区当时有较多猕猴分布。

扶绥县地势南北高、中间低,由西向东倾斜;南部和北部是高山土岭,峰丛谷地,中部为低丘台地,间有孤峰;岩溶地层分布很广,约占全县土地面积的 2/3。地属亚热带季风气候区,夏季高温多雨、光热充足,春季温暖湿润,秋季干燥少雨,冬季短促、气温较低。截至 2014 年,扶绥县珍稀动物有白头叶猴、黑叶猴、猕猴、南麝、果子狸、蛤蚧、山瑞、穿山甲等⑦。说明仍有猕猴等存在。

龙州县地势西北较高,东南较低,中部水口河、平而河、丽江(左江龙州段)自西向东横贯全境,形成低平的河谷平原;江北以熔岩地貌(俗称大石山区)为主,主要有峰丛洼地、峰丛谷地和峰林谷地,大致为北西—东南走向。地属南亚热带季风气候区,热量丰富,雨量充沛,日照充足;冬春微寒,夏炎多雨,秋季温凉,干湿季分明,湿热、干冷同季。森林覆盖率 15.8%。有兽类 7 目 20 科 30 种,属国家一类保护动物有白头叶猴、华南虎、

①广西南宁隆安县. http://www.tcmap.com.cn/guangxi/longanxian.html

②马山县. http://zy.zwbk.org/index.php? title=马山县&oldid=292284&printable=yes

③临桂区. http://baike.baidu.com/link? url=mKdjUhaLDAdCkutbDDgYVo12c5HGZhlIiwgMks05ISmwO9iXpfwpDyyBmactvZsN8xw-xJ51Q94j9eUosI4D7_

④灌阳县. http://www.baike.com/wiki/灌阳县

⑤三江侗族自治县. http://baike.baidu.com/link? url=EqXe9yN9gadzlDG59IDlA-j8cbLyr0z1WdWFPu78f6Pgn7H2romIuBRzdVBVYNezI-5AlwoylL2BQ-rHRjQdja

⑥龙潭国家森林公园. http://baike.baidu.com/view/163152.htm

⑦扶绥县自然地理. http://gx.people.com.cn/n/2015/0119/c369089-23611871.html

黑叶猴，属国家二级保护动物有红腹角雉、林麝、穿山甲、冠斑犀鸟，属国家三类保护动物有猫头鹰、灰鹊、红腹锦鸡、猕猴、蟒（南蛇）、白鹇、大灵猫、小灵猫、苏门羚等①。列举的动物虽存瑕疵，但“猕猴”当是猕猴。

右江区南北高、中间低，地势由西北向东南倾斜，属典型的山区；在总面积中，山区占95.4%（石山占30%，土山占65.4%），丘陵、平原仅占4.6%。地属南亚热带季风气候区，全年夏长冬短，气候湿润，春秋相似，日照多，热量充足，降雨量适中且比较集中。境内动物主要有猕猴、穿山甲、松鼠、箭猪、黄鼠狼、貉、猪獾、小灵猫、水獭、花面狸、果子狸、狐狸、野猪等，其中猕猴、穿山甲、水獭、小灵猫属国家二级保护动物②。

田东县属于右江河谷冲积平原，总的特点是南北群山环抱，中部为平缓开阔的盆地，周高中低；盆地占全县面积的6.7%；丘陵占71.28%；山地分两类：岩溶地占18.32%，土山占3.7%。地属南亚热带季风气候区，太阳辐射强，日照较多，霜雪较少，无霜期长；夏季炎热，冬季温和，夏湿冬干。森林覆盖率44.6%。野生动物主要有蛤蚧、穿山甲、果子狸、水獭、猴子、猸、野猫、黄鼠狼、鸬鹚、鹰、蛇等③。据之前县志记载，此处“猴子”主要是指猕猴。

德保县境内珍稀动物资源有恒河猴等国家二级保护动物④。表明还有猕猴分布。

《靖西县志》记载“兽类”中有“猕猴”（靖西县县志编纂委员会，2000），说明靖西县依然有猕猴存在。

那坡县野生动物资源丰富，已列为国家保护的珍贵动物有猕猴等⑤。

凌云县称，当地常能见到的野生动物“猴子”等走兽⑥。所称“猴子”，似包括猕猴。

乐业县地处云贵高原东南麓，地势高峻，山岭连绵。地属亚热带季风气候区，气候温和，夏无酷暑，冬无严寒。珍稀动物有猕猴、穿山甲、鹿等⑦。

西林县地处云贵高原向广西丘陵过渡的褶皱带，地势由西北向东南倾斜，土岭连绵，沟壑纵横，土山占全县总面积的98%。地属亚热带大陆性季风气候区，光热充足，冬无严寒，夏无酷暑。森林覆盖率39.3%。属国家保护范围的动物有30多个种类，其中二类保护动物有黑叶猴、恒河猴、小灵猫、苏门羚、林麝、黑鹿、穿山甲、水獭、大鲵、水鱼、白鹇鸡、锦鸡、鸳鸯⑧。所谓“恒河猴”就是猕猴。

田林县地处广西丘陵至云贵高原的过渡地带，东北、西北、西南和中部较高，向东南、向北逐步倾斜；地貌类型以山地为主，由土山（砂岩与页岩）和石山两类组成。地属亚热带季风气候区，因处于低纬度，太阳辐射较强，温度较高，热量丰富，雨量适中，气候温暖，大部分地区夏长冬短，霜期短，雨热同季。随着海拔的升高、地貌的各异，气候的地域性和季节性差异较大，形成许多不同的小气候。森林覆盖率73.6%。野生动物有108种，属于国家二、三类保护动物有班鹿［梅花鹿］、大鲵、猕猴、林麝、大小灵猫、金猫、苏门羚、云豹、金钱豹、华南虎、穿山甲、南蛇、原鸡、角雉、白鹇、锦鸡、猫头鹰、山瑞、鹰嘴龟、青蛙等20多种⑨。说明还有猕猴存在。

隆林各族自治县称，境内野生动物共有900多种。

其中国家二级保护的有猕猴，又称广西猴，俗名猸娄，主要分布在隆或镇的拉也、滴岩、马

---

①龙州县. http://baike. baidu. com/link? url=AOAiL4REUxqO0hLQBPcgPiG8AoEs73qTK_awIOvuGRajKj4JcGnP1d8MicQAt63x#3_2

②右江区. http://baike. baidu. com/link? url=8xqO7tIsNXNJdD-YWJjqudTmk15zJsm2qG7P2lyTI-jfZw9C4xZIUxHm-Ew9rMBr

③田东年鉴（2007—2009）. http://tiandong. gxdqw. com/tdnj/201407/t20140721_19982. html

④德保县生态县建设规划（2010—2020年）. http://www. docin. com/p-841198257. html

⑤那坡县. http://baike. baidu. com/view/395078. htm

⑥凌云县. http://baike. baidu. com/link? url = XGJcOEKQ2HQvkvSl1R _ XhM2bHYss11iDhwyDU8qBRs4-rJEoHRnf1m _ nY-tQ4K5zx#4_5

⑦乐业县电视台简介. http://www. admaimai. com/tv/tvDetail9_2426. htm

⑧西林县. http://baike. baidu. com/link? url=NKBiqxzK-rB0d45LGs7g1_Egfzn2D8-p-Dhue7X_H69T6SSWztX85FrvhQ_YEyBE#3_3

⑨田林概要. http://map. mapbar. com/a_baise_tianlin_map/；田林县. http://baike. baidu. com/view/395066. htm

卡、马宗、者隆，介廷乡的那达、弄昔、平利，岩茶乡的岩茶、卡白，龙滩乡的龙台、卡甫、弄甫、平台，克长乡的河马、和平，桠杈镇的忠义、龙良、弄徕、纳贡，蛇场乡的高山，德峨镇的田坝，革步乡的央索等地，数量约 300 只①。

按:证明当地仍有猕猴分布。

金城江区系云贵高原余脉地带，地势自西北向东南倾斜。该区跨中亚热带向南亚热带过渡的气候带。森林覆盖率 44.4%。动物种类较多，列为国家二级保护动物的有穿山甲、猕猴、羚羊、鹿、小灵猫、原鸡等数种②。

南丹县地处云贵高原向桂西北丘陵过渡的斜坡地带，地势由东北向西南方向倾斜，境内高山连绵起伏，峰峦重叠。气候多样，地区差异和垂直差异明显，具有高原山区的气候特点和变化规律:气温低，雨量多，光照少，南北气候差异很大，干旱、冰雹、低温、霜冻等灾害性天气频繁，局部地区风、涝灾害也常有出现。森林覆盖率 17.1%。当地野生动物资源有恒河猴、狗熊、狐狸、蛤蚧、眼镜蛇、穿山甲、果子狸、竹鼠等③。证明仍有猕猴等存在。

天峨县位于红水河上游，广西丘陵与云贵高原的过渡地带，地形中部及偏东南低，自西南、西北、东北向偏东南方向倾斜，可分为中山地貌、低山地貌及丘陵平原谷地地貌。地属亚热带季风气候区，冬暖夏凉，四季分明。森林覆盖率 82.6%。野生动物主要有山鸡、果子狸、猴、熊、穿山甲、黄羚、野猪、竹鼠等④。所谓“猴”，据之前县志，当是指猕猴。

凤山县地处云贵高原南部边缘地带，地势由西北向东南倾斜，山多地少，典型的喀斯特岩溶地貌，70%为大石山区，30%为土山区。地属亚热带季风气候区，雨量充沛，光照充足，温和湿润。森林覆盖率 55%。该县生态公益林主要分布于石山灌木林区域，其中猕猴等野生动物逐步增多，生物多样性丰富⑤。

东兰县称，境内兽类有“猴”等多种野兽⑥。所泛指的“猴”，似包括猕猴。

都安瑶族自治县称，境内兽类有“猴子”等⑦。所泛指的“猴子”，似含有猕猴。

大化瑶族自治县称，境内野生动物有“猴子”等⑧。所谓“猴子”乃泛指，似包括猕猴等。

罗城仫佬族自治县北部的黄金镇在青明山麓，野生动物资源比较丰富，主要有“猴子”等⑨。泛指的“猴子”，似包括猕猴。

环江毛南族自治县位于云贵高原东南麓，九万大山山麓，北高南低，四周山岭绵延，中部偏南为丘陵。按地貌的基本形态和成因，可分为构造侵蚀地貌、侵蚀剥蚀地貌和岩溶地貌三大类。地属亚热带季风气候区，气候温和，雨水充沛，日照充足，冬无严寒，夏无酷暑，雨热同季，无霜期长。森林覆盖率 59.2%。当地野生动物有 107 种，分属于 19 目 45 科;其中哺乳纲有 6 目 16 科 41 种。该县的杨梅坳地处九万大山山脉腹地，野生动物种类颇多，属于二级保护的动物有猕猴、鬣羚、藏酋猴、林麝、黑熊、大灵猫、小灵猫、穿山甲、水鹿、金猫、大鲵、山瑞鳖、白鹇、红腹角雉、红腹锦鸡、原鸡等⑩。说明仍有猕猴等存在。

---

①广西隆林网. http://www.gxll.gov.cn/html/longlin/about/resources/

②河池市金城江区人民政府网. http://www.jcj.gov.cn/zjjc/content.php?c=003005

③南丹县绿地系统规划说明书. http://3y.uu456.com/bp-060ec43fs8fafab06qdc0264-2.html

④天峨县. http://baike.baidu.com/link?url=TcGAAqhygP6j6VNUCi0U1JRCf3UR-PhuHP2DXzCDKAjlhFYkJ23-iG4etcUkHoReP_bsMiSfSIH4Yc3iXexqXK

⑤凤山县. http://baike.baidu.com/link?url=NAbDQ2crhsKbOXsWyuFp1iQIP65UsA6dy3DtueVkLftksffuYeXGa4FECR5lboEOGAJu0FWq3cCvRU4IvR8VIS2Jk_g5AypDyqj5M061Sly

⑥东兰县. http://baike.baidu.com/link?url=wmNz1i2w-8yUj1BfWYXnbsmHof3NuWVz-rPOynsQtSWwrGuq_LF3b1GHIvMEAyjesGjHDhzQzXjnzii7VUs2zK

⑦都安瑶族自治县. http://baike.baidu.com/link?url=kpfCwelqGQk6aWdKonpDPAHcMjp2HUrj1s7Ys2_yBTcMEpOZPW4ytXMPZDsF7eqIiA_MkDLBp8Vo9-q1Vksxg_

⑧大化瑶族自治县. http://baike.baidu.com/link?url=hPjduaLaCZXdBe99EMSJWI2BBlnEWGU2g1IMMWFDZoy1ygQI9xVbr78B1U9lr3XD4F8mna1e9REcI1HrA3QSV_

⑨黄金镇. http://www.chazidian.com/wxdt/list-n36842/

⑩环江毛南族自治县. http://gxi.zwbk.org/MyLemmaShow.aspx?lid=2446

兴宾区地处红水河下游，地属南亚热带向中亚热带过渡地带，温度较高，冬春干旱，夏秋多大暴雨。据称，野生动物种类多，列入国家重点保护的有猕猴、穿山甲、林麝、水獭、小灵猫、雉鸡、蟒、猫头鹰、金钱龟等①。

象州县称，1976 年调查，野生动物有 42 科 65 属 83 种，属国家保护的野生动物，二类有猕猴等②。据资料反映，野生动物还是 21 世纪之前的情况。

武宣县河马乡百崖槽一带有许多名贵珍奇动物，如“猿猴”等③；东乡镇合群村百崖大峡谷有珍稀动物“猴子”等④。所谓“猿猴”或“猴子”，似包括猕猴。

忻城县地形地貌为熔岩发育山区，石山占总面积的 65.1%，素有“九分石头一分土”之称。地属高温多雨的亚热带季风气候区，光热充沛，雨量充足，无霜期长。截至 2015 年，忻城县野生动物有麝、果子狸、獭、穿山甲、蛇、蛤蚧、黄猄、猴等⑤。所谓“猴”，据之前县志记载，主要指猕猴。

金秀瑶族自治县位于大瑶山主体山脉上，山地面积占县境土地总面积的 73%，山势大致为北北东—南南西走向，向西、东两侧迅速下降，形成古生代碎屑岩陡坡中山、低山地形；整个地势中间高、四周低，中部为中山、低山，四周为丘陵、台地和小片平原。地属南亚热带季风气候区，季节性气候变化很明显，夏季湿润多雨，冬季干冷少雨。境内陆栖脊椎动物 373 种，其中国家二类保护动物 22 种，包括大鲵、细痣蝾、虎纹蛙、白尾双足晰（白尾双足蜥）、红臂鸭、伯劳、猕猴、穿山甲、小灵猫、林麝等⑥。说明依然有猕猴分布。

昭平县地貌的显著特征是：群山起伏，河谷深切，平地狭小，地势西北高、东南低；山地面积占全县总面积的 87.6%，素有“昭平不平”之说。地属亚热带季风湿润气候区，夏长冬短，春湿冬干，夏涝秋旱，冬有霜雪。森林覆盖率 80.7%。境内野生动物 650 多种，兽类有虎、豹、豺、狼、獐、鹿、獾、獭、猴、野兔、野猪、山羊、山牛、箭猪、刺猬、野猫、松鼠、竹鼠、田鼠、黄鼠狼、白眼狸、果子狸、野狗、麝、蝙蝠、水鼠、穿山甲等⑦。所谓“猴”，据之前县志记载，当是猕猴。据县政府在 2002 年 5 月邀请自治区林业专家对县内七冲原始森林进行科学考察，动物组的专家发现了国家二级保护动物猕猴的踪迹和猴毛、粪便等（劳学军，2002）。证实其中包括猕猴。

● 海南

海南省一直有猕猴分布。

《三亚市志》记述（三亚市地方志编纂委员会，2001）：

> 猕猴：……猕猴常在石山裸岩中或傍水崖壁地带活动，喜攀缘，往来极捷，长居树端，昼行夜伏，常随食物迁徙，群栖，主食野果嫩叶和小动物。

按：据此反映三亚市一直有猕猴分布。近期的《三亚市概况》也指出：

> 三亚市动物资源也较丰富，大片的热带雨林中栖息着 300 多种珍禽异兽，其中兽类 50 多种，鸟类 300 多种，珍稀野生动物 38 种，如坡鹿、猕猴、穿山甲、蟒蛇等⑧。

琼海市地势自西北向东南倾斜，由平原、丘陵、山区三部分组成，东南部系平原地带，占总面积的 73%；中部为丘陵，占 26%；西南为山区、半山区，占 0.01%。地属热带季风及海洋湿润气候区，终年无霜雪。西南石壁镇的赤面岭有林木和各种藤萝缠绕覆盖，成为各种珍奇异兽生存的乐园，数得出的珍奇动物有猴子、野鹿、黄猄、山猪、

---

①广西·兴宾. http://www. xingbin. gov. cn/info/page/1

②象州县. http://baike. baidu. com/link? url = hqlFy0ueFvLWMxOHST1diHZ4JTkWbFW _ 1hrJf _ jvEFH _ WE16USZnymkPeF4fmmE7_MoOHhDZi32bAa5xWIi0xq

③武宣县百崖槽峡谷. http://blog. sina. com. cn/s/blog_5994e54e0100dr9o. html

④走进武宣名山雅川奇峰秀水. http://www. lbdsw. net/laibin/ShowArticle. asp? ArticleID=44124

⑤忻城县. http://baike. baidu. com/link? url = Jd-tBdYD-fhNuzbVt9Skskb7YcQceYZPOfUPEbZ6f71nEf6HYOE3d5NOqGS-yU7t7t7QODigVmO7r1TlU8j3sa

⑥广西金秀瑶族自治县基本概况. http://wenku. baidu. com/link? url=vPa2U3fWaOSrWNirfVXeFGQKb-kBQCMSvbHmiXtE4wSQXYapLH0V3mZKx51ySM6w6BMBfh6DVGomiDhAqyBNCUU-iyuZPWyXCVLsPOfl_fO

⑦昭平县志. http://www. gxdqw. com/pub/zhaoping_dqw/xznj/201308/t20130829_16763. html

⑧中国三亚. http://www. sanya. gov. cn/publicfiles/business/htmlfiles/mastersite/s8797/201412/148624. html

穿山甲、刺猬、蟒蛇、四脚蛇、金钱龟乃至山鹰、天鹅等。然而,赤面岭的森林覆盖已不能跟以往的原始森林同日而语。特别是岭上再也见不到猴子、黄猄、野鹿等珍奇异兽,不能不令人感慨唏嘘①!可见曾有猕猴栖息,而今已然绝迹。

东方市地处北部湾畔,地势东高西低,由东南向西北倾斜,东南部为山地和丘陵,西北部为平原和台地,地貌有山地、谷地、丘陵、台地、平原、海积阶地、沙滩等。地属热带季风海洋性气候区,旱湿两季分明,降雨量偏小,日照充足,蒸发量大。境内主要野生动物有坡鹿、猕猴、黄猄、山猪、眼镜蛇等②。

澄迈县北部濒临琼州海峡,隔海与广东雷州半岛相望;地势南高北低,南部为丘陵山地,中部为河积平原,北部为台地和海积平原。地属热带季风气候区,且雨热同季,终年基本无霜。西南端的加笼坪热带季雨林旅游区内,有水鹿、猴子、藤狸、穿山甲、蟒蛇、原鸡、山鹧鸪、金钱龟等珍稀野生动物③。所谓"猴子",似为猕猴。

屯昌县地处五指山北麓,南渡江南岸,属低山丘陵地带;地势南高北低,东西有山地,山地占全县总面积的5%,丘陵占85%,其他占10%。地属热带季风气候区,四季变化不大,长夏无冬,高温多雨,干湿季分明。森林覆盖率58.7%。据2014年2月发布,当地动物资源中兽类有水鹿、狗熊、长尾猴、野猪、山牛、果子狸、猫狸、赤狸、刺猪、穿山甲、野兔、松鼠、山獭、水獭等④。所称"长尾猴",似指猕猴。

白沙黎族自治县位于黎母山脉中段西北麓,南渡江上游,地处五指山腹地,地势陡峻,东南高,西北低;由山地、盆地、丘陵和台地构成,东南部山地占总面积的41.9%,东部盆地占19.3%,北部丘陵占28.6%,西北部台地占10%。由于境内地形复杂,山区气候特点突出。野生动物有被列为国家重点保护的二类保护动物猕猴、穿山甲、巨松鼠、水獭、大灵猫、水鹿、白鹇、孔雀雉、山瑞、蟒蛇等12种⑤。反映一直有猕猴等繁衍生息。

琼中黎族苗族自治县地处五指山北麓,西南高、东北低,地势自西南向东北倾斜;地貌呈穹窿形,由高山、低山、丘陵、台地河道、阶地等构成。地属热带海洋季风气候区北缘,雨水充沛,气候温和;由于四周群山环抱,有独特的山区气候特点。森林覆盖率81.7%。动物资源十分丰富,稀有珍贵野生动物主要有黑熊、长臂猿、猕猴、金钱豹、金钱龟、山鹿、孔雀雉、穿山甲、蟒蛇、毛鸡、原鸡、鹦鹉等⑥。表明还有猕猴等栖息。

陵水黎族自治县地势西北高、东南低,主要由山地、丘陵、平原组成,丘陵与山地主要分布在西北部,平原主要分布在东南沿海。地属热带岛屿性季风气候区,高温多雨,长夏无冬,干湿季分明。当地常见的走兽有国家一级保护动物海南坡鹿,国家二级保护动物水鹿、狝猴[猕猴]、穿山甲⑦。

保亭黎族苗族自治县位于五指山南麓,为五指山山脉的南延部分,地势西北部高、东南部低,由中山、低山、高丘、低丘、台地和河谷阶地等组成。地属热带季风气候区,热量丰富,长夏无冬。境内属国家二级保护野生动物有猕猴、穿山甲、黑熊、海南水獭、海南大灵猫、小灵猫、海南免、海南巨松鼠、山瑞鳖、虎纹蛙、风头鹰、斑尾鹃鸠、绯

---

①风行石壁之风水宝地赤面岭:琼海文化之旅. http://www.qionghaifc.com/news/201506/21/25506.html

②海南·东方. http://dongfang.hainan.gov.cn/dfgov/zjdf/201007/t20100719_58856.html

③澄迈县. http://baike.baidu.com/link? url=YBsf05L3zdCjfVH0LyH2WjyE4CaeFEJBOqkeoSKSHrH68yOHKJl8CCyuwdVStn-g#4_2

④屯昌县政府网. http://www.chengche.cc/news/95/9567.htm

⑤白沙黎族自治县. http://baike.baidu.com/link? url=3DPXNecxdg7msUBP7qBYlyDasBw6LVLaLh-DbpeKYBQgJhiztyF-BQRVR4-82zyOdib1azzFP5N7nUm-qYVeL9_#2_3

⑥琼中黎族苗族自治县. http://baike.baidu.com/link? url=Mr3IpvEUM_ILdRZLaIwhMsxAprQ64olzgP0EFXKYXDoNlnp9Efef76_qq2I9N-D3EKQWvDq5d6tURgq4FZacqK

⑦陵水黎族自治县. http://baike.baidu.com/link? url=khhycHt0O9Y0x4GfgbGX_ZD8YfiNNV_0X6sUv5V3YdJiPRFJFBaIG5rT69c8GyMC5AueyLJYHJg2Dv0HYg7N6q#3_5

胸鹦鹉、棱皮龟、地龟、三线壳龟、凹甲陆龟等17种[①]。

乐东黎族自治县地势北高南低，背山面海，山地与丘陵占全县总面积的70%，丘陵盆地占18%，滨海平原占12%。地属热带季风气候区，光照充足，热量丰富，雨量充沛，轻风无霜。当地的尖峰岭国家森林公园有中国大多数热带野生哺乳动物的稀有物种，其中有海南坡鹿、海南黑冠长臂猿、猕猴、大灵猫、小灵猫、海南豹猫、云豹、椰子猫、黑熊、小爪水獭、海南水獭、树鼩、巨松鼠和穿山甲等[②]。

● 香港

香港特别行政区一直有猕猴分布。

1913年，新界区第一个水塘——九龙水塘正式落成，在兴建水塘期间，有人发现水塘附近长有许多种子极毒的小灌木马钱子（*Strychnos nux-vomica*），然而确是猕猴钟爱的天然佳品，于是有人提出放生猕猴，让它们吃掉生长在水塘附近的马钱子，确保饮用水安全。经此放生后，这些猕猴便开始于九龙水塘一带生活，至今已繁衍成一个数目庞大的族群。由于人们过度饲喂，野生猕猴数目急速增长，由30年前的100多只增长至今2 000只左右（图9.22、图9.23）。此外，经过与人类频密接触，有些野生猴子失去了畏惧人类的本性，学会了抢夺游人手持食物，对游人造成滋扰。为帮助猴子回归郊野觅取天然食物，渔农自然护理署（渔护署）于1999年开始根据香港法例第170章《野生动物保护条例》，禁止于金山、塞拉利昂及城门郊野公园、大帽山郊野公园的部分地区、大埔滘自然护理区、邻近大埔道之郝德杰地道区及大埔道琵琶山段等指明地方喂饲野生猴子及其他野生动物。任何人如触犯禁喂条例，最高可被判罚款一万元。可见至今香港仍有较多猕猴栖息。

图9.22　九龙水塘附近的猴群（一）[③]

图9.23　九龙水塘附近的猴群（二）

香港“受保护的野生动物·陆栖哺乳动物”有蝙蝠、鼬獾、豹猫、果子狸、小灵猫、水獭、穿山甲、黄猄（赤麂）、红颊獴、松鼠、箭猪（豪猪）、猕猴、野猪等[④]。说明仍有猕猴存在。

6.1.4　西南

西南各省级政区皆有猕猴分布。

● 重庆

重庆市有猕猴分布记录。

万盛区称：

清代及民国时期，区境虎、豹、野猪、狐狸、猴等野生动物种类及数量较多，常危害人畜及庄稼。1952年原桐梓县兴隆、天桥、桃子荡等乡反

①保亭黎族苗族自治县. http://baike. baidu. com/link? url=SFyOlc8NNXnwsaCJKIPqqiY6oSQjzxsmOoCVssHEsc06fNTDZHi16ZP4L6xLBVt1wFaeNMGD7Yn5CMspul27tK#5_1

②尖峰岭国家森林公园. http://baike. baidu. com/link? url=XGvn5M0dRS-q7a9bmgbn97NaipeG3ETW6CMfVol8Mgm_i4wubz6XbkOEgihJYFnG

③Marco Li. 山中无老虎 猴子称霸王——香港的人猴大战. https://zhuanlan. zhihu. com/p/19587748

④GovHK 香港政府一站通. http://www. gov. hk/sc/residents/environment/conservation/naturalenvplantsanimals. htm

兽害,就打死虎 26 只、猴 38 只、野猪 45 只、刺猬 405 只、泥猪 159 只。

按:因为再提及之后的"猴"情况,亦即表明当地曾有猕猴分布。

《中国重点陆生野生动物资源调查》称(国家林业局,2008):

据文献记载,猕猴在国内分布于……四川(万县……巫山……南川、涪陵)。

本次调查表明,猕猴除了在上述地区有分布外,新增加的分布地还有……重庆(城口、巫溪、南川、武隆、彭水、江津)。

按:据此,反映在万州区、涪陵区、江津区、南川区、武隆县、城口县、巫溪县、彭水苗族土家族自治县等地仍有猕猴分布。

万州区境内山丘起伏,低山、丘陵面积约占 1/4,低中山和山间平地面积约占 1/4,少平坝和台地,且零星散布。地属亚热带季风湿润气候带,四季分明,日照充足,雨量充沛,无霜期长,霜雪稀少。境内已知脊椎动物及野生动物 312 种,其中兽类 69 种;已知珍稀动物 20 多种,属国家保护动物主要有猴、黑熊、穿山甲、狼、野猪①。所谓"猴",似主要指猕猴。

綦江区地处四川盆地东南边缘,介于华蓥山帚状山脉向南倾没、大娄山脉向北延伸之间,属喀斯特地貌;南西高、北东低,边缘高、腹地低;以山地为主,占綦江区总面积约 70%,丘陵约占 30%,主要有中山、低山、深丘、浅丘和槽谷五大类地形。地属亚热带湿润气候区,具有副热带东亚季风特点,表现为冬暖、春早、夏热、秋阴,云多日照少,雨量充沛,温、光、水地域差异大。境内动物有 200 多种,其中兽类 20 多种,重点保护动物有黑叶猴、云豹、林麝、猕猴、穿山甲、豺、青鼬、大灵猫、小灵猫、金猫、斑羚、黑耳鸢、苍鹰、雀鹰、普通鵟、红隼、红腹锦鸡、领角鸮、雕鸮、斑头鸺鹠、鹰鸮等②。

巫溪县地处大巴山东段南麓,以山地为主,属于典型的中深切割中山地形,境内山大坡陡,立体地貌明显。属亚热带暖湿季风气候区,四季分明,雨量充沛。境内脊椎动物达 350 余种,其中兽类国家重点保护的有虎、金钱豹、云豹、黑熊、林麝(香獐)、毛冠鹿(青麂)、金猫(狗豹子)、水獭、猕猴、穿山甲、鬣羚、豺、岩羊(崖羊)、大灵猫(九节狸)、小灵猫(野猫子)等③。另据 2015 年 1 月报道,该县兰英乡政府附近突然出现 100 多只野生猕猴。它们成群结队下山觅食,在当地政府和村民的保护下,猴子们在这里"安营扎寨"已半个多月。当地村民表示,自 20 世纪 50 年代末开始,猴群陆续离开山村后,这还是它们半个多世纪以来首次见到(龙丹梅等,2015)。进一步证实该县仍有猕猴。

巫峡山脉位于重庆(巫山县、奉节县)与湖北交界区,北与大巴山相连,主峰在奉节县境内的乌云顶,仍有猕猴等不少珍稀动物④。

云阳县地处长江两岸,三峡库区腹心,由南、北向中间倾斜,岭谷地貌明显,以山地为主,兼有谷、丘,山高、谷深、坡陡,群山巍峨。地处亚热带季风气候区,日照充足,夏季炎热,冬季暖和,多伏旱、多秋雨,立体气候显著。境内常见和经济价值较大的脊椎动物有五大类 40 多种,其中有猕猴、穿山甲、野猪、野羊、豪猪、黄鼬、云猫、豹、金钱猫、獾、林麝、草兔、野鸭、白鹤、猫头鹰、画眉、竹鸡、雉鸡等⑤。

彭水苗族土家族自治县位于乌江下游,地势西北高而东南低,为中低山地形;各类地貌中丘陵河谷区占 13.39%,低山区占 52.58%,中山区占 34.03%。地属中亚热带湿润季风气候区,气候温和,雨量充沛,光照偏少。据称当地黑叶猴和猕猴在乌江沿岸的平江、思渠、洪渡一带有少量分布,但主要活动在高程 300 m 以上的陡峭悬

①万州区情概况_万州港. http://www.wzg.com.cn/wzqq/76.html

②綦江区. http://baike.baidu.com/link? url=DOd8_3409zeve9_UcU8MBo24xHfCk51RRbo84Bp0io-jkVKjKbYgKYtXPKzdg6njUqJbsg0PQNT3XODS6iDkTa

③巫溪概况一自然资源. http://wx.cq.gov.cn/Category_442/Index.aspx

④巫山. http://baike.baidu.com/link? url=m-F087XduZ5uO0OBhxx5LkpEbIYkF8Y3S-mpL9IA7rhVmOgSbJgpvqmAYyxcHezm#5_2

⑤云阳旅游资源简介. http://3y.uu456.com/bp_74bzj7l1337s7tu44gpp_2.html

崖地段（蒋固政等，2005）。

酉阳土家族苗族自治县地处武陵山区腹地，地势中部高、东西两侧低，地形起伏较大。地属亚热带湿润季风气候区，雨量充沛，冬暖夏凉。境内兽类 33 种，隶属 5 目 12 科，属于二类保护动物的有毛冠鹿、云豹、胡猴、猴 4 种①。所谓“猴”，似为猕猴。

● 四川

四川省有较多猕猴分布。

《中国重点陆生野生动物资源调查》称（国家林业局，2008）：

据文献记载，猕猴在国内分布于……四川（美姑、雷波、木里、巴塘、德格、康定、峨眉山……茂汶、宜宾、汶川、米易、雅江、邓柯、邛崃、南江、青川、南坪、平武、万源、若尔盖、古蔺、乡城、盐源……灌县）。

按：据此，反映在都江堰市、邛崃市、青川县、平武县、峨眉山市、古蔺县、翠屏区、宜宾县、米易县、南江县、万源市、汶川县、茂县、九寨沟县、若尔盖县、康定县、雅江县、德格县、石渠县、巴塘县、乡城县、盐源县、美姑县、雷波县、木里藏族自治县等地依然有猕猴栖息。

据 2010 年 7 月报道，彭州市因 2008 年“5.12”汶川特大地震而消失、两年不见踪影的猕猴最近又重新回到“老家”，在这里快乐地生活（孙阳，2010）。

大邑县位于成都平原西部，与邛崃山脉接壤，地势西北高、东南低，呈阶梯状渐次降低，依次出现山区、丘陵和平原三大地形区，具有“七山一水二分田”的地貌结构，山区、丘陵和平原分别占该县总面积的 60.5%、16.7%、22.8%。地属亚热带湿润季风气候区，气候温和湿润，雨量充沛，日照较少，无霜期长，四季分明。境内珍稀野生动物较多，属国家级保护的野生动物有 56 种，其中国家二级保护的野生动物有小熊猫、小灵猫、猕猴、豺、黑熊、林麝（俗称獐子）、大鲵、鸳鸯、红腹锦鸡、水鹿、盘羊、猫头鹰、苍鹰等 46 种②。

安县位于四川盆地西北部，龙门山脉中段，根据地貌成因和地表形态，可分为平坝、丘陵（台地）、低中山三种类型地貌。地属中亚热带湿润季风气候区，干湿季节分明，全年气候温和，雨量充沛，日照较足，无霜期长，春来较早，夏长秋短，四季分明。森林覆盖率 43.6%。哺乳动物有 80 余种，有大熊猫、金丝猴、牛羚、猕猴、小熊猫、马熊、黑熊、狼、赤狐（野狗）、貉、豺、石貂、黄喉貂、黄鼬（黄鼠狼）、鼬獾（猸子）、獾（狗獾）、猪獾、水獭（鱼毛子）、大灵猫（九江狸）、果子狸（花面狸）、豹、野猪、麝香獐子［麝］、鬣羚（山驴子）、斑羚（岩羊）、草兔、复齿鼯鼠、豪猪（刺猪）、竹鼠（竹溜子）、褐家鼠、黄胸鼠、小家鼠川陕亚种、四川短尾［猴］、山蝠、绯鼠耳蝠华南亚种等③。表明依然有猕猴栖息。

古蔺县地处四川盆地南缘、云贵高原北麓，地势西高东低，南陡北缓，地形起伏较大，山峦耸立，沟壑纵横，“七山一水两分地”，是典型的盆周山区县。具有四川盆地气候和贵州高原气候特征，四季分明，雨热同季，夏季炎热，冬季不太寒冷；气温差异大，无霜期长，年降雨量偏少，湿度适中，日照较充足，常年多夏伏旱。森林覆盖率 49.6%。兽类共计 47 种，分属 8 目 21 科，其中竹鼠、红白鼯鼠、复齿鼯鼠、藏酋猴及毛冠鹿等 5 种为中国特产兽……属于国家二类保护兽类有猕猴、藏酋猴等12 种……猕猴、藏酋猴、黄喉貂的数量均在 50 只以下④。说明仍有猕猴等分布。

宜宾县处于四川盆地南缘，长江上游和金沙江、岷江下游“金三角”地区，地势东北低、西南高；地貌多样，以丘陵为主，约占总面积的 73%以上。地属亚热带季风气候区，低丘、河谷地带有南亚热带的气候属性，气候温和，热量丰足，雨量

①酉阳土家族苗族自治县. http://baike. baidu. com/link? url＝K5WnvORdduhHBSZ1U5-wZo6KCieLsfvfsFTAf_9Y3gzhJJt0tdUZr-6M1sKl-epXxxTDIBGeo3guMV_VBoLXxK

②大邑县. http://baike. baidu. com/link? url＝2oOQV44tIand0ipN839cYB-DBUxGTLo2JOr0ekPUpMAHhlXrfoC4YN-9knw_J53ldaFGO2sDP_44e03Oh3qoVK

③安县政务网. http://anxian. my. gov. cn/ax/219841861039161344/20110623/258949. html

④古蔺县. http://baike. baidu. com/link? url＝pgERakBY2K782QF802a6hFXDSCLfGmamMTTHNa3R9SFB0Wy1hvBZwWG4PxZOXBqZ6Ed2JJToOrXl27dpviMRY_

充沛,光照适宜,无霜期长,冬暖春早,四季分明。森林覆盖率34.1%。横江镇的石城山上有猴、山羊、刺猬、松鼠、锦鸡、竹鸡、斑鸠、画眉、喜鹊、黄鹭等野生动物[①]。"猴"似为猕猴。

珙县属山区县,地势南高北低,山区、丘陵、平坝的比例大体为7.5∶1.5∶1。地属亚热带湿润性季风气候区,春早冬暖,湿度偏大。森林覆盖率48.7%。野生动物主要有黑熊、弥猴[猕猴]、土豹[云豹]、锦鸡等品种,主要分布在该县南部山区,数量较少[②]。

兴文县中南部仙峰山隆起,将全县分为南北两翼,北部北低南高,南部北高南低,分槽坝、丘陵、低山、中山4个地貌类型。地属亚热带湿润气候区,雨量充沛,无霜期长,四季分明,雨热同季。森林覆盖率36.5%。经查明的野生动物中属于国家二级保护动物有猕猴、獐子[麝]、岩羊、大灵猫、小灵猫、灰鹤、娃娃鱼、白腹锦鸡等[③]。

盐边县和米易县境内二滩国家森林公园的红碧滩风景区属南亚热带气候,森林茂密,四季分明,气候怡人,森林覆盖率93%。其中有黑熊、猕猴、小熊猫、红腹锦鸡、黄麂、野猪等野生动物[④]。

盐边县位于青藏高原东南缘,雅砻江下游西岸,地势由西北向东南缓缓倾斜,有"八分耕地一分水,九十一分林草坡"之称。地属南亚热带干河谷气候区,具有典型的南亚热带干旱季风气候特点:冬暖、春温高、夏秋凉爽;气温年差较小;太阳辐射强,日照充足,热量丰富,四季分明;干雨季分明,干季蒸发量大,雨季集中,雨量充沛;受地形影响,温度垂直变化显著。西北部的攀西大裂谷格萨拉生态旅游区还有林麝、小熊猫、四川山鹧鸪、猕猴、白腹锦鸡、大紫胸鹦鹉、灰头鹦鹉、雀鹰等珍稀动物[⑤]。

通江县地处米仓山东段南麓大巴山缺口处,属中、低山区,包括中切割低山、中切割中山和深切割中山,呈"三山夹两谷"地形。地属亚热带季风气候区,春暖秋爽,夏热冬冷,降水集中,雨热同季,四季分明。森林覆盖率57.6%。当地有野生动物331种,其中列入国家一、二类保护的动物主要有毛冠鹿、金雕、云豹、金钱豹、猕猴、苏门羚、林麝、大鲵、白冠长尾雉、红腹锦鸡等21种[⑥]。

宣汉县位于四川盆地东北大巴山南麓,地形复杂,山势逶迤,由东北向西南倾斜绵延,呈"七山一水两分田"总体地貌。地属中亚热带湿润季风气候区,无霜期长。森林覆盖率56%。截至2011年,宣汉县野生动物约400种,其中金钱豹、猕猴、大鲵(娃娃鱼)、白鹇等国家重点保护动物数十种[⑦]。

雨城区位于四川盆地西缘,青衣江中游,成都平原向青藏高原过渡带,地势西高东低,处于邛崃山脉二郎山支脉大相岭北坡,为中低山地带;山地占全区总面积的91%(其中低山占45%,中山占46%),平地占9%(主要是河谷阶地和山间盆地);中山主要分布在西北、西南和东南,低山主要分布在中部和南北河谷两侧。除少数高山区外,基本属于亚热带湿润季风气候区,冬无严寒,夏无酷暑。森林覆盖率50.3%。境内野生动物种类多,业已查明的脊椎动物有330余种,野生哺乳类动物主要有猴、熊、大熊猫、小熊猫、豹、獐、野牛、林麝、狐狸等45种[⑧]。所谓"猴",似包括猕猴。

荥经县西南高、东北低,可分为四个类型:高山区呈点状分布;中山区占全县总面积的84%,是县境地貌的主体,以西北部和南部分布最广;低山丘陵区占全县总面积的12%,主要分布在中部和东北部;阶地和平坝区占全县总面积的4%

① 石城山森林公园. http://baike.baidu.com/view/375674.htm
② 珙县. http://baike.baidu.com/view/72127.htm
③ 兴文县. http://baike.baidu.com/link?url=jydC3dI7Wr6pLbMGaQpGS40cRo2Eh_yaQ5nKxn4XHwtsKC7Na8nyi-N6Ucs_DuTg#3_2
④ 二滩国家森林公园. http://baike.baidu.com/view/107007.htm
⑤ 格萨拉生态旅游区. http://baike.baidu.com/view/486794.htm
⑥ 通江县. http://baike.baidu.com/view/282192.htm
⑦ 宣汉县. http://baike.baidu.com/link?url=0NDzHvs1UHCCVtpPIsYld4is_wFptm0WLYAMHiIRHwkFxJvNBatxfgyCGaE6TvkM
⑧ 雨城区. http://baike.baidu.com/link?url=PxG_GCKt7yKIGHJdThC3o_JCiYjKw0ErEUR7gL8LFN1RmHQp3Lewa_pUl-Gv7TCC3#6_5

（其中河漫滩、洪积扇形的河谷平坝仅占1.4％）。地属亚热带季风气候区。由于高低相差悬殊，垂直变化大，具有山地气候特征。境内珍稀保护动物有大熊猫、羚牛、大鲵、小熊猫、豹、金猫、水鹿、林麝、白鹭、灰角斑雉、盘羊、大灵猫、小灵猫、四川猴、红面短尾猴、苏门羚、岩羊、水獭、白腹锦鸡、红腹锦鸡、白鹇[①]。所谓“四川猴”，当是猕猴。

石棉县位于贡嘎山南麓、大渡河中游，地势西南高、东北低，山脉多呈南北走向；主要表现为复杂多样的山地地貌，尤以中高山为主，中山区约占总面积的78％，河谷平坝主要位于大渡河沿岸，约占2％。地属中纬度亚热带季风气候区；受地形影响，气候垂直分布明显，形成以下气候特征：年均温度偏高的亚热带气候，平均降水量偏少的季风气候；夏雨集中、夜雨多、少暴风、无秋绵雨；冬春干旱、山风强烈，夏秋多雨、无酷暑；气温随高度降低、降水随高度增加变化显著。到2013年，境内分布有脊椎动物28目89科227属359种，其中兽类66种，属国家二级保护动物有猕猴、小熊猫、豺、黑熊、水獭、金猫、猞猁、马麝、羚、斑羚、岩羊、毛冠鹿、白臀鹿、金猫等[②]。

松潘县位于青藏高原东缘，地貌东西差异明显，以中山为主；地形起伏显著，相对高差比较大。由于地形复杂，海拔悬殊，导致松潘的气候具有按流域呈明显变化的特点，小气候多样且灾害性天气活动频繁。截止到2010年，当地野生动物种类仅脊椎动物就有258种，其中兽类120种，有猕猴、大灵猫、盘羊、岩羊等国家二级保护动物30余种[③]。

黑水县地处青藏高原东南缘横断山脉中段北端的岷江上游，地势由西北向东南倾斜，群山屹立，山峦起伏，雪峰对峙，河谷深切。地属季风高原型气候，旱、雨季分明，日照充足，气温年差较小，日差较大，并随海拔不同差别较大。据有关部门调查，全县有脊椎动物达250种之多，其中兽类120余种，属国家Ⅱ级重点保护动物有小熊猫、猕猴、马熊、大灵猫、猞猁、金猫、水鹿、岩羊等[④]。

壤塘县位于青藏高原东部，大渡河上游；地形以丘状高原为主，相间河谷平地和高山，有较大的山74座。属高原季风气候区，昼夜温差大，从河谷到高山，有明显的气候垂直变化，多为小区域气候。该县香拉东吉圣山风景区栖息着许多珍稀野生动物，成群结队的有岩羊、狍、原羚、草鹿、麂子、黑鹿、野驴、马鹿、麝、黑熊、棕熊、猕猴、野猪、狐狸、金钱豹、雪豹、猞猁、兔、水獭、狼、豺狗、旱獭等[⑤]。表明猕猴等数量仍较多。

泸定县位于二郎山西麓，介于邛崃山脉与大雪山脉之间；地属典型高山峡谷区，山体呈南北走向，县境内高山林立，谷深壁陡，沟壑交错，境内平坝、台地、山谷、高山平原、冰川俱全。地属高原气候区，冬无严寒，夏无酷暑，冬季干燥温暖。境内有野生哺乳动物31科69种，其中属国家保护的珍稀动物37种。海螺沟内常绿阔叶林带和针阔混交林带，是珍稀动物牛羚、猕猴、大熊猫、小熊猫、马麝、岩羊、红腹角雉等动物的主要栖息地[⑥]。

炉霍县地处川西高原与山原的接触地带，地势西北高、东南低，山脉河流走向多是由西北向东南。地属青藏高原亚湿润气候区，夏季温暖，冬春寒冷，空气干燥，风沙较大。境内主要动物资源有鹿、猴、磐羊、白唇鹿、磐羊、林麝、藏马鸡、细鳞鱼、花鱼等[⑦]。此处所谓“猴”，据周边动物分布，似指猕猴。

理塘县位于青藏高原东南缘，以丘状高原和山原地貌为主，兼有部分高山峡谷；西部、中部因造山运动的抬升，地势起伏较大，向东南和东北倾斜；境内山脉和水系呈南北走向，东西排列，山

---

①荥经县. http://baike. baidu. com/view/985922. htm

②石棉县. http://baike. baidu. com/link? url = 7zEKw4Cmkjs1BEOWLmuS7VXhsUWvtwxXY6wg2yhyFGZU6CiuMoX-6OXty_AN9fJ4LjMoKR7rN_27CYYvOv_PX_

③松潘县. http://baike. baidu. com/link? url=LMyeIK3APZtT5-2J2neKFgmrVh1UArCWEE8pD19YBnvsTjkhwTptcTaAGeFpXXs_＃5_1

④黑水县. http://baike. baidu. com/link? url=yuBRdhCIMJw80Xl09cupddMeGgeLfj5za802T2zn3_udZ6c38MeoDJoKa-ubZW7S＃7_2

⑤香拉东吉圣山风景区. http://www. bytravel. cn/Landscape/27/xiangladongjishengshanfengjingqu. html

⑥泸定县. http://baike. baidu. com/link? url=cHdWGmeOV_vjoS7nx-6JPbwIFiAkYPGZ8Yrjdn0Ek8JLhgWM6j64VPt-bJW1caQ4＃7

⑦炉霍县. http://baike. baidu. com/link? url=rT1LFDiVvMqGcWSQ-PGC9gNPFHsU-sXPRaAM-V96_9aMUOtL9U1ry8Gy42vxl8vM

川河流相间，山地垂直分布明显；由低到高依次出现中山、高山、极高山等类型，在山地窄谷、宽谷和高山顶部夷平面又出现台地、多平坝、高山原类型。地属高原气候区，气温低，冬季长，日照多，辐射强，风力大，水热同期，蒸发量大，干湿季节分明。森林覆盖率7.4%。境内野生动物主要有白唇鹿、豹、猴、扭角羚、林麝、水獭、熊、兔及重唇鱼等①。所称“猴”，似为猕猴。

稻城县地处青藏高原东南部，横断山脉东侧；地势北高南低，西高东低，北部为高原宽谷区，中部为山原区。地处亚热带气候带，受青藏高原复杂地形的影响，呈现出高原型气候和大陆性气候特点，属高原季风气候，一年之中绝大多数时间天气晴朗，阳光明媚。主要珍稀野生动物有豹、白唇鹿、毛冠鹿、獐、熊、藏羚羊、岩羊，林麝，小熊猫、猕猴、穿山甲、藏马鸡、贝母鸡等②。

据2012年11月至2013年2月对地处西昌市的泸山景区猕猴的生境选择进行调查，认为影响泸山猕猴的生态因子主要有郁闭度、隐蔽度、食物丰盛度、坡向和人为活动干扰等(亓东明，2014)。进而证明当地依然有猕猴群栖息。

《盐源县志》列举哺乳动物有“猕猴”等(盐源县志编纂委员会，2000)。反映盐源县还有猕猴等存在。

会东县地处横断山脉南部褶皱山中切割地带，地形复杂，高低悬殊；中部高，西部缓展，北部绵延，东南陡峭，山地占总面积的90.87%，次为山原、平坝、台地。地属亚热带季风湿润气候区，气候温和，雨热同季，日照充足，无霜期长，具有高原、山地立体气候特点。森林覆盖率42.4%。2014年称，会东县动物有獐子[麝]、火狐、水獭、锦鸡、猴子、岩羊、麂子、熊、豪猪、穿山甲、马鹿、飞雕、啄木鸟、猫头鹰、蛇等③。所谓“猴子”，似指猕猴。

普格县属云贵高原之横断山脉，以中山(含亚高山)为主，占总面积的67.4%。丘陵平坝仅分布在河谷地带，呈高山、中山深切割地貌。气候受西南季风和印度北部干燥大陆性气团交替控制，干雨季分明，年温差较小，日温差较大。野生动物种类有豹、黑熊、滇猴、小熊猫、麝、野牛、岩羊、穿山甲、灵猫、红腹角雉、锦鸡、鹤、长脚秧鸡、鹦鹉等④。所谓“滇猴”，似为猕猴。

越西县境内多山，主要以横断山脉为主，山川南北纵列，地势南高北低。属西昌巴塘亚热带气候区，天气凉爽，雨量充沛，四季不太分明。气候受地形影响，夏秋湿润凉爽，冬春干燥寒冷。全县野生动物有21科48种，其中国家二类保护动物有小熊猫、苏门羚、短尾猴、金猫、斑羚、岩羊、水獭、穿山甲、猕猴、绿尾红雉、白腹锦鸡等⑤。说明还有猕猴等栖息。

木里藏族自治县地处青藏高原东南缘，横断山脉终端，是云贵高原与青藏高原的过渡地带；地势南倾，由于河流深切，岭谷相对高差很大；全县形成三个大地貌：西北部的山原地貌，东南部中山深切割山地貌和西南部的高山深切割山貌。气候特征为冷热两季交替、干湿两季分明，年温差小、日温差大，辐射强烈，无四季区分。山高林密，人口稀少，适合野生动物繁殖，常见的有200多种，其中国家二级保护的有小熊猫、短尾猴、猕猴、黑熊、斑羚，马鹿、岩羊等50多种⑥。反映依然有猕猴等存在。

● 贵州

贵州省也是猕猴主要分布的省级政区之一。

《中国重点陆生野生动物资源调查》称(国家林业局，2008)：

据文献记载，猕猴在国内分布于……贵州(遵义、兴义、雷山、松桃、江口、印江、石阡、余庆、正安、绥阳、桐梓、习水、开阳、贵阳、清镇、瓮安、三都、独山、惠水、长顺、望谟、册亨、安龙、梵净山、荔波)。

本次调查表明，猕猴除了在上述地区有分布外，新增加的分布地还有……贵州(沿河、德江、

①理塘县. http://baike.baidu.com/view/797830.htm
②稻城县. http://baike.baidu.com/view/282188.htm
③会东县. http://baike.baidu.com/view/377794.htm? fromId=399477
④普格县. http://baike.baidu.com/view/377792.htm? fromId=399474
⑤越西县. http://baike.baidu.com/view/377721.htm
⑥木里藏族自治县. http://baike.baidu.com/view/480821.htm

思南、黄平、施秉、从江、黎平、锦屏、天柱、凯里、榕江、剑河、台江、丹寨、福泉、龙里、贵定、都均[都匀]、罗甸、平塘、贞丰、水城、六枝、盘县、平坝、关岭、紫云、紧沙[金沙]、织金、黔西、大方、毕节、纳雍、赫章、威宁、赤水、道真、务川、仁怀、湄潭、修文、息烽）。

按：据此，表明在贵阳市、清镇市、开阳县、修文县、息烽县、盘县、六枝特区、水城县、遵义市、赤水市、仁怀市、遵义县、桐梓县、绥阳县、正安县、湄潭县、余庆县、习水县、道真仡佬族苗族自治县、务川仡佬族苗族自治县、平坝县、关岭布依族苗族自治县、紫云苗族布依族自治县、毕节市、大方县、黔西县、金沙县、织金县、纳雍县、赫章县、威宁彝族回族苗族自治县、江口县、石阡县、思南县、德江县、印江土家族苗族自治县、沿河土家族自治县、松桃苗族自治县、凯里市、黄平县、施秉县、天柱县、锦屏县、剑河县、台江县、黎平县、榕江县、从江县、雷山县、丹寨县、都匀市、福泉市、荔波县、贵定县、瓮安县、独山县、平塘县、罗甸县、长顺县、龙里县、惠水县、三都水族自治县、兴义市、贞丰县、望谟县、册亨县、安龙县等地一直有猕猴分布。

贵阳市称：

目前贵阳市远郊和三县一市深山中尚存少量国家各级保护动物。计有：大鲵、鸳鸯、红腹锦鸡、穿山甲、八哥（鹩哥）、林麝、弥猴[猕猴]等及多种蛇类、蜥蜴类动物①。

按：既点明"贵阳市远郊和三县一市"，反映在地级贵阳市所辖贵阳市、清镇市、开阳县、修文县、息烽县等地皆有猕猴等存在。

索风营水电站虽位于修文县与黔西县交界的乌江中游六广河段，但水电站建设征地影响范围内的猕猴、藏酋猴主要分布于黔西县、清镇市和修文县乌江干流、支流两岸。根据国家环保部的批复，结合电站猴群生存环境现状，采取建立定期定点投食区域和栽种合适果树两种保护措施。据称取得良好效果，库区猕猴、藏酋猴活动范围进一步扩大，数量也逐渐增多（申友奎，2011）。

开阳县属黔中高原区，地势较高、起伏不平，地质构造复杂多样；地势西南高、东北低，由西南分水岭地带向北面乌江河谷和东面清水河谷倾斜。大部分地区属北亚热带季风湿润气候，四季分明，春暖风和，冬无严寒，夏无酷暑，水热同季，无霜期长，春迟夏短，秋早冬长，多云雾，湿度大。森林覆盖率52.9%。南江（大）峡谷峭壁上藏酋猴、猕猴在攀缘嬉戏②，说明有猕猴等存在。

赤水市处于云贵高原向四川盆地过渡地带，东南高、西北低，海拔由东南向西北递减，地形主要为高原峡谷型和山原峡谷型。东南部重峦叠嶂，峡谷幽深；西北部丘陵起伏，河谷开阔平缓。地属中亚热带湿润季风气候区，冬暖春早，夏季炎热多伏旱，全年日照少，初夏晚秋多阴雨，立体气候和地区差异显著。森林覆盖率80.3%。两河口乡的赤水大瀑布与盘龙原始森林公园，皆称有猕猴等珍稀动物时常出没③。

绥阳县位于大娄山脉中段，地势西北部高，中南部低，东南部又稍高。地属亚热带季风气候区，水热同季。春季多阴雨低温，盛夏多伏旱和洪涝，秋季多连阴雨天气，较高地区常年有秋风，冬季以阴天为主，多冬干，无霜期长。森林覆盖率28%。宽阔水原始森林与天门山等地皆称有猕猴等野生动物④。

习水县地处大娄山山系西北坡与四川盆地南缘的过渡地带，属中山峡谷地貌，地势东高西低。地属亚热带湿润季风气候区，四季分明；夏季，高温多伏旱；秋季，温度下降快，多绵雨；冬季，多低温阴雨；春季，气温回升不稳定，多夜雨。多阴雨，少日照，湿度大，局地小气候明显，气候的垂直差异十分显著。截止到2010年，有野兽72种2亚种，分属8目24科，诸多动物中，属国家二级重点保护动物有猕猴、藏酋猴、穿山甲、

---

①中国·贵阳. http://www.gygov.gov.cn/col/col10801/index.html

②开阳县. http://baike.baidu.com/link? url=myfkCK5jdPP-udaIm51-i179iyQ7IYaKMEFwUWc0AJ6bprIpdCPdbmcJniV_kCWu2Sp5bA6goiUqmIA4AsLKA_

③赤水市. http://baike.baidu.com/link? url=BEw3RRJFmCey4UU2f-YTnnDkyKKL7QSuWrih5dxiZqLoJSZ0LhASd2Mx0qt_1dwt33jvh-reZ3gXZjDLeiR2AK#5_4；赤水风景名胜区. http://baike.baidu.com/view/162428.htm

④宽阔水原始森林. http://baike.baidu.com/view/10098565.htm；绥阳太白天门山"红旗渠"缩影. http://mt.sohu.com/20150805/n418191046.shtml

豺、黑熊、青鼬、水獭、大灵猫、小灵猫、班灵狸、林麝、鬣羚、斑羚、大鲵、虎纹蛙、细痣疣螈[1]。反映有猕猴等存在。

道真仡佬族苗族自治县位于云贵高原向四川盆地过渡的斜坡地带，属大娄山系中支和东支余脉；地貌以溶蚀侵蚀低山峰丛和槽谷为主，碳酸盐岩广布，属典型的喀斯特地貌。地属亚热带湿润季风气候区，冬无严寒，夏无酷暑，气候宜人。截至2012年，县境内有陆栖脊椎动物400余种，其中有猕猴、藏酋猴、大灵猫、穿山甲、红腹锦鸡等30余种国家二级保护野生动物[2]。

平坝县处于喀斯特地貌典型区，境内地势平坦，河流纵横。地属亚热带湿润季风气候区，冬无严寒，夏无酷暑，四季分明，降水充沛，全年无沙尘天气，无台风影响，紫外线辐射强度较低，气候温和。境内野生动物有猕猴、狐狸、箭猪、野猪、穿山甲等[3]。

紫云苗族布依族自治县地处贵州高原向广西丘陵过渡斜坡地带的中低山盆谷区，地势南北高而中部平缓，东西两侧向外倾斜，西部山脉属乌蒙山系，其余为苗岭山系，是典型的喀斯特地貌。沉积岩和碳酸盐岩体形成众多的溶洞群，分布广泛，类型齐全，其中山地占总面积的77.8%。地属亚热带季风湿润气候区，为中亚热带与北亚热带的过渡地带，温和宜人，雨水充沛，四季分明，干湿明显，冬无严寒，夏无酷暑。森林覆盖率24.2%。野生动物资源有国家二类保护珍稀动物猕猴、林麝、穿山甲等[4]。

《赫章县志》记载有"黄猴"(贵州省赫章县地方志编纂委员会，2001)，说明在赫章县依然有猕猴分布。

锦屏县地处云贵高原东部边缘，地势由西北向东南逐渐降低，西部及西南部为低中山区，中部及东北部为低山峡谷区，东南部为低山丘陵盆地区，境内山脉为苗岭余脉。地属中亚热带湿润季风气候区；由于受到境内复杂的地形和植被条件等因素的影响，所以具有明显的山地主体气候和林区气候的特点。森林覆盖率71.2%。近年，除各地浅山中尚存少量野猪和文斗乡南包溪、乌斗溪等小范围原始残次林中尚存小群猕猴外，虎、豹、豺、狼、野牛、野鹿等大型动物已基本绝迹[5]。

剑河县为山地性高原，系雷公山中山地貌向湘桂丘陵过渡的斜坡台地，地势自西南向东北倾斜，以低山、低中山为主；由于山高坡陡切割深，有"九山半水半分田"之称。地属中亚热带季风气候区，四季分明，冬无严寒，夏无酷暑，水热同季，雨量充沛。森林覆盖率63.2%。野生动物繁多，有33目64类183种，其中猕猴、娃娃鱼、穿山甲等是国家重点保护动物[6]。

台江县地处云贵高原东部苗岭主峰雷公山北麓、清水江中游南岸，地形地貌奇特，高山、盆地、河谷错落有致。地属中亚热带温和湿润气候区，雨量充沛，冬无严寒，夏无酷暑。森林覆盖率60%。据称，山中有金山猴[金丝猴?]、猕猴和蟒、蛇及穿山甲等多种动物繁衍栖息[7]。

雷山县地处云贵高原湘桂丘陵盆地过渡的斜坡地带，地势东北高、西南低。地属中亚热带季风湿润气候区。雷公山森林公园据称还有黑熊、猕猴、林麝、大鲵等国家二级保护动物和518种野生动物[8]。

据2010年8月报道，7月以来，地处荔波县的茂兰保护区三岔河管理站辖区内猕猴活动十分频繁，群众反映猴子偷食玉米等，有时多达50只

---

①习水政府网. http://www.gzxishui.gov.cn/html/xsgov/col4/1_11_6.html

②道真仡佬族苗族自治县. http://baike.baidu.com/link? url=2Qk_cSEXLwqcdYkvdpz5lG5t46Oe8iV9jSqm90KXCjMFJeQsYooOLzBDL_MmCErUMHYzcg5oJXMBZBsl6i4_Ia

③平坝县. http://baike.baidu.com/link? url=CnrVJDESDA5Y61Bsi2wCmgtyQHX4lDc6x7ZMECEMxm3hi0_qKtFMuhatREOkIs5_DdFN6Xpk2Nm_0ZL1wQzcAa

④紫云苗族布依族自治县. http://baike.baidu.com/link? url=LWRiBbeS_p4OQVKyhq-FJC9CCtJr_nxNONu-7rplu5CU91YLbQCEWY03P9RQ1WRRNrTitP3UwD9ie_71Vw_Hqa#3_3

⑤锦屏县. http://baike.baidu.com/view/189088.htm

⑥剑河县. http://baike.baidu.com/view/166498.htm#sub8049929

⑦台江概况. http://www.gztaijiang.gov.cn/tjxqdy.jsp? urltype=tree.TreeTempUrl&wbtreeid=1011

⑧雷山县. http://baike.baidu.com/link? url=iPatJIjZRlAs5_TtfTi2AfXfaWUtX9Pp1_4DTfW58BQU6jYPvMHtd1-opMsXtFsZio-HzgrCGlZ-jeiozE7UqPK

一群，最少也有20多只（牟岚，2010）。

罗甸县地处云贵高原南缘向桂西北山区与丘陵过渡的斜坡地带，黔南山地西南部；地势北高南低，呈阶梯式下降，县境内西北、北、东北和东南等地带为环行山地的基本轮廓，使县境略呈“簸箕口”朝南地形；以山地为主，山地占总面积的85.8%，丘陵占9.7%，盆地占4.6%。地属亚热带季风气候区，具有春早、夏长、秋迟、冬短的特点。森林覆盖率41%。国家保护的野生动物有蟒蛇、红腹锦鸡、白鹇、红隼、白冠长尾雉、猕猴、穿山甲、水獭、大灵猫、小灵猫①。

惠水县位于苗岭山地南端，北连黔中山原，南接黔南峡谷，正好是苗岭山地向广西丘陵盆地过渡的斜坡地带，地势北高南低。地属亚热带季风气候区，冬无严寒，夏无酷暑，四季如春，气候怡人。野兽中国家二类保护动物有猕猴、林麝、穿山甲②。

三都水族自治县地处云贵高原的东南斜坡，月亮山、雷公山腹地；地势自西北向东南倾斜，山岭连绵，溪流交错，其间夹着若干起伏的丘陵和平坝。在总面积中，耕地占9.4%，林地占55.6%，草山占29.7%，水面占1.3%，有“九山半水半分田”之称。地属中亚热带湿润季风气候区；受地形、地势、地貌、海拔的复杂影响，形成三都气候在地域上的差异，分为温热、温暖、温和三个气候区域。境内尧人山国家森林公园有金钱豹、猕猴等12种以上兽类③。

普安县地处云贵高原向黔中过渡的梯级状斜坡地带，乌蒙山区；地势中部较高，四面较低，乌蒙山脉横穿中部，将全县分为南北两部分：南部地势由东北向西南倾斜，北部地势由西南向东北倾斜。地属亚热带季风湿润气候区，四季分明，雨热同季，春秋温和，冬无严寒，夏无酷暑。森林覆盖率27.3%。有二类保护动物恒河猴、水獭、雀鹰等10余种④。亦即还有猕猴等分布。

册亨县地处云贵高原向广西低山丘陵过渡的斜坡地带，地势西北高、东南低，地表有洼地、峰林、溶丘、天生桥，地下有洞穴、地下河、石笋等，多种喀斯特个体形态在不同区域有规律的组合。地属亚热带温暖湿润季风气候区，冬无严寒，夏季炎热，夏湿春干，雨热同季，春暖早、秋凉迟。森林覆盖率60%。据调查，有国家一级保护野生动物黑叶猴一个种群13只，另外还有猕猴、穿山甲、斑鸠、蛇等国家级和省级保护动物⑤。

● 云南

云南省是猕猴主要分布的省级政区之一。

《中国重点陆生野生动物资源调查》称（国家林业局，2008）：

据文献记载，猕猴在国内分布于……云南（永德、耿马、金平、勐腊、景洪、勐养、勐笼、勐混、腾冲、景东、双柏、盈江、河口、个旧、绿春、德钦、维西、福贡、中甸、南涧、楚雄、南华、禄劝、元谋、丽江、宁蒗、弥勒、广南、潞西、富宁、富源、永善）。

按：据此，反映在禄劝彝族苗族自治县、富源县、腾冲县、永善县、古城区、玉龙纳西族自治县、宁蒗彝族自治县、景东彝族自治县、永德县、耿马傣族佤族自治县、潞西市、盈江县、福贡县、香格里拉县、德钦县、维西傈僳族自治县、南涧彝族自治县、楚雄市、双柏县、南华县、元谋县、个旧市、绿春县、弥勒县、金平苗族瑶族自治县、河口瑶族自治县、广南县、富宁县、景洪市、勐海县、勐腊县等地依然有猕猴生息繁衍。

经过对红河州猕猴资源进行专项调查，了解到：①猕猴在红河州有的地方叫黄猴、小黄猴、阿奴（屏边）等。②红河州共有140～143群1 992～2 168只猕猴，分布于12个县（市）和自然保护区的101个点。③保护区内有猕猴分布点47个；保护区外猕猴分布在红河州内12个（市）县的31个乡镇，有分布点54个，保护区外的数量较保护区内多。④《红河州保护区外猕猴（黄猴）资源调查统计》列出个旧市、蒙自县、屏边县、建水县、石屏县、弥勒县、泸西县、元阳县、红河县、金平县、绿春县、河口县（刘其建，2007），亦即在蒙自县、个旧市、绿春县、建水县、石屏县、弥勒县、泸西县、

①罗甸县. http://baike.baidu.com/view/1429006.htm

②惠水县. http://baike.baidu.com/view/282267.htm

③三都水族自治县政府门户网站. http://www.sdx.gov.cn/zjsx/zrzy/

④普安县. http://baike.baidu.com/view/1430704.htm

⑤册亨县生态移民安置项目建议书. https://www.baidu.com/s? ie=utf-8&f=8&rsv_bp=1&rsv_idx=1&tn=baidu&wd=

元阳县、红河县、金平苗族瑶族自治县、河口瑶族自治县、屏边苗族自治县等地仍有猕猴存在。

杨光照(2007)在调查中发现云南的一些地方猕猴损害庄稼的事件时有发生。最为严重的是文山的广南县、怒江的福贡县、曲靖的罗平县,猕猴每年给农作物造成的损失达10万~20万元;并提出在人猴矛盾十分突出的曲靖市罗平县、文山州砚山县等地适量捕捉一定数量的猕猴,广南县、富源县建立猕猴保护点等建议。由此也反映富源县、罗平县、福贡县、砚山县、广南县等地仍有猕猴存在,同时猕猴栖息环境已经受到人类的较大干扰。

通过对2004年至2010年间从云南景东县、镇沅县、宁蒗县三地捕获23群共670只野生猕猴进行调查(赵远等,2012),表明在宁蒗彝族自治县、景东彝族自治县、镇沅彝族哈尼族拉祜族自治县等地有较多猕猴栖息。

据称,地跨临翔区和云县的临沧大雪山自然保护区①,据初步考察,有猕猴等珍稀动物②。

禄劝彝族苗族自治县地势东北高、西南低,自东北向西南呈阶梯状缓降;地形复杂多样,地貌千姿百态:绵亘耸立的群山与纵横交错的江河溪涧相间,地表被江河切割,南部相对完整,北部和中部较为破碎。地属亚热带季风气候区,并呈明显的立体气候特征。东北的则黑乡,据称有鹿子、猕猴、穿山甲、锦鸡等多种珍稀动物③。

曲靖市称,列为国家珍稀保护动物的有大灵猫、猕猴、水獭、黑熊、金猫、豹、斑羚、黑颈鹤等30种④。固然,这是地级曲靖市概况,至于猕猴分布的具体地点待核查。

澄江县境内山脉多为南北走向,罗藏山自西向东横亘中部,形成澂江、阳宗两个坝子。境内属中亚热带、北亚热带、南温带和中温带4个气候类型的气候。据称,2012年,澄江县野兽类有鹿子、狼、狐狸、野猪、豹子、花脸獐、狗獾、黄鼠狼、刺猪、岩羊、松鼠、野兔、獭猫、竹鼠、山鼠、猴子、野猫⑤。此处所谓"猴子",似主要指猕猴。

昌宁县地势自西北向东南由高渐低,形成山坝南北纵列、高山坝谷相间的地貌状态。地属亚热带季风气候区,境内立体气候明显,有低热、温热、温凉、高寒4个气候带。森林覆盖率45.2%。据称,天堂山林区生存着181种陆栖脊椎动物,有竹鼠、小熊猫、猕猴、云豹、穿山甲以及黑熊等⑥。

昭通市称,市内国家二级保护动物有猕猴、藏酋猴、穿山甲、狼、黑熊、水獭、大灵猫、小灵猫、丛林猫、金猫、林麝、斑羚、斑头雁、草原雕、秃鹫、红腹角雉、白腹锦鸡、红腹锦鸡、毛脚鱼鸭、大鼯鼠、娃娃鱼、苏门羚等⑦。说明还有猕猴存在,只是地级昭通市中更具体地方待查证。

永善县称,现有"猴"等数十种野兽⑧。此处泛指的"猴",似包括猕猴等。

镇雄县称,该县坪上镇境内曾出现过"猴子"等兽类。但自从20世纪70年代以来,这些珍贵的野生兽类在坪上镇境内已有大部分种类不复存在⑨。所谓"猴子",似包括猕猴等,反映延续到20世纪后半叶。

水富县称,截止到2014年,境内属国家一、二级保护的动物有"猴"等20多种⑩。所泛指的

---

①《全国自然保护区名录》(http://sts.mep.gov.cn/zrbhq/zrbhq/201208/t20120824_235172.htm)中未见,且基础信息不详。

②临沧大雪山自然保护区.http://baike.soso.com/v10779200.htm

③则黑乡概况.http://mudedi.59706.com/XZ034120.html

④曲靖市.http://baike.baidu.com/link?url=V7jUAQRTaNARGKZeSSNyJQw963TIh0THHePVe3LDD0S8obmoaV1v5Wvh1lBtytOlyio9cU6rLHhFsjEQ61Euu51mDFH8BLZ3BQH5UbYK6eeXe_B9FZvltklJZ29_AJsP-he-yK6sX2T0nwvmQsSjdSCrdG2ggdeIod3y2l-Hasu

⑤澄江县.http://baike.baidu.com/link?url=dniesTMIg_7Xuj2Tl94_Y8TGLIoGiGJXv_A2zjQr5gd6vLkScGYXdAvZ6JQPjg7XIPJ-urdERM_oS95khBt1hq

⑥崔敏,张国华.云南保山:昌宁天堂山有熊出没 常有人伤亡.http://www.csunews.com/yunnan/bs/2013/0522/19374.html

⑦昭通市.http://baike.baidu.com/link?url=YEXI4YECXk6Q3ha7VLpazWH4Jf0TRpi7IyAH6S1jgXX22Yvv7mqEv0J91FMTCc3KJVRNR96skTELidDyEoqkJ4eRKOqrX6r0PpZuUBLW6q6Hw8GrDi0Q4bvz3JxJhLift1iiUF3rsSh5D_PDV8kn1Lip-N8eMRq2sekvjYmQR0_

⑧永善县.http://baike.baidu.com/link?url=ca9gPyPF7IcQQ3LoAGR0Ew4x3Bn356deOAIRVt9A8r93Cr8P0K6idouWavVNjoYX

⑨坪上镇.http://baike.baidu.com/link?url=NVZVlbo76larUNCcXVVeoisw6hedn1hu2_JcjcCRQ7AMuIvzeX05YiO1mir0 WZmS-gg0n0_-jGJpBvK57cXyRXVFeHaM63WCHERHiUNtc4nihbGAEZ1uJ3G-GBXE3u817

⑩水富县.http://baike.baidu.com/link?url=Vp9EzV-ftSB9lAePX_bSWxY_7J-83YJxVp7yC_nJyW214y2CuJr3LKLYVVZtWFkT1CRKDCRgpNZNpLvg2eNkGq

“猴”，似有猕猴等。

华坪县位于金沙江中段北岸，地势西北高、东南低。属于典型的南亚热带低热河谷气候，气温与雨量随海拔高低而增减，立体分布较为突出。据称，当地国家Ⅱ级保护野生动物有猕猴、穿山甲、岩羊、林麝等①。此处虽保护动物等级有瑕疵，但还是可以说明仍有猕猴存在。据2006年8月在该县永兴乡大坡山地区实地调查，结果约有3群、每群30～60只猕猴（张忠员等，2010）。

宁洱哈尼族彝族自治县地处横断山脉南段，全境皆山，地貌纵横交错，地质构造属喀斯特地貌。地属南亚热带山地季风气候区，兼有热带、中亚热带、南温带等气候类型。森林覆盖率74%。据称，截止到2014年，野生动物种类有猕猴、长臂猿、金丝猴、黑熊、鹿、野猪、豹、岩羊、穿山甲、蟒蛇、灵猫、绿孔雀、锦鸡等国家一、二级保护动物②。

墨江哈尼族自治县称，境内野兽主要有“猴”等③。据描述，“猴”似包括猕猴。

孟连傣族拉祜族佤族自治县称，动物资源有“猴”等④。所谓“猴”，似含有猕猴。

西盟佤族自治县地处怒山山脉南段，属中高山峡谷地带，山脉均为南北走向；地形复杂，除一块200余 hm^2 的河谷川坝外，其余均为山区。地属亚热带海洋性季风气候区，由于相对高差大，立体气候明显，降水量丰富。森林覆盖率57.9%。据称，截止到2009年，有懒猴、青猴、黄猴、虎、熊、豹等数十种兽类⑤。所谓“黄猴”，应是猕猴。

耿马傣族佤族自治县地势东北高、西南低，自东北向西南渐呈梯级递降，东北山峰高耸陡峭，中部宽阔起伏，西部略显狭窄，坝子多为丘陵坝；山地面积约为92.4%，坝区约为7.6%。属南亚热带季风气候类型。至2011年，列入国家重点保护的珍稀动物有孟加拉虎、金钱豹、懒猴、猕猴等⑥。

据称，2006年分布于潞西市的野生动物有258科1 643种，属国家二级保护动物的有猕猴等172种⑦。

盈江县属喜马拉雅山延伸的横断山脉之西南端，高黎贡山南延支系——尖高山的西南余脉构成的山区地形；低山与宽谷盆地交错相间，地势东北高、西南低，起伏较大。地处低纬高原地区，冬暖夏长，雨热同期，干凉同季，春温高于秋温；主要气候特征：冬日少、春夏秋日长，冬无严寒、夏无酷热，日温差大、年温差小，雨量充沛、干湿分明，立体气候明显。森林覆盖率62.8%。有兽类10目27科57种，属二类保护动物有云豹、水鹿、猕猴等⑧。

陇川县地形由高黎贡山余脉纵贯，西南走向，东北高峻，西南低平，地貌特征为“三山两坝一河谷”。地属南亚热带季风气候区，雨量充沛，日照充足，热量丰富，四季不明显，干湿季分明。野生动物有四大类107种，其中野兽有水鹿、棕熊、黑熊、金钱豹、云豹、苏门羚（山驴）、豺狼、狐、九节狸、獐[麝]、野猪、黄猴、长臂猴、旱坝羊、破脸狗（果子狸）、麂子、刺猬（豪猪）、猞猁、野兔、野

①华坪县国有林区森林资源管护措施及建议. http://www.xzbu.com/7/view-6217242.htm

②宁洱哈尼族彝族自治县. http://baike.baidu.com/link? url=a-OOgOWWRo4Sy2X4mm0kGCvFnyV7zJL1DGPQb9yv74sN9TPtjtJuvn-T-8fpRrI_

③墨江哈尼族自治县. http://baike.baidu.com/link? url=7dwkfgTOF-rEFFjk-8pX_JI-tjK82xvBbpkfidTbQChD7ljSc57zKVdMkXoKI-IImRplJsIWmZO3RODHE4Y9e_#5_2

④孟连傣族拉祜族佤族自治县. http://baike.baidu.com/link? url=Y9JSgGW7PMBqKouRw2kXGOWcZ0BrLFkrHj2rW6XL1lBHtGF2BnqjdmVq3G80YCRX

⑤西盟佤族自治县. http://baike.baidu.com/link? url=VnElUVgDCc0kJ2dWRcbAXLZTJhXTJeVo-grJrHxtj1yG5b14c_Mh-kUFi64qb_FUQ0FQtwozWHoSAIDNzOveR1K

⑥耿马傣族佤族自治县. http://baike.baidu.com/link? url=-hCdnwemr3HlpxSkSkxc1n8KKvAG98LFsjFafP6TriBO4Vhi5PwkdKlfFcK0tXny-wXj0ccnwbHDXLdw7rCUsa

⑦芒市. http://baike.baidu.com/link? url=tdonHnqNFzm6fiZY4zpQBrb7kPN_7u5XjVUezhKKkdWO-LC0g_ypNToZlgPniTZlG0fjqPxxemSnl2B90Ygc1FpN1iL4n-pTXSrZDtc82E_fWbyqxSnFC4RraSJSSCRVpaB5OfYD7UTy-fr2mh91WtVU9IWxl5s39cUREfg38zb1lt_5HoWA1gVrUyV5ILyO

⑧盈江县. http://baike.baidu.com/link? url=OydIJ-yVzpA3C0T1oUFzc_sLRYv3fEQG_Jv3D2E7TC6-ssm21k8FZBpbutQ20O9w

猫、鼬、灰猴、水獭、松鼠、竹鼠、穿山甲等27种①。所谓“黄猴”，即猕猴。

福贡县地处滇西北横断山脉中段碧罗雪山和高黎贡山之间的怒江峡谷，属高山峡谷地貌，地势北高南低，怒江由北向南纵贯全境，形成一个从北向南狭长的“V”字形谷地。气候垂直变化显著，从南到北有南、中、北亚热带和南温带等气候类型。有豹、羚羊、小熊猫、野牛、岩羊、滇金丝猴、小熊猫、猕猴、鹿、麂、飞鼠、水獭、黑熊、尾梢红雉、灰角雉、环颈雉等国家Ⅰ级、Ⅱ级、Ⅲ级保护动物39种②。表明还有猕猴栖息。

兰坪白族普米族自治县地处横断山脉纵谷地带，“三江”并流区腹部，地形复杂，海拔高差大，地形地貌独特，以丹霞石奇观为主体。地属低纬山地季风气候区；因地形复杂，海拔高差大，形成典型的垂直分布的立体气候带。森林覆盖率68.4%。属于国家Ⅱ级保护的野生动物有猕猴、林麝、苏门羚、金猫、大灵猫、小灵猫、穿山甲、小熊猫、马鹿、斑羚、罴熊、马来熊等14种③。虽保护动物等级有瑕疵，但还是可以表明有猕猴存在。经过对兰坪县8个乡镇的78个村庄进行调查，获知有普通猕猴160～530只(王浩瀚等，2015)。表明在兰坪白族普米族自治县依然有猕猴栖息。

宾川县地处云岭横断山脉边缘，金沙江南岸云贵高原西南部，地势东西高、中部低，主要山脉、坝子、河流多呈南北走向。地属中亚热带冬干夏湿低纬高原季风气候区，光热充足，热量丰富，干旱少雨，立体气候明显。森林覆盖率26%。有珍稀濒危动物18种，属国家一级保护动物有猕猴、豹、蟒3种④。其中虽保护动物等级有误，但证明有猕猴存在。

永平县地处云岭山脉分支博南山和云台山之间，地势西北高、东南低；在全县总面积中，高山占8.1%，山地占85.7%，河谷平坝占6.2%。地属北亚热带季风气候区，立体气候较为明显，地区性气温差异也较大，故有“一山分四季，隔里不同天”之说。野生动物资源中兽类有狗熊、野猪、豪猪、豹、狼、獐、狐狸、岩羊、猴、穿山甲、飞鼠等⑤。所谓“猴”，似主要指猕猴。

剑川县地势西北高、东南低，山峦起伏，河川交错，地貌类型复杂，有高山深壑，也有平坝丘谷，山区面积占87.78%。属南温带冬干夏湿季风气候类型，干湿两季分明。该县与兰坪白族普米族自治县等县交界处的剑川老君山密林中有野猪、猕猴、懒猴、滇金丝猴、小熊猫、毛冠驴[毛冠鹿]、穿山甲等被列为国家重点保护动物数量也逐年增多⑥。

鹤庆县称当地野生动物资源有80多种，其中有“猕猴(别名：恒河猴、黄猴)”等⑦。

《漾濞彝族自治县志》记载有“猕猴”(漾濞彝族自治县地方志编纂委员会，2000)，反映漾濞彝族自治县依然有猕猴等栖息。

南华县称，动物主要有猴、绿孔雀、小熊猫、红白鹇等⑧。所泛指的“猴”，似含有猕猴。

元谋县称，当地野生动物已发现的主要有70多种，较为名贵的有“猴”等⑨。所称“猴”，似包括猕猴等。

---

①泷川县. http://baike. baidu. com/link? url=Nm7ZJWjo1hDKDL5fm0aftqqbC4adptWqIiEkchgEDOji0Pjz3H7D5-NeZVsBVUaKVSAt_361nIahYMmMS4AkOq

②福贡县. http://baike. baidu. com/link? url=zIuy4iKP45y6z_xMvi3w-JggoX44iUt5RM-3CwFMDNyW_4CaJAzN6fJksAeokDHQ

③兰坪白族普米族自治县. http://baike. baidu. com/link? url=fArKP8unFts8hrHzRDmhTPzytzlVS_7I9kMrqHgysoFb1pBdzRrJsRSz8mSYh0Noexg-s4emXOK0LtxcIsczkq

④宾川县生物资源开发市场前景看好. http://www. foods1. com/content/1210774/

⑤永平县. http://baike. baidu. com/link? url = DInZiIjaSnfaAJFiw6UCaDqBLFCiY-bDDmiSFm-sU0eIeH2Gsm4G0pXN14gk71tn5oJLxLay1XOPmR974QMF7_

⑥康东福. 剑川县自然生态保护区建设成效显著. http://www. dalidaily. com/keji/20110303/102327. html

⑦鹤庆县. http://baike. baidu. com/link? url = ZplavYaCQoO8FRfQrx0uxmHP7ubAKQurZGuGot_MM-HitLBV9BgHd4xsyY68ZTVSrucyW-JC4OUFOcvyEQpeI_

⑧南华县. http://baike. baidu. com/link? url = LDzu6USswunxxTq1OUtcVFEDVpRCIgLpCHy9AGOjqs2GEm8c73jdsY1E8pm6u7rd_xOA4icz2l01m2jFBKOZSCG39nttEVDp0AJEgpGpc4u

⑨元谋县. http://baike. baidu. com/link? url=p36gMAsryCgGtUIYeEqTCxO6Cp8dZpX3i6YLQ5zcnpfkqdg0kYYsnUT5SL WclTF-cQY_h7yOERccWAmgwpmd5-a

武定县位于滇中高原北部、云贵高原西侧，地表崎岖，群山连绵，山地、丘陵、谷地、河谷平原和山间盆地（当地人称坝子）相互交错，山区面积占总面积的97%，坝子及水面占3%。地属低纬高原季风气候区，冬暖夏凉，气温年较差小，日较差大；降水丰沛，干湿季分明；气候垂直变化显著，类型多样；雨热同季，大陆性强。野生动物种类繁多，珍稀兽类有金猫、水獭、斑林狸、猕猴、穿山甲、林麝等①。

建水县地处滇东高原南缘，地势南高北低，东西走向的山脉分南北两支，将建水和曲江两个坝子隔开。地属南亚热带季风气候区，光照时间长，无霜期长，有效积温高；受季节和地形变化影响，呈现出夏季炎热多雨、冬季温和少雨的立体气候特征。据称，截止到2014年，建水地区的野生动物种类中，国家一类保护珍稀动物有懒猴、云豹、黑冠长臂猿、白颊长臂猿、红腹角雉等，国家二类保护动物有绿孔雀、原鸡、白腹锦鸡、白鹇、水獭、穿山甲等，国家三类保护动物有鹦鹉、岩羊、猕猴等②。保护动物虽等级有误，然而还是可以看出有猕猴等栖息。

泸西县称，在南盘江峡谷两岸山势高峻陡峭，水岸满目葱翠，层峦叠嶂，“猿猴”等野生动物不时偷窥游人踪迹③。所谓“猿猴”，似含有猕猴等。

西畴县地处云贵高原的南部边缘，地势北部和中部高，东南、西南低，境内山峦起伏，地形复杂。地属亚热带低纬季风气候区，干雨季节分明，立体气候明显。珍稀野生动物有獐［麝］、熊、猴、野鸡、锦鸡、画眉、猫头鹰等④。此处所谓“猴”，似主要指猕猴。

麻栗坡县称，当地有野生动物120余种，主要有“猴”等⑤。所称“猴”，似含有猕猴。

马关县截至2012年，野生动物近百种，主要有猕猴等⑥。

广南县称，境内野生动物有“猴”等40多种⑦。所谓“猴”，似含有猕猴。

《景洪县志》记述（景洪县地方志编纂委员会，2000）：

猕猴：俗称黄猴、猴子、恒河猴，全县普遍分布。多栖息于阔叶林、混交林、竹林及悬崖峭壁等处，常数十头至百余只为群，以野果、嫩叶、昆虫为食，也盗食玉米、甘蔗等作物……据杨德华等调查，全县有猕猴1 350～1 808只。

按：据此反映今景洪市还有较多猕猴栖息。

勐海县称，当地珍稀哺乳动物有“猴”等9目27科67种⑧。所谓“猴”，似包括猕猴。

● 西藏

西藏自治区也有猕猴分布记录。

《中国重点陆生野生动物资源调查》称（国家林业局，2008）：

据文献记载，猕猴在国内分布于……西藏（察隅、波密、易贡、墨工贡卡［墨竹工卡］、昌都、亚东、吉隆、加查、隆子、墨脱、工布江达、朗县、曲松、嘉黎）。

按：据此，反映在墨竹工卡县、嘉黎县、昌都县、工布江达县、墨脱县、波密县、察隅县、朗县、曲松县、加查县、隆子县、亚东县、吉隆县等地仍然有猕猴栖息。

嘉黎县当地野生动物中兽类有“猴子”等⑨。

---

①武定县. http://baike. soso. com/v52650. htm

②建水县. http://baike. baidu. com/link? url=qihT7TV0p_tFPqjvAaW9xD0EontYe-biH3AXaSwf9OFke4gRY_Q9EMs_iBFm9peS-gt_qRVcObfhr6SNokiKS_

③泸西简介. http://www. luxi. ccoo. cn/bendi/info-12405. html

④西畴县. http://baike. baidu. com/link? url=vn88j694s9xjlpLUt-7uQOvzzDFhty_ktn4k0fnvGsCZ0zMYYZjrDCu4_euULYvt

⑤麻栗坡县. http://baike. baidu. com/link? url=KUUhGGZ5U_c8hZlz38iJoDs9PhhwWWNF_MsG7Xwp_wDNiPOpuCbq-DTxF_6XjCYHuQL5DEX6HWiS8tbYludxfa

⑥马关县. http://baike. baidu. com/link? url=NoSygezR55i_2RivWwxZVmjDUTTuaslk_qOJdqWjXbqpA4AuZe5RFi0v2Jck2KtEtCxxUSdu7w9foFlYYMXBYa

⑦广南县. http://baike. baidu. com/link? url=y9SqZSEUUth98klQKtfgFWvNIKsUkZioyPJEraQprjhOdT3pOpA-zg7uyar5VbHGhwuq_11D2Or53NfkurAKLq

⑧勐海县. http://baike. baidu. com/link? url=XombKAei_cr_Eqf5O5LdrowfhwfoQAdMVh5J4D_BXK4Cfo-9JUQypQyOPOnEZq4Hoy2G2nD12FiSTcIsDMJXDHEu9VY6wDQLfMfTyZmApOP6OZXZyeja4JnZXtLdjMsv5gzEpmZ-IqLFfQ5ojbyX2RoCU5MoyBI7-1zUw2zpouO

⑨嘉黎县. http://baike. baidu. com/link? url=u0rajRuoyZhzGsQ8Iv6s2X-q0dNDtE0XL7gQ_zuNFE0vdS6JEXbyvvt-1XkP_qiP

所谓“猴子”,似含有猕猴等。

索县称,2013 年尚有“猴”等多种动物资源①。所泛指的“猴”,似包括猕猴。

昌都县位于横断山脉西北部、青藏高原东南部的边缘地带,地势北高南低,东西呈“W”形;地形复杂多样,切割明显,险峰峻岭,沟壑纵横,蔚为奇观。受地形的影响,高原寒温带季风性气候混杂,“一山有四季,十里不同天”,山顶终年白雪皑皑,山腰森林茂密,山脚草木丛生,山谷则呈现出亚热带特征,雨热同季,气候宜人;夏季温和多雨,冬季日照充足。森林覆盖率 30%。有岩鹿、草鹿、樟子[麝]、马熊、豹子、猪翻[猪獾?]、狐狸、马猴等②。所谓“马猴”,似为猕猴。

江达县称,当地野生动物有“猴子”等③。所称“猴子”,似包括猕猴等。

类乌齐县地处念青唐古拉山余脉伯舒拉岭西北,他念他翁山东南;地形沿澜沧江支流吉曲、柴曲和格曲由西北向东南走向,呈现西高东低趋势,东部属于典型的藏东高山峡谷型地貌,西部则属于藏北高原地貌类型。地属高原温带半湿润性气候区。森林覆盖率 26%。有鹿茸、麝香、熊胆、獐子、石青羊、藏原羚、塔尔羊、棕熊、豺子、豺、狼、猞猁、水獭、旱獭、狐狸、草狐、石貂、狸猫、猪獾、猴、秃鹫、盘羊、马鸡、兔子等动物资源④。所泛指“猴”,似包括猕猴等。

八宿县地处怒江上游、横断山脉北麓,地势由东北向西南倾斜,构成“七山二水一分地”的地形特点。以高原温带半干旱季风气候为主,日照充足,干季、雨季分明;随着海拔的增高和地理位置的不同,依次出现峡谷暖温带、高原温带、高原寒温带 3 种不同垂直气候带。境内动物主要有游猴、马鹿、樟子[麝]、革狐、水獭、紫招、岩羊、黄羊、盘羊、野牛、旱獭、贝母鸡、马鸡等⑤。所谓“游猴”,似指猕猴。

芒康县截止到 2014 年,野生动物主要有“黄猴”等⑥。所谓“黄猴”,似指猕猴。

洛隆县明确,境内分布有“猕猴”等国家一、二级重点保护野生动物 20 余种⑦。

工布江达县地处藏南谷地向藏东高山峡谷区的过渡地带,南以冈底斯山脉东延地段郭喀拉日居为界,北以念青唐古拉山脉为界,山脉、河谷呈近东西向展布。境内山峰林立,沟谷深切,属深切割的高山河谷地貌,大致可划分为山地与谷地两种地貌类型。受所处的地理位置、地形和印度洋暖湿气流影响,形成了温带半湿润高原季风气候,与西藏大多数地区相比,气候相对温和湿润。境内野生脊椎动物约有 63 种,其中哺乳类 15 科 41 种,如鼩鼱、蝙蝠、猕猴、狼、豺、豹猫、猞猁、雪豹、野猪、高原兔、藏仓鼠等⑧。反映仍有猕猴栖息。

朗县境内野生动物资源有“猴”等⑨。所泛称的“猴”,似包括猕猴。

桑日县地处冈底斯山南麓,雅鲁藏布江中游河谷地段,属藏南谷地;地势西高东低、北高南低,呈“两山夹一江”之势;地质构造复杂,地形以高山谷地为主,有高山地貌、河谷地貌和风沙地貌三大地貌类型。属高原温带季风半湿润气候,气候垂直分异显著,从河谷往高山分别为河谷温暖半干旱气候、山地温和半干旱气候、山地温凉半湿润(半干旱)气候、高山寒凉湿润气候、高山寒冷半湿润气候 5 个垂直气候型。有脊椎动物 53 科 173 种,其中哺乳类 14 科 31 种,如狼、藏狐、豹猫、雪豹、马鹿、白唇鹿、马麝、鬣羚、藏原

①索县. http://baike.baidu.com/link? url=IFcd_Utgp6_PafXNUYzvM2BIWxaufc9xWfIENEYxGkpaB8li5fLiUoc9CMM1ie-i

②昌都县. http://www.baike.com/wiki/昌都县

③昌都地区·江达县自然资源. http://www.xzcd.com/_renshi/ziran/20140409/43153.html

④类乌齐县. http://baike.baidu.com/link? url=OxsSHM-5ONFgquskYV_XLxpr_Wife39_Ih20l82y6MjxZ7dqiCwUJKdBWv69IuRA

⑤八宿县. http://baike.baidu.com/link? url=ILJ7MS02CGpuCR_9h_iqvJhhFmOstpb-m4d6Q9m0n1kpDlNUm8j3Io1l_BEFODmN

⑥芒康县. http://baike.baidu.com/link? url=EWV3p7VulgsgkWuILQgyF6uloVhCeAnGO0i7DO8bJptQ5AEdUN0G1IG05NGyw5y4

⑦洛隆县. http://baike.baidu.com/link? url = 0Q4cEfVoByLrMV1Jh73xwUTdTVoZ4mWknKwEw78mpKUpWhHp5dl7rDFyAWE_GmE9J6t4_4zcZ75FvcSaD4OYe_

⑧工布江达县. http://baike.baidu.com/link? url=S9Ol0Wuv8-FQB5YDfFl-7_C3Rc8Qjvv_H9dKmO_8XIdEOTeI5EeRtdbpTSBBIsFoq6e8XJ6a8RXk8IqaJHSF-_

⑨朗县. http://baike.baidu.com/link? url=NtncWkMq-842xX7O6irEwZkSBbUpA0IxDsmpc8oyjRhIYp5XodqwaWw-w_gmD06Y

羚、岩羊、社鼠、高原兔、鼠兔、猕猴等[①]。

错那县位于喜马拉雅山脉东南，属藏南山原湖盆谷地中的喜马拉雅区，地势北高南低。南部属亚热带山地半湿润、湿润气候，中北部喜马拉雅山区属于高原性高寒气候。截至2013年，已列入国家重点保护的二类动物有猕猴、棕熊、黑熊、秃鹫、岩羊、狐狸等[②]。

吉隆县北部为高原宽谷湖盆地，南部为深切级高山峡谷；大致以喜马拉雅山段至希夏帮马山峰至脊线为界，北翼表现为南高北低，南部位于喜马拉雅中段。北部地区为藏南寒冷—温暖的半干旱高原河谷季风气候区，属于温湿半干旱的大陆性气候区；南部地区则为亚热带山地季风气候区。珍稀动物中兽类有野驴、藏羚羊、长尾灰叶猴、恒河猴、金钱豹、獐子[麝]等[③]。亦即有猕猴等繁衍生息。

6.1.5 西北

西北的省级政区中仅新疆维吾尔自治区未见有猕猴分布记录。

● 陕西

陕西省也有猕猴分布。

《中国重点陆生野生动物资源调查》称（国家林业局，2008）：

据文献记载，猕猴在国内分布于……陕西（镇巴、西乡、南郑、镇坪）。

本次调查表明，猕猴除了在上述地区有分布外，新增加的分布地还有……陕西（平利、宁强）。

按：据此，表明在南郑县、西乡县、宁强县、镇巴县、平利县、镇坪县等地还有猕猴生息繁衍。

户县地处关中平原腹地，南依秦岭终南山，北至渭河，地势南高北低，差别很大；为秦岭山地，北部为渭河阶地，中部为黄土台原、洪积扇及扇缘洼地。地属暖热带半湿润大陆性季风气候区，四季冷暖干湿分明。当地主要的野生兽类有羚牛、草兔、松鼠、黄鼠、豺狼、狐、黑熊、鹿、黄、獾、豹、林麝、青羊、苏门羚、野猪、刺猬、猴等[④]。所谓“猴”，乃猕猴。

子长县称：

随着森林的破坏和消失，虎、熊、猴、野猪、野骆驼、鹤、鹭鸶等今在子长县消失。

按：从动物组合看，猴等的消失似在百年以前。

西乡县地处秦岭巴山之间、汉中盆地东部，山峦起伏，峻岭重叠，河流交错、沟梁相间的中低山丘陵地区。地属北亚热带湿润季风气候区，全年气候温和。国家二类保护动物有猕猴、青猴、金钱豹、羚羊、獐[麝]、白冠长尾雉、大鲵[⑤]。表明仍有猕猴等分布。

佛坪县地处秦岭南麓，地形西北高、东南低，山体多呈中切峡谷，沟壑纵横，群峰四起。河沟两岸分布大小不等的洪积、冲积、淤积台地，地势较平坦。属暖温带气候，有显著的山地森林小区气候特征，成为特殊的亚热带北缘山地暖温带湿润季风气候；由于东西向秦岭主脊的屏障作用，县境气候明显区别北坡，气候温和，夏无酷暑，冬无严寒，春季冷暖反复交替，气温回升缓慢，雨少偏旱；夏季多洪，秋季多淋；冬季雪雨稀少，较干燥。据2013年11月发布，野生脊椎动物439种，其中兽类103种，国家二级保护动物中兽类有猕猴、穿山甲、豺、黑熊、小熊猫、石貂、黄喉貂、水獭、大灵猫、猞猁、金猫、小灵猫、林麂[林麝]、黄羊、鬣羚、斑羚、岩羊等[⑥]。亦即还有猕猴栖息。

白河县位于巴山东段，地势南高北低，山脉与沟相间，无一处百亩平地。由于白河县地形南高北低，气温的垂直差异、阴阳坡差异亦十分明显。当地野兽有虎、金钱豹、云豹、豹猫、猕猴、野猪、狼、狐、狢、草鹿、毛冠鹿、林麝、扭角羚、豪猪、刺猬、猪獾、青猺、大灵狸、黄鼬、水獭、青羊、褐家鼠、小家鼠、黑线姬鼠、岩松鼠、鼯鼠、蝙蝠、蜥蜴、

①桑日县. http://baike. baidu. com/link? url＝4E7qcdGFIT4IUcrYJyFDWF-2HEhOInZTc7DT8wYKhEej8cB54CjhxKwSdhWlKzNivr7XppQHrQ9nXskykpOx5q

②错那县. http://baike. baidu. com/link? url＝ISmDGuI4vcDDPU2wmFLbYB1eLfOjazErVimFzspnMOL0u0zIBmoGWw6oG6cGhmHp

③日喀则吉隆县概况. http://www. rkz. xzgtt. gov. cn/zygk/qtgk/201008/t20100806_732190. htm

④户县. http://baike. baidu. com/view/91087. htm

⑤西乡县. http://baike. baidu. com/link? url＝kHRXsZe502Smkk3ObnCJT3NY8BSbHU8GolHLrLdT0bTHdLX8-xVE6wRWwdUGmdlzQ7ff7-UyiIPkHLsCgnL8vWjEyKZY6D9gMm3K4U2zzQW

⑥中国·佛坪. http://www. foping. gov. cn/gov/Html/zjfp/20131123182652. html

石龙子和壁虎等①。仍有猕猴等存在。

● 甘肃

甘肃省的猕猴主要分布在陇南一带。

《中国重点陆生野生动物资源调查》称(国家林业局,2008):

据文献记载,猕猴在国内分布于……甘肃(徽县、成县、康县、武都、两当)。

按:据此,反映在武都区、成县、康县、两当县、徽县等地还有猕猴分布。

天水市称,境内栖息着30多种野生动物,国家二类保护的有羚麝、马麝、白臀鹿、斑羚、石貂、水獭、猞猁、猕猴、红腹角雉、兰马鸡、红腹锦鸡、大鲵、暗腹雪鸡、淡腹雪鸡、勺鸟、血雉、黑熊、秦岭红鳞鲑等②。此似指地级天水市状况,与陇南市毗邻的天水市似有猕猴,具体分布有猕猴的地方待查证。

武都区位于嘉陵江中游、秦巴山系结合部,秦岭和岷山两大山系的支脉东西向横贯全境,境内高山、河谷、溶洞、丘陵、盆地交错,峰峦叠嶂,沟壑纵横。地属亚热带向暖温带过渡区,属北亚热带半湿润气候;垂直差异明显,具有亚热带、暖温带、寒温带3种气候特征。据介绍,地处该县的白龙江支流红铜河一带稀有动物有大熊猫、金练猴[金仰鼻猴]、羚羊、索羚、盘羊、毛寇鹿、香子[麝]、水獭等成群结队,奔腾欢跃。还有黄猴、黄鹿、崖羊、山牛、金钱豹、野猪、老熊等几十种动物出没于林丛之中③。此处"黄猴",当是猕猴。

● 青海

青海省南部一带有猕猴分布。

《中国重点陆生野生动物资源调查》称(国家林业局,2008):

据文献记载,猕猴在国内分布于……青海(果洛、班玛、玉树、久治、囊谦)。

按:据此,反映在班玛县、久治县、玉树县、囊谦县等地还有猕猴分布。

果洛藏族自治州介绍:

在茫茫草原上和深山密林中,生活着水鹿、白唇鹿、毛冠鹿、狍鹿、野驴、盘羊、鬣羚、石羊、獐子[麝]、弥猴[猕猴]、雪豹、小熊猫以及雪鸡、褐马鸡、白马鸡等。

按:尽管可以证明有猕猴,但具体到该州中地方,尚待核查。

据2008年5月报道,有作者记述:

在同事的陪同下,我们来到果洛玛可河农场[位于果洛州班玛县]。

玛可河林区地处青川两岸省交界地区……贯穿林区的玛可河为长江重要支流——大渡河的源流之一。林区总面积101 602 hm^2,共有森林植物67科220属466种。以川西云杉、紫果云杉、岷江冷杉等寒温常绿针叶树种为主。活立木蓄积量为410万m^3,森林覆盖率52.6%。林区内分布有白唇鹿、金钱报[金钱豹]、雪报[雪豹]、雉鹑、金雕、胡兀鹫、榛鸡、射[麝]等国家一级保护动物,棕熊、猕猴、小熊猫、水獭、猞猁、马鹿、盘羊、苏门羚、藏原冷、草原雕、秃鹫、岩羊、勺鸡、黄斑耳鼯鼠、血雉、白马鸡、兰马鸡等29种国家二级保护动物及10余种省级保护动物④。

按:尽管存在文字瑕疵,但记述的动物情况还是可信的。班玛县也证实,主要野生动物有林麝、金钱豹、白唇鹿、盘羊、猕猴、雪豹、棕熊、猞猁、麝鹿、旱獭、狐、水獭、野猪、雪鸡、蓝马鸡、白马鸡、褐马鸡、灰雁、草原雕等⑤。反映仍有猕猴存在。

玉树县地处青藏高原东部,地形以高原为主,西北和中部高,东南和东北低,地形复杂,地势高耸,地貌以高山峡谷和山原地带为主,间有许多小盆地和湖盆。属典型的高原高寒气候,全年无四季之分,只有冷暖两季之别。境内有森林2.9万hm^2。玉树市⑥有百余种野生动物,其中16种列为国家保护珍稀野生动物,主要有白马鸡、藏雪鸡、黑颈鹤、岩羊、野驴、马麝、猞猁、雪

①白河县. http://baike. baidu. com/link? url= VzbQbIXjRwVjexIfUCDwxFYEjFlUZRXjEjfTBIUdyHCECVk87OUYRwRAYP1IK8zelTjqYHPks89A4ke_Rnz2ga

②天水. http://baike. baidu. com/link? url=2nkUAjeqj1dmmh6gwpH1-mgPPKsu0xTJ9MZqt9ssVJo01vDicSx-xQ465EuDWibZRYJ-efvgqwq4Me6RdeT2t_

③武都县红铜河概况. http://www. 0939. net/article/article_17624. html

④青海回忆八:江源头那片森林:可河林区. http://blog. sina. com. cn/s/blog_52dd321a01009pyc. html

⑤班玛县. http://baike. baidu. com/link? url=nWDv4VNTZqkMLHkU5sr1zSomApuLlFPpo_W63w-K_VestgiqF0EhNKIGb4rMWg6NhV45sxF05mIDtumzfN2Slq

⑥2013年7月3日撤县改市。

豹、棕熊、恒河猴、藏狐、胡兀鹫等[1]。证实仍有猕猴存在。

囊谦县地处青藏高原东部，南接横断山脉，北临高原主体，境内大小山脉纵横交错，峰峦重叠，唐古拉山4条并列的支脉以西北向东南的走向构成了总体倾斜的地形骨架，西北部高而平缓，属山原地貌。地属大陆性季风气候区，日照时间长，辐射强烈，日温差大，降雨量多而集中，四季不分明，只有冷暖两季，干旱少雨。森林覆盖率7.8%。野生动物中兽类有32种，分属于5目12科；属于国家和省规定保护的兽类有寻豹[熊？雪豹?]、金钱豹、猞猁、石貂、藏水獭、猕猴、马麝、白唇鹿、马鹿、鬣羚、盘羊、白马鸡、蓝马鸡、雪鸡、斑头雁等15种[2]。说明依然有猕猴栖息。

6.1.6　保护区

现分布有猕猴的自然保护区除东北外，在其余5个大区皆有（表9.9、图9.24），这既反映当地确仍有猕猴存在，又使之得到庇护。保护区的状况显示：

● 栖息有猕猴的保护区超过200个，总面积21.61万km^2，无论是数量还是面积，在猕猴属中皆首屈一指。当然，这与猕猴的分布地域、总数量等状况不无关系。

● 以地区论，有猕猴栖息保护区多的前三者为：西南地区（有100个），中南地区（有55个），华东地区（有42个）。

● 从省级政区看，有猕猴栖息保护区达到或超过10个的排序为：四川省（34个），贵州省（26个），福建省（18个），广西壮族自治区（17个），湖南省（13个），湖北省（10个）。

● 存在一地有多个猕猴栖息保护区的现象，如湖南省张家界市（有4个），广西壮族自治区大新县与贵州省瓮安县（皆有3个）。

● 广西壮族自治区在1982年6月1日设立8个国家级与省级有猕猴栖息的自然保护区，最为突出。

● 有猕猴栖息保护区中，面积最大的是雅鲁藏布大峡谷国家级自然保护区[3]（在西藏政区），达916 800 hm^2；面积最小的是大堰省级自然保护区（在湖北省），达54 hm^2；二者相差将近1.7万倍。

● 有猕猴栖息保护区中，4种级别皆有，排序为：省级（占46%），国家级（占39%），县级（占9%），市级（占6%）。

● 有猕猴栖息保护区是1957～2011年设立的，以1980年代与1990年代较多，说明对猕猴的注重没有间断。

● 有猕猴栖息保护区的主管部门有林业、环保、农业、住建等部门，其中林业部门占绝对优势（占95%），环保部门次之（占4%）。

● 有猕猴栖息保护区地点占现有猕猴栖息地点的47%，反映仍有较大加强保护的空间。

表9.9　栖息有猕猴的保护区概况

地区	省级政区	保护区名称	所处地点	面积(hm^2)	级别	建立时间	主管部门
华北	河北	河北雾灵山	兴隆县	14 247	国家级	19880509	林业
		六里坪	兴隆县	16 088	省级	20071127	林业
	山西	庞泉沟	交城县、方山县	10 466	国家级	19801201	林业
		阳城莽河猕猴	阳城县	5 600	国家级	19831226	林业
		历山	垣曲县、沁水县、翼城县、阳城县	24 800	国家级	19831226	林业
		陵川南方红豆杉	陵川县	21 440	省级	20020620	林业
		泽州猕猴	泽州县	93 775	省级	20020620	林业
		涑水河源头	绛县、闻喜县、翼城县、垣曲县	23 144	省级	20020620	林业

①玉树. http://baike. baidu. com/link? url = RWFe_M74sUxee43RisixsOchbWR2J3Xk0HdtVqqHi7Lx1jVUVJeWQoKelj3lnGj5cPUcA04_ctCRwBJ2dfXLuK

②囊谦县. http://baike. baidu. com/link? url=VHAkFew1yjgzQgAUVSCjE_sj3TZIe_LqxbZWke5MyzUXj_WwODZOi9JTlskAZzDw

③名义上三江源国家级自然保护区面积更大(15.23万km^2)，但其中仅部分地区有猕猴分布。故选之。

(续表)

地区	省级政区	保护区名称	所处地点	面积(hm²)	级别	建立时间	主管部门
华东	浙江	乌岩岭	泰顺县	18 862	国家级	19740401	林业
		凤阳山—百山祖	龙泉市、庆元县	26 052	国家级	19750101	林业
		浙江九龙山	遂昌县	5 525	国家级	19830903	林业
		临安清凉峰	临安市	10 800	国家级	19850801	林业
		浙江天目山	临安市	4 284	国家级	19860709	林业
		大盘山	磐安县	4 558	国家级	19930420	环保
		大洋坑	瑞安市	555	县级	19950608	林业
		牛头山	武义县	3 000	县级	19951226	林业
		望东洋高山湿地	景宁畲族自治县	1 195	省级	20020204	林业
	安徽	牯牛降(古牛绛)	祁门县、石台县	6 713	国家级	19821028	林业
		板桥	宁国市	5 000	省级	19950501	林业
		安徽清凉峰	绩溪县、歙县	7 811	国家级	19790101	林业
		紫石塔	东至县	6 670	县级	19980801	林业
		天湖	黄山市	4 500	省级	20000318	林业
		五溪山	黟县	4 050	省级	20000318	林业
		查湾	祁门县	1 600	省级	20010601	林业
	福建	万木林	建瓯市、建阳市、顺昌县	189	省级	19570607	林业
		福建武夷山	武夷山市、建阳市、光泽县、邵武市	56 527	国家级	19790703	林业
		屏南鸳鸯猕猴	屏南县、周宁县、政和县	1 457	省级	19840807	林业
		龙栖山	将乐县	15 693	国家级	19840911	林业
		戴云山	德化县	13 472	国家级	19850516	林业
		将石	邵武市	1 222	省级	19860327	林业
		茫荡山	延平区	9 442	省级	19880205	林业
		峨嵋峰	泰宁县	5 418	省级	19951101	林业
		君子峰	明溪县、泰宁县	18 061	国家级	19951220	林业
		九阜山	尤溪县	2 308	省级	19960101	林业
		藤山	永泰县	17 618	省级	19971101	林业
		郭岩山	顺昌县	3 034	县级	19980401	林业
		大仙峰	大田县	6 886	省级	20010301	林业
		圭龙山	长汀县	5 768	省级	20010609	林业
		闽江源	建宁县	13 022	国家级	20011008	林业
		老鹰尖	莆田市	2 828	省级	20020226	林业
		松溪白马山	松溪县	3 250	省级	20030211	林业
		清流莲花山	清流县	1 722	省级	20051230	林业

（续表）

地区	省级政区	保护区名称	所处地点	面积（hm²）	级别	建立时间	主管部门
	江西	井冈山	井冈山市	21 499	国家级	19810301	林业
		官山	宜丰县、铜鼓县	11 501	国家级	19810306	林业
		上犹五指峰	上犹县	6 368	省级	19921020	林业
		江西马头山	资溪县	13 867	国家级	19940101	林业
		阳际峰	贵溪市	10 946	国家级	19961101	林业
		高天岩	莲花县	4 780	省级	19990510	林业
		瑶里	浮梁县	3 627	省级	20010330	林业
		茶宝山猕猴	浮梁县	2 533	县级	20010412	林业
中南	河南	太行山猕猴	济源市、沁阳市、修武县、辉县市	56 600	国家级	19820624	林业
	湖北	木林子	鹤峰县	20 838	省级	19830101	林业
		五峰后河	五峰土家族自治县	10 340	国家级	19850101	林业
		大堰	远安县	54	县级	19860301	环保
		赛武当	十堰市	21 203	国家级	19870101	林业
		堵河源	竹山县	47 173	省级	19870101	林业
		五道峡	保康县	23 816	省级	19900101	林业
		大老岭	宜昌市	14 225	省级	20010101	林业
		丹江口库区	丹江口市	45 103	省级	20030318	林业
		南河	谷城县	14 834	省级	20030928	林业
		野人谷	房县	36 892	省级	20040806	林业
	湖南	炎陵桃源洞	炎陵县	23 786	国家级	19820101	林业
		湖南舜皇山	新宁县	21 720	国家级	19820401	林业
		壶瓶山	石门县	40 847	国家级	19820405	林业
		八面山	桂东县	10 974	国家级	19820409	林业
		九嶷山	宁远县	3 648	省级	19820427	林业
		江永源口	江永县	5 527	省级	19820527	林业
		东安舜皇山	东安县	14 311	省级	19820701	林业
		索溪峪	张家界市	3 931	省级	19840501	林业
		天子山	张家界市	5 500	省级	19840501	林业
		张家界	张家界市、慈利、桑植县	4 800	省级	19840501	林业
		八大公山	桑植县	20 000	国家级	19860709	林业
		张家界大鲵	张家界市	14 285	国家级	19961129	农业
		齐心金雕	吉首市	13 344	县级	20010101	林业
	广东	南岭	乳源瑶族自治县、阳山县、连州市	50 000	国家级	19840401	林业
		丰溪	大埔县	10 590	省级	19840404	林业
		内伶仃岛—福田	深圳市	815	国家级	19840409	林业
		淇澳—担杆岛	珠海市	7 363	省级	19891101	林业

（续表）

地区	省级政区	保护区名称	所处地点	面积(hm²)	级别	建立时间	主管部门
		上川岛猕猴	台山市	2 232	省级	19900101	林业
		七目嶂	五华县	5 850	省级	19900701	农业
		杨东山十二度水	乐昌市	2 670	省级	19980301	林业
		大稠顶	怀集县	3 761	省级	20000101	林业
	广西	猫儿山	兴安县、资源县、龙胜各族自治县	17 009	国家级	19760501	林业
		弄岗	龙州县、宁明县	10 080	国家级	19780101	林业
		崇左白头叶猴	江州区、扶绥县	25 578	省级	19800101	林业
		龙虎山	隆安县	2 256	省级	19801101	林业
		龙滩	天峨县	42 848	省级	19820601	林业
		恩城	大新县	25 820	省级	19820601	林业
		下雷	大新县	27 185	省级	19820601	林业
		大平山	桂平市	1 867	省级	19820601	林业
		元宝山	融水苗族自治县	4 159	省级	19820601	林业
		九万山	罗城仫佬族自治县、环江毛南族自治县、融水苗族自治县	25 213	国家级	19820601	林业
		恩城	大新县	25 820	省级	19820601	林业
		千家洞	灌阳县	12 231	国家级	19820601	林业
		木论	罗城仫佬族自治县、环江毛南族自治县	8 969	国家级	19960101	林业
		花坪	龙胜各族自治县、临桂县	17 400	国家级	19611018	林业
		七冲	昭平县	13 024	省级	20031101	林业
		大哄豹	隆林各族自治县	2 035	省级	20040101	林业
		邦亮长臂猿	靖西县	6 530	省级	20090716	林业
	海南	南湾猕猴	陵水黎族自治县	1 026	省级	19761009	林业
		尖峰岭	乐东黎族自治县、东方市	20 170	国家级	19761009	林业
		大花角	万宁市	106	市级	19840101	环保
		五指山	琼中黎族苗族自治县、五指山市	13 436	国家级	19851101	林业
		大东海火岭	三亚市	75	市级	19960325	环保
		猕猴岭	东方市	12 215	省级	20040723	林业
西南	重庆	大巴山	城口县	136 017	国家级	19790501	林业
		金佛山	南川区	41 850	国家级	19790701	林业
		大板营	酉阳土家族苗族自治县	21 246	省级	19991001	林业
		雪宝山	开县	23 452	国家级	20000401	林业
		五里坡	巫山县	35 277	省级	20000901	林业
		大木山	涪陵区	14 630	省级	20010301	林业
		黔江小南海湿地	黔江区	8 902	县级	20110101	林业

（续表）

地区	省级政区	保护区名称	所处地点	面积（hm^2）	级别	建立时间	主管部门
	四川	卧龙	汶川县	200 000	国家级	19630402	林业
		蜂桶寨	宝兴县	39 039	国家级	19750320	林业
		九寨沟	九寨沟县	64 297	国家级	19781215	林业
		马边大风顶	马边彝族自治县	30 164	国家级	19781215	林业
		美姑大风顶	美姑县	50 655	国家级	19781215	林业
		唐家河	青川县	40 000	国家级	19860709	林业
		大小兰沟	南江县	40 155	省级	19910102	林业
		观雾山	江油市	21 034	省级	19920201	林业
		龙溪—虹口	都江堰市	31 000	国家级	19930424	林业
		黑水河	大邑县	31 790	省级	19930601	林业
		鞍子河	崇州市	10 141	省级	19930801	林业
		平武小河沟	平武县	28 227	省级	19930801	林业
		雪宝顶	平武县	63 615	国家级	19930801	林业
		白羊	松潘县	76 710	省级	19930801	林业
		瓦屋山	洪雅县	36 490	省级	19931201	林业
		米亚罗	理县	160 732	省级	19950101	林业
		莫斯卡	丹巴县	13 700	省级	19951101	林业
		白水河	彭州市	30 150	国家级	19960101	林业
		花萼山	万源市	48 203	国家级	19960101	环保
		光雾山	南江县	34 984	省级	19960101	住建
		贡嘎山	康定县、泸定县、九龙县、石棉县	409 144	国家级	19960301	林业
		黑竹沟	峨边彝族自治县	29 650	省级	19970101	林业
		画稿溪	叙永县	23 827	国家级	19980101	环保
		百里峡	宣汉县	26 260	省级	19990101	环保
		米仓山	旺苍县	23 400	国家级	19990101	林业
		栗子坪	石棉县	40 903	省级	20010101	林业
		百草坡	金阳县	44 128	省级	20010101	林业
		五台山猕猴	通江县	27 900	省级	20010201	林业
		毛寨	青川县	14 150	省级	20011001	林业
		五台山猕猴	通江县	27 900	省级	20010201	林业
		二滩鸟类	盐边县	10 321	省级	20020101	林业
		羊子岭	雨城区	6 336	市级	20030101	林业
		三溪口	苍溪县	4 240	县级	20030301	林业
		苍溪九龙山	苍溪县	8 048	省级	20030501	林业

（续表）

地区	省级政区	保护区名称	所处地点	面积（hm²）	级别	建立时间	主管部门
	贵州	雷公山	雷山县、台江县、剑河县、榕江县	47 300	国家级	19820601	林业
		上塘朱家山	黄平县、瓮安县、福泉市	12 346	市级	19840302	林业
		赤水桫椤	赤水市	13 300	国家级	19840911	环保
		桐梓黄连柏箐	桐梓县	2 542	市级	19851103	林业
		从江月亮山	从江县	24 800	市级	19850101	林业
		茂兰	荔波县	20 000	国家级	19850409	林业
		梵净山	江口县、印江土家族苗族自治县、松桃苗族自治县	41 900	国家级	19850709	林业
		尧人山	三都水族自治县	2 000	县级	19870101	林业
		麻阳河	沿河土家族自治县、务川仡佬族苗族自治县	31 113	国家级	19870801	林业
		野钟黑叶猴	水城县	1 362	市级	19891201	林业
		宽阔水	绥阳县	26 231	国家级	19891201	林业
		冷水河	金沙县	8 133	县级	19920901	林业
		石阡佛顶山	石阡县	12 635	省级	19921001	林业
		习水中亚热带常绿阔叶林	习水县	48 666	国家级	19940908	林业
		大沙河	道真仡佬族苗族自治县	26 990	省级	19841010	林业
		瓮安朱家山	瓮安县	7 638	县级	19950801	林业
		瓮安江界河	瓮安县	11 000	县级	19950901	林业
		坡岗喀斯特植被	兴义市	5 030	市级	19970701	林业
		兴仁清水河	兴义市、兴仁县	2 556	市级	19970701	林业
		仙鹤坪	安龙县	3 005	市级	19970701	林业
		榕江月亮山	榕江县	32 849	市级	19980101	林业
		都匀斗蓬山	都匀市	4 233	县级	19980301	林业
		老冬寨	丹寨县	4 513	市级	19980501	林业
		贵定斗蓬山	贵定县	2 438	县级	19980501	林业
		长安喀斯特	惠水县	44 310	县级	20000801	林业
		毕节罩子山	毕节市	2 513	县级	20021201	林业
	云南	西双版纳	景洪市、勐海县、勐腊县	241 776	国家级	19581009	林业
		南滚河	沧源佤族自治县、耿马傣族佤族自治县	50 887	国家级	19800306	林业
		云龙天池	云龙县	6 630	省级	19810401	林业
		菜阳河	思茅区	14 892	省级	19811101	林业
		麻栗坡老君山	麻栗坡县、马关县	4 509	省级	19811101	林业
		碧塔海	香格里拉县	14 133	省级	19820101	林业
		黄连山	绿春县	65 058	国家级	19830427	林业

（续表）

地区	省级政区	保护区名称	所处地点	面积（hm^2）	级别	建立时间	主管部门
		白马雪山	德钦县、维西傈僳族自治县	276 400	国家级	19840101	林业
		药山	巧家县	20 141	国家级	19840405	林业
		玉龙雪山	玉龙纳西族自治县	26 000	省级	19840501	林业
		哈巴雪山	香格里拉县	21 908	省级	19850101	林业
		无量山	景东彝族自治县、南涧彝族自治县、大理市	30 938	国家级	19860320	林业
		铜壁关	盈江县、陇川县、瑞丽市	100 744	省级	19860320	林业
		永德大雪山	永德县	17 541	国家级	19860320	林业
		云南大围山	屏边苗族自治县、河口瑶族自治县、个旧市、蒙自县	43 993	国家级	19860320	林业
		金平分水岭	金平苗族瑶族傣族自治县	42 027	国家级	19860601	林业
		哀牢山	新平彝族傣族自治县、楚雄市、双柏县、景东彝族自治县、镇沅彝族哈尼族拉祜族自治县	67 700	国家级	19880509	林业
		元阳观音山	元阳县	16 187	省级	19940527	林业
		阿姆山	红河县	14 756	省级	19951201	林业
		云岭	兰坪白族普米族自治县	75 894	省级	19980101	林业
		个旧董棕林	个旧市	160	县级	19990101	林业
		罗平万峰山	罗平县	47 491	市级	19990201	林业
		大堵水库	师宗县	160	县级	19990601	林业
	西藏	雅鲁藏布大峡谷	墨脱县、林芝县、波密县、米林县	916 800	国家级	19850709	林业
		类乌齐马鹿	类乌齐县	120 615	国家级	19930101	林业
西北	陕西	青木川	宁强县	10 200	国家级	20030521	林业
		陕西米仓山	西乡县	34 192	国家级	20030820	林业
	甘肃	白水江	武都区、文县	183 799	国家级	19630101	林业
	青海	三江源	班玛县、久治县、玉树县、称多县、囊谦县	15 230 000	国家级	20000523	林业

注：①本表参考多方面信息综合而成，个别误差进行更正。②此仅为三江源国家级自然保护区目前得到证实有猕猴分布的地方。③本表据全国自然保护区名录. http://sts. mep. gov. cn/zrbhq/zrbhq/201208/t20120824_235172. htm；河北省政府批准建立六里坪猕猴省级自然保护区. http://www. forestry. gov. cn/portal/main/s/102/content-265574. html；交城县. http://baike. baidu. com/link? url＝XoEKeLYnSZRgCJ6pB79VXlLNzrV4aVfaSGPbQriyCIHPlCw6_TJNfbkoh-ZDTdTn44mFUQUdP4nHcfdkoHAGNa；山西庞泉沟国家级自然保护区. http://baike. baidu. com/view/746921. htm? fromId＝138438；山西历山国家级自然保护区. http://www. nre. cn/htm/04/bhq/2004-12-17-14462. htm；山西历山国家级自然保护区. http://baike. baidu. com/view/481816. htm? fromId＝248775；陵川红豆杉自然保护区. http://www. jchb. gov. cn/Item. aspx? id＝5128；山西涞水河源头首拍金钱豹 母豹携两幼仔现丛林. http://www. chinanews. com/gn/2011/03-03/2881390. shtml；《凤阳山志》编委会，2012；凤阳山—百山祖自然保护区. http://cidian. iask. sina. com. cn/a/eqnm. html；浙江百山祖国家级自然保护区. http://zjbsz. nre. cn/htm/baishanzu/jibengaikuang/20100914/576. html；龙泉山. http://baike. soso. com/v61371. htm；国家林业局，2008；浙江九龙山国家

级自然保护区. http://jls. suichang. gov. cn/zybh/dwzy/201006/t20100621_78562. htm;临安清凉峰自然保护区. http://baike. baidu. com/view/472705. htm;浙江天目山国家级自然保护区. http://baike. baidu. com/view/481664. htm;大盘山自然保护区. http://www. baike. com/wiki/% E5% A4% A7% E7% 9B% 98% E5% B1% B1;牛头山. http://wenku. baidu. com/view/9674342ced630b1c59eeb5a5. html;金华牛头山. http://blog. Sina. com. cn/s/blog_4a67957c010005r6. html;景宁县完善《景宁望东洋高山湿地自然保护区科学考察报告》_. http://www. lsly. gov. cn/detail-662. html;国家林业局,2008;安徽省自然保护区简介。http://www. ahly. gov. cn/main/model/newinfo/newinfo. do? infoId=14166;万木林自然保护区. http://baike. baidu. com/view/246422. htm;福建武夷山国家级自然保护区. http://baike. baidu. com/view/391621. htm;龙栖山国家级自然保护区. http://www. jiangle. gov. cn/2006/7/1716. htm;德化戴云山. http://www. agri. cn/DFV20/fj/xxny/xclytp/201404/t20140408_3843;邵武将石省级自然保护区. http://baike. baidu. com/view/9447150. htm? fromId=211244;茫荡山国家级自然保护区. http://baike. baidu. com/view/211210. htm? subLemmaId=211210&fromenter=%C3%A3%B5%B4%C9%BD%D7%D4%C8%BB%B1%A3%BB%A4%C7%F8;泰宁峨嵋峰自然保护区. http://baike. baidu. com/view/481091. htm;君子峰自然保护区. http://www. baike. com/wiki/%E5%90%9B%E5%AD%90%E5%B3%B0%E8%87%AA%E7%84%B6%E4%BF%9D%E6%8A%A4%E5%8C%BA;九阜山自然保护区. http://baike. baidu. com/view/481035. htm;藤山自然保护区. http://baike. baidu. com/view/3630872. htm;大仙峰自然保护区. http://baike. baidu. com/view/1079697. htm;长汀圭龙山省级自然保护区. http://baike. baidu. com/view/9441079. htm;闽江源自然保护区. http://www. baike. com/wiki/%E9%97%BD%E6%B1%9F%E6%BA%90%E8%87%AA%E7%84%B6%E4%BF%9D%E6%8A%A4%E5%8C%BA;老鹰尖省级自然保护区. http://baike. baidu. com/view/8631076. htm;松溪白马山自然保护区. http://baike. baidu. com/view/8636012. htm;清流莲花山自然保护区. http://baike. baidu. com/view/8639787. htm;井冈山自然保护区. http://baike. baidu. com/view/248434. htm;官山国家级自然保护区. http://baike. baidu. com/view/3140304. htm? fromId=161047;马头山国家级自然保护区. http://baike. baidu. com/view/8907742. htm;贵溪文坊阳际峰晋升为国家级自然保护区. http://bbs. jxnews. com. cn/thread-453131-1-1. html;莲花县高天岩自然保护区升为省级自然保护区. http://www. yuanlin365. com/news/160597. shtml;瑶里自然保护区. http://baike. baidu. com/view/8841528. htm;木林子自然保护区. http://baike. baidu. com/view/5145374. htm;后河国家级自然保护区. http://baike. baidu. com/view/345586. htm? fromId=473379;远安县. http://baike. baidu. com/view/1659375. htm;赛武当自然保护区动物资源. http://www. symjswd. cn/Lisheng_ReadNews. asp? NewsID=211;湖北堵河源省级自然保护区管理局. http://zhuanti. 10yan. com/html/wmcjwsz/zshy/view-message-zshy-cjgz-368. html;五道峡自然保护区. http://baike. baidu. com/view/8913553. htm;三峡大老岭自然保护区. http://baike. baidu. com/view/8913308. htm;丹江口库区湿地自然保护区. http://baike. baidu. com/view/8913586. html;南河湿地自然保护区. http://baike. baidu. com/view/4178635. htm;野人谷自然保护区. http://baike. baidu. com/view/8913521. html;炎陵桃源洞自然保护区. http://www. baike. com/wiki/%E7%82%8E%E9%99%B5%E6%A1%83%E6%BA%90%E6%B4%9E%E8%87%AA%E7%84%B6%E4%BF%9D%E6%8A%A4%E5%8C%BA;炎陵桃源洞自然保护区. http://www. baike. com/wiki/%E7%82%8E%E9%99%B5%E6%A1%83%E6%BA%90%E6%B4%9E%E8%87%AA%E7%84%B6%E4%BF%9D%E6%8A%A4%E5%8C%BA;湖南省东安舜皇山自然保护区. http://www. huaxia. com/hn-tw/2007/06/692063. html;壶瓶山. http://baike. baidu. com/view/341740. htm;八面山自然保护区. http://baike. baidu. com/view/825873. htm;零陵地区地方志编纂委员会,2001;九疑山国家森林公园. http://baike. baidu. com/view/1204617. htm;江永源口省级自然保护区. http://baike. baidu. com/view/8712781. htm;东安舜皇山. http://www. baike. com/wiki/东安舜皇山;八大公山国家级自然保护区. http://baike. baidu. com/view/481725. htm? fromId=248739;湖南八大公山自然保护区导游词. http://wenku. baidu. com/view/b7e210c42cc58bd63186bd89. html;大鲵国家级自然保护区. http://baike. baidu. com/view/469503. htm? fromId=825882;广东南岭国家级自然保护区. http://baike. baidu. com/view/481761. htm? fromId=246957;南岭国家森林公园. http://www. baike. com/wiki/南岭国家森林公园;南岭自然保护区. http://www. baike. com/wiki/%E5%8D%97%E5%B2%AD%E8%87%AA%E7%84%B6%E4%BF%9D%E6%8A%A4%E5%8C%BA;广东大埔丰溪省级自然保护区. http://baike. baidu. com/view/2264303. htm? fromId=821347;广东珠海淇澳—担杆岛省级自然保护区. http://baike. baidu. com/view/6247653. htm;七目嶂. http://baike. baidu. com/view/34467. htm? fromId=2985586;七目嶂. http://baike. baidu. com/view/34467. htm? fromId=2985586;兴安县地方志编纂委员会,2002;周歧海等,2007;唐华兴等,2011;黄中豪等,2016;广西大平山自然保护区. http://baike. baidu. com/view/211271. htm;元宝山保护区. http://baike. baidu. com/view/246369. htm;融水元宝山. http://baike. baidu. com/link? url=hbYDktxF49eWbPVhLMHxueaJXcGwPo8jcuzxYn_FtHJ_xDL6a9n0lQEsntWws23SOizIL2d76CqgkgLxFyjY3a;九万山国家级自然保护区. http://baike. baidu. com/view/3018401. htm;大新恩城自然保护区. http://baike. soso. com/v49118837. htm;灌阳县. http://www. baike. com/wiki/灌阳县;木论国家级自然保护区. http://baike. baidu. com/

view/3018393. htm? fromId=472792;花坪国家级自然保护区. http://baike. baidu. com/view/481766. htm? fromId=471252;七冲自然保护区野生动物日渐增多. http://www. zpol. cn/lyj/stly/show_news. asp? id=555;广西大哄豹自治区级自然保护区景色美. http://www. gxll. gov. cn/html/2013/longlinxinwen_0526/15659. html;徐治平,2014;海南尖峰岭国家级自然保护区. http://baike. baidu. com/view/3018363. htm? fromId=246932;五指山自然保护区. http://baike. soso. com/v274001. htm;琼中黎族苗族自治县. http://baike. baidu. com/view/167660. htm? fromtitle=琼中&fromid=4284456&type=syn;海南省猕猴岭林场. http://www. hnemap. com/MoreMapInfo/more. aspx? id=301;重庆大巴山国家级自然保护区. http://www. forestry. gov. cn/portal/zrbh/s/2713/content-438113. html;城口县. http://baike. baidu. com/link? url=g8ngvyNeW9LAI_jJOfiBEL0PuFUl4SyO0yuEKJrep8h6euQP7ZVMrr-PKLN4JNG2#6;金佛山自然保护区. http://baike. baidu. com/view/248491. html;大板营. http://baike. baidu. com/view/1060463. htm;雪宝山国家森林公园. http://baike. baidu. com/view/906206. htm;五里坡自然保护区. http://cq. sina. com. cn/city/whly/2012-02-14/22174_2. html;弋静. 看看巫山五里坡自然保护区的野生动物照片. http://cq. qq. com/a/20120213/000130. html;李宏群等,2011;"湿地使者行动"对重庆市黔江区小南海湿地保护的重要推动作用. http://www. shidi. org/sf_A124C44FC8AC4247B237D9C2067E95AE_151_cqulvfudui. html;卧龙国家级自然保护区. http://baike. baidu. com/view/345535. htm? fromId=35318;蜂桶寨国家级自然保护区. http://baike. baidu. com/view/481806. htm? fromId=246947;九寨沟国家级自然保护区. http://baike. baidu. com/view/481819. htm? fromId=248498;自然遗产. http://baike. baidu. com/link? url=5zwgLYCwOITkExfQ0ovlUjNNy4sQtJOcEYzNbj0Zb_qF9oFjSDgeas1_8cIQGnD4rzN22kV_zEsPYgR2BPpU3_;马边大风顶国家级自然保护区. http://baike. baidu. com/view/481800. htm? fromId=246865;美姑大风顶国家级自然保护区. http://baike. baidu. com/view/481825. htm? subLemmaId=481825&fromenter=%C3%C0%B9%C3%B4%F3%B7%E7%B6%A5%D7%D4%C8%BB%B1%A3%BB%A4%C7%F8;黎大勇,2015;唐家河国家级自然保护区. http://baike. baidu. com/view/481792. htm? fromId = 251900;鲁庆彬等,2003;四川观雾山自然保护区. http://www. my. gov. cn/MYGOV/150619928930549760/20111202/605140. html;龙溪—虹口国家级自然保护区. http://baike. baidu. com/view/825859. htm? fromId=281859;黑水河自然保护区. http://sc. zwbk. org/MyLemmaShow. aspx? lid=1496;鞍子河自然保护区. http://baike. baidu. com/view/349644. htm;金琪等,2014;小河沟自然保护区. http://baike. baidu. com/view/1628412. htm;四川雪宝顶国家级自然保护区. http://baike. baidu. com/view/848214. htm;白羊自然保护区. http://baike. baidu. com/view/377555. htm;四川瓦屋山自然保护区·动植物资源. http://www. taibaishan. com. cn/publicfiles/business/htmlfiles/wws/s1694/201107/2594. html;野外监测工作. http://www. forestry. gov. cn/portal/main/s/3095/content-487736. html;莫斯卡自然保护区. http://baike. baidu. com/view/377499. htm;张强等,2008;白水河自然保护区. http://baike. baidu. com/view/182214. htm;花萼山国家级自然保护区. http://www. huaeshan. gov. cn/docc/about. htm;光雾山. http://baike. baidu. com/view/48004. htm;贡嘎山国家级自然保护区. ttp://baike. baidu. com/view/472693. htm? subLemmaId=472693&fromenter=%B9%B1%B8%C2%C9%BD%D7%D4%C8%BB%B1%A3%BB%A4%C7%F8;四川贡嘎山国家级自然保护区. http://www. chinagongga. cn/;刘洋等. 2005;画稿溪国家级自然保护区官网. http://www. huagaoxi. org/info/? InfoType=4;宣汉县百里峡省级自然保护区. http://www. zwbk. org/MyLemmaShow. aspx? lid=224930;米仓山国家级自然保护区. http://baike. baidu. com/view/3069089. htm;李艳红等,2007;百草坡生态自然保护区考察报告. http://www. yizuren. com/plus/view. php? aid=2464;周家自,2015;何成亿,2015;毛寨自然保护区. http://baike. baidu. com/view/5609246. htm;四川二滩鸟类自然保护区. http://www. docin. com/p-603673609. html;雨城区羊子岭自然保护区简介. http://baike. baidu. com/view/9111733. htm;三溪口森林公园. http://baike. baidu. com/view/9956414. htm;四川九龙山自然保护区. http://baike. baidu. com/view/7146790. htm;雷公山国家级自然保护区. http://baike. baidu. com/view/246379. htm;黄平上塘朱家山州级自然保护区. http://www. baike. com/wiki/%E9%BB%84%E5%B9%B3%E4%B8%8A%E5%A1%98%E6%9C%B1%E5%AE%B6%E5%B1%B1%E5%B7%9E%E7%BA%A7%E8%87%AA%E7%84%B6%E4%BF%9D%E6%8A%A4%E5%8C%BA;桫椤自然保护区. http://baike. baidu. com/view/379778. htm;桐梓柏箐自然保护区. http://www1. cfsdc. org/wwwroot/baohuqu/57. htm;黄小龙等,2016;牟岚,2010;茂兰自然保护区. http://baike. soso. com/h6122941. htm? sp=l6122942;梵净山国家级自然保护区. http://baike. baidu. com/view/824110. htm? fromId=120315;梵净山. http://baike. baidu. com/view/2168. htm;三都. http://baike. soso. com/v8000492. htm? ch=ch. bk. innerlink;麻阳河国家级自然保护区. http://baike. baidu. com/view/1203904. htm? subLemmaId=1203904&fromenter=%C2%E9%D1%F4%BA%D3%D7%D4%C8%BB%B1%A3%BB%A4%C7%F8;贵州省野钟黑叶猴自然保护区. http://www1. cfsdc. org/wwwroot/baohuqu/10. htm;神山国际—宽阔水国家级自然保护区. http://baike. baidu. com/link? url=gXXvu4CeCs7qgIZDRVP57Z9IMqswNZWOjEI2TSE4BKMJsQqE8rxOpp5ZRGsVCNZuHXbi3wUWMrgewzaB7DXxohpOOzen5vTfZOMCoIwYBUH-PKCi1kVmHs3QUn0WHw5cHxdJXfJopkIyhBb9ZJ0OaGU_dWKy7ogobk1yHXBf_vDAK23_ZKQskr9CQRpZnYYHptfvsrYgHwpe_

USGeUsQKN_APcWTOvhmlJfnYqjNthEQ9RXLb3HBV20-DdPBSF0LvpzU584JoHiGd73fwMa4Va；冷水河自然保护区. http://baike. baidu. com/view/2664875. htm；佛顶山自然保护区资源概况. http://www. sq-tour. com/Article/ShowArticle. asp? ArticleID=242；习水中亚热带常绿阔叶林国家级自然保护区. http://baike. baidu. com/view/472694. htm? fromId=181358；道真大沙河省级自然保护区. http://baike. baidu. com/view/9136668. htm；瓮安朱家山自然保护区. http://www. baike. com/wiki/%E7%93%AE%E5%AE%89%E6%9C%B1%E5%AE%B6%E5%B1%B1%E8%87%AA%E7%84%B6%E4%BF%9D%E6%8A%A4%E5%8C%BA；朱家山. http://baike. baidu. com/view/1433436. htm；瓮安江界河自然保护区. http://www. baike. com/wiki/%E7%93%AE%E5%AE%89%E6%B1%9F%E7%95%8C%E6%B2%B3%E8%87%AA%E7%84%B6%E4%BF%9D%E6%8A%A4%E5%8C%BA；兴义林业局：关于解决兴义坡岗猴群与人争粮的建议. http://www. ldqxn. com/news/xingyi/20130228/102416. htm；贵州省兴仁清水河州级自然保护区. http://www1. cfsdc. org/wwwroot/baohuqu/11. htm；安龙仙鹤坪自然保护区. http://baike. baidu. com/view/977963. htm；榕江月亮山州级自然保护区. http://www. baike. com/wiki/%E6%A6%95%E6%B1%9F%E6%9C%88%E4%BA%AE%E5%B1%B1%E5%B7%9E%E7%BA%A7%E8%87%AA%E7%84%B6%E4%BF%9D%E6%8A%A4%E5%8C%BA；斗篷山自然保护区. http://baike. baidu. com/view/473399. htm；丹寨老冬寨州级自然保护区. http://www. baike. com/wiki/%E4%B8%B9%E5%AF%A8%E8%80%81%E5%86%AC%E5%AF%A8%E5%B7%9E%E7%BA%A7%E8%87%AA%E7%84%B6%E4%BF%9D%E6%8A%A4%E5%8C%BA；贵定斗篷山自然保护区. http://www. baike. com/wiki/%E8%B4%B5%E5%AE%9A%E6%96%97%E7%AF%B7%E5%B1%B1%E8%87%AA%E7%84%B6%E4%BF%9D%E6%8A%A4%E5%8C%BA；惠水长安喀斯特自然保护区. http://www. baike. com/wiki/%E6%83%A0%E6%B0%B4%E9%95%BF%E5%AE%89%E5%96%80%E6%96%AF%E7%89%B9%E8%87%AA%E7%84%B6%E4%BF%9D%E6%8A%A4%E5%8C%BA；毕节市罩子山生态自然保护区. http://www1. cfsdc. org/wwwroot/baohuqu/22. htm；阎寿根，2006；南滚河国家级自然保护区. http://baike. baidu. com/view/746820. htm? fromId=246983；云南云龙天池国家级自然保护区. http://baike. baidu. com/link? url=ZVyF6q9C7WaOz82O5ZODnfaMMcxS8Jze118FKsqrYHWXT7GYrE6H-BjST6z8VSjyD1-d3nWPmTrQZzvT8q31UK；菜阳河国家森林公园 http://baike. baidu. com/link? url=ZGTEpNQ3WEjmdF1Bu4XnbhoXWSNL7hZljfqZTYKBDpBLXP595xCQXQvxw-MJxCyadgGfUBmLUn8qEK8fF9aOR_；王春雷. 绿色中国行走进普洱 共植太阳河绿色中国林. http://news. iqilu. com/shandong/yuanchuang/2014/1128/2229590. shtml；麻栗坡老君山自然保护区. http://www. ccqtt. com/html/ws/31. htm；黄连山国家级自然保护区. http://baike. baidu. com/view/1405397. htm? fromId=246469；白马雪山自然保护区. http://www. baike. com/wiki/%E7%99%BD%E9%A9%AC%E9%9B%AA%E5%B1%B1%E8%87%AA%E7%84%B6%E4%BF%9D%E6%8A%A4%E5%8C%BA；云南药山国家级自然保护区. http://ynysnr. forestry. gov. cn/publicfiles/business/htmlfiles/ynysbhq/stzy/201307/22533. html；玉龙雪山. http://baike. baidu. com/view/23851. htm? fromId=246429；哈巴雪山. http://baike. baidu. com/view/62767. htm? fromId=824125；无量山国家级自然保护区. http://baike. baidu. com/view/1429931. htm? fromId=248391；无量山国家级自然保护区. http://baike. baidu. com/view/1429931. htm；豚尾猴. http://baike. baidu. com/link? url=9IXnLdVCsNDR82daxp7cd-SQnBjO1EQ4itxyGdAfDDU7huGX2J1AWKJ8RAX75PzDwYQPis063fS2768amFDowq；铜壁关自然保护区. http://baike. baidu. com/view/246524. htm；永德大雪山自然保护区. http://baike. baidu. com/view/1094389. htm；云南永德大雪山国家级自然保护区. http://baike. baidu. com/link? url=Jq94skpPfLCcQzAa9UISPUa2E4GvrlhJzBCE8DTJiif6SdU5cTqgi9EIEDyl3nHYKuWdGfSXKAXbEfWov4nNpa；大围山国家级自然保护区. http://baike. baidu. com/view/1439617. htm? subLemmaId=1439617&fromenter=%D4%C6%C4%CF%B4%F3%CE%A7%C9%BD%D7%D4%C8%BB%B1%A3%BB%A4%C7%F8；刘其建，2007；哀牢山国家级自然保护区. http://baike. baidu. com/view/824116. htm? fromId=20195；哀牢山国家级自然保护区. http://baike. baidu. com/link? url=ghqjGv99RqHCAOVD2cvVzGaFH_OAMYWZ8_FYLD1YgXoSs-D3UALX9SWF0m-ct9-Z05ztaLSpE4e4dlUMvLwrgq#4_2；豚尾猴. http://baike. baidu. com/link? url=9IXnLdVCsNDR82daxp7cd-SQnBjO1EQ4itxyGdAfDDU7huGX2J1AWKJ8RAX75PzDwYQPis063fS2768amFDowq；兰坪云岭省级自然保护区. http://yn. zwbk. org/lemma/1290；赖兴会，2003；云南师宗大堵水库自然保护区. http://www. baike. com/wiki/%E4%BA%91%E5%8D%97%E5%B8%88%E5%AE%97%E5%A4%A7%E5%A0%B5%E6%B0%B4%E5%BA%93%E8%87%AA%E7%84%B6%E4%BF%9D%E6%8A%A4%E5%8C%BA；雅鲁藏布江大峡谷国家级自然保护区. http://baike. soso. com/v4651626. htm? ch=ch. bk. innerlink；长毛岭马鹿自然保护区. http://baike. sogou. com/v10900247. htm；青木川国家级自然保护区. http://baike. baidu. com/view/3207139. htm? fromId=3419869；赵海涛等，2014；赵海涛等，2015；张涛等，2005；白水江自然保护区. http://www. china. com. cn/aboutchina/zhuanti/ysdw/2008-12/05/content_16905471. htm；青海三江源国家级自然保护区. http://baike. baidu. com/view/871342. htm

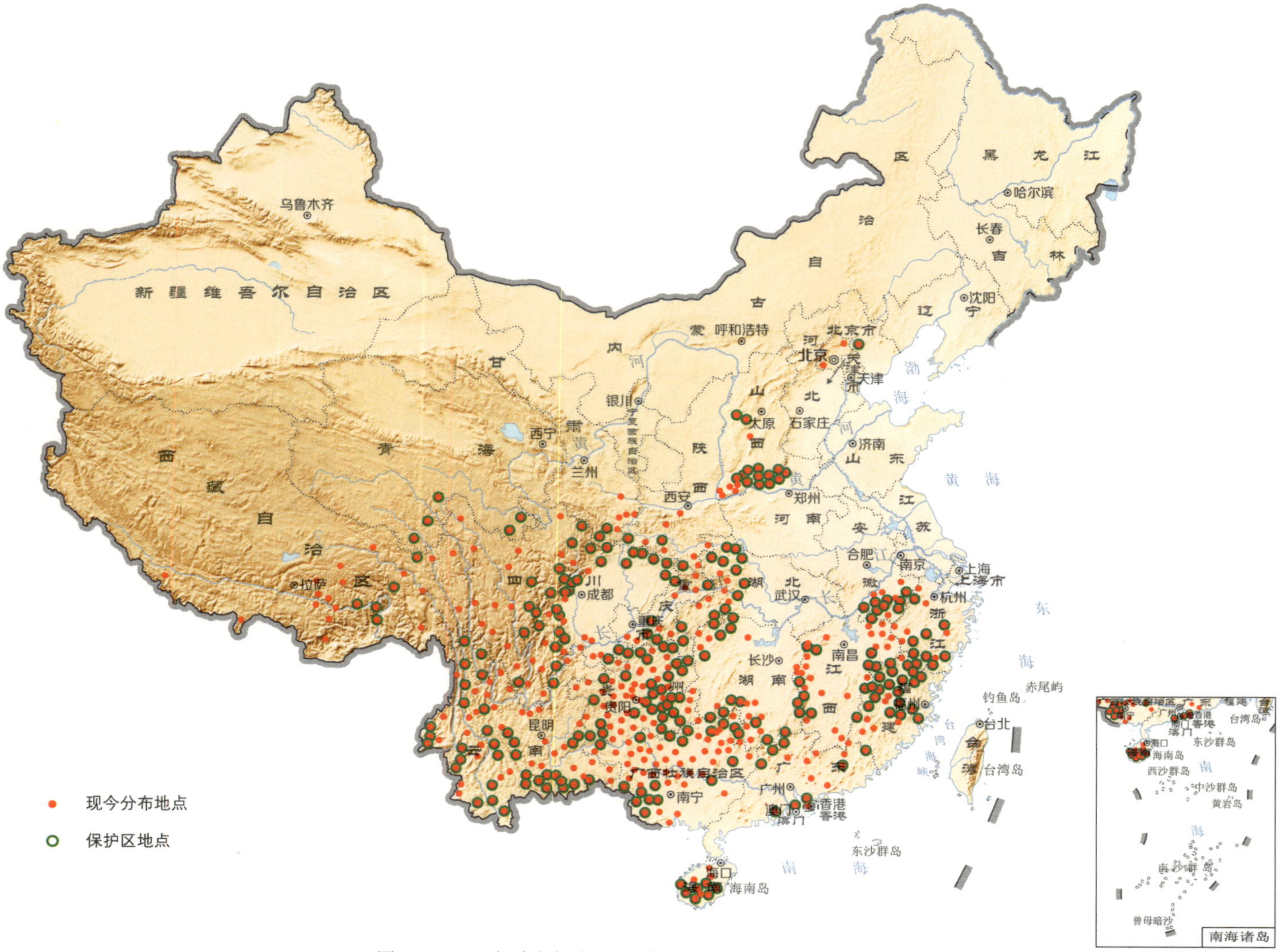

图 9.24　现有猕猴栖息地与其栖息的自然保护区分布图

6.2　分布变迁

文献记载显示出百余年来猕猴分布变迁状况（表 9.10、图 9.25），特点如下：

● 20 世纪初，可以确认的猕猴分布于华北（北京市、河北省、山西省、内蒙古自治区）、华东（江苏省、浙江省、安徽省、福建省、江西省）、中南（河南省、湖北省、湖南省、广东省、广西壮族自治区、海南省、香港特别行政区）、西南（重庆市、四川省、贵州省、云南省、西藏自治区）、西北（陕西省、甘肃省、青海省、宁夏回族自治区），共 25 个省级政区，超过 820 地。

● 到 20 世纪后半叶，内蒙古自治区、宁夏回族自治区的猕猴首先完全消失；其余有猕猴分布的省级政区中分布地消失超过 10 个的排序为：广东省（39 个），甘肃省（22 个），四川省（20 个），浙江省（14 个），广西壮族自治区（12 个），河北省与云南省（皆 11 个）。

● 到现今，有猕猴分布的省级政区中分布地消失达到或超过 5 个的排序为：四川省（29 个），云南省（28 个），浙江省与福建省（皆 12 个），湖南省（11 个），湖北省（10 个），广西壮族自治区（9 个），广东省（8 个），西藏自治区（7 个），江西省（5 个）。

● 百余年间，猕猴分布地约消失 39％，下降幅度之大值得引起我们重视。

● 目前有猕猴栖息的保护区尚未达到现有猕猴栖息地点的 50％，反映对猕猴的保护力度尚有加大空间。

表 9.10 20世纪以来猕猴分布变迁概况

地区	省级政区	20世纪前半叶分布地点	20世纪后半叶分布地点	现今分布地点
华北	北京	房山区、密云县	房山区、密云县	房山区？密云县？
	河北	赞皇县、兴隆县、秦皇岛市、抚宁县、唐山市、遵化市、迁安市、滦县、滦南县、乐亭县、迁西县、玉田县、唐海县	兴隆县、遵化市	兴隆县
	山西	城区、泽州县、沁水县、阳城县、陵川县、介休市、昔阳县、尧都区、翼城县、盐湖区、永济市、芮城县、闻喜县、夏县、绛县、平陆县、垣曲县、方山县、交城县	城区、泽州县、沁水县、阳城县、陵川县、介休市、翼城县、盐湖区、永济市、芮城县、闻喜县、夏县、绛县、平陆县、垣曲县、方山县、交城县	城区、泽州县、沁水县、阳城县、陵川县、介休市、翼城县、盐湖区、永济市、芮城县、闻喜县、夏县、绛县、平陆县、垣曲县、方山县、交城县
	内蒙古	额济纳旗		
华东	江苏	如皋	如皋	
	浙江	杭州市、临安市、富阳市、建德市、桐庐县、淳安县、安吉县、海宁市、宁波市、象山县、越城区、诸暨市、上虞市、嵊州市、衢州市、江山市、开化县、金华市、武义县、浦江县、磐安县、台州市、临海市、温岭市、三门县、天台县、仙居县、玉环县？温州市、瑞安市、乐清市、文成县、泰顺县、莲都区、龙泉市、缙云县、青田县？云和县、遂昌县、松阳县、庆元县、景宁畲族自治县	临安市、富阳市、建德市、桐庐县、淳安县、安吉县、宁波市、越城区、上虞市、衢州市、江山市、开化县、金华市、武义县、磐安县、仙居县、温州市、瑞安市、文成县、泰顺县、莲都区、龙泉市、缙云县、云和县、遂昌县、松阳县、庆元县、景宁畲族自治县	
	安徽	界首市、安庆市、桐城市、怀宁县、枞阳县、潜山县、太湖县、宿松县、望江县、岳西县、黄山市、歙县、休宁县、黟县、祁门县、庐江县、贵池区、东至县、石台县、青阳县、宣州区、宁国市、泾县、旌德县、绩溪县	界首市、黄山市、歙县、休宁县、黟县、祁门县、庐江县、贵池区、东至县、石台县、青阳县、宣州区、宁国市、泾县、旌德县、绩溪县	黄山市、歙县、休宁县、黟县、祁门县、贵池区、东至县、石台县、青阳县、宣州区、宁国市、旌德县、绩溪县
	福建	福州市、闽侯县、永泰县、延平区、邵武市、武夷山市、建瓯市、建阳市、顺昌县、浦城县、光泽县、松溪县、政和县、三明市、永安市？明溪县、清流县、宁化县、大田县、尤溪县、沙县、将乐县、泰宁县、建宁县、莆田市、仙游县、永春县、德化县、龙海市、华安县、新罗区、漳平市、长汀县、永定县？上杭县、武平县？连城县、蕉城区、福安市、福鼎市？寿宁县？霞浦县、柘荣县、屏南县、古田县、周宁县	福州市、闽侯县、永泰县、延平区、邵武市、武夷山市、建瓯市、建阳市、顺昌县、浦城县、光泽县、松溪县、政和县、三明市、明溪县、清流县、宁化县、大田县、尤溪县、沙县、将乐县、泰宁县、建宁县、莆田市、仙游县、永春县、德化县、龙海市、华安县、新罗区、漳平市、长汀县、上杭县、连城县、蕉城区、福安市、霞浦县、柘荣县、屏南县、古田县、周宁县	永泰县、延平区、邵武市、武夷山市、建瓯市、建阳市、顺昌县、浦城县、光泽县、松溪县、政和县、三明市、明溪县、清流县、大田县、尤溪县、沙县、将乐县、泰宁县、建宁县、莆田市、永春县、德化县、新罗区、长汀县、上杭县、连城县、屏南县、周宁县

（续表）

地区	省级政区	20世纪前半叶分布地点	20世纪后半叶分布地点	现今分布地点
	江西	德安县、景德镇市、乐平市、浮梁县、贵溪市、渝水区、萍乡市、莲花县、上栗县、芦溪县、上犹县、崇义县、安远县、宁都县、寻乌县、德兴市、上饶县、玉山县、铅山县、弋阳县、婺源县、临川区、黎川县、资溪县、袁州区、万载县、宜丰县、靖安县、铜鼓县、井冈山市、吉安县、新干县、泰和县、遂川县、安福县、永新县	景德镇市、乐平市、浮梁县、贵溪市、渝水区、萍乡市、莲花县、上栗县、芦溪县、上犹县、崇义县、安远县、宁都县、寻乌县、德兴市、上饶县、玉山县、铅山县、弋阳县、婺源县、临川区、黎川县、资溪县、袁州区、万载县、宜丰县、靖安县、铜鼓县、井冈山市、新干县、泰和县、遂川县、安福县、永新县	景德镇市、乐平市、浮梁县、贵溪市、萍乡市、莲花县、上栗县、芦溪县、上犹县、崇义县、安远县、宁都县、寻乌县、德兴市、上饶县、玉山县、弋阳县、婺源县、黎川县、资溪县、袁州区、万载县、宜丰县、靖安县、铜鼓县、井冈山市、泰和县、安福县、永新县
中南	河南	焦作市、沁阳市、修武县、博爱县、辉县市、舞钢市、鲁山县、南阳市、信阳市、济源市	焦作市、沁阳市、修武县、博爱县、辉县市、舞钢市、鲁山县、南阳市、信阳市、济源市	沁阳市、修武县、博爱县、辉县市、信阳市、济源市
	湖北	武汉市、十堰市、丹江口市、郧县？竹山县、房县、郧西县、竹溪县、南漳县、谷城县、保康县、红安县、罗田县、通城县、宜昌市、远安县、兴山县、秭归县、长阳土家族自治县、五峰土家族自治县、神农架林区、恩施市、利川市、建始县、巴东县、宣恩县、咸丰县、来凤县、鹤峰县	武汉市、十堰市、丹江口市、竹山县、房县、竹溪县、南漳县、谷城县、保康县、罗田县、通城县、宜昌市、远安县、兴山县、秭归县、长阳土家族自治县、五峰土家族自治县、神农架林区、恩施市、利川市、建始县、巴东县、宣恩县、咸丰县、来凤县、鹤峰县	十堰市、丹江口市、竹山县、房县、谷城县、保康县、宜昌市、远安县、兴山县、秭归县、长阳土家族自治县、五峰土家族自治县、神农架林区、恩施市、建始县、鹤峰县
	湖南	张家界市、慈利县、桑植县、常德市、澧县、石门县、湘阴县、平江县、茶陵县、炎陵县、宜章县、汝城县、桂东县、永州市、东安县、道县、宁远县、江永县、蓝山县、新田县、双牌县、祁阳县、江华瑶族自治县、武冈市、绥宁县、新宁县、城步苗族自治县、沅陵县、辰溪县、新晃侗族自治县、吉首市、花垣县、保靖县、永顺县、龙山县	张家界市、慈利县、桑植县、常德市、澧县、石门县、平江县、茶陵县、炎陵县、宜章县、汝城县、桂东县、永州市、东安县、道县、宁远县、江永县、蓝山县、新田县、双牌县、祁阳县、江华瑶族自治县、武冈市、绥宁县、新宁县、城步苗族自治县、沅陵县、辰溪县、新晃侗族自治县、吉首市、花垣县、保靖县、永顺县、龙山县	张家界市、慈利县、桑植县、常德市、石门县、炎陵县、桂东县、永州市、东安县、道县、宁远县、江永县、蓝山县、新田县、双牌县、祁阳县、江华瑶族自治县、新宁县、城步苗族自治县、吉首市、保靖县、永顺县、龙山县
	广东	广州市、增城市、从化市？清城区、英德市、连州市、佛冈县？阳山县、清新县？连山壮族瑶族自治县、连南瑶族自治县、韶关市？乐昌市、南雄市？始兴县、仁化县、翁源县？新丰县、乳源瑶族自治县、源城区？紫金县、龙川县？连平县、和平县？东源县？梅江区、兴宁市、梅县、大埔县、丰顺县、五华县、平远县、蕉岭县、湘桥区、潮安县、饶平县、汕头市、南澳县、榕城区、普宁市、揭东县、揭西县、惠来县、博罗县、惠东县、龙门县、东莞市、深圳市、珠海市、中山市、恩平市、台山市、高要市、四会市、广宁县、怀集县、云城区、江城区、阳春市、茂名市、信宜市、电白县	增城市、清城区、英德市、连州市、阳山县、连山壮族瑶族自治县、连南瑶族自治县、乐昌市、新丰县、乳源瑶族自治县、连平县、兴宁市、大埔县、五华县、平远县、蕉岭县、博罗县、惠东县、深圳市、珠海市、台山市、怀集县、阳春市、信宜市、电白县	英德市、连州市、阳山县、乐昌市、新丰县、乳源瑶族自治县、连平县、兴宁市、大埔县、五华县、平远县、博罗县、惠东县、深圳市、珠海市、台山市、怀集县

(续表)

地区	省级政区	20 世纪前半叶分布地点	20 世纪后半叶分布地点	现今分布地点
	广西	南宁市、武鸣县、横县、宾阳县、上林县、隆安县、马山县、桂林市、阳朔县、临桂县、灵川县、全州县、兴安县、永福县、灌阳县、资源县、平乐县、荔浦县、龙胜各族自治县、恭城瑶族自治县、柳州市、柳江县、柳城县、鹿寨县、融安县、三江侗族自治县、融水苗族自治县、藤县、蒙山县?贵港市、桂平市、平南县、玉州区?北流市、兴业县?容县、陆川县、博白县、钦州市、灵山县?浦北县、合浦县、防城港市、东兴市?上思县、江州区、凭祥市?扶绥县、大新县、天等县、宁明县、龙州县、右江区、田阳县、田东县、平果县、德保县、靖西县、那坡县、凌云县、乐业县、西林县、田林县、隆林各族自治县、金城江区、宜州市、南丹县、天峨县、凤山县、东兰县、巴马瑶族自治县、都安瑶族自治县、大化瑶族自治县、罗城仫佬族自治县、环江毛南族自治县、兴宾区、合山市、象州县、武宣县、忻城县、金秀瑶族自治县、八步区、昭平县、钟山县、富川瑶族自治县	武鸣县、宾阳县、上林县、隆安县、马山县、桂林市、阳朔县、临桂县、灵川县、全州县、兴安县、永福县、灌阳县、资源县、平乐县、荔浦县、龙胜各族自治县、恭城瑶族自治县、柳州市、柳江县、柳城县、鹿寨县、融安县、三江侗族自治县、融水苗族自治县、藤县、桂平市、平南县、容县、博白县、钦州市、浦北县、防城港市、上思县、江州区、扶绥县、大新县、天等县、宁明县、龙州县、右江区、田阳县、田东县、平果县、德保县、靖西县、那坡县、凌云县、乐业县、西林县、田林县、隆林各族自治县、金城江区、宜州市、南丹县、天峨县、凤山县、东兰县、巴马瑶族自治县、都安瑶族自治县、大化瑶族自治县、罗城仫佬族自治县、环江毛南族自治县、兴宾区、合山市、象州县、武宣县、忻城县、金秀瑶族自治县、八步区、昭平县、钟山县、富川瑶族自治县	武鸣县、宾阳县、上林县、隆安县、马山县、桂林市、阳朔县、临桂县、灵川县、全州县、兴安县、永福县、灌阳县、资源县、平乐县、荔浦县、龙胜各族自治县、恭城瑶族自治县、柳江县、鹿寨县、融安县、三江侗族自治县、融水苗族自治县、桂平市、容县、钦州市、防城港市、上思县、江州区、扶绥县、大新县、天等县、宁明县、龙州县、右江区、田阳县、田东县、平果县、德保县、靖西县、那坡县、凌云县、乐业县、西林县、田林县、隆林各族自治县、金城江区、宜州市、南丹县、天峨县、凤山县、东兰县、巴马瑶族自治县、都安瑶族自治县、大化瑶族自治县、罗城仫佬族自治县、环江毛南族自治县、兴宾区、武宣县、忻城县、金秀瑶族自治县、八步区、昭平县、富川瑶族自治县
	海南	海口市、三亚市、文昌市、琼海市、万宁市、五指山市、东方市、儋州市、临高县、澄迈县、定安县、屯昌县、昌江黎族自治县、白沙黎族自治县、琼中黎族苗族自治县、陵水黎族自治县、保亭黎族苗族自治县、乐东黎族自治县	三亚市、文昌市、琼海市、万宁市、五指山市、东方市、儋州市、澄迈县、屯昌县、昌江黎族自治县、白沙黎族自治县、琼中黎族苗族自治县、陵水黎族自治县、保亭黎族苗族自治县、乐东黎族自治县	三亚市、万宁市、五指山市、东方市、澄迈县、屯昌县、白沙黎族自治县、琼中黎族苗族自治县、陵水黎族自治县、保亭黎族苗族自治县、乐东黎族自治县
	香港	香港	香港	香港
西南	重庆	万盛区、万州区、涪陵区、黔江区、江津区、合川区、南川区、綦江县、武隆县、丰都县、城口县、开县、巫溪县、巫山县、奉节县、云阳县、石柱土家族自治县、彭水苗族土家族自治县、酉阳土家族苗族自治县	万盛区、万州区、涪陵区、黔江区、江津区、南川区、綦江县、武隆县、城口县、开县、巫溪县、巫山县、奉节县、云阳县、石柱土家族自治县、彭水苗族土家族自治县、酉阳土家族苗族自治县	万州区、涪陵区、黔江区、江津区、南川区、綦江县、武隆县、城口县、开县、巫溪县、巫山县、奉节县、云阳县、彭水苗族土家族自治县、酉阳土家族苗族自治县

（续表）

地区	省级政区	20世纪前半叶分布地点	20世纪后半叶分布地点	现今分布地点
	四川	都江堰市、彭州市、邛崃市、崇州市、大邑县、广元市、旺苍县、青川县、剑阁县、苍溪县、江油市、安县、北川羌族自治县、平武县、什邡市、绵竹市、中江县、遂宁市、乐山市、峨眉山市、犍为县、井研县、夹江县、沐川县、峨边彝族自治县、马边彝族自治县、荣县、泸州市、合江县、叙永县、古蔺县、翠屏区、宜宾县、江安县、高县、筠连县、珙县、兴文县、屏山县、攀枝花市？米易县、盐边县、巴州区、通江县、南江县、万源市、宣汉县、东坡区、仁寿县、彭山县、洪雅县、丹棱县、青神县、雨城区、名山县、荥经县、汉源县、石棉县、天全县、芦山县、宝兴县、马尔康县、汶川县、理县、茂县、松潘县、九寨沟县、金川县、小金县？黑水县、壤塘县、阿坝县？若尔盖县、红原县、康定县、泸定县、丹巴县、九龙县、雅江县、道孚县、炉霍县、甘孜县、新龙县、德格县、白玉县、石渠县、色达县、理塘县、巴塘县、乡城县、稻城县、得荣县、西昌市、盐源县、德昌县、会理县？会东县、宁南县、普格县、布拖县？金阳县、昭觉县、喜德县、冕宁县、越西县、甘洛县、美姑县、雷波县、木里藏族自治县	都江堰市、彭州市、邛崃市、崇州市、大邑县、旺苍县、青川县、苍溪县、江油市、安县、北川羌族自治县、平武县、什邡市、绵竹市、遂宁市、乐山市、峨眉山市、犍为县、井研县、夹江县、峨边彝族自治县、马边彝族自治县、泸州市、合江县、叙永县、古蔺县、翠屏区、宜宾县、江安县、高县、珙县、兴文县、米易县、盐边县、巴州区、通江县、南江县、万源市、宣汉县、东坡区、仁寿县、彭山县、洪雅县、丹棱县、青神县、雨城区、荥经县、汉源县、石棉县、天全县、宝兴县、马尔康县、汶川县、理县、茂县、松潘县、九寨沟县、金川县、黑水县、壤塘县、若尔盖县、红原县、康定县、泸定县、丹巴县、九龙县、雅江县、道孚县、炉霍县、德格县、石渠县、理塘县、巴塘县、乡城县、稻城县、西昌市、盐源县、德昌县、会东县、宁南县、普格县、金阳县、昭觉县、喜德县、冕宁县、越西县、美姑县、雷波县、木里藏族自治县	都江堰市、彭州市、邛崃市、崇州市、大邑县、旺苍县、青川县、苍溪县、江油市、安县、平武县、峨眉山市、峨边彝族自治县、马边彝族自治县、叙永县、古蔺县、翠屏区、宜宾县、珙县、兴文县、米易县、盐边县、通江县、南江县、万源市、宣汉县、洪雅县、雨城区、荥经县、石棉县、宝兴县、汶川县、理县、茂县、松潘县、九寨沟县、黑水县、壤塘县、若尔盖县、康定县、泸定县、丹巴县、九龙县、雅江县、炉霍县、德格县、石渠县、理塘县、巴塘县、乡城县、稻城县、西昌市、盐源县、会东县、普格县、金阳县、越西县、美姑县、雷波县、木里藏族自治县
	贵州	贵阳市、清镇市、开阳县、修文县、息烽县、钟山区？盘县、六枝特区、水城县、遵义市、赤水市、仁怀市、遵义县、桐梓县、绥阳县、正安县、凤冈县、湄潭县、余庆县、习水县、道真仡佬族苗族自治县、务川仡佬族苗族自治县、西秀区？平坝县、普定县、关岭布依族苗族自治县、镇宁布依族苗族自治县？紫云苗族布依族自治县、毕节市、大方县、黔西县、金沙县、织金县、纳雍县、赫章县、威宁彝族回族苗族自治县、江口县、石阡县、思南县、德江县、印江土家族苗族自治县、沿河土家族自治县、松桃苗族自治县、凯里市、黄平县、施秉县、天柱县、锦屏县、剑河县、台江县、黎平县、榕江县、从江县、雷山县、麻江县？丹寨县、都匀市、福泉市、荔波县、贵定县、瓮安县、独山县、平塘县、罗甸县、长顺县、龙里县、惠水县、三都水族自治县、兴义市、兴仁县、贞丰县、望谟县、册亨县、安龙县	贵阳市、清镇市、开阳县、修文县、息烽县、盘县、六枝特区、水城县、遵义市、赤水市、仁怀市、遵义县、桐梓县、绥阳县、正安县、凤冈县、湄潭县、余庆县、习水县、道真仡佬族苗族自治县、务川仡佬族苗族自治县、平坝县、普定县、关岭布依族苗族自治县、紫云苗族布依族自治县、毕节市、大方县、黔西县、金沙县、织金县、纳雍县、赫章县、威宁彝族回族苗族自治县、江口县、石阡县、思南县、德江县、印江土家族苗族自治县、沿河土家族自治县、松桃苗族自治县、凯里市、黄平县、施秉县、天柱县、锦屏县、剑河县、台江县、黎平县、榕江县、从江县、雷山县、丹寨县、都匀市、福泉市、荔波县、贵定县、瓮安县、独山县、平塘县、罗甸县、长顺县、龙里县、惠水县、三都水族自治县、兴义市、兴仁县、贞丰县、望谟县、册亨县、安龙县	贵阳市、清镇市、开阳县、修文县、息烽县、盘县、六枝特区、水城县、遵义市、赤水市、仁怀市、遵义县、桐梓县、绥阳县、正安县、湄潭县、余庆县、习水县、道真仡佬族苗族自治县、务川仡佬族苗族自治县、平坝县、关岭布依族苗族自治县、紫云苗族布依族自治县、毕节市、大方县、黔西县、金沙县、织金县、纳雍县、赫章县、威宁彝族回族苗族自治县、江口县、石阡县、思南县、德江县、印江土家族苗族自治县、沿河土家族自治县、松桃苗族自治县、凯里市、黄平县、施秉县、天柱县、锦屏县、剑河县、台江县、黎平县、榕江县、从江县、雷山县、丹寨县、都匀市、福泉市、荔波县、贵定县、瓮安县、独山县、平塘县、罗甸县、长顺县、龙里县、惠水县、三都水族自治县、兴义市、兴仁县、贞丰县、望谟县、册亨县、安龙县

(续表)

地区	省级政区	20 世纪前半叶分布地点	20 世纪后半叶分布地点	现今分布地点
	云南	昆明市、富民县、宜良县、禄劝彝族苗族自治县、宣威市、富源县、罗平县、师宗县、澄江县、华宁县、新平彝族傣族自治县、元江哈尼族彝族傣族自治县、隆阳区、施甸县、腾冲县、龙陵县、昌宁县、昭阳区、鲁甸县、巧家县、盐津县、大关县、永善县、绥江县、镇雄县、彝良县、威信县、水富县、古城区、永胜县、华坪县、玉龙纳西族自治县、宁蒗彝族自治县、思茅区、宁洱哈尼族彝族自治县、墨江哈尼族自治县、景东彝族自治县、景谷傣族彝族自治县?镇沅彝族哈尼族拉祜族自治县、江城哈尼族彝族自治县?孟连傣族拉祜族佤族自治县、澜沧拉祜族自治县、西盟佤族自治县、临翔区、凤庆县、云县、永德县、镇康县、双江拉祜族佤族布朗族傣族自治县、耿马傣族佤族自治县、沧源佤族自治县、潞西市、瑞丽市、梁河县、盈江县、陇川县、泸水县、福贡县、贡山独龙族怒族自治县?兰坪白族普米族自治县、香格里拉县、德钦县、维西傈僳族自治县、大理市、祥云县、宾川县、弥渡县?永平县、云龙县、洱源县、剑川县、鹤庆县、漾濞彝族自治县、南涧彝族自治县、巍山彝族回族自治县、楚雄市、双柏县、牟定县、南华县、姚安县、大姚县、永仁县、元谋县、武定县、禄丰县、蒙自县、个旧市、开远市、绿春县、建水县、石屏县、弥勒县、泸西县、元阳县、红河县、金平苗族瑶族自治县、河口瑶族自治县、屏边苗族自治县、文山县、砚山县、西畴县、麻栗坡县、马关县、丘北县、广南县、富宁县、景洪市、勐海县、勐腊县	富民县、宜良县、禄劝彝族苗族自治县、宣威市、富源县、罗平县、师宗县、澄江县、华宁县、新平彝族傣族自治县、元江哈尼族彝族傣族自治县、施甸县、腾冲县、龙陵县、昌宁县、昭阳区、鲁甸县、巧家县、大关县、永善县、绥江县、镇雄县、彝良县、威信县、水富县、古城区、永胜县、华坪县、玉龙纳西族自治县、宁蒗彝族自治县、思茅区、宁洱哈尼族彝族自治县、墨江哈尼族自治县、景东彝族自治县、镇沅彝族哈尼族拉祜族自治县、孟连傣族拉祜族佤族自治县、澜沧拉祜族自治县、西盟佤族自治县、临翔区、云县、永德县、镇康县、双江拉祜族佤族布朗族傣族自治县、耿马傣族佤族自治县、沧源佤族自治县、潞西市、瑞丽市、梁河县、盈江县、陇川县、泸水县、福贡县、兰坪白族普米族自治县、香格里拉县、德钦县、维西傈僳族自治县、大理市、祥云县、宾川县、永平县、云龙县、洱源县、剑川县、鹤庆县、漾濞彝族自治县、南涧彝族自治县、巍山彝族回族自治县、楚雄市、双柏县、南华县、永仁县、元谋县、武定县、禄丰县、蒙自县、个旧市、开远市、绿春县、建水县、石屏县、弥勒县、泸西县、元阳县、红河县、金平苗族瑶族自治县、河口瑶族自治县、屏边苗族自治县、文山县、砚山县、西畴县、麻栗坡县、马关县、丘北县、广南县、富宁县、景洪市、勐海县、勐腊县	禄劝彝族苗族自治县、富源县、罗平县、师宗县、澄江县、新平彝族傣族自治县、腾冲县、昌宁县、巧家县、永善县、水富县、古城区、华坪县、玉龙纳西族自治县、宁蒗彝族自治县、思茅区、宁洱哈尼族彝族自治县、墨江哈尼族自治县、景东彝族自治县、镇沅彝族哈尼族拉祜族自治县、孟连傣族拉祜族佤族自治县、西盟佤族自治县、临翔区、云县、永德县、耿马傣族佤族自治县、沧源佤族自治县、潞西市、瑞丽市、盈江县、陇川县、福贡县、兰坪白族普米族自治县、香格里拉县、德钦县、维西傈僳族自治县、大理市、宾川县、永平县、云龙县、剑川县、鹤庆县、漾濞彝族自治县、南涧彝族自治县、楚雄市、双柏县、南华县、元谋县、武定县、蒙自县、个旧市、绿春县、建水县、石屏县、弥勒县、泸西县、元阳县、红河县、金平苗族瑶族自治县、河口瑶族自治县、屏边苗族自治县、砚山县、西畴县、麻栗坡县、马关县、广南县、富宁县、景洪市、勐海县、勐腊县
	西藏	墨竹工卡县、嘉黎县、索县、昌都县、江达县、类乌齐县、八宿县、左贡县、芒康县、洛隆县、林芝县、工布江达县、米林县、墨脱县、波密县、察隅县、朗县、桑日县、曲松县、加查县、隆子县、错那县、亚东县、吉隆县	墨竹工卡县、嘉黎县、索县、昌都县、江达县、类乌齐县、八宿县、芒康县、洛隆县、林芝县、工布江达县、米林县、墨脱县、波密县、察隅县、朗县、桑日县、曲松县、加查县、隆子县、错那县、亚东县、吉隆县	墨竹工卡县、嘉黎县、索县、昌都县、江达县、类乌齐县、八宿县、芒康县、洛隆县、林芝县、工布江达县、米林县、墨脱县、波密县、察隅县、朗县、桑日县、曲松县、加查县、隆子县、错那县、亚东县、吉隆县

（续表）

地区	省级政区	20 世纪前半叶分布地点	20 世纪后半叶分布地点	现今分布地点
西北	陕西	周至县、户县、华阴市、扶风县、南郑县、洋县、西乡县、宁强县、略阳县、镇巴县、佛坪县、平利县、镇坪县、白河县、山阳县	户县、南郑县、洋县、西乡县、宁强县、略阳县、镇巴县、佛坪县、平利县、镇坪县、白河县	户县、南郑县、西乡县、宁强县、镇巴县、佛坪县、平利县、镇坪县、白河县
	甘肃	会宁县、天水市、敦煌市、崆峒区、泾川县、灵台县、崇信县、华亭县、庄浪县、静宁县、安定区、通渭县、漳县、岷县、渭源县、陇西县、武都区、成县、康县、文县、西和县、两当县、徽县、合作市、临潭县、卓尼县、舟曲县、迭部县、碌曲县	天水市、武都区、成县、康县、文县、两当县、徽县	天水市、武都区、成县、康县、文县、两当县、徽县
	青海	玛沁县、班玛县、甘德县、达日县、久治县、玛多县、玉树县、杂多县、称多县、治多县、囊谦县、曲麻莱县	玛沁县、班玛县、甘德县、达日县、久治县、玛多县、玉树县、杂多县、称多县、治多县、囊谦县、曲麻莱县	班玛县、久治县、玉树县、称多县、囊谦县
	宁夏	原州区、西吉县、隆德县、泾源县、彭阳县、海原县		

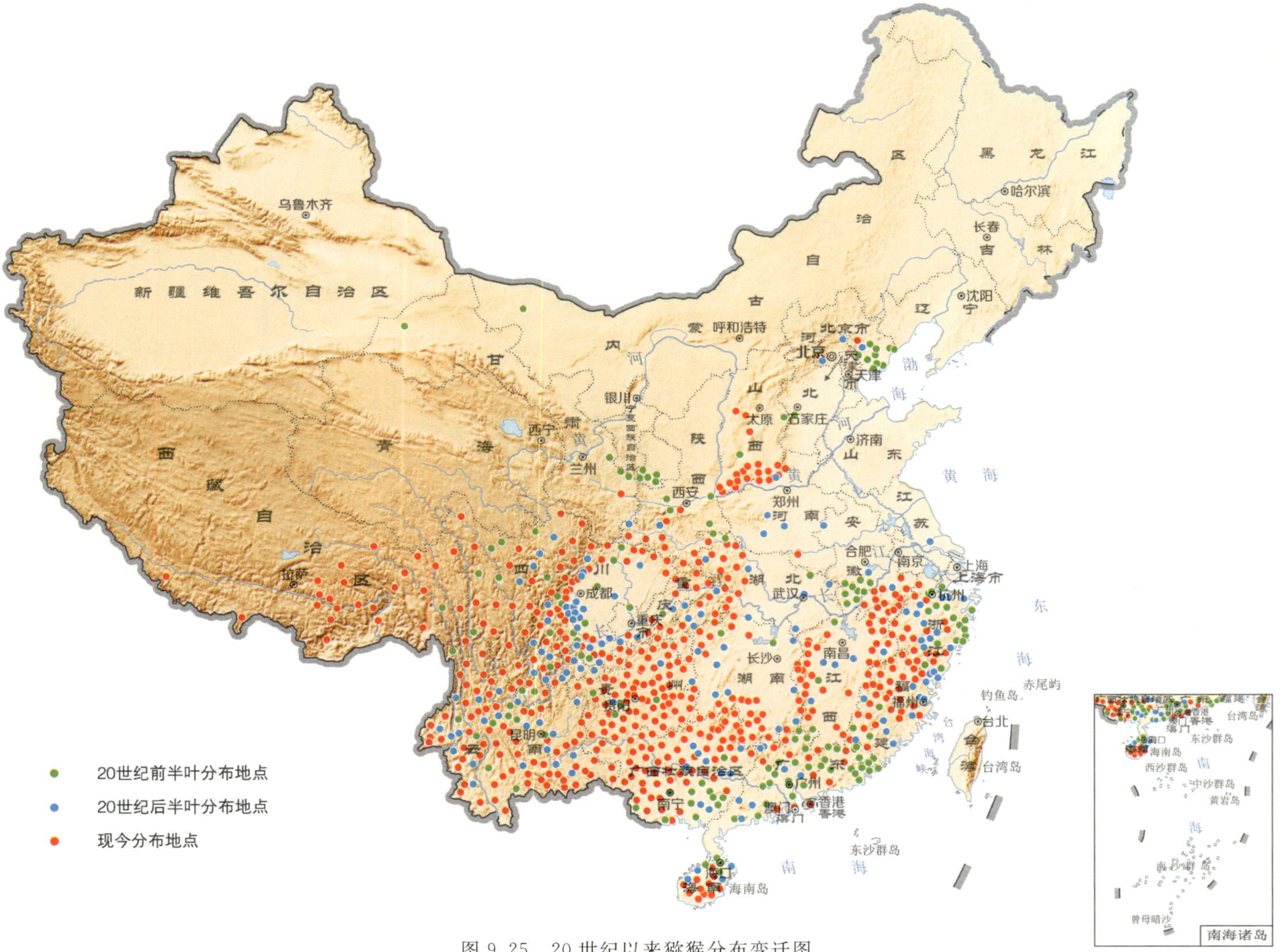

图 9.25　20 世纪以来猕猴分布变迁图

7 20世纪以来的豚尾猴分布变迁

豚尾猴是国家Ⅰ级保护野生动物。

7.1 豚尾猴概况

人们根据豚尾猴(图9.26～图9.29)的形态与生态特点,又称之为猪猴、猪尾猴、平顶猴、大独猴、北豚尾猴等[①]。

图9.26 前视[②]

图9.27 后视[③]

图9.28 伉俪[④]

图9.29 携仔[⑤]

据称,我国在1950年代才在云南省南部一带发现豚尾猴。1988年,在云南省有900～1 000只豚尾猴[⑥]。亦即在此之前,我国没有明确的豚尾猴情况记载。

①豚尾猴. http://baike.baidu.com/link? url=93F82y9K8FlI2zf3IY468rBlge-A-wfVufIaYkh0wdQ3rMY17ZvpPwXZcwgoI URUL-HyJzDOV1axWBgmdhALB2q

②http://tieba.baidu.com/p/2733075105

③崔汶,杨国平.云南德宏野外首次发现国家一级保护动物豚尾猴. http://news.163.com/16/0423/17/BLBRNRC800014JB6.html

④http://www.qnong.com.cn/zhidao/tujian/9024.html

⑤http://www.arkive.org/sunda-pig-tailed-macaque/macaca-nemestrina/

⑥崔汶,杨国平.云南德宏野外首次发现国家一级保护动物豚尾猴. http://news.163.com/16/0423/17/BLBRNRC800014JB6.html

7.2 分布概况

豚尾猴在我国有确切分布的是云南省与西藏自治区，但广西壮族自治区也有记录。

7.2.1 广西

广西壮族自治区仅见一条资料称有豚尾猴。由于其与国内其他豚尾猴的分布地相距较远，且为孤证，暂且保留，分布图上不标。

全州县野生动植物资源中珍稀物种较多，其中一级国家重点保护野生动物有蜂猴、豚尾猴、长臂猿、红胸角雉、灰腹角雉等 90 余种（陈仁志，2011）。

7.2.2 云南

云南省是豚尾猴的主要分布地区。

蓝道英等(1994)称，豚尾猴在我国仅分布于云南的临沧、勐海、景谷等地。当年在业旺东村时，曾在无量山自然保护区管理所见到一只景东县曼等乡胜岩村捕获的豚尾猴，当地人称其为"大独猴"。反映曾在景谷傣族彝族自治县、临翔区、凤庆县、云县、永德县、镇康县、双江拉祜族佤族布朗族傣族自治县、耿马傣族佤族自治县、沧源佤族自治县、勐海县等地有所分布。

《中国重点陆生野生动物资源调查》称（国家林业局，2008）：

本次调查，豚尾猴见于云南的永德、镇康、云县、临沧、景东、镇沅、景谷、双江、耿马、沧源、西盟、澜沧、孟连、普洱、思茅、勐海、勐腊。

我国已在云南建立 6 个自然保护区【原文未见列出具体保护区，只能根据分布地推测保护区】，估计有 70%以上的豚尾猴种群得到保护，是豚尾猴种群显著发展的主要因素。

按：据此，表明在思茅区、景东彝族自治县、景谷傣族彝族自治县、镇沅彝族哈尼族拉祜族自治县、孟连傣族拉祜族佤族自治县、澜沧拉祜族自治县、西盟佤族自治县、临翔区、云县、永德县、镇康县、双江拉祜族佤族布朗族傣族自治县、耿马傣族佤族自治县、沧源佤族自治县、景洪市、勐海县、勐腊县等地还有豚尾猴生息繁衍。

据称，2006 年分布于潞西市的野生动物有 258 科 1 643 种，属国家一级保护的有豚尾猴等 50 种[①]。

据称，豚尾猴在云南省分布于南部的西双版纳（勐腊、勐仑、勐海）、思茅地区（景谷和景东）和西南部临沧地区（临沧、双江、沧源、耿马）[②]。亦即表明在景东彝族自治县、景谷傣族彝族自治县、临翔区、双江拉祜族佤族布朗族傣族自治县、耿马傣族佤族自治县、沧源佤族自治县、勐海县、勐腊县等地仍有豚尾猴栖息。

据 2016 年 4 月报道，地处盈江县、陇川县、瑞丽市的铜壁关省级自然保护区拍摄到豚尾猴图片（图 9.30）。据护林员介绍，他们在日常巡逻时也曾经多次见到过豚尾猴群，最多的时候看到过 20 多只，主要分布在保护区和小浪速集体林区内，猴群数量有 3～4 个。随后，管理站工作人员到周边村寨进行走访调查，在当地村民口中得知，猴群在该地区出现已经有一段时间，并经常在小浪速集体林区及周边活动，猴群数量在 20～30 只[③]。

图 9.30 铜壁关保护区的豚尾猴

①芒市. http://baike. baidu. com/link? url＝tdonHnqNFzm6fiZY4zpQBrb7kPN_7u5XjVUezhKKkdWO-LC0g_ypNToZlgPniTZlG0fjqPxxemSnl2B90Ygc1FpN1iL4n-pTXSrZDtc82E_fWbyqxSnFC4RraSJSSCRVpaB5OfYD7UTy-fr2mh91WtVU9IWxl5s39cUREfg38zb1lt_5HoWA1gVrUyV5ILyO

②豚尾猴. http://baike. baidu. com/link? url＝93F82y9K8FlI2zf3IY468rBlge-A-wfVufIaYkh0wdQ3rMY17ZvpPwXZcwgoIURULHyJzDOV1axWBgmdhALB2q

③崔汶，杨国平. 云南德宏野外首次发现国家一级保护动物豚尾猴. http://news. 163. com/16/0423/17/BLBRNRC800014JB6. html

7.2.3　西藏

豚尾猴在西藏自治区有所分布。

据称，门隅、珞渝地区有豚尾猴①。据 2011 年 3 月发布的《西藏自治区国家重点保护野生动物名录》称，豚尾猴（*Macaca nemestrina*）分布于“门隅、珞渝、下察隅热带地区”②。反映约在米林县、墨脱县、察隅县、隆子县、错那县一带以南地区仍有豚尾猴存在。

7.2.4　保护区

现分布有豚尾猴的自然保护区仅在云南省内（表 9.11、图 9.31），这既反映当地确仍有豚尾猴存在，又使之得到庇护。保护区的状况显示：

表 9.11　**栖息有豚尾猴的保护区概况**

保护区名称	所 处 地 点	面积（hm^2）	级别	建立时间	主管部门
西双版纳	景洪市、勐海县、勐腊县	241 776	国家级	19581009	林业
南滚河	沧源佤族自治县、耿马傣族佤族自治县	50 887	国家级	19800306	林业
菜阳河	思茅区	14 892	省级	19811101	林业
威远江	景谷傣族彝族自治县	7 653	省级	19811001	林业
无量山	景东彝族自治县、南涧彝族自治县、大理市	30 938	国家级	19860320	林业
永德大雪山	永德县	17 541	国家级	19860320	林业
云南大围山	屏边苗族自治县、河口瑶族自治县、个旧市、蒙自县	43 993	国家级	19860320	林业
铜壁关	盈江县、陇川县、瑞丽市	100 744	省级	19860320	林业
哀牢山	新平彝族傣族自治县、楚雄市、双柏县、景东彝族自治县、镇沅彝族哈尼族拉祜族自治县	67 700	国家级	19880509	林业
临沧澜沧江	临翔区、凤庆县、云县、双江拉祜族佤族布朗族傣族自治县、耿马傣族佤族自治县	182 168	省级	19990612	林业

注：①本表参考多方面信息综合而成，个别误差进行更正。②本表据全国自然保护区名录. http://sts.mep.gov.cn/zrbhq/zrbhq/201208/t20120824_235172.htm；阎寿根，2006；国家林业局，2008；南滚河国家级自然保护区. http://baike.baidu.com/view/746820.htm? fromId=246983；菜阳河国家森林公园 http://baike.baidu.com/link? url=ZGTEpNQ3WEjmdF1Bu4XnbhoXWSNL7hZljfqZTYKBDpBLXP595xCQXQvxw-MJxCyadgGfUBmLUn8qEK8fF9aOR_；王春雷. 绿色中国行走进普洱 共植太阳河绿色中国林. http://news.iqilu.com/shandong/yuanchuang/2014/1128/2229590.shtml；威远江自然保护区. http://baike.baidu.com/view/246418.htm；普洱市景谷县威远镇一豚尾猴伤 7 人属国家一级保护动物，被私自圈养豚尾猴越狱伤“恩主”田园犬尽忠丒“顽凶”. http://0717jfenglish.com/guangrao/201606/90863.html；豚尾猴. http://baike.baidu.com/link? url=9IXnLdVCsNDR82daxp7cd-SQnBjO1EQ4itxyGdAfDDU7huGX2J1AWKJ8RAX75PzDwYQPis063fS2768amFDowq；无量山国家级自然保护区. http://baike.baidu.com/view/1429931.htm? fromId=248391；无量山国家级自然保护区. http://baike.baidu.com/view/1429931.htm；豚尾猴. http://baike.baidu.com/link? url=9IXnLdVCsNDR82daxp7cd-SQnBjO1EQ4itxyGdAfDDU7huGX2J1AWKJ8RAX75PzDwYQPis063fS2768amFDowq；永德大雪山自然保护区. http://baike.baidu.com/view/1094389.htm；云南永德大雪山国家级自然保护区. http://baike.baidu.com/link? url=Jq94skpPfLCcQzAa9UISPUa2E4GvrlhJzBCE8DTJiif6SdU5cTqgi9EIEDyl3nHYKuWdGfSXKAXbEfWov4nNpa

● 栖息有豚尾猴的保护区共 10 个，总面积 7 583 km^2。

● 栖息有豚尾猴保护区中，面积最大的是西双版纳国家级自然保护区，达 2 418 km^2；面积最小的是威远江省级自然保护区，达 77 km^2；二者相差高于 31 倍。

● 栖息有豚尾猴保护区中，仅国家级与省级两种类型，国家级占 60%，省级占 40%。

---

①豚尾猴. http://baike.baidu.com/link? url=93F82y9K8FlI2zf3IY468rBlge-A-wfVufIaYkh0wdQ3rMY17ZvpPwXZcwgo IURUL-HyJzDOV1axWBgmdhALB2q

②美丽精灵：西藏珍稀野生动物大盘点. http://www.360doc.com/content/11/0328/21/1490208_105447632.shtml

● 栖息有豚尾猴保护区是1958～1999年设立的，绝大部分是1980年代设立的，说明较早就对豚尾猴等的保护非常重视。

● 栖息有豚尾猴保护区的主管部门皆为林业部门。

● 栖息有豚尾猴保护区地点约占现有豚尾猴栖息地点的82%，对于国家最高等级的野生动物来说，还是存在加大保护力度的空间。

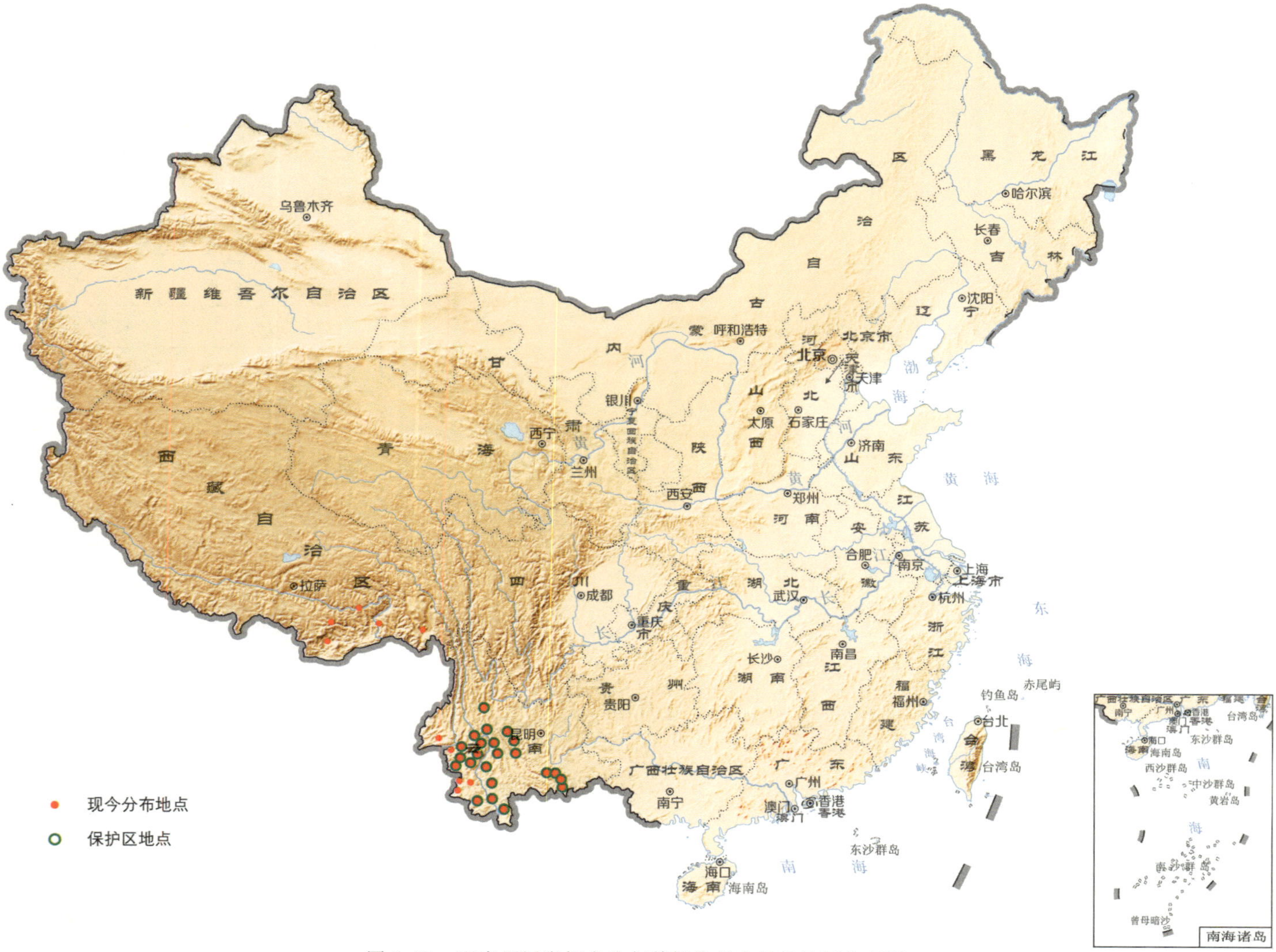

图9.31 现有豚尾猴栖息地与其栖息的自然保护区分布图

7.3 分布变迁

文献记载显示出百余年来豚尾猴分布变迁状况（表9.12、图9.32），特点如下：

● 由于豚尾猴发现较晚，故我们对豚尾猴的实际分布情况的了解仅半个多世纪。

● 就目前了解的情况，不仅豚尾猴分布地未发生变化，而且数量有所增长①。

● 现今尚有18%的豚尾猴栖息地点未得到保护区庇护，需要进一步调查研究，加强对它们的保护。

①《中国重点陆生野生动物资源调查》称，“本次调查表明，全国约有豚尾猴1 700只，比20世纪80年代中期数量增加了约50%”（国家林业局，2008）。

表 9.12　　20 世纪以来豚尾猴分布变迁概况

省级政区	20 世纪前半叶分布地点	20 世纪后半叶分布地点	现今分布地点
云南	新平彝族傣族自治县、思茅区、景东彝族自治县、景谷傣族彝族自治县、镇沅彝族哈尼族拉祜族自治县、孟连傣族拉祜族佤族自治县、澜沧拉祜族自治县、西盟佤族自治县、临翔区、凤庆县、云县、永德县、镇康县、双江拉祜族佤族布朗族傣族自治县、耿马傣族佤族自治县、沧源佤族自治县、潞西市、大理市、南涧彝族自治县、楚雄市、双柏县、蒙自县、个旧市、河口瑶族自治县、屏边苗族自治县、景洪市、勐海县、勐腊县	新平彝族傣族自治县、思茅区、景东彝族自治县、景谷傣族彝族自治县、镇沅彝族哈尼族拉祜族自治县、孟连傣族拉祜族佤族自治县、澜沧拉祜族自治县、西盟佤族自治县、临翔区、凤庆县、云县、永德县、镇康县、双江拉祜族佤族布朗族傣族自治县、耿马傣族佤族自治县、沧源佤族自治县、潞西市、大理市、南涧彝族自治县、楚雄市、双柏县、蒙自县、个旧市、河口瑶族自治县、屏边苗族自治县、景洪市、勐海县、勐腊县	新平彝族傣族自治县、思茅区、景东彝族自治县、景谷傣族彝族自治县、镇沅彝族哈尼族拉祜族自治县、孟连傣族拉祜族佤族自治县、澜沧拉祜族自治县、西盟佤族自治县、临翔区、凤庆县、云县、永德县、镇康县、双江拉祜族佤族布朗族傣族自治县、耿马傣族佤族自治县、沧源佤族自治县、潞西市、大理市、南涧彝族自治县、楚雄市、双柏县、蒙自县、个旧市、河口瑶族自治县、屏边苗族自治县、景洪市、勐海县、勐腊县
西藏	米林县、墨脱县、察隅县、隆子县、错那县	米林县、墨脱县、察隅县、隆子县、错那县	米林县、墨脱县、察隅县、隆子县、错那县

图 9.32　20 世纪以来豚尾猴分布变迁图

8　20世纪以来的藏酋猴分布变迁

藏酋猴，又称黑猴、短尾猴、藏猕猴、毛面短尾猴、黄山短尾猴等，是国家Ⅱ级保护野生动物。

8.1　分布概况

藏酋猴是我国猕猴属中分布地域仅次于猕猴的物种，在华东、中南、西南、西北一些省级政区中有所分布。

8.1.1　华东

华东仅浙江省、安徽省、福建省、江西省有藏酋猴分布记录。

● 浙江

浙江省是华东分布有藏酋猴较多的省级政区。

《中国重点陆生野生动物资源调查》称（国家林业局，2008）：

本次调查，藏酋猴见于浙江（泰顺、遂昌、庆元、龙泉、景宁）。

按：据此，表明在泰顺县、龙泉市、遂昌县、庆元县、景宁畲族自治县等地还有藏酋猴生息繁衍。

据2012年8月报道，新昌县小将镇茅洋村马坑等自然村在树丛中发现了2只奇怪的猴子（图9.33、图9.34），有半人高的大猴子，这"大家伙"并不怕生，与人群相互观望很长一段时间后才不慌不忙地离开。经鉴别，为国家二级保护动物藏酋猴，在新昌属于首次发现（应是"再次重现"）。据分析，藏酋猴是一种群居的动物，以2只成年雄猴为首，往往二三十只甚至上百只成群，会随着群内数量增多或地域内食物减少而分群迁移。近年来新昌大力推进森林新昌建设，森林生态越来越好，藏酋猴可能是从武夷山或黄山迁入浙江境内，并在新昌马坑等被发现。他说，据图片显示和村民描述，发现的2只藏酋猴均为成年雄性，其身后很可能是一个种群①。

《凤阳山志》记述（《凤阳山志》编委会，2012）：

藏酋猴：又名短尾猴，是中国猕猴属中最大的一种。常活动于深山的阔叶林、针阔叶混交林或稀树多岩的地方。喜群栖，由十几只或20～30只组成。每群有2～3只成年雄猴为首领，遇敌时首领在队尾护卫。喜在地面活动，在崖壁缝隙、陡崖或大树上过夜。杂食性，以多种植物的叶、芽、果、枝及竹笋为食，也吃昆虫、蛙类、小鸟和鸟蛋等动物性食物。偶有发现。

按：据此，表明在龙泉市、庆元县一带还有藏酋猴存在。

图9.33　新昌县发现藏酋猴（一）

图9.34　新昌县发现藏酋猴（二）

泰顺县【自然资源 · 自然地理】泰顺县动物区系属于东洋界中印亚界华中区的东部丘陵平原亚区，知名的动物有230科1 129属1 466种（含种下等级和养殖种类，下同），其中兽类24科55属73科，属国家二级保护的有短尾猴等42种②。此处所谓"短尾猴"，乃藏酋猴。

据调查，庆元县分布有动物100多种，其中有

①[新昌]马坑等惊现藏酋猴. http://gxxw.zjol.com.cn/gxxw/system/2012/08/27/015373798.shtml

②泰顺县. http://baike.baidu.com/view/570274.htm

短尾猴等[①]。所谓“短尾猴”，当是指藏酋猴。

前几年热闹一时的松阳县发现“野人”手足标本(图 9.35)，是 1957 年该县清路村村民打死的。据描述(卢迪，2009)：

容器中已经发白的是“野人手”，而那个棕色的则是“野人脚”。手掌长约 17 cm，宽约 7 cm，手腕部依然可见棕色毛发，手指指纹清晰，指甲也保存完好，仅看手指部分与人手没有区别，只是从整体大小看与成年人手掌相比要略小一些。

……大家回忆，这个动物头大小和人差不多，头发退去后，皮肤和猪一样是白白的，尾巴不长，胃里面就是一点笋。

……记者几经调查，找到了当时发生野人袭击女孩事件的亲历者，根据村民的形容，大体有这么几个特征，身高约 1.3 m，能直立行走，比普通的猴子粗壮，头发中有旋，毛发呈棕色，毛下的皮肤比较白，尾巴很短，当地人把那个动物叫作人熊。

按：从虎口(拇指与食指相连部分)看，“野人”与人类差异显著，由于它们经常要在树枝上抓握，虎口距离要比人类长得多(可参见东部黑冠长臂猿图 9.36，白颊猕猴图 9.58“雄猴与其妻妾”)。尽管后来有专家将此“野人”鉴定为“短尾猴”“熊猴”“红面猴”等，但是从所描述特征、标本及周边现存灵长类看，应当是藏酋猴，反映松阳县曾有分布。

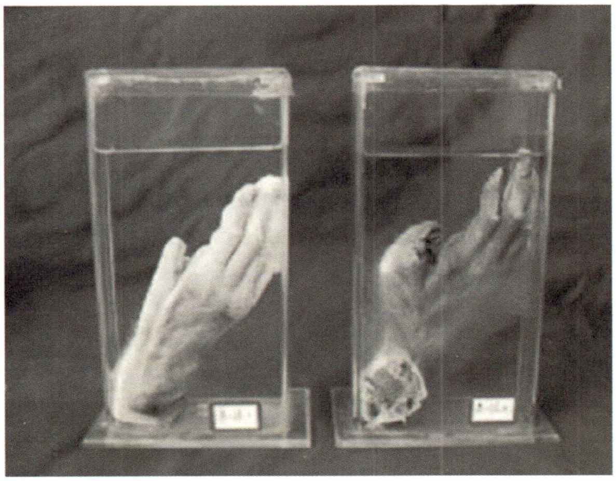

图 9.35　藏酋猴的爪与足标本

图 9.36　东部黑冠长臂猿[②]

● 安徽

安徽省有藏酋猴，主要在皖南一带。

《中国重点陆生野生动物资源调查》称(国家林业局，2008)：

本次调查，藏酋猴见于……安徽(祁门、黄山、徽州、青阳、石台、贵池、东至、歙县、绩溪)。

按：据此，反映在黄山市、歙县、祁门县、贵池区、东至县、石台县、青阳县、绩溪县等地仍然有藏酋猴存在。

根据《藏酋猴的分类与分布》显示，藏酋猴在安徽省的黄山市等地曾有分布(蒋学龙等，1996)。

据称，黄山动物种类 300 多种，其中有黄山短尾猴等[③]。正式发表的论文也标作“黄山短尾猴(*Macaca thibetana*)”(尤硕愚等，2013)，拉丁学名确实是藏酋猴；从图片《黄山短尾猴》(图 9.37、图 9.38)察看其貌，实际上也是藏酋猴，看来宜将“黄山短尾猴”作为别称。总之，反映在黄山市、歙县、休宁县、祁门县一带仍有藏酋猴分布。

①庆元县. http://baike. baidu. com/link? url=zCrys3q9wl8ieFqNQ59ERwEhrrqI7BFiCuhD4fO4_leXHC1vE1adUFgXjf0hXPWq

②http://www. arkive. org/cao-vit-crested-gibbon/nomascus-nasutus/image-G63337. html

③黄山. http://baike. baidu. com/link? url=TXz6VdTD2MLNIyAN4Xf0ruJeJQ4_oOksw5h-AumU9oJ7Gtrm48rD_WApD85I8CBLPwuBriSnOyK15GiaT6tY085V7UBi8zb2beUSIeo6LPe#3_3

图 9.37　哺乳（顾长明，2010）

图 9.38　恩爱（顾长明，2010）

黟县地处黄山山脉及其南北两坡上，峰峦绵延，山高谷深，具有明显的皖南山区特点。地属北亚热带湿润季风气候区，四季分明，气候温和，冬、夏季长，春、秋季短。兽类有豹、豺、狼、野猪、野山羊、鹿、獐、麂、短尾猴、狸、豪猪、獭、野兔、穿山甲、松鼠、黄鼬、香灵猫等[①]。只是此处“短尾猴”应是藏酋猴，说明这些动物等依然存在。

贵池区野生动物中兽类有短尾猴等[②]。所谓“短尾猴”乃藏酋猴之误，反映仍有分布。

石台县野生动物繁多，其中还有短尾猴等[③]。此处“短尾猴”乃藏酋猴之误称，说明仍有分布。

旌德县至 2003 年，已被人们认识的野生动物有短尾猴等[④]。只是此“短尾猴”应是藏酋猴。

● 福建

福建省有藏酋猴分布记录。

《中国重点陆生野生动物资源调查》称（国家林业局，2008）：

> 本次调查，藏酋猴见于……福建（武夷山、光泽、建阳、福州、莆田、永泰）。

按：据此，反映在福州市、永泰县、邵武市、武夷山市、建阳市、浦城县、光泽县、宁化县、建宁县、莆田市、长汀县、上杭县等地依然有藏酋猴分布。

《福清市志·野生动物》记述：

> 长毛猴，生长在一都乡善山村的后山和镜洋乡晨钟、大化、吴红等地深山密林中。古时，东张石竹山、渔溪大帽山也有长毛猴[⑤]。

按：何为“长毛猴”？虽未见更详细描述，但福建省常见的猕猴属有猕猴与藏酋猴，且藏酋猴的被毛较长（图 9.39、图 9.40），似指此物；另从描述看，福清市古时分布更多，此时（似为 20 世纪末）已栖息在深山密林中。

《闽侯县志·野生动植物》称，有“猴、黄鼠狼和水獭等兽类”。[⑥] 泛指的“猴”，似包括藏酋猴，说明在 20 世纪末还有所分布。

虽有报道并附图片称武夷山自然保护区有短尾猴分布（图 9.41、图 9.42），且数量不少，但经辨认及参考相关资料，这些“短尾猴”实际上是藏酋猴。

---

①黟县. http://baike. baidu. com/link? url=bn1sl2t0XlHkp7iON8qK6kKV3_klNF61mmXclFlEBbIfI7GeejyfGt5Rex0WOuPM

②中国·贵池. http://www. ahgc. gov. cn/content/55844. html

③石台县. http://baike. baidu. com/link? url=WvpMTJ_Cx-FAApa4W4i1PCmWv8z84O5ctg44S-gcmg9oCqJ7IlClf9vBtom1MBt1#4_2

④中国·旌德. http://www. ahjd. gov. cn/ReadNews. asp? NewsID=1297

⑤福州地情网. http://www. fzdqw. com/ShowText. asp? ToBook=1100&index=99&

⑥福州地情网. http://www. fzdqw. com/ShowText. asp? ToBook=1107&index=121&

图 9.39 藏酋猴侧视①

图 9.40 藏酋猴前、后部②

图 9.41 伉俪③

图 9.42 呵护④

泰宁县位于武夷山脉中段的支脉杉岭东南，属中亚热带季风型山地气候，夏季受海洋性气候影响，盛行东南风；冬季受西北冷空气侵袭，又具有大陆性气候特征。夏季无酷热，冬季无严寒，四季温和湿润，光照充足。泰宁山多林密，适宜各种野兽栖息和繁衍。常见的野兽有刺猬、麝、梅花鹿、黑麂、山羊、短尾猴等 37 种⑤。所称“短尾猴”则是藏酋猴的误称。

● 江西

江西省有藏酋猴分布记录。

《中国重点陆生野生动物资源调查》称(国家林业局，2008)：

本次调查，藏酋猴见于……江西(武功山、武夷山、井冈山、怀玉山、九岭山)。

按：据此，反映约在新建县、安义县、武宁县、修水县、永修县、贵溪市、芦溪县、瑞金市、会昌县、寻乌县、石城县、上饶县、广丰县、玉山县、铅山县、黎川县、南丰县、资溪县、广昌县、袁州区、奉新县、万载县、宜丰县、靖安县、铜鼓县、井冈山市、安福县等地仍有藏酋猴分布。

① 藏酋猴. http://baike. baidu. com/link? url＝5cP5HkhTG2IqjrqhFLphDOBaH1PwCRhfI7Bt0PJNCuYJM8I6AJkWXlcwyV8L5zt7HvSOj51vcWgrIJIUGSOoxa

② 藏酋猴. http://baike. baidu. com/link? url = 5cP5HkhTG2IqjrqhFLphDOBaH1PwCRhfI7Bt0PJNCuYJM8I6AJkWXlcwyV8L5zt7HvSOj51vcWgrIJIUGSOoxa

③ 王倩，李娟. 天游景区发现短尾猴群. http://www. whwy. org/News/Info. asp? infoid＝1063

④ 邱汝泉. 武夷山自然保护区短尾猴逐年增加. http://blog. sina. com. cn/s/blog_49621f9b010003ht. html

⑤ 泰宁县. http://baike. baidu. com/subview/681431/8049376. htm? fr＝aladdin

武功山称，当地有黄腹角雉、短尾猴、水鹿、白鹇、娃娃鱼等国家级重点保护动物①。所谓“短尾猴”，实际上是藏酋猴；反映在芦溪县、安福县、袁州区一带仍有分布。

井冈山称，已查明脊椎动物有 307 种，其中哺乳类 42 种，鸟类 162 种，爬行类 41 种，两栖类 29 种，鱼类 35 种；代表动物有黄腹角雉、猴面鹰、藏酋猴、水鹿、穿山甲、乌梢蛇、百花蜥、水鲵（娃娃鱼）、虎纹蛙、棘胸蛙等②。

《三清山志》记载的“兽类”中有“猕猴”（德兴县县志编纂委员会办公室，1990）。反映今德兴市有猕猴等珍稀动物栖息。《三清山志》记述（德兴县县志编纂委员会办公室，1990）：

短尾猴：俗称猴狲。体长 60 cm 左右，四肢粗壮，毛色灰褐，体下部略带橙黄，有光辉，颜面和耳裸出，肉色，臀部有红色臀胝，尾短，约 6 cm。该兽栖息于 1 000 m 以上的常绿落叶混交林的悬崖峭壁上，秋、冬两季，常结伴潜入地间，采食玉米、红薯、野菜、瓜果等物。属国家二级保护动物。

按：据此，反映今德兴市有猕猴与藏酋猴等动物栖息。

根据《藏酋猴的分类与分布》显示，藏酋猴在江西省的铅山县等地曾有分布（蒋学龙等，1996）。

景德镇市全境山区特征明显，境内森林资源十分丰富，森林覆盖率达 70%。现仍有国家Ⅰ、Ⅱ级保护动物 20 余种，其中国家Ⅱ级保护动物有猕猴、短尾猴、穿山甲、黑熊、大灵猫、小灵猫、白鹇、鸳鸯、红腹锦鸡等③。反映在景德镇市、乐平市、浮梁县等地仍有“短尾猴”，乃藏酋猴栖息。

浮梁县境内以中低山、低山和丘陵为主，均属黄山、怀玉山余脉；总趋势为东西北三面高，三条山脉缓向西南低去，地形起伏变化较大；地貌为山地、丘陵、平原，河流众多。属亚热带季风性气候，热量丰富，雨量充沛，光照充足，无霜期长。有国家Ⅱ级保护动物猕猴、短尾猴、穿山甲、黑熊、大灵猫、小灵猫、白鹇、鸳鸯、红腹锦鸡等 16 种④。所谓“短尾猴”，实际上是藏酋猴。

芦溪县地处袁水河上游流域，主山是武功山，为罗霄山脉北段，主要绵亘于赣西中部边界，山势呈东北—西南走向，南坡山势平缓浑厚，北坡则多断层岩，峻峭、雄伟，奇峰怪石，岩穴山洞处处可见。雨量总的是由东南向西北递减，分布趋势大致是：南面多于北面，东面多于西面，山区多于平原。境内野生珍稀动物有华南虎、短尾猴、水鹿、黄腹角雉、白鹇、娃娃鱼等 60 余种（其中兽类 20 余种、鸟类 30 余种）⑤。所称“短尾猴”，应是藏酋猴。

萍乡市称，市境内分布的国家二级保护动物有藏酋猴等 12 种⑥。此主要指地级萍乡市动物，暂以萍乡市代表。

莲花县称当地野生动物有“猴”等国家一、二类保护动物 20 多种⑦。所泛指的“猴”，当包括藏酋猴。

玉山县与德兴市交界处的三清山野生动物不仅种类繁多，区系成分复杂，而且还栖息有大量珍稀、特有的种类。其中国家Ⅱ级重点保护野生动物有猕猴、藏酋猴、穿山甲、豺、黑熊、青鼬、水獭、大灵猫、小灵猫、金猫、獐、鬣羚、鸳鸯、虎纹蛙等 47 种⑧。

宜黄县地处武夷山西翼，北临赣抚平原，为山区与平原过渡地带。地势南高北低，东倚武夷山脉，西倚雩山山脉，东南西三面环山，东西两边

---

①武功山. http://baike. baidu. com/link? url = 9ojNrOOMH8eYkzd34uSB6aBImEA3bi9TM _ GobHpuNV-qvJ2tkk6EoM _ 5iNM13W1bl5CWf0FKHOM7X6DF3WYiYMcif8e2ubgA1UptgZANKtK

②井冈山. http://baike. baidu. com/link? url = HACFa _-MCroGPu7ZLXejFmKFK6mRdYI8MLKj _ Rvz5ErFuQe _ rFqm95HgTBeTq09b2IYT08doj73rPrXa-bbtztd5qFLRNdesaSj67227aym

③景德镇. http://baike. baidu. com/link? url = Vl50A6mi3BEKavjLwBXBBIieVVUfNaX6pponk2RkxfuxiqZ2L7l7JJwf38C7TYd7AY1RP95AgpnnC4WyHe5_H-4By0Zl0dGpMorp9wreJDy

④浮梁县. http://baike. baidu. com/link? url = cbq1s2Pue2dPZvLKcM06BT7dsCHRvvSwwd541azggQun7Pht0R3eB9IPhA4gKYuLm0Byh2QQ4XL_F3r6wHN11a

⑤芦溪县. http://baike. baidu. com/view/159248. htm

⑥萍乡野生动物资源. http://bm. pingxiang. gov. cn/lyj/article/200911/156949. html

⑦中国・莲花. http://www. zglh. gov. cn/html/lvyouzixun/1540. html

⑧三清山. http://baike. baidu. com/link? url = c8SKRd68zVZMbbH1ovGiq _ 408dfFVsdIQbceq6s4BNSclQfRsrOOwkQuxJxug-UoIPDBklZ9T9oV4n2pU3Ea7K

的边缘及中南的部分为中心。自然特征可概括为“八山半水一分田，半分道路和庄园”。地属中亚热带湿润季风气候区。森林覆盖率超过75%。属国家二级保护动物有水鹿、苏门羚、大灵猫、小灵猫、水獭、獐、黄猴貂、黑熊、豺、穿山甲、藏酋猴、斑头休鹛、领角鸮、草鸮、燕隼、游隼、黑鸢、苍鹰、勺鸡、白鹇、鸳鸯、大鲵、棘脑蛙、虎纹蛙等25种，野生动物种类达698种①。

据称，央视近段时间连续报道资溪县杀害、销售、经营、吃掉猕猴(国家二级保护野生动物)的新闻(吴丹丹，2013)。证实资溪县仍有猕猴栖息。

1994年11月，宜春市洪江林业派出所截获从明月山国家森林公园偷猎的6只猴，经专家鉴定为藏酋猴(戴年华等，1995)，反映袁州区一带②曾有藏酋猴分布。袁州区称，当地珍贵野兽有虎、豹、豺、猴、野牛、红毛狗等③。从泛指的“猴”看，应包括藏酋猴。

宜丰县称，全县共有脊椎动物341种，其中哺乳类43种，属国家二级保护的有短尾猴等④。所谓“短尾猴”，乃藏酋猴。

铜鼓县称，境内野生动物资源丰富，门类繁多，有“猴”等⑤。所泛指的“猴”，似包括藏酋猴。

永新县称当地兽类有“猴”等⑥。其泛指的“猴”，似含有藏酋猴。

8.1.2 中南

中南湖北省、湖南省、广东省、广西壮族自治区有藏酋猴分布记录。

● 湖北

湖北省有藏酋猴分布。

虽然《中国重点陆生野生动物资源调查》称(国家林业局，2008)“本次调查，藏酋猴……湖北未调查”，但是还有记录表明藏酋猴依然存在。

据2012年9报道，谷城县五山镇黄山垭村一村民在马鞍山捕捉到一只野生猴子，林业部门工作人员赶到现场，拍下猴子的照片(图9.43)，将其放归山林。经动物学专家鉴定，这只猴子是藏酋猴，别名四川短尾猴，属国家二级保护动物，这也是该省首次发现有藏酋猴分布⑦。

图9.43 谷城县发现藏酋猴

竹山县位于秦巴山区腹地，鄂西北山地，北属武当山，南属大巴山，地势由南、西向东北倾斜，特点是高差大，坡度陡，切割深。以官渡镇的瓦桑河巨型断裂为界，南为高山区，东南为二高山、低山区，中南为低山区，北为高山、二高山、低山区，西北为二高山区，中西部为低山、平丘、盆地区。该县虽为副亚热带季风大陆性气候区，属北温带，但地处汉江、堵河盆地，又为高温区，热量比较充足。常见野生动物有23目33科300余种，除习见的动物外，还有大蛇、鸡冠蛇、独角兽、过山黄、1.3 m以上的短尾猴、驴头狼、野牛、花鹿、长颈鹿、白明鬃羊、白獐子[河麂]、白麂子、白

①宜黄县. http://baike. baidu. com/link? url=VtQMdFbKQMo7TdDSeTbhQoLyKSzJzoAjUHcv3-oEdIQKtf5Rk3X5RS6Os-SvpM-re#5_4

②明月山国家森林公园处湘赣边界的罗霄山脉北段，位于宜春市中心城西南15 km处(明月山国家森林公园. http://baike. baidu. com/link? url=Il-2s0PHhGYseGGMkRkTxOp8aB51fYKkDA53CNYE2z5aEL09NKOJ4uUXCnxybWW3Ev50uRSGIykcxTej3w6srK)。

③袁州区. http://baike. baidu. com/link? url=GCLVXqWI0hWK68weFBpse0dugDomgApHGwpFo5XoflL_sSbb7cooXMO8ttSHv-0I#6

④宜丰县人民政府. http://www. jxyf. gov. cn/News/ZJYF/zrhj/2011/YF_2011101413543. html

⑤铜鼓县人民政府. http://www. tonggu. gov. cn/list. aspx? id=374419503170

⑥永新县. http://baike. baidu. com/link? url=qj6jspuQiTzdxlHF_G4-E6tkGBgco1T_CB4h0Pt6W9Jn1XcwDv8zR0uNyp--jQfe

⑦湖北首次发现藏酋猴 属国家二级保护动物. http://www. nzxww. com/html/42/581469. html

熊等①。此处高大的“短尾猴”显然应是藏酋猴②。

● 湖南

湖南省有藏酋猴分布记录。

《中国重点陆生野生动物资源调查》称（国家林业局，2008）：

本次调查，藏酋猴见于……湖南（桂东、宜章、道县、江永、炎陵）。

按：据此，说明在炎陵县、宜章县、桂东县、道县、江永县等地还有藏酋猴存在。

根据《藏酋猴的分类与分布》显示，藏酋猴在湖南省的宜章县等地曾有分布（蒋学龙等，1996）。

石门县经多次调查证实，属国家二级保护的有藏酋猴等 49 种③。

宜章县南北两端高，中间低，地面坡度基本上由南北西三个方向向中部和东部倾斜；山地占全县总面积的 57.68%，丘陵占 25.04%，岗地占 5.41%，平原占 10.26%，水域占 1.61%。地属亚热带湿润季风气候区，四季分明，春早多变，夏热期长，秋短温凉，冬无严寒，霜雪不多；热量丰富，降水集中，但雨量分布不均，夏秋易涝易旱；由于地形原因，气候介于岭南、岭北之间，冬季虽受北方冷空气影响，气温较岭南低，但因县北部有骑田岭等大山作为屏障，削弱了北方冷空气的强度。莽山国家级自然保护区二级保护动物有短尾猴、穿山甲、水鹿、麝、大小灵猫、白鹇、大鲵等④。据称，“莽山森林公园成了各类动物的聚集之地。深入林中，可遇见猿猴戏耍于树梢，松鼠跳跃于树冠，野兔惊奔灌丛，麋鹿出没林间。据调查园内共有脊椎动物 70 科 164 属 300 余种（不包括鱼类），这些动物中有国家重点保护野生动物 33 种……二级有穿山甲、藏酋猴等 29 种”⑤。可见所谓“短尾猴”乃藏酋猴误称。

桂东县有陆生脊椎动物 240 种，其中国家Ⅱ级重点保护野生动物中就有藏酋猴等⑥。

据《永州市志．第二编，自然环境・自然资源》称，哺乳纲有“短尾猴”等⑦。然而湖南省所称“短尾猴”，实际上是藏酋猴；说明在永州市、东安县、道县、宁远县、江永县、蓝山县、新田县、双牌县、祁阳县、江华瑶族自治县等地还有藏酋猴等存在。

道县称，当地属国家二级保护动物的有短尾猴等 10 种⑧。所谓“短尾猴”，应是藏酋猴。

据邵阳地区科委（1985）报道：

（1984 年）10 月 24 日上午 10 点半钟，新宁县水头乡平栗山村农民李贤德、蒋时玉等 30 来人，在村庄附近的平栗山下捕获了一只野生雄性短尾猴。这只猴体重 15 kg 左右，身长 60 cm，年龄十三四岁，全身披棕褐色毛发，尾长约 6 cm，脸呈紫色，四肢指头黑灰色，聪明伶俐，十分逗人喜爱。

短尾猴，又名红面猴、四川猴，分布于我国的粤、桂、闽、川等省区，栖息于多岩石而略有树木的山上，以野果、树叶为主食，在我省的汝城县与桂东交界的八面山、宜章县的莽山，以及我区新宁县的舜皇山，也曾发现过，且以八面山居多，但在新宁县平栗山还是第一次发现。

……行家到实地作进一步考察鉴别，肯定了该猴确属短尾猴，并且认为，新宁的平栗山与广西的越城岭相接，这只猴很可能原在越城岭生活，而且居于“王位”，由于年过壮年，体力下降，在最后一次争夺王位的斗争中，被新兴的雄猴所打败，因此无法归群，只好单身出走，为谋生便来到了平栗山。

按：据此相关描述主要是倾向该动物是“短尾猴”，但其中有涉及“四川猴”“汝城县与桂东交界的八面山、宜章县的莽山”则是藏酋猴。笔者在查看“水头乡”位置时，发现今已似属邵阳县，或是处于邵阳县与新宁县交界处，亦即反映在此二地曾有藏酋猴分布。我们从此获得的是宜章县、汝城县、桂东县、邵阳县、新宁县等地曾有藏酋猴

---

①竹山县．http://baike.baidu.com/view/17835.htm

②短尾猴的身长不到 1 m，此处却称“1.3 m 以上”，显然与短尾猴不符，应是藏酋猴。

③中国石门・珍稀动物．http://www.shimen.gov.cn/Item/2791.aspx

④湖南莽山国家级自然保护区．http://baike.baidu.com/link?url=2PS03NrzJquCfHBuOCu_aaXDcUEvZphcNC0lzTGlvNYsUN5L7_D9zd1VKMEbkNGhi647c9SXV4OFuQSayv21ea

⑤宜章县．http://baike.baidu.com/link?url=4x7Fi0a3VcFgxlFxqnpChO2ayrb5JqR2U9-_nQdm8EC-knh7O6OvrDeud20t1biT#3_7

⑥桂东县人民政府．http://www.gdx.gov.cn/page/item340/index.html

⑦永州市人民政府网站．http://www.yzcity.gov.cn/col/col16888/index.html

⑧道县．http://baike.baidu.com/link?url=M8-H_eA4717r3-g-Gjqz8i5n_b74wdqmC-jR4LpGXLWDos-82I0scIi0c3bkrdEG

栖息。

另外，又偶然看到涉及此事件的相关报道：

1985 年 2～3 月间，深圳某报和海外的几家报纸都报道了一个令人迷惑不解的事：湖南捕获了一个活的雄性“野人”，世人瞩目的“野人”之谜揭开在即，而且这件“震惊世界”的事件是中国“野人”考察研究会透露的。报道说：这只雄性“野人”是 1984 年 10 月在湖南省新宁县水头乡平栗山村由 30 多位农民捕获的，当时，它正在对一个穿着红花罩衣的姑娘进行挑逗，所以被人们当“长毛鬼”捕获。这只“野人”在湖南土话中被称为“毛公”，它正像过去人们描述的“野人”那样，头脸与人酷似，身高 165 cm，体重 20 多 kg。全身长着细软的、放射状的棕褐色毛发和大胡须，长度近 10 cm，上肢和腹部略呈灰白色，有一条 5 cm 长的尾巴，整个身体不像猩猩，也不像猴子。在灰色额头下面，长着一双酷似人的眼睛，黄眼珠，双眼皮，有眼角，嘴平有人中，能发出像老年人一样的声音。鼻子上有苔状斑痕。牙齿、舌头都像人。特别是藏在毛发中的那对约 4 cm 长的耳朵，几乎与人的耳朵一样。它的双脚比湖北神农架发现的“野人”脚印略小、略窄。上肢很像人手，长着棕色指甲，而且很灵巧，可以拾起丢在稻草中的葵花籽吃，会用勺饮水喝……

但是，后来的鉴定结果却使人啼笑皆非，这只在湖南被称为“毛公”的“野人”，其实就是一只藏酋猴。

按：联系上文浙江省松阳县发现的“野人”，最后确认也是藏酋猴，真是无独有偶。

● 广东

广东省有一些藏酋猴分布。

《中国重点陆生野生动物资源调查》称（国家林业局，2008）：

本次调查，藏酋猴见于……广东（乳源、阳山）。

按：据此，反映在阳山县、乳源瑶族自治县等地还有藏酋猴存在。

根据《藏酋猴的分类与分布》显示，藏酋猴在广东省的乳源瑶族自治县等地曾有分布（蒋学龙等，1996）。

连州市地处五岭中之萌渚岭南麓，境内崇山峻岭，丘陵岗峦星罗棋布，山地占全市总面积的 72.2%，丘陵占 15.9%。地属中亚热带季风湿润气候区，常年热量大，气温变化明显。据调查，连州市有野生动物 500 多种，其中兽类有 100 多种，属国家重点保护的动物有 30 多种，其中国家二级保护的动物有红面猴、穿山甲、大小灵猫、白鹇、苏门羚、水鹿、狗熊、毛冠鹿、虎皮蛙、金猫和猛禽类等 30 多种①。此处所谓“红面猴”，当是藏酋猴。

阳山县位于南岭山脉南麓，连江中游，地形复杂，总体地形为南、北高峻，并以单斜山地不规则地由两端向腹地倾斜，形成中间低缓、四周较高的船形地貌；山地约占全县总面积的 90%，盆地及冲积平原约占 10%。地属南亚热带向中亚热带过渡的季风气候区，天气炎热，夏长冬短，雨热同季；春季温和潮湿，夏季炎热雨丰，秋季凉爽干燥，冬季寒冷少雨。森林覆盖率 73%。境内野生动物有陆栖类 25 科 58 属 86 种，两栖类 7 科 19 属 33 种，爬行类动物 74 种，鸟类 217 种，鱼类 143 种。被列入省或国家保护的动物有水鹿、大灵猫、小灵猫、狗熊、短尾猴、白鸥、虎纹蛙、猫头鹰、老鹰、蟒蛇、山瑞等②。藏酋猴在此被误作“短尾猴”。

韶关市称，区域内蕴藏着丰富的野生动植物资源，国家二级保护动物有穿山甲、猕猴等 52 种③。只是地级韶关市所辖市(县)是否皆有猕猴，尚待核查。

新丰县称，当地列入国家一、二类保护的野生动物有“猴”等④。所泛指的“猴”，似包括藏酋猴。

乳源瑶族自治县地处南岭山脉骑田岭南麓，属于山区。地属中亚热带湿润季风气候区，气候介于岭南、岭北之间，冬季常受北方冷空气影响，

① 中国·连州. http://www.lianzhou.gov.cn/channel/001001008003

② 阳山县. http://baike.baidu.com/link? url=UJGJqJKLgLRmiB6VI8dyrv83OKFCeCg8YnSwWA3dfR06z8_C7OWBjEq_vJ3Ev9VS#5_4

③ 韶关. http://baike.baidu.com/link? url=qhcnAXM_8QeRKWq584eXLSXKiELBcHvj_vso8evBbiNhqeKoxYpzxE-MTg6Q56KSU-wSiQK1a_3iBA7P7q53aZ1wXwxKzdbGG2UPUFyGos9RbwHTLh65xxqQfo_V3uTpCG-uhAOKHLp0Pw1V3V7gPWOPH44_cTOz9d8FnsPQYYK

④ 新丰县. http://baike.baidu.com/link? url=Gb1O37tD4SQWSnYITLpil0fc7lQIwi4KfSUAJhjy0pvwuklA9nZlxxNp8kEdfQBL#3_3

但因县西北部有石坑崆等大山为屏障，削弱了北方冷空气的强度；夏季常受南海暖湿气流影响，雨水充沛。总的气候特点是：四季分明，春早多变，夏热期长，秋短温凉，冬天霜雪不多；热量丰富，降水集中，但雨量分布不均，夏秋易涝易旱；晴久则隆冬亦暖，雨久则盛夏生寒；由于地形复杂，海拔高低悬殊，形成明显的区间小气候，尤其是山上山下气候悬殊。野生动物资源丰富，仅兽类就有100多种，其中被列为国家二类保护的有短尾猴、黑熊、大灵猫、苏门羚、穿山甲等①。另南岭国家森林公园称，在乳源瑶族自治县与湖南省交界地带，属于国家二级保护的兽类有猕猴、藏酋猴、穿山甲、豺、黑熊、青鼬、水獭、小爪水獭、斑林狸、大灵猫、小灵猫、金猫、林麝、河麂、水鹿、苏门羚、斑羚等②。可见所谓“短尾猴”乃藏酋猴。

怀集县2015年称，经调查鉴定的陆栖脊椎野生动物有258种，其中属国家二级保护的动物有“短尾猴”等③。此“短尾猴”乃藏酋猴。

● 广西

广西壮族自治区有藏酋猴分布记录。

《中国重点陆生野生动物资源调查》称（国家林业局，2008）：

本次调查，藏酋猴见于……广西（龙胜、兴安、恭城、灌阳、荔浦）。

按：据此，说明在兴安县、灌阳县、荔浦县、龙胜各族自治县、恭城瑶族自治县等地依然有藏酋猴栖息。

环江毛南族自治县的杨梅坳地处九万大山山脉腹地，野生动物种类颇多，属于二级保护的动物中就有“藏酋猴”等④。说明仍有藏酋猴等多种猕猴属存在。

8.1.3 西南

西南各省级政区皆有藏酋猴分布记录。

● 重庆

重庆市有少量藏酋猴栖息。

《中国重点陆生野生动物资源调查》称（国家林业局，2008）：

本次调查，藏酋猴见于……重庆（南川、江津）。

按：据此，反映在江津区、南川区等地仍有藏酋猴繁衍生息。

酉阳土家族苗族自治县称境内兽类33种，属于二类保护动物的有毛冠鹿、云豹、胡猴、猴4种⑤。此处所谓“胡猴”，似为藏酋猴。

● 四川

四川省有一些藏酋猴分布记录。

根据《藏酋猴的分类与分布》显示，藏酋猴在四川省的峨眉山市、西昌市、盐源县、德昌县、会理县、会东县、宁南县、普格县、布拖县、金阳县、昭觉县、喜德县、冕宁县、越西县、甘洛县、美姑县、雷波县、木里藏族自治县、汶川县等地曾有分布（蒋学龙等，1996）。

《中国重点陆生野生动物资源调查》称（国家林业局，2008）：

本次调查，藏酋猴见于……四川（南江、平武、绵竹、峨眉、洪雅、汉源、石棉、天全、宝兴、木里、白玉、巴塘、汶川、美姑、马边、古蔺）。

按：据此，说明在平武县、绵竹市、峨眉山市、马边彝族自治县、古蔺县、南江县、洪雅县、汉源县、石棉县、天全县、宝兴县、汶川县、白玉县、巴塘县、美姑县、木里藏族自治县等地依然有藏酋猴分布。

2006年4～12月，结合保护区内地理信息系统资料对白水河自然保护区的5个区域进行野外重点观察，共遇见29群639只藏酋猴（张强等，2008）。反映彭州市仍然有较多藏酋猴分布。

2013年3月至2014年2月，在唐家河自然保护区毛香坝区域，对一群50～60只野生藏酋猴生境选择进行多角度研究（黎大勇，2015），证实青川县依然有藏酋猴存在。有网友发布在青川县唐家河国家级自然保护区拍摄到的藏酋猴（图9.44、图9.45），进一步证实那里现今确有藏酋猴分布。

---

①乳源瑶族自治县. http://baike. baidu. com/view/184525. htm

②南岭国家森林公园. http://baike. baidu. com/view/135695. htm

③怀集地情. http://www. gd-info. gov. cn/shtml/hjx/lanmu04/2015/09/01/136645. shtml

④环江毛南族自治县. http://gxi. zwbk. org/MyLemmaShow. aspx? lid=2446

⑤酉阳土家族苗族自治县. http://baike. baidu. com/link? url=K5WnvORdduhHBSZ1U5-wZo6KCieLsfvfsFTAf_9Y3gzhJJt0tdUZr-6M1sKl-epXxxTDIBGeo3guMV_VBoLXxK

安县称,该县哺乳动物有80余种,其中有"四川短尾[猴]"等①。所谓"四川短尾[猴]",乃藏酋猴,表明依然有栖息。

峨眉山市境内的峨眉山是中国"四大佛教名山"之一,地势陡峭,风景秀丽,素有"峨眉天下秀"之称。该山处于多种自然要素的交汇地区,区系成分复杂,生物种类丰富,特有物种繁多,还是多种稀有动物的栖居地,动物种类达2 300多种。在山路沿途有较多猴群(图9.46、图9.47),为该山一大特色。从"猴"的形态看,乃藏酋猴。有研究证实峨眉山的猕猴属是:藏猕猴(*Macaca thibetana*)又名毛面短尾猴、藏酋猴、黑猴,是我国特有种,为国家Ⅱ级重点保护野生动物(李又林,1960;李国刚等,2011)。

图9.44　唐家河的藏酋猴(一)②

图9.45　唐家河的藏酋猴(二)

图9.46　峨眉山藏酋猴(一)③

图9.47　峨眉山藏酋猴(二)

①安县政务网.http://anxian.my.gov.cn/ax/219841861039161344/20110623/258949.html
②唐家河的藏酋猴.http://www.birdnet.cn/forum.php? mod=viewthread&tid=751601&mobile=1
③http://blog.sina.com.cn/s/blog_59f3a1e50102waoi.html

古蔺县现有藏酋猴在50只以下，但分布较广[①]。

仁寿县境内地势西北高、东部低，地貌以丘陵为主。地属亚热带季风湿润气候区。该县龙泉山南麓黑龙滩水库蟠龙岛上偶有小股猴群出现，它们也如峨眉山的猴兄猴弟，平时隐迹于丛林山沟之中，一旦游人出现，便半路堵围，来个前抄后包，不是拱身坐立，静盼施舍，便是左右游移，争取主动，伺机抢食[②]。此处“猴”是何种？按：峨眉山的“猴”，则是藏酋猴[③]。

雨城区称，已查明的脊椎动物种类有330余种，野生哺乳类动物主要有“猴”等45种[④]。所谓“猴”，似包括藏酋猴。

荥经县称，境内珍稀保护动物有大熊猫、羚牛、大鲵、小熊猫、豹、金猫、水鹿、林麝、白鹭、灰角斑雉、盘羊、大灵猫、小灵猫、四川猴、红面短尾猴、苏门羚、岩羊、水獭、白腹锦鸡、红腹锦鸡、白鹇[⑤]。此处虽称“红面短尾猴”，但缺乏更多证据或旁证，疑似藏酋猴之误。

地处天全县的喇叭河省级自然保护区也见有网友发布拍摄到的藏酋猴（图9.48、图9.49），证实依然有藏酋猴分布。

图9.48　喇叭河的藏酋猴（一）[⑥]

图9.49　喇叭河的藏酋猴（二）[⑦]

据2006年3月报道，卧龙“中国保护大熊猫研究中心”斜对面，有一处名叫黑松林的地方，收留着小金、丹巴等地陆续截获偷猎者盗运出的200多只藏酋猴（杨光玉等，2006）。据此，证实小金县与丹巴县等地确有藏酋猴。

小金县地处青藏高原东部边缘，地形狭长，地势东北高、西南低。地属亚热带季风气候区，冬寒夏凉，常年干燥，雨量稀少，气温变化剧烈，四季不甚明显。野生动物名目繁多，形态迥异，色彩分明，其中有野生保护动物马鹿、大灵猫、金猫、水鹿、白臀鹿、斑羚、岩羊、猞猁、林麝、兔狲、短尾猴、水獭、血雉等[⑧]。此“短尾猴”实际上乃藏

---

①古蔺县. http://baike. baidu. com/link? url＝pgERakBY2K782QF802a6hFXDSCLfGmamMTTHNa3R9SFB0Wy1hvBZwWG4PxZOXBqZ6Ed2JJToOrXl27dpviMRY_

②黑龙滩. http://baike. baidu. com/link? url＝o8dP_WoXQLgIT2kmXZJcJq5xFxDP2tCyEDZk8sF9-0dGXkL1nxPlWLkBJ7-6kQSn

③峨眉藏酋猴（*Macaca thibetana thibetana*）：是藏酋猴的指名亚种，也简称“峨眉猴”。因生活在佛教名山，故又雅号“猴居士”“猿居士”，当地山民俗呼“山娃儿”。属中国国家二级保护的兽类。（峨眉藏酋猴. http://baike. baidu. com/item/峨眉藏酋猴/17891294?fromtitle＝峨眉山猴&fromid＝2818233&type＝syn）。

④雨城区. http://baike. baidu. com/link? url＝PxG_GCKt7yKIGHJdThC3o_JCiYjKw0ErEUR7gL8LFN1RmHQp3Lewa_pUl-Gv7TCC3＃6_5

⑤荥经县. http://baike. baidu. com/view/985922. htm

⑥喇叭河生态藏酋猴. http://www. birdnet. cn/thread-701181-1-1. html

⑦http://www. ctps. cn/PhotoNet/product. asp? proid＝2643674

⑧小金县旅游发展总体规划. http://ems. lssta. gov. cn/web/t1/main. jsp? go＝newsDetail&cid＝1006&id＝134992

酋猴。

丹巴县地处青藏高原东南边缘、成都平原以西的邛崃山脉西坡，地势西南高、东南低，属岷山邛崃山脉之高山区，大渡河自北向南纵贯全境，切割高山，立体地貌显著，是川西高山峡谷的一部分。境内峰峦叠嶂，峡谷幽深。地属青藏高原型季风气候区，呈垂直带分布；日照充足，冬无严寒，夏无酷暑。当地主要保护动物有白唇鹿、胡兀鹫、藏酋猴、黑熊、马麝、白臀鹿、藏原羚、獐[麝]、盘羊、白马鸡、鹦鹉、藏马鸡、锦鸡、旱獭等[①]。亦即还有藏酋猴等分布。

《盐源县志》列举哺乳动物有"猕猴、短尾猴、穿山甲、小熊猫、马熊、黑熊、狼、豺、赤狐、白貂、黄喉貂、黄鼬、水獭、小灵猫、花面狸、金猫、豹猫、豹、虎、野猪、林麝、赤麂、小麂、毛冠鹿、白臀鹿、水鹿、牛羚、白羊、斑羚、岩羊、牦牛"（盐源县志编纂委员会，2000）。所谓"短尾猴"，则是藏酋猴。

越西县现存野生动物有21科48种，其中有"短尾猴"等[②]。此处"短尾猴"，是藏酋猴误称。

木里藏族自治县现常见的野生动物有200多种，其中国家二级保护的有"短尾猴"等50多种[③]。"短尾猴"，应是藏酋猴。

● 贵州

贵州省一些地方有藏酋猴分布。

《中国重点陆生野生动物资源调查》称（国家林业局，2008）：

本次调查，藏酋猴见于……贵州（松桃、印江、江口、雷山、瓮安、贵定、福泉、龙里、平塘、荔波、三都、水城、盘县、普定、织金、赤水、习水、务川、正安、道真、桐梓、贵阳、修文、清镇）。

按：据此，表明在贵阳市、清镇市、修文县、盘县、水城县、赤水市、桐梓县、正安县、习水县、道真仡佬族苗族自治县、务川仡佬族苗族自治县、普定县、织金县、江口县、印江土家族苗族自治县、松桃苗族自治县、雷山县、福泉市、荔波县、贵定县、瓮安县、平塘县、龙里县、三都水族自治县等地仍然存在藏酋猴。

开阳县称：

开阳县人民政府于1985年6月20日发出通知……小熊猫（又名小猫熊）、猕猴、熊猴、云豹、原猫（芝麻豹）、林麝（獐子）、毛冠鹿（黑鹿）、水鹿、大鲵（娃娃鱼）、中华纱秋鸭［中华秋沙鸭（*Mergus squamatus*）］、红腹角雉、白冠长尾雉、鸳鸯列为二类保护动物[④]。

按：此处"熊猴"似为"藏酋猴"之误[⑤]。

杨炯蠡（1994）较早就指出，贵州的藏酋猴俗称青猴，过去的研究中仅对其分布和分类做了报告，但鲜见生态资料，以致仍见有沿用"短尾猴（*Macaca speciose thibetana*）"的不妥，提出宜更正为藏酋猴（*Macaca thibetana*）。根据《藏酋猴的分类与分布》显示，藏酋猴在贵州省的江口县、印江土家族苗族自治县、松桃苗族自治县等地曾有分布（蒋学龙等，1996）。

截至2010年，习水县有野兽72种2亚种，其中属国家二级重点保护动物有藏酋猴等[⑥]。

截至2012年，道真仡佬族苗族自治县有陆栖脊椎动物400余种，其中有藏酋猴等30余种国家二级保护野生动物[⑦]。

《赫章县志》记载有"大青猴"（贵州省赫章县地方志编纂委员会，2001），反映赫章县仍有藏酋猴等繁衍生息。

丹寨县境内地势东北高、西南低，地貌类型有四类，以低山地貌为主，占47.12%，低中山、低山丘陵地貌次之，中山地貌仅占2.38%。地属亚

---

①丹巴县. http://baike.baidu.com/view/929959.htm

②越西县. http://baike.baidu.com/view/377721.htm

③木里藏族自治县. http://baike.baidu.com/view/480821.htm

④中国·开阳. http://www.kygov.gov.cn/zjky/dlzy/1314691527ky4840.html

⑤值得注意的是：1)所列举动物中，2003年2月21日，国家林业局令第7号发布，将麝科麝属所有种由国家二级保护野生动物调整为国家一级保护野生动物，故林麝当是国家一级保护野生动物。云豹本应是国家一级保护野生动物。熊猴也应是国家一级保护野生动物。2)在该县南江大峡谷介绍中称："景区内共有兽类36种，隶属8目15科。其中鬣羚，斑羚、猕猴、藏酋猴、小灵猫、林麝、豹猫、穿山甲等8种国家二级保护珍稀动物，猕猴、藏酋猴在区内较为常见。"（南江大峡谷. http://baike.baidu.com/view/379766.htm? fromtitle=南江峡谷&fromid=9034441&type=syn）既是"较为常见"动物的"藏酋猴"与猕猴等并列，都是国家二级保护野生动物。

⑥习水政府网. http://www.gzxishui.gov.cn/html/xsgov/col4/1_11_6.html

⑦道真仡佬族苗族自治县. http://baike.baidu.com/link? url=2Qk_cSEXLwqcdYkvdpz5lG5t46Oe8iV9jSqm90KXCjMFJeQsYooOLzBDL_MmCErUMHYzcg5oJXMBZBsl6i4_Ia

热带季风湿润气候区，山地气候特征明显，分为温暖、暖和、温凉、冷凉4个气候亚区；四季分明，夏无酷热，冬无严寒。森林覆盖率30.7%。境内濒危珍稀动物有穿山甲、短尾猴、大鲵、锦鸡、韩鸡、竹鼠、猴面鹰、蛇螈等20种，均主要分布于本县东部山区①。此“短尾猴”，似为藏酋猴。

福泉市地势西部和北部较高，中部和东南次之，南部较低。地貌类型多样，以山地为主，丘陵次之，坝地较少。地属亚热带湿润季风气候区，气候温和怡人，春季冷暖多变，夏季不甚炎热，秋多绵雨寡照，冬无较长严寒。野生动物中兽类有短尾猴、穿山甲、草免、松鼠、黄鼠、田鼠、竹鼠、豪猪、狼狐、黄鼬（黄鼠狼）、青鼬獾、水獭、小灵猫、豹猫（山猫）、野猪、麝、苏门羊［苏门羚］、岩羊、蝙蝠等②。所谓“短尾猴”，似应为藏酋猴。

● 云南

云南省的藏酋猴主要分布于滇东北一带。

根据《藏酋猴的分类与分布》显示，藏酋猴在云南省的昭阳区、威信县等地曾有分布（蒋学龙等，1996）。

《中国重点陆生野生动物资源调查》称（国家林业局，2008）：

本次调查，藏酋猴见于……云南（威信、镇雄、盐津、绥江）。

按：据此，表明在盐津县、绥江县、镇雄县、威信县等地还有藏酋猴存在。

昭通市称，市内国家二级保护动物有猕猴、藏猷猴［藏酋猴］、穿山甲、狼、黑熊、水獭、大灵猫、小灵猫、丛林猫、金猫、林麝、斑羚、斑头雁、草原雕、秃鹫、红腹角雉、白腹锦鸡、红腹锦鸡、毛脚鱼鸭、大鼯鼠、娃娃鱼、苏门羚等③。这是地级昭通市动物状况，只是更具体分布藏酋猴地方待核查。

《昭通市志》列举“兽纲”动物（昭通市志编纂委员会，2000）有：

云豹、虎、藏酋猴、林麝、狼、红豺、鹿、免、野猪、豪猪、鼠、松鼠、黄鼠狼、岩羊、狐、獭猫、金钱豹、黑熊、小灵猫、金猫、斑羚。

按：据此，说明今昭阳区仍有藏酋猴等栖息。

经过对兰坪县8个乡镇的78个村庄进行调查，获知有藏猕猴60～230只（王浩瀚等，2015）。表明在兰坪白族普米族自治县依然有藏酋猴栖息。

● 西藏

西藏自治区有少量藏酋猴分布记录。

刘少初（1993）根据1987～1989年野外考察及相关资料，认为藏酋猴在西藏仅分布于东南边缘的芒康、江达、察雅等县。亦即在江达县、察雅县、芒康县等地有藏酋猴栖息。

贡觉县地处青藏高原东南，唐古拉山横断山脉北段，金沙江上游西岸；地势由东南向西北倾斜，地貌大体可分为东南峡谷区、西部河流区和西南谷原区；群山连绵，山高峰锐，谷深坡陡，丘原交错，河流纵横，湖泊星罗棋布，高山、森林、草原并存。地属大陆性高原季风气候区；受纬度、海拔和地理位置的影响，气温垂直变化明显，气温偏低，日温差较大。当地兽类有5目12科35种，其中列为国家二级保护的有林麝、黑熊、马熊、水狸、马鹿、盘羊、岩羊、藏西猴、棕熊、草狐狸、豺、猞猁等④。此处保护动物等级不准确。

类乌齐县称，境内有“猴”等动物资源⑤。所泛指“猴”，似包括藏酋猴等。

洛隆县位于念青唐古拉山脉东南端、怒江流域上段，境内地势南北高，中部较低，呈扇形向东北方向倾斜；地势起伏大，沟壑纵横，路况险峻，河流密布，湖泊众多，冰山雪峰、干热河谷与原始森林、高山草甸相间并存，地形地貌复杂多样。地属高原温带半干旱气候区，光照充足，空气稀薄，气温偏低，且日照长。森林覆盖率36.7%。据称截至2014年底，境内分布有金钱豹、马鹿、獐子［麝］、岩羊、盘羊、棕熊、猕猴、贝母鸡、野牛、鹿、豹、猴、狼、狐狸、猞狸、雪鸡等国家一、二级重

①丹寨县. http://baike. baidu. com/view/1429161. htm

②福泉市概况. http://www. gzfuquan. gov. cn/lfq/fqgk/index. shtml

③昭通市. http://baike. baidu. com/link? url＝YEXI4YECXk6Q3ha7VLpazWH4Jf0TRpi7IyAH6S1jgXX22Yvv7mqEv0J91FMTCc3KJVRNR96skTELidDyEoqkJ4eRKOqrX6r0PpZuUBLW6q6Hw8GrDi0Q4bvz3JxJhLift1iiUF3rsSh5D_PDV8kn1Lip-N8eMRq2sekvjYmQR0_

④贡觉县. http://baike. baidu. com/link? url＝ABJ2FlAfKDNQeU_mNuLfRM3OQK0bzkUa4VFkCTw2MMhTXM56X07SlvRFQmsOLpA9

⑤类乌齐县. http://baike. baidu. com/link? url＝OxsSHM-5ONFgquskYV_XLxpr_Wife39_Ih20l82y6MjxZ7dqiCwUJKdBWv69IuRA

点保护野生动物20余种[①]。此处既有猕猴，又有“猴”，后者似指藏酋猴。

边坝县地处念青唐古拉山南麓，藏东南三江流域峡谷地带，地势南高北低。境内山峦重叠，沟沟纵横。地属高原温带半湿润气候区，气温低，光照充足，日温差大等。当地珍稀动物有22种，属于国家二级保护动物有18种，即藏猴、豺、扭角羚(野牛)、黑熊、小熊猫、水獭、野猫、林麝、白臀鹿、藏原羚、岩羊、盘羊、鹰、草原鹞、藏雪鸡、红腹角雉、藏马鸡、白腥黑啄木鸟[②]。所谓“藏猴”，似指藏酋猴。

图 9.50 藏酋猴成体(一)

● 甘肃

甘肃省陇南一带有少量藏酋猴分布记录，已是藏酋猴分布的西北边缘。

《中国重点陆生野生动物资源调查》称(国家林业局，2008)，“本次调查，藏酋猴见于……甘肃(文县)”，亦即在文县仍有藏酋猴栖息。

8.1.4 西北

西北仅陕西省与甘肃省有藏酋猴分布记录。

● 陕西

陕西省有少量藏酋猴分布记录，似为鄂西分布的藏酋猴分布区域的边缘。

西乡县称，境内国家二类保护动物有“青猴”等[③]。所谓“青猴”，乃藏酋猴。

2013年8～12月在陕西米仓山自然保护区进行野外调查，在茶园附近发现至少1群约35只藏酋猴(图9.50、图9.51)(赵海涛等，2014)。证实西乡县是今藏酋猴分布北界之一段。

图 9.51 藏酋猴成体(二)

8.1.5 保护区

现分布有藏酋猴的自然保护区在华东、中南、西南、西北四大区的一些省级政区内(表9.13、图9.52)，这既反映当地确仍有藏酋猴存在，又使之得到庇护。保护区的状况显示：

表 9.13 栖息有藏酋猴的保护区概况

地区	省级政区	保护区名称	所处地点	面积(hm^2)	级别	建立时间	主管部门
华北	浙江	凤阳山—百山祖	龙泉市、庆元县	26 052	国家级	19750101	林业
		浙江九龙山	遂昌县	5 525	国家级	19830903	林业
		望东洋高山湿地	景宁畲族自治县	1 195	省级	20020204	林业

①泸隆县. http://baike. baidu. com/link? url = 0Q4cEfVoByLrMV1Jh73xwUTdTVoZ4mWknKwEw78mpKUpWhHp5dl7rDFyAWE_GmE9J6t4_4zcZ75FvcSaD4OYe_

②全县耕地面积18万亩·昌都概要·边坝概要. http://www.tubaobei.com/show-392d32d2-0-b9058516.html

③西乡县. http://baike. baidu. com/link? url = kHRXsZe502Smkk3ObnCJT3NY8BSbHU8GolHLrLdT0bTHdLX8-xVE6wRWwdUGmdlzQ7ff7-UyiIPkHLsCgnL8vWjEyKZY6D9gMm3K4U2zzQW

（续表）

地区	省级政区	保护区名称	所处地点	面积（hm^2）	级别	建立时间	主管部门
	安徽	牯牛降（古牛绛）	祁门县、石台县	6 713	国家级	19821028	林业
		板桥	宁国市	5 000	省级	19950501	林业
		十里山	黄山市	1 936	省级	19951221	林业
		紫石塔	东至县	6 670	县级	19980801	林业
		五溪山	黟县	4 050	省级	20000318	林业
		老山	贵池区	16 909	省级	20010406	林业
		九龙峰	黄山市	2 720	省级	20010406	林业
		查湾	祁门县	1 600	省级	20010601	林业
	福建	福建武夷山	武夷山市、建阳市、光泽县、邵武市	56 527	国家级	19790703	林业
		闽江源	建宁县	13 022	国家级	20011008	林业
		老鹰尖	莆田市	2 828	省级	20020226	林业
	江西	井冈山	井冈山市	21 499	国家级	19810301	林业
		官山	宜丰县、铜鼓县	11 501	国家级	19810306	林业
		高天岩	莲花县	4 780	省级	19990510	林业
中南	湖北	十八里长峡	竹溪县	30 459	省级	19881001	林业
		五道峡	保康县	23 816	省级	19900101	林业
	湖南	莽山	宜章县	19 833	国家级	19820101	林业
		永州都庞岭	道县、江永县	20 066	国家级	19820101	林业
		湖南舜皇山	新宁县	21 720	国家级	19820401	林业
		江永源口	江永县	5 527	省级	19820527	林业
		顶辽银杉	资兴市	953	省级	19860101	林业
	广东	南岭	乳源瑶族自治县、阳山县、连州市	50 000	国家级	19840401	林业
		粤北华南虎	韶关市	16 361	省级	19900101	林业
		石门台	英德市	33 555	省级	19980528	林业
		罗坑鳄蜥	韶关市	20 424	省级	19981201	林业
		仁化高坪	仁化县	3 585	省级	19990301	林业
		大稠顶	怀集县	3 761	省级	20000101	林业
	广西	木论	罗城仫佬族自治县、环江毛南族自治县	8 969	国家级	19960101	林业
西南	重庆	大巴山	城口县	136 017	国家级	19790501	林业
	四川	卧龙	汶川县	200 000	国家级	19630402	林业
		蜂桶寨	宝兴县	39 039	国家级	19750320	林业
		马边大风顶	马边彝族自治县	30 164	国家级	19781215	林业
		美姑大风顶	美姑县	50 655	国家级	19781215	林业
		螺髻山	西昌市、德昌县、普格县	20 912	省级	19860101	农业
		唐家河	青川县	40 000	国家级	19860709	林业
		大小兰沟	南江县	40 155	省级	19910102	林业

（续表）

地区	省级政区	保护区名称	所处地点	面积(hm²)	级别	建立时间	主管部门
		鞍子河	崇州市	10 141	省级	19930801	林业
		平武小河沟	平武县	28 227	省级	19930801	林业
		瓦灰山	九龙县	84 300	省级	19950601	林业
		莫斯卡	丹巴县	13 700	省级	19951101	林业
		白水河	彭州市	30 150	国家级	19960101	林业
		黑竹沟	峨边彝族自治县	29 650	省级	19970101	林业
		米仓山	旺苍县	23 400	国家级	19990101	林业
		栗子坪	石棉县	14 700	省级	20010101	林业
		甘洛马鞍山	甘洛县	40 826	省级	20010101	林业
		五台山猕猴	通江县	27 900	省级	20010201	林业
		三溪口	苍溪县	4 240	县级	20030301	林业
	贵州	雷公山	雷山县、台江县、剑河县、榕江县	47 300	国家级	19820601	林业
		赤水桫椤	赤水市	13 300	国家级	19840911	环保
		从江月亮山	从江县	24 800	市级	19860101	林业
		梵净山	江口县、印江土家族苗族自治县、松桃苗族自治县	41 900	国家级	19860709	林业
		野钟黑叶猴	水城县	1 362	市级	19891201	林业
		习水中亚热带常绿阔叶林	习水县	48 666	国家级	19940908	林业
		大沙河	道真仡佬族苗族自治县	26 990	省级	19841010	林业
		榕江月亮山	榕江县	32 849	市级	19980101	林业
		都匀斗蓬山	都匀市	4 233	县级	19980301	林业
		贵定斗蓬山	贵定县	2 438	县级	19980501	林业
	云南	药山	巧家县	20 141	国家级	19840405	林业
西部	陕西	陕西米仓山	西乡县	34 192	国家级	20030820	林业
	甘肃	白水江	武都区、文县	183 799	国家级	19630101	林业

注：①本表参考多方面信息综合而成，个别误差进行更正。②《凤阳山志》编委会，2012；凤阳山—百山祖自然保护区. http://cidian. iask. sina. com. cn/a/eqnm. html；浙江百山祖国家级自然保护区. http://zjbsz. nre. cn/htm/baishanzu/jibengaikuang/20100914/576. html；龙泉山. http://baike. soso. com/v61371. htm；国家林业局，2008；浙江九龙山国家级自然保护区. http://jls. suichang. gov. cn/zybh/dwzy/201006/t20100621_78562. htm；景宁县完善《景宁望东洋高山湿地自然保护区科学考察报告》_. http://www. lsly. gov. cn/detail-662. html；安徽省自然保护区简介。http://www. ahly. gov. cn/main/model/newinfo/newinfo. do?infoId=14166；福建武夷山国家级自然保护区. http://baike. baidu. com/view/391621. htm；闽江源自然保护区. http://www. baike. com/wiki/%E9%97%BD%E6%B1%9F%E6%BA%90%E8%87%AA%E7%84%B6%E4%BF%9D%E6%8A%A4%E5%8C%BA；老鹰尖省级自然保护区. http://baike. baidu. com/view/8631076. htm；井冈山自然保护区. http://baike. baidu. com/view/248434. htm；官山国家级自然保护区. http://baike. baidu. com/view/3140304. htm? fromId=161047；莲花县高天岩自然保护区升为省级自然保护区. http://www. yuanlin365. com/news/160597. shtml；十八里长峡自然保护区. http://www. baike. com/wiki/%E5%8D%81%E5%85%AB%E9%87%8C%E9%95%BF%E5%B3%A1%E8%87%AA%E7%84%B6%E4%BF%9D%E6%8A%A4%E5%8C%BA；五道峡自然保护区. http://baike. baidu. com/view/8913553. htm；莽山国家级自然保护区. http://baike. baidu. com/view/481726. htm? fromId=248733；都庞岭自然保护区. http://baike. baidu. com/view/90321. htm? fromId=473378；湖南省东安舜皇山自然保护区. http://www. huaxia. com/hn-tw/2007/06/692063. html；江永源口省级自然保护

区. http://baike. baidu. com/view/8712781. htm；顶寮银杉自然保护区. http://baike. baidu. com/view/8739262. htm；广东南岭国家级自然保护区. http://baike. baidu. com/view/481761. htm? fromId=246957；南岭国家森林公园. http://www. baike. com/wiki/南岭国家森林公园；南岭自然保护区. http://www. baike. com/wiki/%E5%8D%97%E5%B2%AD%E8%87%AA%E7%84%B6%E4%BF%9D%E6%8A%A4%E5%8C%BA；广东粤北华南虎省级自然保护区. http://baike. baidu. com/view/2258570. htm；石门台自然保护区. http://baike. baidu. com/view/1411193. htm；广东曲江罗坑鳄蜥省级自然保护区. http://baike. baidu. com/view/9229727. htm；广东仁化高坪省级自然保护区. http://baike. baidu. com/view/3018413. htm；木论国家级自然保护区. http://baike. baidu. com/view/3018393. htm? fromId=472792；广西木论国家级自然保护区. http://gxmlnr. forestry. gov. cn/publicfiles/business/htmlfiles/gxmlbhq/stzy/201306/19799. html；重庆大巴山国家级自然保护区. http://www. forestry. gov. cn/portal/zrbh/s/2713/content-438113. html；城口县. http://baike. baidu. com/link? url = g8ngvyNeW9LAI_jJOfiBEL0PuFUl4SyO0yuEKJrep8h6euQP7ZVMrr-PKLN4JNG2#6；卧龙国家级自然保护区. http://baike. baidu. com/view/345535. htm? fromId=35318；蜂桶寨国家级自然保护区. http://baike. baidu. com/view/481806. htm? fromId=246947；马边大风顶国家级自然保护区. http://baike. baidu. com/view/481800. htm? fromId=246865；美姑大风顶国家级自然保护区. http://baike. baidu. com/view/481825. htm? subLemmaId=481825&fromenter=%C3%C0%B9%C3%B4%F3%B7%E7%B6%A5%D7%D4%C8%BB%B1%A3%BB%A4%C7%F8；螺髻山. http://www. baike. com/wiki/%E8%9E%BA%E9%AB%BB%E5%B1%B1；黎大勇，2015；唐家河国家级自然保护区. http://baike. baidu. com/view/481792. htm? fromId=251900；鲁庆彬等，2003；鞍子河自然保护区. http://baike. baidu. com/view/349644. htm；金琪等，2014；小河沟自然保护区. http://baike. baidu. com/view/1628412. htm；瓦灰山. http://travel. mipang. com/recommend/1112；莫斯卡自然保护区. http://baike. baidu. com/view/377499. htm；张强等，2008；白水河自然保护区. http://baike. baidu. com/view/182214. htm；刘洋等. 2005；米仓山国家级自然保护区. http://baike. baidu. com/view/3069089. htm；李艳红等，2007；甘洛马鞍山自然保护区. http://baike. baidu. com/link? url=jL4NaZjzmw5u7B6FH4ji6GzQlQU8d9vQNrX15aT3XBfBAJ6Qc7xM0BYph5As7uNhZmJ_raoG_N8lt-YcaYb08a；周家自，2015；何成亿，2015；三溪口森林公园. http://baike. baidu. com/view/9956414. htm；雷公山国家级自然保护区. http://baike. baidu. com/view/246379. htm；藏酋猴毛面短尾猴. http://wenku. baidu. com/link? url=5Gfm0IIkNZPM-PfiZsLtiAUFVI9AGOAtj2vx-ay8RoLoHOu9CHeZhaJndQu_ishvdgcQNS1ad9DgSBjdxGbktuCvLjINvJWPxv1wyxe-2W；桫椤自然保护区. http://baike. baidu. com/view/379778. htm；黄小龙等，2016；梵净山国家级自然保护区. http://baike. baidu. com/view/824110. htm? fromId=120315；梵净山. http://baike. baidu. com/view/2168. htm；贵州省野钟黑叶猴自然保护区. http://www1. cfsdc. org/wwwroot/baohuqu/10. htm；习水中亚热带常绿阔叶林国家级自然保护区. http://baike. baidu. com/view/472694. htm? fromId=181358；道真大沙河省级自然保护区. http://baike. baidu. com/view/9136668. htm；榕江月亮山州级自然保护区. http://www. baike. com/wiki/%E6%A6%95%E6%B1%9F%E6%9C%88%E4%BA%AE%E5%B1%B1%E5%B7%9E%E7%BA%A7%E8%87%AA%E7%84%B6%E4%BF%9D%E6%8A%A4%E5%8C%BA；斗篷山自然保护区. http://baike. baidu. com/view/473399. htm；贵定斗篷山自然保护区. http://www. baike. com/wiki/%E8%B4%B5%E5%AE%9A%E6%96%97%E7%AF%B7%E5%B1%B1%E8%87%AA%E7%84%B6%E4%BF%9D%E6%8A%A4%E5%8C%BA；云南药山国家级自然保护区. http://ynysnr. forestry. gov. cn/publicfiles/business/htmlfiles/ynysbhq/stzy/201307/22533. html；赵海涛等，2014；赵海涛等，2015；张涛等，2005；白水江自然保护区. http://www. china. com. cn/aboutchina/zhuanti/ysdw/2008-12/05/content_16905471. htm

● 栖息有藏酋猴的保护区共 63 个，总面积 1.8 万 km²。

● 栖息有藏酋猴的保护区，按省级政区数量较多的排序，前五者为：四川省（有 18 个），贵州省（有 10 个），安徽省（有 8 个），广东省（有 6 个），湖南省（有 5 个）。

● 栖息有藏酋猴保护区中，面积最大的是卧龙国家级自然保护区（在四川省），达 2 000 km²；面积最小的是顶辽银杉省级自然保护区（在湖南省），达 9.53 km²；二者相差将近 210 倍。

● 栖息有藏酋猴保护区中，仅 4 种级别类型皆有，排序为：省级（占 29%），国家级（占 27%），县级（占 8%），市级（占 3%）。

● 栖息有藏酋猴保护区是 1963～2003 年设立的，以 1980 年代与 1990 年代占多数，说明较早就对藏酋猴等的保护非常重视。

● 栖息有藏酋猴保护区的主管部门虽有林业、环保、农业 3 种类型部门，但林业部门占绝对优势（达到 97%）。

● 栖息有藏酋猴保护区地点仅占现有藏酋猴栖息地点的 34%，尤其是西藏自治区尚无栖息藏酋猴的保护区，亟待进一步调查研究，增加保护区数量。

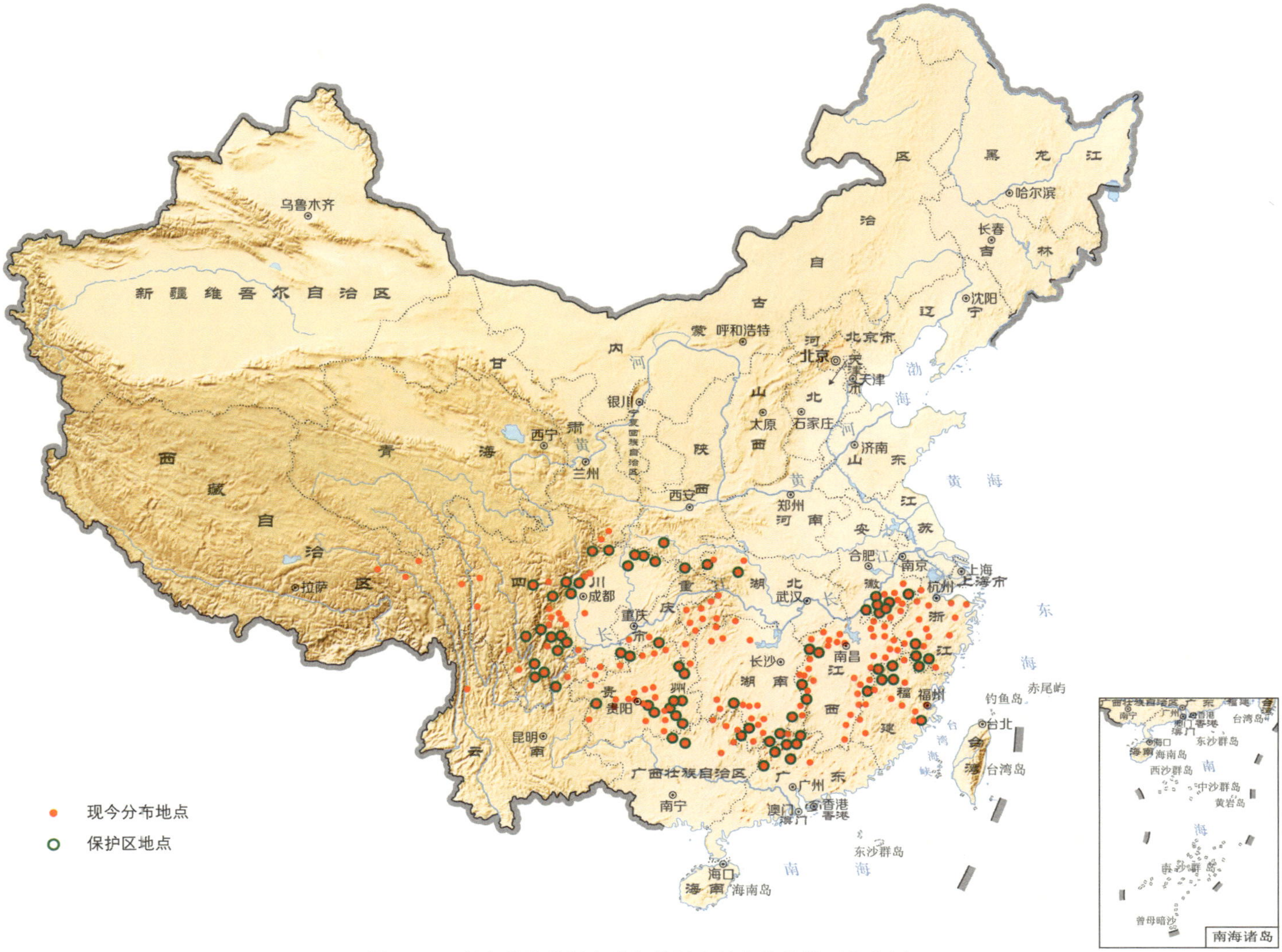

图 9.52 现有藏酋猴栖息地与其栖息的自然保护区分布图

8.2 分布变迁

文献记载显示出百余年来藏酋猴分布变迁状况(表 9.14、图 9.53),特点如下:

● 20 世纪初,可以确认的藏酋猴分布于秦岭—淮河以南 15 个省级政区,超过 350 地。

● 到 20 世纪后半叶,藏酋猴分布地消失较多的前三者为:四川省(有 14 个),安徽省(有 11 个),浙江省(有 9 个)。

● 到现今,藏酋猴分布地消失较多的前四者为:四川省(有 36 个),贵州省(有 14 个),福建省(有 11 个),浙江省与云南省(皆有 8 个)。

● 百余年间,藏酋猴分布地约消失 37%,这一下降幅度不小,值得重视。

● 据全国性调查,藏酋猴种群数量除少数地区外,多数地区藏酋猴的种群数量呈下降趋势①,这种状况不得不引起我们高度重视,进一步调查研究,增设保护区势在必行。

①《中国重点陆生野生动物资源调查》称(国家林业局,2008):
本次调查表明,全国藏酋猴的数量约 17 000 只。多数地区藏酋猴的种群数量成[呈]下降趋势,其中广东藏酋猴数量下降最显著。20 世纪 80 年代初广东藏酋猴约有 1 000 只,而现存数量仅为 200 只,数量明显减少。藏酋猴在湖南仅分布在边远山区,但许多地方(湘西、湘西北)现已绝迹。西藏的藏酋猴种群数量呈上升趋势。甘肃 1976 年在文县发现 240 只藏酋猴,本次调查约为 700 只,种群数量略有增加。

表 9.14　　20 世纪以来藏酋猴分布变迁概况

地区	省级政区	20 世纪前半叶分布地点	20 世纪后半叶分布地点	现今分布地点
华东	浙江	临安市、富阳市、建德市、桐庐县、淳安县、安吉县、宁波市、越城区、上虞市、新昌县、衢州市、江山市、金华市、武义县、磐安县、仙居县、玉环县？温州市、瑞安市、乐清市、永嘉县、文成县、平阳县、泰顺县、洞头县、苍南县、莲都区、龙泉市、缙云县、青田县？云和县、遂昌县、松阳县、庆元县、景宁畲族自治县	临安市、富阳市、建德市、桐庐县、淳安县、安吉县、宁波市、越城区、上虞市、新昌县、衢州市、江山市、金华市、武义县、磐安县、仙居县、温州市、泰顺县、莲都区、龙泉市、缙云县、云和县、遂昌县、松阳县、庆元县、景宁畲族自治县	临安市、富阳市、建德市、安吉县、宁波市、上虞市、新昌县、衢州市、江山市、金华市、武义县、仙居县、泰顺县、龙泉市、遂昌县、松阳县、庆元县、景宁畲族自治县
	安徽	安庆市、桐城市、怀宁县、枞阳县、潜山县、太湖县、宿松县、望江县、岳西县、黄山市、歙县、休宁县、黟县、祁门县、贵池区、东至县、石台县、青阳县、宣州区、宁国市、郎溪县？广德县？泾县、旌德县、绩溪县	黄山市、歙县、休宁县、黟县、祁门县、贵池区、东至县、石台县、青阳县、宣州区、宁国市、泾县、旌德县、绩溪县	黄山市、歙县、休宁县、黟县、祁门县、贵池区、东至县、石台县、青阳县、宣州区、宁国市、泾县、旌德县、绩溪县
	福建	福州市、福清市、闽侯县、闽清县、永泰县、邵武市、武夷山市、建瓯市、建阳市、顺昌县、浦城县、光泽县、松溪县、政和县、三明市？永安市？明溪县、清流县、宁化县、大田县、尤溪县、沙县、将乐县、泰宁县、建宁县、莆田市、仙游县、德化县、长汀县、上杭县	福州市、福清市、闽侯县、闽清县、永泰县、邵武市、武夷山市、建瓯市、建阳市、顺昌县、浦城县、光泽县、松溪县、政和县、明溪县、清流县、宁化县、大田县、尤溪县、沙县、将乐县、泰宁县、建宁县、莆田市、仙游县、德化县、长汀县、上杭县	福州市、永泰县、邵武市、武夷山市、建瓯市、建阳市、浦城县、光泽县、宁化县、尤溪县、沙县、泰宁县、建宁县、莆田市、仙游县、长汀县、上杭县
	江西	新建县、安义县、武宁县、修水县、永修县、景德镇市、乐平市、浮梁县、贵溪市、萍乡市、莲花县、上栗县？芦溪县、瑞金市、上犹县、会昌县、寻乌县、石城县、信州区？德兴市、上饶县、广丰县、玉山县、铅山县、婺源县、黎川县、南丰县、宜黄县、资溪县、广昌县、袁州区、奉新县、万载县、宜丰县、靖安县、铜鼓县、井冈山市、新干县、遂川县、安福县、永新县	新建县、安义县、武宁县、修水县、永修县、景德镇市、乐平市、浮梁县、贵溪市、萍乡市、莲花县、芦溪县、瑞金市、上犹县、会昌县、寻乌县、石城县、德兴市、上饶县、广丰县、玉山县、铅山县、婺源县、黎川县、南丰县、宜黄县、资溪县、广昌县、袁州区、奉新县、万载县、宜丰县、靖安县、铜鼓县、井冈山市、新干县、遂川县、安福县、永新县	新建县、安义县、武宁县、修水县、永修县、景德镇市、乐平市、浮梁县、贵溪市、萍乡市、莲花县、芦溪县、瑞金市、会昌县、寻乌县、石城县、德兴市、上饶县、广丰县、玉山县、铅山县、婺源县、黎川县、南丰县、宜黄县、资溪县、广昌县、袁州区、奉新县、万载县、宜丰县、靖安县、铜鼓县、井冈山市、安福县、永新县
中南	湖北	竹山县、竹溪县、谷城县、保康县、神农架林区、恩施市、利川市、建始县、巴东县、宣恩县、咸丰县、来凤县、鹤峰县	竹山县、竹溪县、谷城县、保康县、神农架林区、恩施市、利川市、建始县、巴东县、宣恩县、咸丰县、来凤县、鹤峰县	竹山县、竹溪县、谷城县、保康县、恩施市、利川市、建始县、巴东县、宣恩县、咸丰县、来凤县、鹤峰县
	湖南	张家界市、慈利县？桑植县、常德市、石门县、茶陵县、炎陵县、资兴市、宜章县、汝城县、桂东县、安仁县？永州市、东安县、道县、宁远县、江永县、蓝山县、新田县、双牌县、祁阳县、江华瑶族自治县、邵阳市、武冈市、绥宁县、新宁县、城步苗族自治县、永顺县、龙山县？	张家界市、桑植县、常德市、石门县、茶陵县、炎陵县、资兴市、宜章县、汝城县、桂东县、永州市、东安县、道县、宁远县、江永县、蓝山县、新田县、双牌县、祁阳县、江华瑶族自治县、邵阳市、武冈市、绥宁县、新宁县、城步苗族自治县、永顺县	张家界市、桑植县、常德市、石门县、炎陵县、资兴市、宜章县、桂东县、永州市、东安县、道县、宁远县、江永县、蓝山县、新田县、双牌县、祁阳县、江华瑶族自治县、绥宁县、新宁县、城步苗族自治县、永顺县

（续表）

地区	省级政区	20世纪前半叶分布地点	20世纪后半叶分布地点	现今分布地点
	广东	清城区、英德市、连州市、阳山县、韶关市、乐昌市、仁化县、新丰县、乳源瑶族自治县、怀集县	清城区、英德市、连州市、阳山县、韶关市、乐昌市、仁化县、新丰县、乳源瑶族自治县、怀集县	英德市、连州市、阳山县、韶关市、乐昌市、仁化县、新丰县、乳源瑶族自治县、怀集县
	广西	上林县、兴安县、灌阳县、资源县、荔浦县、龙胜各族自治县、恭城瑶族自治县、罗城仫佬族自治县、环江毛南族自治县、金秀瑶族自治县	上林县、兴安县、灌阳县、资源县、荔浦县、龙胜各族自治县、恭城瑶族自治县、罗城仫佬族自治县、环江毛南族自治县、金秀瑶族自治县	兴安县、灌阳县、荔浦县、龙胜各族自治县、恭城瑶族自治县、罗城仫佬族自治县、环江毛南族自治县
西南	重庆	黔江区、江津区、南川区、城口县、彭水苗族土家族自治县、酉阳土家族苗族自治县	黔江区、江津区、南川区、城口县、彭水苗族土家族自治县、酉阳土家族苗族自治县	江津区、南川区、城口县、酉阳土家族苗族自治县
西南	四川	都江堰市、彭州市、崇州市、大邑县、旺苍县、青川县、苍溪县、江油市、安县、北川羌族自治县、平武县、什邡市、绵竹市、乐山市、峨眉山市、犍为县、井研县、夹江县、沐川县、峨边彝族自治县、马边彝族自治县、泸州市、合江县、叙永县、古蔺县、长宁县、筠连县、珙县、兴文县、屏山县、通江县、南江县、东坡区、仁寿县、彭山县、洪雅县、丹棱县、青神县、雨城区、荥经县、汉源县、石棉县、天全县、宝兴县、马尔康县、汶川县、理县、九寨沟县、金川县、小金县、红原县、康定县、泸定县、丹巴县、九龙县、雅江县、道孚县、炉霍县、甘孜县、新龙县、德格县、白玉县、石渠县、色达县、理塘县、巴塘县、乡城县、稻城县、得荣县、西昌市、盐源县、德昌县、会理县、会东县、宁南县、普格县、布拖县、金阳县、昭觉县、喜德县、冕宁县、越西县、甘洛县、美姑县、雷波县、木里藏族自治县	彭州市、崇州市、大邑县、旺苍县、青川县、苍溪县、江油市、安县、北川羌族自治县、平武县、什邡市、绵竹市、乐山市、峨眉山市、犍为县、井研县、夹江县、沐川县、峨边彝族自治县、马边彝族自治县、泸州市、合江县、叙永县、古蔺县、长宁县、筠连县、珙县、兴文县、屏山县、通江县、南江县、东坡区、仁寿县、彭山县、洪雅县、丹棱县、青神县、雨城区、荥经县、汉源县、石棉县、天全县、宝兴县、马尔康县、汶川县、理县、九寨沟县、金川县、小金县、红原县、康定县、丹巴县、九龙县、道孚县、白玉县、理塘县、巴塘县、稻城县、西昌市、盐源县、德昌县、宁南县、普格县、金阳县、昭觉县、喜德县、冕宁县、越西县、甘洛县、美姑县、雷波县、木里藏族自治县	彭州市、崇州市、旺苍县、青川县、苍溪县、安县、平武县、绵竹市、峨眉山市、峨边彝族自治县、马边彝族自治县、古蔺县、通江县、南江县、仁寿县、洪雅县、雨城区、荥经县、汉源县、石棉县、天全县、宝兴县、汶川县、小金县、丹巴县、九龙县、白玉县、巴塘县、西昌市、盐源县、德昌县、普格县、越西县、甘洛县、美姑县、木里藏族自治县
西南	贵州	贵阳市、清镇市、开阳县、修文县、盘县、水城县、赤水市、桐梓县、正安县、凤冈县、习水县、道真仡佬族苗族自治县、务川仡佬族苗族自治县、普定县、毕节市、大方县、织金县、纳雍县、赫章县、威宁彝族回族苗族自治县、江口县、德江县、印江土家族苗族自治县、沿河土家族自治县、松桃苗族自治县、凯里市、黄平县、施秉县、天柱县、锦屏县、剑河县、台江县、榕江县、从江县、雷山县、丹寨县、都匀市、福泉市、荔波县、贵定县、瓮安县、独山县、平塘县、长顺县、龙里县、三都水族自治县	贵阳市、清镇市、开阳县、修文县、盘县、水城县、赤水市、桐梓县、正安县、凤冈县、习水县、道真仡佬族苗族自治县、务川仡佬族苗族自治县、普定县、毕节市、大方县、织金县、纳雍县、赫章县、威宁彝族回族苗族自治县、江口县、德江县、印江土家族苗族自治县、沿河土家族自治县、松桃苗族自治县、凯里市、黄平县、施秉县、天柱县、锦屏县、剑河县、台江县、榕江县、从江县、雷山县、丹寨县、都匀市、福泉市、荔波县、贵定县、瓮安县、独山县、平塘县、长顺县、龙里县、三都水族自治县	贵阳市、清镇市、开阳县、修文县、盘县、水城县、赤水市、桐梓县、正安县、习水县、道真仡佬族苗族自治县、务川仡佬族苗族自治县、普定县、织金县、赫章县、江口县、印江土家族苗族自治县、松桃苗族自治县、剑河县、台江县、榕江县、从江县、雷山县、丹寨县、都匀市、福泉市、荔波县、贵定县、瓮安县、平塘县、龙里县、三都水族自治县

（续表）

地区	省级政区	20 世纪前半叶分布地点	20 世纪后半叶分布地点	现今分布地点
	云南	昭阳区、鲁甸县、巧家县、盐津县、大关县、永善县、绥江县、镇雄县、彝良县、威信县、水富县、兰坪白族普米族自治县	昭阳区、鲁甸县、巧家县、盐津县、大关县、永善县、绥江县、镇雄县、彝良县、威信县、水富县、兰坪白族普米族自治县	昭阳区、巧家县、盐津县、绥江县、镇雄县、威信县、兰坪白族普米族自治县
	西藏	江达县、贡觉县、类乌齐县、察雅县、芒康县、洛隆县、边坝县	江达县、贡觉县、类乌齐县、察雅县、芒康县、洛隆县、边坝县	贡觉县、类乌齐县、洛隆县、边坝县
西北	陕西	西乡县	西乡县	西乡县
	甘肃	武都区、文县	武都区、文县	武都区、文县

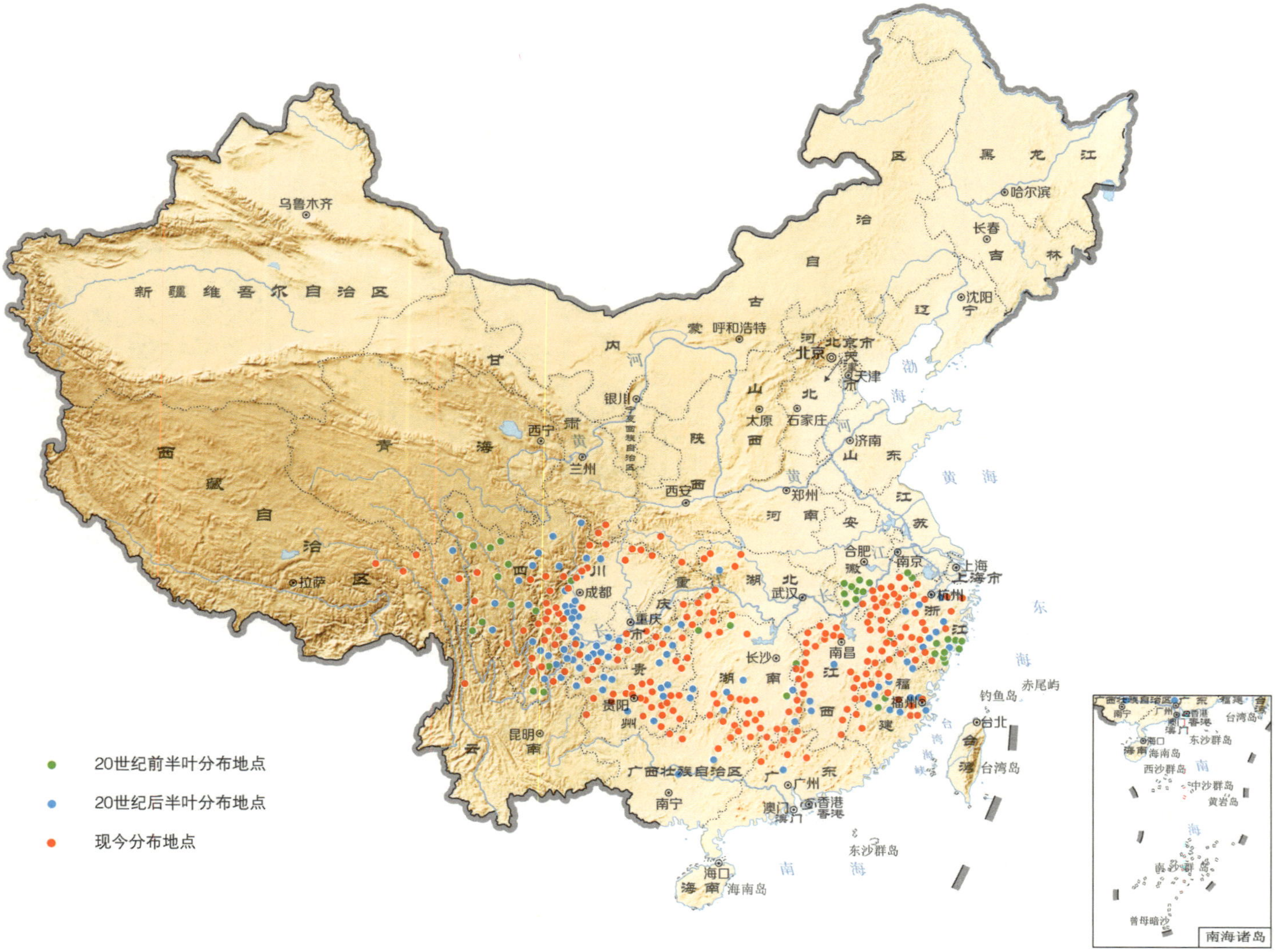

图 9.53　20 世纪以来藏酋猴分布变迁图

9　白颊猕猴

白颊猕猴(*Macaca leucogenys*)的英文名称为 White-cheeked macaque。

9.1　概况

白颊猕猴(图 9.54～图 9.58),又称白颊猴,是新近发现,不同以往报道的猕猴属新种,分子生物学已经证实其为独立新种,《美国灵长类学报》(*American Journal of Promatology*)也予以确认。

对于白颊猕猴尚待更多研究。目前主要根据目击与图像观察,白颊猕猴雌雄体形差异较显著,雄性略大;背部体色呈黄褐色至巧克力褐色,被毛颜色一致。它们拥有丰满的颈部毛发与长长的灰白色胡须,是最显著特征之一。幼年个体的体色较黑,脸上皮肤较白,毛色发黑。随着年龄增长,面部皮肤逐渐变黑,脸颊部和下颌部长出浓密白毛,成年个体中,白毛从脸颊一直延伸到耳朵并覆盖耳朵,形成圆脸和白颊。成年个体在口鼻部也长有白毛,背腹部毛色有明显差异。到老年后,整个头部都会变成白色。吻部通常是黑色或者接近黑色,这一特征也是随着年龄的增大越来越明显。背部毛发通常是黑棕色或棕黄色,腹部毛发通常是白色或灰白色,与背部形成明显的色差。尾巴长度适中,通常成年个体尾根部位较粗而尾尖部位较细,尾巴相对少毛,部分个体尾尖弯曲。除了白颊外,成年白颊猕猴雄性个体具有不同于其他猕猴的生殖器特征,形状为圆形而非箭头形。

白颊猕猴与周边相近的猕猴属——藏酋猴比较:藏酋猴脸部的浅色毛发通常杂乱无规律;白颊猕猴脸颊部白毛通常较有规律,从两鬓延伸到耳朵。藏酋猴仅脸部毛发长,脖子部位毛发相对要短,脸部长毛区显得薄;白颊猕猴脖子部位毛发长而浓密,像是带了个围脖。藏酋猴尾巴极短;白颊猕猴尾巴适中(范朋飞,2015;李成,2016)。

据声谱分析研究,发现白颊猕猴叫声与中国西南其他地区常见的猕猴属——熊猴有明显差异①。

图 9.54　老年个体(正视;李成　摄)

图 9.55　成年个体(右侧视;李成　摄)

①白颊猕猴:刚刚在墨脱发现的灵长类,也许转眼就将消失. http://tieba.baidu.com/p/4029531119;杨春雪,索朗德吉. 西藏发现猕猴新种:白颊猕猴. http://news.xinhuanet.com/local/2015-04/22/c_1115054923.htm

图 9.56　美玉隆巴河边初见白颊猕猴（李成　摄）

图 9.57　猴王（右）与“臣民”（李成　摄）

图 9.58　雄猴与其妻妾（李成　摄）

9.2　分布地点

目前仅在西藏自治区的墨脱县发现白颊猕猴。

之前，曾有野外调查人员发现白颊猕猴，但首次获得较清晰照片是在金珠藏布中下游交界处的美玉隆巴（李成，2016）。最终，中国科学家将其模式产地定于墨脱县格当乡的岗日嘎布山，那里属于墨脱自然保护区境内，当地江河与雪山交错，极易造成物种分化①。

①赵延．西藏发现猕猴新种 命名“白颊猕猴”．http://news.163.com/15/0327/19/ALO5V4S700014JB6.html

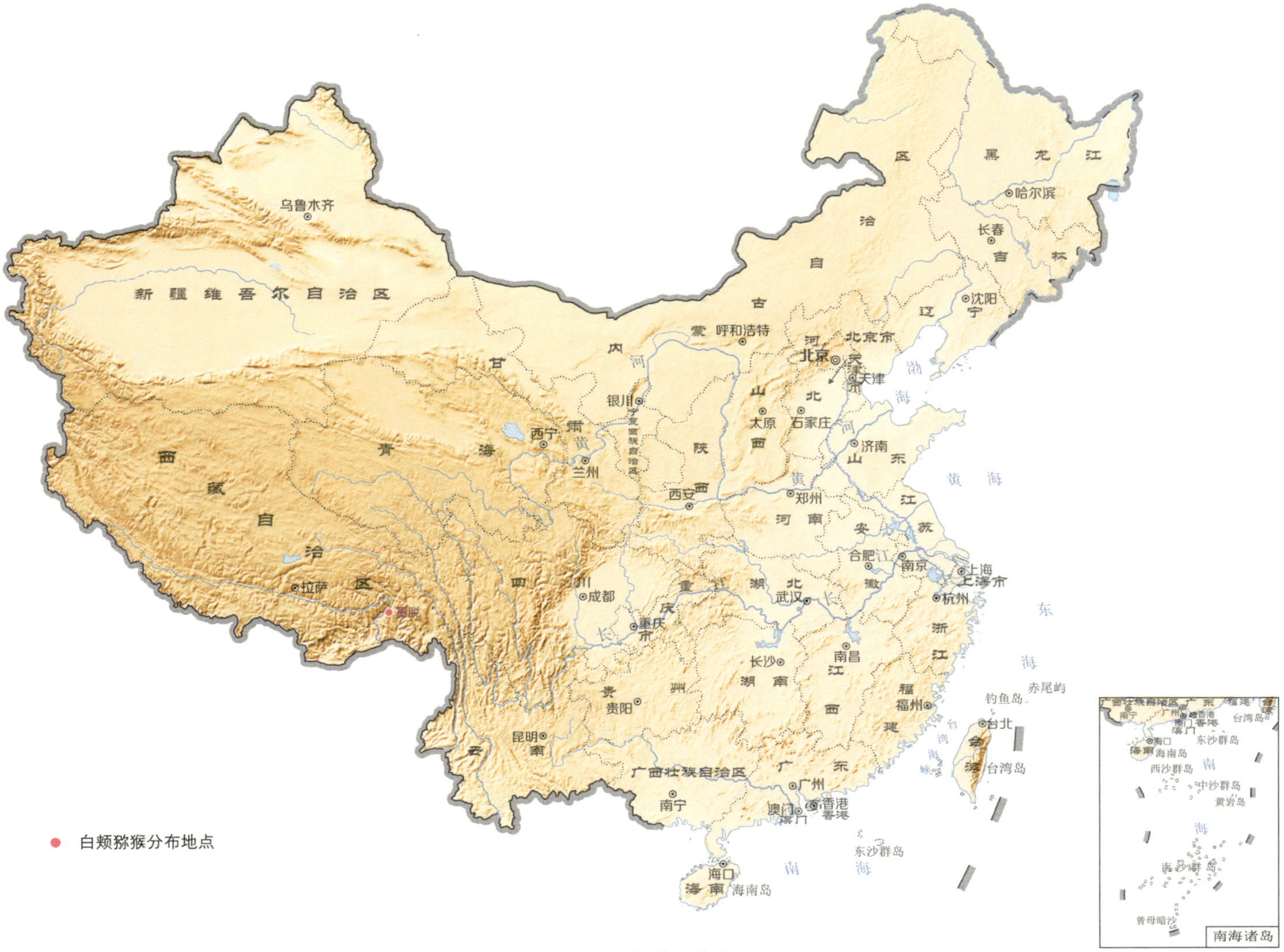

图 9.59　白颊猕猴分布图

10　猕猴属的分布变迁大势

猕猴属在中国不仅有 7 个种，而且曾分布于广阔地域：向北延伸到辽东一带，向东扩展到黄海—东海之滨，向西达到冈底斯山东缘、喜马拉雅山北麓，向南与东南跨过琼州海峡与台湾海峡登上海南岛与台湾岛。

以省级政区为单位概括我国历史时期猕猴属的分布变迁(表 11.15)，可以看到：

● 虽然更新世中期—晚期猕猴属达到东北的辽宁省，但全新世以来尚未发现猕猴属遗存，反映其时的生态环境变化已使猕猴属分布出现南退。

● 猕猴属中，分布最广(涉及 25 个省级政区)、纬度最高(河北兴隆县，41.3°N)的是猕猴；其次是藏酋猴(涉及 15 个省级政区，北界在秦岭—淮河以南)。

● 猕猴属中，整体分布最南(21.9～25.3°N)的是台湾猴。

● 猕猴属中，分布范围最小的是最近发现的白颊猕猴，目前仅知在西藏自治区的墨脱县。

● 省级政区中，拥有猕猴属种类较多的排序为：云南省与西藏自治区(皆 5 种)，广西壮族自治区与贵州省(皆 4 种)，广东省(有 3 种)。

● 省级政区中，猕猴属消失早晚排序为：辽宁省(全新世就未见)，山东省、澳门特别行政区(20 世纪前消失)，内蒙古自治区、宁夏回族自治区(延续到 20 世纪前半叶)，江苏省(延续到 20 世纪后半叶）。

● 从整体上看，个别省级政区缺少栖息具体物种的自然保护区，虽有各种具体原因，但还是宜通过进一步调研，确定是否增设保护区。

● 对于国家保护野生动物的等级有必要根据多年实践与动物现状进行调整。

表 9.15　　**我国猕猴属的分布变迁概况**

地区	省级政区	A	B	短尾猴				熊猴				台湾猴				猕猴				豚尾猴				藏酋猴				白颊猴			
				C	D	E	F	C	D	E	F	C	D	E	F	C	D	E	F	C	D	E	F	C	D	E	F	C	D	E	F
华北	北京	★	★													★	★	★													
	河北	★	★													★	★	★	★												
	山西		★													★	★	★	★												
	内蒙古		★													★															
东北	辽宁	★																													
华东	江苏	★	★													★	★														
	浙江	★	★													★	★	★	★					★	★	★	★				
	安徽	★	★													★	★	★	★					★	★	★	★				
	福建	★	★													★	★	★	★					★	★	★	★				
	江西	★	★													★	★	★	★					★	★	★	★				
	山东	★	★																												
	台湾	★	★									★	★	★	★																
中南	河南	★	★													★	★	★	★												
	湖北	★	★													★	★	★	★					★	★	★	★				
	湖南	★	★													★	★	★	★					★	★	★	★				
	广东	★	★					★	★	★	★					★	★	★	★					★	★	★	★				
	广西	★	★	★	★	★	★	★	★	★	★					★	★	★	★					★	★	★	★				
	海南	★	★													★	★	★	★												
	香港		★													★	★	★													
	澳门		★																												
西南	重庆	★	★													★	★	★	★					★	★	★	★				
	四川	★	★													★	★	★	★					★	★	★	★				
	贵州	★	★	★	★	★		★	★	★	★					★	★	★	★					★	★	★	★				
	云南	★	★	★	★	★	★	★	★	★	★					★	★	★	★	★	★	★	★	★	★	★	★				
	西藏	★	★					★	★	★	★					★	★	★	★	★	★	★		★	★	★		★	★	★	★
西北	陕西	★	★													★	★	★	★					★	★	★	★				
	甘肃	★	★													★	★	★	★					★	★	★	★				
	青海		★													★	★	★	★												
	宁夏		★													★															

注：表中代码为：A. 猕猴属遗存分布地，B. 20 世纪前猕猴属分布地，C. 20 世纪前半叶分布地，D. 20 世纪后半叶分布地，E. 现今分布地，F. 保护区分布地

参考文献

白子麒.1998.老龙洞史前遗址初步研究.人类学学报,17(3):212～229

蔡回阳.2005.人类猎食大熊猫发现新证据.北京科技报,10-05

陈德珍,祁国琴.1978.云南西畴人类化石及共生的哺乳动物群.古脊椎动物与古人类,16(1):33～46

陈恩志编著.1992.中国化石古人类和旧石器文化考古发现与研究(1901～1990):西北地区卷.北京:科学出版社

陈耿娇.2002.广西田东雾云洞更新世脊椎动物群.古脊椎动物学报,40(1):42～51

陈全家,等.2004.清江流域古动物遗存研究.北京:科学出版社

陈仁志.2011.南岭民族走廊土地利用的经济学分析:以全州县为例.桂林理工大学[硕士学位论文]

陈醒斌.1986.湖南省第四纪哺乳动物化石新材料.古脊椎动物学报(3)

崇左县志编纂委员会编.1994.崇左县志.南宁:广西人民出版社

崔德文,李有升.1994.辽宁营口藏山洞穴地点试掘报告.人类学学报,13(3):239～248

戴年华,等.1995.江西兽类新记录:藏酋猴.江西林业科技(4):5

德日进,杨钟健.1936.安阳殷墟之哺乳动物群.中国古生物学志(丙种),12(1):1～78

董兴仁,范雪春.1996.清流狐狸洞人类牙齿化石记述.人类学学报,15(4):315～319

动物考古课题组.2011.中华文明形成时期的动物考古学研究//中国社会科学院考古研究所科技考古中心编.科技考古.第三辑.北京:科学出版社,80～99

范朋飞.2015.西藏墨脱发现猕猴属一新种:白颊猕猴.兽类学报,35(3):296

范雪春,郑国珍.2006.福建第四纪哺乳动物化石考古发现与研究.北京:科学出版社

傅罗文,袁靖.2006.重庆忠县中坝遗址动物遗存的研究.考古(1):79～88

傅仁义.1996.辽宁丹东前阳人的发现及体质特征.东北亚旧石器文化.韩国国立忠北大学校先史文化研究所、中国辽宁省文物考古研究所编辑发行

傅仁义.2006.辽宁新发现的第四纪哺乳动物群地点//董为主编.第十届中国古脊椎动物学学术年会论文集.北京:海洋出版社,69～76

顾玉珉.1980.湖北钟祥一上新世猕猴牙齿.古脊椎动物与古人类,18(4):324～325

顾玉珉,等.1986.广西洞穴调查报告.人类学学报,5(2):198～199

顾长明.2010.国家二级重点保护野生动物黄山短尾猴.安徽林业科技(2):65

广西珍贵动物资源调查队.1979.南宁地区(重点县)珍贵动物资源调查报告.广西师范大学学报(自然科学版)(1):19～46

广西壮族自治区文物工作队.2012.广西横县江口新石器时代遗址的发掘//广西文物考古研究所编.广西文物考古报告集:1991—2010.北京:科学出版社,168～181

贵州省博物馆.1990.贵州考古十年//文物编辑委员会编.文物考古工作十年:1979—1989.北京:文物出版社,263～271

贵州省金沙县地方志编纂委员会编.1997.金沙县志.北京:方志出版社

贵州省文物考古研究所.2013.贵州开阳打儿窝岩遗址试掘简报.长江文明(11)

桂林市地方志编纂委员会编.1997.桂林市志.北京:中华书局

国家林业局主编.2008.中国重点陆生野生动物资源调查.北京:中国林业出版社

韩德芬,张森水.1978.建德发现的一枚人的犬齿化石及浙江第四纪哺乳动物新资料.古脊椎动物与古人类,16(4):255～263

韩德芬.1982.广西大新黑洞哺乳动物化石.古脊椎动物与古人类,20(1):58～64

韩德芬,等.1975.广西柳州笔架山哺乳动物化石.古脊椎动物与古人类,13(4):250～256

郝思德,等.1994.海南"三亚人"遗址1992年发掘报告.人类学学报,13(2):117～125

郝思德,王明忠.2004.海南史前文化遗存经济生活初探.南方文物(4):28～34

何成亿.2015.通江猕猴自然保护区的生态旅游资源定量评价.旅游纵览月刊(2):244,246

何锟宇.2007.十二桥遗址出土动物骨骼及其相关问题研究.四川文物(4):41～46

胡绍锦.1985.昆明新发现一批旧石器地点.人类学学报,4(1):103

胡绍锦.1995.宜良九乡张口洞发现的旧石器.人类学学报,14(2):21～31

胡长康，齐陶著. 1978. 陕西蓝田公王岭更新世哺乳动物群. 北京：科学出版社

湖北省清江隔河岩考古队，湖北省文物考古研究所编著；王善才主编. 2004. 建始人遗址. 北京：科学出版社

湖南省考古研究所，石门县博物馆. 1994. 石门县燕儿洞旧石器遗址试掘. 湖南考古辑刊，6：1～7

黄春长. 1984. 陕西蓝田锡水洞遗址自然环境研究. 西北大学学报（自然科学版）（1）

黄东，邱立诚. 2008. 广东东源县必寿洞更新世化石群//董为主编. 第十一届中国古脊椎动物学学术年会论文集. 北京：海洋出版社，113～118

黄泗亭，等. 1992. 马鞍山南洞旧石器文化遗址试掘报告. 人类学学报，11(1)：69～78

黄万波，计宏祥. 1963. 江西万年仙人洞全新世洞穴堆积. 古脊椎动物与古人类，7(3)：263～272

黄万波，冷健. 1985. 卡若遗址兽骨鉴定与高原气候的研究//西藏自治区文物管理委员会，四川大学历史系. 昌都卡若. 北京：文物出版社，160～166

黄万波. 1979. 华南洞穴动物群的性质和时代. 古脊椎动物与古人类，17(4)：327～142

黄万波，等. 1982. 安徽和县猿人化石及有关问题的初步研究. 古脊椎动物与古人类，20(3)：248～255

黄万波，等. 1988. 记广东首次发现巨羊及扬子鳄化石. 古脊椎动物学报，26(3)：227～231

黄万波，等著. 2012. 和县猿人. 北京：科学出版社

黄小龙，等. 2016. 贵州月亮山自然保护区兽类资源调查. 贵州农业科学，44(2)：103～106，110

黄蕴平. 1996. 金牛山遗址动物碎骨的观察. 东北亚旧石器文化. 韩国国立忠北大学校先史文化研究所、中国辽宁省文物考古研究所编辑发行

黄蕴平. 2010. 动物骨骼数量分析和家畜驯化发展初探//河南省文物考古研究所编. 动物考古. 第1辑，2007年中国郑州动物考古国际学术研讨会论文集. 北京：文物出版社

黄正维，孟子江. 1964. 浙江哺乳动物化石新产地. 古脊椎动物与古人类，8(1)：92～94

黄中豪，等. 2016. 喀斯特石山生境中熊猴的雨季食物组成. 生态学报，36(8)：2 304～2 310

吉学平，等. 2008. 云南腾冲江东山小水井全新世大熊猫的发现及其意义//董为主编. 第十一届中国古脊椎动物学学术年会论文集. 北京：海洋出版社，119～125

江建国，等. 2010. 老渡口水电站工程对二蹬岩林麝、猕猴自然保护区生物资源影响分析. 水利规划与设计(6)：32～34，90

蒋固政，等. 2005. 水电开发和生态与环境保护协调可持续发展：以乌江彭水水电站环境评价为例. 水利学报（增刊）：482～486

蒋学龙，等. 1993. 中国熊猴的分类整理. 动物学研究，14(2)：110～117

蒋学龙，等. 1996. 藏酋猴的分类与分布. 动物学研究，17(4)：361～369

金牛山联合发掘队. 1976. 辽宁营口金牛山发现的第四纪哺乳动物群及其意义. 古脊椎动物与古人类，14(2)：120～127

金琪，等. 2014. 鞍子河自然保护区大熊猫取食对拐棍竹无性系种群更新的影响. 北京林业大学学报，36(2)：102～107

卡尔克 H D. 1961. 关于中国南方剑齿象—熊猫动物群和巨猿的时代. 古脊椎动物与古人类，(2)：83～103

赖景阳. 1987. 珍奇化石. 大自然(17)：65～67

蓝道英，等. 1994. 景东县发现豚尾猴. 云南林业(4)：23

劳学军. 2002. 七冲原始森林发现大量国家珍濒动植物. 广西林业(5)：39

黎大勇. 2015. 唐家河国家级自然保护区藏酋猴的生境选择. 四川林业科技，36(4)：28～32

李成. 2016. 白颊猕猴：雅鲁藏布大峡谷的灵长类新物种. 森林与人类(7)：128～129

李传令，薛祥煦. 1999. 陕西蓝田锡水洞遗址大型哺乳动物保存特征与古人类行为分析. 人类学学报，18(4)：282～290

李国刚，等. 2011. 峨眉山藏猕猴与游客的人猴关系. 野生动物，32(3)：115～117

李家和，等. 1992. 江西萍乡竹山园洞的哺乳类化石和石制品. 人类学学报，11(1)：86～92

李森. 1988. 攀枝花发现旧石器时代晚期的洞穴文化遗址. 人类学学报，7(4)：387

李文明，等. 1982. 江苏丹徒莲花洞动物群. 人类学学报，1(2)：169～179

李炎贤，蔡回阳. 1986. 贵州普定白岩脚洞旧石器时代遗址. 人类学学报，5(2)：162～171

李炎贤，雷次玉. 1980. 江苏溧水神仙洞发现的动物化石. 古脊椎动物与古人类，18(1)：59～64

李炎贤，文本亨. 1978. 贵州黔西观音洞旧石器时代文化的发现及其意义. 见：中国科学院古脊椎动物与古人类研究所编. 古人类论文集. 北京：科学出版社，77～9

李友邦，等. 2009. 广西猕猴分布数量及其保护. 广西师范大学学报（自然科学版），27(1)：79～83

李有恒，韩德芬. 1978. 广西桂林甑皮岩遗址动物群. 古脊椎动物与古人类，16(4)：244～254

李有恒，等. 1984. 广西柳江土博出土的人牙化石及共生

的哺乳动物群.人类学学报,3(4):322～329
李有恒,等.1985.广西田东县祥周公社定模洞调查报告.人类学学报,4(2):127～131
李又栿.1960.峨眉山的"藏酋猴".动物学杂志,(5):202～203
林一璞,等.1985.辽宁省丹东地区旧石器时代人类化石的发现.辽宁省本溪、丹东地区考古学术讨论会文集
林玉芬.1981.江苏铜山县第四纪哺乳动物化石新地点.古脊椎动物与古人类,19(3):378
刘昌芝.1962.粤北第四纪哺乳动物化石调查简报.古脊椎动物与古人类,6(2):202～203
刘其建.2007.云南红河哈尼族彝族自治州猕猴资源调查.林业调查规划,32(1):42～45
刘少初.1993.西藏现代灵长类动物的种类、分类及资源状况.西藏大学学报,8(3):67～71
柳州市博物馆.1975.柳州市白莲洞旧石器时代晚期文化遗址中的脊椎动物遗骸.古脊椎动物与古人类,13(2):137
龙丹梅,谢道玖.2015.野生猕猴重现巫溪兰英乡.重庆日报,C1-08
卢迪.2009.揭秘松阳野人之谜.今日科苑(7):64～66
陆成秋.2010.湖北建始杨家坡洞晚更新世哺乳动物群//董为主编.第十二届中国古脊椎动物学学术年会论文集.北京:海洋出版社,97～120
罗伦德.1984.四川华蓥山地区第四纪哺乳动物化石.古脊椎动物学报,22(1):80,20
吕遵谔.1989.金牛山人的时代及其演化的地位.辽海文物学刊,1
吕遵谔,等.1989.山东沂源猿人化石.人类学学报,8(4):301～313
马安成,汤虎良.1992.浙江金华全新世大熊猫—剑齿象动物群的发现及其意义.古脊椎动物学报,30(4):295～312
毛永久,李琦.2004a.野生猕猴重现雾灵山.北京日报,02-05
毛永久,刘浦泉.2004b.猕猴绝迹30余年重现京郊.人民日报(海外版),02-07(1)
牟岚.2010.荔波茂兰国家级自然保护区猕猴成灾.法制生活报,08-26
南京博物院,江苏省考古研究所编著.2007.南京驼子洞早更新世哺乳动物群.北京:科学出版社
潘悦容,褒成武.1997.贵州盘县大洞更新世灵长类化石.人类学学报,16(3):201～208
潘悦容,等.1992.云南发现的猕猴化石及其地层意义:附 Macaca jiangchuanensis sp. nov.记述.人类学学报,11(4)
裴树文,等.2010.湖北建始高坪洞穴调查及其试掘简报.人类学学报,29(4):383～395
裴文中.1960.中国原始人类的生活环境.古脊椎动物与古人类,2(1):9～21
裴文中,等.1965.贵州黔西县观音洞试掘报告.古脊椎动物与古人类,9(3):270～278
亓东明.2014.四川泸山猕猴的冬季生境选择.湖北农业科学,53(6):1 359～1 363
祁国琴.1985.禄丰古猿化石地点食肉目化石的初步整理.人类学学报,4(1)
祁国琴.1988.姜寨新石器时代遗址动物群的分析/西安半坡博物馆等.姜寨.北京:文物出版社,504～538
祁国琴.1989.中国北方第四纪哺乳动物群:兼论原始人类生活环境//吴汝康等主编.中国远古人类.北京:科学出版社,277～337
迁西县地方志编纂委员会编.1991.迁西县志.北京:中国科学技术出版社
邱立诚,等.1980.广东阳春独石仔洞穴文化遗址发掘简讯.古脊椎动物与古人类,18(3):260
邱立诚.1986.广东封开发现的人类牙齿化石.人类学学报,5(4):311～313
邱占祥,祁国琴.1989.云南禄丰晚中新世的大熊猫祖先化石.古脊椎动物学报,27(3)
邱占祥,等.2002.甘肃省东乡族自治县龙担黄土底部新发现的哺乳动物群初步报道.第四纪研究,22(1):33～38
邱占祥,等.2004.甘肃东乡龙担早更新世哺乳动物群.北京:科学出版社
邱中郎,等.1973.周口店新发现的北京猿人化石及文化遗物.古脊椎动物与古人类,11(2):109～131
三亚市地方志编纂委员会编.2001.三亚市志.北京:中华书局
陕西省考古研究院,商洛市博物馆编著.2011.商洛东龙山.北京:科学出版社
邵阳地区科委.1985.我区新宁县平栗山首次发现短尾猴.大自然(2):28～32
邵阳市地方志编纂委员会编.1997.邵阳市志.长沙:湖南出版社
申友奎.2011.索风营水电站国家二级保护动物猕猴、藏酋猴保护措施.贵州水力发电,25(1):30～32
斯信强,等.1993.盘县大洞发掘简报.人类学学报,12(2):113～119
宋方义,等.1981.广东封开黄岩洞古人类文化遗址简讯.古脊椎动物与古人类,19(1):98,86
宋方义,等.1989.广东罗定饭甑山岩、下山洞洞穴遗址发掘报告.人类学学报,8(2):118～122
苏州市地方志编纂委员会编.1995.苏州市志.南京:江苏

人民出版社，241
孙阳．2010．震后失踪两年 四川彭州猕猴“回家”．新华每日电讯，07-15
唐华兴，等．2011．喀斯特生境中猕猴的活动节律和时间分配．动物学杂志，46(2)：32～38
唐山市地方志编纂委员会编．1999．唐山市志．北京：方志出版社
同号文，等．2004．周口店田园洞古人类遗址的发现．科学通报(9)
王承鼎，等．2009．保康发现猕猴新种群．中国绿色时报，10-01
王浩瀚，等．2015．兰坪县灵长类物种多样性及受扰方式．福建林业科技，42(2)：154～159
王连春，崔双来．1985．前阳洞穴遗址发掘简报//辽宁省本溪、丹东地区考古学术讨论会文集
王令红，吴茂霖．1976．大熊猫巴氏亚种齿列变异一例的分析．古脊椎动物与古人类，14(4)：263～266
王令红，等．1982．湖南省西北部发现的哺乳动物化石及其意义．古脊椎动物与古人类，20(4)：350～358
王仁湘，王吉怀．1988．甘肃省天水市西山坪早期新石器时代遗址发掘简报．考古，(5)：385～392
王善才．1976．郧县猿人化石发现经过简记．古脊椎动物与古人类，14(3)：封 3
王頠，莫进尤．2004．广西扶绥南山洞新发现的人类化石和蒙古野驴化石：末次冰期华南气候变化的哺乳动物化石新证据．人类学学报，23(2)：130～137
王頠，等．2012．广西布兵盆地么会洞新发现的早更新世人类化石//广西文物考古研究所编．广西文物考古报告集：1991～2010．北京：科学出版社，33～39
王正新．1991．四川筠连县发现大批哺乳动物化石．古脊椎动物学报，29(1)：71
文榕生著．2009．中国珍稀野生动物分布变迁．济南：山东科学技术出版社
吴丹丹．2013．从江西猎杀猕猴案反思我国刑法对野生动物的保护．青春岁月(12)：385
吴茂霖，等．1975．贵州桐梓发现的古人类化石及其文化遗物．古脊椎动物与古人类，13(1)：14～23
吴茂霖，等．1976．广西都安仙洞发掘简报．古脊椎动物与古人类，14(3)：205～207
吴维棠．1983．河姆渡新石器时代遗址发现的两种犀亚化石及其意义．古脊椎动物学报．21(2)：160～164
吴新智，等．1962．广西东北地区调查简报．古脊椎动物与古人类，6(4)：408～413
吴新智，等．1966．陕西蓝田公王岭猿人地点 1965 年发掘报告．古脊椎动物与古人类，10(1)：23～28
武仙竹．1998．神农架犀牛洞旧石器时代遗址发掘报告．人类学学报，17(2)：121～136
西安半坡博物馆等．1988．姜寨．北京：文物出版社
徐治平．2014．边境密林追踪长臂猿：“走进八桂丛林”之邦亮自然保护区．广西林业(5)：36～39
许春华，等．1974．鄂西巨猿化石及共生的动物群．古脊椎动物与古人类，12(4)：293～309
阎寿根．2006．西双版纳：猕猴的天堂．绿色中国(13)：48～49
杨光玉，张宏平．2006．藏酋猴：大熊猫身边的“新宠”．四川日报，03-10(7)
杨光照．2007．云南省的猕猴资源现状及其保护与开发利用．西部林业科学，36(2)：147～149
杨炯蠡．1994．梵净山东北坡藏酋猴．环保科技，16(3)：16-1
杨启成，等．1975．福建永安第四纪哺乳类化石．古脊椎动物与古人类，13(3)：192～194
杨钟健，刘东生．1949．安阳殷墟之哺乳动物群补遗．中国考古学报，(4)：145～153
叶福多．2011．广西永福县 1996—2005 年土地利用变化与可持续利用研究．桂林理工大学[硕士学位论文]
叶元正，阎德发．1975．皖南铜山第四纪哺乳动物化石新地点．古脊椎动物与古人类，13(3)：195～198
尤硕愚，等．2013．黄山短尾猴(Macaca thibetana)的主要食性分析．安徽林业科技，30(5)：64～67
尤玉柱，蔡保全．1996．福建更新世地层，哺乳动物与生态环境．人类学学报，15(4)：335～346
尤玉柱，徐淑彬．1996．沂、沭河流域第四纪地层与哺乳动物化石．古脊椎动物学报，34(4)：322～331
尤玉柱，等．1993．金牛山 A 点地层剖面及溶洞的形成和堆积过程．中国科学院古脊椎动物与古人类研究所集刊．第 19 号．北京：科学出版社，7～15
垣曲县地方志编纂委员会编．2001．垣曲县志：1991～2000．北京：中华书局
张宏彦．2006．渭水流域仰韶文化分期问题．文物(9)
张明华．1984．浙江西天目山华严洞的动物化石．古脊椎动物学报，22(2)：138～144
张强，等．2008．四川白水河国家级自然保护区野外藏酋猴活动初步调查．四川动物，27(1)：131～134
张荣祖，等著．1997．中国哺乳动物分布．北京：中国林业出版社
张森水．1988．马鞍山旧石器遗址试掘报告．人类学学报，7(1)：64～74
张森水．1995．穿洞史前遗址(1981 年发掘)初步研究．人类学学报，14(2)：132～146

张涛，等. 2005. 甘肃白水江自然保护区藏酋猴的生态习性与资源现状. 四川动物，24(2)：165～167
张兴永. 1973. 云南第四纪哺乳动物化石新地点. 古脊椎动物与古人类，11(2)：219～221
张银运，等. 1975. 广西巴马发现的巨猿牙齿化石. 古脊椎动物与古人类，13(3)：148～152
张颖奇，等. 2010. 广西崇左缺缺洞早更新世猕猴骨架化石初步报道. 古脊椎动物学报，48(3)：275～280
张镇洪，陈青松. 1994. 广东封开县罗沙岩洞穴遗址第一期发掘简报. 人类学学报，13(4)：300～308
张镇洪. 1981. 辽宁地区远古人类及其文化的初步研究. 古脊椎动物与古人类，19(2)：184～192
张镇洪，等. 1980. 辽阳安平化石哺乳动物群的发现. 古脊椎动物与古人类，18(2)：154～161
张镇洪，等. 1998. 广东英德九龙礼堂山动物群的发现. 江汉考古(1)：29，28
张忠员，等. 2010. 云南华坪县永兴乡猕猴生境比较. 西南林学院学报，30(2)：47～51
长江水利委员会编著. 2002. 宜昌路家河：长江三峡考古发据报告. 北京：科学出版社
赵海涛，等. 2014. 陕西米仓山自然保护区发现藏酋猴分布. 动物学杂志，49(6)：793～797
赵海涛，等. 2015. 陕西米仓山国家级自然保护区猕猴的分布及种群数量调查. 生态学报，35(17)：5 632～5 637
赵远，等. 2012. 云南三个地区野生猕猴的种群结构分析. 兽类学报，32(3)：203～208
赵仲如，等. 1981. 广西都安九愣山人类化石与共生动物群及其在岩溶发育史上的意义. 古脊椎动物与古人类，19(1)：45～54
郑绍华. 2004. 建始人遗址. 北京：科学出版社
中国科学院古脊椎动物与古人类研究所《中国脊椎动物化石手册》编写组编. 1979. 中国脊椎动物化石手册. 增订版. 北京：科学出版社
中国社会科学院考古研究所等编. 2003. 桂林甑皮岩. 北京：文物出版社
周本雄. 1981. 河北武安磁山遗址的动物骨骸. 考古学报(3)：339～347
周本雄. 1983. 宝鸡北首岭新石器时代遗址中的动物骨骼/中国社会科学院考古研究所. 宝鸡北首岭. 北京：文物出版社，145～153
周家自. 2015. 四川省五台山猕猴栖息地适宜性评价. 安徽农业科学，43(27)：138～140
周明镇. 1965. 同蓝田猿人共同生的动物化石. 科学大众(中学版)(7)：10～11
周岐海，等. 2007. 弄岗熊猴的活动节律和活动时间分配. 动物学报，53(5)：791～799
周岐海，等. 2009. 桂林七星景区猕猴的活动时间分配. 广西师范大学学报(自然科学版)，27(3)：67～70
Teilhard de Chard P. 1938. Le villafranchian de Asic etla Question du villafranchian. C. R. sommaire desseances de la soc. Geol de la. France(17)：325～328
Yong C C. 1932. On some fossil mammals from Yunnan. Bull Geol. Soc. China：383～393

第十章

仰鼻猴属的分布变迁(续)

仰鼻猴属(*Rhinopithecus*)是哺乳纲 Mammalia 灵长目 Primatesa 猴科 Cercopithecidae 疣猴亚科 Colobinae 之一属,现有 5 个种①,皆分布于亚洲东部,其中 4 个种在中国有分布(3 个种是中国特有种)。

笔者曾对历史时期的仰鼻猴属地理分布与变迁有过研究(文榕生,2009),现根据新掌握的相关资料,对其分布与变迁按新体例再行研究。

1 仰鼻猴属的概况

仰鼻猴属的鼻孔与面部几乎平行,俗称"朝天鼻",这是它们栖息地处于高海拔地区对缺氧环境的适应,鼻梁骨的退化有利于减少在稀薄空气中呼吸的阻力。

1.1 中国分布的仰鼻猴与中文学名

我国分布的仰鼻猴属最初按"金丝猴"作为中文种学名。尽管最早命名的金丝猴是指四川一带发现的毛色金黄为主的仰鼻猴,但后来又在云南、贵州发现不同新种仰鼻猴,身上没有"金丝",却仍沿用"金丝猴"而分别按分布地区分为川金丝猴、滇金丝猴、黔金丝猴。随着后两种仰鼻猴不含"金丝"的质疑日盛,不少学者提议还是按拉丁学名直译的"仰鼻猴",既可以反映它们的共同特征,又可以避免无中生有的"金丝"误导,遂使"仰鼻猴"取代"金丝猴"为中文学名被越来越多人所认可。然而,随着仰鼻猴不同分布地的发现,原按分布地区(川、滇、黔)作为该属中不同物种的区分也越来越不能适应新情况,有必要更换既可反映仰鼻猴特征,又比较稳定而简洁的仰鼻猴中文学名。

窃以为,可以从不同种仰鼻猴的显著特点中寻找区分:

(1)20 世纪以来,栖息于江西省、湖北省、重庆市、四川省、陕西省、甘肃省等地的仰鼻猴(图 10.1～图 10.6),呈现毛色金黄,被毛最长,脸呈蓝色,耳短且几隐于毛丛中,嘴角很大的瘤状(皮褶)突起等特征。根据其中最易辨识且与原称关联的毛色特点,可选用"金仰鼻猴"作为中文学名。

---

①据称,金丝猴的进化树关于仰鼻猴属内的分类一直存在争议。有人观察到人工饲养下互配可育,认为应该是 1 个种的 5 个亚种。现比较一致的看法是,仰鼻猴最早是分布在横断山脉的一个种,后来由于地质变化发生生殖隔离而演化出 5 个种,这种隔离发生于 2.5 万年前,由于隔离的时间较短,这些种并不是完全种。依照不同的生态特点,进入高海拔生存的滇金丝猴称为进化上先进种,越南金丝猴相对最原始,川金丝猴与黔金丝猴亲缘较紧,黔金丝猴相对较原始。

图 10.1　金仰鼻猴①

图 10.2　哺乳②

图 10.3　争斗③

图 10.4　难舍④

图 10.5　伉俪⑤

图 10.6　休憩⑥

①http://www.ctps.cn/PhotoNet/product.asp? proid=1967778
②丁宽亮.猴塞雷！摄影师凌晨三点起床为拍"大圣".http://www.infzm.com/content/115110? from=groupmessage&isappinstalled=0
③陶明.一次善举引来金丝猴一大家族.http://bbs.uua.cn/forum.php? mod=viewthread&tid=108870
④陶明.一次善举引来金丝猴一大家族.http://bbs.uua.cn/forum.php? mod=viewthread&tid=108870
⑤神农架金丝猴.http://blog.sina.com.cn/s/blog_51ec9abf0101cyev.html
⑥http://www.nipic.com/show/10805638.html

(2)20世纪以来，栖息于广西壮族自治区、云南省、西藏自治区等地的仰鼻猴(图10.7～图10.14)，呈现毛色以黑色为主，脸白唇红，头部有一撮看似标志性的"莫希干式"黑毛发，尾毛尤其是基部较长，臀部白毛明显。根据其中最易辨识的臀部白毛特点并将黑毛色让与"缅甸金丝猴"，可选用"白臀仰鼻猴"作为中文学名。

图10.7 白臀仰鼻猴①

图10.8 似"莫希干式"黑发②

图10.9 小家庭(一)③

图10.10 小家庭(二)④

图10.11 匍匐⑤

图10.12 背影⑥

①任东."国宝"滇金丝猴数量逐年增多. http://www.chinanews.com/tp/hd/2011/04-07/31379.shtml#nextpage
②滇金丝猴. http://www.wildchina.cn/bbs/redirect.php? tid=6312&goto=lastpost
③滇金丝猴. http://www.wildchina.cn/bbs/redirect.php? tid=6312&goto=lastpost
④http://www.chinadaily.com.cn/
⑤滇金丝猴. http://www.wildchina.cn/bbs/redirect.php? tid=6312&goto=lastpost
⑥迪庆州维西县塔城镇塔城村响鼓箐滇金丝猴保护区. http://m13986235944.blog.163.com/blog/static/238968105201536726017l/

图 10.13　长尾①

10.14　小家庭(三)②

(3)20 世纪以来,栖息于重庆市、贵州省等地的仰鼻猴(图 10.15～图 10.20),呈现脸部呈灰白或浅蓝,头顶与上腹、两肩臂内侧有浅色斑,尾巴在仰鼻猴中最长。根据其中最易辨识且与原称关联的毛色特点,可选用"灰仰鼻猴"作为中文学名。

图 10.15　灰仰鼻猴③

图 10.16　席地④

①任东."国宝"滇金丝猴数量逐年增多.http://www.chinanews.com/tp/hd/2011/04-07/31379.shtml#nextpage

②丁宽亮.猴塞雷!摄影师凌晨三点起床为拍"大圣".http://www.infzm.com/content/115110?from=groupmessage&isappinstalled=0

③h-tp://blog.sina.com.cn/s/blog_49a4b55d0102ed4c.html

④h-tp://baike.baidu.com/view/19069.htm

图 10.17　怀抱①

图 10.18　凝视②

图 10.19　小家庭③

图 10.20　攀高④

（4）现今发现在缅甸与我国云南省分布的仰鼻猴（图 10.21～图 10.26），虽呈现脸粉唇红，但全身以黑色为主，下颏上有独特的白色胡须。根据其中最易辨识的黑毛色，可选用“黑仰鼻猴”作为中文学名。

①http://baike.baidu.com/view/19069.htm

②丁宽亮.猴塞雷！摄影师凌晨三点起床为拍“大圣”.http://www.infzm.com/content/115110? from=groupmessage&isappinstalled=0

③黔金丝猴.http://bbs.unpcn.com/showtopic-478394.aspx

④黔金丝猴：“世界独生子”.http://www.gzfjs.gov.cn/2015/0407/dongtai7672.html

图 10.21 黑仰鼻猴(侧视)①

图 10.22 黑仰鼻猴(正视)②

图 10.23 独处③

图 10.24 依偎④

图 10.25 小憩⑤

图 10.26 呼唤⑥

①http://niaolei.org.cn/posts/49075

②中南林业科技大学怒江金丝猴研究取得新成果.http://j.news.163.com/docs/10/2015082415/B1PURD009001RD01.html

③http://www.dongnanyanet.com/cms/a/kyn/2015/0729/12655.html

④张晓翔,周莉;董绍华,田应平摄.怒江金丝猴发现新猴群 我国境内已落实的种群数量升至170只左右.http://www.haokoo.com/else/8707043.html

⑤张晓翔,周莉;董绍华,田应平摄.怒江金丝猴发现新猴群 我国境内已落实的种群数量升至170只左右.http://www.haokoo.com/else/8707043.html

⑥云南怒江畔 第五种金丝猴悄然现身.http://yn.news.163.com/15/1019/10/B69J53870323163R.html

因本文探讨的是中国仰鼻猴属的地理分布与变迁，主要根据20世纪以来较明确的我国仰鼻猴地理分布状况，推断4种仰鼻猴分布区（图10.27）。为避免原仰鼻猴种名的地方性误导，下文非引用原文处的仰鼻猴种名，采用新拟订中文学名。

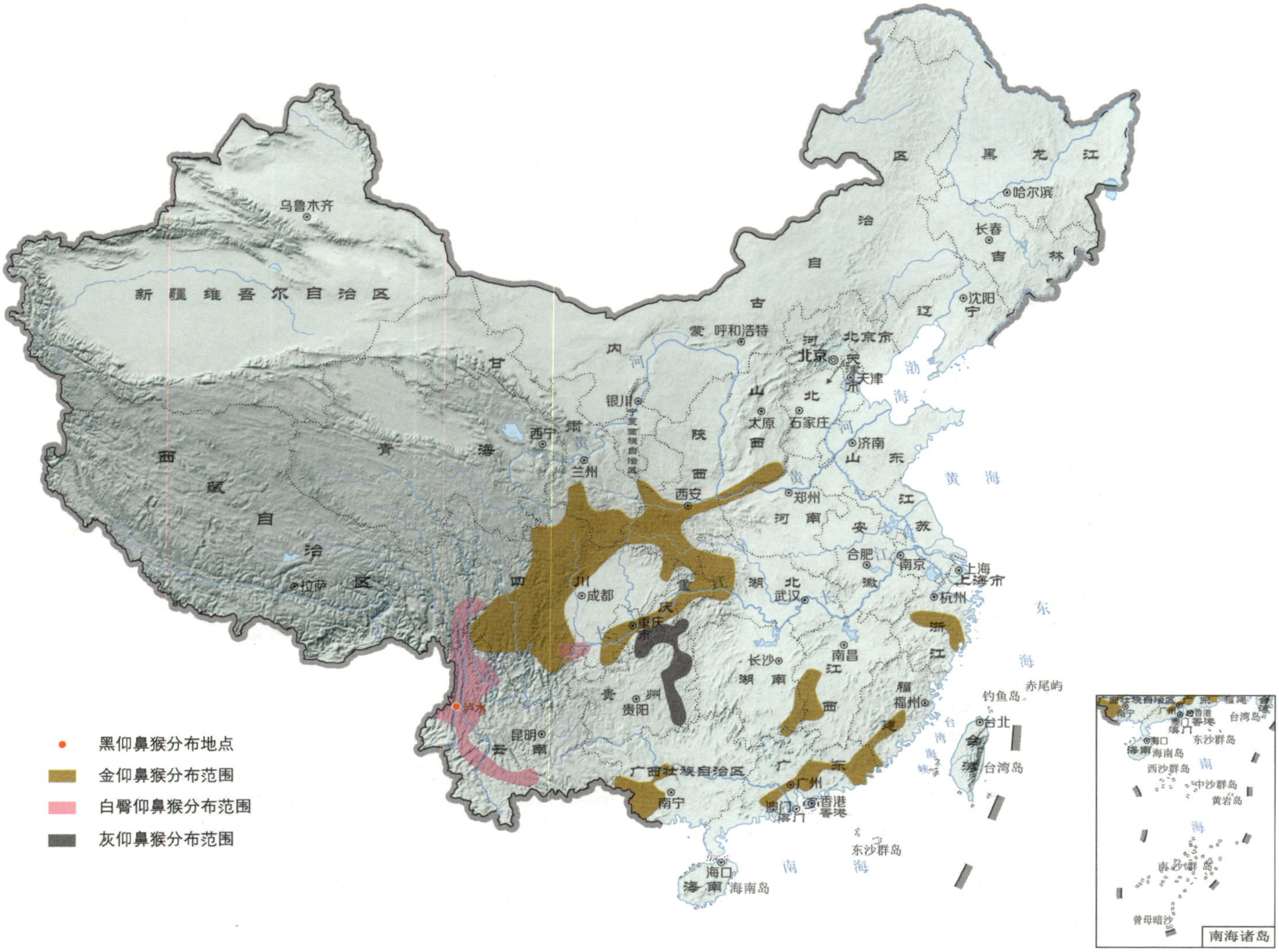

图10.27　20世纪以来中国4种仰鼻猴分布概况图

中国分布的4种仰鼻猴则为：

金仰鼻猴（*Rhinopithecus roxellana*），异名（*Semnopithecus roxellana*，*Rhinopithecus roxellanae* Milne-Edwards，1897）；原称川金丝猴。

白臀仰鼻猴（*Rhinopithecus bieti*）；原称滇金丝猴。

灰仰鼻猴（*Rhinopithecus brelichi*）；原称黔金丝猴。

黑仰鼻猴（*Rhinopithecus strykeri*）；原称缅甸金丝猴、怒江金丝猴。

1.2　黑仰鼻猴

黑仰鼻猴，又称缅甸金丝猴、喷嚏猴、喷嚏塌鼻猴，在我国原称怒江金丝猴。

黑仰鼻猴身高55.5 cm，体重20～30 kg；尾长78 cm，约为体长的1.4倍。其头顶有一撮细长而向前卷曲的黑色顶毛，具突出白色的耳羽，上唇有白色的“小胡子”，下巴也有鲜明的白色胡须;大部分的脸颊赤裸,皮肤淡粉色;鼻骨退化,没有鼻梁,形成了一个鼻孔上翘的朝天鼻子;嘴唇突出而红润。全身覆盖着茂密的黑毛,上臂和大腿的内侧面是黑褐色,仅会阴部为白色。

黑仰鼻猴的社会组织和行为生态特征与同属其他金丝猴非常相似,也存在重层社会结构(既有一雄多雌为基本社会单元,也有全雄单元)。下雨时,若不加防护,雨水会流入朝天鼻孔,使得它们忍不住要打喷嚏。为了避免打喷嚏,它们曾数天蹲坐地上,耷拉着脑袋,把头埋在两膝之间。

它们栖息在海拔 1 700~3 500 m 的原始森林中,夏季在高处的温带混交林栖息,林下竹林茂密,地形复杂陡峭,天气变幻莫测;冬天,降雪会让食物变得匮乏,它们则会下降至较低的地区栖息,甚至会靠近人类住宅区觅食。

2010 年初,野生动植物保护国际组织在缅甸克钦邦东北部进行灵长类动物调查时,收集到一具完整的仰鼻猴尸体标本。经比较,其不同于任何已知灵长类,是一新种金丝猴,并于 2010 年 10 月《美国灵长类动物学杂志》上发表了这一成果。为纪念阿克思基金会(致力于世界野生猿类研究)的创始人乔恩·斯瑞克,并感谢他对缅甸灵长类调查项目的支持,将新种拉丁名定为 *Rhinopithecus Stryker*。因这一物种模式标本发现地在缅甸,故中译名称“缅甸金丝猴”。

2011 年 10 月,在高黎贡山国家级自然保护区泸水段 48 号界桩附近拍摄到一组黑色猴子野外生存照片,经与野生动植物保护国际(FFI)公布的仰鼻猴新种模式标本照片进行对比后认为相似度极高。2012 年 3 月,在泸水段 48 号界桩附近,又第一次清晰拍摄到怒江金丝猴野外生存影像(图 10.28),还采集到粪便 2 份和采食植物若干份,经 DNA 鉴定,首次在分子水平上肯定了怒江金丝猴作为世界第 5 种金丝猴在中国的存在[①]。亦即为黑仰鼻猴。

图 10.28 我国首拍黑仰鼻猴[②]

图 10.29 首获黑仰鼻猴活体

2015 年 1 月,泸水县大兴地镇卯照村村民在上山采药途中发现一只两岁多、雌性受了伤的怒江金丝猴(图 10.29),9 月 21 日,移送当地林业部门。目前,这只怒江金丝猴身体健康,身体大部分覆盖茂密黑毛。这是我国首次获得怒江金丝

①怒江金丝猴. http://baike.baidu.com/link? url=3wPi1Ke0vd19h4R4_zvXviBDjRLEfH6q39tLdZlIPMMd-ETRZgEda_tdoB49lIcQ_6UWAotrb1VRjZ0U19Boa;张晓翔,周莉;董绍华,田应平摄. 怒江金丝猴发现新猴群我国境内已落实的种群数量升至 170 只左右. http://www.haokoo.com/else/8707043.html

②云南发现世界第五种金丝猴. http://news.163.com/12/0224/06/7R0P7MBF00014AEE.html

猴活体样本，也是目前世界上唯一可供研究的怒江金丝猴活体样本①。

2 仰鼻猴的遗存分布

迄今，我国在多地有早更新世以来的仰鼻猴属遗存发现。

据2013年10月报道，菜寮化石馆陈列长期被误认为台湾猕猴的4颗臼齿化石，经鉴定确定是金丝猴的臼齿（图10.30）。台南出土的“左镇动物群”，主要成员包括早阪中国犀牛、剑齿象、斑鹿、猕猴等，具有中国大陆华南动物群的特色，也与更新世中期的四川盐井沟动物群之组成类似。金丝猴属于四川盐井沟动物群之主要成员之一，在台湾的左镇动物群竟也发现了金丝猴，这正是金丝猴曾经从华南地区播迁到台湾、栖息于台湾南部森林间的直接证据②。这也是仰鼻猴分布的最东点（120.3°E）。

图10.30　菜寮溪出土的仰鼻猴臼齿

从迄今出土的仰鼻猴遗存（表10.1、图10.31）看，有以下特点：

● 尽管迄今发现的仰鼻猴遗存不是很多，但不仅包含有早更新世以来各阶段遗存，而且大致勾勒出仰鼻猴分布的较大轮廓。

● 华北与东北未见出土仰鼻猴遗存，西北也仅在东南部有仰鼻猴遗存发现，反映现今的仰鼻猴分布北界与其史前的分布北界相距并不遥远。

● 从仰鼻猴遗存的时间看，目前最早的出现在大巴山与秦岭一带（分子生物学研究结果与此较接近③），随后扩散开，尤以向东、向南跨度较大。

● 仰鼻猴最终扩散远比现今分布区广：东达仙霞岭一带，东南抵台南，南部到云雾山一带。

● 全新世仰鼻猴遗存也不多见，仅在湖北省、重庆市、陕西省等地有所发现，这一方面与现存仰鼻猴分布区比较接近，另一方面反映仰鼻猴分布区较早就向西北、西南收缩。

表10.1　　**仰鼻猴属遗存分布概况**

地区	省级政区	市、县、区	遗存地点	时期	资料来源
华东	浙江	金华市	婺城区罗店镇双龙洞	更新世中晚期—早全新世	马安成等，1992
	福建	明溪县	剪刀墘洞	晚更新世	尤玉柱等，1996
		将乐县	岩仔洞（上层洞与下层洞）	晚更新世	尤玉柱等，1996；范雪春等，2006；余生富等，2013
	台湾	台南县	左镇乡菜寮溪	更新世中晚期	网络*

①杨劼．我国首次获得怒江金丝猴活体样本．http://www.greentimes.com/green/news/dzbh/ysdw/content/2013-11/21/content_238606.htm

②化石显示40万年前台湾有金丝猴存在．http://www.nigpas.cas.cn/kxcb/kpwz/201310/t20131028_3963616.html

③李明等研究表明，在起源和演化历史分析中，研究显示了金丝猴北方类群的分化时间约为160万年前，紧邻金丝猴祖先种群的分化（169万年前），这一时间与引起青藏高原抬升的原木运动（Yuanmu Movement）的时间相吻合（～160万年前），因此认为青藏高原的抬升有可能引起了金丝猴属的分化以及随后的北方类群分化。北方类群和喜马拉雅类群的种化时间却非常滞后（如北方类群为62万年±17万年前，而喜马拉雅类群为15万年±10万年前），且后一类群的基因组分化和种化时间刚好与倒数第二次冰期（Penultimate Glaciation）的起止时间相吻合（13万～30万年前），表明在该冰期对于喜马拉雅类群的扩散及基因交流有着重要的影响（新研究阐明金丝猴属的起源和演化历史．http://www.uua.cn/show-11-4271-1.html）。

(续表)

地区	省级政区	市、县、区	遗存地点	时期	资料来源
中南	河南	新安县	游淘村八陡山	中更新世	顾玉珉等,1991
	湖北	郧县	青曲镇弥陀寺村学堂梁子、梅铺镇西寺沟龙骨洞	早更新世晚期	李天元等,1995;李天元等,1999
		郧西县	羊尾镇流湖村	早更新世	潘悦容,2001
			香口乡李师关村黄龙洞	更新世中晚期	李天元等,1995
		建始县	高坪镇巨猿洞	早更新世	李天元等,1999;郑绍华,2004
		巴东县	店子头遗址	全新世	湖北省文物考古研究所,2004
	湖南	慈利县	江垭镇熊家庄(熊家庄公社尖刀山一溶洞)	更新世中—晚期	王令红等,1982
	广东	封开县	渔涝镇河儿口庙边村罗沙岩	晚更新世	张镇洪等,1994
		罗定市	苹塘下山洞、山背岩	中更新世末期	黄万波等,1988;陈大远,1988;宋方义等,1989;顾玉珉等,1996
	广西	柳江县	柳江人洞(通天岩)	晚更新世	黄万波,1979
		大新县	牛睡山黑洞	中更新世	卡尔克,1961;韩德芬,1982
		都安瑶族自治县	地苏乡	晚更新世	赵仲如等,1981
西南	重庆	万州区	新田镇盐井沟遗址	中更新世	Colbert 等,1953;卡尔克,1961
		巫山县	蓝家寨遗址	全新世	刘芳等,2014
		忠县	㽏井沟中坝遗址	全新世	傅罗文等,2006
		秀山土家族苗族自治县	洞湾	中更新世早期	陈少坤等,2012
	四川	炉霍县	卡娘乡泥巴沟	更新世晚期	宗冠福等,1996
	贵州	盘县	十里坪大洞	中更新世后期—晚更新世	吴茂霖等,1975;李炎贤等,1978;潘悦容等,1997;斯信强等,1993
		桐梓县	柴山岗南坡岩灰洞	中更新世—晚更新世	吴茂霖等. 1975
	云南	隆阳区	蒲缥镇塘子沟遗址	晚更新世	吉学平等,2004
西北	陕西	蓝田县	公王岭	早更新世晚期	吴新智等,1966;胡长康等,1978;顾玉珉,1989
		宝鸡市	拓石镇关桃园村	全新世	胡松梅,2006

* 化石显示 40 万年前台湾有金丝猴存在. http://www.nigpas.cas.cn/kxcb/kpwz/201310/t20131028_3963616.html

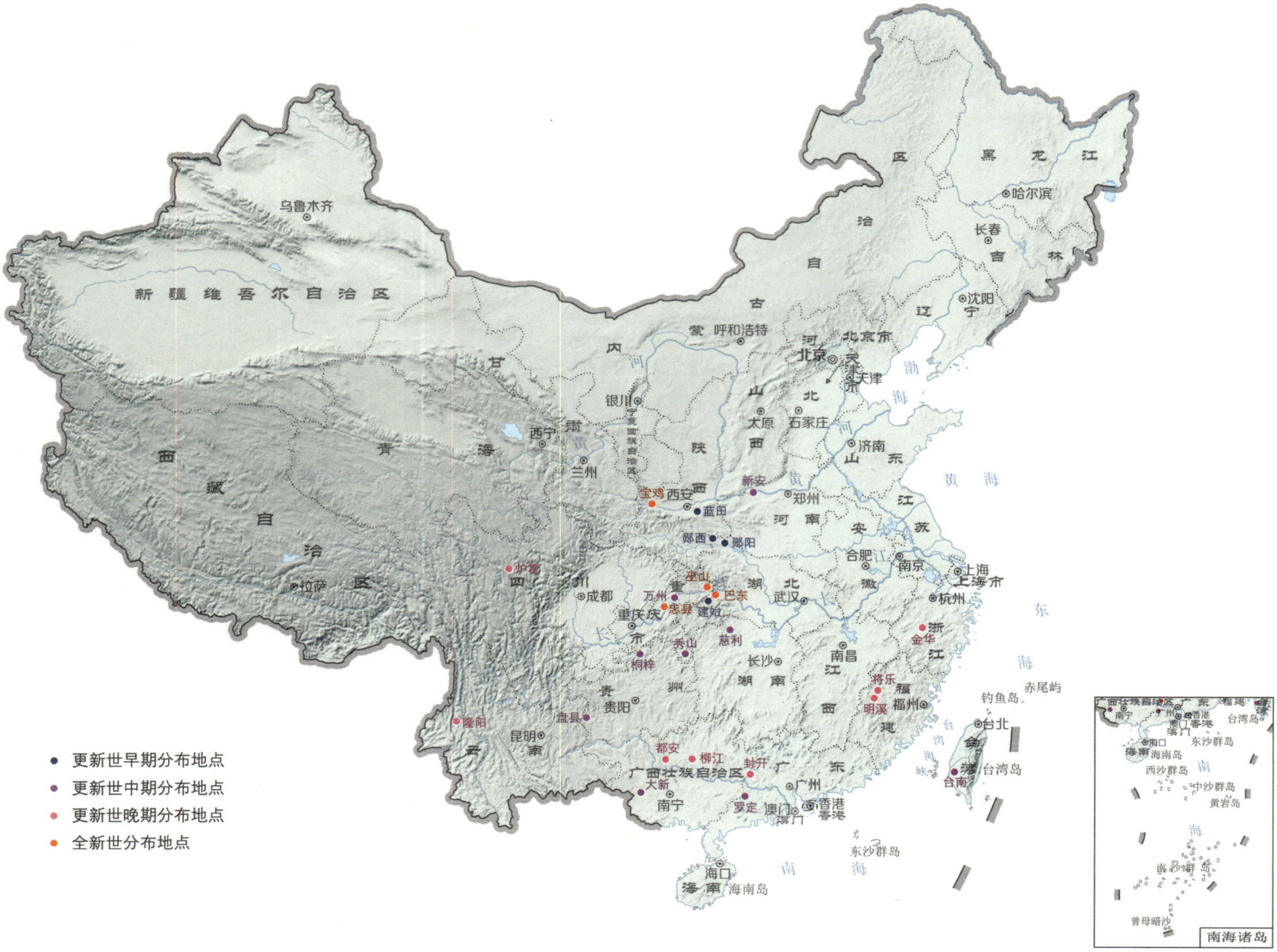

图 10.31　仰鼻猴属遗存分布变迁图

3　20 世纪前的仰鼻猴分布

主要依据文献记载反映 20 世纪前的仰鼻猴尚难区分出具体物种，故只能按属来探究其分布概况。

据介绍，赣州地处江西南部，又称“赣南”。赣南历史上曾有剑齿象、犀牛、大熊猫、金丝猴、长臂猿、麋鹿等动物繁衍生息。随着气温的下降，北宋以后，上述动物逐渐向西南退缩，先后绝迹于赣南[①]。此“赣州”，显然是指“赣州市”，只是未指出更具体地点；所称历史上有“金丝猴”，涉及当地又见有记录的是章贡区与上犹县等地。

主要据文献记载反映 20 世纪前，我国的仰鼻猴属分布状况（表 10.2、图 10.32）为：

● 20 世纪前，我国的仰鼻猴属分布达到较大范围：向北扩展到中条山北麓，向南达到南海滨，向西在青藏高原东缘，向东延伸到江南丘陵一带。

● 从地区看，除东北外，其余五大地区皆有仰鼻猴属分布，只是华北仅山西省一省有且处于北部边缘一带。

● 从分布密集度大势看，西部优于东部，南部优于北部。

● 分布有仰鼻猴属的地区前三排序是：西南

①赣州市概况. http://www.jiangxi.gov.cn/lsq/jxgk/qygk/201409/t20140926_1074193.html；赣州市简介. http://www.114huoche.com/zhengfu_GanZhou

(占 38%),中南(占 33%),西北(占 19%)。

● 19 个省级政区中,有仰鼻猴属地点绝对数较多的前 8 位分别是:四川省(有 79 地),陕西省(有 67 地),广东省(有 62 地),云南省(有 44 地),贵州省(有 30 地),湖北省(有 29 地),河南省(有 19 地),甘肃省(有 18 地)。

● 有仰鼻猴属地点相对数较多的前 8 位分别是:陕西省(占 72%),广东省(占 71%),四川省(占 51%),湖北省(占 38%),贵州省(占 37%),云南省(占 35%),重庆市(占 28%),甘肃省(占 22%)。

表 10.2　20 世纪前我国的仰鼻猴属分布概况

地区	省级政区	分布地点
华北	山西	阳城县、陵川县、临猗县
华东	江苏	苏州市
	浙江	建德市、越城区、天台县、乐清市、泰顺县
	安徽	马鞍山市、当涂县、芜湖市、芜湖县、繁昌县、南陵县、黄山市、宣州区、宁国市、郎溪县、广德县、泾县、旌德县
	福建	建阳市、永春县、蕉城区、福安市、福鼎市、霞浦县、柘荣县
	江西	分宜县、萍乡市、上栗县、章贡区、上犹县、袁州区、万载县、靖安县、井冈山市、万安县、安福县
	山东	平邑县
中南	河南	湖滨区、义马市、灵宝市、渑池县、陕县、卢氏县、新安县、栾川县、嵩县、宜阳县、洛宁县、内黄县、华龙区、范县、南阳市、邓州市、西峡县、内乡县、淅川县
	湖北	十堰市、丹江口市、郧县、竹山县、房县、郧西县、竹溪县、襄樊市、南漳县、保康县、荆门市、钟祥市、应城市、安陆市、大悟县、云梦县、松滋市、江陵县、宜昌市、宜都市、兴山县、秭归县、长阳土家族自治县、五峰土家族自治县、曾都区、广水市、神农架林区、巴东县、鹤峰县
	湖南	张家界市、慈利县、桑植县、常德市、安乡县、澧县、临澧县、石门县、南县、岳阳市、临湘市、岳阳县、华容县、平江县、衡阳市、耒阳市、衡南县、衡山县、郴州市、永兴县、宜章县、洞口县、沅陵县、辰溪县、溆浦县、中方县、泸溪县
	广东	广州市、增城市、从化市、清城区、连州市、佛冈县、清新县、乐昌市、新丰县、源城区、紫金县、龙川县、连平县、和平县、东源县、梅江区、兴宁市、梅县、大埔县、丰顺县、五华县、平远县、蕉岭县、湘桥区、潮安县、饶平县、汕头市、南澳县、榕城区、普宁市、揭东县、揭西县、惠来县、城区、陆丰市、海丰县、陆河县、惠州市、博罗县、惠东县、龙门县、东莞市、深圳市、珠海市、中山市、江门市、恩平市、台山市、鹤山市、佛山市、肇庆市、高要市、四会市、广宁县、封开县、德庆县、新兴县、江城区、阳春市、阳西县、阳东县、化州市
	广西	横县、马山县、扶绥县、大新县、天等县、宁明县、德保县、靖西县、那坡县
西南	重庆	江北区、涪陵区、黔江区、南川区、綦江县、武隆县、城口县、巫山县、奉节县、石柱土家族自治县、彭水苗族土家族自治县
	四川	都江堰市、彭州市、邛崃市、崇州市、大邑县、蒲江县、广元市、青川县、安县、北川羌族自治县、平武县、什邡市、绵竹市、隆昌县、沐川县、峨边彝族自治县、马边彝族自治县、自贡市、富顺县、泸州市、泸县、合江县、叙永县、翠屏区、宜宾县、南溪县、长宁县、高县、筠连县、珙县、屏山县、米易县、盐边县、通江县、南江县、万源市、宣汉县、洪雅县、名山县、荥经县、汉源县、石棉县、天全县、芦山县、宝兴县、马尔康县、汶川县、理县、茂县、松潘县、九寨沟县、金川县、小金县、黑水县、阿坝县、红原县、康定县、泸定县、九龙县、理塘县、巴塘县、得荣县、西昌市、盐源县、德昌县、会理县、会东县、宁南县、普格县、布拖县、金阳县、昭觉县、喜德县、冕宁县、越西县、甘洛县、美姑县、雷波县、木里藏族自治县
	贵州	遵义市、仁怀市、遵义县、桐梓县、绥阳县、正安县、凤冈县、湄潭县、余庆县、习水县、道真仡佬族苗族自治县、务川仡佬族苗族自治县、铜仁市、江口县、石阡县、思南县、德江县、玉屏侗族自治县、印江土家族苗族自治县、沿河土家族自治县、松桃苗族自治县、万山特区、岑巩县、台江县、榕江县、从江县、雷山县、福泉市、瓮安县、三都水族自治县

（续表）

地区	省级政区	分布地点
	云南	师宗县、隆阳区、腾冲县、昌宁县、水富县、古城区、永胜县？华坪县？玉龙纳西族自治县、宁蒗彝族自治县？宁洱哈尼族彝族自治县、景谷傣族彝族自治县、孟连傣族拉祜族佤族自治县、澜沧拉祜族自治县、西盟佤族自治县、临翔区、凤庆县、云县、永德县、双江拉祜族佤族布朗族傣族自治县、耿马傣族佤族自治县、沧源佤族自治县、潞西市？瑞丽市？梁河县？盈江县？陇川县？泸水县、福贡县、贡山独龙族怒族自治县、兰坪白族普米族自治县、香格里拉县、德钦县、维西傈僳族自治县、大理市、永平县、云龙县、剑川县、漾濞彝族自治县、绿春县、弥勒县、泸西县、红河县、丘北县
	西藏	左贡县、芒康县
西北	陕西	西安市、蓝田县、周至县、户县、高陵县、铜川市、临渭区、华阴市、韩城市、华县、潼关县、大荔县、蒲城县、澄城县、白水县、合阳县、富平县、咸阳市、兴平市、三原县、泾阳县、乾县、礼泉县、永寿县、彬县、长武县、旬邑县、淳化县、武功县、宝鸡市、凤翔县、岐山县、扶风县、眉县、陇县、千阳县、麟游县、凤县、太白县、汉台区、南郑县、城固县、洋县、西乡县、勉县、宁强县、略阳县、镇巴县、留坝县、佛坪县、汉滨区、汉阴县、石泉县、宁陕县、紫阳县？岚皋县、平利县、镇坪县、旬阳县、白河县、商州区、洛南县、丹凤县、商南县、山阳县、镇安县、柞水县
	甘肃	天水市、清水县、秦安县、崆峒区、华亭县、岷县、武都区、成县、康县、文县、西和县、礼县、两当县、徽县、临潭县、卓尼县、舟曲县、迭部县

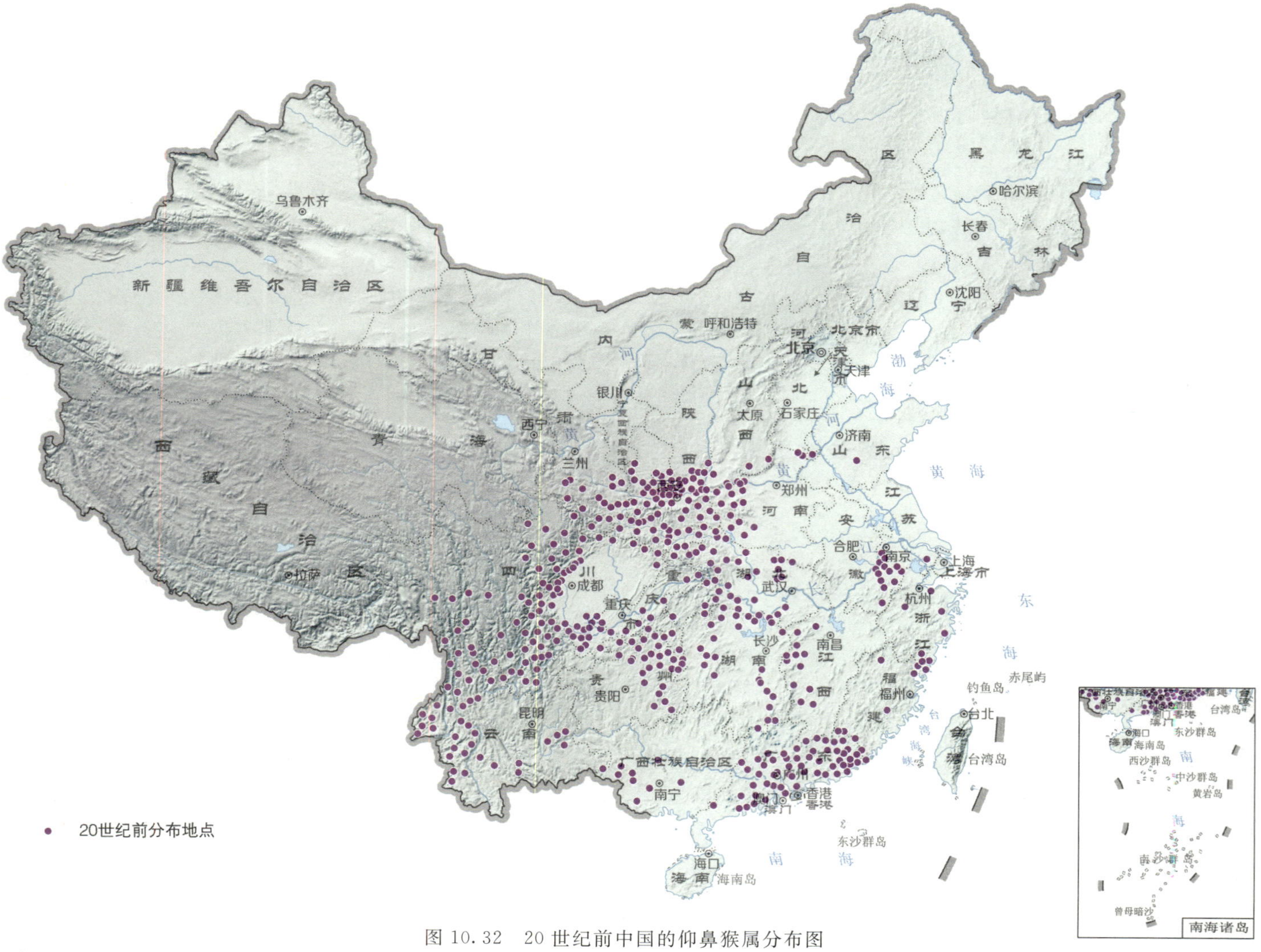

图 10.32　20 世纪前中国的仰鼻猴属分布图

4 20世纪以来的金仰鼻猴分布变迁

20世纪以来,金仰鼻猴的分布涉及5个地区的11个省级政区。

4.1 江西

江西省现今仍有金仰鼻猴存在。

《上犹县志》记载"列入国家保护的珍稀动物有:华南虎、金钱豹、短尾猴、金丝猴、鸳鸯、白鹇、穿山甲等"(江西省上犹县志编纂委员会,1992)。据2011年5月报道,五指峰风景区位于上犹县西部,属国家级森林公园、省级自然保护区。山上有樟、楠、栎等100多种国家一、二类保护树种,还有金丝猴、黄腹解雉、红嘴鸟等飞禽走兽①。说明金仰鼻猴依然存在。

笔架山景区位于井冈山市茨坪的东南面,海拔1 357 m。据称,当地白鹇、锦鸡、穿山甲、石蛙、蛇、鼠屡见不鲜,水鹿、野猪、山羊也是时有出没。如果游客幸运,还有可能遇上金丝猴的光顾②。反映还有金仰鼻猴栖息。

4.2 湖北

湖北省依然有一些地方有金仰鼻猴残存。

《中国重点陆生野生动物资源调查》称,"本次调查,川金丝猴见于湖北(神农架自然保护区、巴东)"(国家林业局,2008)。证实在神农架林区、巴东县等地仍有金仰鼻猴栖息。

《中国长江三峡动物大全》记载"金丝猴(别名:仰鼻猴、金线猴、川金丝猴)"(刘先新,2010),可见在巴东县、秭归县③与毗邻的重庆市一些地方分布的是金仰鼻猴。

据2015年12月报道,神农架金丝猴属于川金丝猴,20世纪80年代统计公布的数字是501只。经科考队全天候跟踪观察,目前神农架保护区共有3个金丝猴大种群,9个小种群,总数已经超过1 300只④。反映当地金仰鼻猴增加了约1.6倍。

据2015年11月报道,兴山县古夫镇咸水村精准扶贫工作组在入户走访时,发现山崖上树枝抖动厉害,并不时传来猴群打闹声音,通过仔细观察,终于在灌木丛中发现了约5只的猴群,猴群部分毛色雪白,毛细长,疑似金丝猴群。咸水村位于古夫镇西北部,与神农架林区接壤,近年来,由于退耕还林、村民搬迁等措施,生态得到很好恢复,野生动物逐渐增多⑤。

4.3 重庆

重庆市现今仍有金仰鼻猴分布。

《中国长江三峡动物大全》记载"金丝猴(别名:仰鼻猴、金线猴、川金丝猴)"(刘先新,2010),可见在奉节县、巫山县与毗邻的湖北省一些地方分布的是金仰鼻猴。

4.4 四川

四川省是金仰鼻猴分布最多的省级政区。

4.4.1 20世纪分布情况

在20世纪的野外调查中,就有不少地方发现有金仰鼻猴。

《四川资源动物志》记载"金丝猴:青川、绵竹、安县、北川、平武、天全、芦山、宝兴、大邑、什邡、灌县、泸定、黑水、松潘、南坪、汶川"(《四川资源动物志》编辑委员会等,1982)。反映在都江堰市、彭州市、崇州市、大邑县、青川县、安县、北川羌族自治县、平武县、什邡市、绵竹市、天全县、芦山县、宝兴县、汶川县、松潘县、九寨沟县、黑水县、泸定县等地有金仰鼻猴栖息。

---

①赣州市概况. http://www.jiangxi.gov.cn/lsq/jxgk/qygk/201409/t20140926_1074193.html;赣州市简介. http://www.114huoche.com/zhengfu_GanZhou

②江西井冈·笔架山索道. http://baike.baidu.com/link? url=LfJLKiyHUiMvPuAqBQP_PFWNr4o9b4E0w5JDBd7Cn3jYMFehtpbWc7vjxR9b7VuTOQJOkbAbmEpRYr4P_kiK2_

③原书所称"三峡地区是指东起宜昌,西至重庆,北抵大巴山,南接云贵高原,跨越鄂、渝中低山峡谷和川东平行岭谷低山丘陵,处于我国地貌第二阶梯向第三阶梯过渡的区域"。我们取较保守的四地;下文同此。

④神农架林区建科考队 全天候跟踪观察金丝猴. http://v.ifeng.com/news/society/201512/01baf2c6-4d9c-47ac-ac36-89488a497281.shtml

⑤韩胜. 兴山咸水村发现金丝猴群落. http://news.sxxw.net/html/201511/20/397985.shtml

4.4.2 现今分布情况

现今,四川省仍有较多金仰鼻猴分布。

《中国重点陆生野生动物资源调查》称"本次调查,川金丝猴见于……四川(九寨沟、松潘、黑水、青川、北川、茂汶、汶川、理县、安县、绵竹、大邑、什邡、都江堰、彭县、崇庆、天全、芦山、宝兴、泸定、康定、马边)"(国家林业局,2008)。亦即表明在都江堰市、彭州市、崇州市、大邑县、青川县、安县、北川羌族自治县、什邡市、绵竹市、马边彝族自治县、天全县、芦山县、宝兴县、汶川县、理县、茂县、松潘县、九寨沟县、黑水县、康定县、泸定县等地还有金仰鼻猴存在。

《都江堰生物多样性研究与保护》列举当地野兽仍有(陈昌笃,2000):

> 猕猴、藏酋猴、金丝猴、豺、貉、赤狐、黑熊、小熊猫、大熊猫、黄喉貂、香鼬、黄鼬、獾、猪獾、鼬獾、水獭、大灵猫、小灵猫、花面狸、金猫、豹猫、豹、云豹……野猪、林麝、马麝、毛冠鹿、小麂、水鹿、扭角羚、鬣羚、斑羚、岩羊、盘羊、豺。

按:其中有"金丝猴",虽未明确其具体种,但其处于金仰鼻猴主要分布区内,反映都江堰市仍有存在。

臧振华(2015)列出67个栖息有大熊猫的自然保护区,经核查,其中4个在《全国自然保护区名录》①中未见,特单列出:

地处平武县的余家山自然保护区,据称是2006年设立的县级自然保护区,面积894 hm^2,保护对象为大熊猫、金丝猴等②。

地处芦山县大川镇的大川河自然保护区处于蜂桶寨与卧龙自然保护区之间,大熊猫数量较多,为此,确定为以保护大熊猫为主的保护区。然而,似为未正式成立的省级自然保护区③。

什邡市位于成都平原西北部边缘,地处龙门山中南极。境内山区约占全市总面积60%,耕地约占30%;"一江四河"(石亭江、鸭子河、小石河、马牧河、斑鸠河)纵横全境,有"六山、一水、三分田"之称。自朱家桥起,沿前山向西南至湔底乡西丘陵边沿,再往东南延伸,则是什邡平原,丘陵则介于山区和平原之间。山区属龙门山脉九顶山系,呈东北—西南走向,山行至南天门与彭州北部山区交界,一分支出脊折向东南长年峰再往东至亮卡,南折即蓥华山,蓥华山西北全是崇山峻岭,属高山草甸区。在中低山部分,是以杉木、柳杉为主的人工林区,高山部分则以天然林为主,森林覆盖率46.7%。林区内野生动物多达300余种,其中有大熊猫、金丝猴等国家和省重点保护动物60余种④。

崇州市位于岷江中上游川西平原西部,地势从东南到西北逐渐升高,境内属山地、丘陵、平原兼有的地貌类型,高中山区占总面积的38.4%,低山和丘陵占8.7%,平坝占52.9%。地属四川盆地亚热带湿润季风气候区,四季分明,春秋短,冬夏长,雨量充沛,日照偏少,无霜期较长。森林覆盖率42.1%。当地野生动物种类繁多,哺乳类、鸟类、鱼类、两栖类、爬行类、昆虫类以及软体类、节肢类、环节类等动物达数百种,珍稀动物有金丝猴、岩驴、獐子[林麝]、扭角羚(即野牛)、大熊猫、小熊猫,名贵鸟类有相思鸟、百灵鸟、野雉、鹦鹉、贝母鸡等。此外,还有罕见的大鲵(娃娃鱼)和梆梆鱼(俗名)等⑤。

石棉县位于贡嘎山南麓、大渡河中游,地势西南高、东北低,山脉多呈南北走向;西南部地势高峻挺拔,起伏变化大,多高峰;河谷平坝主要位于大渡河沿岸,约占总面积的2%。地属中纬度亚热带季风气候区。受地形影响,气候垂直分布明显,大渡河谷对水汽来源和风速、风向影响较大,形成以下气候特征:年均温度偏高的亚热带气候;平均降水量偏少的季风气候;夏雨集中、夜

---

①http://sts.mep.gov.cn/zrbhq/zrbhq/201208/t20120824_235172.html

②余家山自然保护区简介.http://blog.sina.com.cn/s/blog_4e4e0d7501000asl.html

③王月婷,赵蝶.国家林业局大熊猫办考察四川大川河自然保护区建设情况.http://www.cntour2.com/viewnews/2014/03/01/tgI7BGVWOcTcXqyJ247v0.shtml;李毓宏.芦山县大川河省级自然保护区进入实质启动阶段.http://www.yaly.gov.cn/scly/senlinjin-guan/12360731.jhtml

④什邡之窗.http://www.shifang.gov.cn/default/news/shownews/20111220165806140/2012031409475774.html

⑤崇州.http://baike.baidu.com/view/399421.htm

雨多、少暴风、无秋绵雨;冬春干旱、山风强烈,夏秋多雨、无酷暑;气温随高度降低、降水随高度增加变化显著。到2013年,境内分布有脊椎动物28目89科227属359种,其中兽类66种,属国家一级保护动物有大熊猫、川金丝猴、黄喉貂、大灵猫、豹、林麝、牛羚、云豹、雪豹、白唇鹿等,属国家二级保护动物有猕猴、小熊猫、豺、黑熊、水獭、金猫、猞猁、马麝、羚、斑羚、岩羊、毛冠鹿、白臀鹿、金猫、藏马鸡等①。尽管保护动物等级存在瑕疵,但仍可证明当地有金仰鼻猴存在。

黑水县地处青藏高原东南缘横断山脉中段北端的岷江上游,地势由西北向东南倾斜,境内群山屹立,山峦起伏,雪峰对峙,河谷深切。地属季风高原型气候区,旱、雨季分明,日照充足,气温年差较小、日差较大,并随海拔不同差别较大。该县仍有金丝猴、云豹、牛羚、盘羊、野牛、红锦鸡等国家一、二级保护动物②。亦即还有金仰鼻猴等珍稀动物。

马尔康县地处川西北高原南端,属高原峡谷区,地势由东北向西南逐渐降低。属低纬度、高海拔的特殊地理与高山峡谷立体气候,冬干夏湿,雨热同季,日照充足,昼夜温差大。森林覆盖率52.3%,林草综合覆盖率95.3%。在茂密的森林中,栖息着小熊猫、金丝猴、扭角羚、獐[林麝、马麝]、鹿、熊等73种珍稀野生动物③。说明还有金仰鼻猴等存在。

金阳县属凉山山原地貌向西南山地地貌过渡区域,地势由西北向东南倾斜,有平坝、台地、低山、低中山、中山、高山、山原、丘状高原等微型地貌。地属亚洲大陆东部季风区域中亚热带的云南高原—察隅气候区。野生动物有苏门羚、獐[麝]、青猴、金丝猴、猞猁、水獭、小熊猫、金钱豹、芝麻豹、黄猴、岩羊、雉鸠等④。反映还有金仰鼻猴等珍稀物种。

黑水县境内的达古冰山风景区生物多样性完整,植物垂直分布明显。有野生植物1 000余种,野生动物150余种,川金丝猴、羚牛、盘羊、飞鼠等10余种珍稀野生动物种群多、数量大,野外可视率高⑤。据2015年10月报道,达古冰山风景区取回的红外线监控仪中,发现了国家一级保护动物金丝猴(图10.33)、羚牛以及国家二级保护动物岩羊影像,川金丝猴生性胆小、机警,只要看到人类的一点踪影,或者听到一丝风吹草动,就会立即逃之夭夭,平时很难捕捉其身影。达古冰山风景名胜区又名四川三打古自然保护区,是我国川金丝猴分布最集中的地区之一。据介绍,目前全国境内川金丝猴数量仅有10 000只左右,三打古保护区内便有8群1 000只左右,占全国川金丝猴总数的10%⑥。证实仍有金仰鼻猴栖息。

图10.33 三打古的金仰鼻猴

4.5 陕西

陕西省中南部一直是金仰鼻猴主要分布区

①石棉县. http://baike. baidu. com/link? url = 7zEKw4Cmkjs1BEOWLmuS7VXhsUWvtwxXY6wg2yhyFGZU6CiuMoX-6OXty_AN9fJ4LjMoKR7rN_27CYYvOv_PX_

②黑水县. http://baike. baidu. com/view/991967. htm

③马尔康县. http://baike. baidu. com/view/163486. htm

④金阳县. http://baike. baidu. com/link? url=TlSFgMvK-4iPkQbUBxxKbnNR7XyrpQRxpmmWTH0S3uTqmtJA6cbEQNjCBqtSP01kbdfjuzfiEmrWqpTaxOVuB_

⑤达古冰山. http://baike. baidu. com/link? url = fRrKvOFfbdVXy7XHTToAQ3QUqCMyCBn65yqpD0_QMQ3faq-ahZZAC-zgU6GWAsLtki_ukI8RbIOTsfF6Uh-OAnK

⑥梅朵. 达古冰山景区成功捕获川金丝猴影像. http://tour. jxcn. cn/system/2015/10/23/014386580. shtml

之一。

4.5.1 20世纪分布情况

《中国西北地区珍稀濒危动物志》记载金丝猴“见于陕西的周至、太白、洋县、宁陕、佛坪”（中华人民共和国濒危物种进出口管理办公室等，1994）。亦即在周至县、太白县、洋县、佛坪县、宁陕县等地还有金仰鼻猴分布。

4.5.2 现今分布情况

现今，陕西省仍有较多金仰鼻猴分布地方。

《中国重点陆生野生动物资源调查》称“本次调查，川金丝猴仅见于……陕西（太白、周至、户县、佛坪、洋县、宁强、宁陕）”（国家林业局，2008）。证实在周至县、户县、太白县、洋县、宁强县、佛坪县、宁陕县等地依然有金仰鼻猴分布。

洋县地处汉中盆地东缘，北倚秦岭，南俯巴山。东部为秦岭山脉向东南延伸的余脉和巴山向东北斜落的山丘交汇处；中部为汉江平坝地带东段；西部南北两侧高，中间平坦，隔湑水沿汉江北侧向东展开；南部为巴山丘陵地带。境内山地占72.2%，丘陵占21.1%，平川占6.7%。地属北亚热带内陆性季风气候区，四季分明，光照充足，气候温和湿润。被列为国家一级保护动物的有朱鹮（红鹤）、大熊猫、金丝猴、羚牛（扭角羚）、金钱豹、白冠长尾雉等6种①。据2015年11月报道，该县华阳镇的鸳鸯河谷里，至少栖息有200多只金丝猴②。说明还有金仰鼻猴等珍稀野生动物。

4.6 甘肃

甘肃省既是仰鼻猴属，也是金仰鼻猴分布的西北地区。

4.6.1 20世纪分布情况

甘肃省东部也有一些金仰鼻猴分布。

《中国西北地区珍稀濒危动物志》记载金丝猴“见于……甘肃的文县、康县、武都”（中华人民共和国濒危物种进出口管理办公室等，1994）。亦即在武都区、康县、文县等地仍存在金仰鼻猴。

4.6.2 现今分布情况

现今，甘肃省仍有金仰鼻猴栖息。

《中国重点陆生野生动物资源调查》称“本次调查，川金丝猴见于……甘肃（文县、康县、武都）”（国家林业局，2008）。确认在武都区、康县、文县等地还有金仰鼻猴存在。

据2016年报道，地处武都区与文县的白水江保护局通过整理红外相机拍摄到的图片及视频，共获取野生状态下的大熊猫及其伴生动物羚牛、金丝猴（图10.34）、黑熊、林麝、金猫、青鼬、毛冠鹿、苏门羚、鬣羚、斑鹿、雉鹑、蓝马鸡、红腹角雉、黄鼬、血雉等珍稀野生动物和鸟类40余种（白水江保护局，2016）。据图片显示，证实白水江保护区确有金仰鼻猴。

图10.34 白水江保护区内的金仰鼻猴

据2015年12月报道，位于武都区的裕河金丝猴省级自然保护区发现13群国家一级保护动物川金丝猴，初步估算多达1 000余只，广泛分布裕河保护区的多个区域，红外摄像机拍摄到川金丝猴活动情况（图10.35、图10.36）③。说明仍有金仰鼻猴存在。

①洋县. http://baike. baidu. com/link? url＝R-OfPrtRHnoeig-r07uAOL33Mj4XOU2oXJWz8U8Q265To0MTruvBoDcYurF_ICblgKC4ptLUCGu3Tv0jURBZca

②魏永贤. 发现陕南：洋县有群和人最亲密的金丝猴. http://news. cnwest. com/content/2015-11/06/content_13304597. htm

③刘宏涛等. 幸有甘肃好生态 眼见“稀客”翩翩来. http://gs. cnr. cn/gsxw/tpxw/20151215/t20151215_520797915. shtml

图 10.35 裕河保护区金仰鼻猴

图 10.36 裕河保护区金仰鼻猴伉俪

舟曲县地处南秦岭山地,白龙江中上游,岷山山系呈东南—西北走向贯穿全境,地势西北高、东南低,境内山峦重叠,沟壑纵横,地形复杂,是典型的高山峡谷区。山高、谷深、石头多、坡陡、土薄、水流急,荒山荒坡水土流失、泥石流、滑坡严重是舟曲的自然现状。地属温暖带气候区,冬无严寒,夏无酷暑。境内森林茂密,资源丰富,有大熊猫、金丝猴、羚羊等珍稀动物①。反映有金仰鼻猴栖息。

4.7 栖息有金仰鼻猴的保护区

栖息有金仰鼻猴的自然保护区既可确证该物种的现今存在,又反映它们得到相关机制的有效保护。我国现栖息有金仰鼻猴的自然保护区(表 10.3、图 10.37)显示:

- 金仰鼻猴是仰鼻猴属分布最广、数量最多的物种。现有 54 个保护区有金仰鼻猴栖息,无论是分布地还是数量皆居同类型之首,基本上与该物种分布状况相适应。
- 在省级政区中有保护区数量排名前三者为:四川省(有 32 个),陕西省(有 11 个),湖北省(有 5 个)。
- 一地有超过 2 处保护区的是:四川省(平武县、九寨沟县、北川羌族自治县)、陕西省(周至县)。
- 保护区仅有国家级与省级 2 种,其中省级比例颇高(占 65%),国家级占 35%。
- 金仰鼻猴保护面积达到 2.9 万 km^2;面积最大的是贡嘎山国家级自然保护区(在四川省),最小的是留坝摩天岭省级自然保护区(在陕西省),相差约 48 倍。
- 保护区设立时间在 1963～2006 年,初期(1963 年)就占 9%,2000 年以来占 30%。
- 保护区的主管部门以林业部门占绝大多数(高达 96%),其余则是环保部门(占 4%)。
- 从现有金仰鼻猴栖息地与其栖息的自然保护区分布状况看,仍有 23%的金仰鼻猴栖息地没有得到保护区庇护,说明尚有加强保护区调研与保护程度提升的空间。

①甘肃省舟曲县情况介绍. http://www.gkstk.com/article/gaozhongzuowen/shishilunju/gansushengzhouquxianqingkuangjieshao.html;刘宏涛等.幸有甘肃好生态 眼见“稀客”翩翩来. http://gs.cnr.cn/gsxw/tpxw/20151215/t20151215_520797915.shtml

表 10.3　　栖息有金仰鼻猴的自然保护区概况

地区	省级政区	保护区名称	所处地点	面积（hm^2）	级别	建立时间	主管部门
华东	江西	上犹五指峰	上犹县	6 368	省级	19921020	林业
中南	湖北	神农架	神农架林区	70 467	国家级	19860709	林业
		十八里长峡	竹溪县	30 459	省级	19881001	林业
		三峡万朝山	兴山县	20 986	省级	20001201	林业
		神农溪	巴东县	10 150	省级	20020101	林业
		野人谷	房县	36 892	省级	20040806	林业
西南	重庆	五里坡	巫山县	35 277	省级	20000901	林业
		大木山	涪陵区	14 630	省级	20010301	林业
	四川	卧龙	汶川县	200 000	国家级	19630402	林业
		王朗	平武县	32 297	国家级	19630402	林业
		喇叭河	天全县	23 437	省级	19630402	林业
		白河金丝猴	九寨沟县	16 204	省级	19630402	林业
		蜂桶寨	宝兴县	39 039	国家级	19750320	林业
		九寨沟	九寨沟县	64 297	国家级	19781215	林业
		马边大风顶	马边彝族自治县	30 164	国家级	19781215	林业
		美姑大风顶	美姑县	50 655	国家级	19781215	林业
		黄龙寺（黄龙）	松潘县	55 051	省级	19830101	林业
		宝顶沟	茂县	19 560	省级	19850101	林业
		唐家河	青川县	40 000	国家级	19860709	林业
		勿角	九寨沟县	36 280	省级	19930101	林业
		治勒（冶勒）	冕宁县	24 293	省级	19930101	林业
		千佛山	安县、北川羌族自治县	17 710	省级	19930401	林业
		龙溪—虹口	都江堰市	31 000	国家级	19930424	林业
		黑水河	大邑县	31 790	省级	19930601	林业
		鞍子河	崇州市	10 141	省级	19930801	林业
		平武小河沟	平武县	28 227	省级	19930801	林业
		雪宝顶	平武县	63 615	国家级	19930801	林业
		白羊	松潘县	76 710	省级	19930801	林业
		瓦屋山	洪雅县	36 490	省级	19931201	林业
		片口	北川羌族自治县	82 930	省级	19940501	林业
		小寨子沟	北川羌族自治县	44 391	省级	19940501	林业
		米亚罗	理县	160 732	省级	19950101	林业
		小金四姑娘山	小金县	56 000	国家级	19950301	环保
		白水河	彭州市	30 150	国家级	19960101	林业
		贡嘎山	康定县、泸定县、九龙县、石棉县	409 144	国家级	19960301	林业
		湾坝	九龙县	120 100	省级	19970401	环保

(续表)

地区	省级政区	保护区名称	所处地点	面积(hm^2)	级别	建立时间	主管部门
		九顶山	什邡市、绵竹市、茂县	63 700	省级	19990101	林业
		草坡	汶川县	55 678	省级	20001202	林业
		三打古	黑水县	62 300	省级	20010608	林业
		毛寨	青川县	14 150	省级	20011001	林业
西北	陕西	太白山	太白县、眉县、周至县	56 325	国家级	19650909	林业
		佛坪	佛坪县	29 240	国家级	19781215	林业
		周至	周至县	56 393	国家级	19880509	林业
		老县城	周至县	12 611	国家级	19930101	林业
		长青	洋县	29 906	国家级	19951222	林业
		留坝摩天岭	留坝县	8 520	省级	20020801	林业
		天华山	宁陕县	25 485	国家级	20020801	林业
		桑园	留坝县	13 806	国家级	20020826	林业
		青木川	宁强县	10 200	国家级	20030521	林业
		牛尾河	太白县	13 492	省级	20040101	林业
		黄柏塬	太白县	21 865	省级	20060101	林业
	甘肃	白水江	武都区、文县	183 799	国家级	19630101	林业
		裕河金丝猴	武都区	74 944	省级	20020114	林业
		白龙江阿夏	迭部县	135 536	省级	20040912	林业

注:①本表参考多方面信息综合而成,个别误差进行更正。②本表据全国自然保护区名录. http://sts.mep.gov.cn/zrbhq/zrbhq/201208/t20120824_235172.htm;江西省上犹县志编纂委员会,1992;赖建华.神奇五指峰感悟大自然的神奇客家门匾的故乡. http://www.gndaily.com/kjgz/2011-05/06/content_566873.htm;十八里长峡自然保护区. http://www.baike.com/wiki/%E5%8D%81%E5%85%AB%E9%87%8C%E9%95%BF%E5%B3%A1%E8%87%AA%E7%84%B6%E4%BF%9D%E6%8A%A4%E5%8C%BA;湖北三峡万朝山自然保护区晋升省级保护区. http://www.forestry.gov.cn/portal/main/s/228/content-276996.html;神农溪. http://www.baike.com/wiki/%E7%A5%9E%E5%86%9C%E6%BA%AA;野人谷自然保护区. http://baike.baidu.com/view/8913521.html;五里坡自然保护区. http://cq.sina.com.cn/city/whly/2012-02-14/22174_2.html;弋静.看看巫山五里坡自然保护区的野生动物照片. http://cq.qq.com/a/20120213/000130.html;李宏群等,2011;卧龙国家级自然保护区. http://baike.baidu.com/view/345535.htm? fromId=35318;喇叭河自然保护区. http://baike.baidu.com/view/372762.htm;白河自然保护区. http://baike.baidu.com/view/377263.htm;李艳忠等,2016;蜂桶寨国家级自然保护区. http://baike.baidu.com/view/481806.htm? fromId=246947;九寨沟国家级自然保护区. http://baike.baidu.com/view/481819.htm? fromId=248498;马边大风顶国家级自然保护区. http://baike.baidu.com/view/481800.htm? fromId=246865;美姑大风顶国家级自然保护区. http://baike.baidu.com/view/481825.htm? subLemmaId=481825&fromenter=%C3%C0%B9%C3%B4%F3%B7%E7%B6%A5%D7%D4%C8%BB%B1%A3%BB%A4%C7%F8;黄龙寺自然保护区. http://baike.baidu.com/view/825852.htm;宝顶沟自然保护区. http://baike.baidu.com/link? url=XImbOvmQsb-XFpudU5zVmPxRBvKTxJFPgyIiU33-amgpcdCt7niqJiOvsXrG1vmmaZlGbJfdxibQoqEk-3fMZq;唐家河国家级自然保护区. http://baike.baidu.com/view/481792.htm? fromId=251900;勿角自然保护区. http://baike.baidu.com/view/377270.htm;龙溪—虹口国家级自然保护区. http://baike.baidu.com/view/825859.htm? fromId=281859;黑水河自然保护区. http://sc.zwbk.org/MyLemmaShow.aspx? lid=1496;鞍子河自然保护区. http://baike.baidu.com/view/349644.htm;金琪等,2014;小河沟自然保护区. http://baike.baidu.com/view/1628412.htm;小寨子沟自然保护区. http://baike.baidu.com/view/379683.htm;阿坝:米亚罗自然保护区发现金丝猴群. http://news.cntv.cn/2015/12/04/VIDE1449188884309265.shtml;四姑娘山国家级自然保护区. http://www.gxyyzwy.com/html/zwbh/1703621.htm;白水河自然保护区. http://baike.baidu.com/view/182214.htm;贡嘎山国家级自然保护区. ttp://baike.baidu.com/view/472693.htm? subLemmaId=472693&fromenter=%B9%B1%B8%C2%C9%BD%D7%D4%C8%BB%B1%A3%

BB%A4%C7%F8；四川贡嘎山国家级自然保护区. http://www.chinagongga.cn/；湾坝自然保护区. http://baike.baidu.com/view/3395982.htm；草坡自然保护区. http://www.wccpx.com/p/st_news_items_i_634293038060577500/；杨旭等，2013；毛寨自然保护区. http://baike.baidu.com/view/5609246.htm；陕西太白山国家级自然保护区. http://baike.baidu.com/view/248557.htm；陕西佛坪国家级自然保护区. http://baike.baidu.com/view/341113.htm? fromId=251906；周至国家级自然保护区. http://baike.baidu.com/view/825934.htm? fromId=248554；陕西省老县城国家级自然保护区. http://baike.sogou.com/v83237167.htm；陕西周至老城自然保护区管理处. 2004.（秦岭自然保护区群）陕西周至老城自然保护区管理计划（审定稿）. http://www.docin.com/p-307614035.html；长青国家级自然保护区. http://baike.baidu.com/view/514992.htm? fromId=246385；陕西摩天岭自然保护区. http://baike.baidu.com/view/5761599.htm；天华山自然保护区. http://www.zwbk.org/MyLemmaShow.aspx? lid=127155；桑园保护区脊椎动物资源. http://www.taibaishan.com.cn/publicfiles/business/htmlfiles/bsj/s1765/201107/2649.html；青木川国家级自然保护区. http://baike.baidu.com/view/3207139.htm? fromId=3419869；陕西太白牛尾河省级自然保护区. http://baike.baidu.com/view/7103024.htm；陕西黄柏塬自然保护区. http://baike.baidu.com/view/7103034.htm；白水江保护局，2016；甘肃白水江自然保护区连续拍摄到野生大熊猫活动影像. http://gansu.gscn.com.cn/system/2015/01/14/010901951.shtm；刘鹏. 2010. 浅析阿夏自然保护区的管理现状与建设对策. http://www.doc88.com/p-0093992185414.html

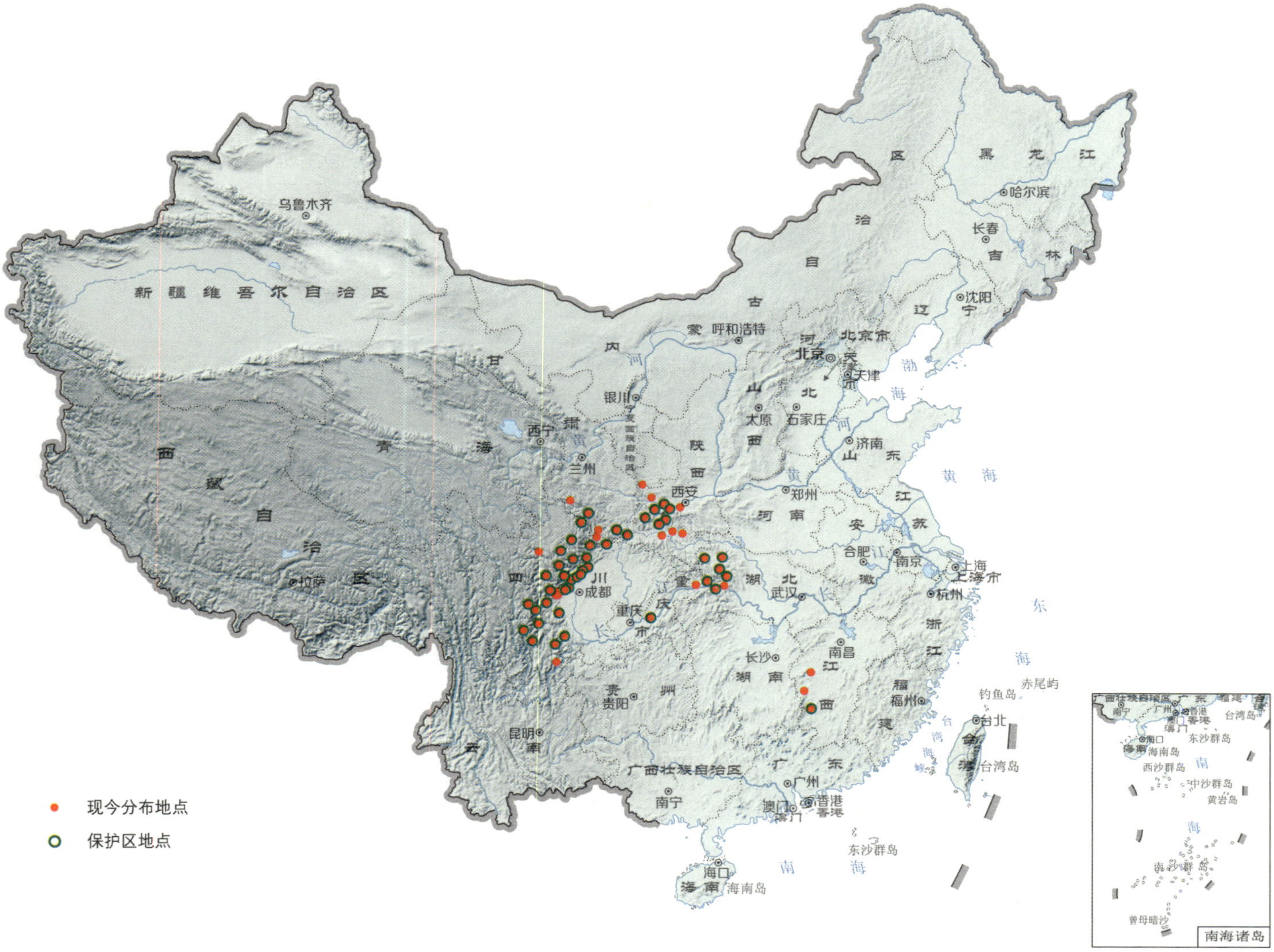

图 10.37　现有金仰鼻猴栖息地与其栖息的自然保护区分布图

4.8 金仰鼻猴分布变迁

20 世纪以来,金仰鼻猴的分布变迁状况(表 10.4、图 10.38)显示:

● 20 世纪以来,金仰鼻猴分布变迁状况巨大。

● 百余年来,不仅金仰鼻猴分布地数量减少约 43%,而且分布地域大为缩小。

● 到 20 世纪后半叶,原残存于山西省、浙江省、福建省、广东省等省级政区的金仰鼻猴已然消失。

● 山西省是金仰鼻猴分布的北部边缘,分布地点原本不多;广东省之初尚有较多金仰鼻猴分布地点,忽而消失,倒是与东部与南部一带残存金仰鼻猴的灭绝相一致。

● 到现今,广西壮族自治区残存的金仰鼻猴也已消失。

● 江西省与湖北省分别是华东与中南唯一残存金仰鼻猴的省级政区。

● 省级政区中,现存金仰鼻猴地点的绝对数排序为:四川省(有 30 地),陕西省(有 13 地),湖北省(有 6 地),甘肃省(有 5 地),江西省与重庆市(皆 3 地)。

● 四川省的金仰鼻猴分布地点变化较大:到 20 世纪后半叶,减少 6 地;到现今,再减少 11 地。

表 10.4　　20 世纪以来金仰鼻猴的分布变迁概况

地区	省级政区	20 世纪前半叶分布地点	20 世纪后半叶分布地点	现今分布地点
华北	山西	陵川县		
华东	浙江	建德市、天台县、乐清市		
	福建	永春县		
	江西	上犹县、井冈山市、安福县	上犹县、井冈山市、安福县	上犹县、井冈山市、安福县
中南	湖北	房县、竹溪县、兴山县、秭归县、神农架林区、巴东县	房县、竹溪县、兴山县、秭归县、神农架林区、巴东县	房县、竹溪县、兴山县、秭归县、神农架林区、巴东县
	广东	乐昌市、大埔县、丰顺县、湘桥区、潮安县、饶平县、汕头市、南澳县、榕城区、普宁市、揭东县、揭西县、惠来县、龙门县、东莞市、恩平市		
	广西	马山县、扶绥县、大新县、宁明县、靖西县	大新县、宁明县、靖西县	
西南	重庆	涪陵区、巫山县、奉节县	涪陵区、巫山县、奉节县	涪陵区、巫山县、奉节县
	四川	都江堰市、彭州市、邛崃市、崇州市、大邑县、青川县、安县、北川羌族自治县、平武县、什邡市、绵竹市、峨边彝族自治县、马边彝族自治县、泸州市、泸县、合江县、叙永县、万源市、宣汉县、洪雅县、名山县、荥经县、汉源县、石棉县、天全县、芦山县、宝兴县、马尔康县、汶川县、理县、茂县、松潘县、九寨沟县、金川县、小金县、黑水县、阿坝县、红原县、康定县、泸定县、九龙县、理塘县、得荣县、金阳县、冕宁县、美姑县、木里藏族自治县	都江堰市、彭州市、崇州市、大邑县、青川县、安县、北川羌族自治县、平武县、什邡市、绵竹市、峨边彝族自治县、马边彝族自治县、泸州市、叙永县、洪雅县、荥经县、汉源县、石棉县、天全县、芦山县、宝兴县、马尔康县、汶川县、理县、茂县、松潘县、九寨沟县、金川县、小金县、黑水县、阿坝县、红原县、康定县、泸定县、九龙县、理塘县、得荣县、金阳县、冕宁县、美姑县、木里藏族自治县	都江堰市、彭州市、崇州市、大邑县、青川县、安县、北川羌族自治县、平武县、什邡市、绵竹市、马边彝族自治县、洪雅县、石棉县、天全县、芦山县、宝兴县、马尔康县、汶川县、理县、茂县、松潘县、九寨沟县、小金县、黑水县、康定县、泸定县、九龙县、金阳县、冕宁县、美姑县
西北	陕西	周至县、户县、宝鸡市、眉县、陇县、太白县、洋县、西乡县、宁强县、留坝县、佛坪县、石泉县、宁陕县	周至县、户县、宝鸡市、眉县、陇县、太白县、洋县、西乡县、宁强县、留坝县、佛坪县、石泉县、宁陕县	周至县、户县、宝鸡市、眉县、陇县、太白县、洋县、西乡县、宁强县、留坝县、佛坪县、石泉县、宁陕县
	甘肃	武都区、康县、文县、西和县、临潭县、卓尼县、舟曲县、迭部县	武都区、康县、文县、西和县、舟曲县、迭部县	武都区、康县、文县、舟曲县、迭部县

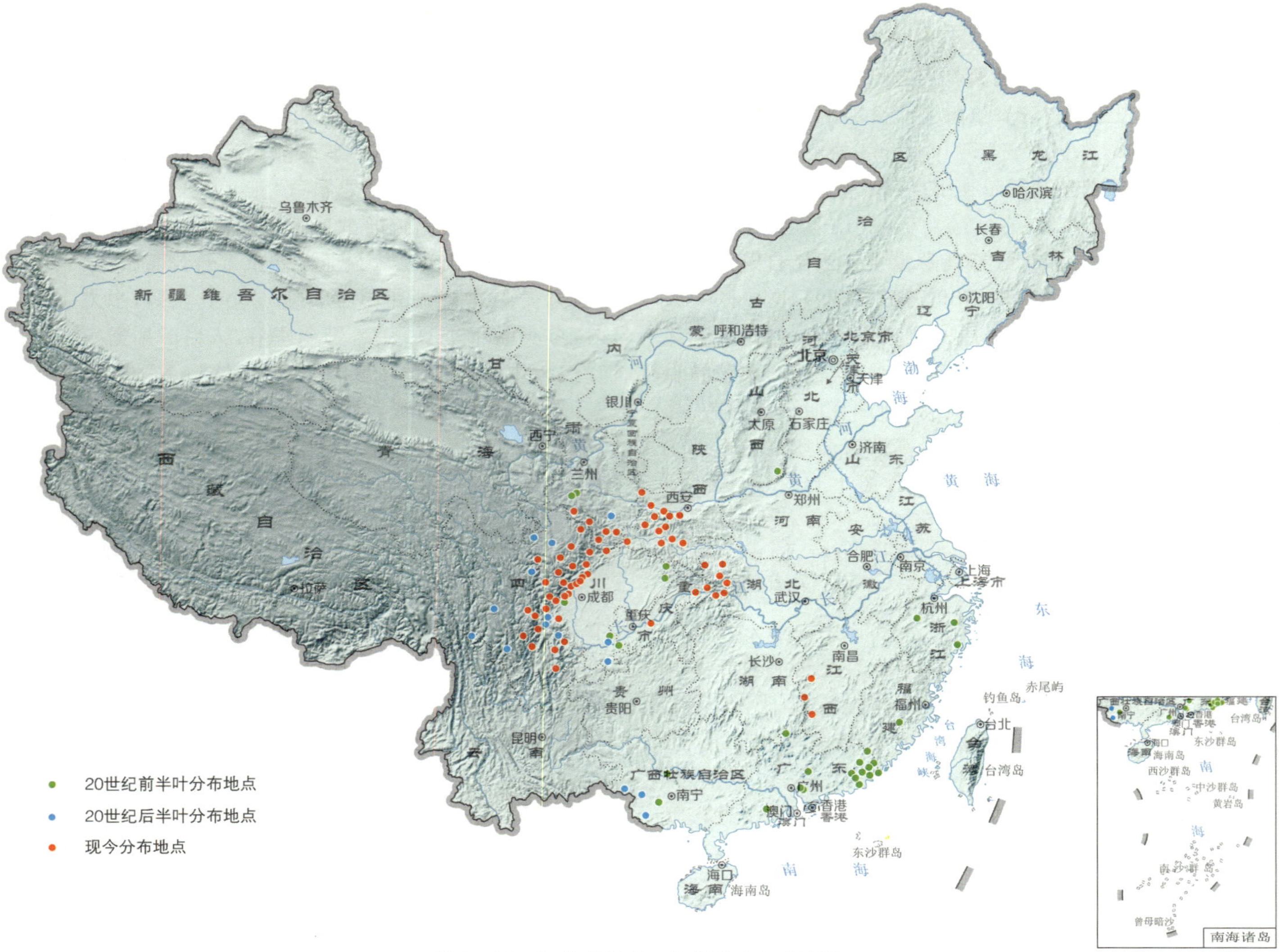

图 10.38　20 世纪以来金仰鼻猴分布变迁图

5　20 世纪以来的灰仰鼻猴分布变迁

灰仰鼻猴仅见在西南的重庆市与贵州省有较确切分布地。

5.1　重庆

重庆市是灰仰鼻猴分布的北部地区。

5.1.1　20 世纪分布情况

可以确认重庆市有灰仰鼻猴分布的记载见于 1980 年代以来的文献。

《四川资源动物志》记载“灰金丝猴：南川”（《四川资源动物志》编辑委员会等，1982），说明地处渝南与黔北接壤的今南川区还有灰仰鼻猴分布。

《南川县志》记载，既见有“国家一级保护动物：……灰金丝猴、黑叶猴、梅花鹿”等（四川省南川县志编纂委员会，1991）。今南川区的此“灰金丝猴”即灰仰鼻猴，与 1982 年记载可相互印证。

《武隆县志》记载有“黔金丝猴”等（四川省武隆县志编纂委员会，1994），亦即意味着灰仰鼻猴是武隆县当时存在的物种之一。

《黔江县志》记载“国家保护动物有：黑金丝猴……猕猴、黔江灰金丝猴”等（黔江土家族苗族自治县志编纂委员会，1994），其中既有“黑金丝猴”（即白臀仰鼻猴），又有“黔江灰金丝猴”（灰金丝猴，即灰仰鼻猴）。由于今黔江区距现今处于隔离状态的梵净山自然保护区也不太远，若有孑遗的黔仰鼻猴，并非不可能；同时又栖息有相距更遥远的滇仰鼻猴，如果不是笔误，很值得专业人员再查证。

《彭水县志》记载的“灵长类”有“黄猴、青猴、白猴、黑叶猴、金丝猴”，另称“国家一级保护动物：……金丝猴”（彭水县志编纂委员会，1997）。在两处都出现“金丝猴”（仰鼻猴），说明不是随意提出，而且反映的是彭水苗族土家族自治县现存情况。

重庆市与贵州省接壤而处于北部。从晚近可以区分仰鼻猴属物种的情况看，重庆市分布的灰仰鼻猴确与贵州省现存的有一定距离（图 10.39）。但是，如果我们暂且将 20 世纪前贵州省与重庆市一些分布的仰鼻猴当作灰仰鼻猴看待，就不难看到它们实际上曾是一个较大分布区，重庆市的几处恰处于分布区边缘。

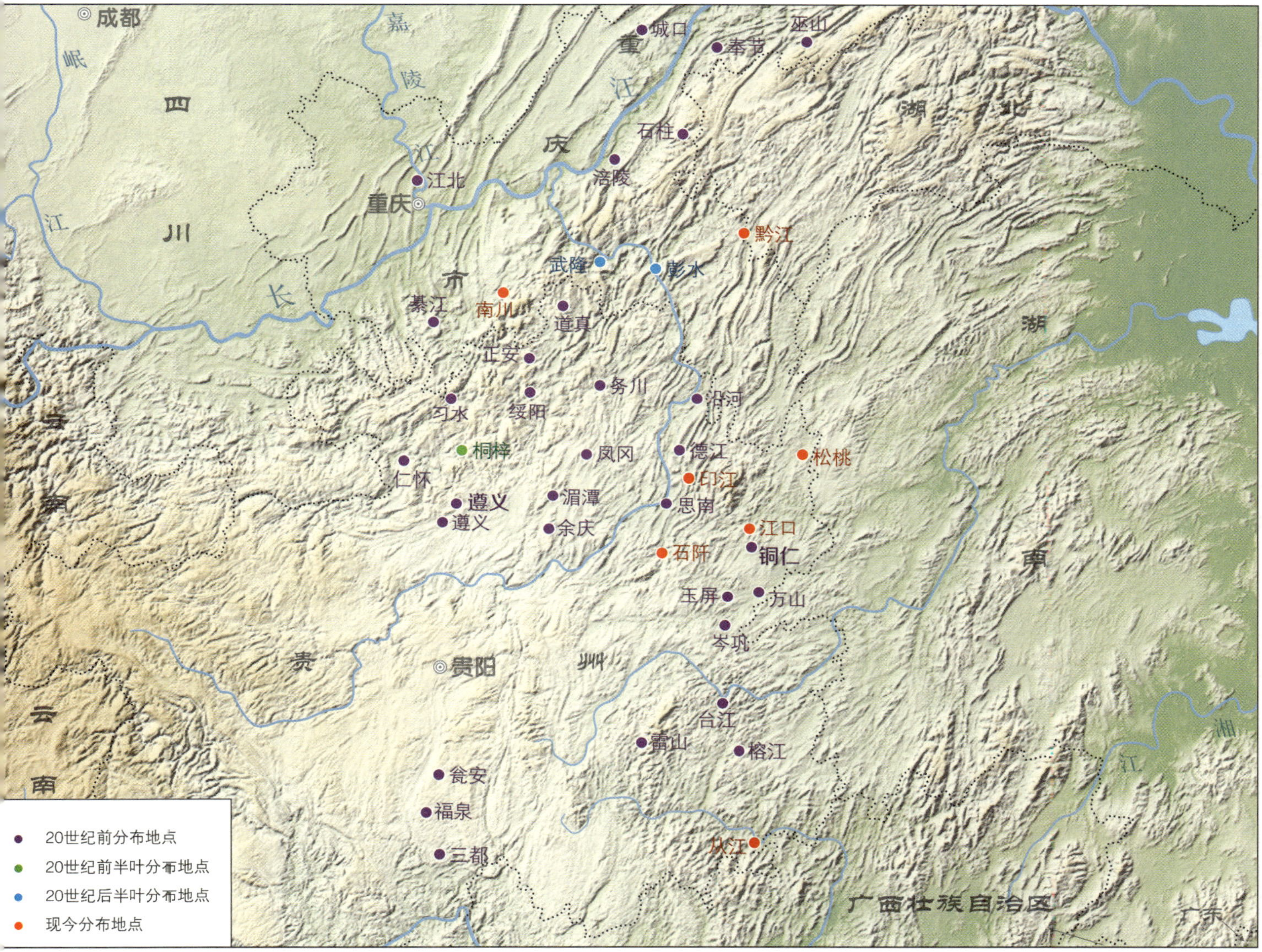

图 10.39　渝黔仰鼻猴属及灰仰鼻猴分布地概况图

5.1.2　现今分布情况

重庆市现存灰仰鼻猴主要处于保护区内。

位于南川区的金佛山国家级自然保护区是四川盆地东南缘与云贵高原的过渡地带，大娄山山脉东段的支脉，由金山、柏枝山、箐坝山、三元共四片 108 座山峰组成。保护区中已知哺乳动物 82 种，鸟类 178 种，两栖动物 27 种，爬行动物 36 种，鱼类 71 种，昆虫 129 种；其中属国家一、二级重点保护动物有白颊黑叶猴、黔金丝猴、云豹、金钱豹、大灵猫、穿山甲、绿尾虹雉、白腹锦鸡、金雕等53种,还发现有白猴、白蛇等白化动物①。证实确有灰仰鼻猴等珍稀野生动物存在。

黔江区境内山脉、河流走向近似平行,由东北向西南倾斜,呈"六岭五槽"地貌,平坝散落其间,山地占总面积的90%。地属中亚热带湿润性季风气候区:气候温和,四季分明,热量丰富,雨量充沛,但辐射、光照不足,灾害气候频繁;气候具有随海拔变化的立体规律,是典型的山地气候。当地野生动物资源丰富,有4类23目69科147种,其中黑金丝猴、毛冠鹿、红腹角雉、鸳鸯、大鲵、猕猴、黔江灰金丝猴、穿山甲、大灵猫、林麝、云豹、红腹锦鸡等属国家保护动物②。当地的武陵山省级自然保护区的"主要保护对象"明确有"金丝猴",当是灰仰鼻猴,而"黑金丝猴"待查证。

5.2 贵州

贵州省是灰仰鼻猴的主要分布地。

《中国重点陆生野生动物资源调查》称,"本次调查,黔金丝猴仅见于贵州的梵净山自然保护区"(国家林业局,2008)。证明在江口县、印江土家族苗族自治县、松桃苗族自治县等地仍有灰仰鼻猴存在。

台江县地处云贵高原东部苗岭主峰雷公山北麓、清水江中游南岸,境内地形地貌奇特,高山、盆地、河谷错落有致。地属中亚热带温和湿润气候区,雨量充沛,冬无严寒,夏无酷暑。据称,当地山中有金山猴、猕猴和蟒、蛇及穿山甲等多种动物繁衍栖息③。

5.3 栖息有灰仰鼻猴的保护区

栖息有灰仰鼻猴的自然保护区既可确证该物种的现今存在,又反映它们得到相关机制的有效保护。我国现栖息有灰仰鼻猴的自然保护区(表10.5、图10.40)显示:

- 栖息有灰仰鼻猴的保护区在重庆市与贵州省皆有,后者无论是保护区数量还是分布地点皆略胜一筹。
- 栖息有灰仰鼻猴的保护区尚无一地多个现象。
- 灰仰鼻猴栖息的地方皆设有保护区。
- 栖息有灰仰鼻猴的保护区总面积达1 282 km^2;面积最大的是梵净山国家级自然保护区(在贵州省),最小的是武陵山省级自然保护区(在重庆市),相差近6倍。
- 保护区包含3种级别,国家级与省级各占40%,市级占20%。
- 保护区设立于1979～2000年,其中1986年设立的略多。
- 保护区的主管部门皆是林业部门。

表10.5 **栖息有灰仰鼻猴的自然保护区概况**

省级政区	保护区名称	所处地点	面积(hm^2)	级别	建立时间	主管部门
重庆	金佛山	南川区	41 850	国家级	19790701	林业
	武陵山	黔江区	7 011	省级	20000701	林业
贵州	从江月亮山	从江县	24 800	市级	19860101	林业
	梵净山	江口县、印江土家族苗族自治县、松桃苗族自治县	41 900	国家级	19860709	林业
	石阡佛顶山	石阡县	12 635	省级	19921001	林业

注:①本表参考多方面信息综合而成,个别误差进行更正。②本表据全国自然保护区名录. http://sts.mep.gov.cn/zrbhq/zrbhq/201208/t20120824_235172.htm;金佛山自然保护区. http://baike.baidu.com/view/248491.html;从江县月亮山自然保护区. http://www1.cfsdc.org/wwwroot/baohuqu/25.htm;梵净山国家级自然保护区. http://baike.baidu.com/view/824110.htm?fromId=120315;张波,2003

①重庆金佛山国家级自然保护区. http://baike.baidu.com/link? url=X90criblae_ruac3M4SQ7v4XMUb9JU5OnlUEGxM48dgNibBR1mUDIYZmSxzu5bXnw3FZ6lrIIDKzwRKEwnbeRa

②黔江区. http://baike.baidu.com/link? url=l8qSsebTmcK_uSy_sWfsxS9U41xA8wrjYWtBwVL8XqfC1sU3yePHCGavX3jV0JBuqmQeaNrQFKk6bdvWgProN_

③台江县. http://baike.baidu.com/link? url=hj7kHQvqSqpj7U-JLYId3vlB57KaNI3VIePOBSmnAhmrX4_DeiNNaFK1rYpYgOOM5B6i8y1Up_h7z058M24SHq;台江概况. http://www.gztaijiang.gov.cn/tjxqdy.jsp? urltype=tree.TreeTempUrl&wbtreeid=1011

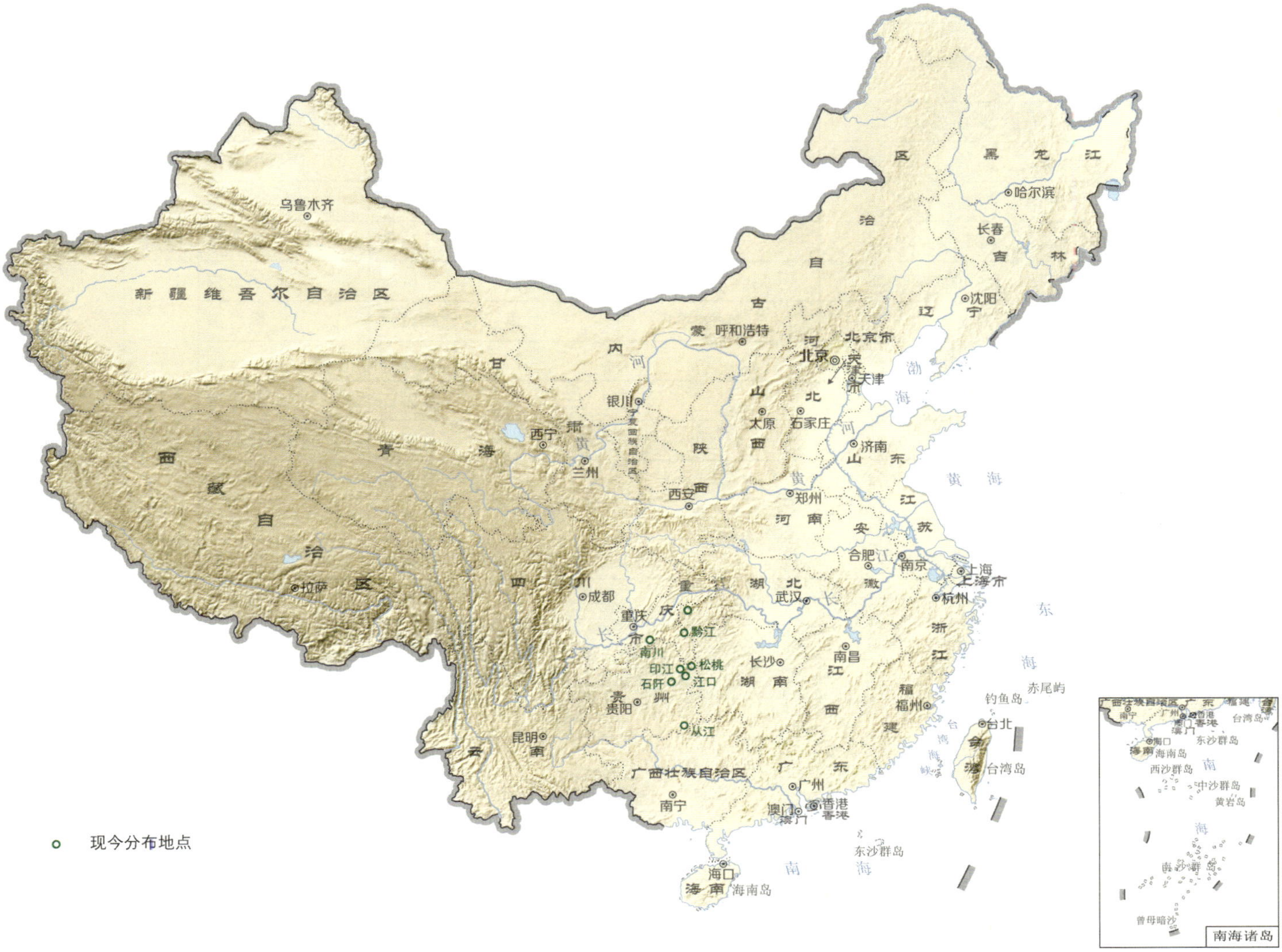

图 10.40　现有灰仰鼻猴栖息的自然保护区分布图

5.4　灰仰鼻猴分布变迁

20 世纪以来，灰仰鼻猴的分布变迁状况（表 10.6、图 10.41）显示：

- 灰仰鼻猴发现时就已濒危，故仅在两个省级政区的 10 地有所记录。
- 到 20 世纪后半叶，灰仰鼻猴分布地减少 1 地。
- 到现今，灰仰鼻猴分布地又减少 2 地。
- 经极力拯救，据称灰仰鼻猴数量有所回升。

表 10.6　　20 世纪以来灰仰鼻猴的分布变迁概况

省级政区	20 世纪前半叶分布地点	20 世纪后半叶分布地点	现今分布地点
重庆	黔江区、南川区、武隆县、彭水苗族土家族自治县	黔江区、南川区、武隆县、彭水苗族土家族自治县	黔江区、南川区
贵州	桐梓县、江口县、石阡县、印江土家族苗族自治县、松桃苗族自治县、从江县	江口县、石阡县、印江土家族苗族自治县、松桃苗族自治县、从江县	江口县、石阡县、印江土家族苗族自治县、松桃苗族自治县、从江县

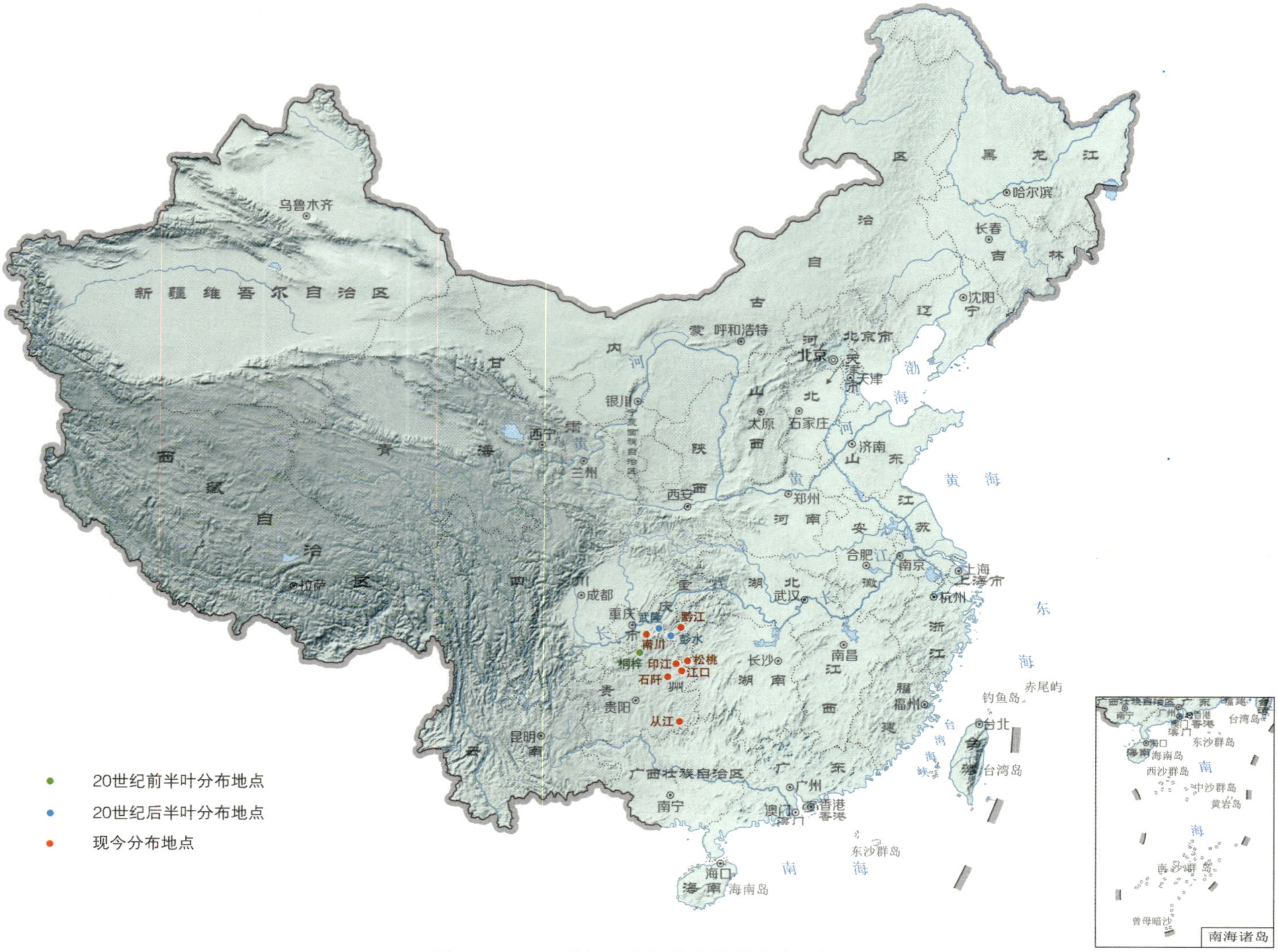

图 10.41　20 世纪以来灰仰鼻猴分布变迁图

6　20 世纪以来的白臀仰鼻猴分布变迁

白臀仰鼻猴仅见于西南的四川省、云南省与西藏自治区有分布记录。

6.1　四川

四川省有白臀仰鼻猴分布记录。

《四川资源动物志》记载“黔金丝猴：巴塘、雷波”（《四川资源动物志》编辑委员会等，1982）

《巴塘县志》列举有“国家一类保护动物：白唇鹿、黑金丝猴……”（四川省巴塘县地方志编纂委员会，2001）；尤其是还有“黑金丝猴”，亦即白臀仰鼻猴。巴塘县处于川藏交界处，历史文献就曾记载有仰鼻猴，这也是目前一般认为仅存于滇藏之外的白臀仰鼻猴残存。

6.2 云南

云南省是白臀仰鼻猴的主要分布地。

《中国重点陆生野生动物资源调查》称“本次调查，滇金丝猴仅见于云南（德钦、维西、兰坪、云龙、丽江、剑川）”（国家林业局，2008）。反映在古城区、玉龙纳西族自治县、兰坪白族普米族自治县、德钦县、维西傈僳族自治县、云龙县、剑川县等地还有白臀仰鼻猴存在。

位于云龙县和兰坪白族普米族自治县交界处的龙马山（26°23′N，99°25′E）有 80 只滇金丝猴组成的“龙马山群”,同域分布的还有猕猴(黎国强等,2012)。

实际上,滇金丝猴(图 10.42)第一次进入云龙人视线是 1968 年,地点位于云龙天池,之后的岁月里,再也不见它们活动的踪迹。专家曾指出,过去的 50 年,在云龙县境内,天池、天子山两个滇金丝猴种群已消失。不料,2007 年,滇金丝猴首次在天池自然保护区龙马山片区发现;2015 年 2 月,再次在云龙天池保护区天池片发现滇金丝猴活动踪迹(杨桂梅等,2015)。由此证实当地的白臀仰鼻猴曾一度消失。

图 10.42　白臀仰鼻猴(滇金丝猴)

据 2015 年 10 月报道,白马雪山自然保护区内的滇金丝猴 2004 年达到 1 200 多只,近年来数量不断增加,已达 1 500 多只[①]。表明白臀仰鼻猴不仅存在,且分布区有所扩展。

德钦县佛山乡巴美村海拔 4 200 m 左右的原始森林中发现滇金丝猴嬉耍的情景(图 10.43～图 10.46):只见众多金丝猴顽皮地在林间荡来荡去,还能听到猴子的欢叫声和嘶吼声,还有很多滇金丝猴妈妈抱着小猴子在树林里荡来荡去,从视频的拍摄角度可以看出,这群野生的滇金丝猴种群并不惧怕人类。这是近年来人们首次在云岭山脉澜沧江东岸发现的最大滇金丝猴种群(有称数量在 300 只以上),也是目前唯一不在保护区内的野生滇仰鼻猴群[②]。近年有一些影像资料发布,包括 2015 年 8 月 16 日央视播放视频。

图 10.43　巴美白臀仰鼻猴(一)[③]

图 10.44　巴美白臀仰鼻猴(二)[④]

①蔺以光,杨牧源. 云南白马雪山保护区滇金丝猴数量持续增加已达 1 500 只左右. http://news.xinhuanet.com/local/2015-10/14/c_1116823790.htm

②史效轩,江初. 巴美村民义务巡山保护滇金丝猴种群. http://diqing.yunnan.cn/html/2013-10/23/content_2928347.htm;云南:近距离拍到巴美滇金丝猴群影像. http://news.cntv.cn/2015/08/16/VIDE1439724248983390.shtml

③巴美滇金丝猴. http://baike.baidu.com/pic/巴美滇金丝猴/12012386/0/b999a9014c086e066303956300087bf40ad1cb6b? fr

④史效轩,江初. 巴美村民义务巡山保护滇金丝猴种群. http://diqing.yunnan.cn/html/2013-10/23/content_2928347.htm】

图 10.45　巴美白臀仰鼻猴(三)①

图 10.46　巴美白臀仰鼻猴(四)②

6.3　西藏

西藏自治区仅存芒康县一地有白臀仰鼻猴分布。

《中国重点陆生野生动物资源调查》称“本次调查，滇金丝猴仅见于……西藏(芒康)”(国家林业局，2008)。证实在芒康县还有白臀仰鼻猴栖息。

芒康滇金丝猴国家级自然保护区(又称红拉雪山滇金丝猴国家级自然保护区)位于西藏最东端的芒康县境内，地处东经 98°20′～98°59′，北纬 28°48′～29°40′(向左甫等，2011)。既是中国现存仰鼻猴分布的最西端，也是白臀仰鼻猴分布区的最北缘，有 3 群(执娜群、小昌都群和米拉卡群)白臀仰鼻猴活动。

6.4　栖息有白臀仰鼻猴的保护区

栖息有白臀仰鼻猴的自然保护区既可确证该物种的现今存在，又反映它们得到相关机制的有效保护。我国现栖息有白臀仰鼻猴的自然保护区(表 10.7、图 10.47)显示：

表 10.7　栖息有白臀仰鼻猴的自然保护区概况

省级政区	保护区名称	所处地点	面积(hm^2)	级别	建立时间	主管部门
云南	云龙天池	云龙县	6 630	省级	19810401	林业
	威远江	景谷傣族彝族自治县	7 653	省级	19811001	林业
	金光寺	永平县	9 584	省级	19820331	林业
	高黎贡山	隆阳区、腾冲县、泸水县、福贡县、贡山独龙族怒族自治县	405 200	国家级	19830101	林业
	白马雪山	德钦县、维西傈僳族自治县	276 400	国家级	19840101	林业
	玉龙雪山	玉龙纳西族自治县	26 000	省级	19840501	林业
	哈巴雪山	香格里拉县	21 908	省级	19850101	林业
	永德大雪山	永德县	17 541	国家级	19860320	林业
	云岭	兰坪白族普米族自治县	75 894	省级	19980101	林业
西藏	芒康滇金丝猴	芒康县	185 300	国家级	19930101	林业

注：①本表参考多方面信息综合而成，个别误差进行更正。②云南云龙天池国家级自然保护区. http://baike.baidu.com/link?

①http://image.so.com/v? ie=utf-8&src=hao_360so&q=巴美滇金丝猴 &fromurl=http%3A%2F%2Fi.cztv.com%2Fview%2F1060178.html#ie

②http://www.haokoo.com/almsdeed/7386033.html

url=ZVyF6q9C7WaOz82O5ZODnfaMMcxS8Jze118FKsqrYHWXT7GYrE6H-BjST6z8VSjyD1-d3nWPmTrQZzvT8q31UK;威远江自然保护区.http://baike.baidu.com/view/246418.htm;金光寺自然保护区.http://jingdian.tripc.net/item/6372.html;白马雪山自然保护区.http://www.baike.com/wiki/%E7%99%BD%E9%A9%AC%E9%9B%AA%E5%B1%B1%E8%87%AA%E7%84%B6%E4%BF%9D%E6%8A%A4%E5%8C%BA;玉龙雪山.http://baike.baidu.com/view/23851.htm?fromId=246429;哈巴雪山.http://baike.baidu.com/view/62767.htm?fromId=824125;永德大雪山自然保护区.http://baike.baidu.com/view/1094389.htm;兰坪云岭省级自然保护区.http://yn.zwbk.org/lemma/1290;崔茂欢等,2011;西藏芒康滇金丝猴国家级自然保护区.http://baike.baidu.com/view/871351.htm?fromId=1118385

● 栖息有白臀仰鼻猴的保护区在云南省与西藏自治区皆有,后者仅有一处。

● 栖息有白臀仰鼻猴的保护区尚无一地多个现象。

● 白臀仰鼻猴栖息的地方尚有数地未设保护区。

● 栖息有白臀仰鼻猴的保护区总面积达1.03万km^2;面积最大的是高黎贡山国家级自然保护区(在云南省),最小的是云龙天池省级自然保护区(也在云南省),相差超过61倍。

● 保护区包含2种级别,省级占60%,国家级占40%。

● 保护区设立于1981~1993年,绝大多数是1980年代设立的。

● 保护区的主管部门皆是林业部门。

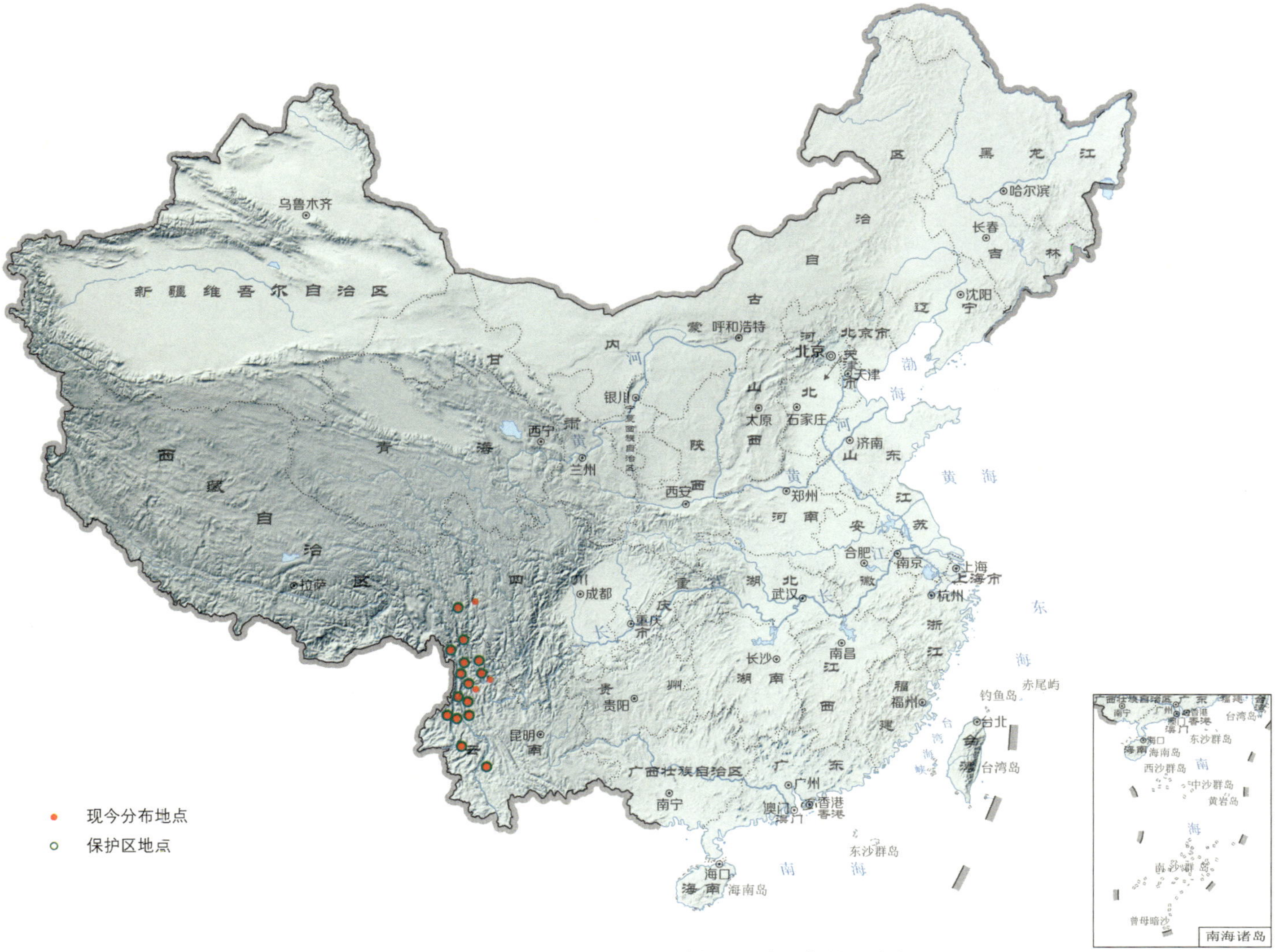

图10.47 现有白臀仰鼻猴栖息地与其栖息的自然保护区分布图

6.5 白臀仰鼻猴分布变迁

20 世纪以来，白臀仰鼻猴的分布变迁状况（表 10.8、图 10.48）显示：

表 10.8　　20 世纪以来白臀仰鼻猴的分布变迁概况

省级政区	20 世纪前半叶分布地点	20 世纪后半叶分布地点	现今分布地点
四川	巴塘县、雷波县	巴塘县、雷波县	巴塘县
云南	隆阳区、腾冲县、水富县、古城区、玉龙纳西族自治县、宁洱哈尼族彝族自治县、景谷傣族彝族自治县、永德县、泸水县、福贡县、贡山独龙族怒族自治县、兰坪白族普米族自治县、香格里拉县、德钦县、维西傈僳族自治县、永平县、云龙县、剑川县、漾濞彝族自治县、绿春县、红河县	隆阳区、腾冲县、水富县、古城区、玉龙纳西族自治县、宁洱哈尼族彝族自治县、景谷傣族彝族自治县、永德县、泸水县、福贡县、贡山独龙族怒族自治县、兰坪白族普米族自治县、香格里拉县、德钦县、维西傈僳族自治县、永平县、云龙县、剑川县、漾濞彝族自治县、绿春县、红河县	隆阳区、腾冲县、古城区、玉龙纳西族自治县、景谷傣族彝族自治县、永德县、泸水县、福贡县、贡山独龙族怒族自治县、兰坪白族普米族自治县、香格里拉县、德钦县、维西傈僳族自治县、永平县、云龙县、剑川县
西藏	芒康县	芒康县	芒康县

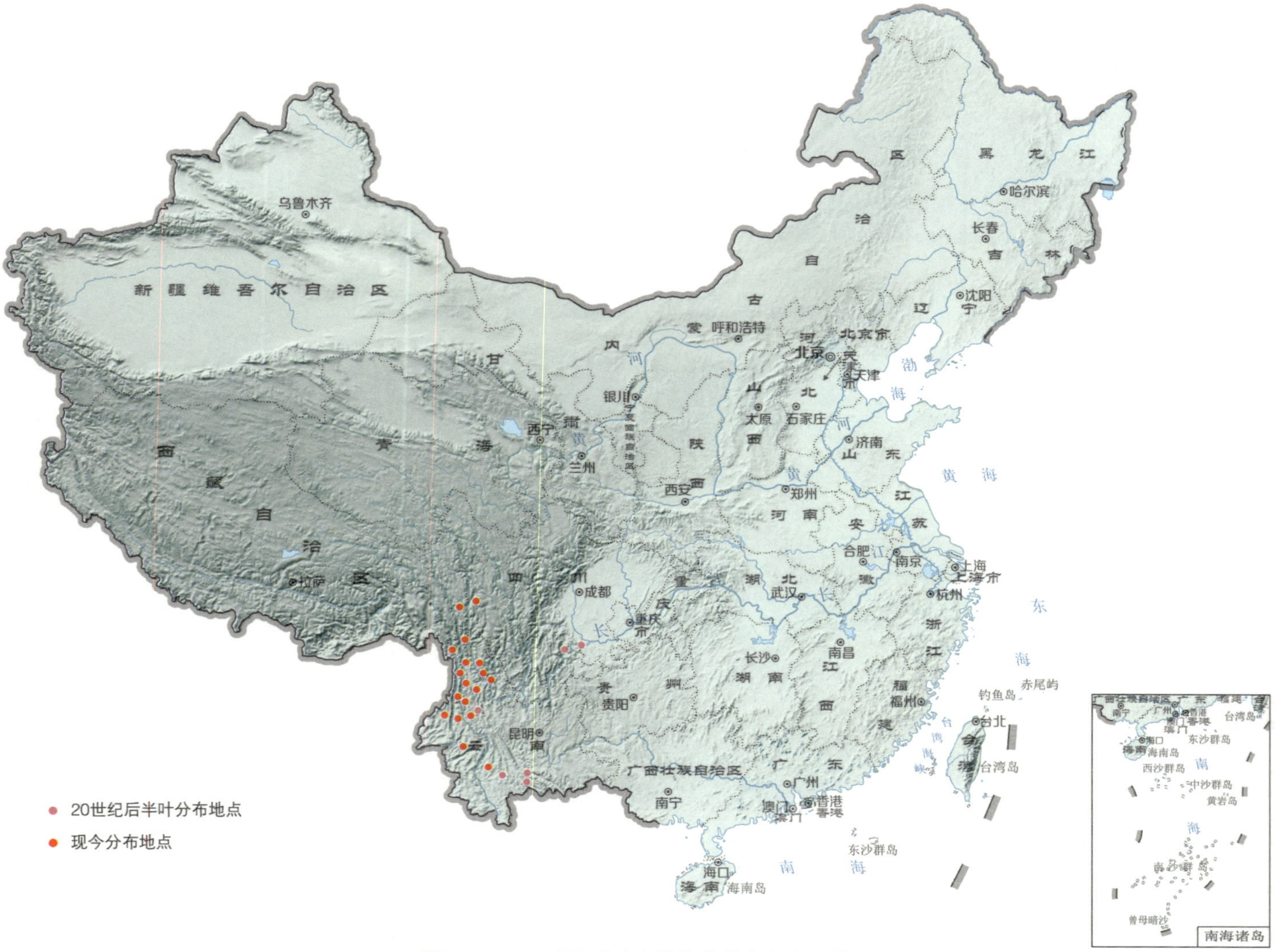

图 10.48　20 世纪以来白臀仰鼻猴分布变迁图

● 白臀仰鼻猴仅分布在川滇藏三省区交界处，喜马拉雅山南缘横断山系的云岭山脉当中，澜沧江和金沙江之间一个狭小地域，坡陡崖深，地理环境和气候条件十分恶劣。

● 自外国学者 19 世纪末命名之后，中国科学家直到 1960 年后才开始研究白臀仰鼻猴，但真正对它的实地科学考察则始于 1970 年代末。故对白臀仰鼻猴的分布记录十分有限。

● 白臀仰鼻猴主要分布于云南省，也波及到相邻的四川省与西藏自治区边缘地带。

● 到现今，白臀仰鼻猴分布地减少 6 地(四川省占 5 地)。

7 黑仰鼻猴

黑仰鼻猴是近年新发现的仰鼻猴属独立物种(佚名，2012)。

7.1 黑仰鼻猴分布地

据初步调查，黑仰鼻猴仅见于云南省的泸水县一带。

怒江金丝猴已知分布区均在恩梅开江(依洛瓦底江上游)和怒江之间的高黎贡山地区，初步估计活动范围在海拔 1 720～3 700 m。缅甸一侧可能有 3～4 群，260～330 个体。中国境内可能至多有 10 群，490～620 个体，仅分布在怒江州泸水县怒江以西的片马、鲁掌、大兴地和秤杆地区(图 10.49)，目前仅确认存在一群约 100 只个体，具体分布地和种群数量仍待继续调查。通过架设红外相机，拍摄到一些黑仰鼻猴活动画面。2013 年 12 月，首次拍摄到一只成年黑仰鼻猴雄性个体快速跑下山坡(图 10.50)；随后，又拍摄到成年雄性、成年雌雄、青年猴、婴猴在地面活动(图 10.51)的不少图片(陈奕欣等，2015)。证实黑仰鼻猴的存在。

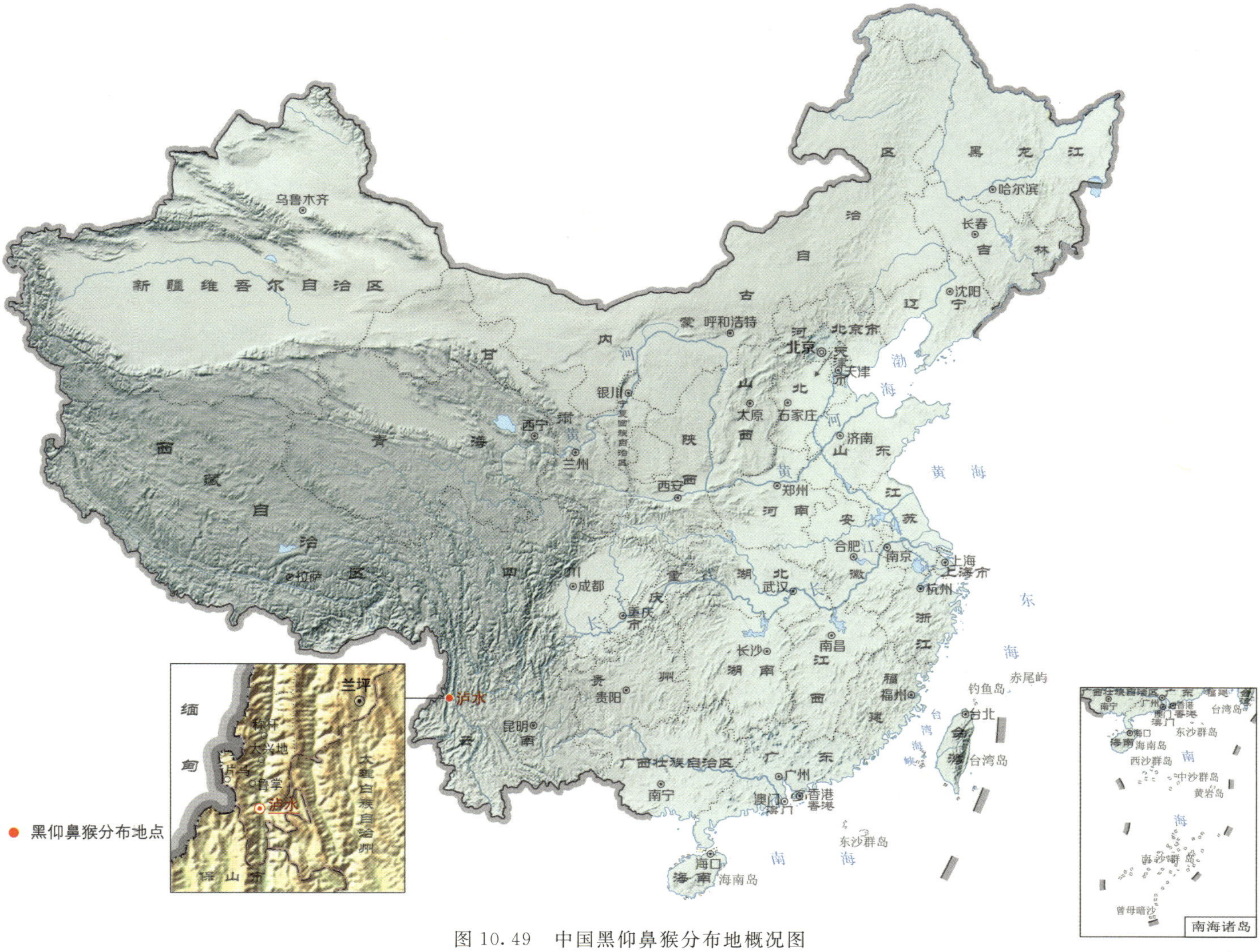

图 10.49 中国黑仰鼻猴分布地概况图

图 10.50　红外相机首拍我国黑仰鼻猴

图 10.51　红外相机拍摄黑仰鼻猴活动

据对高黎贡山国家级自然保护区姚家坪管理站（在泸水县）收容的怒江金丝猴初步研究，怒江金丝猴的食物资源主要分布在海拔 2 100～3 100 m 之间，在试喂的 500 种植物中，怒江金丝猴食用的有 167 种①。

野外调查黑仰鼻猴，首先在高黎贡山主山脉西坡发现。随后，据 2015 年 9 月报道，高黎贡山主山脉东坡发现的怒江金丝猴新猴群是目前中国境内发现的第二个怒江金丝猴猴群，在午休时观察到有 50～60 只，并拍摄到一些猴群活动图片。这两个猴群间应该有基因的交流，但并不是一个群体。“怒江和缅甸山水相连，根据世界自然保护联盟的统计，怒江金丝猴可能有 260～330 只。我们现在已落实的数量达到 170 只左右，从这个意义上来说，怒江金丝猴的主要栖息地应该在高黎贡山保护区范围内”②。由此，可以证明高黎贡山主山脉西坡与东坡皆有黑仰鼻猴栖息。

7.2　黑仰鼻猴分布地求疵

对于黑仰鼻猴分布地的泛指有“高黎贡山”与“高黎贡山国家级自然保护区”等多种说法，也有人指责保护区设立 30 多年才发现新物种……故认真探究不无必要。

高黎贡山是横断山脉中最西部的山脉，北连青藏高原，南接中印半岛。广义的高黎贡山北段位于西藏自治区境内，称伯舒拉岭，山体作北偏西走向；进入云南贡山独龙族怒族自治县后，称高黎贡山（狭义），呈南北走向。

高黎贡山国家级自然保护区地处怒江西岸，“北起泸水县南部，南迄腾冲、保山南部，呈狭长状，位于北纬 24°56′～28°23′，东经 98°08′～98°53′之间”③，总面积 405 200 hm²，是云南省面积最大的自然保护区，并有附图[参见“怒江州保护区示意图”④，“高黎贡山保护区南段（放大）”⑤]。

---

①胡陈兰，王新文. 怒江金丝猴食性与食物资源分布情况研究取得初步成果. http://www.nujiang.cn/html/2015/lushui_1208_33933.html

②马骞. 云南发现怒江金丝猴新种群 中国境内已落实数量约 170 只. http://www.chinanews.com/sh/2015/09-21/7536243.shtml；高黎贡山发现怒江金丝猴新种群. http://news.163.com/15/0922/08/B43T9RP600014AEE.html

③此段记述有误，乃 2000 年前情况。因其后经国务院批准，将北段的怒江省级保护区并入高黎贡山国家级自然保护区。

④据高黎贡山国家级自然保护区. http://baike.baidu.com/link? url=uM4-WMtWIILXEM17x6z7wQDfoy4wrCGoMCxlPwB_ZDwXgNHfcqi72WANuOAzL-GH. 此图因故不得已删除，有兴趣的读者可以根据所列出处查看原图。该图显示，高黎贡山国家级自然保护区由北、中、南互不相连的 3 段组成：北段在贡山县境内，位于北纬 27°30′～28°23′，东经 98°08′～98°38′之间，面积 242 821 hm²；中段在福贡县、泸水县境内，位于北纬 26°23′～26°49′，东经 98°44′～98°53′之间，面积 37 848 hm²；南段（怒江片区）在泸水县境内，位于北纬 25°33′～26°09′，东经 98°36′～98°50′之间，面积 43 016 hm²。

⑤据高黎贡山国家级自然保护区. http://baike.baidu.com/link? url=uM4-WMtWIILXEM17x6z7wQDfoy4wrCGoMCxlPwB_ZDwXgNHfcqi72WANuOAzL-GH. 此图因故不得已删除，有兴趣的读者可以根据所列出处查看原图。该图显示，高黎贡山国家级自然保护区的“南段（怒江片区）”在泸水县境内呈北—南条状分布，大部分紧贴中缅边境。

然而,从上文记述与图 10.49 看:①迄今黑仰鼻猴的具体发现地点是在泸水县北部;②即使按狭义的“高黎贡山自然保护区”,其起始点也达到泸水县西北部(见图 10.53 标明“片马镇”);③对照图 10.49 与图 10.53,不难看出黑仰鼻猴的具体地点只有少部分处于“高黎贡山国家级自然保护区”南段的东北边缘内,大部分则处于保护区外。

综上所述,看来对黑仰鼻猴的野外分布情况的调查工作还需继续进行。鉴于黑仰鼻猴在保护区外缘还有分布,宜在进一步调查核实的基础上,考虑对保护区适当调整,使之获得庇护。

8　仰鼻猴属的分布变迁概况

仰鼻猴属在中国不仅有 4 个种(其中 3 个是特有种),而且曾分布于广阔地域:向北延伸到黄河中游北岸的中条山北麓,向东扩展到江南丘陵一带,向西达到黄土高原西缘与怒江上游一线,向南甚至跨过东海登上台湾岛。海南岛虽未见仰鼻猴遗存,但近期发现有大熊猫遗存,反映很有可能也曾有仰鼻猴登岛。

以省级政区为单位概括我国历史时期仰鼻猴属的分布变迁(表 10.9),可以看到:

● 除东北外,各个地区皆有仰鼻猴属分布,但仅 20 个省级政区有,且所拥有的物种多寡不一。

● 仰鼻猴属的分布总态势呈现北稀南密,东少西多,这与它们适应生态环境的差异是吻合的。

● 4 种仰鼻猴以金仰鼻猴分布最广,其栖息的保护区在省级政区中的数量也最多。

● 仰鼻猴属的濒危程度大致可以从分布地点数量的多寡反映,从物种排序濒危加剧程度,大致是金仰鼻猴、白臀仰鼻猴、灰仰鼻猴、黑仰鼻猴。

● 尽管对 20 世纪前仰鼻猴属的具体物种分布范围有待进一步探究,但就现有资料也可显示它们从全新世就呈现出收缩态势,在 20 世纪前主要从北、东、南三方面向西南收缩。

● 经过数十年的保护,虽然仰鼻猴属濒危度上升的趋势基本得到遏制,但不同猴群间基因交流,种群数量的稳定与恢复、扩展等不少问题依然不可大意。

表 10.9　　我国仰鼻猴属的分布变迁概况

地区	省级政区	遗存	20世纪前	金仰鼻猴				灰仰鼻猴				白臀仰鼻猴				黑仰鼻猴			
				20世纪前半叶	20世纪后半叶	现今	保护区	20世纪前半叶	20世纪后半叶	现今	保护区	20世纪前半叶	20世纪后半叶	现今	保护区	20世纪前半叶	20世纪后半叶	现今	保护区
华北	山西		★	★															
华东	江苏		★																
	浙江	★	★	★															
	安徽		★																
	福建	★	★	★															
	江西		★	★	★	★	★												
	山东		★																
	台湾	★																	
中南	河南	★	★																
	湖北	★	★	★	★	★	★												
	湖南	★	★																
	广东	★	★	★															
	广西	★	★	★	★														

（续表）

地区	省级政区	遗存	20世纪前	金仰鼻猴				灰仰鼻猴				白臀仰鼻猴				黑仰鼻猴			
				20世纪前半叶	20世纪后半叶	现今	保护区	20世纪前半叶	20世纪后半叶	现今	保护区	20世纪前半叶	20世纪后半叶	现今	保护区	20世纪前半叶	20世纪后半叶	现今	保护区
西南	重庆	★	★	★	★	★	★	★	★	★	★								
	四川	★	★	★	★	★	★												
	贵州	★	★					★	★	★	★								
	云南	★	★									★	★	★	★	★	★	★	★
	西藏		★									★	★	★	★				
西北	陕西	★	★	★	★	★	★												
	甘肃		★	★	★	★	★												

参考文献

白水江保护局. 2016. 白水江保护区拍摄到大熊猫等珍稀野生动物40余种. 甘肃林业(3):48

陈昌笃主编. 2000. 都江堰生物多样性研究与保护. 成都:四川科学技术出版社,55～59

陈大远. 1988. 广东罗定中更新世哺乳动物化石的发现及其意义//纪念马坝人化石发现三十周年文集. 北京:文物出版社,67～68

陈少坤,等. 2012. 重庆市秀山发现的更新世哺乳动物//董为主编. 第十三届中国古脊椎动物学学术年会论文集. 北京:海洋出版社,101～110

陈奕欣,向左甫. 2015. 怒江金丝猴:新发现的灵长类. 森林与人类(3):92～95

崔茂欢,等. 2011. 兰坪云岭省级自然保护区滇金丝猴保护现状及管理建议. 林业调查规划,36(4):43～47,51

范雪春,郑国珍. 2006. 福建第四纪哺乳动物化石考古发现与研究. 北京:科学出版社

傅罗文,袁靖. 2006. 重庆忠县中坝遗址动物遗存的研究. 考古(1):79～88

顾玉珉,胡长康. 1991. 河南新安金丝猴颅骨化石. 古脊椎动物学报,29(1):55～58

顾玉珉,江妮娜. 1989. 陕西蓝田公王岭"蓝田伟猴"化石的再研究. 人类学学报,8(4):343～346

顾玉珉,等. 1996. 广东罗定更新世灵长类化石. 古脊椎动物学报,34(3):235～250

国家林业局主编. 2008. 中国重点陆生野生动物资源调查. 北京:中国林业出版社

韩德芬. 1982. 广西大新黑洞哺乳动物化石. 古脊椎动物与古人类,20(1):58～64

胡松梅. 2006. 陕西宝鸡关桃园新石器遗址中首次于我国北方发现金丝猴等重要动物遗存. 化石(4):39～40

胡长康,齐陶著. 1978. 陕西蓝田公王岭更新世哺乳动物群. 北京:科学出版社

湖北省文物考古研究所. 2004. 巴东店子头遗址发掘简报. 江汉考古(3):28～35

黄万波. 1979. 华南洞穴动物群的性质和时代. 古脊椎动物与古人类,17(4):327～142

黄万波,等. 1988. 记广东首次发现巨羊及扬子鳄化石. 古脊椎动物学报,26(3):227～231

吉学平,等. 2004. 云南保山塘子沟遗址2003年发掘简报//董为主编. 第九届中国古脊椎动物学学术年会论文集. 北京:海洋出版社,243～252

江西省上犹县志编纂委员会编. 1992. 上犹县志.(江西)上犹:上犹印刷厂

卡尔克 H D. 1961. 关于中国南方剑齿象—熊猫动物群和巨猿的时代. 古脊椎动物与古人类,(2):83～103

黎国强,等. 2012. 龙马山滇金丝猴栖息地物种多样性研究. 林业建设,36(1):33～37

李宏群,等. 2011. 重庆市大木山自然保护区兽类动物资源调查. 贵州农业科学,39(9):32～35

李天元,等. 1995. 湖北郧县曲远河口发现的猴类化石. 江汉考古(3):4～7

李天元,等. 1999. 从哺乳动物群看郧县人的时代//徐钦琦,等主编. 史前考古学新进展:庆贺贾兰坡院士九十华诞国际学术讨论会文集. 北京:科学出版社,245～257

李炎贤,文本亨. 1978. 贵州黔西观音洞旧石器时代文化的发现及其意义//中国科学院古脊椎动物与古人类研

究所编.古人类论文集.北京:科学出版社,77～79
李艳忠,等.2016.40年岷山地区白河自然保护区川金丝猴的生境格局动态.生态学报,36(7):1 803～1 814
刘芳,等.2014.巫山县蓝家寨遗址发现的金丝猴骨骼标本.重庆师范大学学报(自然科学版).31(1):48～50
刘先新主编.2010.中国长江三峡动物大全.北京:科学出版社
马安成,汤虎良.1992.浙江金华全新世大熊猫:剑齿象动物群的发现及其意义.古脊椎动物学报,30(4):295～312
潘悦容,褒成武.1997.贵州盘县大洞更新世灵长类化石.人类学学报,16(3):201～208
潘悦容.2001.湖北郧西蓝田金丝猴新材料及其时代意义.人类学学报,20(2):93～101
彭水县志编纂委员会编.1997.彭水县志.成都:四川人民出版社
黔江土家族苗族自治县志编纂委员会编.1994.黔江县志.北京:中国社会出版社
申兰田,李汉华编著.1981.广西珍贵动物.南宁:广西人民出版社
斯信强,等.1993.盘县大洞发掘简报.人类学学报,12(2):113～119
《四川资源动物志》编辑委员会主编;施白南,赵尔宓卷主编.1982.四川资源动物志.第一卷,总论.2版.成都:四川人民出版社
四川省巴塘县地方志编纂委员会编.2001.巴塘县志:续编.北京:方志出版社
四川省南川县志编纂委员会编.1991.南川县志.成都:四川人民出版社
四川省武隆县志编纂委员会编.1994.武隆县志.成都:四川人民出版社
宋方义,等.1989.广东罗定饭甑山岩、下山洞洞穴遗址发掘报告.人类学学报,8(2):118～122
王令红,等.1982.湖南省西北部新发现的哺乳动物化石及其意义.古脊椎动物与古人类,20(4):350～358
文榕生,著.2009.中国珍稀野生动物分布变迁.济南:山东科学技术出版社
吴茂霖,等.1975.贵州桐梓发现的古人类化石及其文化遗物.古脊椎动物与古人类,13(1):14～23
吴新智,等.1966.陕西蓝田公王岭猿人地点1965年发掘报告.古脊椎动物与古人类,10(1):23～28
向左甫,等.2011.西藏红拉雪山滇金丝猴的夜宿地与夜宿树选择.兽类学报,31(4):330～337
杨桂梅,曾国揆.2015.五十年滇金丝猴重现天池自然保护区.云南林业(3):37～38
杨旭,钟奇志.2013.三打古自然保护区川金丝猴栖息地现状及发展建议.四川林勘设计(1):42～49
佚名.2012.云南怒江州发现新种金丝猴:怒江金丝猴.生物学教学(10):76～86
尤玉柱,蔡保全.1996.福建更新世地层,哺乳动物与生态环境.人类学学报,15(4):335～346
余生富,吴秀华.2013.大田县广平慧林洞调查简报.福建文博(4):13～17
臧振华.2015.大熊猫分布区珍稀濒危物种丰富度格局与热点区研究.北京:北京林业大学[硕士学位论文]
张波.2003.中国的金丝猴自然保护区.生物学教学,28(9):52～53
张镇洪,陈青松.1994.广东封开县罗沙岩洞穴遗址第一期发掘简报.人类学学报,13(4):300～308
赵仲如,等.1981.广西都安九愣山人类化石与共生动物群及其在岩溶发育史上的意义.古脊椎动物与古人类,19(1):45～54
郑绍华主编.2004.建始人遗址.北京:科学出版社
中华人民共和国濒危物种进出口管理办公室主编,郑生武,等编著.1994.中国西北地区珍稀濒危动物志.北京:中国林业出版社
宗冠福,等.1996.横断山地区新生代哺乳动物及其生活环境.北京:海洋出版社
Colbert E H, Hooijer D A. 1953. Pleistocene mammals from the limestone of Szechwan, China. Bull. Amer. Mus. Nat. Hist., 102:41～47

第十一章

长臂猿科的分布变迁(续)

长臂猿科(Hylobatidae)隶属哺乳纲 Mammalia 灵长目 Primates,是类人猿中体形最小者。长臂猿的分类曾有多次变化,现一般认为长臂猿有 4 属 10 余种,我国现生长臂猿经过新发现与调整,共有 3 属 7 种:长臂猿属白掌长臂猿(*Hylobates lar*),冠长臂猿属黑冠长臂猿(*Nomascus concolor*)、海南黑冠长臂猿(*Nomascus hainanus*)、白颊长臂猿(*Nomascus leucogenys*)、东部黑冠长臂猿(*Nomascus nasutus*),白眉长臂猿属西部白眉长臂猿(*Hoolock hoolock*)、东部白眉长臂猿(*Hoolock leuconedys*),皆为国家一级保护野生动物。

笔者曾对历史时期的长臂猿地理分布与变迁有过研究(文榕生,2009),现根据新掌握的相关资料,对其分布与变迁按新体例再行研究、修正。

1 长臂猿科的遗存分布

迄今,尽管我国出土的长臂猿科遗存并不太多,但经过梳理(图 11.1、表 11.1),还是可以看出它们早期的一些分布变迁概况:

● 长臂猿遗存虽然仅出现在 38 地,但时间从中新世一直延续到全新世,各环节呈连续状态。

● 长臂猿遗存基本上处于长江以南,个别偏北的分布地也在淮河以南,反映长臂猿是适宜南方生态环境的动物类型。

● 长臂猿遗存分布最北点达到江苏省泗洪县(33.2°N),最南点到海南省三亚市(18.2°N),最东点到福建省霞浦县(120.0°E)。反映长臂猿分布曾南北跨 5°N,东西收缩不小于 4.6°E[①]。

● 海南省三亚市出土,表明其在我国的分布南界达到 18.2°N。

● 早期的长臂猿遗存主要出现在云南省、广西壮族自治区、湖南省西北部,说明长臂猿较早出现在我国西南部,再向东部扩散。

● 从省级政区看,长臂猿遗存分布较多的是广西壮族自治区、重庆市、云南省,基本上也是西南部为主,这与现今我国长臂猿残存在西南一带相符的主要原因可能是这一带更适宜它们生息繁衍。

● 从长臂猿遗存出土时间看,在更新世中期就有较多分布,到更新世晚期达到顶峰,全新世并不多见,由此反映长臂猿分布在全新世出现收缩趋势。

①按长臂猿在大陆分布,最东以霞浦县为基点,现存最东以广西壮族自治区靖西县(106.4°E)为基点。

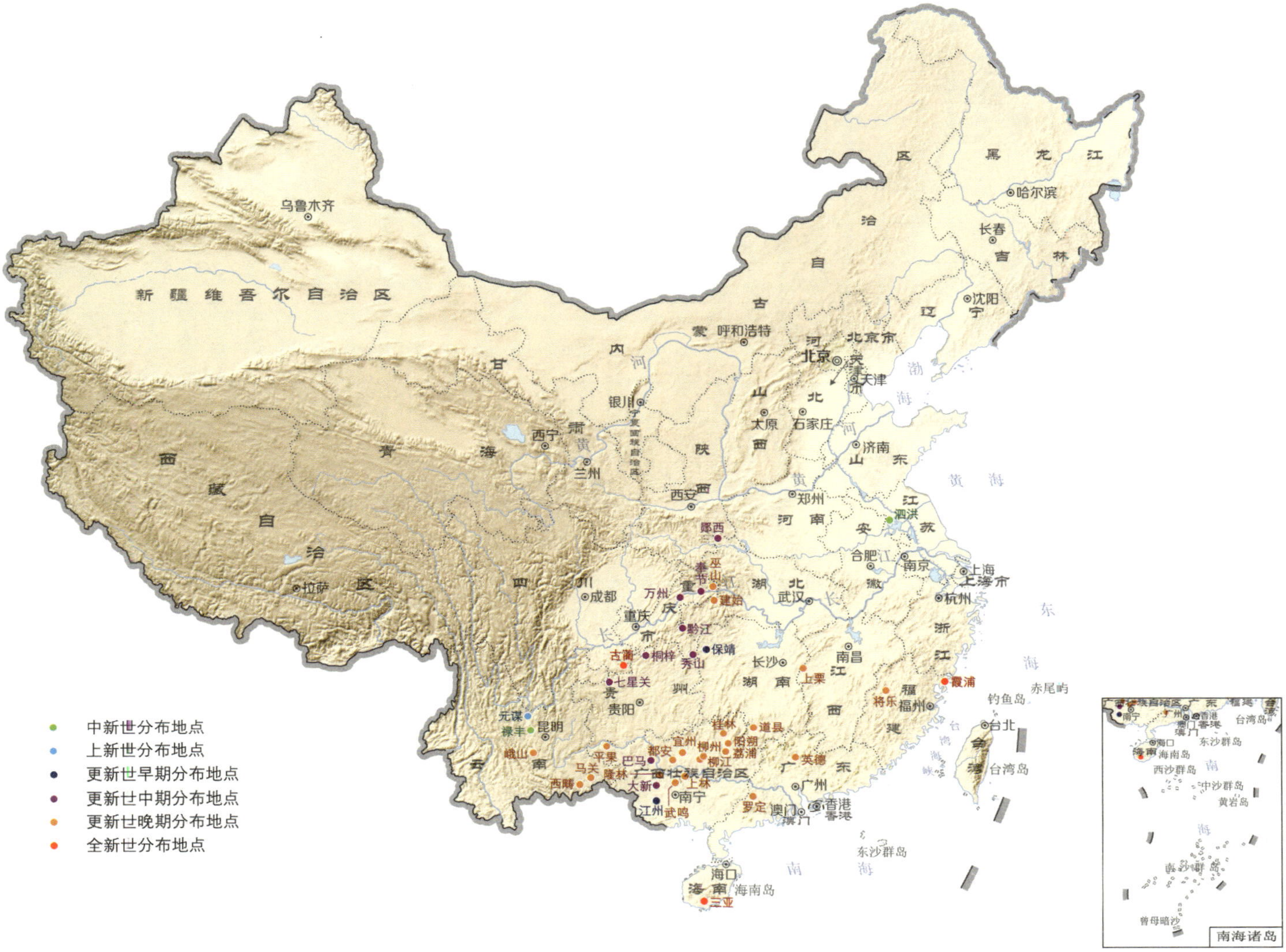

图 11.1 长臂猿属遗存分布变迁图

表 11.1 **长臂猿科遗存分布概况**

地区	省级政区	市、县、区	遗存地点	时期	资料来源
华东	江苏	泗洪县	下草湾遗址	中新世	卡尔克,1961;李传夔,1978;林一璞等,1983;尤玉柱等,2002
	福建	将乐县	岩仔洞(上层洞与下层洞)	晚更新世	尤玉柱等,1996;范雪春等,2006;余生富等,2013
		霞浦县	黄瓜山遗址	全新世	黄蕴平,2010
	江西	上栗县	杨家湾1号洞	晚更新世	网络*
中南	湖北	郧西县	黄龙洞古人类遗址	更新世中晚期	武竹仙,2006
		建始县	高坪镇杨家坡洞	晚更新世	陆成秋,2010
	湖南	道县	乐福堂乡塘贝村	晚更新世	陈醒斌,1986
		保靖县	洞泡山	早更新世	王令红等,1982

（续表）

地区	省级政区	市、县、区	遗存地点	时期	资料来源
	广东	英德市	九龙礼堂山动物群	更新世晚期	张镇洪等，1998；网络*
		罗定市	饭甑山岩洞、苹塘镇下山洞	晚更新世晚期	黄万波等，1988；宋方义等，1989；顾玉珉等，1996
	广西	武鸣县	锣圩镇板新村桐岩洞——噉洞	晚更新世	顾玉珉等，1996
		上林县	云洋村弄蓉洞	晚更新世	顾玉珉等，1996
		桂林市	积宝岩	晚更新世	王令红等，1982；中国社会科学院考古研究所等，2003；顾玉珉等，1996
		阳朔县		晚更新世	顾玉珉等，1996
		荔浦县		晚更新世	顾玉珉等，1996
		柳州市		晚更新世	顾玉珉等，1996
		柳江县	木罗山硝泥岩洞、平头寨中门岩洞、穿山乡木团村白山岩洞、穿山镇	晚更新世	顾玉珉等，1996
		江州区	崇左生态公园三合大洞	早更新世中期	金昌柱等，2009
		大新县	牛睡山黑洞	中更新世	裴文中，1960；卡尔克，1961；韩德芬，1982；顾玉珉，1986
		平果县		晚更新世	顾玉珉等，1996
		隆林各族自治县	祥播乡	晚更新世	顾玉珉等，1996
		宜州市	德胜镇屏风山飞鼠岩	晚更新世	林一璞等，1974；顾玉珉等，1996
		巴马瑶族自治县	弄莫山溶洞	中更新世	张银运等，1975；顾玉珉等，1996
		都安瑶族自治县	地苏乡	晚更新世	赵仲如等，1981；顾玉珉等，1996
	海南	三亚市	落笔洞遗址	全新世	郝思德等，1994；郝思德等，2004
西南	重庆	万州区	新田镇盐井沟遗址	中更新世	Matthew *et al.*，1923；Colbert *et al.*，1953；卡尔克，1961；马世来等，1994；顾玉珉等，1996
		黔江区	冯家坝土湾老屋基遗址	中更新世—晚更新世	网络*
		巫山县	玉米洞（位于庙宇镇龙骨坡遗址西南方）	晚更新世	网络*
		奉节县	云雾乡兴隆洞古人类遗址	中更新世晚期—晚更新世	网络*
		秀山土家族苗族自治县	洞湾	中更新世早期	陈少坤等，2012
	四川	古蔺县	野猫洞	全新世早期	网络*
	贵州	桐梓县	柴山岗南坡	中更新世—晚更新世	吴茂霖等，1975；顾玉珉等，1996
		毕节市	团结乡麻窝口洞	中更新世晚期或晚更新世早期	网络*

(续表)

地区	省级政区	市、县、区	遗存地点	时期	资料来源
	云南	峨山彝族自治县	老龙洞	更新世晚期	白子麒,1998
		元谋县	物茂乡凹鲊村小河遗址	上新世	宗冠福,1991;钱方等,1991;潘悦容,1996
		禄丰县	金山镇石灰坝腊玛古猿化石产地	晚中新世	祁国琴,1979;李致祥等,1983;吴汝康等,1984;陈万勇等,1986;顾玉珉等,1996
		西畴县	仙人洞	晚更新世	陈德珍等,1978;顾玉珉等,1996
		马关县	九龙口	晚更新世	陈德珍等,1978;顾玉珉等,1996

注:标 * 者出处依次为:萍乡上栗县发现晚更新世哺乳动物化石. http://jx. sina. com. cn/news/b/2016-07-04/detail-ifxtsatn8057931. shtml;刘海军,2007. 清远英德九龙礼堂山发现大理冰期动物群化石. http://www. qyta. com/news/20070330/105529856777. htm;老屋基旧石器遗址. http://baike. baidu. com/link? url=pW8Mi2N4Ll9OBTb3-KOfg8wGAfFCOLTtq3IgMprFQNC3UPNvB5srApzjgLtBatMV;中科院教授意外发现"巫山人"存在的链条痕迹. http://news. daxues. cn/qiwen/kexuetanmi/04/256284. html;兴隆洞遗址. http://baike. baidu. com/link? url = R1YscR5T0iIytlTrrqXEqYNyAvW5Ddh695IZrPSJIk50zqoAuMYZH2lH4enf6ISsYNwAh5MtrMpRSLfuy9SMWq;丁香乐. 三峡"胎曲葬"到底寓意什么. http://paper. people. com. cn/rmrb-hwb/html/2010-06/15/content_544852. htm;古蔺远古人类牙齿化石. http://legal. gmw. cn/2015-10/15/content_17358563. htm;贵州毕节发现古人类化石与哺乳动物群. http://www. cfpf. org. cn/portal/article/detail/8a01d45a4d8e602001558f52cd1c024e

2　古人心目中的长臂猿

我们今天要了解古人对长臂猿的认识,主要通过流传至今的古籍记载与名画形象。对于前者,我们已有过相关描述;关于后者,也有所见,不仅存在"猿"与"猴"相混的现象,而且还出现对长臂猿具体物种的误解,值得商榷,故结合本文而略增相关情况。

今人绘制灵长类图画以猴为多,乃明清以来取其吉祥寓意之故。之前虽也有涉及猴题材者,但古人往往对画猴嗤之以鼻,溥儒(溥心畬)在《寒玉堂论书画》分析道:

古人画猿而不画猴者,猴躁而猿静;猴喜残生物,时扰行旅。猿在深山,攀藤饮水,与人无竞;比猿于君子,比猴为小人。

由此可见,传统文化中把猿与猴分别比为君子与小人,是导致古人画猿不画猴的主要原因。

所见最早的画猿作品,出自北宋画家易元吉,据称,他常深入荆湖深山之中,观察、体会、揣摩猿、猴、獐、鹿的生活习性,每遇胜丽佳处,辄留其意,心传目击,写于毫端。他传世之作中关于猿的题材绘画就有《蛛网攫猿图》①、《缚猿窃果图》②(原误称"缚猴窃果图")、《枇杷猿戏图》③、《三猿捕鹭图》④等,别出一格,栩栩如生,后世画师争相效仿,使之成为绘猿宗师。对易元吉画作的诠释、意境、技法等,已有颇多介绍,笔者不再续貂,谨就其猿的物种、特征抛砖引玉(下文另引数幅图、照亦即如此)。

易元吉 4 幅作品(图 11.2～图 11.5)中皆有长臂舒展,未见尾巴,浑身黝黑,颜面有白色毛圈的灵长类,可以肯定是长臂猿科动物。从现生长臂猿科具体物种(下文各有图片)特征看,具有浑身黝黑、颜面有白斑的长臂猿仅有白掌长臂猿与白颊长臂猿。但前者白斑圈并不宽,确是闭合状;后者虽毛长,但只处于两颊。由此二选一,当主要是白掌长臂猿;况且《缚猿窃果图》中猿的白掌比较明显。《三猿捕鹭图》中有一浅色毛猿,当既是表现性别不同,又显示三猿为一小家庭。

①古画里的猴趣. http://www. hnzose. com/news_page_mag. asp? id=1782
②古画里的猴趣. http://www. hnzose. com/news_page_mag. asp? id=1782
③易元吉《枇杷猿戏图》(槲树双猿图). http://blog. sina. com. cn/s/blog_14b3d4d590102wgz4. html
④大都艺术博物馆藏. http://blog. artron. net/space-803765-do-album-picid-27367585. html

其后的南宋画家,如马兴祖《猿鹿图》[1]、佚名《猿猴摘果图》[2]、刘松年《罗汉图》[3]、牧溪(李牧溪)《松猿图》[4]中出现的灵长类皆与易元吉作品中形态、神态相仿,当皆是白掌长臂猿。其中,前二者画作(图 11.6、图 11.7)中,皆另有浅毛色的猿,显示为不同性别或年龄者;第三者(图 11.8),主要显示二猿在树干、枝头采摘果实的矫捷身姿;最后者(图 11.9),有一露出黑头白脸的幼猿在母猿的怀抱中,还伸出一小猿臂。

图 11.2　蛛网攫猿图

图 11.3　缚猿窃果图

图 11.4　枇杷猿戏图

图 11.5　三猿捕鹭图

①毛松《猿图》:一只猴子的旅行. http://www.dili360.com/ch/article/p56ea7bd30071a29.htm
②古画里的猴趣. http://www.hnzose.com/news_page_mag.asp? id=1782
③南宋刘松年罗汉图赏析. http://www.fjdh.cn/bnznews/2014/06/101939329968.html
④"猴画"可溯西汉宋朝为盛. http://news.takungpao.com/paper/q/2016/0203/3276708.html

图 11.6　猿鹿图

图 11.7　猿猴摘果图

图 11.8　罗汉图

图 11.9　松猿图

明宣宗朱瞻基《戏猿图》（图 11.10）[①]中大小 3 只猿颜面部的白斑圈宽度显著缩小，接近于现实中的白掌长臂猿白环；白掌长臂猿的雌雄两性并无截然的毛色区分，且地上蹲坐抱小猿的黑毛大猿显然是母猿，上树者当是雄猿。

《清宫兽谱》中宫廷画师绘制的《猿图》（图 11.11）（袁杰等，2014），据专家鉴定，“据其全身黑色（雄性），厘定为黑长臂猿（雌性黄色）”。据此看来是按多年前长臂猿情况（当时认为我国长臂猿有 4 种）区分的，固然不错，但按现时情况，当是分布较广的黑冠长臂猿。

图 11.10　戏猿图

图 11.11　猿图

最近，偶然见到英国历史学家克鲁斯（G. E. M. De Ste. Croix）教授父亲老克鲁斯等与长臂猿合影的 2 帧老照片（图 11.12、图 11.13），在镜头中留影的长臂猿摄于 1898 年 9 月，被称为“第一只上镜头的中国长臂猿”。据称，英方在标注时误将其（贾克）称作一只猴子（Monkey），现更正为“基本可以肯定是一头雌性海南黑冠长臂猿，其年龄大约在五岁左右”[②]。从 2 帧老照片显示长臂猿前、后身看，似可作如此判断。

画家张大千擅画猿、猴，其 1976 年作《松猿图》[③]与 1977 年作《松猿长寿图》[④]中两长臂猿特征明显：前者（图 11.14）全身黑毛，四肢皮肤黑色，乃海南黑冠长臂猿；后者（图 11.15）颜面白圈斑，四肢白色，则是白掌长臂猿。

---

①明宣宗朱瞻基戏猿图. http://baike. baidu. com/link? url = J3cbVoUcg8tFCqoWKanNFUX00Ra-YHbZ41JCiFVMBO4J7QbQ6pbbgCisJ-KYZTG9UXdNnr5hzVsVX3nXPvNC _ lmkta-TP942GVpQx6h255TRscqT0VclIuEY-lss10h5cKgaMTit-7HukqoBkWjducV9V0R1dvi2 _ E7Q6Bk3KBG

②最早中国“猴王”照片浮出水面. http://blog. sina. com. cn/s/blog_476745f60102w6hd. html

③http://img3. duitang. com/uploads/item/201506/06/20150606082149_4Sncm. jpeg

④张大千《松猿长寿图》_1977 绘松树与长臂黑猿国画赏析. http://www. aihuahua. net/guohua/qinshou/6590. html

图 11.12　与长臂猿合影(一)

图 11.13　与长臂猿合影(二)

图 11.14　松猿图

图 11.15　松猿长寿图

3　20 世纪前的长臂猿分布

根据文献记载，20 世纪前，我国长臂猿科除了东北外，其余各大区皆有分布，省级政区涉及 23 个，基本上可以确定具体地点的状况(图 11.16、表 11.2)显示：

● 根据文献记载地点，从长臂猿的分布地看，其分布北界在全新世中期为顶峰，曾经达到黄河流域南部一带。

● 根据县级及其以上政区统计，长臂猿科分布地超过 660 地。

● 长臂猿科分布地，按地区排序前三者为：中南地区(有 275 地)，华东地区(有 198 地)，西南地区(有 169 地)。反映这一带曾是长臂猿主要分布区域，尤其是中南地区是长臂猿东扩的中间地带，分布的密集度更高。

● 长臂猿科分布地，从绝对数，按省级政区前 6 名排序为：广东省(有 88 地)，云南省(有 86 地)，湖南省(有 78 地)，福建省(有 68 地)，江西省(有 52 地)，广西壮族自治区(有 43 地)。

● 长臂猿科分布地，按省级政区，除香港特别行政区、澳门特别行政区与福建省、广东省、海南省皆有分布外，相对数量较多的排序前 5 者为：湖南省(占 77%)，云南省(占 69%)，江西省(占 57%)，浙江省与安徽省(皆占 49%)，广西壮族自治区与贵州省(皆占 48%)。

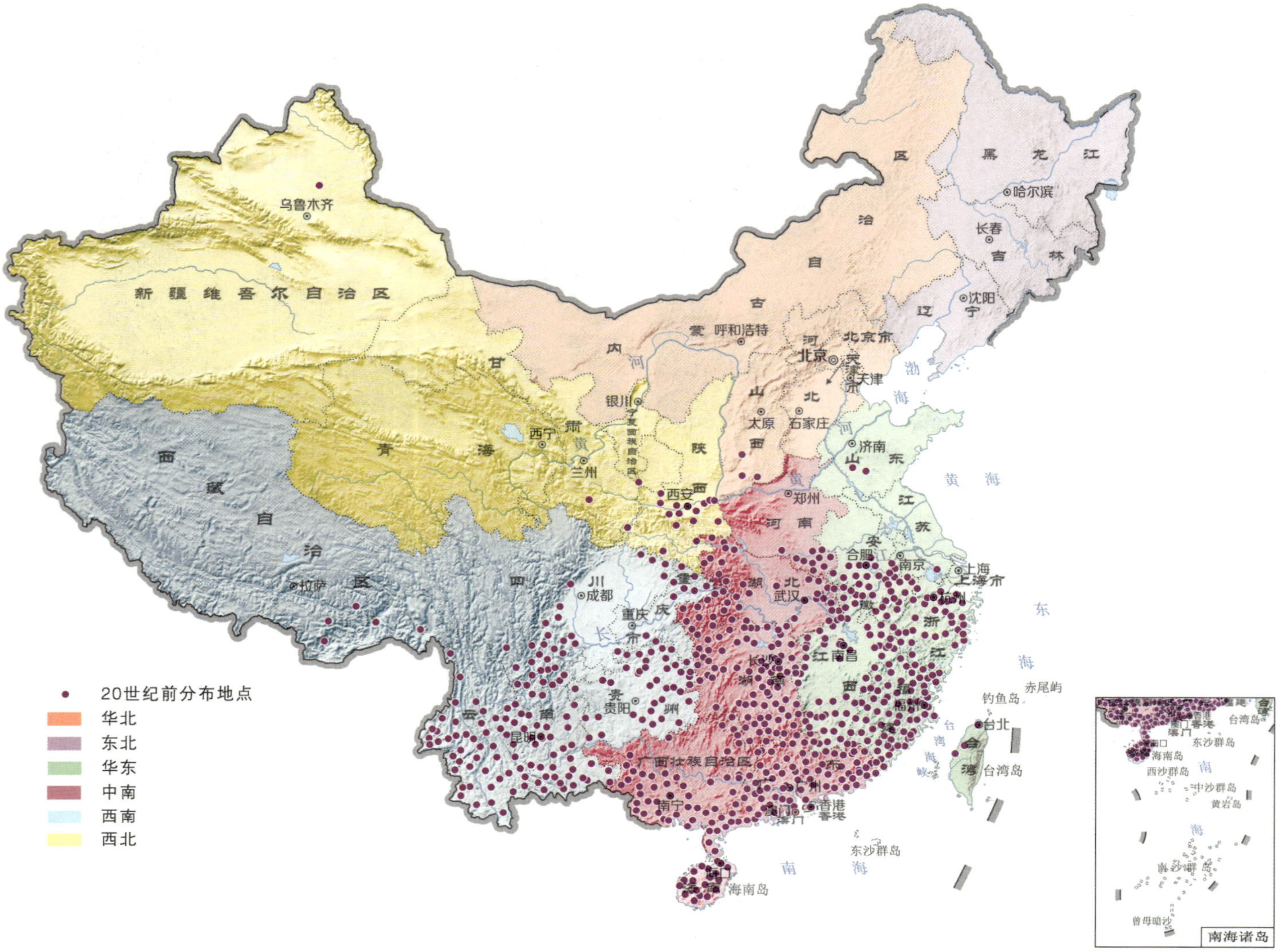

图 11.16　20 世纪前中国的长臂猿科分布图

表 11.2　　**20 世纪前的长臂猿科分布概况**

地区	省级政区	20 世纪前分布地点
华北	山西	绛县、洪洞县、阳城县
华东	江苏	苏州市
	浙江	杭州市、临安市、富阳市、建德市、安吉县、海宁市、宁波市、慈溪市、余姚市、宁海县、越城区、诸暨市、上虞市、嵊州市、绍兴县、新昌县、衢州市、江山市、常山县、开化县、龙游县、武义县、台州市、临海市、温岭市、三门县、天台县、仙居县、乐清市、泰顺县、龙泉市、缙云县、遂昌县、庆元县
	安徽	合肥市、肥东县、肥西县、马鞍山市、当涂县、芜湖市、芜湖县、繁昌县、南陵县、安庆市、桐城市、怀宁县、枞阳县、潜山县、太湖县、宿松县、望江县、岳西县、黄山市、歙县、休宁县、黟县、祁门县、六安市、舒城县、金寨县？霍山县、居巢区、庐江县、无为县、贵池区、宣州区、宁国市、郎溪县、广德县、泾县、旌德县、绩溪县

（续表）

地区	省级政区	20世纪前分布地点
	福建	福州市、福清市、长乐市、闽侯县、连江县、罗源县、闽清县、永泰县、平潭县、延平区、邵武市、武夷山市、建瓯市、建阳市、顺昌县、浦城县、光泽县、松溪县、政和县、三明市、永安市、明溪县、清流县、宁化县、大田县、尤溪县、沙县、将乐县、泰宁县、建宁县、莆田市、仙游县、泉州市、石狮市？晋江市？南安市、惠安县、安溪县、永春县、德化县、金门县、厦门市、漳州市、龙海市、云霄县、漳浦县、诏安县、长泰县、东山县、南靖县、平和县、华安县、新罗区、漳平市、长汀县、永定县、上杭县、武平县、连城县、蕉城区、福安市、福鼎市、寿宁县、霞浦县、柘荣县、屏南县、古田县、周宁县
	江西	南昌市、南昌县、新建县、进贤县、九江市、瑞昌市、九江县、武宁县、修水县、德安县、湖口县、景德镇市？乐平市、萍乡市、莲花县？上栗县、芦溪县？章贡区、瑞金市、南康市？赣县、信丰县、大余县、上犹县、崇义县、安远县、龙南县、定南县、全南县、宁都县？于都县、兴国县、会昌县、寻乌县、石城县？信州区、德兴市？上饶县、广丰县、玉山县、铅山县、横峰县？弋阳县、婺源县、黎川县、袁州区、丰城市、奉新县、万载县、靖安县、铜鼓县、万安县
	山东	曲阜市、平邑县
	台湾	台北县、台中县、彰化县
中南	河南	桐柏县？信阳市？息县、淮滨县、潢川县、光山县、固始县、商城县、罗山县？新县
	湖北	武汉市、十堰市、丹江口市？郧县、竹山县、房县、郧西县、竹溪县、京山县、黄州区、麻城市、武穴市、红安县、罗田县、英山县？浠水县、蕲春县、黄梅县、团风县、宜昌市、宜都市、当阳市？远安县、兴山县？秭归县、长阳土家族自治县、五峰土家族自治县？神农架林区？恩施市？利川市？建始县、巴东县、宣恩县？咸丰县？来凤县、鹤峰县
	湖南	长沙市、浏阳市、长沙县、望城县、宁乡县、张家界市、慈利县、桑植县、常德市、津市市？安乡县、汉寿县、澧县、临澧县、桃源县、石门县、岳阳市、汨罗市、临湘市、岳阳县、华容县、湘阴县、平江县、株洲市、醴陵市、株洲县、炎陵县、湘潭市、湘乡市、韶山市、湘潭县、衡阳市、常宁市、耒阳市、衡阳县、衡南县、衡山县、衡东县、祁东县、郴州市、资兴市、桂阳县、永兴县、宜章县、嘉禾县、临武县、汝城县、桂东县、安仁县、永州市、东安县、道县、宁远县、江永县、蓝山县？新田县、双牌县、祁阳县、江华瑶族自治县、城步苗族自治县、鹤城区？沅陵县、辰溪县、溆浦县、中方县、新晃侗族自治县？芷江侗族自治县？涟源市、双峰县、新化县、吉首市？泸溪县？凤凰县？花垣县？保靖县、古丈县？永顺县、龙山县
	广东	广州市、增城市、从化市、清城区、英德市、连州市、佛冈县、阳山县、清新县、连山壮族瑶族自治县、连南瑶族自治县、韶关市、乐昌市、南雄市、始兴县、仁化县、翁源县、新丰县、乳源瑶族自治县、源城区、紫金县、龙川县、连平县、和平县、东源县、梅江区、兴宁市、梅县、大埔县、丰顺县、五华县、平远县、蕉岭县、湘桥区、潮安县、饶平县、汕头市、南澳县、榕城区、普宁市、揭东县、揭西县、惠来县、城区、陆丰市、海丰县、陆河县、惠州市、博罗县、惠东县、龙门县、东莞市、深圳市、珠海市、中山市、江门市、恩平市、台山市、开平市、鹤山市？佛山市、肇庆市、高要市、四会市、广宁县、怀集县、封开县、德庆县、云城区、罗定市、云安县、新兴县、郁南县、江城区、阳春市、阳西县、阳东县、茂名市、化州市、信宜市、高州市、电白县、湛江市、吴川市、廉江市、雷州市、遂溪县、徐闻县
	广西	南宁市、武鸣县、横县、宾阳县、上林县、隆安县？马山县、全州县、兴安县？灌阳县？平乐县、梧州市、岑溪市、苍梧县、藤县、桂平市、陆川县、博白县、钦州市、灵山县、浦北县、北海市、合浦县、防城港市、东兴市、上思县、江州区、凭祥市？扶绥县、大新县、天等县？宁明县？龙州县、右江区？田阳县？田东县？平果县？德保县？靖西县、那坡县、凌云县、环江毛南族自治县、富川瑶族自治县

（续表）

地区	省级政区	20 世纪前分布地点
	海南	海口市、三亚市、文昌市、琼海市、万宁市、五指山市、东方市、儋州市、临高县、澄迈县、定安县、屯昌县、昌江黎族自治县、白沙黎族自治县、琼中黎族苗族自治县、陵水黎族自治县、保亭黎族苗族自治县、乐东黎族自治县
	香港	香港
	澳门	澳门
西南	重庆	江北区、万州区、南川区、城口县、开县、巫溪县、巫山县、奉节县、云阳县
	四川	都江堰市、沐川县、马边彝族自治县、屏山县、米易县、盐边县、通江县、南江县、万源市、宣汉县、洪雅县、名山县、汉源县、西昌市、盐源县、德昌县、会理县、会东县、宁南县、普格县、布拖县、金阳县、昭觉县、喜德县、冕宁县、越西县、甘洛县、美姑县、雷波县、木里藏族自治县
	贵州	盘县、遵义市、赤水市、仁怀市、遵义县、桐梓县、绥阳县、正安县、余庆县、习水县、道真仡佬族苗族自治县、务川仡佬族苗族自治县、毕节市、大方县、威宁彝族回族苗族自治县、铜仁市、江口县、思南县、德江县、印江土家族苗族自治县、沿河土家族自治县、松桃苗族自治县、万山特区、凯里市、施秉县、三穗县、镇远县、锦屏县、从江县、麻江县、都匀市、瓮安县、独山县、平塘县、惠水县、三都水族自治县、兴义市、晴隆县、安龙县
	云南	昆明市、安宁市、呈贡县、晋宁县、富民县、宜良县、嵩明县、麒麟区、宣威市、沾益县、师宗县、新平彝族傣族自治县、元江哈尼族彝族傣族自治县、隆阳区、施甸县、腾冲县、龙陵县、昌宁县、昭阳区、鲁甸县、巧家县、思茅区？宁洱哈尼族彝族自治县、墨江哈尼族自治县？景东彝族自治县、景谷傣族彝族自治县、镇沅彝族哈尼族拉祜族自治县、江城哈尼族彝族自治县、孟连傣族拉祜族佤族自治县、澜沧拉祜族自治县、西盟佤族自治县、临翔区、凤庆县、云县、永德县、镇康县、双江拉祜族佤族布朗族傣族自治县、耿马傣族佤族自治县、沧源佤族自治县、潞西市、瑞丽市、梁河县？盈江县、陇川县、泸水县、福贡县、贡山独龙族怒族自治县、大理市、祥云县、洱源县、南涧彝族自治县、巍山彝族回族自治县？楚雄市、双柏县、牟定县、南华县、姚安县、大姚县、永仁县、元谋县、武定县、禄丰县、蒙自县、个旧市、开远市、绿春县、建水县、石屏县、弥勒县、泸西县、元阳县、红河县、金平苗族瑶族自治县、河口瑶族自治县、屏边苗族自治县、文山县、砚山县？西畴县？麻栗坡县、马关县、丘北县、广南县、富宁县？景洪市、勐海县、勐腊县
	西藏	米林县、墨脱县、察隅县、隆子县、错那县
西北	陕西	西安市、蓝田县、周至县、户县、华阴市、华县、潼关县、兴平市、岐山县、麟游县、略阳县、镇巴县、宁陕县、旬阳县、丹凤县、柞水县
	甘肃	华亭县、岷县

4　20 世纪以来的白掌长臂猿分布变迁

白掌长臂猿虽有多色被毛，但与其他长臂猿区别的显著特征是颜面部有白环，手、足毛白色或淡白色，但手心、脚板则是黑色（图 11.17、图 11.18）。

图 11.17　伉俪[①]

图 11.18　呼唤[②]

4.1　分布概况

文献记载可区分出白掌长臂猿的分布状况。

据称，白掌长臂猿在我国仅分布于云南省西南部的怒江和澜沧江之间狭小的区域[③]。

《中国重点陆生野生动物资源调查》称，"本次调查，白掌长臂猿仅见于云南的孟连、西盟和沧源。而孟连、西盟是否有分布或已绝迹，尚待进一步考证"(国家林业局，2008)。尽管此表述存在矛盾(既然"见于"，又为何"尚待进一步考证")，但基本认为孟连傣族拉祜族佤族自治县、西盟佤族自治县、沧源佤族自治县仍有白掌长臂猿分布。

潞西市是以中、低山山地为主的低纬山原地区，山地面积占 89%，盆坝平地河谷占 11%。山体多为东北—西南走向，东北高而峻峭，西南低而宽缓，向西南倾斜展布；山谷、河流、盆谷走向一致，并呈相间平行排列态势，展现了两山夹一峡谷、一条河、一个盆坝的地貌特征。地处低纬高原，热量丰富，气候温和，属南亚热带季风气候；具有夏长冬短、干湿分明、冬无严寒、夏无酷暑，日照时间长、雨量充沛、冬季多雾等特点。森林覆盖率 61.2%。2006 年，当地分布的野生动物有 258 科 1 643 种，属国家一级保护的有云豹、熊狸、苏门羚、蜂猴、长尾叶猴、菲氏叶猴、白掌长臂猿、豚尾猴、熊猴、黑鹿、绿孔雀等 50 种[④]。

报道称，白掌长臂猿在国内仅分布于云南南部孟连、西盟和沧源[⑤]。亦即在孟连傣族拉祜族佤族自治县、西盟佤族自治县、沧源佤族自治县仍有分布。

地处沧源佤族自治县、耿马傣族佤族自治县的南滚河国家级自然保护区山体为横断山山脉怒江山系的南延部分，山脉走向为东西走向，区内的大青山、回汗山、窝坎大山、芒告大山，构成山脉的主峰，呈现北高南低，形成沟谷纵横的地貌特征。区内森林植被保存完好，动物、植物种类繁多，是热带雨林保护区。其中国家一级保护动物有亚洲象、白掌长臂猿、灰叶猴、蜂猴、孟加拉虎、野牛、金钱豹、云豹、绿孔雀等[⑥]。这是我国现今唯一栖息有白掌长臂猿的自然保护区(表 11.3、图 11.19)。

---

①http://weibo.com/p/230418a504d6ea0102w7l1

②http://www.quanjing.com/share/ibxnfo00035054.html

③白掌长臂猿. http://www.nzmc.org/ztg/503

④芒市. http://baike.baidu.com/link?url=tdonHnqNFzm6fiZY4zpQBrb7kPN_7u5XjVUezhKKkdWO-LC0g_ypNToZlgPniTZlG0fjqPxxemSnl2B90Ygc1FpN1iL4n-pTXSrZDtc82E_fWbyqxSnFC4RraSJSSCRVpaB5OfYD7UTy-fr2mh91WtVU9IWxl5s39cUREfg38zb1lt_5HoWA1gVrUyV5IlyO；潞西县. http://yn.zwbk.org/lemma/2813

⑤长臂猿属. http://baike.baidu.com/link?url=4dheUdv3ontCVxwEbbBrvQbT69poovWPjn254mi3A_9kDbgCunaW4h6XLoAHsMY8UMVb27B11N2GqD2cZDDqdK

⑥南滚河国家级自然保护区. http://baike.baidu.com/view/746820.htm?fromId=246983；云南南滚河国家级自然保护区. http://baike.baidu.com/link?url=Wf3TFCvpCz_60v_EX4Pr0Gvieqi0eV79PRUlihyC026FMVeseEk3a91tRP2gpY-_lG8IkTqpI_38qE-5IeWoGq

表 11.3　　云南省栖息有白掌长臂猿的保护区概况

省级政区	保护区名称	所处地点	面积（hm^2）	级别	建立时间	主管部门
云南	南滚河	沧源佤族自治县、耿马傣族佤族自治县	5 0887	国家级	19800306	林业

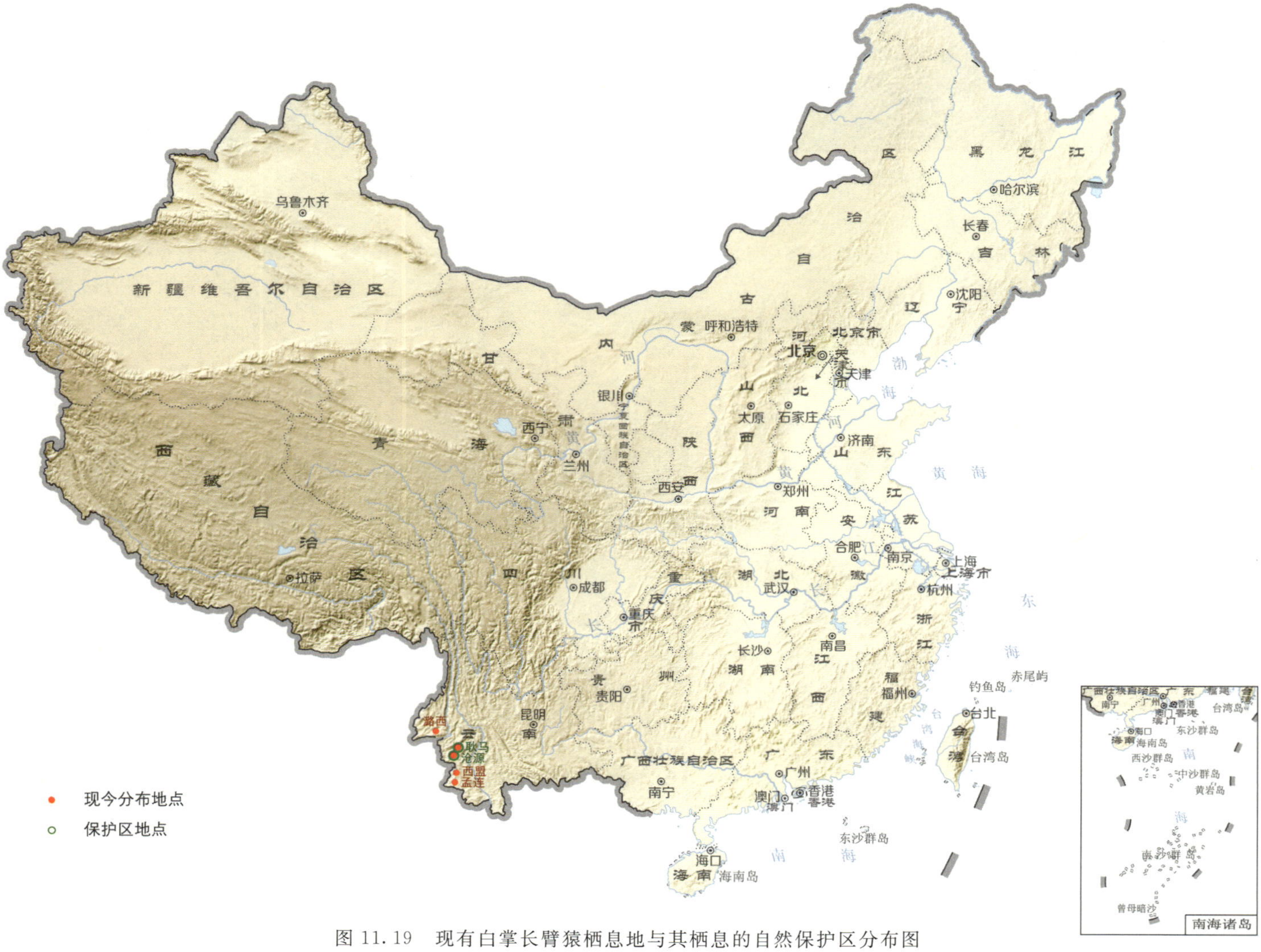

图 11.19　现有白掌长臂猿栖息地与其栖息的自然保护区分布图

4.2　分布变迁

文献记载显示出百余年来白掌长臂猿分布变迁状况（表 11.4、图 11.20），特点如下：

● 目前所知，白掌长臂猿仅存在于滇西南一带。

● 20 世纪初，根据白掌长臂猿生态环境与地望推断，其分布地涉及 10 余地。

● 至 20 世纪后半叶，野外调查证实有白掌长臂猿分布以来，其分布地基本稳定，种群数量略有波动①。

● 尤其是现存白掌长臂猿栖息地数量多于保护区地点 1.5 倍，亟待加强对现有种群的保护。

①《中国重点陆生野生动物资源调查》称：对于存在的白掌长臂猿，Yang 等（1987）估计只有 19～27 只；王应祥、马世来等（1988）估计有 30～40 只。本次调查表明，白掌长臂猿的种群数量已大为减少，估计只有 5～7 群 20～30 只（国家林业局，2008）。

● 由于现存白掌长臂猿种群数量不足50只，属于极度濒危物种，需要有关部门高度重视，采取更加强有力的举措，扭转白掌长臂猿这一长期处于极度濒危状态。

表 11.4　　20世纪以来白掌长臂猿分布变迁概况

省级政区	20世纪前半叶分布地点	20世纪后半叶分布地点	现今分布地点
云南	龙陵县？孟连傣族拉祜族佤族自治县、澜沧拉祜族自治县？西盟佤族自治县、临翔区？凤庆县？云县？永德县？镇康县？双江拉祜族佤族布朗族傣族自治县？耿马傣族佤族自治县、沧源佤族自治县、潞西市、瑞丽市？	孟连傣族拉祜族佤族自治县、西盟佤族自治县、耿马傣族佤族自治县、沧源佤族自治县、潞西市	孟连傣族拉祜族佤族自治县、西盟佤族自治县、耿马傣族佤族自治县、沧源佤族自治县、潞西市

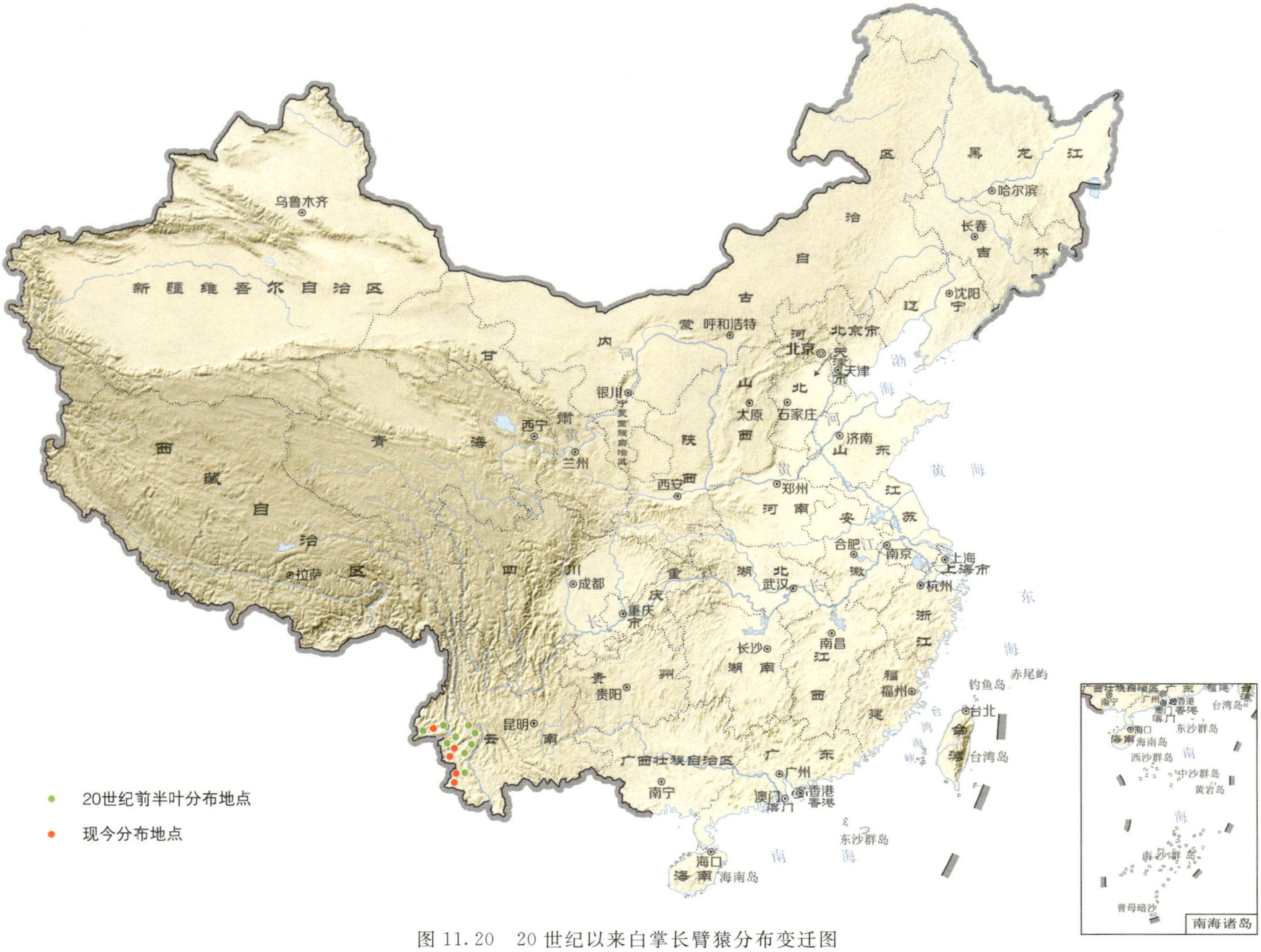

图 11.20　20世纪以来白掌长臂猿分布变迁图

5　20世纪以来的黑冠长臂猿分布变迁

黑冠长臂猿原属“黑长臂猿”之一，约包括原指名亚种(*Hylobates concolor concolor*)、滇西亚种(*Hylobates concolor furvogaster*)、景东亚种(*Hylobates concolor jingdongensis*)，又称西黑冠长臂猿(为区别处于红河以东的“东黑冠长臂猿”)。

5.1 黑冠长臂猿概况

"黑长臂猿"的亚种现已另成独立种，尤其是原"图 4.1 雌雄黑长臂猿"照转似贻误图片（文榕生，2009），值得纠正（详见下文），故对此种再描述。

黑冠长臂猿（图 11.21～图 11.28）是中型长臂猿，体矫健，体重 7～10 kg，体长 400～550 mm，前肢明显长于后肢，无尾；被毛短而厚密。雌雄毛色不同：雄猿被毛纯黑色，头顶有短而直立的冠状簇毛。雌性被毛呈灰黄、棕黄或橙黄色，头顶有棱形或多角形黑褐色冠斑；胸腹部浅灰黄色，常染有黑褐色。

图 11.21　雄猿①

图 11.22　雌猿②

图 11.23　伉俪③

图 11.24　携子④

①野性中国：2011 中国濒危物种影像计划优秀作品展组图. http://image.fengniao.com/slide/252/2529312_60.html#show

②http://bbs.photofans.cn/thread-307249-1-1.html

③茶马古道无量山上的黑冠长臂猿. http://www.puercn.com/cmgd/yj/9373.html

④野性中国：2011 中国濒危物种影像计划优秀作品展组图. http://image.fengniao.com/slide/252/2529312_60.html#show

图 11.25　小家庭①

图 11.26　携仔

图 11.27　育儿(唐云摄)

图 11.28　采摘(唐云摄)

主要栖于热带雨林和南亚热带山地湿润性季风常绿阔叶林，栖息地海拔 1 000～2 500 m，是已知长臂猿中分布海拔与纬度最高的一个种。活动与觅食均在 15 m 高大乔木的树冠层或中层中穿越进行，很少下至 5 m 以下的小树上活动。

西黑冠长臂猿与其他长臂猿不同之处在于它的群体较大，一夫一妻与一夫二妻配偶制共存②。

据 2016 年 2 月报道，景东国家级自然保护区近日首次近距离观察到黑冠长臂猿生产全过程。专家表示这个家庭由一夫二妻制构成，大老婆生猿小老婆帮忙，行为实属罕见③。初生的婴猿主要还是由生母呵护，母猿将婴猿搂抱在自己的怀中(见图 11.25)，就是活动也仔不离身(见图 11.26)。

另据 2015 年 4 月报道，近日，无量山国家级自然保护区大寨子监测站的长臂猿监测人员在监测中惊喜地发现 G4 群长臂猿家庭代号为 A、

①“一夫两妻”家庭黑冠长臂猿生产 小老婆帮接生. http://news. youth. cn/sh/201602/t20160211_7621260. htm

②黑冠长臂猿. http://baike. baidu. com/link? url = dPU7DxOVSP1RPo3L0T-_ 6F2Ev5a-qrBrkQa9RmJHBOlD7C-phAVcoSAsB-TRkaPfdvH4mF9WTSNi9pXkqYAIwO_；西黑冠长臂猿. http://baike. baidu. com/link? url = zz-koLkH5 _ tXfj3qcɔepiEXv8JKP9 _ jqle2if_pHikfO1F8hq4oUEzuQ5id69MD1o6TjNmscPe7lvQmdb629aq

③李劲松.“一夫两妻”家庭黑冠长臂猿生产 小老婆帮接生. http://news. youth. cn/sh/201602/t20160211_7621260. htm

0.5 的 2 只雌猿为该群长臂猿新添 2 只“小猿”。这是自 2006 年开展无量山自然保护区长臂猿监测工作以来首次监测到 1 个长臂猿家庭同添 2 个婴猿的生态行为学现象。监测人员在监测过程中还清晰地拍摄到了 2 只“猿妈妈”分别带着 2 只“婴宝宝”在取食的情景。据监测人员介绍，从新添小长臂猿的毛色、体态等方面推断，这 2 只小猿出生时间估计在半个月内，且出生时间前后相差 3～5 天。2 只婴猿的出生，使 G4 群长臂猿的家庭成员由原来的 7 只增加到目前 9 只，成为无量山自然保护区长臂猿监测研究对象中家庭成员数量最多的“家庭”（一个长臂猿家庭成员数量平均 5～6 只）。从监测人员口中还了解到，无量山自然保护区黑冠长臂猿家庭结构为一夫一妻制和一夫二妻制并存，该群长臂猿家庭就属于典型的一夫二妻制家庭结构。无量山保护区一长臂猿家庭群体 2 只雌猿同添 2 只婴猿的现象说明无量山保护区通过有效的保护①。

5.2　分布概况

黑冠长臂猿的分布范围较大，涉及多个省级政区。

5.2.1　广西

广西壮族自治区东北部有黑冠长臂猿分布记录。

《全州志·第二卷，自然环境》在“动物”记述：

哺乳纲　主要有野猪、豪猪（箭猪）、果子狸、麂子、乌猄、狐狸、野猫、香猫、水獭、獾狗、貂、黄鼠狼、穿山甲、野山羊、撬地猪、岩老鼠（蝙蝠）、松鼠、野兔、家鼠、竹鼠、狗熊。

大西江西美村古木洞一村民 80 年代捕获一只长臂猿，约重 20 kg。

按：值得注意的是，记载了全州县在 1980 年代捕获一只长臂猿。尽管全州县在广西东北部，但与现存东黑冠长臂猿的靖西县呈对角位置且较远，相比之下则与其周边的湖南省曾有的黑冠长臂猿比较近，生态环境也相似。近年有人称“全州县野生动植物资源中珍稀物种较多，其中一级国家重点保护野生动物有蜂猴、豚尾猴、长臂猿”（陈仁志，2011），估计就是出自此处。

《中国重点陆生野生动物资源调查》称，“本次调查，广西未发现黑长臂猿的踪迹，估计已绝迹”（国家林业局，2008）。此说似包括黑冠长臂猿。

5.2.2　云南

云南省古今皆是黑冠长臂猿主要分布区。

20 世纪后半叶的黑长臂猿在云南省分布虽有多种表述，但经过梳理，应包括景东彝族自治县、景谷傣族彝族自治县、镇沅彝族哈尼族拉祜族自治县、江城哈尼族彝族自治县、永德县、镇康县、耿马傣族佤族自治县、沧源佤族自治县、大理市、南涧彝族自治县、蒙自县、绿春县、建水县、元阳县、红河县、金平苗族瑶族自治县、河口瑶族自治县、屏边苗族自治县等地（马世来等，1986；马世来等，1987；Ma S L et al，1988；马世来等，1988；王应祥等，2000；王应祥等，2002；王应祥等，2003）。亦即说明曾有黑冠长臂猿分布。

《保山地区志》记载（保山地区地方志编纂委员会，1999）：

属国家重点保护的珍稀动物有 33 种，其中属国家一类保护动物：羚牛（扭角羚）、蜂猴[懒猴]、熊猴（大青猴）、灰叶猴、黑长臂猿、白眉长臂猿、云豹、金钱豹、孟加拉虎、黑鹿等 10 种。

按：据此，反映在隆阳区、施甸县、腾冲县、龙陵县、昌宁县等地当时还有黑冠长臂猿等栖息。

滇南、滇东南曾是黑冠长臂猿广泛分布的地区之一。2003 年 7 月至 2004 年 12 月，采用访问调查及利用鸣声定位法进行了实地调查。结果显示，在近 40 000 km^2 的范围内，东黑冠长臂猿（*Nomascus* sp. cf. *nasutus*）在云南境内可能已消失；西黑冠长臂猿（*N. concolor*）亦仅发现 4～7 个种群，且孤立分布于 3 个地区（金平芭蕉河 2 群 6 只，金平西隆山 1～2 群，绿春黄连山 1～3 群，总计不超过 25 只），而在江城牛倮河自然保护区、马关古林箐自然保护区、麻栗坡老君山自然保护区及屏边大围山自然保护区可能已绝迹。滇南、滇东南黑冠长臂猿分布区缩小及种群数量剧减，主要与栖息地丧失及过度捕猎有关（倪庆永等，2006）。仅认为绿春县与金平苗族瑶族自治县有黑冠长臂猿残存，似偏低。

实际上无量山自然保护区等地还有（东部）

①无量山保护区一长臂猿家庭同添两“家丁”. http://w1.zybbweb.cn/alsjd/news/html/? 514.html

黑冠长臂猿[应是“西部黑冠长臂猿”]（田长城，2006），据报道，（保护区）内有陆生脊椎动物30目96科575种，其中兽类9目30科78属123种，国家一级重点保护的有黑长臂猿、蜂猴、熊猴、灰叶猴、金钱豹等8种①。亦即有黑冠长臂猿存在。

哀牢山自然保护区一直有（东部）黑冠长臂猿[应是“西部黑冠长臂猿”]分布（云南省林业调查规划院，1988；楚雄州自然保护区管理局，2006）。2006年经对（哀牢山）保护区6群黑长臂猿26次近距离观察，并对种群、数量、栖息地调查，做出生态评估，认为黑长臂猿种群活力较强，种群稳定性高，不存在迅速灭绝的可能性，具有足够高的生境适合度。但保护区对黑长臂猿承载力不高，应进一步采取措施恢复和扩大适生生境，以保证种群稳定发展（陆玉云等，2009）。

镇沅彝族哈尼族拉祜族自治县处于横断山脉纵谷区东南余梢，云岭余脉的哀牢山和无量山纵贯全境，与河流相间，构成北高南低、北向南走的“五谷五岭”地貌轮廓。地势可概括为“四河（者干河、恩乐河、勐统河、景谷河）流经两山下（哀牢山、无量山），北高南低高差大，河谷只有两小坝（恩乐、勐统），形似东驰一骏马”。地属亚热带季风气候区，地貌复杂，气候垂直差异突出，形成热带、亚热带、暖温带3种气候类型。森林覆盖率67%。境内有野生动物519种，其中有国家一、二、三类和省级一、二类保护动物黑长臂猿、虎、豹等30余种②。反映仍有黑冠长臂猿存在。

镇康县位于南汀河下游和怒江下游南北水之间，县域多山，总面积中山区占98%，坝区占2%。地属低纬山地南亚热带季风气候区；气候特点为：大部地区气候较热，日照充足，霜期短，四季不明显，雨量充沛，干湿季分明，立体气候显著。截至2009年，境内野生动物资源主要有黑长臂猿、蜂猴、灰叶猴、穿山甲、云豹、水獭等③。表明还有黑冠长臂猿栖息。

楚雄彝族自治州称，州境有野生哺乳动物110多种、鸟类390多种，其中长臂猿、懒猴、云豹、绿孔雀、黑颈鹤等为国家重点保护的珍稀动物④。此乃全州野生动物状况，实际上现今仅部分地方还有黑冠长臂猿存在。

红河哈尼族彝族自治州称，州内有陆栖脊椎野生动物690种，国家重点保护野生动物102种，其中国家一级重点保护野生动物有马来熊、黑冠长臂猿、金钱豹、绿孔雀等21种⑤。实际上该州仅一些地方还有黑冠长臂猿生息繁衍。

个旧市地处云贵高原的南端，市区地处阴、阳两山之间，森林覆盖率32.3%。当地珍稀动物有长臂猿、云豹、麝、水獭、巨蜥等11种⑥。所谓“长臂猿”，就是“黑冠长臂猿”。

绿春县地处哀牢山南出支脉西端，为中山峡谷地貌，境内无平坝，河流两坡广泛发育的古夷平面、阶地和洪积扇面积很小，多高峻条峻状形山地。境内有北热带、南亚热带、中亚热带、北亚热带、南温带、中温带6种气候类型，属云南省西部亚热带山地季风气候区，是云南省典型的湿热区之一。当地有国家级保护动物74种，其中国家Ⅰ级保护动物15种、Ⅱ级保护动物59种。如长臂猿、老虎、金丝猴、马鹿、绿孔雀等⑦。所谓“长

①无量山国家级自然保护区. http://baike. baidu. com/link? url＝ukcZKhacV19TVQRdS2JvPfR8L2ug-AeEND7V7ki_3Bk7Yh2dL1mCzrceioCJVPS0SH1NRoR_2qhIbpXiY3r5X1m49HRh6DQ8x7mSyx-_cC_bA7arCDqYihxIjgZQ7saU1G2j6aTJi2D5BI_6wV4GTNivu6qYMT4CcBGrcZI4J8OPOr5GhrtOHLiYsYi41ofv-yljMwpqt_U7ovngjM7L6O0n0PKMv7LBIpAcqrq51zq

②镇沅彝族哈尼族拉祜族自治县. http://baike. baidu. com/link? url＝O4H4BcLKyXv1vDbmj4TUOhr6B5FwOxq_Ce3Au4YdlUcWeXFLUpeYEB8dMfhd8Qh-nQ9Nuz6OzAhgPOx5QXDOHa

③镇康县. http://baike. baidu. com/link? url＝zZiziFTfdeGG3P3NODzJVLq7cUUwUrUGXBns-nNOTdjL2McfUCHEaffmNmHCXtGIrc4tNE2SafxEsq5kwbYYG_

④楚雄彝族自治州. http://baike. baidu. com/link? url＝ufDbhUmahdQvfgsjAgozFehe0W_2FbNSA-167fve21UNX518eRMGctTDoUz9HLOcZuJbgI_TuAOeLrOVAwbRZq

⑤红河哈尼族彝族自治州. http://baike. baidu. com/link? url＝C_vmYKqwv7-ZawBwPsAayhvIKVIIf1cIQqs_0eiMSucirsvx0-ozn-QZt10XMFKzQTclAaREVtyxvh2U15PXeqSVJjC0oqS-RHqtmN2RxNax01if08P6D0JWZLvb1qNEDwE2E3oMX9Ou9cB69iBruWKyYU8fCmyxB6BrMK17kOn7

⑥个旧市. http://baike. baidu. com/link? url＝MvupVvNirG1VPso5ckA-smMRPYTDz3tHJkAtx8YxaxzKXZKG6lvXeTO9M_7AaoD8neCsF6q1ZrbrTxHww18mKQ8-VOofpCVry5d7i4rOGCnqLBCokJYSq2zsAlzPgdXHOkeu7X-Y1JbP9kGlCDScLU6Y_G-ICyBBtvXMkaldfNy

⑦绿春县. http://baike. baidu. com/link? url＝qlmOm6W7-V3j-jt1h9eoDadgZoCKajfNpVOI0pnH952K0u1QqxHOw98_dnbaaZjLLZ5pMps79TYL4WcCrhPr_

臂猿”乃“黑冠长臂猿”。

建水县地处滇东高原南缘，地势南高北低，东西走向的山脉分南北两支，将建水和曲江两个坝子隔开。地属南亚热带季风气候区；位于低纬度地区，北回归线横穿南境，光照时间长，无霜期长，有效积温高；受季节和地形变化影响，呈现出夏季炎热多雨、冬季温和少雨的立体气候特征。截止到2014年，境内野生动物种类中，国家一类保护珍稀动物有懒猴、云豹、黑冠长臂猿、白颊长臂猿、红腹角雉等①。

红河县境内峰峦起伏，沟壑纵横，红河绕县境北缘奔流而过；境内地势大致中部高、南北低，96%的面积为山地。地属亚热带季风气候区，立体气候十分明显。当地野生动物种类较多，其中有不少列为国家保护动物，主要动物有蟒蛇、懒猴、黑冠长臂猿、马来熊、金钱豹等②。

5.2.3 保护区

我国现生黑冠长臂猿仅在云南省，故栖息有黑冠长臂猿的保护区也仅在云南省，概况（表11.5）反映：

● 栖息有黑冠长臂的保护区共8个，总面积3 329 km^2。

● 保护区地处17个区（县），除景东彝族自治县外没有重复。

● 保护区中，以国家级为主，约占88%；另有一个为省级。反映保护区的级别都比较高。

● 保护区是1980～1995年设立的，绝大多数是1980年代设立的，说明较早就对黑冠长臂猿等的保护非常重视。

● 保护区的主管部门全部都是林业部门。

● 保护区与现存黑冠长臂分布地重叠，反映保护区在该物种保存方面发挥重要作用。

表11.5　云南省栖息有黑冠长臂猿的保护区概况

保护区名称	所处地点	面积（hm^2）	级别	建立时间	主管部门
南滚河	沧源佤族自治县、耿马傣族佤族自治县	50 887	国家级	19800306	林业
黄连山	绿春县	65 058	国家级	19830427	林业
无量山	景东彝族自治县、南涧彝族自治县、大理市	30 938	国家级	19860320	林业
云南大围山	屏边苗族自治县、河口瑶族自治县、个旧市、蒙自县	43 993	国家级	19860320	林业
永德大雪山	永德县	17 541	国家级	19860320	林业
金平分水岭	金平苗族瑶族傣族自治县	42 027	国家级	19860601	林业
哀牢山	新平彝族傣族自治县、楚雄市、双柏县、景东彝族自治县、镇沅彝族哈尼族拉祜族自治县	67 700	国家级	19880509	林业
阿姆山	红河县	14 756	省级	19951201	林业

注：①本表参考多方面信息综合而成，个别误差进行更正。②本表据全国自然保护区名录. http://sts. mep. gov. cn/zrbhq/zrbhq/201208/t20120824_235172. htm；南滚河国家级自然保护区. http://baike. baidu. com/view/746820. htm? fromId=246983；云南南滚河国家级自然保护区. http://baike. baidu. com/link? url=Wf3TFCvpCz_60v_EX4Pr0Gvieqi0eV79PRUlihyC026 FMVeseEk3a91tRP2gpY-lG8IkTqpI_38qE-5IeWoGq；大围山国家级自然保护区. http://baike. baidu. com/view/1439617. htm? subLemmaId=1439617&fromenter=%D4%C6%C4%CF%B4%F3%CE%A7%C9%BD%D7%D4%C8%BB%B1%A3%BB%A4%C7%F8；永德大雪山国家级自然保护区. http://baike. baidu. com/link? url=i3THYyy_Sub5vR1ZirXKNvt9QAKun SYNnVUbSwLrA3Bw8ULTH5oRg2Y8MaiAyRwdML7v-k_OxmbhZBaxguyoza；金平分水岭自然保护区. http://baike. soso. com/v5569555. htm；阿姆山自然保护区. http://baike. baidu. com/view/824111. htm

---

①建水县. http://baike. baidu. com/link? url=qihT7TV0p_tFPqjvAaW9xD0EontYe-biH3AXaSwf9OFke4gRY_Q9EMs_iBFm9peSgt_qRVcObfhr6SNokiKS_

②红河县. http://baike. baidu. com/link? url=Nq8PJyKRK3pnE2mEt5fQlQcEi0Vc1jSLCM1zjIyHH2uDeITqJ7OBbmKcpSQs4xa1d08zgvui805CyIziAAOthq

5.3　分布变迁

文献记载显示出百余年来黑冠长臂猿分布变迁状况(图 11.29、表 11.6),特点如下:

● 20 世纪初,黑冠长臂猿在华东、中南、西南的 11 个省级政区还有分布,可确定的具体分布地点近 130 地。

● 黑冠长臂猿分布地按省级政区绝对数前三排序为:云南省(有 50 地),广东省(有 27 地),福建省(有 14 地)。不仅恰代表 3 个大区,而且反映名落"福建"者的数量更少。

● 到 20 世纪后半叶,华东区的黑冠长臂猿已经消失,仅湖南省、广东省、广西壮族自治区、四川省、贵州省、云南省还有黑冠长臂猿栖息。

● 至今,曾仅残存 1～2 地的湖南省、广东省、广西壮族自治区、四川省、贵州省的黑冠长臂猿也先后消失,云南省的黑冠长臂猿成为硕果仅存。

● 黑冠长臂猿是我国现存长臂猿科中种群数量最多的物种,数量约 800 只,反映其濒危程度依然严峻。

● 现有黑冠长臂猿栖息的保护区已经全覆盖现存栖息地,这就需要各保护区采取更加有力的保护举措,首先使种群数量有所回升。

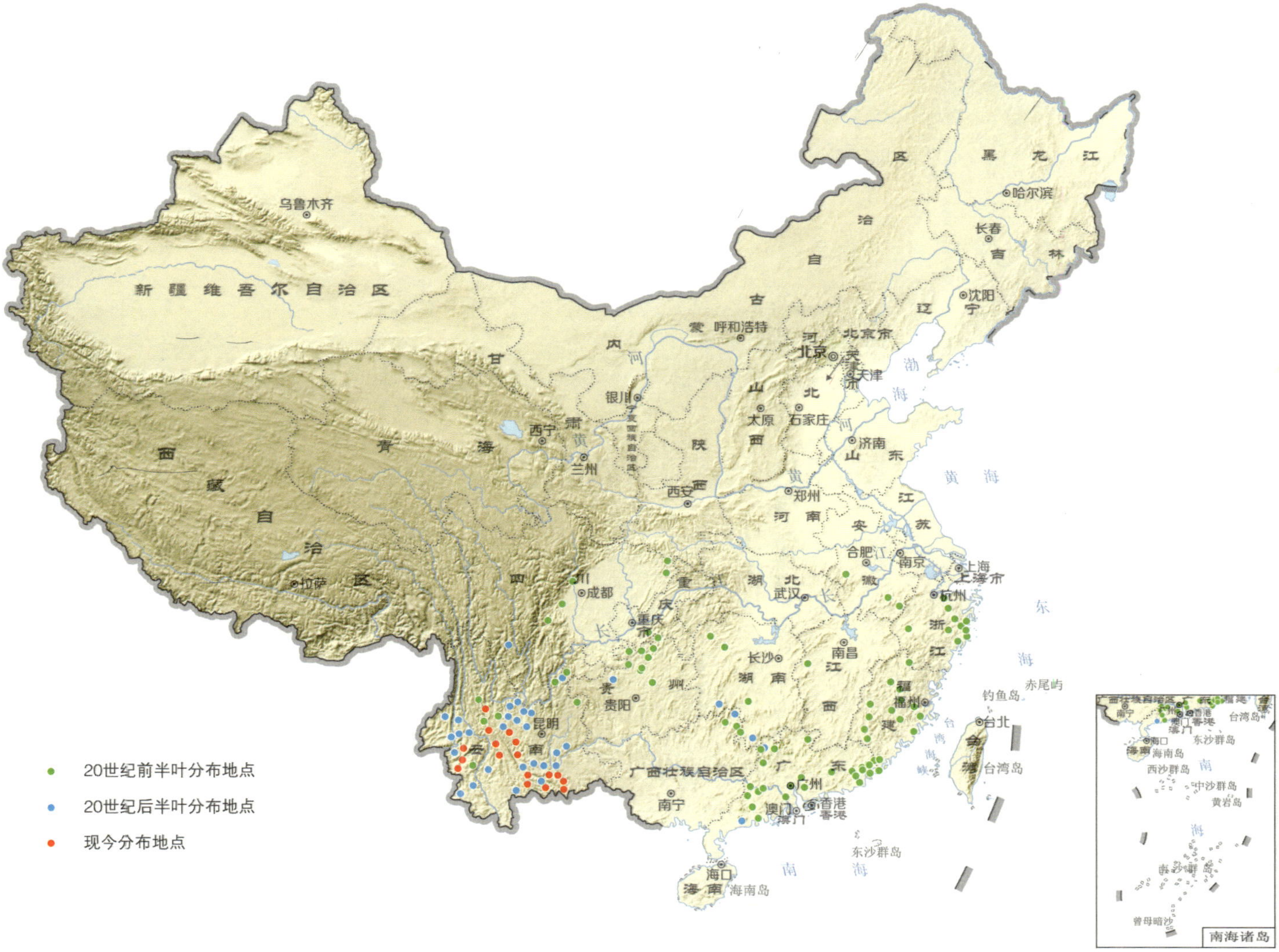

图 11.29　20 世纪以来黑冠长臂猿分布变迁图

表 11.6　　20 世纪以来黑冠长臂猿分布变迁概况

地区	省级政区	20 世纪前半叶分布地点	20 世纪后半叶分布地点	现今分布地点
华北	浙江	越城区、嵊州市、衢州市、台州市、临海市、温岭市、三门县、天台县、仙居县、乐清市		
	安徽	黄山市、歙县、霍山县		
	福建	永泰县、延平区、顺昌县、松溪县、清流县、大田县、尤溪县、莆田市、泉州市、永春县、诏安县、永定县、上杭县、连城县		
	江西	袁州区		
中南	湖南	永州市、江永县、江华瑶族自治县、城步苗族自治县、沅陵县、永顺县	江华瑶族自治县、城步苗族自治县	
	广东	广州市、增城市、阳山县、连山壮族瑶族自治县、连南瑶族自治县、始兴县、紫金县、湘桥区、潮安县、饶平县、汕头市、南澳县、榕城区、普宁市、揭东县、揭西县、惠来县、东莞市、江门市、怀集县、云城区、罗定市、云安县、郁南县、江城区、阳春市、电白县	连南瑶族自治县、电白县	
	广西	全州县、兴安县？灌阳县？	全州县	
西南	重庆	南川区		
	四川	都江堰市、万源市、宣汉县、名山县、汉源县、木里藏族自治县	木里藏族自治县	
	贵州	遵义市、仁怀市、遵义县、桐梓县、绥阳县、正安县、习水县、道真仡佬族苗族自治县、大方县、瓮安县	大方县	
	云南	宣威市、新平彝族傣族自治县、元江哈尼族彝族傣族自治县、隆阳区、施甸县、腾冲县、龙陵县、昌宁县、昭阳区？鲁甸县、巧家县、景东彝族自治县、景谷傣族彝族自治县、镇沅彝族哈尼族拉祜族自治县、江城哈尼族彝族自治县、孟连傣族拉祜族佤族自治县、澜沧拉祜族自治县、永德县、镇康县、双江拉祜族佤族布朗族傣族自治县？耿马傣族佤族自治县、沧源佤族自治县、大理市、祥云县？洱源县、南涧彝族自治县、巍山彝族回族自治县？楚雄市、双柏县、牟定县、南华县、姚安县、大姚县、永仁县、元谋县、武定县、禄丰县、蒙自县、个旧市、开远市、绿春县、建水县、石屏县、弥勒县、泸西县、元阳县、红河县、金平苗族瑶族自治县、河口瑶族自治县、屏边苗族自治县	新平彝族傣族自治县、元江哈尼族彝族傣族自治县、隆阳区、施甸县、腾冲县、龙陵县、昌宁县、鲁甸县、景东彝族自治县、景谷傣族彝族自治县、镇沅彝族哈尼族拉祜族自治县、江城哈尼族彝族自治县、孟连傣族拉祜族佤族自治县、澜沧拉祜族自治县、永德县、镇康县、耿马傣族佤族自治县、沧源佤族自治县、大理市、南涧彝族自治县、楚雄市、双柏县、牟定县、南华县、姚安县、大姚县、永仁县、元谋县、武定县、禄丰县、蒙自县、个旧市、开远市、绿春县、建水县、石屏县、弥勒县、泸西县、元阳县、红河县、金平苗族瑶族自治县、河口瑶族自治县、屏边苗族自治县	新平彝族傣族自治县、景东彝族自治县、镇沅彝族哈尼族拉祜族自治县、永德县、耿马傣族佤族自治县、沧源佤族自治县、大理市、南涧彝族自治县、楚雄市、双柏县、蒙自县、个旧市、绿春县、红河县、金平苗族瑶族自治县、河口瑶族自治县、屏边苗族自治县

6　20 世纪以来的海南黑冠长臂猿分布变迁

海南黑冠长臂猿原属“黑长臂猿”之一，曾作为海南亚种（*Hylobates concolor hainanus*），现主要指分布于海南省的长臂猿。

6.1　海南黑冠长臂猿概况

海南黑冠长臂猿简称为海南长臂猿。

海南长臂猿 1892 年就获定名（*Hylobates hainanus*），随后其分类地位虽多次变动，但多是以亚种定位。直到21世纪初，分子遗传学证实其应是一个独立种，学者们又从形态学与行为学方面区分、验证，直到最近才较普遍赞同其是独立种，经过百余年，中文简称又出现“海南长臂猿”，却并非回到原点，而是更具科学性。

海南黑冠长臂猿(图11.30～图11.33)为中型长臂猿，体长40～50 cm，体重7～10 kg，雄猿体形比雌猿略小。其无颊囊，体态矫健；前肢明显长于后肢，无尾，被毛短而蓬松，手指和四肢皮肤黑棕色。雌雄异色：雄猿通体黑色，嘴角边或略有几根白毛，头顶有短而直立的冠状簇毛，犹如怒发冲冠；雌猿全身金黄，体背为灰黄、棕黄或橙黄色，头顶有棱形或多角形黑色的冠斑，恰似戴了顶小黑帽。

图11.30　雄猿①

图11.31　携子②

图11.32　攀缘③

图11.33　俯视

①寻影热带雨林. http://news.hexun.com/2014-08-17/167597663.html

②梅志强. 评委会推荐：海南长臂猿. http://news.sohu.com/20080521/n256998310.shtml

③杨冠宇. 濒危的雨林精灵：海南长臂猿. http://www.wenming.cn/photo/jincai/201509/t20150914_2855310_3.shtml

实际上，海南黑冠长臂猿一生中要变换几次颜色：刚出生的小猿是金黄色的，只有头顶正中有道黑线；长到6个月左右毛色开始变成黑色，首先是肩部、背部和手臂、臀部，然后再扩大到身体的其他部位，最后是腹部。到6～7岁性成熟，毛色才渐分雌雄：雌猿变成金黄色的着装，雄猿却还是一身黑衣。雄兽的体毛完全变为黑色后就不再变化；但雌兽在达到性成熟的年龄时，毛色却又从黑色逐步变成淡黄色，并且是一个渐进的过程，须一年多的时间方可完成，期间所呈现的是一只不黑不黄的“灰猿”。

海南黑冠长臂猿与其他长臂猿不同之处，在于它的种群较大，营家族式生活，一般以3～5头至7～8头的家庭群为活动单位，有时甚至每群10余只。社群配偶制为“一夫多妻”制，即一只成年雄性和2只成年雌性组成。只有受到干忧的小群才是“一夫一妻”制。海南黑冠长臂猿社群的活动范围大多在60 hm^2，远大于其他长臂猿。活动领域比较固定，无季节迁移现象，领地通过它们的叫声来标志。

海南黑冠长臂猿的生性机警，晨昏活动，有固定的活动范围和活动路线。它们是树栖猿类，在树上攀缘自如，活动与觅食均在15 m高大乔木的冠层或中层中穿越进行，很少下至5 m以下的小树上活动。它们没有固定的睡觉地点，也不会做窝，蜷曲在树上，有时也会在树干上仰天而卧。

海南黑冠长臂猿每天的活动很有规律，定时的高声鸣叫，是它们一天当中必不可少的内容。黎明时候，猿群就开始数次鸣叫。先是公猿的高声啼鸣，接着是母猿的喧闹和歌唱，整个过程有15 min。声音高亢洪亮，能传到几千米之外。这种鸣叫可表示猿群对其领域的拥有，警告别的猿群不要进犯。开始时，大公猿会跑到高枝上进行“领唱”，发出口哨般的长鸣，接着母猿、小猿也会加入，发出短促而杂乱的“咯、咯”声，此时，猿群中的两只母猿会非常激动，相拥着不停跳跃。相隔不远的两群长臂猿有时也会同时鸣叫，它们像是在比赛谁的声音大、耐力好。森林里鸣啼声、尖叫声、呼啸声此起彼伏，热闹非凡，令人难忘。随后，在雄猿的带领下，猿群在自己的领地里觅食。上午、中午，猿群都会发出鸣叫。到了下午，它们还是边走边吃，只是不会再鸣叫了。

海南黑冠长臂猿以多种热带野果、嫩叶、花苞为主要食物，偶尔也会吃点昆虫、鸟蛋等动物性食物。它们极少下地饮水，主要靠饮叶片的露水，也会用手从树洞里掏水来喝。

海南黑冠长臂猿的雄性幼猿7～8岁性成熟；雌性约9岁性成熟，2～3年生怀胎1次，妊娠期7～8个月，每胎1仔。雄猿性成熟后会被驱逐出猿群，过一段独立生活，然后成家。海南黑冠长臂猿寿命可达30余年①。

存疑：笔者曾在介绍“黑长臂猿”时，转用过一幅称为此物种的图片（图11.34）（文榕生，2009），但一直心存疑惑。最近在查找“海南黑冠长臂猿”时，又见使用此图片②；在自称“本站原创”（2011年3月25日发布）的“黑长臂猿 *Hylobates concolor*”③上，再见此图片。对其准确性存在疑惑。

图11.34　疑似“白颊长臂猿”

---

①海南黑冠长臂猿. http://baike. baidu. com/link? url＝BA5IpTk6HA7utzNwi_gEgdK2KhbUrP2QA_-stNCx0Z8yVeLE0DLU4rLK2voHXSbRG8pNky4vgtmHpPuCp3aqzRd2Yhf18ZYJzTqQyIaSpCs7BdnFQfOa0Dt7C6tghhxUR66jvej2JwbiAI7QcUm8hrn57X7kPRLE9Y9cy3vL5aZkrI2xLVjSHGKbd0frd-ZR；周军. 我国特产的长臂猿：海南长臂猿. http://www. bjkp. gov. cn/art/2006/12/11/art_2275_142222. html；野生动物保护：海南长臂猿. http://www. docin. com/p-242963390. html＃documentinfo

②海南黑冠长臂猿. http://baike. baidu. com/link? url＝BA5IpTk6HA7utzNwi_gEgdK2KhbUrP2QA_-stNCx0Z8yVeLE0DLU4rLK2voHXSbRG8pNky4vgtmHpPuCp3aqzRd2Yhf18ZYJzTqQyIaSpCs7BdnFQfOa0Dt7C6tghhxUR66jvej2JwbiAI7QcUm8hrn57X7kPRLE9Y9cy3vL5aZkrI2xLVjSHGKbd0frd-ZR

③黑长臂猿 Hylobates concolor. http://www. forestry. gov. cn/bhxh/701/content-85871. html

从现今更多高质量图片察看、比较,笔者将图 11.34 曾用于"黑长臂猿"有误,特此更正。因为该猿与其他长臂猿区分的显著特征之一就是:雄性两颊的长白毛十分醒目,雌猿吻部也有呈"U"形围绕的较短白毛(图 11.35)。

图 11.35 白颊长臂猿①

6.2 分布概况

长臂猿在全新世前就从大陆扩散到海南岛,并演化形成海南长臂猿。

20 世纪初,海南岛森林覆盖率达 90%,还有相当面积的原始森林,各县均有长臂猿分布。到 1950 年代初,刘振河等(1984)调查,认为还有白沙等 12 个县有海南长臂猿,估计数量在 2 000 只左右。1960~1970 年代,海南长臂猿分布地减少到 6 个县。这些数字略显保守。

《中国重点陆生野生动物资源调查》称,"本次调查,黑长臂猿仅见于海南(霸王岭林区,在吊罗山、鹦哥岭、五指山可能有零星个体残存)"(国家林业局,2008)。亦即涉及万宁市、五指山市、东方市、昌江黎族自治县、白沙黎族自治县、琼中黎族苗族自治县、陵水黎族自治县、保亭黎族苗族自治县、乐东黎族自治县等地,反映还有海南长臂猿分布。

据 2005 年报道,近期调查研究表明,东黑冠长臂猿在海南(霸王岭自然保护区)现仅存 13 只(Zhcu et al,2005)。反映在东方市、昌江黎族自治县、白沙黎族自治县等地有海南长臂猿残存。

2015 年报道,低质量的栖息地、独特的一夫二妻制社会结构、较长的生殖间隔及较低的遗传多样性,是制约海南长臂猿种群生存和发展的主要原因。海南长臂猿现仅存 20 多只分布在霸王岭国家级自然保护区 16 km^2 的原始热带季雨林内(邓怀庆等,2015)。

万宁市位于海南岛东南部沿海,东濒南海;在土地面积中,山地约占一半,丘陵和平原各占四分之一。地属热带季风气候区,气候温和,温差小,积温高,全年无霜冻,气候宜人,雨量充沛,日照长。森林覆盖率 60.2%。境内野生动物种类繁多,其中珍贵品种有大洲金丝燕、梅花鹿、熊、豹、长臂猿、黄猄、蟒蛇、毛鸡、金钱龟、鹧鸪、野兔等②。所谓"长臂猿",即是海南长臂猿。

东方市地处北部湾畔、昌化江下游,北靠黎母山脉,地势东高西低,由东南向西北倾斜,东南部为山地和丘陵,西北部为平原和台地,地貌有山地、谷地、丘陵、台地、平原、海积阶地、沙滩等。地属热带季风海洋性气候区,旱湿两季分明,降雨量偏小,日照充足,蒸发量大。该市大田镇的猕猴岭林场实行封山育林和封山护林以来,生态环境明显改善,为野生动物休养生息提供了繁殖场所,主要有长臂猿、水鹿、猕猴、灵猫、山鸡、斑鸠、穿山甲、箭猪、蟒蛇等各种飞禽走兽③。此处所称"长臂猿",就是海南长臂猿。

白沙黎族自治县位于黎母山脉中段西北麓,南渡江上游,地处五指山腹地,地势陡峻,东南高、西北低,地形由山地、盆地、丘陵和台地构成。山高云雾多,山区气候特点突出,东南部多雨,西北部少雨。境内有被列为国家重点保护的一类动物坡鹿、黑冠长臂猿、云豹、小爪水獭、山鹧鸪、隼游等 6 种④。说明还有海南长臂猿存在。

琼中黎族苗族自治县地处五指山北麓,地形西南高、东北低,地势自西南向东北倾斜,地貌呈穹窿形,由高山、低山、丘陵、台地河道、阶地等构

①http://tieba.baidu.com/p/1599107252

②万宁.http://baike.baidu.com/view/61697.htm?fromId=28529

③海南省猕猴岭林场.http://www.hnemap.com/MoreMapInfo/more.aspx?id=301

④白沙黎族自治县.http://baike.baidu.com/link?url=3DPXNecxdg7msUBP7qBYlyDasBw6LVLaLh-DbpeKYBQgJhiztyFBQRVR4-82zyOdib1azzFP5N7nUm-qYVeL9_#2_3

成。位于热带海洋季风气候区北缘，雨水充沛，气候温和，四周群山环抱，有独特的山区气候特点。森林覆盖率达 81.7%。动物资源十分丰富，稀有珍贵野生动物主要有黑熊、长臂猿、猕猴、金钱豹、金钱龟、山鹿、孔雀雉、穿山甲、蟒蛇、毛鸡、原鸡、鹦鹉等①。所谓“长臂猿”，即是海南长臂猿。

现栖息有海南长臂猿的保护区皆在海南省（图 11.36、表 11.7），其状况反映：

- 栖息有海南长臂猿的保护区共 5 个，总面积 875 km^2。
- 保护区地处 6 个市（县），其中东方市涉及 3 个保护区，琼中黎族苗族自治县涉及两个保护区。
- 保护区中仅涉及国家级与省级两种级别，国家级保护区占 60%，省级保护区占 40%。
- 保护区是 1976～2004 年设立的，反映随海南长臂猿发现情况，随时增设。
- 保护区的主管部门皆是林业部门。

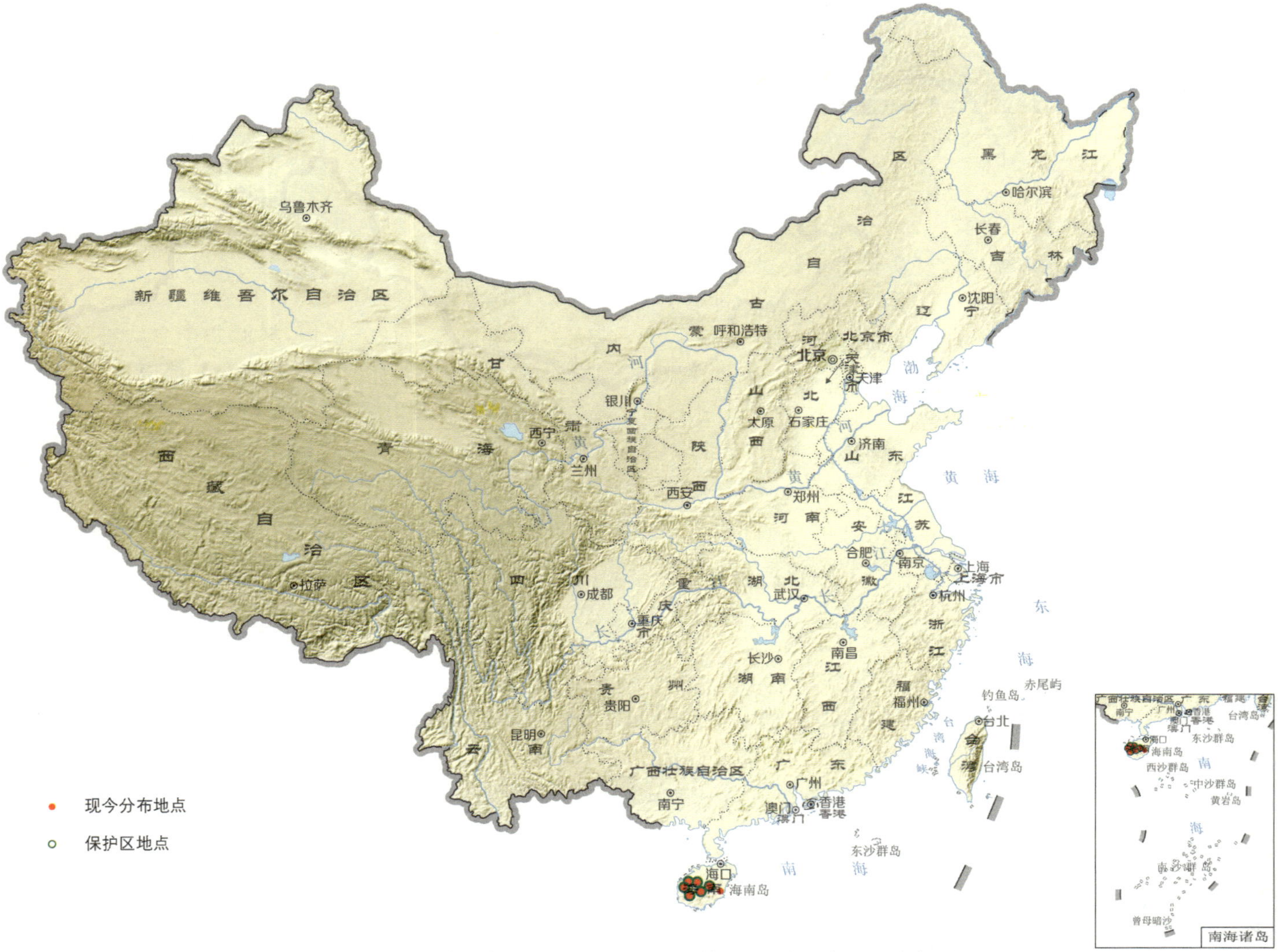

图 11.36　现有海南黑冠长臂猿栖息地与其栖息的自然保护区分布图

---

①琼中黎族苗族自治县. http://baike. baidu. com/link? url＝s _vIV06qZ9Vu8foHnizm6jIVbs27m2HFyXq_NNtetLpi-thBwsZfIju-VML0DEqpFoaAdnaXIVUamIs9m3NR2K

表 11.7　　海南省栖息有海南黑冠长臂猿的保护区概况

保护区名称	所　处　地　点	面积(hm^2)	级别	建立时间	主管部门
尖峰岭	乐东黎族自治县、东方市	20 170	国家级	19761009	林业
霸王岭	东方市、昌江黎族自治县、白沙黎族自治县	29 980	国家级	19800129	林业
五指山	琼中黎族苗族自治县、五指山市	13 436	国家级	19851101	林业
猕猴岭	东方市	12 215	省级	20040723	林业
黎寻山	琼中黎族苗族自治县	12 701	省级	20040723	林业

注:①本表参考多方面信息综合而成,个别误差进行更正。②本表据全国自然保护区名录. http://sts. mep. gov. cn/zrbhq/zrbhq/201208/t20120824_235172. htm;五指山自然保护区. http://baike. soso. com/v274001. htm;海南省猕猴岭林场. http://www. hnemap. com/MoreMapInfo/more. aspx? id=301;黎母山森林公园. http://www. baike. com/wiki/%E9%BB%8E%E6%AF%8D%E5%B1%B1%E6%A3%AE%E6%9E%97%E5%85%AC%E5%9B%AD

6.3　分布变迁

文献记载显示出百余年来海南黑冠长臂猿分布变迁状况(图 11.37、表 11.8),特点如下:

● 自最后海退以来,海南长臂猿与大陆地理分布隔绝,在生态环境良好的海南岛上生息繁衍,直到 20 世纪初各地依然皆有。

● 主要由于人类活动的干扰,到 20 世纪后半叶,海南长臂猿首先在琼北沿海与平原地带的四地消失。

图 11.37　20 世纪以来海南黑冠长臂猿在海南岛的分布变迁图

● 随后至今，海南长臂猿分布收缩到琼中山地一带。

● 尤其是现存海南长臂猿种群数量是我国拥有长臂猿科 7 种中最低者，濒危程度最为严重。

● 现有保护区已基本覆盖海南长臂猿栖息地，有必要采取更有效举措，甚至辅以必要的人工保护，首先恢复其种群数量。

表 11.8　20 世纪以来海南黑冠长臂猿分布变迁概况

省级政区	20 世纪前半叶分布地点	20 世纪后半叶分布地点	现今分布地点
海南	海口市、三亚市、文昌市、琼海市、万宁市、五指山市、东方市、儋州市、临高县、澄迈县、定安县、屯昌县、昌江黎族自治县、白沙黎族自治县、琼中黎族苗族自治县、陵水黎族自治县、保亭黎族苗族自治县、乐东黎族自治县	三亚市、琼海市、万宁市、五指山市、东方市、儋州市、澄迈县、屯昌县、昌江黎族自治县、白沙黎族自治县、琼中黎族苗族自治县、陵水黎族自治县、保亭黎族苗族自治县、乐东黎族自治县	万宁市、五指山市、东方市、昌江黎族自治县、白沙黎族自治县、琼中黎族苗族自治县、乐东黎族自治县

7　20 世纪以来的白颊长臂猿分布变迁

白颊长臂猿的主要形态特征（图 11.38～图 11.43）是雄猿从嘴角至耳上部各有显著的一丛向上伸的白色长毛，雌猿则无。

白颊长臂猿，又称北白颊长臂猿（以区别于现分布于老挝与越南的“南方白颊长臂猿”*Nomascus siki*），在中国现仅在云南省有栖息。

图 11.38　伉俪①

图 11.39　怀抱②

7.1　概况与分布

深圳野生动物园饲养员根据工作实践，观察到白颊长臂猿小猿成长过程中的毛色变化，并提到：小白颊长臂猿在这 4 年多的生长过程中，它的毛色要经过 3 次的转变；如果它是雄性，就会一直保持黑亮的毛色。这固然很重要。然而，我们注意到似李木生先生摄于该园的白颊长臂猿几帧照片，体现白颊长臂猿小猿的不同成长阶段：①初生不久的婴猿不离母猿的怀抱，其毛色灰黄，与母猿相似（见图 11.39）。②成长一段时间的小猿已经能在母猿呵护下坐在枝头，其毛色与母猿仍相差无几。值得注意的是，母猿显露出黑

①白颊长臂猿的种群和繁殖. http://new. 060s. com/article_pic/2014/03/05/5541. 4. htm

②郑小红等. 深圳一岁多小白颊长臂猿难辨雌雄. http://cache. baiducontent. com/c? m=9f65cb4a8c8507ed4fece763104a8023584380143fd3d1027fa3c215cc7958435a64e9bb213f1007cec10b0662d0353a99f23470340524c7eddf883d87fdcd763bcd7a742613&p=9e769a4786cc46ae1ea2dd3d5f05&newp=9349d616d9c111a05fecd53d570a92695803ed6936d7c44324b9d71fd325001c1b69e7ba27221204d7c17e6701a8425becf43571361766dada9fca458ae7c4&user=baidu

色(或棕褐色)脚心;小猿前肢也显示为暗色,尤其是面颊上有白色长毛(照片上隐约可见)(见图 11.40)。③再经一段时间,小猿毛色已经灰黑,面颊的白色长毛也很醒目,当是已近成年的雄猿(见图 11.41)。由此,窃以为是否可据面颊有无白色长毛来判断白颊长臂猿小猿的雌雄?

图 11.40　呵护①

图 11.41　小家庭②

图 11.42　雄猿③

图 11.43　携仔

白颊长臂猿的分布范围极为狭窄,仅限于云南南部的勐腊、江城、绿春和建水等几个县境内。20 世纪 60 年代初期,在勐腊县尚有一定数量,甚至在县城中每天清晨都能听到它们的叫声,总数有 500～600 只。从 70 年代起已经逐渐绝迹,目前仅剩 70 只左右,即使在森林中,也很难听到白颊长臂猿的叫声了(李湘涛,2008)。据此描述及参考他人资料,勐腊县的白颊长臂猿当是大幅度

①白颊长臂猿(成体雌性)李木生摄于深圳野生动物园. http://www.szzoo.net/news/Show.asp? id=1364

②郑小红等. 深圳一岁多小白颊长臂猿难辨雌雄. http://cache.baiducontent.com/c? m=9f65cb4a8c8507ed4fece763104a8023584380143fd3d1027fa3c215cc7958435a64e9bb213f1007cec10b0662d0353a99f23470340524c7eddf883d87fdcd763bcd7a742613&p=9e769a4786cc46ae1ea2dd3d5f05&newp=9349d616d9c111a05fecd53d570a92695803ed6936d7c44324b9d71fd325001c1b69e7ba27221204d7c17e6701a8425becf43571361766dada9fca458ae7c4&user=baidu

③白颊长臂猿的种群和繁殖. http://new.060s.com/article_pic/2014/03/05/5541.4.htm

减少（毕竟“仅剩 70 只左右”）。同时说明在江城哈尼族彝族自治县、绿春县、建水县、勐腊县等地还有白颊长臂猿栖息。

《中国重点陆生野生动物资源调查》称（国家林业局，2008）：

本次调查，白颊长臂猿仅见于云南南部澜沧江以东的勐腊、景洪、江城及相连的绿春邻区的 4 个县。而在过去曾有分布的绿春黄连山和金平西隆山一带可能已经绝迹。

按：此调查结果似保守，因另有资料表明白颊长臂猿存在地点更多一些。

白颊长臂猿在中国仅见于西双版纳的江城、建水、勐腊和绿春黄连山。国外见于越南北部红河流域马江以西和老挝北部湄公河以东[①]。

宁洱哈尼族彝族自治县地处横断山脉南段，无量山脉纵穿南北，形成分水岭；全境皆山，海拔差距大；地貌纵横交错，地质构造属喀斯特地貌。地属南亚热带山地季风气候区，兼有热带、中亚热带、南温带等气候类型。森林覆盖率 74%。截止到 2014 年，宁洱县野生动物种类有猕猴、长臂猿、金丝猴、黑熊、鹿、野猪、豹、岩羊、穿山甲、蟒蛇、灵猫、绿孔雀、锦鸡等国家一、二级保护动物[②]。所谓“长臂猿”，当是白颊长臂猿，说明当地还有残存。

勐海县地处横断山系纵谷区南段，怒江山脉向南延伸的余脉部；地势四周高峻，中部平缓，山峰、丘陵、平坝相互交错。地属热带、亚热带西南季风气候区，冬无严寒，夏无酷暑，年温差小，日温差大，依海拔高低可分为北热带、南亚热带、中亚热带气候区。当地珍稀哺乳动物有象、野牛、虎、长臂猿、猴、熊等 9 目 27 科 67 种[③]。所谓“长臂猿”，乃白颊长臂猿，说明还有分布。

勐腊县位于澜沧江大断裂以东，无量山南端之尾梢；整个地势东北部高，西南部和南部低，形成较多南北走向的山岭和盆地：北部中山山原，坡状起伏，中部岩溶景观奇丽多姿，南部宽谷盆地开阔。地属北热带湿润季风气候区，热量丰富，夏无酷热，冬无严寒，降水充沛，旱雨两季分明。境内珍稀动物主要有亚洲象、孟加拉虎、东南亚虎、野牛、金钱豹、灵猫、小熊猫、长臂猿、蜂猴、熊猴、金丝猴、犀鸟、蟒蛇、绿孔雀等。白颊长臂猿、白喉犀鸟、棕颈犀鸟是勐腊特有种[④]。

栖息有白颊长臂猿的自然保护区皆在云南省（表 11.9、图 11.44），其状况反映：

● 栖息有白颊长臂猿的保护区共 2 个，总面积 3 068 km^2。

● 保护区地处 4 个市（县），没有重复。

● 保护区等级皆国家级保护区。

● 保护区分别是 1958 年与 1983 年设立的，虽然跨度较大，既说明较早就对白颊长臂猿等的保护高度重视，又反映随着野外调查落实而增设保护区。

● 现存白颊长臂猿还有多分布地没有设置保护区，反映保护白颊长臂猿尚有改进空间。

表 11.9　**云南省栖息有白颊长臂猿的保护区概况**

保护区名称	所处地点	面积（hm^2）	级别	建立时间	主管部门
西双版纳	景洪市、勐海县、勐腊县	241 776	国家级	19581009	林业
黄连山	绿春县	65 058	国家级	19830427	林业

注：①本表参考多方面信息综合而成，个别误差进行更正。②本表据全国自然保护区名录．http://sts. mep. gov. cn/zrbhq/zrb-

---

①白颊长臂猿的种群和繁殖．http://new. 060s. com/article_pic/2014/03/05/5541. 4. htm

②宁洱哈尼族彝族自治县．http://baike. baidu. com/link? url=a-OOgOWWRo4Sy2X4mm0kGCvFnyV7zJL1DGPQb9yv74sN9TPtjtJuvn-T-8fpRrI_

③勐海县．http://baike. baidu. com/link? url=XombKAei_cr_Eqf5O5LdrowfhwfoQAdMVh5J4D_BXK4Cfo-9JUQypQyOPOnEZq4Hoy2G2nD12FiSTcIsDMJXDHEu9VY6wDQLfMfTyZmApOP6OZXZyeja4JnZXtLdjMsv5gzEpmZ-IqLFfQ5ojbyX2RoCU5MoyBI7-1zUw2zpouO

④勐腊县．http://baike. baidu. com/link? url=ucw6eFXjp5nbRZNwCL2JuKkiNzC4wrbka3DcJHIqrU2drjf5wp-3Tq4Oy9gxwtVjjclubmg1uM1ILm035rvMiznLhWJhNnd71QvjrV-Bjk4FVx8Q5bJW15M0S0q4t8JveLehQhha_KsG-qNHWWYepOcCeq7Rat0qYAJCQ3McSSa hq/201208/t20120824_235172. htm;西双版纳自然护区. http://www. yn. xinhuanet. com/green/bao/xsbn2. htm;西双版纳国家级自然保护区. http://baike. baidu. com/link? url=1SLFDQpUxqjiAgB0t3SEm6ZRe0hZWJuryK9ccf3ipj3D-02yuDmcWy-QNq9nWjtb7WQlm-mseNN9d27YvXhFgQ6-UxQG8cE5N2xT1TWAOnhJnzz_ qkug_ I6viVnROJsLEgB0JaSIbzj3pT6C6t1fwtEvY81DgFqNfv5ZylRAy0exlFhqmzctYKkIRcZ5N0O_MhZU2IDVsSvAuebZ8seDjEuprxq6lQ9NIbEb7aqVjVS;白颊长臂猿的种群和繁殖. http://new. 060s. com/article_pic/2014/03/05/5541. 4. htm;黄连山国家级自然保护区. http://baike. baidu. com/view/1405397. htm? fromId=246469

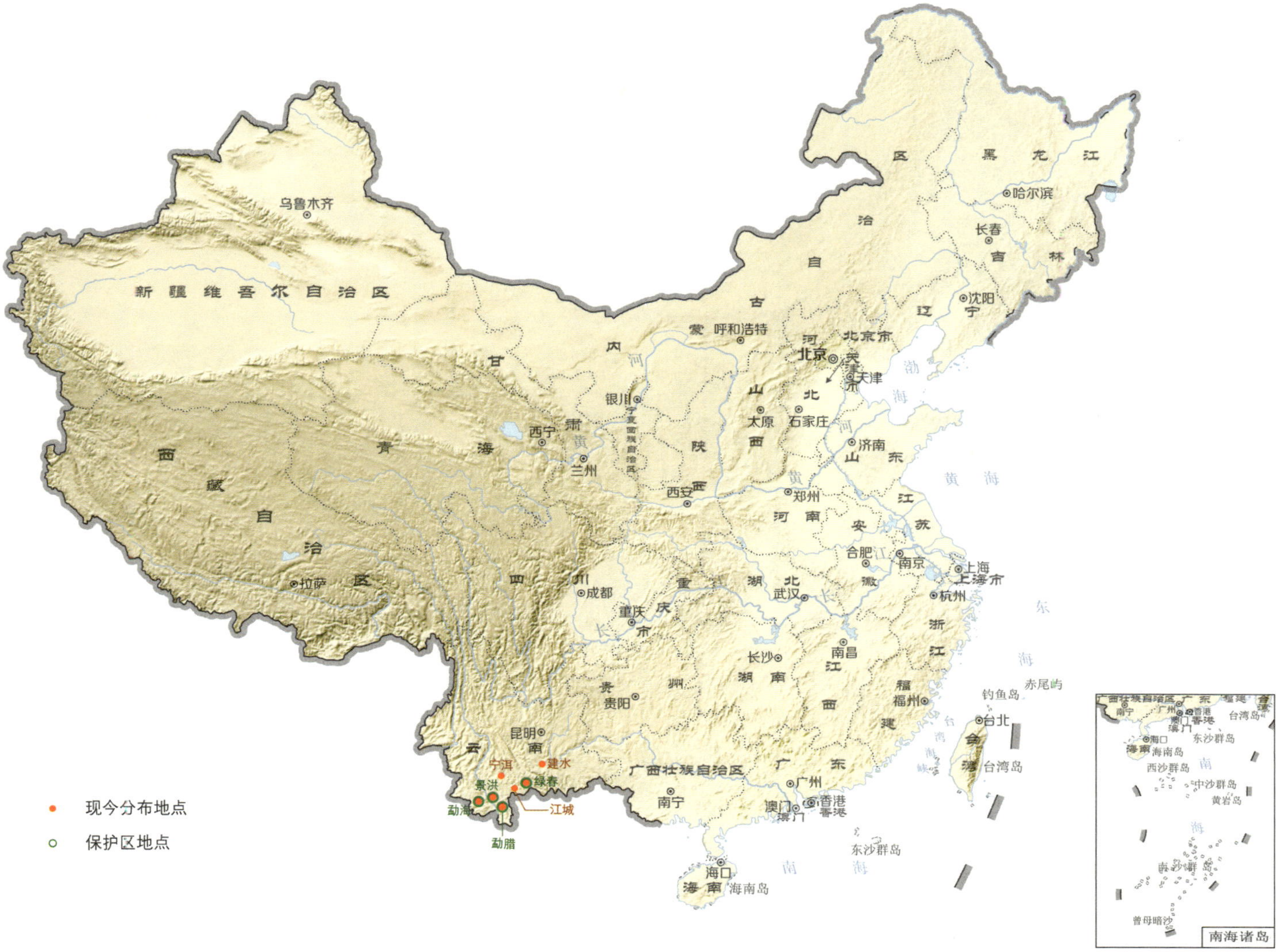

图 11.44 现有白颊长臂猿栖息地与其栖息的自然保护区分布图

7.2 分布变迁

文献记载显示出百余年来白颊长臂猿分布变迁状况(图 11.45、表 11.10),特点如下:

● 到 20 世纪初,白颊长臂猿仅分布于滇南一带,根据生态环境与地望推测,约处于 18 个市(县)。

● 由于对白颊长臂猿研究、确认与野外调查皆进行较晚,其栖息范围基本保持原状。

● 白颊长臂猿的种群数量起伏较大①，就是现今的数量也不高，对其的保护力度切不可松懈。尤其是对尚处于保护区外的白颊长臂猿，需要加紧调查研究，拿出切实可行的整改方案。

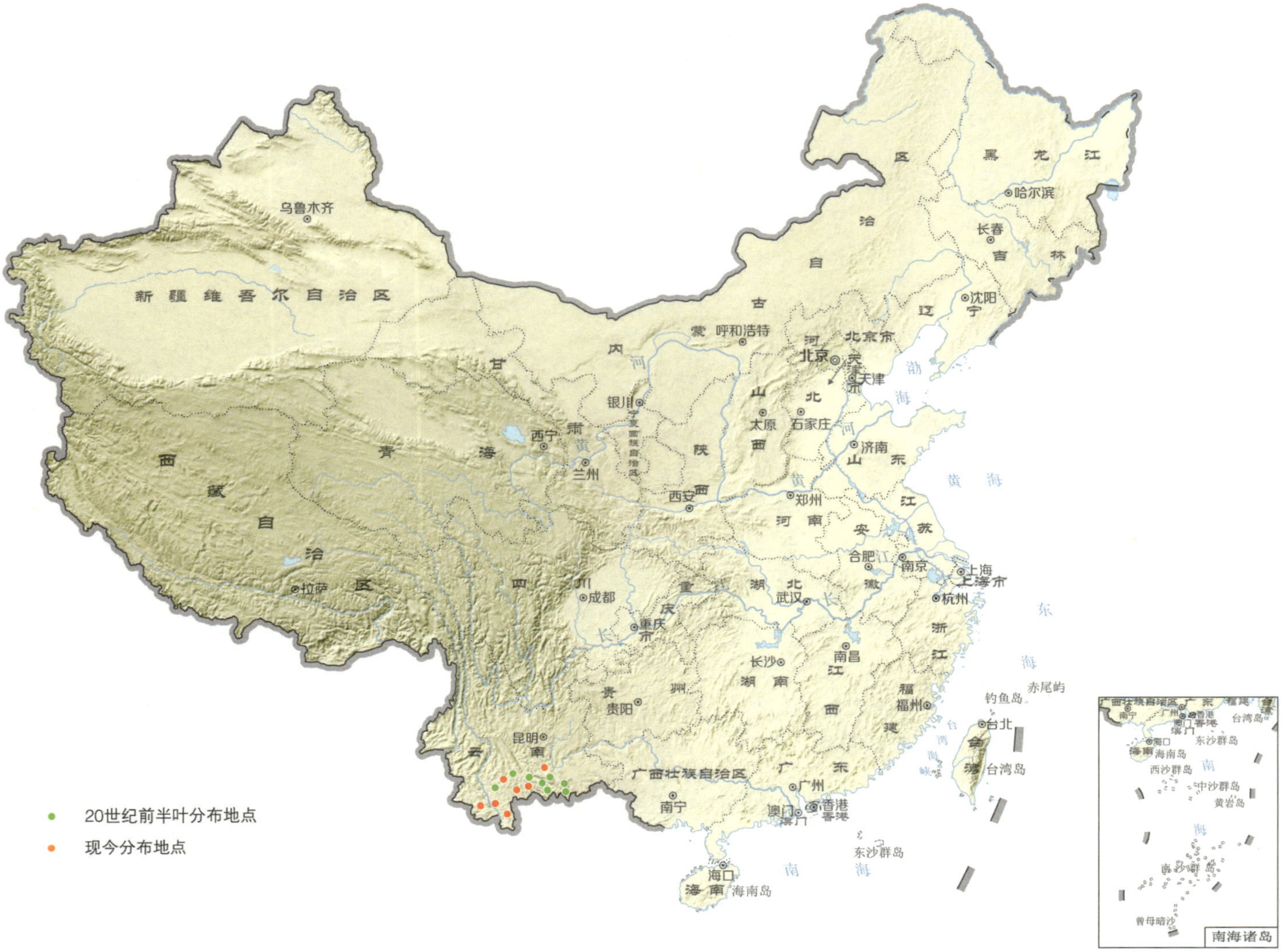

图 11.45　20 世纪以来白颊长臂猿分布变迁图

表 11.10　　20 世纪以来白颊长臂猿分布变迁概况

省级政区	20 世纪前半叶分布地点	20 世纪后半叶分布地点	现今分布地点
云南	思茅区？宁洱哈尼族彝族自治县、墨江哈尼族自治县？江城哈尼族彝族自治县、个旧市？绿春县、建水县、元阳县？红河县？金平苗族瑶族自治县？河口瑶族自治县？屏边苗族自治县？景洪市、勐海县、勐腊县	宁洱哈尼族彝族自治县、江城哈尼族彝族自治县、绿春县、建水县、景洪市、勐海县、勐腊县	宁洱哈尼族彝族自治县、江城哈尼族彝族自治县、绿春县、建水县、景洪市、勐海县、勐腊县

①《中国重点陆生野生动物资源调查》综合资料称，20 世纪 50～60 年代，仅勐腊县就有 530～620 只；1980 年代初，有 80～100 只；1980 年代末，不足 40 只；本次调查，全国约 165 只（国家林业局，2008）。

8　20 世纪以来的东部黑冠长臂猿分布变迁

东部黑冠长臂猿,简称东黑冠长臂猿,是消失约 50 年后再次发现的长臂猿,原属"黑长臂猿"之一,越北亚种(*Hylobates concolor nasutus*)中国部分。因其分布于红河以东,故冠以"东部",以区别于"黑冠长臂猿"。

8.1　东部黑冠长臂猿概况

东部黑冠长臂猿(图 11.46～图 11.55)是中型长臂猿,体矫健,体重 7～10 kg,体长 400～550 mm,前肢明显长于后肢,无尾;毛被短而厚密,皮肤褐色。雄性颜面裸露,色略浅;头顶冠毛不长;被毛全为黑色,胸部有部分浅褐色毛。雌性脸周环有白色长毛;体被毛灰黄、棕黄或橙黄色;头顶黑色冠斑面积较大,通常能超过肩部,达到背部中央,呈三角状;胸部有部分浅褐色毛。新生婴猿皮肤黑中泛红,全身被稀疏黑色绒毛。随年龄增长,婴猿黑色毛被逐渐遍布全身直至成年。雌性青年猿性成熟时,被毛再转变为金黄,脸周出现白色长毛,头顶至肩和背部呈现明显的黑色冠状毛发。随着年龄继续增长,黄色被毛逐渐暗淡,转为褐黄甚至黑褐色。雄猿随年龄增长,头顶冠状毛发日渐明显,胸前逐渐呈现浅灰斑块并逐渐明显。

东部黑冠长臂猿为一夫一妻或二妻的配偶制,雌猿约 3 年一胎,每胎一崽,婴猿于同年 11 月至翌年 3 月间出生。幼猿约 1 岁后,自行随群体迁徙;3 岁左右,便完全独立活动。性成熟年龄为 8～9 岁。

东部黑冠长臂猿营家族式生活,每群 10 只左右。一群长臂猿的活动范围大约 130 hm^2,每天移动 1 500 m 左右采食;性格警惕,一般在天亮后开始活动,天黑前 1～2 h 结束,每天活动时间在 9～13 h。食物中,无花果和其他果实占了最大比例,其次是叶和芽。由于喀斯特森林中果实产量较低,在果实缺乏的季节,东部黑冠长臂猿取食更多的叶和芽。

东部黑冠长臂猿是一种典型的树栖动物,对森林具有非常严格的选择,森林中几棵重要果树被砍伐,果实产量下降,就有可能影响它们的存活[①]。

图 11.46　雄猿[②]

图 11.47　雌猿

①东黑冠长臂猿. http://www.baike.com/wiki/东黑冠长臂猿;东黑冠长臂猿. http://baike.baidu.com/link? url=djcBNaVtydC-ZW-Dwa6zZ8yFGm0sY805Up_aZrh3pNEkKSlubwg_fGWWmDGqxzyQHINJp08AM-63CaIkTL93Zsq

②东黑冠长臂猿. http://tieba.baidu.com/p/3186552483

图 11.48　蹲坐①

图 11.49　游荡②

图 11.50　悬臂③

图 11.51　携子④

①http://tupian.baike.com/a0_03_80_01300000201438121801803768056_jpg.html
②东黑冠长臂猿.http://baike.so.com/doc/6668087-6881923.html
③东黑冠长臂猿.http://baike.so.com/doc/6668087-6881923.html
④http://www.arkive.org/cao-vit-crested-gibbon/nomascus-nasutus/image-G63337.html

图 11.52　伉俪（赵超摄）①

图 11.53　“横行”②

图 11.54　群雄嬉戏③

图 11.55　添丁进口

在邦亮长臂猿保护区，监测人员通过望远镜发现在东部黑冠长臂猿家族中，一只雌猿将一团黑色的东西紧紧抱在怀中，约有成年人鞋子大小（图 11.55）。长臂猿监测队长兴奋地说：“我们仔细观察后发现，这是一只约两个月大的婴猿。”④反映这重新发现的新种长臂猿在添丁进口。

8.2　广西分布

广西壮族自治区既是东部黑冠长臂猿主要分布区，也是现今我国该物种仅存地。

此前，根据访问群众和猎人收藏的皮张、骨头推断，考察队专家已推断出广西的龙州、大新、靖西和那坡边境四县曾有黑冠长臂猿出没⑤。表明在大新县、龙州县、靖西县、那坡县等地曾有东部黑冠长臂猿栖息。

据称，分布于龙州大青山地区的黑长臂猿在未被研究之前，就已经于 20 世纪 50 年代绝迹（田长城，2006）。所谓“黑长臂猿”即东部黑冠长臂猿。

①保护珍稀野生动植物 建设美好生态新家园. http://roll.sohu.com/20120918/n353422646.shtml

②东黑冠长臂猿. http://baike.baidu.com/link? url=djcBNaVtydCZWvDwa6zZ8yFGm0sY805Up_aZrh3pNEkKSlubwg_fGWWm-DGqxzyQHINJp08AM-63CaIkTL93Zsq

③东黑冠长臂猿. http://tieba.baidu.com/p/3186552483

④东黑冠长臂猿新添群体 我国仅分布在靖西邦亮保护区. http://www.gx.xinhuanet.com/newscenter/2015-06/14/c_1115608890.htm

⑤叶建平，张晓博. 被认为在中国灭绝多年的一种长臂猿重现广西. http://www.jiaodong.net/news/system/2006/11/14/000891395.shtml

1960 年代初，黑长臂猿北部湾亚种（*H. c. nasutus*）在广西西南部那坡、靖西和大新等地曾有所发现（Groves et al，1990）。此后，在广西西南部再未发现，说明该亚种已在这一地区绝灭。越南东北部滨海地区是本亚种可能存在的唯一地区（Tan，1985；Geissmann et al，2000；王应祥等，2000；Geissmann et al，2003）。就是说，东部黑冠长臂猿曾被认为在我国绝迹。

《中国重点陆生野生动物资源调查》称，"本次调查，广西未发现黑长臂猿的踪迹，估计已绝迹"（国家林业局，2008）。此说似包括东部黑冠长臂猿，乃 2006 年之前的结果。

2002 年，在越南北部靠近中国边境的重庆县（Trung Khanh）一片喀斯特森林中重新发现了东部黑冠长臂猿的一个小种群（La et al，2002）。随后，2006 年 9 月，在与越南交界的靖西县森林中发现了另外 3 个东部黑冠长臂猿群体（Chan et al，2008）。调查表明，该区域东部黑冠长臂猿的种群数量约为 18 群 110 只，其中在中国境内有 4 群，约 20 只（Le et al，2008；Fan et al，2010）。据 2015 年 6 月报道，截至 2014 年 5 月，我国有 5 群共 33 只东黑冠长臂猿[①]。

现存我国的东部黑冠长臂猿仅处于邦亮长臂猿省级自然保护区[②]（表 11.11）一地。可以看出，该保护区是重新发现东部黑冠长臂猿之后设立的，并且很快就提升了级别。

表 11.11　广西壮族自治区栖息有东部黑冠长臂猿的保护区概况

省级政区	保护区名称	所处地点	面积（hm^2）	级别	建立时间	主管部门
广西	邦亮长臂猿	靖西县	6 530	省级	20090716	林业

存疑：据 2015 年 5 月发布的《大明山的历史遗迹考察》摘要提到，"叙述了大明山历史上的行政隶属关系及变化……对大明山自然保护区内及边界附近的历史遗址进行了考察，并依据有关史载和遗址推测了大明山历史上的环境状况和生态环境变迁"，文中涉及长臂猿相关摘录：

大明山自然保护区范围在行政区划上分属武鸣县、上林县、马山县三县所辖[③]。

从明隆庆五年（1571）上林知县王一岳诗"参天老树虬龙蟠，涧里玄猿悲月夕"来看，大明山仍是原始古林密布，黑长臂猿（玄猿、乌猿）活动频繁的原始林区。

新中国成立后，由于当时的生产建设需要，武鸣县、上林县在大明山及周边地区建立了采伐场、矿山、茶场等生产单位，人类开始了对大明山的开发，特别是这一时期，对大明山原始森林和生态环境造成了相当程度的破坏。此期，八角等外来人工种植植被的大面积增加，也加剧了对自然生态环境的改变。在 50、60 年代还大量存在的华南虎、狗熊、懒猴、黑长臂猿、斑冠犀鸟等珍稀动物现已灭绝或仅有传闻。到 1981 年，国营大明山林场改为大明山水源林保护区，大明山的生态破坏才得到遏制，森林得到较好的保护，生态环境逐步得到恢复。大明山绝迹多年的黑长臂猿又有出现，古老而神秘的大明山，正逐步焕发出神奇的自然生态价值，越来越受到社会的关注和保护，是一处地貌奇特、景观雄秀、生物资源极其丰富、科学价值极高的自然保护区和生态旅游胜地[④]。

按：据此描述，可以肯定的是：到 1960 年代前后，地处武鸣县、马山县、上林县、宾阳县等地的大明山国家级自然保护区一带还有东黑冠长臂猿（即所称"黑长臂猿"）栖息。但所称 1981 年后"大明山绝迹多年的黑长臂猿又有出现"值得质疑：①东部黑冠长臂猿分布于红河以东的我国南部，大明山正处于这一地域，故原称"黑长臂猿"当是这一长臂猿新种；东部黑冠长臂猿在中越两国都是约在 50 年后才再度发现。既然大明山独在约 20 年前就再现东部黑冠长臂猿这一极度珍稀物种，为何未见重点报道？②大明山保护区现既为

①韦丁广. 东黑冠长臂猿在中国的分布和保护现状. http://jingxi.gov.cn/index.php?c=index&a=show&catid=569&id=2467

②2013 年 12 月 25 日，经国务院审定，成为国家级自然保护区。

③据《全国自然保护区名录》（http://sts.mep.gov.cn/zrbhq/zrbhq/201208/t20120824_235172.htm），保护区在武鸣县、马山县、上林县、宾阳县等地。

④大明山的历史遗迹考察. http://www.gxdms.com/a/2/3/1/905.html

国家级，据有关介绍，“截止到 2012 年，野生脊椎动物有 31 目 90 科 208 属 294 种，其中哺乳类 60 种。在野生脊椎动物中，国家一级保护动物有黑叶猴、金钱豹、林麝、蟒 4 种，二级保护的有苏门羚、黑熊等 33 种”①，居然未见“再现”东部黑冠长臂猿。是否将黑叶猴误认为东部黑冠长臂猿？③目前仅见此一条资料提及大明山再现东部黑冠长臂猿，尚待进一步查证。

8.3　云南分布

云南省也曾有东部黑冠长臂猿分布。

20 世纪 50～70 年代，黑长臂猿指名亚种(*H. c. concolor*)在滇东南的文山、马关、麻栗坡等地发现过它们的分布，但到 1980 年代初时，相继绝灭(王应祥等，2000)。反映东部黑冠长臂猿直至 1980 年代初，在文山县、麻栗坡县、马关县等地仍有分布。

8.4　分布变迁

文献记载显示出百余年来东部黑冠长臂猿分布变迁状况(图 11.56、表 11.12)，特点如下：

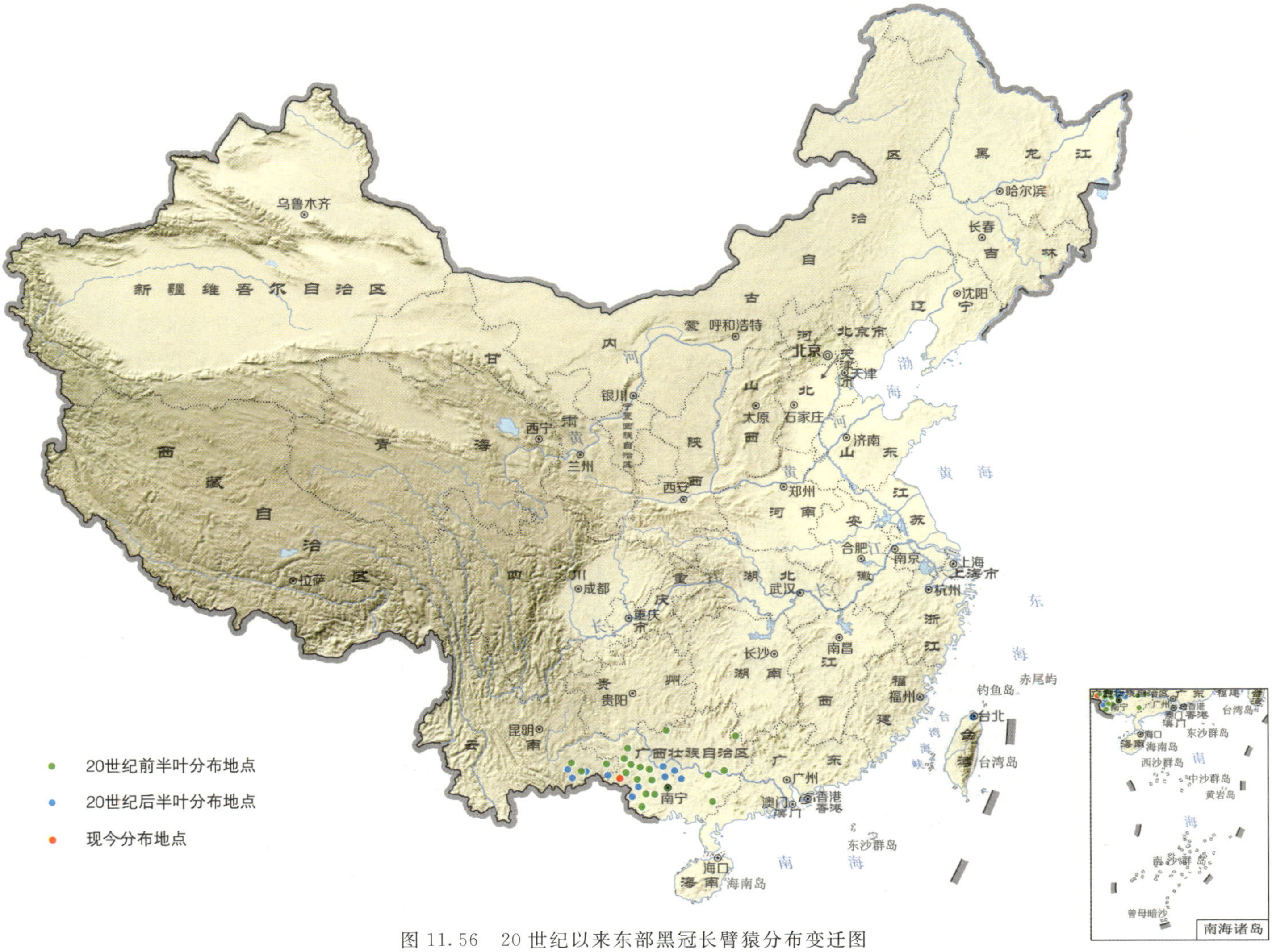

图 11.56　20 世纪以来东部黑冠长臂猿分布变迁图

①广西大明山国家级自然保护区. http://baike.baidu.com/link? url＝rBoUr3m0ndv0ut-Jwb3cX6SFEQ-IchVlYyjqKOMdnKqnj0p43n3vG8pqYvBBUdlMgOMmLvF1IOg7IVl1p1St＿＃reference-[7]-6579441-wrap；大明山自然保护区. http://www.baike.com/wiki/大明山自然保护区

表 11.12　　20 世纪以来东部黑冠长臂猿分布变迁概况

地区	省级政区	20 世纪前半叶分布地点	20 世纪后半叶分布地点	现今分布地点
中南	广西	南宁市、武鸣县、宾阳县、上林县、隆安县？马山县、藤县、桂平市、陆川县、江州区、扶绥县、大新县、天等县？宁明县？龙州县、右江区？田阳县？田东县？平果县？德保县？靖西县、那坡县、凌云县、环江毛南族自治县、富川瑶族自治县	武鸣县、宾阳县、上林县、马山县、大新县、龙州县、靖西县、那坡县	靖西县
西南	云南	文山县、砚山县？西畴县？麻栗坡县、马关县、富宁县？	文山县、麻栗坡县、马关县	

● 东部黑冠长臂猿分布于云南东南部红河以东、广西大桂山—大容山及其以西地带。

● 到 20 世纪初，根据生态环境与地望等推断，东部黑冠长臂猿在桂滇一带 30 余地有分布。

● 在 20 世纪后半叶，桂滇还有 10 余地有东部黑冠长臂猿，并逐步消失。

● 直到 21 世纪初，才在桂西的靖西县重新发现，并设立了保护区。

● 近年，不断有东部黑冠长臂猿新种群发现，其数量有所上升，但依然属于极度濒危物种，要加大保护力度。

9　20 世纪以来的东部白眉长臂猿分布变迁

白眉长臂猿曾被认为是一个物种，两个亚种。2006 年 IUCN 灵长类专家组会议同意将白眉长臂猿划分为东部白眉长臂猿和西部白眉长臂猿两个物种。中国高黎贡山地区等分布的为东部白眉长臂猿[①]。

东部白眉长臂猿的原中文学名为“白眉长臂猿”，也是中国所默认的简称；现为区别于现存于孟加拉国、印度（阿萨姆）和缅甸等地的“西部白眉长臂猿”（*Hoolock hoolock*）而冠以“东部”。

9.1　形态概况

曾介绍的“白眉长臂猿”主要指东部白眉长臂猿（文榕生，2009），不再赘述。东部白眉长臂猿的最显著形态特征是该猿雌雄皆有两道醒目的白色眉毛（图 11.57～图 11.62）。为便于与西部白眉长臂猿区分，特补充一些较高质量图片。

图 11.57　雄猿[②]

图 11.58　雌猿[③]

①Hoolock leuconedys. The IUCN Red List. http://www.iucnredlist.org/details/39877/0

②http://m.shufflebase.com/sc/DCVCDCIVsy.html

③http://www.birdnet.cn/thread-226250-1-69.html

图 11.59 下降

图 11.60 母子①

图 11.61 蹲坐②

图 11.62 小猿③

①http://www.birdnet.cn/forum.php? mod=viewthread&tid=1001758&mobile=1
②http://www.birdnet.cn/thread-226250-3-1.html
③http://www.birdnet.cn/forum.php? mod=viewthread&tid=1001758&mobile=1

9.2 分布概况

东部白眉长臂猿在云南省主要分布于怒江以西。

历史上，东部白眉长臂猿曾广泛分布于云南省的泸水、保山、腾冲、龙陵、盈江、陇川、潞西和瑞丽等地。2006～2009年的调查结果表明，我国的东部白眉长臂猿有150～200只，分布在保山市的隆阳区、腾冲县和龙陵县（蔺汝涛，2013）。亦即在隆阳区、腾冲县、龙陵县、潞西市、瑞丽市、盈江县、陇川县、泸水县等地曾有分布，且隆阳区、腾冲县、龙陵县的延续至今。

东部白眉长臂猿在云南西部有较广泛的分布和较多数量，仅腾冲县就有数百群，总数不少于500只；20世纪80年代末，数量已大大下降，估计仅有100～150群，250～400只。到1994年，兰道英等重新复查时认为有50～100群，200余只，其中高黎贡山自然保护区20～50群，100～150只；腾冲尖高山一带30～50群，陇川4～8群，西永、苏典和户撒的长臂猿多在中缅边境两侧分布①。约涉及隆阳区、腾冲县、龙陵县、盈江县、陇川县、泸水县、福贡县、贡山独龙族怒族自治县等地。

《保山地区志》记载（保山地区地方志编纂委员会，1999）：

属国家重点保护的珍稀动物有33种，其中属国家一类保护动物有白眉长臂猿等10种。

按：据此，说明在隆阳区、施甸县、腾冲县、龙陵县、昌宁县等地还有东部白眉长臂猿生息繁衍。

《龙陵县志》列举兽类（龙陵县委党史地方志工作办公室，2000）：

虎、金钱豹、草豹、狗熊、马熊、马鹿、山驴、岩羊、野猪、豪猪、狼、豺狗、狐狸、破脸狗、黄鼠狼、九节狸、野猫、麂、獐［麝］……水獭、旱獭、蝙蝠、獾……穿山甲、恒河猴［猕猴］、黑猴、蜂猴［懒猴］、长臂猿。

按：所谓“长臂猿”乃东部白眉长臂猿，说明龙陵县仍有分布。

德宏傣族景颇族自治州称，截止到2013年底，现有国家规定的一类保护动物：绿孔雀、孔雀雉、白颊山鹧鸪、红腿小隼、黑颈长尾雉、赤颈鹤、红腹角雉、白尾稍虹雉、冠斑犀鸟、双角犀鸟、蜂猴、叶猴、金丝猴、熊猴、豚尾猴、马来熊、熊狸、黑颈长尾雉、巨晰［巨蜥］、长臂猿、云豹、云猫、金钱豹、孟加拉虎、亚洲象、云南野牛、扭角羚等②。反映潞西市、瑞丽市、梁河县、盈江县、陇川县还有东部白眉长臂猿等栖息。

盈江县位于喜马拉雅山延伸的横断山脉之西南端，是高黎贡山南延支系——尖高山的西南余脉构成的山区地形，境内低山与宽谷盆地交错相间，地势东北高、西南低，起伏较大。地属低纬高原地区，冬暖夏长，雨热同期，干凉同季，春温高于秋温；主要气候特征：冬日少、春夏秋日长，冬无严寒、夏无酷热，日温差大、年温差小，雨量充沛、干湿分明，立体气候明显。森林覆盖率62.8%。境内野生动物有兽类10目27科57种，鸟类18目51科335种，鱼类6目15科63种，两栖类7科19种，爬行类12科33种，昆虫类15目107科400余种。属国家一类保护动物有蜂猴、白眉长臂猿、印度支那虎③。亦即还有东部白眉长臂猿栖息。

《中国重点陆生野生动物资源调查》称（国家林业局，2008）：

本次调查，白眉长臂猿仅见于云南西部怒江以西的陇川、盈江、瑞丽、保山和泸水。

按：据此，表明东部白眉长臂猿在隆阳区、瑞丽市、盈江县、陇川县、泸水县等地仍有分布。

据《云南科技报》2009年9月报道，在参加德宏州组织的“德宏州环保世纪行采访活动”盈江县采访时获悉，该县发现国家濒临灭绝的国家一级保护动物白眉长臂猿。又据2015年5月报道，研究人员在以2009年盈江县白眉长臂猿种群数量与分布的调查结果基础上，对该地区白眉长臂猿的种群数量与栖息地状况再次做出了评估和

---

①白眉长臂猿. http://baike. baidu. com/link? url = 9akP141d-3PRCpGYnuOgmeBbWC0ksLemuBbKeoXgQrg9boiY4YQXH3HDAQmz-ZT1fwsNTIxyFGHSa05Ez9TtHa

②德宏傣族景颇族自治州. http://baike. baidu. com/link? url＝mB7gXuUr_72fIEHV3d38FuZH51xBFo2yzgJmotSsjmFLM04ugDwL3bDUsEv3oKGX4D4M7VnOuYWcrBML4NqdFK

③盈江县. http://baike. baidu. com/link? url＝OydIJ-yVzpA3C0T1oUFzc_sLRYv3fEQG_Jv3D2E7TC6-ssm21k8FZBpbutQ20O9w

调查。调查范围涉及铜壁关自然保护区盈江管理所大娘山片区苏典乡、支那乡范围,以及有长臂猿分布信息存在的非保护区范围。通过再次走访核实、实地听辨长臂猿鸣叫与实地遥感选取栖息地植被等方法,进一步确定了当前盈江县区域分布着白眉长臂猿18~20群,数量60~80只。在2009年的基础上新增加3群长臂猿分布信息及4片活动区域。调查结束时做出保守估计:当前盈江白眉长臂猿种群数量已占中国白眉长臂猿种群数量的一半,盈江已成为白眉长臂猿主要分布区域①。这些"白眉长臂猿",皆为东部白眉长臂猿。

高黎贡山不仅珍稀植物随处可见,而且动物学家把它称之为南北动物区的走廊,誉为"哺乳动物祖先分化"的发源地。高黎贡山国家级自然保护区有国家一级保护动物18种、国家二级保护动物49种,其中有孟加拉虎、羚牛、白眉长臂猿、白尾梢虹雉、小熊猫、懒猴、黑叶猴、灰叶猴、熊猴、红面猴、黑麝、云豹、金猫、灵猫等。有作者2013年探访保护区,亲眼见到栖息的白眉长臂猿(佟伟,2014)。所谓"白眉长臂猿",乃东部白眉长臂猿。

据称,目前仅分布于云南西部怒江以西的保山、腾冲、盈江和陇川,数量100~200只。高黎贡山自然保护区工作人员在一次巡护过程中发现一只母猿怀抱只有一岁半到两岁大的小猿(图11.63),在树上轻盈地攀行,即将此难得的瞬间定格(李家鸿,2009)。从图片上看,东部白眉长臂猿的特征十分明显。

图 11.63 携仔(李家鸿摄)

图 11.64 端坐②

赧亢地处隆阳区、龙陵县和腾冲县的交界处,是连接高黎贡山国家级自然保护区与龙陵小黑山省级自然保护区的生境走廊带(薛纪如,1995)。据2007~2008年观察,赧亢片区的白眉长臂猿有2群共3只(吴建普等,2009)。也就是说还有东部白眉长臂猿。

2007年3~4月,调查了高黎贡山大塘片区白眉长臂猿的生境利用情况(白冰等,2011),并与之前调查过的赧亢片区(周围的村寨较多,人类活动频繁,植被呈破碎化分布,白眉长臂猿对生境的利用模式或多或少偏离了自然状态)进行比较(白冰等,2007)。不仅说明在高黎贡山保护区内有白眉长臂猿分布,而且反映在龙陵小黑山省级自然保护区(龙陵县、隆阳区)也有东部白眉长臂猿等存在。

又据报道,龙陵小黑山省级自然保护区属高

①铜壁关自然保护区传来喜讯:盈江县白眉长臂猿种群数量增加. http://lyj.dhyj.gov.cn/index.php/cms/item-view-id-210.shtml

黎贡山南延帚状山系，东临怒江，与临沧永德大雪山保护区隔江相望，西与德宏铜壁关自然保护区相接，北与高黎贡山国家级自然保护区相连，是森林和野生动物类型的自然保护区。现已知有各类保护动物137种和亚种，属国家级保护动物45种：其中一级10种，如绿孔雀、蜂猴、熊猴、菲氏叶猴、白眉长臂猿、小熊猫、穿山甲、黑熊、巨蜥、蟒蛇等①。有东部白眉长臂猿分布得到证实。

栖息有东部白眉长臂猿的保护区皆在云南省(表11.13)，其状况反映：

● 栖息有东部白眉长臂猿的保护区共3个，总面积4 216 km^2。

● 保护区地处9个区(县)，除隆阳区外没有重复。

● 保护区中，国家级保护区面积最大，约为省级保护区总数的25倍。

● 保护区是1983～1995年设立的，说明较早就对东部白眉长臂猿等的保护高度重视。

● 保护区与现存东部白眉长臂猿分布地重叠，反映保护区在该物种保存方面发挥重要作用。

表11.13　云南省栖息有白眉长臂猿的保护区概况

保护区名称	所　处　地　点	面积(hm^2)	级别	建立时间	主管部门
高黎贡山	隆阳区、腾冲县、泸水县、福贡县、贡山独龙族怒族自治县	405 200	国家级	19830101	林业
铜壁关	盈江县、陇川县、瑞丽市	10 074	省级	19860320	林业
龙陵小黑山	龙陵县、隆阳区	6 293	省级	19951012	林业

注：①本表参考多方面信息综合而成，个别误差进行更正。②本表据全国自然保护区名录. http://sts.mep.gov.cn/zrbhq/zrbhq/201208/t20120824_235172.htm；白冰等，2007；李家鸿，2009；白冰等，2011；铜壁关自然保护区. http://baike.baidu.com/link?url=gyTjhhxGASgJ3MDKcYkKVhkmfhA4fCggW5UUOy4Al9tI_qC8tKgFU_97zm83Jhu6cOhtxqIjaLW7c_DoB97Lqa；龙陵县小黑山省级自然保护区. http://www.baoshan.gov.cn/info/1046/13859.htm

9.3　分布变迁

文献记载显示出百余年来东部白眉长臂猿分布变迁状况(表11.14、图11.65)，特点如下：

● 东部白眉长臂猿仅分布于滇西一带。

● 20世纪初，东部白眉长臂猿分布于10余地。

● 在20世纪后半叶，东部白眉长臂猿又在一些地方消失。

● 现今，尽管东部白眉长臂猿存在地点仍占历史分布地多数，种群数量在180只，但它们皆处于保护区内，这一数字比西部白眉长臂猿则低得多，有必要查找差距，采取更加有力举措，恢复东部白眉长臂猿种群数量。

表11.14　20世纪以来东部白眉长臂猿分布变迁概况

省级政区	20世纪前半叶分布地点	20世纪后半叶分布地点	现今分布地点
云南	隆阳区、施甸县、腾冲县、龙陵县、昌宁县、潞西市、瑞丽市、梁河县？盈江县、陇川县、泸水县、福贡县、贡山独龙族怒族自治县	隆阳区、施甸县、腾冲县、龙陵县、昌宁县、瑞丽市、盈江县、陇川县、泸水县、福贡县、贡山独龙族怒族自治县	隆阳区、腾冲县、龙陵县、瑞丽市、盈江县、陇川县、泸水县、福贡县、贡山独龙族怒族自治县

①龙陵县小黑山省级自然保护区. http://www.baoshan.gov.cn/info/1046/13859.htm

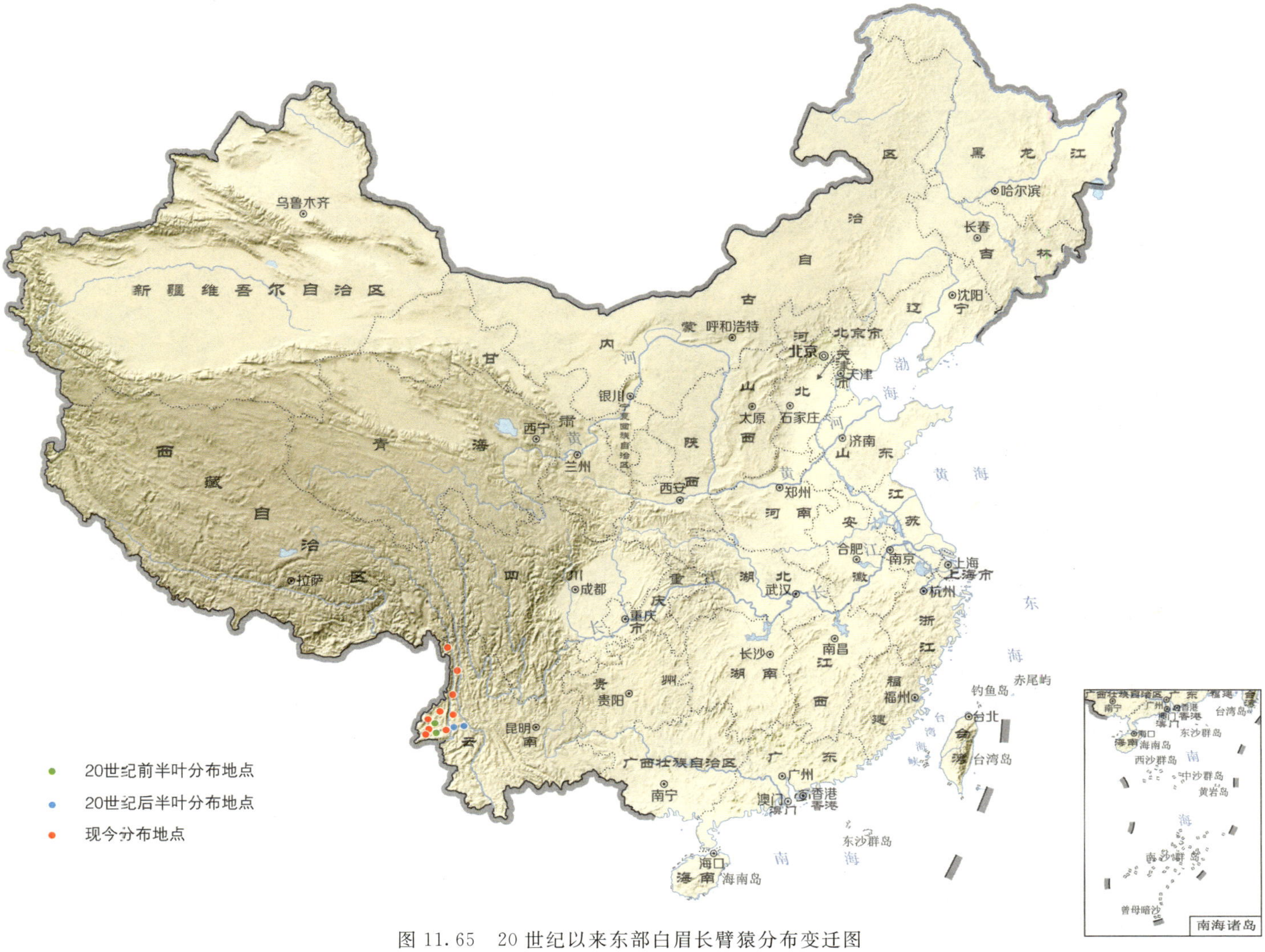

图 11.65　20 世纪以来东部白眉长臂猿分布变迁图

10　西部白眉长臂猿分布

西部白眉长臂猿近年来才由白眉长臂猿亚种之一升格为独立种。

10.1　概况

西部白眉长臂猿的资料不多见，尤其是我国的物种分布处于“禁区”，有些介绍尚存质疑①，图片仅见 1 帧(图 11.66)，与两种白眉长臂猿皆有显著差异(此猿未见“白眉”，头顶有黑斑，毛色金黄)。

从图片(图 11.67～图 11.76)看，西部白眉长臂猿被毛基本纯色，但雌雄异色：雄性为褐黑色或暗褐色，雌性多灰白或灰黄色。与名称相符的是“白眉”，其幼猿即显示出有白眉，并随年龄增长而愈加显著；雄猿浑身发黑暗色，脸部仅左右分列的两道白眉，强烈的色彩反差，使之十分醒目；雌猿本身被毛色淡，虽眼眶与吻周皆有白环，但也有两道白眉。

---

①如东部白眉长臂猿体长可达 90 cm，体重 6～9 kg(东部白眉长臂猿. http://baike.baidu.com/link?url=-V6KNnOg3bYWEgjI525yS-muCMb8UI_ywF9RNhnlqGESx927_wFO23nTCE1gn2-7XPwzVZP4_pg9YKFUTezcbH_SdBgcY2kCmH9n70K0EBKW6_KVpDnmTegBorzkQCg6pr6NB1Z2rzdu-MS8UJF8k_)。西部白眉长臂猿体长为 45～65 cm，体重 10～14 kg(西部白眉长臂猿. http://baike.baidu.com/link?url=5b_O_FE0LaENhlME4altDZoKWPdnYuMPlGYZPi0xhs6FJAC6Bk21n2RZoiTnI2_n-GoS23mksc-839YrsORHsPE8iX8pZ7C61_96nrfyHHz5TtTKgnhbcbK3_GGVvMmgyIto33vYeur59YRlia893_)。

与东部白眉长臂猿比较，除了分布的地理位置不同外，形态特征比较明显的是西部白眉长臂猿雌猿眼眶与吻周的白环比较清晰。

图 11.66 “西部白眉长臂猿”①

图 11.67 雄猿②

图 11.68 雌猿③

图 11.69 伉俪④

图 11.70 幼猿

---

①西部白眉长臂猿. http://baike. baidu. com/link? url=5b_O_FE0LaENhlME4altDZoKWPdnYuMPlGYZPi0xhs6FJAC6Bk21n2RZoiTnI2_n-GoS23mksc-839YrsORHsPE8iX8pZ7C61_96nrfyHHz5TtTKgnhbcbK3_GGVvMmgyIto33vYeur59YRlia893_

②https://quizlet. com/20454654/biological-anthropology-flash-cards/

③http://www. arkive. org/western-hoolock-gibbon/hoolock-hoolock/

④http://www. arkive. org/western-hoolock-gibbon/hoolock-hoolock/

图 11.71 呵护①

图 11.72 悬臂

图 11.73 枝头飞跃②

图 11.74 空中荡漾

图 11.75 携仔攀缘③

图 11.76 悬空行走

①CONTINUING LOVE AFFAIR WITH INDIA!. http://lisaoindiaiv.travellerspoint.com/
②http://www.arkive.org/western-hoolock-gibbon/hoolock-hoolock/image-G121988.html
③http://www.arkive.org/western-hoolock-gibbon/hoolock-hoolock/

10.2 分布状况

东部白眉长臂猿在我国仅西藏自治区东南部有所分布。

《中国重点陆生野生动物资源调查》称（国家林业局，2008）：

本次调查，白眉长臂猿仅见于……西藏察隅县的南部。

本次调查表明，全国约有 680 只白眉长臂猿。其中……西藏约有 500 只。

按：据此看来，虽然分布地域略显保守，但种群数量尚不少。

据 2011 年 3 月发布的《西藏自治区国家重点保护野生动物名录》称，白眉长臂猿（*Hylobates hoolock*）分布于“门隅、珞渝、下察隅地区”[①]。反映约在米林县、墨脱县、察隅县、隆子县、错那县一带以南地区仍有西部白眉长臂猿生息繁衍。

尽管由于众所周知的原因，我国西部白眉长臂猿分布地域（图 11.77）尚难以深入展开野外调查，但还是可以通过相关信息大致了解当地状况。这一地域所处行政区为错那县—隆子县—米林县—墨脱县—察隅县，呈弧形一线以南，是西藏自治区纬度最低地带之一；同时正是喜马拉雅山与横断山过渡地带的南部，地势基本上北高南低，甚至相对高差 7 000 多米，形成诸多大小山河谷地形，使之成为印度洋与孟加拉湾暖流通道，多属热带、亚热带湿润气候；中国第三大林区西藏森林的大部分就集中在这里；动植物多样性

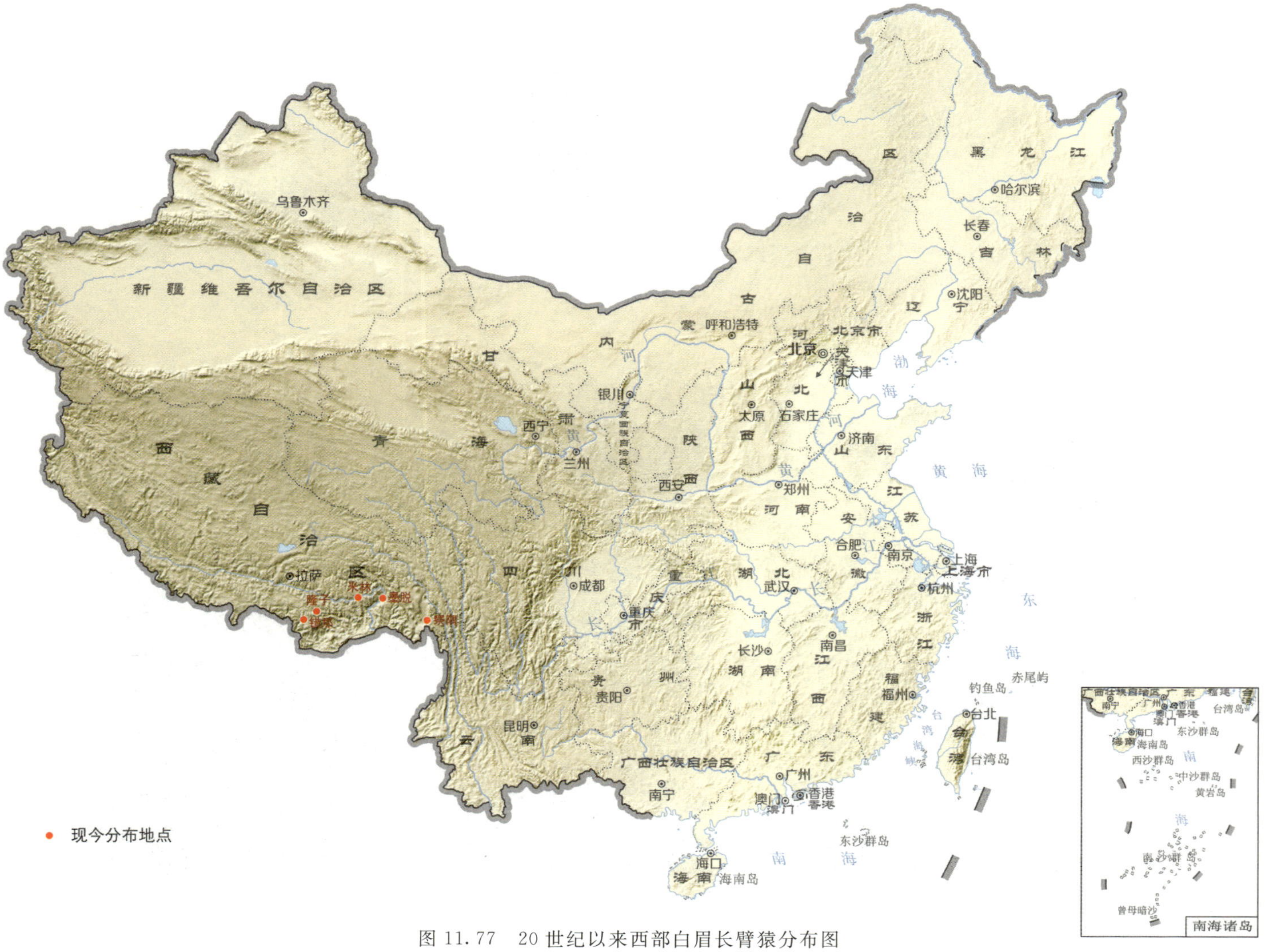

图 11.77　20 世纪以来西部白眉长臂猿分布图

①美丽精灵：西藏珍稀野生动物大盘点. http://www.360doc.com/content/11/0328/21/1490208_105447632.shtml

在这一地区表现得丰富多彩,也十分适宜东部白眉长臂猿在这一带生息繁衍。虽然这一带没有设立自然保护区,然而由于长期处于封闭状态,使得不少珍稀物种获得保存,甚至优于保护区[①]。

11　长臂猿科的分布变迁大势

长臂猿科在中国不仅有 7 个种,而且曾分布于广阔地域:向北延伸到黄河流域南部的陇东、关中、晋南一带,向东扩展到江南丘陵一带,向西达到喜马拉雅山东缘,向南甚至跨过琼州海峡登上海南岛。

以省级政区为单位概括我国历史时期长臂猿科的分布变迁(表 11.15),可以看到:

● 除东北外,其余地区皆有长臂猿科分布,但仅 23 个省级政区有,且所拥有的物种多寡不一。

● 长臂猿科的分布总态势呈现北稀南密、东少西多,这与它们适应生态环境的差异是吻合的。

表 11.15　**我国长臂猿科的分布变迁概况**

地区	省级政区	A	B	白掌				黑冠				海南黑冠				白颊				东部黑冠				东部白眉				西部白眉			
				C	D	E	F	C	D	E	F	C	D	E	F	C	D	E	F	C	D	E	F	C	D	E	F	C	D	E	F
华北	山西		★																												
华东	江苏	★	★																												
	浙江		★					★																							
	安徽		★					★																							
	福建	★	★					★																							
	江西	★	★					★																							
	山东		★																												
	台湾		★																												
中南	河南		★																												
	湖北	★	★																												
	湖南	★	★					★	★																						
	广东	★	★					★	★																						
	广西	★	★					★	★											★	★	★	★								
	海南	★	★									★	★	★	★																
	香港		★																												
	澳门		★																												
西南	重庆	★	★					★																							
	四川	★	★																												
	贵州	★	★																												
	云南	★	★	★	★	★	★	★	★	★	★					★	★	★	★	★	★			★	★	★	★				
	西藏		★																									★	★	★	
西北	陕西		★																												
	甘肃		★																												

注:表中代码为:A. 长臂猿科遗存分布地,B. 20 世纪前长臂猿科分布地,C. 20 世纪前半叶分布地,D. 20 世纪后半叶分布地,E. 现今分布地,F. 保护区分布地。

① 如西部白眉长臂猿保有 500 只左右,约为 3 个保护区内东部白眉长臂猿的 2.8 倍。

● 从省级政区看，云南省现存长臂猿种类最多；海南省虽有多地存在海南黑冠长臂猿，但濒危程度最高；广西壮族自治区现仅一地重新发现东部黑冠长臂猿，然而最为重视。

● 7 种长臂猿以黑冠长臂猿分布最广，栖息的保护区在省级政区中的数量也最多。

● 长臂猿科的濒危程度大致可以从分布地点、现有种群数量多寡等综合反映，从物种排序濒危加剧程度，大致是：海南黑冠长臂猿，东部黑冠长臂猿，白掌长臂猿，白颊长臂猿，东部白眉长臂猿，西部白眉长臂猿，黑冠长臂猿。

● 尽管对 20 世纪前长臂猿科的具体物种分布范围有待进一步探究，但就现有资料也可显示它们从全新世就呈现出收缩态势，在 20 世纪前就主要从北、东、南三方面向西南收缩。

● 经过数十年的保护，长臂猿科的濒危度上升的趋势并未得到有效遏制，需要保护区千方百计切实发挥作用，甚至辅以人工手段。

参考文献

白冰，等. 2007. 高黎贡山赧亢白眉长臂猿春季栖息地利用. 动物学研究，28(2)：179～185

白冰，等. 2011. 高黎贡山大塘白眉长臂猿春季栖息地利用及与赧亢的比较. 四川动物，30(1)：25～30

白子麒. 1998. 老龙洞史前遗址初步研究. 人类学学报，17(3)：212～229

保山地区地方志编纂委员会编. 1999. 保山地区志. 北京：中华书局

陈德珍，祁国琴. 1978. 云南西畴人类化石及共生的哺乳动物群. 古脊椎动物与古人类，16(1)：33～46

陈少坤，等. 2012. 重庆市秀山发现的更新世哺乳动物//董为主编. 第十三届中国古脊椎动物学学术年会论文集. 北京：海洋出版社，101～110

陈万勇，等. 1986. 云南禄丰古猿生活时期的古气候初步研究. 人类学学报，5(1)：77～88

陈醒斌. 1986. 湖南省第四纪哺乳动物化石新材料. 古脊椎动物学报(3)

楚雄州自然保护区管理局. 2006. 楚雄州黑长臂猿专项调查：16～18

邓怀庆，周江. 2015. 海南长臂猿研究现状. 四川动物，34(4)：635～640

范雪春，郑国珍. 2006. 福建第四纪哺乳动物化石考古发现与研究. 北京：科学出版社

顾玉珉. 1986. 我国更新世长臂猿化石的初步研究. 人类学学报，5(3)：208～219

顾玉珉，等. 1996. 广东罗定更新世灵长类化石. 古脊椎动物学报，34(3)：235～250

国家林业局主编. 2008. 中国重点陆生野生动物资源调查. 北京：中国林业出版社

韩德芬. 1982. 广西大新黑洞哺乳动物化石. 古脊椎动物与古人类，20(1)：58～64

郝思德，等. 1994. 海南"三亚人"遗址 1992 年发掘报告. 人类学学报，13(2)：117～125

郝思德，王明忠. 2004. 海南史前文化遗存经济生活初探. 南方文物(4)：28～34

黄万波，等. 1988. 记广东首次发现巨羊及扬子鳄化石. 古脊椎动物学报，26(3)：227～231

黄蕴平. 2010. 动物骨骼数量分析和家畜驯化发展初探//河南省文物考古研究所编. 动物考古. 第 1 辑，2007 年中国郑州动物考古国际学术研讨会论文集. 北京：文物出版社

金昌柱，等. 2009. 广西崇左三合大洞新发现的巨猿动物群及其性质. 科学通报(6)：765～773

卡尔克 H D. 1961. 关于中国南方剑齿象—熊猫动物群和巨猿的时代. 古脊椎动物与古人类，(2)：83～103

李传夔. 1978. 江苏泗洪中新世长臂猿类化石. 古脊椎动物与古人类，16(3)：187～192

李家鸿. 2009. 白眉长臂猿. 知识就是力量(8)

李湘涛. 2008. 白颊长臂猿. 百科知识(1)：50

李致祥，林正玉. 1983. 云南灵长类的分类与分布. 动物学研究，4(2)：116～117

林一璞，等. 1974. 广西宜山长臂猿牙齿化石. 古脊椎动物与古人类，12(3)：231～232

林一璞，等. 1983. 1981 年江苏泗洪考察与发掘简报. 人类学学报，2(1)：100～103

蔺汝涛. 2013. 高黎贡山的精灵：白眉长臂猿. 大自然(1)：68～70

刘振河，等. 1984. 海南长臂猿的资源现状. 野生动物(6)：1～4

龙陵县委党史地方志工作办公室编. 2000. 龙陵县志. 北

京:中华书局
陆成秋.2010.湖北建始杨家坡洞晚更新世哺乳动物群//董为主编.第十二届中国古脊椎动物学学术年会论文集.北京:海洋出版社,97～120
陆玉云,耿满.2009.哀牢山国家级自然保护区黑长臂猿生态评估.林业建设(2):51～54
马世来,王应祥.1986.中国南部长臂猿的分类与分布:附三个新亚种的描记.动物学研究,7(4):393～410
马世来,等.1987.云南红河地区珍稀濒危兽类的分布与现状//王应祥.云南南部红河地区生物资源科学考察报告.第一卷,陆栖脊椎动物.昆明:云南民族出版社,41～55
马世来,王应祥.1988.中国灵长类的分布、现状与保护.兽类学报,8(4):256～260
马世来,等.1994.西南地区长臂猿的资源现状与保护//宋大祥主编.西南武陵山地区动物资源和评价.第五章.北京:科学出版社,318～327
倪庆永,马世来.2006.滇南、滇东南黑冠长臂猿分布与数量.动物学研究,27(1):34～40
潘悦容.1996.云南元谋小河地区古猿地点的小型猿类化石.人类学学报,15(2):93～104
裴文中.1960.中国原始人类的生活环境.古脊椎动物与古人类,1960.2(1):9～21
祁国琴.1979.云南禄丰上新世哺乳动物群.古脊椎动物与古人类,17(1):14～21
钱方等,著.1991.元谋第四纪地质与古人类.第四章,古生物.北京:科学出版社
宋方义,等.1989.广东罗定饭甑山岩、下山洞洞穴遗址发掘报告.人类学学报,8(2):118～122
田长城.2006.滇中无量山黑长臂猿栖息地乔木层物种多样性研究.合肥:安徽师范大学[硕士学位论文]
佟佳.2014.高黎贡山,白眉长臂猿最后的"避难所".绿色视野(6):39～41
王令红,等.1982.湖南省西北部发现的哺乳动物化石及其意义.古脊椎动物与古人类,20(4):350～358
王应祥,等.2000.黑长臂猿的分布、现状与保护.人类学学报,19(2):138～147
王应祥,等.2002.分水岭哺乳动物//许建初.云南金平分水岭自然保护区综合科学考察报告集.昆明:云南科技出版社,63～90
王应祥,等.2003.灵长类专项调查报告//许建初.云南绿春黄连山自然保护区.昆明:云南科技出版社,124～131
文榕生著.2009.中国珍稀野生动物分布变迁.济南:山东科学技术出版社
吴建普,等.2009.高黎贡山赧亢白眉长臂猿食性及日取食量.动物学研究,30(5):539～544
吴茂霖,等.1975.贵州桐梓发现的古人类化石及其文化遗物.古脊椎动物与古人类,13(1):14～23
吴汝康,潘悦容.1984.云南禄丰晚中新世的长臂猿类化石.人类学学报,3(3):185～194
武竹仙主编.2006.郧西人:黄龙洞遗址发掘报告.北京:科学出版社
薛纪如.1995.高黎贡山国家级自然保护区.北京:中国林业出版社
尤玉柱,蔡保全.1996.福建更新世地层,哺乳动物与生态环境.人类学学报,15(4):335～346
尤玉柱,等编著.2002.双沟醉猿.北京:文物出版社
余生富,吴秀华.2013.大田县广平慧林洞调查简报.福建文博(4):13～17
云南省林业调查规划院.1988.哀牢山自然保护区综合考察报告集.昆明:云南人民出版社,2～5
张银运,等.1975.广西巴马发现的巨猿牙齿化石.古脊椎动物与古人类,13(3):148～152
张镇洪,等.1998.广东英德九龙礼堂山动物群的发现.江汉考古(1):29,28
赵仲如,等.1981.广西都安九愣山人类化石与共生动物群及其在岩溶发育史上的意义.古脊椎动物与古人类,19(1):45～54
中国社会科学院考古研究所等编.2003.桂林甑皮岩.北京:文物出版社
宗冠福.1991.元谋盆地古猿动物群及其时代//中国科学院古脊椎动物与古人类研究所参加第十三届国际第四纪大会论文选.北京:北京科学技术出版社
Chan B P L, et al. 2008. Rediscovery of the ceitically endangered eastern black-crested gibbon Nomascus nasutus (Hylobatidae) in China, with preliminary notes on population size, ecology and conservation status. Asian Primates Journal, 1: 17～25
Colbert E H, Hooijer D A. 1953. Pleistocene mammals from the Limestone fissures of Szechwan, China. Bullam Mus Hist,102: 41～71
Fan P F, et al. 2010. Social structure and group dynamics of the cao vit gibbon (Nomascus nasutus) in Bangliang, Jingxi, China. Folia Primatologica, 81: 245～253
Geissmann T, et al. 2000. Vietnam Primate Conservation Status Review 2000. 1. Gibbons. Hanoi, Fauna and Flora Intemational, Indochina Programme
Geissmann T, et al. 2003. Rarest ape rediscovered in

Vietnam. Asian Primates, 8: 8～10

Groves C P, Wang Y X. 1990. The gibbon of the subgenus Nomascus (Primates, Mammalia). 动物学研究. 11(2):147～154

La Q T, et al. 2002. Status review of black crested gibbons (Nomascus concolor and Nomascus sp. cf. nasutus) in Vietnam. In Caring for Primates. Abstracts of the XIX the Congeress of the International Primatological Society, Beijing, August 4～9, 131～132

Le T D, et al. 2008. The global cao vit gibbon (Nomascus nasutus) population. Unpublished Report to Fauna and Flora International, Vietnam Programme and China Programme

Ma S L, et al. 1988. Taxonomy, distribution and status of gibbons (Hylobates) in southern China and adjacent zreas. Primates, 29(2): 277～286

Matthew W D, Granger W. 1923. New fossil mammals from the Pliocene of Sze 2 Chuan, China. Bullam Mus Nat Hist, 48:563～598

Tan B. 1985. The status of primates in China. Primates Conservation. 5:6～18

Zhou J, et al. 2005. Hainan black-crested gibbon is headed for extinction. International Journalof Primatology, 26(2):453～465

第十二章

穿山甲的分布变迁

穿山甲(*Manis pentadactyla*)是哺乳纲 Mammalia 鳞甲目 Pholidota 穿山甲科 Manidae 穿山甲属 *Manis* 之一种，中文学名为中华穿山甲，因该属在我国仅此一种，一般简称为穿山甲。

穿山甲既是现生鳞甲目穿山甲科的唯一属动物，又是蚁类(尤其是白蚁)的克星①，还是治疗某些疑难杂症有特效的动物性药物之一。因此，无论是保护生物多样性、维持生态平衡，还是保持生物性药物资源的可持续发展等，皆有重要意义。由于穿山甲资源急剧下降，我国已将穿山甲列为国家二级重点保护野生动物。

1 穿山甲的概况

全球现生穿山甲属共有 8 种(图 12.1)，地理分布概况(表 12.1)显示我国仅有其中一种(本文一般即采用“穿山甲”简称之)。

图 12.1 现生穿山甲属形态②

①据科学家观察，在大约 17 hm^2 林地中，只要有一只成年穿山甲，白蚁就不会对森林造成危害。可见穿山甲既可在保护森林、堤坝、木质建筑物等方面起积极作用，又有利于维护生态平衡。

②http://news.cecb2b.com/info/20140626/2460363.shtml

表 12.1　　现生穿山甲属各种及其地理分布[①]

序号	拉丁学名	中文名	地理分布状况
1	*Manis temmincki*	南非穿山甲	博茨瓦纳、中非共和国、乍得、肯尼亚、马拉维、莫桑比克、纳米比亚、卢旺达、南非、南苏丹、坦桑尼亚、乌干达、赞比亚、津巴布韦 **可能灭绝：**斯威士兰
2	*Manis pentadactyla*	中华穿山甲	不丹、中国（大陆、香港、台湾）、印度、老挝、缅甸、尼泊尔、泰国、越南
3	*Manis javanica*	马来穿山甲	文莱、柬埔寨、印尼、老挝、马来西亚、缅甸、新加坡、泰国、越南
4	*Manis culionensis*	菲律宾穿山甲	菲律宾
5	*Manis gigantea*	大穿山甲	喀麦隆、中非共和国、刚果、赤道几内亚、加蓬、加纳、几内亚、几内亚比绍、利比里亚、塞内加尔、塞拉利昂、坦桑尼亚联合共和国、乌干达 **区域性灭绝：**卢旺达
6	*Manis crassicaudata*	印度穿山甲	印度、尼泊尔、巴基斯坦、斯里兰卡 **可能灭绝：**孟加拉国
7	*Manis tricuspis*	树穿山甲	安哥拉、贝宁、喀麦隆、中非共和国、刚果、科特迪瓦、赤道几内亚、加蓬、加纳、几内亚、几内亚比绍、肯尼亚、利比里亚、尼日利亚、卢旺达、塞拉利昂、南苏丹、坦桑尼亚联合共和国、多哥、乌干达、赞比亚
8	*Manis tetradactyla*	长尾穿山甲	喀麦隆、中非共和国、刚果、科特迪瓦、赤道几内亚、加蓬、加纳、利比里亚、尼日利亚、塞拉利昂

穿山甲（图 12.2～图 12.6[②]）匍匐在地时，整个体形呈背部隆起，头与尾则成扁平状。头呈圆锥状，眼小，吻尖；口中虽无齿，但舌尤其长，可达 20 cm，表面满布带腥味的黏液，有利于摄取食物；耳郭不发达。穿山甲四肢粗短，足具 5 趾，并有强爪；前足爪长，尤以中间第 3 趾爪特长；后足爪则较短小。尾扁平而长。自额顶部至背、四肢外侧、尾背、腹面几全身呈纵列状，皆覆有瓦状鳞甲，鳞片呈黑褐色。鳞有三种形状：背鳞呈阔的菱形，鳞基有纵纹，边缘光滑；纵纹条数不一，随鳞片大小而定。腹侧、前肢近腹部内侧和后肢鳞片呈盾状，中央有龙骨状突起，鳞基也有纵纹。尾侧鳞则呈折合状。鳞片之间杂有硬毛；两颊、眼、耳以及颈腹部、四肢外侧、尾基都生有长的白色和棕黄色稀疏的硬毛，绒毛极少。成体两相邻鳞片基部毛相合，似成束状。腹面淡红色。

图 12.2　在荒草丛步履蹒跚[③]

图 12.3　树根处觅食[④]

①穿山甲. http://baike.baidu.com/link? url=6fwJ0ONcNP6WGUwhM3SMfQ7_fOSj8ixWgLBd2kBNN_8zAXpjgN2qwGfZr1ZbDzWOb6nJ9AiMdHlp_X6uHqpKfdpgtPhUHRxAHqhJzjeC2Ne

②由于条件所限，不能完全采用中华穿山甲来展示穿山甲的多种形态与行为特征。

③http://hi.baidu.com/vrddxkrjblekwyr/item/c04e2b05524f7e5cbfe97e08

④https://bioweb.uwlax.edu/bio203/s2012/grosshue_crai/Pictures/overall%20good%20image.jpg

图 12.4 盘卷长尾而憩①

图 12.5 蜷曲身体②

图 12.6 口吐长舌食蚁③

图 12.7 蜷曲如松果④

图 12.8 倒挂的穿山甲⑤

图 12.9 在满是蚁的朽木上⑥

① http://cdn1.arkive.org/media/31/311CB57E-09EF-47CD-AD6F-5181C2094975/Presentation.Large/Sunda-pangolin-side-view.jpg
② http://zhidao.baidu.com/question/570240181.html
③ http://natureafield.com/wp-content/uploads/2013/06/pangolin-tongue.jpg
④ http://migrated.ifokus.se/uploads/f5c/f5cc761f8671a078ab9f61feaffa08e2/lastscan.jpg
⑤ http://25.media.tumblr.com/tumblr_mbxxpg4H6R1rsrfuio6_1280.jpg
⑥ http://www.andinn.cn/photo/picture-look.aspx? id=4819#ad-image-0

图 12.10　在朽木中觅食①

图 12.11　掘土方出的穿山甲②

图 12.12　上树食蚁③

图 12.13　山兽之君也无奈穿山甲④

图 12.14　携子在蚁冢上⑤

图 12.15　携子在绿茵中⑥

---

①http://blog.sina.com.cn/s/blog_c2662aa90101i2bt.html

②http://blog.sina.com.cn/s/blog_c2662aa90101i2bt.html

③http://baike.baidu.com/picview/11288/5757523/0/d833c895d143ad4b468b263582025aafa50f0699.html#albumindex=2&picindex=0

④http://www.google.com.hk/search?q=Pangolin&newwindow

⑤http://blog.sina.com.cn/s/blog_c2662aa90101i2bt.html

⑥http://blog.sina.com.cn/s/blog_c2662aa90101i2bt.html

图 12.16　呵护幼子①

图 12.17　鳞甲之细部②

穿山甲的成体身长 50～100 cm，尾长 10～30 cm。体重 1.5～5.0 kg，雄兽有超过 5 kg 者。雌兽有乳头 1 对。

穿山甲初生仔体重为 90～130 g，闭眼，无鳞，色浅白色；半月龄才开眼；1 个月以后，体重增至 200～500 g，鳞片渐次角化，由黄色转为黑褐色。

挖掘洞穴是穿山甲的特异功能。它们的身体呈流线型，可以减少前进的阻力。挖洞时，它用粗大有力的尾巴把住地面，前爪尖锐、长而有力向前迅速挖掘，后爪则配合向后方推土。前进时，全身磷甲闭合，像许多把瓦工的“抹子”，把洞顶抹平。后退时，又把全身鳞甲张开，像许多把小铲子，把洞顶的土铲下，带到洞外。如此反复，可把洞顶开得又大，抹得又平又坚固。

穿山甲步履蹒跚，在平地行走时，背脊隆起，前掌背外侧着地，后足则为趾行或拖地而行，呈“O”形步伐。上坡时，前爪前伸，一步步往上爬；下坡则前爪直向地插；遇草莽，就穿钻前进。穿山甲经过的两边草则被压向前倾，或粘有泥土，地面多留下后足趾印。雄兽个体较大，一般有两个趾痕（5 kg 以上的个体有三个趾痕）；雌兽较小，仅有一个趾痕。

穿山甲是广布型物种，在热带及亚热带地区更多。一般多栖息于山麓、丘陵或灌丛杂树林、小石浸杂泥地等较潮湿的地方。挖洞居住，洞道较长，末端有巢。洞穴的结构也很有讲究，常常随着季节和食物的变化而不同，一般有两种主要形式：一种是夏洞，建在通风凉爽、地势较高的山坡上，以免灌进雨水（猎人言，穿山甲晓晴雨，若新挖洞穴朝天则近日内无大雨），洞内隧道较短，大约为 30 cm，里面结构比较简单；另一种是冬洞，筑于背风向阳、地势较低的地方，距地面垂直高度有 4 m 多，洞内结构比较复杂，隧道弯弯曲曲，形似葫芦，每隔一段距离还有一道用土堆起的土墙，长度可达 10 m，还经过二三个白蚁的巢，成为其冬季的“粮仓”，洞的尽头有一个较为宽敞的凹穴，里面铺垫着细软的杂草，用以保暖，是越冬期的“卧室”，也用作“育婴室”。

穿山甲白昼常匿居洞中，并用泥土堵塞；晚间，则多出外觅食，行动活跃，亦能爬树。遇敌或受惊时常蜷成球状，其坚硬的鳞甲不仅令猛兽难以咬碎或下咽，而且会利用肌肉让鳞片进行切割运动，割破敌人的嘴巴，使试图吃掉穿山甲的动物被割成重伤。穿山甲是特化物种，视觉较差，尤以嗅觉灵敏。穿山甲的舌细长，能伸缩，带有黏性唾液，觅食时，以灵敏的嗅觉寻找蚁穴，用强健的前肢爪掘开蚁洞，将鼻吻深入洞里，用长舌舐食之。主要食物为白蚁，一只成年穿山甲的胃，最多可以容纳 500 g 白蚁。此外，穿山甲也捕食蚁及其幼虫，蜜蜂、胡蜂和其他昆虫幼虫等也是觅食对象。

穿山甲平时独居于洞穴之中，只有繁殖期才成对生活。发情交配时间以 4～5 月为主，雄性穿山甲发情持续时间较长，不呈现周期性；雌性发情期有 2～5 个发情周期，每次 12～25 天，受孕后便不再发情；妊娠期 5～6 个月，多在 12 月至翌年

① http://www.lagmansnatursida.se/dbarkiv/2013/vecka11/db13mar13.jpg
② http://www.naturephoto-cz.com/photos/andera/sunda-pangolin-31x_ost.jpg

1月分娩。穿山甲每年1～2胎，在人工饲养条件下，2年时间可产3胎；但雌兽在育仔期不仅能再次受孕，且能同时照料前、后两窝幼仔（掏洞时，常一起捕获）。穿山甲由雌兽负责哺育幼雏。幼仔出生2个月后，可随母穿山甲外出觅食。外出时，幼兽常伏于母兽背尾部；疾行时，幼仔两前肢紧抱母体膀间，鼻吻钻入鳞下，以免穿越草莽被绊脱。穿山甲的平均寿命12年，人工饲育下最长达14年①。

穿山甲一般不作长途迁徙，常在一定地段内作周期性迁移。它们能泅渡大河，游速超过蛇类；即使驮着仔兽泅水，亦不为急流所阻。穿山甲也能攀爬斜树，寻蚁时往往循蚁迹上树，以尾绕附树枝；饱食之后，有时就在树桠睡觉。但它们在树上不会下爬，只能甩身掉地，随即蜷作一团。据猎人言，每当洞内巢蚁被吃光，穿山甲便将拉在洞内的粪便用泥覆盖，以招白蚁，然后再来挖食（刘振河等，1981）。

2　穿山甲的遗存分布

尽管发掘动物遗存以哺乳动物为多，但所见报道我国出土的穿山甲遗存，仅在浙江省有一处。

余姚市河姆渡遗址出土的距今近7 000年的动物遗骨中有穿山甲（*Manis* sp.）等多种无脊椎动物与爬行纲、鸟纲、哺乳纲动物（浙江省博物馆自然组，1978），说明当地曾有穿山甲分布。

3　古人对穿山甲的认识

古人对穿山甲早有认识，最早可以追溯到史前；对其称谓，闽南语称“拉厉”，还有近50种不同称谓（见下文）。

湖北省长阳土家族自治县桅杆坪遗址出土的石雕工艺品有一被认定为穿山甲的物件（图12.18）。据考证，其年代为大溪文化（公元前4400～前3300）中、晚期遗物（湖北省清江隔河岩考古队等，2004）。5 000多年前的遗物，反映当时先民就对生息繁衍的穿山甲比较了解。

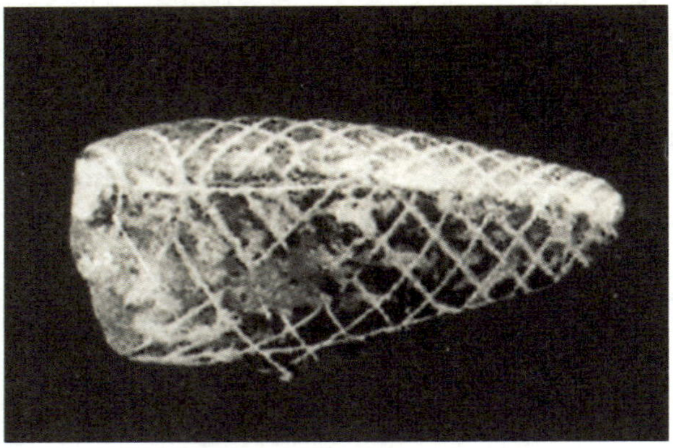

图12.18　石雕穿山甲

如果说长阳的石雕穿山甲的形象还不够明显的话，那么，河南省安阳市境内妇好（商代第23代王武丁配偶之一）墓中出土的玉雕穿山甲则惟妙惟肖地反映出其形态（图12.19）。该墓葬推断为公元前13世纪末～公元前12世纪前期（中国社会科学院考古研究所，1980），再次证明3 000多年前，先民对当地穿山甲形象胸有成竹。

图12.19　玉穿山甲（妇好墓）

《楚辞·天问》：“鲮鱼何所？”（汉）王逸注：“鲮鱼，鲤也。一云，鲮鱼，鲮鲤也。有四足，出南方。”②王逸的诠释后者，显然是指穿山甲，并且指明主要分布于秦岭—淮河以南地区。

《文选·（晋）左思〈吴都赋〉》：“陵鲤若兽，浮石若桴。”（宋）刘逵注：“陵鲤，有四足，状如獭，鳞甲似鲤，居土穴中，性好食蚁。”

①穿山甲. http://baike. baidu. com/link? url=6fwJ0ONcNP6WGUwhM3SMfQ7_fOSj8ixWgLBd2kBNN_8zAXpjgN2qwGfZr1ZbDzWOb6nJ9AiMdHlp_X6uHqpKfdpgtPhUHRxAHqhJzjeC2Ne；穿山甲. http://wenku. baidu. com/link? url=8TdrVKYRfoyN4GZpozMKbRvRFaj6kT1LkRWHinqqni4zpX6WGS1_x-7UnqLCV_n5ObMu6eU2KHazOLczWXGudhIrtrjitwPw1duRcelC0Z7

②有版本作：“绫鲤也。四足，出南方。”

（南朝梁）陶弘景《本草经集注》记述：

鲮鲤甲：其形似鼍而短小，又似鲤鱼，有四足，能陆能水。日中出岸，张开鳞甲如死状，诱蚁入甲，即闭而入水，开甲蚁皆浮出，围接而食之①。

按：对穿山甲形态与习性有进一步描述。

（宋）罗愿《尔雅翼》诠释：

鲮鲤：鲮鲤，四足，似鼍而短小，状如獭，遍身鳞甲。居土穴中。盖兽之类，非鱼之属也。特其鳞色若鲤，故谓之鲮鲤，又谓之鲮豸。野人又谓之穿山甲，以其尾大，能穿穴故也。能陆能水，出岸开鳞甲，不动如死，令蚁得入。蚁满，便闭甲，入水开之，蚁皆浮出，因接而食之。故能治蚁瘘。《吴都赋》曰：陵鲤若兽，其字从陵，以其居陆也。后魏高宗时，兖州东郡吏获此兽。京师无识者，唯高祐识之，以为三吴所出，余城所无。时谓博识。【考】《天问》曰：鲮鱼何所？王逸以为鲤，一云陵鲤也。有四足，出南方。盖以为此兽，故释《吴都赋》者亦引以为证。至柳宗元《天对》乃云：鲮鱼人貌，迩列姑射。则是用《山海经》所谓"西海中近列姑射山有鲮鱼，人面，人手，鱼身，见则风涛起"者尔，非此物。

按：如果说王逸尚有"鲮鱼"之称，左思又有"陵鲤若兽"，陶弘景再道"能陆能水"，皆疑似含有鱼类或鳞甲（鳞介）类之说；罗愿则明确"盖兽之类，非鱼之属也"。同时还明确兖州东郡所获"怪物"乃穿山甲，而出自《山海经》之"鲮鱼"则不是穿山甲。

（明）李时珍《本草纲目·鳞部·鲮鲤》在"释名"中有"龙鲤、穿山甲、石鲮鱼"等称谓，但其归类在"鳞部"则有误导。

（清）郭柏苍《闽产录异》诠释：

鳞鲤：山邑多产，即穿山甲。穴山土，以舌聚蚁而吞之。"志"称"鲮鲤"。按《天问》："鲮鱼何所。"注："鲮鱼，鲤也。"《异鱼图赞》："吞舟之鱼，其名曰鲮。"即海鱼之"鲮鲤"也。《本草》："鲮鲤皮曰'穿山甲'。"言鱼中之鲮鲤，其皮似穿山甲，乃诸"志"以山产之穿山甲为鲮鲤，且"志"入鳞属。闽中呼"鳞鲤"者，言穿山甲之鳞粗大，似鲤鱼也。

按：释中瑕瑜互见，瑕者如以《天问》之"鲤"与《异鱼图赞》"吞舟之鱼"；瑜者如明确"以舌聚蚁而吞之"与"山产之穿山甲为鲮鲤"（现多可证实），只是"志"并非皆归"鳞属"。

方志为主的古籍中有鲮（鲮居于陵）、鲮鲤（鲮鲤若兽；有四足，状如獭，鳞甲似鲤；其形肖鲤。穴陵而居；甲似鲤鱼，有四足）、鼍龙（鲮鲤似鼍龙，善攻岸）、龙鲤（《山海经》曰：龙鲤陵居。其状如鲤）、鲮鱼（似鲤而有四足，鳞甲坚厚。常吐舌出涎，须蝼蚁满其上，乃卷而食之）、鳞甲（穴居动物，善于打洞，全身披满鳞甲）、土鲮甲（四足，背有鳞，腹有毛，鼠首长舌，犬喙，尾长如身）、陵鲤甲（似鲤而鳞甲如铁）、甲（如狗，通身皆甲，唯胸有直条痕恰如一线可以刃解）、麒麟（取穿山甲身披黑灰色或黄灰色麟甲的特征），进而有类似诠释的称谓或谐音称谓，如鲮豸、鳞鲤、鲮狸、陵鲤、绫鲤、鲮鲤、鲢鲤、连理、鳞裡、鳞离、"连连（鱼旁）"［鲢鲢］、全鳞、地麟、钱鳞甲、鳞甲、山甲、钱鲤甲、鲮甲、鲤、石鲮鱼、土鲤鱼、山鲤鱼、土地鱼、鲑鲑、穿山狸、穿山甲、食蚁兽等。

对于"穿山甲"诠释：善窟，喜穿山；以能穿山；满身皆鳞，嘴尖，四足。多藏山土中；色乌而有鳞，伏土中，善食蚁；以其好穿地道；状如鼍而小，背如鲤而阔，首如鼠而无牙；背有鳞甲，爪甚锐利。长舌，尖喙，尾与身等；能拳曲，善穴土。

就目前所知，古人最早将穿山甲称为"鲮鱼"，后多称"鲮鲤"，现代则以"穿山甲"为中文学名。

由于古人对穿山甲归类非见仁见智，将其分别归入药属、虫属、介属（甲）、鳞属（鱼）②、毛属（兽）等不一而足。现代动物分类系统固然明确将穿山甲归哺乳纲（兽纲），但我们见到在现代方志中还是有误归入爬行纲③、昆虫纲（如 1985 年《通城县志》、两栖纲（如 1993 年《和政县志》）、两栖纲与爬行纲的（如 1998 年《中国国情丛书：百县

①有版本又作："出岸开鳞甲，伏如死，令蚁入中，忽闭。"

②诚然，李时珍对"鳞"有不同见解道：鳞有水陆二类，虽不同，同为鳞也。有有鳞者，有无鳞者，有有鳞之形而实无鳞者。今以类次。

③如 1995 年《庆安县志》、1998 年《郎溪县志》、1999 年《云霄县志》、1994 年《永定县志》、1997 年《潮阳县志》、1994 年《东兰县志》、1996 年《路南彝族自治县志》、1993 年《元江哈尼族彝族傣族自治县志》、1999 年《威信县志》、1993 年《思茅县志》、1999 年《孟连傣族拉祜族自治县志》、1995 年《泸水县志》、1987 年《弥勒县志》、1994 年《凤县志》等。

市经济社会调查：镇平卷》、1991 年《柳江县志》、1993 年《宁蒗彝族自治县志》）。更有跨“门”归类的，有“介类”（如 1995 年《平乐县志》）、“（麟）[鳞]甲类 · 介”（如 1993 年《新余市志》）、“鱼鳖类”（如 1996 年《中国国情丛书：百县市经济社会调查：兴国卷》）、“爬行类、软体类”（如 1992 年《兴宁县志》）、“两栖、爬行、节足类”（如 1995 年《蒙自县志》）、“其他”（如 1999 年《易县志》）等，则不应当。

4　20 世纪前的穿山甲分布

历史时期，穿山甲虽在我国各大区皆有分布（图 12.20），但多寡悬殊，尤其华东、中南、西南三大区分布为多。

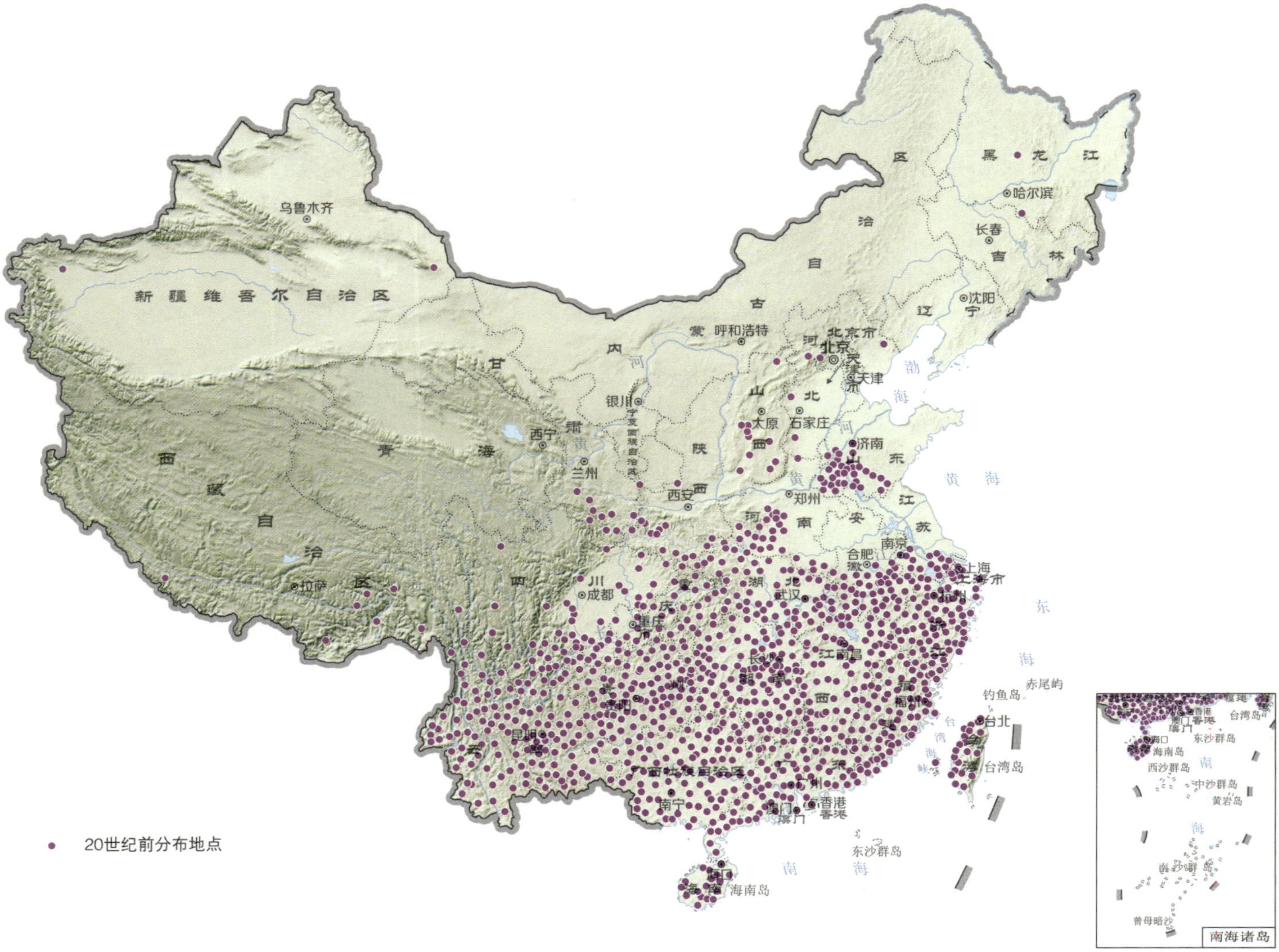

图 12.20　20 世纪前穿山甲分布图

4.1　华北

华北虽在北京市、河北省与山西省有所分布，但未见 20 世纪前记录情况。

4.2　东北

东北仅黑龙江省有穿山甲分布，也未见 20 世纪前记录情况。

4.3　华东

华东各省级政区历史上皆有穿山甲分布记录。

4.3.1　江苏

江苏省有穿山甲分布记录。

清光绪五年《丹徒县志》记述：

鲮鲤：即穿山甲。《本草》：状如鼍而小，背如鲤而阔，首如鼠而无牙，腹无鳞而有毛，长舌，尖喙。尾与身等，尾鳞尖厚，有三角。常吐舌诱蚁食之。此物非润州常产，然间亦有之。咸丰六年，曾见于汝山下。

按：据此，证明当地确有穿山甲分布。

4.3.2 浙江

浙江省历史上有较多关于穿山甲的记载。

清嘉庆十六年《西安县志》记述：

穿山甲：《本草》：善窟，喜穿山，故名。以其食蚁，又治蚁瘘。彭成诗：笑尔么麽质，欲学五丁雄。

按：据此，反映今衢州市一带有穿山甲分布。

清光绪四年《宣平县志》记述：

鲮鲤：即穿山甲。状如鼍而小，背如鲤而阔，首如鼠而无牙，腹无鳞而有毛，长舌，尖喙。尾与身等，尾甲尖厚，有三稜。腹内脏腑俱全而胃独大。常吐舌及掀甲诱蚁食之。

按：此记录对穿山甲的形态与生态说明较详细。

清光绪五年《镇海县志》记载：

穿山甲：状如鼍而短小《成化志》。案《闽中海错疏》：鲮鲤一名穿山甲，似鲤而有四足，鳞甲坚厚。

按：既转引明成化年间方志，形容穿山甲外披覆的鳞甲类似扬子鳄，但其短小；又按《闽中海错疏》说明穿山甲"有四足，鳞甲坚厚"，证明无误。

清光绪二十四年《杭州府志》描述：

穿山甲：能陆能水。时伏岸侧，张甲取蚁食之。以能穿山，故名。亦曰鲮鲤。出山县《万历志》。出天目《西天目山志》。

按：不但说明穿山甲的生态，而且指出在杭州一带的山区县或天目山有分布。

4.3.3 安徽

安徽省有较早的穿山甲分布记录。

宋淳熙二年《新安志》在"兽类"记载：

鲮鲤：四足而巨鳞，其光如鲤，能陆能水，可以已蚁蝼。

按：修志者罗愿的寥寥数语不仅道出穿山甲的形态、习性、用途等，而且将其归为"兽类"(即今哺乳纲)，这在800多年前的作为，难能可贵。

清乾隆四十一年《霍山县志》记述：

穿山甲：形如獭而扁，通身鳞甲坚若犀兕，能穿穴山深入数丈。见人则曲卷如毬。其甲入药。

按：据此，说明当地有穿山甲分布。

4.3.4 福建

福建省也有较多穿山甲记载。

明正德十五年《顺昌邑志》记述：

鲮鱼：似鲤，四足，鳞甲坚厚。吐舌出涎，顷时蚁满其上，乃卷而食之。即穿山甲也。

按：虽以"鱼"称，但诠释与别称皆证明是穿山甲。

清道光十二年《顺昌县志》则有类似记述：

鲮鱼：似鲤而有四足，鳞甲坚厚。常吐舌出涎，须蝼蚁满其上，乃卷而食之。即穿山甲也。

明嘉靖三十二年《建阳县志》描述：

穿山甲：即鲮鲤也。《本草》云：生深山大谷中。似鼍而短小，色黑。又似鲤鱼而有四足，能陆能水。出岸，开鳞甲如死，令蚁入中。蚁满，便闭而入水，蚁皆浮出，因接而食之。故主蚁瘘为最。

按：据此记载，说明当地确有穿山甲分布。

明万历四十一年(1613)《福州府志》记述：

鲮鲤：一名穿山甲。似鲤而有四足，鳞甲坚厚，常吐舌出涎，须蝼蚁满其上，乃卷而食之。

按：采用的名称虽与正德《顺昌邑志》不同，但注释类似，证明是同物异名。

明崇祯六年(1633)《海澄县志》记载：

鲮鲤：《[尔]雅翼》曰：鲮鲤状如獭，遍身鳞甲。居土穴中。鳞色若鲤，故谓鲮鲤。野人谓穿山甲，以尾大，能穿穴也。《吴都赋》曰："鲮鲤若兽。"其字从鲮，以其尾陵也。《天问》云："鲮鱼何所?"王逸曰：绫鲤也。四足。出南方。

按：引用前人论述，反映当地有穿山甲分布。

4.3.5 江西

江西省有穿山甲分布记载。

清同治十二年(1873)《赣州府志》

鲮鲤：似鲤而四足，鳞甚利，力能穿山，又名穿山甲。《异物志》云：鲮鲤吐舌，蝼蚁附之，因而吞之。其甲入药祛风，为外科要药。

按：无论名称还是诠释，皆证明是穿山甲。

4.3.6 台湾

台湾是穿山甲广泛分布区之一。

清康熙三十年(1691)《台湾府志》[1]即记载有"穿山甲(即鲮鲤也)",并称"以上三邑俱有"。这是由于台湾在康熙二十三年(1684)初设"台湾府",仅在南部置3个县[台湾县(治今台南市)、凤山县(治今高雄县)、诸罗县(治今嘉义县)],亦即"俱有"穿山甲,意味台湾岛皆有分布。其后的台湾方志证明台岛南北皆有穿山甲。

清康熙五十九年(1720)《台湾县志》:

鲮鲤:《南越志》:谓之鲮鱼,形似蛇而四足,腹圆,五六寸,头似蜥蜴,鳞似铠甲。《异物志》谓之鲮鲤。《吴都赋》所谓鲮鲤若兽,是也。注云:四足似鼍而短,少状如獭,故云:若兽,遍身鳞甲。居土穴中,能陆能水。盖兽之类,非鱼之类也。特其鳞色若鲤,乡人谓之穿山甲,以其力大,能穿穴故也。

按:据此反映当地确有穿山甲分布。

4.3.7 方志记载的穿山甲

较具体记载穿山甲分布的文献,以方志为主。华东的穿山甲在20世纪前分布(表12.2)如下。

表 12.2 **20世纪前华东的穿山甲分布概况**

省级政区	今地点	文献	内容
上海	中心城区及闵行区、浦东新区、金山区、松江区、青浦区、南汇区、奉贤区	明崇祯三年(1630)《松江府志》	穿山甲(山中时有之)
江苏	宜兴市	清嘉庆二年(1797)《宜兴县志》	穿山甲
	属镇江市	清光绪五年(1879)《丹徒县志》	鲮鲤*
	宜兴市	清光绪八年(1882)《宜兴荆溪县志》	鲮居于陵(鲮鲤似鼍龙,善攻岸。俗称穿山甲)
浙江	永康市	明嘉靖元年(1522)《永康县志》	穿山甲
	象山县	明嘉靖三十五年(1556)《象山县志》	穿山甲
	舟山市、岱山县、嵊泗县、宁波市、奉化市、象山县	明嘉靖四十年(1561)《浙江通志》	宁波府:……穿山甲三斤……穿山甲三十三斤
	舟山市、岱山县、嵊泗县	明嘉靖四十二年(1563)《定海县志》	穿山甲(状如鼍而短小)
	越城区	明万历三年(1575)《会稽县志》	穿山甲
	属宁波市	明万历四年(1576)《桃源乡志》	穿山甲
	新昌县	明万历七年(1579)《新昌县志》	鲮鲤(即穿山甲)
	建德市	明万历十四年(1586)《寿昌县志》	穿山甲
	温州市、瑞安市、乐清市、永嘉县、平阳县、洞头县	明万历三十三年(1605)《温州府志》	鲮鲤(似鲤而四足。能陆能水。又名穿山甲)
	属杭州市	明万历三十七年(1609)《钱塘县志》	穿山甲
	义乌市	明崇祯十三年(1640)《义乌县志》	穿山甲
	属武义县	清顺治十二年(1655)《宣平县志》	穿山甲
	龙泉市	清顺治十二年(1655)《龙泉县志》	鲮鲤
	嵊州市	清康熙十年(1671)《嵊县志》	穿山甲
	临安市	清康熙二十二年(1683)《临安县志》	穿山甲

[1] 虽郑成功收复台湾在先,但直到清康熙二十三年(1684)才正式置台湾府,先隶属福建;光绪十三年(1887)置台湾,期间修编多部"台湾志"。仅康熙年间就有"四修、三刊"(康熙三十年、康熙三十四年、康熙四十九年、康熙五十一年4次修志,但第三次未刊行),乾隆年间亦有"三刊"(乾隆六年、乾隆十二年、乾隆二十九年)。据考证、比较,以最早的《台湾府志》值得称道(文榕生,2013)。

（续表）

省级政区	今地点	文献	内容
	属建德市	清康熙二十二年(1683)《寿昌县志》	穿山甲
	属临安市	清康熙二十五年(1686)《昌化县志》	穿山甲
	衢州市、江山市、常山县、开化县、龙游县	清康熙五十年(1711)《衢州府志》	穿山甲……鲮鲤
	遂昌县	清康熙五十一年(1712)《遂昌县志》	穿山甲
	慈溪市	清雍正八年(1730)《慈溪县志》	穿山甲
	舟山市、岱山县、嵊泗县、宁波市、奉化市、象山县	清乾隆六年(1741)《宁波府志》	穿山甲(状如鼍而短小)
	分属莲都区和武义县	清乾隆十八年(1753)《宣平县志》	穿山甲
	遂昌县	清乾隆三十年(1765)《遂昌县志》	穿山甲
	义乌市	清嘉庆七年(1802)《义乌县志》	穿山甲(即石鲮鱼。尾刺如三角菱。有白者)
	属衢州市	清嘉庆十六年(1811)《西安县志》	穿山甲*
	遂昌县	清道光十五年(1835)《遂昌县志》	穿山甲
	泰顺县	清同治四年(1865)《泰顺分疆录》	穿山甲
	嵊州市	清同治九年(1870)《嵊县志》	穿山甲
	江山市	清同治十二年(1873)《江山县志》	穿山甲
	青田县	清光绪二年(1876)《青田县志》	鲮鲤(有足，有鳞。能水，能陆，一名穿山甲)
	缙云县	清光绪二年(1876)《缙云县志》	穿山甲
	莲都区、龙泉市	清光绪三年(1877)《处州府志》	丽水：穿山甲，龙泉：鲮鲤
	属安吉县	清光绪三年(1877)《孝丰县志》	穿山甲
	分属莲都区和武义县	清光绪四年(1878)《宣平县志》	鲮鲤*
	属宁波市	清光绪五年(1879)《镇海县志》	穿山甲*
	上虞市	清光绪十七年(1891)《上虞县志》	鲮鲤(即穿山甲。入药品)
	金华市	清光绪二十年(1894)《金华县志》	鲮鲤(俗名穿山甲)
	仙居县	清光绪二十年(1894)《仙居志》	穿山甲(似鲤而四足。能陆能水)
	遂昌县	清光绪二十二年(1896)《遂昌县志》	穿山甲(有鳞，有介。生山谷。力能穿山，故名。见《本草》)
	杭州市、富阳市、临安市、海宁市	清光绪二十四年(1898)《杭州府志》	穿山甲*
	上虞市	清光绪二十五年(1899)《上虞县志》	鲮鲤(即穿山甲，如药品)
安徽	黄山市、歙县、休宁县、黟县、祁门县、绩溪县等地	宋淳熙二年(1175)《新安志》	鲮鲤*
	东至县	清康熙元年(1662)《建德县志》	穿山甲
	绩溪县	清乾隆二十一年(1756)《绩溪县志》	穿山甲
	芜湖市、芜湖县、繁昌县、马鞍山市、当涂县	清乾隆二十二年(1757)《太平府志》	穿山甲
	霍山县	清乾隆四十一年(1776)《霍山县志》	穿山甲*

（续表）

省级政区	今地点	文献	内容
	泾县	清嘉庆十一年(1806)《泾县志》	川山甲
	绩溪县	嘉庆十五年(1810)《绩溪县志》	穿山甲(古名鲮鲤)
	芜湖市、芜湖县、南陵县、黄山市、宣州区、宁国市、泾县、旌德县	清嘉庆二十年(1815)《宁国府志》	穿山甲
	宿松县、繁昌县	清光绪四年(1878)《安徽通志》	安庆府：穿山甲(出宿松县)，太平府：穿山甲(出繁昌县)
	宣州区	清光绪四年(1878)《宣城县志》	穿山甲
	贵池区	清光绪九年(1883)《贵池县志》	穿山甲
福建	顺昌县	明正德十五年(1520)《顺昌邑志》	鲮鱼*
	明溪县、宁化县、清流县、长汀县、武平县、上杭县、永定县、连城县	明嘉靖六年(1527)《汀州府志》	穿山甲
	尤溪县	明嘉靖九年(1530)《尤溪县志》	穿山甲
	蕉城区、福安市、福鼎市、霞浦县、柘荣县	明嘉靖十七年(1538)《福宁州志》	穿山甲
	蕉城区	明嘉靖十七年(1538)《宁德县志》	穿山甲
	清流县	明嘉靖二十四年(1545)《清流县志》	穿山甲(满身皆鳞，嘴尖，四足。多藏山土中)
	沙县	明嘉靖二十四年(1545)《沙县志》	穿山甲
	建宁县	明嘉靖二十五年(1546)《建宁县志》	药属：穿山甲，毛属：鲢鲤
	漳平市	明嘉靖二十八年(1549)《漳平县志》	穿山甲
	建阳市	明嘉靖三十二年(1553)《建阳县志》	穿山甲*
	蕉城区、福安市、福鼎市、霞浦县、柘荣县	明万历二十一年(1593)《福宁州志》	穿山甲
	福州市、福清市、长乐市、闽侯县、连江县、罗源县、闽清县、永泰县、平潭县、屏南县、古田县	明万历二十四年(1596)《福州府志》	穿山甲(俗名鲮鲤)
	福安市	明万历二十五年(1597)《福安县志》	穿山甲
	建阳市	明万历二十九年(1601)《建阳县志》	穿山甲
	福州市、福清市、长乐市、闽侯县、连江县、罗源县、闽清县、永泰县、平潭县、屏南县、古田县	明万历四十一年(1613)《福州府志》	鲮鲤*
	明溪县	明万历四十二年(1614)《归化县志》	穿山甲(遍身鳞甲。藏山土中)
	蕉城区、福安市、福鼎市、霞浦县、柘荣县	明万历四十四年(1616)《福宁州志》	穿山甲
	属龙海市	明崇祯六年(1633)《海澄县志》	鲮鲤*
	尤溪县	明崇祯九年(1636)《尤溪县志》	鲮狸(一名穿山甲)
	浦城县	清顺治八年(1651)《浦城县志》	穿山甲
	武夷山市	清康熙九年(1670)《崇安县志》	川山甲
	武平县	清康熙十一年(1672)《武平县志》	穿山甲

（续表）

省级政区	今 地 点	文 献	内 容
	泰宁县	清康熙二十五年(1686)《泰宁县志》	穿山甲
	寿宁县	清康熙二十五年(1686)《寿宁县志》	穿山甲
	武夷山市、建瓯市、建阳市、浦城县、松溪县、政和县	清康熙三十二年(1693)《建宁府志》	川山甲
	松溪县	清康熙三十九年(1700)《松溪县志》	鲮鲤(即川山甲。形似鲤,有四足。诱蚁而食)
	永安市	清雍正十年(1732)《永安县志》	鲮鲤(一名穿山甲。鳞入药)
	长泰县	清乾隆十三年(1748)《长泰县志》	穿山甲(俗呼鲮鲤。《尔雅翼》曰:……野人谓穿山甲,以尾大,能穿穴也)
	蕉城区、福安市、福鼎市、寿宁县、霞浦县、柘荣县、周宁县	清乾隆二十七年(1762)《福宁府志》	穿山甲
	仙游县	清乾隆三十六年(1771)《僊游县志》	鲮鲤(一名穿山甲)
	大田县、永春县、德化县	清乾隆五十二年(1787)《永春州志》	穿山甲(陆产。善穴土。即鲮鲤也)
	福鼎市	清嘉庆十一年(1806)《福鼎县志》	穿山甲(一名鲮鲤)
	顺昌县	清道光十二年(1832)《顺昌县志》	鲮鱼*
	福安市	清光绪十年(1884)《福安县志》	穿山甲(即鲮鲤)
	福州市	清光绪二十年(1894)《闽县乡土志》	穿山甲(即鲮鲤)
	光泽县	清光绪二十三年(1897)《光泽县志》	鲮鲤
江西	婺源县等地	宋淳熙二年(1175)《新安志》	鲮鲤*
	铅山县	明嘉靖四年(1525)《铅山县志》	穿山甲
	月湖区、贵溪市、信州区、上饶县、广丰县、玉山县、铅山县、横峰县、弋阳县	明嘉靖五年(1526)《广信府志》	穿山甲(色乌而有鳞,伏土中,善食蚁)
	九江市、瑞昌市、九江县、德安县、湖口县、彭泽县	明嘉靖六年(1527)《九江府志》	穿山甲(色乌而有鳞,伏土中,食蚁。可入药)
	章贡区、瑞金市、石城县、安远县、赣县、宁都县、寻乌县、兴国县、定南县、于都县、龙南县、信丰县、全南县、会昌县	明嘉靖十五年(1536)《赣州府志》	穿山甲
	武宁县	明嘉靖二十二年(1543)《武宁县志》	穿山甲
	南康市	明嘉靖三十四年(1555)《南康县志》	穿山甲
	渝水区、樟树市、新干县、峡江县	明隆庆六年(1572)《临江府志》	穿山甲
	南昌市、南昌县、新建县、进贤县、武宁县、修水县、丰城市、奉新县、靖安县	明万历十六年(1588)《南昌府志》	鲮鲤(即穿山甲。治五邪,惊悸。区诸风肿毒)
	南康市、大余县、上犹县、崇义县	明万历三十七年(1609)《南安府志》	穿山甲
	东乡县	清康熙四年(1665)《东乡县志》	穿山甲
	浮梁县	清康熙十一年(1672)《浮梁县志》	穿山甲

（续表）

省级政区	今地点	文献	内容
	渝水区	清康熙十二年(1673)《新喻县志》	山甲
	信州区	清康熙二十二年(1683)《广信郡志》	穿山甲(色乌而有鳞状。[穴]土中，善食蚁)
	万载县	清康熙二十二年(1683)《万载县志》	川山甲
	黎川县	清乾隆十六年(1751)《新城县志》	鲮鲤(一名穿山甲)
	湖口县	清嘉庆二十三年(1818)《湖口县志》	鲮鲤(一名穿山甲)
	浮梁县	清道光三年(1823)《浮梁县志》	穿山甲
	宜黄县	清道光五年(1825)《宜黄县志》	药之属：穿山甲，介之属：鲮鲤
	进贤县	清同治十年(1871)《进贤县志》	穿山甲
	安义县、星子县、永修县、都昌县	清同治十一年(1872)《南康府志》	鲮鲤(即穿山甲)
	九江县	清同治十一年(1872)《德化县志》	穿山甲(有鳞，伏土，食蚁。可入药)
	章贡区、安远县、赣县、寻乌县、兴国县、定南县、于都县、龙南县、信丰县、全南县、会昌县	清同治十二年(1873)《赣州府志》	鲮鲤(似鲤而四足，鳞甚利，力能穿山，又名穿山甲。《异物志》云：鲮鲤吐舌，蝼蚁附之，因而吞之。其甲入药祛风，为外科要药)
	铅山县	清同治十二年(1873)《铅山县志》	穿山甲
山东	平阴县、阳谷县、东阿县、临沂市、郯城县、平邑县、费县、临沭县、枣庄市、滕州市、济宁市、曲阜市、兖州市、邹城市、微山县、鱼台县、金乡县、嘉祥县、汶上县、泗水县、梁山县、宁阳县、东平县、牡丹区、曹县、定陶县、成武县、单县、巨野县、郓城县	明万历元年(1573)《兖州府志》	鲮鲤(魏……大和……十九年……兖州东郡获异兽名鲮鲤)
台湾	台南市	清康熙五十九年(1720)《台湾县志》	鲮鲤*
	高雄县	清乾隆二十九年(1764)《凤山县志》	鲮鲤(其甲名穿山甲)
	彰化县	清道光十四年(1834)《彰化县志》	鲮鲤(一名穿山甲。状如獭，遍身鳞甲。居土穴。常吐舌诱蚁食之)
	新竹县	清同治十年(1871)《淡水厅志》	穿山甲

注：“*”即详见正文。

4.4 中南

中南各省级政区历史上皆有穿山甲分布记录。

4.4.1 河南

河南省虽有穿山甲分布，但尚未见到20世纪前的明确记载。

4.4.2 湖北

湖北省有穿山甲分布记录，主要在方志中。

4.4.3 湖南

湖南省历史上有较多穿山甲记载。

清嘉庆二十三年(1818)《龙山县志》记述：

穿山甲：一名鲮鲤。鳞甚坚利，力能穿山，故名。性善窜。《永州记》云：不可于堤岸杀之，恐血入土，则堤岸渗漏。

按：反映当地有穿山甲分布，但此处强调穿山甲“性善窜”，对水利设施的影响。

清光绪十八年(1892)《桃源县志》：

穿山甲:《本草》:一名鲮鲤。如鼍而短,似鲤有足,尾皮白。穿山甲能行散,通经络达病所。某处病,用某处之甲,更良。

按:反映当地有穿山甲分布,但此处则强调其医药价值。

4.4.4 广东

广东省历史上穿山甲的分布曾遍及全省。

清康熙二十六年(1687)《阳春县志》记述:

陵鲤甲:产山谷。似鲤而鳞甲如铁,故名。以其好穿地道,又名穿山甲。

按:既对此不同一般的称谓加以说明,又指明其栖息山谷。

清康熙五十六年(1717)《罗浮山志会编》记述:

鲮鲤:甲似鲤鱼,有四足。能陆能水。又名穿山甲。灰其甲,酒服之,可以同滞,已癘。杨孚《异物志》:鲮鲤吐舌,蚁来附之,因吞之。又开鳞甲,使蚁入其中,乃奋迅则舐之(治蚁蝼)。《惠州志》:穿山甲,出罗浮。

按:据此,证明当地有穿山甲分布。

4.4.5 广西

历史上,广西壮族自治区穿山甲皆有分布。

4.4.6 海南

海南省也是穿山甲广泛分布区之一。

明正德六年(1511)《琼台志·土产》、明万历二十九年(1601)《广东通志·琼州府》与万历年《琼州府志》即记载有“穿山甲”“鲮鲤”。虽然没用更具体地点,但海南地处热带北缘,属热带季风气候区,全年无霜冻,冬季温暖,光、热、水等条件优越,动植物种类繁多,尤其是包括蚁类等昆虫十分丰富,生物生长繁殖速率较温带和亚热带为优;再从穿山甲的分布范围看,这一带并不处于分布区边缘,故可推断海南全岛基本上皆有穿山甲分布。其后的海南方志记载,穿山甲分布基本上涵盖了全岛,可为佐证。

4.4.7 方志记载的穿山甲

较具体记载穿山甲分布的文献,以方志为主。中南的穿山甲在20世纪前分布(表12.3)如下。

表12.3 20世纪前中南的穿山甲分布概况

省级政区	今地点	文献	内容
湖北	巴东县	明嘉靖三十年(1551)《巴东县志》	穿山甲
	兴山县、秭归县、巴东县	明嘉靖四十三年(1564)《归州志》	穿山甲
	丹江口市、襄樊市、老河口市、枣阳市、宜城市、南漳县、谷城县	明万历十二年(1584)《襄阳府志》	穿山甲
	嘉鱼县	清乾隆五十五年(1790)《嘉鱼县志》	穿山甲
	秭归县、兴山县、巴东县、鹤峰县	清同治三年(1864)《宜昌府志》	鹤峰:穿山甲,归州:穿山甲,兴山:穿山甲,巴东:穿山甲
	建始县	清同治五年(1866)《建始县志》	穿山甲
	荆州市、石首市、松滋市、江陵县、公安县、监利县、枝江市、宜都市、远安县、兴山县、秭归县	清光绪六年(1880)《荆州府志》	鲮鲤(即穿山甲)
湖南	茶陵县	明嘉靖四年(1525)《茶陵州志》	穿山甲
	邵阳市、武冈市、邵东县、邵阳县、新邵县、隆回县、洞口县、新宁县、城步苗族自治县、新化县	明隆庆元年(1567)《宝庆府志》	穿山甲(可药)
	桃源县	明万历四年(1576)《桃源县志》	穿山甲
	绥宁县、洪江县、会同县、靖州苗族侗族自治县、通道县	清康熙二十三年(1684)《靖州志》	川山甲
	邵阳市、邵阳县	清康熙二十三年(1684)《邵阳县志》	穿山甲

（续表）

省级政区	今 地 点	文 献	内 容
	属张家界市	清康熙二十四年(1685)《永定卫志》	穿山甲
	临湘市	清康熙二十四年(1685)《临湘县志》	鲮鲤
	江永县	清康熙四十八年(1709)《永明县志》	穿山甲
	吉首市	清乾隆四年(1739)《乾州志》	穿山甲
	永顺县	清乾隆五十八年(1793)《永顺县志》	穿山甲
	汉寿县	清嘉庆十九年(1814)《龙阳县志》	穿山甲(俗呼土鲤鱼)
	宜章县	清嘉庆二十年(1815)《宜章县志》	穿山甲
	武冈市	清嘉庆二十二年(1817)《武冈州志》	鲮鲤(即穿山甲)
	龙山县	清嘉二十三年(1818)《龙山县志》	穿山甲【详见正文】
	安仁县	清嘉庆二十四年(1819)《安仁县志》	穿山甲
	新宁县	清道光三年(1823)《新宁县志》	穿山甲
	隆回县	清咸丰三年(1853)《南高平物产记》	鲮鲤(即穿山甲,俗呼土鲮甲。四足,背有鳞,腹有毛,鼠首长舌,犬喙,尾长如身)
	城步苗族自治县	清同治七年(1868)《城步县志》	穿山甲
	安仁县	清同治八年(1869)《安仁县志》	穿山甲
	江华瑶族自治县	清同治九年(1870)《江华县志》	穿山甲
	长沙市	清同治十年(1871)《长沙县志》	穿山甲
	资兴市	清光绪元年(1875)《兴宁县志》	穿山甲
	会同县	清光绪二年(1876)《会同县志》	穿山狸
	长沙市、长沙县	清光绪三年(1877)《善化县志》	穿山甲
	桃源县	清光绪十八年(1892)《桃源县志》	穿山甲*
	新宁县	清光绪十九年(1893)《新宁县志》	穿山甲
广东	增城市	明嘉靖十七年(1538)《增城县志》	川山甲
	封开县、德庆县	明嘉靖二十五年(1546)《德庆州志》	有穿山甲
	梅江区、梅县、大埔县、丰顺县、平远县、蕉岭县、湘桥区、潮安县、饶平县、汕头市、南澳县、榕城区、普宁市、揭东县、揭西县、惠来县	明嘉靖二十六年(1547)《潮州府志》	穿山甲
	中山市	明嘉靖二十七年(1548)《香山县志》	鲮鲤甲
	兴宁市	明嘉靖三十一年(1552)《兴宁县志》	鲮鲤甲
	仁化县	明嘉靖三十二年(1553)《仁化县志》	穿山甲(穴居)
	翁源县	明嘉靖三十六年(1557)《翁源县志》	穿山甲
	湘桥区	明隆庆六年(1572)《潮阳县志》	穿山甲
	茂名市、化州市、信宜市、高州市、电白县、吴川市、廉江市	明万历年间(1573～1620)《高州府志》	穿山甲

（续表）

省级政区	今地点	文献	内容
	梅江区、梅县、大埔县、丰顺县、平远县、蕉岭县、湘桥区、潮安县、饶平县、汕头市、南澳县、榕城区、普宁市、揭东县、揭西县、惠来县、肇庆市、高要市、四会市、广宁县、封开县、德庆县、新兴县、江城区、阳春市、阳西县、阳东县、茂名市、化州市、信宜市、高州市、电白县、吴川市、廉江市、湛江市、雷州市、遂溪县、徐闻县	明万历二十九年(1601)《广东通志》	潮州府：有鲮鲤，肇庆府：有穿山甲，高州府：有穿山甲，雷州府：多穿山甲
	湛江市、雷州市、遂溪县、徐闻县	明万历四十二年(1614)《雷州府志》	穿山甲
	兴宁市	明崇祯十年(1637)《兴宁县志》	鲢鲤(一名穿山甲)
	茂名市、化州市、信宜市、高州市、电白县、吴川市、廉江市	清康熙十一年(1672)《高州府志》	穿山甲
	湛江市、雷州市、遂溪县、徐闻县	清康熙十一年(1672)《雷州府志》	穿山甲
	翁源县	清康熙二十五年(1686)《翁源县志》	穿山甲
	乳源瑶族自治县	清康熙二十五年(1686)《乳源县志》	穿山甲
	云城区、罗定市、云安县、郁南县	清康熙二十六年(1687)《罗定州志》	穿山甲
	阳春市	清康熙二十六年(1687)《阳春县志》	陵鲤甲*
	属佛山市	清康熙三十年(1691)《南海县志》	有鲮鲤
	博罗县、增城市、龙门县	清康熙五十六(1717)《罗浮山志会编》	鲮鲤*
	郁南县	清康熙五十七年(1718)《西宁县志》	穿山甲
	源城区、连平县、和平县	清雍正八年(1730)《连平州志》	鲢鲤(即穿山甲)
	佛冈县	清道光二十二年(1842)《佛冈县直隶军民厅志》	穿山甲(一名鲮鲤)
	五华县	清道光二十三年(1843)《长乐县志》	穿山甲
	源城区	清同治十三年(1874)《河源县志》	穿山甲
	属韶关市	清光绪元年(1875)《曲江县志》	穿山甲
	化州市	清光绪十六年(1890)《化州志》	穿山甲
	遂溪县	清光绪二十一年(1895)《遂溪县志》	穿山甲
广西	钦州市、灵山县	明嘉靖十八年(1539)《钦州志》	穿山甲
	南宁市、横县、隆安县、上思县、扶绥县、平果县	明嘉靖四十三年(1564)《南宁府志》	穿山甲
	宾阳县	明万历十五年(1587)《宾州志》	穿山甲
	钦州市、灵山县、浦北县、北海市、合浦县、防城港市、东兴市	明崇祯十年(1537)《廉州府志》	穿山甲
	南宁市、横县、隆安县、上思县、扶绥县、平果县	明崇祯十三年(1640)《南宁府志》	穿山甲(黑色有鳞。伏土，善食蚁)
	灵山县	清雍正十一年(1733)《灵山县志》	穿山甲

(续表)

省级政区	今地点	文献	内容
海南	海口市、三亚市、文昌市、琼海市、万宁市、五指山市、东方市、儋州市、临高县、澄迈县、定安县、屯昌县、昌江黎族自治县、白沙黎族自治县、琼中黎族苗族自治县、陵水黎族自治县、保亭黎族苗族自治县、乐东黎族自治县	明正德六年(1511)《琼台志》	穿山甲(《本草》:名鲮鲤甲)
	海口市、三亚市、文昌市、琼海市、万宁市、五指山市、东方市、儋州市、临高县、澄迈县、定安县、屯昌县、昌江黎族自治县、白沙黎族自治县、琼中黎族苗族自治县、陵水黎族自治县、保亭黎族苗族自治县、乐东黎族自治县	明万历二十九年(1601)《广东通志》	琼州府:有鲮鲤
	海口市、三亚市、文昌市、琼海市、万宁市、五指山市、东方市、儋州市、临高县、澄迈县、定安县、屯昌县、昌江黎族自治县、白沙黎族自治县、琼中黎族苗族自治县、陵水黎族自治县、保亭黎族苗族自治县、乐东黎族自治县	明万历年(1573～1620)《琼州府志》	穿山甲
	儋州市	明万历四十六年(1618)《儋州志》	穿山甲(《本草》:名鲮鲤甲)
	属海口市	清康熙四十七年(1708)《琼山县志》	穿山甲(即鲮鲤也)
	万宁市	清道光八年(1828)《万州志》	穿山甲(即鲮鲤也。虽处山中,亦能入水)
	定安县	清光绪四年(1878)《定安县志》	穿山甲(一名鲮鲤)
	临高县	清光绪十八年(1892)《临高县志》	穿山甲

注:“*”即详见正文。

4.5 西南

西南各省级政区皆有穿山甲分布。

4.5.1 重庆

重庆市虽有近半数地方有穿山甲分布,然而在20世纪前的记录并不多。

4.5.2 四川

四川省历史上有1/3的地方有穿山甲分布。

清咸丰《天全州志》记述:

穿山甲:浑身皆甲,竖如骨角。穿土行甚疾。其甲入药,俗呼为穿山甲。莫知其真名。

按:虽用“穿山甲”称谓,却道“莫知其真名”。实际上,从方志记载看,其时采用此称已不为少数。

4.5.3 贵州

贵州省历史上全省皆有穿山甲分布。

4.5.4 云南

云南省穿山甲分布情况可与贵州省比肩。

4.5.5 方志记载的穿山甲

较具体记载穿山甲分布的文献,以方志为主。西南的穿山甲在20世纪前分布(表12.4)如下。

表 12.4　　20 世纪前西南的穿山甲分布概况

省级政区	今地点	文献	内容	新方志出处
重庆	石柱土家族自治县	清道光二十三年(1843)《石柱厅志》	鲮鲤(俗名穿山甲)	
四川	屏山县	清乾隆四十三年(1778)《屏山县志》	穿山甲	
	马边彝族自治县	清嘉庆十年(1805)《马边厅志略》	穿山甲	
	理塘县	清嘉庆十五年(1810)《里塘志略》	穿山甲	
	天全县	清咸丰年间(1851～1861)《天全州志》	穿山甲*	
	邻水县	1991 年《邻水县志》	清咸丰《华蓥山志》:穿山甲	四川省邻水县地方志编纂委员会,1991
	青神县	清光绪三年(1877)《青神县志》	穿山甲	
贵州	盘县、兴义市、普安县、安龙县	明嘉靖二十八年(1549)《普安州志》	穿山甲	
	荔波县	清光绪元年(1875)《荔波县志》	穿山甲	
云南	南涧彝族自治县、楚雄市、牟定县、南华县	明天启五年(1625)《滇志》	楚雄府:穿山甲	
	师宗县、弥勒县、泸西县、丘北县	清乾隆四年(1739)《广西府志》	鳞鲤(即穿山甲)	
	永胜县、华坪县、宁蒗彝族自治县	清乾隆三十年(1765)《永北府志》	川山甲	
	属大理市	清道光十八年(1838)《赵州志》	川山甲	
	南华县	清光绪十八年(1892)《镇南州志》	鳞鲤甲(俗名穿山甲)	

注:"*"即详见正文。

4.6 西北

就穿山甲分布地方而言,西北高居于华北与东北之上。除青海省与宁夏回族自治区外,西北其余 3 个省级政区皆有穿山甲分布。

4.6.1 陕西

陕西省穿山甲分布地方虽居西北之首,但尚未见到 20 世纪前的具体记载。

4.6.2 甘肃

甘肃省有穿山甲分布。

清光绪十八年(1892)《皋兰县志》记载"鲮鲤(俗名穿山甲)"。反映在今兰州市、永登县、皋兰县、榆中县一带有穿山甲生息繁衍。

4.6.3 新疆

新疆维吾尔自治区有穿山甲分布,也未见到 20 世纪前的具体记载。

5 穿山甲在 20 世纪的分布

穿山甲分布延续到 20 世纪的省级政区依然有 27 个。

5.1 华北

华北此时还是在北京市、河北省与山西省有穿山甲分布,后二者在方志中有所反映。

根据 1992 年 5 月 20 日山西省第七届人民代表大会常务委员会第二十八次会议通过并实施的《山西省实施〈中华人民共和国野生动物保护法〉办法》所附"山西省内共有国家重点保护的陆生野生动物 70 种,其中一级保护野生动物 14 种,二级保护野生动物 56 种(包括鸟类 51 种、兽类

17种、两栖爬行类2种）”中就有“穿山甲”[①]。证明穿山甲既不仅“分布在东南亚及非洲的部分国家”，而且也不是一般认为的在我国南方，而是在纬度更北处（下文有更多证据）。

此阶段的穿山甲分布记录，虽有野外调查，但方志仍占较大比重。华北的穿山甲在20世纪的分布（表12.5）如下。

表12.5　20世纪华北的穿山甲分布概况

省级政区	今地点	文献	内容	新方志出处
河北	灵寿县	1993年《灵寿县志》	穿山甲	河北省灵寿县地方志编纂委员会，1993
	青龙满族自治县	1997年《青龙满族自治县志》	穿山甲	青龙满族自治县志编纂委员会，1997
山西	曲沃县	1991年《曲沃县志》	穿山甲	曲沃县志编纂委员会，1991
	文水县	1994年《文水县志》	穿山甲（俗名鲮鲤）	李培信，1994
	武乡县、城区、高平市	1996年《山西通志》	穿山甲（在高平、武乡、晋城一带尚存）	山西省史志研究院，1996
	介休市	1996年《介休市志》	穿山甲	山西省介休市志编纂委员会，1996
	离石区	1996年《离石县志》	穿山甲	李文凡，1996
	汾阳市	1998年《汾阳县志》	穿山甲	汾阳县志编纂委员会，1998
	壶关县	1999年《壶关县志》	穿山甲	壶关县志编纂委员会，1999

5.2　东北

此时东北穿山甲分布的资料仅见黑龙江省内1条。

《庆安县志·野生动物》未在“兽类”，却在“爬行类”中列举有“蛇、穿山甲、蜥蜴、田鸡”（庆安县地方志编纂委员会办公室，1995）。

细看此志记载，不仅穿山甲误归类，就是“爬行类”中的“田鸡”，实际上应归两栖纲。

尽管存在瑕疵，且仅此1条资料，却并非孤证（详细考证见下文），说明当地是我国迄今所知穿山甲分布的最北点（46.9°N）。

5.3　华东

华东此阶段各省级政区仍皆有穿山甲分布。

5.3.1　上海

上海市还有穿山甲栖息的记录。

民国十年《宝山县志》记述：

穿山甲：海滩潮退时间有，为渔人获得者。其甲可入药。

按：文献中记载的穿山甲罕见对该物种认识的失误，此条资料况且“其甲可入药”注释。只是“海滩潮退时”，“为渔人获得者”记述不多见。其中提到“间有”，表明已极度濒危。现上海市已无穿山甲分布，虽时有记载上海市发现穿山甲报道，但多判断为非法者获取，或从非法的餐馆中出逃者。

5.3.2　江苏

江苏省仍有穿山甲分布记载。

张荣祖等（1997）记载在“太华山、茅山、南京”有穿山甲分布，亦即在南京市、句容市、金坛市、宜兴市等地有穿山甲生息。

5.3.3　浙江

浙江省此阶段依然有穿山甲生息繁衍。

清光绪三十四年（1908）《奉化县志》记述：

穿山甲：《成化志》注：状如鼍而短小。《桃源志》：穴居，身皆鳞甲，色乌。

①山西省实施《中华人民共和国野生动物保护法》办法. http://www.chinaacc.com/new/63/74/117/2006/1/li264025502917160021045-0.htm

按：所称"色乌"，即所谓"铁甲"，表明当地确有穿山甲栖息。

民国十一年(1922)《新登县志》记述：

穿山甲：鲮鲤即穿山甲也。深山大谷中皆有之。烧灰傅恶疮，又治山岚瘴疟《旧志》。

按：从"深山大谷中皆有之"看，当地穿山甲颇多。

民国十五年(1926)《象山县志》记述：

穿山甲：《嘉靖志·药之属》有穿山甲，当移此。案《广雅》：鲮鲤也。《楚辞》：鲮鱼何所。《吴都赋》：鲮鲤若兽。注：有四足，状如獭，鳞甲似鲤。居土穴中。又《江赋》龙鲤一角。注《山海经》曰：龙鲤陵居。其状如鲤。《本草图经》：鲮鲤即今穿山甲。

按：引经据典说明当地确有穿山甲分布。

民国二十三年(1934)《宣平县志》记载：

鲮鲤：即穿山甲。状如鼍而小，背如鲤而阔，首如鼠而[无]牙，腹[无鳞]而有毛。长舌，尖喙，尾与身等。尾甲尖[厚]，有三棱。腹内脏腑俱全而胃独大。常吐舌及掀甲诱蚁食之。

按：虽转引他人论述而有遗漏，但还是可以说明当地有穿山甲生息繁衍。

民国二十五年(1936)《台州府志》记述：

鲮鲤：似鲤而有四足，能陆能水，好食蚁。张其甲，蚁慕其腥，争集甲中。翕甲，则蚁死，乃抖出食之。善穿穴。俗名穿山甲。

按：据此，反映当地有穿山甲栖息。

《宁波市志》记载(宁波市地方志编纂委员会，1995)：

穿山甲：鲮鲤。体形狭长，头小而扁，眼长呈蠕虫状，体背、两侧覆盖鳞甲，前爪强大善掘穴，穴居山地丘陵及平原树林间，夜行活动，捕食昆虫。丛山之麓有见。

按：此处对穿山甲的栖息环境与习性有与众不同的说明。

5.3.4　安徽

安徽省此阶段也有穿山甲分布。

《黄山志》记述(《黄山志》编纂委员会，1988)：

穿山甲(*Manis pentadactyla*)：亦称"鲮鲤"，哺乳纲，穿山甲科。体和尾被有覆瓦状的角质鳞。体长一般 40～55 cm；尾扁而粗，较体为短，长 27～35 cm；头小，吻尖，口、耳和眼都小，无齿，舌细长，能从口孔伸出舔取食物。四肢短，爪强壮锐利，用以搔地觅食或掘洞穴居。主食蚁类。产于我国南部，亦为黄山特产。属于国家三类保护动物。中药以鳞片入药。

按：此诠释虽略有瑕疵，但以现代动物学语言描述，在方志中不多见。

5.3.5　福建

福建省是华东有穿山甲最多的省级政区。

民国九年(1920)《南平县志》记述：

鲮鲤：状如獭，遍(月)[身]鳞甲。居土穴中。俗谓之穿山甲。常吐舌诱蚁食之。

按：据此，反映当地确有穿山甲栖息。

民国三十二年(1943)《明溪县志》记述：

鲮鲤：足短，尾粗，长二三尺，遍身生坚鳞。性嗜蚁，常伸舌舐地，俟蚁攒聚，则缩而食之。各乡皆产。又名穿山甲。

按：从"各乡皆产"看，有颇多穿山甲。

《福州市志》记述(福州市地方志编纂委员会，1998)：

穿山甲：鳞甲目，鲮鲤科。全省披覆瓦状排列的硬角质鳞角。挖穴而居，食物以白蚁为主，栖存在半山或山麓地带草丛或林荫处。昼伏夜出，舌细长，有黏性唾液，可深入蚁穴。对保护森林和建筑物有益，属国家二类保护动物，见于本市山区。

按：据此看，穿山甲在当地的分布已缩至山区一带。

《平潭县志》称，当地在 1988～1995 年，共没收国家二级保护野生动物穿山甲 12 只、陆龟 12 只、蛇类数十千克，均予放生①。证明确实有穿山甲等珍稀动物生息繁衍。

5.3.6　江西

江西省的穿山甲分布在华东也名列前茅。

《三清山志》记述(德兴县县志编纂委员会办公室，1990)：

穿山甲：亦称"鲮鲤"，哺乳纲，穿山甲科。体和尾被有覆瓦状的角质鳞，体长一般 40～55 cm，尾扁而粗，长约 20 cm，头小，吻尖，口、耳和眼都小，无齿，舌细尖，能从口孔伸出舐取食物，四肢

① 福州地情网. http://www.fzdqw.com/showtext.asp? ToBook=1112&index=6&.

短,爪强壮锐利,用以搔地觅食或掘洞穴居。该兽主食蚁。

按:亦用现代动物学语言诠释穿山甲。

《铅山县志》记载(铅山县县志编纂委员会,1990):

穿山甲:亦名"鳞鲤"。遍身鳞甲坚似铁,四爪犀利,挖洞时鳞爪并用。遇敌则蜷曲,以鳞甲护体。鳞片可入药。列为国家二类保护。

按:据此,反映当地仍有穿山甲。

《赣县志》记载(江西省赣县志编纂委员会,1991):

穿山甲:亦称"鲮鲤",为国家二级保护动物。体和尾被瓦状的角质鳞所覆盖,尾扁而粗,头小,吻尖,四肢短,爪劲利。食蚁类。鳞片可入药。

按:以此,说明当地有穿山甲生息繁衍。

《弋阳县志》记述(弋阳县县志编纂委员会,1991):

穿山甲:体长40～55 cm,尾扁而粗,长27～35 cm。身体被有覆瓦状的角质鳞。吻尖,口、耳、鼻都小,无齿,舌细长卷取食物。四肢短,爪强壮锐利,用以觅食或掘洞穴居,洞深2～4 m,昼伏夜出,主食蚂蚁和白蚁。产洪山、三县岭等地。

按:据此说明穿山甲在当地的分布范围有所缩小。

《永丰县志》记载(江西省永丰县志编纂委员会,1993):

穿山甲:也称"鲮鲤"。体和尾被覆瓦状角质鳞,尾扁而粗,头小,嘴尖,口、耳和眼都小,无齿,舌细长,能从口中伸出舐取食物。四肢短,爪强壮锐利,用以搔地觅食或掘洞穴居。主食蚁类,喜食白蚁。其肉可食,鳞片可入药。系珍稀动物。

按:据此,反映当地有穿山甲分布。

《吉安县志》描述(吉安县志编纂委员会,1994):

穿山甲:别名:鲮鲤。科属:哺乳纲穿山甲科。形状:体和尾披有(复)[覆]瓦状的角质鳞。体长一般为40～55 cm;尾扁而粗,较体为短,长27～35 cm;头小,吻尖,口、耳和眼都小,无齿,舌细长,能从口孔伸出舔取食物。四肢短,爪强壮锐利,用以搔地觅食或掘洞穴居。作用:鳞片入药,有散坚积,通经络、消痈肿、下乳汁的功能。生长地:丘陵山地偶(而)[尔]可见。

按:此处对穿山甲有多方面说明。

5.3.7 山东

山东省较早就有对穿山甲的记载。

《魏书》记载:

高宗末,兖州东郡吏获一异兽,献之京师,时人咸无识者。诏以问祐,祐曰:"此是三吴所出,厥名鲮鲤,余域率无。今我获之,吴楚之地,其有归国者乎?"

按:此即记载北魏平和六年(465),兖州东郡官吏获得一只异兽,上献京城,当时人都不认识。文成帝下诏询问高祐,高祐说:"这种异兽是长江下游江南一带所出,叫作鲮鲤,其他地方没有。今天我们得到它,这不预示着吴楚之地,要归我大魏吗?"证明在今兖州市一带有穿山甲分布。

5.3.8 台湾

台湾仍有穿山甲分布记载。

《桃园县志》记载(郭薰风等,1956):

穿山甲:一名鲮鲤。似鲤而有四足。能陆,能水。又一种形类而小,名山檀。土人亦以狗捕之。

按:从记载看,说明当地有穿山甲;以狗对付虎都难奈何的穿山甲,下文还有佐证。

《苗栗县志》描述(黄新亚等,1957):

台湾鲮鲤 *Manis pentadactyla pentadactyla* LINNAEUS 俗称:穿山甲。虽有逐年减少之趋向,但全县各地自山麓至1 000 m之高山均有其踪迹。体背、侧面均被覆瓦状之鳞,腹面淡红色,并散长黑褐色粗毛。头与躯干长50 cm,尾约33 cm长。性怯懦,行动迟钝,昼伏夜出,以蚁及白蚁为食。纯为地上生活,且穿穴蛰居。可供药用。

按:据"全县各地自山麓至1 000 m之高山均有其踪迹",当地仍有较多穿山甲。

《台北县志》记述(林兴仁等,1960):

穿山甲:亦名鲮鲤,鲑鲑或川山甲。体长,头尾尖锐,体横断面略三角形:除淡黑色之吻外,全体被坚硬之鳞片,作覆瓦状排列;胴部有鳞十五至十七列,鳞间有淡红色至赤褐色之粗毛散生;口小舌长,肢短而具极发达之趾爪。新店溪,北势溪。

按:此处不同于一般以山麓分布为主的说法,而是指出当地穿山甲在溪流一带分布。

《台南县志》记载(洪波浪等,1960):

鲮鲤：……一名穿山甲，体狭长，头小而直扁，吻短，口小，舌细长，有黏性唾液，齿不完全，耳甚小，体之上面被角质(麟)[鳞]甲，栉比为覆瓦状，此(麟)[鳞]由毛变化，各(麟)[鳞]间偶露出软毛少许，腹部及四肢内面生毛，四肢短，肢各五趾，趾有爪，爪直扁，前肢第三趾之爪长而曲，比后肢第三肢【趾】之爪长约二倍，适于挖掘，尾长，基粗末渐细，体长约一公尺，尾比体长，性怯弱，遇敌则蜷体为球状，并竖(麟)[鳞]以御之，舌细长，便于伸入蚁穴食蚁，营巢于岩窟及土穴中，其(麟)[鳞]供药用。

按：据此，说明当地有穿山甲生息繁衍。

《宜兰县志》记载(卢世标等，1965)：

穿山甲：鲮鲤，川山甲……穿山甲类，头胴上面部有硬鳞如覆瓦状，一见如爬虫类。为夜兽，能食蚁及白蚁……善爬树。产本县。

按：此处提到被一般忽视的穿山甲“善爬树”。

《嘉义县志》记述(赖子清等，1982)：

鲮鲤：一名穿山甲，体狭长，头小而直扁，体之上面被角质鳞甲，栉比如覆瓦状，尾比体长，性怯弱，遇敌则蜷体为球状，并竖鳞以御之，舌细长，便于伸入蚁穴食蚁，营巢于岩窟及土穴中，如遇蚁阵，则开甲假死，任群蚁附其体肤，已而闭甲入水，放开其甲，蚁浮水面，尽食之。甲供药用。

《台阳笔记》：台湾多山，出穿山甲，大者二尺余，鳞甲周密，嘴尖而首曲，藏于腹下，若羞与人见者，以前爪爬地，作穴尺许，遂将周身之甲放开，旋转如风，一炊时则地行丈余矣！土人云：将水灌入穴中，即不能动云。

按：此处对穿山甲的习性有更多说明，反映当地有穿山甲分布。

《台中市志》记载(王建竹等，1983)：

台湾鲮鲤：……亦名穿山甲。往往穿穴蛰居(故名穿山甲)；穴斜位，直径 200～300 mm。

按：前部与他人说法类似，仅摘录后部，表明确有穿山甲生息繁衍。

《台湾脊椎动物志》记述(陈兼善等，1984)：

台湾鲮鲤：……亦名穿山甲，川山甲。以前在全岛各地自山麓以至 1 000 m 均有其踪迹，往往穿穴蛰居，穴斜位，直径达 200～300 mm。Emry(1907)称台湾、我国南方以及缅甸所产者为 *M. aurita* Hodgson。

按：据此，表明在台湾全岛各地到 20 世纪前半叶皆有穿山甲生息繁衍。

5.3.9 方志记载的穿山甲

此阶段的穿山甲分布记录，虽然有野外调查，但方志仍占较大比重。华东的穿山甲在 20 世纪的分布(表 12.6)如下。

表 12.6 20 世纪华东的穿山甲分布概况

省级政区	今地点	文献	内容	新方志出处
上海	宝山区	民国十年(1921)《宝山县续志》	穿山甲*	
江苏	属南京市	1989 年《江宁县志》	穿山甲	江宁县地方志编纂委员会，1989
	宜兴市	1990 年《宜兴县志》	穿山甲	江苏省宜兴市地方志编纂委员会，1990
	溧阳市	1992 年《溧阳县志》	穿山甲	溧阳县志编纂委员会，1992
	金坛市	1993 年《金坛县志》	穿山甲(现已极少见)	金坛县地方志编纂委员会，1993
	属苏州市	1994 年《吴县志》	鲮鲤	吴县地方志编纂委员会，1994
	属南京市	1995 年《江浦县志》	穿山甲	江浦县地方志编纂委员会，1995
	苏州市、吴江市、昆山市、太仓市、常熟市、张家港市	1995 年《苏州市志》	鲮鲤(俗名穿山甲)	苏州市地方志编纂委员会，1995

（续表）

省级政区	今 地 点	文 献	内 容	新方志出处
浙江	奉化市	清光绪三十四年(1908)《奉化县志》	穿山甲*	
	临安市	清宣统二年(1910)《临安县志》	穿山甲(状类兽。能陆能水，时伏岸，张甲取蚁而食。介能穿山)	
	建德市	民国八年(1919)《建德县志》	鲮鲤(俗名穿山甲)	
	新昌县	民国八年(1919)《新昌县志》	鲮鲤(《原志》:即穿山甲)	
	属富阳市	民国十一年(1922)《新登县志》	穿山甲*	
	属临安市	民国十三年(1924)《昌化县志》	穿山甲	
	象山县	民国十五年(1926)《象山县志》	穿山甲*	
	属三门县	民国十九年(1930)《南田县志》	鲮鲤(俗名穿山甲。全身被角质之鳞甲。性好食蚁)	
	属宁波市	民国二十二年(1933)《鄞县通志》	穿山甲	
	分属莲都区和武义县	民国二十三年(1934)《宣平县志》	鲮鲤*	
	宁海市、台州市、临海市、温岭市、玉环县、天台县、仙居县、三门县	民国二十五年(1936)《台州府志》	鲮鲤*	
	建德市	1986 年《建德县志》	穿山甲	建德县志编纂委员会，1986
	属杭州市	1987 年《萧山县志》	穿山甲(有铜色、铁色两种，今甚少)	萧山县志编纂委员会，1987
	江山市	1990 年《江山市志》	穿山甲	江山市志编纂委员会，1990
	淳安县	1990 年《淳安县志》	穿山甲	浙江省淳安县志编纂委员会，1990
	浦江县	1990 年《浦江县志》	穿山甲	浦江县志编纂委员会，1990
	青田县	1990 年《青田县志》	穿山甲(山区各地都有)	青田县志编纂委员会，1990
	桐庐县	1991 年《桐庐县志》	穿山甲(山区、半山区各乡有少量分布，是著名中药材)	桐庐县志编纂委员会，1991
	龙游县	1991 年《龙游县志》	穿山甲	浙江省龙游县志编纂委员会，1991
	永康县	1991 年《永康县志》	穿山甲	永康县地方志编纂委员会，1991
	金华市	1992 年《金华县志》	穿山甲	金华县志编纂委员会，1992
	海盐县	1992 年《海盐县志》	穿山甲	海盐县志编纂委员会 1992
	三门县	1992 年《三门县志》	穿山甲	三门县志编纂委员会，1992
	东阳市	1993 年《东阳市志》	穿山甲	东阳市地方志编纂委员会，1993
	宁海县	1993 年《宁海县志》	穿山甲(鲮鲤。有金甲、银甲之分。国家二级保护动物)	宁海县地方志编纂委员会，1993
	磐安县	1993 年《磐安县志》	穿山甲	磐安县志编纂委员会，1993

（续表）

省级政区	今地点	文献	内容	新方志出处
	平阳县	1993 年《平阳县志》	穿山甲	平阳县志编纂委员会，1993
	杭州市	1994 年《杭州志》	穿山甲	《中国城市综合实力五十强丛书·杭州市》编委会，1994
	奉化市	1994 年《奉化市志》	穿山甲	奉化市地方志编纂委员会，1994
	衢州市、江山市、常山县、开化县、龙游县	1994 年《衢州市志》	穿山甲	《衢州市志》编纂委员会，1994
	莲都区	1994 年《丽水市志》	穿山甲	《丽水市志》编纂委员会，1994
	安吉县	1994 年《安吉县志》	穿山甲	安吉县地方志编纂委员会，1994
	新昌县	1994 年《新昌县志》	穿山甲	新昌县志编纂委员会，1994
	玉环县	1994 年《玉环县志》	穿山甲（较罕见）	玉环县志编纂委员会，1994
	杭州市、临安市、富阳市、建德市、桐庐县、淳安县	1995 年《杭州市志》	穿山甲	杭州市地方志编纂委员会，1995
	海宁市	1995 年《海宁市志》	穿山甲	《海宁市志》编纂委员会，1995
	宁波市、慈溪市、余姚市、奉化市、宁海县、象山县	1995 年《宁波市志》	穿山甲	宁波市地方志编纂委员会，1995
	景宁畲族自治县	1995 年《景宁畲族自治县志》	穿山甲	景宁畲族自治县志编纂委员会，1995
	属宁波市	1996 年《鄞县志》	穿山甲	浙江省鄞县志编纂委员会，1996
	越城区、诸暨市、上虞市、嵊州市、绍兴县、新昌县	1996 年《绍兴市志》	穿山甲	绍兴市地方志编纂委员会，1996
	苍南县	1996 年《中国国情丛书：百县市经济社会调查：苍南卷》	穿山甲	丁伟志等，1996a
	缙云县	1996 年《缙云县志》	穿山甲	缙云县志编纂委员会，1996
	云和县	1996 年《云和县志》	穿山甲	《云和县志》编纂委员会，1996
	遂昌县	1996 年《遂昌县志》	穿山甲	遂昌县志编纂委员会，1996
	松阳县	1996 年《松阳县志》	穿山甲	松阳县志编纂委员会，1996
	温州市、瑞安市、乐清市、永嘉县、文成县、平阳县、泰顺县、洞头县、苍南县	1998 年《温州市志》	穿山甲	温州市志编纂委员会，1998
	湖州市、长兴县、德清县、安吉县	1999 年《湖州市志》	穿山甲	湖州市地方志编纂委员会，1999
	绍兴县	1999 年《绍兴县志》	穿山甲	绍兴县地方志编纂委员会，1999
安徽	枞阳县	清光绪三十二年(1906)《分水县志》	穿山甲（鲮鲤也。有铜版、铁版二色）	
	芜湖市、芜湖县	民国八年(1919)《芜湖县志》	穿山甲（亦名鼍龙）	
	黄山市、歙县、休宁县、黟县	1988 年《黄山志》	穿山甲	《黄山志》编纂委员会，1988

(续表)

省级政区	今 地 点	文 献	内 容	新方志出处
	黟县	1988 年《黟县志》	穿山甲	黟县地方志编纂委员会,1988
	休宁县	1990 年《休宁县志》	穿山甲	休宁县地方志编纂委员会,1990
	祁门县	1990 年《祁门县志》	穿山甲	祁门县地方志编纂委员会办公室,1990
	芜湖县	1993 年《芜湖县志》	穿山甲	芜湖县地方志编纂委员会,1993
	潜山县	1993 年《潜山县志》	穿山甲	潜山县地方志编纂委员会,1993
	霍山县	1993 年《霍山县志》	穿山甲	霍山县地方志编纂委员会,1993
	无为县	1993 年《无为县志》	穿山甲(解放初常出没,后少见)	无为县地方志编纂委员会,1993
	安庆市、桐城市、怀宁县、枞阳县、潜山县、太湖县、宿松县、望江县、岳西县、贵池区、东至县	1995 年《安庆地区志》	穿山甲	安庆地区地方志编纂委员会,1995
	桐城市	1995 年《桐城县志》	穿山甲	桐城县地方志编纂委员会,1995
	歙县	1995 年《歙县志》	穿山甲	歙县地方志编纂委员会,1995
	舒城县	1995 年《舒城县志》	穿山甲	舒城县地方志编纂委员会,1995
	宣州区	1996 年《宣城县志》	穿山甲	安徽省宣州市地方志编纂委员会,1996
	广德县	1996 年《广德县志》	穿山甲	广德县地方志编纂委员会,1996
	泾县	1996 年《泾县志》	穿山甲	泾县地方志编纂委员会,1996
	安庆市	1997 年《安庆市志》	穿山甲	安庆市地方志编纂委员会,1997
	宁国市	1997 年《宁国县志》	穿山甲	宁国县地方志编纂委员会,1997
	郎溪县	1998 年《郎溪县志》	穿山甲	郎溪县地方志编纂委员会,1998
	绩溪县	1998 年《绩溪县志》	穿山甲	绩溪县地方志编纂委员会,1998
	黄山市、歙县、休宁县、黟县	1988 年《黄山志》	穿山甲*	《黄山志》编纂委员会,1988
福建	延平区	民国九年(1920)《南平县志》	鲮鲤*	
	尤溪县	民国十六年(1927)《尤溪县志》	鳞裡(一名穿山甲)	
	永春县	民国十六年(1927)《永春县志》	穿山甲(陆产。善穴土。即鲮鲤也)	
	沙县	民国十七年(1928)《沙县志》	鲮鲤(一名穿山甲。其形肖鲤。穴陵而居)	
	建阳市	民国十八年(1929)《建阳县志》	鲮鲤(一名穿山甲)	
	建瓯市	民国十八年(1929)《建瓯县志》	鳞离(一名穿山甲,穴极深而居)	
	霞浦县	民国十八年(1929)《霞浦县志》	龙鲤(一名鲮鲤,又呼穿山甲)	

（续表）

省级政区	今地点	文献	内容	新方志出处
	大田县	民国二十年(1931)《大田县志》	穿山甲(即钱鲤甲)	
	连城县	民国二十七年(1938)《连城县志》	穿山甲	
	明溪县	民国三十二年(1943)《明溪县志》	鲮鲤*	
	东山县	1994年《东山县志》	穿山甲(鲮鲤;历史上有)	东山县地方志编纂委员会,1994
	尤溪县	1987年《尤溪县志》	鲮鲤(俗称穿山甲)	尤溪县志编纂委员会,1987
	永春县	1990年《永春县志》	穿山甲(鲮鲤)	永春县地方志编纂委员会,1990
	新罗区、漳平市、长汀县、永定县、上杭县、武平县、连城县	1992年《龙岩地区志》	穿山甲	龙岩地区地方志编纂委员会,1992
	永泰县	1992年《永泰县志》	穿山甲	永泰县地方志编纂委员会,1992
	宁化县	1992年《宁化县志》	穿山甲	宁化县志编纂委员会,1992
	沙县	1992年《沙县志》	鲮鲤(一名穿山甲)	沙县地方志编纂委员会,1992
	德化县	1992年《德化县志》	穿山甲	德化县地方志编纂委员会,1992
	龙海市	1993年《龙海县志》	穿山甲	福建省龙海县地方志编纂委员会,1993
	闽清县	1993年《闽清县志》	穿山甲	闽清县地方志编纂委员会,1993
	长汀县	1993年《长汀县志》	穿山甲	长汀县地方志编纂委员会,1993
	建瓯市	1994年《建瓯县志》	穿山甲(逐渐减少)	建瓯县地方志编纂委员会,1994
	永安市	1994年《永安市志》	穿山甲	永安市地方志编纂委员会,1994
	晋江市	1994年《晋江市志》	穿山甲	晋江市地方志编纂委员会,1994
	建阳市	1994年《建阳县志》	穿山甲	建阳县地方志编纂委员会,1994
	顺昌县	1994年《顺昌县志》	穿山甲(鲮鲤)	顺昌县地方志编纂委员会,1994
	浦城县	1994年《浦城县志》	穿山甲(俗称鲢鲤,分布在各乡镇山麓丘陵或灌木杂树林较潮湿的地方)	浦城县地方志编纂委员会,1994
	松溪县	1994年《松溪县志》	穿山甲	松溪县地方志编纂委员会,1994
	政和县	1994年《政和县志》	穿山甲	政和县地方志编纂委员会,1994
	清流县	1994年《清流县志》	穿山甲	清流县地方志编纂委员会,1994
	莆田市	1994年《莆田县志》	穿山甲	莆田县地方志编纂委员会,1994
	平和县	1994年《平和县志》	穿山甲(各地都有分布,县西半部较多)	平和县地方志编纂委员会,1994
	永定县	1994年《永定县志》	鲮鲤(穿山甲)	永定县地方志编纂委员会,1994
	上杭县	1994年《中国国情丛书:百县市经济社会调查:上杭卷》	穿山甲	丁伟志等,1994a

（续表）

省级政区	今 地 点	文 献	内 容	新方志出处
	建宁县	1995 年《建宁县志》	穿山甲	建宁县地方志编纂委员会，1995
	仙游县	1995 年《仙游县志》	穿山甲	仙游县地方志编纂委员会，1995
	漳平县	1995 年《漳平县志》	穿山甲	漳平市地方志编纂委员会，1995
	大田县	1996 年《大田县志》	穿山甲（鲮鲤）	大田县地方志编纂委员会，1996
	华安县	1996 年《华安县志》	穿山甲	华安县地方志编纂委员会，1996
	明溪县	1997 年《明溪县志》	穿山甲	明溪县地方志编纂委员会，1997
	南靖县	1997 年《南靖县志》	穿山甲（鲮鲤）	南靖县地方志编纂委员会，1997
	福州市、福清市、长乐市、闽侯县、连江县、罗源县、闽清县、永泰县、平潭县	1998 年《福州市志》	穿山甲*	福州市地方志编纂委员会，1998
	石狮市	1998 年《石狮市志》	穿山甲	石狮市地方志编纂委员会，1998
	将乐县	1998 年《将乐县志》	穿山甲	将乐县地方志编纂委员会，1998
	惠安县	1998 年《惠安县志》	穿山甲（稀少）	惠安县地方志编纂委员会，1998
	漳浦县	1998 年《漳浦县志》	穿山甲（鲮鲤）	漳浦县地方志编纂委员会，1998
	云霄县	1999 年《云霄县志》	穿山甲	云霄县地方志编纂委员会，1999
	诏安县	1999 年《诏安县志》	穿山甲	诏安县地方志编纂委员会，1999
江西	万年县	1982 年《万年县志》	穿山甲	万年县县志编纂委员会，1982
	宁都县	1986 年《宁都县志》	穿山甲	宁都县志编辑委员会，1986
	乐平市	1987 年《乐平县志》	穿山甲	乐平县志编纂委员会，1987
	属丰城市	1987 年《曲江志》	穿山甲	丰城县曲江镇《曲江志》编写组，1987
	万载县	1988 年《万载县志》	穿山甲	江西省万载县志编纂委员会，1988
	丰城市	1989 年《江西省丰城县志》	穿山甲	丰城县县志编纂委员会，1989
	崇义县	1989 年《崇义县志》	穿山甲	江西省崇义县编史修志委员会，1989
	大余县	1990 年《大余县志》	穿山甲	江西省大余县志编纂委员会，1990
	石城县	1990 年《石城县志》	穿山甲（鳞狸）	江西省石城县志编纂委员会，1990
	德兴市、玉山县	1990 年《三清山志》	穿山甲*	德兴县县志编纂委员会办公室，1990
	铅山县	1990 年《铅山县志》	穿山甲*	铅山县县志编纂委员会，1990
	崇仁县	1990 年《崇仁县志》	鲮鲤（穿山甲）	江西省崇仁县志编纂委员会，1990
	星子县	1990 年《星子县志》	穿山甲	江西省星子县志编纂委员会，1990
	赣县	1991 年《赣县志》	穿山甲*	江西省赣县志编纂委员会，1991
	弋阳县	1991 年《弋阳县志》	穿山甲*	弋阳县县志编纂委员会，1991
	上犹县	1992 年《上犹县志》	穿山甲	江西省上犹县志编纂委员会，1992
	永新县	1992 年《永新县志》	穿山甲	永新县志编纂委员会，1992
	渝水区	1993 年《新余市志》	穿山甲	江西省新余市志编纂委员会，1993

（续表）

省级政区	今地点	文献	内容	新方志出处
	瑞金市	1993年《瑞金县志》	穿山甲	瑞金县志编纂委员会，1993
	南康市	1993年《南康县志》	穿山甲	南康县志编纂委员会，1993
	安远县	1993年《安远县志》	穿山甲	江西省安远县志编纂委员会，1993
	德兴市	1993年《德兴县志》	穿山甲	江西省德兴市地方志编纂委员会，1993
	上饶县	1993年《上饶县志》	穿山甲	上饶县志编纂委员会，1993
	临川区	1993年《临川县志》	穿山甲	临川县志编纂委员会，1993
	永丰县	1993年《永丰县志》	穿山甲*	江西省永丰县志编纂委员会，1993
	高安市	1994年《中国国情丛书：百县市经济社会调查：高安卷》	穿山甲	丁伟志等，1994b
	吉安县	1994年《吉安县志》	穿山甲*	吉安县志编纂委员会，1994
	属井冈山市	1995年《宁冈县志》	穿山甲	宁冈县地方志编纂委员会，1995
	全南县	1995年《全南县志》	穿山甲	江西省全南县志编纂委员会，1995
	萍乡市	1996年《萍乡市志》	穿山甲（武功山区最多）	萍乡市志编纂委员会，1996
	景德镇市	1996年《中国国情丛书：百县市经济社会调查：景德镇卷》	穿山甲	丁伟志等，1996b
	兴国县	1996年《中国国情丛书：百县市经济社会调查：兴国卷》	穿山甲	丁伟志等，1996c
	寻乌县	1996年《中国国情丛书：百县市经济社会调查：寻乌卷》	穿山甲	丁伟志等，1996d
	贵溪县	1996年《贵溪县志》	穿山甲	贵溪县志编纂委员会，1996
	遂川县	1996年《遂川县志》	穿山甲	遂川县地方志编纂委员会，1996
	南昌市、南昌县、新建县、安义县、进贤县	1997年《南昌市志》	穿山甲	南昌市地方志编纂委员会，1997
	井冈山市	1997年《井冈山志》	穿山甲	井冈山市地方志编纂委员会，1997
	资溪县	1997年《资溪县志》	穿山甲	资溪县地方志编纂委员会，1997
	浮梁县	1998年《浮梁县志》	穿山甲	浮梁县地方志编纂委员会，1998
	章贡区	1999年《赣州市志》	穿山甲	江西省赣州市地方志编纂委员会，1999
台湾	桃园县	1956年《桃园县志》	穿山甲*	郭薰风等，1956
	苗栗县	1957年《苗栗县志》	台湾鲮鲤*	黄新亚等，1957
	台北县	1960年《台北县志》	穿山甲*	林兴仁等，1960
	台南县	1960年《台南县志》	鲮鲤*	洪波浪等，1960
	宜兰县	1965年《宜兰县志》	穿山甲*	卢世标等，1965
	嘉义县	1982年《嘉义县志》	鲮鲤*	赖子清等，1982
	台中市	1983年《台中市志》	台湾鲮鲤*	王建竹等，1983

注："*"即详见正文。

5.4 中南

此阶段，中南各省级政区仍皆有穿山甲生息繁衍。

5.4.1 河南

河南省的穿山甲仅见在西部的伏牛山与南部的大别山一些地方有分布。

5.4.2 湖北

湖北省分布的穿山甲依然较多。

《嘉鱼县志》记载（湖北省嘉鱼县地方志编纂委员会，1993）：

穿山甲：1973年春，牛头山林场获一只穿山甲，重10斤。1974年，又获一只，重7斤，关在砖房里，晚穿洞出，洞大直径16 cm。

按：此处直接记载1970年代当地捕获的2只穿山甲。

5.4.3 湖南

湖南省分布的穿山甲在中南仅次于两广。

民国二十二年《蓝山县图志》记载：

穿山甲：一名鲮鲤。体长二三尺，全体被角质之鳞甲，四足甚短，尾扁而长。遇敌卷缩。性好食蚁。甲可入药。

按：据此，说明当地有穿山甲生息繁衍。

《湖南省志》记述（湖南省志编纂委员会，1987）：

穿山甲：鲮鲤，鲮甲。栖息于山地、丘陵、平原的杂木林潮湿地带。掘洞匿居，建窝洞道末端，常以泥土堵塞洞口。夜间觅食，嗜食白蚁，对林业有益。体背、四肢外侧和尾部全披以覆瓦状的角质鳞片，鳞片间及腹部都长有灰白色的毛。头小，吻尖细，口中无齿，舌能伸出口外很远，靠舌上的分泌物粘捕蚁和蚁卵。四肢短而粗壮，前肢掌部向外翻转，以中央爪背着地行走，受惊即卷曲成球。肉可食，鳞片供药用。分布于我省各地，以山地丘陵区为多。

按：据此，反映穿山甲在湖南省仍较广泛分布。

《麻阳县志》记载（麻阳县志编纂委员会，1994）：

穿山甲：全县皆有，拖冲、尧市山地尤多。1968年，在拖冲公社的洞亭坡捕获一只，体长55 cm。

按：据此说明，反映当地穿山甲颇多。

5.4.4 广东

广东省此阶段还有较多穿山甲分布。

《新会县志》记载（新会县地方志编纂委员会，1995）：

穿山甲：亦称全鳞，穿山甲科。体长40～45 cm，尾长25～35 cm，头、颈、躯干和尾均披角质鳞片，四肢短，爪锐利，口无齿，舌细长，能舐取食物。以爪掘洞穴居。主食蚁类，被誉为“森林卫士”。列为国家二类保护动物。

按：据此，说明当地确有穿山甲生息繁衍。

5.4.5 广西

广西壮族自治区也还是穿山甲分布较多的省级政区。

民国二十四年（1935）《罗城县志》记述：

穿山甲：长二三尺，全身被角质之鳞甲。夜出，昼伏。遇敌，其体恒卷缩如球。有黄、黑二种。产深山泥穴中。甲可入药。

按：所称“黄、黑二种”，并非两个物种，实际上只是穿山甲鳞片因年龄关系，由黄转黑变化。

民国二十六年（1937）《邕宁县志》记载：

穿山甲：即鲮鲤。状如鼍而小，背如鲤而阔，首如鼠而无牙。背有鳞甲，爪甚锐利。长舌，尖喙，尾与身等。能拳曲，善穴土。腹内脏腑俱全，而胃独大。能水能陆，性嗜食蚁。肉味濇温，有毒，最动风。风疾人纔食数脔，疾即作。然甲堪入药，可治中风瘫痪。

按：由此证明当地有穿山甲栖息。

列举当地“国家二级重点保护的野生动物”有：穿山甲（鲮鲤、地鳞）与短尾猴、猕猴（恒河猴、广西猴）、藏酋猴、豺、黑熊、水獭、小爪水獭、大灵猫（九江猩[？九江狸]）、小灵猫（七里狸、笔狸）、斑林狸、金猫（黄虎、红春豹）。林麝（跳羊）、河麂[獐]、水鹿、鬣羚（苏门羚）、斑羚、巨松鼠（广西壮族自治区地方志编纂委员会，1994）

《扶绥县志》记述（扶绥县志编纂委员会，1989）：

穿山甲：亦称鲮鱼。体和尾披有（复）[覆]瓦状角质鳞，尾扁而粗，体较短，头小，嘴尖，口、耳、眼均小。无齿，舌细长，能伸出舐取食物。四肢短，爪坚锐利，能掘地觅食或掘洞穴居。主食蚁类（特别是白蚁）。县内各地均有。

按：据此，不仅反映当地确有穿山甲，而且还指出

"鲮鱼"的别称。

《蒙山县志》记述(蒙山县志编纂委员会,1993):

穿山甲:麒麟。属哺乳类鳞甲目。体重2~3 kg,身披黑灰色或黄灰色麟甲。爪长,善掘地洞,穴居。其肉味鲜美,为高级滋补品,名贵山珍。20世纪五六十年代前县内较多,后逐年减少。1989年县内常有人捕获。为国家二类保护动物。

按:据此,不仅表明当地有穿山甲,而且还道出"麒麟"的别称。

《平南县志》记载(平南县志编纂委员会,1993):

穿山甲:体尾部披有(复)[覆]瓦状角质鳞,尾扁而粗,体短,头小,嘴尖,口窄。无齿,舌细长,能伸出舐取食物。四肢短,爪坚锐利,能掘地取食或挖洞穴穴居,主食蚁类(特别是白蚁)。

按:由此,反映当地有穿山甲生息繁衍。

《容县志》记载(容县志编纂委员会,1993):

穿山甲:全身皮鳞甲,以食蚁类为主,多在山中穴居,县内各地皆有分布,现存数量极少,被列为国家二级保护动物。

按:据此,反映当地穿山甲虽分布广,但数量显著下降。

《防城县志》记载(防城县志编纂委员会,1993):

穿山甲:别名鲮鲤。是一种稀奇的哺乳动物。体表为灰黑色角质鳞片,受惊时卷曲成球状。体重3~7 kg,挖洞穴栖息,食白蚁或黑蚁和昆虫蛹。列入国家二级保护动物。

按:说明当地有穿山甲分布。

《崇左县志》记载(崇左县志编纂委员会,1994):

穿山甲:产于那隆乡的拾义、发明、仁里,左州乡的光坡、中干、林村,雷州乡的驮柏,新和乡的兰山和江州乡的那贞、啼农等地山岭之中。约有490只。

按:明确穿山甲的更具体分布地点与数量,证明经过实践调查。

《鹿寨县志》记载(鹿寨县地方志编纂委员会,1996):

穿山甲:身体和尾有覆瓦状角质鳞,体长一般为40~50 cm,主食蚁类。全县各乡镇均有分布。

按:据此表明穿山甲在当地分布较广。

《河池市志》记载(河池市志编纂委员会,1996):

穿山甲:别名山甲,属鳞鲤科,是国家Ⅱ级保护动物。肉可食,甲片、血和肉可入药,各乡均有分布。

按:据此,亦表明当地穿山甲分布较广。

《苍梧县志》记载(苍梧县志编纂委员会,1997):

穿山甲:俗称麒麟,各乡镇都有,以山区为多。可入药,有滋补通经活血之功。为国家二级重点保护动物。

按:此记载也反映当地穿山甲分布较广。

《资源县志》记述(广西壮族自治区资源县志编纂委员会,1998):

穿山甲:穴居,善于打洞,全身披满鳞甲,故又名"鳞甲"。以蚁类、小昆虫为食,重2.5~3.0 kg。鳞片为中药材,尤以尾端三片鳞甲为贵,功能软坚散结,对恶性肿瘤、溃疡等症有特效;其舌能治黄肿病,可谓全身皆宝。穿山甲喜夜出,行动时鳞片沙沙作响,以棍触其肚或腴,即蜷缩一团,极易捕获。境内中、低山均有分布,现已渐少,濒于绝灭。国家列为二类保护之稀有动物,严禁捕杀。

按:据此,证实当地有穿山甲分布。

《田东县志》记载(田东县志编纂委员会,1998):

穿山甲:生长在山区和丘陵地带。一般体重5 kg左右。年捕获400只左右,近几年逐渐减少。

按:从捕获量看,虽穿山甲颇多,但呈下降趋势。

5.4.6 海南

海南省各地曾皆有穿山甲分布。

民国六年(1917)《琼山县志》记载:

穿山甲:一名鲮鲤。如鼍而小,似鲤,有足。穴山,入水,喜食蚁《旧志》略增。

按:据此,说明当地有穿山甲生息繁衍。

民国二十二年(1933)《海南岛志》记载:

穿山甲:穿山甲即鲮鲤。本岛出产甚多。头小而直扁,舌细长,每深入蚁穴食蚁。背被角质鳞甲,栉比如覆瓦。性怯懦,遇敌则蜷曲,竖鳞以御。肉可食,鳞片供药用。

按:据"本岛出产甚多",说明海南省穿山甲分布广、数量多。

民国二十四年(1935)《儋县志》记述：

甲：穿山甲也。如狗，通身皆甲，唯胸有直条痕恰如一线可以刃解。而人见□[1]击则圆抱如鼓，携归而杀之。甲入药。

按：此处采用的称谓与描述皆别具一格。

《万宁县志》(万宁县地方志编纂委员会,1994)：

穿山甲：鲮鲤……栖息于湿润的树林、灌丛、草莽等多种环境。头小舌长，背披鳞甲，攒地如覆瓦，性怯懦，遇敌蜷曲以御，主食食蚁类及昆虫蛹卵。山区、丘陵地带均有。

按：此处说明当地穿山甲可以栖息在多种环境中。

5.4.7 香港

香港特别行政区仍有穿山甲分布。

《穿山甲——香港动物界的冤狱》描述(叶灵凤,1985)：

动物界的另一冤狱的受害者，乃是香港所出产的穿山甲。穿山甲的形状很古怪，又喜欢生活在地底下，于是香港人，尤其是新界的农人，他们相信穿山甲在地底下掘地道挖穿坟墓，专门偷吃死人的尸体，因此见了穿山甲就捕杀，连用法令来制止也无效。其实穿山甲根本没有牙齿，它专以白蚁的幼蛹为食，是用它那特有长舌去舐食的，而白蚁正是香港物业的最大敌人。穿山甲在地底下活动的目的就是搜寻蚁穴，可是香港的人却说它想吃死人的脑髓，你说这冤枉不冤枉？

新界出产的穿山甲很多，就是香港岛的山上边偶尔也会发现。

按：据此，反映在与深圳毗邻的新界一带穿山甲较多。

1980年代，香港特发行有穿山甲与刺猬的纪念邮票(图12.21)，进一步证实当地有穿山甲生息繁衍。

图12.21　穿山甲与刺猬纪念邮票(香港)

5.4.8 澳门

关于澳门特别行政区野生动物的记录不多见，但还是罕见地发现有关穿山甲的记录。

澳门在1995年4月发行了一套4枚印有熊猫徽(WWF)标志的《中华穿山甲》邮票(图12.22)[2]，该套邮票中的穿山甲主要在树上出现，颇有澳门特色。表明当地也有穿山甲。

图12.22　穿山甲邮票一套(澳门)

①原文此处是一空格。

②http://blog.sina.com.cn/s/blog_549cc4f10102emfx.html

5.4.9 方志记载的穿山甲

此阶段的穿山甲分布记录，虽然有野外调查，但方志仍占较大比重。中南的穿山甲在20世纪的分布(表12.7)如下。

表12.7 20世纪中南的穿山甲分布概况

省级政区	今地点	文献	内容	新方志出处
河南	新县	1990年《新县志》	穿山甲	新县志编纂委员会，1990
	商城县	1992年《信阳地区志》	穿山甲(商城)	信阳地区地方史志编纂委员会，1992
	襄城县	1993年《襄城县志》	穿山甲	襄城县史志编纂委员会，1993
	唐河县	1993年《唐河县志》	穿山甲	唐河县地方史志编纂委员会，1993
	平顶山市、舞钢市、汝州市、宝丰县、叶县、鲁山县、郏县、襄城县	1994年《平顶山市志》	穿山甲	平顶山市地方史志编纂委员会，1994
	南阳市、邓州市、南召县、方城县、西峡县、镇平县、内乡县、淅川县、社旗县、唐河县、新野县、桐柏县	1994年《南阳地区志》	穿山甲	南阳地区地方史志编纂委员会，1994
	内乡县	1994年《内乡县志》	穿山甲	内乡县地方史志编纂委员会，1994
	桐柏县	1995年《桐柏县志》	穿山甲	桐柏县地方史志编纂委员会，1995
	南阳市、邓州市、南召县、方城县、西峡县、镇平县、内乡县、淅川县、社旗县、唐河县、新野县、桐柏县	1996年《南阳地区志：1986—1994》	穿山甲	南阳地区地方史志编纂委员会，1996
	宝丰县	1996年《宝丰县志》	穿山甲	宝丰县志编纂委员会，1996
	郏县	1996年《郏县志》	穿山甲	郏县地方史志编纂委员会，1996
	镇平县	1998年《中国国情丛书：百县市经济社会调查：镇平卷》	穿山甲	丁伟志等，1998a
湖北	通城县	1985年《通城县志》	穿山甲	通城县志编纂委员会，1985
	天门市	1989年《天门县志》	穿山甲	湖北省天门市地方志编纂委员会，1989
	京山县	1990年《京山县志》	穿山甲	湖北省京山县志编纂委员会，1990
	来凤县	1990年《来凤县志》	穿山甲	湖北省来凤县县志编纂委员会，1990
	谷城县	1991年《谷城县志》	穿山甲	湖北省谷城县地方志编纂委员会，1991
	崇阳县	1991年《崇阳县志》	穿山甲	崇阳县志编纂委员会，1991
	秭归县	1991年《秭归县志》	穿山甲	湖北省秭归县地方志编纂委员会，1991
	属武汉市	1992年《黄陂县志》	穿山甲	黄陂县志编纂委员会，1992
	属武汉市	1992年《新洲县志》	穿山甲	新洲县志编纂委员会，1992
	咸宁市	1992年《咸宁市志》	穿山甲(已濒临绝迹)	湖北省咸宁市地方志编纂委员会，1992
	赤壁市	1992年《中国国情丛书：百县市经济社会调查：蒲圻卷》	穿山甲	丁伟志等，1992a

（续表）

省级政区	今地点	文献	内容	新方志出处
	属宜昌市	1993年《宜昌县志》	穿山甲	湖北省宜昌县地方志编纂委员会，1993
	嘉鱼县	1993年《嘉鱼县志》	穿山甲*	湖北省嘉鱼县地方志编纂委员会，1993
	利川市	1993年《利川市志》	穿山甲	湖北省利川市地方志编纂委员会，1993
	建始县	1994年《建始县志》	穿山甲	建始县地方志编纂委员会，1994
	郧西县	1995年《郧西县志》	穿山甲（古多今少）	湖北省郧西县地方志编纂委员会办公室，1995
	荆州市、石首市、洪湖市、松滋市与江陵县、公安县、监利县、钟祥市、仙桃市、天门市、潜江市	1996年《荆州地区志》	穿山甲	荆州地区地方志编纂委员会，1996
	恩施市	1996年《恩施市志》	穿山甲	湖北省恩施市地方志编纂委员会，1996
	蕲春县	1997年《蕲春县志》	穿山甲	湖北省蕲春县地方志编纂委员会，1997
	恩施市、利川市、建始县、巴东县、宣恩县、咸丰县、来凤县、鹤峰县	1998年《恩施州志》	穿山甲	湖北省恩施土家族苗族自治州地方志编纂委员会，1998
	宜城市	1998年《宜城志》	穿山甲	湖北省宜城市地方志编纂委员会，1998
	属黄石市	1998年《铁山区志》	穿山甲	黄石市铁山区地方志编纂委员会，1998
湖南	古丈县	清光绪三十三年(1907)《古丈坪厅志》	穿山甲	
	溆浦县	民国十年(1921)《溆浦县志》	穿山甲	
	永顺县	民国十九年(1930)《永顺县志》	穿山甲	
	蓝山县	民国二十二年(1933)《蓝山县图志》	穿山甲*	
	醴陵市	民国三十七年(1948)《醴陵县志》	穿山甲	
	城步苗族自治县	1984年《城步苗族自治县概况》	穿山甲	《城步苗族自治县概况》编写组，1984
	新晃侗族自治县	1985年《新晃侗族自治县概况》	穿山甲	《新晃侗族自治县概况》编写组，1985
	通道侗族自治县	1986年《通道侗族自治县概况》	华南穿山甲	《通道侗族自治县概况》编写组，1986
	凤凰县	1988年《凤凰县志》	穿山甲	凤凰县志编纂委员会，1988
	中方县	1991年《黔阳县志》	穿山甲	黔阳县地方志编纂委员会，1991
	韶山市	1993年《韶山志》	穿山甲	韶山市地方编纂委员会，1993
	汉寿县	1993年《汉寿县志》	穿山甲	汉寿县志编纂委员会，1993
	澧县	1993年《澧县志》	穿山甲（50年代山丘常见，现已绝迹）	澧县地方志编纂办公室，1993
	安化县	1993年《安化县志》	土鲤鱼（也叫山鲤鱼。县境各地还有少量存在）	安化县志编纂委员会，1993
	茶陵县	1993年《茶陵县志》	穿山甲	湖南省茶陵县地方志编纂委员会，1993

（续表）

省级政区	今地点	文献	内容	新方志出处
	湘潭市	1993年《中国国情丛书：百县市经济社会调查：湘潭卷》	穿山甲	丁伟志等，1993a
	湘乡县	1993年《湘乡县志》	穿山甲	湘乡县志编纂委员会，1993
	常宁县	1993年《常宁县志》	穿山甲	常宁县志编纂委员会，1993
	耒阳市	1993年《耒阳市志》	穿山甲	耒阳市志编纂委员会，1993
	宁远县	1993年《宁远县志》	鲮鲤（俗称穿山甲）	湖南省宁远县地方志编纂委员会，1993
	祁阳县	1993年《祁阳县志》	鲮鲤	《祁阳县志》编纂委员会，1993
	沅陵县	1993年《沅陵县志》	穿山甲	沅陵县地方志编纂委员会，1993
	溆浦县	1993年《溆浦县志》	穿山甲	溆浦县县志编纂委员会，1993
	新晃县	1993年《新晃县志》	穿山甲	新晃侗族自治县志编纂委员会，1993
	芷江侗族自治县	1993年《芷江县志》	穿山甲	芷江侗族自治县志编纂委员会，1993
	泸溪县	1993年《泸溪县志》	穿山甲	湖南省泸溪县志编纂委员会，1993
	花垣县	1993年《花垣县志》	穿山甲	湖南省花垣县地方志编纂委员会，1993
	鹤城区	1994年《怀化市志》	穿山甲	湖南省怀化市志编纂委员会，1994
	冷水江市	1994年《冷水江市志》	穿山甲	湖南省冷水江市地方志编纂委员会，1994
	桑植县	1994年《中国国情丛书：百县市经济社会调查：桑植卷》	穿山甲	丁伟志等，1994c
	平江县	1994年《平江县志》	穿山甲	湖南省平江县志编纂委员会，1994
	炎陵县	1994年《酃县志》	穿山甲	酃县志编纂委员会，1994
	衡山县	1994年《衡山县志》	穿山甲	湖南省衡山县志编纂委员会，1994
	嘉禾县	1994年《嘉禾县志》	穿山甲	嘉禾县志编委会，1994
	江华瑶族自治县	1994年《江华瑶族自治县志》	穿山甲	湖南省江华瑶族自治县志编纂委员会，1994
	新邵县	1994年《新邵县志》	穿山甲	新邵县志编委会，1994
	辰溪县	1994年《辰溪县志》	穿山甲	辰溪县志编纂委员会，1994
	会同县	1994年《会同县志》	穿山甲	湖南省会同县志编纂委员会，1994
	麻阳县	1994年《麻阳县志》	穿山甲	麻阳县志编纂委员会，1994
	靖州苗族侗族自治县	1994年《靖州县志》	穿山甲	靖州苗族侗族自治县县志编纂委员会，1994
	醴陵市	1995年《醴陵市志》	穿山甲	醴陵市志编纂委员会，1995
	汨罗市	1995年《汨罗市志》	鲮鲤（穿山甲，极罕见）	汨罗市志编纂委员会，1995
	长沙县	1995年《长沙县志》	穿山甲	湖南省长沙县志编纂委员会，1995
	湘阴县	1995年《湘阴县志》	鲮鲤（穿山甲）	湖南省湘阴县志编纂委员会，1995
	株洲县	1995年《株洲县志》	穿山甲	湖南省株洲县志编纂委员会，1995
	湘潭县	1995年《湘潭县志》	穿山甲	湘潭县地方志编纂委员会，1995

(续表)

省级政区	今 地 点	文 献	内 容	新方志出处
	郴州市	1995 年《郴县志》	穿山甲	郴县志编纂委员会,1995
	江永县	1995 年《江永县志》	穿山甲	湖南省江永县志编纂委员会,1995
	蓝山县	1995 年《蓝山县志》	穿山甲	蓝山县志编纂委员会,1995
	新宁县	1995 年《新宁县志》	穿山甲	新宁县县志编委会,1995
	新化县	1996 年《新化县志》	穿山甲	新化县志编纂委员会,1996
	安仁县	1996 年《安仁县志》	穿山甲(30 余只)	安仁县志编委会,1996
	城步苗族自治县	1996 年《城步苗族自治县志》	穿山甲	城步苗族自治县志编纂委员会,1996
	益阳市、沅江市、南县、桃江县、安化县	1997 年《益阳地区志》	穿山甲	湖南省益阳地区地方志编纂委员会,1997
	邵阳市、武冈市、邵东县、邵阳县、洞口县、新邵县、绥宁县、新宁县、隆回县、城步苗族自治县	1997 年《邵阳市志》	穿山甲	邵阳市地方志编纂委员会,1997
	娄星区	1997 年《娄底市志》	鲮鲤(穿山甲、土地鱼)	娄底市志编纂委员会,1997
	岳阳县	1997 年《岳阳县志》	穿山甲(境内各地有,至 1990 年已查获境内县民非法偷猎 10 只)	岳阳县地方志编委会,1997
	宜章县	1997 年《中国国情丛书:百县市经济社会调查:宜章卷》	穿山甲	丁伟志等,1997a
	汝城县	1997 年《汝城县志》	穿山甲(鳞甲)	汝城县志编委会,1997
	武冈县	1997 年《武冈县志》	穿山甲(鲮鲤、鲮甲)	武冈县志编委会,1997
	绥宁县	1997 年《绥宁县志》	穿山甲	湖南省绥宁县志编纂委员会,1997
	衡阳市、耒阳市、常宁市、衡东县、衡山县、衡南县、祁东县	1998 年《衡阳市志》	穿山甲	衡阳市地方志编纂委员会,1998
	通道侗族自治县	1999 年《通道县志》	穿山甲	湖南省通道侗族自治县县志编纂委员会,1999
广东	徐闻县	清宣统三年(1911)《徐闻县志》	穿山甲	
	怀集县	民国五年(1916)《怀集县志》	穿山甲	
	南雄市	1991 年《南雄县志》	穿山甲	南雄县地方志编纂委员会,1991
	五华县	1991 年《五华县志》	山甲	五华县地方志编纂委员会,1991
	兴宁市	1992 年《兴宁县志》	穿山甲	兴宁县地方志编纂委员会,1992
	大埔县	1992 年《大埔县志》	穿山甲	大埔县地方志编纂委员会,1992
	蕉岭县	1992 年《蕉岭县志》	穿山甲	蕉岭县地方志编纂委员会,1992
	清城区	1993 年《清远县志》	穿山甲	清远市地方志编纂办公室,1993

（续表）

省级政区	今地点	文献	内容	新方志出处
	怀集县	1993 年《怀集县志》	穿山甲	怀集县地方志编纂委员会，1993
	平远县	1993 年《平远县志》	穿山甲	平远县地方志编纂委员会，1993
	信宜市	1993 年《信宜县志》	穿山甲	信宜县地方志编纂委员会，1993
	从化市	1994 年《从化县志》	穿山甲	从化县地方志编纂委员会，1994
	乐昌市	1994 年《乐昌市志》	穿山甲	乐昌市地方志编纂委员会，1994
	城区	1994 年《中国国情丛书：百县市经济社会调查：汕尾卷》	穿山甲	丁伟志等，1994d
	紫金县	1994 年《紫金县志》	穿山甲（连理）	紫金县地方志编纂委员会，1994
	饶平县	1994 年《饶平县志》	穿山甲	饶平县地方志编纂委员会，1994
	揭西县	1994 年《揭西县志》	穿山甲	揭西县地方志编纂委员会，1994
	广宁县	1994 年《广宁县志》	穿山甲	广宁县地方志编纂委员会，1994
	属广州市	1995 年《花县志》	穿山甲	花县地方志编纂委员会，1995
	属广州市	1995 年《番禺县志》	穿山甲（食蚁兽）	番禺市地方志编纂委员会，1995
	湘桥区	1995 年《潮州市志》	穿山甲	潮州市地方志编纂委员会，1995
	增城市	1995 年《增城县志》	穿山甲	增城市地方志编纂委员会，1995
	普宁市	1995 年《普宁县志》	穿山甲	普宁市地方志编纂委员会，1995
	惠州市	1995 年《中国国情丛书：百县市经济社会调查：惠州卷》	穿山甲	丁伟志等，1995
	属江门市	1995 年《新会县志》	穿山甲	新会县地方志编纂委员会，1995
	丰顺县	1995 年《丰顺县志》	穿山甲	丰顺县地方志编纂委员会，1995
	龙门县	1995 年《龙门县志》	穿山甲	龙门县地方志编纂委员会，1995
	属佛山市	1995 年《高明县志》	穿山甲	高明县地方志编纂委员会，1995
	云城区	1995 年《云浮县志》	穿山甲	云浮县地方志编纂委员会，1995
	郁南县	1995 年《郁南县志》	穿山甲	郁南县地方志编纂委员会，1995
	廉江市	1995 年《廉江县志》	穿山甲	廉江县地方志编纂委员会，1995
	连南瑶族自治县	1996 年《连南瑶族自治县县志》	穿山甲	连南瑶族自治县地方志编纂委员会，1996
	高要市	1996 年《高要县志》	穿山甲	高要县地方志编纂委员会，1996
	阳春市	1996 年《阳春县志》	穿山甲	阳春县地方史志办公室，1996
	化州市	1996 年《化州县志》	穿山甲（已罕见）	化州市地方志编纂委员会，1996
	属深圳市	1997 年《宝安县志》	穿山甲	宝安县地方志编纂委员会，1997
	中山市	1997 年《中山市志》	穿山甲	中山市地方志编纂委员会，1997
	连山壮族瑶族自治县	1997 年《连山壮族瑶族自治县志》	穿山甲	连山壮族瑶族自治县志编纂委员会，1997
	始兴县	1997 年《始兴县志》	穿山甲	始兴县志办公室，1997
	翁源县	1997 年《翁源县志》	穿山甲	翁源县地方志编纂委员会，1997

（续表）

省级政区	今 地 点	文 献	内 容	新方志出处
	乳源瑶族自治县	1997 年《乳源瑶族自治县志》	穿山甲	乳源瑶族自治县地方志编纂委员会，1997
	属江门市	1997 年《中国国情丛书：百县市经济社会调查：新会卷》	穿山甲	丁伟志等，1997b
	梅县	1997 年《中国国情丛书：百县市经济社会调查：梅县卷》	穿山甲	丁伟志等，1997c
	属汕头市	1997 年《潮阳县志》	穿山甲	潮阳市地方志编纂委员会，1997
	茂名市	1997 年《茂名市志》	穿山甲	茂名市地方志编纂委员会，1997
	珠海市	1998 年《中国国情丛书：百县市经济社会调查：珠海卷》	穿山甲	丁伟志等，1998b
	封开县	1998 年《封开县志》	穿山甲	封开县地方志编纂委员会，1998
	汕头市、普宁市、湘桥区、榕城区、饶平县、南澳县、惠来县	1999 年《汕头市志》	穿山甲	广东省汕头市地方志编纂委员会，1999
广西	灵川县	民国十八年(1929)《灵川县志》	穿山甲	
	属扶绥县	民国二十二年(1933)《同正县志》	穿山甲	
	属环江毛难族自治县	民国二十二年(1933)《思恩县志》	穿山甲	
	罗城仫佬族自治县	民国二十四年(1935)《罗城县志》	穿山甲*	
	属南宁市	民国二十六年(1937)《邕宁县志》	穿山甲*	
	平南县	民国二十九年(1940)《平南县鉴》	川山甲[即连连(鱼旁)[鲢鲢]]	
	宾阳县	1987 年《宾阳县志》	穿山甲	宾阳县志编纂委员会，1987
	阳朔县	1988 年《阳朔县志》	穿山甲(以金宝、高田区最多)	阳朔县志编纂委员会，1988
	宁明县	1988 年《宁明县志》	穿山甲	宁明县志编纂委员会，1988
	上林县	1989 年《上林县志》	穿山甲	上林县志编纂委员会，1989
	扶绥县	1989 年《扶绥县志》	穿山甲*	扶绥县志编纂委员会，1989
	大新县	1989 年《大新县志》	穿山甲	大新县志编纂委员会，1989
	柳江县	1991 年《柳江县志》	穿山甲	柳江县志编纂委员会，1991
	南丹县	1991 年《中国国情丛书：百县市经济社会调查：南丹卷》	穿山甲	丁伟志等，1991
	天等县	1991 年《天等县志》	穿山甲	天等县志编纂委员会，1991
	恭城瑶族自治县	1992 年《恭城县志》	穿山甲	恭城瑶族自治县地方志编纂委员会，1992
	金秀瑶族自治县	1992 年《金秀瑶族自治县志》	穿山甲(县内山区各地均有出产，以竹木混交林处为多)	金秀瑶族自治县志编纂委员会，1992

（续表）

省级政区	今地点	文献	内容	新方志出处
	昭平县	1992年《昭平县志》	穿山甲（全县皆有分布，尤以走马、庇江、文竹、富罗一带较多）	昭平县志编纂委员会，1992
	隆安县	1993年《隆安县志》	穿山甲（山区才偶见）	隆安县志编纂委员会，1993
	蒙山县	1993年《蒙山县志》	穿山甲*	蒙山县志编纂委员会，1993
	平南县	1993年《平南县志》	穿山甲*	平南县志编纂委员会，1993
	玉州区	1993年《玉林市志》	穿山甲	玉林市地方志编纂委员会，1993
	北流县	1993年《北流县志》	穿山甲（为国家重点保护动物。县内山区均有分布，以虫、蚁为主食）	北流县志编纂委员会，1993
	容县	1993年《容县志》	穿山甲*	容县志编纂委员会，1993
	防城港市	1993年《防城县志》	穿山甲*	防城县志编纂委员会，1993
	都安瑶族自治县	1993年《都安瑶族自治县志》	穿山甲	都安瑶族自治县志编纂委员会，1993
	富川瑶族自治县	1993年《富川瑶族自治县志》	穿山甲	富川瑶族自治县志编纂委员会，1993
	博白县	1994年《博白县志》	穿山甲	博白县志编纂委员会，1994
	合浦县	1994年《合浦县志》	穿山甲	合浦县志编纂委员会，1994
	江州区	1994年《崇左县志》	穿山甲*	崇左县志编纂委员会，1994
	天峨县	1994年《天峨县志》	穿山甲	天峨县志编纂委员会，1994
	东兰县	1994年《东兰县志》	穿山甲	东兰县志编纂委员会，1994
	象州县	1994年《象州县志》	穿山甲	象州县志编纂委员会，1994
	属南宁市	1995年《邕宁县志》	穿山甲	邕宁县地方志编纂委员会，1995
	平乐县	1995年《平乐县志》	穿山甲	平乐县地方志编纂委员会，1995
	武宣县	1995年《武宣县志》	穿山甲	武宣县志编纂委员会，1995
	钟山县	1995年《钟山县志》	穿山甲	钟山县志编纂委员会，1995
	临桂县	1996年《临桂县志》	穿山甲（已不多见）	临桂县志编纂委员会，1996
	永福县	1996年《永福县志》	穿山甲	永福县志编纂委员会，1996
	荔浦县	1996年《荔浦县志》	穿山甲	荔浦县地方志编纂委员会，1996
	柳州市	1996年《中国国情丛书：百县市经济社会调查：柳州卷》	穿山甲	丁伟志等，1996e
	鹿寨县	1996年《鹿寨县志》	穿山甲*	鹿寨县地方志编纂委员会，1996
	岑溪市	1996年《岑溪市志》	穿山甲	岑溪市志编纂委员会，1996
	藤县	1996年《藤县志》	穿山甲	藤县志编纂委员会，1996
	平果县	1996年《平果县志》	穿山甲	平果县志编纂委员会，1996
	田林县	1996年《田林县志》	穿山甲	田林县地方志编纂委员会，1996
	金城江区	1996年《河池市志》	穿山甲*	河池市志编纂委员会，1996
	马山县	1997年《马山县志》	穿山甲	马山县志编纂委员会，1997

(续表)

省级政区	今 地 点	文 献	内 容	新方志出处
	灵川县	1997 年《灵川县志》	穿山甲	灵川县地方志编纂委员会,1997
	苍梧县	1997 年《苍梧县志》	穿山甲*	苍梧县志编纂委员会,1997
	忻城县	1997 年《忻城县志》	穿山甲	忻城县志编纂委员会,1997
	南宁市	1998 年《南宁市志:综合卷》	穿山甲	南宁市地方志编纂委员会,1998
	柳州市、柳江县、柳城县	1998 年《柳州市志》	穿山甲	柳州市地方志编纂委员会,1998
	武鸣县	1998 年《武鸣县志》	穿山甲	武鸣县志编纂委员会,1998
	横县	1998 年《横县县志》	穿山甲	横县县志编纂委员会,1989
	兴安县	1998 年《中国国情丛书:百县市经济社会调查:兴安卷》	穿山甲	丁伟志等,1998c
	资源县	1998 年《资源县志》	穿山甲*	广西壮族自治区资源县志编纂委员会,1998
	田东县	1998 年《田东县志》	穿山甲*	田东县志编纂委员会,1998
	德保县	1998 年《德保县志》	穿山甲	德保县志编纂委员会,1998
	宜州市	1998 年《宜州市志》	穿山甲	宜州市地方志编纂委员会,1998
	合山市	1998 年《合山市志》	穿山甲	合山市志编纂委员会,1998
海南	澄迈县	清光绪三十四年(1908)《澄迈县志》	穿山甲	
	属琼海市	清宣统三年(1911)《乐会县志》	穿山甲似鲤	
	属海口市	民国六年(1917)《琼山县志》	穿山甲*	
	海口市、三亚市、文昌市、琼海市、万宁市、五指山市、东方市、儋州市、临高县、澄迈县、定安县、屯昌县、昌江黎族自治县、白沙黎族自治县、琼中黎族苗族自治县、陵水黎族自治县、保亭黎族苗族自治县、乐东黎族自治县	民国二十二年(1933)《海南岛志》	穿山甲*	
	儋州市	民国二十四年(1935)《儋县志》	甲*	
	临高县	1990 年《临高县志》	穿山甲	《临高县志》编纂委员会,1990
	海口市	1992 年《中国国情丛书:百县市经济社会调查:海口卷》	穿山甲	丁伟志等,1992b
	万宁市	1994 年《万宁县志》	穿山甲*	万宁县地方志编纂委员会,1994
	琼中黎族苗族自治县	1995 年《琼中县志》	穿山甲(又名鲮鲤)	琼中黎族苗族自治县地方志办公室,1995
	儋州市	1996 年《儋县志》	穿山甲	海南省儋州市地方志编纂委员会,1996

（续表）

省级政区	今地点	文献	内容	新方志出处
	保亭黎族苗族自治县	1997年《保亭县志》	穿山甲	保亭黎族苗族自治县地方志编纂委员会，1997
	昌江黎族自治县	1998年《昌江县志》	穿山甲	海南省昌江黎族自治县地方志编纂委员会，1998
	属海口市	1999年《琼山县志》	穿山甲	海南省琼山县地方志编纂委员会，1999
香港	香港	1985年《香港风物志》	有鳞食蚁兽（穿山甲；新界以及香港岛上皆曾出现过）	叶灵凤，1985

注："*"即详见正文。

5.5　西南

西南也是穿山甲主要分布区之一，各省级政区皆仍有穿山甲栖息。

5.5.1　重庆

重庆市依然有穿山甲生息繁衍。

据张荣祖等（1997）记载，在"涪陵、南川"有穿山甲分布。说明在涪陵区与南川区等地还有穿山甲分布。

5.5.2　四川

四川省也还有穿山甲栖息。

《大竹县志》记载（四川省大竹县志编纂委员会，1992）：

鳞鲤：又名穿山甲。以蚂蚁等昆虫为食。在境内丘陵地区时有发现。

按：据此，反映当地虽有穿山甲，但已不多。

《马边彝族自治县志》记载（马边彝族自治县地方志编纂委员会，1994）：

穿山甲：全身被覆瓦状排列硬角质鲜甲，腹面被毛，体形狭长，半筒状，两端呈尖形。此系地栖性哺乳动物，掘穴而居。

按：据此，说明当地还有穿山甲生息繁衍。

《宁南县志》记载（宁南县志编纂委员会，1994）：

穿山甲：分布在宁南中山部（份）［分］，食白蚁，是白蚁的天敌。属国家二类保护动物。

按：据此，说明穿山甲仅在当地部分地方还有栖息。

5.5.3　贵州

贵州省还有较多穿山甲分布记录。

民国二十五年（1936）《遵义府志》记述：

鲮鱼：《吴都赋》注：鳞甲似鲤，状若獭，有四足。居土穴中，好食蚁。《桐梓草志》：俗呼穿山甲。似鲤而润背，四足，长尾。甲黑而坚。好穴入坟墓中。

按：虽以"鱼"称，但诠释确实是穿山甲；并说明多处有穿山甲生息繁衍。

民国《郎岱县访稿》载，境内野生动物还有虎、豹、狼、獐、鹿、穿山甲、狐狸、猥、竹鼠等兽类①。说明在今六枝特区曾有穿山甲栖居。

《福泉县志》记载（贵州省福泉县地方志编纂委员会，1992）：

穿山甲：亦称鲮鲤，为国家二类保护动物。舐食蚁类昆虫，属益兽，县内黄壤山地的森林、灌丛地有分布，现存量较少。

按：据此，表明穿山甲在当地的分布范围已不大，数量也较少。

《龙里县志》（贵州省龙里县志编纂委员会，1995）记述：

穿山甲：属鳞甲目穿山甲科，是现有（浦）［哺］乳动物中比较古老而唯一的鳞甲目兽类。体长50～100 cm，尾长10～30 cm，体重1.5～3.0 kg。头细长而呈圆锥形，四肢粗短，脚趾爪头强健，黑褐色鳞片呈瓦状排列。栖息山麓、丘陵和林间空旷地段，挖洞穴居，昼伏夜出。以蚁类为食。县内各地均有分布。

①六枝特区. http://baike.baidu.com/link? url=190qhfAZHsRVIaIQXMw3GJ6SDlvcuYcaShny1P-asuGSiFzHoR0RIBs-I9fapScq#6_2

按：据此，龙里县不仅有穿山甲，而且分布较普遍。

《金沙县志》（贵州省金沙县地方志编纂委员会，1997）：

穿山甲：大部分地区有分布，食蚂蚁，可药用，为国家规定二类保护动物，但常有乡民捕获入市，现数量日少。

按：由此可见，穿山甲在当地虽多有分布，但数量在减少。

5.5.4 云南

云南省此阶段还有较多穿山甲分布。

民国三十七年（1948）《姚安县志》记载：

鲮鲤：俗名穿山甲，专食蚁类，其甲可供药用，各乡皆产。

按：据此，反映当地穿山甲较多。

《楚雄彝族自治州志》（楚雄彝族自治州地方志编纂委员会，1993）记述：

鳞甲目：该目在州境只有穿山甲科的穿山甲属国家二级重点保护动物。穿山甲别名鲤、龙鲤或钱鳞甲，在全州均有分布，以楚雄、双柏、南华、大姚、永仁、武定分布广、数量多。仅大姚县1957年至1985年收购甲壳4 600多千克，平均年收购200 kg，最多一年达300 kg。双柏、南华、姚安、禄丰年收购量也有100～200 kg。进入80年代，药价放开上浮后，穿山甲遭捕杀，数量急剧下降。

按：既证实全州皆有穿山甲，又提及多种别称，还反映所分布的穿山甲数量变化。

《河口县志》（云南省河口瑶族自治县地方志编纂委员会，1994）记述：

穿山甲：栖息于丘陵、山地森林湿润地带，穴居，并用土掩盖洞口，夜出觅食，用利爪挖掘蚁洞伸出粘腻的长舌（添）[舔]食蚂蚁，能爬树和游泳，受惊时卷成一团，常雌雄同居，外出时幼兽伏于母体背上。能散血、调经、消痈肿、排（浓）[脓]，治风湿病、乳汁不通及痈瘰等症，分布于各区。

按：此处不仅对穿山甲的生态与习性等有描述（略有瑕疵），而且指出分布较广。

《富宁县志》（云南省富宁县地方志编纂委员会，1997）：

穿山甲：[栖息]疏林地洞中。[特征]身披鳞甲，黑褐色，重约10 kg。

按：所称"黑褐色，重约10 kg"，当是指多年生穿山甲，才可能鳞甲转黑褐色，重达10 kg。

5.5.5 西藏

西藏自治区还有穿山甲分布。

据《西藏珍稀野生动物与保护》记载在"芒康、察隅、门隅、珞瑜"有穿山甲分布。说明在芒康县、察隅县、错那县等地有穿山甲生息繁衍。

5.5.6 方志记载的穿山甲

此阶段的穿山甲分布记录，虽然有野外调查，但方志仍占较大比重。西南的穿山甲在20世纪的分布（表12.8）如下。

表12.8　20世纪西南的穿山甲分布概况

省级政区	今地点	文献	内容	新方志出处
重庆	南川区	1991年《南川县志》	穿山甲	四川省南川县志编纂委员会，1991
	巫溪县	1993年《巫溪县志》	穿山甲	巫溪县志编纂委员会，1993
	巴南区	1994年《巴县志》	穿山甲	四川省巴县志编纂委员会，1994
	黔江区	1994年《黔江县志》	穿山甲	黔江土家族苗族自治县志编纂委员会，1994
	武隆县	1994年《武隆县志》	穿山甲	四川省武隆县志编纂委员会，1994
	大足县	1996年《大足县志》	穿山甲	大足县县志编修委员会，1996
	彭水苗族土家族自治县	1997年《彭水县志》	鲮鲤（穿山甲）	彭水县志编纂委员会，1997
	云阳县	1999年《云阳县志》	穿山甲	云阳县志编纂委员会，1999
四川	内江市	清宣统三年（1911）《内江县志》	穿山甲	
	什邡市	1988年《什邡县志》	穿山甲（鳞鲤）	什邡县《什邡县志》编纂委员会，1988

（续表）

省级政区	今地点	文献	内容	新方志出处
	沐川县	1989 年《沐川县志》	穿山甲	四川省沐川县地方志编纂委员会，1989
	巴州区	1992 年《巴中县志》	穿山甲	四川省巴中县志编纂委员会，1992
	大竹县	1992 年《大竹县志》	鳞鲤*	四川省大竹县志编纂委员会，1992
	东坡区	1992 年《眉山县志》	穿山甲（稀少）	四川省眉山县志编纂委员会，1992
	喜德县	1992 年《喜德县志》	穿山甲	四川省喜德县志编纂委员会，1992
	西充县	1993 年《西充县志》	穿山甲	四川省西充县志编纂委员会，1993
	长宁县	1993 年《长宁县志》	穿山甲	四川省长宁县志编纂委员会，1993
	马边彝族自治县	1994 年《马边彝族自治县志》	穿山甲*	马边彝族自治县地方志编纂委员会，1994
	达县	1994 年《达县志》	穿山甲	四川省达县志编纂委员会，1994
	宁南县	1994 年《宁南县志》	穿山甲*	宁南县志编纂委员会，1994
	冕宁县	1994 年《冕宁县志》	穿山甲	四川省冕宁县志编纂委员会，1994
	华蓥市	1995 年《华蓥市志》	穿山甲	四川省华蓥市志编纂委员会，1995
	珙县	1995 年《珙县志》	穿山甲	四川省珙县志编纂委员会，1995
	万源市	1996 年《万源县志》	穿山甲（竹峪乡。估计数量：40）	四川省万源县志编纂委员会，1996
	西昌市	1996 年《西昌市志》	穿山甲	四川省西昌市志编纂委员会，1996
	泸州市、泸县、合江县、叙永县、古蔺县	1998 年《泸州市志》	穿山甲	泸州市地方志编纂委员会，1998
	叙永县	1998 年《叙永县志》	穿山甲	叙永县地方志编纂委员会，1998
	江安县	1998 年《江安县志》	穿山甲	四川省江安县志编纂委员会，1998
	筠连县	1998 年《筠连县志》	穿山甲（鳞鲤）	筠连县县志编纂委员会，1998
	德昌县	1998 年《德昌县志》	穿山甲	德昌县地方志编纂委员会，1998
	米易县	1999 年《米易县志》	穿山甲	四川省米易县志编纂委员会，1999
	昭觉县	1999 年《昭觉县志》	穿山甲	四川省昭觉县志编纂委员会，1999
贵州	平坝县	民国二十一年（1932）《平坝县志》	鳞鲤（即穿山甲）	
	遵义市、仁怀市、遵义县、绥阳县、桐梓县、习水县、正安县、道真仡佬族苗族自治县	民国二十五年（1936）《遵义府志》	鲮鱼*	
	余庆县	民国二十五年（1936）《余庆县志》	穿山甲	
	沿河土家族自治县	民国三十二年（1943）《沿河县志》	穿山甲（即鲮鱼。甲可入药）	
	黎平县	1989 年《黎平县志》	穿山甲	贵州省黎平县志编纂委员会，1989
	清镇县	1991 年《清镇县志》	穿山甲（以虫、蚁为食，为国家二类保护动物，数量极少）	贵州省清镇县地方志编纂委员会，1991
	镇远县	1992 年《镇远县志》	穿山甲	贵州省镇远县志编纂委员会，1992
	福泉市	1992 年《福泉县志》	穿山甲*	贵州省福泉县地方志编纂委员会，1992

（续表）

省级政区	今地点	文献	内容	新方志出处
	息烽县	1993年《息烽县志》	穿山甲	贵州省息烽县地方志编纂委员会，1993
	镇宁布依族苗族自治县	1993年《中国国情丛书：百县市经济社会调查：镇宁卷》	穿山甲	丁伟志等，1993b
	玉屏侗族自治县	1993年《玉屏侗族自治县志》	穿山甲	玉屏侗族自治县志编纂委员会，1993
	沿河土家族自治县	1993年《沿河县志》	鲮鲤	沿河土家族自治县志编纂委员会，1993
	黄平县	1993年《黄平县志》	穿山甲	黄平县地方志编纂委员会，1993
	岑巩县	1993年《岑巩县志》	穿山甲	贵州省岑巩县志编纂委员会，1993
	天柱县	1993年《天柱县志》	穿山甲	贵州省天柱县志编纂委员会，1993
	水城县	1994年《水城县(特区)志》	穿山甲	水城县地方志编纂委员会，1994
	凤冈县	1994年《凤冈县志》	穿山甲	贵州省凤冈县地方志编纂委员会，1994
	台江县	1994年《台江县志》	穿山甲	贵州省台江县志编纂委员会，1994
	威宁彝族回族苗族自治县	1994年《威宁彝族回族苗族自治县志》	穿山甲	贵州省威宁彝族回族苗族自治县志编纂委员会，1994
	德江县	1994年《德江县志》	穿山甲	贵州省德江县地方志编纂委员会，1994
	剑河县	1994年《剑河县志》	穿山甲	贵州省剑河县志编纂委员会，1994
	西秀区	1995年《安顺市志》	穿山甲	安顺市地方志编纂委员会，1995
	锦屏县	1995年《锦屏县志》	穿山甲	贵州省锦屏县志编纂委员会，1995
	瓮安县	1995年《瓮安县志》	穿山甲([分布]全县)	贵州省瓮安县地方志编纂委员会，1995
	龙里县	1995年《龙里县志》	穿山甲*	贵州省龙里县志编纂委员会，1995
	毕节县	1996年《毕节县志》	穿山甲	毕节县地方志编纂委员会，1996
	大方县	1996年《大方县志》	穿山甲	贵州省大方县地方志编纂委员会，1996
	独山县	1996年《独山县志》	穿山甲	贵州省独山县志编纂委员会，1996
	桐梓县	1997年《桐梓县志》	华南穿山甲（属国家二级保护动物，有一定数量）	桐梓县地方志编纂委员会，1997
	金沙县	1997年《金沙县志》	穿山甲*	贵州省金沙县地方志编纂委员会，1997
	织金县	1997年《织金县志》	穿山甲	贵州省织金县地方志编纂委员会，1997
	施秉县	1997年《施秉县志》	穿山甲	贵州省施秉县地方志编纂委员会，1997
	荔波县	1997年《荔波县志》	穿山甲	贵州省荔波县地方志编纂委员会，1997
	修文县	1998年《修文县志》	穿山甲	贵州省修文县地方志编纂委员会，1998
	遵义市	1998年《遵义市志》	穿山甲	遵义市志编纂委员会，1998
	凯里市	1998年《凯里市志》	穿山甲	贵州省凯里市地方志编纂委员会，1998
	长顺县	1998年《长顺县志》	穿山甲	贵州省长顺县志编纂委员会，1998
	普定县	1999年《普定县志》	穿山甲	贵州省普定县地方志编纂委员会，1999
	纳雍县	1999年《纳雍县志》	穿山甲（产于河溪）	贵州省纳雍县地方志编纂委员会，1999
	榕江县	1999年《榕江县志》	穿山甲(华南穿山甲)	贵州省榕江县地方志编纂委员会，1999
	都匀市	1999年《都匀市志》	穿山甲	贵州省都匀市史志编纂委员会，1999

（续表）

省级政区	今地点	文献	内容	新方志出处
云南	泸水县	民国二十一年(1932)《泸水志》	穿山甲	
	金平苗族瑶族自治县	民国二十一年(1932)《云南省金河设治区通志资料》	穿山甲	
	勐腊县	民国二十七年(1938)《镇越县志》	穿山甲	
	巧家县	民国三十一年(1942)《巧家县志》	穿山甲	
	姚安县	民国三十七年(1948)《姚安县志》	鲮鲤*	
	弥勒县	1987 年《弥勒县志》	穿山甲	云南省弥勒县志编纂委员会，1987
	景洪市、勐海县、勐腊县	1989 年《西双版纳傣族自治州林业志》	穿山甲	西双版纳傣族自治州林业局，1989
	红河县	1991 年《红河县志》	穿山甲	云南省红河县志编纂委员会，1991
	通海县	1992 年《中国国情丛书：百县市经济社会调查：通海卷》	穿山甲	丁伟志等，1992c
	镇康县	1992 年《镇康县志》	穿山甲	云南省镇康县志编纂委员会，1992
	云龙县	1992 年《云龙县志》	穿山甲	云南省云龙县志编纂委员会，1992
	绿春县	1992 年《绿春县志》	穿山甲	云南省绿春县志编纂委员会，1992
	泸西县	1992 年《泸西县志》	穿山甲	云南省泸西县志编纂委员会，1992
	新平彝族傣族自治县	1993 年《新平县志》	穿山甲	新平彝族傣族自治县志编纂委员会，1993
	元江哈尼族彝族傣族自治县	1993 年《元江哈尼族彝族傣族自治县志》	穿山甲	云南省元江哈尼族彝族傣族自治县志编纂委员会，1993
	宁蒗彝族自治县	1993 年《宁蒗彝族自治县志》	穿山甲	云南省宁蒗彝族自治县志编纂委员会，1993
	思茅区	1993 年《思茅县志》	鲮鲤(穿山甲)	思茅县志编纂委员会，1993
	宁洱哈尼族彝族自治县	1993 年《普洱哈尼族彝族自治县志》	穿山甲	普洱哈尼族彝族自治县地方志编纂委员会，1993
	临翔区	1993 年《临沧县志》	穿山甲	临沧县志编纂委员会，1993
	潞西市	1993 年《潞西县志》	穿山甲	云南省潞西县志编纂委员会，1993
	巍山彝族回族自治县	1993 年《巍山彝族回族自治县志》	穿山甲	云南省巍山彝族回族自治县志编纂委员会，1993
	元谋县	1993 年《元谋县志》	穿山甲	云南省元谋县志编纂委员会，1993
	楚雄市、双柏县、牟定县、南华县、姚安县、大姚县、永仁县、元谋县、武定县、禄丰县	1993 年《楚雄彝族自治州志》	鳞甲目*	楚雄彝族自治州地方志编纂委员会，1993
	江川县	1994 年《江川县志》	穿山甲	云南省江川县史志编纂委员会，1994
	华宁县	1994 年《华宁县志》	穿山甲	华宁县志编纂委员会，1994
	云县	1994 年《云县志》	穿山甲	云县地方志编纂委员会，1994

（续表）

省级政区	今 地 点	文 献	内 容	新方志出处
	潞西市、瑞丽市、梁河县、盈江县、陇川县	1994年《德宏州志：综合卷》	穿山甲	德宏傣族景颇族自治州志编纂委员会，1994
	永平县	1994年《永平县志》	穿山甲	云南省永平县志编纂委员会，1994
	个旧市、开远市、蒙自县、绿春县、建水县、石屏县、弥勒县、泸西县、元阳县、红河县、金平县、河口县、屏边县	1994年《红河州志》	穿山甲	红河哈尼族彝族自治州志编纂委员会，1994
	建水县	1994年《建水县志》	鲮鲤（穿山甲）	建水县志编纂委员会，1994
	金平苗族瑶族自治县	1994年《金平苗族瑶族自治县志》	穿山甲	云南省金平苗族瑶族自治县志编纂委员会，1994
	河口县	1994年《河口县志》	穿山甲	云南省河口瑶族自治县地方志编纂委员会，1994
	勐腊县	1994年《勐腊县志》	穿山甲	云南省勐腊县志编纂委员会，1994
	属昆明市	1995年《东川市志》	穿山甲	云南省东川市地方志编纂委员会，1995
	嵩明县	1995年《嵩明县志》	穿山甲	云南省嵩明县志编纂委员会，1995
	罗平县	1995年《罗平县志》	穿山甲	罗平县志编纂委员会，1995
	鲁甸县	1995年《鲁甸县志》	穿山甲	云南省鲁甸县志编纂委员会，1995
	彝良县	1995年《彝良县志》	穿山甲	云南省彝良县志编纂委员会，1995
	镇沅彝族哈尼族拉祜族自治县	1995年《镇沅彝族哈尼族拉祜族自治县志》	穿山甲	云南省镇沅彝族哈尼族拉祜族自治县志编纂委员会，1995
	双江拉祜族佤族布朗族傣族自治县	1995年《双江拉祜族佤族布朗族傣族自治县志》	穿山甲	双江拉祜族佤族布朗族傣族自治县地方志编纂委员会，1995
	泸水县	1995年《泸水县志》	穿山甲	云南省泸水县志编纂委员会，1995
	南华县	1995年《南华县志》	穿山甲	云南省南华县志编纂委员会，1995
	永仁县	1995年《永仁县志》	穿山甲	云南省永仁县志编纂委员会，1995
	蒙自县	1995年《蒙自县志》	穿山甲	蒙自县志编纂委员会，1995
	石林彝族自治县	1996年《路南彝族自治县志》	穿山甲	昆明市路南彝族自治县志编纂委员会，1996
	水富县	1996年《水富县志》	穿山甲	水富县志编纂委员会，1996
	澜沧拉祜族自治县	1996年《澜沧拉祜族自治县志》	穿山甲	云南省澜沧拉祜族自治县志编纂委员会，1996
	瑞丽市	1996年《瑞丽市志》	穿山甲	云南省瑞丽市志编纂委员会，1996
	祥云县	1996年《祥云县志》	穿山甲	祥云县志编纂委员会，1996
	洱源县	1996年《洱源县志》	穿山甲	云南省洱源县志编纂委员会，1996
	双柏县	1996年《双柏县志》	穿山甲	云南省双柏县地方志编纂委员会，1996
	开远市	1996年《开远市志》	穿山甲	云南省开远市志编纂委员会，1996

（续表）

省级政区	今 地 点	文 献	内 容	新方志出处
	马关县	1996 年《马关县志》	穿山甲	云南省马关县地方志编纂委员会，1996
	昭阳市、鲁甸县、巧家县、盐津县、大关县、永善县、绥江县、镇雄县、彝良县、威信县、水富县	1997 年《昭通地区志》	穿山甲	昭通地区地方志编纂委员会，1997
	麒麟区	1997 年《中国国情丛书：百县市经济社会调查：曲靖卷》	穿山甲	丁伟志，1997d
	马龙县	1997 年《马龙县志》	穿山甲	马龙县志编纂委员会，1997
	施甸县	1997 年《施甸县志》	穿山甲	云南省施甸县志编纂委员会，1997
	华坪县	1997 年《华坪县志》	穿山甲	云南省华坪县地方志编纂委员会，1997
	西盟佤族自治县	1997 年《西盟佤族自治县志》	穿山甲	西盟佤族自治县志编纂委员会，1997
	盈江县	1997 年《盈江县志》	穿山甲	云南省盈江县志编纂委员会，1997
	禄丰县	1997 年《禄丰县志》	穿山甲	云南省禄丰县地方志编纂委员会，1997
	富宁县	1997 年《富宁县志》	穿山甲*	云南省富宁县地方志编纂委员会，1997
	勐海县	1997 年《勐海县志》	穿山甲	云南省勐海县地方志编纂委员会，1997
	古城区、永胜县、华坪县、玉龙纳西族自治县、宁蒗彝族自治县	1998 年《丽江地区林业志》	穿山甲	丽江地区行政公署林业局，1998
	宜良县	1998 年《宜良县志》	穿山甲	宜良县志编纂委员会，1998
	大关县	1998 年《大关县志》	穿山甲	云南省大关县地方志编纂委员会，1998
	大理市	1998 年《大理市志》	穿山甲	大理市志编纂委员会，1998
	个旧市	1998 年《个旧市志》	鲮鲤(穿山甲)	个旧市志编纂委员会，1998
	富民县	1999 年《富民县志》	穿山甲	云南省富民县地方志编纂委员会，1999
	寻甸回族彝族自治县	1999 年《寻甸回族彝族自治县志》	穿山甲	云南省寻甸回族彝族自治县志编纂委员会，1999
	宣威市	1999 年《宣威市志》	穿山甲	中共宣威市委史志办公室，1999
	隆阳区、施甸县、腾冲县、龙陵县、昌宁县	1999 年《保山地区志》	穿山甲	保山地区地方志编纂委员会，1999
	威信县	1999 年《威信县志》	穿山甲	云南省威信县志编纂委员会，1999
	孟连傣族拉祜族自治县	1999 年《孟连傣族拉祜族自治县志》	穿山甲	孟连傣族拉祜族佤族自治县志编纂委员会，1999
	维西傈僳族自治县	1999 年《维西傈僳族自治县志》	穿山甲	云南省维西傈僳族自治县志编纂委员会，1999
	屏边苗族自治县	1999 年《屏边苗族自治县志》	中国穿山甲	屏边苗族自治县县志编纂委员会，1999
	文山县	1999 年《文山县志》	穿山甲	云南省文山县志编纂委员会，1999
	丘北县	1999 年《丘北县志》	穿山甲	云南省丘北县地方志编纂委员会，1999

注："*"即详见正文。

5.6 西北

西北依然是青海省与宁夏回族自治区未见穿山甲记录。

此阶段的穿山甲分布记录,虽有野外调查,但方志仍占较大比重,尤其是西北的穿山甲在20世纪的分布仅见方志中有简略记载(表12.9)。

表12.9　20世纪西北的穿山甲分布概况

省级政区	今地点	文献	内容	新方志出处
陕西	勉县	1989年《勉县志》	穿山甲	勉县志编纂委员会,1989
	略阳县	1992年《略阳县志》	穿山甲	略阳县志编纂委员会,1992
	佛坪县	1993年《佛坪县志》	穿山甲	佛坪县地方志编纂委员会,1993
	凤县	1994年《凤县志》	穿山甲	凤县志编纂委员会,1994
	城固县	1994年《城固县志》	穿山甲	城固县地方志编纂委员会,1994
	华阴县	1995年《华阴县志》	穿山甲	华阴市地方志编纂委员会,1995
	平利县	1995年《平利县志》	穿山甲	平利县志编纂委员会,1995
	镇巴县	1996年《镇巴县志》	穿山甲	镇巴县地方志编纂委员会,1996
甘肃	和政县	1993年《和政县志》	穿山甲	和政县志编纂委员会,1993
	岷县	1995年《岷县志》	穿山甲	岷县志编纂委员会,1995
	华亭县	1996年《华亭县志》	穿山甲	华亭县志编纂委员会,1996
	武都区	1998年《武都县志》	穿山甲	武都县地方志编纂委员会,1998
	礼县	1999年《礼县志》	穿山甲	礼县志编纂委员会,1999
新疆	伊吾县	1994年《伊吾县志》	穿山甲	伊吾县地方志编纂委员会,1994
	疏附县	1999年《疏附县志》	穿山甲	疏附县地方志编纂委员会,1999

6 穿山甲的现今分布

现今穿山甲的分布,虽然各大区皆有,但省级政区则有数个未再见穿山甲栖息记录(上海市、澳门特别行政区、甘肃省、新疆维吾尔自治区)。

6.1 华北

华北的两个省级政区依然有穿山甲分布。

6.1.1 北京

北京市仅见一地有穿山甲分布。

门头沟区西北端的灵山自然风景区(又称东灵山)与河北省涿县交界,区内植被万千,森林覆盖率达95%。有野生花卉190多种,中草药570多种,并有野生动物(兽类)36种,鸟类185种。山林里活跃着松鼠、野兔、山猪、狍子等野生动物,还有可能见到稀世珍禽褐马鸡;其中有国家一级保护动物穿山甲、褐马鸡等①。

6.1.2 河北

河北省南北两地还有穿山甲存在。

地处涿鹿县的灵山,北靠官厅湖,南与北京市门头沟灵山风景区毗邻,是屏护首都的最高峰。植被茂密,野生动物保存较多。“有野生动物36种,鸟类185种,其中有国家一级保护动物穿山甲、褐马鸡等”②。此报道虽存瑕疵,但有穿山甲存在并非绝无仅有。

位于沙河市西部的老爷山,本名“北武当山”,又名“小武当山”,因山上供奉武当老爷,故称“老爷山”。自然生态环境良好,野生动物有“刺猬、獾、松鼠、狐、狼、野猪、穿山甲、喜鹊、山鸡、斑鸠、猫头鹰、布谷鸟、黄鹂、山雀、画眉等数

①灵山自然风景区. http://www.auyou.cn/scenerylist/11248.html

②灵山. http://baike.baidu.com/link? url=MiVRx9gG9VwXp6mcHIvvMH5Nnm9SJ-IMpPVXVifhxTubyd5CR4DfV-0JLSLMW7clCNTU8OcHbiZZz0pLb5sXLBt2L-aIyzklBkCovwFG1eO

十种"[①]。此中,唯有穿山甲最为珍贵。

6.1.3 山西

山西省现存穿山甲分布地方数量乃居"三北"(华北、东北、西北)之首。

古县地处太岳山南麓,汾河、涧河中上游;年平均气温 11.8℃,1 月平均气温 −3.6℃,年平均无霜期 183 天;年均降水量 558.5 mm,降水季节间分布极不均衡,60%集中在 7、8、9 这 3 个月内。据《古县志》记载,当地仍有穿山甲与豹、狼、狐狸、獾、黄鼠、山猫、山猪、山羊、野兔、刺猬、獐(麝)、狍、圪狲、山鼠、圪埝、哈蝼等兽类(古县志编纂委员会,2001)。

曲沃县处于东西向展布的临汾盆地南端,大部为冲积平原;属于暖温带大陆性气候,四季分明,年平均气温 12.6℃,冬夏温差达 28.8℃。据报道,截止到 2005 年,曲沃县目前尚存动物中,兽有穿山甲与狼、赤狐、狍子、兔狲、獾、猞猁、黄鼬(黄鼠狼)、艾虎、松鼠、岩松鼠、田鼠、花鼠、中华鼢鼠、鼹鼠等[②]。

介休市位于太丘山北侧,汾河南畔,整个地势形态呈南高北低:南部为山区,主峰有属太岳山脉的绵山、天峰山等,占全市总面积的 42.09%,中部为丘陵区,北部为平川区;汾河横过境北。处于中纬度季风气候区,属温带季风气候,四季交替分明,日照充裕,气候温和;年平均气温为 10.4℃,冬夏季气温变幅较小;年平均降水量为 477.2 mm,一般集中在 7~9 月;无霜期平均为 175 天。野生动物有穿山甲与土豹、林麝、青羊、狼、狐、獾、山猪等[③]。

文水县西依吕梁山,东临汾河水,位于汾河谷地中部,山川与平原各半区域;属温带大陆性气候,降水量为 450~700 mm,平均降雨量 457 mm,气温介于 4~11℃之间,平均气温 10.1℃。据调查,全县有野生动物 200 余种,主要动物有 70 余种(走兽类 19 种,飞禽类 32 种,爬行类 17 种),县境内"属国家一类保护动物的有褐马鸡,是世界珍贵鸟;属二类保护动物的有金钱豹(金钱豹)、穿山甲、扇(?);属三类保护动物的有毛冠(鹿)、牙獐(麝)。这些动物均分布和栖息于西部低山区和中山森林之中"[④]。尽管并非一处发布的信息中存在同样瑕疵,但都有"穿山甲",基本可以确定。

6.2 东北

东北现今仍仅有黑龙江省存在穿山甲记录。

6.2.1 穿山甲记录

庆安县地处松嫩平原与小兴安岭余脉的交汇地带,属呼兰河流域中上游。属寒温带大陆性季风气候,一年四季分明,春季多风干旱,夏季温热多雨,秋季温凉适中,冬季寒冷干燥;年平均气温 1.69℃,无霜期 128 天左右,平均降雨量 577 mm。"兽类有……23 种","爬行类有蛇、穿山甲、晰蜴、田鸡等"[⑤]。此记述与 1995 年《庆安县志》类似,也是穿山甲未归于"兽类"而误入本身就混杂的"爬行类"中,且将"蜥蜴"误作"晰蜴"。只是该县的穿山甲记载延续以往的方志,值得重视。

无独有偶,另一穿山甲分布地——五常市东靠张广才岭,西、北接连松嫩平原,地势东南部较高,层峦叠嶂,多森林,中部丘陵起伏,多沟壑。西北部属平原地带。大秃顶子山海拔 1 696 m,为黑龙江省最高峰。拉林河从东南流向西北,斜贯境内。属中温带大陆性季风气候,年均气温 3~4℃,年均降水量 500~800 mm。森林资源丰富,森林覆盖率 42%。野生动物中兽类有:虎、狼、熊、野猪、狍子、马鹿、貉、貂、猞猁、獾、野兔、狐狸、黄鼬、香獐、田鼠、松鼠、水獭、麝鼠、家鼠、刺

---

①老爷山. http://baike. baidu. com/link? url=yx9HdAVqCmRjfYvCfkfdNXu0f3GPgqwidh2KUBxaiEcAKydBs1Mriljge8pJCXI20_7vTKIDBlkPb0tVJHY5vhkKB7ZZpOo_0tfyOekDbGe

②曲沃县. http://baike. baidu. com/link? url=i_3XW7tYNF7LNYKg1r5tXY2Oo4-FLhrffxzBMhF0rVPXllpoQO7amFHoJ6hTlvM7XpN7LgczhgSfXvk9v-z_

③介休. http://baike. baidu. com/view/160910. htm? fromId=126499

④文水海威钢铁有限公司 80 万吨线材、60 万吨轧材生产线升级改造项目环境影响评价公示. http://lvliang. gov. cn/wenshui/content/2014-12/27/content_164374. htm;山西金地煤焦有限公司 110 万吨/年 5.5 米捣固焦炉升级改造项目环境影响评价报告书. http://www. 0351hky. com/html/NewShow. asp? ItemClassID=112&ItemID=347

⑤庆安县. http://baike. baidu. com/view/570436. htm

猬、穿山甲等①。此处将穿山甲准确地归入“兽类”。

6.2.2 关于穿山甲存在的讨论

迄今所见全国性穿山甲分布的著作不多，较具权威性的仅见《中国哺乳动物分布》与《中国濒危动物红皮书：兽类》。

《中国哺乳动物分布》的文字涉及省级政区的有：四川（包括重庆）、贵州、云南、西藏、安徽、江苏、浙江、江西、湖南、广东、海南、广西、福建、台湾等（张荣祖等，1997）14～15个。

《中国濒危动物红皮书：兽类》论述（汪松，1998）：

本种主要产于中国。曾广泛分布于北至江苏、安徽、湖北，西至四川、云南西部，东至福建、台湾山地等省的南中国广大丘陵山地。其中以南部的福建、两广、云贵等地多产，四川盆地、湖广平原等北部地带较少。

按：两部著作对穿山甲分布的省级政区略有不同，但一致的是可以看出穿山甲的分布北界在长江中下游沿线[参见“穿山甲分布图（张荣祖）”②，“穿山甲分布图（汪松）”③]，基本上低于32°N，亦即远低于我国南北分界线——秦岭—淮河（32.3°～34.1°N）。此外，值得注意的是，汪松（1998）在文字中未反映而图上西藏内标有穿山甲地点，笔者从附近多个地方的气候、生态环境、生物等与林芝地区（现为林芝市）比较，推测该地是与林芝地区较接近的吉隆县。

我国东部现分布的穿山甲，除北京市与河北省北部尚有记录外，向北的内蒙古自治区、辽宁省、吉林省皆未见记录，而到黑龙江省却出现有穿山甲，难免使人生疑。

主要是国内研究穿山甲的资料并不多，笔者最初也对此十分纠结，但经过多方查考，窃以为在庆安县等地有穿山甲分布还是有可能的。

● 长江中下游沿线以北分布的穿山甲非止一省级政区。

从穿山甲分布情况看，在长江中下游沿线以北省级政区分布有穿山甲的是河北省、山西省、黑龙江省、山东省、河南省、陕西省、甘肃省、新疆维吾尔自治区近百个地方。可见突破一般认为“穿山甲分布北界”的地方数量比较可观。

● 黑龙江省现存穿山甲非止一地。

尽管尚未获知更多资料不便妄自推断，但就现存在黑龙江省内，还有两处相距约300 km的五常市与庆安县有明确的穿山甲记载。

● 穿山甲起源与扩散反映其可能。

自2012年9月以来，多媒体纷纷转载国外媒体报道，科学家在蒙古发掘出一只来自“哺乳动物起始期”的和獾一般大小的穿山甲（图12.23）。

图12.23 现生穿山甲骨骼（上）与 Ernanodon antelios（下）比较

这种穿山甲名为 Ernanodon antelios。现在科学家对它知之甚少，因为现存的唯一化石样本发生严重扭曲。《脊椎动物古生物学杂志》报道，蒙古的考古学家发现第二副更为完整的骨骼，这对了解这种哺乳动物具有重要意义。它被保存在5 700万年前一个被称为古新世时代的岩石中。

俄罗斯科学院波利斯亚科研究所的亚历山大—阿加德亚尼安表示：“Ernanodon antelios 化石是个独特发现，代表了迄今从纳兰—布拉克④

---

①五常. http://baike. baidu. com/link? url＝0JW8yrS1xeHXimy9ROW707sT9s4LEa5kjn_t6zDPaDL_rxdtPN7jjxn03D8Ths5g9zM2Zdbwj_RqbOjvlh_vAwrWZxt0Fcs3Xeb4bDfrA4W

②此图因故不得已删除，有兴趣的读者可以根据所列出处查看原图。该图显示，穿山甲主要分布于长江以南（但在湖北南部、湖南北部、江西西北部等地也未见有穿山甲分布），在台湾与海南皆有4地分布；在西北地区的西藏东部与东南部也有数处有穿山甲分布。

③此图因故不得已删除，有兴趣的读者可以根据所列出处查看原图。该图显示，穿山甲主要分布于长江两岸及其以南地区，在台湾与海南都仅有1个“点”，在西藏的定结县一带也有分布。

④据正式地图上皆译为“纳兰布拉格县”，属蒙古国乌布苏省；该省位于蒙古西部、大湖盆地北部，南接科布多省，东与扎布汗省、西与巴彦乌列盖为邻，北与俄罗斯接壤。

(Narar Bulak)地区古新世收集而来的最完整骨骼化石。”

这些研究人员说,他们进行了高度专业化的发掘工作。不管从食物、避难所还是同时从这两个因素来看,这只穿山甲都和一只獾差不多大。它有强壮的四肢、很大的爪子和非同寻常的简化牙齿。这个穿山甲品种最早发现于1979年,长期以来都备受争议。一种理论学派认为它是现代犰狳的始祖。还有人说它和非洲以及亚洲穿山甲的关系更密切。

美国A-T-斯蒂尔健康科学大学的彼得—康德拉霍夫表示:通过颅后骨骼只了解少数亚洲古新世哺乳动物,所以最近在蒙古发现的穿山甲化石成为科学家了解它的习性、生活方式和亲属关系等重要信息的独特来源。很少有其他哺乳动物化石像Ernanodon antelios一样引起众多争议。我们很高兴,这副新骨骼能帮我们解决这些问题①。

纳兰—布拉格穿山甲化石所处纬度(图12.24,图中左上方孤立的红色圆点)远在现生穿山甲属之北(>49°N),然因其年代久远而被鉴定为穿山甲祖先。故可推断穿山甲是由此向南、向西、向东扩散。我国距纳兰—布拉格穿山甲化石最近,尤其是新疆的伊吾县与其距离甚至超过伊吾县到我国已知的穿山甲分布地。庆安县(46.9°N)虽是我国已知穿山甲分布最北点,但还是低于纳兰—布拉格县2.1°N,也是其孑遗。

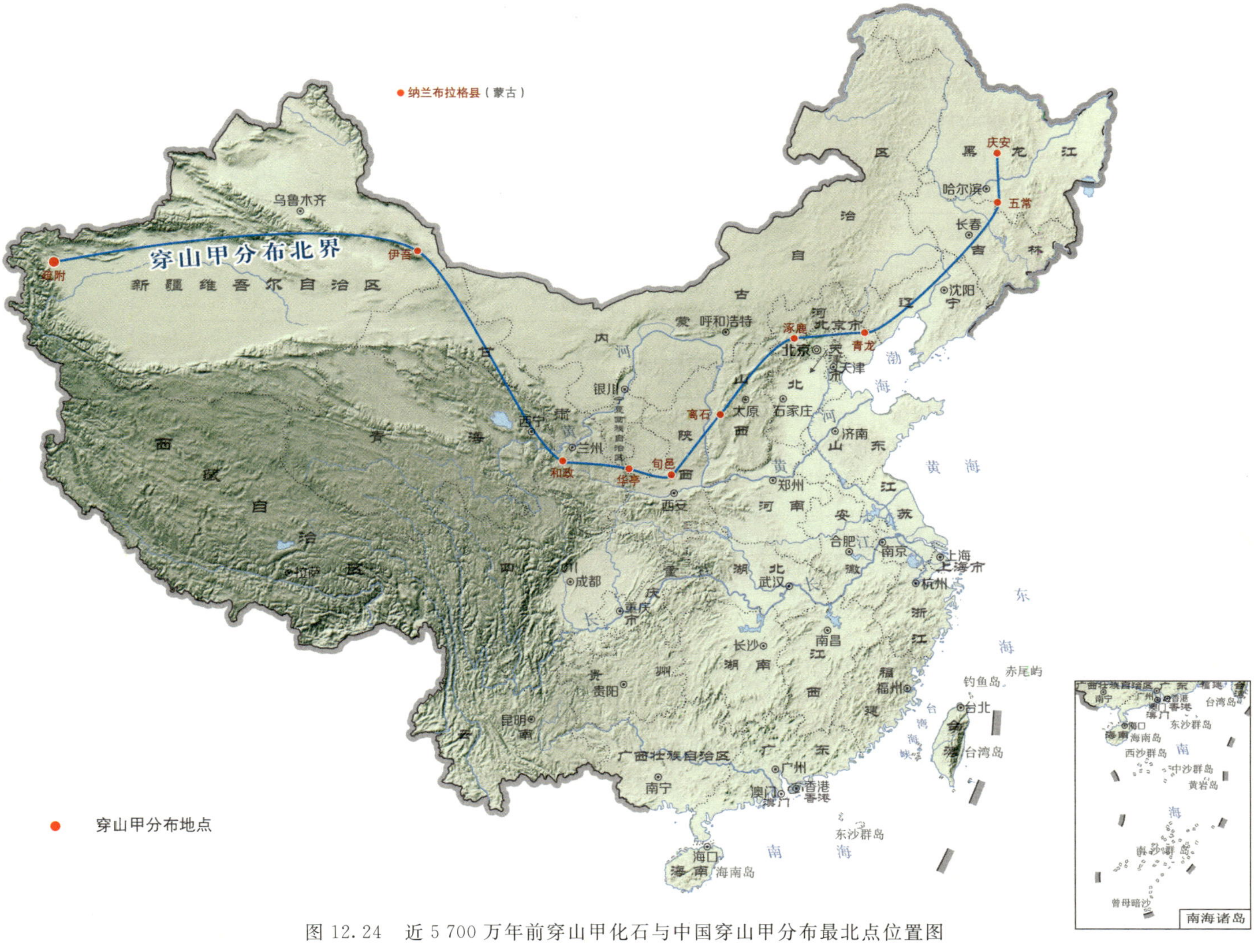

图12.24 近5 700万年前穿山甲化石与中国穿山甲分布最北点位置图

①古老穿山甲恐龙灭亡后开始兴旺. http://epaper.lnd.com.cn/html/lnrb/20120909/lnrb1066558.html;蒙古发现5 700万年前穿山甲化石. http://history.gmw.cn/2013-12/25/content_9919891.htm

虽然现知我国穿山甲分布北界（图 12.26 中蓝线）的最低点也高于“秦岭—淮河”最高点约 1°N，然而我国穿山甲分布北界皆低于纳兰布拉格县，并未超越史前最高点，反映整体上都是由纳兰布拉格县扩散而来的。

● 穿山甲主要食物的蚁科状况。

穿山甲的主要食物是蚁类。尽管白蚁（属昆虫纲等翅目）在我国的分布最北仅达到辽宁省的丹东市和北京地区，至西藏墨脱一线为界①，黑龙江省却鞭长莫及；但是蚂蚁（昆虫纲膜翅目蚁科）则是地球上最常见、数量最多的一类昆虫，我国已确定的蚂蚁种类有 600 多种②。

据研究，黑龙江省现有蚁科昆虫 3 亚科 9 属 27 种，长白山地区亚种最为丰富，其次是松辽平原亚区③，分布最少的是大兴安岭亚区；在生态分布上，大型土壤动物蚁类多出现在草原、灌丛和沙地类型中，分布在针阔叶混交林、阔叶杂木林、草甸、农田上的蚂蚁为常见种（彭一良，2008）。庆安县处于松辽平原亚区，也是黑龙江西部草原毗邻地区，有较多蚂蚁种类（杨秀芝等，1989）。

庆安县属于低山丘陵平原区，海拔在 160～820 m 之间；有耕地面积 15 万 hm^2，林地面积 13.7 万 hm^2，草原面积 1.8 万 hm^2，宜渔水面近 1 万 hm^2，其他用地 6 000 多 hm^2；森林覆盖率 65%。该县又是国家级生态示范区，土质肥沃，适宜种植水稻、玉米、大豆、高粱、谷子、烤烟、甜菜、亚麻和瓜菜等作物。

综合庆安县的生态环境看，较适宜多种、较多数量的蚂蚁生息繁衍，也为穿山甲提供了食物保障。

● 穿山甲的习性。

穿山甲善掘地穴居，既有适宜不同季节的洞穴，又有储存食物的仓房，更有通达蚁巢的捷径。穿山甲完全可以依赖其在地下的恒温巢穴中度过酷热与严寒，况且其具有冬眠习性及其间还有一些适宜的小环境出现。

6.3 华东

此阶段，华东仅上海市未再见有穿山甲分布记录。

6.3.1 江苏

江苏省仍见一些穿山甲残存的报道。

南京市辖有 11 个区，总面积 6 597 km^2，山水城林融为一体，江河湖泉相得益彰，长江穿城而过，紫金山风景绝佳，幕府山气势雄伟，秦淮河、金川河萦绕其间，玄武湖、莫愁湖点缀城中；森林覆盖率 26.4%。据报道，仅浦口区就有“野生动物 270 多种，其中香獐（麝）、穿山甲、中华虎凤蝶等为国家二级保护动物”④。报道虽存瑕疵，但有穿山甲存在应是残存。另 2007 年 7 月，中山植物园南园一老榕树发现穿山甲⑤，可为佐证。

无锡市境内以平原为主，南部为水网平原，北部为高沙平原，中部为低地辟成的水网圩田，西南部地势较高，为低山和丘陵地区。据称当地兽类有 30 多种，主要有华南兔、穿山甲、豹猫、黄鼬等⑥。说明在无锡市、江阴市、宜兴市一带仍有穿山甲生息繁衍。

江阴市地处长江南部冲积平原，全境地势平缓，中部、东北部有零星低丘散布其间，全境有干、支河流 550 余条。据报道，当地兽类有 30 多种，其中有穿山甲等⑦。

位于宜兴市西南部的宜兴国家森林公园属于天目山余脉，主峰铜官山海拔 521 m，为苏南第二高峰；境内群山起伏，沟壑纵横，溪水潺潺。森林覆盖率达 92%，野生动植物资源非常丰富。据调查，截至 2014 年，动物有四大类 50 多种，植物有 164 科 522 属 890 种，珍稀动物有豹、獐、穿山

---

①白蚁. http://baike. haosou. com/doc/5344129-5579573. html

②蚂蚁. http://baike. haosou. com/doc/5349162-5584618. html

③《中国哺乳动物分布》的相关概念是：长白山地区亚区、松辽平原亚区（张荣祖等，1997）。

④浦口区. http://baike. baidu. com/link? url＝0DeUKdCrmzUXsKx2osgcb6Iyy0McjqqkpZzgLYgSgtWlFUNOa-DSX0jXywC43tZSq3Xh8WK4w1DyWSaO0oPnrX_lCcjS7BWf9xqODm2W2Whswvu7U6XsqB9SMrJ7XviMiBh6QZdPEfkL9umUFlv0SAXKQs-GGa9SSfp9UL60rvq

⑤好久不见了，一只穿山甲穿出紫金山. http://kb. dsqq. cn/old/html/2007-07/14/content_57235079. htm

⑥中国·无锡. http://www. wuxi. gov. cn/mlxc/wxgl/zrzy/index. shtml

⑦江阴. http://baike. baidu. com/link? url = qdLDbWh6eYIuVsdffnCslPRdGclwrIUg9z-shMuKNtp2xcAFOtEw9AxCjUguyWsZJA36-jv5XUhNLtbHL9Zbaq

甲、果子狸、东方蝾螈、寿带鸟、大杜鹃等[①]。另据2014年2月报道，在张渚山区的大贤岭林场，几乎每年都有山民发现野猪、豹猫、狐狸、穿山甲、猫头鹰、巨蜥等珍稀野生动物的足迹[②]。说明当地的天目山余脉仍存有相当数量穿山甲。

6.3.2　浙江

浙江省还有不少于4个市级政区的一些地方有穿山甲分布。

● 杭州市：《余杭市志》记载当地国家二级保护动物：灵猫、大鲵、穿山甲和鹗等（余杭市地方志编纂委员会，2000）。今余杭区属杭州市，位于杭嘉湖平原南端，西依天目山，这样，仍有穿山甲便不足为奇了。

● 衢州市：开化县山河相间的地形特点显著，境内除沿河分布小面积的河谷平原外，其余地区群山连绵；又由于外营力的切割作用明显，谷狭坡陡，山脊脉络清晰。据调查，当地有两栖类7科26种，爬行类9科51种，鸟类30科104种，兽类21科58种。其中有穿山甲（*Manis pentadactyla* Linnaeus）等29种国家二级保护动物[③]。

● 金华市：2007年3月报道，武义县城的一酒店保安在酒店内巡逻时，突然听到一阵敲打玻璃门的响声，经寻找，发现一只穿山甲。随后，县林业局工作人员闻讯赶到，经检查，这只穿山甲属于成年穿山甲，体长有1 m多，体重9 kg，前左脚受了伤，还带有血迹。在对这只受伤的穿山甲进行了有效的治疗后，武义县林业局将它放归了山林[④]。武义地形西南高、东北低，南、西和北部三面环山，峰峦连绵。境内山脉属浙中山系，包括西南部来自遂昌县界的仙霞岭山脉，东南部来自缙云县界的括苍山脉，东北部来自义乌和永康的仙霞余脉的八素山脉，全县千米以上山峰有102座。

义乌市境东、南、北三面群山环抱，境内有中低山、丘陵、岗地、平原，土壤类型多样，光热资源丰富。据介绍，当地兽类有30多种，数量最多的是黄鼠狼，其他野兽常在中、低山区生活，以尚阳、东塘两乡为多。其中属国家二类保护的有穿山甲、豹、江猪[⑤]。

磐安县地处大盘山脉的中心地段，为天台山、括苍山、仙霞岭、四明山等山脉的发脉处，钱塘江、瓯江、灵江、曹娥江的主要发源地，故有"群峰之祖，诸水之源"美称。动物资源丰富，仅属国家二级保护的就有穿山甲与猕猴、香狸、赤麂、黑麂、野山羊（鬣羊），还有豺、灰狼、黄鼠狼、貉（山狗）、黄猺（两头乌）、青猺（花面狸）、狸子、獾、猸子、刺猬、猬、草狐、水獭、旱獭、豪猪、黄麂、獐、白面猫、黑面猫、野猪、山兔、松鼠等[⑥]。

● 丽水市：《凤阳山志》不仅书前冠彩照有金钱豹、穿山甲、黄腹角雉、白鹇、黑麂、猕猴等，而且记述（《凤阳山志》编委会，2012）：

> 穿山甲：俗称鳞鲤甲。栖息于润湿地带丘陵山地，栖息洞多在大山体的一面。主要以蚂蚁、白蚁、蜜蜂、昆虫为食。因鳞甲供药用，常被捕捉，数量减少。

按：凤阳山地处龙泉市南部，属洞宫山系，由福建武夷山脉向东伸展而成，与南部的庆元县百山祖自然保护区连为一体。凤阳山是浙江第一高峰，山脚与山顶落差达1 920 m，几乎囊括了亚热带的所有植物，从山顶到山脚依次为高山草甸、针叶林、针阔混合林、阔叶林四个植物林带。由此反映当地亚热带动物也十分丰富，有穿山甲不足为奇。

庆元县属浙西南中山区，有溪谷、盆地、丘陵、低山、中山等多种地貌，地势由东北向西南倾斜。东、北部为洞宫山脉所踞，多崇山峻岭、深谷陡坡，海拔1 500 m以上山峰有23座，主峰百山

---

①江苏宜兴国家森林公园. http://baike. baidu. com/link? url = 5 _ rxEpq4FrxWYZYWAMJQ8ilJOyDwAC9b66OnO91cEBircSgQ5mGGDcpO5GQMxnSKwSx8rNZpoP6QJEi4KqxZlJrjuhXZ8q9Wj8ZfnobB_ k8nDyh247BHxgK8kHTzKg1w884a454CBqDepQ-y7TPCOlwLi4nvWOspgOdNN06KlBG28c2lYfdPIugGrMJi_gPE

②何小兵. 宜兴山林成野生动物福地，山民们常见珍稀动物足迹. http://jsnews. jschina. com. cn/system/2014/02/24/020356751. shtml

③中国·开化. http://www. kaihua. gov. cn/zjkh/zrdl/zrzy/200804/t20080423_161236. html

④受伤穿山甲敲酒店玻璃求救. http://www. sxrb. com/lyzb/xwjc/2180813. shtml

⑤义乌. http://baike. baidu. com/link? url = 9oqQ-K1Ge4zZsi6BUEvsC4uc3A9StUCzksoaYeiYHd3olTweqq2OZn5epZS62ilKNf7 _TkfX9vsJxhO5NHJvBa

⑥磐安县. http://baike. baidu. com/link? url = TLu1VFFecdkXyNj9gbUGh1mJOxCPREn90AoKKSDhne6zDLUaarvNh4USbfovKuY9EVYMY2xOnu-ruS0BIwuwna

祖海拔 1 856.7 m，为浙江省第二高峰。报道称，据调查，当地分布有动物 100 多种，其中有穿山甲等多种珍稀动物①。

6.3.3 安徽

安徽省仍有 8 个以上市级政区有穿山甲分布地。

● 芜湖市：繁昌县位于长江下游南岸，北部和东部为平原，占 42.5%；丘陵、山地主要分布在西部、南部和东南部，占 37.9%。境内尚有少量的鹿、獐、獾（有猪獾、狗獾），野猪、穿山甲（又称鲮鲤）、扬子鳄、狐、竹狗（豹狗）、果子狸等偶尔出现在中、南部山区，刺猬、白石、松鼠、兔、山猫（也叫狸猫、豹狸）等出现在低山丘陵，黄鼬（俗称黄鼠狼）、褐家鼠、田鼠、蝙蝠遍及全县②。

南陵县地处皖南山区与沿江平原的过渡地带，东部与东北部为平原，西南和西北部为低山丘陵。由于水热条件优越，利于动植物繁衍栖息，生物资源十分丰富，森林覆盖率 22.8%，有扬子鳄、梅花鹿、金钱豹、穿山甲、鬣羚和白鹇等多种珍稀动物③。

● 铜陵市：铜陵县亦处长江下游南岸，是长江下游平原与皖南山区交接地带：北部是沿江带的沙洲、江心洲及沼泽湖荡，占全县面积约 30%；中部丘陵区，占全县面积约 30%；南部低山区，占全县面积约 40%。境内动植物资源丰富多样，其中列入国家保护的动物有穿山甲与猫头鹰、江豚、苏门羚等 7 种④。

● 安庆市：怀宁县位于长江下游北岸，大别山南麓前沿，境内兼有低山丘陵和平原沙洲。现存兽类主要有穿山甲（有铜色、铁色两种，今甚少）与豹（甚少）、狐、狼（稀少）、豪猪、野猪、猪獾、貉、黄鹿（亦称黄獐）、豹猫（亦称山猫）、香灵猫、果子狸、山獾、南狐（亦称竹狗）、短耳兔（亦称华南兔、山兔）、刺猬、褐家鼠、小家鼠、黑线姬鼠、松鼠、黄鼬（俗称黄鼠狼）、水獭（罕见）、蝙蝠（遍及全县）等⑤。

● 黄山市：黄山市处皖南山区，属中亚热带北缘、常绿阔叶林、红壤黄壤地带，以山地为主，天目山脉和黄山山脉是境内主要山脉，不少壮丽神奇的天造画境，最为著名的黄山更是峰峦峻峭，劈地摩天，重岩叠嶂，是闻名遐迩的风景胜地。高山密林、崇山峻岭中活跃的飞禽走兽 200 多种，其中属于国家二级保护动物的兽类就有穿山甲与黄山短尾猴、黄山猕猴、豺、黑熊、大灵猫、小灵猫、獐、苏门羚等⑥。

● 六安市：大别山主峰天堂寨海拔 1 729.13 m，位于安徽省一侧是金寨县。天堂寨山石泉水云松瀑雾巧夺天工，四季景象变幻无穷，宛若“天堂”。天堂寨常年降雨量 1 350 mm，平均气温 16.4℃。现有野生植物 1 487 种，动物 634 种，有穿山甲与野猪、金钱豹、原麝、豺狼、水獭等珍稀动植物资源，是中国七大基因库之一，也是华东地区最后一片原始森林⑦。

● 巢湖市：庐江县北濒巢湖，南近长江，西依大别山脉。境内以丘陵为主，有野生动物 200 多种，兽类有穿山甲与金钱豹、鹿、狼、野猪、豺、野猫、水獭、黄鼬、狐、狸、野兔、猪獾、豪猪、鼠、刺猬、蝙蝠等⑧。

● 池州市：贵池区位于长江中下游南岸，地势南高北低，南部为中低山地，中部多丘陵，北部为沿江洲圩区。山地植被以常绿阔叶林为主，森林覆盖率 48.8%。野生动物中兽类有穿山甲与猕猴、短尾猴、豺、狼、獐、鹿、兔、野猪、小熊猫、金猫、斑狗、松鼠、狗尾狸、白面、刺猬、箭猫、猪獾、

---

①庆元县. http://baike. baidu. com/link? url=zCrys3q9wl8ieFqNQ59ERwEhrrqI7BFiCuhD4fO4_leXHC1vE1adUFgXjf0hXPWq

②繁昌县. http://baike. baidu. com/link? url=tXxfQqHLIVHVlJ5XGWcIC3p_lCljM4Btm-hlT6jO2qoANoF9LXPY4ee_K59PV4sK

③南陵县. http://baike. baidu. com/subview/282227/7964034. htm? fr=aladdin

④铜陵县. http://baike. baidu. com/link? url=-MuSeU0IPmTssWSjTk1iGhI2UnpuLJ0c2S7AM5v4c9v1OuYUEXBKUb4nK8ML2iRo

⑤怀宁县. http://baike. baidu. com/link? url = 4YHD30xWD72NejmpoKC7rQxPXR9VqZDkTMrSFGhvnblIUiskpXzWAWVQ5KGT3Qbj#4_1

⑥黄山. http://baike. baidu. com/link? url = TXz6VdTD2MLNIyAN4Xf0ruJeJQ4_oOksw5h-AumU9oJ7Gtrm48rD_WApD85I8CBLPwuBriSnOyK15GiaT6tY085V7UBi8zb2beUSIeo6LPe#3_3

⑦天堂寨. http://baike. baidu. com/view/155702. htm

⑧庐江县. http://baike. baidu. com/link? url = QZQrgMmFPrIwbtBMqsJVIrPc3I1zo3MHqmX0fEWeul4AKntPJHzToNHcvg-WORlu#3_1

鸡爪猹、野猫、香灵猫、黄鼠狼、狐狸、云豹等①。

石台县位于皖南山区西部，地貌以低山、高丘分布最广，约占全县总面积的82%。自然植被属中亚热带常绿阔叶林带皖南山地丘陵植被区；野生动物(含昆虫)千余种，其中兽类有穿山甲与乌鹿、鬣羚、山羊、苏门羚、猕猴、短尾猴、毛冠鹿、大灵猫、小灵猫、花松鼠、黄鼬、白猬、黄摇、豹猫、黄麂、果子狸、野猪、豪猪、斑狗、水獭、貉、獾、獐、狼、豺、刺猬、野兔等②。

● 宣城市：旌德县位于皖南山区，地处黄山北麓，境内重峦叠翠，山水相间，黄山支脉自西南蜿蜒而入，斜贯全境；森林覆盖率58.5%以上，野生动植物资源丰富。野生动物绝大部分繁衍栖息在地形复杂、雨量充沛、植被茂密和人为活动稀少的中低山地带。至2003年，已被人们认识的野生动物有兽类51种，鸟类143种，爬行类23种，两栖类16种，另有鱼类48种和其他水生动物多种。兽类有穿山甲与刺猬、灰麝鼩、缺齿鼹、蝙蝠、家伏翼(日本伏翼)、猴、短尾猴、华南兔、赤腹松鼠、隐纹花松鼠、岩松鼠、长吻松鼠、黑腹绒鼠、小家鼠、黑线姬鼠、中华姬鼠、黄胸鼠、褐家鼠、社鼠、针毛鼠、大足鼠、青毛鼠、豪猪、狼、红狐、貉、豺、青鼬(黄猺)、黄腹鼬、黄鼬、鼬獾(白猬)、狗獾、猪獾、水獭、大灵猫、小灵猫、花面狸(青猺)、果子狸、食蟹獴(石獾)、豹猫、野猪、獐(麝)、黄麂、黑麂、毛冠鹿、鬣羚(苏门羚)、青羊(斑羚)等③。

6.3.4 福建

● 福州市：《福州市郊区志》列举"兽类"现在有：穿山甲与鼠、野猪、豺犬、金钱豹、狐、九节狸、果子狸、獐、鼠狼、竹鼬、豪猪、山犬、蝙蝠等④。《马尾区志》也已确认的有腔肠动物3种、环节动物9种、软体动物20种、节肢动物180种，其中单昆虫纲就有90科137种、鱼类有37科75种、两栖类有5科10种、爬行类有11科22种、鸟类有25科41种、哺乳类有18科22种。珍稀动物有蟒蛇、花鳗、棘胸蛙、鼋、水獭、穿山甲、猴面鹰、鲸等⑤。可见福州市还有相当数量穿山甲存在。

福清市西北部属戴云山脉东向支脉，多低山丘陵，山间谷地有洪积—冲积平原。据《福清市志》介绍当地主要哺乳动物有鹿、狼犬、山狗、狸、獐、狐、大小香菇狼、青猺、黄摇、白鼻猬、刺猬、山猪、獾和野兔，主要分布在西北大陆山丘林间草丛。在江阴、联华地区还发现水獭。此外还有穿山甲、山羊、白尾狐、松鼠、麂、狐鼠，生长在植被茂密的西北山间⑥。

长乐是一个准半岛，山丘是戴云山脉东翼的延伸支脉，低山丘陵略成"工"字形，分布于中部和南部，东部为开阔的滨海平原，属福州平原一部分。据《长乐市志》记载当地的哺乳类主要有穿山甲与狸、狐、野兔、松鼠、竹鼬、豪猪、猹、黄鼬、野猪、山羊、山犬、刺猬、田鼠、家鼠、蝙蝠、海豚等⑦。

连江县位于东南沿海，闽江口北岸；境内两组并列的山岭系鹫峰余脉，从西北部蜿蜒入境，逐渐向东南倾斜，直逼海滨，基本同海岸线平行；山地丘陵面积占陆地面积72.8%，平原谷地占27.2%。据《连江县志》记载，野生动物175科250种(无脊椎动物85科121种、脊椎动物90科129种)，其中哺乳动物有穿山甲(*Manis pentadactyla*)、野猪、青羊、野兔、金钱豹、野猫、狼、狐、蝙蝠、松鼠、豪猪、黄鼬、黄麂等⑧。

罗源县濒海，陆地处鹫峰山脉东南延伸部分，地势自西而东，高低起伏；西北部为山区，东部为海湾，东北的鉴江半岛和连江县黄岐半岛相环抱，构成口小腹大的罗源湾。据《罗源县志》记载的哺乳纲有：鲮鲤(穿山甲)与缺齿鼹(鼹鼠)、臭鼩、大马蹄蝠、赤腹松鼠、花松鼠、棕鼯鼠、豪猪、豹猫(狸子、狸猫、山猫)、云豹(龟考豹、荷叶豹)、狐(草狐)、豺(豺犬)、貉(狗獾)、黄鼬(黄鼠

①中国·贵池. http://www.ahgc.gov.cn/content/55844.html
②石台县. http://baike.baidu.com/link?url=WvpMTJ_Cx-FAApa4W41PCmWv8z84O5ctg44S-gcmg9oCqJ7IlClf9vBtom1MBt1#4_2
③中国·旌德. http://www.ahjd.gov.cn/ReadNews.asp?NewsID=1297
④福州地情网. http://www.fzdqw.com/showtext.asp?ToBook=1115&index=6&
⑤福州地情网. http://www.fzdqw.com/ShowText.asp?ToBook=1100&index=99&
⑥福州地情网. http://www.fzdqw.com/ShowText.asp?ToBook=1100&index=99&
⑦福州地情网. http://www.fzdqw.com/ShowText.asp?ToBook=1106&index=102&
⑧福州地情网. http://www.fzdqw.com/ShowText.asp?ToBook=1113&index=147&

狼）、水獭、獾（猪獾）、大灵猫（九江狸、九节猫）、食蟹獴（石獾）、小灵猫（香狸）、果子狸（花面狸、青摇猺）、江豚（江猪）、野猪、赤麂（黄猄）、黄麂（小麂）等数十种①。

闽清县四周群山连绵，峰峦叠嶂，尤以北部、西部和东南部地势最高，整个地势具有从四周山地向中央的闽江、梅溪河谷逐渐降低的趋势。闽江以南为戴云山脉东北麓，山岭绵亘于边境；北部系鹫峰山脉南麓，地势急剧上升，千米山峰遍布，山岭逼岸，坡陡壁峭，盆谷相间。《闽清县志》记载称，食肉类凶猛动物已近灭绝，其他尤其是草食野生动物仍较多。县内主要野兽有虎、豹、野猪、野山羊、土猪、土狗、草狐、灵猫（九节狸）、金钱猫（野猫）、豺狗、麂、鹿、獐、穿山甲、豪猪、山猴、水獭、黄鼠狼、松鼠、田鼠、家鼠、甘瓤鼠、山兔等②。可见仍有穿山甲存在。

永泰县以中低山地为主，大樟溪自西向东，深切县中部，形成长廊式谷地，谷地由两岩狭窄丘陵、山间侵蚀小盆地、山前侵蚀阶地组成；地势上可分为不同的西南和东北两部分：西南部山势高大雄伟，千米山峰连绵不绝，断裂面、深切谷、瀑布壮观；东北部山势较缓，点状分布千米孤峰、丘陵及山间小盆地，其中以同安—大洋盆地较为平坦开阔。山地面积 18 万 hm^2，有林地 16 万 hm^2，森林覆盖率 76.8%。是福建省重点林业县之一。据《永泰县志》记载，“兽类”有虎、豹、獐、鹿、猴、野兔、野猪、山狗、刺猬、松鼠、豪猪、山羊、獭、山鼠、黄鼠狼、田螺猫、蝙蝠、竿囊鼠等。现在虎已绝种，猴也极少，只藤山时有发现。“爬行类两栖类有眼镜蛇、银环蛇、金环蛇、青竹蛇、水蛇、赤练蛇、鳖、乌龟、壁虎、蜥蜴、蜘蛛、蟾蜍、蜈蚣、青蛙、棘胸蛙、穿山甲等”③。从列举的物种看，不仅将穿山甲误归“爬行类两栖类”，而且将“蜘蛛”“蜈蚣”也误归入。

● 南平市：建瓯市位于武夷山脉东南面，鹫峰山脉西北侧，属东南沿海低山丘陵区；山地占全市土地面积的 57.34%，丘陵占 29.86%，河谷平原与盆谷占 12.8%。该市植物属中亚热带常绿阔叶林地带性植被。全市野生动物有 28 目 87 科 330 种，属国家保护的有 17 种，其中属二级保护的有穿山甲与毛冠鹿、鬣羚、大灵猫、麝、小灵猫、水獭、猕猴、白鹇、鸳鸯、褐林鸮、蟒蛇、黑熊④。

建阳市亦地处武夷山脉南麓，南接建瓯市。在介绍当地“珍稀禽兽”中记述：

穿山甲：穿山甲，又名鲮鲤、麒麟，建阳山区常见动物，属国家二级保护动物，也是一种珍稀药用动物。李时珍在《本草纲目》上记载“鳞可治恶疮、疯症、通经利乳”，肉和鳞均可入药。中医学上以鳞片入药，性微寒、味咸，功能散坚积、通经络、消痈肿、下乳汁，主治痈疽、瘰疬、痺痛、乳汁不通等症。穿山甲属哺乳纲鳞甲目穿山甲科。体长一般为 40～55 cm，尾扁而粗。体和尾被有覆瓦状角质鳞，小头、小嘴、小耳、小眼睛，无齿，舌细长，从口孔伸出舐取食物。四肢短，其爪强硬锐利，用以搔地觅食或掘洞穴居，主食蚁类或昆虫。野生在南方暖湿省区的丘陵地带和树木灌丛中。自 20 世纪八九十年代以来，人们开始大量捕食，数量急骤下降，直至新世纪开始，禁止捕杀令才逐渐奏效⑤。

按：据此较详细说明，不仅证实当地确有穿山甲，而且保护措施延至 21 世纪初才奏效。

浦城县在闽浙赣三省交界处，西南毗邻武夷山。地貌总特征是多山地，北、东、西三面环山，中、南部低平宽广；森林覆盖率达 73.1%，是中国南方林业重点县。当地有多种野生动物门类，主要珍稀动物有穿山甲与虎、豹、熊、猴、鸳鸯、娃娃鱼等⑥。

● 泉州市：泉州市境内山峦起伏，丘陵、河谷、盆地错落其间，地势西北高、东南低，西部为戴云山主体部分，山地、丘陵占土地总面积的 4/5。泉州两栖类、爬行类、鸟类、哺乳类野生动物资源

---

①福州地情网. http://www.fzdqw.com/ShowText.asp? ToBook=1109&index=108&

②福州地情网. http://www.fzdqw.com/ShowBook.asp? BookType=%B8%A3%D6%DD%CA%D0_(%CF%D8)%CA%D0%C7%F8%D6%BE&Bookno=1111

③福州地情网. http://www.fzdqw.com/ShowText.asp? ToBook=1111&index=93&

④中国·建瓯. http://www.jianou.gov.cn/cms/sitemanage/index.shtml? siteId=30160281333960000

⑤中国·建阳. http://www.jyszfw.gov.cn/cms/cms/sitemanage/index.shtml? siteId=10434382509000

⑥浦城县. http://baike.baidu.com/view/190726.htm

有30目85科385种，分别为两栖类2目7科32种，爬行类3目13科61种，鸟类19目51科260种，兽类6目14科32种。其中有国家Ⅱ级重点保护野生动物穿山甲与虎纹蛙、黄嘴白鹭、鸳鸯、鸢、鹰雕、蛇雕、花田鸡、豺、黑熊、苏门羚等57种①。此记载当指“全市”范围情况，由于泉州市同时是地级市（辖4区、5县、3县级市），现今有穿山甲存在并得以验证的只能在其中部分县（市）。

安溪县属戴云山脉向东南延伸部分，地势自西北向东南倾斜，西北部山峦起伏，山峰林立，山势峻峭，坡度大，河谷狭窄。西北部中低山区属中亚热带常绿阔叶林植被带，东南部丘陵低山区属亚热带雨林植被带。野生动物主要分布于内安溪山区。兽类主要是穿山甲与山獐（麝）、豪猪、豹猫（石虎）、野兔、山羊、水獭等②。

● 厦门市：莲花森林公园位于厦门市同安区莲花镇，北与安溪县毗邻。植被种类繁多，层次结构复杂，具有由南亚热带雨林向中亚热带常绿阔叶林过渡的特点。野生动物主要有蟒蛇、穿山甲、水獭、苏门羚、勺鸡、刺猬、果子狸、野猪、黄麂、鸸鸪等③。

● 龙岩市：漳平市地处戴云山、玳瑁山和博平岭三大山脉结合部。九龙江北溪横切中部，将漳平分成南北两半。地势由南、北向中部河谷倾斜，呈马鞍形。中部沿江两岸为漳平市地势较为平缓的河谷、丘陵地带。漳平是中国南方48个重点林区之一，林地面积占土地面积86.7%，森林覆盖率达77.9%。境内脊椎动物现存300余种。国家重点保护动物有穿山甲与云豹、金钱豹、蟒、白颈长尾雉、黑熊、水獭、鹿、草鸮，棘胸蛙、猫头鹰、啄木鸟、灵猫、山羊、苍鹰、虎纹蛙、豪猪等④。另据2015年3月报道，该市灵地乡游山头村有人盗捕穿山甲，民警迅速赶往查获。经漳平市林业局技术员认定，该野生动物确为国家二级保护动物穿山甲，已被放归大自然⑤。由此证实当地确有穿山甲生息繁衍。

6.3.5　江西

江西省现今仍有较多穿山甲分布记录。

20世纪后半叶以来，江西省分布的穿山甲虽然覆盖了以往的分布地（图12.25），但还有一些记录空白处。窃以为，绝大多数哺乳动物的分布不同于两栖类（需要依托湿地）与鸟类（可以隔空飞跃）等，它们早期分布是连成片状。故对该省毗邻地有穿山甲分布而仅一地分布记录空白或地望情况等综合情况的，推测它们在20世纪前也有穿山甲分布（下文同此原理，不再赘述）。

● 九江市：都昌市北依武山，南濒鄱阳湖，地貌以丘陵和滨湖平原为主，且水域宽阔，局部有低山分布。野生动物品种繁多，据记载，兽类：狼、獐、麂、兔、黄鼬、山獾、水獭、灵猫、刺猬、豹猫、野猪、豪猪、金钱豹、豺狗、里子猫、田鼠、蝙蝠等；爬行、两栖类：盲蛇、赤连蛇、水蛇、眼镜蛇、金环蛇、银环蛇、蝮蛇、五步蛇、水蛭、石龙子、蚯蚓、壁虎、甲鱼、乌鱼、青蛙、山鸡、石鸡、蟾蜍、蜈蚣、穿山甲等⑥。从列举物种看，不仅穿山甲误归“爬行、两栖类”，“甲鱼”“山鸡”“蜈蚣”等也误归入。

九江县地处长江中游南岸，庐山西麓，是江湖平原与低山丘陵相混交连的地区，地势西南高而东北低，东南和西南为低山高丘，中部多丘陵岗地，东北和西北部沿江滨湖一带地势平坦。森林植被主要为常绿与落叶混交林，森林覆盖率35.7%。珍稀野生兽类有金钱豹、穿山甲、小灵猫等14种⑦。

---

①泉州. http://baike. baidu. com/link? url=F6R15ZHCMZjokP3nNZfyyS9XEa_YHvnvaTFZb8kfO_TycQ6kbxmgDjfGLZ4vAtZGoAjVZeuxLdCfu4_wIENhe_#6_5

②安溪县. http://baike. baidu. com/link? url=rCnfVaQcrFj9_k4BsNsEp_edBB_U7MKd2Gyy-9Kj38IdjbCRzv0ES1QhUf7Yn-CJ#4

③莲花森林公园. http://baike. baidu. com/link? url=SAEQXDlWAui6-ULUM-cydLQqTRjpSy4ESX_0ZXbb6iXeKkyhb5IdfGg6yNdLKZztTm0_7BGT0NwD_vnJaUCjq_

④漳平. http://baike. baidu. com/link? url=SOJkx38Uus-1Dq2coF_yQIhlrGMzWyES6Z64Q_UDVQyEseb3wWl8sw7WUR8DcaidgLUnwgRGmBdlHaWc8VM32187FtZvvh7_BDW4XveK22PZ_mKnm6Am1O1HS8ulxdgBJC2V3N6yOCTpuUmLgdOPdHH1nDt7ADSbPgkxdccP1-O

⑤吴鹏波，张春波. 7男子打猎获60厘米穿山甲. http://www. taiwan. cn/xwzx/dl/shh/201503/t20150324_9388108. htm

⑥都昌县. http://baike. baidu. com/view/650579. htm

⑦九江县. http://baike. baidu. com/view/75110. htm

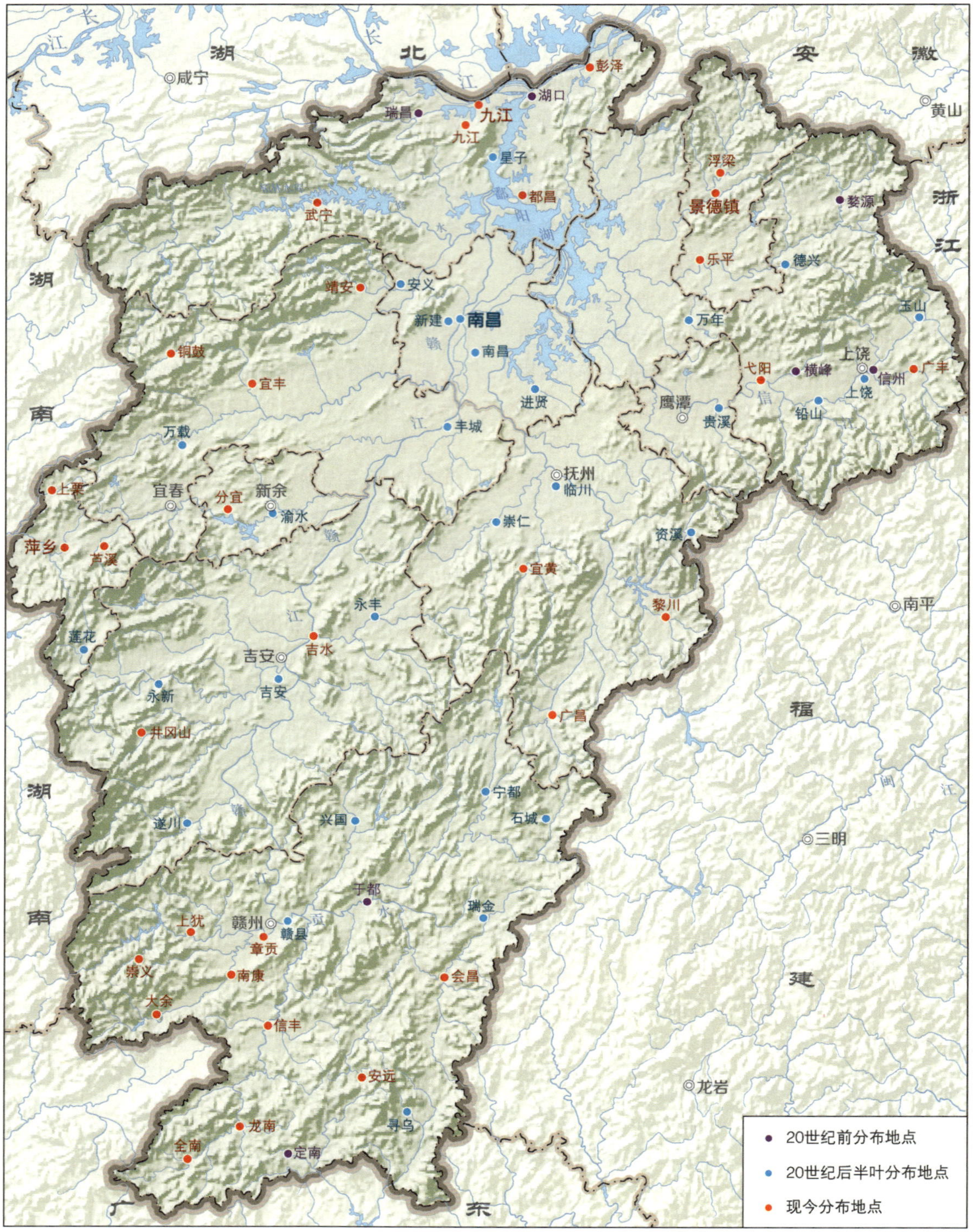

图 12.25　江西省古今穿山甲分布变迁图

● 景德镇市：景德镇全境山区特征明显，境内森林资源十分丰富，森林覆盖率达 70%。有国家Ⅰ、Ⅱ级保护动物 20 余种，其中国家Ⅱ级保护动物有穿山甲等多种①。景德镇市虽也是地级

①景德镇. http://baike. baidu. com/link? url = Vl50A6mi3BEKavjLwBXBBIieVVUfNaX6pponk2RkxfuxiqZ2L7l7JJwf38C7TYd7AY1RP95AgpnnC4WyHe5_H-4By0Zl0dGpMorp9wreJDy

市，但所辖地皆有穿山甲分布记载，可以佐证。

乐平市地处赣东北丘陵与鄱阳湖平原过渡地带，东北多山，中部平原与丘陵交错，西部多平原。动物种类主要是鱼、黄鼠狼、野猫、獐、鹿、野兔、野猪、豪猪、狐狸、穿山甲、斑鸠、雉、画眉、翡翠鸟、田螺、甲鱼、泥鳅、黄鳝、棋盘蛇、壁虎、蝴蝶、蜈蚣、蜗牛等①。

浮梁县境内以中低山、低山和丘陵为主，均属黄山、怀玉山余脉，总的趋势为东、西、北三面高，三条山脉缓向西南低去，地形起伏变化较大；山区面积高达85%。境内森林资源十分丰富，植被类型以亚热带常绿阔叶林为主。有国家Ⅱ级保护动物猕猴、短尾猴、穿山甲、黑熊、大灵猫、小灵猫、白鹇、鸳鸯、红腹锦鸡等16种②。

● 新余市：分宜县境南为低山区，北部丘陵，袁河横贯中部，间以平原岗地。地势南部略高，中部较低平。森林覆盖率58.4%，树种资源较为丰富，有1 920种；动物资源亦较为丰富，仅兽类就有野猪、山羊、山牛、穿山甲、野兔、獐、鹿、麂、虎、狼等③。

● 萍乡市：萍乡市属江南丘陵地区，以丘陵地貌为主，东、南、北大多为山地，西部地势较低，境内山地、丘陵、盆地错综分布，地貌较为复杂。据萍乡市林业局称，境内国家二级保护动物有大灵猫、小灵猫、水鹿、河麂（獐）、猕猴、藏酋猴、穿山甲、大鲵（娃娃鱼）、虎纹蛙、草鸮、鸳鸯、白鹇等12种④。

莲花县位于罗霄山脉中段，四周是山林，中间为盆地，素有"七分半山分半田，一分道路和庄园"之称。森林资源十分丰富，是江西省林业重点县，森林覆盖率达66.4%。据称，有"国家一、二类保护动物穿山甲、王斑、虎、豹、猴、猩猩等20多种"⑤。其中"王斑、虎"乃"华南虎（王斑虎）"之误。

● 赣州市：章贡区境内山脉被章、贡、赣三江截为东、东南、西北三部分，分属武夷山脉、九连山脉、罗霄山脉余脉。全境有群山作屏障，中部有三江滋润土地。野生动物主要有鹧鸪、雉、白鹭、獐、麂、狸、野猪、穿山甲、蛇等⑥。

信丰县县境边缘峻岭起伏，重峦叠嶂，中部桃江纵贯南北，支流汇集，水势平缓，中央展布低丘岗埠，缓坡宽谷，阡陌农田。动物资源中，国家级保护野生动物中兽类有：穿山甲与豺、小灵猫、斑灵猫、云豹、豹、水鹿、苏门羚等⑦。

大余县境内北部、西部、南部地势崛起，中部与东部凹陷，形成三面环山、朝东敞开的丘陵盆地；全县山地占总面积的22.97%，丘陵占58.86%，平原和岗地占18.38%。森林资源丰富，森林覆盖率76.2%。野生动物资源有16目37科116种，其中鸟类11目27科65种、兽类5目10科19种、爬行类23种。有穿山甲、河麂（獐）、虎纹蛙、白鹇、鸳鸯等国家二级重点保护陆生野生动物⑧。

上犹县的西、北部边缘有海拔1 000 m以上的大山峰14座，余则为中山地带，丘陵主要分布在黄埠、东山、梅水、油石、社溪、安和等乡镇，地势低平缓和，中间贯穿河流。森林覆盖率达81.5%。野生动物中有国家二级保护动物穿山甲、刺猬、红腹锦鸡、蟒蛇、猕猴等⑨。

崇义县境内山脉纵横交错，群峰起伏连绵，地势由西南向东北方向倾斜。当地属常绿阔叶林生物气候带，适宜各种植物的繁衍，树木种类繁多，林木树种有123科892种。野生动物也很丰富，其中二类国家保护动物有穿山甲与金猫、獐、鹰、猫头鹰、苏门羚、毛冠鹿、山黑鹿、水黑鹿、水獭、小灵猫、大灵猫、白鹇、红腹锦鸡、娃娃鱼等

①乐平. http://baike.baidu.com/view/35086.htm? fromId=407902

②浮梁县. http://baike.baidu.com/link? url = cbq1s2Pue2dPZvLKcM06BT7dsCHRvvSwwd541azggQun7Pht0R3eB9IPhA4gKY▫Lm0Byh2QQ4XL_F3r6wHN11a

③分宜县. http://baike.baidu.com/link? url=1WKrJYcRpy9YQcfzrQLW9LB4_HINgj2OgsnCGVW3WUGjBDu6XBza53r_FtQqXajw#4_5

④萍乡野生动物资源. http://bm.pingxiang.gov.cn/lyj/article/200911/156949.html

⑤中国·莲花. http://www.zglh.gov.cn/html/lvyouzixun/1540.html

⑥章贡区. http://baike.baidu.com/view/282306.htm

⑦信丰县. http://baike.baidu.com/link? url=xGGEGEUZCeIYVr6D_t6YlerFvpJE1c0o49eDS3TxeN-4SDLeLK-l2FyRUu5K1c8N#8_2

⑧大余县. http://baike.baidu.com/view/173756.htm

⑨上犹县. http://baike.baidu.com/view/173586.htm

15 种①。

安远县是典型的丘陵山区县，山地占总面积的 83.43%。地势中部突起，向南北倾斜；河流众多，是长江水系赣江上游和珠江水系东江起源地。有树木 116 科 755 种，森林覆盖率达 83.4%。野生动物繁多，列入国家保护的野生动物有 18 种，其中穿山甲与猕猴、金猫、香獐（麝）、水鹿、鸢、水獭、白鹇等为二类保护动物②。

全南县地貌以山地为主，平均海拔 360 m，地势西南高、东北低，中部隆起，把县境分成南北两片。野生动物中，兽类主要有穿山甲与金钱豹、豹猫、刺猬（豪猪）、苏门羚（石羊）、黄麂、山鹿（黄黑山牛）、獐、狐狸、野猪、果子狸、豺、水獭、野兔、黄鼠狼、鼷鼠（芒杆兔）、家鼠、田鼠、松鼠、蝙蝠等③。

会昌县位于武夷山余脉西麓，南岭余脉北端，赣江一级支流贡江上游，以低山、丘陵地貌为主，地势周围高、中间低，自东南往西北略呈掌状倾斜。据 1985 年初步调查，会昌县野生动物有 500 多种，其中常见的有野猪、刺猬、狐狸、鹿、山羊、黄鼠狼、野兔、燕子、竹鸡、野鸡、鹧鸪、麻雀、斑鸠、杜鹃、喜鹊、竹鼠、赤链蛇、红点锦蛇、中国水蛇。因气候、环境变化和人为捕杀，各类动物逐渐减少。2009 年，县内珍稀动物有国家一级保护动物云豹、蟒蛇；国家二级保护动物金猫、斑林狸、河鹿、水鹿、虎纹蛙、穿山甲、黑冠鹃隼、乌雕、长耳、短耳、灰背隼、小鸦鹃、蛇雕、黑麂④。证实当地还有穿山甲生息繁衍。

● 上饶市：弋阳县地势南北高、中部低，南北两端为低山丘陵，山地面积占全县土地总面积的 57.1%，境内河流分属信江和饶河水系。当地珍稀动物中属国家二级保护的有穿山甲与金钱豹、苏门羚、斑羚、猕猴、黑鹿、水獭、锦鸡、蟒蛇等⑤。

● 抚州市：黎川县西南部龙安镇境内大部分属丘陵山区，中亚热带湿润性气候，雨量充沛，气候温和，四季分明，水田成片，土壤肥沃。林木葱翠茂盛，植被良好，主要野生动物资源有野猪、山羊、穿山甲、五步蛇等⑥。

宜黄县地处武夷山西翼，北临赣抚平原，为山区与平原过渡地形，自然特征可概括为“八山半水一分田，半分道路和庄园”；森林覆盖率超过 75%，森林植被繁茂，生态环境优越，物种资源丰富。野生动物也十分丰富，种类达 698 种，其中属国家二级保护动物就有穿山甲与水鹿、苏门羚、大灵猫、小灵猫、水獭、獐、黄猴貂、黑熊、豺、藏酋猴、斑头休鹠、领角鸮、草鸮、燕隼、游隼、黑鸢、苍鹰、勺鸡、白鹇、鸳鸯、大鲵、棘脑蛙、虎纹蛙等 25 种⑦。

广昌县境内地势顺盱江河谷走向，呈东西高、中部低，由南向北倾斜；山地占 77%，丘陵 13%，平原 10%。林木品种 51 科 185 种，森林覆盖率达 65.9%。野生动物有狼、野猪、野山羊、穿山甲、蛇等近百种⑧。

● 宜春市：宜丰县位于九岭山脉东南麓，南临赣江支流锦江，地貌以丘陵、平原为主。当地属中亚热带温暖湿润区，植物种类多，植被好，森林覆盖率 71.9%；竹林面积 5.6 万 hm²，活立竹蓄积量 1.2 亿株，居全国第三位、全省第一位，是中国竹子之乡。适合多种野生动物生存和繁衍，经查明，全县共有脊椎动物 341 种，其中哺乳类 43 种，鸟类 172 种，爬行类 113 种，两栖类 38 种，鱼类 13 种。此外还查明有软体动物 14 科 19 属 27 种，昆虫 21 目 222 科 989 属 1 607 种。属国家二级保护的兽类有穿山甲与河麂（獐）、猕猴、金猫、大灵猫、小灵猫、水獭、豺、黑熊、短尾猴 10 种⑨。

靖安县地势东西长、南北窄，四周环山，中部山地间杂丘陵，惟东南偶有少量河谷平原，是一个以山区为主的县。境内山高林密，水草丰茂，果实丰厚，有许多亚热带动物栖身于此。野生脊椎动物有 34 目 96 科 283 属 429 种，占全省脊椎

①崇义县. http://baike.baidu.com/view/173779.htm
②安远县. http://baike.baidu.com/view/173679.htm
③全南县. http://baike.baidu.com/view/173615.htm
④会昌县. http://baike.baidu.com/view/173820.htm#4_4
⑤自然资源. http://www.jxyy.gov.cn/yygk/zrzy.html
⑥龙安镇. http://www.baike.com/wiki/龙安镇
⑦宜黄县. http://baike.baidu.com/link? url=VtQMdFbKQMo7TdDSeTbhQoLyKSzJzoAjUHcv3-oEdIQKtf5Rk3X5RS6Os-SvpMre#5_4
⑧广昌县. http://baike.baidu.com/link? url=PMZon8q5JrWHFoyt7CYb_UShS34pu9nRNjE_aA0MdLvcQfB4XquGuMwiRm8iKPOI#4
⑨宜丰县人民政府. http://www.jxyf.gov.cn/News/ZJYF/zrhj/2011/YF_2011101413543.html

动物种数总量的 50.41%。其中鱼类 7 目 18 科 55 属 77 种，两栖类 2 目 8 科 12 属 27 种，爬行类 3 目 11 科 38 属 58 种，鸟类 18 目 53 科 129 属 207 种，哺乳类 8 目 20 科 49 属 60 种。昆虫纲无脊椎类 28 目 253 科 2 243 种，蛛形纲无脊椎类 5 目 43 科 253 种，甲壳纲无脊椎类 2 科 3 种，软体类 11 科 44 种，大型真菌 9 目 28 科 144 科，土壤微生物 12 目 18 科 63 种。主要野生动物中兽类有猴、鹿、獐、狐、獭、香狸（箭猫）、中尾狸、九节狸、●（犴狗）、小黑熊、青猺、黄猺、野兔、野猪、野牛、野鹿、野猫、野马、山羊、刺猬、黄鼬、山（田）鼠、松鼠等。属国家一级保护的有云豹、豹，属国家二级保护的有猕猴、穿山甲、豺、水獭、大灵猫、小灵猫、河麂、水鹿、鬣羚等 11 种[①]。

● 吉安市：吉水县地形兼有山地、丘陵、平原三大类，以丘陵为主，东、北、南三面地势稍高，西与西北稍低，并依序由东向西倾斜形成一个半开口的盆地。有各种野生植物 200 余种。动物资源中，常见兽类有野猪、野兔、獐、鹿、狼、狐、獾、黄鼠狼、水獭、刺猬、松鼠、田鼠等，稀有珍贵动物有华南虎、南山豹（金钱豹）、苏门羚、马鹿、穿山甲等[②]。

6.3.6　山东

山东省现今还有零星穿山甲残存。

2013 年 7 月报道，济南市天桥区新明园小区在一辆车底下发现一只穿山甲，经众人追捕获得，转交济南市动物园。穿山甲身长约 0.5 m，已经成年。动物园工作人员称，穿山甲一般分布在山里的草丛或较潮湿的地方，南部山区的环境因为比较适合穿山甲生存，应该有分布，但是数量可能不太多。市林业局森保站人员表示，盛夏时节，为了大量觅食，穿山甲会钻出地面，有可能误入城市中。这只穿山甲身长半米，已是成年穿山甲。“理论上讲，如果周围没有大片树木，应该不会有野生穿山甲。那么，这只穿山甲可能是养殖的，或是屠杀入药，但只能算是一种可能性”[③]。然而，该市历城区南部的西营镇野生动物种类仍多达百余种，其中穿山甲、獾等珍稀动物有 30 余种，列济南市首位[④]。证实还有穿山甲生息繁衍。

泰山脚下的泰安市泰山区，据报道，还有兽类 20 余种，常见的有刺猬、狐狸、獾、兔、褐鼠、狼、蝙蝠、山狸子、穿山甲等[⑤]。

6.3.7　台湾

台湾现今仍有多处发现穿山甲记录。

台东县处于花东纵谷平原南段，西邻中央山脉、东邻海岸山脉，是狭长且平直的河谷地形，属热带和亚热带气候。该县以农立县，对于穿山甲保护更有一定基础。据 2009 年 5 月报道，该县穿山甲以鸾山村产量最多，加上穿山甲的厚鳞片是珍贵的中药材，穿山甲在这里都是备受呵护。人们发现了正在哺乳的穿山甲母子（图 12.26），幼仔躲在妈妈的怀里缓缓蠕动，不理会外头的世界，大口大口地吸奶，因为小家伙实在太饿，周围好几双紧盯着看的眼睛，根本影响不了它。蜷成一团的正是保育类动物穿山甲，外围是妈咪，躲在里头的正是穿山甲宝宝，吃饱了开心地跑来跑去，不过待会在台东鸾山村保育队植入芯片后，

图 12.26　穿山甲幼仔吃奶

---

①中国·靖安. http://www.jxjaxzf.gov.cn/Item/1354.aspx

②吉水县. http://baike.baidu.com/link? url=I3yxQ96nKhO7csQo5eVqOeD67HMngOdbNxsrR0N-FflV67oHmx6UZxfGxnQSCA2t#5_2

③路伟. 车底下躲着一只穿山甲. http://news.bandao.cn/news_html/201307/20130704/news_20130704_2209209.shtml；张丹丹. 济南：穿山甲“穿越”进了小区. http://www.sdnews.com.cn/sd/jinan/201307/t20130704_1267638.htm

④西营镇. http://baike.baidu.com/link? url=PsBenajB3OY951PYTHujkJlDmZlhDfMj1YX3tDBpIQ3XaHdZ1AyJRfz4gjHX2Ku21COIn5AkAGiLHLOgXKow3usp2IohS229G6Lig6vZzo3

⑤泰山. http://baike.baidu.com/link? url=-FX1K3nYYbTnhHtCzsqOtsP5nGBJojTAJ8Ao2Yw47Y4k-Znkx5LIW1PIm6BYu3nooUlYtzJU2tAJv6xq1ljmlCi6_T0ej741PvuuQpa_MfO

这对母子就要回到山林里的洞穴，利用天线搜寻定位，就是希望掌握穿山甲的动静，用实际行动保护这群台东鸾山村的小小娇客①。又据2014年4月报道，1名鸾山小学生傍晚放学走在马路上，无意间脚踢到一团黑黑的东西，仔细一看竟是穿山甲（图12.27），立即抱起交到派出所，看到穿山甲还在不停发抖，同仁立即取出衣物让它保暖。经与屏东科技大学联系，已有专人赶到台东，将穿山甲接回，进行身体超音波检查及植入芯片后，再择日野放②。另据2015年1月报道，台湾屏东科技大学野生动物保育所穿山甲研究团队，今年初在台东海岸山脉拍到穿山甲妈妈背着宝宝外出觅食的珍贵画面（图12.28）。这是由一个靠近海岸山脉对着洞穴拍摄的自动录像机，拍下的穿山甲育幼珍贵画面：只见穿山甲妈妈从洞穴探出头停顿一下，等宝宝趴上尾巴就出发，默契十足；背宝宝是穿山甲独有的育幼行为，能在野外拍到非常不容易，它行踪隐密也不会有叫声，白天多在洞穴，只会利用夜间觅食。画面里穿山甲宝宝没断奶，不太能走路，所以趴在妈妈尾巴上出门，穿山甲幼仔一般满3个月才会自己走路，不过，小穿山甲还是常调皮跳到妈妈身上，要赖要妈妈背。据称，“这是台湾第一次拍到，可能也是全世界第一次”。由于穿山甲的栖地与人类活动范围重叠，近年因森林开发、筑路、使用农药、游乐园开辟等行为，造成穿山甲栖息空间与食物不足，族群数量急剧缩减。此外，穿山甲遇到危险灾难时，会把身体蜷曲起来，这样的反应无助于逃走，很容易被猎人捕获。研究团队在台东扎营研究近10年，发现当地穿山甲族群稳定回升，但盗猎现象仍存在，是穿山甲保育的最大隐忧③。

图12.27　学童拾到穿山甲

图12.28　穿山甲母兽携仔出洞

据2010年1月报道，一游客在苗栗县汶水老街看见穿山甲，知道是保育类动物，加上老街人车多，为免穿山甲被车撞伤或被人猎捕，赶紧将蜷成一团的穿山甲（图12.29）送往大湖工作站，站方人员检查穿山甲并无受伤，已转送苗栗县农业部门野放。台湾穿山甲又叫中国鲮鲤，闽南语称拉厉，属第二类保育类野生动物，是台湾特有的亚种，常栖息在海拔300～500 m的阔叶林山区，

图12.29　汶水老街拾获穿山甲

①吴宜霖，廖容莹．难得一见！鸾山村穿山甲大口吸奶．http://www.nownews.com/n/2009/05/10/941467

②迷途穿山甲蜷成一团模样超萌，学童将它护送至警局．http://www.chinanews.com/tw/2014/04-15/6065724.shtml

③台湾研究团队拍到穿山甲背宝宝觅食画面．http://taiwan.huanqiu.com/roll/2015-01/5476330.html；台湾研究团队拍到穿山甲．http://www.iqiyi.com/w_19rry6zvnd.html

近年因山地过度开发，栖地遭破坏，数量减少，这只穿山甲可能因天气炎热或迷路，才误闯人类生活范围①。

据 2012 年 11 月报道，有民众在新竹山区的家附近，看到一只类似鳄鱼的动物，吓坏了，后来上网一看才发现，原来是少见的保育类动物穿山甲，这只穿山甲重达 10 kg，比动物园看到的还要大，力气大到把家里的柜子撞歪了。然而大家还是把这个超大穿山甲放生了，让它继续悠游山林②。

据 2013 年 4 月报道，新北市③民晚间见有狗只异常狂吠，观察发现有疑似穿山甲的动物出现，随即报案。消防人员出动后，在一处小区的水沟盖附近寻获这只幼年穿山甲。被发现时，它蜷缩成椰子果大小的球状。穿山甲在台湾属于珍稀保护动物，通常栖息在山区森林、灌丛等环境，昼伏夜出，居住于洞穴中。穿山甲若被人类发现或遭受攻击时，会蜷成一团自我保护，成年穿山甲蜷曲后如篮球般大小④。另据 2015 年 9 月报道，新北市动保处最近一周内接到 2 个穿山甲救援案件，其中 1 只疑似尾巴被车碾过，导致鳞片脱落及皮肤挫伤；另一只年纪较小，可能是觅食时迷路，误闯居民家中。2 只穿山甲都已经恢复健康，野放到人烟罕至的山区。推测可能是因为之前台风降雨造成土壤含水过高，洞穴松动或是淹水，这只穿山甲才会改变原本夜间活动的习惯，大白天出来找新家⑤。

阳明山国家公园是台湾地区最早的国家公园之一，地处台北市与新北市(即原台北县)。园内野生动物以鸟类与昆虫为主，有陆栖脊椎动物 115 种，其中兽类 9 种、鸟类 60 多种、爬行类 28 种、两栖类 18 种。昆虫中仅蝴蝶就有 130 多种。兽类中数量较多的有赤腹松鼠、白鼻心(果子狸)、台湾野兔、台湾猕猴、穿山甲、台湾野猪、山羌等⑥。2015 年 3 月到阳明山观光，当地仅称“有台湾猕猴、赤腹松鼠、台湾野兔、鼬獾的族群数量较多，白鼻心、穿山甲、麝香猫、台湾小叶鼻蝠则偶尔可见”。可见虽仍有穿山甲，但依然濒危。

地跨花莲县、台中县、南投县三地的太鲁阁国家公园原始森林面积广阔，生态环境也非常复杂，园区内拥有许多生态资源，栖息有台湾穿山甲与山椒鱼、莫氏树蛙、台湾黑熊、台湾猕猴、山羌、水鹿、长鬃山羊等数百种动物⑦。“东台湾”是一个常用的地区简称，又有“后山”之称，多指台湾中央山脉以东的花莲县和台东县，有时也包括宜兰县。2015 年 3 月参观兰阳博物馆，见有台湾猕猴、穿山甲等模型标本，遂向工作人员询问，得知是当地所有的物产。

据 2015 年 9 月报道，南投县竹山镇大鞍里的孟宗竹林内，一只 1 岁多、体重 2 245 g 的雄性穿山甲(图 12.30)在挖洞觅食时，不幸遭遇守护竹园的家犬追咬，尾巴被咬断一截，颈部与腹部有撕裂伤。幸被农民闻声从狗嘴救出，送特生中心抢救，挽回一命⑧。

图 12.30 南投县遭狗袭击的穿山甲

①汶水老街有颗球？走近一看原来是只穿山甲. http://www.fjsen.com/b/2010-07/21/content_3528276.htm

②台湾野生穿山甲误闯民宅撞歪柜子. http://news.sohu.com/20121105/n356679697.shtml

③台北县 2010 年 12 月 25 日正式改制升格为院辖市，定名为“新北市”。本文统一地名截止，仍采用“台北县”。

④何建峰. 穿山甲现身新北市居民小区，被捕获或放归野外. http://www.taiwan.cn/xwzx/bwkx/201304/t20130428_4146033.htm

⑤雨水毁洞穴！穿山甲找新家被车碾，鳞片脱落皮肤挫伤. http://www.ettoday.net/news/20150920/567205.htm#ixzz3mKc3VRJx

⑥阳明山国家公园. http://baike.baidu.com/link? url=uC-J_26dJXNxvv87z2TOQC4IN_TgG7rNekqeAJbCLG-yEOBoBhueDig1ylHxA0dnUvw-oq7Hw7X2PeJH2sm-7a

⑦东台湾. http://baike.baidu.com/link? url=9DyxHFaKPyxynfpLiLnqUOK9F3yLfcU-Now6kEJb6AsGU5A_6AMvD9Pg86_V8JWehm7jbEO24tD4dP0_kmAwRq

⑧黄宏玑. 穿山甲竹林觅食，尾巴被狗咬断. http://www.nxnet.net/life/201509/3907.html

6.4 中南

现今，中南除澳门特别行政区未见有穿山甲记录外，其余各省级政区仍有分布。

6.4.1 河南

河南省现今穿山甲主要在南部尚有残存（图 12.31）。

信阳市位于淮河上游，西部和南部为桐柏山、大别山构成的豫南山地，占全市总面积的 36.9%，两山首尾相接，连成一体，蜿蜒于豫鄂边界，是长江与淮河两大流域的分水岭；中部是丘陵岗地，占全市总面积的 38.5%；北部是平原和洼地，占全市总面积的 24.6%，主要分布在淮河两岸。特殊的地理环境为众多种类的动物提供了生存繁衍的良好条件，动物种类已见记载的有 2 031 种，其中陆生脊椎动物 380 多种及亚种，哺乳类动物 47 种，主要有黄鼬、狗獾、猪獾、水獭、狼、狐、貉、豺、小灵猫、大灵猫、果子狸、豹猫、金钱豹（濒危或已灭绝）、草兔、鼠类、豪猪、野猪、麝、狍、穿山甲、刺猬等①（熊林春等，2014）。信阳市是地级市，从现今穿山甲分布整体情况看，是否各地皆有需要查证。

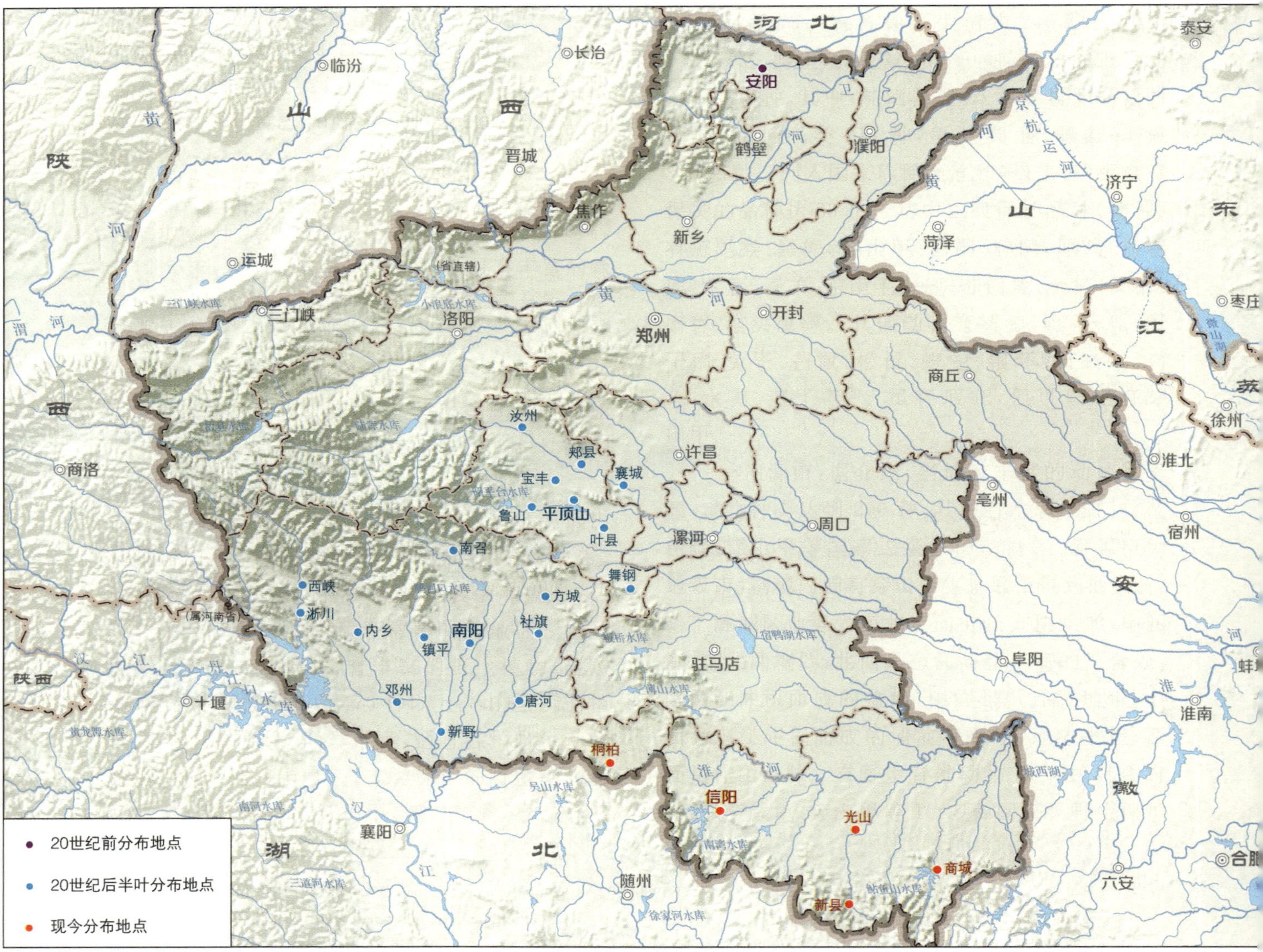

图 12.31　河南省古今穿山甲分布变迁图

①信阳. http://baike.baidu.com/link? url=ouNqIb_lSu9lH5QrRnShYVzkv9lTxM97M5_-1pfN4fvau_oEBEv1kxOl8yvlwv3j1ynxi_1XxVycVAqMlWrwlLWm2iFuAeK40PLiIoY7doK

黄柏山国家森林公园位于商城县西南部，距县城 60 km，南邻湖北，东接安徽。林区面积 4 010 hm^2，森林覆盖率高达 97%，空气新鲜，素有“天然氧吧”之称。林区地势较高，海拔千米以上的山峰有多座。境内动植物资源丰富，有娃娃鱼、金钱豹、穿山甲等珍稀动物 370 多种①。

位于新县西南部的连康山国家级森林公园境内动植物资源极其丰富，有各种植物 2 435 种，其中香果、杜仲、银杏、水杉、金钱松、楠木、天麻、野大豆、八角莲等为国家珍稀植物；有各种动物 400 余种，其中金钱豹、白冠长尾雉、大鲵、穿山甲、黄缘盒龟等为国家珍稀动物②。

另有报道称，新县金兰山森林公园及商城金刚台可观赏到穿山甲与娃娃鱼、隆肛蛙、黄缘闭壳龟等③。

光山县境内地势西南高、东北低，南部为浅山区，中部为丘岗区，沿河为平畈区。陆栖脊椎动物 300 多种，其中有穿山甲、香獐（麝）、水獭等 10 多种珍稀动物④。

6.4.2　湖北

湖北省历史上穿山甲分布较广（图 12.32），现今仍有一些穿山甲分布。

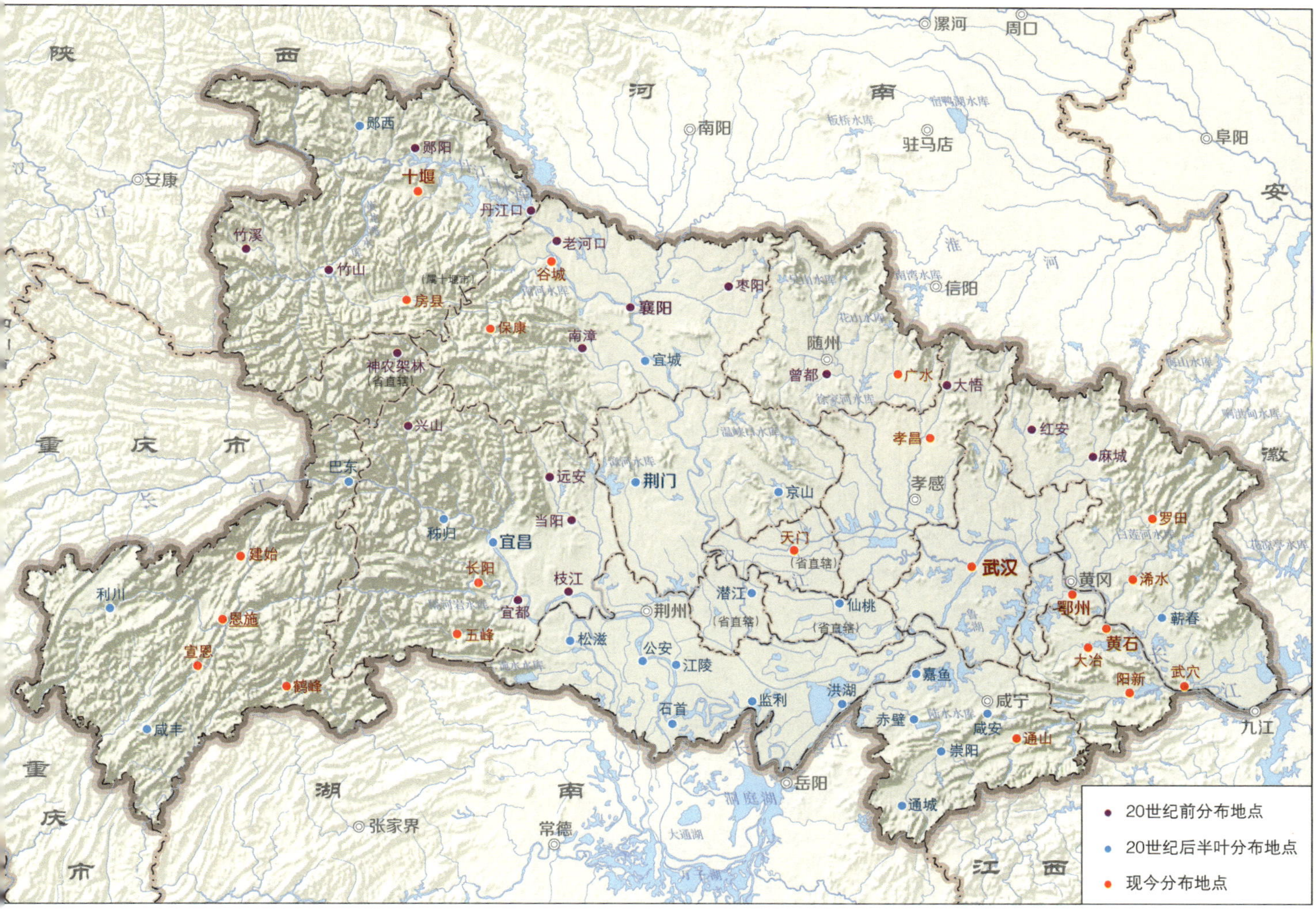

图 12.32　湖北省古今穿山甲分布变迁图

---

①信阳市黄柏山国家森林公园入选拟批准的国家 4A 级旅游景区. http://www.henan.gov.cn/zwgk/system/2014/04/15/010467271.shtml；信阳 9 处避暑胜地，你去过哪些. http://mt.sohu.com/20150721/n417230680.shtml

②信阳新县特产：白色甲鱼. http://mt.sohu.com/20150528/n414003965.shtml

③合理利用开发自然资源. http://3y.uu456.com/bp-0q76ad3231126edb6f1a107b-1.html

④光山县. http://baike.baidu.com/link? url=12nuK_jXRuctuCeyUDkQsTbET-tGNZxz8LP9rcARVwFXZjNdPdTUU8hID56bVAyucKH7bSULL8I3iCgGXHm6p_

● 孝感市：孝昌县位于长江以北，大别山南麓，江汉平原北部；地貌以丘陵山地为主，澴水居中贯穿南北；东北部为低山区，占总面积的33%；西南部为低矮缓丘，占总面积的62.7%；澴水两岸为冲积平原，占总面积的4.3%。属亚热带季风性湿润气候。全县有陆生脊椎动物300余种，其中两栖类225种，鸟类30余种，哺乳动物40余种，国家二级保护动物6种：猫头鹰、灰鹤、金猫、穿山甲、豺、大头猫[①]。

● 黄冈市：武穴市是长江中游港口城市。县境位于长江中游北岸，大别山南麓；北部一隅为连绵起伏的低山，占总面积的7.04%；中、西部为丘陵，占总面积的33.15%；南部和东南为平原，占总面积的59.81%。属亚热带季风性湿润气候，有林木树种64种。野生动物中兽类有金钱豹、小灵猫（俗称香狸）、鬣羚、穿山甲（俗名鲮鲤）、小麂[②]。

大别山主峰天堂寨在湖北省一侧地处罗田县、英山县，有穿山甲等634种动物[③]。

浠水县地处大别山南麓，长江北岸；概貌可分为北部山区、中部丘陵、西南沿江平原区，各占浠水县总面积的20.4%、63.9%、15.7%。当地属亚热带大陆性季风气候，年平均降水量在1 300 mm左右，降水量多集中在6～7月；年平均气温16.9℃，无霜期230～258天。有木本植物共50科98属152种。野生动物中，兽类20余种，鸟类40余种，蛇、蛙、虫类近百种。其中国家重点保护动物11种：水獭、香獐（麝）、斑羚、穿山甲、锦鸡类、鹦鹉类、天鹅类、白鹤、鹰类、虎纹蛙、叉犀金龟；省重点保护动物22种：猪獾、狗獾、黄鼠狼、果子狸、华南兔、小麂、豪猪、野鸡类、野鸭类、鹭类、秧鸡、斑鸠、家燕、山雀、喜鹊、画眉、啄木鸟、八哥、陆龟、蛇类、蟾蜍类、蛙类[④]。

● 黄石市：黄石市在长江南岸，地形总的趋势是由西南向东北倾斜，延绵于湘鄂赣三省边境的幕阜山脉在境东南延伸。据《黄石市志》记载，走兽类有虎、豹、野猪、豪猪、野狗、红毛狗、野猫、野兔、猪獾、狗獾、鹿[、]麂、獐、水獭、麝、刺猬、黄鼠狼等；爬行类有水蛇、穿山甲、壁虎（守宫）、青蛙等（黄石市志编纂委员会，2001）。穿山甲与青蛙误归入“爬行类”，证明有穿山甲存在。

大冶市地处幕阜山脉北侧的边缘丘陵地带，丘陵主要分布在境内中、东、西、北部，占境域面积的67%，南部偏东以山地为主，占15%。截至2013年，全市有野生动物19目32科100多种，常见的有野猪、野鸡、野兔、小麂、野鸭，珍稀动物有狼、穿山甲、猫头鹰等[⑤]。

● 咸宁市：通山县地貌为低山丘陵区，境南幕阜山脉绵亘约150 km，为鄂赣界山；大幕山横卧于北；中部丘陵、盆地交错分布，山地丘陵占总面积的78.6%。动物资源398科720属1 200余种，其中哺乳动物28科30属42种，国家保护珍稀兽类有金钱豹、穿山甲、牙獐（麝?）、水獭、豺、豹猫[⑥]。

● 随州市：广水市位于桐柏山脉东南麓，大别山脉西端，属低山丘陵地带。地势北高南低，自北而南，山地、丘陵、岗地、沿河小块平原，依次分布；山地占总面积的30.1%，丘陵占67.4%，平原占2.5%。木本植物共有65科147属355种，竹类3种。野生动物有100余种，其中兽类有野猪、野山羊、野兔、金钱豹、豹猫、草狐、果子狸、黄鼠狼、纺狼（?）、猪（灌）[獾]、狗（灌）[獾]、刺（渭）[猬]、水瀰（?）、松鼠等，其中大规（大鲵?）、水瀰（?）、老鹰、猫头鹰、穿山甲、自莺（?）为国家二级保护动物[⑦]。尽管存在多种待考证物种，但明确无误的则有穿山甲。

---

①孝昌县. http://baike. baidu. com/link? url＝213b6XhXnhRgLYIorL7zEeRth7WO3FmZbO1_9rvqAC13mYTpsh9-CJk75dGagOtP＃5_4

②武穴. http://baike. baidu. com/link? url＝CFwC_XqRnhU2Kb9cX1tvAGc_gsrpuPpvRw6F-mYX_qTuIojdiEKCEqOfv6FMnlUFbM_d6kdbThck19xjZTolqq＃6_2

③天堂寨. http://baike. baidu. com/view/155702. htm

④浠水县. http://baike. baidu. com/view/497671. htm

⑤大冶. http://baike. baidu. com/link? url ＝ 7Nx0 _-vvQwvuFOR3Qgfi5kq4XBR1Ow1ORkqTpeh1qAgRGcS9-S9LUN3smm-vOMZ8-XOqOi18xBVrvkeCgE1poq＃3

⑥通山县人民政府网站. http://www. tongshan. gov. cn/html/2011/0805/1781. shtml

⑦中国·广水. http://www. zggs. gov. cn/trade/zjgs/

● 天门市：天门市位于江汉平原北部，市境北缘与大洪山余脉的低丘相连，西、南面有汉水环绕，依山带水，呈龙拱虎卫之状。有植物900余种，动物200余种，其中兽类有黄鼬（黄鼠狼）、水獭、草兔、狗獾、狐、牙獐（麝?）、貉、小麝鼠、豹猫、刺猬、家蝠、穿山甲、长吻松鼠计13种①。

● 恩施州：巫山山脉位于重庆与湖北交界区，湖北境内有建始县、恩施市等地，拥有大量的珍稀动植物，其中珍稀动物有金丝猴、鬣羚、牛羚、白唇鹿、鸳鸯、大鲵、红腹角雉、白尾椎红雉、绿尾红雉、猕猴、穿山甲、水獭、大灵猫、小灵猫、猪猁、獐（麝）、马鹿、斑羚、白冠长毛雉、锦鸡、豺、狼、熊、野猪、鹿等②。

6.4.3 湖南

湖南省还有较多穿山甲分布（图12.33）。

● 益阳市：桃江县位于资水中下游，地貌类型多样，山地以西南部居多，占总面积的27.26%；丘陵主要分布在西北部和东部，占总面积的29.46%；岗地分布于平原与丘陵之间，占总面积的14.71%；平原分布在中部资江和溪河两岸以及山间谷地之中，占总面积的26.35%。据2011年发布的《桃江县志·自然资源·野生动物资源》称，境内野生动物资源丰富。2000年，共有野生动物19目41科107种，其中哺乳动物5目10科24种，鸟纲10目21科53种，爬行纲2目6科12种，两栖纲2目4科18种。兽类中，国家二级保护的有豺、穿山甲、小灵猫、水獭4种，常见的有黄鼬、花面狸、华南兔、中华竹鼠、银星竹鼠、野猪、蝙蝠、刺猬、豪猪、鼬獾、野兔、果子狸、豹猫、鹿类等③。

● 衡阳市：衡阳市地处湘江中游，衡山之南，四周山丘围绕，中部平岗丘交错，形成衡阳盆地，西北部、北部为大云山、九峰山和衡山，东部为罗霄山余脉天光山、四方山、园明坳，南部为南岭余脉塔山、大义山、天门山、景峰坳，西部为越城岭的延伸熊罴岭、四明山、腾云岭；山地占总面积的21%，丘陵占27%，岗地占27%，平原占21%，水面占4%。林木有20科120种；已知有兽类和鸟类200余种，其中兽类30种，国家二级保护动物有穿山甲、虎纹蛙、水獭、大灵猫、小灵猫、果子狸、水鹿、斑羚、麈麝（麝?）、鸳鸯、大鲵等④。衡阳市是地级市，但辖区内现仍分布有穿山甲，都得以证实。

据衡阳市蒸湘区称，截至2011年10月，蒸湘区雨母山林中野生动物有国家二级重点保护动物穿山甲、麝、虎蚊蛙、白颈长尾雉、白鹇、猛禽类等10余种。一般野生动物有野鸡、野鸭、野猪、野兔、豪猪、山雀、斑鸠、白鹭、蛇、蛙等30余种，且数量众多⑤。雁峰区位于衡阳市南部，南邻衡南县，西接蒸湘区。该区也称，已知有兽类和鸟类200余种，其中兽类30种，鸟类17目40科170种以上，国家一级保护动物有云豹、白鹳、中华秋沙鸭，国家二级保护动物有穿山甲、虎纹蛙、水獭、大灵猫等，省重点保护动物有白鹭、环颈雉、竹鸡、白骨顶等30余种⑥。可见衡阳市仍有较多穿山甲生息繁衍。

常宁市地处亚热带常绿阔叶林带，适合多种植物的繁衍生长，植被类型多种多样，是杉木、楠竹之乡，现存树种75科750种。又属森林动物区划的古北区与东洋区的交叉过渡地带，已知各类动物200余种，其中兽类30种，鸟类70余种，爬行类20种，两栖类20种，鱼类80余种。境内山区及半山区有野生动物豹、狼、野猪、野山羊、山牛、穿山甲、野兔、灌（狗灌、猪灌）、豪猪、鹿、獐（麝）、狐狸、香狸、果子狸（花面狸）、小灵猫、大灵猫、水鹿、斑羚、竹鼠、黄鼠狼等⑦。

耒阳市地处衡阳盆地南缘向五岭山脉的过渡地段，地形较为复杂，山、丘、岗、平地俱全，以

---

①天门市. http://baike. baidu. com/view/48830. htm? fromId=19180

②巫山. http://baike. baidu. com/link? url=m-F087XduZ5uO0OBhxx5LkpEbIYkF8Y3S-mpL9IA7rhVmOgSbJgpvqmAYyxcHezm#5_2

③中国·桃江. http://www. taojiang. gov. cn/col/col52/index. html

④中国·衡阳. http://www. hengyang. gov. cn/main/hygk/hyjs/1_626/default. shtml

⑤蒸湘区. http://baike. baidu. com/link? url=2eb1uHP3vxKUQUGr73b3CCDdqTa4M_wfN5ALeSR6XgL00baQZtZqsBGBrU-Tm-CA3duq0lNKP47C_NSIpUl5ZU_

⑥雁峰区. http://baike. baidu. com/link? url=IDqjlTvivHrKjxiCkBr9LnKfJK6-qoWpFHePw74R6YEdRWxfKlNe8ET7DpFyJO4M

⑦常宁. http://baike. baidu. com/view/321417. htm? fromId=589256

岗地、丘陵地貌为主。有木本植物 93 科 470 多种。兽类方面的华南虎、灵猫、豪猪、穿山甲、竹鼠、麂子，鸟类方面的白鹭、白鹇、画眉、山椒鸟是属于西南、华南区的种类，狼、獾、灰喜鹊则是属于北方区的种类[①]。

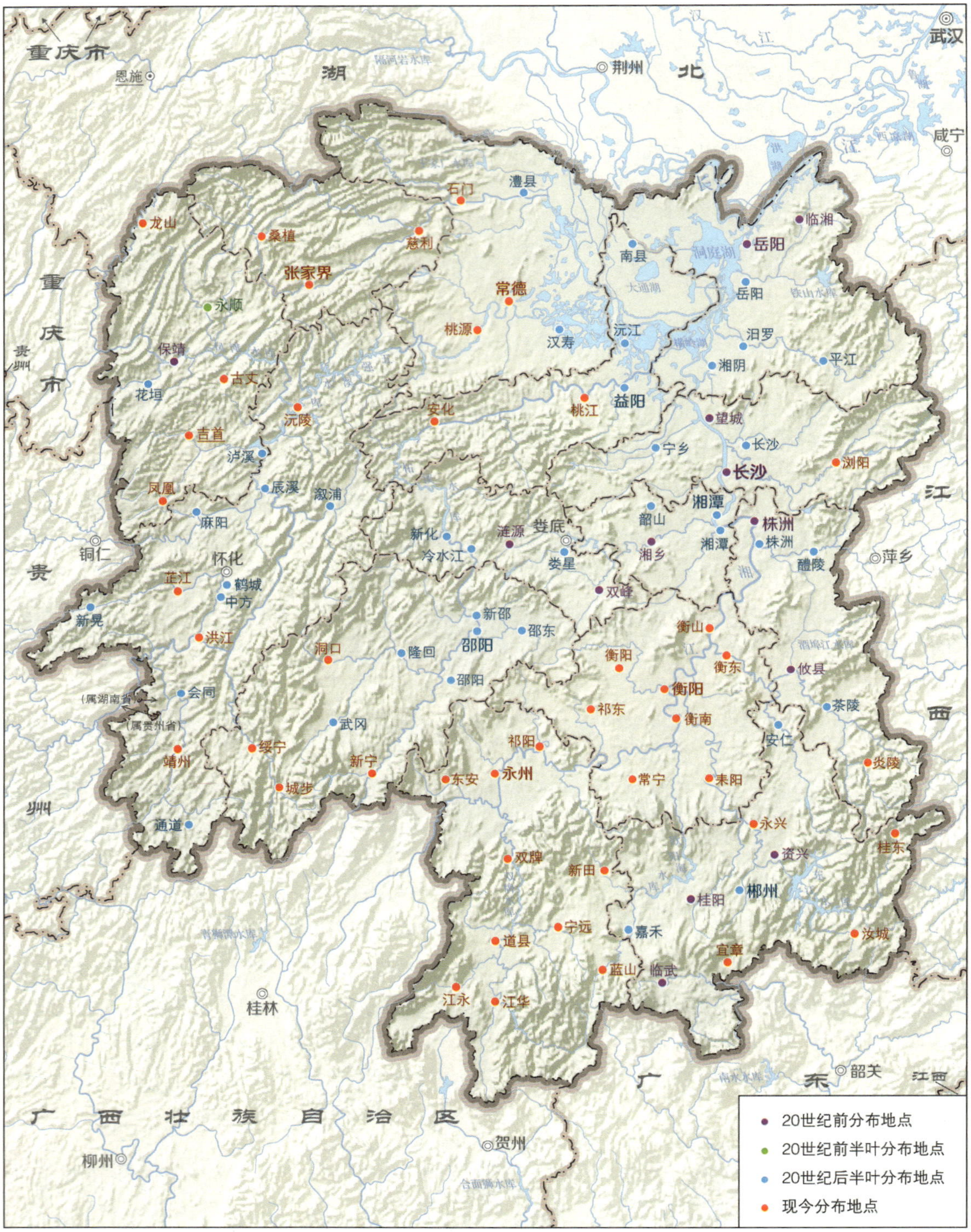

图 12.33 湖南省古今穿山甲分布变迁图

① 耒阳. http://baike.baidu.com/view/8977.htm? from_id=2692509&type=syn&fromtitle=耒阳市&fr=Aladdin

衡南县境为一凹字形丘陵盆地，湘江自西南向北流通全境，并有两大支流蒸水和耒水流经县域大部分乡镇。据该县东部的花桥镇称，有獐(麝)、麂、穿山甲、水獭等珍禽异兽栖息山中①。

九峰山现为省级森林公园，位于衡阳县溪江乡。该地为弧山地形，主山脉呈弯曲的“一”字形，呈东南—西北走向。园内森林植被良好，珍稀植物种类繁多。独特的自然环境，也为野生动物的栖息和繁衍创造了良好的条件，有云豹、穿山甲、白鹭、画眉、鹰、猫头鹰等②。

祁东县境内地势自西北向东南倾斜，西部四明山脉逶迤，中部祁山绵延。因四明山与东安县、祁阳县、邵阳县、永州市冷水滩区等相邻，“四望皆明”而得名，自冷水滩和东安县入境，逶迤绵延 90 km，呈镰刀形横亘在北部和西部，山势陡峻，切割强烈，成为县境西北天然屏障。常年活动着香猫、聋猪、穿山甲、猴鹰、夜鸦等珍禽异兽数十种③。

● 郴州市：永兴县地貌似蚕形，便江、永乐江横贯县境。东部为罗霄山脉余脉，形成以中山为主的山地地貌；东南部为罗霄山八面山余脉，横亘县境中东部，形成中低山、高丘为主的组合型地貌；北部为罗霄山脉武功山余脉南翼，呈斜带状绵延于中西部，与茶永盆地相衔；西部为南岭山脉阳明山余脉东端，呈东南梯降，于中部与茶永盆地过渡带交接。山地占总面积 28.6%，丘陵、岗地占 53.36%，河谷平地占 14.99%。主要植物有 96 科 685 种，其中乔木树种 64 科 468 种。保护动物有华南虎、中华秋沙鸭(过往)、穿山甲、花面狸、水鹿、水獭、小灵猫、娃娃鱼(大鲵)、猴面鹰等④。

汝城县地貌主要以山地为主，四面环山，丘冈盆地相间；地势西北高、东南低；水系呈树枝状，向东西南辐射；经过县境的八面山、诸广山山体主脉及其支脉大多呈北、北东向展布。森林覆盖率 73.7%，保有原始次生林 8 000 多 hm^2，是湖南省重点林区县。野生动物品种多，兽类就有水鹿(山牛)、麂、刺猬、獐(麝)、水獭、野山羊、穿山甲等⑤。

桂东县地处罗霄山脉南端，南岭北麓，诸广山西翼，八面山东侧，是以山区为主、兼具其他的地貌特征，山地、丘陵、岗地、平原的比例为 93∶4∶1∶2。森林覆盖率 82%。良好的自然环境是野生动物栖息繁衍的理想之地，野生动物资源十分丰富。有陆生脊椎动物 240 种(其中鸟类 116 种)，现有国家重点保护野生动物 41 种，其中Ⅱ级 36 种，即猕猴、藏酋猴、穿山甲、青鼬、水獭、大灵猫、小灵猫、金猫、水鹿、林麝、獐(?)、斑羚、苏门羚、凤头鹃隼、苍鹰、鸢、雀鹰、松雀鹰、赤腹鹰、普通鵟、燕隼、红脚隼、红隼、红腹角雉、红腹锦鸡、白鹇、勺鸡、褐翅鸦鹃、草鸮、鹰鸮、长耳鸮、短耳鸮、斑头鸺鹠、领鸺鹠、大鲵、虎纹蛙等⑥。

● 永州市：永州市位于湖南省南部三面环山、向东北开口的马蹄形盆地的南缘，境内地貌复杂多样，河川溪涧纵横交错，山岗盆地相间分布；山地面积大，主要山脉有越城岭—四明山系、都庞岭—阳明山系和萌渚岭—九嶷山系。野生动物十分丰富，仅哺乳纲就有刺猬、蝙蝠、黄猴、猕猴、黑猴、短尾猴、华南兔、黑线姬、沟鼠、米鼠子、黄毛鼠、东方日鼠、喜马拉雅水鼠、花松鼠、红松鼠、媚鼠、猎獾、水獭、黄鼠狼、鼠、狼、豺狗、貂、华南虎、云豹、金钱豹、野猫、黑熊、花面狸、大灵猫、小灵猫、穿山甲、鹿、麝、黑鹿、赤鹿、梅花鹿、毛冠鹿、青羊、苏门羚、野猪、豪猪等⑦。永州市也是地级市，辖区内现今仍存在的穿山甲皆得到证实。

东安县处南岭山地向湘中丘陵过渡带，为越城岭向零祁盆地过渡区。地势西北高、东南低，

---

①衡南花桥镇. http://www.baike.com/wiki/衡南花桥镇

②九峰山. http://baike.baidu.com/link?url=EbocZENNDpFaPAEbewLfQvG1dITR82a9NOzcXaRSJczs0Uoqx4eVG00trXv3axHmUMvZYXFFxLTxzFCQTRvX1qU-F5w9N98Di5XZ_uYdLzi

③祁东县. http://www.365135.com/hunan/hengyang/2174.shtml

④永兴县政府网站. http://www.yxx.gov.cn/2012/zjyx/default.htm

⑤汝城县. http://baike.baidu.com/view/748363.htm

⑥桂东县人民政府. http://www.gdx.gov.cn/page/item340/index.html

⑦永州市人民政府网站. http://www.yzcity.gov.cn/col/col16888/index.html

西部及西北部为中山，东北部为中山、丘陵带，越城岭山脉逶迤延伸，围成天然屏障；东南部及中部为岗地丘陵，散布众多峡谷小盆地。东安县植物以杉木、楠竹、油茶为主，总面积达 2 万多 hm^2。据报道，境内的东安舜皇山国家森林公园栖息的动物有金钱豹、红腹角雉、猕猴、穿山甲、白鹇、金鸡、大灵猫、小灵猫①。

道县属南岭地区，四周高山环绕，中部岗丘起伏，平川交错；东南有九嶷山，南有铜山岭，西有都庞岭，北有紫金山；整个地势从四周向中间倾斜，呈盆状结构；山地占总面积的 44.7%，丘陵占 11.4%，岗地占 24.6%，平原占 14.9%。境内植物丰富，仅高等植物就达 186 科 612 属 1 265 种以上。野生动物也很丰富，已发现野生脊椎动物 22 目 54 科 134 种，其中两栖类 2 目 6 科 19 种，爬行类 3 目 9 科 23 种，鸟类 9 目 23 科 63 种，兽类 8 目 16 科 29 种。属国家二级保护动物的有猕猴、短尾猴、穿山甲、水獭、大灵猫、小灵猫、水鹿、林麝、獐(?)、鬣羚等 10 种②。

新田县境内四面环山，地势西北高、东南低，形成东西窄、向南开口的狭长盆地，地貌约为五分山丘、三分岗地、二分平原和水面。有树种 88 科 106 属 800 余种。野生动物有 700 余种，仅兽类就有蝙蝠、穿山甲、松鼠、豪猪、褐家鼠、小家鼠、刺猬、黑线鼠、猪獾、华南兔、水獭、果子狸、中华竹鼠、聋猪、野羊、鹿、獐（麝）等。原有的华南虎、金钱豹、牙獐等动物已绝迹③。

双牌县以山地为主，丘陵、岗地、平原兼备；阳明、紫金两山对峙，山势雄伟，层峦叠嶂；山系、山脉绵延，山、坳、寨、山冲阡陌，峰壑交错，连绵千重。据调查统计，县内野生植物共有 215 科 765 属 1 883 种。历史上野生动物较多，由于人为滥捕和森林植被遭到破坏，栖息环境逐渐恶化，野生动物数量日趋减少，有些种类已经绝迹，如亚洲象、犀牛、熊、猿、猴、梅花鹿、华南虎等陆栖动物均已绝迹。2002 年，县内尚存野生动物中哺乳动物有野猪、野牛、獐（麝）、鹿、野兔、野羊、野猫、黄鼬、芦鼠、竹鼠、穿山甲等 37 种④。

洞口县地势西北山多岭峻，中部地势低平，东南丘岗密布。截至 2012 年末已发现木本植物 105 科 337 属，其中乔木 313 种，灌木 484 种。已发现野生动物中兽类有果子狸、水獭、黄鼠狼、野猫、穿山甲、狐狸、蝙蝠、野猪、刺猬、山鼠等⑤。

● 湘西州：龙山县地处武陵山脉腹地，地势北高南低，东陡西缓，境内群山耸立，峰峦起伏，酉水、澧水及其支流纵横其间；以山地为主，兼有丘陵、岗地、平原及水面等多种地貌类型。已查明的木本植物共有 101 科 303 属 811 种，森林覆盖率 60.9%。有陆生脊椎动物 124 种，其中哺乳动物有蝙蝠、猕猴、黑熊、豺、狐、黄鼬、青鼬、獾、鼬獾、狗獾、水獭、大灵猫、小灵猫、果子狸、华南虎（已绝迹）、云豹（已绝迹）、金猫、野猪、麝、獐、黄麂、毛冠鹿、岩羊、穿山甲、棕鼯鼠、黄鼠、赤腹松鼠、岩松鼠、竹鼠、豪猪、帚尾豪猪、野兔等 32 种⑥。

6.4.4 广东

广东省现今仍是中南穿山甲栖息地绝对数量最多的省级政区（图 12.34），各市级政区皆有记录。

● 广州市：从化市处于珠江三角洲到粤北山区过渡地带，北回归线横跨境内南端的太平镇，气候温和，雨量充沛，全年平均气温偏低，阶段性高温天气过程明显；森林覆盖率 67.2%。野生动物资源丰富，较珍贵的物种有金钱龟、蟒蛇、南狐、果子狸、穿山甲、鹿等⑦。

①东安舜皇山. http://www. baike. com/wiki/东安舜皇山

②道县. http://baike. baidu. com/link? url=M8-H_eA4717r3-g-Gjqz8i5n_b74wdqmC-jR4LpGXLWDos-82I0scIi0c3bkrdEG

③新田县. http://baike. baidu. com/link? url=_OSpMhgIDxXklkOlGEtfUKWhDE0YfhLlDpCtSBn5SfjCplZn0BdhLVLNqtBBqViT#5_2

④双牌新闻网. http://www. spxw. gov. cn/zjsp/wczy. html

⑤洞口县. http://baike. baidu. com/link? url=cQHIq2hAE95a6_YxdYm5nhmUvxn25TaxmNFlAagDrlYOWDwwAWJuxqNvei Fp26iy

⑥中国・龙山. http://www. xxls. gov. cn/lsgk/zrdl/st/201309/54614. html

⑦从化市. http://baike. baidu. com/view/77295. htm? fromId=1033537

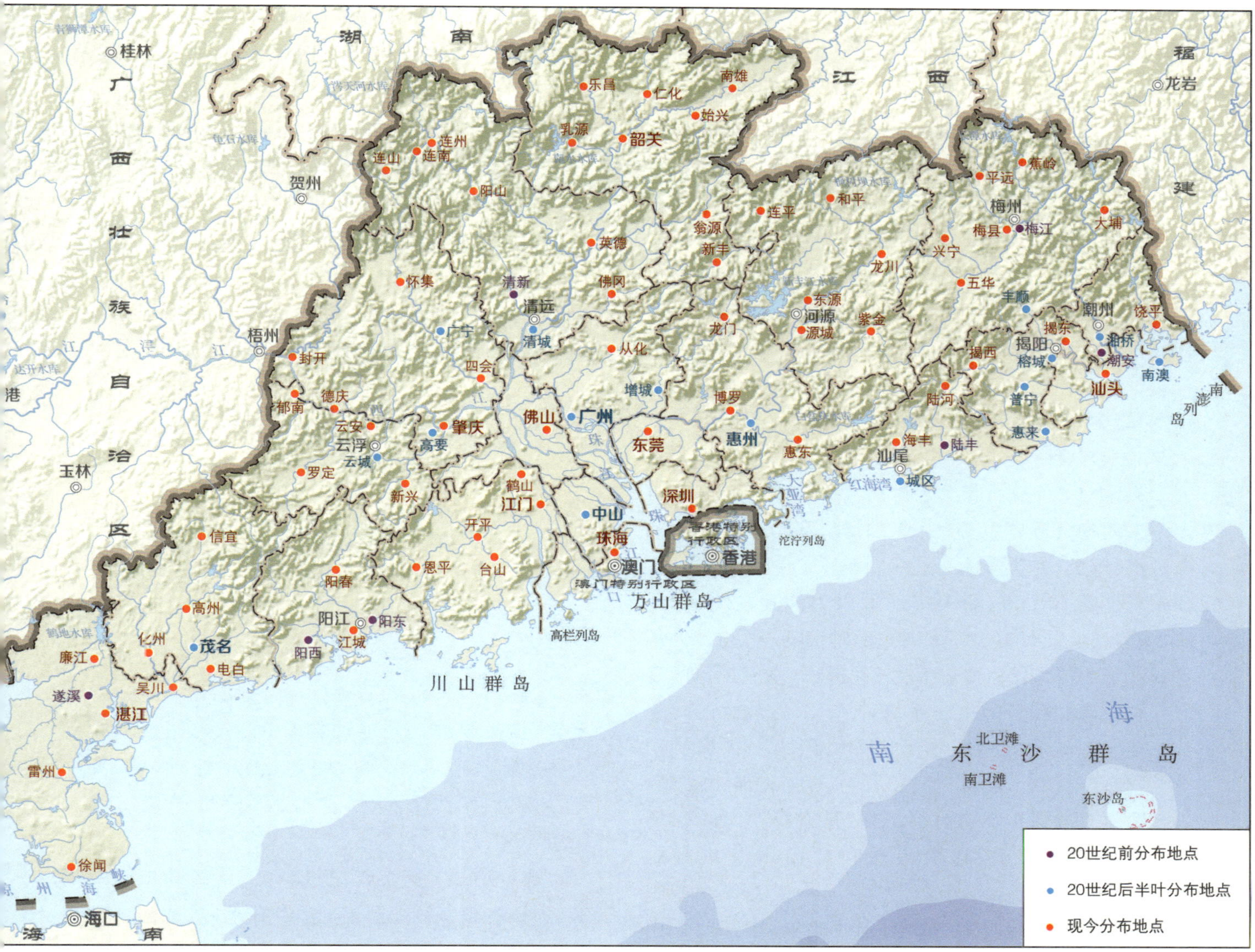

图 12.34 广东省古今穿山甲分布变迁图

● 清远市：英德市是一个周围山地环绕向南倾斜的盆地，丘陵、山地占总面积的 52.5%；当地处于南亚热带向中亚热带的过渡地区，属亚热带季风气候，夏季盛行偏南的暖湿气流，冬季盛行干冷的偏北风。北部以中、低山地貌为主，保存着大片天然阔叶林；南部山地丘陵，以人工培育和改造的阔叶林为主；东部和中部以人工针叶林松、杉树较多；西部石灰岩山区，林地生产条件较差。陆生动物资源丰富，主要分布在石门台省级自然保护区，根据《广东石门台自然保护区科学考察综述》，截至 2009 年 8 月，区内发现分布的脊椎动物 301 种，其中两栖纲 14 种、爬行纲 14 种、哺乳纲 4 种、鸟纲 228 种。在脊椎动物中，属于国家二级保护的有穿山甲、小灵猫、斑林狸、领角鸮等 45 种①。

连州市地处五岭中之萌渚岭南麓，境内崇山峻岭，丘陵岗峦星罗棋布。山地占全市总面积的 72.2%，丘陵占 15.9%。地属中亚热带季风湿润气候区，常年热量大，气温变化明显。林业资源丰富，森林覆盖率 67.5%。据调查，有野生动物

①英德. http://baike. baidu. com/link? url＝9f-nQowg6SLUPUaIs6y_JZw8CSOsmRIcvl9P2XDBUl0PKnzSg9Eadcp1n3SVWZZq0oGpjE3Nwd6BpG9_DXE3L_＃2_5

500多种，其中兽类100多种，鸟类200多种，爬行类90多种，两栖类30多种，鱼类30多种。属国家重点保护的动物有30多种，其中属国家二级保护的动物有红面猴、穿山甲、大小灵猫、白鹇、苏门羚、水鹿、狗熊、毛冠鹿、虎皮蛙、金猫和猛禽类等30多种[①]。

佛冈县为山区县，地势东北高、南西低，群山耸立，稀疏嵌布着几条东西相间长条状负地形构成的洼地，洼地两侧及四周的低矮丘陵向外过渡为中低山地形，南部为谷地平原区，山地、丘陵、谷地平原之比为7∶2∶1。已查明的维管植物有168科517属1 073种。野生动物有两栖类2目3科11种，爬行类3目8科26种，鸟类13目23科109种，哺乳类7目14科34种。较多的野生动物资源有黄猄、山猪、果狸、穿山甲、雉鸡、白鹇、龟类、蛇类等[②]。

● 韶关市：韶关市地形以山地丘陵为主，河谷盆地分布其中，平原、台地面积约占20%。2012年末，森林覆盖率达73.3%。具有丰富的森林资源和独特的生态系统，是广东省最大的再生能源基地和天然生物基因库。国家一级保护动物有华南虎、云豹、黄腹角雉、黑鹿和瑶山鳄蜥，国家二级保护动物有穿山甲、猕猴等52种[③]。韶关市乃地级市，辖境内现存穿山甲基本得到证实。

新丰县地势为中高向东西倾斜，东部属低山地带，西南部为丘陵地带，中北部为中山地带。处于东、西风系统交替影响的过渡区和温带、热带各类天气频繁活动和经常影响的地区。植被类型属亚热带常绿林，有丰富的野生植物资源，木本植物79科186属476种以上。山地广阔，植被茂密，水源充足，四季常青，适宜各种野生动物繁衍生长。列入国家一、二类保护的野生动物有画眉、金钱豹、金猫、穿山甲、鹿、猿、麝、猴、水獭、果狸、猫头鹰、山牛、蟒蛇、娃娃鱼（大鲵）、杜鹃、喜鹊、长尾凤、白鹤、燕子、啄木鸟、白鹇等。其他野生动物有山猪、土伦、山羊、山兔、喷田猪、老鼠、黄鼠狼、埔狗、狐狸、黄山狸、野猫、豺狗、送屎狸、箭猪、松鼠、黄猄、乌鸦、芒鼠、雉鸡、鹧鸪、竹鸡、扑鸪、斑鸠、鹌鹑、寮哥、喜鹊、布谷鸟、鹰、雀、山鸡、白头翁、凫鸭、各种蛇类[④]。

乳源瑶族自治县在南岭山脉骑田岭南麓，气候介于岭南、岭北之间，冬季常受北方冷空气影响，但因西北部有石坑崆等大山为屏障，削弱了北方冷空气的强度；夏季常受南海暖湿气流影响，雨水充沛。有各种野生植物216科946属2 572种。野生动物多达1 500种，较大的野生动物700多种，其中，陆栖兽类25科8目86种，两栖类33种，鸟类217种，鱼类33种，蝶类11科310多种。列入国家珍稀濒危和一、二、三级重点保护的品种达83个。其中二级保护品种（物种）有短尾猴、黑熊、穿山甲、白鹇、鸦鹃、原鸡、梅花鹿、水鹿、青羊、东南毛冠鹿、苏门羚、金猫、灵猫、麝香、猫头鹰等。其他动物有黄猄、野猪、狐、野子猁、兔子、芒鼠、松鼠、蝮蛇、银环蛇、蜥蜴、乌龟、水鸭、燕子等[⑤]。虽存瑕疵，但可确定有穿山甲。

● 河源市：据介绍，当地有丰富的动植物资源，动物种类达到200种，其中有水鹿、苏门羚及白鹇、穿山甲等国家二级保护动物[⑥]。河源市为地级市，辖境内皆有穿山甲生息繁衍得到证实。

源城区地势为南北走向的长方块状形，中间高，南北两端低；北面是东江与新丰江的汇合处，是两江冲积而成的盆地；中间是低丘陵地带；南面为东江冲积而成的埔前小平原，地势平坦；西面是桂山山脉。有野生脊椎动物215种，其中有蟒蛇、金钱龟、穿山甲等10多种国家级野生保护

---

①中国·连州. http://www.lianzhou.gov.cn/channel/001001008003

②中国·佛冈. http://www.fogang.gov.cn/info/544

③韶关. http://baike.baidu.com/link? url = QFKgpmQIzRpJmV0ivaXoLlB5xvZZZTIFi3nMtT _ LB8xYTHa1IHLe5wvsxTb1atOBC8TVApd9CG7A-8rqKzKpdk3eGkxAsjsfy6gU8yp-ZyRldgTHiOtBzbtZfAo7vJuXT6_6RRyjrBa8cyiJFOZsX1QmS2hKfZkZl6z4UyTgWle

④新丰县. http://baike.baidu.com/link? url=Gb1O37tD4SQWSnYITLpil0fc7lQIwi4KfSUAJhjy0pvwuklA9nZlxxNp8kEdfQBL#3_3

⑤乳源瑶族自治县. http://baike.baidu.com/link? url=PdAAArTrX9Y6vLTu_8_XdG1kj6_mmWrnaAXNcCtmnXYrfR8TLCBiqPnesK5aZir1F50pbiEEKXvRcJE0JlBq#3_3

⑥河源. http://baike.baidu.com/view/22520.htm? fromId=136585

动物[①]。

紫金县以山地、丘陵为主，占总面积的84%，河谷、盆地、水域仅占总面积16%。林木常见的有73科233种，森林覆盖率74.2%。野生动物资源也很丰富，其中有蟒蛇等国家Ⅰ级重点保护野生动物，有穿山甲、水獭、苍鹰、猫头鹰、赤腹鹰、虎纹蛙、啄木鸟、普通鵟、草鸮及游隼等国家Ⅱ级重点保护野生动物[②]。

龙川县位于东江和韩江上游，冬半年受极地冷高压脊控制，盛行东北季风，天气较为干冷；夏半年则受锋面低槽、季风低压、热带气旋所影响，盛行西南、东南季风，高温多雨。植物资源丰富，据初步调查，木本植物500多种。野生动物多产于山区，主要有兽类、飞禽类和两栖爬行类，兽类有野猪、野山羊、山牛、豪猪、黄凉（黄猄）、狐狸、猫狸、野兔、野狗、松鼠、黄鼠狼、野鼠、穿山甲、果狸等[③]。

连平县位于南岭山脉的南麓，九连山脉在境内自北分别向西和西南方向延伸，两大水系（东江水系、北江水系）纵贯全境，北、中部多为中、低山，西南部大多是丘陵地带，东南部以谷底盆地为主。据称，野生动物中兽类有狼、豺狗、野猪、狐狸、獭、豪猪、果子狸、野兔、鼠、黄鼠狼、穿山甲、狸猫、猪獾、野牛、黄猄、山鹿、赤鹿、山羊、大灵猫、小灵猫、苏门羚、蝙蝠等50多种[④]。

● 梅州市：据2015年9月报道，一只身长约0.5 m、重约1.5 kg的迷路穿山甲，在五华县双华镇矮畲村被当地村民拾获，经县林业部门送七目嶂省级自然保护区放生[⑤]。

● 潮州市：饶平县位于潮汕平原边缘，是广东山区县之一，东、北、西三面环山，中部谷地、盆地、平原交错分布，南临南海；西北为丘陵，间有空谷和盆地，东南部滨海为台地和冲积平原。山地野生动物则有眼镜蛇、金环蛇、蝮蛇、穿山甲、石蛤等[⑥]。

● 汕头市：汕头市潮南区为沿海丘陵—平原地区，南部属大南山系余脉，山体庞大，峰峦绵延起伏，多为高丘与坡地，形成丘陵半丘陵地带；北部练江自西向东横亘全境，形成练江平原；东部沿海为带状沙滩地。野生兽类主要有狐狸、山羊、穿山甲等22种，禽类及爬行动物主要有麻雀、喜鹊、山鸡、水鸭、燕子和乌龟、蜥蜴、水蛇、金（银）环蛇、眼镜蛇等98种[⑦]。

● 揭阳市：揭西县位于莲花山支脉大北山南麓，西北部重峦叠嶂，中部丘陵起伏，东南平原低洼，地势自西北向东南倾斜；山地占总面积62%，丘陵占24%，平原占14%。有植物400余种，但至今没有对野生动物资源进行系统调查，已知属于国家重点保护的有蟒蛇、穿山甲、虎纹蛙、大灵猫（五间狸）、小灵猫（七间狸）、长耳鸮（猫头鹰）、栗鸮（猴面鹰）、褐翅鸦鹃（毛鸡）、黄嘴白鹭、石豹等[⑧]。

● 汕尾市：据海丰县介绍，当地“兽类”野生的主要有野生羊、獾、鼬、水獭、野兔、刺猬、山猪、箭猪、黄猄、黄狼、豺、豹狸、果子狸、苏门羚、鼠（家鼠、田鼠、鼹鼠）、松鼠等。列入国家级保护动物的有豺、苏门羚等。“爬行类”毒蛇有竹叶青、蝮蛇、尖吻蝮（又名五步蛇）、金环蛇、银环蛇、眼镜蛇、眼镜王蛇，无毒蛇有赤链蛇、三线锦蛇、广蛇、索蛇、草游蛇、翠青蛇、鱼游蛇、蟒蛇等。其他还有黄鳝、壁虎、石龙子、蜗牛、蜥蜴、蚯蚓以及平胸龟、乌龟、黄喉水龟、三线闭壳龟（金钱龟）、花龟、鼋、鳖、鲎等。列入国家一级保护动物的有鼋和蟒蛇等，列入国家级保护动物的有穿山甲、三线闭壳龟、虎纹蛙等[⑨]。此处显然将穿山甲误归入“爬行类”。

---

①源城区. http://www.gd-info.gov.cn/shtml/hy/lanmu08/lanmu001/2014/05/09/98862.shtml

②紫金县：粤东中部重要生态屏障. http://mt.sohu.com/20150910/n420788657.shtml

③龙川县. http://baike.baidu.com/view/1229516.htm#3_2

④连平县人民政府网站. http://www.lianping.gov.cn/publicfiles/business/htmlfiles/gdlp/pzrzy/index.htm

⑤张炳锋等. 村民放生穿山甲. http://www.meizhou.gov.cn/zwgk/zwdt/qxdt/whx/2013-06-20/1371695292d114089.html

⑥饶平县. http://baike.baidu.com/view/9385.htm

⑦潮南区. http://baike.baidu.com/link? url=IS6K1qI_lDCjjKnr4dCqoftaeCUjRI9jQURtmjAZ_nshHoJOqkssobIjpFreybV4MGdtQ8hf-164yEznt1uiOq

⑧揭西县. http://baike.baidu.com/link? url=YnWk4RNeviS-d4putc7tm7uEBr6B--fiaK1bVizYFVk4IuN5nEJnFN4F9zaCRbRG#5_3

⑨海丰县. http://baike.baidu.com/subview/132982/11000774.htm? fr=aladdin#3_2

陆河县在莲花山脉中段东南麓，北回归线横贯县境。森林覆盖率达65.4%，拥有中国最大的红椎林自然保护区，松、杉、樟、桉、木荷、毛竹、绿竹等遍布山野。野生动物有野牛、野猪、野山羊、山兔、狐狸、穿山甲、蛇及鸟类等①。

● 惠州市：博罗县地势东北高、西南低，自东北向西南倾斜，形成北部山地丘陵，间有山谷平原，中部丘陵台地，南部沿东江自东向西有三个小冲积平原；山峰有罗浮山、象头山、太阳峰。珍稀野生动物有金钱龟、穿山甲、云豹等②。

● 东莞市：据2014年4月报道，东莞市一居民阳台突然发现一只穿山甲，捕获后经联系清溪林场的工作人员将它带到密林深处放生③。尽管较罕见，还是可以说明该市仍有此物种。

● 深圳市：深圳市栖息、繁衍的国家级野生保护动物有虎纹蛙、蟒蛇、猕猴、大灵猫、金钱豹和穿山甲等；经济价值较大的两栖类动物5种、爬行类23种、鸟类30种、兽类33种④。

● 珠海市：珠海市是珠三角中海洋面积最大、岛屿最多、海岸线最长的城市，素有“百岛之市”之称。内陆部分地势由西北向东南倾斜，地形多样，以平原（占25.5%）、丘陵（占58.7%）为主，兼有低山、滩涂等。据《珠海市志》记载，在低山丘陵区有猕猴、野猪、赤麂、南狐、大灵猫、小灵猫、豹猫、水獭、鼬獾、红颊獴、穿山甲、赤腹松鼠、豪猪及各种鼠类（广东省珠海市地方志编纂委员会，2001）。

《斗门县志》也记载当地野猪、黄猄［赤麂］、南狐、大小灵猫、豹狸、穿山甲、松鼠、猫头鹰、黄莺等仍有残存（斗门县地方志编纂委员会，2001），斗门现属珠海市，可为佐证。

● 中山市：中山市地形以平原为主，中部高亢，四周平坦，平原地区自西北向东南倾斜。五桂山、竹嵩岭等山脉突屹于市中南部。植被代表类型为热带季雨林型的常绿季雨林，植物610多种，隶属于105科358属，森林覆盖率13%。大中型兽类的主要活动场所分布于五桂山低山丘陵和白水林山高丘陵地区，现存的经济动物主要有小灵猫、食蟹獴、豹猫、南狐、穿山甲、板齿鼠和各种鸟类、蛇类等，平原地区以爬行类、两栖类、鸟类和鼠类为主，水生动物有鱼类、甲壳类和多种贝类⑤。

● 江门市：江门市位于西江下游，珠江三角洲西部，北部、西北部山地丘陵广布，东部、中部、南部河谷、冲积平原、三角洲平原宽广，丘陵、台地错落其间，沿海沙洲发育，组成错综复杂的多元化地貌景观。野生动物有兽类100余种、鸟类500余种、蛇类100多种、昆虫类200多种，其中山猪、小灵猫、山蛤、龟、鹧鸪、鳖、蛇、穿山甲等于西北部山地常见⑥。江门市是地级市，所属辖境皆仍有穿山甲生息繁衍。

七星坑地处恩平市西南部那吉镇，经中国科学院华南植物研究所、华南师范大学生物系及香港嘉道理植物园的专家学者多次考察，已鉴定的植物种类有735种，动物约有140种，其中许多为省内罕见。尤其是发现了珍贵野生鱼类约30种、鸟类约40种，以及种类繁多的昆虫和猴子、野猪、穿山甲、刺猬等野生动物活动的迹象⑦。

台山市位于珠江三角洲西南部，南濒南海。地势中部较高，南部由北向西南倾斜，北部由南向北倾斜，平原、丘陵和山地兼有。深山有很多危险的动物，如穿山甲，蛇等⑧。

开平市以平原为主，占总面积的69%，丘陵占29%，山地占2%。南、北、西部多低山丘陵，东、中部多丘陵平原，潭江自西向东横贯市境，地

---

①陆河县. http://baike. baidu. com/link? url=W3DYWsuWab-e9HbY7EXF7dJFkfHGntpkGpJE0qTHHWEtdfT0Di9Jjxdq9mymph2o

②博罗县. http://baike. baidu. com/link? url=hjzpnAEV77JQcFSjaL-Q8rqNH2KKp9yzq_rpDeovK_554aEC33aO5B1w80lWHQZ3

③刘辉，杨磊. 清溪. 市民家中惊现穿山甲，警民携手助其归林. http://news. sun0769. com/town/qw/201204/t20120403_1517750. shtml

④深圳. http://baike. baidu. com/link? url = taR3Vt4u1iPxH1p07MoyFqNoT _ SJOY42SZdk2mMNlJfvTFWRFjIEcu0rVuvfU-Fb-dJ4Jef656Ur0zPG0XGPywq＃3_2

⑤中国中山政府门户网站. http://www. zs. gov. cn/main/about/content/index. action? id=39165

⑥江门. http://baike. baidu. com/link? url=UjEVj1b6KymGjTd6Hbai82fVoj8w3cu4ij6iwYS_ YdSFT1DzIIYzsh19iwyOfnNZFZos60UqRf6YBf-bXihe4a

⑦恩平七星坑穿越探路. http://www. doyouhike. net/city/guangzhou/293271,0,0,1. html

⑧台山市. http://gd. zwbk. org/lemma-show-416. shtml

势自南北两面向潭江河各地带倾斜。常见的珍稀动物有穿山甲、大头龟、果子狸、猴面鹰，较多的野生动物有山猪、石蛤、鳖、蛇、鹧鸪、坑螺等[①]。

鹤山市地形东西宽，南北狭长，中部山峰绵亘，丘陵起伏，地势自西略向东倾斜，东部低平，北部最低。丘陵主要分布在市境东北、中南部，占总面积的 90.5%；山地占 2.1%；冲积平原占 7.42%。据《鹤山县志》记载，兽类有山猪、山羊、山狗（又名豺狗）、黄鼠狼、水獭、刺猬、野兔、蝙蝠、老鼠、果子狸、野猫狸、黄猄[赤麂]、穿山甲、箭猪、斑豹、白鼻子、大尾鼠等（鹤山县县志编纂委员会，2001）。

● 佛山市：佛山市三水区处珠江三角洲西北端，地势自西北向东南倾斜，西北多高丘，东南多冲积平原及低丘；北江、西江与绥江汇流三水，也因此得名；形成了“三山二水五分田”的土地分布格局。北部山区有野猪、黄猄、豪猪、山猫、果子狸、猪狸、五间狸、七间狸、豹狸、松鼠、穿山甲等[②]。

● 肇庆市：怀集县位于绥江上游，四面环山，山高林密。现只有果子狸、黑脚狸、木狗、步狗、白额狟、黄鼠狼、抓鸡虎（猫狸），此外还有猴子、石羊、山猪、黄猄、箭猪、水獭、穿山甲、蝙蝠、老鼠等野兽[③]。

德庆县地处西江中游北岸低山区与丘陵区。北回归线经过县境最北端，辐射强烈，具有热量丰富、阳光充足、雨量充沛、水热同季、夏长冬短的气候特点。据统计，森林树种共有 72 科 231 种。野兽现有山牛、山猪、箭猪、果子狸、过树狸、白鼻喷、七间狸、五间狸、芒花狸、山羊、黄麖、花猫（山猫）、山兔、黄鼬（黄鼠狼）、松鼠、花鼠、田鼠、家鼠、骚鼠、蝙蝠（粪便入药，名夜明沙）、穿山甲、水獭等[④]。

● 云浮市：大云雾山位于云安区[⑤]，属东北走向的云雾山脉东北部主峰，峰顶终年云遮雾绕，景象万千。大云雾山麓层峦叠嶂，茂林修竹，方圆数十里之内群山如聚，云雾如怒，山高谷深，云蒸霞蔚，山间四时鸟语花香，景致极佳。有二类保护动物穿山甲[⑥]。云浮市乃地级市，辖境内皆有穿山甲存在。

据 2001 年 11 月报道，广东省森林公安日前破获了一起跨省贩运、盗卖野生动物案件。执法人员在对广西与广东交界的罗定市冲花镇进行搜查时，当场查出已经死亡的 7 条国家一级保护动物巨晰（巨蜥），另外 17 只国家二级保护动物穿山甲也是奄奄一息[⑦]。在乡镇查出穿山甲，反映当地确实存在一定数量。另据报道，罗定市野生动物有野猪、黄凉（黄猄）、果狸、穿山甲、箭猪、山鸡、山龟及蛇类等[⑧]。

新兴县地处北回归线南侧，属亚热带季风气候区，气候温和，热量丰富，光照充足，雨量充沛，霜期短。珍贵动植物有油占米、香荔、贡柑、青梅、三黄鸡、花白猪、果子狸、穿山甲等[⑨]。

广东郁南大河国家湿地公园位于郁南县北部，面积 280.1 hm^2，其中湿地 133.9 hm^2，湿地率为 47.8%。有鱼类及陆生脊椎动物 199 种，其中国家Ⅰ级保护动物有蟒蛇，国家Ⅱ级保护野生动物有虎蚊蛙、穿山甲、小灵猫、花鳗丽等 18 种[⑩]。

● 阳江市：阳江市森林公园位于江城区东北部。据调查，金山森林公园内主要的野生动物有猫头鹰、啄木鸟、毛鸡、山雀、黄莺、雨燕等鸟类，多种蛇类、蛙类、鼠类、蝙蝠、穿山甲、野兔、刺猬，

---

①开平市. http://baike. chinaso. com/wiki/doc-view-100880. html

②三水区. http://baike. baidu. com/link? url=f9YFAOv4gr4IDNRb80L4jpT3ipwuBkDS4jnNjRRtZ9aS1lwRuCC2kYcZwAEQVWWfhX29SBLqTGd50dQOzCRWQK

③怀集县. http://baike. baidu. com/view/1078645. htm

④德庆县. http://baike. baidu. com/link? url=a03wlAVI_g6lyM3IOB1_khokFS62ifr4LEgDqWJUCN49T52X9N2DmmGT4xK2ek5R#2_2

⑤原为云安县；2014 年 9 月 29 日，撤销云安县设立云安区。

⑥大云雾山. http://baike. baidu. com/link? url = r1ZeoPb6zC8fL8IA7bWjrfVaE5znvi0fWsARH9mJXUDywO4t2WxPXazbfTWHsxkjoGUzZ2nAG0_U6P3Qu6gyGK

⑦广东破获一起跨省区贩运穿山甲案. http://review. jcrb. com. cn/ournews/asp/readNews. asp? id=65024

⑧罗定佛子坑高岭土矿. http://www. shzhisha. com/fenti/1518. html

⑨新兴县. http://gd. uemap. com/survey/xinxing2/

⑩我市首个国家级湿地公园落户郁南. http://difang. gmw. cn/newspaper/2015-01/16/content_103806059. htm

小型猛兽有山猫、黄鼠狼等[①]。

东湖旅游区位于阳东县，四面青山紧紧抱着一泓绿水，青山如黛，绿水如蓝，自然风光旖旎。湖中有水鱼、黄鱼、生鱼和难得一见的娃娃鱼，陆上有鸬鹚、白鹤、大雁、山鸡、鹰、天鹅、野猪、黄猄、水獭、穿山甲等 20 多种动物[②]。另据《阳东县志（1988—2000 年）》记载，境内野生动物较多，主要有山猪、箭猪、黄猄、乌脚、水獭、穿山甲、果狸、山鸡、鹧鸪、斑鸠、金头龟、金钱龟、眼镜蛇、过山乌、蟒蛇、老鼠、石蛤等[③]。

● 茂名市：化州市北部高丘地区山多田少、水面少，中部中丘和西南低丘地区山多田少，东南平原山少田多。森林覆盖率 48.1%。据 2009 年 7 月报道，在北部山区和一些林区还繁衍着多种野生动物，各种禽畜兽 200 多种，经济价值很高的珍稀野生动物有穿山甲、山瑞、猛禽、蟒蛇、虎斑蛙、巨晰（巨蜥）等[④]。茂名市也是地级市，辖境内其他地方现今有否穿山甲，尚待进一步证实。

电白县地处南部沿海，中、北部为内陆，属亚热带季风气候，温暖湿润。据《电白县志》【兽类】主要有：山猪、山狗、箭猪、白面猪、野山羊、乌獐、狐、野兔、田鼠、蝙蝠、黄猄、果子狸、豹狸、豹猫、鹿、猿、猴、獭等。其他爬行类动物有金钱龟、大头龟、草龟、鳖、穿山甲、石蛤、蛤蚧（广东省电白县地方志编纂委员会，2000）。此处将穿山甲误归入“爬行类动物”。

● 湛江市：霞山区是湛江市中心城区，位于雷州半岛东北部，濒临湛江港湾，由陆地和一个海岛构成，地势北部、西北部较高，逐渐向沿海倾斜，以滨海平原为主，局部为台地，间有丘陵，三者比例约为 5∶3∶2。野生动物兽类有狐狸、野狗、黄猄、水獭、野兔、野猫、穿山甲等 7 种[⑤]。湛江市乃地级市，但辖境内其他地方是否存在穿山甲，有待查证。

吴川市濒临南海，大部分地区属鉴江下游冲积平原和半平原，地势北高南低，缓缓向海倾斜，没有明显山脉，地形大致分为低丘、平原、台地和沙土四类。据《吴川县志》记载，野兽有野猪、山狗（狼）……豹猫、犬、穿山甲、果子狸（吴川市地方志办公室，2001）。

据 2011 年 6 月报道，《湛江晚报》地理探秘队首次对南渡河进行探秘活动，这是雷州市境内最大的河流，全流域总长度为 97 km。据称，从资源生态保护看，南渡河及其沿岸汇集、保存了许多动植物资源，珍稀动物主要有大蟒蛇、穿山甲、猫头鹰等[⑥]。

徐闻县东、西、南三面环海，即东和东北临南海，西濒北部湾，南隔琼州海峡，与海南岛相望。地势自北向东、西、南三面倾斜，多数平坦连片，坡度较小，土地结构多样。据《徐闻县志》记载，兽类有：黄鼠狼……黄猄（绝迹）、狼狗、果子狸、山猪（绝迹）、华南虎（绝迹）、松鼠、穿山甲、山龟、野兔、水獭等（徐闻县地方志编纂委员会，2000）。近年，徐闻县野生动物仍有黄鼠狼、果子狸、穿山甲、大田鼠、山龟、毛鸡、山鸡、猫头鹰、斑鸠、青蛇、蟒蛇、眼镜蛇、黑花蛇、水蛇、蜗牛、蚯蚓、蟋蟀、蜈蚣等[⑦]。

6.4.5 广西

广西壮族自治区绝大部分地级市还有穿山甲分布（图 12.35）。

● 南宁市：南宁市称，“截至 2012 年，自然分布的野生脊椎动物有 31 目 90 科 208 属 272 种，其中……哺乳类 60 种，主要有黑叶猴、猕猴、小灵猫、大灵猫、林麝、苏门羚、黑熊、穿山甲等”[⑧]。南宁市为地级市，经核查，辖境内皆有穿山甲。

---

①金山森林公园旅游. http://www.liulian.com/lvyouyoujizixun-97741/

②阳江东湖旅游区. http://baike.baidu.com/link? url = pLt1DoABuzY11eKzqqbN4uW_BUIcyAkEDeCIO2KSIaQIwYWBRTzip9heJx0EGQDJ6Mvtbz7_GJM-sGF8dbqSf_

③阳东田畔牛肉香. http://www.yjrb.com.cn/web/news/msxw/webinfo/2013/02/07/1357141005775619.htm

④茂名化州市自然资源. http://www.mm111.net/show/354280.html

⑤霞山区. http://baike.baidu.com/link? url = jgVZmaXNcoUlbaAXzb4kLAlee3DTEmw3Nk-FM-tCSkS5uHYa0NvwEfb6F4EGH3gXcKujUJh6A-5xQZBKMO2RQa

⑥梁染渠等. 初识雷州母亲河. http://szb.gdzjdaily.com.cn/zjwb/html/2011-06/05/content_1498039.htm

⑦徐闻县. http://baike.baidu.com/view/466243.htm

⑧南宁. http://baike.baidu.com/link? url = oBJjxFYvbivwYdidHdlvq6F26WAmJiX-VpTh44butHJfsHSrXHsp2vgMb8laePVIX1JmkHiEovD9KJ89KXOyiYlk7GzMo_MkEIZAnOxGsW3

南宁市兴宁区常见的野生动物有120多种，属国家一级重点保护动物有黑叶猴、金钱豹、蟒、林麝等，属国家二级保护动物有眼镜王蛇、棘胸蛙、原鸡、穿山甲等①。

武鸣县②现依然沿用“1976年调查，有42科65属83种。属国家保护的野生动物……二类有短尾猴、猕猴、穿山甲、旱獭、大灵猫、小灵猫、金猫、河麂、鬣羚、白鹇、原鸡、蛤蚧”③。此记录虽沿用以往记录，但根据南宁市介绍有“穿山甲”等，毗邻地方也有穿山甲存在，皆可作为当地仍有穿山甲的佐证。

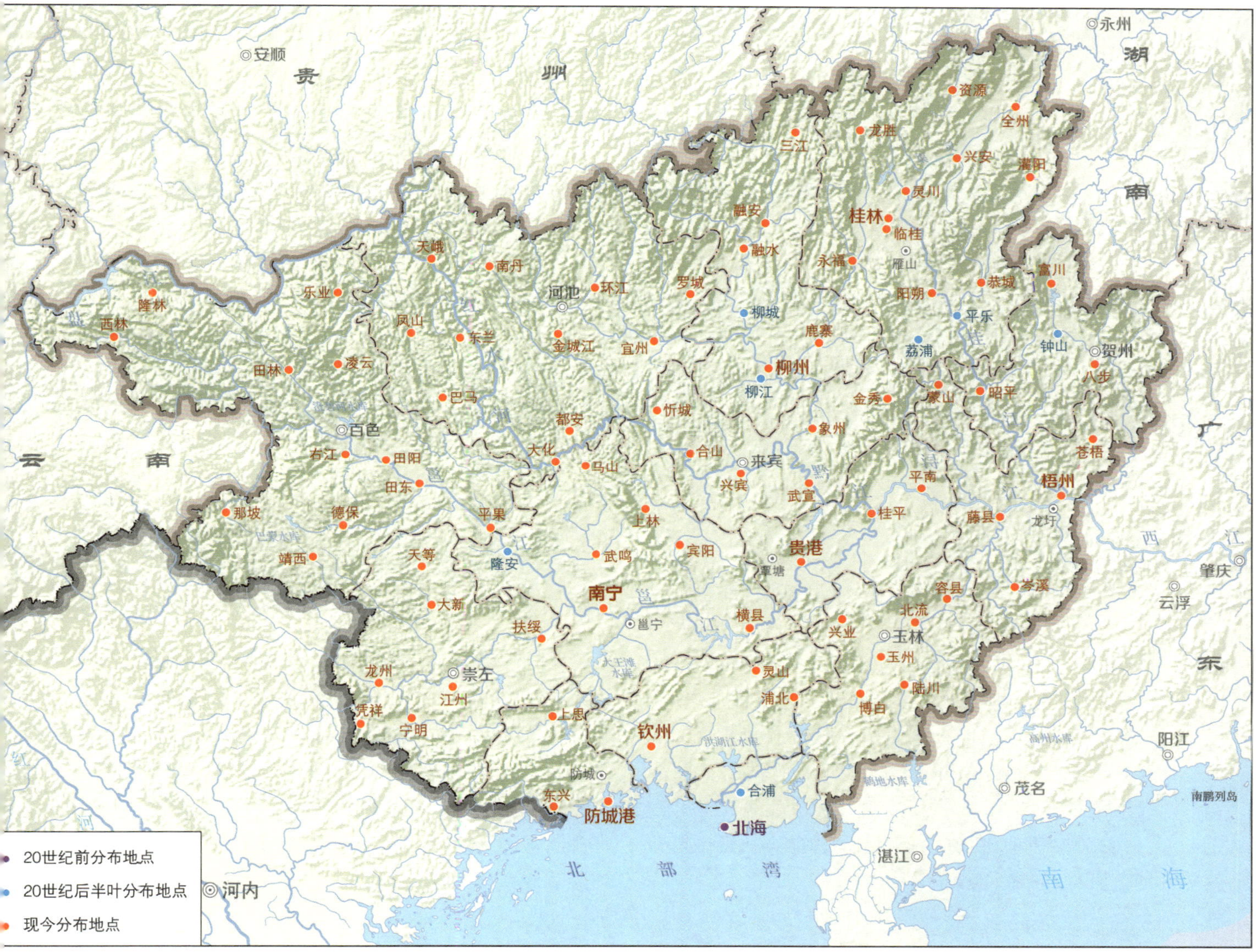

图12.35　广西壮族自治区古今穿山甲分布变迁图

横县地貌以丘陵、平原为主，森林覆盖率44%。境内珍贵动物有属国家二级保护动物的穿山甲、山瑞、蛤蚧、蟒蛇(蚺蛇)等④。

宾阳县东、南、西三面边缘土山环亘，北及东

①南宁市兴宁区林地保护利用规划(2010—2020年). http://www.nnxn.gov.cn/fazhiban/contents/3989/51191.html

②武鸣县2015年撤县，设立南宁市武鸣区。

③武鸣区. http://baike.baidu.com/link? url = dcITrtQXnwsezAZAv1955HuXKnGcF_oPpafS3POYLeAuFkY4Fjn6auvKD6zXmMFkC1csgGKfWp5NtzLcwAyarAyHf4BIRZejsuLgDNJ-s0q；武鸣县. http://baike.haosou.com/doc/5908142.html

④横县. http://baike.baidu.com/view/36735.htm

北面边缘石山群立，中部为不闭合盆地，属大片冲积平原，北部及东北部为溶蚀平原及缓丘地区，东部为低山丘陵地带，东南部为高低丘为主的丘陵区。据称，“2007年，在自然分布的野生脊椎动物有31目90科208属294种。其中：……两栖类19种，主要有大鲵棘胸蛙、虎纹蛙、泽蛙、大绿蛙、斑腿树蛙等；爬行类42种，主要有蟒蛇、山瑞鳖、大壁虎……等；鸟类151种……哺乳类60种，主要有黑叶猴、猕猴、小灵猫、大灵猫、金钱豹、林麝、苏门羚、黑熊、穿山甲等[①]”。

上林县各类地貌分布为：中山占8.62%，低山占17.03%，山丘占12.15%，丘陵占30.29%，平原占27.9%。野生动物中属国家二类保护动物有黑叶猴、林麝、猕猴、熊猴、短尾猴、苏门羚、穿山甲、大灵猫、小灵猫等[②]。

马山县地处红水河中段南岸，大明山北麓。地形以喀斯特石山为主，地势东西高、中部低。已发现的野生动物有几十种，常见的有野猫、山猪、果子狸、猴子、松鼠、黄京（黄猄）、穿山甲、竹鼠、蛤蚧、龟、鳖、蛇类及山鸡、鹧鸪等[③]。

● 桂林市：属山地丘陵地区，为典型的“喀斯特”岩溶地貌，遍布全市的石灰岩经亿万年的风化侵蚀，形成了千峰环立、一水抱城、洞奇石美的独特景观。动物种类繁多，有1 593种，隶属60目295科。陆栖脊椎动物400多种，其中有云豹、黄腹角稚、穿山甲、果子狸等[④]。作为地级市，辖境内其他一些地方穿山甲存在情况待核查。

阳朔县地处中亚热带季风性气候区，热量丰富，雨量充沛，日照充足，四季分明。据介绍，现今属国家重点保护的野生动物有穿山甲、果子狸、原鸡、蛤蚧、麝等[⑤]。

临桂县地处南岭南缘，东西窄，南北长，呈火炬状。北部群山巍峨高耸，南端峻岭连绵。东部略低于西部，由西北向东南倾斜，形成东西向分水岭。宛田乡东部“蝴蝶谷瑶寨”周围群山环绕，森林密布，流水跌宕，沟壑纵横，森林中栖息着娃娃鱼（大鲵）、野猪、麝羊（林麝）、猴子、寒鸡、锦鸡、穿山甲、竹鼠、熊油鱼、油丰鱼等珍禽异兽，是天然的动物乐园[⑥]。

灵川县地形复杂，溪河纵横，有“八山半水分半田”之说。主要野生动物有野猪、果子狸、野猫、黄鼠狼、穿山甲、蝙蝠、野兔等[⑦]。

全州县野生动植物资源中珍稀物种较多，其中有蜂猴、豚尾猴、长臂猿、红胸角雉、灰腹角雉、短尾猴、穿山甲、豺、小熊猫、水獭、红腹角雉等161种[⑧]（陈仁志，2011）。

《兴安县志》曾记载：哺乳类有虎、豹、狼、狐狸、野兔、獐、鹿、猴、獭、狗熊、野猪、野山羊、黄鼠狼、松鼠、野猫、箭猪、鬣羚、穿山甲、竹鼠、果子狸、大灵猫、小灵猫、鼬獾、麂子、黄猄（赤麂）；属国家二类保护动物的有毛冠鹿、黄腹角雉、短尾猴、恒河猴、狗熊、麝、大鲵、水鹿、鬣羚、大灵猫、小灵猫、金猫、白鹇、金鸡、穿山甲等15种（兴安县地方志编纂委员会，2002）。近称，兴安县的哺乳类有虎、豹、狼、狐狸、野兔、獐、鹿、猴、獭、狗熊、野猪、野山羊、黄鼠狼、松鼠、野猫、箭猪、鬣羚、穿山甲、竹鼠、果子狸、大灵猫、小灵猫、鼬獾、麂子、黄猄，特别是虎、豹、麝、鸳鸯等今已少见[⑨]。

永福县地貌复杂，地形多样，天平山两支脉大雾山、大崇山由西北向南和东南延伸，驾桥岭自南向北和西北走向，构成县域近似N形山体；洛清江在县境内由东北流向西南，把县内东南、

---

①广西宾阳县年产16万吨硅锰及富锰渣产品项目环境影响报告书. http://max.book118.com/html/2015/0417/15088115.shtm

②上林县. http://baike.baidu.com/view/132787.htm

③马山县. http://zy.zwbk.org/index.php?title=马山县&oldid=292284&printable=yes

④桂林市. http://baike.baidu.com/view/7304.htm?fromId=672632

⑤阳朔县. http://baike.baidu.com/link?url=97dVowjpt18Q8xLHU-DAmcFY5EfbWf0SrgSVLbTJG1V6X35714IeWKY9myySkhT8MRPcC1nDVYTqfl7WC6Ydkq

⑥临桂区. http://baike.baidu.com/link?url=mKdjUhaLDAdCkutbDDgYVo12c5HGZhlIiwgMks05ISmwO9iXpfwpDyyBmactvZsN8xw-xJ51Q94j9eUosI4D7_

⑦灵川县农作物种子仓库建设项目. http://www.docin.com/p-909189665.html

⑧原文为“其中一级国家重点保护野生动物有蜂猴、豚尾猴、长臂猿、红胸角雉、灰腹角雉等90余种，二级国家重点保护野生动物有短尾猴、穿山甲、豺、小熊猫、水獭、红腹角雉等161种”。窃以为，一地有如此多的国家一二级重点保护野生动物，值得核查。

⑨兴安县人民政府. http://www.xazf.gov.cn/html/2012/zrdl_0426/52.html

西北两山地截然分开；大崇山山脉自北而南延伸，将全县分成东西两部分，县境东部东南高、西北低；江河由东南流向西北，汇入洛清江。野生动物资源有穿山甲、果子狸、猴子、狗熊等18种，野生鱼类有斑、鲤、娃娃鱼（大鲵）、塘角鱼等20多种。国家级保护动物：红腹锦鸡、穿山甲、老鹰、雕等（叶福多，2011）。

灌阳县地处都庞岭西侧，山地丘陵分布明显，素有"八山一耕地，半水半村庄"之说，是桂北农业强县之一。县城东南的千家洞原始森林景区属省级水源林保护区，保护区内有丰富的动植物资源，其中属国家二级保护的珍稀野生动物有小灵猫、猕猴、穿山甲、锦鸡、水鹿、大鲵等①。

龙胜各族自治县地处越城岭山脉西南麓的湘桂边陲，"万山环峙，五水分流"，东、南、北三面高而西部低，全县山地占总面积的47.26%。森林覆盖率72.6%。兽类主要有狗熊、黑熊、岩羊、麂、鹿、麝、貂、獭、猴、野猪、豪猪、野兔、黄鼬、竹鼠、灵猫、大鲵、穿山甲、果子狸等②。个别物种归类有误，但有穿山甲存在。

恭城瑶族自治县境内山地和丘陵占70%以上，是一个典型的山区县，东、西、北三面为中低山环抱，中间为一条南北走向的河谷走廊，其间河谷、平地、台地、丘陵相互交错。森林资源遭到几次大的破坏，加以历年滥伐和山林火灾，致使森林资源消耗量大于生长量。野生动物中国家保护珍贵兽类有猕猴、短尾猴、华南虎、穿山甲、云豹（龟纹豹）、金猫、河麂、毛冠鹿、小灵猫、大灵猫等。其他野兽有果子狸、鹿、獐、猸（田猪）、黄鼠狼、刺猬、山牛、水鹿、苏门羚（水羊）、麝（石羊）、豺狼、狐狸、山猪、豪猪（箭猪）、野猫、松鼠、竹鼠、野兔等（《恭城瑶族自治县概况》编写组，2009）。

● 柳州市：柳州市地形平坦，微有起伏，东、西、北三面环山；由于柳江穿流市区及气候、岩性、构造的影响，形成河流阶地地貌、岩溶地貌叠加的天然盆地。在柳州市北郊沙塘镇境内的君武森林公园内森林覆盖率82.5%，森林景观优美，具有良好的生态环境和舒适的森林小气候，有野生动物36目82科177种，其中有穿山甲、赤鹿、草鸮等③。柳州市是地级市，境内是否皆有穿山甲，尚待核查。

鹿寨县境中部和南部地势低平，主要为和缓的丘陵、台地和小平原。森林覆盖率约50%。野生动物中，走兽类有山猪、黄猄、箭猪、狐狸、猴子、獐子（麝）、果子狸、野兔等，飞禽类有鹧鸪、野鸡、红毛鸡、斑鸠、猫头鹰、麻雀等，爬行类有穿山甲、竹鼠、各种蛇类④。此处穿山甲误归入"爬行类"。

融安县地貌大致可分为中低山陡坡、低山缓坡、岩溶峰丛、沉积平原等几种类型。大坡乡摆竹山的原始森林景区，据称有野牛、华南虎、穿山甲、娃娃鱼（大鲵）等多种动物⑤。

三江侗族自治县地貌分为残余山地、陡崖窄脊山、V形谷、河丛丘陵、河流谷地、残余山前梯地等。森林植被的垂直分布大体是：海拔500 m以下为常绿阔叶林带，经济林以油茶林为主；海拔500～800 m生长有栲类、栎类、酸枣、拟赤杨、楠木、枫香、光皮桦等；海拔800 m以上山地多为水源林和灌木丛，原生植被为阔叶林。动物资源中兽类有毛冠鹿、猕猴、大灵猫、小灵猫、苏门羚、穿山甲、水獭、狐狸、田鼠、果子狸、黄腹、竹鼠、红腹松鼠、花鼠、青鼬、豪猪、野猪、黄鲸、貂猫、华南兔、猪獾等⑥。

融水苗族自治县是苗岭山地向东延伸部分，地势中部高、四周低，中西部和西南部为中山地区，东南部和东北部为低山地区，南端为丘陵岩溶区。据调查，有高等植物303科1 232属3 332种，

①灌阳县. http://www.baike.com/wiki/灌阳县

②龙胜各族自治县林业基本情况. http://www.gx.xinhuanet.com/dtzx/guilin/longsheng/jjly1.htm

③柳州君武森林公园旅游现状评析与发展对策研究. http://wenku.baidu.com/view/84eb223110661ed9ad51f3c8.html

④鹿寨县. http://baike.baidu.com/view/259530.htm

⑤柳州. http://baike.baidu.com/link? url=LyUeFvh_jEVnZvSAPll_GHn8tLr36ULNpnVZeTWVo7z9TFhp-kB8nKV-TfarXxy_JZMaVsJBKWka5tH3jQap4K

⑥三江侗族自治县. http://baike.baidu.com/link? url=EqXe9yN9gadzlDG59IDlA-j8cbLyr0z1WdWFPu78f6Pgn7H2romIuBRzdVBVYNezI-5AlwoylL2BQ-rHRjQdja

种类仅次于云南省西双版纳。县境中部的元宝山为融水第一高山、广西第三山，林木茂密，树种繁多，主要树种有300多种。野生动物繁多，据称列为国家保护动物有华南虎、云豹、熊、短尾猴、大灵猫、小灵猫、林麝、猕猴、穿山甲、大鲵、白鹇、红腹锦鸡等①。

● 梧州市：梧州市是地级市，辖境皆有穿山甲。

龙圩区为梧州市新成立的市辖区，位于梧州市南部。全区地属低丘，有部分低洼地，主要山峰有大平山、尖峰顶等。野生动物主要有野猪、黄猄、狸、穿山甲等50多种②。

岑溪市白霜涧位于岑溪市南渡镇吉太村，该景区的植被为亚热带原始次生林，动植物种类繁多，有多种国家一、二级保护的动植物种类。野生动物182种，穿山甲、野猪、果狸等20多种为各级保护动物③。

藤县西北部的大黎镇，是中国历史上太平天国农民革命运动忠王李秀成、英王陈玉成、来王陆顺德、侍王李世贤等四王的故里。位于镇东南约15 km的青山顶，海拔779.7 m，有一大片原始森林，以枫、荷、樟、藜、楠等阔叶树为主，古木参天，巨藤遍布，野果甚多，果子狸、黄猄、穿山甲、山猪等野生动物时有出现④。

蒙山县四周群山环抱，境内丘陵起伏，地势东北高、西南低，湄江纵贯其中。县境西连大瑶山，西北部的鸯山，属萌诸岭山脉，是全县的最高峰；东北部有鸡冠山脉，是蒙山、昭平两县天然分界线；北部有白面山，西南部有百崖顶、大道岭；南部有高山岭。野生动物较为珍贵的有山猪、果子狸、穿山甲、竹鼠、獐、獭、蜕、鹿、相思鸟、翡翠、鹌鸪、春丝鸟等⑤。

● 贵港市：处于广西最大的冲积平原——浔郁平原的中部。野生动物有蛤蚧、毛鸡、穿山甲、山猪、黄琼、果子狸、猕猴、林麝、苏门羚、小灵猫、水獭、眼镜蛇、金环蛇、银环蛇、鹧鸪、鹌鹑等200多种⑥。地级市贵港境内皆有穿山甲存在。

贵港市西郊的平天山国家森林公园属中山地貌，有虎纹蛙、山瑞、猕猴、穿山甲、小灵猫、苏门羚等国家二级保护动物⑦。

桂平市总的来说山地丘陵较多，平地稍少；西北的大瑶山和东南的大容山，相对耸立，状似马鞍；山地边缘丘陵广布，形如马鞍的倾斜部；中部为开阔的浔江、郁江平原，宛如鞍部。西北部的金田林场毗邻西山国家风景名胜区，属国家重点保护的动物有鳄蜥、猕猴、山甲（穿山甲）等⑧。

平南县低丘平原面积占36.7%，中低山占33.4%，丘陵占23%，各类盆地占6.8%。属南亚热带常绿阔叶林区，林木种类较多，维管束植物有570多种。哺乳类动物主要有野猪、獐（麝）、野兔、穿山甲、果子狸等⑨。

● 玉林市：玉林市在大容山以南、六万大山以东，形成了玉林盆地；又在中部寒山、东山和葵山与西部圣山之间，形成了石南谷地；境内山地、丘陵、谷地、台地、平原相交错，尤以丘陵台地分布较为广泛，平原盆地占全市面积的17.4%，丘陵台地占49.4%，山地占33%。地级市玉林境内皆有穿山甲生息繁衍。

据报道，玉州区的佛子山，栖息有国家保护

---

①融水元宝山. http://baike. baidu. com/link? url＝hbYDktxF49eWbPVhLMHxueaJXcGwPo8jcuzxYn_FtHJ_xDL6a9n0lQEsntWws23SOizIL2d76CqgkgLxFyjY3a

②梧州市龙圩区. http://baike. baidu. com/link? url＝I-lnyOyTYtbqVZIuJXET5Z2v0W4iVH0c8Aliz6ucVPSWTqgjtD1P5yPzBZ0v9-vu3oXiXXOGshcoU3b8sFfH

③白霜涧. http://you. ctrip. com/sight/cenxi3056/57738. html

④藤县“天国四王”故里. http://www. tengxian. ccoo. cn/bendi/info-8995. html

⑤蒙山县. http://baike. baidu. com/link? url＝zOIDBvHXsIEBGfeimY8gs5Figx5ZkAM2NB7PcAUf5qXuKGPUz2i3R68vIHZdgId4LeJRhRdn24pYKAm5ujM30RzDAeMig4bGrUpGkNz9SCu

⑥贵港. http://gghww. com/thread-1185-1-1. html

⑦广西贵港市之特色. http://bbs. 365kl. net/thread-289256-1-1. html

⑧龙潭国家森林公园. http://baike. baidu. com/view/163152. ht;大平山动植物自然保护区. http://baike. baidu. com/link? url＝-X0ZSGwUpGJzWiDDYjEoj0Qlg67IfTbSZ2TT7YvY9NNIdxYHKQUD2hCV06AsL3Z338h2G3np6EUV08K9HTgTa_

⑨平南县. http://zy. zwbk. org/index. php? title＝平南县&printable＝yes

动物穿山甲、果子狸等①。

北流市北端大容山腹地内的大容山森林公园，山高林密，森林覆盖率达92.5%，林木四季常绿，还有许多古树。随着海拔升高，森林植被类型呈现出有序变化。在望君山景区，有各种珍稀动物，如蟒蛇、眼镜蛇、穿山甲、石蛙、山乌龟、鹰嘴龟等②。

兴业县属桂东南丘陵区，境内以丘陵山地为主，河谷盆地相间分布。天然植被主要有热带松林、亚热带针叶林、季节性雨林、季风常绿阔叶林、山地常绿阔叶林、次生常绿针阔混交林、竹林、矮林灌丛、芒（茅）草丛和山地常绿落叶混交林十大类型。野生动物中珍禽异兽不少，列为国家保护的有穿山甲、锦鸡、果子狸等③。

望君山位于容县北部，植被类型属亚热带常绿阔叶林，森林覆盖率达95%，有各种乔木、灌木层及草本植物，及各种珍稀动物如蟒蛇、眼镜蛇、穿山甲、石蛙、山乌龟、鹰嘴龟④。

云开大山余脉从陆川县东北面入境，分东西两支，呈南北走向；地貌类型多样，有山地、丘陵、台地、平原等，东北部龙岩有千姿百态的岩溶地貌。低山占全县总面积0.71%，主要分布在县东系山脉和西系山脉；丘陵占56.06%，台地占75.56%，平原占24.28%。森林覆盖率57.8%。有陆栖脊椎动物350多种，其中兽类30多种，属国家保护的动物中，二类保护动物有穿山甲、水獭、鹰类、山瑞、鳖等⑤。

博白县属桂东南丘陵区，地貌类型复杂多样，有平原、谷地、盆地、岗地、丘陵、山地，互相交错。地势特点是西北、东北部较高，中部偏南处隆起，形成从北向南呈高—低—高—低起伏之势。六万大山余脉从北面入境后向西南部延伸，形成西北部山区；云开大山余脉从东北面入境，向南延伸，形成从东北至中南部的山区和丘陵区，以及东南部的低丘岗地、西南部的平原谷地和南部的平原、台地。在两大山余脉之间形成开阔的博白盆地。县境处于北回归线以南的低纬度，北靠大陆，南近海洋，境内上空受东亚季风环流控制，夏半年盛吹偏南风，带来海洋暖湿空气，形成高温多雨的海洋性气候；冬半年受冬季风影响，多吹偏北风，形成低温干燥的气候。县西部的大利镇地处南流江畔，野生动物有山猪、山鸡、穿山甲、果子狸⑥。

● 钦州市：钦州市全境地势为西北及东北部高，自北向南倾斜，南部地势显著下降。全市山地占总面积14.75%，低丘占60.89%，台地、阶地占9.49%，平原占10.16%，水域占2.33%，其他占2.16%。钦州乃地级市，辖境皆有穿山甲分布。

据报道，位于钦州市钦北区大直镇境内的王岗山景区，常见野生动物有野鸭、猫头鹰、野猪、穿山甲、大灵猫等多种⑦。

灵山县位于钦州湾畔，地处钦江上游，十万大山东侧，余脉延伸入该县。因地处低纬度，属南亚热带季风气候区，气候温和，夏长冬短，雨量充沛，光照充足，冬春季有间歇性寒潮入侵。动物资源主要有山龟、鳖、山瑞、果子狸、穿山甲、雉鸡等⑧。

浦北县地貌以丘陵为主，由于东北部的六万山脉、中部的勾头嶂山脉和西部的泗洲山脉、五黄岭山脉延绵交错，形成北部西江和南部南流江两水系的分水岭。哺乳类动物主要有野猪、果子狸等。鸟类有鹧鸪、斑鸠、鹩哥、画眉等。介壳甲

---

①玉林佛子山. http://baike. baidu. com/link? url=SGtYcRt_fgT7Saq9Lrs7au5PfMY2cEmxxERp93VPcKDp6t_x7KExN_s5jMVfrZIDyvCjVy8R010NqBWatdsvvK

②大容山森林公园. http://baike. baidu. com/link? url=QrUHYSr1COSMtQIddR_ztd0hXlqDkehAABNSyDeN09AxXHf5NzRs7w4b4x76MVrINvVyz-L2smWocSrViZUQna

③中广核风电有限公司华南分公司兴业葵阳风电场工程环境影响报告书. http://max. book118. com/html/2015/0324/13720976. shtm

④容县望君山. ttp://www. gxta. gov. cn/Public/Class/File/ListScenery_Data. asp? Num=40&Page=13&Col=1&Row=1&ImgWidth=140&State=%B9%E3%CE%F7&ImgHeight=100&AutoSize=False

⑤中国·陆川. http://www. yulin. gov. cn/info/311358

⑥博白各乡镇状况介绍. http://www. bb. cswz. cn/bendi/bencandy-cs-fid-1-id-250. html

⑦广西钦州林湖自治区级森林公园. http://gxqz. forestry. gov. cn/14590/14593/88371. html

⑧十万大山. http://baike. baidu. com/link? url=KIgJI640yFXBuQfygfyeMhArDV087UTUSCyi8YzEkMOjY-KY5zJuqhdOX9NQ TmWW

类主要有穿山甲、山龟、鳖等①。尽管穿山甲归类有误，但还是可以说明当地有此物种。

● 防城港市：防城港市中插十万大山，东南濒北部湾。据称，有哺乳动物、鸟纲动物、两栖动物、爬行动物等 28 目 80 科 269 种。列为国家一级和二级保护的哺乳类动物有蜂猴、黑叶猴、小水獭、金猫、云豹、獐（林麝）、穿山甲、苏门羚等 21 种②。

上思县地处十万大山西北，北回归线以南，属南亚热带季风气候，终年温暖，霜期短，干湿季划分明显。据《上思县志》记载，哺乳动物中灵长目：属国家一级保护的有蜂猴、赤叶猴，属二级保护的有猕猴、熊猴、红面猴、树鼩。鳞甲目：穿山甲。食肉目：赤狐、貉、青鼬、黄腹鼬、黄鼬、鼬獾、猪獾、果子狸、红颊獴、吃蟹獴（食蟹獴）、椰子猫、豹猫；水獭、小爪水獭、大灵猫、小灵猫、斑林狸、金猫等 6 种为国家二级保护动物（上思县地方志编纂委员会，2000）。据报道，位于上思县西南部的南屏瑶族乡森林覆盖率达 75.2%，有山猪、穿山甲、果子狸、蛤蚧、竹鼠等珍禽异兽③。

● 崇左市：崇左市境内山环岳绕，丘陵起伏，山多地少，地貌复杂多样，以喀斯特岩溶地貌为主体。野生动物有 4 纲 33 目 114 科 679 种。其中国家二级保护动物有猕猴、穿山甲等 88 种④。

江州区北部为西大明山、小明山所盘踞，南部为十万大山余脉，西部为石灰岩地区，东、中部为丘陵、小平原地带，左江河由西南向东北斜贯区境中部，形成河谷阶地。动物主要有白头叶猴、黑叶猴、穿山甲、大南蛇、白花蛇、蛤欧、沉香鱼等，其中白头叶猴为世界珍稀保护动物⑤。

凭祥市处于中越边界高地，山地占总面积 60.55%，丘陵占 24.34%，平地占 13.18%，其余为水面等。野生动物繁多，兽类有 8 目 25 科 77 种，鸟类有 16 目 43 科 209 种，两栖爬行类 4 目 18 科 61 种，昆虫 15 目 86 科 376 种。由于森林受到破坏，老虎、麝香、聋狗等很多野生动物已经绝迹。常见的有野猪、黄猄、野猫、果子狸、猪仔狸、九间狸、黄鼠狼、松鼠、芒鼠等；爬行类有穿山甲、蛤蚧、红边龟、鹰嘴龟、牛屎龟、鳖、山瑞、马鬃蛇、山曼蛇、金环蛇、银环蛇、南蛇（蟒蛇）、白花蛇、过树龙、竹叶青等⑥。此处穿山甲误归类。

扶绥县境地势南北高、中间低，由西向东倾斜；南部和北部是高山土岭、峰丛谷地，中部为低丘台地，间有孤峰；岩溶地层分布很广，约占全县土地面积的 2/3。左江由西向东横贯县境中部。珍稀动物有白头叶猴、黑叶猴、猕猴、南麝、果子狸、蛤蚧、山瑞、穿山甲等⑦。

大新县中部、东北部、西南部为石灰岩石山构成的山峰林，中部地势由北向东倾斜，西南部地势由西向东南倾斜。兽类有灵猫、野猫、金猫、云豹、狐狸、山猪、虎、飞虎等，爬行类有穿山甲、蟒、山万蛇、吹风蛇等⑧。对穿山甲，也误归入“爬行类”。

天等县以低山丘陵为主，山地占总面积 77.98%。该县西南部的福新乡山多地少，山林茂盛，野生动物繁多，主要有果子狸、蛤蚧、穿山甲、金环蛇、银环蛇、蟒蛇等⑨。

宁明县的陇瑞自然保护区在花山西南部，森林覆盖率 86.3%。保护区内动物资源十分丰富，计有 21 目 52 科 117 种和亚种。其中兽类有 7 目 16 科 20 种，鸟类有 10 目 26 科 73 种，爬行类有 3 目 6 科 17 种，两栖类有 1 目 4 科 7 种。列入国

---

①浦北县. http://www. baike. com/wiki/浦北县

②防城港市. http://baike. baidu. com/view/54615. htm? fromId=523302

③广西乡镇——上思县一南屏瑶族乡. http://www. gx. xinhuanet. com/gxxz/2004-11/09/content_3189520. htm

④崇左市. http://baike. baidu. com/link? url=0ABnfBflBNRKhFwEYrug76mN-rp7OtXlVz8pRhiJLw-_19TP7ptgYgf5Ia4HA0uA3SG6_Y2iW1FaCh347A41zK

⑤江州区. http://baike. baidu. com/subview/395030/14420281. htm

⑥凭祥. http://baike. baidu. com/view/76899. htm? from_id=7180741&type=syn&fromtitle=凭祥市 &fr=aladdin；凭祥. http://baike. baidu. com/ link? url=PJQMnY1HR6MtU7KkhsRiNaZy0Y5pUOj0MdzsrqZlwR42NjHzMTX4RROv4g2Zb42h3WCnQC6CgeAQUVKlHj7SDK#4_3

⑦扶绥县自然地理. http://gx. people. com. cn/n/2015/0119/c369089-23611871. html

⑧大新县. http://baike. baidu. com/link? url=dZ5SaEF2AwPChB2Mtt-peUpr7OCzHGzKnvhjSUyx4_JOayxxGyWdVAwNoJSXl-ARGQeOhGg7GdVNY5PjgFyMba

⑨天等县一福新乡. http://www. gx. xinhuanet. com/gxxz/2003-12/25/content_1403183. htm

家二类保护动物的有黑叶猴、冠斑犀鸟，国家三类保护动物的有弥猴（猕猴）、大灵猫、穿山甲、麝、南蛇、苏门羚、白鹇（?）、原鸡等①。此处保护动物级别有误。

龙州县石灰岩山地占多，山峰林立，常绿阔叶林分布及植被覆盖面较广，为动物提供较好的生存条件。据不完全统计，有兽类 7 目 20 科 30 种，禽类 11 目 25 科 71 种，鱼类 175 种，节肢、两栖、爬行类动物 11 目 12 科 39 种。属国家二级保护动物有红腹角雉、林麝、穿山甲、冠斑犀鸟②。

● 百色市：地形为南北高、中间低，地势走向由西北向东南倾斜，属于典型的山区。在总面积中，山区占 95.4%，丘陵、平原仅占 4.6%。地级市百色辖境内皆有穿山甲分布记录。

右江区的动物资源主要有猕猴、穿山甲、松鼠、箭猪、黄鼠狼、貉、猪獾、小灵猫、水獭、花面狸、果子狸、狐狸、野猪等，其中猕猴、穿山甲、水獭、小灵猫等属国家二级保护动物③。

田阳县由南部石山区、北部土山区、右江河谷平原三类不同区域组成。县境内有蟒蛇、白鹇、原鸡、鹰类、小灵猫、穿山甲、蛤蚧、果子狸、豹猫、眼镜蛇、眼镜王蛇④。

田东县南北群山环抱，中部为平缓开阔的盆地，周高中低；右江穿过盆地中间流向东南，两岸形成比较平坦的耕作高产地；盆地以南为一片坡度较缓、海拔较低的丘陵，再往南，多是以岩溶为特征的石山地带，其中亦夹有部分土山地带；盆地以北，亦先有一片丘陵，再往北多为海拔较高的土山地，其中亦夹有部分熔岩地带。盆地占全县面积的 6.7%，丘陵占 71.28%，山地占 22.02%。野生动物主要有蛤蚧、穿山甲、果子狸、水獭、猴子、猸、野猫、黄鼠狼、鸬鹚、鹰、蛇等⑤。

平果县地势是中高、南北低，从西北部向东倾斜。右江穿过西南面，红水河支流平治河流经北部；中部为大石山区。有野生动物兽类 18 种，爬行类动物 14 种，飞禽类 20 多种，淡水鱼类 34 种。其中属国家二级保护动物有穿山甲、野鸡、红毛鸡、猫头鹰、蛤蚧、田鸡、小天鹅、山瑞、林麝、小灵猪（山猪）⑥。

德保县北回归线横穿县中。珍稀动物资源有黑叶猴、大蝻蛇、小豹，属国家一级珍稀保护野生动物；恒河猴、短尾猴、穿山甲、小灵猫、原鸡属国家二级保护动物⑦。

靖西县属岩溶山原地貌，整个地势为一石灰岩高原；以低山为主，斜坡面积较大，阳坡面积较多，石灰岩峰林峰丛广布，由于溶蚀作用不同，各地地貌有一定差异。据《靖西县志》记载，兽类有蜂猴、黑叶猴、黑熊、云豹、熊猴、金丝猴、林麝、水鹿、苏门羚、大灵猫、小灵猫、猕猴、穿山甲、金猫、黑猴、巨松鼠、黄猄、鬣羚、毛冠鹿、小麂、貉、豺、狐、野猪、豪猪、猪獾、水獭、斑林狸、果子狸、食蟹獴、豹猫、鼬、黄鼠狼（靖西县县志编纂委员会，2000）。县城东南 35 km 的湖润镇大部分属岩溶峰丛（林）山区，东南多为河谷丘陵，西北多为土山。野生动物尚发现有乌猿、穿山甲、大灵猫、旱獭等国家保护的一、二类动物⑧。

那坡县地处桂西南边陲、云贵高原余脉六韶山南缘。境内属国家保护的野生动物，二类有短尾猴、猕猴、穿山甲、旱獭、大灵猫、小灵猫、金猫、河麂、鬣羚、白鹇、原鸡、蛤蚧。此外，常见的野生动物有哺乳类：山猪、野兔、狐狸、果子狸、野山羊、黄鼠狼、野猫、水獭、旱獭⑨。

凌云县地处云贵高原的延伸部分，是比较典

---

①广西崇左市宁明县地图_宁明县电子地图. http://city.uemap.com/ningming.html；陇瑞自然保护区简介. http://chongzuo.cncn.com/jingdian/longruiziranbaohuqu/profile

②龙州县. http://baike.baidu.com/link? url=AOAiL4REUxqO0hLQBPcgPiG8AoEs73qTK_awIOvuGRajKj4JcGnP1d8MicQAt63x#3_2

③右江区. http://baike.baidu.com/link? url=8xqO7tIsNXNJdD-YWJjqudTmk15zJsm2qG7P2lyTI-jfZw9C4xZIUxHm-Ew9rMBr

④田阳县林业局. http://acq.forestry.gov.cn/xlyj/subsite/20774/20796/20799/20803/90878.html

⑤田东年鉴(2007-2009). http://tiandong.gxdqw.com/tdnj/201407/t20140721_19982.html

⑥平果县. http://baike.baidu.com/link? url=QlvfXGBtg3elrk47SbybSJjie7ynpb9vJktANl2Z6b-T6q9Qy4AXSEWs1u-

⑦德保县生态县建设规划（2010—2020 年）. http://www.docin.com/p-841198257.html

⑧靖西县湖润镇. http://www.gxdqw.com/gxmz/200903/t20090321_6590.htm

⑨那坡县. http://baike.baidu.com/link? url=AukiFkvMib3ddNdl8xLvhl8e38uIWMc6nahTT2id5rX5n9he8aejTAYL3MofeGZb#3_4

型的山地地形，山高谷深，山地面积广大，占总面积的93.32%，平地面积占3.28%。常能见到的野生动物有山鸡、画眉、飞虎等飞禽，山猪、箭猪、猴子等走兽，樟子（麝）、蛤蚧、蛇类、穿山甲等山珍①。

乐业县的珍稀动物有猕猴、穿山甲、鹿等②。距县城30 km的黄猄洞天坑风景区是岩溶塌陷型天坑自然风景区，地貌惊险壮观，洞口森林茂密，洞底大面积地下森林栖息着黑熊、黑豹、斑竹狸、穿山甲等国家级重点保护野生动物43种③。

西林县境内山高林密，生活着许多珍贵野生动物，属国家保护范围的动物有30多个种类。其中二类保护动物有黑叶猴、恒河猴、小灵猫、苏门羚、林麝、黑鹿、穿山甲、水獭、大鲵、水鱼、白鹇鸡、锦鸡、鸳鸯。其他的还有鹿、鬣羚、猸子、山猪、豪猪、果子狸、狗、狐狸、野兔、竹鼠、花鼠、山瑞、鹰嘴龟、南蛇、吹风蛇、金环蛇、银环蛇、竹叶青蛇等④。

田林县地处亚热带，气候温暖，森林茂密，适宜各类动物的繁衍，动物资源丰富。野生动物有108种，属于国家二、三类保护动物有班鹿（梅花鹿?）、大鲵、猕猴、林麝、大小灵猫、金猫、苏门羚、云豹、金钱豹、华南虎、穿山甲、南蛇、原鸡、角雉、白鹇、锦鸡、猫头鹰、山瑞、鹰嘴龟、青蛙等20多种。有药用价值的动物有蛇类、山瑞、蛤蚧、蜜蜂、蜈蚣等⑤。此处保护动物级别有误。

隆林各族自治县境内野生动物共有900多种，分属15目37科，其中穿山甲（主要分布在克长乡，蛇场乡，革步乡，者浪乡，沙梨乡，扁牙乡，介廷乡，岩茶乡的者艾，德峨乡的岩圩、田坝、新街，天生桥镇的岩场、委果、九龙、岩卡等地，数量约100只）⑥。

● 河池市：地级市河池辖境内皆有穿山甲生息繁衍。

金城江区系云贵高原余脉地带，地势自西北向东南倾斜。动物种类较多，列为国家二级保护动物的有穿山甲、猕猴、羚羊、鹿、小灵猫、原鸡等⑦。

宜州市以丘陵为主，其中中山、低山占27.47%，丘陵占58.80%，台地占3.53%，平原占10.20%。野生动物有麝香、穿山甲、蛤蚧、果子狸、蛇类⑧。

南丹县地处云贵高原向桂西北丘陵过渡的斜坡地带，整个地势由东北向西南方向倾斜，境内高山连绵起伏，峰峦重叠。野生动物资源有恒河猴、狗熊、狐狸、蛤蚧、眼镜蛇、穿山甲、果子狸、竹鼠等⑨。

凤山县地处云贵高原南部边缘地带，地势由西北向东南倾斜，山多地少，典型的喀斯特岩溶地貌。野生动物有5纲22目42科123种。其中属国家保护动物的有蟒蛇、白鹇、穿山甲、林麝，属广西重点保护动物的有金环蛇、竹鸡、豹猫、果子狸、黄猄等⑩。

天峨县地处广西丘陵与云贵高原的过渡地带，属凤凰山脉和东凤岭山脉交错区，群峰林立，沟壑纵横，地势以中山为主。该县是国家与自治区重点森林县，森林覆盖率达82.6%，野生动植物资源种类繁多，主要有山鸡、果子狸、猴、熊、穿

---

①凌云县. http://baike. baidu. com/link? url = XGJcOEKQ2HQvkvSl1R _ XhM2bHYss11iDhwyDU8qBRs4-rJEoHRnf1m _ nY-tQ4K5zx＃4_5

②乐业县电视台简介. http://www. admaimai. com/tv/tvDetail9_2426. htm

③乐业黄猄洞天坑风景区. http://www. sxol. com/travel/landscape. asp? id=24797

④西林县. http://baike. baidu. com/link? url=NKBiqxzK-rB0d45LGs7g1_Egfzn2D8-p-Dhue7X_H69T6SSWztX85FrvhQ_YEyBE＃3_3

⑤田林概要. http://map. mapbar. com/a_baise_tianlin_map/；田林县. http://baike. baidu. com/view/395066. htm

⑥广西隆林网. http://www. gxll. gov. cn/html/longlin/about/resources/

⑦河池市金城江区人民政府网. http://www. jcj. gov. cn/zjjc/content. php? c=003005

⑧宜州市. http://baike. baidu. com/link? url = cRkcbVkVvWYKM1CNmSPitVJGBb5E8peBKm3Wy06oOIpfNAKi6p3EUDABE4NH0T740qyuTqn2UCzfEM9tJ3cT265nS1r37yhp4KTkuqZY4ZJ74OMZrEUewjhYXw8LSozTqUSZD8wJvOrvnd9mSOMG-VcuOzFAZgnF8g2f3BUVwiu

⑨南丹县绿地系统规划说明书. http://3y. uu456. com/bp-060ec43fs8fafab06qdc0264-2. html

⑩凤山县生态旅游资源分析及其发展研究. http://3y. uu456. com/bp-338ba481bceb19e8b8f6ba60-4. html

山甲、黄羚、野猪、竹鼠等[①]。

东兰县地处桂西北，云贵高原南缘，红水河中游，地处亚热带，气候温和，雨量充沛，土地、森林、生物、矿产等自然资源十分丰富。兽类有猴、麝、獐、箭猪、山獾、九江狸、果子狸（又称花面狸）、野猪、水獭、水鹿、黄麂（又名黄猄）、黄鼠狼、黄猺、野猫，虎、豹已不见足迹；爬行动物有蛇、穿山甲、蛤蚧、壁虎等[②]。此处穿山甲归类有误。

巴马瑶族自治县地处云贵高原向桂中平原过渡的斜坡地带，地势西高东低，石山占30%，土山占69%，水面占1%。野生动物中哺乳类有野猪、猴子、野兔、箭猪、穿山甲、璋子（獐子，麝）、果子狸、野狗、野猫、老虎、狗熊、金钱豹、松鼠、飞鼠、水獭、旱獭、竹撩等[③]。

都安瑶族自治县地处云贵高原向广西盆地过渡的斜坡上，都阳山脉东段，地势北西高、南东低，是全国岩溶地貌（喀斯特地貌）发育最为典型的地区之一，奇峰异洞，岩溶景观，全国闻名。野生动物中，兽类有猴子、野狗、野猪、野猫、野兔、果子狸、黄猄、水獭、野山羊、麝、松鼠、田鼠、飞鼠、刺猬、狐狸、山瑞、旱獭等，爬行类有蛤蚧、蜗牛、穿山甲、金环蛇、银环蛇、山万蛇、百步蛇、白花蛇、三线蛇、南蛇、过树龙等[④]。此处穿山甲归类有误。

大化瑶族自治县属喀斯特地貌，境内峰丛密布，东北部和西南部为峰丛（间）洼地，东南部多为峰丛（间）谷地，中西部为低山丘陵。野生动物及水产有蛤蚧、蛇类、野猪、黄猄、野山羊、猴子、山鸡、毛鸡、果子狸、穿山甲、竹鼠等[⑤]。此处野生动物分类不是很妥当。

罗城仫佬族自治县的黄金镇在县城北部，在青明山山脚，野生动物比较丰富，主要有山猪、竹鼠、野牛、娃娃鱼（大鲵）、山龟、黄麂、果子狸、翘鼻梁、蛇、野鸡、猴子、狐狸、穿山甲等[⑥]。

环江毛南族自治县在九万大山山脉腹地。该县80 km的杨梅坳景区内野生动物种类颇多，属于国家二级保护的动物有猕猴、鬣羚、藏酋猴、林麝、黑熊、大灵猫、小灵猫、穿山甲、水鹿、金猫、大鲵、山瑞鳖、白鹇、红腹角雉、红腹锦鸡、原鸡等[⑦]。

● 来宾市：地级市来宾境内仍有穿山甲分布。

兴宾区位于红水河下游，北回归线穿过该区，属南亚热带向中亚热带过渡地带，温度较高，冬春干旱，夏秋多大暴雨。野生动物种类多，列入国家重点保护的有猕猴、穿山甲、林麝、水獭、小灵猫、雉鸡、蟒、猫头鹰、金钱龟等多种[⑧]。

合山市境内地貌总的趋势是北部、东部和东南部较高，中部为盆地，西部和西南部较低。地貌可分为溶蚀类型和构造剥蚀类型。森林覆盖率15%，主要种类有松、杉、荷竹、榕树等。哺乳类动物有山羊、野猪、狼狗、香猫、狐狸、田螺狗、果子狸、松鼠、穿山甲、蝙蝠等[⑨]。

象州县环绕北、东、南三面的是马蹄形高丘陵、山地，西北部高土坡连绵，西南部为石灰岩群峰，中部丘陵、岗地、平原相间交错，呈小盆地；全县山地占总面积6.7%，平地占20.9%，丘陵占63.5%，其他占8.9%。木本植物包括乔、灌、果木，初步掌握有100科810种和变种。野生动物分布于大明山最多，有42科65属83种，其中属国家二类保护的野生动物有短尾猴、猕猴、穿山甲、旱獭、大灵猫、小灵猫、金猫、河麂、鬣羚、白鹇。常见的野生动物有哺乳类：山猪、野兔、狐

---

①天峨县. http://baike.baidu.com/link? url=TcGAAqhygP6j6VNUCi0U1JRCf3UR-PhuHP2DXzCDKAjlhFYkJ23-iG4etcUkHoReP_tsMiSfSIH4Yc3iXexqXK

②东兰县. http://baike.baidu.com/link? url=wmNz1i2w-8yUj1BfWYXnbsmHof3NuWVz-rPOynsQtSWwrGuq_LP3b1GHIvMEAyjesGjHDhzQzXjnzii7VUs2zK

③巴马网. http://www.bama.gov.cn/zjbm/item.php? Cateid=001005&lx=zw&dh=

④都安瑶族自治县. http://baike.baidu.com/view/395051.htm? fr=aladdin

⑤大化瑶族自治县. http://baike.baidu.com/view/395054.htm? fr=aladdin

⑥黄金镇. http://www.chazidian.com/wxdt/list-n36842/

⑦环江毛南族自治县. http://gxi.zwbk.org/MyLemmaShow.aspx? lid=2446

⑧广西·兴宾. http://www.xingbin.gov.cn/info/page/1

⑨广西合山市北泗河干流中游段防洪治理工程环境影响评价报告表. http://www.docin.com/p-1181483616.html

狸、果子狸等①。

武宣县地形大体是中部低平，地形开阔，东西两侧抬升隆起，北低南高；地貌上，中部为岩溶缓坡低丘和洪积、冲积平原，间或土岭石山交错。距县城 37 km 的百崖槽（百崖大峡谷）栖息有许多名贵珍奇动物，如穿山甲、娃娃鱼（大鲵）、山岩蛤蚧、猿猴、小旱獭、黄羊、画眉、山鸡、飞虎等②。

忻城县位于红水河下游，属岩溶地形发育区，以石山峰林为主。暗河溶洞遍布全县。地势为东南部较高，西部较低，中部多为丘陵土岭。森林覆盖率 30.7%。2014 年 6 月称，野生动物种类多，有麝、果子狸、獭、穿山甲、蛇、蛤蚧、黄猄、猴等③。

金秀瑶族自治县地处桂中东部的大瑶山，其中山区占全县总面积的 80%。森林面积 21.3 万 hm^2，森林覆盖率 87.3%。动物资源：陆栖脊椎动物 373 种，其中国家一类保护动物 4 种：蟒蛇、瑶山鳄蜥、金斑喙凤蝶、云豹等，二类保护动物 22 种包括：大鲵、细痣螈、虎纹蛙、白尾双足晰（白尾双足蜥）、红臂鸭、伯劳、猕猴、穿山甲、小灵猫、林麝等④。

● 贺州市：贺州市地处南岭之一的萌渚岭与大桂山一带。为地级市的贺州大部分有现今穿山甲记录。

八步区属南岭山地丘陵区，中山占 41.67%，低山（400～800 m）占 31.76%，丘陵占 5.2%，台地占 5.2%，石山地占 1.47%，平地占 15.16%，河流面积占 1.78%。该区除滑水冲自然保护区有穿山甲外，还有南乡镇。属亚热带季风气候区，无严寒酷暑，年平均气温在 19℃左右；境内以山地丘陵为主，有林面积达 2.5 万 hm^2，森林覆盖率 68.3%，有植物 178 科 517 属 1 046 种。稀有的野生动物种类繁多，如国家一级保护动物穿山甲等⑤。

昭平县 2013 年 10 月仍称，境内野生动物 650 多种，兽类有虎、豹、豺、狼、獐、鹿、獾、獭、猴、野兔、野猪、山羊、山牛、箭猪、刺猬、野猫、松鼠、竹鼠、田鼠、黄鼠狼、白眼狸、果子狸、野狗、麝、蝙蝠、水鼠、穿山甲等⑥。另有报道称，昭平原始森林多，山中有野猪、黄猄、箭猪、果子狸、白额狸、穿山甲、芒鼠、蛇、鹰、乌鸦、大雁、白鹇、竹鸡、野鸡、斑鸠、禾花雀等⑦。

富川瑶族自治县地处湘、桂、粤三省交界的都庞、萌诸两岭余脉之间。据《富川瑶族自治县秀水庄园村简介》称，朝东镇秀水村主要野生动物是穿山甲、蛇、猫头鹰⑧。

6.4.6 海南

海南省除海口市未见有当地穿山甲分布记录外，其他地方仍有存在。

三亚市位于海南岛的最南端，是中国最南部的热带滨海旅游城市，三面环山，北有抱坡岭，东有大会岭、虎豹岭和高岭（狗岭），南有南边岭，形成环抱之势，山岭绵延起伏、层次分明；同时，山脉的延伸将市区分成若干青山围成的空间。据《三亚市志》记载，兽类有海南坡鹿、猕猴、穿山甲（国家二级保护动物，为哺乳纲鳞甲目鲮鲤科，栖息于湿润的树林、灌丛、草莽等多种环境。头小舌长，背披鳞甲，攒地如覆瓦，性怯懦，遇敌蜷曲以御，主食蚁类及昆虫蛹卵。山区、丘陵地带均有）、海南兔、果子狸、赤麂、野猪、豪猪、赤腹松鼠等（三亚市地方志编纂委员会，2001）。近据报道，三亚市大片的热带雨林中栖息着 300 多种珍禽异兽，其中兽类 50 多种，鸟类 300 多种，珍稀野

---

①象州县. http://baike. baidu. com/link? url＝hqlFy0ueFvLWMxOHST1diHZ4JTkWbFW_1hrJf_jvEFH_WE16USZnymkPeF4fmmE7_MoOHhDZi32bAa5xWIi0xq

②武宣县百崖槽峡谷. http://blog. sina. com. cn/s/blog_5994e54e0100dr9o. html；走进武宣名山雅川奇峰秀水. http://www. lbdsw. net/laibin/ShowArticle. asp? ArticleID＝44124

③忻城县简史. http://www. gxxc. gov. cn/Home/Details/95285

④广西金秀瑶族自治县基本概况. http://wenku. baidu. com/link? url＝vPa2U3fWaOSrWNirfVXeFGQKb-kBQCMSvbHmiXtE4wSQXYapLH 0V3mZKx51ySM6w6BMBfh6DVGomiDhAqyBNCUU-iyuZPWyXCVLsPOfl_fO

⑤贺州市八步区. http://baike. chinaso. com/wiki/doc-view-102752. htm

⑥昭平县志. http://www. gxdqw. com/pub/zhaoping_dqw/xznj/201308/t20130829_16763. html

⑦鹏程. 长寿仙境，山水昭平：探访中国五大“长寿之乡”—广西昭平县. http://blog. sina. com. cn/s/blog_5376afeb0102vbjw. html

⑧富川瑶族自治县委. http://www. 360doc. com/content/13/1017/00/13965846_322002426. shtml

生动物 38 种，如坡鹿、猕猴、穿山甲、蟒蛇等①。

文昌市位于海南岛东北部，属于低丘台地平原地带，地势由西南内陆向东北沿海倾斜，三座孤丘分布在东北沿海上。全市地貌分为五大类：平原阶地占 84.8%，台地占 8.1%，低丘占 5.1%，还有滨海沙滩、孤丘等。据《文昌县志》记载，兽类有黄猄、山猪、狐狸、猕猴、野兔、赤腹松鼠、猬猪、水獭等，爬行类有穿山甲、龟、鳖等（海南省文昌市地方志编纂委员会，2000）。此处穿山甲归类有误。另据称，该市翁田镇的抱虎岭动植物资源丰富，野生动物有野猪、刺猬、狐狸、黄猄、穿山甲、蟒蛇、坡马、山鸡、白面鸡、松鼠等几十种②。

琼海市在黎母岭东，濒临南海。该市西南 20 km 的石壁镇背靠巍巍南牛山脉，面朝悠悠万泉河。境内赤面岭上有森森林木和各种藤萝缠绕覆盖，成为各种珍奇异兽生存的乐园。数得出的珍奇动物有猴子、野鹿、黄猄、山猪、穿山甲、刺猬、蟒蛇、四脚蛇、金钱龟乃至山鹰、天鹅等。今再也见不到猴子、黄猄、野鹿等珍奇异兽③。表明还有穿山甲。

万宁市在五指山东南麓，濒临南海，有较多穿山甲分布。万宁大洲岛分大岭和小岭两部分，两岭对峙，之间由浅浅、白色细软的沙滩相连。其中大岭叫燕窝岛，是金丝燕的栖息地，岭上地势险峻，无路可攀。小岭有条被人踩的深深浅浅的草径，两旁都是茂密的原始灌木丛，常见的动物有野兔、黄猄、穿山甲、毛鸡、老鹰、海燕、白燕、灰金丝燕等④。据 2013 年 11 月报道，一只成年穿山甲竟然“横穿”海口街头，被抓获，经海口市林业行政执法人员送至六连岭自然保护区放生。近些年，海南本土的穿山甲遭到偷猎分子的大量捕杀，在海南已经难觅穿山甲的踪影了。现在出现在海南的穿山甲，大都是由缅甸和越南偷运至广西，然后再由广西运过来的⑤。又据 2014 年 10 月报道，一妇女从广西坐班车到海口，随身携带的行李中藏有三只穿山甲，被查获后由林业执法人员将穿山甲送至六连岭保护区⑥。

五指山市的阿陀岭森林公园地处五指山腹部，野生动物资源十分丰富，已查明的兽类有 3 目 30 多种，鸟类 7 目 30 科 120 种，两栖爬行类 3 目 40 种，被列入国家级保护的珍稀动物有孔雀雉、海南山鹧鸪、巨蜥、蟒蛇等 6 种，此外还有列入国家二级保护动物的穿山甲等 16 种，省级保护野生动物 12 种⑦。

儋州市位于海南岛的西北部，濒临北部湾，地势由东南向西北倾斜，丘陵占总面积 76.5%，滨海平原占 23.13%，山地占 0.37%。野生动物主要有野猪、金钱豹、果子狸、水鹿、猕猴等，其中水鹿（俗称“山马”）、猕猴、穿山甲、蟒蛇等 10 余种，被列为国家保护的珍稀野生动物⑧。

临高县属琼北台地，地势平缓，自南向北缓慢倾斜；境内高温多雨，光照充足。陆栖野生动物还有兔、蛇、穿山甲等动物资源⑨。

澄迈县北部濒临琼州海峡，隔海与广东雷州半岛相望。地势南高北低，南部为丘陵山地，中部为河积平原，北部为台地和海积平原。位于该县西南端的加笼坪热带季雨林旅游区，还有水鹿、猴子、藤狸、穿山甲、蟒蛇、原鸡、山鹑鸽、金钱龟等珍稀野生动物⑩。

定安县地势南高北低，热带季风海洋性气候，阳光充足，雨量充沛。该县已知的野生动物主要有坡鹿、刺猬、果子狸、穿山甲、金钱龟、蟒

① 中国三亚. http://www.sanya.gov.cn/publicfiles/business/htmlfiles/mastersite/s8797/201412/148624.html

② 抱虎岭. http://baike.baidu.com/link? url = bD0lAZNUxHLOe9UtF7Pp37eMHcmc1-yRWrhw3_4m6FHMLwO54DpNvGHs-oPJrbQWdhUb4DlE6NgSwwQ2PMW6D_

③ 风行石壁之风水宝地赤面岭：琼海文化之旅. http://www.qionghaifc.com/news/201506/21/25506.html

④ 万宁大洲岛. http://www.hq.xinhuanet.com/xinhuatrip/2012-11/12/c_113665132.htm

⑤ 钟起的. 大个子穿山甲海口街头“散步”. http://big5.xinhuanet.com/gate/big5/www.hq.xinhuanet.com/news/2013-11/28/c_118336886.htm

⑥ 海南将三只国家二级保护动物穿山甲放生. http://www.hkwb.net/news/content/2014-10/13/content_2405124.htm? node=115

⑦ 阿陀岭森林公园. http://www.bytravel.cn/Landscape/33/atuolingsenlingongyuan.htm

⑧ 儋州. http://baike.baidu.com/view/61840.htm? fromId=28511

⑨ 临高县. http://baike.baidu.com/view/682721.htm

⑩ 澄迈县. http://baike.baidu.com/link? url=YBsf05L3zdCjfVH0LyH2WjyE4CaeFEJBOqkeoSKSHrH68yOHKJl8CCyuwdVStn-g#4_2

蛇、鹧鸪等 40 多种①。

屯昌县位于海南中部偏北，地处南渡江南岸，五指山北麓。野生动物中兽类有水鹿、狗熊、长尾猴、野猪、山牛、果子狸、猫狸、赤狸、刺猪、穿山甲、野兔、松鼠、山獭、水獭等②。

白沙黎族自治县野生动物中被列为国家重点保护的二类保护动物有猕猴、穿山甲、巨松鼠、水獭、大灵猫、水鹿、白鹇、孔雀雉、山瑞、蟒蛇等 12 种③。

琼中黎族苗族自治县地处海南岛中部，五指山北麓，地形西南高、东北低，地势自西南向东北倾斜。地貌呈穹窿形，由高山、低山、丘陵、台地河道、阶地等构成层圈关地貌。动物资源十分丰富，种类繁多，稀有珍贵野生动物主要有长臂猿、猕猴、金钱龟、山鹿、孔雀雉、穿山甲、蟒蛇、毛鸡、原鸡、鹦鹉等④。

陵水黎族自治县称，常见的走兽有国家一级保护动物海南坡鹿，国家二级保护动物水鹿、猕猴、穿山甲，省级保护动物海南兔、果子狸、黄京、野猪、豪猪、红胸松鼠⑤。

保亭黎族苗族自治县山岭连绵，森林茂密，终年花果不断，河沟纵横，自然条件优越，为各种陆栖脊椎动物的繁衍生息提供了非常有利的环境。动物种类繁多，仅鸟类就有 300 多种和 10 多个亚种。其中属国家二级保护野生动物有猕猴、穿山甲、黑熊、海南水獭、海南大灵猫、小灵猫、海南兔、海南巨松鼠、山瑞鳖、虎纹蛙、风头鹰、斑尾鹃鸠、绯胸鹦鹉、棱皮龟、地龟、三线壳龟、凹甲陆龟等 17 种⑥。

乐东黎族自治县在黎母岭东南麓，背山临海，尖峰岭位于县境西部。珍稀动物有黑冠长臂猿、坡鹿、熊、豹、原鸡、穿山甲、水獭、蟒蛇、金钱龟、玳瑁、黄猄等⑦。

6.4.7 香港

香港特别行政区现今仍有穿山甲栖息。

特区政府公布的“受保护的野生动物·陆栖哺乳动物”就有蝙蝠、鼬獾、豹猫、果子狸、小灵猫、水獭、穿山甲、黄猄（赤麂）、红颊獴、松鼠、箭猪（豪猪）、猕猴、野猪⑧。

香港郊野公园位于港岛南部，南面是香港仔和黄竹坑。香港的郊野公园是指由政府将市郊未开发地区的地方划出。常见的动物和鸟类主要有穿山甲、松鼠、麻鹰、画眉和鹩哥等⑨。

6.5 西南

西南各省级政区现今仍有穿山甲记录。

6.5.1 重庆

重庆市的穿山甲主要分布在东部与南部（图 12.36），亦即在大巴山、巫山、方斗山、大娄山一带。具体记录的地点还有：

万盛区星乡黑山镇境内的黑山谷风景区，据称有动物 330 余种及亚种，包括分布极其稀少的国家一级保护动物中华黑叶猴，还有云豹、黑鹤、穿山甲、红腹锦鸡、白尾长冠雉、玉锦蛇、水獭等珍稀动物⑩。

2014 年 8 月报道，地处渝北区的金科天籁城美社小区发现并捕获一只约 4 kg 的穿山甲，被送往杨家坪动物园隔离观察。若该穿山甲的身体

①定安县. http://baike. baidu. com/link? url=xhF3v5JBOzUifrpdNq_ONSJaELPHKG6GuInVNPf-C3LgOtcFKESbowbKCSL5hTfA＃6_4

②屯昌县政府网. http://www. chengche. cc/news/95/9567. htm

③白沙黎族自治县. http://baike. baidu. com/link? url = 3DPXNecxdg7msUBP7qBYlyDasBw6LVLaLh-DbpeKYBQgJhiztyF-BQRVR4-82zyOdib1azzFP5N7nUm-qYVeL9_＃2_3

④琼中黎族苗族自治县. http://baike. baidu. com/link? url = svIV06qZ9Vu8foHnizm6jIVbs27m2HFyXq_NNtetLpi-thBwsZfIju-VML0DEqpFoaAdnaXIVUamIs9m3NR2K

⑤陵水黎族自治县. http://baike. baidu. com/link? url=khhycHt0O9Y0x4GfgbGX_ZD8YfiNNV_0X6sUv5V3YdJiPRFJFBaIG5rT69c8GyMC5AueyLJYHJg2Dv0HYg7N6q＃3_5

⑥保亭黎族苗族自治县. http://baike. baidu. com/link? url=SFyOlc8NNXnwsaCJKIPqqiY6oSQjzxsmOoCVssHEsc06fNTDZHi16ZP4L6xLBVt1wFaeNMGD7Yn5CMspul27tK＃5_1

⑦乐东黎族自治县政区概况. http://www. hnszw. org. cn/web/news/? Class=14714&Deep=4

⑧GovHK 香港政府一站通. http://www. gov. hk/sc/residents/environment/conservation/naturalenvplantsanimals. htm

⑨香港郊野公园. http://www. baike. com/wiki/香港郊野公园

⑩黑山谷风景区. http://baike. baidu. com/view/1552483. htm

条件允许，将会到野外放生①。

巴南区地处长江南岸丘陵地带，地质地貌形态多样。当地常见的野生动物中兽类有狐狸、林麝、獐子、松鼠、兔子、穿山甲、野猪等②。

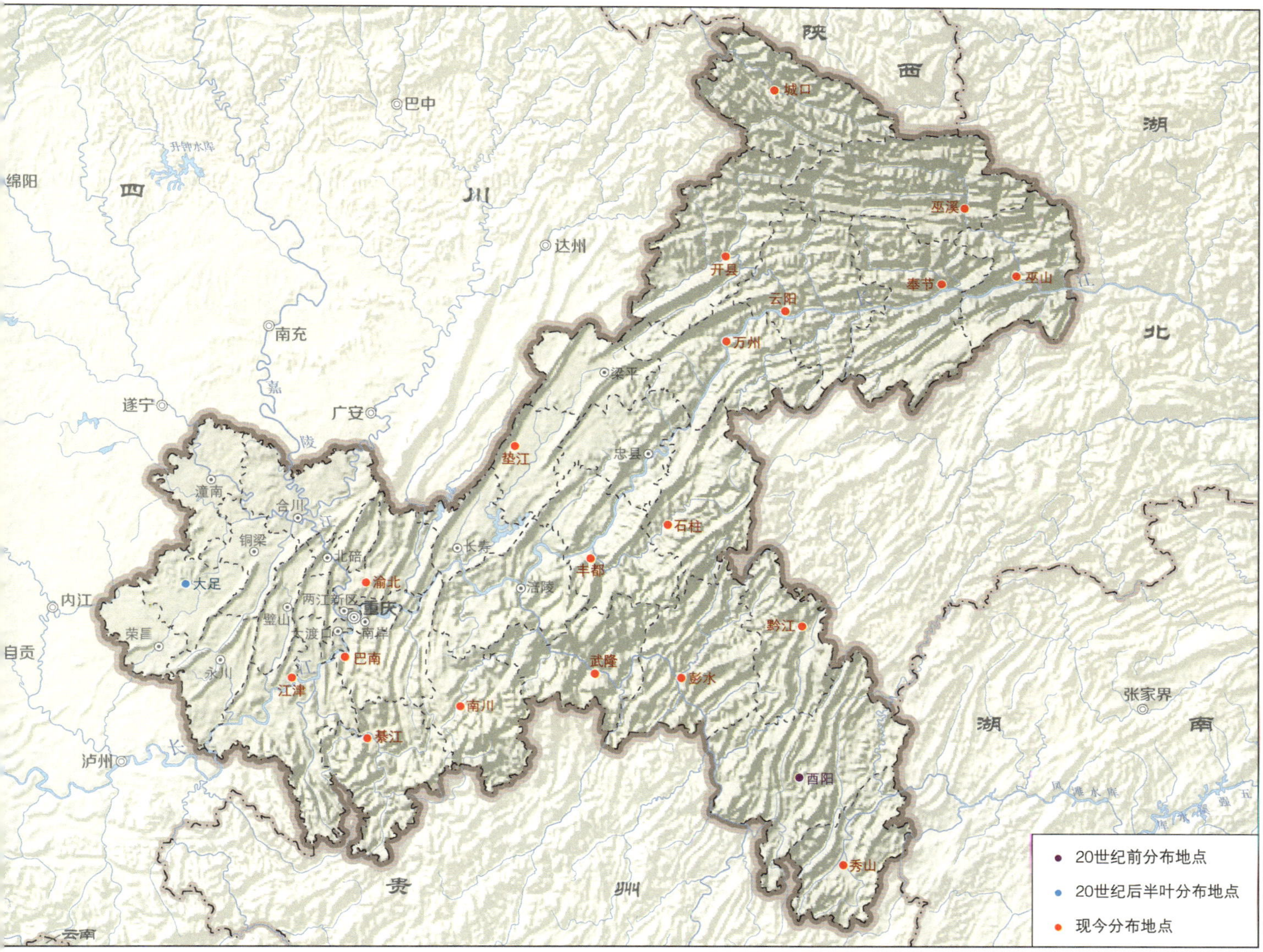

图 12.36　重庆市古今穿山甲分布变迁图

万州区已知兽类、鸟类、爬行类、两栖类、鱼类等脊椎动物及野生动物 300 多种，其中兽类 69 种、鸟类 124 种、爬行类 15 种、两栖类 12 种、鱼类 92 种；已知珍稀动物 20 多种，属国家保护动物主要有猴、黑熊、穿山甲、狼、野猪等③。

黔江区灰千梁子地处武陵山脉西翼，重庆黔江区东部边缘，喀斯特地貌，岩溶发育，岭脊平缓、岩陡交错，千峰突兀，沟壑纵横，林海总面积 600 km²，被誉为“北纬 30°保存最好的原始森林”，最高峰海拔 1 938.5 m。景区内动植物种类繁多，动物有大鲵、金钱豹、獐子(麝)、穿山甲等④。

---

①程卓. 小区发现一只穿山甲已经送到动物园了. http://www.nxing.cn/article/81502.html

②巴南区. http://baike.baidu.com/link? url＝lyAMWY4Qkg7Xq_fPCi8yycq0G6TGrPqcncwfxuDmL5910oCn2kgRHssk NPQM-FxkGXjEJlRNEmsYEMSU58E996_

③万州区情概况_万州港. http://www.wzg.com.cn/wzqq/76.html

④中秋国庆让我们远离都市，去“摸秋”. http://tieba.baidu.com/p/4045703076

綦江区[①]介于华蓥山帚状山脉向南倾没、大娄山脉向北延伸之间，属喀斯特地貌，西南高、东北低，边缘高、腹地低，以山地为主，遭河流切割，沟深岩多，地形破碎，多孤立山体，少完整山脉，地势高差大，主要有中山、低山、深丘、浅丘和槽谷五大类地形，以低山、丘陵为主，山地占70%，丘陵占30%。动物有200多种，其中，兽类20多种、鸟类40余种、蛇虫类50多种、水生动物及鱼类70多种。重点保护动物有黑叶猴、云豹、林麝、猕猴、穿山甲、豺、青鼬、大灵猫、小灵猫、金猫、斑羚、黑耳鸢、苍鹰、雀鹰、普通鵟、红隼、红腹锦鸡、领角鸮、雕鸮、斑头鸺鹠、鹰鸮等[②]。

巫山山脉位于重庆与湖北交界处，重庆境内巫山县、奉节县等地，北与大巴山相连，主峰在奉节县境内的乌云顶，海拔2 400 m。拥有大量的珍稀动植物，其中就有穿山甲[③]。

2014年9月报道，江津区市民在小区对面的公路发现一只成年雄性穿山甲，体重约5 kg，身长1 m。报警后，穿山甲被带回派出所，天亮又被带到离城区较远的野外放生[④]。

垫江县境内的宝鼎森林公园主要受保护的动物有金雕、小灵猫、野山羊、果子狸、泥猪、野猪、野兔、刺猬、穿山甲、水獭、变色龙、蟾蜍、松花蛇、青竹标蛇、鹰、白鹤、野鸭、白鹭、啄木鸟、画眉、喜鹊等[⑤]。

武隆县随着荒山变绿，仙女山镇龙宝塘村中心庙水库及周边的生态环境也得到改善，几十种野生动物都回到林子里来，不仅有穿山甲、刺猬、红腹角雉等，还有国家二级保护动物红腹锦鸡[⑥]。

丰都县东南45 km的南天湖景区与武隆的仙女山相毗连，处在100 km^2 的莽莽群山和苍苍林海之间。这里环境优美，植被丰富，多为原始森林和竹海。有各类动物120余种，其中属国家保护动物如豹、黄腹角鸡、穿山甲等达27种之多[⑦]。

据统计，巫溪县脊椎动物达350余种。其中兽类中国家重点保护的有虎、金钱豹、云豹、黑熊、林麝（香獐）、毛冠鹿（青麂）、金猫（狗豹子）、水獭、猕猴、穿山甲、鬣羚、豺、岩羊（崖羊）、大灵猫（九节狸）、小灵猫（野猫子）等。其他有野猪、狼小麂（黄麂）、狐狸（毛狗子）、黄鼬（黄鼠狼）、狗獾、草鹿、草兔（野兔）、松鼠、豪猪（刺猪）、食蟹獴（猸、白猸）、青猴、貉（狸）、罗代鼢鼠、小家鼠（小耗子）、黄腹鼠（黄胸鼠）、褐家鼠（大家鼠、沟鼠）、黑线姬鼠（田姬鼠）、巢鼠（麦鼠）等[⑧]。

奉节县兴隆镇小寨村有重庆地区最大的天坑——小寨天坑，一直到20世纪80年代初期才被世人关注。天坑里最常见的动物有野兔、野鸡、野山羊、黄鼠狼、松鼠、蛇、穿山甲等[⑨]。

云阳县境内常见和经济价值较大的脊椎动物有五大类40多种，其中有猕猴、穿山甲、野猪、野羊、豪猪、黄鼬、云猫、豹、金钱猫、獾、林麝、草兔、野鸭、白鹤、猫头鹰、画眉、竹鸡、雉鸡等[⑩]。另据报道，县境内东南隅，紧邻湖北利川市、重庆市万州区和奉节县的龙缸景区地貌奇特，溶洞密布，奇峰怪石，石笋摩天，雄险俊秀，千姿百态，是自然科学的博物馆、地质景观的大观园。当地珍禽异兽有獐子（林麝）、猴群、野猪、崖燕、飞狐、杜鹃、鹿、蟒、云豹、穿山甲、锦鸡等[⑪]。

石柱土家族自治县目前有林地面积20.6万 hm^2，森林面积15.5万 hm^2，活立木蓄积1 131万 m^3，林木覆盖率和森林覆盖率分别达71.3%和54%。随着生态环境持续改善，境内发现陆生野

---

①2011年10月，撤销万盛区和綦江县，设立綦江区。

②綦江区. http://baike. baidu. com/link? url = vQ43hemLBppaDaCkJUAfr6DwCpH3j1Ct78uvESEF23gWU8I1MHZfbitVHDhQjWIxdJ03kxJIK2_-u7umWC4ps_

③巫山. http://baike. baidu. com/link? url=m-F087XduZ5uO0OBhxx5LkpEbIYkF8Y3S-mpL9IA7rhVmOgSbJgpvqmAYyxcHezm#5_2

④王杨，黄小倩. 穿山甲误入城区民警放其归山. http://news. 163. com/14/0921/07/A6L97D4000014Q4P. html

⑤垫江县人民政府关于印发垫江县环境空气质量功能区划分方案的通知. http://www. lawxp. com/wl/statuteInfo/Provision. aspx?iid=30762988

⑥武隆植树造林：万亩荒山变绿10万人不再"渴". http://cq. people. com. cn/n/2015/0607/c367650-25148082. html

⑦夏末初秋，丰都澜天湖观星. http://www. haoshuaw. com/news/bencandy. php? fid=334&id=3783

⑧巫溪概况—自然资源. http://wx. cq. gov. cn/Category_442/Index. aspx

⑨小寨天坑，一家人的桃花源. http://www. 08kan. com/gwk/MjM5MDM2Njg1OA/200897052/1/2ec0e440741fc3f1bad1265f6c0b0 ae2. html

⑩云阳旅游资源简介. http://3y. uu456. com/bp_74bzj711337s7tu44gpp_2. html

⑪重庆云阳龙缸景区资源介绍. http://www. cqyylg. com/Article/Show. asp? id=426&NewsType=2

生动物 329 种，其中包括云豹、穿山甲、赤壁鹰等①。

彭水苗族土家族自治县珍稀动物绝大多数分布在库区较高地段，据调查，水獭、穿山甲和大鲵等在库区有分布，建库对它们无明显不利影响。黑叶猴和猕猴在乌江沿岸的平江、思渠、洪渡一带有少量分布，但主要活动在高程 300 m 以上的陡峭悬崖地段，水库蓄水不会直接淹没主要栖息地，建库对它们无直接不利影响（蒋固政等，2005）。

据《秀山县志》记载，秀山土家族苗族自治县的野生动物主要有豹（金钱豹）、豺狼、狐狸、九江狸（大灵猫）、山猪、野猪、刺猪、泥猪、野山羊、黄鼠狼、野兔、松鼠、鲮鲤（穿山甲）、狗獾、马熊、田胖头、水獭、石獾、野猫、山牛、黄洋狸、苏门羚、獐子（麝）、九节狸（?）、旱獭、田鼠（秀山土家族苗族自治县志编纂委员会，2001）。另据报道，县城西南 26 km 处的隘口镇，野生动物种类繁多，主要有獐子（麝）、穿山甲、锦鸡、相思鸟等 40 余种②。

6.5.2　四川

四川省的穿山甲分布地比例较低，主要分布在盆地周边的山地（图 12.37），显示与其他省级政区的穿山甲形成连片分布。

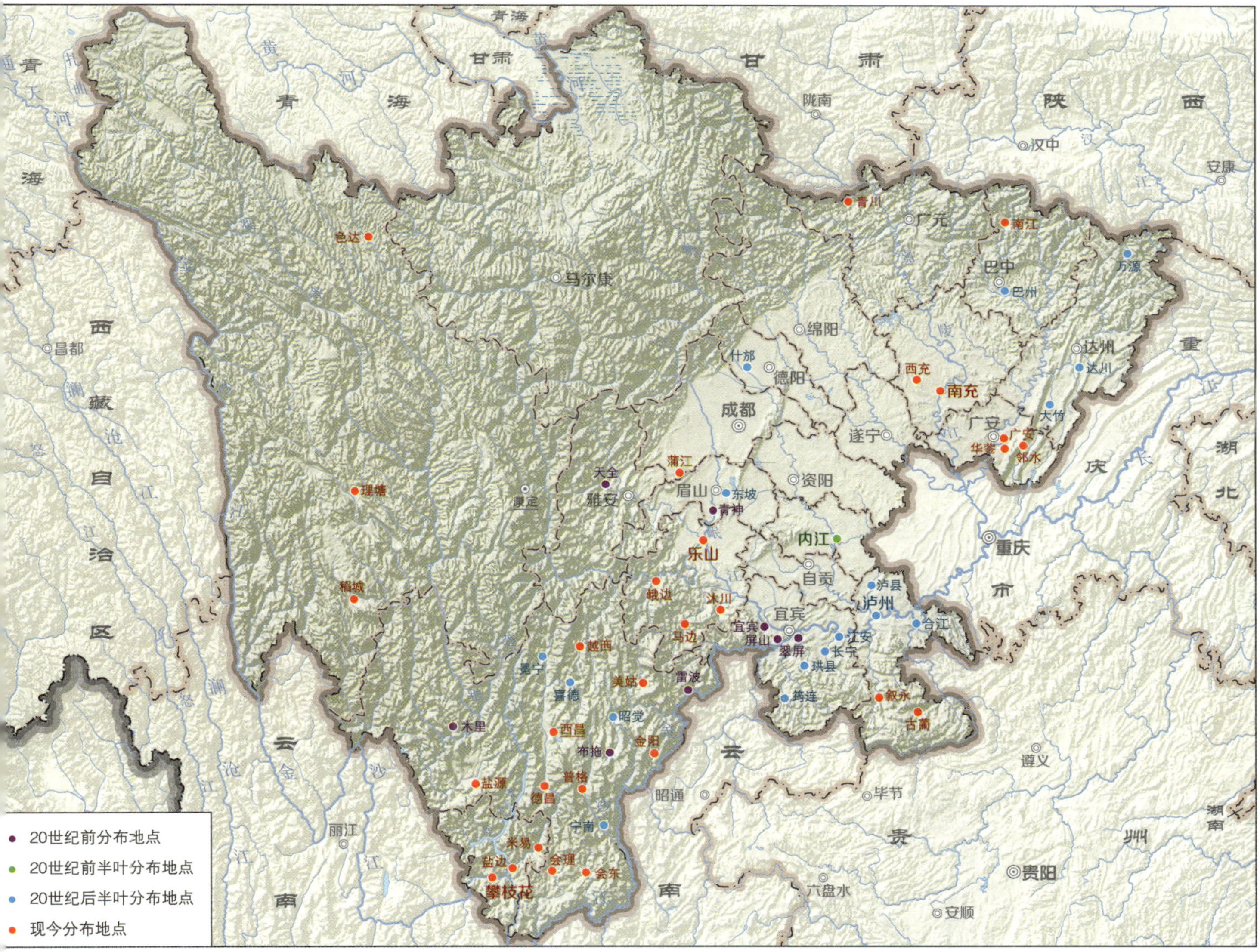

图 12.37　四川省古今穿山甲分布变迁图

①李梦真. 石柱将建藤子沟湿地公园，总体规划已通过市级评审. http://cq.qq.com/a/20141119/009255.htm

②秀山县隘口镇地图全图. http://www.bzeip.com/dtmap/ak8ab.html

● 成都市：蒲江县境内地势平坦，南高北矮，地貌以浅丘为主，平原、丘陵、山地比例为 24∶54∶22。野生动物有 200 余种，其中有短尾松［？短尾松鼠 *Phodopus sungorus*］、穿山甲等国家二级保护动物 100 余种①。

● 南充市：南充市可分为北部低山区和南部丘陵区两大地貌单元，地势从北向南倾斜，地貌类型以丘陵为主，浅丘平坝、中丘中谷、高丘低山类型大体各占 1/3。南充市乃地级市，穿山甲仅见在部分地方有记录。

南充市高坪区境内的凌云山风景区，据称动物类有牛蛙、中华大蟾蜍、赤练蛇、黑眉锦蛇、乌梢蛇、啄木鸟、布谷鸟、鹰、白鹭、野鸡、赤狐、松鼠、穿山甲等②。

西充县地处嘉陵江、涪江的脊背地带，属浅丘地貌，沟谷纵横，丘陵密布，地势西北高、东南低，由西北向东南缓缓倾斜，山脉呈南北走向，北面略高。森林覆盖率达 24.6%。野生动物有野兔、穿山甲、雉、白鹭等数十种③。

● 广安市：华蓥山跨广安区④、华蓥市、邻水县三地，是川东平行岭谷主体山脉成为川中丘陵和川东平行岭谷的天然界山。据报道，华蓥山是国家地质公园、国家森林公园，拥有云豹、穿山甲、白鹭等 400 余种野生动物，小灵猫、金钱豹、水獭等 34 种国家级保护动物⑤。

据介绍，邻水县县境北部的龙安镇主要野生动物资源有野猪、山羊、穿山甲、五步蛇等⑥。

● 乐山市：据《乐山市志》记载有兽类 80 种，其中有刺猬、猕猴、短尾猴、穿山甲、大熊猫、小熊猫、黑熊、狼、貉、黄喉貂、香鼬、黄鼬（黄鼠狼）、獾、水獭、大灵猫、小灵猫、豹、虎、云豹、豺、斑林狸、金猫、林麝、水鹿、鬣羚、斑羚、岩羊、豹猫（山猫、野猫子）等（乐山市地方志编纂委员会，2000）。

峨边彝族自治县地处四川盆地与云贵高原的过渡地带，属亚热带湿润季风气候区；境内群山耸峙，山峦重叠，沟壑纵横，形成西南高、东北低逐渐倾斜的地势；由于高低悬殊，使得地貌、气候、植被、土壤及农业利用方式，都呈现出明显的垂直分布规律。尽管在野生动物中没有记载穿山甲，但在动物类中药材有 43 种，主要有麝香、鹿茸、熊胆、猴骨、豹骨、牛黄、蛇胆、碎蛇、穿山甲等⑦。可以反映有穿山甲存在。

● 泸州市：古蔺县位于四川盆地最南缘，处于四川盆地与云贵高原过渡带乌蒙山系大娄山西段北侧，地势西高东低，南陡北缓，地形起伏较大，山峦耸立，沟壑纵横，"七山一水两分地"，是典型的盆周山区县。当地有野生动物 100 余种，鸟类 430 多种，国家一、二级保护动物有云豹、黑熊、岩羊、飞狐、野猪、野牛、獐子（麝）、九节狸、穿山甲等⑧。

位于叙永县城东北 40 km 处，东北面与贵州赤水市、四川古蔺县接壤的国家级自然生态保护区画稿溪，是珍稀动物的繁衍栖身之地，它们经常出没林间溪畔，引人注目，增添山野情趣。这里共有动物种类 150 多种，其中有猕猴、黑熊、穿山甲、云豹、豺、野鹿、水獭、金猫、林麝、大鲵、岩羊、獐子（麝）、红腹角雉等数十种国家级保护动物⑨。

● 攀枝花市：米易县内层峦叠嶂，沟壑纵横，山谷相间，盆地交错，地势北高南低，呈南北走向。属南亚热带干热河谷立体气候，全年干雨季节分明而四季不分明，河谷区全年无冬，秋春相连，夏季长达 5 个多月，气温昼夜变化大而年变化小。已查明的动物资源有 5 纲 29 目 72 科 175 属 264 种。其中野生动物资源有 186 种，属国家二

---

①蒲江县. http://baike. baidu. com/view/237272. htm；成都市蒲江县. http://www. zwbk. org/MyLemmaShow. aspx? lid=170549

②凌云山风景区. http://baike. baidu. com/view/2705087. htm#7

③西充县. http://www. 365135. com/sichuan/nanchong/6532. shtml

④2013 年，将原广安区一分为二，划江而治，设立前锋区

⑤广安："国宝"正式安家华蓥山，打造大熊猫的宜居家园. http://ga. wenming. cn/jjga/201408/t20140824_1317797. html

⑥乡镇简介. http://www. gbsyw. com/dtmap/la11ij. html

⑦中国・峨边. http://www. eb. gov. cn/HTML/NewsView. asp? ID=3202

⑧古蔺县. http://baike. baidu. com/link? url=iiaqXKP0Jpnqdn6kgGvXOOSJ9zIPN6u2450FBOIzOawuQtY4M6iTq2SzP2ZbZrQS#6_2

⑨"桫椤金三角"叙永画稿溪. http://sichuan. kaiwind. com/dfmssy/201310/31/t20131031_1180303. shtml

级保护的有穿山甲、棕熊等 19 种①。

盐边县地势走向既有南北向也有东西向，但以东西向为主，地势崎岖，坡陡，山顶往往有数级丘状起伏的剥蚀面，平地很少，大都以宽谷和河谷小盆地形态分布于主要河流及支流上，呈宽窄不一的谷地和缓坡地带。林中野生动物主要有熊、豹、獐、狐、猴、小熊猫、穿山甲、羌活鱼、白寒鸡、雉鸡等②。

● 巴中市：南江县境内地形复杂，溪沟纵横，山水相依，有“八山一水一分田”之称。境内有野生动物 195 种，其中有金猫、云豹、金钱豹、黑熊、红腹角雉、穿山甲、大鲵等国家重点保护野生动物 41 种③。县城西北 72 km 的米仓山森林公园，地处川陕交界的米仓山南坡，有 2 万 hm^2 原始森林，动植物 2 000 余种，其中有猕猴、金猫、金钱豹、黑熊、穿山甲、大灵猫、林麝、水獭、狼、明鬃羊、娃娃鸡、赤狐、大鲵等上百种保护动物④。

● 甘孜州：稻城县地处青藏高原东南部，横断山脉东侧。当地主要珍稀野生动物有豹、白唇鹿、毛冠鹿、獐（马麝）、熊、藏羚羊、岩羊、林麝、小熊猫、弥猴、穿山甲、藏马鸡、贝母鸡等⑤。

关于理塘县（位于青藏高原东南缘，全境海拔大多在 4 000 m 以上，整个地势由西北向东南倾斜，西北高，东南低）与稻城县穿山甲记载，可参考王浩宇⑥ 2015 年 9 月 23 日纪实：

在经过艰苦的骑行之后，我们终于到达了位于甘孜州中部的世界高城理塘。理塘县城的海拔 4 000 m，长冬无夏，我们抵达的时候正是 7 月底盛夏之际，然而这里却非常冷，还记得进城的那几千米下坡，冻得我不自禁的流泪了……出理塘，就是沿着毛娅坝大草原前行，海拔缓缓上升，然后翻越海子山⑦。毛娅坝大草原是真正的草原，面积很大，水草丰美，滋养了这里的藏民……理塘至海子山段有 70 km 左右，但是路况不好再加上高海拔，所以骑起来并不轻松，那天草原上的天气并不好，下着小雨，乌云已经压到了周围的半山腰……我们在前进，路旁就是大草原，我们还看见了穿山甲和无数的鼠洞。

按：在如此高海拔、低温环境中骑行，仍发现有穿山甲，似可作为四川省有穿山甲分布的佐证。

色达县位于青藏高原东南缘，全境海拔大多在 4 000 m 以上，整个地势由西北向东南倾斜，西北高、东南低。森林覆盖率 2.7%。常见的国家一二级保护野生动物有雕、豹、黑熊、穿山甲、灵猫、水獭、麋鹿（?）、林麝、岩羊、红腹角雉等 20 多种（陈小涛等，2009）。

● 凉山州：盐源县位于四川省青藏高原东南缘，雅砻江下游西岸，境内地形以四周高山峡谷、中部丘陵盆地为总特征。据《盐源县志》记载，野生动物现已知 160 余种，其中哺乳纲有猕猴、短尾猴、穿山甲、小熊猫、马熊、黑熊、狼、豺、赤狐、白貂、黄喉貂、黄鼬、水獭、小灵猫、花面狸、金猫、原猫、红椿豹、红金猫、芝麻豹、墨豹、黑金豹、狸豹、黄虎、豹猫、豹、虎（现基本绝）、野猪、林麝、赤麂、小麂、毛冠鹿、白臀鹿、水鹿、牛羚、白羊、斑羚、岩羊、牦牛等（盐源县志编纂委员会，2000）。

会理县位于横断山脉东北部，青藏高原东南边缘，地形轮廓南北狭长，地势北高南低，境内山峦起伏，沟谷相间，地形以山地、丘陵、平坝为主，其中山地约占总面积的 40%，丘陵约占 50%，平坝约占 10%。森林覆盖率 37.4%。境内植物 105 科 450 余种，其中木本 81 科 372 种。在县内太平、益门等区大片森林中，还生长着小熊猫、熊、獐（麝）、麂、狐以及穿山甲等珍贵动物⑧。

会东县整个地势中部高，西部缓展，北部绵延，东南陡峭，山地占总面积的 90.87%，次为山原、平坝、台地。随着近年来生态环境的改善，濒

①中国·四川·米易. http://www.scmiyi.gov.cn/lmy/kczy/index.shtml

②盐边县志. http://www.scyanbian.gov.cn/zjyb/ybxz/2411.shtml

③南江县. http://baike.baidu.com/link? url=KxpJggT279xJOXgg9AYXgQEAYGQff1Edop7hvRLOakmpoAoyNl384QeSzfsPDVJYEdw6TLUx_qcQrjWRu-Iala#3_2

④米仓山自然保护区. http://baike.baidu.com/link? url=Sx98jCfHWRYvwX3_FlzjupTKi12MHgErtNEpPoJoc9B410bN9nSZGGZOE7qy8cdoQcXg4gYzL4BXCAlay0ATKK

⑤稻城县. http://baike.baidu.com/view/282188.ht；稻城亚丁. http://www.51766.com/xianlu/11004/1100444763.html

⑥王浩宇. 车轮上的朝圣之旅——理塘到巴塘. http://blog.renren.com/share/265378416/9128443252

⑦海子山位于理塘与稻城两县之间，平均海拔 4 500 m，最高峰果银日则海拔为 5 020 m，共有 1 145 个大小海子。

⑧会理县人民政府. http://hl.lsz.gov.cn/zjhli.jsp? urltype=tree.TreeTempUrl&wbtreeid=1009

临灭绝的珍贵动物数量有所回升，如獐子（麝）、火狐、水獭、锦鸡、猴子、岩羊、麂子、熊、豪猪、穿山甲、马鹿、飞雕、啄木鸟、猫头鹰、蛇等①。

普格县属云贵高原之横断山脉，螺髻山与大凉山向南的分支东西对峙，海拔 3 500 m 以下的山地面积较少，以中山（含亚高山）为主，占总面积的 67.4%。丘陵平坝仅分布在河谷地带，呈高山、中山深切割地貌。珍稀野生动物种类有豹、黑熊、滇猴（猕猴）、小熊猫、麝、野牛、岩羊、穿山甲、灵猫、红腹角雉、锦鸡、鹤、长脚秧鸡、鹦鹉等②。

金阳县属凉山山原地貌向西南山地地貌过渡区域，整个地势西高东低，北高南低，呈西北向东南倾斜，有平坝、台地、低山、低中山、中山、高山、山原、丘状高原等微型地貌。野生动物种类较多，主要有熊、鹿、岩羊、标麝（林麝）、金丝猴、猞猁、刺猬等 30 余种，飞禽有锦鸡、红腹角雉等 30 余种，爬行类有穿山甲、蟒、蝮蛇、眼镜蛇等③。此处将穿山甲误归类。

越西县处于青藏高原东缘，横断山脉的东北麓，多山，呈南北纵列，地势南高北低。野生动物有 21 科 48 种，其中国家一类保护动物有大熊猫、云豹、金钱豹、灰腹角雉等，二类保护动物有小熊猫、苏门羚、短尾猴、金猫、斑羚、岩羊、水獭、穿山甲、猕猴、绿尾红雉、白腹锦鸡等④。

美姑县地处青藏高原东南部的横断山脉与四川盆地西南边缘交汇处，大凉山黄茅埂西麓。地势由北向南倾斜，山峦起伏，河流纵横。据 2003 年科学考察美姑大风顶，共有脊椎动物 296 种，其中，兽类 8 目 27 科 81 种，鸟类 16 目 47 科 189 种，爬行类 1 目 4 科 10 种，两栖类 2 目 7 科 10 种，鱼类 2 目 4 科 5 属 6 种。国家Ⅱ级保护动物有黑熊、藏酋猴、猕猴、穿山甲、小熊猫、黄喉貂、水獭、斑林狸、大灵猫、小灵猫、金猫、豺、水鹿、鬣羚、斑羚和岩羊、红腹角雉、鸢、雀鹰、松雀鹰、普通鵟、血雉、白鹇、白腹锦鸡、棕背田鸡、大紫胸鹦鹉、领角鸮和雕鸮、大凉疣螈 30 种⑤。

6.5.3 贵州

贵州省现今各市级政区中仍有穿山甲分布（图 12.38）。

● 贵阳市：贵阳市地处黔中山原丘陵中部，长江与珠江分水岭地带，总地势西南高、东北低，苗岭横延市境，岗阜起伏，剥蚀丘陵与盆地、谷地、洼地相间，地貌属以山地、丘陵为主的丘原盆地。据称，目前贵阳市远郊和三县一市深山中尚存少量国家各级保护动物。计有大鲵、鸳鸯、红腹锦鸡、穿山甲、八哥（鸲哥）、林麝、猕猴等及多种蛇类、蜥蜴类动物⑥。说明在贵阳市、清镇市、开阳县、修文县、息烽县仍有穿山甲。

开阳县境内野生动物种类繁多，已查明哺乳类有豹、虎、獐子、苏门羚、野猪、果狸、狐狸、猪獾、狗獾、黄鼠狼、野猫、野兔、刺猬、猴、旱獭、松鼠、山鼠、岩羊、穿山甲⑦。县境景区内南江大峡谷也称，共有兽类 36 种，隶属 8 目 15 科。其中鬣羚、斑羚、猕猴、藏酋猴、小灵猫、林麝、豹猫、穿山甲等 8 种国家二级保护珍稀动物，猕猴、藏酋猴在区内较为常见⑧。

● 六盘水市：钟山区位于川、滇、黔、桂结合部，属北亚热带季风温暖湿润气候区，气候较为特殊：既无酷暑，又无严寒，常年无夏，春秋相连，表现出典型的贵州西部高原气候特征。当地野兽尚有穿山甲、松鼠、野猪、黄鼬（黄鼠狼）、刺猪等种类⑨。

---

①会东县. http://baike. baidu. com/link? url＝Iqv5QpdfecmxRo41VROmhr2ors9VUrRnnzQ-VOlv8BXe9A4A-XdGW53keOYi61#4_4

②普格县. http://baike. baidu. com/view/377792. htm? fromId＝399474

③金阳县. http://baike. baidu. com/view/377718. htm

④越西县. http://baike. baidu. com/link? url＝_omf2CkLtOkJCfwO-PQEQw2_-xJ1PCIN1PDO81St9G42JukSdlr4UVE4y-cKSunb

⑤美姑大风顶国家级自然保护区. http://baike. baidu. com/link? url＝gNjx3-zvhM6E5mu4LNx4AOyp1vONh-QKaHUtUmkKqQmJTLiw6qK0ZtOZFaPolPPCBXtCqOVfbLcBOBM4Waq2voUeAp4joPWDrOGx4VN8jzksh87aO0YyDuAHgSkNlBVl5pCM5iD2FH_27Svs2xvdBk5jNWSan7xdhBonbj7HoAxFeE4zAmvyoYDZi9K6dkWo

⑥中国・贵阳. http://www. gygov. gov. cn/col/col10801/index. html

⑦中国・开阳. http://www. kygov. gov. cn/zjky/dlzy/1314691527ky4840. html

⑧南江大峡谷. http://baike. baidu. com/view/379766. htm? fromtitle＝南江峡谷&fromid＝9034441&type＝syn

⑨钟山区. http://baike. baidu. com/link? url＝ipHBy7tntXMmLsNoHoxGoRWMG35VkIvsvkzz8IQxhOY5Zd1DpyvXsUavhreicTju

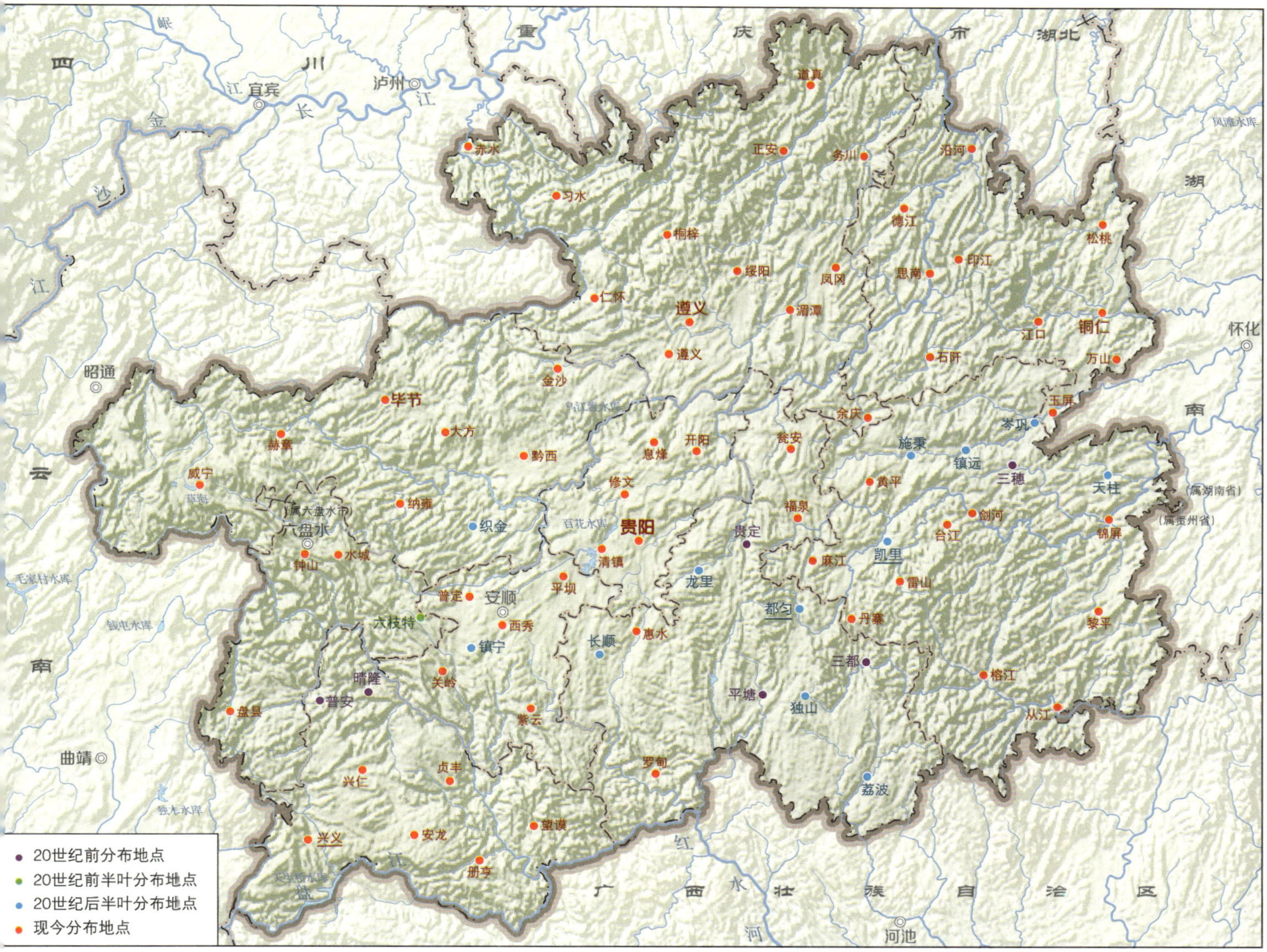

图 12.38 贵州省古今穿山甲分布变迁图

盘县全境地势西北高、东部和南部较低，由于地势的间隙抬升和南北盘江支流的切割，形成了层峦叠嶂、山高谷深的高原山地地貌。据该县盘江镇称，野生动物还有野鸡、斑鸠、啄木鸟、布谷、猫头鹰、穿山甲、麂子、獐子（麝）、野猫、狐狸、蛇、羚羊等稀有珍贵物种①。

水城县地处云贵高原向黔中山原过渡的梯级状大斜坡地带，山高、坡陡、谷深，土地贫瘠。野生动物中，有国家二类保护动物岩羊、蟒、锦鸡、水獭、穿山甲等②。

● 遵义市：仁怀市合马镇大同村一带野生动物资源较丰富，禽类有鹰、鹤、猫头鹰、燕、鸽、斑鸠、啄木鸟、喜鹊、乌鸦、野鸡、杜鹃、雁、黄莺、麻雀、八哥、秧鸡等，兽类有野猪、刺猬、豪猪、野兔、野山羊、穿山甲、蝙蝠等，爬行类有赤链蛇、翠青蛇等③。

遵义县西北部的山属大娄山脉中段，东西走向。据称，在溪流两岸林中，遍生珍贵药材。林

①盘江镇. http://baike.baidu.com/link? url = I4Qe6o87 _-o4qs9A4-TivqK-aF4PcbkBP9BJmNZQvLNnIbQ6MrGe3n7Xhrpq2N0rDfX-kZoxCHvrru7srYMYPj_WTD70Bb8W4SuTtkmQ_l7

②贵州六盘水水城县. http://www.tcmap.com.cn/guizhou/shuichengxian.html

③仁怀市酒糟综合利用项目环境影响报告书. http://3y.uu456.com/bp_45zdc5vnoq86wqu5qu14_1.html

中还有麝、穿山甲、蓝蛇、青竹标、岩头斑等药用动物①。

绥阳县位于大娄山脉中段。县城北部的宽阔水自然保护区有脊椎动物87科314种，有鱼类35种，两栖纲27种，爬行纲31种，鸟类171种，哺乳动物50种。其中“爬行动物穿山甲属国家二级保护动物”②。此处将穿山甲误归类。该县天门山由于人迹罕至，林木茂盛，是野生动物理想的栖息之地，主要动物有山鹿、猕猴、野猪、狐狸、山羊、米猴（蜂猴?）、独角兽（?）、穿山甲等数十种。其中体小善跳、仅三四寸高的米猴和形体如小黄牛的独兽尤为罕见③。也证实有穿山甲。

余庆县的构皮滩电站大坝以下，是大乌江省级风景名胜区。在老林河原生态大峡谷，野生动物蛇、穿山甲等时常见到④。

习水县地处大娄山山系西北坡与四川盆地南缘的过渡地带，境内属中山峡谷地貌，地势东高西低。经重点考察，现已查明当地的兽类种数有72种2亚种，分属8目24科，占省兽类总数的52%。其中有国家二级重点保护动物猕猴、藏酋猴、穿山甲、豺、黑熊、青鼬、水獭、大灵猫、小灵猫、斑灵狸、林麝、鬣羚、斑羚、大鲵、虎纹蛙、细痣疣螈等⑤。

道真仡佬族苗族自治县是云贵高原向四川盆地过渡的斜坡地带。截至2012年，道真县境内有陆栖脊椎动物400余种，其中有黑叶猴、林麝、金钱豹、云豹等4种国家一级保护野生动物，有猕猴、藏酋猴、大灵猫、穿山甲、红腹锦鸡等30余种国家二级保护野生动物⑥。

务川仡佬族苗族自治县属云贵高原东北部向四川盆地过渡的斜坡地带，总体地势为西高东低、北高南低。据《务川仡佬族苗族自治县志》记载，哺乳动物有华南虎、云豹、豹猫、猞猁、野猫、豺、貉、狐、狼、蠓（食蟹獴?）、果子狸、小灵猫、大灵猫、獾、仙獾、黄鼬、紫貂、黑叶猴、猕猴、猿猴、獐、麂、黑麂、麝獐（香獐）、林麝、马麝、水鹿、青羊、苏门羚、小熊猫、野猪、豪猪、拱猪、泥猪、猬、穿山甲、野兔等（贵州省务川仡佬族苗族自治县志编纂委员会，2001）。另据报道，该县分水乡境内森林资源丰富，生态植被良好，森林覆盖率达60%，境内有野猪、锦鸡、五步蛇、穿山甲、刺猬等珍稀动物⑦。

● 安顺市：西秀区宁谷镇与双堡镇交界处的九龙山国家森林公园，以茂密的森林植被、浩瀚的林海为主体，以天然海子和人工湖泊为依托，集林、山、水、洞为一体，有灵猫、穿山甲、野兔、山鸡等鸟兽⑧。

平坝县境内地势平坦，河流纵横。全县林木有39科85种，草本植物有25科210余种。野生动物兽类有猕猴、狐狸、箭猪、野锗、穿山甲等，水族类有大鲵、鳖、蟹、蚌、虾等⑨。

普定县地势为南北部高、中间低，由南部和北部向中部三岔河河谷倾斜，岩溶地貌发育非常典型。境内有豹、野猪、豺、岩羊、獐子（麝）、穿山甲、蛇、野兔等野生动物⑩。

关岭布依族苗族自治县坐落于云贵高原东部脊状斜坡南侧向广西丘陵倾斜的斜坡地带，地

①魅力山盆之“巍巍仙人山”. http://tieba. baidu. com/p/3119134476

②神山国际——宽阔水国家级自然保护区. http://baike. baidu. com/link? url = gXXvu4CeCs7qgIZDRVP57Z9IMqswNZWOjEI2TSE4BKMJsQqE8rxOpp5ZRGsVCNZuHXbi3wUWMrgewzaB7DXxohpOOzen5vTfZOMCoIwYBUH-PKCi1kVmHs3QUn0WHw5cHxdJXfJopkIyhBb9ZJ0OaGU _ dWKy7ogobk1yHXBf _ vDAK23 _ ZKQskr9CQRpZnYYHptfvsrYgHwpe _ USGcUsQKN _ APcWTOvhm-lJfnYqjNthEQ9RXLb3HBV20-DdPBSF0LvpzU584JoHiGd73fwMa4Va

③绥阳太白天门山“红旗渠”缩影. http://mt. sohu. com/20150805/n418191046. shtml

④大电站奇景. http://www. bytravel. cn/Landscape/7/dadianzhanqijing. html

⑤习水政府网. http://www. gzxishui. gov. cn/html/xsgov/col4/1_11_6. html

⑥道真仡佬族苗族自治县. http://baike. baidu. com/link? url = 2Qk _ cSEXLwqcdYkvdpz5lG5t46Oe8iV9jSqm90KXCjMFJeQsYooOLzBDL_MmCErUMHYzcg5oJXMBZBsl6i4_Ia

⑦发现遵义，务川县分水乡花香四溢的生态乡镇. http://ly. seezy. com/Article/833. html

⑧安顺市人民政府网. http://www. gzdlw. com/n23540c90. aspx

⑨平坝县. http://baike. baidu. com/link? url=CnrVJDESDA5Y61Bsi2wCmgtyQHX4lDc6x7ZMECEMxm3hi0_qKtFMuhatREOkIs5_DdFN6Xpk2Nm_0ZL1wQzcAa

⑩普定县. http://baike. baidu. com/link? url = mUnf0VJpdctVcFQAkwB9qKZApedyzovTM1FjgA9prqyV-DijWHumsgGoQQ _ x _JFsyeTWVimoG2emps-Ji2YI3K

势西北高、东南低，地貌形态千姿百态，石芽、竖井、漏斗、洼地、谷地、盲谷、丘峰、峰林等到处可见，溶洞、暗河、地下廊道比比皆是，是一个典型的喀斯特山区。据《关岭布依族苗族自治县志》记载，哺乳动物有野猪、獐（麝）、狸子、野兔、水獭、獾、松鼠、鹿、猴、刺猬、蝙蝠、穿山甲、黄羊、狼、貉、豺、狈、褐家鼠、黄鼠等（关岭布依族苗族自治县地方志编纂委员会，2002）。又有称，当地野生动物以蛇类、穿山甲、斑鸠等较多（杨锐，2008）。

紫云苗族布依族自治县地处贵州高原向广西丘陵过渡斜坡地带的中低山盆谷区，是典型的喀斯特地貌，沉积岩和碳酸盐岩体形成众多的溶洞群，分布广泛，类型齐全。境内西部山脉属乌蒙山系，其余为苗岭山系，其中山地占总面积的77.8%。野生动物种类较多，有哺乳类、爬行类、两栖类、鱼类、鸟类等，其中猕猴、黑熊、猴面鹰、穿山甲、大灵猫、红腹锦鸡等是国家重点保护的野生动物①。

● 毕节地区：金沙县地处乌蒙山与娄山山脉的交汇处，夹在乌江与赤水河之间，以山地为主，其中低山约占总面积的 39.32%，低中山约占 51.34%，中中山约占 9.34%。当地珍稀动物有大蚯蚓、大鲵、红腹锦鸡、红腹角雉。有猴、华南穿山甲、帚尾豪猪、华南狼貉、江西豺、中国水獭、华南猪獾、华南大灵猫、华南果子狸、金钱豹、林麝、小鹿、湖北毛冠麝、苏门羚、华南兽猪等②。

纳雍县城东南约 40 km 的大坪箐国家湿地公园目前已知的脊椎动物有 131 种，隶属 45 科 98 属，其中兽类 17 科 31 属 38 种，国家Ⅱ级重点保护动物有穿山甲、斑灵狸等 6 种③。

赫章县地处滇东高原向黔中山地丘陵过渡的乌蒙山区倾斜地带，被多座大山分割，地势西北、西南和南部较高，东北部偏低。境内山高坡徒，峰峦重叠，沟壑纵横，河流深切。据《赫章县志》记载，哺乳动物有虎（华南虎）、豹、花面狸、野猫、小灵猫、豺、狼、狐狸、狗獾、岩羊、黄鹿、青鹿、野兔、野猪、猪獾、拱猪、黄鼬、猬子、水獭、竹溜、麝（香獐、牙獐）、刺猬、穿山甲、大青猴、黄猴（猕猴）、短尾猴、松鼠、蝙蝠、飞虎、狗熊、马熊（豺狗儿）等（贵州省赫章县地方志编纂委员会，2001）。

● 铜仁地区：铜仁处于云贵高原向湘西丘陵过渡的斜坡地带，武陵山区腹地，西北高、东南低；在远离河谷的山原面上岩溶、丘陵、洼地较多，地面起伏不太大。全境以山地为主，占全区总面积的 67.8%，其次是丘陵占 28.3%，坝子及其他地貌仅占 3.9%。铜仁市有列为国家二类保护动物的熊猴、红面猴，有列为国家三类保护动物的林麝、毛冠鹿和穿山甲④。此处保护动物级别有误。

思南县城郊的万圣山森林公园周边城镇密集，境内有野生动物 61 种，其中有穿山甲、水獭、雀鹰等 7 种二级保护动物，有大杜鹃、红腹锦鸡、棕腹啄木鸟 3 种省级保护动物⑤。

万山特区处于云贵高原向湘西丘陵过渡的斜坡地带，野生动物有鱼类、两栖类、鸟类和哺乳类，珍稀动物有斑羚（俗称岩羊、野羊）、穿山甲、林麝、水獭、红腹锦鸡、灵猫、豹猫⑥。

● 黔东南州：锦屏县由于受到境内复杂的地形和植被条件等因素的影响，具有明显的山地主体气候和林区气候的特点。据调查，野生动物现存仅有如下 20 余种：野猪、豪猪、箭猪、岩羊、黄羊、樟子（獐子；林麝）、猴子、野猫、大灵猫、小灵猫、白面狸、九节狸、狐狸、野狗、水獭、野兔、竹釉、松鼠、膨鼠、竹鼠、老鼠、水鼠、刺犯（刺猬）、穿山甲、旱獭⑦。

剑河县为山地性高原，系雷公山中山地貌向湘桂丘陵过渡的斜坡台地，整个地势自西南向东

---

①紫云苗族布依族自治县. http://baike. baidu. com/link? url＝LWRiBbeS_p4OQVKyhq-FJC9CCtJr_nxNONu-7rplu5CU91YLbQCEWY03P9RQ1WRRNrTitP3UwD9ie_71Vw_Hqa＃3_3

②金沙县. http://baike. baidu. com/link? url=JFcE0bWJTKAL34WHru0B8AynGv77qd8WQHGAz6JKNtBsy7mvpRA-aIOpl TeKs7x7＃6_1

③赵高才. 纳雍大坪箐国家湿地公园野生动植物的天堂. http://bj. gog. cn/system/2014/06/16/013592379. shtml

④铜仁市人民政府. http://www. trs. gov. cn/news/2013223/n159. html

⑤思南县万圣山森林公园建设项目. http://www. sinan. gov. cn/art/2012/7/27/art_110_78433. html

⑥万山区. http://baike. baidu. com/link? url＝QdR0miPERHlMunokuv9btUdu7VWDEIjViZdI75nioQYJmEPRYo5z0H-ifDGvE5xCEOZlIZqBZkLUQKrhw-cZz0XITxRb9BSx-Wd-VRqfCtS；中国·万山. http://www. gzws. gov. cn/index. html

⑦锦屏县. http://baike. baidu. com/view/189088. htm

北倾斜，以低山、低中山为主；由于山高坡陡切割深，有“九山半水半分田”之称。境内野生动物繁多，有 33 目 64 类 183 种，其中猕猴、娃娃鱼（大鲵）、穿山甲等是国家重点保护动物①。

台江县地处云贵高原东部苗岭主峰雷公山北麓、清水江中游南岸，境内地形地貌奇特，高山、盆地、河谷错落有致。山中有金山猴（?）、猕猴和蟒、蛇及穿山甲等多种动物繁衍栖息②。

黎平县地处黔、湘、桂三省（区）交界及云贵高原向江南丘陵过渡地区，黎平河谷入口处海拔为贵州最低。在山野之中还栖息着不少珍禽异兽等有价值动物，如大鲵、苏门羚、穿山甲等国家珍稀动物③。

榕江县地处云贵高原向广西丘陵过渡的边缘地带，地势自西北向东南倾斜，河流深切，中间地势低落，山地特色明显。野生动物资源有 303 种，属于国家重点保护的有猕猴、穿山甲、豹猫、黑熊、斑林狸等 11 种④。

丹寨县境内地势东北高、西南低，以低山地貌为主，占 47.12%，低中山、低山丘陵地貌次之，中山地貌仅占 2.38%。现存野生兽类主要有野猪、山羊、岩豹、猴、黄鼠狼、穿山甲、麝羊（林麝）、箭猪、野猪、豹猫、野兔、白面獐（?）、鼠、松鼠、飞鼠、竹鼠、狐狸、水獭、蝙蝠、旱獭等⑤。

黔南州：福泉市地势西部和北部较高，中部和东南次之，南部较低；以山地为主，丘陵次之，坝地较少。境内河流属长江流域，有两大水系，东南部为沅江水系，注入洞庭湖；西北部为乌江水系，注入长江。野生动物中兽类有短尾猴、穿山甲、草兔、松鼠、黄鼠、田鼠、竹鼠、豪猪、狼狐、黄鼬、青鼬獾、水獭、小灵猫、豹猫、野猪、麝苏门羊（麝、苏门羚）、岩羊、蝙蝠等⑥。

罗甸县地处云贵高原南缘向桂西北山区与丘陵过渡的斜坡地带，地势北高南低，呈阶梯式下降；县境内西北、北、东北和东南等地带为环形山地的基本轮廓，使县境略呈“撮箕口”朝南地形；以山地为主，山地占总面积的 85.8%，丘陵占 9.7%，盆地占 4.6%。现存国家保护的野生动物有蟒蛇、红腹锦鸡、白鹇（?）、红隼、白冠长尾雉、猕猴、穿山甲、水獭、大灵猫、小灵猫等⑦。

惠水县位于苗岭山地南端，北连黔中山原，南接黔南峡谷，正是苗岭山地向广西丘陵盆地过渡的斜坡地带，北高南低，属喀斯特盆地地貌，涟江纵贯全境，土地肥沃，阡陌纵横，平畴绿野，生机盎然。野生动物中兽类有中国鼩蛸、华南缺齿鼹、滇西北中麝鼩、灰麝鼩、福建喜马拉雅水麝鼩、菊头蹄多种、蹄蝠多种、西南鼠耳蝠、福建小蝠、普通伏翼、华南长翼蝠、猕猴、华南穿山甲、华南兔、江西草兔、云南灰尾兔、湖北红白鼯鼠、华南豪猪、广东白花竹鼠、华南狐、貉、西南黑熊、青鼬、黄鼬、鼬獾、华南猪獾、华南大灵猫、华南小灵猫、斑林狸、华南果子狸、食蟹獴、华南豹猫、华南野猪、林麝、海南赤麂、小麂、苏门羚等，其中二类保护动物有猕猴、林麝、穿山甲⑧。

● 黔西南州：兴义市境内地势西北高、东南低，山峦起伏，河流纵横，喀斯特地貌发育良好，喀斯特地形地貌占 71.5%，丘陵占 20.5%，平坝占 7.2%，村庄、河流占 0.8%。野生动物中有飞虎、黑猴、穿山甲、娃娃鱼等国家保护动物⑨。

望谟县地势西北高、东南低，境内山峦起伏，河流纵横，沿河两岸有大小不等的坝地，山地面积占 76.8%，丘陵占 20.4%，河谷盆地仅占 2.8%。野生动物还有岩羊、蟒蛇、穿山甲、水獭、

①剑河县. http://baike. baidu. com/view/166498. htm#sub8049929

②台江概况. http://www. gztaijiang. gov. cn/tjxqdy. jsp? urltype=tree. TreeTempUrl&wbtreeid=1011

③黎平县. http://gz. zwbk. org/MyLemmaShow. aspx? lid=2295

④榕江概况. http://www. rongjiang. gov. cn/zjrj. htm

⑤丹寨县. http://baike. baidu. com/view/1429161. htm

⑥福泉市概况. http://www. gzfuquan. gov. cn/lfq/fqgk/index. shtml

⑦罗甸县. http://baike. baidu. com/link? url = TegmEYAtXqkY6WmOdmBbf4qSnicaUXiiiJNk4F-wOf46HNp78TQ5SbK7trej97FWAvmQ6IUZpmMJkcskUiX4k_

⑧惠水县. http://baike. baidu. com/link? url=LdfkNjH_wCr9o7qem73tHamGArs7Q6pI0cxsI-aIMilhi7Dr3HpnmzAI5nOR7lrb#6_2

⑨兴义. http://baike. baidu. com/link? url=kLEJaYI62iZjS0eulpB3bbBVgVsuH0IzpaHdZGeUQuCt4c6FX60FXNH-AA-zPpkY-vJB7ZR6fuv6JQzcy0z9NK

野猪等①。

册亨县地处珠江上游两大支流南、北盘江交汇的夹角地带，又是云贵高原向广西低山丘陵过渡的斜坡地带，地势西北高、东南低，地表有洼地、峰林、溶丘、天生桥，地下有洞穴、地下河、石笋等，多种喀斯特个体形态在不同区域有规律的组合。野生动植物资源较多，分布较广。据西南林学院近年调查，有国家一级保护野生动物黑叶猴一个种群13只，另外还有猕猴、穿山甲、斑鸠、蛇等国家级和省级保护动物②。

6.5.4　云南

云南省现今各市级政区都有穿山甲分布（图12.39），现有穿山甲栖息地名列前茅。

● 昆明市：晋宁县地貌属滇中高原浅切割的中山地带及断陷湖盆区。地属低纬度高原北亚热带季风气候区，冬无严寒，夏无酷暑，四季如春，干湿季分明。当地野兽有豺、狼、麂、兔、狐狸、豹、鼠、鼬、竹鼠、獐（麝）、狗獾、獭、野猪、豪猪、穿山甲等③。

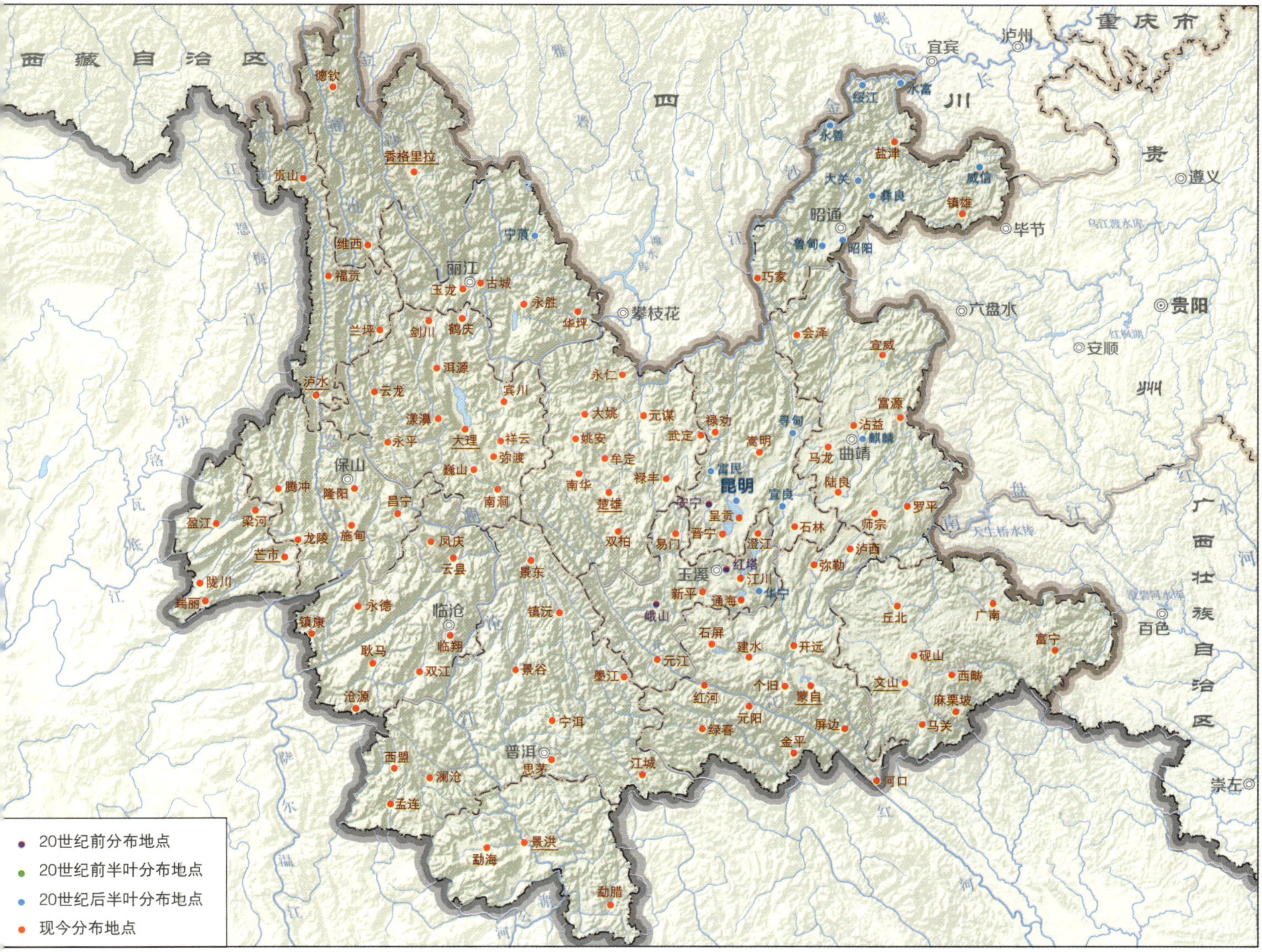

图12.39　云南省古今穿山甲分布变迁图

①望谟县. http://baike. baidu. com/link? url＝oxytIQqzpptTKhxWH57ULAb4HvWdebrXEfZYLPzO4TwlCW5CGIkq6pkWraGA50eyE9UFZpGPL9zwfO818xErTq

②册亨县生态移民安置项目建议书. https://www. baidu. com/s? ie＝utf-8&f＝8&rsv_bp＝1&rsv_idx＝1&tn＝baidu&wd＝

③晋宁县. http://baike. baidu. com/link? url＝FCU5weaBM-5PGGqykERW4oAZWv1G4UmCNaANK9FnwiyV5dVF0tlh9sAgje-eNx6IIeYhYgkMYiwsIkeI_CCcxK

位于澄江、呈贡两县之间的梁王山自南而北，绵亘百多千米，山势雄伟壮丽，西面峭壁千仞、挺拔险峻，东面群峰簇拥、古木参天。梁王山有林地覆盖率 60%，灌木林地覆盖率 8.3%。分布有豹猫、穿山甲、狐狸、蟒蛇等多种国家二级保护动物，锦鸡、麂子、猫头鹰、草猪、九节灵、花脸獐等多种省二级保护动物，还有其他众多的野生动物①。

禄劝彝族苗族自治县东北部的则黑乡，位于金沙江与普渡河交汇的三角地带，乡境内现有原始森林 580 hm^2，有紫杉、雨桃等多种珍贵树种，还有鹿子、猕猴、穿山甲、锦鸡等多种珍稀动物，野鸡、野兔等更是漫山遍野，随处可见②。

嵩明县地势由西北向东南倾斜，系云贵高原上的中低山与盆地、河槽相间地形。野生动物中锦鸡、画眉、獐（麝）、穿山甲等被列入国家保护范围③。

石林彝族自治县的最高峰圭山山高林密，森林覆盖率达 80%，生态环境良好，是野生动物的天然栖息场所，主要野生动物有穿山甲、果子狸、麂子、鹰、八哥、山鸡、画眉、啄木鸟、白腹锦鸡、喜鹊、野兔、九节灵、松鼠、蛛及青竹标、绿蛇、蜥蜴等④。

● 曲靖市：宣威市地处云南高原东北部，为云南高原向贵州高原过渡的斜坡地带，地势西北高、东南低，境内最高点为东山主峰滑石板，海拔 2 868 m，相对高差 1 948 m。该市中部偏西南的落水镇仍有较多野生动物，其中兽类有獐子（麝）、刺猬、野猫、穿山甲、野兔等数十种，禽类有箐鸡、野鸡、斑鸠、老鹰等近百种⑤。

马龙县境内山峦起伏，河流纵横，地势东南高峻，中部隆起，向西北倾斜，呈阶梯形下降。全境四面环山，属乌蒙山系，多山谷河槽，由 7 条分别流入长江水系和珠江水系的河流切割为 11 个大小不等的山尖小坝子。现有穿山甲、水獭、斑头雁、白腹锦鸡、白花蛇、梅花鹿、鲤鱼、田蛙、深沟鸡、黑山羊等几百种野生和家养动物⑥。

师宗县地势西北高、东南低，由西北向东南呈阶梯状倾斜。东南部受南盘江及其支流深切，形成山高、谷深、坡陡的特点；中南部为剥蚀溶蚀地区，多为尖山；中西部为丘陵、岩溶盆地；西北部为侵蚀切割区，大山与小坝子相间。具有亚热带与温带共存的气候特征。现存野生动物较多，其中仅兽类就有野猪、岩羊、野猫、狐狸、刺猬、穿山甲、兔子等多种⑦。

陆良县居南盘江上游。县城北部芳华镇属山区半山区乡镇，境内气候温和，年均气温 14℃左右，环境优美，水资源充足，森林面积 1.3 万 hm^2，森林覆盖率 34%。动物资源主要有蟒蛇、穿山甲、獐子（麝）、野兔等⑧。

会泽县地处滇东高原与黔西高原结合部，位于乌蒙山系主峰地段，地势南高北低，呈阶梯状下降，境内相对高差 3 300 m，有中亚热带、北亚热带、南温带、中温带、北温带等气候类型。主要动物 50 多种，其中有国家二类保护动物穿山甲、水獭，国家三类保护动物獐子（麝）、岩羊、灰鹤、鹞⑨。此处保护动物等级有瑕疵。

据 2009 年 10 月报道，富源县营上镇居民在家门口发现一只 60 cm 长、5 kg 重的穿山甲，经证实是本地的穿山甲（最后落实是铁壳穿山甲）。

---

①梁王山. http://baike. baidu. com/link? url = gd4EVE-sDX7AlQSvVpaVAHXrmLGE6qQg _ 03PDEjXA5iCyaBZywzD35Hn3-iYaRSGhAy-MhVsQlX96t_lsqziDK

②则黑乡概况. http://mudedi. 59706. com/XZ034120. html

③嵩明县. http://baike. chinaso. com/wiki/doc-view-103249. html

④石林彝族自治县老圭山. http://baike. baidu. com/link? url = m5gAf3saGbWVCT0bOig9xNT _ vQSA0v9UQ7kdDNbx47zxAgW2iKXoHtF-btZroSvllqIIjSUno4w-45qi6zEKNK

⑤落水镇. http://baike. baidu. com/link? url = UFnbIcS4IWreHAiDdhfwXK3oXtjhaw3V24qCGIdGlo8nqFA-OOdWk _ 5Az7Dljf7qX4tOPz7dM6RqVrkP8kM6pq

⑥马龙县. http://baike. baidu. com/link? url = XA-5d32-jTsRupROxwUuyhTCMlDcWVR7s8nSRsMa70Ct2fEUCx1pQDBFPUu2yR2O536NU26bC8bWxhsaIucU3_

⑦师宗县. http://baike. baidu. com/link? url = 9HJzRa5UN2vq2ok99UFmQaYGfzl08jEStgrlD5 _ zNC2SjGB3N7ueG1QH56paF6KH96DlPEjM6n9eWVgkb4RhpK

⑧云南曲靖陆良县芳华镇. http://www. tcmap. com. cn/yunnan/luliangxian_fanghuazhen. html

⑨会泽. http://zy. zwbk. org/index. php/会泽

之后，县森林公安局民警将这只穿山甲带到了当地的三道箐林场放生[①]。可见当地仍有穿山甲存在。

● 玉溪市：江川县安化彝族乡位于县城西北，地形特点为四面环山围抱的小块坝子，立体气候条件，洪涝、干旱、霜冻、冰雹等自然灾害发生频繁。动物有野猪、狐狸、穿山甲等[②]。

澄江县境内山脉多为南北走向，罗藏山自西向东横亘中部，形成澂江、阳宗两个坝子。据《澄江县志》记载，“爬行类”有穿山甲、四脚蛇、青蛇……“野兽类”有麂子、狼、狐狸、野猪、豹子(极少量)、花脸獐[野猫狸]、狗獾、黄鼠狼、刺猪、岩羊、松鼠、野兔、獭猫、竹鼠、山鼠、猴子、野猫(云南省澄江县史志编纂委员会，2002)。2012年，澄江县爬行类有穿山甲、四脚蛇、青蛇、乌梢蛇、青竹标、翠蛇、秤杆蛇等。2012年，澄江县野兽类有麂子、狼、狐狸、野猪、豹子、花脸獐、狗獾、黄鼠狼、刺猪、岩羊、松鼠、野兔、獭猫、竹鼠、山鼠、猴子、野猫[③]。可见该县一直将穿山甲误归入“爬行类”。

通海县东北部、杞麓湖东南岸的杨广镇地势较为平缓，海拔1 740～2 355 m，年平均气温15.2℃。自然资源极不丰富，水利化程度虽达87.3%，但现有的水资源完全不能满足田地用水，水资源仍紧缺。也存在极少量的穿山甲、野鸡、野兔、巨蜥、蟒等野生动物[④]。

易门县地形特征为东、北、西三面高山屏立，中部是溶蚀性盆地，东南面为中山河谷地带，全境状似马蹄。江河沿岸受河流切割影响，较陡峭，山谷相间，地形复杂。境内有野生动物100多种，珍稀动物有穿山甲、小熊猫、白鹇、孔雀、鼯鼠等[⑤]。

元江哈尼族彝族傣族自治县地处哀牢山和横断山之间的红河谷，地势西北高、东南低，山脉南北走向，以红河为界，分为两个支脉，西南支属哀牢山，东北支属横断山，两支山脉自西北入境，逶迤向南延伸，使元江河谷形成了一个盆地，分别有河谷、盆地、丘陵、中山等，属深切割中山类型地貌。还有许多珍禽异兽，如孔雀、白鹇、猴面鹰、穿山甲等[⑥]。

施甸县地处滇西南边陲，怒江东岸。境内地形属怒山尾翼山地峡谷区，地势大致北高南低，三面有江河环绕，两山夹一坝，高山、丘陵纵横交错，海拔高差较大(2 235.4 m)，东北部四大山主峰大水河头山最高海拔2 895.4 m，西南部的三江口最低海拔560 m。据《经济参考报》2015年8月报道，该县“善洲林场”森林覆盖率达97%，林木品种多样，麂子、野猪、刺猬、穿山甲、白鹇等野生动物在这里繁衍生息[⑦]。

昌宁县天堂山林区的参天树木和水系得到了很好的保护，渐渐成了各种野生动物的天堂。有统计显示，这里生存着181种陆栖脊椎动物，有竹鼠、小熊猫、猕猴、云豹、穿山甲以及黑熊等[⑧]。

● 保山市：龙陵县是一个山区县，地处怒江、龙川江两江之间，高黎贡山山脉由北向南伸入县境，地势呈中部高而向东西倾斜之势。全境崇山峻岭，丘陵起伏，河流纵横，最高海拔3 001 m，垂直高差2 466 m。据《龙陵县志》记载，兽类有虎、金钱豹、草豹、狗熊、马熊、马鹿、山驴、岩羊、野猪、豪猪、狼、豺狗、狐狸、破脸狗、黄鼠狼、九节狸、野猫、麂、獐(麝)、水獭、旱獭、蝙蝠、獾、穿山甲、恒河猴、黑猴、蜂猴、长臂猿等(龙陵县委党史地方志工作办公室，2000)。

● 昭通市：昭通市地处云、贵、川三省结合

---

①家门口偶遇穿山甲，国家保护动物被放生. http://news.zjw.cn/2009/1023/31306.html

②江川县安化彝族乡. http://www.yn21st.com/show.php? contentid=1508

③澄江县. http://baike.baidu.com/link? url=dniesTMIg_7Xuj2Tl94_Y8TGLIoGiGJXv_A2zjQr5gd6vLkScGYXdAvZ6JQPjg7XIPJ-urdERM_oS95khBt1hq

④云南玉溪通海县杨广镇. http://www.tcmap.com.cn/yunnan/tonghaixian_yangguangzhen.html

⑤易门县. http://baike.baidu.com/link? url=dW7BdAf0E8KPQyb5dEXIRx6_rPwz5FPl68VXqrSF5Npql4FHFCJNmdlv5zGyodbD4DkXmOK9EuOf0Kui-_5W-a

⑥元江哈尼族彝族傣族自治县介绍. http://www.zzfu.cn/mudidi/detail2705-1.html

⑦“水墨施甸”等君来. 经济参考网—新华社《经济参考报》官方网站. http://jjckb.xinhuanet.com/2015-08/12/c_134505456.htm；善洲林场. http://baike.baidu.com/link? url=qEsP_w-TiH6ypbu6ExxH5HZQdJ7JE12HVGGe4zaiPzkrSaRWCDdUzChMgI3wRw2od0RLgrLa9QJVy9FqGpqajK

⑧崔敏，张国华. 云南保山：昌宁天堂山有熊出没，常有人伤亡. http://www.csunews.com/yunnan/bs/2013/0522/19374.html

处，地势西南高、东北低，属典型的山地构造地形，山高谷深，最高海拔 4 040 m（巧家县药山），高低差异 3 773 m。现有国家二级保护动物猕猴、藏酋猴、穿山甲、狼、黑熊、水獭、大灵猫、小灵猫、丛林猫、金猫、林麝、斑羚、斑头雁、草原雕、秃鹫、红腹角雉、白腹锦鸡、红腹锦鸡、毛脚鱼鸭、大鼯鼠、娃娃鱼、苏门羚等[①]。昭通市乃地级市，辖境仅有部分地方见有穿山甲记录。

华坪县地处金沙江中段北岸，地势西北高、东南低，属于典型的南亚热带低热河谷气候。据 2000 年 1 月编制的《华坪县野生动物资源调查报告》，华坪县国家Ⅰ级保护野生动物有蟒、金雕、林麝等 3 种，国家Ⅱ级保护野生动物有猕猴、穿山甲、岩羊、林麝、红腹锦鸡、白腹锦鸡、绯胸鹦鹉、游隼、鸳鸯、蓝耳翠鸟等 11 种[②]。

镇雄县位处云贵高原北部斜坡地带，境内山峦起伏，沟壑纵横，全县无坝区，只有半山区、山区和高寒山区。据了解，该县西南面坪上镇现今只有一些野兔、野猫、野狼、黄鼠狼等野生动物，穿山甲等少部分种类的珍贵动物还时有出没[③]。

● 丽江市：据《丽江纳西族自治县志》记载，县内已查明的兽类有金钱豹、云豹、豹猫、金猫、小灵猫、大灵猫、小熊猫、黑熊、棕熊、猕猴、滇金丝猴、狼、豺、赤狐、貉、石貂、狗獾、猪獾、花面狸、水獭、穿山甲、刺猬、青鼬、黄鼬、鼬獾、野猪、林麝、马麝、毛冠鹿、赤麂、黑麂、水鹿、鬣羚、斑羚、岩羊、云南兔、藏鼠兔等 70 多种（丽江纳西族自治县志编纂委员会等，2001）。说明在古城区与玉龙纳西族自治县[④]有穿山甲分布。

永胜县地跨横断山脉和滇西北高原两个地貌单元，属三江并流的边缘地区，有江、河、湖泊、山原、盆地（坝子）、河谷等多种地貌类型。名贵药材麝香、熊胆、豹骨、猴骨、穿山甲、天麻、岩黄连等有少量生产[⑤]。说明当地还有穿山甲。

普洱市：太阳河国家森林公园（原名莱阳河国家森林公园）距普洱主城区 37 km，占地面积 216 km^2。这里地处热带与亚热带的过渡地区，森林覆盖率达 94.5%，保存着中国面积最大、最完整的南亚热带季风常绿阔叶林。园内属国家重点保护的野生动物有野牛、蜂猴、灰叶猴、金猫、云豹、水獭、水鹿、穿山甲、巨蜥、大灵猫、绿孔雀、苏门羚、黑熊、白腹锦鸡等[⑥]。

宁洱哈尼族彝族自治县全境皆山，地貌纵横交错，地质构造属喀斯特地貌。现存野生动物种类有猕猴、长臂猿、金丝猴、黑熊、鹿、野猪、豹、岩羊、穿山甲、蟒蛇、灵猫、绿孔雀、锦鸡等国家一、二级保护动物[⑦]。

墨江哈尼族自治县地处云贵高原西南边缘、横断山系纵谷区东南段，即哀牢山脉中段，属深切割中山山地地貌，大致可分为：中切中山丘陵墨江盆地、中切中山河谷、中山山地、深切高中山峡 4 个类型。据称，1949 年前，境内野兽主要有虎、豹、熊、豺、狼、破脸狗（果子狸）、獐、鹿、麂、猿、猴、麂子、岩羊、狐狸、刺猬、豪猪、野猪、野牛、野猫、野兔、野狗、水獭、旱獭、大灵猫、穿山甲、松鼠、山鼠、银鼠、蝙蝠等；1949 年后，虎、野牛已绝迹，熊、豹、豺、狼、水獭等也很少见，其他各种野兽数量大大减少[⑧]。

江城哈尼族彝族自治县地处横断山脉，在无量山尾端，地形起伏大，切割深，形成中低山地貌，地势西北高、东南低。当地野生动物有虎、熊、豹、鹿、野猪、麂子、刺猪、穿山甲、蛇类、鸟类、

①昭通市. http://baike. baidu. com/link? url＝YEXI4YECXk6Q3ha7VLpazWH4Jf0TRpi7IyAH6S1jgXX22Yvv7mqEv0J91FMTCc3KJVRNR96skTELidDyEoqkJ4eRKOqrX6r0PpZuUBLW6q6Hw8GrDi0Q4bvz3JxJhLift1iiUF3rsSh5D_PDV8kn1Lip-N8eMRq2sekvjYmQR0_

②华坪县国有林区森林资源管护措施及建议. http://www. xzbu. com/7/view-6217242. htm

③坪上镇. http://baike. baidu. com/link? url＝NVZVlbo76larUNCcXVVeoisw6hedn1hu2_JcjcCRQ7AMuIvzeX05YiO1mir0WZmSgg0n0_-jGJpBvK57cXyRXVFeHaM63WCHERHiUNtc4nihbGAEZ1uJ3G-GBXE3u817

④2003 年 4 月 1 日，丽江纳西族自治县正式撤销，分设为古城区和玉龙纳西族自治县。

⑤永胜县. http://www. baike. com/wiki/永胜县

⑥王春雷. 绿色中国行走进普洱，共植太阳河绿色中国林. http://news. iqilu. com/shandong/yuanchuang/2014/1128/2229590. shtml

⑦宁洱哈尼族彝族自治县. http://baike. baidu. com/link? url＝a-OOgOWWRo4Sy2X4mm0kGCvFnyV7zJL1DGPQb9yv74sN9TPtjtJuvn-T-8fpRrI_

⑧墨江哈尼族自治县. http://baike. baidu. com/link? url＝7dwkfgTOF-rEFFjk-8pX_JI-tjK82xvBbpkfidTbQChD7ljSc57zKVdMkXoKI-IImRplJsIWmZO3RODHE4Y9e_＃5_2

鱼类等上百种①。

孟连傣族拉祜族佤族自治县地处怒山余脉，地貌以山地为主。南北部多高山峻岭，东西部偏低，多河谷盆地。动物资源有虎、豹、熊、猴、山驴、穿山甲、蟒等②。

澜沧拉祜族自治县地处横断山脉怒山山系南段，地势西北高、东南低，五山六水纵横交错。现存野生动物有野牛、马鹿、熊、豹、野猪、懒猴、岩羊、水獭、穿山甲、猫头鹰、孔雀、鹦鹉、白鹇、蟒蛇等③。

西盟佤族自治县地处怒山山脉南段，属中高山峡谷地带，主要有西盟山脉、拉斯龙山脉、盘龙山脉，均为南北走向，地形复杂。据称，当地野生动物有虎、熊、鹿、懒猴、穿山甲、孔雀等④。

● 临沧市：地处临翔区与云县的“临沧大雪山自然保护区”⑤。据初步考察，大雪山一带已发现的珍稀濒危动物有35种，其中国家级32种，即一级保护动物7种，如倭蜂猴、熊猴、灰叶猴，豹、金雕、拟兀鹫、黑颈长尾雉；二级保护动物25种，如短尾猴、猕猴、穿山甲、黑熊、小熊猫、大小灵猫、水鹿等；属省级3种，即二级保护动物毛冠鹿、狼和绯胸鹦鹉⑥。

云县地处滇西横断山系纵谷区南部，地貌大致分为河谷盆地、中切割中山宽谷区、深切割中山峡谷区3种类型。主要野生动物有野猫、黑熊、黄麂、野猪、穿山甲、白鹇、白腹锦鸡、箐鸡、麻鸡、画眉、草豹、黄鼠狼、蜂猴、豺、大灵猫、小灵猫、云豹、岩羊、红腹角雉、原鸡、绿孔雀、鸦鹃、白腹黑啄木鸟、蟒、虎纹蛙、金斑啄凤蝶、双尾褐凤蝶、三尾褐凤蝶、熊猴、灰叶猴、金钱豹、赤颈鹤、金雕、黑颈长尾雉等⑦。

永德县东部永德大雪山国家级自然保护区地处横断山脉怒山山系的南延部分，主峰是中国大陆北回归线附近的最高峰，是澜沧江、怒江两大水系的分水岭，植被垂直分布典型多样，生物多样性十分丰富，有许多动植物种类为具有世界意义的关键物种。截止到2008年，保护区分布有国家二级保护动物猕猴、短尾猴、中国穿山甲、豺、黑熊、青鼬、水獭、小爪水獭、大灵猫、小灵猫、斑灵狸等18种⑧。

镇康县境内最高点为木场乡的雪竹林山，海拔2 978 m，相对高差2 468 m。地貌以中山区为主，占总面积98%，坝区占2%。截至2009年，当地野生动物资源主要有黑长臂猿、蜂猴、灰叶猴、穿山甲、云豹、水獭等兽类与两栖类、爬行类、鸟类近200种⑨。

德宏州：截止到2013年底，德宏傣族景颇族自治州国家二级保护动物有草鸮(猴面鹰)、原鸡、缘斑鸠、竹啄木鸟、穿山甲、太阳鸟、岩羊、水獭、水鹿、麝、蟒、眼镜王蛇、秃鹫等，其中兽类50余种⑩。

潞西市⑪全境是以中、低山山地为主的低纬山原地区，山地面积占89%，盆坝、平地、河谷占

①江城哈尼族彝族自治县. http://baike. baidu. com/link? url=-OSJ2tVPqloYW471-O2q76Y4FAqD4HxOkM-M7IrDqQSdkOXOVaoWFPUg1jjFJQCDWgrEO-o7qlaMSStc6oiY1a

②孟连傣族拉祜族佤族自治县. http://baike. baidu. com/link? url=Y9JSgGW7PMBqKouRw2kXGOWcZ0BrLFkrHj2rW6XL1lBHtGF2BnqjdmVq3G80YCRX

③澜沧拉祜族自治县. http://baike. baidu. com/link? url=9m9A1_Exitq3636UbNED7e8z04rCAsgPYys0aWvmEuNzApzqhdVTTi8CodzBSd5yYtPkD75BZgrbvVpeZ0jTs_

④普洱西盟佤族自治县简介. http://www. 114huoche. com/zhengfu/PuEr-XiMengWaZuZiZhiXian

⑤《全国自然保护区名录》(http://sts. mep. gov. cn/zrbhq/zrbhq/201208/t20120824_235172. htm)中未见，一些基础性资料待查。

⑥临沧大雪山自然保护区. http://baike. soso. com/v10779200. htm

⑦云县. http://baike. baidu. com/link? url=-ER_CgPZdisktPJWOxWE21YE2jH0nR0dki-MYOMjowQeLpwU3jrnhf-M6Mn1XSc9

⑧云南永德大雪山国家级自然保护区. http://baike. baidu. com/link? url=Jq94skpPfLCcQzAa9UISPUa2E4GvrlhJzBCE8DTJiif6SdU5cTqgi9EIEDyl3nHYKuWdGfSXKAXbEfWov4nNpa

⑨镇康县. http://baike. baidu. com/link? url=zZiziFTfdeGG3P3NODzJVLq7cUUwUrUGXBns-nNOTdjL2McfUCHEaffmNmHCXtGIrc4tNE2SafxEsq5kwbYYG_

⑩德宏傣族景颇族自治州. http://baike. baidu. com/link? url=lSu3odG8ADhPv0_7pJPuQwsgetM3Tv-LmUHH08Omsm2HlPAXY-ll4pXW_Ws-jFLUFUTIlhe3ECFm2YK-cjkcmT1BO8NGjnk-71JCWOGfTY8suMaYCbxrCfSdb-J9O_8kBmq8fTkY0d_qsfPS_wjbUOTWrMv8pdzcV-pJApAB9ZYuMn23XvaXnpEJSPmIzsZ1zcZBL-90oT8a1t-ReLM_JP-cn-xme_feYAYxBu7hC0fCKEK48e_Lz-uxvPjelZ3yBRazUaIcIL7NTgxTHSv3k_

⑪2010年7月12日，潞西市更名为芒市。

11%。据称，2006 年分布于当地的野生动物有258 科 1 643 种，属国家二级保护的有金猫、香猫、大灵猫、小灵猫、岩羊、猕猴、短尾猴、河鹿、水鹿、豺、水獭、小爪水獭、江獭、青鼬、黑熊、穿山甲等172 种①。

瑞丽市东连潞西，北接陇川，西北、西南、东南三面与缅甸山水相连，村寨相望，地处横断山脉高黎贡山余脉的向南延伸部分，地势西北高、东南低。现存野生动物主要有 339 种，其中兽类52 种，爬行类 20 种，两栖类 8 种，鸟类 71 种，昆虫类 163 种。列入国家二级保护动物有黑猴、原鸡、穿山甲、大壁虎②。

陇川县内峰峦叠翠，林海茫茫，为野生动物提供了良好的生存条件，野生动物有四大类107 种。其中野兽有水鹿、棕熊、黑熊、金钱豹、云豹、苏门羚（山驴）、豺狼、狐、九节狸、獐（麝）、野猪、黄猴、长臂猴、旱坝羊、破脸狗（果子狸）、鹿子、刺猬（豪猪）、猞猁、野兔、野猫、鼬、灰猴、水獭、松鼠、竹鼠、穿山甲等 27 种③。

● 怒江州：经中国科学院昆明动物研究所多次考察，已知怒江傈僳族自治州脊椎动物有488 种，其中国家保护动物 40 余种，鸟类 284 种，兽类 128 种，爬行类 30 种，两栖类 30 种，鱼类44 种。濒危动物有王锦蛇指名亚种、熊猴、滇金丝猴、中国穿山甲、云豹、印支虎、黑麝、菲氏麂、血雉、白腹锦鸡等 55 种④。

兰坪白族普米族自治县地处西南边陲怒江、澜沧江、金沙江“三江并流”世界自然遗产核心区，地形复杂，海拔高差大，地形地貌独特，以丹霞石奇观为主体。当地森林内栖息着上百种珍禽异兽，其中仅属于国家Ⅱ级保护的野生动物就有猕猴、林麝、苏门羚、金猫、大灵猫、小灵猫、穿山甲、小熊猫、马鹿、斑羚、罴熊、马来熊等14 种⑤。

● 迪庆州：香格里拉县地处青藏高原东南缘横断山脉三江纵谷区东部，沙鲁里山脉由甘孜入县境，分两支将县境东西两侧包围，金沙江从土照壁进入县境，将县境南部包围。香格里拉成为两头窄、中间宽，“雪山为城，金沙为池”的雄伟态势。地形总趋势西北高、东南低，地貌按形态可分为山地、高原、盆地、河谷。境内有国家重点保护动物 38 种，仅二类保护动物 27 种，其中兽类有猕猴、小熊猫（火狐）、山驴、马麝（獐子）、林麝、穿山甲、水獭、猞猁、兔狲、金猫（红春豹）、藏马熊、黑熊、斑羚（青羊）岩羊、大灵猫等 15 种⑥。

德钦县全境山高坡陡，峡长谷深，地形地貌复杂，东有云岭山脉，西有怒山山脉，山脉均为南北走向，地势北高南低，地形呈南北长、东西窄的刀形。动物中兽类有 18 科 47 种，鸟类有 14 目37 科 215 种；兽类有国家二级保护动物猕猴、棕熊、林麝、岩羊、鬣羚、斑羚、穿岬（穿山甲）、藏马熊、小熊猫、石豹、青鼬、水獭、斑灵猫、大灵猫、小灵猫、金猫、猞猁、马麝、高山麝等⑦。

维西傈僳族自治县位于世界自然遗产“三江并流”腹地。现有飞禽走兽中有羚牛、云豹、穿山甲、赤斑羚、小熊猫、棕熊、滇金丝猴、红腹锦雉、红腹角雉、大绯胸鹦鹉、黑颈长尾雉、金猫、雪豹、白尾梢虹鸡等⑧。

---

①芒市. http://baike. baidu. com/link? url=tdonHnqNFzm6fiZY4zpQBrb7kPN_7u5XjVUezhKKkdWO-LC0g_ypNToZlgPniTZlG0fjqPxxemSnl2B90Ygc1FpN1iL4n-pTXSrZDtc82E_fWbyqxSnFC4RraSJSSCRVpaB5OfYD7UTy-fr2mh91WtVU9IWxl5s39cUREfg38zb1lt_5HoWA1gVrUyV5ILyO

②瑞丽. http://baike. baidu. com/link? url=9TxsAG1pw8sWgt9TnbGAy9Gg6KAcixtlD8GOUerOlUNDI0kM5C_mZQRqHEajdJ_AvABO0hUPugLYFhjKSWRdIpMZGfwjycLTXfJvgz-_pB9yu4UMwHY2QOXY91Q06-NA0034J0snqMGN7SbEW527RaqJESQm8RAPmKTfs_VCcO_1S6zJ4Icztl3cQbFcOHr_

③陇川县. http://baike. baidu. com/link? url=Nm7ZJWjo1hDKDL5fm0aftqqbC4adptWqIiEkchgEDOji0Pjz3H7D5-NeZVsBVUaKVSAt_361nIahYMmMS4AkOq

④怒江傈僳族自治州. http://baike. baidu. com/link? url=GFD8mEOrewmfUZfXSKqkGE4tmPUfdd4kUabHX9mKj6dEIaF5dsSSS19ED-MPB51k5Rw8CssxQ0eVyEzef5EI1NJ4hr-AfGxkLfVwwb6GxIK1XBHZw-guT2PtweuGSmnYCz7bcvT_fbhZCYjnZbkOYPma9ZtWDc2nKldHaiq_0gcZr8Z412TGyaYQlp5B1VSMaR7oxvz9ivE2JSrAmnG_hE0MRmEG0mtry4iNO2_V1RDZpEuZLBKHxlUYPV8vPa0-

⑤兰坪白族普米族自治县. http://baike. baidu. com/link? url=fArKP8unFts8hrHzRDmhTPzytzlVS_7I9kMrqHgysoFb1pBdzRrJsRSz8mSYh0Noexg-s4emXOK0LtxcIsczkq；碧罗雪山. http://baike. baidu. com/subview/186686/6285420. htm

⑥香格里拉县. http://baike. puercha. cc/edition-view-74-1. html

⑦德钦县. http://baike. baidu. com/link? url=XgRpniJJOovZq4CXL6OHhGmrphLFKxWxRVxf16RdNrqi4V1ALthFnIBVcE4fXvQP

⑧“三江并流”腹地、横断山脉中的绿宝石维西傈僳族自治县. http://blog. sina. com. cn/s/blog_489e6b210101cu8q. html

●大理州：位于祥云县东北部的米甸镇，地处两州三县交界处，地势西北高、东南低，境内最高点为五顶山，海拔 3 241 m，相对高差 1 721 m。立体气候明显，海拔变化导致产生高山寒、半山凉、坝区暖、河谷热和一山分四季、隔里不同天的局部小气候特征。野生动物主要有雉鸡、穿山甲、锦鸡等①。

宾川县地处云岭横断山脉边缘，金沙江南岸云贵高原西南部。境内主要山脉、坝子、河流多呈南北走向，地势东西高、中部低。有纳溪河、平川河、清水河、朵背箐河 4 条水系。有珍稀濒危动物 18 种，其中属国家二级保护动物有穿山甲、黑熊、水獭、丛林猫、水鹿、岩羊、白腹锦鸡、鹦鹉及鹰科、鹗形目的所有种；有常见的哺乳动物 50 余种，鸟类 30 余种②。

永平县地处云岭山脉分支博南山和云台山之间，地势西北高、东南低。现存野生动物资源中兽类有狗熊、野猪、豪猪、豹、狼、獐（麝）、狐狸、岩羊、猴、穿山甲、飞鼠等③。

云龙县地势东西高、中部低，从北往南逐渐降低。属于山区地形，从西到东依次呈南北向排列有崇山山脉、盘山山脉、清水朗山脉，占云龙县总面积的 90％以上。立体性气候和复杂多变的山形水势为滇金丝猴、白臂叶猴、小熊猫、金钱豹、穿山甲、梅花鹿、孟加拉虎、黑熊、岩羊、狐狸等数百种野生动物的繁衍生息提供了良好条件④。

位于洱源县西南部的炼铁乡，据报道，野生动物兽类主要有野兔、狐狸、野猪、黄鼠狼、岩羊、穿山甲、松鼠，禽类有布谷、啄木鸟、画眉、猫头鹰、乌鸦、喜鹊、燕子、野鸡、箐鸡、麻雀等⑤。

剑川老君山位于剑川县、玉龙纳西族自治县与兰坪白族普米族自治县等县交界处，属横断山系云岭主脉。据 2011 年 3 月报道，日益茂密的森林给野生动物提供了繁衍生息的环境。老君山密林中的野猪、猕猴、懒猴、滇金丝猴、小熊猫、毛冠驴（毛冠鹿）、穿山甲等被列为国家重点保护动物，数量也逐年增多⑥。

鹤庆县地处滇西横断山脉南端、云岭山脉以东，北望玉龙雪峰。境内峰峦起伏，山体连绵，形成有山地、丘陵、小盆地、河谷等多种地貌。地势西北高、东南低，南北两端有两个狭长的小盆地，南端的黄坪坝属低热河谷区。野生动物资源有爬行动物、兽类、鸟类等 80 多种。其中属国家二类保护动物：熊猴（别名：大青猴）、猕猴（别名：恒河猴、黄猴）、白鹇（别名、银鸡）、白腹黑啄木（别名：啄木鸟）、猫头鹰。三类保护动物：黑熊（别名：狗熊）、岩羊、獐子（别名麝）、穿山甲、水獭、马鹿、铜鸡（别名：白腹锦鸡）、金鸡（别名：红腹锦鸡）、雕、鹦鹉、牡丹鹦鹉⑦。此处保护动物等级有误。

漾濞彝族自治县属横断山滇西高山峡谷区，地形起伏较大，岭谷高差在 2 000 m 左右。据《漾濞彝族自治县志》记载，目前已知者有下列各种：猴（有猕猴、熊猴、短尾猴、灰叶猴）、穿山甲、狼、狐（有赤狐、黄狐、黑狐）、豺、貉、黑熊、小猫熊、青鼬（黄猺）、鼬（有黄鼬、纹鼬、黄腹鼬）、狗獾、猪獾、鼬獾、水獭、獐（麝）、鹿（有赤、黑等色）、鹿、麝、大灵猫（九节狸）、小灵猫（香狸）、斑林狸、排子狸、果子狸（青猺）、熊狸、金蟹獴（石狟）、丛林猫（草猫）、金猫（红春豹）、豹猫（山猫）、豹（有龟纹、金钱）、虎、鼯鼠（飞鼠）、松鼠、野猪、苏门羚、斑羚、灰岩羚、刺猬（漾濞彝族自治县地方志编纂委员会，2000）。

巍山彝族回族自治县属云岭横断山脉的南

①米甸镇. http://baike.baidu.com/link? url=gmGtQJ8XvkDT5WBdDQ07SRGKpQddTXVIWTCuYO8hiBp-_Ynd-N_yV8sbSTkRRKqTtfMTnLPttKbg6k0jjIhUgK

②宾川县生物资源开发市场前景看好. http://www.foods1.com/content/1210774/

③永平县. http://baike.baidu.com/link? url=DlnZiIjaSnfaAJFiw6UCaDqBLFCiY-bDDmiSFm-sU0eIeH2Gsm4G0pXN14gk71tn5oJLxDay1XOPmR974QMF7_

④云龙县. http://baike.baidu.com/link? url=tYwk2HcoagGnJcPgNScs68guPKrmciIyLDMDNYLlsQX1XSwCGpilrlJ9PYENM3haFuryDaqd1A71tmpx-0I9lK

⑤炼铁资讯概况. http://www.shrswl.com/satelcd/liantie.html

⑥康东福. 剑川县自然生态保护区建设成效显著. http://www.dalidaily.com/keji/20110303/102327.html

⑦鹤庆县. http://baike.baidu.com/link? url=ZplavYaCQoO8FRfQrx0uxmHP7ubAKQurZGuGot_MM-HitLBV9BgHd4xsyY68ZTVSrucyW-JC4OUFOcvyEQpeI_

延部分，地处哀牢山和无量山北段地区，和大理点苍山遥遥相望。地势为北高南低，东高西低；河谷、盆地、山地相间分布，海拔高低悬殊大。现存野生哺乳动物 70 多种，主要有鹿、熊、狐狸、刺猬、穿山甲等[①]。

● 楚雄州：楚雄彝族自治州地势大致由西北向东南倾斜，境内多山，山地面积占总面积的 90%以上，层峦叠嶂，诸峰环拱，谷地错落，溪河纵横，素有“九分山水一分坝”之称。据称，有野生哺乳动物 110 多种、鸟类 390 多种、爬行类 66 种、两栖类 34 种、鱼类 85 种，其中长臂猿、懒猴、云豹、绿孔雀、黑颈鹤等为国家重点保护的珍稀动物[②]。此次虽未具体提到穿山甲，但在前志中就提到过，且有多处此时分布记录，说明还有穿山甲。

牟定县地势西北高、东南低，以山区为主，纵横叠嶂，山区占总面积的 90%。当地有绿孔雀、锦鸡、滇叶猴、穿山甲、鹿射、松鹰等国家一、二级保护动物[③]。

元谋县境内之山分属三台山、白草岭、鲁南山 3 个山系，分别呈自南而北、西北向东南、北向南转东 3 种形态，蜿蜒起伏，将县域构成东南高、西北低，四周高、中间低的态势。野生动物已发现的主要有 70 多种，较为名贵的有香獐（麝）、豪猪、猴、黄鼠狼、穿山甲、箐鸡、猫头鹰等[④]。

武定县境地表崎岖，群山连绵，地势东西两侧及西南部高，北部低，东南部较开阔。山地、丘陵、谷地、河谷平原和山间盆地（当地人称坝子）相互交错，山区面积占武定县总面积的 97%，坝子及水面占 3%；海拔最高点为白龙会峰 2 956 m，高低相差 2 094 m。当地野生动物种类繁多，珍稀兽类有金猫、水獭、斑林狸、猕猴、穿山甲、林麝等[⑤]。

● 红河州：建水县地处滇东高原南缘，红河北岸，地势南高北低，南北分布有建水、曲江两个盆地。现有国家二类保护动物绿孔雀、原鸡、白腹锦鸡、白鹇、水獭、穿山甲等[⑥]。位于县东部的岔科镇，属于冲沟半山区亚热带气候，主要野生动物有麂子、穿山甲、野猪、野鸡，猫头鹰等[⑦]。

石屏县东南部的异龙镇集城区、坝区、河谷、半山区、山区为一体，河谷、半山区、山区占全镇总面积的 2/3 以上，立体气候显著，自然资源丰富，森林覆盖率达 22.4%，有少量的麂子、岩羊、穿山甲等栖息[⑧]。

弥勒县森林公安民警在城区一居民小区内救助了一只特大穿山甲（重 6.2 kg，体长 105 cm），并将放生地选择在东部山上：那里森林繁茂，植被面积大，水分充足，远离村寨；山体背阴处还有不少穿山甲爱吃的蚂蚁，宜于生存；有人在那座山上看到过穿山甲。放生时，只见这只穿山甲撒欢儿一样，立即在潮湿的山土上挖洞，一会儿就不见了身影[⑨]。虽然罕见，但据描述，还是可以反映当地有穿山甲。

泸西县地处珠江流域上游，地势东部高、西南低。由于处低纬度高原，热量的垂直分布差异明显。在南盘江峡谷两岸山势高峻陡峭，水岸满目葱翠，层峦叠嶂，不时可见岩羊、獐子（麝）、锦鸡翠鸟嬉戏飞鸣，狐狸、穿山甲、飞虎、猿猴等野

---

①巍山彝族回族自治县. http://baike. baidu. com/link? url = RorvJTVLtZu24ptYOKdrShViykHLzqTOAcz2NsSeyJyt94VCUbgCiNXYdDNnnhMNqJfX92T2WR7Y4mTl5Lhid_

②楚雄彝族自治州. http://baike. baidu. com/link? url = ufDbhUmahdQvfgsjAgozFehe0W _ 2FbNSA-167fve21UNX518eRMGctTDoUz9HLOcZuJbgI_TuAOeLrOVAwbRZq

③牟定县. http://baike. baidu. com/link? url=u3T0r3KCiqejrqKLOYmh62_7Gv2-X21DfEeAhGYXZjeXmCMoRtDodhpzX_8NgD2s

④元谋县. http://baike. baidu. com/link? url=p36gMAsryCgGtUIYeEqTCxO6Cp8dZpX3i6YLQ5zcnpfkqdg0kYYsnUT5SLWclTFcQY_h7yOERccWAmgwpmd5-a

⑤武定县. http://baike. soso. com/v52650. htm

⑥建水县. http://baike. baidu. com/link? url=qihT7TV0p_tFPqjvAaW9xD0EontYe-biH3AXaSwf9OFke4gRY_Q9EMs_iBFm9peS-gt_qRVcObfhr6SNokiKS_

⑦岔科镇. http://baike. baidu. com/link? url = HdT5Sae8pJxrQUflW9gMgTaVShTc7KEtKy4ItokbG _ fCFXkn-9i1rN3Q1OgaqDjFQmQ9YrsprkuYQaY2hJ-Kwa

⑧石屏异龙行政地图_异龙在线行政图. http://www. cntics. com/polickl/yilong3. html

⑨林子大了 定居的野生动物多了——探寻“森林弥勒”人与自然和谐链. http://www. ynagri. gov. cn/hh/news9404/20120525/1665667. shtml

生动物不时偷窥游人踪迹①。

元阳县地处低纬度高海拔地区，境内层峦叠嶂，沟壑纵横，山地连绵，无一平川；最低海拔144 m，最高海拔2 939 m，海拔差异显著。县西部的牛角寨乡新安所村，据称，当地动物有破脸狗、穿山甲、眼镜蛇等②。

垤玛乡位于红河县境西部，地处红河、玉溪、思茅三地州市三县交界处。该乡土地面积辽阔，自然资源丰富，气候温和，雨量充沛，森林覆盖率25%，植被为亚热带常绿阔叶林，珍稀动物有穿山甲、白鹇、铜鸡等③。

金平苗族瑶族自治县境内最高海拔3 074 m，最低海拔105 m，高低差异2 969 m。由于地处滇南低纬高原地区，属热带季风气候带，雨量充沛，干湿分明；海拔高低悬殊，地形复杂，形成十里不同天的特殊气候；云岭山脉呈西南走向，分成哀牢山和无量山，以藤条江为界分为分水岭和西隆山，形成"二山二谷三面坡"的地貌特征。截止到2012年，境内有无脊椎动物43种，脊椎动物291种。其中列为国家二级保护动物的有穿山甲、水獭等20种④。

● 文山州：文山壮族苗族自治州地势西北高、东南低，山区和半山区占总土地面积的97%；最高点海拔2 991 m，最低点海拔107 m，高低相差2 884 m。现存野生动物有豹、野猪、狼、鹿、麂、猴、岩羊、蛤蚧、穿山甲、蛇、蟒、猫头鹰、长尾雉、野鸡、鹦鹉等40多种⑤。

砚山县地处滇东南岩溶高原中部，地貌类型错综复杂，西北高，东南低，有山地、丘陵、盆地等。据《砚山县志》记载，兽类有金钱豹（花豹子、野猫）、野猪、狼（豺狗、野狗）、狐（狐狸）、獐子（香獐）、麂子、岩羊、猕猴（山猴子）、刺猬（刺猪、豪猪）、穿山甲、黄鼠狼、水獭（水踏猫）、狗獾（憨狗）、草兔（野兔、山兔）松鼠（貂鼠）、竹鼠（大耗子）、蝙蝠（夜蝙蝠、盐耗子）等（砚山县志编纂委员会，2000）。近年仍称，动物资源主要有黄毛鼠、狐狸、野猪、脆蛇、野鸡、长尾雉、画眉、鹧鸪等，珍稀动物有麂子、獐子（麝）、穿山甲、水獭、锦鸡、眼镜蛇等⑥。

马关县地处滇东南岩溶高原南部边缘，为石灰岩山地与峡谷相间地貌，在石山起伏较为平缓地区，有高大的石峰林与深沉的溶蚀洼地、溶蚀盆地，无较大坝子。山地和窄型谷地面积约占全县面积的87.7%，丘陵盆地占12.3%。县境大致可分为中切割低山峡谷区、中山缓坡区、中山温凉山区、岩溶山区、丘陵盆地区5种地貌单元。截至2012年，马关县野生动物近百种，主要有懒猴、猕猴、短尾猴、毛冠鹿、麝、穿山甲、红腹角雉、黑鹿、水獭、旱獭、大灵猫、小灵猫、斑羚、岩羊、白鹇、锦鸡、蟒蛇、豹、狐狸、黄鼠狼、熊、画眉、鹌鹑、野鸡、猫头鹰、啄木鸟等⑦。

丘北县处滇东南岩溶山原丘陵地带，地势西南高、东北低，六诏山支系大总山纵横全境，主要河流分属珠江流域西江水系和红河流域泸江水系。当地现存珍稀动物有穿山甲、岩羊、锦鸡（箐鸡）、狐狸、眼镜王蛇、独眼鱼等33种⑧。

● 麻栗坡县地貌以中低山峡谷为主，喀斯特地貌分布广，有峰林、峰丛、石芽、溶斗、洼地、溶

---

①泸西简介. http://www. luxi. ccoo. cn/bendi/info-12405. html

②新安所村. http://baike. baidu. com/link? url = LVIu02q9rQV67RGhyt-pmFVrGJ _ qTHUy3g2 _ OXf1sN9lUOV29XplMiQA2-SSQoH7M2Fsp04nzGbPTIdkUHCrqQSAppIxpM1clJCdgfAZo8C

③你不知道的红河县垤玛：坝子里的特级贫困乡. http://qcyn. sina. com. cn/news/yzjd/2011/0217/14355624892. html

④金平苗族瑶族自治县. http://baike. baidu. com/link? url = 1CdwJdhCsuqqEhMVb1ZHSer0i6 _ iiAny7hl22hVWyCwYwUh5SNsEMSoqS22XQGhtC2A-1HvRyQ2O4M0buEbAM_

⑤文山壮族苗族自治州. http://baike. baidu. com/link? url = VZzfmywT1cnLWC3u61Yr _ yOyMj48aCRpaXDMR3dk8rmo SX-ZLZYLNPdUFbm _ sEl1 _ QcxpQkF2O9NABs1bbFWdB-ApbutAKLkhFzak10arrQNQqlT1ubH-Hma8NGTKrtOjyF8e8LMVa4dLAa06J6JbFSV3MLZjgcs5nDsX_XMmNq7iE9d2_D3HTDypST9i2s1fVOcI6KB2eZLDg8IbaZqK_b1I4kVDfzKRY0jysChSCxbw0kgCOHdUfhGiRBrnqdGndCCKct-wd1UE7rzNBjHK

⑥砚山县. http://baike. baidu. com/link? url=KMTTMk8gw_cX0q3nxyhJCU22Js9gK-4Psk8hMBoQJ-_HKCvi49ctZsyLn10inVBLpN9Qw0LvDyhTAI1xzvpuIa

⑦马关县. http://baike. baidu. com/link? url=NoSygezR55i_2RivWwxZVmjDUTTuaslk_qOJdqWjXbqpA4AuZe5RFi0v2Jck2 KtEtCxxUSdu7w9foFlYYMXBYa

⑧丘北县. http://baike. baidu. com/link? url = zDi5-UbQYqKXZEbyQM3biebzBM9Y _ 6H _ dxSdw2OlvS6a9iK8GPq7WbpQQm6lUnZX1WJUDLiWeWZGuirOU-Psya

洞等；地势由西向东南倾斜，山脉也大致呈西北—东南走向相间分布。据《麻栗坡县志》记载，兽类有虎、豹、黑熊、岩羊、野猪、野兔、懒猴、红面猴、穿山甲、豺狼、野猫、刺猪、飞虎、麂子、獐子（麝）、狐狸、黄鼠狼、野狗、破脸狗、独鼠、香猫、犰狳（?）等（云南省麻栗坡县地方志编纂委员会，2000）。据2012年12月报道，在麻栗坡县城居民住宿楼发现一只重4.75 kg的穿山甲。县森林公安民警对穿山甲进行仔细观察，发现健康状况良好，行动自如，符合放生条件。次日上午，找了一个适宜穿山甲生存的环境，即将其放归大自然①。又据2015年4月报道，麻栗坡县森林公安民警将查获的一只穿山甲（长0.9 m、重7.5 kg）进行仔细观察，发现体态良好，无外伤，行动自如，具备野外生存能力，符合放生条件，遂选择适合穿山甲生存的环境，将其送回了大自然②。

广南县地势由西南向东北呈阶梯状倾斜，南北走向，山岭互相切割，形成山区、半山区、丘陵、平坝、峰林交错的地貌。据《广南县志》记载，当地兽类有虎、豹、麂子、野猫、野猪、猴、刺猬、穿山甲、青羊、野兔、狐、狼、黄腹鼬、松鼠、飞鼠、红腰松鼠、小灵猫、猕猴、旱獭、水獭、獾、果子狸等（云南省广南县地方志编纂委员会，2001）。近期，广南县称野生动物有豹、野猪、狼、鹿、麂、猴、岩羊、蛤蚧、穿山甲、蛇、蟒、猫头鹰、长尾雉、野鸡、鹦鹉等40多种③。

● 西双版纳州：景洪市在横断山系纵谷区南端，地处澜沧江大断裂带两侧，具山原地形，北高南低，两侧高、中部低，层峦叠嶂，沟壑纵横。据《景洪县志》记载，有兽类亚洲象、印度野牛、云豹、大灵猫、猕猴、树鼩、懒猴、熊猴、灰叶猴、穿山甲、黑熊、小灵猫、椰子猫、花面狸、金猫、豹猫、金钱豹、赤鹿、水鹿、豪猪、竹鼠等74种（景洪县地方志编纂委员会，2000）。近据报道，距景洪市城区8 km的原始森林公园，还有黑熊、蟒蛇、蜥蜴、穿山甲等珍稀动物④。

勐海县地处横断山系纵谷区南段，怒江山脉向南延伸的余脉部。境内地势四周高峻，中部平缓，山峰、丘陵、平坝相互交错。当地仍存珍稀哺乳动物有象、野牛、虎、长臂猿、猴、熊等9目27科67种，鸟类有绿孔雀、犀鸟、喜鹊、乌鸦、画眉、百灵鸟、白鹇、原鸡、相思鸟等16目44科249种，爬行动物有巨蜥、穿山甲、蟒蛇等3目11科45种⑤。此处对穿山甲归类有误，“前志”归类正确。

6.5.5 西藏

西藏自治区仍有少数地方有穿山甲分布，主要在林芝地区。

林芝地区地处雅鲁藏布江中下游，海拔平均3 000 m左右，低于西藏其他地区；最低处海拔却只有900 m，是世界陆地垂直地貌落差最大的地带。喜马拉雅山脉和念青唐古拉山脉由西向东平行伸展，与横断山脉对接，形成了群山环绕的独特地形。具有热带、亚热带、温带及寒带气候并存的多种气候带；两大洋的暖流常年鱼贯而入，形成了林芝特殊的热带湿润和半湿润气候。

察隅县地势由西北向东南倾斜，相对高差达3 600 m；典型的高山峡谷和山地河谷地貌，独特的亚热带气候，造就了察隅“一山有四季，四季不同天”的神奇自然景观，赢得了察隅“西藏小江南”的美誉。据2011年3月报道，穿山甲在察隅地区亚热带林区有分布⑥。

6.6 西北

西北现今仅陕西省与甘肃省有少数地方有穿山甲记录（图12.40）。

---

①陆宏章，李松. 麻栗坡：一只濒危动物穿山甲回归大自然. http://wsnews.com.cn/NewsView.aspx? ID=39719

②韦媛. 一只重7.5千克穿山甲被放归大自然. http://wsnews.com.cn/xmb1/NewsView.aspx? ID=107862&DepartmentID=5

③广南县. http://baike.baidu.com/link? url=y9SqZSEUUth98klQKtfgFWvNIKsUkZioyPJEraQprjhOdT3pOpA-zg7uyar5VbHGhwuq_11D2Or53NfkurAKLq

④景洪. http://baike.sogou.com/h140330.htm? sp=Sprev&sp=l67961426

⑤勐海县. http://baike.baidu.com/link? url=XombKAei_cr_Eqf5O5LdrowfhwfoQAdMVh5J4D_BXK4Cfo-9JUQypQyOPOnEZq4Hoy2G2nD12FiSTcIsDMJXDHEu9VY6wDQLfMfTyZmApOP6OZXZyeja4JnZXtLdjMsv5gzEpmZ-IqLFfQ5ojbyX2RoCU5MoyBI7-1zUw2zpouO

⑥美丽精灵：西藏珍稀野生动物大盘点. http://www.360doc.com/content/11/0328/21/1490208_105447632.shtml

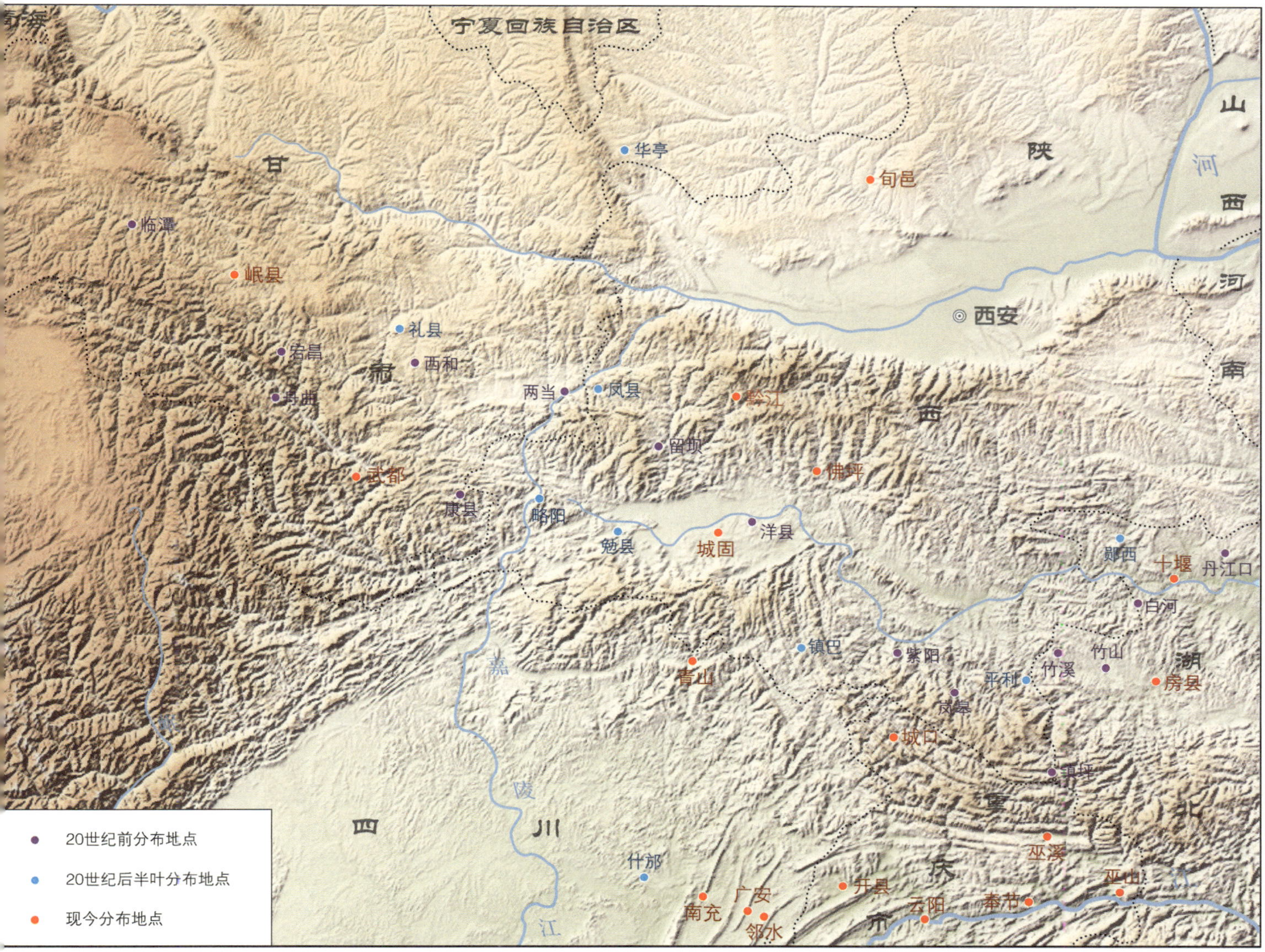

图 12.40　陕甘相关地区古今穿山甲分布变迁图

6.6.1　陕西

陕西省现今还有个别地方有穿山甲残存。

佛坪县处于暖温带和北亚热带两大植物区的接壤地带和动物古北界与东洋界交汇处，具有动植物种类及数量繁多的特点。据 2013 年 11 月报道，当地发现野生脊椎动物 439 种（其中鱼类 55 种，两栖类 15 种，爬行类 27 种，鸟类 239 种，兽类 103 种）。其中有国家二级保护动物猕猴、穿山甲、豺、黑熊、小熊猫、石貂、黄喉貂、水獭、大灵猫、猞猁、金猫、小灵猫、林麝、黄羊、鬣羚、斑羚、岩羊、鸳鸯、鸢、赤腹鹰、雀鹰、松雀鹰、普通鵟、红隼、大鵟、血雉、红腹角雉、勺鸡、白冠长尾雉、锦鸡、灰鹤、佛坪红翅绿鸠、红角鸮、鸺鹠、纵纹腹小鸮、长耳鸮、山瑞鳖、大鲵、秦岭细鳞鲑等 39 种①。

城固县依据地形特点，自然形成三部分：北部为秦岭山区，中部为汉江平川区，南部为巴山浅山区。位于北亚热带湿润季风区，是冬季极地大陆气团与夏季热带海洋气团交汇的地区；北有东西走向、高大的秦岭，可阻挡由西北南下的寒冷气流；南部米仓山屏障，减缓夏季由西南和东南北上的暖湿气流。现存野生动物中，兽类有羚牛（扭角羚）、原羚（苏门羚、明鬃羊）、青羊（斑羚、

① 中国・佛坪. http://www.foping.gov.cn/gov/Html/zjfp/20131123182652.html

麻羊）、野猪、毛冠鹿、林麝（香子、香樟）、獐（河鹿、獐狼）、狍（狍鹿子）、小麂（黄麂、吠鹿）、狐（赤狐、草狐、狐狸、毛狗子）、狼（灰狼、麻狼）、豺（豺狗）、貉（狗獾）、金钱豹、虎、豹猫（鸡豹子）、金猫（原猫）、灵猫（九节狸、香狸子）、斑灵猫（小灵猫、笔猫）、黑熊（狗熊、黑子）、大熊猫（花熊）、小熊猫（小猫熊）、黄鼬（黄鼠狼、鸡狼）、青鼬（蜜狗、黄喉貂）、香鼬（香鼠）、水獭、獾（狗獾）、鼬獾（山獾、白猸、猸子）、草兔（野兔）、穿山甲（鲮鲤）、黑线姬鼠（田姬鼠）、褐家鼠（沟鼠）、小家鼠（鼷鼠）、巢鼠、东方田鼠、仓鼠、大仓鼠、中华鼢鼠、中华竹鼠（竹溜）、缺齿鼯（反巴掌）、复齿鼯鼠（飞鼠）、黄耳鼯鼠、松鼠（灰鼠）、豪猪（箭猪、刺猪）、刺猬（刺老鼠）、大耳蝠（夜蝙蝠）等①。

旬邑县地处关中平原的北界，陕北高原的南限。地势东北高、西南低，平均海拔 960～1 350 m。属暖温带大陆性气候，温度适中，雨热同期，冬暖夏凉；无霜期 180 天，年均气温 9℃，昼夜温差大；气温分布明显受地形的制约，一般都是塬区高于山区。土质疏松，土层深厚，环境无污染。天然植被在塬区已荡然无存，山区受环境条件的制约，还保留着一定的天然次生林，植物生长繁茂。位于县城东南部的石门山省级自然保护区地处子午岭南端，区内植被覆盖良好，地形、地貌、地质构造特殊，具有渭北高原地区“植物王国”之美称。区内有丰富的生物资源，主要乔木树种 47 种，野生动物 30 余种，野生中药材 120 余种，其中有国家级保护动植物金钱豹、锦鸡、穿山甲、水曲柳、杜仲、戚树、冬虫夏草等②。值得注意的是，旬邑县是西北现今仅见分布于秦岭—淮河以北的穿山甲栖息地。

值得补充的是，穿山甲可以较顺利地在秦岭—淮河以北栖息，除了前文提及的穿山甲化石处于更北、多处穿山甲栖息地、食物等之外，十分重要的一条就是它们具有冬眠习性。据称，穿山甲活动的适宜气温是 15℃以上，低于 10℃时，它们就会冬眠。

6.6.2 甘肃

甘肃省个别地方依然残存有穿山甲。

岷县地貌属高原形态，位于西秦岭北支褶皱带。全县山地占 88.8%，南有长江、黄河分水的岷峨山、大拉梁，北有洮河、渭河分水的木寨岭、岭罗山。属于温带半湿润向高寒湿润气候过渡带，高寒阴湿，植被覆盖很好，年平均气温为 5.5℃。境内乔灌木树种共有 32 科 62 属 139 种，其中乔木 64 种。属国家保护的珍贵动物有蓝马鸡、麝、穿山甲、苏门羚、毛冠鹿、云豹、野山羊、猞猁、水獭等。此外尚有熊、野猪、豹、黄鼠狼、兔、狐、狼、刺猬等③。另据 2015 年 9 月报道，岷县城东马坞乡的双燕风景点是甘肃省自然保护区之一，也被县政府确定为岷县三大旅游景点之一的生态旅游区。境内有千余种植物，几十种珍禽异兽，珍禽有蓝马鸡、红腹锦鸡、绿尾红雉等，异兽有云豹、黑熊、穿山甲、岩羊、猞猁、马尾鹿、野牛等④。

武都区西北呈高拔而东南呈低洼，山脉连绵不断，峰峦叠嶂，沟壑纵横，山高坡陡，呈蜿蜒起伏、横亘仰卧的地貌结构；山脉高低悬殊，最高海拔 3 600 m，最低海拔 620 m，高低相差 2 980 m；生态群落层次分明，故有“一山有四季，十里不同天”的说法。特殊的地理环境，形成了山川秀丽，气候温和，既有南国之灵秀，又有北国之雄奇的景象。年平均气温为 14.7℃。在红铜河三个自然保护区栖息着大熊猫、金丝猴、金钱豹、震羚（鬣羚）、石貂、岩羊、豹猫、鹿、熊康（黑熊?）等动物。还生长着美丽的锦鸡、蓝马鸡、娃娃鱼（大鲵）、团鱼、水獭、穿山甲、称猴（猕猴?）、金丝猴、梅花鹿、黑鹤、白鹤、白鹤、金雕等⑤。

6.7 有穿山甲的自然保护区概况

现有穿山甲栖息的自然保护区（图 12.41、

①城固县主要野生动物介绍. http://www. sanqinyou. com/shaanxi/info/1211120261255343_1. html

②陕西旬邑石门山省级自然保护区. http://www. xyhb. gov. cn/show_news. asp? id=275

③岷县. http://baike. baidu. com/link? url = m _ BIlnZHCVgcZ4YaYh1Uz1prhEreZwrdDS _ ieu0neKgcBLeMD55XRG2ieKcvvCqsu6oZ4tqbVQ7BvjTNeshuuq

④马坞乡—岷县马坞乡丰富的旅游资源. http://www. cngansu. cn/news/china/gansu/17935. html

⑤陇南市武都区的自然资源. http://www. 0939. net/article/article_2630. html

表 12.10),可以表明它们依然存在。特点如下:

● 现分布有穿山甲的自然保护区达到 263 个,总面积达 5.21 万 km^2。

● 拥有保护区数量情况按地区排序:中南(122 个),华东(71 个),西南(261 个),西北(2 个)。

● 拥有保护区数量较多的情况按省级政区排序:广东省(48 个),福建省(39 个),湖南省(29 个),贵州省与云南省(皆 27 个),广西壮族自治区(17 个),安徽省与海南省(皆 14 个)。

● 一地有多个保护区的,多是 3 个保护区,约有:安徽省黄山市,湖南省张家界市,广东省博罗县与东源县,广西壮族自治区八步区,海南省东方市与万宁市,云南省新平彝族傣族自治县等;此外,最为显著的是福建省寿宁县,达到 16 个保护区。

● 保护区的建立时间虽在 1956~2010 年间,但主要还是 1980 年代以来建立的。

● 同一省级政区内在同一天建立保护区最多的是,广西壮族自治区在 1982 年 6 月 1 日有 11 个保护区建立。

● 保护区的等级情况 4 级皆有,比率约为省级(占 41%),国家级(占 31%),县级(占 18%),市级(占 10%)。

● 主管部门以林业占绝对优势(高达 92%),环保是其余中较多的(约占 5%)。

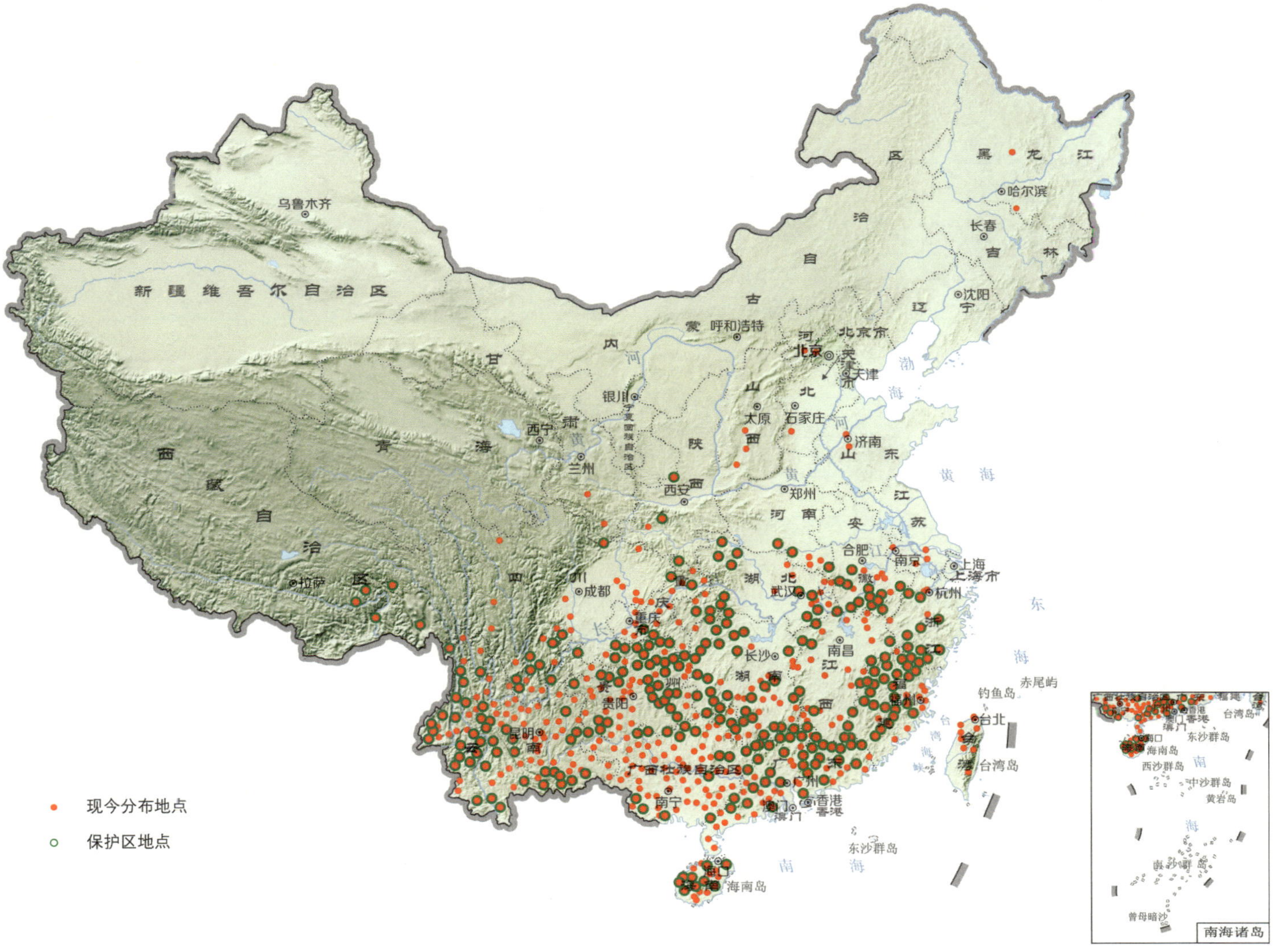

图 12.41 现有穿山甲栖息地与其栖息的自然保护区分布图

● 从保护区所载政区地点看，达到 264 个（不含重复）。

● 拥有保护区的政区数量情况按地区排序则是：中南（106 个），西南（96 个），华东（60 个）。

● 拥有保护区的政区数量情况按省级政区排序：云南省（43 个），广东省（39 个），贵州省（35 个），福建省（29 个），湖南省（27 个），安徽省与湖北省（皆 12 个）。

● 现有保护区所覆盖的穿山甲栖息地仅达 45%，尚有不少省级政区（如北京市、河北省、山西省、黑龙江省、江苏省、山东省、台湾、香港特别行政区、甘肃省等）残存穿山甲却得不到保护区（不含其他保护机构）庇护。

● 我国北方一些穿山甲分布地基本上可以认定是现存穿山甲分布的较北地带，由于生态环境本身就比较恶劣，更需要加强调查，落实保护区庇护。

● 福建省寿宁县虽有 16 个涉及穿山甲的保护区，但总面积仅 3 262 hm^2；尤其是 2001 年 6 月 29 日建立的 15 个保护区规模皆比较小，其中 2 个仅 13 hm^2，1 个仅 11 hm^2，2 个仅 8 hm^2，更有 2 个仅 3 hm^2，这仅从机构、人员配备等方面考虑，难以达到较有效保护。宜再行调研，或与邻近保护其他珍稀物种的保护区合并，加强保护力度。

表 12.10　**栖息有穿山甲的自然保护区概况**

地区	省级政区	保护区名称	所处地点	面积（hm^2）	级别	建立时间	主管部门
华东	浙江	乌岩岭	泰顺县	18 862	国家级	19740401	林业
		凤阳山—百山祖	龙泉市、庆元县	26 052	国家级	19750101	林业
		浙江九龙山	遂昌县	5 525	国家级	19830903	林业
		临安清凉峰	临安市	10 800	国家级	19850801	林业
		浙江天目山	临安市	4 284	国家级	19860709	林业
		杏梅尖	富阳市	71	县级	19911231	林业
		大盘山	磐安县	4 558	国家级	19930420	环保
		大洋坑	瑞安市	555	县级	19950608	林业
		牛头山	武义县	3 000	县级	19951226	林业
		望东洋高山湿地	景宁畲族自治县	1 195	省级	20020204	林业
	安徽	金寨天马	金寨县	28 914	国家级	19820601	林业
		古牛绛（牯牛降）	祁门县、石台县	6 713	国家级	19821028	林业
		舒城万佛山	舒城县	2 000	省级	19870801	林业
		鹞落坪	岳西县	12 300	国家级	19911229	环保
		板桥	宁国市	5 000	省级	19950501	林业
		板仓	潜山县、岳西县、舒城县	1 523	省级	19951202	林业
		岭南	休宁县	2 771	省级	19951202	林业
		十里山	黄山市	1 936	省级	19951221	林业
		紫石塔	东至县	6 670	县级	19980801	林业
		天湖	黄山市	4 500	省级	20000318	林业
		五溪山	黟县	4 050	省级	20000318	林业
		老山	贵池区	16 909	省级	20010406	林业
		九龙峰	黄山市	2 720	省级	20010406	林业
		查湾	祁门县	1 600	省级	20010601	林业

（续表）

地区	省级政区	保护区名称	所处地点	面积（hm²）	级别	建立时间	主管部门
	福建	万木林	建瓯市、建阳市、顺昌县	189	省级	19570607	林业
		福建武夷山	武夷山市、建阳市、光泽县、邵武市	56 527	国家级	19790703	林业
		牛姆林	永春县	250	省级	19840729	林业
		屏南鸳鸯猕猴	屏南县、周宁县、政和县	1 457	省级	19840807	林业
		龙栖山	将乐县	15 693	国家级	19840911	林业
		戴云山	德化县	13 472	国家级	19850516	林业
		将石	邵武市	1 222	省级	19860327	林业
		茫荡山	延平区	9 442	省级	19880205	林业
		天宝岩	永安市	11 015	国家级	19881226	林业
		梁野山	武平县	14 365	国家级	19950101	林业
		峨嵋峰	泰宁县	5 418	省级	19951101	林业
		贡鸭山	华安县	400	县级	19951201	林业
		君子峰	明溪县、泰宁县	18 061	国家级	19951220	林业
		九阜山	尤溪县	2 308	省级	19960101	林业
		藤山	永泰县	17 618	省级	19971101	林业
		虎伯寮	南靖县	2 650	国家级	19990209	林业
		大仙峰	大田县	6 886	省级	20010301	林业
		圭龙山	长汀县	5 768	省级	20010609	林业
		碑坑头	寿宁县	122	县级	20010629	林业
		槽坑山坑	寿宁县	11	县级	20010629	林业
		大皇岗	寿宁县	36	县级	20010629	林业
		官田后门山	寿宁县	13	县级	20010629	林业
		横山后门山	寿宁县	3	县级	20010629	林业
		坑底楼	寿宁县	3	县级	20010629	林业
		六六溪流域	寿宁县	1 071	县级	20010629	林业
		南山顶	寿宁县	1 337	县级	20010629	林业
		上大洋	寿宁县	13	县级	20010629	林业
		石井	寿宁县	8	县级	20010629	林业
		炭山穿山甲	寿宁县	74	县级	20010629	林业
		下岗后	寿宁县	98	县级	20010629	林业
		小托水库	寿宁县	289	县级	20010629	林业
		杨溪头	寿宁县	176	县级	20010629	林业
		应加山后门山	寿宁县	8	县级	20010629	林业
		闽江源	建宁县	13 022	国家级	20011008	林业
		安溪云中山	安溪县	4 095	省级	20011008	林业
		老鹰尖	莆田市	2 828	省级	20020226	林业

（续表）

地区	省级政区	保护区名称	所处地点	面积（hm²）	级别	建立时间	主管部门
		松溪白马山	松溪县	3 250	省级	20030211	林业
		清流莲花山	清流县	1 722	省级	20051230	林业
		杨梅州大鲵	寿宁县	19 610	县级	20070411	林业
	江西	井冈山	井冈山市	21 499	国家级	19810301	林业
		庐山	九江市	30 452	省级	19810306	林业
		九连山	龙南县	13 412	国家级	19810306	林业
		官山	宜丰县、铜鼓县	11 501	国家级	19810306	林业
		桃红岭梅花鹿	彭泽县	12 500	国家级	19810816	林业
		铜钹山	广丰县	10 800	省级	20040820	林业
		伊山	武宁县	11 415	县级	20051020	林业
		大山脑	南康市	680	县级	20090106	林业
中南	河南	信阳天目山	信阳市	6 750	省级	20011205	林业
		高乐山	桐柏县	9 060	省级	20040226	林业
	湖北	九宫山	通山县	16 609	国家级	19810201	林业
		木林子	鹤峰县	20 838	省级	19830101	林业
		五峰后河	五峰土家族自治县	10 340	国家级	19850101	林业
		赛武当	十堰市	21 203	国家级	19870101	林业
		崩尖子	长阳土家族自治县	13 500	省级	19880101	林业
		五道峡	保康县	23 816	省级	19900101	林业
		七姊妹山	宣恩县	34 550	国家级	19900301	林业
		梁子湖湿地	鄂州市	37 946	省级	20010101	林业
		南河	谷城县	14 834	省级	20030928	林业
		网湖湿地	阳新县	20 495	省级	20040313	林业
		野人谷	房县	36 892	省级	20040806	林业
		上涉湖湿地	武汉市	4 149	市级	20060101	林业
	湖南	沙角洞银杉	城步苗族自治县	547	县级	19810227	林业
		莽山	宜章县	19 833	国家级	19820101	林业
		炎陵桃源洞	炎陵县	23 786	国家级	19820101	林业
		永州都庞岭	道县、江永县	20 066	国家级	19820101	林业
		浏阳大围山	浏阳市	5 220	省级	19820401	林业
		湖南舜皇山	新宁县	21 720	国家级	19820401	林业
		黄桑	绥宁县	12 590	国家级	19820403	林业
		壶瓶山	石门县	40 847	国家级	19820405	林业

（续表）

地区	省级政区	保护区名称	所处地点	面积（hm²）	级别	建立时间	主管部门
		九嶷山	宁远县	3 648	省级	19820427	林业
		江永源口（大远源口）	江永县	5 527	省级	19820527	林业
		阳明山	双牌县	12 795	国家级	19840101	林业
		张家界	张家界市、慈利、桑植县	4 800	省级	19840501	林业
		南岳衡山	衡阳市、衡阳县、衡山县	11 992	国家级	19840509	林业
		天门山	张家界市	3 037	县级	19860501	林业
		九重岩	凤凰县	8 500	省级	19910401	林业
		高望界	古丈县	17 170	国家级	19930901	林业
		张家界大鲵	张家界市	14 285	国家级	19961129	农业
		花岩溪	常德市	4 032	省级	19971027	林业
		衡东四方山	衡东县	380	省级	19980101	林业
		借母溪	沅陵县	13 041	国家级	19980101	林业
		乌云界	桃源县	33 818	国家级	19980501	环保
		地理冲	靖州苗族侗族自治县	362	省级	19980905	林业
		六步溪	安化县	14 239	国家级	19990426	林业
		三道坑	芷江侗族自治县	10 800	省级	20000905	林业
		齐心金雕	吉首市	13 344	县级	20010101	林业
		雪峰山	洪江市	12 341	县级	20010401	环保
		八仙湖	吉首市	7 032	县级	20030101	林业
		祁阳小鲵	祁阳县	6 060	省级	20040301	林业
		泥鳅凹白鹭	慈利县	583	县级	20041201	林业
	广东	鼎湖山	肇庆市	1 133	国家级	19560101	其他
		黑石顶	封开县	4 186	省级	19790801	林业
		南岭	乳源瑶族自治县、阳山县、连州市	50 000	国家级	19840401	林业
		古田	惠东县	2 189	省级	19840404	林业
		丰溪	大埔县	10 590	省级	19840404	林业
		内伶仃岛—福田	深圳市	815	国家级	19840409	林业
		龙文—黄田	平远县	7 961	省级	19850301	林业
		罗浮山	博罗县	9 828	省级	19851101	林业
		阴那山	梅县	2 566	省级	19851101	林业
		皇佑笔	蕉岭县	7 404	市级	19870101	林业
		车八岭	始兴县	7 545	国家级	19880509	林业
		粤北华南虎	韶关市	16 361	省级	19900101	林业
		云髻山	新丰县	2 700	省级	19900101	林业
		上川岛猕猴	台山市	2 232	省级	19900101	林业

（续表）

地区	省级政区	保护区名称	所处地点	面积（hm²）	级别	建立时间	主管部门
		七目嶂	五华县	5 850	省级	19900701	农业
		小流坑—青嶂山	南雄市	7 874	省级	19950101	林业
		沙溪	韶关市	9 040	省级	19960201	林业
		大桂山	源城区	6 070	省级	19980101	林业
		杨东山十二度水	乐昌市	2 670	省级	19980301	林业
		石门台	英德市	33 555	省级	19980528	林业
		合水桫椤	佛山市	1 038	县级	19980801	林业
		乳源大峡谷	乳源瑶族自治县	3 468	省级	19981101	林业
		黄山洞	博罗县	1 400	市级	19981201	林业
		象头山	博罗县	10 697	国家级	19981201	林业
		枫树坝	龙川县	15 671	省级	19981201	林业
		百涌	阳春市	4 060	省级	19900101	林业
		仁化高坪	仁化县	3 585	省级	19990301	林业
		康禾	东源县	6 485	省级	19990801	林业
		黄牛石	连平县	4 334	省级	19990901	林业
		铁山渡田河	兴宁市	17 827	省级	19991101	林业
		鲁古河	新丰县	10 600	市级	20000101	林业
		大稠顶	怀集县	3 761	省级	20000101	林业
		寨头水库	龙门县	1 708	市级	20000201	林业
		乐昌大瑶山	乐昌市	7 914	省级	20000301	林业
		黄石坳	和平县	8 097	省级	20000301	林业
		连南板洞	连南瑶族自治县	10 196	省级	20000901	林业
		笔架山	连山壮族瑶族自治县	10 728	省级	20000601	林业
		龙川七目嶂	龙川县	1 673	县级	20001101	林业
		始兴南山	始兴县	7 113	省级	20010601	林业
		桂山大鲵	东源县	133	市级	20011101	农业
		新丰江鼋	东源县	3 000	县级	20011201	林业
		四会十二带	四会市	2 253	市级	20040101	林业
		廉江根竹嶂	廉江市	360	县级	20050101	林业
		桑浦山—双坑	揭东县	6 809	省级	20050101	林业
		花楼顶	信宜市	695	县级	20050201	林业
		云浮大云雾山	云安县	1 105	市级	20060101	林业
		云浮崖楼山	云安县	3 766	市级	20060101	林业
		云开山	信宜市、高州市	12 511	国家级	20100618	林业
	广西	猫儿山	兴安县、资源县、龙胜县	17 009	国家级	19760501	林业
		弄岗	龙州县、宁明县	10 080	国家级	19780101	林业

（续表）

地区	省级政区	保护区名称	所处地点	面积（hm^2）	级别	建立时间	主管部门
		龙虎山	隆安县	2 256	省级	19801101	林业
		姑婆山	八步区	6 550	省级	19820601	林业
		滑水冲	八步区	9 929	省级	19820601	林业
		大平山	桂平市	1 867	省级	19820601	林业
		三锁鸟类	融安县	5 000	县级	19820601	林业
		元宝山	融水苗族自治县	4 159	省级	19820601	林业
		千家洞	灌阳县	12 231	国家级	19820601	林业
		古修	蒙山县	8 546	省级	19820601	林业
		滑水冲	八步区	9 929	省级	19820601	林业
		三匹虎	南丹县、天峨县	3 105	省级	19820601	林业
		九万山	罗城仫佬族自治县、环江毛南族自治县、融水苗族自治县	25 213	国家级	19820601	林业
		春秀	龙州县	7 870	县级	19820601	林业
		防城金花茶	防城港市	9 195	国家级	19860405	环保
		木论	罗城仫佬族自治县、环江毛南族自治县	8 969	国家级	19960101	林业
		七冲	昭平县	13 024	省级	20031101	林业
	海南	尖峰岭	乐东黎族自治县、东方市	20 170	国家级	19761009	林业
		大田	东方市	1 314	国家级	19761009	林业
		邦溪坡鹿	白沙黎族自治县	362	省级	19761009	林业
		霸王岭	东方市、昌江黎族自治县、白沙黎族自治县	29 980	国家级	19800129	林业
		尖岭	万宁市	10 899	省级	19810925	林业
		六连岭	万宁市	2 745	省级	19810925	林业
		佳西	乐东黎族自治县	8 327	省级	19810925	林业
		铜鼓岭	文昌市	4 400	国家级	19830101	环保
		五指山	琼中黎族苗族自治县、五指山市	13 436	国家级	19851101	林业
		大洲岛	万宁市	7 000	国家级	19870801	海洋
		加连潭	澄迈县	31	县级	19901101	环保
		猕猴岭	东方市	12 215	省级	20040723	林业
		黎母山	琼中黎族苗族自治县	11 701	省级	20040723	林业
		保梅岭	昌江黎族自治县	3 844	省级	20060518	林业
西南	重庆	大巴山	城口县	136 017	国家级	19790501	林业
		金佛山	南川区	41 850	国家级	19790701	林业
		天坑地缝	奉节县	26 458	省级	19981201	环保
		雪宝山	开县	23 452	国家级	20000401	林业
	四川	马边大风顶	马边彝族自治县	30 164	国家级	19781215	林业
		美姑大风顶	美姑县	50 655	国家级	19781215	林业

（续表）

地区	省级政区	保护区名称	所处地点	面积（hm²）	级别	建立时间	主管部门
		攀枝花苏铁	攀枝花市	1 400	国家级	19830101	林业
		螺髻山	西昌市、德昌县、普格县	20 912	省级	19860101	农业
		画稿溪	叙永县	23 827	国家级	19980101	环保
		大小沟	青川县	4 067	市级	20000101	环保
		二滩鸟类	盐边县	10 321	省级	20020101	林业
		古蔺黄荆	古蔺县	36 522	省级	20020301	环保
	贵州	雷公山	雷山县、台江县、剑河县、榕江县	47 300	国家级	19820601	林业
		上塘朱家山	黄平县、瓮安县、福泉市	12 346	市级	19840302	林业
		赤水桫椤	赤水市	13 300	国家级	19840911	环保
		大沙河	道真仡佬族苗族自治县	26 990	省级	19841010	林业
		桐梓黄连柏箐	桐梓县	2 542	市级	19851103	林业
		从江月亮山	从江县	24 800	市级	19860101	林业
		梵净山	江口县、印江土家族苗族自治县、松桃苗族自治县	41 900	国家级	19860709	林业
		麻阳河	沿河土家族自治县、务川仡佬族苗族自治县	31 113	国家级	19870801	林业
		宽阔水	绥阳县	26 231	国家级	19891201	林业
		威宁妥打	威宁彝族回族苗族自治县	9 393	县级	19920101	林业
		冷水河	金沙县	8 133	县级	19920901	林业
		石阡佛顶山	石阡县	12 635	省级	19921001	林业
		老蛇冲	麻江县	8 678	市级	19921201	林业
		习水中亚热带常绿阔叶林	习水县	48 666	国家级	19940908	林业
		瓮安朱家山	瓮安县	7 638	县级	19950801	林业
		龙头大山	兴仁县、贞丰县、安龙县	2 817	市级	19970701	林业
		兴仁清水河	兴义市、兴仁县	2 556	市级	19970701	林业
		仙鹤坪	安龙县	3 005	市级	19970701	林业
		榕江月亮山	榕江县	32 849	市级	19980101	林业
		老冬寨	丹寨县	4 513	市级	19980501	林业
		大板水	遵义市	3 132	县级	19981101	林业
		四野屯	思南县	2 859	县级	19990601	林业
		桴焉	正安县	32 448	市级	20010510	林业
		百里杜鹃	大方县、黔西县	12 580	省级	20011101	林业
		湄潭百面水	湄潭县	18 500	县级	20011201	林业
		凤冈万佛山	凤冈县	8 400	县级	20021201	林业
		毕节罩子山	毕节市	2 513	县级	20021201	林业

（续表）

地区	省级政区	保护区名称	所处地点	面积（hm²）	级别	建立时间	主管部门
	云南	西双版纳	景洪市、勐海县、勐腊县	241 776	国家级	19581009	林业
		南滚河	沧源佤族自治县、耿马傣族佤族自治县	50 887	国家级	19800306	林业
		云龙天池	云龙县	6 630	省级	19810401	林业
		威远江	景谷傣族彝族自治县	7 653	省级	19811001	林业
		菜阳河	思茅区	14 892	省级	19811101	林业
		麻栗坡老君山	麻栗坡县、马关县	4 509	省级	19811101	林业
		古林箐	马关县	6 833	省级	19821001	林业
		高黎贡山	隆阳区、腾冲县、泸水县、福贡县、贡山独龙族怒族自治县	405 200	国家级	19830101	林业
		黄连山	绿春县	65 058	国家级	19830427	林业
		药山	巧家县	20 141	国家级	19840405	林业
		玉龙雪山	玉龙纳西族自治县	26 000	省级	19840501	林业
		无量山	景东彝族自治县、南涧彝族自治县、大理市	30 938	国家级	19860320	林业
		云南大围山	屏边苗族自治县、河口瑶族自治县、个旧市、蒙自县	43 993	国家级	19860320	林业
		铜壁关	盈江县、陇川县、瑞丽市	100 744	省级	19860320	林业
		永德大雪山	永德县	17 541	国家级	19860320	林业
		金平分水岭	金平苗族瑶族傣族自治县	42 027	国家级	19860601	林业
		哀牢山	新平彝族傣族自治县、楚雄市、双柏县、景东彝族自治县、镇沅彝族哈尼族拉祜族自治县	67 700	国家级	19880509	林业
		青华绿孔雀	巍山彝族回族自治县	1 000	省级	19880905	环保
		磨盘山	新平彝族傣族自治县	7 454	县级	19901101	林业
		新平哀牢山	新平彝族傣族自治县	9 978	县级	19920801	林业
		云岭	兰坪白族普米族自治县	75 894	省级	19980101	林业
		罗平万峰山	罗平县	47 491	市级	19990201	林业
		大堵水库	师宗县	160	县级	19990601	林业
		临沧澜沧江	临翔区、凤庆县、云县、双江拉祜族佤族布朗族傣族自治县、耿马傣族佤族自治县	182 168	省级	19990612	林业
		海峰	沾益县	26 610	省级	20010401	林业
		弥渡大黑山	弥渡县	14 000	市级	20011001	林业
		白老林	盐津县	2 200	市级	20030501	林业
	西藏	雅鲁藏布大峡谷	墨脱县、林芝县、波密县、米林县	916 800	国家级	19850709	林业
		察隅慈巴沟	察隅县	101 400	国家级	19850923	林业
西北	陕西	佛坪	佛坪县	29 240	国家级	19781215	林业
		石门山	旬邑县	30 049	省级	20000702	环保

注：①本表参考多方面信息综合而成，个别误差进行更正。②本表据全国自然保护区名录. http://sts. mep. gov. cn/zrbhq/zrbhq/201208/t20120824_235172. htm；乌岩岭国家级自然保护区. http://www. wyl. org. cn/E_ReadNews1. asp? NewsID=156；《凤

阳山志》编委会，2012；浙江九龙山国家级自然保护区. http://jls. suichang. gov. cn/zybh/dwzy/201006/t20100621_78562. htm；临安清凉峰自然保护区. http://baike. baidu. com/view/472705. htm；浙江天目山国家级自然保护区. http://baike. baidu. com/view/481664. htm；大盘山自然保护区. http://www. baike. com/wiki/%E5%A4%A7%E7%9B%98%E5%B1%B1；牛头山. http://wenku. baidu. com/view/9674342ced630b1c59eeb5a5. html；望东洋高山湿地自然保护区. http://www. lsly. gov. cn/detail-662. html；安徽省自然保护区简介. http://www. ahly. gov. cn/main/model/newinfo/newinfo. do? infoId=14166；万佛山自然保护区. http://www. baike. com/wiki/%E4%B8%87%E4%BD%9B%E5%B1%B1%E8%87%AA%E7%84%B6%E4%BF%9D%E6%8A%A4%E5%8C%BA；板仓自然保护区. http://baike. baidu. com/view/1060662. htm；万木林自然保护区. http://baike. baidu. com/view/246422. htm；福建武夷山国家级自然保护区. http://baike. baidu. com/view/391621. htm；牛姆林自然保护区. http://baike. aidu. com/view/4842449. htm；屏南鸳鸯猕猴省级自然保护区. http://baike. baidu. com/view/9448396. htm；龙栖山国家级自然保护区. http://www. jiangle. gov. cn/2006/7/1716. htm；福建戴云山国家级自然保护区. http://baike. baidu. com/view/9462018. htm? fromId = 821314；邵武将石省级自然保护区. http://baike. baidu. com/view/9447150. htm? fromId = 211244；茫荡山国家级自然保护区. http://baike. baidu. com/view/211210. htm? subLemmaId = 211210&fromenter = %C3%A3%B5%B4%C9%BD%D7%D4%C8%BB%B1%A3%BB%A4%C7%F8；永安天宝岩自然保护区. http://baike. baidu. com/view/1079546. htm? fromId=303766；梁野山自然保护区保护区. http://www. baike. com/wiki/%E6%A2%81%E9%87%8E%E5%B1%B1%E8%87%AA%E7%84%B6%E4%BF%9D%E6%8A%A4%E5%8C%BA；泰宁峨嵋峰自然保护区. http://baike. baidu. com/view/481091. htm；贡鸭山. http://baike. soso. com/v11002915. htm；君子峰自然保护区. http://www. baike. com/wiki/%E5%90%9B%E5%AD%90%E5%B3%B0%E8%87%AA%E7%84%B6%E4%BF%9D%E6%8A%A4%E5%8C%BA；九阜山自然保护区. http://baike. baidu. com/view/481035. htm；藤山自然保护区. http://baike. baidu. com/view/8630872. htm；虎伯寮自然保护区. http://baike. baidu. com/view/2502295. htm；大仙峰自然保护区. http://baike. baidu. com/view/1079697. htm；长汀圭龙山省级自然保护区. http://baike. baidu. com/view/9441079. htm；闽江源自然保护区. http://www. baike. com/wiki/%E9%97%BD%E6%B1%9F%E6%BA%90%E8%87%AA%E7%84%B6%E4%BF%9D%E6%8A%A4%E5%8C%BA；安溪云中山自然保护区. http://baike. baidu. com/view/3673013. htm；老鹰尖省级自然保护区. http://baike. baidu. com/view/8631076. htm；松溪白马山自然保护区. http://baike. baidu. com/view/8636012. htm；清流莲花山自然保护区. http://baike. baidu. com/view/8639787. htm；杨梅州. http://baike. soso. com/v34087854. htm；井冈山自然保护区. http://baike. baidu. com/view/248434. htm；庐山自然保护区. http://baike. baidu. com/view/118116. htm；九连山国家级自然保护区. http://baike. baidu. com/view/2716872. htm? fromId=825900；官山国家级自然保护区. http://baike. baidu. com/view/3140304. htm? fromId=161047；桃红岭梅花鹿自然保护区. http://baike. baidu. com/view/9408860. htm；江西广丰县铜钹山自然保护区晋升省级保护区. http://www. forestry. gov. cn/portal/main/s/72/content-347928. html；伊山自然生态保护区. http://www. wuning. gov. cn/? thread-1631-1. html；大山脑自然保护区. http://baike. baidu. com/view/8143217. htm；河南省林业厅. http://www. hnly. gov. cn/portal/zrbh/zrbhq/webinfo/2003/07/1256616634366592. htm；桐柏高乐山自然保护区. http://blog. sina. com. cn/s/blog_469466520100rpa7. html；九宫山国家级自然保护区. http://baike. baidu. com/view/8910754. htm；木林子自然保护区. http://baike. baidu. com/view/5145374. htm；后河国家级自然保护区. http://baike. baidu. com/view/345586. htm? fromId = 473379；赛武当自然保护区. http://baike. baidu. com/view/3429946. htm；长阳崩尖子自然保护区. http://baike. baidu. com/view/4161514. htm；五道峡自然保护区. http://baike. baidu. com/view/8913553. htm；七姊妹山. http://baike. baidu. com/view/937234. htm；梁子湖湿地自然保护区. http://baike. baidu. com/view/8911050. htm；南河湿地自然保护区. http://baike. baidu. com/view/4178635. htm；网湖湿地自然保护区. http://baike. baidu. com/view/8913454. htm；野人谷自然保护区. http://baike. baidu. com/view/8913521. htm；白涛等，2008；邵阳沙角洞银杉森林公园简介. http://beijing. lotour. com/shajiaoyinshangy/lvyou-jianjie/；宜章县. http://baike. baidu. com/link? url=4x7Fi0a3VcFgxlFxqnpChO2ayrb5JqR2U9-_nQdm8EC-knh7O6OvrDeud20t1biT#3_7；莽山国家级自然保护区. http://baike. baidu. com/view/481726. htm? fromId=248733；炎陵桃源洞自然保护区. http://www. baike. com/wiki/%E7%82%8E%E9%99%B5%E6%A1%83%E6%BA%90%E6%B4%9E%E8%87%AA%E7%84%B6%E4%BF%9D%E6%8A%A4%E5%8C%BA；千家洞自然保护区. http://baike. baidu. com/link? url = xuWople-bIRKnTFzaQ7UIprYBG0BWQvm4kWCLfTj9rxc8ME7sLM_qV-gI2；大围山. http://baike. baidu. com/view/55200. htm；湖南省东安舜皇山自然保护区. http://www. huaxia. com/hn-tw/2007/06/692063. html；黄桑国家级自然保护区. http://baike. baidu. com/view/3687370. htm? fromId = 793019；壶瓶山国家级自然保护区. http://baike. baidu. com/link? url = u7Ii1aZzDT_McxkV3WwtAmBROpsVsi_FHmBNbbqPtnb3bzfrmCeIyVlw0MqMO1di；零陵地区志. 第十四编，林业. http://www. yzcity. gov. cn/gtb/index. jsp? url=http%3A%2F%2Fwww. yzcity. gov. cn%2Fart%2F2006%2F9%2F13%2Fart_2702_142395. html；江永源口省级自然保护区. http://baike. baidu. com/view/8712781. htm；阳明山自然保护区. http://baike. baidu. com/view/2080192. htm；张家界自然保护区. http://baike. baidu. com/view/118108. htm；南岳衡山国家级自然保护区. http://baike. baidu. com/view/7036341. htm；张家界—天门山自然保护区. http://bbs. rednet. cn/thread-1361654-1-1. html；九重岩省级自然保护区. http://baike. baidu. com/view/4746096. htm;湖南高望界国家级自然保护区概况. http://124. 205. 185. 3 : 8080/publicfiles/business/htmlfiles/hngwjbhq/jqgk/index. html;大鲵国家级自然保护区. http://baike. baidu. com/view/469503. htm? fromId=825882;花岩溪国家森林公园. http://baike. baidu. com/view/2003063. htm;四方山森林公园总体规划. http://www. docin. com/p-401667204. html;湖南借母溪国家级自然保护区. http://baike. baidu. com/view/5704834. htm? fromId=1501539&redirected=seachword;湖南乌云界国家级自然保护区. http://baike. baidu. com/view/1280211. htm? subLemmaId=1280211&fromenter=%CE%DA%D4%C6%BD%E7%D7%D4%C8%BB%B1%A3%BB%A4%C7%F8;六步溪国家级自然保护区. http://www. zwbk. org/MyLemmaShow. aspx? lid=126724;三道坑. http://baike. baidu. com/view/1033767. htm;齐心自然保护区. http://baike. baidu. com/view/8739386. htm;雪峰山国家森林公园. http://baike. baidu. com/link? url=r0JewRSAi3eyQ4DDZM7nTaG_XISXVOYtrtcp8MhrX8eA0903QTH_2MrQ6RZ43Uafx4lJMtHeOs6ZJIVkbUUrzq;雪峰山. http://www. zjjta. com/jingdian/huaihua-995282. html;八仙湖自然保护区. http://baike. baidu. com/view/8739320. htm;祁阳小鲵自然保护区. http://baike. baidu. com/view/2623730. htm;主要保护对象. http://www. dhs. scib. cas. cn/xwzx/zrbh_bhdx/zrbh_bhdx_bhdx/;广东封开黑石顶省级自然保护区. http://baike. baidu. com/view/2297689. htm? fromId=211320;广东南岭国家级自然保护区. http://baike. baidu. com/view/481761. htm? fromId=246957;古田自然保护区. http://baike. baidu. com/view/135435. htm;广东大埔丰溪省级自然保护区. http://baike. baidu. com/view/2264303. htm? fromId=821347;内伶仃岛保护区. http://baike. baidu. com/view/325113. htm? subLemmaId=325113&fromenter=%C4%DA%C1%E6%D8%EA%B5%BA-%B8%A3%CC%EF%D7%D4%C8%BB%B1%A3%BB%A4%C7%F8;内伶仃岛—福田自然保护区. http://www. 51yala. com/html/20061028213532-1. html;广东平远龙文—黄田省级自然保护区简介. http://www. pylyj. net/E_ReadNews. asp? NewsID=411;罗浮山自然保护区. http://www. dy7cd. com/sight/2002/6875. shtml;广东梅县阴那山省级自然保护区. http://baike. baidu. com/view/2264302. htm;皇佑笔自然保护区. http://baike. baidu. com/view/211258. htm;车八岭国家级自然保护区位. http://baike. baidu. com/view/345602. htm? fromId=248735;广东粤北华南虎省级自然保护区. http://baike. baidu. com/view/2258570. htm;云髻山. http://baike. baidu. com/view/531162. htm;广东台山上川岛猕猴省级自然保护区. http://baike. baidu. com/view/2273304. htm;七目嶂. http://baike. baidu. com/view/34467. htm? fromId=2985586;广东南雄小流坑—青嶂山省级自然保护区. http://baike. baidu. com/view/9226456. htm;广东曲江沙溪省级自然保护区. http://baike. baidu. com/view/2253137. htm;源城区. http://baike. baidu. com/link? url=VOdaJ5j91CotWxVD9KHx6cpfT5-O5WfIF75U-6yTF6WTGLPE9CjImn15cHJo43ONrcovQCS9QgLJTAHOUA5WM_;杨东山十二度水自然保护区. http://baike. baidu. com/view/3428879. htm;英德. http://baike. baidu. com/link? url=9f-nQowg6SLUPUaIs6y_JZw8CSOsmRIcvl9P2XDBUl0PKnzSg9Eadcp1n3SVWZZq0oGpjE8Nwd6BpG9_DXE3L_#2_5;石门台自然保护区. http://baike. baidu. com/view/1411193. htm;合水杪椤自然保护区. http://baike. baidu. com/view/2259140. htm;广东乳源大峡谷省级自然保护区. http://baike. baidu. com/view/2253165. htm;博罗县石坝黄山洞自然保护区. http://www. huizhou. ccoo. cn/bendi/info-58760. html;象头山国家级自然保护区. http://baike. baidu. com/view/345592. htm? subLemmaId=345592&fromenter=%CF%F3%CD%B7%C9%BD%D7%D4%C8%BB%B1%A3%BB%A4%C7%F8;枫树坝自然保护区. http://baike. baidu. com/view/3429014. htm;广东阳春百涌省级自然保护区. http://baike. baidu. com. cn/view/2297642. htm;广东仁化高坪省级自然保护区. http://baike. baidu. com/view/3018413. htm;广东东源康禾省级自然保护区. http://baike. baidu. com/view/2258714. htm;黄牛石自然保护区. http://baike. baidu. com/view/882139. htm;广东兴宁铁山渡田河省级自然保护区. http://baike. baidu. com/view/2264296. htm;鲁古河. http://baike. baidu. com/view/2985551. htm;广东怀集大稠顶省级自然保护区简介. http://www. gdnr. org. cn/HRGK/ShowArticle. asp? ArticleID=163;寨头水库. http://baike. baidu. com/view/8315121. htm;广东乐昌大瑶山省级自然保护区简介. http://lczf. lechang. gov. cn/zhengwu/ArticleShow. asp? ArticleID=4738;广东和平黄石坳省级自然保护区. http://baike. baidu. com/view/2258691. htm;广东连南板洞省级自然保护区. http://baike. baidu. com. cn/view/2297759. htm;广东连山笔架山省级自然保护区. http://baike. baidu. com. cn/view/2297739. htm;龙川七目嶂. http://www. baike. com/wiki/%E9%BE%99%E5%B7%9D%E4%B8%83%E7%9B%AE%E5%B6%82;广东始兴南山省级自然保护区. http://www. nsbhq. com/;广东河源大桂山省级自然保护区. http://baike. baidu. com/view/2258655. htm? tp=1_11;新丰江水库风景区呼唤开发. http://www. zhgpl. com/crn-webapp/cbspub/secDetail. jsp? bookid=21123&secid=21172;四会十二带自然保护区. http://news. dayoo. com/zhaoqing/200908/06/73445_10321869. htm;廉江迷人根竹嶂,有人在此捉到金钱龟. http://zjphoto. yinsha. com/file/201111/2011110108372437. htm;广东揭东桑浦山—双坑省级自然保护区. http://baike. baidu. com/view/9230812. htm;花楼顶. http://baike. baidu. com/view/4269618. htm;云安. http://baike. baidu. com/view/386298. htm? fromId=415775;崖楼山自然保护区简介. http://www. yunan. gov. cn/govmach/lyj/940-35667. html;云开山晋升国家级自然保护区. http://www. gdmmr. com/thread-36303-1-1. html;茂名将建立鹿湖顶市级自然保护区. http://www. gd. xinhuanet. com/newscenter/2005-06/23/content_4496392. htm;广西猫儿山国家级自然保护区. http://www. forestry. gov. cn/portal/zrbh/s/2713/content-438116. html;弄岗国家级自然保护区. http://baike. baidu. com/view/481765. htm? subLemmaId=481765&fromenter=%C5%AA%B8%DA%D7%D4%C8%BB%B1%A3%BB%A4%C7%F8;广西南宁隆安县. http://www.

tcmap. com. cn/guangxi/longanxian. html；姑婆山国家森林公园. http://baike. baidu. com/link? url＝JNm7fAlWJfMTOCxZVZ4akCgsEcoqV5ht6wFx0HrEIEd9dVsx4ZGVb2HI4rIpC-97；滑水冲自然保护区. http://baike. baidu. com/link? url＝2BdiHUQ58pokQ_RvX-0G4-4pzXiIOJjO2kq8scXfRi5fBXnlVFHdQRUqhEfjECt98TkQqbbny8-RggVXuj5QzK；大平山. http://baike. baidu. com/view/163130. htm；三锁鸟类自然保护区. http://gxi. zwbk. org/lemma-show-2154. shtml；元宝山保护区. http://baike. baidu. com/view/246369. htm；灌阳县. http://baike. baidu. com/view/395161. htm；古修珍贵动物保护区. http://baike. baidu. com/view/822632. htm；滑水冲自然保护区. http://baike. baidu. com/view/1671545. htm；三匹虎水源林保护区. http://baike. baidu. com/view/822678. htm；九万山国家级自然保护区. http://baike. baidu. com/view/3018401. htm；春秀水源林保护区. http://baike. baidu. com/view/822617. htm；十万大山. http://baike. baidu. com/link? url＝KIgJI640yFXBuQfygfyeMhArDV087UTUSCyi8YzEkMOjY-KY5zJuqhdOX9NQTmWW；木论喀斯特森林保护区. http://baike. baidu. com/link? url＝Z4DWr2TQ4aEYvjHsuSwxnnZ4fFRx0f87OH2qghc021UQKMrb_ahJIFDx9ICXCjotvuEG7p0OwjTP_GMjuONUL_；七冲自然保护区野生动物日渐增多. http://www. zpol. cn/lyj/stly/show_news. asp? id＝555；尖峰岭国家森林公园. http://baike. baidu. com/link? url＝XGvn5M0dRS-q7a9bmgbn97NaipeG3ETW6CMfVol8Mgm_i4wubz6XbkOEgihJYFnG；大田国家级自然保护区. http://baike. baidu. com/view/481810. htm? fromId＝248598；邦溪坡鹿自然保护区. http://baike. baidu. com/view/487394. htm；霸王岭自然保护区. http://baike. baidu. com/view/552777. htm；尖岭森林自然保护区. http://baike. baidu. com/view/490085. htm；海南尖峰岭国家级自然保护区. http://baike. baidu. com/view/3018363. htm? fromId＝246932；六连岭自然保护区. http://www. hainan. gov. cn/data/news/2009/05/78168/；广西中年女子贩卖三只穿山甲被刑事拘留，海口林业行政执法支队放生. http://travel. taiwan. cn/list/201410/t20141012_7616329. htm；佳西自然保护区. http://baike. baidu. com/view/824099. htm；铜鼓岭国际生态旅游区. http://baike. baidu. com/view/4924662. htm? fromId＝552795；五指山市政府网. http://www. wzs. gov. cn/wzsgl/msgj/200805/t20080528_674275. html；五指山自然保护区. http://baike. soso. com/v274001. htm；大洲岛海洋生态自然保护区. http://www. baike. com/wiki/%E5%A4%A7%E6%B4%B2%E5%B2%9B%E6%B5%B7%E6%B4%8B%E7%94%9F%E6%80%81%E8%87%AA%E7%84%B6%E4%BF%9D%E6%8A%A4%E5%8C%BA；加连潭白鹭鸟保护区. http://baike. baidu. com/view/1505507. htm；海南省猕猴岭林场. http://www. hnemap. com/MoreMapInfo/more. aspx? id＝301；黎母山森林公园. http://www. baike. com/wiki/%E9%BB%8E%E6%AF%8D%E5%B1%B1%E6%A3%AE%E6%9E%97%E5%85%AC%E5%9B%AD；保梅岭保护区通过评审，又添一省级自然保护区. http://hi. people. com. cn/2005/08/10/183438. html；城口县. http://baike. baidu. com/link? url＝g8ngvyNeW9LAI_jJOfiBEL0PuFUl4SyO0yuEKJrep8h6euQP7ZVMrr-PKLN4JNG2＃6；金佛山自然保护区. http://baike. baidu. com/view/248491. htm；张维宾等，2009；雪宝山国家森林公园. http://baike. baidu. com/view/906206. htm；美姑大风顶国家级自然保护区. http://baike. baidu. com/link? url＝gNjx3-zvhM6E5mu4LNx4AOyp1vONh-QKaHUtUmkKqQmJTLiw6qK0ZtOZFaPolPPCBXtCqOVfbLcBOBM4Waq2voUeAp4joPWDrOGx4VN8jzksh87aO0YyDuAHgSkNlBVl5pCM5iD2FH_27Svs2xvdBk5jNWSan7xdhBonbj7HoAxFeE4zAmvyoYDZi9K6dkWo；攀枝花苏铁国家级自然保护区. http://baike. baidu. com/view/469468. htm? subLemmaId＝469468&fromenter＝%C5%CA%D6%A6%BB%A8%CB%D5%CC%FA%D7%D4%C8%BB%B1%A3%BB%A4%C7%F8；西昌螺髻山自然保护区. http://sc. zwbk. org/MyLemmaShow. aspx? lid＝1643；“桫椤金三角”叙永画稿溪. http://sichuan. kaiwind. com/dfmssy/201310/31/t20131031_1180303. shtml；青川大小沟自然保护区. http://sc. zwbk. org/MyLemmaShow. aspx? lid＝1584；四川二滩鸟类自然保护区. http://www. docin. com/p-603673609. html；古蔺黄荆风景区. http://baike. baidu. com/view/860737. htm；雷山县. http://baike. baidu. com/link? url＝iPatJIj ZRlAs5_TtfTi2AfXfaWUtX9Pp1_4DTfW58BQU6jYPvMHtd1-opMsXtFsZioHzgrCGlZ-jeiozE7UqPK；雷公山国家级自然保护区. http://baike. baidu. com/view/246379. htm；黄平上塘朱家山州级自然保护区. http://www. baike. com/wiki/%E9%BB%84%E5%B9%B3%E4%B8%8A%E5%A1%98%E6%9C%B1%E5%AE%B6%E5%B1%B1%E5%B7%9E%E7%BA%A7%E8%87%AA%E7%84%B6%E4%BF%9D%E6%8A%A4%E5%8C%BA；桫椤自然保护区. http://baike. baidu. com/view/379778. htm；道真大沙河省级自然保护区. http://baike. baidu. com/view/9136668. htm；桐梓柏箐自然保护区. http://www1. cfsdc. org/wwwroot/baohuqu/57. htm；从江县月亮山自然保护区. http://www1. cfsdc. org/wwwroot/baohuqu/25. htm；梵净山. http://baike. baidu. com/link? url＝7rqXyYyaiGtT-zkvM6d9JybHL1JkSeWK3H7GyhIZ8t4gF2_PBi7dplzj0vFApZ7A；麻阳河国家级自然保护区. http://baike. baidu. com/view/1203904. htm? subLemmaId＝1203904&fromenter＝%C2%E9%D1%F4%BA%D3%D7%D4%C8%BB%B1%A3%BB%A4%C7%F8；神山国际——宽阔水国家级自然保护区. http://baike. baidu. com/link? url＝gXXvu4CeCs7qgIZDRVP57Z9IMqswNZWOjEI2TSE4BKMJsQqE8rxOpp5ZRGsVCNZuHXbi3wUWMrgewzaB7DXxohpOOzen5vTfZOMCoIwYBUH-PKCi1kVmHs3QUn0WHw5cHxdJXfJopkIyhBb9ZJ0OaGU_dWKy7ogobk1yHXBf_vDAK23_ZKQskr9CQRpZnYYHptfvsrYgHwpe_USGcUsQKN_APcWTOvhmlJfnYqjNthEQ9RXLb3HBV20-DdPBSF0LvpzU584JoHiGd73fwMa4Va；威宁妥打白冠长尾雉自然保护区. http://www. baike. com/wiki/%E5%A8%81%E5%AE%81%E5%A6%A5%E6%89%93%E7%99%BD%E5%86%A0%E9%95%BF%E5%B0%BE%E9%9B%89%E8%87%AA%E7%84%B6%E4%BF%9D%E6%8A%A4%E5%8C%BA；冷水河自然保护区. http://baike. baidu. com/view/2664875. htm；冷水河自然保护区. http://

baike. baidu. com/view/2664875. htm;老蛇冲自然保护区. http://www. 51yala. com/Html/200792422341-1. html;习水中亚热带常绿阔叶林国家级自然保护区. http://baike. baidu. com/view/472694. htm? fromId=181358;瓮安朱家山自然保护区. http://www. baike. com/wiki/%E7%93%AE%E5%AE%89%E6%9C%B1%E5%AE%B6%E5%B1%B1%E8%87%AA%E7%84%B6%E4%BF%9D%E6%8A%A4%E5%8C%BA;贞丰龙头大山州级自然保护区. http://www. zwbk. org/MyLemmaShow. aspx? lid=225356;贵州省兴仁清水河州级自然保护区. http://www1. cfsdc. org/wwwroot/baohuqu/11. htm;安龙仙鹤坪自然保护区. http://baike. baidu. com/view/977963. htm;榕江月亮山州级自然保护区. http://www. baike. com/wiki/%E6%A6%95%E6%B1%9F%E6%9C%88%E4%BA%AE%E5%B1%B1%E5%B7%9E%E7%BA%A7%E8%87%AA%E7%84%B6%E4%BF%9D%E6%8A%A4%E5%8C%BA;丹寨老冬寨州级自然保护区. http://www. baike. com/wiki/%E4%B8%B9%E5%AF%A8%E8%80%81%E5%86%AC%E5%AF%A8%E5%B7%9E%E7%BA%A7%E8%87%AA%E7%84%B6%E4%BF%9D%E6%8A%A4%E5%8C%BA;红花岗大板水自然保护区. http://www. baike. com/wiki/%E7%BA%A2%E8%8A%B1%E5%B2%97%E5%A4%A7%E6%9D%BF%E6%B0%B4%E8%87%AA%E7%84%B6%E4%BF%9D%E6%8A%A4%E5%8C%BA;四野屯属自然保护区. http://www. zwbk. org/MyLemmaShow. aspx? lid=179626;正安桴焉市级自然保护区. http://www. baike. com/wiki/%E6%AD%A3%E5%AE%89%E6%A1%B4%E7%84%89%E5%B8%82%E7%BA%A7%E8%87%AA%E7%84%B6%E4%BF%9D%E6%8A%A4%E5%8C%BA;百里杜鹃自然保护区. http://www1. cfsdc. org/wwwroot/baohuqu/21. htm;令人拍案叫绝的湄潭百面水. http://travel. yxgz. cn/destination/2009/0424/287100. html;凤冈县万佛山自然保护区. http://www1. cfsdc. org/wwwroot/baohuqu/28. htm;毕节市罩子山生态自然保护区. http://www1. cfsdc. org/wwwroot/baohuqu/22. htm;西双版纳国家级自然保护区. http://baike. baidu. com/link? url=1SLFDQpUxqjiAgB0t3SEm6ZRe0hZWJu-yK9ccf3ipj3D-02yuDmcWy-QNq9nWjtb7WQlm-mseNN9d27YvXhFgQ6-UxQG8cE5N2xT1TWAOnhJnzz_qkug_I6viVnROJsLEgB0JaSIbzj3pT6C6t1fwtEvY81DgFqNfv5ZylRAy0exlFhqmzctYKkIRcZ5N0O_MhZU2IDVsSvAuebZ8seDjEuprxq6lQ9NIbEb7aqVjVS;云南南滚国家级自然保护区. http://baike. baidu. com/link? url=IS-ekpuuWYTVkSVml8r0pNuviSoAlx2Ev_fKtH73cWMqDNsM2Odgo1pB2fXORiBuzh9z0Um3sOLwphKuMtR7lK;南滚河国家级自然保护区. http://baike. baidu. com/view/746820. htm? fromId=246983;云南云龙天池国家级自然保护区. http://baike. baidu. com/link? url=ZVyF6q9C7WaOz82O5ZODnfaMMcxS8Jze118FKsqrYHWXT7GYrE6H-BjST6z8VSjyD1-d3nWPmTrQZzvT8q31UK;景谷县. http://www. baike. com/wiki/景谷县;莱阳河国家森林公园. http://www. baike. com/wiki/莱阳河国家森林公园;麻栗坡老君山自然保护区. http://www. ccqtt. com/html/ws/31. htm;马关古林箐省级自然保护区. http://yn. zwbk. org/lemma/1294;高黎贡山. http://www. glgs. gov. cn/zrzy. asp? sortid=013002;黄连山国家级自然保护区. http://baike. baidu. com/view/1405397. htm? fromId=246469;云南药山国家级自然保护区. http://ynysnr. forestry. gov. cn/publicfiles/business/htmlfiles/ynysbhq/stzy/201307/22533. html;玉龙雪山. http://www. baike. com/wiki/玉龙雪山;玉龙雪山. http://baike. baidu. com/view/23851. htm? fromId=246429;无量山国家级自然保护区. http://baike. baidu. com/view/1429931. htm;大围山国家级自然保护区. http://baike. baidu. com/view/1439617. htm? subLemmaId=1439617&fromenter=%D4%C6%C4%CF%B4%F3%CE%A7%C9%BD%D7%D4%C8%BB%B1%A3%BB%A4%C7%F8;铜壁关自然保护区. http://baike. baidu. com/view/246524. htm;云南永德大雪山国家级自然保护区. http://baike. baidu. com/link? url=Jq94skpPfLCcQzAa9UISPUa2E4GvrlhJzBCE8DTJiif6SdU5cTqgi9EIEDyl3nHYKuWdGfSXKAXbEfWov4nNpa;金平分水岭自然保护区. http://baike. soso. com/v5569555. htm;哀牢山国家级自然保护区. http://baike. baidu. com/link? url=ghqjGv99RqHCAOVD2cvVzGaFH_OAMYWZ8_FYLD1YgXoSzs-D3UALX9SWF0m-ct9-Z05ztaLSpE4e4dlUMvLwrgq#4_2;哀牢山国家级自然保护区. http://baike. baidu. com/view/824116. htm? fromId=20195;青华绿孔雀自然保护区频繁出现大量野生动物. http://www. people. com. cn/GB/huanbao/58/20010526/475027. html;磨盘山国家森林公园. http://baike. baidu. com/link? url=88Q7z0mrCuqMYPIYxQi1xVCSdsHsLJi8vgzO_VaRHQDy1T0UHAgnf0JsPvpEmT_nAnK5xFMCS4BYYbIqsapXEq;磨盘山自然保护区. http://www. 51766. com/zhinan/11013/1101327083. html;兰坪云岭省级自然保护区. http://yn. zwbk. org/lemma/1290;赖兴会,2003;云南师宗大堵水库自然保护区. http://www. baike. com/wiki/%E4%BA%91%E5%8D%97%E5%B8%88%E5%AE%97%E5%A4%A7%E5%A0%B5%E6%B0%B4%E5%BA%93%E8%87%AA%E7%84%B6%E4%BF%9D%E6%8A%A4%E5%8C%BA;王珏,2005;云南曲靖沾益海峰自然保护区. http://www. ynjoy. com/html/1317. htm;大黑山州级自然保护区简介. http://wenku. baidu. com/view/f93b52fe9e31433239689357. html;盐津白老林自然保护区. http://yn. zwbk. org/lemma/1894;雅鲁藏布大峡谷. http://baike. baidu. com/link? url=wzvTZQhl-qgojMVGBWE67eK4Iuvan1SOmllCxycgXiM7oOaH6XdjzoGqPB05bSf;雅鲁藏布江大峡谷国家级自然保护区. http://baike. soso. com/v4651626. htm? ch=ch. bk. innerlink;察隅慈巴沟国家级自然保护区. http://baike. zhyww. cn/npost/200812/15983. html;中国·佛坪. http://www. foping. gov. cn/gov/Html/zjfp/20131123182652. html;陕西旬邑石门山省级自然保护区. http://www. xyhb. gov. cn/show_news. asp? id=275

7　穿山甲的分布变迁大势

我国是穿山甲分布的北部，不少研究认为，穿山甲在我国仅分布于秦岭—淮河以南，似已成“定论”。然而，历史时期我国穿山甲的分布变迁则突破这一陈见（图 12.42、表 12.11），表现为：

● 历史上，我国除天津市、内蒙古自治区、辽宁省、吉林省、青海省、宁夏回族自治区 6 个省级政区未见确切记录外，其他省级政区皆有穿山甲分布，尤其是北京市、河北省、山西省、黑龙江省、山东省、河南省、陕西省、甘肃省、新疆维吾尔自治区等多个地域大部分甚至远离秦岭—淮河的省级政区有穿山甲生息繁衍，值得关注。

● 历史上，我国穿山甲分布的县级及其以上政区最大数量达到 1 034 地。

● 历史上，我国穿山甲分布的县级及其以上政区数量按地区排序为：中南（384 个），华东（315 个），西南（292 个），西北（26 个），华北（15 个），东北（2 个）。

● 有穿山甲的县级及其以上政区的绝对数较高的省级政区排名：湖南省（97 个），江西省（68 个），福建省（67 个），湖北省（65 个），浙江省（64 个），四川省（55 个），安徽省（39 个），山东省（32 个）。

● 穿山甲遍布辖区的，除香港特别行政区与澳门特别行政区外，还有台湾、广东省、广西壮族自治区、海南省、贵州省、云南省等。

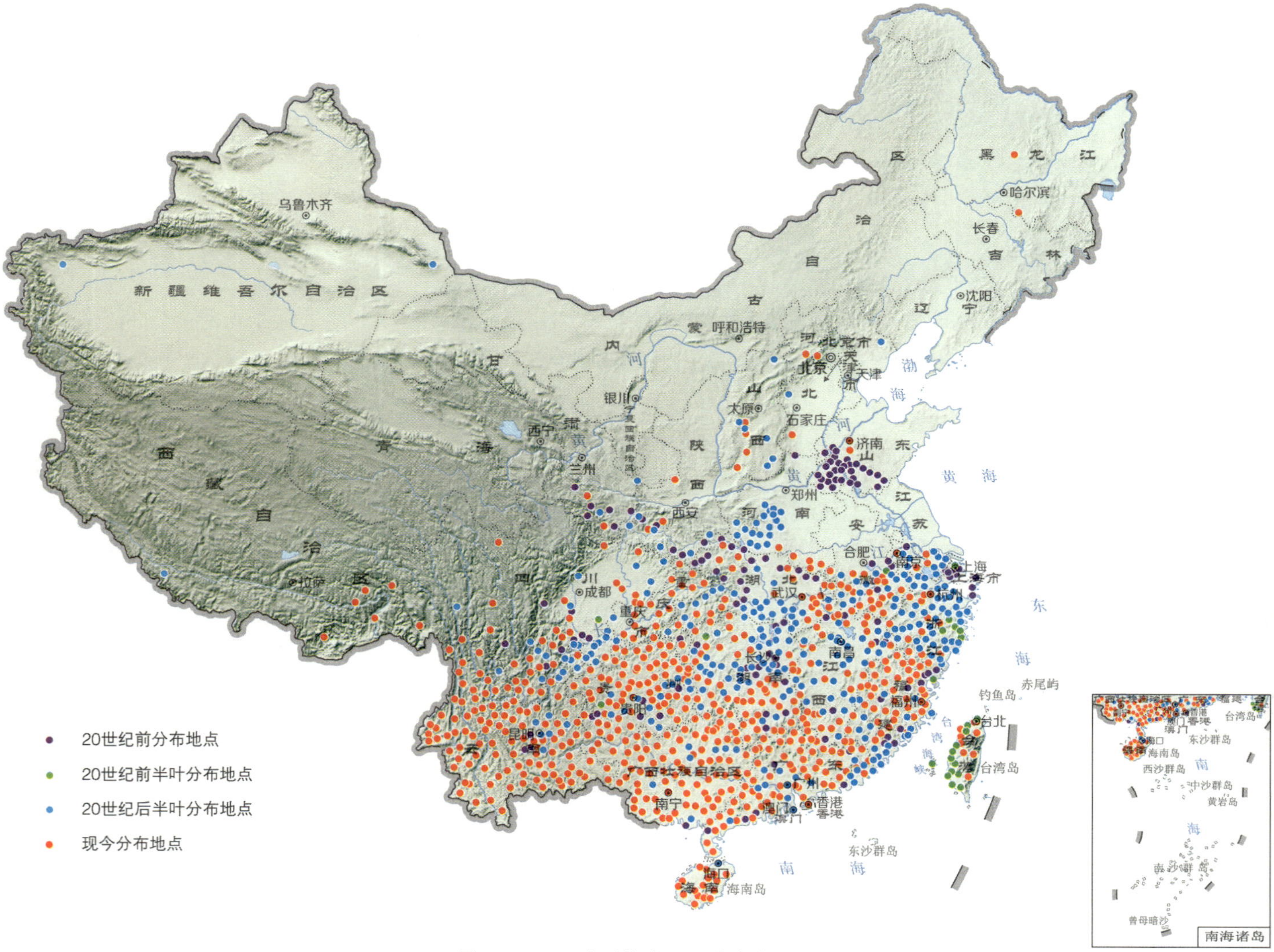

图 12.42　历史时期穿山甲分布变迁图

● 此外，分布有穿山甲的县级及其以上政区占本省级政区50%及其以上的省级政区排名：福建省(99%)，湖南省(96%)，浙江省(93%)，湖北省(86%)，江西省(75%)，重庆市(55%)，安徽省(50%)。

● 到20世纪前半叶，穿山甲分布地消失较多的省级政区排序：山东省(30个)，湖北省(18个)，湖南省(13个)，上海市与四川省(皆8个)，江西省与广东省(皆7个)，贵州省与陕西省(皆6个)。

● 到20世纪后半叶，穿山甲分布地消失较多的省级政区排序：台湾(14个)，浙江省(5个)；另外，上海市、安徽省、福建省、湖南省、四川省、贵州省皆有消失1个的记录。

● 到现今，穿山甲分布地消失较多的省级政区排序：浙江省(43个)，湖南省(39个)，山东省(29个)，湖北省(25个)，河南省(19个)，福建省(18个)，四川省(137个)，广东省(16个)。

● 现有穿山甲分布地绝对数较多的省级政区排序：除香港特别行政区外，云南省(107个)，广西壮族自治区(81个)，广东省(65个)，贵州省(63个)，湖南省(44个)。

● 现有穿山甲分布地比率较高的省级政区排序：除香港特别行政区外，海南省(94%)，广西壮族自治区(91%)，云南省(86%)，贵州省(77%)，广东省(74%)。

● 现在秦岭—淮河以北仍有穿山甲生息繁衍的省级政区有：北京市、河北省、山西省、黑龙江省、山东省、河南省、陕西省、甘肃省。

● 由此显示：①穿山甲现在我国长江以南地区存在较多。②穿山甲现在秦岭—淮河以北仍有分布，则以东部为多。③穿山甲在黑龙江省两地分布需要再核查落实，若有，则更需要较强保护，深入研究相关情况。

表12.11 历史时期穿山甲的分布变迁概况

地区	省级政区	20世纪前分布地点	20世纪前半叶分布地点	20世纪后半叶分布地点	现今分布地点
华北	北京	门头沟区	门头沟区	门头沟区	门头沟区
	河北	灵寿县、涿鹿县、青龙满族自治县、沙河市	灵寿县、涿鹿县、青龙满族自治县、沙河市	灵寿县、涿鹿县、青龙满族自治县、沙河市	涿鹿县、沙河市
	山西	壶关县、武乡县、城区、高平市、介休市、曲沃县、古县、离石区、汾阳市、文水县	壶关县、武乡县、城区、高平市、介休市、曲沃县、古县、离石区、汾阳市、文水县	壶关县、武乡县、城区、高平市、介休市、曲沃县、古县、离石区、汾阳市、文水县	介休市、曲沃县、古县、文水县
东北	黑龙江	五常市、庆安县	五常市、庆安县	五常市、庆安县	五常市、庆安县
华东	上海	闵行区、宝山区、浦东新区、金山区、松江区、青浦区、南汇区、奉贤区	宝山区		
	江苏	南京市、镇江市、句容市、金坛市、溧阳市、无锡市、江阴市、宜兴市、苏州市、吴江市、昆山市、太仓市、常熟市、张家港市	南京市、句容市、金坛市、溧阳市、无锡市、江阴市、宜兴市、苏州市、吴江市、昆山市、太仓市、常熟市、张家港市	南京市、句容市、金坛市、溧阳市、无锡市、江阴市、宜兴市、苏州市、吴江市、昆山市、太仓市、常熟市、张家港市	南京市、无锡市、江阴市、宜兴市

（续表）

地区	省级政区	20世纪前分布地点	20世纪前半叶分布地点	20世纪后半叶分布地点	现今分布地点
	浙江	杭州市、临安市、富阳市、建德市、桐庐县、淳安县、湖州市、长兴县、德清县、安吉县、海宁市、海盐县、舟山市、岱山县、嵊泗县、宁波市、慈溪市、余姚市、奉化市、宁海县、象山县、越城区、诸暨市、上虞市、嵊州市、绍兴县、新昌县、衢州市、江山市、常山县、开化县、龙游县、金华市、永康市、义乌市、东阳市、武义县、浦江县、磐安县、台州市、临海市、温岭市、三门县、天台县、仙居县、玉环县、温州市、瑞安市、乐清市、永嘉县、文成县、平阳县、泰顺县、洞头县、苍南县、莲都区、龙泉市、缙云县、青田县、云和县、遂昌县、松阳县、庆元县、景宁畲族自治县	杭州市、临安市、富阳市、建德市、桐庐县、淳安县、湖州市、长兴县、德清县、安吉县、海宁市、海盐县、宁波市、慈溪市、余姚市、奉化市、宁海县、象山县、越城区、诸暨市、上虞市、嵊州市、绍兴县、新昌县、衢州市、江山市、常山县、开化县、龙游县、金华市、永康市、义乌市、东阳市、武义县、浦江县、磐安县、台州市、临海市、温岭市、三门县、天台县、仙居县、玉环县、温州市、瑞安市、乐清市、永嘉县、文成县、平阳县、泰顺县、洞头县、苍南县、莲都区、龙泉市、缙云县、青田县、云和县、遂昌县、松阳县、庆元县、景宁畲族自治县	杭州市、临安市、富阳市、建德市、桐庐县、淳安县、湖州市、长兴县、德清县、安吉县、海宁市、海盐县、宁波市、慈溪市、余姚市、奉化市、宁海县、象山县、越城区、诸暨市、上虞市、嵊州市、绍兴县、新昌县、衢州市、江山市、常山县、开化县、龙游县、金华市、永康市、义乌市、东阳市、武义县、浦江县、磐安县、三门县、玉环县、温州市、瑞安市、乐清市、永嘉县、文成县、平阳县、泰顺县、洞头县、苍南县、莲都区、龙泉市、缙云县、青田县、云和县、遂昌县、松阳县、庆元县、景宁畲族自治县	杭州市、临安市、富阳市、开化县、义乌市、武义县、磐安县、瑞安市、泰顺县、龙泉市、遂昌县、庆元县、景宁畲族自治县
	安徽	马鞍山市、当涂县、芜湖市、芜湖县、繁昌县、南陵县、铜陵市？铜陵县、安庆市、桐城市、怀宁县、枞阳县、潜山县、太湖县、宿松县、望江县、岳西县、黄山市、歙县、休宁县、黟县、祁门县、舒城县、金寨县、霍山县、居巢区？庐江县、无为县、贵池区、东至县、石台县、青阳县？宣州区、宁国市、郎溪县、广德县、泾县、旌德县、绩溪县	芜湖市、芜湖县、繁昌县、南陵县、铜陵县、安庆市、桐城市、怀宁县、枞阳县、潜山县、太湖县、宿松县、望江县、岳西县、黄山市、歙县、休宁县、黟县、祁门县、舒城县、金寨县、霍山县、庐江县、无为县、贵池区、东至县、石台县、宣州区、宁国市、郎溪县、广德县、泾县、旌德县、绩溪县	芜湖县、繁昌县、南陵县、铜陵县、安庆市、桐城市、怀宁县、枞阳县、潜山县、太湖县、宿松县、望江县、岳西县、黄山市、歙县、休宁县、黟县、祁门县、舒城县、金寨县、霍山县、庐江县、无为县、贵池区、东至县、石台县、宣州区、宁国市、郎溪县、广德县、泾县、旌德县、绩溪县	繁昌县、南陵县、铜陵县、怀宁县、潜山县、岳西县、黄山市、休宁县、黟县、祁门县、舒城县、金寨县、庐江县、贵池区、东至县、石台县、宁国市、旌德县
	福建	福州市、福清市、长乐市、闽侯县、连江县、罗源县、闽清县、永泰县、平潭县、延平区、邵武市、武夷山市、建瓯市、建阳市、顺昌县、浦城县、光泽县、松溪县、政和县、三明市？永安市、明溪县、清流县、宁化县、大田县、尤溪县、沙县、将乐县、泰宁县、建宁县、莆田市、仙游县、泉州市、石狮市、晋江市、南安市？惠安县、安溪县、永春县、德化县、厦门市？漳州市？龙海市、云霄县、漳浦县、诏安县、长泰县、东山县、南靖县、平和县、华安县、新罗区、漳平市、长汀县、永定县、上杭县、武平县、连城县、蕉城区、福安市、福鼎市、寿宁县、霞浦县、柘荣县、屏南县、古田县、周宁县	福州市、福清市、长乐市、闽侯县、连江县、罗源县、闽清县、永泰县、平潭县、延平区、邵武市、武夷山市、建瓯市、建阳市、顺昌县、浦城县、光泽县、松溪县、政和县、永安市、明溪县、清流县、宁化县、大田县、尤溪县、沙县、将乐县、泰宁县、建宁县、莆田市、仙游县、泉州市、石狮市、晋江市、惠安县、安溪县、永春县、德化县、龙海市、云霄县、漳浦县、诏安县、东山县、南靖县、平和县、华安县、新罗区、漳平市、长汀县、永定县、上杭县、武平县、连城县、寿宁县、霞浦县、屏南县、周宁县	福州市、福清市、长乐市、闽侯县、连江县、罗源县、闽清县、永泰县、平潭县、延平区、邵武市、武夷山市、建瓯市、建阳市、顺昌县、浦城县、光泽县、松溪县、政和县、永安市、明溪县、清流县、宁化县、大田县、尤溪县、沙县、将乐县、泰宁县、建宁县、莆田市、仙游县、泉州市、石狮市、晋江市、惠安县、安溪县、永春县、德化县、龙海市、云霄县、漳浦县、诏安县、东山县、南靖县、平和县、华安县、新罗区、漳平市、长汀县、永定县、上杭县、武平县、连城县、寿宁县、屏南县、周宁县	福州市、福清市、长乐市、连江县、罗源县、闽清县、永泰县、延平区、邵武市、武夷山市、建瓯市、建阳市、顺昌县、浦城县、光泽县、松溪县、政和县、永安市、明溪县、清流县、大田县、尤溪县、将乐县、泰宁县、建宁县、莆田市、泉州市、安溪县、永春县、德化县、南靖县、华安县、漳平市、长汀县、武平县、寿宁县、屏南县、周宁县

（续表）

地区	省级政区	20世纪前分布地点	20世纪前半叶分布地点	20世纪后半叶分布地点	现今分布地点
	江西	南昌市、南昌县、新建县、安义县、进贤县、九江市、瑞昌市?九江县、武宁县、星子县、都昌县、湖口县?彭泽县、景德镇市、乐平市、浮梁县、贵溪市、渝水区、分宜县、萍乡市、莲花县、上栗县、芦溪县、章贡区、瑞金市、南康市、赣县、信丰县、大余县、上犹县、崇义县、安远县、龙南县、定南县?全南县、宁都县、于都县?兴国县、会昌县、寻乌县、石城县、信州区?德兴市、上饶县、广丰县、玉山县、铅山县、横峰县?弋阳县、万年县、婺源县?临川区、黎川县、崇仁县、宜黄县、资溪县、广昌县、丰城市、万载县、宜丰县、靖安县、铜鼓县、井冈山市、吉安县、吉水县、永丰县、遂川县、永新县	南昌市、南昌县、新建县、安义县、进贤县、九江市、九江县、武宁县、星子县、都昌县、彭泽县、景德镇市、乐平市、浮梁县、贵溪市、渝水区、分宜县、萍乡市、莲花县、上栗县、芦溪县、章贡区、瑞金市、南康市、赣县、信丰县、大余县、上犹县、崇义县、安远县、龙南县、全南县、宁都县、兴国县、会昌县、寻乌县、石城县、德兴市、上饶县、广丰县、玉山县、铅山县、弋阳县、万年县、临川区、黎川县、崇仁县、宜黄县、资溪县、广昌县、丰城市、万载县、宜丰县、靖安县、铜鼓县、井冈山市、吉安县、吉水县、永丰县、遂川县、永新县	南昌市、南昌县、新建县、安义县、进贤县、九江市、九江县、武宁县、星子县、都昌县、彭泽县、景德镇市、乐平市、浮梁县、贵溪市、渝水区、分宜县、萍乡市、莲花县、上栗县、芦溪县、章贡区、瑞金市、南康市、赣县、信丰县、大余县、上犹县、崇义县、安远县、龙南县、全南县、宁都县、兴国县、会昌县、寻乌县、石城县、德兴市、上饶县、广丰县、玉山县、铅山县、弋阳县、万年县、临川区、黎川县、崇仁县、宜黄县、资溪县、广昌县、丰城市、万载县、宜丰县、靖安县、铜鼓县、井冈山市、吉安县、吉水县、永丰县、遂川县、永新县	九江市、九江县、武宁县、都昌县、彭泽县、景德镇市、乐平市、浮梁县、分宜县、萍乡市、上栗县、芦溪县、章贡区、南康市、信丰县、大余县、上犹县、崇义县、安远县、龙南县、全南县、会昌县、广丰县、弋阳县、黎川县、宜黄县、广昌县、宜丰县、靖安县、铜鼓县、井冈山市、吉水县
	山东	济南市、平阴县、阳谷县、东阿县、临沂市、郯城县、平邑县、费县、临沭县、枣庄市、滕州市、济宁市、曲阜市、兖州市、邹城市、微山县、鱼台县、金乡县、嘉祥县、汶上县、泗水县、梁山县、泰安市、宁阳县、东平县、牡丹区、曹县、定陶县、成武县、单县、巨野县、郓城县	济南市、泰安市	济南市、泰安市	济南市、泰安市
	台湾	台北市、基隆市、高雄市、台南市、台中市、新竹市、嘉义市、台北县、高雄县、台南县、台中县、新竹县、嘉义县、屏东县、台东县、花莲县、宜兰县、桃园县、苗栗县、彰化县、南投县、云林县、澎湖县	台北市、基隆市、高雄市、台南市、台中市、新竹市、嘉义市、台北县、高雄县、台南县、台中县、新竹县、嘉义县、屏东县、台东县、花莲县、宜兰县、桃园县、苗栗县、彰化县、南投县、云林县、澎湖县	台北市、新竹市、台北县、台中县、台东县、花莲县、宜兰县、苗栗县、南投县	台北市、新竹市、台北县、台中县、台东县、花莲县、宜兰县、苗栗县、南投县
中南	河南	安阳市、襄城县、平顶山市、舞钢市、汝州市、宝丰县、叶县、鲁山县、郏县、南阳市、邓州市、南召县、方城县、西峡县、镇平县、内乡县、淅川县、社旗县、唐河县、新野县、桐柏县、信阳市、光山县、商城县、新县	襄城县、平顶山市、舞钢市、汝州市、宝丰县、叶县、鲁山县、郏县、南阳市、邓州市、南召县、方城县、西峡县、镇平县、内乡县、淅川县、社旗县、唐河县、新野县、桐柏县、信阳市、光山县、商城县、新县	襄城县、平顶山市、舞钢市、汝州市、宝丰县、叶县、鲁山县、郏县、南阳市、邓州市、南召县、方城县、西峡县、镇平县、内乡县、淅川县、社旗县、唐河县、新野县、桐柏县、信阳市、光山县、商城县、新县	桐柏县、信阳市、光山县、商城县、新县

（续表）

地区	省级政区	20世纪前分布地点	20世纪前半叶分布地点	20世纪后半叶分布地点	现今分布地点
	湖北	武汉市、十堰市、丹江口市、郧县？竹山县？房县、郧西县、竹溪县？襄樊市、老河口市、枣阳市、宜城市、南漳县？谷城县、保康县、京山县、孝昌县、大悟县？麻城市？武穴市、红安县？罗田县、英山县、浠水县、蕲春县、鄂州市、黄石市、大冶市、阳新县、咸安区、赤壁市、嘉鱼县、通城县、崇阳县、通山县、荆州市、石首市、洪湖市、松滋市、江陵县、公安县、监利县、宜昌市、枝江市、宜都市、当阳市？远安县、兴山县、秭归县、长阳土家族自治县、五峰土家族自治县、曾都区？广水市、仙桃市、天门市、潜江市、神农架林区？恩施市、利川市、建始县、巴东县、宣恩县、咸丰县、来凤县、鹤峰县	武汉市、十堰市、房县、郧西县、宜城市、谷城县、保康县、京山县、孝昌县、武穴市、罗田县、英山县、浠水县、蕲春县、鄂州市、黄石市、大冶市、阳新县、咸安区、赤壁市、嘉鱼县、通城县、崇阳县、通山县、荆州市、石首市、洪湖市、松滋市、江陵县、公安县、监利县、宜昌市、秭归县、长阳土家族自治县、五峰土家族自治县、广水市、仙桃市、天门市、潜江市、恩施市、利川市、建始县、巴东县、宣恩县、咸丰县、来凤县、鹤峰县	武汉市、十堰市、房县、郧西县、宜城市、谷城县、保康县、京山县、孝昌县、武穴市、罗田县、英山县、浠水县、蕲春县、鄂州市、黄石市、大冶市、阳新县、咸安区、赤壁市、嘉鱼县、通城县、崇阳县、通山县、荆州市、石首市、洪湖市、松滋市、江陵县、公安县、监利县、宜昌市、秭归县、长阳土家族自治县、五峰土家族自治县、广水市、仙桃市、天门市、潜江市、恩施市、利川市、建始县、巴东县、宣恩县、咸丰县、来凤县、鹤峰县	武汉市、十堰市、房县、谷城县、保康县、孝昌县、武穴市、罗田县、英山县、浠水县、鄂州市、黄石市、大冶市、阳新县、通山县、长阳土家族自治县、五峰土家族自治县、广水市、天门市、恩施市、建始县、宣恩县、鹤峰县
	湖南	长沙市、浏阳市、长沙县、望城县？宁乡县、张家界市、慈利、桑植县、常德市、汉寿县、澧县、桃源县、石门县、益阳市、沅江市、南县、桃江县、安化县、岳阳市？汨罗市、临湘市、岳阳县、湘阴县、平江县、株洲市？醴陵市、株洲县、攸县？茶陵县、炎陵县、湘潭市、湘乡市？韶山市、湘潭县、衡阳市、常宁市、耒阳市、衡阳县、衡南县、衡山县、衡东县、祁东县、郴州市、资兴市、桂阳县？永兴县、宜章县、嘉禾县、临武县？汝城县、桂东县、安仁县、永州市、东安县、道县、宁远县、江永县、蓝山县、新田县、双牌县、祁阳县、江华瑶族自治县、邵阳市、武冈市、邵东县、邵阳县、新邵县、隆回县、洞口县、绥宁县、新宁县、城步苗族自治县、鹤城区、洪江市、沅陵县、辰溪县、溆浦县、中方县、会同县、麻阳县、新晃侗族自治县、芷江侗族自治县、靖州苗族侗族自治县、通道侗族自治县、娄星区、冷水江市、涟源县？双峰县？新化县、吉首市、泸溪县、凤凰县、花垣县、保靖县？古丈县、永顺县、龙山县	浏阳市、长沙县、宁乡县、张家界市、慈利、桑植县、常德市、汉寿县、澧县、桃源县、石门县、益阳市、沅江市、南县、桃江县、安化县、汨罗市、岳阳县、湘阴县、平江县、醴陵市、株洲县、茶陵县、炎陵县、湘潭市、韶山市、湘潭县、衡阳市、常宁市、耒阳市、衡阳县、衡南县、衡山县、衡东县、祁东县、郴州市、永兴县、宜章县、嘉禾县、汝城县、桂东县、安仁县、永州市、东安县、道县、宁远县、江永县、蓝山县、新田县、双牌县、祁阳县、江华瑶族自治县、邵阳市、武冈市、邵东县、邵阳县、新邵县、隆回县、洞口县、绥宁县、新宁县、城步苗族自治县、鹤城区、洪江市、沅陵县、辰溪县、溆浦县、中方县、会同县、麻阳县、新晃侗族自治县、芷江侗族自治县、靖州苗族侗族自治县、通道侗族自治县、娄星区、冷水江市、新化县、吉首市、泸溪县、凤凰县、花垣县、古丈县、永顺县、龙山县	浏阳市、长沙县、宁乡县、张家界市、慈利、桑植县、常德市、汉寿县、澧县、桃源县、石门县、益阳市、沅江市、南县、桃江县、安化县、汨罗市、岳阳县、湘阴县、平江县、醴陵市、株洲县、茶陵县、炎陵县、湘潭市、韶山市、湘潭县、衡阳市、常宁市、耒阳市、衡阳县、衡南县、衡山县、衡东县、祁东县、郴州市、永兴县、宜章县、嘉禾县、汝城县、桂东县、安仁县、永州市、东安县、道县、宁远县、江永县、蓝山县、新田县、双牌县、祁阳县、江华瑶族自治县、邵阳市、武冈市、邵东县、邵阳县、新邵县、隆回县、洞口县、绥宁县、新宁县、城步苗族自治县、鹤城区、洪江市、沅陵县、辰溪县、溆浦县、中方县、会同县、麻阳县、新晃侗族自治县、芷江侗族自治县、靖州苗族侗族自治县、通道侗族自治县、娄星区、冷水江市、新化县、吉首市、泸溪县、凤凰县、花垣县、古丈县、龙山县	浏阳市、张家界市、慈利、桑植县、常德市、桃源县、石门县、桃江县、安化县、炎陵县、衡阳市、常宁市、耒阳市、衡阳县、衡南县、衡山县、衡东县、祁东县、永兴县、宜章县、汝城县、桂东县、永州市、东安县、道县、宁远县、江永县、蓝山县、新田县、双牌县、祁阳县、江华瑶族自治县、洞口县、绥宁县、新宁县、城步苗族自治县、洪江市、沅陵县、芷江侗族自治县、靖州苗族侗族自治县、吉首市、凤凰县、古丈县、龙山县

（续表）

地区	省级政区	20世纪前分布地点	20世纪前半叶分布地点	20世纪后半叶分布地点	现今分布地点
	广东	广州市、增城市、从化市、清城区、英德市、连州市、佛冈县、阳山县、清新县？连山壮族瑶族自治县、连南瑶族自治县、韶关市、乐昌市、南雄市、始兴县、仁化县、翁源县、新丰县、乳源瑶族自治县、源城区、紫金县、龙川县、连平县、和平县、东源县、梅江区、兴宁市、梅县、大埔县、丰顺县、五华县、平远县、蕉岭县、湘桥区、潮安县、饶平县、汕头市、南澳县、榕城区、普宁市、揭东县、揭西县、惠来县、城区、陆丰市？海丰县、陆河县、惠州市、博罗县、惠东县、龙门县、东莞市、深圳市、珠海市、中山市、江门市、恩平市、台山市、开平市、鹤山市、佛山市、肇庆市、高要市、四会市、广宁县、怀集县、封开县、德庆县、云城区、罗定市、云安县、新兴县、郁南县、江城区、阳春市、阳西县、阳东县、茂名市、化州市、信宜市、高州市、电白县、湛江市、吴川市、廉江市、雷州市、遂溪县、徐闻县	广州市、增城市、从化市、清城区、英德市、连州市、佛冈县、阳山县、连山壮族瑶族自治县、连南瑶族自治县、韶关市、乐昌市、南雄市、始兴县、仁化县、翁源县、新丰县、乳源瑶族自治县、源城区、紫金县、龙川县、连平县、和平县、东源县、兴宁市、梅县、大埔县、丰顺县、五华县、平远县、蕉岭县、湘桥区、饶平县、汕头市、南澳县、榕城区、普宁市、揭东县、揭西县、惠来县、城区、海丰县、陆河县、惠州市、博罗县、惠东县、龙门县、东莞市、深圳市、珠海市、中山市、江门市、恩平市、台山市、开平市、鹤山市、佛山市、肇庆市、高要市、四会市、广宁县、怀集县、封开县、德庆县、云城区、罗定市、云安县、新兴县、郁南县、江城区、阳春市、茂名市、化州市、信宜市、高州市、电白县、湛江市、吴川市、廉江市、雷州市、徐闻县	广州市、增城市、从化市、清城区、英德市、连州市、佛冈县、阳山县、连山壮族瑶族自治县、连南瑶族自治县、韶关市、乐昌市、南雄市、始兴县、仁化县、翁源县、新丰县、乳源瑶族自治县、源城区、紫金县、龙川县、连平县、和平县、东源县、兴宁市、梅县、大埔县、丰顺县、五华县、平远县、蕉岭县、湘桥区、饶平县、汕头市、南澳县、榕城区、普宁市、揭东县、揭西县、惠来县、城区、海丰县、陆河县、惠州市、博罗县、惠东县、龙门县、东莞市、深圳市、珠海市、中山市、江门市、恩平市、台山市、开平市、鹤山市、佛山市、肇庆市、高要市、四会市、广宁县、怀集县、封开县、德庆县、云城区、罗定市、云安县、新兴县、郁南县、江城区、阳春市、茂名市、化州市、信宜市、高州市、电白县、湛江市、吴川市、廉江市、雷州市、徐闻县	从化市、英德市、连州市、佛冈县、阳山县、连山壮族瑶族自治县、连南瑶族自治县、韶关市、乐昌市、南雄市、始兴县、仁化县、翁源县、新丰县、乳源瑶族自治县、源城区、紫金县、龙川县、连平县、和平县、东源县、兴宁市、梅县、大埔县、五华县、平远县、蕉岭县、饶平县、汕头市、揭东县、揭西县、海丰县、陆河县、博罗县、惠东县、龙门县、东莞市、深圳市、珠海市、江门市、恩平市、台山市、开平市、鹤山市、佛山市、肇庆市、四会市、怀集县、封开县、德庆县、罗定市、云安县、新兴县、郁南县、江城区、阳春市、化州市、信宜市、高州市、电白县、湛江市、吴川市、廉江市、雷州市、徐闻县
	广西	南宁市、武鸣县、横县、宾阳县、上林县、隆安县、马山县、桂林市、阳朔县、临桂县、灵川县、全州县、兴安县、永福县、灌阳县、资源县、平乐县、荔浦县、龙胜各族自治县、恭城瑶族自治县、柳州市、柳江县、柳城县、鹿寨县、融安县、三江侗族自治县、融水苗族自治县、梧州市、岑溪市、苍梧县、藤县、蒙山县、贵港市、桂平市、平南县、玉州区、北流市、兴业县、容县、陆川县、博白县、钦州市、灵山县、浦北县、北海市、合浦县、防城港市、东兴市、上思县、江州区、凭祥市、扶绥县、大新县、天等县、宁明县、龙州县、右江区、田阳县、田东县、平果县、德保县、靖西县、那坡县、凌云县、乐业县、西林县、田林县、隆林各族自治县、金城江区、宜州市、南丹县、天峨县、凤山县、东兰县、巴马瑶族自治县、都安瑶族自治县、大化瑶族自治县、罗城仫佬族自治县、环江毛南族自治县、兴宾区、合山市、象州县、武宣县、忻城县、金秀瑶族自治县、八步区、昭平县、钟山县、富川瑶族自治县	南宁市、武鸣县、横县、宾阳县、上林县、隆安县、马山县、桂林市、阳朔县、临桂县、灵川县、全州县、兴安县、永福县、灌阳县、资源县、平乐县、荔浦县、龙胜各族自治县、恭城瑶族自治县、柳州市、柳江县、柳城县、鹿寨县、融安县、三江侗族自治县、融水苗族自治县、梧州市、岑溪市、苍梧县、藤县、蒙山县、贵港市、桂平市、平南县、玉州区、北流市、兴业县、容县、陆川县、博白县、钦州市、灵山县、浦北县、合浦县、防城港市、东兴市、上思县、江州区、凭祥市、扶绥县、大新县、天等县、宁明县、龙州县、右江区、田阳县、田东县、平果县、德保县、靖西县、那坡县、凌云县、乐业县、西林县、田林县、隆林各族自治县、金城江区、宜州市、南丹县、天峨县、凤山县、东兰县、巴马瑶族自治县、都安瑶族自治县、大化瑶族自治县、罗城仫佬族自治县、环江毛南族自治县、兴宾区、合山市、象州县、武宣县、忻城县、金秀瑶族自治县、八步区、昭平县、钟山县、富川瑶族自治县	南宁市、武鸣县、横县、宾阳县、上林县、隆安县、马山县、桂林市、阳朔县、临桂县、灵川县、全州县、兴安县、永福县、灌阳县、资源县、平乐县、荔浦县、龙胜各族自治县、恭城瑶族自治县、柳州市、柳江县、柳城县、鹿寨县、融安县、三江侗族自治县、融水苗族自治县、梧州市、岑溪市、苍梧县、藤县、蒙山县、贵港市、桂平市、平南县、玉州区、北流市、兴业县、容县、陆川县、博白县、钦州市、灵山县、浦北县、合浦县、防城港市、东兴市、上思县、江州区、凭祥市、扶绥县、大新县、天等县、宁明县、龙州县、右江区、田阳县、田东县、平果县、德保县、靖西县、那坡县、凌云县、乐业县、西林县、田林县、隆林各族自治县、金城江区、宜州市、南丹县、天峨县、凤山县、东兰县、巴马瑶族自治县、都安瑶族自治县、大化瑶族自治县、罗城仫佬族自治县、环江毛南族自治县、兴宾区、合山市、象州县、武宣县、忻城县、金秀瑶族自治县、八步区、昭平县、钟山县、富川瑶族自治县	南宁市、武鸣县、横县、宾阳县、上林县、马山县、桂林市、阳朔县、临桂县、灵川县、全州县、兴安县、永福县、灌阳县、资源县、龙胜各族自治县、恭城瑶族自治县、柳州市、鹿寨县、融安县、三江侗族自治县、融水苗族自治县、梧州市、岑溪市、苍梧县、藤县、蒙山县、贵港市、桂平市、平南县、玉州区、北流市、兴业县、容县、陆川县、博白县、钦州市、灵山县、浦北县、防城港市、东兴市、上思县、江州区、凭祥市、扶绥县、大新县、天等县、宁明县、龙州县、右江区、田阳县、田东县、平果县、德保县、靖西县、那坡县、凌云县、乐业县、西林县、田林县、隆林各族自治县、金城江区、宜州市、南丹县、天峨县、凤山县、东兰县、巴马瑶族自治县、都安瑶族自治县、大化瑶族自治县、罗城仫佬族自治县、环江毛南族自治县、兴宾区、合山市、象州县、武宣县、忻城县、金秀瑶族自治县、八步区、昭平县、富川瑶族自治县

（续表）

地区	省级政区	20世纪前分布地点	20世纪前半叶分布地点	20世纪后半叶分布地点	现今分布地点
	海南	海口市、三亚市、文昌市、琼海市、万宁市、五指山市、东方市、儋州市、临高县、澄迈县、定安县、屯昌县、昌江黎族自治县、白沙黎族自治县、琼中黎族苗族自治县、陵水黎族自治县、保亭黎族苗族自治县、乐东黎族自治县	海口市、三亚市、文昌市、琼海市、万宁市、五指山市、东方市、儋州市、临高县、澄迈县、定安县、屯昌县、昌江黎族自治县、白沙黎族自治县、琼中黎族苗族自治县、陵水黎族自治县、保亭黎族苗族自治县、乐东黎族自治县	海口市、三亚市、文昌市、琼海市、万宁市、五指山市、东方市、儋州市、临高县、澄迈县、定安县、屯昌县、昌江黎族自治县、白沙黎族自治县、琼中黎族苗族自治县、陵水黎族自治县、保亭黎族苗族自治县、乐东黎族自治县	三亚市、文昌市、琼海市、万宁市、五指山市、东方市、儋州市、临高县、澄迈县、定安县、屯昌县、昌江黎族自治县、白沙黎族自治县、琼中黎族苗族自治县、陵水黎族自治县、保亭黎族苗族自治县、乐东黎族自治县
	香港	香港	香港	香港	香港
	澳门	澳门	澳门	澳门	
西南	重庆	渝北区、万盛区、巴南区、万州区、黔江区、江津区、南川区、綦江县、大足县、垫江县、武隆县、丰都县、城口县、开县、巫溪县、巫山县、奉节县、云阳县、石柱土家族自治县、彭水苗族土家族自治县、酉阳土家族苗族自治县？秀山土家族苗族自治县	渝北区、万盛区、巴南区、万州区、黔江区、江津区、南川区、綦江县、大足县、垫江县、武隆县、丰都县、城口县、开县、巫溪县、巫山县、奉节县、云阳县、石柱土家族自治县、彭水苗族土家族自治县、秀山土家族苗族自治县	渝北区、万盛区、巴南区、万州区、黔江区、江津区、南川区、綦江县、大足县、垫江县、武隆县、丰都县、城口县、开县、巫溪县、巫山县、奉节县、云阳县、石柱土家族自治县、彭水苗族土家族自治县、秀山土家族苗族自治县	渝北区、万盛区、巴南区、万州区、黔江区、江津区、南川区、綦江县、垫江县、武隆县、丰都县、城口县、开县、巫溪县、巫山县、奉节县、云阳县、石柱土家族自治县、彭水苗族土家族自治县、秀山土家族苗族自治县
	四川	蒲江县、青川县、什邡市、南充市、西充县、广安区、华蓥市、邻水县、内江市、乐山市、沐川县、峨边彝族自治县、马边彝族自治县、泸州市、泸县、合江县、叙永县、古蔺县、翠屏区？宜宾县？江安县、长宁县、筠连县、珙县、屏山县、攀枝花市、米易县、盐边县、巴州区、南江县、万源市、达县、大竹县、东坡区、青神县、天全县、色达县、理塘县、稻城县、西昌市、盐源县、德昌县、会理县、会东县、宁南县、普格县、布拖县？金阳县、昭觉县、喜德县、冕宁县、越西县、美姑县、雷波县？木里藏族自治县？	蒲江县、青川县、什邡市、南充市、西充县、广安区、华蓥市、邻水县、内江市、乐山市、沐川县、峨边彝族自治县、马边彝族自治县、泸州市、泸县、合江县、叙永县、古蔺县、江安县、长宁县、筠连县、珙县、攀枝花市、米易县、盐边县、巴州区、南江县、万源市、达县、大竹县、东坡区、色达县、理塘县、稻城县、西昌市、盐源县、德昌县、会理县、会东县、宁南县、普格县、金阳县、昭觉县、喜德县、冕宁县、越西县、美姑县	蒲江县、青川县、什邡市、南充市、西充县、广安区、华蓥市、邻水县、乐山市、沐川县、峨边彝族自治县、马边彝族自治县、泸州市、泸县、合江县、叙永县、古蔺县、江安县、长宁县、筠连县、珙县、攀枝花市、米易县、盐边县、巴州区、南江县、万源市、达县、大竹县、东坡区、色达县、理塘县、稻城县、西昌市、盐源县、德昌县、会理县、会东县、宁南县、普格县、金阳县、昭觉县、喜德县、冕宁县、越西县、美姑县	蒲江县、青川县、南充市、西充县、广安区、华蓥市、邻水县、乐山市、沐川县、峨边彝族自治县、马边彝族自治县、叙永县、古蔺县、攀枝花市、米易县、盐边县、南江县、色达县、理塘县、稻城县、西昌市、盐源县、德昌县、会理县、会东县、普格县、金阳县、越西县、美姑县

（续表）

地区	省级政区	20世纪前分布地点	20世纪前半叶分布地点	20世纪后半叶分布地点	现今分布地点
	贵州	贵阳市、清镇市、开阳县、修文县、息烽县、钟山区、盘县、六枝特区、水城县、遵义市、赤水市、仁怀市、遵义县、桐梓县、绥阳县、正安县、凤冈县、湄潭县、余庆县、习水县、道真仡佬族苗族自治县、务川仡佬族苗族自治县、西秀区、平坝县、普定县、关岭布依族苗族自治县、镇宁布依族苗族自治县、紫云苗族布依族自治县、毕节市、大方县、黔西县、金沙县、织金县、纳雍县、赫章县、威宁彝族回族苗族自治县、铜仁市、江口县、石阡县、思南县、德江县、玉屏侗族自治县、印江土家族苗族自治县、沿河土家族自治县、松桃苗族自治县、万山特区、凯里市、黄平县、施秉县、三穗县？镇远县、岑巩县、天柱县、锦屏县、剑河县、台江县、黎平县、榕江县、从江县、雷山县、麻江县、丹寨县、都匀市、福泉市、荔波县、贵定县？瓮安县、独山县、平塘县？罗甸县、长顺县、龙里县、惠水县、三都水族自治县？兴义市、兴仁县、普安县、晴隆县？贞丰县、望谟县、册亨县、安龙县	贵阳市、清镇市、开阳县、修文县、息烽县、钟山区、盘县、六枝特区、水城县、遵义市、赤水市、仁怀市、遵义县、桐梓县、绥阳县、正安县、凤冈县、湄潭县、余庆县、习水县、道真仡佬族苗族自治县、务川仡佬族苗族自治县、西秀区、平坝县、普定县、关岭布依族苗族自治县、镇宁布依族苗族自治县、紫云苗族布依族自治县、毕节市、大方县、黔西县、金沙县、织金县、纳雍县、赫章县、威宁彝族回族苗族自治县、铜仁市、江口县、石阡县、思南县、德江县、玉屏侗族自治县、印江土家族苗族自治县、沿河土家族自治县、松桃苗族自治县、万山特区、凯里市、黄平县、施秉县、镇远县、岑巩县、天柱县、锦屏县、剑河县、台江县、黎平县、榕江县、从江县、雷山县、麻江县、丹寨县、都匀市、福泉市、荔波县、瓮安县、独山县、罗甸县、长顺县、龙里县、惠水县、兴义市、兴仁县、贞丰县、望谟县、册亨县、安龙县	贵阳市、清镇市、开阳县、修文县、息烽县、钟山区、盘县、水城县、遵义市、赤水市、仁怀市、遵义县、桐梓县、绥阳县、正安县、凤冈县、湄潭县、余庆县、习水县、道真仡佬族苗族自治县、务川仡佬族苗族自治县、西秀区、平坝县、普定县、关岭布依族苗族自治县、镇宁布依族苗族自治县、紫云苗族布依族自治县、毕节市、大方县、黔西县、金沙县、织金县、纳雍县、赫章县、威宁彝族回族苗族自治县、铜仁市、江口县、石阡县、思南县、德江县、玉屏侗族自治县、印江土家族苗族自治县、沿河土家族自治县、松桃苗族自治县、万山特区、凯里市、黄平县、施秉县、镇远县、岑巩县、天柱县、锦屏县、剑河县、台江县、黎平县、榕江县、从江县、雷山县、麻江县、丹寨县、都匀市、福泉市、荔波县、瓮安县、独山县、罗甸县、长顺县、龙里县、惠水县、兴义市、兴仁县、贞丰县、望谟县、册亨县、安龙县	贵阳市、清镇市、开阳县、修文县、息烽县、钟山区、盘县、水城县、遵义市、赤水市、仁怀市、遵义县、桐梓县、绥阳县、正安县、凤冈县、湄潭县、余庆县、习水县、道真仡佬族苗族自治县、务川仡佬族苗族自治县、西秀区、平坝县、普定县、关岭布依族苗族自治县、紫云苗族布依族自治县、毕节市、大方县、黔西县、金沙县、纳雍县、赫章县、威宁彝族回族苗族自治县、铜仁市、江口县、石阡县、思南县、德江县、玉屏侗族自治县、印江土家族苗族自治县、沿河土家族自治县、松桃苗族自治县、万山特区、黄平县、锦屏县、剑河县、台江县、黎平县、榕江县、从江县、雷山县、麻江县、丹寨县、福泉市、瓮安县、罗甸县、惠水县、兴义市、兴仁县、贞丰县、望谟县、册亨县、安龙县

（续表）

地区	省级政区	20世纪前分布地点	20世纪前半叶分布地点	20世纪后半叶分布地点	现今分布地点
	云南	昆明市、安宁市？呈贡县、晋宁县、富民县、宜良县、嵩明县、石林彝族自治县、禄劝彝族苗族自治县、寻甸回族彝族自治县、麒麟区、宣威市、马龙县、沾益县、富源县、罗平县、师宗县、陆良县、会泽县、红塔区？江川县、澄江县、通海县、华宁县、易门县、峨山彝族自治县？新平彝族傣族自治县、元江哈尼族彝族傣族自治县、隆阳区、施甸县、腾冲县、龙陵县、昌宁县、昭阳区、鲁甸县、巧家县、盐津县、大关县、永善县、绥江县、镇雄县、彝良县、威信县、水富县、古城区、永胜县、华坪县、玉龙纳西族自治县、宁蒗彝族自治县、思茅区、宁洱哈尼族彝族自治县、墨江哈尼族自治县、景东彝族自治县、景谷傣族彝族自治县、镇沅彝族哈尼族拉祜族自治县、江城哈尼族彝族自治县、孟连傣族拉祜族佤族自治县、澜沧拉祜族自治县、西盟佤族自治县志、临翔区、凤庆县、云县、永德县、镇康县、双江拉祜族佤族布朗族傣族自治县、耿马傣族佤族自治县、沧源佤族自治县、潞西市、瑞丽市、梁河县、盈江县、陇川县、泸水县、福贡县、贡山独龙族怒族自治县、兰坪白族普米族自治县、香格里拉县、德钦县、维西傈僳族自治县、大理市、祥云县、宾川县、弥渡县、永平县、云龙县、洱源县、剑川县、鹤庆县、漾濞彝族自治县、南涧彝族自治县、巍山彝族回族自治县、楚雄市、双柏县、牟定县、南华县、姚安县、大姚县、永仁县、元谋县、武定县、禄丰县、蒙自县、个旧市、开远市、绿春县、建水县、石屏县、弥勒县、泸西县、元阳县、红河县、金平苗族瑶族自治县、河口瑶族自治县、屏边苗族自治县、文山县、砚山县、西畴县、麻栗坡县、马关县、丘北县、广南县、富宁县、景洪市、勐海县、勐腊县	昆明市、呈贡县、晋宁县、富民县、宜良县、嵩明县、石林彝族自治县、禄劝彝族苗族自治县、寻甸回族彝族自治县、麒麟区、宣威市、马龙县、沾益县、富源县、罗平县、师宗县、陆良县、会泽县、江川县、澄江县、通海县、华宁县、易门县、新平彝族傣族自治县、元江哈尼族彝族傣族自治县、隆阳区、施甸县、腾冲县、龙陵县、昌宁县、昭阳区、鲁甸县、巧家县、盐津县、大关县、永善县、绥江县、镇雄县、彝良县、威信县、水富县、古城区、永胜县、华坪县、玉龙纳西族自治县、宁蒗彝族自治县、思茅区、宁洱哈尼族彝族自治县、墨江哈尼族自治县、景东彝族自治县、景谷傣族彝族自治县、镇沅彝族哈尼族拉祜族自治县、江城哈尼族彝族自治县、孟连傣族拉祜族佤族自治县、澜沧拉祜族自治县、西盟佤族自治县志、临翔区、凤庆县、云县、永德县、镇康县、双江拉祜族佤族布朗族傣族自治县、耿马傣族佤族自治县、沧源佤族自治县、潞西市、瑞丽市、梁河县、盈江县、陇川县、泸水县、福贡县、贡山独龙族怒族自治县、兰坪白族普米族自治县、香格里拉县、德钦县、维西傈僳族自治县、大理市、祥云县、宾川县、弥渡县、永平县、云龙县、洱源县、剑川县、鹤庆县、漾濞彝族自治县、南涧彝族自治县、巍山彝族回族自治县、楚雄市、双柏县、牟定县、南华县、姚安县、大姚县、永仁县、元谋县、武定县、禄丰县、蒙自县、个旧市、开远市、绿春县、建水县、石屏县、弥勒县、泸西县、元阳县、红河县、金平苗族瑶族自治县、河口瑶族自治县、屏边苗族自治县、文山县、砚山县、西畴县、麻栗坡县、马关县、丘北县、广南县、富宁县、景洪市、勐海县、勐腊县	昆明市、呈贡县、晋宁县、富民县、宜良县、嵩明县、石林彝族自治县、禄劝彝族苗族自治县、寻甸回族彝族自治县、麒麟区、宣威市、马龙县、沾益县、富源县、罗平县、师宗县、陆良县、会泽县、江川县、澄江县、通海县、华宁县、易门县、新平彝族傣族自治县、元江哈尼族彝族傣族自治县、隆阳区、施甸县、腾冲县、龙陵县、昌宁县、昭阳区、鲁甸县、巧家县、盐津县、大关县、永善县、绥江县、镇雄县、彝良县、威信县、水富县、古城区、永胜县、华坪县、玉龙纳西族自治县、宁蒗彝族自治县、思茅区、宁洱哈尼族彝族自治县、墨江哈尼族自治县、景东彝族自治县、景谷傣族彝族自治县、镇沅彝族哈尼族拉祜族自治县、江城哈尼族彝族自治县、孟连傣族拉祜族佤族自治县、澜沧拉祜族自治县、西盟佤族自治县志、临翔区、凤庆县、云县、永德县、镇康县、双江拉祜族佤族布朗族傣族自治县、耿马傣族佤族自治县、沧源佤族自治县、潞西市、瑞丽市、梁河县、盈江县、陇川县、泸水县、福贡县、贡山独龙族怒族自治县、兰坪白族普米族自治县、香格里拉县、德钦县、维西傈僳族自治县、大理市、祥云县、宾川县、弥渡县、永平县、云龙县、洱源县、剑川县、鹤庆县、漾濞彝族自治县、南涧彝族自治县、巍山彝族回族自治县、楚雄市、双柏县、牟定县、南华县、姚安县、大姚县、永仁县、元谋县、武定县、禄丰县、蒙自县、个旧市、开远市、绿春县、建水县、石屏县、弥勒县、泸西县、元阳县、红河县、金平苗族瑶族自治县、河口瑶族自治县、屏边苗族自治县、文山县、砚山县、西畴县、麻栗坡县、马关县、丘北县、广南县、富宁县、景洪市、勐海县、勐腊县	呈贡县、晋宁县、嵩明县、石林彝族自治县、禄劝彝族苗族自治县、宣威市、马龙县、沾益县、富源县、罗平县、师宗县、陆良县、会泽县、江川县、澄江县、通海县、易门县、新平彝族傣族自治县、元江哈尼族彝族傣族自治县、隆阳区、施甸县、腾冲县、龙陵县、昌宁县、巧家县、盐津县、镇雄县、古城区、永胜县、华坪县、玉龙纳西族自治县、思茅区、宁洱哈尼族彝族自治县、墨江哈尼族自治县、景东彝族自治县、景谷傣族彝族自治县、镇沅彝族哈尼族拉祜族自治县、江城哈尼族彝族自治县、孟连傣族拉祜族佤族自治县、澜沧拉祜族自治县、西盟佤族自治县志、临翔区、凤庆县、云县、永德县、镇康县、双江拉祜族佤族布朗族傣族自治县、耿马傣族佤族自治县、沧源佤族自治县、潞西市、瑞丽市、梁河县、盈江县、陇川县、泸水县、福贡县、贡山独龙族怒族自治县、兰坪白族普米族自治县、香格里拉县、德钦县、维西傈僳族自治县、大理市、祥云县、宾川县、弥渡县、永平县、云龙县、洱源县、剑川县、鹤庆县、漾濞彝族自治县、南涧彝族自治县、巍山彝族回族自治县、楚雄市、双柏县、牟定县、南华县、姚安县、大姚县、永仁县、元谋县、武定县、禄丰县、蒙自县、个旧市、开远市、绿春县、建水县、石屏县、弥勒县、泸西县、元阳县、红河县、金平苗族瑶族自治县、河口瑶族自治县、屏边苗族自治县、文山县、砚山县、西畴县、麻栗坡县、马关县、丘北县、广南县、富宁县、景洪市、勐海县、勐腊县

（续表）

地区	省级政区	20 世纪前分布地点	20 世纪前半叶分布地点	20 世纪后半叶分布地点	现今分布地点
	西藏	芒康县、林芝县、米林县、墨脱县、波密县、察隅县、错那县、吉隆县?	芒康县、林芝县、米林县、墨脱县、波密县、察隅县、错那县、吉隆县?	芒康县、林芝县、米林县、墨脱县、波密县、察隅县、错那县、吉隆县?	林芝县、米林县、墨脱县、波密县、察隅县、错那县
西北	陕西	旬邑县、凤县、城固县、洋县?勉县、略阳县、镇巴县、留坝县?佛坪县、紫阳县? 岚皋县? 平利县、镇坪县? 白河县?	旬邑县、凤县、城固县、勉县、略阳县、镇巴县、佛坪县、平利县	旬邑县、凤县、城固县、勉县、略阳县、镇巴县、佛坪县、平利县	旬邑县、城固县、佛坪县
西北	甘肃	华亭县、岷县、武都区、宕昌县?康县? 西和县? 礼县、两当县?临潭县? 舟曲县?	华亭县、岷县、武都区、礼县	华亭县、岷县、武都区、礼县	岷县、武都区
西北	新疆	疏附县、伊吾县	疏附县、伊吾县	疏附县、伊吾县	

注：①标“?”者为推测地。②上海市 20 世纪前的穿山甲分布，“中心城区”未计算。

参考文献

安化县志编纂委员会编. 1993. 安化县志. 北京：社会科学文献出版社

安徽省宣州市地方志编纂委员会编. 1996. 宣城县志. 北京：方志出版社

安吉县地方志编纂委员会编. 1994. 安吉县志. 杭州：浙江人民出版社

安庆地区地方志编纂委员会编. 1995. 安庆地区志. 合肥：黄山书社

安庆市地方志编纂委员会编. 1997. 安庆市志. 北京：方志出版社

安仁县志编委会编. 1996. 安仁县志. 北京：中国社会出版社

安顺市地方志编纂委员会编. 1995. 安顺市志. 贵阳：贵州人民出版社

白涛，等. 2008. 武汉上涉湖湿地自然保护区生物资源现状及评价. 林业调查规划，33(6)

宝安县地方志编纂委员会编. 1997. 宝安县志. 广州：广东人民出版社

宝丰县志编纂委员会编. 1996. 宝丰县志. 北京：方志出版社

保山地区地方志编纂委员会编. 1999. 保山地区志. 北京：中华书局

保亭黎族苗族自治县地方志编纂委员会编. 1997. 保亭县志. 海口：南海出版公司

北流县志编纂委员会编. 1993. 北流县志. 南宁：广西人民出版社

毕节县地方志编纂委员会编. 1996. 毕节县志. 贵阳：贵州人民出版社

宾阳县志编纂委员会编. 1987. 宾阳县志. 南宁：广西人民出版社

博白县志编纂委员会编. 1994. 博白县志. 南宁：广西人民出版社

苍梧县志编纂委员会编. 1997. 苍梧县志. 南宁：广西人民出版社

岑溪市志编纂委员会编. 1996. 岑溪市志. 南宁：广西人民出版社

长汀县地方志编纂委员会编. 1993. 长汀县志. 北京：生活·读书·新知三联书店

常宁县志编纂委员会编. 1993. 常宁县志. 北京：社会科学文献出版社

潮阳市地方志编纂委员会编. 1997. 潮阳县志. 广州：广东人民出版社

潮州市地方志编纂委员会编. 1995. 潮州市志. 广州：广东人民出版社

郴县志编纂委员会编. 1995. 郴县志. 北京：中国社会出版社

辰溪县志编纂委员会编. 1994. 辰溪县志. 北京：生活·读书·新知三联书店

陈兼善著；于名振增订. 1984. 台湾脊椎动物志. 增订 2 版. 台北：台湾商务印书馆

陈仁志. 2011. 南岭民族走廊土地利用的经济学分析：以全州县为例. 桂林理工大学[硕士学位论文]

陈小涛，谢启兴. 2009. 四川色达旅游资源开发与设计. 地质学报，29(2)：228～231

《城步苗族自治县概况》编写组编. 1984. 城步苗族自治县概况. 长沙：湖南人民出版社

城步苗族自治县志编纂委员会编. 1996. 城步苗族自治县志. 长沙：湖南出版社
城固县地方志编纂委员会编. 1994. 城固县志. 北京：中国大百科全书出版社
崇阳县志编纂委员会编. 1991. 崇阳县志. 武汉：武汉大学出版社
崇左县志编纂委员会编. 1994. 崇左县志. 南宁：广西人民出版社
楚雄彝族自治州地方志编纂委员会编. 1993. 楚雄彝族自治州志. 北京：人民出版社
从化县地方志编纂委员会编. 1994. 从化县志. 广州：广东人民出版社
大理市志编纂委员会编. 1998. 大理市志. 北京：中华书局
大埔县地方志编纂委员会编. 1992. 大埔县志. 广州：广东人民出版社
大田县地方志编纂委员会编. 1996. 大田县志. 北京：中华书局
大新县志编纂委员会编. 1989. 大新县志. 上海：上海古籍出版社
大足县县志编修委员会编. 1996. 大足县志. 北京：方志出版社
德保县志编纂委员会编. 1998. 德保县志. 南宁：广西人民出版社
德昌县地方志编纂委员会编. 1998. 德昌县志. 成都：四川人民出版社
德宏傣族景颇族自治州志编纂委员会编. 1994. 德宏州志：综合卷. 德宏：德宏民族出版社
德化县地方志编纂委员会编. 1992. 德化县志. 北京：新华出版社
德兴县县志编纂委员会办公室编纂. 1990. 三清山志. 德兴(江西)：编纂者
丁伟志[总]主编，苍南县情调查组. 1996a. 中国国情丛书：百县市经济社会调查：苍南卷. 北京：中国大百科全书出版社
丁伟志[总]主编，高安市情调查组. 1994b. 中国国情丛书：百县市经济社会调查：高安卷. 北京：中国大百科全书出版社
丁伟志[总]主编，海口市情调查组. 1992b. 中国国情丛书：百县市经济社会调查：海口卷. 北京：中国大百科全书出版社
丁伟志[总]主编，惠州市情调查组. 1994d. 中国国情丛书：百县市经济社会调查：汕尾卷. 北京：中国大百科全书出版社
丁伟志[总]主编，景德镇市情调查组. 1996b. 中国国情丛书：百县市经济社会调查：景德镇卷. 北京：中国大百科全书出版社
丁伟志[总]主编，柳州市情调查组. 1996e. 中国国情丛书：百县市经济社会调查：柳州卷. 北京：中国大百科全书出版社
丁伟志[总]主编，梅县县情调查组. 1997c. 中国国情丛书：百县市经济社会调查：梅县卷. 北京：中国大百科全书出版社
丁伟志[总]主编，南丹县情调查组. 1991. 中国国情丛书：百县市经济社会调查：南丹卷. 北京：中国大百科全书出版社
丁伟志[总]主编，蒲圻市情调查组. 1992a. 中国国情丛书：百县市经济社会调查：蒲圻卷. 北京：中国大百科全书出版社
丁伟志[总]主编，曲靖市情调查组. 1997d. 中国国情丛书：百县市经济社会调查：曲靖卷. 北京：中国大百科全书出版社
丁伟志[总]主编，桑植县情调查组. 1994c. 中国国情丛书：百县市经济社会调查：桑植卷. 北京：中国大百科全书出版社
丁伟志[总]主编，沙莲香[卷]主编. 1998a. 中国国情丛书：百县市经济社会调查：镇平卷. 北京：中国大百科全书出版社
丁伟志[总]主编，汕尾市情调查组. 1995. 中国国情丛书：百县市经济社会调查：惠州卷. 北京：中国大百科全书出版社
丁伟志[总]主编，上杭县情调查组. 1994a. 中国国情丛书：百县市经济社会调查：上杭卷. 北京：中国大百科全书出版社
丁伟志[总]主编，通海县情调查组. 1992c. 中国国情丛书：百县市经济社会调查：通海卷. 北京：中国大百科全书出版社
丁伟志[总]主编，县情调查组编. 1997a. 中国国情丛书：百县市经济社会调查：宜章卷. 北京：中国大百科全书出版社
丁伟志[总]主编，湘潭市情调查组. 1993a. 中国国情丛书：百县市经济社会调查：湘潭卷. 北京：中国大百科全书出版社
丁伟志[总]主编，新会市情调查组. 1997b. 中国国情丛书：百县市经济社会调查：新会卷. 北京：中国大百科全书出版社
丁伟志[总]主编，兴安县情调查组编. 1998c. 中国国情丛书：百县市经济社会调查：兴安卷. 北京：中国大百科全书出版社
丁伟志[总]主编，兴国县情调查组. 1996c. 中国国情丛书：百县市经济社会调查：兴国卷. 北京：中国大百科全书出版社
丁伟志[总]主编，寻乌县情调查组. 1996d. 中国国情丛书：百县市经济社会调查：寻乌卷. 北京：中国大百科全书出版社
丁伟志[总]主编，镇宁县情调查组. 1993b. 中国国情丛书：百县市经济社会调查：镇宁卷. 北京：中国大百科全书出版社
丁伟志[总]主编，珠海市情调查组. 1998b. 中国国情丛

书：百县市经济社会调查：珠海卷. 北京：中国大百科全书出版社
东兰县志编纂委员会编. 1994. 东兰县志. 南宁：广西人民出版社
东山县地方志编纂委员会编. 1994. 东山县志. 北京：中华书局
东阳市地方志编纂委员会编. 1993. 东阳市志. 上海：汉语大词典出版社
都安瑶族自治县志编纂委员会编. 1993. 都安瑶族自治县志. 南宁：广西人民出版社
斗门县地方志编纂委员会编. 2001. 斗门县志. 北京：中华书局
番禺市地方志编纂委员会编. 1995. 番禺县志. 广州：广东人民出版社
防城县志编纂委员会编. 1993. 防城县志. 南宁：广西人民出版社
汾阳县志编纂委员会编. 1998. 汾阳县志. 北京：海潮出版社
丰城县曲江镇《曲江志》编写组编. 1987. 曲江志. 丰城：国营丰城县印刷厂
丰城县县志编纂委员会编. 1989. 江西省丰城县志. 上海：上海人民出版社
丰顺县地方志编纂委员会编. 1995. 丰顺县志. 广州：广东人民出版社
封开县地方志编纂委员会编. 1998. 封开县志. 广州：广东人民出版社
凤凰县志编纂委员会编. 1988. 凤凰县志. 长沙：湖南人民出版社
凤县志编纂委员会编. 1994. 凤县志. 西安：陕西人民出版社
《凤阳山志》编委会编. 2012. 凤阳山志. 北京：中国林业出版社
奉化市地方志编纂委员会编. 1994. 奉化市志. 北京：中华书局
佛坪县地方志编纂委员会编. 1993. 佛坪县志. 西安：三秦出版社
扶绥县志编纂委员会编. 1989. 扶绥县志. 南宁：广西人民出版社
浮梁县地方志编纂委员会编. 1998. 浮梁县志. 北京：方志出版社
福建省龙海县地方志编纂委员会编. 1993. 龙海县志. 北京：东方出版社
福州市地方志编纂委员会编. 1998. 福州市志. 北京：方志出版社
富川瑶族自治县志编纂委员会编. 1993. 富川瑶族自治县志. 南宁：广西人民出版社
高明县地方志编纂委员会编. 1995. 高明县志. 广州：广东人民出版社
高要县地方志编纂委员会编. 1996. 高要县志. 广州：广东人民出版社
个旧市志编纂委员会编. 1998. 个旧市志. 昆明：云南人民出版社
恭城瑶族自治县地方志编纂委员会编. 1992. 恭城县志. 南宁：广西人民出版社
《恭城瑶族自治县概况》编写组编. 2009. 广西恭城瑶族自治县概况. 北京：民族出版社
古县志编纂委员会编. 2001. 古县志. 西安：陕西人民出版社
关岭布依族苗族自治县地方志编纂委员会编. 2002. 关岭布依族苗族自治县志. 贵阳：贵州人民出版社
广德县地方志编纂委员会编. 1996. 广德县志. 北京：方志出版社
广东省电白县地方志编纂委员会编. 2000. 电白县志. 北京：中华书局
广东省汕头市地方志编纂委员会编. 1999. 汕头市志. 北京：新华出版社
广东省珠海市地方志编纂委员会编. 2001. 珠海市志. 广州：珠海出版社
广宁县地方志编纂委员会编. 1994. 广宁县志. 广州：广东人民出版社
广西壮族自治区地方志编纂委员会编. 1994. 广西通志：自然地理志. 南宁：广西人民出版社
广西壮族自治区资源县志编纂委员会编. 1998. 资源县志. 南宁：广西人民出版社
贵溪县志编纂委员会编. 1996. 贵溪县志. 北京：中国科学技术出版社
贵州省岑巩县志编纂委员会编. 1993. 岑巩县志. 贵阳：贵州人民出版社
贵州省长顺县志编纂委员会编. 1998. 长顺县志. 贵阳：贵州人民出版社
贵州省大方县地方志编纂委员会编. 1996. 大方县志. 北京：方志出版社
贵州省德江县地方志编纂委员会编. 1994. 德江县志. 贵阳：贵州人民出版社
贵州省都匀市史志编纂委员会编. 1999. 都匀市志. 贵阳：贵州人民出版社
贵州省独山县志编纂委员会编. 1996. 独山县志. 贵阳：贵州人民出版社
贵州省凤冈县地方志编纂委员会编. 1994. 凤冈县志. 贵阳：贵州人民出版社
贵州省福泉县地方志编纂委员会编. 1992. 福泉县志. 贵阳：贵州人民出版社
贵州省赫章县地方志编纂委员会编. 2001. 赫章县志. 贵阳：贵州人民出版社
贵州省剑河县志编纂委员会编. 1994. 剑河县志. 贵阳：贵州人民出版社
贵州省金沙县地方志编纂委员会编. 1997. 金沙县志. 北京：方志出版社
贵州省锦屏县志编纂委员会编. 1995. 锦屏县志. 贵阳：贵州人民出版社

贵州省凯里市地方志编纂委员会编. 1998. 凯里市志. 北京:方志出版社
贵州省黎平县志编纂委员会编. 1989. 黎平县志. 成都:巴蜀书社
贵州省荔波县地方志编纂委员会编. 1997. 荔波县志. 北京:方志出版社
贵州省龙里县志编纂委员会编. 1995. 龙里县志. 福州:福建人民出版社
贵州省纳雍县地方志编纂委员会编. 1999. 纳雍县志. 贵阳:贵州人民出版社
贵州省普定县地方志编纂委员会编. 1999. 普定县志. 贵阳:贵州人民出版社
贵州省清镇县地方志编纂委员会编. 1991. 清镇县志. 贵阳:贵州人民出版社
贵州省榕江县地方志编纂委员会编. 1999. 榕江县志. 贵阳:贵州人民出版社
贵州省施秉县地方志编纂委员会编. 1997. 施秉县志. 北京:方志出版社
贵州省台江县志编纂委员会编. 1994. 台江县志. 贵阳:贵州人民出版社
贵州省天柱县志编纂委员会编. 1993. 天柱县志. 贵阳:贵州人民出版社
贵州省威宁彝族回族苗族自治县志编纂委员会编. 1994. 威宁彝族回族苗族自治县志. 贵阳:贵州人民出版社
贵州省瓮安县地方志编纂委员会编. 1995. 瓮安县志. 贵阳:贵州人民出版社
贵州省务川仡佬族苗族自治县志编纂委员会编. 2001. 务川仡佬族苗族自治县志. 贵阳:贵州人民出版社
贵州省息烽县地方志编纂委员会编. 1993. 息烽县志. 贵阳:贵州人民出版社
贵州省修文县地方志编纂委员会编. 1998. 修文县志. 贵阳:贵州人民出版社
贵州省镇远县志编纂委员会编. 1992. 镇远县志. 贵阳:贵州人民出版社
贵州省织金县地方志编纂委员会编. 1997. 织金县志. 北京:方志出版社
郭薰风主修;石璋如,等纂. 1956. 桃园县志. 台北:成文出版社
海南省昌江黎族自治县地方志编纂委员会编. 1998. 昌江县志. 北京:新华出版社
海南省儋州市地方志编纂委员会编. 1996. 儋县志. 北京:新华出版社
海南省琼山县地方志编纂委员会编. 1999. 琼山县志. 北京:中华书局
海南省文昌市地方志编纂委员会编. 2000. 文昌县志. 北京:方志出版社
《海宁市志》编纂委员会编. 1995. 海宁市志. 上海:汉语大词典出版社
海盐县志编纂委员会编. 1992. 海盐县志. 杭州:浙江人民出版社
汉寿县志编纂委员会编. 1993. 汉寿县志. 北京:人民出版社
杭州市地方志编纂委员会编. 1995. 杭州市志. 北京:中华书局
合浦县志编纂委员会编. 1994. 合浦县志. 南宁:广西人民出版社
合山市志编纂委员会编. 1998. 合山市志. 南宁:广西人民出版社
和政县志编纂委员会. 1993. 和政县志. 兰州:兰州大学出版社
河北省灵寿县地方志编纂委员会编纂. 1993. 灵寿县志. 北京:新华出版社
河池市志编纂委员会编. 1996. 河池市志. 南宁:广西人民出版社
鹤山县县志编纂委员会编. 2001. 鹤山县志. 广州:广东人民出版社
横县县志编纂委员会编. 1989. 横县县志. 南宁:广西人民出版社
衡阳市地方志编纂委员会编. 1998. 衡阳市志. 长沙:湖南人民出版社
红河哈尼族彝族自治州志编纂委员会编. 1994. 红河州志. 北京:生活·读书·新知三联书店
洪波浪,等. 1960. 台南县志. 台北:成文出版社
壶关县志编纂委员会编. 1999. 壶关县志. 北京:海潮出版社
湖北省恩施市地方志编纂委员会编. 1996. 恩施市志. 武汉:武汉工业大学出版社
湖北省恩施土家族苗族自治州地方志编纂委员会编. 1998. 恩施州志. 武汉:湖北人民出版社
湖北省谷城县地方志编纂委员会编. 1991. 谷城县志. 北京:新华出版社
湖北省嘉鱼县地方志编纂委员会编纂. 1993. 嘉鱼县志. 武汉:湖北科学技术出版社
湖北省京山县志编纂委员会编纂. 1990. 京山县志. 武汉:湖北人民出版社
湖北省来凤县县志编纂委员会编. 1990. 来凤县志. 武汉:湖北人民出版社
湖北省利川市地方志编纂委员会编. 1993. 利川市志. 武汉:湖北科学技术出版社
湖北省蕲春县地方志编纂委员会编. 1997. 蕲春县志. 武汉:湖北科学技术出版社
湖北省清江隔河岩考古队,湖北省文物考古研究所编著;王善才主编. 2004. 建始人遗址. 北京:科学出版社
湖北省天门市地方志编纂委员会编纂. 1989. 天门县志. 武汉:湖北人民出版社
湖北省咸宁市地方志编纂委员会编. 1992. 咸宁市志. 北京:中国城市出版社
湖北省宜昌县地方志编纂委员会编. 1993. 宜昌县志. 北京:冶金工业出版社

湖北省宜城市地方志编纂委员会编.1998.宜城志.北京:新华出版社
湖北省郧西县地方志编纂委员会办公室编.1995.郧西县志.武汉:武汉测绘科技大学出版社
湖北省秭归县地方志编纂委员会编.1991.秭归县志.北京:中国大百科全书出版社
湖南省茶陵县地方志编纂委员会编.1993.茶陵县志.北京:文史出版社
湖南省长沙县志编纂委员会编.1995.长沙县志.北京:生活·读书·新知三联书店
湖南省衡山县志编纂委员会编.1994.衡山县志.长沙:岳麓书社
湖南省花垣县地方志编纂委员会编.1993.花垣县志.北京:生活·读书·新知三联书店
湖南省怀化市志编纂委员会编.1994.怀化市志.北京:生活·读书·新知三联书店
湖南省会同县志编纂委员会编.1994.会同县志.北京:生活·读书·新知三联书店
湖南省江华瑶族自治县志编纂委员会编.1994.江华瑶族自治县志.北京:中国城市出版社
湖南省江永县志编纂委员会编.1995.江永县志.北京:方志出版社
湖南省冷水江市地方志编纂委员会编.1994.冷水江市志.北京:中国城市出版社
湖南省泸溪县志编纂委员会编.1993.泸溪县志.北京:社会科学文献出版社
湖南省宁远县地方志编纂委员会编.1993.宁远县志.北京:社会科学文献出版社
湖南省平江县志编纂委员会编.1994.平江县志.北京:国防大学出版社
湖南省绥宁县志编纂委员会编.1997.绥宁县志.北京:方志出版社
湖南省通道侗族自治县县志编纂委员会编.1999.通道县志.北京:民族出版社
湖南省湘阴县志编纂委员会编.1995.湘阴县志.北京:生活·读书·新知三联书店
湖南省益阳地区地方志编纂委员会编纂.1997.益阳地区志.北京:新华出版社
湖南省志编纂委员会编.1987.湖南省志.修订本.长沙:湖南人民出版社
湖南省株洲县志编纂委员会编.1995.株洲县志.长沙:湖南出版社
湖州市地方志编纂委员会编.1999.湖州市志.北京:昆仑出版社
花县地方志编纂委员会编.1995.花县志.广州:广东人民出版社
华安县地方志编纂委员会编.1996.华安县志.厦门:厦门大学出版社
华宁县志编纂委员会编.1994.华宁县志.北京:中华书局
华亭县志编纂委员会编.1996.华亭县志.兰州:甘肃人民出版社
华阴市地方志编纂委员会编.1995.华阴县志.北京:作家出版社
化州市地方志编纂委员会编.1996.化州县志.广州:广东人民出版社
怀集县地方志编纂委员会编.1993.怀集县志.广州:广东人民出版社
黄陂县志编纂委员会编.1992.黄陂县志.武汉:武汉出版社
黄平县地方志编纂委员会编.1993.黄平县志.贵阳:贵州人民出版社
《黄山志》编纂委员会编.1988.黄山志.合肥:黄山书社
黄石市铁山区地方志编纂委员会编.1998.铁山区志.武汉:湖北人民出版社
黄石市志编纂委员会编.2001.黄石市志.北京:中华书局
黄新亚,钟建英,等纂.1957.苗栗县志.台北:成文出版社
惠安县地方志编纂委员会编.1998.惠安县志.北京:方志出版社
霍山县地方志编纂委员会编.1993.霍山县志.合肥:黄山书社
绩溪县地方志编纂委员会编.1998.绩溪县志.合肥:黄山书社
吉安县志编纂委员会编.1994.吉安县志.北京:新华出版社
嘉禾县志编委会编.1994.嘉禾县志.合肥:黄山书社
郏县地方史志编纂委员会编.1996.郏县志.郑州:中州古籍出版社
建德县志编纂委员会编.1986.建德县志.杭州:浙江人民出版社
建宁县地方志编纂委员会编.1995.建宁县志.北京:新华出版社
建瓯县地方志编纂委员会编.1994.建瓯县志.北京:中华书局
建始县地方志编纂委员会编.1994.建始县志.武汉:湖北辞书出版社
建水县志编纂委员会编.1994.建水县志.北京:中华书局
建阳县地方志编纂委员会编.1994.建阳县志.北京:群众出版社
江宁县地方志编纂委员会编纂.1989.江宁县志.北京:档案出版社
江浦县地方志编纂委员会编.1995.江浦县志.南京:河海大学出版社
江山市志编纂委员会编.1990.江山市志.杭州:浙江人民出版社
江苏省宜兴市地方志编纂委员会编.1990.宜兴县志.上海:上海人民出版社
江西省安远县志编纂委员会编.1993.安远县志.北京:新华出版社

江西省崇仁县志编纂委员会编纂. 1990. 崇仁县志. 南昌：江西人民出版社
江西省崇义县编史修志委员会编. 1989. 崇义县志. 海口：海南人民出版社
江西省大余县志编纂委员会编. 1990. 大余县志. 北京：三环出版社
江西省德兴市地方志编纂委员会编. 1993. 德兴县志. 北京：光明日报出版社
江西省赣县志编纂委员会编. 1991. 赣县志. 北京：新华出版社
江西省赣州市地方志编纂委员会编. 1999. 赣州市志. 北京：中国文史出版社
江西省全南县志编纂委员会编纂. 1995. 全南县志. 南昌：江西人民出版社
江西省上犹县志编纂委员会编. 1992. 上犹县志. 上犹：上犹印刷厂
江西省石城县志编纂委员会编. 1990. 石城县志. 北京：书目文献出版社
江西省万载县志编纂委员会编纂. 1988. 万载县志. 南昌：江西人民出版社
江西省新余市志编纂委员会编. 1993. 新余市志. 上海：汉语大词典出版社
江西省星子县志编纂委员会编纂. 1990. 星子县志. 南昌：江西人民出版社
江西省永丰县志编纂委员会编. 1993. 永丰县志. 北京：新华出版社
将乐县地方志编纂委员会编. 1998. 将乐县志. 北京：方志出版社
蒋固政，等. 2005. 水电开发和生态与环境保护协调可持续发展：以乌江彭水水电站环境评价为例. 水利学报(增刊)，482～486
蕉岭县地方志编纂委员会编. 1992. 蕉岭县志. 广州：广东人民出版社
揭西县地方志编纂委员会编. 1994. 揭西县志. 广州：广东人民出版社
金华县志编纂委员会编. 1992. 金华县志. 杭州：浙江人民出版社
金坛县地方志编纂委员会编. 1993. 金坛县志. 南京：江苏人民出版社
金秀瑶族自治县志编纂委员会编. 1992. 金秀瑶族自治县志. 北京：中央民族学院出版社
晋江市地方志编纂委员会编. 1994. 晋江市志. 上海：生活・读书・新知三联书店上海分店
缙云县志编纂委员会编. 1996. 缙云县志. 杭州：浙江人民出版社
泾县地方志编纂委员会编. 1996. 泾县志. 北京：方志出版社
荆州地区地方志编纂委员会编纂. 1996. 荆州地区志. 北京：方志出版社
井冈山市地方志编纂委员会编. 1997. 井冈山志. 北京：新华出版社
景洪县地方志编纂委员会编. 2000. 景洪县志. 昆明：云南人民出版社
景宁畲族自治县志编纂委员会编. 1995. 景宁畲族自治县志. 杭州：浙江人民出版社
靖西县县志编纂委员会编. 2000. 靖西县志. 南宁：广西人民出版社
靖州苗族侗族自治县县志编纂委员会编. 1994. 靖州县志. 北京：生活・读书・新知三联书店
筠连县县志编纂委员会编. 1998. 筠连县志. 成都：四川科学技术出版社
昆明市路南彝族自治县志编纂委员会编. 1996. 路南彝族自治县志. 昆明：云南人民出版社
赖兴会. 2003. 拟建中的罗平万峰山自然保护区的保护价值. 林业调查规划，28(3)：40～42
赖子清，赖明初，等纂修. 1982. 嘉义县志. 台北：成文出版社
蓝山县志编纂委员会编. 1995. 蓝山县志. 北京：中国社会出版社
郎溪县地方志编纂委员会编. 1998. 郎溪县志. 北京：方志出版社
乐昌市地方志编纂委员会编. 1994. 乐昌市志. 广州：广东人民出版社
乐平县志编纂委员会编. 1987. 乐平县志. 上海：上海古籍出版社
乐山市地方志编纂委员会编纂. 2000. 乐山市志. 成都：巴蜀书社
耒阳市志编纂委员会编. 1993. 耒阳市志. 北京：中国社会出版社
礼县志编纂委员会编. 1999. 礼县志. 西安：陕西人民出版社
李培信主编. 1994. 文水县志. 太原：山西人民出版社
李文凡主编. 1996. 离石县志. 太原：山西人民出版社
澧县地方志编纂办公室编. 1993. 澧县志. 北京：社会科学文献出版社
醴陵市志编纂委员会编. 1995. 醴陵市志. 长沙：湖南人民出版社
丽江地区行政公署林业局编撰. 1998. 丽江地区林业志. 昆明：云南民族出版社
丽江纳西族自治县志编纂委员会编纂；李汝明总纂. 2001. 丽江纳西族自治县志. 昆明：云南人民出版社
《丽水市志》编纂委员会编. 1994. 丽水市志. 杭州：浙江人民出版社
荔浦县地方志编纂委员会编. 1996. 荔浦县志. 北京：生活・读书・新知三联书店
溧阳县志编纂委员会编. 1992. 溧阳县志. 南京：江苏人民出版社
连南瑶族自治县地方志编纂委员会编. 1996. 连南瑶族自治县县志. 广州：广东人民出版社

连山壮族瑶族自治县志编纂委员会编.1997.连山壮族瑶族自治县志.北京:生活·读书·新知三联书店
廉江县地方志编纂委员会编.1995.廉江县志.广州:广东人民出版社
林兴仁主修;盛清沂总纂.1960.台北县志.台北:成文出版社
临沧县志编纂委员会编.1993.临沧县志.昆明:云南人民出版社
临川县志编纂委员会编.1993.临川县志.北京:新华出版社
《临高县志》编委员会编.1990.临高县志.广州:广东人民出版社
临桂县志编纂委员会编.1996.临桂县志.北京:方志出版社
灵川县地方志编纂委员会编.1997.灵川县志.南宁:广西人民出版社
酃县志编纂委员会编.1994.酃县志.北京:中国社会出版社
刘振河,徐龙辉.1981.穿山甲的生活习性及资源保护问题.动物学杂志(1):40～41
柳江县志编纂委员会编.1991.柳江县志.南宁:广西人民出版社
柳州市地方志编纂委员会编.1998.柳州市志.南宁:广西人民出版社
龙陵县委党史地方志工作办公室编.2000.龙陵县志.北京:中华书局
龙门县地方志编纂委员会编.1995.龙门县志.广州:广东人民出版社
龙岩地区地方志编纂委员会编.1992.龙岩地区志.上海:上海人民出版社
隆安县志编纂委员会编.1993.隆安县志.南宁:广西人民出版社
娄底市志编纂委员会编.1997.娄底市志.北京:中国社会出版社
卢世标总纂;陈芳草,等纂.1965.宜兰县志.台北:成文出版社
泸州市地方志编纂委员会编.1998.泸州市志.北京:方志出版社
鹿寨县地方志编纂委员会编.1996.鹿寨县志.南宁:广西人民出版社
略阳县志编纂委员会编.1992.略阳县志.西安:陕西人民出版社
罗平县志编纂委员会编.1995.罗平县志.昆明:云南人民出版社
麻阳县志编纂委员会编.1994.麻阳县志.北京:生活·读书·新知三联书店
马边彝族自治县地方志编纂委员会编.1994.马边彝族自治县志.成都:成都科技大学出版社
马龙县志编纂委员会编.1997.马龙县志.昆明:云南人民出版社
马山县志编纂委员会编.1997.马山县志.北京:民族出版社
茂名市地方志编纂委员会编.1997.茂名市志.北京:生活·读书·新知三联书店
蒙山县志编纂委员会编.1993.蒙山县志.南宁:广西人民出版社
蒙自县志编纂委员会编.1995.蒙自县志.北京:中华书局
孟连傣族拉祜族佤族自治县志编纂委员会编.1999.孟连傣族拉祜族佤族自治县志.昆明:云南人民出版社
汨罗市志编纂委员会编.1995.汨罗市志.北京:方志出版社
勉县志编纂委员会主编.1989.勉县志.北京:地震出版社
岷县志编纂委员会编.1995.岷县志.兰州:甘肃人民出版社
闽清县地方志编纂委员会编.1993.闽清县志.北京:群众出版社
明溪县地方志编纂委员会编.1997.明溪县志.北京:方志出版社
内乡县地方史志编纂委员会编.1994.内乡县志.北京:生活·读书·新知三联书店
南昌市地方志编纂委员会编.1997.南昌市志.北京:方志出版社
南靖县地方志编纂委员会编.1997.南靖县志.北京:方志出版社
南康县志编纂委员会编.1993.南康县志.北京:新华出版社
南宁市地方志编纂委员会编.1998.南宁市志:综合卷.南宁:广西人民出版社
南雄县地方志编纂委员会编.1991.南雄县志.广州:广东人民出版社
南阳地区地方史志编纂委员会编.1994.南阳地区志.郑州:河南人民出版社
南阳地区地方史志编纂委员会编.1996.南阳地区志:1986－1994.郑州:中州古籍出版社
宁波市地方志编纂委员会编.1995.宁波市志.北京:中华书局
宁都县志编辑委员会编.1986.宁都县志.宁都(江西):编者
宁冈县地方志编纂委员会编.1995.宁冈县志.北京:中共中央党校出版社
宁国县地方志编纂委员会编.1997.宁国县志.北京:生活·读书·新知三联书店
宁海县地方志编纂委员会编.1993.宁海县志.杭州:浙江人民出版社
宁化县志编纂委员会编.1992.宁化县志.福州:福建人民出版社
宁明县志编纂委员会编.1988.宁明县志.北京:中央民族学院出版社

宁南县志编纂委员会编. 1994. 宁南县志. 成都:成都科技大学出版社
磐安县志编纂委员会编. 1993. 磐安县志. 杭州:浙江人民出版社
彭水县志编纂委员会编. 1997. 彭水县志. 成都:四川人民出版社
彭一良. 2008. 黑龙江省蚁科昆虫资源和区系研究(膜翅目). 东北师范大学[硕士学位论文]
平顶山市地方史志编纂委员会编. 1994. 平顶山市志. 郑州:河南人民出版社
平果县志编纂委员会编. 1996. 平果县志. 南宁:广西人民出版社
平和县地方志编纂委员会编. 1994. 平和县志. 北京:群众出版社
平乐县地方志编纂委员会编. 1995. 平乐县志. 北京:方志出版社
平利县志编纂委员会编. 1995. 平利县志. 西安:三秦出版社
平南县志编纂委员会编. 1993. 平南县志. 南宁:广西人民出版社
平阳县志编纂委员会编. 1993. 平阳县志. 上海:汉语大词典出版社
平远县地方志编纂委员会编. 1993. 平远县志. 广州:广东人民出版社
屏边苗族自治县县志编纂委员会编. 1999. 屏边苗族自治县志. 北京:新华出版社
萍乡市志编纂委员会编. 1996. 萍乡市志. 北京:方志出版社
莆田县地方志编纂委员会编. 1994. 莆田县志. 北京:中华书局
浦城县地方志编纂委员会编. 1994. 浦城县志. 北京:中华书局
浦江县志编纂委员会编. 1990. 浦江县志. 杭州:浙江人民出版社
普洱哈尼族彝族自治县地方志编纂委员会编. 1993. 普洱哈尼族彝族自治县志. 北京:生活·读书·新知三联书店
普宁市地方志编纂委员会编. 1995. 普宁县志. 广州:广东人民出版社
祁门县地方志编纂委员会办公室编. 1990. 祁门县志. 合肥:安徽人民出版社
《祁阳县志》编纂委员会编. 1993. 祁阳县志. 北京:社会科学文献出版社
铅山县县志编纂委员会编. 1990. 铅山县志. 海口:南海出版公司
潜山县地方志编纂委员会编. 1993. 潜山县志. 北京:社会科学文献出版社
黔江土家族苗族自治县志编纂委员会编. 1994. 黔江县志. 北京:中国社会出版社
黟阳县地方志编纂委员会编. 1991. 黟阳县志. 北京:中国文史出版社
青龙满族自治县志编纂委员会编纂. 1997. 青龙满族自治县志. 北京:中国城市出版社
青田县志编纂委员会编. 1990. 青田县志. 杭州:浙江人民出版社
清流县地方志编纂委员会编. 1994. 清流县志. 北京:中华书局
清远市地方志编纂办公室编. 1993. 清远县志. 清远:清远市印刷厂
庆安县地方志编纂委员会办公室编. 1995. 庆安县志. 哈尔滨:黑龙江人民出版社
琼中黎族苗族自治县地方志办公室编. 1995. 琼中县志. 海口:海南摄影美术出版社
曲沃县志编纂委员会编. 1991. 曲沃县志. 北京:海潮出版社
《衢州市志》编纂委员会编. 1994. 衢州市志. 杭州:浙江人民出版社
饶平县地方志编纂委员会编. 1994. 饶平县志. 广州:广东人民出版社
容县志编纂委员会编. 1993. 容县志. 南宁:广西人民出版社
汝城县志编委会编. 1997. 汝城县志. 长沙:湖南出版社
乳源瑶族自治县地方志编纂委员会编. 1997. 乳源瑶族自治县志. 广州:广东人民出版社
瑞金县志编纂委员会编. 1993. 瑞金县志. 北京:中央文献出版社
三门县志编纂委员会编. 1992. 三门县志. 杭州:浙江人民出版社
三亚市地方志编纂委员会编. 2001. 三亚市志. 北京:中华书局
沙县地方志编纂委员会编. 1992. 沙县志. 北京:中国科学技术出版社
山西省介休市志编纂委员会编. 1996. 介休市志. 北京:海潮出版社
山西省史志研究院编. 1996. 山西通志. 第二卷, 地理志. 北京:中华书局
上林县志编纂委员会编. 1989. 上林县志. 南宁:广西人民出版社
上饶县志编纂委员会编. 1993. 上饶县志. 北京:中共中央党校出版社
上思县地方志编纂委员会编. 2000. 上思县志. 南宁:广西人民出版社
韶山市地方志编纂委员会编. 1993. 韶山志. 北京:中国大百科全书出版社
邵阳市地方志编纂委员会编. 1997. 邵阳市志. 长沙:湖南出版社
绍兴市地方志编纂委员会编. 1996. 绍兴市志. 杭州:浙江人民出版社
绍兴县地方志编纂委员会编. 1999. 绍兴县志. 北京:中华书局
什邡县《什邡县志》编纂委员会编. 1988. 什邡县志. 成都:四川大学出版社

石狮市地方志编纂委员会编.1998.石狮市志.北京:方志出版社
始兴县志办公室编.1997.始兴县志.广州:广东人民出版社
疏附县地方志编纂委员会编.1999.疏附县志.乌鲁木齐:新疆人民出版社
舒城县地方志编纂委员会编.1995.舒城县志.合肥:黄山书社
双江拉祜族佤族布朗族傣族自治县地方志编纂委员会编.1995.双江拉祜族佤族布朗族傣族自治县志.昆明:云南人民出版社
水城县地方志编纂委员会编.1994.水城县(特区)志.贵阳:贵州人民出版社
水富县志编纂委员会编.1996.水富县志.昆明:云南人民出版社
顺昌县地方志编纂委员会编.1994.顺昌县志.北京:中国统计出版社
思茅县志编纂委员会编.1993.思茅县志.北京:生活·读书·新知三联书店
四川省巴县志编纂委员会编.1994.巴县志.重庆:重庆出版社
四川省巴中县志编纂委员会编.1992.巴中县志.成都:巴蜀书社
四川省长宁县志编纂委员会编纂.1993.长宁县志.成都:巴蜀书社
四川省达县志编纂委员会编纂.1994.达县志.成都:四川辞书出版社
四川省大竹县志编纂委员会编.1992.大竹县志.重庆:重庆出版社
四川省珙县志编纂委员会编纂.1995.珙县志.成都:四川人民出版社
四川省华蓥市志编纂委员会编纂.1995.华蓥市志.成都:四川人民出版社
四川省江安县志编纂委员会编.1998.江安县志.北京:方志出版社
四川省眉山县志编纂委员会编纂.1992.眉山县志.成都:四川人民出版社
四川省米易县志编纂委员会编.1999.米易县志.成都:四川辞书出版社
四川省冕宁县志编纂委员会编纂.1994.冕宁县志.成都:四川人民出版社
四川省沐川县地方志编纂委员会编纂.1989.沐川县志.成都:巴蜀书社
四川省南川县志编纂委员会编.1991.南川县志.成都:四川人民出版社
四川省万源县志编纂委员会编纂.1996.万源县志.成都:四川人民出版社
四川省武隆县志编纂委员会编.1994.武隆县志.成都:四川人民出版社
四川省西昌市志编纂委员会编纂.1996.西昌市志.成都:四川人民出版社
四川省西充县志编纂委员会编.1993.西充县志.重庆:重庆出版社
四川省喜德县志编纂委员会编.1992.喜德县志.成都:电子科技大学出版社
四川省昭觉县志编纂委员会编纂.1999.昭觉县志.成都:四川辞书出版社
松溪县地方志编纂委员会编.1994.松溪县志.北京:中国统计出版社
松阳县志编纂委员会编.1996.松阳县志.杭州:浙江人民出版社
苏州市地方志编纂委员会编.1995.苏州市志.南京:江苏人民出版社
遂昌县志编纂委员会编.1996.遂昌县志.杭州:浙江人民出版社
遂川县地方志编纂委员会编.1996.遂川县志.南昌:江西人民出版社
唐河县地方史志编纂委员会编.1993.唐河县志.郑州:中州古籍出版社
藤县志编纂委员会编.1996.藤县志.南宁:广西人民出版社
天等县志编纂委员会编.1991.天等县志.南宁:广西人民出版社
天峨县志编纂委员会编.1994.天峨县志.南宁:广西人民出版社
田东县志编纂委员会编.1998.田东县志.南宁:广西人民出版社
田林县地方志编纂委员会编.1996.田林县志.南宁:广西人民出版社
通城县志编纂委员会编.1985.通城县志.通城:通城县印刷厂
《通道侗族自治县概况》编写组编.1986.通道侗族自治县概况.长沙:湖南人民出版社
桐柏县地方史志编纂委员会编.1995.桐柏县志.郑州:中州古籍出版社
桐城县地方志编纂委员会编.1995.桐城县志.合肥:黄山书社
桐庐县志编纂委员会编.1991.桐庐县志.杭州:浙江人民出版社
桐梓县地方志编纂委员会编.1997.桐梓县志.北京:方志出版社
万年县县志编纂委员会编.1982.万年县志.万年:万年县志编纂委员会
万宁县地方志编纂委员会编.1994.万宁县志.海口:南海出版公司
汪松主编.1998.中国濒危动物红皮书:兽类.北京:科学出版社
王建竹,林猷穆.1983.台中市志.台北:成文出版社
王珏.2005.云南临沧澜沧江自然保护区双江片区生态旅游开发探索.陕西林业科技(2):35~38

温州市志编纂委员会编.1998.温州市志.北京:中华书局
文榕生.2013.两部康熙《台湾府志》记载动物之比较.晋中学院学报(社会科学版),30(6):58～62
翁源县地方志编纂委员会编.1997.翁源县志.广州:广东人民出版社
巫溪县志编纂委员会编.1993.巫溪县志.成都:四川辞书出版社
无为县地方志编纂委员会编.1993.无为县志.北京:社会科学文献出版社
吴川市地方志办公室编.2001.吴川县志.北京:中华书局
吴县地方志编纂委员会编.1994.吴县志.上海:上海古籍出版社
芜湖县地方志编纂委员会编.1993.芜湖县志.北京:社会科学文献出版社
五华县地方志编纂委员会编.1991.五华县志.广州:广东人民出版社
武都县地方志编纂委员会编.1998.武都县志.北京:生活·读书·新知三联书店
武冈县志编委会编.1997.武冈县志.北京:中华书局
武鸣县志编纂委员会编.1998.武鸣县志.南宁:广西人民出版社
武宣县志编纂委员会编.1995.武宣县志.南宁:广西人民出版社
西盟佤族自治县志编纂委员会编.1997.西盟佤族自治县志.昆明:云南人民出版社
西双版纳傣族自治州林业局编.1989.西双版纳傣族自治州林业志.昆明:云南人民出版社
歙县地方志编纂委员会编.1995.歙县志.北京:中华书局
仙游县地方志编纂委员会编.1995.仙游县志.北京:方志出版社
湘潭县地方志编纂委员会编.1995.湘潭县志.长沙:湖南出版社
湘乡县志编纂委员会编.1993.湘乡县志.长沙:湖南出版社
襄城县史志编纂委员会编.1993.襄城县志.郑州:中州古籍出版社
祥云县志编纂委员会编.1996.祥云县志.北京:中华书局
象州县志编纂委员会编.1994.象州县志.北京:知识出版社
萧山县志编纂委员会编.1987.萧山县志.杭州:浙江人民出版社
忻城县志编纂委员会编.1997.忻城县志.南宁:广西人民出版社
新昌县志编纂委员会编.1994.新昌县志.上海:上海书店
新化县志编纂委员会编.1996.新化县志.长沙:湖南出版社
《新晃侗族自治县概况》编写组编.1985.新晃侗族自治县概况.长沙:湖南人民出版社
新晃侗族自治县志编纂委员会编.1993.新晃县志.北京:生活·读书·新知三联书店
新会县地方志编纂委员会编.1995.新会县志.广州:广东人民出版社
新宁县县志编委会编.1995.新宁县志.长沙:湖南出版社
新平彝族傣族自治县志编纂委员会编.1993.新平县志.北京:生活·读书·新知三联书店
新邵县志编委会编.1994.新邵县志.北京:人民出版社
新县志编纂委员会编.1990.新县志.郑州:河南人民出版社
新洲县志编纂委员会编.1992.新洲县志.武汉:武汉出版社
信阳地区地方史志编纂委员会编.1992.信阳地区志.北京:生活·读书·新知三联书店
信宜县地方志编纂委员会编.1993.信宜县志.广州:广东人民出版社
兴安县地方志编纂委员会编.2002.兴安县志.南宁:广西人民出版社
兴宁县地方志编纂委员会编.1992.兴宁县志.广州:广东人民出版社
熊林春,等.2014.信阳市野生动植物资源概述.河南林业科技,34(1):46～48
休宁县地方志编纂委员会编.1990.休宁县志.合肥:安徽教育出版社
秀山土家族苗族自治县志编纂委员会编.2001.秀山县志.北京:中华书局
徐闻县地方志编纂委员会编.2000.徐闻县志.广州:广东人民出版社
叙永县地方志编纂委员会编.1998.叙永县志.北京:方志出版社
溆浦县县志编纂委员会编.1993.溆浦县志.北京:社会科学文献出版社
沿河土家族自治县志编纂委员会编.1993.沿河县志.贵阳:贵州人民出版社
盐源县志编纂委员会编.2000.盐源县志.成都:四川民族出版社
砚山县志编纂委员会编.2000.砚山县志.昆明:云南民族出版社
阳春县地方史志办公室编.1996.阳春县志.广州:广东人民出版社
阳朔县志编纂委员会编.1988.阳朔县志.南宁:广西人民出版社
杨锐.2008.主体功能区政策对限制开发区政府作用发挥与职能转变的影响:以关岭县为研究对象.贵州大学[硕士学位论文]
杨秀芝,柳劲松.1989.黑龙江省西部草原常见的蚂蚁.哈尔滨师范大学自然科学学报,5(2):83～88
漾濞彝族自治县地方志编纂委员会编.2000.漾濞彝族自治县志.昆明:云南人民出版社
叶福多.2011.广西永福县1996－2005年土地利用变化与可持续利用研究.桂林理工大学[硕士学位论文]
叶灵凤.1985.香港风物志.北京:生活·读书·新知三联书店
伊吾县地方志编纂委员会编.1994.伊吾县志.乌鲁木齐:

新疆大学出版社
黟县地方志编纂委员会编.1988.黟县志.北京:光明日报出版社
宜良县志编纂委员会编.1998.宜良县志.北京:中华书局
宜州市地方志编纂委员会编.1998.宜州市志.南宁:广西人民出版社
弋阳县县志编纂委员会编.1991.弋阳县志.海口:南海出版公司
尹秉高,刘务林.1993.西藏珍稀野生动物与保护.北京:中国林业出版社
邕宁县地方志编纂委员会编.1995.邕宁县志.北京:中国城市出版社
永安市地方志编纂委员会编.1994.永安市志.北京:中华书局
永春县地方志编纂委员会编.1990.永春县志.北京:语文出版社
永定县地方志编纂委员会编.1994.永定县志.北京:中国科学技术出版社
永福县志编纂委员会编.1996.永福县志.北京:新华出版社
永康县地方志编纂委员会编.1991.永康县志.杭州:浙江人民出版社
永泰县地方志编纂委员会编.1992.永泰县志.北京:新华出版社
永新县志编纂委员会编.1992.永新县志.北京:新华出版社
尤溪县志编纂委员会编.1987.尤溪县志.福州:福建省地图出版社
余杭市地方志编纂委员会编.2000.余杭市志.北京:中华书局
玉环县志编纂委员会编.1994.玉环县志.上海:汉语大词典出版社
玉林市地方志编纂委员会编.1993.玉林市志.南宁:广西人民出版社
玉屏侗族自治县志编纂委员会编.1993.玉屏侗族自治县志.贵阳:贵州人民出版社
郁南县地方志编纂委员会编.1995.郁南县志.广州:广东人民出版社
沅陵县地方志编纂委员会编.1993.沅陵县志.北京:中国社会出版社
岳阳县地方志编委会编.1997.岳阳县志.长沙:湖南出版社
云浮县地方志编纂委员会编.1995.云浮县志.广州:广东人民出版社
《云和县志》编纂委员会编.1996.云和县志.杭州:浙江人民出版社
云南省澄江县史志编纂委员会编.2002.澄江县志.昆明:云南人民出版社
云南省大关县地方志编纂委员会编.1998.大关县志.昆明:云南人民出版社
云南省东川市地方志编纂委员会编.1995.东川市志.昆明:云南人民出版社
云南省洱源县志编纂委员会编.1996.洱源县志.昆明:云南人民出版社
云南省富民县地方志编纂委员会编.1999.富民县志.昆明:云南人民出版社
云南省富宁县地方志编纂委员会编.1997.富宁县志.昆明:云南民族出版社
云南省广南县地方志编纂委员会编.2001.广南县志.北京:中华书局
云南省河口瑶族自治县地方志编纂委员会编.1994.河口县志.北京:生活·读书·新知三联书店
云南省红河县志编纂委员会编.1991.红河县志.昆明:云南人民出版社
云南省华坪县地方志编纂委员会编.1997.华坪县志.昆明:云南民族出版社
云南省江川县史志编纂委员会编.1994.江川县志.昆明:云南人民出版社
云南省金平苗族瑶族自治县志编纂委员会编.1994.金平苗族瑶族自治县志.北京:生活·读书·新知三联书店
云南省开远市志编纂委员会编.1996.开远市志.昆明:云南人民出版社
云南省澜沧拉祜族自治县志编纂委员会编.1996.澜沧拉祜族自治县志.昆明:云南人民出版社
云南省泸水县志编纂委员会编.1995.泸水县志.昆明:云南人民出版社
云南省泸西县志编纂委员会编.1992.泸西县志.昆明:云南人民出版社
云南省鲁甸县志编纂委员会编.1995.鲁甸县志.昆明:云南人民出版社
云南省禄丰县地方志编纂委员会编.1997.禄丰县志.昆明:云南人民出版社
云南省潞西县志编纂委员会编.1993.潞西县志.昆明:云南教育出版社
云南省绿春县志编纂委员会编.1992.绿春县志.昆明:云南人民出版社
云南省麻栗坡县地方志编纂委员会编.2000.麻栗坡县志.昆明:云南民族出版社
云南省马关县地方志编纂委员会编.1996.马关县志.北京:生活·读书·新知三联书店
云南省勐海县地方志编纂委员会编.1997.勐海县志.昆明:云南人民出版社
云南省勐腊县志编纂委员会编.1994.勐腊县志.昆明:云南人民出版社
云南省弥勒县志编纂委员会编.1987.弥勒县志.昆明:云南人民出版社

云南省南华县志编纂委员会编.1995.南华县志.昆明:云南人民出版社
云南省宁蒗彝族自治县志编纂委员会编.1993.宁蒗彝族自治县志.昆明:云南民族出版社
云南省丘北县地方志编纂委员会编.1999.丘北县志.北京:中华书局
云南省瑞丽市志编纂委员会编.1996.瑞丽市志.成都:四川辞书出版社
云南省施甸县志编纂委员会编.1997.施甸县志.北京:新华出版社
云南省双柏县地方志编纂委员会编.1996.双柏县志.昆明:云南人民出版社
云南省嵩明县志编纂委员会编.1995.嵩明县志.昆明:云南人民出版社
云南省威信县志编纂委员会编.1999.威信县志.昆明:云南人民出版社
云南省巍山彝族回族自治县志编纂委员会编.1993.巍山彝族回族自治县志.昆明:云南人民出版社
云南省维西傈僳族自治县志编纂委员会编.1999.维西傈僳族自治县志.昆明:云南人民出版社
云南省文山县志编纂委员会编.1999.文山县志.昆明:云南民族出版社
云南省寻甸回族彝族自治县志编纂委员会编.1999.寻甸回族彝族自治县志.昆明:云南人民出版社
云南省彝良县志编纂委员会编.1995.彝良县志.昆明:云南人民出版社
云南省盈江县志编纂委员会编.1997.盈江县志.昆明:云南民族出版社
云南省永平县志编纂委员会编.1994.永平县志.昆明:云南人民出版社
云南省永仁县志编纂委员会编.1995.永仁县志.昆明:云南人民出版社
云南省元江哈尼族彝族傣族自治县志编纂委员会编.1993.元江哈尼族彝族傣族自治县志.北京:中华书局
云南省元谋县志编纂委员会编.1993.元谋县志.昆明:云南人民出版社
云南省云龙县志编纂委员会编.1992.云龙县志.北京:农业出版社
云南省镇康县志编纂委员会编.1992.镇康县志.成都:四川民族出版社
云南省镇沅彝族哈尼族拉祜族自治县志编纂委员会编.1995.镇沅彝族哈尼族拉祜族自治县志.昆明:云南人民出版社
云县地方志编纂委员会编.1994.云县志.昆明:云南人民出版社
云霄县地方志编纂委员会编.1999.云霄县志.北京:方志出版社
云阳县志编纂委员会编.1999.云阳县志.成都:四川人民出版社
增城市地方志编纂委员会编.1995.增城县志.广州:广东人民出版社
张荣祖,等著.1997.中国哺乳动物分布.北京:中国林业出版社
张维宾,等.2009.重庆奉节天坑地缝自然保护区动植物资源调查.安徽农业科学,37(3):1 255～1 256
漳平市地方志编纂委员会编.1995.漳平县志.北京:生活·读书·新知三联书店
漳浦县地方志编纂委员会编.1998.漳浦县志.北京:方志出版社
昭平县志编纂委员会编.1992.昭平县志.南宁:广西人民出版社
昭通地区地方志编纂委员会编纂.1997.昭通地区志.昆明:云南人民出版社
诏安县地方志编纂委员会编.1999.诏安县志.北京:方志出版社
浙江省博物馆自然组.1978.河姆渡遗址动植物遗存的鉴定研究.考古学报(1):95～107
浙江省淳安县志编纂委员会编.1990.淳安县志.上海:汉语大词典出版社
浙江省龙游县志编纂委员会编.1991.龙游县志.北京:中华书局
浙江省鄞县志编纂委员会编.1996.鄞县志.北京:中华书局
镇巴县地方志编纂委员会编.1996.镇巴县志.西安:陕西人民出版社
政和县地方志编纂委员会编.1994.政和县志.北京:中华书局
芷江侗族自治县志编纂委员会编.1993.芷江县志.北京:生活·读书·新知三联书店
中共宣威市委史志办公室编纂.1999.宣威市志.昆明:云南人民出版社
《中国城市综合实力五十强丛书·杭州市》编委会编.1994.杭州志.北京:中国城市出版社
中国社会科学院考古研究所编辑.1980.殷墟妇好墓.北京:文物出版社
中山市地方志编纂委员会编.1997.中山市志.广州:广东人民出版社
钟山县志编纂委员会编.1995.钟山县志.南宁:广西人民出版社
资溪县地方志编纂委员会编.1997.资溪县志.北京:方志出版社
紫金县地方志编纂委员会编.1994.紫金县志.广州:广东人民出版社
遵义市志编纂委员会编.1998.遵义市志.北京:中华书局

第十三章

熊科的分布变迁

熊类属于哺乳纲 Mammalia 食肉目 Carnivora 犬形亚目 Caniformia[①] 之一科。

我国是熊类动物资源最丰富的国家之一，就现生熊科而言，还有 3 种，即棕熊(*Ursus arctos*)、黑熊(*Ursus thibetanus*)、马来熊(*Helarctos malayanus*)。熊类是大、中型食肉动物，处于食物链顶层，不仅在生态、环境方面具有重要意义，而且与人类的生活、生产、医药、文化等密切相关。由于自然与人类多方面因素，造成熊类资源储量减少，我国已将黑熊与棕熊列为国家二级重点保护野生动物，将数量更为稀少的马来熊列为国家一级重点保护野生动物。

现有证据表明，古人对熊类资源的认识与开发利用可以追溯到 6 000 多年前，但由于古人对熊类的分类、记载不同于今(但可归并为熊科)，出现的别称甚多，且现生 3 种熊在地理分布上存在重叠(或同域)分布现象，就目前的研究能力，仅能将晚近时期的熊科进行大体区分。故本文将前期的熊科一般简称为"熊"。

1 熊科的概况

全球现生熊科有 6 种(棕熊、美洲黑熊、北极熊、亚洲黑熊、懒熊、马来熊)，我国占 1/2。它们的体躯粗壮、肥硕，吻部较长，尾极短小；四肢粗强有力，前、后肢均具五趾，蹠行性，以整个足掌着地而行；毛被厚密，多数全身毛色一致，是食肉兽中属杂食性的大、中型食肉动物(最偏向草食性)。

1.1 棕熊

棕熊有罴、熊、人熊、马熊、狗熊、灰熊、红熊、雪熊、马驼、哈熊、藏熊、貑熊、藏马熊、豺狗儿、昂宜(满语)、昂宜肤戈(满语)、昂那宜戈(满语)、呼仁一巴戗勃盖(蒙语)、折蒙(藏语)、哈喇古啰苏(北疆)、爱伊克(南疆)、折冬(门巴语)等别称。

棕熊(图 13.1～图 13.12)的体形较大，体长 1.7～2.8 m，体重 150～230 kg(有的达 400 kg 以上)，雌性较小。头阔而圆；吻部较长，向前突出，牙齿大但不尖锐；鼻阔，末端裸出，鼻孔大而略侧扁；眼较小；耳小而上部稍圆，长 8～12 cm，内外被有长而蓬松柔软的毛，耳毛下坠成穗状，使小耳若隐若现，可活动。肩部显著隆起，腰部粗壮。四肢粗键，前后足均具五趾；爪大而弯曲，不能伸缩。尾短，有 8～14 cm 隐于毛下。

棕熊的毛被每年脱换一次，换毛期早晚有差异，依当地自然条件和该兽的年龄、健康状况而异。体毛毛色多变，呈棕黑色或浅黄色与棕黑色相混杂。头部毛色略浅，稍带褐色，毛基部暗棕色至毛端近黑色。体背部的部分毛尖为棕黄、棕色，绒毛为暗棕色。白斑自幼就有，也是熊科区

① 有分类体系将陆生的食肉目置于裂脚亚目 Fissipedia。

分的显著标志之一：胸部有一宽大的白斑，两端向上达到肩前，在肩部分出一支浅黄色毛，稍延长达到颈后侧。

棕熊多晨昏外出活动。它们的听觉较迟钝，但嗅觉十分灵敏，尤其对人类的气味更为敏感，顺风时可在 1 000 m 外发现人；视力也很好，捕鱼时能够看清水中的鱼类。动作看似笨拙，平时行走缓慢，呈摇摆前进；但在紧急时，则变换步法，跑起来可达 40～50 km/h；带仔的母兽被追赶时，跑一段便会直立行走一段回望幼仔。棕熊既能上树，也会游泳，善在湍急的河水中捕鱼。它们没有固定的栖息场所，性情孤独，除了繁殖期和抚幼期外，多单独活动，母兽则带幼仔一起活动。棕熊有冬眠习性，但时间因地域或具体情况（体质、性别、年龄、严寒持续时间等）而异，多在向阳险峻的山崖、僻静的山坡、大树根际筑洞，或选择枯树洞；洞穴内通常仅 1 只棕熊独居，但尚未独立生活的幼仔则与母兽同居一洞内。个别棕熊个体并不冬眠。

棕熊是广布型物种，可以栖息在暗针叶林、草原、草甸、灌丛、裸岩或荒漠等多种生态环境中，常在向阳的沟谷、山坡活动。它们的食物组成多样：植物中的青草（主要是双子叶植物）、嫩芽、根、茎、果实，动物中的鱼、蛙、鸟卵、小型哺乳动物（鼠兔、旱獭、有蹄类幼仔等）以至有蹄类的活物或尸体等皆可。

图 13.1　棕熊头部①

图 13.2　前俯视②

图 13.3　漫步在裸岩上③

图 13.4　行进在荒野中④

①http://www.jj20.com/bz/dwxz/fldw/3152_6.html

②http://baike.baidu.com/picview/19053/19053/2589769/29381f30e924b899f91c80cd6e061d950a7bf627.html#albumindex=0&picindex=17

③http://baike.baidu.com/picview/19053/19053/2589769/9c16fdfaaf51f3de71c3409194eef01f3b2979d6.html#albumindex=0&picindex=35

④http://www.jj20.com/bz/dwxz/fldw/3152_7.html

图 13.5　母与仔①

图 13.6　趴伏②

图 13.7　幼仔③

图 13.8　怀抱中④

图 13.9　伉俪并行⑤

图 13.10　捕鱼⑥

①http://zt-hzrb. hangzhou. com. cn/system/2012/09/20/012108453. shtml

②http://www. cbs. travel/web/zjcbs_pic_xx. aspx? moduleid=59&id=286&islid=&child_moduleids=

③http://www. jj20. com/bz/dwxz/fldw/3152_8. html

④http://zt-hzrb. hangzhou. com. cn/system/2012/09/20/012108453. shtml

⑤http://baike. baidu. com/picture/19053/19053/129028/c8177f3e6709c93d12b667709f3df8dcd00054f4? fr=lemma # aid=734912&pic=0b46f21fbe096b63958988d60c338744eaf8aca0

⑥http://baike. baidu. com/picture/19053/19053/129028/c8177f3e6709c93d12b667709f3df8dcd00054f4? fr=lemma # aid=2589769&pic=b999a9014c086e064921c1be02087bf40bd1cbbe

图 13.11　显露白斑①

图 13.12　出没针叶林②

随着气温转暖，棕熊开始发情，雄兽发出断断续续的叫声，追随雌兽；有时数只雄兽追随 1 只雌兽。交配后，雌雄兽便各自分离。雌兽孕期 7～8 个月，在冬眠洞内产仔，一窝可产 1～3 仔，由雌兽精心照料。

初生棕熊幼仔重约 500 g，耳目全闭，约 1 月龄时才睁眼，体被灰色稀疏短毛，多数在颈部有白色领斑。幼仔到秋季食物丰富时开始断奶，随母兽采食动植物。待雌兽再发情时，就将幼兽赶走。幼仔特别喜欢直立行走，活泼可爱，互相之间常常游戏、打闹。4～6 岁年龄棕熊开始发情，但雄性的性成熟较晚③。

棕熊的寿命较长，通常达到 30～40 年。

我国现生棕熊有 3 个亚种：① 天山亚种（*Ursus arctos issabellinus*），个体比青藏亚种略小，毛色淡；模式产地：帕米尔山区（1924），标本得自新疆。②青藏亚种（*Ursus arctos pruinosus*），个体略大于天山亚种，但明显小于东北亚种，毛色以棕褐、黑褐为主，颈部白色领斑明显；模式产地：西藏拉萨（1853）。③东北亚种（*Ursus arctos lasiotus*），个体很大，毛被颜色有变异，多为棕黑色，偶有棕黑色个体，颈部白斑见于幼兽；模式产地：中国北部（1867），分布于内蒙古、吉林、黑龙江（寿振黄，1962；高耀亭等，1987；刘务林，1996）。

1.2　黑熊

黑熊（图 13.13～图 13.24）有狗熊、狗驼、扒岩、黑子、老熊、中熊、狮熊、猪熊、家熊、黑瞎子、熊瞎子、乌黑子、月牙熊、狗驼子、黑娃子、喜马拉雅熊、敖宜（满语）、敖宜木戈（满语）、敖木宜戈

①http://baike.baidu.com/picture/19053/19053/129028/c8177f3e6709c93d12b667709f3df8dcd00054f4? fr=lemma#aid=912907&pic=500fd9f9d72a60594a00359c2834349b033bba20

②http://baike.baidu.com/picture/19053/19053/129028/c8177f3e6709c93d12b667709f3df8dcd00054f4? fr=lemma#aid=519041&pic=aec379310a55b319d0f877f343a98226cffc1736

③棕熊. http://baike.baidu.com/link? url=kFHxCFfCu4cvcSgLMXZISrd8cyMrpV5LVmIf_Ek2ukdHBUwKlFZxOXFVcEiaaWpi5eQoH-MMEZL6j6VouaisSq

(满语)、哈日—巴吶勃盖(蒙语)、董(藏语)、欧木虾(门巴语)等别称。

黑熊的体形比棕熊稍小,通常体长 1.4～1.7 m,体重 120～160 kg,个别体重可达 200 kg,雌性较小。头部宽圆;吻部较短;鼻端裸露;眼较小;耳较大,长 10～12 cm,被有长毛,伸出头顶较显著。颈部短粗,肩不隆起。身体与四肢皆粗壮,前后足均肥厚,前足的腕垫宽大,与掌垫相连,掌垫与趾垫间有棕黑色、灰黑色短毛;后足蹠垫宽大肥厚,蹠垫与趾垫间也有棕黑色、灰黑色短毛;前后肢均具五趾,爪弯曲呈角黑色,前足爪长于后足爪。臀圆而大;尾很短,一般 7～8 cm。颊后及颈部两侧毛甚长,形成两个半圆形毛丛。

黑熊毛被每年更换一次,过程持续较长而缓慢。体毛黑色而富有光泽,因地域差异,毛长度有所区别。颈部两侧的毛特别长,形成簇状毛丛;胸部有一明显的“V”形白色或淡黄色斑。幼体毛色黑褐,头部颜色稍淡,四肢毛色较深,胸部的白斑也很明显。幼兽毛色较淡,体背部毛蓬松,棕黑色;胸部的白斑也很明显。

黑熊平时在白天活动,气温较高时改为晨昏活动,在秋季食物丰富时则昼夜采食。它们没有棕熊那样能够较长距离直立行走的能力。黑熊由于眼小,视觉较差,故称为黑瞎子;但嗅觉和听觉较灵敏,既能够游泳,也善于爬树,但幼体爬树较灵活,成体下树动作笨拙。黑熊行动较机警,一旦发现危险,则迅速逃离现场;如发现可疑动静,能站立环顾四周,然后迅速躲入较隐蔽地方。黑熊虽很少主动攻击人,但被伤害后也会疯狂反扑,甚至不惜与虎搏斗。除了冬眠和繁殖期外,它们没有固定巢穴。平时,黑熊雌雄各自单独活动,幼仔则由母兽照料,四处游荡觅食。除分布在温暖地区外,黑熊一般也有冬眠习性。不同于棕熊,黑熊冬眠多选择树洞,也有以干燥岩洞为冬眠场所的。通常,带仔的母兽入洞要早于成年雄兽。

黑熊是典型林栖动物,随季节变化,有垂直迁移习惯。它们也是杂食性动物,以植物性食物为主,既采食植物的芽、叶、茎、根、果实及菌类,也捕食甲壳、昆虫、鱼、鸟、啮齿、有蹄类等中小型动物或腐肉,尤喜摘食蜂蜜。

黑熊一般 4～5 岁性成熟,交配多在夏季。发情期,雄兽追随雌兽,寻找隐蔽平坦的山坡或溪流边的草坪上进行交配。雌兽孕期 6～7 个月,在冬眠洞穴内产仔,每胎 1～3 仔。

新生熊仔个体很小,双目紧闭,重约 250 g,由母兽独自哺育。幼仔断奶后,仍要跟着母兽一起生活到第二年夏季①。

图 13.13　黑熊头部②

图 13.14　捕鱼③

①亚洲黑熊. http://baike. baidu. com/link? url＝VlFUhpcwkkKEIKWvLvAxdvbOv37H2zcM1fpQUary6wRrm3rond_2mUMyYfqTeuJ9G4fsKfBYHPuYmFWGcVcqPlnjTf_FxQPoPmwegCtWXhMEtMP2WBn66zUMM-cOigoy05B-25Uy8GMlqWJIX_S5Q_

②http://www. huitu. com/photo/show/20111130/185439906107. html

③http://baike. haosou. com/doc/6313883-6527476. html? from＝165651&redirect＝merge

图 13.15　伉俪①

图 13.16　侧仰卧②

图 13.17　蹲立③

图 13.18　携仔漫步④

图 13.19　爬上树梢⑤

图 13.20　采食浆果⑥

①http://baike. baidu. com/picview/19080/11160730/934649/5fdf8db1cb134954da4210f9564e9258d0094acb. html # albumindex = 1&picindex=15

②http://www. nipic. com/show/1/9/8102063k889197ed. html

③http://www. goepe. com/news/view. php? id=28773

④http://www. quanjing. com/share/designrf1964428. html

⑤亚洲黑熊 Asiatic black bear. http://www. iltaw. com/animal/62

⑥黑熊摄影 jpg 图片素材. http://www. mypsd. com. cn/detail/? 2404633

图 13.21 攀上高枝①

图 13.22 争斗②

图 13.23 攀爬③

图 13.24 仰面朝天④

黑熊的自然寿命可达 30～50 岁。

我国现生黑熊有 5 个亚种：①指名亚种（*Ursus thibetanus thibetanus*），个体中等大，毛被短而稀，几无夏毛或甚稀少，胸斑大小有变异，呈“V”字形或“Y”字形，营夜出性生活，无冬眠习性；分布于云南与西藏。②喜马拉雅亚种（*Ursus thibetanus laniger*），被毛长而密；分布于西藏。③四川亚种（*Ursus thibetanus mupinesis*），个体略大于指名亚种，但小于东北亚种，毛被季节变化明显，亦有地区差异，胸斑较大，通常呈“V”字形，亦有“U”字形者；模式产地：四川穆平（现宝兴县，1901）；分布于陕西、甘肃、青海、四川、安徽、浙江、湖北、湖南、江西、贵州、广西、广东、福建等省区。④台湾亚种（*Ursus thibetanus formosanus*），个体较小，毛被较短而稀，但比指名亚种厚密，胸斑呈“U”字形或“Y”字形，无冬眠习性；模式产地：台湾（1864）；见于台湾、海南。⑤东北亚种（*Ursus thibetanus ussuricus*），为黑熊中个体最大者，毛被长而密，胸斑中等大，呈“V”字形，有冬眠习性；模式产地：乌苏里地区；见于黑龙江、吉林、辽宁，以往文献记载，曾在河北省采到过标本（寿振黄，1962；高耀亭等，1987；刘务林，1996）。

①http://www.quanjing.com/share/acp51612.html
②http://www.quanjing.com/share/sps647-2112.html
③http://fz.ifeng.com/news/photo/detail_2012_11/26/446027_0.shtml
④http://www.bbzhi.com/dongwubizhi/shijiegedidongwubizhidierji/down_46185_3.htm

1.3　马来熊

马来熊（图 13.25～图 13.40）有𤛑、狗熊、赤熊、小狗熊、小黑熊、太阳熊、耐力喀苏（藏语）、董穷、康儿拉欧木虾（门巴语）等别称。

马来熊是熊类中体形最小的种类，一般体长 1.0～1.5 m，体重 30～60 kg，最大 85 kg；雄兽个头比雌兽大 10%～20%。体形大小与藏獒相似，体态伶俐、矫捷，坐立时犹如黑色胖狗。头颈短圆；眼小；耳圆，较小，长 5～7 cm，位于头后部略下方；鼻镜及其附近的上唇全裸露，鼻尖与其后的毛区相接处无截然划齐的分界线；舌头很长，类食蚁的穿山甲、食蚁兽等。肩部与胸斑环抱的中央有毛旋。四肢健壮，前肢呈弓弯状；足掌粗厚无毛；脚爪转向内偏，前爪较后爪长大，各具五趾，指、趾突彼此间基部连以短蹼，较其他熊类灵活；尖利的爪钩呈镰刀型。尾略短于耳长。

马来熊身被油亮乌黑毛，短绒稀疏；夏季背毛长仅 1.4 cm，向前逐渐减短，至鼻尖附近，毛长不足 0.5 cm；肩部有一对称的毛旋；肩、颈和头顶被毛呈涡向前，可与其他熊类披向背后相区别；胸斑呈“U”形，白色或浅黄色；腰、臀部毛长约 1 cm；腹毛虽长达 4～5 cm，却较稀疏。

马来熊是林栖动物，酷爱居住在低洼地带茂密的热带、亚热带雨林、季雨林中，善于爬树，很大一部分时间是在离地 2～7 m 的树杈上度过的，包括睡眠和日光浴。它们行动敏捷，更喜欢在夜间出来活动，并不冬眠。因居住在炎热地带，食物来源一年到头都比较充足。马来熊是杂食性动物，植物的嫩芽、茎、叶、果实皆可食用，也会捕捉一些小型爬行类、鸟类、啮齿类动物，还食动物的腐肉，最常见的是蜜蜂和白蚁以及蚯蚓。一般来说，马来熊体小且胆小，但受到威胁则生性凶猛，对人有一定的危险性。

马来熊 3 岁性成熟，没有固定的交配季节，因为一年到头都可能有小熊降生。马来熊妊娠期为 3～4 个月，个别较长达到 7～8 个月，每胎生产 1～3 仔。新生的马来熊幼仔十分柔弱，体重只有 300 g 左右，全身也没有毛发，它们会和母兽一起生活到成年才会独立生活。

圈养情况下，马来熊的最长寿命大概有 24 年①。

我国现生马来熊仅有 1 个亚种，亦即指名亚种（*Helarctos malayanus*）（寿振黄，1962；高耀亭等，1987；刘务林，1996）。

图 13.25　马来熊上部正视②

图 13.26　马来熊上部侧视③

①马来熊. http://niaolei. org. cn/tag/马来熊；马来熊. http://baike. baidu. com/link? url＝_mfPSxyIMiJD1S7vJNteGzGT6vVSfYtuf4wowr18vqBIH31seFKOY5NGyw9BXrXf

②http://baike. baidu. com/picture/25272/25272/6622310/7aec54e736d12f2e1a2346734dc2d562853568fb. html? fr＝lemma&ct＝cover#aid＝6622310&pic＝7aec54e736d12f2e1a2346734dc2d562853568fb

③https://www. northrup. org/photos/sun-bear/

图 13.27 站立正视①

图 13.28 攀上枯木②

图 13.29 吐露长舌③

图 13.30 攫食鲜鱼④

图 13.31 枝头调情⑤

图 13.32 攀爬的幼兽⑥

①http://tu.itujie.com/rand? bd
②http://tieba.baidu.com/p/305026818
③http://nc.newssc.org/system/20120122/001445647.html
④http://baike.baidu.com/album/1461657/1461657#
⑤http://blog.sina.com.cn/s/blog_4c463b3901000cz6.html
⑥http://blog.sina.com.cn/s/blog_8d8bcdfb0101d4ds.html

图 13.33　枝丫上小憩①

图 13.34　啃咬枝叶②

图 13.35　树洞小憩③

图 13.36　守望④

图 13.37　恩爱⑤

图 13.38　交配⑥

①http://niaolei.org.cn/posts/6727

②http://baike.baidu.com/picture/25272/25272/6622310/7aec54e736d12f2e1a2346734dc2d562853568fb.html? fr=lemma&ct=cover#aid=6622310&pic=7aec54e736d12f2e1a2346734dc2d562853568fb

③http://bbs.zol.com.cn/dcbbs/d34019_47536.html

④http://jennysiemens.blog.163.com/blog/static/3334755220093309470451/

⑤http://www.joke98.com/qiwenyishi/qiqudongwu/20140829/288049.html

⑥http://www.lofter.com/tag/马来熊? page=2

图 13.39　初生幼仔①

图 13.40　教子②

2　熊科的遗存分布

我国地域辽阔，地貌形态多姿多彩，使得动物遗存也十分丰富。主要在半个多世纪以来出土的熊科遗存，就囊括从中新世至今，现生的棕熊、黑熊、马来熊及其祖先——在早、中中新世，以半熊(*Hemicgon*)为代表；晚中新世，以印度熊(*Indarctos*)为代表；上新世，则以郊熊(*Agriotherium*)为代表。

仅祖熊(*Ursavus*)，1980 年代以来，就在山东省临朐县(阎德发等，1983；邱占祥等，1985；邱占祥等，1986)、云南省禄丰县(祁国琴，1984；邱占祥等，1990)、甘肃省广河县(邱占祥等，2014)等地有所发现。尤其是广河县的戴氏祖熊(*Ursavus tedfordi*)不仅是目前发现与报道的最完整头骨③(图 13.41～图 13.45)，而且为现生熊类祖先中最晚和最进步的一个种，具有重大意义。

图 13.41　戴氏祖熊头骨化石及其头部复原(史勤勤绘)，背景为临夏盆地晚中新世的三趾马红土(邓涛摄)

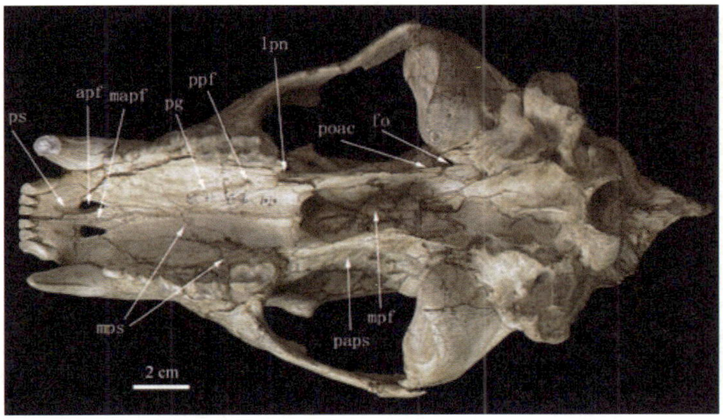

图 13.42　戴氏祖熊头骨腹面(邓涛)

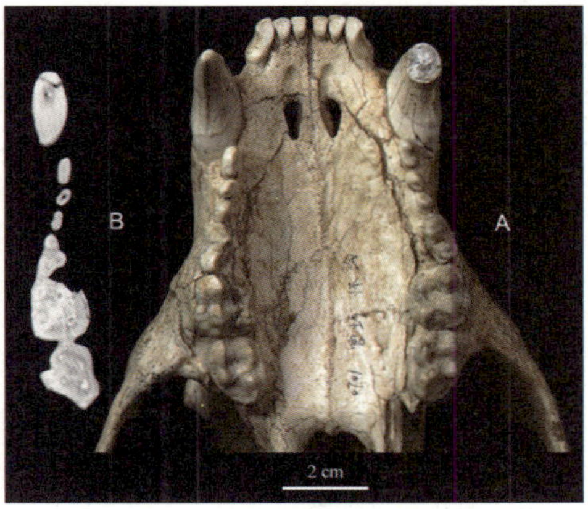

图 13.43　戴氏祖熊上颊齿(邓涛)

①http://www.wumii.org/

②http://baike.baidu.com/picture/25272/25272/6622310/7aec54e736d12f2e1a2346734dc2d562853568fb.html? fr=lemma&ct=cover#aid=6622310&pic=7aec54e736d12f2e1a2346734dc2d562853568fb

③古脊椎所发现现生熊类的最近祖先化石. http://www.cas.cn/ky/kyjz/201408/t20140805_4170871.shtml

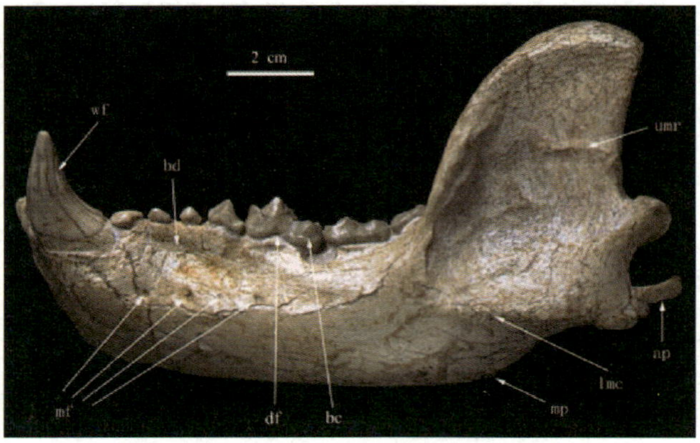

图 13.44 戴氏祖熊下颌骨侧面（邓涛）

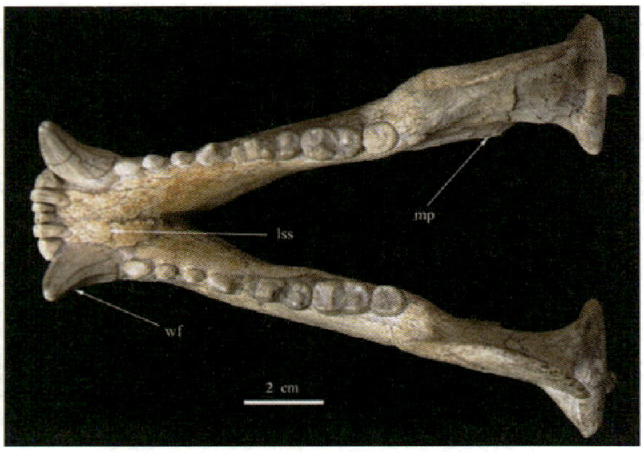

图 13.45 戴氏祖熊下颌骨冠面（邓涛）

经梳理不完全搜集到的 209 点熊科遗存（图 13.46、表 13.1），显示：

● 现有熊科遗存出现在大多数省级政区，基本上可以说我国远古时代，熊的分布十分广泛。

● 209 点熊科遗存中，既有一些存在同时代的水平分布，也有一些存在不同时代的垂直分布，故在地图上显示它们的分布地要少一些。

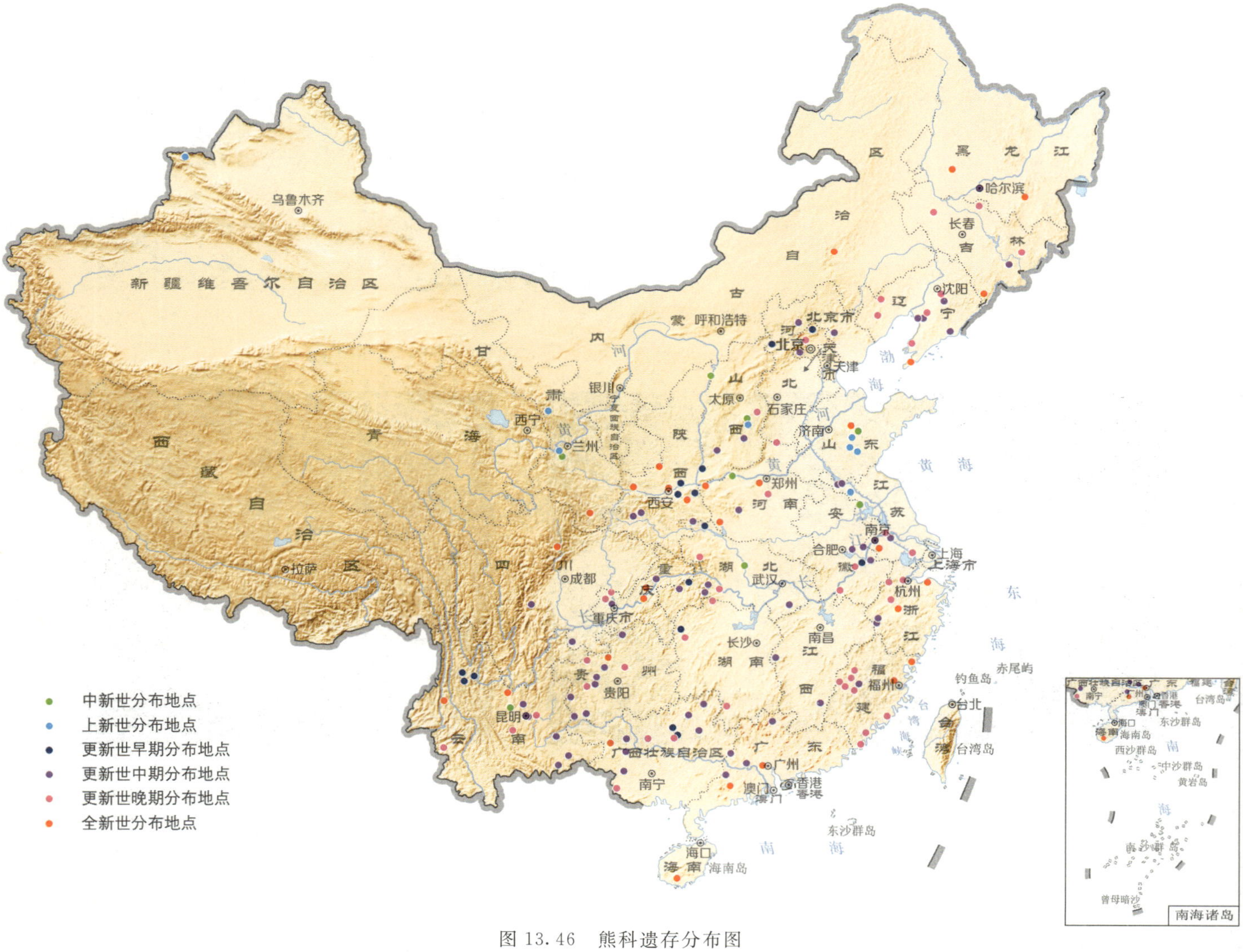

图 13.46 熊科遗存分布图

● 尽管现明确称为“祖熊”的仅见三地，但中新世的熊遗存达到八地（涉及华北、华东、中南、西南、西北），反映在猫科大型动物中，熊出现较早，也扩散较早。

● 从熊遗存出土整体看，较早主要分布于西部，然后向东扩散；向东北与东南的扩散则较晚。

● 直至更新世中期，东北的辽宁省、吉林省与黑龙江省，东南的江西省与福建省，华南的广东省等地才出现熊遗存。

● 直至全新世，更南部的海南省才有熊遗存出土。

● 熊遗存中，有相当一些仅鉴定到科；也有一些虽具体到种，但种名出现颇多异名；还有一些经过再研究，出现更名……故对已出土的动物遗存进行再清理、研究与确认的工作值得重视。

● 现生熊中，较明确的棕熊与黑熊遗存不少，马来熊仅见山西省武乡县[①] 1 处有布氏太阳熊（*Helarctos böckhi*）与其较为密切。相信在尚未鉴定出种的熊遗存中，会有马来熊遗存出现。

● 马来熊并非广布型物种，布氏太阳熊的分布纬度较现生马来熊高得多（当然其时代也早得多），分布变迁更为显著，值得探讨。

表 13.1　　熊科遗存分布概况

地区	省级政区	市、县、区	遗存地点	时期	物种	资料来源
华北	北京	房山区	周口店（第一地点，3、5、6、7、8～9、10～11 层）	中更新世中期—中更新世末期	棕熊、黑熊	H. D. 卡尔克等，1961；邱中郎等，1973
			周口店（第十三—二十一地点）	中更新世中期—中更新世末期	棕熊、黑熊	贾兰坡等，1959；赵资奎等，1960
			周口店（第二十七等地，田园洞）	更新世末期	黑熊	同号文等，2004；同号文等，2006
		昌平区	龙骨洞	晚更新世		黄万波，1981
		怀柔区	龙牙洞	早更新世		黄万波等，1983
	河北	阳原县	泥河湾村	早更新世—中更新世		胡长康等，1978；卫奇等，1985；泥河湾遗址群（网）
		赤城县	白河右岸	中更新统	棕熊	贾兰坡等，1957
		兴隆县	上窝铺乡北营房采石场	中更新世		王峰，1984
			营子煤矿柳河洞	更新世晚期		黄万波，1981
	山西	武乡县		早上新世	布氏太阳熊	中国科学院古脊椎动物与古人类研究所《中国脊椎动物化石手册》编写组，1979
		屯留县	余吾镇小常村	中更新世	黑熊	宗冠福，1981
		保德县	赵家沟	晚中新世	印度熊	邱占祥等，2003
		榆社县		晚中新世	印度熊	邱占祥等，2003
		和顺县	土岭乡当城村	晚更新世		吴志清，1989
		襄汾县	丁村	中更新世末期		陈铁梅，1984；丁村人（网）
		临猗县	潘侯村、梁家坡、浪店、吴王村、夏里村	早更新世		汤英俊等，1983
	内蒙古	林西县	新城子镇双井店村白音长汗遗址	新石器时代		内蒙古自治区文物考古研究所，2004；动物考古课题组，2011

① 承蒙邱占祥院士 2016 年 2 月 5 日赐教。

（续表）

地区	省级政区	市、县、区	遗存地点	时期	物种	资料来源
东北	辽宁	朝阳市	龙城区边杖子乡马山洞	晚更新世中—晚期	棕熊、黑熊	董为等，2009；傅仁义等，2009
		喀拉沁左翼蒙古族自治县	兴隆庄乡章京营子村帽儿山	中更新世		傅仁义等，1997
			鸽子洞遗址	晚更新世中期之末	棕熊	鸽子洞发掘队，1975；张镇洪，1981；傅仁义，1992
		本溪市	溪湖区三道岗	更新世晚期		魏海波，1986
		本溪满族自治县	山城子镇山城子村庙后山	旧石器时代	棕熊	张镇洪，1981；陈恩志，2004
		海城市	小孤山	晚更新世	棕熊	张镇洪等，1985
		东港市	前阳乡	旧石器时代	棕熊	陈恩志，2004
		大连市	旅顺口区铁山镇郭家村	全新世		傅仁义，1984
		瓦房店市	古龙山洞穴	晚更新世	棕熊	周信学等，1984；祁国琴，1989；尤玉柱等，1985
		营口市	百寨乡藏山洞穴	中更新世	棕熊	崔德文等，1994
		大石桥市	陈家堡	旧石器时代	棕熊	陈恩志，2004
			金牛山	中更新世晚期	棕熊	金牛山联合发掘队，1976；张镇洪，1981
	吉林	榆树市	周家油坊	更新世晚期		胡长康等，1978
		乾安县	大布苏泡子	晚更新世晚期	棕熊	汤卓炜等，2003
		集安市	洞沟古墓群禹山墓区	全新世	黑熊	吉林省文物考古研究所，2009
		抚松县	仙人洞	旧石器时代		陈恩志，2004
		安图县	安图县石灰厂	更新世晚期		姜鹏，1975
			明月镇石门山村	旧石器时代晚期	棕熊	姜鹏，1982
	黑龙江	哈尔滨市	顾乡屯	旧石器		陈恩志，2004
		海林市	细林河遗址	公元7～10世纪	棕熊	陈全家，2004
		安达市		全新世		安达市地方志办公室，1992
华东	江苏	南京市	葫芦洞大洞	中更新世中期	棕熊、黑熊	房迎三，2000；黄万波等，2012
			江宁区马鞍山	更新世晚期		房迎三，2000
		溧水县	神仙洞	全新世	棕熊	李炎贤，1980；房迎三，2000
		徐州市	白云洞	中更新世晚期		徐钦琦等，1997；房迎三，2000
		铜山县	大黑山	中更新世晚期	棕熊	林玉芬，1981；房迎三，2000
		睢宁县	凤凰山磷矿群	上新世	印度熊	黄万波，1979
			凤凰山磷矿群	更新世	棕熊	罗其湘，1978；房迎三，2000
		泗洪县	下草湾	中中新世		李传夔等，1983
		镇江市	丹徒区莲花洞	晚更新世	棕熊、黑熊	李文明等，1982；房迎三，2000
		丹阳市	剑齿象—熊猫动物群	中更新世		H. D. 卡尔克，1961
		苏州市	吴中区龙头山	晚更新世	棕熊、黑熊	房迎三，2000

（续表）

地区	省级政区	市、县、区	遗存地点	时期	物种	资料来源
	浙江	杭州市	余杭区凤凰山	更新世晚期		韩德芬等，1978
		临安市	西天目山华严洞	晚更新世	黑熊	张明华，1984
		建德市	上新桥乌龟洞	更新世晚期		黄正维等，1964；韩德芬等，1978
			莲花镇桑园	晚更新世		黄正维等，1964；韩德芬等，1978
			豪猪洞	晚更新世		韩德芬等，1978
		余姚市	河姆渡镇	近7000年	黑熊	浙江省博物馆自然组，1978
		衢州市	上方镇骆洞	更新世中—晚期		黄正维等，1964
		江山市	曹天坊村洞穴	中更新世		H. D. 卡尔克，1961
		金华市	双龙洞	全新世	黑熊	马安成等，1992
	安徽	芜湖县	石硊镇高山村金盆洞	中更新世晚期	棕熊、黑熊	刘金毅等，2006
		繁昌县	孙村镇人字洞	早更新世	小齿黑熊	金昌柱等，2000
		铜陵市	铜山镇铜山铜矿水泥厂	更新世晚期—晚更新世		叶元正等，1975
		居巢区	今岱山乡银山村	中更新世		许春华等，1982
		和县	龙潭洞“和县猿人”遗址	旧石器时代早期	棕熊	黄万波等，1981；黄万波等，1982；黄万波等，2012；龙潭洞“和县猿人”遗址项目简介（网）
		东至县	建新乡汪村石壳山（梅源山）华龙洞	晚更新世	棕熊	盛锦朝，2008；安徽省文物考古研究所等，2012
	福建	闽侯县	昙石山	新石器	棕熊	祁国琴，1977
		三明市	万寿岩船帆洞及支洞3处	中更新世晚期—全新世	黑熊	范雪春等，2006
		永安市	寨岩山	晚更新世	黑熊	杨启成等，1975
		明溪县	剪刀墘洞	晚更新世	黑熊	尤玉柱等，1996；范雪春等，2006
		清流县	龙津洞2号裂隙	晚更新世		尤玉柱等，1996
			龙津洞3号裂隙	晚更新世		尤玉柱等，1996
			狐狸洞	晚更新世	黑熊	尤玉柱等，1989；中国考古学会，1993；尤玉柱等，1996；范雪春等，2006
		宁化县	石子嵊洞、老虎洞	晚更新世	黑熊	尤玉柱等，1996；范雪春等，2006
		将乐县	岩仔洞（上层洞与下层洞）	晚更新世		尤玉柱等，1996；范雪春等，2006
		石狮市	台湾海峡中线以东	更新世晚期		范雪春等，2006
		漳浦县	兄弟岛周围的海底	更新世晚期		范雪春等，2006
		东山县	台湾海峡西部海域	更新世晚期		尤玉柱等，1995
		霞浦县	沙江镇黄瓜山遗址	全新世	黑熊	黄蕴平，2010
	江西	萍乡市	宣风镇竹山园洞	更新世中—晚期	黑熊	李家和等，1992
		会昌县	小密乡小密村万石坑	更新世中—晚期	黑熊	黄卫国等，1991

（续表）

地区	省级政区	市、县、区	遗存地点	时期	物种	资料来源
	山东	淄博市	临淄区桐林遗址	全新世		黄蕴平，2010
		临朐县	山旺镇	早中中新世	熊类化石（孔子犬熊、杨氏半熊、豺熊亚科）	阎德发等，1983；邱占祥等，1985；邱占祥等，1986
		沂源县	石龙洞	上更新统		尤玉柱等，1996
			土门镇芝芳村骑子鞍山	中更新统	棕熊、黑熊	徐淑彬，1986；吕遵谔等，1989；尤玉柱等，1996
		蒙阴县	仙人洞	上更新统		尤玉柱等，1996
			巨山	上更新统		尤玉柱等，1996
		沂南县	马牧池乡双泉西山	中上新世	沂南熊	李亦征，1993；邱占祥等，2009
中南	河南	新密市	新砦遗址	全新世	黑熊	黄蕴平，2010
		灵宝市	阳平镇西坡村	新石器时代		动物考古课题组，2011
		新安县	陈家湾	晚中新世	印度熊	邱占祥等，2003
		安阳市	小南海旧石器时代洞穴遗址	晚更新世		安志敏，1965；周本雄，1965；陈铁梅，1984
			殷墟	商朝中晚期		德日进等，1936；杨钟健等，1949
		许昌县	灵井镇	晚更新世早期	棕熊、黑熊	李占扬等，2007
		南召县	云阳镇杏花山	中更新世	棕熊	邱中郎等，1982
		淅川县	下王岗遗址	仰韶文化中期	黑熊	贾兰坡等，1977；河南文物考古研究所等，1989
	湖北	郧县	梅铺杜家沟的龙骨洞	早更新世		王善才，1976
		郧西县	神雾岭白龙洞	中更新世早期		武仙竹等，2009
			黄龙洞古人类遗址	更新世晚期	黑熊	武仙竹等，2007
		钟祥市		早中中新世	杨氏犬熊	邱占祥等，1986
		通山县	黄沙铺镇大地村	中更新世		卡尔克，1961
		宜都市	枝城镇九道河村	晚更新世早期	黑熊	李天元，1990；刘德银等，2001
		长阳土家族自治县	下钟家湾龙洞	中更新世		贾兰坡，1957；卡尔克，1961
			庄溪镇鲢鱼山	旧石器时代	黑熊	湖北省清江隔河岩考古队等，2004
			渔峡镇龙池村	旧石器时代	黑熊	湖北省清江隔河岩考古队等，2004
			原柘坪乡桅杆坪遗址	全新世	黑熊	陈全家等，2004；湖北省清江隔河岩考古队等，2004
			津洋口镇西寺坪大溪文化遗址	全新世	黑熊	陈全家等，2004；湖北省清江隔河岩考古队等，2004
			资丘镇水莲村沙嘴	全新世	黑熊	陈全家等，2004；湖北省清江隔河岩考古队等，2004
			渔峡口镇香炉石遗址	全新世	黑熊	陈全家等，2004；湖北省清江隔河岩考古队等，2004

（续表）

地区	省级政区	市、县、区	遗存地点	时期	物种	资料来源
		五峰土家族自治县	长乐坪镇	更新世中—晚期		邱中郎等，1961
		神农架林区	犀牛洞	晚更新世早期	黑熊	武仙竹，1998
		恩施市	鲁竹坝村	更新世中—晚期		邱中郎等，1961
		建始县	高坪镇金塘湾村巨猿洞	早更新世早期		湖南省文物考古研究所等，1994；郑绍华，2004；裴树文等，2010
			花坪镇	更新世中—晚期		邱中郎等，1961
	湖南	石门县	皂市镇风堡岭燕儿洞（燕尔洞）	晚更新世的晚期		袁家荣等，1994；石门人（网）
		道县	乐福堂乡塘贝村福岩洞	晚更新世	黑熊	陈醒斌，1986；李意愿等，2013
		吉首市	螺丝旋山洞	晚更新世		王令红等，1982a
		保靖县	（龙溪公社要坝大队）洞泡山	早更新世晚期	黑熊	王令红等，1982a
	广东	韶关市	曲江区“马坝人”遗址	中更新世	黑熊	卡尔克，1961；刘昌芝，1962；宋方义等，1985
		佛山市	顺德区	西汉前期	黑熊	王将克，1978
		肇庆市	剑齿象—熊猫动物群	中更新世		卡尔克，1961
		封开县	狮子岩黄岩洞	中更新世		黄万波，1963
			狮子岩黄岩洞（再次）	晚更新世		宋方义等，1981
			渔涝区河儿口村峒中岩	晚更新世	黑熊	邱立诚，1986
			罗沙岩	晚更新世	黑熊	张镇洪，1994
		罗定市	大岩	中更新世		黄万波，1963
			苹塘区下山洞	晚更新世晚期	黑熊	黄万波等，1988
			金鸡区饭甑山岩洞	旧石器时代晚期	黑熊	宋方义等，1989
		阳春市	陂面镇六村岗独石仔洞穴遗址	全新世	黑熊	邱立诚等，1980
	广西	桂林市	北新开村	中更新世		卡尔克，1961
			宝积岩洞	晚更新世		王令红等，1982b
			沙河上村壶背山	晚更新世		顾玉珉等，1986
			象山区甑皮岩	更新世晚期		袁靖等，2003
		兴安县		中更新世		裴文中，1960
		荔浦县	栗木乡栗山村	更新世中—晚期		吴新智等，1962
		柳州市	笔架山	更新世早—中期	黑熊	韩德芬，1975
			都乐熔岩（洞）群	晚更新世中期		易光远，1976
			东方红公社（柳东乡）	晚更新世		王令红等，1976
		柳江县	新兴农场	更新世晚期		吴汝康，1959
			土博镇四案村咁前洞	更新世晚期		李有恒等，1984
		柳城县	楞寨山硝岩洞	更新世初期		裴文中等，1958
			新社冲村巨猿洞	中更新世		卡尔克，1961；裴文中，1960

（续表）

地区	省级政区	市、县、区	遗存地点	时期	物种	资料来源
		凭祥市	铁路机务段后	晚更新世		顾玉珉等，1986
		大新县	牛睡山黑洞	中更新世	黑熊	裴文中，1960；卡尔克，1961；韩德芬，1982
			下雷镇马鞍山	晚更新世		顾玉珉等，1986
		右江区	百色镇革新桥遗址	全新世		宋艳波等，2010
		田东县	雾云山	中更新世或晚更新世早期	黑熊	陈耿娇，2002
			祥周镇定模洞	更新世晚期		李有恒等，1985
		巴马瑶族自治县	（所略公社那合村）	更新世中期		张银运等，1975
		都安瑶族自治县	地苏乡九愣山	晚更新世	黑熊	赵仲如等，1981
			加贵乡	更新世晚期		广西壮族自治区博物馆，1973
			仙山	晚更新世		吴茂霖等，1976
	海南	三亚市	落笔洞	全新世	黑熊	郝思德等，1994
西南	重庆	沙坪坝区	歌乐山	中更新世		卡尔克，1961
			歌乐山龙骨洞	晚更新世	黑熊	罗伦德，1984
		万州区	盐井沟村	中更新世	黑熊	卡尔克，1961
		合川区	三汇坝牛尾洞	晚更新世	黑熊	罗伦德，1984
		铜梁县		晚更新世—全新世		张森水等，1982
		丰都县	高家镇玉溪遗址	全新世	黑熊	黄蕴平，2010
		忠县	瀿井沟	公元前3000年—秦代		傅罗文等，2006
	四川	筠连县	政治乡灯杆洞	中更新世—晚更新世	黑熊	王正新，1991
		汉源县	富林镇	旧石器时代		张森水，2002
		茂县	凤仪镇营盘山	全新世	黑熊	黄蕴平，2010
	贵州	开阳县	哨上镇打儿窝遗址	晚更新世		贵州省文物考古研究所，2013
		盘县	十里坪大洞	中更新世后期—晚更新世	黑熊	斯信强等，1993；张镇洪等，1997
		六枝特区	桃花山山洞	晚更新世		曹波，1984
		桐梓县	九坝镇柴山岗南坡	中更新世—晚更新世		吴茂霖等，1975
			马鞍山南洞	晚更新世后期		黄泗亭等，1992
		普定县	白岩脚洞	更新世中—晚期		李炎贤等，1986
			后寨乡新寨村穿洞	晚更新世中—晚期	黑熊	张森水，1995
		毕节市	海子街乡周家桥村扁扁洞	晚更新世早期	黑熊	蔡回阳等，1991
		黔西县	观音洞遗址	更新世中—晚期		观音洞文化遗址（网）

（续表）

地区	省级政区	市、县、区	遗存地点	时期	物种	资料来源
		金沙县	石场乡石灵山	全新世		金沙县（网）
		织金县	洞穴堆积	中更新世		卡尔克，1961
		兴义市	丰都乡云脚寨张洞	旧石器晚期		贵州省博物馆，1990
		安龙县	五台乡平广寨观音洞	旧石器晚期		贵州省博物馆，1990
	云南	昆明市	花红洞一号洞	更新世中期或晚期		张兴永，1973
			阿拉区野猫洞	旧石器时代		胡绍锦，1985
		呈贡县	龙潭山“昆明人”遗址（下层）	中更新世		胡绍锦.1977；龙潭山昆明人遗址（网）
		富民县	河上洞	更新世中一晚期		Yong，1932；Teilhard，1938；卡尔克，1961
		宜良县	九乡张口洞	晚更新世一早全新世	黑熊	胡绍锦，1995
		峨山彝族自治县	塔甸乡老龙洞	更新世晚期	黑熊	白子麒，1998
		隆阳区	蒲缥镇塘子沟遗址	全新世		云南省博物馆，1990
		沧源佤族自治县	勐省镇硝洞	晚更新世后期或末期	黑熊	张兴永，1984
		洱源县	（巡检、三营公社）	早更新世和中更新世		苏民，1983
		剑川县	（甸南、沙溪、上兰公社）	早更新世和中更新世		苏民，1983
		鹤庆县	（城关公社）	早更新世和中更新世		苏民，1983
		元谋县	莲花村大墩子	全新世		张兴永，1973
		禄丰县	禄丰古猿地点	晚中新世	祖熊	祁国琴，1984；邱占祥等，1990
		西畴县	仙人洞	更新世中一晚期		张兴永，1973；陈德珍等，1978
		马关县	九龙口洞穴	旧石器时代	黑熊	陈德珍等，1978
		丘北县	锦屏镇黑箐龙村大龙山洞	旧石器时代		卡尔克，1961
西北	陕西	西安市	临潼区康家遗址	全新世	黑熊	西安半坡博物馆，1985；刘莉等.2001
			临潼区姜寨遗址	全新世	黑熊	西安半坡博物馆等，1988；祁国琴，1988
		蓝田县	公王岭	早更新世	似埃楚斯堪熊	周明镇，1965；吴新智等，1966
			金山九浪沟、厚镇刘家坪、涝池河沟	早更新世		计宏祥，1975
			锡水洞	中更新世	黑熊	李传令等，1999
		临渭区	阳郭镇西岔湾	早更新世		计宏祥，1975
		旬邑县	下魏洛村	全新世		西北大学文化遗产与考古研究中心，2006

（续表）

地区	省级政区	市、县、区	遗存地点	时期	物种	资料来源
		宝鸡市	金台区北首岭遗址	全新世		中国社会科学院考古研究所，1983
			关桃园遗址	全新世	黑熊	陕西省考古研究院等，2007；胡松海等，2007
		城固县	（保山人民公社芦家坡生产队）	更新世中期		李有恒，1962
			大盘乡五里坝村	更新世中期		李有恒，1962
		洋县	倪家大坝沟村	中更新世		汤英俊等，1987
		商州区	东龙山遗址	全新世		陕西省考古研究院等，2011
		洛南县	龙牙洞	早更新世晚期	埃楚斯卡熊（相似种）	薛祥煦等，1999
	甘肃	天祝藏族自治县	松山镇	中上新世	拉氏印度熊	郑绍华，1982
		武都区	李家坪遗址	全新世	黑熊	黄蕴平，2010
		广河县	官坊乡槐沟村	中上新世	戴氏祖熊	邱占祥等，2014
		东乡族自治县	龙担哺乳动物群	上新世		邱占祥等，2009
	新疆	温泉县	大库斯台	上新世	印度熊	李传夔等，1964

注："物种"栏中未列种名者，乃原文虽以"熊"称，但并不明确而规范。

3　古人对熊科的认识

古人对于大型食肉动物熊的认识，至少可以追溯到渔猎时代，但目前有确切证据的也到了农耕时代。

湖北省长阳土家族自治县原柘坪乡赵家湾二组清江南岸河旁台地上，1991～1992 年 2 次发掘出土工艺品 5 件，其中有石墨制成的狗熊 1 件（长 7.9 cm、身宽 3.5 cm）（图 13.47、图 13.48），通身打磨，有光亮。左侧和腹前部有刻饰条形纹，腹中部有一"心"形和"八"字形刻划纹。眼睛和耳朵均用凸起一点以表现，只是耳朵上有一小凹点以表现耳窝。整个石质狗熊，设计巧妙，制作精致，艺术表现逼真，形态栩栩如生，有较高的工艺和欣赏价值。据考证，其年代为大溪文化（公元前 4400～前 3300 年）早期遗物。尤其是同期出土的动物遗骸中就有黑熊（湖北省清江隔河岩考古队等，2004）。由此 6 000 年前的遗物，反映当时先民就对周围生息繁衍的黑熊比较熟悉。

图 13.47　石墨狗熊（侧视）

图 13.48　石墨狗熊（俯视）

河南省安阳市境内妇好(商代第二十三代王武丁配偶之一)墓保存完好,随葬品极为丰富,共出土青铜器、玉器、宝石器、象牙器等不同质地的文物 1 928 件,其中各种动物形玉饰有神话传说的龙、凤,有兽头鸟身的怪鸟兽,大量的是仿生的各种动物形象,以野兽、家畜和禽鸟类为多,如虎、熊、象、猴、鹿、马、牛、羊、兔、鹅、鹦鹉等,也有鱼、蛙和昆虫类。所见其中 3 件玉熊(图 13.49)墓葬推断为公元前 13 世纪末～公元前 12 世纪前期(中国社会科学院考古研究所,1980)。

图 13.49　玉熊(妇好墓)

公元前 3 世纪成书的《周礼·秋官司寇·司隶》记述:

穴氏掌攻蛰兽,各以其物火之,以时献其珍异皮革。

按:意即,穴氏负责猎捕冬季蛰伏的野兽(包括熊罴之类),在洞穴外烧烤它们各自喜欢吃的食物,用食物的香味引诱它们出来,然后捕获。适时进献可供膳用的珍馐美味或珍贵的毛皮。

《诗经》中多处提及熊,如:

维熊维罴,维虺维蛇;大人占之:维熊维罴,男子之祥《小雅·斯干》。

舟人之子,熊罴是裘《小雅·大东》。有熊有罴,有猫有虎;罴有黄罴,有赤罴,大于熊。其脂如熊白而粗理,不如熊白美也《大雅·韩奕》。

按:所谓“熊”,指今黑熊;所谓“罴”,指今棕熊。

《尔雅·释兽》称:

熊,虎丑,其子狗,绝有力麙。

罴,如熊,黄白文。

魋,如小熊,窃毛而黄。

按:此处却区分出 3 种熊:

①“熊”,属于虎类,有力。乃指今黑熊。

②“罴”,郭璞注:“似熊而长头高脚,猛憨多力,能拔树木,关西呼曰貑罴。”据此,侧重指今棕熊。

③“魋”(tuí),郭璞注:“今建平山中有此兽,状如熊而小。毛粗浅赤黄色,俗呼为赤熊,即魋也。”《康熙字典》称:“〔古文〕䨥《集韻》《韻會》●胡弓切,音雄。”马来熊是熊类中最小者,偶有色浅黄色者(见图 13.30)。

(汉)许慎《说文解字》诠释:

熊:兽,似豕。山居,冬蛰。从能,炎省声。凡熊之属皆从熊。

罴:如熊,黄白文。从熊,罢省声。

按:此处寥寥数语,点出黑熊与棕熊的特点。

(三国吴)陆玑《毛诗草木鸟兽虫鱼疏》描述:

熊:能攀缘,上高树,见人则颠倒自投地而下。冬多入穴而蛰,始春而出。脂谓之熊白。

按:此说,多为古人引述黑熊。

魏晋以前,古人席地而坐,王室贵胄之家,虽备有低矮的长条形榻或正方形枰,上面也要铺席。有的床上置帷帐,帷帐四角也常用镇来压住。故席帐镇当时已被人们广泛使用,不仅从文献记载上可获知①,就是春秋战国时实物遗存也有出现。至西汉时,镇的使用及制作都达到了鼎盛时期,河北满城汉墓曾出土铜坐人像镇和错银铜豹镇,系压帷帐或席角之用镇,除了实用功能以外还带有辟邪祛恶的作用。1952 年,安徽省合肥市出土一套鎏金熊青铜席镇(图 13.50)(现藏安徽博物院)②。熊自古就被视为吉祥的动物,汉代工匠把这套鎏金熊形青铜镇处理得蹲屈状,使其重心向下,实用性强;憨态可掬的动态,惟妙惟肖地展现了熊的可爱,增添了活泼气氛。

图 13.50　鎏金熊形青铜镇

①如孔子就严守“席不正不坐”的准则。为保持席正,也需压以重物。又如《史记》中记载,商鞅第二次拜见秦孝公,阐述自己的变法方略。孝公听得入了迷,不知不觉地向对方靠拢,以至于膝盖超出了自己席子的边缘,席子当然也随着移动了。

②呆萌动物席镇:古人玩室内装饰有一手. http://www.cnarts.net/cweb/news/read.asp? id=336949&kind=nDARA8

陕西省神木县的汉代画像石墓中有一门楣画像，正中刻绘有一直立的熊（图 13.51、图 13.52）：张口，竖耳，怒目圆睁；右前足作推掌状，左前足作曲举状；两后足呈弓步；夸张的长尾弯曲成“S”形。熊的鬓角与身上刻有阴线，并以墨线勾绘，以示被毛。熊的眼、耳及口部均涂有红彩。在熊的左右分别刻有牛首、人身怪兽和鸟首、人身怪兽（陕西省考古研究所等，2001）。正由于刻画工匠对熊的形态与习性熟悉，才可较准确刻画出呼之欲出的熊。

图 13.51　立熊（神木汉墓门楣局部）

图 13.52　神木汉墓门楣拓片

（明）李时珍《本草纲目·兽部》记述：

熊（《本经》上品）

【释名】时珍曰：熊者，雄也。熊，字篆文，象形。俗呼，熊为猪熊，罴为人熊、马熊，各因形似以为别也。《述异记》云：在陆曰熊，在水曰能（即鲧所化者）。故熊字从能。《续搜神记》云：熊居树孔中，东土人击树，呼为“子路”则起，不呼则不动也。又狒狒亦名人熊，见本条。

【集解】《别录》曰：熊生雍州山谷。十一月取之。

弘景曰：今东西诸山县皆有之，自非易得。

颂曰：今雍、洛、河东及怀庆卫山中皆有之。形类大豕，而性轻捷，好攀缘。上高木，见人则颠倒自投于地。冬蛰入穴，春月乃出。其足名蹯，为八珍之一，古人重之，然之难熟。熊性恶盐，食之即死（出《淮南子》）。

时珍曰：熊如大豕而竖目，人足，黑色。春夏膘肥时，皮（浓）［厚］筋驽，每升木引气，或堕快，俗呼跌膘，即《庄子》所谓熊经鸟申也。冬月，蛰时不食，饥则舐其掌，故其之熊蹯。其行山中，虽数十里，必有伏之所，在石岩枯木，山中人谓之熊馆。刘敬叔《异苑》云：熊性恶秽物及伤残，捕者置此物于穴，则合穴自死。或为棘刺所伤，出穴爪之，至骨即毙也。陆佃《埤雅》云：其胆春近首，夏在腹，秋在左足，冬在右足。熊、罴皆壮毅之物，属阳，故《书》以喻不二心之臣，而《诗》以为男子之祥也。

【附录】罴、魋（音颓）。时珍曰：熊、罴、魋：三而色黄白者，罴也；小而色黄赤者，魋也；头长脚高，猛憨多力，能拔树木，熊。罗愿：其白如熊白，而理粗味减，功用亦同。

按：此中虽存不实瑕疵（如《埤雅》所述）与前人矛盾处（如“附录”中的“罴”与“熊”），但内容丰富，涉及 3 种熊（侧重于棕熊与黑熊）的称谓、形态、生态、习性、分布、作用等。

清乾隆年间的《兽谱》由宫廷画家余省、张为邦奉旨按照《古今图书集成·禽虫典》中百兽的形象绘制，傅恒、刘统勋、兆惠、阿里衮、刘纶、舒赫德、阿桂、于敏中跋，现编成《清宫兽谱》（袁杰等，2014），其中有几幅熊图（图 13.53～图 13.57），虽存瑕疵（如尾长等），但基本反映了清初人们对熊的认识。

图 13.53　《清宫兽谱》熊(黑熊)

图 13.54　《清宫兽谱》青熊(似黑熊)

图 13.55　《清宫兽谱》罴(棕熊)

图 13.56　《清宫兽谱》𪊨(似马来熊)

图 13.57　《清宫兽谱》彭猴(马来熊)

清末，吴友如（？—1894）绘制《吴友如画宝》的两幅熊（图 13.58、图 13.59），神形兼备，栩栩如生，并有题注（吴友如，1983）：

红熊：红熊生于欧罗巴及亚西亚之北边。夜出寻食，昼眠于洞中。至冬令，则居于深山枯木之间，如虫之蛰，如鼠之伏。性最凶野，未易罗而致之也。

滚熊：滚熊身长二尺五寸，尾长二尺，毛厚而能卷。喜于攀缘，食小兽及菜蔬等物。生于麻拉甲。

按：据其注与绘制的形象，提到“红熊”生息繁衍于欧洲与亚洲北部，即棕熊；“滚熊”虽只指出栖息于马六甲，当是马来熊。

图 13.58　红熊（棕熊）

图 13.59　滚熊（似马来熊）

按：据其文字描述与绘制的形态，所谓“红熊”应是今棕熊；“滚熊”似马来熊，只是熊科皆短尾，此图的“滚熊”尾过长。

清末《百兽集说图考》记述有熊图（图 13.60、图 13.61）及文字（范约翰等，1899）：

图 13.60　熊（棕熊）

图 13.61　嚀嚕熊（黑熊）

熊：熊类分数种，产于欧亚等洲深山之中，或称之红黄熊。身长五六尺，产于欧亚等洲，或称之红熊。性喜独处，出入不群，或恒居松林菁密之区，或穴石而栖，昼眠夜出，冬蛰春舒，盖其性也。《说文》云：熊：兽，似豕，山居，冬蛰。又《本草纲目》：熊、罴、魋三种，一类也。如豕色黑者，熊也。大而色黄白者，罴也。小而色黄赤者，魋也。建平人呼魋为赤熊。陆（机）［玑］谓罴为黄熊，是矣。罴，头长，脚高，猛憨多力，能拔树木，虎亦畏之。遇人则人立而攫，故呼为人熊，关西呼为猳熊。罗愿《尔雅翼》云：熊有猪熊，形如豕。有马熊，形如马，即罴也。《本草》又云：熊如大豕而竖目，人足，黑色。春夏膘肥时，皮厚筋驽，每升木引气，或堕地自快，俗呼跌膘，即《庄子》所谓熊经鸟曰也。冬月，蛰时不食，饥则舐其掌，故其之熊蹯。考之熊蹯之始，见于《左传》。而《孟子》亦云：熊掌，吾所欲也。盖此品为中国八珍之一，然胹之难熟。今海味家有之，每对价约十数金。其膻特甚，须频频换水，连煮一二日，其膻始净，而肉始熟，但食之味如牛脯，亦未见佳处何在也。熊性极嗜野蜜，每攀木以觅蜂窝之所在，得之，即肆意嗜吞啖。虽群蜂力螫之，亦无畏怯，缘其皮毛厚密故也。其牙则圆阔而钝，凡果壳之类，以及草木杈皮，均能咀嚼。平素只以植物为粮，饥时亦捕动物食之。其体质麤大，微有拘挛之状，行动迟缓，举步蹒跚，若不胜其重然。然其力甚大，性亦聪敏，善于猱升树木，攀行迅疾。又能人立而抱持他物，人若被其搿抱，必至死焉。足宽而长，端生五爪，差类人掌，爪形钩而有力，善于营窟。人有获其穉者，畜而驯之，可供玩艺。熊胆为中国（乐）［药］剂中贵品，一枚值数十金，谓能清心，平肝，明目，镇惊。昔欧阳文忠之母和熊为丸以教子，如此是也。或云，熊性恶盐，食之即死，未知确否。唯《述异记》云：在陆曰熊，在水曰能（为鲧所化者）。又《续搜神记》云：熊居树孔中，东土人击树，呼为“子路”则起，不呼则不动也。此二说，未免近于诞矣。

獯獳熊：中国呼之为狗熊，殆《本草纲目》所称三种中魋之类也。按《尔雅·释兽》云：魋，如小熊。注：今建平山中有此兽，俗呼为赤熊。或即此也。此兽性略巽顺，畜之可使驯服而作玩意。大约亚细亚洲迤南诸岛所产尤多。形体较小，不甚长大，身长四尺有奇。其掌颇巨，善于攀木。唯所食只果木之类耳。

按：该书中的记述与绘画瑕瑜互见：其中两幅熊图，“熊”当是今棕熊，“獯獳熊”当是黑熊。文字中则存瑕疵：“熊”中描述有多种熊；“獯獳熊”中文字描述（尤其是形态、分布地等）接近今马来熊，图的形象则马来熊特征不多。

4 20世纪前的熊分布

历史时期，熊在我国分布十分广泛。除上海市未见到有关熊分布记录、山东省仅见熊遗存外，其余各省级政区皆有熊科（一般不区分具体物种）分布记录。

4.1 华北

华北各省级政区皆有熊科分布记录。

4.1.1 北京

北京市较具体的熊分布记录约起自15世纪末，物种以黑熊为主，也有棕熊。

《明史·五行志》：

弘治九年八月，有黑熊自都城莲池缘城上西直门，官军逐之下，不能获。啮死一人，伤一人。

又（明）何孟春《余冬序录》记载：

弘治戊午夏，京师西直门熊入，城守卫者不知觉①。

按：所谓弘治九年，即1496年；“弘治戊午”，即明弘治十一年（1498）；“西直门”，在今西城区。北京自朱棣取得皇位后，在15世纪初（1403年）即改为明代都城，90年后还有熊屡次进入都城，可见城外即有熊类栖息。

清光绪十二年《顺天府志》记述：

熊：见房山、昌平……志。按：熊饥则自舐其掌，故掌独美。其胆入药。

罴：见《房山志》。

按：据此，表明当时今房山区与昌平区有黑熊分布，房山区同时还有棕熊栖息。

4.1.2 天津

天津市主要是蓟县有熊类分布，似主要是黑熊。

4.1.3 河北

河北省有较多熊分布记录，黑熊与棕熊皆有，后者似主要栖息于冀北一带。

（唐）《元和郡县图志》记载：河东道“蔚州（辖今涞源县、阳原县、蔚县等地）开元贡熊皮”，说明在这一带尤以出产熊皮著称。

《新唐书·地理志》既记载：河东道（辖境包括今蔚县、阳原县、涞源县等地）“厥贡：熊”，又记载：河北道平州北平郡（今卢龙县）“土贡：熊”，反

①类似记载还有《明史·五行志》：“弘治……十一年六月，有熊自西直门入城。”（清）《二申野录》：“弘治戊午六月，京西直门有熊入城。”

映这些地方有较多熊分布。

《本草纲目·兽部》“熊”中引“颂曰：今雍、洛、河东及怀庆卫山中皆有之”。“颂”，即（宋）苏颂（1020—1101）撰《图经本草》；“河东”，即前所称“河东道”，说明当地以产熊著称。

清乾隆四十六年《热河志》记述：

熊：（唐）段成式《酉阳杂俎》曰：猪熊，其形似猪。马熊，似马。今塞山多有之。小者为狗熊，一种大者为人熊。《本草》谓：即罴，绝有力而不常见。

按：所谓“塞山”，是指燕山山脉沿长城内外分布部分；据此反映分布的是黑熊与棕熊，当时数量较多。

清光绪十年《畿辅通志》记述：

熊：平州土产熊鞹《唐书·地理志》。蔚、广多出熊胆《明一统志》。猪熊其形似猪，马熊其形似马《酉阳杂俎》。今塞山多有之。小者为狗熊，大者为人熊《热河志》。熊山旧常产熊《抚宁县志》。

按：所谓“平州”，辖今抚宁县、昌黎县、卢龙县、唐山市等地；“蔚、广”，即蔚州（今蔚县）、广昌（今涞源县）。再次证实多黑熊与棕熊。

清光绪十三年《承德府志》记述：

熊：平州土贡熊鞹《唐书·地理志》。唐·段成式《酉阳杂俎》曰：猪熊，其形似猪。马熊，其形似马。今塞山多有之。小者为狗熊，其一种大者为人熊，《本草》谓之罴，而不常见。

《钦定热河志》，国朝查慎行《上亲射石熊恭纪诗》：千峰万壑争落木，秋声萧萧气萧萧。连朝缵武大掩群，殪尽山中雪斑鹿。西风卷地余怒号，虎豹股栗豺狼逃。老熊何物敢自匿，出林独叫来其曹。天威赫业扬云罕，捣穴直穷熊所馆。公然人立向人啼，正直琱弓彀初满。皮毛与石孰比坚，不闻射石石亦穿。须臾三发三命中，摇尾大似求哀怜。忽看矫捷如猿鸟，腾上千年松树杪。神机别以火器攻，霹雳斜飞贯肔脑。半空拗折青珊瑚，松耶熊耶坠地俱。皇心因材有生杀，倔强难得逃天诛。雉飞兔走青林莽，重马驮来遍行赏。鸷性宁非恃爪牙，焚身竟致因蹯掌。駞蹄鹿尾(腥腥)[猩猩]唇，旧传此味配八珍。大庖衹合供御馔，荣施何幸加词臣。臣闻南山之下渭水滨，从禽搏兽空铺陈。赋家漫誇三十六，终日射侯原非真。岂如吾皇勇且仁，除凶服猛胥躬亲。已靖六合无纤尘。山林兼使异兽驯。他年珥管纪上瑞，郊薮行见游麒麟。

按：进一步指出多黑熊与棕熊分布于承德府一带。

4.1.4 山西

山西省曾经熊普遍分布，各地皆有。以黑熊为主，在1 000多年前的唐代就闻名遐迩。

（唐）《元和郡县图志》记载：河东道“岚州（辖今静乐县、保德县、岢岚县、兴县、岚县）开元贡熊皮”，“蔚州（辖今天镇县、灵丘县、广灵县等地）开元贡熊皮”，也说明在这一带尤以出产熊皮著称。

《新唐书·地理志》既记载：河东道（除平陆县外，基本包括今山西省及河北省与河南省部分地方）“厥贡：熊”，又记载：岚州（辖今静乐县、岚县、岢岚县、兴县、保德县）楼烦郡“土贡：熊革”，河东道蔚州兴唐郡（今灵丘县）“土贡：熊革”，反映山西省等地多熊。

《本草纲目·兽部》“熊”中引“颂曰：今雍、洛、河东及怀庆卫山中皆有之”。“颂”，即（宋）苏颂（1020—1101）撰《图经本草》；“河东”，即前所称“河东道”（基本辖今山西省与河北省、河南省部分地方），说明当地以产熊蜚声于世。

清雍正十二年《山西通志·物产·隰州》记述：

熊：穴处山谷。时为民害，入山者必合群执炬惊之。夜，甚有逾墙垣伤人者。

按：熊为野生动物，“穴处山谷”本不足为奇，但却“时为民害”，“夜，甚有逾墙垣伤人者”，则反映其时生态环境已然恶化，熊不得已攻击人类。据此行为，也说明似为棕熊。

4.1.5 内蒙古

内蒙古自治区有熊分布，主要在东北部，既有黑熊，也有棕熊。

清乾隆元年《盛京通志》记述：

熊罴：小者曰熊，大者曰罴。一云：罴似熊，黄白色。今山中熊类不一，有：人熊，猪熊，猴熊，狗熊诸名。猎得者入贡。

按：据此，说明确有两种“熊”。

清光绪三十三年（1907）《蒙古志》记载有熊与虎、豹、鹿、狐狸、獾、兔、羚羊、山羊、野驴、野马、獭鼠、栗鼠、鼷鼠等。反映今内蒙古自治区一些地方有熊类分布。

喀喇沁旗称，历史曾有过虎、豹、熊、狼等猛兽①。

4.1.6 方志记载

尽管方志记载较简略，但可以反映不同时期华北的多地熊分布情况（表13.2）。

表13.2 方志记载20世纪前华北的熊分布情况

省级政区	今地点	文献	内容
北京	延庆县等地	明嘉靖二十七年(1548)《隆庆志》	熊
	延庆县	明万历十四年(1586)《居庸关志》	熊
	属延庆县	明万历三十年(1602)《永宁县志》	熊(在东山塞外)
	房山区	清康熙三年(1664)《房山县志》	熊、罴
	顺义区、昌平区、密云县	清康熙十二年(1673)《昌平州志》	熊(有数种)
	密云县	清康熙十二年(1673)《密云县志》	熊
	房山区	清康熙三十七年(1698)《房山县志》	熊、罴
	密云县	清雍正元年(1723)《密云县志》	熊
	延庆县	清光绪七年(1881)《延庆州志》	熊
	密云县	清光绪七年(1881)《密云县志》	熊
	顺义区、昌平区、密云县	清光绪十一年(1885)《昌平州志》	熊
	房山区、顺义区、昌平区、密云县等地	清光绪十二年(1886)《顺天府志》	熊*、罴(见《房山志》)
	顺义区、昌平区、密云县	清光绪十二年(1886)《昌平州志》	熊
天津	蓟县	清康熙三十四年(1704)《蓟州志》	熊
	蓟县等地	清光绪十二年(1886)《顺天府志》	熊(见……蓟州志。按：熊饥则自舐其掌，故掌独美。其胆入药)
河北	蔚县、涞源县等地	明成化十一年(1475)《山西通志》	熊、獐、鹿(以上三府①、五州大山中出)
	秦皇岛市、昌黎县、抚宁县、卢龙县、唐山市、迁安市、滦县、滦南县、乐亭县、迁西县、唐海县	明弘治十四年(1501)《永平府志》	熊
	易县	明弘治十五年(1502)《易州志》	熊(形大似豕而性轻健，能攀缘上高树)
	蔚县、涞源县等地	明正德十年(1515)《大同府志》	熊
	涿州市	明正德九年(1514)《涿州志》	熊
	秦皇岛市	明嘉靖十四年(1535)《山海关志》	熊
	怀来县等地	明嘉靖二十七年(1548)《隆庆志》	熊
	蔚县、涞源县等地	明崇祯二年(1629)《山西通志》	豹
	秦皇岛市	清康熙九年(1670)《山海关志》	熊
	涿鹿县	清康熙十年(1671)《保安州志》	熊

①喀喇沁旗. http://baike.baidu.com/link? url=zKZbFz-NmOnp0l2yslqGeI0uYlZE6d2ggIUIwADEg6rH-a61-PmRgSJomkjgvseh

(续表)

省级政区	今 地 点	文 献	内 容
	灵寿县	清康熙十一年(1672)《灵寿县志》	熊
	唐县	清康熙十一年(1672)《唐县新志》	熊(深山间一有之)
	涞源县	清康熙十一年(1672)《广昌县志》	熊
	涞水县	清康熙十六年(1677)《涞水县志》	熊
	卢龙县	清康熙十九年(1680)《卢龙县志》	熊
	灵寿县	清康熙二十五年(1686)《灵寿县志》	熊
	宣化县	清康熙五十年(1711)《宣化县志》	熊
	怀来县	清康熙五十一年(1712)《怀来县志》	熊
	井陉县	清雍正八年(1730)《井陉县志》	熊
	万全县	清乾隆七年(1742)《万全县志》	熊
	易县	清乾隆十二年(1747)《直隶易州志》	熊
	赤城县	清乾隆十三年(1748)《赤城县志》	熊
	赞皇县	清乾隆十六年(1751)《赞皇县志》	熊
	唐山市、遵化市、玉田县	清乾隆二十一年(1756)《直隶遵化州志》	熊罴
	张家口市、宣化县、阳原县、赤城县、怀安县、怀来县、蔚县、涿鹿县、万全县等地	清乾隆二十二年(1757)《宣化府志》	熊(《唐书·地理志》:蔚州土贡熊鞹。《明一统志》:蔚出熊胆)
	迁安市	清乾隆二十二年(1757)《迁安县志》	熊
	张北县、康保县、沽源县、尚义县、崇礼县等地	清乾隆二十三年(1758)《口北三厅志》	熊
	行唐县	清乾隆二十八年(1763)《行唐县新志》	熊(有害于人,宜亟除尽也。因旧志所有,仍之)
	涿州市	清乾隆三十年(1765)《涿州志》	熊
	秦皇岛市、昌黎县、抚宁县、卢龙县、唐山市、迁安市、滦县、滦南县、乐亭县、迁西县、唐海县	清乾隆三十九年(1774)《永平府志》	熊
	承德市、承德县、兴隆县、平泉县、滦平县、隆化县、丰宁县、宽城满族自治县、围场县等地	清乾隆四十六年(1781)《热河志》	熊*
	承德市、承德县、兴隆县、平泉县、滦平县、隆化县、丰宁县、宽城满族自治县、围场县等地	清道光十一年(1831)《承德府志》	熊(今塞山多有之)
	涿鹿县	清道光十五年(1712)《保安州志》	熊
	深泽县、定州市、曲阳县	清道光二十九年(1849)《定州志》	明……乙酉万历十三年秋八月,有熊入州境
	涿鹿县	1994年《涿鹿县志》	《保安州志》载:涿鹿县兽属有:虎、豹、熊[2]
	迁安市	清同治十二年(1873)《迁安县志》	熊
	灵寿县	清同治十三年(1874)《灵寿县志》	熊
	涞源县	清光绪元年(1875)《广昌县志》	熊

（续表）

省级政区	今地点	文献	内容
	正定县	清光绪元年(1875)《正定县志》	熊
	蔚县	清光绪三年(1877)《蔚州志》	熊鞹(《明一统志》:蔚州出熊胆)
	唐县	清光绪四年(1878)《唐县志》	熊(《旧志》:山中野猪尤多,害民田,而虎、豹、熊、狐深山间一有之)
	秦皇岛市、昌黎县、抚宁县、卢龙县、唐山市、迁安市、滦县、滦南县、乐亭县、迁西县、唐海县	清光绪五年(1870)《永平府志》	熊
	涞水县	清光绪五年(1870)《涞水县志》	熊
	抚宁县、昌黎县、卢龙县、唐山市、蔚县、涞源县、承德市	清光绪十年(1884)《畿辅通志》	熊*
	遵化市	清光绪十二年(1886)《遵化通志》	熊
	承德市、承德县、兴隆县、平泉县、滦平县、隆化县、丰宁满族自治县、宽城满族自治县、围场满族蒙古族自治县等地	清光绪十三年(1887)《承德府志》	熊*
	涞水县	清光绪二十一年(1895)《涞水县志》	熊
山西	太原市、古交市、清徐县、阳曲县、娄烦县、大同市、阳高县、天镇县、广灵县、灵丘县、浑源县、左云县、大同县、朔州市、山阴县、应县、右玉县、怀仁县、阳泉市、平定县、盂县、长治市、潞城市、长治县、襄垣县、屯留县、平顺县、黎城县、壶关县、长子县、武乡县、沁县、沁源县、城区、高平市、泽州县、沁水县、阳城县、陵川县、忻府区、原平市、定襄县、五台县、代县、繁峙县、宁武县、静乐县、神池县、五寨县、岢岚县、河曲县、保德县、偏关县、榆次区、介休市、榆社县、左权县、和顺县、昔阳县、寿阳县、太谷县、祁县、平遥县、灵石县、尧都区、侯马市、霍州市、曲沃县、翼城县、襄汾县、洪洞县、古县、安泽县、浮山县、吉县、乡宁县、蒲县、大宁县、永和县、隰县、汾西县、盐湖区、永济市、河津市、芮城县、临猗县、万荣县、新绛县、稷山县、闻喜县、夏县、绛县、平陆县、垣曲县、离石区、孝义市、汾阳市、文水县、中阳县、兴县、临县、方山县、柳林县、岚县、交口县、交城县、石楼县等地	明成化十一年(1475)《山西通志》	熊、獐、鹿(以上三府、五州[③]大山中出)
	大同市、阳高县、天镇县、广灵县、灵丘县、浑源县、左云县、大同县、朔州市、山阴县、应县、右玉县、怀仁县等地	明正德十年(1515)《大同府志》	熊
	昔阳县	明嘉靖二十七年(1548)《乐平县志》	熊
	霍州市	明嘉靖三十七年(1558)《霍州志》	熊
	属朔州市	明万历三十六年(1608)《马邑县志》	熊

（续表）

省级政区	今地点	文献	内容
	太原市、古交市、清徐县、阳曲县、娄烦县、大同市、阳高县、天镇县、广灵县、灵丘县、浑源县、左云县、大同县、朔州市、山阴县、应县、右玉县、怀仁县、阳泉市、平定县、盂县、长治市、潞城市、长治县、襄垣县、屯留县、平顺县、黎城县、壶关县、长子县、武乡县、沁县、沁源县、城区、高平市、泽州县、沁水县、阳城县、陵川县、忻府区、原平市、定襄县、五台县、代县、繁峙县、宁武县、静乐县、神池县、五寨县、岢岚县、河曲县、保德县、偏关县、榆次区、介休市、榆社县、左权县、和顺县、昔阳县、寿阳县、太谷县、祁县、平遥县、灵石县、尧都区、侯马市、霍州市、曲沃县、翼城县、襄汾县、洪洞县、古县、安泽县、浮山县、吉县、乡宁县、蒲县、大宁县、永和县、隰县、汾西县、盐湖区、永济市、河津市、芮城县、临猗县、万荣县、新绛县、稷山县、闻喜县、夏县、绛县、平陆县、垣曲县、离石区、孝义市、汾阳市、文水县、中阳县、兴县、临县、方山县、柳林县、岚县、交口县、交城县、石楼县等地	明崇祯二年（1629）《山西通志》	熊
	大同市、大同县	清顺治九年（1652）《云中郡志》	熊
	长治市、潞城市、长治县、襄垣县、屯留县、平顺县、黎城县、壶关县、长子县	清顺治十六年（1659）《潞州志》	熊（不恒有，有则惊以为异。然亦在深山绝壑中，避人迹）
	朔州市	清顺治十七年（1660）《朔州志》	熊
	昔阳县	清康熙十一年（1672）《乐平县志》	熊
	尧都区	清康熙十二年（1673）《临汾县志》	熊
	黎城县	清康熙二十一年（1682）《黎城县志》	熊
	五台县	清康熙二十六年（1687）《五台县志》	熊
	属朔州市	清康熙四十一年（1702）《马邑县志》	熊
	蒲县、大宁县、永和县、隰县	清康熙四十八年（1709）《隰州志》	熊
	尧都区	清雍正七年（1729）《临汾县志》	熊
	左云县、朔州市、右玉县等地	清雍正十一年（1733）《朔平府志》	熊
	蒲县、大宁县、永和县、隰县	清雍正十二年（1734）《山西通志・物产・隰州》	熊*
	属朔州市	清雍正十三年（1735）《朔州志》	熊
	长治市、长治县	清乾隆二十八年（1763）《长治县志》	熊
	五台县	清乾隆四十年（1775）《五台县志》	熊
	大同市、阳高县、天镇县、广灵县、灵丘县、浑源县、大同县、山阴县、应县、怀仁县等地	清乾隆四十一年（1776）《大同府志》	熊

（续表）

省级政区	今地点	文献	内容
	昔阳县	清乾隆四十二年(1777)《乐平县志》	熊
	尧都区	清乾隆四十四年(1779)《临汾县志》	熊
	五台县	清乾隆四十五年(1780)《五台县志》	熊
	交城县	1994年《交城县志》	到光绪初……熊、鹤已绝迹
内蒙古	凉城县等地	清雍正十一年(1733)《朔平府志》	熊
	海拉尔区、满洲里市、扎兰屯市、牙克石市、根河市、额尔古纳市、阿荣旗、新巴尔虎右旗、新巴尔虎左旗、陈巴尔虎旗、鄂伦春自治旗、鄂温克族自治旗、莫力达瓦达斡尔族自治旗等地	清乾隆元年(1736)《盛京通志》	熊罴*
	集宁区、丰镇市、兴和县、察哈尔右翼前旗、察哈尔右翼中旗等地	清乾隆四十一年(1776)《大同府志》	熊
	海拉尔区、满洲里市、扎兰屯市、牙克石市、根河市、额尔古纳市、阿荣旗、新巴尔虎右旗、新巴尔虎左旗、陈巴尔虎旗、鄂伦春自治旗、鄂温克族自治旗、莫力达瓦达斡尔族自治旗等地	清乾隆四十四年(1779)《盛京通志》	熊罴***
	和林格尔县	清咸丰二年(1852)《和林格尔厅志》	熊

注：*表示详见正文。***表示本省级政区已有类似记录。①其一似指大同府。②据《跋》称："涿鹿县明末曾修过县志，但未见其稿。清康熙十年、五十年和道光年间重修，均为《保安州志》。"③似指大同府、太原府、平阳府，汾州、辽州、沁州、潞州（潞安府）、泽州；亦即略大于今山西省。

4.2 东北

东北3个省级政区皆有熊分布记录，棕熊与黑熊皆有。

4.2.1 辽宁

辽宁省的熊分布记录可追溯到上古时期。

《山海经·大荒北经》记述：

有北齐之国，姜姓，使虎、豹、熊、罴。

按：所谓"北齐之国"，似指今辽东半岛一带。反映曾有"熊、罴"，亦即黑熊与棕熊等野生动物生息、繁衍。

清光绪十七年《吉林通志》集注：

熊：小者为熊，大者为熊①，紫黑色。今山中熊类不一，有猪熊、狗熊、猴熊诸名《盛京通志》。熊极猛力，能拔树掷人《宁古塔纪略》。熊矫捷而罴憨猛，皆兽之绝有力者。罴重千余斤，熊亦及半。冬令，皆入蛰，不食。熊小，或居木孔。罴大，则居穴也《高宗御制盛京土风诗注》。石熊全身乌黑，狰狞可畏，长喙锯牙，前掌如人手，后掌如人足，重七八百斤《随銮纪恩》。松花江两岸，旧为费雅塔喀部所居，喜弄熊，呼曰马发多，以重价购养，使邻里亲朋射杀为欢。有马熊、狗熊二种，射毙而后，聚食之。先食熊头于野，谓敬长老也。余则聚食于家。妇女唯食熊髀，身不净者违之《曹廷杰日记》。熊蹯，东方佳品，官厨以为贵《扈从日录》。

罴（靺鞨太山有熊罴《隋书》八十一。女直产罴皮《明一统志》八十九。熊，各处皆有。罴，唯

①原文如此。据其他注释，应改为"罴"。

吉林、盛京始有，他处无《御制盛京土产诗注》。

按：据此，有黑熊与棕熊生息繁衍，且分布较广，黑熊更多。

清光绪二十一年《吉林外记》：

熊胆：《本草》称为上品。本不易得。吉省深山密林中，樵采者时常遇之。猎户捕之，易得也。

熊：名黑瞎子。此村民语也。熊、虎，吉林诸山中皆有之。

按：反映在当时吉林一带，黑熊较多。

4.2.2 吉林

吉林省历史上，熊分布较多。

清光绪二十一年《吉林外记》记述：

围兽：打牲猎户，称为炮手……熊，名黑瞎子。此村民语也。熊、虎，吉林诸山中皆有之。虎啸风从，熊出争斗，山鸣谷应，凶不可当。炮手潜放冷箭攫取，先毙其虎，熊不知遁。盖虎灵而熊傻也。熊亦入蛰，或钻土穴，或藏空树，称为坐硐。气炎熏蒸霜，雪中一望而知。炮手知其在硐，掷柴块于硐口，熊掌接入填塞硐门。［炮手］旁钻小孔刺毙之，颇不费力。

按：据此较详尽描述，主要是黑熊；同时表明当时分布广、数量多。

4.2.3 黑龙江

黑龙江省也有较多熊分布。

清康熙七年《宁古塔山水记》记述：

熊：有二种。一缘木，一山栖。缘木者，冬蛰枯木中。山栖者，入石穴。其雄有力者，敢与虎斗。其威在■中，熊心下有白如镜面。捕之者枪箭必中其白乃毙其。伤人■■人为所围，则以舌舐之，骨肉俱烂。

按：此处所称“缘木者”，主要指今称黑熊；“山栖者”，主要指今称棕熊。证实有两种熊分布。

4.2.4 方志记载

尽管方志记载较简略，但可以反映不同时期东北的多地熊分布情况（表 13.3）。

表 13.3　方志记载 20 世纪前东北的熊分布情况

省级政区	今地点	文献	内容
辽宁	铁岭市、铁岭县	清康熙十六年（1677）《铁岭县志》	熊、罴
	开原市	清康熙十七年（1678）《开原县志》	熊
	辽阳市	清康熙二十年（1681）《辽阳州志》	熊
	台安县、盘锦市、大洼县、锦州市、北镇市、黑山县、义县、葫芦岛市、兴城市、绥中县	清康熙二十一年（1682）《锦州府志》	熊
	锦州市	清康熙二十一年（1682）《锦县志》	熊
	盖州市	清康熙二十一年（1682）《盖平县志》	熊、罴
	铁岭市、铁岭县	清康熙二十一年（1682）《铁岭县志》	熊、罴
	北镇市	清康熙三十一年（1692）《广宁县志》	熊
	沈阳市、新民市、辽中县、法库县、彰武县、铁岭市、调兵山市、开原市、铁岭县、西丰县、昌图县、抚顺市、抚顺县、新宾满族自治县、清原满族自治县、本溪市、本溪满族自治县、桓仁满族自治县、辽阳市、灯塔市、辽阳县、鞍山市、海城市、台安县、岫岩满族自治县、丹东市、凤城市、东港市、宽甸满族自治县、大连市、瓦房店市、普兰店市、庄河市、长海县、营口市、大石桥市、盖州市、盘锦市、大洼县、盘山县、锦州市、凌海市、北镇市、黑山县、义县、葫芦岛市、兴城市、绥中县等地	清乾隆元年（1736）《盛京通志》	熊罴**

（续表）

省级政区	今地点	文献	内容
	沈阳市、新民市、辽中县、法库县、彰武县、铁岭市、调兵山市、开原市、铁岭县、西丰县、昌图县、抚顺市、抚顺县、新宾满族自治县、清原满族自治县、本溪市、本溪满族自治县、桓仁满族自治县、辽阳市、灯塔市、辽阳县、鞍山市、海城市、台安县、岫岩满族自治县、丹东市、凤城市、东港市、宽甸满族自治县、大连市、瓦房店市、普兰店市、庄河市、长海县、营口市、大石桥市、盖州市、盘锦市、大洼县、盘山县、锦州市、凌海市、北镇市、黑山县、义县、葫芦岛市、兴城市、绥中县等地	清乾隆八年(1743)《大清一统志·奉天府》	罴(诸山皆有)
	属凌源市	清乾隆三十八年(1773)《塔子沟纪略》	熊
	沈阳市、新民市、辽中县、法库县、彰武县、铁岭市、调兵山市、开原市、铁岭县、西丰县、昌图县、抚顺市、抚顺县、新宾满族自治县、清原满族自治县、本溪市、本溪满族自治县、桓仁满族自治县、辽阳市、灯塔市、辽阳县、鞍山市、海城市、台安县、岫岩满族自治县、丹东市、凤城市、东港市、宽甸满族自治县、大连市、瓦房店市、普兰店市、庄河市、长海县、营口市、大石桥市、盖州市、盘锦市、大洼县、盘山县、锦州市、凌海市、北镇市、黑山县、义县、葫芦岛市、兴城市、绥中县等地	清乾隆四十四年(1779)《盛京通志》	熊罴**
	开原市	清咸丰七年(1857)《开原县志》	熊
	桓仁满族自治县等地	清光绪十七年(1891)《吉林通志》	熊*、罴*
	桓仁满族自治县等地	清光绪二十一年(1895)《吉林外记》	熊胆*，熊*
吉林	长春市、德惠市、九台市、榆树市、扶余县、吉林市、磐石市、蛟河市、桦甸市、舒兰市、永吉县、公主岭市、伊通满族自治县、辽源市、东丰县、东辽县、通化市、梅河口市、集安市、通化县、辉南县、柳河县、白山市、临江市、江源县、抚松县、靖宇县、长白朝鲜族自治县、延吉市、图们市、敦化市、珲春市、龙井市、和龙市、汪清县、安图县等地	清乾隆元年(1736)《盛京通志》	熊罴**
	长春市、德惠市、九台市、榆树市、扶余县、吉林市、磐石市、蛟河市、桦甸市、舒兰市、永吉县、公主岭市、伊通满族自治县、辽源市、东丰县、东辽县、通化市、梅河口市、集安市、通化县、辉南县、柳河县、白山市、临江市、江源县、抚松县、靖宇县、长白朝鲜族自治县、延吉市、图们市、敦化市、珲春市、龙井市、和龙市、汪清县、安图县等地	清乾隆四十四年(1779)《盛京通志》	熊罴**
	延吉市、图们市、敦化市、珲春市、龙井市、和龙市、汪清县、长春市、德惠市、九台市、宁江区、吉林市、磐石市、蛟河市、桦甸市、舒兰市、永吉县、公主岭市、伊通满族自治县、辽源市、东丰县、东辽县、通化市、梅河口市、集安市、通化县、辉南县、柳河县、白山市、临江市、抚松县、靖宇县、长白朝鲜族自治县、安图县、榆树市、扶余县等地	清光绪十七年(1891)《吉林通志》	熊**

（续表）

省级政区	今地点	文献	内容
	延吉市、图们市、敦化市、珲春市、龙井市、和龙市、汪清县、长春市、德惠市、九台市、榆树市、宁江区、扶余县、吉林市、磐石市、蛟河市、桦甸市、舒兰市、永吉县、辽源市、东丰县、东辽县、通化市、梅河口市、集安市、通化县、辉南县、柳河县、白山市、临江市、抚松县、靖宇县、长白朝鲜族自治县、安图县等地	清光绪二十一年(1895)《吉林外记》	熊胆**，熊**
	通化市、通化县	清光绪《通化县乡土志》	熊、罴
黑龙江	宁安市	清康熙七年(1668)《宁古塔山水记》	熊*
	哈尔滨市、双城市、尚志市、五常市、依兰县、方正县、宾县、巴彦县、木兰县、通河县、延寿县、齐齐哈尔市、讷河市、龙江县、依安县、甘南县、富裕县、克山县、克东县、拜泉县、爱辉区、北安市、五大连池市、嫩江县、逊克县、孙吴县、伊春市、铁力市、嘉荫县、鹤岗市、萝北县、绥滨县、佳木斯市、同江市、富锦市、桦南县、桦川县、汤原县、抚远县、双鸭山市、集贤县、友谊县、宝清县、饶河县、七台河市、勃利县、鸡西市、虎林市、密山市、鸡东县、牡丹江市、穆棱市、绥芬河市、海林市、宁安市、东宁县、林口县、北林区、海伦市、望奎县、兰西、青冈县、庆安县、明水县、绥棱县、大兴安岭地区、呼玛县、塔河县、漠河县等地	清乾隆元年(1736)《盛京通志》	熊罴**
	哈尔滨市、双城市、尚志市、五常市、依兰县、方正县、宾县、巴彦县、木兰县、通河县、延寿县、齐齐哈尔市、讷河市、龙江县、依安县、甘南县、富裕县、克山县、克东县、拜泉县、爱辉区、北安市、五大连池市、嫩江县、逊克县、孙吴县、伊春市、铁力市、嘉荫县、鹤岗市、萝北县、绥滨县、佳木斯市、同江市、富锦市、桦南县、桦川县、汤原县、抚远县、双鸭山市、集贤县、友谊县、宝清县、饶河县、七台河市、勃利县、鸡西市、虎林市、密山市、鸡东县、牡丹江市、穆棱市、绥芬河市、海林市、宁安市、东宁县、林口县、北林区、海伦市、望奎县、兰西、青冈县、庆安县、明水县、绥棱县、大兴安岭地区、呼玛县、塔河县、漠河县等地	清乾隆四十四年(1779)《盛京通志》	熊罴**
	宁安市	清乾隆六十年(1795)《宁古塔纪略》	熊
	依兰县	清光绪十六年(1890)《三姓乡土志》	熊
	依兰县、方正县、木兰县、通河县、鹤岗市、绥滨县、佳木斯市、同江市、富锦市、桦南县、桦川县、汤原县、抚远县、双鸭山市、集贤县、友谊县、宝清县、饶河县、七台河市、勃利县、虎林市、哈尔滨市、双城市、尚志市、五常市、宾县、延寿县、鸡西市、密山市、鸡东县、牡丹江市、穆棱市、绥芬河市、海林市、宁安市、东宁县、林口县等地	清光绪十七年(1891)《吉林通志》	熊**
	依兰县、方正县、通河县、鹤岗市、绥滨县、佳木斯市、同江市、富锦市、桦南县、桦川县、汤原县、抚远县、双鸭山市、集贤县、友谊县、宝清县、饶河县、七台河市、勃利县、虎林市、哈尔滨市、双城市、尚志市、五常市、宾县、木兰县、延寿县、鸡西市、密山市、鸡东县、牡丹江市、穆棱市、绥芬河市、海林市、宁安市、东宁县、林口县等地	清光绪二十一年(1895)《吉林外记》	熊胆**，熊**

注：*表示详见正文。**表示同前文。***表示本省级政区已有类似记录。

4.3 华东

华东尚未见到上海市与山东省有熊分布的文献记录。

4.3.1 江苏

江苏省虽有熊记录，却仅《新唐书·五行志》记载：

开元三年，有熊昼入扬州城。

按：所谓“开元三年”，即公元715年。扬州城史可上溯至公元前486年，春秋时称“邗”(周代方国之一)，后被吴所灭，建吴都；秦、汉以后，历称“广陵”“江都”“南兖州”“吴州”等；隋开皇九年虽改吴州为扬州，但直到唐高祖武德八年(625)，才将扬州治所移到江北，从此广陵才享有扬州的专名。应当说其时扬州城已处繁华之地，却仍有熊白昼入域，反映今扬州市一带曾有较多熊分布。

民国《阜宁县新志》追记：

苇营李某，以拳勇自负，尝乘月夜持栗杖往寻宿兽，二犬从之。至柴垛间，闻有齁声甚厉，投以土块。蓦见巨物人立，心骇甚。适其侧有溪，急超而过，足甫定物亦随至。李沿溪跳踉，作之字形。物相迫不舍。迤逦里许，李汗浃背，物步亦稍缓。李突出其后，以杖击其首者三。物若不觉，而杖有裂声。杖端嵌铁钉甚锐，李因猛捣之，创其胸。物夺杖而踣于溪。两犬突出，齿其睾丸。物掴以掌，犬立毙。李得脱归。翌晨，约众往视，死熊在焉。犬首已碎，杖亦作数折。

按：经查考，所记载的此事在清同治十三年(1874)之后，光绪元年(1875)之前；击毙之“熊”似为棕熊。

4.3.2 浙江

浙江省历史上有较多熊分布，自唐代以来就有记载，而且现今还有残留。

宋嘉定八年《剡录》：

熊：李白诗：湖月照我影，送我至剡溪。又云：熊咆龙吟，似豕冬蛰。《说文》曰：心有脂，曰熊白，味美好。举木引气。《庄子》所谓熊经鸟伸。冬蛰不食，饥则舐其掌，其美在掌。卢象诗：明月闻山鸟，寒崖见蛰熊。李端诗：熊寒方入树，鱼乐稍窥泉。陈陶诗：鹤鸣高崖裂，熊斗老树倒。梅圣俞诗：霜落熊升木，林空鹿饮溪。

罴：出《山居赋》。《诗》传曰：黄罴赤罴，大如熊，脂白而麄。柳宗元《罴说》曰：罴之状被髮人立，绝有力。

按：据此，表明当时有黑熊与棕熊生息、繁衍。

《明史·五行志》转引，“明弘治十一年六月，有熊自西直门入城”后，又称：

郎中何孟春曰：“当备盗，亦宜慎火。宋绍兴间熊抵永嘉城。州守高世则以熊字能火，戒郡中慎火，果延烧庐舍，此其兆也。”

按：据此，证明在宋绍兴(1131～1162)间，有熊到今永嘉县城。

民国八年《余杭县志》追记：

国朝顺治十年四月，诸乡有虎警。邑之太璞山前后，忽见一巨兽。马形，高可八尺，长丈余，紫鬣如髮，白身，黑尾。人不敢近，仅遥瞩焉。每逐虎至水涯而食之。食间，则饮水润吻。嗣是，虎患顿息。历四月。五月，不知其所之踪迹。向所食虎处，唯见虎头三四具及残骨狼藉而已①。

按：此记载清顺治十年(1653)在余杭县(今属杭州市)“巨兽”食虎之事。至于“巨兽”是何物？有按《尔雅》：“駮如马，倨牙，食虎豹”解之；然“駮”究竟现实中何动物，有无合理解释。若依(唐)柳宗元《罴说》②道：“鹿畏貙，貙畏虎，虎畏罴。罴之状，被发人立，绝有力而甚害人焉”，将其作棕熊解，则有更多相似处(江西省等也曾有虽不称而疑似棕熊者，详下文)；况有不少证据表明棕熊曾分布到江南，又是食肉猛兽。

明万历七年《黄岩县志》记述：

熊：类犬、豕而轻捷，好缘树。其背有脂，曰熊白。其掌珍美，入盐食杀人。其胆入药。

按：所称“类犬、豕而轻捷，好缘树”，反映善缘木的黑熊与马来熊皆有。

清康熙二十三年《建德县志》记述：

国朝……康熙十三年甲寅冬十一月，黑熊从府学栢木杪跃入邻家，碎一妇人首，毙之。复冲入人群，奔府治西入玄坛庙，后越城而下，不知其所踪。

按：此处虽称“黑熊”，但从行为看，却似棕熊，况

①类似记述在清嘉庆《余杭县志》、清光绪《杭州府志》等皆有，只是此条比较完整而清晰。

②清道光《永州府志》记载：“柳子厚在永，闻猎人为熊所食，作《罴说》(《闻见偶记》)。”

且最后“不知其所踪”。

清乾隆十五年《安吉州志》记述：

熊：《伍志》：似豕，竖中。山居，冬蛰，饿则自舐其掌，故掌独美。去岁，有获之者。

按：据此，此“熊”当是黑熊。

清嘉庆十六年《西安县志》记述：

熊：《说文》：熊兽似豕，山居。春出，冬蛰。郑光璐诗：齐跖未足羡，晋蹯信可啖。女子梦难得，老夫见亦罕。

按：据此，反映栖息的是黑熊。

清光绪四年《宣平县志》记述：

熊：形如大豕而竖目，人足，黑色。春夏臕肥时，皮厚，筋弩，每升木引气，或坠地自快，俗呼跌臕。冬月蛰时，不食，饥则舐其掌。故其美在掌，谓之熊蹯。其胆，春近首，夏在腹，秋在左足，冬在右足。近时，罕有能获之者。

按：此处，虽存谬说，然仍可看出是指黑熊，且其时已数量稀少。

清光绪十八年《宁海县志》记述：

熊：身大倍狗。俗以其首似狗，呼为狗头熊。尝啮猪、羊。人逐之，不甚骇走。

按：反映有黑熊分布。

清光绪二十二年《遂昌县志》记述：

熊：《说文》：熊兽似豕，山居。春出冬蛰，而性轻捷。遇人则立而攫之，故俗呼人熊。

按：所述，既有黑熊，又有棕熊。

民国二十年《汤溪县志》追记：

国朝……光绪……二十三年，有犹患有兽似犬，三五成群出西北乡，逢人即噬。俗呼马熊，或曰犹也。人有戒心，行必携械，结伴。越数月，其患始已。

按：据此，说明有棕熊栖息。

4.3.3 安徽

安徽省也有一些熊分布记录。

明弘治十五年《徽州府志》记述：

熊：有黄熊、黑熊。土人以熊之高大似马者为马熊，卑小似猪者为猪熊。宋元嘉中，太守到元度，得一白熊以献，事见于史。

按：此说反映当地同时有棕熊与黑熊生息、繁衍。

明嘉靖二十八年《宁国县志》记述：

熊：宁国南界产黑熊，即猪熊。其掌味佳，试凡汤能顷刻清之。野人得之，必以献。然比人熊味差下。

按：据此，说明栖息的是黑熊；同时指出其“熊掌”比之棕熊略逊。

《郎溪县志》追记（郎溪县地方志编纂委员会，1998）：

据旧志记载，郎溪过去植被繁茂，林木葱茏，古木参天，各种动物栖息繁衍，甚至还生长着虎、豹、熊等猛兽。

按：反映当地历史上生态环境良好，自然就有熊等猛兽分布。

4.3.4 福建

福建省历史上不仅熊的数量多、分布广，而且3种熊皆有。

（明）谢肇淛《五杂俎》记述：

万历壬子十月，有熊见于福州之平山。樵子遇之，不识，以为是猪也。

按：“万历壬子”，即明万历四十年（1612）。将“熊”误认作“猪”，既当是黑熊，又说明比较少见，而产生误认。

清光绪十六年《闽产录异》记述：

人熊：产汀属及延属之将乐、顺昌、泰宁深山中，连江五峰山、宁德支提寺林中，亦间有之。凡樵采不到之处，行数十里，即有跧伏之所，在山岩枯木中，谓之“熊馆”。然人即以“熊馆”迹之。福州诸山，向无人熊。万历四十年，有熊见于福州北院之屏山，樵人以为猪，逐之可知屏山万历时尚可樵采，今没入人居矣，跃出城外大树上；后禅将射杀之。

又，猪母熊：即猪熊。猎者以无用，不取。

狗熊：西北为多；闽中从无见者。

按：据此，说明福建省有棕熊、黑熊与马来熊分布。

明正德十五年《顺昌邑志》记述：

熊：类犬豕而性轻捷，好攀缘而上高木。见人，则颠倒自投而下。掌心有白脂如玉，味甚美，俗呼熊白。冬蛰不食，饥则自舐其掌，故其美在掌。胆，春在首，夏在腹，秋在左足，冬在右足，入药。

按：此虽存谬说，但描述的是黑熊。

明嘉靖九年《惠安县志》记述：

熊：大帽深山有之。冬蛰，饥则自舐其掌，故掌美。又当心有白指如玉，味亦甚美，俗呼熊白。

好举木引气，谓之熊经，导引者法之。

按：据此，证实当地确有熊生息、繁衍。

明嘉靖三十一年《安溪县志》记述：

熊：有人熊，四掌绝似人手足。有猪熊，似猪，其毛黑。《本草图经》：性轻健，好攀缘树木。见人，则自投而下。胆可入药。掌味为珍。背上有脂，曰熊白，寒月有，夏无。

按：反映当地有黑熊与棕熊重叠分布。

清乾隆二十二年《永春州志》记述：

熊：有人熊，四掌绝似人手足；有猪熊，似猪，其毛黑而画。《尔雅》：豺狗足。《说文》：狼属，狗声。

按：说明同时有棕熊与黑熊分布。

清乾隆三十年《延平府志》记述：

熊：性轻捷而力大，好攀缘上高木，见人则颠倒，自投地而下。当心有白脂如玉，味甚美，俗呼熊白。冬蛰不食，饥则自舐其掌。有人熊、马熊、狗熊、猪熊各种。

按：据此，反映当地有棕熊、马来熊与黑熊重叠分布。

清嘉庆三年《同安县志》记述：

熊：冬蛰，饥则自舐其掌，故掌美。似人者，曰人熊。又有……豕熊、马熊……豕熊力大，能拔木。深山中有之。

按：据此，说明当地有棕熊与黑熊重叠分布。

清光绪二十年《闽县乡土志》追记：

熊：福州诸山向无人熊。万历间，见于屏山，人误为猪，逐之，跃城外大树上，裨将射杀之。

按：证实当地确有熊栖息。

4.3.5 江西

江西省也有熊分布，现今仍有残存。

明正德十一年《新城县志》记述：

熊：形似犬豕而性轻健，好攀缘上树，见人则自投而下，背上有脂曰熊白，寒月有，夏则无之。其掌为珍味，其胆可入药。

按：据此所说，主要反映是黑熊。

清同治十三年《九江府志》追记：

明……世宗嘉靖……三十年春，山南北虎多群行。又有兽似虎而大毛披拂被体如马鬣，喙尖削与虎异，盖彪也。二日而杀十七人。

按：此记载明嘉靖三十年(1551)，庐山一带有猛兽在2日内伤害27人。此所谓"彪"，疑似体大凶猛的棕熊(喙尖削与虎异)。进而反映棕熊在今九江市一带有分布。

明万历十六年《南昌府志》记述：

熊：豕类。多力。有人熊、马熊二种。宁州出。山谷诗云：饭香猎户分熊白。有痼疾者不宜食。

按：此处主要说明有棕熊分布。

清同治十二年《广信府志》记述：

人熊、野猪惟封禁山有之，不逢不若久矣。

又，国朝顺治……十五年戊戌四月，弋阳有黑熊攀树。长丈余，额中白毛一线，前足类虎爪，后足如人脚(《连志》)。

按：反映曾有棕熊与黑熊。

清同治十二年《玉山县志》记述：

老农常述：乾隆初，怀玉开山，树木丛杂竹菁蒙密，……田猪、猪熊、狗熊及不认识之野物往往为害。

按：说明在清初，熊等野兽尚多。

4.3.6 台湾

台湾现仍有少量黑熊，历史上则全岛皆有，其中还有棕熊与马来熊。

清康熙五十六年《诸罗县志》记述：

熊：《埤雅》：熊，似豕，当心有白脂如玉，味甚美，俗呼熊白。好举而引气。冬蛰不食，饥则自舐其掌，故美在掌。

按：说明是黑熊。

清乾隆十二年《台湾府志》记述：

熊之类不一，有猪熊、狗熊、马熊、人熊之异，各肖其形。诸熊毛劲如鬣，又厚密，矢镞不能入。蹄有利爪，能缘木升高，蹲于树巅，或穴地而处。人以计取之，无生致者。腹中多脂可啖，掌为八珍之一，脍炙人口，然不易熟，庖人取其汁烹他物为羹，助其鲜美，一掌可供数十烹。若为屠门之嚼，贻笑知味矣。

按：据此，则黑熊、马来熊、棕熊皆有矣。

清咸丰二年《噶玛兰厅志》记述：

熊：有人、马、猪、狗诸种，各肖其形。出于深山。性好举木而引气。冬蛰不食，饥则舐其掌，故美在掌。其当心有脂玉，味尤美，曰熊白。

按：反映棕熊、黑熊、马来熊重叠分布。

清同治十年《淡水厅志》记述：

熊：有人熊，马熊，猪熊，狗熊。毛劲，鬣厚而密，矢镞不能入。蹄有利爪。缘木能升高，或穴地而处。

按：虽描述相似，但不同一地，说明也存在棕熊、黑熊、马来熊重叠分布。

清光绪二十一年《台湾通志》集注：

熊：……故美在掌《诸罗县志》。种类不一《凤山县志》。有人、马、猪、狗诸种，各肖其形，出于深山《噶玛兰厅志》。毛劲厚而密，矢镞不能入；蹄有利爪，缘木能升高，或穴地而处《淡水厅志》。

按：反映棕熊、黑熊、马来熊重叠分布并非特殊。

清光绪二十一年《恒春县志》记述：

熊：《说文》：熊似豕，山居，春出，冬蛰。《抱朴子》：熊寿五百岁，能化。今番山有之。番人捕以充食。其熊皮，熊胆，熊掌，则皆特售焉。据采访：熊，鹿二兽，多出番社。今番人所沽熊胆，鹿鞭等，为者甚多。

按：说明直到清末，当地尚多熊。

《高雄县志稿·沿革志·台湾开辟纪要·传疑时代》追记(谢问岑，1968)：

《隋书·东夷列传》中琉球国载：[当地人]"编苎为甲，或用熊豹皮。王乘木兽，令左右舆之而行，导从不过数十人……有熊罴豺狼，尤多猪鸡，无牛羊驴马。厥田良沃。先以火烧，而引水灌……"。其中对番族人物，姓氏，政教，风俗习惯，文化礼仪，赋税刑罚，起居饮食等叙述较详，与台湾实际情况，亦颇符合，近代学者谓台湾发现始于隋代者，非无故也。

按：可见当地早有黑熊与棕熊等野生动物生息、繁衍。

4.3.7 方志记载

尽管方志记载较简略，但可以反映不同时期华东的多地熊分布情况(表13.4)。

表 13.4　方志记载 20 世纪前华东的熊分布情况

省级政区	今地点	文献	内容
江苏	扬州市	清康熙三年(1664)《扬州府志》	[唐]玄宗开元三年，有熊昼入扬州城
	阜宁县	民国二十三年(1934)《阜宁县新志》	熊*
浙江	建德市、桐庐县、淳安县	宋淳熙十三年(1186)《严州图经》	熊
	嵊州市	宋嘉定八年(1215)《剡录》	熊*、罴*
	宁波市	明成化四年(1468)《四明志》	熊、罴
	衢州市、江山市、龙游县、常山县、开化县	明弘治十六年(1503)《衢州府志》	熊
	淳安县	明嘉靖三年(1524)《淳安县志》	熊
	乐清市	明嘉靖五年(1526)《雁荡山志》	熊
	分属武义县、莲都区、松阳县	明嘉靖二十五年(1546)《宣平县志》	熊
	瑞安市	明嘉靖三十四年(1555)《瑞安县志》	熊
	衢州市、江山市、常山县、开化县、龙游县	明嘉靖四十三年(1564)《衢州府志》	熊
	乐清市	明隆庆六年(1572)《乐清县志》	熊
	金华市、兰溪市、义乌市、东阳市、永康市、武义县、浦江县、磐安县	明万历六年(1578)《金华府志》	熊
	建德市、桐庐县、淳安县	明万历六年(1578)《严州府志》	熊
	属台州市	明万历七年(1579)《黄岩县志》	熊*
	乐清市	明万历九年(1581)《雁荡山志》	熊
	常山县	明万历十三年(1585)《常山县志》	熊(有人熊、猪熊、犬熊数种)
	属建德市	明万历十四年(1586)《寿昌县志》	熊

（续表）

省级政区	今地点	文献	内容
	属淳安县	明万历四十年(1612)《遂安县志》	熊
	建德市、桐庐县、淳安县	明万历四十二年(1614)《严州府志》	熊
	江山市	明天启三年(1623)《江山县志》	熊
	慈溪市	明天启四年(1624)《慈溪县志》	熊、罴
	开化县	明崇祯四年(1631)《开化县志》	熊
	泰顺县	明崇祯六年(1633)《泰顺县志》	熊
	属杭州市	民国八年(1919)《余杭县志》	巨兽(顺治十年)*
	入莲都区、松阳县、武义县	清顺治十二年(1655)《宣平县志》	熊
	龙泉市	清顺治十二年(1655)《龙泉县志》	熊
	缙云县	清康熙十年(1671)《缙云县志》	熊
	属淳安县	清康熙十二年(1673)《遂安县志》	熊
	临海市	清康熙十二年(1673)《临海县志》	熊
	武义县	清康熙十二年(1673)《武义县志》	熊
	建德市	清康熙二十三年(1684)《建德县志》	黑熊*
	永嘉县	清康熙二十一年(1682)《永嘉县志》	熊
	金华市、兰溪市、义乌市、东阳市、永康市、武义县、浦江县、磐安县	清康熙二十二年(1683)《金华府志》	熊
	属建德市	清康熙二十二年(1683)《寿昌县志》	熊
	淳安县	清康熙二十二年(1683)《淳安县志》	熊
	建德市	清康熙二十三年(1684)《建德县志》	熊
	缙云县	清康熙二十三年(1684)《缙云县志》	熊
	青田县	清康熙二十五年(1686)《青田县志》	熊
	平阳县	清康熙三十三年(1694)《平阳县志》	熊
	金华市	清康熙三十四年(1695)《金华县志》	熊
	江山市	清康熙四十年(1701)《江山县志》	熊
	衢州市、江山市、常山县、开化县、龙游县	清康熙五十年(1711)《衢州府志》	熊(有人熊、猪熊、犬熊)
	遂昌县	清康熙五十一年(1712)《遂昌县志》	熊
	常山县	清雍正元年(1723)《常山县志》	熊(已无人熊)
	宁海市、台州市、临海市、温岭市、玉环县、天台县、仙居县、三门县、玉环县、温州市、瑞安市、乐清市、永嘉县、文成县、平阳县、泰顺县、洞头县、苍南县	清雍正六年(1728)《古今图书集成·方舆汇编·职方典》	台州府物产考、温州府物产考：熊
	泰顺县	清雍正七年(1729)《泰顺县志》	熊
	开化县	清雍正七年(1729)《开化县志》	熊
	莲都区、龙泉市、缙云县、青田县、云和县、遂昌县、松阳县、庆元县、景宁畲族自治县	清雍正十一年(1733)《处州府志》	熊

（续表）

省级政区	今 地 点	文 献	内 容
	衢州市、江山市、常山县、开化县、龙游县	清雍正十三年(1735)《浙江通志·物产·浙江通省》	衢州府：熊(深山间有之。有人熊、猪熊、犬熊)
	景宁畲族自治县	清雍正十三年(1735)《景宁县志》	熊
	临安市	清乾隆十三年(1748)《昌化县志》	熊
	瑞安市	清乾隆十四年(1749)《瑞安县志》	熊
	安吉县	清乾隆十五年(1750)《安吉州志》	熊*
	分属莲都区和武义县	清乾隆十八年(1753)《宣平县志》	熊
	桐庐县	清乾隆十八年(1753)《桐庐县志》	熊
	玉环县、温州市、瑞安市、乐清市、永嘉县、文成县、平阳县、泰顺县、洞头县、苍南县	清乾隆二十一年(1756)《温州府志》	熊
	建德市、桐庐县、淳安县	清乾隆二十一年(1756)《严州府志》	熊
	永嘉县	清乾隆二十六年(1761)《永嘉县志》	熊
	遂昌县	清乾隆三十年(1765)《遂昌县志》	熊
	属宁波市	清乾隆五十三年(1788)《鄞县志》	熊、罴
	乐清市	清乾隆五十四年(1789)《广雁荡山志》	熊
	杭州市、余姚市、慈溪市、越城区、诸暨市、上虞市、嵊州市、绍兴县、新昌县	清乾隆五十七年(1792)《绍兴府志》	熊***、罴***
	庆元县	清嘉庆六年(1801)《庆元县志》	熊
	武义县	清嘉庆九年(1804)《武义县志》	熊
	属衢州市	清嘉庆十六年(1811)《西安县志》	熊*
	临安市	清道光三年(1823)《昌化县志》	熊
	金华市	清道光三年(1823)《金华县志》	熊
	乐清市	清道光六年(1826)《乐清县志》	熊
	东阳市	清道光十一年(1831)《东阳县志》	熊
	遂昌县	清道光十五年(1835)《遂昌县志》	熊
	泰顺县	清同治四年(1865)《泰顺分疆录》	熊
	嵊州市	清同治九年(1870)《嵊县志》	熊(产西山。有狗熊、人熊、猪熊)
	湖州市、长兴县、德清县、安吉县	清同治九年(1870)《湖州府志》	熊***
	江山市	清同治十二年(1873)《江山县志》	熊
	景宁畲族自治县	清同治十二年(1873)《景宁县志》	熊
	湖州市、长兴县、德清县、安吉县	清同治十三年(1874)《湖州府志》	熊**
	安吉县	清同治十三年(1874)《安吉县志》	熊
	属安吉县	清同治十三年(1874)《孝丰县志》	熊
	属台州市	清光绪元年(1875)《黄岩县志》	狗熊
	青田县	清光绪二年(1876)《青田县志》	熊(形如大豕而性轻捷，遇人则人立而攫之。故俗呼为人熊)

（续表）

省级政区	今地点	文献	内容
	缙云县	清光绪二年(1876)《缙云县志》	熊(深山中间有之。猎人谓之狗头熊)
	莲都区、龙泉市、缙云县、青田县、云和县、遂昌县、松阳县、庆元县、景宁畲族自治县	清光绪三年(1877)《处州府志》	山中有熊,呼为人熊
	属安吉县	清光绪三年(1877)《孝丰县志》	熊(俗名野人。山居,冬蛰,饥则自舐其掌。故掌独唯美)
	属台州市	清光绪三年(1877)《黄岩县志》	熊(有一种名狗头熊。咸丰中,尝出噬人)
	庆元县	清光绪三年(1877)《庆元县志》	熊
	分属武义县、莲都区、松阳县	清光绪四年(1878)《宣平县志》	熊*
	泰顺县	清光绪四年(1878)《分疆录》	熊
	龙泉市	清光绪四年(1878)《龙泉县志》	熊
	衢州市、江山市、龙游县、常山县、开化县	清光绪八年(1882)《衢州府志》	熊
	永嘉县	清光绪八年(1882)《永嘉县志》	熊
	建德市、桐庐县、淳安县	清光绪九年(1883)《严州府志》	熊
	淳安县	清光绪十年(1884)《淳安县志》	熊
	常山县	清光绪十二年(1886)《常山县志》	黑熊
	慈溪市	清光绪十四年(1888)《慈溪县志》	熊(《天启志》)、罴(《天启志》)
	宁海县	清光绪十八年(1892)《宁海县志》	熊*
	金华市	清光绪二十年(1894)《金华县志》	熊
	遂昌县	清光绪二十二年(1896)《遂昌县志》	熊*
	开化县	清光绪二十四年(1898)《开化县志》	熊
	金华市	民国二十年(1931)《汤溪县志》	马熊(光绪二十三年)*
	慈溪市	清光绪二十五年(1899)《慈溪县志》	熊(《天启志》)、罴(《天启志》)
安徽	黄山市、歙县、休宁县、黟县、祁门县、绩溪县等地	宋淳熙二年(1175)《新安志》	土人以熊之高大而似马者为马熊,庳小似猪者为猪熊
	祁门县	明弘治十五年(1502)《徽州府志》	熊*
	宁国市	明嘉靖二十八年(1549)《宁国县志》	熊*
	六安市、霍山县等地	明嘉靖三十四年(1555)《六安州志》	熊
	合肥市、肥东县、肥西县、舒城县、居巢区、无为县、庐江县、六安市、霍山县等地	明万历三年(1575)《庐州府志》	熊
	舒城县	明万历八年(1580)《舒城县志》	熊
	属黄山市	明万历八年(1580)《太平县志》	熊
	绩溪县	明万历九年(1581)《绩溪县志》	熊
	六安市、霍山县等地	明万历十二年(1584)《六安州志》	有熊
	祁门县	明万历二十八年(1600)《祁门县志》	熊

（续表）

省级政区	今 地 点	文 献	内 容
	休宁县	明万历三十五年(1607)《休宁县志》	熊
	歙县	清顺治四年(1647)《歙县志》	熊
	潜山县	清顺治十一年(1654)《潜山县志》	熊
	贵池区	清顺治十四年(1657)《贵池县志》	熊
	属东至县	清康熙元年(1662)《建德县志》	熊
	黄山市、歙县、休宁县、黟县	清康熙八年(1669)《黄山志》	熊
	合肥市、肥东县、肥西县、舒城县、居巢区、无为县、庐江县	清乾隆十三年(1674)《庐州府志》	熊
	宣州区、宁国市、黄山市	清乾隆十三年(1674)《宁国府志》	熊
	六安市、霍山县等地	清康熙十九年(1680)《六安州志》	熊
	桐城市	清康熙二十二年(1683)《桐城县志》	熊
	属黄山市	清康熙二十三年(1684)《太平县志》	熊
	休宁县	清康熙三十二年(1693)《休宁县志》	熊
	合肥市	清康熙三十六年(1697)《合肥县志》	熊
	黄山市、歙县、休宁县、黟县、祁门县、绩溪县等地	清康熙三十八年(1699)《徽州府志》	熊***
	铜陵市、铜陵县、贵池县、东至县、石台县、青阳县	清康熙五十年(1711)《池州府志》	熊
	安庆市、桐城市、怀宁县、枞阳县、潜山县、太湖县、宿松县、望江县、岳西县	清雍正六年(1728)《古今图书集成·方舆汇编·职方典·安庆府物产考》	熊
	合肥市	清雍正八年(1730)《合肥县志》	熊
	金寨县等地	清雍正九年(1731)《河南通志》	熊(光州亦有)
	石台县	清乾隆十四年(1749)《石埭县志》	熊
	泾县	清乾隆二十年(1755)《泾县志》	熊
	绩溪县	清乾隆二十一年(1756)《绩溪县志》	土熊
	黄山市、歙县、休宁县、黟县	清乾隆三十五年(1770)《黄山志》	熊
	歙县	清乾隆三十六年(1771)《歙县志》	熊(歙亦间有,《前志》曾取赤乌事及《宋史》以实之)
	铜陵市、铜陵县、贵池县、东至县、石台县、青阳县	清乾隆四十四年(1779)《池州府志》	熊
	合肥市、肥东县、肥西县、舒城县、居巢区、无为县、庐江县	清嘉庆八年(1803)《庐州府志》	熊
	六安市、霍山县等地	清嘉庆九年(1804)《六安直隶州志》	熊
	泾县	清嘉庆十一年(1806)《泾县志》	熊
	属黄山市	清嘉庆十四年(1809)《太平县志》	熊
	绩溪县	清嘉庆十五年(1810)《绩溪县志》	土熊(其掌味美)
	宣州区、宁国市、黄山市	清嘉庆二十年(1815)《宁国府志》	曰黑熊(旧志出宁国,今无),曰狗熊(出宣城华阳山并太平黄山)

（续表）

省级政区	今地点	文献	内容
	黄山市、歙县、休宁县、黟县、祁门县、绩溪县等地	清道光七年(1827)《徽州府志》	熊***
	桐城市	清道光七年(1827)《桐城续修县志》	熊
	祁门县	清道光七年(1827)《祁门县志》	熊
	桐城市	清同治七年(1868)《桐城县志》	熊
	六安市、霍山县等地	清同治十一年(1872)《六安州志》	熊
	太湖县	清同治十一年(1872)《太湖县志》	熊
	祁门县	清同治十二年(1873)《祁门县志》	熊
	休宁县	清同治十二年(1873)《休宁县志》	熊
	六安市、霍山县等地	清光绪四年(1878)《安徽通志》	六安州：熊(州邑间有见者)
	宣州区	清光绪四年(1878)《宣城县志》	狗熊(出华阳山中)
	贵池区	清光绪九年(1883)《贵池县志》	熊
	合肥市、肥东县、肥西县、舒城县、居巢区、无为县、庐江县	清光绪十一年(1885)《庐州府志》	有熊
	金寨县等地	清光绪十三年(1887)《光州志》	熊(如豕色黑，其大而色黄白者为罴，小而色黄赤者为魋，凡三种)
	郎溪县	1998年《郎溪县志》[①]	熊(旧志记载)*
福建	福州市、福清市、长乐市、闽侯县、连江县、罗源县、闽清县、永泰县、蕉城区、福安市、福鼎市、霞浦县、柘荣县、屏南县、古田县	宋淳熙九年(1182)《三山志》	熊(猪熊)
	建瓯市、武夷山市、建阳市、松溪县、浦城县、政和县、寿宁县、周宁县、厦门市、泉州市、石狮市、晋江市、南安市、惠安县、安溪县、金门县、明溪县、漳州市、龙海市、平和县、南靖县、诏安县、漳浦县、华安县、东山县、长泰县、云霄县、延平区、顺昌县、三明市、永安市、将乐县、沙县、尤溪县、邵武市、光泽县、建宁县、泰宁县、蕉城区、福安市、福鼎市、霞浦县、柘荣县	明弘治四年(1491)《八闽通志》	建宁府、泉州府、漳州府、延平府、邵武府、福宁州：熊
	武夷山市、建瓯市、建阳市、松溪县、浦城县、政和县、寿宁县、周宁县	明弘治六年(1493)《建宁府志》	熊、罴
	莆田市、仙游县	明弘治十六年(1503)《兴化府志》	熊
	邵武市、光泽县、建宁县	明弘治十八年(1505)《邵武府志》	熊
	明溪县	明正德十一年(1516)《归化县志》	熊
	福州市、福清市、长市乐、闽侯县、连江县、罗源县、闽清县、永泰县、平潭县、屏南县、古田县	明正德十五年(1520)《福州府志》	熊
	顺昌县	明正德十五年(1520)《顺昌邑志》	熊*
	延平区、顺昌县、三明市、永安市、大田县、尤溪县、沙县、将乐县	明嘉靖四年(1525)《延平府志》	熊

（续表）

省级政区	今地点	文献	内容
	明溪县、宁化县、清流县、长汀县、武平县、上杭县、永定县、连城县	明嘉靖六年(1527)《汀州府志》	熊
	尤溪县	明嘉靖九年(1530)《尤溪县志》	熊
	惠安县志	明嘉靖九年(1530)《惠安县志》	熊*
	蕉城区、福安市、福鼎市、霞浦县、柘荣县	明嘉靖十七年(1538)《福宁州志》	熊(猪熊为多)
	蕉城区	明嘉靖十七年(1538)《宁德县志》	熊(猪熊为多)
	武夷山市、建瓯市、建阳市、松溪县、浦城县、政和县、寿宁县、周宁县	明嘉靖二十年(1541)《建宁府志》	熊、罴
	邵武市、光泽县、建宁县	明嘉靖二十二年(1543)《邵武府志》	熊
	沙县	明嘉靖二十四年(1545)《沙县志》	熊
	漳平市	明嘉靖二十八年(1549)《漳平县志》	熊
	安溪县	明嘉靖三十一年(1552)《安溪县志》	熊*
	蕉城区、福安市、福鼎市、霞浦县、柘荣县	明万历二十一年(1593)《福宁州志》	熊
	永安市	明万历二十二年(1594)《永安县志》	熊、罴
	福州市、福清市、长乐市、闽侯县、连江县、罗源县、闽清县、永泰县、平潭县、屏南县、古田县	明万历二十四年(1596)《福州府志》	熊
	福安市	明万历二十五年(1597)《福安县志》	熊(猪熊多)
	古田县	明万历三十四年(1606)《古田县志》	熊
	大田县	明万历三十九年(1611)《大田县志》	熊
	福州市、福清市、长乐市、闽侯县、连江县、罗源县、闽清县、永泰县、平潭县、屏南县、古田县	明万历四十一年(1613)《福州府志》	熊
	漳州市、龙海市、平和县、南靖县、诏安县、漳浦县、华安县、东山县、长泰县、云霄县	明万历四十一年(1613)《漳州府志》	熊
	蕉城区、福安市、福鼎市、霞浦县、柘荣县	明万历四十四年(1616)《福宁州志》	熊(黑毛似猪,俗呼猪熊)
	宁化县	明崇祯八年(1635)《宁化县志》	熊
	尤溪县	明崇祯九年(1636)《尤溪县志》	熊
	浦城县	清顺治八年(1651)《浦城县志》	熊、罴
	武夷山市、建瓯市、建阳市、松溪县、浦城县、政和县、寿宁县、周宁县	清康熙五年(1666)《建宁府志》	熊、罴
	连城县	清康熙五年(1666)《连城县志》	熊
	武夷山市	清康熙九年(1670)《崇安县志》	熊
	泰宁县	清康熙二十五年(1686)《泰宁县志》	熊
	寿宁县	清康熙二十五年(1686)《寿宁县志》	熊
	德化县	清康熙二十六年(1687)《德化县志》	熊最多力
	诏安县	清康熙三十年(1691)《诏安县志》	熊
	分属永安市、龙岩市新罗区、漳平市	清康熙三十一年(1692)《宁洋县志》	熊

（续表）

省级政区	今地点	文献	内容
	武夷山市、建瓯市、建阳市、浦城县、松溪县、政和县	清康熙三十二年(1693)《建宁府志》	熊、罴
	属建瓯市	清康熙三十二年(1693)《瓯宁县志》	有熊，有罴
	松溪县	清康熙三十九年(1700)《松溪县志》	熊(有犬熊、猪熊)
	沙县	清康熙四十年(1701)《沙县志》	熊(有人、马、狗、猪)
	清流县	清康熙四十一年(1702)《清流县志》	熊
	光泽县	清光绪二十三年(1897)《光泽县志》	国朝……康熙朝……四十一年四月，有熊自西越城入
	建阳市	清康熙四十二年(1703)《建阳县志》	熊、罴
	明溪县	清康熙三十七年(1698)《归化县志》	熊
	尤溪县	清康熙五十年(1711)《尤溪县志》	熊
	属建瓯市	清康熙五十二年(1713)《建安县志》	熊、罴
	漳州市、龙海市、平和县、南靖县、诏安县、漳浦县、华安县、东山县、长泰县、云霄县	清康熙五十四年(1715)《漳州府志》	熊
	平和县	清康熙五十七年(1718)《平和县志》	熊(多力，能拔木)
	延平区	清康熙五十八年(1719)《南平县志》	熊
	罗源县	清康熙六十一年(1722)《罗源县志》	熊
	厦门市、泉州市、石狮市、晋江市、南安市、惠安县、安溪县、金门县	清雍正六年(1728)《古今图书集成·方舆汇编·职方典·泉州府物产考》	熊：(冬蛰，饥则自舐其掌，故掌味美)惠安大帽深山有之
	永安市	清雍正十年(1732)《永安县志》	熊
	武夷山市	清雍正十一年(1733)《崇安县志》	熊
	福州市、福清市、长乐市、闽侯县、连江县、罗源县、闽清县、永泰县、平潭县、延平区、邵武市、武夷山市、建瓯市、建阳市、顺昌县、浦城县、光泽县、松溪县、政和县、三明市、永安市、大田县、尤溪县、沙县、将乐县、泰宁县、建宁县、莆田市、仙游县、泉州市、石狮市、晋江市、南安市、惠安县、安溪县、永春县、德化县、金门县、厦门市、漳州市、龙海市、云霄县、漳浦县、诏安县、长泰县、东山县、南靖县、平和县、华安县、新罗区、漳平市、蕉城区、福安市、福鼎市、寿宁县、霞浦县、柘荣县、屏南县、古田县、周宁县	清乾隆二年(1737)《福建通志》	福州府、延平府、邵武府、建宁府、泉州府、漳州府、福宁府、永春州：熊，龙岩州：熊(深山有之。饥则自舐其手，故美在掌)
	屏南县	清乾隆二年(1738)《屏南县志》	熊
	福清县	清乾隆十二年(1747)《福清县志》	熊
	永泰县	清乾隆十四年(1749)《永福县志》	熊
	福州市、福清市、长市乐、闽侯县、连江县、罗源县、闽清县、永泰县、平潭县、屏南县、古田县	清乾隆十六年(1751)《福州府志》	熊

（续表）

省级政区	今地点	文献	内容
	古田县	清乾隆十六年(1751)《古田县志》	熊(形类彘而毛长。冬蛰山穴。前足似人,掌皮可为茵席)
	连城县	清乾隆十六年(1751)《连城县志》	熊
	明溪县、宁化县、清流县、长汀县、武平县、上杭县、永定县、连城县	清乾隆十七年(1752)《汀州府志》	熊***
	大田县、永春县、德化县	清乾隆二十二年(1757)《永春州志》	熊*
	安溪县	清乾隆二十二年(1757)《安溪县志》	熊(毛深黑似豕。冬月则蛰,自舐其掌。胆去目翳。此处未闻有害人者)
	光泽县	清乾隆二十四年(1759)《光泽县志》	熊
	建宁县	清乾隆二十四年(1759)《建宁县志》	熊
	大田县	清乾隆二十四年(1759)《大田县志》	熊
	蕉城区、福安市、福鼎市、寿宁县、霞浦县、柘荣县、周宁县	清乾隆二十七年(1762)《福宁府志》	熊
	龙海市	清乾隆二十七年(1762)《龙溪县志》	熊
	厦门市、泉州市、石狮市、晋江市、南安市、惠安县、安溪县、金门县	清乾隆二十八年(1763)《泉州府志》	熊(有人熊、犬熊。冬蛰,饥则自舐其掌……在深山有之)
	延平区、顺昌县、三明市、永安市、将乐县、沙县、尤溪县	清乾隆三十年(1765)《延平府志》	熊*
	将乐县	清乾隆三十年(1765)《将乐县志》	熊(似猪者,曰猪熊。似狗者,曰狗熊)
	顺昌县	清乾隆三十年(1765)《顺昌县志》	熊
	邵武市、光泽县、建宁县	清乾隆三十五年(1770)《邵武府志》	熊
	仙游县	清乾隆三十六年(1771)《仙游县志》	熊
	漳州市、龙海市、平和县、南靖县、诏安县、漳浦县、华安县、东山县、长泰县、云霄县	清乾隆四十一年(1776)《漳州府志》	熊
	蕉城区	清乾隆四十六年(1781)《宁德县志》	熊
	长汀县	清乾隆四十七年(1782)《长汀县志》	熊
	福安市	清乾隆四十八年(1783)《福安县志》	熊
	大田县、永春县、德化县	清乾隆五十二年(1787)《永春州志》	熊(有人熊,四掌似人手足。有猪熊,似猪,其毛黑)
	属厦门市	清嘉庆三年(1798)《同安县志》	熊*
	惠安县	清嘉庆八年(1803)《惠安县志》	熊***
	福鼎市	清嘉庆十一年(1806)《福鼎县志》	熊(《州志》:黑毛,似猪。俗呼猪熊)
	延平区	清嘉庆十五年(1810)《南平县志》	熊(猪熊常有之,人熊罕得)

（续表）

省级政区	今地点	文献	内容
	浦城县	清嘉庆十六年(1811)《浦城县志》	熊(有猪熊、马熊,又有状类狗者,谓之狗熊)
	屏南县	清道光六年(1826)《屏南县志》	熊
	清流县	清道光九年(1829)《清流县志》	熊
	新罗区、漳平县	清道光十年(1830)《龙岩州志》	熊
	漳平市	清道光十年(1830)《漳平县志》	熊
	罗源县	清道光十一年(1831)《罗源县志》	熊***
	顺昌县	清道光十二年(1832)《顺昌县志》	熊***
	政和县	清道光十二年(1832)《政和县志》	熊(有犬熊、猪熊)
	永安市	清道光十四年(1834)《永安县续志》	熊(好攀缘上高。饥则自舐其掌,其味在掌。胆可医目)
	沙县	清道光十四年(1834)《沙县志》	熊(有人、马、狗、猪)
	新罗区、漳平市	清道光十五年(1835)《龙岩州志》	熊(能人立。力大而性愚。近时罕有)
	厦门市	清道光十九年(1839)《厦门志》	熊胆
	平和县	1994年《平和县志》	清道光年间县内有:虎、豹、熊、猴
	邵武市	清咸丰五年(1855)《邵武县志》	熊
	仙游县	清同治十二年(1873)《仙游县志》	熊
	分属永安市、龙岩市新罗区、漳平市	清光绪元年(1875)《宁洋县志》	熊(能人立,力大,性愚,其掌极佳)
	漳州市、龙海市、平和县、南靖县、诏安县、漳浦县、华安县、东山县、长泰县、云霄县	清光绪三年(1877)《漳州府志》	熊(似豕。坚中当心有白脂如玉,味甚美,俗呼熊白)
	福安市	清光绪十年(1884)《福安县志》	熊(猪身而圆,有爪如钩。饥则自(甜)[舐]其手,故美在掌)
	邵武市、光泽县、泰宁县、建宁县	清光绪二十四年(1888)《邵武府志》	熊
	福州市、福清市、长乐市、闽侯县、连江县、罗源县、闽清县、永泰县、平潭县、延平区、邵武市、武夷山市、建瓯市、建阳市、顺昌县、浦城县、光泽县、松溪县、政和县、三明市、永安市、明溪县、清流县、宁化县、大田县、尤溪县、沙县、将乐县、泰宁县、建宁县、莆田市、仙游县、泉州市、石狮市、晋江市、南安市、惠安县、安溪县、永春县、德化县、金门县、厦门市、漳州市、龙海市、云霄县、漳浦县、诏安县、长泰县、东山县、南靖县、平和县、华安县、新罗区、漳平市、长汀县、永定县、上杭县、武平县、连城县、蕉城区、福安市、福鼎市、寿宁县、霞浦县、柘荣县、屏南县、古田县、周宁县	清光绪十六年(1890)《闽产录异》	人熊、猪母熊、狗熊*

（续表）

省级政区	今地点	文献	内容
	新罗区、漳平县	清光绪十六年(1890)《龙岩州志》	熊(能人立，力大而性愚。近时罕有)
	福州市	清光绪二十年(1894)《闽县乡土志》	熊*
	闽侯县	清光绪二十年(1894)《侯官县乡土志》	熊(似豕爪，心有白脂，味甚美。福州诸山素少此物，惟万历间，尝见于屏山)
	邵武市、光泽县、建宁县、泰宁县	清光绪二十四年(1898)《邵武府志》	熊
	龙海市	1993年《龙海县志》	旧志中记载的熊、鹿、麞、猿、象等今已绝迹
江西	婺源县等地	宋淳熙二年(1175)《新安志》	熊**
	分宜县、萍乡市、上栗县、袁州区、万载县	明正德九年(1514)《袁州府志》	熊
	黎川县	明正德十一年(1516)《新城县志》	熊*
	铅山县	明嘉靖四年(1525)《铅山县志》	熊
	月湖区、贵溪市、信州区、上饶县、广丰县、玉山县、铅山县、横峰县、弋阳县	明嘉靖五年(1526)《广信府志》	熊(豕类。多力，性轻健，能攀缘登高。见人则颠倒投地)
	高安市	清雍正六年(1728)《古今图书集成·方舆汇编·职方典·瑞州府部纪事》	嘉靖十四年，熊入[高安]南市，居民获之
	武宁县	明嘉靖二十二年(1543)《武宁县志》	熊
	修水县	明嘉靖二十二年(1543)《宁州志》	熊
	瑞金市	明嘉靖二十二年(1543)《瑞金县志》	熊
	靖安县	明嘉靖四十四年(1565)《靖安县志》	熊
	九江市	清同治十三年(1887)《九江府志》	彪(嘉靖三十年)*
	修水县	明万历十六年(1588)《南昌府志》	熊*
	婺源县	清康熙八年(1669)《婺源县志》	熊
	玉山县	清康熙十年(1671)《玉山县志》	熊
	浮梁县	清康熙十一年(1672)《浮梁县志》	熊
	贵溪市	清康熙十一年(1672)《贵溪县志》	熊
	进贤县	清康熙十二年(1673)《进贤县志》	熊
	浮梁县	清康熙十二年(1673)《浮梁县志》	熊
	万年县	清康熙十二年(1673)《万年县志》	熊
	德兴市	清康熙十二年(1673)《德兴县志》	熊
	信州区	清康熙二十二年(1683)《广信郡志》	熊(豕类。多力，性轻健，能攀缘登高。见人则颠倒投地)
	万载县	清康熙二十二年(1683)《万载县志》	熊
	瑞金市	清康熙二十二年(1683)《瑞金县志》	熊
	袁州区	清康熙二十二年(1683)《宜春县志》	熊

（续表）

省级政区	今 地 点	文 献	内 容
	萍乡市	清康熙二十二年(1683)《萍乡县志》	熊
	信州区	清康熙二十三年(1684)《上饶县志》	人熊
	婺源县等地	清康熙三十八年(1699)《徽州府志》	熊***
	瑞金市	清康熙四十九年(1710)《瑞金县志》	熊
	万载县	清雍正十一年(1733)《万载县志》	熊
	修水县	清乾隆二年(1737)《宁州志》	熊白
	永新县	清乾隆十一年(1746)《永新县志》	熊
	吉水县	清乾隆十五年(1750)《吉水县志》	熊、罴
	黎川县	清乾隆十六年(1751)《新城县志》	熊
	九江县	清乾隆二十年(1755)《德化县志》	熊(类犬、豕)
	分宜县、萍乡市、上栗县、袁州区、万载县	清乾隆二十五年(1760)《袁州府志》	熊
	遂川县	清乾隆三十六年(1771)《龙泉县志》	狗熊
	萍乡市	清乾隆四十九年(1784)《萍乡县志》	熊
	属井冈山市	清道光二年(1822)《永宁县志》	熊、罴
	浮梁县	清道光三年(1823)《浮梁县志》	熊
	信丰县	清道光三年(1823)《信丰县志》	熊、罴
	广丰县	清道光三年(1823)《广丰县志》	熊
	袁州区	清道光三年(1823)《宜春县志》	熊
	修水县	清道光四年(1824)《义宁州志》	熊
	奉新县	清道光四年(1824)《奉新县志》	熊
	靖安县	清道光五年(1825)《靖安县志》	熊
	属井冈山市	清道光六年(1826)《永宁州志》	熊、罴
	南城县	清道光六年(1826)《南城县志》	熊
	婺源县等地	清道光七年(1827)《徽州府志》	熊***
	武宁县	清道光二十八年(1848)《武宁县志》	熊
	分宜县、萍乡市、上栗县、袁州区、万载县	清咸丰十年(1860)《袁州府志》	熊
	崇义县	清同治六年(1867)《崇义县志》	熊
	武宁县	清同治九年(1870)《武宁县志》	熊
	黎川县	清同治十年(1871)《新城县志》	熊
	万年县	清同治十年(1871)《万年县志》	熊
	星子县	清同治十年(1871)《星子县志》	狗熊(形如狗而大，毛苍白色，常获猪为食；雌雄同行，挺刃不能伤)
	奉新县	清同治十年(1871)《奉新县志》	熊
	进贤县	清同治十年(1871)《进贤县志》	熊
	袁州区	清同治十年(1871)《宜春县志》	狗熊

（续表）

省级政区	今地点	文献	内容
	景德镇市、乐平市、浮梁县、余江县、德兴市、鄱阳县、余干县、万年县	清同治十一年(1872)《饶州府志》	熊
	德兴市	清同治十一年(1872)《德兴县志》	熊
	信州区	清同治十一年(1872)《上饶县志》	人熊
	广丰县	清同治十一年(1872)《广丰县志》	熊
	月湖区、贵溪市、信州区、广丰县、铅山县、弋阳县、玉山县	清同治十二年(1873)《广信府志》	人熊、黑熊*
	玉山县	清同治十二年(1873)《玉山县志》	猪熊、狗熊*
	铅山县	清同治十二年(1873)《铅山县志》	熊
	南城县	清同治十二年(1873)《南城县志》	熊
	遂川县	清同治十二年(1873)《龙泉县志》	狗熊
	修水县	清同治十二年(1873)《义宁州志》	熊
	永新县	清同治十三年(1874)《永新县志》	熊
	南康市、大余县、上犹县、崇义县	清光绪元年(1875)《南安府志补正》	熊
	吉水县	清光绪元年(1875)《吉水县志》	熊、罴
	崇义县	清光绪二十一年(1895)《崇义县志》	熊
台湾	台北市、基隆市、高雄市、台南市、台中市、新竹市、嘉义市、台北县、高雄县、台南县、台中县、新竹县、嘉义县、屏东县、台东县、花莲县、宜兰县、桃园县、苗栗县、彰化县、南投县、云林县、澎湖县	清康熙三十年(1691)《台湾府志》	猪熊
	台北市、基隆市、高雄市、台南市、台中市、新竹市、嘉义市、台北县、高雄县、台南县、台中县、新竹县、嘉义县、屏东县、台东县、花莲县、宜兰县、桃园县、苗栗县、彰化县、南投县、云林县、澎湖县	清康熙三十四年(1695)《台湾府志》	猪母熊
	台北市、基隆市、高雄市、台南市、台中市、新竹市、嘉义市、台北县、高雄县、台南县、台中县、新竹县、嘉义县、屏东县、台东县、花莲县、宜兰县、桃园县、苗栗县、彰化县、南投县、云林县、澎湖县	清康熙五十一年(1712)《台湾府志》	猪母熊
	嘉义县	清康熙五十六年(1717)《诸罗县志》	熊*
	高雄县	清康熙五十九年(1720)《凤山县志》	熊:有人熊,猪母熊。其胆可疗眼疾。台无人熊,眼疾多以此代之,亦佳

（续表）

省级政区	今地点	文献	内容
	台北市、基隆市、高雄市、台南市、台中市、新竹市、嘉义市、台北县、高雄县、台南县、台中县、新竹县、嘉义县、屏东县、台东县、花莲县、宜兰县、桃园县、苗栗县、彰化县、南投县、云林县、澎湖县	清乾隆二年(1737)《福建通志》	台湾府：猪母熊
	台北市、基隆市、高雄市、台南市、台中市、新竹市、嘉义市、台北县、高雄县、台南县、台中县、新竹县、嘉义县、屏东县、台东县、花莲县、宜兰县、桃园县、苗栗县、彰化县、南投县、云林县、澎湖县	清乾隆六年(1741)《台湾府志》	猪熊
	台北市、基隆市、高雄市、台南市、台中市、新竹市、嘉义市、台北县、高雄县、台南县、台中县、新竹县、嘉义县、屏东县、台东县、花莲县、宜兰县、桃园县、苗栗县、彰化县、南投县、云林县、澎湖县	清乾隆十二年(1747)《台湾府志》	熊*
	台中县	清乾隆十七年(1752)《台湾县志》	熊***
	台中县	清乾隆十九年(1754)《台湾县志》	熊***
	高雄县	清乾隆二十九年(1764)《凤山县志》	熊(种类不一)
	台中县	清嘉庆十二年(1807)《台湾县志》	熊
	彰化县	清道光十四年(1834)《彰化县志》	熊***
	宜兰县	清道光十七年(1837)《噶玛兰志略》	熊(有人熊、猪熊、马熊、狗熊诸种，各肖其形)
	宜兰县	清咸丰二年(1852)《噶玛兰厅志》	熊*
	新竹县	清同治十年(1871)《淡水厅志》	熊*
	澎湖县	清光绪八年(1882)《澎湖厅志》	熊
	苗栗县	清光绪十七年(1891)《苗栗县志》	熊：有猪熊，狗熊二种。出内山
	台北市、基隆市、高雄市、台南市、台中市、新竹市、嘉义市、台北县、高雄县、台南县、台中县、新竹县、嘉义县、屏东县、台东县、花莲县、宜兰县、桃园县、苗栗县、彰化县、南投县、云林县、澎湖县	清光绪二十年(1894)《台湾通志》	熊***
	台东县	清光绪二十年(1894)《台东州采访册》	熊
	台北市、基隆市、高雄市、台南市、台中市、新竹市、嘉义市、台北县、高雄县、台南县、台中县、新竹县、嘉义县、屏东县、台东县、花莲县、宜兰县、桃园县、苗栗县、彰化县、南投县、云林县、澎湖县	清光绪二十一年(1895)《台湾通志》	熊*
	属屏东县	清光绪二十一年(1895)《恒春县志》	熊*
	高雄县	1968年《高雄县志稿》②	熊罴*

注：*表示详见正文。**表示同前文。***表示本省级政区已有类似记录。①郎溪县地方志编纂委员会，1998。②谢问岑，1968。

4.4 中南

中南各省级政区皆有熊分布记录。

4.4.1 河南

河南省不仅在上古多处有熊分布记录，而且棕熊、黑熊、马来熊皆有。

《山海经·海外南经》记述：

狄山，帝尧葬于阳，帝喾葬于阴。爰有熊、罴、文虎、蜼、豹、离朱、视肉。吁咽、文王皆葬其所。一曰汤山。一曰爰有熊、罴、文虎、蜼、豹、离朱、鸱久、视肉、虖交。

按：此“狄山”，在范县东南①；有“熊、罴”，说明当时有黑熊与棕熊分布。

《山海经·海外北经》记述：

务隅之山，帝颛顼葬于阳，九嫔葬于阴。一曰爰有熊、罴、文虎、离朱、鸱久、视肉。

又《大荒北经》记述：

东北海之外，大荒之中，河水之间，附禺之山，帝颛顼与九嫔葬焉。爰有鸱久、文贝、离俞、鸾鸟、凰鸟、大物、小物。有青鸟、琅鸟、玄鸟、黄鸟、虎、豹、熊、罴、黄蛇、视肉、璇、瑰、瑶、碧，皆出卫于山。

按：此2条颛顼葬处虽文字有异，却实为一地，皆为今濮阳县②。有“熊、罴”，反映在这一带曾有黑熊与棕熊等野生动物分布。

《新唐书·地理志》记载：河东道（包括今灵宝市、卢氏县、栾川县等地）“厥贡：熊”，说明这一带有较多熊分布。

《本草纲目·兽部》“熊”中引“颂曰：今雍、洛、河东及怀庆卫山中皆有之”。“颂”，即（宋）苏颂（1020—1101）撰《图经本草》；“洛”，即“洛州”（辖今登封市、新密市、巩义市、渑池县、洛阳市、偃师市、孟津县、新安县、嵩县、宜阳县、洛宁县、伊川县、禹州市、济源市一带）；“怀庆卫”，或称“怀州”（辖今焦作市、沁阳市、修武县、博爱县、武陟县、获嘉县一带）；“河东”，即前所称“河东道”，说明当地以产熊著称。

（金）《续夷坚志·群熊》记述：

南宋癸卯初，有熊数十万从内乡硖石入西南山。

按：“南宋癸卯”，即南宋淳祐三年（1243）；“内乡”，乃今内乡县。该县位于南阳盆地西缘，境内山势雄伟，横亘连绵，山地占全县土地面积72.2%；南部、西部和中部为丘陵区，丘陵区内有低山分布，占21.3%。所称“有熊数十万”，虽未免夸大，却反映当时有不少野生黑熊分布。

清乾隆十一年《南召县志》记述：

熊：《说文》：熊似豕，山居，冬蛰，春出。熊，魋也。味甘，微寒，无毒，君药也。

按：据此，说明当地有熊分布。

4.4.2 湖北

湖北省历史上3种熊皆有，主要分布在鄂西一带。

（晋）郭璞（276—324）注《尔雅》“魋”道：

今建平山中有此兽，状如熊而小。毛粗浅赤黄色，俗呼为赤熊，即魋也。

按：《中国虎与中国熊的历史变迁》是最早详尽记述我国3种熊分布变迁的专著，其中认为“建平山中”疑似“建宁山中”之误（何业恒，1996），进而指出，“在郭璞看来，在云南东北部和四川南部在当时是产马来熊的”。这固然可与一些旧方志相呼应，但窃以为颇牵强。

诚然，南北朝以前，所称“建平”者多地，有：①“建平县”就有今河南省夏邑县、永城县，福建省建阳市；②“建平郡”有在今兴山县、秭归县与毗邻的重庆市一些地方。尤其值得注意的是，郭璞（字景纯），河东郡闻喜县（今山西省闻喜县）人，建平太守郭瑗③之子。建平郡恰是晋咸宁元年（275）所改，郭父“建平太守”之职表明是“郡守”，故郭璞记载“魋”，当是据实地情况。此外，

---

①所谓“狄山”，音同“帝山”，意同“岳山”（详见下文）。《史记·集解》引《皇览》：尧冢在济城阴。刘向曰：尧葬济阴丘陇山。《吕氏春秋》曰：尧葬谷林。皇普谧曰：谷林即城阳；正义引《括地志》云：尧陵在濮州，雷泽西三里。雷泽县本（汉）郕阳县也。故城在今范县东南。郭郛（2004）认为是尧帝的一处纪念墓。

②如《竹书纪年》说，颛顼“居濮”。又《史记·五帝本纪》集解，颛顼“都帝丘，今东郡濮阳是也”。再《汉书·地理志》：“东郡濮阳：故帝丘。”可见，颛顼的居住地和都城皆处帝丘，亦即今濮阳市一带。颛顼不仅在濮阳市一带作为活动中心，而且去世后也将其作为葬身之地。《史记·五帝本纪》集解引《皇览》道：“颛顼冢在东郡濮阳顿丘城门外广阳里中。”《帝王世纪》也称：“颛顼冢，葬东郡顿丘，城南广阳里大冢是也。”此外，《山海经》中所谓“务隅之山”，即“鲋隅之山”。《十道志》言：“鲋隅山，即广阳异名。”“帝丘”，即今濮阳县。

③《晋书》中记述：郭“瑗，尚书都令史。时尚书杜预有所增损，瑗多驳正之，以公方著称。终于建平太守。”

尽管此“建平郡”纬度高于“建宁郡”，在1 700年前有马来熊分布，并非不可能。

清同治五年《建始县志》记述：

按《旧志》所载，林密山深，虎、熊、獐、鹿出没其中，盖指明季言之也。

按：说明在明代还有熊等野兽出没，到清末则迥异也。

清光绪十年《兴山县志》记述：

熊：俗呼熊为猪熊、狗熊，羆为人熊，马熊以形似名。邑产猪熊、狗熊也。

按：反映当地有黑熊与马来熊生息繁衍。

4.4.3 湖南

湖南省的3种熊则分布较广。

《山海经·大荒南经》记述：

赤水之东，有苍梧之野，舜与叔均之所葬也。爰有文贝、离俞、鴟久、鹰、贾、委维、熊、羆、象、虎、豹、狼、视肉。

帝尧、帝喾、帝舜葬于岳山[①]。爰有文贝，离俞、鴟久、鹰、贾、延维、视肉、熊、羆、虎、豹。

按：此两条虽稍有差异，但主要说明在今宁远县与道县曾有黑熊（熊）与棕熊（羆）等野生动物分布。

明嘉靖十七年《常德府志》记述：

间有熊：形类犬、豕而性轻健，好攀缘上树。见人则自投而下。背上有脂，曰熊白。夏月，则无。其胆入药，明目。

按：反映当地的熊是善于缘木的黑熊与马来熊。

民国二十八年《澧县县志》追记：

清朝……康熙……十八年己未九月，大兵驻澧牧马湖滨，偶猎芦苇间，获一兽如熊，马面，人形，甚猛悍，刀箭不能入。群击以铳乃毙。

按：康熙十八年，乃1679年；尽管只称“兽如熊，马面，人形”，但其“甚猛悍”，似为棕熊。反映在澧县一带曾生息、繁衍。另，耒阳县、资兴市等地也有如马，食人之“兽”，亦似为棕熊。

清同治七年《石门县志》记述：

熊：犬身，人足，黑色，竖目，春出，冬蛰。能上高树，见人则倒投而下。穴中见秽及伤残物，则合穴自死。蛰时，饥则自舐其掌，故熊蹯为八珍之一。胆善辟塵，春在首，夏在腹，秋在左足，冬在右足。有猪熊、狗熊、马熊。狒狒为人熊。

羆：大于熊，长颈，高脚。猛悍多力，能拔树。关西呼为豭羆，能缘能立。遇人，则攫而舐其面。其脂如熊白而粗，秋冬则有，春夏则无。

按：据此，反映当地3种熊皆有。

清同治八年《澧州志》

熊：犬身，人足，黑色，竖目。能上高树，见人倒投而下。冬蛰入穴，春乃出蛰。不食，饥则自舐其掌。穴中不得见秽及伤残物，见则合穴自死。当心有白脂如玉，为八珍之一。其胆，春在首，夏在腹，秋在左足，冬在右足。有数种：猪熊似猪，马熊似马。

羆：形似熊，黄白色，长颈高脚，猛悍多力。能拔树，能缘能立。遇人，则攫而舐其面，其脂在心之下，肓之上，如熊白而粗。秋冬则有，春夏则亡。

按：说明当地有黑熊与棕熊分布。

清同治九年《龙山县志》记述：

熊：山粮成熟，出而窃食，践踏狼藉，可获者无几。性畏枪炮，居民巡逻，持以驱之，其害小翻，然已昼夜频劳矣。

按：此乃黑熊行为。

清光绪元年《兴宁县志》记述：

同治……（丙寅）五年五月初，虎灾形类不一。内有一种类马，俗名马熊，见人不甚畏。近城十余里，伤人甚多。乡村出入，必相与结伴，各执军器乃行。

按：所称“马熊”，乃棕熊。

清光绪十五年《湘潭县志》记述：

顺治五年，昌山猎家获熊。王岱《说五行志》云：青眚也。故占不一，妖祥各在人也。熊，野兽。古称熊馆，皆石磊枯木，非黔蜀僻陬不有。今见于湖南，是亦异也。

按：证实当地有熊栖息。

4.4.4 广东

广东省历史上虽3种熊皆有，但主要还是黑熊。

明嘉靖三十六年《广东通志》记述：

熊：形似大豕而性轻捷，好扳缘上高木，见人则软倒自拔而下。其脂，胆，皆可入药。

---

①所谓“岳山”，“岳”有高大、崇高之意，在图腾制度中又有祖山之意；尧时，有“四岳”，似指苍梧山、九嶷山、苗岭、猫儿山。

按：据此，主要是黑熊。

清光绪五年《香山县志》追记：

明……万历……四十七年春，熊罴雄一、雌一至泮桥上。学役获之，畜于黉宫。后逸去。

按：此处将“罴”作为雌黑熊①。

（清）屈大均《广东新语·兽语·熊》记述：

岭之南，熊有三种，曰人熊，曰猪熊，曰狗熊……璞又言：《律》曰：捕虎一，购钱三千，其狗半之。今岭南捕得虎与狗熊皆受上赏，以其食人之兽，而狗熊尤嗜小儿也……又云：熊名子路。僮人于熊馆呼之：“子路可出”，熊即出；“子路可斗”，熊即斗……其牝曰罴，披发人立，力能拔树，指爪利如锋攒，遇虎豹樵牧，皆抗其喉捏鲜血饮之。其脂亦曰罴白，味过于前掌后蹯也。

按：据此看，尽管其中既有匡正（如对郭璞谓熊之子名狗，详下文），又有混淆（将狒狒、腾豺等认为“人熊”，称“狗熊尤嗜小儿”等），但是指出有3种“熊”（对“猪熊”基本没有进一步描述），尤其是颇多似棕熊特征。

清雍正九年《广东通志》记述：

熊好攀缘木而引气，故谓之熊经。其胆，春在首，夏在腹，秋在左足，冬在右足。当心有白脂如玉，味甚美，俗呼熊白。冬蛰不食，饥则自舐其掌，故其美在掌《异苑》。《广州志》②云：熊之所蛰，獞人谓之熊馆。《罗浮山志》：有人熊，猪熊，狗熊，马熊。其体同，首异。

按：据此看，当时有棕熊、黑熊与马来熊；明清时，“广东”辖境较今广东省大③，只是此处较具体的省内地方约有今广州市、增城市、从化市、清城区、连州市、佛冈县、阳山县、清新县、连山壮族瑶族自治县、连南瑶族自治县、博罗县、龙门县、东莞市、深圳市、珠海市、中山市、江门市、台山市、鹤山市、佛山市等。

（清）范端昂《粤中见闻》④记载从化县（今从化市）一带有“熊、罴”，反映当地曾有所分布。

清康熙二十六年《阳春县志》记述：

熊：生深山，穴居大木中。憨猛多力，遇人则立而攫之。有人熊，首类人。有猪熊，首类猪，其胆最贵，不特以掌取重也。

罴：似熊而大，头形如马。尤憨猛。胆亦可取。

按：据此，说明有黑熊与棕熊重叠分布。

清康熙五十六年《罗浮山志会编》记述：

熊：猛力，巢居。有人熊、猪熊、狗熊、羊熊，其体同，首异，各以类名之。见人，索与戏謔。人拒之，则怒，以爪伤人，饮其血也。

按：表明棕熊、黑熊与马来熊重叠分布。

民国十四年《四会县志》追述：

国朝……宣宗道光二年壬午冬，邓村有人熊，声如牛鸣。樵、牧多遇之。月余，不见。

按：表明栖息的是棕熊。

4.4.5 广西

广西壮族自治区历史上棕熊、黑熊与马来熊皆有，以黑熊为主。

民国二十六年《崇善县志》追记：

［明］嘉靖……四十二年，有熊入城内，居民杀之而食。其熊复夜至数次。

按：据此行为，当是棕熊。

明嘉靖四十三年《南宁府志》记述：

熊：豕类。多力，性轻捷，能攀缘登高。见人则颠倒投地。有人熊、马熊二种。

按：所称“人熊、马熊”，今皆棕熊；描述的则是黑熊。

清嘉庆六年《广西通志》记述：

南宁府：熊（广西有兽名有熊，乃一长大人也。被发裸体，手爪长锐。常以爪划橄榄木，取其脂液涂身，厚数寸，用以御寒暑，敌搏噬。是兽也，力能搏虎。每踸踔而行道，道遇一木根，必拔去而后行。登木而行，橡栗必折尽而后已。在山中遇人，则执人手，以舌掩面而笑。少焉，以爪抉人目精而去《岭外代答》。熊多力，性轻健，能攀缘。状不一，有人熊，马熊，猪熊，狗熊数种《府志》）

按：据此，表明有棕熊、黑熊、马来熊分布。

清光绪四年《新宁州志》记述：

熊：多力，性轻捷，能攀缘。其状不一，有人熊，马熊，猪熊，狗熊数种。州属少人熊，所有者马熊、猪熊、狗熊三种耳。

---

①《尔雅翼》：“罴，则熊之雌者，力尤猛。”

②此《广州志》，似为明成化（1465～1487）间，吴中修、王文凤纂。

③除今广东省外，还含今香港特别行政区、澳门特别行政区、海南省及广西壮族自治区东南部的钦州、北海、防城港三市绝大部分。

④成书不迟于雍正八年（1730）。

按:明确当地3种熊重叠分布。

清光绪二十五年《归顺直隶州志》

熊:其一种人熊,乃长大人也……又有马熊、猪熊、狗熊数种,不一其状。

按:此也说明有3种熊重叠分布,但比新宁州丰富。

4.4.6 海南

海南省曾有3种熊分布。

清乾隆三十九年《琼州府志》记述:

熊:好攀缘木而引气,故谓之熊经。其胆春在头,夏在腹,秋在左足,冬在右足。当心有白脂如玉,味甚美,俗呼熊白。冬蛰不食,饥则自舐其掌,故其好在掌。按:琼郡猪熊,狗熊,马熊,人熊,其体同首异。马熊特大,人熊不多见。昔人云:熊多力,尤嗜小儿。黎人搏而获之,一峒毕贺。以熊多,则其地不祥也。刘跂《暇日记》云:钱乙言:熊胆奇药。佳者色通明,如米粒。用草莛点入水,转如飞,性急者佳,能消诸毒。

按:据此,反映黑熊、马来熊与棕熊皆有。

清乾隆五十七年《陵水县志》记述:

熊:好攀缘木以引气,故曰之熊经。其胆春在头,夏在腹,秋在左足,冬在右足。当心有白脂如玉,曰熊白。冬蛰不食,饥则自舐其掌,故其美在掌。按:陵邑有猪熊、狗熊、马熊、人熊,同首异面。马熊特大,人熊不多见。

按:此确认当地3种熊皆有,但具体情况略异。

清道光二十一年《琼州府志》记述:

熊:好攀缘木而引气,故谓之熊经。其胆,春在头,夏在腹,秋在左足,冬在右足。当心有白脂如玉,味甚美,俗呼熊白。冬蛰不食,饥则自舐其掌,故其好在掌《异苑》。按:琼郡猪熊、狗熊、马熊、人熊,其体同,首异。而马熊特大,人熊不多见。昔人云:熊多力,尤嗜小儿。黎人搏而获之,一峒毕贺,以熊多则其地不祥也。

【纪异】[明]庄烈帝崇祯……(丁丑)十年,乐会山中熊出无算,奔突各乡。捕获者百余。

国朝(丁亥)顺治四年……夏五月,万州有熊入城《万州志》。

乾隆……(壬戌)七年春正月,万州熊入城《州志》。

按:据此,看来今海南省曾多熊,尤其是在明末清初,琼东的今琼海市(原"乐会")、万宁市(原"万州")一带曾一次捕获百余只;其中不仅有棕熊(马熊、人熊)、黑熊(猪熊),还有马来熊(狗熊),当是我国此熊种的最南分布地。

清咸丰七年《琼山县志》记述:

熊:好攀缘木而引气,故谓之熊经。其胆春在头,夏在腹,秋在左足,冬在右足。当心有白脂如玉,味甚美,俗呼熊白。冬蛰不食,饥则自舐其掌,故其好在掌。按:琼郡猪熊,狗熊,马熊,人熊,其体同首异。马熊特大,人熊不多见。昔人云:熊多力,尤嗜小儿。黎人搏而获之,一峒毕贺。以熊多,则其地不祥也。刘跂《暇日记》云:钱乙言:熊胆奇药。佳者色通明,如米粒。用草莛点入水,转如飞,性急者佳,能消诸毒。

按:其中虽有谬说,但确证当地3种熊重叠分布。

4.4.7 方志记载

尽管方志记载较简略,但可以反映不同时期中南的多地熊分布情况(表13.5)。

表13.5 方志记载20世纪前中南的熊分布情况

省级政区	今地点	文献	内容
河南	舞阳县、舞钢市、叶县、南阳市、邓州市、南召县、方城县、西峡县、镇平县、内乡县、淅川县、社旗县、唐河县、新野县、桐柏县、泌阳县	明正统二年(1437)《南阳府志》	熊
	内乡县	明成化二十一年(1485)《内乡县志》	熊
	汝阳县、伊川县、平顶山市、汝州市、宝丰县、鲁山县、郏县	明正德元年(1506)《汝州志》	熊
	焦作市、孟州市、沁阳市、修武县、博爱县、武陟县、温县、济源市	明正德十三年(1518)《怀庆府志》	熊

（续表）

省级政区	今地点	文献	内容
	固始县	明嘉靖二十一年(1542)《固始县志》	熊
	商城县	明嘉靖三十年(1551)《商城县志》	熊
	鲁山县	明嘉靖三十一年(1552)《鲁山县志》	熊
	邓州市、内乡县、淅川县、新野县	明嘉靖四十三年(1564)《邓州志》	有熊
	灵宝市	清顺治十一年(1654)《闵乡县志》	熊
	舞阳县、舞钢市、叶县、南阳市、邓州市、南召县、方城县、西峡县、镇平县、内乡县、淅川县、社旗县、唐河县、新野县、桐柏县、泌阳县	清顺治十六年(1659)《南阳府志》	熊
	潢川县、光山县、固始县、息县、商城县、新县、淮滨县等地	清顺治十六年(1659)《光州志》	熊(俱出产出，州间有之)
	灵宝市	清顺治十六年(1659)《闵乡县志》	罴
	固始县	清顺治十七年(1660)《固始县志》	熊
	信阳市、罗山县、驿城区、确山县、遂平县、西平县、上蔡县、汝南县、平舆县、新蔡县、正阳县	清康熙元年(1662)《汝宁府志》	熊
	商城县	清康熙二十九年(1690)《商城县志》	熊
	宜阳县	清康熙三十年(1691)《宜阳县志》	熊
	内乡县	清康熙三十二年(1693)《内乡县志》	熊
	卢氏县	清康熙三十二年(1694)《卢氏县志》	罴
	鲁山县	清康熙三十二年(1694)《鲁山县志》	熊
	汝阳县	清康熙三十二年(1694)《伊阳县志》	熊
	舞阳县、叶县、方城县	清康熙五十五年(1716)《裕州志》	熊
	登封市、巩义市、义马市、渑池县、洛阳市、偃师市、孟津县、新安县、嵩县、宜阳县、洛宁县、伊川县	清雍正六年(1728)《古今图书集成·方舆汇编·职方典·河南府物产考》	熊(唯深山有之，平原地不经见也。引《府志》)
	信阳市、罗山县、驿城区、确山县、遂平县、西平县、上蔡县、汝南县、平舆县、新蔡县、正阳县	清雍正六年(1728)《古今图书集成·方舆汇编·职方典·汝宁府物产考》	熊
	登封市、巩义市、湖滨区、义马市、灵宝市、渑池县、陕县、卢氏县、洛阳市、偃师市、孟津县、新安县、栾川县、嵩县、汝阳县、宜阳县、洛宁县、伊川县、焦作市、孟州市、沁阳市、修武县、博爱县、武陟县、温县、舞阳县、平顶山市、舞钢市、汝州市、宝丰县、叶县、鲁山县、郏县、南阳市、邓州市、南召县、方城县、西峡县、镇平县、内乡县、淅川县、社旗县、唐河县、新野县、桐柏县、信阳市、息县、淮滨县、潢川县、光山县、固始县、商城县、罗山县、新县、驿城区、确山县、泌阳县、遂平县、西平县、上蔡县、汝南县、平舆县、新蔡县、正阳县、济源市等地	清雍正九年(1731)《河南通志》	熊(河南府深山有之，南，汝，陕，光各府，州亦有)、熊胆(出怀庆太行山)
	舞阳县、叶县、方城县	清乾隆五年(1740)《裕州志》	熊
	鲁山县	清乾隆八年(1743)《鲁山县志》	熊

（续表）

省级政区	今地点	文献	内容
	南召县	清乾隆十一年(1746)《南召县志》	熊
	卢氏县	清乾隆十二年(1747)《卢氏县志》	罴
	宜阳县	清乾隆十二年(1747)《宜阳县志》	熊
	灵宝市	清乾隆十二年(1747)《闵乡县志》	熊
	鲁山县	清嘉庆元年(1796)《鲁山县志》	熊胆
	沁阳市	清道光五年(1825)《河内县志》	熊胆
	辉县市	清道光十五年(1835)《辉县志》	熊
	潢川县、光山县、固始县、息县、商城县、新县、淮滨县等地	清光绪十三年(1887)《光州志》	熊(如豕色黑，其大而色黄白者为罴，小而色黄赤者为魋，凡三种)
	卢氏县	清光绪十八年(1892)《卢氏县志》	熊
湖北	丹江口市、襄樊市、老河口市、枣阳市、宜城市、南漳县、谷城县	明天顺三年(1459)《襄阳郡志》	熊
	宜昌市、宜都市、远安县、长阳土家族自治县	明弘治九年(1496)《夷陵州志》	熊
	建始县等地	明正德八年(1513)《夔州府志》	熊
	五峰土家族自治县、恩施市、利川市、宣恩县、咸丰县、来凤县、鹤峰县	明嘉靖元年(1522)《湖广图经志书》	施州卫军民指挥使司:熊
	秭归县、巴东县、兴山县	明嘉靖二十八年(1549)《归州全志》	熊(巴东、兴山同)
	巴东县	明嘉靖三十年(1551)《巴东县志》	熊
	阳新县	明嘉靖三十三年(1554)《兴国州志》	熊
	英山县等地	明嘉靖三十四年(1555)《六安州志》	熊
	兴山县、秭归县、巴东县	明嘉靖四十三年(1564)《归州志》	熊(有人、马、狗三种)
	十堰市、襄樊市、谷城县	明隆庆六年(1572)《太岳太和山志》	熊
	英山县等地	明万历三年(1575)《庐州府志》	熊
	丹江口市、襄樊市、老河口市、枣阳市、宜城市、南漳县、谷城县	明万历十二年(1584)《襄阳府志》	熊胆
	英山县等地	明万历十二年(1584)《六安州志》	有熊
	长阳土家族自治县	清康熙十二年(1673)《长阳县志》	熊
	英山县等地	清康熙十九年(1680)《六安州志》	熊
	竹溪县	清康熙十九年(1680)《竹溪县志》	熊
	郧西县	清康熙二十年(1681)《郧西县志》	熊
	竹山县	清康熙二十一年(1682)《竹山县志》	熊
	巴东县	清康熙二十二年(1683)《巴东县志》	熊
	郧县	清康熙二十二年(1683)《郧县志略》	熊
	郧县、竹山县、房县、郧西县、竹溪县、保康县	清康熙二十四年(1685)《郧阳府志》	熊
	丹江口市、襄樊市、老河口市、枣阳市、宜城市、南漳县、谷城县	清雍正六年(1728)《古今图书集成·方舆汇编·职方典·襄阳府物产考》	熊(引《府志》)

（续表）

省级政区	今地点	文献	内容
	鹤峰县	清乾隆六年(1741)《鹤峰州志》	熊
	十堰市、襄樊市、谷城县	明乾隆九年(1744)《太岳太和山纪略》	熊
	长阳土家族自治县	清乾隆十九年(1754)《长阳县志》	熊
	蕲春县	清乾隆二十年(1755)《蕲州志》	熊
	来凤县	清乾隆二十年(1756)《来凤县志》	熊
	荆州市、石首市、松滋市、江陵县、公安县、监利县、枝江市、宜都市、远安县、兴山县、秭归县	清乾隆二十二年(1757)《荆州府志》	熊
	宜昌市	清乾隆二十八年(1763)《东湖县志》	熊
	竹山县	清乾隆五十年(1785)《竹山县志》	熊
	房县	清乾隆五十三年(1788)《房县志抄》	熊
	英山县等地	清嘉庆九年(1804)《六安直隶州志》	熊
	恩施市	清嘉庆十三年(1808)《恩施县志》	熊
	南漳县	清嘉庆二十年(1815)《南漳县志》	熊
	鹤峰县	清道光二年(1822)《鹤峰州志》	熊(有猪熊、狗熊、马熊，无人熊)
	竹溪县	清道光七年(1827)《竹溪县志》	熊(今山林伐尽，亦不多见焉)
	建始县	清道光二十一年(1841)《建始县志》	熊*
	宣恩县	清同治二年(1863)《宣恩县志》	马熊、狗熊
	宜昌市、秭归县、兴山县、长阳土家族自治县、五峰土家族自治县、巴东县、鹤峰县	清同治三年(1864)《宜昌府志》	东湖：熊，归州：熊，长阳：亦与兴[兴山]东[东湖]归[归州]同①，巴东：野兽皆同东[东湖]归[归州]①，鹤峰：山中走兽甚多，与长阳同①，长乐：与长阳、鹤峰同①
	宜昌市	清同治三年(1864)《东湖县志》	熊(掌作珍左更胜)
	恩施市	清同治三年(1864)《恩施县志》	猪熊
	竹山县	清同治四年(1865)《竹山县志》	熊
	房县	清同治四年(1865)《房县志》	熊
	南漳县	清同治四年(1865)《南漳县志》	熊
	咸丰县	清同治四年(1865)《咸丰县志》	熊
	宜昌市、秭归县、兴山县、五峰土家族自治县、长阳土家族自治县，恩施州的巴东县、鹤峰县	清同治五年(1866)《宜昌府志》	熊***
	兴山县、秭归县、长阳土家族自治县、恩施市、巴东县	清同治五年(1866)《归州志》	熊

（续表）

省级政区	今地点	文献	内容
	巴东县	清同治五年(1866)《巴东县志》	熊(其掌作珍左更胜)
	建始县	清同治五年(1866)《建始县志》	熊*
	长阳土家族自治县	清同治五年(1866)《长阳县志》	熊
	来凤县	清同治五年(1866)《来凤县志》	熊(有猪、狗、马三种)
	郧西县	清同治五年(1866)《郧西县志》	熊
	竹溪县	清同治六年(1867)《竹溪县志》	熊
	谷城县	清同治六年(1867)《谷城县志》	熊
	恩施市	清同治七年(1868)《恩施县志》	猪熊
	郧县	清同治九年(1870)《郧阳县志》	熊亦罕见而掌不易得
	英山县等地	清同治十一年(1872)《六安州志》	熊
	属襄樊市	清同治十三年(1874)《襄阳县志》	熊
	五峰土家族自治县	清光绪元年(1875)《长乐县志》	熊
	江陵县	清光绪三年(1877)《江陵县志》	熊
	英山县等地	清光绪四年(1878)《安徽通志》	六安州:熊(州邑间有见者)
	荆州市、石首市、松滋市、江陵县、公安县、监利县、枝江市、宜都市、远安县、兴山县、秭归县	清光绪六年(1880)《荆州府志》	熊
	巴东县	清光绪六年(1880)《巴东县志》	熊(其掌作珍左,更胜)
	兴山县、秭归县、长阳土家族自治县、恩施市与巴东县	清光绪八年(1882)《归州志》	熊
	通山县	清光绪八年(1882)《九宫山志》	熊
	兴山县	清光绪十年(1884)《兴山县志》	熊*
	麻城市	清光绪十年(1884)《黄州府志》	明……正德……十一年冬十二月,麻城有熊飞过县,至北郊获之
	鄂州市	清光绪十一年(1885)《武昌县志》	熊(多狗熊、人熊最少)
	丹江口市、襄樊市、老河口市、枣阳市、宜城市、南漳县、谷城县	清光绪十一年(1885)《襄阳府志》	熊胆
湖南	衡阳市、衡阳县、衡山县	(宋)陈田夫《南岳总胜集》	岳有灵禽异兽:马熊、猪熊、狗熊
	凤凰县、花垣县、保靖县、古丈县	明天顺五年(1461)《明一统志·保靖州军民宣慰使司》	熊(宣慰司境出)
	石门县	清道光元年(1821)《直隶澧州志》	明嘉靖四年,石门熊入县治
	炎陵县、衡阳市、常宁市、耒阳市、衡南县、衡山县、衡东县、安仁县	明嘉靖十五年(1536)《衡州府志》	熊
	常德市、汉寿县、桃源县、沅江市	明嘉靖十七年(1538)《常德府志》	间有熊*
	安化县	明嘉靖二十三年(1544)《安化县志》	熊

（续表）

省级政区	今地点	文献	内容
	新化县	清嘉靖二十八年(1549)《新化县志》	熊
	慈利县、安乡县、澧县、石门县	明嘉靖四十一年(1562)《澧州志》	熊、罴
	邵阳市、武冈市、邵东县、邵阳县、新邵县、隆回县、洞口县、新宁县、城步苗族自治县、新化县	明隆庆元年(1567)《宝庆府志》	熊***
	祁东县、永州市、东安县、道县、宁远县、江永县、新田县、双牌县、祁阳县、江华瑶族自治县	明隆庆五年(1571)《永州府志》	熊
	平江县、慈利县	明隆庆(1567～1572)《岳州府志》	平江县：熊（脂、掌味珍。胆入药），慈利县：熊（人、犬二形）
	慈利县	明万历二年(1574)《慈利县志》	熊(《周礼》谓蛰兽。深山有之。性刚，多力。至冬，则蛰)
	江华瑶族自治县	明万历二年(1574)《江华县志》	熊
	郴州市、资兴市、宜章县、汝城县、桂东县、永兴县	明万历四年(1576)《郴州志》	熊
	桃源县	明万历四年(1576)《桃源县志》	熊
	沅陵县、辰溪县、溆浦县、泸溪县	清万历二十五年(1597)《辰州府志》	熊(猪熊，狗熊)
	新宁县	明万历三十四年(1606)《新宁县志》	熊
	长沙市、浏阳市、长沙县、望城县、宁乡县、益阳市、桃江县、安化县、汨罗县、湘阴县、株洲市、醴陵市、株洲县、攸县、茶陵县、湘潭市、湘乡市、韶山市、湘潭县、涟源县、双峰县	清崇祯十二年(1639)《长沙府志》	熊
	洪江市	清康熙五年(1666)《黔阳县志》	熊
	安化县	清康熙六年(1667)《安化县志》	熊
	祁阳县	清康熙八年(1669)《祁阳县志》	熊
	资兴市	清康熙九年(1670)《兴宁县志》	熊
	炎陵县	清康熙十年(1671)《炎陵志》	熊、罴
	澧县	民国二十八年(1939)《澧县县志》	一兽如熊(康熙十八年)*
	宁乡县	清康熙二十二年(1683)《宁乡县志》	熊
	邵阳市、邵阳县	清康熙二十三年(1684)《邵阳县志》	熊
	属永州市	清康熙二十三年(1684)《零陵县志》	熊
	长沙市、浏阳市、长沙县、望城县、宁乡县、益阳市、桃江县、安化县、汨罗县、湘阴县、株洲市、醴陵市、株洲县、攸县、茶陵县、湘潭市、湘乡市、韶山市、湘潭县、涟源县、双峰县	清康熙二十四年(1685)《长沙府志》	熊
	属张家界市	清康熙二十四年(1685)《永定卫志》	熊、罴
	岳阳市、岳阳县	清康熙二十四年(1685)《巴陵县志》	熊
	临武县	清康熙二十七年(1688)《临武县志》	熊、罴

（续表）

省级政区	今 地 点	文 献	内 容
	祁东县、永州市、东安县、道县、宁远县、江永县、新田县、双牌县、祁阳县、江华瑶族自治县	清康熙三十三年(1694)《永州府志》	熊
	茶陵县	清康熙三十四年(1695)《茶陵州志》	熊
	浏阳市	清康熙四十三年(1704)《浏阳县志》	熊
	沅陵县	清康熙四十四年(1705)《沅陵县志》	熊(狗熊、马熊)
	江永县	清康熙四十八年(1709)《永明县志》	熊
	耒阳县	清康熙五十五年(1716)《耒阳县志》	熊
	澧县	民国二十八年(1939)《澧县县志》	熊(康熙十八年)*
	江华瑶族自治县	清雍正七年(1729)《江华县志》	熊
	衡阳市、衡阳县	清雍正十二年(1734)《衡阳县志》	熊
	平江县	清乾隆八年(1743)《平江县志》	熊
	岳阳市、临湘市、岳阳县、平江县、华容县	清乾隆十一年(1746)《岳州府志》	熊
	长沙市、浏阳市、长沙县、望城县、宁乡县、益阳市、桃江县、安化县、汨罗县、湘阴县、株洲市、醴陵市、株洲县、攸县、茶陵县、湘潭市、湘乡市、韶山市、湘潭县、涟源县、双峰县	清乾隆十二年(1747)《长沙府志》	熊
	湘乡市	清乾隆十二年(1747)《湘乡县志》	熊
	攸县	清乾隆十二年(1747)《攸县志》	熊
	宁乡县	清乾隆十三年(1748)《宁乡县志》	熊
	益阳市	清乾隆十三年(1748)《益阳县志》	熊
	张家界市、慈利县、津市市、安乡县、澧县、临澧县、石门县、南县	清乾隆十五年(1750)《直隶澧州志林》	熊、罴
	绥宁县	清乾隆十九年(1754)《绥宁县志》	熊
	宁远县	清乾隆十九年(1754)《宁远县志》	熊
	平江县	清乾隆二十年(1755)《平江县志》	熊
	湘潭市、韶山市、湘潭县	清乾隆二十一年(1756)《湘潭县志》	熊
	宜章县	清乾隆二十一年(1756)《宜章县志》	熊
	资兴市	清乾隆二十三年(1758)《兴宁县志》	熊
	桂东县	清乾隆二十三年(1758)《桂东县志》	熊
	衡阳市、衡阳县	清乾隆二十六年(1761)《衡阳县志》	熊
	永兴县	清乾隆二十七年(1762)《永兴县志》	熊
	溆浦县	清乾隆二十七年(1762)《溆浦县志》	熊
	炎陵县、衡阳市、常宁市、耒阳市、衡南县、衡山县、衡东县、安仁县	清乾隆二十八年(1763)《衡州府志》	熊
	桑植县、保靖县、古丈县、永顺县、龙山县	清乾隆二十八年(1763)《永顺府志》	熊、罴
	属衡阳市	清乾隆二十八年(1763)《清泉县志》	熊
	桑植县	清乾隆二十九年(1764)《桑植县志》	熊(有猪熊、狗熊)

（续表）

省级政区	今地点	文献	内容
	沅陵县、辰溪县、溆浦县、泸溪县	清乾隆三十年(1765)《辰州府志》	熊(形似人。有猪熊，狗熊二种)
	永顺县	清乾隆五十八年(1793)《永顺县志》	熊
	桂阳县	清嘉庆七年(1802)《桂阳县志》	熊
	属永州市	清嘉庆十五年(1810)《零陵县志》	熊
	宁远县	清嘉庆十六年(1811)《宁远县志》	嘉靖辛卯春，一日昧爽，有狗熊自西南来，突入市
	祁阳县	清嘉庆十七年(1812)《祁阳县志》	熊
	常德市、桃源县、汉寿县、沅江市	清嘉庆十八年(1813)《常德府志》	熊(《旧志》:俱间出)
	宜章县	清嘉庆二十年(1815)《宜章县志》	熊
	属张家界市	清嘉庆二十一年(1816)《永定卫志》	熊、罴
	茶陵县	清嘉庆二十一年(1816)《茶陵州志》	熊
	临武县	清嘉庆二十二年(1817)《临武县志》	熊、罴
	湘乡市	清嘉庆二十二年(1817)《湘乡县志》	熊
	攸县	清嘉庆二十二年(1817)《攸县志》	熊
	安仁县	清嘉庆二十二年(1817)《安仁县志》	熊
	桂东县	清嘉庆二十二年(1817)《桂东县志》	熊
	石门县	清嘉庆二十三年(1818)《石门县志》	明……世宗嘉靖五年丙戌，熊入县治
	龙山县	清嘉庆二十三年(1818)《龙山县志》	熊(形似人。有猪熊、狗熊二种)
	浏阳市	清嘉庆二十四年(1819)《浏阳县志》	熊
	邵阳市、邵阳县	清嘉庆二十五年(1820)《邵阳县志》	熊
	益阳市	清嘉庆二十五年(1820)《益阳县志》	熊(今无)
	郴州市、资兴市、宜章县、汝城县、桂东县、永兴县	清嘉庆二十五年(1820)《郴州总志》	熊
	张家界市、慈利县、津市市、安乡县、澧县、临澧县、石门县、南县	清道光元年(1821)《直隶澧州志林》	熊、罴
	辰溪县	清道光元年(1821)《辰溪县志》	熊
	衡山县	清道光三年(1823)《衡山县志》	熊(人熊似人，猪熊似猪，狗熊似狗)
	新宁县	清道光三年(1823)《新宁县志》	熊
	耒阳县	清道光六年(1826)《耒阳县志》	熊
	祁东县、永州市、东安县、道县、宁远县、江永县、新田县、双牌县、祁阳县、江华瑶族自治县	清道光八年(1828)《永州府志》	熊、罴
	邵阳市、武冈市、邵东县、邵阳县、新邵县、隆回县、洞口县、新宁县、城步苗族自治县、冷水江市、新化县	清道光二十九年(1849)《宝庆府志》	熊
	属常德市	清同治二年(1863)《武陵县志》	熊

（续表）

省级政区	今地点	文献	内容
	桂阳县	清同治六年(1867)《桂阳县志》	熊
	绥宁县	清同治六年(1867)《绥宁县志》	熊
	石门县	清同治七年(1868)《石门县志》	熊*、罴*
	慈利县	清同治八年(1869)《慈利县志》	罴(遇人则攫而舐其面)
	安仁县	清同治八年(1869)《安仁县志》	熊
	属张家界市	清同治八年(1869)《永定县志》	熊、罴
	张家界市、慈利县、津市市、安乡县、澧县、临澧县、石门县、南县	清同治八年(1869)《澧州志》	熊*、罴*
	溆浦县	清同治八年(1869)《溆浦县志》	熊
	龙山县	清同治九年(1870)《龙山县志》	熊*
	江华瑶族自治县	清同治九年(1870)《江华县志》	熊
	保靖县	清同治十年(1871)《保靖县志》	熊
	桑植县	清同治十一年(1872)《桑植县志》	熊(有猪熊、狗熊)
	新化县	清同治十一年(1872)《新化县志》	熊
	衡阳市、衡阳县	清同治十一年(1872)《衡阳县志》	[顺治]十八年……黑熊入城门
	岳阳市、岳阳县	清同治十一年(1872)《巴陵县志》	熊
	炎陵县	清同治十二年(1873)《酃县志》	熊
	沅陵县	清同治十二年(1873)《沅陵县志》	熊(狗熊、马熊)
	桑植县、保靖县、古丈县、永顺县、龙山县	清同治十二年(1873)《永顺府志》	熊、罴(设郡县时皆有,今亡)
	平江县	清同治十三年(1874)《平江县志》	熊
	永顺县	清同治十二年(1874)《永顺县志》	熊
	洪江市	清同治十二年(1874)《黔阳县志》	熊
	资兴市	清光绪元年(1875)《兴宁县志》	马熊*
	衡山县	清光绪元年(1875)《衡山县志》	熊
	龙山县	清光绪四年(1878)《龙山县志》	熊
	炎陵县、衡阳市、常宁市、耒阳市、衡南县、衡山县、衡东县、安仁县、桑植县、保靖县、古丈县、永顺县、龙山县	清光绪十一年(1885)《湖南通志》	衡州府:产马熊、狗熊,永顺府:熊
	耒阳市	清光绪十一年(1885)《耒阳县志》	同治三年,有兽如马,食人
	湘潭市、韶山市、湘潭县	清光绪十五年(1889)《湘潭县志》	熊*
	新宁县	清光绪十九年(1893)《新宁县志》	熊(人熊、狗熊)
广东	广州市、增城市、从化市、清城区、龙门县、东莞市、深圳市、珠海市、中山市、江门市、恩平市、台山市、开平市、鹤山市、佛山市等地	元大德八年(1304)《南海志》	熊

（续表）

省级政区	今地点	文献	内容
	东莞市	明天顺八年(1464)《东莞县志》	熊
	德庆县	明嘉靖十六年(1537)《德庆州志》	熊
	增城市	明嘉靖十七年(1538)《增城县志》	熊
	南雄市、始兴县	明嘉靖二十一年(1542)《南雄府志》	熊
	新丰县、源城区、紫金县、龙川县、连平县、和平县、东源县、兴宁市、五华县、城区、陆丰市、海丰县、陆河县、惠州市、博罗县、惠东县	明嘉靖二十一年(1542)《惠州府志》	熊
	英德市、韶关市、乐昌市、仁化县、翁源县、乳源瑶族自治县	明嘉靖二十一年(1542)《韶州府志》	熊
	南雄市、始兴县	明嘉靖二十一年(1542)《南雄府志》	熊
	台山市	明嘉靖二十四年(1545)《新宁县志》	熊
	封开县、德庆县	明嘉靖二十五年(1546)《德庆州志》	有熊
	梅江区、梅县、大埔县、丰顺县、平远县、蕉岭县、湘桥区、潮安县、饶平县、汕头市、南澳县、榕城区、普宁市、揭东县、揭西县、惠来县	明嘉靖二十六年(1547)《潮州府志》	熊
	兴宁市	明嘉靖三十一年(1552)《兴宁县志》	熊
	新丰县、源城区、紫金县、龙川县、连平县、和平县、东源县、兴宁市、五华县、城区、陆丰市、海丰县、陆河县、惠州市、博罗县、惠东县	明嘉靖三十五年(1556)《惠州府志》	有熊
	广州市、增城市、从化市、清城区、英德市、连州市、佛冈县、阳山县、清新县、连山壮族瑶族自治县、连南瑶族自治县、韶关市、乐昌市、南雄市、始兴县、仁化县、翁源县、新丰县、乳源瑶族自治县、源城区、紫金县、龙川县、连平县、和平县、东源县、梅江区、兴宁市、梅县、大埔县、丰顺县、五华县、平远县、蕉岭县、湘桥区、潮安县、饶平县、汕头市、南澳县、榕城区、普宁市、揭东县、揭西县、惠来县、汕尾、城区、陆丰市、海丰县、陆河县、惠州市、博罗县、惠东县、龙门县、东莞市、深圳市、珠海市、中山市、江门市、恩平市、台山市、开平市、鹤山市、佛山市、肇庆市、高要市、四会市、广宁县、怀集县、封开县、德庆县、云城区、罗定市、云安县、新兴县、郁南县、江城区、阳春市、阳西县、阳东县、茂名市、化州市、信宜市、高州市、电白县、湛江市、吴川市、廉江市、雷州市、遂溪县、徐闻县等地	明嘉靖三十六年(1557)《广东通志》	熊*
	大埔县	明嘉靖三十六年(1557)《大埔县志》	熊
	湘桥区	明隆庆六年(1572)《潮阳县志》	熊罴(间出)
	郁南县	明万历二十年(1592)《西宁县志》	熊

（续表）

省级政区	今地点	文献	内容
	广州市、增城市、从化市、清城区、连州市、佛冈县、阳山县、清新县、连山壮族瑶族自治、连南瑶族自治县、龙门县、东莞市、深圳市、珠海市、中山市、江门市、恩平市、台山市、开平市、鹤山市、佛山市、英德市、韶关市、乐昌市、仁化县、翁源县、乳源瑶族自治县、南雄市，辖今南雄市、始兴县、惠州市，辖今新丰县、源城区、紫金县、龙川县、连平县、和平县、东源县、兴宁市、五华县、城区、陆丰市、海丰县、陆河县、惠州市、博罗县、惠东县、梅江区、梅县、大埔县、丰顺县、平远县、蕉岭县、湘桥区、潮安县、饶平县、汕头市、南澳县、榕城区、普宁市、揭东县、揭西县、惠来县、肇庆市、高要市、四会市、广宁县、封开县、德庆县、新兴县、江城区、阳春市、阳西县、阳东县、云城区、罗定市、云安县、郁南县等地	明万历二十九年(1601)《广东通志》	广州府、韶州府、南雄府、惠州府、潮州府、肇庆府、罗定州：有熊
	茂名市、化州市、信宜市、高州市、电白县、吴川市、廉江市	明万历(1573～1620)《高州府志》	熊胆
	封开县	清康熙二十四年(1635)《封川县志》	熊
	中山市	清光绪五年(1879)《香山县志》	熊罴(万历四十七年)*
	兴宁市	明崇祯十年(1637)《兴宁县志》	熊
	阳山县	清顺治十五年(1658)《阳山县志》	熊(毛深黑色，企立似人)
	五华县	清康熙二年(1663)《长乐县志》	熊
	乐昌市	清康熙五年(1666)《乐昌县志》	熊
	吴川市	清康熙八年(1669)《吴川县志》	熊
	茂名市、化州市、信宜市、高州市、电白县、吴川市、廉江市	清康熙十一年(1672)《高州府志》	熊
	四会市	清康熙十一年(1672)《四会县志》	熊、人熊
	云城区	清康熙十一年(1672)《东安县志》	熊
	属韶关市	清康熙十二年(1673)《曲江县志》	熊
	高要市	清康熙十二年(1673)《高要县志》	熊
	信宜市	清康熙十三年(1674)《信宜县志》	熊
	连州市、佛冈县、阳山县、清新县、连山壮族瑶族自治、连南瑶族自治县、英德市、韶关市、乐昌市、仁化县、翁源县、乳源瑶族自治县、南雄市，辖今南雄市、始兴县、惠州市，辖今新丰县、源城区、紫金县、龙川县、连平县、和平县、东源县、兴宁市、五华县、城区、陆丰市、海丰县、陆河县、惠州市、博罗县、惠东县、梅江区、梅县、大埔县、丰顺县、平远县、蕉岭县、湘桥区、潮安县、饶平县、汕头市、南澳县、榕城区、普宁市、揭东县、揭西县、惠来县、肇庆市、高要市、四会市、广宁县、封开县、德庆县、新兴县、江城区、阳春市、阳西县、阳东县、云城区、罗定市、云安县、郁南县	清康熙十四年(1675)《广东通志》	韶州府、南雄府、惠州府、潮州府、肇庆府、罗定州：有熊

（续表）

省级政区	今地点	文献	内容
	属惠州市	清康熙十四年(1675)《归善县志》	熊
	兴宁市	清康熙二十年(1681)《兴宁县志》	熊
	增城市	清康熙二十五年(1686)《增城县志》	熊
	属大埔县	清康熙二十五年(1686)《埔阳县志》	熊
	潮安县	清康熙二十五年(1686)《海阳县志》	熊
	属汕头市	清康熙二十五年(1686)《澄海县志》	熊
	属广州市	清康熙二十六年(1687)《花县志》	熊人（人面，多笑，性嗜酒。山人诱醉获之）
	兴宁市	清康熙二十六年(1687)《兴宁县志》	熊
	云城区、罗定市、云安县、郁南县	清康熙二十六年(1687)《罗定州志》	熊
	紫金县	清康熙二十六年(1687)《永安县志》	有人熊、狗熊
	阳春市	清康熙二十六年(1687)《阳春县志》	熊*、罴*
	饶平县	清康熙二十六年(1687)《饶平县志》	熊
	郁南县	清康熙二十六年(1687)《西宁县志》	熊
	郁南县	1995年《郁南县志》	清康熙二十六年曾捕获熊，此后无发现
	深圳市	清康熙二十七年(1688)《新安县志》	熊
	属佛山市	清康熙三十年(1691)《南海县志》	熊
	茂名市	清康熙三十八年(1699)《茂名县志》	熊
	从化市	清康熙四十九年(1710)《从化县志》	熊
	博罗县	清康熙五十六年(1717)《罗浮山志会编》	熊*
	从化市	清雍正八年(1730)《从化县新志》	熊
	源城区、连平县、和平县	清雍正八年(1730)《连平州志》	熊
	潮安县	清雍正八年(1730)《海阳县志》	熊
	广州市、增城市、从化市、清城区、连州市、佛冈县、阳山县、清新县、连山壮族瑶族自治县、连南瑶族自治县、博罗县、龙门县、东莞市、深圳市、珠海市、中山市、江门市、台山市、鹤山市、佛山市等地	清雍正九年(1731)《广东通志》	熊(《广州志》《罗浮山》)*
	云城区、罗定市、云安县、郁南县	清雍正九年(1731)《罗定州志》	熊
	源城区	清乾隆十一年(1746)《河源县志》	熊
	化州市	清乾隆十三年(1748)《化州志》	熊
	广宁县	清乾隆十四年(1749)《广宁县志》	熊
	南雄市、始兴县	清乾隆十八年(1753)《南雄府志》	熊

（续表）

省级政区	今地点	文献	内容
	新丰县	清乾隆二十一年（1756）《长宁县志》	熊（……有人熊、猪熊、狗熊）
	广州市、增城市、从化市、清城区、龙门县、东莞市、深圳市、珠海市、中山市、江门市、恩平市、台山市、开平市、鹤山市、佛山市	清乾隆二十四年（1759）《广州府志》	熊
	鹤山市、恩平市、开平市、佛山市、肇庆市、高要市、四会市、广宁县、德庆县、封开县、新兴县、江城区、阳春市、阳西县、阳东县	清乾隆二十五年（1760）《肇庆府志》	熊
	博罗县	清乾隆二十八年（1763）《博罗县志》	熊
	属汕头市	清乾隆二十九年（1764）《澄海县志》	熊
	恩平市	清乾隆三十一年（1766）《恩平县志》	熊
	梅江区、梅县、大埔县、丰顺县、平远县、蕉岭县、湘桥区、潮安县、饶平县、汕头市、南澳县、榕城区、普宁市、揭东县、揭西县、惠来县	清乾隆四十年（1775）《潮州府志》	熊
	属韶关市	清乾隆四十年（1775）《曲江县志》	熊
	属惠州市	清乾隆四十八年（1783）《归善县志》	熊
	南澳县	清乾隆四十八年（1783）《南澳志》	熊
	属汕头市	清嘉庆二十年（1815）《澄海县志》	熊
	茂名市	清嘉庆二十四年（1819）《茂名县志》	熊
	增城市	清嘉庆二十五年（1820）《增城县志》	有熊
	江城区	清道光二年（1822）《阳江县志》	熊
	紫金县	清道光二年（1822）《永安县志》	有人熊、狗熊
	四会市	民国十四年（1925）《四会县志》	人熊（道光二年）*
	南雄市、始兴县	清道光四年（1824）《直隶南雄州志》	熊
	广宁县	清道光四年（1824）《广宁县志》	熊
	云城区	清道光四年（1824）《东安县志》	熊
	鹤山市、恩平市、开平市、佛山市、肇庆市、高要市、四会市、广宁县、德庆县、封开县、新兴县、江城区、阳春市、阳西县、阳东县	清道光十三年（1833）《肇庆府志》	熊
	化州市	清道光十四年（1834）《化州志》	熊（今无）
	属佛山市	清道光十五年（1835）《南海县志》	熊
	新丰县	清道光十九年（1839）《长宁县志》	熊（……有人熊、猪熊、狗熊）
	台山市	清道光十九年（1839）《新宁县志》	熊

（续表）

省级政区	今地点	文献	内容
	佛冈县	清道光二十二年(1842)《佛冈县直隶军民厅志》	熊
	英德市	清道光二十三年(1843)《英德县志》	熊猪(味极美。产深山中)
	五华县	清道光二十三年(1843)《长乐县志》	《旧志》有熊……今则无之
	佛冈县	清咸丰元年(1851)《佛冈厅志》	熊
	英德市、韶关市、乐昌市、仁化县、翁源县、乳源瑶族自治县	清同治十三年(1874)《韶州府志》	熊(猪熊。味极美,产深山中)
	源城区	清同治十三年(1874)《河源县志》	熊
	属韶关市	清光绪元年(1875)《曲江县志》	熊
	新丰县、源城区、紫金县、龙川县、连平县、和平县、东源县、城区、陆丰市、海丰县、陆河县、惠州市、博罗县、惠东县	清光绪三年(1877)《惠州府志》	熊
	广州市、增城市、从化市、清城区、龙门县、东莞市、深圳市、珠海市、中山市、江门市、恩平市、台山市、开平市、鹤山市、佛山市	清光绪五年(1879)《广州府志》	熊
	新丰县、源城区、紫金县、龙川县、连平县、和平县、东源县、城区、陆丰市、海丰县、陆河县、惠州市、博罗县、惠东县	清光绪七年(1881)《惠州府志》	熊
	饶平县	清光绪九年(1883)《饶平县志》	熊
	茂名市、化州市、信宜市、高州市、电白县、吴川市、廉江市	清光绪十五年(1889)《高州府志》	熊(《旧志》有,今俱罕见)
	化州市	清光绪十六年(1890)《化州志》	熊(今无)
	信宜市	清光绪十七年(1891)《信宜县志》	熊
	台山市	清光绪十九年(1893)《新宁县志》	熊猪、马熊
	四会市	清光绪二十二年(1896)《四会县志》	熊(有人熊、猪熊、狗熊之分)
	德庆县	清光绪二十五年(1899)《德庆州志》	熊
	信宜市	1993年《信宜县志》	熊(古有今无)
	茂名市	1997年《茂名市志》	熊(古有今无)
广西	桂林市、阳朔县、临桂县、灵川县、全州县、兴安县、永福县、灌阳县、资源县、龙胜各族自治县	明景泰元年(1450)《桂林郡志》	熊
	南宁市、横县、隆安县、上思县、扶绥县、平果县	明嘉靖十七年(1538)《南宁府志》	熊
	钦州市、灵山县	明嘉靖十八年(1539)《钦州志》	熊
	江州区	民国二十六年(1937)《崇善县志》	熊(嘉靖四十二年)*

（续表）

省级政区	今地点	文献	内容
	钦州市、灵山县、浦北县、北海市、合浦县、防城港市、东兴市等地	明嘉靖三十六年(1557)《广东通志》	廉州府:熊**
	南宁市、横县、隆安县、上思县、扶绥县、平果县	明嘉靖四十三年(1564)《南宁府志》	熊*
	宾阳县	明万历十五年(1587)《宾州志》	熊
	钦州市、灵山县、浦北县、北海市、合浦县、防城港市、东兴市等地	明万历二十九年(1601)《广东通志》	廉州府:有熊
	南宁市、横县、隆安县、上思县、扶绥县、平果县	明万历四十三年(1615)《南宁府志》	熊***
	钦州市、灵山县、浦北县、北海市、合浦县、防城港市、东兴市	明崇祯十年(1637)《廉州府志》	熊
	阳朔县	清康熙十二年(1673)《阳朔县志》	熊、罴
	全州县	清康熙二十八年(1689)《全州志》	熊
	荔浦县	清康熙四十八年(1709)《荔浦县志》	熊
	平乐县、荔浦县、恭城瑶族自治县、蒙山县、金秀瑶族自治县、八步区、昭平县、钟山县、富川瑶族自治县	清康熙五十五年(1716)《平乐府志》	熊
	钦州市、灵山县、浦北县、北海市、合浦县	清康熙六十年(1721)《廉州府志》	熊
	合浦县	清康熙六十一年(1722)《合浦县志》	熊
	灵川县	清雍正三年(1725)《灵川县志》	熊
	岑溪市	清乾隆四年(1739)《岑溪县志》	熊
	梧州市、岑溪市、苍梧县、藤县、容县等地	清乾隆十年(1745)《梧州府志》	熊
	金城江区、宜州市、南丹县、天峨县、凤山县、东兰县、环江毛南族自治县、忻城县	清乾隆十九年(1754)《庆远府志》	熊(有人、马、猪、狗数种)
	富川瑶族自治县	清乾隆二十二年(1757)《富川县志》	熊
	全州县	清乾隆三十年(1765)《全州志》	熊
	灵川县	清乾隆三十一年(1766)《灵川县志》	熊
	桂平市	清乾隆三十三年(1768)《桂平县资治图志》	熊
	梧州市、岑溪市、苍梧县、藤县、容县	清乾隆三十五年(1770)《梧州府志》	熊
	全州县	清嘉庆四年(1799)《全州志》	熊
	南宁市、横县、隆安县、上思县、扶绥县、平果县	清嘉庆六年(1801)《广西通志》	南宁府:熊*
	龙州县	清嘉庆八年(1803)《龙州纪略》	熊
	武宣县	清嘉庆十三年(1808)《武宣县志》	熊
	蒙山县	清嘉庆十八年(1813)《永安州志》	狗熊
	藤县	清嘉庆二十一年(1816)《藤县志》	熊
	上林县	清嘉庆二十五年(1820)《上林志稿》	人熊

（续表）

省级政区	今地点	文献	内容
	金城江区、宜州市、南丹县、天峨县、凤山县、东兰县、环江毛南族自治县、忻城县	清道光九年(1829)《庆远府志》	熊
	马山县	清道光十年(1830)《白山司志》	熊(司地深山中有之)
	钦州市、灵山县、浦北县、北海市、合浦县、防城港市、东兴市	清道光十三年(1833)《廉州府志》	熊、狗熊
	钦州市、灵山县	清道光十四年(1834)《钦州志》	人熊(间有)、狗熊、马熊(间有)
	兴安县	清道光十四年(1834)《兴安县志》	熊
	上思县	清道光十四年(1834)《上思州志》	熊
	资源县	清道光二十年(1840)《西延轶志》	熊
	武鸣县	清道光二十四年(1844)《武缘县志》	马熊、猪熊、狗熊
	龙胜各族自治县	清道光二十六年(1846)《龙胜厅志》	熊、罴
	南宁市、横县、隆安县、上思县、扶绥县、平果县	清道光二十七年(1847)《南宁府志》	熊
	藤县	清同治七年(1868)《藤县志》	熊
	梧州市、岑溪市、苍梧县、藤县、容县等地	清同治十二年(1873)《梧州府志》	熊
	上林县	清光绪二年(1876)《上林县志》	狗熊
	属扶绥县	清光绪四年(1878)《新宁州志》	熊*
	平乐县	清光绪十年(1884)《平乐县志》	熊
	永福县	清光绪十一年(1885)《永宁州志》	熊、罴
	武鸣县	清光绪十三年(1887)《武缘县志》	马熊、猪熊、狗熊
	富川瑶族自治县	清光绪十六年(1890)《富川县志》	熊
	天等县、德保县、靖西县、那坡县	清光绪十八年(1892)《镇安府志》	熊***
	玉州区、北流市、兴业县、陆川县、博白县	清光绪二十年(1894)《郁林州志》	人熊、狗熊(大容山深处有之)
	永福县	清光绪二十一年(1895)《永宁州志》	熊、罴
	蒙山县	清光绪二十四年(1898)《永安州志》	狗熊
	靖西县	清光绪二十五年(1899)《归顺直隶州志》	熊(其一种人熊,乃长大人也……又有马熊、猪熊、狗熊数种,不一其状)
	金城江区	清光绪二十五年(1899)《河池州志》	熊(有人、马、猪、狗数种)
海南	海口市、三亚市、文昌市、琼海市、万宁市、五指山市、东方市、儋州市、临高县、澄迈县、定安县、屯昌县、昌江黎族自治县、白沙黎族自治县、琼中黎族苗族自治县、陵水黎族自治县、保亭黎族苗族自治县、乐东黎族自治县	明正德六年(1511)《琼台志》	熊(崖州多)

（续表）

省级政区	今地点	文献	内容
	海口市、三亚市、文昌市、琼海市、万宁市、五指山市、东方市、儋州市、临高县、澄迈县、定安县、屯昌县、昌江黎族自治县、白沙黎族自治县、琼中黎族苗族自治县、陵水黎族自治县、保亭黎族苗族自治县、乐东黎族自治县	明嘉靖三十六年(1557)《广东通志》	熊**
	海口市、三亚市、文昌市、琼海市、万宁市、五指山市、东方市、儋州市、临高县、澄迈县、定安县、屯昌县、昌江黎族自治县、白沙黎族自治县、琼中黎族苗族自治县、陵水黎族自治县、保亭黎族苗族自治县、乐东黎族自治县	明万历二十九年(1601)《广东通志》	琼州府:有熊
	海口市、三亚市、文昌市、琼海市、万宁市、五指山市、东方市、儋州市、临高县、澄迈县、定安县、屯昌县、昌江黎族自治县、白沙黎族自治县、琼中黎族苗族自治县、陵水黎族自治县、保亭黎族苗族自治县、乐东黎族自治县	明万历四十六年(1618)《琼州府志》	熊
	属琼海市	清康熙八年(1669)《乐会县志》	熊
	万宁市	清康熙十八年(1679)《万州志》	猪熊、狗熊
	定安县	清康熙二十五年(1686)《定安县志》	熊
	属琼海市	清康熙二十六年(1687)《乐会县志》	熊
	陵水黎族自治县	清康熙二十七年(1688)《陵水县志》	熊
	属海口市	清康熙四十七年(1708)《琼山县志》	熊(有猪熊、狗熊、马熊、人熊之别。马熊最大,人熊不见)
	三亚市、保亭黎族苗族自治县、乐东黎族自治县	清乾隆二十年(1755)《崖州志》	熊
	海口市、三亚市、文昌市、琼海市、万宁市、五指山市、东方市、儋州市、临高县、澄迈县、定安县、屯昌县、昌江黎族自治县、白沙黎族自治县、琼中黎族苗族自治县、陵水黎族自治县、保亭黎族苗族自治县、乐东黎族自治县	清乾隆三十九年(1774)《琼州府志》	熊*
	陵水黎族自治县	清乾隆五十七年(1792)《陵水县志》	熊*
	琼海市、琼中黎族苗族自治县	清道光二年(1822)《广东通志》	熊***
	万宁市	清道光八年(1828)《万州志》	熊(有猪熊,狗熊,马熊,人熊之别。马熊最大,人熊不多见)
	海口市、三亚市、文昌市、琼海市、万宁市、五指山市、东方市、儋州市、临高县、澄迈县、定安县、屯昌县、昌江黎族自治县、白沙黎族自治县、琼中黎族苗族自治县、陵水黎族自治县、保亭黎族苗族自治县、乐东黎族自治县	清道光二十一年(1841)《琼州府志》	熊

（续表）

省级政区	今地点	文献	内容
	属海口市	清咸丰七年(1857)《琼山县志》	熊
	定安县	清光绪四年(1878)《定安县志》	熊***
	昌江黎族自治县	清光绪二十三年(1897)《昌化县志》	熊胆(能消毒)
香港	香港等地	元大德八年(1304)《南海志》	熊
	香港等地	明嘉靖三十六年(1557)《广东通志》	熊**
	香港等地	明万历二十九年(1601)《广东通志》	广州府:有熊
	香港等地	清雍正九年(1731)《广东通志》	熊(《广州志》)*
澳门	澳门等地	元大德八年(1304)《南海志》	熊
	澳门等地	明嘉靖三十六年(1557)《广东通志》	熊**
	澳门等地	明万历二十九年(1601)《广东通志》	广州府:有熊
	澳门等地	清雍正九年(1731)《广东通志》	熊(《广州志》)*
	澳门	清乾隆十六年(1751)《澳门纪略》	黑熊

注：*表示详见正文。**表示同前文。***表示本省级政区已有类似记录。①亦即有熊。

4.5 西南

西南各省级政区皆有熊分布。

4.5.1 重庆

重庆市历史上3种熊皆有，以棕熊与黑熊为主。

《山海经·中次九经》记述：

鬲山，其阳多金，其阴多白珉。蒲之水出焉，而东流注于江，其中多白玉。其兽多犀、象、熊、罴，多猨、蜼。

按：所谓"鬲山"，在今开县一带；称其兽多"熊、罴"，反映有较多黑熊与棕熊生息繁衍。

郭璞注《尔雅》"魋"的"建平郡"，包括今巫溪县、巫山县等地。

《新唐书·地理志》记载：山南道夔州云安郡(今云阳县)"土贡：熊、罴"，说明当地以产熊著称。

清道光二十四年《城口厅志》记述：

熊：厅境有猪熊、狗熊，大者名马熊，掌似人足；又一种似人者，名人熊，近不常有。

罴：似熊，鸷兽也见《旧志》。

按：据此，当地虽有3种熊，但其时棕熊似极度濒危。

清同治五年《万县志》记述：

《旧志》：谷、蔬、竹、木，既不胜书，而虎、豹、熊、罴殆非常产。县境举目皆山，在昔，荒芜尚或藏纳，今则开垦几尽，土沃民稠，唯见烟蓑雨笠，牛羊寝讹而已。

按：说明随着"开垦几尽，土沃民稠"，曾有的黑熊与棕熊等处境维艰。

4.5.2 四川

四川省历史上也有黑熊、棕熊与马来熊，主要分布在川西与川北。

清咸丰八年《天全州志》记述：

熊(有大小二种。贪蜂虫、山稼。人熊，此间无有)

清咸丰九年《邛嶲野录》记述：

熊：《府志》：西昌、冕宁俱产。《会理州志》：如大豕而竖目，人足，黑色。有猪熊、马熊。《冕宁县志》：狗熊、猪熊，山中时有。

按：据此，可见有黑熊与棕熊生息繁衍。

清同治十三年《会理州志》记述：

熊：有数种。能立者曰人熊，不能立者曰狗熊、马熊、猪熊，其毛黑色，目竖而小。

按：此处虽称有数种熊，但具体描述仅涉及黑熊与棕熊。

4.5.3 贵州

贵州省历史上棕熊、黑熊与马来熊皆有分布，只是方志中未见较多描述。

（宋）《太平寰宇记·江南西道·牂州》记载："土产：熊、罴、麝香。""牂州"的位置，《中国历史地名大辞典》记述（史为乐，2005）：

牂州，隋开皇初置，治所在牂柯县（今贵州省黄平县西北）。辖境相当于今贵州金沙、平坝及紫云苗族布依族自治县以东，余庆、施秉、岑巩县以南，三穗、从江县以西地区及道真、正安、遵义市一带……北宋属黔州。

按：据此说，我们在地图上标注地点（图 13.62）统计，约略在贵阳市、清镇市、开阳县、修文县、息烽县、遵义市、遵义县、绥阳县、正安县、余庆县、道真仡佬族苗族自治县、平坝县（图中为平坝区）、紫云苗族布依族自治县、金沙县、凯里市、黄平县、施秉县、三穗县、岑巩县、剑河县、台江县、榕江县、从江县、雷山县、麻江县、丹寨县、都匀市、福泉市、贵定县、瓮安县、独山县、平塘县、长顺县、龙里县、惠水县、三都水族自治县等地。既产"熊、罴"，说明曾有黑熊与棕熊生息、繁衍。

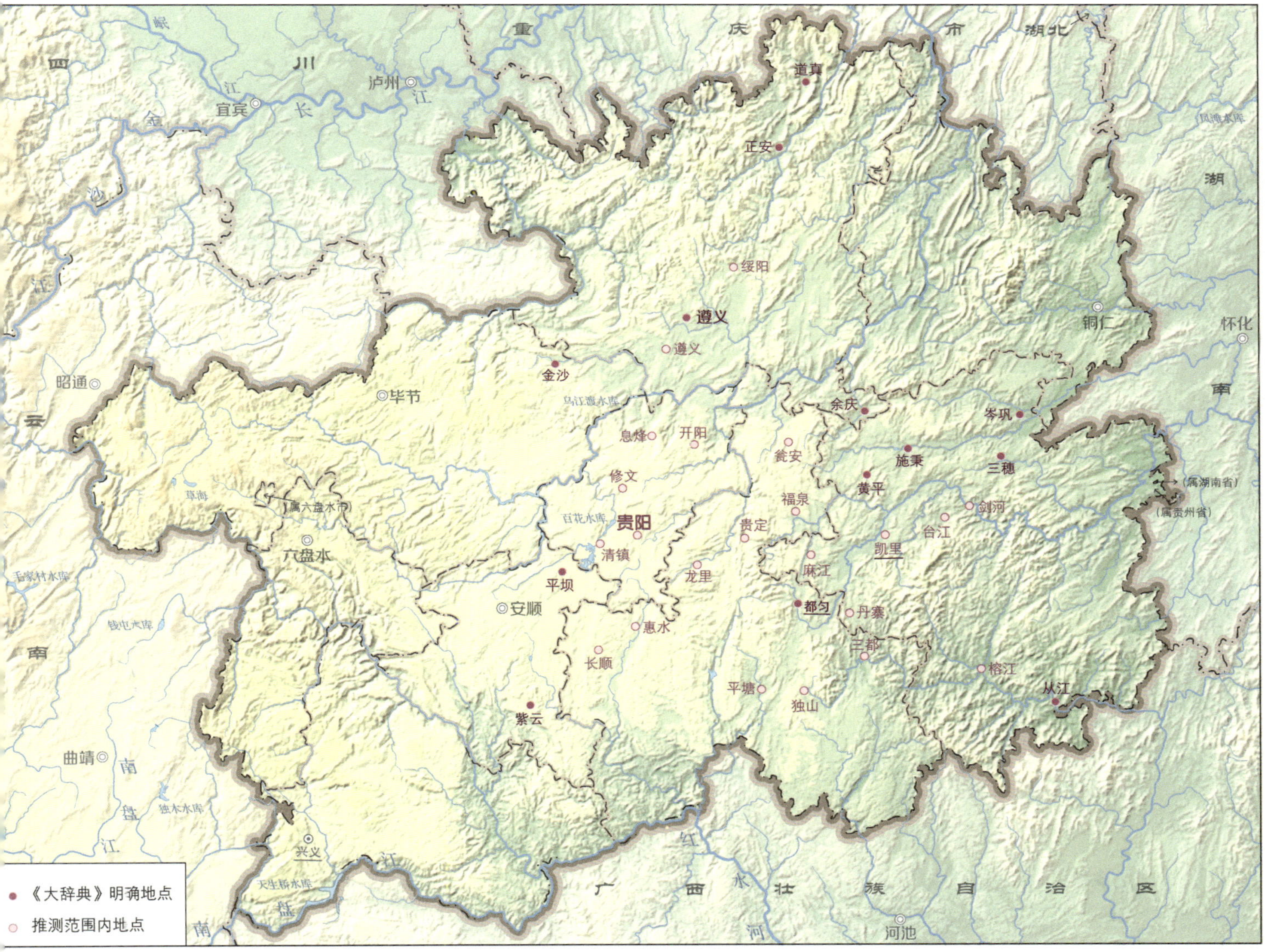

图 13.62　牂州范围及地形图

清道光二十一年《遵义府志》记述：

熊：《明统志》：府县俱有。《仁怀志》：熊于山中必有停留处，谓之熊馆。

按：表明确有熊生息繁衍。

4.5.4 云南

云南省不仅各地皆有熊分布，而且现今仍有3种熊。

清光绪二十四年《云南通志稿》记述：

熊：《滇海虞衡志》：熊类至多，有马熊、人熊、猪熊、狗熊。滇南多有之。予尝至农部汤郎马躐厂，其地多熊。仰视大栗树，其大枝坠地盈堆。熊啮而坠之，以食其食。但人所献熊胆、熊掌，余则无所用，不闻取其皮。

按：虽指出清初还有3种熊，但此处主要记载作者亲见的黑熊。

4.5.5 西藏

西藏自治区有3种熊，但马来熊主要见于东部。

1853年，拜特（Blyth）在拉萨获得熊标本，赋予现代科学名称为棕熊（藏马熊）（刘务林，1996）。

4.5.6 方志记载

尽管方志记载较简略，但可以反映不同时期西南的多地熊分布情况（表13.6）。

表13.6　方志记载20世纪前西南的熊分布情况

省级政区	今地点	文献	内容
重庆	万州区、城口县、梁平县、开县、巫溪县、巫山县、奉节县、云阳县等地	明正德八年（1513）《夔州府志》	熊
	云阳县	明嘉靖二十年（1541）《云阳县志》	熊
	开县、巫山县、云阳县	清康熙二十五年（1686）《夔州府志》	熊、罴（云阳、开县、巫山出）
	彭水苗族土家族自治县	清康熙四十九年（1710）《彭水县志》	熊
	城口县等地	清乾隆七年（1742）《直隶达州志》	狗熊、马熊（质罴）
	奉节县	清乾隆十年（1745）《奉节县志》	熊
	开县	清乾隆十一年（1746）《开县志》	熊、罴
	云阳县	清乾隆十一年（1746）《云阳县志》	熊
	万州区	清乾隆十一年（1746）《万县志》	熊
	巫溪县	清乾隆十一年（1746）《大宁县志》	熊
	江津区	清乾隆三十三年（1768）《江津县志》	熊
	黔江区、彭水县、酉阳土家族苗族自治县、秀山土家族苗族自治县	清乾隆三十九年（1774）《酉阳州志》	熊、罴
	石柱土家族自治县	清乾隆四十年（1775）《石砫厅志》	熊、罴（亦稀见矣）
	万州区、开县、巫溪县、巫山县、奉节县、云阳县	清嘉庆二十一年（1816）《四川通志》	夔州府：熊（《唐志》：夔州贡熊、罴、㲋皮。《府志》：云阳、开县、巫山出）、罴
	万州区、开县、巫溪县、巫山县、奉节县、云阳县	清道光七年（1827）《夔州府志》	熊、罴
	石柱土家族自治县	清道光二十三年（1843）《石砫厅志》	旧志云：野禽兽皆居山，山中人渐多，虎豹熊罴亦稀见矣

（续表）

省级政区	今地点	文献	内容
	城口县	清道光二十四年(1844)《城口厅志》	熊*、罴*
	黔江区	清咸丰元年(1851)《黔江县志》	熊、罴
	南川区	清咸丰元年(1851)《南川县志》	熊
	开县	清咸丰三年(1853)《开县志》	熊(《唐志》：夔州贡。熊、罴、鹿皮，《府志》：开州出)、罴
	云阳县	清咸丰四年(1854)《云阳县志》	熊
	黔江区	清同治三年(1864)《黔江县志》	熊、罴
	万州区	清同治五年(1866)《万县志》	熊、罴*
	彭水苗族土家族自治县	清光绪元年(1875)《彭水县志》	熊
	巫溪县	清光绪十二年(1886)《大宁县志》	熊(深山中偶有之。掌甚美。油可疗烫火伤，胆亦入药)
	奉节县	清光绪十九年(1893)《奉节县志》	熊
	黔江区	清光绪二十年(1894)《黔江县志》	熊、罴
四川	通川区、万源市、达县、宣汉县、开江县等地	明正德八年(1513)《夔州府志》	熊
	沐川县、马边彝族自治县、屏山县、美姑县、金阳县、雷波县	明嘉靖三十四年(1555)《马湖府志》	熊
	洪雅县	明嘉靖四十一年(1562)《洪雅县志》	有熊
	威远县、乐山市、峨眉山市、夹江县、犍为县、峨边彝族自治县、荣县、洪雅县	明万历三十九年(1611)《嘉定州志》	熊
	峨眉山市	清康熙十一年(1672)《峨眉山志》	熊
	峨眉山市	清康熙二十四年(1685)《峨眉县志》	熊
	自贡市、富顺县、隆昌县、沐川县、马边彝族自治县、翠屏区、宜宾县、南溪县、珙县、长宁县、高县、筠连县、屏山县、美姑县、雷波县	清康熙二十六年(1687)《叙州府志》	熊
	邛崃市	清康熙三十四年(1695)《邛州志》	熊
	攀枝花市等地	清康熙五十五年(1716)《楚雄府志》	熊
	东坡区、彭山县、丹棱县、青神县	清康熙五十六年(1717)《眉州属志》	熊
	剑阁县	清雍正五年(1727)《剑阁县志》	熊
	乐至县	清雍正六年(1728)《乐至县志》	熊、罴(今亦无矣)
	通川区、万源市、宣汉县	清雍正十一年(1733)《四川通志》	熊、罴(达州、东乡、太平俱出)
	雨城区、名山县	清乾隆四年(1739)《雅州府志》	雅安县：熊，名山县：熊
	通川区、万源市、达县、宣汉县、开江县等地	清乾隆七年(1742)《直隶达州志》	狗熊、马熊(质黑)
	犍为县	清乾隆十一年(1746)《犍为县志》	多狗熊

（续表）

省级政区	今 地 点	文 献	内 容
	什邡市	清乾隆十三年(1748)《什邡县志》	熊
	大邑县	清乾隆十四年(1749)《大邑县志》	熊
	邻水县	清乾隆二十二年(1757)《邻水县志》	熊
	广元市	清乾隆二十二年(1757)《广元县志》	熊
	江油市	清乾隆二十六年(1761)《江油县志》	熊
	丹棱县	清乾隆二十六年(1761)《丹棱县志》	熊
	合江县	清乾隆二十七年(1762)《合江县志》	熊
	高县	清乾隆二十七年(1762)《高县志》	熊
	珙县	清乾隆三十八年(1773)《珙县志》	熊(今无)
	屏山县	清乾隆四十三年(1778)《屏山县志》	熊
	仁寿县	清乾隆五十四年(1789)《仁寿县志》	熊、罴(今亦无矣)
	安县	清乾隆五十四年(1789)《安县志》	熊
	新龙县、德格县、理塘县等地	清乾隆五十七年(1792)《西藏志》	熊(瞻对、德格……里塘均产)
	茂县、汶川县	清乾隆五十九年(1794)《茂州志》	熊
	会理县	清乾隆六十年(1795)《会理州志》	熊
	东坡区、彭山县、丹棱县、青神县	清嘉庆五年(1800)《眉州属志》	熊
	汉源县	清嘉庆五年(1800)《清溪县志》	熊、罴
	马边彝族自治县	清嘉庆十年(1805)《马边厅志略》	熊
	汶川县	清嘉庆十年(1805)《汶志纪略》	熊
	长宁县	清嘉庆十三年(1808)《长宁县志》	熊
	松潘县、九寨沟县、壤塘县、阿坝县、若尔盖县、红原县等地	清嘉庆十七年(1812)《松潘直隶厅志》	熊
	叙永县	清嘉庆十七年(1812)《叙永厅志》	熊
	乐山市	清嘉庆十七年(1812)《乐山县志》	熊
	洪雅县	清嘉庆十八年(1813)《洪雅县志》	熊
	峨眉山市	清嘉庆十八年(1813)《峨眉县志》	熊
	什邡市	清嘉庆十八年(1813)《什邡县志》	熊(有人熊、猪熊、狗熊)
	彭州市	清嘉庆十八年(1813)《彭县志》	熊
	达县	清嘉庆二十年(1815)《达县志》	熊、罴
	宣汉县	清嘉庆二十年(1815)《东乡县志》	熊、罴
	江油市、平武县、北川县、青川县	清嘉庆二十一年(1816)《四川通志》	龙安府:熊
	犍为县	清嘉庆二十一年(1816)《犍为县志》	多狗熊
	金川县	清道光五年(1825)《绥靖屯志》	熊
	茂县、汶川县	清道光十一年(1831)《茂州志》	熊

（续表）

省级政区	今地点	文献	内容
	北川羌族自治县	清道光十四年(1834)《石泉县志》	熊
	邻水县	清道光十五年(1835)《邻水县志》	熊
	江油市、平武县、北川羌族自治县、青川县	清道光二十一年(1841)《龙安府志》	熊
	广元市、旺苍县、剑阁县、苍溪县、阆中市、南部县、巴州区、南江县、平昌县、通江县	清道光二十三年(1843)《保宁府志》	《夏书》载：梁州之贡：……熊
	冕宁县	清咸丰七年(1857)《冕宁县志》	熊(狗熊、猪熊，山中时有)
	天全县	清咸丰八年(1858)《天全州志》	熊*
	米易县、盐边县、西昌市、盐源县、德昌县、会理县、会东县、宁南县、普格县、布拖县、金阳县、昭觉县、喜德县、冕宁县、越西县、甘洛县、木里县	清咸丰九年(1859)《邛嶲野录》	熊*
	威远县、乐山市、峨眉山市、夹江县、犍为县、峨边彝族自治县、荣县、洪雅县	清同治三年(1864)《嘉定府志》	熊
	什邡市	清同治四年(1865)《什邡县志》	熊
	高县	清同治五年(1866)《高县志》	熊
	理县	清同治五年(1866)《直隶理番厅志》	狗熊
	大邑县	清同治六年(1867)《大邑县志》	熊
	会理县	清同治九年(1870)《会理州志》	狗熊
	合江县	清同治十年(1871)《合江县志》	熊
	松潘县、九寨沟县、壤塘县、阿坝县、若尔盖县、红原县等地	清同治十二年(1873)《松潘纪略》	狗熊
	会理县	清同治十三年(1874)《会理州志》	熊*
	属丹巴县	清同治十三年(1874)《章谷屯志略》	熊
	大邑县	清光绪二年(1876)《大邑县志》	熊
	崇州市	清光绪三年(1877)《崇庆州志》	熊
	彭州市	清光绪四年(1878)《彭县志》	熊(似狗而大，黑色，掌似人足，喜火烟)
	珙县	清光绪九年(1883)《珙县志》	熊(今无)
	都江堰市	清光绪十二年(1886)《灌县志》	熊
	雨城区、芦山县、石棉县、名山县、天全县、荥经县、宝兴县、汉源县、康定县、九龙县、甘孜县、雅江县、新龙县、道孚县、白玉县、理塘县、德格县、乡城县、石渠县、稻城县、色达县、巴塘县、泸定县、得荣县等地	清光绪十三年(1887)《雅州府志》	熊
	冕宁县	清光绪十七年(1891)《冕宁县志》	熊
	丹棱县	清光绪十八年(1892)《丹棱县志》	熊
	雷波县	清光绪十九年(1893)《雷波厅志》	熊
	万源市	清光绪十九年(1893)《太平县志》	熊、罴

（续表）

省级政区	今地点	文献	内容
	盐源县	清光绪二十年(1894)《盐源县志》	熊(其掌味美)
	自贡市、富顺县、隆昌县、沐川县、马边彝族自治县、翠屏区、宜宾县、南溪县、珙县、长宁县、高县、筠连县、屏山县、美姑县、雷波县	清光绪二十一年(1895)《叙州府志》	熊
贵州	务川仡佬族苗族自治县、德江县、思南县、印江土家族苗族自治县、沿河土家族自治县	明嘉靖十六年(1537)《思南府志》	罴、熊
	遵义市、赤水市、仁怀市、遵义县、桐梓县、绥阳县、正安县、湄潭县、余庆县、习水县、道真仡佬族苗族自治县、瓮安县	明嘉靖二十七年(1545)《四川总志·播州宣慰使司》	熊(各司俱出)
	寻甸回族自治县	明嘉靖二十九年(1550)《寻甸府志》	熊
	贵阳市、开阳县、修文县、息烽县、钟山区、水城县、大方县、黔西县、金沙县、织金县、纳雍县、长顺县、惠水县、玉屏侗族自治县、岑巩县、务川仡佬族苗族自治县、思南县、德江县、印江土家族苗族自治县、沿河土家族自治县、施秉县、三穗县、镇远县、铜仁市、江口县、松桃苗族自治县、万山特区、锦屏县、黎平县、从江县、惠水县、凯里市、麻江县、都匀市、独山县、平塘、三都水族自治县	明嘉靖三十四年(1555)《贵州通志》	宣慰司、思州府、思南府、镇远府、铜仁府、黎平府、程番府、都匀府:熊
	贵阳市、开阳县、修文县、息烽县、钟山区、水城县、大方县、黔西县、金沙县、织金县、纳雍县、长顺县、惠水县	明万历二十五年(1597)《贵州通志》	贵阳府:熊
	余庆县	清康熙五十六年(1717)《余庆县志》	熊、罴
	玉屏侗族自治县、万山特区、岑巩县	清康熙六十一年(1722)《思州府志》	熊、罴
	贵阳市、开阳县、修文县、息烽县、钟山区、水城县、大方县、黔西县、金沙县、织金县、纳雍县、长顺县、惠水县	清乾隆六年(1741)《贵州通志》	贵阳府:熊
	湄潭县、余庆县、凯里市、雷山县、麻江县、丹寨县、都匀市、福泉市、荔波县、瓮安县、独山县、平塘县、三都水族自治县	清乾隆十四年(1749)《黔南识略》	平远州:熊胆
	织金县	清乾隆二十一年(1756)《平远州志》	野熊
	盘县	清乾隆二十三年(1758)《普安州志》	熊、罴
	毕节市	清乾隆二十三年(1758)《毕节县志》	熊
	兴义市、兴仁县、普安县、晴隆县、贞丰县、望谟县、册亨县、安龙县	清乾隆二十九年(1764)《南笼府志》	熊(际太平日久,间有之,非常产也)
	独山县	清乾隆三十四年(1769)《独山州志》	熊
	贵定县	清嘉庆三年(1798)《桑梓述闻》	熊
	遵义市、仁怀市、遵义县、桐梓县、绥阳县、正安县、习水县、道真仡佬族苗族自治县	清道光二十一年(1841)《遵义府志》	熊*
	仁怀市	清道光二十一年(1841)《仁怀厅志》	猪熊
	织金县	清道光二十七年(1847)《平远州志》	野熊
	钟山区、水城县、毕节市、大方县、黔西县、金沙县、织金县、纳雍县、赫章县、威宁彝族回族苗族自治县	清道光二十九年(1849)《大定府志》	熊、罴
	天柱县	清同治八年(1869)《天柱县志》	熊

（续表）

省级政区	今地点	文献	内容
	毕节市	清同治十三年(1874)《毕节县志稿》	熊
	荔波县	清光绪元年(1875)《荔波县志》	熊(有人、马、狗等名)
	毕节市	清光绪五年(1879)《毕节县志》	熊
	盘县	清光绪十五年(1889)《普安直隶厅志》	熊、罴
	仁怀市	清光绪二十一年(1895)《仁怀厅志》	猪熊
	湄潭县、余庆县、福泉市、瓮安县	清光绪二十三年(1897)《平越直隶州志》	熊
云南	弥勒县	明景泰六年(1455)《云南图经志书》	弥勒州：熊（猪熊、狗熊）
	师宗县、弥勒县、泸西县、丘北县、新平彝族傣族自治县	明正德五年(1510)《云南志》	广西府:熊.新化州:熊
	寻甸回族自治县	明嘉靖二十九年(1550)《寻甸府志》	熊
	大理市、祥云县、宾川县、弥渡县、云龙县、漾濞彝族自治县	明嘉靖四十二年(1563)《大理府志》	熊
	禄劝彝族苗族自治县、元谋县、武定县	清康熙二十八年(1689)《武定府志》	熊
	属牟定县	清康熙二十九年(1690)《广通县志》	熊
	巍山彝族回族自治县	清康熙三十七年(1698)《蒙化府志》	熊
	孟连傣族拉祜族佤族自治县、澜沧拉祜族自治县、西盟佤族自治县志、临翔区、凤庆县、云县、双江拉祜族佤族布朗族傣族自治县、耿马傣族佤族自治县、沧源佤族自治县	清康熙三十九年(1700)《顺宁府志》	熊
	隆阳区、施甸县、龙陵县、永德县、镇康县、潞西市、永平县	清康熙四十一年(1702)《永昌府志》	熊
	双柏县	清康熙四十八年(1709)《南安州志》	熊
	新平彝族傣族自治县	清康熙五十一年(1712)《新平县志》	熊
	剑川县	清康熙五十二年(1713)《剑川州志》	熊
	建水县	清乾隆五十四年(1715)《建水县志》	熊
	弥勒县	清康熙五十五年(1716)《弥勒州志》	熊(猪熊、狗熊)
	楚雄市、双柏县、牟定县、南华县、姚安县、大姚县、永仁县等地	清康熙五十五年(1716)《楚雄府志》	熊
	属禄丰县	清康熙五十六年(1717)《罗次县志》	熊
	峨山彝族自治县	清康熙五十六年(1717)《嶍峨县志》	熊
	禄劝彝族苗族自治县	清康熙五十八年(1719)《禄劝州志》	熊
	楚雄市、双柏县、牟定县、南华县、姚安县、大姚县等地	清康熙(1662—1722)《楚雄府志》	熊
	云龙县	清雍正六年(1728)《云龙州志》	熊
	建水县	清雍正九年(1731)《建水县志》	熊
	昆明市(东川区)、会泽县、巧家县	清雍正十三年(1735)《东川府志》	熊
	师宗县、弥勒县、泸西县、丘北县	清乾隆四年(1739)《广西府志》	熊
	弥勒县	清乾隆四年(1739)《弥勒州志》	熊(猪熊、狗熊)
	古城区、玉龙纳西族自治县、福贡县、贡山独龙族怒族自治县、兰坪白族普米族自治县、香格里拉县、德钦县、维西傈僳族自治县、剑川县、鹤庆县	清乾隆八年(1743)《丽江府志》	熊

（续表）

省级政区	今地点	文献	内容
	马龙县	民国五年(1916)《马龙县志》	清朝……乾隆……十年乙丑，野熊入省城
	大理市、祥云县、宾川县、弥渡县、云龙县、漾濞彝族自治县	清乾隆十一年(1746)《大理府志》	熊
	姚安县	清乾隆十六年(1751)《姚州志》	熊
	河口瑶族自治县、屏边苗族自治县、文山县、砚山县、西畴县、麻栗坡县、马关县	清乾隆二十四年(1759)《开化府志》	熊
	石屏县	清乾隆二十四年(1759)《石屏州志》	熊
	昆明市(东川区)、会泽县、巧家县	清乾隆二十六年(1761)《东川府志》	熊、罴
	永胜县、华坪县、宁蒗彝族自治县	清乾隆三十年(1765)《永北府志》	熊
	沾益县	清乾隆三十五年(1770)《沾益州志》	熊
	易门县	清乾隆四十二年(1777)《易门县志》	熊
	景东彝族自治县	清乾隆五十三年(1788)《景东直隶厅志》	熊
	腾冲县、瑞丽市、梁河县、盈江县、陇川县	清乾隆五十五年(1790)《腾越州志》	熊
	蒙自县	清乾隆五十六年(1791)《蒙自县志》	熊
	永善县	清嘉庆八年(1803)《永善县志》	熊
	昆明市、安宁市、呈贡县、晋宁县、富民县、宜良县、嵩明县、石林彝族自治县、禄劝彝族苗族自治县、寻甸回族彝族自治县、麒麟区、宣威市、马龙县、沾益县、富源县、罗平县、师宗县、陆良县、会泽县、红塔区、江川县、澄江县、通海县、华宁县、易门县、峨山彝族自治县、新平彝族傣族自治县、江哈尼族彝族傣族自治县、隆阳区、施甸县、腾冲县、龙陵县、昌宁县、昭阳区、鲁甸县、巧家县、盐津县、大关县、永善县、绥江县、镇雄县、彝良县、威信县、水富县、古城区、永胜县、华坪县、玉龙纳西族自治县、宁蒗彝族自治县、思茅区、宁洱哈尼族彝族自治县、墨江哈尼族自治县、景东彝族自治县、景谷傣族彝族自治县、镇沅彝族哈尼族拉祜族自治县、江城哈尼族彝族自治县、孟连傣族拉祜族佤族自治县、澜沧拉祜族自治县、西盟佤族自治县、临翔区、凤庆县、云县、永德县、镇康县、双江拉祜族佤族布朗族傣族自治县、耿马傣族佤族自治县、沧源佤族自治县、潞西市、瑞丽市、梁河县、盈江县、陇川县、泸水县、贡县、贡山独龙族怒族自治县、兰坪白族普米族自治县、香格里拉县、德钦县、维西傈僳族自治县、大理市、祥云县、宾川县、弥渡县、永平县、云龙县、洱源县、剑川县、鹤庆县、漾濞彝族自治县、南涧彝族自治县、巍山彝族回族自治县、楚雄市、双柏县、牟定县、南华县、姚安县、大姚县、永仁县、元谋县、武定县、禄丰县、蒙自县、个旧市、开远市、绿春县、建水县、石屏县、弥勒县、泸西县、元阳县、红河县、金平苗族瑶族自治县、河口瑶族自治县、屏边苗族自治县、文山县、砚山县、西畴县、麻栗坡县、马关县、丘北县、广南县、富宁县、景洪市、勐海县、勐腊县	清嘉庆十三年(1808)《滇系·赋产·常产》	熊

（续表）

省级政区	今地点	文献	内容
	广南县、富宁县	清嘉庆二十年(1815)《广南府志》	熊
	新平彝族傣族自治县	清道光七年(1827)《新平县志》	熊
	寻甸回族自治县	清道光八年(1828)《寻甸州志》	熊
	河口瑶族自治县、屏边苗族自治县、文山县、砚山县、西畴县、麻栗坡县、马关县	清道光九年(1829)《开化府志》	熊
	属牟定县	清道光十五年(1835)《定远县志》	熊
	景谷傣族彝族自治县	清道光十七年(1837)《威远厅志》	熊
	昆明市	清道光二十一年(1841)《昆明县志》	熊
	洱源县	清道光二十二年(1842)《浪穹县志》	熊
	宣威市	清道光二十四年(1844)《宣威州志》	熊
	易门县	清道光二十五年(1845)《易门县志》	熊
	大姚县	清道光二十五年(1845)《大姚县志》	熊
	广南县、富宁县	清道光二十八年(1848)《广南府志》	熊
	思茅区、宁洱哈尼族彝族自治县、墨江哈尼族自治县、景谷傣族彝族自治县、景洪市、勐海县、勐腊县	清道光三十年(1850)《普洱府志》	熊、罴
	南华县	清咸丰三年(1853)《镇南州志》	熊
	峨山彝族自治县	清咸丰十年(1860)《嶍峨县志》	熊
	禄劝彝族苗族自治县、元谋县、武定县	清光绪四年(1878)《武定直隶州志》	熊
	隆阳区、施甸县、龙陵县、永德县、镇康县、潞西市、永平县	清光绪十一年(1885)《永昌府志》	熊
	沾益县	清光绪十一年(1885)《霑益州志》	熊
	姚安县	清光绪十一年(1885)《姚州志》	熊
	腾冲县、瑞丽市、梁河县、盈江县、陇川县	清光绪十三年(1887)《腾越厅志稿》	熊
	南华县	清光绪十八年(1892)《镇南州志》	熊
	云龙县	清光绪十八年(1892)《云龙州志》	熊
	鹤庆县	清光绪二十年(1894)《鹤庆州志》	熊
	古城区、玉龙纳西族自治县、福贡县、贡山独龙族怒族自治县、兰坪白族普米族自治县、香格里拉县、德钦县、维西傈僳族自治县、剑川县、鹤庆县	清光绪二十一年(1895)《丽江府志》	熊

（续表）

省级政区	今地点	文献	内容
	昆明市、安宁市、呈贡县、晋宁县、富民县、宜良县、嵩明县、石林彝族自治县、禄劝彝族苗族自治县、寻甸回族彝族自治县、麒麟区、宣威市、马龙县、沾益县、富源县、罗平县、师宗县、陆良县、会泽县、红塔区、江川县、澄江县、通海县、华宁县、易门县、峨山彝族自治县、新平彝族傣族自治县、江哈尼族彝族傣族自治县、隆阳区、施甸县、腾冲县、龙陵县、昌宁县、昭阳区、鲁甸县、巧家县、盐津县、大关县、永善县、绥江县、镇雄县、彝良县、威信县、水富县、古城区、永胜县、华坪县、玉龙纳西族自治县、宁蒗彝族自治县、思茅区、宁洱哈尼族彝族自治县、墨江哈尼族自治县、景东彝族自治县、景谷傣族彝族自治县、镇沅彝族哈尼族拉祜族自治县、江城哈尼族彝族自治县、孟连傣族拉祜族佤族自治县、澜沧拉祜族自治县、西盟佤族自治县、临翔区、凤庆县、云县、永德县、镇康县、双江拉祜族佤族布朗族傣族自治县、耿马傣族佤族自治县、沧源佤族自治县、潞西市、瑞丽市、梁河县、盈江县、陇川县、泸水县、贡县、贡山独龙族怒族自治县、兰坪白族普米族自治县、香格里拉县、德钦县、维西傈僳族自治县、大理市、祥云县、宾川县、弥渡县、永平县、云龙县、洱源县、剑川县、鹤庆县、漾濞彝族自治县、南涧彝族自治县、巍山彝族回族自治县、楚雄市、双柏县、牟定县、南华县、姚安县、大姚县、永仁县、元谋县、武定县、禄丰县、蒙自县、个旧市、开远市、绿春县、建水县、石屏县、弥勒县、泸西县、元阳县、红河县、金平苗族瑶族自治县、河口瑶族自治县、屏边苗族自治县、文山县、砚山县、西畴县、麻栗坡县、马关县、丘北县、广南县、富宁县、景洪市、勐海县、勐腊县	清光绪二十四年（1898）《云南通志稿》	熊*
西藏	昌都县	清康熙六十年（1721）《西藏志》	昌都产：熊胆
	察雅县等地	清乾隆五十七年（1792）《西藏志》	熊（……乍丫……均产）
	城关区	清道光二十五年（1845）《拉萨厅志》	熊
	贡觉县、江达县等地	清光绪十三年（1887）《雅州府志》	熊

注：* 表示详见正文。

4.6 西北

西北各省级政区皆有熊分布。

《本草纲目·兽部》中引"《别录》曰：熊生雍州山谷"。此"《别录》"乃汉末成书的《名医别录》，故此"雍州"，据《中国历史地名大辞典》"在秦岭以北，弘农以西诸郡悉属雍州"（史为乐，2005），当主要指今陕北、甘肃一带。《本草纲目·兽部》"熊"中引"颂曰：今雍、洛、河东及怀庆卫山中皆有之"。"颂"，即（宋）苏颂（1020—1101）撰《图经本草》；"雍"，即之前之"雍州"。

4.6.1 陕西

陕西省历史上熊在各地皆有分布，仅见棕熊与黑熊。

《山海经·中次九经》记述：

嶓冢之山，汉水出焉，而东南流注于沔；嚣水出焉，北流注于汤水。其上多桃枝钩端，兽多犀、兕、熊、罴，鸟多白翰、赤鷩。

按：所谓“嶓冢之山”，在今宁强县境；称兽多“熊、罴”，反映有较多黑熊与棕熊生息繁衍。

(汉)扬雄《长杨赋·序》道：

明年，上将大夸胡人以多禽兽。秋，命右扶风发民入南山。西自褒斜，东至弘农，南敺汉中，张罗网罝罘，捕熊罴豪猪，虎豹狖玃，狐兔麋鹿，载以槛车，输长杨射熊馆。以网为周阹，纵禽兽其中，令胡人手搏之，自取其获，上亲临观焉。是时，农民不得收敛。雄从至射熊馆，还，上《长杨赋》。聊因笔墨之成义章，故借翰林以为主人，子墨为客卿以风。

按：此乃扬雄随汉成帝到秦岭(即“南山”)狩猎后之传世纪实之作。其中提及范围大致是：西自“褒斜”，即褒斜道，南起褒谷口(汉中市大钟寺附近)，北至斜谷口(眉县斜峪关口)；东至“弘农”，即弘农县，汉武帝置弘农郡时，在秦国名关函谷关边置县为郡治(也名弘农，在今河南省灵宝市东北黄河沿岸)；南达“汉中”，此当是指秦始置汉中郡，亦即今汉中市一带；北虽未提，似即今陕西省(眉县—周至—户县—西安—华阴)与河南省(灵宝市)一线以南(图13.63)。捕获的熊(即黑熊)、罴(即棕熊)等野兽送至长杨宫。据此，可反映当时这一范围的黑熊与棕熊等分布状况。

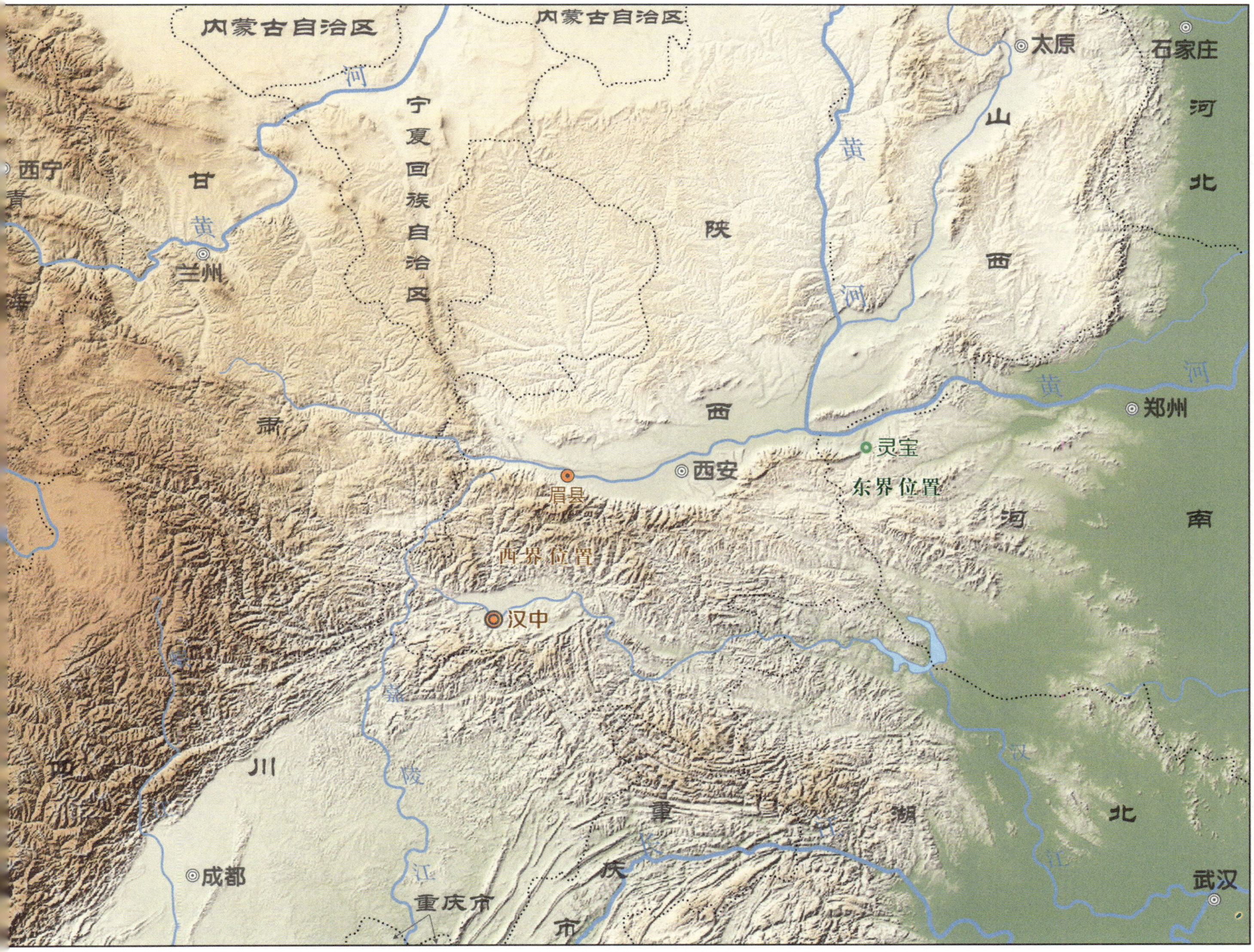

图13.63 《长杨赋》涉及大致范围与地形

清雍正十三年《陕西通志》集注：

熊：有熊有罴《诗经·大雅》。嶓冢之山多熊《西山经》。张揖曰：熊，犬身，人足，黑色《上林赋注》。生雍州山谷《名医别录》。洋州贡《寰宇记》。今雍、洛山中有之。形类大豕，而性轻捷，好攀缘高木。见人，自投于地。冬蛰，春乃出《本草衍义》。

罴：嶓冢之山多罴《西山经》。似熊而长头，高脚，猛憨多力，能拔树木。关西呼曰貑熊《尔雅》。罴有黄罴，有赤罴。大如熊，其脂如熊白，而麤理不如熊白美也《诗经》孔疏。洋州贡《寰宇记》。

按：据此，表明对黑熊与棕熊从上古一直有所记载。

清乾隆二十九年《韩城县志》记述：

有熊有罴今熊、罴靡睹，则耕者众而山童，熊、罴用是他徙尔。

按：说明由于开垦过度，呈现荒山秃岭，《诗经》所谓“有熊有罴”景象不再，黑熊与棕熊迁徙矣。

4.6.2 甘肃

甘肃省以棕熊与黑熊分布为主，也曾有马来熊栖息。

民国十五年《崇信县志》追记：

叶生培，马家湾人，富胆力，善施鸟铳，百发百中。嘉庆年，白莲教匪犯华亭，闻叶名，绕陇东……先是军械，县厉禁。叶常击毙人熊一事上闻，驰其禁。人民方有自卫力。

按：证实确有棕熊分布。

4.6.3 新疆

新疆维吾尔自治区历史上有熊（似含有黑熊）分布，至今还有棕熊存在。

清乾隆二十四年《回疆志》记述：

熊：回疆亦有熊。形似豕，毛灰黑色。冬蛰，春苏。（腊）[猎]者谓：好举木，翻石，伤人云。

按：据此，主要是棕熊。

清乾隆四十七年《西域图志》记载：“准噶尔部”，“有熊，名哈喇古啰苏”；“回部”，“其兽，则熊（名爱伊克）”。说明在南北疆皆有熊分布。

沙俄的普尔热瓦尔斯基（1999），在19世纪70～80年代，先后5次到中亚探险。1885年2月初，普氏又一次到新疆探险。在罗布泊岸边的新阿布达尔村，他发现“罗布泊正在缓慢地、不断地缩小，换言之，罗布泊正在逐步走向干涸”。罗布泊的东北部与西部浅水处是繁茂粗壮的芦苇丛，芦苇一般高达3～4 m，在芦苇丛中有老虎、野猪、狐狸、山猫、豺狼、黑熊、野骆驼等。明确是黑熊。

4.6.4 方志记载

尽管方志记载较简略，但可以反映不同时期西北的多地熊分布情况（表13.7）。

表13.7 方志记载20世纪前西北的熊分布情况

省级政区	今地点	文献	内容
陕西	洋县、西乡县、镇巴县	宋太平兴国年间（976～983）《太平寰宇记·山南西道·洋州》	熊、罴
	商州区、洛南县、丹凤县、商南县、山阳县	宋太平兴国年间（976～983）《太平寰宇记·山南西道·商州》	熊白（今贡三十斤入内）
	属西安市	宋熙宁九年（1076）《长安县志》	熊
	凤县、汉台区、南郑县、城固县、洋县、西乡县、勉县、宁强县、略阳县、镇巴县、留坝县、佛坪县、汉滨区、汉阴县、石泉县、宁陕县、紫阳县、岚皋县、平利县、镇坪县、旬阳县、白河县	明天顺五年（1461）《明一统志·汉中府》	熊胆
	凤县、紫阳县、平利县	明嘉靖二十三年（1544）《汉中府志》	凤县、平利、紫阳：熊
	略阳县	明嘉靖三十一年（1552）《略阳县志》	熊
	城固县	明嘉靖四十五年（1566）《城固县志》	熊

（续表）

省级政区	今地点	文献	内容
	宝鸡市、岐山县、凤翔县、陇县、太白县、麟游县、扶风县、千阳县、眉县	明万历五年(1575)《凤翔府志》	熊、罴
	岐山县	明万历十九年(1591)《岐山县志》	熊
	宁强县	明万历二十五年(1597)《宁羌州志》	熊、罴
	韩城市	明万历三十五年(1607)《韩城县志》	熊、罴
	华阴市	明万历四十二年(1614)《华阴县志》	熊、罴
	汉阴县	明万历四十六年(1618)《汉阴县志》	熊
	凤县、南郑县、西乡县、勉县、宁强县	清顺治十三年(1656)《汉中府志》	褒城、西乡、凤县、宁强：熊
	岐山县	清顺治十四年(1657)《岐山县志》	熊
	扶风县	清顺治十八年(1661)《扶风县志》	熊
	洛南县	清康熙二年(1663)《雒南县志》	熊、罴
	属西安市	清康熙七年(1668)《长安县志》	熊
	户县	清康熙二十一年(1682)《鄠县志》	熊
	宝鸡市	清康熙二十一年(1682)《宝鸡县志》	熊、罴
	西乡县	清康熙二十二年(1683)《西乡县志》	熊
	石泉县	清康熙二十六年(1686)《石泉县志》	熊、罴
	汉滨区、汉阴县、石泉县、宁陕县、紫阳县、岚皋县、平利县、镇坪县、旬阳县	清康熙二十八年(1689)《汉南郡志》	熊、罴
	山阳县	清康熙三十三年(1694)《山阳县志》	熊
	洋县	清康熙三十三年(1694)《洋县志》	熊
	汉滨区、汉阴县、石泉县、紫阳县、岚皋县、平利县、镇坪县、旬阳县、白河县	清康熙三十四年(1695)《兴安州志》	熊、罴
	韩城市	清康熙四十二年(1703)《韩城县续志》	熊、罴
	陇县	清康熙五十二年(1713)《陇州志》	熊、罴
	镇安县	清雍正四年(1726)《镇安县志》	熊
	岐山县	清雍正八年(1730)《岐山县志》	熊(俱南山有)
	扶风县	清雍正九年(1731)《扶风县志》	熊
	旬阳县	清雍正九年(1731)《洵阳县志》	熊
	略阳县	清雍正九年(1731)《略阳县志》	熊
	眉县	清雍正十一年(1733)《郿县志》	熊

（续表）

省级政区	今地点	文献	内容
	西安市、蓝田县、周至县、户县、高陵县、宝塔区、延长县、延川县、子长县、安塞县、志丹县、吴旗县、甘泉县、富县、洛川县、宜川县、黄龙县、黄陵县、铜川市、宜君县、临渭区、华阴市、韩城市、华县、潼关县、大荔县、蒲城县、澄城县、白水县、合阳县、富平县、咸阳市、兴平市、三原县、泾阳县、乾县、礼泉县、永寿县、彬县、长武县、旬邑县、淳化县、武功县、宝鸡市、凤翔县、岐山县、扶风县、眉县、陇县、千阳县、麟游县、凤县、太白县、汉台区、南郑县、城固县、洋县、西乡县、勉县、宁强县、略阳县、镇巴县、留坝县、佛坪县、榆阳区、神木县、府谷县、横山县、靖边县、定边县、绥德县、米脂县、佳县、吴堡县、清涧县、子洲县、汉滨区、汉阴县、石泉县、宁陕县、紫阳县、岚皋县、平利县、镇坪县、旬阳县、白河县、商州区、洛南县、丹凤县、商南县、山阳县、镇安县、柞水县	清雍正十三年(1735)《陕西通志》	熊*、罴*
	商州区、洛南县、丹凤县、商南县、山阳县、镇安县	清乾隆九年(1744)《直隶商州志》	熊(今雍洛山中有之)
	洛南县	清乾隆十一年(1746)《雒南县志》	熊、罴
	周至县	清乾隆十四年(1749)《盩厔县志》	熊
	平利县	清乾隆二十一年(1756)《平利县志》	熊
	镇安县	清乾隆二十二年(1757)《镇安县志》	熊
	宝鸡市	清乾隆二十九年(1764)《宝鸡县志》	熊
	韩城市	清乾隆二十九年(1764)《韩城县志》	有熊有罴*
	宝鸡市、岐山县、凤翔县、陇县、太白县、麟游县、扶风县、千阳县、眉县	清乾隆三十一年(1766)《凤翔府志》	熊、罴
	陇县	清乾隆三十一年(1766)《陇州志》	熊
	汉阴县	清乾隆四十年(1775)《汉阴县志》	熊
	西安市、蓝田县、周至县、户县、高陵县、铜川市、临渭区、富平县、咸阳市、兴平市、三原县、泾阳县、礼泉县、宁陕县、柞水县	清乾隆四十四年(1779)《西安府志》	熊(《诗·大雅》:有熊有罴。《名医别录》:生雍州山谷)
	旬阳县	清乾隆四十八年(1783)《洵阳县志》	熊
	韩城市	清乾隆四十九年(1784)《韩城县志》	《诗》称:韩有猫有虎,有熊有罴***
	汉滨区、汉阴县、石泉县、紫阳县、岚皋县、平利县、镇坪县、旬阳县、白河县	清乾隆五十三年(1788)《兴安府志》	熊、罴
	华阴市	清乾隆五十三年(1788)《华阴县志》	熊、罴
	南郑县	清乾隆五十九年(1794)《南郑县志》	熊
	山阳县	清嘉庆元年(1796)《山阳县志》	熊
	白河县	清嘉庆六年(1801)《白河县志》	熊

（续表）

省级政区	今地点	文献	内容
	汉滨区、汉阴县、石泉县、紫阳县、岚皋县、平利县、镇坪县、旬阳县、白河县	清嘉庆十七年(1812)《兴安府志》	熊、罴
	汉滨区、汉阴县、石泉县、宁陕县、紫阳县、岚皋县、平利县、镇坪县、旬阳县	清嘉庆十九年(1814)《汉南续修郡志》	熊、罴
	汉滨区	清嘉庆二十年(1815)《安康县志》	熊
	汉阴县	清嘉庆二十三年(1818)《汉阴厅志》	熊
	汉滨区、汉阴县、石泉县、紫阳县、岚皋县、平利县、镇坪县、旬阳县、白河县	清嘉庆二十五年(1820)《重修一统志・兴安府》	熊胆(《明统志》:州境出熊胆)
	商州区、洛南县、丹凤县、商南县、山阳县、镇安县	清嘉庆二十五年(1820)《重修一统志・商州直隶州》	熊白(《寰宇记》:商州贡)
	凤县	清道光六年(1826)《凤县志》	熊
	宁陕县	清道光九年(1829)《宁陕厅志》	熊
	宁强县	清道光十二年(1832)《宁羌州志》	熊、罴
	留坝县	清道光二十二年(1842)《留坝厅志》	熊
	石泉县	清道光二十九年(1849)《石泉县志》	熊、罴(《旧志》有之。今开垦既遍,亦不尽有)
	城固县	清同治三年(1864)《城固县乡土志》	熊
	镇巴县	清光绪五年(1879)《定远厅志》	熊
	柞水县	清光绪九年(1883)《孝义厅志》	熊
	勉县	清光绪九年(1883)《沔县志》	熊、罴
	佛坪县	清光绪九年(1883)《佛坪厅志》	熊
	宁强县	清光绪十四年(1888)《宁羌州志》	熊、罴(《西山经》:嶓冢之山[应在甘肃]多熊罴)
	凤县	清光绪十八年(1892)《凤县志》	熊
	白河县	清光绪十九年(1893)《白河县志》	熊
	平利县志	清光绪二十二年(1896)《平利县志》	熊
	户县	清光绪二十四年(1898)《鄠县乡土志》	熊
甘肃	会宁县、天水市、清水县、秦安县、甘谷县、武山县、张家川回族自治县、安定区、通渭县、漳县、陇西县、武都区、成县、康县、文县、西和县、礼县、两当县、徽县	明天顺五年(1461)《明一统志・巩昌府》	熊
甘肃	兰州市、榆中县、临洮县、临夏市、临夏县、康乐县、永靖县、广河县、和政县、东乡族自治县、积石山保安族东乡族撒拉族自治县、夏河县、镇原县、崆峒区、泾川县、灵台县、崇信县、华亭县、庄浪县、静宁县等地	明嘉靖二十一年(1542)《陕西通志》	临洮府、平凉府:熊
甘肃	临夏县	明嘉靖二十五年(1546)《河州志》	熊
甘肃	华亭县	明嘉靖三十九年(1560)《平凉府志》	华亭县:熊、罴、能(红嘴熊)

（续表）

省级政区	今地点	文献	内容
	徽县	明嘉靖四十二年(1563)《徽郡志》	熊
	兰州市、榆中县、临洮县、渭源县、临夏市、临夏县、康乐县、永靖县、广河县、和政县、东乡族自治县、积石山保安族东乡族撒拉族自治县、夏河县等地	明万历三十三年(1605)《临洮府志》	熊
	嘉峪关市、肃州区	明万历四十四年(1616)《肃镇华夷志》	熊
	天祝藏族自治县等地	清顺治十四年(1627)《西镇志》	熊
	嘉峪关市、肃州区、金塔县、高台县、肃南裕固族自治县	清顺治十四年(1657)《肃镇志》	熊
	兰州市	清康熙二十五年(1686)《兰州志》	熊
	兰州市、皋兰县、榆中县、白银市、靖远县、景泰县、临洮县、临夏市、临夏县、康乐县、永靖县、广河县、和政县、东乡族自治县、积石山保安族东乡族撒拉族自治县、夏河县等地	清康熙二十六年(1687)《临洮府志》	熊
	清水县	清康熙二十六年(1687)《清水县志》	熊
	岷县、宕昌县、舟曲县	清康熙二十六年(1687)《岷州卫志》	熊
	临潭县、卓尼县、玛曲县、碌曲县	清康熙二十六年(1687)《洮州卫志》	熊
	临洮县	清康熙二十六年(1687)《狄道县志》	熊
	会宁县、天水市、清水县、秦安县、甘谷县、武山县、张家川回族自治县、安定区、通渭县、漳县、陇西县、武都区、成县、康县、文县、西和县、礼县、两当县、徽县	清康熙二十七年(1688)《巩昌府志》	熊
	文县	清康熙四十一年(1702)《文县志》	熊
	岷县	清康熙四十一年(1702)《岷州志》	熊
	临夏县	清康熙四十六年(1707)《河州志》	熊
	静宁县	清康熙五十五年(1716)《静宁州志》	熊
	武都区、文县	清乾隆元年(1736)《甘肃通志》	熊胆(阶、文出)
	武都区、成县、康县、文县、舟曲县	清乾隆元年(1736)《直隶阶州志》	熊
	嘉峪关市、肃州区、金塔县、肃南裕固族自治县	清乾隆二年(1737)《肃州新志》	熊
	成县	清乾隆六年(1741)《成县新志》	熊
	静宁县	清乾隆十一年(1746)《静宁州志》	熊
	永昌县、凉州区、民勤县、古浪县	清乾隆十四年(1749)《五凉全志》	熊(间有)
	礼县	清乾隆十七年(1752)《礼县志》	熊
	临洮县	清乾隆二十八年(1763)《狄道州志》	熊、罴
	天水市、清水县、秦安县、张家川回族自治县、礼县、两当县、徽县	清乾隆二十九年(1764)《直隶秦州新志》	熊
	两当县	清乾隆三十二年(1767)《两当县志》	熊
	西和县	清乾隆三十九年(1774)《西和县志》	熊
	徽县	清乾隆四十六年(1781)《徽县志》	熊
	清水县	清乾隆六十年(1795)《清水县志》	熊

（续表）

省级政区	今地点	文献	内容
	华亭县	清嘉庆元年(1796)《华亭县志》	熊、罴
	武都区、成县、康县、文县、舟曲县	清嘉庆十三年(1808)《武阶备志》	熊
	徽县	清嘉庆十四年(1809)《徽县志》	熊
	崇信县	民国十五年(1926)《崇信县志》	人熊(嘉庆年间)*
	武都区、文县	清嘉庆二十五年(1820)《重修一统志·阶州直隶州》	熊
	敦煌市	清道光十一年(1831)《敦煌县志》	熊
	岷县	清同治四年(1865)《岷州乡土志》	熊(皮为褥，御湿，油、胆可入药)
	文县	清光绪二年(1876)《文县志》	熊
	武都区、文县	清光绪十二年(1886)《阶州直隶州续志》	熊胆(阶、文出《明一统志》)
	礼县	清光绪十六年(1890)《礼县志》	熊
	嘉峪关市、肃州区、金塔县、肃南裕固族自治县	清光绪二十三年(1897)《肃州新志》	熊
青海	循化撒拉族自治县、贵德县、贵南县、同仁县、尖扎县等地	明嘉靖二十一年(1542)《陕西通志》	临洮府：熊
	循化撒拉族自治县、贵德县、贵南县、同仁县、尖扎县等地	明万历三十三年(1605)《临洮府志》	熊
	西宁市、大通回族土族自治县、湟源县、湟中县、平安县、乐都县、民和回族土族自治县、互助土族自治县志、化隆回族自治县、门源回族自治县、贵德县、尖扎县等地	清顺治十四年(1627)《西镇志》	熊
	同仁等地	清康熙二十六年(1687)《临洮府志》	熊
	循化撒拉族自治县	清乾隆五十七年(1792)《循化厅志》	人熊、鹿、熊，山中皆有
	班玛县、达日县、久治县等地	清嘉庆十七年(1812)《松潘直隶厅志》	熊
	循化撒拉族自治县	清道光二十四年(1844)《循化厅志》	人熊、鹿、熊，山中皆有
	班玛县、达日县、久治县等地	清同治十二年(1873)《松潘纪略》	狗熊
宁夏	银川市、永宁县、贺兰县、石嘴山市、平罗县、利通区、青铜峡市、灵武市、同心县、盐池县、沙坡头区、中宁县	明弘治十四年(1501)《宁夏新志》	熊
	银川市、永宁县、贺兰县、石嘴山市、平罗县、利通区、青铜峡市、灵武市、同心县、盐池县、沙坡头区、中宁县	明嘉靖十九年(1540)《宁夏新志》	熊
	原州区、西吉县、隆德县、泾源县、海原县等地	明嘉靖二十一年(1542)《陕西通志·平凉府志》	熊
	银川市、永宁县、贺兰县、石嘴山市、平罗县、利通区、青铜峡市、灵武市、同心县、盐池县、沙坡头区、中宁县	清乾隆四十五年(1780)《宁夏府志》	熊
	灵武市	清嘉庆三年(1798)《灵州志》	熊

（续表）

省级政区	今地点	文献	内容
新疆	喀什市、疏附县、疏勒县、英吉沙县、泽普县、莎车县、叶城县、麦盖提县、岳普湖县、伽师县、巴楚县、塔什库尔干塔吉克自治县、阿克苏市、温宿县、库车县、沙雅县、新和县、拜城县、乌什县、阿瓦提县、柯坪县、和田市、和田县、墨玉县、皮山县、洛浦县、策勒县、于田县、民丰县、吐鲁番市、鄯善县、托克逊县、哈密市、伊吾县、巴里坤哈萨克自治县、阿图什市、阿克陶县、阿合奇县、乌恰县、库尔勒市、轮台县、尉犁县、若羌县、且末县、和静县、和硕县、博湖县、焉耆回族自治县	清乾隆二十四年(1759)《回疆志》	熊*
	喀什市、疏附县、疏勒县、英吉沙县、泽普县、莎车县、叶城县、麦盖提县、岳普湖县、伽师县、巴楚县、塔什库尔干塔吉克自治县、阿克苏市、温宿县、库车县、沙雅县、新和县、拜城县、乌什县、阿瓦提县、柯坪县、和田市、和田县、墨玉县、皮山县、洛浦县、策勒县、于田县、民丰县、吐鲁番市、鄯善县、托克逊县、哈密市、伊吾县、巴里坤哈萨克自治县、阿图什市、阿克陶县、阿合奇县、乌恰县、库尔勒市、轮台县、尉犁县、若羌县、且末县、和静县、和硕县、博湖县、焉耆回族自治县	清乾隆二十七年(1762)《西域图志·土产·回部》	熊
	博乐市、温泉县、伊宁市、伊宁县、霍城县、巩留县、新源县、昭苏县、特克斯县、尼勒克县、察布查尔锡伯自治县	清乾隆四十年(1775)《伊江汇览》	熊
	博乐市、温泉县、伊宁市、伊宁县、霍城县、巩留县、新源县、昭苏县、特克斯县、尼勒克县、察布查尔锡伯自治县、莎车县	清乾隆四十二年(1777)《西域总志》	伊犁列传：多熊，叶尔羌列传：熊
	乌鲁木齐市、乌鲁木齐县、克拉玛依市、石河子市、阿拉尔市、图木舒克市、五家渠市、博乐市、精河县、温泉县、昌吉市、阜康市、呼图壁县、玛纳斯县、奇台县、吉木萨尔县、木垒哈萨克自治县、伊宁市、奎屯市、伊宁县、霍城县、巩留县、新源县、昭苏县、特克斯县、尼勒克县、察布查尔锡伯自治县、塔城市、乌苏市、额敏县、沙湾县、托里县、裕民县、和布克赛尔蒙古自治县、阿勒泰市、布尔津县、富蕴县、福海县、哈巴河县、青河县、吉木乃县、喀什市、疏附县、疏勒县、英吉沙县、泽普县、莎车县、叶城县、麦盖提县、岳普湖县、伽师县、巴楚县、塔什库尔干塔吉克自治县、阿克苏市、温宿县、库车县、沙雅县、新和县、拜城县、乌什县、阿瓦提县、柯坪县、和田市、和田县、墨玉县、皮山县、洛浦县、策勒县、于田县、民丰县、吐鲁番市、鄯善县、托克逊县、哈密市、伊吾县、巴里坤哈萨克自治县、阿图什市、阿克陶县、阿合奇县、乌恰县、库尔勒市、轮台县、尉犁县、若羌县、且末县、和静县、和硕县、博湖县、焉耆回族自治县	清乾隆四十七年(1782)《皇舆西域图志》	准噶尔部：有熊(名哈喇古啰苏)，回部：熊(名爱伊克)

（续表）

省级政区	今地点	文献	内容
	喀什市、疏附县、疏勒县、英吉沙县、泽普县、莎车县、叶城县、麦盖提县、岳普湖县、伽师县、巴楚县、塔什库尔干塔吉克自治县、阿克苏市、温宿县、库车县、沙雅县、新和县、拜城县、乌什县、阿瓦提县、柯坪县、和田市、和田县、墨玉县、皮山县、洛浦县、策勒县、于田县、民丰县、吐鲁番市、鄯善县、托克逊县、哈密市、伊吾县、巴里坤哈萨克自治县、阿图什市、阿克陶县、阿合奇县、乌恰县、库尔勒市、轮台县、尉犁县、若羌县、且末县、和静县、和硕县、博湖县、焉耆回族自治县	清嘉庆九年（1804）《回疆通志》	熊***
	哈密市	清道光二十六年（1846）《哈密志》	熊

注：*表示详见正文。***表示本省级政区已有类似记录。

4.7 20世纪前的熊科分布

20世纪前，据文献记载，我国熊科分布状况（表13.8、图13.64）大致有以下特点：

● 上海市既未见熊遗存（见表13.8）出土，也未见有熊分布的文献记载。

● 从理论上说，全新世的熊遗存应当是能够与文献记载的熊分布相衔接。但经与熊遗存分布比较：江苏省已见9地11点有熊遗存（上新世—全新世），但文献记载仅见2地有熊分布（呈孤岛状）；山东省已见5地7点有熊遗存（中上新世—全新世），但文献记载却未见有熊分布。反映熊在此二省级政区表现为濒临绝迹的前景与已然绝迹的状况。山东省、江苏省与上海市皆滨海省（市）（以黄海为主，但前者尚濒渤海，后者则濒东海），从文献记录看，皆属全新世以来熊未见分布或较早绝迹。

● 熊分布地点共超过1 710地，约占我国县级及其以上政区72%。

● 熊分布地点数量，按六大地区排序，依次为：西南（411地），中南（391地），西北（313地），华东（238地），华北（196地），东北（162地）。

● 各地区内，省级政区有熊分布的相对数量[①]排序为：西北（3个省级政区皆有熊分布），西南（2个省级政区皆有熊分布），华北（虽1个省级政区皆有熊分布，但数量达107地），中南（虽1个省级政区皆有熊分布，但数量达88地），东北（虽1个省级政区皆有熊分布，但数量达77地），华东（虽1个省级政区皆有熊分布，但数量达68地）。

● 有熊地域最多的省级政区是云南省（达到125地），最少的则是天津市（仅1地）。

● 从熊分布的大势看，西部较密集，东部较稀疏。

● 除山东省、江苏省与上海市外，较显著的是内蒙古自治区中西部基本未见有熊分布。

表13.8　20世纪前文献记载的我国熊科分布状况

地区	省级政区	20世纪前分布地点
华北	北京	西城区、房山区、顺义区、昌平区、延庆县、密云县
	天津	蓟县

①除香港与澳门特别行政区按1地统计外，其余省级政区皆按县级及其以上政区统计。

（续表）

地区	省级政区	20世纪前分布地点
	河北	井陉县、正定县、行唐县、灵寿县、深泽县、赞皇县、张家口市、宣化县、张北县、康保县、沽源县、尚义县、蔚县、阳原县、怀安县、万全县、怀来县、涿鹿县、赤城县、崇礼县、承德市、承德县、兴隆县、平泉县、滦平县、隆化县、丰宁满族自治县、宽城满族自治县、围场满族蒙古族自治县、秦皇岛市、昌黎县、抚宁县、卢龙县、唐山市、遵化市、迁安市、滦县、滦南县、乐亭县、迁西县、玉田县、唐海县、定州市、涿州市、易县、涞源县、唐县、涞水县
	山西	太原市、古交市、清徐县、阳曲县、娄烦县、大同市、阳高县、天镇县、广灵县、灵丘县、浑源县、左云县、大同县、朔州市、山阴县、应县、右玉县、怀仁县、阳泉市、平定县、盂县、长治市、潞城市、长治县、襄垣县、屯留县、平顺县、黎城县、壶关县、长子县、武乡县、沁县、沁源县、城区、高平市、泽州县、沁水县、阳城县、陵川县、忻府区、原平市、定襄县、五台县、代县、繁峙县、宁武县、静乐县、神池县、五寨县、岢岚县、河曲县、保德县、偏关县、榆次区、介休市、榆社县、左权县、和顺县、昔阳县、寿阳县、太谷县、祁县、平遥县、灵石县、尧都区、侯马市、霍州市、曲沃县、翼城县、襄汾县、洪洞县、古县、安泽县、浮山县、吉县、乡宁县、蒲县、大宁县、永和县、隰县、汾西县、盐湖区、永济市、河津市、芮城县、临猗县、万荣县、新绛县、稷山县、闻喜县、夏县、绛县、平陆县、垣曲县、离石区、孝义市、汾阳市、文水县、中阳县、兴县、临县、方山县、柳林县、岚县、交口县、交城县、石楼县
	内蒙古	武川县、和林格尔县、包头市、固阳县、赤峰市、宁城县、阿鲁科尔沁旗、巴林右旗、扎鲁特旗、海拉尔区、满洲里市、武川县、和林格尔县、包头市、固阳县、赤峰市、宁城县、阿鲁科尔沁旗、巴林右旗、科尔沁区、扎鲁特旗、海拉尔区、满洲里市、扎兰屯市、牙克石市、根河市、额尔古纳市、阿荣旗、新巴尔虎右旗、新巴尔虎左旗、陈巴尔虎旗、鄂伦春自治旗、鄂温克族自治旗、莫力达瓦达斡尔族自治旗、丰镇市、卓资县、兴和县、凉城县、察哈尔右翼前旗、乌兰浩特市、阿尔山市、突泉县、科尔沁右翼前旗、科尔沁右翼中旗、扎赉特旗
东北	辽宁	沈阳市、新民市、辽中县、法库县、凌源市、彰武县、铁岭市、调兵山市、开原市、铁岭县、西丰县、昌图县、抚顺市、抚顺县、新宾满族自治县、清原满族自治县、本溪市、本溪满族自治县、桓仁满族自治县、辽阳市、灯塔市、辽阳县、鞍山市、海城市、台安县、岫岩满族自治县、丹东市、凤城市、东港市、宽甸满族自治县、大连市、瓦房店市、普兰店市、庄河市、长海县、营口市、大石桥市、盖州市、盘锦市、大洼县、盘山县、锦州市、凌海市、北镇市、黑山县、义县、葫芦岛市、兴城市、绥中县
	吉林	长春市、德惠市、九台市、榆树市、宁江区、扶余县、吉林市、磐石市、蛟河市、桦甸市、舒兰市、永吉县、公主岭市、伊通满族自治县、辽源市、东丰县、东辽县、通化市、梅河口市、集安市、通化县、辉南县、柳河县、白山市、临江市、抚松县、靖宇县、长白朝鲜族自治县、延吉市、图们市、敦化市、珲春市、龙井市、和龙市、汪清县、安图县
	黑龙江	哈尔滨市、双城市、尚志市、五常市、依兰县、方正县、宾县、巴彦县、木兰县、通河县、延寿县、齐齐哈尔市、讷河市、龙江县、依安县、泰来县、甘南县、富裕县、克山县、克东县、拜泉县、爱辉区、北安市、五大连池市、嫩江县、逊克县、孙吴县、大庆市、肇州县、肇源县、林甸县、杜尔伯特蒙古族自治县、伊春市、铁力市、嘉荫县、鹤岗市、萝北县、绥滨县、佳木斯市、同江市、富锦市、桦南县、桦川县、汤原县、抚远县、双鸭山市、集贤县、友谊县、宝清县、饶河县、七台河市、勃利县、鸡西市、虎林市、密山市、鸡东县、牡丹江市、穆棱市、绥芬河市、海林市、宁安市、东宁县、林口县、北林区、安达市、肇东市、海伦市、望奎县、兰西县、青冈县、庆安县、明水县、绥棱县、大兴安岭地区、呼玛县、塔河县、漠河县
华东	江苏	阜宁县、扬州市
	浙江	杭州市、临安市、富阳市、建德市、桐庐县、淳安县、湖州市、长兴县、德清县、安吉县、宁波市、慈溪市、余姚市、奉化市、宁海县、象山县、越城区、诸暨市、上虞市、嵊州市、绍兴县、新昌县、衢州市、江山市、常山县、开化县、龙游县、金华市、兰溪市、永康市、义乌市、东阳市、武义县、浦江县、磐安县、台州市、临海市、温岭市、三门县、天台县、仙居县、玉环县、温州市、瑞安市、乐清市、永嘉县、文成县、平阳县、泰顺县、洞头县、苍南县、莲都区、龙泉市、缙云县、青田县、云和县、遂昌县、松阳县、庆元县、景宁畲族自治县

（续表）

地区	省级政区	20世纪前分布地点
	安徽	合肥市、肥东县、肥西县、铜陵市、铜陵县、安庆市、桐城市、怀宁县、枞阳县、潜山县、太湖县、宿松县、望江县、岳西县、黄山市、歙县、休宁县、黟县、祁门县、六安市、舒城县、金寨县、霍山县、居巢区、庐江县、无为县、贵池区、东至县、石台县、青阳县、宣州区、宁国市、郎溪县、广德县？泾县、旌德县？绩溪县
	福建	福州市、福清市、长乐市、闽侯县、连江县、罗源县、闽清县、永泰县、平潭县、延平区、邵武市、武夷山市、建瓯市、建阳市、顺昌县、浦城县、光泽县、松溪县、政和县、三明市、永安市、明溪县、清流县、宁化县、大田县、尤溪县、沙县、将乐县、泰宁县、建宁县、莆田市、仙游县、泉州市、石狮市、晋江市、南安市、惠安县、安溪县、永春县、德化县、金门县、厦门市、漳州市、龙海市、云霄县、漳浦县、诏安县、长泰县、东山县、南靖县、平和县、华安县、新罗区、漳平市、长汀县、永定县、上杭县、武平县、连城县、蕉城区、福安市、福鼎市、寿宁县、霞浦县、柘荣县、屏南县、古田县、周宁县
	江西	进贤县、九江市、九江县、武宁县、修水县、星子县、景德镇市、乐平市、浮梁县、月湖区、贵溪市、余江县、分宜县、萍乡市、上栗县、瑞金市、南康市、信丰县、大余县、上犹县、崇义县、信州区、德兴市、上饶县、广丰县、玉山县、铅山县、横峰县、弋阳县、余干县、鄱阳县、万年县、婺源县、南城县、黎川县、宜黄县、资溪县、袁州区、高安市、奉新县、万载县、宜丰县、靖安县、井冈山市、吉水县、泰和县、遂川县、永新县
	台湾	台北市、基隆市、高雄市、台南市、台中市、新竹市、嘉义市、台北县、高雄县、台南县、台中县、新竹县、嘉义县、屏东县、台东县、花莲县、宜兰县、桃园县、苗栗县、彰化县、南投县、云林县、澎湖县
中南	河南	登封市、巩义市、湖滨区、义马市、灵宝市、渑池县、陕县、卢氏县、洛阳市、偃师市、孟津县、新安县、栾川县、嵩县、汝阳县、宜阳县、洛宁县、伊川县、焦作市、孟州市、沁阳市、修武县、博爱县、武陟县、温县、辉县市、舞阳县、平顶山市、舞钢市、汝州市、宝丰县、叶县、鲁山县、郏县、南阳市、邓州市、南召县、方城县、西峡县、镇平县、内乡县、淅川县、社旗县、唐河县、新野县、桐柏县、信阳市、息县、淮滨县、潢川县、光山县、固始县、商城县、罗山县、新县、驿城区、确山县、泌阳县、遂平县、西平县、上蔡县、汝南县、平舆县、新蔡县、正阳县、济源市
	湖北	十堰市、丹江口市、郧县、竹山县、房县、郧西县、竹溪县、襄樊市、老河口市、枣阳市、宜城市、南漳县、谷城县、保康县、麻城市、英山县、蕲春县、鄂州市、阳新县、荆州市、石首市、松滋市、江陵县、公安县、监利县、宜昌市、枝江市、宜都市、远安县、兴山县、秭归县、长阳土家族自治县、五峰土家族自治县、曾都区、神农架林区、恩施市、利川市、建始县、巴东县、宣恩县、咸丰县、来凤县、鹤峰县
	湖南	长沙市、浏阳市、长沙县、望城县、宁乡县、张家界市、慈利县、桑植县、常德市、津市市、安乡县、汉寿县、澧县、临澧县、桃源县、石门县、益阳市、沅江市、南县、桃江县、安化县、岳阳市、汨罗市、临湘市、岳阳县、华容县、湘阴县、平江县、株洲市、醴陵市、株洲县、攸县、茶陵县、炎陵县、湘潭市、湘乡市、韶山市、湘潭县、衡阳市、常宁市、耒阳市、衡阳县、衡南县、衡山县、衡东县、祁东县、郴州市、资兴市、桂阳县、永兴县、宜章县、嘉禾县、临武县、汝城县、桂东县、安仁县、永州市、东安县、道县、宁远县、江永县、蓝山县、新田县、双牌县、祁阳县、江华瑶族自治县、邵阳市、武冈市、邵东县、邵阳县、新邵县、隆回县、洞口县、绥宁县、新宁县、城步苗族自治县、鹤城区？洪江市、沅陵县、辰溪县、溆浦县、通道侗族自治县、娄星区？冷水江市、涟源市、双峰县、新化县、吉首市、泸溪县、凤凰县、花垣县、保靖县、古丈县、永顺县、龙山县
	广东	广州市、增城市、从化市、清城区、英德市、连州市、佛冈县、阳山县、清新县、连山壮族瑶族自治县、连南瑶族自治县、韶关市、乐昌市、南雄市、始兴县、仁化县、翁源县、新丰县、乳源瑶族自治县、源城区、紫金县、龙川县、连平县、和平县、东源县、梅江区、兴宁市、梅县、大埔县、丰顺县、五华县、平远县、蕉岭县、湘桥区、潮安县、饶平县、汕头市、南澳县、榕城区、普宁市、揭东县、揭西县、惠来县、城区、陆丰市、海丰县、陆河县、惠州市、博罗县、惠东县、龙门县、东莞市、深圳市、珠海市、中山市、江门市、恩平市、台山市、开平市、鹤山市、佛山市、肇庆市、高要市、四会市、广宁县、怀集县、封开县、德庆县、云城区、罗定市、云安县、新兴县、郁南县、江城区、阳春市、阳西县、阳东县、茂名市、化州市、信宜市、高州市、电白县、湛江市、吴川市、廉江市、雷州市、遂溪县、徐闻县

（续表）

地区	省级政区	20世纪前分布地点
	广西	南宁市、武鸣县、横县、宾阳县、上林县、隆安县、马山县、桂林市、阳朔县、临桂县、灵川县、全州县、兴安县、永福县、灌阳县、资源县、平乐县、荔浦县、龙胜各族自治县、恭城瑶族自治县、鹿寨县、融安县、三江侗族自治县、融水苗族自治县、梧州市、岑溪市、苍梧县、藤县、蒙山县、贵港市？桂平市、平南县、玉州区、北流市、兴业县、容县、陆川县、博白县、钦州市、灵山县、浦北县、北海市、合浦县、防城港市、东兴市、上思县、江州区、扶绥县、大新县、天等县、宁明县、龙州县、平果县、德保县、靖西县、那坡县、凌云县、乐业县、西林县？田林县、隆林各族自治县？金城江区、宜州市、南丹县、天峨县、凤山县、东兰县、巴马瑶族自治县、罗城仫佬族自治县、环江毛南族自治县、兴宾区？象州县、武宣县、忻城县、金秀瑶族自治县、八步区、昭平县、钟山县、富川瑶族自治县
	海南	海口市、三亚市、文昌市、琼海市、万宁市、五指山市、东方市、儋州市、临高县、澄迈县、定安县、屯昌县、昌江黎族自治县、白沙黎族自治县、琼中黎族苗族自治县、陵水黎族自治县、保亭黎族苗族自治县、乐东黎族自治县
	香港	香港
	澳门	澳门
西南	重庆	万州区、涪陵区、黔江区、江津区、南川区、武隆县、城口县、梁平县、开县、巫溪县、巫山县、奉节县、云阳县、石柱土家族自治县、彭水苗族土家族自治县、酉阳土家族苗族自治县、秀山土家族苗族自治县
	四川	都江堰市、彭州市、邛崃市、崇州市、大邑县、广元市、旺苍县、青川县、剑阁县、苍溪县、江油市、安县、北川羌族自治县、平武县、什邡市、绵竹市、阆中市、南部县、邻水县、威远县、乐山市、峨眉山市、犍为县、井研县、夹江县、沐川县、峨边彝族自治县、马边彝族自治县、自贡市、荣县、富顺县、泸州市、泸县、合江县、叙永县、古蔺县、翠屏区、宜宾县、南溪县、江安县、长宁县、高县、筠连县、珙县、屏山县、米易县、盐边县、巴州区、通江县、南江县、平昌县、通川区、万源市、达县、宣汉县、开江县、乐至县、东坡区、仁寿县、彭山县、洪雅县、丹棱县、青神县、雨城区、名山县、荥经县、汉源县、石棉县、天全县、芦山县、宝兴县、马尔康县、汶川县、理县、茂县、松潘县、九寨沟县、金川县、小金县、黑水县、壤塘县、阿坝县、若尔盖县、红原县、康定县、泸定县、丹巴县、九龙县、雅江县、道孚县、炉霍县、甘孜县、新龙县、德格县、白玉县、石渠县、色达县、理塘县、巴塘县、乡城县、稻城县、得荣县、西昌市、盐源县、德昌县、会理县、会东县、宁南县、普格县、布拖县、金阳县、昭觉县、喜德县、冕宁县、越西县、甘洛县、美姑县、雷波县、木里藏族自治县
	贵州	贵阳市、清镇市、开阳县、修文县、息烽县、钟山区、盘县、水城县、遵义市、赤水市、仁怀市、遵义县、桐梓县、绥阳县、正安县、凤冈县？湄潭县、余庆县、习水县、道真仡佬族苗族自治县、务川仡佬族苗族自治县、西秀区、紫云苗族布依族自治县、毕节市、大方县、黔西县、金沙县、织金县、纳雍县、赫章县、威宁彝族回族苗族自治县、铜仁市、江口县、石阡县？思南县、德江县、玉屏侗族自治县、印江土家族苗族自治县、沿河土家族自治县、松桃苗族自治县、万山特区、凯里市、黄平县、施秉县、三穗县、镇远县、岑巩县、天柱县、锦屏县、剑河县、台江县、黎平县、榕江县、从江县、雷山县、麻江县、丹寨县、都匀市、福泉市、荔波县、贵定县、瓮安县、独山县、平塘县、罗甸县、长顺县、龙里县？惠水县、三都水族自治县、兴义市、兴仁县、普安县、晴隆县、贞丰县、望谟县、册亨县、安龙县
	云南	昆明市、安宁市、呈贡县、晋宁县、富民县、宜良县、嵩明县、石林彝族自治县、禄劝彝族苗族自治县、寻甸回族彝族自治县、麒麟区、宣威市、马龙县、沾益县、富源县、罗平县、师宗县、陆良县、会泽县、红塔区、江川县、澄江县、通海县、华宁县、易门县、峨山彝族自治县、新平彝族傣族自治县、元江哈尼族彝族傣族自治县、隆阳区、施甸县、腾冲县、龙陵县、昌宁县、昭阳区、鲁甸县、巧家县、盐津县、大关县、永善县、绥江县、镇雄县、彝良县、威信县、水富县、古城区、永胜县、华坪县、玉龙纳西族自治县、宁蒗彝族自治县、思茅区、宁洱哈尼族彝族自治县、墨江哈尼族自治县、景东彝族自治县、景谷傣族彝族自治县、镇沅彝族哈尼族拉祜族自治县、江城哈尼族彝族自治县、孟连傣族拉祜族佤族自治县、澜沧拉祜族自治县、西盟佤族自治县、临翔区、凤庆县、云县、永德县、镇康县、双江拉祜族佤族布朗族傣族自治县、耿马傣族佤族自治县、沧源佤族自治县、潞西市、瑞丽市、梁河县、盈江县、陇川县、泸水县、福贡县、贡山独龙族怒族自治县、兰坪白族普米族自治县、香格里拉县、德钦县、维西傈僳族自治县、大理市、祥云县、宾川县、弥渡县、永平县、云龙县、洱源县、剑川县、鹤庆县、漾濞彝族自治县、南涧彝族自治县、巍山彝族回族自治县、楚雄市、双柏县、牟定县、南华县、姚安县、大姚县、永仁县、元谋县、武定县、禄丰县、蒙自县、个旧市、开远市、绿春县、建水县、石屏县、弥勒县、泸西县、元阳县、红河县、金平苗族瑶族自治县、河口瑶族自治县、屏边苗族自治县、文山县、砚山县、西畴县、麻栗坡县、马关县、丘北县、广南县、富宁县、景洪市、勐海县、勐腊县

（续表）

地区	省级政区	20世纪前分布地点
	西藏	城关区、林周县、当雄县、尼木县、曲水县、堆龙德庆县、达孜县、墨竹工卡县、那曲县、嘉黎县、比如县、聂荣县、安多县、申扎县、索县、班戈县、巴青县、尼玛县、昌都县、江达县、贡觉县、类乌齐县、丁青县、察雅县、八宿县、左贡县、芒康县、洛隆县、边坝县、林芝县、工布江达县、米林县、墨脱县、波密县、察隅县、朗县、乃东县、扎囊县、贡嘎县、桑日县、琼结县、曲松县、措美县、洛扎县、加查县、隆子县、错那县、浪卡子县、日喀则市、南木林县、江孜县、定日县、萨迦县、拉孜县、昂仁县、谢通门县、白朗县、仁布县、康马县、定结县、仲巴县、亚东县、吉隆县、聂拉木县、萨嘎县、岗巴县、噶尔县、普兰县、札达县、日土县、革吉县、改则县、措勤县
西北	陕西	西安市、蓝田县、周至县、户县、高陵县、宝塔区、延长县、延川县、子长县、安塞县、志丹县、吴旗县、甘泉县、富县、洛川县、宜川县、黄龙县、黄陵县、铜川市、宜君县、临渭区、华阴市、韩城市、华县、潼关县、大荔县、蒲城县、澄城县、白水县、合阳县、富平县、咸阳市、兴平市、三原县、泾阳县、乾县、礼泉县、永寿县、彬县、长武县、旬邑县、淳化县、武功县、宝鸡市、凤翔县、岐山县、扶风县、眉县、陇县、千阳县、麟游县、凤县、太白县、汉台区、南郑县、城固县、洋县、西乡县、勉县、宁强县、略阳县、镇巴县、留坝县、佛坪县、榆阳区、神木县、府谷县、横山县、靖边县、定边县、绥德县、米脂县、佳县、吴堡县、清涧县、子洲县、汉滨区、汉阴县、石泉县、宁陕县、紫阳县、岚皋县、平利县、镇坪县、旬阳县、白河县、商州区、洛南县、丹凤县、商南县、山阳县、镇安县、柞水县
	甘肃	兰州市、永登县、皋兰县、榆中县、嘉峪关市、金川区？永昌县、白银市、靖远县、会宁县、景泰县、天水市、清水县、秦安县、甘谷县、武山县、张家川回族自治县、凉州区、民勤县、古浪县、天祝藏族自治县、肃州区、玉门市、敦煌市、金塔县、瓜州县？肃北蒙古族自治县、阿克塞哈萨克族自治县、甘州区、民乐县、临泽县？高台县、山丹县、肃南裕固族自治县、镇原县、崆峒区、泾川县、灵台县、崇信县、华亭县、庄浪县、静宁县、安定区、通渭县、临洮县、漳县、岷县、渭源县？陇西县、武都区、成县、宕昌县、康县、文县、西和县、礼县、两当县、徽县、临夏市、临夏县、康乐县、永靖县、广河县、和政县、东乡族自治县、积石山保安族东乡族撒拉族自治县、合作市、临潭县、卓尼县、舟曲县、迭部县、玛曲县、碌曲县、夏河县
	青海	西宁市、大通回族自治县、湟源县、湟中县、平安县、乐都县、民和回族土族自治县、互助土族自治县志、化隆回族自治县、循化撒拉族自治县、海晏县、祁连县、刚察县、门源回族自治县、共和县、同德县、贵德县、兴海县、贵南县、同仁县、尖扎县、泽库县、河南蒙古族自治县、玛沁县、班玛县、甘德县、达日县、久治县、玛多县、玉树县、杂多县、称多县、治多县、囊谦县、曲麻莱县、德令哈市、格尔木市、乌兰县、都兰县、天峻县
	宁夏	银川市、灵武市、永宁县、贺兰县、石嘴山市、平罗县、利通区、青铜峡市、盐池县、同心县、原州区、西吉县、隆德县、泾源县、沙坡头区、中宁县、海原县
	新疆	乌鲁木齐市、乌鲁木齐县、克拉玛依市、石河子市、阿拉尔市、图木舒克市、五家渠市、喀什市、疏附县、疏勒县、英吉沙县、泽普县、莎车县、叶城县、麦盖提县、岳普湖县、伽师县、巴楚县、塔什库尔干塔吉克自治县、阿克苏市、温宿县、库车县、沙雅县、新和县、拜城县、乌什县、阿瓦提县、柯坪县、和田市、和田县、墨玉县、皮山县、洛浦县、策勒县、于田县、民丰县、吐鲁番市、鄯善县、托克逊县、哈密市、伊吾县、巴里坤哈萨克自治县、阿图什市、阿克陶县、阿合奇县、乌恰县、博乐市、精河县、温泉县、昌吉市、阜康市、呼图壁县、玛纳斯县、奇台县、吉木萨尔县、木垒哈萨克自治县、库尔勒市、轮台县、尉犁县、若羌县、且末县、和静县、和硕县、博湖县、焉耆回族自治县、伊宁市、奎屯市、伊宁县、霍城县、巩留县、新源县、昭苏县、特克斯县、尼勒克县、察布查尔锡伯自治县、塔城市、乌苏市、额敏县、沙湾县、托里县、裕民县、和布克赛尔蒙古自治县、阿勒泰市、布尔津县、富蕴县、福海县、哈巴河县、青河县、吉木乃县

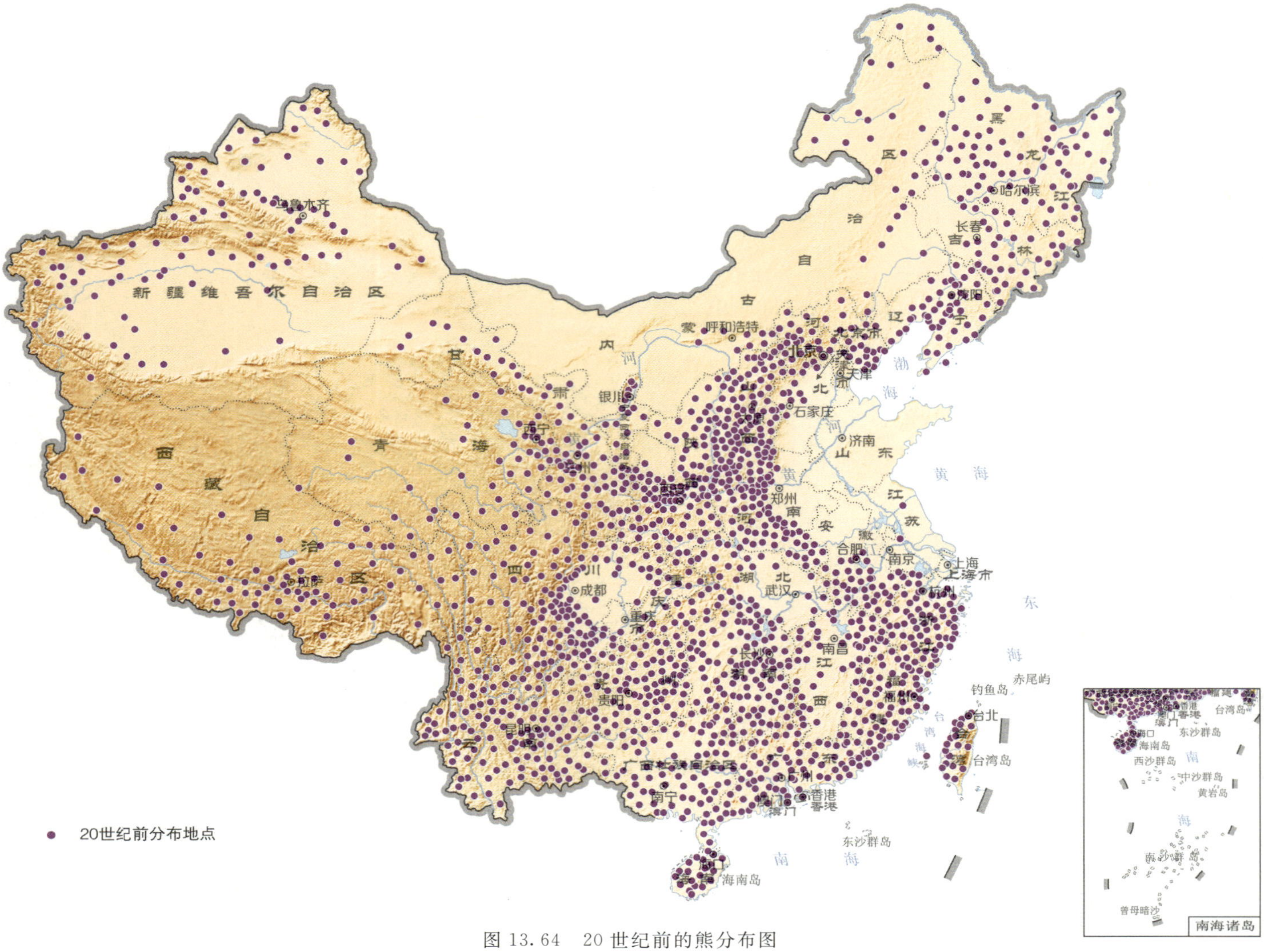

图 13.64　20 世纪前的熊分布图

5　20 世纪以来的棕熊分布变迁

棕熊在我国现存的 3 种熊科中，仅次于黑熊，也是分布较广的物种。

《中国动物志：兽纲：食肉目》记载（高耀亭等，1987）：

棕熊在我国见于黑龙江、吉林、甘肃、新疆、青海、西藏、四川、贵州等省区。

【标本采集地】新疆塔什库尔干；青海乌图美仁；黑龙江爱辉、大庙岭、伊春（五营、南岔）、尚志（苇河）。

按：主要反映棕熊在我国东北、西北、西南有所分布。

实际上，棕熊分布并不仅限于此三地区。

5.1　华北

华北各省级政区历史上皆有棕熊分布。

5.1.1　河北

河北省曾有棕熊分布，主要在冀北一带。

《中国经济动物志：兽类》称，棕熊“文献记录见于：……河北省”（寿振黄，1962）。

5.1.2　山西

山西省历史上不仅全省皆有熊分布，而且闻名于世，其中既有黑熊，也有棕熊，只是后者似已在 20 世纪前灭绝。

《中国经济动物志：兽类》称，棕熊“文献记录见于：……山西省”（寿振黄，1962）。

5.1.3　内蒙古

内蒙古自治区不但有棕熊生息繁衍，主要分

布于东部，而且现今还保存有棕熊。

《中国经济动物志：兽类》称，棕熊“文献记录见于：黑龙江省海拉尔附近”（寿振黄，1962）。说明今呼伦贝尔市的海拉尔区等地曾有棕熊分布。

《内蒙古珍稀濒危动物图谱》记述（凤凌飞，1991）：

棕熊：蒙名：呼仁—巴戕勃盖。别名：罴、马熊。

【分布】内蒙古主要分布于呼伦贝尔盟和兴安盟的大兴安岭山区。

《中国哺乳动物分布》称，棕熊分布于（张荣祖等，1997）：

内蒙古：海拉尔、根河、牙克石。

按：据此，说明棕熊主要分布于呼伦贝尔市的海拉尔区、牙克石市、根河市等地。

《中国重点陆生野生动物资源调查》称（国家林业局，2008）：

本次调查，棕熊见于内蒙古（阿尔山、柴河、绰尔林业局，根河、金河、阿龙山、满归、莫尔道嘎、奇乾、乌玛、永安山）。

按：亦即在扎兰屯市、牙克石市、根河市、额尔古纳市、鄂温克族自治旗、阿尔山市等地有棕熊分布。

阿荣旗地势由西北向东南呈阶梯式下降，全境地貌呈中低山—丘陵漫岗地形。地属温带大陆性半湿润气候区，由于受地势及植被的不同影响，温度自南向北逐渐递减。现有棕熊与马鹿、驼鹿、梅花鹿、野猪、狍子、黄羊、猞猁、紫貂等70余种野兽①。

鄂伦春自治旗位于大兴安岭南麓，嫩江西岸。地属寒温带半湿润大陆性季风气候区，四季变化显著。当地野生动物210种，其中兽类5目12科33种，代表种类有熊科的棕熊、黑熊，鹿科的马鹿、驼鹿、狍及原麝，猪科的野猪，鼬科的黄鼬、紫貂、水貂等国家级保护动物②。

5.1.4 方志记载

方志记载虽较简略，却可反映不同时期华北的多地棕熊分布情况（表13.9）。

表13.9　方志记载20世纪以来华北的棕熊分布情况

省级政区	今地点	文献	内容	新方志出处
北京	密云县	民国三年(1914)《密云县志》	熊	
	房山区、昌平区等地	民国六年(1917)《大中华京兆地理志》	罴(房山、昌平……皆有之)	
	房山区	民国十七年(1928)《房山县志》	罴	
	房山区	1999年《北京市房山区志》	迄六七十年代……熊、罴等猛兽已绝迹	北京市房山区地方志编纂委员会，1999
天津	蓟县等地	民国六年(1917)《大中华京兆地理志》	熊罴(……蓟县皆有之)	
	蓟县	民国三十三年(1944)《蓟县志》	熊	
河北	围场满族自治县	1997年《围场满族自治县志》	熊	围场满族自治县地方志编纂委员会，1997
内蒙古	扎兰屯市	1993年《扎兰屯市志》	棕熊	扎兰屯市史志编纂委员会，1993
	属额尔古纳市	1993年《额尔古纳右旗志》	棕熊	额尔古纳右旗史志编纂委员会，1993
	牙克石市	1996年《牙克石市志》	棕熊	牙克石市志编纂委员会，1996
	鄂温克族自治旗	1996年《鄂温克族自治旗志》	棕熊	鄂温克族自治旗志编纂委员会，1996
	根河市	1998年《根河市志》	棕熊	根河市史志编纂委员会，1998

①阿荣旗. http://baike. baidu. com/link? url = Wz5iPQEA6XX7Dg3D7qgVsQsWJugfs2dIJad9nW5gXN2C1w_oR4Dpi4UT1Wtu_qLrIpRqJZ3728eswwiwuzYf7K

②鄂伦春自治旗. http://baike. baidu. com/link? url = W2Ly8PcOKTY_lfUhIIgLUmyqISCJvUaIgcl0-o9eT-qFcItklKtdwcokR-n45KE08BAYqdG2gt1GWOUJKjdGFa；毕拉河林业局. http://baike. baidu. com/view/3779752. htm

5.2 东北

东北各省级政区皆有棕熊生息繁衍。

5.2.1 辽宁

辽宁省曾有棕熊分布。

东北长白山区总面积约为 20 万 km^2（涉及东北三省 48 个市、县），其中属辽宁省的约为抚顺市、抚顺县、新宾满族自治县、清原满族自治县、本溪市、本溪满族自治县、桓仁满族自治县、丹东市、凤城市、东港市、宽甸满族自治县等地有棕熊分布（姜大成等，2000）。

5.2.2 吉林

吉林省也是东北棕熊分布区之一。

清宣统二年《长白汇征录》记述：

罴：类熊，皮灰色微黄。陆玑谓：罴为黄熊，是矣。头长，脚高，动作一与熊同。或云，罴即熊之雄。长白熊多，而罴少。

按：据此，证实当地确有棕熊分布。

民国二年《吉林地志·鸡林旧闻录》记述：

熊有马驼、狗驼两种。马驼重千斤，高几四尺五寸……二种均喙长，眼小，睫毛文极厚。

按：据此看来，所谓“马驼”即棕熊，反映吉林省等地早有棕熊分布记录。

民国四年《辑安县乡土志》记述：

熊罴：大者曰罴。一云，罴似熊，黄白色。今山熊类不一，有人熊，猪熊……诸名。

按：东北仅栖息棕熊与黑熊，前者体形大，毛色浅，好直立。熊的别称有多种，有的在不同地域则与现代熊的学名容易相混。此处证明有棕熊分布。

民国十六年《辉南县志》记述：

熊：大者曰罴。或云，毛色黄白者为罴……本产马熊，最大高四五尺，长六七尺，重至千斤……《通志》又有人熊、猪熊、猴熊诸称，以形拟名，类非一也。

按：据此，反映有棕熊栖息。

民国十八年《安图县志》记述：

熊：形如大豕而竖目，人足，毛色黑……冬月，蛰中空树内，饥则舐掌，曰熊蹯。安图特产一种，腰际白毛周围若带，名曰花腰子。虽壮毅相同，而憨猛独甚。皆能拔树示威。偶与虎斗战，辄忘食。猎人每群结同心，偶一遇之，更待射击，或幸能毙获。《续搜神记》云：熊居树空中。东土人击树，呼为子路则起，不呼则不动。县境猎人亦有寻空木砍击者，俗曰杀仓子。倘或击之不中，则出而伤人。堪入药者，惟油、胆称最。

按：所称“憨猛”“拔树”等皆棕熊特性，故反映当地确有棕熊。

民国十九年《抚松县志》记述：

熊：山林恒有之。全体皆黑，身似笨拙而性特灵，力最大。恒食人畜。其皮可为褥，其足供食用，故熊掌为食品中最珍重之物。其胆能除肝火，为药品难得之物，治眼疾最为有效。

按：此处虽混有黑熊特征，但不乏有棕熊“力最大”“恒食人畜”等特点，说明有棕熊栖息。

民国二十年《辑安县志》记述：

熊：毛色纯黑，大如豕而猛憨多力，虎亦畏之，遇人则人立而搏噬竖目，黄精睫毛蔽遮如不见物，俗名黑瞎子……冬时，蛰伏树孔中，不出觅食。饥则舐其掌。春暖，则横出攫搏。喜食松子、蜂蜜及含甜质之物。秋时，往往为禾稼之害。熊胆入药最良。有铜胆，铁胆之分。熊掌味最美，居八珍之一。皮革甚厚，猎者见之，未敢轻于一发云。

按：此处应是熊类特征，有“大如豕而猛憨多力，虎亦畏之，遇人则人立而搏噬竖目”棕熊特征，还可参考当地之前的记载，证明还有棕熊栖息。

《中国经济动物志：兽类》称，棕熊“文献记录见于：……吉林省漫江”（寿振黄，1962）。反映在今抚松县等地曾有棕熊栖息。

《中国哺乳动物分布》称，棕熊分布于（张荣祖等，1997）：

吉林：漫江、松江、汪清、图们江、老爷岭。

按：据此，反映在蛟河市、抚松县、和龙市、汪清县等地栖息有棕熊。

东北长白山区总面积约为 20 万 km^2（涉及东北三省 48 个市、县），其中属吉林省的约为磐石市、蛟河市、桦甸市、东丰县、通化市、梅河口市、集安市、通化县、辉南县、柳河县、白山市、临江市、抚松县、靖宇县、长白朝鲜族自治县、延吉市、图们市、敦化市、珲春市、龙井市、和龙市、汪清县、安图县等地有棕熊分布（姜大成等，2000）。

《中国长白山动物》记载：长白山主脉位于和龙、安图、长白、抚松、白山、靖宇等县（市）一带，有棕熊分布（高玮等，2002）。说明在白山市、抚松县、靖宇县、长白朝鲜族自治县、和龙市、安图县等地曾有棕熊栖息。

《中国重点陆生野生动物资源调查》称（国家林业局，2008）：

本次调查，棕熊见于……吉林（抚松、长白、安图、和龙、蛟河、桦甸、汪清、珲春、敦化、长白山自然保护区）。

按：据此，反映在蛟河市、桦甸市、抚松县、长白朝鲜族自治县、敦化市、珲春市、和龙市、汪清县、安图县等地还有棕熊栖息。

● 白山市：白山市位于长白山西侧，境内山峰林立，绵亘起伏，沟谷交错，河流纵横。地属北温带大陆性季风气候区，春季昼夜温差大；夏季短，温热多雨；秋季凉爽，多晴朗天气；冬季长，干燥寒冷。森林覆盖率83%。野生动物350余种，其中国家规定的保护动物东北虎、棕熊、马鹿、猞猁、香獐等珍禽异兽有37种之多①。地级市情况，辖区内具体有棕熊地方待核查。

抚松县地势东南高、西北低，有头道松花江、二道松花江、松江河3条水系，皆自东南流向西北，山谷河川之间有少量冲积小平地，仅占总面积的2.5%，故称“九山半水半分田”。地属温带大陆性季风气候区，四季分明，冬季漫长而寒冷，夏季短促而温热，春秋两季冷暖交替，气温多变。森林资源丰富，森林覆盖率84%。大型兽类主要有棕熊、黑熊与东北虎、金钱豹、马鹿、梅花鹿、野猪等，中小型兽类主要有狍子、麝、猞狸、水獭、紫貂、黄鼬等②。

鸭绿江上游国家级自然保护区位于长白朝鲜族自治县中部、长白山南麓。据称，有哺乳类6目14科27种，其中国家Ⅰ、Ⅱ级重点保护动物有紫貂、东北棕熊、东北黑熊、水獭、原麝等③。

● 延边州：和龙市地处长白山东麓，图们江上游北岸，地貌类型复杂多样，西部多高山峻岭，西高东低，南岗山脉横亘中部。地属中温带季风半湿润气候区。森林覆盖率82.2%。截至2013年，已查明并具有一定经济价值的野生动物近300科600多种，其中兽类20余科100余种，棕熊、黑熊与猞猁、马鹿、香獐子、青羊等为国家二级珍稀保护动物④。

《中国动物志：兽纲：食肉目》记载“【棕熊东北亚种】吉林省松江”（高耀亭等，1987）。此乃反映安图县松江镇有棕熊分布。

5.2.3 黑龙江

黑龙江省是黑熊在东北分布最多的省级政区。

民国十年《依兰县志》记述：

熊：有……马驼（满名：昂宜）两种……马驼不能上树，故柞树林中多有折枝横于树杪者，即熊采食之遗迹也。

按：棕熊体重，上树不便，故所述“马驼”当是棕熊。

民国十三年《宁安县志》记述：

熊罴：大者曰罴。一云，罴似熊，黄白色。今山中熊类不一，有人熊，猪熊，猴熊，狗熊诸名。猎得者入贡。熊有……马驼（［满］名昂宜肤戈）两种……马驼不能上树，故柞树林中多有折枝横于树杪者，即熊［马驼］采食之遗迹也。

按：此处描述可与《依兰县志》互补，说明确是棕熊。

民国十五年《双城县志》集解：

熊：大者为罴。今山中熊类不一，有猪熊、狗熊、猴熊诸名。性极猛，尤能拔树，啮人。熊矫捷而罴憨猛，皆兽之绝有力者。罴重千余斤。

熊罴：皆冬令蛰居不食……罴大，则居穴也。石熊全身乌黑，狰狞可畏。长喙巨牙，前掌如人手，后掌如人足，重七八百斤。松花江两岸旧为费雅喀部所居，喜弄熊，呼曰马发多，以重价购养，使邻里亲朋射杀为欢。又为马熊二种。射毙而后，聚食之。先食熊头于野，谓敬长老也。余

---

①白山. http://baike. baidu. com/link? url＝YIkqrocNYAggI0C0L93Cye7lm-x45T0pveiL5gQ3c9nL4fNO-uBTp3PllRYWVz6ZcaP7PvcYWxH5LT2ju1uSmMG2gW8Tg_zzVevIESeWgc3

②抚松县人民政府·抚松概况. http://www. fusong. gov. cn/zjfs/index. jhtml；抚松县. http://baike. baidu. com/view/287446. htm

③鸭绿江上游国家级自然保护区. http://baike. baidu. com/view/871347. htm? subLemmaId＝871347&fromenter＝%D1%BC%C2%CC%BD%AD%C9%CF%D3%CE%D7%D4%C8%BB%B1%A3%BB%A4%C7%F8

④和龙. http://baike. baidu. com/link? url＝nokz00vJ5NcsEW-mJ7W5i3jAn0aZKOFEcjuBcEW8mR00FYOrh_wovSS3a3V0bW5Xte_f8V9TedorHGgXZ61uY2ojo-ZvVmOrUhi-ePJQi1l1GyGH1OorQbP4CF9EUnIROM42cxFI3ajlkPrJvSHT4ykUrN3rIzMwLx8u8mz0A3C

则聚食于家。婢女喜食熊脾，身不净者远之《曹廷杰日记》。

熊（蟠）[蹯]：东方佳品，官厨以为贵《扈从日录》。

黑鞑羁：太山有熊罴，女直产罴皮……罴惟吉林，盛京始有，他处所无。

按：据此看，既有棕熊，也有黑熊。

民国十七年《桦川县志》记述：

熊罴：大者曰罴。一云，罴似熊，黄白色。熊分二种：有……有马驼，[满]名昂那宜戈，不能上树，柞树木中多有折枝横于树杪者，即熊采食之遗迹也。其胆可入药。桦川产熊最多。据闻，[民国]十三年八月，下山三十余，分布各地。兴利会、龙大脑袋二山各获其一。向化区抢家屯伤人二，死一，逸去。

按：据此，不仅有棕熊，而且一次下山30余只，证实当地数量不少。

民国十八年《珠河县志》记述：

熊：大曰熊，小曰罴。按：熊有大小、黑白之分。大者名马驼……掌为八珍之一，清代贡品。冬季，常食补而能御寒。境内甚多，时有下山者。

按：古籍中通常是"大曰罴，小曰熊"，此处正相反；再从"按"看，显然是误录。

《中国经济动物志：兽类》称，中国科学院动物研究所收藏的棕熊标本"采于黑龙江省伊春、爱辉、尚志"；"文献记录见于：黑龙江省海拉尔附近"（寿振黄，1962）。证实在今尚志市、爱辉区、伊春市当时确有棕熊。

《黑龙江省兽类志》记述（马逸清等，1986）：

棕熊：别名：罴、马熊。

【标本采集地】爱辉大庙岭，伊春五营、南岔，尚志苇河。

【分类讨论】中国科学院动物研究所兽类组（1958）根据伊春、爱辉的标本，认为东北棕熊属于*U. a. lasiotus*。我们进一步检查了大兴安岭和黑龙江东部山地的皮张和部分头骨标本，认为这一意见是正确的，*U. a. mandchuricus* 应是 *U. a. lasiotus* 的同物异名。

【地理分布】黑龙江省普遍见于大、小兴安岭和东部山地的林区。

按：据此，反映棕熊在该省较明确地具体分布于尚志市、爱辉区、伊春市等地。

《中国动物志：兽纲：食肉目》记载：棕熊东北亚种在"黑龙江省爱辉和伊春"（高耀亭等，1987），说明在爱辉区与伊春市有所分布。

《黑河地区志》记载（黑河市地方志编纂委员会，1996）：

熊：现有190只左右，其中……棕熊约40只……主要分布在孙吴县平山林场、红旗林场，黑河市桦皮窑林场、胜山林场、二站林场等地。

按：可见当地同时有棕熊与黑熊，但前者比例较小。

《中国哺乳动物分布》称，棕熊分布于（张荣祖等，1997）：

黑龙江：伊春、黑河、尚志、呼玛。

按：据此，说明在尚志市、爱辉区、伊春市、呼玛县等地有棕熊栖息。

东北长白山区总面积约为20万km^2（涉及东北三省48个市、县），其中属黑龙江省的约为双鸭山市、友谊县、宝清县、七台河市、勃利县、鸡西市、密山市、牡丹江市、穆棱市、绥芬河市、海林市、宁安市、东宁县、林口县等地有棕熊分布（姜大成等，2000）。

《中国重点陆生野生动物资源调查》称（国家林业局，2008）：

本次调查，棕熊见于…黑龙江（漠河、塔河、呼玛、呼中、新林、松岭、黑河、孙吴、逊克、嘉荫、铁力、伊春、虎林、密山、鸡东、穆棱、东宁、勃利、林口、宁安、方正、尚志、五常、巴彦、通河、宾县、饶河、宝清、同江、绥滨、萝北、汤原、桦南、嫩江、讷河、富裕、依安、克山、克东）。

按：说明在尚志市、五常市、方正县、宾县、巴彦县、通河县、讷河市、依安县、富裕县、克山县、克东县、爱辉区、嫩江县、逊克县、孙吴县、伊春市、铁力市、嘉荫县、萝北县、绥滨县、同江市、桦南县、汤原县、宝清县、饶河县、勃利县、虎林市、密山市、鸡东县、穆棱市、宁安市、东宁县、林口县、大兴安岭地区、呼玛县、塔河县、漠河县等地仍有棕熊残存。

地跨哈尔滨、佳木斯、鹤岗三市和绥滨、萝北、汤原、依兰四县的宝泉岭垦区的西部山区、半山区，林木茂密，有黑熊、野猪、狼、狍、鹿、貉、猞狲、兔、鼬、松鼠等十几种动物①。

● 哈尔滨市：尚志市位于张广才岭西麓，山地、丘陵占总面积的80%，平原慢坡、甸子地占15%，水库、泡泽、河流面积占5%，大致呈八山、半水、分半田的结构。地属温带大陆性季风气候区。野生动物达680余种，有虎、鹿、熊、狐、野猪、狍子、飞龙、野鸭、山雉等珍稀兽禽②。所称“熊”似有棕熊。

五常市东靠张广才岭，西、北连接松嫩平原，地势东南部较高，层峦叠嶂，多森林；中部丘陵起伏，多沟壑。西北部属平原地带。地属中温带大陆性季风气候区。森林覆盖率42%。野生动物中兽类：虎、狼、熊、野猪、狍子、马鹿、貉、貂、猞猁、獾、野兔、狐狸、黄鼬、香獐、田鼠、松鼠、水獭、麝鼠、家鼠、刺猬、穿山甲等③。所谓“熊”似包括棕熊。

木兰县小兴安岭余脉从东北入境，蒙古山脉从西入境，大体呈北高南低的地势走向，北部为山区，东南部为丘陵，西南部为平原。地属中温带大陆性季风气候区。森林覆盖率57.9%。现存野兽类有鹿、熊、野猪、狼、狍子、狐狸、貉子、獾子、貂、兔、松鼠、黄鼬、水獭、刺猬、豹猫等④。“熊”似有棕熊。

依兰县位于小兴安岭、张广才岭、完达山脉三山聚首之地，松花江、牡丹江、倭肯河、巴兰河四水交汇之处，形成四周群山环抱、中间状如釜底的依动盆地，呈现出西南高、东北低似簸箕形倾斜的地势，地貌结构为“五山一水四分田”。野生动物中兽类有黑熊、棕熊、野猪、青羊、狍子、野兔、紫貂、猞猁、水獭、狼、狐狸等⑤。

延寿县地处张广才岭西麓，支脉蜿蜒东、南、西部，三面环山，地势北低、东南高。地属中温带大陆性季风气候区，冬季寒冷漫长，夏季炎热短促。药用动物有熊、麝、獾等，稀有动物有马鹿、紫貂、猞猁、飞龙等，肉用动物有野猪、狍子、野兔等，毛皮动物有黄鼬、灰鼠、麝鼠、狐狸、貉子等⑥。所称“熊”似有棕熊。

● 黑河市：爱辉区由于小兴安岭自西北向东南贯穿全区，地形中部高、两侧低，北部高、南部低。地处中高纬度，属寒温带大陆性季风气候，横跨四、五、六三个积温带。森林覆盖率70.8%。现有狐狸、熊、野鸡、飞龙等野生动物40余种⑦。其中“熊”，似包括棕熊。

嫩江县东接小兴安岭，南连松嫩平原，地属寒温带大陆性季风气候区。截至2010年，野生兽类尚存28种，分属6目13科，属国家二级的有黑熊、棕熊、紫貂、驼鹿、雪兔，数量较多的则有野猪、狍、黄鼬、狼等⑧。

孙吴县属于低山丘陵区，地势南部和西部高、北部和东部低，由西南向东北逐渐倾斜。西部为低山沟谷区，中部为丘陵河谷区，东北部为沿江平原。属寒温带大陆性季风气候，早晚温差大，春季风大，夏季温和多雨，秋季凉爽，冬季较长。境内各类野生动物多达300余种，其中主要兽类40余种，以熊、野猪、鹿、狍子、獾、猞猁、黄鼠、水獭、银鼠为主⑨。所谓“熊”，当包括棕熊等。

● 鹤岗市：地处鹤岗市与萝北县的小兴安岭原始森林公园森林覆盖率达74.1%，在浩瀚的绿色海洋中繁衍生息着寒温带棕熊与马鹿、驯鹿、驼鹿（犴达犴）、梅花鹿、紫貂、飞龙、野鸡、棒鸡、

---

①宝泉岭. http://baike. baidu. com/link? url=-N3Nu10y7El_hONritnTMSP87pnGfsNl_yP-h0xKVG8Db6HZ8wFsi-sutKaeWiI6

②尚志. http://baike. baidu. com/link? url=1prvCDJHLHUmNkebIgeR7RsdAya4ZqLy5lVdTkFw92nLsbMfY3alznL5koZjEEPX_pmI7MGyoR1sblMlH9kqfYFS9OgD284_DgVGGgjDLQqQdjmXCqbf88hxD3GPUDmcVRp7RnI9oL3J4kV2wMxhBfXjqydZhh_9ggtCWs6ZJmeCgoE_DrAfAC_oBOfdX07e

③五常. http://baike. baidu. com/link? url=0JW8yrS1xeHXimy9ROW707sT9s4LEa5kjn_t6zDPaDL_rxdtPN7jjxn03D8Ths5g9zM2Zdbwj_RqbOjvlh_vAwrWZxt0Fcs3Xeb4bDfrA4W

④黑龙江·木兰. http://www. mulan. gov. cn/zjml/zrzy/2005/10/4200. htm

⑤依兰县. http://www. baike. com/wiki/%E4%BE%9D%E5%85%B0%E5%8E%BF

⑥延寿县. http://baike. baidu. com/link? url=nRu8O1YCguLVAvverDReaChJK9J9WnP5DF8ck0KeP75uo5Repn6gRcvqDwAoHGCwHS0FqY-ck_pN_U28Dmh5m_

⑦爱辉区. http://baike. baidu. com/link? url=51LZxRTpM9YCxUsJPV8oqhsKfcmq5a7m-NH9QVEpCFBtudh54TwND_si3bi0RgD9x40yzAVVQgMNm2PeUqLsSDq

⑧嫩江县. http://baike. baidu. com/link? url=-XVqDC_HuxzcAEqB3Jg5IeetYo83Nc1PKA9X4Sp4zcOFX7lzlulbkPYxiycbwhoEdYvqkOTXVfirbxdvclCs1K

⑨孙吴县. http://baike. baidu. com/view/289848. htm

天鹅、獐［麝］、狍、野猪、雪兔等各种珍禽异兽400余种[①]。

牡丹江市：东宁县地形南北狭长，地貌比例约为九山半水半分田；最高峰是通沟岭顶，巍峨耸立在大小绥芬河交汇处北侧，连接万鹿沟以北的完达山余脉，相依着道河东南方面的峻岭，构成东宁盆地的环形屏障；北、西、南三面都是山地，山峦起伏，沟壑纵横，地貌、土壤、水热等都有明显的地域差异和过渡性变化。地属温带大陆性季风气候区，受海洋性气候影响，温和湿润。截至2015年，已发现的野生动物有棕熊、黑熊与虎、豹、野猪、狍子、獾子、野兔、鹿、水獭、狐狸、狼等[②]。

● 大兴安岭地区：大兴安岭地区动物资源丰富而独特，为古北界东北区寒温带落叶针叶动物群区，鸟兽区为东部森林、森林草原喜湿与半喜湿资源动物群栖居区中的大兴安岭北部山地区。全区已普查出兽类6目16科56种，其中国家二类保护动物有棕熊、猞猁、马鹿、驼鹿、雪兔等。其中松岭区[③]、呼中区[④]等地已证实仍有棕熊栖息。

漠河县位于黑龙江省大兴安岭北麓、黑龙江上游南岸，是中国纬度最高的县；该县面积占大兴安岭地区总面积的21.6%。地属寒温带大陆性气候区，是中国气温最低的县。林地面积17.2万hm^2，占全县土地总面积的93.3%，森林覆盖率90.6%。现存野生动物中棕熊与貂熊、猞猁、紫貂、水獭、麝、马鹿、驼鹿、雪兔9种野兽被国家定为重点保护的珍稀动物[⑤]。

5.2.4 方志记载

方志记载虽较简略，但可反映不同时期东北的多地棕熊分布情况（表13.10）。

表13.10　方志记载20世纪以来东北的棕熊分布情况

省级政区	今地点	文献	内容	新方志出处
辽宁	新宾满族自治县	清光绪三十二年（1906）《兴京厅乡土志》	罴	
	法库县	清光绪三十四年（1908）《法库厅乡土志》	罴	
吉林	白山市、临江市、抚松县、长白朝鲜族自治县、和龙市、安图县	清宣统二年（1910）《长白汇征录》	罴*	
	集安市	民国四年（1915）《辑安县乡土志》	熊罴*	
	辉南县	民国十六年（1927）《辉南县志》	熊*	
	安图县	民国十八年（1929）《安图县志》	熊*	
	抚松县	民国十九年（1930）《抚松县志》	熊*	
	集安市	民国二十年（1931）《辑安县志》	熊*	
	桦甸县	民国二十年（1931）《桦甸县志》	罴	

①鹤岗市. http://baike. baidu. com/view/52724. htm? fromId＝139617；小兴安岭原始森林公园. http://baike. baidu. com/view/514477. htm

②东宁. http://baike. baidu. com/link? url＝g2MutmnYY-LvR2x3_LPMeg-T5etZbhjmzmShwJrojzAFJlYcTCj2wu4AlkKjryEXSOjhlAzjq4LjRwrHhp8tNj7zubI7zQIDleXzNEyq0PfVx5YoyJOQ_pCwWD_jljqoFe1afzImci1vaIBLS3Wk1AwvDpnWmye87UJScZiwLhC；绥阳林业局. http://www. tx2. org. cn/jcwl/ShowArticle. asp? ArticleID＝743

③松岭区. http://baike. baidu. com/link? url＝6fnhAAxj5t_yHBCGJuUE1R-S3p8tfnwm-RrwtBzUyefPNZQb4oF2LuRD09G2zEj8

④呼中区. http://baike. baidu. com/link? url＝jZxMvuVL55-lN3Px5qI1R9e7Lo4d3_3wl53o-xCkGEOYnq_5O09TMHvZzsoLK0RV

⑤漠河县. http://baike. baidu. com/link? url＝-6H65cctJTb4eNzjNZHbMOBpDI-qpjLWv49MHtzLSXZ4x0D_yYhOaA_I13_cNdIdEOXs9kdm-mayQT_tSgvScK

（续表）

省级政区	今地点	文献	内容	新方志出处
	永吉县	民国二十年(1931)《永吉县志》	熊	
	珲春市	民国二十四年(1935)《珲春县乡土志》	罴	
	敦化市	民国二十八年(1939)《额穆县志》	罴	
	梅河口市	1999年《梅河口市志》	罴(至民国以前,已不多见)	梅河口市地方志编纂委员会,1999
	永吉县	1991年《永吉县志》	熊(有棕熊……之分,现极少)	永吉县志编纂委员会,1991
	柳河县	1991年《柳河县志》	棕熊	柳河县志编纂委员会,1991
	白山市、临江市、抚松县、靖宇县、长白朝鲜族自治县	1994年《浑江市志》	棕熊	浑江市地方志编纂委员会,1994
	抚松县	1994年《抚松县志》	棕熊	抚松县地方志编纂委员会,1994
	延吉市、图们市、敦化市、珲春市、龙井市、和龙市、汪清县、安图县	1996年《延边朝鲜族自治州志》	棕熊	延边朝鲜族自治州地方志编纂委员会,1996
	通化县	1996年《通化县志》	棕熊	通化县地方志编纂委员会,1996
黑龙江	双城市	民国五年(1916)《双城县乡土志》	罴	
	方正县	民国八年(1919)《方正县志》	熊(有马驼、狗驼、走驼三种。马驼重千余斤,高三尺余,长四尺余)	
	依兰县	民国十年(1921)《依兰县志》	熊*	
	汤原县	民国十年(1921)《汤原县志》	罴	
	宁安市	民国十三年(1924)《宁安县志》	熊罴*	
	双城市	民国十五年(1926)《双城县志》	熊*、熊罴*、熊(蟠)[蹯]*、罴鞣鞨*	
	桦川县	民国十七年(1928)《桦川县志》	熊罴*	
	尚志市	民国十八年(1929)《珠河县志》	熊*	
	桦川县	民国二十三年(1934)《吉林新志》	罴(山地各县多有,而桦川尤多)	
	宝清县	民国二十五年(1936)《宝清县志》	罴	
	延寿县	民国三十一年(1942)《延寿县志》	罴	
	漠河县、呼玛县、爱辉区、孙吴县、逊克县、嘉荫县	1988年《黑河地区简志》	熊	黑河地区地方志编纂委员会办公室,1988
	呼玛县志:1978—1987	1990年《呼玛县志:1978—1987》	棕熊	呼玛县地方志办公室,1990
	宾县	1991年《宾县志》	熊***	宾县地方志办公室,1991
	延寿县	1991年《延寿县志》	熊(胆)	黑龙江省延寿县志编纂委员会办公室,1991

（续表）

省级政区	今地点	文献	内容	新方志出处
	海林市	1991年《中国国情丛书：百县市经济社会调查：海林卷》	熊	丁伟志等，1991
	漠河县	1993年《漠河县志》	棕熊	漠河县志编纂委员会，1993
	北安市	1994年《北安市志》	熊	北安市地方志办公室，1994
	五大连池市	1994年《德都县志》	熊胆、熊	德都县地方志办公室，1994
	伊春市、铁力市、嘉荫县	1995年《伊春市志》	棕熊	伊春市地方志编纂委员会，1995
	爱辉区、北安市、五大连池市、嫩江县、逊克县、孙吴县	1995年《黑河地区志》	熊*	黑河市地方志编纂委员会，1996
	大兴安岭地区、呼玛县、塔河县、漠河县、爱辉区、北安市、五大连池市、嫩江县、逊克县、孙吴县、伊春市、铁力市、嘉荫县、尚志市、五常市、方正县、牡丹江市、穆棱市、绥芬河市、海林市、宁安市、东宁县、林口县、佳木斯市、同江市、富锦市、桦南县、桦川县、汤原县、抚远县、齐齐哈尔市、龙江县、泰来县、甘南县、富裕县、大庆市、肇州县、肇源县、林甸县、杜尔伯特蒙古族自治县、安达市、肇东市	1998年《黑龙江省志·地理志》	棕熊（罴、马熊；大兴安岭、小兴安岭、东部山地、三江平原、松嫩平原）	黑龙江省地方志编纂委员会，1998

注：*表示详见正文。***表示本省级政区已有类似记录。

5.3 华东

20世纪以来，华东仅浙江省、安徽省、福建省、江西省曾有棕熊分布，并延续到20世纪后半叶。

5.3.1 浙江

浙江省曾有棕熊栖息。

《江山市志》记载（江山市志编纂委员会，1990）：

棕熊：俗称人熊、马熊。主要分布在南部保安、廿八都、周村等地。

按：据此，表明当地确有棕熊分布。

5.3.2 安徽

安徽省曾有棕熊分布，尽管不多，却是极度濒危的痕迹。

民国二十六年《歙县志》记述：

熊：有马熊、猪熊、狗熊等称。古训，马为大，盖指高大者。言猪、狗云云，则以其身似豕而头似犬也。至冬，则蛰黄尖南源山中。时有之胆入药。

按：所谓“马熊”，就是棕熊。

5.3.3 福建

福建省是本区有较多棕熊分布的省级政区。

民国八年《政和县志》记述：

熊：头长，脚高，猛憨多力，虽虎亦畏之。冬蛰，春出蛰时，则舐其掌，故掌味最佳。政邑主山，相传有之，亦祥物也。

按：其中显示有“猛憨多力，虽虎亦畏之”等，具有棕熊特征。

民国十八年《同安县志》记述：

熊：冬蛰，饥则自舐其掌，故掌美。似人者，曰人熊。又有……豕熊、马熊……豕熊力大，能拔木。深山中有之。

按：所谓“人熊”“豕熊、马熊”，当是棕熊。

民国三十六年《清流县志》记述：

熊：有人熊……二种。深山皆有之。力大如虎，土人设阱以获。掌甚佳，而胆尤贵，可以治眼。

按：所称“人熊”，即棕熊。

5.3.4 江西

江西省也曾有棕熊分布，数量已然不多。

《上饶县志》记载（上饶县志编纂委员会，1993）：

人熊：又称猪熊。清同治《上饶县志》载“人熊……唯封禁山有之”。

按：据此，可见有棕熊生息繁衍。

5.3.5 方志记载

方志记载虽较简略，但可反映不同时期华东的多地棕熊分布情况（表 13.11）。

表 13.11　方志记载 20 世纪以来华东的棕熊分布情况

省级政区	今地点	文献	内容	新方志出处
浙江	属奉化市	清光绪二十八年(1902)《剡源乡志》	马熊	
	仙居县	清光绪二十八年(1902)《仙居志》	熊(熊不恒有。《旧志》不载。近来有兽噬人，谓马头熊也，亦熊之一种)	
	嵊州市	民国七年(1918)《嵊县志》	熊(产西山，有……人熊)	
	新昌县	民国八年(1919)《新昌县志》	熊(有马熊、狗熊。近时，山谷间多为人害也)	
	属衢州市	民国十五年(1926)《衢县志》	人熊	
	嵊州市	民国二十二年(1933)《嵊县志》	熊(产西山。有……人熊)	
	属宁波市	民国二十二年(1933)《鄞县通志》	罴	
	江山市	1990 年《江山市志》	棕熊*	江山市志编纂委员会，1990
	衢州市、江山市、常山县、开化县、龙游县	1994 年《衢州市志》	棕熊	《衢州市志》编纂委员会，1994
安徽	歙县	民国二十六年(1937)《歙县志》	熊*	
	休宁县	1990 年《休宁县志》	人熊	休宁县地方志编纂委员会，1990
福建	浦城县	清光绪二十六年(1900)《浦城县志》	熊(邑有猪熊、马熊)	
	政和县	民国八年(1919)《政和县志》	熊*	
	新罗区	民国九年(1920)《龙岩县志》	熊(能人立，力大而性愚。近时罕有)	
	延平区	民国九年(1920)《南平县志》	熊(熊：能，雄也。俗呼熊……为人熊，为马熊……人熊罕得)	
	永泰县	民国十一年(1922)《永泰县志》	熊(冬蛰不食，饥则自舐其掌。有人熊、马熊……各种)	
	尤溪县	民国十六年(1927)《尤溪县志》	熊(有人熊、马熊……各种)	
	永春县	民国十六年(1927)《永春县志》	罴(即人熊。其体大于熊，能人立。掌粗，不似熊掌美)	

（续表）

省级政区	今地点	文献	内容	新方志出处
	南安县	民国十六年(1927)《南安县志》	熊(似人者,曰人熊……所在深山有之)	
	沙县	民国十七年(1928)《沙县志》	熊(有人熊、马熊……各种)	
	大田县	民国十七年(1928)《大田县志》	熊(……一种似熊而长头高脚者曰罴)	
	属厦门市	民国十八年(1929)《同安县志》	熊*	
	建阳市	民国十八年(1929)《建阳县志》	罴(俗呼人罴)	
	建瓯市	民国十八年(1929)《建瓯县志》	熊(有人熊……邑产极少)	
	大田县	民国二十年(1931)《大田县志》	熊(一种似熊而黄白纹,长头,高脚者,曰罴)	
	邵武市	民国二十六年(1937)《邵武县志》	熊	
	连城县	民国二十七年(1938)《连城县志》	熊	
	泰宁县	民国三十一年(1942)《泰宁县志》	熊	
	清流县	民国三十六年(1947)《清流县志》	熊*	
	尤溪县	1987年《尤溪县志》	熊	尤溪县志编纂委员会,1987
	明溪县	1997年《明溪县志》	棕熊	明溪县地方志编纂委员会,1997
江西	德兴市	民国八年(1919)《德兴县志》	熊	
	婺源县	民国十四年(1925)《婺源县志》	熊	
	上饶县	1993年《上饶县志》	人熊*	上饶县志编纂委员会,1993
	泰和县	1993年《泰和县志》	猪熊	泰和县地方志编纂委员会,1993

注:*表示详见正文。

5.4 中南

到20世纪,中南的河南省、香港特别行政区与澳门特别行政区未见有棕熊分布。

5.4.1 广东

广东省分布的棕熊延续到20世纪后半叶。

民国十年《东莞县志》记述:

熊:有人熊、猪熊……其体同,首异,各以类名之。见人索,与戏谑。人拒之,则怒,以爪伤人,饮其血也《罗浮山志会编》。按:今罗浮罕见,邑近无有。

按:据此,反映虽有棕熊,但已极度濒危。

5.4.2 广西

广西壮族自治区是本区分布棕熊较多的省级政区。

民国二十六年《邕宁县志》记述:

熊:猛兽。毛或黄,或黑。颚下有白毛,形如新月。身肥健,力多,娇猂。足粗大,前短后长。能攀援。其状不一,有人熊、马熊……数种。

按:既有"人熊、马熊",说明有棕熊等分布。

大瑶山分布于金秀瑶族自治县、鹿寨县、荔浦县、平南县、桂平市、武宣县、象州县、蒙山县等地,海拔1 300 m以上的山峰有60多座,主峰圣堂山,位于金秀的南部,是广西中部的最高峰,山体高大雄伟,脉络明显,具有山高、谷深、坡陡的特点。据称,当地野生动物有的种类,如虎、金猫、熊和水獭已多年不见(大瑶山自然资源综合考察队,1988)。此"熊",似包括棕熊。

《资源县志》记述(广西壮族自治区资源县志编纂委员会,1998):

熊:境内有人熊、狗熊、猪熊等,以狗熊为多。荤、素兼食,尤喜吃竹笋、野果、蜂蜜、蛇类。

分布于县境中、低山地区，以车田、两水、河口乡为多，铼竹老山、猫儿山和阎家坪等山区亦常有熊栖息活动。熊性凶猛，但却极笨，每年都有村民猎获。其办法或枪打，或索套，或用铁夹，或放架……80年代以来，已稀有。

按：据此看来，当地有人熊(即棕熊)、猪熊(即黑熊)与狗熊(即马来熊)。

5.4.3 海南

海南省曾有棕熊生息繁衍，这是我国棕熊分布的最南地域。

清光绪三十四年《崖州志》记述：

熊：好(扳)[攀]缘木而引气，故谓之熊经。[其]胆，春在(头)[首]，夏在腹，秋在左足，多在右足。当心有白脂如玉，味甚美，俗呼熊白。冬蛰不食，饥则舐其掌，故好在掌《异苑》①。按：熊有四：……马熊，人熊。体同，头异。马熊特大，而人熊未之见。刘跂《暇日记》曰：钱乙言：熊胆，奇药。佳者，色通明如米粒。用草莛点入水，转如飞，性急者，佳。能消诸毒《府志》。

按：据此，表明有棕熊栖息。

民国六年《琼山县志》记述：

熊：《郡志》云：琼郡……马熊、人熊。体同首异。马熊最大，人熊不多见。

按：据此，反映当地有棕熊分布。

民国二十年《感恩县志》记述：

熊：好(扳)[攀]缘木而引气，故谓之熊经。[其]胆，春在(头)[首]，夏在腹，秋在左足，冬在右足。当心有白脂如玉，味甚美，俗呼熊白。冬蛰不食，饥即舐其掌，故好在掌《异苑》。按：熊有四：……马熊、人熊。体同，头异。马熊特大，而人熊未之见。刘跂《暇日记》曰：钱乙言：熊胆，奇药。佳者，色通明如米粒。用草莛点入水，转如飞性急者，佳。能消毒，去淤伤《府志》。

按：此与《崖州志》类似，也说明有棕熊。

5.4.4 方志记载

方志记载虽较简略，但可反映不同时期中南的多地棕熊分布情况(表13.12)。

表13.12 方志记载20世纪以来中南的棕熊分布情况

省级政区	今地点	文献	内容	新方志出处
湖北	远安县	1990年《远安县志》	棕熊	湖北省远安县地方志编纂委员会，1990
	五峰土家族自治县	1994年《五峰县志》	马头熊	湖北省五峰土家族自治县地方志编纂委员会，1994
	兴山县	1997年《兴山县志》	熊(以形态分猪熊)	湖北省兴山县地方志编纂委员会，1997
湖南	邵阳市、邵阳县	清光绪三十三年(1907)《邵阳县乡土志》	熊(有……马熊，龙山一带有之。人熊绝少)	
	溆浦县	民国十年(1921)《溆浦县志》	光绪三十一年春夏间，三、五都马熊出	
	永顺县	民国十九年(1930)《永顺县志》	罴	
	澧县	1993年《澧县志》	罴(已经绝迹)	澧县地方志编纂办公室，1993
	花垣县	1993年《花垣县志》	马熊	湖南省花垣县地方志编纂委员会，1993
广东	东莞市	民国十年(1921)《东莞县志》	熊*	
	属广州市	民国十三年(1924)《花县志》	熊人	
	阳春市	民国三十年(1941)《阳春县志》	罴	

①此条虽注据"《府志》"，但其之源似自清雍正九年《广东通志》，其中有删改讹，故有校改。实际上，至此所言则是据《埤雅》内容，现摘录相关内容供对照：

熊似豕，坚中山居。冬蛰，当心有白脂如玉，味甚美，俗呼熊白。其胆，春在首，夏在腹，秋在左足，冬在右足。【略】冬蛰不食，饥则自舐其掌故，其美在掌。

（续表）

省级政区	今地点	文献	内容	新方志出处
	紫金县	1994 年《紫金县志》	人熊	紫金县地方志编纂委员会，1994
	连山壮族瑶族自治县	1997 年《连山壮族瑶族自治县志》	人熊（50 年代还常有出没，今已罕见）	连山壮族瑶族自治县志编纂委员会，1997
广西	金城江区	清光绪三十三年（1907）《河池州志》	熊（有人、马……数种）	
	属南宁市	民国二十六年（1937）《邕宁县志》	熊*	
	属田林县	民国二十七年（1938）《田西县志》	罴	
	钦州市	民国三十六年（1947）《钦县志》	人熊、马熊	
	天等县	1991 年《天等县志》	熊，40 年代绝迹	天等县志编纂委员会，1991
	玉州区	1993 年《玉林市志》	人熊（已绝迹）	玉林市地方志编纂委员会，1993
	资源县	1998 年《资源县志》	熊（境内有人熊等）*	广西壮族自治区资源县志编纂委员会，1998
	靖西县	2000 年《靖西县志》	人熊（早已绝迹）	靖西县县志编纂委员会，2000
海南	三亚市、保亭黎族苗族自治县、乐东黎族自治县	清光绪二十六年（1900）《崖州志》	熊***	
	三亚市、保亭黎族苗族自治县、乐东黎族自治县	清光绪三十四年（1908）《崖州志》	熊*	
	属海口市	清宣统二年（1910）《琼山县志》	熊	
	属海口市	民国六年（1917）《琼山县志》	熊*	
	属东方市	民国二十年（1931）《感恩县志》	熊*	
	海口市、三亚市、东方市、儋州市、保亭黎族苗族自治县、乐东黎族自治县①	民国二十二年（1933）《海南岛志》	熊（有人熊之别。人熊不多见）	
	儋州市	民国二十四年（1935）《儋县志》	熊***	

注：* 表示详见正文。*** 表示本省级政区已有类似记录。①虽为《海南岛志》，但已明确"人熊不多见"，故仅取较具体有棕熊地方。

5.5 西南

西南各省级政区皆有棕熊分布。

5.5.1 重庆

重庆市分布有棕熊的地方虽不多，但仍有延续到现今的。

民国十五年《南川县志》记述：

熊：李时珍曰：熊者，雄也。篆文象形。俗分为……人熊、马熊。《尔雅翼》：熊……有马熊，形如马，即罴也。头长，脚高，猛憨多力，能拔树木，虎亦畏之。遇人，立而攫之。俗呼为人熊。邑唯金佛山偶亦有之，与猴同食包谷（赵精一居古佛洞多年，尝言二十年前曾亲见之）。

按：据此，证实当地有棕熊分布。

5.5.2 四川

四川省有较多棕熊分布记录。

民国九年《绵竹县志》记述：

马熊：《尔雅翼》曰：能即马熊，为熊类之一种。酷似马而白色，尾长鬣粗，其性凶猛，舌有肉刺，能攫人畜食之。性不冬眠。

按：据此，说明确有棕熊栖息。

民国初年《白玉县图志》记述：

惟女扒拿山及乃意产熊，常数十成群，凡猎得者仅取熊胆、熊掌。熊胆晒干如玻璃黄色，一枝可售二三元；熊掌一副四五元不等；如得其子，售于内地，价值未定，熊儿一窠有七八头者，一特产也。

按：此仅能确证有熊且数量多，从地望看，其中似包括棕熊。

民国三十一年《西昌县志》记述：

罴：似熊而大，[redacted]短，强而有力，常盗食牛、马、猪、羊等。虽虎豹过之，亦不能敌。古称熊罴能驱虎豹信不[redacted]也。

按：据此，当是棕熊。

《中国经济动物志：兽类》称，棕熊“文献记录见于：……四川省康定”；“在四川省巴塘……所产棕熊，其胸部有白带纹且沿肩部向上，在颈背部连接成一白色的领子”（寿振黄，1962）。反映在今康定县、巴塘县等地当时有棕熊栖息。

《四川资源动物志》记载的物种分布（《四川资源动物志》编辑委员会等，1982）：

马熊：平武、宝兴、康定、雅江、炉霍、道孚、新龙、白玉、德格、甘孜、理塘、巴塘、义敦。

按：反映棕熊主要在川西的平武县、宝兴县、康定县、雅江县、道孚县、炉霍县、甘孜县、新龙县、德格县、白玉县、理塘县、巴塘县等地有所分布。

《中国哺乳动物分布》称，马熊分布于（张荣祖等，1997）：

四川：康定、美姑、巴塘、安县、平武、雅江、炉霍、白玉。

按：据此，反映在安县、平武县、康定县、雅江县、炉霍县、白玉县、巴塘县、美姑县等地当时有棕熊栖息。

《中国重点陆生野生动物资源调查》称（国家林业局，2008）：

本次调查，棕熊见于……四川（平武、松潘、巴塘、金川、天全、汶川、若尔盖、得荣、雅江、炉霍、白玉、石渠、木里）。

按：说明在平武县、天全县、汶川县、松潘县、金川县、若尔盖县、雅江县、炉霍县、白玉县、石渠县、巴塘县、得荣县、木里藏族自治县等地确有棕熊存在。

● 绵阳市：安县西北部系龙门山脉，地势较高，根据地貌成因和地表形态，可分为平坝、丘陵（台地）、低中山三种类型。地属中亚热带湿润季风气候区，干湿季节分明，全年气候温和，雨量充沛，日照较足，无霜期长。境内有动物资源 1 000 多种，哺乳动物有 80 余种。其中列为国家一类保护动物的有大熊猫、金丝猴、牛羚，分布在高川、茶坪两乡海拔 1 700～3 000 m 的高山密林之中。其他野生哺乳动物还有猕猴、小熊猫、马熊、黑熊、狼、赤狐（野狗）、貉、豺、石貂、黄喉貂、黄鼬（黄鼠狼）、鼬獾（猸子）、獾（狗獾）、猪獾、水獭（鱼毛子）、大灵猫（九江狸）、果子狸（花面狸）、豹、野猪、麝香獐子、鬣羚（山驴子）、斑羚（岩羊）、草兔、复齿鼯鼠、豪猪（刺猪）、竹鼠（竹溜子）、褐家鼠、黄胸鼠、小家鼠川陕亚种、四川短尾、山蝠、绯鼠耳蝠华南亚种等[①]。说明还有棕熊等存在。

● 攀枝花市：米易县地处青藏高原东南缘，境内层峦叠嶂，沟壑纵横，山谷相间，盆地交错，地势北高南低，呈南北走向。属南亚热带干热河谷立体气候，有“山高一丈，大不一样”“一山分四季，十里不同天”之说。据称，已查明的动物资源有 5 纲 29 目 72 科 175 属 264 种，其中野生动物资源有 186 种，属国家二级保护的有穿山甲、棕熊等 19 种[②]。

● 雅安市：雨城区位于四川盆地西缘、青衣江中游，成都平原向青藏高原过渡带，地势西高东低，处于邛崃山脉二郎山支脉大相岭北坡，为中低山地带。山地占全区总面积的 91%（低山占 45%，中山占 46%），平地占 9%（主要是河谷阶地和山间盆地），中山主要分布在西北、西南和东南，低山主要分布在中部和南北河谷两侧。除少数高山区外，基本属于亚热带湿润季风气候区。森林覆盖率 50.3%。境内野生动物种类多，业已查明的脊推动物有 330 余种，野生哺乳类动物主要有猴、熊、大熊猫、小熊猫、豹、獐[麝]、野牛、林

①安县政务网. http://anxian.my.gov.cn/ax/219841861039161344/20110623/258949.html

②中国・四川・米易. http://www.scmiyi.gov.cn/lmy/kczy/index.shtml

麝、狐狸等45种，属国家保护的二级动物有苍鹰、雀鹰、秃鹫、红腹角雉、小熊猫、林麝、黑熊、金猫、大鲵9种①。此处同时出现“熊”与“黑熊”，考虑到雅安市一些地方明确有“马熊”(即棕熊)，故此处似有棕熊。

● 阿坝州：马尔康县位于青藏高原南缘，在四川盆地西北部，属高原峡谷区，地势由东北向西南逐渐降低。属低纬度、高海拔的特殊地理与高山峡谷立体气候，冬干夏湿，雨热同季，日照充足，昼夜温差大。森林覆盖率52.3%。栖息着熊与小熊猫、金丝猴、扭角羚、獐［麝］、鹿等73种珍稀野生动物②。所称“熊”，似含有棕熊。

理县位于青藏高原东部，是典型的中高山峡谷区，境内群山连绵，峰峦重叠，高低悬殊，沟谷纵横，地形呈蜿蜒起伏的立体单元，地表由西北向东南倾斜。受西伯利亚西风气流、印度洋暖流和太平洋东南季风三个环流的影响，形成季风气候；因海拔高低悬殊，地形复杂，气候差异显著，具有山地立体型气候特征。比较有特色的野生动物资源有獐［麝］、熊、鹿③。所称“熊”中似包括棕熊。

黑水县位于青藏高原东南缘横断山脉中段北端的岷江上游，岷山与邛崃山脉交汇处；地势由西北向东南倾斜，境内群山屹立，山峦起伏，雪峰对峙，河谷深切。属季风高原型气候，旱、雨季分明，日照充足，年温差较小，日温差较大，并随海拔不同差别较大。据调查，全县有脊椎动物达250种之多，其中兽类120余种，属国家Ⅱ级重点保护动物有马熊与小熊猫、猕猴、大灵猫、猞猁、金猫、水鹿、岩羊等④。

壤塘县地处青藏高原东南边缘、大渡河上游，地形以丘状高原为主，河谷平地和高山相间，有较大的山74座。属高原季风气候，昼夜温差大；从河谷到高山，有明显的气候垂直变化，多为小区域气候。该县的香拉东吉圣山风景区栖息着许多珍稀野生动物，野兽成群结队的有：黑熊、棕熊与岩羊、狍、原羚、草鹿、麂子、黑鹿、野驴、马鹿、麝、猕猴、野猪、狐狸、金钱豹、雪豹、猞猁、兔、水獭、狼、豺狗、旱獭等⑤。

● 甘孜州：雅江县地处川西北丘状高原山区，横断山脉中段，大雪山脉与沙鲁里山脉之间的山原地带；地势北高南低，西南部是极高山，中部为河谷，东北和西北部为山原，山原占92.5%，极高山占5%，平坝占2.5%。地属青藏高原亚湿润气候区。珍贵动物有熊与鹿、獐［林麝］、盘羊等⑥。所称“熊”，似包括棕熊。

道孚县地处青藏高原的边缘，界线十分清晰，境内地形复杂，峰峦起伏，东北高，东南略低；大雪山从东北延伸入境与横亘山的支脉白日山相连，成为道孚县境内的主要分水岭。地属寒温带大陆性季风气候区。至2010年底，珍稀野生一级保护动物有豹、雪豹、金雕、胡兀鹫、西藏野驴、褐马鸡等，二级保护动物有黑熊、棕熊、小熊猫、细嘴松鸡、藏马鸡、岩羊、盘羊等⑦。

甘孜县地处横断山脉东北边缘，是丘原向山原的过渡地带，属青藏高原的一部分；群峦起伏，北有巴颜喀拉山，东有果拉狼山，沙鲁里山屹立西南，形成一个大大的“川”字。地属高山寒温带气候区，冬长夏短。县城一带属高原河谷气候，寒冷干燥，澄澈晴朗，地势开阔，日照多，辐射强。在高山陡坡的原始森林中栖息着獐、鹿、黄羊、狐、猴、熊、豹、马鸡等20多种野生动物⑧。所称“熊”，似含有棕熊。

新龙县地处川西北丘状高原山区，属沙鲁里山北段，全境有高山峡谷、高山低谷、高原低山丘

---

①雨城区. http://baike. baidu. com/link? url＝PxG_GCKt7yKIGHJdThC3o_JCiYjKw0ErEUR7gL8LFN1RmHQp3Lewa_pUl-Gv7TCC3＃6_5

②马尔康县. http://baike. baidu. com/view/163486. htm

③中国·理县. http://www. ablixian. gov. cn/touzlx/youszy/201102/t20110225_357604. html

④杨林，王长命. 黑水县森林旅游发展对策探讨. http://www. docin. com/p-1205610346. html

⑤香拉东吉圣山风景区. http://www. bytravel. cn/Landscape/27/xiangladongjishengshanfengjingqu. html

⑥雅江县. http://baike. baidu. com/view/662672. htm

⑦道孚县. http://baike. baidu. com/link? url＝qR6vlXxpFl4sPLQQvcjaAcILldWOB0MQ_9A33BrEgPAS0qSeSvGDfLcnBETbJVKc7_ek8RvvCCEFONax7EVAD_

⑧甘孜县. http://baike. baidu. com/link? url＝ybaYZA79mri7mkhm6YeEE808EtG_ddiQwnEcrsa6_6j69HSp8bd6MvjMjXhW43Xu52Z05I73Uf83ILEcEIgkU_

陵、现代冰川冰蚀地貌。地属青藏高原亚湿润气候区，垂直气候变化显著。野生动物有马熊、黑熊与豹、马鹿、白唇鹿、斑羚、林麝、马麝、盘羊、岩羊等①。“马熊”即属于棕熊。

理塘县以丘状高原和山原地貌为主，兼有部分高山峡谷，西、中部因造山运动的抬升，地势起伏较大，向东南和东北倾斜。山脉和水系呈南北走向，东西排列，山川河流相间，山地垂直分布明显。地属高原气候区，气温低，冬季长，日照多，辐射强，风力大，水热同期，蒸发量大，干湿季节分明。森林覆盖率 7.4%，主要树种有冷杉、云杉，其次是红杉、高山松、柏树、杨树、高山栎、桦树、柳树等。野生动物主要有白唇鹿、豹、猴、扭角羚、林麝、水獭、熊、兔及重唇鱼等②。所称“熊”，似含有棕熊。

巴塘县地处横断山脉北端金沙江东岸河谷地带，横断山脉纵贯全境，地形随金沙江走向由北向南倾斜，并呈现北高南低、东高西低之状。由于海拔、南北走向的山脉和大气环流的影响，属高山高原气候。该县名贵药材有鹿茸、熊胆等③。从周边野生动物情况看，似有棕熊。

乡城县地处青藏高原东南缘，横断山脉中北段，地势东北高、西南低，高低悬殊，构成东北高、西南低的坡状倾斜面。国家确定的一、二级保护动物有 54 种，有棕熊与金钱豹、云豹、雪豹、白唇鹿、黑颈鹤、金雕、五带海雕、水獭、猞猁、石貂、林麝、马麝、小熊猫等④。

得荣县属青藏高原东南边缘地带，地势北高南低，海拔高低悬殊，后山为县境最高峰，但相距不到 30 km 的金沙江出境点海拔仅 1 990 m，相对高差多达 3 609 m。地属亚热带干旱河谷气候区，是西南干旱河谷中心。野生动物中兽类共 30 种，其中国家二级重点保护动物有黑熊、马熊与弥猴[猕猴]、豺、小熊猫等 12 种⑤。所称“马熊”，即棕熊。

● 凉山州：盐源县位于青藏高原东南缘、雅砻江下游西岸，地形以四周高山峡谷、中部丘陵盆地为总特征。地属亚热带季风气候区，年温差小，日温差大。生息着黑顶鹤、熊、獐子[林麝]等多种珍稀动物⑥。所称“熊”，似包括棕熊。

会理县位于西南横断山脉东北部、青藏高原东南边缘，境内山峦起伏，沟谷相间，地形以山地、丘陵、平坝为主，其中山地约占总面积的 40%，丘陵约占 50%，平坝约占 10%。地属中亚热带西部半湿润气候区，有丰富的光热资源和宜人的气候条件。森林覆盖率 37.4%。县内太平、益门等区大片森林中，还生长着小熊猫、熊、獐[麝]、麂、狐以及穿山甲等珍贵动物⑦。所谓“熊”，似包括棕熊。

会东县地处横断山脉南部褶皱山中切割地带，地形复杂，高低悬殊。地属亚热带季风湿润气候区，气候温和，雨热同季，日照充足，无霜期长，具有高原、山地立体气候特点。2014 年，会东县动物有獐子、火狐、水獭、锦鸡、猴子、岩羊、麂子、熊、豪猪、穿山甲、马鹿、飞雕、啄木鸟、猫头鹰、蛇等⑧。其中“熊”，似含有棕熊。

5.5.3　云南

云南省有棕熊分布，主要处于滇西。

清光绪三十年《顺宁府志》记述：

熊：檀萃《滇海志》：熊类至多，有马熊、人熊……滇南多有之。予尝至农部汤郎马踯厂，其地多熊。仰视大栗树，其大枝坠地盈堆，熊啮而坠之，以食其实。但人所献熊胆、熊掌，余则无用。不闻取

①新龙县. http://baike. baidu. com/link? url = TOAsZ8bQ7rBHZNS8moB6YdNxL8l8uQSa0053ON02b4LoRGltELm07-VbvPXl7RNhM7f7MK4X7v3C9PXzgCfE9_

②理塘县. http://baike. baidu. com/link? url=_9t3df9ePK8fqH-BoXccCfmIhf43ws0ZoSX14DSrj6TlTcWTJY5kFT9Ds_wvfPxY0cNXyTakbw4KIc61IZyTVq

③巴塘县. http://baike. baidu. com/view/662675. htm

④乡城县. http://baike. baidu. com/link? url = Kp4FpaAkep-kK8iTkiUEmPMhqR_Ph8f_yxgzDGsDbGpJ0PBLkpLDgkFs0j5ch9XCJJeDHBYzC8P4JkHZAZtkS_

⑤得荣县. http://baike. baidu. com/link? url = I8Cw638yePwl59T8dJjh4uNrrzXLARkFrcSQTmI8yzqYBTtLuXZO1lFREaLdEWLSNhN3BshoLsV2tiXSv07Rn_

⑥盐源县概况. http://www. yanyuan. gov. cn/plus/view. php? aid=2319

⑦会理县人民政府. http://hl. lsz. gov. cn/zjhli. jsp? urltype=tree. TreeTempUrl&wbtreeid=1009

⑧会东县. http://baike. baidu. com/link? url=JYk5zZh_1PTGdSUS9KztDfHkG3S-o1-VyE82ktqKbz6dplsVO6fd-U--7R_KE1v5RPflzopGUxu92a4nNnMcOK

其皮。

按：据此，反映有棕熊栖息。

《中国经济动物志：兽类》称，棕熊“文献记录见于：……云南省屏边”（寿振黄，1962）。反映在今屏边苗族自治县等地当时有棕熊栖息。

《中国云南野生动物》称（李维智，1999）：

棕熊：省内分布于滇西北。

《中国重点陆生野生动物资源调查》称（国家林业局，2008）：

云南（中甸、丽江、宁蒗、德钦、贡山）是本次调查新发现的棕熊分布地。

按：证实在古城区、玉龙纳西族自治县、宁蒗彝族自治县、贡山独龙族怒族自治县、香格里拉县、德钦县等地确有棕熊残留。

● 保山市：龙陵县地处怒江、龙川江两江之间，是一个山区县，高黎贡山山脉由北向南伸入县境，地势呈中部高而东西倾斜之势，全境崇山峻岭，丘陵起伏，河流纵横。地属亚热带山原季风气候区，立体气候明显。野生动物中兽类有狗熊、马熊与虎、金钱豹、马鹿、山驴、岩羊、野猪、豪猪、狼、豺狗、狐狸、黄鼠狼、九节狸、野猫、鹿、樟[麝]、野兔[①]。所称“马熊”，即棕熊。

● 昭通市：永善县地处滇东北中山山原西北边缘，境内重峦叠嶂，峰高谷深，地势南高北低。地属中亚热带湿润气候区，由于海拔高低悬殊，气候垂直变化显著。现有熊与獐[麝]、猴、野猪等数十种野兽，有野鸭、白鹭、鹦鹉、黑颈鹤等170多种鸟类[②]。所谓“熊”，似含有棕熊。

● 丽江市：永胜县地跨横断山脉和滇西北高原两个地貌单元，属三江并流的边缘地区，地势东北高、西南低，有江、河、湖泊、山原、盆地（坝子）、河谷等多种地貌类型。以北亚热带山地季风气候为主；由于县境内海拔高差大，加之错综复杂的地貌，在不同的海拔区域有高寒、冷凉、低热、金沙江亚热带等多种气候类型，是典型的立体气候。森林覆盖率48.8%。截止到2007年，该县兽类有24种，主要有熊、豹、恒河猴等珍稀动物[③]。所称“熊”，似包括棕熊。

● 普洱市：澜沧拉祜族自治县地处横断山脉怒山山系南段，地势西北高、东南低，五山六水纵横交错，仅海拔2 000 m以上的山峰就有150多座。属南亚热带夏湿冬干山地季风气候，雨量充沛，日照充足，冬无严寒，夏无酷暑，干雨季分明。由于地形地貌复杂，海拔高低悬殊，立体气候明显。森林覆盖率53.9%。野生动物有熊与野牛、马鹿、豹、野猪、懒猴、岩羊、水獭、穿山甲、猫头鹰、孔雀、鹦鹉、白鹇、蟒蛇等[④]。据历史情况，所称“熊”包括棕熊。

● 德宏州：陇川县地形由高黎贡山余脉纵贯，西南走向，东北高峻，西南低平，地貌特征为“三山两坝一河谷”。属南亚热带季风气候，雨量充沛，日照充足，热量丰富，四季不明显，干湿季分明。野生动物有四大类107种，其中野兽有水鹿、棕熊、黑熊、金钱豹、云豹、苏门羚（山驴）、豺狼、狐、九节狸、獐[麝]、野猪、黄猴、长臂猴、旱坝羊、破脸狗（果子狸）、麂子、刺猬（豪猪）、猞猁、野兔、野猫、鼬、灰猴、水獭、松鼠、竹鼠、穿山甲等27种[⑤]。

● 怒江州：碧罗雪山是喜马拉雅山的余脉，属于横断山脉，是怒江与澜沧江的分水岭，也是兰坪白族普米族自治县与福贡县、泸水县的界山。境内海拔4 000 m以上的山和峰共76座，其中最高峰老窝山，海拔4 435 m，山势陡峻。据称，山上有虎、豹、熊、山驴、马鹿、麂子、獐子[麝]、野猪、猴子、豺狼等走兽[⑥]。此处所称“熊”，似有棕熊。

香格里拉县地处青藏高原东南缘横断山脉

①龙陵县. http://baike. baidu. com/link? url=GV5f5pEllDi8L8fIhYR9dy_mOn-1LgUCCDuzvoW_2PUilSdkqOfAjNeACRRwxFQ-IeMhThKONHWfULzkdRZDJa

②永善县. http://baike. baidu. com/link? url=ca9gPyPF7IcQQ3LoAGR0Ew4x3Bn356deOAIRVt9A8r93Cr8P0K6idouWavVNjoYX

③永胜县. http://baike. baidu. com/link? url = Z4YM4NtWxWCmJ0d8xyV2YGzZXmJ5H4irnW_FuzsIThzCOZ9hif0ZHBnhH0jyEYWm3Xnu9QTMUuJSjI04o532z_

④澜沧拉祜族自治县. http://baike. baidu. com/link? url=9m9A1_Exitq3636UbNED7e8z04rCAsgPYys0aWvmEuNzApzqhdVTTi8CodzBSd5yYtPkD75BZgrbvVpeZ0jTs_

⑤陇川县. http://baike. baidu. com/link? url = Nm7ZJWjo1hDKDL5fm0aftqqbC4adptWqIiEkchgEDOji0Pjz3H7D5-NeZVsBVUaKVSAt_361nIahYMmMS4AkOq

⑥碧罗雪山. http://baike. baidu. com/subview/186686/6285420. htm

三江纵谷区东部，地势西北高、东南低，地貌按形态可分为山地、高原、盆地、河谷。地处高海拔低纬度地带，气候随海拔升高而变化。境内有哺乳动物26科69属97种，经济毛皮兽有棕熊、黑熊与黄鼬、香鼬、鼬獾（猸子）、獾、猪獾、青鼬、赤狐、藏狐、貉、豺、旱獭、红腹松鼠、长吻松鼠、隐纹花松鼠、灰尾兔、竹鼠、金钱豹、小熊猫、石貂、水獭等①。

德钦县地处横断山脉腹地，东有云岭山脉，西有怒山山脉，均为南北走向，地势北高南低，全境山高坡陡，峰峦重叠起伏，峡谷急流纵横。地形可分为三类：高山河谷区、山区、高寒山区。地属寒温带山地季风性气候区，随着海拔的升高，气温降低，降水增大；大部分地区四季不分明，冬季长、夏季短，正常年干湿两季分明。森林覆盖率36.7%。截止到2014年，动物中兽类有18科47种，有国家二级保护动物猕猴、棕熊、林麝、岩羊、鬣羚、斑羚、（穿岬）［穿山甲］、藏马熊、小熊猫、石豹、青鼬、水獭、斑灵猫、大灵猫、小灵猫、金猫、猞猁、马麝、高山麝等珍稀物种②。

维西傈僳族自治县地处世界自然遗产"三江并流"腹地，云岭山脉东濒金沙江，西临澜沧江，自北往南延伸，切割剧烈，气势雄浑。地貌类型复杂多样，有高山、河谷、山间小盆地和高山褶断、凹陷枯湖沉积地或草甸。属亚热带与温带季风高原山地气候，冬长无夏，春秋相连，仅有冷暖、干湿和大小雨季之分；又由于地质结构复杂，海拔高低悬殊大，光、温、降水分布皆不均匀，形成立体气候。截至2013年，该县发现的脊椎动物有716种，飞禽走兽中如棕熊与羚牛、云豹、穿山甲、赤斑羚、小熊猫、滇金丝猴、红腹锦雉、红腹角雉、大绯胸鹦鹉、黑顶长尾雉、金猫、雪豹、白尾梢虹鸡等③。

● 大理市：弥渡县地势西北高、东南低，自西北向东南呈狭长地形，地貌分构造剥蚀山地、切割中山峡谷山地、溶蚀中山峡谷山块、山间断陷盆地四大类型。地属中亚热带季风气候区，冬无严寒，夏无酷暑，气候温和，没有明显的四季之分，只有干季、雨季之别。现有虎、豹、熊、野猪、山驴等野生兽类20多种④。此处所称"熊"，似包括棕熊。

巍山彝族回族自治县属云岭横断山脉的南延部分，地处哀牢山和无量山北段地区，和大理点苍山遥遥相望；地势北高南低、东高西低，河谷、盆地、山地相间分布。地属北亚热带高原季风气候区，除部分高山冷凉地区及河谷低热地区外，大部分地区都是四季如春。当地有野生哺乳动物70多种，主要有鹿、熊、狐狸、刺猬、穿山甲等⑤。所称"熊"，似含有棕熊。

5.5.4　西藏

西藏自治区是棕熊分布最多的省级政区之一。

瑞典著名探险家斯文・赫定（Hedin，1919）在1900年到藏北考察期间，所拍摄的一幅猎获棕熊的照片（图13.65），是珍贵的纪实资料⑥。

图13.65　1900年在藏北猎获的棕熊

《中国经济动物志：兽类》称，棕熊"在西藏自治区拉萨……所产棕熊，其胸部有白带纹且沿肩部向上，在颈背部连接成一白色的领"（寿振黄，

①香格里拉县. http://baike.puercha.cc/edition-view-74-1.html

②德钦县. http://baike.baidu.com/link? url＝XgRpniJJOovZq4CXL6OHhGmrphLFKxWxRVxf16RdNrqi4V1ALthFnIBVcE4fXvQP

③维西傈僳族自治县. http://baike.baidu.com/link? url＝JAgCs4GaG0EHTbfAws723kucVhnSBHgEmqdz3g-YHlwPnXj7C1GaP-Kx-8nT21fl2C46xJA53ao-IJdmrkW8G-q

④弥渡县. http://yn.zwbk.org/lemma/114

⑤巍山彝族回族自治县. http://baike.baidu.com/link? url＝RorvJTVLtZu24ptYOKdrShViykHLzqTOAcz2NsSeyJyt94VCUbgCiNXYdDNnnhMNqJfX92T2WR7Y4mTl5Lhid_

⑥据先义杰协助翻译。此照片原题"Erlegter Tibetischer Bär"（被猎杀的西藏熊）。据了解，赫定是1900年7～12月进入藏北高原考察。

1962）。反映在今城关区等地当时有棕熊栖息。

《西藏哺乳类》记述（中国科学院青藏高原综合考察队，1986）：

棕熊：别名：藏马熊，马熊。

【采集地】冈底斯山（仲巴县以西）。藏北地区双湖办事处一带。彭波农场至林周县旁多途中。

按：据此，证实在林周县、仲巴县等地确有棕熊栖息。

据《麝·熊》称，“西藏行政区划的 74 个县级行政单位中，目前仅有一个城关区成为棕熊分布的空白区”，总数达 16 648 只（刘务林，1996），是 3 种熊最多者。经核查，亦即除城关区外，有 72 地①（林周县、当雄县、尼木县、曲水县、堆龙德庆县、达孜县、墨竹工卡县、那曲县、嘉黎县、比如县、聂荣县、安多县、申扎县、索县、班戈县、巴青县、尼玛县、昌都县、江达县、贡觉县、类乌齐县、丁青县、察雅县、八宿县、左贡县、芒康县、洛隆县、边坝县、林芝县、工布江达县、米林县、墨脱县、波密县、察隅县、朗县、乃东县、扎囊县、贡嘎县、桑日县、琼结县、曲松县、措美县、洛扎县、加查县、隆子县、错那县、浪卡子县、日喀则市、南木林县、江孜县、定日县、萨迦县、拉孜县、昂仁县、谢通门县、白朗县、仁布县、康马县、定结县、仲巴县、亚东县、吉隆县、聂拉木县、萨嘎县、岗巴县、噶尔县、普兰县、札达县、日土县、革吉县、改则县、措勤县）有棕熊分布。

《中国哺乳动物分布》称，马熊分布于（张荣祖等，1997）：

西藏：申扎、班戈、珠穆朗玛峰地区、仲巴、曲水、奇林湖西南、加查、三安曲岭、拉萨、昌都、那曲、双湖、林周、安多、江达。

按：据此，反映在城关区、林周县、曲水县、那曲县、安多县、申扎县、班戈县、尼玛县、昌都县、江达县、加查县、隆子县、定日县、定结县、仲巴县、吉隆县、聂拉木县等地曾有棕熊栖息。

《中国重点陆生野生动物资源调查》称（国家林业局，2008）：

本次调查，棕熊见于……西藏（聂拉木、浪卡子、吉隆、萨嘎、安多、江孜、定结、谢通门、南木林、白朗、岗巴、仁布、拉孜、定日、亚东、仲巴、昂仁、（康玛）[康马]、双湖、尼玛、申扎、那曲、聂荣、索县、比如、嘉黎、措勤、改则、噶尔、日土、普兰、札达、日喀则、萨迦、班戈、革吉、（水）[曲水]、林周、达孜、尼木、堆龙德庆、当雄）。

按：据此，说明在林周县、当雄县、尼木县、曲水县、堆龙德庆县、达孜县、那曲县、嘉黎县、比如县、聂荣县、安多县、申扎县、索县、班戈县、尼玛县、浪卡子县、日喀则市、南木林县、江孜县、定日县、萨迦县、拉孜县、昂仁县、谢通门县、白朗县、仁布县、康马县、定结县、仲巴县、亚东县、吉隆县、聂拉木县、萨嘎县、岗巴县、噶尔县、普兰县、札达县、日土县、革吉县、改则县、措勤县等地确有棕熊生息繁衍。

● 拉萨市：堆龙德庆县地处念青唐古拉山西段南麓拉萨河下游，总体地势西北高、东南低，中间河谷宽阔，有高山、河流、风化、重力、冰川和岩溶 6 种地貌类型。属高原寒温带湿润季风气候，冬长夏短，四季不甚分明，干湿季分明。野生动物中，兽类主要有棕熊与岩羊、马麝、藏狐、赤狐、高原兔、猞猁、鹿、雪豹、水獭、旱獭、狼等②。

● 那曲地区：嘉黎县属藏北高原与藏东高山峡谷结合地带的高原山区，地势从西北到东南由高到低倾斜，主要山脉有阿依拉山、鲁贡拉山、杰拉山、岗巴拉山、楚拉山、崩希拉山等，都是念青唐古拉山的支脉。地属典型的高原山地，高原大陆型气候，高原亚寒带半湿润季风气候区。野生动物有马熊、狗熊与羚羊、黄羊、岩羊、盘羊、狼、野兔、狐狸、猞猁、豺、豹子、鹿、獐子[麝]、猴子、獾等③。所谓“马熊”，亦即棕熊。

比如县地势从西北往东南倾斜，海拔渐次降低，地形以低山丘陵为主，间有高山峡谷，四周冰山雪峰环绕。地属高原亚寒或温带半湿润季风气候区。野生动物有藏羚羊、盘羊、黑颈鹤、獐子[麝]、鹿、熊、豹、黄羊、岩羊、狐狸、狼、藏马鸡、藏

---

①查原书“表 16”中有“双湖”。但该地是 2013 年成立双湖县（属那曲地区），在本书对政区的截止之后，故不作统计。

②堆龙德庆县. http://baike. baidu. com/link? url＝DA4sLBuk3aCENXwqDkfuMUbsEKxQs2EJDRTo_uBiPSC295W7pqY8CzPJjoEspRDT

③嘉黎县. http://baike. baidu. com/link? url＝u0rajRuoyZhzGsQ8Iv6s2X-q0dNDtE0XL7gQ_zuNFE0vdS6JEXbyvvt-1XkP_qiP

雪鸡、秃鹫、鱼类等①。所列举的“熊”，似包括棕熊。

班戈县位于藏北高原的纳木错、色林错两大湖之间，地势呈南凹北凸：南部湖面地区周围为冲积平原和较缓的残山；北边为深切高山，山顶有冰川发育；中部分布着中高山地，呈低山状。地属高原亚寒带半干旱季风气候区，气候寒冷，空气稀薄，四季不分明，冬长无夏，多风雪天气。据 2014 年资料显示，该县野生动物中哺乳动物有熊与野驴、黑颈鹤、藏羚羊、樟子[麝]、雪豹、雪鸡、岩羊、拾俐[猞猁]、狐狸、禿赞等②。所谓“熊”，似反映含有棕熊。

巴青县位于怒江上游的南羌塘大湖盆区，地势北高南低。地属高原亚寒带半湿润季风气候区，高寒缺氧，空气稀薄，冬寒夏凉，太阳辐射强，日照时间长，年温差相对较大，无霜期短，冬季多大风雪。主要野生动物资源有白唇鹿、獐子[麝]、黄羊、岩羊、旱獭、水獭、高原兔、狐狸、猞猁、熊、狼、材[豺]等③。所称“熊”，似含有棕熊。

尼玛县地处羌塘高原大湖盆地带，北有昆仑山、可可西里山，南有冈底斯山，地势北高南低，地形以高原、丘陵、平地为主。属高原亚寒带半干旱季风型气候和高原寒带干旱气候，空气稀薄，降雨量少，日照充足，气温低，多风雪。野生动物资源丰富而珍贵，有棕熊与藏羚羊、藏野驴、野牦牛、雪豹、黑颈鹤、雪鸡、藏原羚、岩羊、盘羊、斑头雁、灰鸭、黄鸭等国家一、二级保护动物达 20 余种④。

● 昌都地区⑤：昌都县⑥位于横断山脉西北部、青藏高原东南部的边缘地带，地势北高南低，东西呈“W”形；地形复杂多样，切割明显，险峰峻岭，沟壑纵横，蔚为奇观。地属中纬度地区，因受地形的影响，高原寒温带季风性气候混杂，“一山有四季，十里不同天”，山顶终年白雪皑皑，山腰森林茂密，山脚草木丛生，山谷则呈现出亚热带特征，雨热同季，气候宜人。森林覆盖率 30%。当地野生动物中兽类仍有岩鹿、草鹿、樟子[麝]、马熊、豹子、猪翻[猪獾]、狐狸、马猴等⑦。其中“马熊”，即棕熊。

江达县位于横断山脉的高山峡谷中，地势由西北向东南倾斜，为金沙江流域的河谷地带。年平均温差大，太阳辐射强烈，日照时间长，是昌都地区较大林区之一。野生动物有棕熊、黑熊与野牛、盘羊、岩羊、黑禿鹤、胡禿鹫、马鹿、白唇鹿、猞猁、小灵猫、豹、水獭、石貂、金猫、猴子、藏狐、雪猪、雪鸡、野鸽、斑鸠、金雕、高山禿鹫等⑧。

贡觉县地处青藏高原东南，唐古拉山横断山脉北段，金沙江上游西岸；地势由东南向西北倾斜，群山连绵，山高峰锐，谷深坡陡，丘原交错，河流纵横，湖泊星罗棋布，高山、森林、草原并存；地貌大体可分为东南峡谷区、西部河流区和西南谷原区。属大陆性高原季风气候，受纬度、海拔和地理位置的影响，气温垂直变化明显，气温偏低，日温差较大。动物种类繁多，仅兽类就有 5 目 12 科 35 种，其中列为国家二级保护的有林麝、黑熊、马熊、水狸、马鹿、盘羊、岩羊、(藏酉猴)[藏酋猴]、棕熊、草狐狸、豺、猞猁等⑨。其中“马熊”与“棕熊”，属于同一物种。

类乌齐县地处念青唐古拉山余脉伯舒拉岭西部，唐古拉山余脉他念他翁山东端，东部属于典型的藏东高山峡谷型地貌，西部则属于藏北高原地貌类型；地形沿澜沧江支流吉曲、柴曲和格曲由西北向东南走向，呈现西高东低趋势。属高原温带半湿润性气候。森林覆盖率 26%。野生动物资源中哺乳动物主要有棕熊与马鹿、獐子[麝]、石青羊、藏原羚、塔尔羊、豺子、豺、狼、猞

①比如县. http://baike. baidu. com/link? url=37Te0zogW0WJxbsVGDSHD3433LwhLFGzZ_5KALvh_8gllaZfhhHbXYyl3ufxUf_E

②班戈县. http://baike. baidu. com/link? url=4n5h2ms5pYVZj0orglpTCOWOv6sGoavpVXiazQnHJZReh5INnAH3XFb_qIbb9nrP

③巴青县. http://baike. baidu. com/link? url=kXE_PupTTBWsTB_Y6LarP3I-wr3Jr3LTkcv3dfDN2o1Jvby-x1lVqZ-galtEAc

④尼玛县. http://baike. baidu. com/link? url=Zax4YGpwHScTUJN7Lhi802lDesAAXza309KoSj3TaZzarR02WN0lgIigPOOeFE-k

⑤2014 年 11 月，撤销昌都地区设立地级昌都市。本书为保持体例一致，仍沿用旧称。

⑥2014 年 11 月，原昌都县改为昌都市卡若区。本书为保持体例一致，仍沿用旧称。

⑦昌都县. http://www. baike. com/wiki/昌都县

⑧昌都地区 · 江达县自然资源. http://www. xzcd. com/_renshi/ziran/20140409/43153. html

⑨贡觉县. http://baike. baidu. com/link? url= ABJ2FlAfKDNQeU_mNuLfRM3OQK0bzkUa4VFkCTw2MMhTXM56X07SlvRFQmsOLpA9

猁、水獭、旱獭、狐狸、草狐、石貂、狸猫、猪獾、猴等①。

丁青县处于藏北草原向横断山脉过渡的地带,属藏东峡谷,地势西北高、东南低,具有河谷、平坝、崇山峻岭的自然景观。属高原寒带气候,冬半年气候寒冷、干燥,夏半年温和、湿润,年温差小,日温差大,日照时间长。野生动物资源中野兽主要有獐[麝]、黄羊、马鹿、水獭、旱獭、狐狸、熊、豺、狼、猞猁、野牦牛、野驴等②。所列举的“熊”,似表明其中有棕熊。

洛隆县位于念青唐古拉山脉东南端、怒江流域上段,地势南北高、中部较低,呈扇形向东北方向倾斜,地势起伏大,沟壑纵横,路况险峻,河流密布,湖泊众多,冰山雪峰、干热河谷与原始森林、高山草甸相间并存。属高原温带半干旱气候,光照充足,空气稀薄,气温偏低,日照长,降水分布不均匀,昼夜温差大,旱季、雨季分明,冬季漫长、寒冷等。野生动物资源主要有獐子[麝]、野牛、熊、鹿、豹、猴、岩羊、盘羊、狼、狐狸、猞狸、雪鸡等几十种③。所称“熊”,似反映当地有棕熊等存在。

● 林芝地区④:林芝县⑤地处雅鲁藏布江北岸、尼洋曲下游,是青藏高原海拔最低的地区;南部为冈底斯山余脉,北部属念青唐古拉山支脉高山地段。属温带湿润季风气候,雨量充沛,日照充足,冬季温和干燥,夏季湿润无高温。动物资源有樟[麝]、豹子、黑熊、马熊、黄狼、狐狸、旱獭、水獭、鹦鹉、杜鹃等⑥。所谓“马熊”,亦即棕熊。

工布江达县地处藏南谷地向藏东高山峡谷区过渡地带,地势总体呈现南北高、中部低,西部高、东部低的变化特征,山地占总面积的 80%左右。南以冈底斯山脉东延地段郭喀拉日居为界,北以念青唐古拉山脉为界,山脉、河谷呈近东西向展布。境内山峰林立,沟谷深切,呈深切割的高山河谷地貌。东部温和湿润,森林茂密,西部寒冷干燥,为灌木草甸植被。受所处的地理位置、地形和印度洋暖湿气流影响,形成了温带半湿润高原季风气候。动物资源有金钱豹、雪豹、马鹿、狗熊、马熊、水獭、猴子、黑颈鹤等⑦。所列举的“马熊”,亦即棕熊。

米林县境内主要山脉有喜马拉雅山脉和念青唐古拉山脉,地势西高东低,多宽谷,相对高度相差较小,呈山河谷地形。地属高原温带半湿润季风气候区;印度洋与孟加拉湾暖流通过雅鲁藏布江通道,形成亚热带、温带、寒带并存的特殊气候。森林覆盖率 48.1%。野生动物资源主要有能[熊]、豹、野牦牛、香捧[香獐?]、水獭等⑧。所称“能”,即“熊”,似表明含有棕熊。

波密县地处念青唐古拉山东段和喜马拉雅山东端,北高南低,高山连绵,中部为帕隆藏布河谷和易贡藏布河谷。由于受印度洋海洋性西南季风影响,印度洋暖湿气流沿雅鲁藏布江进入帕隆藏布河,分别出现亚热带气候带、高原温暖半湿润气候带、高原冷湿寒湿带。野生动物 80 余种,其中被国家列为重点保护的动物有獐子、梅花鹿、熊、罴、金丝猴、豹、羚羊、小熊猫、小獭、黑颈鹤等 20 余种⑨。所称“罴”,当指棕熊。

察隅县地处青藏高原的东南边缘,是喜马拉雅山和横断山脉交接的地带,地势总的趋势是由西北向东南倾斜,西北高、东南低,垂直高低悬殊,是典型的高山峡谷和山地河谷地貌。地属喜马拉雅山南亚热带湿润气候区,四季温和,降水充沛,日照充足,无霜期长。森林覆盖率达 60%。野生动物主要有虎、豹、熊、小熊猫、麝、鹦鹉、黑

---

①类乌齐县. http://baike. baidu. com/link? url=OxsSHM-5ONFgquskYV_XLxpr_Wife39_Ih20l82y6MjxZ7dqiCwUJKdBWv69IuRA

②丁青县. http://baike. baidu. com/link? url=JEXGWmni7p4PXQsS1aGFpsUTZu8SzLelBCVz3bKiotuUULuABFMvQbZ_ebx2yP9V

③洛隆县. http://www. baike. com/wiki/洛隆县

④2015 年 4 月,撤销林芝地区改为地级林芝市。本书为保持体例一致,仍沿用旧称。

⑤2015 年 4 月,原林芝县改为林芝市巴宜区。本书为保持体例一致,仍沿用旧称。

⑥林芝县. http://baike. baidu. com/link? url=osu-m58Mzk0cXz3dCklIm8zAAMW8Mm1KUjbB2Nu0N-nYVE1ENOD86B1RcsZNccsjRDPUgawy1L8OgPOiBzloi_

⑦全县耕地面积 18 万亩・林芝概要・工布江达概要. http://www. tubaobei. com/show-392d32d2-0-b9058516. html

⑧米林县. http://baike. baidu. com/link? url=qGtE9zLQwGKmaMO_d_QqORTybeWEwYVcyOG4fERXygaTdQgRD9958Yi-_wpQGUYxOwqMPA52AYtCDa54QPNP6K

⑨波密县. http://baike. baidu. com/link? url=np7NGcwpR5cG3e1Ih0GJdxtgpsYyutMaEFMduBUDnAR_eLj-kJKScQHTt6SDFd8s

颈鹤等，其中属国家级保护动物的有 100 多种①。所称“熊”，似反映含有棕熊。

朗县地处喜马拉雅山北麓，雅鲁藏布江中下游，属于高原丘陵地貌类型，地势为北部和中部高、南部低，多为开阔谷地、坡地和山地。地属温暖半湿润气候带，夏无酷热，冬无严寒，夏秋多雨，春冬干旱多风，垂直气候复杂多变。野生动物资源有野牛、黄羊、羚羊、盘羊、樟子[麝]、鹿、豹、猴、熊、猞猁、水獭、野猪和鸟类等②。所列举的“熊”，似说明有棕熊等。

● 山南地区：扎囊县居藏南雅鲁藏布江中游河谷地带，南北均为高山，沿江两岸为谷地。地属高原温带半干旱季风气候区，冬长夏短，春秋相连，冬季长且寒冷干燥，冬春季多风沙、降水少，日照充分，辐射强。野生动物资源主要有羚羊、黑颈鹤、马鸡、熊、天鹅、灰鹤、斑头雁、四脚蛇、棒子[獐子；麝]、梅花鹿、黄羊、旱獭、雪猪、雪鸡、裂腹鱼等③。所称“熊”，似表明有棕熊等。

洛扎县地处喜马拉雅南麓，地势西北高、东南低。属藏南温带半干旱高原季风气候，东南部具有亚热带半湿润、湿润气候的特点，降水多，日照少；西北部为高原温带半干旱季风气候区，少雨多风，气候干燥，日照充足。野生动物主要有猞猁、獐子[麝]、野牦牛、水獭、熊、虎、豹、黄羊、山鸡、雪猪等④。所谓“熊”，似反映当地有棕熊等。

加查县位于雅鲁藏布江中游，冈底斯山—念青唐古拉山与喜马拉雅山大地构造单元之陷凹地带，地势南北高、中间低，地势高耸，重峦叠嶂，河流深切，地形复杂多样，大地貌为高山与深切峡谷的混合型。地属高原温带半干旱季风气候区，光照充足，辐射强，日温差大，雨季集中，冬春季干燥多风。森林覆盖率达 30%。野生动物有马鹿、白唇鹿、雪豹、黑熊、棕熊、马熊、贝母鸡、藏马鸡、麝、旱獭、水獭、金钱豹等种类⑤。列举物种中的“棕熊、马熊”，证明有棕熊栖息。

隆子县位于喜马拉雅山东段北麓，地势北高南低、西高东低，地形连绵起伏，山岭河流纵横交错。地属高原温带大陆性季风气候区。有豹、棕熊、小熊猫、松鼠、藏马鸡、雪鸡、鼯鼠、林麝、塔兔、草狐、猞猁、盘羊、岩羊、金雕、鹫、枭、杜鹃、喜鹊、岩鸽、斑鸠、旱獭、野牛、马鹿、雀鹰等野生动物资源⑥。

错那县位于喜马拉雅山脉东南，地势北高南低，康格多山以北为高原山地区、以南海拔递减。南部印占区属亚热带山地半湿润、湿润气候，中北部喜马拉雅山区属于高原性高寒气候。截至 2013 年，已列入国家重点保护的二类野生动物有猕猴、棕熊、黑熊、秃鹫、岩羊、狐狸等，此外，还有贝母鸡、野鸡、蛇、黄羊等⑦。

● 日喀则地区：南木林县位于雅鲁藏布江中上游北岸，处冈底斯山脉东段河谷地带，地形东北高、西南低，由极高山、高山、中山、河谷、湖泊、冰川及沙丘等诸地貌单元组成。南北两面山峦起伏，南部有宽窄不一的河谷平原，中间有一条从北到南的蛇形狭窄“走廊”湘河流域。属高原性内陆干旱气候，太阳辐射强，昼夜温差大，干湿季明显。主要野生动物资源有獐子[麝]、狼、熊、野牛、黄羊、黑颈鹤等⑧。所称“熊”，似说明含有棕熊。

仲巴县地处喜马拉雅山以北、马泉河两岸，是较典型的高原山地地貌。冈底斯山脉斜贯该县中部，支脉遍布全县；冈底斯山以北的隆嘎尔地区属于南羌塘高原，地势高亢而开阔，密布大小湖泊、湖盆平原及平坝滩地；高原面上也有起伏的高山峻岭，但大多较平缓呈中高山丘陵状。

---

①察隅县. http://baike. baidu. com/link? url=2sWVANlIK0XvSBI44-cPiicg4RqoLISKdsw2hmliT0pCqes-wvD7lcxXqnZLlwhw

②朗县. http://baike. baidu. com/link? url=NtncWkMq-842xX7O6irEwZkSBbUpA0IxDsmpc8oyjRhIYp5XodqwaWw-w_gmD06Y

③扎囊县. http://baike. baidu. com/link? url=tr-1bqDHgekl8-3bIzFTEA533eCw_QyuimpIBGY-eEHA4GBSFM8nf9npOOOf_dNg

④洛扎县. http://baike. baidu. com/link? url = zYtDXwvwIx01wgaJJY _ EbGmEnZdO2QQOX9gMGiNRLWH1Pu9VesdAkdKYtUSwjhsV

⑤加查县. http://baike. baidu. com/link? url=866ut-Z4lacbFogA14D5PhJb2EINaRl9cz95zEKxJFlThzJBQHEnA05nbKGyVxsm

⑥隆子县. http://baike. baidu. com/link? url = caXt3JmS6YSgmAebRK _ oUE21gpopiSdEj _ NtzkWsRAisT0iasa5VkLT1lsLsZ4IxTP0N5CBEIT21kqfiav9TNq

⑦错那县. http://baike. baidu. com/link? url = UowSbf6KnP4J6Un3GbN8132gtrawxvMUT6td5vgX1VsVpHANgGkCcqkcF3srHbrBH6skOwY1SqgkRG2_dLNHo

⑧日喀则南木林县简介. http://www. 114huoche. com/zhengfu_RiKaZe/NanMuLinXian/

地属高原亚寒带半干旱气候区，气候干燥、寒冷，风沙大，日照充足，年温差较大，无霜期短。有国家二类保护动物棕熊、马熊、猞猁、麝（獐子）、盘羊、金雕鸢等①。

亚东县位于喜马拉雅山脉中段南麓，属喜马拉雅山高山地貌，卓木拉日雪山山脉横贯县境中部，从而导致该县北高南低的地势，还自然将县划分为两个迥然不同的地貌单元，北部气候高寒干旱；南部具有亚热带半湿润季风型特点，气候温和湿润。主要野生动物现有狗熊、马熊与小熊猫、金钱豹、长尾叶猴、獐子、松鼠、草狐、狐狸、旱獭、野猪、野山羊、雪猪、狼、猞猁、野驴、啄木鸟、红嘴乌鸦、黑嘴鹦鹉、黑颈鹤、草白鸭等②。所称“马熊”即棕熊。

● 阿里地区：日土县属高原湖盆区，喀喇昆仑崇山峻岭和冈底斯山支脉横穿全境，地势南北高、中间低，沿班公错—怒江断裂带形成高原地势最低的巨大集水洼地，在四周山脉之间沿断裂带则为宽谷或串珠状湖盆洼地。地属高原亚寒带季风半干旱气候区，具有气压低、辐射强、寒冷干燥、降水稀少等特点。野生动物主要有熊与黑颈鹤、大雁、黄鸭、金丝野牦牛、蟠羊、藏羚羊、黄羊、青羊、野驴等③。所谓“熊”，似表明有棕熊等栖息。

革吉县地处羌塘高原大湖盆区，狮泉河的源头，境内多山，山势高耸，海拔在 6 000 m 以上的山峰有 11 座，5 000 m 以上的山峰有 23 座。地属高原亚寒干旱气候区，日照充足，无霜期短，风大寒冷。据统计，革吉境内的野生动物有近百种，属国家保护动物的有野牦牛、野驴、藏羚、猞猁、旱獭、黑颈鹤、天鹅、斑头雁；其他有哈熊[棕熊]、岩羊、黄羊、草豹、狼、狐狸、雪猪、野兔、鼠兔、黄鸭、水鸭、棕头鸥、沙鸡、雪鸡、秃鹫、鹰雕、鹞鹰、草原鹞、野鸽、乌鸦、麻雀等④。所谓“哈熊”，乃棕熊别称。

5.5.5 方志记载

方志记载虽较简略，但可反映不同时期西南的多地棕熊分布情况（表 13.13）。

表 13.13　方志记载 20 世纪以来西南的棕熊分布情况

省级政区	今地点	文献	内容	新方志出处
重庆	南川区	民国十五年（1926）《南川县志》	熊*	
	南川区	民国二十年（1931）《南川县志》	熊***	
	彭水苗族土家族自治县	1997 年《彭水县志》	马熊	彭水县志编纂委员会，1997
	秀山土家族苗族自治县	2001 年《秀山县志》	马熊	秀山土家族苗族自治县志编纂委员会，2001
四川	宣汉县	清光绪二十八年（1902）《东乡县志》	罴	
	绵竹市	清光绪三十四年（1908）《绵竹县乡土志》	马熊	
	金川县	民国十四年（1925）《金川琐记》	熊（有人熊、马熊……四种）	
	绵竹市	民国九年（1920）《绵竹县志》	马熊*	
	松潘县	民国十三年（1924）《松潘县志》	熊（县产仅马熊）	

①仲巴县. http://baike. baidu. com/link? url=SziDhzRaZzSVwkbJDVLX8X4b_HDBYb_jxU0-c_ErOCK3p-z5dWhh98boESLAqRzpSOxUEfaYD-hTAkKX0UNpQ_

②亚东县. http://baike. baidu. com/link? url=TtVuhdWCX5E-1gfUxZTZRjQRg6Ov-dVvO2alJYpbWCThG4jecFClw3s-33Hyhs1vS5QAryyl9AEmfByNHUESba

③日土县. http://baike. baidu. com/link? url=JFzRspLO6KN0smsgZ-mUpH_IHu9IaZwSYy2kp4qRRrJP5CBDjPGIzuXdV94pCtiB

④革吉县. http://baike. baidu. com/link? url=e7i75QitZGVqHbwj0IFe15GFspPVmlPkYBFiR0VnbA_LXfoBgJ8RkhJGTF5OyeJgG8z1mTBsTj7K4VBpeUSL9K

（续表）

省级政区	今地点	文献	内容	新方志出处
	雨城区、名山县、荥经县、汉源县、石棉县、天全县、芦山县、宝兴县、康定县、泸定县、丹巴县、九龙县、雅江县、道孚县、炉霍县、甘孜县、新龙县、德格县、白玉县、石渠县、色达县、理塘县、巴塘县、乡城县、稻城县、得荣县、西昌市、盐源县、德昌县、会理县、会东县、宁南县、普格县、布拖县、金阳县、昭觉县、喜德县、冕宁县、越西县、甘洛县、美姑县、雷波县、木里藏族自治县	民国十八年(1929)《西康问题》	熊	
	什邡市	民国十八年(1929)《什邡县志》	熊	
	金川县	民国初年(20世纪20年代)《绥靖屯志》	熊(《金川琐记》:有人熊、马熊……四种)	
	属八金县	民国初年(20世纪20年代)《抚边屯志略草案》	熊	
	康定县	民国初年(20世纪20年代)《康定县图志》	熊	
	炉霍县	民国初年(20世纪20年代)《炉霍县图志》	熊胆	
	甘孜县	民国初年(20世纪20年代)《甘孜县图志》	熊胆	
	白玉县	民国初年(20世纪20年代)《白玉县图志》	熊	
	德格县	民国初年(20世纪20年代)《德格县图志》	熊胆	
	石渠县	民国初年(20世纪20年代)《石渠县图志》	熊、熊胆	
	分属德格、石渠县	民国初年(20世纪20年代)《邓科县图志》	熊胆	
	道孚县	民国初年(20世纪20年代)《道孚县图志》	熊胆	
	理塘县	民国初年(20世纪20年代)《理化县图志》	熊、熊胆	
	稻城县	民国初年(20世纪20年代)《稻城县图志》	熊胆	
	巴塘县	民国初年(20世纪20年代)《巴安县图志》	熊、熊胆	
	分属理塘、巴塘县	民国初年(20世纪20年代)《义敦县图志》	药材:与巴安同[①]	
	乡城县	民国初年(20世纪20年代)《定乡县图志》	药材:与巴安县相同[①]	
	得荣县	民国初年(20世纪20年代)《得荣县图志》	熊掌	
	雨城区、名山县、荥经县、汉源县、石棉县、天全县、芦山县、宝兴县、康定县、泸定县、丹巴县、九龙县、雅江县、道孚县、炉霍县、甘孜县、新龙县、德格县、白玉县、石渠县、色达县、理塘县、巴塘县、乡城县、稻城县、得荣县、西昌市、盐源县、德昌县、会理县、会东县、宁南县、普格县、布拖县、金阳县、昭觉县、喜德县、冕宁县、越西县、甘洛县、美姑县、雷波县、木里藏族自治县	民国十九年(1930)《西康之实况》	罴	

（续表）

省级政区	今地点	文献	内容	新方志出处
	名山县	民国十九年(1930)《名山县新志》	熊(民国六年，紫霞山猎得一头，重逾三百斤)	
	万源市	民国二十一年(1932)《万源县志》	罴	
	属叙永县	民国二十四年(1935)《古宋县志》	熊(有人熊、马熊)	
	雨城区、名山县、荥经县、汉源县、石棉县、天全县、芦山县、宝兴县、康定县、泸定县、丹巴县、九龙县、雅江县、道孚县、炉霍县、甘孜县、新龙县、德格县、白玉县、石渠县、色达县、理塘县、巴塘县、乡城县、稻城县、得荣县、西昌市、盐源县、德昌县、会理县、会东县、宁南县、普格县、布拖县、金阳县、昭觉县、喜德县、冕宁县、越西县、甘洛县、美姑县、雷波县、木里藏族自治县	民国二十六年(1937)《西康之实况》	罴	
	汉源县	民国三十年(1941)《汉源县志》	熊罴(有马熊……之别)	
	西昌市	民国三十一年(1942)《西昌县志》	罴*	
	木里藏族自治县	1985年《木里藏族自治县概况》	熊	《木里藏族自治县概况·物产资源》编写组，1985
	什邡市	1988年《什邡县志》	马熊	什邡县《什邡县志》编纂委员会，1988
	大邑县	1992年《大邑县志》	马熊	四川省大邑县志编纂委员会，1992
	名山县	1992年《名山县志》	熊	名山县志编纂委员会，1992
	阿坝县	1993年《阿坝县志》	马熊	阿坝县地方志编纂委员会，1993
	汉源县	1994年《汉源县志》	马熊	汉源县志编纂委员会，1994
	九寨沟县	1994年《南坪县志》	牛熊、马熊	南坪县地方志编纂委员会，1994
	金川县	1994年《金川县志》	棕熊、马熊	金川县地方志编纂委员会，1994
	马尔康县	1995年《马尔康县志》	棕熊	四川省马尔康县志编纂委员会，1995

（续表）

省级政区	今地点	文献	内容	新方志出处
	康定县	1995年《康定县志》	棕熊、马熊	四川省康定县地方志编纂委员会，1995
	北川羌族自治县	1996年《北川县志》	马熊	北川县志编纂委员会，1996
	丹巴县	1996年《丹巴县志》	熊（……马熊）	四川省甘孜藏族自治州丹巴县志编纂委员会，1996
	茂县	1997年《茂汶羌族自治县志》	马熊（人熊）	四川省阿坝藏族羌族自治州茂汶羌族自治县地方志编纂委员会，1997
	平武县	1997年《平武县志》	马熊（人熊）	平武县县志编纂委员会，1997
	理县	1997年《理县志》	马熊	理县志编纂委员会，1997
	康定县、泸定县、丹巴县、九龙县、雅江县、道孚县、炉霍县、甘孜县、新龙县、德格县、白玉县、石渠县、色达县、理塘县、巴塘县、乡城县、稻城县、得荣县	1997年《甘孜州志》	棕熊	甘孜州志编纂委员会，1997
	道孚县	1997年《道孚县志》	熊	四川省道孚县志编纂委员会，1997
	峨眉山市	1997年《峨眉山志》	马熊	峨眉山志编纂委员会，1997
	西昌市	1997年《中国国情丛书：百县市经济社会调查：西昌卷》	熊	丁伟志等，1997c
	荥经县	1998年《荥经县志》	马熊	四川省荥经县地方志编纂委员会，1998
	德昌县	1998年《德昌县志》	熊（类珍贵动物近些年已十分少见）	德昌县地方志编纂委员会，1998
	甘孜县	1999年《甘孜县志》	熊	甘孜县地方志编纂委员会，1999
	宝兴县	2000年《宝兴县志》	马熊	四川省宝兴县地方志编纂委员会，2000
	盐源县	2000年《盐源县志》	马熊	盐源县志编纂委员会，2000
	金阳县	2000年《金阳县志》	熊	四川省金阳县志编纂委员会，2000
	巴塘县	2001年《巴塘县志：续编》	熊	四川省巴塘县地方志编纂委员会，2001

（续表）

省级政区	今地点	文献	内容	新方志出处
贵州	瓮安县	民国二年(1913)《瓮安县志》	马熊	
	属三都水族自治县	民国二十九年(1940)《三合县志略》	人熊	
	清镇市	民国三十七年(1948)《清镇县志稿》	马熊(产于九里箐山)	
	西秀区	1995年《安顺市志》	马熊	安顺市地方志编纂委员会,1995
	赫章县	2001年《赫章县志》	马熊(豺狗儿)	贵州省赫章县地方志编纂委员会,2001
云南	昆明市	清光绪二十七年(1901)《昆明县志》	熊	
	昌宁县、澜沧拉祜族自治县、西盟佤族自治县、孟连傣族拉祜族佤族自治县、临翔区、凤庆县、云县、双江拉祜族佤族布朗族傣族自治县、沧源佤族自治县、耿马傣族佤族自治县	清光绪三十年(1904)《顺宁府志》	熊*	
	昌宁县、澜沧拉祜族自治县、西盟佤族自治县、孟连傣族拉祜族佤族自治县、临翔区、凤庆县、云县、双江拉祜族佤族布朗族傣族自治县、沧源佤族自治县、耿马傣族佤族自治县	清光绪三十一年(1905)《顺宁府志稿》	熊(种类至多)	
	晋宁县	清宣统元年(1909)《晋宁州乡土志》	熊(有……人熊二种)	
	龙陵县	民国六年(1917)《龙陵县志》	熊	
	晋宁县、会泽县、昭阳区、巧家县、盐津县、大关县、永善县、镇雄县	民国八年(1919)《昭通等八县图说》	罴	
	宁洱哈尼族彝族自治县	民国十年(1921)《宁洱县地志》	熊(有马熊、狗熊二类。马熊,大者百余斤)	
	禄劝彝族苗族自治县	民国十四年(1925)《禄劝县志》	熊***	
	马关县	民国二十一年(1932)《马关县志》	熊(有马……此三种)	
	维西傈僳族自治县	民国二十一年(1932)《维西县志》	熊(每年猎人所得者则寥寥无几也)	
	镇康县	民国二十五年(1936)《镇康县志》	熊	
	墨江哈尼族自治县	民国二十七年(1938)《墨江县志》	熊(有马熊……二种)	
	香格里拉县	民国二十八年(1939)《中甸县志稿》	熊	
	凤庆县	民国三十六年(1947)《顺宁县志初稿》	熊(有……牛熊等种)	
	姚安县	民国三十七年(1948)《姚安县志》	熊(后肢能暂立步行,猎者乘冬眠杀之,胆可治胃炎)	

（续表）

省级政区	今地点	文献	内容	新方志出处
	鹤庆县	1991年《鹤庆县志》	熊	云南省鹤庆县志编纂委员会，1991
	红河县	1991年《红河县志》	棕熊	云南省红河县志编纂委员会，1991
	镇康县	1992年《镇康县志》	棕熊	云南省镇康县志编纂委员会，1992
	云龙县	1992年《云龙县志》	棕熊	云南省云龙县志编纂委员会，1992
	元江哈尼族彝族傣族自治县	1993年《元江哈尼族彝族傣族自治县志》	熊（……马熊、人熊）	云南省元江哈尼族彝族傣族自治县志编纂委员会，1993
	宁蒗彝族自治县	1993年《宁蒗彝族自治县志》	人熊、马熊	云南省宁蒗彝族自治县志编纂委员会，1993
	盐津县	1994年《盐津县志》	熊	云南省盐津县志编纂委员会，1994
	绥江县	1994年《绥江县志》	熊	绥江县志编纂委员会，1994
	潞西市、瑞丽市、梁河县、盈江县、陇川县	1994年《德宏州志：综合卷》	马熊、棕熊	德宏傣族景颇族自治州志编纂委员会，1994
	双江拉祜族佤族布朗族傣族自治县	1995年《双江拉祜族佤族布朗族傣族自治县志》	牛熊	双江拉祜族佤族布朗族傣族自治县地方志编纂委员会，1995
	南华县	1995年《南华县志》	熊	云南省南华县志编纂委员会，1995
	蒙自县	1995年《蒙自县志》	棕熊（狗熊）[②]	蒙自县志编纂委员会，1995
	澜沧拉祜族自治县	1996年《澜沧拉祜族自治县志》	马熊	云南省澜沧拉祜族自治县志编纂委员会，1996
	瑞丽市	1996年《瑞丽市志》	马熊	云南省瑞丽市志编纂委员会，1996
	洱源县	1996年《洱源县志》	熊	云南省洱源县志编纂委员会，1996
	巧家县	1997年《巧家县志》	熊	云南省巧家县志编纂委员会，1997
	华坪县	1997年《华坪县志》	熊	云南省华坪县地方志编纂委员会，1997

（续表）

省级政区	今地点	文献	内容	新方志出处
	盈江县	1997年《盈江县志》	棕熊（马熊）	云南省盈江县志编纂委员会，1997
	大关县	1998年《大关县志》	马熊	云南省大关县地方志编纂委员会，1998
	大理市	1998年《大理市志》	熊	大理市志编纂委员会，1998
	维西傈僳族自治县	1999年《维西傈僳族自治县志》	马熊、棕熊	云南省维西傈僳族自治县志编纂委员会，1999
	龙陵县	2000年《龙陵县志》	马熊	龙陵县委党史地方志工作办公室，2000
	古城区、玉龙纳西族自治县	2001年《丽江纳西族自治县志》	棕熊	丽江纳西族自治县志编纂委员会等，2001
西藏	工布江达县	民国初年（约20世纪20年代）《太昭县志》	熊	
	昌都县	民国初年（约20世纪20年代）《昌都县志》	熊	
	察雅县	民国初年（约20世纪20年代）《察雅县志》	本县鸟与（已安）[巴安]等县相同①	

注：*表示详见正文。***表示本省级政区已有类似记录。①亦即有熊。②原文如此。疑似2种“熊”。

5.6 西北

西北各省级政区皆有棕熊分布。

5.6.1 陕西

陕西省少数地方似有棕熊分布，且到20世纪后半叶已不见。

民国三十六年《宝鸡大观》记载：

县境南山接近留坝一带之丛岭中尚产野猪、山羊、熊、豹、虎、狐、狼等兽。

按：其中“熊”似含有棕熊。

子长县称，随着森林的破坏和消失，虎、熊、猴、野猪、野骆驼、鹤、鹭鸶等今在子长县消失①。说明曾有棕熊等分布。

5.6.2 甘肃

甘肃省有较明确的棕熊分布记录。

《中国经济动物志：兽类》称，棕熊“甘肃省岷山所产棕熊，其胸部有白带纹且沿肩部向上，在颈背部连接成一白色的领”（寿振黄，1962）。反映在今甘肃省与四川省交界的岷山一带当时有棕熊栖息。

《中国西北地区珍稀濒危动物志》记述（中华人民共和国濒危物种进出口管理办公室，1994）：

马熊：藏马熊、藏熊、哈熊。

见于……甘肃的肃南、肃北、（阿克赛）[阿克塞]、天祝、玛曲、碌曲。

按：反映在天祝藏族自治县、肃北蒙古族自治县、阿克塞哈萨克族自治县、肃南裕固族自治县、玛曲县、碌曲县等地有棕熊分布。

《中国哺乳动物分布》称，马熊分布于（张荣祖等，1997）：

甘肃：文县、酒泉南部（祁连山）、康乐、白龙江【舟曲、武都、文县】、岷山【岷县】、天祝、民乐、肃南、阿克塞。

按：据此，反映在天祝藏族自治县、肃州区、阿克塞哈萨克族自治县、民乐县、肃南裕固族自治县、岷县、武都区、文县、康乐县、舟曲县等地曾有棕

①子长县. http://baike.baidu.com/link?url=CkrltCkzYUbUU-IRSzHdrMelPE_V4JntaBC03696JGjJfsb682DGU2gyQwbFM3gl

熊栖息。

《中国重点陆生野生动物资源调查》称(国家林业局,2008):

本次调查,棕熊见于……甘肃(天祝、夏河、碌曲、玛曲、玉门、永昌、肃南、(阿克赛)[阿克塞]、肃北)。

按:据此,证明在永昌县、天祝藏族自治县、玉门市、肃北蒙古族自治县、阿克塞哈萨克族自治县、肃南裕固族自治县、玛曲县、碌曲县、夏河县等地确有棕熊分布。

● 武威市:据2012年报道,地处肃北蒙古族自治县的盐池湾国家级自然保护区在进行重点保护野生动物资源调查时,发现有棕熊、猞猁活动痕迹。通过架设自动远红外相机拍摄到一只棕熊夜间出来活动的照片(图13.66)[①],特征十分明显。

图13.66 盐池湾棕熊夜间活动

● 张掖市:肃南裕固族自治县地处河西走廊中部、祁连山北麓,大部地区处于祁连山地,山势陡峻巍峨;在海拔4 700 m以上的山地,终年积雪,有冰川分布。大部属高寒山地半干旱气候,只有明花区属温带干旱气候,冬春季长而冷,夏秋季短而凉爽。山林和草原上生栖着白唇鹿、獐[麝]、野牛、大头羊、熊、豹、狼、猞猁、旱獭、雪鸡、蓝马鸡等野生动物[②]。所谓"熊",似表明含有棕熊。

● 陇南市:武都区位于白龙江中游地带,地处秦岭与岷山之间,秦巴山系结合部;秦岭和岷山两大山系的支脉东西向横贯全境,境内高山、河谷、溶洞、丘陵、盆地交错,峰峦叠嶂,沟壑纵横。地属亚热带向暖温带过渡区,属北亚热带半湿润气候,垂直差异明显,具有亚热带、暖温带、寒温带3种气候特征。该区老殿坪上山和坪垭里梁上南麓山林中还有黄猴、黄鹿、崖羊、山牛、金钱豹、野猪、老熊等几十种动物出没,现已列为国家自然保护区之一,由林业部白水江自然保护区管理局管护[③]。所谓"老熊",似包括棕熊。

成县地处秦岭山脉南麓丘陵河谷地带,地势西北高、东南低,地貌特征南北为山地,中部为丘陵。属暖温带半湿润气候,四季分明,冷暖适度。野生动物有梅花鹿、豹、熊、画眉、红腹锦鸡等十余种珍稀动物[④]。所谓"熊",似含有棕熊。

5.6.3 青海

青海省有较多棕熊分布记录。

民国八年《大通县志》记述:

熊:李时珍曰:熊者,熊也。熊,字篆文象形,但熊有猪熊,人熊,马熊,狗熊之殊,各因其形之相似以为别也。《述异记》云:在陆曰熊,在水曰能,即鲧所化,故熊字从能。又狒狒亦名人熊。

按:据此,反映当地有棕熊等分布。

《中国经济动物志:兽类》称,棕熊"在青海省祁连、可可西里山……所产棕熊,其胸部有白带纹且沿肩部向上,在颈背部连接成一白色的领"(寿振黄,1962)。反映在今祁连山、可可西里山等地当时有棕熊栖息。

《中国西北地区珍稀濒危动物志》记述(中华人民共和国濒危物种进出口管理办公室,1994):

马熊:藏马熊、藏熊、哈熊。

见于青海的祁连、门源、刚察、海晏、乌兰、都兰、天峻、贵德、贵南、同德、兴海、共和、同仁、尖扎、泽库、河南、玉树、称多、曲麻莱、杂多、治多、囊谦、玛多、玛沁、甘德、达日、班玛、久治。

按:反映在海晏县、祁连县、刚察县、门源回族自治县、共和县、同德县、贵德县、兴海县、贵南县、同仁县、尖扎县、泽库县、河南蒙古族自治县、玛

①冯志军.甘肃盐池湾林区拍摄到棕熊猞猁夜间活动照片.http://www.chinanews.com/sh/2012/10-25/4277528.shtml

②大河资讯概况.http://www.bzeip.com/policab/dahe9.html

③武都县红铜河概况.http://www.0939.net/article/article_17624.html

④成县.http://baike.baidu.com/view/726551.htm? fromId=1527896

沁县、班玛县、甘德县、达日县、久治县、玛多县、玉树县、杂多县、称多县、治多县、囊谦县、曲麻莱县、乌兰县、都兰县、天峻县等地有棕熊分布。

《海西蒙古族藏族自治州志》（海西蒙古族藏族自治州地方志编纂委员会，1995）：

哈熊、棕熊（别名藏马熊、马熊。青藏亚种曾在省内分布较普遍，海西各地均有分布。因连续猎捕而已较少见，仅在那些交通不便、人稀少的地区，才能发现其活动痕迹。在省内高原草原、高山草甸草原、高寒荒漠草原、灌丛草原和森林一带广泛栖息。有冬眠习性，多半寻找偏僻山洞冬眠。在柴达木盆地腹地、昆仑山地区，夏季常见到棕熊翻掘鼠兔洞穴和旱獭洞穴寻食的痕迹。在湖泊沼泽地区，棕熊亦常涉水、游泳去捕食水禽的雏鸟。还食各种植物。有时窜入羊群盗食。其毛皮可做褥垫，墙壁装饰等；熊胆为名贵中药材，有清凉明目等作用；脂肪经提炼后，可治疗烫伤；熊掌为菜肴中的珍品）。

按：据此，反映还有棕熊分布。

《中国哺乳动物分布》称，马熊分布于（张荣祖等，1997）：

青海：可可西里、冷湖、茫崖西部、格尔木南部、诺木洪、德令哈、乌图（养）［美］任、祁连、曲麻莱、同德、兴海、班玛、长江源头。

按：据此，表明约在祁连县、同德县、兴海县、班玛县、杂多县、治多县、曲麻莱县、德令哈市、格尔木市一带有棕熊出没。

《中国重点陆生野生动物资源调查》称（国家林业局，2008）：

本次调查，棕熊见于……青海（天峻、乌兰、都兰、大柴旦、德令哈、格尔木、门源、祁连、玛多、玛沁、达日、久治、班玛、玉树、称多、曲麻莱、治多、囊谦、杂多、河南、泽库、同仁）。

按：据此，证明在祁连县、门源回族自治县、同仁县、泽库县、河南蒙古族自治县、玛沁县、班玛县、达日县、久治县、玛多县、玉树县、杂多县、治多县、囊谦县、曲麻莱县、德令哈市、格尔木市、乌兰县、都兰县、天峻县等地确有棕熊残存。

● 西宁市：大通回族自治县地处河湟谷地，祁连山南麓，湟水河上游北川河流域，是青藏高原和黄土高原过渡地带，地势西北高、东南低。地属高原大陆性气候。森林覆盖率达 38.1%。当地珍禽异兽有棕熊与白唇鹿、麝、猞猁、蓝马鸡等 20 多种①。

● 海北州：祁连县地处祁连山中段腹地，地属典型的高原大陆性气候；由于青藏高原对大气环流的特殊影响，使夏季来自东南季风的湿润气流得以北进西伸，波及本区；冬季受内蒙古干冷空气、西北寒冷气流的影响，致使本区冬季降温幅度大，气温年较差较大。森林覆盖率 13.5%。野生动物有 20 余种 4 万余只，有著名的野牦牛、野驴、盘羊、羚羊、白唇鹿、雪豹、马熊、黑顶鹤［黑颈鹤］、天鹅、雕等②。

海晏县位于青海湖盆地东北部，祁连山系大通山脉的西南麓，属高山地貌，其中山地面积占 45%，滩地占 40%，低山丘陵占 10%，湟水谷地占 5%。属高原亚干旱气候，春季干旱多风，夏季凉爽，秋季短暂，冬季漫长。野生动物中兽类主要有棕熊与普氏原羚、马鹿、雪豹、岩羊、狼、猞猁等 20 多种③。

刚察县地处青海湖盆地北部，祁连山系中部大通山地段，境内山脉走向北西，北部高山连绵，南部低缓，自北西向南倾斜，分为山丘、丘陵、平原三大地貌类型。属典型的高原大陆性气候，日照时间长，昼夜温差大。动物资源有棕熊与普氏原羚、白唇鹿、马鹿、雪豹、盘羊等 20 多种，2 万余头（只）④。

● 海南州：同仁县东、西部山区地形起伏连绵，山峦重叠，中部为隆务河河谷地区，高矗的夏琼山和阿米德合隆山由南向北延伸，隆务河纵贯全境南北；地势南高北低，构成天然阶梯；依地形可分为河谷川地、低山沟壑浅山地、中高山脑山地、高山牧场 4 个区域。属大陆性高原凉温、冷温半干旱气候，温度垂直变化明显，地区差异显著，

---

①大通县资讯概况. http://www. shrswl. com/towncd/datong5. html

②祁连县. http://baike. baidu. com/link? url = XAgSvMmoET0PdYMfCCUTY07cTPSqvqNZiDoUtSiRQsRDr5eTVdY8Y9 _ w6ThnXwYl

③海晏县. http://baike. baidu. com/view/470290. htm? from_id=3007225&type=syn&fromtitle=海晏 &fr=aladdi

④刚察县人民政府. http://www. qhgc. gov. cn/html/2144/64618. html

日温差较大，光照充足，日照强，降水变率大，雨热同季，有冷温季和干湿季之分。珍稀动物有鹿、香獐[麝]、羚羊、石羊、黄羊、熊等①。所称“熊”，似反映其中有棕熊。

兴海县地处“三江源”国家自然保护核心区。最低点河卡镇吾合托黄河出境处海拔 2 590 m，海拔高低悬殊，相差 2 715 m。属高原大陆性气候，日照充足，辐射强烈，热量条件差，且地区间的气候条件差异性较大。幽深的峡谷，茂密的森林，辽阔的草原，纵横的河流，为野生动物提供了良好的生存环境。这里蕴藏着棕熊与石羊、马鹿、水獭、猞猁、赤狐、旱獭、香獐[麝]、雪鸡等许多种野生动物②。

● 果洛州：玛多县属高平原地区，地势自西北向东南倾斜，地形起伏不大，相对平坦，西北高，东南低，山间有平坦地、沙漠地、沼泽地。属高寒草原气候，一年之中无四季之分，只有冷暖之别，通常又把冷暖两季分别称为冬季和夏季，冬季漫长而严寒、干燥多大风，夏季短促而温凉、多雨。野生动物资源极为丰富，主要有棕熊与野牛、野驴（俗称野马）、羚羊、黄羊、石羊、盘羊、白唇鹿、狼、红狐、猞猁、雪豹、獾猪、野猫、旱獭等③。

● 玉树州：玉树藏族自治州称，有百余种野生动物，其中 16 种列为国家保护珍稀野生动物，主要有棕熊与白马鸡、藏雪鸡、黑颈鹤、岩羊、野驴、马麝、猞猁、雪豹、恒河猴、藏狐、胡兀鹫等④。

玉树县地处青藏高原东部，以高原为主，地形西北和中部高，东南和东北低，地形复杂，地势高耸，地貌以高山峡谷和山原地带为主，间有许多小盆地和湖盆。属典型的高原高寒气候，全年无四季之分，只有冷暖两季之别。野生动物中，兽类 31 种，鸟类 73 种，其中著名的鸟兽有棕熊与金钱豹、雪豹、苏门羚、白唇鹿、马鹿、猞猁、水獭、白马鸡、黑(劲)[颈]鹤、藏雪鸡、雪鹑等⑤。

杂多县地处唐古拉山北麓，地势西高东低。属大陆性季风气候，受地理环境的影响，全年气候寒冷，无四季之分，只有暖季和冷季。2013 年，该县珍稀动物主要有藏羚羊、野牦牛、白唇鹿、雪豹、盘羊、岩羊、马麝、棕熊、猞猁等⑥。另据 2015 年 10 月 28 日报道，10 月 21 日早间，杂多县一名环卫工人拍摄到一只野生棕熊“进城”的视频，视频中一只体形庞大的棕熊正在马路边的山坡前行并不时回头张望，而后退进树林⑦。

境内横跨通天河（长江）、黄河两大水系，西北部为宽谷大滩，地域辽阔，东南重山叠岭，境内高山、盆地、滩地相间，主要山脉有昆仑山、巴颜喀拉山、可可西里、冬乌拉山。属典型的高原高寒气候，主要特点是高寒缺氧，日照时间长，紫外线强，冷暖两季。野生动物中兽类主要有野牦牛、藏羚羊、白唇鹿、雪豹、盘羊、岩羊、棕熊、猞猁等⑧。该县的烟瘴挂峡谷是长江上第一个大峡谷，经过近 10 个月定点观测，发现有棕熊与雪豹、白唇鹿、马麝、野牦牛、藏野驴、藏羚羊、兔狲、猞猁、水獭、藏原羚、盘羊、岩羊等珍稀动物⑨。

● 海西州：海西蒙古族藏族自治州仍称，共有野生动物 196 种，其中国家二级保护动物有豺、黑熊、石貂、荒漠猫、猞俐、兔狲、麝（所有种）、马鹿、藏原羚、鹅喉羚、棕熊、岩羊、盘羊、鹈鹕、黑颈鸬鹚、岩鹭、天鹅、其他鹰类、隼类（所有种）、雪鸡（所有种）、血雉、藏马鸡、蓝马鸡、灰鹤、蓑羽鹤、

①同仁县. http://baike. baidu. com/link? url=tHwIWhTy1KfyVQjBa2_Jv074KYUpiNOkt6fWEzvX8t7ys06ecXbqm4uGW5vyU8eZ

②兴海城市宣传片解说词. http://www. tubaobei. com/show-26f755-1194966-e7c53b. html

③玛多县. http://baike. baidu. com/link? url=q5z4VTh1852Jqs1bPH5twv34nl0tAVErX-ZTmOTn-y-hlJzqkHQQu3RutIfEMN9cLlBFX6Ct6Xa7wytKT23xUa

④玉树. http://baike. baidu. com/link? url = RWFe_M74sUxee43RisixsOchbWR2J3Xk0HdtVqqHi7Lx1jVUVJeWQoKelj3lnGj5cPUcA04_ctCRwBJ2dfXLuK

⑤玉树县. http://www. baike. com/wiki/玉树县

⑥杂多县. http://baike. baidu. com/link? url=CqDAuh6UfXUmfdNvSff_Nbu5NLdLAopBJ3bVLd5Nqg3s7P5CXrHoUH5rnHbqepLZ

⑦罗云鹏. 三江源珍稀野生动物接连“进城”专家称预示生态环境向好. http://politics. people. com. cn/n/2015/1028/c70731-27750746. html

⑧曲麻莱县. http://baike. baidu. com/link? url = bRds-0rNEV5fMwzeMPtVTWusW89l1HdrCPHOHKhlyaFK7e6EX0PQpehoKTs8vvFN

⑨烟瘴挂峡谷发现众多珍稀动植物包括雪豹、白唇鹿、马麝等. http://www. envir. gov. cn/info/2015/1/115318. htm

鸮形目等①。表明德令哈市、格尔木市、乌兰县、都兰县、天峻县一带仍有棕熊。

德令哈市位于柴达木盆地东北边缘，是由上更新统的近代洪积、冲积及湖积层组成的山前倾斜平原。地属高原大陆性气候区，具有高寒缺氧、空气干燥、少雨多风、年内四季不分的特点。据该市的花土沟镇称，有野牦牛、野骆驼、野马、雪豹、藏羚羊、野驴（国家Ⅰ级保护动物）和棕熊、黄羊、岩羊、猞猁、藏雪鸡（国家Ⅱ级保护动物）等110多种野生动物②。

柴达木梭梭林省级自然保护区位于德令哈市西南部，海拔2 958～3 344 m，分布范围东起旺尕秀煤矿，西至大柴旦全集河，北与青藏铁路相连，南与东西走向的额木尼克山为界。东西长114 km，南北宽54 km，保护区总面积3 105 km^2，保护区由额木尼克、米扎格和巴图等地区组成，其中额木尼克是原始梭梭林保存较完整的地区之一。保护区地处荒漠区，由于生态恶化，如棕熊、毛腿沙鸡等已经绝迹。目前仅分布国家一级保护动物蒙古野驴，二级保护动物岩羊、鹅喉羚、灰鹤等，一般经济动物有高原野兔、狼等③。

格尔木市地处欧亚大陆中部，地貌复杂，地形南高北低，由西向东倾斜，昆仑山、唐古拉山横贯全境，山势高峻，气势磅礴，雪峰连绵，冰川广布，冰塔林立，河流纵横，湖泊星罗棋布。唐古拉山主峰格拉丹东雪峰高峻挺拔，雄伟壮丽，是长江和澜沧江的发源地；盆地地势平坦，沙丘起伏，绿洲陷显，盐湖、碱滩、沼泽众多。属大陆高原气候，少雨、多风、干旱，冬季漫长寒冷，夏季凉爽短促，无绝对无霜期。野生动物中野兽有棕熊④与野牦牛、野驴、猞猁、藏羚羊、盘羊、岩羊、野马、鹅喉羚、白唇鹿、雪豹、红狐、狼等20多种⑤。

都兰县地处柴达木盆地东南隅，全境可分为汗布达山区和柴达木盆地平原两种地貌类型，戈壁、沙漠、谷地、河湖、丘陵、高原、山地等地形依次分布。属高原干旱大陆性气候。野生动物有岩羊、黄羊、盘羊、藏羚羊、野驴、野牦牛、白唇鹿、马鹿、狐狸、雪豹、熊、黄鸭、猞猁、石貂、沙狐、鹅喉羚、天鹅、黑颈鹤、雪鸡、石鸡等40多种⑥。所列举的“熊”，似反映含有棕熊。

天峻县位于青海湖西北部、柴达木盆地东缘，地势为中部高、两头低，地形可概括为六大水、五大山、丘陵沟谷间平原，大小河四十三，湖泊沼泽连冰川。属高原大陆性气候，气温低，降水时间不均匀；气候寒冷，无绝对无霜期。截至2010年，天峻县野生动物有百余种，主要珍稀动物有牦牛、鹿、麝、雪鸡、猞猁、雪豹、野驴、岩羊、黄羊、羚羊、熊、盘羊等⑦。列举中所称“熊”，似反映含有棕熊。

5.6.4 新疆

新疆维吾尔自治区是我国棕熊分布的最西北省级政区。

《中国经济动物志：兽类》称，棕熊“文献记录见于：……新疆维吾尔自治区焉耆、和靖、拜城、阿克苏”（寿振黄，1962）。反映在今阿克苏市、拜城县、和静县、焉耆回族自治县等地当时有棕熊栖息。

《新疆珍贵动物图谱》（梁崇岐，1986）：

棕熊（*Ursus arctos* Linnaeus 俗名：哈熊、熊、人熊。分布：新疆在阿尔泰山、天山、昆仑山、阿尔金山、帕米尔山地，见于焉耆、和静、拜城、阿克苏、库尔勒、喀什、塔什库尔干、若羌、伊宁、阿勒泰等地。国内还见于黑龙江、青海、吉林、内蒙古）。

马熊（*Ursus pruinosus* Blyth 俗名：藏马熊、藏熊。马熊为棕熊的近缘种。被认为是棕熊进

①海西蒙古族藏族自治州. http://baike.baidu.com/link? url=2cHbTADfy-fwxEwWCnpSePUj5HmCKhjRuwHNghFOzVMb9dv01307-bdjzAdfjdAyzdRaqbkgrTFebLF_kK3boa

②青海海西州德令哈市花土沟镇. http://www.tcmap.com.cn/qinghai/delinghashi_huatugouzhen.html

③青海柴达木梭梭林省级自然保护区概况. http://www.qhepb.gov.cn/hjgl/zrst/zrbhq/201001/t20100120_2559.html

④柴达木盆地野生动物中野兽主要有马熊与野骆驼、野驴、野牦牛、黄羊、青羊、旱獭、狼、獐[麝]、狐、獾等（柴达木盆地. http://baike.baidu.com/view/28887.htm）

⑤中国盐湖城：格尔木. http://www.gem.gov.cn/html/21/55419.html

⑥都兰县. http://baike.baidu.com/link? url=hXT9rVzprkamu-O24ntXbmcguAcS6hdkIhXMIz851H6YLSsBs-edm1CSrbnDZJ8LKxVrv51AIPMy5xIM-xCj-K

⑦天峻县. http://baike.baidu.com/link? url=CeplCB01rK9f5J3XxC1mgrr6A9EoDgGL27jpurHeA6la0gIo-3ru0wkSa2cSowGew2fbxIn5y3uDGkYxlxoq

一步适应高寒气候分化而成。与棕熊在外形上的区别：体形较小，爪小而直，爪不是黑色而为黄白色，成兽胸部具有白色纹。对于本种，有的分类学家则认为是棕熊的一个亚种 *Ursus arctos pruinosus* Blyth。分布：新疆分布于昆仑山。国内还见于西藏、青海、四川、甘肃等地）

按：据此，反映在喀什市、塔什库尔干塔吉克自治县、阿克苏市、拜城县、库尔勒市、若羌县、和静县、焉耆回族自治县、伊宁市、阿勒泰市、布尔津县、富蕴县、福海县、哈巴河县、青河县、吉木乃县等地有棕熊分布。

《中国动物志：兽纲：食肉目》记述（高耀亭等，1987）：

1959 年，新疆综合考察队在拜城、库尔勒等地的畜产收购站见到收购的（棕熊）皮张，唯收购量不多（钱燕文，1969）。从塔什库尔干的标本和收购的皮张来看，本亚种（棕熊天山）在我国境内的分布，已确证无疑。

按：说明在塔什库尔干塔吉克自治县、拜城县、库尔勒市等地较早有棕熊分布记载。

《中国西北地区珍稀濒危动物志》记述（中华人民共和国濒危物种进出口管理办公室，1994）：

棕熊：熊、人熊、马熊。

天山亚种：见于新疆的天山、阿尔泰山、昆仑山、阿尔金山、帕米尔山地、焉耆、和静、拜城、阿克苏、库尔勒、喀什、塔什库尔干、若羌、伊宁、阿勒泰。

按：此记述似沿袭梁崇岐（1986）记载。

《中国哺乳动物分布》称，棕熊分布于（张荣祖等，1997）：

新疆：托木尔地区、焉耆、和静、拜城、阿克苏、库尔勒、且末、若羌、阿尔泰山。

按：据此，反映在阿克苏市、拜城县、哈密市、伊吾县、巴里坤哈萨克自治县、库尔勒市、若羌县、且末县、和静县、焉耆回族自治县、阿勒泰市、富蕴县、哈巴河县、青河县等地有棕熊分布。

《新疆哺乳动物的分类与分布》记载（阿布力米提·阿布都卡迪尔，2003）：

棕熊：新疆山区（阿尔泰山、天山、准噶尔西部山地）。在新疆的分布范围：阿尔泰山（阿勒泰、布尔津、哈巴河、吉木乃、福海、富蕴、青河）及天山和准噶尔西部山地（乌鲁木齐、昌吉、呼图壁、玛纳斯、米泉、阜康、吉木萨尔、奇台、木垒、博乐、温泉、伊犁［伊宁?］[①]、霍城、尼勒克、新源、巩留、察布查尔、昭苏、特克斯、塔城、额敏、裕民、托里、和丰、乌苏、沙湾、哈密、巴里坤、伊吾、库尔勒、和静、温宿、拜城、乌什）。

马熊（藏马熊）：分布区域范围是昆仑山、阿尔金山、喀喇昆仑山和帕米尔高原（乌恰、阿克陶、莎车、叶城、塔什库尔干、和田、墨玉、皮山、洛浦、策勒、于田、民丰、且末、若羌）。

按：据此，较详尽列举出新疆的棕熊分布地在乌鲁木齐市、乌鲁木齐县、莎车县、叶城县、塔什库尔干塔吉克自治县、温宿县、拜城县、乌什县、和田市、和田县、墨玉县、皮山县、洛浦县、策勒县、于田县、民丰县、哈密市、伊吾县、巴里坤哈萨克自治县、阿克陶县、乌恰县、博乐市、温泉县、昌吉市、阜康市、呼图壁县、奇台县、吉木萨尔县、木垒哈萨克自治县、库尔勒市、若羌县、且末县、和静县、伊宁市、伊宁县、霍城县、巩留县、新源县、昭苏县、特克斯县、尼勒克县、察布查尔锡伯自治县、塔城市、乌苏市、额敏县、沙湾县、托里县、裕民县、和布克赛尔蒙古自治县、阿勒泰市、富蕴县、哈巴河县、青河县等；只是该书虽出版于 2003 年，但资料基本上是 20 世纪的，不宜认定为现今分布。

《中国重点陆生野生动物资源调查》称（国家林业局，2008）：

本次调查，棕熊见于……新疆（焉耆、和静、拜城、阿克苏、库尔勒、伊宁、阿勒泰）。

按：说明在阿克苏市、拜城县、库尔勒市、和静县、焉耆回族自治县、伊宁市、阿勒泰市等地确有残存棕熊。

● 乌鲁木齐市：乌鲁木齐市地处北天山北麓、准噶尔盆地南缘，地势起伏悬殊，山地面积广大，南部、东北部高，中部、北部低，三面环山，北部平原开阔，山地面积占总面积 50% 以上。属中温带大陆性干旱气候。目前各类野生陆栖脊椎动物约 212 种，其中分布在南山山地的森林、草原动物，主要有棕熊与马鹿、野猪、灰旱獭、石貂、野

①因“伊犁”是“伊犁哈萨克自治州”简称，而该州辖有“伊宁市”与“伊宁县”，且列举的地名中已有多数伊犁州属县，故疑似“伊宁”之误。

兔等[①]。反映在乌鲁木齐市与乌鲁木齐县还有棕熊栖息。

● 喀什地区：叶城县南依喀喇昆仑山和昆仑山脉，北接开阔平原，紧连塔克拉玛干大沙漠，叶尔羌河畔上游；地形南高北低。属温带大陆性干旱气候。森林覆盖率 0.74%。珍稀野生动物有黄羊、熊、牦牛、雪鸡、天鹅等[②]。一般认为新疆仅有棕熊。

塔什库尔干塔吉克自治县在帕米尔高原的东南部，为喀喇昆仑山脉、兴都库什山脉和阿赖山脉的联结处；地势由西南向东北倾斜，山脉自西南向东北延伸；地形主要有山地、谷地、盆地和丘陵。属高原高寒干旱—半干旱气候，冬季漫长寒冷，干旱少雨，光能充足，热量欠缺。野生动物有帕米尔盘羊（又称马可波罗羊）、棕熊、旱獭、血鸡、狐、野驴、鹫等[③]。

● 阿克苏地区：拜城县位于天山中段南麓、却勒塔格山北缘的山间盆地、渭干河上游流域；四周群山环抱：北部为天山主干，南部为却勒塔格山，东部为库车达坂，西部有叠山洪沟，为带状盆地；西北高、东南低，自然坡降较大，地形复杂。属温带大陆性干旱气候，冬季寒冷，夏季凉爽。野生动物有马鹿、黄羊、野山羊、盘羊、大头羊、野猪、野兔、野鸭、熊、狼、狐狸、旱獭及珍禽山鸡、雪鸡和奇兽山虎、雪豹等[④]。一般认为新疆仅有棕熊。

● 和田地区：和田地区处于昆仑山中段北坡，南部的昆仑高山成弧形横贯和田地区东西，北坡为浅丘低山区，峡谷遍布，南坡则山势转缓；自山麓向北，戈壁横布，各河流冲积扇平原绿洲继续分布，扇缘连接塔克拉玛干沙漠直至塔里木盆地中心。因位于欧亚大陆腹地，帕米尔高原和天山屏障于西、北，西伯利亚的冷空气不易进入。南部绵亘着的昆仑山、喀喇昆仑山，阻隔了来自印度洋的暖湿气流，形成了暖温带极端干旱的荒漠气候，四季分明，夏季炎热，冬季冷而不寒，春季升温快而不稳定，常有倒春寒发生，多风沙天气，秋季降温快；全年降水稀少，光照充足，热量丰富，无霜期长，昼夜温差大。据称，昆仑山水道附近的柳丛常有棕熊出没[⑤]。和田河发源于昆仑山和喀喇昆仑山，其上游由两条发源于昆仑山的支流构成，一条是玉龙喀什河，一条是喀拉喀什河，两河在阔什拉什汇合后始称和田河，和田河下游为典型的平原游荡型河流，由南向北横穿塔克拉玛干沙漠注入塔里木河，是唯一从塔克拉玛干沙漠腹地穿过的河流。由此看来，在和田市、和田县、墨玉县、洛浦县一带似有棕熊栖息。

● 昌吉州：昌吉回族自治州称，野生动物有雪豹、棕熊、羚羊、马鹿、黄牛等上百种珍禽异兽，其中国家一类保护动物有 12 种，二类保护动物有 42 种[⑥]。反映在昌吉市、阜康市、呼图壁县、玛纳斯县、奇台县、吉木萨尔县、木垒哈萨克自治县一带仍有棕熊栖息。

奇台县位于天山北麓，准噶尔盆地东南缘，从南到北地理环境独特，地形地貌复杂多变，自然风貌集沙漠、戈壁、绿洲、山谷、草原、森林和冰雪等自然景观为一体。南部山区崇山峻岭，逶迤连绵，雪峰冰川高耸入云，林海草原苍茫无际，翠谷溪流清幽隽秀，河山旖旎，绝景天成。中部平原田野广袤，阡陌纵横，一派北国田园风光。北部荒漠戈壁。属中温带大陆性半荒漠干旱气候。野生动物有棕熊与马鹿、雪豹、野猪、狍鹿、狐狸、狼、獾猪、岩羊、岩鼠、松鼠、水獭、猞猁、石貂、盘羊、野兔等 20 余种[⑦]。

木垒哈萨克自治县地处天山东段北麓，准噶尔盆地东南缘，南北东三面高、中部低的半壁盆地，山势由西向东逐渐降低，盆地由东向西倾斜，在地貌上可分为山地、山前丘陵、平原戈壁和沙漠等类型。在北疆温带荒漠，具有明显的干旱大陆性气候特征。野生动物中兽类有属于国家二

---

①乌鲁木齐市. http://www. baike. com/wiki/乌鲁木齐市

②叶城县. http://baike. baidu. com/link? url=SFcPQl6aNuQLv6Mbqjr15p2I-eACMPVEfi6_Tisp4cDtQNNINSpmMNXnlnRbiRN-

③塔什库尔干塔吉克自治县. http://baike. baidu. com/link? url＝wHP2XKLYO800k_cJRr9D1JwDx_CpFz194MHbu3o9UUG7kQCCgaMplTQ9UXqq8UN8

④拜城县. http://baike. baidu. com/link? url=m0Bhtjb4nofXIvirTOKcOj3b1P83EhrsmCKY1J9YZloDIpMgOIus71jK5p134iUV＃4_4

⑤昆仑山脉. http://baike. baidu. com/view/28500. htm? from_id=394387&type=syn&fromtitle=昆仑山 &fr=aladdin

⑥昌吉. http://baike. baidu. com/subview/20467/11078732. htm? fromtitle=昌吉市 &fromid=2283600&type=syn

⑦奇台县的资讯. http://www. cntics. com/townkl/qitai. html

级保护动物：马鹿、雪豹、棕熊、鹅喉羚、大头羊（又名盘羊）、北山羊、青羊、黄羊（又名蒙古羚），还有猞猁、扫雪、野猪（又名野鼠狼）、毛狗、狍鹿子、狐狸、松鼠等[1]。

● 巴音郭楞州：且末县位于塔里木盆地东南缘，阿尔金山北麓，地形东南高、西北低，北边为戈壁沙漠，西南至东南有昆仑山支脉及阿尔金山山脉逶迤连绵，整个绿洲呈狭长的沿水系分布的条状带，山地占全县总面积的 44.42%，山前倾斜平原占 17.21%，沙漠占 38.36%。野生动物种类繁多，主要有棕熊与藏羚、鹅喉羚、野牦牛、野驴、野骆驼、盘羊、雪鸡，野兔等[2]。

● 伊犁州：霍城县北依天山，南濒伊犁河，地势东北高、西南低，西北和东北分别是别珍套山和科古琴山，中部是黄土丘陵，南部是伊犁河冲积平原，西南部为戈壁沙漠区。属温带半干旱气候。野生动物有马鹿、黄羊、野猪、狐狸、熊、豹、狼、野兔、旱獭、野鸡、天鹅等[3]。一般认为新疆仅有棕熊。

新源县位于天山北麓，伊犁河谷东端，巩乃斯草原腹地，地势东高西低，东、南、北三面环山，西部为谷地，有平原、丘陵、山地三大地貌单元。属大陆性半干旱气候，冬暖夏凉，山地气候特征明显。截至 2012 年，野生动物有雪豹、北山羊、棕熊、马鹿、野猪等[4]。

昭苏县位于伊犁河上游特克斯河流域，特克斯—昭苏盆地西段，地势西高东低；南部为天山主脉，山势雄伟，高峻绵亘，是阻挡南疆沙漠干热风的天然屏障；北部为乌孙山，呈东西走向，山体较矮；西部受沙尔套山以及哈萨克斯坦境内查旦尔山的阻隔，形成一个南、西、北三面高，东部略低的盆地，山地、丘陵与平原之比为 4∶1。属高山半湿润性草原气候，冬长无夏，春秋相连，没有明显的四季之分，气候多变。野生动物有马鹿、熊、雪豹、旱獭、麝鼠、雪鸡、黄牛［黄羊？］、棕熊、大头羊等珍稀动物[5]。一般认为新疆仅有棕熊。

特克斯县地处伊犁河上游的特克斯河谷地东段，属山区县，93%的面积为丘陵地，地势南北高、东西低，南部是南路天山，北部是中路天山，中间是特克斯河谷平地。属典型的北温带大陆性气候，日光资源丰富，无严寒酷暑、无干热，空气洁净，负氧离子含量高，无蚊虫、无污染，四季分明。森林覆盖率 9.12%。现存有天山马鹿、雪豹、棕熊、天山羚、北山羊、雪鸡、松鸡、石鸡等国家一、二级珍稀保护动物[6]。

察布查尔锡伯自治县地处西天山支脉乌孙山北麓、伊犁河以南，地势自南向北形成多级阶梯，东窄西宽，南高北低，自东向西渐趋开阔，自南向北逐渐平坦，地形分为南部山区、山麓、丘陵、中部倾斜平原、北部河流阶地和河漫滩等 5 个地貌类型。森林覆盖率 12%。野生动物有麝鼠、旱獭、马鹿、黄羊、野羊、野猪、狼、豹、熊、狐狸、野兔、野鸭、野鸡、雪鸡、獾等[7]。一般认为新疆仅有棕熊。

● 塔城地区：沙湾县位于天山北麓中段、准噶尔盆地南缘，地势南高北低，南部为天山支脉依连哈比尔尕山，中部为山前洪积—冲积绿洲平原，北部为古尔班通古特沙漠。属大陆性中温带干旱气候。绿洲森林覆盖率达 24%，森林覆盖率 12%。天山深处的东大塘景区有马鹿、盘羊、棕熊等 17 种二类保护动物[8]。

托里县境内多山，占总面积的 77.7%；地势

---

①木垒哈萨克自治县. http://baike. baidu. com/link? url＝lMbCZqCAsBJ_rhifA82koGGjoJmbZUy1tTPNPzertEc4Ua4NXMTWjvS10IGw1j30

②玉王·且末. http://www. xjqmx. gov. cn/zjcm/jbqk/36876. htm

③霍城县. http://www. xjhc. gov. cn/Article/ShowArticle. asp? ArticleID＝151

④新源县. http://baike. baidu. com/link? url＝aIN6d7e7Y0VcesuhA06RzTEeydSFlA5PRSanSG4HeblVz-F7CkKBbVoyhkSlYCSQirGOez6VOC2i2hE_3FS69_

⑤昭苏县公众信息网. http://www. zhaosu. gov. cn/Article/ShowArticle. aspx? ArticleID＝86579；昭苏县. http://baike. baidu. com/link? url＝NtYLIUuuV8onLP3Xwodx3Hw_suikG7EOMfE1ymna2cb7vQDy7wR3hWL5dQPRjNaBuy6S3uwRhlkqDn-Hn6GD0K

⑥特克斯县. http://baike. baidu. com/link? url＝zLtLln-_ECCaXVXZ1kDvStQXFfWzW01oVvtfptVVMB0Y2i3vchdUnFjRpQ6WIpA5YcLV4RIboqa_J2_ry7Vtqq

⑦察布查尔县. http://baike. baidu. com/link? url＝Tw7mTHd6DtZD8gbE1uuj-8m3VXWwZuVASvoGQ5EFg_PzS91oVo5UI9i-guKyDqvVa2ifB-1EmFOzcWPl_gPFFq

⑧沙湾县人民政府. http://www. xjswx. gov. cn/lmlr/swgk/techanzy/2010/2/10251313225648_2. html

南高北低，呈阶梯递降；地形特征可分为山地、倾斜平原、谷地3种地貌类型，山地又可分为亚高山带、中低山带和丘陵。地属温带大陆性半干旱气候区，冬季寒冷漫长，春季升温快但不稳定，夏季短促而凉爽，秋季降温迅速。有野生动物200余种，其中兽类31种、鸟类39种、鱼类20种、两栖爬行类6种、昆虫类150余种，属国家一级、二级保护的动物有雪豹、北山羊、紫貂、天鹅、雪鸡、马鹿、黄羊、棕熊等①。

裕民县位于准噶尔盆地西缘，依地貌轮廓和构造特征以及沉积物特征，可分为巴尔鲁克山区、山前丘陵沟壑区、山前倾斜平原区、北部冲积平原等4个地貌单位。地属典型温带大陆性气候区，昼夜温差大，日照时间长；由于境内高山、丘陵、戈壁、平原、湿地等复杂的地形，形成了独特的区域性气候，即山区气候、平原气候、湿地气候。截至2010年，裕民县已发现野生动物300余种，野兽主要有狗熊与鹿、黄羊、盘羊、羚羊、野山羊、野猪、狐狸、狼、旱獭、黄鼠狼、兔类、獾猪、刺猬、鼠类、蝙蝠等90余种②。狗熊在新疆是棕熊别称。

布尔津县位于阿尔泰山脉西南麓，准噶尔盆地北缘，地势由东北向西南倾斜，分为北部的高、中山区，中部的低山丘陵、河谷地，南部的半荒漠低山区三部分。地属大陆性北温带寒凉气候区，夏季干热，冬季严寒，降水量小，蒸发量大，昼夜温差大，光照充足。野生动物有月熊、棕熊、猞猁、扫雪、狼、豹、野猪、草兔、沙鸡等③。

富蕴县位于阿勒泰山南麓，准噶尔盆地北缘，额尔齐斯河上游，地势复杂，北高南低，地貌兼有山区、盆地、河谷、戈壁、沙漠五大类。地属大陆性寒温带干旱气候区，冬季严寒而漫长，夏季炎热，春秋季短暂，日照充足。截至2014年，境内有100余种野生动物，山区和戈壁有棕熊、雪豹、马鹿、旱獭、貂、野马、蒙古野驴、盘羊、鹅喉羚、狼、狐狸、松鼠等，河谷有水獭、河狸、射鼠等④。

青河县位于准噶尔盆地东北边缘，阿尔泰山东南麓，地势北高南低，向西倾斜，依次分为高山、中山、低山、丘陵、戈壁、沙漠等地带。地属大陆性北温带干旱气候区，高山高寒，四季变化不明显，空气干燥，冬季漫长而寒冷，风势较大，夏季凉爽，年降雨量小、蒸发量大。拥有河狸、鹅喉羚、北山羊、盘羊、紫貂、红隼、雪豹、棕熊、天鹅等几十种珍禽异兽在此地繁衍生息⑤。

5.6.5 方志记载

方志记载虽较简略，但可反映不同时期西北的多地棕熊分布情况（表13.14）。

表13.14　方志记载20世纪以来西北的棕熊分布情况

省级政区	今地点	文献	内容	新方志出处
陕西	留坝县	清光绪三十三年（1907）《留坝乡土志》	熊	
	周至县	民国十四年（1925）《盩厔县志》	熊	
	户县	民国二十二年（1933）《鄠县志》	熊	
	宝鸡市、留坝县	民国三十六年（1947）《宝鸡大观》	熊*	
甘肃	高台县	民国十年（1921）《高台县志》	罴	
	华亭县	民国二十二年（1933）《华亭县志》	罴	

①托里县. http://baike. baidu. com/link? url=2zQxfJlS7oLfi8KfC59kqRZULm05buTr-9aKGmDt1v8nIlvLXqosMLzEyJSs0CBA

②裕民县. http://baike. baidu. com/link? url=f8kNoRu3znEMXuMm5qma2vMaEtjr-cbkxpJHRFTGsmL0Tz2z58p61pM5wQV5psWD

③布尔津县. http://baike. baidu. com/link? url=76gax-S_HBUciuPWkCziArj0VF0gSz7vcX8Rbm_htHgIYcpxIrNMS48TKYlDsPTRXX-4CA2n1ufI5iTbapdMoq

④富蕴县. http://baike. baidu. com/link? url=n7cUGncJumQDz0ljkDCidNjGkhQCpNCUa7VBsPFjT6R2S5TozYR-pXvPaUrzY-wTRC-gpdE_pfjJ8EDTuoxRqK_

⑤青河县. http://baike. baidu. com/link? url=f4Pw_aNhxb21iHhLFEJoqsx8Y4OkIz587LDkVyyb4YW3jxFhpFTmcG3v6UeACUuQ

（续表）

省级政区	今地点	文献	内容	新方志出处
	天祝藏族自治县	1994年《天祝县志》	马熊	天祝藏族自治县志编纂委员会，1994
	敦煌市	1994年《敦煌市志》	熊（今不见）	敦煌市志编纂委员会，1994
	卓尼县	1994年《卓尼县志》	棕熊	卓尼县志编纂委员会，1994
	宕昌县	1995年《宕昌县志》	熊	宕昌县县志编纂委员会，1995
	临夏县	1995年《临夏县志》	熊	临夏县志编纂委员会，1995
	岷县	1995年《岷县志》	熊	岷县志编纂委员会，1995
	古浪县	1996年《古浪县志》	熊	《古浪县志》编纂委员会，1996
	民乐县	1996年《民乐县志》	熊	民乐县县志编纂委员会，1996
	华亭县	1996年《华亭县志》	熊（已绝迹）	华亭县志编纂委员会，1996
	舟曲县	1996年《舟曲县志》	熊	甘肃省舟曲县志编纂委员会，1996
	西和县	1997年《西和县志》	棕熊	西和县志编纂委员会，1997
	迭部县	1998年《迭部县志》	棕熊（一名马熊）	迭部县志编纂委员会，1998
	礼县	1999年《礼县志》	熊	礼县志编纂委员会，1999
	合作市、临潭县、卓尼县、舟曲县、迭部县、玛曲县、碌曲县、夏河县	1999年《甘南州志》	棕熊	甘南藏族自治州地方史志编纂委员会，1999
	玛曲县	2001年《玛曲县志》	棕熊	玛曲县志编纂委员会，2001
青海	大通县	民国八年（1919）《大通县志》	熊*	
	湟中县	1989年《湟中县志》	棕熊	湟中县地方志编纂委员会，1989
	共和县	1991年《共和县志》	熊	共和县地方志编纂委员会，1991
	格尔木市	1992年《中国国情丛书：百县市经济社会调查：格尔木卷》	马熊	丁伟志等，1992
	大通回族自治县	1993年《大通县志》	棕熊	大通回族自治县志编纂委员会，1993
	海晏县	1994年《海晏县志》	棕熊	海晏县志编纂委员会，1994
	德令哈市、格尔木市、乌兰县、都兰县、天峻县	1995年《海西蒙古族藏族自治州志》	哈熊、棕熊*	海西蒙古族藏族自治州地方志编纂委员会，1995
	天峻县	1995年《天峻县志》	棕熊（全县约有百余只，各乡均有分布，其中尕河、苏里地区较多）	天峻县县志编纂委员会，1995
	湟中县	1996年《中国国情丛书：百县市经济社会调查：湟中卷》	棕熊	丁伟志等，1996b

（续表）

省级政区	今地点	文献	内容	新方志出处
	平安县	1996年《平安县志》	棕熊	平安县志编纂委员会，1996
	河南蒙古族自治县	1996年《河南县志》	马熊	河南蒙古族自治县方志编纂委员会，1996
	刚察县	1998年《刚察县志》	棕熊、马熊	刚察县志编纂委员会，1998
	同德县	1999年《同德县志》	棕熊	同德县地方志编纂委员会，1999
	兴海县	2000年《兴海县志》	棕熊	兴海县志编纂委员会，2000
	都兰县	2001年《都兰县志》	熊	都兰县县志编纂委员会，2001
宁夏	原州区	清宣统元年(1909)《固原州志》	猪熊	
新疆	阜康县	清光绪三十四年(1908)《阜康县乡土志》	熊、罴	
	鄯善县	清光绪三十四年(1908)《鄯善县乡土志》	熊	
	轮台县	清光绪三十四年(1908)《轮台县乡土志》	熊（出本境北山一带，猎获无多，实为特产）	
	博乐市、温泉县、伊宁市、伊宁县、霍城县、巩留县、新源县、昭苏县、特克斯县、尼勒克县、察布查尔锡伯自治县	清光绪三十四年(1908)《伊犁府乡土志》	熊	
	塔城市	清《塔城直隶厅乡土志》	喀图山产熊，毛色苍黄，性最猛烈	
	伊宁市、伊宁县、霍城县、巩留县、新源县、昭苏县、特克斯县、尼勒克县、察布查尔锡伯自治县	民国三年(1914)《新疆地理志》	伊犁附近，有茶褐色之熊，其前足有白色之长爪，与普通之黑熊大异	
	伊宁市、伊宁县、霍城县、巩留县、新源县、昭苏县、特克斯县、尼勒克县、察布查尔锡伯自治县、塔城市、乌苏市、额敏县、沙湾县、托里县、裕民县、和布克赛尔蒙古自治县	民国二十二年(1933)《新疆概观》	熊（产于伊犁、塔城诸地）	
	哈密市、精河县、玛纳斯县、伊宁市、伊宁县、霍城县、塔城市、乌苏市、额敏县、阿勒泰市、布尔津县、哈巴河县	民国二十四年(1935)《新疆大记补编》	熊（绥来、哈密、伊宁、绥会、精河、塔城、乌苏、额敏、乐化、布尔津、哈巴河）	

（续表）

省级政区	今地点	文献	内容	新方志出处
	哈巴河县、阿勒泰市、富蕴县、青河县、乌鲁木齐市、乌鲁木齐县、喀什市、疏附县、疏勒县、英吉沙县、泽普县、莎车县、叶城县、麦盖提县、岳普湖县、伽师县、巴楚县、阿克苏市、温宿县、库车县、沙雅县、新和县、拜城县、乌什县、阿瓦提县、柯坪县、吐鲁番市、鄯善县、托克逊县、哈密市、伊吾县、巴里坤哈萨克自治县、博乐市、精河县、温泉县、昌吉市、阜康市、米泉市、呼图壁县、玛纳斯县、奇台县、吉木萨尔县、木垒哈萨克自治县、伊宁市、奎屯市、伊宁县、霍城县、巩留县、新源县、昭苏县、特克斯县、尼勒克县、察布查尔锡伯自治县、塔什库尔干塔吉克自治县、阿克陶县	民国三十三年(1944)《新疆研究》	熊(多产于阿尔泰山、天山、葱岭等地)	
	哈密市	1989年《哈密县志》	棕熊	哈密市地方志编纂委员会，1989
	轮台县	1991年《轮台县志》	棕熊	轮台县党史、县志编纂委员会，1991
	呼图壁县	1992年《呼图壁县志》	棕熊	呼图壁县志编纂委员会，1992
	温宿县	1993年《温宿县志》	棕熊	温宿县志编纂委员会，1993
	玛纳斯县	1993年《玛纳斯县志》	棕熊	玛纳斯县地方志编纂委员会，1993
	尉犁县	1993年《尉犁县志》	熊	尉犁县地方志编纂委员会，1993
	博湖县	1993年《博湖县志》	罴熊	《博湖县志》编纂委员会，1993
	石河子市	1994年《农八师垦区石河子市志》	哈熊	农八师石河子市地方志编纂委员会，1994
	奇台县	1994年《奇台县志》	棕熊	奇台县史志编纂委员会，1994
	霍城县	1994年《中国国情丛书：百县市经济社会调查：霍城卷》	熊	丁伟志等，1994b
	库车县	1995年《中国国情丛书：百县市经济社会调查：库车卷》	熊	丁伟志等，1995b
	乌恰县	1995年《乌恰县志》	熊	乌恰县地方志编纂委员会，1995
	和静县	1995年《和静县志》	狗熊	和静县史志编纂委员会，1995
	塔城市	1995年《塔城市志》	熊	塔城市地方志编纂委员会，1995

（续表）

省级政区	今地点	文　献	内　容	新方志出处
	阿图什市	1996年《阿图什市志》	棕熊	阿图什市地方志编纂委员会，1996
	阿克陶县	1996年《阿克陶县志》	熊	阿克陶县地方志编纂委员会，1996
	哈密市、伊吾县、巴里坤哈萨克自治县	1997年《哈密地区志》	棕熊	哈密地区地方志编纂委员会，1997
	塔城市、乌苏市、额敏县、沙湾县、托里县、裕民县、和布克赛尔蒙古自治县	1997年《塔城地区志》	棕熊（狗熊；塔城地区山林地带均有分布）	塔城地区地方志编纂委员会，1997
	精河县	1998年《精河县志》	棕熊、熊	精河县《精河县志》编纂委员会，1998
	属乌鲁木齐市	1998年《米泉县志》	熊	米泉县地方志编纂委员会，1998
	焉耆回族自治县	1998年《焉耆回族自治县志》	熊	焉耆回族自治县志编纂委员会，1998
	博乐市、精河县、温泉县	1999年《博尔塔拉蒙古自治州志》	棕熊	博尔塔拉蒙古自治州地方志编纂委员会，1999
	和硕县	1999年《和硕县志》	黑熊？①	和硕县地方志编纂委员会，1999
	额敏县	2000年《额敏县志》	熊（狗熊）	额敏县地方志编纂委员会，2000
	塔城市、额敏县、托里县、裕民县	2000年《农九师志》	狗熊	农九师史志编纂委员会，2000
	五家渠市	2001年《农六师垦区・五家渠市志：1949—2001》	棕熊（包括马熊）、熊	文定汉，2001
	鄯善县	2001年《鄯善县志》	熊	鄯善县地方志编纂委员会，2001
	阜康市	2001年《阜康县志》	棕熊	阜康市党史地方志编纂委员会，2001
	阿勒泰市	2001年《阿勒泰市志》	棕熊	阿勒泰市党史、地方志编纂委员会，2001

注：* 表示详见正文。①一般认为新疆无黑熊分布，此处暂列为棕熊。

5.7　保护区记载的棕熊

保护区中现分布有棕熊（表13.15、图13.67），可以表明它们依然存在。特点如下：

● 现分布有棕熊的自然保护区仅在4个地区，达到60个，总面积达45.2万km^2。

● 拥有保护区数量情况按地区排序：东北（26个），西南（15个），西北（14个），华北（5个）；从大区看，基本是棕熊现存。

● 拥有保护区数量情况（含有或超过5个）按省级政区排序：黑龙江省（22个），四川省与新疆维吾尔自治区（皆6个），西藏自治区（5个）。

● 尽管青海省仅有4个保护区，但所占行政区却高达23个县级及其以上政区，居首。

● 黑龙江省存在一地多个保护区（如伊春市有4个，同江市、抚远县与大兴安岭地区皆有3个保护区），相对密集度较高。

● 保护区的建立时间虽在1958～2009年

间，但主要还是1980年代以来建立的。

● 保护区的等级情况未见市级，但以国家级（占50%）与省级（占47%）占绝对优势。

● 主管部门以林业占绝对优势（高达83%），其余则以环保较高（约占12%）。

● 面积最大的保护区是青海省三江源国家级自然保护区，达152 300 km²；面积最小的保护区是黑龙江省碧水中华秋沙鸭省级自然保护区，仅25.35 km²。

● 由于棕熊现存栖息地点290余地，保护区所在政区不到100地（约占33%），存在同一省级政区内保护区过少（如新疆虽45地有棕熊，但保护区仅占10地，相差悬殊），甚至还有省级政区（如辽宁省、重庆市、贵州省）有残存棕熊却得不到保护区庇护。这种状况，亟待有关部门核查后，采取强有力举措，拯救已处于濒危的棕熊。

表13.15 栖息有棕熊的自然保护区概况

地区	省级政区	保护区名称	所处地点	面积（hm²）	级别	建立时间	主管部门
华北	河北	茅荆坝	隆化县	40 038	国家级	20020529	林业
	内蒙古	大兴安岭汗马	根河市	107 348	国家级	19790501	林业
		特金罕山	扎鲁特旗	91 333	省级	19961001	林业
		额尔古纳	额尔古纳市	124 527	国家级	19980101	林业
		红花尔基樟子松林	鄂温克族自治旗	20 085	国家级	19980501	林业
东北	吉林	吉林长白山	安图县、抚松县、长白朝鲜族自治县	196 465	国家级	19600401	林业
		松花江三湖省级	吉林市、桦甸市	1 029 458	省级	19900213	林业
		龙湾	辉南县	15 061	国家级	19910801	林业
		鸭绿江上游	长白朝鲜族自治县	20 306	国家级	19961001	水利
	黑龙江	丰林	伊春市	18 400	国家级	19580614	林业
		凉水	伊春市	12 133	国家级	19800707	林业
		逊别拉河	孙吴县、逊克县	45 000	省级	19821203	农业
		呼中	大兴安岭地区	167 213	国家级	19840509	林业
		洪河	抚远县、同江市	21 835	国家级	19880111	环保
		三江	抚远县、同江市	198 089	国家级	19940919	林业
		虎口湿地	虎林市	15 000	省级	19970204	环保
		碧水中华秋沙鸭	伊春市	2 535	省级	19970711	林业
		八岔岛	同江市	32 014	国家级	19991001	环保
		南瓮河	大兴安岭地区	229 523	国家级	19991215	林业
		乌苏里江	抚远县	39 668	省级	20010111	环保
		大佳河	饶河县	72 604	省级	20040901	林业
		红星湿地	伊春市	111 995	国家级	20040913	林业
		绰纳河	呼玛县	105 580	省级	20050316	林业
		黑龙江双河	塔河县	88 849	国家级	20050316	林业
		多布库尔	大兴安岭地区	128 959	国家级	20060125	林业
		北极村	漠河县	137 553	省级	20060125	林业
		岭峰	漠河县	68 373	省级	20060125	林业
		大沾河湿地	五大连池市、孙吴县、逊克县	211 618	国家级	20060127	林业

（续表）

地区	省级政区	保护区名称	所处地点	面积（hm²）	级别	建立时间	主管部门
		小北湖	宁安市	20 834	省级	20061226	林业
		中央站黑嘴松鸡	嫩江县	46 743	省级	20061226	林业
		太平沟	鹤岗市	22 199	省级	20091230	林业
西南	四川	黑水河	大邑县	31 790	省级	19930601	林业
		平武小河沟	平武县	28 227	省级	19930801	林业
		片口	北川羌族自治县	82 930	省级	19940501	林业
		瓦灰山	九龙县	84 300	省级	19950601	林业
		阿木拉	德格县	12 003	县级	19990101	林业
		卡松渡	德格县	29 764	县级	20010101	林业
	云南	云龙天池	云龙县	6 630	省级	19810401	林业
		碧塔海	香格里拉县	14 133	省级	19820101	林业
		白马雪山	德钦县、维西傈僳族自治县	276 400	国家级	19840101	林业
		哈巴雪山	香格里拉县	21 908	省级	19850101	林业
	西藏	珠穆朗玛峰	定日县、聂拉木县、定结县、吉隆县	3 381 000	国家级	19880405	林业
		雅鲁藏布江中游河谷黑颈鹤	林周县、达孜县、浪卡子县、拉孜县、日喀则市、南木林县	614 350	国家级	19930101	林业
		色林错	申扎县、尼玛县、班戈县、安多县、那曲县	2 032 380	国家级	19930101	林业
		纳木错	当雄县、班戈县	1 099 796	省级	20010705	环保
		玛旁雍错湿地	普兰县	97 499	省级	20081029	林业
西北	甘肃	白水江	武都区、文县	183 799	国家级	19630101	林业
		甘肃祁连山	凉州区、天祝藏族自治县、古浪县、永昌县、甘州区、山丹县、民乐县、肃南裕固族自治县	230 000	国家级	19870101	林业
		黄河首曲湿地候鸟	玛曲县	37 500	省级	19951123	林业
		连城	永登县	47 930	国家级	20010401	林业
	青海	可可西里	玉树县、杂多县、称多县、治多县、囊谦县、曲麻莱县	4 500 000	国家级	19951008	林业
		柴达木梭梭林	德令哈市	373 391	省级	20000501	林业
		三江源	同德县、兴海县、泽库县、河南蒙古族自治县、玛沁县、班玛县、甘德县、达日县、久治县、玛多县、玉树县、杂多县、称多县、治多县、囊谦县、曲麻莱县、格尔木市	15 230 000	国家级	20000523	林业
		海北祁连山	互助土族自治县志、海晏县、祁连县、刚察县、门源回族自治县	834 700	省级	20051201	林业
	新疆	天池	阜康市	38 069	省级	19800601	林业
		阿尔金山	若羌县	4 500 000	国家级	19830101	环保
		西天山	巩留县	31 217	国家级	19831002	林业
		新源山地草甸类草地	新源县	65 300	省级	19860705	农业

（续表）

地区	省级政区	保护区名称	所处地点	面积（hm^2）	级别	建立时间	主管部门
		罗布泊野骆驼	托克逊县、吐鲁番市、鄯善县、哈密市、尉犁县、若羌县	7 800 000	国家级	19860901	环保
		夏尔希里	博乐市	31 400	省级	20000616	林业

注：①本表参考多方面信息综合而成，个别误差进行更正。②本表据全国自然保护区名录. http://sts. mep. gov. cn/zrbhq/zrbhq/201208/t20120824_235172. htm；河北茅荆坝国家级自然保护区. http://baike. baidu. com/link? url＝0UB_sh-mGFrlGJZ6JnTcqVH2U1YnDRGU9ywbUKWBAxlaWgvcJP3KAwchRlSp0cgGyowsoKXBtby7KPNWmuZeiK；河北茅荆坝国家级自然保护区. http://baike. baidu. com/view/5519950. htm；大兴安岭汗马自然保护区保护区. http://baike. baidu. com/view/1429364. htm；内蒙古国家级自然保护区简介・内蒙古汗马自然保护区. http://www. nmgepb. gov. cn/ywgl/stbh/zrstgl/201310/t20131011_1434015. html；特金罕山自然保护区. http://www. 029100. com/bbs/thread-2423-1-1. html；内蒙古国家级自然保护区简介・内蒙古额尔古纳自然保护区. http://www. nmgepb. gov. cn/ywgl/stbh/zrstgl/201310/t20131011_1434015. html；内蒙古国家级自然保护区简介・红花尔基樟子松林自然保护区. http://www. nmgepb. gov. cn/ywgl/stbh/zrstgl/201310/t20131011_1434015. html；吉林长白山国家级自然保护区. http://baike. baidu. com/view/90326. htm；吉林松花江三湖自然保护区介绍. http://wenku. baidu. com/view/f5118b757fd5360cba1adbb0. html；吉林龙湾国家级自然保护区. http://baike. baidu. com/view/1091004. htm? subLemmaId＝1091004&fromenter＝%C1%FA%CD%E5%D7%D4%C8%BB%B1%A3%BB%A4%C7%F8；鸭绿江上游国家级自然保护区. http://baike. Baidu. com/view/871347. htm? subLemmaId＝871347&fromenter＝%D1%BC%C2%CC%BD%AD%C9%CF%D3%CE%D7%D4%C8%BB%B1%A3%BB%A4%C7%F8；黑龙江丰林国家级自然保护区. http://baike. baidu. com/link? url＝v5jAKGYvW3sZKnAYvLRVsgd6TE2R7xURlyDjzkcQ_4biJFnhU7olYZp8ZbtGQydh；伊春市带岭区. http://baike. baidu. com/view/472678. htm? fromId＝514493；别拉河自然保护区. http://baike. baidu. com/view/246876. htm；资源概况. http://www. zrbhq. com/ziyuan_show. asp? id＝23；黑龙江洪河国家级自然保护区. http://baike. baidu. com/view/146456. htm? fromId＝246973；三江国家级自然保护区. http://baike. baidu. com/view/5484380. htm? fromId＝110203；虎林虎口湿地自然保护区. http://www. 51766. com/zhinan/11000/1100022406. html；碧水中华秋沙鸭自然保护区. http://www. 53kz. com/server. asp? adid＝35194；八岔岛国家级自然保护区. http://baike. baidu. com/view/1094445. htm? subLemmaId＝1094445&fromenter＝%B0%CB%B2%ED%B5%BA%D7%D4%C8%BB%B1%A3%BB%A4%C7%F8；南瓮河国家级自然保护区. http://www. zwbk. org/MyLemmaShow. aspx? lid＝117548；乌苏里江. http://baike. baidu. com/view/52521. htm；高龙. 生机盎然的大佳河湿地. http://shuangyashan. dbw. cn/system/2014/10/31/056093044. shtml；大佳河自然保护区评价. http://www. hlraohe. gov. cn/zrbh/djhpj. htm；红星湿地自然保护区. http://baike. baidu. com/view/2516370. htm；黑江绰纳河国家级自然保护区概况. http://www. dxal. gov. cn/gfqlyxzd/zwgk/index! tongyong. action? id＝5747&column_id＝37；双河自然保护区. http://www. tx2. org. cn/jcwl/ShowArticle. asp? ArticleID＝743；多布库尔自然保护区. http://baike. baidu. com/view/7755184. htm；大兴安岭的省级自然保护区. http://paper. dxalrb. com/html/2010-07/18/content_60779. htm；大沾河湿地国家级自然保护区. http://baike. baidu. com/view/5488006. htm；五大连池. http://baike. baidu. com/subview/25001/6799429. htm? fromId＝289850；小北湖自然保护区. http://baike. baidu. com/view/7767038. htm；黑龙江中央站黑嘴松鸡自然保护区. http://baike. baidu. com/view/9108462. htm；太平沟自然保护区. http://www. arkoo. cn/sf_B9EEEB128A7F4B80AEB5FA847A85313F_274_nfp0179. html；黑水河自然保护区. http://sc. zwbk. org/MyLemmaShow. aspx? lid＝1496；小河沟自然保护区. http://baike. baidu. com/view/1628412. htm；片口自然保护区. http://baike. baidu. com/view/1632928. htm；瓦灰山. http://travel. Mipang. com/recommend/1112；阿木拉自然保护区. http://baike. baidu. com/view/496079. htm；卡松渡原始自然生态旅游风景区. http://baike. Baidu. com/view/496088. htm；云南云龙天池国家级自然保护区. http://baike. baidu. com/link? url＝ZVyF6q9C7WaOz82O5ZODnfaMMcxS8Jze118FKsqrYHWXT7GYrE6H-BjST6z8VSjyD1-d3nWPmTrQZzvT8q31UK；碧塔海自然保护区. ttp://baike. baidu. com/view/246474. htm；白马雪山自然保护区. http://www. baike. com/wiki/%E7%99%BD%E9%A9%AC%E9%9B%AA%E5%B1%B1%E8%87%AA%E7%84%B6%E4%BF%9D%E6%8A%A4%E5%8C%BA；哈巴雪山. http://baike. baidu. com/view/62767. htm? fromId＝824125；珠穆朗玛峰自然保护区. http://baike. Baidu. com/view/119958. htm；雅鲁藏布江中游河谷黑颈鹤国家级自然保护区. ttp://baike. baidu. com/view/1429911. htm? subLemmaId＝1429911&fromenter＝%D1%C5%C2%B3%B2%D8%B2%BC%BD%AD%D6%D0%D3%CE%BA%D3%B9%C8%BA%DA%BE%B1%BA%D7%D7%D4%C8%BB%E1%A3%BB%A4%C7%F8；色林错国家级自然保护区. http://baike. baidu. com/view/1429906. htm? subLemmaId＝1429906&fromenter＝%C9%AB%C1%D6%B4%ED%D7%D4%C8%BB%B1%A3%BB%A4%C7%F8；纳木错自然保护区. http://baike. baidu. com/view/1127374. htm；纳木错. http://baike. baidu. com/view/24971. htm? fromtitle＝纳木错湖&fromid＝

1482617&type=syn；纳木错自然保护区. http://baike. baidu. com/view/1127374. htm；纳木错. http://baike. baidu. com/view/24971. htm? fromtitle=纳木错湖&fromid=1482617&type=syn；白水江林业局博峪林场简介. http://gn. gansudaily. com. cn/system/2012/06/18/012544560. shtml；白水江自然保护区. http://www. china. com. cn/aboutchina/zhuanti/ysdw/2008-12/05/content_16905471. htm；祁连山自然保护区野生动物资源概况. http://www. qilianshan. com. cn/client/content/Program/index. jsp? ArticleID=6261；甘肃祁连山自然保护区. http://www. qilianshan. com. cn/client/qlsbhq/html/6/20/22/24. html；黄河首曲玛曲在行动. ttp://www. gansudaily. com. cn/20051023/462/2005A23A0043C003. htm；连城自然保护区. http://www. baike. com/wiki/%E8%BF%9E%E5%9F%8E%E8%87%AA%E7%84%B6%E4%BF%9D%E6%8A%A4%E5%8C%BA；可可西里国家级自然保护区. ttp://baike. baidu. com/view/472698. htm? fromId=119977；柴达木梭梭林自然保护区. http://baike. soso. com/v11033467. htm；青海三江源国家级自然保护区. http://baike. baidu. com/view/871342. htm；博格达峰国家自然保护区. ttp://baike. baidu. com/view/1611175. htm；新疆天池博格达峰自然保护区. ttp://www. docin. com/p-526442341. html；阿尔金山国家级自然保护区. http://baike. baidu. com/link? url=f9Q_t3HhchyiBLAFDtF-2rRhhz-wfyne47nj8zD-2SCZ_fI1VCnT8THBw84jtNFP6thPDz_HJniLpiUHznLWl17NMovLp4d4pH-wL4htIJF1uUu2azzAvHRmfffii4J44GoeW0VZvJpFjgAhFifQQm_z8zRIXmiOxdWXkHaUsc7；西天山国家级自然保护区. http://baike. baidu. com/view/1429331. htm? fr=aladdin；那孜—确鹿特山地草原自然保护区. http://baike. baidu. com/link? url=NHxCa7gMQKt05Ow7KadXEs_hOUYHTmaz4Ra175GUlY5aOSVEBHpu0NjWmqzmkrZr；新疆罗布泊野骆驼国家级自然保护区. http://www. lbcamel. com/E_BigClass. asp? E_typeid=13&E_BigClassID=62；罗布泊野骆驼国家级自然保护区. http://baike. baidu. com/link? url=D1lPDUbvawrzRSEPEwB2n11FkyVYtnFhRPGALvNi8mLS1JcSFywcBUb8qKyHfSG6fm8MN0qfnYMq74p6pRXvCq#reference-[5]-910645-wrap；新疆夏尔希里自然保护区基本情况. ttp://www. xjboz. gov. cn/content. aspx? id=128000000584

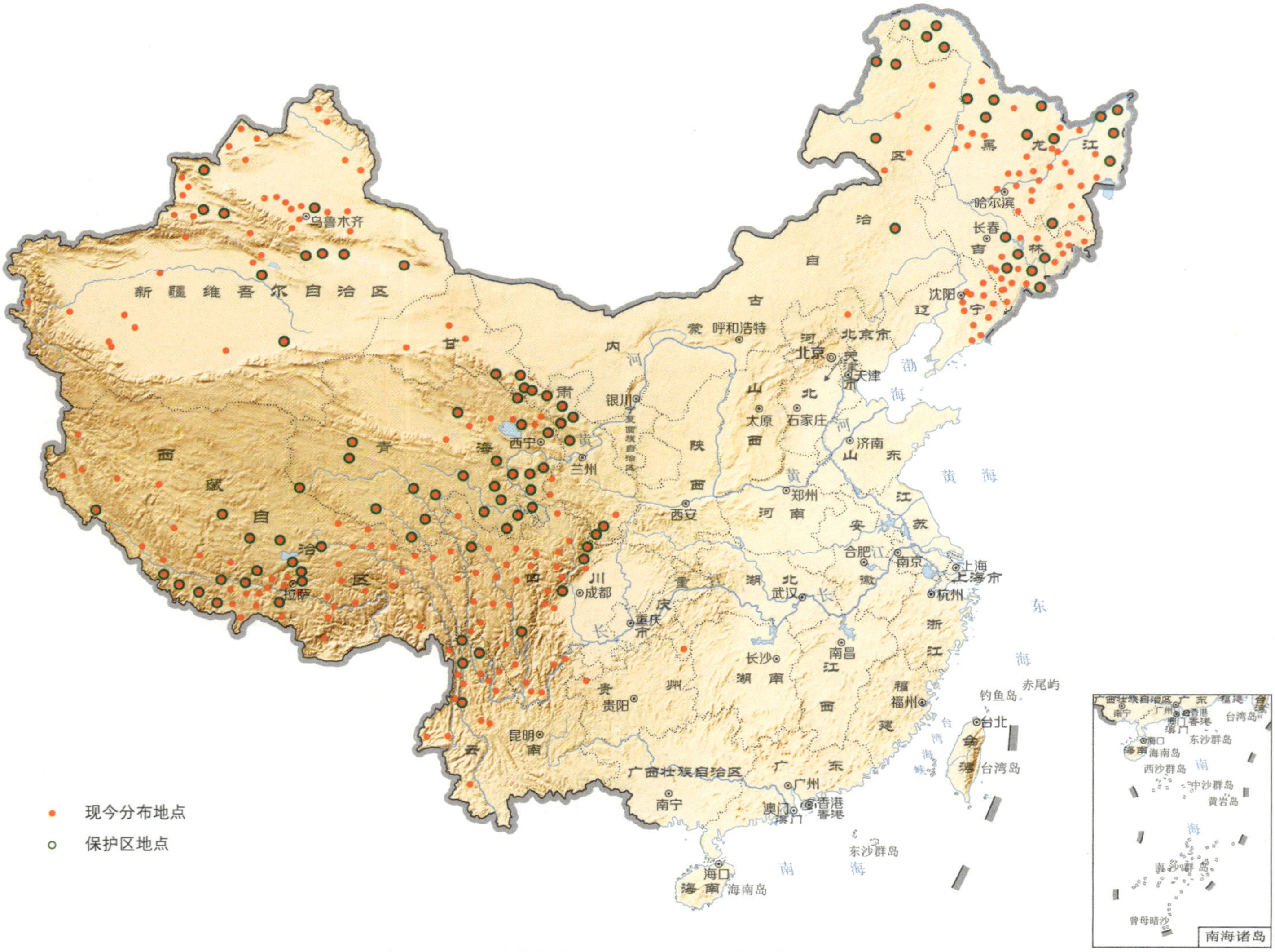

图 13.67　现有棕熊栖息地与其栖息的自然保护区分布图

5.8 棕熊的分布变迁

人们对历史时期的棕熊分布，存在不同认识。从一些涉及全国性的著作看：

《中国经济动物志：兽类》称，棕熊地点分布：我国东北、西北和西南地区都有分布。中国科学院动物研究所收藏标本采于黑龙江省。文献记录见于黑龙江省、吉林省、河北省、山西省、陕西省、四川省、云南省、新疆维吾尔自治区。此外，在西藏自治区、青海省、四川省、甘肃省所产棕熊有不同特征（寿振黄，1962），亦即具体分布的省级政区有河北省、山西省、吉林省、黑龙江省、四川省、云南省、陕西省、甘肃省、新疆维吾尔自治区等 9 个。

《中国动物志：兽纲：食肉目》记述的棕熊地理分布大致在新疆、青海、西藏、内蒙古、吉林、黑龙江等省级政区（高耀亭等，1987），仅提到 6 个省级政区（并无时间分段）。

《中国虎与中国熊的历史变迁》分棕熊与马熊 2 种较详细论述历史时期的分布变迁，实际涉及北京市、天津市、河北省、山西省（简略提及）、内蒙古自治区、辽宁省、吉林省、黑龙江省、浙江省、安徽省、福建省、江西省、台湾、湖北省、湖南省、广东省、广西壮族自治区、海南省、重庆市、四川省、贵州省、云南省、西藏自治区、陕西省、甘肃省、青海省、新疆维吾尔自治区等 27 个省级政区（何业恒，1996），这是迄今涉及棕熊分布最广的著作。

《中国哺乳动物分布》按棕熊与马熊分布，涉及内蒙古自治区、吉林省、黑龙江省、四川省、西藏自治区、甘肃省、青海省、新疆维吾尔自治区等 8 个省级政区（张荣祖等，1997）。虽然没有明确时间段，但从所列参考文献看，基本上是根据 20 世纪野外调查资料。

《中国兽类彩色图谱》记载，棕熊分布：黑龙江、吉林、内蒙古、新疆（杨奇森等，2007），更只缩减到 4 个省级政区（也无时间分段）。

根据文献记载资料，20 世纪以来棕熊在我国县级及其以上政区的最广分布不少于 26 个省级政区。

20 世纪以来，棕熊的分布变迁（表 13.16、图 13.68）状况显示：

● 20 世纪，棕熊在我国县级及其以上政区的分布达到 550 个以上，约占全国的 23%。

● 沿海及海岛的上海市、江苏省、山东省、台湾、香港特别行政区、澳门特别行政区，毗邻的内陆山西省、河南省未见棕熊或此时棕熊最先消失，使棕熊的分布大势略呈 C 状，亦即在东北、西北、西南较多，华北与中南略多，延续到华东一带。

● 类似地域，如天津市、海南省、陕西省等，虽有少数棕熊残存，但也是强弩之末，数十年内便相继消失了。

● 省级政区中，有棕熊地点绝对而言，超过 30 地的排序为：新疆维吾尔自治区（85 地），西藏自治区（73 地），四川省（67 地），云南省（57 地），甘肃省（35 地），青海省（34 地）。

● 省级政区中，有棕熊地点相对而言，以西藏自治区棕熊最多，各地皆有；其余较高的排序为：新疆维吾尔自治区（96%），黑龙江省（87%），青海省（85%），云南省（46%），吉林省与四川省（皆 43%）。

● 到 20 世纪后半叶，除灭绝的 3 个省级政区外，棕熊分布地消失较多的省级政区是：福建省与云南省（皆减少 18 地），四川省（减少 17 地），新疆维吾尔自治区（减少 13 地）。

● 至今，除灭绝的 9 个省级政区（北京市、浙江省、安徽省、福建省、江西省、湖北省、湖南省、广东省、广西壮族自治区）外，棕熊分布地消失较多的省级政区是：新疆维吾尔自治区（减少 27 地），黑龙江省（减少 21 地），云南省（减少 19 地），四川省（减少 16 地），西藏自治区（减少 13 地）。

● 现存有棕熊的四大区，按有棕熊地绝对数排序为：西南（113 地），西北（91 地），东北（80 地），华北（10 地）。

● 现存有棕熊的四大区，按有棕熊的相对数排序为：东北（占 77%），华北（占 67%），西北（占 57%），西南（占 55%）。

表 13.16　　20 世纪以来棕熊分布变迁概况

地区	省级政区	20 世纪前半叶分布地点	20 世纪后半叶分布地点	现今分布地点
华北	北京	房山区、昌平区、密云县	房山区	
	天津	蓟县		
	河北	隆化县、围场满族蒙古族自治县	隆化县、围场满族蒙古族自治县	隆化县
	内蒙古	扎鲁特旗、海拉尔区、扎兰屯市、牙克石市、根河市、额尔古纳市、阿荣旗、鄂伦春自治旗、鄂温克族自治旗、阿尔山市	扎鲁特旗、海拉尔区、扎兰屯市、牙克石市、根河市、额尔古纳市、阿荣旗、鄂伦春自治旗、鄂温克族自治旗、阿尔山市	扎鲁特旗、扎兰屯市、牙克石市、根河市、额尔古纳市、阿荣旗、鄂伦春自治旗、鄂温克族自治旗、阿尔山市
东北	辽宁	法库县、抚顺市、抚顺县、新宾满族自治县、清原满族自治县、本溪市、本溪满族自治县、桓仁满族自治县、丹东市、凤城市、东港市、宽甸满族自治县	抚顺市、抚顺县、新宾满族自治县、清原满族自治县、本溪市、本溪满族自治县、桓仁满族自治县、丹东市、凤城市、东港市、宽甸满族自治县	抚顺市、抚顺县、新宾满族自治县、清原满族自治县、本溪市、本溪满族自治县、桓仁满族自治县、丹东市、凤城市、东港市、宽甸满族自治县
	吉林	吉林市、磐石市、蛟河市、桦甸市、永吉县、东丰县、通化市、梅河口市、集安市、通化县、辉南县、柳河县、白山市、临江市、抚松县、靖宇县、长白朝鲜族自治县、延吉市、图们市、敦化市、珲春市、龙井市、和龙市、汪清县、安图县	吉林市、磐石市、蛟河市、桦甸市、永吉县、东丰县、通化市、梅河口市、集安市、通化县、辉南县、柳河县、白山市、临江市、抚松县、靖宇县、长白朝鲜族自治县、延吉市、图们市、敦化市、珲春市、龙井市、和龙市、汪清县、安图县	吉林市、磐石市、蛟河市、桦甸市、东丰县、通化市、梅河口市、集安市、通化县、辉南县、柳河县、白山市、临江市、抚松县、靖宇县、长白朝鲜族自治县、延吉市、图们市、敦化市、珲春市、龙井市、和龙市、汪清县、安图县
	黑龙江	哈尔滨市、双城市、尚志市、五常市、依兰县、方正县、宾县、巴彦县、木兰县、通河县、延寿县、齐齐哈尔市、讷河市、龙江县、依安县、泰来县、甘南县、富裕县、克山县、克东县、爱辉区、北安市、五大连池市、嫩江县、逊克县、孙吴县、大庆市、肇州县、肇源县、林甸县、杜尔伯特蒙古族自治县、伊春市、铁力市、嘉荫县、鹤岗市、萝北县、绥滨县、佳木斯市、同江市、富锦市、桦南县、桦川县、汤原县、抚远县、双鸭山市、友谊县、宝清县、饶河县、七台河市、勃利县、鸡西市、虎林市、密山市、鸡东县、牡丹江市、穆棱市、绥芬河市、海林市、宁安市、东宁县、林口县、安达市、肇东市、大兴安岭地区、呼玛县、塔河县、漠河县	哈尔滨市、尚志市、五常市、依兰县、方正县、宾县、巴彦县、木兰县、通河县、延寿县、齐齐哈尔市、讷河市、龙江县、依安县、泰来县、甘南县、富裕县、克山县、克东县、爱辉区、北安市、五大连池市、嫩江县、逊克县、孙吴县、大庆市、肇州县、肇源县、林甸县、杜尔伯特蒙古族自治县、伊春市、铁力市、嘉荫县、鹤岗市、萝北县、绥滨县、佳木斯市、同江市、富锦市、桦南县、桦川县、汤原县、抚远县、双鸭山市、友谊县、宝清县、饶河县、七台河市、勃利县、鸡西市、虎林市、密山市、鸡东县、牡丹江市、穆棱市、绥芬河市、海林市、宁安市、东宁县、林口县、安达市、肇东市、大兴安岭地区、呼玛县、塔河县、漠河县	哈尔滨市、尚志市、五常市、依兰县、方正县、宾县、巴彦县、木兰县、通河县、延寿县、讷河市、依安县、富裕县、克山县、克东县、爱辉区、五大连池市、嫩江县、逊克县、孙吴县、伊春市、铁力市、嘉荫县、鹤岗市、萝北县、绥滨县、佳木斯市、同江市、桦南县、汤原县、抚远县、宝清县、饶河县、勃利县、虎林市、密山市、鸡东县、穆棱市、宁安市、东宁县、林口县、大兴安岭地区、呼玛县、塔河县、漠河县

（续表）

地区	省级政区	20世纪前半叶分布地点	20世纪后半叶分布地点	现今分布地点
华东	浙江	宁波市、奉化市、嵊州市、新昌县、衢州市、江山市、常山县、开化县、龙游县	衢州市、江山市、常山县、开化县、龙游县	
	安徽	歙县、休宁县	休宁县	
	福建	永泰县、延平区、邵武市、建瓯市、建阳市、浦城县、政和县、明溪县、清流县、大田县、尤溪县、沙县、泰宁县、南安市、永春县、厦门市、新罗区、连城县	明溪县、尤溪县	
	江西	德兴市、上饶县、婺源县、泰和县	上饶县、泰和县	
中南	湖北	远安县、兴山县、五峰土家族自治县	远安县、兴山县、五峰土家族自治县	
	湖南	澧县、邵阳市、邵阳县、溆浦县、花垣县、永顺县	澧县、花垣县	
	广东	广州市、连山壮族瑶族自治县、紫金县、东莞市、阳春市	连山壮族瑶族自治县、紫金县	
	广西	南宁市、资源县、荔浦县、鹿寨县、蒙山县、桂平市、平南县、玉州区、钦州市、天等县、靖西县、田林县、金城江区、象州县、武宣县、金秀瑶族自治县	资源县、荔浦县、鹿寨县、蒙山县、桂平市、平南县、玉州区、靖西县、象州县、武宣县、金秀瑶族自治县	
	海南	海口市、三亚市、东方市、儋州市、保亭黎族苗族自治县、乐东黎族自治县		
西南	重庆	南川区、彭水苗族土家族自治县、秀山土家族苗族自治县	彭水苗族土家族自治县、秀山土家族苗族自治县	秀山土家族苗族自治县
	四川	大邑县、安县、北川羌族自治县、平武县、什邡市、绵竹市、峨眉山市、叙永县、米易县、万源市、宣汉县、雨城区、名山县、荥经县、汉源县、石棉县、天全县、芦山县、宝兴县、马尔康县、汶川县、理县、茂县、松潘县、九寨沟县、金川县、小金县、黑水县、壤塘县、阿坝县、若尔盖县、红原县？康定县、泸定县、丹巴县、九龙县、雅江县、道孚县、炉霍县、甘孜县、新龙县、德格县、白玉县、石渠县、色达县、理塘县、巴塘县、乡城县、稻城县、得荣县、西昌市、盐源县、德昌县、会理县、会东县、宁南县、普格县、布拖县、金阳县、昭觉县、喜德县、冕宁县、越西县、甘洛县、美姑县、雷波县、木里藏族自治县	大邑县、安县、北川羌族自治县、平武县、什邡市、峨眉山市、米易县、雨城区、名山县、荥经县、汉源县、天全县、宝兴县、马尔康县、汶川县、理县、茂县、松潘县、九寨沟县、金川县、黑水县、壤塘县、阿坝县、若尔盖县、康定县、泸定县、丹巴县、九龙县、雅江县、道孚县、炉霍县、甘孜县、新龙县、德格县、白玉县、石渠县、色达县、理塘县、巴塘县、乡城县、稻城县、得荣县、西昌市、盐源县、德昌县、会理县、会东县、金阳县、美姑县、木里藏族自治县	大邑县、安县、北川羌族自治县、平武县、米易县、雨城区、天全县、宝兴县、马尔康县、汶川县、理县、松潘县、金川县、黑水县、壤塘县、若尔盖县、九龙县、雅江县、道孚县、炉霍县、甘孜县、新龙县、德格县、白玉县、石渠县、理塘县、巴塘县、乡城县、得荣县、盐源县、会理县、会东县、金阳县、木里藏族自治县

（续表）

地区	省级政区	20世纪前半叶分布地点	20世纪后半叶分布地点	现今分布地点
	贵州	清镇市、西秀区、赫章县、瓮安县、三都水族自治县	西秀区、赫章县	赫章县
	云南	昆明市、晋宁县、禄劝彝族苗族自治县、会泽县、元江哈尼族彝族傣族自治县、龙陵县、昌宁县、昭阳区、鲁甸县？巧家县、盐津县、大关县、永善县、绥江县、镇雄县、古城区、永胜县、华坪县、玉龙纳西族自治县、宁蒗彝族自治县、宁洱哈尼族彝族自治县、墨江哈尼族自治县、孟连傣族拉祜族佤族自治县、澜沧拉祜族自治县、西盟佤族自治县、临翔区、凤庆县、云县、永德县？镇康县、双江拉祜族佤族布朗族傣族自治县、耿马傣族佤族自治县、沧源佤族自治县、潞西市、瑞丽市、梁河县、盈江县、陇川县、泸水县、福贡县、贡山独龙族怒族自治县、兰坪白族普米族自治县、香格里拉县、德钦县、维西傈僳族自治县、大理市、弥渡县、云龙县、洱源县、鹤庆县、巍山彝族回族自治县、南华县、姚安县、蒙自县、红河县、屏边苗族自治县、马关县	元江哈尼族彝族傣族自治县、龙陵县、巧家县、盐津县、大关县、永善县、绥江县、古城区、永胜县、华坪县、玉龙纳西族自治县、宁蒗彝族自治县、澜沧拉祜族自治县、镇康县、双江拉祜族佤族布朗族傣族自治县、潞西市、瑞丽市、梁河县、盈江县、陇川县、泸水县、福贡县、贡山独龙族怒族自治县、兰坪白族普米族自治县、香格里拉县、德钦县、维西傈僳族自治县、大理市、弥渡县、云龙县、洱源县、鹤庆县、巍山彝族回族自治县、南华县、蒙自县、红河县、屏边苗族自治县	龙陵县、永善县、古城区、永胜县、玉龙纳西族自治县、宁蒗彝族自治县、澜沧拉祜族自治县、陇川县、泸水县、福贡县、贡山独龙族怒族自治县、兰坪白族普米族自治县、香格里拉县、德钦县、维西傈僳族自治县、弥渡县、云龙县、巍山彝族回族自治县
	西藏	城关区、林周县、当雄县、尼木县、曲水县、堆龙德庆县、达孜县、墨竹工卡县、那曲县、嘉黎县、比如县、聂荣县、安多县、申扎县、索县、班戈县、巴青县、尼玛县、昌都县、江达县、贡觉县、类乌齐县、丁青县、察雅县、八宿县、左贡县、芒康县、洛隆县、边坝县、林芝县、工布江达县、米林县、墨脱县、波密县、察隅县、朗县、乃东县、扎囊县、贡嘎县、桑日县、琼结县、曲松县、措美县、洛扎县、加查县、隆子县、错那县、浪卡子县、日喀则市、南木林县、江孜县、定日县、萨迦县、拉孜县、昂仁县、谢通门县、白朗县、仁布县、康马县、定结县、仲巴县、亚东县、吉隆县、聂拉木县、萨嘎县、岗巴县、噶尔县、普兰县、札达县、日土县、革吉县、改则县、措勤县	城关区、林周县、当雄县、尼木县、曲水县、堆龙德庆县、达孜县、墨竹工卡县、那曲县、嘉黎县、比如县、聂荣县、安多县、申扎县、索县、班戈县、巴青县、尼玛县、昌都县、江达县、贡觉县、类乌齐县、丁青县、察雅县、八宿县、左贡县、芒康县、洛隆县、边坝县、林芝县、工布江达县、米林县、墨脱县、波密县、察隅县、朗县、乃东县、扎囊县、贡嘎县、桑日县、琼结县、曲松县、措美县、洛扎县、加查县、隆子县、错那县、浪卡子县、日喀则市、南木林县、江孜县、定日县、萨迦县、拉孜县、昂仁县、谢通门县、白朗县、仁布县、康马县、定结县、仲巴县、亚东县、吉隆县、聂拉木县、萨嘎县、岗巴县、噶尔县、普兰县、札达县、日土县、革吉县、改则县、措勤县	林周县、当雄县、尼木县、曲水县、堆龙德庆县、达孜县、那曲县、嘉黎县、比如县、聂荣县、安多县、申扎县、索县、班戈县、巴青县、尼玛县、昌都县、江达县、贡觉县、类乌齐县、丁青县、洛隆县、林芝县、工布江达县、米林县、波密县、察隅县、朗县、扎囊县、洛扎县、加查县、隆子县、错那县、浪卡子县、日喀则市、南木林县、江孜县、定日县、萨迦县、拉孜县、昂仁县、谢通门县、白朗县、仁布县、康马县、定结县、仲巴县、亚东县、吉隆县、聂拉木县、萨嘎县、岗巴县、噶尔县、普兰县、札达县、日土县、革吉县、改则县、措勤县

（续表）

地区	省级政区	20世纪前半叶分布地点	20世纪后半叶分布地点	现今分布地点
西北	陕西	周至县、户县、子长县、宝鸡市、留坝县		
	甘肃	永登县、永昌县、凉州区、古浪县、天祝藏族自治县、肃州区、玉门市、敦煌市、肃北蒙古族自治县、阿克塞哈萨克族自治县、甘州区、民乐县、高台县、山丹县、肃南裕固族自治县、华亭县、漳县？岷县、武都区、成县、宕昌县、康县？文县、西和县、礼县、临夏县、康乐县、合作市？临潭县、卓尼县、舟曲县、迭部县、玛曲县、碌曲县、夏河县	永登县、永昌县、凉州区、古浪县、天祝藏族自治县、肃州区、玉门市、敦煌市、肃北蒙古族自治县、阿克塞哈萨克族自治县、甘州区、民乐县、山丹县、肃南裕固族自治县、华亭县、岷县、武都区、成县、宕昌县、文县、西和县、礼县、临夏县、康乐县、临潭县、卓尼县、舟曲县、迭部县、玛曲县、碌曲县、夏河县	永登县、永昌县、凉州区、古浪县、天祝藏族自治县、玉门市、肃北蒙古族自治县、阿克塞哈萨克族自治县、甘州区、民乐县、山丹县、肃南裕固族自治县、武都区、成县、文县、玛曲县、碌曲县、夏河县
	青海	大通回族自治县、湟中县、平安县、互助土族自治县志、海晏县、祁连县、刚察县、门源回族自治县、共和县、同德县、贵德县、兴海县、贵南县、同仁县、尖扎县、泽库县、河南蒙古族自治县、玛沁县、班玛县、甘德县、达日县、久治县、玛多县、玉树县、杂多县、称多县、治多县、囊谦县、曲麻莱县、德令哈市、格尔木市、乌兰县、都兰县、天峻县	大通回族自治县、湟中县、平安县、互助土族自治县志、海晏县、祁连县、刚察县、门源回族自治县、共和县、同德县、贵德县、兴海县、贵南县、同仁县、尖扎县、泽库县、河南蒙古族自治县、玛沁县、班玛县、甘德县、达日县、久治县、玛多县、玉树县、杂多县、称多县、治多县、囊谦县、曲麻莱县、德令哈市、格尔木市、乌兰县、都兰县、天峻县	大通回族自治县、互助土族自治县志、海晏县、祁连县、刚察县、门源回族自治县、同德县、兴海县、同仁县、泽库县、河南蒙古族自治县、玛沁县、班玛县、甘德县、达日县、久治县、玛多县、玉树县、杂多县、称多县、治多县、囊谦县、曲麻莱县、德令哈市、格尔木市、乌兰县、都兰县、天峻县
	宁夏	原州区		
	新疆	乌鲁木齐市、乌鲁木齐县、石河子市、五家渠市、喀什市、疏附县、疏勒县、英吉沙县、泽普县、莎车县、叶城县、麦盖提县、岳普湖县、伽师县、巴楚县、塔什库尔干塔吉克自治县、阿克苏市、温宿县、库车县、沙雅县、新和县、拜城县、乌什县、阿瓦提县、柯坪县、和田市、和田县、墨玉县、皮山县、洛浦县、策勒县、于田县、民丰县、吐鲁番市、鄯善县、托克逊县、哈密市、伊吾县、巴里坤哈萨克自治县、阿图什市、阿克陶县、乌恰县、博乐市、精河县、温泉县、昌吉市、阜康市、呼图壁县、玛纳斯县、奇台县、吉木萨尔县、木垒哈萨克自治县、库尔勒市、轮台县、尉犁县、若羌县、且末县、和静县、和硕县、博湖县、焉耆回族自治县、伊宁市、奎屯市、伊宁县、霍城县、巩留县、新源县、昭苏县、特克斯县、尼勒克县、察布查尔锡伯自治县、塔城市、乌苏市、额敏县、沙湾县、托里县、裕民县、和布克赛尔蒙古自治县、阿勒泰市、布尔津县、富蕴县、福海县、哈巴河县、青河县、吉木乃县	乌鲁木齐市、乌鲁木齐县、石河子市、五家渠市、喀什市、莎车县、叶城县、塔什库尔干塔吉克自治县、阿克苏市、温宿县、库车县、拜城县、乌什县、和田市、和田县、墨玉县、皮山县、洛浦县、策勒县、于田县、民丰县、吐鲁番市、鄯善县、托克逊县、哈密市、伊吾县、巴里坤哈萨克自治县、阿图什市、阿克陶县、乌恰县、博乐市、精河县、温泉县、昌吉市、阜康市、呼图壁县、玛纳斯县、奇台县、吉木萨尔县、木垒哈萨克自治县、库尔勒市、轮台县、尉犁县、若羌县、且末县、和静县、和硕县、博湖县、焉耆回族自治县、伊宁市、伊宁县、霍城县、巩留县、新源县、昭苏县、特克斯县、尼勒克县、察布查尔锡伯自治县、塔城市、乌苏市、额敏县、沙湾县、托里县、裕民县、和布克赛尔蒙古自治县、阿勒泰市、布尔津县、富蕴县、福海县、哈巴河县、青河县、吉木乃县	乌鲁木齐市、乌鲁木齐县、五家渠市、叶城县、塔什库尔干塔吉克自治县、阿克苏市、拜城县、和田市、和田县、墨玉县、洛浦县、吐鲁番市、鄯善县、托克逊县、哈密市、博乐市、昌吉市、阜康市、呼图壁县、玛纳斯县、奇台县、吉木萨尔县、木垒哈萨克自治县、库尔勒市、尉犁县、若羌县、且末县、和静县、焉耆回族自治县、伊宁市、霍城县、巩留县、新源县、昭苏县、特克斯县、察布查尔锡伯自治县、塔城市、额敏县、沙湾县、托里县、裕民县、阿勒泰市、布尔津县、富蕴县、青河县

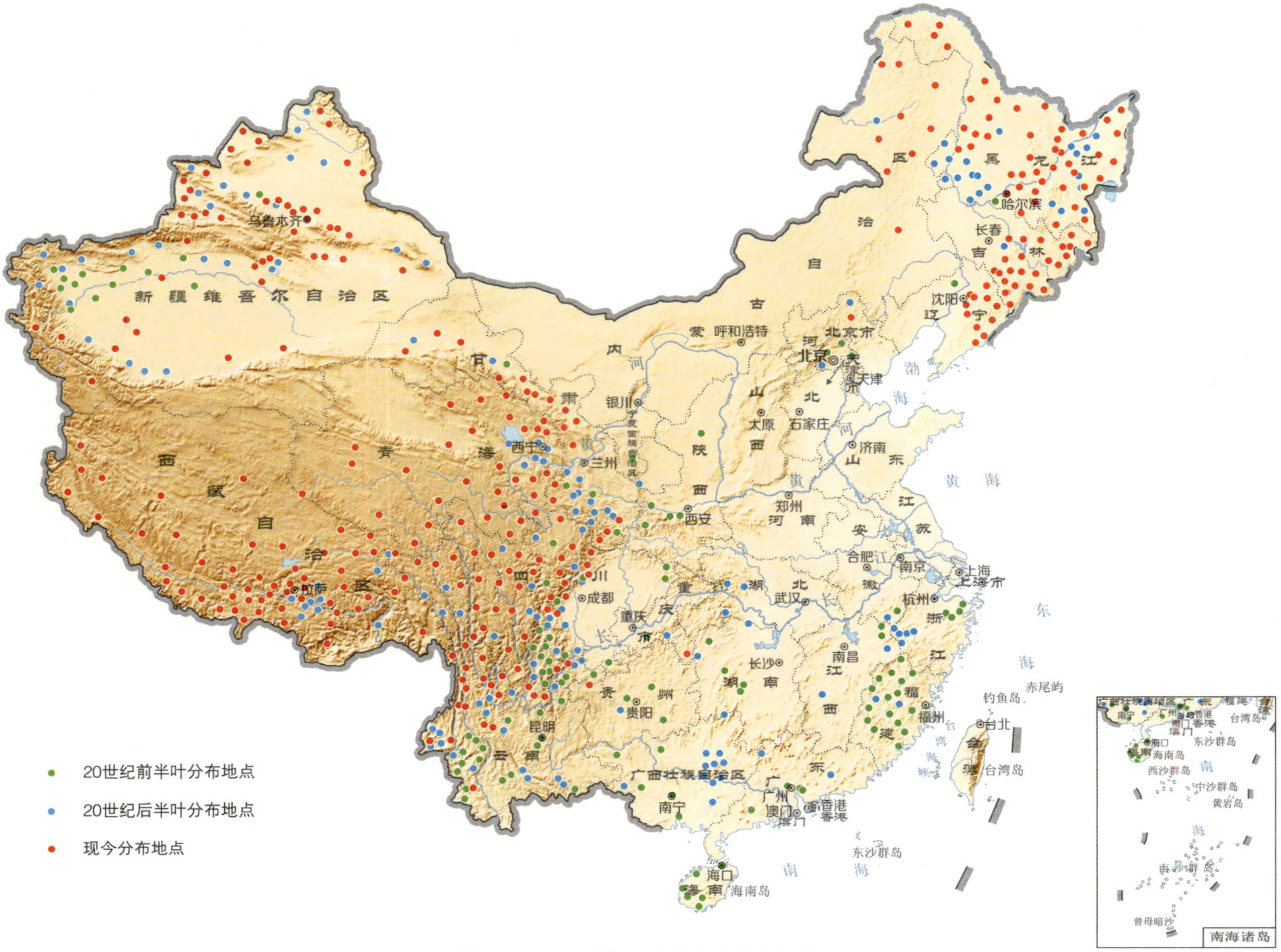

图 13.68　20 世纪以来棕熊分布变迁图

6　20 世纪以来的黑熊分布变迁

黑熊是我国 3 种熊中分布最广的物种，据文献记载，除上海市、山东省未见记录，江苏省、香港特别行政区、澳门特别行政区的熊灭绝较早，新疆维吾尔自治区待查证外，其余各省级政区皆有黑熊分布记录。

《中国经济动物志：兽类》记载的黑熊分布涉及河北省、内蒙古自治区、吉林省、黑龙江省、福建省、台湾、湖北省、广西壮族自治区、广东省海南岛（即今海南省）、云南省、陕西省（寿振黄，1962）。

《中国动物志：兽纲：食肉目》记载在吉林省、黑龙江省、海南省、贵州省、云南省、西藏自治区、陕西省、甘肃省等地有黑熊分布（高耀亭等，1987）。

6.1　华北

华北各省级政区皆有黑熊分布，只是有些灭绝较早。

6.1.1　河北

河北省有黑熊分布，现今还有残存。

民国十一年《宣化县新志》记述：

案：《旧县志·兽属》（戴）[载]有：……熊……等类。现在，宣邑山谷居民并未见过此类行迹，故删之，似存实在。

按：据此，表明曾有黑熊等分布。

民国二十四年《察哈尔通志》记述：

熊：猛兽名。一名黑熊。体肥满，长四五尺，头大额广，耳壳短圆，鼻端略钝，眼露凶光突出，上唇中缺，门牙、犬牙皆尖锐，臼齿扁钝，四肢短，以蹠踏地，各五趾，具钩爪，不能屈伸，尾短小，毛密硬，色黑有光泽，项下有白毛，形如新月。能以蹠握物掘穴攀木。昼伏夜出。食果实藷芋，亦能杂食。皮可为垫，肉可食，掌肉为珍品。常栖息大南山林木中。涿鹿产。

按：据此，含有较明显的黑熊特征，反映有此兽生息繁衍。

民国二十四年《新城县志》记述：

熊，谓之狗熊。案：狗熊，熊之小者。即《尔雅》所谓"熊虎魄，其子狗"者也。《广东新语》：岭之南，熊有三，狗熊居其一。

按：此虽似有"马来熊"之说，但从地域与时间判断，可否定之，故是黑熊。

《迁西县志》记述（迁西县地方志编纂委员会，1991）：

早在本世纪三四十年代，东北虎、黑熊、金钱豹、梅花鹿、猴等多种野生动物先后绝迹。

按：据此，只能说明20世纪前半叶还有黑熊等栖息。

《涞源县志》转引（涞源县地方志编纂委员会，1998）：

光绪年间编纂的《广昌县志》中记载的……熊……等早已绝迹，具体时间暂不能断定。

按：据此只能反映清末还有黑熊等分布。

《中国经济动物志：兽类》称，黑熊"文献记录见于河北省东陵"（寿振黄，1962）。证实在今遵化市等地当时确有黑熊栖息。

《平泉县志》记述（河北省平泉县地方志编纂委员会，2000）：

熊：哺乳纲，食肉目，熊科，群众称之为黑瞎子。史料记载，清初期经常见到，后逐渐绝迹。1962年，密云川沟魏杖子突然出现1只，连伤3人，危急中公社公安助理田执发持枪赶到，两枪将熊击毙。此后，未再发现。

按：表明直至1962年，尚有黑熊栖息。

《中国动物志：兽纲：食肉目》记述（高耀亭等，1987）：

黑熊东北亚种（*Ursus thibetanus ussuricus*）……以往文献记载，曾在河北省东陵采到过标本。

按：既在今遵化市采集到标本，证明河北省确有黑熊分布。

《中国重点陆生野生动物资源调查》称（国家林业局，2008）：

本次调查，黑熊……河北……未调查。

按：据此，只能说明黑熊在该省极度濒危。

《河北动物志：两栖、爬行、哺乳动物类》（吴跃峰等，2009）：

黑熊【别名】亚洲黑熊、狗熊、熊瞎子、黑瞎子、狗驼子。

【分布】河北（兴隆、隆化）。

按：据此，说明在冀东北的兴隆县、隆化县等地还有黑熊残存。

围场满族蒙古族自治县地处内蒙古高原和冀北山地的过渡带，为阴山山脉、大兴安岭山脉的尾部与燕山山脉的结合部，地势西北高、东南低。属北（寒）温带—中温带、半湿润—半干旱、大陆性季风型、高原—山地气候，冬长夏短，夏半年受副热带暖高压影响，盛行偏南风，天气温暖多雨，无明显盛暑季节；冬半年受西伯利亚冷高压控制，盛行偏北风，气候寒冷干燥。已查明的脊椎动物计5纲28目78科183属323种，其中属国家二级保护动物有黑熊、猞猁、兔狲、石貂、水獭、豹猫、马鹿、蒙古羚、斑羚等①。

6.1.2　山西

山西省现今还有黑熊残存。

太岳山以其拔地通天、擎天捧日之势，凌驾于晋中平原之上，层峰叠峦，逶迤绵亘，林木繁茂，郁郁苍苍。太岳山国家森林公园为山西最大的国家级森林公园，园部设在沁源县郭道镇。森林公园野生动植物资源丰富，其中野生动物有166种，其中兽类46种，鸟类120种，属于国家一级保护动物有金钱豹、原麝，二类保护动物有林

①围场满族蒙古族自治县. http://baike.baidu.com/link? url=An7nlLW08hhM-YYcWKCZfS0Qjy2Gw5siqcnymdfvcIhEW-Z94T0z933m7nOziKYXfNolLRuoKyKQ9K41gLk7pq

麝、红脚（猫头鹰），三类保护动物有黑熊、岩羊等①。此处虽保护动物的等级存在瑕疵，但仍可说明有黑熊存在。

6.1.3 内蒙古

黑熊在内蒙古自治区的分布主要处于东北部，亦即属于自然地理的“东北”一带。

《内蒙古珍稀濒危动物图谱》记述（凤凌飞，1991）：

黑熊：蒙名：哈日—巴戌勃盖。别名：狗熊、熊瞎子、黑瞎子。

【分布】内蒙古仅分布于大兴安岭林区。

● 赤峰市：《巴林右旗志》记述（《巴林右旗志》编纂委员会，1990）：

熊：当地又称黑瞎子，于旗北部山林中栖息。体长5尺，被毛黑色，个别为棕色。70年代曾在赛汗罕乌拉密林中发现，现不见踪迹。

按：反映在20世纪后半叶还有黑熊栖息。

● 通辽市：《中国经济动物志：兽类》称，中国科学院动物研究所收藏的黑熊标本“采于……内蒙古自治区通辽”（寿振黄，1962）。证实在今科尔沁区等地当时确有黑熊栖息。

● 呼伦贝尔市：额尔古纳市位于大兴安岭西北麓，呼伦贝尔草原北端，额尔古纳河右岸，地形以丘陵为主。属寒温带大陆性气候。森林覆盖率64.8%。该市的恩和村地处哈乌尔河畔、大兴安岭北部原始森林腹地，三面环山，一面临水，南北长、东西狭窄，境内珍贵野生动物较多，如黑熊、狍子、飞龙、猞猁、狐狸、飞鼠、黄鼬、花鼠、小獭等②。

新巴尔虎左旗位于呼伦贝尔草原西南腹地、大兴安岭北麓，东南部为山地丘陵，中部为高平原，北部海拉尔河一带为低山丘陵，南部为大兴安岭北麓山林区，多山。属中温带大陆性季风气候，冬季漫长严寒。森林覆盖率3.7%。2011年，境内栖居的野生动物有鹿、狍子、黑熊、黄羊、野猪、狐狸、沙狐狸、猞猁、獾子、刺猬、草兔、旱獭、松鼠等46余种③。

莫力达瓦达斡尔族自治旗地势由西北向东南倾斜，有山丘、丘陵、平原三大地貌，为浅山区。属中温带大陆性季风气候。截至2008年，查明有经济价值的野生动物93种（不包括两栖、爬行、昆虫等类动物）。兽类基本上属于北极型和林栖型两个生态类型，被列为国家一级、二级保护动物的有黑熊、紫貂、驯鹿等④。

据报道，鄂伦春自治旗现仍有黑熊等国家级保护动物⑤。

鄂温克族自治旗位于呼伦贝尔大草原东南部，大兴安岭山地向呼伦贝尔高平原过渡地段，属高原型地貌区，地势由东南向西北逐渐倾斜。东南部山地属中山、低山地貌，山体走向多为北东向；中部为中山、低山丘陵地貌，是山地向高平原过渡地带，低山和丘陵相间分布，山顶和丘岗比较平坦，谷地比较开阔，河网密布，水源比较丰富；低山丘陵以西，是呼伦贝尔高平原的一部分，地面开阔平坦，稍有波状起伏，河流少，河水比较浅，河床宽浅曲折，形成开阔的河漫滩和河谷洼地。属中温带大陆性气候。境内野生植物有74科298属682种。野生动物有49种，其中列入国家保护的稀有动物有黑熊与马鹿、驼鹿、黄羊、雪兔、猞猁、紫貉、旱獭等12种⑥。

● 兴安盟：乌兰浩特市位于大兴安岭南麓，科尔沁草原腹地。属中温带半干旱季风气候，四季分明，气温的年较差和日较差都较大。当地珍稀动物常见的有马鹿、黑熊、狍子、猞猁、水赖、雪

---

①太岳山. http://www.baike.com/wiki/%E5%A4%AA%E5%B2%B3%E5%B1%B1

②中国传统村落：额尔古纳市恩和俄罗斯民族乡恩和村. http://www.hhhtnews.com/2014/1110/1775872.shtml

③新巴尔虎左旗. http://baike.baidu.com/link? url=9HiXqqrSahdlvt-h0bBcwqRLm6fOHgJsK_tp0PSrBjAUQs1jdDZ059CVB3AVWhMmTLm5Bf6mS3AbLlMrY71Vt_

④莫力达瓦达斡尔族自治旗. http://baike.baidu.com/link? url=j0CovK9FcDhr4iYloie0xqrWc6-5uanUqh0GUdwGj4QhYJQey6_kLDt1OcPliGpPIABh8HA2Bjk0km6HBu8peq

⑤鄂伦春自治旗. http://baike.baidu.com/link? url=W2Ly8PcOKTY_lfUhIIgLUmyqISCJvUaIgcl0-o9eT-qFcItklKtdwcokR-n45KE08BAYqdG2gt1GWOUJKjdGFa；毕拉河林业局. http://baike.baidu.com/view/3779752.htm

⑥鄂温克族自治旗. http://baike.baidu.com/link? url=0RinRBPd0suQNUatkXY2rDjkEb5js_CGZnJIXrE5c_oyuBWfcDvBHP2ovjJ-Ecd_oPC0nLMHs3KPmZM_1Kfcaa

兔、飞龙、松鸡、乌鸡等20余种①。

阿尔山市横跨大兴安岭西南山麓，处于特殊的地理环境，海拔由西南向东北逐渐升高，全年主要受东南海洋暖湿气流与西北干寒气流影响，属寒温带大陆性季风气候，又处于大陆型高山气候区，地方小气候特征明显。森林覆盖率超过64%，绿色植被率达95%。该市的白狼镇地处大兴安岭南侧，野生动物种类繁多，主要有马鹿、黑熊、狍子、猞猁、香獐、水獭、雪兔等②。

扎赉特旗位于大兴安岭向松嫩平原的过渡地带，嫩江右岸，地势西北高、东南低，由西北至东南依次构成低山、丘陵、平原三类地貌。属温带大陆性气候。有原始森林17万 hm^2，草原面积67万 hm^2。现有马鹿、野猪、黑熊、锦鸡、飞龙、狍子、猞猁、水獭、狐狸、草兔、灰鼠、丹顶鹤、白天鹅、沙鸡等野生动物③。

6.1.4　方志记载

方志记载虽较简略，但可反映不同时期华北的多地黑熊分布情况(表13.17)。

表13.17　方志记载20世纪以来华北的黑熊分布情况

省级政区	今地点	文献	内容	新方志出处
北京	密云县	民国三年(1914)《密云县志》	熊	
	房山区、昌平区等地	民国六年(1917)《大中华京兆地理志》	熊(房山、昌平……皆有之)	
	房山区	民国十七年(1928)《房山县志》	熊	
	房山区	1999年《北京市房山区志》	讫六七十年代，……熊、罴等猛兽已绝迹	北京市房山区地方志编纂委员会，1999
天津	蓟县等地	民国六年(1917)《大中华京兆地理志》	熊罴(……蓟县皆有之)	
	蓟县	民国三十三年(1944)《蓟县志》	熊	
河北	宣化县	民国十一年(1922)《宣化县新志》	熊*	
	涿州市	民国二十一年(1932)《涿州志》	狗熊(因人口繁殖，山地日辟，今亦有罕见者)	
	涿鹿县	民国二十四年(1935)《察哈尔通志》	熊*	
	涞水县	民国二十四年(1935)《新城县志》	熊*	
	涿州市	民国二十五年(1936)《涿县志》	狗熊	
	迁西县	1991年《迁西县志》	黑熊*	迁西县地方志编纂委员会，1991
	涞源县	1998年《涞源县志》	熊*	涞源县地方志编纂委员会，1998
	唐山市、遵化市、迁安市、迁西县、滦县、滦南县、玉田县、乐亭县、唐海县	1999年《唐山市志》	黑熊【本省级政区已有类似记录】	唐山市地方志编纂委员会，1999
	围场满族自治县	1997年《围场满族自治县志》	熊	围场满族自治县地方志编纂委员会，1997

①乌兰浩特. http://baike.baidu.com/link? url = mul7OOce12SbQvRMUP5Uj2r6jiYFvdTQ384Nbqxxp-o-qzefVHAdeuaW84QaAYOnWfdr5riQisAzBRnCBhnCGUK02JCLDgn0AhyK9WU-GGUYcKieVIO9bvyso5sLgoXtYci1XKrU7rQ0ZA8U4gxVTEpt26ioqaUcBkJYpE_5lwcF5vHY5fTEUjA1jTjo_fea

②内蒙古兴安盟阿尔山市白狼镇. http://www.tcmap.com.cn/neimenggu/aershanshi_bailangzhen.html

③扎赉特旗. http://baike.baidu.com/link? url=2lblziLLrMA_KEmQSP_dXio56G7NA2WP_Y2cIUeTzOrEcUE3somUGx2IeZXqlk7sRM3AJz2IWNq6mDTz_E2Kaq

（续表）

省级政区	今地点	文献	内容	新方志出处
	赞皇县	1998年《赞皇县志》	熊	河北省赞皇县地方志编纂委员会，1998
	平泉县	2000年《平泉县志》	熊(1962年)*	河北省平泉县地方志编纂委员会，2000
山西	城区、高平市、泽州县、沁水县、阳城县、陵川县	1999年《晋城市志》	熊	晋城市地方志编纂委员会，1999
内蒙古	巴林右旗	1990年《巴林右旗志》	熊*	《巴林右旗志》编纂委员会，1990
	科尔沁右翼前旗	1991年《科尔沁右翼前旗志》	黑熊	科尔沁右翼前旗志编纂委员会，1991
	宁城县	1992年《宁城县志》	黑熊(【当地名】狗熊、黑瞎子【分布】西山林区可见)	宁城县志编纂委员会，1992
	属额尔古纳市	1993年《额尔古纳右旗志》	黑熊	额尔古纳右旗史志编纂委员会，1993
	阿鲁科尔沁旗	1994年《阿鲁科尔沁旗志》	黑熊(70年代后已绝迹)	《阿鲁科尔沁旗志》编纂委员会，1994
	赤峰市	1996年《赤峰市志》	黑熊(狗熊)	赤峰市地方志编纂委员会，1996
	鄂温克族自治旗	1996年《鄂温克族自治旗志》	黑熊	鄂温克族自治旗志编纂委员会，1996
	乌兰浩特市、阿尔山市、突泉县、科尔沁右翼前旗、科尔沁右翼中旗、扎赉特旗	1997年《兴安盟志》	黑熊	兴安盟地方志编纂委员会，1997
	根河市	1998年《根河市志》	黑熊	根河市史志编纂委员会，1998
	莫力达瓦达斡尔族自治旗	1998年《莫力达瓦达斡尔族自治旗志》	黑熊	莫力达瓦达斡尔族自治旗史志编纂委员会，1998

注：* 表示详见正文。

6.2 东北

东北各省级政区皆有黑熊生息繁衍。

6.2.1 辽宁

辽宁省有黑熊分布。

民国十九年《开原县志》记述：

熊遭奇劫：邑东南山森林，极多伐木者咸结茅为屋，以为食宿之所。一日，有木工某入山工作，以斧劈大木。仅及半，而食时至，因以橛塞其隙而去。及归，见一熊跨木上，力拔橛，状甚惶急。既而木楔出，[熊]肾囊已入隙中。木工遽以斧斫之，遂毙。

按：此熊似为黑熊。

《中国动物志：兽纲：食肉目》记述（高耀亭等，1987）：

黑熊东北亚种(*Ursus thibetanus ussuricus*)：见于……辽宁省东北部。

按：据此，主要指长白山脉南延部分有黑熊分布。

《辽宁动物志：兽类》记述（肖增祜等，1988）：

黑熊：地方名：狗熊、熊瞎子、黑瞎子。

【分布】辽宁分布狭窄，只见于东部山区的新宾、本溪、恒仁、宽甸、凤城五县的局部地区。新宾县关家林场、西岔村、平顶山乡西川，桓仁县普乐堡、八里甸子、八道沟、牛毛坞、影壁山，宽甸县青山沟、灌水、大川头、大西岔子，凤城县的瑷阳、鸡冠山，本溪的兰河峪等地均有过捕获记录。

按：此处记录十分具体，反映在新宾满族自治县、本溪满族自治县、桓仁满族自治县、凤城市、宽甸满族自治县等地确实有黑熊分布。

东北长白山区总面积约为 20 万 km^2，其中属辽宁省的约为抚顺市、抚顺县、新宾满族自治县、清原满族自治县、本溪市、本溪满族自治县、桓仁满族自治县、丹东市、凤城市、东港市、宽甸满族自治县等地有黑熊分布（姜大成等，2000）。

《中国重点陆生野生动物资源调查》称（国家林业局，2008）：

本次调查，黑熊见于辽宁（凤城、宽甸、本溪、桓仁、新宾）。

按：据此，证实在新宾满族自治县、本溪市、本溪满族自治县、桓仁满族自治县、凤城市、宽甸满族自治县等地仍有黑熊分布。

● 铁岭市：铁岭市地势大体是东高中低、北高南低、西部稍高，山地和丘陵分列东西两侧，中部为由北向南缓泻的辽河平原，可分为东部低山丘陵区和西部辽河低丘平原区两大地貌区。属温带湿润、半湿润季风气候。森林覆盖率 25%。全市陆生脊椎动物有 200 余种，其中鸟类最多，次为兽类。由于气候寒冷，两栖爬行动物种类较少。主要野生动物：兽类有黑熊与刺猬、狼、黄羊貂、紫貂、银鼠、黄鼬、狍、獾、猞猁、狐狸、粘鼠、艾虎、狍麝等①。铁岭为地级市，辖区此时是否皆有黑熊待查证。

● 抚顺市：抚顺市地处辽宁东部山区，属长白山系龙岗山脉，地势较高，山脉呈东北、西南走向；多山，土地结构是“八山一水一分田”。市区位于浑河冲积平原上，三面环山，是一座美丽的带状城市。地属中温带东亚大陆季风气候区，主要特点是夏热多雨，冬寒漫长，温差较大，四季分明。截至 2010 年，森林覆盖率达 67.9%。据初步调查，有熊与獾、狍、野鸡、鹿、白鹭等珍禽异兽近 200 种②。抚顺也为地级市，辖区此时是否皆有黑熊待查证。

● 本溪市：本溪满族自治县位于辽东半岛腹地、太子河上游，长白山系千山山脉从东向西横贯全境，地势东南高、西北低，山地面积占 82.7%。地属中温带湿润气候区，季风和大陆性气候特征明显，四季分明，雨量充沛，日照充足，温度适中，雨热同期。有野生动物 493 种，其中列入国家二类保护动物的有黑熊（狗熊、黑瞎子）与鸳鸯（匹鸟官鸭）、鸢（老鹰、鹞鹰）、苍鹰（黄鹰）、金雕（红头鹰）、水獭（水狗、獭）、狐（狐狸）等 37 种③。

桓仁满族自治县地势自西北向东南倾斜，平均倾斜坡度为万分之一。地属温带大陆性湿润季风气候区，四季分明。地处长白与华北两大植被区系过渡带，林地面积 28.6 万 hm^2，占总面积的 80.7%。野生动物有熊与獐[麝]、狍、鹿、山兔、刺猬和各种鸟、蛇、鱼等④。

● 丹东市：《丹东市志》记述（丹东市地方志办公室，1993）：

黑熊：地方名狗熊、黑瞎子、熊瞎子。栖息在深山阔叶林和混交林中，常随季节而移动。有冬眠习性。杂食性动物。肉可食，熊掌为名贵山珍。皮可利用，熊胆、肉、脂可入药。宽甸、凤城有分布。数量逐年减少。

按：此虽仅指两地有黑熊，但之前分布应较普遍。

宽甸满族自治县位于鸭绿江中下游右岸，地处长白山脉与千山山脉过渡地带、辽东断块山地丘陵区，地势自北向南、自西北向东南倾斜，呈西

①铁岭市人民政府. http://www. tieling. gov. cn/zjtl/showall. asp? table=tms2005&n=%D7%CA%D4%B4%B8%C5%BF%F6&lb1=1&lb2=9&fid=56

②抚顺市. http://baike. baidu. com/link? url=wVHseSkm8ikhbKAQwfuxK6eWwMXA57O1wDqkH9D0DOYBzeAhtqHEq5SbH49CFSv87JJALCabHHTRFLeIbzyK_KdA5WLxcvfDHKH1d-BOg9ARrnB4HH4cQsDVGq0EshFi

③本溪满族自治县. http://baike. baidu. com/link? url=tIXJMlqTx1BOIy1XxtTBs2kz3W3q6Pjx4QkUHstbZRel265l_Vm1ybdwnsvkc9v-s-BCjrz6e7ixN0L5IZv4k_

④桓仁满族自治县. http://baike. baidu. com/link? url=Os3QjF0tT8X_6mStLj9tvGd9dmGSFgWYQDd6ohxNats-tr5ej5fjH5KyCau2fhxr6CR-804GYdq2tdnaBcw1Za

北高、东南低，依次中山、低山、丘陵的阶梯状，山地丘陵约占总面积的85%，山间谷地和河流约占15%。南温带的北界横穿县境北部，北部为季风中温带大陆性气候，中部和南部为季风南温带大陆性气候。森林覆盖率78%。该县北部的白石砬子自然保护区在20世纪末调查，哺乳纲有黑熊与刺猬、东北兔、貉、赤狐、沙狐、豺、黄鼬、密狗、狗獾、紫貂、水獭、豹猫、野猪、狍、麝等26种（袁永孝等，1990）。

6.2.2 吉林

吉林省有较多黑熊分布记录。

民国二年(1913)《吉林地志·鸡林旧闻录》记述：

熊有马驼、狗驼两种……狗驼高二尺余，重亦止五六百斤。二种均喙长，眼小，睫毛文极厚。

按：据此看来，所谓"狗驼"即黑熊，反映吉林省等地早有棕熊分布记录。

清宣统二年《长白汇征录》记述：

熊：熊大如豕而猛憨，多力，虎亦畏之。遇人则人立而搏噬，故谓之人熊。竖目，黄睛，睫毛遮蔽如不见物。土人因名黑瞎子。庞然蠢物，众可千斤。然升树攀岩异常轻捷。冬时，蛰伏树孔中不出觅食，饥则舐其掌。俟春暖，则横出攫搏。喜食松子、蜂蜜及含有甜质之物。土人于禾稼成熟时，苦熊为甚。盖熊性贪残而褊急。群入蜀黍田中，意扬扬在吞尽而止，以左右爪互相攫取，挟于腋下。然伸臂，物堕则不计也。自谓满载而出，顾所获者，仅三五。因而愤怒，复入田间连茹拔茅，肆行践踏，折落一空。害何可堪，态之愚于此可见。按：熊胆入药，最良。有铜胆，铁胆之分。熊掌味最美，居八珍之一。其皮革厚，猎户见之，未敢轻于一发云。

按：该志虽记载有"罴"，但此中尚杂有少量棕熊描述，仍可证明有黑熊生息繁衍。

民国十六年《辉南县志》记述：

熊：俗以其体重，毛黑，目光艰涩，趾履蹒跚也，又以黑瞎子呼之……狗熊高二尺，长四尺，重五六百斤，掌似人手，能升树。夏栖林，冬营穴。性猛，不易猎获。《通志》又有人熊、猪熊、猴熊诸称，以形拟名，类非一也。

按：此处描述以黑熊为主。

民国十八年《安图县志》记述：

熊：形如大豕而竖目，人足，毛色黑。春夏臕肥时，皮厚筋弩，惯升木堕地，俗呼跌臕……堪入药者，惟油、胆称最。

按：该志记载棕熊与黑熊皆称"熊"，此处以黑熊为主。

民国十九年《抚松县志》记述：

熊：山林恒有之。全体皆黑，身似笨拙而性特灵，力最大。恒食人畜。其皮可为褥，其足供食用，故熊掌为食品中最珍重之物。其胆能除肝火，为药品难得之物，治眼疾最为有效。

按：此中含有棕熊与黑熊共同特征，说明也有黑熊。

《中国经济动物志：兽类》称，中国科学院动物研究所收藏的黑熊标本"采于……吉林省敦化、靖宇、抚松、辉南"（寿振黄，1962）。证实在今辉南县、抚松县、靖宇县、敦化市等地当时确有黑熊栖息。

《中国动物志：兽纲：食肉目》记述（高耀亭等，1987）：

黑熊东北亚种(*Ursus thibetanus ussuricus*)；见于……吉林(抚松、辉南)。

按：说明在该省南部的辉南县、抚松县等地有黑熊栖息。

东北长白山区总面积约为20万km^2，其中属吉林省的约为磐石市、蛟河市、桦甸市、东丰县、通化市、梅河口市、集安市、通化县、辉南县、柳河县、白山市、临江市、抚松县、靖宇县、长白朝鲜族自治县、延吉市、图们市、敦化市、珲春市、龙井市、和龙市、汪清县、安图县等地有黑熊分布（姜大成等，2000）。

《中国长白山动物》记载：长白山主脉位于和龙、安图、长白、抚松、白山、靖宇等县(市)一带。有黑熊分布（高玮等，2002）。说明在白山市、抚松县、靖宇县、长白朝鲜族自治县、和龙市、安图县等地曾有黑熊栖息。

《中国重点陆生野生动物资源调查》称（国家林业局，2008）：

本次调查，黑熊见于……吉林（安图、汪清、敦化、和龙、珲春、舒兰、桦甸、蛟河、集安、抚松、靖宇、江源、临江和长白山自然保护区）。

按：据此，证实在蛟河市、桦甸市、舒兰市、集安市、白山市、临江市、抚松县、靖宇县、长白朝鲜族自治县、敦化市、珲春市、和龙市、汪清县、安图县等地仍有黑熊分布。

● 吉林市：蛟河市位于长白山西麓，山地丘陵占总面积58%。地属亚温带大陆性季风气候区。动物有200余种，现存经济价值较高的野生经济动物20余种，主要有黑熊、野猪、狐狸、梅花鹿、紫貂、狍子、山鸡、树鸡、青鼬、黄鼬等，国家重点保护动物东北虎经常出现在该市境内①。

舒兰市地处长白山余脉向松嫩平原过渡地带，地貌类型复杂。地属温带大陆性季风气候区。野生动物十分丰富，有国家二级保护动物黑熊、马鹿、鸳鸯等20多个种类，蛇类几十种，鸟类上百种，还有野猪、獐子、狍子、水獭、山鸡、野鸡、飞龙以及多种鼠科动物等②。

● 通化市：通化市2/3以上的面积为山区，属长白山系。南部是鸭绿江与浑江之间的老岭山区，中部是浑江与辉发河之间的龙岗山，北部为低山丘陵区，是山地和平原的过渡地带。地属中温带湿润气候区。位于通化市东昌区的白鸡峰国家森林公园，据称有国家保护动物32种，其中Ⅱ级保护动物有猞猁、黑熊、水獭、鸳鸯等③。

柳河县地势基本特征是东南、西南高，东北低，从东南、西南向东北倾斜，丘陵占总面积的10%，熔岩台地占5%，河谷盆地占15%。地属温带大陆性季风气候区，四季分明，夏季潮湿多雨，秋季温顺凉爽。2000年，森林覆盖率56.8%。野生动物仍有黑熊、野猪、狍子、马鹿、狐狸、棒鸡、丹顶鹤、野鸭、林蛙等④。

● 白山市：抚松县称，境内大型兽类仍有黑熊等⑤。

临江市位于长白山腹地，鸭绿江畔。地属中温带大陆性季风气候区。截至2013年，境内野生动物有黑熊与鹿、貂等250余种⑥。

长白朝鲜族自治县位于长白山南麓，鸭绿江上游右岸，地势东北高、西南低，逐渐倾斜。地处中纬度，地势偏高，属亚温带大陆性季风气候，气温由西向东和由南向北递减，冬寒夏暖，四季分明。森林覆盖率92%。2013年，县境内兽类有东北虎、野猪、黑熊、马鹿、梅花鹿、狍子、紫貂、松鼠、黄鼠狼、狗獾、东北兔、香獐子、狼、狐狸等30余种⑦。

● 延边州：敦化市位于长白山西麓，地势四周高、中部低。地属中温带冷凉气候区，山区气候特点明显。主要珍稀动物有黑熊与东北虎、梅花鹿、紫貂、水獭等⑧。

龙井市位于长白山东麓，地形从边缘山地到中部盆地中心过渡。地属中温带大陆性季风气候区，一年四季分明，冬冷夏热。野生动物中国家重点保护Ⅱ级野生动物12种，即黑熊、猞猁、鸳鸯、燕隼、红脚隼、红隼、花尾榛鸡、长尾林鸮、短耳鸮、鸮、鸢、鹊鹞等⑨。

和龙市至2013年已查明并具有一定经济价值的野生动物近300科600多种，其中有黑熊等

①蛟河. http://baike. baidu. com/link? url=JchwEHMzSwM53nx2iju3ZEV90gsX9_fs1h656SX3fg4lDjggLiNC4fKSMYghGGWMg7yfb9b9c4oAF8l4UwB5Fq

②舒兰市人民政府. http://www. shulan. gov. cn/UI/fronStage/LMLB01005. aspx? mas=2&menu_level_1=222104b3-4552-4530-b095-8710ed6a7232&menu_level_2=1fc4479e-2b3e-4828-bffb-22c13fb83585&menu_level_3=

③通化市白鸡峰国家森林公园森林疗养院建设项目. http://www. jl. gov. cn/bsfw/kstd/tzz/zdxm2015/fwyjqt_zdxm/201509/t20150925_2083161. html

④柳河县. http://baike. baidu. com/view/775396. htm

⑤抚松县人民政府·抚松概况. http://www. fusong. gov. cn/zjfs/index. jhtml；抚松县. http://baike. baidu. com/view/237446. htm

⑥临江. http://baike. baidu. com/link? url=2RX8VUcZ78wea0tBzXR4RzxpdyNR_x_gWUfmBQzJrrX6wXdm0GPqTRRe36SUcK-q2WMGwMobU0MTm9tUOeRUUS4o4Wne3H9yJ5lB4Xi4MrwvjdjCtNJxBLsLgxIR548VjMpcj0o0-TpD_OliyQI18vH0wMUKcxjPiNAthzKQmZi_pHc-eaM-N2HEi28j0FVq

⑦长白朝鲜族自治县. http://baike. baidu. com/link? url=ba5ek6cSR4FkXLyxMWKHs3VXpYlqVvqyrUi7_ZIeO2A2a2sic1zHbnkXvp8ky_BDR-3tqoGQ-yf2EJaGwBcFrq

⑧敦化. http://baike. baidu. com/view/6787. htm? fromId=999790

⑨龙井. http://baike. baidu. com/link? url=_HbpIP3_aU-EkEKo_SPoNJP-txlRlcEpdF7v4LaQlKnxroGx2UThnUoKccAPmdbPHVsf5OGSF3VvS9gKlITU9yEsKQVSDlJtVWGbGFNDF8XPQyatKjPVUyuqZA7oLtgcUjsLZ8PHvlnJiWyY5Devjit3bs2xCKr-7ctrjEpwT2tBgerxCwe3NPb9t60rgpyr

国家二级珍稀保护动物①。

汪清县地处长白山麓，属山区。地属大陆性中温带多风气候区，冬长夏短，四季分明，但垂直变化较大。林地占总面积的 89.3%。有野生动物 157 种，名贵中药材有鹿茸、麝香、熊胆等②。“熊胆”似源于黑熊。

安图县地处长白山北麓，境内群山起伏，沟壑纵横，长白山脉由南向北延伸，全县地势南高北低、东高西低、南北长、东西窄。地属温带季风气候区，由南向北气温逐步升高，降水逐步减少。森林覆盖率 63.4%。栖息着东北虎、金钱豹、黑熊、水獭、紫貂、梅花鹿、野猪等野生动物 550 余种③。

6.2.3 黑龙江

黑龙江省是东北地区现存黑熊最多的省级政区。

清宣统二年《呼兰府志》记述：

有熊：豕类而黑，故称豕熊。毛长四五寸，掩其目，故又称黑瞎子。前足（两趾）似人掌，后足（两趾）似人趾，俱五指。能人立而行。其行也，必以前足开其睫审视而后趋。好攀树巅而复上。冬则蛰居树穴，频舐其掌以充饥。春夏则出而觅食，爱食玉蜀黍，蹂躏田禾。击（析）［打］逐之，则奔。多力，能拔巨树。受伤后，腹裂肠流，能纳肠腹中，以草堵其疮口，仍与搏。人折旋避之，则免。胸前白毛，为熊要害处，中之立殪。畏鹹食宣统元年间，巴彦州（氏）［民］户某妇死，浅瘗，被熊攫去。寻至五六里外，得之，掩埋如故。尸以盐渍，故未伤损。

按：其中夹杂棕熊描述，还是可以说明同时有黑熊分布。

民国八年《方正县志》记述：

熊：有马驼、狗驼、走驼三种……狗驼高二尺许，长四尺许，重约五六百斤，喙细而长，眼甚小，故俗呼黑瞎子。体黑，尾短，掌如人形，能立行，能拔树，能升树。大雪后，即营穴自藏，俗谓之蹲仓。走驼与狗驼略同。

按：其中不乏黑熊特征，表明含有此物种。

民国十三年《宁安县志》记述：

熊罴：小者曰熊……今山中熊类不一，有人熊，猪熊，猴熊，狗熊诸名。猎得者入贡。熊有狗驼（满名敖宜木戈）……两种。狗驼能上树取食料。

按：描述中含有黑熊。

民国十五年《双城县志》：

熊：小者为熊……今山中熊类不一，有猪熊、狗熊、猴熊诸名。性极猛，尤能拔树，啮人。熊矫捷而罴憨猛，皆兽之绝有力者……熊亦五六百斤。

熊（蟠）［蹯］，东方佳品，官厨以为贵《扈从日录》。

按：杂有棕熊与黑熊习性等，表明同时有此两种。

民国十七年《桦川县志》记述：

熊罴：小者曰熊……熊分二种：有狗驼，满名敖木宜戈，能上树取食料……其胆可入药。桦川产熊最多。据闻，［民国］十三年八月，下山三十余，分布各地。兴利会、龙大脑袋二山各获其一。向化区抢家屯伤人二，死一，逸去。

按：据此，说明有棕熊与黑熊。

民国十八年《珠河县志》记述：

熊：大曰熊，小曰罴。按：熊有大小、黑白之分……小者名狗驼，能升木取食。掌为八珍之一，清代贡品。冬季，常食补而能御寒。境内甚多，时有下山者。

按：此处的“熊”“罴”之含义不同常说，但反映有棕熊与黑熊。

《中国经济动物志：兽类》称，中国科学院动物研究所收藏的黑熊标本“采于黑龙江省伊春、宝清、抚远、尚志、镜泊湖附近”（寿振黄，1962）。证实在今尚志市、伊春市、抚远县、宝清县、宁安市等地当时确有黑熊栖息。

《黑龙江省兽类志》记述（马逸清等，1986）：

黑熊：别名：狗熊、黑瞎子、狗驼子。

【标本采集地】宝清，尚志，带岭。

【地理分布】黑龙江省内见于小兴安岭和东部山区，大兴安岭没有黑熊。国内南自海南岛，

---

①和龙. http://baike. baidu. com/link? url=nokz00vJ5NcsEW-mJ7W5i3jAn0aZKOFEcjuBcEW8mR00FYOrh_wovSS3a3V0bW5Xte_f8V9TedorHGgXZ61uY2ojo-ZvVmOrUhi-ePJQi1l1GyGH1OorQbP4CF9EUnIROM42cxFI3ajlkPrJvSHT4ykUrN3rIzMwLx8u8mz0A3C

②中国·汪清. http://www. wangqing. gov. cn/danye. asp? action=wangqinggaikuang

③安图县. http://baike. baidu. com/link? url=OPd7L6Co-VWqh80--bTUTaSPGCB9zUBW1Mbi76MSGi-S4NGkhwg1wueFcEm2m1sjl_4Q9RBHoDdsJJ805AJVda

北至黑龙江，西自喜马拉雅山，东到台湾岛都有黑熊。

按：据此，反映黑熊在该省较明确的具体分布于尚志市、伊春市、宝清县等地。

《中国动物志：兽纲：食肉目》记述（高耀亭等，1987）：

黑熊东北亚种（*Ursus thibetanus ussuricus*）：见于黑龙江（宝清、尚志、带岭、海林）。

1975年12月在黑龙江绥棱县三基台林场，一块不到一百平方米的林地上就有六个这样的树巢（黑熊采食时，将柞树枝逐个拉断，边吃边拉，将树枝坐在臀下，这样被它破坏的柞树冠上就形成一个很大的坐巢）。

1977年5月26日，哈尔滨动物园自阿城县收到一只熊崽（约5月龄），活体重仅6 kg。而同年10月12日自伊春南岔区收到的一只（约9月龄）才12.5 kg。

按：据此，仅零星反映在哈尔滨市、尚志市、伊春市、宝清县、海林市等地曾有黑熊栖息。

东北长白山区总面积约为20万km^2，其中属黑龙江省的约为双鸭山市、友谊县、宝清县、七台河市、勃利县、鸡西市、密山市、牡丹江市、穆棱市、绥芬河市、海林市、宁安市、东宁县、林口县等地有黑熊分布（姜大成等，2000）。

《中国重点陆生野生动物资源调查》称（国家林业局，2008）：

本次调查，黑熊见于……黑龙江（黑河、孙吴、逊克、嘉荫、铁力、绥棱、巴彦、通河、虎林、穆棱、东宁、宁安、海林、尚志、方正、五常、饶河、宝清、桦南、汤原、萝北）。

按：据此，证实在尚志市、五常市、方正县、巴彦县、通河县、爱辉区、逊克县、孙吴县、铁力市、嘉荫县、萝北县、桦南县、汤原县、宝清县、饶河县、虎林市、穆棱市、海林市、宁安市、东宁县、绥棱县等地仍有黑熊分布。

● 哈尔滨市：哈尔滨市东南临张广才岭支脉丘陵，北部为小兴安岭山区，中部有松花江通过，山势不高，河流纵横，平原辽阔。地属中温带大陆性季风气候区，冬长夏短。据报道，当地现今依然有黑熊①，似表明哈尔滨市、双城市、尚志市、五常市、依兰县、方正县、宾县、巴彦县、木兰县、通河县、延寿县等地有分布。

尚志市称，野生动物中有“熊”等珍稀兽禽。所称“熊”当主要指黑熊②。

五常市现有野生动物中兽类有熊等③。“熊”似含有黑熊。

依兰县称，现存野生动物中兽类有黑熊等④。

木兰县称，现存野兽类有熊等珍稀物种⑤。“熊”似含有黑熊。

延寿县称当地药用动物有熊、麝、獾等⑥。所称“熊”当主要指黑熊。

《宾县志》记述（宾县地方志办公室，1991）：

熊：有马熊、狗熊、走熊三种熊……狗熊，高2尺，长4尺，重500～600斤。熊嘴细长，眼小，俗名黑瞎子，体黑，尾短，掌如人手，力能拔树、上树。大雪后，入穴藏身，俗称蹲仓，入树窟为天仓，入石洞为地仓。入仓后不吃食物，每日舔掌2～3次。走熊，黄色，长2尺，高1尺，形与马熊同，冬天不入仓，白天在树枝上。

按：说明当地有棕熊与黑熊。

● 黑河市：《黑河地区志》（黑河市地方志编纂委员会，1996）：

熊：现有190只左右，其中黑熊约150只……主要分布在孙吴县平山林场、红旗林场，黑河市桦皮窑林场、胜山林场、二站林场等地。

按：说明当地分布的黑熊多于棕熊数倍。

---

①中国哈尔滨. http://www. harbin. gov. cn/zjhrb/sqgl/csgk/zrdl. htm

②尚志. http://baike. baidu. com/link? url=1prvCDJHLHUmNkebIgeR7RsdAya4ZqLy5lVdTkFw92nLsbMfY3alznL5koZjEEPX_pmI7MGyoR1sblMlH9kqfYFS9OgD284_DgVGGgjDLQqQdjmXCqbf88hxD3GPUDmcVRp7RnI9oL3J4kV2wMxhBfXjqydZhh_9ggtCWs6ZJmeCgoE_DrAfAC_oBOfdX07e

③五常. http://baike. baidu. com/link? url=0JW8yrS1xeHXimy9ROW707sT9s4LEa5kjn_t6zDPaDL_rxdtPN7jjxn03D8Ths5g9zM2Zdbwj_RqbOjvlh_vAwrWZxt0Fcs3Xeb4bDfrA4W

④依兰县. http://www. baike. com/wiki/%E4%BE%9D%E5%85%B0%E5%8E%BF

⑤黑龙江·木兰. http://www. mulan. gov. cn/zjml/zrzy/2005/10/4200. htm

⑥延寿县. http://baike. baidu. com/link? url=nRu8O1YCguLVAvverDReaChJK9J9WnP5DF8ck0KeP75uo5Repn6gRcvqDwAoHGCwHS0FqY-ck_pN_U28Dmh5m_

爱辉区称，现有熊等野生动物40余种[①]。所谓“熊”，似包括黑熊。

嫩江县截至2010年，野生兽类尚存有黑熊等[②]。

逊克县地形分为低山、丘陵、台地、阶地、高低漫滩等亚区。地属寒温带大陆性季风气候区。山林中有马鹿、黑熊、犴、狍子、林蛙等20余种野兽[③]。

孙吴县属于低山丘陵区，地势南部和西部高，北部和东部低，由西南向东北逐渐倾斜，西部为低山沟谷区，中部为丘陵河谷地区，东北部为沿江平原。属寒温带大陆性季风气候，早晚温差大，春季风大，夏季温和多雨，秋季凉爽，冬季较长。境内各类野生动物多达300余种，其中主要兽类40余种，以熊、野猪、鹿、狍子、獾、猞猁、黄鼠、水獭、银鼠为主[④]。所谓“熊”，似含有黑熊。

● 伊春市：伊春市地势西北高、东南低，南部地势较陡，中部较缓，北部较平坦，地貌特征为“八山半水半草一分田”。地属北温带大陆性季风气候区，春秋两季时间短促，冷暖多变，升降温快，大风天多；夏季湿热多雨；冬季严寒漫长，降雪天较多。森林覆盖率82.2%。在小兴安岭的森林中，栖息着东北虎、马鹿、黑熊、犴、猞猁等60多种珍稀野生动物，260多种鸟类[⑤]。反映在地级伊春市所辖伊春市、铁力市、嘉荫县一带仍有黑熊存在。

铁力市位于小兴安岭南麓，地势东高西低，山地、林地约占全市面积的70%，丘陵、漫岗约占13%，平原、草地约占11%，水域和其他约占6%。地属寒温带大陆性季风气候区。森林覆盖率75%。野生动物共260多种，有黑熊、马鹿、獐、獾、野猪、狍子、猞猁、紫貂、水獭等珍稀野兽[⑥]。

● 鹤岗市：鹤岗市及（苏北）［萝北］县西部均为小兴安岭林区，小兴安岭原始森林公园仍有“棕黑熊”、罕达犴等珍奇动物时常可见[⑦]，此“棕黑熊”似表明仍含有黑熊。

绥滨县属于松花江下游与黑龙江交汇的三角地带，三面环水，中间绿洲，地势由东南向西北倾斜，东南部为土石森林区，西部为黄土丘陵区，沿川为河谷区。地属温带大陆性气候区。数百个界江岛屿和两江沿岸数百千米长的草原林地，栖息着大量野生珍稀动物，有野猪、黑熊、狍子、大雁、野兔、野鸡等[⑧]。

● 佳木斯市：汤原县位于三江平原西部边缘，北依小兴安岭千里群山，南邻松花江、汤旺河两大水系，由西北部山地丘陵与东南部沿江平原构成为“三山一水四分田，一草一路与庄园”的地貌格局。地属中温带大陆季风气候区，四季分明，天气多变，夏季暖热多雨，冬季寒冷干燥，雨热同季，冬夏气温变幅很大。栖息着东北虎、马鹿、黑熊、猞猁、紫貂等百余种野生动物[⑨]。

● 双鸭山市：东方红林业局地处宝清县、饶河县、虎林市三地，据称，辖区密林中还栖息着黑熊与东北虎、马鹿、猞猁、雪兔、紫貂、飞龙、山雉等250余种野生动物与珍禽[⑩]。

友谊县地处黑龙江、松花江、乌苏里江三江平原腹地，地势平坦低洼，西南为丘陵，东北为低洼地，由西南向东北倾斜。地属中温带大陆气候

---

①爱辉区. http://baike. baidu. com/link? url=51LZxRTpM9YCxUsJPV8oqhsKfcmq5a7m-NH9QVEpCFBtudh54TwND_si3bi0RgD9x40yzAVQgMNm2PeUqLsSDq

②嫩江县. http://baike. baidu. com/link? url =-XVqDC _ HuxzcAEqB3Jg5IeetYo83Nc1PKA9X4Sp4zcOFX7lzlulbkPYxiycbwhoEdYvqkOTXVfirbxdvclCs1K

③逊克县. http://baike. baidu. com/view/154515. htm

④孙吴县. http://baike. baidu. com/view/289848. htm

⑤伊春. http://baike. baidu. com/link? url = o48dX66RR2wmB6aOLH5D3t2CGZVA _ PybC1AXB8eYyAQdGQRxbsnldP-k1r2Gmbq6EXOCo4YIJFGSnLsZHbyllXJ01kdUmwS5RLVABMV9Tt-GSWYymvzAFu74W _ eweL5UwJl4WWpigmVUoFxqvB-5ayPyH93sdkH5AORPouurZ6plXpX_BkhW-sbeGdFV_TE3

⑥铁力. http://baike. baidu. com/link? url=nBQTv-I29B0Zxsvw971OvAOkbNKxBZKc9FGVDDtmr7j8kX_dzmPZMhcJ0zTeWZz99pf6cmGv_iREoI8giNkCmBf34OBroKJRtjYCtqxPefQfSYZKuFxs9mny4GUQcLOC00GK_UCEBU8zBuBxI30F2zrXyl8RfmefJIDFqlPXA7W

⑦鹤岗市. http://baike. baidu. com/view/52724. htm? fromId=139617

⑧绥滨县. http://baike. baidu. com/link? url=mpsW9d1SuvTPa73ptBtIX5evYH02FPahemmsyyvaG5M1OO5uPjB32C--5LBYIHwo

⑨于永奎. 汤原县旅游业概述. http://www. cc. ccoo. cn/webdiy/2267-66213-12979/newsshow. asp? id=66213&cateid=561902&nid=588824

⑩东方红林业局. http://www. tx2. org. cn/jcwl/ShowArticle. asp? ArticleID=743

区。野生动物有国家一、二类保护动物梅花鹿、飞龙，黑熊、马鹿、雪兔、天鹅、鸳鸯、狍子以及山鸡、田鸡、沙半鸡、狼、林蛙、黄鼬等十几种①。

宝清县三面环山，均属于北西—南西走向的完达山脉，东南西部为山区和半山区，北部为平原区，地势由西南向东北逐渐倾斜。虽位于三江平原腹地，但山地占41.6%，丘陵占21.7%，平原占15.2%，沼泽河川地占21.3%。地属寒温带大陆性气候区。栖息着马鹿、黑熊、野猪、狍子等几十种野生动物②。

● 七台河市：地级七台河市（七台河市与勃利县）位于张广才岭与完达山脉两大山系衔接地带，地处低山丘陵区，总的地势为东南高、西北低，由东南向西北逐渐倾斜，可划分为低山丘陵、漫岗地、河滩地和山间谷地4个地貌类型。地属中温带湿润气候区，四季分明，降水各季分布不均；冬季长而干燥寒冷，夏季短而湿热多雨，春、秋两季气候多变，春季回暖快、风大而少雨干旱，秋季降温快，来霜早。森林覆盖率48.6%。鹿、熊、狍、雉鸡等野生珍稀动物长年栖息在密林中③。所谓“熊”，主要指黑熊。

勃利县属于低山丘陵平原区，东、南、西三面环山，西部山区属老爷岭山系，东部山区属完达山系，中部丘陵区为完达山向三江平原倾斜的过渡型地貌，西北部平原是松花江水系倭肯河的冲积平原。地属大陆性季风气候区，四季分明。截至2012年，勃利县林木总蓄积量达633万m^3，森林覆盖率43%。当地还有野猪、黑熊、狍子、狼、松鼠、刺猬、獐子、狐狸、山狸、鹿等野生动物④。

● 鸡西市：鸡西市称，野生资源比较丰富，有虎、熊、鹿、貂、狍、狼等39种野生动物繁衍生息。又道，位于虎林市的乌苏里江国家森林公园主要兽类有黑熊、马鹿、水獭、猞猁等23种⑤。反映鸡西市、虎林市、密山市、鸡东县一带仍有黑熊存在。

虎林市位于完达山南麓，乌苏里江的左岸；所属兴凯湖平原，是三江平原的一部分，地势西北高、东南低；地形变化较为复杂，地貌多样，形成了低山丘陵、沟谷平原、山前漫岗、平原及沿江低平原等5种地貌类型。属寒温带大陆性季风气候，为三江平原温和湿润气候区。森林植被主要分布在北部完达山区和中部残丘漫岗，森林覆盖率24.6%。境内还有东北虎、黑熊、马鹿、丹顶鹤等百余种珍贵的野生动物⑥。

密山市属三江平原第二区，北部为完达山脉，南部为长白山脉，中部为穆棱河冲积平原，地貌特征为“三山二水五分田”。属中温带大陆性季风气候。四季气候变化明显，春季易干旱多大风，夏热短促雨水集中，秋季寒潮降温，常有冻害发生，冬季寒冷漫长且干燥。现仍有熊、鹿、野猪、獐子[麝]、猞猁、麇鹿、野兔、山鸡等野生动物，种类繁多⑦。所谓“熊”，乃黑熊。

鸡东县地形地貌复杂多样，为“七山半水二分半田”。地处中纬度，属大陆性季风气候。森林覆盖率42.6%。当地有熊与鹿、狍子、野猪、狼、狐狸、紫貂、貉子、野鸡等野生动物⑧。此处所称“熊”，主要指黑熊。

● 牡丹江市：绥芬河市是一座风光秀丽的边境山城。属大陆性季风气候，四季变化明显。森林覆盖率45.9%，高于全省10.9个百分点。野生动物资源主要有虎、熊、野猪、马鹿、狼、狐、貉、獾、狍、獐[麝]、黄鼬、水獭、稚鸡、飞龙、沙半鸡、

①友谊县. http://baike. baidu. com/view/351590. htm

②宝清县. http://baike. baidu. com/view/1001204. htm

③七台河. http://baike. baidu. com/link? url＝RBhHd-_1e4amV72ycYfaYDzk5zzuPZBM1hVEbaRX9-JMoU-wfIRo0KmcW-A1Zx8xiCn58R5ZIuzxY2sQuuBa8S9EmgUk3 _ 4JBFqW-tFAqXHQa6B0-3IFQlW34GxAgtLC1wpWJGWlal4QmMubIqUHiMWNJMIvfiwpnZzV6bnaSyPJD8ngcmbLMdsDU9ncHYaf

④勃利县. http://baike. baidu. com/link? url＝i7V-XvQhMNuZthbB5KTcqBbmO1JneosWzi2o6ufkjiPvGbXEuqyPAaQDwGQcWJtPwPvRaZEstOqUXGTVkc3vxq

⑤鸡西市资讯概况. http://www. jnxcx. com/town/jixi. html

⑥虎林. http://baike. baidu. com/link? url＝DS2LORkcEqKB9mLZojnbsPyrlNQ5JU4FhFlie1z6EgxBM6F3caq4tUN2LJUtRjM4iqY4E4GLk1qzUgrWA2gqea

⑦密山市. http://www. baike. com/wiki/密山市

⑧鸡东县. http://baike. baidu. com/link? url＝pfafQa6mtC1jMw4YV90mNONbvkIfN5cnm4WwaEIA_j5ujrh5NXcPmo4xwhMxc3QC53PX6JulrwQAzHDIP2gHQ_

蛇、蛙等[①]。“熊”，当主要是黑熊。

海林市地处长白山脉张广才岭东麓，属山区和丘陵浅山区，地貌特征为“九山半水半分田”。地属寒温带大陆性季风气候区，四季分明，气候宜人，无霜期短。森林覆盖率达72.4%。现为数较多的尚有熊、野猪等，还有紫貂、水獭等珍贵皮毛动物以及鹿、獐子［麝］等国家二类保护动物[②]。所谓“熊”，乃黑熊。

《东宁县志》记述（东宁县志办公室，1989）：

黑熊：黑熊俗称黑瞎子，体形肥大，毛色黑亮，面部象狗，性情孤独，能游泳，会爬树。入冬后，在山洞里冬眠……1961年前，黑熊还常出没靠山的村屯，现在数量日益减少。

按：据此，证实当地确有黑熊生息繁衍。另据称，东宁县截至2015年，已发现的野生动物中有黑熊等[③]。

穆棱市山脉属长白山系老爷岭山脉，呈西南—东北走向，地势南高北低，东西两侧高，中部低。地属中纬度北温带大陆性季风气候区，冬季漫长、寒冷干燥，夏季较湿热多雨，春秋季风交替、气温变化急剧，秋天常见早霜。穆棱林业局称，野生动物和飞禽达30多种，主要有梅花鹿、黑熊、狍子、狐狸、狼、猞猁等[④]。

林口县地处张广才岭、老爷岭和完达山脉交接处，大部分属山区，境内山多林密，江河纵横，地势四周高、中间低，西部山势险峻，东部渐趋平缓。地属寒温带大陆性季风气候区，处于西风环流控制下，季节显著，四季分明。野生动物的兽类中，有黑熊与东北虎、金钱豹、梅花鹿、马鹿、狐狸、紫貂、猞猁、狍子、獾子、野猪、山兔、水獭、狼、貉、刺猬、松鼠、黄鼬等[⑤]。

● 绥化市：《绥棱县志》称，至1985年，野生动物中兽类有熊与梅花鹿、马鹿、虎、豹、猞猁、野猪、狍子、香獐子［麝］、貉子、狐狸、獾子、黄鼬（黄鼠狼子或黄皮子）、艾虎、麝鼠（水耗子）、紫貂、水貂、水獭、山狸子、蜜狗、旱獭、刺猬、松鼠、罕达罕等[⑥]。在小兴安岭西南麓、努敏河畔的绥棱农场，至今仍主要有熊与飞龙、猞猁、梅花鹿、貉等珍稀动物[⑦]。此处所谓“熊”，乃黑熊。

● 大兴安岭地区：尽管大兴安岭地区主要分布棕熊，《漠河县志》也称，中国科学院动物研究所1954年5月，黑龙江省野生动物资源办公室1974～1976年全面调查，“小兴安岭只有棕熊，而无黑熊”（漠河县志编纂委员会，1993），但还是有例外。

塔河县境内地势呈中高、两侧低，西高东低；境内山峦起伏，群山叠嶂，地形复杂。地属寒温带大陆性气候区，受大陆和海洋高低及季风交替的影响，气候变化显著，冬季漫长、干燥而寒冷，夏季短暂而湿热，春季多大风而少雨，秋季降温急剧、霜冻来得早。森林覆盖率81%。野生动物种类繁多，既有黑熊与飞龙、雪兔、驼鹿等珍稀种类，又有肉肥味美的冷水鱼类如鲤鱼、哲罗、细鳞鱼、大马哈鱼等，更是久负盛名[⑧]。

6.2.4 方志记载

方志记载虽较简略，但可反映不同时期东北的多地黑熊分布情况（表13.18）。

---

①绥芬河. http://baike.baidu.com/view/38570.htm? fromId=32188

②海林. http://baike.baidu.com/link? url=GORK9J86SE8LN3zHL7EoOkARYe5CNqOAvc--xs_gZSZSv1sYYti-KIRS20P4TZMC6U46fanVggOQPPoUqdBtqEgDPYSAFbP6j5yQkOPHAZUbZHSr3HuMAQRgZS7v7PaY1ozXwuJtFxnf0N-oOkIhk4xX6uzXGQp3dIt0Z2UJx4_

③东宁. http://baike.baidu.com/link? url=g2MutmnYY-LvR2x3_LPMeg-T5etZbhjmzmShwJrojzAFJlYcTCj2wu4AlkKjryEXSOjhlAzjq4LjRwrHhp8tNj7zubI7zQIDleXzNEyq0PfVx5YoyJOQ_pCwWD_jljqoFe1afzImci1vaIBLS3Wk1AwvDpnWmye87UJScZiwLhC；绥阳林业局. http://www.tx2.org.cn/jcwl/ShowArticle.asp? ArticleID=743

④穆棱林业局. http://baike.baidu.com/view/2238265.htm? fr=aladdin

⑤林口县. http://baike.baidu.com/link? url=i_so6vWpsqjycES8jO-yUIC4L_OcPLzAkBWx66J5ZujbaFJGKS41GIXDtmsswER6K2Ij46oKu1p1udRBVI1pdq

⑥绥棱县志概述和第一、二篇. http://blog.sina.com.cn/s/blog_62b50a12010176nk.html

⑦绥棱农场. http://baike.baidu.com/link? url=DzgcMfcIKY0pMOWaoi1TY4iaYNsHmCvFK-leuf4M3pOD7gaOqXcCBrH1IHCHkpnufVIBygQwm2mkQD70JYHWFa

⑧塔河县. http://baike.baidu.com/view/598865.htm

表 13.18　方志记载 20 世纪以来东北的黑熊分布情况

省级政区	今地点	文献	内容	新方志出处
辽宁	新宾满族自治县	清光绪三十二年(1906)《兴京厅乡土志》	熊	
	法库县	清光绪三十四年(1908)《法库厅乡土志》	熊	
	辽阳市	清光绪三十四年(1908)《辽阳乡土志》	熊	
	桓仁满族自治县	清光绪三十四年(1908)《怀仁县乡土志》	熊	
	凤城市	民国十年(1921)《凤城县志》	熊	
	新宾满族自治县	民国十四年(1925)《兴京县志》	熊(毛色纯黑。体重而笨。蹄曰熊掌,为食料珍品……膏与胆皆入药)	
	开原市	民国十九年(1930)《开原县志》	熊遭奇劫*	
	桓仁满族自治县	民国十九年(1930)《桓仁县志》	熊	
	岫岩满族自治县	1989 年《岫岩县志》	熊	岫岩县志编辑部,1989
	岫岩满族自治县、丹东市、东沣市、凤城市、宽甸满族自治县	1993 年《丹东市志》	黑熊*	丹东市地方志办公室,1993
	新宾满族自治县	1993 年《新宾满族自治县志》	黑熊	房守志,1993
	锦州市、凌海市、北镇市、葫芦岛市、兴城市、黑山县、义县、绥中县	1994 年《锦州市志:综合卷》	黑熊(已无踪迹或极为稀少)	锦州市地方志编纂委员会,1994
	抚顺县	1995 年《抚顺县志》	黑熊	杜景琴,1995
	丹东市	1997 年《中国国情丛书:百县市经济社会调查:丹东卷》	黑熊	丁伟志等,1997a
吉林	东丰县	清光绪三十四年(1908)《东丰县乡土志》	熊	
	辉南县	清光绪三十四年(1908)《海龙县乡土志》	熊	
	白山市、临江市、抚松县、长白朝鲜族自治县、和龙市、安图县	清宣统二年(1910)《长白汇征录》	熊*	
	集安市	民国四年(1915)《辑安县乡土志》	熊罴(小者曰熊……今山熊类不一,有人熊,猪熊,猴熊,狗熊诸名)	
	临江市	民国十四年(1925)《临江县乡土志》	熊	
	辉南县	民国十六年(1927)《辉南县志》	熊*	
	安图县	民国十八年(1929)《安图县志》	熊*	
	抚松县	民国十九年(1930)《抚松县志》	熊*	
	集安市	民国二十年(1931)《辑安县志》	熊***	
	桦甸县	民国二十年(1931)《桦甸县志》	熊	

（续表）

省级政区	今地点	文献	内容	新方志出处
	永吉县	民国二十年(1931)《永吉县志》	熊	
	珲春市	民国二十四年(1935)《珲春县乡土志》	熊	
	临江市	民国二十四年(1935)《临江县志》	熊	
	敦化市	民国二十八年(1939)《额穆县志》	熊	
	长春市	民国三十年(1941)《长春县志》	熊	
	梅河口市	1999 年《梅河口市志》	熊(至民国以前,已不多见)	梅河口市地方志编纂委员会,1999
	永吉县	1991 年《永吉县志》	熊(有……黑熊之分,现极少)	永吉县志编纂委员会,1991
	柳河县	1991 年《柳河县志》	黑熊	柳河县志编纂委员会,1991
	榆树县	1993 年《榆树县志》	黑熊	榆树县地方志编纂委员会,1993
	白山市、临江市、抚松县、靖宇县、长白朝鲜族自治县	1994 年《浑江市志》	黑熊	浑江市地方志编纂委员会,1994
	抚松县	1994 年《抚松县志》	黑熊	抚松县地方志编纂委员会,1994
	延吉市	1994 年《延吉市志》	黑熊	吉林省延吉市地方志编纂委员会,1994
	延吉市、图们市、敦化市、珲春市、龙井市、和龙市、汪清县、安图县	1996 年《延边朝鲜族自治州志》	黑熊	延边朝鲜族自治州地方志编纂委员会,1996
	通化县	1996 年《通化县志》	黑熊	通化县地方志编纂委员会,1996
	辉南县	2000 年《辉南县志》	黑熊	辉南县县志编纂委员会,2000
黑龙江	哈尔滨市、巴彦县、木兰县、兰西县	清宣统二年(1910)《呼兰府志》	有熊*	
	双城市	民国五年(1916)《双城县乡土志》	熊	
	方正县	民国八年(1919)《方正县志》	熊*	
	爱辉区	民国九年(1920)《瑷珲县志》	有熊***	
	北林区	民国九年(1920)《绥化县志》	熊	
	依兰县	民国十年(1921)《依兰县志》	熊[有狗驼(满名:敖宜)……两种。狗驼能上树取食料]	
	汤原县	民国十年(1921)《汤原县志》	熊	
	宁安市	民国十三年(1924)《宁安县志》	熊罴*	
	双城市	民国十五年(1926)《双城县志》	熊*、熊(蟠)[蹯]*	
	桦川县	民国十七年(1928)《桦川县志》	熊罴*	
	属尚志市	民国十八年(1929)《珠河县志》	熊*	
	庆安县	民国二十二年(1933)《庆城县略志》	熊	

（续表）

省级政区	今地点	文献	内容	新方志出处
	桦川县	民国二十三年(1934)《吉林新志》	熊(山地各县多有,而桦川尤多)	
	宝清县	民国二十五年(1936)《宝清县志》	熊	
	延寿县	民国三十一年(1942)《延寿县志》	熊	
	漠河县、呼玛县、爱辉区、孙吴县、逊克县、嘉荫县	1988年《黑河地区简志》	熊	黑河地区地方志编纂委员会办公室,1988
	嘉荫县	1988年《嘉荫县志》	黑熊	范德昌,1988
	东宁县	1989年《东宁县志》	黑熊*	东宁县志办公室,1989
	双城市	1990年《双城县志》	熊	双城县志编纂委员会办公室,1990
	铁力县	1990年《铁力县志》	黑熊	铁力县志编纂委员会办公室,1990
	宾县	1991年《宾县志》	熊*	宾县地方志办公室,1991
	延寿县	1991年《延寿县志》	熊(胆)	黑龙江省延寿县志编纂委员会办公室,1991
	逊克县	1991年《逊克县志》	黑熊	逊克县地方志编纂委员会,1991
	桦南县	1991年《桦南县志》	黑熊	黑龙江省桦南县志办公室,1991
	双鸭山市	1991年《双鸭山市志》	黑熊	双鸭山市地方志编纂委员会办公室,1991
	海林市	1991年《中国国情丛书:百县市经济社会调查:海林卷》	熊	丁伟志等,1991
	萝北县	1992年《萝北县志》	黑熊	萝北县地方志编纂委员会,1992
	饶河县	1992年《饶河县志》	熊(清及民国初……黑熊年可获100余只)	饶河县地方志办公室,1992
	七台河市	1992年《七台河市志》	黑熊	七台河市地方志编纂委员会办公室,1992
	密山市	1993年《密山县志》	黑瞎子(黑熊)	密山县志编纂委员会,1993
	牡丹江市、穆棱市、绥芬河市、海林市、宁安市、虎林市、密山市、东宁县、林口县	1993年《牡丹江市志》	黑熊(101只)	牡丹江市志编审委员会,1993
	北安市	1994年《北安市志》	熊	北安市地方志办公室,1994
	五大连池市	1994年《德都县志》	熊胆、黑熊	德都县地方志办公室,1994
	伊春市、铁力市、嘉荫县	1995年《伊春市志》	黑熊	伊春市地方志编纂委员会,1995
	爱辉区、北安市、五大连池市、嫩江县、逊克县、孙吴县	1995年《黑河地区志》	熊*	黑河市地方志编纂委员会,1996

（续表）

省级政区	今地点	文献	内容	新方志出处
	庆安县	1995年《庆安县志》	黑熊	庆安县地方志编纂委员会办公室，1995
	鸡西市、鸡东县	1996年《鸡西市志》	黑熊(20只)	鸡西市地方志编纂委员会，1996
	大兴安岭地区、呼玛县、塔河县、漠河县、尚志市、五常市、方正县、牡丹江市、穆棱市、绥芬河市、海林市、宁安市、东宁县、林口县、佳木斯市、同江市、富锦市、桦南县、桦川县、汤原县、抚远县、齐齐哈尔市、龙江县、泰来县、甘南县、富裕县、大庆市、肇州县、肇源县、林甸县、杜尔伯特蒙古族自治县、安达市、肇东市	1998年《黑龙江省志·地理志》	黑熊（黑瞎子、狗熊、狗驼子；小兴安岭、东部山地、三江平原、松嫩平原）	黑龙江省地方志编纂委员会，1998
	抚远县	1998年《抚远县志》	黑熊(35只)	抚远县地方志编纂委员会，1998

注：*表示详见正文。***表示本省级政区已有类似记录。

6.3 华东

20世纪以来，华东的浙江省、安徽省、福建省、江西省、台湾见有黑熊分布记录。

6.3.1 浙江

浙江省至今仍有黑熊分布记录。

清光绪三十四年《奉化县志》记载：

光绪……七年六月，大水，飓风拔木，坏民庐。秋，痢剧。是年，狗熊食人《忠义志》。

按：黑熊并不主动攻击人类，此处显然是由于生态环境恶化的不得已而为之。

民国二十三年《宣平县志》记述：

熊：形如大豕而竖目，人足，黑色。春夏膔肥时，皮厚筋弩。每升木引气，或堕地自快。俗呼跌膔。冬月蛰时，不食。饥则舐其掌，故其美在掌，谓之熊蹯。其胆，春近首，夏在腹，秋在左足，冬在右足。近时，罕有熊获之者。

按：此处描述的是黑熊。

民国二十五年《台州府志》记述：

熊：身大倍狗。俗以其身似狗，呼为狗熊。尝噬猪、羊。人逐之，不甚骇走。

按：反映有黑熊分布。

《浙江动物志：兽类》记载（浙江动物志编辑委员会等，1989）：

黑熊：别名：狗熊、黑瞎子。

分布：浙西、浙南山区为主；杭州动物园从富阳、淳安、浦江、开化等地引进。

按：据此，证实在富阳市、淳安县、开化县、浦江县等地确有黑熊生息繁衍。

《中国重点陆生野生动物资源调查》称（国家林业局，2008）：

本次调查，黑熊见于……浙江（开化、淳安、遂昌、龙泉、庆元、松阳及江山、常山、景宁、云和、泰顺）。

按：据此，证实在淳安县、江山市、常山县、开化县、泰顺县、龙泉市、云和县、遂昌县、松阳县、庆元县、景宁畲族自治县等地仍有黑熊栖息。

开化县位于钱塘江的源头，属浙西中山丘陵，地势西北高而东南低，西北部与西南部是中山地区，中部和东南部逐渐由中山向低山、高丘、低丘、河谷小盆地过渡。属亚热带季风气候，四季分明，温和宜人。属中亚热带常绿阔叶林带北部亚地带、浙皖山丘青冈苦槠林植被区，具有南北交汇过渡带的特色森林。野生动物中，兽类

21科58种,国家Ⅱ级保护动物有黑熊与猕猴、穿山甲、豺、青鼬、水獭、大灵猫、小灵猫、原猫、鬣羚等[①]。

庆元县属浙西南中山区,有溪谷、盆地、丘陵、低山、中山等多种地貌,地势由东北向西南倾斜。地属亚热带季风气候区,温暖湿润,四季分明。据调查,分布有动物100多种,其中珍稀动物有黑熊与华南虎、黄腹角雉、短尾猴、猕猴、穿山甲、金猫、云豹、金钱豹、鸳鸯、大鲵(娃娃鱼)、大灵猫、漳鬣羚、白鹇、相思鸟等[②]。

6.3.2 安徽

安徽省也有黑熊分布记录。

民国二十六年《歙县志》记述:

熊:有马熊、猪熊、狗熊等称。古训,马为大,盖指高大者。言猪、狗云云,则以其身似豕而头似犬也。至冬,则蛰黄尖南源山中。时有之胆入药。

按:据此,说明当地有黑熊等分布。

《安徽省陆生野生动植物资源》追记1996年至2001年野生动物资源调查(安徽省林业厅,2006):

黑熊【分布】见于皖南山区的休宁、祁门、石台等县。

【数量】十分罕见。据1993年豹猫、黑熊专项调查,我省歙县、休宁、祁门和石台等县有黑熊38~40只,这次样带调查未见黑熊踪迹,所以近况不详。

按:据此,反映在歙县、休宁县、祁门县、石台县等地曾有黑熊分布。

《中国重点陆生野生动物资源调查》称(国家林业局,2008):

本次调查,黑熊……安徽……未发现。

按:此即表明安徽省曾有黑熊分布记录,现已极度濒危。

据报道,黄山动物种类300多种,其中属于国家保护的珍贵鸟兽有20多种,兽类有黑熊与黄山短尾猴、黄山猕猴、穿山甲、豺、大灵猫、小灵猫、獐、苏门羚等[③]。说明在黄山市、歙县、休宁县、黟县一带仍有分布。

6.3.3 福建

福建省有较多黑熊分布记录。

民国八年《政和县志》记述:

熊:头长,脚高,猛憨多力,虽虎亦畏之。冬蛰,春出蛰时,则舐其掌,故掌味最佳。政邑主山,相传有之,亦祥物也。

按:说明当地有黑熊分布。

民国十一年《永泰县志》记述:

熊:性轻捷而力大,好攀缘高木。见人,则颠倒投地而下。冬蛰不食,饥则自舐其掌。有……猪熊各种。

按:反映有黑熊等生息繁衍。

民国十六年《德化县志》记述:

熊:类犬、豕而轻捷,好攀缘上高木。见人则颠倒自投地而下。冬蛰不食,饥则自舐其掌。

按:证明有黑熊分布。

民国三十六年《清流县志》记述:

熊:有……猪熊二种。深山皆有之。力大如虎,土人设阱以获。掌甚佳,而胆尤贵,可以治眼。

按:据此,反映当地有黑熊等栖息。

《中国重点陆生野生动物资源调查》称(国家林业局,2008):

本次调查,黑熊见于……福建(光泽、建阳、浦城、邵武、武夷山、南平延平区、尤溪、建瓯、将乐、泰宁、建宁、永安、明溪、连城、上杭、新罗、德化)。

按:据此,证实在延平区、邵武市、武夷山市、建瓯市、建阳市、浦城县、光泽县、永安市、明溪县、尤溪县、将乐县、泰宁县、建宁县、德化县、新罗区、上杭县、连城县等地还有黑熊存在。

● 南平市:建瓯市位于武夷山脉东南面,鹫峰山脉西北侧,属东南沿海低山丘陵区,地势东南高、西南低,四周为中、低山环绕,中西部是以建溪、松溪为主轴的河谷平原、丘陵与串珠状的山间盆谷。地属亚热带海洋性季风气候区,四季分明,雨量充足,春夏多雨,秋冬干燥,有"一山有

---

①开化县. http://baike. baidu. com/link? url = H-HqtgGrsXCKsr1cgJ-qa0qbhv9 _ SVAx2vGbtx9sReB6Dc9y2s0SXVn9nMtAFZ21RSsmc_mAfcnUYWQwySeAzq

②庆元县. http://baike. baidu. com/link? url=GMXQHwuC5X7H46Sc_mhu2dapdP2kgiThb5XAz0fUj25E4ziladHTdNwP49AKCIEQODVbWBepfLYLeO-gugKSmK

③黄山. http://baike. baidu. com/link? url = TXz6VdTD2MLNIyAN4Xf0ruJeJQ4 _ oOksw5h-AumU9oJ7Gtrm48rD _ WApD85I8CBLPwuBriSnOyK15GiaT6tY085V7UBi8zb2beUSIeo6LPe#3_3

四季，十里不同天”之说。野生动物有 28 目 87 科 330 种，属国家保护的有 17 种，其中属二级保护的有黑熊与毛冠鹿、鬣羚、大灵猫、麝、小灵猫、穿山甲、水獭、猕猴、白鹇、鸳鸯、褐林鸮、蟒蛇等①。

《浦城县志》记述（浦城县地方志编纂委员会，1994）：

黑熊：俗名狗熊，昔有俗称猪熊、马熊、狗熊数种。清光绪初，山下乡曾击毙一熊，如人而略高大。现只有黑熊，生长在东北部中山区森林间。1977 年 7 月 5 日，有一黑熊窜入城关镇方井，后被击毙，重 112.5 kg。

按：明确其时仍有黑熊生息繁衍。浦城县地貌的总特征是多山地，北、东、西三面环山，中、南部低平宽广；地势自北往南下降，南浦溪纵贯南北，地表径流呈树枝状，山间盆地串珠状错落，垭口地形突出。处于海洋性气候与大陆性气候分界处，接近大陆性气候，是典型中亚热带季风湿润气候区。野生动物主要有虎、豹、熊、猴、山羊、穿山甲、鸳鸯、角怪、娃娃鱼等②。其时所谓“熊”，当只有黑熊。

● 泉州市：据报道，泉州野生动物资源有 30 目 85 科 385 种，兽类 6 目 14 科 32 种，其中有国家Ⅱ级重点保护野生动物黑熊与穿山甲、豺、苏门羚等③。只是地级泉州市中有黑熊的更具体地方待核查。

德化县中部高耸，往四周呈阶梯状渐降，东南低于西北。属中亚热带海洋性季风气候，由于海拔高低悬殊、地形复杂，又具有气候垂直变化大、小气候突出等特征。森林覆盖率 77.3%。当地国家级珍稀动物有黑熊与蟒蛇、云豹、黄腹角雉、虎纹蛙、苏门羚、猕猴、穿山甲、水獭、毛冠鹿、金猫、大灵猫、小灵猫、蛇雕、白鹇、鸳鸯、蝾螈、蜂鸟等④。

● 龙岩市：漳平市地处戴云山、玳瑁山和博平岭三大山脉结合部，九龙江北溪横切中部，将漳平分成南北两半，地势由南、北向中部河谷倾斜，呈马鞍形，中部沿江两岸为地势较为平缓的河谷、丘陵地带。地属亚热带季风气候区，中部河谷地带受海洋性季风影响，为南亚热带气候。森林覆盖率达 77.9%。脊椎动物现存 300 余种，国家重点保护动物有黑熊与云豹、金钱豹、蟒、白颈长尾雉、水獭、鹿、草鸮，棘胸蛙、穿山甲、猫头鹰、啄木鸟、灵猫、山羊、苍鹰、虎纹蛙、豪猪等⑤。

6.3.4 江西

江西省有一些黑熊分布记录。

《三清山志》记述（德兴县县志编纂委员会办公室，1990）：

狗熊：亦名“黑熊”，哺乳纲，熊科。体形肥大，长 1.2 m 左右，黑色，尾甚短。颈和肩部毛较长。多栖息树林中，杂食。

按：据此，证实当地有黑熊生息繁衍。

《中国重点陆生野生动物资源调查》称（国家林业局，2008）：

本次调查，黑熊见于……江西（武夷山、怀玉山、九岭山脉，以怀玉山的数量为多）是本次调查新发现的分布地。

按：据此，证实在武宁县、修水县、贵溪市、余江县、上饶县、玉山县、铅山县、弋阳县、万年县、宜丰县、靖安县等地依然有黑熊存在。

● 景德镇市：据报道，景德镇全境山区特征明显，境内森林资源十分丰富，森林覆盖率达 70%。现存国家Ⅱ级保护动物有黑熊与猕猴、短尾猴、穿山甲、大灵猫、小灵猫、白鹇、鸳鸯、红腹锦鸡等⑥。反映在景德镇市、乐平市、浮梁县一带仍有黑熊栖息。

---

①建瓯. http://baike. baidu. com/link? url=SfcquzdQjrFHqMD-yZDnj3PaXf2kQrBWuTsoKf3ooxN_BqwJwLkBSExT-T50loI8Ag34z891K6OnvqrrUNfsNWCzVGdYkwX74Cv7IKdPZfkPyyQidx9h0IVawWOsWcgi-uLgeqf3WAtwmT1HgH3ATOIet081HIKt-FtrCweQcWm

②浦城县. http://baike. baidu. com/view/190726. htm

③泉州. http://baike. baidu. com/link? url=F6R15ZHCMZjokP3nNZfyyS9XEa_YHvnvaTFZb8kfO_TycQ6kbxmgDjfGLZ4vAtZGoAjVZeuxLdCfu4_wIENhe_#6_5

④德化县. http://baike. baidu. com/link? url = sfR2hunADoP4jxunQ0eclyGIPu7J6XicgXI2jM-_dtKMfn8PWxXp9vbmtvhZxgObnGXq3Ea26InN7VqJxodxTTgigvTh2zubuw9VbD-0Rfi

⑤漳平. http://baike. baidu. com/link? url=haFHuR6OniyHWgLU9H8SUdqQBiCpR9Wtm4kobDCP9vI0EG4VIe2axQtV8gs5l0AamyrL_-0S4oHZhss44fqPBDZiq6_jrdm8_HMSk9Hbl99UfdsjInVQWpIKJxIdV9K_jyGdf7ipyzDMwDApZMWkbXpLszQhy5iPJmLS3XHobJ7

⑥景德镇. http://baike. baidu. com/link? url = Vl50A6mi3BEKavjLwBXBBIieVVUfNaX6pponk2RkxfuxiqZ2L7l7JJwf38C7TYd7AY1RP95AgpnnC4WyHe5_H-4By0Zl0dGpMorp9wreJDy

浮梁县境内以中低山、低山和丘陵为主，均属黄山、怀玉山余脉，总趋势为东、西、北三面高，三条山脉缓向西南低去，地形起伏变化较大。属亚热带季风性气候，热量丰富，雨量充沛，光照充足，无霜期长。当地现有国家Ⅰ、Ⅱ级保护动物20余种，其中国家Ⅱ级保护动物有黑熊与猕猴、短尾猴、穿山甲、大灵猫、小灵猫、白鹇、鸳鸯、红腹锦鸡等16种①。

上饶市：《德兴县志》记述（江西省德兴市地方志编纂委员会，1993）：

狗熊：身体肥大，脚掌大，爪有钩，尾甚短，毛色黑，胸部有新月形白斑，故也称“黑熊”。狗熊会爬树，生活在高山密林中。肉、胆和油，可入药，熊掌是珍贵食品。县东北、东南等高山中可见。

按：据此，反映有黑熊分布。

《上饶县志》记述（上饶县志编纂委员会，1993）：

人熊：又称猪熊……1985年7月，华坛山乡鲁源村大阳坑群众打死1只猪熊，重100余kg，全身黑毛，色泽光亮，嘴似猴子的嘴，前脚掌似人手掌，后脚掌长约30 cm，肉腥，无人敢食。同年5月，华坛山乡桐西桂竹堂村，两位妇女摘茶叶，遭遇猪熊袭击，被抢去红色毛衣1件。

按：该特征说明是黑熊。

《铅山县志》（铅山县县志编纂委员会，1990）：

黑熊：俗称“狗熊”。善爬树，也能直立行走，性孤独，不成群，需冬眠。其脂、胆、肉都可制药。“熊掌”为野味中之上品，素来被视为山珍。列省级保护。

按：据此，证实确有黑熊生息繁衍。

《弋阳县志》（弋阳县县志编纂委员会，1991）：

熊：体形肥大，长1.7～1.9 m；尾短，长7～8 cm，体重约200 kg。全身毛黑发亮，胸部有一白色新月纹，多栖息于树林中，杂食，以植物的嫩叶、果实和种子为食，亦吃昆虫和鼠、兔等小动物。偶尔也危害农作物。分布在周潭、洪山一带。

按：据此，主要是黑熊特征，反映有该物种栖息。

弋阳县地处弋阳—玉山丘陵盆地西部，地势南北高、中部低，南北两端为低山丘陵，山地面积占全县土地总面积的57.1%。地属中亚热带湿润气候大区江南气候区。现存珍稀动物中，属国家一级保护的有中华秋沙鸭，属国家二级保护的有金钱豹、苏门羚、斑羚、猕猴、黑鹿、穿山甲、水獭、锦鸡、蟒蛇，属国家三级保护的有黑熊、小灵猫、鸢鹰、白鹇、大鲵②。尽管保护动物等级存在瑕疵，但还是可以证明当地有黑熊。

● 抚州市：宜黄县地势南高北低，东倚武夷山脉，西倚雩山山脉，东、南、西三面环山，东西两边的边缘及中南的部分为中心，形成一个南部封闭而高起、北部倾伏而开口的“山”字形地形，自然特征可概括为“八山半水一分田，半分道路和庄园”。地属中亚热带湿润季风气候区。森林覆盖率超过75%。野生动物种类达698种，属国家二级保护动物有黑熊与水鹿、苏门羚、大灵猫、小灵猫、水獭、獐、黄猴貂、豺、穿山甲、藏西猴、斑头休鹠、领角鸮、草鸮、燕隼、游隼、黑鸢、苍鹰、勺鸡、白鹇、鸳鸯、大鲵、棘脑蛙、虎纹蛙等25种③。

● 宜春市：宜丰县位于九岭山脉东南缘，属中亚热带温暖湿润气候区。森林覆盖率71.9%。经查明，全县共有脊椎动物341种，其中哺乳类43种，属国家二级保护的有黑熊与河麂、穿山甲、猕猴、金猫、大灵猫、小灵猫、水獭、豺、短尾猴10种④。

靖安县是一个以山区为主地区，地势东西长、南北窄，四周环山，中部山地间杂丘陵，惟东南偶有少量河谷平原。属北亚热带湿润气候，春季回暖迟，有春寒，夏季炎热时间长，秋季凉得快，冬季较寒冷，四季分明。野生动物中兽类有小黑熊与猴、鹿、獐、狐、獭、香狸（箭猫）、中尾狸、九节狸、（犴狗）、青猺、黄猺、野兔、野猪、野牛、野鹿、野猫、山羊、刺猬、黄鼬、山（田）鼠、松鼠等⑤。

6.3.5 台湾

台湾现今还有黑熊残存。

①浮梁县. http://baike.baidu.com/link? url=5QBPESY4f9z6qfnSrh1MrFv_v4_EJkPFT_9P7_gtRI4zLgc3Zdy-cCe1YpSzlK
②自然资源. http://www.jxyy.gov.cn/yygk/zrzy.html
③宜黄县. http://baike.baidu.com/link? url=VtQMdFbKQMo7TdDSeTbhQcLyKSzJzoAjUHcv3-oEdIQKtf5Rk3X5RS6Os-SvpMre#5_4
④宜丰县人民政府. http://www.jxyf.gov.cn/News/ZJYF/zrhj/2011/YF_2011101413543.html
⑤中国靖安. http://www.jxjaxzf.gov.cn/Category_121/Index.aspx

《桃园县志》记述(郭薰风等,1956):

熊:属食肉类,体肥满,长一至二公尺。四肢短,以全蹠踏地。尾短小,毛密而硬,色黑,喉下有白色部,如新月形。栖深山,穴居树洞土窑中。昼隐夜出,善攀木,种类甚多。

按:据此,主要是黑熊。

《苗栗县志》记述(黄新亚等,1957):

台湾黑熊:*Enarctos tibetanus formosanus* SWINHOE 亦称:猪熊、狗熊。山胞称:Garofu。产于狮头山、阿里山脉等处,多出现于一二千公尺高山林中。体被漆黑之长粗毛。胸部有白色月轮。

按:证明有黑熊生息繁衍。

《台南县志》记述(洪波浪等,1960):

台湾黑熊:……体毛黑色,胸部有月眉形白斑色,善攀登树,动作迟缓,胆为药用,又名狮熊。

按:据此,说明有黑熊栖息。

《宜兰县志》记述(卢世标等,1965):

台湾黑熊(*Ursus thibetanus formosanus*)熊科。头圆,胴肥,四肢短大,蹠行,尾短。性钝重,遇险迫则取强烈攻势。栖息森林中,食动植物。妊期约六个月,一产一至三。本种为台湾特有……产本县山地。

按:此乃黑熊。

《南投县志稿》记述(刘枝万等,1978):

台湾黑熊:……亦名狗熊。体形毛色等与喜马拉亚[雅]熊极为酷似,惟体形较小,可资区别。体肥硕;吻长;鼻骨亦长;四肢短粗,后肢具五趾,蹠行,蹠趾面作广椭圆状,长径达十一厘米;山下领一侧之齿各为门齿三枚,犬齿一枚,前臼齿四枚,臼齿三枚,两侧上下领合计四十二枚;其中犬齿比较的钝;上领内侧之三枚前臼齿细小,其第四前臼齿(即最内侧之一枚)不及第一臼齿之一半大,第二臼齿面殆平坦,其在下领之臼齿较之上领者更平。全身被漆黑色粗毛,其在背部正中央之毛较长。胸部有白色弧形大斑(称月轮)。爪黑色。熊之妊娠期约为六个月,十二月间交尾,翌年六月见分娩。食性为杂食性。产玉山。属熊科。

按:确是黑熊。

《嘉义县志》记述(赖子清等,1982):

熊:刘良壁《府志》:"熊之类不一,有猪熊、狗熊、马熊、人熊之异,各肖其形,惟马熊最大,而勇鸷独推人熊;人立而走,捷于奔马,其逐人无得脱者。余刘良壁自谓所见熊甚多,独未见人熊。"台湾黑熊,体毛黑色,胸部有月眉型白斑,善攀登树。猪熊毛劲如鬣,又厚密,矢镞不能入;蹄有利爪,能缘木升高,蹲于树巅,或穴地而处,人以计取之,无生致者。腹中脂可啖,掌为八珍之一,脍炙人口,然不易熟。庖人取其汁,烹他物为羹,一掌可供数十烹。凡兽之膝皆后曲,惟熊与狐前屈,故能升木,象亦前屈。《埤雅》:熊似豕,掌心有白脂如玉,味甚美,俗呼熊白。好举木而引气,冬蛰不食,饥则自舐其掌,故美在掌。熊胆泄热,明目杀虫,治惊痫五痔。

按:反映有黑熊分布。

据报道,地处新竹县、苗栗县、台中县三地交界处的雪霸公园除了樱花钩吻鲑外,还有台湾黑熊、石虎、帝雉、蓝腹鹇、台湾山椒鱼及宽尾凤蝶等珍贵稀有的保育类动物①。

地跨花莲县、台中县、南投县三地的太鲁阁国家公园原始森林面积广阔,生态环境也非常复杂,拥有台湾黑熊与山椒鱼、莫氏树蛙、台湾猕猴猪、台湾穿山甲、山羌、水鹿、长鬃山羊等数百种珍稀动物②。

位于台东县卑南乡的利嘉野生动物重要栖息环境,除台湾猕猴、山羌与台湾长鬃山羊是范围内分布最广且相对密度较高的中大型哺乳动物外,台湾黑熊在此处也有分布③。

6.3.6 方志记载

方志记载虽较简略,但可反映不同时期华东的多地黑熊分布情况(表13.19)。

---

①台中县. http://baike. baidu. com/link? url=kB2KVcLt-NYvMiqaTq7MRc5Dx2P7THkNnLJvn3uWEZrml_LWfuWuCSvjHEm-JoYKD

②东台湾. http://baike. baidu. com/link? url = 9DyxHFaKPyxynfpLiLnqUOK9F3yLfcU-Now6kEJb6AsGU5A _ 6AMvD9Pg86 _ V8JWehm7jbEO24tD4dP0_kmAwRq

③利嘉野生动物重要栖息环境. http://baike. baidu. com/link? url=d9_A7VtDEMdNjZI5vFEkG-bjmeaNhnTy2KgKyIpbtZyoSy2RX9TOXzW-Br_5BZJ6gJ6u8JBt5VTIrz0GCQqyuKP9vDV7PwYLByRucSeiR7ThfEQRxsUlkadIeAKfwcLt4j9FlPkFb0Vm68MkjIKbbVq-CAu2uaSRjZxR3GFnniYBE1gV_X_mUojJaiRVZlj94rpACoIAulEZcNNAxS4au_

表 13.19　方志记载20世纪以来华东的黑熊分布情况

省级政区	今地点	文献	内容	新方志出处
浙江	宁海县	清光绪二十八年(1902)《宁海县志》	熊*	
	属奉化市	清光绪二十八年(1902)《剡源乡志》	狗熊	
	奉化市	清光绪三十四年(1908)《奉化县志》	狗熊食人*	
	浦江县	清光绪(1875～1908)《浦江县志》	熊	
	乐清县	民国元年(1912)《乐清县志》	熊	
	天台县	民国四年(1915)《天台县志稿》	熊(不恒有,一种名狗头熊)	
	嵊州市	民国七年(1918)《嵊县志》	熊(产西山,有……猪熊)	
	建德市	民国八年(1919)《建德县志》	熊	
	新昌县	民国八年(1919)《新昌县志》	熊(有马熊、狗熊。近时,山谷间多为人害也)	
	属衢州市	民国十五年(1926)《衢县志》	野熊	
	武义县	民国十五年(1926)《宣平县志》	熊	
	嵊州市	民国二十二年(1933)《嵊县志》	熊(产西山。有……猪熊)	
	属宁波市	民国二十二年(1933)《鄞县通志》	熊	
	分属莲都区、武义县	民国二十三年(1934)《宣平县志》	熊*	
	临海市	民国二十四年(1935)《临海县志稿》	猪熊(见《尔雅翼》。又有狗头熊)	
	宁海市、台州市、临海市、温岭市、玉环县、天台县、仙居县、三门县	民国二十五年(1936)《台州府志》	熊*	
	江山市	1990年《江山市志》	黑熊(俗称狗熊。分布在东南部山区)	江山市志编纂委员会,1990
	淳安县	1990年《淳安县志》	黑熊	浙江省淳安县志编纂委员会,1990
	浦江县	1990年《浦江县志》	熊(光绪《浦江志稿》载,本县间有熊,今匿迹)	浦江县志编纂委员会,1990
	桐庐县	1991年《桐庐县志》	狗熊	桐庐县志编纂委员会,1991
	龙游县	1991年《龙游县志》	黑熊	浙江省龙游县志编纂委员会,1991
	东阳市	1993年《东阳市志》	50～60年代,野生动物锐减,熊(绝迹)	东阳市地方志编纂委员会,1993
	平阳县	1993年《平阳县志》	熊(已绝迹)	平阳县志编纂委员会,1993
	宁海县	1994年《宁海县志》	狗熊(狗头熊。解放前常见,今少见)	宁海县地方志编纂委员会,1993

（续表）

省级政区	今 地 点	文 献	内 容	新方志出处
	杭州市、临安市、富阳市、建德市、桐庐县、淳安县	1995 年《杭州市志》	黑熊	杭州市地方志编纂委员会，1995
	宁波市、慈溪市、余姚市、奉化市、宁海县、象山县	1995 年《宁波市志》	熊	宁波市地方志编纂委员会，1995
	遂昌县	1996 年《遂昌县志》	黑熊	遂昌县志编纂委员会，1996
	松阳县	1996 年《松阳县志》	黑熊	松阳县志编纂委员会，1996
	龙泉市	2012 年《凤阳山志》	黑熊	《凤阳山志》编委会，2012
安徽	黄山市	清光绪三十四年（1908）《太平县志》	熊	
	属东至县	清宣统二年（1910）《建德县志》	熊	
	太湖县	民国十一年（1922）《太湖县志》	熊	
	宁国市	民国二十五年（1936）《宁国县志》	熊（不多见）	
	歙县	民国二十六年（1937）《歙县志》	熊*	
	黄山市、歙县、休宁县、黟县	1988 年《黄山志》	黑熊	《黄山志》编纂委员会，1988
	休宁县	1990 年《休宁县志》	狗熊（黑熊）、猪熊	休宁县地方志编纂委员会，1990
	桐城市	1995 年《桐城县志》	熊（旧志有载，今已绝见）	桐城县地方志编纂委员会，1995
	歙县	1995 年《歙县志》	黑熊	歙县地方志编纂委员会，1995
	绩溪县	1998 年《绩溪县志》	黑熊	绩溪县地方志编纂委员会，1998
福建	浦城县	清光绪二十六年（1900）《浦城县志》	熊（邑有猪熊、马熊）	
	政和县	民国八年（1919）《政和县志》	熊*	
	延平区	民国九年（1920）《南平县志》	熊（熊：能，雄也。俗呼熊为猪熊……猪熊常有之，人熊罕得）	
	屏南县	民国九年（1920）《屏南县志》	熊	
	永泰县	民国十一年（1922）《永泰县志》	熊*	
	尤溪县	民国十六年（1927）《尤溪县志》	熊（有……猪熊各种）	
	永春县	民国十六年（1927）《永春县志》	熊（常见者有猪熊……二种。皆自北方来者，非永产）	
	德化县	民国十六年（1927）《德化县志》	熊*	
	南安县	民国十六年（1927）《南安县志》	熊（豕熊力大能拔。所在深山有之）	
	沙县	民国十七年（1928）《沙县志》	熊***	
	大田县	民国十七年（1928）《大田县志》	熊（一种似豕）	

（续表）

省级政区	今地点	文献	内容	新方志出处
	属厦门市	民国十八年(1929)《同安县志》	熊(冬蛰,饥则自舐其掌,故掌美……深山中有之)	
	建阳市	民国十八年(1929)《建阳县志》	熊(有猪熊)	
	大田县	民国二十年(1931)《大田县志》	熊***	
	顺昌县	民国二十五年(1936)《顺昌县志》	熊***	
	邵武市	民国二十六年(1937)《邵武县志》	熊	
	连城县	民国二十七年(1938)《连城县志》	熊	
	泰宁县	民国三十一年(1942)《泰宁县志》	熊	
	清流县	民国三十六年(1947)《清流县志》	熊(有……猪熊二种。深山皆有之。力大如虎,土人设阱以获。掌甚佳,而胆尤贵,可以治眼)	
	尤溪县	1987年《尤溪县志》	熊	尤溪县志编纂委员会,1987
	新罗区、漳平市、长汀县、永定县、上杭县、武平县、连城县	1992年《龙岩地区志》	黑熊	龙岩地区地方志编纂委员会,1992
	宁化县	1992年《宁化县志》	黑熊	宁化县志编纂委员会,1992
	沙县	1992年《沙县志》	狗熊	沙县地方志编纂委员会,1992
	德化县	1992年《德化县志》	熊	德化县地方志编纂委员会,1992
	武平县	1993年《武平县志》	狗熊	武平县地方志编纂委员会,1993
	连城县	1993年《连城县志》	黑熊	连城县地方志编纂委员会,1993
	建瓯市	1994年《建瓯县志》	黑熊	建瓯县地方志编纂委员会,1994
	永安市	1994年《永安市志》	狗熊	永安市地方志编纂委员会,1994
	建阳市	1994年《建阳县志》	熊	建阳县地方志编纂委员会,1994
	顺昌县	1994年《顺昌县志》	黑熊(俗称猪熊)	顺昌县地方志编纂委员会,1994
	浦城县	1994年《浦城县志》	黑熊*	浦城县地方志编纂委员会,1994
	光泽县	1994年《光泽县志》	熊	光泽县地方志编纂委员会,1994
	政和县	1994年《政和县志》	熊	政和县地方志编纂委员会,1994
	清流县	1994年《清流县志》	黑熊	清流县地方志编纂委员会,1994
	上杭县	1994年《中国国情丛书:百县市经济社会调查:上杭卷》	黑熊	丁伟志等,1994a
	建宁县	1995年《建宁县志》	熊(已濒于绝迹)	建宁县地方志编纂委员会,1995
	漳平县	1995年《漳平县志》	黑熊	漳平市地方志编纂委员会,1995
	大田县	1996年《大田县志》	狗熊(黑熊)	大田县地方志编纂委员会,1996
	明溪县	1997年《明溪县志》	黑熊	明溪县地方志编纂委员会,1997

（续表）

省级政区	今地点	文献	内容	新方志出处
	将乐县	1998年《将乐县志》	黑熊	将乐县地方志编纂委员会，1998
	惠安县	1998年《惠安县志》	熊（今已绝迹）	惠安县地方志编纂委员会，1998
	屏南县	1999年《屏南县志》	熊	屏南县地方志编纂委员会，1999
江西	德兴市	民国八年（1919）《德兴县志》	熊	
	婺源县	民国十四年（925）《婺源县志》	熊	
	德兴市、玉山县	1990年《三清山志》	狗熊*	德兴县县志编纂委员会办公室，1990
	铅山县	1990年《铅山县志》	黑熊*	铅山县县志编纂委员会，1990
	星子县	1990年《星子县志》	狗熊	江西省星子县志编纂委员会，1990
	弋阳县	1991年《弋阳县志》	熊*	弋阳县县志编纂委员会，1991
	瑞金市	1993年《瑞金县志》	20世纪60年代，在安治丛林曾发现狗熊	瑞金县志编纂委员会，1993
	德兴市	1993年《德兴县志》	狗熊*	江西省德兴市地方志编纂委员会，1993
	上饶县	1993年《上饶县志》	人熊*	上饶县志编纂委员会，1993
	泰和县	1993年《泰和县志》	猪熊	泰和县地方志编纂委员会，1993
	景德镇市	1996年《中国国情丛书：百县市经济社会调查：景德镇卷》	黑熊	丁伟志等，1996a
	贵溪县	1996年《贵溪县志》	黑熊	贵溪县志编纂委员会，1996
	资溪县	1997年《资溪县志》	黑熊	资溪县地方志编纂委员会，1997
	浮梁县	1998年《浮梁县志》	黑熊	浮梁县地方志编纂委员会，1998
台湾	高雄县	民国三十五年（1946）《凤山县志》	熊	
	桃园县	1956年《桃园县志》	熊*	郭薰风等，1956
	苗栗县	1957年《苗栗县志》	台湾黑熊*	黄新亚等，1957
	台南县	1960年《台南县志》	台湾黑熊*	洪波浪等，1960
	宜兰县	1965年《宜兰县志》	台湾黑熊*	卢世标等，1965
	南投县	1978年《南投县志稿》	台湾黑熊*	刘枝万等，1978
	嘉义县	1982年《嘉义县志》	熊*	赖子清等，1982

注：*表示详见正文。***表示本省级政区已有类似记录。

6.4 中南

中南仅香港和澳门2个特别行政区未见有黑熊分布记录。

6.4.1 湖北

湖北省尚有黑熊残存。

《宜昌县志》记载（湖北省宜昌县地方志编纂委员会，1993）：

黑熊：1981年，雾渡河粮管所退职工人李林善在殷家沟大队与神农河交界处枪击一只。

按：证实确有黑熊分布。

《中国重点陆生野生动物资源调查》称（国家林业局，2008）：

本次调查，黑熊见于……湖北（保康、兴山、宜昌、长阳、五峰、巴东、(宜恩)[宣恩]、鹤峰、丹江口、竹山、竹溪、房县、神农架)。

按：据此，证实在丹江口市、竹山县、房县、竹溪县、保康县、宜昌市、兴山县、长阳土家族自治县、五峰土家族自治县、神农架林区、巴东县、宣恩县、鹤峰县等地仍有黑熊分布。

● 十堰市：竹山县位于秦巴山区腹地，地势由南、西向东北倾斜，特点是高差大、坡度陡、切割深。以官渡镇的瓦桑河巨型断裂为界，南为高山区，东南为二高山、低山区，中南为低山区，北为高山、二高山、低山区，西北为二高山区，中西部为低山、平丘、盆地区。虽为副亚热带季风大陆性气候，属北温带，但地处汉江、堵河盆地，又为高温区，热量比较充足。常见野生动物有23目33科300余种，其中国家一、二级保护动物有黑熊与金钱豹、金雕、白鹤、猕猴、大灵猫、林麝、小天鹅等18种①。

● 襄樊市：保康县是全山区县，山峦重叠，沟壑纵横，地势起伏多变，素有“八山一水一分田”之称。荆山主脉横亘东西，荆山以北南河水系注入汉江，荆山以南沮水水系注入长江。地属亚热带大陆性季风气候区，冬冷夏热，四季分明，降水集中；因境内地貌复杂，高低悬殊，各地气候差异较大。森林覆盖率达66.8%。该县的九路寨村位于歇马镇南部，境内原始生态保存完好，珍稀动植物品种多达30余种，有国家级保护动物猕猴、黑熊、大鲵等②。

● 恩施州：巫峡山脉位于湖北(恩施市、建始县等)与重庆交界处，北与大巴山相连。珍稀动物中野兽有熊与金丝猴、鬣羚、牛羚、白唇鹿、猕猴、穿山甲、水獭、大灵猫、小灵猫、猞猁、獐、马鹿、斑羚、豺、狼、野猪、鹿等③。所谓“熊”，主要是黑熊。

2008年11月报道，6月30日宣恩县七姊妹山国家级自然保护区发现一只黑熊(图13.69、图13.70)，被套野猪的大铁夹紧紧夹住了前左足(由于挣扎已皮开肉绽)，它的身旁还依偎着两只幼熊。经黑熊颈部射入2支吸满麻醉药的针管麻醉后，施救人员赶紧上前用木棒撬开取下铁夹，紧接着为黑熊清洗伤口、剪除腐肉、消毒、上药、包扎，然后注射解药。半个小时后，苏醒的黑熊缓慢地站了起来，蹒跚地带着从附近大树上溜下来的两只幼熊，在救护人员关切的目光中，怀着对人类友好的感激之情，渐渐消失在烟雨弥漫的密林深处④。

图13.69　被夹黑熊被射中第一支麻醉药

图13.70　被夹黑熊被射中2支麻醉药

6.4.2　湖南

湖南省也有黑熊分布记录。

《湘西土家族自治州概况》记述(《湘西土家族苗族自治州概况》编写组，1985)：

黑熊：狗熊。境内各地均有分布，以桑植天

---

①竹山县. http://baike.baidu.com/link?url=rlgFh0YmdQSMaHTQIGMsiZr3AD0fYOArADqTbubIL7Yl0CzjWGSuGQRB8nfz9EswupkR3mhjnV9e-YtclABTMK

②保康. http://baike.baidu.com/view/116727.htm?fromtitle=保康县&fromid=1400123&type=syn

③巫山. http://baike.baidu.com/link?url=m-F087XduZ5uO0OBhxx5LkpEbIYkF8Y3S-mpL9IA7rhVmOgSbJgpvqmAYyxcHezm#5_2

④众专家精心施救，大黑熊死里逃生. http://blog.fo.ifeng.com/article/1844746.html

平山最为常见。熊胆、熊脂、熊肉均可制成名贵中药，毛皮可制褥垫和地毯。熊掌是珍贵的食品。
按：据此，反映有黑熊生息繁衍。

《湖南省志·地理志》记述（湖南省志编纂委员会，1987）：

黑熊：狗熊。

栖息于阔叶林或混交林中。性（狐）[孤]独，非生殖期常单居。会游泳和爬树，有冬眠习性。杂食，以植物为主，有时也吃昆虫和小鸟，并喜捣食野生蜜蜂的蜂蜜，还窃食近山林地带的农作物，对农业有一定危害。一般不主动攻击人，但受伤之后则表现得异常凶猛。熊肉、熊胆、熊脂等均可入药，熊掌是珍贵的食品，毛皮可作褥垫和地毯，也可制革，活熊常用于观赏。体形硕壮，四肢粗短，尾短头宽。全身毛色乌黑而显油光，胸前特有一新月形的白斑。

主要分布于我省湘西、湘南的林区。

按：据此，表明在湘西与湘南的林区仍有黑熊分布。

《中国重点陆生野生动物资源调查》称（国家林业局，2008）：

本次调查，黑熊见于……湖南（石门、桑植、新宁、宜章）。

按：据此，证实在桑植县、石门县、宜章县、新宁县等地仍零星有黑熊生息繁衍。

● 永州市：据称，1984 年调查，零陵地区有陆栖脊椎野生动物 51 科 118 种，其中哺乳纲有黑熊与刺猬、蝙蝠、黄猴、猕猴、黑猴、短尾猴、华南兔、黑线姬、沟鼠、米鼠子、黄毛鼠、东方日鼠、喜马拉雅水鼠、花松鼠、红松鼠、媚鼠、猎獾、水獭、黄鼠狼、鼠、狼、豺狗、貂、华南虎、云豹、金钱豹、野猫、花面狸、大灵猫、小灵猫、穿山甲、鲮、鹿、麝、黑鹿、赤鹿、梅花鹿、毛冠鹿、青羊、苏门羚、野猪、豪猪等[①]。说明今永州市、东安县、道县、宁远县、江永县、蓝山县、新田县、双牌县、祁阳县、江华瑶族自治县等地曾有黑熊栖息。

● 湘西州：龙山县地处云贵高原北东侧与鄂西山地西南端结合部，武陵山脉由北东和南西斜贯全境，地势北高南低；境内群山起伏，山峦重叠，溪谷交错，坡陡谷深，山体破碎，耕地分散。地属亚热带大陆性湿润季风气候区，全年四季分明：夏半年受夏季风影响，降水较丰沛，气候温暖湿润；冬半年受冬季风控制，气温较低，降水较少，气候较寒冷；在复杂的山体影响下，形成山地垂直地带和水平方向地域差异的多样性气候。森林覆盖率 60.9%。野生动物中哺乳动物已查明的有黑熊与蝙蝠、猕猴、豺、狐、黄鼬、青鼬、獾、鼬獾、狗獾、水獭、大灵猫、小灵猫、果子狸、华南虎（原有分布，现已绝迹）、云豹（原有分布，现已绝迹）、金猫、野猪、麝、獐、黄麂、毛冠鹿、岩羊、穿山甲、棕鼯鼠、黄鼠、赤腹松鼠、岩松鼠、竹鼠、豪猪、帚尾豪猪、野兔等 32 种[②]。

6.4.3 广东

广东省至今仍有黑熊残存。

民国九年《赤溪县志》记述：

猪熊：形似猪，毛色或白或黑，前足与猪足相似，后足与人足相似；其性猛悍，常伤猎犬。

按：反映有黑熊栖息。

民国十年《东莞县志》记述：

熊：有……猪熊……羊熊。其体同，首异，各以类名之。见人索，与戏谑。人拒之，则怒，以爪伤人，饮其血也《罗浮山志会编》。按：今罗浮罕见，邑近无有。

按：虽有黑熊，但已近灭绝。

《中国重点陆生野生动物资源调查》称（国家林业局，2008）：

本次调查，黑熊见于……广东（乳源、阳山、连州、曲江、英德）。

按：据此，证实在粤北的英德市、连州市、阳山县、韶关市、乳源瑶族自治县等地还有黑熊分布。

● 清远市：连州市地处五岭中之萌渚岭南麓，境内崇山峻岭，丘陵岗峦星罗棋布。山地占全市总面积的 72.2%，丘陵占 15.9%。地属中亚热带季风性湿润气候区，常年热量大，气温变化明显。连州市有野生动物 500 多种，其中兽类有 100 多种。属国家重点保护的动物有 30 多种，其中国家一级保护的动物有华南虎、黄腹角雉、云豹、金钱豹、蟒蛇、金雕、白颈长尾雉等 10 多种；属国家二级保护的动物有狗熊与红面猴、穿山甲、大小灵猫、白鹇、苏门羚、水鹿、毛冠鹿、虎皮蛙、

①永州市人民政府网站. http://www.yzcity.gov.cn/col/col16888/index.html
②中国·龙山. http://www.xxls.gov.cn/lsgk/zrdl/st/201309/54614.html

金猫和猛禽类等 30 多种[①]。所称“狗熊”，即黑熊。

阳山县地形复杂，总体地形为南、北高峻，并以单斜山地不规则地由两端向腹地倾斜，形成中间低缓、四周较高的船形地貌；山地约占全县总面积的 90%，盆地及冲积平原约占 10%。气候资源独特，温差大，适宜种植不同气候带的农作物。森林覆盖率 73%。野生动物有陆栖类 25 科 58 属 86 种，被列入省或国家保护的动物有狗熊与水鹿、大灵猫、小灵猫、短尾猴、白鸥、虎纹蛙、猫头鹰、老鹰、蟒蛇、山瑞等[②]。

● 韶关市：乳源瑶族自治县地处南岭山脉骑田岭南麓，是山区。地属中亚热带湿润季风气候区，气候介于岭南、岭北之间，冬季常受北方冷空气影响，但因县西北部有石坑崆等大山作屏障，削弱了北方冷空气的强度；夏季常受南海暖湿气流影响，雨水充沛。当地列入国家珍稀濒危动物 83 种，其中二级保护动物有短尾猴、黑熊、穿山甲、白鹇、鸦鹃、原鸡、梅花鹿、水鹿、青羊、东南毛冠鹿、苏门羚、金猫、灵猫、麝香、猫头鹰等[③]。

6.4.4 广西

广西壮族自治区还有较多黑熊栖息。

《中国经济动物志：兽类》称，黑熊“文献记录见于……广西壮族自治区靖西、龙津、上思”（寿振黄，1962）。反映在今上思县、龙州县、靖西县等地当时有黑熊栖息。

大瑶山主体部分位于金秀瑶族自治县境内，外围延伸到鹿寨县、象州县、武宣县、平南县、桂平市、蒙山县、荔浦县一带，据称当地野生动物有的种类，如虎、金猫、熊和水獭已多年不见（大瑶山自然资源综合考察队，1988）。此“熊”，似包括黑熊。

《中国重点陆生野生动物资源调查》称（国家林业局，2008）：

本次调查，黑熊见于……广西（武鸣、邕宁、宁明、上林、融水、天峨、环江、罗城、上思、乐业、恭城、兴安、全州、资源、龙胜、融安、靖西、永福）。

按：据此，证实在南宁市、武鸣县、上林县、全州县、兴安县、永福县、资源县、龙胜各族自治县、恭城瑶族自治县、融安县、融水苗族自治县、上思县、宁明县、靖西县、乐业县、天峨县、罗城仫佬族自治县、环江毛南族自治县等地依然有黑熊分布。

● 南宁市：民国二十六年《邕宁县志》：

熊：猛兽。毛或黄，或黑。颚下有白毛，形如新月。身肥健，力多，娇猂。足粗大，前短后长。能攀缘。其状不一，有……猪熊……数种。

按：其中有黑熊栖息。

据报道，截至 2012 年，南宁市自然分布的野生脊椎动物有 31 目 90 科 208 属 272 种，哺乳类 60 种，主要有黑熊与黑叶猴、猕猴、小灵猫、大灵猫、林麝、苏门羚、穿山甲等[④]。只是该市及隆安县、上林县、宾阳县有黑熊分布。

宾阳县地势南高北低，由西南向东北倾斜，东、南、西三面边缘土山环亘，北及东北面边缘石山群立，中部为不闭合盆地，属大片冲积平原，东部为低山丘陵地带，东南部为高低丘为主的丘陵区。地属亚热带季风气候区，太阳辐射强，热量多，盛夏炎热，冬季有时也颇温暖。雨量分布特点是南部多于北部，山区多于平原。森林覆盖率 35.9%。野生脊椎动物有 31 目 90 科 208 属 294 种，其中哺乳类 60 种，主要有黑熊与黑叶猴、猕猴、小灵猫、大灵猫、金钱豹、林麝、苏门羚、穿山甲等[⑤]。

上林县西部多山，东南部属丘陵和平地，整个地势自西北向东南倾斜，中山占 8.62%，低山占 17.03%，山丘占 12.15%，丘陵占 30.29%，平原占 27.9%。地属南亚热带季风气候区。20 世纪 50 年代，还猎到两只华南虎和狗熊等兽类。20 世纪末，境内华南虎、狗熊、豹、狼等已基本绝迹[⑥]。所谓“狗熊”，乃黑熊。

---

①连州. http://baike.baidu.com/view/141498.htm? fromId=150476

②阳山县. http://baike.baidu.com/link? url=UJGJqJKLgLRmiB6VI8dyrv83OKFCeCg8YnSwWA3dfR06z8_C7OWBjEqJvJ3Ev9VS#5_4

③乳源瑶族自治县. http://baike.baidu.com/link? url=PdAAArTrX9Y6vLTu_8_XdG1kj6_mmWrnaAXNcCtmnXYrfR8TLCBiqPnesK5aZr1F50pbiEEKXvRcJE0JlBq#3_3

④南宁. http://baike.baidu.com/link? url=oBJjxFYvbivwYdidHdlvq6F26WAmJiX-VpTh44butHJfsHSrXHsp2vgMb8laePVIX1JmkHiEovD9KJ89KXOyiYlk7GzMo_MkEIZAnOxGsW3

⑤广西宾阳县年产 16 万吨硅锰及富锰渣产品项目环境影响报告书. http://max.book118.com/html/2015/0417/15088115.shtm

⑥上林县. http://baike.baidu.com/link? url=CPKBggfQwBeW5TJvsKcKT7Bsjl8VzhdOS601EOvuLI1kv0hqGjIr5VOAoLAUDzUOwZeeFr82kYPtk8_b_XF2Oa

《隆安县志》记载（隆安县志编纂委员会，1993）：

狗熊：1964 年 7 月，布泉区高峰公社下冻生产队民兵打死一只熊，重约 100 kg。1974 年 8 月，屏山公社万岭大队六五生产队附近发生火烧山，一只 120 kg 的狗熊活活被烧死。近年，万岭村境内仍有狗熊出没。

按：证实确有黑熊分布。

● 桂林市：兴安县地形多样而复杂，西北和东南为山地，山峦重叠，沟谷溪流纵横。西北部为越城岭山系，逐渐向西南倾斜。东南部是都庞岭的海洋山系，并逐渐向东北倾斜，形成两大山系之间的狭长谷地，称“湘桂走廊”，其间有土岭、石山、河谷平原。地属中亚热带湿润季风气候区，气温适宜，雨量充沛，日照时间长，积温多，霜期短。野生动物中，哺乳类有狗熊与虎、豹、狼、狐狸、野兔、獐、鹿、猴、獭、野猪、野山羊、黄鼠狼、松鼠、野猫、箭猪、鬣羚、穿山甲、竹鼠、果子狸、大灵猫、小灵猫、鼬獾、麂子、黄猄等①。其中“狗熊”，就是黑熊。

永福县地势西北部、中部和东南部高，中部两侧及东北部较低，地貌复杂，地形多样，天平山两支脉大雾山、大崇山由西北向南和东南延伸，驾桥岭自南向北和西北走向，构成县域近似 N 形山体。地属中亚热带季风气候区；由于地形和地理位置的差异，可分为光温充裕易涝区、温暖易旱区、温凉湿润区 3 种区域性气候类型。野生动物资源有穿山甲、果子狸、猴子、狗熊等②。此处所称“狗熊”，即黑熊。

龙胜各族自治县位于越城岭山脉西南麓，崇山万叠，峭壁千寻，河谷幽深，水流湍急，东、南、北三面高而西部低，山峰与山坡常呈阶梯状倾斜，部分地方形成悬崖峭壁。地处亚热带，属季风性气候，雨量充沛，气候宜人。野生动物中兽类主要有狗熊、黑熊、岩羊、麂、鹿、麝、貂、獭、猴、野猪、豪猪、野兔、黄鼬、竹鼠、灵猫、大鲵、穿山甲、果子狸等③。尽管有“狗熊、黑熊”出现，但从马来熊现存状况看，此“狗熊”只是黑熊的别称。

● 柳州市：融安县地貌大致可分为中低山陡坡、低山缓坡、岩溶峰丛、沉积平原等几种类型。属中亚热带季风气候区，太阳辐射强，气候温暖，雨水充沛，冬短夏长，雨热同季，气候资源丰富。野生动物中兽类有狗熊与山猪、山牛、山羊、黄猄、麂子、香猫、竹鼠、黄鼠狼、野狗、獐子、香狸、豺狼、豹子、四不像等 40 多种④。所谓“狗熊”，乃黑熊。

民国三十五年《三江县志》记述：

熊：有人熊、狗熊、马熊三种。多匿深山，不常见。间有获者，售其掌及胆，值逾百金。本县只有狗熊，高基乡时有经过。人熊、马熊，两种都则不及见。

按：其时，还有黑熊分布。

融水苗族自治县位于云贵高原苗岭山地向东延伸部分，地势中部高、四周低，中西部和西南部为中山地区，东南部和东北部为低山地区，南端为丘陵岩溶区，其中山地面积占 85.46%。地属中亚热带季风气候区，由于海拔较高、山地较多，故山区气候特征比较明显。森林覆盖率 39.1%。野生动物有 309 种，属国家二级保护的有黑熊与大鲵、小天鹅、林麝、水鹿、细痣疣螈、虎纹蛙、白鹇、红腹锦鸡、灵猫、苏门铃等 45 种⑤。

● 崇左市：《崇左县志》记载（崇左县志编纂委员会，1994）：

熊：据旧县志载，明嘉靖四十二年（1563），有熊入城内，居民群起杀食之。至民国间，尚有出现。50 年代末，在濑湍公社陇丰大队山岭曾发现过一只黑狗熊，后再不复见。

按：证明黑熊延续到 20 世纪后半叶。

《宁明县志》记载（宁明县志编纂委员会，1988）：

---

①兴安县. http://baike. baidu. com/link? url=AbSjnQXj1KAq70y8W8iBZGCZq9bfXryiqtBPrOpgcHd2iaby7wfJzpQhpe3NGhkqRUJDqbowfKdQP_GW9ZpwoT2rd2OFf4v6VO21DO_eQly

②叶福多. 2011. 广西永福县 1996—2005 年土地利用变化与可持续利用研究. 桂林理工大学[硕士学位论文]. http://www. doc88. com/p-8146090318737. html

③龙胜各族自治县林业基本情况. http://www. gx. xinhuanet. com/dtzx/guilin/longsheng/jjly1. htm

④融安县. http://baike. baidu. com/link? url=lwlAKzYvpXV9Ly0WUpUl-ckybhrK8K4WG2BvWdk6vNIOI9GlbbH7VizMc2bif3ugFlNQi9ht8vZqCB2senl1Ra

⑤融水苗族自治县. http://baike. baidu. com/link? url=cFjCgllm_PHeIHy_5t7UzEbbklnpY8UObHt_dbx_D71g7IpEjTXIh2T7L-8q37zk＃4_1

狗熊：近年攀龙村有人在保护区发现狗熊觅食。爱店、米康两村(街)群众亦发现有狗熊在公母山、潼龙山出没。

按：证实有黑熊分布。

● 百色市：那坡县称，“1958 年前，尚发现有华南虎、金钱豹、黑熊，‘大搞钢铁’滥伐木烧炭，森林遭到严重破坏以后，无发现踪迹”。[①] 说明曾有黑熊栖息。

乐业县地处云贵高原的东南麓，是山区，石山面积占 30%，土山面积占 70%。地属亚热带季风气候区，气候温和，夏无酷暑，冬无严寒。该县的黄猄洞天坑风景区洞底大面积地下森林栖息着黑熊、黑豹、斑竹狸、穿山甲等国家级重点保护野生动物 43 种[②]。

● 河池市：南丹县地处云贵高原向桂西北丘陵过渡的斜坡地带，地势由东北向西南方向倾斜，境内高山连绵起伏，峰峦重叠。县内气候多样，具有高原山区的气候特点和变化规律，地区差异和垂直差异明显，气温低，雨量多，光照少，南北气候差异很大，干旱、冰雹、低温、霜冻等灾害性天气出现频繁，局部地区风、涝灾害也常有出现。森林覆盖率 17.1%。野生动物中哺乳动物有恒河猴、狗熊、狐狸、蛤蚧、眼镜蛇、穿山甲、果子狸、竹鼠等[③]。所谓“狗熊”，即黑熊。

天峨县地处广西丘陵与云贵高原的过渡地带，属凤凰山脉和东凤岭山脉交错区，群峰林立，沟壑纵横，地势以中山为主。地属亚热带季风气候区，冬暖夏凉，四季分明。森林覆盖率 82.6%。野生动物主要有熊与山鸡、果子狸、猴、穿山甲、黄羚、野猪、竹鼠等[④]。从当地历史情况看，此“熊”乃黑熊。

巴马瑶族自治县地处云贵高原向桂中平原过渡的斜坡地带，地势西高东低，石山地占 30%，土山地占 69%，水面占 1%。地属南亚热带至中亚热带季风气候区。野生动物中哺乳类有野猪、猴子、野兔、箭猪、穿山甲、獐子[獐子，麝]、果子狸、野狗、野猫、老虎、狗熊、金钱豹、松鼠、飞鼠、水獭、旱獭等[⑤]。所称“狗熊”，即黑熊。

环江毛南族自治县位于云贵高原东南麓，九万大山山麓，处黔中高原南部边缘的斜坡地带，总地势为北高南低，四周山岭绵延，中部偏南为丘陵。地属亚热带季风气候区，气候温和，雨水充沛，日照充足，冬无严寒，夏无酷暑，雨热同季，无霜期长。森林覆盖率 59.2%。野生动物有 107 种，分属于 19 目 45 科，其中哺乳纲有 6 目 16 科 41 种。该县的杨梅坳景区内野生动物种类颇多，属于国家二级保护的动物有黑熊与猕猴、鬣羚、藏酋猴、林麝、大灵猫、小灵猫、穿山甲、水鹿、金猫、大鲵、山瑞鳖、白鹇、红腹角雉、红腹锦鸡、原鸡等[⑥]。

民国二十四年《罗城县志》记述：

狗熊：形似狗而大倍之。大者重约两百余斤。毛黑，嘴尖，眼细，足短。能效人行，又能登树。皮、骨熬膏，去疯温补。四足为熊掌，亦温补。胆为熊胆，治眼疾，亦治积热。

按：证实确有黑熊栖息。

6.4.5　海南

海南省也有较多黑熊分布。

民国二十年《感恩县志》记述：

熊：好(扳)[攀]缘木而引气，故谓之熊经。胆，春在头，夏在腹，秋在左足，冬在右足。当心有白脂如玉，味甚美，俗呼熊白。冬蛰不食，饥即舐其掌，故好在掌《异苑》。按：熊有四：猪熊、狗熊、马熊、人熊，体同，头异。马熊特大，而人熊未之见。刘跂《暇日记》曰：钱乙言：熊胆，奇药。佳者，色通明如米粒。用草莛点入水，转如飞性急者，佳。能消毒，去淤伤《府志》。

按：其中含有黑熊。

《海南岛的鸟兽》记载(广东省昆虫研究所动物室等，1983)：

黑熊：熊、狗熊、黑瞎子。

①那坡县. http://baike.baidu.com/link? url=AukiFkvMib3ddNdl8xLvhl8e38JIWMc6nahTT2id5rX5n9he8aejTAYL3MofeGZb#3_4

②乐业黄猄洞天坑风景区. http://www.sxol.com/travel/landscape.asp? id=24797

③南丹县绿地系统规划说明书. http://3y.uu456.com/bp-060ec43fs8fafab06qdc0264-2.html

④天峨县. http://baike.baidu.com/link? url=TcGAAqhygP6j6VNUCi0U1JRCf3UR-PhuHP2DXzCDKAjlhFYkJ23-iG4etcUkHoReP_bsMiSfSIH4Yc3iXexqXK

⑤巴马网. http://www.bama.gov.cn/zjbm/item.php? Cateid=001005&lx=zw&dh

⑥环江毛南族自治县. http://gxi.zwbk.org/MyLemmaShow.aspx? lid=2446

【地理分布】山区原始林或原始次生林区。

【标本采集】白沙（七坊）、东方（江边）。

【查访地点】五指山、坝王岭（霸王岭）、尖峰岭、黎母山、鹦哥岭、吊罗山、白沙（青松、南溪、细水、南高岭、牙叉）、东方（马鞍岭、猕猴岭）、昌江（王下、保梅）、保亭（毛端）、万宁（六连岭）。

按：据此，反映约在万宁市、五指山市、东方市、昌江黎族自治县、白沙黎族自治县、琼中黎族苗族自治县、陵水黎族自治县、保亭黎族苗族自治县、乐东黎族自治县等地有黑熊栖息。

《中国动物志：兽纲：食肉目》记述（高耀亭等，1987）：

黑熊台湾亚种（*Ursus thibetanus formosanus*）；见于台湾、海南（东方县、白沙县）。

按：说明在现东方市、白沙黎族自治县曾有黑熊分布。

《中国重点陆生野生动物资源调查》称（国家林业局，2008）：

本次调查，黑熊……海南未发现。

按：据此，反映黑熊在海南省已极度濒危，但并没有灭绝。

万宁市位于海南岛东南部沿海，东濒南海，山地约占一半，丘陵和平原各占四分之一。地属热带季风气候区。森林覆盖率60.2%。野生动物种类繁多，其中珍贵品种有大洲金丝燕、梅花鹿、熊、豹、长臂猿、黄猄、蟒蛇、毛鸡、金钱龟、鹧鸪、野兔等①。所称“熊”，乃黑熊。

屯昌县地处五指山北麓，南渡江南岸，为低山丘陵地带，地势南高北低，东西有山地，山地占全县总面积5%，丘陵占85%，其他占10%。地属热带季风气候区，四季变化不大，长夏无冬，高温多雨，干湿季分明。森林覆盖率58.7%。据2014年报道，动物资源中兽类有水鹿、狗熊、长尾猴、野猪、山牛、果子狸、猫狸、赤狸、刺猪、穿山甲、野兔、松鼠、山獭、水獭等②。所谓“狗熊”，乃黑熊。

白沙黎族自治县坐落在黎母山脉中段西北麓、南渡江上游，地处五指山腹地，地势陡峻，东南高、西北低，境内地形由山地、盆地、丘陵和台地构成。由于境内地形复杂，山区气候特点突出，东南部多雨，西北部少雨。野生动物有被列为国家重点保护的一类动物：坡鹿、黑冠长臂猿、云豹、小爪水獭、山鹧鸪、隼游等6种，二类保护动物有猕猴、穿山甲、巨松鼠、水獭、大灵猫、水鹿、白鹇、孔雀雉、山瑞、蟒蛇等12种；药用动物有海南熊、坡鹿、金钱龟等③。此“海南熊”，即黑熊。

琼中黎族苗族自治县地形西南高、东北低，地势自西南向东北倾斜，地貌呈穹窿形，由高山、低山、丘陵、台地河道、阶地等构成。县境位于热带海洋季风区北缘，雨水充沛，气候温和，四周群山环抱，有独特的山区气候特点。森林覆盖率达81.7%。稀有珍贵野生动物主要有黑熊、长臂猿、猕猴、金钱豹、金钱龟、山鹿、孔雀雉、穿山甲、蟒蛇、毛鸡、原鸡、鹦鹉等④。

保亭黎族苗族自治县位于海南岛中部五指山南麓，山岭连绵，森林茂密，终年花果不断，河沟纵横，自然条件优越，为各种陆栖脊椎动物的繁衍生息提供了非常有利的环境。县境内动物种类繁多，仅属国家二级保护野生动物有猕猴、穿山甲、黑熊、海南水獭、海南大灵猫、小灵猫、海南免、海南巨松鼠、山瑞鳖、虎纹蛙、风头鹰、斑尾鹃鸠、绯胸鹦鹉、棱皮龟、地龟、三线壳龟、凹甲陆龟等⑤。

6.4.6 方志记载

方志记载虽较简略，但可反映不同时期中南的多地黑熊分布情况（表13.20）。

---

①万宁. http://baike. baidu. com/link? url = p9w7j5XUM1Ez_QCVeaoe_d0jx5oE-OFYuuVGauwbQwX3IISbxYfcXZg0W1JWRsuE7Z2Xc_9bdsNFev1dgYHSz4CAHJzMgE7LLdZEM7pOLwNTSvajxI7Pn7ZSBRqwGHwr9anxQLvDMbx3Ig1XNR4fwbdJK20MP9NLKUG-lcDt24e

②屯昌县政府网. http://www. chengche. cc/news/95/9567. htm

③白沙黎族自治县. http://baike. baidu. com/link? url = 3DPXNecxdg7msUBP7qBYlyDasBw6LVLaLh-DbpeKYBQgJhiztyFBQRVR4-82zyOdib1azzFP5N7nUm-qYVeL9_#2_3

④琼中黎族苗族自治县. http://baike. baidu. com/link? url = svIV06qZ9Vu8foHnizm6jIVbs27m2HFyXq_NNtetLpi-thBwsZfIjuVML0DEqpFoaAdnaXIVUamIs9m3NR2K

⑤保亭黎族苗族自治县. http://baike. baidu. com/link? url = SFyOlc8NNXnwsaCJKIPqqiY6oSQjzxsmOoCVssHEsc06fNTDZHi16ZP4L6xLBVt1wFaeNMGD7Yn5CMspul27tK#5_1

表 13.20 方志记载 20 世纪以来中南的黑熊分布情况

省级政区	今地点	文献	内容	新方志出处
河南	方城县	1992 年《方城县志》	熊(今已绝迹)	方城县地方志编纂委员会,1992
	南阳市、邓州市、南召县、西峡县、镇平县、内乡县、淅川县、社旗县、唐河县、新野县、桐柏县	1996 年《南阳地区志:1986—1994》	黑熊	南阳地区地方史志编纂委员会,1996
湖北	郧西县	民国二十五年(1936)《郧西县志》	熊	
	鹤峰县	1990 年《鹤峰县志》	黑熊	湖北省鹤峰县史志编纂委员会,1990
	谷城县	1991 年《谷城县志》	黑熊	湖北省谷城县地方志编纂委员会,1991
	竹溪县	1992 年《竹溪县志》	熊胆	竹溪县志编纂委员会,1992
	属宜昌市	1993 年《宜昌县志》	黑熊*	湖北省宜昌县地方志编纂委员会,1993
	巴东县	1993 年《巴东县志》	狗熊	湖北省巴东县地方志编纂委员会,1993
	襄樊市、老河口市、枣阳市、南漳县、谷城县、保康县、曾都区	1994 年《襄樊市志》	黑熊	湖北省襄樊市地方志编纂委员会,1994
	五峰土家族自治县	1994 年《五峰县志》	马头熊	湖北省五峰土家族自治县地方志编纂委员会,1994
	建始县	1994 年《建始县志》	黑熊	建始县地方志编纂委员会,1994
	郧西县	1995 年《郧西县志》	熊(今已绝迹)	湖北省郧西县地方志编纂委员会办公室,1995
	宣恩县	1995 年《宣恩县志》	黑熊	宣恩县志编纂委员会,1995
	神农架林区	1996 年《神农架志》	黑熊西南亚种	湖北省神农架林区地方志编纂委员会,1996
	恩施市	1996 年《恩施市志》	狗熊(已多年不见)	湖北省恩施市地方志编纂委员会,1996
	兴山县	1997 年《兴山县志》	熊(以形态分猪熊)	湖北省兴山县地方志编纂委员会,1997
	恩施市、利川市、建始县、巴东县、宣恩县、咸丰县、来凤县、鹤峰县	1998 年《恩施州志》	狗熊	湖北省恩施土家族苗族自治州地方志编纂委员会,1998
	竹山县	2002 年《竹山县志》	黑熊	竹山县地方志编纂委员会,2002
湖南	沅陵县	清光绪二十八年(1902)《沅陵县志》	熊	
	邵阳市、邵阳县	清光绪三十三年(1907)《邵阳县乡土志》	熊(有……马熊,龙山一带有之)	
	江永县	清光绪三十三年(1907)《永明县志》	熊	
	永顺县	民国十九年(1930)《永顺县志》	熊	
	汝城县	民国二十一年(1932)《汝城县志》	狗熊	

（续表）

省级政区	今 地 点	文 献	内 容	新方志出处
	城步苗族自治县	1984年《城步苗族自治县概况》	狗熊	《城步苗族自治县概况》编写组，1984
	吉首市、泸溪县、凤凰县、花垣县、保靖县、古丈县、永顺县、龙山县、桑植县、张家界市	1986年《湘西土家族苗族自治州概况》	黑熊*	《湘西土家族苗族自治州概况》编写组，1985
	通道侗族自治县	1986年《通道侗族自治县概况》	狗熊	《通道侗族自治县概况》编写组，1986
	澧县	1993年《澧县志》	熊（已经绝迹）	澧县地方志编纂办公室，1993
	祁阳县	1993年《祁阳县志》	熊（已经绝迹）	《祁阳县志》编纂委员会，1993
	炎陵县	1994年《酃县志》	熊（已绝迹）	酃县志编纂委员会，1994
	江华瑶族自治县	1994年《江华瑶族自治县志》	熊	湖南省江华瑶族自治县志编纂委员会，1994
	江永县	1995年《江永县志》	黑熊	湖南省江永县志编纂委员会，1995
	新宁县	1995年《新宁县志》	黑熊	新宁县县志编委会，1995
	郴州市、资兴市、桂阳县、永兴县、宜章县、嘉禾县、临武县、汝城县、桂东县、安仁县	1996年《郴州地区志》	黑熊	郴州地区地方志编纂委员会，1996
	城步苗族自治县	1996年《城步苗族自治县志》	黑熊	城步苗族自治县志编纂委员会，1996
	邵阳市、武冈市、邵东县、邵阳县、洞口县、新邵县、绥宁县、新宁县、隆回县、城步苗族自治县	1997年《邵阳市志》	黑熊	邵阳市地方志编纂委员会，1997
	宜章县	1997年《中国国情丛书：百县市经济社会调查：宜章卷》	黑熊	丁伟志等，1997b
	绥宁县	1997年《绥宁县志》	黑熊	湖南省绥宁县志编纂委员会，1997
	衡阳市、耒阳市、常宁市、衡阳县、衡东县、衡山县、衡南县、祁东县	1998年《衡阳市志》	黑熊	衡阳市地方志编纂委员会，1998
	通道侗族自治县	1999年《通道县志》	黑熊	湖南省通道侗族自治县县志编纂委员会，1999
广东	潮安县	清光绪二十六年（1900）《海阳县志》	熊	
	广宁县	清光绪三十年（1904）《广宁县志》	熊	
	属台山市	民国九年（1920）《赤溪县志》	猪熊*	
	东莞市	民国十年（1921）《东莞县志》	熊*	
	增城市	民国十年（1921）《增城县志》	熊	
	始兴县	民国十五年（1926）《始兴县志》	熊	
	乐昌市	民国二十年（1931）《乐昌县志》	熊	

（续表）

省级政区	今地点	文献	内容	新方志出处
	梅江区、梅县、大埔县、丰顺县、平远县、蕉岭县、湘桥区、潮安县、饶平县、汕头市、南澳县、榕城区、普宁市、揭东县、揭西县、惠来县	民国二十二年(1933)《潮州府志略》	熊	
	阳山县	民国二十七年(1938)《阳山县志》	熊	
	阳春市	民国三十年(1941)《阳春县志》	熊	
	大埔县	民国三十二年(1943)《大埔县志》	熊	
	五华县	民国三十七年(1948)《五华县志》	熊	
	乐昌市	1994年《乐昌市志》	黑熊	乐昌市地方志编纂委员会，1994
	紫金县	1994年《紫金县志》	狗熊	紫金县地方志编纂委员会，1994
	龙门县	1995年《龙门县志》	白熊①	龙门县地方志编纂委员会，1995
	乳源瑶族自治县	1997年《乳源瑶族自治县志》	黑熊	乳源瑶族自治县地方志编纂委员会，1997
广西	属罗城仫佬族自治县	清光绪三十二年(1906)《天河县乡土志》	猪熊	
	金城江区	清光绪三十三年(1907)《河池州志》	熊(有……猪……数种)	
	隆安县	民国二年(1913)《隆安县志》	熊	
	武鸣县	民国四年(1915)《武鸣县志》	熊	
	龙州县	民国十六年(1927)《龙州县志》	熊	
	灵川县	民国十八年(1929)《灵川县志》	熊	
	合浦县	民国二十一年(1932)《合浦县志》	熊、狗熊	
	属环江毛南族自治县	民国二十二年(1933)《思恩县志》	熊	
	钟山县	民国二十二年(1933)《钟山县志》	熊	
	八步区	民国二十三年(1934)《贺县志》	熊	
	上林县	民国二十三年(1934)《上林县志》	猪熊	
	罗城仫佬族自治县	民国二十四年(1935)《罗城县志》	狗熊*	
	隆安县	民国二十五年(1936)《融县志》	熊(有……狗熊……三种多匿深山，不常见。偶有或者售其掌及胆，已逾百金)	
	属南宁市	民国二十六年(1937)《邕宁县志》	熊*	
	属环江毛南族自治县	民国二十六年(1937)《宜北县志》	熊	
	属田林县	民国二十七年(1938)《田西县志》	熊	
	马山县	民国二十七年(1938)《隆山县志》	熊	

（续表）

省级政区	今　地　点	文　献	内　容	新方志出处
	属罗城仫佬族自治县	民国三十一年(1942)《天河县志》	狗熊	
	三江侗族自治县	民国三十五年(1946)《三江县志》	熊*	
	属大新县	民国三十五年(1946)《雷平县志》	熊	
	钦州市	民国三十六年(1947)《钦县志》	狗熊	
	天等县	1991年《天等县志》	熊,40年代绝迹	天等县志编纂委员会,1991
	宁明县	1988年《宁明县志》	狗熊*	宁明县志编纂委员会,1988
	上林县	1989年《上林县志》	狗熊	上林县志编纂委员会,1989
	扶绥县	1989年《扶绥县志》	熊(今已罕见)	扶绥县志编纂委员会,1989
	大新县	1989年《大新县志》	熊、狗熊	大新县志编纂委员会,1989
	金秀瑶族自治县	1992年《金秀瑶族自治县志》	熊(已绝迹)	金秀瑶族自治县志编纂委员会,1992
	隆安县	1993年《隆安县志》	狗熊*	隆安县志编纂委员会,1993
	玉州区	1993年《玉林市志》	狗熊(已绝迹)	玉林市地方志编纂委员会,1993
	富川瑶族自治县	1993年《富川瑶族自治县志》	熊(县内很少发现)	富川瑶族自治县志编纂委员会,1993
	浦北县	1994年《浦北县志》	熊	浦北县志编纂委员会,1994
	合浦县	1994年《合浦县志》	熊(现已绝迹)	合浦县志编纂委员会,1994
	江州区	1994年《崇左县志》	熊*	崇左县志编纂委员会,1994
	南丹县	1994年《南丹县志》	黑熊	南丹县地方志编纂委员会,1994
	天峨县	1994年《天峨县志》	狗熊(数量极少)	天峨县志编纂委员会,1994
	象州县	1994年《象州县志》	熊(1963年后已绝迹)	象州县志编纂委员会,1994
	临桂县	1996年《临桂县志》	黑熊	临桂县志编纂委员会,1996
	永福县	1996年《永福县志》	狗熊(已经绝迹)	永福县志编纂委员会,1996
	融安县	1996年《融安县志》	狗熊	融安县志编纂委员会,1996
	田林县	1996年《田林县志》	黑熊(50年代常有出没,近十年来未见踪迹)	田林县地方志编纂委员会,1996
	灵川县	1997年《灵川县志》	熊	灵川县地方志编纂委员会,1997
	武鸣县	1998年《武鸣县志》	黑熊(50年代末尚有出现)	武鸣县志编纂委员会,1998
	兴安县	1998年《中国国情丛书:百县市经济社会调查:兴安卷》	狗熊	丁伟志等,1998a
	资源县	1998年《资源县志》	熊(境内有……猪熊等)*	广西壮族自治区资源县志编纂委员会,1998
	融水苗族自治县	1998年《融水苗族自治县志》	熊(多活动于元宝山、九万大山)	广西融水苗族自治县地方志编纂委员会,1998

（续表）

省级政区	今地点	文献	内容	新方志出处
	德保县	1998 年《德保县志》	50 年代在燕垌堪华一带曾发现黑熊，后来被捕杀，现已灭绝	德保县志编纂委员会，1998
	靖西县	2000 年《靖西县志》	黑熊	靖西县县志编纂委员会，2000
	兴安县	2002 年《兴安县志》	狗熊	兴安县地方志编纂委员会，2002
海南	三亚市、保亭黎族苗族自治县、乐东黎族自治县	清光绪二十六年(1900)《崖州志》	熊***	
	三亚市、保亭黎族苗族自治县、乐东黎族自治县	清光绪三十四年(1908)《崖州志》	熊***	
	属海口市	清宣统二年(1910)《琼山县志》	熊	
	属琼海市	清宣统三年(1911)《乐会县志》	熊(胆能消毒)	
	定安县	清宣统三年(1911)《定安县志》	熊	
	属海口市	民国六年(1917)《琼山县志》	熊(《郡志》云：琼郡猪熊、狗熊……体同首异)	
	属东方市	民国二十年(1931)《感恩县志》	熊*	
	海口市、三亚市、文昌市、琼海市、万宁市、五指山市、东方市、儋州市、临高县、澄迈县、定安县、屯昌县、昌江黎族自治县、白沙黎族自治县、琼中黎族苗族自治县、陵水黎族自治县、保亭黎族苗族自治县、乐东黎族自治县	民国二十二年(1933)《海南岛志》	熊（有……猪熊……之别）	
	儋州市	民国二十四年(1935)《儋县志》	熊***	
	琼口黎族苗族自治县	1995 年《琼中县志》	黑熊（又名狗熊，稀少）	琼中黎族苗族自治县地方志办公室，1995
	保亭黎族苗族自治县	1997 年《保亭县志》	黑熊	保亭黎族苗族自治县地方志编纂委员会，1997
	昌江黎族自治县	1998 年《昌江县志》	黑熊	海南省昌江黎族自治县地方志编纂委员会，1998

注：* 表示详见正文。*** 表示本省级政区已有类似记录。①原文如此；当是黑熊。

6.5 西南

西南各省级政区皆有黑熊繁衍生息。

6.5.1 重庆

重庆市有黑熊分布记录。

民国十五年《南川县志》记述：

熊：李时珍曰：熊者，雄也。篆文象形。俗分为猪熊……《尔雅翼》：熊有猪熊，形如豕。

按：可见称“猪熊”者，乃今黑熊。

《四川资源动物志》记载的物种分布（《四川资源动物志》编辑委员会等，1982）：

黑熊：……城口、巫山、巫溪、奉节、武隆、南川。

按：反映在南川区、武隆县、城口县、巫溪县、巫山县、奉节县等地有黑熊分布。

《中国重点陆生野生动物资源调查》称（国家林业局，2008）：

本次调查，黑熊见于……重庆（城口、巫溪）。

按：据此，证实在渝东北的城口县与巫溪县一带仍有黑熊存在。

万州区境内低山、丘陵面积约占四分之一，低中山和山间平地面积约占四分之一，少平坝和台地，且零星散布。属亚热带季风湿润气候带，四季分明，日照充足，雨量充沛，无霜期长，霜雪稀少。已知脊椎动物及野生动物 312 种，其中兽类 69 种，属国家保护动物主要有猴、黑熊、穿山甲、狼、野猪等①。

巫溪县位于巴山东段南麓，地形以山地为主，属于典型的中深切割中山地形，境内山大坡陡，立体地貌明显。地属亚热带暖湿季风气候区，四季分明，雨量充沛。境内脊椎动物达 350 余种，野生动物中，国家重点保护的兽类有黑熊与虎、金钱豹、云豹、林麝（香獐）、毛冠鹿（青麂）、金猫（狗豹子）、水獭、猕猴、穿山甲、鬣羚、豺、岩羊（崖羊）、大灵猫（九节狸）、小灵猫（野猫子）等，其他有野猪、狼小麂（黄麂）、狐狸（毛狗子）、黄鼬（黄鼠狼）、狗獾、草鹿、草兔（野兔）、松鼠、豪猪（刺猪）、食蟹獴（猸、白猸）、青猴、貉（狸）、罗代鼢鼠、小家鼠（小耗子）、黄腹鼠（黄胸鼠）、褐家鼠（大家鼠、沟鼠）、黑线姬鼠（田姬鼠）、巢鼠（麦鼠）、蝙蝠等。主要分布在县境白果林区和尖山、红池坝、西宁、白鹿等地山林②。

巫峡山脉位于重庆与湖北交界处，北与大巴山相连，主峰在奉节县境内的乌云顶。仍保留有熊等珍稀动物③。所谓“熊”，主要是黑熊。

6.5.2 四川

四川省有较多黑熊分布。

民国初年《白玉县图志》记述：

惟女扒拿山及乃意产熊，常数十成群，凡猎得者仅取熊胆、熊掌。熊胆晒干如玻璃黄色，一枝可售二三元；熊掌一付四五元不等；如得其子，售于内地，价值未定，熊儿一窠有七八头者，一特产也。

按：此处所称之“熊”，当有黑熊在内。

民国二十二年《灌县志》记述：

熊：猛兽。《说文》：似豕。山居，春出，多蛰。其胆，其其其④掌味美而难熟。

按：黑熊与棕熊之掌皆为山珍之一，但前者略胜一筹。此处还有“似豕”，可见主要为黑熊。

民国二十九年《广元县志稿》记述：

熊：形如豕，冬眠不食不动，饥则舐掌，掌味美，谓之熊蟠，为八珍之一。胆入药，为健胃剂。东北山乡，如枫香、梁山等堡皆有。

按：据此，表明当地确有黑熊栖息。

民国三十一年《西昌县志》记述：

熊：体形似犬，肥大毛密。产于夷区。其足掌名熊掌，为筵宴上品。其胆名熊胆，有解热性，为出口货大宗。

按：能成为“出口货大宗”，表明当时黑熊的数量不少。

民国三十三年《汶川县志》记述：

黑熊：《说文》：似豕。性猛，全身皆黑。肉可食，其掌尤佳，其胆味苦，可治疯症。

按：此处更有“全身皆黑”等形容，证实上文一些类似描述是黑熊。

《中国经济动物志：兽类》称，黑熊“文献记录

①万州区. http://baike.baidu.com/link? url=BTbRhvsnjzIIIMgQY_Trqq1EjwdBI9gxEho5J0RjZAihaa-tsYioRPFwQ8fpgXIB

②巫溪概况—自然资源. http://wx.cq.gov.cn/Category_442/Index.aspx

③巫山. http://baike.baidu.com/link? url=m-F087XduZ5uO0OBhxx5LkpEbIYkF8Y3S-mpL9IA7rhVmOgSbJgpvqmAYyxcHezm#5_2

④此处连续 3 个“其”乃原文。从上下文看，有 2 个乃重复的误刻。

见于……四川省宝兴、康定”(寿振黄,1962)。反映在今宝兴县、康定县等地当时有黑熊栖息。

《四川资源动物志》记载的物种分布(《四川资源动物志》编辑委员会等,1982):

黑熊:江油、青川、绵竹、安县、旺苍、北川、平武、宣汉、万源、平昌、巴中、南江、通江……屏山、古蔺、叙永、峨眉、沐川、洪雅、夹江、甘洛、美姑、雷波、金阳、越西、马边、峨边、雅安、名山、荥经、汉源、石棉、天全、芦山、宝兴、冕宁、盐边、米易、木里、盐源、邛崃、大邑、什邡、崇庆、灌县、康定、丹巴、泸定、九龙、雅江、乾宁、炉霍、道孚、新龙、白玉、德格、甘孜、理塘、红原、金川、汶川、壤塘、理县、茂汶。

按:反映在都江堰市、邛崃市、崇州市、大邑县、旺苍县、青川县、江油市、安县、北川羌族自治县、平武县、什邡市、绵竹市、峨眉山市、夹江县、沐川县、峨边彝族自治县、马边彝族自治县、叙永县、古蔺县、屏山县、米易县、盐边县、巴州区、通江县、南江县、平昌县、万源市、宣汉县、洪雅县、雨城区、名山县、荥经县、汉源县、石棉县、天全县、芦山县、宝兴县、汶川县、理县、茂县、金川县、壤塘县、红原县、康定县、泸定县、丹巴县、九龙县、雅江县、道孚县、炉霍县、甘孜县、新龙县、德格县、白玉县、理塘县、盐源县、金阳县、冕宁县、越西县、甘洛县、美姑县、雷波县、木里藏族自治县等地有黑熊分布。

《中国动物志:兽纲:食肉目》记述(高耀亭等,1987):

黑熊四川亚种(*Ursus thibetanus mupinesis*)模式产地:四川穆平(现宝兴县,1901);分布于……四川……等省区。

按:据此,早已证实四川省有黑熊栖息。

《中国重点陆生野生动物资源调查》称(国家林业局,2008):

本次调查,黑熊见于……四川(南江、青川、平武、松潘、绵竹、石棉、巴塘、金川、色达、天全、汶川、古蔺、若尔盖、马边、美姑、得荣、雅江、炉霍、白玉、石渠、木里、西昌、万源、屏山、洪雅,盆地丘陵一带的剑阁、阆中、邻水、高县等地的黑熊已绝迹)。

按:据此,既证实在青川县、平武县、绵竹市、马边彝族自治县、古蔺县、屏山县、南江县、万源市、洪雅县、石棉县、天全县、汶川县、松潘县、金川县、若尔盖县、雅江县、炉霍县、白玉县、石渠县、色达县、巴塘县、得荣县、西昌市、美姑县、木里藏族自治县等地仍有黑熊存在,又指出原在剑阁县、阆中市、邻水县、高县等地的黑熊已然绝迹。

● 成都市:都江堰市位于成都平原西北边缘,地处岷江出山口,地势西北高、东南低,从高山、中山到低山再到平原逐级降低,高山、中山、低山、丘陵和平原呈阶梯分布,素有“六山一水三分田”之说,山地丘陵面积占 65.79%,平坝占 34.21%。地属四川盆地中亚热带湿润气候区。野生动物中兽类有黑熊与猕猴、藏酋猴、金丝猴、豺、貉、赤狐、小熊猫、大熊猫、黄喉貂、香鼬、黄鼬、獾、猪獾、鼬獾、水獭、大灵猫、小灵猫、花面狸、金猫、豹猫、豹、云豹、野猪、林麝、马麝、毛冠鹿、小麂、水鹿、扭角羚、鬣羚、斑羚、岩羊、盘羊、豺等(陈昌笃,2000)。

● 绵阳市:据称,安县境内有哺乳动物 80 余种,其中还有黑熊等栖息①。

● 南充市:南部县境内丘陵起伏,西北高、东南低,嘉陵江由正北向东南贯穿境内,东岸属大巴山余脉,西岸属剑门山余脉,有西河蜿蜒径流,地貌可划分为平坝、台地、低丘、高丘、低山、水域 6 个基本类型。地属中亚热带湿润季风气候区;由于秦岭、大巴山脉形成天然屏障,北方冷空气不易入境,境内气候温和,冬无严寒,夏无酷暑,但四季分明,季风显著,雨量充沛,日照偏少。至 20 世纪 50 年代初期,县境西北部升钟、双峰一带,时有虎、豹、熊、鹿出没。但到 60 年代,由于乱砍滥伐,致使自然环境发生很大变化,林地面积缩减,环境被污染,兼之肆意捕杀及声光干扰等,野生动物失去繁衍的生态条件,因而数量锐减,野兽基本绝迹②。所称“熊”,似主要指黑熊。

● 乐山市:《马边彝族自治县志》记述(马边彝族自治县地方志编纂委员会,1994):

黑熊:体长 1.5 m 左右,体重 140～160 kg。在全县均有分布,栖息于常绿阔叶林或针阔混交

①安县政务网. http://anxian.my.gov.cn/ax/219841861039161344/20110623/258949.html
②南部县人民政府. http://www.scnanbu.gov.cn/a/detail/97.html

林中。杂食性，秋季常到山村农地盗食粮食瓜果蔬菜。黑熊易驯化，供观赏和表演用。

按：据此，说明当时黑熊分布较广。

沐川县位于四川盆地西南边缘小凉山余脉五指山北麓，地势由西南向东北倾斜，以山地为主，占土地面积97%，在河流两岸，常伴有少量平坝。属亚热带季风性湿润气候，冬暖夏凉，雨量充沛，阴雨寡照。森林覆盖率68%。据称，该县黑熊与大鲵（娃娃鱼）、小熊猫、棘腹蛙、桫椤树等珍稀动植物，藏于沟壑峻岭之中①。

峨边彝族自治县地处四川盆地与云贵高原的过渡地带，境内群山耸峙，山峦重叠，沟壑纵横，高低悬殊，形成西南高、东北低逐渐倾斜地势。属亚热带湿润季风气候，由于地形高低悬殊，气温随海拔而异，垂直差异明显，形成"一山分四季，十里不同天；山顶戴雪帽，山脚百花鲜"的小凉山区气象景观。森林覆盖率67%。据2007年报道，仍称野生动物中哺乳动物主要有黑熊与大熊猫、小熊猫、羚羊、虎、豹、獐[麝]、鹿、红猴、水獭、野牛、野猪、土猪、豪猪、狐狸、野猫、鼠（竹牛）、野兔、狼、松鼠等②。

● 泸州市：古蔺县处于四川盆地与云贵高原过渡带乌蒙山系大娄山西段北侧，地势西高东低，南陡北缓，地形起伏较大，山峦耸立，沟壑纵横，"七山一水两分地"，是典型的盆周山区县。具有四川盆地气候和贵州高原气候特征，四季分明，雨热同季，夏季炎热，冬季不太寒冷。气温差异大，无霜期长，年降雨量偏少，湿度适中，日照较充足，常年多夏伏旱。森林覆盖率达49.6%。兽类共计47种，分属8目21科，其中黑熊、豺、金猫、林麝、水獭、大小灵猫的数量均在100只以下，还有竹鼠、红白鼯鼠、复齿鼯鼠、藏酋猴、毛冠鹿、豹、云豹、猕猴、藏酋猴、鬣羚、斑羚、黄喉貂、小麂、野猪、豪猪、花面狸等③。

● 宜宾市：位于筠连县大雪山镇的筠连大雪山自然保护区是云贵高原大娄山北侧支脉，现拥有豹、黑熊、野猪等国家重点保护动物18种④。

珙县属山区县，地势南高北低，地形为狭长形。境内层峦叠嶂，山脊多呈锯齿形，长岗状，丘陵和平坝面积小，以中低山地为主，有少数岩溶冲积坝，西北面有部分丘陵，山区、丘陵、平坝的比例大体为7.5∶1.5∶1。地属亚热带湿润性季风气候区，春早冬暖，湿度偏大。森林覆盖率48.7%。野生动物主要有黑熊、弥猴[猕猴]、土豹、锦鸡等珍稀物种，主要分布在该县南部山区，数量较少⑤。

屏山县中药材有169种，名贵药材有天麻、菌灵芝、麝香、熊胆等⑥。此处"熊胆"，似主要采自黑熊。

● 攀枝花市：地处盐边县和米易县境内的二滩国家森林公园红碧滩风景区属南亚热带气候，森林茂密，四季分明，气候宜人，森林覆盖率达93%。其中分布有野趣盎然的黑熊、猕猴、小熊猫、红腹锦鸡、黄麂、野猪等野生动物⑦。

● 巴中市：南江县位于四川盆地北缘米仓山南麓，地势北高南低，地形复杂，溪沟纵横，山水相依，有"八山一水一分田"之称。地属亚热带季风性湿润气候区。有野生动物195种，其中有黑熊与金猫、云豹、金钱豹、红腹角雉、穿山甲、大鲵等国家重点保护野生动物41种，省级保护动物17种⑧。

● 雅安市：雨城区已查明的脊推动物种类有

---

①沐川县. http://baike. baidu. com/link? url＝MkKEeiu2CvPC7TkNUz0AXTmUy6vrj2enfvFoUpbZGnGRB3THmsqERsUs-hDqVnLVmdH2ed7LqOfcNUdCmeiHm_＃2_4

②峨边彝族自治县. http://baike. baidu. com/link? url＝8JCKPmeAZiCq8nFnR0Q5-rpUCLEDuqJnChwGHW9iKYblgO0d2LZ1Lw4lgehTUvk9KdA4EIiMVsKLqFZIwlRpoIXz0hI-TCy24Xoe2Bb76ibB-RjDEuo1IHVKHXl6z7fROva1DfyZE8KBbTB_2zPcQL0tFHmNGA6olOhVsOD_1s7

③古蔺县. http://baike. baidu. com/link? url＝pgERakBY2K782QF802a6hFXDSCLfGmamMTTHNa3R9SFB0Wy1hvBZwWG4PxZOXBqZ6Ed2JJToOrXl27dpviMRY_

④筠连大雪山. http://www. jj831. com/lvyou/2015/201503/lvyou_20150319150807_213271. html

⑤珙县. http://baike. baidu. com/view/72127. htm

⑥屏山县. http://baike. baidu. com/view/72139. htm

⑦二滩国家森林公园. http://baike. baidu. com/view/107007. htm

⑧南江县. http://baike. baidu. com/link? url＝KxpJggT279xJOXgg9AYXgQEAYGQff1Edop7hvRLOakmpoAoyNl384QeSzfsPDVJYEdw6TLUx_qcQrjWRu-Iala＃3_2

330 余种，其中明确有黑熊等①。

石棉县为复杂多样的山地地貌，尤以中高山为主，地势西南高、东北低，山脉多呈南北走向，中山区约占 78%，河谷平坝约占 2%。属中纬度亚热带季风气候为基带的山地气候，受地形影响，气候垂直分布明显。到 2013 年，境内分布有脊椎动物 28 目 89 科 227 属 359 种，其中兽类 66 种，属国家二级保护动物有黑熊与猕猴、小熊猫、豺、水獭、金猫、猞猁、马麝、羚、斑羚、岩羊、毛冠鹿、白臀鹿、金猫等②。

● 阿坝州：《红原县志》记述（四川省红原县志编纂委员会，1996）：

黑熊：俗称狗熊、老熊。熊科。体形肥大，比马熊稍小。境内仅一亚种，分布于县境南部的刷经寺镇、壤口乡、四寨乡，东部的瓦切乡、色地乡等地，数量较少。夏季多栖息于高山，冬春季下至中山甚至到达河谷，有垂直迁移现象，同时具备冬眠习性。杂食，食物以种子、果实、野菜、嫩芽、嫩枝叶等植物性食物为主。尤喜松子、青冈子等，嗜食蜂蜜。也食小型兽类、鸟、鸟卵、昆虫等动物。秋末冬初因食物丰富，黑熊尤其肥壮。黑熊视觉差，听觉、嗅觉灵敏。善攀爬游泳，能迅速爬上高大的乔木，渡过湍急的河流。性孤独，离群索居，仅发情交配期短暂相聚。不主动伤人，但受伤后，性疯狂，攻击人主动凶猛异常。母熊孕期 7 月，产仔 1～3 个。初生仔个体重量一般不足 500 g，但长势迅速，四岁性成熟。寿命 30～40 年。黑熊对环境适应能力强，经长期与人接触，易于驯服饲养，经济价值极高。《神农本草经》和《本草纲目》等中医药典籍均把熊胆、熊脂、胸骨、熊肉、熊脑、熊血作药用。

按：黑熊在县境的东部与南部还有分布，应当还比较广泛。

马尔康县称，仍有熊等 73 种珍稀野生动物③。所称“熊”，似含有黑熊。

理县现存比较有特色的野生动物资源有熊等④。所称“熊”中似包括黑熊。

壤塘县的香拉东吉圣山风景区栖息着许多珍稀野生动物，据称有黑熊等⑤。

● 甘孜州：丹巴县属岷山邛崃山脉之高山区，大渡河自北向南纵贯全境，切割高山，立体地貌显著，是川西高山峡谷的一部分。境内峰峦叠嶂，峡谷幽深，地势西南高、东南低。属青藏高原型季风气候，呈垂直带分布。主要保护动物中兽类有黑熊与白唇鹿、藏酋猴、马麝、白臀鹿、藏原羚、獐[林麝]、盘羊、旱獭等⑥。

雅江县现存珍贵动物有熊等⑦。所称“熊”，似包括黑熊。

道孚县称，至 2010 年底，珍稀野生动物还有黑熊等⑧。

甘孜县栖息有熊等 20 多种野生动物⑨。所称“熊”，其中似有黑熊。

新龙县现存野生动物有黑熊等⑩。

德格县地处青藏高原东南缘，横断山系沙鲁里山脉，全境以雀儿山为标志，将全县分为东北、西南两大部分：东北部高，河谷宽广平坦，土壤肥沃，古夷平面保存完整，属川西北丘状高原地貌；西南部低，河谷深切，地势高低悬殊较大，属于高

---

①同城区. http://baike. baidu. com/link? url＝PxG_GCKt7yKIGHJdThC3o_JCiYjKw0ErEUR7gL8LFN1RmHQp3Lewa_pUlGv7TCC3＃6_5

②石棉县. http://baike. baidu. com/link? url = TRzQEJoLwr5myBqKvCa5aR-pszhhozmz57qOEbhj5ObtGVQei-3KRQSi48rtnDVkBitz6dTdExyAMOboNkTKEq

③马尔康县. http://baike. baidu. com/view/163486. htm

④中国 • 理县. http://www. ablixian. gov. cn/touzlx/youszy/201102/t20110225_357604. html

⑤香拉东吉圣山风景区. http://www. bytravel. cn/Landscape/27/xiangladongjishengshanfengjingqu. html

⑥丹巴县. http://baike. baidu. com/link? url＝SkytK47bE-nrqdliXRnP2nG4x9ucYDSKSdqeg2iwXT9esTgkZIjKvkE8HRswhrs2uwYfuB-nnTAANspuN10q

⑦雅江县. http://baike. baidu. com/view/662672. htm

⑧道孚县. http://baike. baidu. com/link? url＝qR6vlXxpFl4sPLQQvcjaAcILldWOB0MQ_9A33BrEgPAS0qSeSvGDfLcnBETbJVKc7_ek8EvvCCEFONax7EVAD_

⑨甘孜县. http://baike. baidu. com/link? url＝ybaYZA79mri7mkhm6YeEE808EtG_ddiQwnEcrsa6_6j69HSp8bd6MvjMjXhW43Xu52Z05I73Uf83ILEcEIgkU_

⑩新龙县. http://baike. baidu. com/link? url = TOAsZ8bQ7rBHZNS8moB6YdNxL8l8uQSa0053ON02b4LoRGltELm07-VbvPXl7RNhM7f7MK4X7v3C9PXzgCfE9_

山峡谷地貌。属大陆性高原季风气候，空气干燥，气温较低，冬长夏短。现存野生动物170余种，其中国家二级保护动物有黑熊、水獭、林麝等32种①。

色达县地处巴颜喀拉山南麓，全境大部分为典型的丘状高原，高原面积约占84%，山原占15%，平坝占1%。属大陆性高原季风气候。据称，常见的国家一二级保护野生动物有雕、豹、黑熊、穿山甲、灵猫、水獭、林麝、岩羊、红腹角雉等20多种（陈小涛等，2009）。

理塘县野生动物现主要有熊等②。所称“熊”，似含有黑熊。

巴塘县现产名贵药材有熊胆等③。从周边野生动物情况看，似有黑熊。

乡城县的巴姆七湖景区还栖息着白唇鹿、狗熊、马熊、岩羊、盘羊、苏门羚、马鸡等国家一、二级珍稀保护动物等④。

稻城县地处青藏高原东南部、横断山脉东侧，地势北高南低、西高东低，北部为高原宽谷区，中部为山原区。地处亚热带气候带，受青藏高原复杂地形的影响，呈现出高原型气候和大陆性气候特点，属高原季风气候，一年之中绝大多数时间天气晴朗，阳光明媚。主要珍稀野生动物有熊与豹、白唇鹿、毛冠鹿、獐[麝]、藏羚羊、岩羊，林麝，小熊猫，猕猴，穿山甲，藏马鸡，贝母鸡等⑤。所谓“熊”，主要指黑熊。

得荣县称，野生动物中兽类共30种，其中国家二级重点保护动物有黑熊等12种⑥。

● 凉山州：盐源县仍有熊等多种珍稀动物⑦。所称“熊”，似含有黑熊。

冕宁县地处青藏高原东缘，属横断山脉北东段牦牛山区，地貌以山地为主。属亚热带季风气候，气候温和，雨热同季，雨量充沛，日照充足，立体差异明显。森林覆盖率34.7%。当地野生动物中属二级重点保护的有黑熊与大灵猫、小灵猫、水獭、林麝、红腹解雉、白腹锦鸡等29种⑧。

会理县的太平、益门等区大片森林中，还生长着熊等珍贵动物⑨。所谓“熊”，似包括黑熊。

会东县称，2014年仍有熊等野生动物⑩。所谓“熊”，似包括黑熊。

普格县属云贵高原之横断山脉，螺髻山与乌科梁子东西对峙，中梁山纵亘其中，三山二水形成狭长的北高南低的河谷地貌。位于低纬度地区，气候受西南季风和印度北部干燥大陆性气团交替控制，干雨季分明，年温差较小，日温差较大。野生动物种类有豹、黑熊、滇猴、小熊猫、麝、野牛、岩羊、穿山甲、灵猫、红腹角雉、锦鸡、鹤、长脚秧鸡、鹦鹉等⑪。

越西县处于青藏高原东缘，横断山脉的东北麓，境内多山，主要以横断山脉为主，山川南北纵列，地势南高北低。地属西昌巴塘亚热带气候区，天气凉爽，雨量充沛，四季不太分明。珍贵动物有黑熊与大小熊猫[大熊猫、小熊猫]、虎、豹、猕猴、獐子[林麝]等⑫。

木里藏族自治县处青藏高原东南缘，横断山

①德格县. http://baike. baidu. com/link? url=x4VbX25Dgll6FYXLkb6-G2omHUu-fweTl8ARzeycutXZOqTdPO-82FB-FZezZCqg

②理塘县. http://baike. baidu. com/link? url=_9t3df9ePK8fqH-BoXccCfmIhf43ws0ZoSX14DSrj6TlTcWTJY5kFT9Ds_wvfPxY0cNXyTakbw4KIc61IZyTVq

③巴塘县. http://baike. baidu. com/view/662675. htm

④乡城县. http://baike. baidu. com/link? url=DVrzsXxGAvBJR56Miko5tsjHHwI2ui_zSlbd_TFXHEz73Tx7XMkPK3MbAe14X17S

⑤稻城县. http://baike. baidu. com/link? url=VRbFlWkc_ACPCHMQ6LR3sQgT0aMuq-tp8EmHlnEn-GYhGmd3HZ6T8l9gDi5OuCjqpDby--Qa7MehGqNQ60qWC_

⑥得荣县. http://baike. baidu. com/link? url=I8Cw638yePwl59T8dJjh4uNrrzXLARkFrcSQTmI8yzqYBTtLuXZO1lFREaLdEWLSNhN3BshoLsV2tiXSv07Rn_

⑦盐源县概况. http://www. yanyuan. gov. cn/plus/view. php? aid=2319

⑧冕宁县. http://baike. baidu. com/link? url=YPmmZbmqGS138_8olkNhsBh89fhvEHJqL5ay9q1JVPXz1Y17dh7DTphgeH5LHlZURU89M9hKYIMecwrY8eG_A_

⑨会理县人民政府. http://hl. lsz. gov. cn/zjhli. jsp? urltype=tree. TreeTempUrl&wbtreeid=1009

⑩会东县. http://baike. baidu. com/link? url=JYk5zZh_1PTGdSUS9KztDfHkG3S-o1-VyE82ktqKbz6dplsVO6fd-U--7R_KE1v5RPflzopGUxu92a4nNnMcOK

⑪普格县. http://baike. baidu. com/link? url=j8gTH63o7YUKKxSE98MnD8eD2OX1RD-s6ME4RB6QekZjgyFuwFkD-yYK-ER2_d6A48GtMTN1cgqI-wsHO8Fnoa

⑫越西县. http://baike. baidu. com/view/377721. htm

脉终端，是云贵高原与青藏高原的过渡地带，全县整个地势南倾，属于典型的高山、山原、峡谷地貌。冷热两季交替，干湿两季分明，年温差小，日温差大，辐射强烈，无四季区分。常见的野生动物有200多种，其中国家二级保护的有黑熊与小熊猫、短尾猴，猕猴、班羚，马鹿、岩羊等50多种①。

6.5.3 贵州

贵州省虽有黑熊栖息记录，但并不多。

民国十八年《桐梓县志》记述：

熊：《明统志》：府县俱有《黄志》。光绪丙申溱里出熊。人毙其一，未悉其壮。民国甲子，赤水捕一熊，杀之，餽一掌于县署。

按：据此，证实确有熊，其中当有黑熊。

《中国动物志：兽纲：食肉目》记载（高耀亭等，1987）：

黑熊四川亚种（*Ursus thibetanus mupinesis*）……分布于……贵州（雷山、梵净山）。

按：说明在江口县、印江土家族苗族自治县、松桃苗族自治县、雷山县等地有黑熊栖息。

《中国重点陆生野生动物资源调查》称（国家林业局，2008）：

本次调查，黑熊见于……贵州（赤水、习水、江口、印江、松桃、荔波、三都、平塘、罗甸、长顺、惠水、贵定、都匀、雷山、台江、剑河、榕江、从江、丹寨、麻江）。

按：据此，证实在赤水市、习水县、江口县、印江土家族苗族自治县、松桃苗族自治县、剑河县、台江县、榕江县、从江县、雷山县、麻江县、丹寨县、都匀市、荔波县、贵定县、平塘县、罗甸县、长顺县、惠水县、三都水族自治县等地确有黑熊存在。

《贵州野生动物名录》（李子忠，2011）：

黑熊：分布：贵州（松桃、印江、江口、沿河、雷山、贵定、平塘、荔波、惠水、三都）。

按：据此，反映在江口县、印江土家族苗族自治县、沿河土家族自治县、松桃苗族自治县、雷山县、荔波县、贵定县、平塘县、惠水县、三都水族自治县等地有黑熊栖息。

● 遵义市：习水县地处大娄山山系西北坡与四川盆地南缘的过渡地带，属中山峡谷地貌，地势东高西低。属亚热带湿润季风气候，四季分明。截至2010年，习水县仍有兽类72种2亚种。诸多动物中，属国家二级重点保护动物有黑熊与猕猴、藏酋猴、穿山甲、豺、青鼬、水獭、大灵猫、小灵猫、班灵狸、林麝、鬣羚、斑羚等②。

● 安顺市：紫云苗族布依族自治县地处贵州高原向广西丘陵过渡斜坡地带的中低山盆谷区，是典型的喀斯特地貌，沉积岩和碳酸盐岩体形成众多的溶洞群，分布广泛，类型齐全。境内地势南北高而中部平缓，东西两侧向外倾斜，西部山脉属乌蒙山系，其余为苗岭山系，其中山地占77.8%。属亚热带季风湿润型气候，为中亚热带与北亚热带的过渡地带，温和宜人，雨水充沛，四季分明，干湿明显，冬无严寒，夏无酷暑。森林覆盖率24.2%。境内野生动物种类较多，其中猕猴、黑熊、猴面鹰、穿山甲、大灵猫、红腹锦鸡等是国家重点保护的野生动物③。

● 黔东南州：雷山县地处云贵高原湘、桂丘陵盆地过渡的斜坡地带，地势东北高、西南低。属中亚热带季风湿润气候。据称，县内有黑熊、麝羊等23种二类保护动物④。

● 黔南州：惠水县位于苗岭山地南端，北连黔中山原，南接黔南峡谷，正是苗岭山地向广西丘陵盆地过渡的斜坡地带，北高南低。属亚热带季风气候，冬无严寒，夏无酷暑，四季如春，气候宜人。野生动物中兽类有西南黑熊与中国鼩蝟、华南缺齿鼹、滇西北中麝鼩、灰麝鼩、喜马拉雅水麝鼩、菊头蹄多种、蹄蝠多种、西南鼠耳蝠、福建小蝠、普通伏翼、华南长翼蝠、猕猴、华南穿山甲、华南兔、江西草兔、云南灰尾兔、湖北红白鼯鼠、华南豪猪、广东白花竹鼠、华南狐、貉、青鼬、黄鼬、鼬獾、华南猪獾、华南大灵猫、华南小灵猫、班

①木里藏族自治县. http://baike. baidu. com/view/480821. htm

②习水政府网. http://www. gzxishui. gov. cn/html/xsgov/col4/1_11_6. html

③紫云苗族布依族自治县. http://baike. baidu. com/link? url＝LWRiBbeS_p4OQVKyhq-FJC9CCtJr_nxNONu-7rplu5CU91YLbQCEWY03P9RQ1WRRNrTitP3UwD9ie_71Vw_Hqa＃3_3

④雷山县. http://baike. baidu. com/link? url＝iPatJIjZRlAs5_TtfTi2AfXfaWUtX9Pp1_4DTfW58BQU6jYPvMHtd1-opMsXtFsZio-HzgrCGlZ-jeiozE7UqPK

林狸、华南果子狸、食蟹獴、华南豹猫、华南野猪、林麝、海南赤麂、小麂、苏门羚等[①]。

6.5.4 云南

云南省曾是黑熊分布最密集的省级政区。

民国三十三年《云南通志》记述：

黑熊：有五六尺长，皮毛黑亮，项具白色月轮。直立趾行。啮食果实及玉蜀黍茎秆，能栖息至八九千尺之高地，但千尺内外人烟稀少之平地，亦常生活。

按：据此，说明确有黑熊分布。

《中国经济动物志：兽类》称，中国科学院动物研究所收藏的黑熊标本“采于……云南省西双版纳傣族自治州（勐板、勐混）”，“文献记录见于……云南省屏边、河口、金平”（寿振黄，1962）。证实在今金平苗族瑶族自治县、河口瑶族自治县、屏边苗族自治县、勐海县等地当时有黑熊栖息。

《中国动物志：兽纲：食肉目》记述（高耀亭等，1987）：

黑熊指名亚种（*Ursus thibetanus thibetanus*）；分布于云南南部、西部的景东、勐腊和勐醒。

按：据此，说明在滇南黑熊分布较多，而能够明确黑熊具体分布地方的仅景东彝族自治县与勐腊县。

《中国云南野生动物》称（季维智，1999）：

黑熊：全省均有分布。

按：此说，若作为20世纪后半叶黑熊分布情况，也颇罕见。

《中国重点陆生野生动物资源调查》称（国家林业局，2008）：

本次调查，黑熊见于……云南（全省）。

按：此说，似沿袭季维智（1999）说法，但按现今黑熊分布，尚待核查。

● 曲靖市：曲靖市称，列为国家珍稀保护动物的有黑熊与大灵猫、猕猴、水獭、金猫、豹、斑羚、黑颈鹤等30种[②]。只是该地级市现辖10个区（市、县），具体哪些仍有黑熊分布待查证，暂以麒麟区标志。

● 玉溪市：新平彝族傣族自治县地处哀牢山中段东麓，地形以山地为主，地势西北高、东南低。地属温带气候区，局部气候受海拔影响，形成河谷高温区、半山暖温区、高山寒温区三个气候类型。据称，该县的磨盘山国家森林公园还有国家二级保护动物：黑熊与穿山甲、豺狗、麝香、斑羚、巨松鼠、白鹇、锦鸡、野猫等，这些动物经常出没其间[③]。

● 保山市：龙陵县现存野生动物中兽类有狗熊等[④]。所谓“狗熊”，即黑熊。

昌宁县境内地势自西北向东南由高渐低，形成山坝南北纵列、高山坝谷相间的地貌形态。地属亚热带季风气候区，境内立体气候明显，干湿季节分明，低热、温热、温凉、高寒4个气候特征突出，一山分四季，十里不同天，冬无严寒，夏无酷暑，具有多样性的气候资源。在该县的天堂山林区内参天树木和水系得到了很好的保护，渐渐成了各种野生动物的天堂。有统计显示，这里生存着181种陆栖脊椎动物，有黑熊与竹鼠、小熊猫、猕猴、云豹、穿山甲等[⑤]。

● 昭通市：昭通市称，市内国家二级保护动物有黑熊与猕猴、藏酋猴、穿山甲、狼、水獭、大灵猫、小灵猫、丛林猫、金猫、林麝、斑羚、斑头雁、草原雕、秃鹫、红腹角雉、白腹锦鸡、红腹锦鸡、毛脚鱼鸭、大鼯鼠、娃娃鱼、苏门羚等[⑥]。反映在昭阳区、鲁甸县、巧家县、盐津县、大关县、永善县、绥江县、镇雄县、彝良县、威信县、水富县一带基本上仍有黑熊栖息。

---

①惠水县. http://baike. baidu. com/view/282267. htm

②曲靖市. http://baike. baidu. com/link? url = V7jUAQRTaNARGKZeSSNyJQw963TIh0THHePVe3LDD0S8obmoaV1v5Wvh1lBtytOlyio9cU6rLHhFsjEQ61Euu51mDFH8BLZ3BQH5UbYK6eeXe_B9FZvltklJZ29_AJsP-he-yK6sX2T0nwvmQsSjdSCrdG2ggdeIod3y2l-Hasu

③磨盘山国家森林公园. http://baike. baidu. com/link? url=88Q7z0mrCuqMYPIYxQi1xVCSdsHsLJi8vgzO_VaRHQDy1T0UHAgnf0JsPvpEmT_nAnK5xFMCS4BYYblqsapXEq

④龙陵县. http://baike. baidu. com/link? url=GV5f5pEllDi8L8fIhYR9dy_mOn-1LgUCCDuzvoW_2PUilSdkqOfAjNeACRRwxFQ-IeMhThKONHWfULzkdRZDJa

⑤崔敏，张国华. 云南保山：昌宁天堂山有熊出没，常有人伤亡. http://www. csunews. com/yunnan/bs/2013/0522/19374. html

⑥昭通市. http://baike. baidu. com/link? url = YEXI4YECXk6Q3ha7VLpazWH4Jf0TRpi7IyAH6S1jgXX22Yvv7mqEv0J91FMTCc3KJVRNR96skTELidDyEoqkJ4eRKOqrX6r0PpZuUBLW6q6Hw8GrDi0Q4bvz3JxJhLift1iiUF3rsSh5D_PDV8kn1Lip-N8eMRq2sekvjYmQR0_

永善县称，现有熊等数十种野兽①。所谓“熊”，似含有黑熊。

水富县位于金沙江、横江、长江三江交汇之处，属四川盆地南缘、云贵高原的起点，地势东北低、西南高，西南部多为山地，中部多为二半山区和深丘蒆区域，北部和东部多为河谷平坝和矮丘陵地区。地属亚热带季风气候区，冬暖，春早，夏热，雨量充沛，秋多绵雨，无霜期长，日照少，冬春有寒潮，春夏旱频繁，兼有伏旱、暴雨、冰雹的气候特征。森林覆盖率达45.1%。野生动物有100多种，属国家一、二级保护的动物有熊与豹、野猪、獐[麝]、猴、獾、鹿等②。所称“熊”中似包括黑熊。

● 丽江市：古城区位于横断山脉向云贵高原的过渡地段，兼有横断山峡谷和滇中高原特征，地形地貌复杂，有山地、盆地（俗称坝子）、河谷三大类型。地属低纬高原季风气候区，雨量丰沛，夏无酷暑，冬无严寒，气候宜人，立体气候明显。森林覆盖率54%。珍稀濒危的保护动物有滇金丝猴、黑熊、狼豺、野猪等11种③。

永胜县截止到2007年，兽类还有熊等珍稀动物④。此处所称“熊”，似含有黑熊。

● 普洱市：宁洱哈尼族彝族自治县地处横断山脉南段，全境皆山，地貌纵横交错，地质构造属喀斯特地貌。属南亚热带山地季风气候，兼有热带、中亚热带、南温带等气候类型。森林覆盖率74%。截止到2014年，该县野生动物种类有黑熊与猕猴、长臂猿、金丝猴、鹿、野猪、豹、岩羊、穿山甲、蟒蛇、灵猫、绿孔雀、锦鸡等国家一、二级保护动物⑤。

墨江哈尼族自治县地处云贵高原西南边缘、横断山系纵谷区东南段，即哀牢山脉中段，地势自西北向东南倾斜，境内山高谷深，河流纵横，山区半山区占99.8%，丘陵谷地仅占0.1%。地貌类型复杂多样，大致可分为：中切中山丘陵墨江盆地、中切中山河谷、中山山地、深切高中山峡四个类型。属南亚热带半湿润山地季风气候，四季冷暖不太分明，有四季如春之称，干湿季明显。该县野生动物中兽类，1949年前主要有虎、豹、熊、豺、狼、破脸狗等；1949年后虎、野牛已绝迹，熊、豹、豺、狼、水獭等也很少见，其他各种野兽数量大大减少⑥。所称“熊”，似主要指黑熊。

江城哈尼族彝族自治县地处横断山脉，在无量山尾端，地形起伏大、切割深，形成中低山地貌，地势西北高、东南低。属亚热带湿润气候，冬夏两季短，春秋两季长。野生动物主要有熊与虎、豹、鹿、野猪、麂子、刺猪、穿山甲、蛇类、鸟类、鱼类等上百种⑦。此处的“熊”，可能以黑熊为主。

孟连傣族拉祜族佤族自治县地处怒山余脉，地形以山区为主、谷坝相间的复合类型，南北部多高山峻岭，东西部偏低，多河谷盆地。属南亚热带气候类型，境内气候垂直变化明显，冬无严寒，夏无酷暑，四季如春。动物资源有虎、豹、熊、猴、山驴、穿山甲、蟒等⑧。所称“熊”，其中似有黑熊。

澜沧拉祜族自治县称，野生动物有熊等⑨。

①永善县．http://baike.baidu.com/link?url=ca9gPyPF7IcQQ3LoAGR0Ew4x3Bn356deOAIRVt9A8r93Cr8P0K6idouWavVNjoYX

②水富县．http://baike.baidu.com/link?url=Vp9EzV-ftSB91AePX_bSWxY_7J-83YJxVp7yC_nJyW214y2CuJrBLKLYVVZtWFkT1CRKDCRgpNZNpLvg2eNkGq

③古城区．http://baike.baidu.com/link?url=v4TfIxsoJD6kk9trsFn_G9BQ4T7kWoXbRYp5O4-4O3G1Wt_TMpM2wW2HTRCgbx9N

④永胜县．http://baike.baidu.com/link?url=Z4YM4NtWxWCmJ0d8xyV2YGzZXmJ5H4irnW_FuzsIThzCOZ9hf0ZHBnhH0jyEYWm3Xnu9QTMUuJSjI04o532z_

⑤宁洱哈尼族彝族自治县．http://baike.baidu.com/link?url=a-OOgOWWRo4Sy2X4mm0kGCvFnyV7zJL1DCPQb9yv74sN9TPtjtJu-n-T-8fpRrI_

⑥墨江哈尼族自治县．http://baike.baidu.com/link?url=7dwkfgTOF-rEFFjk-8pX_JI-tjK82xvBbpkfidTbQChD7ljSe57zKVdMkXoKI-IImKplJsIWmZO3RODHE4Y9e_#5_2

⑦江城哈尼族彝族自治县．http://baike.baidu.com/link?url=-OSJ2tVPqloYW471-O2q76Y4FAqD4HxOkM-M7IrDqQSdkOXOVaoWFPUg1qjFJQCDWgrEO-o7qlaMSStc6oiY1a

⑧孟连傣族拉祜族佤族自治县．http://baike.baidu.com/link?url=Y9JSgGW7PMBqKouRw2kXGOWcZ0BrLFkrHj2rW6XL1lBHtGF2BnqjdmVq3G80YCRX

⑨澜沧拉祜族自治县．http://baike.baidu.com/link?url=9m9A1_Exitq3636UbNED7e8z04rCAsgPYys0aWvmEuNzApzqhdVTTi8CodzBSd5yYtPkD75BZgrbvVpeZ0jTs_

据历史情况，所称“熊”包括黑熊。

西盟佤族自治县地处怒山山脉南段，属中高山峡谷地带，地形复杂，除勐梭镇有一块 200 余 hm^2 的河谷川坝外，其余均为山区。属亚热带海洋性季风气候，立体气候明显，降水量丰富。森林覆盖率 57.9%。截至 2009 年，该县有熊与懒猴、青猴、黄猴、虎、豹等数十种兽类和近百种鸟类、数十种蛇类及水生类动物①。所谓“熊”，似以黑熊为主。

● 临沧市：据初步考察地处临翔区与云县的临沧大雪山自然保护区②，仅脊椎动物中的兽类和鸟类，就有 50 多种珍稀濒危动物（其中国家级 32 种），即一级保护动物 7 种，倭蜂猴、熊猴、灰叶猴，豹、金雕、拟兀鹫、黑颈长属雉；二级保护动物 25 种，如黑熊与短尾猴、猕猴、穿山甲、小熊猫、大小灵猫、水鹿等③。

● 德宏州：潞西市④是以中、低山山地为主的低纬山原地区，海拔高低悬殊很大，山谷、河流、盆谷走向一致，并呈相间平行排列态势，展现了两山夹一峡谷、一条河、一个盆坝的地貌特征。属南亚热带季风气候，具有夏长冬短、干湿分明、冬无严寒、夏无酷暑，日照时间长、雨量充沛、冬季多雾等特点。森林覆盖率 61.2%。2006 年，分布于该市的野生动物有 258 科 1 643 种，属国家二级保护的有黑熊与金猫、香猫、大灵猫、小灵猫、岩羊、猕猴、短尾猴、河鹿、水鹿、豺、水獭、小爪水獭、江獭、青鼬、穿山甲等 172 种⑤。

梁河县地处横断山脉西南端、高黎贡山西麓坡阶地中的峡谷地带，地势由南向北渐低，有中山、低山、火山锥、台阶地、河谷平坝 5 种地貌类型，是半山半坝县，其中坝区占总面积的 12.42%，山区、半山区占 87.58%。属南亚热带季风气候，四季不分明，雨量充沛。森林覆盖率 60%。现有野生动物中兽类有熊与豹子、野猪、苏门羚、灰猴等⑥。所称“熊”，似以黑熊为主。

陇川县现有野生动物四大类 107 种，其中野兽有黑熊等 27 种⑦。

● 怒江州：地处兰坪白族普米族自治县、福贡县、泸水县交界的碧罗雪山，仍有熊等走兽⑧。此处所称“熊”，似以黑熊为主。

福贡县地处横断山脉中段碧罗雪山和高黎贡山之间的怒江峡谷，属高山峡谷地貌，地势北高南低，怒江由北向南纵贯全境，形成一个从北向南狭长的“V”字形谷地。气候垂直变化显著，从南到北有南、中、北亚热带和南温带等气候类型。动物有豹、羚羊、小熊猫、野牛、岩羊、滇金丝猴、小熊猫⑨、猕猴、鹿、麂、飞鼠、水獭、黑熊、尾梢红雉、灰角雉、环颈雉等国家Ⅰ级、Ⅱ级、Ⅲ级保护动物 39 种⑩。明确有黑熊分布。

贡山独龙族怒族自治县地处滇西北怒江大峡谷北段，地势呈“三山夹两江”（碧罗雪山、高黎贡山、担当力卡山、怒江、独龙江）高山峡谷地貌。当地立体气候和小区域气候特征明显。森林覆盖率 77.2%。截至 2012 年，贡山独龙族怒族自治县哺乳动物有 8 目 25 科 74 属 192 种，麝、黑熊（当地人又称它为“大黑狗”）是怒江深山密林里

①西盟佤族自治县. http://baike. baidu. com/link? url = VnElUVgDCc0kJ2dWRcbAXLZTJhXTJeVo-grJrHxtj1yG5b14c_Mh-kUFi64qb_FUQ0FQtwozWHoSAIDNzOveR1K

②此保护区在《全国自然保护区名录》(http://sts. mep. gov. cn/zrbhq/zrbhq/201208/t20120824_235172. htm)中未见，但现知其相关基础信息不全。

③临沧大雪山自然保护区. http://baike. soso. com/v10779200. htm

④虽然已于 2010 年 7 月 12 日更名为芒市，但为保持本书一致性，仍采用原称。

⑤芒市. http://baike. baidu. com/link? url=tdonHnqNFzm6fiZY4zpQBrb7kPN_7u5XjVUezhKKkdWO-LC0g_ypNToZlgPniTZlG0fjqPxxemSnl2B90Ygc1FpN1iL4n-pTXSrZDtc82E_fWbyqxSnFC4RraSJSSCRVpaB5OfYD7UTy-fr2mh91WtVU9IWxl5s39cUREfg38zb1lt_5HoWA1gVrUyV5ILyO

⑥梁河县. http://baike. baidu. com/link? url=J1PycJxZj9P7jnisGiE_yYNeNnZjWil1YSoD9o3GNaY71qwn08ZNPgYGSFerQxi-

⑦陇川县. http://baike. baidu. com/link? url=Nm7ZJWjo1hDKDL5fm0aftqqbC4adptWqIiEkchgEDOji0Pjz3H7D5-NeZVsBVUaKVSAt_361nIahYMmMS4AkOq

⑧碧罗雪山. http://baike. baidu. com/subview/186686/6285420. htm

⑨另有称：“境内有多种野生动物，有豹、羚羊、小熊猫、野牛、岩羊、滇金丝猴、小熊。”（福贡县. http://baike. baidu. com/link? url=jWWnZ0a9Lh33f4KPexUC_JPThiZ42wP5n2H9H1q313cic9I2xi6Ny4zAqHm2W66pDDFPIJ37MNUDgWzoOft5gK）。

⑩福贡县. http://baike. baidu. com/link? url=zIuy4iKP45y6z_xMvi3w-JggoX44iUt5RM-3CwFMDNyW_4CaJAzN6fJksAeokDHQ

的“主人”①。

兰坪白族普米族自治县地处横断山脉纵谷地带，是怒江、澜沧江、金沙江“三江并流”腹部，地形复杂，海拔高差大，地形地貌独特，以丹霞石奇观为主体。属低纬山地季风气候，因地形复杂，海拔高差大，形成典型的垂直分布的立体气候带。森林覆盖率68.4%。属于国家Ⅱ级保护的野生动物有猕猴、林麝、苏门羚、金猫、大灵猫、小灵猫、穿山甲、小熊猫、马鹿、斑羚、罢熊、马来熊等14种②。其中“罢熊”，疑似黑熊之误。

香格里拉县有哺乳动物97种，其中有黑熊等经济毛皮、药用兽③。

● 大理市：宾川县地处云岭横断山脉边缘，金沙江南岸云贵高原西南部，主要山脉、坝子、河流多呈南北走向，地势东西高、中部低。地属中亚热带冬干夏湿低纬高原季风气候区，光热充足，热量丰富，干旱少雨，立体气候明显。森林覆盖率26%。境内有珍稀濒危动物18种，属国家三级保护动物有穿山甲、黑熊、水獭、丛林猫、水鹿、岩羊、白腹锦鸡、鹦鹉及鹰科、鹗形目的所有种，有常见的哺乳动物50余种④。虽然保护动物的等级存在瑕疵，但还是可以说明当地存有黑熊。

弥渡县地势西北高、东南低，自西北向东南呈狭长地形；地貌分构造剥蚀山地、切割中山峡谷山地、溶蚀中山峡谷山地、山间断陷盆地四大类型。地属中亚热带季风气候区，冬无严寒，夏无酷暑，气候温和，没有明显的四季之分，只有干季、雨季之别。现有虎、豹、熊、野猪、山驴等野生兽类20多种⑤。此处所称“熊”，似以黑熊为主。

永平县地处云岭山脉分支博南山和云台山之间，地势西北高、东南低。地属北亚热带季风气候区，立体气候较为明显。该县野生动物资源有狗熊、野猪、豪猪、豹、狼、獐、狐狸、岩羊、猴、穿山甲、飞鼠等⑥。所谓“狗熊”，似主要指黑熊。

云龙县地处横断山南端澜沧江纵谷区，怒山山脉、云岭支脉和澜沧江、沘江（澜沧江主要支流）由北向南纵贯全境，怒江绕西部边境而过，属山区地形，从西到东依次呈南北向排列有崇山山脉、盘山山脉、清水朗山脉，占云龙县面积的90%以上。属大陆性亚热带高原季风气候，但因特殊的地理位置和复杂的地貌影响，使得光热水等气候要素在组合和分配方面，突出表现为在水平方向和垂直方向上相互交叉，且以垂直方向更为明显，形成复杂多变的“复合型立体气候”。森林覆盖率64.8%。立体性气候和复杂多变的山形水势，为黑熊与滇金丝猴、白臂叶猴、小熊猫、金钱豹、穿山甲、梅花鹿、孟加拉虎、岩羊、狐狸等数百种野生动物的繁衍生息提供了良好的条件⑦。

鹤庆县地处滇西横断山脉南端、云岭山脉以东，境内峰峦起伏，山体连绵，形成有山地、丘陵、小盆地、河谷等多种地貌；地势西北高、东南低，南北两端有两个狭长的小盆地。地属冬干夏凉的高原季风气候，是介于亚热带与温带之间的过渡性气候区；由于特殊的地理环境，悬殊的地貌差异，构成了独特的“一山分四季，十里不同天”的“立体气候”。森林覆盖率49%。野生动物资源有爬行动物、兽类、鸟类等80多种。根据云南省林业厅国家保护动物名录，县境内属国家一类保护动物有豹（别名：金钱豹）、野驴（俗名：山驴）、黑麂，二类保护动物熊猴（别名：大青猴）、猕猴（别名：恒河猴、黄猴）、白鹇（别名、银鸡）、白腹黑啄木（别名：啄木鸟）、猫头鹰，三类保护动物黑熊（别名：狗熊）、岩羊、獐子（别名麝）、穿山甲、水獭、马鹿、铜鸡（别名：白腹锦鸡）、金鸡（别名：红

---

①贡山县特产介绍. http://shop.bytravel.cn/produce/index924.html

②兰坪白族普米族自治县. http://baike.baidu.com/link? url=fArKP8unFts8hrHzRDmhTPzytzlVS_7I9kMrqHgysoFb1pBdzRrJsRSz8mSYh0Noexg-s4emXOK0LtxcIsczkq

③香格里拉县. http://baike.puercha.cc/edition-view-74-1.html

④宾川县生物资源开发市场前景看好. http://www.foods1.com/content/120774/

⑤弥渡县. http://yn.zwbk.org/lemma/114

⑥永平县. http://baike.baidu.com/link? url=DInZiIjaSnfaAJFiw6UCaDqBLFCiY-bDDmiSFm-sU0eIeH2Gsm4G0pXN14gk71tn5oJLxDay1XOPmR974QMF7_

⑦云龙县. http://baike.baidu.com/link? url=tYwk2HcoagGnJcPgNScs68guPKrmciIyLDMDNYLlsQX1XSwCGpilrlJ9PYENM3haFuryDaqd1A71tmpx-0I9lK

腹锦鸡)、雕、鹦鹉、牡丹鹦鹉①。此处保护动物等级与个别物种学名存在瑕疵，但还是可以表明有黑熊存在。

巍山彝族回族自治县现仍有野生哺乳动物70多种，主要有熊等②。所称“熊”，似以黑熊为主。

● 楚雄州：《楚雄彝族自治州志》记述（楚雄彝族自治州地方志编纂委员会，1993）：

熊科：有黑熊一种，俗称狗熊或黑瞎子，主要分布于哀牢山区，另在大姚、永仁也有分布。1982年12月中国科学院昆明分院生态研究室的考察人员在哀牢山东段发现两大两小4只黑熊；1984年南华兔街乡半坡村的群众还追捕到一只40多kg的雄性黑熊；1986、1987年南华县五顶山、马街等乡也发现黑熊。据1989年州野生动物资源考察组考察，永仁万马，大姚昙华、桂花、三台等乡还有人猎获黑熊。原三台乡长1989年7月曾在该乡转湾河林场见到4只黑熊(两只老熊带着两只小熊)。但州境黑熊数量已经不多。

按：据此，不仅证实有黑熊，而且还分布较广。

● 文山州：西畴县地处云贵高原的南部边缘，地势北部和中部高，东南、西南低，境内山峦起伏，地形复杂，主要山脉呈现西北走向和西南走向。地属亚热带低纬季风气候区，干雨季节分明，立体气候明显。珍稀野生动物有獐[麝]、熊、猴、野鸡、锦鸡、画眉、猫头鹰等③。此处所称“熊”，似主要指黑熊。

麻栗坡县地势由西向东南倾斜，山脉也大致呈西北—东南走向相间分布，以中低山峡谷为主，喀斯特地貌分布广，有峰林、峰丛、石芽、溶斗、洼地、溶洞等。属南亚热带高原季风气候，立体气候明显。现有野生动物120余种，野兽主要有豹、黑熊、岩羊、猴等④。

马关县地处滇东南岩溶高原南部边缘，为石灰岩山地与峡谷相间地貌，在石山起伏较为平缓地区，有高大的石峰林与深沉的溶蚀洼地、溶蚀盆地，无较大坝子；山地和窄型谷地面积约占全县面积的87.7%，丘陵盆地占12.3%，大致可分为中切割低山峡谷区、中山缓坡区、中山温凉山区、岩溶山区、丘陵盆地区5种地貌单元。气候类型跨北热带、南亚热带、中亚热带和北亚热带。低坝河谷炎热，中山浅丘温暖，高山温凉，有冬无严寒、夏无酷热、干雨季分明等气候特点。截至2012年，该县野生动物近百种，主要有懒猴、猕猴、短尾猴、毛冠鹿、麝、穿山甲、红腹角雉、黑鹿、水獭、旱獭、大灵猫、小灵猫、斑羚、岩羊、白鹇、锦鸡、蟒蛇、豹、狐狸、黄鼠狼、熊、画眉、鹌鹑、野鸡、猫头鹰、啄木鸟等⑤。所谓“熊”，似以黑熊为主。

● 西双版纳州：勐海县地处横断山系纵谷区南段，怒江山脉向南延伸的余脉部，地势西北高、东南低，四周高峻，中部平缓，山峰、丘陵、平坝相互交错，其中山区面积占93.45%，坝区占6.55%。属热带亚热带西南季风气候，冬无严寒，夏无酷暑，年温差小，日温差大；依海拔高低可分为北热带、南亚热带、中亚热带气候区。珍稀哺乳动物有象、野牛、虎、长臂猿、猴、熊等9目27科67种⑥。此处所称“熊”，似以黑熊为主。

6.5.5 西藏

西藏自治区有较多黑熊分布记录。

《西藏哺乳类》记述（中国科学院青藏高原综合考察队，1986）：

黑熊：别名：狗熊，黑瞎子，喜马拉雅熊，西藏黑熊。

---

①鹤庆县. http://baike. baidu. com/link? url=ZplavYaCQoO8FRfQrx0uxmHP7ubAKQurZGuGot_MM-HitLBV9BgHd4xsyY68ZTVSrucyW-JC4OUFOcvyEQpeI_

②巍山彝族回族自治县. http://baike. baidu. com/link? url=RorvJTVLtZu24ptYOKdrShViykHLzqTOAcz2NsSeyJyt94VCUbgCiNXYdDNnnhMNqJfX92T2WR7Y4mTl5Lhid_

③西畴县. http://baike. baidu. com/link? url=vn88j694s9xjlpLUt-7uQOvzzDFhty_ktn4k0fnvGsCZ0zMYYZjrDCu4_euULYvt

④麻栗坡县. http://baike. baidu. com/link? url=KUUhGGZ5U_c8hZlz38iJoDs9PhhwWWNF_MsG7Xwp_wDNiPOpuCbq-DTxF_6XjCYHuQL5DEX6HWiS8tbYludxfa

⑤马关县. http://baike. baidu. com/link? url=NoSygezR55i_2RivWwxZVmjDUTTuaslk_qOJdqWjXbqpA4AuZe5RFi0v2Jck2KtEtCxxUSdu7w9foFlYYMXBYa

⑥勐海县. http://baike. baidu. com/link? url=XombKAei_cr_Eqf5O5LdrowfhwfoQAdMVh5J4D_BXK4Cfo-9JUQypQyOPOnEZq4Hoy2G2nD12FiSTcIsDMJXDHEu9VY6wDQLfMfTyZmApOP6OZXZyeja4JnZXtLdjMsv5gzEpmZ-IqLFfQ5ojbyX2RoCU5MoyBI7-1zUw2zpouO

【采集地】察隅县梯玉。波密县扎木。樟木口岸丁仁布桥。

按：据此，证实在波密县、察隅县、聂拉木县等地有黑熊栖息。

据《麢・熊》称“现有黑熊 14 062 只……分属 5 个地区 31 个县”（刘务林，1996），数量较棕熊少得多。亦即在嘉黎县、比如县、昌都县、江达县、贡觉县、类乌齐县、丁青县、察雅县、八宿县、左贡县、芒康县、洛隆县、边坝县、林芝县、工布江达县、米林县、墨脱县、波密县、察隅县、朗县、桑日县、洛扎县、加查县、隆子县、错那县、定日县、定结县、亚东县、吉隆县、聂拉木县等地有黑熊分布。

《中国重点陆生野生动物资源调查》称（国家林业局，2008）：

本次调查，黑熊见于……西藏（各林区县市）。

按：虽然此报道不够具体，但从西藏自治区林业厅公布信息看［参见“西藏林业保护区概况（2014 年底数据）”①］，林区主要分布于该自治区南部，亦即没有超出刘务林（1996）调查范围。

● 拉萨市：该市一些地方所称“狗熊”，亦即黑熊。

尼木县地处雅鲁藏布江中游北岸，地势北高南低，尼木河两岸为代表的河谷地区，地势平坦。地属高原温带半干旱季风气候区，四季分明，夏季雨水集中，辐射强。截止到 2013 年，野生动物主要有豹、獐［麢］、狗熊、野鸡、猞猁、黑颈鹤、贝母鸡等②。

曲水县位于拉萨河下游、雅鲁藏布江中游北岸，东、西部稍高，中部的拉萨河与雅鲁藏布江交汇处较低，念青唐古拉山的一条山脉逶迤北部。地属高原温带半干旱季风气候区，日夜温差较大，日照时间长，辐射强。野生动物资源主要有岩羊、野鸡、獐子［麢］、金钱豹、狗熊、鹿等③。

墨竹工卡县地处拉萨河中上游、米拉山西侧，藏南雅鲁藏布江中游河谷地带，属拉萨河谷平原的一部分，地势东高西低，境内山川相间，河谷环绕，草原广布。地属高原温带半干旱季风气候区，特点是高寒干燥，空气稀薄，冬春多大风，年温差小而昼夜温差大。野生动物有狗熊与獐［麢］、兔、盘羊、旱獭、水獭、狐狸、野鸡、麻鸡、野鹿、野羊、黑颈鹤等④。

● 那曲地区：黑熊在那曲地区多称为“狗熊”。

那曲县地处唐古拉山脉与念青唐古拉山脉之间，境内多山，地势呈西北向东南缓坡状，坡度较为平缓，多数山呈浑圆状，属高原丘陵地形。地属高原亚寒带季风半湿润气候区。当地野生动物 68 种，哺乳动物 28 种，野生鸟类 32 种，列为国家保护的有：狗熊与大头羚羊、獐子［麢］、水獭、猞猁、野驴、天鹅、黑颈鹤、斑头鹰等⑤。

嘉黎县现存野生动物有狗熊等⑥。

比如县现存野生动物有熊等⑦。此处所称“熊”，似含有黑熊。

聂荣县地处唐古拉山南麓，藏北南羌塘高原太湖盆区，境内山峦起伏，沟垒纵横，西北部一些山峰常年积雪，中部和南部的山峰相对高差大，低山丘陵与谷地错落相间。地属高原亚寒带半干旱季风气候区。没有绝对无霜期。县境内主要野生动物有狗熊与藏羚羊、野驴、野山羊、黄羊、盘羊、岩羊、马鹿、獐子［麢］、旱獭、水獭、高原兔、狐狸、猞猁、雪鸡、马鸡、野鸽、黄鸭、灰鸭、黑

---

①据西藏林业信息网. http://www.xzly.gov.cn/shengtai/shengjing/desc. 此图因故不得已删除，有兴趣的读者可以根据所列出处查看原图。该图显示，西藏现今森林处于 4 种保护体系内：1）湿地公园：在阿里西部，那曲东南，昌都西北，林芝西北与东北，山南东北，日喀则东南部；2）森林公园：在日喀则西北与西部，拉萨西南，林芝西北到东南；3）国家级自然保护区：在阿里到那曲一线东北，林芝东北，日喀则南部；4）区级自然保护区：在那曲西部与东部，昌都西北与东北，林芝东部与东南，拉萨南部，日喀则东部。

②尼木县. http://baike.baidu.com/link? url=uqGzXYeMoF7DrLF6eMx9JnZMKvfP2fJMSAKbOHug7-qEbmdE2RyOVa8n HYDTNypi

③曲水县. http://baike.baidu.com/link? url=HAzmjBOlEBjY7SRl6Rhwl8DjCacM226JiFcp_oSmDFMvAty421Rgj_y3vXZuoZWt

④墨竹工卡县. http://baike.baidu.com/link? url=ImfueAJGmWRt0X8Byjv1MsfHSIgI-rjM6qoaxOWBLLAKRA_G7KxC3A5T3D-tbeR6hA7a4nmXBGH_FL1ZEVDjLa

⑤那曲县. http://baike.baidu.com/link? url=tyxwjkA9LjmsNOTZytkAQAFycdj26AusIPXF1KuH-13-Cqrov0dYrJT3uXeMkQ-x

⑥嘉黎县. http://baike.baidu.com/link? url=u0rajRuoyZhzGsQ8Iv6s2X-q0dNDtE0XL7gQ_zuNFE0vdS6JEXbyvvt-1XkP_qiP

⑦比如县. http://baike.baidu.com/link? url=37Te0zogW0WJxbsVGDSHD3433LwhLFGzZ_5KALvh_8gllaZfhhHbXYyl3ufxUf_E

颈鹤、天鹅、乌鸦、秃鹫等[①]。

安多县地处唐古拉山脉南北两侧，属高原山川类型。以唐古拉山主脉为脊，无数大小山峰逶迤连绵，高低起伏，呈中间高南北低、西高东低之势。地属高原亚寒带半湿润季风气候区，空气稀薄，昼夜温差大，四季不分明，多风雪天气，无绝对无霜期。常见的野生动物有狗熊与野牦牛、藏野驴、藏羚羊、岩羊、盘羊、黄羊、狐狸、狼、猞猁、草豹、旱懒、野兔等[②]。

索县位于藏北高原与藏东高山峡谷的结合部，地处怒江上游的索曲河流域，地势西北高、东南低，总体上由西北向东南呈阶梯状递降之势，西部有少数较开阔的高山草原，其余为高山峡谷。地属高原亚寒带季风气候区，空气稀薄，雨雪较多，气温低，日照充足，日温差较大，冬春多大风，年无霜期仅 40 天左右。野生动物资源主要有狗熊与獐子［麝］、鹿、豹、猴、岩羊、黄羊、水獭及多种鸟类[③]。

班戈县称，据 2014 年资料显示，该县野生动物中哺乳动物有熊等[④]。所谓“熊”，似反映含有黑熊。

巴青县称，主要野生动物资源有熊等[⑤]。所称“熊”，似表明有黑熊。

● 昌都地区：江达县野生动物依然有黑熊等[⑥]。

贡觉县现存 35 种兽类，其中列为国家二级保护的有黑熊等[⑦]。

丁青县野生动物资源中野兽主要有熊等[⑧]。所列举的“熊”，似表明其中有黑熊。

芒康县地处横断山地区，横断山脉由北向南纵贯县境，宁静山脉是境内主要山脉，呈南北走向。地属高原温带半湿润季风气候区，夏季湿润，冬季寒冷干燥。截止到 2014 年，境内野生动物主要有雕、鹫、鹿、獐［麝］、鹞子、黄猴、野猪、狐狸、猞猁、狗熊、金钱豹、苏门羚、小熊猫、大青猴、滇金丝猴等[⑨]。此处所谓“狗熊”，疑似黑熊。

洛隆县称，现存野生动物资源主要有熊等几十种[⑩]。所称“熊”，似反映当地有黑熊等存在。

边坝县地处念青唐古拉山南麓，藏东南三江流域峡谷地带，境内山峦重叠，沟壑纵横。地属高原温带半湿润气候区，气温低，光照充足，日温差大。野生动物有 22 种，属于国家二级保护动物有 18 种，野兽有黑熊与藏猴、豺、扭角羚（野牛）、小熊猫、水獭、野猫、林麝、白臀鹿、藏原羚、岩羊、盘羊等[⑪]。

● 林芝地区：林芝县称，当地动物资源有黑熊等[⑫]。

工布江达县现有狗熊等野生动物[⑬]。所谓“狗熊”，似表明有黑熊。

米林县记载野生动物资源主要有能等[⑭]。所称“能”，即“熊”，似表明含有黑熊。

墨脱县地处雅鲁藏布江下游、喜马拉雅山—岗日嘎布山脉的南部，地势由北向南急剧下降，四面环山，形似莲花。地属喜马拉雅山东侧亚热

---

①聂荣县. http://baike. baidu. com/link? url=AEUmlLMFJ-98g7mRF-BPtib0MStO5Z4jzNGdL8W2_VlPMyYwv41col48gKr4TD2uue2pp31ZImj6z8mAj2v1jsHfoFy-RGFhpqwMqWbWdJK

②安多县. http://baike. baidu. com/link? url=qdxZP3T_63btMWmilopjTrJJnusVpvoFUD-eGbS65945-FIEqPj1CFfSbeesFzc3

③索县. http://baike. baidu. com/link? url=IFcd_Utgp6_PafXNUYzvM2BIWxaufc9xWfIENEYxGkpaB8li5fLiUoc9CMM1ie-i

④班戈县. http://baike. baidu. com/link? url=4n5h2ms5pYVZj0orglpTCOWOv6sGoavpVXiazQnHJZReh5INnAH3XFb_qIbb9nrP

⑤巴青县. http://baike. baidu. com/link? url=kXE_PupTTBWsTB_Y6LarP3I-wr3Jr3LTkcv3dfDN2o1Jvby-x1lVqZ-galtEAc

⑥昌都地区 · 江达县自然资源. http://www. xzcd. com/_renshi/ziran/20140409/43153. html

⑦贡觉县. http://baike. baidu. com/link? url=ABJ2FlAfKDNQeU_mNuLfRM3OQK0bzkUa4VFkCTw2MMhTXM56X07SlvRFQmsOLpA9

⑧丁青县. http://baike. baidu. com/link? url=JEXGWmni7p4PXQsS1aGFpsUTZu8SzLelBCVz3bKiotuUULuABFMvQbZ_ebx2yP9V

⑨芒康县. http://baike. baidu. com/link? url=EWV3p7VulgsgkWuILQgyF6uloVhCeAnGO0i7DO8bJptQ5AEdUN0G1IG05NGyw5y4

⑩洛隆县. http://www. baike. com/wiki/洛隆县

⑪全县耕地面积 18 万亩 · 昌都概要 · 边坝概要. http://www. tubaobei. com/show-392d32d2-0-b9058516. html

⑫林芝县. http://baike. baidu. com/link? url=osu-m58Mzk0cXz3dCklIm8zAAMW8Mm1KUjbB2Nu0N-nYVE1ENOD86B1RcsZNccsjRDPUgawy1L8OgPOiBzloi_

⑬全县耕地面积 18 万亩 · 林芝概要 · 工布江达概要. http://www. tubaobei. com/show-392d32d2-0-b9058516. html

⑭米林县. http://baike. baidu. com/link? url=qGtE9zLQwGKmaMO_d_QqORTybeWEwYVcyOG4fERXygaTdQgRD9958Yi-_wpQGUYxOwqMPA52AYtCDa54QPNP6K

带湿润气候区，四季如春，雨量充沛。野生动物主要有麂、樟子[麝]、盘羊、羚羊、小熊猫、狗熊、雪豹、豹子、雪鸡、赤斑羚、狐狸等①。所谓“狗熊”，亦即黑熊。

波密县称，该县野生动物80余种，其中被国家列为重点保护的动物有熊、罴等20余种②。所谓“熊”，当指黑熊。

察隅县现存野生动物主要有熊等属国家级保护动物③。所称“熊”，似反映含有黑熊。

朗县的野生动物资源仍有熊等④。所列举的“熊”，似说明有黑熊等。

● 山南地区：乃东县位于冈底斯山南部、雅鲁藏布江中游，地形以高山、谷地为主。地属高原温带季风气候区，空气稀薄，光照充足，气温偏低，年温差小，日温差大。生存着国家二类保护动物黑熊与麝、鹿、岩羊、水獭、藏马鸡、猞猁等⑤。

扎囊县称，野生动物资源主要有熊等⑥。所称“熊”，似表明有黑熊等。

贡嘎县地处雅鲁藏布江中游河谷区和江南高山宽谷区，境内高山纵横起伏，连绵不断；地势南北高，中间向雅鲁藏布江倾斜，地势平坦、宽阔。地属高原带干旱季风气候区，日照时间长，日温差较大，年温差较小，冬春寒冷多风，雨季降水集中，长冬无夏，春秋相连。野生动物资源主要有狗熊与野牦牛、野驴、藏羚羊、岩羊、黄羊、马鹿、獐子[麝]、灰兔、猞猁、云豹、旱獭、鼠兔、温泉蛇和铲齿裂腹鱼、双须重唇鱼、斑切腹鱼、藏鹤、雪鸡、秃鹫、野黄鸦、野水鸭等⑦。所谓“狗熊”，乃黑熊。

桑日县地处冈底斯山南麓，雅鲁藏布江中游河谷地段，属藏南谷地，地势西高东低、北高南低，呈“两山夹一江”之势。地属高原温带季风半湿润气候区，气温偏低，长冬无夏，四季不明显；太阳辐射强，气温日较差大、年较差小，有“一年无四季，一日见四季”之说。野生动物资源中，属国家二级保护动物有香獐[麝]、雪鸡、狗熊等，还有其他野生动物狼、狍、猴、山鸡、黄羊、野兔等⑧。所列举的“狗熊”，亦即黑熊。

洛扎县现有野生动物主要有熊等⑨。所谓“熊”，似反映当地有黑熊等。

加查县现存野生动物有黑熊等种类⑩。证明有黑熊栖息。

隆子县又称，野生动植物资源有豹子、野牦牛、藏马鸡、鹿、水獭、獐子[麝]、黑熊、黄羊、野兔、狐狸、旱獭、鹰、野鸡等⑪。

截至2013年，错那县列入国家重点保护二类野生动物有黑熊等⑫。

● 日喀则地区：南木林县现主要野生动物资源中有熊等⑬。所称“熊”，似说明含有黑熊。

谢通门县位于冈底斯山脉南北，雅鲁藏布江北岸，属高原山丘型，地势北高南低，其间既有众多的山峰和系列浑圆而平缓的山丘，也有地势相对平坦的草原，还夹着许多河谷平地，低处常年积水成湖。野生动物种类较多，主要有野驴、黄羊、羚羊、樟子[麝]、雪猪、猞猁、土豹子、狗熊、山猫、山鸡、雪鸡、大雁、野鸽、黄鸭、天鹅、黑颈鹤、水獭等⑭。其中所谓“狗熊”，即黑熊。

---

①全县耕地面积18万亩・林芝概要・墨脱概要. http://www.tubaobei.com/show-392d32d2-0-b9058516.html

②波密县. http://baike.baidu.com/link? url=np7NGcwpR5cG3e1Ih0GJdxtgpsYyutMaEFMduBUDnAR_eLj-kJKScQHTt6SDFd8s

③察隅县. http://baike.baidu.com/link? url=2sWVANlIK0XvSBI44-cPiicg4RqoLISKdsw2hmliT0pCqes-wvD7lcxXqnZLlwhw

④朗县. http://baike.baidu.com/link? url=NtncWkMq-842xX7O6irEwZkSBbUpA0IxDsmpc8oyjRhIYp5XodqwaWw-w_gmD06Y

⑤乃东县. http://baike.baidu.com/link? url=ak9GJRytpfwPdb7p5WNiqMSQEJIXsCqlWYT_1MgDL-qV_dXrshlWtASW0MPI2NWi

⑥扎囊县. http://baike.baidu.com/link? url=tr-1bqDHgekl8-3bIzFTEA533eCw_QyuimpIBGY-eEHA4GBSFM8nf9npOOOf_dNg

⑦萨嘎县的资讯. http://www.cntics.com/townkl/saga.html

⑧桑日县. http://baike.baidu.com/link? url=ZC_BaOh0OE4fl9qxKcyefFegNjlQXPJ_D96UkywZOPW5imOTDtyeAWIHQcqX-PnX

⑨洛扎县. http://baike.baidu.com/link? url = zYtDXwvwIx01wgaJJY_EbGmEnZdO2QQOX9gMGiNRLWH1Pu9VesdAkdKYtUSwjhsV

⑩加查县. http://baike.baidu.com/link? url=866ut-Z4lacbFogA14D5PhJb2EINaRl9cz95zEKxJFlThzJBQHEnA05nbKGyVxsm

⑪全县耕地面积18万亩・山南概要・隆子概要. http://www.tubaobei.com/show-392d32d2-0-b9058516.html

⑫错那县. http://baike.baidu.com/link? url=UowSbf6KnP4J6Un3GbN8132gtrawxvMUT6td5vgX1VsVpHANgGkCcqkcF3srHbrBH6skOwY1SqgkRG2_dLNHo

⑬日喀则南木林县简介. http://www.114huoche.com/zhengfu_RiKaZe/NanMuLinXian/

⑭全县耕地面积18万亩・日喀则概要・谢通门概要. http://www.tubaobei.com/show-392d32d2-0-b9058516.html

定结县属喜马拉雅山北麓湖盆区，地势南北高、中间低，东部是以错姆折林为中心的高原湖盆区，地形较宽阔平坦，中西部是以叶如藏布和金龙河为两条主线的河谷区，南部是喜马拉雅山支脉脊背高寒区。属高原内陆干燥气候，除西南部的陈塘林区受印度洋气候的影响，气候温和、夏秋雨水充沛、四季分明、无霜期长外，其他大部分地区四季不太分明，日照充足，紫外线强，昼夜温差大，干燥少雨，多大风，气候恶劣。野生动物有黑熊与羚羊、羚、喜马拉雅塔尔羊、盘羊、长尾猴、班羚、雪豹、熊猴、小熊猫、金猫、林麝、马麝、豹猫、赤鹿、岩羊等①。

亚东县主要野生动物现有狗熊等②。所称"狗熊"即黑熊。

萨嘎县位于喜马拉雅山北麓、冈底斯山脉以南的西南边缘，北有冈底斯山，南有喜马拉雅山，中间夹有强拉山、同日伦布山等众多高山，山与山之间隔着开阔不等、互不连通的平川、沟谷。地属高原严寒带半干旱气候区，空气稀薄，日照充足，昼夜温差大，干燥寒冷，只有温、寒季之别。野生动物资源主要有野牦牛、野驴、藏羚羊、岩羊、黄羊、马鹿、獐子[麝]、灰兔、猞猁、狗熊、云豹、旱獭、鼠兔、温泉蛇和铲齿裂腹鱼、双须重唇鱼、斑切腹鱼、藏鹤、雪鸡、秃鹫、野黄鸦、野水鸭等③。所列举的"狗熊"，就是黑熊。

岗巴县位于喜马拉雅山中段北麓，属于藏南谷地，全县均属高原丘陵地带，无平原；县城位于中部略偏南，地形为东、北、西三面环以高山的谷地。地属高原温带半干旱季风气候区，春季寒暖适中、多大风和瑞雪，夏季气候温和、光照充足、昼夜温差大，秋季天高气爽、风少雨小、寒暖适中，冬季寒冷干燥、季风频繁。岗巴县境内野生动物品种繁多，其中比较珍贵的兽类有野驴、黄羊、盘羊、岩羊、艾叶豹、黄狼、獐子[麝]、猞猁、狐狸、水獭、雪猪等。据传，70年代，曾有人捕猎过湖中出没的水生兽类和黑熊④。

● 阿里地区：噶尔县四周环山，中部低平，西部有伊拉日居山山脉，中部有西北—东南走向的冈底斯山脉，北部有则木日山、拉梅拉山，中部有日赛田山、阿弄拉山，西南部有拉加山，东部有罗布山。地属高原亚寒带干旱气候区，干燥寒冷，太阳辐射强，日照时数长。野生动物资源主要有黑熊与狼、豹、野牛、野驴、猪则、黄羊、青羊、狐狸、大头羊、藏羚羊、黑颈鹤等⑤。

日土县现野生动物主要有熊等⑥。所谓"熊"，似表明有黑熊等栖息。

改则县地处南羌塘高湖盆区，均为高山河谷地带，无平原，山势平缓，地形由西北向东南倾斜。属高原亚寒干旱高原季风型气候，干旱，多大风，昼夜温差大，日照时间长。野生动物主要有狗熊与野牦牛、野驴、黄羊、藏羚羊、岩羊、大头羊、猞猁、草狐、旱獭、雪鸡、黄白鸭等⑦。

措勤县地处羌塘高原大湖盆地带，是高原丘陵型、高原宽滩型地貌，山峦起伏叠嶂，山脉多为东西走向，四周高，中部为盆地、湖泊之低地。日照充足，冬春寒冷。野生动植物资源主要有野牛、野驴、盘羊、岩羊、羚羊、黄羊、野兔、狗熊、土豹、狼、水獭、狐狸、猞猁、老鹰、猫头鹰、黄鸭、白鸭、黑颈鹤等⑧。所称"狗熊"，即黑熊。

6.5.6 方志记载

方志记载虽较简略，但可反映不同时期西南的多地黑熊分布情况（表13.21）。

---

①全县耕地面积18万亩·日喀则概要·定结概要. http://www.tubaobei.com/show-392d32d2-0-b9058516.html

②亚东县. http://baike.baidu.com/link? url=TtVuhdWCX5E-1gfUxZTZRjQRg6Ov-dVvO2alJYpbWCThG4jecFClw3s-33Hyhs1vS5QAryyl9AEmfByNHUESba

③全县耕地面积18万亩·日喀则概要·萨嘎概要. http://www.tubaobei.com/show-392d32d2-0-b9058516.html

④岗巴县. http://baike.baidu.com/link? url=s6qXnYsz1C-M3oW35i3UiV841jCZ9JvZpW7htCaPKcZRUrPH9QUek52I1xEDj3bm#2_2

⑤西藏阿里噶尔县简介. http://ngari.cncn.com/jingdian/gaerxian/profile

⑥日土县. http://baike.baidu.com/link? url=JFzRspLO6KN0smsgZ-mUpH_IHu9IaZwSYy2kp4qRRrJP5CBDjPGIzuXdV94pCtiB

⑦全县耕地面积18万亩·阿里概要·改则概要. http://www.tubaobei.com/show-392d32d2-0-b9058516.html

⑧全县耕地面积18万亩·阿里概要·措勤概要. http://www.tubaobei.com/show-392d32d2-0-b9058516.html

表 13.21　方志记载 20 世纪以来西南的黑熊分布情况

省级政区	今地点	文献	内容	新方志出处
重庆	南川区	民国十五年(1926)《南川县志》	熊*	
	南川区	民国二十年(1931)《南川县志》	熊***	
	南川区	1991 年《南川县志》	黑熊(金佛山、柏枝山、箐坝山等地)	四川省南川县志编纂委员会,1991
	巫溪县	1993 年《巫溪县志》	黑熊	巫溪县志编纂委员会,1993
四川	宣汉县	清光绪二十八年(1902)《东乡县志》	熊	
	越西县	清光绪三十一年(1905)《越嶲厅志》	熊	
	小金县	清光绪三十二年(1906)《懋功屯志略》	熊	
	属小金县	清光绪三十二年(1906)《抚边屯乡土志》	熊	
	都江堰市	清光绪三十三年(1907)《灌县乡土志》	熊	
	叙永县	清光绪三十四年(1908)《叙永厅志》	熊	
	茂县、汶川县	清光绪末(—1908)《茂州乡土志》	熊	
	雨城区	清光绪末(—1908)《雅安县乡土志》	熊	
	小金县	清光绪末(—1908)《懋功屯厅乡土志》	熊	
	盐边县	民国元年(1912)《盐边厅乡土志》	熊	
	金川县	民国元年(1912)《崇化屯志略》	熊	
	雨城区、名山县、荥经县、汉源县、石棉县、天全县、芦山县、宝兴县、康定县、泸定县、丹巴县、九龙县、雅江县、道孚县、炉霍县、甘孜县、新龙县、德格县、白玉县、石渠县、色达县、理塘县、巴塘县、乡城县、稻城县、得荣县、西昌市、盐源县、德昌县、会理县、会东县、宁南县、普格县、布拖县、金阳县、昭觉县、喜德县、冕宁县、越西县、甘洛县、美姑县、雷波县、木里藏族自治县	民国元年(1912)《西康建省记》	熊	
	金川县	民国十四年(1925)《金川琐记》	熊(有人熊、马熊、狗熊、猪熊四种。余所见唯狗熊)	
	荥经县	民国四年(1915)《荥经县志》	熊	
	峨边彝族自治县	民国四年(1915)《峨边县志》	熊、熊胆	
	邛崃市	民国十一年(1922)《邛崃县志》	熊	
	南江县	民国十一年(1922)《南江县志》	熊掌味尤美	
	乐山市	民国十三年(1924)《乐山县志》	熊	

（续表）

省级政区	今地点	文献	内容	新方志出处
	广元市	民国十五年(1926)《广元县志》	熊	
	剑阁县	民国十六年(1927)《剑阁县续志》	熊	
	雨城区、名山县、荥经县、汉源县、石棉县、天全县、芦山县、宝兴县、康定县、泸定县、丹巴县、九龙县、雅江县、道孚县、炉霍县、甘孜县、新龙县、德格县、白玉县、石渠县、色达县、理塘县、巴塘县、乡城县、稻城县、得荣县、西昌市、盐源县、德昌县、会理县、会东县、宁南县、普格县、布拖县、金阳县、昭觉县、喜德县、冕宁县、越西县、甘洛县、美姑县、雷波县、木里藏族自治县	民国十八年(1929)《西康问题》	熊	
	什邡市	民国十八年(1929)《什邡县志》	熊	
	金川县	民国初年(20世纪20年代)《绥靖屯志》	熊(《金川琐记》:有……猪熊四种)	
	属小金县	民国初年(20世纪20年代)《抚边屯志略草案》	熊	
	炉霍县	民国初年(20世纪20年代)《炉霍县图志》	熊胆	
	甘孜县	民国初年(20世纪20年代)《甘孜县图志》	熊胆	
	新龙县	民国初年(20世纪20年代)《瞻化县图志》	熊胆	
	白玉县	民国初年(20世纪20年代)《白玉县图志》	熊	
	德格县	民国初年(20世纪20年代)《德格县图志》	熊胆	
	分属德格、石渠县	民国初年(20世纪20年代)《邓科县图志》	熊胆	
	泸定县	民国初年(20世纪20年代)《泸定县图志》	熊、熊胆	
	雅江县	民国初年(20世纪20年代)《雅江县图志》	熊、熊胆	
	道孚县	民国初年(20世纪20年代)《道孚县图志》	熊胆	
	理塘县	民国初年(20世纪20年代)《理化县图志》	熊、熊胆	
	巴塘县	民国初年(20世纪20年代)《巴安县图志》	熊、熊胆	
	分属理塘、巴塘县	民国初年(20世纪20年代)《义敦县图志》	药材:与巴安同①	
	乡城县	民国初年(20世纪20年代)《定乡县图志》	药材:与巴安县相同①	
	得荣县	民国初年(20世纪20年代)《得荣县图志》	熊掌	
	大邑县	民国十九年(1930)《大邑县志》	熊	
	北川羌族自治县	民国二十一年(1932)《北川县志》	熊	

（续表）

省级政区	今地点	文献	内容	新方志出处
	都江堰市	民国二十二年(1933)《灌县志》	熊*	
	乐山市	民国二十三年(1934)《乐山县志》	熊	
	属叙永县	民国二十四年(1935)《古宋县志》	熊(有……狗熊……猪熊)	
	峨边彝族自治县、马边彝族自治县、屏山县、雷波县	民国二十四年(1935)《雷马峨屏调查记》	熊	
	马边彝族自治县	民国二十六年(1937)《马边纪实》	熊	
	安县	民国二十七年(1938)《安县志》	熊(乃狗熊，非人熊也)	
	广元市	民国二十九年(1940)《广元县志稿》	熊*	
	汉源县	民国三十年(1941)《汉源县志》	熊罴(有……狗熊之别)	
	西昌市	民国三十一年(1942)《西昌县志》	熊*	
	芦山县	民国三十二年(1943)《芦山县志》	熊	
	汶川县	民国三十三年(1944)《汶川县志》	黑熊*	
	筠连县	民国三十七年(1948)《筠连县志》	熊	
	小金县	民国(1912～1949)《懋功县志》	熊	
	木里藏族自治县	1985年《木里藏族自治县概况》	熊	《木里藏族自治县概况·物产资源》编写组，1985
	什邡市	1988年《什邡县志》	黑熊(狗熊)	什邡县《什邡县志》编纂委员会，1988
	夹江县	1989年《夹江县志》	黑熊(狗熊)	四川省夹江县编史修志委员会，1989
	沐川县	1989年《沐川县志》	黑熊(老熊)	四川省沐川县地方志编纂委员会，1989
	崇州市	1991年《崇庆县志》	黑熊	四川省崇庆县志编纂委员会，1991
	大邑县	1992年《大邑县志》	熊	四川省大邑县志编纂委员会，1992
	青川县	1992年《青川县志》	黑熊(数量亦不少)	《青川县志》编纂委员会，1992
	名山县	1992年《名山县志》	熊	名山县志编纂委员会，1992
	汶川县	1992年《汶川县志》	狗熊	四川省阿坝藏族羌族自治州汶川县地方志编纂委员会，1992
	普格县	1992年《普格县志》	黑熊	四川省普格县志编纂委员会，1992
	喜德县	1992年《喜德县志》	黑熊	四川省喜德县志编纂委员会，1992
	邛崃市	1993年《邛崃县志》	黑熊(狗熊、老熊)	四川省邛崃县志编纂委员会，1993

（续表）

省级政区	今地点	文献	内容	新方志出处
	阿坝县	1993 年《阿坝县志》	黑熊	阿坝县地方志编纂委员会，1993
	峨边彝族自治县	1994 年《峨边彝族自治县志》	黑熊	峨边彝族自治县志编纂委员会，1994
	马边彝族自治县	1994 年《马边彝族自治县志》	黑熊*	马边彝族自治县地方志编纂委员会，1994
	汉源县	1994 年《汉源县志》	黑熊（狗熊）	汉源县志编纂委员会，1994
	九寨沟县	1994 年《南坪县志》	狗熊	南坪县地方志编纂委员会，1994
	金川县	1994 年《金川县志》	黑熊	金川县地方志编纂委员会，1994
	宁南县	1994 年《宁南县志》	黑熊	宁南县志编纂委员会，1994
	冕宁县	1994 年《冕宁县志》	黑熊	四川省冕宁县志编纂委员会，1994
	珙县	1995 年《珙县志》	熊（已少见）	四川省珙县志编纂委员会，1995
	马尔康县	1995 年《马尔康县志》	黑熊	四川省马尔康县志编纂委员会，1995
	康定县	1995 年《康定县志》	黑熊	四川省康定县地方志编纂委员会，1995
	旺苍县	1996 年《旺苍县志》	熊（平坝区几乎绝迹，山区也很少发现）	四川省旺苍县志编纂委员会，1996
	北川羌族自治县	1996 年《北川县志》	黑熊	北川县志编纂委员会，1996
	万源市	1996 年《万源县志》	黑熊	四川省万源县志编纂委员会，1996
	红原县	1996 年《红原县志》	黑熊*	四川省红原县志编纂委员会，1996
	丹巴县	1996 年《丹巴县志》	熊（狗熊）	四川省甘孜藏族自治州丹巴县志编纂委员会，1996
	理塘县	1996 年《理塘县志》	黑熊	四川省理塘县志编纂委员会，1996
	茂县	1997 年《茂汶羌族自治县志》	黑熊（狗熊）	四川省阿坝藏族羌族自治州茂汶羌族自治县地方志编纂委员会，1997
	平武县	1997 年《平武县志》	黑熊（狗熊）	平武县县志编纂委员会，1997
	洪雅县	1997 年《洪雅县志》	黑熊	洪雅县地方志编纂委员会，1997
	天全县	1997 年《天全县志》	黑熊	天全县志办公室，1997
	理县	1997 年《理县志》	黑熊	理县志编纂委员会，1997
	康定县、泸定县、丹巴县、九龙县、雅江县、道孚县、炉霍县、甘孜县、新龙县、德格县、白玉县、石渠县、色达县、理塘县、巴塘县、乡城县、稻城县、得荣县	1997 年《甘孜州志》	黑熊	甘孜州志编纂委员会，1997
	九龙县	1997 年《九龙县志》	黑熊	九龙县志编纂委员会，1997

（续表）

省级政区	今地点	文献	内容	新方志出处
	道孚县	1997 年《道孚县志》	熊	四川省道孚县志编纂委员会，1997
	色达县	1997 年《色达县志》	黑熊	四川省色达县志编纂委员会，1997
	稻城县	1997 年《稻城县志》	黑熊	四川省稻城县志编纂委员会，1997
	峨眉山市	1997 年《峨眉山志》	黑熊	峨眉山志编纂委员会，1997
	西昌市	1997 年《中国国情丛书：百县市经济社会调查：西昌卷》	熊	丁伟志等，1997c
	泸州市、泸县、合江县、叙永县、古蔺县	1998 年《泸州市志》	黑熊	泸州市地方志编纂委员会，1998
	叙永县	1998 年《叙永县志》	黑熊、狗熊	叙永县地方志编纂委员会，1998
	江安县	1998 年《江安县志》	熊（已绝迹）	四川省江安县志编纂委员会，1998
	屏山县	1998 年《屏山县志》	黑熊	屏山县志编纂委员会，1998
	通江县	1998 年《通江县志》	黑熊（狗熊、黑娃子）	四川省通江县志编纂委员会，1998
	荥经县	1998 年《荥经县志》	黑熊	四川省荥经县地方志编纂委员会，1998
	德昌县	1998 年《德昌县志》	熊（类珍贵动物近些年已十分少见）	德昌县地方志编纂委员会，1998
	江油市	1999 年《江油县志》	熊	江油市地方志编纂委员会，1999
	米易县	1999 年《米易县志》	熊	四川省米易县志编纂委员会，1999
	石棉县	1999 年《石棉县志》	黑熊	石棉县地方志编纂委员会，1999
	甘孜县	1999 年《甘孜县志》	熊	甘孜县地方志编纂委员会，1999
	昭觉县	1999 年《昭觉县志》	黑熊	四川省昭觉县志编纂委员会，1999
	乐山市、峨眉山市、犍为县、井研县、夹江县、峨边彝族自治县、沐川县、马边彝族自治县、仁寿县、彭山县、洪雅县、丹棱县、青神县、东坡区	2000 年《乐山市志》	黑熊	乐山市地方志编纂委员会，2000
	丹棱县	2000 年《丹棱县志》	熊	四川省丹棱县志编纂委员会，2000
	宝兴县	2000 年《宝兴县志》	黑熊（宝兴亚种）	四川省宝兴县地方志编纂委员会，2000
	盐源县	2000 年《盐源县志》	黑熊	盐源县志编纂委员会，2000
	金阳县	2000 年《金阳县志》	熊	四川省金阳县志编纂委员会，2000
	巴塘县	2001 年《巴塘县志：续编》	熊	四川省巴塘县地方志编纂委员会，2001

（续表）

省级政区	今 地 点	文 献	内 容	新方志出处
贵州	仁怀市	清宣统元年(1909)《仁怀县志》	熊(有……猪熊之分)	
	瓮安县	民国二年(1913)《瓮安县志》	熊	
	桐梓县	民国十八年(1929)《桐梓县志》	熊*	
	黎平县	1989 年《黎平县志》	黑熊	贵州省黎平县志编纂委员会,1989
	福泉市	1992 年《福泉县志》	熊(已灭绝)	贵州省福泉县地方志编纂委员会,1992
	黄平县	1993 年《黄平县志》	黑熊(已绝迹)	黄平县地方志编纂委员会,1993
	水城县	1994 年《水城县(特区)志》	熊	水城县地方志编纂委员会,1994
	台江县	1994 年《台江县志》	黑熊(俗称狗熊)	贵州省台江县志编纂委员会,1994
	西秀区	1995 年《安顺市志》	狗熊	安顺市地方志编纂委员会,1995
	大方县	1996 年《大方县志》	熊	贵州省大方县地方志编纂委员会,1996
	独山县	1996 年《独山县志》	黑熊	贵州省独山县志编纂委员会,1996
	施秉县	1997 年《施秉县志》	黑熊	贵州省施秉县地方志编纂委员会,1997
	荔波县	1997 年《荔波县志》	熊	贵州省荔波县地方志编纂委员会,1997
	榕江县	1999 年《榕江县志》	熊(西南黑熊)	贵州省榕江县地方志编纂委员会,1999
	都匀市	1999 年《都匀市志》	黑熊	贵州省都匀市史志编纂委员会,1999
	赫章县	2001 年《赫章县志》	狗熊	贵州省赫章县地方志编纂委员会,2001
云南	昆明市	清光绪二十七年(1901)《昆明县志》	熊	
	属大姚县	清光绪二十七年(1901)《白盐井志》	熊	
	洱源县	清光绪二十八年(1902)《浪穹县志略》	熊	
	华宁县	清光绪二十九年(1903)《黎县旧志》	熊	
	昌宁县、澜沧拉祜族自治县、西盟佤族自治县、孟连傣族拉祜族佤族自治县、临翔区、凤庆县、云县、双江拉祜族佤族布朗族傣族自治县、沧源佤族自治县、耿马傣族佤族自治县	清光绪三十年(1904)《顺宁府志》	熊(檀萃《滇海志》:熊类至多,有……猪熊……滇南多有之)	
	永胜县、华坪县、宁蒗彝族自治县	清光绪三十年(1904)《永北府志》	熊	

（续表）

省级政区	今地点	文献	内容	新方志出处
	昌宁县、澜沧拉祜族自治县、西盟佤族自治县、孟连傣族拉祜族佤族自治县、临翔区、凤庆县、云县、双江拉祜族佤族布朗族傣族自治县、沧源佤族自治县、耿马傣族佤族自治县	清光绪三十一年(1905)《顺宁府志稿》	熊(种类至多)	
	剑川县	清光绪(—1908)《剑川州志》	熊	
	龙陵县	民国三年(1914)《龙陵县志》	熊	
	大理市	民国五年(1916)《大理县志稿》	熊	
	大理市	民国六年(1917)《大理县志稿》	熊	
	龙陵县	民国六年(1917)《龙陵县志》	熊	
	晋宁县、会泽县、昭阳区、巧家县、盐津县、大关县、永善县、镇雄县	民国八年(1919)《昭通等八县图说》	熊	
	景东彝族自治县	民国十一年(1922)《景东县志稿》	熊	
	元江哈尼族彝族傣族自治县	民国十一年(1922)《元江志稿》	熊	
	个旧市	民国十一年(1922)《个旧县志稿》	熊	
	昆明市	民国十三年(1924)《昆明市志》	熊	
	昭阳区	民国十三年(1924)《昭通县志》	狗熊(形类狗而烈。四山皆有之)	
	属大姚县	民国十三年(1924)《盐丰县志》	熊	
	禄劝彝族苗族自治县	民国十四年(1925)《禄劝县志》	熊***	
	马关县	民国二十一年(1932)《马关县志》	熊(有……猪此三种)	
	维西傈僳族自治县	民国二十一年(1932)《维西县志》	熊(每年猎人所得者则寥寥无几也)	
	新平彝族傣族自治县	民国二十二年(1933)《新平县志》	熊	
	属景洪市	民国二十二年(1933)《车里》	熊	
	江城哈尼族彝族自治县	民国二十四年(1935)《江城县志初稿》	熊	
	镇康县	民国二十五年(1936)《镇康县志》	熊	
	昭阳区	民国二十五年(1936)《昭通县志稿》	狗熊(形类狗而烈。四山皆有之)**	
	临翔区	民国二十六年(1937)《西南边城缅宁》	熊	
	勐腊县	民国二十七年(1938)《镇越县志》	熊	

（续表）

省级政区	今地点	文献	内容	新方志出处
	石屏县	民国二十七年(1938)《石屏县志》	熊	
	勐腊县	民国二十七年(1938)《镇越县志》	熊(尤以接近边地、人烟稀少之处较多)	
	香格里拉县	民国二十八年(1939)《中甸县志稿》	熊	
	禄劝彝族苗族自治县、罗平县、隆阳区、大关县、彝良县、福贡县、贡山独龙族怒族自治县、剑川县	民国三十三年(1944)《云南通志》	黑熊*(禄劝、罗平、大关、彝良……剑川、保山等地均有之,而尤以上帕、贡山为其名产地)	
	泸西县	民国《泸西县志》	熊	云南省泸西县志编纂委员会,1992
	景洪市、勐海县、勐腊县	1989年《西双版纳傣族自治州林业志》	黑熊	西双版纳傣族自治州林业局,1989
	昌宁县	1990年《昌宁县志》	狗熊	云南省昌宁县志编纂委员会,1990
	鹤庆县	1991年《鹤庆县志》	熊	云南省鹤庆县志编纂委员会,1991
	红河县	1991年《红河县志》	黑熊	云南省红河县志编纂委员会,1991
	镇康县	1992年《镇康县志》	黑熊	云南省镇康县志编纂委员会,1992
	绿春县	1992年《绿春县志》	黑熊	云南省绿春县志编纂委员会,1992
	新平彝族傣族自治县	1993年《新平县志》	黑熊(狗熊)	新平彝族傣族自治县志编纂委员会,1993
	元江哈尼族彝族傣族自治县	1993年《元江哈尼族彝族傣族自治县志》	熊(狗熊)	云南省元江哈尼族彝族傣族自治县志编纂委员会,1993
	宁蒗彝族自治县	1993年《宁蒗彝族自治县志》	狗熊	云南省宁蒗彝族自治县志编纂委员会,1993
	思茅区	1993年《思茅县志》	熊	思茅县志编纂委员会,1993
	宁洱哈尼族彝族自治县	1993年《普洱哈尼族彝族自治县志》	黑熊	普洱哈尼族彝族自治县地方志编纂委员会,1993
	潞西市	1993年《潞西县志》	黑熊	云南省潞西县志编纂委员会,1993
	巍山彝族回族自治县	1993年《巍山彝族回族自治县志》	狗熊	云南省巍山彝族回族自治县志编纂委员会,1993
	楚雄市、双柏县、牟定县、南华县、姚安县、大姚县、永仁县、元谋县、武定县、禄丰县	1993年《楚雄彝族自治州志》	熊科*	楚雄彝族自治州地方志编纂委员会,1993
	盐津县	1994年《盐津县志》	熊	云南省盐津县志编纂委员会,1994
	绥江县	1994年《绥江县志》	熊	绥江县志编纂委员会,1994
	云县	1994年《云县志》	黑熊(狗熊)	云县地方志编纂委员会,1994

（续表）

省级政区	今地点	文献	内容	新方志出处
	潞西市、瑞丽市、梁河县、盈江县、陇川县	1994年《德宏州志:综合卷》	黑熊(狗熊)	德宏傣族景颇族自治州志编纂委员会,1994
	永平县	1994年《永平县志》	黑熊	云南省永平县志编纂委员会,1994
	建水县	1994年《建水县志》	黑熊	建水县志编纂委员会,1994
	金平苗族瑶族自治县	1994年《金平苗族瑶族自治县志》	黑熊	云南省金平苗族瑶族自治县志编纂委员会,1994
	河口县	1994年《河口县志》	熊(多居林间山洞,尤其是阔叶林、针阔混交林)	云南省河口瑶族自治县地方志编纂委员会,1994
	勐腊县	1994年《勐腊县志》	黑熊	云南省勐腊县志编纂委员会,1994
	耿马傣族佤族自治县	1995年《耿马傣族佤族自治县志》	黑熊	耿马傣族佤族自治县志编纂委员会,1995
	彝良县	1995年《彝良县志》	黑熊	云南省彝良县志编纂委员会,1995
	镇沅彝族哈尼族拉祜族自治县	1995年《镇沅彝族哈尼族拉祜族自治县志》	黑熊(老熊)	云南省镇沅彝族哈尼族拉祜族自治县志编纂委员会,1995
	双江拉祜族佤族布朗族傣族自治县	1995年《双江拉祜族佤族布朗族傣族自治县志》	狗熊	双江拉祜族佤族布朗族傣族自治县地方志编纂委员会,1995
	泸水县	1995年《泸水县志》	熊	云南省泸水县志编纂委员会,1995
	南华县	1995年《南华县志》	熊	云南省南华县志编纂委员会,1995
	蒙自县	1995年《蒙自县志》	棕熊(狗熊)[②]	蒙自县志编纂委员会,1995
	水富县	1996年《水富县志》	黑熊	水富县志编纂委员会,1996
	澜沧拉祜族自治县	1996年《澜沧拉祜族自治县志》	狗熊	云南省澜沧拉祜族自治县志编纂委员会,1996
	洱源县	1996年《洱源县志》	熊	云南省洱源县志编纂委员会,1996
	双柏县	1996年《双柏县志》	黑熊	云南省双柏县地方志编纂委员会,1996
	开远市	1996年《开远市志》	黑熊	云南省开远市志编纂委员会,1996
	马关县	1996年《马关县志》	熊	云南省马关县地方志编纂委员会,1996
	昭阳市、鲁甸县、巧家县、盐津县、大关县、永善县、绥江县、镇雄县、彝良县、威信县、水富县	1997年《昭通地区志》	黑熊	昭通地区地方志编纂委员会,1997
	巧家县	1997年《巧家县志》	熊	云南省巧家县志编纂委员会,1997
	施甸县	1997年《施甸县志》	熊(含大黑熊、狗熊)	云南省施甸县志编纂委员会,1997

（续表）

省级政区	今地点	文献	内容	新方志出处
	华坪县	1997年《华坪县志》	熊	云南省华坪县地方志编纂委员会，1997
	西盟佤族自治县	1997年《西盟佤族自治县志》	熊	西盟佤族自治县志编纂委员会，1997
	盈江县	1997年《盈江县志》	黑熊（狗熊）	云南省盈江县志编纂委员会，1997
	德钦县	1997年《德钦县志》	狗熊	德钦县志编纂委员会，1997
	禄丰县	1997年《禄丰县志》	黑熊	云南省禄丰县地方志编纂委员会，1997
	勐海县	1997年《勐海县志》	黑熊	云南省勐海县地方志编纂委员会，1997
	古城区、永胜县、华坪县、玉龙纳西族自治县、宁蒗彝族自治县	1998年《丽江地区林业志》	黑熊	丽江地区行政公署林业局，1998
	大关县	1998年《大关县志》	狗熊	云南省大关县地方志编纂委员会，1998
	大理市	1998年《大理市志》	熊	大理市志编纂委员会，1998
	个旧市	1998年《个旧市志》	黑熊	个旧市志编纂委员会，1998
	富民县	1999年《富民县志》	熊（至1969年后，已大部分灭绝）	云南省富民县地方志编纂委员会，1999
	寻甸回族彝族自治县	1999年《寻甸回族彝族自治县志》	熊（曾有）	云南省寻甸回族彝族自治县志编纂委员会，1999
	隆阳区、施甸县、腾冲县、龙陵县、昌宁县	1999年《保山地区志》	黑熊	保山地区地方志编纂委员会，1999
	威信县	1999年《威信县志》	黑熊	云南省威信县志编纂委员会，1999
	孟连傣族拉祜族自治县	1999年《孟连傣族拉祜族自治县志》	熊	孟连傣族拉祜族佤族自治县志编纂委员会，1999
	维西傈僳族自治县	1999年《维西傈僳族自治县志》	黑熊	云南省维西傈僳族自治县志编纂委员会，1999
	屏边苗族自治县	1999年《屏边苗族自治县志》	黑熊	屏边苗族自治县县志编纂委员会，1999
	丘北县	1999年《丘北县志》	熊	云南省丘北县地方志编纂委员会，1999
	龙陵县	2000年《龙陵县志》	狗熊	龙陵县委党史地方志工作办公室，2000
	昭阳区	2000年《昭通市志》	黑熊	昭通市志编纂委员会，2000

（续表）

省级政区	今地点	文献	内容	新方志出处
	漾濞彝族自治县志	2000年《漾濞彝族自治县志》	黑熊	漾濞彝族自治县地方志编纂委员会，2000
	麻栗坡县	2000年《麻栗坡县志》	黑熊	云南省麻栗坡县地方志编纂委员会，2000
	景洪市	2000年《景洪县志》	黑熊	景洪县地方志编纂委员会，2000
	古城区、玉龙纳西族自治县	2001年《丽江纳西族自治县志》	黑熊	丽江纳西族自治县志编纂委员会等，2001
西藏	属芒康县	清宣统（1909～1911）《盐井乡土志》	熊	
	工布江达县	民国初年（约20世纪20年代）《太昭县志》	熊	
	嘉黎县	民国初年（约20世纪20年代）《嘉黎县志》	熊	
	昌都县	民国初年（约20世纪20年代）《昌都县志》	熊	
	贡觉县	民国初年（约20世纪20年代）《贡县志》	熊	
	属贡觉县	民国初年（约20世纪20年代）《武成县志》	熊	
	属察隅县	民国初年（约20世纪20年代）《科麦县志》	熊	
	察雅县	民国初年（约20世纪20年代）《察雅县志》	本县鸟与（已安）［巴安］等县相同①	
	波密县	民国初年（约20世纪20年代）《波密县志》	熊	
	属丁青县	民国初年（约20世纪20年代）《冬九县志》	与波密县同①	
	类乌齐县	民国初年（约20世纪20年代）《恩达县志》	熊	
	属洛隆县	民国初年（约20世纪20年代）《硕督县志》	熊	
	芒康县	民国初年（约20世纪20年代）《宁静县志》	鸟兽与巴安各县相同①	

注：*表示详见正文。**表示同前文。***表示本省级政区已有类似记录。①亦即也有熊。②原文如此。疑似2种“熊”。

6.6 西北

西北的陕西省、甘肃省、青海省、宁夏回族自治区皆有黑熊分布，新疆维吾尔自治区是否也有黑熊分布尚待进一步核查。

6.6.1 陕西

陕西省有较多黑熊分布记录。

清光绪三十四年《镇安县乡土志》记述：

熊：以皮作褥，能治风湿。胆汁可去眼翳。油擦各种疮毒尤验。

按：所谓“熊”，当包括黑熊。

民国三十六年《宝鸡大观》记载：

县境南山接近留坝一带之丛岭中尚产野猪、山羊、熊、豹、虎、狐、狼等兽。

按：此处所称“熊”，亦当含有黑熊。

《中国经济动物志：兽类》称，黑熊“文献记录见于……陕西省太白山”（寿振黄，1962）。太白山是秦岭山脉主峰，其主体位于眉县与太白县，广义上的太白山则连带周至县部分。据此反映在这一带当时有黑熊栖息。

《中国动物志：兽纲：食肉目》记述（高耀亭等，1987）：

黑熊四川亚种（*Ursus thibetanus mupinesis*）……分布于陕西（周至、佛坪、太白）。

在秦岭（陕西太白、佛坪）则进行冬眠。

1964年在陕西省太白县曾看见黑熊挖食鼢鼠。1966年5月在留坝县凤凰山还看见黑熊咬死一只小鹿。

按：表明在周至县、太白县、留坝县、佛坪县等地有黑熊分布。

《中国西北地区珍稀濒危动物志》记述（中华人民共和国濒危物种进出口管理办公室，1994）：

黑熊：俗名：狗熊、黑瞎子、狗驼子。

四川亚种：见于陕西的周至、太白、陇县、宁陕、石泉、柞水、佛坪、南郑、宁强、汉中、西乡、镇巴、汉阴、紫阳、岚皋、安康、平利、（镇平）[镇坪]、旬阳、白河。

按：说明在周至县、陇县、太白县、汉台区、南郑县、西乡县、宁强县、镇巴县、佛坪县、汉滨区、汉阴县、石泉县、宁陕县、紫阳县、岚皋县、平利县、镇坪县、旬阳县、白河县、柞水县等地有黑熊栖息。

《中国重点陆生野生动物资源调查》称（国家林业局，2008）：

本次调查，黑熊见于……陕西（陇县、宝鸡、凤县、太白、眉县、周至、户县、长安、蓝田、佛坪、洋县、城固、留坝、勉县、略阳、宁强、南郑、西乡、镇巴、汉中、镇安、柞水、商州、洛南、山阳、宁陕、镇坪、旬阳、白河、紫阳、安康）。

按：据此，证实在西安市、蓝田县、周至县、户县、宝鸡市、眉县、陇县、凤县、太白县、汉台区、南郑县、城固县、洋县、西乡县、勉县、宁强县、略阳县、镇巴县、留坝县、佛坪县、汉滨区、宁陕县、紫阳县、镇坪县、旬阳县、白河县、商州区、洛南县、山阳县、镇安县、柞水县等地确有黑熊分布。

● 西安市：户县地处关中平原腹地，南依世界地质公园秦岭终南山，北至渭河，地势南高北低，差别很大；属于秦岭山地，北部为渭河阶地，中部为黄土台原、洪积扇及扇缘洼地。地属暖热带半湿润大陆性季风气候区，四季冷暖干湿分明。主要的野生兽类有黑熊与羚牛、草兔、松鼠、黄鼠、豺狼、狐、鹿、黄、獾、豹、林麝、青羊、苏门羚、野猪、刺猬、猴等①。

● 延安市：子长县称，随着森林的破坏和消失，虎、熊、猴、野猪、野骆驼、鹤、鹭鸶等今在子长县消失②。说明似曾有黑熊等分布。

● 宝鸡市：《宝鸡县志》记述（《宝鸡县志》编纂委员会，1996）：

黑熊：又名狗熊、黑瞎子。除胸和两肩内侧有白色短毛外，全身黑色。体大、拙笨、性暴。分布于秦岭、关山高山区。杂食性，对农作物有一定危害。皮、肉、脂肪、熊胆、熊掌均有较高的经济价值和医药功能。

按：证实当地有黑熊栖息。

岐山县南接秦岭，北枕千山，中为广阔平原，地势自西北向东南倾斜，山、川、塬皆有，渭河、韦水河穿境而过，形成了“两山夹一川，两水分三塬”的地形地貌特征。地属暖温带大陆性季风半湿润气候区。岐山有属国家二类保护的金钱豹、云豹、斑羚（青羊）、水獭，三类保护的麝（獐子）、石貂（俗名帚雪）、豹猫（山猫）。还有狐狸、鹿、狼、獾、野猪、野兔、狗熊、黄鼬（俗称黄鼠狼）③。虽然保护动物等级存在瑕疵，但还是可以证实有黑熊存在。

眉县位于秦岭主峰太白山脚下，南依秦岭，北临渭水，属黄河中游川塬沟壑区；地形地貌复杂，大体为南北高、中间低的不对称“U”型地形；全县可分为秦岭山地、黄土梁原、山前洪积平原、渭河冲积平原、渭北黄土台原5种地貌类型。地属暖温带大陆性半湿润气候区，每年3～5月回暖较快，秋季受冷空气影响，昼夜温差较为明显，是关中地区秋雨最多的区域之一。野生兽类繁多，主要有黑熊、云豹、金毛扭角羚、麝、鹿、野猪、刺猬、獾、豺狼、岩羊、狐狸、山兔、松鼠、黄鼠等④。

● 安康市：《石泉县志》记述（石泉县地方志编纂委员会，1991）：

熊：又称狗熊、黑熊。产于县境北部山区。栖息在高山密林之中。能爬树，以植物果茎为主食，危害人类。

按：据此，证实还有黑熊生息繁衍。

● 汉中市：《洋县志》记述（洋县地方志编纂委员会，1996）：

狗熊：亦称“黑熊”。哺乳纲，熊科，体形肥

---

①户县. http://baike.baidu.com/view/91087.htm

②子长县. http://baike.baidu.com/link? url=CkrltCkzYUbUU-IRSzHdrMelPE_V4JntaBC03696JGjJfsb682DGU2gyQwbFM3gl

③岐山县. http://baike.baidu.com/link? url=WQ6DJX5rOjB5QjzNPPRABnrHcKpbiwhlSFTGQ6lBrgyCC4rAkwBYDI6Aj0G50Jyv#4_4

④眉县. http://baike.baidu.com/link? url=gt2bKYM4OWexhLqCT4AvnJbhkXfuWChIPPWa0dYmoF2PLZkEEuK1xHqoye0-Ub-pS#3_4

大，全身被毛黑色，胸部有半月形白纹。凶猛，孤独，能游泳，善爬树，亦能立行。分布于八里关、茅坪以北山林中。熊胆、熊脂、熊肉可制药，熊掌可食，亦作药用。皮可做褥垫。列为国家二级保护动物。

按：证明当地有黑熊栖息。

城固县北居秦岭南坡，南处巴山北坡，中为汉中盆地东域；依据地形特点，自然形成三部分：北部为秦岭山区，中部为汉江平川区，南部为巴山浅山区。在大气候带位于北亚热带湿润季风区，是冬季极地大陆气团与夏季热带海洋气团交汇的地区，有东西走向、高大的秦岭，可阻挡由西北南下的寒冷气流；南部米仓山屏障，减缓夏季由西南和东南北上的暖湿气流。秦岭阻拦起着保温护湿作用，加之中部一江四河调节本地水分，气候特点是冬无严寒，夏无酷暑，雨量充沛，四季湿润，雨热同季，干湿交替。森林覆盖率达64%。据《城固县主要野生动物介绍》，当地野兽中"熊科 Ursidae"仍有"黑熊（狗熊、黑子）*Selenarctos thibetanus*"[①]。

西乡县地处秦岭巴山之间，在中国南北气候的分界线秦岭—淮河以南，汉中盆地东部，山区丘陵面积占 93.2%，平川占 6.8%。地属北亚热带湿润季风气候区，全年气候温和。野生动物中兽类有黑熊、野猪、青猴、野兔、鹿、岩羊、狐、林麝、小灵猫等[②]。

旬阳县位于秦巴山区东段，汉江河谷自西向东横贯中部，将县境天然分割为南北两大自然区，地势南北高、中部低，南北向地形剖面呈"V"形。汉江以北属秦岭山脉南坡，是秦岭纬向构造带秦岭亚带的组成部分，除王莽山—包家山为西北—东南走向外，其余山脉均为东西走向，中部高、四周低，占旬阳县总面积的 64.2%；汉江以南属秦岭纬向构造带大巴山弧形构造的边缘部分，山脉走向多为西东向，地势较汉江以北稍低，东部和南部高，西北部低，占旬阳县总面积的 35.8%。以中山为主，兼有低山、丘陵、河谷地形。地处亚热带北缘，秦岭屏障，阻住南下的冷空气，截挡溯汉江河谷上行的暖温气流，境内气候温暖湿润，四季分明。现存野生动物中兽类有黑熊与草兔、中华竹鼠、猪獾、狗獾、花面猫、林麝、小麂、野猪、貉、狐、青鼬、黄鼬等[③]。

● 商洛市：《镇安县志》记述（镇安县志编纂委员会，1995）：

黑熊：又叫狗熊，俗称黑子。属食肉目，熊科。体笨，四肢粗大，体重 100～150 kg，也有 200 kg 左右的。分布在县内西部杨泗、栗扎、月河、东河、镇坪、朝阳、桃园、象园、玉泉、崇家、老庵、庙沟、东瓜等乡的高山密林地带。夏食竹笋、野草根和弱小兽类；秋食核桃、毛栗、猕猴桃、橡子等果实和玉米等农作物，亦食鼠类、野蜂和山羊、獐［麝］、鹿等。秋季膘肥能爬树，善板膘，有时下河戏水。喜独居，群集少。夏秋交配，每胎产仔 1～2 只。头阔吻长，耳圆尾短，爪尖弯曲，毛黑光泽。老熊呈棕黑色，下颌白。熊肉味鲜美，营养丰富；熊油为高级滋补剂，炒成熊油茶冬天煎喝，驱寒助暖，益身延寿。"熊掌"自古为珍品，有强身壮筋之效。熊胆属珍贵药材，皮能制革。

按：据此，当时该县还有较多地方有黑熊分布。

《柞水县志》记述（柞水县志编纂委员会，1998）：

黑熊：柞水人民称狗熊、黑瞎子，属食肉目熊科，是县内大型食肉兽类。集中分布在老林、两河、太河、龙潭、丰北河、高桥、七坪等乡，一般活动于海拔 1 300～2 300 m 的松栎林、桦木林、冷杉林山地中，有时也在浅山坡塬活动。

黑熊夏季中午栖息于阴凉处或密林深处，夜晚多睡在树上。入秋后进田危害庄稼，10 月以后上山。多为独熊或二三只成群，无大群。每胎产一至二仔。食性杂，吃松子、橡子、漆子、猫儿屎、五味子、栗子、核桃及其他野果外，也吃鼠类、兔子、蜜蜂和成熟的庄稼。1975 年太河乡花门楼被熊吞食玉米 60 多亩。熊对林业危害也很严重，除食树木幼枝外，还攀折树枝。属县内主要害兽。

按：对黑熊的记载比较详细，也比较准确。

---

①城固县主要野生动物介绍. http://www. sanqinyou. com/shaanxi/info/1211120261255343_1. html

②西乡县. http://baike. baidu. com/link? url = kHRXsZe502Smkk3ObnCJT3NY8BSbHU8GolHLrLdT0bTHdLX8-xVE6wRWwdUGmdlzQ7ff7-UyiIPkHLsCgnL8vWjEyKZY6D9gMm3K4U2zzQW

③旬阳县. http://baike. baidu. com/link? url=yE1eJX3OzYrf6ZXChGe7Ze2f_fgLlUsH_vtsTFtBs2BOINxGw6zsR9XsWj_uZkG04irlGCn2bW_995116RSnDK

商南县地处秦岭东段南麓，属长江流域汉江水系丹江中游地区，境内地势西南部和北部较高，东南部和中部较低，千米以下的低山、丘陵占总面积的77%，是以低山丘陵为主体的山区，基本状况是“八山一水一分田”。北部和西北部属暖温带气候区，占49.3%；中部和南部属于北亚热带气候区，占50.7%。当地野生动物中哺乳纲食肉目有黑熊与赤狐、狼、貉、青鼬、黄鼬、猪獾、狗獾、水獭、果子狸、豹（金钱豹）、云豹（土豹子）、豹猫等[①]。

6.6.2 甘肃

甘肃省是黑熊在西北主要分布的省级政区之一。

民国二十五年《康县县志》记述：

熊：野畜也。老林中间有之。喜食蜂蜜，常毁蜂巢，亦为人害。其肉可食，其脂可为医药用，而掌味尤美，可食。

按：此处所称“熊”，当含有黑熊。

《中国西北地区珍稀濒危动物志》记述（中华人民共和国濒危物种进出口管理办公室，1994）：

黑熊：俗名：狗熊、黑瞎子、狗驼子。

四川亚种：见于……甘肃的武山、康乐、临夏、张掖、文县。

按：反映在武山县、甘州区、文县、临夏市、临夏县、康乐县等地有黑熊栖息。

《中国重点陆生野生动物资源调查》称（国家林业局，2008）：

本次调查，黑熊见于……甘肃（武山、康乐、临夏、文县、武都、天水、两当、康县、徽县、清水、漳县、岷县、迭部、舟曲、卓尼、宕昌、临潭）。

按：据此，证实在天水市、清水县、武山县、漳县、岷县、武都区、宕昌县、康县、文县、两当县、徽县、临夏市、临夏县、康乐县、临潭县、卓尼县、舟曲县、迭部县等地确有黑熊分布。

● 金昌市：《永昌县志》记载（永昌县志编纂委员会，1993）：

黑熊：黑瞎子。

花脖子熊：狗熊。分布于南部的山区平羌口、鸾鸟口、脑儿墩等地。

按：有较具体的分布地点，说明对黑熊进行过调查。永昌县地处河西走廊东部、祁连山北麓、阿拉善台地南缘，地势以山地、平原为主，与戈壁沙漠东西展开，南北山岭夹峙，相间排列，山地平川交错，绿洲荒漠绵延。地属温带大陆性气候区，冬无严寒，夏无酷暑。截至2010年，永昌县境内野生动物属国家一类保护的有雪豹、藏雪鸡2种，属二类保护的有蓝马鸡、马鹿、麝、猞猁、獭、鹅喉羚、天鹅7种，属三类保护的有石豹、黄羊2种。兽类主要有老虎、黑熊、雪豹、豺、紫貂、水獭、猞猁、麝、马鹿、滩黄羊等40多种[②]。虽存在保护动物等级瑕疵，但仍可说明有黑熊存在。

● 天水市：天水市称，当地国家二类保护的有黑熊与羚麝、马麝、白臀鹿、斑羚、石貂、水獭、猞猁、猕猴、红腹角雉、兰马鸡、红腹锦鸡、大鲵、暗腹雪鸡、淡腹雪鸡、勺鸟、血雉、秦岭红鳞鲑等[③]。然而，地级天水市现今仍有黑熊的具体地方似仅天水市与清水县。

● 张掖市：肃南裕固族自治县地处河西走廊中部、祁连山北麓，大部地区处于祁连山地，山势陡峻巍峨；在海拔4 700 m以上的山地，终年积雪，有冰川分布。大部属高寒山地半干旱气候，只有明花区属温带干旱气候，冬春季长而冷，夏秋季短而凉爽。山林和草原上生栖着白唇鹿、獐［麝］、野牛、大头羊、熊、豹、狼、猞猁、旱獭、雪鸡、蓝马鸡等野生动物[④]。所谓“熊”，似表明含有黑熊。

● 陇南市：武都区的老殿坪上山和坪垭里梁上南麓山林中还有老熊等几十种动物出没，现已列为国家自然保护区之一，由林业部白水江自然保护区管理局管护[⑤]。所谓“老熊”，似包括黑熊。

---

①商南县野生动物兽类（大、中型）调查名录. http://www.snlyw.gov.cn/Article/ShowArticle.asp? ArticleID=46

②永昌县. http://baike.baidu.com/link? url=XJuLcN3hX5db-MgaOdOtxgvVJpqfRGJpi7TjdrI9ykFB7j4U9tugrSzDDEaVekJzOPTFOPerMAxtZ9-i8yktV52kYhMk46LXpbVXC0HPDQq

③天水. http://baike.baidu.com/link? url=2nkUAjeqj1dmmh6gwpH1-mgPPKsu0xTJ9MZqt9ssVJo01vDicSx-xQ465EuDWibZRYJ-efvgqvq4Me6RdeT2t_

④大河资讯概况. http://www.bzeip.com/policab/dahe9.html

⑤武都县红铜河概况. http://www.0939.net/article/article_17624.html

成县称，野生动物有熊等十余种珍稀动物①。所谓“熊”，似主要指黑熊。

《中国动物志：兽纲：食肉目》记述（高耀亭等，1987）：

（黑熊）在甘南白龙江以南（甘肃文县）不冬眠。

按：据此，说明在文县有黑熊栖息。

文县地处内陆腹地，属秦巴山地，自东向西由丘陵区向高山峻岭过渡，深山峡谷区展布，形成西高东低的地形，构造复杂，山地约占总面积的90%。属亚热带向暖温带过渡区，为亚热带北缘山地气候，垂直气候差异明显，形成了亚热带、温带、寒带叠次镶嵌的不同气候类型。栖息有黑熊与大熊猫、金丝猴、羚牛、雪豹、大鲵、林麝等38种国家一、二级保护动物，全部兽类达77种②。

6.6.3　青海

青海省也有黑熊分布记录。

民国八年《大通县志》记述：

熊：李时珍曰：熊者，熊也。熊，字篆文象形，但熊有猪熊，人熊，马熊，狗熊之殊，各因其形之相似以为别也。《述异记》云：在陆曰熊，在水曰能，即鲧所化，故熊字从能。又狒狒亦名人熊。

按：据此，看来似曾有黑熊。

《中国西北地区珍稀濒危动物志》记述（中华人民共和国濒危物种进出口管理办公室，1994）：

黑熊：俗名：狗熊、黑瞎子、狗驼子。

四川亚种：见于……青海的班玛、囊谦、玉树。

按：反映在班玛县、玉树县、囊谦县等地有黑熊分布。

《中国重点陆生野生动物资源调查》称（国家林业局，2008）：

本次调查，黑熊……青海未调查。

按：尽管如此，还是可以说明该省黑熊已然濒危。

● 海北州：祁连县又称，野生动物著名的有野牦牛、野驴、盘羊、白唇鹿、马鹿、麝、岩羊、雪豹、熊、雪鸡、玉带海雕等20余种，4万余头（只）③。此处略不同的是称“熊”，似表明还有黑熊。

● 海南州：同仁县现存珍稀动物有熊等④。所称“熊”，似反映其中有黑熊。

● 果洛州：玛多县又称，野生动物有藏羊、野马、野驴、熊、羚羊、石羊、雪豹、旱獭、红狐等⑤。此处所称“熊”，似表明其中还有黑熊。

● 海西州：海西蒙古族藏族自治州仍称，共有野生动物196种，其中国家二级保护动物有黑熊等⑥。表明德令哈市、格尔木市、乌兰县、都兰县、天峻县一带仍有黑熊。

德令哈市又称，野生动物资源主要有草豹、熊、麝、野牦牛、野驴、黄羊、石羊、雪鸡⑦。所谓“熊”，似说明其中包括黑熊。

都兰县现存野生动物有熊等40多种⑧。所列举的“熊”，似反映含有黑熊。

天峻县百余种野生动物中有熊等⑨。列举中所称“熊”，似反映含有黑熊。

6.6.4　新疆

新疆维吾尔自治区现今一般认为仅有棕熊分布。然而，历史文献与现今报道皆依稀存在有黑熊分布记录线索：

清乾隆《皇舆西域图志》称“准噶尔部：有熊（名哈喇古啰苏），回部：熊（名爱伊克）”，意即在北疆与南疆分布的“熊”有不同称谓。

清乾隆《回疆志》描述：

熊：回疆亦有熊。形似豕，毛灰黑色。冬蛰，春苏。（腊）[猎]者谓：好举木，翻石，伤人云。

---

①成县. http://baike. baidu. com/view/726551. htm? fromId=1527896

②文县. http://baike. baidu. com/link? url=Mhi4WmP44XD6R1N6e7UYN3VMaAAoM8sasS-TUkh-65flMdAVYl7PapUJIGSKdWNt

③祁连县. http://baike. baidu. com/link? url=P2faIQzT86beXJDCx45iEnj2eUjxrzqulKUUCh91OzOavUPRE41CW_VkHre1KMDair2iUhFcjv9Ux6Y_SQ2DIK

④同仁县. http://baike. baidu. com/link? url=tHwIWhTy1KfyVQjBa2_Jv074KYUpiNOkt6fWEzvX8t7ys06ecXbqm4uGW5vyU8eZ

⑤玛多县. http://baike. baidu. com/link? url=HW26wrDHS_YHmpJhVNKsydnf6m1a2AQ10ir7cEHGCdpBnN0sNoGlSvckK3lHAKPO

⑥海西蒙古族藏族自治州. http://baike. baidu. com/link? url=2cHbTADfy-fwxEwWCnpSePUj5HmCKhjRuwHNghFOzVMb9dv01307-bdjzAdfjdAyzdRaqbkgrTFebLF_kK3boa

⑦青海海西州德令哈市花土沟镇. http://www. tcmap. com. cn/qinghai/delinghashi_huatugouzhen. html

⑧都兰县. http://baike. baidu. com/link? url=hXT9rVzprkamu-O24ntXbmcguAcS6hdkIhXMIz851H6YLSsBs-edm1CSrbnDZJ8LKxVrv51AIPMy5xIM-xCj-K

⑨天峻县. http://baike. baidu. com/link? url=CeplCB01rK9f5J3XxC1mgrr6A9EoDgGL27jpurHeA6la0gIo-3ru0wkSa2cSowGew2fbxIn5y3uDGkYxlxoq

按:据“形似豕,毛灰黑色”,近似黑熊形态[1];“好举木,翻石,伤人”,则又有棕熊的行为与习性。

清光绪《阜康县乡土志》列举当地野兽有:

虎,豹,狼,熊,罴,鹿,獐,豝,狐,貉,猫,兔,豺,南山皆产。

按:同时列举出“熊”与“罴”。后者可认为是指棕熊,前者是否“黑熊”?

《新疆珍贵动物图谱》明确“棕熊(*Ursus arctos* Linnaeus 俗名:哈熊、熊、人熊”,“马熊(*Ursus pruinosus* Blyth 俗名:藏马熊、藏熊”(梁崇岐,1986)。

一些新方志存在不同称谓,如1993年《博湖县志》(熊、罴熊)、1995年《和静县志》、2000年《农九师志》(皆“狗熊”)、1997年《塔城地区志》[棕熊(狗熊)]、2000年《额敏县志》[熊(狗熊)]、2001年《农六师垦区·五家渠市志》[棕熊(包括马熊)、熊]。

我们看到现今新疆一些州、县出现“熊”报道,大致有喀什地区(叶城县)、阿克苏地区(拜城县)、巴音郭楞州(且末县)、伊犁州(霍城县、昭苏县)。

伊犁州的新源县不仅有棕熊报道(详见前文),而且在该县政府介绍时又称“主要野生动物有黑熊、雪豹、马鹿等10余种”[2]。

讨论:

● 且按新疆仅有棕熊存在:清代文献记载天山南北对“熊”有不同称谓,尽管天山南北生态环境迥异,但从其他分布有棕熊与黑熊的地方看,很难据此将它们区分开;又由于缺少更多的形态、行为与习性等描述,也难将它们进一步区分开。

新疆既有棕熊,又有其亚种(马熊),故古今所称“熊”,似可认为是指棕熊。梁崇岐(1986)也明确“熊”是“棕熊”的俗名。

“狗熊”,既多见为黑熊别称,也有见为马来熊别称,但《塔城地区志》标出是棕熊别称,亦可认为在新疆一带是如此。

● 质疑新疆仅有棕熊存在:从清乾隆《回疆志》之“熊”(同时有黑熊的形态与棕熊的行为、习性)与清光绪《阜康县乡土志》同时出现“熊”与“罴”看,新疆似还有黑熊。

一些新方志既出现棕熊,又并列有“熊”(如1993年《博湖县志》、2001年《农六师垦区·五家渠市志》),尤其是后者(既明确棕熊包括马熊,又列出“熊”),是否表明还有黑熊?

在我国,“熊”在现代被默认为指熊科,或一般指现存较多的棕熊与黑熊。现今新疆一些州、县出现“熊”报道,范围较广,是否指还有黑熊?

尤其是新源县人民政府称,当地还有黑熊。

尽管如此,我们暂按新疆仅存棕熊对待,黑熊问题作为存疑。

6.6.5 方志记载

方志记载虽较简略,但可反映不同时期西北的多地黑熊分布情况(表13.22)。

表13.22　方志记载20世纪以来西北的黑熊分布情况

省级政区	今地点	文献	内容	新方志出处
陕西	岚皋县	清光绪三十年(1904)《砖坪厅志》	熊	
	留坝县	清光绪三十三年(1907)《留坝乡土志》	熊	
	镇安县	清光绪三十四年(1908)《镇安县乡土志》	熊*	
	佛坪县	清光绪三十四年(1908)《佛坪厅乡土志》	熊	
	岚皋县	清光绪三十四年(1908)《砖坪县志》	熊	
	城固县	清光绪(—1908)《城固县乡土志》	熊	
	汉滨区	清宣统三年(1911)《安康县乡土志》	熊	

①可比较古籍对棕熊的描述,“熊,毛色苍黄,性最猛烈”(清《塔城直隶厅乡土志》)。

②新源县人民政府网站·县情介绍. http://www.xinyuan.gov.cn/zjxy_xx.jsp? urltype=tree.TreeTempUrl&wbtreeid=10

（续表）

省级政区	今地点	文献	内容	新方志出处
	南郑县	清末(—1911)《南郑乡土志》	熊	
	岚皋县	民国六年(1917)《砖坪县志》	熊	
	白河县	民国九年(1920)《白河县志》	熊	
	镇坪县	民国十年(1921)《镇坪新编简要县志》	熊	
	南郑县	民国十年(1921)《南郑县志》	熊	
	周至县	民国十四年(1925)《盩厔县志》	熊	
	镇安县	民国十五年(1926)《镇安县志》	熊	
	佛坪县	民国十八年(1929)《佛坪县志》	熊	
	洋县	民国二十年(1931)《洋县县志备考》	熊	
	户县	民国二十二年(1933)《鄠县志》	熊	
	西乡县	民国二十六年(1937)《西乡县志》	熊	
	宝鸡市、留坝县	民国三十六年(1947)《宝鸡大观》	熊*	
	凤县	民国(1912～1949)《凤县志民国时期资料汇编》	熊	陕西省凤县地方志编纂委员会，1986
	勉县	1989年《勉县志》	黑熊	勉县志编纂委员会，1989
	南郑县	1990年《南郑县志》	狗熊	南郑县地方志编纂委员会，1990
	山阳县	1991年《山阳县志》	狗熊(已绝迹)	山阳县地方志编纂委员会，1991
	石泉县	1991年《石泉县志》	熊*	石泉县地方志编纂委员会，1991
	略阳县	1992年《略阳县志》	熊	略阳县志编纂委员会，1992
	宁陕县	1992年《宁陕县志》	黑熊	宁陕县地方志编纂委员会，1992
	周至县	1993年《周至县志》	黑熊	《周至县志》编纂委员会，1993
	陇县	1993年《陇县志》	黑熊	陇县地方志编纂委员会，1993
	佛坪县	1993年《佛坪县志》	黑熊(狗熊、扒岩、黑子、乌黑子)	佛坪县地方志编纂委员会，1993
	蓝田县	1994年《蓝田县志》	熊(分布于秦岭山区)	蓝田县地方志编纂委员会，1994
	凤县	1994年《凤县志》	黑熊	凤县志编纂委员会，1994
	汉台区	1994年《汉中市志》	熊(北部山区有分布)	汉中市地方志编纂委员会，1994
	城固县	1994年《城固县志》	黑熊(狗熊、黑子)	城固县地方志编纂委员会，1994
	丹凤县	1994年《丹凤县志》	熊(20世纪60年代后明显减少)	丹凤县志编纂委员会，1994
	平利县	1995年《平利县志》	黑熊	平利县志编纂委员会，1995
	太白县	1995年《太白县志》	黑熊	太白县地方志编纂委员会，1995
	镇安县	1995年《镇安县志》	黑熊*	镇安县志编纂委员会，1995
	西安市、蓝田县、周至县、户县、高陵县	1996年《西安市志》	黑熊	西安市地方志编纂委员会，1996
	宝鸡市	1996年《宝鸡县志》	黑熊*	《宝鸡县志》编纂委员会，1996

（续表）

省级政区	今地点	文献	内容	新方志出处
	洋县	1996年《洋县志》	狗熊*	洋县地方志编纂委员会，1996
	镇巴县	1996年《镇巴县志》	黑熊	镇巴县地方志编纂委员会，1996
	宝鸡市、凤翔县、岐山县、扶风县、眉县、陇县、千阳县、麟游县、凤县、太白县	1998年《宝鸡市志》	黑熊	宝鸡市地方志编纂委员会，1998
	商州区	1998年《商州市志》	黑熊（狗熊）	商州市地方志编纂委员会，1998
	柞水县	1998年《柞水县志》	黑熊*	柞水县志编纂委员会，1998
	西安市、宝鸡市、凤翔县、岐山县、扶风县、眉县、陇县、千阳县、麟游县、凤县、太白县、汉台区、南郑县、城固县、洋县、西乡县、勉县、宁强县、略阳县、镇巴县、留坝县、佛坪县、汉滨区、汉阴县、石泉县、宁陕县、紫阳县、岚皋县、平利县、镇坪县、旬阳县、白河县、商州区、洛南县、丹凤县、商南县、山阳县、镇安县、柞水县	2000年《陕西省志·地理志》	黑熊（安康、汉中、宁陕、商洛、宝鸡、长安等地的秦岭山区是陕西黑熊较多的地区）	陕西省地方志编纂委员会，2000
	留坝县	2002年《留坝县志》	黑熊	陕西省留坝县地方志编纂委员会，2002
甘肃	属漳县	清光绪三十四年（1908）《陇西分县武阳县》	熊	
	两当县	民国十年（1921）《两当县志》	熊	
	高台县	民国十年（1921）《高台县志》	熊	
	徽县	民国十三年（1924）《徽县新志》	熊	
	礼县	民国十八年（1929）《礼县新志》	熊	
	华亭县	民国二十二年（1933）《华亭县志》	熊	
	天水市	民国二十二年（1933）《天水县志》	熊	
	康县	民国二十五年（1936）《康县县志》	熊*	
	天水市	民国二十八年（1939）《天水指南》	熊	
	文县	民国三十六年（1947）《文县要览》	熊	
	永昌县	1993年《永昌县志》	黑熊（黑瞎子）、花脖子熊*	永昌县志编纂委员会，1993
	阿克塞哈萨克族自治县	1993年《阿克塞哈萨克族自治县志》	狗熊（出没于哈尔腾、安南坝、阿尔金山等深山野岭中）	阿克塞哈萨克族自治县地方志编纂委员会，1993

（续表）

省级政区	今 地 点	文 献	内 容	新方志出处
	敦煌市	1994年《敦煌市志》	熊(今不见)	敦煌市志编纂委员会，1994
	卓尼县	1994年《卓尼县志》	黑熊	卓尼县志编纂委员会，1994
	永昌县	1995年《中国国情丛书：百县市经济社会调查：永昌卷》	黑熊	丁伟志等，1995a
	宕昌县	1995年《宕昌县志》	熊	宕昌县县志编纂委员会，1995
	临夏县	1995年《临夏县志》	熊	临夏县志编纂委员会，1995
	岷县	1995年《岷县志》	熊	岷县志编纂委员会，1995
	古浪县	1996年《古浪县志》	熊	《古浪县志》编纂委员会，1996
	民乐县	1996年《民乐县志》	熊	民乐县县志编纂委员会，1996
	华亭县	1996年《华亭县志》	熊(已绝迹)	华亭县志编纂委员会，1996
	舟曲县	1996年《舟曲县志》	熊	甘肃省舟曲县志编纂委员会，1996
	西和县	1997年《西和县志》	狗熊	西和县志编纂委员会，1997
	兰州市、永登县、皋兰县、榆中县	1998年《兰州市志・林业志》	熊	兰州市地方志编纂委员会等，1998b
	属天水市	1998年《中国国情丛书：百县市经济社会调查：秦城卷》	熊	丁伟志等，1998b
	武都区	1998年《武都县志》	黑熊	武都县地方志编纂委员会，1998
	迭部县	1998年《迭部县志》	黑熊(一名老熊、狗熊、中熊)	迭部县志编纂委员会，1998
	礼县	1999年《礼县志》	熊	礼县志编纂委员会，1999
	合作市、临潭县、卓尼县、舟由县、迭部县、玛曲县、碌由县、夏河县	1999年《甘南州志》	黑熊	甘南藏族自治州地方史志编纂委员会，1999
	清水县	2001年《清水县志》	黑熊(亦称狗熊，俗称瞎子)	清水县志编纂委员会，2001
青海	玉树县	民国四年(1915)《玉树县志稿》	熊	
	大通县	民国八年(1919)《大通县志》	熊*	
	玉树县、称多县、囊谦县	民国三十年(1941)《青海玉树囊谦称多三县调查报告》	熊	
	共和县	1991年《共和县志》	熊	共和县地方志编纂委员会，1991
	德令哈市、格尔木市、乌兰县、都兰县、天峻县	1995年《海西蒙古族藏族自治州志》	狗熊	海西蒙古族藏族自治州地方志编纂委员会，1995
	都兰县	2001年《都兰县志》	熊	都兰县县志编纂委员会，2001
宁夏	原州区	清宣统元年(1909)《固原州志》	狗熊	
	利通区	1993年《中国国情丛书：百县市经济社会调查：吴忠卷》	熊	丁伟志等，1993
	灵武市	1999年《灵武市志》	熊	灵武市志编纂委员会，1999

注：* 表示详见正文。

6.7 保护区记载的黑熊

保护区中现分布有黑熊（表 13.23、图 13.71），表明它们依然存在。特点如下：

● 现分布有黑熊的自然保护区在 6 个地区皆有，达到 205 个，总面积达 29.4 万 km^2。

● 拥有保护区数量情况按地区排序：西南（84 个），中南（40 个），东北（36 个），西北（21 个），华东（20 个），华北（4 个），与黑熊分布的大势基本相当。

● 拥有保护区数量情况（等于或超过 10 个）按省级政区排序：四川省（37 个），云南省（26 个），黑龙江省（25 个），福建省与湖北省（皆 14 个），陕西省（13 个），贵州省（11 个）。

● 一省级政区内拥有含有黑熊的保护区地点最多的是云南省（37 地），其次是四川省（32 地），再次是福建省与青海省（皆 18 地）。

● 一省级政区内一地建立含有黑熊的保护区超过 3 个的以黑龙江省最多（3 地，其中伊春市有 5 个），其次是四川省（1 地）。

● 青海省虽仅 2 个保护区，但其一个就涉及行政区多达 17 地。

● 保护区的建立时间虽在 1957～2009 年间，但主要还是 1980 年代以来建立的。

● 保护区的等级情况 4 级皆有，但以国家级（占 43%）与省级（占 41%）占绝对优势。

● 主管部门以林业占绝对优势（88%），其余则以环保部门较高（约占 7%）。

● 面积最大的保护区是青海省三江源国家级自然保护区，达 152 300 km^2；面积最小的保护区是福建省万木林省级自然保护区，仅 1.89 km^2。

● 然而，含有黑熊的保护区依然偏少：不仅含有黑熊的保护区的地点仅占现残存黑熊分布地的 48%，更有的省级政区残存有黑熊，却未见含有黑熊的保护区。

● 建议有关部门再认真核查，并采取有力举措增设保护区，使得更多残存黑熊得到保护区庇护。

表 13.23　栖息有黑熊的自然保护区概况

地区	省级政区	保护区名称	所处地点	面积（hm^2）	级别	建立时间	主管部门
华北	河北	茅荆坝	隆化县	40 038	国家级	20020529	林业
	内蒙古	大兴安岭汗马	根河市	107 348	国家级	19790501	林业
		内蒙古大青山	武川县、包头市、固阳县、卓资县	388 577	国家级	19961216	林业
		黑里河	宁城县	27 638	国家级	19961229	林业
东北	辽宁	白石砬子	宽甸满族自治县	7 467	国家级	19810909	林业
		恒仁老秃顶子	桓仁满族自治县、新宾满族自治县	15 219	国家级	19810915	林业
		蒲石河	凤城市	12 184	市级	20010901	林业
	吉林	吉林长白山	安图县、抚松县、长白朝鲜族自治县	196 465	国家级	19600401	林业
		松花江三湖	吉林市、蛟河市、桦甸市、抚松县、靖宇县	115 253	国家级	19900213	林业
		松花江三湖省级	吉林市、桦甸市	1 029 458	省级	19900213	林业
		龙湾	辉南县	15 061	国家级	19910801	林业
		鸭绿江上游	长白朝鲜族自治县	20 306	国家级	19961001	水利
		天佛指山	龙井市	77 317	国家级	19960513	林业
		珲春东北虎	珲春市	108 700	国家级	20011022	林业
		汪清	汪清县	42 756	省级	20021201	林业
	黑龙江	丰林	伊春市	18 400	国家级	19580614	林业
		五大连池	五大连池市	100 800	国家级	19800329	国土
		凉水	伊春市	12 133	国家级	19800707	林业

（续表）

<table>
<tr><th>地区</th><th>省级政区</th><th>保护区名称</th><th>所处地点</th><th>面积（hm²）</th><th>级别</th><th>建立时间</th><th>主管部门</th></tr>
<tr><td rowspan="22"></td><td rowspan="22"></td><td>镜泊湖</td><td>宁安市</td><td>126 000</td><td>省级</td><td>19801101</td><td>其他</td></tr>
<tr><td>牡丹峰</td><td>牡丹江市</td><td>19 648</td><td>国家级</td><td>19810505</td><td>林业</td></tr>
<tr><td>逊别拉河</td><td>孙吴县、逊克县</td><td>45 000</td><td>省级</td><td>19821203</td><td>农业</td></tr>
<tr><td>兴凯湖</td><td>密山市</td><td>222 488</td><td>国家级</td><td>19860405</td><td>林业</td></tr>
<tr><td>洪河</td><td>抚远县、同江市</td><td>21 835</td><td>国家级</td><td>19880111</td><td>环保</td></tr>
<tr><td>三江</td><td>抚远县、同江市</td><td>198 089</td><td>国家级</td><td>19940919</td><td>林业</td></tr>
<tr><td>铁西</td><td>密山市</td><td>7 235</td><td>省级</td><td>19961113</td><td>环保</td></tr>
<tr><td>虎口湿地</td><td>虎林市</td><td>15 000</td><td>省级</td><td>19970204</td><td>环保</td></tr>
<tr><td>碧水中华秋沙鸭</td><td>伊春市</td><td>2 535</td><td>省级</td><td>19970711</td><td>林业</td></tr>
<tr><td>羊鼻山</td><td>双鸭山市</td><td>4 417</td><td>市级</td><td>19981225</td><td>林业</td></tr>
<tr><td>乌伊岭</td><td>伊春市</td><td>43 824</td><td>国家级</td><td>19990101</td><td>林业</td></tr>
<tr><td>八岔岛</td><td>同江市</td><td>32 014</td><td>国家级</td><td>19991001</td><td>环保</td></tr>
<tr><td>林口莲花</td><td>林口县</td><td>15 600</td><td>县级</td><td>19991018</td><td>环保</td></tr>
<tr><td>乌苏里江</td><td>抚远县</td><td>39 668</td><td>省级</td><td>20010111</td><td>环保</td></tr>
<tr><td>大佳河</td><td>饶河县</td><td>72 604</td><td>省级</td><td>20040901</td><td>林业</td></tr>
<tr><td>细鳞河</td><td>鹤岗市</td><td>20 617</td><td>省级</td><td>20040902</td><td>林业</td></tr>
<tr><td>红星湿地</td><td>伊春市</td><td>111 995</td><td>国家级</td><td>20040913</td><td>林业</td></tr>
<tr><td>大沾河湿地</td><td>五大连池市、孙吴县、逊克县</td><td>211 618</td><td>国家级</td><td>20060127</td><td>林业</td></tr>
<tr><td>小北湖</td><td>宁安市</td><td>20 834</td><td>省级</td><td>20061226</td><td>林业</td></tr>
<tr><td>中央站黑嘴松鸡</td><td>嫩江县</td><td>46 743</td><td>省级</td><td>20061226</td><td>林业</td></tr>
<tr><td>平阳河湿地</td><td>嘉荫县</td><td>45 988</td><td>省级</td><td>20080512</td><td>林业</td></tr>
<tr><td>太平沟</td><td>鹤岗市</td><td>22 199</td><td>省级</td><td>20091230</td><td>林业</td></tr>
<tr><td rowspan="14">华东</td><td rowspan="3">浙江</td><td>古田山</td><td>开化县</td><td>8 108</td><td>国家级</td><td>19750301</td><td>林业</td></tr>
<tr><td>浙江九龙山</td><td>遂昌县</td><td>5 525</td><td>国家级</td><td>19830903</td><td>林业</td></tr>
<tr><td>牛头山</td><td>武义县</td><td>3 000</td><td>县级</td><td>19951226</td><td>林业</td></tr>
<tr><td rowspan="3">安徽</td><td>紫石塔</td><td>东至县</td><td>6 670</td><td>县级</td><td>19980801</td><td>林业</td></tr>
<tr><td>五溪山</td><td>黟县</td><td>4 050</td><td>省级</td><td>20000318</td><td>林业</td></tr>
<tr><td>查湾</td><td>祁门县</td><td>1 600</td><td>省级</td><td>20010601</td><td>林业</td></tr>
<tr><td rowspan="8">福建</td><td>万木林</td><td>建瓯市、建阳市、顺昌县</td><td>189</td><td>省级</td><td>19570607</td><td>林业</td></tr>
<tr><td>三明格氏栲</td><td>三明市</td><td>1 106</td><td>省级</td><td>19640801</td><td>林业</td></tr>
<tr><td>福建武夷山</td><td>武夷山市、建阳市、光泽县、邵武市</td><td>56 527</td><td>国家级</td><td>19790703</td><td>林业</td></tr>
<tr><td>龙栖山</td><td>将乐县</td><td>15 693</td><td>国家级</td><td>19840911</td><td>林业</td></tr>
<tr><td>戴云山</td><td>德化县</td><td>13 472</td><td>国家级</td><td>19850516</td><td>林业</td></tr>
<tr><td>天宝岩</td><td>永安市</td><td>11 015</td><td>国家级</td><td>19881226</td><td>林业</td></tr>
<tr><td>梁野山</td><td>武平县</td><td>14 365</td><td>国家级</td><td>19950101</td><td>林业</td></tr>
<tr><td>峨嵋峰</td><td>泰宁县</td><td>5 418</td><td>省级</td><td>19951101</td><td>林业</td></tr>
</table>

（续表）

地区	省级政区	保护区名称	所处地点	面积（hm²）	级别	建立时间	主管部门
		君子峰	明溪县、泰宁县	18 061	国家级	19951220	林业
		圭龙山	长汀县	5 768	省级	20010609	林业
		闽江源	建宁县	13 022	国家级	20011008	林业
		安溪云中山	安溪县	4 095	省级	20011008	林业
		清流莲花山	清流县	1 722	省级	20051230	林业
		杨梅州大鲵	寿宁县	19 610	县级	20070411	林业
	江西	江西武夷山	铅山县	16 007	国家级	19810306	林业
		江西马头山	资溪县	13 867	国家级	19940101	林业
		黄牛信黑熊	浮梁县	5 334	县级	20010412	林业
		铜钹山	广丰县	10 800	省级	20040820	林业
	台湾	达观山(拉拉山)	桃园县	6 390		19860000	
		大武山	屏东县、台东县	47 000		19880608	
		玉里	花莲县	11 415	林务局	20000127	
中南	湖北	木林子	鹤峰县	20 838	省级	19830101	林业
		五峰后河	五峰土家族自治县	10 340	国家级	19850101	林业
		神农架	神农架林区	70 467	国家级	19860709	林业
		赛武当	十堰市	21 203	国家级	19870101	林业
		崩尖子	长阳土家族自治县	13 500	省级	19880101	林业
		十八里长峡	竹溪县	30 459	省级	19881001	林业
		万江河大鲵	竹溪县	780	省级	19890701	农业
		五道峡	保康县	23 816	省级	19900101	林业
		七姊妹山	宣恩县	34 550	国家级	19900301	林业
		大老岭	宜昌市	14 225	省级	20010101	林业
		神农溪	巴东县	10 150	省级	20020101	林业
		丹江口库区	丹江口市	45 103	省级	20030318	林业
		南河	谷城县	14 834	省级	20030928	林业
		野人谷	房县	36 892	省级	20040806	林业
	湖南	壶瓶山	石门县	40 847	国家级	19820405	林业
		江永源口	江永县	5 527	省级	19820527	林业
		东安舜皇山	东安县	14 311	省级	19820701	林业
		八大公山	桑植县	20 000	国家级	19860709	林业
		衡东四方山	衡东县	380	省级	19980101	林业
	广东	南岭	乳源瑶族自治县、阳山县、连州市	50 000	国家级	19840401	林业
		粤北华南虎	韶关市	16 361	省级	19900101	林业

（续表）

地区	省级政区	保护区名称	所处地点	面积（hm²）	级别	建立时间	主管部门
	广西	花坪	龙胜各族自治县、临桂县	17 400	国家级	19611018	林业
		猫儿山	兴安县、资源县、龙胜各族自治县	17 009	国家级	19760501	林业
		弄岗	龙州县、宁明县	10 080	国家级	19780101	林业
		大明山	武鸣县、马山县、上林县、宾阳县	16 994	国家级	19810801	林业
		元宝山	融水苗族自治县	4 159	省级	19820601	林业
		岑王老山	田林县、凌云县	18 994	国家级	19820601	林业
		三匹虎	南丹县、天峨县	3 105	省级	19820601	林业
		木论	罗城仫佬族自治县、环江毛南族自治县	8 969	国家级	19960101	林业
	海南	尖峰岭	乐东黎族自治县、东方市	20 170	国家级	19761009	林业
		霸王岭	东方市、昌江黎族自治县、白沙黎族自治县	29 980	国家级	19800129	林业
		佳西	乐东黎族自治县	8 327	省级	19810925	林业
		五指山	琼中黎族苗族自治县、五指山市	13 436	国家级	19851101	林业
西南	重庆	大巴山	城口县	136 017	国家级	19790501	林业
		金佛山	南川区	41 850	国家级	19790701	林业
		阴条岭	巫溪县	22 423	省级	20000801	林业
		五里坡	巫山县	35 277	省级	20000901	林业
		大木山	涪陵区	14 630	省级	20010301	林业
	四川	白河金丝猴	九寨沟县	16 204	省级	19630402	林业
		美姑大风顶	美姑县	50 655	国家级	19781215	林业
		宝顶沟	茂县	19 560	省级	19850101	林业
		唐家河	青川县	40 000	国家级	19860709	林业
		卡莎湖	炉霍县	22 300	省级	19870101	林业
		大小兰沟	南江县	40 155	省级	19910102	林业
		观雾山	江油市	21 034	省级	19920201	林业
		千佛山	安县、北川羌族自治县	17 710	省级	19930401	林业
		黑水河	大邑县	31 790	省级	19930601	林业
		鞍子河	崇州市	10 141	省级	19930801	林业
		平武小河沟	平武县	28 227	省级	19930801	林业
		雪宝顶	平武县	63 615	国家级	19930801	林业
		白羊	松潘县	76 710	省级	19930801	林业
		瓦屋山	洪雅县	36 490	省级	19931201	林业
		片口	北川羌族自治县	82 930	省级	19940501	林业
		米亚罗	理县	160 732	省级	19950101	林业

（续表）

地区	省级政区	保护区名称	所处地点	面积（hm²）	级别	建立时间	主管部门
		瓦灰山	九龙县	84 300	省级	19950601	林业
		花萼山	万源市	48 203	国家级	19960101	环保
		光雾山	南江县	34 984	省级	19960101	住建
		黑竹沟	峨边彝族自治县	29 650	省级	19970101	林业
		画稿溪	叙永县	23 827	国家级	19980101	环保
		米仓山	旺苍县	23 400	国家级	19990101	林业
		百里峡	宣汉县	26 260	省级	19990101	环保
		大小沟	青川县	4 067	市级	20000101	环保
		朗村	新龙县	91 489	县级	20000101	林业
		筠连大雪山	筠连县	60 000	县级	20010101	环保
		栗子坪	石棉县	40 903	省级	20010101	林业
		甘洛马鞍山	甘洛县	40 826	省级	20010101	林业
		毛寨	青川县	14 150	省级	20011001	林业
		卡松渡	德格县	29 764	县级	20010101	林业
		百草坡	金阳县	44 128	省级	20010101	林业
		古蔺黄荆	古蔺县	36 522	省级	20020301	林业
		羊子岭	雨城区	6 336	市级	20030101	林业
		布拖乐安	布拖县	22 751	市级	20030101	林业
		白坡山	米易县	16 300	省级	20030301	林业
		恰郎多吉	木里藏族自治县	39 076	市级	20060401	林业
		巴丁拉姆	木里藏族自治县	21 086	市级	20060401	林业
	贵州	螺丝壳	都匀市	4 500	县级	19820801	林业
		赤水桫椤	赤水市	13 300	国家级	19840911	环保
		从江月亮山	从江县	24 800	市级	19860101	林业
		茂兰	荔波县	20 000	国家级	19860409	林业
		梵净山	江口县、印江土家族苗族自治县、松桃苗族自治县	41 900	国家级	19860709	林业
		麻阳河	沿河土家族自治县、务川仡佬族苗族自治县	31 113	国家级	19870801	林业
		老蛇冲	麻江县	8 678	市级	19921201	林业
		习水中亚热带常绿阔叶林	习水县	48 666	国家级	19940908	林业
		榕江月亮山	榕江县	32 849	市级	19980101	林业
		都匀斗篷山	都匀市	4 233	县级	19980301	林业
		贵定斗篷山	贵定县	2 438	县级	19980501	林业

（续表）

地区	省级政区	保护区名称	所处地点	面积（hm^2）	级别	建立时间	主管部门
	云南	云龙天池	云龙县	6 630	省级	19810401	林业
		威远江	景谷傣族彝族自治县	7 653	省级	19811001	林业
		菜阳河	思茅区	14 892	省级	19811101	林业
		碧塔海	香格里拉县	14 133	省级	19820101	林业
		金光寺	永平县	9 584	省级	19820331	林业
		高黎贡山	隆阳区、腾冲县、泸水县、福贡县、贡山独龙族怒族自治县	405 200	国家级	19830101	林业
		牛倮河	江城哈尼族彝族自治县	4 693	县级	19831001	林业
		白马雪山	德钦县、维西傈僳族自治县	276 400	国家级	19840101	林业
		药山	巧家县	20 141	国家级	19840405	林业
		海子坪	彝良县	2 782	省级	19840501	林业
		哈巴雪山	香格里拉县	21 908	省级	19850101	林业
		无量山	景东彝族自治县、南涧彝族自治县、大理市	30 938	国家级	19860320	林业
		永德大雪山	永德县	17 541	国家级	19860320	林业
		云南大围山	屏边苗族自治县、河口瑶族自治县、个旧市、蒙自县	43 993	国家级	19860320	林业
		金平分水岭	金平苗族瑶族傣族自治县	42 027	国家级	19860601	林业
		哀牢山	新平彝族傣族自治县、楚雄市、双柏县、景东彝族自治县、镇沅彝族哈尼族拉祜族自治县	67 700	国家级	19880509	林业
		青华绿孔雀	巍山彝族回族自治县	1 000	省级	19880905	环保
		磨盘山	新平彝族傣族自治县	7 454	县级	19901101	林业
		云岭	兰坪白族普米族自治县	75 894	省级	19980101	林业
		罗平万峰山	罗平县	47 491	市级	19990201	林业
		大雪山	威信县	2 153	市级	20011001	林业
		罗汉坝	大关县	6 913	市级	20030501	林业
		小岩方	永善县	9 698	市级	20030501	林业
		五莲峰	永善县	35 420	市级	20030501	林业
		白老林	盐津县	2 200	市级	20030501	林业
		布龙	景洪市	35 333	市级	20081001	林业
	西藏	雅鲁藏布大峡谷	墨脱县、林芝县、波密县、米林县	916 800	国家级	19850709	林业
		察隅慈巴沟	察隅县	101 400	国家级	19850923	林业
		珠穆朗玛峰	定日县、聂拉木县、定结县、吉隆县	3381 000	国家级	19880405	林业
		类乌齐马鹿	类乌齐县	120 615	国家级	19930101	林业
		纳木错	当雄县、班戈县	1 099 796	省级	20010705	环保

（续表）

地区	省级政区	保护区名称	所处地点	面积（hm^2）	级别	建立时间	主管部门
西北	陕西	太白山	太白县、眉县、周至县	56 325	国家级	19650909	林业
		佛坪	佛坪县	29 240	国家级	19781215	林业
		汉中朱鹮	洋县、城固县	37 549	国家级	19830101	林业
		牛背梁	柞水县、西安市、宁陕县	16 418	国家级	19880509	林业
		老县城	周至县	12 611	国家级	19930101	林业
		长青	洋县	29 906	国家级	19951222	林业
		留坝摩天岭	留坝县	8 520	省级	20020801	林业
		桑园	留坝县	13 806	国家级	20020826	林业
		紫柏山	凤县	17 472	国家级	20030101	林业
		青木川	宁强县	10 200	国家级	20030521	林业
		陕西米仓山	西乡县	34 192	国家级	20030820	林业
		鹰嘴石	镇安县	11 462	省级	20040101	林业
		黄柏塬	太白县	21 865	省级	20060101	林业
	甘肃	白水江	武都区、文县	183 799	国家级	19630101	林业
		贵清山	漳县	1 114	省级	19920601	林业
		礼县香山	礼县	11 330	省级	19920703	林业
		尖山	文县	10 040	省级	19921216	林业
		岷县双燕	岷县	64 000	省级	20020114	林业
		插岗梁	舟曲县	114 361	省级	20050609	林业
	青海	循化孟达	循化撒拉族自治县	17 290	国家级	19800403	林业
		三江源	同德县、兴海县、泽库县、河南蒙古族自治县、玛沁县、班玛县、甘德县、达日县、久治县、玛多县、玉树县、杂多县、称多县、治多县、囊谦县、曲麻莱县、格尔木市	15 230 000	国家级	20000523	林业

注：①本表参考多方面信息综合而成，个别误差进行更正。②本表据全国自然保护区名录. http://sts. mep. gov. cn/zrbhq/zrbhq/201208/t20120824_235172. htm；河北茅荆坝国家级自然保护区. http://baike. baidu. com/link? url = 0UB_shmGFrlGJZ6JnTcqVH2U1YnDRGU9ywbUKWBAxlaWgvcJP3KAwchRlSp0cgGyowsoKXBtby7KPNWmuZeiK；河北茅荆坝国家级自然保护区. http://baike. baidu. com/view/5519950. htm；大兴安岭汗马自然保护区保护区. http://baike. baidu. com/view/1429364. htm；内蒙古国家级自然保护区简介·内蒙古汗马自然保护区. http://www. nmgepb. gov. cn/ywgl/stbh/zrstgl/201310/t20131011_1434015. html；大青山国家级自然保护区. http://baike. soso. com/v9833645. htm；关于上报《内蒙古大青山国家级自然保护区总体规划》(2008—2015 年)的报告. http://www. nmglyt. gov. cn/zwgk/tfwj/10061. shtml；黑里河自然保护区. http://baike. baidu. com/view/211369. htm；宁城县. http://baike. baidu. com/view/418343. htm；白石砬子国家级自然保护区. http://www. baike. com/wiki/白石砬子国家级自然保护区；辽宁恒仁老秃顶子自然保护区. http://sports. sohu. com/2004/05/26/80/news220268024. shtml；辽宁老秃顶子国家级自然保护区. http://baike. baidu. com/link? url=26I6fB0d1MarxNc8zL0EgHatmGtCZZKdD2vIEpxdp5fjV74ypVYhkRKzTd20y9SElNnwnChGfi3NSsHkg31fuq；蒲石河. http://www. fclyw. com/List-cps-424-1032；吉林长白山国家级自然保护区. http://baike. baidu. com/view/90326. htm；吉林松花江三湖国家级自然保护区简介. http://www. jlsanhu. com/index. php/2011-11-28-08-44-33/2011-05-22-08-48-29. html；吉林松花江三湖自然保护区介绍. http://wenku.

baidu. com/view/f5118b757fd5360cba1adbb0. html；吉林龙湾国家级自然保护区. http://baike. baidu. com/view/1091004. htm? subLemmaId=1091004&fromenter=%C1%FA%CD%E5%D7%D4%C8%BB%B1%A3%BB%A4%C7%F8；鸭绿江上游国家级自然保护区. http://baike. baidu. com/view/871347. htm? subLemmaId=871347&fromenter=%D1%BC%C2%CC%BD%AD%C9%CF%D3%CE%D7%D4%C8%BB%B1%A3%BB%A4%C7%F8；天佛指山自然保护区. http://baike. baidu. com/view/5453652. htm；珲春东北虎国家级自然保护区. http://baike. baidu. com/view/1520569. htm；吉林汪清监控到约6只东北豹 全世界仅50只. http://news. sohu. com/20131221/n392157507. shtml；黑龙江丰林国家级自然保护区. http://baike. baidu. com/link? url=v5jAKGYvW3sZKnAYvLRVsgd6TE2R7xURlyDjzkcQ_4biJFnhU7olYZp8ZbtGQydh；五大连池国家级自然保护区. http://baike. soso. com/v4771686. htm；伊春市带岭区. http://baike. baidu. com/view/472678. htm? fromId=514493；镜泊湖自然保护区. http://baike. baidu. com/view/246956. htm；龙江牡丹峰国家级自然保护区. http://baike. baidu. com/view/389747. htm? fromId=248416；别拉河自然保护区. http://baike. baidu. com/view/246876. htm；黑龙江兴凯湖国家级自然保护区. http://baike. baidu. com/view/481645. htm? fromId=485581；黑龙江洪河国家级自然保护区. http://baike. baidu. com/view/146456. htm? fromId=246973；三江国家级自然保护区. http://baike. baidu. com/view/5484380. htm? fromId=110203；铁西自然保护区. http://baike. baidu. com/view/827695. htm；虎林虎口湿地自然保护区. http://www. 51766. com/zhinan/11000/1100022406. html；碧水中华秋沙鸭自然保护区. http://www. 53kz. com/server. asp? adid=35194；观林羊鼻山. http://shuangyashan. dbw. cn/system/2006/07/04/050454158. shtml；乌伊岭国家级自然保护区. http://baike. baidu. com/view/3155656. htm；八岔岛国家级自然保护区. http://baike. baidu. com/view/1094445. htm? subLemmaId=1094445&fromenter=%B0%CB%B2%ED%B5%BA%D7%D4%C8%BB%B1%A3%BB%A4%C7%F8；海林莲花湖保护区 http://www. baike. com/wiki/%E6%B5%B7%E6%9E%97%E8%8E%B2%E8%8A%B1%E6%B9%96%E4%BF%9D%E6%8A%A4%E5%8C%BA；乌苏里江. http://baike. baidu. com/view/52521. htm；高龙. 生机盎然的大佳河湿地. http://shuangyashan. dbw. cn/system/2014/10/31/056093044. shtml；大佳河自然保护区评价. http://www. hlraohe. gov. cn/zrbh/djhpj. htm；黑龙江细鳞河自然保护区. http://baike. baidu. com/view/7767925. htm；红星湿地自然保护区. http://baike. baidu. com/view/2516370. htm；大沾河湿地国家级自然保护区. http://baike. baidu. com/view/5488006. htm；五大连池. http://baike. baidu. com/subview/25001/6799429. htm? fromId=239850；小北湖自然保护区. http://baike. baidu. com/view/7767038. htm；黑龙江中央站黑嘴松鸡自然保护区. http://baike. baidu. com/view/9108462. htm；黑龙江平阳河湿地省级自然保护区. http://www. hljforest. gov. cn/view/lm0657/article/311222. html；太平沟自然保护区. http://www. arkoo. cn/sf_B9EEEB128A7F4B80AEB5FA847A85313F_274_nfp0179. html；古田山国家级自然保护区. http://baike. baidu. com/view/1364716. htm? fromId=246951；浙江九龙山国家级自然保护区. http://jls. suichang. gov. cn/zybh/dwzy/201006/t20100621_78562. htm；牛头山. http://wenku. baidu. com/view/9674342ced630b1c59eeb5a5. html；安徽省自然保护区简介. http://www. ahly. gov. cn/main/model/newinfo/newinfo. do? infoId=14166；万木林自然保护区. http://baike. baidu. com/view/246422. htm；三明格氏栲国家森林公园. http://baike. baidu. com/view/480998. htm? fromId=1629803；福建武夷山国家级自然保护区. http://baike. baidu. com/view/391621. htm；龙栖山国家级自然保护区. http://www. jiangle. gov. cn/2006/7/1716. htm；福建戴云山国家级自然保护区. http://baike. baidu. com/view/9452018. htm? fromId=821314；永安天宝岩自然保护区. http://baike. baidu. com/view/1079546. htm? fromId=303766；梁野山自然保护区保护区. http://www. baike. com/wiki/%E6%A2%81%E9%87%8E%E5%B1%B1%E8%87%AA%E7%84%B6%E4%BF%9D%E6%8A%A4%E5%8C%BA；泰宁峨嵋峰自然保护区. http://baike. baidu. com/view/481091. htm；林鹏等，2005；长汀圭龙山省级自然保护区. http://baike. baidu. com/view/9441079. htm；闽江源自然保护区. http://www. baike. com/wiki/%E9%97%BD%E6%B1%9F%E6%BA%90%E8%87%AA%E7%84%B6%E4%BF%9D%E6%8A%A4%E5%8C%BA；安溪云中山自然保护区. http://baike. baidu. com/view/3673013. htm；清流莲花山自然保护区. http://baike. baidu. com/view/8639787. htm；杨梅州. http://baike. soso. com/v34087854. htm；刘信中等，2001；马头山国家级自然保护区. http://baike. baidu. com/view/8907742. htm；江西广丰县铜钹山自然保护区晋升省级保护区. http://www. forestry. gov. cn/portal/main/s/72/content-347928. html；达观山（拉拉山）自然保护区. http://baike. baidu. com/link? url=j4483ploj1tIHL8xRaQQciDTzWoNK6gZAjZvLOUYKRU5oNORTFUgPLWHZ9XBy9zcxqthOkG0IxzikvQTGlMHzK；大武山自然保留区. http://baike. haosou. com/doc/6691876-6905782. html；玉里野生动物保护区. http://baike. baidu. com/link? url=DlpJD2DKkPPVReIjHSwnVvo8_N5F5ENoUy4x3MVpRGR6S0mlN6gHiW48YeoAzLHNhQoLPrcVXLnOobJ4qsDLTa；木林子自然保护区. http://baike. baidu. com/view/5145374. htm；后河国家级自然保护区. http://baike. baidu. com/view/345586. htm? fromId=473379；神农架. http://baike. baidu. com/view/617. htm? fromId=120015；赛武当自然保护区动物资源. http://www. symjswd. cn/Lisheng_ReadNews. asp? NewsID=211；长阳崩尖子自然保护区. http://baike. baidu. com/view/4161514. htm；十八里长峡自然保护区. http://www. baike. com/wiki/%E5%8D%81%E5%85%AB%E9%87%8C%E9%95%BF%E5%B3%A1%E8%87%AA%E7%84%B6%E4%BF%9D%E6%8A%A4%E5%8C%BA；湖北省万江

河大鲵自然保护区的夏季之美. http://pic. cnhubei. com/sp. php? do＝album&id＝49045；五道峡自然保护区. http://baike.
baidu. com/view/8913553. htm；众专家精心施救，大黑熊死里逃生. http://blog. fo. ifeng. com/article/1844746. html；三峡大老岭
自然保护区. http://baike. baidu. com/view/8913308. htm；神农溪. http://www. baike. com/wiki/%E7%A5%9E%E5%86%
9C%E6%BA%AA；丹江口库区湿地自然保护区. http://baike. baidu. com/view/8913586. htm；南河湿地自然保护区. http://
baike. baidu. com/view/4178635. htm；野人谷自然保护区. http://baike. baidu. com/view/8913521. htm；壶瓶山国家级自然保护
区. http://baike. baidu. com/link? url＝u7Ii1aZzDT_McxkV3WwtAmBROpsVsi_FHmBNbbqPtnb3bzfrmCeIyVlw0MqMO1di；永
州市人民政府网站. http://www. yzcity. gov. cn/col/col16888/index. html；零陵地区志. 第十四编，林业. 第四章，森林保护. 第四
节，自然保护区. http://www. yzcity. gov. cn/gtb/index. jsp? url＝http%3A%2F%2Fwww. yzcity. gov. cn%2Fart%2F2006%
2F9%2F13%2Fart_2702_142395. html；湖南八大公山自然保护区导游词. http://wenku. baiduz. com/view/b7e210c42cc58bd
63186bd89. html；八大公山国家级自然保护区. http://baike. baidu. com/view/481725. htm? fromId＝248739；四方山森林公园总
体规划. http://www. docin. com/p-401667204. html；广东南岭国家级自然保护区. http://baike. baidu. com/view/481761. htm?
fromId＝246957；广东粤北华南虎省级自然保护区. http://baike. baidu. com/view/2258570. htm；花坪国家级自然保护区. http://
baike. baidu. com/view/481766. htm? fromtitle＝花坪自然保护区&fromid＝8583413&type＝syn；广西猫儿山国家级自然保护
区. http://www. forestry. gov. cn/portal/zrbh/s/2713/content-438116. html；弄岗国家级自然保护区. http://baike. baidu. com/
view/481765. htm? subLemmaId＝481765&fromenter＝%C5%AA%B8%DA%D7%D4%C8%BB%B1%A3%BB%A4%C7%
F8；大明山国家级自然保护区. http://baike. baidu. com/view/3018375. htm? fromId＝822621；融水元宝山. http://baike. baidu.
com/link? url＝hbYDktxF49eWbPVhLMHxueaJXcGwPo8jcuzxYn_FtHJ_xDL6a9n0lQEsntWws23SOizIL2d76CqgkgLxFyjY3a；
岑王老山国家级自然保护区. http://baike. baidu. com/view/3018398. htm；三匹虎水源林保护区. http://baike. baidu. com/view/
822678. htm；木论国家级自然保护区. http://baike. baidu. com/view/3018393. htm? fromId＝472792；海南尖峰岭国家级自然保
护区. http://baike. baidu. com/view/3018363. htm? fromId＝246932；霸王岭自然保护区. http://baike. baidu. com/view/552777.
htm；佳西自然保护区. http://baike. baidu. com/view/824099. htm；佳西自然保护区. http://baike. baidu. com/view/824099. htm；
重庆大巴山国家级自然保护区. http://www. forestry. gov. cn/portal/zrbh/s/2713/content-438113. html；金佛山自然保护区. ht-
tp://baike. baidu. com/view/248491. htm；阴条岭自然保护区. http://cqrbepaper. cqnews. net/cqrb/html/2012-04/25/content_
1525161. htm；五里坡自然保护区. http://cq. sina. com. cn/city/whly/2012-02-14/22174_2. html；李宏群等，2011；九寨沟县. ht-
tp://baike. baidu. com/view/399460. htm；美姑大风顶国家级自然保护区. http://baike. baidu. com/view/481825. htm? subLem-
maId＝481825&fromenter＝%C3%C0%B9%C3%B4%F3%B7%E7%B6%A5%D7%D4%C8%BB%B1%A3%BB%A4%C7%
F8；四川省宝顶沟自然保护区. http://www. sc. gov. cn/lysc/lyyw/200707/t20070718_192435. shtml；唐家河国家级自然保护区.
http://baike. baidu. com/view/481792. htm? fromId＝251900；四川・卡莎湖湿地保护区基础设施建设项目建议书. http://xbzs.
chinawestnews. net/system/2009/04/25/010120561. shtml；鲁庆彬等，2003；四川观雾山自然保护区. http://www. my. gov. cn/
MYGOV/150619928930549760/20111202/605140. html；千佛山自然保护区. http://baike. baidu. com/view/377451. htm；黑水河
自然保护区. http://sc. zwbk. org/MyLemmaShow. aspx? lid＝1496；鞍子河自然保护区. http://baike. baidu. com/view/349644.
htm；小河沟自然保护区. http://baike. baidu. com/view/1628412. htm；四川雪宝顶国家级自然保护区. http://baike. baidu. com/
view/848214. htm；白羊自然保护区. http://baike. baidu. com/view/377555. htm；四川瓦屋山自然保护区・动植物资源. http://
www. taibaishan. com. cn/publicfiles/business/htmlfiles/wws/s1694/201107/2594. html；片口自然保护区. http://baike. baidu.
com/view/1632928. htm；野外监测工作. http://www. forestry. gov. cn/portal/main/s/3095/content-487736. html；瓦灰山. ht-
tp://travel. mipang. com/recommend/1112；花萼山国家级自然保护区. http://www. huaeshan. gov. cn/docc/about. htm；光雾山.
http://baike. baidu. com/view/48004. htm；刘洋等，2005；黑竹沟. http://baike. baidu. com/link? url＝pWYn3vfU-tzy3b6hz8p9
OKbER-7i4CjB6vglBeXeAsYJb-HsHAX-0763IUJulFTf；画稿溪国家级自然保护区官网. http://www. huagaoxi. org/info/? Info-
Type＝4；米仓山国家级自然保护区. http://baike. baidu. com/view/3069089. htm；青川大小沟自然保护区. http://sc. zwbk. org/
MyLemmaShow. aspx? lid＝1584；�大雪山. http://www. jj831. com/lvyou/2015/201503/lvyou_20150319150807_213271. ht-
ml；李艳红等，2007；栗子坪自然保护区. http://d. lotour. com/lizipingzrbhq/index_bak. shtml/；甘洛马鞍山自然保护区. http://
baike. baidu. com/view/5613231. htm；毛寨自然保护区. http://baike. baidu. com/view/5609246. htm；卡松渡原始自然生态旅游
风景区. http://baike. baidu. com/view/496088. htm；百草坡生态自然保护区考察报告. http://www. yizuren. com/plus/view. php?
aid＝2464；古蔺黄荆风景区. http://baike. baidu. com/view/860737. htm；雨城区羊子岭自然保护区简介. http://baike. baidu.
com/view/9111733. htm；布拖县. http://baike. baidu. com/view/377769. htm；白坡山保护区本底调查与总体规划项目进展顺利.
http://www. sc. gov. cn/zwgk/zwdt/bmdt/201011/t20101130_1090414. shtml；螺丝壳自然保护区. http://baike. baidu. com/
view/3429368. htm；螺丝壳自然保护区. http://baike. baidu. com/view/3429368. htm；从江县月亮山自然保护区. http://www1.

cfsdc. org/wwwroot/baohuqu/25. htm；贵州茂兰国家级自然保护区. http://baike. baidu. com/view/211168. htm? fromId=248580；梵净山. http://baike. baidu. com/link? url=7rqXyYyaiGtT-zkvM6d9JybHL1JkSeWK3H7GyhIZ8t4gF2_PBi7dplzj0vFApZ7A；梵净山. http://baike. baidu. com/view/2168. htm；麻阳河国家级自然保护区. http://baike. baidu. com/view/1203904. htm? subLemmaId=1203904&fromenter=%C2%E9%D1%F4%BA%D3%D7%D4%C8%BB%B1%A3%BB%A4%C7%F8；老蛇冲自然保护区. http://www. 51yala. com/Html/200792422341-1. html；习水中亚热带常绿阔叶林国家级自然保护区. http://baike. baidu. com/view/472694. htm? fromId=181358；榕江月亮山州级自然保护区. http://www. baike. com/wiki/%E6%A6%95%E6%B1%9F%E6%9C%88%E4%BA%AE%E5%B1%B1%E5%B7%9E%E7%BA%A7%E8%87%AA%E7%84%B6%E4%BF%9D%E6%8A%A4%E5%8C%BA；榕江月亮山州级自然保护区. http://www. baike. com/wiki/%E6%A6%95%E6%B1%9F%E6%9C%88%E4%BA%AE%E5%B1%B1%E5%B7%9E%E7%BA%A7%E8%87%AA%E7%84%B6%E4%BF%9D%E6%8A%A4%E5%8C%BA；贵定斗篷山自然保护区. http://www. baike. com/wiki/%E8%B4%B5%E5%AE%9A%E6%96%97%E7%AF%B7%E5%B1%B1%E8%87%AA%E7%84%B6%E4%BF%9D%E6%8A%A4%E5%8C%BA；云南云龙天池国家级自然保护区. http://baike. baidu. com/link? url=ZVyF6q9C7WaOz82O5ZODnfaMMcxS8Jze118FKsqrYHWXT7GYrE6H-BjST6z8VSjyD1-d3nWPmTrQZzvT8q31UK；威远江自然保护区. http://baike. baidu. com/view/246418. htm；王春雷. 绿色中国行走进普洱共植太阳河绿色中国林. http://news. iqilu. com/shandong/yuanchuang/2014/1128/2229590. shtml；碧塔海自然保护区. ttp://baike. baidu. com/view/246474. htm；金光寺自然保护区. http://jingdian. tripc. net/item/6372. html；高黎贡山国家级自然保护区. http://baike. baidu. com/view/342462. htm? from_id=8990863&type=syn&fromtitle=高黎贡山自然保护区 &fr=aladdin；高黎贡山. http://www. glgs. gov. cn/zrzy. asp? sortid=013002；勐烈镇. http://baike. baidu. com/view/1398734. htm；白马雪山自然保护区. http://www. baike. com/wiki/%E7%99%BD%E9%A9%AC%E9%9B%AA%E5%B1%B1%E8%87%AA%E7%84%B6%E4%BF%9D%E6%8A%A4%E5%8C%BA；药山国家级自然保护区. http://baike. baidu. com/view/1429919. htm? fromId=246416；海子坪自然保护区. http://baike. baidu. com/view/9123788. htm；哈巴雪山. http://baike. baidu. com/view/62767. htm? fromId=824125；无量山国家级自然保护区. http://baike. baidu. com/view/1429931. htm? fromId=248391；云南永德大雪山国家级自然保护区. http://baike. baidu. com/link? url=Jq94skpPfLCcQzAa9UISPUa2E4GvrlhJzBCE8DTJiif6SdU5cTqgi9EIEDyl3nHYKuWdGfSXKAXbEfWov4nNpa；大围山国家级自然保护区. http://baike. baidu. com/view/1439617. htm? subLemmaId=1439617&fromenter=%D4%C6%C4%CF%E4%F3%CE%A7%C9%BD%D7%D4%C8%BB%B1%A3%BB%A4%C7%F8；金平分水岭自然保护区. http://baike. soso. com/v5569555. htm；哀牢山国家级自然保护区. http://baike. baidu. com/link? url=ghqjGv99RqHCAOVD2cvVzGaFH_OAMYWZ8_FYLD1YgXoSs-D3UALX9SWF0m-ct9-Z05ztaLSpE4e4dlUMvLwrgq#4_2；青华绿孔雀自然保护区频繁出现大量野生动物. http://www. people. com. cn/GB/huanbao/58/20010526/475027. html；磨盘山国家森林公园. http://baike. baidu. com/link? url=88Q7z0mrCuqMYPIYxQi1xVCSdsHsLJi8vgzO_VaRHQDy1T0UHAgnf0JsPvpEmT_nAnK5xFMCS4BYYblqsapXEq；兰坪云岭省级自然保护区. http://yn. zwbk. org/lemma/1290；赖兴会，2003；天星镇. http://baike. baidu. com/view/711395. htm；永善小岩方自然保护区. http://yn. zwbk. org/lemma/1890；盐津白老林自然保护区. http://yn. zwbk. org/lemma/1894；布龙州级自然保护区正式建立. http://www. xtbg. ac. cn/xwzx/zhxw/200911/t20091104_2647394. html；墨脱国家级自然保护区. http://www. baike. com/wiki/墨脱国家级自然保护区；雅鲁藏布江大峡谷国家级自然保护区. http://baike. soso. com/v4651626. htm? ch=ch. bk. innerlink；察隅慈巴沟国家级自然保护区. http://baike. zhyww. cn/npost/200812/15983. html；珠穆朗玛峰自然保护区. http://baike. baidu. com/view/119958. htm；长毛岭马鹿自然保护区. http://baike. sogou. com/v10900247. htm；纳木错自然保护区. http://baike. baidu. com/view/1127374. htm；纳木错. http://baike. baidu. com/view/24971. htm? fromtitle=纳木错湖 &fromid=1482617&type=syn；纳木错自然保护区. http://baike. baidu. com/view/1127374. htm；纳木错. http://baike. baidu. com/view/24971. htm? fromtitle=纳木错湖&fromid=1482617&type=syn；陕西佛坪国家级自然保护区. http://baike. baidu. com/view/341113. htm? fromId=251906；汉中朱鹮国家级自然保护区. http://www. zwbk. org/MyLemmaShow. aspx? lid=115670#3；牛背梁国家级自然保护区. http://baike. baidu. com/view/825933. htm? subLemmaId=825933&fromenter=%C5%A3%B1%B3%C1%BA%D7%D4%C8%BB%B1%A3%BB%A4%C7%F8；陕西省老县城国家级自然保护区. http://baike. sogou. com/v83237167. htm；长青国家级自然保护区. http://baike. baidu. com/view/514992. htm? fromId=246385；陕西摩天岭自然保护区. http://baike. baidu. com/view/5761599. htm；桑园保护区脊椎动物资源. http://www. taibaishan. com. cn/publicfiles/business/htmlfiles/bsj/s1765/201107/2649. html；宝鸡市紫柏山自然保护区晋升国家级. http://www. bjslyj. gov. cn/URL. aspx? DID=2941986e-4cfa-4544-9c98-3d4fa7a45875；陕西省新增3个国家级自然保护区. http://travel. hsw. cn/system/2012/02/01/051228125. shtml；蒋志刚，2005；陕西省镇安鹰嘴石省级自然保护区筹建处. 2003.（秦岭自然保护群）镇安鹰嘴石省级自然保护区管理计划. http://www. wwfchina. org/wwfpress/publication/species/200407012. pdf；陕西黄柏塬自然保护区. http://baike. baidu. com/view/7103034. htm；白水

江林业局博峪林场简介. http://gn.gansudaily.com.cn/system/2012/06/18/012544560.shtml;白水江自然保护区. http://www.china.com.cn/aboutchina/zhuanti/ysdw/2008-12/05/content_16905471.htm;漳县贵清山. http://baike.baidu.com/view/468696.htm;香山自然保护区. http://baike.baidu.com/view/1632039.htm;尖山自然保护区. http://baike.baidu.com/view/581745.htm;双燕林区成为省列保护区. http://gsrb.gansudaily.com.cn/system/2002/06/08/000005620.shtml;马坞乡---岷县马坞乡丰富的旅游资源. http://www.cngansu.cn/news/china/gansu/17935.html;插岗梁大熊猫自然保护区. http://baike.baidu.com/view/848231.htm;循化孟达国家级自然保护区. http://www.zwbk.org/MyLemmaShow.aspx? lid=124919;青海三江源国家级自然保护区. http://baike.baidu.com/view/871342.htm

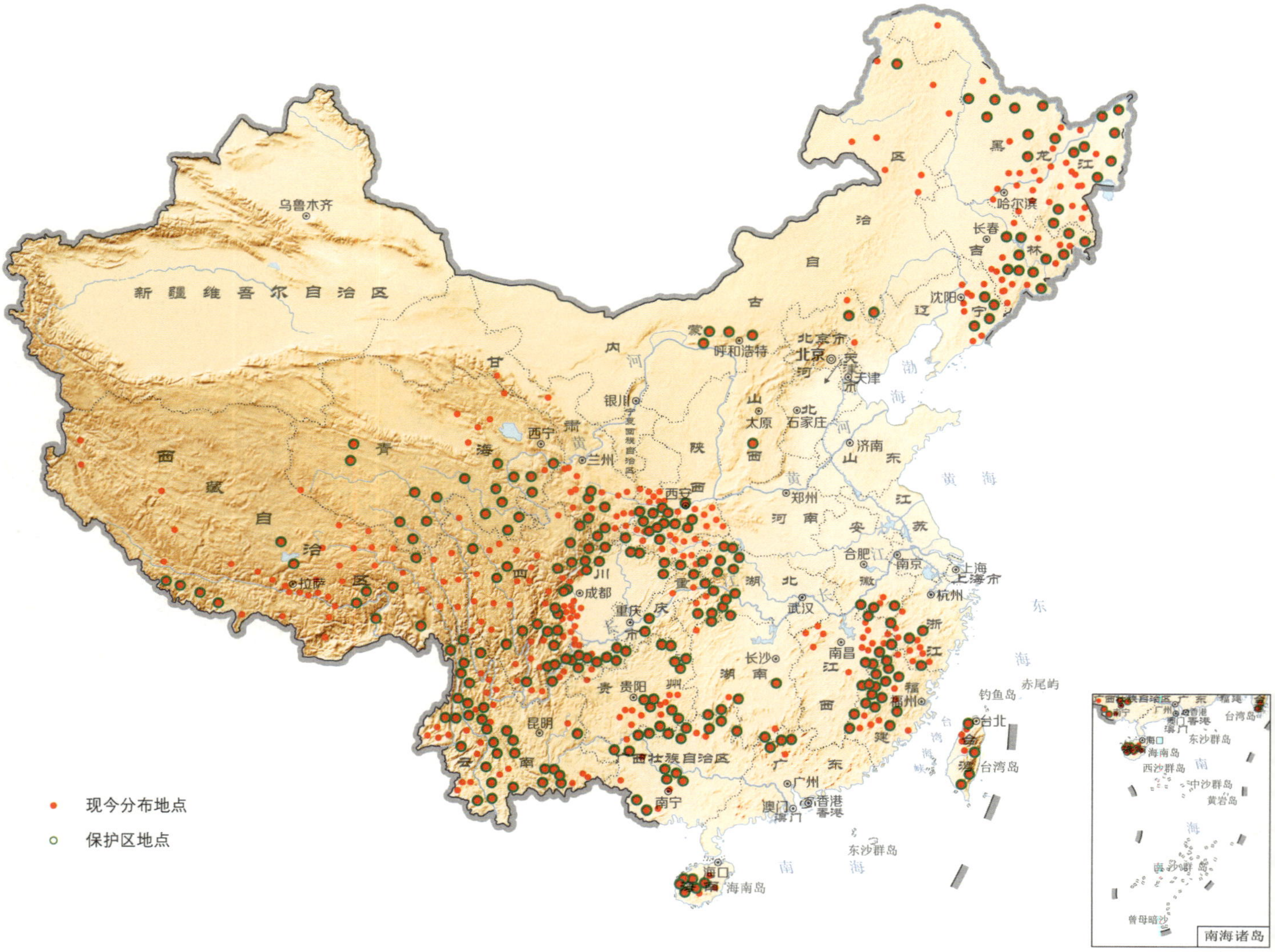

图 13.71 现有黑熊栖息地与其栖息的自然保护区分布图

6.8 黑熊的分布变迁

人们对历史时期的黑熊分布,存在不同认识。从一些涉及全国性的著作看:

《中国经济动物志:兽类》黑熊分布很广,在内蒙古、东北、华北、华中、华南、西北和西南各地区都有分布。中国科学院动物研究所收藏标本采于:黑龙江省、吉林省、内蒙古自治区、云南省。文献记录见于:河北省、陕西省、福建省、湖北省、四川省、云南省、广西壮族自治区、广东省海南岛(即今海南省)、台湾(寿振黄,1962);亦即涉及河北省、内蒙古自治区、吉林省、黑龙江省、福建省、台湾、湖北省、广西壮族自治区、海南省、四川省、云南省、陕西省等 12 个省级政区;尽管在大区上未提及"华东",但还有涉及具体省级政区。

《中国动物志:兽纲:食肉目》记述的黑熊地理分布大致在云南、西藏、陕西、甘肃、青海、四川、安徽、浙江、湖北、湖南、江西、贵州、广西、广东、福建、台湾、海南、黑龙江、吉林、辽宁、河北等(高耀亭等,1987),达到21个省级政区(并无时间段)。

《中国虎与中国熊的历史变迁》较详细论述历史时期的黑熊分布变迁,实际涉及北京市、天津市、河北省、山西省、内蒙古自治区、辽宁省、吉林省、黑龙江省、浙江省、安徽省、福建省、江西省、台湾、河南省、湖北省、湖南省、广东省、广西壮族自治区、海南省、重庆市、四川省、贵州省、云南省、西藏自治区、陕西省、甘肃省、青海省、宁夏回族自治区(何业恒,1996)。

《中国哺乳动物分布》中黑熊分布涉及河北省、辽宁省、吉林省、黑龙江省、浙江省、安徽省、福建省、台湾、湖北省、湖南省、广东省、广西壮族自治区、海南省、四川省、贵州省、云南省、西藏自治区、陕西省、甘肃省、青海省等19个省级政区(张荣祖等,1997)。虽然没有明确时间段,但从所列参考文献看,基本上是根据20世纪野外调查资料。

《中国兽类彩色图谱》黑熊分布:黑龙江、吉林、辽宁、内蒙古、河北、北京、山东、陕西、甘肃、青海、四川、重庆、贵州、云南、西藏、广西、广东、海南、安徽、浙江、湖南、湖北、江西、福建、台湾(杨奇森等,2007),亦即有25个省级政区(也无时间段)。

根据文献记载资料,20世纪以来黑熊在我国县级以其以上政区的最广分布不少于28个省级政区。

20世纪以来,黑熊的分布变迁(图13.72、表13.24)状况显示:

● 从20世纪基本上可以确定物种看,全国六大区皆有黑熊分布,排序为:西南(323地),中南(182地),华东(121地),东北(120地),西北(110地),华北(49地)。

● 20世纪,黑熊在我国县级及其以上政区的分布达到900个以上,约占全国的38%。

● 尽管沿海一带的上海市、江苏省、山东省、香港特别行政区、澳门特别行政区未见黑熊或此时黑熊最先消失,新疆维吾尔自治区是否有黑熊待核查,但黑熊是现生3种熊中分布最广的。

● 天津市虽有少数黑熊残存,但也是强弩之末,数十年内便相继消失了。

● 省级政区中,有黑熊地点绝对而言,超过30地的排序为:云南省(125地),四川省(104地),黑龙江省(68地),湖南省(53地),西藏自治区(51地),陕西省(44地),广西壮族自治区(42地),浙江省(39地),甘肃省(38地),福建省(37地),贵州省(35地),广东省(31地)。

● 省级政区中,有黑熊地点相对而言,以海南省、云南省黑熊最多,各地皆有;其余比例过半的排序为:黑龙江省(88%),西藏自治区(70%),四川省(67%),青海省(63%),福建省(54%),台湾与湖南省(皆52%)。

● 到20世纪后半叶,除黑熊灭绝的天津市外,黑熊分布地消失较多的省级政区是:广东省(减少23地),河北省(减少14地),浙江省(减少12地),山东省(减少8地),广西壮族自治区(减少6地)。

● 至今,除又灭绝的3个省级政区(北京市、河南省、宁夏回族自治区)外,黑熊分布地消失较多的省级政区是:云南省(减少60地),湖南省(减少44地),四川省(减少26地),黑龙江省(减少20地),浙江省与甘肃省(皆减少15地),广西壮族自治区(减少12地),河南省(减少11地),湖北省(减少10地),辽宁省(减少9地),福建省与贵州省(皆减少8地),山西省(减少6地),可见此阶段是黑熊分布地急剧减少时期。

● 现六大区皆仍存有黑熊,按有黑熊地绝对数排序为:西南(221地),西北(88地),东北(82地),华东(68地),中南(62地),华北(18地)。

● 现存有黑熊的六大区,按有黑熊的相对数排序为:西北(占80%),东北与西南(皆占68%),华东(占56%),华北(占37%),中南(占34%)。

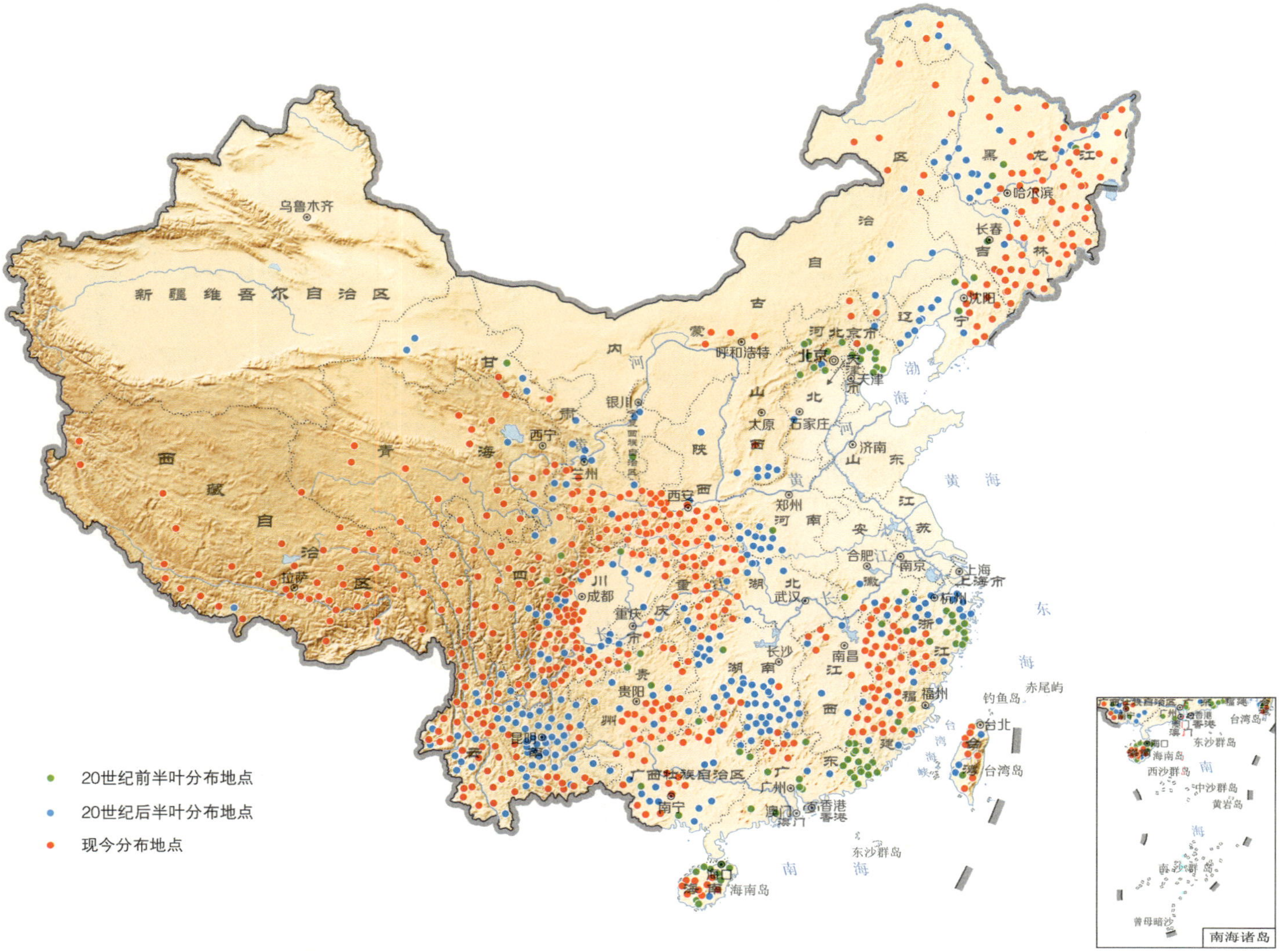

图 13.72　20 世纪以来黑熊分布变迁图

表 13.24　　**20 世纪以来黑熊分布变迁概况**

地区	省级政区	20 世纪前半叶分布地点	20 世纪后半叶分布地点	现今分布地点
华北	北京	房山区、昌平区、密云县	房山区	
	天津	蓟县		
	河北	赞皇县、宣化县、涿鹿县、兴隆县、平泉县、隆化县、围场满族蒙古族自治县、唐山市、遵化市、迁安市、滦县、滦南县、乐亭县、迁西县、玉田县、唐海县、涿州市、涞源县、涞水县	赞皇县、兴隆县、平泉县、隆化县、围场满族蒙古族自治县	兴隆县、隆化县、围场满族蒙古族自治县
	山西	沁源县、城区、高平市、泽州县、沁水县、阳城县、陵川县	沁源县、城区、高平市、泽州县、沁水县、阳城县、陵川县	沁源县

（续表）

地区	省级政区	20世纪前半叶分布地点	20世纪后半叶分布地点	现今分布地点
	内蒙古	武川县、包头市、固阳县、赤峰市、宁城县、阿鲁科尔沁旗、巴林右旗、科尔沁区、根河市、额尔古纳市、新巴尔虎左旗、鄂伦春自治旗、鄂温克族自治旗、莫力达瓦达斡尔族自治旗、卓资县、乌兰浩特市、阿尔山市、科尔沁右翼前旗、扎赉特旗	武川县、包头市、固阳县、赤峰市、宁城县、阿鲁科尔沁旗、巴林右旗、科尔沁区、根河市、额尔古纳市、新巴尔虎左旗、鄂伦春自治旗、鄂温克族自治旗、莫力达瓦达斡尔族自治旗、卓资县、乌兰浩特市、阿尔山市、科尔沁右翼前旗、扎赉特旗	武川县、包头市、固阳县、宁城县、根河市、额尔古纳市、新巴尔虎左旗、鄂伦春自治旗、鄂温克族自治旗、莫力达瓦达斡尔族自治旗、卓资县、乌兰浩特市、阿尔山市、扎赉特旗
东北	辽宁	法库县、铁岭市、开原市、抚顺市、抚顺县、新宾满族自治县、清原满族自治县、本溪市、本溪满族自治县、桓仁满族自治县、辽阳市、岫岩满族自治县、丹东市、凤城市、东港市、宽甸满族自治县、锦州市、凌海市、北镇市、黑山县、义县、葫芦岛市、兴城市、绥中县	铁岭市、抚顺市、抚顺县、新宾满族自治县、清原满族自治县、本溪市、本溪满族自治县、桓仁满族自治县、岫岩满族自治县、丹东市、凤城市、东港市、宽甸满族自治县、锦州市、凌海市、北镇市、黑山县、义县、葫芦岛市、兴城市、绥中县	铁岭市、抚顺市、抚顺县、新宾满族自治县、清原满族自治县、本溪市、本溪满族自治县、桓仁满族自治县、丹东市、凤城市、东港市、宽甸满族自治县
东北	吉林	长春市、榆树市、吉林市、磐石市、蛟河市、桦甸市、舒兰市、永吉县、东丰县、通化市、梅河口市、集安市、通化县、辉南县、柳河县、白山市、临江市、抚松县、靖宇县、长白朝鲜族自治县、延吉市、图们市、敦化市、珲春市、龙井市、和龙市、汪清县、安图县	榆树市、吉林市、磐石市、蛟河市、桦甸市、舒兰市、永吉县、东丰县、通化市、梅河口市、集安市、通化县、辉南县、柳河县、白山市、临江市、抚松县、靖宇县、长白朝鲜族自治县、延吉市、图们市、敦化市、珲春市、龙井市、和龙市、汪清县、安图县	吉林市、磐石市、蛟河市、桦甸市、舒兰市、东丰县、通化市、梅河口市、集安市、通化县、辉南县、柳河县、白山市、临江市、抚松县、靖宇县、长白朝鲜族自治县、延吉市、图们市、敦化市、珲春市、龙井市、和龙市、汪清县、安图县
东北	黑龙江	哈尔滨市、双城市、尚志市、五常市、依兰县、方正县、宾县、巴彦县、木兰县、通河县、延寿县、齐齐哈尔市、龙江县、泰来县、甘南县、富裕县、爱辉区、北安市、五大连池市、嫩江县、逊克县、孙吴县、大庆市、肇州县、肇源县、林甸县、杜尔伯特蒙古族自治县、伊春市、铁力市、嘉荫县、鹤岗市、萝北县、绥滨县、佳木斯市、同江市、富锦市、桦南县、桦川县、汤原县、抚远县、双鸭山市、集贤县？友谊县、宝清县、饶河县、七台河市、勃利县、鸡西市、虎林市、密山市、鸡东县、牡丹江市、穆棱市、绥芬河市、海林市、宁安市、东宁县、林口县、北林区、安达市、肇东市、兰西县、安县、绥棱县、大兴安岭地区、呼玛县、塔河县、漠河县	哈尔滨市、双城市、尚志市、五常市、依兰县、方正县、宾县、巴彦县、木兰县、通河县、延寿县、齐齐哈尔市、龙江县、泰来县、甘南县、富裕县、爱辉区、北安市、五大连池市、嫩江县、逊克县、孙吴县、大庆市、肇州县、肇源县、林甸县、杜尔伯特蒙古族自治县、伊春市、铁力市、嘉荫县、鹤岗市、萝北县、绥滨县、佳木斯市、同江市、富锦市、桦南县、桦川县、汤原县、抚远县、双鸭山市、友谊县、宝清县、饶河县、七台河市、勃利县、鸡西市、虎林市、密山市、鸡东县、牡丹江市、穆棱市、绥芬河市、海林市、宁安市、东宁县、林口县、安达市、肇东市、安县、绥棱县、大兴安岭地区、呼玛县、塔河县、漠河县	哈尔滨市、双城市、尚志市、五常市、依兰县、方正县、宾县、巴彦县、木兰县、通河县、延寿县、爱辉区、五大连池市、嫩江县、逊克县、孙吴县、伊春市、铁力市、嘉荫县、鹤岗市、萝北县、绥滨县、同江市、桦南县、汤原县、抚远县、双鸭山市、友谊县、宝清县、饶河县、七台河市、勃利县、鸡西市、虎林市、密山市、鸡东县、牡丹江市、穆棱市、绥芬河市、海林市、宁安市、东宁县、林口县、绥棱县、塔河县

（续表）

地区	省级政区	20 世纪前半叶分布地点	20 世纪后半叶分布地点	现今分布地点
华东	浙江	杭州市、临安市、富阳市、建德市、桐庐县、淳安县、宁波市、慈溪市、余姚市、奉化市、宁海县、象山县、嵊州市、新昌县、衢州市、江山市、常山县、开化县、龙游县、东阳市、武义县、浦江县、台州市、临海市、温岭市、三门县、天台县、仙居县、玉环县、乐清市、平阳县、泰顺县、莲都区、龙泉市、云和县、遂昌县、松阳县、庆元县、景宁畲族自治县	杭州市、临安市、富阳市、建德市、桐庐县、淳安县、宁波市、慈溪市、余姚市、奉化市、宁海县、象山县、江山市、常山县、开化县、龙游县、东阳市、武义县、浦江县、平阳县、泰顺县、龙泉市、云和县、遂昌县、松阳县、庆元县、景宁畲族自治县	淳安县、江山市、常山县、开化县、武义县、泰顺县、龙泉市、云和县、遂昌县、松阳县、庆元县、景宁畲族自治县
	安徽	桐城市、太湖县、黄山市、歙县、休宁县、黟县、祁门县、东至县、石台县、宁国市、绩溪县	桐城市、黄山市、歙县、休宁县、黟县、祁门县、东至县、石台县、绩溪县	黄山市、歙县、黟县、祁门县、东至县
	福建	永泰县、延平区、邵武市、武夷山市、建瓯市、建阳市、顺昌县、浦城县、光泽县、政和县、三明市、永安市、明溪县、清流县、宁化县、大田县、尤溪县、沙县、将乐县、泰宁县、建宁县、泉州市、南安市、惠安县、安溪县、永春县、德化县、厦门市、新罗区、漳平市、长汀县、永定县、上杭县、武平县、连城县、寿宁县、屏南县	延平区、邵武市、武夷山市、建瓯市、建阳市、顺昌县、浦城县、光泽县、政和县、三明市、永安市、明溪县、清流县、宁化县、大田县、尤溪县、沙县、将乐县、泰宁县、建宁县、泉州市、惠安县、安溪县、德化县、厦门市、新罗区、漳平市、长汀县、永定县、上杭县、武平县、连城县、寿宁县、屏南县	延平区、邵武市、武夷山市、建瓯市、建阳市、顺昌县、浦城县、光泽县、三明市、永安市、明溪县、清流县、尤溪县、将乐县、泰宁县、建宁县、泉州市、安溪县、德化县、新罗区、漳平市、长汀县、上杭县、武平县、连城县、寿宁县
	江西	武宁县、修水县、星子县、景德镇市、乐平市、浮梁县、贵溪市、余江县、瑞金市、德兴市、上饶县、广丰县、玉山县、铅山县、弋阳县、万年县、婺源县、宜黄县、资溪县、宜丰县、靖安县、泰和县	武宁县、修水县、星子县、景德镇市、乐平市、浮梁县、贵溪市、余江县、瑞金市、德兴市、上饶县、广丰县、玉山县、铅山县、弋阳县、万年县、宜黄县、资溪县、宜丰县、靖安县、泰和县	武宁县、修水县、景德镇市、乐平市、浮梁县、贵溪市、余江县、上饶县、广丰县、玉山县、铅山县、弋阳县、万年县、宜黄县、资溪县、宜丰县、靖安县
	台湾	高雄县、台南县、台中县、新竹县、嘉义县、屏东县、台东县、花莲县、宜兰县、桃园县、苗栗县、南投县	台南县、台中县、新竹县、嘉义县、屏东县、台东县、花莲县、宜兰县、桃园县、苗栗县、南投县	台中县、新竹县、屏东县、台东县、花莲县、桃园县、苗栗县、南投县
中南	河南	南阳市、邓州市、南召县、方城县、西峡县、镇平县、内乡县、淅川县、社旗县、唐河县、新野县、桐柏县	南阳市、邓州市、南召县、西峡县、镇平县、内乡县、淅川县、社旗县、唐河县、新野县、桐柏县	
	湖北	十堰市、丹江口市、竹山县、房县、郧西县、竹溪县、襄樊市、老河口市、枣阳市、南漳县、谷城县、保康县、宜昌市、兴山县、长阳土家族自治县、五峰土家族自治县、曾都区、神农架林区、恩施市、利川市、建始县、巴东县、宣恩县、咸丰县、来凤县、鹤峰县	十堰市、丹江口市、竹山县、房县、郧西县、竹溪县、襄樊市、老河口市、枣阳市、南漳县、谷城县、保康县、宜昌市、兴山县、长阳土家族自治县、五峰土家族自治县、曾都区、神农架林区、恩施市、利川市、建始县、巴东县、宣恩县、咸丰县、来凤县、鹤峰县	十堰市、丹江口市、竹山县、房县、竹溪县、谷城县、保康县、宜昌市、长阳土家族自治县、五峰土家族自治县、神农架林区、恩施市、建始县、巴东县、宣恩县、鹤峰县

（续表）

地区	省级政区	20 世纪前半叶分布地点	20 世纪后半叶分布地点	现今分布地点
	湖南	张家界市、桑植县、澧县、石门县、炎陵县、衡阳市、常宁市、耒阳市、衡阳县、衡南县、衡山县、衡东县、祁东县、郴州市、资兴市、桂阳县、永兴县、宜章县、嘉禾县、临武县、汝城县、桂东县、安仁县、永州市、东安县、道县、宁远县、江永县、蓝山县、新田县、双牌县、祁阳县、江华瑶族自治县、邵阳市、武冈市、邵东县、邵阳县、新邵县、隆回县、洞口县、绥宁县、新宁县、城步苗族自治县、沅陵县、通道侗族自治县、吉首市、泸溪县、凤凰县、花垣县、保靖县、古丈县、永顺县、龙山县	张家界市、桑植县、澧县、石门县、炎陵县、衡阳市、常宁市、耒阳市、衡阳县、衡南县、衡山县、衡东县、祁东县、郴州市、资兴市、桂阳县、永兴县、宜章县、嘉禾县、临武县、汝城县、桂东县、安仁县、永州市、东安县、道县、宁远县、江永县、蓝山县、新田县、双牌县、祁阳县、江华瑶族自治县、邵阳市、武冈市、邵东县、邵阳县、新邵县、隆回县、洞口县、绥宁县、新宁县、城步苗族自治县、通道侗族自治县、吉首市、泸溪县、凤凰县、花垣县、保靖县、古丈县、永顺县、龙山县	桑植县、石门县、衡东县、宜章县、东安县、江永县、新宁县、龙山县
	广东	增城市、英德市、连州市、阳山县、韶关市、乐昌市、始兴县、乳源瑶族自治县、紫金县、梅江区、梅县、大埔县、丰顺县、五华县、平远县、蕉岭县、湘桥区、潮安县、饶平县、汕头市、南澳县、榕城区、普宁市、揭东县、揭西县、惠来县、龙门县、东莞市、台山市、广宁县、阳春市	英德市、连州市、阳山县、韶关市、乐昌市、乳源瑶族自治县、紫金县、龙门县	英德市、连州市、阳山县、韶关市、乳源瑶族自治县
	广西	南宁市、武鸣县、宾阳县、上林县、隆安县、马山县、临桂县、灵川县、兴安县、永福县、资源县、龙胜各族自治县、融安县、三江侗族自治县、融水苗族自治县、玉州区、钦州市、浦北县、合浦县、上思县、江州区、扶绥县、大新县、天等县、宁明县、龙州县、德保县、靖西县、凌云县、乐业县、田林县、金城江区、南丹县、天峨县、巴马瑶族自治县、罗城仫佬族自治县、环江毛南族自治县、象州县、金秀瑶族自治县、八步区、钟山县、富川瑶族自治县	南宁市、武鸣县、宾阳县、上林县、隆安县、马山县、临桂县、灵川县、兴安县、永福县、资源县、龙胜各族自治县、融安县、融水苗族自治县、玉州区、浦北县、合浦县、上思县、江州区、扶绥县、大新县、宁明县、龙州县、德保县、靖西县、凌云县、乐业县、田林县、南丹县、天峨县、巴马瑶族自治县、罗城仫佬族自治县、环江毛南族自治县、象州县、金秀瑶族自治县、富川瑶族自治县	南宁市、武鸣县、宾阳县、上林县、马山县、临桂县、兴安县、永福县、资源县、龙胜各族自治县、融安县、融水苗族自治县、上思县、宁明县、龙州县、靖西县、凌云县、乐业县、田林县、南丹县、天峨县、巴马瑶族自治县、罗城仫佬族自治县、环江毛南族自治县
	海南	海口市、三亚市、文昌市、琼海市、万宁市、五指山市、东方市、儋州市、临高县、澄迈县、定安县、屯昌县、昌江黎族自治县、白沙黎族自治县、琼中黎族苗族自治县、陵水黎族自治县、保亭黎族苗族自治县、乐东黎族自治县	万宁市、五指山市、东方市、屯昌县、昌江黎族自治县、白沙黎族自治县、琼中黎族苗族自治县、陵水黎族自治县、保亭黎族苗族自治县、乐东黎族自治县	万宁市、五指山市、东方市、屯昌县、昌江黎族自治县、白沙黎族自治县、琼中黎族苗族自治县、保亭黎族苗族自治县、乐东黎族自治县

（续表）

地区	省级政区	20世纪前半叶分布地点	20世纪后半叶分布地点	现今分布地点
西南	重庆	万州区、涪陵区、南川区、武隆县、城口县、巫溪县、巫山县、奉节县	万州区、涪陵区、南川区、武隆县、城口县、巫溪县、巫山县、奉节县	万州区、涪陵区、南川区、城口县、巫溪县、巫山县、奉节县
	四川	都江堰市、邛崃市、崇州市、大邑县、广元市、旺苍县、青川县、剑阁县、江油市、安县、北川羌族自治县、平武县、什邡市、绵竹市、阆中市、邻水县、乐山市、峨眉山市、犍为县、井研县、夹江县、沐川县、峨边彝族自治县、马边彝族自治县、泸州市、泸县、合江县、叙永县、古蔺县、江安县、高县、筠连县、珙县、屏山县、米易县、盐边县、巴州区、通江县、南江县、平昌县、万源市、宣汉县、东坡区、仁寿县、彭山县、洪雅县、丹棱县、青神县、雨城区、名山县、荥经县、汉源县、石棉县、天全县、芦山县、宝兴县、马尔康县、汶川县、理县、茂县、松潘县、九寨沟县、金川县、小金县、黑水县？壤塘县、阿坝县、若尔盖县、红原县、康定县、泸定县、丹巴县、九龙县、雅江县、道孚县、炉霍县、甘孜县、新龙县、德格县、白玉县、石渠县、色达县、理塘县、巴塘县、乡城县、稻城县、得荣县、西昌市、盐源县、德昌县、会理县、会东县、宁南县、普格县、布拖县、金阳县、昭觉县、喜德县、冕宁县、越西县、甘洛县、美姑县、雷波县、木里藏族自治县	都江堰市、邛崃市、崇州市、大邑县、旺苍县、青川县、剑阁县、江油市、安县、北川羌族自治县、平武县、什邡市、绵竹市、阆中市、邻水县、乐山市、峨眉山市、犍为县、井研县、夹江县、沐川县、峨边彝族自治县、马边彝族自治县、泸州市、泸县、合江县、叙永县、古蔺县、江安县、高县、筠连县、珙县、屏山县、米易县、盐边县、巴州区、通江县、南江县、平昌县、万源市、宣汉县、东坡区、仁寿县、彭山县、洪雅县、丹棱县、青神县、雨城区、名山县、荥经县、汉源县、石棉县、天全县、芦山县、宝兴县、马尔康县、汶川县、理县、茂县、松潘县、九寨沟县、金川县、壤塘县、阿坝县、若尔盖县、红原县、康定县、泸定县、丹巴县、九龙县、雅江县、道孚县、炉霍县、甘孜县、新龙县、德格县、白玉县、石渠县、色达县、理塘县、巴塘县、乡城县、稻城县、得荣县、西昌市、盐源县、德昌县、会理县、会东县、宁南县、普格县、布拖县、金阳县、昭觉县、喜德县、冕宁县、越西县、甘洛县、美姑县、雷波县、木里藏族自治县	都江堰市、崇州市、大邑县、旺苍县、青川县、江油市、安县、北川羌族自治县、平武县、绵竹市、乐山市、峨眉山市、犍为县、井研县、夹江县、沐川县、峨边彝族自治县、马边彝族自治县、叙永县、古蔺县、筠连县、珙县、屏山县、米易县、盐边县、南江县、万源市、宣汉县、东坡区、仁寿县、彭山县、洪雅县、丹棱县、青神县、雨城区、石棉县、天全县、宝兴县、马尔康县、汶川县、理县、茂县、松潘县、九寨沟县、金川县、壤塘县、若尔盖县、丹巴县、九龙县、雅江县、道孚县、炉霍县、甘孜县、新龙县、德格县、白玉县、石渠县、色达县、理塘县、巴塘县、乡城县、稻城县、得荣县、西昌市、盐源县、会理县、会东县、普格县、布拖县、金阳县、冕宁县、越西县、甘洛县、美姑县、木里藏族自治县
	贵州	水城县、赤水市、仁怀市、桐梓县、习水县、务川仡佬族苗族自治县、西秀区、紫云苗族布依族自治县、大方县、赫章县、江口县、印江土家族苗族自治县、沿河土家族自治县、松桃苗族自治县、黄平县、施秉县、剑河县、台江县、黎平县、榕江县、从江县、雷山县、麻江县、丹寨县、都匀市、福泉市、荔波县、贵定县、瓮安县、独山县、平塘县、罗甸县、长顺县、惠水县、三都水族自治县	水城县、赤水市、习水县、务川仡佬族苗族自治县、西秀区、紫云苗族布依族自治县、大方县、赫章县、江口县、印江土家族苗族自治县、沿河土家族自治县、松桃苗族自治县、黄平县、施秉县、剑河县、台江县、黎平县、榕江县、从江县、雷山县、麻江县、丹寨县、都匀市、福泉市、荔波县、贵定县、独山县、平塘县、罗甸县、长顺县、惠水县、三都水族自治县	赤水市、习水县、务川仡佬族苗族自治县、紫云苗族布依族自治县、赫章县、江口县、印江土家族苗族自治县、沿河土家族自治县、松桃苗族自治县、剑河县、台江县、榕江县、从江县、雷山县、麻江县、丹寨县、都匀市、荔波县、贵定县、平塘县、罗甸县、长顺县、惠水县、三都水族自治县

（续表）

地区	省级政区	20世纪前半叶分布地点	20世纪后半叶分布地点	现今分布地点
	云南	昆明市、安宁市、呈贡县、晋宁县、富民县、宜良县、嵩明县、石林彝族自治县、禄劝彝族苗族自治县、寻甸回族彝族自治县、麒麟区、宣威市、马龙县、沾益县、富源县、罗平县、师宗县、陆良县、会泽县、红塔区、江川县、澄江县、通海县、华宁县、易门县、峨山彝族自治县、新平彝族傣族自治县、元江哈尼族彝族傣族自治县、隆阳区、施甸县、腾冲县、龙陵县、昌宁县、昭阳区、鲁甸县、巧家县、盐津县、大关县、永善县、绥江县、镇雄县、彝良县、威信县、水富县、古城区、永胜县、华坪县、玉龙纳西族自治县、宁蒗彝族自治县、思茅区、宁洱哈尼族彝族自治县、墨江哈尼族自治县、景东彝族自治县、景谷傣族彝族自治县、镇沅彝族哈尼族拉祜族自治县、江城哈尼族彝族自治县、孟连傣族拉祜族佤族自治县、澜沧拉祜族自治县、西盟佤族自治县、临翔区、凤庆县、云县、永德县、镇康县、双江拉祜族佤族布朗族傣族自治县、耿马傣族佤族自治县、沧源佤族自治县、潞西市、瑞丽市、梁河县、盈江县、陇川县、泸水县、福贡县、贡山独龙族怒族自治县、兰坪白族普米族自治县、香格里拉县、德钦县、维西傈僳族自治县、大理市、祥云县、宾川县、弥渡县、永平县、云龙县、洱源县、剑川县、鹤庆县、漾濞彝族自治县、南涧彝族自治县、巍山彝族回族自治县、楚雄市、双柏县、牟定县、南华县、姚安县、大姚县、永仁县、元谋县、武定县、禄丰县、蒙自县、个旧市、开远市、绿春县、建水县、石屏县、弥勒县、泸西县、元阳县、红河县、金平苗族瑶族自治县、河口瑶族自治县、屏边苗族自治县、文山县、砚山县、西畴县、麻栗坡县、马关县、丘北县、广南县、富宁县、景洪市、勐海县、勐腊县	昆明市、安宁市、呈贡县、晋宁县、富民县、宜良县、嵩明县、石林彝族自治县、禄劝彝族苗族自治县、寻甸回族彝族自治县、麒麟区、宣威市、马龙县、沾益县、富源县、罗平县、师宗县、陆良县、会泽县、红塔区、江川县、澄江县、通海县、华宁县、易门县、峨山彝族自治县、新平彝族傣族自治县、元江哈尼族彝族傣族自治县、隆阳区、施甸县、腾冲县、龙陵县、昌宁县、昭阳区、鲁甸县、巧家县、盐津县、大关县、永善县、绥江县、镇雄县、彝良县、威信县、水富县、古城区、永胜县、华坪县、玉龙纳西族自治县、宁蒗彝族自治县、思茅区、宁洱哈尼族彝族自治县、墨江哈尼族自治县、景东彝族自治县、景谷傣族彝族自治县、镇沅彝族哈尼族拉祜族自治县、江城哈尼族彝族自治县、孟连傣族拉祜族佤族自治县、澜沧拉祜族自治县、西盟佤族自治县、临翔区、凤庆县、云县、永德县、镇康县、双江拉祜族佤族布朗族傣族自治县、耿马傣族佤族自治县、沧源佤族自治县、潞西市、瑞丽市、梁河县、盈江县、陇川县、泸水县、福贡县、贡山独龙族怒族自治县、兰坪白族普米族自治县、香格里拉县、德钦县、维西傈僳族自治县、大理市、祥云县、宾川县、弥渡县、永平县、云龙县、洱源县、剑川县、鹤庆县、漾濞彝族自治县、南涧彝族自治县、巍山彝族回族自治县、楚雄市、双柏县、牟定县、南华县、姚安县、大姚县、永仁县、元谋县、武定县、禄丰县、蒙自县、个旧市、开远市、绿春县、建水县、石屏县、弥勒县、泸西县、元阳县、红河县、金平苗族瑶族自治县、河口瑶族自治县、屏边苗族自治县、文山县、砚山县、西畴县、麻栗坡县、马关县、丘北县、广南县、富宁县、景洪市、勐海县、勐腊县	麒麟区、罗平县、新平彝族傣族自治县、隆阳区、腾冲县、龙陵县、昌宁县、昭阳区、鲁甸县、巧家县、盐津县、大关县、永善县、绥江县、镇雄县、彝良县、威信县、水富县、古城区、永胜县、玉龙纳西族自治县、思茅区、宁洱哈尼族彝族自治县、墨江哈尼族自治县、景东彝族自治县、景谷傣族彝族自治县、镇沅彝族哈尼族拉祜族自治县、江城哈尼族彝族自治县、孟连傣族拉祜族佤族自治县、澜沧拉祜族自治县、西盟佤族自治县、临翔区、云县、永德县、潞西市、梁河县、陇川县、泸水县、福贡县、贡山独龙族怒族自治县、兰坪白族普米族自治县、香格里拉县、德钦县、维西傈僳族自治县、大理市、宾川县、弥渡县、永平县、云龙县、鹤庆县、漾濞彝族自治县、南涧彝族自治县、巍山彝族回族自治县、楚雄市、双柏县、蒙自县、个旧市、金平苗族瑶族自治县、河口瑶族自治县、屏边苗族自治县、西畴县、麻栗坡县、马关县、景洪市、勐海县

（续表）

地区	省级政区	20世纪前半叶分布地点	20世纪后半叶分布地点	现今分布地点
	西藏	当雄县、尼木县、曲水县、墨竹工卡县、那曲县、嘉黎县、比如县、聂荣县、安多县、索县、班戈县、巴青县、昌都县、江达县、贡觉县、类乌齐县、丁青县、察雅县、八宿县、左贡县、芒康县、洛隆县、边坝县、林芝县、工布江达县、米林县、墨脱县、波密县、察隅县、朗县、乃东县、扎囊县、贡嘎县、桑日县、洛扎县、加查县、隆子县、错那县、南木林县、定日县、谢通门县、定结县、亚东县、吉隆县、聂拉木县、萨嘎县、岗巴县、噶尔县、日土县、改则县、措勤县	当雄县、尼木县、曲水县、墨竹工卡县、那曲县、嘉黎县、比如县、聂荣县、安多县、索县、班戈县、巴青县、昌都县、江达县、贡觉县、类乌齐县、丁青县、察雅县、八宿县、左贡县、芒康县、洛隆县、边坝县、林芝县、工布江达县、米林县、墨脱县、波密县、察隅县、朗县、乃东县、扎囊县、贡嘎县、桑日县、洛扎县、加查县、隆子县、错那县、南木林县、定日县、谢通门县、定结县、亚东县、吉隆县、聂拉木县、萨嘎县、岗巴县、噶尔县、日土县、改则县、措勤县	当雄县、尼木县、曲水县、墨竹工卡县、那曲县、嘉黎县、比如县、聂荣县、安多县、索县、班戈县、巴青县、昌都县、江达县、贡觉县、类乌齐县、丁青县、察雅县、八宿县、左贡县、芒康县、洛隆县、边坝县、林芝县、工布江达县、米林县、墨脱县、波密县、察隅县、朗县、乃东县、扎囊县、贡嘎县、桑日县、洛扎县、加查县、隆子县、错那县、南木林县、定日县、谢通门县、定结县、亚东县、吉隆县、聂拉木县、萨嘎县、噶尔县、日土县、改则县、措勤县
西北	陕西	西安市、蓝田县、周至县、户县、高陵县、子长县、宝鸡市、凤翔县、岐山县、扶风县、眉县、陇县、千阳县、麟游县、凤县、太白县、汉台区、南郑县、城固县、洋县、西乡县、勉县、宁强县、略阳县、镇巴县、留坝县、佛坪县、汉滨区、汉阴县、石泉县、宁陕县、紫阳县、岚皋县、平利县、镇坪县、旬阳县、白河县、商州区、洛南县、丹凤县、商南县、山阳县、镇安县、柞水县	西安市、蓝田县、周至县、户县、高陵县、子长县、宝鸡市、凤翔县、岐山县、扶风县、眉县、陇县、千阳县、麟游县、凤县、太白县、汉台区、南郑县、城固县、洋县、西乡县、勉县、宁强县、略阳县、镇巴县、留坝县、佛坪县、汉滨区、汉阴县、石泉县、宁陕县、紫阳县、岚皋县、平利县、镇坪县、旬阳县、白河县、商州区、洛南县、丹凤县、商南县、山阳县、镇安县、柞水县	西安市、蓝田县、周至县、户县、宝鸡市、凤翔县、岐山县、扶风县、眉县、陇县、千阳县、麟游县、凤县、太白县、汉台区、南郑县、城固县、洋县、西乡县、勉县、宁强县、略阳县、镇巴县、留坝县、佛坪县、汉滨区、汉阴县、石泉县、宁陕县、紫阳县、岚皋县、平利县、镇坪县、旬阳县、白河县、商州区、洛南县、丹凤县、商南县、山阳县、镇安县、柞水县
	甘肃	兰州市、永登县、皋兰县、榆中县、永昌县、天水市、清水县、武山县、古浪县、敦煌市、阿克塞哈萨克族自治县、甘州区、民乐县、高台县、肃南裕固族自治县、华亭县、漳县、岷县、武都区、成县、宕昌县、康县、文县、西和县、礼县、两当县、徽县、临夏市、临夏县、康乐县、合作市、临潭县、卓尼县、舟曲县、迭部县、玛曲县、碌曲县、夏河县	兰州市、永登县、皋兰县、榆中县、永昌县、天水市、清水县、武山县、古浪县、敦煌市、阿克塞哈萨克族自治县、甘州区、民乐县、肃南裕固族自治县、华亭县、漳县、岷县、武都区、成县、宕昌县、康县、文县、西和县、礼县、两当县、徽县、临夏市、临夏县、康乐县、合作市、临潭县、卓尼县、舟曲县、迭部县、玛曲县、碌曲县、夏河县	永昌县、天水市、清水县、武山县、肃南裕固族自治县、漳县、岷县、武都区、成县、宕昌县、康县、文县、礼县、两当县、徽县、临夏市、临夏县、康乐县、临潭县、卓尼县、舟曲县、迭部县
	青海	循化撒拉族自治县、祁连县、共和县、同德县、兴海县、同仁县、泽库县、河南蒙古族自治县、玛沁县、班玛县、甘德县、达日县、久治县、玛多县、玉树县、杂多县、称多县、治多县、囊谦县、曲麻莱县、德令哈市、格尔木市、乌兰县、都兰县、天峻县	循化撒拉族自治县、祁连县、共和县、同德县、兴海县、同仁县、泽库县、河南蒙古族自治县、玛沁县、班玛县、甘德县、达日县、久治县、玛多县、玉树县、杂多县、称多县、治多县、囊谦县、曲麻莱县、德令哈市、格尔木市、乌兰县、都兰县、天峻县	循化撒拉族自治县、祁连县、同德县、兴海县、同仁县、泽库县、河南蒙古族自治县、玛沁县、班玛县、甘德县、达日县、久治县、玛多县、玉树县、杂多县、称多县、治多县、囊谦县、曲麻莱县、德令哈市、格尔木市、乌兰县、都兰县、天峻县
	宁夏	灵武市、利通区、原州区	灵武市、利通区	

7 历史时期马来熊分布变迁

历史时期马来熊的分布变迁资料尽管不多，但由于该物种在熊科中并非广布种，且我们又获得一些较关键性资料，故破例从以往的一些蛛丝马迹中探索其分布变迁状况。

何业恒(1996)在《中国虎与中国熊的历史变迁》中得出马来熊分布的一些结论性意见：

从秭归一线以南，如湖北的鹤峰，湖南的龙山、沅陵、新宁，江西的龙泉(今遂川)，浙江的衢州、常山、黄岩、缙云、嵊县，福建的浦城、延平、沙县、尤溪、同安、泉州，台湾的噶玛兰(今宜兰)，广东的永安(今紫金)、赤溪(今台山)、四会、阳江，海南岛的万州(今万宁)、崖州(今县)，广西的永安(今蒙山)、三江、罗城、河池、宜山、凌云、归顺州(今靖云)①、上林、武缘(今武鸣)、廉州(今合浦)、钦州(今县)等，均产狗熊，这些狗熊中似乎都有马来熊。

总之，历史时期，马来熊在我国的分布，至少到达北纬30°以内，其中以岭南一带，即今福建、台湾、广东、海南、广西、云南等省区较多，而现在只见于云南南部，较之历史时期有很大的缩小。

按：何教授的看法不无一定道理，对笔者再研究也颇有所启发。只是某些结论的得出尚待更有力的证据支持，并且我们在其基础上又获得一些新证据。

7.1 华东

华东的浙江省、安徽省、福建省、江西省、台湾曾有马来熊分布记录。

7.1.1 浙江

所见浙江省20世纪前的百余条方志记载，多仅简略称“熊”，但仍有少数披露似曾有马来熊分布信息。

明万历七年《黄岩县志》记述的“熊”有多种，其中“类犬、豕而轻捷，好缘树”的描述，似为马来熊。

明万历十三年《常山县志》与清康熙五十年《衢州府志》都有“熊(有人熊、猪熊、犬熊数种)”类似记载，似分别对应今所称棕熊、黑熊与马来熊。

清同治九年、民国七年与二十二年《嵊县志》皆记载有“熊(产西山。有狗熊、人熊、猪熊)”，其中“狗熊”似指今所称马来熊。

7.1.2 安徽

安徽省有马来熊栖息记录。

清光绪十三年《光州志》记述：

熊：如豕色黑，其大而色黄白者为罴，小而色黄赤者为魋，凡三种。

按：此处明确指出有3种熊：黑熊(如豕色黑)、棕熊(大而色黄白者)，尤其是“小而色黄赤者为魋”，则是较明确指出有马来熊。

7.1.3 福建

福建省曾有马来熊栖息。

《柘荣县志》的哺乳动物列举有(柘荣县地方志编纂委员会，1995)：

竹鼬、黄鼬、山猫、土猫狸、九节狸、野兔、野猪、豪猪(刺猬)、山羊、狗獾(土犬)、猪獾(土猪)、麂、獐、狐、水獭、猴、豺、狼、虎、豹、貂熊等。

按：此中值得注意的是“貂熊”。貂熊(*Gulo gulo*)是栖息于寒温带针叶林和冻土草原地带的野兽，在我国仅见于东北大兴安岭(黑龙江省、内蒙古自治区)和新疆阿尔泰山区。柘荣县介于27°05′～27°19′N，119°43′～120°04′E之间，地处闽东北内陆山区，地势东南高、西北低，属中山、低山类型区，峰峦起伏，山地占全县总面积的94.6%。气候温和湿润，雨量充沛，冬长夏短；由于境内各地海拔相差较大，气温垂直变化明显。森林覆盖率68%。柘荣县的生态环境显然迥异于貂熊栖息处，同为依托林木的“熊”，在福建省，疑似为马来熊。

7.1.4 江西

江西省也曾有马来熊分布。

清同治十二年《玉山县志》记述：

老农常述：乾隆初，怀玉开山，树木丛杂竹菁蒙密……田猪、猪熊、狗熊及不认识之野物往往为害。

按：既已有黑熊(猪熊)，那么所称“狗熊”似为马

①应是：归顺直隶州(今靖西县)。

来熊。

《三清山志》记述（德兴县县志编纂委员会办公室，1990）：

狗熊：亦名“黑熊”，哺乳纲，熊科。体形肥大，长约 1.2 m，黑色，尾甚短。颈和肩部毛较长。多栖息树林中，杂食。

按：此固多黑熊特征，但也不乏马来熊与之共同特点；再从“狗熊”之称谓，似反映历史上或有马来熊。

《铅山县志》记述（铅山县县志编纂委员会，1990）：

黑熊：俗称“狗熊”。善爬树，也能直立行走，性孤独，不成群，需冬眠。其脂、胆、肉都可制药。“熊掌”为野味中之上品，素来被视为山珍。列省级保护。

按：从描述与俗称看，似反映历史上含有马来熊。

《德兴县志》记述（江西省德兴市地方志编纂委员会，1993）：

狗熊：身体肥大，脚掌大，爪有钩，尾甚短，毛色黑，胸部有新月形白斑，故也称“黑熊”。狗熊会爬树，生活在高山密林中。肉、胆和油，可入药，熊掌是珍贵食品。县东北、东南等高山中可见。

按：此与《三清山志》类似，又各有千秋，亦反映似曾有马来熊。

7.1.5 台湾

台湾曾有马来熊生息繁衍。

清咸丰二年《噶玛兰厅志》记述：

熊：有人、马、猪、狗诸种，各肖其形。出于深山。性好举木而引气。冬蛰不食，饥则舐其掌，故美在掌。其当心有脂玉，味尤美，曰熊白。

按：称既有棕熊（人熊、马熊）、黑熊（猪熊），那“狗熊”似为马来熊。

《桃园县志》记述（郭薰风等，1956）：

熊：属食肉类，体肥满，长一至二米。四肢短，以全蹠踏地。尾短小，毛密而硬，色黑，喉下有白色部，如新月形。栖深山，穴居树洞土窑中。昼隐夜出，善攀木，种类甚多。

按：此处虽多黑熊描述，但最后有“种类甚多”，疑似包含有马来熊。

《苗栗县志》记述（黄新亚等，1957）：

台湾黑熊：*Enarctos tibetanus formosanus* SWINHOE 亦称：猪熊、狗熊。山胞称：Garofu。产于狮头山、阿里山脉等处，多出现于一二千米高山林中。体被漆黑之长粗毛。胸部有白色月轮。

按：固多黑熊描述，历史上似含有马来熊。

《嘉义县志》记述（赖子清等，1982）：

熊：刘良璧《府志》：“熊之类不一，有猪熊、狗熊、马熊、人熊之异，各肖其形，惟马熊最大，而勇鸷独推人熊；人立而走，捷于奔马，其逐人无得脱者。余刘良璧自谓所见熊甚多，独未见人熊。”台湾黑熊，体毛黑色，胸部有月眉型白斑，善攀登树。猪熊毛劲如鬣，又厚密，矢鏃不能入；蹄有利爪，能缘木升高，蹲于树巅，或穴地而处，人以计取之，无生致者。腹中脂可啖，掌为八珍之一，脍炙人口，然不易熟。庖人取其汁，烹他物为羹，一掌可供数十烹。凡兽之膝皆后曲，惟熊与狐前屈，故能升木，象亦前屈。《埤雅》：熊似豕，掌心有白脂如玉，味甚美，俗呼熊白。好举木而引气，冬蛰不食，饥则自舐其掌，故美在掌。熊胆泄热，明目杀虫，治惊痫五痔。

按：此引前人描述不止单一种熊，其中提及“狗熊”，似为马来熊。

7.2 中南

中南除香港与澳门 2 个特别行政区外，其余各省级政区皆曾有马来熊分布。

7.2.1 河南

河南省曾有马来熊生息繁衍。

清乾隆十一年《南召县志》记述：

熊：《说文》：熊似豕，山居。冬蛰，春出。熊，魋也。味甘，微寒，无毒，君药也。

按：此处值得注意的是“熊，魋”。“魋”，是马来熊别称之一。察看南召县，位于伏牛山南麓，南阳盆地北缘；地势西北高、东南低，大体分为三个阶梯：秦岭山脉东延形成的伏牛山脉，绵亘于西北部、西南部和北部、东北部，大小群峰 300 余座；中部丘陵起伏，由山地向平原过渡，由西北向东南敞开；南部衔接南阳盆地，为平原地带。山地面积占 34.4%，丘陵面积占 62.5%，平原面积占 3.1%。该县处中国重要地理分界线“秦岭—淮河”线上，属北亚热带季风型大陆性气候，具有亚热带向暖温带过渡的明显特征：冬夏长，春秋短，四季分明，年平均气温 14.8℃。现今全县动物资源有脊椎动物 387 种：兽类 62 种，两栖类 14 种，爬行类 31 种，鸟类 213 种，鱼类 67 种。

清光绪十三年《光州志》记述有“小而色黄赤者为魋，凡三种”。按：此处的“光州”在淮河两岸，并以淮河以南为主；明确指出有马来熊（小而色黄赤者）。

7.2.2 湖北

湖北省历史上有马来熊分布。

郭璞注《尔雅》“魋”的“建平郡”（详见上文），包括今兴山县、秭归县等地。

明嘉靖二十八年《归州全志》记载“熊（巴东、兴山同）”；明确明洪武十三年（1380）复置的“归州”，辖今兴山县、秭归县、巴东县。明嘉靖四十三年《归州志》又称“熊（有人、马、狗三种）”。清宣统《归州志》再明确“魋（俗呼赤熊）”。“魋”，是马来熊别称之一，故可以反推明代今兴山县、秭归县、巴东县一带有马来熊分布。

7.2.3 湖南

湖南省曾有马来熊分布。

明嘉靖十七年《常德府志》记述：

间有熊：形类犬、豕而性轻健，好攀缘上树。见人则自投而下。背上有脂，曰熊白。夏月，则无。其胆入药，明目。

按：此处描述虽多黑熊特征，但其中有“形类犬、豕而性轻健”，表明似有马来熊。

7.2.4 广东

广东省有马来熊分布记录。

（清）屈大均《广东新语·兽语·熊》记述：

岭之南，熊有三种，曰人熊，曰猪熊，曰狗熊。狗熊，即《尔雅》所谓“熊虎丑，其子狗者”也，郭璞谓：熊之子名狗，非也。狗熊者，熊之小者也。以其小，故曰熊子也。

按：屈大均虽纠郭璞“熊之子名狗”，但只以“狗熊”名之。窃以为，“狗熊者，熊之小者也。以其小，故曰熊子也”之诠释很关键地指出此“狗熊”体形不是略小，且指出在“岭之南”，再同时列出 3 种“熊”，亦即棕熊（人熊）、黑熊（猪熊）与马来熊（狗熊）。

民国九年《赤溪县志》记述：

狗熊：形似狗。毛色或黑，或白，前足似狗足，后足似人足。性较烈，息食草根、蚯蚓。夜间，始出捕食，故人罕见。

按：此述不落窠臼，并侧重于“似狗”，似主要指马来熊。

民国十年《东莞县志》记述：

熊：有人熊、猪熊、狗熊、羊熊。其体同，首异，各以类名之。见人索，与戏谑。人拒之，则怒，以爪伤人，饮其血也《罗浮山志会编》。按：今罗浮罕见，邑近无有。

按：据此，反映曾含有马来熊。

民国十四年《阳江志》记述：

狗熊：岭南熊有三，狗熊居其一，状似狗。《尔雅》所谓：熊虎丑，其子狗。是也。口大，耳旁似有两耳。走极迅捷，常搏食小牛羊诸畜。土人间获之于深山中参《广东新语》、《采访册》。

按：此处“岭南熊有三，狗熊居其一，状似狗”，反映含有马来熊。

7.2.5 广西

广西壮族自治区有马来熊栖息记录。

清嘉庆六年《广西通志》集解：

熊：广西有兽名有熊，乃一长大人也。被发裸体，手爪长锐。常以爪划橄榄木，取其脂液涂身，厚数寸，用以御寒暑，敌搏噬。是兽也，力能搏虎。每踸踔而行道，道遇一木根，必拔去而后行。登木而行，橡栗必折尽而后已。在山中遇人，则执人手，以舌掩面而笑。少焉，以爪抉人目精而去《岭外代答》。熊多力，性轻健，能攀缘。状不一，有人熊，马熊，猪熊，狗熊数种《府志》。

按：此处皆引前人诠释，仅后者中略有似包括马来熊。

民国二十四年《罗城县志》记述：

狗熊：形似狗而大倍之。大者重两百余斤。毛黑，嘴尖，眼细，足短。能效人行，又能登树。皮、骨熬膏，去疯温补。四足为熊掌，亦温补。胆为熊胆，治眼疾，亦治积热。

按：其中含有部分马来熊特征，说明当地有所分布。

民国二十五年《融县志》记述：

熊：有人熊、狗熊、马熊三种多匿深山，不常见。偶有或者售其掌及胆，已逾百金。

按：说明其中含有马来熊。

《宁明县志》记载（宁明县志编纂委员会，

1988）：

狗熊：近年攀龙村有人在保护区发现狗熊觅食。爱店、米康两村（街）群众亦发现有狗熊在公母山、滗龙山出没。

按：此处缺少特征描述，或许含有马来熊。

据国家濒危物种科学委员会报道，靖西县曾捕获1只马来熊①。

7.2.6　海南

海南省曾有马来熊生息繁衍。

清乾隆五十七年《陵水县志》记述：

熊：好攀缘木以引气，故曰之熊经。其胆春在头，夏在腹，秋在左足，冬在右足。当心有白脂如玉，曰熊白。冬蛰不食，饥则自舐其掌，故其美在掌。按：陵邑有猪熊、狗熊、马熊、人熊，同首异面。马熊特大，人熊不多见。

按：值得注意的是称"陵邑有猪熊、狗熊、马熊、人熊，同首异面"，反映当地有马来熊。

清道光二十一年《琼州府志》记述"按：琼郡猪熊、狗熊、马熊、人熊，其体同，首异"，所谓"狗熊"，似为马来熊。

7.3　西南

西南马来熊分布最多，各省级政区皆有，又是现今唯一残存马来熊之大区。

7.3.1　重庆

重庆市曾有马来熊分布。

郭璞注《尔雅》"魋"的"建平郡"（详见上文），包括今巫溪县、巫山县等地。

7.3.2　四川

四川省一些地方有马来熊分布记录。

清咸丰八年《天全州志》记述：

熊：有大小二种。贪蜂虫、山稼。人熊，此间无有。

按：此处明确排除棕熊（人熊）；那么，所谓"大小二种"熊，前者当是黑熊，后者无疑是指马来熊。

清咸丰七年《冕宁县志》记载：

熊：狗熊、猪熊，山中时有。

按：既然古人所称"猪熊"，乃今黑熊，那么，此处所称"狗熊"，似为马来熊。

清咸丰九年《邛巂野录》

熊：《府志》：西昌、冕宁俱产……《冕宁县志》：狗熊、猪熊，山中时有。

按：据此，反映曾有马来熊。

清同治十三年《会理州志》记述：

熊：有数种。能立者曰人熊，不能立者曰狗熊、马熊、猪熊，其毛黑色，目竖而小。

按：此处明确有棕熊（人熊、马熊）、黑熊（猪熊）与马来熊（狗熊）。

民国二十六年《犍为县志》记述：

狗熊：熊之小者。即《尔雅》所谓"熊虎丑，其子狗"者也。县西大窝顶各山皆有之。

按：此处强调"熊之小者"，与马来熊比较接近。

《四川资源动物志》记载的物种分布（《四川资源动物志》编辑委员会等，1982）：

马来熊：理塘、巴塘。

按：此乃现代动物学者考证，反映在川西甘孜州的理塘县与巴塘县有马来熊分布。

7.3.3　云南

云南省是我国现存马来熊分布的主要省级政区。

民国十年《宁洱县地志》记述：

熊：有马熊、狗熊二类。马熊，大者百余斤。狗熊稍小，仅四五十斤。

按：可比较描述的两种熊，尤其是"狗熊稍小，仅四五十斤"，可见确是马来熊。

《中国云南野生动物》称（季维智，1999）：

马来熊：分布滇南、滇中和滇西。

按：此说虽较笼统，但从其他旁证看，基本符合实际。

1972年在中国云南南部边境山地首次发现，数量极少②。

《中国动物志：兽纲：食肉目》称，1972年，在绿春县黄莲山（黄连山）岩林中被兽夹捕获到马来熊活体（高耀亭等，1987）。

地处绿春县的黄连山国家级自然保护区仍有马来熊，记述道：

马来熊系濒危物种，国内外均列为一级重点

①濒危物种数据库. http://www.cites.org.cn/database/? action=item&cid=101

②马来熊. http://baike.baidu.com/link? url=_mfPSxyIMiJD1S7vJNteGzGT6vVSfYtuf4wowr18vqBIH31seFKOY5NGyw9BXrXf

保护。绿春黄连山自然保护区是目前国内唯一采到马来熊标本，并知其确切分布的一个自然保护区。

马来熊别名狗熊、太阳熊，属于熊科。是熊类中体形最小的种类，体长 100 cm 左右，体重约 50 kg。体胖颈短，头部短圆，眼小，鼻、唇裸露无毛，耳小而颈部宽。全身毛短绒稀，乌黑光滑；鼻与唇周为棕黄色，眼圈灰褐；胸部有一棕黄色的马蹄形块斑。两肩有对称的毛旋，胸斑中央也有一个毛旋。尾约与耳等长；趾基部连有短蹼。

马来熊也是林栖动物，它们酷爱居住在低洼地带那茂密的热带林中。和很多野生动物一样，它们也更喜欢在夜间出来活动。由于是出色的爬树高手，它们生活中有很大一部分时间是在离地 2～7 m 的树杈上度过的，包括睡眠和日光浴。冬季的马来熊并不冬眠，或许这是因为它们居住在炎热地带，而食物来源一年到头都比较充足的缘故吧。

栖息于热带、亚热带雨林、季雨林中，主要分布在印度尼西亚、马来半岛、缅甸等地。1972 年在中国云南南部边境山地首次发现，数量十分稀少，因此它们被列为中国一级重点保护野生动物[①]。按：这是最早提及的我国现存马来熊分布地。

● 普洱市：普洱市地处 99°09′～102°19′E，22°02′～24°50′N，周边多邻近现今马来熊分布地（东临红河州、玉溪市，南接西双版纳州，西北连临沧市）。境内群山起伏，山地面积占 98.3%。由于地处北回归线附近，受地形、海拔影响，垂直气候特点明显；又受亚热带季风气候的影响，大部分地区常年无霜，冬无严寒，夏无酷暑。比较适宜马来熊栖息。

墨江哈尼族自治县称，1949 年后，虎、野牛已绝迹，熊、豹、豺、狼、水獭等也很少见，其他各种野兽数量大大减少[②]。所谓“熊”，似包括马来熊。

江城哈尼族彝族自治县称，野生动物主要有熊等动物上百种[③]。此处的“熊”，可能含有马来熊。

孟连傣族拉祜族佤族自治县境内气候垂直变化明显，冬无严寒，夏无酷暑，四季如春。动物资源有熊等[④]。所称“熊”，其中似有马来熊。

西盟佤族自治县称，截至 2009 年，该县有熊等数十种兽类[⑤]。所谓“熊”，似包括马来熊在内。

● 德宏州：德宏傣族景颇族自治州称，截止到 2013 年底，现有国家规定的一类保护动物：马来熊与绿孔雀、孔雀雉、白颊山鹧鸪、红腿小隼、黑颈长尾雉、赤颈鹤、红腹角雉、白尾梢虹雉、冠斑犀鸟、双角犀鸟、蜂猴、叶猴、金丝猴、熊猴、豚尾猴、熊狸、巨（晰）[蜥]、长臂猿、云豹、云猫、金钱豹、孟加拉虎、亚洲象、云南野牛、扭角羚等[⑥]。从马来熊的称谓、保护等级及绝大部分列举的同级物种等看，说明有马来熊分布。

瑞丽市地处横断山脉高黎贡山余脉的向南延伸部分，地势西北高、东南低。地属南亚热带季风性气候，全年分旱雨两季，基本无霜。森林覆盖率 55%，垂直地带性分布特点明显。现存野生动物主要有 339 种，其中兽类 52 种，列入国家一级保护动物有马来熊与蜂猴、绿孔雀、云豹、巨蜥、蟒蛇，二级保护动物有黑猴、原鸡、穿山甲、大壁虎等[⑦]。

梁河县现有野生动物中兽类有熊等珍稀物

---

①黄连山国家级自然保护区. http://baike. baidu. com/view/1405397. htm? fromId=246469

②墨江哈尼族自治县. http://baike. baidu. com/link? url=7dwkfgTOF-rEFFjk-8pX_JI-tjK82xvBbpkfidTbQChD7ljSc57z KVdMkX-oKI-IImRplJsIWmZO3RODHE4Y9e_#5_2

③江城哈尼族彝族自治县. http://baike. baidu. com/link? url=-OSJ2tVPqloYW471-O2q76Y4FAqD4HxOkM-M7IrDqQSdkOXOVaoWFPUg1qjFJQCDWgrEO-o7qlaMSStc6oiY1a

④孟连傣族拉祜族佤族自治县. http://baike. baidu. com/link? url=Y9JSgGW7PMBqKouRw2kXGOWcZ0BrLFkrHj2rW6XL1lBHtGF2BnqjdmVq3G80YCRX

⑤西盟佤族自治县. http://baike. baidu. com/link? url=VnElUVgDCc0kJ2dWRcbAXLZTJhXTJeVo-grJrHxtj1yG5b14c_Mh-kUFi64qb_FUQ0FQtwozWHoSAIDNzOveR1K

⑥德宏傣族景颇族自治州. http://baike. baidu. com/link? url=mB7gXuUr_72fIEHV3d38FuZH51xBFo2yzgJmotSsjmFLM04ugDwL3bDUsEv3oKGX4D4M7VnOuYWcrBML4NqdFK

⑦瑞丽. http://baike. baidu. com/link? url=9TxsAG1pw8sWgt9TnbGAy9Gg6KAcixtlD8GOUerOlUNDI0kM5C_mZQRqHEajdJ_AvABO0hUPugLYFhjKSWRdIpMZGfwjycLTXfJvgz-_pB9yu4UMwHY2QOXY91Q06-NA0034J0snqMGN7SbEW527RaqJESQm8RAPmKTfs_VCcO_1S6zJ4Icztl3cQbFcOHr_

种[①]。所称“熊”，似含有马来熊。

● 怒江州：福贡县称，当地动物有豹、羚羊、小熊猫、野牛、岩羊、滇金丝猴、小熊猫[②]、猕猴、鹿、麂、飞鼠、水獭、黑熊等39种[③]。此处出现两次“小熊猫”。窃以为，后一“小熊猫”当是“小熊”之误，亦即为马来熊。

兰坪白族普米族自治县称，当地属于国家Ⅱ级保护的野生动物有马来熊等14种[④]。其中马来熊的保护等级虽有误，但还是可以证明有该物种。

● 红河州：红河哈尼族彝族自治州曾有马来熊记载，现今仍称，有陆栖脊椎野生动物690种，国家重点保护野生动物102种，其中国家一级重点保护野生动物有马来熊、黑冠长臂猿、金钱豹、绿孔雀等21种[⑤]。但就目前掌握的情况，该州似仅有绿春县与红河县可以确定仍有马来熊分布。

红河县地处红河西南部，红河中游南岸；境内峰峦起伏，沟壑纵横，红河绕县境北缘奔流而过；地势大致中部高、南北低，96%的面积为山地。属亚热带季风气候，立体气候十分明显。野生动物种类较多，其中有不少列为国家保护动物。主要动物有马来熊与蟒蛇、懒猴、黑冠长臂猿、金钱豹等[⑥]。

● 文山州：文山壮族苗族自治州地处103°35′～106°12′E，22°40′～24°48′N之间，亦即在北回归线之间，西与红河州毗邻。地势西北高、东南低，山区和半山区占土地总面积的97%。多为亚热带气候，全年无霜期356天，冬无严寒，夏无酷暑，干凉和雨热同季。该州一些地方似有马来熊分布。

西畴县称，珍稀野生动物有熊等[⑦]。此处所称“熊”，似含有马来熊。

截至2012年，马关县仍有野生动物近百种，主要有熊等[⑧]。所谓“熊”，似包括马来熊。

● 西双版纳州：勐海县现珍稀哺乳动物中仍有熊等9目27科67种[⑨]。此处所称“熊”，似包括马来熊。

7.3.4 西藏

西藏自治区东部少数地方有马来熊分布记录。

据报道，1987～1990年，西藏珍稀野生动物考察队在芒康县（靠近云南西北部）获得一张黑色毛皮，皮张的毛短而略带光亮，耳朵小而略圆，前胸有白色斑纹似呈“U”字形。当地干部和猎人见到过这种比狗略大、20～30 kg重的“小黑熊”；当地人一再强调，绝对不是黑熊的幼仔，它的性情比棕熊和黑熊更凶猛，数量十分稀少，仅见于该县的徐中、火拉和小昌都乡一带；数量不足200只（刘务林，1996）。芒康县盐井纳西民族乡地处青藏高原东南部，与云贵高原接壤，属三江流域峡谷区；地势北高南低，主要山脉有宁静山、怒山等。地属高原温带半湿润季风气候区，光照充足，干湿季分明，夏季温和潮湿，冬季寒冷干燥。据称，“现辟有盐井自然保护区”[⑩]，“保护区内属重点保护的珍稀动物即达近50种，如滇金丝

---

①梁河县. http://baike.baidu.com/link? url=J1PycJxZj9P7jnisGiE_yYNeNnZjWil1YSoD9o3GNaY71qwn08ZNPgYGSFerQxi-

②另有称：“境内有多种野生动物，有豹、羚羊、小熊猫、野牛、岩羊、滇金丝猴、小熊。”（福贡县. http://baike.baidu.com/link? url=jWWnZ0a9Lh33f4KPexUC_JPThiZ42wP5n2H9H1q313cic9I2xi6Ny4zAqHm2W66pDDFPIJ37MNUDgWzoOft5gK）

③福贡县. http://baike.baidu.com/link? url=zIuy4iKP45y6z_xMvi3w-JggoX44iUt5RM-3CwFMDNyW_4CaJAzN6fJksAeokDHQ

④兰坪白族普米族自治县. http://baike.baidu.com/link? url=fArKP8unFts8hrHzRDmhTPzytzlVS_7I9kMrqHgysoFb1pBdzRrJsRSz8mSYh0Noexg-s4emXOK0LtxcIsczkq

⑤红河哈尼族彝族自治州. http://baike.baidu.com/link? url=C_vmYKqwv7-ZawBwPsAayhvIKVIIf1cIQqs_0eiMSucirsvx0-ozn-QZt10XMFKzQTclAaREVtyxvh2U15PXeqSVJjC0oqS-RHqtmN2RxNax01if08P6D0JWZLvb1qNEDwE2E3oMX9Ou9cB69iBruWKyYU8fCmyxB6BrMK17kOn7

⑥红河县. http://baike.baidu.com/link? url=Nq8PJyKRK3pnE2mEt5fQlQcEi0Vc1jSLCM1zjIyHH2uDeITqJ7OBbmKcpSQs4xa1d08zgvui805CyIziAAOthq

⑦西畴县. http://baike.baidu.com/link? url=vn88j694s9xjlpLUt-7uQOvzzDFhty_ktn4k0fnvGsCZ0zMYYZjrDCu4_euULYvt

⑧马关县. http://baike.baidu.com/link? url=NoSygezR55i_2RivWwxZVmjDUTTuaslk_qOJdqWjXbqpA4AuZe5RFi0v2Jck2KtEtCxxUSdu7w9foFlYYMXBYa

⑨勐海县. http://baike.baidu.com/link? url=XombKAei_cr_Eqf5O5LdrowfhwfoQAdMVh5J4D_BXK4Cfo-9JUQypQyOPOnEZq4Hoy2G2nD12FiSTcIsDMJXDHEu9VY6wDQLfMfTyZmApOP6OZXZyeja4JnZXtLdjMsv5gzEpmZ-IqLFfQ5ojbyX2RoCU5MoyBI7-1zUw2zpouO

⑩《全国自然保护区名录》（http://sts.mep.gov.cn/zrbhq/zrbhq/201208/t20120824_235172.htm）并无此名称保护区。

猴、白唇鹿、马来熊、水鹿、黑鹳等”。[①] 也说明该县确有马来熊存在。

据刘务林(1996)在墨脱县考察时，在背崩乡地东目睹一次“小黑熊”(马来熊)摘食平果榕果实；又在当地见到一张马来熊毛皮，乌黑发亮，毛短，几乎无绒毛，胸斑呈“U”字形，棕黄色并染有棕红色；还展开黑熊与马来熊彩图让村民和猎人辨认，绝大部分人很准确地分辨出，并将马来熊称为“康儿拉欧目虾”(小狗熊)。可见当地有马来熊分布。

7.4 西北

西北虽明确有马来熊分布的省级政区目前仅有甘肃省，但陕西省疑似曾有。

7.4.1 陕西

陕西省理论上曾有马来熊分布，尚待进一步查证。

陕南地处秦岭以南，尽管地域应是马来熊分布的北部之一，但从方志记载情况看：20 世纪前半叶以前的多仅有“熊”“罴”称谓，尚可推断出有黑熊或棕熊分布；20 世纪后半叶以来的方志记载中虽出现“狗熊”称谓，确有不少明确指出其为黑熊的别称之一，且根据较详细的描述，也确实就是黑熊。

然而，从马来熊分布变迁规律考虑，随着更多资料的发掘，相信会查明它们在陕南的分布状况。

7.4.2 甘肃

甘肃省是马来熊分布的最西北省级政区。

《西和县志》记载兽类时，列举有(西和县志编纂委员会，1997)：

马来熊、狗熊、棕熊、狼、豺(豺狗)、狐狸(野猫)、青鼬(密狗)、白臀鹿、梅花鹿、黑鹿、麝(香子)、羚羊、羚牛、山羊、野猪、獾猪、豪猪、竹鼬、蒿豹、金钱豹、岩獭、水獭、刺猬、黄鼠狼、野兔等。

按：此处明确有 3 种现生熊，尤其是出现“马来熊”分布，笔者初曾存在疑惑。然而据查考西和县(105.2°E，34.0°N)：地处西秦岭南侧长江流域嘉陵江水系西汉水上游，地势由西北向东南倾斜，西北属梁峁沟壑区，地表起伏平缓，土质肥沃；东南属岭南山林区，峰峦叠嶂，山势陡峻。地属暖温带半湿润气候区，年平均气温 8.4℃，平均无霜期 183 天，气候湿润，四季分明。有亚热带、温带、寒带树木 1 000 多种；截至 2008 年，森林覆盖率 41%[②]。

7.5 方志记载

我们所见文献中明确记载马来熊的资料虽不多，但正是出现多条较关键信息，使我们可以据此作一些推断。方志记载(表 13.25)从时间、空间与记录情况等提供了这种可能性(有一部分乃疑似含有马来熊)。

表 13.25 方志记载反映马来熊分布概况

地区	省级政区	今地点	文献	内容	新方志出处
华东	浙江	属台州市	明万历七年(1579)《黄岩县志》	熊*	
		常山县	明万历十三年(1585)《常山县志》	熊(有人熊、猪熊、犬熊数种)	
		衢州市、江山市、常山县、开化县、龙游县	清康熙五十年(1711)《衢州府志》	熊(有人熊、猪熊、犬熊)	
		嵊州市	清同治九年(1870)《嵊县志》	熊(产西山。有狗熊、人熊、猪熊)	
		嵊州市	民国七年(1918)《嵊县志》	熊(产西山，有狗熊)	
		嵊州市	民国二十二年(1933)《嵊县志》	熊(产西山。有狗熊)	

①盐井县. http://baike. baidu. com/link? url＝CTO0Dhxj8lo69MO6yHIa1_JMA4sBLlAd1W_RvR2IKaONSNI1s3Kx9dHwOgEuuosyJCr5Xlx0ny2S6WfKLspHiK

②西和县. http://baike. baidu. com/link? url＝TQLgMc2vHvjzdiiIcMEr4nZn_IzXD7Y2hKWeqBoFxgVoXz2X95JmaSAspqUGOVe94EzpCvOQcUleUh1hQn1CAaEqZ3-G4zBecCjckYgPZKe

（续表）

地区	省级政区	今地点	文献	内容	新方志出处
	安徽	金寨县等地	清雍正九年(1731)《河南通志》	熊(光州亦有)	
		金寨县等地	清光绪十三年(1887)《光州志》	熊*	
		歙县	民国二十六年(1937)《歙县志》	熊(有马熊、猪熊、狗熊等称)	
	福建	福州市、福清市、长乐市、闽侯县、连江县、罗源县、闽清县、永泰县、蕉城区、福安市、福鼎市、霞浦县、柘荣县、屏南县、古田县	宋淳熙九年(1182)《三山志》	熊(猪熊)	
		蕉城区、福安市、福鼎市、霞浦县、柘荣县	明嘉靖十七年(1538)《福宁州志》	熊(猪熊为多)	
		蕉城区	明嘉靖十七年(1538)《宁德县志》	熊(猪熊为多)	
		福安市	明万历二十五年(1597)《福安县志》	熊(猪熊多)	
		松溪县	清康熙三十九年(1700)《松溪县志》	熊(有犬熊、猪熊)	
		沙县	清康熙四十年(1701)《沙县志》	熊(有人、马、狗、猪)	
		厦门市、泉州市、石狮市、晋江市、南安市、惠安县、安溪县、金门县	清乾隆二十八年(1763)《泉州府志》	熊(有人熊、犬熊……在深山有之)	
		延平区、顺昌县、三明市、永安市、将乐县、沙县、尤溪县	清乾隆三十年(1765)《延平府志》	熊(有人熊、马熊、狗熊、猪熊各种)	
		将乐县	清乾隆三十年(1765)《将乐县志》	熊(似猪者，曰猪熊。似狗者，曰狗熊)	
		属厦门市	清嘉庆三年(1798)《同安县志》	熊(又有犬熊……深山中有之)	
		浦城县	清嘉庆十六年(1811)《浦城县志》	熊(……又有状类狗者，谓之狗熊)	
		政和县	清道光十二年(1832)《政和县志》	熊(有犬熊、猪熊)	
		沙县	清道光十四年(1834)《沙县志》	熊(有人、马、狗、猪)	
		浦城县	清光绪二十六年(1900)《浦城县志》	熊(又有状类狗者，谓之狗熊)	
		永泰县	民国十一年(1922)《永泰县志》	熊(有……狗熊……各种)	
		尤溪县	民国十六年(1927)《尤溪县志》	熊(有……狗熊……各种)	
		永春县	民国十六年(1927)《永春县志》	熊(常见者有……狗熊二种。皆自北方来者，非永产)、	
		南安县	民国十六年(1927)《南安县志》	熊(如犬豕者，犬熊……所在深山有之)	
		沙县	民国十七年(1928)《沙县志》	熊(有……狗熊……各种)	
		属厦门市	民国十八年(1929)《同安县志》	熊(又有犬熊……深山中有之)	
		建阳市	民国十八年(1929)《建阳县志》	熊(有……狗熊)	
		建瓯市	民国十八年(1929)《建瓯县志》	熊(有……狗熊。邑产极少)	

（续表）

地区	省级政区	今地点	文献	内容	新方志出处
		浦城县	1994年《浦城县志》	黑熊（俗名狗熊，昔有俗称猪熊、马熊、狗熊数种）	浦城县地方志编纂委员会，1994
		沙县	1992年《沙县志》	狗熊	沙县地方志编纂委员会，1992
		武平县	1993年《武平县志》	狗熊	武平县地方志编纂委员会，1993
		永安市	1994年《永安市志》	狗熊	永安市地方志编纂委员会，1994
		光泽县	1994年《光泽县志》	狗熊	光泽县地方志编纂委员会，1994
		柘荣县	1995年《柘荣县志》	貂熊*	柘荣县地方志编纂委员会，1995
		大田县	1996年《大田县志》	狗熊（黑熊）	大田县地方志编纂委员会，1996
	江西	九江县	清乾隆二十年(1755)《德化县志》	熊（类犬、豕）	
		遂川县	清乾隆三十六年(1771)《龙泉县志》	狗熊	
		玉山县	清同治十二年(1873)《玉山县志》	狗熊*	
		遂川县	清同治十二年(1873)《龙泉县志》	狗熊	
		德兴市、玉山县	1990年《三清山志》	狗熊*	德兴县县志编纂委员会办公室，1990
		铅山县	1990年《铅山县志》	黑熊（俗称“狗熊”）*	铅山县县志编纂委员会，1990
		星子县	1990年《星子县志》	狗熊	江西省星子县志编纂委员会，1990
		德兴市	1993年《德兴县志》	狗熊*	江西省德兴市地方志编纂委员会，1993
	台湾	台中县	清乾隆十七年(1752)《台湾县志》	熊：熊类不一。有猪熊，狗熊，人熊，马熊之异，各肖其形）	
		高雄县	清乾隆二十九年(1764)《凤山县志》	熊（种类不一）	
		宜兰县	清道光十七年(1837)《噶玛兰志略》	熊（有……狗熊诸种，各肖其形）	
		宜兰县	清咸丰二年(1852)《噶玛兰厅志》	熊*	
		新竹县	清同治十年(1871)《淡水厅志》	熊***	
		苗栗县	清光绪十七年(1891)《苗栗县志》	熊：有猪熊、狗熊二种。出内山	

（续表）

地区	省级政区	今地点	文献	内容	新方志出处
		台北市、基隆市、高雄市、台南市、台中市、新竹市、嘉义市、台北县、高雄县、台南县、台中县、新竹县、嘉义县、屏东县、台东县、花莲县、宜兰县、桃园县、苗栗县、彰化县、南投县、云林县、澎湖县	清光绪二十年(1894)《台湾通志》	熊***	
		台北市、基隆市、高雄市、台南市、台中市、新竹市、嘉义市、台北县、高雄县、台南县、台中县、新竹县、嘉义县、屏东县、台东县、花莲县、宜兰县、桃园县、苗栗县、彰化县、南投县、云林县、澎湖县	清光绪二十一年(1895)《台湾通志》	熊***	
		高雄县	民国三十五年(1946)《凤山县志》	熊	
		桃园县	1956年《桃园县志》	熊*	郭薰风等，1956
		苗栗县	1957年《苗栗县志》	台湾黑熊(亦称猪熊、狗熊)*	黄新亚等，1957
		嘉义县	1982年《嘉义县志》	熊*	赖子清等，1982
中南	河南	商城县	明嘉靖三十年(1551)《商城县志》	熊	
		邓州市、内乡县、淅川县、新野县	明嘉靖四十三年(1564)《邓州志》	有熊	
		舞阳县、舞钢市、叶县、南阳市、邓州市、南召县、方城县、西峡县、镇平县、内乡县、淅川县、社旗县、唐河县、新野县、桐柏县、泌阳县	清顺治十六年(1659)《南阳府志》	熊	
		潢川县、光山县、固始县、息县、商城县、新县、淮滨县等地	清顺治十六年(1659)《光州志》	熊(俱出产出，州间有之)	
		固始县	清顺治十七年(1660)《固始县志》	熊	
		信阳市、罗山县、驿城区、确山县、遂平县、西平县、上蔡县、汝南县、平舆县、新蔡县、正阳县	清康熙元年(1662)《汝宁府志》	熊	
		商城县	清康熙二十九年(1690)《商城县志》	熊	
		内乡县	清康熙三十二年(1693)《内乡县志》	熊	

（续表）

地区	省级政区	今地点	文献	内容	新方志出处
		信阳市、罗山县、驿城区、确山县、遂平县、西平县、上蔡县、汝南县、平舆县、新蔡县、正阳县	清雍正六年(1728)《古今图书集成·方舆汇编·职方典·汝宁府物产考》	熊	
		南召县	清乾隆十一年(1746)《南召县志》	熊*	
		潢川县、光山县、固始县、息县、商城县、新县、淮滨县等地	清光绪十三年(1887)《光州志》	熊**	
		卢氏县	清光绪十八年(1892)《卢氏县志》	熊	
		方城县	1992年《方城县志》	熊(今已绝迹)	方城县地方志编纂委员会,1992
	湖北	秭归县、巴东县、兴山县	明嘉靖二十八年(1549)《归州全志》	熊(巴东、兴山同)	
		巴东县	明嘉靖三十年(1551)《巴东县志》	熊	
		兴山县、秭归县、巴东县	明嘉靖四十三年(1564)《归州志》	熊(有人、马、狗三种)	
		鹤峰县	清道光二年(1822)《鹤峰州志》	熊(有猪熊、狗熊、马熊,无人熊)	
		宣恩县	清同治二年(1863)《宣恩县志》	马熊、狗熊	
		宜昌市、秭归县、兴山县、长阳土家族自治县、五峰土家族自治县、巴东县、鹤峰县	清同治三年(1864)《宜昌府志》	东湖:熊,归州:熊,长阳:亦与兴[兴山]东[东湖]归[归州]同①,巴东:野兽皆同东[东湖]归[归州]①,鹤峰:山中走兽甚多,与长阳同①,长乐:与长阳、鹤峰同①	
		兴山县、秭归县、长阳土家族自治县、恩施市、巴东县	清同治五年(1866)《归州志》	熊	
		来凤县	清同治五年(1866)《来凤县志》	熊(有猪、狗、马三种)	
		兴山县	清光绪十年(1884)《兴山县志》	熊(俗呼熊为猪熊、狗熊……邑产猪熊、狗熊也)	
		鄂州市	清光绪十一年(1885)《武昌县志》	熊(多狗熊、人熊最少)	
		秭归县	清宣统(1909～1911)《归州志》	魋(俗呼赤熊)	
		巴东县	1993年《巴东县志》	狗熊	湖北省巴东县地方志编纂委员会,1993
		五峰土家族自治县	1994年《五峰县志》	狗熊	湖北省五峰土家族自治县地方志编纂委员会,1994
		恩施市	1996年《恩施市志》	狗熊(已多年不见)	湖北省恩施市地方志编纂委员会,1996

（续表）

地区	省级政区	今地点	文献	内容	新方志出处
		兴山县	1997 年《兴山县志》	熊（以形态分……狗熊）	湖北省兴山县地方志编纂委员会，1997
		恩施市、利川市、建始县、巴东县、宣恩县、咸丰县、来凤县、鹤峰县	1998 年《恩施州志》	狗熊	湖北省恩施土家族苗族自治州地方志编纂委员会，1998
	湖南	衡阳市、衡阳县、衡山县	（宋）陈田夫《南岳总胜集》	岳有灵禽异兽：马熊、猪熊、狗熊	
		常德市、汉寿县、桃源县、沅江市	明嘉靖十七年（1538）《常德府志》	间有熊（形类犬、豕而性轻健，好攀缘上树。见人则自投而下。背上有脂，曰熊白。夏月，则无。其胆入药，明目）	
		邵阳市、武冈市、邵东县、邵阳县、新邵县、隆回县、洞口县、新宁县、城步苗族自治县、新化县	明隆庆元年（1567）《宝庆府志》	熊	
		平江县、慈利县	明隆庆（1567～1572）《岳州府志》	平江县：熊（脂、掌味珍。胆入药），慈利县：熊（人、犬二形）	
		江华瑶族自治县	明万历二年（1574）《江华县志》	熊	
		沅陵县、辰溪县、溆浦县、泸溪县	明万历二十五年（1597）《辰州府志》	熊（猪熊，狗熊）	
		新宁县	明万历三十四年（1606）《新宁县志》	熊	
		沅陵县	清康熙四十四年（1705）《沅陵县志》	熊（狗熊、马熊）	
		江永县	清康熙四十八年（1709）《永明县志》	熊	
		江华瑶族自治县	清雍正七年（1729）《江华县志》	熊	
		桑植县	清乾隆二十九年（1764）《桑植县志》	熊（有猪熊、狗熊）	
		沅陵县、辰溪县、溆浦县、泸溪县	清乾隆三十年（1765）《辰州府志》	熊（形似人。有猪熊，狗熊二种）	
		宁远县	清嘉庆十六年（1811）《宁远县志》	嘉靖辛卯春，一日昧爽，有狗熊自西南来，突入市	
		常德市、桃源县、汉寿县、沅江市	清嘉庆十八年（1813）《常德府志》	熊（《旧志》：俱间出）	
		龙山县	清嘉庆二十三年（1818）《龙山县志》	熊（形似人。有猪熊、狗熊二种）	
		衡山县	清道光三年（1823）《衡山县志》	熊（人熊似人，猪熊似猪，狗熊似狗）	
		新宁县	清道光三年（1823）《新宁县志》	熊	
		邵阳市、武冈市、邵东县、邵阳县、新邵县、隆回县、洞口县、新宁县、城步苗族自治县、冷水江市、新化县	清道光二十九年（1849）《宝庆府志》	熊	

（续表）

地区	省级政区	今地点	文献	内容	新方志出处
		属常德市	清同治二年(1863)《武陵县志》	熊	
		石门县	清同治七年(1868)《石门县志》	熊***	
		张家界市、慈利县、津市市、安乡县、澧县、临澧县、石门县、南县	清同治八年(1869)《澧州志》	熊***	
		江华瑶族自治县	清同治九年(1870)《江华县志》	熊	
		桑植县	清同治十一年(1872)《桑植县志》	熊(有猪熊、狗熊)	
		沅陵县	清同治十二年(1873)《沅陵县志》	熊(狗熊、马熊)	
		龙山县	清光绪四年(1878)《龙山县志》	熊	
		炎陵县、衡阳市、常宁市、耒阳市、衡南县、衡山县、衡东县、安仁县、桑植县、保靖县、古丈县、永顺县、龙山县	清光绪十一年(1885)《湖南通志》	衡州府：产马熊、狗熊，永顺府：熊	
		新宁县	清光绪十九年(1893)《新宁县志》	熊(人熊、狗熊)	
		沅陵县	清光绪二十八年(1902)《沅陵县志》	熊	
		邵阳市、邵阳县	清光绪三十三年(1907)《邵阳县乡土志》	熊(有狗熊……龙山一带有之)	
		江永县	清光绪三十三年(1907)《永明县志》	熊	
		汝城县	民国二十一年(1932)《汝城县志》	狗熊	
		城步苗族自治县	1984年《城步苗族自治县概况》	狗熊	《城步苗族自治县概况》编写组，1984
		通道侗族自治县	1986年《通道侗族自治县概况》	狗熊	《通道侗族自治县概况》编写组，1986
	广东	台山市	明嘉靖二十四年(1545)《新宁县志》	熊	
		紫金县	清康熙二十六年(1687)《永安县志》	有人熊、狗熊	
		博罗县	清康熙五十六年(1717)《罗浮山志会编》	熊(猛力，巢居。有人熊、猪熊、狗熊、羊熊，其体同，首异，各以类名之)	
		新丰县	清乾隆二十一年(1756)《长宁县志》	熊(……有人熊、猪熊、狗熊)	
		江城区	清道光二年(1822)《阳江县志》	熊	
		紫金县	清道光二年(1822)《永安县志》	有人熊、狗熊	
		新丰县	清道光十九年(1839)《长宁县志》	熊(……有人熊、猪熊、狗熊)	
		台山市	清道光十九年(1839)《新宁县志》	熊	
		台山市	清光绪十九年(1893)《新宁县志》	熊猪、马熊	
		四会市	清光绪二十二年(1896)《四会县志》	熊(有人熊、猪熊、狗熊之分)	

(续表)

地区	省级政区	今地点	文献	内容	新方志出处
		属台山市	民国九年(1920)《赤溪县志》	狗熊*	
		东莞市	民国十年(1921)《东莞县志》	熊*	
		江城区	民国十四年(1925)《阳江志》	狗熊*	
		紫金县	1994年《紫金县志》	狗熊	紫金县地方志编纂委员会,1994
	广西	钦州市、灵山县	明嘉靖十八年(1539)《钦州志》	熊	
		金城江区、宜州市、南丹县、天峨县、凤山县、东兰县、环江毛南族自治县、忻城县	清乾隆十九年(1754)《庆远府志》	熊(有人、马、猪、狗数种)	
		南宁市、横县、隆安县、上思县、扶绥县、平果县	清嘉庆六年(1801)《广西通志》	南宁府:熊*	
		蒙山县	清嘉庆十八年(1813)《永安州志》	狗熊	
		金城江区、宜州市、南丹县、天峨县、凤山县、东兰县、环江毛南族自治县、忻城县	清道光九年(1829)《庆远府志》	熊	
		钦州市、灵山县、浦北县、北海市、合浦县、防城港市、东兴市	清道光十三年(1833)《廉州府志》	熊、狗熊	
		钦州市、灵山县	清道光十四年(1834)《钦州志》	狗熊(间有)	
		武鸣县	清道光二十四年(1844)《武缘县志》	狗熊	
		上林县	清光绪二年(1876)《上林县志》	狗熊	
		属扶绥县	清光绪四年(1878)《新宁州志》	熊(……州属少人熊,所有者马熊、猪熊、狗熊三种耳)	
		武鸣县	清光绪十三年(1887)《武缘县志》	狗熊	
		天等县、德保县、靖西县、那坡县	清光绪十八年(1892)《镇安府志》	熊***	
		玉州区、北流市、兴业县、陆川县、博白县	清光绪二十年(1894)《鬱林州志》	狗熊(大容山深处有之)	
		蒙山县	清光绪二十四年(1898)《永安州志》	狗熊	
		靖西县	清光绪二十五年(1899)《归顺直隶州志》	熊(……又有马熊、猪熊、狗熊数种,不一其状)	
		金城江区	清光绪二十五年(1899)《河池州志》	熊(有人、马、猪、狗数种)	
		属罗城仫佬族自治县	清光绪三十二年(1906)《天河县乡土志》	狗熊	
		金城江区	清光绪三十三年(1907)《河池州志》	熊(有人、马、猪、狗数种)	

（续表）

地区	省级政区	今地点	文献	内容	新方志出处
		武鸣县	民国四年(1915)《武鸣县志》	熊	
		合浦县	民国二十一年(1932)《合浦县志》	熊、狗熊	
		上林县	民国二十三年(1934)《上林县志》	狗熊	
		罗城仫佬族自治县	民国二十四年(1935)《罗城县志》	狗熊*	
		隆安县	民国二十五年(1936)《融县志》	熊*	
		属南宁市	民国二十六年(1937)《邕宁县志》	熊(……其状不一，有人熊、马熊、猪熊、狗熊数种)	
		凌云县	民国三十一年(1942)《凌云县志》	熊(狗熊。利周、嘉猷产)	
		属罗城仫佬族自治县	民国三十一年(1942)《天河县志》	狗熊	
		三江侗族自治县	民国三十五年(1946)《三江县志》	熊***	
		钦州市	民国三十六年(1947)《钦县志》	狗熊	
		玉州区	1993年《玉林市志》	狗熊(已绝迹)	玉林市地方志编纂委员会，1993
		合浦县	1994年《合浦县志》	熊(现已绝迹)	合浦县志编纂委员会，1994
		永福县	1996年《永福县志》	狗熊(已经绝迹)	永福县志编纂委员会，1996
		宁明县	1988年《宁明县志》	狗熊*	宁明县志编纂委员会，1988
		上林县	1989年《上林县志》	狗熊	上林县志编纂委员会，1989
		大新县	1989年《大新县志》	熊、狗熊	大新县志编纂委员会，1989
		天峨县	1994年《天峨县志》	狗熊(数量极少)	天峨县志编纂委员会，1994
		融安县	1996年《融安县志》	狗熊	融安县志编纂委员会，1996
		兴安县	1998年《中国国情丛书：百县市经济社会调查：兴安卷》	狗熊	丁伟志等，1998a
		资源县	1998年《资源县志》	熊(境内有……狗熊……等，以狗熊为多)	广西壮族自治区资源县志编纂委员会，1998
	海南	万宁市	清康熙十八年(1679)《万州志》	狗熊	
		陵水黎族自治县	清康熙二十七年(1688)《陵水县志》	熊	
		属海口市	清康熙四十七年(1708)《琼山县志》	熊(有猪熊、狗熊、马熊、人熊之别)	

（续表）

地区	省级政区	今地点	文献	内容	新方志出处
		陵水黎族自治县	清乾隆五十七年(1792)《陵水县志》	熊*	
		琼海市、琼中黎族苗族自治县	清道光二年(1822)《广东通志》	熊(类不一，出黎山中，有人熊、猪熊、狗熊)	
		万宁市	清道光八年(1828)《万州志》	熊***	
		海口市、三亚市、文昌市、琼海市、万宁市、五指山市、东方市、儋州市、临高县、澄迈县、定安县、屯昌县、昌江黎族自治县、白沙黎族自治县、琼中黎族苗族自治县、陵水黎族自治县、保亭黎族苗族自治县、乐东黎族自治县	清道光二十一年(1841)《琼州府志》	熊*	
		属海口市	清咸丰七年(1857)《琼山县志》	熊***	
		定安县	清光绪四年(1878)《定安县志》	熊***	
		三亚市、保亭黎族苗族自治县、乐东黎族自治县	清光绪二十六年(1900)《崖州志》	熊***	
		三亚市、保亭黎族苗族自治县、乐东黎族自治县	清光绪三十四年(1908)《崖州志》	熊***	
		属海口市	清宣统二年(1910)《琼山县志》	熊	
		属海口市	民国六年(1917)《琼山县志》	熊**	
		属东方市	民国二十年(1931)《感恩县志》	熊***	
		海口市、三亚市、文昌市、琼海市、万宁市、五指山市、东方市、儋州市、临高县、澄迈县、定安县、屯昌县、昌江黎族自治县、白沙黎族自治县、琼中黎族苗族自治县、陵水黎族自治县、保亭黎族苗族自治县、乐东黎族自治县	民国二十二年(1933)《海南岛志》	熊(有狗熊……之别)	
		儋州市	民国二十四年(1935)《儋县志》	熊***	
		琼中黎族苗族自治县	1995年《琼中县志》	黑熊(又名狗熊，稀少)	琼中黎族苗族自治县地方志办公室，1995
西南	重庆	城口县等地	清乾隆七年(1742)《直隶达州志》	狗熊、马熊(质黑)	
		城口县	清道光二十四年(1844)《城口厅志》	熊(厅境有猪熊、狗熊)	

（续表）

地区	省级政区	今地点	文献	内容	新方志出处
	四川	通川区、万源市、达县、宣汉县、开江县等地	清乾隆七年(1742)《直隶达州志》	狗熊、马熊(质黑)	
		犍为县	清乾隆十一年(1746)《犍为县志》	多狗熊	
		会理县	清乾隆六十年(1795)《会理州志》	熊	
		什邡市	清嘉庆十八年(1813)《什邡县志》	熊(有人熊、猪熊、狗熊)	
		犍为县	清嘉庆二十一年(1816)《犍为县志》	多狗熊	
		冕宁县	清咸丰七年(1857)《冕宁县志》	熊(狗熊、猪熊，山中时有)	
		天全县	清咸丰八年(1858)《天全州志》	熊(有大小二种。贪蜂虫、山稼)	
		米易县、盐边县、西昌市、盐源县、德昌县、会理县、会东县、宁南县、普格县、布拖县、金阳县、昭觉县、喜德县、冕宁县、越西县、甘洛县、木里藏族自治县	清咸丰九年(1859)《邛嶲野录》	熊*	
		理县	清同治五年(1866)《直隶理番厅志》	狗熊	
		会理县	清同治九年(1870)《会理州志》	狗熊	
		松潘县、九寨沟县、壤塘县、阿坝县、若尔盖县、红原县等地	清同治十二年(1873)《松潘纪略》	狗熊	
		会理县	清同治十三年(1874)《会理州志》	熊*	
		属丹巴县	清同治十三年(1874)《章谷屯志略》	熊	
		彭州市	清光绪四年(1878)《彭县志》	熊(似狗而大，黑色，掌似人足，喜火烟)	
		小金县	清光绪三十二年(1906)《懋功屯志略》	熊	
		小金县	清光绪末(—1908)《懋功屯厅乡土志》	熊	
		金川县	民国元年(1912)《崇化屯志略》	熊	
		金川县	民国十四年(1925)《金川琐记》	熊(有人熊、马熊、狗熊、猪熊四种。余所见唯狗熊)	
		松潘县	民国十三年(1924)《松潘县志》	熊(县产仅……狗熊)	
		金川县	民国初年(20世纪20年代)《绥靖屯志》	熊(《金川琐记》：有……狗熊……四种)	
		属小金县	民国初年(20世纪20年代)《抚边屯志略草案》	熊	
		康定县	民国初年(20世纪20年代)《康定县图志》	熊	

（续表）

地区	省级政区	今地点	文献	内容	新方志出处
		炉霍县	民国初年(20世纪20年代)《炉霍县图志》	熊胆	
		甘孜县	民国初年(20世纪20年代)《甘孜县图志》	熊胆	
		新龙县	民国初年(20世纪20年代)《瞻化县图志》	熊胆	
		雅江县	民国初年(20世纪20年代)《雅江县图志》	熊、熊胆	
		道孚县	民国初年(20世纪20年代)《道孚县图志》	熊胆	
		理塘县	民国初年(20世纪20年代)《理化县图志》	熊、熊胆	
		稻城县	民国初年(20世纪20年代)《稻城县图志》	熊胆	
		巴塘县	民国初年(20世纪20年代)《巴安县图志》	熊、熊胆	
		分属理塘、巴塘县	民国初年(20世纪20年代)《义敦县图志》	药材：与巴安同①	
		乡城县	民国初年(20世纪20年代)《定乡县图志》	药材：与巴安县相同①	
		雨城区、名山县、荥经县、汉源县、石棉县、天全县、芦山县、宝兴县、康定县、泸定县、丹巴县、九龙县、雅江县、道孚县、炉霍县、甘孜县、新龙县、德格县、白玉县、石渠县、色达县、理塘县、巴塘县、乡城县、稻城县、得荣县、西昌市、盐源县、德昌县、会理县、会东县、宁南县、普格县、布拖县、金阳县、昭觉县、喜德县、冕宁县、越西县、甘洛县、美姑县、雷波县、木里藏族自治县	民国十九年(1930)《西康之实况》	狗熊	
		属叙永县	民国二十四年(1935)《古宋县志》	熊(有……赤熊)	

（续表）

地区	省级政区	今地点	文献	内容	新方志出处
		雨城区、名山县、荥经县、汉源县、石棉县、天全县、芦山县、宝兴县、康定县、泸定县、丹巴县、九龙县、雅江县、道孚县、炉霍县、甘孜县、新龙县、德格县、白玉县、石渠县、色达县、理塘县、巴塘县、乡城县、稻城县、得荣县、西昌市、盐源县、德昌县、会理县、会东县、宁南县、普格县、布拖县、金阳县、昭觉县、喜德县、冕宁县、越西县、甘洛县、美姑县、雷波县、木里藏族自治县	民国二十六年（1937）《西康之实况》	狗熊	
		犍为县	民国二十六年（1937）《犍为县志》	狗熊*	
		安县	民国二十七年（1938）《安县志》	熊（乃狗熊，非人熊也）	
		小金县	民国（1912～1949）《懋功县志》	熊	
		夹江县	1989年《夹江县志》	黑熊（狗熊）	四川省夹江县编史修志委员会，1989
		大邑县	1992年《大邑县志》	熊	四川省大邑县志编纂委员会，1992
		青川县	1992年《青川县志》	黑熊（数量亦不少）	《青川县志》编纂委员会，1992
		汶川县	1992年《汶川县志》	狗熊	四川省阿坝藏族羌族自治州汶川县地方志编纂委员会，1992
		邛崃市	1993年《邛崃县志》	黑熊（狗熊、老熊）	四川省邛崃县志编纂委员会，1993
		泸州市、泸县、合江县、叙永县、古蔺县	1998年《泸州市志》	狗熊	泸州市地方志编纂委员会，1998
		叙永县	1998年《叙永县志》	狗熊	叙永县地方志编纂委员会，1998
		通江县	1998年《通江县志》	黑熊（狗熊、黑娃子）	四川省通江县志编纂委员会，1998
		荥经县	1998年《荥经县志》	黑熊	四川省荥经县地方志编纂委员会，1998

（续表）

地区	省级政区	今地点	文献	内容	新方志出处
	贵州	仁怀市	清道光二十一年(1841)《仁怀厅志》	猪熊	
		荔波县	清光绪元年(1875)《荔波县志》	熊(有人、马、狗等名)	
		仁怀市	清光绪二十一年(1895)《仁怀厅志》	猪熊	
		仁怀市	清宣统元年(1909)《仁怀县志》	熊(有狗熊……之分)	
		瓮安县	民国二年(1913)《瓮安县志》	熊	
		属三都水族自治县	民国二十九年(1940)《三合县志略》	狗熊	
		台江县	1994年《台江县志》	黑熊(俗称狗熊)	贵州省台江县志编纂委员会,1994
		西秀区	1995年《安顺市志》	狗熊	安顺市地方志编纂委员会,1995
	云南	弥勒县	明景泰六年(1455)《云南图经志书》	弥勒州:熊(猪熊、狗熊)	
		禄劝彝族苗族自治县、元谋县、武定县	清康熙二十八年(1689)《武定府志》	熊	
		孟连傣族拉祜族佤族自治县、澜沧拉祜族自治县、西盟佤族自治县志、临翔区、凤庆县、云县、双江拉祜族佤族布朗族傣族自治县、耿马傣族佤族自治县、沧源佤族自治县	清康熙三十九年(1700)《顺宁府志》	熊	
		新平彝族傣族自治县	清康熙五十一年(1712)《新平县志》	熊	
		建水县	清乾隆五十四年(1715)《建水县志》	熊	
		弥勒县	清康熙五十五年(1716)《弥勒州志》	熊(猪熊、狗熊)	
		禄劝彝族苗族自治县	清康熙五十八年(1719)《禄劝州志》	熊	
		建水县	清雍正九年(1731)《建水县志》	熊	
		师宗县、弥勒县、泸西县、丘北县	清乾隆四年(1739)《广西府志》	熊	
		弥勒县	清乾隆四年(1739)《弥勒州志》	熊(猪熊、狗熊)	
		河口瑶族自治县、屏边苗族自治县、文山县、砚山县、西畴县、麻栗坡县、马关县	清乾隆二十四年(1759)《开化府志》	熊	
		石屏县	清乾隆二十四年(1759)《石屏州志》	熊	
		景东彝族自治县	清乾隆五十三年(1788)《景东直隶厅志》	熊	
		腾冲县、瑞丽市、梁河县、盈江县、陇川县	清乾隆五十五年(1790)《腾越州志》	熊	
		蒙自县	清乾隆五十六年(1791)《蒙自县志》	熊	

（续表）

地区	省级政区	今地点	文献	内容	新方志出处
		广南县、富宁县	清嘉庆二十年(1815)《广南府志》	熊	
		新平彝族傣族自治县	清道光七年(1827)《新平县志》	熊	
		河口瑶族自治县、屏边苗族自治县、文山县、砚山县、西畴县、麻栗坡县、马关县	清道光九年(1829)《开化府志》	熊	
		景谷傣族彝族自治县	清道光十七年(1837)《威远厅志》	熊	
		广南县、富宁县	清道光二十八年(1848)《广南府志》	熊	
		思茅区、宁洱哈尼族彝族自治县、墨江哈尼族自治县、景谷傣族彝族自治县、景洪市、勐海县、勐腊县	清道光三十年(1850)《普洱府志》	熊	
		禄劝彝族苗族自治县、元谋县、武定县	清光绪四年(1878)《武定直隶州志》	熊	
		腾冲县、瑞丽市、梁河县、盈江县、陇川县	清光绪十三年(1887)《腾越厅志稿》	熊	
		昌宁县、澜沧拉祜族自治县、西盟佤族自治县、孟连傣族拉祜族佤族自治县、临翔区、凤庆县、云县、双江拉祜族佤族布朗族傣族自治县、沧源佤族自治县、耿马傣族佤族自治县	清光绪三十年(1904)《顺宁府志》	熊(檀萃《滇海志》:熊类至多,有……狗熊。滇南多有之)	
		昌宁县、澜沧拉祜族自治县、西盟佤族自治县、孟连傣族拉祜族佤族自治县、临翔区、凤庆县、云县、双江拉祜族佤族布朗族傣族自治县、沧源佤族自治县、耿马傣族佤族自治县	清光绪三十一年(1905)《顺宁府志稿》	熊(种类至多)	
		晋宁县	清宣统元年(1909)《晋宁州乡土志》	熊(有狗熊……二种)	
		宁洱哈尼族彝族自治县	民国十年(1921)《宁洱县地志》	熊*	
		景东彝族自治县	民国十一年(1922)《景东县志稿》	熊	
		昭阳区	民国十三年(1924)《昭通县志》	狗熊(形类狗而烈。四山皆有之)	
		禄劝彝族苗族自治县	民国十四年(1925)《禄劝县志》	熊***	
		马关县	民国二十一年(1932)《马关县志》	熊(有……狗……此三种)	
		新平彝族傣族自治县	民国二十二年(1933)《新平县志》	熊	
		属景洪市	民国二十二年(1933)《车里》	熊	

（续表）

地区	省级政区	今地点	文献	内容	新方志出处
		江城哈尼族彝族自治县	民国二十四年（1935）《江城县志初稿》	熊	
		镇康县	民国二十五年（1936）《镇康县志》	熊	
		昭阳区	民国二十五年（1936）《昭通县志稿》	狗熊（形类狗而烈。四山皆有之）	
		临翔区	民国二十六年（1937）《西南边城缅宁》	熊	
		勐腊县	民国二十七年（1938）《镇越县志》	熊	
		石屏县	民国二十七年（1938）《石屏县志》	熊	
		墨江哈尼族自治县	民国二十七年（1938）《墨江县志》	熊（有……狗熊二种）	
		勐腊县	民国二十七年（1938）《镇越县志》	熊（尤以接近边地、人烟稀少之处较多）	
		腾冲县	民国三十年（1941）《腾冲县志稿》	熊	
		凤庆县	民国三十六年（1947）《顺宁县志初稿》	熊（有狗熊……等种）	
		泸西县	民国《泸西县志》	熊	云南省泸西县志编纂委员会，1992
		景洪市、勐海县、勐腊县	1989年《西双版纳傣族自治州林业志》	马来熊	西双版纳傣族自治州林业局，1989
		昌宁县	1990年《昌宁县志》	狗熊	云南省昌宁县志编纂委员会，1990
		新平彝族傣族自治县	1993年《新平县志》	黑熊（狗熊）	新平彝族傣族自治县志编纂委员会，1993
		元江哈尼族彝族傣族自治县	1993年《元江哈尼族彝族傣族自治县志》	熊（狗熊……）	云南省元江哈尼族彝族傣族自治县志编纂委员会，1993
		宁蒗彝族自治县	1993年《宁蒗彝族自治县志》	狗熊	云南省宁蒗彝族自治县志编纂委员会，1993
		巍山彝族回族自治县	1993年《巍山彝族回族自治县志》	狗熊	云南省巍山彝族回族自治县志编纂委员会，1993
		云县	1994年《云县志》	黑熊（狗熊）	云县地方志编纂委员会，1994
		潞西市、瑞丽市、梁河县、盈江县、陇川县	1994年《德宏州志：综合卷》	黑熊（狗熊）	德宏傣族景颇族自治州志编纂委员会，1994

（续表）

地区	省级政区	今地点	文献	内容	新方志出处
		永平县	1994年《永平县志》	狗熊	云南省永平县志编纂委员会，1994
		个旧市、开远市、蒙自县、绿春县、建水县、石屏县、弥勒县、泸西县、元阳县、红河县、金平苗族瑶族自治县、河口县、屏边苗族自治县	1994年《红河州志》	马来熊	红河哈尼族彝族自治州志编纂委员会，1994
		河口县	1994年《河口县志》	熊（多居林间山洞，尤其是阔叶林、针阔混交林）	云南省河口瑶族自治县地方志编纂委员会，1994
		双江拉祜族佤族布朗族傣族自治县	1995年《双江拉祜族佤族布朗族傣族自治县志》	狗熊	双江拉祜族佤族布朗族傣族自治县地方志编纂委员会，1995
		蒙自县	1995年《蒙自县志》	棕熊（狗熊）②	蒙自县志编纂委员会，1995
		澜沧拉祜族自治县	1996年《澜沧拉祜族自治县志》	狗熊	云南省澜沧拉祜族自治县志编纂委员会，1996
		马关县	1996年《马关县志》	熊	云南省马关县地方志编纂委员会，1996
		施甸县	1997年《施甸县志》	熊（含大黑熊、狗熊）	云南省施甸县志编纂委员会，1997
		西盟佤族自治县	1997年《西盟佤族自治县志》	熊	西盟佤族自治县志编纂委员会，1997
		盈江县	1997年《盈江县志》	黑熊（狗熊）	云南省盈江县志编纂委员会，1997
		德钦县	1997年《德钦县志》	狗熊	德钦县志编纂委员会，1997
		大关县	1998年《大关县志》	狗熊	云南省大关县地方志编纂委员会，1998
		龙陵县	2000年《龙陵县志》	狗熊	龙陵县委党史地方志工作办公室，2000
	西藏	属芒康县	清宣统(1909～1911)《盐井乡土志》	熊	
	西藏	昌都县	民国初年（约20世纪20年代）《昌都县志》	熊	
	西藏	属察隅县	民国初年（约20世纪20年代）《科麦县志》	熊	

（续表）

地区	省级政区	今地点	文献	内容	新方志出处
		察雅县	民国初年(约20世纪20年代)《察雅县志》	本县鸟与(已安)[巴安]等县相同①	
		波密县	民国初年(约20世纪20年代)《波密县志》	熊	
		属丁青县	民国初年(约20世纪20年代)《冬九县志》	与波密县同①	
		芒康县	民国初年(约20世纪20年代)《宁静县志》	鸟兽与巴安各县相同①	
西北	甘肃	西和县	1997年《西和县志》	马来熊	西和县志编纂委员会，1997

注：* 表示详见正文。** 表示同前文。*** 表示本省级政区已有类似记录。①亦即有熊。②原文如此。疑似2种“熊”。

7.6 保护区记载的马来熊

现仅西南的云南省与西藏自治区有保护区中分布有马来熊(表13.26、图13.73)，表明它们依然存在。特点如下：

● 现分布有马来熊的自然保护区仅5个，总面积达3 439 km^2。

● 云南省有3个含有马来熊的保护区，各处一地。

● 西藏自治区芒康县有2个含有马来熊的保护区。

● 保护区的建立时间都在1983～1998年间。

● 保护区的等级情况3级(无市级)，但以国家级(占60%)占绝对优势。

● 主管部门皆是林业部门。

● 面积最大的保护区是西藏自治区芒康滇金丝猴国家级自然保护区，达1 853 km^2；面积最小的保护区是西藏自治区尼果县级自然保护区，仅1.64 km^2。

● 从云南省残存马来熊分布地点看，有马来熊分布的保护区数量偏少。

表 13.26　　**栖息有马来熊的自然保护区概况**

省级政区	保护区名称	所处地点	面积(hm^2)	级别	建立时间	主管部门
云南	黄连山	绿春县	65 058	国家级	19830427	林业
	永德大雪山	永德县	17 541	国家级	19860320	林业
	云岭	兰坪白族普米族自治县	75 894	省级	19980101	林业
西藏	尼果	芒康县	164	县级	19900501	林业
	芒康滇金丝猴	芒康县	185 300	国家级	19930101	林业

注：①本表参考多方面信息综合而成，个别误差进行更正。②本表据全国自然保护区名录. http://sts.mep.gov.cn/zrbhq/zrbhq/201208/t20120824_235172.htm；黄连山国家级自然保护区. http://baike.baidu.com/view/1405397.htm?fromId=246469；云南永德大雪山国家级自然保护区. http://baike.baidu.com/link?url=Jq94skpPfLCcQzAa9UISPUa2E4GvrlhJzBCE8DTJiif6SdU5cTqgi9EIEDyl3nHYKuWdGfSXKAXbEfWov4nNpa；兰坪云岭省级自然保护区. http://yn.zwbk.org/lemma/1290；尼果自然保护区. http://baike.baidu.com/link?url=qJ56ObPy6FgW5AaM2Yfgf3d539WijDmPPCp0Yt-5czTqrIfgDbdRInjKnwrfdTiuFDvkB0Pwed2E5Z9A4D3yLa；西藏芒康滇金丝猴国家级自然保护区. http://baike.baidu.com/view/871351.htm?fromId=1118385

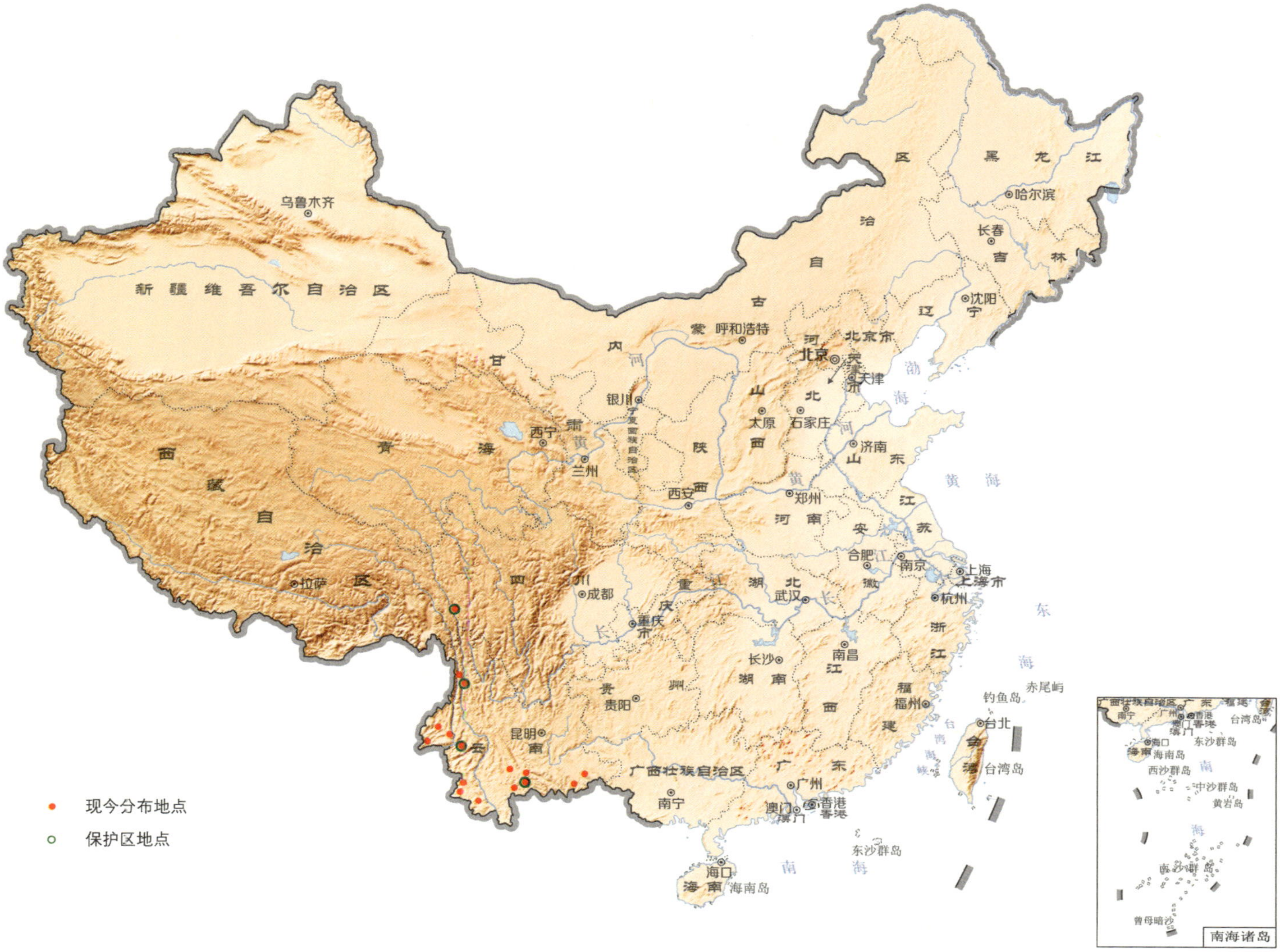

图 13.73　现有马来熊栖息地与其栖息的自然保护区分布图

7.7　马来熊的分布变迁

马来熊历史上在我国分布于华北、华东、中南、西南、西北，亦即仅东北未见分布。

7.7.1　记述马来熊的分布变迁信息

《中国动物志：兽纲：食肉目》记述的马来熊地理分布仅限于云南南部（高耀亭等，1987）。

《中国虎与中国熊的历史变迁》较详细论述历史时期的马来熊分布变迁，实际涉及福建省、台湾、湖北省、广东省、广西壮族自治区、海南省、四川省、云南省（何业恒，1996）。

《中国哺乳动物分布》中马来熊分布仅涉及云南省（张荣祖等，1997）。虽然没有明确时间段，但从所列参考文献看，基本上是根据20世纪野外调查资料。

据中华人民共和国濒危物种科学委员会称，马来熊分布于西藏、广西、云南[①]，只是没有提及时间范围。

也有称马来熊分布在云南、西藏、广西、四川[②]，也没有提及时间跨度。

---

①濒危物种数据库. http://www.cites.org.cn/database/? action=item&cid=101

②马来熊. http://baike.baidu.com/link? url=oqQSLmk5Ghrz4w_5pgLgYgMtwXbmkt3oksbH1HQR48SrOyyy Nf1N6PrelaJ8NLcG-qI_5l6CTGfkR-VI3FyAAq

7.7.2 马来熊分布变迁概况

文献记载马来熊的分布变迁（表 13.27、图 13.74）状况显示：

● 历史上，马来熊在我国县级以及以上政区的分布将近 400 个，约占全国的 17%。

● 马来熊历史上主要分布于秦岭—淮河以南，涉及 17 个省级政区。

● 省级政区中，有马来熊地点绝对而言，超过 15 地的排序为：四川省（75 地），云南省（65 地），湖南省（46 地），广西壮族自治区（42 地），福建省（39 地），河南省（35 地），台湾（23 地），海南省（18 地）。

● 省级政区中，有马来熊地点相对而言，除台湾与海南省各地皆有外，其余较高的排序为：福建省（57%），云南省（52%），四川省（48%），广西壮族自治区（47%），湖南省（46%），河南省（28%）。

● 到 20 世纪前半叶，重庆市已不见马来熊栖息记录，马来熊分布地消失较多的省级政区是：湖南省（减少 39 地），湖北省（减少 36 地），福建省（减少 25 地），广西壮族自治区（减少 23 地），台湾（减少 19 地），四川省（减少 16 地）。

● 到 20 世纪后半叶，浙江省、安徽省、河南省也不见马来熊栖息记录，马来熊分布消失较多的省级政区是：四川省（减少 45 地），海南省（减少 17 地），云南省（减少 12 地），广西壮族自治区（减少 11 地）。

● 至今，除又出现灭绝的 11 个省级政区（福建省、江西省、台湾、湖北省、湖南省、广东省、广西壮族自治区、海南省、四川省、贵州省、甘肃省）外，云南省分布地也急剧消失 28 地；经半个世纪，马来熊分布地仅存 16%。

表 13.27　　马来熊分布变迁概况

地区	省级政区	20 世纪前分布地点	20 世纪前半叶分布地点	20 世纪后半叶分布地点	现今分布地点
华东	浙江	嵊州市、衢州市、江山市、常山县、开化县、龙游县、台州市	嵊州市		
	安徽	歙县、金寨县	歙县		
	福建	福州市、福清市、长乐市、闽侯县、连江县、罗源县、闽清县、永泰县、延平区、建瓯市、建阳市、顺昌县、浦城县、光泽县、松溪县、政和县、三明市、永安市、大田县、尤溪县、沙县、将乐县、泉州市、石狮市、晋江市、南安市、惠安县、安溪县、永春县、金门县、厦门市、武平县、蕉城区、福安市、福鼎市、霞浦县、柘荣县、屏南县、古田县	永泰县、建瓯市、建阳市、浦城县、光泽县、永安市、大田县、尤溪县、沙县、南安市、永春县、厦门市、武平县、柘荣县	光泽县、永安市、大田县、沙县、武平县、柘荣县	
	江西	九江县、星子县、德兴市、玉山县、铅山县、遂川县	星子县、德兴市、玉山县、铅山县	星子县、德兴市、玉山县、铅山县	
	台湾	台北市、基隆市、高雄市、台南市、台中市、新竹市、嘉义市、台北县、高雄县、台南县、台中县、新竹县、嘉义县、屏东县、台东县、花莲县、宜兰县、桃园县、苗栗县、彰化县、南投县、云林县、澎湖县	高雄县、嘉义县、桃园县、苗栗县	嘉义县、桃园县、苗栗县	

（续表）

地区	省级政区	20 世纪前分布地点	20 世纪前半叶分布地点	20 世纪后半叶分布地点	现今分布地点
中南	河南	卢氏县、舞阳县、舞钢市、叶县、南阳市、邓州市、南召县、方城县、西峡县、镇平县、内乡县、淅川县、社旗县、唐河县、新野县、桐柏县、信阳市、息县、淮滨县、潢川县、光山县、固始县、商城县、罗山县、新县、驿城区、确山县、泌阳县、遂平县、西平县、上蔡县、汝南县、平舆县、新蔡县、正阳县	方城县		
	湖北	鄂州市、兴山县、秭归县、长阳土家族自治县、五峰土家族自治县、恩施市、利川市、建始县、巴东县、宣恩县、咸丰县、来凤县、鹤峰县	兴山县、秭归县、五峰土家族自治县、恩施市、利川市、建始县、巴东县、宣恩县、咸丰县、来凤县、鹤峰县	兴山县、五峰土家族自治县、恩施市、利川市、建始县、巴东县、宣恩县、咸丰县、来凤县、鹤峰县	
	湖南	张家界市、慈利县、桑植县、常德市、津市市、安乡县、汉寿县、澧县、临澧县、桃源县、石门县、沅江市、南县、平江县、炎陵县、衡阳市、常宁市、耒阳市、衡阳县、衡南县、衡山县、衡东县、汝城县、安仁县、宁远县、江永县、江华瑶族自治县、邵阳市、武冈市、邵东县、邵阳县、新邵县、隆回县、洞口县、新宁县、城步苗族自治县、沅陵县、辰溪县、溆浦县、通道侗族自治县、新化县、泸溪县、保靖县、古丈县、永顺县、龙山县	汝城县、江永县、邵阳市、邵阳县、城步苗族自治县、沅陵县、通道侗族自治县	城步苗族自治县、通道侗族自治县	
	广东	新丰县、紫金县、博罗县、东莞市、台山市、四会市、江城区	紫金县、东莞市、台山市、江城区	紫金县	
	广西	南宁市、武鸣县、横县、上林县、隆安县、兴安县、永福县、资源县、融安县、三江侗族自治县、蒙山县、玉州区、北流市、兴业县、陆川县、博白县、钦州市、灵山县、浦北县、北海市、合浦县、防城港市、东兴市、上思县、扶绥县、大新县、天等县、宁明县、平果县、德保县、靖西县、那坡县、凌云县、金城江区、宜州市、南丹县、天峨县、凤山县、东兰县、罗城仫佬族自治县、环江毛南族自治县、忻城县	南宁市、武鸣县、上林县、隆安县、兴安县、永福县、资源县、融安县、三江侗族自治县、玉州区、钦州市、合浦县、大新县、宁明县、靖西县、凌云县、金城江区、天峨县、罗城仫佬族自治县	上林县、兴安县、资源县、融安县、大新县、宁明县、靖西县、天峨县	
	海南	海口市、三亚市、文昌市、琼海市、万宁市、五指山市、东方市、儋州市、临高县、澄迈县、定安县、屯昌县、昌江黎族自治县、白沙黎族自治县、琼中黎族苗族自治县、陵水黎族自治县、保亭黎族苗族自治县、乐东黎族自治县	海口市、三亚市、文昌市、琼海市、万宁市、五指山市、东方市、儋州市、临高县、澄迈县、定安县、屯昌县、昌江黎族自治县、白沙黎族自治县、琼中黎族苗族自治县、陵水黎族自治县、保亭黎族苗族自治县、乐东黎族自治县	琼中黎族苗族自治县	

（续表）

地区	省级政区	20世纪前分布地点	20世纪前半叶分布地点	20世纪后半叶分布地点	现今分布地点
西南	重庆	城口县、巫溪县、巫山县			
	四川	彭州市、邛崃市、大邑县、青川县、安县、什邡市、犍为县、夹江县、泸州市、泸县、合江县、叙永县、古蔺县、米易县、盐边县、通江县、通川区、万源市、达县、宣汉县、开江县、雨城区、名山县、荥经县、汉源县、石棉县、天全县、芦山县、宝兴县、汶川县、理县、茂县、松潘县、九寨沟县、金川县、小金县、壤塘县、阿坝县、若尔盖县、红原县、康定县、泸定县、丹巴县、九龙县、雅江县、道孚县、炉霍县、甘孜县、新龙县、德格县、白玉县、石渠县、色达县、理塘县、巴塘县、乡城县、稻城县、得荣县、西昌市、盐源县、德昌县、会理县、会东县、宁南县、普格县、布拖县、金阳县、昭觉县、喜德县、冕宁县、越西县、甘洛县、美姑县、雷波县、木里藏族自治县	邛崃市、大邑县、青川县、安县、犍为县、夹江县、泸州市、泸县、合江县、叙永县、古蔺县、通江县、雨城区、名山县、荥经县、汉源县、石棉县、天全县、芦山县、宝兴县、汶川县、松潘县、金川县、小金县、康定县、泸定县、丹巴县、九龙县、雅江县、道孚县、炉霍县、甘孜县、新龙县、德格县、白玉县、石渠县、色达县、理塘县、巴塘县、乡城县、稻城县、得荣县、西昌市、盐源县、德昌县、会理县、会东县、宁南县、普格县、布拖县、金阳县、昭觉县、喜德县、冕宁县、越西县、甘洛县、美姑县、雷波县、木里藏族自治县	邛崃市、大邑县、青川县、夹江县、泸州市、泸县、合江县、叙永县、古蔺县、通江县、荥经县、汶川县、理塘县、巴塘县	
	贵州	仁怀市、西秀区、台江县、荔波县、瓮安县、三都水族自治县	仁怀市、西秀区、台江县、瓮安县、三都水族自治县	西秀区、台江县	
	云南	晋宁县、禄劝彝族苗族自治县、师宗县、新平彝族傣族自治县、元江哈尼族彝族傣族自治县、施甸县、腾冲县、龙陵县、昌宁县、昭阳区、大关县、宁蒗彝族自治县、思茅区、宁洱哈尼族彝族自治县、墨江哈尼族自治县、景东彝族自治县、景谷傣族彝族自治县、江城哈尼族彝族自治县、孟连傣族拉祜族佤族自治县、澜沧拉祜族自治县、西盟佤族自治县、临翔区、凤庆县、云县、永德县、镇康县、双江拉祜族佤族布朗族傣族自治县、耿马傣族佤族自治县、沧源佤族自治县、潞西市、瑞丽市、梁河县、盈江县、陇川县、福贡县、兰坪白族普米族自治县、德钦县、永平县、巍山彝族回族自治县、元谋县、武定县、蒙自县、个旧市、开远市、绿春县、建水县、石屏县、弥勒县、泸西县、元阳县、红河县、金平苗族瑶族自治县、河口瑶族自治县、屏边苗族自治县、文山县、砚山县、西畴县、麻栗坡县、马关县、丘北县、广南县、富宁县、景洪市、勐海县、勐腊县	晋宁县、禄劝彝族苗族自治县、新平彝族傣族自治县、元江哈尼族彝族傣族自治县、施甸县、腾冲县、龙陵县、昌宁县、昭阳区、大关县、宁蒗彝族自治县、宁洱哈尼族彝族自治县、墨江哈尼族自治县、景东彝族自治县、景谷傣族彝族自治县、江城哈尼族彝族自治县、孟连傣族拉祜族佤族自治县、澜沧拉祜族自治县、西盟佤族自治县、临翔区、凤庆县、云县、永德县、镇康县、双江拉祜族佤族布朗族傣族自治县、耿马傣族佤族自治县、沧源佤族自治县、潞西市、瑞丽市、梁河县、盈江县、陇川县、福贡县、兰坪白族普米族自治县、德钦县、永平县、巍山彝族回族自治县、蒙自县、个旧市、开远市、绿春县、建水县、石屏县、弥勒县、泸西县、元阳县、红河县、金平苗族瑶族自治县、河口瑶族自治县、屏边苗族自治县、西畴县、马关县、景洪市、勐海县、勐腊县	新平彝族傣族自治县、元江哈尼族彝族傣族自治县、施甸县、龙陵县、昌宁县、大关县、宁蒗彝族自治县、墨江哈尼族自治县、江城哈尼族彝族自治县、孟连傣族拉祜族佤族自治县、澜沧拉祜族自治县、西盟佤族自治县、云县、永德县、双江拉祜族佤族布朗族傣族自治县、潞西市、瑞丽市、梁河县、盈江县、陇川县、福贡县、兰坪白族普米族自治县、德钦县、永平县、巍山彝族回族自治县、蒙自县、个旧市、开远市、绿春县、建水县、石屏县、弥勒县、泸西县、元阳县、红河县、金平苗族瑶族自治县、河口瑶族自治县、屏边苗族自治县、西畴县、马关县、景洪市、勐海县、勐腊县	龙陵县、墨江哈尼族自治县、江城哈尼族彝族自治县、孟连傣族拉祜族佤族自治县、西盟佤族自治县、永德县、瑞丽市、梁河县、福贡县、兰坪白族普米族自治县、绿春县、红河县、西畴县、马关县、勐海县

（续表）

地区	省级政区	20世纪前分布地点	20世纪前半叶分布地点	20世纪后半叶分布地点	现今分布地点
	西藏	昌都县、丁青县、察雅县、芒康县、墨脱县、波密县、察隅县	昌都县、丁青县、察雅县、芒康县、墨脱县、波密县、察隅县	芒康县、墨脱县	芒康县
西北	甘肃	西和县	西和县	西和县	

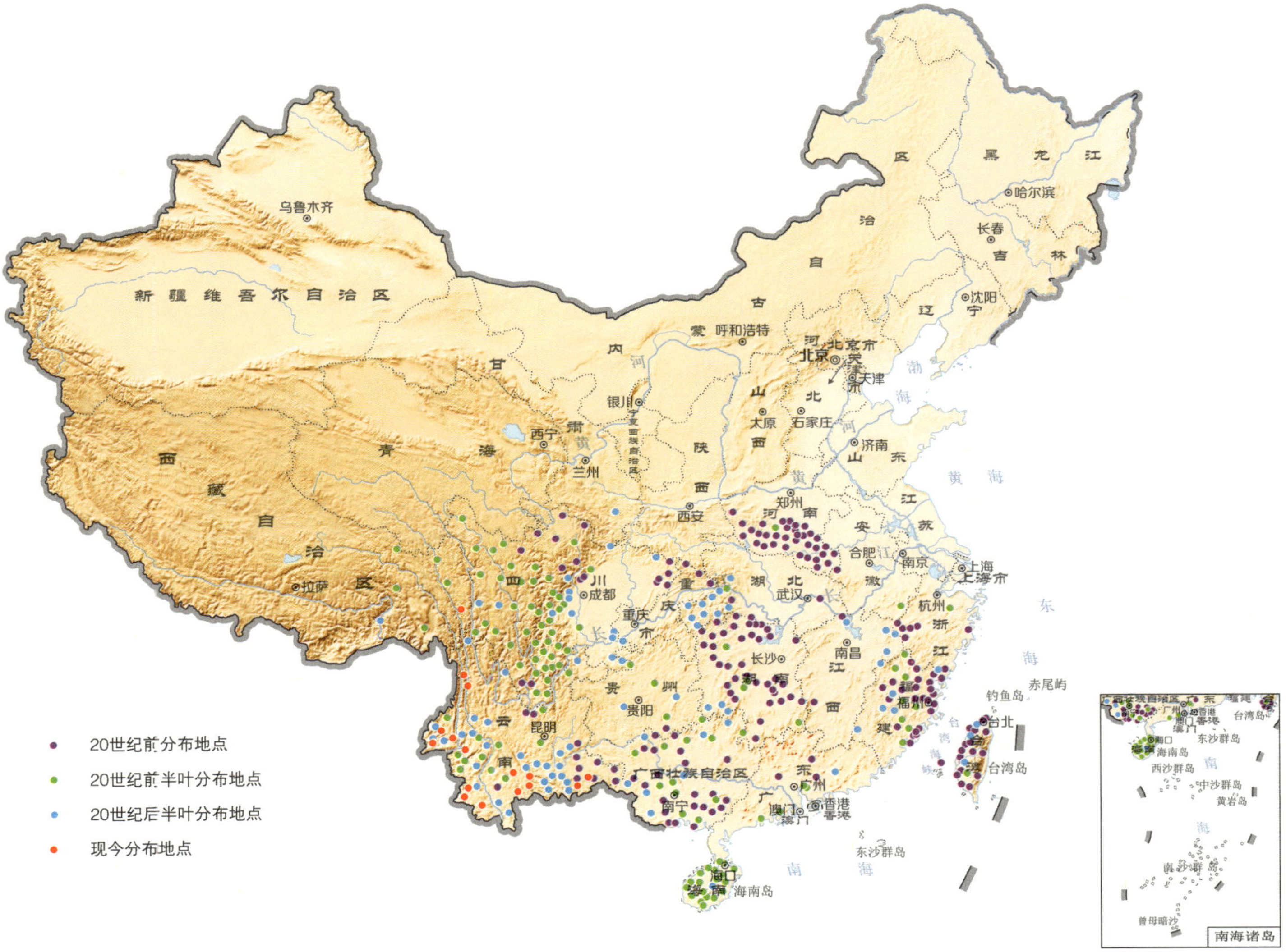

图 13.74 历史时期中国马来熊分布变迁图

7.7.3 马来熊分布变迁新发现

据迄今对历史时期我国马来熊的分布变迁（图 13.75）探讨，有以下新进展。

● 马来熊分布最北达到 36.8°N。根据山西省武乡县出土的早上新世布氏太阳熊（*Helarctos böckhi*）化石（中国科学院古脊椎动物与古人类研究所《中国脊椎动物化石手册》编写组，1979），证实其分布远不止人们以往认为的是仅生息繁衍于热带地区的动物。

● 马来熊在我国的最大分布范围在西藏自治区墨脱县（95.3°E）—台湾基隆市与宜兰县（皆 121.7°E），延绵经度 26.4°；山西省武乡县（36.8°N）—

三亚市(18.2°N)，纵跨纬度 18.2°。

● 据文献记载，我国的最大分布范围在西藏自治区墨脱县(95.3°E)—台湾基隆市与宜兰县(皆 121.7°E)，延绵经度 26.4°；甘肃省西和县与河南省卢氏县(皆 34.0°N)—海南省三亚市(18.2°N)，纵跨纬度 15.2°。

● 现今，马来熊在我国仅蜷缩于西藏自治区芒康县(98.5°E)—云南省西畴县(104.6°E)，延绵经度 6.1°；西藏自治区芒康县(29.6°N)—云南省勐海县(21.9°N)，纵跨纬度 7.7°。

● 马来熊分布变迁呈从北向南、由东往西蜷缩的总趋势。

● 由历史时期马来熊分布的 4 个阶段看，到“20 世纪前半叶”与“现今”的 2 个阶段，其分布地点都出现急剧减少态势，后者更甚于前者。

具体分析：①前者乃迄今我们可断定(或推测)的马来熊分布地总数，后者约略在半个世纪内，可见前者的时段更长。②前者减少分布地 201 个，仅占原有的 49%；后者减少分布地 81 个，仅占原有的 16%。按比例论，后者少数的幅度更大。③后者时段较短，纯自然因素(气候、生态等)变化不大，故主要是人为因素造成马来熊分布地缩减。前者虽也存在人为因素，但时段长得多，显然是纯自然因素(气候、生态等)占主导。

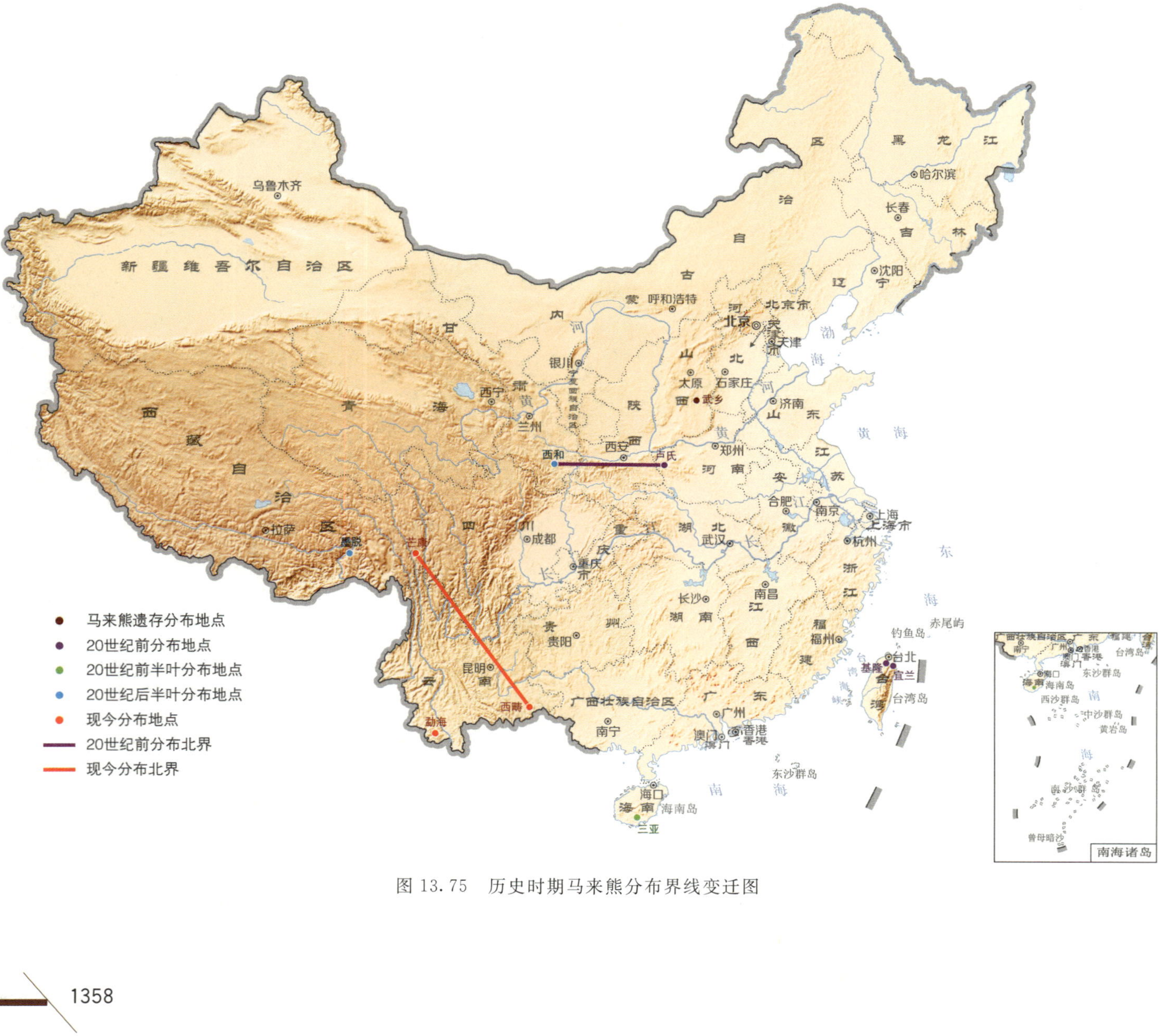

图 13.75 历史时期马来熊分布界线变迁图

8 熊科的分布变迁概况

以省级政区为单位概括我国历史时期熊科的分布变迁(表 13.28),可以看到:

● 据文献记载,除上海市与山东省(曾有熊化石出土)外,其余各省级政区皆有熊科分布记录,但省级政区所拥有的物种多寡不一。

● 熊科的分布总态势呈现西密东稀,南北多、中部少;这与它们适应生态环境的差异是吻合的。

● 棕熊与黑熊都是广布型物种,后者分布更广,文献记载也以此两种为多且较详细。

● 3 种“熊”同时重叠分布的省级政区有四川省、贵州省、云南省、西藏自治区、甘肃省;若按 20 世纪前,重庆市也有;陕西省待考。

● 现今,3 种“熊”皆有残存的,仅云南省、西藏自治区。可以认为,西南地区是熊科的主要残存地域。

● 马来熊的分布主要处于秦岭—淮河以南地区。华东与中南是熊科最早消失地域。

● 由于原在华东与中南分布的棕熊已然消失,其残存分布约呈倒“L”形。

● 黑熊已然保持其历史时期分布大体框架,消失的分布地呈点状。

● 现今马来熊约呈“L”形残存于我国西南边陲一带。

● 3 种“熊”残存地按百年前比率高低排序为:黑熊是 60%,棕熊是 53%,马来熊是 8%。

● 栖息有 3 种“熊”的保护区与它们各自残存分布地比率皆不高,更有多省级政区未见相应的保护区。

● 栖息有黑熊的保护区地点仅占现残存分布地点 46%。

● 栖息有棕熊的保护区地点仅占现残存分布地点 33%。

● 栖息有马来熊的保护区地点仅占现残存分布地点 25%。

表 13.28 我国熊科的分布变迁概况

地区	省级政区	20世纪前	棕熊				黑熊				马来熊			
			20 世纪前半叶	20 世纪后半叶	现今	保护区	20 世纪前半叶	20 世纪后半叶	现今	保护区	20 世纪前半叶	20 世纪后半叶	现今	保护区
华北	北京	★	★	★			★	★						
	天津	★	★				★							
	河北	★	★	★	★	★	★	★	★	★				
	山西	★					★	★	★					
	内蒙古	★	★	★	★	★	★	★	★	★				
东北	辽宁	★	★	★	★		★	★	★	★				
	吉林	★	★	★	★	★	★	★	★	★				
	黑龙江	★	★	★	★	★	★	★	★	★				
华东	江苏	★												
	浙江	★	★	★			★	★	★		★			
	安徽	★	★	★			★	★	★		★			
	福建	★	★	★			★	★	★		★	★		
	江西	★	★	★			★	★	★		★	★		
	台湾	★					★	★	★		★	★		

（续表）

地区	省级政区	20世纪前	棕熊				黑熊				马来熊			
			20世纪前半叶	20世纪后半叶	现今	保护区	20世纪前半叶	20世纪后半叶	现今	保护区	20世纪前半叶	20世纪后半叶	现今	保护区
中南	河南	★					★	★			★			
	湖北	★	★	★			★	★	★	★	★	★		
	湖南	★	★	★			★	★	★	★	★	★		
	广东	★	★	★			★	★	★	★	★	★		
	广西	★	★	★			★	★	★	★	★	★		
	海南	★	★				★	★	★	★	★	★		
	香港	★												
	澳门	★												
西南	重庆	★	★	★	★		★	★	★	★				
	四川	★	★	★	★	★	★	★	★	★	★	★		
	贵州	★	★	★	★		★	★	★	★	★	★		
	云南	★	★	★	★	★	★	★	★	★	★	★	★	★
	西藏	★	★	★	★	★	★	★	★	★	★	★	★	★
西北	陕西	★	★				★	★	★	★				
	甘肃	★	★	★	★	★	★	★	★	★	★	★		
	青海	★	★	★	★		★	★	★	★				
	宁夏	★	★				★	★						
	新疆	★	★	★	★	★								

参考文献

阿坝县地方志编纂委员会编．1993．阿坝县志．北京：民族出版社

阿布力米提·阿布部卡迪尔编著．2003．新疆哺乳动物的分类与分布．北京：科学出版社

阿克塞哈萨克族自治县地方志编纂委员会编．1993．阿克塞哈萨克族自治县志．兰州：甘肃人民出版社

阿克陶县地方志编纂委员会编．1996．阿克陶县志．乌鲁木齐：新疆人民出版社

阿勒泰市党史、地方志编纂委员会编．2001．阿勒泰市志．乌鲁木齐：新疆人民出版社

《阿鲁科尔沁旗志》编纂委员会编．1994．阿鲁科尔沁旗志．呼和浩特：内蒙古人民出版社

阿图什市地方志编纂委员会编．1996．阿图什市志．乌鲁木齐：新疆大学出版社

安达市地方志办公室编．1992．安达县志．哈尔滨：黑龙江人民出版社

安徽省林业厅主编．2006．安徽省陆生野生动植物资源．合肥：合肥工业大学出版社

安徽省文物考古研究所，吉林大学边疆考古研究中心．2012．安徽东至县华龙洞旧石器时代．考古(4)：7～13

安顺市地方志编纂委员会编．1995．安顺市志．贵阳：贵州人民出版社

安志敏．1965．河南安阳小南海旧石器时代洞穴堆积的试掘．考古学报(1)：1～27

《巴林右旗志》编纂委员会编．1990．巴林右旗志．呼和浩特：内蒙古人民出版社

白子麒．1998．老龙洞史前遗址初步研究．人类学学报，17(3)：212～229

宝鸡市地方志编纂委员会编．1998．宝鸡市志．西安：三秦出版社

《宝鸡县志》编纂委员会编．1996．宝鸡县志．西安：陕西人民出版社

保山地区地方志编纂委员会编. 1999. 保山地区志. 北京：中华书局
保亭黎族苗族自治县地方志编纂委员会编. 1997. 保亭县志. 海口：南海出版公司
北安市地方志办公室编. 1994. 北安市志. 北安：北安市地方志办公室
北川县志编纂委员会编纂. 1996. 北川县志. 北京：方志出版社
北京市房山区地方志编纂委员会. 1999. 北京市房山区志. 北京：北京出版社
宾县地方志办公室编. 1991. 宾县志. 哈尔滨：黑龙江人民出版社
博尔塔拉蒙古自治州地方志编纂委员会编. 1999. 博尔塔拉蒙古自治州志. 乌鲁木齐：新疆大学出版社
《博湖县志》编纂委员会编. 1993. 博湖县志. 乌鲁木齐：新疆大学出版社
蔡回阳，等. 1991. 贵州毕节扁扁洞的旧石器. 人类学学报，10(1)：50～57
曹波. 1984. 贵州新发现一处古人类和旧石器遗址. 人类学学报，3(2)：182～183
岑家文，等修；黄文观，等纂. 1946. 凤山县志. 南宁：广西博物馆，1958
郴州地区地方志编纂委员会编. 1996. 郴州地区志. 北京：中国社会出版社
陈昌笃主编. 2000. 都江堰生物多样性研究与保护. 成都：四川科学技术出版社
陈德珍，祁国琴. 1978. 云南西畴人类化石及共生的哺乳动物群. 古脊椎动物与古人类，16(1)：33～46
陈恩志编著. 2004. 中国化石古人类和旧石器文化考古发现与研究：1901～2000：东北地区卷. 北京：科学出版社
陈耿娇. 2002. 广西田东雾云洞更新世脊椎动物群. 古脊椎动物学报，40(1)：42～51
陈全家，等. 2004. 清江流域古动物遗存研究. 北京：科学出版社
陈全家. 2004. 黑龙江海林市细林河遗址出土的动物骨骼遗存研究. 考古(7)：79～89
陈铁梅. 1984. 用 Brainerd-Robinson 方法比较华北地区几个主要晚更新世化石动物群的年代顺序. 人类学学报，2(2)：196～202
陈小涛，谢启兴. 2009. 四川色达旅游资源开发与设计. 地质学报，29(2)：228～231
陈醒斌. 1986. 湖南省第四纪哺乳动物化石新材料. 古脊椎动物学报，24(3)：242～244
《城步苗族自治县概况》编写组编. 1984. 城步苗族自治县概况. 长沙：湖南人民出版社
城步苗族自治县志编纂委员会编. 1996. 城步苗族自治县志. 长沙：湖南出版社
城固县地方志编纂委员会编. 1994. 城固县志. 北京：中国大百科全书出版社
赤峰市地方志编纂委员会编. 1996. 赤峰市志. 呼和浩特：内蒙古人民出版社
崇左县志编纂委员会编. 1994. 崇左县志. 南宁：广西人民出版社
楚雄彝族自治州地方志编纂委员会编. 1993. 楚雄彝族自治州志. 北京：人民出版社
崔德文，李有升. 1994. 辽宁营口藏山洞穴地点试掘报告. 人类学学报，13(3)：239～248
大理市志编纂委员会编. 1998. 大理市志. 北京：中华书局
大田县地方志编纂委员会编. 1996. 大田县志. 北京：中华书局
大通回族自治县志编纂委员会编. 1993. 大通县志. 西安：陕西人民出版社
大新县志编纂委员会编. 1989. 大新县志. 上海：上海古籍出版社
大瑶山自然资源综合考察队. 1988. 广西大瑶山自然资源考察. 上海：学林出版社
丹东市地方志办公室编. 1993. 丹东市志. 沈阳：辽宁科学技术出版社
丹凤县志编纂委员会编. 1994. 丹凤县志. 西安：陕西人民出版社
宕昌县县志编纂委员会编. 1995. 宕昌县志. 兰州：甘肃文化出版社
德保县志编纂委员会编. 1998. 德保县志. 南宁：广西人民出版社
德昌县地方志编纂委员会编. 1998. 德昌县志. 成都：四川人民出版社
德都县地方志办公室编. 1994. 德都县志. 合肥：黄山书社
德宏傣族景颇族自治州志编纂委员会编. 1994. 德宏州志：综合卷. 德宏：德宏民族出版社
德化县地方志编纂委员会编. 1992. 德化县志. 北京：新华出版社
德钦县志编纂委员会编. 1997. 德钦县志. 昆明：云南民族出版社
德日进，杨钟健. 1936. 安阳殷墟之哺乳动物群. 中国古生物学志(丙种)，12(1)：1～78
德兴县县志编纂委员会办公室编纂. 1990. 三清山志. 德兴(江西)：编纂者
迭部县志编纂委员会. 1998. 迭部县志. 兰州：兰州大学出版社
丁伟志[总]主编，丹东市情调查组. 1997a. 中国国情丛书：百县市经济社会调查：丹东卷. 北京：中国大百科全书出版社
丁伟志[总]主编，格尔木市情调查组. 1992. 中国国情丛书：百县市经济社会调查：格尔木卷. 北京：中国大百科

全书出版社
丁伟志[总]主编，海林县情调查组. 1991. 中国国情丛书：百县市经济社会调查：海林卷. 北京：中国大百科全书出版社
丁伟志[总]主编，湟中县情调查组. 1996b. 中国国情丛书：百县市经济社会调查：湟中卷. 北京：中国大百科全书出版社
丁伟志[总]主编，霍城县情调查组. 1994b. 中国国情丛书：百县市经济社会调查：霍城卷. 北京：中国大百科全书出版
丁伟志[总]主编，景德镇市情调查组. 1996a. 中国国情丛书：百县市经济社会调查：景德镇卷. 北京：中国大百科全书出版社
丁伟志[总]主编，库车县情调查组. 1995b. 中国国情丛书：百县市经济社会调查：库车卷. 北京：中国大百科全书出版社
丁伟志[总]主编，秦城区情调查组. 1998b. 中国国情丛书：百县市经济社会调查：秦城卷. 北京：中国大百科全书出版社
丁伟志[总]主编，上杭县情调查组. 1994a. 中国国情丛书：百县市经济社会调查：上杭卷. 北京：中国大百科全书出版社
丁伟志[总]主编，吴忠市情调查组. 1993. 中国国情丛书：百县市经济社会调查：吴忠卷. 北京：中国大百科全书出版社
丁伟志[总]主编，西昌市情调查组. 1997c. 中国国情丛书：百县市经济社会调查：西昌卷. 北京：中国大百科全书出版社
丁伟志[总]主编，县情调查组编. 1997b. 中国国情丛书：百县市经济社会调查：宜章卷. 北京：中国大百科全书出版社
丁伟志[总]主编，兴安县情调查组编. 1998a. 中国国情丛书：百县市经济社会调查：兴安卷. 北京：中国大百科全书出版社
丁伟志[总]主编，永昌县情调查组. 1995a. 中国国情丛书：百县市经济社会调查：永昌卷. 北京：中国大百科全书出版社
东宁县志办公室编. 1989. 东宁县志. 哈尔滨：黑龙江人民出版社
东阳市地方志编纂委员会编. 1993. 东阳市志. 上海：汉语大词典出版社
董为，等. 2009. 辽宁朝阳龙城马山洞哺乳动物群的性质及时代探讨. 人类学学报，28(1)：95～109
动物考古课题组. 2011. 中华文明形成时期的动物考古学研究//中国社会科学院考古研究所科技考古中心编. 科技考古. 第三辑. 北京：科学出版社
都兰县县志编纂委员会编. 2001. 都兰县志. 西安：陕西人民出版社
杜景琴主编. 1995. 抚顺县志. 沈阳：辽宁人民出版社
敦煌市志编纂委员会编. 1994. 敦煌市志. 北京：新华出版社
峨边彝族自治县志编纂委员会编. 1994. 峨边彝族自治县志. 成都：四川辞书出版社
峨眉山志编纂委员会编纂. 1997. 峨眉山志. 成都：四川科学技术出版社
额尔古纳右旗史志编纂委员会编. 1993. 额尔古纳右旗志. 海拉尔：内蒙古文化出版社
额敏县地方志编纂委员会编. 2000. 额敏县志. 乌鲁木齐：新疆人民出版社
鄂温克族自治旗志编纂委员会编. 1996. 鄂温克族自治旗志. 北京：中国城市出版社
[美]范约翰著；(清)吴子祥述. 1899. 百兽集说图考. 上海：美华图书馆
范德昌主编. 1988. 嘉荫县志. 哈尔滨：黑龙江人民出版社
范雪春，郑国珍. 2006. 福建第四纪哺乳动物化石考古发现与研究. 北京：科学出版社
方城县地方志编纂委员会编. 1992. 方城县志. 郑州：中州古籍出版社
房守志主编. 1993. 新宾满族自治县志. 沈阳：辽沈书社
房迎三. 2000. 江苏上新世以来的哺乳动物群. 东南文化(7)：33～40
凤凌飞主编. 1991. 内蒙古珍稀濒危动物图谱. 北京：中国农业科技出版社
凤县志编纂委员会编. 1994. 凤县志. 西安：陕西人民出版社
《凤阳山志》编委会编. 2012. 凤阳山志. 北京：中国林业出版社
佛坪县地方志编纂委员会编. 1993. 佛坪县志. 西安：三秦出版社
扶绥县志编纂委员会编. 1989. 扶绥县志. 南宁：广西人民出版社
浮梁县地方志编纂委员会编. 1998. 浮梁县志. 北京：方志出版社
福建省龙海县地方志编纂委员会编. 1993. 龙海县志. 北京：东方出版社
抚松县地方志编纂委员会编. 1994. 抚松县志. 北京：中华书局
抚远县地方志编纂委员会编. 1998. 抚远县志. 北京：中华书局
阜康市党史地方志编纂委员会编. 2001. 阜康县志. 乌鲁木齐：新疆人民出版社
傅罗文，袁靖. 2006. 重庆忠县中坝遗址动物遗存的研究. 考古(1)：79～88
傅仁义，等. 2009. 辽宁朝阳马山洞的食肉类化石. 人类学

学报,29(3):293～302
傅仁义,顾罡.1997.辽西首次发现中更新世哺乳动物群.考古学报,35(3):159
傅仁义.1984.大连郭家村遗址的动物遗骨.考古学报(3):331～334
傅仁义.1992.鸽子洞遗址时代的再研究.北方文物(4)
富川瑶族自治县志编纂委员会编.1993.富川瑶族自治县志.南宁:广西人民出版社
甘南藏族自治州地方史志编纂委员会编.1999.甘南州志.兰州:甘肃民族出版社
甘肃省舟曲县志编纂委员会编.1996.舟曲县志.北京:生活·读书·新知三联书店
甘孜县地方志编纂委员会编纂.1999.甘孜县志.成都:四川科学技术出版社
甘孜州志编纂委员会编.1997.甘孜州志.成都:四川人民出版社
刚察县志编纂委员会编.1998.刚察县志.西安:陕西人民出版社
高玮,盛连喜主编.2002.中国长白山动物.延吉:延边人民出版社;北京:北京科学技术出版社
鸽子洞发掘队.1975.辽宁鸽子洞旧石器遗址发掘报告.古脊椎动物与古人类,13(2):122～136
个旧市志编纂委员会编.1998.个旧市志.昆明:云南人民出版社
根河市史志编纂委员会编.1998.根河市志.海拉尔:内蒙古文化出版社
耿马傣族佤族自治县志编纂委员会编.1995.耿马傣族佤族自治县志.昆明:云南人民出版社
共和县地方志编纂委员会编.1991.共和县志.西宁:青海人民出版社
《古浪县志》编纂委员会.1996.古浪县志.兰州:甘肃文化出版社
顾玉珉,等.1986.广西洞穴调查报告.人类学学报,5(2):198～199
光泽县地方志编纂委员会编.1994.光泽县志.北京:群众出版社
广东省昆虫研究所动物室,中山大学生物系著.1983.海南岛的鸟兽.北京:科学出版社
广西融水苗族自治县地方志编纂委员会编.1998.融水苗族自治县志.北京:生活·读书·新知三联书店
广西壮族自治区博物馆.1973.广西都安发现人类牙齿及哺乳类化石.古脊椎动物与古人类,11(2):221～223
广西壮族自治区资源县志编纂委员会编.1998.资源县志.南宁:广西人民出版社
贵溪县志编纂委员会编.1996.贵溪县志.北京:中国科学技术出版社
贵州省博物馆.1990.贵州考古十年//文物编辑委员会编.文物考古工作十年:1979—1989.北京:文物出版社,253～271
贵州省大方县地方志编纂委员会编.1996.大方县志.北京:方志出版社
贵州省都匀市史志编纂委员会编.1999.都匀市志.贵阳:贵州人民出版社
贵州省独山县志编纂委员会编.1996.独山县志.贵阳:贵州人民出版社
贵州省福泉县地方志编纂委员会编.1992.福泉县志.贵阳:贵州人民出版社
贵州省赫章县地方志编纂委员会编.2001.赫章县志.贵阳:贵州人民出版社
贵州省黎平县志编纂委员会编.1989.黎平县志.成都:巴蜀书社
贵州省荔波县地方志编纂委员会编.1997.荔波县志.北京:方志出版社
贵州省榕江县地方志编纂委员会编.1999.榕江县志.贵阳:贵州人民出版社
贵州省施秉县地方志编纂委员会编.1997.施秉县志.北京:方志出版社
贵州省台江县志编纂委员会编.1994.台江县志.贵阳:贵州人民出版社
贵州省文物考古研究所.2013.贵州开阳打儿窝岩厦遗址试掘简报.长江文明(11):1～19
郭邪.2004.山海经注证.北京:中国社会科学出版社
郭薰风主修;石璋如,等纂.1956.桃园县志.台北:成文出版社
国家林业局主编.2008.中国重点陆生野生动物资源调查.北京:中国林业出版社
哈密地区地方志编纂委员会编.1997.哈密地区志.乌鲁木齐:新疆大学出版社
哈密市地方志编纂委员会编.1989.哈密县志.乌鲁木齐:新疆人民出版社
海南省昌江黎族自治县地方志编纂委员会编.1998.昌江县志.北京:新华出版社
海西蒙古族藏族自治州地方志编纂委员会编.1995.海西蒙古族藏族自治州志.西安:陕西人民出版社
海晏县志编纂委员会编.1994.海晏县志.兰州:甘肃文化出版社
韩德芬,张森水.1978.建德发现的一枚人的犬齿化石及浙江第四纪哺乳动物新资料.古脊椎动物与古人类,16(4):255～263
韩德芬.1975.广西柳州笔架山第四纪哺乳动物化石.古脊椎动物与古人类,13(4):250～256
韩德芬.1982.广西大新黑洞哺乳动物化石.古脊椎动物与古人类,20(1):58～64
汉源县志编纂委员会编.1994.汉源县志.成都:四川科学

技术出版社
汉中市地方志编纂委员会编. 1994. 汉中市志. 北京：中共中央党校出版社
杭州市地方志编纂委员会编. 1995. 杭州市志. 北京：中华书局
郝思德，等. 1994. 海南“三亚人”遗址 1992 年发掘报告. 人类学学报，13(2)：117～125
合浦县志编纂委员会编. 1994. 合浦县志. 南宁：广西人民出版社
何业恒. 1996. 中国虎与中国熊的历史变迁. 长沙：湖南师范大学出版社
和静县史志编纂委员会编. 1995. 和静县志. 乌鲁木齐：新疆人民出版社
和硕县地方志编纂委员会编. 1999. 和硕县志. 乌鲁木齐：新疆人民出版社
河北省平泉县地方志编纂委员会编. 2000. 平泉县志. 北京：作家出版社
河北省赞皇县地方志编纂委员会编. 1998. 赞皇县志. 北京：方志出版社
河南蒙古族自治县方志编纂委员会编. 1996. 河南县志. 兰州：甘肃人民出版社
河南文物考古研究所等. 1989. 淅川下王岗. 北京：文物出版社
黑河地区地方志编纂委员会办公室编. 1988. 黑河地区简志. 黑河：黑河印刷总厂
黑河市地方志编纂委员会编. 1996. 黑河地区志. 北京：生活·读书·新知三联书店
黑龙江省地方志编纂委员会编. 1998. 黑龙江省志·地理志. 哈尔滨：黑龙江人民出版社
黑龙江省桦南县志办公室编. 1991. 桦南县志. 哈尔滨：黑龙江科学技术出版社
黑龙江省延寿县志编纂委员会办公室编. 1991. 延寿县志. 北京：三环出版社
衡阳市地方志编纂委员会编. 1998. 衡阳市志. 长沙：湖南人民出版社
红河哈尼族彝族自治州志编纂委员会编. 1994. 红河州志. 北京：生活·读书·新知三联书店
洪波浪，等. 1960. 台南县志. 台北：成文出版社
洪雅县地方志编纂委员会编. 1997. 洪雅县志. 成都：电子科技大学出版社
呼玛县地方志办公室编纂. 1990. 呼玛县志：1978—1987. 北京：中国文史出版社
呼图壁县志编纂委员会编. 1992. 呼图壁县志. 乌鲁木齐：新疆人民出版社
胡长康，齐陶著. 1978. 陕西蓝田公王岭更新世哺乳动物群. 北京：科学出版社
胡绍锦. 1977. 云南呈贡县发现旧石器. 古脊椎动物与古人类，15(3)：225～228
胡绍锦. 1985. 昆明新发现一批旧石器地点. 人类学学报，4(1)：103
胡绍锦. 1995. 宜良九乡张口洞发现的旧石器. 人类学学报，14(2)：21～31
胡松海，等. 2007. 宝鸡关桃园遗址动物环境考古研究. 西北大学学报(自然科学版)，37(1)：115～118
湖北省巴东县地方志编纂委员会编. 1993. 巴东县志. 武汉：湖北科学技术出版社
湖北省恩施市地方志编纂委员会编. 1996. 恩施市志. 武汉：武汉工业大学出版社
湖北省恩施土家族苗族自治州地方志编纂委员会编. 1998. 恩施州志. 武汉：湖北人民出版社
湖北省谷城县地方志编纂委员会编. 1991. 谷城县志. 北京：新华出版社
湖北省鹤峰县史志编纂委员会编. 1990. 鹤峰县志. 武汉：湖北人民出版社
湖北省清江隔河岩考古队，湖北省文物考古研究所编著；王善才主编. 2004. 建始人遗址. 北京：科学出版社
湖北省神农架林区地方志编纂委员会编. 1996. 神农架志. 武汉：湖北科学技术出版社
湖北省五峰土家族自治县地方志编纂委员会编. 1994. 五峰县志. 北京：中国城市出版社
湖北省襄樊市地方志编纂委员会编. 1994. 襄樊市志. 北京：中国城市出版社
湖北省兴山县地方志编纂委员会编. 1997. 兴山县志. 北京：中国三峡出版社
湖北省宜昌县地方志编纂委员会编. 1993. 宜昌县志. 北京：冶金工业出版社
湖北省远安县地方志编纂委员会编. 1990. 远安县志. 北京：中国城市经济社会出版社
湖北省郧西县地方志编纂委员会办公室编. 1995. 郧西县志. 武汉：武汉测绘科技大学出版社
湖南省花垣县地方志编纂委员会编. 1993. 花垣县志. 北京：生活·读书·新知三联书店
湖南省江华瑶族自治县志编纂委员会编. 1994. 江华瑶族自治县志. 北京：中国城市出版社
湖南省江永县志编纂委员会编. 1995. 江永县志. 北京：方志出版社
湖南省绥宁县志编纂委员会编. 1997. 绥宁县志. 北京：方志出版社
湖南省通道侗族自治县县志编纂委员会编. 1999. 通道县志. 北京：民族出版社
湖南省文物考古研究所，石门县博物馆. 1994. 石门县燕儿洞旧石器遗址试掘. 湖南考古辑刊：1～7
湖南省志编纂委员会编. 1987. 湖南省志. 第二卷，地理志. 修订本. 长沙：湖南人民出版社

华亭县志编纂委员会编.1996.华亭县志.兰州:甘肃人民出版社

黄平县地方志编纂委员会编.1993.黄平县志.贵阳:贵州人民出版社

《黄山志》编纂委员会编.1988.黄山志.合肥:黄山书社

黄泗亭,等.1992.马鞍山南洞旧石器文化遗址试掘报告.人类学学报,11(1):69～78

黄万波.1963.广东高要、罗定、封开等地洞穴及其堆积物概述.古脊椎动物与古人类,7(1):79～83

黄万波.1979.华南洞穴动物群的性质和时代.古脊椎动物与古人类,17(4):327～142

黄万波.1981.燕山山麓新发现的几处洞穴堆积简报.古脊椎动物与古人类,19(1):99～100

黄万波,等.1981.安徽和县龙潭洞发现的猿人头盖骨的观察.科学通报(24):1 508～1 510

黄万波,等.1982.安徽和县猿人化石及有关问题的初步研究.古脊椎动物与古人类,20(3):248～255

黄万波,关键.1983.京郊燕山一早更新世洞穴堆积与哺乳类化石.古脊椎动物学报,21(1):69～75

黄万波,等.1988.记广东首次发现巨羊及扬子鳄化石.古脊椎动物学报,26(3):227～231

黄万波,等著.2012.和县猿人.北京:科学出版社

黄卫国,朱思维.1991.江西会昌发现第四纪哺乳动物化石.人类学学报,10(3):271

黄新亚,钟建英,等纂.1957.苗栗县志.台北:成文出版社

黄蕴平.2010.动物骨骼数量分析和家畜驯化发展初探//河南省文物考古研究所编.动物考古.第1辑,2007年中国郑州动物考古国际学术研讨会论文集.北京:文物出版社

黄正维,孟子江.1964.浙江哺乳动物化石新产地.古脊椎动物与古人类,8(1):92～94

湟中县地方志编纂委员会编.1989.湟中县志.西宁:青海人民出版社

辉南县县志编纂委员会编.2000.辉南县志.长春:吉林人民出版社

惠安县地方志编纂委员会编.1998.惠安县志.北京:方志出版社

浑江市地方志编纂委员会编.1994.浑江市志.北京:中华书局

鸡西市地方志编纂委员会编.1996.鸡西市志.北京:方志出版社

绩溪县地方志编纂委员会编.1998.绩溪县志.合肥:黄山书社

吉林省文物考古研究所编著.2009.吉林集安高句丽墓葬报告集.北京:科学出版社

吉林省延吉市地方志编纂委员会编.1994.延吉市志.北京:新华出版社

计宏祥.1975.陕西蓝田地区的早更新世哺乳动物化石.古脊椎动物与古人类,13(3):169～177

季维智主编.1999.中国云南野生动物.北京:中国林业出版社

贾兰坡,等.1959.周口店附近新发现的哺乳动物化石地点.古脊椎动物与古人类,1(1):47～51

贾兰坡,翟人杰.1957.河北赤城第四纪哺乳动物化石.古脊椎动物学报,1(1):47～51

贾兰坡.1957.长阳人化石及共生的哺乳动物群.古脊椎动物学报,1(3):247～252

贾兰坡,张振标.1977.河南淅川下王岗遗址中的动物群.文物(6):41～49

建宁县地方志编纂委员会编.1995.建宁县志.北京:新华出版社

建瓯县地方志编纂委员会编.1994.建瓯县志.北京:中华书局

建始县地方志编纂委员会编.1994.建始县志.武汉:湖北辞书出版社

建水县志编纂委员会编.1994.建水县志.北京:中华书局

建阳县地方志编纂委员会编.1994.建阳县志.北京:群众出版社

江山市志编纂委员会编.1990.江山市志.杭州:浙江人民出版社

江西省德兴市地方志编纂委员会编.1993.德兴县志.北京:光明日报出版社

江西省星子县志编纂委员会编纂.1990.星子县志.南昌:江西人民出版社

江油市地方志编纂委员会编.1999.江油县志.成都:四川人民出版社

姜大成,等.2000.中国东北长白山区濒危野生药用动物资源及其保护//张恩迪,郑汉臣主编.中国濒危野生药用动植物资源的保护.上海:第二军医大学出版社,73～78

姜鹏.1975.吉林安图晚更新世洞穴堆积.古脊椎动物与古人类,13(3):197～198

姜鹏.1982.吉林安图人化石.古脊椎动物与古人类,20(1):65～70

将乐县地方志编纂委员会编.1998.将乐县志.北京:方志出版社

蒋志刚主编.2005.陕西青木川自然保护区的生物多样性.北京:清华大学出版社

金昌柱,等.2000.安徽繁昌早更新世人字洞古人类活动遗址及其哺乳动物群.人类学学报,19(3):184～198

金川县地方志编纂委员会编.1994.金川县志.北京:民族出版社

金牛山联合发掘队.1976.辽宁营口金牛山发现的第四纪哺乳动物群及其意义.古脊椎动物与古人类,14(2):

120～127
金秀瑶族自治县志编纂委员会编.1992.金秀瑶族自治县志.北京:中央民族学院出版社
锦州市地方志编纂委员会编.1994.锦州市志:综合卷.北京:中国统计出版社
晋城市地方志编纂委员会编.1999.晋城市志.北京:中华书局
精河县《精河县志》编纂委员会编.1998.精河县志.乌鲁木齐:新疆人民出版社
景洪县地方志编纂委员会编.2000.景洪县志.昆明:云南人民出版社
靖西县县志编纂委员会编.2000.靖西县志.南宁:广西人民出版社
九龙县志编纂委员会编.1997.九龙县志.成都:四川人民出版社
科尔沁右翼前旗志编纂委员会编.1991.科尔沁右翼前旗志.呼和浩特:内蒙古人民出版社
涞源县地方志编纂委员会编.1998.涞源县志.北京:新华出版社
赖兴会.2003.拟建中的罗平万峰山自然保护区的保护价值.林业调查规划,28(3):40～42
赖子清,赖明初,等纂修.1982.嘉义县志.台北:成文出版社
兰州市地方志编纂委员会,兰州市林业志编纂委员会编纂.1998b.兰州市志.第二十六卷,林业志.兰州:兰州大学出版社
蓝田县地方志编纂委员会编.1994.蓝田县志.西安:陕西人民出版社
郎溪县地方志编纂委员会编.1998.郎溪县志.北京:方志出版社
乐昌市地方志编纂委员会编.1994.乐昌市志.广州:广东人民出版社
乐山市地方志编纂委员会编纂.2000.乐山市志.成都:巴蜀书社
礼县志编纂委员会编.1999.礼县志.西安:陕西人民出版社
李传夔,等.1983.江苏泗洪下草湾中中新世脊椎动物群.1,化石地点暨近年发现的新材料简介.古脊椎动物与古人类,21(4):313～327
李传夔,齐陶.1964.新疆温泉上新世哺乳动物化石.古脊椎动物与古人类,8(3):288～294
李传令,薛祥煦.1999.陕西蓝田锡水洞遗址大型哺乳动物保存特征与古人类行为分析.人类学学报,18(4):282～290
李宏群,等.2011.重庆市大木山自然保护区兽类动物资源调查.贵州农业科学,39(9):32～35
李家和,等.1992.江西萍乡竹山园洞的哺乳类化石和石制品.人类学学报,11(1):86～92
李天元.1990.湖北枝城九道河旧石器时代遗址发掘报告.考古与文物(1):6～20
李文明,等.1982.江苏丹徒莲花洞动物群.人类学学报,1(2):169～179
李炎贤,雷次玉.1980.江苏溧水神仙洞发现的动物化石.古脊椎动物与古人类,18(1):59～64
李炎贤,蔡回阳.1986.贵州普定白岩脚洞旧石器时代遗址.人类学学报,5(2):162～171
李艳红,等.2007.四川栗子坪自然保护区的兽类区系与资源.四川动物,26(4)
李亦征.1993.记山东沂南上新世熊属一新种.古脊椎动物学报,31(1):44～60
李意愿,等.2013.湖南道县后背山福岩洞2011年发掘报告.人类学学报,32(2):133～143
李有恒.1962.汉水上游哺乳类化石的新线索.古脊椎动物与古人类,6(3):280～287
李有恒,等.1984.广西柳江土博出土的人牙化石及共生的哺乳动物群.人类学学报,3(4):322～329
李有恒,等.1985.广西田东县祥周公社定模洞调查报告.人类学学报,4(2):127～131
李占扬,董为.2007.河南许昌灵井旧石器遗址哺乳动物群的性质及时代探讨.人类学学报,26(4):345～360
李子忠主编.2011.贵州野生动物名录.贵阳:贵州科技出版社
理县志编纂委员会编.1997.理县志.成都:四川民族出版社
澧县地方志编纂办公室编.1993.澧县志.北京:社会科学文献出版社
丽江地区行政公署林业局编撰.1998.丽江地区林业志.昆明:云南民族出版社
丽江纳西族自治县志编纂委员会编纂;李汝明总纂.2001.丽江纳西族自治县志.昆明:云南人民出版社
连城县地方志编纂委员会编.1993.连城县志.北京:群众出版社
连山壮族瑶族自治县志编纂委员会编.1997.连山壮族瑶族自治县志.北京:生活·读书·新知三联书店
梁崇岐主编.1986.新疆珍贵动物图谱.北京:中国林业出版社
林鹏,等.2005.福建君子峰自然保护区综合科学考察报告.厦门:厦门大学出版社
林玉芬.1981.江苏铜山县第四纪哺乳动物化石新地点.古脊椎动物与古人类,19(3):378
临桂县志编纂委员会编.1996.临桂县志.北京:方志出版社
临夏县志编纂委员会.1995.临夏县志.兰州:兰州大学出版社
灵川县地方志编纂委员会编.1997.灵川县志.南宁:广西人民出版社
灵武市志编纂委员会编.1999.灵武市志.银川:宁夏人民

出版社
鄗县志编纂委员会编.1994.鄗县志.北京:中国社会出版社
刘昌芝.1962.粤北第四纪哺乳动物化石调查简报.古脊椎动物与古人类,6(2):202～203
刘德银,王幼平.2001.鸡公山遗址发掘初步报告.人类学学报,20(2):102～114
刘金毅,等.2006.芜湖金盆洞旧石器遗址的食肉类.人类学学报,25(3):227～241
刘莉,等.2001.陕西临潼康家龙山文化遗址1990年发掘动物遗存.华夏考古(1):4
刘务林.1996.麝·熊.北京:中国林业出版社
刘信中,方福生主编.2001.江西武夷山自然保护区科学考察集.北京:中国林业出版社
刘枝万,石璋如,等纂.1978.南投县志稿.台北:成文出版社
柳河县志编纂委员会编.1991.柳河县志.长春:吉林文史出版社
龙陵县委党史地方志工作办公室编.2000.龙陵县志.北京:中华书局
龙门县地方志编纂委员会编.1995.龙门县志.广州:广东人民出版社
龙岩地区地方志编纂委员会编.1992.龙岩地区志.上海:上海人民出版社
隆安县志编纂委员会编.1993.隆安县志.南宁:广西人民出版社
陇县地方志编纂委员会编.1993.陇县志.西安:陕西人民出版社
卢世标总纂;陈芳草,等纂.1965.宜兰县志.台北:成文出版社
泸州市地方志编纂委员会编.1998.泸州市志.北京:方志出版社
鲁庆彬,胡锦矗.2003.大小兰沟自然保护区兽类资源生态评价.内江师范学院学报,18(4)
吕遵谔,等.1989.山东沂源猿人化石.人类学学报,8(4):301～313
略阳县志编纂委员会编.1992.略阳县志.西安:陕西人民出版社
轮台县党史、县志编纂委员会编.1991.轮台县志.北京:新华出版社
罗伦德.1984.四川华蓥山地区第四纪哺乳动物化石.古脊椎动物学报,22(1):80,20
罗其湘.1978.徐州附近发现上新世和更新世大量哺乳动物化石.古脊椎动物与古人类,16(1):76
萝北县地方志编纂委员会编.1992.萝北县志.北京:中国人事出版社
马安成,汤虎良.1992.浙江金华全新世大熊猫—剑齿象动物群的发现及其意义.古脊椎动物学报,30(4):295～312
马边彝族自治县地方志编纂委员会编.1994.马边彝族自治县志.成都:成都科技大学出版社
马逸清,等编著.1986.黑龙江省兽类志.哈尔滨:黑龙江科学技术出版社
玛纳斯县地方志编纂委员会编.1993.玛纳斯县志.乌鲁木齐:新疆大学出版社
玛曲县志编纂委员会编.2001.玛曲县志.兰州:甘肃人民出版社
茂名市地方志编纂委员会编.1997.茂名市志.北京:生活·读书·新知三联书店
梅河口市地方志编纂委员会编.1999.梅河口市志.长春:吉林人民出版社
蒙自县志编纂委员会编.1995.蒙自县志.北京:中华书局
孟连傣族拉祜族佤族自治县志编纂委员会编.1999.孟连傣族拉祜族自治县志.昆明:云南人民出版社
米泉县地方志编纂委员会编.1998.米泉县志.乌鲁木齐:新疆人民出版社
密山县志编纂委员会编.1993.密山县志.北京:中国标准出版社
勉县志编纂委员会主编.1989.勉县志.北京:地震出版社
民乐县县志编纂委员会编.1996.民乐县志.兰州:甘肃人民出版社
岷县志编纂委员会编.1995.岷县志.兰州:甘肃人民出版社
名山县志编纂委员会编.1992.名山县志.成都:四川科学技术出版社
明溪县地方志编纂委员会编.1997.明溪县志.北京:方志出版社
莫力达瓦达斡尔族自治旗史志编纂委员会编.1998.莫力达瓦达斡尔族自治旗志.呼和浩特:内蒙古人民出版社
漠河县志编纂委员会编纂.1993.漠河县志.北京:中国大百科全书出版社
牡丹江市志编审委员会编.1993.牡丹江市志.哈尔滨:黑龙江人民出版社
《木里藏族自治县概况·物产资源》编写组编.1985.木里藏族自治县概况.成都:四川民族出版社
内蒙古自治区文物考古研究所编著.2004.白音长汗:新石器时代遗址发掘报告.北京:科学出版社
南丹县地方志编纂委员会编.1994.南丹县志.南宁:广西人民出版社
南坪县地方志编纂委员会编.1994.南坪县志.北京:民族出版社
南阳地区地方史志编纂委员会编.1996.南阳地区志:1986—1994.郑州:中州古籍出版社
南郑县地方志编纂委员会编.1990.南郑县志.北京:中国人民公安大学出版社
宁波市地方志编纂委员会编.1995.宁波市志.北京:中华书局
宁城县志编纂委员会编.1992.宁城县志.呼和浩特:内蒙

古人民出版社
宁海县地方志编纂委员会编. 1993. 宁海县志. 杭州：浙江人民出版社
宁化县志编纂委员会编. 1992. 宁化县志. 福州：福建人民出版社
宁明县志编纂委员会编. 1988. 宁明县志. 北京：中央民族学院出版社
宁南县志编纂委员会编. 1994. 宁南县志. 成都：成都电子科技大学出版社
宁陕县地方志编纂委员会编. 1992. 宁陕县志. 西安：陕西人民出版社
农八师石河子市地方志编纂委员会编. 1994. 农八师垦区石河子市志. 乌鲁木齐：新疆人民出版社
农九师史志编纂委员会编. 2000. 农九师志. 北京：中华书局
裴树文，等. 2010. 湖北建始高坪洞穴调查及其试掘简报. 人类学学报，29(4)：383～394
裴文中，李有恒. 1958. 第三"巨猿"下颚骨的发现. 古脊椎动物学报，2(4)：193～197
裴文中. 1960. 中国原始人类的生活环境. 古脊椎动物与古人类，2(1)：9～21
彭水县志编纂委员会编. 1997. 彭水县志. 成都：四川人民出版社
平安县志编纂委员会编. 1996. 平安县志. 西安：陕西人民出版社
平利县志编纂委员会编. 1995. 平利县志. 西安：三秦出版社
平武县县志编纂委员会编. 1997. 平武县志. 成都：四川科学技术出版社
平阳县志编纂委员会编. 1993. 平阳县志. 上海：汉语大词典出版社
屏边苗族自治县县志编纂委员会编. 1999. 屏边苗族自治县志. 北京：新华出版社
屏南县地方志编纂委员会编. 1999. 屏南县志. 北京：方志出版社
屏山县志编纂委员会编. 1998. 屏山县志. 成都：四川人民出版社
浦北县志编纂委员会编. 1994. 浦北县志. 南宁：广西人民出版社
浦城县地方志编纂委员会编. 1994. 浦城县志. 北京：中华书局
浦江县志编纂委员会编. 1990. 浦江县志. 杭州：浙江人民出版社
[俄]普尔热瓦尔斯基著，黄健民译. l999. 走向罗布泊. 乌鲁木齐：新疆人民出版社
普洱哈尼族彝族自治县地方志编纂委员会编. 1993. 普洱哈尼族彝族自治县志. 北京：生活·读书·新知三联书店
七台河市地方志编纂委员会办公室编. 1992. 七台河市志. 北京：档案出版社
祁国琴. 1977. 福建闽侯昙石山新石器时代遗址中出土的兽骨. 古脊椎动物与古人类，15(4)：301～306
祁国琴. 1984. Ursavus 在中国的首次发现：并记禄丰古猿化石产地的其他熊类标本. 人类学学报，3(1)：53～61
祁国琴. 1988. 姜寨新石器时代遗址动物群的分析//西安半坡博物馆等. 姜寨. 北京：文物出版社，504～538
祁国琴. 1989. 中国北方第四纪哺乳动物群：兼论原始人类生活环境. 中国远古人类. 北京：科学出版社，277～337
《祁阳县志》编纂委员会编. 1993. 祁阳县志. 北京：社会科学文献出版社
奇台县史志编纂委员会编. 1994. 奇台县志. 乌鲁木齐：新疆大学出版社
迁西县地方志编纂委员会编. 1991. 迁西县志. 北京：中国科学技术出版社
铅山县县志编纂委员会编. 1990. 铅山县志. 海口：南海出版公司
《青川县志》编纂委员会编. 1992. 青川县志. 成都：成都科技大学出版社
清流县地方志编纂委员会编. 1994. 清流县志. 北京：中华书局
清水县志编纂委员会编. 2001. 清水县志. 西安：陕西人民出版
庆安县地方志编纂委员会办公室编. 1995. 庆安县志. 哈尔滨：黑龙江人民出版社
琼中黎族苗族自治县地方志办公室编. 1995. 琼中县志. 海口：海南摄影美术出版社
邱立诚，等. 1980. 广东阳春独仔洞穴文化遗址发掘简讯. 古脊椎动物与古人类，18(3)：260
邱立诚. 1986. 广东封开发现的人类牙齿化石. 人类学学报，5(4)：311～313
邱占祥，等. 1985. 山东山旺首次发现祖熊牙齿化石. 古脊椎动物学报，23(4)：264～271
邱占祥，等. 1986. 山东山旺新发现的大型熊类化石. 古脊椎动物学报，24(3)：182～191
邱占祥，祁国琴. 1990. 云南禄丰古猿地点 Ursinae indet. 化石性质的再讨论. 古脊椎动物学报，28(4)：270～283
邱占祥，理·戴福德. 2003. 山西保德印度熊一新种. 古脊椎动物学报，41(4)：278～288
邱占祥，邓涛，王伴月. 2009. 甘肃东乡首次发现熊亚科化石：龙担哺乳动物群补充报道之二. 古脊椎动物学报(4)：245～264
邱占祥，邓涛，王伴月. 2014. 记甘肃广河晚中新世祖熊头骨化石. 古脊椎动物学报，52(3)
邱中郎，等. 1961. 湖北省清江地区洞穴中的哺乳类化石报导. 古脊椎动物与古人类，3(2)：155～158

邱中郎，等. 1973. 周口店新发现的北京猿人化石及文化遗物. 古脊椎动物与古人类，11(2)：109～131

邱中郎，等. 1982. 南召发现的人类和哺乳类化石. 人类学学报，1(2)：109～117

《衢州市志》编纂委员会编. 1994. 衢州市志. 杭州：浙江人民出版社

饶河县地方志办公室编. 1992. 饶河县志. 哈尔滨：黑龙江人民出版社

融安县志编纂委员会编. 1996. 融安县志. 南宁：广西人民出版社

乳源瑶族自治县地方志编纂委员会编. 1997. 乳源瑶族自治县志. 广州：广东人民出版社

瑞金县志编纂委员会编. 1993. 瑞金县志. 北京：中央文献出版社

沙县地方志编纂委员会编. 1992. 沙县志. 北京：中国科学技术出版社

山阳县地方志编纂委员会编. 1991. 山阳县志. 西安：陕西人民出版社

陕西省地方志编纂委员会编. 2000. 陕西省志. 第三卷，地理志. 西安：陕西人民出版社

陕西省凤县地方志编纂委员会. 1986. 凤县志. 民国时期资料汇编.（陕西）凤县：凤县地方志编纂委员会

陕西省考古研究所，榆林市文物管理委员会办公室编著. 2001. 神木大保当：汉代城址与墓葬考古报告. 北京：科学出版社

陕西省考古研究院，宝鸡市考古工作队. 2007. 宝鸡关桃园. 北京：文物出版社

陕西省考古研究院，商洛市博物馆编著. 2011. 东龙山遗址动物遗存分析//商洛东龙山. 北京：科学出版社，312～421

陕西省留坝县地方志编纂委员会编. 2002. 留坝县志. 西安：陕西人民出版社

鄯善县地方志编纂委员会编. 2001. 鄯善县志. 乌鲁木齐：新疆人民出版社

商州市地方志编纂委员会编. 1998. 商州市志. 北京：中华书局

上林县志编纂委员会编. 1989. 上林县志. 南宁：广西人民出版社

上饶县志编纂委员会编. 1993. 上饶县志. 北京：中共中央党校出版社

邵阳市地方志编纂委员会编. 1997. 邵阳市志. 长沙：湖南出版社

盛锦朝. 2008. 安徽东至梅源山旧石器遗址出土人牙化石. 中国文物报，11-28(2)

什邡县《什邡县志》编纂委员会编. 1988. 什邡县志. 成都：四川大学出版社

石棉县地方志编纂委员会编. 1999. 石棉县志. 成都：四川辞书出版社

石泉县地方志编纂委员会编. 1991. 石泉县志. 西安：陕西人民出版社

史为乐主编. 2005. 中国历史地名大辞典. 北京：中国社会科学出版社

寿振黄主编. 1962. 中国经济动物志：兽类. 北京：科学出版社

双城县志编纂委员会办公室编. 1990. 双城县志. 北京：中国展望出版社

双江拉祜族佤族布朗族傣族自治县地方志编纂委员会编. 1995. 双江拉祜族佤族布朗族傣族自治县志. 昆明：云南人民出版社

双鸭山市地方志编纂委员会办公室编. 1991. 双鸭山市志. 北京：中国展望出版社

水城县地方志编纂委员会编. 1994. 水城县（特区）志. 贵阳：贵州人民出版社

水富县志编纂委员会编. 1996. 水富县志. 昆明：云南人民出版社

顺昌县地方志编纂委员会编. 1994. 顺昌县志. 北京：中国统计出版社

思茅县志编纂委员会编. 1993. 思茅县志. 北京：生活·读书·新知三联书店

斯信强，等. 1993. 盘县大洞发掘简报. 人类学学报，12(2)：113～119

四川省阿坝藏族羌族自治州茂汶羌族自治县地方志编纂委员会编. 1997. 茂汶羌族自治县志. 成都：四川辞书出版社

四川省阿坝藏族羌族自治州汶川县地方志编纂委员会编. 1992. 汶川县志. 北京：民族出版社

四川省巴塘县地方志编纂委员会编. 2001. 巴塘县志：续编. 北京：方志出版社

四川省宝兴县地方志编纂委员会编. 2000. 宝兴县志. 北京：方志出版社

四川省崇庆县志编纂委员会编纂. 1991. 崇庆县志. 成都：四川人民出版社

四川省大邑县志编纂委员会编. 1992. 大邑县志. 成都：四川人民出版社

四川省丹棱县志编纂委员会编纂. 2000. 丹棱县志. 丹棱（四川）：丹棱印刷厂

四川省道孚县志编纂委员会编. 1997. 道孚县志. 成都：四川人民出版社

四川省稻城县志编纂委员会编. 1997. 稻城县志. 成都：四川人民出版社

四川省甘孜藏族自治州丹巴县志编纂委员会编. 1996. 丹巴县志. 北京：民族出版社

四川省珙县志编纂委员会编纂. 1995. 珙县志. 成都：四川人民出版社

四川省红原县志编纂委员会编纂. 1996. 红原县志. 成都：四川人民出版社

四川省夹江县编史修志委员会编纂. 1989. 夹江县志. 成都：四川人民出版社

四川省江安县志编纂委员会编. 1998. 江安县志. 北京：方志出版社

四川省金阳县志编纂委员会编纂. 2000. 金阳县志. 北京：方志出版社

四川省康定县地方志编纂委员会编纂. 1995. 康定县志. 成都：四川辞书出版社

四川省理塘县志编纂委员会编. 1996. 理塘县志. 成都：四川人民出版社

四川省马尔康县志编纂委员会编纂. 1995. 马尔康县志. 成都：四川人民出版社

四川省米易县志编纂委员会编. 1999. 米易县志. 成都：四川辞书出版社

四川省冕宁县志编纂委员会编纂. 1994. 冕宁县志. 成都：四川人民出版社

四川省沐川县地方志编纂委员会编纂. 1989. 沐川县志. 成都：巴蜀书社

四川省南川县志编纂委员会编. 1991. 南川县志. 成都：四川人民出版社

四川省普格县志编纂委员会编纂. 1992. 普格县志. 成都：四川大学出版社

四川省邛崃县志编纂委员会编纂. 1993. 邛崃县志. 成都：四川人民出版社

四川省色达县志编纂委员会编. 1997. 色达县志. 成都：四川人民出版社

四川省通江县志编纂委员会编纂. 1998. 通江县志. 成都：四川人民出版社

四川省万源县志编纂委员会编纂. 1996. 万源县志. 成都：四川人民出版社

四川省旺苍县志编纂委员会编. 1996. 旺苍县志. 成都：四川人民出版社

四川省喜德县志编纂委员会编. 1992. 喜德县志. 成都：电子科技大学出版社

四川省荥经县地方志编纂委员会编. 1998. 荥经县志. 重庆：西南师范大学出版社

四川省昭觉县志编纂委员会编纂. 1999. 昭觉县志. 成都：四川辞书出版社

《四川资源动物志》编辑委员会主编；施白南，赵尔宓卷主编. 1982. 四川资源动物志. 第一卷，总论. 2 版. 成都：四川人民出版社

松阳县志编纂委员会编. 1996. 松阳县志. 杭州：浙江人民出版社

宋方义，等. 1981. 广东封开黄岩洞古人类文化遗址简讯. 古脊椎动物与古人类，19(1)：98，86

宋方义，黄志高. 1985. 马坝人化石地点发现石器. 人类学学报，4(2)：195～196

宋方义，等. 1989. 广东罗定饭甑山岩、下山洞洞穴遗址发掘报告. 人类学学报，8(2)：118～122

宋艳波，谢光茂. 2010. 广西革新桥新石器遗址动物遗骸的鉴定与研究//河南省文物考古研究所编. 动物考古. 第 1 辑，2007 年中国郑州动物考古国际学术研讨会论文集. 北京：文物出版社

苏民. 1983. 云南剑川等地发现一批哺乳动物化石. 古脊椎动物学报，21(3)：273

绥江县志编纂委员会编. 1994. 绥江县志. 成都：四川辞书出版社

遂昌县志编纂委员会编. 1996. 遂昌县志. 杭州：浙江人民出版社

塔城地区地方志编纂委员会编. 1997. 塔城地区志. 乌鲁木齐：新疆人民出版社

塔城市地方志编纂委员会编. 1995. 塔城市志. 乌鲁木齐：新疆人民出版社

太白县地方志编纂委员会编. 1995. 太白县志. 西安：三秦出版社

泰和县地方志编纂委员会编. 1993. 泰和县志. 北京：中共中央党校出版社

汤英俊，等. 1983. 山西临猗早更新世地层及哺乳动物群. 古脊椎动物学报，21(1)：77～86

汤英俊，等. 1987. 汉水上游旧石器的新发现. 人类学学报，6(1)：55～60

汤卓炜，等. 2003. 吉林乾安大布苏晚更新世动物群. 古脊椎动物学报，41(2)：137～146

唐山市地方志编纂委员会编. 1999. 唐山市志. 北京：方志出版社

天等县志编纂委员会编. 1991. 天等县志. 南宁：广西人民出版社

天峨县志编纂委员会编. 1994. 天峨县志. 南宁：广西人民出版社

天峻县县志编纂委员会编. 1995. 天峻县志. 兰州：甘肃文化出版社

天全县志办公室主编. 1997. 天全县志. 成都：四川科学技术出版社

天祝藏族自治县志编纂委员会编. 1994. 天祝县志. 兰州：甘肃民族出版社

田林县地方志编纂委员会编. 1996. 田林县志. 南宁：广西人民出版社

铁力县志编纂委员会办公室编. 1990. 铁力县志. 哈尔滨：黑龙江人民出版社

《通道侗族自治县概况》编写组编. 1986. 通道侗族自治县概况. 长沙：湖南人民出版社

通化县地方志编纂委员会编. 1996. 通化县志. 长春：吉林

人民出版社
同德县地方志编纂委员会编.1999.同德县志.北京:民族出版社
同号文,等.2004.周口店田园洞大中型哺乳动物记述.人类学学报,23(3):213～223
同号文,等.2006.周口店田园洞古人类化石点地层学研究及与山顶洞的对比.人类学学报,25(1):68～81
桐城县地方志编纂委员会编.1995.桐城县志.合肥:黄山书社
桐庐县志编纂委员会编.1991.桐庐县志.杭州:浙江人民出版社
王峰,李秀英.1984.河北兴隆县发现中更新世的动物化石.人类学学报,3(3):295
王将克.1978.广东西樵山亚洲象一新亚种头骨的记述.古脊椎动物与古人类,16(2):123～128
王令红,吴茂霖.1976.大熊猫巴氏亚种齿列变异一例的分析.古脊椎动物与古人类,14(4):263～266
王令红,等.1982a.湖南省西北部新发现的哺乳动物化石及其意义.古脊椎动物与古人类,20(4):350～358
王令红,等.1982b.桂林宝积岩发现的古人类化石和石器.人类学学报,1(1):30～35
王善才.1976.郧县猿人化石发现经过简记.古脊椎动物与古人类,14(3):封3
王正新.1991.四川筠连县发现大批哺乳动物化石.古脊椎动物学报,29(1):71
围场满族自治县地方志编纂委员会编纂.1997.围场满族自治县志.沈阳:辽海出版社
卫奇,等.1985.泥河湾层中新发现一处旧石器地点.人类学学报,4(3):223～232
尉犁县地方志编纂委员会编.1993.尉犁县志.乌鲁木齐:新疆大学出版社
魏海波.1986.辽宁本溪发现更新世晚期哺乳动物化石.古脊椎动物学报,24(4):320
温宿县志编纂委员会编.1993.温宿县志.乌鲁木齐:新疆大学出版社
文定远总纂.2001.农六师垦区·五家渠市志:1949—2001.乌鲁木齐:新疆人民出版社
乌恰县地方志编纂委员会编.1995.乌恰县志.乌鲁木齐:新疆人民出版社
巫溪县志编纂委员会编.1993.巫溪县志.成都:四川辞书出版社
吴茂霖,等.1975.贵州桐梓发现的古人类化石及其文化遗物.古脊椎动物与古人类,13(1):14～23
吴茂霖,等.1976.广西都安仙洞发掘简报.古脊椎动物与古人类,14(3):205～207
吴汝康.1959.广西柳江发现的人类化石.古脊椎动物与古人类.1(3):97～103
吴新智,等.1962.广西东北地区调查简报.古脊椎动物与古人类,6(4):408～413
吴新智,等.1966.陕西蓝田公王岭猿人地点1965年发掘报告.古脊椎动物与古人类,10(1):23～28
吴友如绘.1983.吴友如画宝.上海:上海古籍出版社
吴跃峰,等编著.2009.河北动物志:两栖、爬行、哺乳动物类.石家庄:河北科学技术出版社
吴志清,孙炳亮.1989.山西和顺当城旧石器时代洞穴遗址群初步研究.人类学学报,8(1):39～48
武都县地方志编纂委员会编.1998.武都县志.北京:生活·读书·新知三联书店
武鸣县志编纂委员会编.1998.武鸣县志.南宁:广西人民出版社
武平县地方志编纂委员会编.1993.武平县志.北京:中国大百科全书出版社
武仙竹.1998.神农架犀牛洞旧石器时代遗址发掘报告.人类学学报,17(2):121～136
武仙竹,等.2007.湖北郧西黄龙洞古人类遗址2006年发掘报告.人类学学报,26(3):193～205
武仙竹,等.2009.湖北郧西白龙洞古人类遗址初步研究.人类学学报,28(1):1～15
西安半坡博物馆.1985.陕西临潼康家遗址第一、二次试掘简报.史前研究(1):56～67
西安半坡博物馆等.1988.姜寨.北京:文物出版社
西安市地方志编纂委员会编.1996.西安市志.西安:西安出版社
西北大学文化遗产与考古研究中心.2006.旬邑下魏洛.北京:科学出版社
西和县志编纂委员会编.1997.西和县志.西安:陕西人民出版社
西盟佤族自治县志编纂委员会编.1997.西盟佤族自治县志.昆明:云南人民出版社
西双版纳傣族自治州林业局编.1989.西双版纳傣族自治州林业志.昆明:云南人民出版社
歙县地方志编纂委员会编.1995.歙县志.北京:中华书局
《湘西土家族苗族自治州概况》编写组.1985.湘西土家族自治州概况.长沙:湖南人民出版社
象州县志编纂委员会编.1994.象州县志.北京:知识出版社
肖增祜,等编著.1988.辽宁动物志:兽类.沈阳:辽宁科学技术出版社
谢问岑纂.1968.高雄县志稿.台北:成文出版社
新宁县县志编委会编.1995.新宁县志.长沙:湖南出版社
新平彝族傣族自治县志编纂委员会编.1993.新平县志.北京:生活·读书·新知三联书店
信宜县地方志编纂委员会编.1993.信宜县志.广州:广东人民出版社

兴安盟地方志编纂委员会编.1997.兴安盟志.呼和浩特:内蒙古人民出版社
兴安县地方志编纂委员会编.2002.兴安县志.南宁:广西人民出版社
兴海县志编纂委员会编.2000.兴海县志.西安:三秦出版社
休宁县地方志编纂委员会编.1990.休宁县志.合肥:安徽教育出版社
秀山土家族苗族自治县志编纂委员会编.2001.秀山县志.北京:中华书局
岫岩县志编辑部编.1989.岫岩县志.沈阳:辽宁大学出版社
徐钦琦,张宏,许汉奎.1997.关于徐州白云洞与南京汤山第1地点的哺乳动物化石.古脊椎动物学报,35(3):217～223
徐淑彬.1986.山东沂源县骑子鞍山发现人类化石.人类学学报,5(4):398～399
许春华,方笃生.1982.安徽又发现人类化石.人类学学报,1(2):206
叙永县地方志编纂委员会编.1998.叙永县志.北京:方志出版社
宣恩县志编纂委员会编.1995.宣恩县志.武汉:武汉工业大学出版社
薛祥煦,等.1999.陕西洛南龙牙洞动物群的特点时代及环境.古脊椎动物学报,37(4):309～325
逊克县地方志编纂委员会编.1991.逊克县志.哈尔滨:黑龙江人民出版社
牙克石市志编纂委员会编.1996.牙克石市志.呼和浩特:内蒙古人民出版社
焉耆回族自治县志编纂委员会编.1998.焉耆回族自治县志.乌鲁木齐:新疆人民出版社
延边朝鲜族自治州地方志编纂委员会编.1996.延边朝鲜族自治州志.北京:中华书局
盐源县志编纂委员会编.2000.盐源县志.成都:四川民族出版社
阎德发,等.1983.山东山旺中中新世地层及哺乳动物化石.古脊椎动物学报,21(3):210～219
杨启成,等.1975.福建永安第四纪哺乳类化石.古脊椎动物与古人类,13(3):192～194
杨肇清.1999.试论淅川下王岗仰韶文化时期的生产经济状况//徐钦琦,等主编.史前考古学新进展:庆祝贾兰坡院士九十华诞国际学术讨论会文集.北京:科学出版社,98～102
杨钟健,刘东生.1949.安阳殷墟之哺乳动物群补遗.考古学报(4):145～153
洋县地方志编纂委员会编.1996.洋县志.西安:三秦出版社
漾濞彝族自治县地方志编纂委员会编.2000.漾濞彝族自治县志.昆明:云南人民出版社
叶元正,阎德发.1975.皖南铜山第四纪哺乳动物化石新地点.古脊椎动物与古人类,13(3):195～198
伊春市地方志编纂委员会编.1995.伊春市志.哈尔滨:黑龙江人民出版社
弋阳县县志编纂委员会编.1991.弋阳县志.海口:南海出版公司
易光远.1976.广西柳州都乐熔岩(洞)群的新发现.古脊椎动物与古人类,14(3):204～205
永安市地方志编纂委员会编.1994.永安市志.北京:中华书局
永昌县志编纂委员会编.1993.永昌县志.兰州:甘肃人民出版社
永福县志编纂委员会编.1996.永福县志.北京:新华出版社
永吉县志编纂委员会编.1991.永吉县志.长春:长春出版社
尤溪县志编纂委员会编.1987.尤溪县志.福州:福建省地图出版社
尤玉柱,等.1989.福建清流发现的人类牙齿化石.人类学学报,8(3):197～202
尤玉柱,蔡保全.1995.台湾海峡西部海域哺乳动物化石.古脊椎动物学报,33(3):231～237
尤玉柱,蔡保全.1996.福建更新世地层,哺乳动物与生态环境.人类学学报,15(4):335～346
尤玉柱,徐淑彬.1996.沂、沭河流域第四纪地层与哺乳动物化石.古脊椎动物学报,34(4):322～331
榆树县地方志编纂委员会编.1993.榆树县志.长春:吉林文史出版社
玉林市地方志编纂委员会编.1993.玉林市志.南宁:广西人民出版社
袁家荣,等.1994.石门县燕儿洞旧石器遗址试掘.湖南考古辑刊,6:1～7
袁杰主编;故宫博物院编.2014.清宫兽谱.北京:故宫出版社
袁靖,杨梦菲.2003.甑皮岩遗址各期出土的水陆生动物//中国社会科学院考古研究所等编.桂林甑皮岩.北京:文物出版社,541～645
袁永孝,宋朝枢主编.1990.白石砬子自然保护区科学考察集.北京:中国林业出版社
云南省博物馆.1990.十年来云南文物考古新发现及研究//文物编辑委员会编.文物考古工作十年:1979—1989.北京:文物出版社,272～282
云南省昌宁县志编纂委员会编.1990.昌宁县志.潞西市:德宏民族出版社
云南省大关县地方志编纂委员会编.1998.大关县志.昆明:云南人民出版社

云南省洱源县志编纂委员会编.1996.洱源县志.昆明:云南人民出版社

云南省富民县地方志编纂委员会编.1999.富民县志.昆明:云南人民出版社

云南省河口瑶族自治县地方志编纂委员会编.1994.河口县志.北京:生活·读书·新知三联书店

云南省鹤庆县志编纂委员会编.1991.鹤庆县志.昆明:云南人民出版社

云南省红河县志编纂委员会编.1991.红河县志.昆明:云南人民出版社

云南省华坪县地方志编纂委员会编.1997.华坪县志.昆明:云南民族出版社

云南省金平苗族瑶族自治县志编纂委员会编.1994.金平苗族瑶族自治县志.北京:生活·读书·新知三联书店

云南省开远市志编纂委员会编.1996.开远市志.昆明:云南人民出版社

云南省澜沧拉祜族自治县志编纂委员会编.1996.澜沧拉祜族自治县志.昆明:云南人民出版社

云南省泸水县志编纂委员会编.1995.泸水县志.昆明:云南人民出版社

云南省泸西县志编纂委员会编.1992.泸西县志.昆明:云南人民出版社

云南省禄丰县地方志编纂委员会编.1997.禄丰县志.昆明:云南人民出版社

云南省潞西县志编纂委员会编.1993.潞西县志.昆明:云南教育出版社

云南省绿春县志编纂委员会编.1992.绿春县志.昆明:云南人民出版社

云南省麻栗坡县地方志编纂委员会编.2000.麻栗坡县志.昆明:云南民族出版社

云南省马关县地方志编纂委员会编.1996.马关县志.北京:生活·读书·新知三联书店

云南省勐海县地方志编纂委员会编.1997.勐海县志.昆明:云南人民出版社

云南省勐腊县志编纂委员会编.1994.勐腊县志.昆明:云南人民出版社

云南省南华县志编纂委员会编.1995.南华县志.昆明:云南人民出版社

云南省宁蒗彝族自治县志编纂委员会编.1993.宁蒗彝族自治县志.昆明:云南民族出版社

云南省巧家县志编纂委员会编.1997.巧家县志.昆明:云南人民出版社

云南省丘北县地方志编纂委员会编.1999.丘北县志.北京:中华书局

云南省瑞丽市志编纂委员会编.1996.瑞丽市志.成都:四川辞书出版社

云南省施甸县志编纂委员会编.1997.施甸县志.北京:新华出版社

云南省双柏县地方志编纂委员会编.1996.双柏县志.昆明:云南人民出版社

云南省威信县志编纂委员会编.1999.威信县志.昆明:云南人民出版社

云南省巍山彝族回族自治县志编纂委员会编.1993.巍山彝族回族自治县志.昆明:云南人民出版社

云南省维西傈僳族自治县志编纂委员会编.1999.维西傈僳族自治县志.昆明:云南人民出版社

云南省寻甸回族彝族自治县志编纂委员会编.1999.寻甸回族彝族自治县志.昆明:云南人民出版社

云南省盐津县志编纂委员会编.1994.盐津县志.昆明:云南人民出版社

云南省彝良县志编纂委员会编.1995.彝良县志.昆明:云南人民出版社

云南省盈江县志编纂委员会编.1997.盈江县志.昆明:云南民族出版社

云南省永平县志编纂委员会编.1994.永平县志.昆明:云南人民出版社

云南省元江哈尼族彝族傣族自治县志编纂委员会编.1993.元江哈尼族彝族傣族自治县志.北京:中华书局

云南省云龙县志编纂委员会编.1992.云龙县志.北京:农业出版社

云南省镇康县志编纂委员会编.1992.镇康县志.成都:四川民族出版社

云南省镇沅彝族哈尼族拉祜族自治县志编纂委员会编.1995.镇沅彝族哈尼族拉祜族自治县志.昆明:云南人民出版社

云县地方志编纂委员会编.1994.云县志.昆明:云南人民出版社

扎兰屯市史志编纂委员会编.1993.扎兰屯市志.天津:百花文艺出版社

张明华.1984.浙江西天目山华严洞的动物化石.古脊椎动物学报,22(2):138～144

张荣祖,等著.1997.中国哺乳动物分布.北京:中国林业出版社

张森水,等.1982.铜梁旧石器遗址自然环境的探讨.古脊椎动物与古人类,20(2):165～179

张森水.1995.穿洞史前遗址(1981年发掘)初步研究.人类学学报,14(2):132～146

张森水.2002.富林文化//高星,侯亚梅编.中国科学院古脊椎动物与古人类研究所20世纪旧石器时代考古学研究.北京:文物出版社

张兴永.1973.云南第四纪哺乳动物化石新地点.古脊椎动物与古人类,11(2):219～221

张兴永.1984.云南沧源、河口发现旧石器.人类学学报,3(2):182

张银运，等．1975．广西巴马发现的巨猿牙齿化石．古脊椎动物与古人类，13(3)：148～152
张镇洪．1981．辽宁地区远古人类及其文化的初步研究．古脊椎动物与古人类，19(2)：184～192
张镇洪，等．1985．辽宁海城小孤山遗址发掘简报．人类学学报，4(1)：70～79
张镇洪，陈青松．1994．广东封开县罗沙岩洞穴遗址第一期发掘简报．人类学学报，13(4)：300～308
张镇洪，等．1997．贵州盘县大洞遗址动物群的研究．人类学学报，16(3)：209～220
漳平市地方志编纂委员会编．1995．漳平县志．北京：生活·读书·新知三联书店
昭通地区地方志编纂委员会编纂．1997．昭通地区志．昆明：云南人民出版社
昭通市志编纂委员会编．2000．昭通市志．昆明：云南人民出版社
赵仲如，等．1981．广西都安九涝山人类化石与共生动物群及其在岩溶发育史上的意义．古脊椎动物与古人类，19(1)：45～54
赵资奎，李炎贤．1960．中国猿人化石产地1959年发掘报告．古脊椎动物与古人类，2(1)：97～9
柘荣县地方志编纂委员会编．1995．柘荣县志．北京：中华书局
浙江动物志编辑委员会，董聿茂卷主编．1989．浙江动物志：兽类．杭州：浙江科学技术出版社
浙江省博物馆自然组．1978．河姆渡遗址动植物遗存的鉴定研究．考古学报(1)：95～107
浙江省淳安县志编纂委员会编．1990．淳安县志．上海：汉语大词典出版社
浙江省龙游县志编纂委员会编．1991．龙游县志．北京：中华书局
镇安县志编纂委员会编．1995．镇安县志．西安：陕西人民教育出版社
镇巴县地方志编纂委员会编．1996．镇巴县志．西安：陕西人民出版社
郑绍华．1982．甘肃天祝松山第二和第三地点化石及松山上新世哺乳动物群．古脊椎动物与古人类，20(3)：216～226
郑绍华主编．2004．建始人遗址．北京：科学出版社
政和县地方志编纂委员会编．1994．政和县志．北京：中华书局
中国科学院古脊椎动物与古人类研究所《中国脊椎动物化石手册》编写组编．1979．中国脊椎动物化石手册：增订版．北京：科学出版社
中国科学院青藏高原综合考察队．1986．西藏哺乳类．北京：科学出版社
中国社会科学院考古研究所．1983．宝鸡北首岭新石器时代遗址中的动物骨骸//宝鸡北首岭．北京：文物出版社，145
中国社会科学院考古研究所编辑．1980．殷墟妇好墓．北京：文物出版社
中华人民共和国濒危物种进出口管理办公室主编，郑生武，等编著．1994．中国西北地区珍稀濒危动物志．北京：中国林业出版社
周本雄．1965．河南安阳小南海旧石器时代洞穴遗址脊椎动物化石的研究．考古学报(1)：29～47
周明镇．1965．同蓝田猿人共同生的动物化石．科学大众(中学版)(7)：10～11
周信学，等．1984．古龙山动物群的时代及其对比．古脊椎动物学报，22(2)：151～155
《周至县志》编纂委员会编．1993．周至县志．西安：三秦出版社
竹山县地方志编纂委员会编．2002．竹山县志．北京：方志出版社
竹溪县志编纂委员会编．1992．竹溪县志．竹溪：竹溪县志编纂委员会
卓尼县志编纂委员会编．1994．卓尼县志．兰州：甘肃民族出版社
涿鹿县地方志编纂委员会编．1994．涿鹿县志．石家庄：河北人民出版社
资溪县地方志编纂委员会编．1997．资溪县志．北京：方志出版社
紫金县地方志编纂委员会编．1994．紫金县志．广州：广东人民出版社
宗冠福．1981．山西屯留小常村更新世哺乳动物化石．古脊椎动物与古人类，19(2)：174～182
柞水县志编纂委员会编．1998．柞水县志．西安：陕西人民出版社
H. D. 卡尔克．1961．关于中国南方剑齿象—熊猫动物群和巨猿的时代．古脊椎动物与古人类，(2)：83～103
H. D. 卡尔克，周本雄．1961．周口店第一地点下部各层的地层、古生物学观察及第一地点的时代．古脊椎动物与古人类，3(3)：211～233
Hedin, Sven V. 1919. Im Herzen von Asien: Zehntausend Kilometer auf unbekannten Pfaden. Leipzig: S. A. Brodzbaus
Teilhard de Chard P. 1938. Le villafranchian de Asic etla Question du villafranchian. 【C. R. sommaire desseances de la soc. Geol de la】. France(17)：325～328
Yong C C. 1932. On some fossil mammals from Yunnan. 【Bull Geol. Soc. China】，383～393

第十四章

大熊猫的分布变迁(续)

大熊猫(*Ailuropoda melanoleuca*)现生种是中国特有物种,为世人所瞩目。尤其是20世纪后半叶以来,对大熊猫的研究一直是热点。

笔者曾对历史时期的大熊猫地理分布与变迁有过研究(文榕生,2009),现根据新掌握的相关资料,对其分布与变迁按新体例再行研究。

1 大熊猫的遗存分布

百余年来,我国出土的大熊猫遗存不仅数量多,而且时序较清晰,可以反映早期的大熊猫地理分布与变迁状况。

1.1 大熊猫遗存分布状况

迄今所见大熊猫遗存(表14.1、图14.1)经梳理,概况清晰。

表14.1 大熊猫遗存分布概况

地区	省级政区	市、县、区	遗存地点	时期	资料来源
华北	北京	房山区	周口店(第一地点第5层)	中更新世中期—更新世末期	卡尔克等,1961;赵树森等,1980;钱方等,1980;徐钦琦等,1982;胡长康,1985
	山西	平陆县	城关乡嵩店村	中更新世—晚更新世	Young等,1935;王将克,1974
华东	江苏	丹阳市	白龙寺	中更新世	王恭睦,1931;杜恒俭,1951;卡尔克,1961
	浙江	临安市	西天目乡华严洞	晚更新世	张明华,1984
		建德市	骆洞、乌龟洞	中更新世—晚更新世	黄正维等,1964;韩德芬等,1978
		江山市	龙嘴洞	中更新世	王恭睦,1931;杜恒俭,1951
		金华市	双龙洞	更新世中晚期—早全新世	马安成等,1992
	安徽	淮南市	西坡山	早更新世	网络*
		繁昌县	孙村镇癞痢山人字洞	早更新世	金昌柱等,1998;金昌柱等,2009;网络*
		铜陵市	铜山铜矿水泥厂	更新世晚期—晚更新世	叶元正等,1975
		居巢区	银山村	中更新世	许春华等,1986
		和县	龙潭洞“和县猿人”遗址	中更新世末期	黄万波等,1982;黄万波等,2012;网络*
		东至县	建新乡汪村华龙洞	晚更新世	安徽省文物考古研究所等,2012

（续表）

地区	省级政区	市、县、区	遗存地点	时期	资料来源
	福建	三明市	万寿岩、船帆洞、船帆洞支洞	中更新世晚期—全新世	范雪春等，2006；余生富等，2013
	福建	永安市	寨岩山	中更新世	福建省文物管理委员会，1965；杨启成等，1975
	福建	明溪县	剪刀墘洞	晚更新世	福建省博物馆等，1991
	福建	清流县	龙津洞3号裂隙、狐狸洞	晚更新世	尤玉柱等，1996；范雪春等，2006；余生富等，2013
	福建	宁化县	石子嵊洞、老虎洞	晚更新世	尤玉柱等，1996；范雪春等，2006；余生富等，2013
	福建	大田县	广平镇广平村慧林洞	晚更新世晚期	余生富等，2013
	福建	将乐县	岩仔洞（上层洞、下层洞）	晚更新世	尤玉柱等，1996；范雪春等，2006；余生富等，2013
	福建	新罗区		早更新世	杜垣检，1951；王将克，1974
	江西	萍乡市	宣德棉花冲、沙陂等 芦溪区宣风镇竹山园洞	中更新世 更新世中期—晚期	中国科学院古脊椎研究所湖南区测队；王将克，1974
	江西	上栗县	长平乡杨家湾1号洞	晚更新世	网络*
	江西	于都县	罗坳	中更新世	万幼楠，1985
中南	河南	许昌县	灵井遗址	晚更新世	网络*
中南	河南	淅川县	下王岗遗址	全新世	贾兰坡等，1977
中南	湖北	郧县	梅铺镇杜家沟龙骨洞（梅铺猿人洞）	早更新世	王善才，1976；许春华，1978
中南	湖北	郧县	青曲镇弥陀寺村学堂梁子遗址（曲远河口）	早更新世晚期	李天元等，1999；计宏祥，1999
中南	湖北	郧县	樟脑洞	晚更新世	黄万波等，1987
中南	湖北	郧西县	神雾岭白龙洞	中更新世早期	湘江，1977；网络*
中南	湖北	郧西县	黄龙洞	更新世晚期	网络*
中南	湖北	大冶市	章山乡石龙头遗址	中更新世	李炎贤等，1974；网络*
中南	湖北	咸安区	飞仙洞	中更新世—晚更新世	袁虹，1992；黄万波，1993
中南	湖北	宜都市	九道沟	晚更新世	网络*
中南	湖北	秭归县	两河口镇二甲村孙家洞遗址	中更新世	周乐鹏，2010
中南	湖北	秭归县	黑洞沟	中更新世—晚更新世	王善才，1962
中南	湖北	秭归县	香溪镇官庄坪遗址	全新世	武仙竹等，2005
中南	湖北	长阳土家族自治县	大堰乡下钟家湾	更新世中期的后期	贾兰坡，1957
中南	湖北	长阳土家族自治县	庄溪镇鲢鱼山遗址、渔峡镇龙池村伴峡榨洞遗址	晚更新世	王善才，2004
中南	湖北	长阳土家族自治县	渔峡口镇（原柘坪乡）赵家湾桅杆坪遗址、资丘镇水莲村沙嘴遗址、渔峡口镇香炉石遗址	全新世	王善才，2004
中南	湖北	五峰土家族自治县	长乐坪	更新世中期—晚期	邱中郎等，1961
中南	湖北	神农架林区	犀牛洞	晚更新世早期	武仙竹，1998
中南	湖北	恩施市	鲁竹坝	更新世中期—晚期	邱中郎等，1961

(续表)

地区	省级政区	市、县、区	遗存地点	时期	资料来源
		建始县	高坪镇巨猿洞、巨猿洞外	早更新世	许春华等,1974;黄万波,1993;郑绍华,2004;裴树文等,2010
			花坪镇	更新世中期—晚期	邱中郎等,1961
			高坪镇杨家坡洞	晚更新世	陆成秋,2010
	湖南	桑植县	官地坪镇(原官地坪乡)		袁太亮,1985
		桂阳县	上龙泉	晚更新世	朱靖等,1983
		桂东县	四都乡角塘村	晚更新世	邓学建等,2004
		道县	乐福堂乡塘贝村	晚更新世	陈醒斌,1986
		邵阳市	大祥区板桥乡龙头村	晚更新世	邵阳市地方志编纂委员会,1997
		新晃侗族自治县	打岩坡	中更新世—晚更新世	网络*
		吉首市	螺丝旋山洞	晚更新世	王令红等,1982
		保靖县	洞泡山	早更新世	王令红等,1982;黄万波,1993
	广东	英德市	双岩、九龙岩、明迳大久岩	中更新世—晚更新世	广东省博物馆;王将克,1974
			九龙礼堂山动物群	更新世晚期	张镇洪等,1998;网络*
		韶关市	马坝狮子岩洞穴	中更新世	卡尔克,1961;宋方义等,1985;谭文斌,1992
			马坝人遗址	晚更新世	卡尔克,1961;刘昌芝,1962
		翁源县	青塘后背岩、吊珠岩	中更新世—晚更新世	广东省博物馆;王将克,1974
		东源县	必寿洞	中更新世晚期—晚更新世早期	黄东等,2008
		佛山市	高明区明城镇	中更新世—晚更新世	广东省博物馆;王将克,1974
		肇庆市	北岭山下狮岗山溶洞	更新世中晚期	网络*
			七星岩C洞、七星岩	晚更新世	赵资奎等,1984;王将克,1974;网络*
		怀集县		中更新世—晚更新世	网络*
		封开县	渔涝镇狮子岩黄岩洞、罗砂岩遗址	晚更新世	黄万波,1963;宋方义等,1981;邱立诚,1986;张镇洪等,1994;网络*
		罗定市	大岩、罗镜镇石淇湾红石山遗址	早更新世晚期	黄万波,1963;网络*
			狗尾塘	中更新世—晚更新世	广东省博物馆;王将克,1974
			金鸡镇饭甑山遗址、苹塘镇下山洞	晚更新世晚期	黄万波等,1988;宋方义等,1989
	广西	南宁市		中更新世—晚更新世	裴文中,1935;杜垣检,1951;王将克,1974
		武鸣县	巨猿洞	中更新世—晚更新世	王将克,1974
			仙湖镇邓吉村弄山岩洞葬	晚更新世	网络*
		上林县		中更新世—晚更新世	王将克,1974
		桂林市	新开村	中更新世	卡尔克,1961;王将克,1974
			宝积岩洞、穿山洞	晚更新世	王令红等,1982;黄万波等,1983

（续表）

地区	省级政区	市、县、区	遗存地点	时期	资料来源
		阳朔县	高田区	中更新世—晚更新世	王将克，1974
		临桂县	金山大岩	中更新世—晚更新世	吴新智等，1962
		兴安县		中更新世	Pei，1935；王将克，1974
		灌阳县	狗头山狗头洞	更新世晚期	网络*
		资源县	资江边溶洞	晚更新世	网络*
		平乐县	花坪乡黄猄洞天坑、天坑	早更新世	网络*
			大山大岩、石排后山盘古庙	更新世中期—晚期	吴新智等，1962
		荔浦县	水岩东洞、岩口平、向日岩、凉风岩	中更新世—晚更新世	吴新智等，1962
		柳州市	笔架山	早更新世晚期	韩德芬等，1975
			水边洞、白莲洞	晚更新世	王令红等，1976；网络*
		柳江县	柳江人洞（通天岩）、九头山洞、周洞	晚更新世	吴汝康，1959；王将克，1974；黄万波，1979b；裴文中，1987；网络*
			咁（甘）前洞	更新世晚期	李有恒等，1984
		柳城县	楞岩山硝岩洞	早更新世	裴文中，1958；网络*
			巨猿洞	中更新世	Young 等，1956；Pei，1957a；Pei，1957b；Pei，1957c；Pei，1957d；Pei，1957e；Pei，1957f；裴文中，1960
		江州区	崇左生态公园三合大洞	早更新世中期	金昌柱等，2009
		凭祥市		晚更新世	网络*
		扶绥县	柳桥镇平坡村岩亮洞	早更新世	严亚玲等，2014
		大新县	牛睡山黑洞	中更新世	卡尔克，1961；裴文中，1960
		田东县	布兵乡么会洞	早更新世	王頠等，2012；网络*
			雾云洞	中更新世或晚更新世早期	陈耿娇，2002
			祥周乡模范村定模山	更新世晚期	李有恒等，1985
		巴马瑶族自治县	所略公社那合村弄莫山溶洞	中更新世？	张银运，1975
		都安瑶族自治县	加贵乡加图村、仙山、地苏乡、巴独山	晚更新世	广西壮族自治区博物馆，1973；吴茂霖等，1976；赵仲如等，1981；谢光茂，1991
		兴宾区	锅头洞	中更新世—晚更新世	王将克，1974
			迁江芭拉村	全新世	王将克，1974
	海南	昌江黎族自治县	七叉镇保由村信冲洞、石碌镇鸡心村红林化石地点	中更新世中期	网络*
西南	重庆	沙坪坝区	歌乐山龙骨洞、观音洞	中更新世	顾知微，1947；Yong 等，1950；王将克，1974
		万州区	新田镇盐井沟遗址	早更新世	网络*
			新田镇盐井沟遗址	中更新世	Matthew 等；卡尔克，1961

(续表)

地区	省级政区	市、县、区	遗存地点	时期	资料来源
		黔江区	蓬东乡采石场	更新世(格拉斯期)	网络*
		永川区	三教镇罗家坡采石场	晚更新世	网络*
		璧山县		晚更新世?	网络*
		武隆县	芙蓉洞	晚更新世—全新世	网络*
		丰都县	都督乡“熊猫洞”	中更新世	网络*
			都督乡天仙坑(“犀牛洞”)	?	网络*
		巫山县	龙骨坡	早更新世	黄万波,1993
		奉节县	云雾土家族乡屏风村	中更新世	网络*
			兴隆镇清泉村马家湾洞	晚更新世?	网络*
		秀山土家族苗族自治县	中和镇洞湾	中更新世早期	陈少坤等,2012
			海洋乡	晚更新世?	网络*
	四川	都江堰市		全新世	王将克,1974
		北川羌族自治县		全新世	王将克,1974
		平武县		全新世	王将克,1974
		华蓥市	天池镇刘家洞	中更新世	胡锦矗,1995
		筠连县	政治乡灯杆洞	中更新世—晚更新世	王正新,1991
		珙县		中更新世	杨钟健,1937;杜垣检,1951
		天全县		全新世	王将克,1974
		宝兴县		全新世	王将克,1974
		汶川县		全新世	王将克,1974
		茂县		全新世	王将克,1974
		松潘县		全新世	王将克,1974
		昭觉县		全新世	王将克,1974
	贵州	盘县	十里坪大洞	中更新世后期—晚更新世	斯信强等,1993;张镇洪等,1997
		桐梓县	柴山岗南坡岩灰洞	中更新世—晚更新世	吴茂霖等,1975
			北关乡沿红村风帽山	晚更新世	遵义市文物管理所等,1996
			马鞍山南洞	晚更新世后期	黄泗亭等,1992;龙凤骧,2002
		绥阳县	温泉镇双河洞	中更新世?	网络*
		西秀区	岩头	晚更新世	网络*
		平坝县	飞虎山	晚更新世	贵州省博物馆,1991
		普定县	白岩脚洞	晚更新世中晚期	李炎贤等,1986;贵州省博物馆,1991
		镇宁布依族苗族自治县	水西庄村	更新世中晚期	肖鸿,1994

（续表）

地区	省级政区	市、县、区	遗存地点	时期	资料来源
		毕节市	七星关区何官屯镇扒耳岩化石出土地	早更新世	许春华等，1984；黄万波，1993；蔡回阳，2005
			老鸦洞	晚更新世	贵州省博物馆，1991
		黔西县	观音洞镇（沙井乡井山村）观音洞村	更新世中期	裴文中等，1965；沈冠军等，1992；蔡回阳，2005
		铜仁市	碧江区贵州省大硐喇监狱	晚更新世	网络*
		凯里市	龙头河	中更新世	网络*
		麻江县	斗篷山	晚更新世	网络*
		兴义市	张口洞遗址	晚更新世后期	蔡回阳，1986；贵州省博物馆，1991
		安龙县	铜鼓山菩萨洞	晚更新世	网络*
	云南	富民县	河上洞	更新世中期—晚期	Yong 等，1932；Teilhard 等，1938；卡尔克，1961；王将克，1974；潘悦容，1999
		宜良县	张口洞	晚更新世	网络*
		隆阳区	蒲缥镇塘子沟	早全新世	宗冠福等，1985；云南省博物馆，1990
		施甸县	由旺镇岚蜂办事处	中更新世	杨升义，2002；王雪飞等，2002
			老虎洞	晚更新世	王雪飞等，2002
		腾冲县	固东镇爱国村	晚更新世—全新世	网络*
			固东镇江东新寨江东山小水井落水洞、爱国村	全新世	吉学平等，2008
		昌宁县	耇街乡	中更新世	网络*
		元谋县	物茂乡凹鲊村小河遗址	上新世	宗冠福，1991；钱方等，1991；黄万波，1993
		禄丰县	金山镇石灰坝	上新世	祁国琴，1985；邱占祥等，1989
		西畴县	仙人洞	更新世中期—晚期	张兴永，1973
		麻栗坡县	小河洞遗址	全新世	马安成等，1992
		马关县	九龙口	晚更新世	陈德珍等，1978
西北	陕西	西安市	灞桥区薄太后陵	全新世	王学理等，1976；王学理，1981
		蓝田县	公王岭	早更新世晚期	周明镇，1965；吴新智等，1966；胡长康等，1978
		城固县	大盘乡五里坝村	中更新世	李有恒，1962
		洋县	金水镇金水河口遗址、马畅镇	早更新世晚期	汤英俊等，1987；黄万波，1993；网络*
			倪家大坝沟村	中更新世	汤英俊等，1987
			关帝镇小西沟村古溶洞	晚更新世？	网络*
		洛南县	城关镇东河村龙牙洞	早更新晚期	薛祥煦等，1999；陕西省考古研究院等，2008
	甘肃	文县		全新世	王将克，1974

注：标*者出处依次为：淮南年鉴：2003 网络版. http://www.huainan.gov.cn/zghn/zoujinghuainan/hnnj/2.htm；闫春晖. 人字洞古人类遗址的现状. http://bbs.uua.cn/dispbbs.asp? boardID=5&ID=1035&page=5；江西上栗发现万年前大熊猫化石与剑齿象洞穴. http://history.sohu.com/20160302/n439093085.shtml；桂娟. 河南发现大熊猫化石疑万年前曾遭北京猿人猎捕. http://news.xinhuanet.com/society/2006—09/01/content_5035951.htm；十堰博物馆. 远古人类家园：郧西白龙洞人. http://

www. cnyunxi. com/ArticleView_426. html;省考古所披露十堰两大新发现. http://www. hbyx. gov. cn/view. asp? detailid=561;
来自鄂西北的古人类猜想. http://bbs. uua. cn/dispbbs. asp? boardid=5&id=223&star=1&page=8;石龙头遗址. http://
baike. baidu. com/link? url=pTar636XLJILUiKBA8HIvvManpssYFKeGRGNwY6E9-HyI_fCkKsY3eiJR-OjXxROS4AiyeeCMw3s
Gd56a_-75K;长江文化·化石的印证·早期智人觅踪 http://www. cjw. com. cn/index/Civilization/detail/20040318/9897. asp;怀
化的文物古迹. http://www. docin. com/p-915887286. html;刘海军. 2007. 清远英德九龙礼堂山发现大理冰期动物群化石. ht-
tp://www. qyta. com/news/20070330/105529856777. html;李维宁. 远古肇庆曾有大熊猫出没曾出土大熊猫化石. http://news.
ycwb. com/2010-12/17/content_3185891_2. html;广东—星湖—生物多样性. http://www. sdinfo. net. cn/biodiv/issrr/nies_tour/
bio. asp? id=49;宋方义等,1981;奇局天然有意开:“泛珠三角与燕都文化论坛”情况综述(四). http://www. gdhj. gov. cn/
shownews. asp? id=3687;陕西洋县发现大熊猫“祖先”化石. http://news. xinhuanet. com/newscenter/2002-07/02/content_
466112. htm;黄健恩. 从农田水利的开发看明罗定州的繁荣. http://www. luoding. gov. cn/issueFileShow. ifs? issueId=337143&
filePath=/govmach/sbwg/html/337143_0. htm&msgType=0;陆汉魁. 广西发掘出我国最早期岩洞葬洞内有大熊猫化石. ht-
tp://www. people. com. cn/GB/huanbao/1074/1968212. html;灌阳县. http://baike. baidu. com/link? url=TE5U-n9awcC1CYS
KYHJKAQSXVVEEb7mVqnmhdz6o4DcYdKMy_zn_Dhdb3iWyKN8y;陈波维民. 广西资江发现东方剑齿象化石. http://www.
cas. cn/html/Dir/2002/04/17/4698. html;乐业发现迄今保存最完整熊猫头盖骨化石. http://people. com. cn/GB/kejiao/42/154/
20010427/453970. html;现代大熊猫头骨与乐业大熊猫头骨化石对照图. http://www. cctv. com/news/special/zt1/gxtiankeng/
6187. html;天坑群溶洞内发现的大熊猫牙齿化石. http://www. guangxiyou. com/news-243467-3. html;柳州文物志. http://
www. lzbwg. com/8_view. asp? id=1;柳城动物群. http://baike. baidu. com/link? url=ZUpd8YXlY44SQzYtcbOFfIVChtWSk
TLo8FejcPuivdTA89FdGQXZhJTEcogESPXBqNK-wIiTJATXEKQXPB4ExK;凭祥发现十万年前化石洞. http://www. gx. xin-
huanet. com/200111/pingxiang12172307_1. html;巨猿的广西化石. http://zhidao. baidu. com/link? url=b-22u61iqguWIiZ5Q2
VNjtFijwM_dzyZEYc2MpdaS25ssUZSeWnUYawLyV96x-UNmo_o1KDEYAzdkER9sSZDowChtnQynMxGNGU1n2qCSYi;马伟
元. 海南岛两万年前就有古人类活动,昌江发现熊猫化石. http://www. cnfossil. com/viewnews-5969. html;海南昌江信冲洞巨猿
化石. http://www. hainanren. com/news/201409/23/1266. html;黄平. 大熊猫化石现身重庆万州. http://www. gss. org. cn/uf_
2016_01_03_html/ZX/XW/2010/05/02/14460023484. html;粟宇等. 重庆黔江发现 258 万年前大熊猫化石. http://news. sina.
com. cn/c/2010-10-28/024718295093s. shtml;重庆发现大熊猫化石群. http://news. sina. com. cn/c/2004-01-14/07191580788s.
shtml;胡正好. 璧山曾是恐龙和熊猫的故乡发现过蛇颈龙等化石. http://www. chinanews. com/cul/2015/02-27/7083590. shtml;
朱薇,周琴. 武隆芙蓉洞中发现大熊猫化石. http://cqtoday. cqnews. net/system/2005/07/27/000504416. shtml;杨杰,周涛. 重庆
武隆芙蓉洞惊现三万年前大熊猫化石. http://www. cq. chinanews. com. cn/newsview. asp? nid=663855;黄平. 大熊猫化石现身
重庆万州. http://www. gss. org. cn/uf_2016_01_03_html/ZX/XW/2010/05/02/14460023484. html;粟宇等. 重庆黔江发现 258
万年前大熊猫化石. http://news. sina. com. cn/c/2010-10-28/024718295093s. shtml;重庆发现大熊猫化石群. http://news. sina.
com. cn/c/2004-01-14/07191580788s. shtml;胡正好. 璧山曾是恐龙和熊猫的故乡,发现过蛇颈龙等化石. http://www. chi-
nanews. com/cul/2015/02-27/7083590. shtml;朱薇,周琴. 武隆芙蓉洞中发现大熊猫化石. http://cqtoday. cqnews. net/system/
2005/07/27/000504416. shtml;杨杰,周涛. 重庆武隆芙蓉洞惊现三万年前大熊猫化石. http://www. cq. chinanews. com. cn/ne-
wsview. asp? nid=663855;张莉. 发现熊猫化石的是个羊倌. http://www. cqrb. cn/quxian/fengduxian/zuixinbaodao/2015-04-16/
382503. html;黄艳春等. 39 岁羊倌钻洞唤醒沉睡百年人熊丰都又发现罕见大熊猫完整头骨. http://www. cqwb. com. cn/cqwb/
html/2012-04/22/content_309536. html;重庆发现人类最早艺术品人类非洲起源说受到挑战. ttp://unn. people. com. cn/GB/
channel3420/3425/200212/20/235345. html;三峡地区发现旧石器时代大熊猫剑齿象动物群化石. http://www. kejixun. com/ar-
ticle/201407/58924. html;采石场发现剑齿象、大熊猫化石. http://www. uua. cn/fossils/2007/0112/4086. html;贵州绥阳发现飞
猫万年熊猫化石极具科考价值. http://news. e23. cn/content/2016-05-01/2016050100007. html;贵州安顺发现大熊猫化石. ht-
tp://www. xinhuawz. com/zw. asp? title_id=2266;贵州发现大熊猫化石. http://www. yznews. com. cn/yzwb/html/2007-12/18/
content_3561431. html;戈晓雯,潘光银. 麻江发现 2 至 3 万年大熊猫完整遗骸,凯里 20 至 30 万年大熊猫化石被发现. http://
www. gzdn. cn/news/documents/40274210/200542615126. html;铜鼓山菩萨洞遗址 http://www. gzanlong. com/lchx/wyal/y/
2009-07-24/7218. html;沈冠军等,2004;九乡—云南旅游—风景区. http://www. 66yn. com/program/column/show_article. php?
Lang=gb&id=1&LanMu=%D4%C6%C4%CF%C2%C3%D3%CE%BE%B0%C7%F8%BE%B0%B5%E3;郭妙堂. 九乡张
口洞:廾万年前的古人类遗址. http://yntour. cyzn. cn/cyzn-front/dykm/news_show. asp? news_id=6284;云南发现大熊猫化石,
当地人误认龙骨用来治病 http://www. jxgdw. com/jxgd/news/itxw/userobject1ai619534. html;杨兰等. 洋县古溶洞发现大熊猫
牙齿化石. http://news. 163. com/15/0108/03/AFDJIUD900014Q4P. html

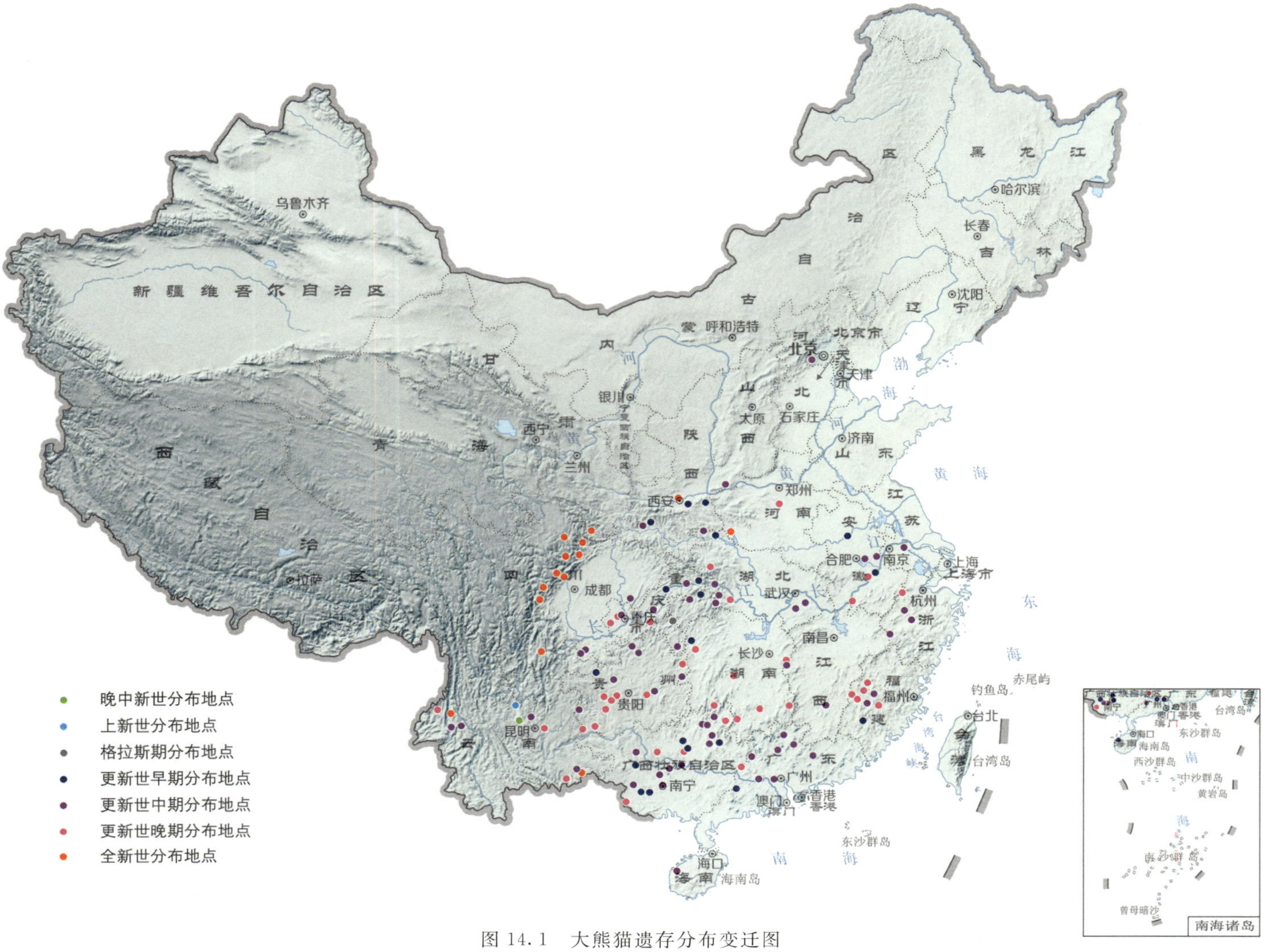

图 14.1 大熊猫遗存分布变迁图

1.2 大熊猫遗存反映其演化与分布变迁

尽管近年来西班牙科学家在欧洲发现了距今 1 160 万年前的原始熊类的牙齿和上颚化石，被认为大熊猫有可能起源于欧洲之说，但仍难以撼动大熊猫起源于中国的事实。

从时序方面论：约为 800 万年前中新世晚期的始熊猫化石，经上新世、格拉斯期、早更新期、中更新期、晚更新期、全新世时期的大熊猫化石或遗存，直至现今存在的大熊猫活体，形成大熊猫演化史，表明中国具有完整的大熊猫演化所具备的各个环节。

就地域方面讲：大熊猫化石最早出现在西南(以云南省最早，其次出现在重庆市)；到早更新世时，大熊猫已然扩散到安徽省、福建省、湖北省、湖南省、广东省、广西壮族自治区、贵州省、陕西省等地；到中更新世，大熊猫又扩散到北京市、山西省、江苏省、江西省、海南省、四川省等地；全新世时，在甘肃省也有大熊猫遗存发现。亦即在燕山南麓—黄土高原以南，青藏高原东缘以东的中国广阔地域，涉及华北、华东、中南、西南、西北的 19 个省级政区，是一个延续不断的大熊猫分布区。

从相关佐证看：据报道，之前，中国唯一可靠的竹子化石记录是发现于云南省寻甸县上新统地层(年龄在 248 万～340 万年之间)的丝炭化竹竿(*Bambusoideae* sp.)。近年在云南省镇沅彝族哈尼族拉祜族自治县(三章田乡三章田村)哀牢山西坡河谷发现产自中新统地层的大量保存良好的竹子叶片和竹竿化石(图 14.2)。根据化石的假叶柄形态、叶片宽度、侧脉条数、竿环和箨环的形态等宏观和微观特征，可描述出化石竹亚科2个属(包括1个新属)和4个新种：*Bambusium angustifolia*，*B. latifolia*，*Bambusiculmus latus* 和 *B. angustus*，其中 *B. Latifolia* 种中还保存了营养叶和茎生叶。与竹子伴生的植物还包括樟科、水杉属和八角枫属等常绿或落叶乔木。竹林不仅对热带和亚热带的森林群落的动态演替具有明显的作用，也为许多动物提供了良好的生存场所，尤其是演化为几乎全依赖竹子为食的大熊猫和小熊猫。这些标本是迄今中国发现最早的，为1 597万～1 161万年前的竹子化石，或为“大熊猫云南起源说”提供新的证据[①]。

图 14.2 三章田竹子化石

1～3. *Bambusium angustifolia*；4. *Bambusium latifolia*；5. *Bambusiculmus angustus*

迄今出土的大熊猫不同时期遗存状况(图14.3)，大致为：早期数量极少且发展平缓，到更新世则有显著变化(从格拉斯期—早更新期，陡然上升；中更新期达到顶峰；中更新期—晚更新期，急剧下降)，晚期(晚更新期—全新世)则持续下降。这主要是自然环境变迁与大熊猫适应力变化所致。

出土大熊猫遗存，不仅存在一地多点情况(如福建省三明市，湖北省长阳土家族自治县，广西壮族自治区荔浦县、柳江县、都安瑶族自治县等地有3个及其以上地点有大熊猫遗存出土)，而且有一地多时期现象(如湖北省秭归县、长阳土家族自治县、建始县，广东省罗定市，贵州省桐梓县，陕西省洋县等地有3个不同时期的大熊猫遗存出土)，反映大熊猫曾分布较密集，或延续的时期长久。

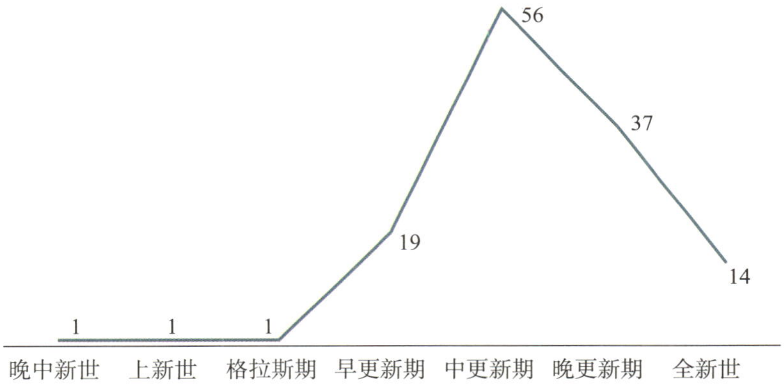

图 14.3 大熊猫不同时期遗存变化图

2 20世纪前的大熊猫分布

又有新的文献记载反映历史时期的大熊猫分布。

2.1 华北

华北的河北省又见有反映大熊猫曾经分布。

《中国国情丛书：百县市经济社会调查：定州卷》记载(丁伟志等，1991)：

据县志记载，定州古代有丰富的动、植物资源，如……兽类有狐、貊等16种。

按：所称“貊”，乃大熊猫别称之一，反映今定州市古代曾有大熊猫分布。

①版纳植物园联合研究发现中国目前最早的竹子化石记录. http://www.yntsti.com/news/Scientific/2013/718/116370.html；顾一航. “竹子化石”为大熊猫“云南起源说”再添新证. http://epaper.uschinapress.com:81/qiaobao/html/2013-08/06/content_876631.htm

2.2 华东

江苏省与浙江省又各有一条有关大熊猫的分布记录。

《吴县志·动物资源》记载（吴县地方志编纂委员会，1994）：

哺乳纲：……伏翼、折翼蝠、鲮鲤、貊、狐、黄鼬、山獾、狗獾、水獭、大灵猫、小灵猫、果子狸、豹猫、华南兔……田鼠、獐。

按：其中出现“貊”，此乃古代大熊猫别称之一，恰与《拾遗记》记载食丹石、铜铁“兔”可以相互印证今江苏省苏州市一带曾有大熊猫分布。

民国十五年（1926）《象山县志》记述：

豹：《嘉靖志》、《乾隆志》。案《尸子》：程，中国谓之豹，越人谓之貘。今无貘之名。亦曰山猫。其毛文如柳叶者，虎；如连钱者，豹。

按：此“豹”中含有多物种，其中“貘”是对大熊猫（*Ailuropoda melanoleuca*）的别称之一，反映今浙江省象山县曾有分布；“其毛文如柳叶者”，当是今虎（*Panthera tigris*）；“如连钱者”，当是今豹（*Panthera pardus*）。

2.3 中南

中南再见湖南省一记载大熊猫分布资料。

清同治七年（1868）《石门县志》记述：

豹：性暴，脊长毛赤黄，纹黑如钱而中空，比比相次。无纹者为土豹。《列子》：青宁生程，程生马。东胡谓失刺孙。有金钱豹、艾叶豹。西域有金钱豹。海中有水豹。貘为白豹，能食铜铁。《淮南子》：蝟令虎申，蛇令豹止。

按：此谓“豹”含有多物种，其中“貘为白豹，能食铜铁”者，当是大熊猫，表明当地曾有分布。

3 大熊猫在20世纪的分布

本阶段，又有一些有关大熊猫分布的新记录被发现。

3.1 西南

四川省又见2条新的大熊猫分布资料。

《中国国情丛书：百县市经济社会调查：德阳卷》记载（丁伟志等，1996）：

据初步统计，全市有野生动物224种。其中，哺乳动物类40种，鸟类105种，爬行类15种，两栖类12种，鱼类52种。野生动物中，珍稀动物有大熊猫、金丝猴、牛羚等24种。其中，大熊猫、金丝猴和牛羚分布在市西北部与茂县接壤的九顶山区。

按：据此，表明今旌阳区曾有大熊猫分布。

据报道，历史上华蓥山地区是大熊猫的栖居地，1993年秋，中国、意大利华蓥山洞穴联合科学探险考察队，发现华蓥山曾有大熊猫活动足迹①。亦即反映在广安区、华蓥市、邻水县一带曾有大熊猫分布。

3.2 西北

陕西省新见一条关于大熊猫的分布记录。

《中国国情丛书：百县市经济社会调查：宝鸡卷》记载（丁伟志等，1992）：

共有动物近500种，属于珍稀保护的动物有28种，其中一类保护动物有大熊猫、金丝猴、羚羊、秦岭虎和朱鹮。

按：据此，表明在宝鸡市还有大熊猫等珍稀物种存在。

4 大熊猫的现今分布

现今，大熊猫仅在中南、西南、西北三地区的5个省级政区存在。

据2015年2月报道，全国第四次大熊猫调查结果显示，截至2013年底，全国野生大熊猫种群数量达到1 864只，栖息地面积达到258万hm^2，10年间分别增长了16.8%和11.8%。野生大熊猫分布在秦岭、岷山、邛崃山、大相岭、小相岭和凉山六大山系，涉及四川、陕西、甘肃三省的17个市（州）、49个县（市、区）、196个乡镇。与第三次调查（1999～2003年）相比，分布区增加了4个县。四川省的大熊猫种群数量最大，陕西省的种群密度最高②。

①广安：“国宝”正式安家华蓥山，打造大熊猫的宜居家园. http://ga.wenming.cn/jjga/201408/t20140824_1317797.html

②刘羊旸，王宇. 全国共有野生大熊猫1 864只. http://news.xinhuanet.com/2015-02/28/c_1114468603.htm

4.1 中南

湖北省原有的野生大熊猫已在20世纪前半叶绝迹,最近又在筹划引回大熊猫。

据2016年3月报道,经国家林业局批准,10月将有2只四川卧龙大熊猫自然保护区大熊猫入驻神农架国家级自然保护区实验区内建设的大熊猫馆接受适应性饲养,当地按照生物多样性报告中生态保护和恢复措施,组织开展项目建设和运营工作,加强自然资源和环境监测。规划饲养4只大熊猫,在条件成熟时,神农架自然保护区将开展大熊猫野外放归试验,让大熊猫重新回到大自然中。将大熊猫重新引入其原生地神农架,对扩展大熊猫的栖息分布范围、扩大大熊猫野生种群,意义重大。神农架是野生大熊猫的重要历史分布区之一,直到清光绪年间,它们才彻底从这片土地消失①。

4.2 西南

西南的四川省与云南省仍有大熊猫存在。

4.2.1 四川

四川省是我国现存大熊猫最多的省级政区。

《中国重点陆生野生动物资源调查》称(国家林业局,2008):

全国第三次大熊猫调查②表明,大熊猫目前分布在秦岭、岷山、邛崃山、大相岭、小相岭和凉山六大山系。其中,大熊猫在四川分布于阿坝、广元、绵阳、德阳、成都、雅安、乐山、眉山、甘孜和凉山10个地(市、州)的33个县(市、区)、162个乡镇,分布区全部位于长江流域;地理坐标介于101°51′00″～105°23′24″E、28°12′00″～33°40′12″N;东起青川县三锅乡,西至九龙县湾坝乡,南起雷波县箐口乡,北至若尔盖县包座乡。

……

四川大熊猫栖息地面积为1 774 392 hm²,占全大熊猫栖息地总面积的76.98%。在33个分布县(市、区)中,栖息地面积居前3位的县依次是:平武、宝兴、汶川。四川大熊猫栖息地位于岷山、邛崃山、大相岭、小相岭和凉山5个山系,各山系的大熊猫栖息地之间存在着明显地理隔离。

面对大熊猫等珍稀动物破碎化分布现状,除设置保护区外,近年还注重生物廊道建设。生物廊道是连接破碎化生境并适宜生物生活、移动或扩散的通道(国家林业局,2007)。

大熊猫黄土梁廊道位于平武县王坝楚至九寨沟县勿角之间,联系岷山山系大熊猫栖息地A块的中北部的东西两个区域,也是甘肃省白水江自然保护区与四川省勿角自然保护区、王朗自然保护区连接的重要纽带(王撼等,2014)。维护好这一重要廊道是保护大熊猫的重要环节。

椅子垭口处于美姑县与峨边彝族自治县交界处,也是美姑大风顶自然保护区与黑竹沟自然保护区间的重要廊道,除大熊猫外,还有豹、林麝、牛羚、藏酋猴、红腹角雉、白鹇等珍稀濒危动物分布于通道(龚明昊等,2015)。

臧振华(2015)列出67个栖息有大熊猫的自然保护区,经核查,其中4个在《全国自然保护区名录》③中未见,特单列出:

地处乐山市金口河区的"八月林社会公益型自然保护区",据称是2006年设立的县级自然保护区④,国家林业局政府网2014年8月报道⑤。

地处沐川县的芹菜坪自然保护区,据称是2005年设立的市级自然保护区,2014年晋升为

---

①钱忠军等.神农架能否成为大熊猫新家.http://help.3g.163.com/16/0311/04/BHRO57QJ00964KK3.htm;关前祚等.神农架有望迎回老居民大熊猫.http://news.ifeng.com/a/20160308/47745927_0.shtml

②全国第三次大熊猫调查于2000～2001年进行。

③http://sts.mep.gov.cn/zrbhq/zrbhq/201208/t20120824_235172.html

④据2013年11月报道称:同意按你厅上报方案对四川八月林自然保护区功能区进行调整。调整后,四川八月林自然保护区总面积和范围不变,其核心区面积由4 665.3 hm² 调增为4 763.43 hm²,缓冲区面积由1 898.8 hm² 调增为2 005.15 hm²,实验区面积由3 670.4 hm² 调减至3 465.92 hm²(四川省人民政府关于同意调整四川八月林自然保护区功能区的批复.http://www.sc.gov.cn/10462/10883/11066/2013/11/29/10286978.shtml)

⑤7月29日,金口河区人民政府与四川西部自然保护基金会在金口河区举行了八月林社会公益型自然保护区项目合作签约仪式(康雪萍.四川省乐山市金口河区八月林社会公益型自然保护区项目合作签约仪式举行.http://www.forestry.gov.cn/portal/main/s/102/content-694918.html)。

省级①。

地处平武县的余家山自然保护区，据称是2006年设立的县级自然保护区，面积894 hm^2，保护对象为大熊猫、金丝猴等②。

地处芦山县大川镇的大川河自然保护区，似为正式成立的省级自然保护区③。

天全县境内二郎山国家森林公园位于青藏高原东坡，青衣江上游，东连喇叭河自然保护区，西接甘孜藏族自治州康定、泸定两县④。据称，2014年10～11月对其⑤进行调查，显示可能现有2只大熊猫（郑睿等，2016）。

据2015年4月报道，雅安大熊猫第四次调查结果近日正式发布。调查结果显示，雅安市现有野生大熊猫340只，个体数量占全国的18.24%、占全省的24.51%；大熊猫栖息地面积54.8万 hm^2，占雅安国土面积的38%，占四川省、全国大熊猫栖息地面积的27%、21.3%，居全国地级市第一。目前，雅安市共有7处大熊猫自然保护区，分别为蜂桶寨、栗子坪、贡嘎山（石棉部分）、喇叭河、大相岭、羊子岭和大川河自然保护区。根据四川省统一安排部署，该市将依托宝兴、天全、芦山、荥经和石棉等县的大熊猫栖息地，探索建立大熊猫国家公园，致力于大熊猫的科研和保护等工作⑥。

什邡市位于成都平原西北部边缘，地处龙门山中南极，境内山区约占全市总面积的60%，耕地约占30%，“一江四河”（石亭江、鸭子河、小石河、马牧河、斑鸠河）纵横全境，有“六山一水三分田”之称。自朱家桥起，沿前山向西南至湔底乡西丘陵边缘，再往东南延伸，则是什邡平原，丘陵介于山区和平原之间。山区属龙门山脉九顶山系，呈东北—西南走向，山行至南天门与彭州北部山区交界，一分支出脊折向东南长年峰再往东至亮卡，南折即蓥华山。蓥华山西北全是崇山峻岭，属高山草甸区。低山部分是以杉木、柳杉为主的人工林区，高山部分则以天然林为主，森林覆盖率46.7%。林区内野生动物多达300余种，其中有大熊猫、金丝猴等国家和省重点保护动物60余种⑦。

据2014年8月报道，地处华蓥市禄市镇月亮坡村的华蓥山大熊猫基地⑧正式启用，并从中国保护大熊猫研究中心卧龙基地和都江堰基地引进一对亚成年大熊猫，开展野化放归培训研究。基地有丰富的白夹竹资源，能满足大熊猫的食用需求。华蓥山是国家地质公园、国家森林公园，拥有云豹、穿山甲、白鹭等400余种野生动物，小灵猫、金钱豹、水獭等34种国家级保护动物。2011～2013年，中国保护大熊猫研究中心的专家经过多次考察论证，2014年7月，国家林业局批准了广安市在华蓥山建立大熊猫野化放归培训基地⑨。

汉源县位于大渡河中游，为四川盆地与西藏高原之间的攀西河谷地带。地处横断山脉北段东缘，地形以山地为主，西北高、东南低，东北缘为邛崃山余脉南支大相岭，西北缘为邛崃山余脉飞越岭，南面为大凉山群峰。大渡河横穿东西，流沙河纵贯南北，形成了四周高山环绕、中部河谷低平的地势。地属亚热带季风湿润气候区，冬暖夏凉，四季分明；高地寒冷，河谷炎热，雨量偏少且不均，气候垂直变化大。该县仍有大熊猫、

①余书婷．大相岭自然保护区和芹菜坪自然保护区晋升为省级自然保护区．http://news.ifeng.com/a/20140626/40898482_0.shtml；沐川县林业局关于四川芹菜坪自然保护区开发建设活动清理排查的报告．http://www.muchuan.gov.cn/ViewInfo.aspx? id=19011

②余家山自然保护区简介．http://blog.sina.com.cn/s/blog_4e4e0d7501000asl.html

③王月婷，赵蝶．国家林业局大熊猫办考察四川大川河自然保护区建设情况．http://www.cntour2.com/viewnews/2014/03/01/tgI7BGVWOcTcXqyJ247v0.shtml；李毓宏．芦山县大川河省级自然保护区进入实质启动阶段．http://www.yaly.gov.cn/scly/senlinjin-guan/12360731.jhtml

④四川二郎山国家森林公园．http://baike.baidu.com/link? url=EFZ0NaWl_D10sWSUpO7QGSzrU7-q-2Kd2j0ExLwRI3LinaMsNA-8dFDI6vRjRAGwOs3Vfv-Dw_n_vTzIvNh_LASD1l-_WE4qsUSYcABAFlLuBtOYNIPBO8e89BNq7VNSBMv7qjvvX1_K9wnomNN7MTMrf-64V1twk2Rftli_eZ_7zrDLDJ_o-CMZJ4JluaMtymXp_jylvD1ylu45JwVqU_

⑤原文称“二郎山自然保护区”，或“二郎山走廊带”，有误。

⑥李渝，彭超．四川雅安野生大熊猫栖息地面积全国最大．http://cnews.chinadaily.com.cn/2015-04/01/content_19966676.html

⑦什邡之窗．http://www.shifang.gov.cn/default/news/shownews/20111220165806140/2012031409475774.html

⑧又称“华蓥山天池林场拱桥湾工区（拟建的华蓥山省级自然保护区实验区内）”；但《全国自然保护区名录》中“华蓥山省级自然保护区”是位于重庆市渝北区，此似有误。

⑨广安：“国宝”正式安家华蓥山，打造大熊猫的宜居家园．http://ga.wenming.cn/jjga/201408/t20140824_1317797.html

小熊猫、扭角羚等珍稀动物栖息①。

据 2015 年 4 月报道,地处汶川县卧龙国家级自然保护区正西河流域马家沟区域开展野生大熊猫 DNA 科研调查工作的野外科考队员,偶遇一对成年野生大熊猫,立即用便携式摄像机拍摄了视频。通过视频看到:个体较大的雄性大熊猫围绕在树下活动,发觉有人靠近后警觉地跑入山林中,很快不见踪影;个体较小的雌性大熊猫依然攀爬在树枝上晒太阳。原来这是一对处于发情期的正在相互吸引中的野生大熊猫。这是卧龙保护区首次在大熊猫发情季节拍摄到一对发情的雌雄野生大熊猫在一起的视频②。

春节期间,茂县九顶山西坡发现疑似大熊猫粪便(图 14.4)。目前,已将粪便送相关部门化验,以确定是否是大熊猫粪便。据了解,自 20 世纪 40 年代末,受气候等各种自然因素影响,九顶山西坡上的箭竹开始大量开花并死亡。箭竹死亡让原本生活在九顶山西坡的大熊猫食物匮乏,大熊猎开始死亡和大量迁徙,九顶山西坡从此不见大熊猫身影。经过几十年的环境保护,如今九顶山西坡上已经能看见成片的箭竹林了,这为大熊猫重返家园提供了有利条件③。又据 2016 年 4 月报道称,在去年一次巡山时,在九顶山西坡发现了大熊猫的新鲜粪便④。茂县固然有大熊猫分布,九顶山一带曾有分布,此次发现,似表明大熊猫再度返回生态恢复了的故地。

图 14.4　疑似大熊猫粪便

4.2.2　云南

云南省虽是大熊猫最早起源地,却长久被认为早已灭绝,但近年新发现有大熊猫栖息。

此前,云南省分布大熊猫的最后记录是 2005 年,腾冲县固东镇江东山小水井落水洞出土的 2 具 5000 年前大熊猫骨架(吉学平等,2008)。

据 2015 年 5 月报道,盐津县普洱镇龙台村出现"国宝"野生大熊猫,却被一对兄弟列为咬死羊的凶手,残忍地用枪杀害,随后被剥皮卖肉。昨日下午,云南警方证实了这起猎杀野生大熊猫案件,查获大熊猫皮一张,大熊猫肉 9.75 kg、腿骨 2 根、头骨 2 块、熊胆 1 只。经 DNA 鉴定,证实来自一只雌性大熊猫(图 14.5、图 14.6)⑤。据悉,这是云南境内也是长江以南首次发现野生大熊猫的踪迹,龙台村有多名村民证实,在山上的竹林中发现过大熊猫。

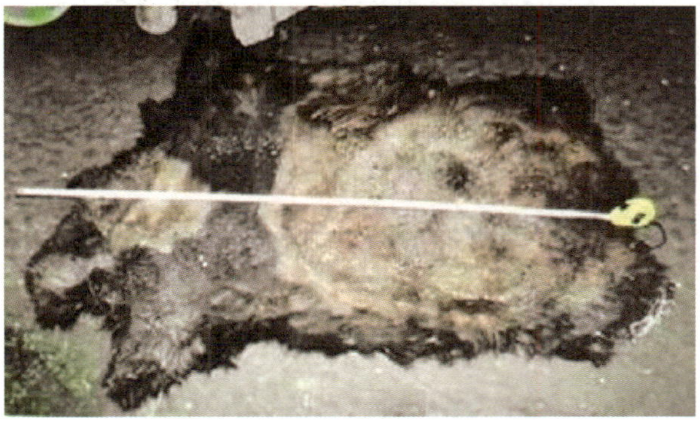

图 14.5　被猎杀大熊猫皮

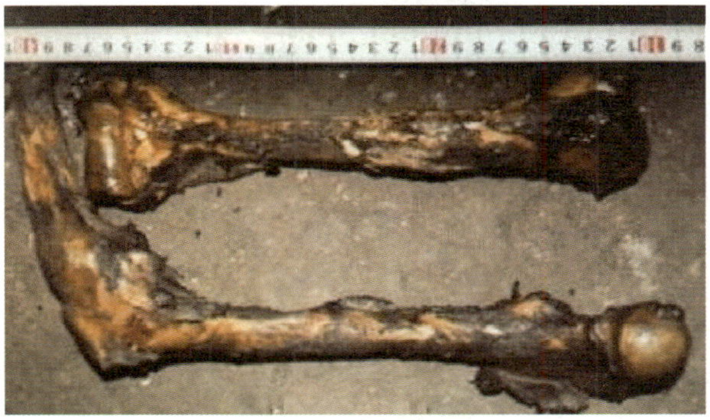

图 14.6　被猎杀大熊猫腿骨

①汉源之窗. http://www.hanyuan.gov.cn/zjhy.aspx? falg=%e8%87%aa%e7%84%b6%e8%b5%84%e6%ba%90

②安源. 四川卧龙首次拍摄到一对野生大熊猫"谈恋爱". http://society.people.com.cn/n/2015/0423/c136657-26893072.html

③刘志高,刘洪文. 茂县九顶山西坡发现疑似大熊猫粪便. http://ab.newssc.org/system/20150310/001599726.html

④清晓旭. 九顶山的守护神. http://blog.sina.com.cn/s/blog_48b61a2a0102w8nd.html

⑤云南猎杀熊猫嫌犯被移送起诉. http://view.inews.qq.com/a/NEW2015092303599002;云南猎杀大熊猫被捕,野生大熊猫肉被食用. http://www.52tq.net/a/remenhuati/2015/0923/502811.html

又称，在距离案发现场 20 km 的水富县发现了 20 kg 的疑似野生大熊猫粪便，粪便中明显可见竹叶，但由于时间太长，肠道内的细胞组织已经脱落风化，目前无法考证究竟是否为野生大熊猫所留。从地图上看，离案发地点最近的野生大熊猫分布区是四川省屏山县①。

随后，云南省林业厅组成调查组，全面启动了针对绥江县、水富县、盐津县结合部近 4 万多 hm^2 林区是否有野生大熊猫种群的调查。在水富县太平镇二溪村槽槽岩所采集到的大熊猫粪便、采食过的竹子等遗物（图 14.7、图 14.8）②，粪便至今还散发着腐殖土的清香，竹子有清晰的牙印。虽可确认曾有大熊猫在此区域活动，但具体大熊猫是从毗邻的四川扩散、迁移而来还是以前就有分布，还很难得出结论③。

图 14.7　大熊猫粪便（水富县）

图 14.8　大熊猫咬过的竹子

4.3　西北

西北仅陕西省与甘肃省仍有大熊猫存在。

4.3.1　陕西

陕西省现存野生大熊猫仅次于四川省。

《中国重点陆生野生动物资源调查》称（国家林业局，2008）：

全国第三次大熊猫调查表明……在陕西分布于安康、汉中、宝鸡、西安 4 个市的 8 个县、20 个乡（镇），分布区横跨长江、黄河两大流域；地理坐标介于 105°29′29″～108°47′57″E、32°50′18″～34°00′18″N；东起宁陕县旬阳坝镇，西至宁强县青木川乡，南起宁强县青木川乡，北至周至县厚畛子乡。

……

陕西大熊猫栖息地面积为 347 864 hm^2，占全国大熊猫栖息地总面积的 15.09%。在 8 个分布县中，栖息地面积居前 3 位的县依次是：太白、周至、宁陕。陕西的大熊猫栖息地主要位于秦岭山脉主峰太白山以南地区。从大的分布格局看，表现为相对隔离的 5 块，由东到西分别为平河梁栖息地、天华山＋锦鸡梁栖息地、兴隆岭＋太白山栖息地、牛尾河栖息地和青木川栖息地。

据 2015 年 3 月报道，省林业厅公布了陕西省第四次大熊猫调查（2012 年 3 月～2013 年 7 月）成果报告（摘录）：

截至 2012 年 5 月，陕西秦岭地区野外生存有大熊猫约 345 只，种群数量与“三调”（第三次调查）相比明显增加，增长比例 26.4%，为全国最高。秦岭大熊猫种群总体状况稳定、富有活力，种群密度为 0.10 只/km^2，为全国最大。

野生大熊猫主要集中分布在秦岭中段南坡，在北坡及西段有少量分布。分布范围东起宁陕县太山庙乡，西至宁强县青木川镇，南起宁强县青木川镇，北至周至县厚畛子镇，涉及 4 个市的 8 个县 23 个乡镇。分布区横跨长江、黄河水系。

本次调查中在太白县王家楞、太白河以及周至太平河地区发现有新的大熊猫分布区。但 2005 年时发现大熊猫痕迹的凤县区域，在本次调

①云南首现野生大熊猫可惜惨遭村民猎杀. http://news.sina.com.cn/o/2015-05-14/144431832310.shtml

②李仁安等. 云南三县联合搜寻发现野生大熊猫踪迹. http://view.inews.qq.com/a/NEW2015052004843801

③周婷婷，张小燕. 云南启动资源调查，全面搜寻野生大熊猫. http://tieba.baidu.com/p/3762695045

查期间未发现有大熊猫活动痕迹。

由于地理隔离、干扰因素等的综合影响，秦岭大熊猫目前被隔离为5个局域种群，其中牛尾河桑园坝种群、兴隆岭种群和天华山锦鸡梁种群存在互相交流的可能，平河梁及青木川2个种群数量较少且距离间隔较远，难于和其他局域种群进行交流而面临较高的灭绝风险。

16个保护区中有13个保护区有大熊猫分布，共262只，占全省野生大熊猫种群数量345只的75.94%。

虽然秦岭大熊猫分布区域目前已经先后建立了16个以大熊猫及其栖息地为主要保护对象的自然保护区，但个别区域不同保护区功能区划相互冲突或者不尽合理、保护区功能未能得到有效发挥、执法能力不足，仍有约43.84%的大熊猫栖息地未能得到有效保护①。

据2015年报道，位于宁陕县的皇冠山省级自然保护区通过红外线相机2014年12月11日发现并拍摄到大熊猫野外活动的照片和视频资料(图14.9～图14.11)。这是皇冠山保护区首次拍摄到大熊猫活动视频镜头，也是野生大熊猫第3次在宁陕境内被拍摄到。通过对大熊猫图片的初步观察，保护区科研人员判断，从体形上看，这是一只成年大熊猫，体重在100 kg左右，身体健康，毛色明亮，在白雪皑皑的栖息地行动十分迅速，憨态可掬②。

图14.9　首次拍摄视频(一)

图14.10　首次拍摄视频(二)

图14.11　首次拍摄大熊猫

图14.12　再次拍摄大熊猫

①陕西第四次大熊猫调查报告：秦岭野外约有345只. http://www.chinanews.com/sh/2015/03-26/7158956.shtml

②王永锋等.皇冠山保护区首次拍到野生大熊猫. http://www.sxdaily.com.cn/n/2015/0208/c266-5622836.html；皇冠山保护区首次拍到野生大熊猫. http://v.ifeng.com/news/society/201502/0188cc79-c1b9-423f-b1ce-3695a359c955.shtml

据2016年2月报道，皇冠山省级自然保护区近日再次拍摄到野生大熊猫照片(图14.12)和视频图像信息。记者通过拍摄画面看到，镜头下的大熊猫身体健壮，毛色干净整洁，悠闲自得地在森林茂密的栖息地里游玩、觅食，举止非常可爱。经保护区巡护监测人员对大熊猫图片的初步观察，从体形上认定是只亚成体大熊猫，体重在60 kg左右①。

据2016年3月报道，在越西县申果庄自然保护区外的南箐乡发现一只野生大熊猫(图14.13、图14.14)。这只大熊猫在下山时，被几只狗欺负，一路穷追猛赶。所幸，当地村民发现后，及时将狗撵走，大熊猫得以脱身，平安返回森林。据保护区工作人员调查，这只大熊猫大概有50 kg，是一只亚成体大熊猫，毛色光亮无外伤，受到狗的惊吓，跑得有点慢。据了解，这个地方是首次发现大熊猫。南箐乡属于相岭山系，与周边保护区无走廊带相连。该县曾经在附近的瓦岩乡发现大熊猫，虽然大熊猫喜欢独居，但彼此不会相隔太远。大熊猫在南箐乡出现，说明越西县的大熊猫栖息地正在扩大②。

图14.13　被狗追逐的大熊猫(一)

图14.14　被狗追逐的大熊猫(二)

4.3.2　甘肃

甘肃省是大熊猫分布的西北部。

《中国重点陆生野生动物资源调查》称(国家林业局，2008)：

全国第三次大熊猫调查表明……在甘肃分布于陇南地区和甘南藏族自治州的4个县、12个乡镇，分布区全部位于长江大流域；地理坐标介于103°22′10″～105°35′22″E、32°36′15″～33°58′28″N；东起武都县枫香乡，西至迭部县阿夏乡，南起文县碧口乡，北至迭部县阿夏乡。

……

甘肃大熊猫栖息地面积为182 735 hm^2，占全国大熊猫栖息地总面积的7.93%。在4个分布县中，栖息地面积居前3位的县依次是：文县、迭部、舟曲。甘肃的大熊猫栖息地主要位于岷山山系北段，仅有少量栖息地位于秦岭山系西段。从大的分布格局看，也表现为相对隔离的5块，由东到西分别为曹家河栖息地、白水江栖息地、尖山栖息地、插岗梁栖息地和迭部栖息地。其中白水江栖息地的面积最大，占甘肃省大熊猫栖息地面积的63.76%，是甘肃省大熊猫的主要栖居地；其次是迭部栖息地，占甘肃省大熊猫栖息地面积的28.39%；其他3块的面积都比较小，其中曹家河栖息地是甘肃省唯一属秦岭山系的一块栖息地。

据全国第三次大熊猫调查报告(国家林业局，2006)和甘肃省第三次大熊猫调查报告(甘肃省林业厅，2003)，甘肃省大熊猫栖息地为5块，互不相连，由南向北分别为白水江、尖山、曹家河、插岗梁和迭部栖息地。共有117只大熊猫生活在这5块栖息地中，其中白水江102只、尖山1只、曹家河2只、插岗梁1只、迭部11只。分县计数为文县103只、武都县2只、舟曲县1只、迭部县

①张松等. 陕西皇冠山省级自然保护区再次拍摄到野生大熊猫. http://sn.people.com.cn/n2/2016/0223/c352917-27786965.html
②林建江等. 四川：大熊猫溜下山被狗欺，长得太胖遭猛追. http://news.ifeng.com/a/20160307/47726441_0.shtml

11 只①。

据 2015 年 1 月报道，地处武都区、文县的白水江国家级自然保护区，位于岷山深处，在 10 月 28 日与 12 月 3 日，分别在 2 处用红外线相机拍摄到野外自然生境状态下大熊猫最为清晰的影像资料（图 14.15、图 14.16）。科研人员对大熊猫图片的初步观察判断，这两只大熊猫均为成年，体重 80～120 kg，身体健壮，毛色干净整洁。据称，保护区内大约有 100 只野生大熊猫，栖息在远离村庄的自然保护区深处②。

图 14.15　大熊猫（一）

图 14.16　大熊猫（二）

白水江保护局 2015 年 8 月至 2016 年 4 月，在野外监测点安装 150 多台红外相机，共拍摄到 2 234 段视频及照片，其中大熊猫视频 77 段、照片 283 张。调查显示，白水江保护区共有大熊猫 110 只，约占全国大熊猫总数的 5.9%，占全省的 83%（白水江保护局，2016）。

迭部县是大熊猫分布的北缘，为大熊猫岷山 C 种群的主要栖息地。自 1974 年以来多处调查，发现大熊猫栖息地多次变化，除在白龙江阿夏与多儿两保护区外，还有多处。如花园乡班藏村发现 1970 年 3 月猎杀的 1 张大熊猫皮；在与迭部县相邻的舟曲县少下沟发现大熊猫粪便；旺藏乡曹世坝沟 2 只成年大熊猫实体被摄像；洛大沟、达拉的次哇沟等地发现大熊猫。反映当地大熊猫发展前景良好（李晓鸿等，2008）。

据 2015 年 11 月报道，位于舟曲县境内的插岗梁自然保护区 2015 年 11 月 20 日，在海拔 2 500 m 左右针阔混交林内的一棵树上，又一次拍摄到野生大熊猫幼仔活体（图 14.17、图 14.18）。这是继 2015 年 5 月 21 日、5 月 28 日后，保护区第三次发现野生大熊猫活动踪迹。这次发现大

图 14.17　树上大熊猫（一）

图 14.18　树上大熊猫（二）

①天水市陇右环境保育协会．气候变化背景下甘肃省大熊猫栖息地潜在扩散区基本情况调查报告．http://blog.sina.com.cn/s/blog_937f8c560101gpzk.html

②屠国玺．甘肃保护区连续拍摄到野生大熊猫活动影像．http://news.xinhuanet.com/local/2015-01/13/c_1113980529.htm；甘肃白水江自然保护区连续拍摄到野生大熊猫活动影像．http://gansu.gscn.com.cn/system/2015/01/14/010901951.shtml

熊猫的活动地点位于插岗梁保护区北段缓冲区，是白龙江阿夏、博峪和迭部县多儿、武都区裕河及文县尖山、白水江等大熊猫自然保护区栖息地之间的过渡地带。该保护区把岷山山脉北段“孤岛”状的大熊猫分布区连接成片，在大熊猫迁移及基因交流方面正发挥着重要作用。据第四次大熊猫调查结果显示，甘南州境内的迭部、舟曲县分布有 19 只野生大熊猫，比 10 年前增加了 10 只，其中舟曲县境内由 2 只增加到 6 只（刘江林等，2016）。

4.4 保护区

现有大熊猫栖息的自然保护区（图 14.19、表 14.2），可以表明它们依然存在。特点如下：

● 现分布有大熊猫的自然保护区达到 67 个，总面积达 3.62 万 km^2。

● 拥有保护区数量情况按地区排序：西南（45 个），西北（23 个），中南（1 个）。

● 拥有保护区数量占前 3 名者按省级政区排序：四川省（45 个），陕西省（16 个），甘肃省（7 个）。

● 一地有多个保护区的有：四川省九寨沟县（4 个）；四川省平武县、松潘县、青川县、北川羌族自治县、九龙县，陕西省周至县（皆 3 个）。

● 保护区的建立时间虽在 1963～2009 年间，但 1963 年就有 5 个，主要还是 1980 年代以来建立的。

● 保护区的等级情况 4 级皆有，比率约为省级（占 60%），国家级（占 34%），县级（占 4%）。

● 主管部门以林业占绝对优势（高达 99%），其余仅环保有 1 个。

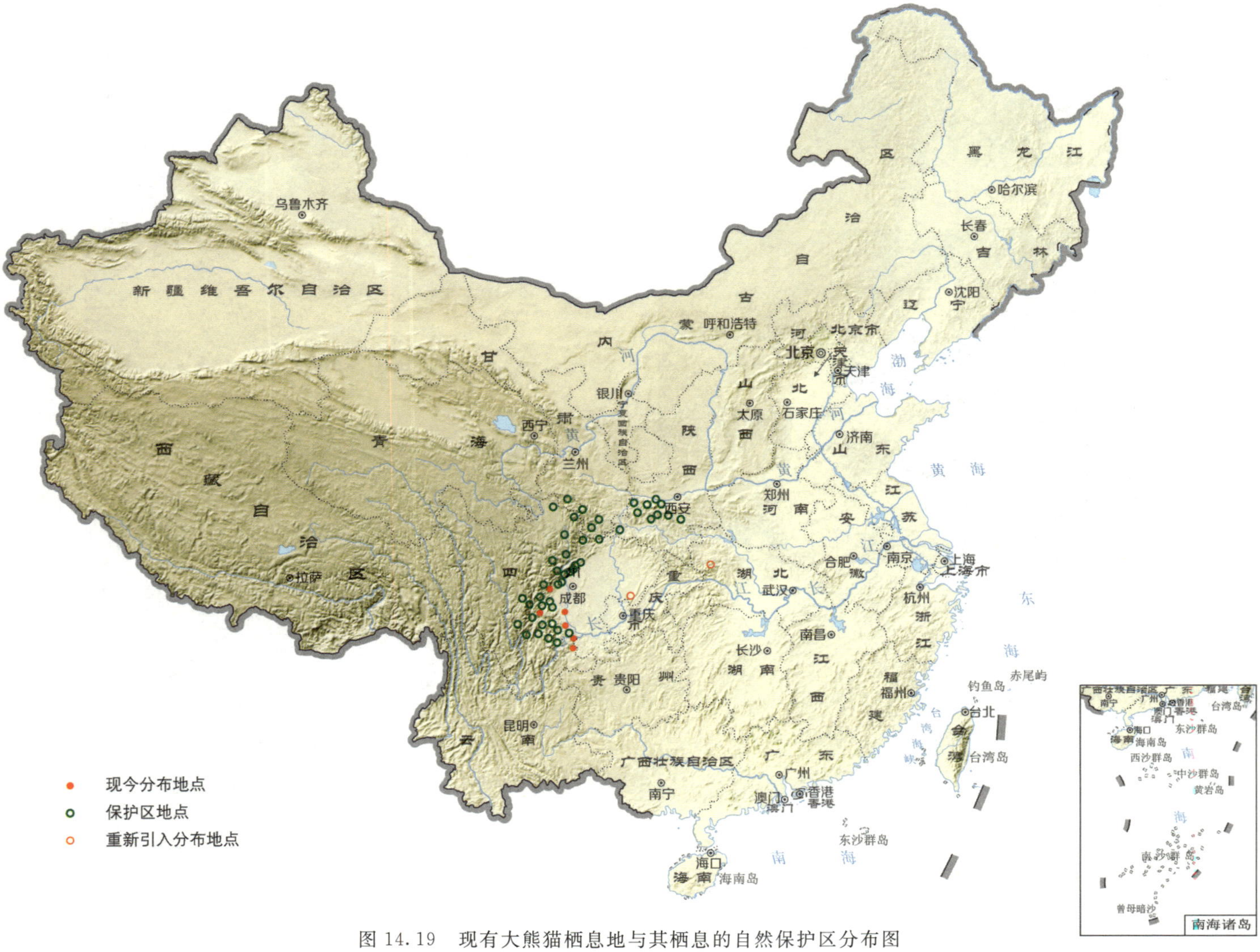

图 14.19 现有大熊猫栖息地与其栖息的自然保护区分布图

注：《名录》中未见乐山市、沐川县、芦山县有保护区。

● 从保护区所在政区地点看，达到 49 个(不含重复)。

● 拥有保护区的政区数量情况按省级政区排序前三者：四川省(34 个)，陕西省(10 个)，甘肃省(4 个)。

● 栖息有大熊猫的保护区面积最大的是贡嘎山国家级自然保护区(在四川省，面积409 144 hm^2)，面积最小的是大相岭县级自然保护区(在四川省，面积 233 hm^2)，相差约 1 835 倍。

● 现有保护区基本覆盖大熊猫栖息地，为我国自然分布的珍稀野生动物得到了最好庇护。

● 据调查反映出自然保护区发挥的作用存在改进的空间依然不小。

表 14.2　**栖息有大熊猫的自然保护区概况**

地区	省级政区	保护区名称	所处地点	面积(hm^2)	级别	建立时间	主管部门
中南	湖北	神农架	神农架林区	70467	国家级	19860709	林业
西南	四川	卧龙	汶川县	200 000	国家级	19630402	林业
		王朗	平武县	32 297	国家级	19630402	林业
		喇叭河	天全县	23 437	省级	19630402	林业
		白河金丝猴	九寨沟县	16 204	省级	19630402	林业
		蜂桶寨	宝兴县	39 039	国家级	19750320	林业
		九寨沟	九寨沟县	64 297	国家级	19781215	林业
		马边大风顶	马边彝族自治县	30 164	国家级	19781215	林业
		美姑大风顶	美姑县	50 655	国家级	19781215	林业
		黄龙寺(黄龙)	松潘县	55 051	省级	19830101	林业
		宝顶沟	茂县	19 560	省级	19850101	林业
		唐家河	青川县	40 000	国家级	19860709	林业
		勿角	九寨沟县	36 280	省级	19930101	林业
		治勒(冶勒)	冕宁县	24 293	省级	19930101	林业
		千佛山	安县、北川羌族自治县	17 710	省级	19930401	林业
		龙溪—虹口	都江堰市	31 000	国家级	19930424	林业
		黑水河	大邑县	31 790	省级	19930601	林业
		鞍子河	崇州市	10 141	省级	19930801	林业
		平武小河沟	平武县	28 227	省级	19930801	林业
		雪宝顶	平武县	63 615	国家级	19930801	林业
		白羊	松潘县	76 710	省级	19930801	林业
		瓦屋山	洪雅县	36 490	省级	19931201	林业
		片口	北川羌族自治县	82 930	省级	19940501	林业
		小寨子沟	北川羌族自治县	44 391	省级	19940501	林业
		米亚罗	理县	160 732	省级	19950101	林业
		瓦灰山	九龙县	84 300	省级	19950601	林业
		白水河	彭州市	30 150	国家级	19960101	林业
		贡嘎山	康定县、泸定县、九龙县、石棉县	409 144	国家级	19960301	林业
		黑竹沟	峨边彝族自治县	29 650	省级	19970101	林业
		湾坝	九龙县	120 100	省级	19970401	环保

（续表）

地区	省级政区	保护区名称	所处地点	面积（hm²）	级别	建立时间	主管部门
		九顶山	什邡市、绵竹市、茂县	63 700	省级	19990101	林业
		老君山	屏山县	3 500	国家级	20000229	林业
		草坡	汶川县	55 678	省级	20001202	林业
		栗子坪	石棉县	40 903	省级	20010101	林业
		甘洛马鞍山	甘洛县	40 826	省级	20010101	林业
		雷波麻咪泽	雷波县	38 800	省级	20010301	林业
		毛寨	青川县	14 150	省级	20011001	林业
		东阳沟	青川县	30 760	省级	20011001	林业
		申果庄大熊猫	越西县	33 700	省级	20020101	林业
		包座	若尔盖县	143 848	县级	20030101	林业
		羊子岭	雨城区	6 336	市级	20030101	林业
		大相岭	荥经县	233	县级	20030401	林业
		龙滴水	松潘县	27 000	县级	20040301	林业
		贡杠岭	九寨沟县	147 844	省级	20090918	林业
西北	陕西	太白山	太白县、眉县、周至县	56 325	国家级	19650909	林业
		佛坪	佛坪县	29 240	国家级	19781215	林业
		周至	周至县	56 393	国家级	19880509	林业
		老县城	周至县	12 611	国家级	19930101	林业
		长青	洋县	29 906	国家级	19951222	林业
		皇冠山	宁陕县	12 372	省级	20010401	林业
		留坝摩天岭	留坝县	8 520	省级	20020801	林业
		佛坪观音山	佛坪县	13 534	省级	20020801	林业
		天华山	宁陕县	25 485	国家级	20020801	林业
		桑园	留坝县	13 806	国家级	20020826	林业
		紫柏山	凤县	17 472	国家级	20030101	林业
		青木川	宁强县	10 200	国家级	20030521	林业
		牛尾河	太白县	13 492	省级	20040101	林业
		鹰嘴石	镇安县	11 462	省级	20040101	林业
		黄柏塬	太白县	21 865	省级	20060101	林业
		宁陕平河梁	宁陕县	15 578	省级	20060101	林业
	甘肃	白水江	武都区、文县	183 799	国家级	19630101	林业
		尖山	文县	10 040	省级	19921216	林业
		裕河金丝猴	武都区	74 944	省级	20020114	林业
		白龙江阿夏	迭部县	135 536	省级	20040912	林业
		多儿	迭部县	55 275	省级	20041012	林业
		插岗梁	舟曲县	114 361	省级	20050609	林业
		博峪河	文县、舟曲县	91 712	省级	20061121	林业

注：①本表参考多方面信息综合而成，个别误差进行更正。②本表据全国自然保护区名录. http://sts. mep. gov. cn/zrbhq/zrbhq/

201208/t20120824_235172. htm；关前裕等. 神农架有望迎回老居民大熊猫. http://news. ifeng. com/a/20160308/47745927_0. shtml；钱忠军等. 神农架能否成为大熊猫新家. http://help. 3g. 163. com/16/0311/04/BHRO57QJ00964KK3. html；刘新新等，2015；卧龙国家级自然保护区. http://baike. baidu. com/view/345535. htm? fromId＝35318；安源. 四川卧龙首次拍摄到一对野生大熊猫"谈恋爱". http://society. people. com. cn/n/2015/0423/c136657-26893072. html；喇叭河自然保护区. http://baike. baidu. com/view/372762. htm；白河自然保护区. http://baike. baidu. com/view/377263. htm；九寨沟国家级自然保护区. http://baike. baidu. com/view/481819. htm? fromId＝248498；马边大风顶国家级自然保护区. http://baike. baidu. com/view/481800. htm? fromId＝246865；美姑大风顶国家级自然保护区. http://baike. baidu. com/view/481825. htm? subLemmaId＝481825&fromenter＝%C3%C0%B9%C3%B4%F3%B7%E7%B6%A5%D7%D4%C8%BB%B1%A3%BB%A4%C7%F8；黄龙寺自然保护区. http://baike. baidu. com/view/825852. html；宝顶沟自然保护区. http://baike. baidu. com/link? url＝XImbOvmQsb-XFpudU5zVmPxRBvKTxJzFPgyIiU33-amgpcdCt7niqJiOvsXrG1vmmaZlGbJfdxibQoqEk-3fMZq；勿角自然保护区. http://baike. baidu. com/view/377270. html；龙溪—虹口国家级自然保护区. http://baike. baidu. com/view/825859. htm? fromId＝281859；黑水河自然保护区. http://sc. zwbk. org/MyLemmaShow. aspx? lid＝1496；鞍子河自然保护区. http://baike. baidu. com/view/349644. htm；金琪等，2014；小河沟自然保护区. http://baike. baidu. com/view/1628412. htm；肖雄. 四川米亚罗自然保护区发现大熊猫活动痕迹. http://bwwz. forestry. gov. cn/portal/bwwz/s/2784/content-769461. html；瓦灰山. http://travel. mipang. com/recommend/1112；白水河自然保护区. http://baike. baidu. com/view/182214. htm；四川贡嘎山国家级自然保护区. http://www. chinagongga. cn/；李渝，彭超. 四川雅安野生大熊猫栖息地面积全国最大. http://cnews. chinadaily. com. cn/2015-04/01/content_19966676. htm；龚明昊等，2015；四川黑竹沟国家森林公园. http://baike. baidu. com/link? url＝-7rvvGH6X7DeRjfKoru73r2CcMjlNgTWeKQARrYaIUjhNJfeB672jo04N99YkNCXzc85Y-Vw1OyS4iknICxvAUwJ43t7k5eo9SyL9uARatbWzvg8BnNK1XmbEHWt1a5N13cXo8B24XrMQGuGpgkvvvciUZEYVcKPB-xO9TYc9TGp8p4ykap5_IINMXukcS28cb_q-Uj4xY38Zbolq8Duy-rT1r7InoeSRdH555tdZug-lF31WIt2-howgeUEv0UuET-rpwlK7fXzR-Cfuo55AgV6ovIbRJTWxn7pb7ZXVN3；湾坝自然保护区. http://baike. baidu. com/view/3395982. html；老君山自然保护区. http://baike. baidu. com/link? url＝4zjZ_4qMewFeQ0N1eBZ5wcNNWsfjZCnXZMWnjP0YrkbViIvAFMZvQHK8xFMV5OMsjRiuyGOlGPCYa7D5eqQzsMIDL0gchZxZoyI3VkHzThO；甘洛马鞍山自然保护区. http://baike. baidu. com/link? url＝jL4NaZjzmw5u7B6FH4ji6GzQlQU8d9vQNrX15aT3XBfBAJ6Qc7xM0BYph5As7uNhZmJ_raoG_N8lt-YcaYb08a；麻咪泽自然保护区. http://baike. baidu. com/link? url＝jVm09NbO66AQ0HvAeSN7WhWf-ZJU7-dpXRamUHc-NyXiN4U_5rrFEHhoq4yw4bZCOlJ_38W3ppaJZRiyd7tKsBK；毛寨自然保护区. http://baike. baidu. com/view/5609246. html；若尔盖县. http://baike. baidu. com/link? url＝kpHufqpDVpb3dccWDcypS6ha_xEUYfLg4mCusCumNHpkXcOC_v3j_yti3T_DB5Ep1llCd-jzhb-lc9r1sXca；陕西太白山国家级自然保护区. http://baike. baidu. com/view/248557. html；陕西佛坪国家级自然保护区. http://baike. baidu. com/view/341113. htm? fromId＝251906；周至自然保护区. http://baike. baidu. com/link? url＝ptQC8pBnX2YKSmglSJrtgmdHUsYPYGtwUO8GfUHfgCZCj7LwhxUnPJHoi_8P6cEiAHwYUCBELXs7bg6dIlVOFq；陕西省老县城国家级自然保护区. http://baike. sogou. com/v83237167. html；长青国家级自然保护区. http://baike. baidu. com/view/514992. htm? fromId＝246385；王永锋等. 皇冠山保护区首次拍到野生大熊猫. http://www. sxdaily. com. cn/n/2015/0208/c266-5622836. html；陕西摩天岭自然保护区. http://baike. baidu. com/view/5761599. html；桑园保护区脊椎动物资源. http://www. taibaishan. com. cn/publicfiles/business/htmlfiles/bsj/s1765/201107/2649. html；宝鸡市紫柏山自然保护区晋升国家级. http://www. bjs_yj. gov. cn/URL. aspx? DID＝2941986e-4cfa-4544-9c98-3d4fa7a45875；青木川国家级自然保护区. http://baike. baidu. com/view/3207139. htm? fromId＝3419869；田娜. 镇安鹰嘴石自然保护区大熊猫调查工作全面启动. http://www. shangluo. gov. cn/info/1056/21116. html；市林业局加强大熊猫保护工作. http://www. shangluo. gov. cn/info/1056/60518. html；白水江保护局，2016；甘肃白水江自然保护区连续拍摄到野生大熊猫活动影像. http://gansu. gscn. com. cn/system/2015/01/14/010901951. shtml；裕河金丝猴自然保护区. http://baike. baidu. com/link? url＝C0o_RnEQfdKYsH7mGxCa5mx-_z5Y8fsJiS10YLFTMjM03X1H_OhnimSdrPYMI9mALWR5-nAz9WyMN0sEywrdZq；刘江林等，2016；插岗梁大熊猫自然保护区. http://baike. baidu. com/view/848231. html

5 大熊猫的分布变迁大势

大熊猫的分布古今变化巨大，从遗存、历史文献记载与现今野外调查结果（见图 14.1、图 14.20，表 14.1、表 14.3），可以显示这种状况。

● 我国的大熊猫从 800 万年以来，分布于燕山南麓—黄土高原以南，青藏高原东缘以东的中国广阔地域，涉及 5 个地区（华北、华东、中南、西南、西北）的 21 个省级政区。

● 历史上，文献记载的我国大熊猫分布县级及其以上政区最大数量仅超过 300 地，这是因为其时大熊猫的分布区已经大为缩小；就是在较广的分布区外围，也呈现极度濒危而人们比较罕见。

● 历史上，我国大熊猫分布的县级及其以上政区数量按地区排序为：西南（124 个），中南（100 个），西北（42 个），华东（24 个），华北（13 个）。

● 有大熊猫的县级及其以上政区的绝对数较高的省级政区排名：四川省（57 个），云南省（52 个），湖北省（44 个），陕西省（28 个），广东省（17 个），湖南省（16 个）。

● 分布有大熊猫的县级及其以上政区占本省级政区 15％以上的省级政区排名：云南省（63％），湖北省（58％），四川省（37％），重庆市与陕西省（皆 30％），广东省（19％），甘肃省（17％），湖南省（16％）。

● 到 20 世纪前半叶，大熊猫分布地消失剧烈（当然时间较长），仅存 5 个的省级政区，排序为：四川省（48 个），云南省（12 个），甘肃省（6 个），广东省（3 个），湖北省（2 个）。

● 到 20 世纪后半叶，残存有大熊猫分布的省级政区仅有四川省、陕西省、云南省与甘肃省 4 个。

● 到现今，大熊猫分布地之所以出现四川省、陕西省、云南省、甘肃省与湖北省 5 个省级政区，既由于大熊猫分布地略有增加，又存在人工迁移原因。

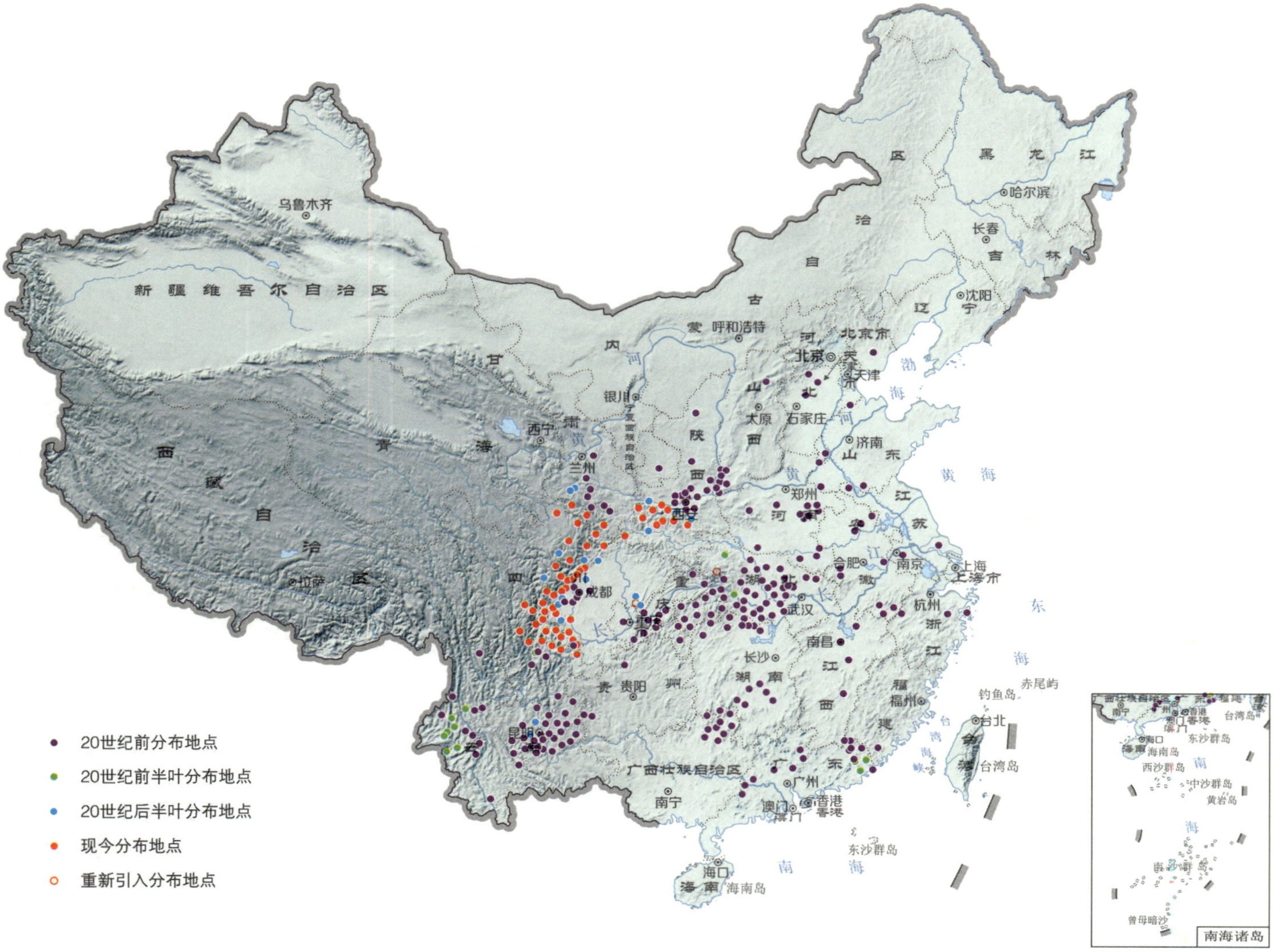

图 14.20　历史时期大熊猫分布变迁图

表 14.3 历史时期大熊猫的分布变迁概况

地区	省级政区	20世纪前分布地点	20世纪前半叶分布地点	20世纪后半叶分布地点	现今分布地点
华北	河北	迁安市、保定市、定州市、易县、盐山县			
	山西	代县、盐湖区、永济市、河津市、芮城县、临猗县、万荣县、稷山县			
华东	江苏	沛县、句容市、苏州市			
	浙江	淳安县、象山县、新昌县			
	安徽	泗县、怀远县、固镇县、滁州市、歙县、休宁县、黟县、霍山县、和县			
	福建	厦门市			
	江西	南昌市、南昌县、宁都县、鄱阳县、临川区			
	山东	阳谷县、临沂市、曹县			
中南	河南	嵩县、范县、柘城县、禹州市、新野县、信阳市、淮滨县、潢川县、川汇区、西华县、太康县、鹿邑县、淮阳县			
	湖北	竹山县、襄樊市、宜城市、南漳县、荆门市、钟祥市、京山县、孝南区、应城市、安陆市、汉川市、云梦县、麻城市、红安县、鄂州市、荆州市、石首市、洪湖市、松滋市、江陵县？公安县、监利县、宜昌市、枝江市、宜都市、当阳市、远安县、兴山县、秭归县、长阳土家族自治县、五峰土家族自治县、曾都区、仙桃市、天门市、潜江市、神农架林区、恩施市、利川市、建始县？巴东县、宣恩县、咸丰县、来凤县、鹤峰县	竹山县、长阳土家族自治县		神农架林区*
	湖南	张家界市、慈利县、桑植县？常德市？津市市、安乡县、澧县、临澧县、石门县、南县、衡阳市、耒阳市、衡阳县、衡南县？桂阳县、东安县			
	广东	从化市、翁源县、新丰县、梅江区、梅县、大埔县、丰顺县、平远县、蕉岭县、湘桥区、潮安县、饶平县、汕头市、南澳县、德庆县、罗定市、郁南县	湘桥区、潮安县、饶平县		
	广西	桂林市、阳朔县、临桂县、灵川县、全州县、兴安县、永福县、灌阳县、资源县、龙胜各族自治县			
西南	重庆	涪陵区、黔江区？长寿区、南川区、綦江县、璧山县、武隆县、丰都县、巫溪县、巫山县、彭水苗族土家族自治县？酉阳土家族苗族自治县			

（续表）

地区	省级政区	20 世纪前分布地点	20 世纪前半叶分布地点	20 世纪后半叶分布地点	现今分布地点
	四川	成都市、都江堰市、彭州市、邛崃市、崇州市、金堂县？双流县？郫县、大邑县、蒲江县、广元市、青川县、江油市、安县、北川羌族自治县、平武县、旌阳区、什邡市、绵竹市、广安区、华蓥市、邻水县、乐山市、峨眉山市、沐川县、峨边彝族自治县、马边彝族自治县、屏山县、彭山县、洪雅县、雨城区、名山县、荥经县、汉源县、石棉县、天全县、芦山县、宝兴县、汶川县、理县、茂县、松潘县、九寨沟县、小金县、黑水县、若尔盖县、康定县、泸定县、九龙县、西昌市、昭觉县？喜德县？冕宁县、越西县、甘洛县、美姑县、雷波县	都江堰市、彭州市、邛崃市、崇州市、大邑县、青川县、江油市、安县、北川羌族自治县、平武县、旌阳区、什邡市、绵竹市、广安区、华蓥市、邻水县、乐山市、峨眉山市、沐川县、峨边彝族自治县、马边彝族自治县、屏山县、洪雅县、雨城区、名山县、荥经县、汉源县、石棉县、天全县、芦山县、宝兴县、汶川县、理县、茂县、松潘县、九寨沟县、小金县、黑水县、若尔盖县、康定县、泸定县、九龙县、西昌市、冕宁县、越西县、甘洛县、美姑县、雷波县	都江堰市、彭州市、邛崃市、崇州市、大邑县、青川县、江油市、安县、北川羌族自治县、平武县、旌阳区、什邡市、绵竹市、广安区、华蓥市、邻水县、乐山市、峨眉山市、沐川县、峨边彝族自治县、马边彝族自治县、屏山县、洪雅县、雨城区、名山县、荥经县、汉源县、石棉县、天全县、芦山县、宝兴县、汶川县、理县、茂县、松潘县、九寨沟县、小金县、黑水县、若尔盖县、康定县、泸定县、九龙县、冕宁县、越西县、甘洛县、美姑县、雷波县	都江堰市、彭州市、崇州市、大邑县、青川县、安县、平武县、什邡市、绵竹市、华蓥市*、乐山市、沐川县、峨边彝族自治县、马边彝族自治县、屏山县、洪雅县、雨城区、荥经县、汉源县、石棉县、天全县、芦山县、宝兴县、汶川县、理县、茂县、松潘县、九寨沟县、若尔盖县、康定县、泸定县、九龙县、冕宁县、越西县、甘洛县、美姑县、雷波县
	贵州	盘县、仁怀市、普安县			
	云南	昆明市、安宁市、呈贡县、晋宁县、富民县、宜良县、嵩明县、石林彝族自治县、禄劝彝族苗族自治县、寻甸回族彝族自治县、麒麟区、宣威市、马龙县？沾益县、富源县、罗平县？师宗县、陆良县、会泽县？红塔区？江川县、澄江县、通海县、华宁县、易门县、峨山彝族自治县？新平彝族傣族自治县、元江哈尼族彝族傣族自治县、隆阳区、施甸县、腾冲县？龙陵县、昌宁县？盐津县、绥江县？水富县、临翔区、凤庆县？云县？永德县、镇康县、潞西市、泸水县、香格里拉县？大理市、永平县、漾濞彝族自治县？双柏县、禄丰县、弥勒县、泸西县、景洪市？	昆明市、安宁市、富民县、隆阳区、施甸县、龙陵县、盐津县、水富县、永德县、镇康县、潞西市、永平县	昆明市、安宁市、富民县、盐津县、水富县	盐津县、水富县
西北	陕西	西安市、蓝田县、周至县、户县、高陵县、铜川市、临渭区、大荔县、合阳县、富平县、咸阳市？兴平市、三原县、泾阳县、礼泉县、宝鸡市、眉县、凤县、太白县、城固县、洋县、宁强县、留坝县、佛坪县、横山县、宁陕县、镇安县、柞水县	周至县、户县、宝鸡市、眉县、凤县、太白县、城固县、洋县、宁强县、留坝县、佛坪县、宁陕县、镇安县、柞水县	周至县、户县、宝鸡市、眉县、凤县、太白县、城固县、洋县、宁强县、留坝县、佛坪县、宁陕县、镇安县、柞水县	周至县、眉县、凤县、太白县、洋县、宁强县、留坝县、佛坪县、宁陕县、镇安县
	甘肃	天水市、西峰区、漳县？岷县？渭源县、武都区、宕昌县？文县、西和县？礼县？临潭县、卓尼县、舟曲县、迭部县	武都区、文县、临潭县、卓尼县、舟曲县、迭部县	武都区、文县、临潭县、卓尼县、舟曲县、迭部县	武都区、文县、舟曲县、迭部县

注：标＊者，表示为放养大熊猫。

参考文献

安徽省文物考古研究所,吉林大学边疆考古研究中心.2012.安徽东至县华龙洞旧石器时代.考古(4):7～13

白水江保护局.2016.白水江保护区拍摄到大熊猫等珍稀野生动物40余种.甘肃林业(3):48

蔡回阳.1986.贵州黔西南州新发现两处旧石器文化遗址.人类学学报,5(1)

蔡回阳.2005.人类猎食大熊猫发现新证据.北京科技报,10-05

陈德珍,祁国琴.1978.云南西畴人类化石及共生的哺乳动物群.古脊椎动物与古人类,16(1):33～46

陈耿娇.2002.广西田东雾云洞更新世脊椎动物群.古脊椎动物学报,40(1):42～51

陈少坤,等.2012.重庆市秀山发现的更新世哺乳动物//董为主编.第十三届中国古脊椎动物学学术年会论文集.北京:海洋出版社,101～110

陈醒斌.1986.湖南省第四纪哺乳动物化石新材料.古脊椎动物学报(3)

邓学建,等.2004.湖南桂东发现大熊猫化石.古脊椎动物学报,42(2)

丁伟志[总]主编,宝鸡市情调查组.1992.中国国情丛书:百县市经济社会调查:宝鸡卷.北京:中国大百科全书出版社

丁伟志[总]主编,德阳市情调查组.1996.中国国情丛书:百县市经济社会调查:德阳卷.北京:中国大百科全书出版社

丁伟志[总]主编,定州市情调查组.1991.中国国情丛书:百县市经济社会调查:定州卷.北京:中国大百科全书出版社

杜恒俭.1951.Ailuropus与Ailuurus的区别及它们在地史上的发见意义.地质论评,16(3～6)

范雪春,郑国珍.2006.福建第四纪哺乳动物化石考古发现与研究.北京:科学出版社

福建省博物馆,福建省文管会考古工作队.1991.福建近十年的文物考古收获//文物编辑委员会编.文物考古工作十年:1979—1989.北京:文物出版社,138～148

福建省文物管理委员会.1965.福建永安坑边寨岩山发现"大熊猫—剑齿象"动物群的洞穴堆积.古脊椎动物与古人类,9(2)

龚明昊,等.2015.道路影响下野生动物廊道选址探讨:以大熊猫保护廊道为例.生态学报,35(10):1～9

顾知微.1947.四川巴县歌乐山之洞穴层与地文.地质评论(12)

广西壮族自治区博物馆.1973.广西都安发现人类牙齿及哺乳类化石.古脊椎动物与古人类,11(2)

贵州省博物馆.1991.贵州考古十年//文物编辑委员会编.文物考古工作十年:1979—1989.北京:文物出版社.263～271

国家林业局.2007.中华人民共和国林业行业标准:自然保护区名词术语 LY/T1685—2007.北京:中国标准出版社

国家林业局主编.2008.中国重点陆生野生动物资源调查.北京:中国林业出版社

韩德芬,等.1975.广西柳州笔架山哺乳动物化石.古脊椎动物与古人类,13(4):250～256

韩德芬,张森水.1978.建德发现的一枚人的犬齿化石及浙江第四纪哺乳动物新资料.古脊椎动物与古人类,16(4)

河南文物考古研究所等.1989.淅川下王岗.北京:文物出版社

胡锦矗.1995.华蓥山的大熊猫化石研究.四川师范学院学报(自然科学版)(1)

胡长康,齐陶著.1978.陕西蓝田公王岭更新世哺乳动物群.北京:科学出版社

胡长康.1985.周口店第一地点哺乳动物化石研究的历史及进展//吴汝康,等著.北京猿人遗址综合研究.北京:科学出版社,107～113

黄东,邱立诚.2008.广东东源县必寿洞更新世化石群//董为主编.第十一届中国古脊椎动物学学术年会论文集.北京:海洋出版社,113～118

黄泗亭,等.1992.马鞍山南洞旧石器文化遗址试掘报告.人类学学报,11(1):69～78

黄万波.1963.广东高要、罗定、封开等地洞穴及其堆积物概述.古脊椎动物与古人类,7(1)

黄万波.1979.华南洞穴动物群的性质和时代.古脊椎动物与古人类,17(4):327～142

黄万波,等.1982.安徽和县猿人化石及有关问题的初步研究.古脊椎动物与古人类,20(3)

黄万波,等.1983.记桂林穿山洞发现的鬣羚和大熊猫化石.古脊椎动物学报,21(2)

黄万波,等.1987.湖北房县樟脑洞旧石器时代遗址发掘报告.人类学学报,6(4)

黄万波,等.1988.记广东首次发现巨羊及扬子鳄化石.古脊椎动物学报,26(3):227～231

黄万波.1993.大熊猫颅骨、下颌骨及牙齿特征在进化上

的意义.古脊椎动物学报,31(3)
黄万波,等著.2012.和县猿人.北京:科学出版社
黄正维,孟子江.1964.浙江哺乳动物化石新产地.古脊椎动物与古人类,8(1)
吉学平,等.2008.云南腾冲江东山小水井全新世大熊猫的发现及其意义//董为主编.第十一届中国古脊椎动物学学术年会论文集.北京:海洋出版社,119～125
计宏祥.1999.郧县人遗址的哺乳动物群//徐钦琦,等主编.庆祝贾兰坡院士九十华诞国际学术讨论会文集:史前考古学新进展.北京:科学出版社,258～264
贾兰坡.1957.长阳人化石及共生的哺乳动物群.古脊椎动物学报,1(3):247～252
贾兰坡,张振标.1977.河南淅川下王岗遗址中的动物群.文物(6):41～49
金昌柱,郑龙亭.1998.发现于安徽繁昌早更新世早期的人类活动证据.第四纪研究,18(4):368～368
金昌柱,刘金毅.2009.安徽繁昌人字洞:早期古人类活动遗址.北京:科学出版社
金昌柱,等.2009.广西崇左三合大洞新发现的巨猿动物群及其性质.科学通报(6):765～773
金琪,等.2014.鞍子河自然保护区大熊猫取食对拐棍竹无性系种群更新的影响.北京林业大学学报,36(2):102～107
卡尔克 H D.1961.关于中国南方剑齿象—熊猫动物群和巨猿的时代.古脊椎动物与古人类(2):83～103
李家和,等.1992.江西萍乡竹山园洞的哺乳类化石和石制品.人类学学报,11(1):86～92
李天元,等.1999.从哺乳动物群看郧县人的时代//徐钦琦,等主编.庆祝贾兰坡院士九十华诞国际学术讨论会文集:史前考古学新进展.北京.科学出版社,245～257
李晓鸿,等.2008.迭部县大熊猫栖息地的变化.科协论坛(5):77～78
李炎贤,等.1974.湖北大冶石龙头旧石器时代遗址发掘报告.古脊椎动物与古人类,12(2):139～156
李炎贤,蔡回阳.1986.贵州普定白岩脚洞旧石器时代遗址.人类学学报,5(2):162～171
李有恒.1962.汉水上游哺乳类化石的新线索.古脊椎动物与古人类,6(3)
李有恒,等.1984.广西柳江土博出土的人牙化石及共生的哺乳动物群.人类学学报,3(4):322～329
李有恒,等.1985.广西田东县祥周公社定模洞调查报告.人类学学报,4(2):127～131
刘昌芝.1962.粤北第四纪哺乳动物化石调查简报.古脊椎动物与古人类,6(2):202～203
刘江林,等.2016.插岗梁保护区再现野生大熊猫.甘肃林业(1):36
刘新新,等.2015.地震对卧龙自然保护区大熊猫生境的影响及评价.首都师范大学学报(自然科学版),36(6):92～95,100
龙凤骧.2002.马鞍山遗址出土碎骨表面痕迹的分析//高星,侯亚梅编.中国科学院古脊椎动物与古人类研究所20世纪旧石器时代考古学研究.北京:文物出版社,271～281
陆成秋.2010.湖北建始杨家坡洞晚更新世哺乳动物群//董为主编.第十二届中国古脊椎动物学学术年会论文集.北京:海洋出版社,97～120
马安成,汤虎良.1992.浙江金华全新世大熊猫—剑齿象动物群的发现及其意义.古脊椎动物学报,30(4):295～312
潘悦容.1999.元谋盆地和邻近地区的早期考察//徐钦琦,等主编.庆祝贾兰坡院士九十华诞国际学术讨论会文集:史前考古学新进展.北京:科学出版社,265～269
裴树文,等.2010.湖北建始高坪洞穴调查及其试掘简报.人类学学报,29(4):383～395
裴文中.1935.广西洞穴之哺乳类化石(英文).中国地质学会志,14(5)
裴文中,李有恒.1958.第三个"巨猿"下颚骨的发现.古脊椎动物学报,2(4)
裴文中.1960.中国原始人类的生活环境.古脊椎动物与古人类,2(1):9～21
裴文中,等.1965.贵州黔西县观音洞试掘报告.古脊椎动物与古人类,9(3)
裴文中.1987.裴文中史前考古学论文集.北京:文物出版社,179～191
祁国琴.1985.禄丰古猿化石地点食肉目化石的初步整理.人类学学报,4(1)
钱方,等.1980.周口店猿人洞堆积物磁性地层的研究.科学通报(4)
钱方,等著.1991.元谋第四纪地质与古人类.第四章,古生物.北京:科学出版社
邱立诚.1986.广东封开发现的人类牙齿化石.人类学学报,5(4):311～313
邱占祥,祁国琴.1989.云南禄丰晚中新世的大熊猫祖先化石.古脊椎动物学报,27(3)
邱中郎,等.1961.湖北省清江地区洞穴中的哺乳类化石报导.古脊椎动物与古人类,3(2):155～158
陕西省考古研究院,洛南县博物馆编著.2008.洛南花石浪龙牙洞遗址发掘报告.北京:科学出版社
邵阳市地方志编纂委员会编.1997.邵阳市志.长沙:湖南出版社
沈冠军,金林红.1992.贵州黔西观音洞钟乳石样的铀系

年龄.人类学学报,11(1)
斯信强,等.1993.盘县大洞发掘简报.人类学学报,12(2):113～119
宋方义,等.1981.广东封开黄岩洞古人类文化遗址简讯.古脊椎动物与古人类,19(1):98,186
宋方义,黄志高.1985.马坝人化石地点发现石器.人类学学报,4(2):195～196
宋方义,等.1989.广东罗定饭甑山岩、下山洞洞穴遗址发掘报告.人类学学报,8(2):118～122
谭文斌.1992.马坝人遗址生态环境初探.南方文物(4):19
汤英俊,等.1987.汉水上游旧石器的新发现.人类学学报,6(2)
万幼楠.1985.赣南发现第四纪哺乳动物化石.古脊椎动物学报,23(3)
王恭睦.1931.浙江山龙嘴洞之洞穴沉积(德文).中央研究院地质研究所丛刊(1)
王撼等.2014.大熊猫黄土梁廊道景观破碎化进程分析.四川林业科技,35(2):47～51,84
王将克.1974.关于大熊猫种的划分、地史分布及其演化历史的探讨.动物学报,20(2)
王令红,吴茂霖.1976.大熊猫巴氏亚种齿列变异一例的分析.古脊椎动物与古人类,14(4)
王令红,等.1982.湖南省西北部发现的哺乳动物化石及其意义.古脊椎动物与古人类,20(4):350～358
王令红,等.1982a.桂林宝积岩发现的古人类化石和石器.人类学学报,1(1)
王善才.1962.湖北秭归发现一处哺乳动物化石地点.古脊椎动物与古人类,6(3)
王善才.1976.郧县猿人化石发现经过简记.古脊椎动物与古人类,14(3)
王善才主编.2004.清江考古.北京:科学出版社
王頠,等.2012.广西布兵盆地么会洞新发现的早更新世人类化石//广西文物考古研究所编.广西文物考古报告集:1991—2010.北京:科学出版社,33～39
王学理,吴镇烽.1976.西安任家坡汉陵从葬坑的发掘.考古(2):129～133
王学理.1981.汉南陵从葬坑的初步清理:兼论大熊猫头骨及犀牛骨骼出土的有关问题.文物(11)
王雪飞,等.2002.保山施甸发现五颗珍贵大熊猫牙齿化石.云南日报,10-22
王正新.1991.四川筠连县发现大批哺乳动物化石.古脊椎动物学报,29(1):71
文榕生著.2009.中国珍稀野生动物分布变迁.济南:山东科学技术出版社
吴茂霖,等.1975.贵州桐梓发现的古人类化石及其文化遗物.古脊椎动物与古人类,13(1):14～23
吴茂霖,等.1976.广西都安仙洞发掘简报.古脊椎动物与古人类,14(3)
吴汝康.1959.广西柳江发现的人类化石.古脊椎动物与古人类,1(3)
吴县地方志编纂委员会编.1994.吴县志.上海:上海古籍出版社
吴新智,等.1962.广西东北地区调查简报.古脊椎动物与古人类,6(4):408～413
吴新智,等.1966.陕西蓝田公王岭猿人地点1965年发掘报告.古脊椎动物与古人类,10(1)
武仙竹.1998.神农架犀牛洞旧石器时代遗址发掘报告.人类学学报,17(2):121～136
武仙竹,周国平.2005.湖北官庄坪遗址动物遗骸研究报告.人类学学报,24(3)
湘江.1977.湖北郧西发现猿人牙齿化石.古脊椎动物与古人类,15(2):封3
肖鸿.1994.贵州镇宁水西庄大熊猫—剑齿象动物群的发现.化石(3)
谢光茂.1991.广西都安巴独山发现的人类文化遗物及动物化石.人类学学报,10(3)
徐钦琦,欧阳涟.1982.北京人时代的气候.人类学学报,1(1)
许春华,等.1974.鄂西巨猿化石及共生的动物群.古脊椎动物与古人类,12(4):293～309
许春华.1978.湖北郧县猿人化石地点的发掘//中国科学院古脊椎动物与古人类研究所编.古人类论文集.北京:科学出版社
许春华,蔡回阳.1984.贵州毕节发现早更新世的哺乳类化石.人类学学报
许春华,等.1986.安徽巢县人类化石地点的新材料.人类学学报,5(4)
薛祥煦,等.1999.陕西洛南龙牙洞动物群的特点时代及环境.古脊椎动物学报,37(4)
严亚玲,等.2014.广西扶绥岩亮洞早更新世独角犀年龄结构的分析.人类学学报,33(4):534～544
杨启成,等.1975.福建永安第四纪哺乳类化石.古脊椎动物与古人类,13(3)
杨升义.2002.云南施甸出土大熊猫剑齿象化石.化石(2):15
杨钟健.1937.中国三叠纪及白垩纪之爬行类(英文).中国地质学会志,17(1)
叶元正,阎德发.1975.皖南铜山第四纪哺乳动物化石新地点.古脊椎动物与古人类,13(3):195～198

尤玉柱，蔡保全.1996.福建更新世地层哺乳动物与生态环境.人类学学报，15(4)：335～346
余生富，吴秀华.2013.大田县广平慧林洞调查简报.福建文博(4)：13～17
袁虹.1992.湖北咸宁飞仙洞新发现的大熊猫化石.古脊椎动物学报，30(3)
云南省博物馆.1990.十年来云南文物考古新发现及研究//文物编辑委员会编.文物考古工作十年：1979—1989.北京：文物出版社，272～282
臧振华.2015.大熊猫分布区珍稀濒危物种丰富度格局与热点区研究.北京：北京林业大学[硕士学位论文]
张兴永.1973.云南第四纪哺乳动物化石新地点.古脊椎动物与古人类，11(2)：219～221
张银运.1975.广西巴马发现的巨猿牙齿化石.古脊椎动物与古人类(3)
张镇洪，陈青松.1994.广东封开县罗沙岩洞穴遗址第一期发掘简报.人类学学报，13(4)：300～308
张镇洪，等.1997.贵州盘县大洞遗址动物群的研究.人类学学报，16(3)
张镇洪，等.1998.广东英德九龙礼堂山动物群的发现.江汉考古(1)：29，128
赵树森，等.1980.应用铀系法研究北京猿人年龄.科学通报(4)：192
赵仲如，等.1981.广西都安九愣山人类化石与共生动物群及其在岩溶发育史上的意义.古脊椎动物与古人类，19(1)：45～54
郑睿，等.2016.二郎山大熊猫舟曲数量调查.四川林业科技，37(1)：118～120
郑绍华.2004.建始人遗址.北京：科学出版社
周乐鹏.2010.浅析三峡地区更新世动物群与古环境//董为主编.第十二届中国古脊椎动物学学术年会论文集.北京：海洋出版社，33～38
周明镇.1965.蓝田猿人动物群的性质和时代.科学通报(6)：482～487
朱靖，龙志.1983.大熊猫的兴衰.动物学报，29(1)
宗冠福，黄学诗.1985.云南保山蒲缥全新世早期文化遗物及哺乳动物的遗存.史前研究(4)：46～50
宗冠福.1991.元谋盆地古猿动物群及其时代//中国科学院古脊椎动物与古人类研究所参加第十三届国际第四纪大会论文选.北京：北京科学技术出版社
遵义市文物管理所，遵义地区文物管理委员会.1996.遵义市风帽山旧石器时代地点调查报告.贵州文物工作(1)
Pei W C. 1935. Fossil mammals from the Kwangsi caves. Bull. Geol. Soc. China，14：413～425
Pei W C. 1957. Discovery of lower jaws of Giant Ape in Kwangsi，South China. Science Record，1(3)：49～52
Pei W C. 1957b. New links between Ape and Man. China Reconstructs，6(6)：2～5
Pei W C. 1957c. The zoographical divisions of quaternary mammalian faunas in China. Vertebrata Palasitica，1(1)：9～24
Pei W C. 1957d. Discovery of Gigantopithecus mandibles and other material in Liu-cheng district of central Kwangsi in south China. Vertebrata Palasitica，1(2)：65～71
Pei W C. 1957e. Giant Ape's jaw bone discovered in China. Neues Jahrb. Geol. U. Paläontolog. (Mh.)，404～408
Pei W C. 1957f. Riesenaffe oder Riesenmansch? Zeitscher. Wissen und Leben，2：918～922
Teilhard de Chard P. 1938. Le villafranchian de Asic etla Question du villafranchian. C. R. sommaire desseances de la soc. Geol de la. France，(17)：325～328
Yong C C. 1932. On some fossil mammals from Yunnan. Bull Geol. Soc. China，383～393
Young C C. 1935. Miscelaneous mannalian fossils from Shansi and Houan. Pal. Sin，9(2)：1～42
Young C C. and M. M. Chow. 1956. Latest discoveries in vertebrate paleontology in China. Scientia Sinica，5(3)：603～610
Young C C. and P. T. Liu. 1950. On the mammalian fauna at Koloshan near Chungking.，Szechuan. Bull. Geol. Soc. China，(30)：69～72

第十五章
猞猁的分布变迁

猞猁(*Lynx lynx*)在动物分类中,属哺乳纲 Mammalia 食肉目 Carnivora 猫科 Felidae 猞猁属 *Lynx* 之一种,为欧亚猞猁,简称猞猁。

我国分布的猞猁虽仅一个种,却有多个亚种。由于生态环境的变迁与近现代人类活动不断增强而危及生存,猞猁栖息地持续缩小;更由于其毛皮自古就被视为珍贵裘皮,而被大量猎杀。在我国,猞猁已被列为国家二级保护动物。

1 猞猁的概况

猞猁(图 15.1～图 15.20)的外形似猫,体形略小于狮、虎、豹等大型猛兽,但比一般猫类大得多,属于中型猛兽。肩高 70 cm 左右,体长 80～130 cm,体重 18～32 kg,尾长 11～23 cm;雌雄外形特征区别不大,仅在体形和体重上有差异,雄性比雌性身材略大一点,体重也略重 1～2 kg。

图 15.1 猞猁头部正面①

图 15.2 猞猁伉俪②

①http://www.360doc.com/content/11/0328/21/1490208_105447632.shtml

②http://i1.qhimg.com/t01c3deb16fa73519ab.png

图 15.3　秀恩爱(一)①

图 15.4　秀恩爱(二)②

图 15.5　捕食野兔③

图 15.6　捕食有蹄类④

图 15.7　树上伸懒腰⑤

图 15.8　侧卧于地面⑥

①Nationgnal geographic. 2010(5)
②http://zhidao. baidu. com/question/280112811. html
③Nationgnal geographic. 2010(5)
④相机陷阱抓拍:猞猁凌厉捕食鹅喉羚顶翻同类. http://news. china. com. cn/live/2014-12/06/content_30224121. htm
⑤http://www. tyfyjz. com/tianye16220535. html
⑥http://www. nipic. com/show/10445735. html

图 15.9　在不同生境(一)①

图 15.10　在不同生境(二)②

图 15.11　在不同生境(三)③

图 15.12　在不同生境(四)④

图 15.13　在不同生境(五)⑤

图 15.14　在不同生境(六)⑥

①http://baike.baidu.com/view/66455.htm

②http://baike.baidu.com/view/66455.htm

③http://www.quanjing.com/share/min00442219.html

④http://baike.baidu.com/view/66455.htm

⑤http://baike.sogou.com/lemma/default/ShowLemmaDefault.e;jsessionid=65FD86CEB6EEF8D2E30BB4461FDDBD77.n2?sp=l22999148&syn=lynx

⑥http://www.quanjing.com/share/d88-1243303.html

图 15.15　在不同生境（七）①

图 15.16　在不同生境（八）②

图 15.17　哺育独仔③

图 15.18　母兽与树洞中的幼兽④

图 15.19　哺育双仔⑤

图 15.20　哺育三仔⑥

---

①http://cache. baiducontent. com/c? m=9d78d513d9d706ef06e2ce384b54c0676a499d267992c715089ec81bce3b001f1471e3cc767e0d558e993a305de95e5c9cf03778200356b09ace835dddcd913f2fff7d722f42&p = 882a970c97d812a05aacd23e52&newp = 882a9719c0af1afc57efce3f1753d8304a02c70e3f8bc67924&user = baidu

②http://www. quanjing. com/share/02010989_h. html

③http://www. quanjing. com/share/ekf00913. html

④http://gaoxiao. zhutou. com/html/201103/15871. html

⑤http://www. nipic. com/show/10450646. html

⑥http://baike. baidu. com/view/66455. htm

猞猁头部近似圆形，吻、鼻部较短，颧宽较大。最显著特征是耳基宽，略呈钝角三角形，耳直立，耳尖具深色耸立簇毛，有的其中还夹杂着几根浅色毛，长 4～5 cm；耳壳和笔毛能够随时迎向声源方向转动，有收集音波的作用。猞猁的躯体粗壮，四肢较长，前肢具 5 趾，后肢具 4 趾，爪呈白色；尾短粗，尾尖呈钝圆。全身被毛，两颊部长鬓毛左右垂伸，腹毛也很长（薛德焴，1954；寿振黄，1962）。

猞猁的被毛细软丰厚，色调柔和，十分珍贵，只是被毛色彩不同于一般猫科动物，多有变化，这主要与所处地域、季节相关：分布在北方的猞猁，毛色偏灰，斑点或条纹少；分布在南方的猞猁，毛色明快，斑点或条纹多。即使是同一只猞猁，毛色也会因为季节变化而有所不同：夏季时节，被毛上的斑点清晰；到了冬天，被毛上的斑点也明显地暗淡了很多，这有助于猞猁更好地适应环境，因为草木枯萎时，浅灰色能使它们更加隐蔽。猞猁有些部位的被毛色调是比较恒定的：如上唇暗褐色或黑色，下唇污白色至暗褐色，颌两侧各有一块褐黑色斑；眼周毛色发白，两颊具有 2～3 列明显的棕黑色纵纹；四肢前面、外侧均具斑纹；胸、腹则为一致的污白色或乳白色、黄白色；尾端约 1/3 一般纯黑色或褐色。背部的毛最厚，毛色变异较大，有乳灰、棕褐、土黄褐、灰草黄褐及浅灰褐等多种色型。通常脊背的颜色较深，呈红棕色，中线部分毛色深。身上或深或浅点缀着深色斑点或者小条纹。

猞猁性成熟期不同，雌性较早，一般 20～24 个月；雄性略迟，需 30～34 个月。猞猁雄性除发情期外，多离群独居，孤身活跃在野外环境中。人们偶尔在野外所见数只猞猁在一起，或是雌猞猁携带幼仔，或是交配期间的猞猁临时家庭。它们的巢穴多筑在岩缝石洞或树洞内。

猞猁发情期在每年春季 2～4 月，孕期 57～74 天；每胎产仔 2～3 只，偶产 4～5 只。初生仔猞猁双目紧闭，体重 250～300 g；12～17 日龄时，仔猞猁才睁开眼，并能爬到窝外活动；14～17 日龄，长出乳齿。猞猁幼仔约在成兽下一交配期前离开母兽。野外猞猁的寿命 12～15 年，但在圈养状态下，猞猁寿命可以达到 24 年。

猞猁的视觉与听觉发达，身体强壮而不失敏捷，性情狡猾而又谨慎，遇到危险时能迅速逃逸，或上树隐蔽，有时还会躺倒在地，假装死去，从而躲过敌人的攻击和伤害。它的奔跑能力极强，虽速度无法与猎豹比肩，但耐力却极佳，可以连续奔跑十几千米而不停歇。猞猁也善于游泳，但不轻易下水。它还是个出色的攀缘高手，能迅速上树，甚至可以从一棵树纵跳到另一棵树上，所以能捕食树上的鸟类。它们不畏严寒，冬季，大爪子上包被着长而密的茸毛，在厚厚的积雪移动自如。猞猁晨昏活动频繁，活动范围视食物丰富程度而定。它们在捕捉猎物时，常借助于草丛、灌丛、石头、大树等做掩体，埋伏在猎物经常路过的地方等候着，两眼警惕地注视着四周的动静。它的忍耐性极好，能在一个地方静静地卧上几个昼夜，待猎物走近时，才出其不意地冲出来，捕获猎物。如果一跃捕空，突击没有成功，使猎物溜走了，如果没有把握，也不会穷追猎物。有时它也悄悄地漫游，看到猎物正在专心致志地取食，便蹑手蹑脚地潜近，再潜近，冷不防地猛扑过去，使猎物莫名其妙地束手就擒。

猞猁的食谱非常广泛，主要以野兔、鼠兔、旱獭、野鼠、松鼠等小型兽类为食，也猎捕雷鸟、鹌鹑、野鸽和雉类等各种鸟类，还捕食麝、狍子、鹿类、岩羊等中型动物，甚至捕食獾、貂、野猫、狐狸等食肉动物。它们一般不会主动伤人，只有被逼急了的时候，才会进行反扑。

猞猁虽是栖息于纬度较高地区的猫科动物之一，但它们的生存适应能力较强，栖息生境极富多样性：在森林灌丛地带、密林及山岩上，常见猞猁；即使是在亚寒带针叶林、寒温带针阔混交林至高寒草甸、高寒草原、高寒灌丛草原及高寒荒漠与半荒漠等各种不同环境也均有它们足迹。它们的栖居高度可由海拔 100 m 的平原到

5 000 m左右的高原[①]。

2 猞猁的遗存分布

迄今所发现的 20 余处猞猁遗存在我国六大地区皆有分布，反映猞猁早期的分布范围之广。

山西猞猁（*Lynx shansius*，Teihard，1945）化石是迄今我国出土的最早猞猁化石，据介绍：

与现生猞猁很接近，但稍大。头全长在 150～175 mm 之间（现生猞猁的最大值 159 mm）；脑颅部相对较长，额、顶嵴常为“竖琴”状，矢状脊短；额骨眶后突不特别伸长；副枕突锥形，较宽厚；听泡较窄长；下颌关节突离冠状突较远；角突扁高；下颌齿列之后部分等于 c～p3 和 p3～m1 长之和；c～p3 齿隙长于 p3 之长。颊齿齿尖较侧扁而锐利；p3 前内棱更向前伸；p4 常有前附尖；p3 前附尖总是较明显[②]。

按：此化石证实猞猁的出现不仅要早于古中华虎（*Panthera tigris palaeosinensis*），而且当时分布范围达到今河北省、山西省、甘肃省一带。

2.1 华北

由于天津市成陆时间较晚，故华北除天津之外，都有猞猁遗存分布。

2.1.1 北京

北京市发现的猞猁化石主要指房山区周口店一带，更具体地点则是在山顶洞（周口店遗址第二十六地点）。除了人类遗存外，还出土了猞猁与果子狸、猎豹、小蝙蝠、东北狍子、加拿大马鹿、猞猁、猪、刺猬、啮齿类等 47 种哺乳动物化石。该遗址在周口店遗址中最晚，地质时代属晚更新世，距今约 18 000 年（胡长康等，1978；尤玉柱等，1981；北京市房山区地方志编纂委员会，1999）。

2.1.2 河北

河北省出土有早期猞猁化石。

阳原县桑干河畔的著名泥河湾遗址群出土有猞猁与纳玛象、中国犀、披毛犀近似种、板齿犀、犀、爪兽类（现认为是蹄兔目）、中国长鼻三趾马、三门马、李氏野猪、巨副驼、中国鹿、双叉四不像鹿、布氏真枝角鹿、华丽黑鹿、黑鹿、中国羚羊、鹅喉羚羊、印度羚羊属、翁氏转角羚羊、山东绵羊、古中华野牛、狐、中国貉、直隶犬、直隶犬掌形亚种、直隶犬小型亚种、熊、桑氏鬣狗、缟鬣狗、桑氏水獭、鼬、獾、泥河湾巨剑齿虎、似锯齿似剑齿虎、虎、更新豹、刺猬、五指跳鼠、丁氏鼢鼠、复齿鼠兔等大量哺乳动物化石。时间为距今约 200 万年前[③]。反映这一带早有猞猁生息繁衍。

1977～1978 年，蔚县北水泉镇东窑子头村的东陡壁出土有早更新世哺乳动物化石，计有：变异猞猁新种、轭齿象、披毛犀、三趾马、副骆驼、蔚县旋角羚羊新种、中国羚羊、轴鹿？等多种（汤英俊，1980）。

2.1.3 山西

山西省是猞猁早期化石的发现地。

榆社县地处太行山西麓，浊漳北源两岸，属黄土丘陵沟壑区。在该县云竹镇赵庄首先出土有上新世（距今约 250 万年前）山西猞猁（*Lynx shansius*，Teihard，1945）下颌（左侧犬齿缺失、左侧 P4 破损）化石[④]，故获得此命名。

2.1.4 内蒙古

内蒙古自治区东部也有猞猁化石出土。

满洲里市位于大兴安岭西坡，呼伦贝尔草原西部，属寒温带和中温带半干旱季风气候，气候

---

①猞猁. http://baike. baidu. com/link? url＝KD3hVk6Up8NblE2oCruMn2761IYaegVnF44bSr1fvHwGn1aCr1M-STb6vJp5UUW9UgQ9X1W4vnf4Wfel-L0Lf_；猞猁阿穆尔亚种. http://baike. baidu. com/link? url＝wp1I6MYHN-WHQ9ph-MRFfPWM9XaAfrTu7ARwtMTHuaBsAOzawO2vczAhYNX0b0Lkl89Qs-VZ2hxgF3439VXkca；猞猁. http://www. nongyehu. com/dongwu/20754. html；呼伦贝尔盟猞猁. http://baike. baidu. com/link? url＝PdtVQnSGIjB_lGaKBr6vkFtZHJK6_76b5ds0366i7Yj1OQJVcwGbmxQBqzOmzTZq_t9oY5Z-9buhJzs6_acYNa

②山西猞猁. http://www. escience. gov. cn/MetaDataSiteMap/Crawler? resourceId＝dizhiziyuan_2311C0002000004065

③泥河湾动物群. http://baike. baidu. com/link? url＝6ERMq4BPh-c44IoB4doLXbv4zG3yqNW8FL7rWeUff2t5TPuwXNkXNrpGC67Wq7nRjAX3XJ-TCTw4HW6B31a7O_；泥河湾遗址群. http://baike. baidu. com/view/585918. htm? fr＝aladdin

④山西猞猁. http://baike. baidu. com/link? url＝08jnSgQXEUBYQqIwtlrs0Mqj2BGzxC8zUNrSNkkG6qtMJambpkjqrVDeBT_beelOzAqs7bAbvlVHdmSTGOvK1K

寒冷，四季分明，无霜期短，日照充足，昼夜温差大。在该市发掘的扎赉诺尔哺乳动物群属晚更新世末期(距今 11 460 年±230 年前)，有猞猁与真猛犸象、披毛犀、北方狐、西伯利亚鼬、麝东北狍子、原始牛、东北野牛等(尤玉柱等，1981)。

2.2 东北

东北仅黑龙江省尚未见有猞猁遗存发现报道。

2.2.1 辽宁

辽宁省有发掘出猞猁遗存的地点最多。

1973 年，在喀拉沁左翼蒙古族自治县大凌河上游的水泉公社(今水泉乡)瓦房大队鸽子洞发掘出 6 目 15 科 22 种哺乳动物化石，有猞猁与达呼尔鼠兔、野兔、硕旱獭、简田鼠、鼢鼠、黑鼠、仓鼠、直隶狼、沙狐、虎、豹、小野猫、最后鬣狗、野马、野驴、披毛犀、野牛、鹿、羚羊和岩羊等。时代属于更新世(旧石器早期向中期过渡时期)(鸽子洞发掘队，1975)，近称中更新世向晚更新世过渡时期，约在十几万年以前①。1999 年秋，又在喀喇沁左翼蒙古族自治县兴隆庄乡二布尺村发掘出一批哺乳动物遗骨，有猞猁与猕猴未定种、鼠耳蝠未定种、田鼠未定种、鼢鼠、拉氏豪猪、野兔未定种、鼬未定种、野猫未定种、狼、獾、最后斑鬣狗、野马未定种、披毛犀、普氏羚羊、斑鹿未定种、野猪、野牛未定种等多种。时代为旧石器时代晚期之末(傅仁义，2006)。

1982 年，东沟县(今东港市)前阳镇山城子村白家沟后山腰上的前阳洞穴遗址出土有猞猁与猕猴、棕熊、狗獾、中华貉、南鼬、沙狐、小野猫、狼、鬣狗、野马、赤鹿、鹿、东北狍子、野猪等 18 个属种哺乳动物化石，时代属旧石器时代晚期，与北京周口店山顶洞人相当(傅仁义，1996；陈恩志，2004)。绝对年代，经^{14}C 测定，距今 18 620 年±320 年，与出土文化遗物特征所反映的相对年代相符②。

1981～1982 年，瓦房店市郊(原称复县镇郊公社龙山大队)古龙山东坡的古龙山洞穴出土大批晚更新世动物遗存，种类丰富，计有猞猁与鲤、鳖、狼、变异狼、沙狐、似北豺、豺、棕熊、熊、艾鼬、鼬、黄鼬、真獾、似狗獾、水獭、最后鬣狗、小野猫、虎、豹、猎豹、真猛犸象、普氏野马、野驴、马、披毛犀、野猪、鹿、河套大角鹿、加拿大马鹿、东北马鹿、东北斑鹿、赤鹿、东北狍子、王氏水牛、水牛、原始牛、家牛、恰克图转角羚羊、普氏羚羊、羚羊。据^{14}C 测年为距今 1.7 万年左右(周信学等，1984)。

1981～2007 年，海城县(今海城市)东南 30 km 的小孤山遗址进行了 5 次考古发掘，共出土哺乳动物化石 40 个种，有猞猁与沙狐、狼、豺、南鼬、狗獾、水獭、中华貉、中华猫、虎、洞熊、棕熊、最后斑鬣狗、猎豹、猛犸象、野马、三门马、披毛犀、梅氏犀、青羊、普氏羚羊、粗角羚羊、野牛、水牛、北京香麝、斑鹿、加拿大马鹿、河套大角鹿、东北狍、麃、野猪等。时代为晚更新世，旧石器时代晚期(张镇洪等，1985；魏海波等，2010)。有称，据测定，遗址年代约距今 3 万～2 万年③。又有称，小孤山动物群最新研究结果表明，小孤山动物群的年代为 5.6 万～1.7 万年(魏海波等，2010)。

2005～2007 年，朝阳市西北约 10 km 龙城区边杖子乡朱杖子村北山上的马山洞遗址发掘出熊、黑熊、豹、虎、猞猁、象、犀、蒙古野驴、普氏野马、双峰驼、香麝等哺乳动物化石，时代为晚更新世中晚期，绝对年龄约为 5 万年(董为等，2009)。

2.2.2 吉林

吉林省也有猞猁遗存发现。

1963～1973 年，安图县明月镇东南 2.5 km 石门山村洞穴(“安图人”遗址)出土有猞猁与鼠、兔、狼、貉、狐、棕熊、虎、野马、披毛犀、斑鹿、驼鹿、狍子、东北野牛等 18 种哺乳动物化石。年代早于山顶洞，晚于丁村动物群，属于旧石器时代晚期，相当于地质年代的晚更新世晚期(姜鹏，1982；祁国琴，1989)。据^{14}C 断代，为距今(35 370±

①遗址. http://www.cyszw.com/cyzs/DATA/18-04-01.htm

②前阳洞穴遗址. http://baike.baidu.com/link? url=--BEK_xDFTBb39XB-NKYaz2qX5GpHb3YR4om674bDkUsTMY3j4dASM8xU0pu99OhoCN2A8ObryCGtEz4g5p2va

③小孤山遗址. http://www.baike.com/wiki/小孤山遗址

1850)年～(26 560±550)年①。

2.3 华东

华东仅江苏省与安徽省有猞猁遗存发现，但意义重大。

2.3.1 江苏

江苏省太湖中岛屿发现有猞猁遗存。

苏州市吴中区三山岛位于太湖之中，距东山与西山均相距 3 km，世人称“小蓬莱”。在三山岛中部(原称吴县龙头山)裂隙发掘出一批晚更新世晚期哺乳动物，有猞猁与猕猴、兔、黑鼠、华南豪猪、似浣熊貉、棕熊、西藏黑熊、鼬、狗獾、猪獾、最后鬣狗、虎、野猪、似水鹿、斑鹿、鹿、牛等(张祖方等，1987)。亦即反映在 1.2 万年前，这一带还有猞猁栖息。

2.3.2 安徽

1984～1999 年，繁昌县城西南约 10 km 的孙村镇西北 2 km 癞痢上东南坡人字洞遗址，先后出土有 75 种早更新世早期的脊椎动物化石，有小齿黑熊、小种大熊猫、猞猁(未定种)、中国犀、双角犀(未定种)、麝(未定种)、水鹿、三门马、次兔、最后祖鹿等(金昌柱等，2000)。

2.4 中南

中南多省级政区发现有猞猁遗存。

2.4.1 河南

河南省出土有猞猁化石。

许昌灵井旧石器时代遗址位于许昌县灵井镇西侧，1965 年以来曾多次发掘，2005～2007 年再次发掘。曾报道有宽吻灵猫、棕熊、中国鬣狗、诺氏古菱齿象、梅氏犀、披毛犀、普通马、蒙古野驴、李氏野猪、獐、轴鹿、马鹿、河套大角鹿、鹿亚科属种未定、普氏羚羊、原始牛等哺乳动物化石；后又有猞猁 *Lynx lynx* 与柯氏黑熊 *Ursus thibetanus kokeni*、棕熊 *Ursus arctos*、黑熊 *Ursus thibetanus*、大熊猫 *Ailuropoda melanoleuca*、豹 *Panthera pardus*、虎 *Panthera tigris*、象 *Elephas*、蒙古野驴 *Equus hemionus*、普氏野马 *Equus przewalskii*、葛氏斑鹿 *Cervus* (*Sika*) *grayi*、北京斑鹿 *Cervus* (*Sika*) *hortulorum*、麋鹿 *Elaphurus davidianus* 等被发现(鉴定)②。研究者认为灵井动物群的时代应与许家窑动物群的时代相似，为早更新世晚期；许家窑动物群的铀系年龄为 10 万～12 万年，由此推断灵井动物群的绝对年龄约在 10 万年(李占扬等，2007)。

2.4.2 湖北

湖北省清江沿岸有猞猁遗存出土。

1991～1992 年，对长阳土家族自治县原柘坪乡赵家湾二组清江南岸河旁台地上桅杆坪遗址 2 次发掘，出土有 30 种动物遗骸，有猞猁与鲶、豪猪、竹鼠、大熊猫、黑熊、猪獾、家犬、豺、豹猫、豹、猎豹、食蟹獴、猕猴、红面猴、苏门犀、中国貘、野猪、圣水牛、苏门羚、小麂、黑麂、獐、麝、梅花鹿、四不像鹿等，为新石器时代遗址及巴人崖葬墓(湖北省清江隔河岩考古队等，2004)，亦即是全新世遗存。1988～1995 年，该县渔峡口镇东南 0.5 km 的清江中游北岸香炉石巴文化遗址出土的大批脊椎动物，测年距今为(4 049±100)年～(3 520±130)年(陈全家等，2004)可作为参考。

2.4.3 广东

广东省是我国出土猞猁遗存最南部的省级政区之一。

罗定县的西部、西北部和南部一部分为云开大山山地，东面为云雾山山地，中部、东北部和南部为盆地、丘陵地带。1984 年，在该县苹塘区的下山洞出土一批旧石器时代晚期脊椎动物遗存，有猞猁未定种与似扬子鳄、龟、中国鳖、叶猴未定种、猕猴未定种、猩猩魏氏亚种、长臂猿未定种、无颈鬃豪猪、豺未定种、大熊猫巴氏亚种、中国黑熊、猪獾、似普通水獭、似大灵猫、似食蟹獴、果子狸、最后斑鬣狗、虎、豹、东方剑齿象、似江南象、华南巨貘、中国犀、似南方猪、野猪、似小麂、水鹿、獐未定种、大鬣羚、广西巨羊、水牛等(黄万波等，1988)。

---

①伊秀丽，孟凌云. 吉林日报：走近吉林境内的旧石器时代文化遗存. http://news.nen.com.cn/72343475651084288/20050302/1626014.shtml

②河南许昌灵井旧石器遗址. http://baike.baidu.com/link?url=o3p2l5zBzCB1XefNk5oLefRcUiXGqeeN0-04PbF3Xjh8-jTjQ7nLmNPag8s34RKsS9ONtoU0MaZg36TxGMyuY_

值得注意的是，猞猁被认为是“喜寒动物”，现广泛分布于欧洲和亚洲北部，从列举的国家看，有阿富汗、阿尔巴尼亚、亚美尼亚、奥地利、阿塞拜疆、白俄罗斯、不丹、波斯尼亚、保加利亚、中国、克罗地亚、捷克、爱沙尼亚、芬兰、法国、格鲁吉亚、德国、希腊、匈牙利、印度、伊朗、伊拉克、意大利、哈萨克斯坦、韩国、朝鲜、吉尔吉斯斯坦、拉脱维亚、立陶宛、马其顿、摩尔多瓦、蒙古、黑山、尼泊尔、挪威、巴基斯坦、波兰、罗马尼亚、俄罗斯、塞尔维亚、斯洛伐克、斯洛文尼亚、西班牙、瑞典、瑞士、塔吉克斯坦、土耳其、土库曼斯坦、乌克兰、乌兹别克斯坦等①，在亚洲较南部的除中国外，仅巴基斯坦与印度。罗定县在北回归线南，位于22.7°N，是迄今我国发现猞猁遗存的最南地点，或许也是全球分布最南地点。

2.4.4 广西

广西壮族自治区有猞猁遗存出土。

柳江县的人洞（通天岩）发掘出一批晚更新世哺乳动物化石，其中有猞猁（*Lynx* cf. *lynx* L.）与猩猩、长臂猿、金丝猴、猕猴、红面猴、硕豪猪、豪猪、狗、豺、豺狗、爪哇豺、狼、狐、密狗、虎、中国虎、德氏虎、豹、椰子猫、灵猫、小灵猫、果子狸、沙獾、猪獾、柯氏西藏熊、小熊、水獭、大熊猫（普通种）、东方剑齿象、纳玛象、江南象、中国犀、苏门犀、中国貘、巨貘、马、水鹿、斑鹿、毛冠鹿、鹿、河麂、赤麂、麝、野猪、水牛、短角水牛、野牛、鬣羚等（黄万波，1979），经专家鉴定，“柳江人”距今已有4万～5万年历史②。

2.5 西南

西南省级政区中，仅云南省有猞猁遗存发现。

富民县西南普渡河岸河上洞出土的剑齿象—熊猫动物群中有猞猁与猩猩、猕猴、豪猪、小熊、熊猫、小熊猫、沙獾、鬣狗、虎、豹、剑齿拿马古象、巨貘、犀牛、猪、黑鹿、鹿、羊类、牛类等（卡尔克，1961）。表明当地在中更新世有猞猁存在。

马关县马白镇花枝格村（原称城关公社花枝格大队）西南约3 km的仙人洞九龙口（原称九龙口洞穴人类遗迹）出土旧石器时代的哺乳动物有猞猁与竹鼠、豪猪、猕猴、猩猩、犬、中国黑熊、大熊猫、小灵猫、虎、野猫、东方剑齿象、中国犀、野猪、水鹿、水牛、鬣羚等（陈德珍等，1978）。马关县正在北回归线（23.0°N）上，是仅次于罗定县的猞猁遗存较南地点。

2.6 西北

西北仅青海省与宁夏回族自治区未见猞猁遗存出土。

2.6.1 陕西

陕西省出土的猞猁化石时代较早。

1963～1964年，蓝田县金山九浪沟、厚镇刘家坪、涝池河沟及渭南（今临渭区）阳郭（镇）西岔湾4个地点出土有：豪猪、柯氏小熊、古中国豹、山西猞猁、桑氏鬣狗、长鼻三趾马、三趾马、中国羚羊、晋南四不像鹿、粗面轴鹿、蓝田四不像鹿、山西轴鹿、秀丽黑鹿、野牛、短角丽牛、宽额丽牛、涝池河丽牛等早更新世晚期哺乳动物化石；据古地磁研究，公王岭蓝田人动物群层位距今100万年左右（计宏祥，1975；胡长康等，1978；赵晨，2009）。

2001年，地处秦岭腹地的镇安县黄家湾乡一河流相沉积层中，发现早更新世（距今大约100万年）哺乳动物化石，有山西猞猁（相似种）与变异狼、鬣狗、似剑齿虎、巨剑齿虎、豹、中华黄昏兽、巨貘、蓝田犀、羚牛、水鹿和麝等24种③。

2.6.2 甘肃

甘肃省也有早期猞猁化石出土。

东乡族自治县龙担村出土的早更新世早期哺乳动物化石有：山西猞猁（图15.21、图15.22）与临夏西瓦猎豹、古中华虎、德氏猫、中国（长鼻）

---

①猞猁. http://baike.baidu.com/link?url=RRX-lGv7uz2e6hq2F6r_qR1Z2uA59ivBoBGpIx0cUT-AkU3nCAFHX3r6R6E-CtE2rsAg8ibkR4eVeOhkcP0ytq

②柳江人. http://baike.baidu.com/link?url=QdZzn1gXhnaggkbCUm3n9i-F3a69u0RztNjW664_kcZaj6vm1pjLbmruzFYe3xwVYfLwdipXdOBNIRR_6t0ciq

③陕西发现罕见大规模动物群化石距今100万年. http://junshi.wangchao.net.cn/detail_17423.html

三趾马、埃氏马(新种)、泥河湾披毛犀、黄昏爪兽(未定种)、日本鹿属、龙担日本鹿(新种)、步氏羚羊(相似种)、短角丽牛、秀丽半牛(新种)、丽牛属等。研究者认为,如果单从哺乳动物群的进化程度判断,龙担动物群的地质时代以 220 万年左右为宜(邱占祥等,2004)。

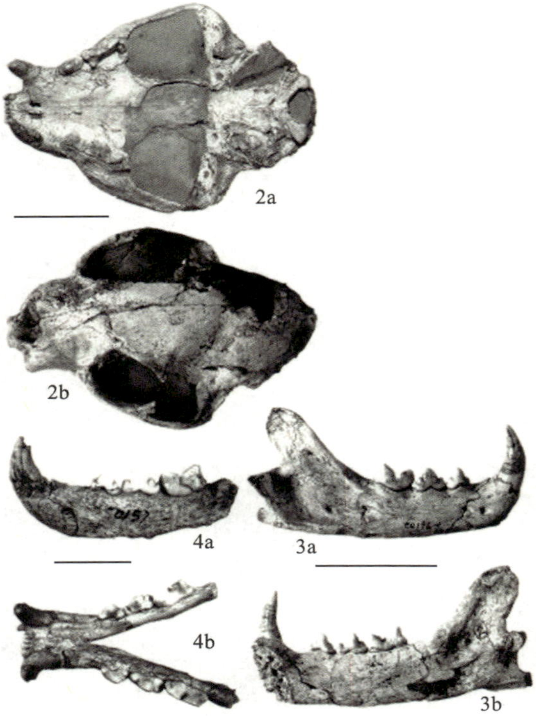

图 15.21 龙担出土的山西猞猁化石

注:2 头骨 HMV1226:a,腹面;b,顶面

3 右下颌骨 HMV1236:a,外侧面;b,内侧面

4 下颌 HMV1232:a,左侧面;b,冠面

图 15.22 山西猞猁(头骨及下颌骨)①

2.6.3 新疆

新疆维吾尔自治区也有猞猁遗存发现。

小河墓地(约属于若羌县)位于罗布泊地区孔雀河下游河谷南约 60 km 的罗布沙漠中,小河以东 102 km 就是著名的楼兰遗址。2002～2003 年试掘与正式发掘,先后发掘墓葬 167 座,出土珍贵文物数以千计,包括大量的木器、毛织物、玉器、石器,以及大量羊、牛、飞禽、猞猁、鼬鼠等动物头骨或毛皮。遗物中有牛皮或猞猁皮缝制的短靴,被一张完整去毛猞猁皮牢牢包裹的木雕人等(尽管没有干尸实体,但能够专用珍贵的猞猁皮包裹的木雕取代,说明其身份非同一般)。据 ^{14}C 测定,古墓沟第一类型墓葬的绝对年代在距今 3 800 年左右,与铁板河墓地(发现中国最古老的白种女性干尸)测定的年代相当②。反映在这一带有猞猁栖息(下文有证据)。

2.7 猞猁遗存的分布

迄今在 16 个省级政区的 25 地 26 处有猞猁遗存出土,按存在时代约包括从上新世到全新世的 5 个阶段(表 15.1、图 15.23)。

① 和政古动物化石博物馆. http://www.gs.xinhuanet.com/dfpd/2009-10/21/content_18004661.htm

② 小河墓地. http://baike.baidu.com/link?url=tl3jKNdUDhadS3ugpSeDkrBE1nQ9L5Bsjp1okMHd3ZmyaxpwQAj-TY6WZhIMXV1MySojO8TCd2wa5Dz1Gvi2tK

表 15.1 猞猁遗存分布概况

地区	省级政区	市、县、区	遗存地点	时期	资料来源
华北	北京	房山区	周口店(山顶洞)	晚更新世	胡长康等,1978;尤玉柱等,1981;北京市房山区地方志编纂委员会,1999
	河北	蔚县	东窑子头村东陡壁	早更新世	汤英俊,1980
		阳原县	泥河湾村	早更新世早期	泥河湾遗址群. 网
	山西	榆社县	赵庄	上新世	山西猞猁. 网
	内蒙古	满洲里市	扎赉诺尔哺乳动物群	晚更新世末期	尤玉柱等,1981
东北	辽宁	朝阳市	马山洞遗址	中更新世	董为等,2009
		喀拉沁左翼蒙古族自治县	鸽子洞遗址	中更新世向晚更新世过渡	鸽子洞发掘队,1975
			二布尺村	晚更新世	傅仁义,2006
		海城市	小孤山遗址	晚更新世	张镇洪等,1985;魏海波等,2010
		东港市	前阳洞穴遗址	晚更新世	傅仁义,1996;陈恩志,2004
		瓦房店市	古龙山洞穴	晚更新世	周信学等,1984
	吉林	安图县	明月镇石门山村东大洞等洞穴	中更新世	姜鹏,1982;祁国琴,1989
华东	江苏	苏州市	三山岛中部	更新世晚期	张祖方等,1987
	安徽	繁昌县	人字洞遗址	早更新世早期	金昌柱等,2000
中南	河南	许昌县	灵井旧石器时代遗址	早更新世晚期	李占扬等,2007;河南许昌灵井旧石器遗址. 网
	湖北	长阳土家族自治县	原柘坪乡赵家湾二组	全新世	湖北省清江隔河岩考古队等,2004;陈全家等,2004
	广东	罗定市	苹塘下山洞	晚更新世晚期	黄万波等,1988
	广西	柳江县	人洞(通天岩)	晚更新世	黄万波,1979
西南	云南	富民县	河上洞	中更新世	卡尔克,1961
		马关县	九龙口	晚更新世	陈德珍等,1978
西北	陕西	蓝田县	金山九浪沟、厚镇刘家坪、涝池河沟	早更新世晚期	计宏祥,1975;胡长康等,1978;赵晨,2009
		临渭区	阳郭镇西岔湾	早更新世晚期	计宏祥,1975;胡长康等,1978;赵晨,2009
	甘肃	东乡族自治县	龙担动物群	早更新世	邱占祥等,2004
	新疆	若羌县	罗布泊小河墓地	全新世	小河墓地. 网

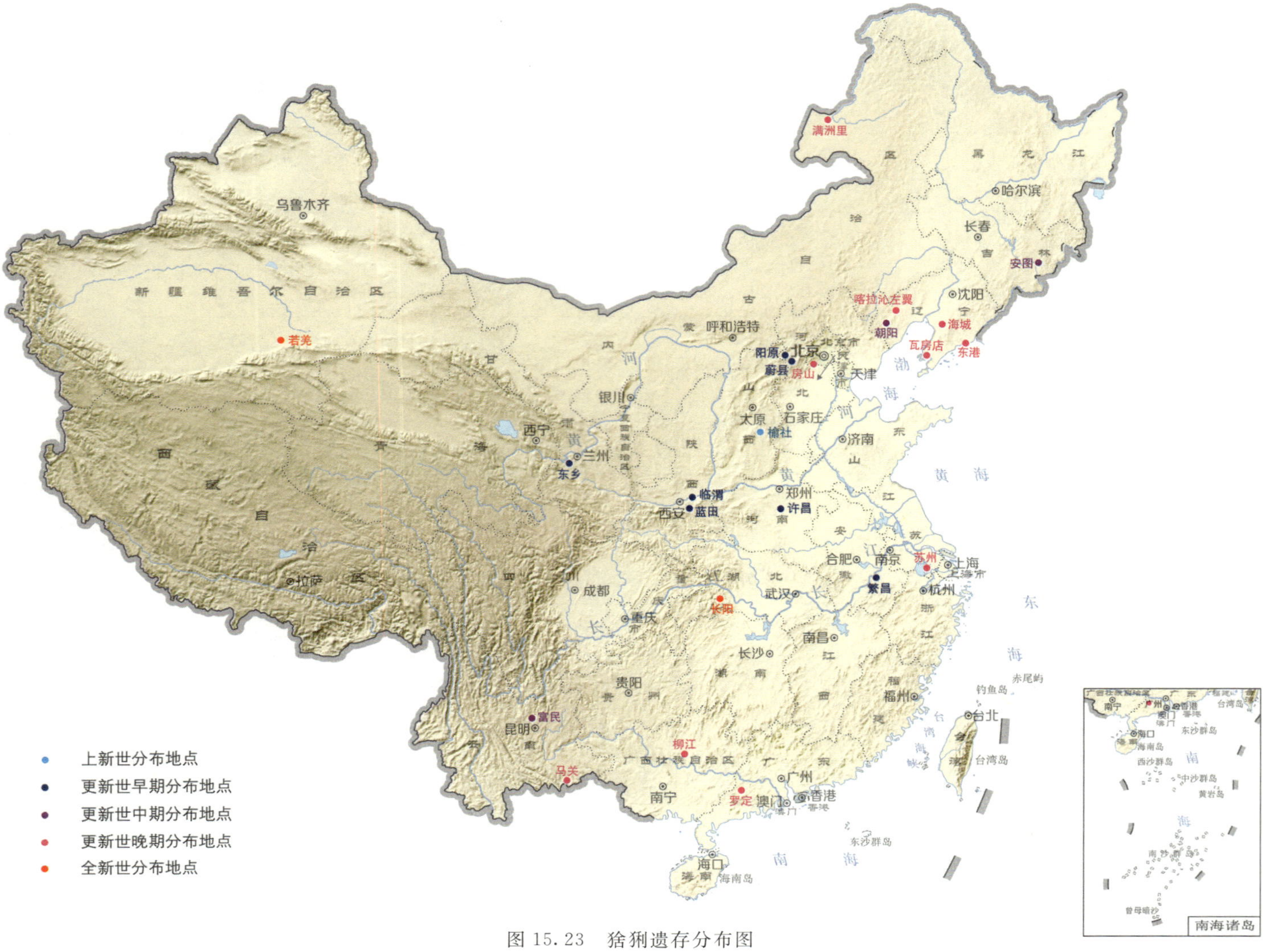

图 15.23　猞猁遗存分布图

尽管迄今出土的猞猁遗存尚不丰富，但也可看出大致端倪：①最早的猞猁化石出土于太行山中段。②随后，在早更新世，猞猁化石不仅主要分布在秦岭—淮河以北，而且已扩散到长江下游南岸。③到中更新世，猞猁化石向东北扩散到长白山地，向西南则到达云贵高原。④晚更新世，猞猁的分布，在东北达到辽东半岛，在东部达到当时距海滨不远的太湖一带，向南更伸展云开大山与云雾山间。⑤全新世，猞猁在西北的塔里木盆地东缘现身。

3　古人对猞猁的认识

尽管现有证据表明古人至晚已在近 4 000 年前就认识并利用猞猁，但“猞猁”之称并非自古就有①。

3.1　“猞猁”溯源

《康熙字典》是在明朝《字汇》《正字通》两书的基础上加以增订的，成书于康熙五十五年(1716)。其中并无“猞”字，当然更无“猞猁”之说。

1970 年代末以来，海峡两岸编纂大型修字、辞典不少，我们可据此溯源。

《辞海》中虽有“猞猁”条目，只是现代动物学诠释(辞海编辑委员会，1979)，而对渊源未见追溯。

《汉语大字典》对“猞猁”诠释道“也称‘林狸’，别称‘猞猁狲’”；对“猞猁”渊源的追溯，只提及“《红楼梦》第一百零五回：‘猞猁狲皮十二张’”

①笔者见有些学者对早期猞猁的诠释，或以现代称谓套之，或证据不足，甚至查无实据。

（汉语大字典编辑委员会，1986）。说明清初，曹雪芹采用“猞猁狲”。

《辞源：增修7版》（台湾商务印书馆编审委员会，1984）摘录：

猞：字书无此字。读若捨。见猞猁孙条。

猞猁孙：兽名。亦作失利孙。《明一统志》谓之土豹。状如狸而尾大，有长毛。乌拉诸山有之。体轻，能升木。满语谓之威呼肯孤尔孤，译言轻兽，见《盛京通志》并《黑龙江外纪》。《虫荟》谓即《广舆记》所谓天鼠[①]。

按：台湾并无猞猁分布，两岸较长期缺少交流，相当一些名词、术语不尽一致。据此，可见台湾现仍沿用“猞猁孙”为学名，同时反映明代称之为“土豹”“天鼠”等。

《辞源：修订本：1～4合订本》诠释（广东等《辞源》修订组，1988）：

猞猁狲：兽名。野猫的一种。毛皮贵重。亦作“失利”“失利孙”，一名土豹。见《嘉庆一统志》六三《奉天府》五十《土产》。

按：此处所用学名与台湾《辞源》略不同，别称有增加；但将其作为“野猫的一种”与现代动物分类系统不符。

《汉语大词典》对“猞猁”渊源的追溯有三：①对《红楼梦》引文略增为：“珠宝俱全……黄狐三十张，猞猁狲皮十二张。”②（清）魏源《圣武记》卷一：“国土产东珠、人葠、紫貂、玄狐、猞猁狲。[②]”③姚雪垠《李自成》（汉语大词典纂辑委员会汉语大词典编纂处，1990）。其中第3条乃现代人著作，不足为凭。

《中华字海》诠释（冷玉龙等，1994）：

猞猁：又叫“林独”。哺乳动物，像狸猫而比较大，全身淡黄色，有灰褐色斑点，四肢粗长，毛皮珍贵。

按：该辞典是当时收录汉字最多的一部，对其中文字渊源多作追溯，但对“猞”仅有上述诠释。

由于我们掌握的资料也很有限，宜按2个阶段说明。

3.2 20世纪前的称谓

《格致镜源》诠释“猞猁狲”，追溯道：

《国语》[③]曰西伦，转为舒伦。虞者称曰：威呼肯孤文孤。威呼肯，译言轻。孤文孤，译言兽也。犹之称虎，曰阿勒哈孤文孤；豹，曰呼敦孤文孤，皆隐语。

按：据此，“西伦”“舒伦”等是迄今所知先民对猞猁的称谓；后又演化为“乌伦”，指小猞猁。

（汉）张衡《西京赋》中对当时的魔术表演有所描述，仅摘录之：

大驾幸乎平乐，张甲乙而袭翠被。攒珍宝之玩好，纷瑰丽之侈靡。临迥望之广场，程角抵之妙戏。乌获扛鼎，都卢寻橦。冲狭鷰濯，胸突铦锋。跳丸剑之挥霍，走索上而相逢。华岳峨峨，冈峦参差；神木灵草，朱实离离。总会仙倡，戏豹舞罴；白虎鼓瑟，苍龙吹篪。女娥坐而长歌，声清畅而蜲蛇。洪涯立而指麾，被毛羽之襳襹。度曲未终，云起雪飞。初若飘飘，后遂霏霏。复陆重阁，转石成雷。礔砺激而增响，磅盖象乎天威。巨兽百寻，是为曼延。神山崔巍，欻从背见。熊虎升而拏攫，猨狖超而高援。怪兽陆梁，大雀踆踆。白象行孕，垂鼻辚囷。海鳞变而成龙，状蜿蜿以昷昷。舍利颬颬，化为仙车。骊驾四鹿，芝盖九葩。蟾蜍与龟，水人弄蛇。奇幻倏忽，易貌分形。吞刀吐火，云雾杳冥。画地成川，流渭通泾。东海黄公，赤刀粤祝；冀厌白虎，卒不能救；挟邪作蛊，于是不售。尔乃建戏车，树修旃。侲僮程材，上下翩翻，突倒投而跟絓，譬陨绝而复联。百马同辔，骋足并驰。橦末之技，态不可弥。弯弓射乎西羌，又顾发乎鲜卑。

按：其中“舍利颬颬，化为仙车”中之“舍利”乃兽名，似为今“猞猁”系列称谓之滥觞，而非人们熟知的“舍利”梵语Śarīra的音译。《文选·西京赋》注云：“舍利，兽名。性吐金，故名舍利。”（明）徐应秋（？—1621）《玉芝堂谈荟》也有“舍利兽能吐金”之说。

唐代，猞猁常被用来协助贵族狩猎或野外游玩，又叫“草上飞”，突厥语（karakulak）的音。当主人率领队伍出游时，猞猁往往坐在马后背的厚垫上，一起出行。由于猞猁耳直立，尖端有一丛

---

①此引文中标点略改。

②此引文略有瑕疵，可对照下文。

③《国语》是左丘明（约前502—前422）纂修。

直立黑色长毛，所以，曾被一些壁画专家误认为是猫头鹰[①]。携带猞猁（目光锐利，听力敏锐，行动矫捷，耐力极佳）其作用不次于一般的猎犬、鹰隼，更由于其更为珍贵，无疑是唐人显贵的象征之一。

1971年出土于陕西省乾县李贤（章怀太子，652～684）墓中的唐朝壁画《狩猎出行图》（现收藏于陕西历史博物馆），反映了王公贵族耀武扬威出行围猎的宏大场面（图15.24～图15.26）[②]。值得注意的是，画中人物带有多种驯熟的猛禽猛兽，既有掣鹰，又有携犬，还有驮猞猁，奔驰在长安大道上。我们可见图左下方的骑士与其上方，两马鞍后正反面稳坐着2只猞猁。

无独有偶的是，1991年8月，西安市抢救发掘了唐代开国皇帝李渊孙女金乡县主的陵墓[唐开元十二年（724）安葬]。在这座墓葬里，一共出土了150多件陶俑，其中一件陶俑描绘的就是一位梳着双鬟、穿着胡服的少女，神采奕奕地骑在马上，在她身后，赫然就是一只蹲坐在马背上的猞猁（图15.27）[③]。生动地再现了盛唐时期露髻驰骋的骑马女俑出行的风尚。与李贤墓中的架鹰抱犬、带豹驮鹿的骑马狩猎壁画，相互印证唐代贵族酒足饭饱之余逐兽山林、射飞苑中的真实写照。

图15.24　李贤墓《狩猎出行图》

图15.25　《狩猎出行图》带猞猁

图15.26　李贤墓《狩猎出行图》局部

图15.27　骑马携猞猁女俑

①唐朝人的宠物：猞猁和猎豹. http://www.acfun.tv/a/ac1622601

②李贤墓《狩猎出行图》细节四. http://www.wuhorse.com/pic_224.html

③黄林娜. 绘彩勾首马. http://www.haww.gov.cn/wbzt/2014-01/26/content_161802.htm

1975年，内蒙古自治区敖汉旗李家营子唐墓出土一猞猁纹银盘（图15.28），其内底圈心内凹，圈为锤鍱一猞猁，两角竖立，低头垂尾，张牙舞爪，做欲扑状，神态凶猛威武。口沿和兽纹皆鎏金。兽头突破圈线，肌肉有起有伏，立体感很强，给人有呼之欲出之感①。

图15.28 敖汉旗出土猞猁纹银盘

虽然我们尚未见唐代人对猞猁如何称谓，但（宋）沈括《梦溪笔谈》诠释"豹，东胡呼失刺孙"。清乾隆《热河志》则指出："今舍利孙与豹本为二类。沈氏殆因舍利孙一名土豹而讹耳。"再有，对于"豹"，《昌平宋志》记载：有数种。东人亦谓之失剌。可见宋代，对猞猁有"失剌孙"之称。故"失剌孙"="舍利孙"="土豹"，并非讹误，只是此"豹"非彼"豹"。

到元代，王公贵族似还有携猞猁狩猎。

（元）刘贯道作于1280年的《元世祖出猎图》②，画面描绘的是元世祖率随从出猎的情景（图15.29～图15.31）：在北方的沙荒地带，草木不生，远处沙丘起伏；高空两只苍鹰盘旋，远处一行商贾驼队满载货物缓步而行。近景有10人，皆在马上，世祖及随从（其中有两面庞黝黑者，似中亚人）勒马暂驻；中部，其中最显著的内着金云龙纹朱袍，外披白裘，跨黑马侧身张望者正是元世祖忽必烈（与故宫藏册中的元世祖半身像相似）；与世祖并驾、衣着华丽的妇人，似为帝后（有认为是皇后察必）；紧随世祖后，须发皆白者，似为随行近臣；左侧一少年（似为帝王后代）正侧身挽弓欲向空中的飞禽劲射，众人的目光大都被这一举动吸引；就连地上随行的猎犬也回身仰望，一旦有射中的飞禽落地，它将随时扑过去。下方，5名侍从，左侧2名手架猎鹰隼；尤其是中间金发黑袍者身后蹲立一身有斑点猎兽，值得注意。

此"斑点兽"的背景恰是侍从的黑袍，较显著的是其身上的斑点而被认为是豹。我们则认为其为猞猁：①尽管由于无法见到原图，就目前效果看，底色差，难以辨别，区分金钱豹与猞猁较显著的耳尖是否有一撮立毛，但还是可以从其他方面鉴别。②身有斑点的野兽并非金钱豹独具，猞猁也布有密集的斑点。③豹的体形要比猞猁大；若此为幼豹，只能作为宠物而无助于捕猎。④从"斑点兽"的坐姿、形态概貌对照唐代《狩猎出行图》等看，比较相似。⑤既然唐代就有较确切的猞猁助猎，那么延续到元代也是可能的。

图15.29 元世祖出猎图

图15.30 元世祖出猎图（局部一）

图15.31 元世祖出猎图（局部二）

①唐猞猁纹银盘. http://baike.baidu.com/view/1351943.htm
②台北故宫博物院典藏绘画全册（高清原图）. http://jsl641124.blog.163.com/blog/static/177025143201244821399 69/

明万历十九年（1591）《事物绀珠》记载："猞猁狲，黄黑色。其皮可裘。出女真。"可见到明末，已经出现"猞猁狲"称谓，并指出今东北一带盛产猞猁。

成书于清道光二十二年（1842），魏源《圣武记·开创》记述：

自山海关以东，留都之地，统以盛京、吉林、黑龙江三将军……时满洲环境五豪部皆服，全有建州，遂与海西部为敌国。土产东珠、人葠、紫貂、玄狐、猞猁狲，与明市于抚顺、清河、宽甸、爱阳四关。

按：此固然是清末继续沿用"猞猁狲"，同时指出女真人曾在今抚顺市、抚顺县、本溪县、凤城市、宽甸满族自治县等地，以当地特产东珠、人参、紫貂、银狐、猞猁等与明朝进行交易。

（清末）方旭《虫荟》记述：

《广舆记》：天鼠出西番。旭按：天鼠大如猫，皮可为裘，古所谓天鹿裘也。今人名舍猁孙。

按：《广舆记》是明末陆应阳的著作，由此可见，猞猁还有"天鼠"①"天鹿"之称；清末，又作"舍猁孙"。

清末，吴友如（1883）绘有一幅"令斯"图（图 15.32），其上题有：

令斯：令斯又名大野猫。生于亚细亚。其毛作红灰色，浑身上下均有黑点。喜居山深林密之处。

按：据此可见，猞猁又有"令斯"的别称。

图 15.32 （清）令斯（猞猁）图

综上所述，在 20 世纪前，古人对猞猁有西伦、舒伦、乌伦、豹、土豹、舍利、失利、失刺、猞狸、猞猁、舍利孙、舍里孙、舍利狲、失利孙、失刺孙、捨里孙、猞猁孙、猞猁狲、草猞猁狲、猎狻、天鼠、天鹿、令斯、书龙（满语）、威呼肯孤尔孤（满语）等多种称谓。

3.3 20 世纪以来的称谓

据《代表性的哺乳动物志》有记述与附图（图 15.33）（薛德焴，1954），摘录如下：

猞猁狲（*Lynx lynx*）

猞猁狲，体比猫大，肢粗而长，耳直立，尖端有毛丛，一见可与其他猫类相区别。尾甚短，末端呈黑色，有暗色环纹。毛软而密，带红色或灰色，常具黑斑。分布于亚洲、欧洲和北美洲。在我国则分布于东北、热河、河北、山西、四川、西藏及云南。

图 15.33 猞猁狲（薛德焴，1954）

按：这既是较早的现代动物学著作，标有拉丁学名；又绘制有较早的猞猁彩色标本图，十分难得；还确证到 1950 年代，其中文学名为"猞猁狲"。

又从记载猞猁较多的方志看，20 世纪前半叶，主要采用土豹、猞猁孙、猞猁狲称谓，同时也有猞猁、猞狸、豹、草猞猁狲、舍利、狲、猫等、麻狸豹称之。

《中国经济动物志：兽类》则采用"猞猁"称之（寿振黄，1962）。

也从记载猞猁较多的方志看，1980 年代末以来，主要采用"猞猁"称谓，同时也有野猫、猞狸、

①"天鼠"并非专指猞猁，古人还用之称其他动物，见有误用者。

土豹、油格（营官语）、猞、山猫等别称。当然，还有用欧亚猞猁、林独、林泄、猞猁狲、马猞猁、羊猞猁、草猞猁、山猫、大山猫、野狸子、猞猁古斯（蒙名）、石虎、野猫、土豹子、奇兽山虎、舍利猫（《兽医本草拾遗》）等称谓。

4　20 世纪前的猞猁分布

文献记载反映历史时期的猞猁在我国六大地区皆有分布（图 15.34）。

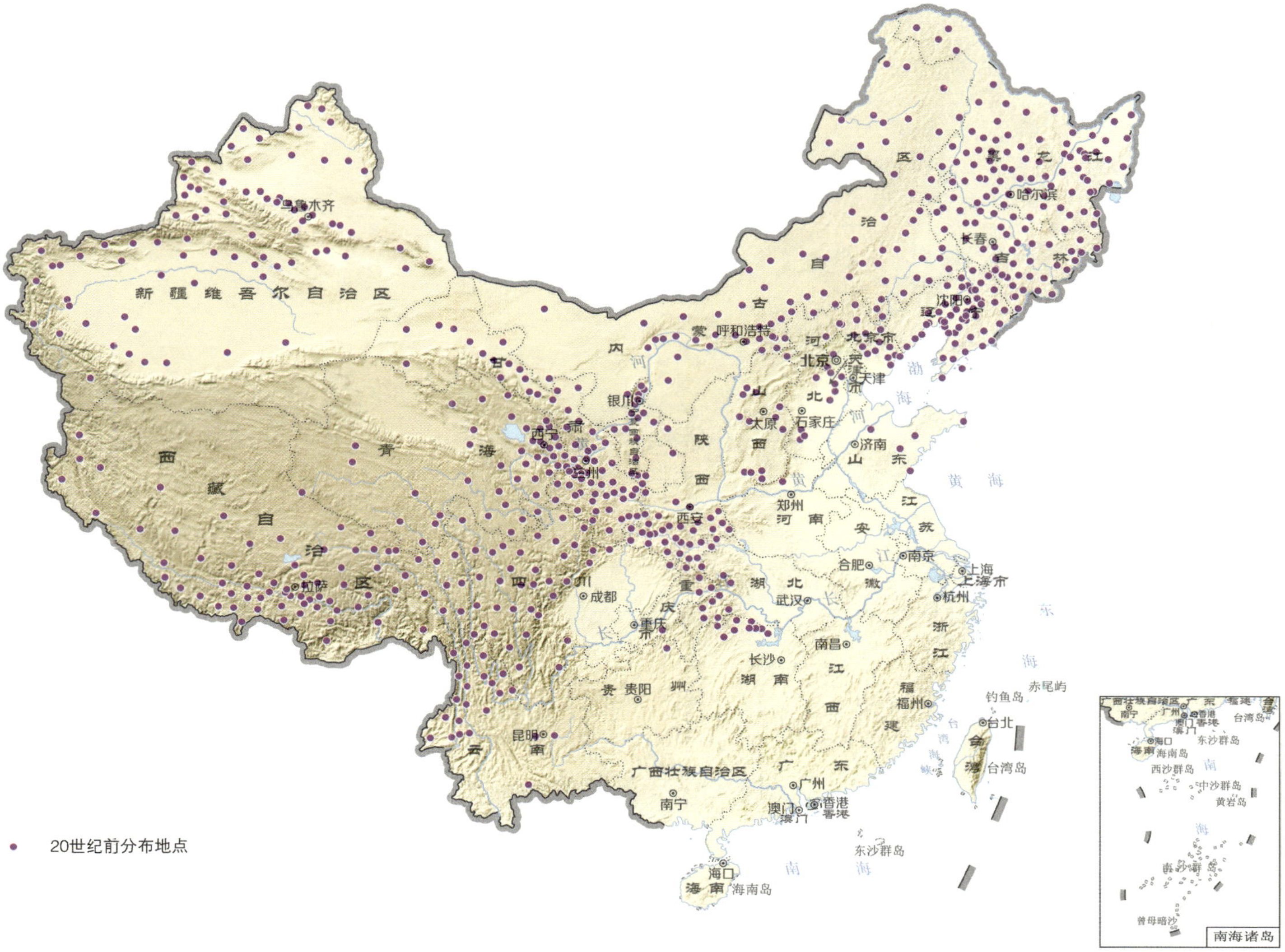

图 15.34　20 世纪前中国的猞猁分布图

4.1　华北

除天津市外，华北其他省级政区皆有猞猁分布记录。

4.1.1　北京

北京市曾有猞猁栖息。

清光绪十二年《顺天府志》记述：

豹：《昌平宋志》：有数种。东人亦谓之失刺。

按：此处特提及宋代对“豹”中有“失刺”之一种，说明曾有猞猁分布。

4.1.2　河北

河北省南北皆有猞猁分布，以北部更显著。

清乾隆四十六年《热河志》记述：

豹：……宋·沈括《梦溪笔谈》曰：豹，东胡呼失刺孙。今舍利孙与豹本为二类，沈氏殆因舍利孙一名土豹而讹耳。

按：此处虽对“豹，东胡呼失剌孙”诠释为猞猁而作区分，但其后多处对“豹”则作“分二种”，其中之一“土豹”就是猞猁。

4.1.3 内蒙古

内蒙古自治区也有猞猁分布，主要在东部。

清乾隆元年与四十四年《盛京通志》皆记述：

猞猁孙：类野狸而大，耳有长毫，白花色。小者曰乌伦。《明一统志》：谓之土豹。今出索伦者佳，岁入贡。亦作失利孙。

按：指出“耳有长毫”特征，说明就是猞猁。所称“索伦”，似指今鄂温克族自治旗①。

清嘉庆《重修一统志·蒙古统部·土产》记载有：

貂鼠，青鼠，猞猁孙……野马，野驼，野骡，黄羊《明统志》。

按：此“蒙古统部”范围，据该书称“东接盛京、黑龙江，西接伊犁东路，南至长城，北踰绝漠，袤延万余里”，但至少可以表明在自然地理概念中的“东北”有猞猁繁衍生息。

清光绪二十年(1894)《黑龙江外记》诠释：

舍利狲：《国语》曰：西伦，转为舒伦。虞者讳其名称，曰威呼肯孤尔孤。威呼肯，译言轻也。孤尔孤，译言兽也。犹之称虎，曰阿勒哈孤尔孤；豹，曰呼敦孤尔孤，皆隐语。阿勒哈斑兰之，谓呼敦疾速之谓而。惟舍利狲能升木，谨防之。否则，溺下著衣，肌肤立溃，此其毒于虎豹处。

按：此处称猞猁能上树活动，准确。同时，又称猞猁尿液能使肌肤溃烂。

4.1.4 方志记载的猞猁

较具体记载猞猁分布的文献，以方志为主。华北的猞猁在20世纪前分布(表15.2)如下。

表15.2　　20世纪前华北的猞猁分布概况

省级政区	今地点	文献	内容
北京	昌平区	清光绪十二年(1886)《顺天府志》	豹*
河北	任丘市	清乾隆二十七年(1762)《任丘县志》	土豹
	承德市、承德县、兴隆县、平泉县、滦平县、隆化县、丰宁满族自治县、宽城满族自治县、围场满族蒙古族自治县等地	清乾隆四十六年(1781)《热河志》	豹*
山西	寿阳县	清光绪八年(1882)《寿阳县志》	土豹
内蒙古	海拉尔区、满洲里市、扎兰屯市、牙克石市、根河市、额尔古纳市、阿荣旗、新巴尔虎右旗、新巴尔虎左旗、陈巴尔虎旗、鄂伦春自治旗、鄂温克族自治旗、莫力达瓦达斡尔族自治旗等地	清乾隆元年(1736)《盛京通志》	猞猁孙*
	海拉尔区、满洲里市、扎兰屯市、牙克石市、根河市、额尔古纳市、阿荣旗、新巴尔虎右旗、新巴尔虎左旗、陈巴尔虎旗、鄂伦春自治旗、鄂温克族自治旗、莫力达瓦达斡尔族自治旗等地	清乾隆四十四年(1779)《盛京通志》	猞猁孙*
	宁城县、林西县、巴林左旗、巴林右旗、翁牛特旗、喀喇沁旗、敖汉旗、库伦旗、奈曼旗等地	清乾隆四十六年(1781)《热河志》	豹**
	海拉尔区、满洲里市、牙克石市、根河市、额尔古纳市、新巴尔虎右旗、新巴尔虎左旗、陈巴尔虎旗、鄂温克族自治旗、鄂伦春自治旗、扎兰屯市、阿荣旗、莫力达瓦达斡尔族自治旗等地	清光绪二十年(1894)《黑龙江外记》	舍利狲*

注：*详见正文。**同前文。

①“索伦”有2个泛指与专指概念：1)索伦部，指明末清初对居住在今俄罗斯石勒喀河以东，外兴安岭(今斯塔诺夫山)以南，黑龙江中游及精奇里江(今结雅河)流域一带的达斡尔、鄂温克和鄂伦春等族的总称。2)索伦旗，即今鄂温克族自治旗。今用后者

4.2　东北

东北三省古今皆为猞猁主要分布区之一。

4.2.1　辽宁

辽宁省曾是猞猁主要分布地之一。

嘉庆二十五年《重修一统志》记述：

奉天府：失利孙（俗作猞猁，亦作失利，一名土豹。乌拉诸山皆有之）。

按：据此，表明当地多有猞猁分布。

清光绪二十一年《吉林外记》诠释：

猞猁狲：类野狸而大，耳有长毫，白花色。《明一统志》谓之土豹。

按：其中提及猞猁的最显著特征“耳有长毫”，可见该物种无误。

4.2.2　吉林

吉林省也有猞猁栖息记录。

清光绪十七年《吉林通志》记述：

猞猁孙：即土豹《明统志》八十九。类野猫而大，耳有长毫，白花色。小者曰乌伦《盛京通志》。《事物绀珠》：猞猁孙：黄黑色，其皮可裘。出女直《格致镜源》八十九。

按：此处明确“耳有长毫”，可见就是猞猁。

4.2.3　方志记载的猞猁

较具体记载猞猁分布的文献，以方志为主。东北的猞猁在20世纪前分布（表15.3）如下。

表15.3　　20世纪前东北的猞猁分布概况

省级政区	今地点	文献	内容
辽宁	沈阳市、新民市、辽中县、法库县、彰武县、铁岭市、调兵山市、开原市、铁岭县、西丰县、昌图县、抚顺市、抚顺县、新宾满族自治县、清原满族自治县、本溪市、本溪满族自治县、桓仁满族自治县、辽阳市、灯塔市、辽阳县、鞍山市、海城市、台安县、岫岩满族自治县、丹东市、凤城市、东港市、宽甸满族自治县、大连市、瓦房店市、普兰店市、庄河市、长海县、营口市、大石桥市、盖州市、盘锦市、大洼县、盘山县、锦州市、凌海市、北镇市、黑山县、义县、葫芦岛市、兴城市、绥中县等地	清乾隆元年(1736)《盛京通志》	猞猁孙**
	沈阳市、新民市、辽中县、法库县、彰武县、铁岭市、调兵山市、开原市、铁岭县、西丰县、昌图县、抚顺市、抚顺县、新宾满族自治县、清原满族自治县、本溪市、本溪满族自治县、桓仁满族自治县、辽阳市、灯塔市、辽阳县、鞍山市、海城市、台安县、岫岩满族自治县、丹东市、凤城市、东港市、宽甸满族自治县、大连市、瓦房店市、普兰店市、庄河市、长海县、营口市、大石桥市、盖州市、盘锦市、大洼县、盘山县、锦州市、凌海市、北镇市、黑山县、义县、葫芦岛市、兴城市、绥中县等地	乾隆四十四年(1779)《盛京通志》	猞猁孙**
	朝阳市、北票市、凌源市、朝阳县、建平县、喀喇沁左翼蒙古族自治县、阜新市、阜新蒙古族自治县、建昌县等地	清乾隆四十六年(1781)《热河志》	豹**
	沈阳市、新民市、辽中县、法库县、彰武县、铁岭市、调兵山市、开原市、铁岭县、西丰县、昌图县、抚顺市、抚顺县、新宾满族自治县、清原满族自治县、本溪市、本溪满族自治县、桓仁满族自治县、辽阳市、灯塔市、辽阳县、鞍山市、海城市、台安县、岫岩满族自治县、丹东市、凤城市、东港市、宽甸满族自治县、大连市、瓦房店市、普兰店市、庄河市、长海县、营口市、大石桥市、盖州市、盘锦市、大洼县、盘山县、锦州市、凌海市、北镇市、黑山县、义县、葫芦岛市、兴城市、绥中县等地	嘉庆二十五年(1820)《重修一统志》	奉天府：失利孙*

（续表）

省级政区	今地点	文献	内容
	桓仁满族自治县等地	清光绪十七年(1891)《吉林通志》	猞猁孙*
	桓仁满族自治县等地	清光绪二十一年(1895)《吉林外记》	猞猁孙*
吉林	长春市、德惠市、九台市、榆树市、扶余县、吉林市、磐石市、蛟河市、桦甸市、舒兰市、永吉县、公主岭市、伊通满族自治县、辽源市、东丰县、东辽县、通化市、梅河口市、集安市、通化县、辉南县、柳河县、白山市、临江市、江源县、抚松县、靖宇县、长白朝鲜族自治县、延吉市、图们市、敦化市、珲春市、龙井市、和龙市、汪清县、安图县等地	清乾隆元年(1736)《盛京通志》	猞猁孙**
	长春市、德惠市、九台市、榆树市、扶余县、吉林市、磐石市、蛟河市、桦甸市、舒兰市、永吉县、公主岭市、伊通满族自治县、辽源市、东丰县、东辽县、通化市、梅河口市、集安市、通化县、辉南县、柳河县、白山市、临江市、江源县、抚松县、靖宇县、长白朝鲜族自治县、延吉市、图们市、敦化市、珲春市、龙井市、和龙市、汪清县、安图县等地	清乾隆四十四年(1779)《盛京通志》	猞猁孙**
	长春市、德惠市、九台市、榆树市、扶余县、吉林市、磐石市、蛟河市、桦甸市、舒兰市、永吉县、公主岭市、伊通满族自治县、辽源市、东丰县、东辽县、通化市、梅河口市、集安市、通化县、辉南县、柳河县、白山市、临江市、江源县、抚松县、靖宇县、长白朝鲜族自治县、延吉市、图们市、敦化市、珲春市、龙井市、和龙市、汪清县、安图县等地	清嘉庆二十五年(1820)《重修一统志》	吉林:猞猁孙
	延吉市、图们市、敦化市、珲春市、龙井市、和龙市、汪清县、长春市、德惠市、九台市、宁江区、吉林市、磐石市、蛟河市、桦甸市、舒兰市、永吉县、公主岭市、伊通满族自治县、辽源市、东丰县、东辽县、通化市、梅河口市、集安市、通化县、辉南县、柳河县、白山市、临江市、抚松县、靖宇县、长白朝鲜族自治县,延边州的安图县、榆树市、扶余县等地	清光绪十七年(1891)《吉林通志》	猞猁孙**
	延吉市、图们市、敦化市、珲春市、龙井市、和龙市、汪清县、长春市、德惠市、九台市、榆树市、宁江区、扶余县、吉林市、磐石市、蛟河市、桦甸市、舒兰市、永吉县、辽源市、东丰县、东辽县、通化市、梅河口市、集安市、通化县、辉南县、柳河县、白山市、临江市、抚松县、靖宇县、长白朝鲜族自治县、安图县等地	清光绪二十一年(1895)《吉林外记》	舍利孙**
黑龙江	哈尔滨市、双城市、尚志市、五常市、依兰县、方正县、宾县、巴彦县、木兰县、通河县、延寿县、齐齐哈尔市、讷河市、龙江县、依安县、甘南县、富裕县、克山县、克东县、拜泉县、爱辉区、北安市、五大连池市、嫩江县、逊克县、孙吴县、伊春市、铁力市、嘉荫县、鹤岗市、萝北县、绥滨县、佳木斯市、同江市、富锦市、桦南县、桦川县、汤原县、抚远县、双鸭山市、集贤县、友谊县、宝清县、饶河县、七台河市、勃利县、鸡西市、虎林市、密山市、鸡东县、牡丹江市、穆棱市、绥芬河市、海林市、宁安市、东宁县、林口县、北林区、海伦市、望奎县、兰西、青冈县、庆安县、明水县、绥棱县、大兴安岭地区、呼玛县、塔河县、漠河县等地	清乾隆元年(1736)《盛京通志》	猞猁孙**

（续表）

省级政区	今地点	文献	内容
	哈尔滨市、双城市、尚志市、五常市、依兰县、方正县、宾县、巴彦县、木兰县、通河县、延寿县、齐齐哈尔市、讷河市、龙江县、依安县、甘南县、富裕县、克山县、克东县、拜泉县、爱辉区、北安市、五大连池市、嫩江县、逊克县、孙吴县、伊春市、铁力市、嘉荫县、鹤岗市、萝北县、绥滨县、佳木斯市、同江市、富锦市、桦南县、桦川县、汤原县、抚远县、双鸭山市、集贤县、友谊县、宝清县、饶河县、七台河市、勃利县、鸡西市、虎林市、密山市、鸡东县、牡丹江市、穆棱市、绥芬河市、海林市、宁安市、东宁县、林口县、北林区、海伦市、望奎县、兰西、青冈县、庆安县、明水县、绥棱县、大兴安岭地区、呼玛县、塔河县、漠河县等地	清乾隆四十四年(1779)《盛京通志》	猞猁孙**
	爱辉区、逊克县、孙吴县、嘉荫县、萝北县、大兴安岭地区、呼玛县、塔河县、漠河县、讷河市、嫩江县、哈尔滨、巴彦县、齐齐哈尔市、龙江县、依安县、甘南县、富裕县、克山县、克东县、拜泉县、北安市、五大连池市、伊春市、铁力市、北林区、海伦市、望奎县、兰西县、青冈县、庆安县、明水县、绥棱县等地	清光绪二十年(1894)《黑龙江外记》	舍利狲**
	依兰县	清光绪十六年(1890)《三姓志》	猞猁狲
	依兰县、方正县、木兰县、通河县、鹤岗市、绥滨县、佳木斯市、同江市、富锦市、桦南县、桦川县、汤原县、抚远县、双鸭山市、集贤县、友谊县、宝清县、饶河县、七台河市、勃利县、虎林市、哈尔滨市、双城市、尚志市、五常市、宾县、延寿县、鸡西市、密山市、鸡东县、牡丹江市、穆棱市、绥芬河市、海林市、宁安市、东宁县、林口县等地	清光绪十七年(1891)《吉林通志》	猞猁孙**
	依兰县、方正县、通河县、鹤岗市、绥滨县、佳木斯市、同江市、富锦市、桦南县、桦川县、汤原县、抚远县、双鸭山市、集贤县、友谊县、宝清县、饶河县、七台河市、勃利县、虎林市、哈尔滨市、双城市、尚志市、五常市、宾县、木兰县、延寿县、依兰、鸡西市、密山市、鸡东县、牡丹江市、穆棱市、绥芬河市、海林市、宁安市、东宁县、林口县等地	清光绪二十一年(1895)《吉林外记》	舍利狲**

注：*详见正文。**同前文。

4.3 中南

本阶段中南文献记载的猞猁，仅见湖南省有一条。

清同治八年(1869)《澧州志·食货志·物产》记载的兽类有：

虎、豹、土豹、熊……罴、豺、狼、鹿、麋、麈、麝、麐……獾、狐、狸……猴、猨、山牛、山羊、貊、飞虎、野猪、豪猪……獭、鲮鲤。

按：尽管清澧州辖今张家界市、慈利县、津市市、安乡县、澧县、临澧县、石门县、南县等地皆在长江以南，有猞猁分布似不可能，但我们分析：①从其列举的动物组合看，既已有“豹(金钱豹)”，又有“土豹”，后者似指猞猁。②从列举的动物组合看，存在多种与猞猁共生物种。③从地望(图15.35)看，与现今仍有猞猁存在的湖北省西部、重庆市东北部并不遥远。④况且在这一范围内，还有长阳土家族自治县出土的全新世猞猁遗存标本。

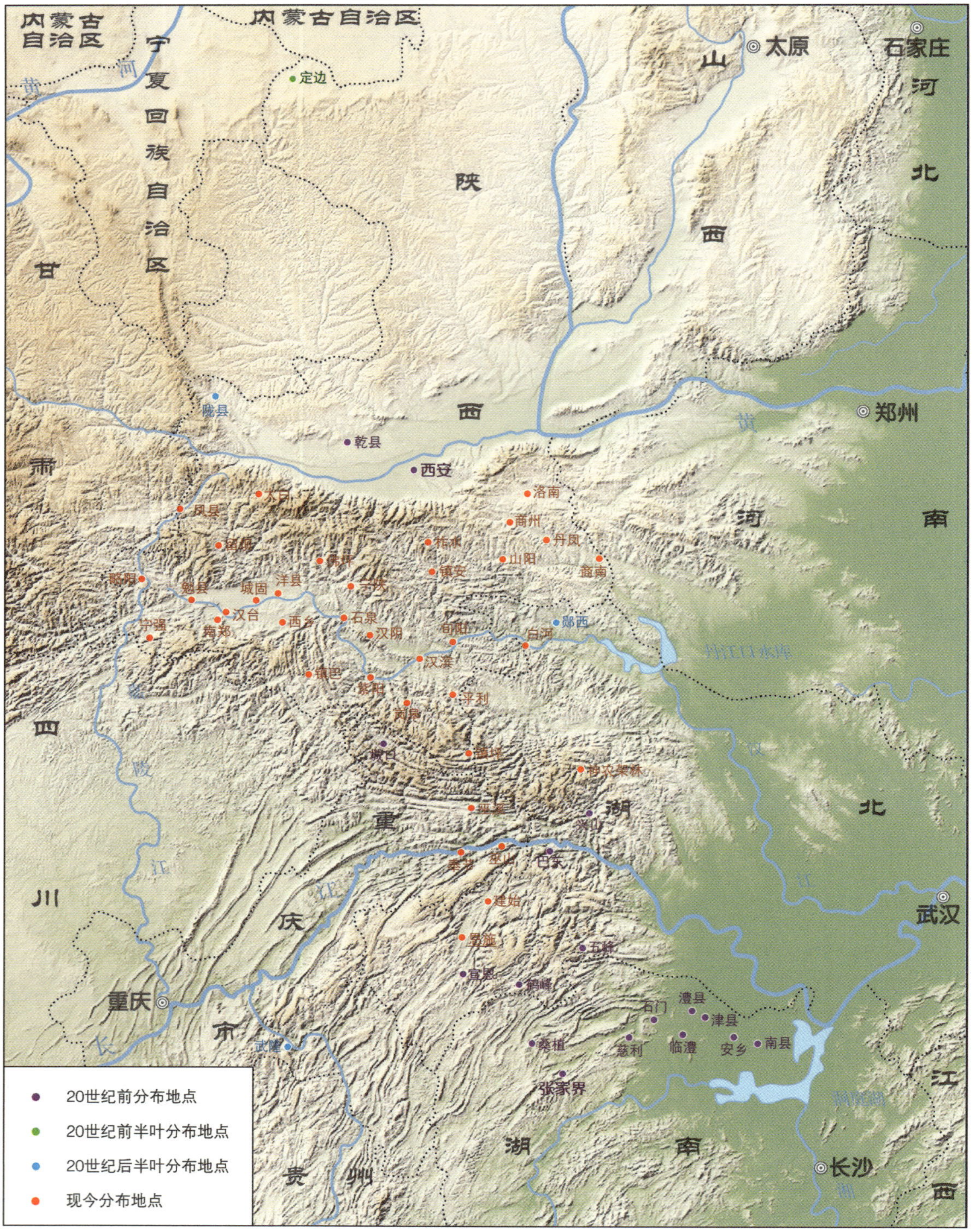

图 15.35　历史时期猞猁在鄂湘渝陕交界地带分布变迁图

4.4　西南

西南各省级政区皆有猞猁分布。

4.4.1　云南

云南省有猞猁分布记录。

19 世纪末，法国奥尔良王子游历云南时，在大理古城看到城里有很多成捆成捆的虎皮、豹子皮、猞猁皮、白灰狼皮、小熊猫皮和从苍山开采下来的大理石板等传统商品①。证实在今大理市一带有猞猁栖息。

4.4.2 西藏

西藏自治区也有猞猁生息繁衍。

清乾隆四年《雅州府志》记载“西藏·贡赋：猞猁狲皮一张”。按：据该《志》中“西域”记载的具体地点，有今四川省的里塘（今理塘县）、巴塘（今巴塘县），西藏自治区的乍丫（今察雅县）、察木多（今昌都县）、类五齐（今类乌齐县）、达隆宗（今边坝县）、江达（今江达县）、工布江达（今工布江达县），故所称“西藏”似仅指西藏部分地方。

4.4.3 方志记载的猞猁

较具体记载猞猁分布的文献，以方志为主。西南的猞猁在20世纪前分布（表15.4）如下。

表15.4 20世纪前西南的猞猁分布概况

省级政区	今地点	文献	内容
四川	理塘县	清嘉庆十五年(1810)《里塘志略》	舍利狲
	巴塘县	清道光二十四年(1844)《巴塘志略》	猞猁
	盐源县	清光绪二十年(1894)《盐源县志》	猞猁
西藏	城关区、当雄县、堆龙德庆县	清康熙六十年(1721)《西藏志》	拉撒至杨八景一带：猞猁
	察雅县、昌都县、类乌齐县、边坝县、江达县、工布江达县	清乾隆四年(1739)《雅州府志》	西藏·贡赋：猞猁狲皮一张*
	城关区、当雄县、堆龙德庆县	清嘉庆(1796～1820)《西藏志》	拉撒至杨八景一带：猞猁狲
	城关区、林周县、当雄县、尼木县、曲水县、堆龙德庆县、达孜县、墨竹工卡县、昌都县、江达县、贡觉县、类乌齐县、丁青县、察雅县、八宿县、左贡县、芒康县、洛隆县、边坝县①	清嘉庆二十五年(1820)《重修一统志》	西藏：天鼠（俗名猞猁；已上各处皆有）
	城关区	清道光二十五年(1845)《拉萨厅志》	猞狸
	城关区、林周县、当雄县、尼木县、曲水县、堆龙德庆县、达孜县、墨竹工卡县、昌都县、江达县、贡觉县、类乌齐县、丁青县、察雅县、八宿县、左贡县、芒康县、洛隆县、边坝县	清光绪十二年(1886)《西藏图考》	前藏：猞猁狲皮

注：* 详见正文。①仅按清光绪十二年《西藏图考》地点。

4.5 西北

西北各省级政区皆有猞猁分布。

4.5.1 甘肃

甘肃省对此阶段的猞猁有较多记载。

清顺治十四年《肃镇志》记载：

捨里孙：即土豹，一名猎狻，文采蔚异，皮可为裘。

按：此处指明明代盛行的“土豹”等称谓乃猞猁的别称。

清乾隆元年《甘肃通志·物产》记载（摘录相关部分）：

犛牛、黄羊、土豹皮（一名舍里孙，皮可为裘，出河州）。

①吴晓亮.洱海区域城镇经济的发展.http://economy.guoxue.com/? p=2099

凉州府：……羚羊角……洮羊、野马、野牛、土豹（一名舍里孙。《明一统志》：镇番县出）。

按：据此，反映在“河州”与“凉州府”之“镇番县”出产的猞猁较显著。

4.5.2 新疆

新疆维吾尔自治区历史上有猞猁分布记录。

清乾隆四十二年《西域总志》记载：

哈拉沙拉列传：猞猁狲。

库车列传：沙雅尔城（回子小城也……西南山中，林木芦苇一望无际。产猞猁狲）。

按：据此，说明当地确有猞猁分布。

4.5.3 方志记载的猞猁

较具体记载猞猁分布的文献，以方志为主。西北的猞猁在20世纪前分布（表15.5）如下。

表 15.5　20世纪前西北的猞猁分布概况

省级政区	今地点	文献	内容	新方志出处
甘肃	兰州市、榆中县、临洮县、渭源县、临夏市、临夏县、康乐县、永靖县、广河县、和政县、东乡族自治县、积石山保安族东乡族撒拉族自治县、夏河县	明万历三十三年(1605)《临洮府志》	土豹	
	嘉峪关市、肃州区、金塔县、高台县、肃南裕固族自治县	清顺治十四年(1657)《肃镇志》	捨里孙*	
	天祝藏族自治县等地	清顺治十四年(1657)《西镇志》	土豹	
	安定区	清康熙十九年(1680)《安定县志》	土豹	
	兰州市、皋兰县、榆中县、靖远县、临夏市、临夏县、康乐县、永靖县、广河县、和政县、东乡族自治县、积石山保安族东乡族撒拉族自治县、夏河县等地	清康熙二十六年(1687)《临洮府志》	土豹	
	会宁县、甘谷县、武山县、安定区、通渭县、漳县、岷县、陇西县、宕昌县、合作市、临潭县、卓尼县、迭部县、碌曲县	清康熙二十七年(1688)《巩昌府志》	土豹	
	临夏市、临夏县、广河县、和政县、东乡族自治县、积石山保安族东乡族撒拉族自治县	清康熙(1662～1722)《河州志》	土豹	
	临夏市、临夏县、康乐县、永靖县、广河县、和政县、东乡族自治县、积石山保安族东乡族撒拉族自治县、民勤县	清乾隆元年(1736)《甘肃通志》	土豹皮*；土豹*	
	民勤县	清乾隆十四年(1749)《五凉全志》	镇番县：草猞猁狲	
	天水市、清水县、秦安县、张家川回族自治县、礼县、两当县、徽县	清乾隆二十九年《秦州新志》	土豹	
	兰州市	清乾隆四十三年(1778)《皋兰县志》	舍利	
	甘州区、民乐县、山丹县、临泽县等地	清乾隆四十四年(1779)《甘州府志》	土豹	
	永昌县	清乾隆五十年(1785)《永昌县志》	土豹	
	徽县	清嘉庆十四年(1809)《徽县志》	土豹	

（续表）

省级政区	今地点	文献	内容	新方志出处
	玉门市	清嘉庆(1796～1820)《玉门县志》	猞猁	
	民勤县	清道光五年(1825)《镇番县志》	猞猁狲	
	玉门市	清道光六年(1826)《玉门县志》	猞猁	
	临夏市、临夏县、康乐县、永靖县、广河县、和政县、东乡族自治县、积石山保安族东乡族撒拉族自治县等地	清道光十三年(1833)《兰州府志》	土豹（一名舍利孙，皮可为裘。出河州）	
	山丹县	清道光十五年(1835)《山丹县志》	土豹	
	兰州市	清光绪十八年(1892)《皋兰县志》	猞猁	
青海	循化撒拉族自治县、贵德县、贵南县、同仁县、尖扎县等地	明万历三十三年(1605)《临洮府志》	土豹	
	西宁市、大通回族自治县、湟源县、湟中县、平安县、乐都县、民和回族土族自治县、互助土族自治县志、化隆回族自治县、门源回族自治县、贵德县、尖扎县等地	清顺治十四年(1657)《西镇志》	土豹	
	青海循化撒拉族自治县、同仁县等地	清康熙二十六年(1687)《临洮府志》	土豹	
	乐都县	清乾隆二十七年(1762)《西宁府志》	碾伯县:猞猁狲	
	祁连县等地	清乾隆四十四年(1779)《甘州府志》	土豹	
	西宁市、大通回族自治县、湟源县、湟中县、平安县、乐都县、民和回族土族自治县、互助土族自治县志、化隆回族自治县、循化撒拉族自治县、海晏县、祁连县、刚察县、门源回族自治县、共和县、同德县、贵德县、兴海县、贵南县、同仁县、尖扎县、泽库县、河南蒙古族自治县、玛沁县、班玛县、甘德县、达日县、久治县、玛多县、玉树县、杂多县、称多县、治多县、囊谦县、曲麻莱县、德令哈市、格尔木市、乌兰县、都兰县、天峻县	嘉庆二十五年(1820)《重修一统志》	青海厄鲁特:猞猁狲(山中皆有)	
	循化撒拉族自治县、同仁县等地	清道光十三年(1833)《兰州府志》	土豹（一名舍利孙，皮可为裘。出河州）	
宁夏	银川市、永宁县、贺兰县、石嘴山市、平罗县、利通区、青铜峡市、灵武市、同心县、盐池县、沙坡头区、中宁县	明弘治十四年(1501)《宁夏新志》	土豹	
	银川市、永宁县、贺兰县、石嘴山市、平罗县、利通区、青铜峡市、灵武市、同心县、盐池县、沙坡头区、中宁县	清乾隆四十五年(1780)《宁夏府志》	土豹	
	灵武市	清嘉庆三年(1798)《灵州志》	土豹	
	利通区	1993年《中国国情丛书:百县市经济社会调查:吴忠卷》	历史上……有:土豹	丁伟志等,1993

（续表）

省级政区	今 地 点	文 献	内容	新方志出处
新疆	阿勒泰市、青河县、富蕴县、布尔津县、福海县、哈巴河县	清乾隆三十二年(1767)《乌里雅苏台志略》	猞猁狲	
	库尔勒市、轮台县、尉犁县、和静县、和硕县、博湖县、焉耆回族自治县、沙雅县	清乾隆四十二年(1777)《西域总志》	哈拉沙拉列传：猞猁狲；库车列传：沙雅尔城（回子小城也……西南山中，林木芦苇一望无际。产猞猁狲）	
	乌鲁木齐市、乌鲁木齐县、吐鲁番市、鄯善县、托克逊县、哈密市、伊吾县、巴里坤哈萨克自治县、昌吉市、阜康市、呼图壁县、玛纳斯县、奇台县、吉木萨尔县、木垒哈萨克自治县	清嘉庆十年(1805)《三州辑略》	乌鲁木齐（庭州）、吐鲁番（西州）、哈密（伊州）：猞猁狲（天山中广有）	

注：* 详见正文。

5　猞猁在20世纪的分布

20世纪，各大区仍皆有猞猁分布，但在有的省级政区则为再见记录。

5.1　华北

本阶段，北京市也未见猞猁分布记录；本区仅河北省、山西省与内蒙古自治区仍有猞猁存在。

5.1.1　河北

河北省依然有猞猁生息繁衍。

清光绪三十一年《雄县乡土志》记述：

土豹：大如犬，便捷如猫，形亦如之，左黎黑色。深夜入人家，窃食鸡鸭①。

按：猞猁的别称之一有“土豹”，同治《石门县志》诠释“豹，性暴，脊长毛赤黄，纹黑如钱而中空，比比相次。无纹者为土豹”在形态方面作了区分；此处就是猞猁。

《中国哺乳动物分布》记载，猞猁分布于“河北：兴隆”（张荣祖等，1997）。说明在兴隆县曾有猞猁栖息。

据河北林业网发布的“野生动物资源”中“河北省国家级重点保护兽类名录及分布”称，猞猁分布于“遵化、围场、赤城等县”②。

5.1.2　山西

山西省的猞猁已然濒危。

《山西通志》有关猞猁记载有三（山西省史志研究院，1996）：

二类保护动物：马鹿、猞猁、白冠长尾雉今已灭绝。

芦芽山自然保护区：在宁武县西马坊乡……二类保护动物3种，即原麝、豹、猞猁（群众称之为车里松）。

历山自然保护区：在沁水、阳城、曲沃、翼城……二类的有猕猴、林麝、豹、大鲵、鸳鸯、白冠长尾雉、猞猁、鹿，后三种已濒于灭绝。

按：据此看，其时山西省的猞猁并未灭绝，在2个保护区仍有，但可称濒临灭绝。

5.1.3　内蒙古

内蒙古自治区是本区猞猁分布的主要省级政区。

①民国十八年《雄县新志》记载：“土豹：大如犬，便捷如猫，形亦如之，作黎黑色，深夜入人家窃食鸡、鸭。”

②河北林业网. http://www.hebly.gov.cn/menu/show.php? pid=23

民国二十一年《黑龙江志稿》记述：

猞猁狲：即土豹《明一统志》。猞猁狲，类野狸而大，耳有长毫，白花色。小者，曰乌伦。出索伦者佳。亦作失利孙《盛京通志》。《事物绀珠》：猞猁狲，黄黑色。其皮可裘。出女真。《格致镜源》：猞猁狲，《国语》曰西伦，转为舒伦。虞者称曰：威呼肯孤文孤。威呼肯，译言轻。孤文孤，译言兽也。犹之称虎，曰阿勒哈孤文孤；豹，曰呼敦孤文孤，皆隐语。阿勒哈斑烂之，谓呼敦疾速之谓。唯猞猁孙能升木，须谨防之。否则，溺下著衣，肌肤立溃，此其毒于虎豹者《黑龙江外纪》。

按：此处记述不仅沿用旧志，更难得的是提供了“猞猁”的渊源。

《中国西北地区珍稀濒危动物志》称，猞猁产于“宁夏的左旗”（中华人民共和国濒危物种进出口管理办公室等，1994），此乃误将内蒙古自治区的阿拉善左旗归入宁夏回族自治区，但仍可说明有猞猁分布。

《中国哺乳动物分布》记载，猞猁分布于“内蒙古：大兴安岭、牙克石、额尔古纳右旗，杭锦旗，二连浩特，阿拉善左旗”（张荣祖等，1997）。亦即在今牙克石市、额尔古纳市、杭锦旗、乌兰浩特市、阿尔山市、突泉县、科尔沁右翼前旗、科尔沁右翼中旗、扎赉特旗、二连浩特市、阿拉善左旗等地曾有猞猁分布。

《巴林右旗志》记述（《巴林右旗志》编纂委员会，1990）：

猞猁：旗内大部分地区都有，中部和北部较多。喜栖息于山地密林中。旗境内所产猞猁分马猞猁、兔猞猁。马猞猁较高大，兔猞猁较矮小。马猞猁头较小而圆，眼窝很深，耳朵较长宽，尖端生有一撮坚毛，尾巴短小毛齐。兔猞猁较矮小，其他形状如马猞猁，但性凶狡。猞猁自己不搭窝，通常栖息在其他动物遗弃的窝穴中。其皮软毛细，价值昂贵；肉可食，生肉有很浓的香气，煮熟愈鲜美。

按：此处对猞猁的栖息环境与习性等有较多记述。所称“马猞猁”具有“耳朵较长宽，尖端生有一撮坚毛”，确实是猞猁；“兔猞猁”多有兔狲（*Otocolobus manul*）别称，还有洋猞猁、乌伦、玛瑙、玛瑙勒等别称，则是兔狲属动物，当与猞猁属区分。

《达尔罕茂明安联合旗志》记述（《达尔罕茂明安联合旗志》编纂委员会，1994）：

猞猁：多见于满都拉苏木一带。体长 85～105 cm，尾长 20～31 cm，毛带红色或灰色，常具黑斑，四肢粗长，耳直立，尖端有黑色毛丛，尾端黑色。夜行性，以鸟和小型哺乳类动物为食。肉可食，毛皮可做皮衣等，极珍贵。

按：据此看，当地确仍有猞猁生息繁衍。

《阿鲁科尔沁旗志》记述（《阿鲁科尔沁旗志》编纂委员会，1994）：

猞猁：亦称林独。哺乳纲，猫科。四肢粗长，耳直立，尖端有黑色毛丛，尾端黑色，背毛红色或灰色，具黑斑。性凶猛。栖息北部多岩石森林中。

按：此处亦突出猞猁“耳直立，尖端有黑色毛丛，尾端黑色”特征，还说明了它们的栖息环境，反映当地有此物种繁衍生息。

5.1.4 方志记载的猞猁

此阶段的猞猁分布记录，虽然有野外调查，但方志仍占较大比重。华北的猞猁在 20 世纪的分布（表 15.6）如下。

表 15.6 20 世纪华北的猞猁分布概况

省级政区	今地点	文献	内容	新方志出处
北京	房山区	1999 年《北京市房山区志》	土豹?[①]	北京市房山区地方志编纂委员会，1999
河北	雄县	清光绪三十一年(1905)《雄县乡土志》	土豹*	
	围场满族蒙古族自治县	清光绪(1875～1908)《围场厅志》	猞猁孙	
	分属秦皇岛市与抚宁县	民国十八年(1929)《临榆县志》	土豹	
	雄县	民国十八年(1929)《雄县新志》	土豹*	

（续表）

省级政区	今地点	文献	内容	新方志出处
	涿州市	民国二十五年(1936)《涿县志》	土豹	
	易县	民国二十八年(1939)《易县志稿》	土豹	
	宽城满族自治县	1990年《宽城县志》	北豹(土豹子)	宽城县志编纂委员会,1990
	迁西县	1991年《迁西县志》	猞猁(俗称野猫)	迁西县地方志编纂委员会,1991
	邢台县	1993年《邢台县志》	土豹	邢台县地方志编纂委员会,1993
	秦皇岛市、昌黎县、抚宁县、卢龙县、青龙满族自治县	1994年《秦皇岛市志》	猞猁(又名猞猁狲)	秦皇岛市山海关区地方志编纂委员会,1994
	沙河市	1994年《沙河市志》	土豹(60年代前常见,今已不多)	河北省沙河市地方志编纂委员会,1994
	内丘县	1996年《内丘县志》	土豹	河北省内丘县地方志编纂委员会,1996
	围场满族蒙古族自治县	1997年《围场满族自治县志》	猞猁	围场满族自治县地方志编纂委员会,1997
	永清县	2000年《永清县志》	猞猁(1958年境内有几百只,到70年代绝迹)	永清县志办公室,2000
	肃宁县	1999年《肃宁县志》	猞猁(均已稀少)	河北省肃宁县地方志编纂委员会,1999
山西	宁武县	1985年《宁武县志》	据群众反映与生态环境分析,芦芽山一带还可能有猞猁分布	山西省宁武县县志编纂办公室,1985
	寿阳县	1989年《寿阳县志》	土豺[土豹]	寿阳县志编纂委员会编,1989
	曲沃县	1991年《曲沃县志》	猞猁	曲沃县志编纂委员会,1991
	阳高县	1993年《阳高县志》	猞狸(南部山区)	郭海,1993
	和顺县	1993年《和顺县志》	土豹	和顺县志编纂委员会,1993
	文水县	1994年《文水县志》	土豹	李培信,1994
	交城县	1994年《交城县志》	猞猁	交城县志编写委员会,1994
	盂县	1995年《盂县志》	土豹	盂县史志编纂委员会,1995
	宁武县、沁水县、阳城县、曲沃县、翼城县	1996年《山西通志》	猞猁*	山西省史志研究院,1996
	介休市	1996年《介休市志》	土豹	山西省介休市志编纂委员会,1996
	城区、高平市、泽州县、沁水县、阳城县、陵川县[1]	1999年《晋城市志》	猞猁	晋城市地方志编纂委员会,1999

（续表）

省级政区	今地点	文献	内容	新方志出处
内蒙古	扎兰屯市	民国九年(1920)《布特哈志略》	猞猁	
	海拉尔区、满洲里市、扎兰屯市、牙克石市、根河市、额尔古纳市、阿荣旗、新巴尔虎右旗、新巴尔虎左旗、陈巴尔虎旗、鄂伦春自治旗、鄂温克族自治旗、莫力达瓦达斡尔族自治旗	民国十二年(1923)《呼伦贝尔志略》	猞猁	
	海拉尔区、满洲里市、牙克石市、根河市、额尔古纳市、新巴尔虎右旗、新巴尔虎左旗、陈巴尔虎旗、鄂温克族自治旗、鄂伦春自治旗、扎兰屯市、阿荣旗、莫力达瓦达斡尔族自治旗	民国二十一年(1932)《黑龙江志稿》	猞猁狲*	
	呼和浩特市	民国二十四年(1935)《归绥县志》	【皮别、产量、每张价值】猞猁皮(277只;57.0元)	
	巴林右旗	1990年《巴林右旗志》	猞猁*	《巴林右旗志》编纂委员会,1990
	科尔沁右翼前旗	1991年《科尔沁右翼前旗志》	猞猁	科尔沁右翼前旗志编纂委员会,1991
	克什克腾旗	1993年《克什克腾旗志》	猞狸	克什克腾旗地方志编纂委员会,1993
	扎兰屯市	1993年《扎兰屯市志》	猞猁	扎兰屯市史志编纂委员会,1993
	属额尔古纳市	1993年《额尔古纳右旗志》	猞猁	额尔古纳右旗史志编纂委员会,1993
	鄂托克旗	1993年《鄂托克旗志》	猞猁(主要分布在南部巴拉尔灌木丛林和北部山区,近年已不多见)	鄂托克旗志编纂委员会,1993
	科尔沁右翼中旗	1993年《科尔沁右翼中旗志》	猞猁	科尔沁右翼中旗志编纂委员会,1993
	达尔罕茂明安联合旗	1994年《达尔罕茂明安联合旗志》	猞猁*	《达尔罕茂明安联合旗志》编纂委员会,1994
	阿鲁科尔沁旗	1994年《阿鲁科尔沁旗志》	猞猁*	《阿鲁科尔沁旗志》编纂委员会,1994

（续表）

省级政区	今 地 点	文 献	内 容	新方志出处
	杭锦旗	1994年《伊克昭盟志》	猞猁（分布于杭锦旗）	伊克昭盟地方志编纂委员会，1994
	乌拉特中旗	1994年《乌拉特中旗志》	猞猁	乌拉特中旗地方志编纂委员会，1994
	赤峰市	1996年《赤峰市志》	猞猁	赤峰市地方志编纂委员会，1996
	牙克石市	1996年《牙克石市志》	猞猁	牙克石市志编纂委员会，1996
	鄂温克族自治旗	1996年《鄂温克族自治旗志》	猞猁	鄂温克族自治旗志编纂委员会，1996
	海拉尔区、满洲里市、扎兰屯市、牙克石市、根河市、额尔古纳市、阿荣旗、新巴尔虎右旗、新巴尔虎左旗、陈巴尔虎旗、鄂伦春自治旗、鄂温克族自治旗、莫力达瓦达斡尔族自治旗、乌兰浩特市、阿尔山市、突泉县、科尔沁右翼前旗、科尔沁右翼中旗、扎赉特旗	1997年《内蒙古自治区志：科学技术志》	呼伦贝尔盟：猞猁；大兴安岭林区：猞猁	内蒙古自治区科学技术志编纂委员会，1997
	乌兰浩特市、阿尔山市、突泉县、科尔沁右翼前旗、科尔沁右翼中旗、扎赉特旗	1997年《兴安盟志》	猞猁	兴安盟地方志编纂委员会，1997
	根河市	1998年《根河市志》	猞猁	根河市史志编纂委员会，1998
	莫力达瓦达斡尔族自治旗	1998年《莫力达瓦达斡尔族自治旗志》	猞猁	莫力达瓦达斡尔族自治旗史志编纂委员会，1998
	阿拉善左旗、额济纳旗	1998年《阿拉善盟志》	贺兰山：猞猁是珍贵的毛皮兽；猞猁（【蒙名】猞猁古斯，【别名】羊猞猁，【分布】阿拉善盟西部）	阿拉善盟志编纂委员会，1998
	额济纳旗	1998年《额济纳旗志》	猞狸	额济纳旗志编纂委员会，1998

注：* 详见正文。①“土豹”一般为“猞猁”与“雪豹”别称，此地似为前者。②晋城市乃地级市，此时，似仅沁水县、阳城县有猞猁。

5.2 东北

东北三省仍皆有猞猁生息繁衍。

5.2.1 辽宁

辽宁省依然有猞猁存在。

《丹东市志》记述（丹东市地方志办公室，1993）：

猞猁：地方名石虎。栖息于高山密林中。以野兔、松鼠、狍子为食。为珍贵的毛皮兽。在宽甸北部曾有发现。今已绝。

按：据此看来，丹东市一带的猞猁到20世纪末已绝迹。

《中国哺乳动物分布》记载，猞猁分布于“辽宁：桓仁”（张荣祖等，1997）。亦即在桓仁满族自治县曾有猞猁分布。

5.2.2 吉林

吉林省也有猞猁栖息记录。

清宣统二年《长白汇征录》记述：

猞猁狲：猿属而体小如猫，脸如狗，嘴尖似狐，毛色微黄，含有白针，极其滑泽，较狐皮为佳。产于三姓为多，长白间或有之。

按：此处称猞猁狲是猿属，有误，古人已正之，但仍可证明有猞猁存在。所谓“三姓”，乃今黑龙江省依兰县。

民国十六年《辉南县志》：

猞猁：形似狐而略高，毛长，灰白色。纹小者，曰乌伦，又呼猞猁狲。皮毛极珍贵。

按：此处虽未将猞猁的主要特征描述出，但其称谓已是现今所采用的学名。

民国十九年《抚松县志》记述：

土脉气候所关乎人事天工者尤为特别原因，故抚地兽类视他处为独良也，是以全境之兽类，无论家畜野兽往往较异地为最优……野兽之紫貂、红狐、猞猁、水獭以及鹿茸、熊胆为本地特产，绝非异地所能及者，兹分志之。

猞狸：形似狐，特大，尾短，多黄色杂以白沙斑点。皮可为裘。为特生之一种。俗谓猿与狐狸相配合而生猞狸。殊非。盖此地从无猿，何来配合之有。

按：该志在概述中先提及“猞猁”，又在分述中采用“猞狸”，名称稍异，当是同物；并且在此批驳“猿与狐狸相配合而生猞狸”之谬论。

《中国经济动物志：兽类》记载：中国科学院动物研究所收藏才猞猁标本，有采自吉林省敦化、汪清、安图、靖宇（寿振黄，1962）。

《中国哺乳动物分布》记载，猞猁分布于“吉林：敦化、汪清、安图、靖宇，长白山”（张荣祖等，1997）。亦即约在今抚松县、靖宇县、长白朝鲜族自治县、敦化市、汪清县、安图县等地曾有猞猁分布。

5.2.3 黑龙江

黑龙江省全省仍然皆有猞猁存在。

清宣统二年《呼兰府志》描述：

猞猁狲：类野猫而大，耳有长毛，白花色。能升木，溺着人衣，肤立烂。皮可为裘，优于狐、貉。

按：此处有“类野猫而大，耳有长毛，白花色”特征，证明确是猞猁。

民国八年（1919）《方正县志》记述：

豹：分二种……曰土豹，体较小，爪牙犀利。

猞狸：灰色白纹，形与狐等，尾小毛长。

按：该志虽对猞猁描述不是很准确，但“土豹”与“猞狸”皆是旧称谓。

民国九年《瑷珲县志》记述：

猞猁狲：类野猫而耳大有长毛，白花色。能升木，溺着人衣，肤立烂。皮可为裘，优于狐、貉。

按：此描述与前人所称无特殊，确是猞猁。

民国十年《依兰县志》描述：

猞猁狲：满语曰书龙。头、足、身均似虎而小，毛色与山兔相似，大毛微硬。二月得者，名曰花皮。

按：此处对猞猁的描述，虽未提及耳尖有毛，但也有猫科动物的“头、足、身均似虎而小”与“毛色与山兔相似”的特点，显然就是猞猁。

民国十三年《宁安县志》：

猞猁狲：类野狸大耳，头足身似虎而小。满语曰书龙。有长毫，白花色。小者，曰乌伦。二月得，曰花及。《明一统志》谓之土豹。仅出索伦者，佳。清季，岁入贡。亦作失利孙。白草沟一带产之。

按：此处既对猞猁形态、称谓等有记载，还有具体分布地点，表明当地确有存在。

民国十七年《桦川县志》记述：

猞利狲：亦作（先）[失]利孙。《明一统志》谓之土豹。状如狸而尾大，有长毛。乌拉诸山有之。体轻，能升木。满语谓之威呼肯孤尔孤，译言轻兽，见《盛京通志》并《黑龙江外纪》。桦川不多见。惟往年曾见赫哲人毕子东手持一皮，未悉得于何地云。

按：据此，表明此时当地的猞猁已濒危。

《中国经济动物志：兽类》记载：中国科学院动物研究所收藏才猞猁标本，有采自黑龙江省伊春、宝清、密山（寿振黄，1962）。

《中国哺乳动物分布》记载，猞猁分布于“黑龙江：伊春、宝清、密山，呼玛”（张荣祖等，1997）。

亦即在今伊春市、宝清县、密山市、呼玛县等地曾有猞猁分布。

《黑龙江省志·地理志》有较多关于猞猁资料，仅摘录部分（黑龙江省地方志编纂委员会，1998）：

在全省分布较广的动物主要有马鹿、野猪……其次是紫貂……花鼠、黑熊、梅花鹿、貉、獾、麝、猞猁、青羊、驼鹿、水獭林姬鼠等。

猞猁（马猞猁、猞猁狲；大兴安岭、小兴安岭、东部山地）

猞猁（嫩江、绥化、松花江、牡丹江、合江、黑河、伊春、大兴安岭）[①]

猞猁：……体毛长而密，背毛呈粉红棕色并夹有棕褐色斑点。喜栖于密林或山岩上，善于爬树，也会游泳，主要捕食野兔、松鼠、松鸡、榛鸡、雷鸟等，也吃狍子和大型动物。

自然保护区　一、丰林自然保护区（位于宜春市五营区）……主要兽类十几种，以马鹿为最多，其次是棕熊、黑熊、野猪、狍、麝、驼鹿、猞猁、貉、獾、青鼬、黄鼬、狼、松鼠……

三、凉水自然保护区（位于宜春市带岭区的中心）……主要兽类有野猪、马鹿、麝、狍子、猞猁、紫貂、水獭、黄鼬、獾、黑熊、棕熊、东北虎、松鼠等。

四、七星砬子自然保护区（位于桦南县、集贤县、双鸭山市的交接处）……野生动物种类150余种，其中珍贵动物有东北虎、东北豹、猞猁、紫貂、貂熊、雪兔、水獭、白鼬、马鹿等……

七、牡丹峰自然保护区（位于牡丹江市东南15 km处）……有国家二类保护动物马鹿、原麝、猞猁、鸳鸯等，还有黑熊、野猪、水獭、豹、獾……沙半鸡、野鸡……

十一、呼中自然保护区（位于大兴安岭地区呼中区的西南部）……被列为国家二类重点保护动物的有马鹿、驼鹿、麝、猞猁、貂熊、细嘴松鸡等。

十二、洪河自然保护区（位于抚远县和同江县交界处）……还有野生兽类23种……属于国家保护的动物有梅花鹿、马鹿、驼鹿、猞猁、伶鼬、雪兔以及水獭等。

按：据此，反映到20世纪后半叶，黑龙江省的全省各地皆有猞猁分布。经核查，所列举有猞猁栖息的自然保护区，现今仅个别未再见列举有猞猁。

5.2.4　方志记载的猞猁

此阶段的猞猁分布记录，虽然有野外调查，但方志仍占较大比重。东北的猞猁在20世纪的分布（表15.7）如下。

表 15.7　20世纪东北的猞猁分布概况

省级政区	今地点	文献	内容	新方志出处
辽宁	义县	清光绪三十三年(1907)《义州乡土志》	猞猁	
	属大连市	清宣统三年(1911)《南金乡土志》	猞猁孙	
	岫岩满族自治县	1989年《岫岩县志》	土豹	岫岩县志编辑部，1989
	铁岭县	1993年《铁岭县志》	猞猁	铁岭县地方志编纂委员会，1993
	宽甸满族自治县	1993年《丹东市志》	猞猁*	丹东市地方志办公室，1993
	锦州市、凌海市、北镇市、葫芦岛市、兴城市、黑山县、义县、绥中县	1994年《锦州市志》	猞猁(原有，已无踪迹或极为稀少)	锦州市地方志编纂委员会，1994
	沈阳市、新民市、辽中县、康平县、法库县	1998年《沈阳市志》	猞猁	沈阳市人民政府地方志编纂办公室，1989

①此八地实际上主要是1980～1990年代黑龙江省的所有地级政区（嫩江地区、绥化地区、松花江地区、牡丹江地区、合江地区、黑河地区、伊春市、大兴安岭地区）；其后"地区"改"市"，有的分为多个"市"；今仅大兴安岭地区仍存。

（续表）

省级政区	今地点	文献	内容	新方志出处
吉林	白山市、临江市、抚松县、长白朝鲜族自治县、和龙市、安图县等地	清宣统二年(1910)《长白汇征录》	猞猁狲*	
	辉南县	民国十六年(1927)《辉南县志》	猞猁*	
	安图县	民国十八年(1929)《安图县志》	猞狸狲	
	抚松县	民国十九年(1930)《抚松县志》	猞猁……猞狸*	
	永吉县	1991年《永吉县志》	猞猁(极少见)	永吉县志编纂委员会,1991
	柳河县	1991年《柳河县志》	猞猁(4只)	柳河县志编纂委员会,1991
	洮北区、大安市、洮南市、镇赉县、通榆县、宁江区、扶余县、长岭县、乾安县、前郭尔罗斯蒙古族自治县	1992年《白城地区志》	猞猁	白城地区地方志编纂委员会,1992
	白山市、临江市、抚松县、靖宇县、长白朝鲜族自治县	1994年《浑江市志》	猞猁(100余只)	浑江市地方志编纂委员会,1994
	抚松县	1994年《抚松县志》	猞猁	抚松县地方志编纂委员会,1994
	辽源市	1995年《辽源市志》	猞猁(2只)	辽源市地方志编纂委员会,1995
	通化县志	1996年《通化县志》	猞猁	通化县地方志编纂委员会,1996
	延吉市、图们市、敦化市、珲春市、龙井市、和龙市、汪清县、安图县	1996年《延边朝鲜族自治州志》	猞猁	延边朝鲜族自治州地方志编纂委员会,1996
黑龙江	哈尔滨市、巴彦县、木兰县、兰西县	清宣统二年(1910)《呼兰府志》	猞猁狲*	
	依兰县等地	清宣统二年(1910)《长白汇征录》	猞猁狲*	
	方正县	民国八年(1919)《方正县志》	豹*	
	爱辉区	民国九年(1920)《瑷珲县志》	猞猁狲*	
	依兰县	民国十年(1921)《依兰县志》	猞猁狲*	
	汤原县	民国十年(1921)《汤原县志略》	猞猁狲	
	宁安市	民国十三年(1924)《宁安县志》	猞猁狲*	
	桦川县	民国十七年(1928)《桦川县志》	猞利狲*	

（续表）

省级政区	今 地 点	文 献	内容	新方志出处
	爱辉区、逊克县、孙吴县、嘉荫县、萝北县、大兴安岭地区、呼玛县、塔河县、漠河县、讷河市、嫩江县、哈尔滨、巴彦县、齐齐哈尔市、龙江县、依安县、甘南县、富裕县、克山县、克东县、拜泉县、北安市、五大连池市、伊春市、铁力市、北林区、海伦市、望奎县、兰西县、青冈县、庆安县、明水县、绥棱县等地	民国二十一年（1932）《黑龙江志稿》	猞猁狲**	
	宝清县	民国二十五年（1936）《宝清县志》	猞猁狲	
	漠河县、呼玛县、爱辉区、孙吴县、逊克县、嘉荫县	1988年《黑河地区简志》	猞猁	黑河地区地方志编纂委员会办公室，1988
	嘉荫县	1988年《嘉荫县志》	猞狸	范德昌，1988
	铁力县	1990年《铁力县志》	猞猁	铁力县志编纂委员会办公室，1990
	呼玛县	1990年《呼玛县志》	猞猁	呼玛县地方志办公室，1990
	宾县	1991年《宾县志》	猞猁（灰色白纹，形似狐而略高，尾小毛长）	宾县地方志办公室，1991
	延寿县	1991年《延寿县志》	猞猁	黑龙江省延寿县志编纂委员会办公室，1991
	逊克县	1991年《逊克县志》	猞猁	逊克县地方志编纂委员会，1991
	桦南县	1991年《桦南县志》	猞猁（150～200只；栖息地点多在有石砬子的地方）	黑龙江省桦南县志办公室，1991
	双鸭山市	1991年《双鸭山市志》	猞猁	双鸭山市地方志编纂委员会办公室，1991
	海林市	1991年《中国国情丛书：百县市经济社会调查：海林卷》	猞狸	丁伟志，1991
	萝北县	1992年《萝北县志》	猞猁	萝北县地方志编纂委员会，1992
	饶河县	1992年《饶河县志》	猞猁	饶河县地方志办公室，1992
	漠河县	1993年《漠河县志》	猞猁	漠河县志编纂委员会编纂，1993
	北安市	1994年《北安市志》	猞猁	北安市地方志办公室，1994
	属五大连池市	1994年《德都县志》	猞猁（土豹）	德都县地方志办公室，1994
	伊春市	1995年《伊春市志》	猞猁	伊春市地方志编纂委员会，1995

（续表）

省级政区	今地点	文献	内容	新方志出处
	庆安县	1995年《庆安县志》	猞猁	庆安县地方志编纂委员会办公室，1995
	爱辉区、北安市、五大连池市、嫩江县、逊克县、孙吴县	1996年《黑河地区志》	猞猁	黑河市地方志编纂委员会，1996
	鸡西市、鸡东县	1996年《鸡西市志》	猞猁（46只）	鸡西市地方志编纂委员会，1996
	哈尔滨市、双城市、尚志市、五常市、依兰县、方正县、宾县、巴彦县、木兰县、通河县、延寿县、齐齐哈尔市、讷河市、龙江县、依安县、泰来县、甘南县、富裕县、克山县、克东县、拜泉县、爱辉区、北安市、五大连池市、嫩江县、逊克县、孙吴县、大庆市、肇州县、肇源县、林甸县、杜尔伯特蒙古族自治县、伊春市、铁力市、嘉荫县、鹤岗市、萝北县、绥滨县、佳木斯市、同江市、富锦市、桦南县、桦川县、汤原县、抚远县、双鸭山市、集贤县、友谊县、宝清县、饶河县、七台河市、勃利县、鸡西市、虎林市、密山市、鸡东县、牡丹江市、穆棱市、绥芬河市、海林市、宁安市、东宁县、林口县、北林区、安达市、肇东市、海伦市、望奎县、兰西县、青冈县、庆安县、明水县、绥棱县、大兴安岭地区、呼玛县、塔河县、漠河县	1998年《黑龙江省志·地理志》	猞猁*	黑龙江省地方志编纂委员会，1998
	抚远县	1998年《抚远县志》	猞猁（11只）	抚远县地方志编纂委员会，1998

注：*详见正文。**同前文。

5.3 华东

此阶段，华东仅见山东省有猞猁分布记录。

此阶段的猞猁分布记录，虽然有野外调查，但方志仍占较大比重。山东省的猞猁在20世纪的分布（表15.8）如下。

表15.8 20世纪山东省的猞猁分布概况

今地点	文献	内容	新方志出处
平度市	1987年《平度县志》	猞猁	山东省平度县地方史志编纂委员会，1987
高青县	1991年《高青县志》	猞猁	高青县地方史志编纂委员会，1991
安丘市	1992年《安丘县志》	猞猁	山东省安丘县地方史志编纂委员会，1992
日照市	1994年《日照市志》	猞猁	日照市地方史志编纂委员会，1994
荣成市	1999年《荣成市志》	猞猁	山东省荣成市地方史志编纂委员会，1999

5.4　中南

此阶段，中南的猞猁分布记录，仅见湖北省与河南省3条。

民国二十五年（1936）《郧西县志·物产·兽类》记载：

走兽属：梅鹿、马鹿、麂子、羚羊、鬃羊、獾猪、窝猪、香麞、野猪、刺猬、山鼠、竹鼠、白眉子、兔。

缘兽属：马猴、石猴、毛老鼠、熊、獭。

猛兽属：虎、豹、金钱豹、梅花豹、雨点豹、乌云豹、枯叶豹、九节狸、黄腰狸、黄猺郎、土豹、犴狗、野狸、狼、狐、狸、豺。

按：该志"猛兽属"既在前部列举6种"豹"，稍后又出现"土豹"。从称谓、伴生动物与地望（见图15.35）等综合判断，后者即是猞猁。反映在湖北省郧西县曾有猞猁栖息。

《郧西县志》（湖北省郧西县地方志编纂委员会办公室，1995）记载：

豹：分金钱豹、梅花豹、雨点豹、乌云豹、土豹，今存只有土豹。

按：虽有多种"豹"，但前数种只能落实为金钱豹与云豹；"土豹"当是指猞猁，与民国县志相互印证。

《修武县志·野禽野兽》记载的"哺乳兽"："有狼、野兔、山猫、野猪、猴、金钱豹、狗獾、刺猬、狐、黄鼠狼、黄羊、花面狸、猞猁、蝙蝠等"（修武县志编纂委员会，1986）。这是所见河南省最晚的猞猁分布记录。

5.5　西南

西南此阶段各省级政区仍皆有猞猁分布。

5.5.1　四川

四川省还有一些猞猁分布记录。

《四川资源动物志》称：猞猁分布于"青川、平武、宝兴、雅江、道孚、白玉、德格、甘孜、巴塘、松潘、小金、汶川"（《四川资源动物志》编辑委员会等，1982），亦即在今青川县、平武县、宝兴县、汶川县、松潘县、小金县、雅江县、道孚县、甘孜县、德格县、白玉县、巴塘县等地仍有猞猁存在。

《中国哺乳动物分布》记载，猞猁分布于"四川：青川、平武、宝兴、雅江、道孚、白玉、德格、甘孜、小金、汶川，巴塘，松潘，木里"（张荣祖等，1997）。亦即在今青川县、平武县、宝兴县、汶川县、松潘县、小金县、雅江县、道孚县、甘孜县、德格县、白玉县、巴塘县、木里藏族自治县等地曾有猞猁分布。

《康定县志·动物》记载（摘录）（四川省康定县地方志编纂委员会，1995）：

属国家三类保护动物有：猕猴、短尾猴、水獭、兔狲、猞猁、云豹、林麝、马麝、白臀鹿、水鹿、鬣羚、斑羚、岩羊、伶鼬。

猞猁：营官语称为"油格"。见于塔公日阿沟、营官麦巴、亚龙沟、沙德六巴沟、莫溪沟等地森林中。

按：尽管该志在国家重点保护野生动物等级存在瑕疵，但可以看出确有猞猁存在。

《平武县志·动物》记载（摘录）（平武县县志编纂委员会，1997）：

平武县主要野生动物名录　兽：大熊猫、马熊、黑熊、赤狐、狼、豺、鼬獾、黄鼬、獾、猪獾、水獭、大灵猫、小灵猫、兔狲、金猫、豹猫、猞猁（猞猁狲）、云豹、野猪、林麝、马麝、毛冠鹿、水鹿、狍、藏源羚［藏原羚］、藏羚、鬣羚、斑羚、岩羊、牛羚……喜马拉雅旱獭……豪猪、扫尾豪猪……金丝猴、猕猴、短尾猴……刺猬。

国家重点保护的哺乳动物　猞猁：又名林独、猞猁狲、马猞猁，属食肉目猫科。猞猁多栖息于海拔3 500 m左右的密林中或山岩上。

按：据此，证明当地确有猞猁栖息。

5.5.2　西藏

西藏自治区也有猞猁记录。

《中国经济动物志：兽类》称，据文献记载，西藏自治区东南部有猞猁分布（寿振黄，1962）。

《西藏珍稀野生动物与保护》称：猞猁分布于"申扎、巴青、尼木、昌都及区内念青唐古拉山、可可西里山、昆仑山、冈底斯山和横断山脉广泛的山地或森林边缘地区"（尹秉高等，1993），亦即约在今城关区、林周县、当雄县、尼木县、曲水县、堆龙德庆县、那曲县、嘉黎县、比如县、申扎县、巴青县、昌都县、江达县、贡觉县、类乌齐县、丁青县、察雅县、八宿县、左贡县、芒康县、洛隆县、边坝县、波密县等地仍有猞猁存在。

《中国哺乳动物分布》记载，猞猁分布于"西藏：昌都，丁青、普兰、双湖、日喀则、亚东、隆子、泽当、加查、奇林湖、定日(色龙、帕里)、江孜、那曲,申戈,安多、比如、巴青、聂荣"(张荣祖等,1997)。亦即在今那曲县、比如县、聂荣县、安多县、申扎县、巴青县、昌都县、丁青县、乃东县、洛扎县、加查县、隆子县、日喀则市、江孜县、定日县、亚东县、普兰县等地还有猞猁分布。

5.5.3 方志记载的猞猁

此阶段的猞猁分布记录,虽然有野外调查,但方志仍占较大比重。西南的猞猁在20世纪的分布(表15.9)如下。

表15.9 20世纪西南的猞猁分布概况

省级政区	今地点	文献	内容	新方志出处
重庆	武隆县	1994年《武隆县志》	猞猁	四川省武隆县志编纂委员会,1994
四川	盐源县	民国元年(1912)《盐边厅乡土志》	猞猁	
	巴塘县	民国初年(约20世纪20年代)《巴安县图志》	猞猁	
	理塘县	民国三十四年(1945)《理化县志稿》	猞猁	
	木里藏族自治县	1985年《木里藏族自治县概况》	猞猁	《木里藏族自治县概况·物产资源》编写组,1985
	青川县	1992年《青川县志》	猞猁	《青川县志》编纂委员会,1992
	汶川县	1992年《汶川县志》	猞猁	四川省阿坝藏族羌族自治州汶川县地方志编纂委员会,1992
	阿坝县	1993年《阿坝县志》	猞猁	阿坝县地方志编纂委员会,1993
	金川县	1994年《金川县志》	猞猁	金川县地方志编纂委员会,1994
	康定县	1995年《康定县志》	猞猁*	四川省康定县地方志编纂委员会,1995
	北川羌族自治县	1996年《北川县志》	猞猁	北川县志编纂委员会,1996
	红原县	1996年《红原县志》	猞猁	四川省红原县志编纂委员会,1996
	丹巴县	1996年《丹巴县志》	猞狸	四川省甘孜藏族自治州丹巴县志编纂委员会,1996
	理塘县	1996年《理塘县志》	猞猁	四川省理塘县志编纂委员会,1996
	平武县	1997年《平武县志》	猞猁*	平武县县志编纂委员会,1997
	康定县、泸定县、丹巴县、九龙县、雅江县、道孚县、炉霍县、甘孜县、新龙县、德格县、白玉县、石渠县、色达县、理塘县、巴塘县、乡城县、稻城县、得荣县	1997年《甘孜州志》	猞猁	甘孜州志编纂委员会,1997

（续表）

省级政区	今 地 点	文 献	内容	新方志出处
	九龙县	1997 年《九龙县志》	猞猁	九龙县志编纂委员会，1997
	道孚县	1997 年《道孚县志》	猞猁	四川省道孚县志编纂委员会，1997
	色达县	1997 年《色达县志》	猞猁	四川省色达县志编纂委员会，1997
	稻城县	1997 年《稻城县志》	猞猁	四川省稻城县志编纂委员会，1997
云南	安宁县	清宣统《安宁州乡土志》	土豹	
	大理市	民国五年(1916)《大理县志稿》	猞猁	
	云龙县	1992 年《云龙县志》	猞猁(又名野猫)	云南省云龙县志编纂委员会，1992
	绿春县	1992 年《绿春县志》	猞猁	云南省绿春县志编纂委员会，1992
	德钦县	1997 年《德钦县志》	猞猁	德钦县志编纂委员会，1997
	宜良县	1998 年《宜良县志》	猞	宜良县志编纂委员会，1998
西藏	贡觉县	民国初年(约 20 世纪 20 年代)《贡县志》	猞狸	
	属贡觉县	民国初年(约 20 世纪 20 年代)《武成县志》	猞狸	
	属察隅县	民国初年(约 20 世纪 20 年代)《科麦县志》	猞猁	
	丁青县	民国初年(约 20 世纪 20 年代)《定青县志》	猞狸	
	属洛隆县	民国初年(约 20 世纪 20 年代)《硕督县志》	猞狸	

注：* 详见正文。

5.6 西北

西北也是猞猁分布主要地区之一，各省级政区皆有栖息记录。

5.6.1 陕西

陕西省仍有猞猁生息繁衍。

《宁陕县志》记述（宁陕县地方志编纂委员会，1992）：

猞猁：别名：马猞猁、林泄。生态：栖居于高山密林中，一般晨昏活动，四肢强健，善奔走，爬树，行动敏捷。分布：分布于高山林中，数量极少。

按：此处主要记载猞猁的生态环境与分布，说明当地确有猞猁生息繁衍。

《中国西北地区珍稀濒危动物志》称，猞猁产于“陕西的安康”（中华人民共和国濒危物种进出口管理办公室等，1994），似指在今汉滨区、汉阴县、石泉县、宁陕县、紫阳县、岚皋县、平利县、镇坪县、旬阳县、白河县等地仍有猞猁存在。

《中国哺乳动物分布》记载，猞猁分布于“陕西：汉中”（张荣祖等，1997）。亦即在今汉台区、南郑县、城固县、洋县、西乡县、勉县、宁强县、略阳县、镇巴县、留坝县、佛坪县等地曾有猞猁分布。

5.6.2 甘肃

甘肃省有较多猞猁分布信息。

《中国西北地区珍稀濒危动物志》称，猞猁产于“甘肃的舟曲、迭部、卓尼、玛曲、夏河、碌曲等地区”（中华人民共和国濒危物种进出口管理办公室等，1994），亦即在今卓尼县、舟曲县、迭部县、玛曲县、碌曲县、夏河县等地仍有猞猁存在。

《中国哺乳动物分布》记载,猞猁分布于"甘肃:兰州、漳县、康县、和政、临夏、永昌、武威、肃南地区、肃北地区"(张荣祖等,1997)。亦即约在今兰州市、永昌县、凉州区、民勤县、古浪县、天祝藏族自治县、肃北蒙古族自治县、肃南裕固族自治县、漳县、康县、临夏市、夏县、和政县等地曾有猞猁分布。

《兰州市志·地理志》有较多关于猞猁的记述,摘录如下(兰州市地方志编纂委员会等,1998):

猞猁:【地理分布】榆中县、永登县。【生境】低山灌丛、阔叶林、针叶林。

猞猁:又名猞猁狲。外形似猫,但体形较大,四肢粗而长。耳直立,尖端着生有一撮黑色的丛毛;尾很短;两颊部的毛较长曰鬓毛,向左右垂伸。体背面粉棕色或灰棕色,背毛基部红棕,毛尖黄白或灰色,背中线棕色较深,体后部及四肢有棕褐色的斑点。腹面和四肢内侧白色。腹毛长有少许灰棕色斑,尾粗圆,末端黑色。

栖居于密林或高山,在针叶林地较为多见,也见于无林山地,窝筑于岩隙或大石下。一般在晨昏活动,善奔走,活动区域较大。长耳和丛毛能较准确地判断声源,决定去留。行动敏捷,善于爬树,又能游泳。视觉、听觉发达。遇敌时能迅速逃逸,或上树隐蔽。适于雪地生境,常独栖。在食物丰富的情况下,数只也可能在一起,多系一个"家族"。以兔、鼠兔、雉、旱獭、松鼠和小型鹿类为食。有时也盗食家禽家畜。发情期在春季3～4月,孕期约2个月,每胎产仔2～3只,偶产4～5只。

猞猁毛皮板软而轻,绒毛厚密,御寒性强,且耐穿,是一种比较珍贵的皮货,可制皮衣、皮领、皮帽等。因其食啮齿动物,对林区和牧区控制鼠害、维持生态平衡有一定作用。目前猞猁皮张昂贵,狩猎日众,其数量日渐减少。列为国家二级保护动物。

永登县连城(竹林沟)自然保护区:位于永登县的西北部……石貂、猞猁、马麝、青羊等。

按:此处记述了猞猁的形态、生态、习性、经济价值及分布等多方面信息,证实在一些地方还有猞猁栖息。

《天祝县志》记载(天祝藏族自治县志编纂委员会,1994):

猞猁:栖于2 100～4 800 m的石质山和林中裸岩地带,分布面积约为372.4 km^2,主要分布在古城、朱岔、石门、哈溪、毛藏林区,现有数目约为53只。

按:据此,反映当地有猞猁分布,数量还是太少。

《阿克塞哈萨克族自治县志》记述(阿克塞哈萨克族自治县地方志编纂委员会,1993):

猞猁:又名林拽。属于食肉目猫科动物。属珍贵的皮毛兽。外形像猫,但比猫大,四肢很长。前肢五趾,后肢四趾,爪呈白色。两耳的尖端各有一撮直立的毛,背面呈黑褐色,有浅色斑点,腹毛较淡。多栖息崇山峻岭中,主要吃小型兽类,如野兔等。多在雪后出来觅食,所以猎人常跟踪追击,捕猎。近几年,县政府向北京动物园、兰州五泉山动物园、酒泉公园赠送了猞猁,以(共)[供]游人观赏。

按:此处不仅是描述,还记载乡动物园赠送猞猁活体,确证有该物种存在。

5.6.3 青海

青海省也仍有猞猁存在。

民国八年《大通县志》记述:

舍利:俗名草舍利。状似猢狲,长髪,短尾,色苍白。皮可为裘。《钦定续通志》:舍利性吐金,故曰舍利。《西京赋》曰:舍利飚飚,化为仙车。《明一统志》:土豹,一名舍里。《甘肃通志》:土豹皮,一名舍利孙。

按:此处提供较多早期猞猁称谓线索,证明当地有猞猁栖息。

《中国西北地区珍稀濒危动物志》称:猞猁产于"青海的柴达木盆地、祁连山和果洛、玉树南部山地"(中华人民共和国濒危物种进出口管理办公室等,1994),亦即约在今大通回族自治县、互助土族自治县、祁连县、门源回族自治县、玛沁县、班玛县、甘德县、达日县、久治县、玛多县、玉树县、杂多县、囊谦县、德令哈市、格尔木市、乌兰县、都兰县等地仍有猞猁存在。

《中国哺乳动物分布》记载,猞猁分布于"青海:共和、同德、兴海,祁连、海晏、刚察、门源、阿克坦齐钦山、格尔木南山、茫崖西部、德令哈、玛沁,长江源头"(张荣祖等,1997)。亦即约在今海晏县、祁连县、刚察县、门源回族自治县、共和县、同德县、兴海县、玛沁县、玉树县、杂多县、称多县、治多县、囊谦县、曲麻莱县、德令哈市、格尔木市等地曾有猞猁分布。

《海西蒙古族藏族自治州志》有较丰富的猞猁资料，仅摘录相关部分（海西蒙古族藏族自治州地方志编纂委员会，1995）：

动物地带分布：①高山草原地带（在州境四周的昆仑山、唐古拉山、阿尔金山、祁连山、木里达坂山、青海南山，海拔 4 100 m 以上地区）有：野牦牛、野驴、盘羊、黄羊、藏羚羊（长角羊）、岩羊、野兔、旱獭、熊、豹、狐狸、猞猁等。

兽类：……狼、豺、赤狐、藏狐、沙狐、棕熊、石貂、香鼬、艾虎、狗獾、豹猫、荒漠猫、兔狲、猞猁（别名林狼、马猞猁。西藏亚种分布于海西各地及全省，是猫科动物较大的一种。有乳胶、棕褐、土黄褐、灰草黄微褐及绒灰褐等不同毛色型。见于针叶林、灌丛草原、高寒草原、荒漠草原和高山草甸等地方，栖居于岩石洞、石缝或倒木下。视觉、听觉发达。捕食各种鼠类、旱獭、兔、鼠兔、松鼠和一些鸟类，亦猎食羊、麝和狍等中型动物。猞猁善爬树，亦能游泳。其被毛细软、丰厚，色调柔和，是珍贵毛皮中的高档商品，适做妇女大衣、皮帽、皮领等。在藏药中，猞猁肠子晒干、研细成粉状，可治肠炎）、雪豹、虎、藏野驴、野骆驼、马麝、白唇鹿、马鹿、野牦牛、藏原羚、鹅喉羚、藏羚、盘羊、岩羊……高原兔。

自然环境保护：……据 1959 年青海省六千会议上统计，都兰、天峻、乌兰、德令哈、格尔木、马海、唐古拉、茫崖、冷湖①的野生动物有野驴、黄羊、石羊、野猪、狗熊、哈熊、鹿、香子[麝]、草狐、哈拉、虎、豹子、野鸭、野鸡、狼、野兔、黑鹰、猞猁、豺狗、天鹅、羚羊、水鹅、大头羊，总数达 4 140 490 头（只）。

野生动物资源：……据自治州野生动物保护站 1988 年调查和统计，有野牦牛 10 300 头、野驴 1 730 头、马鹿 6 750 头、白唇鹿 1 000 头、藏羚羊 12 000 只、岩羊 27 500 只、盘羊 2 600 只、黄羊 12 000 只、麝 2 350 只、猞猁 40 只、棕熊 70 只、原羚 1 000 只……

按：据此，既可见有关猞猁的形态、生态、习性、分布、经济等多方面情况，又反映猞猁在该州各地皆有分布，还可看出在该州珍稀野生动物中猞猁的存留数量相当低。

《天峻县志》也有较详细的猞猁记述，摘录之（天峻县县志编纂委员会，1995）：

野生动物・兽类：熊科：棕熊。猫科：有雪豹、猞猁狲、兔狲。犬科：有狼、豺、赤狐、沙狐、狗獾 4 种……鼬科：有艾虎、香鼬、黄鼬……鹿科：有麝、白唇鹿。麝、白唇鹿。牛科：有野牦牛、盘羊、岩羊、原羚……兔科：只有野兔……马科：有野驴一种……

珍稀动物资源：白唇鹿、麝、藏雪鸡、猞猁（苏里、木里、舟群、阳康等乡均有，其皮毛柔软而厚，御寒耐穿，是皮毛中之珍品，价格昂贵）、雪豹、野驴、野牦牛。

按：据此，既可见与猞猁共生的哺乳动物种类，还可见猞猁在该县的具体分布地。

5.6.4 宁夏

宁夏回族自治区仍有猞猁分布记录。

《中国西北地区珍稀濒危动物志》称，猞猁产于"宁夏的……隆德、泾源、固原、中卫、贺兰"（中华人民共和国濒危物种进出口管理办公室等，1994），亦即在今贺兰县、原州区、隆德县、泾源县、沙坡头区等地仍有猞猁生息繁衍。

5.6.5 新疆

新疆维吾尔自治区也有较多猞猁分布。

民国三年（1914）《新疆地理志》中记述（摘录）：

人文地理・动物植物之分布：本省之动植物其种类产额甚少，动物有：……新疆野兽亦多，其种类有：虎、豹、熊、野羊、大头羊、猪、犀[?]、野马、鹿时[?]、麋[?]、兔、水獭、猞猁、狐、狼、鼠族等。

地方志・库车州：丛泽有虎、狐狸、猞猁狲等之野兽。

按：据此，不仅说明新疆有猞猁，而且在"库车州"（约辖今库车县、沙雅县、新和县一带）更著名。此外，还有新疆分布有虎的较晚记录。

《中国经济动物志：兽类》称，据文献记载，新疆维吾尔自治区的哈密、焉耆、和硕、库尔勒、尉犁等地有猞猁分布（寿振黄，1962）。

①据核查，所列举地名皆在今海西州内。

《中国西北地区珍稀濒危动物志》称，猞猁产于“新疆的阜康、木垒、奇台、和静、和欢（和硕?）、尉犁、且末、若羌、特克斯、昭苏、哈什（喀什?）、皮山、阿尔泰地区”（中华人民共和国濒危物种进出口管理办公室等，1994），亦即约在今喀什市、皮山县、阜康市、奇台县、木垒哈萨克自治县、尉犁县、若羌县、且末县、和静县、和硕县、昭苏县、特克斯县、阿勒泰市、布尔津县、富蕴县、福海县、哈巴河县、青河县、吉木乃县等地仍有猞猁存在。

《中国哺乳动物分布》记载，猞猁分布于“新疆：托木尔峰地区，哈密、焉耆、和静、和硕、库尔勒、尉犁、轮台、且末，若羌，阿尔泰山”（张荣祖等，1997）。亦即约在今温宿县、哈密市、库尔勒市、轮台县、尉犁县、若羌县、且末县、和静县、和硕县、焉耆回族自治县、阿勒泰市、布尔津县、富蕴县、福海县、哈巴河县、青河县、吉木乃县等地曾有猞猁分布。

《新疆哺乳动物的分类与分布》称，猞猁“分布涉及的新疆区域范围包括乌鲁木齐南山和博格达山区、昌吉、呼图壁、玛纳斯、米泉、阜康、吉木萨尔、奇台、木垒山区、莫索湾、石河子（南山区）、博乐、温泉、精河（艾比湖及甘家湖附近山地）、伊犁、霍城、尼勒克、新源、巩留、察布查尔、昭苏、特克斯、塔城、额敏、裕民、托里、和丰（萨吾尔山、玛伊尔山、巴尔鲁克山、塔尔哈巴台山）、乌苏、沙湾（南山）、阿勒泰、布尔津、哈巴河、吉木乃、福海、富蕴（可可托海）、青河、哈密、巴里坤、伊吾、吐鲁番、托克逊、鄯善、库尔勒、焉耆、博湖、和硕、和静、且末、若羌、阿克苏、温宿、库车、拜城、乌什、柯坪、克孜勒苏、阿图什、阿合奇、乌恰、阿克陶、喀什、莎车、泽普、叶城、塔什库尔干、和田、墨玉、皮山、洛浦、策勒、于田、民丰等”（阿布力米提·阿布部卡迪尔，2003），亦即约在今乌鲁木齐市、乌鲁木齐县、石河子市、喀什市、泽普县、莎车县、叶城县、塔什库尔干塔吉克自治县、阿克苏市、温宿县、库车县、拜城县、乌什县、柯坪县、和田市、和田县、墨玉县、皮山县、洛浦县、策勒县、于田县、民丰县、吐鲁番市、鄯善县、托克逊县、哈密市、伊吾县、巴里坤哈萨克自治县、阿图什市、阿克陶县、阿合奇县、乌恰县、博乐市、精河县、温泉县、昌吉市、阜康市、呼图壁县、玛纳斯县、奇台县、吉木萨尔县、木垒哈萨克自治县、库尔勒市、若羌县、且末县、和静县、和硕县、博湖县、焉耆回族自治县、霍城县、巩留县、新源县、昭苏县、特克斯县、尼勒克县、察布查尔锡伯自治县、塔城市、乌苏市、额敏县、沙湾县、托里县、裕民县、和布克赛尔蒙古自治县、阿勒泰市、布尔津县、富蕴县、福海县、哈巴河县、青河县、吉木乃县等地仍有猞猁存在①。

5.6.6 方志记载的猞猁

此阶段的猞猁分布记录，虽然有野外调查，但在方志中仍占较大比重。西北的猞猁在20世纪的分布（表15.10）如下。

表 15.10　　20 **世纪西北的猞猁分布概况**

省级政区	今地点	文献	内容	新方志出处
陕西	定边县	清光绪三十二年(1906)《定边县乡土志》	土豹	
	山阳县	民国二十五年(1936)《山阳县志》	土豹	
	凤县	《凤县志民国时期资料汇编》	猞猁	陕西省凤县地方志编纂委员会，1986
	南郑县	1990年《南郑县志》	猞猁（碑坝林区偶见）	南郑县地方志编纂委员会，1990
	山阳县	1991年《山阳县志》	豹（分金钱豹与土豹。主要活动于鹘岭、流岭和郧岭山头，数量极少）	山阳县地方志编纂委员会，1991

①因此资料中不仅存在自然地理与政区、地级市与辖境等多重交织，而且缺乏明确时间段，尚待核查，故暂不按现今分布。

（续表）

省级政区	今 地 点	文 献	内容	新方志出处
	略阳县	1992 年《略阳县志》	猞猁	略阳县志编纂委员会编，1992
	宁陕县	1992 年《宁陕县志》	猞猁*	宁陕县地方志编纂委员会，1992
	陇县	1993 年《陇县志》	猞猁	陇县地方志编纂委员会，1993
	佛坪县	1993 年《佛坪县志》	猞猁	佛坪县地方志编纂委员会，1993
	黄陵县	1995 年《黄陵县志》	猞猁	黄陵县志编纂委员会，1995
	镇巴县	1996 年《镇巴县志》	猞猁	镇巴县地方志编纂委员会，1996
	柞水县	1998 年《柞水县志》	猞猁	柞水县志编纂委员会，1998
甘肃	临潭、卓尼县	清光绪三十三年（1907）《洮州厅志》	猞狸皮	
	民勤县	民国十五年（1926）《民勤县志》	草猞猁狲、土豹	
	和政县	民国十九年（1930）《和政县志》	狲[①]	
	夏河县	民国二十四年（1935）《夏河县志》	猞猁	
	临泽县	民国三十二年（1943）《临泽县志》	舍利（《明统一志》：土豹，一名舍利）	
	华池县	1984 年《华池县志》	麻狸豹（俗名土豹，分布在子午岭林区，数量很少）	华池县志编写领导小组，1984
	安定区	1990 年《定西县志》	猞猁（土名“土豹子”）	定西县志编纂委员会，1990
	永昌县	1993 年《永昌县志》	猞猁（猞猁狲、土豹。分布于西大河密林中）	永昌县志编纂委员会，1993
	阿克塞哈萨克族自治县	1993 年《阿克塞哈萨克族自治县志》	猞猁*	阿克塞哈萨克族自治县地方志编纂委员会，1993
	高台县	1993 年《高台县志》	猞猁	高台县志编纂委员会，1993
	临夏市、临夏县、康乐县、永靖县、广河县、和政县、东乡族自治县、积石山保安族东乡族撒拉族自治县	1993 年《临夏回族自治州志》	猞猁	临夏回族自治州志编纂委员会，1993
	和政县	1993 年《和政县志》	猞猁	和政县志编纂委员会，1993
	民勤县	1994 年《民勤县志》	猞猁	民勤县志编纂委员会，1994
	天祝藏族自治县	1994 年《天祝县志》	猞猁*	天祝藏族自治县志编纂委员会，1994
	敦煌市	1994 年《敦煌市志》	猞猁	敦煌市志编纂委员会，1994

（续表）

省级政区	今 地 点	文 献	内容	新方志出处
	肃南裕固族自治县	1994年《肃南裕固族自治县志》	猞猁(699只)	甘肃省肃南裕固族自治县地方志编纂委员会,1994
	卓尼县	1994年《卓尼县志》	猞猁	卓尼县志编纂委员会,1994
	嘉峪关市	1995年《嘉峪关市志》	猞猁	《嘉峪关市志》编纂委员会,1995
	金川区、永昌县	1995年《金昌市志》	猞猁	甘肃省金昌市地方志编纂委员会,1995
	甘州区	1995年《张掖市志》	猞猁	甘肃省张掖市志编修委员会,1995
	岷县	1995年《岷县志》	猞猁	岷县志编纂委员会,1995
	临夏县	1995年《临夏县志》	猞猁	临夏县志编纂委员会,1995
	景泰县	1996年《景泰县志》	猞猁(俗名草猞猁。皮毛珍贵,少见)	景泰县志编纂委员会,1996
	民乐县	1996年《民乐县志》	猞猁	民乐县县志编纂委员会,1996
	华亭县	1996年《华亭县志》	猞猁(国家二级保护动物。见于海龙山林区。数量很少)	华亭县志编纂委员会,1996
	崆峒区	1996年《平凉市志》	土豹	平凉市志编纂委员会,1996
	榆中县、永登县	1998年《兰州市志・地理志》	猞猁*	兰州市地方志编纂委员会等,1998
	榆中县、永登县	1998年《兰州市志・林业志》	猞猁(连城林区、榆中县)	兰州市地方志编纂委员会等,1998
	凉州区	1998年《武威市志》	猞猁	武威市市志编纂委员会,1998
	渭源县	1998年《渭源县志》	猞猁	渭源县志编纂委员会,1998
	武都区	1998年《武都县志》	猞猁	武都县地方志编纂委员会,1998
	迭部县	1998年《迭部县志》	猞猁	迭部县志编纂委员会,1998
	合作市、临潭县、卓尼县、舟曲县、迭部县、玛曲县、碌曲县、夏河县	1999年《甘南州志》	猞猁	甘南藏族自治州地方史志编纂委员会,1999
青海	大通县	清末《采录大通县乘帙稿》	猞猁	
	湟源县	清宣统二年(1910)《丹嘎尔厅志》	猞猁	
	玉树县、杂多县、称多县、治多县、囊谦县、曲麻莱县	民国四年(1915)《玉树调查记》	猞猁	
	大通县	民国八年(1919)《大通县志》	舍利*	
	贵德县	民国二十九年(1940)《贵德县志稿》	猞猁	
	玉树县、杂多县、称多县、治多县、囊谦县、曲麻莱县	民国《青海图说》	玉树物产输出调查表:猞猁皮年输出约600张(每年约数)	
	共和县	1991年《共和县志》	猞猁	共和县地方志编纂委员会,1991

（续表）

省级政区	今 地 点	文 献	内容	新方志出处
	格尔木市	1992 年《中国国情丛书：百县市经济社会调查：格尔木卷》	猞猁	丁伟志等，1992
	海晏县	1993 年《青海省志·青海湖志》	海晏县：猞猁	青海省地方志编纂委员会，1993
	大通回族自治县	1993 年《大通县志》	猞猁	大通回族自治县志编纂委员会，1993
	湟源县	1993 年《湟源县志》	猞猁	湟源县志编纂委员会，1993
	民和回族土族自治县	1993 年《民和县志》	猞猁	民和回族自治县志编纂委员会，1993
	互助土族自治县	1993 年《互助土族自治县志》	猞猁	互助土族自治县志编纂委员会，1993
	海晏县志	1994 年《海晏县志》	猞猁	海晏县志编纂委员会，1994
	贵德县	1995 年《贵德县志》	猞猁	贵德县地方志编纂委员会，1995
	德令哈市、格尔木市、乌兰县、都兰县、天峻县	1995 年《海西蒙古族藏族自治州志》	猞猁	海西蒙古族藏族自治州地方志编纂委员会，1995
	天峻县	1995 年《天峻县志》	猞猁狲……猞猁	天峻县县志编纂委员会，1995
	湟中县	1996 年《中国国情丛书：百县市经济社会调查：湟中卷》	猞猁	丁伟志等，1996
	平安县	1996 年《平安县志》	猞猁	平安县志编纂委员会，1996
	贵南县	1996 年《贵南县志》	猞猁	贵南县志编纂委员会，1996
	河南蒙古族自治县	1996 年《河南县志》	猞猁	河南蒙古族自治县方志编纂委员会，1996
	湟中县	1998 年《湟中县志》	猞猁	湟中县地方志编纂委员会，1989
	刚察县	1998 年《刚察县志》	猞猁	刚察县志编纂委员会，1998
	同德县	1999 年《同德县志》	猞猁	同德县地方志编纂委员会，1999
宁夏	盐池县	清光绪三十三年（1907）《花马池志迹》	土豹	
	贺兰县	1994 年《贺兰县志》	最常见的有：猞猁	贺兰县志史编纂委员会，1994
	中宁县	1994 年《中宁县志》	猞猁	中宁县志编纂委员会，1994
	沙坡头区	1995 年《中卫县志》	猞猁	中卫县县志编纂委员会，1995
	银川市、永宁县	1998 年《银川市志》	猞猁（银川市、永宁县）	银川市志编纂委员会，1998
	属石嘴山市	1999 年《惠农县志》	猞猁	惠农县志编纂委员会，1999

（续表）

省级政区	今 地 点	文 献	内容	新方志出处
新疆	于田县	清光绪(1875～1908)《于阗县乡土志》	猞猁皮	
	伊宁市、奎屯市、伊宁县、霍城县、巩留县、新源县、昭苏县、特克斯县、尼勒克县、察布查尔锡伯自治县	清光绪三十四年(1908)《伊犁府乡土志》	猞猁	
	温宿县	清光绪三十四年(1908)《温宿县乡土志》	猞猁皮	
	库车县、沙雅县、新和县	清光绪三十四年(1908)《库车直隶州乡土志》	猞猁皮	
	玛纳斯县	清光绪三十四年(1908)《绥来乡土志》	猫(产于南山深邃之处)	
	若羌县	清宣统二年(1910)《婼羌县乡土志图》	猞猁	
	若羌县	清宣统二年(1910)《婼羌县乡土志》	猞猁	
	乌苏市	民国七年(1918)《乌苏县志》	猞猁	
	哈密市	1989 年《哈密县志》	猞猁	哈密市地方志编纂委员会,1989
	轮台县	1991 年《轮台县志》	猞猁	轮台县党史、县志编纂委员会,1991
	呼图壁县	1992 年《呼图壁县志》	猞猁(山猫)	呼图壁县志编纂委员会,1992
	玛纳斯县	1993 年《玛纳斯县志》	猞猁	玛纳斯县地方志编纂委员会,1993
	尉犁县	1993 年《尉犁县志》	猞猁	尉犁县地方志编纂委员会,1993
	博湖县	1993 年《博湖县志》	猞猁	《博湖县志》编纂委员会,1993
	伊吾县	1994 年《伊吾县志》	猞猁	伊吾县地方志编纂委员会,1994
	奇台县	1994 年《奇台县志》	猞猁	奇台县史志编纂委员会,1994
	库车县	1995 年《中国国情丛书:百县市经济社会调查:库车卷》	猞猁	丁伟志等,1995
	乌恰县	1995 年《乌恰县志》	猞猁	乌恰县地方志编纂委员会,1995
	塔城市	1995 年《塔城市志》	猞猁	塔城市地方志编纂委员会,1995
	阿图什市	1996 年《阿图什市志》	猞猁	阿图什市地方志编纂委员会,1996
	哈密市、伊吾县、巴里坤哈萨克自治县	1997 年《哈密地区志》	猞猁	哈密地区地方志编纂委员会,1997
	塔城市、乌苏市、额敏县、沙湾县、托里县、裕民县、和布克赛尔蒙古自治县	1997 年《塔城地区志》	猞猁(山猫。时有发现)	塔城地区地方志编纂委员会,1997
	精河县	1998 年《哈密地区志》	猞猁	精河县《精河县志》编纂委员会,1998
	疏附县	1999 年《疏附县志》	猞猁	疏附县地方志编纂委员会,1999
	博乐市、精河县、温泉县	1999 年《博尔塔拉蒙古自治州志》	猞猁	博尔塔拉蒙古自治州地方志编纂委员会,1999
	和硕县	1999 年《和硕县志》	猞猁	和硕县地方志编纂委员会,1999

注：* 详见正文。①原文如此;当是猞猁。

6 猞猁的现今分布

现今，猞猁仍在六大区皆有，但有少数省级政区已然消失。

6.1 华北

华北现今仅河北省、山西省与内蒙古自治区还有猞猁存在。

6.1.1 河北

河北省的北部尚有猞猁分布。

● 张家口市：赤城县地处冀北山区，属潮白河水系白河流域，境域西北高、东南低，由西北向东南倾斜；境内群山环绕，沟壑纵横，黑河、白河、红河纵贯县域；山地面积大，占85.72%。2007年，有林地17.8万hm^2，森林覆盖率33.7%。西南部海陀山西北麓的大海陀国家级自然保护区，经过初步调查，有脊椎动物66科206种及亚种。其中兽类14科30种，鸟类42科146种及亚种，爬行类6科16种，两栖类2科2种，鱼类2科12种。在保护区现有的205种脊椎动物中，列为国家重点保护的野生动物有金钱豹、猞猁、斑羚、豹猫及白肩雕、黑鹳、金雕、勺鸡、鹰、隼、鸦等各种鸟类共计17种①。

● 承德市：隆化县地处冀北山区，燕山余脉自西北向东南斜向延伸，形成西北高、东南低的地势；山地古老，近似丘陵，除河谷、狭窄平川外大部为低山丘陵，有“八山一水一分田”之称。县境内的茅荆坝国家级自然保护区，截至2013年，有脊椎动物270种，其中陆生脊椎动物251种，包括两栖纲1目2科4种、爬行纲2目6科16种、鸟纲17目47科197种、哺乳纲6目13科34种。有国家级重点保护陆生野生脊椎动物34种，以鸟类和哺乳类为主，有老虎、豹子、棕熊、猞猁、狐狸、野兔、貉、香獐（麝）、鹿、狍子、山鸡、黄鹂、山鸽、鹌鹑、山雀、沙鸡、翠鸟、喜鹊、猫头鹰、画眉等②。

丰宁满族自治县地处燕山北麓和内蒙古高原南缘，地势由东南向西北呈阶梯状增高，分坝下、接坝、坝上三个地貌：坝下群山绵亘，河谷纵横；接坝峰高谷深，林木茂盛；坝上则天高地阔。地处坝上高原与冀北山地交汇处的千松坝森林公园有动物300种以上，其中猞猁、豹、斑羚、细鳞鱼、驴轴棍蛇、黑琴鸡、松鸡、石鸡、勺鸡、豺、兔狲、黄羊、天鹅、鸳鸯、红脚隼、灰鹤等均属珍贵稀有保护动物③。

围场满族蒙古族自治县地处阴山山脉、大兴安岭山脉的尾部与燕山山脉的结合部，地势西北高、东南低，海拔700～1 900 m。该县已查明的脊椎动物计5纲28目78科183属323种，其中哺乳钢6目15科35属51种，属国家二级保护动物有黑熊、猞猁、兔狲、石貂、水獭、豹猫、马鹿、蒙古羚、斑羚等④。特别是在20世纪90年代实施全面禁猎以来，全县的野生动物得到了应有的保护与繁衍，除曾倍受清代皇帝关注的蒙古野驴、麋鹿、原麝（獐）、东北虎、豺等绝迹外，其他诸禽兽有的尚有踪迹，如熊、猞猁、金钱豹、黄羊、青羊、鼯鼠（飞狐）等，有的还得到繁衍与发展，如马鹿、狍、野猪等；特别是有的形成了新的庞大种群，如黑琴鸡、松鼠、花鼠、马鹿、野猪等⑤。该县的围场红松洼国家级自然保护区、滦河上游国家级自然保护区与塞罕坝国家森林公园等地皆有猞猁栖

①大海陀国家级自然保护区. http://baike. baidu. com/link? url=WfhlIti8jiEpQzlUAMMn0Tu4HXlIsrm1Gr9ke6tmp67NVLiQsgpvfIkAPFzQFtT3dZ_d2mtkbivrrNrS8_1AVq

②河北茅荆坝国家级自然保护区. http://baike. baidu. com/link? url=0UB_sh-mGFrlGJZ6JnTcqVH2U1YnDRGU9ywbUKWBAxlaWgvcJP3KAwchRlSp0cgGyowsoKXBtby7KPNWmuZeiK

③千松坝森林公园. http://baike. baidu. com/link? url=538Gaqvcq1xEhYL52N-ydUFX4lUG9woalCsrTJYVlFhvOgNwfrMEHfwPUdpfh9fF3o6doUi2obDBp3UOUEUXGa

④围场满族蒙古族自治县. http://baike. baidu. com/link? url=9u3X3ykSaEDASei9m2Yft6094T2q28IveNW0geoVQc1J_vclfhw4Wkob9blp84lnaEEqqmJaFtRRwKmikBRE

⑤围场县委宣传部. 木兰围场放垦与生态变迁. http://cd. hebei. com. cn/system/2014/06/18/013538814. shtml

息的报道①。反映出该县是河北省现存较多的猞猁之处。

《中国重点陆生野生动物资源调查》称，"本次调查，猞猁见于""河北（围场、坝上机械林场）"（国家林业局，2008），亦即在围场满族蒙古族自治县仍有猞猁存在。

● 邢台市：沙河市所称野生动物还有狼、土豹、狐狸、野兔、狸猫、黄鼠狼、松鼠、獾、刺猬、田鼠、蝙蝠、家鼠等②。参考邻近的邢台县、内丘县皆曾称既有"金钱豹"，又有"土豹"，故此所称"土豹"，似亦为猞猁。

6.1.2　山西

山西省还有一些猞猁存在，多居于获得庇护的机构内。

曲沃县地处临汾盆地南端，北依塔儿山（崇山）、桥山、垆顶山，南靠紫金山（绛山），地貌主要为平原和丘陵，包括土石山区、山前倾斜平原区、黄土塬区、冲积平原区、现代河谷区，其中，平原区约占县域国土总面积的77.6%。截止到2005年，该县尚存动物中，兽有穿山甲与狼、赤狐、狍子、兔狲、獾、猞猁、黄鼬（黄鼠狼）、艾虎、松鼠、岩松鼠、田鼠、花鼠、中华鼢鼠、鼹鼠、蝙蝠、刺猬等③。

交城县位于吕梁山东麓，山西省中部，晋中盆地西缘，北枕吕梁，南带汾河，地势西北高、东南低，境内地貌复杂，山多川少。县境内的交城山国家森林公园有世界珍禽、山西省省鸟褐马鸡及国家一二级保护动物黑鹳、兔狲、金雕、猞猁、林麝、猕猴、金钱豹等数十种稀有动物繁衍栖息④。

6.1.3　内蒙古

内蒙古自治区是华北现存猞猁最多的省级政区。

《中国重点陆生野生动物资源调查》称，"本次调查，猞猁见于""内蒙古［大兴安岭地区、通辽、赤峰、锡林郭勒、浑善达克沙地、乌兰察布盟、巴彦淖尔、中蒙边境大青山、乌拉山、狼山、雅布赖山、马宗山（马鬃山）］"（国家林业局，2008），亦即约在包头市、固阳县、达尔罕茂明安联合旗、赤峰市、宁城县、林西县、阿鲁科尔沁旗、巴林左旗、巴林右旗、克什克腾旗、翁牛特旗、喀喇沁旗、敖汉旗、科尔沁区、霍林郭勒市、开鲁县、库伦旗、奈曼旗、扎鲁特旗、科尔沁左翼中旗、科尔沁左翼后旗、集宁区、丰镇市、卓资县、化德县、商都县、兴和县、凉城县、察哈尔右翼前旗、察哈尔右翼中旗、察哈尔右翼后旗、四子王旗、临河区、五原县、磴口县、乌拉特前旗、乌拉特中旗、乌拉特后旗、杭锦后旗、乌兰浩特市、阿尔山市、突泉县、科尔沁右翼前旗、科尔沁右翼中旗、扎赉特旗、锡林浩特市、二连浩特市、多伦县、阿巴嘎旗、苏尼特左旗、苏尼特右旗、东乌珠穆沁旗、西乌珠穆沁旗、太仆寺旗、镶黄旗、正镶白旗、正蓝旗、阿拉善右旗、额济纳旗等地仍有猞猁存在。

● 赤峰市：据报道，赤峰市有野生动物551种。其中兽类46种，野生禽类253种，被列入国家二级保护动物有猞猁、与豹、黄羊、马鹿、大天鹅、小天鹅、鸳鸯、白头翁、白枕鹤、百灵鸟等10种⑤。由于赤峰市乃辖3区7旗2县的地级市，但尚有个别待核查证实是否仍有猞猁分布。

巴林右旗地处西拉沐沦河北岸，大兴安岭南段山地，是大兴安岭山地与燕山山地交接过渡地带，是科尔沁草原的重要组成部分。该旗的珍贵野生动物有鹿、狍、黄羊、猞猁、獾、雉鸡、杜鹃、百

---

①河北围场红松洼国家级自然保护区. http://baike.baidu.com/link?url=xBNQYBZsHiMF2NiAr_QZiP7GOkZkq5ku5AECt7SjeUeL77is7xTVWniBftDB5zR9X6x6kNsv6mLbf4gWgJHR-_；滦河上游国家级自然保护区. http://baike.baidu.com/link?url=Skkw4RrQj3wSorgXVX8rE0RYtH7je29jM4Zj-iB8bQPVZGzep；河北塞罕坝国家森林公园. http://baike.baidu.com/link?url=Zk-0NRyLHGOin9nj9JMXGc_VJPWEUCxlcEWNH2P04zylLwPsq8-WZp44VqjFm0wSNOksQ6mFxPRxlFuYKuqVS0o5A6Nw9rClAitgnjUiax0MBmYLzSY0HtaHO7bBHhb-AJJquvg22oGd-FLrksiJdvagvOKYON--zxd8AXk6xPwHY14JWJgEx76JOI21uD8d-wvj8XaN29dwvMFawEI-hq

②沙河市政府网. http://www.shaheshi.gov.cn/news/page_resources.html

③曲沃县. http://baike.baidu.com/link?url=i_3XW7tYNF7LNYKg1r5tXY2Oo4-FLhrffxzBMhF0rVPXllpoQO7amFHoJ6hTlvM7XpN7LgczhgSfXvk9v-z_

④交城山国家森林公园. http://baike.baidu.com/link?url=60msCoudcicSJzqah-cmywUN29f-DeQYz1Dt2X7vOjVvDRr7OAp1RlGdAOa0SW2w

⑤赤峰市. http://baike.baidu.com/view/5442.htm?fromId=128662

灵等[①]。据2011年12月报道，野生动物学专家近日在巴林右旗境内的赛罕乌拉国家级自然保护区，成功拍摄到两只猞猁在野外捕食猎物的图像。据介绍，这是中国首次利用自动照相设备拍摄到的猞猁野外生存的影像资料[②]。更确证当地有猞猁，不谬。

林西县地处西辽河上游，大兴安岭南段，地势由西北向东南倾斜，形成了北高、南低的中、低山山区地貌形态，境内石质山区占总面积的45%，土质低山区占43%，河谷平川区占12%。森林覆盖率29.8%。野生动物有53种，其中哺乳动物20余种，野生飞禽类20余种，珍贵动物有马鹿、狍子、猞猁、狐狸、天鹅、鸿雁、斑翅山鹑、环颈雉等[③]。

阿鲁科尔沁旗是大兴安岭中山山地向科尔沁沙地过渡带，地势表现为山峦起伏、丘陵广布、平川狭长，总体为北西高、东南低。据《阿鲁科尔沁旗自然概况》介绍，当地野生动物资源中兽类有：狼、狐、貉、艾虎、兔狲、果子狸、猞猁、旱獭、鹿、黄羊、狍、野猪、盘羊、狗獾等40余种[④]。

● 通辽市：通辽市野生动物繁多，有国家一级保护动物丹顶鹤、白鹳、鸨、梅花鹿、紫貂5种；国家二级保护动物灰鹤、蓑羽鹤、鸳鸯、天鹅、猞猁、马鹿、黄羊等近30种[⑤]。通辽市不存在与其同名的地级市，辖境中现可证实有猞猁存在的地方并不多。

奈曼旗地处科尔沁沙地南缘，全旗地势自西南向东北倾斜，地形地貌特征一般概括为“南山中沙北河川，两山六沙二平原”：南部属于辽西山地北缘，浅山丘陵，以构造水蚀为主，连绵起伏，沟谷纵横；中部以风蚀堆积沙为主，沙沼带呈东西走向各2条；中北部平原属于西辽河和教来河冲积平原的一部分，地势平坦开阔。据《奈曼旗志》记载，当地兽类，主要有狐狸、狼、獾、貉、山兔、黄鼬、狸猫、艾虎、猞猁、黄鼠、刺猬、蝙蝠等（内蒙古自治区奈曼旗地方志编纂委员会，2002）。

扎鲁特旗地处大兴安岭南麓，科尔沁草原西北端，属内蒙古高原向松辽平原过渡地带，地势西北高、东南低，北部为山地，中部为低山丘陵区，南部为西辽河沙丘地平原。据《扎鲁特旗志》称，当地有野生动物150余种，主要经济动物有马鹿、黄羊、狍子、野猪、狐狸、旱獭、獾子、猞猁、野猫、黄鼬、狼、野兔等（《扎鲁特旗志》编纂委员会，2001）。最近，该旗仍称，野生动物有马鹿、黄羊、猞猁、狍子、狐狸、野猪等150多种[⑥]。

科尔沁左翼中旗位于大兴安岭东南边缘，西辽河北岸，是松辽平原向内蒙古高原的过渡地带。地势由西北向东南倾斜，境域属平原地貌，在冲积、风积因素下，具有波状起伏、草甸、沙坨、湖沼漫布的特点。据称，境内的野兽共11科，主要有狼、貉、狐狸、草原黄鼠、五趾跳鼠、三趾跳鼠、大家鼠、小家鼠、褐家鼠、田鼠、花鼠、信背仓鼠、大仓鼠、鼠、长爪沙土鼠、草原鼢鼠、蒙古兔、黄鼬、艾虎、獾、黄羊、猞猁等[⑦]。

● 呼伦贝尔市：扎兰屯市位于蒙古高原东缘，地处大兴安岭山脉的中段东麓、松嫩（辽）平原西侧，地势西高东低，北高南低；地貌形态主要有山地（中山、低山）、丘陵、平原和河谷4种地形单元。据该市的达斡尔民族乡介绍，既称“在山川、河水流域间栖息着多种野生动物，主要有马鹿、飞龙、狍子、野猪、水獭、野鸡等”，又道“野生动物有狼、猞猁、狐狸、狍子、野猪、獾子、野鸡、飞

---

①巴林右旗. http://baike. baidu. com/view/136247. htm

②于嘉. 我国首次拍摄到猞猁野外捕食图像. http://www. greentimes. com/green/news/dzbh/ysdw/content/2011-12/26/content_161398. htm

③林西县. http://baike. baidu. com/view/418342. htm

④赤峰市阿鲁科尔沁旗自然概况. http://www. docin. com/p-664890904. html

⑤通辽市. http://baike. baidu. com/link? url = CGtCaZHr4uN1Vc9FSNa9PStL6KvsHzcCDEOF447ORwS9OlWDy20BDqp-Ior5P-a0Uylnknl YEclPEwtsDHzsEK

⑥扎鲁特旗. http://baike. baidu. com/view/5808. htm

⑦科尔沁左翼中旗. http://baike. baidu. com/link? url = Mehb1Sit40GGxrkIe6GmEcGWmXULQDSrVErsahe3B5o890IK2HZIr0SHChf3q_Smz9f_q4jN1XeKubXA-r4SNK

龙等”[①]。说明还有猞猁存在。

牙克石市位于大兴安岭中脊中段西坡，市域沿大兴安岭主脉南北分布，东连嫩江流域。主要生长着落叶松、白桦、杨树等10多个耐寒树种；野生木本、草本植物多达2 000多种，遍布草原的山野菜有40多种。栖息着323种动物，有驼鹿、梅花鹿、猞猁、白狐、紫貂、雪兔、银鼠、榛鸡、灰天鹅、兴安鸳鸯等16种国家重点保护动物[②]。

额尔古纳市位于呼伦贝尔草原北部边缘，境内地形以丘陵为主。有兴安落叶松、樟子松、白桦、黑桦、山杨等多种树木，森林覆盖率高达64.8%。据2014年11月报道，地处哈乌尔河畔、大兴安岭北部原始森林腹地的恩和俄罗斯民族乡，三面环山，一面临水。全乡自然资源丰富，境内原始森林是大兴安岭原始森林的一部分，开采较少，以白桦林、兴安落叶松为主，次生林范围较小。境内珍贵野生动物较多，如黑熊、狍子、飞龙、猞猁、狐狸、飞鼠、黄鼬、花鼠、小獭等，品种、数量均在全市名列前茅[③]。

阿荣旗位于大兴安岭东麓、松嫩平原，是呼伦贝尔市岭东三旗市之一。地貌呈中低山—丘陵漫岗地形，地势由西北向东南呈阶梯式下降。境内原始森林郁郁葱葱，古木参天，野生动物繁多，有马鹿、驼鹿、梅花鹿、棕熊、野猪、狍子、黄羊、猞猁、紫貂等70余种野兽在这里繁衍，有雉鸡、榛鸡、鸳鸯、鹌鹑等80多种珍禽在这里栖息[④]。

鄂伦春自治旗位于大兴安岭南麓、嫩江西岸，属寒温带半湿润大陆性季风气候，四季变化显著。据《鄂伦春自治旗志：1989～1999》记载，当地野生动物150多种(不包括两栖、爬行、水生动物等)，其中各种兽类有40多种，基本上可分为两种生态类型，即北极型和林栖型，北极型的代表种有驼鹿、貂熊、白鼬、雪兔等，林栖型的代表种有马鹿、狍、猞猁、豹猫等(鄂伦春自治旗史志编纂委员会，2001)。近年报道，该县共有野生动物150多种，其中受国家保护的一、二级野生动物35种，主要有马鹿、驼鹿、狍子、水獭、雪兔、猞猁、貂熊、黑熊、榛鸡(飞龙)、松鸡、雉鸡等[⑤]。又据2015年3月报道，该旗克一河林业局霍都奇林场库亚施业区有3只猞猁被非法分子杀害[⑥]。再据2015年10月报道，该旗阿里河森林公安局在阿里河至兴阿林场7 km处的山里，将一只在这一带发现生命垂危的猞猁，经救治并确定恢复健康后放生[⑦]。这些皆证实当地确有猞猁生息繁衍。

新巴尔虎左旗地处大兴安岭北麓、呼伦贝尔市西南端，东南部为山地丘陵，中部为高平原，北部海拉尔河一带为低山丘陵，南部为大兴安岭北麓山林区，多山。据称，2011年该旗境内栖居的野生动物有鹿、狍子、黑熊、黄羊、野猪、狐狸、沙狐狸、猞猁、獾子、刺猬、草兔、旱獭、水数、松鼠等46余种。珍奇禽类有天鹅、丹顶鹤、飞龙、乌鸡、斑翅山鹑(山半斤儿)、鹌鹑、大雁、鸿雁、野鸡、野鸭、百灵鸟等[⑧]。

陈巴尔虎旗地处大兴安岭西部末端向呼伦贝尔高平原过渡地带，地势由东北向西南逐渐降低，东半部为大兴安岭中低山丘陵，西半部为波状起伏的高平原，海拉尔河南岸有一条东西走向的固定和半固定沙带，形成由东、北、西三面低山丘陵包围的马蹄形盆地，山丘属大兴安岭西麓山系。据2014年5月报道，2013年12月该旗森林公安局成功救助了一只受伤的国家二级保护动物猞猁，在公安民警的悉心照料下，这只猞猁恢

①达斡尔民族乡. http://baike. baidu. com/link? url=oAW_5w2B-yM2NtI6fsg5GXMTzUX6lCqQkxOBrqfObXSbQcksa2CIU3rUPJXXjRPvETd1GKto07Bip6p1ZG83HK

②牙克石. http://baike. baidu. com/link? url=Wy0MRNBOruqRl9BoHZyQ-qEolwYlIzCTYs_jGdplZx3KycdfgW1nPNAFqpYfJ87N01nsZkk9OwSutCt3mrjFga

③中国传统村落：额尔古纳市恩和俄罗斯民族乡恩和村. http://www. hhhtnews. com/2014/1110/1775872. shtml

④阿荣旗. http://baike. baidu. com/view/77770. htm

⑤鄂伦春自治旗. http://baike. baidu. com/view/108138. htm

⑥高美峰，李宏. 内蒙古破获猎杀濒危野生猞猁案嫌犯被刑拘. http://news. 163. com/15/0330/18/ALVMJV8F00014JB6. html

⑦徐春光. 阿里河森林公安局救助并放生一只猞猁. http://www. dxalga. gov. cn/News_View. asp? NewsID=7354

⑧新巴尔虎左旗. http://baike. baidu. com/link? url=67rx1MlrR5epxpz52v-NT8tGgC7hE-lBP20bC8yCfJnDKlpRbuPw5Aeq3O6FCj1x-6jYCWmrGvaFXbhXEiLHza

复了健康，近日在该旗那吉林场成功放生了①。

鄂温克族自治旗位于大兴安岭山地西北坡，处于大兴安岭山地向呼伦贝尔高平原过渡地段，属高原型地貌区，境内中山、低山、丘陵、高平原地貌自然融为一体，地势由东南向西北逐渐倾斜。属中温带大陆性气候。据称，当地野生动物有49种，其中列入国家保护的稀有动物12种，有马鹿、驼鹿、黄羊、黑熊、雪兔、猞猁、紫貉、旱獭等②。

莫力达瓦达斡尔族自治旗地势由西北向东南倾斜，有山丘、丘陵、平原三大地貌，为浅山区。属中温带大陆性季风气候，无霜期平均115天，平均气温1.3℃。据称，全旗已发现野生动物93种，鱼类60余种。主要野生动物有梅花鹿、狍子、野猪、猞猁、紫貂、飞龙、鹌鹑、驼鹿、黑熊、丹顶鹤等，主要鱼类有七星鳗、哲罗、鲫、鲤、黑鱼、花鱼等③。

● 巴彦淖尔市：乌拉特中旗地处内蒙古高原西部，由阴山山脉东西走向的二狼山、乌梁素太山、查斯太山分割成南北不同的自然地貌，具有明显的地域差异和过渡变化，具体以固查公路为界，可分南部山前准平原区和北部高原区。由于深居大陆，远离海洋，地处高原，地域辽阔，气候差异很大，具有高原寒暑剧变的特点，属大陆性干旱气候区。草原资源丰富，全旗可利用草场占土地总面积的95.1%。据初步调查统计，全旗范围内生存的野生动物有野驴、石羊、黄羊、团羊、青羊、狼、土豹子、狐狸、野鸡、石鸡、鹌鹑、野鸭、地脯、捞鱼鹳、喜鹊、乌鸦、老鹰、猫头鹰、老雕、灰鹤、天鹅、野兔、兔狲、獾子、猞猁、刺猬、黄鼠、松鼠、蛇等④。

乌拉特梭梭林蒙古野驴国家级自然保护区位于乌拉特中、后旗北部的巴音杭盖苏木、巴音前达门苏木境内，属荒漠生态系统类型国家级自然保护区。保护区总面积131 800 $hm^2$⑤，兽类中属于国家二级保护动物有鹅喉羚、盘羊、猞猁、兔狲、荒漠猫5种⑥。亦即该保护区地处乌拉特中旗、乌拉特后旗境内，其中有猞猁栖息。

● 兴安盟：乌兰浩特市北部为山地，南部为冲积平原，东、西、南三面环水，属温带大陆性季风气候。当地野生动物有70余种，珍稀动物20余种。常见的有马鹿、黑熊、狍子、猞猁、水赖、雪兔、飞龙、松鸡、乌鸡等。水生动物主要有冷水鱼、狗鱼、双嘴鱼等⑦。

阿尔山市横跨大兴安岭西南山麓，是全国纬度最高的城市之一。由于当地特殊的地理环境，海拔由西南向东北逐渐升高，全年主要受东南海洋暖湿气流与西北干寒气流影响，属寒温带大陆性季风气候，又处于大陆型高山气候区，地方小气候特征明显。该市的白狼镇地处大兴安岭南侧，市政府所在地东南。白狼镇资源富饶，特产丰富，尤其以野生动植物著称。野生动物种类繁多，主要有马鹿、黑熊、狍子、猞猁、香獐、水獭、雪兔等，水生动物主要有山哲鲤鱼、冷水细鳞鱼，禽鸟主要有松鸡、乌鸡、飞龙等⑧。

突泉县地处大兴安岭松嫩平原和科尔沁草原的过渡地带，属温带大陆季风性气候，无霜期130天左右，年平均气温5℃。位于该县西北75km的宝石镇现有林地近2万 hm^2，主要树种有柞、榆、山杏、白桦、杨树、兴安落叶松等，森林覆盖率达20%，天然次生林郁闭度在0.3左右。荒山草原面积广阔，药材种类繁多，有野生药材数百种，堪称"药材之乡"。野生动物中兽类主要有鹿、狍子、野兔、狐狸、狼、猞猁、野猪、刺猬等，

①金建军等. 陈巴尔虎旗森警救助的国家二级保护动物猞猁放生了. http://nm.cnr.cn/neimenggufenwang/neimenggushehuixinwen/201405/t20140504_515424335.shtml

②鄂温克族自治旗人民政府网・自然条件. http://www.ewenke.gov.cn/Category_12/Index_1.aspx

③莫力达瓦达斡尔族自治旗. http://www.cnr.cn/zhuanti1/hlbe/gk/t20050706_504082560.html

④乌拉特中旗. http://baike.baidu.com/view/168612.htm

⑤因其公布的基础信息不同于《全国自然保护区名录(2010)》(http://sts.mep.gov.cn/zrbhq/zrbhq/201208/t20120824_235172.htm)，特按此为准。

⑥内蒙古乌拉特梭梭林蒙古野驴国家级自然保护区管理局简介. http://sslnr.forestry.gov.cn/business/htmlfiles/wltsslylbhq/jqgk/index.html

⑦乌兰浩特市资讯概况. http://www.jnxcx.com/town/wulanhaote.html

⑧内蒙古兴安盟阿尔山市白狼镇. http://www.tcmap.com.cn/neimenggu/aershanshi_bailangzhen.html

鸟类有沙鸡、鹌鹑、百灵、山雀、山鹰、野雉等①。

科尔沁右翼前旗在大兴安岭南麓，县境北部是大兴安岭山脉，其余大都是浅山丘陵。据2008年6月报道，当地野生动物种类达百余种，其中有国家一类保护动物珍禽黑鹤、丹顶鹤等，二类保护动物鹿、盘羊、猞猁等，三类保护动物紫貂、棒鸡、野鸡、黄羊等②。

科尔沁右翼中旗位于大兴安岭南麓、科尔沁沙地北端，是兴安盟最南端的一个旗。该旗属于山前丘陵洪积台地，北部为浅山丘陵地带，占总面积的60%；中部为霍林河沿岸平原区，占总面积的15%；南部为沙丘沼泽地带，占总面积的25%。全旗境内自然资源比较丰富，林地17.8万 hm^2，森林覆盖率13.1%。野生动物有丹顶鹤、白鹳、黑鹳、山鸡、野猪、狼、狐狸、猞猁、狍子、马麓、野兔等几十种③。

扎赉特旗在嫩江右岸，是大兴安岭向松嫩平原的过渡地带，地势西北高、东南低，由西北至东南依次构成低山、丘陵、平原三类地貌。当地的野生动物种类繁多，马鹿、野猪、黑熊、锦鸡、飞龙、狍子、猞猁、水獭、狐狸、草兔、灰鼠、丹顶鹤、白天鹅、沙鸡等几十种经济价值较高的珍禽野兽，在这里安家繁殖后代④。

● 锡林郭勒盟：阿巴嘎旗地形系蒙古高原低山丘陵区，地势由东北向西南倾斜，从形态上可划分为低山丘陵、高平原、熔岩台地、沙地等4个类型，兼有多种地貌单元组成的地区，没有明显的山脉和沟壑，地势呈波状起伏。由于地处中纬度西风气流带内，气候属中温带半干旱大陆性气候，冷暖剧变，昼夜温差大，降水量少，蒸发量大，春秋两季多寒潮大风，冬季寒冷漫长，夏季温凉短促，年平均温度0.7℃。该旗98%的土地被原始植被覆盖。据2015年7月报道，该旗野生动物有黄羊、旱獭、狍、猞猁、野兔等10多种，还有天鹅、苍鹰、灰鹤、百灵、大雁、野鸭等珍禽类⑤。

苏尼特左旗地处蒙古高原中北部，位于中国四大天然牧场之一的锡林郭勒大草原西北。全旗96.7%的面积属于草原，其余为丘陵、沙地和湖盆低地，湖泊有十数个。属半干旱大陆性气候，降水稀少，日照充足，日照时数长，太阳辐射量高，风力强，风量较大。当地有维管束植物477种之多，以菊科、禾本科居多，其中90%以上种类可作为牧草。野生动物颇多，珍稀动物天鹅、大鸨、羚羊常在这里出没，黄羊、狍子、羚羊、旱獭、猞猁、狐狸、狼、灰鹤、鸿雁、苍鹰、野鸭、百灵鸟、野兔、猫子等更是常见不鲜⑥。

● 阿拉善盟：阿拉善右旗地势南高北低，总趋势西高东低，中间地段趋于缓和，南、西南部有龙首山脉、合黎山，中部有雅布赖山脉，西北部为巴丹吉林沙漠，在山地与沙漠之间有戈壁、丘陵、滩地纵横交错，其中沙漠占46.6%、山地占6.5%，丘陵占33.4%，戈壁、滩涂占13.5%。据称，该旗西南部的阿拉腾朝格苏木现今还有大鸨、金雕、岩羊、黄羊、雪鸡、猞猁等国家一级二级野生保护动物⑦。

6.2 东北

东北3个省级政区皆有猞猁分布，只是由北向南呈现逐步递减趋势。

6.2.1 辽宁

辽宁省现今仍有少量猞猁残存。

辽宁省1996～2000年对该省的国家重点保护和有重要价值的兽类的数量、分布和生境情况进行调查，种类有豺、狼、貉、赤狐、黑熊、黄鼬、狗獾、猪獾、猞猁、豹猫、豹、河麂、马鹿、梅花鹿、黄羊、野猪、狍、麝，计18种。通过几年的外业调查，除豺、猞猁、豹、河麂、马鹿、梅花鹿、黄羊7种没有发现外，其余11种均有记录（赵文双等，2004）。实际上，我们还见有猞猁存在的报道，可以说猞猁在该省已经极度濒危。

铁岭市东部山区属长白山余脉，主要山脉有

①内蒙古兴安盟突泉县宝石镇. http://www.tcmap.com.cn/neimenggu/tuquanxian_baoshizhen.html
②科尔沁右翼前旗电子政务综合门户网站. http://www.kyqq.gov.cn/mxlyz/lygk/13780.htm
③科尔沁右翼中旗地域概况. http://www.zgsxzs.com/plus/view.php? aid=7981
④扎赉特旗. http://baike.baidu.com/link? url=nxfTjOdii7NuyYZSSH6j5_19cQ4TIvR-Z_Fy5H6IpySPCz3nyO4ohs_qGzhSy6uP
⑤阿巴嘎旗. http://lyj.xlgl.gov.cn/ywxg_2/qxsc/200707/t20070713_47349.htm
⑥苏尼特左旗. http://www.renwen.com/wiki/苏尼特左旗
⑦阿拉善右旗概况. http://www.doc88.com/p-6671147360805.html

冰砬山、城子山、鸡冠山、龙首山，以辽河流域为主的中西部平原，地势平坦。地势大体是东高中低、北高南低、西部稍高，山地和丘陵分列东西两侧，中部为由北向南缓泻的辽河平原，可分为东部低山丘陵区和西部辽河低丘平原区两大地貌区。据称，全市陆生脊椎动物有200余种，其中鸟类最多，次为兽类。由于气候寒冷，两栖爬行动物种类较少。主要野生动物：兽类有刺猬、狼、黄羊貂、紫貂、银鼠、黄鼬、狍、獾、猞猁、狐狸、粘鼠、艾虎、狍麝、黑熊等；禽类有麻雀、燕子、喜鹊、布谷、乌鸦、野鸭、鹌鹑、猫头鹰、百灵、画眉、野鸡、飞龙、鹳、鸳鸯、鸿雁、杜鹃、红嘴鸥等①。然而，铁岭市乃地级市，所称“猞猁”似仅在铁岭县有残存。

本溪满族自治县位于辽东半岛腹地、太子河上游。境内为长白山脉东南延续部分，地势东南高、西北低，有大小山岭240多座。由于地处中纬度，属于中温带湿润气候区，季风和大陆性气候特征明显。距县城区50 km鹰嘴山下的大石湖是太子河的发源地，在鹰嘴山下，未见石湖先闻声，距2.5 km之遥耳闻隆隆之音，像钱塘大潮一般，这就是大石湖传来的瀑布声。鹰嘴山山势陡峭，树林茂密，人迹罕至，鸟兽繁多，禽类有黄莺、百灵、杜鹃和珍贵的鸳鸯等，野兽有野猪、黑熊、獐、猞猁等②。

6.2.2 吉林

吉林省现存猞猁多达十余地。

《中国重点陆生野生动物资源调查》称，“本次调查，猞猁见于”“吉林（蛟河、桦甸、汪清、和龙、敦化、柳河、辉南、通化、集安、靖宇、长白、江源、临江、长白山自然保护区）”（国家林业局，2008），亦即约在蛟河市、桦甸市、集安市、通化县、辉南县、柳河县、白山市、临江市、抚松县、靖宇县、长白朝鲜族自治县、敦化市、和龙市、汪清县、安图县等地仍有猞猁存在。

● 辽源市：东丰县地处长白山余脉向松辽平原过渡地带，气候、土壤条件良好，适合林木和多种植物生长。据称，该县有野生动物哺乳类17种，其中毛皮类14种，有狼、狍子、狐狸、貉子、猞猁、黄鼬、麝鼠、豹猫、青鼠、蒙古兔、松鼠、花鼠等③。

● 通化市：通化市地势由南向北沉降，形成南高北低的地势地貌，2/3以上的面积为山区，属长白山系，南部是鸭绿江与浑江之间的老岭山区，中部是浑江与辉发河之间的龙岗山，北部为低山丘陵区，是山地和平原的过渡地带。地属中温带湿润气候区，年平均气温5.5℃。野生经济植物共13科1 000余种。据称，该市东昌区东南部白鸡峰国家森林公园，有国家保护动物32种，其中Ⅰ级保护动物有紫貂、金雕等，Ⅱ级保护动物有猞猁、黑熊、水獭、鸳鸯乖等，其他动物有野猪、狍、熊、貉、雉鸡、中国林蛙、蝮蛇等④。

● 白山市：白山市地处长白山西侧，境内山峰林立，绵亘起伏，沟谷交错，河流纵横，龙岗山脉和老岭山脉斜贯全境，鸭绿江沿岸地形起伏较大，沟谷切割较深，地势较险峻。属北温带大陆性季风气候，是吉林省最寒冷地区，春季昼夜温差大，夏季短、温热多雨，秋季凉爽、多晴朗天气，冬季长、干燥寒冷，市区年平均气温4.6℃。当地古老茂密的原始森林为野生动植物提供了优越的繁衍生息条件，野生动物350余种，其中国家规定的保护动物东北虎、棕熊、马鹿、猞猁、香獐等珍禽异兽有37种之多⑤。然而，白山市乃地级市，目前辖境内仅个别地方有猞猁得到证实。

抚松县在长白山西麓，为长白山地貌区，境内总地势由东南向西北逐渐倾斜，相对高差2 383 m。最高点是白云峰峰顶，海拔2 691 m。最低点是兴参镇的三江口，海拔308 m。地属中国

①铁岭市人民政府. http://www. tieling. gov. cn/zjtl/showall. asp? table=tms2005&n=%D7%CA%D4%B4%B8%C5%BF%F6&lb1=1&lb2=9&fid=56

②大石湖. http://www. baike. com/wiki/大石湖

③中国·东丰. http://www. dongfeng. gov. cn/Index. html

④通化市白鸡峰国家森林公园森林疗养院建设项目. http://www. jl. gov. cn/bsfw/kstd/tzz/zdxm2015/fwyjqt_zdxm/201509/t20150925_2083161. html

⑤白山. http://baike. baidu. com/link? url=YIkqrocNYAggI0C0L93Cye7lm-x45T0pveiL5gQ3c9nL4fNO-uBTp3PllRYWVz6ZcaP7PvcYWxH5LT2ju1uSmMG2gW8Tg_zzVevIESeWgc3

东北部山区寒温带湿润气候区，大体可划分为5个区域，即沿江温和区、山地温京区、山地冷凉区、山地冷冻区、山地极寒区，气温随海拔增高而递减，自西向东和自南向北递减的变化趋势明显。境内有野生动植物3 010种。其中野生动物有1767种，大型兽类主要有东北虎、金钱豹、马鹿、梅花鹿、黑熊、棕熊、野猪等，中型兽类主要有狍子、山羊、狼、麝、猞猁、狐狸、獾子等，小型兽类主要有水獭、紫貂、黄鼬、灰鼠、东北兔等①。

靖宇县地处长白山西麓、松花江上游左岸，西、南、北三面均被长白山系龙岗山脉所环抱，形成西、南、北高东低的地势特点。该县处在东亚季风气候区和东北部山地寒温带湿润气候区，形成冷凉湿润、雨量充沛、无霜期短、光照适中的气候特点。2006年，森林覆盖率达到84%。据称，白山市现有野生动物1 200多种，其中国家规定的保护动物东北虎、棕熊、马鹿、猞猁、香獐（麝）等珍禽异兽有37种之多；尤其是涉及"园区用地位置紧靠靖宇县城东侧"②。由此看来，亦即与抚松县接壤，也有猞猁分布。

● 延边州：敦化市位于长白山西麓，地势构成为四周高、中部低，境内平均海拔756 m。地属中温带冷凉气候区，山区气候特点明显，年平均气温2.9℃。当地野生动物主要有兽类13科32种，鸟类21科73种，鱼类15科54种，兽类种类占延边地区70%。在动物资源中，经济、药用和观赏价值的兽类有东北虎，金钱豹、梅花鹿、马鹿、黑熊、野猪、狍子、獐子、猞猁、中华秋沙鸭、环颈雉等③。

和龙市地处长白山东麓、图们江上游北岸，地貌类型复杂多样，西部多高山峻岭，西高东低，南岗山脉横亘中部，地貌类型分为山区、丘陵、台地、谷地、河谷平原。2013年，森林覆盖率达82.2%。境内已查明并具有一定经济价值的野生动物近300科600多种，其中鸟类50余科300余种，兽类20余科100余种，鱼类10余科20多种。猞猁、鸳鸯、大天鹅、马鹿、香獐子、青羊、黑熊、棕熊等为国家二级珍稀保护动物，野猪、东北兔、雉鸡、林蛙等为省级重点保护动物④。

6.2.3 黑龙江

黑龙江省不仅历史上猞猁分布密度最高，而且现今依然是猞猁分布最多的省级政区之一。

《中国重点陆生野生动物资源调查》称，"本次调查，猞猁见于""黑龙江（漠河、塔河、呼玛、呼中、新林、嫩江、逊克、绥棱、通河、巴彦、尚志、海林、宁安、东宁、汤原、饶河、虎林、鸡东）"（国家林业局，2008），亦即约在尚志市、巴彦县、通河县、嫩江县、逊克县、汤原县、饶河县、虎林市、鸡东县、海林市、宁安市、东宁县、绥棱县、大兴安岭地区、呼玛县、塔河县、漠河县等地仍有猞猁存在。

● 哈尔滨市：据2013年3月报道，哈尔滨市现今依然有珍贵的兽类东北虎、梅花鹿、紫貂、水獭、猞猁以及黑熊、野猪、麝、黄鼬、灰鼠、狐狸、貉、獾、狼等⑤。似表明哈尔滨市、双城市、尚志市、五常市、依兰县、方正县、宾县、巴彦县、木兰县、通河县、延寿县等地有分布。

五常市东靠张广才岭，西、北接连松嫩平原，地势东南部较高，层峦叠嶂，多森林；中部丘陵起伏，多沟壑。西北部属平原地带。地处该县的大秃顶子山海拔1 696 m，为黑龙江省最高峰。拉林河从东南流向西北，斜贯境内。地属中温带大陆性季风气候区，年均气温3～4℃。森林资源丰富，森林覆盖率42%。现仍有兽类虎、狼、熊、野猪、狍子、马鹿、貉、貂、猞猁、獾、野兔、狐狸、黄鼬、香獐、田鼠、松鼠、水獭、麝鼠、家鼠、刺猬、穿山甲等多种⑥。

依兰县地处小兴安岭、完达山脉、张广才岭延伸地带，地势西南高、东北低，地貌特征为远近高低起峰峦、泥泽漫岗绕平原、深沟洼浴江河网，

①抚松县野生动植物资源现状. http://www.cbsrenshen.com.cn/newsxx.asp? newsid=103
②靖宇县污水处理工程项目可行性研究报告. http://www.doc88.com/p-9983300145133.html
③敦化经济开发区. http://www.ecdc.net.cn/newindex/chinese/page/tumen/tumen_jishi/013/12.htm
④中国·和龙. http://www.helong.gov.cn/user/index.xhtml? menu_id=528
⑤中国哈尔滨. http://www.harbin.gov.cn/zjhrb/sqgl/csgk/zrdl.htm
⑥五常. http://baike.baidu.com/link? url=0JW8yrS1xeHXimy9ROW707sT9s4LEa5kjn_t6zDPaDL_rxdtPN7jjxn03D8Ths5g9zM2Zdbwj_RqbOjvlh_vAwrWZxt0Fcs3Xeb4bDfrA4W

呈“五山一水四分田”态势。该县野生动物中兽类有黑熊、棕熊、野猪、青羊、狍子、野兔、紫貂、猞猁、水獭、狼、狐狸等，鸟类有野鸡、飞龙、鸳鸯等①。

延寿县地处张广才岭西麓，松花江右岸，玛延河中下游。张广才岭支脉蜿蜒本县东、南、西部，三面环山，地势北低、东南高，地貌结构为“五山四分田，半水半草原”。属中温带大陆性季风气候，冬季寒冷漫长，夏季炎热短促，年平均气温2.3℃。当地稀有动物有马鹿、紫貂、猞猁、飞龙等，肉用动物有野猪、狍子、野兔等，毛皮动物有黄鼬、灰鼠、麝鼠、狐狸、貉子等，药用动物有熊（胆）、麝（香）、獾（油）等②。

● 齐齐哈尔市：克东县地处小兴安岭与松嫩平原过渡带，地势丘陵起伏。属中温带典型大陆性季风气候，冬季漫长，干燥、严寒；夏季温和多雨；早春低温、多雨雪、易涝，暮春少雨、易干旱；秋季降温迅速，常有冻害发生。野生动物主要有鹿、狐、貉、猞猁等③。

● 黑河市：爱辉区地处小兴安岭，自西北向东南贯穿全区，地形中部高、两侧低，北部高、南部低。处中高纬度，属寒温带大陆性季风气候，横跨四、五、六三个积温带，年平均气温0.4℃，冬季漫长。市境南端的二站乡野生动物有犴、狼、野猪、狍子、猞猁等④。

北安市地处小兴安岭南麓，是松嫩平原的边缘地带，东部为小兴安岭山脉的延续，属山区；西部为丘陵平原区，是松嫩平原过渡的中间地带，也是松嫩平原黑土地带的边缘。整个地势呈东高西低、北高南低状态。地处寒温带，属季风控制下的寒温带湿润气候，平均气温0.8℃。当地现仍有珍贵禽兽飞龙、猞猁、水獭等⑤。

五大连池市地处小兴安岭山地向松嫩平原的过渡地带。境内五大连池火山群有14个独立的火山锥和一系列盾状火山，18世纪火山喷发，溢流的熔岩在四个地方阻塞了区内的石龙江，形成了五个火山堰塞湖。野生动植物资源极为丰富，有植物143科428属1 044种，有熊、犴、鹿、飞龙等珍贵野生动物。大沾河是沾河主流的俗称，发源于小兴安岭主脉的沾河顶子，流汇于逊毕拉河，全长260 km。它水流湍急，穿行于崇山峻岭之中，冲击于悬崖峭壁之底。沾河流域大多为无人区，生态环境一直保持着原始状态，两岸风光景色宜人，怪石林立，奇景延绵不绝。两岸栖息着马鹿、黑熊、野猪、狍子、猞猁、飞龙、山鸡、灰鹤、野鸭、鸳鸯等上百种珍贵野生动物⑥。

孙吴县位于小兴安岭山脉北麓，岭脊在境内长约40 km，山地由火山岩及大片花岗岩组成，皆属于小兴安岭的余脉，有名称的山峰共123座。县境属于低山丘陵区，地势南部和西部高、北部和东部低，由西南向东北逐渐倾斜。地貌分区较明显，西部为低山沟谷区，中部为丘陵河谷地区，东北部为沿江平原。当地有各类野生动物300余种，有熊、野猪、鹿、狍子、獾、猞猁、黄鼠、水獭、银鼠等。⑦

● 伊春市：伊春市的地貌特征为“八山半水半草一分田”，整个地势西北高、东南低，南部地势较陡，中部较缓，北部较平坦。小兴安岭纵贯全境，境内千米以上高峰77座。伊春区动植物资源极为丰富，小兴安岭的森林中，栖息着东北虎、马鹿、黑熊、犴、猞猁等60多种珍稀野生动物，260多种鸟类⑧。新青区，位于该市北部红松故乡小兴安岭腹地，有国家一级保护动物5种，占国家一级保护动物种数29.4%，其中兽类有紫貂、原麝2种，鸟类有东方白鹳、金雕、丹顶鹤3种。属国家二级保护动物有棕熊、黑熊、黄喉貂、水獭、

①依兰县. http://baike. baidu. com/view/172528. htm

②中国·延寿. http://www. hlyanshou. gov. cn/zjys/dlzy/2011/08/3430. htm

③克东县. http://baike. baidu. com/view/101665. htm

④二站乡. http://baike. baidu. com/link? url = FiTC _ L2uZouMuqXxrdm6h0prF49qXdssJOX2CMBQ2BbL60Q0zea42s _ XUPyZgUcdwyV0DU-1b2NxrSayZRMSqa

⑤北安市：地理概况. http://ciyu. wx6. org/show_e58c97e5ae89e5b882. aspx

⑥五大连池. http://baike. baidu. com/subview/25001/6799429. htm? fromId=289850

⑦孙吴县. http://baike. baidu. com/view/289848. htm

⑧伊春. http://baike. baidu. com/view/15489. htm? fromId=161799

猞猁、驼鹿等38种。另外还有野猪、獾子、松鼠等。山林内珍贵的山禽有花尾榛鸡(飞龙)、松鸭、雉鸡、杜鹃、鸳鸯等30余种①。

铁力市位于小兴安岭南麓,地形大体是“八山一水一分田”,主要由山地、平原、丘陵和水面构成,地势东高西低,境内千米以上的山峰13座。山地、林地约占全市面积的70%,丘陵、漫岗约占13%,平原、草地约占11%,水域和其他约占6%。属寒温带大陆性季风气候,年平均气温1.4℃。境内有野生动物共260多种,有黑熊、马鹿、獐(麝)、獾、野猪、狍子、松花蛇等珍贵野生动物,有飞龙、榛鸡、鹌鹑、雉鸡、沙半斤等稀有山禽,有猞猁、紫貂、水獭、狐狸等毛皮动物②。

● 鹤岗市与佳木斯市:鹤岗市称,当地国家二级保护野生动物有黑熊、驼鹿、水獭、猞猁、麝、马鹿、天鹅、鸳鸯、花尾榛鸡、灰鹤、苍鹰、鸟鹰、松雀鹰等③。鹤岗市虽为地级市,然而辖境内其他地方也都有猞猁存在记录。

据《宝泉岭农垦志》介绍:宝泉岭垦区的西部山区、半山区,林木茂密,有黑熊、野猪、狼、狍、鹿、貉、猞猁、兔、鼬、松鼠等十几种动物,沿海有水獭、麝属等珍贵毛皮动物,沼泽苇塘有丹顶鹤、天鹅、鹳、雁、野鸭等水禽④。宝泉岭是农垦总局宝泉岭分局,地跨哈尔滨、佳木斯、鹤岗三市和绥滨、萝北、汤原、依兰四县⑤。说明皆有猞猁分布。

汤原县面向三江平原,背靠小兴安岭,境域狭长,由西北部山地丘陵与东南部沿江平原构成“三山一水四分田,一草一路与庄园”的地貌格局。属中温带大陆季风气候,四季分明,天气多变,夏季暖热多雨,冬季寒冷干燥,雨热同季,冬夏气温变幅很大。森林覆盖率33%。当地有东北虎、马鹿、黑熊、猞猁、紫貂等百余种野生动物⑥。

● 双鸭山市与鸡西市:东方红林业局行政区域分属鸡西、双鸭山市所属的虎林、饶河、宝清三县市。该局所属密林中还栖息着东北虎、马鹿、黑熊、猞猁、雪兔、紫貂、飞龙、山雉等250余种野生动物与珍禽⑦。

迎春林业局地处虎林市、宝清县和饶河县一带。辖区内动植物资源丰富,其中野生动物有东北虎、麋鹿、梅花鹿、马鹿、猞猁、水獭、狐狸、黑熊、野猪、狍子、獐子(麝)、松鼠、雪兔等⑧。

密山市属三江平原第二区,北部为完达山脉,南部为长白山脉,中部为穆棱河冲积平原,地貌特征为“三山二水五分田”。属中温带大陆性季风气候,四季气候变化明显,春季易干旱多大风,夏热短促雨水集中,秋季寒潮降温,常有冻害发生,冬季寒冷漫长且干燥。年平均气温3.5~4.2℃,由南向北递减。有林地面积10.4万hm^2,其中天然林面积7.4万hm^2。该市与裴德镇皆介绍有熊、鹿、野猪、獐子、猞猁、麋鹿、野兔、山鸡等野生动物种类繁多⑨。

● 七台河市:勃利县属于低山丘陵平原区,东、南、西三面环山,西部山区属老爷岭山系,东部山区属完达山系,中部丘陵区为完达山向三江平原倾斜的过渡型地貌,西北部平原是松花江水系倭肯河的冲积平原。属大陆性季风气候,四季分明。在县西南25 km处的勃利红星森林公园内野生动物有马鹿、猞猁、紫貂、飞龙、林蛙等近

---

①新青区. http://baike.baidu.com/link? url=w4p6aOPM_m2Ln_hAPT1SICsKJNd9OZKYplo718SuhorKeNUsW8HtwG38HD2fWkIbv5oI9xao2UEEN13PT0PlmK

②铁力. http://baike.baidu.com/link? url=Ee0jETLGhWd1s-AQjdETGDAGy2i4FAFozjy4ArpuHnYIqT79O1fVfGozSHqi-w8lYgphXLysVNQN1suQvS2BSa

③鹤岗市. http://www.zwbk.org/MyLemmaShow.aspx? lid=107293

④振筛程拟算. http://www.docin.com/p-46907579.html

⑤宝泉岭. http://baike.baidu.com/link? url=-N3Nu10y7El_hONritnTMSP87pnGfsNl_yP-h0xKVG8Db6HZ8wFsi-sutKaeWiI6

⑥于永奎. 汤原县旅游业概述. http://www.cc.ccoo.cn/webdiy/2267-66213-12979/newsshow.asp? id=66213&cateid=561902&nid=588824

⑦东方红林业局. http://www.tx2.org.cn/jcwl/ShowArticle.asp? ArticleID=743

⑧迎春林业局. http://baike.baidu.com/view/2015667.htm? fr=Aladdin

⑨密山市. http://www.baike.com/wiki/密山市;黑龙江鸡西密山市裴德镇. http://www.tcmap.com.cn/heilongjiang/mishanshi_peidezhen.html

20 种①。

● 牡丹江市：穆棱市地势南高北低，东西两侧高、中部低，市内的山脉属长白山系老爷岭山脉，呈西南—东北走向。属中纬度北温带大陆性季风气候，冬季漫长、寒冷干燥，夏季较湿热、多雨，春秋季风交替、气温变化急剧，秋天常见早霜，极端最低气温－44.1℃。据穆棱林业局称，有野生动物和飞禽达 30 多种，主要有梅花鹿、黑熊、狍子、狐狸、狼、猞猁等②。

东宁县属中低山区，县北部为太平岭，西、南部为老爷岭，中部为绥芬河河谷盆地，构成三面高山环绕、中间低的马蹄形地势。受海洋性气候影响，东宁县温和湿润，年平均气温 5.1℃。据县境内的绥阳林业局介绍，绥阳林区有野生动物 280 余种，其中名贵动物有东北虎、棕熊、梅花鹿、紫貂、猞猁、黑熊、水獭、马鹿等。属国家一级保护野生药材物种：梅花鹿、麝；属国家二级保护野生药材物种：马鹿、黑熊、林蛙。数量较多的有马鹿、狍子、黑熊、黄鼬、花尾榛鸡、野兔、獾、野雉、林蛙、冷水鱼等③。

林口县地处张广才岭、老爷岭和完达山脉交接处，大部分属山区，境内山多林密，江河纵横。地势四周高、中间低，西部山势险峻，东部渐趋平缓。属寒温带大陆性季风气候，处于西风环流控制下，季节显著，四季分明。春秋季短，气候多变；夏季温热多雨；冬季漫长，寒冷干燥。全县属中低山丘陵漫岗地带，地形复杂，山区局部小气候比较明显。当地兽类中，有东北虎、金钱豹、梅花鹿、马鹿、狐狸、紫貂、猞猁、狍子、獾子、黑熊、野猪、山兔、水獭、狼、貉、刺猬、松鼠、黄鼬等④。

● 绥化市：绥棱县地貌大体为"六山一水三分田"，地势呈西南东北走向，东北高、西南低，以丘陵和山地为主。属典型的北温带大陆性气候，四季分明，年平均气温 2.5℃。该县杂草类草甸草场（五花草塘）约占 40％，主要分布在林缘缓坡地带或干湿交汇的草甸中；疏林灌丛草甸草场约占 30％，主要分布在低山坡林缘；沼泽草甸草场约占 30％，主要分布在沿河低洼地带。地处该县的绥棱农场在小兴安岭西南麓、努敏河畔，境内河流纵横交错，地貌复杂多样。据称，野生动植物资源非常丰富，主要有飞龙、猞猁、梅花鹿、熊、貉、猴头、蘑菇、黄花菜、蕨菜等⑤。

● 大兴安岭地区：大兴安岭是内蒙古高原和松辽平原的分水岭，地势西高东低，位于地势第二阶梯东缘，第二阶梯第三阶梯结合部；地貌形成具有明显的不对称形态，地势呈东北—西南走向，属浅山丘陵地带，北部、西部和中部高。大兴安岭又为重要的气候分带，夏季海洋季风受阻于山地东坡，东坡降水多，西坡干旱，二者呈明显的对比；山脉北段是中国东部地区最冷之地，冬季严寒（平均气温－2.8），有大面积多年冻土区。林地 730 万 hm^2，森林覆盖率达 74.1％，在大兴安岭地区浩瀚的绿色海洋中繁衍生息着寒温带马鹿、驯鹿、驼鹿（犴达犴）、梅花鹿、棕熊、紫貂、飞龙、野鸡、棒鸡、天鹅、獐（麝）、麋鹿（俗称四不像）、野猪、乌鸡、雪兔、狍子（矮鹿、野羊）等各种珍禽异兽 400 余种，其中鸟类 16 目 40 科 257 种，国家重点保护鸟类 46 种。哺乳动物 6 目 16 科 56 种，国家重点保护动物 9 种。其中国家一类保护动物有紫貂、貂熊等，二类保护动物有棕熊、猞猁、马鹿等⑥。松岭区野生动物中兽类 6 目 17 科 56 种，主要有驼鹿、马鹿、棕熊、狍子、原麝、猞猁、狼、貉、赤狐、野猪、紫貂、水獭、黄鼬、白鼬、灰鼠、刺猬等⑦。呼中区森林覆盖率 89.3％，有 50 多种野生动物生长于此，其中有马鹿、紫貂、水獭、猞猁、棕熊、獐子（麝）等 10 种国家级保护动物。驰

①七台河旅游景点. http://www. bytravel. cn/view/index587. html

②穆棱林业局. http://baike. baidu. com/view/2238265. htm? fr=aladdin

③绥阳林业局. http://www. tx2. org. cn/jcwl/ShowArticle. asp? ArticleID=743

④林口县. http://baike. baidu. com/link? url=UlJFdRCgBHEtfnmXGl1p-WAMZwvSaTox-BcHuz_v1uVzhdkCLd9lvynhL8z23Ax4dgdyoT6BmRa1Y7F42kQHQK

⑤绥棱农场. http://baike. baidu. com/link? url=DzgcMfcIKY0pMOWaoi1TY4iaYNsHmCvFK-leuf4M3pOD7gaOqXcCBrH1IHCHkpnufVIBygQwm2mkQD70JYHWFa

⑥大兴安岭地区. http://baike. baidu. com/view/161772. htm；大兴安岭城镇体系说明书. http://3y. uu456. com/bp-21408c1fc281e53a5802ff11-3. html

⑦松岭区. http://baike. baidu. com/link? url=6fnhAAxj5t_yHBCGJuUE1R-S3p8tfnwm-RrwtBzUyefPNZQb4oF2LuRD09G2zEj8

名中外的飞龙鸟等近百种飞禽栖息林间①。

漠河县是中国纬度最高的县，位于大兴安岭山脉的北坡，黑龙江上游南岸。属寒温带大陆性气候，是中国气温最低的县份；冬季受大陆季风和蒙古高压控制，强烈的冷空气自西向东推进，降水骤降，异常寒冷，严寒期长；当太平洋阿留申低压盛行时，海陆间气压梯度加大，气温急剧下降，一般在－40℃以下，盛行偏西或西北风。山区的野生植物资源丰富，受地理和气候条件的影响，种类相对较少，但其中目、种、属却比较齐全；种群面积分布较大，具有很大的资源优势和重要的经济与科学研究价值；已发现野生植物8 000种，隶属23目41种99属；森林覆盖率90.6%。境内兽类共有56种，隶属于6目16科，是当地野生动物中仅次于鸟类的第三大类群，其中貂熊、猞猁、紫貂、棕熊、水獭、麝、马鹿、驼鹿、雪兔9种被国家定为重点保护的珍稀动物②。

6.3　华东

华东仍仅山东省个别地方有猞猁残存。

高青县位于鲁北平原，北依黄河，南靠小清河，属河流冲积平原，由于黄河多次改道、决口，致使泥沙沉积，反复冲切，相互叠压，逐渐形成缓岗地、微斜平地和浅平洼地；内河、沟渠纵横，被分割成不规则块状；地势略呈由西北向东南倾斜。地属北温带大陆性季风气候区，多受西风带西风气流影响，气候变化常自西向东进行；四季分明，气候温和，光能资源丰富，无霜期长；夏季多雨，冬春干旱，晚秋又旱，降水不匀，旱涝灾害常有发生；年均气温13.4℃。野生动物主要有兽类、鸟类、昆虫类、爬行类和鱼类。兽类主要有獾、狐狸、猞猁、黄鼠狼、野兔、田鼠、刺猬等，鸟类主要有麻雀、乌鸦、燕子、啄木鸟、猫头鹰、鹰、雕、布谷鸟、喜鹊、水鸭等③。

安丘市地势西南高、东北低，山区、丘陵、平原各占三分之一。属暖温带大陆性季风气候，年温适中，四季分明，冬季寒冷，夏季炎热多雨，气温年较差大，春季风大干燥、失墒快，秋季清爽，年平均气温12.2℃。境内生物资源丰富，据初步调查，有植物1 100余种，动物350余种。野生动物中兽类主要有狐狸、狼、獾、猞猁、野兔、刺猬、黄鼠狼等，鸟类主要有麻雀、喜鹊、灰鹊、燕子、黄鹂、画眉、斑鸠、猫头鹰、啄木鸟、布谷鸟、大雁、野鸭等④。

平度市地势由东北向西南呈伞状倾斜，北部地区以低山丘陵为主，蜿蜒起伏，中、南部地区为平原、洼地。属暖温带东亚半湿润季风大陆性气候，境内气候四季分明：春季干旱多风，夏季高温多雨，秋季秋高气爽，冬季寒冷干燥；年平均气温11.9℃。据2012年11月报道，当地野生动物兽类有獾、狐狸、猞猁、黄鼠狼、刺猬、野兔等⑤。

6.4　中南

中南现今仅湖北省还有少数猞猁存在。

探险纪实作品《1976—2012我的野人生涯》有相关记载，摘录：

天葱岭位于大湾大本营东部大约20 km的神农顶西南坡。12月10日，我从考察队购买了两桶一共20 kg的压缩饼干，独自翻越神农顶和大神农架之间的大山坳韭菜垭，进入天葱岭。

在神农顶西南坡的羊圈河和东边的响水河交汇的石漕河旁边有一块平川。这个叫关门山的地方是林区第五基建工程队和第八林业工程队在低山的生活基地，驻扎着五六百个工人。

雪后天晴，山坡出现了一些新鲜的动物足迹链，有苏门羚、斑羚、毛冠鹿、狐狸、大灰狼、猞猁、金钱豹、华南虎的脚印⑥。

按：据此披露的相关信息，说明神农架林区一带

①呼中区. http://baike. baidu. com/link? url=jZxMvuVL55-lN3Px5qI1R9e7Lo4d3_3wl53o-xCkGEOYnq_5O09TMHvZzsoLK0RV

②漠河县. http://baike. baidu. com/link? url = IMlMn2ZZxmagEvr83Y6lPpm4iT4PPIWTA4Lmqm _ pRP7s1N1VuOW9byYuyEX3BNHcJJSYxm699YazEhejDBTtRa

③高青县. http://baike. baidu. com/link? url = UoSXyuBzZ _-XEc8VXxNIM1F-QZsLHxBD9KRg82VQPsMJDL0fa0m6daD7ulCy2MKx2W3N0K1I91ocVMAG6wqe6_

④安丘市人民政府. http://www. anqiu. gov. cn/a/ShowArticle. asp? ArticleID=483

⑤平度市情网. http://qdsq-pd. qingdao. gov. cn/n18872847/n18873967/n25982946/n25985524/26002827. html

⑥黎国华. 1976-2012 我的野人生涯(23). http://www. cjmx. com/a/201206/281796. shtml

仍有猞猁等野生动物。

巫峡山脉位于重庆市与湖北省交界区，自巫山县起，经奉节县、建始县、恩施市等，北与大巴山相连。长江横穿其间，形成著名的瞿塘峡、巫峡、西陵峡，号称“长江三峡”。巫峡谷深狭长，日照时短，峡中湿气蒸郁不散，容易成云致雾，云雾千姿万态，有的似飞马走龙，有的擦地蠕动，有的像瀑布一样垂挂绝壁，有时又聚成滔滔云纱，在阳光的照耀下，形成巫峡佛光，因而古人留下了“曾经沧海难为水，除却巫山不是云”的千古绝唱。当地拥有大量的珍稀动植物，其中珍稀动物有金丝猴、鬣羚、牛羚、白唇鹿、鸳鸯、大鲵、红腹角雉、白尾椎红雉、绿尾红雉、猕猴、穿山甲、水獭、大灵猫、小灵猫、猞猁、獐、马鹿、斑羚、白冠长毛雉、锦鸡，有各种野鸟 100 余种，有豺、狼、熊、野猪、鹿等走兽 50 余种①。

6.5 西南

西南各省级政区皆有猞猁分布记录。

6.5.1 重庆

重庆市个别地方还有猞猁栖息。

据《1976—2012 我的野人生涯》记述（详见前文），不仅神农架林区仍有猞猁，而且在其西南方毗邻的巫溪县也有猞猁②。

巫峡山脉位于重庆市与湖北省交界区，自巫山县起，经奉节县等，北与大巴山相连，主峰在奉节县境内的乌云顶，海拔 2 400 m。当地拥有大量的珍稀动植物，其中珍稀动物有猞猁等走兽 50 余种③。

6.5.2 四川

四川省现今仍有较多猞猁分布地方。

《中国重点陆生野生动物资源调查》称，“本次调查，猞猁见于”“四川（青川、平武、松潘、巴塘、金川、色达、汶川、若尔盖、马边、得荣、雅江、炉霍、白玉、石渠、木里）”（国家林业局，2008），亦即在青川县、平武县、马边彝族自治县、汶川县、松潘县、金川县、若尔盖县、雅江县、炉霍县、白玉县、石渠县、色达县、巴塘县、得荣县、木里藏族自治县等地仍有猞猁存在。

● 雅安市：宝兴县位于四川盆地西部边缘，以高山为主，地势西北高、东南低，地表崎岖，按海拔分为高山、中山、低山及河谷平坝三个地貌类型区。属亚热带季风气候，冬无严寒，夏无酷暑，春迟秋早，四季分明。受山地海拔影响，垂直变化明显，具有亚热带到永冻带的垂直气候，从东南到西北大体分为四个气候区：亚热带占总面积的 11.5%，山地温带占 64.5%，山地寒带占 23.75%，高山永冻带占 0.25%。据《宝兴县志》记载的“野生脊椎动物名录”，哺乳纲有 64 种：猕猴、短尾猴、金丝猴、小熊猫、大熊猫、马熊、黑熊（宝兴亚种）、狼、藏狐、豺（川西亚种）、黄喉貂、香鼬（青藏亚种）黄鼬（四川亚种）、鼬、獾（华南亚种）、獾、猪獾（华南亚种）、水獭、大灵猫、金猫、猞猁、云豹、豹（华南亚种）、雪豹、野猪（宝兴亚种）、马麝、林麝、小麂、毛冠鹿（指名亚种）、水鹿、白臀鹿、白唇鹿、狍、羚牛（江西亚种）、鬣羚（四川亚种）、斑羚、岩羊、草兔（四川省宝兴县地方志编纂委员会，2000）。在该县东北部，邛崃山西坡，有蜂桶寨国家级自然保护区，存在国家保护动物一级有大熊猫、扭角羚、白唇鹿、白臀鹿、川金丝猴、雪豹、绿尾虹雉、斑尾榛鸡等，二级有猕猴、短尾猴、小熊猫、金猫、猞猁、马麝、水鹿、大灵猫、小灵猫、斑羚、岩羊、红腹角雉、藏马鸡、血雉、红腹锦鸡、大鲵等④。

● 阿坝州：壤塘县地处青藏高原东南边缘，大渡河上游，地形以丘状高原为主，河谷平地和高山相间，有较大的山 74 座，海拔 4 500 m 以上的山峰 60 余座。中南部杜柯河流域山脉呈西北—东南走向，河谷深切，山谷相对高度为 1 000～1 500 m；北面的则曲河流域地势由东向北倾斜，河谷开阔，水势平缓，为丘状高原，丘谷相对高度 200～400 m。属高原季风气候，昼夜温差大，年平均气温2.2～7.5℃，从河谷到高山，有明显的气候垂直变化，多为小区域气候。共有木本

①巫山. http://baike.baidu.com/link? url=m-F087XduZ5uO0OBhxx5LkpEbIYkF8Y3S-mpL9IA7rhVmOgSbJgpvqmAYyxcHezm#5_2

②黎国华. 1976-2012 我的野人生涯(23). http://www.cjmx.com/a/201206/281796.shtml

③巫山. http://baike.baidu.com/link? url=m-F087XduZ5uO0OBhxx5LkpEbIYkF8Y3S-mpL9IA7rhVmOgSbJgpvqmAYyxcHezm#5_2

④雅安宝兴：地震前的美丽影像. http://blog.sina.com.cn/s/blog_4ff1557f0102e07n.html

植物35科109属207种，中草药122科218属245种，植被覆盖率较高。据报道，距县城29 km的香拉东吉圣山风景区栖息着许多珍稀野生动物，成群结队的有岩羊、狍、原羚、草鹿、麂子、黑鹿、野驴、马鹿、麝、黑熊、棕熊、猕猴、野猪、狐狸、金钱豹、雪豹、猞猁、兔、水獭、狼、豺狗、旱獭、兰马鸡（蓝马鸡）、白马鸡、喜鹊、杜鹃鸟、藏雪鸡、猫头鹰、天鹅、黄鸭等①。

九寨沟县地处青藏高原向四川盆地过渡地带，境内河谷纵横，地势西北高、东南低，以高山为主，另有部分山原和平坝，地形呈阶次变化。属高原湿润气候，山顶终年积雪，冬长夏短，夏无酷暑，冬无严寒，春秋温凉，按海拔分为暖温带半干旱、中温带和寒温带季风气候，年平均气温12.7℃。森林覆盖率69.8%，是四川省第二大林区。据2010年10月报道，该县的扎如沟有各种动植物3 634种，珍稀性明显，包括国家级保护动物47种，其中鸟类27种（Ⅰ级4种，Ⅱ级23种），兽类20种（Ⅰ级6种，Ⅱ级14种），如熊猫、金丝猴、林麝、马麝、牛羚、小熊猫、梅花鹿、猞猁、岩羊等②。

小金县地处青藏高原东部边缘，地形狭长，地势东北高、西南低。地属亚热带季风气候区，冬寒夏凉，常年干燥，雨量稀少，气温变化剧烈，四季不甚明显，年平均气温12.2℃。野生动物名目繁多，形态迥异，色彩分明，其中属国家一、二类重点保护的珍稀动物十余种。受保护并可观赏的珍稀动物主要有大熊猫、牛羚、金丝猴、白唇鹿、马麝、云豹（一类），毛冠鹿、藏马鸡、小熊猫、红腹角雉、盘羊（二类），另有野生保护动物马鹿、大灵猫、金猫、水鹿、白臀鹿、斑羚、岩羊、猞猁、林麝、兔狲、短尾猴、水獭、血雉等③。此记载虽存在动物归类瑕疵，但有猞猁不谬。

黑水县处于青藏高原东南缘横断山脉中段北端的岷江上游、岷山与邛崃山脉交汇处，地势由西北向东南倾斜，平均海拔3 544 m，最高海拔5 286 m，最低海拔1 790 m。境内群山屹立，山峦起伏，雪峰对峙，河谷深切。地属季风高原气候区，旱、雨季分明，日照充足，年温差较小、日温差较大，随海拔不同差别较大，高山与河谷年均气温差值达20℃。据有关部门调查，该县有脊椎动物250种之多，其中鸟类110余种，兽类120余种，爬行动物15种，两栖动物6种，鱼类6种。其中属国家Ⅰ级重点保护动物有川金丝猴、云豹、牛羚、林麝等，属国家Ⅱ级重点保护动物有小熊猫、猕猴、马熊、大灵猫、猞猁、金猫、水鹿、岩羊、红腹锦鸡、兰马鸡（蓝马鸡）等④。

红原县地处青藏高原东部，地势为东南向西北倾斜，地貌具有山原向丘状高原过渡的典型特征。中部海拔4 345 m的查真梁子是县境南北山原与丘状高原的天然分界线，也是长江、黄河流域分水岭，南部为山原，北部为丘状高原，境内珠串状盆地和小盆地广泛分布，周边有多座高山。属大陆性高原寒温带季风气候，无明显四季界线，气候偏冷，春秋短促，长冬无夏，热量低，年平均气温1.4℃。野生动物繁多，有梅花鹿、马鹿、天鹅、盘羊、苏门羚、藏马鸡、猞猁、班羚、喜马拉雅山旱獭、藏狐、灰毛兔、鹰、狼、豹、豺、林蛙、黄河条鳅、厚唇鱼、水獭等珍稀动物200余种；草地山林广产贝母、甘松、大黄、秦艽、羌活、木香、虫草等500余种中药材和牛黄、鹿茸、麝香等名贵动物药产品⑤。

● 甘孜州：理塘县地处青藏高原东南缘，以丘状高原和山原地貌为主，兼有部分高山峡谷。西部中部因造山运动的抬升，地势起伏较大，向东南和东北倾斜，境内山脉和水系呈南北走向，东西排列，山川河流相间，山地垂直分布明显。地属高原气候区，基本特征为：气温低，冬季长，日照多，辐射强，风力大，水热同期，蒸发量大，干湿季节分明，平均气温3.0℃。森林覆盖率仅为7.4%，组成森林主要树种有冷杉、云杉，其次是红杉、高山松、柏树、杨树、高山栎、桦树、柳树等。

①香拉东吉圣山风景区. http://www.bytravel.cn/Landscape/27/xiangladongjishengshanfengjingqu.html
②苏杰等. 九寨沟启动自行车骑游游客去扎如沟可骑自行车游览. http://scnews.newssc.org/system/2010/10/02/012915867.shtml
③小金县旅游发展总体规划. http://ems.lssta.gov.cn/web/t1/main.jsp? go=newsDetail&cid=1006&id=134992
④杨林，王长命. 黑水县森林旅游发展对策探讨. http://www.docin.com/p-1205610346.html
⑤红原县. http://baike.baidu.com/view/991951.htm

该县野生动物种类多，主要有白唇鹿、豹、猴、扭角羚、林麝、水獭、熊、猞猁、斑羚、岩羊、盘羊、狐狸（狐狸）、草原雕、白褐马鸡（白马鸡、褐马鸡）、旱獭、兔及重唇鱼等[①]。

巴塘县位于四川西部青藏高原东南缘，金沙江中游东岸的川、滇、藏结合部。地处横断山脉北端金沙江东岸河谷地带，横断山脉纵贯全境，地形随金沙江走向由北向南倾斜，并呈现北高南低、东高西低之状；地势走向在昌波河口以上为北东南西向，在昌波河口以下为北南向。由于海拔、南北走向的山脉和大气环流的影响，属高山高原气候，春季气温回升快，夏季最高气温可达35℃以上，秋季由于冷热气流交替，小气候频繁，冬季天气变冷，最低气温可达－10℃以下，雨雪天气较少。据《巴塘县志：续编》记载，县境内属国家一类保护动物的有白唇鹿、黑金丝猴，属国家二类保护动物的有雪豹、藏羚、盘羊、黑颈鹤，属国家三类保护动物的有马麝、林麝、马鹿、白臀鹿、山鹿、岩羊、水獭、旱獭、猞猁、兔狲。此外，还有沙狐、熊、猴、松鼠、黄鼬、麂、赤狐、鼯、鼠、野猪、马熊等（四川省巴塘县地方志编纂委员会，2001）。野生动物的保护级别存在瑕疵，但还是可以证实有猞猁。

乡城县地处横断山脉中北段、金沙江东岸纵谷地区，地势东北高、西南低，依山势走向的硕曲、定曲、玛依三条河流由北向南并列纵贯全境，把该县地貌切割为三谷、四山、六面坡。定曲河以西及其上游和玛依河上游、硕曲河以东广大地区为山原地表，约占总面积68％；中部和南部主要为高山峡谷地带，占29％；平坝分布零散，仅占3％。据乡城县人民政府网站2012年5月报道，国家确定的一、二级保护动物，在乡城分布有54种，有金钱豹、云豹、雪豹、白唇鹿、黑颈鹤、金雕、五带海雕、水獭、猞猁、石貂、林麝、马麝、棕熊、小熊猫等，常见鸟类有红嘴山鸦、大杜鹃、小云雀等25种[②]。

● 凉山州：金阳县属凉山山原地貌向西南山地地貌过渡区域，界北为凉山山原地貌区，海拔多在2 100 m以上，相对高差较小；界南为西南山地地貌区，岭谷高差大，一般1 500～2 000 m，呈内陆型的幽谷地貌；两地以波洛梁子为界，地势自西北向东南倾斜，西高东低、北高南低；以山地地貌为主，呈多种微型地貌，有平坝、台地、低山、低中山、中山、高山、山原、丘状高原8种微型地貌。地属亚洲大陆东部季风区域中亚热带的云南高原—察隅气候区，县城年平均气温15.7℃。据《金阳县志》记载，野生动物中兽类有熊、野猪、鹿、岩羊、狐狸、水獭、旱獭、野兔、猪鲵（猪獾?）、石鲵（石獾?）、竹鼠、狸猫、香狸、小熊猫、金钱豹、刁豹、豺豹、狼、黄狼、香姑狼、金丝猴、黄猴、青猴、苏门羚、獐（麝）、猞猁、刺猬等（四川省金阳县志编纂委员会，2000）。近年报道，金阳县内野生动物种类较多，主要动物有熊、鹿、岩羊、标麝（林麝）、金丝猴、猞猁、刺猬等30余种，飞禽有锦鸡、红腹角雉等30余种；爬行类有穿山甲、蟒、蝮蛇、眼镜蛇等。其中，国家一类保护动物有金丝猴、苏门羚、猞猁、金雕、扭角羚等[③]。

6.5.3 贵州

贵州省现今猞猁已经极度濒危。

务川仡佬族苗族自治县属云贵高原东北部向四川盆地过渡的斜坡地带，总体地势为西高东低、北高南低，地貌类型根据成因可分为溶蚀地貌区、溶蚀—侵蚀地貌区和侵蚀地貌区三大类。地属亚热带高原湿润季风气候区，山体气候特征明显，年平均气温15.5℃。据《务川仡佬族苗族自治县志》中“主要野生动物资源分类表”记载，哺乳动物有华南虎、云豹、豹猫、猞猁、野猫、豺、貉、狐、狼、蠓、果子狸、小灵猫、大灵猫、獾、仙獾、黄鼬、紫貂、黑叶猴、猕猴、猿猴、獐、麂、黑麂、麝獐、马麝、水鹿、麝獐、林麝、马麝、水鹿、青羊、苏门羚、小熊猫、野猪、豪猪、拱猪、泥猪、猬、穿山甲、野兔等（贵州省务川仡佬族苗族自治县志编纂委员会，2001）。说明还有猞猁，只是周边未见有猞猁记录，似已极度濒危。

① 理塘县. http://baike.baidu.com/view/797830.htm
② 自然资源. http://www.xcx.gov.cn/show.php? id=2115
③ 金阳县. http://baike.baidu.com/view/377718.htm

6.5.4 云南

云南省现今还有一些猞猁分布记录，主要在西部。

《中国重点陆生野生动物资源调查》称，“本次调查，猞猁见于”“云南（西部和西北部的迪庆、丽江、怒江、保山）”新发现（国家林业局，2008），亦即约在今隆阳区、施甸县、腾冲县、龙陵县、昌宁县、古城区、永胜县、华坪县、玉龙纳西族自治县、宁蒗彝族自治县、泸水县、福贡县、贡山独龙族怒族自治县、兰坪白族普米族自治县、香格里拉县、德钦县、维西傈僳族自治县等地仍有猞猁存在。

陇川县境地形由高黎贡山余脉纵贯，西南走向，东北高峻，西南低平，地貌特征为“三山两坝一河谷”，最高海拔 2 618 m，最低海拔 780 m。地属南亚热带季风气候区，雨量充沛，日照充足，热量丰富，四季不明显，干湿季分明，年平均气温 18.9℃。峰峦叠翠和茫茫林海，为野生动物提供了良好的生存条件，野生动物有四大类 107 种，其中兽类有水鹿、棕熊、黑熊、金钱豹、云豹、苏门羚（山驴）、豺狼、狐、九节狸、獐、野猪、黄猴、长臂猴、旱坝羊、破脸狗（果子狸）、麂子、刺猬（毫猪）、猞猁、野兔、野猫、鼬、灰猴、水獭、松鼠、竹鼠、穿山甲等 27 种，野禽、留鸟类 35 种，候鸟类 14 种，两栖、水族类 31 种①。

香格里拉县地处青藏高原东南缘横断山脉三江纵谷区东部，沙鲁里山脉由四川甘孜入县境，分两支将县境东西两侧包围，金沙江从土照壁进入县境，南流至金江乡撒苏碧与丽江石鼓之间，突转向东北，至洛吉吉函流入四川坪子境，将县境南部包围。地形总趋势西北高、东南低，地貌按形态可分为山地、高原、盆地、河谷。由于地处高海拔、低纬度地带，气候随海拔升高而变化，呈现季风气候、立体气候、高原气候、地形小气候。当地有维管束植物 234 科 3 582 种，其中，苔藓植物 36 科 144 种，蕨类植物 25 科 160 种，种子植物 173 科 877 属 3 278 种。有哺乳动物 26 科 69 属 97 种，经济毛皮兽有黄鼬、香鼬、鼬獾（猸子）、獾、猪獾、青鼬、赤狐、藏狐、貉、豺、旱獭、红腹松鼠、长吻松鼠、隐纹花松鼠、灰尾兔、竹鼠、金钱豹、小熊猫、石貂、水獭、棕熊、黑熊。常见药用兽类有猕猴、云南鼯鼠、豪猪、狼、狐、熊、水獭、豹、野猪、麝、大灵猫、岩羊、林麝、马麝、黑熊、棕熊、野猪、狗獾、猪獾、雪豹、金钱豹、兔狲、猞猁、豹猫、水獭、大灵猫、小熊猫、貉、灰尾兔、豪猪②。另据称，该县属都湖湖畔是迪庆有名的牧场，草场四周青山入云，原始森林遮天蔽日，有许多粗大的杉木，空气清新，环境恬静幽雅，林中栖息着麝、熊、云豹、金猫、猞猁、毛冠鹿、藏马鸡等许多珍禽异兽③。

德钦县地处横断山脉腹地，全境山高坡陡，峡长谷深，地形地貌复杂。东有云岭山脉，西有怒山山脉，山脉均为南北走向，地势北高南低，地形呈南北长、东西窄的刀形。属寒温带山地季风气候，受海拔的影响较大，大部分地区四季不分明，冬季长，夏季短，年平均气温 4.7℃。森林覆盖率 36.7%。当地野生动物中，兽类有 18 科 47 种，鸟类有 14 目 37 科 215 种，有重点保护珍稀特有种滇金丝猴，有国家一级保护动物云豹、金钱豹、雪豹、熊猴、黑仰鼻猴、金雕、胡兀鹫、绿孔雀、斑尾榛鸡、雉鹑，国家二级保护动物猕猴、棕熊、林麝、岩羊、鬣羚、斑羚、穿岬（穿山甲）、藏马熊、小熊猫、石豹、青鼬、水獭、斑灵猫、大灵猫、小灵猫、金猫、猞猁、马麝、高山麝、血雉、红腹角雉、藏马鸡、淡腹雪鸡、勺鸡、黑鸢、松雀鹰雀（松雀鹰、雀）、高山鹰、红隼、白腹锦鸡、灰鹤、黑颈鹤、楔、尾、尾绿鸠、大绯胸鹦鹉、灰林鸮、白腹黑啄木鸟等④。

据 2010 年 12 月报道，高黎贡山自然保护区一工作人员在例行巡山时身受重伤，无法动弹，竟然遭到一只猞猁凶残的攻击，陷入绝境。危难关头，一群灰叶猴赶到了，竟然出手相救，与猞猁

①陇川县. http://baike.baidu.com/link? url = Nm7ZJWjo1hDKDL5fm0aftqqbC4adptWqIiEkchgEDOji0Pjz3H7D5-NeZVsBVUaKVSAt_361nIahYMmMS4AkOq

②香格里拉县. http://baike.puercha.cc/edition-view-74-1.html

③3 月份旅游去哪里好. http://wenwen.sogou.com/z/q183427866.htm

④德钦县. http://baike.baidu.com/link? url=XgRpniJJOovZq4CXL6OHhGmrphLFKxWxRVxf16RdNrqi4V1ALthFnIBVcE4fXvQP

展开面对面的激战，聪明的猴王更是使出奇招，帮他摆脱死神①。说明在隆阳区、腾冲县、泸水县、福贡县、贡山独龙族怒族自治县一带还有猞猁生息繁衍。

6.5.5 西藏

西藏自治区是现存猞猁最多的省级政区，各地皆有猞猁分布。

《中国重点陆生野生动物资源调查》称，“本次调查，猞猁见于”“西藏（各地）”（国家林业局，2008），亦即在该自治区各地仍有猞猁存在。

● 拉萨市：城关区地处雅鲁藏布江支流拉萨河中游河谷平原，海拔 3 650 m，地势南北高、中间低。区内全年多晴朗天气，降雨少，属于高原温带半干旱气候，年平均气温 8℃。境内有属国家和自治区一级重点保护动物的黑颈鹤（藏鹤、仙鹤）、金雕、胡兀鹫、高山兀鹫（喜山兀鹫）、马麝、雪豹等，有属国家和自治区二级重点保护动物的彩鹳（白头老鹳）、斑头雁、自尾鹞、灰背隼、红隼、鸢、鹦鹉、毛腿沙鸡、哈曼马鸡（喜山马鸡）、灰鹤、赤麻鸭、雕鸮、水獭、黄鼬、藏狐、猞猁等②。

当雄县地貌复杂，念青唐古拉山脉的西北横穿全境，总地势由西北向东南倾斜，东北部为高原平原，西北部和东南半壁皆为高峻山地，其间夹着近同念青唐古拉山走向的山间构造宽谷盆地，呈现岭谷平行相间的较有规则的条状地形。因受大气环流和地形影响，该县气候的主要特点为：冬季寒冷、干燥，昼夜温差大；夏季温暖湿润，雨热同期，干湿季分明，天气变化大；年均温度 1.3℃。当地的草食野生动物有野兔、盘羊、黄羊、野驴、旱獭和石羊，野生大型肉食兽主要有狼、豹、猞猁以及猛禽秃鹫，处于食物链中部的小型食肉兽有狐狸、黄鼠狼、雪鸡、山鸡、水鸭、黄鸭和迁徙的候鸟、白天鹅、黑颈鹤等几十种野生动物③。

尼木县在西藏前、后藏的结合部，居雅鲁藏布江中游北岸，地势北高南低，尼木河两岸为代表的河谷地区，地势平坦。地属高原温带半干旱季风气候区，四季分明，夏季雨水集中，辐射强，年均温 6.7℃。当地有林地 1.707 万 hm^2，主要为灌木，部分为人工林；草场面积 26.5 万 hm^2。野生动物资源主要有豹子、狗熊、猞猁、獐子（麝）、黑颈鹤、贝母鸡、野鸡等④。

达孜县地势南北高、中间低，北部和南部分别是东西横贯的恰拉山、郭嘎拉日山，中间为拉萨河谷地，是典型的“U”形地貌；全县平均海拔 4 100 m，河谷最低海拔 3 730 m。地属高原温带半干旱季风气候区，年平均气温 7.5℃。该县动植物资源丰富，主要有獐子（麝）、冰雹（?）、狐狸、猞猁、野羊、雪鸡、虫草、贝母等⑤。

● 那曲地区：那曲县处唐古拉山脉与念青唐古拉山脉之间，境内多山，地势呈西北向东南缓坡状，坡度较为平缓，多数山呈浑圆状，属高原丘陵地形。地属高原亚寒带季风半湿润气候区，平均海拔 4 500 m，高寒缺氧，气候干燥，年平均气温 −2.2℃。据称，当地野生动物 68 种，哺乳动物 28 种，野生鸟类 32 种，列为国家保护的有大头羚羊、獐子（麝）、水獭、猞猁、野驴、狗熊、天鹅、黑颈鹤、斑头鹰等⑥。

嘉黎县属藏北高原与藏东高山峡谷结合地带的高原山区，平均海拔 4 500 m，地势从西北到东南由高到低倾斜，主要山脉有阿依拉山、鲁贡拉山、杰拉山、岗巴拉山、楚拉山、崩希拉山等，都是念青唐古拉山的支脉。地属高原大陆型气候，高原亚寒带半湿润季风气候区，年平均气温 −0.21℃。野生动物有羚羊、黄羊、岩羊、盘羊、狼、野兔、狐狸、猞猁、豺、豹子、鹿、獐子（麝）、猴子、马熊、狗熊、獾等⑦。

聂荣县地处藏北南羌塘高原太湖盆区，地势

---

①猴王·护林员·猞猁. http://new.060s.com/article/2010/12/10/224968.htm

②城关区. http://baike.baidu.com/link? url=TA5zUR9q5rdjEZLRrXqTQziFkyshnxcK8-ku71JbbRW9aVOlu2lLCZhVm4GGgIefiJA2YdsowcW1-xpyjrjmHghl3POwwDXTCWVng-Lzhae

③当雄县. http://baike.soso.com/v260984.htm

④尼木县. http://baike.baidu.com/link? url=uqGzXYeMoF7DrLF6eMx9JnZMKvfP2fJMSAKbOHug7-qEbmdE2RyOVa8nHYDTNypi

⑤达孜县资讯概况. http://www.jnxcx.com/town/dazi.html

⑥那曲县. http://baike.baidu.com/link? url=tyxwjkA9LjmsNOTZytkAQAFycdj26AusIPXF1KuH-13-Cqrov0dYrJT3uXeMkQ-x

⑦嘉黎县. http://baike.baidu.com/link? url=u0rajRuoyZhzGsQ8Iv6s2X-q0dNDtE0XL7gQ_zuNFE0vdS6JEXbyvvt-1XkP_qiP

西北高、东南低，平均海拔在 4 700 m，境内山峦起伏、沟垒纵横，西北部一些山峰常年积雪，中部和南部的山峰相对高差大，低山丘陵与谷地错落相间。地属高原亚寒带半干旱季风气候区，没有绝对无霜期，冬长无夏。县境内主要野生动物有藏羚羊、野驴、野山羊、黄羊、盘羊、岩羊、马鹿、狗熊、樟子（獐子；麝）、旱獭、水獭、高原兔、狐狸、拾俐（猞猁）、雪鸡、马鸡、野鸽、黄鸭、灰鸭、黑颈鹤、天鹅、乌鸦、秃鹫等[①]。

安多县地处唐古拉山脉南北两侧，地形属高原山川类型，以唐古拉山主脉为脊，无数大小山峰连绵，高低起伏，由西向东，北有唐古拉山、可可西里山和祖尔肯乌拉山，中部有托尔火山，南部有桑卡等山脉，呈中间高南北低、西高东低之势。地属高原亚寒带半湿润季风气候区，空气稀薄，昼夜温差大，四季不分明，多风雪天气；无绝对无霜期，县城年平均气温－2.8℃。常见的野生动物有野牦牛、藏野驴、藏羚羊、岩羊、盘羊、黄羊、狐狸、狼、猞猁、狗熊、草豹、旱懒、野兔等[②]。

班戈县属南羌塘高原湖盆地区，地处念青唐古拉山和唐古拉山之间以及藏北高原纳木错、色林错两大湖泊之间。南部湖面地区为海拔 4 530 m，周围为冲积平原和较缓的残山；北边为深切高山，海拔 4 640 m，山顶有冰川发育，中部分布着海拔 5 800 m 以上的中高山地，呈低山状。地属高原亚寒带半干旱季风气候区，气候寒冷，空气稀薄，四季不分明，冬长无夏，多风雪天气，年温差相对大于日温差；由于群山隔断，印度洋潮湿空气难以进入，气候变幻无常，昼夜温差大，无绝对无霜期，年平均气温 0℃左右。当地野生动物有野驴、黑颈鹤、藏羚羊、熊、樟子（麝）、雪豹、雪鸡、岩羊、拾俐（猞猁）、狐狸、秃赞等多种[③]。

巴青县位于藏北高原那曲地区东部、怒江上游的南羌塘大湖盆区，地势北高南低，平均海拔在 4 500 m 以上。地属高原亚寒带半湿润季风气候区，高寒缺氧，空气稀薄，冬寒夏凉，太阳辐射强，日照时间长，年温差相对较大，无霜期短，冬季多大风雪。主要野生动物资源有白唇鹿、獐子、黄羊、岩羊、旱獭、水獭、高原兔、狐狸、猞猁、熊、狼、材（豺）等，其中白唇鹿为国家一类保护动物。主要鸟类有天鹅、水鸭、雪鸡、贝母鸡、鹰等[④]。

双湖无人区[⑤]位于藏北高原西北部，东邻班戈县，南接文部、申扎，西与阿里地区改则县接壤，北邻阿尔金山、可可西里两个国家级野生动物自然保护区，这里历来是野生动物的天堂。野生动物绝大多数都是国家一、二级保护动物，具有极大的观赏价值和科考价值。如藏羚羊、藏野牦牛、藏野驴、黄羊等，数量多、分布广；雪豹、棕熊等珍稀动物，较为活跃；盘羊、石羊、狐狸、猞猁、旱獭、狼、雪鸡、野鸽等自由栖息[⑥]。

● 昌都地区：昌都市[⑦]地处青藏高原东部，横断山脉和三江（金沙江、澜沧江、怒江）流域。当地列为国家一级保护动物的有 17 种，二级保护动物 54 种。兽类主要有猕猴、滇金丝猴、豺、獐子、赤狐、藏狐、黑熊、棕熊、马来熊、石貂、水獭、小灵猫、金猫、豹猫、豹、方豹（雪豹?）、猞猁、狐狸、狼、白唇鹿、马鹿、水鹿、普氏原羚、藏原羚、岩羊、盘羊。鸟类主要有彩鹳、黑鹳、赤麻鸭、金雕、鹰、雕、蛇雕、草原雕、鸢、苍鹰、秃鹫、松雀鹰、藏雪鸡、藏马鸡、血雉、雉鹑、大徘胸鹦鹉[⑧]。昌都县也有猞猁[⑨]。

江达县的地势由西北向东南倾斜，为金沙江流域的河谷地带，最低海拔 2 800 m，高差有 2 636 m。当地年平均温差大，太阳辐射强烈，日照时间长，年平均气温 4.5℃。野生动物如野牛、盘羊、岩羊、黑秃鹤、胡秃鹫、马鹿、白唇鹿、猞猁、小

---

①聂荣县. http://baike.baidu.com/link? url=dZCt3gej3eZrfFJ8g2QmZKuG3JxHJfMA3KmMEO9eug_rbIr5yIcxuWqvTA1PFrKQ

②安多县. http://baike.baidu.com/link? url=qdxZP3T_63btMWmilcpjTrJJnusVpvoFUD-eGbS65945-FIEqPj1CFfSbeesFzc3

③班戈县. http://baike.baidu.com/link? url=4n5h2ms5pYVZj0orglpTCOWOv6sGoavpVXiazQnHJZReh5INnAH3XFb_qIbb9nrP

④巴青县. http://baike.baidu.com/link? url=kXE_PupTTBWsTB_Y6LarP3I-wr3Jr3LTkcv3dfDN2o1Jvby-x1lVqZ-galtEAc

⑤新华网称“双湖特别行政区”，2013 年改县；本书地图中暂不标。

⑥双湖无人区. http://www.tibetcn.com/nqjd/2009091099.html；双湖特别区概况. ttp://news.qq.com/a/20080124/000690.htm

⑦2014 年 10 月，国务院批复撤销昌都地区，设立地级昌都市。昌都市设立卡若区，以原昌都县的行政区域为昌都市卡若区的行政区域。

⑧昌都. http://baike.baidu.com/link? url=9uYXUYvZIaeHnqgtcz8JGFKbT5ROPatuq_oJXzsv9HzcTAAVANbw 2SLTVj3GGzYW_clxX3C6aIqaLzC2qU7lLr3QzGiJeOp9nIaXAelA6kemvMJOs2eEm7qUv8BOKnrU0qzf9MPtZPijG2DZZ-fV41-Vki1WvtGMFNExYPJWPcy

⑨[西藏旅游]旅游区域及重要旅游城镇. http://club.news.sohu.com/rikeze/thread/！ ee8227d844cc9a14

灵猫、黑熊、棕熊、豹、水獭、石貂、金猫、猴子、藏狐、雪猪、雪鸡、野鸽、斑鸠、金雕、高山秃鹫等。另外还发现国家一级保护动物天鹅等珍禽①。

贡觉县地处青藏高原东南，唐古拉山横断山脉北段，金沙江上游西岸；属东南三江流域的横断山峡谷区，群山连绵，山高峰锐，谷深坡陡，丘原交错，河流纵横，湖泊星罗棋布，高山、森林、草原并存，地势由东南向西北倾斜。属大陆性高原季风气候，受纬度、海拔和地理位置的影响，气温垂直变化明显，气温偏低，日温差较大。境内动物种类繁多，兽类有5目12科35种，鸟类有8目14科37种，爬行类有2目3科4种，两栖类有1科1种，还有鱼类2目5科10属，类群复杂，其中列为国家一级保护的有豹、鹿、白鹤、金雕、黑颈鹤、贝母鸡，列为国家二级保护的有林麝、黑熊、马熊、水狸、马鹿、盘羊、岩羊、藏西猴、棕熊、草狐狸、豺、猞猁、锦鸡、藏马鸡、雪鸡、鹦鹉、高山秃鹫②。

类乌齐县地处念青唐古拉山余脉伯舒拉岭西北，他念他翁山东南，东部属于典型的藏东高山峡谷型地貌，西部则属于藏北高原地貌类型，地形沿澜沧江支流吉曲、柴曲和格曲由西北向东南走向，呈现西高东低趋势。属高原温带半湿润性气候，年平均气温2.5℃。当地野生动物主要有马鹿、獐子（麝）、石青羊、藏原羚、塔尔羊、棕熊、豺子、豺、狼、猞猁、水獭、旱獭、狐狸、草狐、石貂、狸猫、猪獾、猴和秃鹫等③。

丁青县属藏东峡谷，呈现独特的河谷、平坝、崇山峻岭的自然景观。属高原寒带气候，年平均气温3.4℃。野生动植物资源主要有獐（麝）、黄羊、马鹿、水獭、旱獭、狐狸、熊、豺、狼、猞猁、野牦牛、野驴、虫草、知母、贝母、党参、红景天等，仅野生动物资源就有上百种④。

芒康县平均海拔4 317 m，横断山脉由北向南纵贯县境；宁静山脉是境内主要山脉，呈南北走向。地属高原温带半湿润季风气候区，夏季湿润，冬季寒冷干燥，年均气温10℃。野生动物主要有雕、鹫、鹿、獐（麝）、鹞子、黄猴、野猪、狐狸、猞猁、狗熊、金钱豹、苏门羚、小熊猫、大青猴、滇金丝猴等⑤。

边坝县地处念青唐古拉山南麓，藏东南三江流域峡谷地带；高山深谷的地貌，山峦重叠，沟壑纵横，地势南高北低。属高原温带半湿润气候类型，有气温低、光照充足、日温差大等特点，年平均气温−1℃。当地珍稀动物有22种，属于国家一级保护动物有4种，白唇鹿、西藏野驴、雪豹、豹；属于国家二级保护动物有18种，即藏猴、豺、扭角羚（野牛）、黑熊、小熊猫、水獭、野猫、林麝、白臀鹿、藏原羚、岩羊、盘羊、鹰、草原鹞、藏雪鸡、红腹角雉、藏马鸡、白腥黑啄木鸟⑥。

● 林芝地区：朗县地处喜马拉雅山北麓，雅鲁藏布江中下游；属于高原丘陵地貌类型，地势为北部和中部高、南部低，多为开阔谷地、坡地和山地；全县平均海拔3 200 m，一般山峰的海拔多在5 000 m以上，且多为冰川覆盖。属青藏高原区气候，属温暖半湿润气候带，夏无酷热，冬无严寒，夏秋多雨，春冬干旱多风，垂直气候复杂多变，自然灾害较频繁，生态环境十分脆弱，年平均气温11.0℃。野生动物资源有野牛、黄羊、羚羊、盘羊、樟子（麝）、鹿、豹、猴、熊、猞猁、水獭、野猪和鸟类等⑦。

● 山南地区：乃东县位于冈底斯山南部、雅鲁藏布江中游，平均海拔3 560 m，地形以高山、谷地为主。当地空气稀薄，光照充足，气温偏低，年温差小，日温差大，属高原温带季风气候。当地生存着国家一类保护动物白唇鹿，二类保护动物麝、鹿、黑熊、岩羊、水獭、藏马鸡、猞猁等⑧。

扎囊县地处雅鲁藏布江中游，冈底斯山南侧，被雅鲁藏布江分成面积基本相等的南北两部分，南北均为高山，沿江两岸为谷地。地属高原

①昌都地区·江达县自然资源. http://www. xzcd. com/_renshi/ziran/20140409/43153. html

②贡觉县. http://baike. baidu. com/link? url=ABJ2FlAfKDNQeU_mNuLfRM3OQK0bzkUa4VFkCTw2MMhTXM56X07SlvRFQmsOLpA9

③类乌齐县. http://baike. baidu. com/link? url=OxsSHM-5ONFgquskYV_XLxpr_Wife39_Ih20l82y6MjxZ7dqiCwUJKdBWv69IuRA

④丁青县. http://baike. baidu. com/link? url=JEXGWmni7p4PXQsS1aGFpsUTZu8SzLelBCVz3bKiotuUULuABFMvQbZ_ebx2yP9V

⑤芒康县. http://baike. baidu. com/link? url=EWV3p7VulgsgkWuILQgyF6uloVhCeAnGO0i7DO8bJptQ5AEdUN0G1IG05NGyw5y4

⑥全县耕地面积18万亩·阿里概要·边坝概要. http://www. tubaobei. com/show-392d32d2-0-b9058516. html

⑦朗县. http://baike. baidu. com/link? url=NtncWkMq-842xX7O6irEwZkSBbUpA0IxDsmpc8oyjRhIYp5XodqwaWw-w_gmD06Y

⑧乃东县. http://baike. baidu. com/link? url=ak9GJRytpfwPdb7p5WNiqMSQEJIXsCqlWYT_1MgDL-qV_dXrshlWtASW0MPI2NWi

温带半干旱季风气候区，夏季短，春秋相连，冬季长，且寒冷干燥；冬春季多风沙，降水少；日照充分，辐射强；年平均气温 8.25℃。境内珍贵野生动物主要有藏原羚、黑颈鹤、喜山马鸡、棕熊、白唇鹿、猞猁、雪鸡等①。

贡嘎县地处雅鲁藏布江中游河谷区和江南高山宽谷区，境内高山纵横起伏，连绵不断；地势南北高，中间向雅鲁藏布江倾斜，地势平坦、宽阔。地属高原带干旱季风气候区，日照射间长，气温日差较大、年差较小，冬春寒冷多风，雨季降水集中，形成长冬无夏、春秋相连的气候特点。野生动物资源主要有野牦牛、野驴、藏羚羊、岩羊、黄羊、马鹿、獐子、灰兔、猞猁、狗熊、云豹、旱獭、鼠兔、温泉蛇和铲齿裂腹鱼、双须重唇鱼、斑切腹鱼、藏鹤、雪鸡、秃鹫、野黄鸦、野水鸭等②。

洛扎县地处喜马拉雅山脉南麓，属藏南山原湖盆谷地；地势西北高、东南低，海拔 6 000 m 以上的山峰有 6 座。属藏南温带半干旱高原季风气候，东南部具有亚热带半湿润、湿润气候的特点，降水多，日照少；西北部为高原温带半干旱季风气候区，少雨多风，气候干燥，日照充足。境内珍贵野生动物主要有雪豹、猞猁、麝、扭角羚（羚牛）等③。

浪卡子县地处西藏南部的喜马拉雅山中段北麓，属藏南山原湖盆宽谷区；四周边缘高突，中间呈低洼湖泊；境内山峰众多，海拔 6 000 m 以上的就有 6 座。属亚寒带高原气候，平均气温 2.2～5.4℃；日照时间长，风、热、光资源比较丰富；年无霜期 28 天。当地野生动物资源丰富，主要有野驴、豹、黑颈鹤、水獭、猞猁、盘羊、灰鹤、狼、狐狸、獐（麝）、黄羊、青羊、灰鸭、麻鸭等④。

● 日喀则地区：珠穆朗玛峰山顶终年冰雪覆盖，雪线（4 500～6 000 m）南低北高，北坡主要为高山草甸，4 100 m 以下河谷有森林及灌木。珠穆朗玛峰保护区包含着珠穆朗玛峰和其他 4 座海拔 8 000 m 以上的山峰，又是世界生物地理区域中最为特殊的西藏和喜马拉雅高地的交界处，成为世界上最独特的生物地理区域。在海拔 3 000 m 以下的地区，是我国海拔最高的自然保护区，有世界十大景观之一的卡玛山谷（海拔 2 300 m）；保护区内的最大冰川是绒布冰川，是一条复式山谷冰川。区内河流以朋曲河的干、支流为主，此外还有绒辖曲、波曲、吉隆藏布、斗嘎尔河等 4 条较大的沟谷河流，均为外流河，属恒河水系；湖泊以佩枯错为首，还有星罗棋布的高原小湖泊。区内生态系统类型多样，基本保持原貌，生物资源丰富，珍稀濒危物种、新种及特有种较多，初步调查共有高等植物 2 348 种，哺乳动物 53 种，鸟类 206 种，两栖动物 8 种，鱼类 10 种，含有代表该地域特色的国家重点保护的珍稀濒危动植物 47 种，其中国家一级保护动植物 10 种，二级保护动植物 28 种。截至 2013 年的公开资料所得到的考察分析，区内的珍稀野生动物中兽类有：猞猁与熊猴、长尾叶猴、狼、赤狐、藏狐、棕熊、黑熊、小熊猫、黄喉貂、香鼬、小爪水獭、短尾狸、丛林猫、兔狲、金猫、豹猫、雪豹、西藏野驴、野猪、喜马拉雅麝、赤鹿、藏原羚、鬣羚、斑羚、喜马拉雅塔尔羊、岩羊、盘羊等⑤。该保护区地处定日、聂拉木、吉隆和定结四县，表明有猞猁等栖息。

萨迦县地处雅鲁藏布江南岸，喜马拉雅山和冈底斯山之间，地势南北高、中部低；根据地形地貌，可分为山岳、丘陵、平原三大地貌类型。地属高原温带半干旱季风气候区，有垂直分布的特点，年平均气温在 5～6℃。动植物资源种类繁多，但数量较少。动物主要有岩羊、黄羊、豹子、黑颈鹤、水獭、旱獭、狐狸、野鸭、猞猁、狼等多种⑥。

谢通门县位于雅鲁藏布江北岸。北部冈底斯山脉南北约占全县面积的 2/3，其间既有众多的山峰和系列浑圆而平缓的山丘，也有地势相对平坦的草原，还夹着许多河谷平地，低处常年积水成湖；南部在雅鲁藏布江北岸及其支流流经

①扎囊县. http://gov. xzsnw. com/szqh/31772. html；扎囊县. http://www. baike. com/wiki/扎囊县

②萨嘎县的资讯. http://www. cntics. com/townkl/saga. html

③洛扎县. http://gov. xzsnw. com/szqh/31778. html

④浪卡子县. http://baike. baidu. com/link? url=c6m4PfnSeamSxnx9QWfh2BzWmW-5720bIbZtEa1ThcPUnM3wTyXZoU90beX8o8Tv

⑤珠穆朗玛峰自然保护区. http://baike. baidu. com/link? url=wEW5DiCwfbY_AIeeZznaGhuR96H6GfW4S1Ca9IVYEMjK69GA1qKKTaSaohTGrI1m

⑥萨迦县. http://www. baike. com/wiki/萨迦县

处，有许多宽窄不一的河谷平地，地形平坦，土质肥沃，沟壑纵横；西部位于达木夏西北部布曲藏布和洛足藏布，西南部美曲藏布为一系列南北东西不规则走向的高山深谷。由于地形地貌及受西南季风、西风南支流影响，形成了复杂多样的独特气候：北部严寒干燥，南部、西部半温暖半湿润；明显特点是：日照时间长，辐射强，气温较低，昼夜温差大，干湿分明，多夜雨，冬春干燥、多大风，气压低，氧气含量较少，年平均温度 6.35℃。据该县东的鸡约姆拉日峰（亦称“鸡约姆拉山”）称，有野驴、羚羊、旱獭、狗熊、山猫等野生动物，达琼东拉峰（亦称“达蒙东贡嘎”）有野驴、羚羊、黄羊、盘羊、獐子、猞猁、狗熊等野生动物①。

康马县地处青藏高原南部，属雅鲁藏布江河谷地形，地势东西部高、中部低，海拔最低的乡 4 100 m，最高的乡 4 500 m。地属高原温带半干旱季风气候区，干湿季分明，日照充足，雨水集中，年无霜期 110 天左右。境内野生动物主要有野驴、黄羊、岩羊、盘羊、艾叶豹、黄狼、黑狼、獐子、狐狸、猞猁、野兔、旱獭、雪猪、高原鼯鼠、高原鼠兔、老鼠等②。

亚东县属喜马拉雅山高山地貌。卓木拉日雪山山脉横通于县境内的中部，致该县形成北高南低的地势，还自然将县划分为两个迥然不同的地貌单元；总体地貌为一山沟，堆纳乡和帕里镇之间有山麓冲积平原。当地气候高寒干旱，年平均气温 0℃。野生动物资源主要有小熊猫、金钱豹、长尾叶猴、孟加拉虎、獐子（麝）、鹿、野驴、猞猁、熊、水獭、狐狸、黑颈鹤、黄白鸭等③。

萨嘎县地处喜马拉雅山北麓，冈底斯山脉以南的西南边缘，雅鲁藏布江上游；属西高原山地，地势由北向东倾斜；北有冈底斯山，南有喜马拉雅山，中间夹有强拉山、同日伦布山等众多高山，山与山之间隔着开阔不等、互不连通的平川、沟谷。地属高原严寒带半干旱气候区，空气稀薄，日照充足，昼夜温差大，干燥寒冷，只有温、寒季之别，年无霜期 105 天左右。当地野生动物资源主要有野牦牛、野驴、藏羚羊、岩羊、黄羊、马鹿、獐子（麝）、灰兔、猞猁、狗熊、云豹、旱獭、鼠兔、温泉蛇、铲齿裂腹鱼、双须重唇鱼、斑切腹鱼、藏鹤、雪鸡、秃鹫、野黄鸦、野水鸭等④。

岗巴县位于喜马拉雅山中段北麓，紧靠珠穆朗玛峰，绵绵雪山环绕；地处藏南谷地，全县均属高原丘陵地带无平原；县城地形为东、北、西三面环以高山的谷地。地属高原温带半干旱季风气候区，春季寒暖适中，多大风和瑞雪；夏季气候温和，光照充足，昼夜温差大；秋季天高气爽，风少雨小，寒暖适中；冬季寒冷干燥，季风频繁；年平均气温 1.5℃。该县境内野生动物品种繁多，其中比较珍贵的兽类有野驴、黄羊、盘羊、岩羊、艾叶豹、黄狼、獐子（麝）、猞猁、狐狸、水獭、雪猪等⑤。

● 阿里地区：普兰县位于喜马拉雅山脉南侧的峡谷地带，冈底斯山和西喜马拉雅山之间；地处马甲藏布流域，具有山地灌丛草原景观。地属高原亚寒带干旱气候区，日照充足，日温差大，年温差相对也较大，气温低，降水少，年均温 3℃。当地野生动物种类繁多，资源丰富，分布广阔。有野牦牛、野驴、黄羊、羚羊、岩羊、盘羊、狼、猞猁、雪豹、旱獭、黑颈鹤、雪鸡、黄鸭、野鸽等。集中活动在公珠错、霍尔、巴嘎地带⑥。

札达县地势南低北高，高差 1 500 m；阿伊拉日居山为札达县与噶尔县的界山，西接拉达克山，终年积雪，有冰川。地属高原亚寒带干旱气候区，日照时间长，空气稀薄，干燥多风。当地野生动物资源主要有猞猁、豹子、狐狸、雪鸡、狼、大头羊、野牛、野驴等⑦。

革吉县在羌塘高原大湖盆区，狮泉河的源头，平均海拔在 4 800 m 以上，有“世界屋脊之称”，山势高耸，海拔在 6 000 m 以上的山峰有 11 座，5 000 m 以上的山峰有 23 座。地属高原亚

---

①谢通门县. http://baike. baidu. com/link? url=RkQIQYxzPFGGuMH0BK83MJCIvDgdjf0mkg4qhvu8t3frWlGdkYYW8UHNwX7fi9Zb

②康马县资讯概况. http://www. jnxcx. com/town/kangma. html

③亚东县. http://baike. baidu. com/link? url=drO5EzKqbEF8U-cb8S1qPYFm-j5TC3c0okEJ4Zl2y34p3zPhb85n4xcMCLl-oYCs

④萨嘎县. http://baike. baidu. com/link? url=KXN3wIiLydP8lHsfgheBflq3dhtywZivOvrTZ4x1OQuosY2uGKxsC1L7z6bs3_HL【】【萨嘎县政府网. http://www. 114huoche. com/zhengfu_RiKaZe/SaGaXian

⑤岗巴县. http://baike. baidu. com/link? url=s6qXnYsz1C-M3oW35i3UiV841jCZ9JvZpW7htCaPKcZRUrPH9QUek52I1xEDj3bm#2_2

⑥普兰县. http://baike. baidu. com/link? url=LR7800pIPfpiuQbKvmh_yx9icjeWvh8-8YQc2-oYNLs1ja90AJtPzTe_zfjEiwaP

⑦全县耕地面积 18 万亩 • 阿里概要 • 札达概要. http://www. tubaobei. com/show-392d32d2-0-b9058516. html

寒带干旱气候区，日照充足，无霜期短，风大寒冷，年均气温在－2℃。该县野生动物资源中，有国家一类保护动物野牦牛、黑颈鹤，国家二类保护动物盘羊、野驴、猞猁、天鹅、斑头雁、藏羚，还有哈熊、岩羊、草豹、黄羊、狐狸、雪猪、雪鸡、雪鸭、水鸭、野鸭、野兔、河鸥等①。

改则县地处南羌塘高湖盆区，均为高山河谷地带，无平原；山势平缓，地形由西北向东南倾斜；境内海拔均在 6 000 m 以上的山脉有昆仑山、隆格尔山、夏康坚、达日龙、波杂、查多岗日等。属高原亚寒带干旱季风气候，干旱，多大风，昼夜温差大，日照时间长，年平均气温－0.2℃。当地野生动物主要有野牦牛、野驴、黄羊、藏羚羊、岩羊、大头羊、狗熊、猞猁、草狐、旱獭、雪鸡、黄白鸭等②。

措勤县平均海拔 4 700 m 以上，是为数不多的高海拔县之一，属高原丘陵型和高原宽滩型地貌，地处羌塘高原大湖盆地带。山峦起伏，山脉多为东西走向，四周高，中部为盆地、湖泊之低地。全县草原广阔，河流、湖泊众多。野生动物资源主要有野牛、野驴、盘羊、岩羊、羚羊、黄羊、野兔、狗熊、土豹、狼、水獭、狐狸、猞猁、老鹰、猫头鹰、黄鸭、白鸭、黑颈鹤等③。

6.6 西北

西北各省级政区皆有猞猁分布记录。

6.6.1 陕西

陕西省现今仍有较多猞猁生息繁衍。

《陕西省志·地理志》记载"猞猁(【地理分布】秦巴山地)"(陕西省地方志编纂委员会，2000)。据此，表明约在凤县、太白县、汉台区、南郑县、城固县、洋县、西乡县、勉县、宁强县、略阳县、镇巴县、留坝县、佛坪县、汉滨区、汉阴县、石泉县、宁陕县、紫阳县、岚皋县、平利县、镇坪县、旬阳县、白河县、商州区、洛南县、丹凤县、商南县、山阳县、镇安县、柞水县一带④有猞猁栖息。

● 延安市：黄陵县属鄂尔多斯台地的一部分，为黄土高原沟壑区，地势西北高、东南低，略呈倾斜，分为西部梁峁、川道河谷、东部塬面 3 个地貌单元。属中温带大陆性气候，年平均气温 9.4℃。森林覆盖率达 70%以上。该县野生动物中的兽类有大耳猬、林猬、达吾尔鼠、西藏鼠、兔、崖杜鼠、花鼠、达吾耳黄鼠、中华鼠分鼠、狼、狐、豹、黄鼠鼬、艾虎、虎鼬、狗獾、水獭、花面狸、豹猫、猞猁、野猪、小鹿、狍(羊鹿子)等⑤。

● 汉中市：略阳县位于秦岭南麓，汉中盆地西缘，地处陕甘川三省交界地带。县境地貌从北到南有两条高度不等的相对平行线贯穿：一是嘉陵江主流线，将县境分为大致相等的东西两半；二是南北山脉脊岭线，东北部西庵山山脉，向南扩展伸延，脊岭经费家垭、大茅垭、煎茶岭、分水岭，与东南部龙山主峰支脉漂草坪连成一线，伸向宁强县境。由于地处内陆腹地，受大陆性气候和海洋性气候的影响，四季分明，属大陆性过渡气候；北部为南暖温带气候区，南部为北亚热带气候区；地势高差大，立体性气候明显；年平均气温 13.2℃。据县城北部 48 km 处的五龙洞森林公园称，森林覆盖率 94.3%，复杂的地理结构及茂密的森林植被栖息着羚羊、金雕、鹿、豺、猞猁、大鲵等国家级一二类保护珍禽异兽20 余种⑥。

佛坪县地处秦岭山脉中段南坡山峦腹地，总体地形西北高、东南低，县境北界秦岭主脊自西而东有黄桶梁、光头山，为南北坡分水岭，亦为长江流域与黄河流域的分水岭；东、西、中部的山峰构成倒挂的"山"字形骨架，形成低山和中山的高程差异；山体多呈中切峡谷，沟壑纵横，群峰四起；河沟两岸分布大小不等的洪积、冲积、淤积台地，地势较平坦。属暖温带气候，有显著的山地森林小区气候特征，成为特殊的亚热带北缘山地暖温带湿润季风气候；由于东西向秦岭主脊的屏障作用，使县境气候明显区别北坡，为中国南北

①全县耕地面积 18 万亩·阿里概要·革吉概要. http://www.tubaobei.com/show-392d32d2-0-b9058516.html

②改则县资讯概况. http://www.jnxcx.com/town/gaize.html

③全县耕地面积 18 万亩·阿里概要·措勤概要. http://www.tubaobei.com/show-392d32d2-0-b9058516.html

④陕南秦巴山地包括汉中、安康、商洛 3 个地区及宝鸡市的凤县、太白 2 县(陕南秦巴山地. http://www.sxsdq.cn/dqzlk/sxsz/slz/200901/t20090105_3329.htm)

⑤黄陵县. http://baike.baidu.com/link? url=csh8ct7bE6aRhCgDiBklyy6oqqEOOxeRZxmlpm59DxhzAs0YvHIWUouoYok72Rle

⑥五龙洞森林公园. http://0dk.mergao.cn/

气候分界线地带。该县发现野生脊椎动物 439 种。其中鱼类 55 种，两栖类 15 种，爬行类 27 种，鸟类 239 种，兽类 103 种。根据《国家重点保护野生动物名录》，境内有国家一级保护动物金丝猴、大熊猫、云豹、豹、虎、扭角羚、黑鹿、黑鹳、金雕、大鸨等 10 种；二级保护动物猕猴、穿山甲、豺、黑熊、小熊猫、石貂、黄喉貂、水獭、大灵猫、猞猁、金猫、小灵猫、林麝、黄羊、鬣羚、斑羚、岩羊、鸳鸯、鸢、赤腹鹰、雀鹰、松雀鹰、普通鵟、红信、大鵟、血雉、红腹角雉、勺鸡、白冠长尾雉、锦鸡、灰鹤、佛坪红翅绿鸠、红角鸮、鸺鹠、纵纹腹小鸮、长耳鸮、山瑞鳖、大鲵、秦岭细鳞鲑等 39 种[①]。

● 商洛市：商南县地处秦岭东段南麓，属长江流域汉江水系丹江中游地区，是结构复杂、以低山丘陵为主体的山区，基本状况是“八山一水一分田”。境内地势西南部和北部较高，东南部和中部较低，千米以下的低山、丘陵占总面积的 77%。地处中纬度偏南地带，北部和西北部属暖温带气候区，占 49.3%；中部和南部属于北亚热带气候区，占 50.7%。由于北有秦岭天然屏障，阻挡寒潮不易侵入，致使气候温暖，雨量充沛，四季分明，冬无严寒，夏无酷暑，年平均温度 14.0℃。境内地域跨越北亚热带和暖温带，而且地表结构复杂，植被类型多种多样，为野生动物提供了复杂的生活条件，使境内的野生动物数量大、种类多。野生动物（不含鸟类）有：豹（金钱豹）、獾、金毛扭角羚（大白羊）、麝（香子）、狐、青羊、鬃羊、彪（虎彪、草彪）、野猪、兔、松鼠、果子狸、猞猁、鹿、麂、豹、貉、豪猪、狼、刺猬、大灵猫、水獭、大鲵、鳖、鱼、蟒蛇类等 30 余种[②]。

6.6.2 甘肃

甘肃省仍有较多猞猁分布。

《中国重点陆生野生动物资源调查》称，“本次调查，猞猁见于”“甘肃（兰州、临夏、甘南、河西地区）”（国家林业局，2008），亦即约在今兰州市、永登县、皋兰县、榆中县、嘉峪关市、金川区、永昌县、凉州区、民勤县、古浪县、天祝藏族自治县、肃州区、玉门市、敦煌市、金塔县、瓜州县、肃北蒙古族自治县、阿克塞哈萨克族自治县、甘州区、民乐县、临泽县、高台县、山丹县、肃南裕固族自治县、临夏市、临夏县、康乐县、永靖县、广河县、和政县、东乡族自治县、积石山保安族东乡族撒拉族自治县、合作市、临潭县、卓尼县、舟曲县、迭部县、玛曲县、碌曲县、夏河县等地仍有猞猁存在。

● 兰州市：永登县位于青藏高原东北部与黄土高原西部过渡地带，也是祁连山支脉东延与陇西沉降盆地间交错的过渡地区。境内山峦重叠，丘陵起伏，河水纵贯，高耸入云的乌鞘岭矗立县北，黄河在县南蜿蜒流过，整个地形由西北向东南倾斜，地形特征可概括为“两河夹三山”，形成黄土丘陵区和秦王川盆地。属大陆性气候，年平均气温 5.9℃。据该县吐鲁沟森林公园称，栖息着麝、跑鹿、蓝马鸡、猞猁、石羊等数十种珍稀动物[③]。

● 金昌市：金昌市地处河西走廊中段，地势自西南向东北倾斜，地形以山地、平原为主，戈壁、绿洲、大漠东西展开，南北更替，相间排列。属大陆性温带干旱气候，光照充足，气候干燥，全年多西北风，昼夜、四季温差较大，霜期长，春季多大风；境内气温北高南低，降水北少南多。区域年均蒸发量是降水量的 18 倍，自然条件严酷。境内有各类野生动物 220 种，其中属国家二级保护动物有雪豹、淡腹雪鸡、蓝马鸡 3 种，属国家三级保护动物有马鹿、麝、猞猁、石貂、黄羊、鹅喉羚、水獭、天鹅 8 种[④]。此处对保护动物级别等级归属不准，但还是可以说明有猞猁分布。

永昌县地处河西走廊东部、祁连山北麓、阿拉善台地南缘。地势以山地、平原为主，与戈壁沙漠东西展开，南北山岭夹峙，相间排列，山地平川交错，绿洲荒漠绵延。属温带大陆性气候，冬无严寒，夏无酷暑，年平均气温 4.8℃。该县的野生动物种类繁多，属国家一类保护的有雪豹、藏雪鸡 2 种，属二类保护的有蓝马鸡、马鹿、麝、猞猁、獭、鹅喉羚、天鹅 7 种，属三类保护的有石豹、黄羊 2 种。兽类主要有老虎、黑熊、雪豹、豺、紫貂、水獭、猞猁、麝、马鹿、滩黄羊等 40 多种；禽类多达 114 种，其中猛禽类有 14 种，鸣禽类有 45 种，

---

① 中国·佛坪. http://www.foping.gov.cn/gov/Html/zjfp/20131123182652.html

② 商南县. http://baike.baidu.com/link?url=BFIgf7QfCE16L7Uu5vxSB9D5dz15zU4YWCPK mNMGq1xjQGbwSSgWg2AxSv6agT#4_3

③ 兰州市资讯. http://www.cataczs.com/townef/lanzhou.html

④ 金昌. http://baike.baidu.com/view/24123.htm；金昌市资讯概况. http://www.bzeip.com/townab/jinchang2.html

鹑鸡类有 8 种，涉禽和游禽类有 14 种，鸠鸽类有 6 种，攀禽类有 4 种[①]。《国家重点保护野生动物名录》对“(重点)保护野生动物”只分一、二两级，并无“类”之称。

● 天水市：据报道，现今天水市广阔的天然森林，繁衍了许多珍禽异兽，栖息着 30 多种野生动物，有国家二类保护的羚麝、马麝、白臀鹿、斑羚、石貂、水獭、猞猁、猕猴、红腹角雉、蓝马鸡、红腹锦鸡、大鲵、暗腹雪鸡、淡腹雪鸡、勺鸟、血雉、黑熊、秦岭红鳞鲑等[②]。反映在天水市、清水县、秦安县、甘谷县、武山县、张家川回族自治县一带还有猞猁存在。

清水县地处鄂尔多斯地台西南和北祁连地槽褶皱带东端，在群山环抱中，形成牛头河中部的山间盆地，清水城处盆地中南部，形成沟壑纵横的地貌形态。由于该县深居内陆腹地，地处东南、西南季风交互影响的边缘地带，属温带大陆性季风气候，年平均气温 8.8℃。森林覆盖率 21.6%。据《清水县志》记载，境内哺乳类有毛冠鹿、青羊、鬣羚、野猪、林麝、豪猪、青鼬、黄鼬、獾、水獭、豺、狼、狐、金钱豹、石豹、云豹、金猫、猞猁(俗称山猫、大山猫)、黑熊、蒙古兔、刺猬等(清水县志编纂委员会，2001)。近年仍称，林区野生动物种类较多，主要有金钱豹、斑羚、鬣羚、云豹、林麝、毛冠鹿、水獭、猞猁、鸳鸯、红腹锦鸡等珍禽异兽 60 余种，其中 10 余种属国家二、三级保护动物[③]。

● 张掖市：肃南裕固族自治县地处河西走廊中部、祁连山北麓，大部地区处于祁连山地，明花区处于走廊中部。该县大部属高寒山地半干旱气候，只有明花区属温带干旱气候。据该县地处河西走廊中部的大河乡称，乡境为山峦起伏，沟壑纵横，属半湿润山地草原和干旱草原气候，山林和草原上栖息着白唇鹿、獐、野牛、大头羊、熊、豹、狼、猞猁、旱獭、雪鸡、蓝马鸡等野生动物[④]。

● 定西市：岷县地处洮河中游，青藏高原东麓与西秦岭陇南山地接壤区，地貌属高原形态，西秦岭北支褶皱带。全县山地占 88.8%，南有长江、黄河分水的岷峨山、大拉梁，北有洮河、渭河分水的木寨岭、岭罗山。全境山岭起伏，河流纵横，气势壮观。属温带半湿润向高寒湿润气候过渡带，高寒阴湿，年平均气温 5.5℃。据该县马坞乡称，当地属国家保护的珍贵动物有蓝马鸡、麝、穿山甲、苏门羚、毛冠鹿、云豹、野山羊、猞猁、水獭等；此外尚有熊、野猪、豹、黄鼠狼、兔、狐、狼、刺猥等[⑤]。

● 甘南州：玛曲县地处青藏高原东端，甘、青、川三省交界处，黄河第一弯曲部。昆仑山系之阿尼玛卿雪山(积石山)，从西向东横贯县境中部；西秦岭山系之西倾山从北向南绵延进入县境北部，形成了玛曲西北高、东南低、由西北向东南高度递减的地势。境内海峰巅嵯峨起伏，重峦峭拔，沟壑纵横，河流湍急。东南为黄河二级阶地，地表平坦。地属明显的高原大陆性高寒湿润区，高寒多风雨(雪)，无四季之分，仅有冷暖之别，冷季长达 314 天，年平均气温 1.2℃。据《玛曲县志》记载，国家保护动物有马鹿、白唇鹿、棕熊、猞猁、水獭、金猫、盘羊、黑颈鹤、天鹅、暗腹雪鸡、蓝马鸡、雪豹、麝、藏原羚等 10 余种(玛曲县志编纂委员会，2001)。又据 2005 年 10 月《甘南日报》报道，玛曲县境内栖息着黑颈鹤、黑鹳、胡兀鹫、白尾海雕、水獭、猞猁等 140 多种野生动物，其中国家一级保护野生动物有雪豹、野驴、白唇鹿、黑颈鹤、黑鹳、金雕、玉带海雕、白尾海雕、兀鹫、胡兀鹫等 10 种[⑥]。

肃北蒙古族自治县位于河西走廊西端南北两侧，辖地分为南山地区和北山地区互不相连的两部分，中间隔着敦煌、瓜州、玉门三县(市)：南部坐落在祁连山脉的西缘、河西走廊西端的南

①永昌县的资讯. http://www.cntics.com/townkl/yongchang.html

②天水. http://baike.baidu.com/link? url=2nkUAjeqj1dmmh6gwpH1-mgPPKsu0xTJ9MZqt9ssVJo01vDicSx-xQ465EuDWibZRYJ-efvgqvq4Me6RdeT2t_

③清水. http://baike.baidu.com/link? url=VQmOkyqD9D-S2TUveXqi_2pmqb0LpFOeWbXW-RBA7bBKDF_yCjTE-BwcqB0xV4PhqeaifjW_NEIMPbBnd7We5K

④大河资讯概况. http://www.bzeip.com/policab/dahe9.html

⑤马坞乡：岷县马坞乡丰富的旅游资源. http://www.cngansu.cn/news/china/gansu/17935.html；岷县. http://baike.baidu.com/link? url=m_BIlnZHCVgcZ4YaYh1Uz1prhEreZwrdDS_ieu0neKgcBLeMD55XRG2ieKcvvCqsu6oZ4tqbVQ7BvjTNeshuuq

⑥黄河首曲玛曲在行动. http://www.gansudaily.com.cn/20051023/462/2005A23A0043C003.htm

侧，俗称南山地区；北部飞地马鬃山地区位于河西走廊西段的北侧，古肃州之西北，俗称北山地区。南山和北山地貌各异，其中山区占总面积的44.7%，山间盆地和谷地占28.3%，戈壁和滩地占26.4%。南、北两地区因所处纬度不同，地形地貌差异较大，气候各具特点：南山地区位于中纬度，深处欧亚大陆内地，受南来季风影响小，是典型的内陆高寒荒漠草原气候；北山地区因纬度偏北，戈壁广布，远离海洋，边沿又有山脉阻隔，暖湿气流不易到达，气候更为干燥，属戈壁荒漠气候（温带干旱气候）。据2012年报道，该县的盐池湾国家级自然保护区在进行的重点保护野生动物资源调查时，发现有棕熊、猞猁活动痕迹，通过架设自动远红外相机拍摄到一只体长1 m左右、体重大约20 kg、野性十足的猞猁夜间捕食岩羊的照片（图15.36）①，十分难得。

图15.36　猞猁夜间捕食岩羊

6.6.3　青海

青海省内现今绝大部分地方仍有猞猁分布，是保有猞猁比例最高的省级政区。

《中国重点陆生野生动物资源调查》称，“本次调查，猞猁见于”“青海（都兰、天峻、乌兰、格尔木、治多、杂多、玉树、曲麻莱、称多、囊谦、玛沁、班玛、达日、祁连、门源、互助、同仁、尖扎）”（国家林业局，2008），亦即在今互助土族自治县、祁连县、门源回族自治县、同仁县、尖扎县、玛沁县、班玛县、达日县、玉树县、杂多县、称多县、治多县、囊谦县、曲麻莱县、格尔木市、乌兰县、都兰县、天峻县等地仍有猞猁存在。

● 西宁市：大通回族自治县地处青海省东部河湟谷地，祁连山南麓，湟水河上游北川河流域，是青藏高原和黄土高原过渡地带，地势西北高、东南低。属高原大陆性气候，年均气温4.9℃。该县的珍禽异兽有白唇鹿、麝、棕熊、紫、猞猁、蓝马鸡等20多种②。

湟源县地处青藏高原东端的日月山下，湟水河上游。全县总面积为15.3万hm^2，其中农业用地2.7万hm^2，林业用地4.1万hm^2，可利用草场8万hm^2。属大陆性季风气候，年平均气温3.0℃，无霜期27～71天。该县野生动植物种类繁多，有水獭、赤狐、石貂、鹿、石羊、猞猁、雪鸡等动物40多种③。

湟中县为西北黄土高原和青藏高原过渡地带，属青藏高原凉温半干旱地区，境内三面环山，祁连山余脉娘娘山雄踞西北，拉脊山脉绵亘西南，沟谷错综，山川相间，地形地貌比较复杂，地势南、西、北高而东南略低。属高原大陆性气候，年平均气温5.1℃。距该县城西南十数千米的大源境内，属拉鸡山（拉脊山）的余脉，由众多沟湾、峰岭、峡谷、草甸构成，蜿蜒起伏，莽莽苍苍，宛如一条静卧的巨龙。据2015年7月报道，大源南山有狐狸、猞猁、旱獭、野兔、狍鹿、狼等野生动物，有雉、鹰、雕、乌鸦、喜鹊、斑鸠、石鸡等野禽④。

乐都县地处湟水中游南侧，境内大部分地区为山区，地形复杂，沟壑纵横，湟水河自西向东流经全境，地势南高北低，由西南向东北倾斜。位于该县东北部、距县城45 km的下北山林场（属于祁连山地大坂山山脉），据称当地有国家级保护动物蓝马鸡、梅花鹿，省级保护动物旱獭、猞猁、锦鸡、柳鸡、麝、高山雪鸡、石鸡等⑤。

● 海东地区：化隆回族自治县位于青海省东

①冯志军. 甘肃盐池湾林区拍摄到棕熊猞猁夜间活动照片. http://www.chinanews.com/sh/2012/10-25/4277528.shtml
②大通县资讯概况. http://www.shrswl.com/towncd/datong5.html
③湟源县资讯概况. http://www.jnxcx.com/town/huangyuan.html
④祁俊清. 西宁湟中名不见经传的大源南山. http://qh.people.com.cn/n/2015/0723/c182775-25686995.html
⑤2015.10.17. 徒步青海海东市乐都马营沟. http://360.mafengwo.cn/travels/info_weibo.php? id=3547270

部黄土高原与青藏高原过渡地带，黄河谷地北侧山地、沟谷地；境内崇山峻岭，沟壑纵横，地势北高南低，呈阶梯状，由西北向东南递减。地属青藏高原东部干旱区，年均温 2.2℃。当地国家保护的一、二类珍稀动物有马麝、猞猁、岩羊、藏马鸡、蓝马鸡、金雕等①。

循化撒拉族自治县地处青藏高原边缘地带，祁连山支脉拉鸡山（拉脊山）东端；南高北低，四面环山，山谷相间，黄河流经其中，川道平行。属高原大陆性气候，气候温和，夏无酷暑，冬不甚寒，日照时间长，太阳辐射强，昼夜温差悬殊，降雨量少，蒸发量大，春季十年九旱、多东南风，夏季雷暴雨、冰雹频繁。从黄河沿岸到南部山区，海拔逐渐升高，随之光、热、水垂直变化也很明显。山林中有猞猁、狼、狐狸、麝、白鬃（?）、黄羊、苏门羚、岩羊、旱獭、雪鸡、马鸡、野鸡等野生飞禽走兽 30 多种②。

● 海北州：海晏县位于青海湖盆地东北部，祁连山系大通山脉的西南麓，是湟水河的发源地。属高山地貌，其中山地面积占 45%，滩地占 40%，低山丘陵占 10%，湟水谷地占 5%。属高原亚干旱气候，春季干旱多风，夏季凉爽，秋季短暂，冬季漫长，年平均气温 1.5℃左右。当地野生动物中兽类主要有普氏原羚、马鹿、雪豹、岩羊、棕熊、狼、猞猁等 20 多种③。

门源回族自治县地处祁连山系东端，地形复杂，高低悬殊；北部祁连山麓群峰耸立，南部达板山高拔陡峻，大通河谷地较平坦；境内山地面积占 83.1%，盆地面积 16.9%。属高原大陆性气候，地处中纬度西风带区，具有典型的日照时间长、太阳辐射强、昼夜温差大等高原寒温湿润性气候特征，年平均气温 0.8℃。该县有国家保护的珍贵动物青鹿、马鹿、麝、雪豹、猞猁、水獭、天鹅、雪鸡、蓝马鸡等 10 余种④。

● 海南州：共和县北部是日月山隆起带及青海湖盆地，中部是青海南山及山南侧的共和盆地，南部是鄂拉山区和黄河谷地，地形以高原山地为主。属高原大陆性气候，干旱少雨，气候温凉，日照充足，昼夜温差大，年平均气温 4.1℃。境内珍稀动物主要分布在鄂拉山区、青海南山和哇洪山等地，主要有马鹿、麝（马麝）、猞猁、高山雪鸡等⑤。

贵德县处于黄河上游龙羊峡与李家峡之间，全境沟壑纵横，山川相间，呈现多级河流阶地和盆地丘陵地貌。地势南北高、中间低，形成四山环抱的河谷盆地。属高原大陆性气候，光照时间长，太阳辐射强。春季干旱多风，夏季短促凉爽，秋季阴湿多雨，冬季漫长干燥，气温日差较大，年平均气温 7.2℃。该县野生动植物资源比较丰富，是海南州周边地区野生动植物资源分布较为集中的地区。野生动物有 36 科 106 种，其中兽类 7 科 15 种，鸟类 25 科 87 种，两栖爬行类 4 科 4 种。属国家一级保护动物的有雪豹、藏原羚、大天鹅、胡兀鹫、金雕等 5 种，二级保护动物的有马鹿、马麝、岩羊、石貂、荒漠猫、兔狲、猞猁、蓝马鸡、藏马鸡、血雉、雀鹰、猎隼、红隼、大鵟、兀鹫、长耳鸮、雕鸮、鸢等 18 种⑥。该县境内的黄河清湿地公园依托黄河森林公园和湿地而建，栖息着许多水生动物，还有许多水鸟和候鸟，兽类主要有高原兔、水獭、猞猁、沙狐、赤狐、黄鼠狼、水獭、旱獭、鼢鼠等，爬行类主要有蛇、青蛙、蜥蜴、蟾蜍等⑦。

兴海县地处“三江源”国家自然保护核心区，境内最高点鄂拉山脉虽根尔岗海拔 5 305 m，最低点河卡镇吾合托黄河出境处海拔 2 590 m。属高原大陆性气候，日照充足，辐射强烈，热量条件差，且地区间的气候条件差异性较大，年无霜期

①化隆县人民政府. http://www.hdhl.gov.cn/html/1153/13948.html；化隆回族自治县. http://baike.baidu.com/link? url=TEpSD0TEPEzQhiRj1NhV1xQo6DojftoJaSyHFszURLLxUHdI6bLt_AhQWcgDHcEm

②循化撒拉族自治县人民政府. http://www.xunhua.gov.cn/html/1517/9467.html

③海晏县. http://baike.baidu.com/view/470290.htm? from_id=3007225&type=syn&fromtitle=海晏 &fr=aladdi

④门源回族自治县. http://baike.baidu.com/link? url=0_XxuxGj2QVLhuY97Q_lsEpb1uR-cZ_nfj5RHWVA2P4pTnaRKqny0-VHBZYh4bGBcahSbA8khNhdslh3lLMPs_

⑤共和县. http://baike.baidu.com/view/328564.htm? fr=Aladdin

⑥贵德县. http://baike.baidu.com/link? url=KIMHGpJr07s1IbC83tOipqNK5R1aO4VU-DGtsVHxYy8fl6Rh3UOJXcf3yWy5Y11Z

⑦贵德黄河清国家湿地公园. http://baike.baidu.com/link? url=U5ePm8CQM1hHy8Afzkge5GZdy5fu4rbm5Zvuv0R7h5fV37cVyNC71R6lm2Qz5sYzLHElWmNa7HA_zsiM62GF1a

平均38天。据《兴海县志》记载，稀有珍贵动物（兽类）有野牦牛、野驴、盘羊等；珍贵毛皮动物有猞猁、水獭、赤狐、沙狐、兔狲、旱獭、雪豹、草豹等；药用动物有马鹿、白唇鹿、麋鹿（?）、麝、棕熊、马鹿、藏羚羊等；肉用动物有岩羊、黄羊、野兔等；其他动物有狼、豺狼、猪獾、艾虎、黄鼠狼等（兴海县志编纂委员会，2000）。据近报道称，兴海县，幽深的峡谷，茂密的森林，辽阔的草原，纵横的河流，为野生动物提供了良好的生存环境。这里蕴藏着石羊、马鹿、水獭、猞猁、赤狐、旱獭、香獐、棕熊、雪鸡等许多种野生动物。还有珍贵的国家一级保护动物野牛、野驴、盘羊、雪豹等①。

贵南县地处西倾山与黄河之间，祁连山边缘至昆仑山的过渡地带，属于柴达木地块的东延部分——共和盆地。境内南部高山连绵、挺拔高耸，为西倾山褶曲高原的一部分；中部为高原滩地，地势开阔平坦，其中木格滩沙漠是典型的内陆沙漠滩地，沙丘连绵，牧草点点。属高原大陆性气候，冬长夏短，冬无严寒，夏无酷暑，年平均气温2.3℃。该县野生动物近20种，其中有马鹿、麝、雪豹、岩羊、猞猁、雪鸡、蓝马鸡等国家保护的稀有动物，浅山滩地有赤狐、沙狐、旱獭、黄羊、石鸡、高原山鹑等，河谷地带有黄鸭、野鸭、野鸡、野兔、岩鸽等②。

● 黄南州：尖扎县地势西高东低，最低海拔1 960 m，相对高差为2 654 m；境内山脉属西倾山余脉，西南到西北数座高山海拔都在3 500 m以上，河谷、低山丘陵和中高山地地域的垂直差异明显。属高原大陆性气候，为青藏高原特殊型气候区，年平均温度7.8℃。有野生动物数十种，珍贵皮毛兽有旱獭、狐、猞猁、扫雪、水獭，药用禽兽有雪鸡、麝、鼯鼠，可肉食的有岩羊、环颈雉、斑鸠、岩鸽，还有珍稀动物苏门羚、蓝马鸡、雪豹等③。

泽库县地势由东向西倾斜，县境内大部分地区在海拔3 500 m以上，最高点是北部的杂玛日岗山（海拔4 971 m），相对高差2 171 m；由于地势的影响，形成了全县不同海拔的植被、土壤、气候的地域差异和垂直变化：有高山带、亚高山带、滩地、河谷阶地、低山丘陵五大地带。地属高原大陆性季风气候，属高原亚寒带湿润气候区，雨热同季，降水量较丰富且集中；气温较低，热量不足，无霜短期，日照时间长，太阳辐射强；冷季漫长干冷，多大风；暖季短促凉爽；年平均气温在−2.4～2.8℃。全县动植物资源丰富，主要珍贵禽兽有苏门羚、旱獭、水獭、猞猁、麝、雪鸡、兀鹫、秃鹫、金雕等④。

● 果洛州：玛沁县境内西北部和北部高山环绕，积石山脉绵延全境，阿尼玛卿雪山逶迤北部，山脉走向为西北、东南向，形成低山、丘陵、滩地、谷地多种错杂的地貌。属大陆性寒润气候，东西部差异较大，西北部寒冷湿润，东南部由寒温潮湿逐渐到冷温湿润；年平均气温−3.8～3.5℃。县境内有野生动物（经济兽类）20余种，著名的有野牦牛、野驴、羚羊、白唇鹿、岩羊、盘羊、雪豹、麝、棕熊、猞猁、黄羊、麋鹿（?）、水獭、豺等，分布广泛，在全县均有分布，在下大武、雪山、东倾沟、拉加、军功较多分布⑤。

班玛县地处青川边缘，属高山地。境内山脉纵横，山峰重叠，河流交错，山大沟深，其间有许多小块较为平坦的草原地和狭窄的河谷地带。属大陆性高原气候，随海拔的增加气温递减，升温快、降温急，且降温幅度大于升温幅度，年平均气温−1.0～2.8℃。据2008年5月报道，该县的玛可河林区森林覆盖率52.6%。林区内分布有白唇鹿、金钱报（金钱豹）、雪报（雪豹）、雉鹑、金雕、胡兀鹫、榛鸡、射（麝）等国家一级保护动物，棕熊、猕猴、小熊猫、水獭、猞猁、马鹿、盘羊、苏门羚、藏原冷、草原雕、秃鹫、岩羊、勺鸡、黄斑耳鼯

---

①兴海城市宣传片解说词. http://www.tubaobei.com/show-26f755-1194966-e7c53b.html

②贵南县. http://baike.baidu.com/link? url=e5aY41HvgpsVAGkZJWr85q-T5rAObgbrvz66bQj90MDDyJwghLvLYSwvj4DcNYKRKGzDflXzHYGyJRnJ6toQ5a

③尖扎县. http://baike.baidu.com/link? url=Nou7Baj4JrstnBK0Zf0PaBW4S8dH1ZJsfo1-aTbd95R9l9O2rbl06RLSUIBdNaFZe2GvQsSc3oKKHxvGn8s_

④泽库县. http://baike.baidu.com/link? url=NW_lfrW9mJNpglTt96I1sSg2KQaoRSG4oN9NGswRgq8xQA9hvQ6SFK4ilF9YaOxW

⑤玛沁县. http://baike.baidu.com/link? url=Oil1kFEyhOKw9aKv7--p49M5ITmK5bu3vK9hwAj_CKvYMt8o2OrHZqbF7iZkUCuG；玛沁县. http://baike.baidu.com/link? url=-pDrFX2Dj9KCGjjU0bmQykGMd6xsI-NBZWSmE3VApomJvN9Dfal3quwiqWdQ_hS60qjVqcUz7rpD-1nQgODEUq

鼠、血雉、白马鸡、蓝马鸡等29种国家二级保护野生动物及10余种省级保护动物①。

甘德县地处青南高原高山峡谷向高原面的过渡地带，阿尼玛卿山支脉自西北向东南贯穿中部，地势由西北向东南倾斜，为高山山地地貌。主要河流东柯曲、西柯曲流域形成两大谷地，地势平坦而开阔。属高原大陆性半温润气候，常年有风，平均风速大，大风日数多，而且多为阵发性，尤其是冬春两季大风出现机会较多，年平均温度－2℃。境内栖息着种类繁多、数量较大的野生动物，其中食肉动物有棕熊、豺、狼、猞猁、沙狐、红狐、水獭、雪豹、荒漠猫等，食草类动物有野驴、野牛、黄羊、岩羊、麝、狍、喜马拉雅旱獭、高原鼠兔、高原兔、马鹿等②。

达日县地处青藏高原境内，地貌属巴颜喀拉山原区，地形呈蝴蝶状，地势西北高、东南低。属高寒半湿润气候，无明显四季之分，只有冷暖之别，无绝对无霜期，年平均温度－0.5℃。当地野生动物种类有盘羊、黄羊、岩羊、猞猁、旱獭、水獭、艾虎、狗獾、棕熊、麝、野驴、雪豹、白唇鹿等，县内各地均有分布③。

久治县地处青南高原东部，地势由南、东北向西北部逐渐降低。境内山岭重叠，层峰起伏，巴颜喀拉山脉的年保山横贯全境构成该县的地形骨架，山南部多为南北走向的峡谷，山北部是宽谷和山间盆地。具有典型的高原大陆性气候特征，全年无四季之分，只有冷暖两季，年平均气温0.1℃。位于该县索呼日麻乡、白玉乡境内的年保玉则(年宝叶什则)是“果洛山”的发祥地，据称有国家级一、二类保护动物多达二十几种。麝、马鹿、白唇鹿、棕熊、水獭、旱獭、雪豹、猞猁、岩羊、黄羊、雪鸡、黑颈鹤、丹顶鹤等常出没于林海雪地中，野鸭、斑头鸥、秃鹫常嬉戏于蓝天碧水间，构成了一幅天人合一、人兽共存的优美画卷④。

玛多县属高平原地区，地势自西北向东南倾斜，地形起伏不大，相对平坦，山间有平坦地、沙漠地、沼泽地。属高寒草原气候，一年之中无四季之分，只有冷暖之别，年平均气温－4℃。当地野生动物资源极为丰富，兽类主要有野牛、野驴(俗称野马)、羚羊、黄羊、石羊、盘羊、白唇鹿、棕熊、狼、红狐、猞猁、雪豹、獾猪、野猫、旱獭等⑤。

● 玉树州：玉树州有各种珍禽异兽，主要有野牦牛、野驴、藏羚羊、岩羊、黄羊、白唇鹿、马鹿、金钱豹、雪豹、猞猁、棕熊和珍禽黑颈鹤、马鸡、雪鸡等。鸟类品种为青海省之首，兽类品种居青海省第二⑥。

玉树县东临川西山地，南接横断山脉北段，西近高原主体，北靠通天河，整个地形西北和中部最高、东南与东北最低，境内海拔5 000 m以上的山峰有951座，大部分终年积雪。全县纵跨长江与澜沧江两大水系，地势高耸，地形复杂，地貌以高山峡谷和山原地带为主，间有许多小盆地和湖盆。属高原寒带气候，年均温2.9℃。野生动物种类众多，包括寒温带动物区系和高原高寒动物区系。兽类31种，鸟类73种，其中著名的鸟兽有金钱豹、雪豹、苏门羚、白唇鹿、马鹿、猞猁、水獭、棕熊、白马鸡、黑(劲)[颈]鹤、藏雪鸡、雪鹑等，属国家保护的动物就有16种⑦。

杂多县地处唐古拉山北麓，地势西高东低，平均海拔4 200 m以上。属大陆性季风气候，受地理环境的影响，全年气候寒冷，无四季之分，只有平均气温大于0℃的暖季和平均气温小于0℃的冷季，年平均气温0.5℃。2013年，杂多县珍稀动物主要有藏羚羊、野牦牛、白唇鹿、雪豹、盘羊、岩羊、马麝、棕熊、猞猁等，珍稀鸟类有黑颈鹤、金

①青海回忆八：江源头那片森林：可河林区. http://blog.sina.com.cn/s/blog_52dd321a01009pyc.html

②甘德县人民政府. http://www.gande.gov.cn/html/17/955.html

③达日县. http://baike.baidu.com/link? url＝spll8DcafctPpWx4b79VLPrs2o379Ux2wxRrjCZenJoJ7gyxPUb71wBkWHMq49IAGmjSAHeufv1Go0-Wi2kkSK

④年保玉则. http://baike.baidu.com/link? url＝qemcFtuHiVXiqEPDf0GwJv9dtwHjF_G8F4k98bEUSXoevJQiVQysS8BUCEejVCjse_7d3QCwso5CbypxIQcCVq

⑤玛多县. http://baike.baidu.com/link? url＝q5z4VTh1852Jqs1bPH5twv34nl0tAVErX-ZTmOTn-y-hlJzqkHQQu3RutIfEMN9cLlBFX6Ct6Xa7wytKT23xUa

⑥玉树藏族自治州. http://baike.baidu.com/link? url＝w1BJoFGonw7zGG1POt2yIIJCdpM4X7bSf2iKVibJGgNz-4v_3WeeWWgX4dOG8D3ppI2cYXMAhqbtMfnxvQM7q

⑦玉树县. http://www.baike.com/wiki/玉树县

雕、雪鸡等①。

称多县地势由西北方向东南方逐渐倾斜，形成中间低、周围高、起伏不平的山间盆地，地形多山，间有滩地，通天河从西南边切成深谷，众多小河流也在多处切成小谷。属寒温带大陆性季风气候，早晚温差大，春季风大，夏季温和多雨，秋季凉爽，冬季较长，年平均温度－1.6℃。2013年，称多县有马鹿、白唇鹿、黑颈鹤、雪鸡、岩羊等80余种野生动物资源，其中以白唇鹿、马麝、猞猁等著名②。

囊谦县地处青藏高原东部，南接横断山脉，北临高原主体，境内大小山脉纵横交错，峰峦重叠，唐古拉山4条并列的支脉以西北—东南走向构成了总体倾斜的地形骨架，西北部高而平缓，属山原地貌。属大陆性季风季候，日照时间长，辐射强烈，日温差大，降雨量多而集中，四季不分明，只有冷暖两季，干旱少雨。2013年，囊谦县还有金钱豹、猞猁、石貂、藏水獭、猕猴、马麝、白唇鹿、马鹿、鬣羚、盘羊、白马鸡、蓝马鸡、雪鸡等生物资源③。

曲麻莱县横跨通天河（长江）、黄河两大水系，县境西北部为宽谷大滩，地域辽阔，东南重山叠岭。高山、盆地、滩地相间，主要山脉有昆仑山、巴颜喀拉山、可可西里、冬乌拉山，是黄河与长江北源的发源地。属典型的高原高寒气候，主要特点是高寒缺氧、日照时间长、紫外线强；只有冷暖两季，年温差不大，日温差则较大；年均气温－3.3℃。该县野生动物主要有野牦牛、藏羚羊、白唇鹿、雪豹、盘羊、岩羊、棕熊、猞猁和珍禽黑颈鹤、雪鸡、金雕、大天鹅等④。该县曲麻河乡措池村烟瘴挂峡谷是长江上的第一个大峡谷，调查记录到雪豹、白唇鹿、马麝、野牦牛、藏野驴、藏羚羊等6种国家一级保护动物，兔狲、猞猁、水獭、藏原羚、盘羊、岩羊等8种国家二级保护动物⑤。

● 海西州：德令哈市在地貌单元上分属祁连山地和柴达木盆地。地属高原大陆性气候区，具有高寒缺氧、空气干燥、少雨多风、年内四季不分的特点。该市的花土沟镇地势西北高、东南低，山呈峰叠的阿尔金山雄峙其北，白雪皑皑的阿喀祁漫塔格山高耸西南，形成山盆相间的地形格局。除北部阿哈提山、西南部阿喀祁漫塔格山海拔在3 800 m以上外，约占全镇总面积80%的盆地区海拔在2 689～3 800 m之间。荒漠戈壁和流动沙丘占全镇面积的2/3以上。全镇生态异常脆弱，无自然植被分布和覆盖，只在城镇内有少部分人工绿化林及园林。据称，当地有野牦牛、野骆驼、野马、雪豹、藏羚羊、野驴（国家Ⅰ级保护动物）和棕熊、黄羊、岩羊、猞猁、藏雪鸡（国家Ⅱ级保护动物）等110多种野生动物⑥。

格尔木市地处青藏高原腹地，市区位于柴达木盆地中南部，地貌复杂，地形南高北低，由西向东倾斜，昆仑山、唐古拉山横贯全境，山势高峻，气势磅礴。该市居世界屋脊，境内雪峰连绵，冰川广布，冰塔林立，河流纵横，湖泊星罗棋布。唐古拉山主峰格拉丹东雪峰高峻挺拔，雄伟壮丽，是长江和澜沧江的发源地。盆地地势平坦，沙丘起伏，绿洲陷显，盐湖、碱滩、沼泽众多。属高原大陆性气候，少雨、多风、干旱，气候寒冷，仅有冬夏两季，年平均气温－4.2℃。该市的野生动物有野牦牛、野驴、猞猁、藏羚羊、盘羊、岩羊、野马、鹅喉羚、棕熊、白唇鹿、雪豹、红狐、狼等20多种⑦。

乌兰县四周环山，中间平坦，北有祁连山支脉，南靠昆仑，由东向西有多座山峰。地势西北高、东南低，形成波浪形狭长倾斜走向，南北大山的褶皱将县境切割成茶卡、希赛和卜浪沟3个闭流性山间盆地。属典型干旱大陆性气候，终年偏西风强劲，仅东部地区可受东南季风的影响，气

---

①杂多县. http://baike.baidu.com/link? url=zoDm3N5Hq4RXfPJyLNkWgFLdYVVc9AbtKi3Rl6Eywxdon-VThyR2wuwIj2sci87EyiU-XRv12Ya4n5bg-A67Ha

②称多县. http://baike.baidu.com/link? url=xYP8RacoKaz2_0Mn9PvC2HdjWT66dVyhf9PCzaMnmMN_fENzzUXsA0yE9mWUHpHVjmhpzl9_UjKd9BETOySoZq；称多县资讯概况. http://www.bzeip.com/townab/chengduo.html

③囊谦县. http://baike.baidu.com/link? url=uCFfSO6_BaJw-olWmIg7cWCS8hZjwLAn1B7vBQBa40rcqXuYvUKHEM1AzbKAEO-1BHBsi9pj2m9GzQ3Z_YTq3q

④曲麻莱县. http://baike.baidu.com/link? url=bRds-0rNEV5fMwzeMPtVTWusW89l1HdrCPHOHKhlyaFK7e6EX0PQpehoKTs8vvFN

⑤烟瘴挂峡谷发现众多珍稀动植物包括雪豹、白唇鹿、马麝等. http://www.envir.gov.cn/info/2015/1/115318.htm

⑥青海海西州德令哈市花土沟镇. http://www.tcmap.com.cn/qinghai/delinghashi_huatugouzhen.html

⑦中国盐湖城：格尔木. http://www.gem.gov.cn/html/21/55419.html

候稍湿润，年平均气温 3.5℃。县境内有野生兽类雪豹、蒙古野驴、西藏野驴、野骆驼、白唇鹿、野牦牛、普氏原羚、藏羚等 103 种，鸟类胡兀鹫、雉鹑、黑颈鹤、丹顶鹤等 294 种①。县境内的哈里哈图森林公园，也有猞猁、沙狐、白唇鹿等 20 多种野生动物②。

都兰县地处柴达木盆地东南隅，全境可分为汗布达山区和柴达木盆地平原两种地貌类型，戈壁、沙漠、谷地、河湖、丘陵、高原、山地等地形依次分布。属高原干旱大陆性气候，年均气温 2.7℃。据《都兰县志》【兽类】食草类动物有白唇鹿、马鹿、藏羚羊、盘羊、岩羊、黄羊、麝、野驴、野牦牛、高原兔、旱獭等，食肉类动物有雪豹、熊、狼、猞猁等（都兰县县志编纂委员会，2001）。近据报道，都兰县野生动物有岩羊、黄羊、盘羊、藏羚羊、野驴、野牦牛、白唇鹿、马鹿、狐狸、雪豹、熊、黄鸭、猞猁、石貂、沙狐、鹅喉羚、天鹅、黑颈鹤、雪鸡、石鸡等 40 多种，其中国家级一、二类保护动物 16 种③。

天峻县位于青海湖西北部，柴达木盆地东部，地形可概括为：六大水、五大山、丘陵沟谷间平原，大小河四十三，湖泊沼泽连冰川；中部高、两头低，东南宽、西北窄，形似楔。属高原大陆性气候，气温低，降水时间不均匀，气候寒冷，无绝对无霜期。截至 2010 年，该县野生动物有百余种，主要珍稀动物有牦牛、鹿、麝、雪鸡、猞猁、雪豹、野驴、岩羊、黄羊、羚羊、熊、盘羊等④。

6.6.4 宁夏

宁夏回族自治区现存猞猁主要分布于贺兰山一带。

《中国重点陆生野生动物资源调查》称，“本次调查，猞猁见于”“宁夏（中卫、同心、贺兰）”新发现（国家林业局，2008），亦即在今贺兰县、同心县、沙坡头区等地仍有猞猁存在。

贺兰山的山体东侧巍峨壮观，峰峦重叠，崖谷险峻，向东俯瞰黄河河套和鄂尔多斯高原；西侧地势和缓，没入阿拉善高原。由于该山为石质山地，土地瘠薄，多岩石裸露，植被类型较简单，植被覆盖度低，为野生动物提供的食物很有限，不能满足野生动物种群数量的迅速增长。又由于该山西坡较缓，逐渐过渡到内蒙古高原；东坡陡峭，山势雄伟，高差较大，构成一道天然屏障，从而削弱了西伯利亚高压冷气流，阻截了腾格里沙漠的东侵，也阻止了潮湿的东南季风西进，使得贺兰山东西两侧气候、水源、植被有着显著的差别，成为中国外流区和内流区的分水岭，是温带荒漠草原与荒漠、季风气候和非季风气候的分界线，也是半农半牧区和牧区的分界线。据不完全统计，当地共有野生脊椎动物 179 种，其中重点保护动物 16 种。飞禽有草雕、秃鹫、百灵、雀鹰、百灵、斑鸠等几十种；走兽有雪豹、猞猁、赤狐、马鹿、盘羊、獐子（麝），甚至还有青藏高原的牦牛⑤。贺兰山脉是宁夏回族自治区与内蒙古自治区界山，在宁夏一侧，约处于银川市、永宁县、贺兰县、石嘴山市、平罗县一带。

6.6.5 新疆

新疆维吾尔自治区现今仍有一些猞猁分布。

《中国重点陆生野生动物资源调查》称，“本次调查，猞猁见于”“新疆（阜康、木垒、奇台、焉耆、和静、和硕、尉犁、且末、若羌、特克斯、昭苏、喀什、皮山、民丰、哈密、阿勒泰地区）”（国家林业局，2008），亦即约在今喀什市、皮山县、民丰县、哈密市、阜康市、奇台县、木垒哈萨克自治县、尉犁县、若羌县、且末县、和静县、和硕县、焉耆回族自治县、昭苏县、特克斯县、阿勒泰市、布尔津县、富蕴县、福海县、哈巴河县、青河县、吉木乃县等地仍有猞猁存在。

● 乌鲁木齐市：乌鲁木齐县处天山北麓，准

①乌兰县. http://baike. baidu. com/link? url=v0xisLQxQuG44kj4-EuwbshayoVfmTiyRnTWJ2DohRjdmBpnV5GYeOJBODuketGDmb7V6ZR0N61-O4gOqgE9aq

②哈里哈图森林公园. http://baike. baidu. com/link? url=z_fKNxbof_jE02TEHgiDWWyP0JqSQnV4ngSRUkCfXmbNhiTB8Ynh8gYiEwNHrFL7dMwSfa3HnIojbucOIJPhW_

③都兰县. http://baike. baidu. com/link? url=hXT9rVzprkamu-O24ntXbmcguAcS6hdkIhXMIz851H6YLSsBs-edm1CSrbnDZJ8LKxVrv51AIPMy5xIM-xCj-K

④天峻县. http://baike. baidu. com/link? url= CeplCB01rK9f5J3XxC1mgrr6A9EoDgGL27jpurHeA6la0gIo-3ru0wkSa2cSowGew2fbxIn5y3uDGkYxlxoq

⑤贺兰山. http://baike. baidu. com/subview/24761/5119885. htm? fr=aladdin

噶尔盆地南缘；境南依天山支脉喀拉乌成山，中间为低陷冲积平原，向西北延展与准噶尔盆地相连。地势东南高、西北低，由南向北逐渐下倾。属温带大陆性气候，温差大，寒暑变化剧烈，日照时数长，热量充足，平原、低山农区年平均气温5～7℃，南山前山带为2～5℃，其他地区随海拔的增高而降低。当地野生动物有数十种，有国家一级保护动物雪豹、北山羊、黑鹳、大鸨等4种，有国家二级保护动物棕熊、猞猁、雪鸡等20种①。

● 五家渠市：五家渠市位于天山山脉博格达峰北麓，准噶尔盆地南缘；在天山山脉河流冲积形成的冲积、洪积平原中下游，大致分为冲积洪积平原和北部沙漠两大地貌单元；地貌形态南高北低，由南向北倾斜。属中温带大陆性气候，年均气温6～7℃。据《农六师垦区·五家渠市志：1949～2001》记载，脊椎动物·哺乳类有野马、蒙古野驴、雪豹、马鹿、盘羊、岩羊、鹅喉羚、北山羊、波斑豹(?)、熊、短尾黄羊、野猪、雪兔、赤狐、沙狐、狍子、野狸子、长尾旱獭、水獭、草兔、艾鼬、猞猁、狼、草原斑猫、荒漠猫、獾、刺猬、麝鼠、狼熊、松鼠、蝙蝠等（文定讴，2001）。

● 喀什地区：疏附县地处帕米尔高原东麓，塔里木盆地西缘古老的喀什噶尔绿洲上；北、西、南三面傍山，东南开阔，处于克孜勒河的上游、盖孜河的冲积平原；地势由西北向东南倾斜；平原面积约占总面积的54％。属暖温带大陆性荒漠气候，四季分明，光热资源丰富，温差较大，干旱少雨，年平均气温11.2℃。当地野生动物有短耳沙鼠、科氏矮三趾跳鼠、猞猁、兔狲、灰尾兔、长尾旱獭、大耳猬等②。

● 阿克苏地区：拜城县位于天山中段南麓、却勒塔格山北缘的山间盆地、渭干河上游流域，四周群山环抱，为带状盆地；西北高、东南低，自然坡降较大，地形复杂，北部为天山主干，南部为却勒塔格山，东部为库车达坂，西部有叠山洪沟。属温带大陆性干旱型气候，冬季寒冷，夏季凉爽，年均气温7.6℃。县内野生动植物品种繁多，主要分布在天山山区，野生动物有马鹿、黄羊、野山羊、盘羊、大头羊、野猪、野兔、野鸭、熊、狼、狐狸、旱獭及珍禽山鸡、雪鸡和奇兽山虎（原注：所谓奇兽山虎就是俗称山猫的猞猁）、雪豹等③。

乌什县位于塔里木盆地西北边缘、天山南麓、托什干河上游地带，地势西北高、东南低，四周为山，中间为谷地，山地占59.9％，戈壁占27.6％，谷地平原仅占12.5％。地属温暖大陆半干旱气候区，年均气温9.4℃。据2015年3月报道，该县的新疆阿克苏边防支队英阿瓦提边防派出所④救助一只袭击牧民绵羊被捕获的“雪豹”。这只“雪豹”身高60 cm，体长1.2 m，体重在40 kg左右，体形瘦弱，皮毛为灰白色，有黑色斑点和黑环。经专业人员辨认，是猞猁，因其“耳朵呈垂直向上，而且有两撮黑毛，这是比较明显的特征；还有一个它的尾巴跟雪豹有明显的不一样，雪豹尾巴又粗又长，它的尾巴短一些，而且呈簇状，尾尖为黑色”。同时，报道附有图片（图15.37）。据悉，经确认，这只猞猁伤势康复良好，具备野外生存能力。当日下午，这只猞猁被送至深山无人区域放生⑤。

图15.37　乌什县袭击绵羊的猞猁

①乌鲁木齐县. http://baike. baidu. com/link? url=_gPxACEK3samFf8zyFAxQJ03RF0dvzENmsO26mw2Pj7oA0c1icfObERfdBPCzs-W＃5_3

②疏附县总体规划. http://wenku. baidu. com/link? url = _bRHTBsj9pkf4HQX7P0w9oy1qCyO1i3uMD69d4-f76BNu_AmcVt-vuGJWpamO510jiXg2hPli0yxc9pA7Tb5goWUE7k76wgE4R1yOTxryW3S

③拜城县. http://baike. baidu. com/link? url=m0Bhtjb4nofXIvirTOKcOj3b1P83EhrsmCKY1J9YZloDIpMgOIus71jK5p134iUV＃4_4

④原报道所提“新疆阿克苏边防支队英阿瓦提边防派出所”，具体地点应是乌什县所辖英阿瓦提乡。

⑤丁安，江波. 阿克苏羊群疑遭“雪豹”袭击，经鉴定为猞猁. http://news. sznews. com/content/2015-03/17/content_11317130. htm；叼羊的原来是猞猁，阿克苏边防民警和动保部门将其解救并放生. http://www. xinjiangnet. com. cn/2015/0318/1375517. shtml

● 吐鲁番地区：是天山东部的一个东西横置的形如橄榄状的山间盆地，四面环山；盆地中部有火焰山和博尔托乌拉山余脉横穿境内，把本地区分成南、北两半；盆底艾丁湖水面，低于海平面155 m，是我国最低的盆地，也为世界第二低地。属独特的暖温带大陆性干旱荒漠气候；因地处盆地之中，四周高山环抱，增热迅速、散热慢，形成了日照长、气温高、昼夜温差大、降水少、风力强五大特点，素有“火州”“风库”之称，全年平均气温为14℃。该市南50 km恰特卡勒乡境内的艾丁湖，既是吐鲁番盆地水系的尾闾和最后归宿地，也是猞猁等珍稀动物的栖息地（冯晓华等，2007）。

● 昌吉回族自治州：阜康县位于天山东段北麓、准噶尔盆地南缘，境内地貌约呈现为南部山区、中部平原、北部沙漠。地属温带大陆性干旱气候区，四季分明，光照充足，热量丰富；境内随地貌单元的变化，温度差异明显，年平均气温2.5～6.6℃。据《阜康县志》记载，“国家重点保护野生动物分布名录・兽纲”有棕熊、石貂、猞猁、兔狲、雪豹、蒙古野驴、马鹿、鹅喉羚、北山羊、盘羊【鸟纲】赤颈䴘、白鹳、黑鹳、金雕、白肩雕、乌雕……红隼、白鹤、灰鹤、蓑羽鹤、红角鸮等（阜康市党史地方志编纂委员会，2001）。据2014年1月报道，新疆天池工作人员通过视频监控发现，两只猞猁出现在天山天池景区（地处阜康市）马牙山段，猞猁属于国家二级保护动物。目前，天池景区的国家重点野生物种已达到31种，发现猞猁还是第一次①。

奇台县位于天山北麓、准噶尔盆地东南缘，从南到北地理环境独特，地形地貌复杂多变，自然风貌集沙漠、戈壁、绿洲、山谷、草原、森林和冰雪等自然景观为一体。南部山区崇山峻岭，逶迤连绵，雪峰冰川高耸入云，林海草原苍茫无际，翠谷溪流清幽隽秀，河山旖旎，绝景天成；中部平原田野广袤，阡陌纵横，一派北国田园风光；北部荒漠戈壁。属中温带大陆性半荒漠干旱性气候，年平均气温5.5℃。该县有马鹿、雪豹、野猪、棕熊、狍鹿、狐狸、狼、獾猪、岩羊、岩鼠、松鼠、水獭、猞猁、石貂、盘羊、野兔等20余种兽类，其中有8种属国家级保护动物；鸟类有雪鸡、石鸡、斑鸠、猫头鹰、金雕、朱雀、山鹑、杜鹃、天雀等50多种②。

木垒哈萨克自治县位于天山北麓、准噶尔盆地东南缘，三面环山，中部是霍景湟期辛沙漠，成为南北东三面高、中部低的半壁盆地；山势由西向东逐渐降低，盆地由东向西倾斜，在地貌上可分为山地、山丘、平原、沙漠四个不同单元。属干旱大陆性气候，年平均气温5～6℃。该县境内属于国家一级保护的珍贵动物有野驴；属于国家二级保护动物：马鹿、雪豹、棕熊、鹅喉羚、大头羊、北山羊、青羊、黄羊；此外，生活在深山密林中的还有猞猁、扫雪、野猪、毛狗、狍鹿子、狐狸、松鼠等③。

● 巴音郭楞州：2014年11月报道，新疆罗布泊野骆驼国家级自然保护区管理局工作人员进入保护区采集架设在保护区内的阿尔金山、阿奇克谷地区域（参见“罗布泊与阿奇克谷地一带地形图”④）的红外相机数据时发现，在阿尔金山北麓儿眼泉水处布设的红外相机首次拍到了多张国家一级保护动物雪豹的照片。此外，还首次拍到了国家二级保护动物猞猁捕食岩羊的珍贵相片。这是管理局开展红外触发相机野外监测项目一年来，第一次成功获取到雪豹和猞猁信息⑤。阿奇克谷地在罗布泊以东，库姆塔格沙漠以北，北山山地（在库鲁克塔格南）以南。在这一地域拍到雪豹与猞猁，说明从小河墓地至今3 800年来，若羌县一带一直有猞猁生息繁衍。

且末县地处塔里木盆地东南缘，昆仑山、阿尔金山北麓。地形东南高、西北低，北边为戈壁

①新疆天池景区发现猞猁，网友呼吁设立自然保护区. http://xj.people.com.cn/n/2014/0113/c188533-20375058.html

②奇台县的资讯. http://www.cntics.com/townkl/qitai.html

③木垒哈萨克自治县. http://baike.baidu.com/link? url=lMbCZqCAsBJ_rhifA82koGGjoJmbZUy1tTPNPzertEc4Ua4NXMTWjvS10IGw1j30

④据：天地图. http://map.tianditu.com/. 此图因故不得已删除，有兴趣的读者可以根据所列出处查看原图。该图显示，北为“库鲁克塔格山”，南段为“库姆塔格沙漠”及其身后的“阿尔金山—祁连山”，西端有“罗布泊”，东端有“白山”，其中包含未见标注的“阿奇克谷地”。

⑤王涛. 新疆罗布泊野骆驼保护区内首次发现雪豹. http://news.gog.com.cn/system/2014/11/27/013942188.shtml

沙漠，距县城百余千米的西南至东南有昆仑山支脉及阿尔金山山脉逶迤连绵，整个绿洲呈狭长的沿水系分布的条状带；山地面积占总面积的44.42%，山前倾斜平原占17.21%，沙漠占38.36%。属干旱大陆性气候，年平均气温11.7℃。该县南部的中昆仑野生动物园属于山区，地形异常复杂，植被有明显的垂直群落结构；由于人迹罕至，这里便成为野生动物的乐园：野牦牛、熊、羚羊、雪鸡、山鹰、野驴、盘羊、赤狐，藏野骆驼、猞猁、叶尔羌马鹿等20多种野生动物在这里繁衍生息[①]。

● 塔城地区：全地区有雪豹、赛加羚、野驴、鹅喉羚、马鹿、猞猁、兔狲、石貂、蓑羽鹤、白鹳、大天鹅、金雕、大鸨、高山雪鸡等野生动物27目69科286种，其中被列为国家保护的动物有42种[②]。

《农九师志·野生动物》记载，皮毛动物有狐狸、狼、獾子、狗熊、黄鼬、豺等，药用动物有野马鹿、草鹿、刺猬、猞猁等，肉食动物有野猪、黄羊、大头羊、草兔等（农九师史志编纂委员会，2000）。农九师的师部驻额敏县，各团分别驻塔城市、额敏县、托里县、裕民县；还有个别地方尚待核实猞猁存在与否。

额敏县位于准噶尔盆地西北边缘，塔城盆地中心，地势东北高、西南低，三面环山，向西开口，北有塔尔巴哈台山，东南有齐吾尔喀叶尔山，中部有额敏河冲积平原。属大陆性温带气候，四季分明，春季升温快而不稳定，夏季炎热而短促，秋季降温迅速，冬季寒冷而漫长，冷空气活动频繁，全年平均气温5.5℃。据《额敏县志》记载，兽类30余种，其中被国家列为一、二级保护动物的有雪豹、赛加羚、鹅喉羚、马鹿、棕熊、雪兔、盘羊、石貂、兔狲、猞猁（山猫）；此外，还有赤狐、白鼬、狗獾、野猪、旱獭、刺猬等（额敏县地方志编纂委员会，2000）。又据2011年11月报道，一只猞猁从树上摔下来，右后腿骨折，后被额敏县公安局玛热勒苏乡派出所成功解救[③]。更证实当地仍有猞猁。

据2015年月报道，裕民县巴尔鲁克山区的村民设陷阱以防野狼前来侵害家畜，不料却意外抓捕到一只外形酷似猫的动物，另有一只逃脱。经进一步辨认确定为国家二级野生保护动物猞猁，这是目前裕民县境内首次发现猞猁，被当地村民意外捕获的猞猁不久将会放归自然[④]。

● 阿勒泰地区：阿勒泰市具有典型的山麓地貌，自北向南，呈明显的梯降式垂直分布，自上而下，可分为北部山区、南部丘陵区、山间冲积平原区3个自然地貌单元。地属中温带亚干旱大区、干旱大区气候带。由于北边有阿尔泰山脉为屏障，南临准噶尔盆地北缘，因而形成特殊的气候条件，南北气候差异较大，年均气温4～4.2℃。据《阿勒泰市志》记载，野生兽类有67种，具有经济开发价值的兽类品种及珍稀动物有棕熊、雪豹、北山羊、盘羊、紫貂、熊貂、马鹿、雪兔、石貂[扫雪?]、艾虎、扫雪[重复?]、赤狐、沙狐、旱獭、野猪、獾猪、猞猁、兔狲、野山羊、鹅喉羚、松鼠、麝鼠、跳鼠、狼等（阿勒泰市党史、地方志编纂委员会，2001）。又据2015年3月报道，阿勒泰地区一牧民在自家院子里发现了一只受伤的国家二级保护动物猞猁，牧民向北屯市[⑤]森林公安局求助，将这只受伤的野生猞猁送至阿勒泰地区野生动物保护中心[⑥]。证实阿尔泰市确仍有猞猁存在。

布尔津县位于阿尔泰山脉西南麓、准噶尔盆地北缘，地势由东北向西南倾斜，分三部分：北部的高、中山区，中部的低山丘陵、河谷地，南部的半荒漠低山区。属大陆性北温带寒凉气候，夏季干热，冬季严寒，降水量小，蒸发量大，昼夜温差大，光照充足。据称，该县野生动物仍然有月熊、

---

①且末县资讯. http://www.cataczs.com/townef/qiemo.html

②塔城市资讯概况. http://www.jnxcx.com/town/tacheng2.html

③额敏县成功解救一只国家二级保护动物猞猁. http://www.xjtc.gov.cn/info/1188/19080.htm

④李明胜. 裕民县首次发现国家二级保护动物猞猁. http://www.gywb.cn/content/2015-01/08/content_2200505.htm

⑤北屯市原为阿勒泰市所辖北屯镇；2011年12月20日，经国务院批准，同意设立北屯市，为新疆维吾尔自治区直辖市，按照“师市合一”模式管理。

⑥新疆阿勒泰野生动物保护中心收治野生猞猁. http://www.gywb.cn/content/2015-03/29/content_2729781.htm

棕熊、猞猁、扫雪、狼、豹、野猪、草兔、沙鸡等①。

福海县分为北部山区和南部平原两个地貌单元，山区地貌又可分为高山带、中山带、低山带，山前冲积一洪积平原丘陵；平原可分为两河间平原、河谷平原和沙漠。属中温带大陆性干旱气候，年均气温 4.7℃。该县野生动物资源丰富，列为珍稀濒危的国家一级保护动物有野驴、赛加羚羊、雪豹、河狸、丹顶鹤、蒙新野马等 15 种，二级保护动物有马鹿、盘羊、猞猁、天鹅、北山羊等 20 种，其他野生动物数百种②。

哈巴河县位于阿尔泰山南麓，新疆最西北边缘；地貌特征是山区多，平原少，山地位于县北部，丘陵位于县境中部，平原位于县南部。北部为冲积—洪积平原，地势平坦，土质较好。地属大陆性北温带寒冷气候区，春旱大风，夏短炎热，秋季凉爽，冬季寒冷，空气干燥，降雨量少，蒸发量大，日照丰富，温差较大，随纬度高低垂直地带性气候变化明显，年平均气温 5.3℃。该县野生动物有马鹿、黄羊、狐狸、紫貂、猞猁、水獭等③。

吉木乃县位于准噶尔盆地北缘，萨吾尔山北麓，额尔齐斯河南岸；地势北低南高，南陡北缓。地貌分为戈壁平原区、低山丘陵区、中山区和高山区。属大陆性北温带寒冷气候，县城无霜期 151 天。当地野生动物中兽类有大头羊、野骆驼、红狐、沙狐、山狐、野猪、猞猁、马鹿、岩羊、雪兔、豺、狼、旱獭、灰兔、松鼠、田鼠、跳鼠、貂熊、紫貂、羚羊、野马羚羊、兔狲、草原班猫、雪豹、北山羊等④。

6.7　有猞猁的自然保护区概况

现有猞猁栖息的自然保护区（表 15.11、图 15.38），表明它们依然存在。特点如下：

● 现分布有猞猁的自然保护区达到 99 个，总面积达 3 851 万 km^2。

● 拥有保护区数量情况按地区排序：东北（31 个），华北（30 个），西南（22 个），华东没有。

● 拥有保护区数量较多的情况按省级政区排序：黑龙江省（24 个），内蒙古自治区（17 个），西藏自治区（11 个），甘肃省（10 个）；青海省虽仅 3 个自然保护区，但涉及 22 个县级及其以上政区。

● 一地有多个保护区的，有内蒙古自治区克什克腾旗（4 个），黑龙江省抚远县与四川省德格县（皆 3 个）。

● 保护区的建立时间虽在 1958～2009 年间，但主要还是 1980 年代以来建立的。

● 同一省级政区内在同一天建立保护区最多的是，西藏自治区在 1993 年 1 月 1 日有 4 个保护区建立。

● 保护区的等级情况 4 级皆有，比率约为国家级（占 59%），省级（占 31%），县级（占 9%），市级（占 1%）。

● 主管部门以林业占绝对优势（高达 81%），环保是其余中较多的（约占 13%）。

● 按保护区所在政区地点看，达到 159 个（不含重复）。

● 拥有保护区的政区数量情况按地区排序则是：西北（58 个），西南（41 个），东北（32 个）。

● 拥有保护区的政区数量情况按省级政区排序：西藏自治区（26 个），青海省（22 个），黑龙江省（21 个），内蒙古自治区（19 个），甘肃省与新疆维吾尔自治区（皆 15 个）。

● 现有保护区所覆盖的猞猁栖息地仅达 50%，尚有不少省级政区（如辽宁省、山东省、重庆市、贵州省、陕西省等）残存猞猁却得不到保护区（不含其他保护机构）庇护。

● 猞猁在我国多分布在高纬度、高海拔地区，由于生态环境本身就比较恶劣，更需要加强调查，落实保护区庇护措施。

● 对于那些救助、放生的猞猁，宜尽量选择将其投放到保护区内。

---

①布尔津县. http://baike. baidu. com/link? url=76gax-S_HBUciuPWkCziArj0VF0gSz7vcX8Rbm_htHgIYcpxIrNMS48TKYlDsPTRXX-4CA2n1ufI5iTbapdMoq

②福海县. http://baike. baidu. com/link? url = MWMrHwucCMazWIGly3OTMUkTqcPZ1ofsl1E36qkzNyFaUcnglAskHlEFoKqN7RSM

③哈巴河县. http://baike. baidu. com/link? url = Je _ EEHxeBOKOPCYcmOZ _ eHXTMsia4sb-mMHmtGKdesk1Fzm8WSbeXJ632quP-Dno

④吉木乃县. http://jmn. gov. cn/Item/2242. aspx

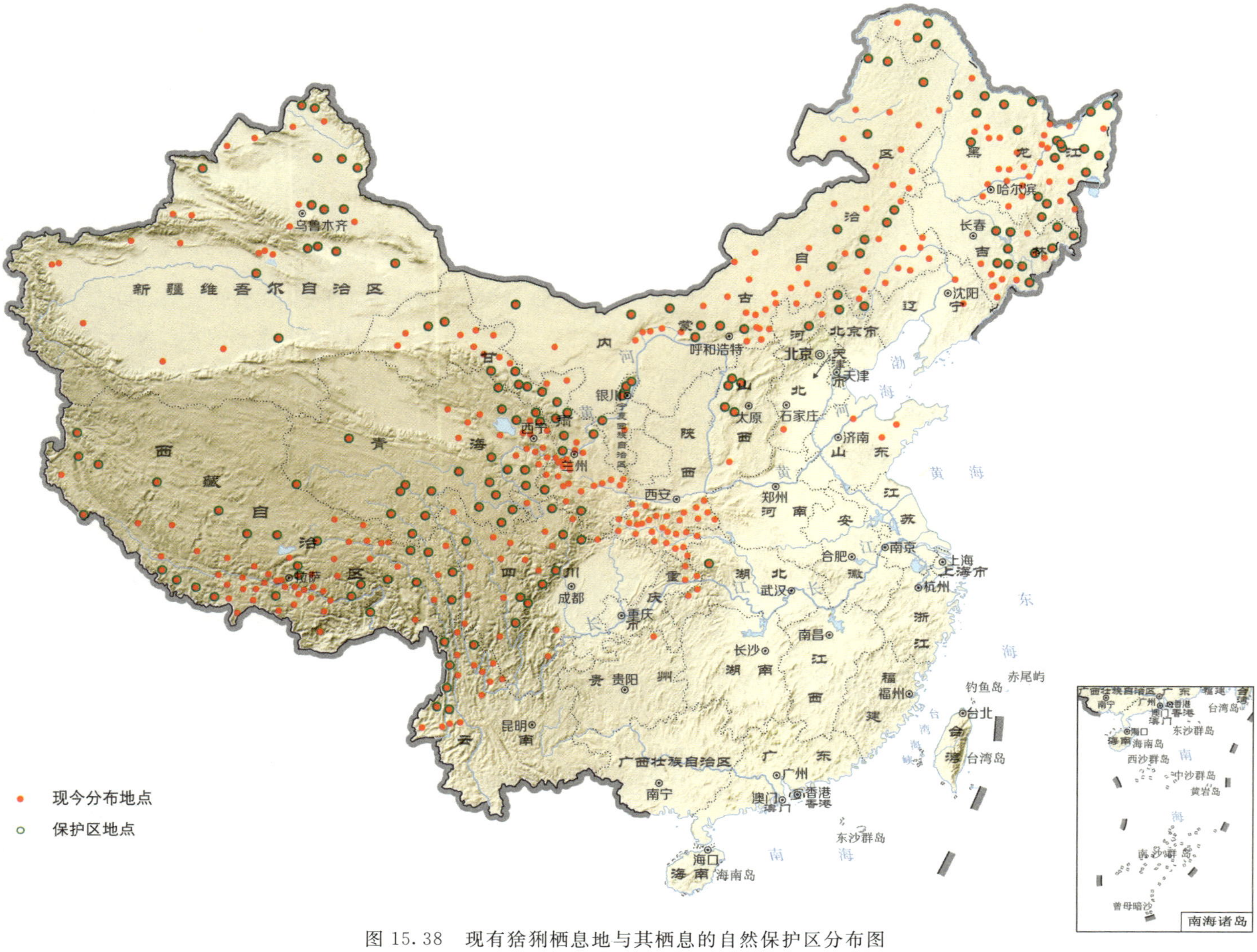

图 15.38　现有猞猁栖息地与其栖息的自然保护区分布图

表 15.11　　栖息有猞猁的自然保护区概况

地区	省级政区	保护区名称	所处地点	面积（hm^2）	级别	建立时间	主管部门
华北	河北	围场红松洼	围场满族蒙古族自治县	7 970	国家级	19940815	农业
		大海陀	赤城县	11 225	国家级	19990701	环保
		茅荆坝	隆化县	40 038	国家级	20020529	林业
		滦河上游	围场满族蒙古族自治县	50 637	国家级	20020626	林业
	山西	庞泉沟	交城县、方山县	10 466	国家级	19801201	林业
		芦芽山	宁武县、岢岚县、五寨县	21 453	国家级	19801218	林业
	内蒙古	额尔古纳	额尔古纳市	124 527	国家级	19980101	林业
		乌拉特梭梭林蒙古野驴	乌拉特中旗、乌拉特后旗	131 800	国家级	19851001	林业
		额济纳胡杨林	额济纳旗	26 253	国家级	19860601	林业
		内蒙古贺兰山	阿拉善左旗	67 711	国家级	19920513	林业

（续表）

地区	省级政区	保护区名称	所处地点	面积（hm²）	级别	建立时间	主管部门
		特金罕山	扎鲁特旗	91 333	省级	19961001	林业
		内蒙古大青山	武川县、包头市、固阳县、卓资县	388 577	国家级	19961216	林业
		黑里河	宁城县	27 638	国家级	19961229	林业
		赛罕乌拉	巴林右旗	100 400	国家级	19970401	林业
		大兴安岭汗马	根河市	107 348	国家级	19790501	林业
		白音敖包	克什克腾旗	13 862	国家级	19791004	林业
		乌兰坝—石棚沟	巴林左旗	120 000	省级	19971101	林业
		红花尔基樟子松林	鄂温克族自治旗	20 085	国家级	19980501	林业
		诺敏	鄂伦春自治旗	22 181	县级	19980708	环保
		古日格斯台	西乌珠穆沁旗	98 931	国家级	19981101	林业
		贡格尔	克什克腾旗	101 900	县级	20001201	环保
		蒙格罕山	科尔沁右翼中旗	20 855	省级	20030301	林业
		桦木沟	克什克腾旗	41 858	省级	20041201	林业
		黄岗梁	克什克腾旗	38 307	省级	20041201	林业
东北	吉林	吉林长白山	安图县、抚松县、长白朝鲜族自治县	196 465	国家级	19600401	林业
		松花江三湖	吉林市、蛟河市、桦甸市、抚松县、靖宇县	1 144 710	国家级	19900213	林业
		松花江三湖省级	吉林市、桦甸市	1 029 458	省级	19900213	林业
		龙湾	辉南县	15 061	国家级	19910801	林业
		天佛指山	龙井市	77 317	国家级	19960513	林业
		珲春东北虎	珲春市	108 700	国家级	20011022	林业
		汪清	汪清县	42 756	省级	20021201	林业
	黑龙江	丰林	伊春市	18 400	国家级	19580614	林业
		五大连池	五大连池市	100 800	国家级	19800329	国土
		镜泊湖	宁安市	126 000	省级	19801101	其他
		牡丹峰	牡丹江市	19 648	国家级	19810505	林业
		逊别拉河	孙吴县、逊克县	45 000	省级	19821203	农业
		呼中	大兴安岭地区	167 213	国家级	19840509	林业
		洪河	抚远县、同江市	21 835	国家级	19880111	环保
		七星砬子东北虎	桦南县、集贤县、双鸭山市	23 000	省级	19900101	林业
		宝清七星河	宝清县	20 000	国家级	19911017	环保
		南大肚子沟	桦川县	1 330	市级	19921001	林业
		三江	抚远县、同江市	198 089	国家级	19940919	林业
		铁西	密山市	7 235	省级	19961113	环保
		虎口湿地	虎林市	15 000	省级	19970204	环保
		海林莲花湖	海林市	190 000	省级	19971226	其他
		南瓮河	大兴安岭地区	229 523	国家级	19991215	林业

（续表）

地区	省级政区	保护区名称	所处地点	面积（hm²）	级别	建立时间	主管部门
		乌苏里江	抚远县	39 668	省级	20010111	环保
		绰纳河	呼玛县	105 580	省级	20050316	林业
		黑龙江双河	塔河县	88 849	国家级	20050316	林业
		东方红湿地	虎林市	31 516	国家级	20050419	林业
		大沾河湿地	五大连池市、孙吴县、逊克县	211 618	国家级	20060127	林业
		小北湖	宁安市	20 834	省级	20061226	林业
		中央站黑嘴松鸡	嫩江县	46 743	省级	20061226	林业
		平阳河湿地	嘉荫县	45 988	省级	20080512	林业
		仙洞山	拜泉县	2 450	省级	20090407	环保
中南	湖北	神农架	神农架林区	70 467	国家级	19860709	林业
西南	四川	卧龙	汶川县	200 000	国家级	19630402	林业
		蜂桶寨	宝兴县	39 039	国家级	19750320	林业
		黄龙寺	松潘县	55 051	省级	19830101	林业
		平武小河沟	平武县	28 227	省级	19930801	林业
		若尔盖湿地	若尔盖县	166 571	国家级	19941118	林业
		贡嘎山	泸定县、康定县、九龙县	400 000	国家级	19960301	林业
		阿木拉	德格县	12 003	县级	19990101	林业
		柯洛洞	德格县	9 780	县级	20010101	林业
		卡松渡	德格县	29 764	县级	20010101	林业
	云南	碧塔海	香格里拉县	14 133	省级	19820101	林业
		高黎贡山	隆阳区、腾冲县、泸水县、福贡县、贡山独龙族怒族自治县	405 200	国家级	19830101	林业
	西藏	雅鲁藏布大峡谷	墨脱县、林芝县、波密县、米林县	916 800	国家级	19850709	林业
		珠穆朗玛峰	定日县、聂拉木县、定结县、吉隆县	3 381 000	国家级	19880405	林业
		约巴	昌都县	37	县级	19920101	林业
		果拉山	八宿县	80	县级	19920101	林业
		雅鲁藏布江中游河谷黑颈鹤	林周县、达孜县、浪卡子县、拉孜县、日喀则市、南木林县	614 350	国家级	19930101	林业
		类乌齐马鹿	类乌齐县	120 615	国家级	19930101	林业
		芒康滇金丝猴	芒康县	185 300	国家级	19930101	林业
		色林错	申扎县、尼玛县、班戈县、安多县、那曲县	2 032 380	国家级	19930101	林业
		羌塘①	安多县、尼玛县、改则县、革吉县、日土县、噶尔县	29 800 000	国家级	19930709	林业
		拉妥湿地	贡觉县	142	县级	19970701	林业
		玛旁雍错湿地	普兰县	97 499	省级	20081029	林业

（续表）

地区	省级政区	保护区名称	所处地点	面积（hm^2）	级别	建立时间	主管部门
西北	甘肃	盐池湾	肃北蒙古族自治县	1 360 000	国家级	19820401	林业
		尕海—则岔	碌曲县	247 431	国家级	19820902	林业
		甘肃祁连山	凉州区、天祝藏族自治县、古浪县、永昌县、甘州区、山丹县、民乐县、肃南裕固族自治县	230 000	国家级	19870101	林业
		安西极旱荒漠	瓜州县	800 000	国家级	19870602	环保
		龙首山	山丹县	2 550	县级	19900101	林业
		黄河三峡湿地	永靖县	19 500	省级	19950210	林业
		连城	永登县	47 930	国家级	20010401	林业
		哈思山	靖远县	8 400	省级	20020114	林业
		疏勒河中下游	瓜州县	324 200	省级	20020114	林业
		插岗梁	舟曲县	114 361	省级	20050609	林业
	青海	可可西里	玉树县、杂多县、称多县、治多县、囊谦县、曲麻莱县	4 500 000	国家级	19951008	林业
		三江源	同德县、兴海县、泽库县、河南蒙古族自治县、玛沁县、班玛县、甘德县、达日县、久治县、玛多县、玉树县、杂多县、称多县、治多县、囊谦县、曲麻莱县、格尔木市	15 230 000	国家级	20000523	林业
		海北祁连山	互助土族自治县志、海晏县、祁连县、刚察县、门源回族自治县	834 700	省级	20051201	林业
	宁夏	宁夏贺兰山	银川市、永宁县、贺兰县、石嘴山市、平罗县	193 536	国家级	19820701	林业
		沙坡头	沙坡头区	14 043	国家级	19840901	环保
	新疆	哈纳斯	布尔津县、哈巴河县	220 162	国家级	19800501	林业
		天池	阜康市	38 069	省级	19800601	林业
		卡拉麦里山	阜康市、吉木萨尔县、奇台县、福海县、富蕴县、青河县	1 423 558	省级	19820408	林业
		阿尔金山	若羌县	4 500 000	国家级	19830101	环保
		罗布泊野骆驼	托克逊县、吐鲁番市、鄯善县、哈密市、尉犁县、若羌县	7 800 000	国家级	19860901	环保
		夏尔希里	博乐市	31 400	省级	20000616	林业

注：①所处地点中，双湖县是 2012 年成立，本文暂不列。②本表参考多方面信息综合而成，个别误差进行更正。③本表据全国自然保护区名录. http://sts. mep. gov. cn/zrbhq/zrbhq/201208/t20120824_235172. htm；河北围场红松洼国家级自然保护区. http://baike. baidu. com/link? url=xBNQYBZsHiMF2NiAr_QZiP7GOkZkq5ku5AECt7SjeUeL77is7xTVWn BftDB5zR9X6x6kNsv6mLbf4gWgJHR-_；大海陀国家级自然保护区. http://baike. baidu. com/link? url=WfhlIti8jiEpQzlUAMMn0Tu4HXlIsrm1Gr9ke6tmp67NVLiQsgpvfIkAPFzQFtT3dZ_d2mtkbivrrNrS8_1AVq；河北茅荆坝国家级自然保护区. http://baike. baidu. com/link?

url＝0UB_sh-mGFrlGJZ6JnTcqVH2U1YnDRGU9ywbUKWBAxlaWgvcJP3KAwchRlSp0cgGyowsoKXBtby7KPNWmuZeiK；滦河上游国家级自然保护区. http://baike. baidu. com/link? url＝Skkw4RrQj3wSorgXVX8rE0RYtH7je29jM4Zj-iB8bQPVZGzep；交城县. http://baike. baidu. com/link? url＝XoEKeLYnSZRgCJ6pB79VXlLNzrV4aVfaSGPbQriyCIHPlCw6_TJNfbkoh-ZDTdTn44mFUQUdP4nHcfdkoHAGNa；芦芽山. http://baike. baidu. com/link? url＝PVBRtu-JeyF5P1mszTnss_5aUZVZj3SbPjp2o-Vze-bZtHlp0GphBPyP90rMPx7yFjUfZXTD35ECATBOF40MYCq；内蒙古国家级自然保护区简介 · 内蒙古额尔古纳自然保护区. http://www. nmgepb. gov. cn/ywgl/stbh/zrstgl/201310/t20131011_1434015. html；内蒙古乌拉特梭梭林蒙古野驴国家级自然保护区管理局简介. http://sslnr. forestry. gov. cn/business/htmlfiles/wltsslylbhq/jqgk/index. html；额济纳胡杨林国家级自然保护区. http://baike. baidu. com/link? url＝1GByCDqyaTAciGBAkd2r62fvaTUV4Sbs54-s9szkiXRuJuZGm0P_rfE4ZoitWHzjNAL3PV_flu947AkZDxbZTq；内蒙古国家级自然保护区简介 · 内蒙古贺兰山自然保护区. http://www. nmgepb. gov. cn/ywgl/stbh/zrstgl/201310/t20131011_1434015. html；特金罕山自然保护区. http://www. 029100. com/bbs/thread-2423-1-1. html；大青山国家级自然保护区. http://baike. soso. com/v9833645. htm；关于上报《内蒙古大青山国家级自然保护区总体规划》(2008～2015 年)的报告. http://www. nmglyt. gov. cn/zwgk/tfwj/10061. shtml；黑里河自然保护区. http://baike. baidu. com/view/211369. htm；赛罕乌拉国家级自然保护区简介. http://baike. baidu. com/view/1865667. htm? fromId＝110207；大兴安岭汗马自然保护区保护区. http://baike. baidu. com/view/1429364. htm；白音敖包国家级自然保护区. http://baike. baidu. com/view/478703. htm? fromId＝246966；乌兰坝—石棚沟自然保护区. http://www. cfhb. gov. cn/hjgl/zrst/zrbhq/201310/t20131023_1435445. html；内蒙古国家级自然保护区简介 · 红花尔基樟子松林自然保护区. http://www. nmgepb. gov. cn/ywgl/stbh/zrstgl/201310/t20131011_1434015. html；诺敏自然保护区. http://baike. baidu. com/view/518807. htm；贡格尔草原. http://baike. baidu. com/view/782825. htm；蒙格罕山自然保护区生态旅游景区. http://baike. baidu. com/view/9641375. htm；桦木沟国家森林公园. http://www. baike. com/wiki/%E6%A1%A6%E6%9C%A8%E6%B2%9F%E5%9B%BD%E5%AE%B6%E6%A3%AE%E6%9E%97%E5%85%AC%E5%9B%AD；内蒙古黄岗梁自然保护区. http://www. cfhb. gov. cn/hjgl/zrst/zrbhq/201310/t20131023_1435445. html；吉林长白山国家级自然保护区. http://baike. baidu. com/view/90326. htm；抚松县野生动植物资源现状. http://www. cbsrenshen. com. cn/newsxx. asp? newsid＝103；靖宇县污水处理工程项目可行性研究报告. http://www. doc88. com/p-9983300145133. html；吉林松花江三湖自然保护区介绍. http://wenku. baidu. com/view/f5118b757fd5360cba1adbb0. html；吉林龙湾国家级自然保护区. http://baike. baidu. com/view/1091004. htm? subLemmaId＝1091004&fromenter＝%C1%FA%CD%E5%D7%D4%C8%BB%B1%A3%BB%A4%C7%F8；天佛指山自然保护区. http://baike. baidu. com/view/5453652. htm；珲春东北虎国家级自然保护区. http://baike. baidu. com/view/1520569. htm；吉林汪清监控到约 6 只东北豹全世界仅 50 只. http://news. sohu. com/20131221/n392157507. shtml；黑龙江丰林国家级自然保护区. http://baike. baidu. com/view/481643. htm? fromId＝248750；五大连池国家级自然保护区. http://baike. soso. com/v4771686. htm；镜泊湖自然保护区. http://baike. baidu. com/view/246956. htm；龙江牡丹峰国家级自然保护区. http://baike. baidu. com/view/389747. htm? fromId＝248416；别拉河自然保护区. http://baike. baidu. com/view/246876. htm；资源概况. http://www. zrbhq. com/ziyuan_show. asp? id＝23；黑龙江洪河国家级自然保护区. http://baike. baidu. com/view/146456. htm? fromId＝246973；七星砬子自然保护区. http://baike. baidu. com/view/673697. htm；七星河保护区. http://baike. baidu. com/link? url＝nnDjCDet6qp5pWlvtWDwtrqFM9J1SW1XJ-SVeZi-aeFEMp8cPiRjtBjvtdO-uG-n9n5KUZ7_WNRJkYyZKIr31h_；三江国家级自然保护区. http://baike. baidu. com/view/5484380. htm? fromId＝110203；解广军. 康志文到密山鸡东自然保护区调研. http://jixi. dbw. cn/system/2015/05/22/056523260. shtml；虎林虎口湿地自然保护区. http://www. 51766. com/zhinan/11000/1100022406. html；海林花湖保护区 http://www. baike. com/wiki/%E6%B5%B7%E6%9E%97%E8%8E%B2%E8%8A%B1%E6%B9%96%E4%BF%9D%E6%8A%A4%E5%8C%BA；南瓮河国家级自然保护区. http://www. zwbk. org/MyLemmaShow. aspx? lid＝117548；乌苏里江. http://baike. baidu. com/view/52521. htm；黑江绰纳河国家级自然保护区概况. http://www. dxal. gov. cn/gfqlyxzd/zwgk/index! tongyong. action? id＝5747&column_id＝37；双河自然保护区. http://www. tx2. org. cn/jcwl/ShowArticle. asp? ArticleID＝743；东方红林业局. http://www. tx2. org. cn/jcwl/ShowArticle. asp? ArticleID＝743；五大连池. http://baike. baidu. com/subview/25001/6799429. htm? fromId＝289850；小北湖自然保护区. http://baike. baidu. com/view/7767038. htm；黑龙江中央站黑嘴松鸡自然保护区. http://baike. baidu. com/view/9108462. htm；黑龙江平阳河湿地省级自然保护区. http://www. hljforest. gov. cn/view/lm0657/article/311222. html；仙洞山野生梅花鹿自然保护区特色休闲产业项目. http://www. baiquan. gov. cn/News_View. asp? NewsID＝4578；黎国华. 1976～2012 我的野人生涯(23). http://www. cjmx. com/a/201206/281796. shtml；卧龙国家级自然保护区. http://baike. baidu. com/view/345535. htm? fromId＝35318；蜂桶寨国家级自然保护区. http://baike. baidu. com/view/481806. htm? fromId＝246947；黄龙寺自然保护区. http://baike. baidu. com/view/825852. htm；河沟自然保护区. http://baike. baidu. com/view/1628412. htm；若尔盖县加大野生动物保护力度. http://abyj. gov. cn/jrab/gxdt/201505/t20150507_1067432. html；贡嘎山国家级自然保护区. ttp://baike. baidu. com/view/472693. htm? subLemmaId＝472693&fromenter＝%B9%B1%B8%C2%C9%BD%D7%D4%C8%BB%B1%A3%BB%A4%C7%F8；阿木拉自然保护区. http://baike. baidu. com/view/496079. htm；卡

松渡原始自然生态旅游风景区. http://baike. baidu. com/view/496088. htm;碧塔海自然保护区. ttp://baike. baidu. com/view/246474. htm;猴王 · 护林员 · 猞猁. http://new. 060s. com/article/2010/12/10/224968. htm;墨脱国家级自然保护区. http://www. baike. com/wiki/墨脱国家级自然保护区;雅鲁藏布江大峡谷国家级自然保护区. http://baike. soso. com/v4651626. htm? ch=ch. bk. innerlink;珠穆朗玛峰自然保护区. http://baike. baidu. com/view/119958. htm;雅鲁藏布江中游河谷黑颈鹤国家级自然保护区 ttp://baike. baidu. com/view/1429911. htm? subLemmaId=1429911&fromenter=%D1%C5%C2%B3%B2%D8%B2%BC%BD%AD%D6%D0%D3%CE%BA%D3%B9%C8%BA%DA%BE%B1%BA%D7%D7%D4%C8%BB%B1%A3%BB%A4%C7%F8;长毛岭马鹿自然保护区. http://baike. sogou. com/v10900247. htm;西藏芒康滇金丝猴国家级自然保护区. http://baike. baidu. com/view/871351. htm? fromId=1118385;色林错国家级自然保护区. http://baike. baidu. com/view/1429906. htm? subLemmaId=1429906&fromenter=%C9%AB%C1%D6%B4%ED%D7%D4%C8%BB%B1%A3%BB%A4%C7%F8;羌塘国家级自然保护区. ttp://baike. baidu. com/view/246504. htm? fromId=473425;拉妥湿地自然保护区. http://baike. baidu. com/view/9224681. htm;玛旁雍错湿地. ttp://baike. baidu. com/view/4207482. htm;冯志军. 甘肃盐池湾林区拍摄到棕熊猞猁夜间活动照片. http://www. chinanews. com/sh/2012/10-25/4277528. shtml;甘肃尕海一则岔国家级自然保护区简介. http://www. ghzczrbhq. com/second. asp? classid=46&classidx=86;祁连山自然保护区野生动物资源概况. http://www. qilianshan. com. cn/client/content/Program/index. jsp? ArticleID=6261;甘肃祁连山自然保护区. http://www. qilianshan. com. cn/client/qlsbhq/html/6/20/22/24. html;安西极荒漠国家级自然保护区. http://www. gsjhhm. com/show. aspx? id=70&cid=22;龙首山自然保护区. ttp://baike. baidu. com/view/583768. htm;黄河三峡湿地自然保护区. http://baike. baidu. com/view/579784. htm;连城国家级自然保护区. http://baike. baidu. com/view/1429880. htm? subLemmaId=1429880&fromenter=%C1%AC%B3%C7%D7%D4%C8%BB%B1%A3%BB%A4%C7%F8;白银市哈思山森林风景旅游区. http://www. hi0943. com/article/article_2776. html;甘肃省安西县疏勒河中下游省级自然保护区基本情况汇报. ttp://wenku. baidu. com/view/c744121a964bcf84b9d57b09. html;插岗梁大熊猫自然保护区. http://baike. baidu. com/view/848231. htm;可可西里国家级自然保护区. ttp://baike. baidu. com/view/472698. htm? fromId = 119977;海晏县. http://baike. baidu. com/view/470290. htm? from _ id = 3007225&type = syn&fromtitle=海晏 &fr=aladdi;贺兰山. http://baike. baidu. com/link? url=0bcUIVFXY6xEeFLfStWakjBiX1l6Ks7aj6YaYNxH78JzNqyCY3JpcNJhN4mLiKwR6ED1It99DCMCUApmczmyhj8-T5HTrB_9WJRbXimkuQ_;沙坡头国家级自然保护区. ttp://baike. baidu. com/view/824185. htm? fromId=246940;中国 · 伊犁. http://www. xjyl. gov. cn/Article/ShowArticle. aspx? ArticleID=8327;博格达峰国家自然保护区. ttp://baike. baidu. com/view/1611175. htm;新疆天池博格达峰自然保护区. ttp://www. docin. com/p-526442341. html;新疆卡拉麦里山自然保护区. ttp://www. zwbk. org/MyLemmaShow. aspx? lid=147297;阿尔金山国家级自然保护区. http://baike. baidu. com/link? url=f9Q_t3HhchyiBLAFDtF-2rRhhz-wfyne47nj8zD-2SCZ_fI1VCnT8THBw84jtNFP6thPDz_ HJniLpiUHznLWl17NMovLp4d4pH-wL4htIJF1uCu2azzAvHRmfffii4J44GoeW0VZvJpFjgAhFifQQm _ z8zRIXmiOxdWXkHaUsc7;罗布泊野骆驼国家级自然保护区. http://baike. baidu. com/link? url = D1lPDUbvawrzRSEPEwB2n11FkyVYtnFhRPGALvNi8mLS1JcSFywcBUb8qKyHfSG6fm8MN0qfnYMq74p6pRXvCq#reference-[5]-910645-wrap;新疆夏尔希里自然保护区基本情况. ttp://www. xjboz. gov. cn/content. aspx? id=128000000584

7　猞猁的分布变迁大势

我国是猞猁分布的最南部之一,不少研究者提到其分布较南的西藏自治区,但对其在更南的云南省分布仅见薛德焴(1954)、何业恒(1997)、张荣祖等(1997)、国家林业局(2008)等提及;猞猁在北京市的分布也仅见杨奇森等(2007)提到,但缺乏更具体地点与时间;对于现今山东省、湖北省、湖南省、重庆市、贵州省、陕西省、宁夏回族自治区依然有猞猁分布则基本上没有涉及,更谈不上对历史时期猞猁分布的更大范围与更密集地点。

试看1950年代以来,一些涉及猞猁全国性地理分布著作提及的分布状况(表15.12):

《代表性的哺乳动物志》称,在"东北、热河、河北、山西、四川、西藏及云南"有猞猁(薛德焴,1954),约包括今辽宁、吉林、黑龙江、内蒙古、河北、山西、(重庆)、四川、西藏、云南等地。

《中国经济动物志:兽类》记述(寿振黄,1962):

猞猁较广。有内蒙古、新疆、西藏及东北各地,尤以北方为多。

中国科学院动物研究所收藏的标本,采自黑龙江省伊春,宝清,密山;吉林省敦化,汪清,安图,靖宇。

文献记载有关猞猁的地点:内蒙古自治区呼伦贝尔草原;河北省;新疆维吾尔自治区哈密,焉耆,和靖,和硕,库尔勒,尉犁;以及西藏自治区东南部等地。

猞猁皮以内蒙古北部、大兴安岭和黑龙江省

所产的张幅大，板质良好，毛绒紧密，光泽鲜艳，质量最佳。吉林、辽宁等省所产的张幅小，毛色差些，质量较次。此外，亦产于新疆北部、青海、甘肃、四川等地。

按：据此，反映在河北、内蒙古、辽宁、吉林、黑龙江、四川（或含重庆）、甘肃、青海、新疆等地存在。

《中国动物志：兽纲：食肉目》记述：猞猁“文献记载产于河北遵化、围场，四川西部木里、松潘，云南，西藏东南部，日喀则、定日、昌都地区，新疆哈密，阿尔泰山和南疆的焉耆、和靖、和硕、库尔勒、尉犁、且末、若羌、昆仑山，青海，山西省，内蒙古二连，黑龙江省大兴安岭及完达山北部”；“标本采于黑龙江省伊春、宝兴，吉林省敦化、汪清、安图、靖宇”（高耀亭等，1987）。亦即涉及河北、山西、吉林、黑龙江、四川、西藏、青海、新疆。

《中国珍稀兽类（Ⅱ）的历史变迁·猞猁》记载猞猁古今在黑龙江、吉林、辽宁、河北、内蒙古、陕西、宁夏、甘肃、新疆、青海、西藏、四川、云南等地有分布（何业恒，1997）。

《中国哺乳动物分布》记录，猞猁分布在“黑龙江、吉林、辽宁、内蒙古、河北、山西、陕西、甘肃、青海、新疆、四川、西藏”（张荣祖等，1997）。

《中国濒危动物红皮书：兽类》记载：猞猁在“新疆、西藏、青海、甘肃、内蒙古、河北的山区。但现今许多地方已经消失不见”（冯祚建等，1998）。

《中国兽类彩色图谱》记载，猞猁分布于“黑龙江、吉林、辽宁、内蒙古、河北、北京、陕西、甘肃、青海、新疆、四川、西藏”（杨奇森等，2007）。

《中国重点陆生野生动物资源调查》称，猞猁见于河北、内蒙古、吉林、黑龙江、四川、西藏、甘肃、青海、新疆、宁夏、云南，辽宁、山西未调查（国家林业局，2008）。

表 15.12　　**涉及猞猁全国性分布著作概况**

地区	省级政区	薛德焴，1954	寿振黄，1962	高耀亭等，1987	何业恒，1997	张荣祖等，1997	冯祚建等，1998	杨奇森等，2007	国家林业局，2008	本书
华北	北京							★		★
	河北	★	★	★	★	★	★	★	★	★
	山西	★		★		★			?	★
	内蒙古	★	★		★	★	★	★	★	★
东北	辽宁	★	★			★			?	★
	吉林	★	★	★	★	★			★	★
	黑龙江	★	★	★	★	★			★	★
华东	山东									★
中南	河南									★
	湖北									★
	湖南									★
西南	重庆	（★）	（★）							★
	四川	★	★	★	★	★		★	★	★
	贵州									★
	云南	★			★	★			★	★
	西藏	★		★	★	★	★	★	★	★
西北	陕西				★	★		★		★
	甘肃		★		★	★	★	★	★	★
	青海		★	★	★	★	★	★	★	★
	宁夏				★				★	★
	新疆		★	★	★	★	★	★	★	★

由此，反映人们对猞猁分布变迁的不同认识。

据现存猞猁分布地的生态环境调查，猞猁可以栖息于多种生态环境，无论是高纬度地区（如西部的阿尔泰山南缘，东部的大兴安岭与小兴安岭一带），还是高海拔地区（如青藏高原），皆有它们的踪迹。年平均温度的高低，似可显示它们的分布状况。

在年均温度较高地区，如山东省的高青县（13.4℃），新疆维吾尔自治区的吐鲁番市（14℃），四川省的金阳县（15.7℃），云南省的陇川县（18.9℃）都有猞猁栖息；在年均温度较低地区，如西藏自治区玛多县（－4℃），黑龙江省穆棱市（极端低温达到－44.1℃），漠河县（气温一般在－40℃以下）也有猞猁生息繁衍。

据抽样调查102例现今猞猁分布地的年平均温度，由高到低排序为：＞10℃组有15例（约占14.7%），10～5℃组有26例（约占25.5%），5～2℃组有28例（约占27.5%），2～0℃组有10例（约占9.8%），＜0℃组有23例（约占22.5%）。由此可见，①若单独论，5～2℃组有猞猁分布的比率最高。②猞猁本身是适应较低温环境的动物，若以＜5℃为界，在年均温度高于5℃地域分布的猞猁仅占40%。③由此可佐证尚未为更多人认识到的山东省、湖北省、重庆市、贵州省等地也适宜猞猁分布。

历史时期，猞猁的分布变迁颇大（表15.13、图15.39），表现为：

● 历史上，我国除天津市、上海市、江苏省、浙江省、安徽省、福建省、江西省、台湾、广东省、广西壮族自治区、海南省、香港特别行政区、澳门特别行政区这13个省级政区未见确切记录外，其他省级政区皆有猞猁分布，尤其是山东省、河南省、湖北省、湖南省、重庆市、贵州省、云南省、宁夏回族自治区等多个省级政区有猞猁生息繁衍情况基本没有涉及，值得关注。

● 历史上，我国猞猁分布的县级及其以上政区最大数量达到685个，尽管这仅约占全国政区的29%，但实际地域范围不少于50%，因为其中相当部分为生态环境极为恶劣的人极罕见地区，甚至无人区。

● 历史上，我国猞猁分布的县级及其以上政区数量按地区排序为：西北（234个），东北（170个），西南（139个），华北（118个），中南（19个），华东（5个）。

● 有猞猁的县级及其以上政区的绝对数较高的省级政区排名：新疆维吾尔自治区（79个），内蒙古自治区与黑龙江省（皆77个），西藏自治区（73个），甘肃省（66个），辽宁省（49个），吉林省（44个），青海省（40个）。

● 猞猁遍布辖区的，有黑龙江省、西藏自治区与青海省。

● 此外，分布有猞猁的县级及其以上政区占本省级政区70%以上的省级政区排名：吉林省（92%），新疆维吾尔自治区（89%），内蒙古自治区（87%），辽宁省（84%），宁夏回族自治区（83%），甘肃省（81%）。

● 到20世纪前半叶，猞猁分布地消失较多的省级政区排序：辽宁省（30个），吉林省与甘肃省（皆10个），河北省（6个）；另，湖南省（9个）在此后则未再见有分布记录。

● 到20世纪后半叶，猞猁分布地消失较多的省级政区排序：新疆维吾尔自治区（4个），河北省（3个），云南省（2个）。

● 到现今，猞猁分布地消失较多的省级政区排序：新疆维吾尔自治区（41个），黑龙江省（27个），辽宁省（15个），吉林省（14个），河北省（12个），四川省（9个），陕西省（8个），山西省（6个），内蒙古自治区（5个）。

● 现有猞猁分布地绝对数较多的省级政区排序：西藏自治区（73个），内蒙古自治区（71个），黑龙江省（50个），甘肃省（48个），青海省（37个），新疆维吾尔自治区（35个），陕西省（30个）。尤其是现今西藏各地仍然皆有猞猁存在（数量肯定今不如昔），在省级政区中古今分布地变化不大的现象，在珍稀动物中也是十分罕见的。

● 现有猞猁分布地比率较高的其他省级政区排序：青海省（93%），内蒙古自治区（80%），黑龙江省（65%），甘肃省（59%），宁夏回族自治区与新疆维吾尔自治区（皆39%），陕西省（32%）。

● 涉及猞猁全国性地理分布著作基本未提及现今仍有的省级政区：山东省（3个）、湖北省（3个）、重庆市（3个）、贵州省（1个）、云南省（18个）、宁夏回族自治区（7个）。

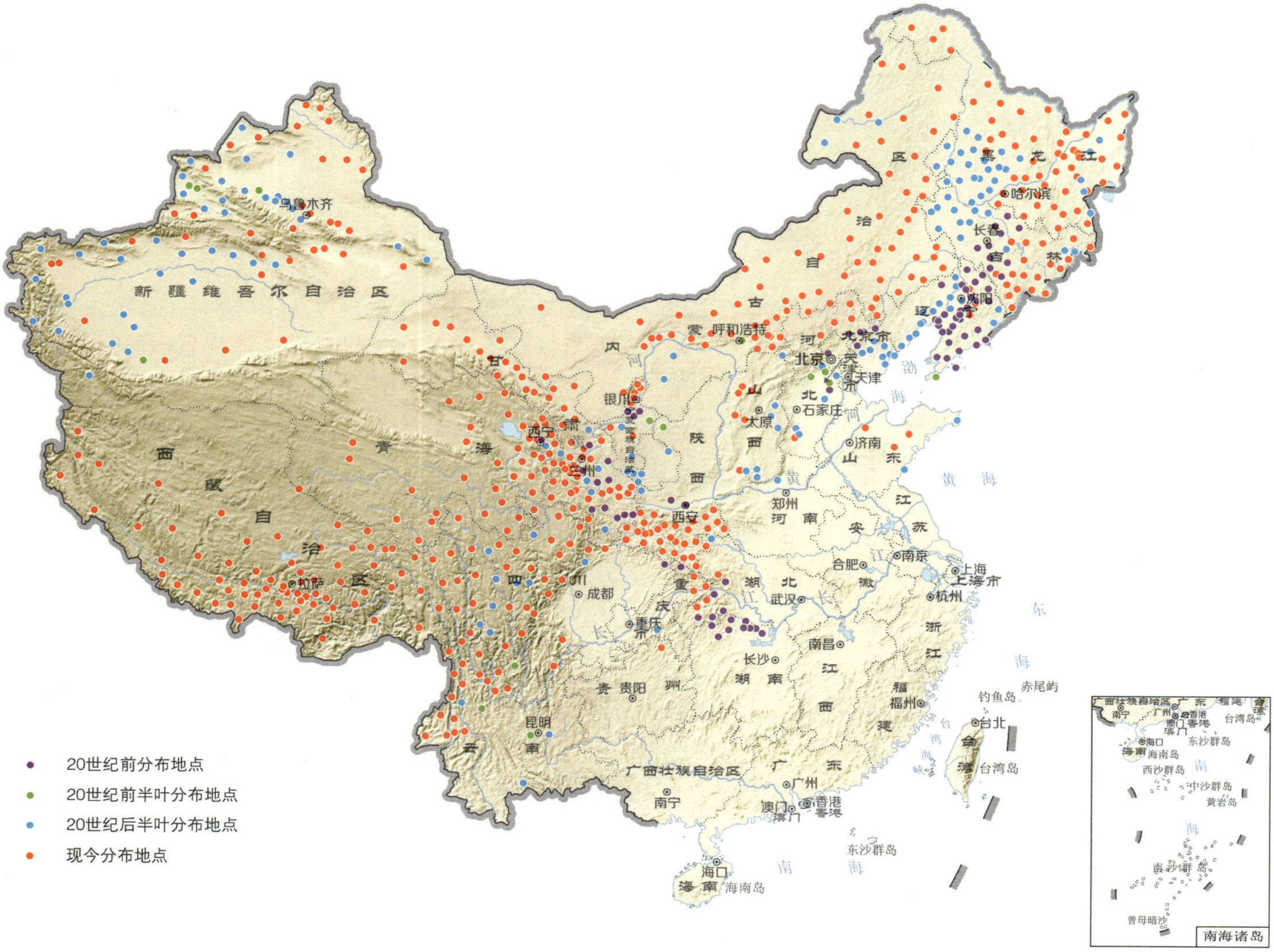

图 15.39　历史时期猞猁分布变迁图

表 15.13　**历史时期猞猁的分布变迁概况**

地区	省级政区	20世纪前分布地点	20世纪前半叶分布地点	20世纪后半叶分布地点	现今分布地点
华北	北京	昌平区、房山区	房山区	房山区	
	河北	赤城县、承德市、承德县、兴隆县、平泉县、滦平县、隆化县、丰宁满族自治县、宽城满族自治县、围场满族蒙古族自治县、秦皇岛市、昌黎县、抚宁县、卢龙县、青龙满族自治县、遵化市、迁西县、永清县、涿州市、易县、雄县、任丘市、肃宁县、邢台市、沙河市、内丘县	赤城县、隆化县、丰宁满族自治县、宽城满族自治县、围场满族蒙古族自治县、秦皇岛市、昌黎县、抚宁县、卢龙县、青龙满族自治县、遵化市、迁西县、永清县、涿州市、易县、雄县、肃宁县、邢台市、沙河市、内丘县	赤城县、隆化县、丰宁满族自治县、宽城满族自治县、围场满族蒙古族自治县、秦皇岛市、昌黎县、抚宁县、卢龙县、青龙满族自治县、遵化市、迁西县、永清县、肃宁县、邢台市、沙河市、内丘县	赤城县、隆化县、丰宁满族自治县、围场满族蒙古族自治县、沙河市

（续表）

地区	省级政区	20世纪前分布地点	20世纪前半叶分布地点	20世纪后半叶分布地点	现今分布地点
	山西	阳高县、盂县、沁水县、阳城县、宁武县、五寨县、岢岚县、和顺县、寿阳县、曲沃县、翼城县、方山县、交城县	阳高县、盂县、沁水县、阳城县、宁武县、五寨县、岢岚县、和顺县、寿阳县、曲沃县、翼城县、方山县、交城县	阳高县、盂县、沁水县、阳城县、宁武县、五寨县、岢岚县、和顺县、寿阳县、曲沃县、翼城县、方山县、交城县	宁武县、五寨县、岢岚县、曲沃县、方山县、交城县
	内蒙古	呼和浩特市、武川县、包头市、固阳县、达尔罕茂明安联合旗、赤峰市、宁城县、林西县、阿鲁科尔沁旗、巴林左旗、巴林右旗、克什克腾旗、翁牛特旗、喀喇沁旗、敖汉旗、科尔沁区、霍林郭勒市、开鲁县、库伦旗、奈曼旗、扎鲁特旗、科尔沁左翼中旗、科尔沁左翼后旗、海拉尔区、满洲里市、扎兰屯市、牙克石市、根河市、额尔古纳市、阿荣旗、新巴尔虎右旗、新巴尔虎左旗、陈巴尔虎旗、鄂伦春自治旗、鄂温克族自治旗、莫力达瓦达斡尔族自治旗、鄂托克旗、杭锦旗、集宁区、丰镇市、卓资县、化德县、商都县、兴和县、凉城县、察哈尔右翼前旗、察哈尔右翼中旗、察哈尔右翼后旗、四子王旗、临河区、五原县、磴口县、乌拉特前旗、乌拉特中旗、乌拉特后旗、杭锦后旗、乌兰浩特市、阿尔山市、突泉县、科尔沁右翼前旗、科尔沁右翼中旗、扎赉特旗、锡林浩特市、二连浩特市、多伦县、阿巴嘎旗、苏尼特左旗、苏尼特右旗、东乌珠穆沁旗、西乌珠穆沁旗、太仆寺旗、镶黄旗、正镶白旗、正蓝旗、阿拉善左旗、阿拉善右旗、额济纳旗	呼和浩特市、武川县、包头市、固阳县、达尔罕茂明安联合旗、赤峰市、宁城县、林西县、阿鲁科尔沁旗、巴林左旗、巴林右旗、克什克腾旗、翁牛特旗、喀喇沁旗、敖汉旗、科尔沁区、霍林郭勒市、开鲁县、库伦旗、奈曼旗、扎鲁特旗、科尔沁左翼中旗、科尔沁左翼后旗、海拉尔区、满洲里市、扎兰屯市、牙克石市、根河市、额尔古纳市、阿荣旗、新巴尔虎右旗、新巴尔虎左旗、陈巴尔虎旗、鄂伦春自治旗、鄂温克族自治旗、莫力达瓦达斡尔族自治旗、鄂托克旗、杭锦旗、集宁区、丰镇市、卓资县、化德县、商都县、兴和县、凉城县、察哈尔右翼前旗、察哈尔右翼中旗、察哈尔右翼后旗、四子王旗、临河区、五原县、磴口县、乌拉特前旗、乌拉特中旗、乌拉特后旗、杭锦后旗、乌兰浩特市、阿尔山市、突泉县、科尔沁右翼前旗、科尔沁右翼中旗、扎赉特旗、锡林浩特市、二连浩特市、多伦县、阿巴嘎旗、苏尼特左旗、苏尼特右旗、东乌珠穆沁旗、西乌珠穆沁旗、太仆寺旗、镶黄旗、正镶白旗、正蓝旗、阿拉善左旗、阿拉善右旗、额济纳旗	武川县、包头市、固阳县、达尔罕茂明安联合旗、赤峰市、宁城县、林西县、阿鲁科尔沁旗、巴林左旗、巴林右旗、克什克腾旗、翁牛特旗、喀喇沁旗、敖汉旗、科尔沁区、霍林郭勒市、开鲁县、库伦旗、奈曼旗、扎鲁特旗、科尔沁左翼中旗、科尔沁左翼后旗、海拉尔区、满洲里市、扎兰屯市、牙克石市、根河市、额尔古纳市、阿荣旗、新巴尔虎右旗、新巴尔虎左旗、陈巴尔虎旗、鄂伦春自治旗、鄂温克族自治旗、莫力达瓦达斡尔族自治旗、鄂托克旗、杭锦旗、集宁区、丰镇市、卓资县、化德县、商都县、兴和县、凉城县、察哈尔右翼前旗、察哈尔右翼中旗、察哈尔右翼后旗、四子王旗、临河区、五原县、磴口县、乌拉特前旗、乌拉特中旗、乌拉特后旗、杭锦后旗、乌兰浩特市、阿尔山市、突泉县、科尔沁右翼前旗、科尔沁右翼中旗、扎赉特旗、锡林浩特市、二连浩特市、多伦县、阿巴嘎旗、苏尼特左旗、苏尼特右旗、东乌珠穆沁旗、西乌珠穆沁旗、太仆寺旗、镶黄旗、正镶白旗、正蓝旗、阿拉善左旗、阿拉善右旗、额济纳旗	武川县、包头市、固阳县、达尔罕茂明安联合旗、赤峰市、宁城县、林西县、阿鲁科尔沁旗、巴林左旗、巴林右旗、克什克腾旗、翁牛特旗、喀喇沁旗、敖汉旗、科尔沁区、霍林郭勒市、开鲁县、库伦旗、奈曼旗、扎鲁特旗、科尔沁左翼中旗、科尔沁左翼后旗、扎兰屯市、牙克石市、根河市、额尔古纳市、阿荣旗、新巴尔虎左旗、陈巴尔虎旗、鄂伦春自治旗、鄂温克族自治旗、莫力达瓦达斡尔族自治旗、集宁区、丰镇市、卓资县、化德县、商都县、兴和县、凉城县、察哈尔右翼前旗、察哈尔右翼中旗、察哈尔右翼后旗、四子王旗、临河区、五原县、磴口县、乌拉特前旗、乌拉特中旗、乌拉特后旗、杭锦后旗、乌兰浩特市、阿尔山市、突泉县、科尔沁右翼前旗、科尔沁右翼中旗、扎赉特旗、锡林浩特市、二连浩特市、多伦县、阿巴嘎旗、苏尼特左旗、苏尼特右旗、东乌珠穆沁旗、西乌珠穆沁旗、太仆寺旗、镶黄旗、正镶白旗、正蓝旗、阿拉善左旗、阿拉善右旗、额济纳旗

（续表）

地区	省级政区	20世纪前分布地点	20世纪前半叶分布地点	20世纪后半叶分布地点	现今分布地点
东北	辽宁	沈阳市、新民市、辽中县、康平县、法库县、彰武县、铁岭市、调兵山市、开原市、铁岭县、西丰县、昌图县、抚顺市、抚顺县、新宾满族自治县、清原满族自治县、本溪市、本溪满族自治县、桓仁满族自治县、辽阳市、灯塔市、辽阳县、鞍山市、海城市、台安县、岫岩满族自治县、丹东市、凤城市、东港市、宽甸满族自治县、大连市、瓦房店市、普兰店市、庄河市、长海县、营口市、大石桥市、盖州市、盘锦市、大洼县、盘山县、锦州市、凌海市、北镇市、黑山县、义县、葫芦岛市、兴城市、绥中县	沈阳市、新民市、辽中县、康平县、法库县、铁岭县、本溪满族自治县、桓仁满族自治县、岫岩满族自治县、宽甸满族自治县、大连市、锦州市、凌海市、北镇市、黑山县、义县、葫芦岛市、兴城市、绥中县	沈阳市、新民市、辽中县、康平县、法库县、铁岭县、本溪满族自治县、桓仁满族自治县、岫岩满族自治县、宽甸满族自治县、锦州市、凌海市、北镇市、黑山县、义县、葫芦岛市、兴城市、绥中县	铁岭县、本溪满族自治县
	吉林	长春市、德惠市、九台市、榆树市、洮北区、大安市、洮南市、镇赉县、通榆县、宁江区、扶余县、长岭县、乾安县、前郭尔罗斯蒙古族自治县、吉林市、磐石市、蛟河市、桦甸市、舒兰市、永吉县、公主岭市、伊通满族自治县、辽源市、东丰县、东辽县、通化市、梅河口市、集安市、通化县、辉南县、柳河县、白山市、临江市、抚松县、靖宇县、长白朝鲜族自治县、延吉市、图们市、敦化市、珲春市、龙井市、和龙市、汪清县、安图县	洮北区、大安市、洮南市、镇赉县、通榆县、宁江区、扶余县、长岭县、乾安县、前郭尔罗斯蒙古族自治县、吉林市、蛟河市、桦甸市、永吉县、辽源市、东丰县、通化市、集安市、通化县、辉南县、柳河县、白山市、临江市、抚松县、靖宇县、长白朝鲜族自治县、延吉市、图们市、敦化市、珲春市、龙井市、和龙市、汪清县、安图县	洮北区、大安市、洮南市、镇赉县、通榆县、宁江区、扶余县、长岭县、乾安县、前郭尔罗斯蒙古族自治县、吉林市、蛟河市、桦甸市、永吉县、辽源市、东丰县、通化市、集安市、通化县、辉南县、柳河县、白山市、临江市、抚松县、靖宇县、长白朝鲜族自治县、延吉市、图们市、敦化市、珲春市、龙井市、和龙市、汪清县、安图县	吉林市、蛟河市、桦甸市、东丰县、通化市、集安市、通化县、辉南县、柳河县、白山市、临江市、抚松县、靖宇县、长白朝鲜族自治县、敦化市、珲春市、龙井市、和龙市、汪清县、安图县
	黑龙江	哈尔滨市、双城市、尚志市、五常市、依兰县、方正县、宾县、巴彦县、木兰县、通河县、延寿县、齐齐哈尔市、讷河市、龙江县、依安县、泰来县、甘南县、富裕县、克山县、克东县、拜泉县、爱辉区、北安市、五大连池市、嫩江县、逊克县、孙吴县、大庆市、肇州县、肇源县、林甸县、杜尔伯特蒙古族自治县、伊春市、铁力市、嘉荫县、鹤岗市、萝北县、绥滨县、佳木斯市、同江市、富锦市、桦南县、桦川县、汤原县、抚远县、双鸭山市、集贤县、友谊县、宝清县、饶河县、七台河市、勃利县、鸡西市、虎林市、密山市、鸡东县、牡丹江市、穆棱市、绥芬河市、海林市、宁安市、东宁县、林口县、北林区、安达市、肇东市、海伦市、望奎县、兰西县、青冈县、庆安县、明水县、绥棱县、大兴安岭地区、呼玛县、塔河县、漠河县	哈尔滨市、双城市、尚志市、五常市、依兰县、方正县、宾县、巴彦县、木兰县、通河县、延寿县、齐齐哈尔市、讷河市、龙江县、依安县、泰来县、甘南县、富裕县、克山县、克东县、拜泉县、爱辉区、北安市、五大连池市、嫩江县、逊克县、孙吴县、大庆市、肇州县、肇源县、林甸县、杜尔伯特蒙古族自治县、伊春市、铁力市、嘉荫县、鹤岗市、萝北县、绥滨县、佳木斯市、同江市、富锦市、桦南县、桦川县、汤原县、抚远县、双鸭山市、集贤县、友谊县、宝清县、饶河县、七台河市、勃利县、鸡西市、虎林市、密山市、鸡东县、牡丹江市、穆棱市、绥芬河市、海林市、宁安市、东宁县、林口县、北林区、安达市、肇东市、海伦市、望奎县、兰西县、青冈县、庆安县、明水县、绥棱县、大兴安岭地区、呼玛县、塔河县、漠河县	哈尔滨市、双城市、尚志市、五常市、依兰县、方正县、宾县、巴彦县、木兰县、通河县、延寿县、齐齐哈尔市、讷河市、龙江县、依安县、泰来县、甘南县、富裕县、克山县、克东县、拜泉县、爱辉区、北安市、五大连池市、嫩江县、逊克县、孙吴县、大庆市、肇州县、肇源县、林甸县、杜尔伯特蒙古族自治县、伊春市、铁力市、嘉荫县、鹤岗市、萝北县、绥滨县、佳木斯市、同江市、富锦市、桦南县、桦川县、汤原县、抚远县、双鸭山市、集贤县、友谊县、宝清县、饶河县、七台河市、勃利县、鸡西市、虎林市、密山市、鸡东县、牡丹江市、穆棱市、绥芬河市、海林市、宁安市、东宁县、林口县、北林区、安达市、肇东市、海伦市、望奎县、兰西县、青冈县、庆安县、明水县、绥棱县、大兴安岭地区、呼玛县、塔河县、漠河县	哈尔滨市、双城市、尚志市、五常市、依兰县、方正县、宾县、巴彦县、木兰县、通河县、延寿县、克东县、拜泉县、爱辉区、北安市、五大连池市、嫩江县、逊克县、孙吴县、伊春市、铁力市、嘉荫县、鹤岗市、萝北县、绥滨县、佳木斯市、同江市、桦南县、桦川县、汤原县、抚远县、双鸭山市、集贤县、宝清县、饶河县、勃利县、虎林市、密山市、鸡东县、牡丹江市、穆棱市、海林市、宁安市、东宁县、林口县、绥棱县、大兴安岭地区、呼玛县、塔河县、漠河县

（续表）

地区	省级政区	20世纪前分布地点	20世纪前半叶分布地点	20世纪后半叶分布地点	现今分布地点
华东	山东	高青县、安丘市、荣成市、平度市、日照市	高青县、安丘市、荣成市、平度市、日照市	高青县、安丘市、荣成市、平度市、日照市	高青县、安丘市、平度市
中南	河南	修武县	修武县	修武县	
	湖北	郧西县、兴山县？五峰土家族自治县、神农架林区、恩施市、建始县、巴东县？宣恩县？鹤峰县？	郧西县、神农架林区、恩施市、建始县	郧西县、神农架林区、恩施市、建始县	神农架林区、恩施市、建始县
	湖南	张家界市、慈利县、桑植县？津市市、安乡县、澧县、临澧县、石门县、南县			
西南	重庆	武隆县、城口县？巫溪县、巫山县、奉节县	武隆县、巫溪县、巫山县、奉节县	武隆县、巫溪县、巫山县、奉节县	巫溪县、巫山县、奉节县
	四川	青川县、北川羌族自治县、平武县、马边彝族自治县、万源市？宝兴县、汶川县、松潘县、九寨沟县、金川县、小金县、黑水县、壤塘县、阿坝县、若尔盖县、红原县、康定县、泸定县、丹巴县、九龙县、雅江县、道孚县、炉霍县、甘孜县、新龙县、德格县、白玉县、石渠县、色达县、理塘县、巴塘县、乡城县、稻城县、得荣县、盐源县、金阳县、木里藏族自治县	青川县、北川羌族自治县、平武县、马边彝族自治县、宝兴县、汶川县、松潘县、九寨沟县、金川县、小金县、黑水县、壤塘县、阿坝县、若尔盖县、红原县、康定县、泸定县、丹巴县、九龙县、雅江县、道孚县、炉霍县、甘孜县、新龙县、德格县、白玉县、石渠县、色达县、理塘县、巴塘县、乡城县、稻城县、得荣县、盐源县、金阳县、木里藏族自治县	青川县、北川羌族自治县、平武县、马边彝族自治县、宝兴县、汶川县、松潘县、九寨沟县、金川县、小金县、黑水县、壤塘县、阿坝县、若尔盖县、红原县、康定县、泸定县、丹巴县、九龙县、雅江县、道孚县、炉霍县、甘孜县、新龙县、德格县、白玉县、石渠县、色达县、理塘县、巴塘县、乡城县、稻城县、得荣县、金阳县、木里藏族自治县	青川县、平武县、马边彝族自治县、宝兴县、汶川县、松潘县、九寨沟县、金川县、小金县、黑水县、壤塘县、若尔盖县、红原县、康定县、泸定县、九龙县、雅江县、炉霍县、德格县、白玉县、石渠县、色达县、巴塘县、得荣县、金阳县、木里藏族自治县
	贵州	务川仡佬族苗族自治县	务川仡佬族苗族自治县	务川仡佬族苗族自治县	务川仡佬族苗族自治县
	云南	安宁市、宜良县、隆阳区、施甸县、腾冲县、龙陵县、昌宁县、古城区、永胜县、华坪县、玉龙纳西族自治县、宁蒗彝族自治县、陇川县、泸水县、福贡县、贡山独龙族怒族自治县、兰坪白族普米族自治县、香格里拉县、德钦县、维西傈僳族自治县、大理市、云龙县、绿春县	安宁市、宜良县、隆阳区、施甸县、腾冲县、龙陵县、昌宁县、古城区、永胜县、华坪县、玉龙纳西族自治县、宁蒗彝族自治县、陇川县、泸水县、福贡县、贡山独龙族怒族自治县、兰坪白族普米族自治县、香格里拉县、德钦县、维西傈僳族自治县、大理市、云龙县、绿春县	宜良县、隆阳区、施甸县、腾冲县、龙陵县、昌宁县、古城区、永胜县、华坪县、玉龙纳西族自治县、宁蒗彝族自治县、陇川县、泸水县、福贡县、贡山独龙族怒族自治县、兰坪白族普米族自治县、香格里拉县、德钦县、维西傈僳族自治县、云龙县、绿春县	隆阳区、施甸县、腾冲县、龙陵县、昌宁县、古城区、永胜县、华坪县、玉龙纳西族自治县、宁蒗彝族自治县、陇川县、泸水县、福贡县、贡山独龙族怒族自治县、兰坪白族普米族自治县、香格里拉县、德钦县、维西傈僳族自治县

（续表）

地区	省级政区	20世纪前分布地点	20世纪前半叶分布地点	20世纪后半叶分布地点	现今分布地点
	西藏	城关区、林周县、当雄县、尼木县、曲水县、堆龙德庆县、达孜县、墨竹工卡县、那曲县、嘉黎县、比如县、聂荣县、安多县、申扎县、索县、班戈县、巴青县、尼玛县、昌都县、江达县、贡觉县、类乌齐县、丁青县、察雅县、八宿县、左贡县、芒康县、洛隆县、边坝县、林芝县、工布江达县、米林县、墨脱县、波密县、察隅县、朗县、乃东县、扎囊县、贡嘎县、桑日县、琼结县、曲松县、措美县、洛扎县、加查县、隆子县、错那县、浪卡子县、日喀则市、南木林县、江孜县、定日县、萨迦县、拉孜县、昂仁县、谢通门县、白朗县、仁布县、康马县、定结县、仲巴县、亚东县、吉隆县、聂拉木县、萨嘎县、岗巴县、噶尔县、普兰县、札达县、日土县、革吉县、改则县、措勤县	城关区、林周县、当雄县、尼木县、曲水县、堆龙德庆县、达孜县、墨竹工卡县、那曲县、嘉黎县、比如县、聂荣县、安多县、申扎县、索县、班戈县、巴青县、尼玛县、昌都县、江达县、贡觉县、类乌齐县、丁青县、察雅县、八宿县、左贡县、芒康县、洛隆县、边坝县、林芝县、工布江达县、米林县、墨脱县、波密县、察隅县、朗县、乃东县、扎囊县、贡嘎县、桑日县、琼结县、曲松县、措美县、洛扎县、加查县、隆子县、错那县、浪卡子县、日喀则市、南木林县、江孜县、定日县、萨迦县、拉孜县、昂仁县、谢通门县、白朗县、仁布县、康马县、定结县、仲巴县、亚东县、吉隆县、聂拉木县、萨嘎县、岗巴县、噶尔县、普兰县、札达县、日土县、革吉县、改则县、措勤县	城关区、林周县、当雄县、尼木县、曲水县、堆龙德庆县、达孜县、墨竹工卡县、那曲县、嘉黎县、比如县、聂荣县、安多县、申扎县、索县、班戈县、巴青县、尼玛县、昌都县、江达县、贡觉县、类乌齐县、丁青县、察雅县、八宿县、左贡县、芒康县、洛隆县、边坝县、林芝县、工布江达县、米林县、墨脱县、波密县、察隅县、朗县、乃东县、扎囊县、贡嘎县、桑日县、琼结县、曲松县、措美县、洛扎县、加查县、隆子县、错那县、浪卡子县、日喀则市、南木林县、江孜县、定日县、萨迦县、拉孜县、昂仁县、谢通门县、白朗县、仁布县、康马县、定结县、仲巴县、亚东县、吉隆县、聂拉木县、萨嘎县、岗巴县、噶尔县、普兰县、札达县、日土县、革吉县、改则县、措勤县	城关区、林周县、当雄县、尼木县、曲水县、堆龙德庆县、达孜县、墨竹工卡县、那曲县、嘉黎县、比如县、聂荣县、安多县、申扎县、索县、班戈县、巴青县、尼玛县、昌都县、江达县、贡觉县、类乌齐县、丁青县、察雅县、八宿县、左贡县、芒康县、洛隆县、边坝县、林芝县、工布江达县、米林县、墨脱县、波密县、察隅县、朗县、乃东县、扎囊县、贡嘎县、桑日县、琼结县、曲松县、措美县、洛扎县、加查县、隆子县、错那县、浪卡子县、日喀则市、南木林县、江孜县、定日县、萨迦县、拉孜县、昂仁县、谢通门县、白朗县、仁布县、康马县、定结县、仲巴县、亚东县、吉隆县、聂拉木县、萨嘎县、岗巴县、噶尔县、普兰县、札达县、日土县、革吉县、改则县、措勤县
西北	陕西	西安市、乾县、陇县、凤县、太白县、汉台区、南郑县、城固县、洋县、西乡县、勉县、宁强县、略阳县、镇巴县、留坝县、佛坪县、定边县、汉滨区、汉阴县、石泉县、宁陕县、紫阳县、岚皋县、平利县、镇坪县、旬阳县、白河县、商州区、洛南县、丹凤县、商南县、山阳县、镇安县、柞水县	陇县、凤县、太白县、汉台区、南郑县、城固县、洋县、西乡县、勉县、宁强县、略阳县、镇巴县、留坝县、佛坪县、定边县、汉滨区、汉阴县、石泉县、宁陕县、紫阳县、岚皋县、平利县、镇坪县、旬阳县、白河县、商州区、洛南县、丹凤县、商南县、山阳县、镇安县、柞水县	陇县、凤县、太白县、汉台区、南郑县、城固县、洋县、西乡县、勉县、宁强县、略阳县、镇巴县、留坝县、佛坪县、汉滨区、汉阴县、石泉县、宁陕县、紫阳县、岚皋县、平利县、镇坪县、旬阳县、白河县、商州区、洛南县、丹凤县、商南县、山阳县、镇安县、柞水县	凤县、太白县、汉台区、南郑县、城固县、洋县、西乡县、勉县、宁强县、略阳县、镇巴县、留坝县、佛坪县、汉滨区、汉阴县、石泉县、宁陕县、紫阳县、岚皋县、平利县、镇坪县、旬阳县、白河县、商州区、洛南县、丹凤县、商南县、山阳县、镇安县、柞水县

（续表）

地区	省级政区	20世纪前分布地点	20世纪前半叶分布地点	20世纪后半叶分布地点	现今分布地点
	甘肃	兰州市、永登县、皋兰县、榆中县、嘉峪关市、金川区、永昌县、白银市？靖远县、会宁县、景泰县、天水市、清水县、秦安县、甘谷县、武山县、张家川回族自治县、凉州区、民勤县、古浪县、天祝藏族自治县、肃州区、玉门市、敦煌市、金塔县、瓜州县、肃北蒙古族自治县、阿克塞哈萨克族自治县、甘州区、民乐县、临泽县、高台县、山丹县、肃南裕固族自治县、华池县、崆峒区、华亭县、安定区、通渭县、临洮县、漳县、岷县、渭源县、陇西县、武都区、成县？宕昌县、礼县、两当县、徽县、临夏市、临夏县、康乐县、永靖县、广河县、和政县、东乡族自治县、积石山保安族东乡族撒拉族自治县、合作市、临潭县、卓尼县、舟曲县、迭部县、玛曲县、碌曲县、夏河县	兰州市、永登县、皋兰县、榆中县、嘉峪关市、金川区、永昌县、靖远县、景泰县、天水市、清水县、秦安县、甘谷县、武山县、张家川回族自治县、凉州区、民勤县、古浪县、天祝藏族自治县、肃州区、玉门市、敦煌市、金塔县、瓜州县、肃北蒙古族自治县、阿克塞哈萨克族自治县、甘州区、民乐县、临泽县、高台县、山丹县、肃南裕固族自治县、华池县、崆峒区、华亭县、安定区、漳县、岷县、渭源县、武都区、临夏市、临夏县、康乐县、永靖县、广河县、和政县、东乡族自治县、积石山保安族东乡族撒拉族自治县、合作市、临潭县、卓尼县、舟曲县、迭部县、玛曲县、碌曲县、夏河县	兰州市、永登县、皋兰县、榆中县、嘉峪关市、金川区、永昌县、靖远县、景泰县、天水市、清水县、秦安县、甘谷县、武山县、张家川回族自治县、凉州区、民勤县、古浪县、天祝藏族自治县、肃州区、玉门市、敦煌市、金塔县、瓜州县、肃北蒙古族自治县、阿克塞哈萨克族自治县、甘州区、民乐县、临泽县、高台县、山丹县、肃南裕固族自治县、华池县、崆峒区、华亭县、安定区、漳县、岷县、渭源县、武都区、临夏市、临夏县、康乐县、永靖县、广河县、和政县、东乡族自治县、积石山保安族东乡族撒拉族自治县、合作市、临潭县、卓尼县、舟曲县、迭部县、玛曲县、碌曲县、夏河县	兰州市、永登县、皋兰县、榆中县、嘉峪关市、金川区、永昌县、靖远县、天水市、清水县、秦安县、甘谷县、武山县、张家川回族自治县、凉州区、民勤县、古浪县、天祝藏族自治县、肃州区、玉门市、敦煌市、金塔县、瓜州县、肃北蒙古族自治县、阿克塞哈萨克族自治县、甘州区、民乐县、临泽县、高台县、山丹县、肃南裕固族自治县、岷县、临夏市、临夏县、康乐县、永靖县、广河县、和政县、东乡族自治县、积石山保安族东乡族撒拉族自治县、合作市、临潭县、卓尼县、舟曲县、迭部县、玛曲县、碌曲县、夏河县
	青海	西宁市、大通回族自治县、湟源县、湟中县、平安县、乐都县、民和回族土族自治县、互助土族自治县志、化隆回族自治县、循化撒拉族自治县、海晏县、祁连县、刚察县、门源回族自治县、共和县、同德县、贵德县、兴海县、贵南县、同仁县、尖扎县、泽库县、河南蒙古族自治县、玛沁县、班玛县、甘德县、达日县、久治县、玛多县、玉树县、杂多县、称多县、治多县、囊谦县、曲麻莱县、德令哈市、格尔木市、乌兰县、都兰县、天峻县	大通回族自治县、湟源县、湟中县、平安县、乐都县、民和回族土族自治县、互助土族自治县志、化隆回族自治县、循化撒拉族自治县、海晏县、祁连县、刚察县、门源回族自治县、共和县、同德县、贵德县、兴海县、贵南县、同仁县、尖扎县、泽库县、河南蒙古族自治县、玛沁县、班玛县、甘德县、达日县、久治县、玛多县、玉树县、杂多县、称多县、治多县、囊谦县、曲麻莱县、德令哈市、格尔木市、乌兰县、都兰县、天峻县	大通回族自治县、湟源县、湟中县、平安县、乐都县、民和回族土族自治县、互助土族自治县志、化隆回族自治县、循化撒拉族自治县、海晏县、祁连县、刚察县、门源回族自治县、共和县、同德县、贵德县、兴海县、贵南县、同仁县、尖扎县、泽库县、河南蒙古族自治县、玛沁县、班玛县、甘德县、达日县、久治县、玛多县、玉树县、杂多县、称多县、治多县、囊谦县、曲麻莱县、德令哈市、格尔木市、乌兰县、都兰县、天峻县	大通回族自治县、湟源县、湟中县、乐都县、互助土族自治县志、化隆回族自治县、循化撒拉族自治县、海晏县、祁连县、刚察县、门源回族自治县、共和县、同德县、贵德县、兴海县、贵南县、同仁县、尖扎县、泽库县、河南蒙古族自治县、玛沁县、班玛县、甘德县、达日县、久治县、玛多县、玉树县、杂多县、称多县、治多县、囊谦县、曲麻莱县、德令哈市、格尔木市、乌兰县、都兰县、天峻县

（续表）

地区	省级政区	20世纪前分布地点	20世纪前半叶分布地点	20世纪后半叶分布地点	现今分布地点
	宁夏	银川市、灵武市、永宁县、贺兰县、石嘴山市、平罗县、利通区、青铜峡市、盐池县、同心县、原州区、隆德县、泾源县、沙坡头区、中宁县	银川市、永宁县、贺兰县、石嘴山市、平罗县、盐池县、同心县、原州区、隆德县、泾源县、沙坡头区、中宁县	银川市、永宁县、贺兰县、石嘴山市、平罗县、同心县、原州区、隆德县、泾源县、沙坡头区、中宁县	银川市、永宁县、贺兰县、石嘴山市、平罗县、同心县、沙坡头区
	新疆	乌鲁木齐市、乌鲁木齐县、石河子市、五家渠市、喀什市、疏附县、泽普县、莎车县、叶城县、塔什库尔干塔吉克自治县、阿克苏市、温宿县、库车县、沙雅县、新和县、拜城县、乌什县、柯坪县、和田市、和田县、墨玉县、皮山县、洛浦县、策勒县、于田县、民丰县、吐鲁番市、鄯善县、托克逊县、哈密市、伊吾县、巴里坤哈萨克自治县、阿图什市、阿克陶县、阿合奇县、乌恰县、博乐市、精河县、温泉县、昌吉市、阜康市、呼图壁县、玛纳斯县、奇台县、吉木萨尔县、木垒哈萨克自治县、库尔勒市、轮台县、尉犁县、若羌县、且末县、和静县、和硕县、博湖县、焉耆回族自治县、伊宁市、奎屯市、伊宁县、霍城县、巩留县、新源县、昭苏县、特克斯县、尼勒克县、察布查尔锡伯自治县、塔城市、乌苏市、额敏县、沙湾县、托里县、裕民县、和布克赛尔蒙古自治县、阿勒泰市、布尔津县、富蕴县、福海县、哈巴河县、青河县、吉木乃县	乌鲁木齐市、乌鲁木齐县、石河子市、五家渠市、喀什市、疏附县、泽普县、莎车县、叶城县、塔什库尔干塔吉克自治县、阿克苏市、温宿县、库车县、沙雅县、新和县、拜城县、乌什县、柯坪县、和田市、和田县、墨玉县、皮山县、洛浦县、策勒县、于田县、民丰县、吐鲁番市、鄯善县、托克逊县、哈密市、伊吾县、巴里坤哈萨克自治县、阿图什市、阿克陶县、阿合奇县、乌恰县、博乐市、精河县、温泉县、昌吉市、阜康市、呼图壁县、玛纳斯县、奇台县、吉木萨尔县、木垒哈萨克自治县、库尔勒市、轮台县、尉犁县、若羌县、且末县、和静县、和硕县、博湖县、焉耆回族自治县、伊宁市、奎屯市、伊宁县、霍城县、巩留县、新源县、昭苏县、特克斯县、尼勒克县、察布查尔锡伯自治县、塔城市、乌苏市、额敏县、沙湾县、托里县、裕民县、和布克赛尔蒙古自治县、阿勒泰市、布尔津县、富蕴县、福海县、哈巴河县、青河县、吉木乃县	乌鲁木齐市、乌鲁木齐县、石河子市、五家渠市、喀什市、疏附县、泽普县、莎车县、叶城县、塔什库尔干塔吉克自治县、阿克苏市、温宿县、库车县、沙雅县、新和县、拜城县、乌什县、柯坪县、和田市、和田县、墨玉县、皮山县、洛浦县、策勒县、民丰县、吐鲁番市、鄯善县、托克逊县、哈密市、伊吾县、巴里坤哈萨克自治县、阿图什市、阿克陶县、阿合奇县、乌恰县、博乐市、精河县、温泉县、昌吉市、阜康市、呼图壁县、玛纳斯县、奇台县、吉木萨尔县、木垒哈萨克自治县、库尔勒市、轮台县、尉犁县、若羌县、且末县、和静县、和硕县、博湖县、焉耆回族自治县、霍城县、巩留县、新源县、昭苏县、特克斯县、尼勒克县、察布查尔锡伯自治县、塔城市、乌苏市、额敏县、沙湾县、托里县、裕民县、和布克赛尔蒙古自治县、阿勒泰市、布尔津县、富蕴县、福海县、哈巴河县、青河县、吉木乃县	乌鲁木齐县、五家渠市、喀什市、疏附县、拜城县、乌什县、皮山县、民丰县、吐鲁番市、鄯善县、托克逊县、哈密市、博乐市、阜康市、奇台县、吉木萨尔县、木垒哈萨克自治县、尉犁县、若羌县、且末县、和静县、和硕县、焉耆回族自治县、昭苏县、特克斯县、额敏县、裕民县、阿勒泰市、布尔津县、富蕴县、福海县、哈巴河县、青河县、吉木乃县

参考文献

阿坝县地方志编纂委员会编. 1993. 阿坝县志. 北京：民族出版社

阿布力米提·阿布部卡迪尔编著. 2003. 新疆哺乳动物的分类与分布. 北京：科学出版社

阿克塞哈萨克族自治县地方志编纂委员会编. 1993. 阿克塞哈萨克族自治县志. 兰州：甘肃人民出版社

阿拉善盟志编纂委员会编. 1998. 阿拉善盟志. 北京：方志出版社

阿勒泰市党史、地方志编纂委员会编. 2001. 阿勒泰市志. 乌鲁木齐：新疆人民出版社

《阿鲁科尔沁旗志》编纂委员会编.1994.阿鲁科尔沁旗志.呼和浩特:内蒙古人民出版社
阿图什市地方志编纂委员会编.1996.阿图什市志.乌鲁木齐:新疆大学出版社
白城地区地方志编纂委员会编.1992.白城地区志.长春:吉林文史出版社
北安市地方志办公室编.1994.北安市志.北安:北安市地方志办公室
北川县志编纂委员会编纂.1996.北川县志.北京:方志出版社
北京市房山区地方志编纂委员会.1999.北京市房山区志.北京:北京出版社
宾县地方志办公室编.1991.宾县志.哈尔滨:黑龙江人民出版社
博尔塔拉蒙古自治州地方志编纂委员会编.1999.博尔塔拉蒙古自治州志.乌鲁木齐:新疆大学出版社
《博湖县志》编纂委员会编.1993.博湖县志.乌鲁木齐:新疆大学出版社
陈德珍,祁国琴.1978.云南西畴人类化石及共生的哺乳动物群.古脊椎动物与古人类,16(1):33～46
陈恩志编著.2004.中国化石古人类和旧石器文化考古发现与研究:1901～2000:东北地区卷.北京:科学出版社
陈全家,等.2004.清江流域古动物遗存研究.北京:科学出版社
赤峰市地方志编纂委员会编.1996.赤峰市志.呼和浩特:内蒙古人民出版社
辞海编辑委员会编.1979.辞海:1979年版.上海:上海辞书出版社
《达尔罕茂明安联合旗志》编纂委员会编.1994.达尔罕茂明安联合旗志.呼和浩特:内蒙古人民出版社
大通回族自治县志编纂委员会编.1993.大通县志.西安:陕西人民出版社
丹东市地方志办公室编.1993.丹东市志.沈阳:辽宁科学技术出版社
德都县地方志办公室编.1994.德都县志.合肥:黄山书社
德钦县志编纂委员会编.1997.德钦县志.昆明:云南民族出版社
迭部县志编纂委员会.1998.迭部县志.兰州:兰州大学出版社
丁伟志[总]主编,格尔木市情调查组.1992.中国国情丛书:百县市经济社会调查:格尔木卷.北京:中国大百科全书出版社
丁伟志[总]主编,海林县情调查组.1991.中国国情丛书:百县市经济社会调查:海林卷.北京:中国大百科全书出版社
丁伟志[总]主编,湟中县情调查组.1996.中国国情丛书:百县市经济社会调查:湟中卷.北京:中国大百科全书出版社
丁伟志[总]主编,库车县情调查组.1995.中国国情丛书:百县市经济社会调查:库车卷.北京:中国大百科全书出版社
丁伟志[总]主编,吴忠市情调查组.1993.中国国情丛书:百县市经济社会调查:吴忠卷.北京:中国大百科全书出版社
定西县志编纂委员会编.1990.定西县志.兰州:甘肃人民出版社
董为,等.2009.辽宁朝阳龙城马山洞哺乳动物群的性质及时代探讨.人类学学报,28(1):95～109
都兰县县志编纂委员会编.2001.都兰县志.西安:陕西人民出版社
敦煌市志编纂委员会编.1994.敦煌市志.北京:新华出版社
额济纳旗志编纂委员会编.1998.额济纳旗志.北京:方志出版社
额敏县地方志编纂委员会编.2000.额敏县志.乌鲁木齐:新疆人民出版社
鄂伦春自治旗史志编纂委员会编.2001.鄂伦春自治旗志:1989～1999.呼和浩特:内蒙古人民出版社
鄂温克族自治旗志编纂委员会编.1996.鄂温克族自治旗志.北京:中国城市出版社
范德昌主编.1988.嘉荫县志.哈尔滨:黑龙江人民出版社
冯晓华,等.2007.艾丁湖北景区旅游环境容量预测研究.干旱区地理,30(6):974～980
冯祚建,马逸清.1998.猞猁//汪松主编.中国濒危动物红皮书:兽类.北京:科学出版社,104～106
佛坪县地方志编纂委员会编.1993.佛坪县志.西安:三秦出版社
抚松县地方志编纂委员会编.1994.抚松县志.北京:中华书局
抚远县地方志编纂委员会编.1998.抚远县志.北京:中华书局
阜康市党史地方志编纂委员会编.2001.阜康县志.乌鲁木齐:新疆人民出版社
傅仁义.1996.辽宁丹东前阳人的发现及体质特征.东北亚旧石器文化(韩国国立忠北大学校先史文化研究所,中国辽宁省文物考古研究所编辑发行)
傅仁义.2006.辽宁新发现的第四纪哺乳动物群地点//董为主编.第十届中国古脊椎动物学学术年会论文集.北

京：海洋出版社
甘南藏族自治州地方史志编纂委员会编. 1999. 甘南州志. 兰州：甘肃民族出版社
甘肃省金昌市地方志编纂委员会编纂. 1995. 金昌市志. 北京：中国城市出版社
甘肃省肃南裕固族自治县地方志编纂委员会编. 1994. 肃南裕固族自治县志. 兰州：甘肃民族出版社
甘肃省张掖市志编修委员会编纂. 1995. 张掖市志. 兰州：甘肃人民出版社
甘孜州志编纂委员会编. 1997. 甘孜州志. 成都：四川人民出版社
刚察县志编纂委员会编. 1998. 刚察县志. 西安：陕西人民出版社
高青县地方史志编纂委员会编. 1991. 高青县志. 北京：中国社会出版社
高台县志编纂委员会编. 1993. 高台县志. 兰州：兰州大学出版社
高耀亭，等编著. 1987. 中国动物志：兽纲：食肉目. 北京：科学出版社
鸽子洞发掘队. 1975. 辽宁鸽子洞旧石器遗址发掘报告. 古脊椎动物与古人类，13(2)：122～136
根河市史志编纂委员会编. 1998. 根河市志. 海拉尔：内蒙古文化出版社
共和县地方志编纂委员会编. 1991. 共和县志. 西宁：青海人民出版社
广东、广西、湖南、河南《辞源》修订组. 1988. 辞源：修订本：1～4 合订本. 北京：商务印书馆
贵德县地方志编纂委员会编. 1995. 贵德县志. 西安：陕西人民出版社
贵南县志编纂委员会编. 1996. 贵南县志. 西安：三秦出版社
贵州省务川仡佬族苗族自治县志编纂委员会编. 2001. 务川仡佬族苗族自治县志. 贵阳：贵州人民出版社
郭海主编. 1993. 阳高县志. 北京：中国工人出版社
国家林业局主编. 2008. 中国重点陆生野生动物资源调查. 北京：中国林业出版社
哈密地区地方志编纂委员会编. 1997. 哈密地区志. 乌鲁木齐：新疆大学出版社
哈密市地方志编纂委员会编. 1989. 哈密县志. 乌鲁木齐：新疆人民出版社
海西蒙古族藏族自治州地方志编纂委员会编. 1995. 海西蒙古族藏族自治州志. 西安：陕西人民出版社
海晏县志编纂委员会编. 1994. 海晏县志. 兰州：甘肃文化出版社
汉语大词典纂辑委员会汉语大词典编纂处编纂. 1990. 汉语大词典. 上海：汉语大词典出版社
汉语大字典编辑委员会. 1986. 汉语大字典. 武汉：湖北辞书出版社. 成都：四川辞书出版社
何业恒. 1997. 猞猁//中国珍稀兽类(II)的历史变迁. 长沙：湖南师范大学出版社，66～73
和顺县志编纂委员会编. 1993. 和顺县志. 北京：海潮出版社
和硕县地方志编纂委员会编. 1999. 和硕县志. 乌鲁木齐：新疆人民出版社
和政县志编纂委员会. 1993. 和政县志. 兰州：兰州大学出版社
河北省内丘县地方志编纂委员会编. 1996. 内丘县志. 北京：中华书局
河北省沙河市地方志编纂委员会编. 1994. 沙河市志. 北京：生活・读书・新知三联书店
河北省肃宁县地方志编纂委员会编纂. 1999. 肃宁县志. 北京：方志出版社
河南蒙古族自治县方志编纂委员会编. 1996. 河南县志. 兰州：甘肃人民出版社
贺兰县志史编纂委员会编. 1994. 贺兰县志. 银川：宁夏人民出版社
黑河地区地方志编纂委员会办公室编. 1988. 黑河地区简志. 黑河：黑河印刷总厂
黑河市地方志编纂委员会编. 1996. 黑河地区志. 北京：生活・读书・新知三联书店
黑龙江省地方志编纂委员会编. 1998. 黑龙江省志・地理志. 哈尔滨：黑龙江省人民出版社
黑龙江省桦南县志办公室编. 1991. 桦南县志. 哈尔滨：黑龙江科学技术出版社
黑龙江省延寿县志编纂委员会办公室编. 1991. 延寿县志. 北京：三环出版社
呼玛县地方志办公室编纂. 1990. 呼玛县志：1978～1987. 北京：中国文史出版社
呼图壁县志编纂委员会编. 1992. 呼图壁县志. 乌鲁木齐：新疆人民出版社
胡长康，齐陶著. 1978. 陕西蓝田公王岭更新世哺乳动物群. 北京：科学出版社
湖北省清江隔河岩考古队，湖北省文物考古研究所编著；王善才主编. 2004. 建始人遗址. 北京：科学出版社
湖北省郧西县地方志编纂委员会办公室编. 1995. 郧西县志. 武汉：武汉测绘科技大学出版社
互助土族自治县志编纂委员会编. 1993. 互助土族自治县志. 西宁：青海人民出版社

华池县志编写领导小组.1984.华池县志.兰州:甘肃人民出版社
华亭县志编纂委员会编.1996.华亭县志.兰州:甘肃人民出版社
黄陵县志编纂委员会编.1995.黄陵县志.西安:西安地图出版社
黄万波.1979.华南洞穴动物群的性质和时代.古脊椎动物与古人类,17(4):327～142
黄万波,等.1988.记广东首次发现巨羊及扬子鳄化石.古脊椎动物学报,26(3):227～231
湟源县志编纂委员会编.1993.湟源县志.西安:陕西人民出版社
湟中县地方志编纂委员会编.1989.湟中县志.西宁:青海人民出版社
惠农县志编纂委员会编.1999.惠农县志.银川:宁夏人民出版社
浑江市地方志编纂委员会编.1994.浑江市志.北京:中华书局
H. D. 卡尔克.1961.关于中国南方剑齿象—熊猫动物群和巨猿的时代.古脊椎动物与古人类(2):83～103
鸡西市地方志编纂委员会编.1996.鸡西市志.北京:方志出版社
计宏祥.1975.陕西蓝田地区的早更新世哺乳动物化石.古脊椎动物与古人类,13(3):169～177
《嘉峪关市志》编纂委员会编.1995.嘉峪关市志.兰州:甘肃人民出版社
姜鹏.1982.吉林安图人化石.古脊椎动物与古人类,20(1):65～70
交城县志编写委员会编.1994.交城县志.太原:山西古籍出版社
金昌柱,等.2000.安徽繁昌早更新世人字洞古人类活动遗址及其哺乳动物群.人类学学报,19(3):184～198
金川县地方志编纂委员会编.1994.金川县志.北京:民族出版社
锦州市地方志编纂委员会编.1994.锦州市志:综合卷.北京:中国统计出版社
晋城市地方志编纂委员会编.1999.晋城市志.北京:中华书局
精河县《精河县志》编纂委员会编.1998.精河县志.乌鲁木齐:新疆人民出版社
景泰县志编纂委员会编.1996.景泰县志.兰州:兰州大学出版社
九龙县志编纂委员会编.1997.九龙县志.成都:四川人民出版社
科尔沁右翼中旗志编纂委员会编.1993.科尔沁右翼中旗志.呼和浩特:内蒙古人民出版社
兰州市地方志编纂委员会,兰州市林业志编纂委员会编纂.1998.兰州市志.第二卷,地理志.兰州:兰州大学出版社
兰州市地方志编纂委员会,兰州市林业志编纂委员会编纂.1998.兰州市志.第二十六卷,林业志.兰州:兰州大学出版社
冷玉龙,韦一心主编.1994.中华字海.北京:中华书局:中国友谊出版公司
李培信主编.1994.文水县志.太原:山西人民出版社
李占扬,董为.2007.河南许昌灵井旧石器遗址哺乳动物群的性质及时代探讨.人类学学报,26(4):345～360
辽源市地方志编纂委员会编.1995.辽源市志.长春:吉林人民出版社
临夏回族自治州志编纂委员会编.1993.临夏回族自治州志.兰州:甘肃人民出版社
临夏县志编纂委员会.1995.临夏县志.兰州:兰州大学出版社
柳河县志编纂委员会编.1991.柳河县志.长春:吉林文史出版社
陇县地方志编纂委员会编.1993.陇县志.西安:陕西人民出版社
略阳县志编纂委员会编.1992.略阳县志.西安:陕西人民出版社
轮台县党史、县志编纂委员会编.1991.轮台县志.北京:新华出版社
萝北县地方志编纂委员会编.1992.萝北县志.北京:中国人事出版社
玛纳斯县地方志编纂委员会编.1993.玛纳斯县志.乌鲁木齐:新疆大学出版社
玛曲县志编纂委员会编.2001.玛曲县志.兰州:甘肃人民出版社
民和回族自治县志编纂委员会编.1993.民和县志.西安:陕西人民出版社
民乐县县志编纂委员会编.1996.民乐县志.兰州:甘肃人民出版社
民勤县志编纂委员会.1994.民勤县志.兰州:兰州大学出版社
岷县志编纂委员会编.1995.岷县志.兰州:甘肃人民出版社
莫力达瓦达斡尔族自治旗史志编纂委员会编.1998.莫力达瓦达斡尔族自治旗志.呼和浩特:内蒙古人民出版社
漠河县志编纂委员会编纂.1993.漠河县志.北京:中国大百科全书出版社

《木里藏族自治县概况·物产资源》编写组编. 1985. 木里藏族自治县概况. 成都：四川民族出版社
内蒙古自治区科学技术志编纂委员会编. 1997. 内蒙古自治区志：科学技术志. 呼和浩特：内蒙古人民出版社
内蒙古自治区奈曼旗地方志编纂委员会编. 2002. 奈曼旗志. 北京：方志出版社
南郑县地方志编纂委员会编. 1990. 南郑县志. 北京：中国人民公安大学出版社
宁陕县地方志编纂委员会编. 1992. 宁陕县志. 西安：陕西人民出版社
农九师史志编纂委员会编. 2000. 农九师志. 北京：中华书局
平安县志编纂委员会编. 1996. 平安县志. 西安：陕西人民出版社
平凉市志编纂委员会编. 1996. 平凉市志. 北京：中华书局
平武县县志编纂委员会编. 1997. 平武县志. 成都：四川科学技术出版社
祁国琴. 1989. 中国北方第四纪哺乳动物群：兼论原始人类生活环境//中国远古人类. 北京：科学出版社，277～337
奇台县史志编纂委员会编. 1994. 奇台县志. 乌鲁木齐：新疆大学出版社
迁西县地方志编纂委员会编. 1991. 迁西县志. 北京：中国科学技术出版社
秦皇岛市山海关区地方志编纂委员会编纂. 1994. 山海关志. 天津：天津人民出版社
秦皇岛市山海关区地方志编纂委员会编纂. 1994. 山海关志. 天津：天津人民出版社
《青川县志》编纂委员会编，1992. 青川县志. 成都：成都科技大学出版社
青海省地方志编纂委员会编. 1993. 青海省志. 八，青海湖志. 西宁：青海人民出版社
青海省地方志编纂委员会编. 1993. 青海省志. 十三，林业志. 西宁：青海人民出版社
清水县志编纂委员会编. 2001. 清水县志. 西安：陕西人民出版社
庆安县地方志编纂委员会办公室编. 1995. 庆安县志. 哈尔滨：黑龙江人民出版社
邱占祥，等著. 2004. 甘肃东乡龙担早更新世哺乳动物群. 北京：科学出版社
曲沃县志编纂委员会编. 1991. 曲沃县志. 北京：海潮出版社
饶河县地方志办公室编. 1992. 饶河县志. 哈尔滨：黑龙江人民出版社
日照市地方史志编纂委员会编. 1994. 日照市志. 济南：齐鲁书社
山东省安丘县地方史志编纂委员会编. 1992. 安丘县志. 济南：山东人民出版社
山东省平度县地方史志编纂委员会编. 1987. 平度县志. 青岛：青岛包装印刷厂
山东省荣成市地方史志编纂委员会编. 1999. 荣成市志. 济南：齐鲁书社
山西省介休市志编纂委员会编. 1996. 介休市志. 北京：海潮出版社
山西省宁武县县志编纂办公室编. 1985. 宁武县志：初稿. 宁武：宁武县县志编纂办公室
山西省史志研究院编. 1996. 山西通志. 第二卷，地理志. 北京：中华书局
山阳县地方志编纂委员会编. 1991. 山阳县志. 西安：陕西人民出版社
陕西省地方志编纂委员会编. 2000. 陕西省志. 第三卷，地理志. 西安：陕西人民出版社
陕西省凤县地方志编纂委员会. 1986. 凤县志民国时期资料汇编.（陕西）凤县：凤县地方志编纂委员会
沈阳市人民政府地方志编纂办公室编. 1989. 沈阳市志. 沈阳：沈阳出版社
寿阳县志编纂委员会编. 1989. 寿阳县志. 太原：山西人民出版社
寿振黄主编. 1962. 中国经济动物志：兽类. 北京：科学出版社
疏附县地方志编纂委员会编. 1999. 疏附县志. 乌鲁木齐：新疆人民出版社
双鸭山市地方志编纂委员会办公室编. 1991. 双鸭山市志. 北京：中国展望出版社
四川省阿坝藏族羌族自治州汶川县地方志编纂委员会编. 1992. 汶川县志. 北京：民族出版社
四川省巴塘县地方志编纂委员会编. 2001. 巴塘县志：续编. 北京：方志出版社
四川省宝兴县地方志编纂委员会编. 2000. 宝兴县志. 北京：方志出版社
四川省道孚县志编纂委员会编. 1997. 道孚县志. 成都：四川人民出版社
四川省稻城县志编纂委员会编. 1997. 稻城县志. 成都：四川人民出版社
四川省甘孜藏族自治州丹巴县志编纂委员会编. 1996. 丹巴县志. 北京：民族出版社
四川省红原县志编纂委员会编纂. 1996. 红原县志. 成都：四川人民出版社

四川省金阳县志编纂委员会编纂. 2000. 金阳县志. 北京：方志出版社
四川省康定县地方志编纂委员会编纂. 1995. 康定县志. 成都：四川辞书出版社
四川省理塘县志编纂委员会编. 1996. 理塘县志. 成都：四川人民出版社
四川省色达县志编纂委员会编. 1997. 色达县志. 成都：四川人民出版社
四川省武隆县志编纂委员会编. 1994. 武隆县志. 成都：四川人民出版社
《四川资源动物志》编辑委员会主编；施白南，赵尔宓卷主编. 1982. 四川资源动物志. 第一卷，总论. 2 版. 成都：四川人民出版社
塔城地区地方志编纂委员会编. 1997. 塔城地区志. 乌鲁木齐：新疆人民出版社
塔城市地方志编纂委员会编. 1995. 塔城市志. 乌鲁木齐：新疆人民出版社
台湾商务印书馆编审委员会编纂. 1984. 辞源：增修 7 版. 台北：台湾商务印书馆
汤英俊. 1980. 河北蔚县早更新世哺乳动物化石及其在地层划分上的意义. 古脊椎动物与古人类，18(4)：314～322
天峻县县志编纂委员会编. 1995. 天峻县志. 兰州：甘肃文化出版社
天祝藏族自治县志编纂委员会编. 1994. 天祝县志. 兰州：甘肃民族出版社
铁力县志编纂委员会办公室编. 1990. 铁力县志. 哈尔滨：黑龙江人民出版社
铁岭县地方志编纂委员会编. 1993. 铁岭县志. 沈阳：辽沈书社
通化县地方志编纂委员会编. 1996. 通化县志. 长春：吉林人民出版社
同德县地方志编纂委员会编. 1999. 同德县志. 北京：民族出版社
围场满族自治县地方志编纂委员会编纂. 1997. 围场满族自治县志. 沈阳：辽海出版社
尉犁县地方志编纂委员会编. 1993. 尉犁县志. 乌鲁木齐：新疆大学出版社
渭源县志编纂委员会编. 1998. 渭源县志. 兰州：兰州大学出版社
魏海波，刘彦红. 2010. 试论东北更新世哺乳动物群与自然环境的变迁//董为主编. 第十二届中国古脊椎动物学学术年会论文集. 北京：海洋出版社，53～60
文定讴总纂. 2001. 农六师垦区・五家渠市志：1949～2001. 乌鲁木齐：新疆人民出版社
乌拉特中旗地方志编纂委员会编. 1994. 乌拉特中旗志. 呼和浩特：内蒙古人民出版社
乌恰县地方志编纂委员会编. 1995. 乌恰县志. 乌鲁木齐：新疆人民出版社
吴友如绘. 1983. 吴友如画宝：中外百兽图. 上海：上海古籍出版社
武都县地方志编纂委员会编. 1998. 武都县志. 北京：生活・读书・新知三联书店
武威市市志编纂委员会. 1998. 武威市志. 兰州：兰州大学出版社
兴安盟地方志编纂委员会编. 1997. 兴安盟志. 呼和浩特：内蒙古人民出版社
兴海县志编纂委员会编. 2000. 兴海县志. 西安：三秦出版社
邢台县地方志编纂委员会编. 1993. 邢台县志. 北京：新华出版社
修武县志编纂委员会编. 1986. 修武县志. 郑州：河南人民出版社
岫岩县志编辑部编. 1989. 岫岩县志. 沈阳：辽宁大学出版社
薛德焴著. 1954. 代表性的哺乳动物志. 上海：新亚书店
逊克县地方志编纂委员会编. 1991. 逊克县志. 哈尔滨：黑龙江人民出版社
牙克石市志编纂委员会编. 1996. 牙克石市志. 呼和浩特：内蒙古人民出版社
延边朝鲜族自治州地方志编纂委员会编. 1996. 延边朝鲜族自治州志. 北京：中华书局
杨奇森，岩昆主编. 2007. 中国兽类彩色图谱. 北京：科学出版社
伊春市地方志编纂委员会编. 1995. 伊春市志. 哈尔滨：黑龙江人民出版社
伊克昭盟地方志编纂委员会编. 1994. 伊克昭盟志. 北京：现代出版社
伊吾县地方志编纂委员会编. 1994. 伊吾县志. 乌鲁木齐：新疆大学出版社
宜良县志编纂委员会编. 1998. 宜良县志. 北京：中华书局
银川市志编纂委员会编. 1998. 银川市志. 银川：宁夏人民出版社
尹秉高，刘务林. 1993. 西藏珍稀野生动物与保护. 北京：中国林业出版社
永昌县志编纂委员会编. 1993. 永昌县志. 兰州：甘肃人民出版社
永吉县志编纂委员会编. 1991. 永吉县志. 长春：长春出

版社
永清县志办公室编.2000.永清县志.石家庄:河北人民出版社
尤玉柱,徐钦琦.1981.中国北方晚更新世哺乳动物群与深海沉积物的对比.古脊椎动物与古人类,19(1):77～84
盂县史志编纂委员会编.1995.盂县志.北京:方志出版社
云南省绿春县志编纂委员会编.1992.绿春县志.昆明:云南人民出版社
云南省云龙县志编纂委员会编.1992.云龙县志.北京:农业出版社
《扎鲁特旗志》编纂委员会编.2001.扎鲁特旗志.北京:方志出版社
张荣祖,等著.1997.中国哺乳动物分布.北京:中国林业出版社
张镇洪,等.1985.辽宁海城小孤山遗址发掘简报.人类学学报,4(1):70～79
张祖方,王闵闽.1987.太湖三山岛的哺乳动物化石.南京博物院集刊(9)
赵晨.2009.关中地区史前动物遗存研究.吉林大学[硕士学位论文]
赵文双,等.2004.辽宁省兽类资源现状及保护利用研究.辽宁林业科技(2):8～10,32
镇巴县地方志编纂委员会编.1996.镇巴县志.西安:陕西人民出版社
中华人民共和国濒危物种进出口管理办公室主编;郑生武,等编著.1994.中国西北地区珍稀濒危动物志.北京:中国林业出版社
中宁县志编纂委员会编.1994.中宁县志.银川:宁夏人民出版社
中卫县县志编纂委员会编.1995.中卫县志.银川:宁夏人民出版社
周信学,等.1984.古龙山动物群的时代及其对比.古脊椎动物学报,22(2):151～155
卓尼县志编纂委员会编.1994.卓尼县志.兰州:甘肃民族出版社
柞水县志编纂委员会编.1998.柞水县志.西安:陕西人民出版社

国家出版基金项目
NATIONAL PUBLICATION FOUNDATION

文榕生　著

THE DISTRIBUTIONS AND CHANGES OF RARE WILD ANIMALS IN CHINA (SEQUEL)

中国珍稀野生动物分布变迁（续）

下

山东科学技术出版社

目录

ONTENTS

CONTENTS

第十六章

豹类的分布变迁

豹类包括哺乳纲 Mammalia 食肉目 Carnivora 猫科 Felidae 豹亚科中 2～3 个属的物种，亦即云豹属 *Neofelis* 的云豹（*Neofelis nebulosa*）、豹属 *Panthera* 的豹（*Panthera pardus*）与雪豹（*Panthera uncia* 或 *Uncia uncia*）①。豹类是大中型食肉动物，处于食物链顶层，不仅在生态、环境方面具有重要意义，而且与人类的生活、生产、医药、文化等密切相关。由于自然与人类多方面因素，豹类资源储量急剧减少，我国已将 3 种豹皆列为国家一级重点保护野生动物。

现有证据表明，古人对豹类资源的认识与开发利用可以追溯到 4 000 多年前，但由于古人对豹类的分类、记载与今不同（但可归并为同亚科中 2～3 属），出现的别称甚多，且现生 3 种豹地理分布存在重叠（或同域）现象，至今仍有文献所称“豹”并非“豹（*Panthera pardus*）”。就目前的研究能力，仅能将晚近时期的豹类进行大体区分。故本文将前期的豹一般简称为“豹”，为便于区分，将 20 世纪以来的豹（*Panthera pardus*）采用较通俗的称谓“金钱豹”。

1　豹类的概况

我国现生 3 种豹类，分别描述。

1.1　云豹

云豹（图 16.1～图 16.18），别名：乌云豹、荷叶豹、柳叶豹、槲叶豹、龟纹豹、黾纹豹、铁钱豹、小豹子、什豹、文豹、南豹、猫豹、狗豹、草豹、云虎、樟豹（台）、石豹（台）等。

云豹是猫科动物中体斑显著者。它是大型猫科动物中体形最小的一种，身体大小似豹，体长 70～125 cm，尾长 70～92 cm，肩高 60～80 cm，体重 15～30 kg（有重达 40 kg 者），成兽雄性个体较大于雌性。

云豹的头部略圆，但口、鼻突出，耳略呈圆形；第三对上门齿较大，犬齿在猫科动物中最长，且后缘锋利，与史前已灭绝的剑齿虎相似；四肢较短且粗壮，爪子非常大；尾几乎与身体一样长，而且很粗。

云豹的头上、眼周有黑色环，上唇和额顶部均有黑色小斑点，颊部有 2 条横列的黑纹；耳背黑色，中间有浅色斑；颈背部有 4 条黑纹，中间 2 条直伸到肩部，外侧 2 条较粗，延续到尾基部。最为显著的是：体色黄色或灰黄色，体侧自前肢到臀部覆盖有一些大块的深色云状斑纹，或状似龟背的纹饰，因此称作云豹或龟纹豹。尾毛与背部同色，尾端有数个不完整的黑环，端部黑色。

云豹属于夜行性树栖动物，白天躲在树上睡觉或隐身于枝叶间，多在清晨或黄昏时才出来活

①有动物分类体系将雪豹归为雪豹属 *Uncia*。

动、觅食。由于四肢短,在地面活动不够灵巧,它们很少在地上行走。攀爬则是云豹强项,爬树时,又长又粗的尾巴可起到保持平衡的作用,既可背部向下、腹面朝上在水平树枝上攀移,亦能从浓密而杂乱的树枝部位跳离,还可在树冠捕获猴类、松鼠,咬捉树枝上的鸟类。这都得益于其四肢粗短,使得重心降低,趾前的长利爪能帮助它们牢牢地抓住树枝,身上的斑纹在树上是很好的保护色。云豹通常在树上守候猎物,当鹿类、野猪等临近时,能从树上直接跳到猎物头顶部,一击而中。

云豹生性胆小,怯懦怕人,所以在野外很难见到。云豹除生殖期外,多独居。它们约在 2 岁时性成熟,成年雌兽每年可以怀胎一次,孕期约 90 日,每胎可产 2~4 只幼仔。

初生幼兽 10~12 日睁开眼睛,20 日后开始学步,1.5 月龄时可以跑动,约 9 月龄时开始独自生存。野外的云豹寿命约 11 岁,圈养的可活 17 年①。

我国现生云豹有 2 个亚种:指名亚种(*Neofelis nebulosi nebulosa*),分布于长江以南各省级政区;台湾亚种(*Neofelis nebulosi brachyurus*),与指名亚种相似,唯尾短,尾长 55~60 cm,分布于台湾岛(寿振黄,1962;高耀亭等,1987)。

图 16.1 云豹头颈部(侧视)②

图 16.2 云豹侧身与头部(正视)③

图 16.3 血盆大口(右视)④

图 16.4 血盆大口(左视)⑤

①云豹. http://www.iltaw.com/animals_detail_type_introduction_id_51;台湾云豹. http://baike.baidu.com/view/146884.htm
②http://www.gexing.com/shaitu/1045357.html
③http://www.iltaw.com/animals_detail_type_introduction_id_51
④http://tieba.baidu.com/p/2982968449
⑤http://tieba.baidu.com/p/2982968449

图 16.5　枯木上的云豹侧身①

图 16.6　水边的云豹②

图 16.7　跳跃间隙③

图 16.8　打哈欠④

图 16.9　攀上细枝⑤

图 16.10　守株待兔⑥

①http://tieba. baidu. com/p/1995756870

②http://www. iltaw. com/animals_detail_type_introduction_id_51

③http://baike. baidu. com/view/20385. htm? from=image&from=image

④http://a1. att. hudong. com/01/74/01300000174719121437749523028. jpg

⑤http://baike. baidu. com/link? url=Mw7V90gF-Q4kinHEoBqxpivXtNVQEZX6GpblScbjvxoztSlL7_mjIL3gbDH4gs7t

⑥http://www. gexing. com/shaitu/1045357. html

图 16.11　枯木伏卧①

图 16.12　下地行走②

图 16.13　黑暗中的云豹③

图 16.14　晨曦中的云豹④

图 16.15　夜色中的伉俪⑤

图 16.16　夜色中独处⑥

①http://baike. sogou. com/v438536. htm
②http://www. gexing. com/shaitu/1045357. html
③http://www. ytxww. com/Info. aspx? ModelId=2&Id=1281&P=4
④http://www. cidu. net/Article/dehua/xw/200909/12215_3. html
⑤http://www. china. com. cn/aboutchina/zhuanti/ysdw/2008-11/21/content_16803605. htm
⑥http://tieba. baidu. com/p/98508195

图 16.17　双目紧闭①

图 16.18　蹒跚学步②

1.2　豹

豹(图 16.19～图 16.36)，别名：金钱豹、银钱豹、金钱花、铜钱花、黑豹则、豹虎子、钱豹、文豹、豹狗、狗豹、山豹、豹子、斑豹、马彪、小豹、大猫、大貘、黑豹、印度豹、色(藏)、日诺(彝)、远东豹(亚种)、东北豹(亚种)。

豹的外形似虎，但体形比虎小，体长 100～150 cm，尾长 75～85 cm，体重 50 kg 左右(最重可达 130 kg)。

豹的头圆、较大，颈稍短，耳短；躯体细长，四肢粗短有力，前肢较后肢略宽大，前足 5 趾，后足 4 趾，趾上具灰白色锐爪。头部毛短，虽无横纹，但有黑斑，小而密，延向颈部及背部；鼻端裸露，呈肉色；耳背黑色，耳尖与耳基皆黄色；颈部毛色稍深，有黑色斑点或环圈；颈下部、胸部、腹部、四肢内缘毛白色，黑斑稀少。全身毛橙黄色或黄色，其上布满黑色斑点和黑环。夏毛或较低纬度栖息的毛色略深，冬毛或较高纬度栖息的毛色较浅；背部黄色最深，背脊中央黑环不清晰，长形的黑斑排列成线状；体侧形成较大的圆形、梅花形或多角形黑环，黑环中间黄色较浅。四肢外侧棕黄色，内侧颜色较浅，下部具黑褐色斑点。尾背部毛色深黄，靠近基部的黑斑呈条状；中部黑斑较大，有的形成圈状，端部黑色；尾下部乳白色，具黑斑，顶端白色。

云南有“黑豹”，通体黑色，偶现铜钱斑，系金钱豹黑化型，生活于热带丛林，越往热带数量越多(云南省科学技术委员会等，1999)。

豹的性成熟期 2～3 岁，寿命 10～20 年。

图 16.19　豹头颈(正视)③

图 16.20　豹(侧视)④

①http://www.nipic.com/show/1/9/4516665k8edc6f7b.html
②http://tieba.baidu.com/p/2302845331
③http://www.nipic.com/zhuanti/1410905.html
④http://m.poco.cn/wo/detail.php?art_id=3838813&tag=%B0%DF%B5%E3&is_vouch=1&sequence=2&no_vouch=0&is_goods=0&topic_nav=0

图 16.21　草丛出没①

图 16.22　血盆大口②

图 16.23　树干独栖③

图 16.24　呼朋唤友④

图 16.25　爬卧⑤

图 16.26　疾奔下树⑥

①http://image.baidu.com/search/detail? ct=503316480&z=0&ipn=d&word=昵图豹子

②http://www.tuku.cn/wallpapers/view.aspx? id=12697&type=2560x1600

③http://baike.baidu.com/view/88029.htm? fromId=1697178

④http://www.zhuoku.com/zhuomianbizhi/dong-dongwu/20081130133438(9).htm#turn

⑤http://www.zhuoku.com/zhuomianbizhi/dong-dongwu/20081130133438(9).htm#turn

⑥http://www.zhuoku.com/zhuomianbizhi/dong-dongwu/20081130133438(10).htm#turn

图 16.27　小憩①

图 16.28　熟睡②

图 16.29　同栖③

图 16.30　依偎④

图 16.31　恩爱⑤

图 16.32　背影⑥

①http://www.taopic.com/tuku/201306/364394.html
②http://www.mypsd.com.cn/detail/?2404867
③http://a2.att.hudong.com/31/16/01300000312288125145165546274.jpg
④http://www.nipic.com/show/1/9/6481085kabc829b7.html
⑤http://www.nipic.com/show/8016349.html
⑥http://www.nipic.com/show/3792173.html

图 16.33　潜伏①

图 16.34　捕杀野猪②

图 16.35　携带 3 仔③

图 16.36　携带 4 仔④

豹的交配期在冬季和春季(12 月～翌年 5 月)，交配季节，雄豹间常因争偶而相互斗争。怀孕期 90～105 日，每胎 2～4 仔。初生幼仔重 550～750 g，出生后约 10 日睁眼。幼兽与母兽在一起生活到秋季。

豹的体能极强，视觉和嗅觉异常灵敏，性情机警，四肢矫健，跳跃能力很强，既会游泳，又善于跳跃和攀爬，为食性广泛、胆大凶猛的食肉类动物，但一般不伤人。

豹栖息的环境多种多样，无论是炎热的南方，还是寒冷的东北，甚至高海拔的青藏高原，从低山、丘陵至高山森林、灌丛均有豹的踪迹。豹是夜行性动物，白天在树丛、树杈或岩洞中潜伏，傍晚或黎明时最为活跃，常在林中游荡。豹夜间行动极为小心谨慎，一般人不容易遇到，即使遇到也很少主动向人进攻。在繁殖期外，豹多单独活动，经常独来独往。或待在树上，猎取路过的动物；或跟在有蹄类动物后面，借树木掩护，逐渐靠近，然后突然扑过去，一般是咬颈部或口、鼻部，令其窒息。豹多捕食有蹄类动物，也以灵猫、灵长类、啮齿类、鸟类、鱼类为食，两栖类、昆虫也不拒绝，甚至腐肉。猎物缺乏时，也会捕食家畜。在食物链上，豹处于次等捕猎者的位置，这意味着豹同时是老虎及狮子的猎物，故豹通常把猎物

①http://sc.jb51.net/Picture/Animal/dongwu/25616.htm

②http://m.poco.cn/wo/detail.php?art_id=3838813&tag=%B0%DF%B5%E3&is_vouch=1&sequence=2&no_vouch=0&is_goods=0&topic_nav=0

③http://www.dabaoku.com/sucai/dongwu/baozi/web/050bx.htm

④http://www.nipic.com/show/1/9/5265133k5612ac4b.html

拖上树慢慢吃，以防豺或狼、老虎等食肉动物前来抢夺[①]。

我国现生豹有3个亚种，华南亚种（*Panthera pardus fusca*）个体稍小，冬毛短、棕黄色，黑色花纹清晰，黑黄相映格外鲜明，分布于云南、贵州、四川、西藏、青海、湖南、广西、广东、湖北、安徽、福建、浙江、陕西、江西、河南等地。华北亚种（*Panthera pardus fontanierii*）分布于河北、北京、山西、陕西等地。东北亚种（*Panthera pardus orientalis*）个体大，毛长，底绒较厚，毛色淡黄，腹面白色，黑色环圈较大，分布于黑龙江、吉林、内蒙古（寿振黄，1962；高耀亭等，1987）。

1.3　雪豹

雪豹（图16.37～图16.50），别名：豹、草豹、马豹、艾叶豹、荷叶豹、白豹、土豹、土豹子、铁钱豹、狗豹子、打马热（藏）、查干—伊日布斯（蒙）、伊白克斯（维、哈）等。

雪豹的体形似豹而略小，肩高约60 cm，体长约130 cm，尾长约100 cm，体重30～50 kg，雄兽略大于雌兽。头小而圆，四肢较短，前足5趾，后足4趾，前足比后足宽大，趾端具角质化硬爪，略弯，尖端锋利；尾粗长，略短或等于体长，尾毛蓬松；腹毛明显较背部毛长。

雪豹的冬毛密度、毛色与夏毛差别不大。全身灰白色，布满黑色斑点和黑环；毛长、密而柔软，底绒厚。头部黑斑小而密；鼻端被毛短，没有黑色斑点；耳壳内白色，耳背大部分黑色；背部、体侧及四肢外缘形成不规则的黑环，越往后黑环越大；背部及体侧黑环中间有几个小黑点，四肢外缘黑环内则无黑点。在背部，自肩部开始，黑斑形成5条线，伸至尾根，后面的黑环边宽而大，至尾端最为明显。臀部上方中央有5个黑点，有1条黑纵纹；尾毛长而蓬松，尾背面有10余个黑环，尾端黑色。颈下、胸部、腹部、四肢内侧及尾下部均为乳白色，颈下、腹部及尾下部均无黑斑。

雪豹幼兽绒毛散乱，通体带有浅玫瑰紫色，身上的黑色环斑纹轮廓不清，黑灰混杂。

图16.37　雪豹头颈部（侧视）[②]

图16.38　显露颈腹肢体内侧[③]

①. http://baike.baidu.com/link? url=Z06vdTDYzP02Enf2T31fEpu_o6xDrBBuFPfVejy-lzvrGSh5lF99i1pX02q4An6FDl1SMfCCaB1r9bPrXKeNw2I2TeFum8Qza8dJwhuzoGq；金钱豹. http://baike.haosou.com/doc/1666836-7594187.html

②http://www.nipic.com/show/4039452.html

③http://www.bbzhi.com/xitongbizhi/pingguo2009zuixinxitong/down_349186_10.htm

图 16.39 雪豹头部(正视)[①]

图 16.40 裸岩寻猎[②]

图 16.41 淌越河滩[③]

图 16.42 雪地奔袭[④]

图 16.43 雪夜出行[⑤]

图 16.44 绿茵欢畅[⑥]

①http://www.quanjing.com/imginfo/ibxshu01062755.html
②http://www.nipic.com/show/8676403.html
③http://tieba.baidu.com/p/1752393535
④http://news.sina.com.cn/o/2013-06-09/151427362093.shtml
⑤http://news.mydrivers.com/1/140/140519.htm
⑥http://tupian.baike.com/s/雪豹属/xgtupian/

图 16.45 匍匐待扑[①]

图 16.46 暮色苍茫[②]

图 16.47 天伦之乐[③]

图 16.48 单亲带仔[④]

图 16.49 嬉戏(一)[⑤]

图 16.50 嬉戏(二)[⑥]

雪豹既栖息于悬崖峭壁林立的高山区，也活动于开阔平坦的高原地带。除繁殖期外，多独自行动；其巢穴多设在石洞中、乱石凹处、石缝里或岩石下面的灌木丛中，大多在阳坡，往往好几年都不离开一个巢穴，碎石地上也发现有雪豹临时休息地。毛色和花纹同周围环境特别协调，形成

①http://tieba.baidu.com/p/1752393535
②http://baike.haosou.com/doc/1666836-7594187.html
③http://www.nipic.com/show/9088037.html
④http://gameonline.yesky.com/443/9016443.shtml
⑤http://difang.kaiwind.com/heilongjiang/jctp/201405/06/t20140506_1594425.shtml
⑥http://difang.kaiwind.com/heilongjiang/jctp/201405/06/t20140506_1594425.shtml

良好的隐蔽色彩，很难被发现。雪豹性情凶猛，反应机敏，行动敏捷，善于奔跑、攀爬、跳跃，晨昏时候最为活跃，行踪不定。雪豹因为有发达的鼻腔，全身被有厚厚的绒毛，所以很耐严寒，即使气温为－20℃，也能在野外活动。长长的尾巴有助于雪豹在运动中保持平衡，当它躺下时将尾巴盘在身体上保暖；叫声类似于嘶嚎，不同于狮、虎那样大吼。其上山、下山有一定路线，喜走山脊和溪谷。捕食以猫科动物特有的伏击式猎杀为主，辅以短距离快速追杀；以有蹄类、啮齿类动物等为食，食物缺乏时，常袭击家畜①。

雪豹2～3岁性成熟，冬末春初发情交配，孕期90～103日，每胎产2～3仔；寿命10余年（寿振黄，1962；高耀亭等，1987；杨奇森等，2007）。

2 豹类的遗存分布

2010年前，最早的豹属动物记录出自非洲坦桑尼亚，约为380万年前。然而，青藏高原的新发现（图16.51）颠覆了这一说法，因为早在约600万年前，与雪豹较接近的大型猫科动物就活跃在喜马拉雅地区。这将猫科动物中的豹类在全世界出现的最早时间向前推进了约200万年，并说明大型猫科动物的起源可能是亚洲，而不是非洲。

已知现今世上有41种猫科动物，它们都源自1 800万年前的共同祖先。这些物种源自亚洲，且经由白令陆桥迁徙至各洲。Warren Johnson和Stephen O'Brien对线粒体基因和细胞核基因所做的研究，确定了猫的祖先在白令陆桥和巴拿马地峡做了至少10次洲至洲的迁徙（双向），其间演化出了八个主要的世系。其中，豹属是最古老的，而猫属则是最年轻的，大约60%的现存物种是在最近的100万年内演化出来的。大多数猫科动物有18或19个染色体倍性，而新世界（中南美）的猫有18个染色体倍性，这可能是因为两个较小的染色体结合成了一个较大的染色体。

在此发现之前，生物学家大多不能由化石记录建立猫的分类树，因为不同物种的化石看起来都很相似，主要是尺度上的不同。

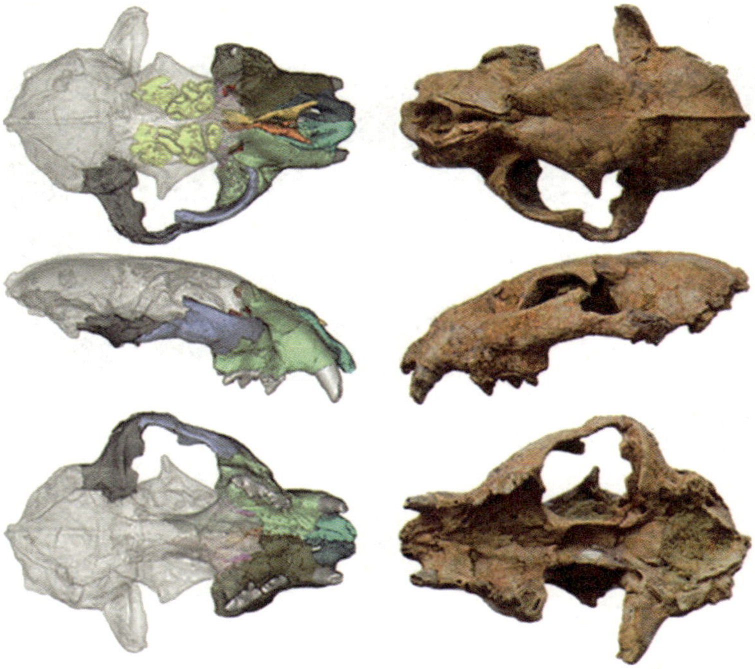

图16.51 西藏自治区发现豹属化石新种：布氏豹

图16.52 布氏豹与雪豹（源自：Mauricio Antón）

青藏高原腹地札达盆地先后发现了7件猫科动物化石，代表了一个与雪豹互为姊妹群的豹属新种，该新种被命名为布氏豹（*Panthera blytheae* sp. nov.），这也是目前已知全球最古老的豹类。

①雪豹. http://www.china.com.cn/aboutchina/zhuanti/ysdw/2008-11/21/content_16802350.htm

首批化石在2010年被发现，包括头骨及一些牙齿(正型标本为一个部分保存的头骨，保存左第一门齿、犬齿、第三和第四前臼齿，代表一个完全的成年个体，编号为IVPP V18788.1。其他标本包括IVPP V18788.2，部分齿骨支片段；IVPP V18788.3，犬齿的部分前上颌骨和上颌骨片段；IVPP V18789.1-3，脱离的第四前臼齿、部分上颌骨片段和齿骨支；IVPP V18790，第三前臼齿、第四前臼齿和第一臼齿的部分右侧齿骨)，古地磁年龄测定认为它们可追溯到595万～410万年前①。

通过图形镶嵌比较，科学家发现布氏豹(*Panthera blytheae*)看起来与现代的雪豹(图16.52)比较接近(赵熙熙，2013)。

无独有偶，在上述之前，我国学者在青藏高原的色林错湖(位于班戈县与申扎县交界处)东南岸发现了一块大型猫科(Felidae)动物的脑化石，依据猫科动物中虎豹属(*Panthera*)的生活时代，定为上新世至更新世(Pliocene－Pleistocene)(王景文等，1984)。该文可能是中国哺乳动物脑化石的首次研究报道；由于时代偏早，且当地现仍有雪豹栖息，排除虎化石。

著名的泥河湾动物群可与欧洲维拉方(维拉弗朗)期动物群媲美②，为160万～180万年前(邱占祥，2000)。泥河湾动物群中有纳玛象、中国犀、披毛犀近似种、板齿犀、犀、爪兽类(现认为是蹄兔目)、中国长鼻三趾马、三门马、李氏野猪、巨副驼、中国鹿、双叉四不象鹿、布氏真枝角鹿、华丽黑鹿、黑鹿、中国羚羊、鹅喉羚羊、印度羚羊属、翁氏转角羚羊、山东绵羊、古中华野牛、狐、中国貉、直隶犬、直隶犬掌形亚种、直隶犬小型亚种、熊、桑氏鬣狗、缟鬣狗、桑氏水獭、鼬、獾、泥河湾巨剑齿虎、似锯齿似剑齿虎、猞猁、虎、刺猬、五指跳鼠、丁氏鼢鼠、复齿鼠兔等物种③。

我国多处出土的古中华豹(*Panthera palaeosinensis*)与现生的豹在大小和形态方面极为相似，不同处在于下裂齿 M_1 无后尖残余和跟座(中国科学院古脊椎动物与古人类研究所《中国脊椎动物化石手册》编写组，1979)。

尽管迄今出土的豹类遗存尚不多，但梳理后，也可大致显示豹类遗存的地理分布与变迁趋势(表16.1、图16.53)。

表16.1　豹类遗存分布概况

地区	省级政区	市、县、区	遗存地点	时期	资料来源
华北	北京	门头沟区	牛眼洞	晚更新世	邓涛等，1999
		房山区	周口店(第一地点，3～11层)	中更新世中期—中更新世末期	贾兰坡等，1959；卡尔克，1961；邱中郎等，1973；徐钦琦等，1982；胡长康，1985
			周口店(第二十七地点等，田园洞)	更新世末期	同号文等，2004；同号文等，2006
		昌平区	张营遗址	夏末—中商时期	黄蕴平，2010
	河北	阳原县	泥河湾村	早更新世—中更新世	胡长康等，1978；泥河湾遗址群
		武安市	磁山镇磁山村	全新世	周本雄，1981

①猫科. http://baike.baidu.com/link? url＝TvMEvrOA60JeQS1LVAUvZBY4rlvy-Xtbyrxbw7ILhLkGYqIODaliD4FxuPLFUvAr；兽王编译.中国西藏自治区发现豹属化石新种：布氏豹. http://www.uua.cn/show-7-6547-1.htm

②邱占祥认为：对泥河湾动物群(狭义)与欧洲维拉方经典动物群中属级相同的20种哺乳动物进行形态和进化水平上的对比发现，其中有11种(包括亚种)和晚维拉方期的Olivola动物群的成员最接近，有4种可与中维拉方期的Seneze动物群的成员比较，其中有2种因为仅发现于Seneze，不足以说明它们一定只和泥河湾者接近。另外2种(Lynx shansius和Pseudodamaelegans)确实和Seneze更接近而不同于Olivolaa。有2种动物(Borsodia chinensis和Meles chiai)间接地表明泥河湾动物群可能和Olivola更接近。还有3种时代意义不大。总之，对比表明泥河湾动物群(狭义)与欧洲晚维拉方早期的Olivola动物群最为接近，其年代应为18Ma左右，接近于海相Vrica剖面更新世/上新世界线(1.796Ma)。

③泥河湾动物群. http://baike.baidu.com/link? url＝gv8-GcS_yQB3BpGXra3EEQq1pq6fNi5Li9QWPEXLL3B1HsDJrwLDYNpoz40pJB4WaSDFHJKr I9O2BvVlwhWLTa

（续表）

地区	省级政区	市、县、区	遗存地点	时期	资料来源
东北	辽宁	朝阳市	龙城区边杖子乡马山洞	晚更新世中晚期	董为等，2009；傅仁义等，2009
		喀拉沁左翼蒙古族自治县	鸽子洞遗址	晚更新世中期之末	鸽子洞发掘队，1975；张镇洪，1981；傅仁义，1992
		大连市	旅顺口区铁山镇郭家村	全新世	傅仁义，1984
		瓦房店市	古龙山洞穴	晚更新世	周信学等，1984；祁国琴，1989；尤玉柱等，1985
华东	江苏	南京市	葫芦洞小洞	中更新世中期	房迎三，2000；黄万波等，2012
	安徽	蚌埠市	淮上区小蚌埠镇双墩遗址	全新世	韩立刚等，2008
		芜湖县	石硊镇高山村金盆洞	中更新世晚期	刘金毅等，2006
		居巢区	岱山公社（今岱山乡）银山	中更新世	许春华等，1982
		和县	龙潭洞"和县猿人"遗址	旧石器时代早期	黄万波等，1981；黄万波等，2012；龙潭洞"和县猿人"遗址项目简介
	福建	三明市	万寿岩船帆洞及支洞 3 处	中更新世晚期—全新世	范雪春等，2006
		永安市	寨岩山	晚更新世?	范雪春等，2006
		明溪县	剪刀墘洞	晚更新世	尤玉柱等，1996；范雪春等，2006
		清流县	龙津洞 3 号裂隙	晚更新世	中国考古学会，1993；尤玉柱等，1996
			狐狸洞	晚更新世	中国考古学会，1993；尤玉柱等，1996；范雪春等，2006
		宁化县	石子嵊洞、老虎洞	晚更新世	尤玉柱等，1996；范雪春等，2006
		将乐县	岩仔洞（上层洞与下层洞）	晚更新世	中国考古学会，1993；尤玉柱等，1996；范雪春等，2006
	江西	万年县	仙人洞	全新世	江西省文物管理委员会，1963；黄万波等，1963
中南	河南	登封市	君召乡南洼遗址	全新世	郑州大学历史文化遗产保护研究中心等，2014
		安阳市	小南海旧石器时代洞穴遗址	晚更新世	安志敏，1965；周本雄，1965
			殷墟	商朝中晚期	德日进等，1936；杨钟健等，1949
		许昌县	灵井镇	晚更新世早期	李占扬等，2007
		淅川县	下王岗遗址	仰韶文化中期	贾兰坡等，1977；河南文物考古研究所等，1989
	湖北	郧县	黑家院遗址	?	动物考古课题组，2011
		郧西县	神雾岭白龙洞	中更新世早期	武仙竹等，2009
			黄龙洞古人类遗址	更新世晚期	武仙竹等，2007

（续表）

地区	省级政区	市、县、区	遗存地点	时期	资料来源
		长阳土家族自治县	原柘坪乡桅杆坪遗址	全新世	陈全家等，2004；湖北省清江隔河岩考古队等，2004
			津洋口镇西寺坪大溪文化遗址	全新世	陈全家等，2004；湖北省清江隔河岩考古队等，2004
			渔峡口镇香炉石遗址	全新世	陈全家等，2004；湖北省清江隔河岩考古队等，2004
		神农架林区	犀牛洞	晚更新世早期	武仙竹，1998；中国考古学会，2000
		建始县	高坪镇金塘湾村巨猿洞	早更新世早期	湖南省文物考古研究所等，1994；郑绍华，2004；裴树文等，2010
	湖南	石门县	皂市镇凤堡岭燕儿洞（燕尔洞）	晚更新世的晚期	石门人（网）
		道县	乐福堂乡塘贝村福岩洞	晚更新世	陈醒斌，1986；李意愿等，2013
		吉首市	螺丝旋山洞	晚更新世	王令红等，1982
	广东	英德市	九龙礼堂山动物群	更新世晚期	张镇洪等，1998a；刘海军，2007
		罗定市	苹塘下山洞	晚更新世晚期	黄万波等，1988
		阳春市	陂面镇六村岗独石仔洞穴遗址	全新世	邱立诚等，1980
	广西	桂林市	象山区甑皮岩	更新世晚期	袁靖等，2003
		兴安县		中更新世	裴文中，1960
		柳江县	人洞（通天岩）	晚更新世	黄万波，1979
		柳城县	巨猿洞	中更新世	卡尔克，1961；裴文中，1960
		大新县	牛睡山黑洞	中更新世	卡尔克，1961；裴文中，1960
		田东县	雾云山	中更新世或晚更新世早期	陈耿娇，2002
		都安瑶族自治县	地苏乡九愣山	晚更新世	赵仲如等，1981
西南	贵州	盘县	十里坪大洞	中更新世后期—晚更新世	斯信强等，1993；张镇洪等，1997
		遵义市	北关乡沿红村风帽山	晚更新世	遵义市文物管理所等，1996
		桐梓县	九坝镇柴山岗南坡	中更新世—晚更新世	吴茂霖等，1975
		普定县	后寨乡新寨村穿洞	晚更新世中—晚期	贵州省博物馆，1990
		赫章县	松林坡乡	早更新世	赵凌霞，2013
	云南	富民县	河上洞	更新世中期—晚期	Yong，1932；Teilhard，1938；卡尔克，1961
		宜良县	九乡张口洞	晚更新世至早全新世	胡绍锦，1995
		隆阳区	蒲缥镇塘子沟遗址	全新世	云南省博物馆，1990
		元谋县		中更新世	尤玉柱等，1973；中国科学院古脊椎动物与古人类研究所《中国脊椎动物化石手册》编写组，1979；计宏祥等，1979
		西畴县	仙人洞	更新世中期—晚期	张兴永，1973；陈德珍等，1978
		丘北县	锦屏镇黑箐龙村大龙山洞	旧石器时代	卡尔克，1961

（续表）

地区	省级政区	市、县、区	遗存地点	时期	资料来源
	西藏	班戈县	色林错湖东南岸	上新世至更新世	王景文等，1984
		札达县	札达峡谷	中新世晚期到上新世早期	兽王（网）；关毅，2013；赵熙熙，2013
西北	陕西	蓝田县	公王岭	早更新世	周明镇，1965；胡长康等，1978；邱占祥，1998；公王岭动物群（网）
			厚镇涝池河	晚更新世中期	计宏祥，1974；胡长康等，1978
		宝鸡市	金台区北首岭遗址	全新世	中国社会科学院考古研究所，1983
		商州区	东龙山遗址	全新世	陕西省考古研究院等，2011

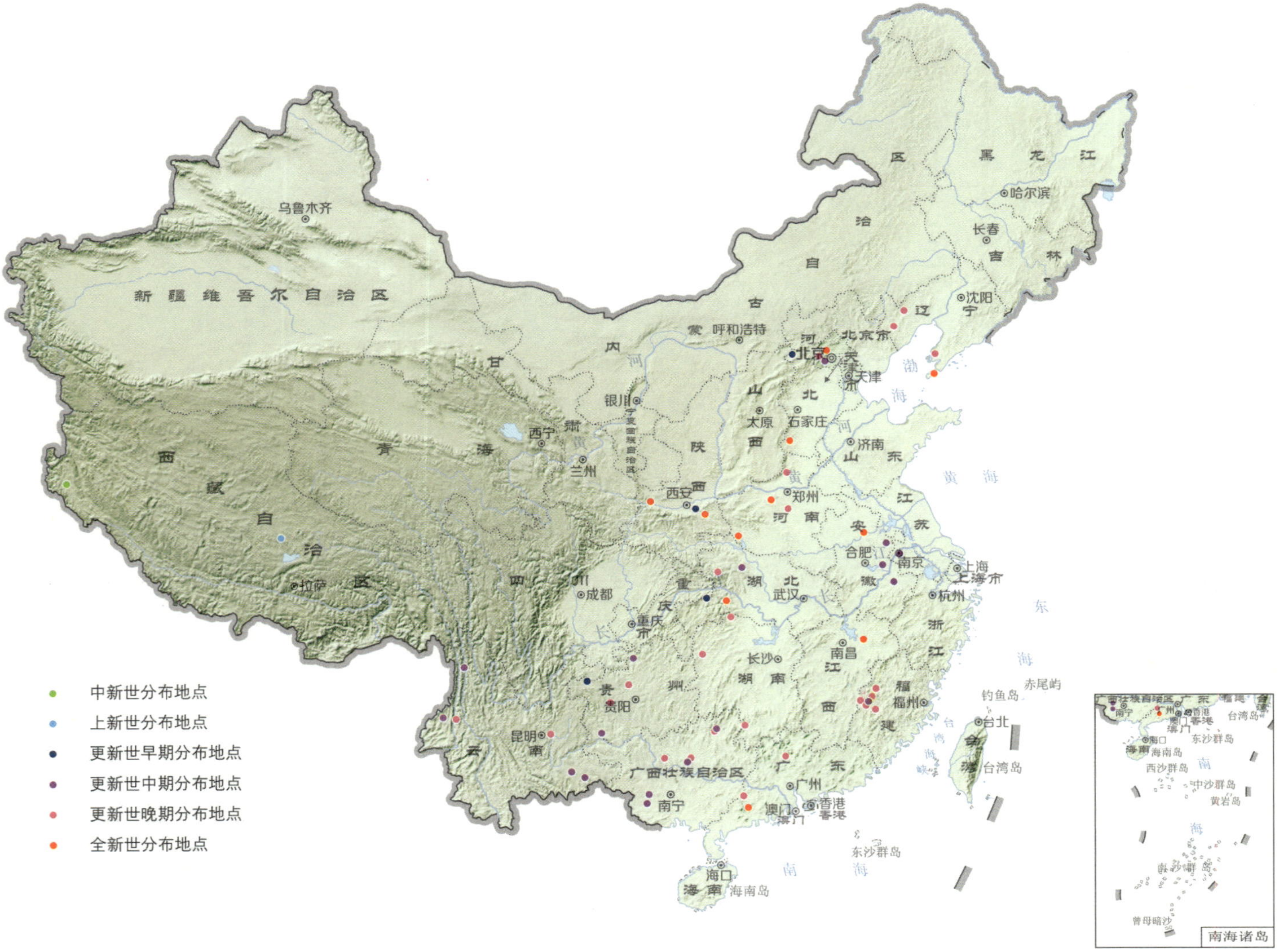

图 16.53　豹类遗存分布图

出自59地、66点的豹类遗存，绝大部分鉴定为“豹”，近年鉴定到种的有云豹（湖北省郧西县，广东省英德市，云南省西畴县）与雪豹（西藏自治区班戈县、札达县）。

按时间顺序看，现青藏高原上的雪豹最早，在上新世前就出现；更新世早期，“豹”似较早出现在华北，然后在华北、西北、中南、华东、西南散布开；更新世中期，“豹”进一步扩散到江淮与西南一带；直到更新世晚期，“豹”才到达东北（主要在今辽宁一带发现）、华东沿海、华南沿海一带；全新世时，除早期在内地密集分布外，在今辽东半岛、南海沿岸、滇西南等地有所发现。

3 古人对豹类的认识

古人对豹类的认识可以追溯到数千年前。

湖北省天门市石河镇邓家湾、谭家岭等地出土的史前遗物达万余件，其中小型陶塑动物有象、虎、豹、鸡、鸟、鱼、龟等。石家河文化是铜、石并用时代文化，距今4 600～4 000年（湖北省文物考古研究所，1990）。古人之所以制作出这些动物，是因为在附近曾有分布，为先民熟悉。

《诗经》中《郑风·羔裘》有：“羔裘豹饰，孔武有力。彼其之子，邦之司直。”《唐风·羔裘》有：“羔裘豹祛，自我人居居。”“羔裘豹袪，自我人究究。”《大雅·韩奕》有：“献其貔皮，赤豹黄罴。”按：“豹饰”与“豹祛”，皆指当时卿大夫礼服采用金钱豹皮镶边装饰，表明金钱豹皮是王公贵族专用品之一。

《山海经·北山经》记载：

又北百七十里，曰堤山，多马。有兽焉，其状如豹而文首，名曰狕。

按：“堤山”，据谭其骧考证，约为今内蒙古自治区察哈尔右翼中旗东或南堤水发源之山（郭郛，2004）；“狕”之“状如豹而文首”，似为雪豹。这与现今这一带仍有雪豹分布吻合。

《庄子·山木》论道：

夫丰狐文豹，栖于山林，伏于岩穴，静也；夜行昼居，戒也；虽饥渴隐约，犹且胥疏于江湖之上而求食焉，定也。然且不免于罔罗机辟之患，是何罪之有哉？其皮为之灾也。

按：论述了与人无争的狐、豹等野生动物栖于山林，伏于岩穴，却因其毛皮珍贵而祸及丧命的道理。

（汉）许慎《说文解字》：“豹：似虎，圜文。”（汉）史游《急就篇》：“豹：似乌涂而圜文。”按：虽然诠释使用的称谓略异（虎＝乌涂），但皆为：体形似虎，身上有环状斑纹，乃指金钱豹。

《康熙字典·豸部》诠释：

《说文》：似虎圜文。陆玑《诗疏》：毛赤而文黑，谓之赤豹。【略】《洞冥记》：青豹出浪坂之山。色如翠。《本草衍义》：土豹，更无文色，其形小。《正字通》：豹状似虎而小，白面，毛赤黄，文黑如钱圈，中五圈，左右各四者。一曰金钱豹，宜为裘。如艾叶者，曰艾叶豹。又，西域有金线豹，文如金线。《易·革卦》君子豹变。《疏》：如豹文之蔚缛也。《诗·郑风》：羔裘豹饰，孔武有力。《张衡·西京赋》：搤水豹。《注》：谓水处也。《列子·天瑞篇》：程生马。《注》：程，即豹也。又《周礼·天官·司裘》：王大射，则共虎侯、熊侯、豹侯，设其鹄。《注》：豹侯，卿大夫以下所射。又《后汉·舆服志》：最后一车悬豹尾。《古今注》：豹尾车，周制也。古军正建之。今唯乘舆，建焉。

按：此处对“豹”有多物种、多称谓、多用途诠释。

“豹尾”一词，从古至今有多种解释，与本文相关的有三种：豹的尾巴；天子属车上的饰物，悬于最后一车；借指天子属车，即豹尾车①。这是卤簿②规定的内容之一。

《管子》记述：

武王为侈靡，令曰：“豹襜，豹裘，方得入庙。”故豹皮百金。功臣之家，粟千钟而未得一豹皮。

（唐）房玄龄注《管子·地数》诠释：

管子对曰：令诸侯之子，将委质者诸国君之子，若卫公子开方，鲁公子季友之类，皆以双武之皮双虎之皮，以为裘。卿大夫，豹饰卿大夫，上大夫也。袖，谓之饰；列大夫，豹幨列大夫，中大夫

①清光绪二年《抚州府志》诠释：“豹……尾最贵，故车驾卤簿之后，有豹尾。”民国八年《大通县志》引述：“弘景曰：豹至稀而入用亦鲜，惟尾可贵。”

②国家首脑重大国事活动的典章制度，是集仪仗队、军乐团、舞蹈表演、车辆服务、交通安全、治安保卫等于一体的成文制度，要根据国事活动的重要级别区分等级而实施。王仪卤簿仅次于上尊号徽号仪等。

也。襟，谓之幨，音昌詹反。大夫散其邑粟与其财物，以市虎豹之皮。故山林之人刺其猛兽刺，音七亦反，若从亲戚之仇。此君冕服于朝，而猛兽胜于外；大夫已散其财物，万人得受其流。此尧舜之数也言尧舜尝用此数。

按：从管仲的记述大致可知，周初即规定，在正式场合王公贵族的服饰各异。作为人质的诸侯国世子，着虎裘皮衣；上大夫的衣着，采用豹皮做衣袖；中大夫的衣着，则用豹皮装饰衣襟。正由于此，既使得豹皮价格飙升，猎人们纷纷猎取豹而获利；又导致原本与野兽和睦相处的人类被视为仇敌。而这一做法，在尧舜时代就已开始。

此后，历代对用豹皆有规定。

《明集礼·仪仗·大豹尾》记述：

《通考》载：秦汉，驾后一乘垂豹尾。崔豹曰：豹尾，周制以象君子豹变，尾言谦也。古者，军正建之。唐，宋皆有豹尾车。元有豹尾竿。今制，以朱漆枪竿悬红丝，拂垂豹尾。

清《皇朝礼器图式·冠服》规定：

谨按：本朝定制，武三品补服：色用石青，前后绣豹。奉国将军，郡君，额驸，一等侍卫皆同。

二等侍卫端罩：红豹皮为之，素红缎里，左右垂带各二，下广而锐色，与里同。

卤簿舆士冬冠：豹皮为之，顶镂花铜座，上植明黄翎。

卤簿校尉冬冠：豹皮为之，顶素铜座，上植明黄翎。

土著居民也有类似规定。（清）黄叔璥《台海使槎录·南路凤山傀儡番》记载：

土官内有戴豹皮帽者，名力居楼大罗房。如豹头形，眼中嵌玻璃片，周围饰以朱英，帽后缀以豹尾。亦有戴头箍者，名奥曼。插以鸟羽十余枝，参差排列，垂髮二缕，云系其妻之髮，衣熊豹皮，名曰褚买。

1968年，在河北省满城县（汉）中山靖王刘胜妻窦绾墓出土了一对错金银镶嵌铜豹席镇（图16.54）。这对铜豹遍身饰有梅花状斑纹，金黄灿烂；双眼镶嵌玛瑙，红润晶莹。豹子昂首侧扭，前胸宽阔，臀部浑圆，足如钢钩，生动地再现了豹子的特征，集威武勇敢、矫健敏捷于一身，具有极强的艺术感染力①。

1982年，在江苏省盱眙县马湖店村挖出一个闪闪发光的金兽（图16.55），脖套项圈的金豹身覆鳞片，光彩灼人，呈蜷伏状，头枕伏于前腿之上，屈腰团身，首靠前膝，耳贴脑门两侧，附耳瞪目，张口露齿，神态警觉，头大、尾长、身短而粗壮，似虎更类豹。此金兽重达9.1 kg，含金量达99%，空腹、厚壁，浇铸成形，乃迄今全国考古发现的金器之首。底座空凹，内壁刻有小篆“黄六”二字，为秦汉文字。“黄”指质地为黄金，“六”为序数。其造型似虎像狮，但更接近豹。最后入藏年代为西汉时期②。

图16.54　错金银镶嵌铜豹席镇（西汉）

图16.55　保财镇库之金豹（西汉）

（宋）沈括《梦溪笔谈》记述：

《庄子》云：“程生马。”尝观文子注：“秦人谓

---

①呆萌动物席镇：古人玩室内装饰有一手. http://www.cnarts.net/cweb/news/read.asp? id=336949&kind=nDARA8

②似虎类豹——“黄六”金兽. http://www.kaoguhui.cn/webshow/aritcleDetail.shtml? articleId=4000；南京博物院首次推出“镇院之宝”国宝集体亮相. http://www.confucianism.com.cn/Show.asp? id=46806

豹曰程。”予至延州，人至今谓虎豹为“程”，盖言“虫”也。方言如此，抑亦旧俗也。
按：此大意为，《庄子》说：“程生马。”我看过文子作的注释，说：“秦人称豹为程。”我到延州时，当地人至今还称虎、豹为程，大概是说虫（乃古代分类法）。方言就是这样，或者也是旧的习俗吧。可见先秦时，今陕甘一带先民称豹为“程”，到宋代沈括调查陕北“延州”（治今宝塔区，约辖今宝塔区、延长县、延川县、安塞县、甘泉县等地），仍保留这种说法。由此反映当地仍有豹分布。

（明）李诩（1505—1593）《戒庵漫笔》称：“豹似小而文散者，名艾叶豹，其价尤贵于连钱。”虽然云豹与雪豹皆有“艾叶豹”别称，然而它们的分布地域要较金钱豹（“连钱”）小得多，数量都少于金钱豹，故价尤贵。

（明）李时珍（1518—1593）《本草纲目·兽·豹》记载：

【释名】程《列子》，失刺孙。时珍曰：豹性暴，故曰豹。按：许氏《说文》云：豹之脊长，行则脊隆豸豸然，具司杀之形，故字从豸，从勺。王氏《字说》云：豹性勺物而取，程度而食，故字从勺。又名曰程。《列子》云：青宁生程，程生马。沈氏《笔谈》云：秦人谓豹为程，至今延州犹然。东胡谓之失刺孙。

【集解】弘景曰：豹至稀有，入用亦鲜，惟尾可贵。恭曰：阴阳家有豹尾神，车驾卤簿有豹尾车，名可尊重耳。真豹尾有何可贵，未审。陶据奚说，《颂》曰：今河洛，唐，郢间或有之。然豹有数种：《山海经》有玄豹。《诗》有赤豹，尾赤而文黑也。【略】宗奭曰：豹毛赤黄，其文黑如钱而中空，比比相次。又有土豹，毛更无纹，色亦不赤，其形亦小。此各有种，非能变形也。圣人假喻耳。恐医家不知，故书之。时珍曰：豹，辽东及西南诸山时有之，状似虎而小，白面，团头，自惜其毛采。其文如钱者，曰金钱豹，宜为裘。如艾叶者，曰艾叶豹，次之。又西域有金线豹，文如金线。【略】《禽虫述》云：虎生三子，一为豹。则豹有变者，寇氏未知。尔豹畏蛇与鼩鼠，而狮，驳，渠搜能食之。《淮南子》云：猬令虎申，蛇令豹止，物有所制也。《广志》云：狐死首丘，豹死首山，不忘本也。豹胎至美，为八珍之一。

清初，《古今图书集成》中有几幅“豹”图（图16.56～图16.59），更多的是金钱豹特征，也有些许雪豹形态。

图16.56　豹图

图16.57　赤豹图

图 16.58　豹图

图 16.59　豹图

蒋廷锡[①]曾随康熙皇帝到塞外狩猎，见其猎杀金钱豹而赋诗《上亲射金钱豹恭纪》：

朔塞云深候，南山雾隐年。韬文藏白草，焕采发寒烟。爪利腾张猛，身轻跳跃便。志贪全鹿饱，路值六龙旋。木落千林矗，尘飞一骑先。出房金镞疾，弯月宝弓圆。鸷性思拏肉，天威易缚绵。奔逃方股栗，僵仆见腢穿。置负明驼背，携归行殿前。惊看人聚堵，环立众摩肩。须劲垂霜洁，毫班带血鲜。旧曾闻艾叶，今始识金钱。雪照胸间色，风腥口上涎。真堪雄并虎，宁止倍于豜。孔武羔裘句，长杨射猎篇。幸随豹尾后，窥管颂秋田。

按：尽管其中极尽恭维赞颂辞句，但也不乏贴近实际的生动描述，栩栩如生。不仅着重描述猎杀金钱豹，而且提及雪豹（艾叶豹），确也是关外栖息的物种。

稍后，乾隆初年，宫廷画家余省、张为邦奉旨按照《古今图书集成・禽虫典》中百兽的形象绘制《兽谱》，每幅皆有傅恒、刘统勋、兆惠、阿里衮、刘纶、舒赫德、阿桂、于敏中等的文字说明，现今彩印成《清宫兽谱》（袁杰等，2014），便于人们识别与赏析。据图文综合分析，认为“豹”（图 16.60）与“赤豹”（图 16.61）基本上符合金钱豹；而“孟极”（图 16.62）接近雪豹。

①蒋廷锡是清康熙四十二年（1703）进士。雍正年间，曾任礼部侍郎、户部尚书、文华殿大学士、太子太傅等职；雍正十年（1732），卒于任内。

图 16.60　豹(《清宫兽谱》)

图 16.61　赤豹(《清宫兽谱》)

图 16.62　孟极（《清宫兽谱》）

清末，吴友如（1983）绘制的《吴友如画宝》"中外百兽图"皆配有图说，其中"豹"（图 16.63）乃金钱豹，"温斯"（图 16.64）为雪豹，皆神形兼备。

豹：豹与虎相似而微小于虎，善跳跃。取食之时，一跃可三丈许。毛黄色，周身黑点如钱，故又呼为金钱豹。然文虽斑剥（驳）可观而性甚凶恶。亚非利加及亚细亚各大洲皆有之。

温斯：温斯生于亚细亚。毛作灰色而周身皆有点，唯参差不齐，不若梅花鹿之斑剥（驳）可观也。

图 16.63　豹（《吴友如画宝》）

图 16.64　温斯（《吴友如画宝》）

4　20 世纪前的"豹"分布

文献记载反映，历史时期的豹类曾在我国绝大部分省级政区有分布。

4.1　华北

历史上，华北各省级政区皆有"豹"分布。

4.1.1　北京

北京市较早就有"豹"记录。

清雍正十三年（1735）《畿辅通志・土产》记载：

虎:《山海经》:幽都之山上,有元虎,元豹。

按:此"幽都之山",似指今昌平区之"幽都山"。反映前秦时即有虎、豹分布。

《唐书·地理志》记载:"幽州贡豹尾。"

按:此"幽州"当是唐代幽州镇,治今北京城西南,辖境有房山区、大兴区等。

元代《析津志》记载:"豹(金钱毛色,甚雄伟。踯躅无停住,通有六七,随牵至鞑靼山田则噣之,遇兽无有捕获)"(熊梦祥,1983),表明北京一带[①]有"豹"分布。

《天府广记》记载:

自高梁[②]至德胜,小山至众,兽有虎,豹,奇狸,豪猪,兔,狍。

按:据此,表明在明末清初,今西城区西北部与海淀区(以前者为主)一带还有豹等野兽分布。

《日下旧闻考·边障》记载:

中统二年,冬十有一月,大驾北狩,驻鱼儿泊。诏平章塔察公以虎符发兵于燕既集,取道居庸,合围于汤山之东。(遂)[逐]飞豹,取兽获焉。

按:据此,反映在元中统二年(1261)冬,元世祖忽必烈曾在今昌平区一带行围猎获豹子。

清乾隆五十二年(1787)《日下旧闻考》[③]记述:

(原)兽有虎、豹、奇狸、狼、野干、白驳、豪猪、兔、忽[狍]《蓟丘集》。

(增)瑞兽之品:狮、象、豹、彪、虎、安塔哈、黄羊、骆驼、骡、驴……羚羊、獐、麅、麋、鹿、兔、野豕、忽香子[狍、麝香]、獾、狼、豺。

按:据此表明在明清时期有"豹"记录[④]。

清康熙十二年《昌平州志》记述:

豹:有数种。东人亦谓之失刺孙。《禽虫述》云:虎生三子,一为豹。则豹有变者。

按:尽管猞猁(失刺孙)为"豹"的别称之一,但此处确有金钱豹。

4.1.2 河北

河北省较早就有豹类分布的记录。

《魏书·灵征志》记载:"武定五年十二月,北城铜爵台上获豹一。"《隋书·五行志》记载:"东魏武定三年九月,豹入邺城南门,格杀之。五年八月,豹又上铜爵台。"按:所谓"东魏",即三国时期的魏;所称的"邺城"与"铜爵台"(即"铜雀台"),皆在今临漳县,表明武定三年(545)与武定五年(547)分别有豹到达的记录。

《新唐书·地理志》中记载贡"豹尾"的著名产地有"幽州"(包括今怀来县、固安县、永清县、涿州市等地)与"河东道"(包括今河北省西北部内、外长城间等)。

(明)章潢(1527—1608)《图书编》:

走碣石最高峰,西望连岩,邃谷大麓。多虎,豹,熊,罴所伏游。

按:"碣石"乃碣石山,在昌黎县。由此反映在这一带曾有豹等野兽栖息。

清乾隆四十六年《热河志》记述:

豹:《唐书·地里志》曰:营州土贡豹尾。今塞山多有之,以金钱文者为贵,艾叶文者次之。

按:所谓"金钱文者",当是金钱豹;"艾叶文者",当是雪豹。从涉及的地方看,"塞山"主要指燕山东段与大兴安岭南段一带的山地。"多有之",表明2种"豹"的分布地域较广,数量较多。

清光绪十三年《承德府志》记述:

豹:营州土贡豹尾《唐书·地理志》。今塞山多有之,以金钱文者为贵,艾叶文者次之《钦定热河志》。

国朝查慎行《上亲射金钱豹恭纪诗》:朔漠回銮候,君王罢猎时。忽闻山下豹,正逐草间麋。讵纵颇行抗,还将余勇施。三驱争效命,七校复扬旗。金镞霜花淬,飞龙电影追。应弦疑树鹄,拔箭已连骴。直作摧穷寇,真如殪伏雌。右髃充上杀,全质少微疵。狸首斑斑血,猫睛瞯瞯移。须雄粗缩蝟,爪利善藏锥。自匿荆榛窟,初含雾雨滋。气曾吞虎兕,力肯让熊罴。缓死俄无路,偷

---

①据李致忠(1981年7月)考证:从辽开泰元年(1012)始用"析津"之名,到金贞元元年(1153)废弃,共用了142年。辽时,改称南京析津府,领顺州、檀州、涿州、易州、蓟州、景州,及析津县、宛平县、武清县、香河县、昌平县、良乡县、潞县、安次县、永清县、玉河县、漷阴县等6州11县。其治所在析津宛平,即今北京城西南。辖境相当于今河北省拒马河、大清河、海河以北;遵化、玉田、宁河以西;紫荆关以东;内长城以南。宋以后曾一度归还北宋,改名燕山府。金天会年间又复归金人。

②即"高梁桥"(高亮桥),在今西城区和海淀区交界处。

③《日下旧闻考》[(清)于敏中等编纂.1981]是乾隆命窦光鼐、朱筠等根据《日下旧闻》加以增补、考证而成,由于敏中、英廉任总裁。

④《蓟丘集》是(明)王嘉谟(1559—1606)撰,《日下旧闻》是(清)朱彝尊(1629—1709)撰。

生讵有期。但令供猕狩，犹得壮威仪。鎗桿风摇尾，鞍桥锦冒皮。呈文留炳蔚，取用及捐糜。师式当关险，兵韬示象奇。小臣愧献颂，何异管中窥。

按：据此看，唐代与清初皆有记载，且乾隆还亲自射杀金钱豹，表明确有该物种；同时还记载有“艾叶文者”，当是雪豹①。

清《热河志·巡典》记载：

康熙【略】四十年【略】十二月，【略】驻跸喀喇河屯。乙丑，行围，殪豹二。

四十五年【略】十二月，【略】驻跸黄土坎。癸巳，行围，殪豹。

驻跸喀喇河屯。丁酉，行围，殪豹二。

驻跸恩额穆噶山。戊戌，行围，殪虎一，豹一。

［乾隆］二十六年，【略】驻跸扎克丹鄂佛洛。乙巳，行围，殪虎二，豹一。

二十九年【略】己酉，驻跸永安拜色钦。【略】九月辛亥，行围，殪豹。

按：由清代康熙与乾隆二帝在今承德市一带行围猎豹状况可见一斑。

4.1.3 山西

山西省较早就有豹类生息繁衍的记录。

《新唐书·地理志》中记载贡“豹尾”的著名产地不仅有“河东道”（地域包括今山西省等），还有忻州定襄郡（今定襄县）、代州雁门郡（今右玉县）、朔州马邑郡（今朔州市）、蔚州兴唐郡（今灵丘县），占此类贡物著名产地的绝大部分。说明山西省在当时豹类分布地中占有突出地位。

明崇祯二年《山西通志·物产》在“兽属”中记载有：“獐（麝）、虎、豹、鹿、狐、猫、兔、黄鼠”等，表明当时山西（辖境略大于今）有豹栖息。

（明）陆应阳《广舆记》记载：“豹，产山西”。

清光绪十九年《扶沟县志》记述：

杜俊彦，子士美，广西贺县知县……子之昂，字叔抑，顺治丁酉举人。初，授山西平顺知县……时有豹入城，为民害。斋沐祷山祠。越三日，豹死。

按：综合记述情况，反映“顺治丁酉”（1657）在今平顺县一带时有豹入城危害。

4.1.4 内蒙古

内蒙古自治区历史上就有豹类分布记录。

清乾隆元年《盛京通志》记述：

豹：似虎而小，白面，团头。色白者，曰白豹。黑者，曰乌豹。文圆者，曰金钱豹，最贵重。文尖长者，曰艾叶豹。

按：据此描述，说明有金钱豹与雪豹分布。

清光绪三十三年（1907）②《蒙古志·物产·动物类》记载有“豹”。其时地域包括今内蒙古，说明当时金钱豹仍是广泛分布的物种。

4.1.5 方志记载

尽管方志记载较简略，但可以反映不同时期华北多地豹类分布情况（表16.2）。

表16.2　方志记载20世纪前的华北豹类情况

省级政区	今地点	文献	内容	新方志出处
北京	延庆县等地	明嘉靖二十七年（1548）《隆庆志》	豹	
	延庆县	明万历十四年（1586）《居庸关志》	豹	
	房山区	清康熙三年（1664）《房山县志》	豹（性暴烈，好啮人，故曰豹。《广志》云：豹死首山，不忘本也）	
	顺义区、昌平区、密云县	清康熙十二年（1673）《昌平州志》	豹*	
	延庆县等地	清康熙十九年（1680）《延庆州志》	豹（在东山塞外）	

①《中国动物志：兽纲：食肉目》称：“寿振黄等（1962）报道在我国东北偶有发现雪豹。但是，缺少标本记录及确切的产地”（高耀亭等，1987）。是否包括这一带？

②另有标：“清光绪二十九年（1903）”。

（续表）

省级政区	今地点	文献	内容	新方志出处
	丰台区、石景山区、海淀区、门头沟区	清康熙二十三年(1684)《宛平县志》	豹[1]	
	延庆县等地	清乾隆二十二年(1757)《宣化府志》	豹(《唐书・地理志》：蔚州土贡豹尾)	
	延庆县	清光绪七年(1881)《延庆州志》	豹	
	顺义区、昌平区、密云县	清光绪十一年(1885)《昌平州志》	豹	
	顺义区、昌平区、密云县	清光绪十二年(1886)《顺天府志》	豹(《昌平宋志》：有数种)[2]	
	顺义区、昌平区、密云县	清光绪十二年(1886)《昌平州志》	豹	
河北	蔚县	唐《元和郡县图志・河东道・蔚州》	开元贡：豹皮	
	蔚县	宋太平兴国《太平寰宇记・河东道・蔚州》	豹尾	
	辛集市、深泽县、保定市、安国市、高碑店市、满城县、清苑县、易县、徐水县、定兴县、顺平县、唐县、望都县、涞水县、高阳县、安新县、雄县、容城县、博野县、蠡县	明成化八年(1472)《保定郡志》	豹(……又有赤豹)	
	蔚县、涞源县等地	明天顺五年(1461)《明一统志・大同府》	豹尾	
	辛集市、深泽县、保定市、安国市、高碑店市、满城县、清苑县、易县、徐水县、定兴县、顺平县、唐县、望都县、涞水县、高阳县、安新县、雄县、容城县、博野县、蠡县	明弘治七年(1494)《保定郡志》	豹(……又有赤豹)	
	秦皇岛市、昌黎县、抚宁县、卢龙县、唐山市、迁安市、滦县、滦南县、乐亭县、迁西县、唐海县	明弘治十四年(1501)《永平府志》	豹	
	易县	明弘治十五年(1502)《易州志》	豹(……又有赤豹)	
	怀来县等地	明嘉靖二十七年(1548)《隆庆志》	豹	
	蔚县、涞源县等地	明崇祯二年(1629)《山西通志》	豹	
	涿鹿县	清康熙十年(1671)《保安州志》	豹	
	灵寿县	清康熙十一年(1672)《灵寿县志》	豹	
	唐县	清康熙十一年(1672)《唐县新志》	豹	
	怀来县等地	清康熙十九年(1680)《延庆州志》	豹(在东山塞外)	
	井陉县	清雍正八年(1730)《井陉县志》	豹	
	赤城县	清乾隆十三年(1748)《赤城县志》	豹	

（续表）

省级政区	今 地 点	文 献	内 容	新方志出处
	张家口市、宣化县、阳原县、赤城县、怀安县、怀来县、蔚县、涿鹿县、万全县等地	清乾隆二十二年(1757)《宣化府志》	豹**	
	张北县、康保县、沽源县、尚义县、崇礼县等地	清乾隆二十三年(1758)《口北三厅志》	豹	
	承德市、承德县、兴隆县、平泉县、滦平县、隆化县、丰宁县、宽城满族自治县、围场县等地	清乾隆四十六年(1781)《热河志》	豹*	
	灵寿县	清同治十三年(1874)《灵寿县志》	豹	
	涞源县	清光绪元年(1875)《广昌县志》	豹	
	秦皇岛市、昌黎县、抚宁县、卢龙县、青龙满族自治县、迁安市、滦县、滦南县、乐亭县、迁西县	清光绪二年(1876)《永平府志》	豹	
	抚宁县	清光绪三年(1877)《抚宁县志》	豹	
	蔚县	清光绪三年(1877)《蔚州志》	《唐书·地理志》：蔚州贡……豹尾(《元和郡县图志》作豹皮)	
	唐县	清光绪四年(1878)《唐县志》	豹(偶一见于深山)	
	承德市、承德县、兴隆县、平泉县、滦平县、隆化县、丰宁满族自治县、宽城满族自治县、围场满族蒙古族自治县等地	清光绪十三年(1887)《承德府志》	豹*	
	涞水县	清光绪二十一年(1895)《涞水县志》	豹	
	宣化县	民国十一年(1922)《宣化县新志》	《旧县志·兽属》(戴)[载]有：虎、豹……等类。现在，宣邑山谷居民并未见过此类行迹，故删之，似存实在	
	曲阳县	1998年《曲阳县志》	豹(清同治八年曾偶见入境，后未闻)	河北省曲阳县地方志编纂委员会，1998
	南皮县	1993年《中国国情丛书：百县市经济社会调查：南皮卷》	豹等早已绝迹	丁伟志等，1993

（续表）

省级政区	今地点	文献	内容	新方志出处
山西	朔州市、忻府区、代县	宋太平兴国《太平寰宇记》	朔州、忻州：豹尾（贡），代州：豹尾	
	太原市、古交市、清徐县、阳曲县、娄烦县、阳泉市、平定县、盂县、忻府区、原平市、定襄县、五台县、代县、繁峙县、静乐县、河曲县、保德县、榆次区、介休市、榆社县、左权县、和顺县、昔阳县、寿阳县、太谷县、祁县、平遥县、离石区、孝义市、汾阳市、文水县、中阳县、兴县、临县、岚县、交城县	元《元一统志・中书省统山东西河北之地・太原路》	豹尾（贡）	
	忻府区、岢岚县	明天顺五年(1461)《明一统志・太原府》	豹：忻州，岢岚（三）[二]州出	
	大同市、阳高县、天镇县、广灵县、灵丘县、浑源县、左云县、大同县、朔州市、山阴县、应县、右玉县、怀仁县、神池县、五寨县、偏关县等地	明天顺五年(1461)《明一统志・大同府》	豹尾	
	属太原市	明嘉靖三十年(1551)《太原县志》	豹	
	太原市、古交市、清徐县、阳曲县、娄烦县、大同市、阳高县、天镇县、广灵县、灵丘县、浑源县、左云县、大同县、朔州市、山阴县、应县、右玉县、怀仁县、阳泉市、平定县、盂县、长治市、潞城市、长治县、襄垣县、屯留县、平顺县、黎城县、壶关县、长子县、武乡县、沁县、沁源县、城区、高平市、泽州县、沁水县、阳城县、陵川县、忻府区、原平市、定襄县、五台县、代县、繁峙县、宁武县、静乐县、神池县、五寨县、岢岚县、河曲县、保德县、偏关县、榆次区、介休市、榆社县、左权县、和顺县、昔阳县、寿阳县、太谷县、祁县、平遥县、灵石县、尧都区、侯马市、霍州市、曲沃县、翼城县、襄汾县、洪洞县、古县、安泽县、浮山县、吉县、乡宁县、蒲县、大宁县、永和县、隰县、汾西县、盐湖区、永济市、河津市、芮城县、临猗县、万荣县、新绛县、稷山县、闻喜县、夏县、绛县、平陆县、垣曲县、离石区、孝义市、汾阳市、文水县、中阳县、兴县、临县、方山县、柳林县、岚县、交口县、交城县、石楼县等地	明崇祯二年(1629)《山西通志》	豹	
	绛县	清顺治十六年(1659)《绛县志》	豹	

（续表）

省级政区	今地点	文献	内容	新方志出处
	文水县	清康熙十二年(1673)《文水县志》	豹	
	霍州市	清康熙十二年(1673)《霍州志》	豹	
	五台县	清康熙二十六年(1687)《五台县志》	豹	
	中阳县	清康熙四十一年(1702)《宁乡县志》	豹	
	长子县	清康熙四十四年(1705)《长子县志》	豹	
	尧都区、侯马市、曲沃县、翼城县、襄汾县、洪洞县、古县、安泽县、浮山县、吉县、乡宁县、汾西县	清康熙四十七年(1708)《平阳府志》	豹	
	蒲县、大宁县、永和县、隰县	清康熙四十八年(1709)《隰州志》	豹	
	尧都区	清雍正七年(1729)《临汾县志》	豹	
	榆社县、左权县、和顺县	清雍正十一年(1733)《辽州志》	豹	
	长治市、长治县、长子县	清雍正十二年(1734)《山西通志·物产·潞安府》	豹(出长治,长子)	
	翼城县	清乾隆二年(1737)《翼城县志》	豹	
	陵川县	清乾隆五年(1740)《陵川县志》	豹	
	蒲县	清乾隆十八年(1753)《蒲县志》	豹	
	洪洞县	清乾隆二十五年(1760)《赵城县志》	豹(《说文》:似虎,圆文。《易》……)	
	五台县	清乾隆四十年(1775)《五台县志》	豹	
	长子县	清乾隆四十三年(1778)《长子县志》	豹	
	介休市	清嘉庆二十四年(1819)《介休县志》	豹	
	娄烦县、忻府区、定襄县、静乐县、原平市、代县	清嘉庆二十五年(1820)《重修一统志》	忻州直隶州:豹尾(州出。《唐书·地理志》:忻州贡),代州直隶州:豹尾(《唐书·地理志》:代州贡)	
	太原市	清道光六年(1826)《太原县志书》	豹	
	阳城县	清同治十三年(1874)《阳城县志》	豹仍不少	
	吉县	清光绪五年(1879)《吉县志》	豹	
	属万荣县	清光绪七年(1881)《荣河县志》	咸丰……十一年……八月朔,日月合璧,五星连珠,南乡屈村获豹于井坑	

（续表）

省级政区	今地点	文献	内容	新方志出处
	交城县	清光绪八年(1882)《交城县志》	豹	
	长子县	清光绪八年(1882)《长子县志》	豹	
	寿阳县	清光绪八年(1882)《寿阳县志》	豹	
	平顺县	清光绪十九年(1893)《扶沟县志》	平顺县豹入城*	
	浑源县	1986年《恒山志》	豹(以上见旧《志》并旧《州志》)	《恒山志》标点组,1986
内蒙古	海拉尔区、满洲里市、扎兰屯市、牙克石市、根河市、额尔古纳市、阿荣旗、新巴尔虎右旗、新巴尔虎左旗、陈巴尔虎旗、鄂伦春自治旗、鄂温克族自治旗、莫力达瓦达斡尔族自治旗等地	清乾隆元年(1736)《盛京通志》	豹*	
	化德县、商都县、多伦县、太仆寺旗、镶黄旗、正镶白旗、正蓝旗等地	清乾隆二十三年(1758)《口北三厅志》	豹	
	海拉尔区、满洲里市、扎兰屯市、牙克石市、根河市、额尔古纳市、阿荣旗、新巴尔虎右旗、新巴尔虎左旗、陈巴尔虎旗、鄂伦春自治旗、鄂温克族自治旗、莫力达瓦达斡尔族自治旗等地	清乾隆四十四年(1779)《盛京通志》	豹***	
	赤峰市、宁城县、林西县、巴林左旗、巴林右旗、翁牛特旗、喀喇沁旗、敖汉旗、库伦旗、奈曼旗等地	清乾隆四十六年(1781)《热河志》	豹**	
	宁城县、林西县、巴林左旗、巴林右旗、翁牛特旗、喀喇沁旗、敖汉旗、库伦旗、奈曼旗等地	清光绪十三年(1887)《承德府志》	豹**	
	海拉尔区、满洲里市、牙克石市、根河市、额尔古纳市、新巴尔虎右旗、新巴尔虎左旗、陈巴尔虎旗、鄂温克族自治旗、鄂伦春自治旗、扎兰屯市、阿荣旗、莫力达瓦达斡尔族自治旗等地	清光绪二十年(1894)《黑龙江外记》	豹(曰呼敦孤尔孤)	
	准格尔旗	1993年《准格尔旗志》	准格尔旗在未垦放前,曾是狼、虎、豹、狐、野牛、野黄羊等常出没的地区	《准格尔旗志》编纂委员会,1993

注：*表示详见正文。**表示同前文。***表示本省级政区已有类似记录。①略去辖境中今“宣武区”。②除有猞猁外，还有金钱豹。

4.2 东北

东北各省级政区历史上皆有豹类分布记录。

《后汉书·东夷列传》称：

濊北与高句骊，沃沮，南与辰韩接，东穷大海，西至乐浪……多文豹。

按：据此表明在今东北地区汉代就普遍有豹类生息繁衍。

4.2.1 辽宁

辽宁省历史上较早就有关于豹类分布的记录。

《新唐书·地理志》中记载贡“豹尾”的著名产地有“营州柳城郡”，说明朝阳市、朝阳县等地产豹。

据称，辽阳市在“300 年前，境内仍见有虎、熊、豹、罴、豺、狼、野猪、獐[麞]、狍、鹿、貉、水獭、黄羊、野马、野羊以及鸥、鹭、鸳鸯、翡翠、丹顶鹤、白头翁、天鹅、大雁、雕、鸨、鹫、鹰等。20 世纪以来，随着生态环境不断遭到破坏，野生动物群的自下而上条件受到严重威胁，其种类和数量逐年减少，有的物种已经消失”①。表明在今辽阳市、灯塔市、辽阳县等地曾有豹类栖息。

4.2.2 方志记载

尽管方志记载较简略，但可以反映不同时期东北多地豹类分布情况（表 16.3）。

表 16.3　　方志记载 20 世纪前的东北豹类情况

省级政区	今地点	文献	内容
辽宁	朝阳市、朝阳县	宋太平兴国《太平寰宇记·河东道·营州》	豹尾
	朝阳市、朝阳县	明天顺五年（1461）《明一统志·永平府》	豹尾（废柳城县出）
	沈阳市、新民市、辽中县、法库县、彰武县、铁岭市、调兵山市、开原市、铁岭县、西丰县、昌图县、抚顺市、抚顺县、新宾满族自治县、清原满族自治县、本溪市、本溪满族自治县、桓仁满族自治县、辽阳市、灯塔市、辽阳县、鞍山市、海城市、台安县、岫岩满族自治县、丹东市、凤城市、东港市、宽甸满族自治县、大连市、瓦房店市、普兰店市、庄河市、长海县、营口市、大石桥市、盖州市、盘锦市、大洼县、盘山县、锦州市、凌海市、北镇市、黑山县、义县、葫芦岛市、兴城市、绥中县等地	清乾隆元年（1736）《盛京通志》	豹··
	沈阳市、新民市、辽中县、法库县、彰武县、铁岭市、调兵山市、开原市、铁岭县、西丰县、昌图县、抚顺市、抚顺县、新宾满族自治县、清原满族自治县、本溪市、本溪满族自治县、桓仁满族自治县、辽阳市、灯塔市、辽阳县、鞍山市、海城市、台安县、岫岩满族自治县、丹东市、凤城市、东港市、宽甸满族自治县、大连市、瓦房店市、普兰店市、庄河市、长海县、营口市、大石桥市、盖州市、盘锦市、大洼县、盘山县、锦州市、凌海市、北镇市、黑山县、义县、葫芦岛市、兴城市、绥中县等地	乾隆四十四年（1779）《盛京通志》	豹··
	朝阳市、北票市、凌源市、朝阳县、建平县、喀喇沁左翼蒙古族自治县、阜新市、阜新蒙古族自治县等地	清乾隆四十六年（1781）《热河志》	豹··
	桓仁满族自治县等地	清嘉庆二十五年（1820）《重修一统志》	吉林：豹
	朝阳市、北票市、凌源市、朝阳县、建平县、喀喇沁左翼蒙古族自治县、阜新市、阜新蒙古族自治县、建昌县等地	清光绪十三年（1887）《承德府志》	豹··
	桓仁满族自治县等地	清光绪十七年（1891）《吉林通志》	豹···

①辽阳. http://baike.baidu.com/view/4994.htm

（续表）

省级政区	今地点	文献	内容
吉林	长春市、德惠市、九台市、榆树市、扶余县、吉林市、磐石市、蛟河市、桦甸市、舒兰市、永吉县、公主岭市、伊通满族自治县、辽源市、东丰县、东辽县、通化市、梅河口市、集安市、通化县、辉南县、柳河县、白山市、临江市、江源县、抚松县、靖宇县、长白朝鲜族自治县、延吉市、图们市、敦化市、珲春市、龙井市、和龙市、汪清县、安图县等地	清乾隆元年（1736）《盛京通志》	豹**
	长春市、德惠市、九台市、榆树市、扶余县、吉林市、磐石市、蛟河市、桦甸市、舒兰市、永吉县、公主岭市、伊通满族自治县、辽源市、东丰县、东辽县、通化市、梅河口市、集安市、通化县、辉南县、柳河县、白山市、临江市、江源县、抚松县、靖宇县、长白朝鲜族自治县、延吉市、图们市、敦化市、珲春市、龙井市、和龙市、汪清县、安图县等地	乾隆四十四年（1779）《盛京通志》	豹**
	延吉市、图们市、敦化市、珲春市、龙井市、和龙市、汪清县、长春市、德惠市、九台市、宁江区、吉林市、磐石市、蛟河市、桦甸市、舒兰市、永吉县、公主岭市、伊通满族自治县、辽源市、东丰县、东辽县、通化市、梅河口市、集安市、通化县、辉南县、柳河县、白山市、临江市、抚松县、靖宇县、长白朝鲜族自治县，延边州的安图县、榆树市、扶余县等地	清嘉庆二十五年（1820）《重修一统志》	吉林：豹
	延吉市、图们市、敦化市、珲春市、龙井市、和龙市、汪清县、长春市、德惠市、九台市、宁江区、吉林市、磐石市、蛟河市、桦甸市、舒兰市、永吉县、公主岭市、伊通满族自治县、辽源市、东丰县、东辽县、通化市、梅河口市、集安市、通化县、辉南县、柳河县、白山市、临江市、抚松县、靖宇县、长白朝鲜族自治县，延边州的安图县、榆树市、扶余县等地	清光绪十七年（1891）《吉林通志》	豹***
黑龙江	哈尔滨市、双城市、尚志市、五常市、依兰县、方正县、宾县、巴彦县、木兰县、通河县、延寿县、齐齐哈尔市、讷河市、龙江县、依安县、甘南县、富裕县、克山县、克东县、拜泉县、爱辉区、北安市、五大连池市、嫩江县、逊克县、孙吴县、伊春市、铁力市、嘉荫县、鹤岗市、萝北县、绥滨县、佳木斯市、同江市、富锦市、桦南县、桦川县、汤原县、抚远县、双鸭山市、集贤县、友谊县、宝清县、饶河县、七台河市、勃利县、鸡西市、虎林市、密山市、鸡东县、牡丹江市、穆棱市、绥芬河市、海林市、宁安市、东宁县、林口县、北林区、海伦市、望奎县、兰西、青区县、庆安县、明水县、绥棱县、大兴安岭地区、呼玛县、塔河县、漠河县等地	清乾隆元年（1736）《盛京通志》	豹**
	哈尔滨市、双城市、尚志市、五常市、依兰县、方正县、宾县、巴彦县、木兰县、通河县、延寿县、齐齐哈尔市、讷河市、龙江县、依安县、甘南县、富裕县、克山县、克东县、拜泉县、爱辉区、北安市、五大连池市、嫩江县、逊克县、孙吴县、伊春市、铁力市、嘉荫县、鹤岗市、萝北县、绥滨县、佳木斯市、同江市、富锦市、桦南县、桦川县、汤原县、抚远县、双鸭山市、集贤县、友谊县、宝清县、饶河县、七台河市、勃利县、鸡西市、虎林市、密山市、鸡东县、牡丹江市、穆棱市、绥芬河市、海林市、宁安市、东宁县、林口县、北林区、海伦市、望奎县、兰西、青冈县、庆安县、明水县、绥棱县、大兴安岭地区、呼玛县、塔河县、漠河县等地	乾隆四十四年（1779）《盛京通志》	豹**
	依兰县、方正县、木兰县、通河县、鹤岗市、绥滨县、佳木斯市、同江市、富锦市、桦南县、桦川县、汤原县、抚远县、双鸭山市、集贤县、友谊县、宝清县、饶河县、七台河市、勃利县、虎林市、哈尔滨市、双城市、尚志市、五常市、宾县、延寿县、鸡西市、密山市、鸡东县、牡丹江市、穆棱市、绥芬河市、海林市、宁安市、东宁县、林口县等地	清光绪十七年（1891）《吉林通志》	豹***
	爱辉区、逊克县、孙吴县、嘉荫县、萝北县、大兴安岭地区、呼玛县、塔河县、漠河县、讷河市、嫩江县、哈尔滨、巴彦县、齐齐哈尔市、龙江县、依安县、甘南县、富裕县、克山县、克东县、拜泉县、北安市、五大连池市、伊春市、铁力市、北林区、海伦市、望奎县、兰西县、青冈县、庆安县、明水县、绥棱县等地	清光绪二十年（1894）《黑龙江外记》	豹（曰呼敦孤尔孤）

注：**表示同前文。***表示本省级政区已有类似记录。

4.3 华东

历史时期，华东仅上海市未见有豹类分布记录。

4.3.1 江苏

江苏省历史上有豹类分布记录。

清光绪八年《宜兴荆溪县志》记述：

豹：豹有金钱、艾叶二种。如虎而啸。《禽虫述》云：虎生三子，一为豹。故古语称虎为豹之兄也。

按：据此表明，当地有云豹与金钱豹。

4.3.2 浙江

浙江省历史时期也有豹类存在记录。

《元史·列女传》记载：

至大间，建德王氏女父出耘舍傍。遇豹，为所噬，曳之升山。父大呼，女识父声，惊趋救。以父所弃锄击豹脑，杀之，父乃得生。

按：据此表明，在元至大（1308～1311）年间，今建德市有豹伤人而被王姓女子打死的记录。

清康熙五十七年《钱塘县志》记述：

豹：毛色黄，其文黑如钱而中空，骨节强直而中实少髓。谚云：虎生三子，必有一豹，能噬虎。

按：据此表明，曾有金钱豹分布。

清嘉庆十六年《西安县志》记述：

豹：《本草·释名》：豹性暴，故曰。豹性勺物而取，程度而食，故字从勺。祝汝玉诗：仙岩有元豹，敛迹不肯出。

按：据此描述，当地曾有金钱豹生息繁衍。

清同治九年《湖州府志》记述：

豹：《安吉伍志》：似虎而小。俗传：虎生三子，必有一豹，斑斑有文者。《胡志》：万历二十九年，长兴有豹飞入嘉会门蔡家，堕于夹墙中，获之。

按：此处不仅引用他人对豹的描述，而且还记载有猎获豹的事实，证明确有豹栖息。

清光绪四年《宣平县志》记述：

豹：状似虎而小，白面，团头。自惜其毛采。其文如钱者，曰金钱豹，宜为裘。如艾叶者，曰艾叶豹，次之。

按：据此表明，当地曾有金钱豹与云豹。

清光绪五年《镇海县志》记述：

豹：身似虎而小，圆斑，尾长。亦间见《至正志》。毛赤而文黑，谓之赤豹。毛白而文黑，谓之白豹陆玑《诗疏》。大洞山上有豹洞《乾隆志》。

按：此处有不同时期豹分布的记录。

清光绪十七年《上虞县志》记述：

豹：《埤雅》：豹花如钱，黑而小于虎文。《本草·集解》曰：豹自惜其毛采。其文如钱者，曰金钱豹，宜为裘。如艾叶者，曰艾叶豹，次之。按此亦不多见。相传，虎生三子，必有一豹。

按：据此，说明当地有金钱豹与云豹分布。

清光绪二十五年《上虞县志》记述：

豹：《本草·集解》：豹文如钱者，曰金钱豹，宜为裘。如艾叶者，曰艾叶豹，次之。案：此亦不多见。相传虎生三子必有一豹。

按：据此表明，当地虽有金钱豹与云豹，但数量已不多。

4.3.3 安徽

安徽省较早就有豹类分布记录。

《山海经·中山经》记载：

又东北百里，曰大尧之山。其木多松、柏，多梓、桑，多机，其草多竹，其兽多豹、虎、麢、㚟。

按：此"大尧之山"似在今霍山县，表明当地曾有较多豹、虎等野兽栖息。

清乾隆四十一年《霍山县志》记述：

豹：如虎而稍小。虎文直，豹文员，皮值略与虎等。■无所取。今虎既潜踪，豹亦绝迹矣。

按：据此表明，当地分布的金钱豹已经绝迹。

4.3.4 福建

福建省自宋代以来就有豹类分布记录。

清光绪十六年《闽产录异》记述：

艾叶豹：……色青。视犬略大，不伤人。以其能食獐，土人呼"獐虎"。闽诸州、郡皆产豹，其大如虎，有色黄而点黑者。

金钱豹：色黑而点稍黄。豹胎炖食、炒食，味极美；唯恐不鲜，则害人。猎户每自私以觞客。

按：据此表明，福建省当时有云豹与金钱豹分布。

明嘉靖十七年《仙游县志》记述：

豹：毛黄，小于虎，文黑如钱，比比相对。古云：饿狼食不足，饥豹食有余。言狼贪，豹廉也。

按：根据描述，是指金钱豹。

明嘉靖三十二年《建阳县志》记述：

豹：毛黄，小于虎，文黑如钱，比比相对。古云：饿狼食不足，饥豹食有余。言狼贪，豹廉也。谢眺诗云："虽无玄豹姿，且隐南山雾。"

按：此处不仅指金钱豹，而且引用南朝齐才子谢眺的诗句。

清乾隆三十年《将乐县志》记述：

豹：……《正字通》：豹状似虎而小，白面。毛赤黄文黑如钱，曰金钱豹。文如艾叶者，曰艾叶豹。浪坂山有青豹。西域有金线豹。屠州有黑豹。皆见经传。将唯穷乡鄙壤，出害牛、犬。间存之。

按：此处除引用前人论述外，还提到当地有豹类，但数量不多。

4.3.5 江西

江西省历史上有较多豹类分布记录。

明正德十一年《新城县志》记述：

豹：似虎而小，色赤黄，有黑圆文■几比比相对。时偷大豕，不敢与人争也。《埤雅》传曰：文豹雾隐，十日不食，欲以泽其衣毛成文彩也。

按：据此描述，有金钱豹分布。

明正德十二年《建昌府志》记述：

豹：斑纹如钱，故谓之金钱豹。性廉，有所程度而食。故字从勺。古诗曰："饿狼食不足，饥豹食有余"，是也。

按：所描述的是金钱豹。

明嘉靖五年《广信府志》记述：

豹：毛黄而文黑如钱。传曰：玄豹隐雾，十日不食，欲以泽其衣毛而成文然。能勺物而取焉，故名豹。

按：虽描述稍异，但还是提及金钱豹特征。

清光绪二年《抚州府志》记述：

豹：如虎而矫捷过之。有伭豹、赤豹、金钱豹。豹性廉，有所程度以食，故字从勺。尾最贵，故车驾卤簿之后，有豹尾。

按：描述的主要是金钱豹，同时提及"豹尾"的作用。

4.3.6 山东

山东省较早有豹类分布记录。

晋·郭璞注《尔雅注疏·释地》记载：

东北之美者，有斥山之文皮焉。注：虎豹之属，皮有缛彩者。

按：有"文皮"的虎豹之属，乃有"文豹"之称的金钱豹；"斥山"，在今荣成市南。表明曾有豹分布。

4.3.7 台湾

台湾历史上有云豹分布记录。

《高雄县志稿》引述(谢向岑等，1968)：

《隋书·东夷列传》中琉球国载："……编苎为甲，或用熊、豹皮，王乘木兽……有熊、罴、豺、狼，尤多猪、鸡，无牛、羊、驴、马。厥田良沃。先以火烧，而引水灌……"其中对番族人物，姓氏，政教，风俗习惯，文化礼仪，赋税刑罚，起居饮食等叙述较详，与台湾实际情况，亦颇符合，近代学者谓台湾发现始于隋代者，非无故也。

按：据此可见，在隋代就有"豹皮"记载，当是云豹皮。

清康熙五十六年《诸罗县志》记述：

豹：《说文》：豹似虎，圜文黄纹，黑如钱，比比相对。圈中五圈，左右各四者，曰金钱豹，宜为裘。纹如艾叶者，曰艾叶豹；台谓之乌云豹。土产者稍大于犬，而无所害于人，或名之曰獐虎。

按：此处尽管有《说文解字》中"金钱豹"的描述，但台湾有的"豹"仅是云豹。

清光绪十六年《闽产录异》记述：

艾叶豹：产台湾。色青。视犬略大，不伤人。以其能食獐，土人呼"獐虎"。闽诸州、郡皆产豹，其大如虎，有色黄而点黑者。

按：据此表明，云豹曾分布较普遍("闽诸州、郡皆产豹"，而台湾曾属福建)。

清光绪二十一年《台湾通志》记述：

豹：《说文》：豹似虎，圜文黄纹，黑如钱，比比相对。圈中五圈，左右各四者，曰金钱豹，宜为裘。

纹如艾叶者，曰艾叶豹；台谓之乌云豹。土产者稍大于犬，而无所害于人，或名之曰獐虎《诸罗县志》。

金钱豹色类云豹，而黑点较黄《福建通志》。

按：此处虽有"金钱豹"描述，但修志者只知是"豹"。从目前所知最早的台湾志——清康熙三十年《台湾府志》："金钱豹(似豹而小。搏鹿、豕以食，不啮人)"看，"似豹而小"实为云豹特征之一；康熙五十六年《诸罗县志》始见台湾对云豹较确切的记载。

4.3.8 方志记载

尽管方志记载较简略，但可以反映不同时期华东多地豹类分布情况(表16.4)。

表 16.4　　方志记载 20 世纪前的华东豹类情况

省级政区	今地点	文献	内容	新方志出处
江苏	靖江市、常州市、无锡市、江阴市、宜兴市	明成化十九年(1483)《毗陵志》	豹(《尔雅》云：貘，白豹。注：似熊而小头，庳脚，黑白驳文。又有赤豹)	
	属南京市	清康熙二十二年(1683)《江宁县志》	豹	
	靖江市、常州市、无锡市、江阴市、宜兴市	清康熙三十四年(1695)《常州府志》	豹	
	宜兴市	清嘉庆二年(1797)《宜兴县志》	豹	
	宜兴市	清光绪八年(1882)《宜兴荆溪县志》	豹*	
浙江	宁海县、台州市、临海市、温岭市、三门县、天台县、仙居县	宋嘉定(1208～1224)《赤城志》	豹(有赤，黑二种。又有文圆者，名金钱豹)	
	衢州市、江山市、龙游县、常山县、开化县	明弘治十六年(1503)《衢州府志》	豹	
	淳安县	明嘉靖三年(1524)《淳安县志》	豹	
	武义县	明嘉靖三年(1524)《武义县志》	豹	
	浦江县	明嘉靖五年(1526)《浦江志略》	豹	
	温岭市	明嘉靖十九年(1540)《太平县志》	豹***	
	属杭州市	明嘉靖二十八年(1549)《仁和县志》	豹	
	象山县	明嘉靖三十五年(1556)《象山县志》	豹	
	杭州市、临安市、富阳市、建德市、桐庐县、淳安县、湖州市、长兴县、德清县、安吉县、嘉兴市、平湖市、海宁市、桐乡市、嘉善县、海盐县、舟山市、岱山县、嵊泗县、宁波市、慈溪市、余姚市、奉化市、宁海县、象山县、越城区、诸暨市、上虞市、嵊州市、绍兴县、新昌县、衢州市、江山市、常山县、开化县、龙游县、金华市、兰溪市、永康市、义乌市、东阳市、武义县、浦江县、磐安县、台州市、临海市、温岭市、三门县、天台县、仙居县、玉环县、温州市、瑞安市、乐清市、永嘉县、文成县、平阳县、泰顺县、洞头县、苍南县、莲都区、龙泉市、缙云县、青田县、云和县、遂昌县、松阳县、庆元县、景宁畲族自治县	明嘉靖四十年(1561)《浙江通志》	豹	
	建德市、桐庐县、淳安县	明万历六年(1578)《严州府志》	豹	

（续表）

省级政区	今地点	文献	内容	新方志出处
	新昌县	明万历七年(1579)《新昌县志》	豹	
	属杭州市	明万历三十七年(1609)《钱塘县志》	豹	
	建德市、桐庐县、淳安县	明万历四十二年(1614)《严州府志》	豹	
	开化县	明崇祯四年(1631)《开化县志》	豹	
	义乌市	明崇祯十三年(1640)《义乌县志》	豹	
	松阳县	清顺治十一年(1654)《松阳县志》	豹	
	龙泉市	清顺治十二年(1655)《龙泉县志》	豹	
	嵊州市	清康熙十年(1671)《嵊县志》	豹	
	缙云县	清康熙十年(1671)《缙云县志》	豹	
	永嘉县	清康熙二十一年(1682)《永嘉县志》	豹	
	临安市	清康熙二十二年(1683)《临安县志》	豹	
	金华市、兰溪市、义乌市、东阳市、永康市、武义县、浦江县、磐安县	清康熙二十二年(1683)《金华府志》	豹	
	属宁波市	清康熙二十五年(1686)《鄞县志》	豹	
	青田县	清康熙二十五年(1686)《青田县志》	豹	
	属杭州市	清康熙二十六年(1687)《仁和县志》	豹***	
	江山市	清康熙四十年(1701)《江山县志》	豹	
	衢州市、江山市、常山县、开化县、龙游县	清康熙五十年(1711)《衢州府志》	豹	
	遂昌县	清康熙五十一年(1712)《遂昌县志》	豹	
	属杭州市	清康熙五十七年(1718)《钱塘县志》	豹*	
	杭州市、临安市、富阳市、建德市、桐庐县、淳安县、湖州市、长兴县、德清县、安吉县、嘉兴市、平湖市、海宁市、桐乡市、嘉善县、海盐县、舟山市、岱山县、嵊泗县、宁波市、慈溪市、余姚市、奉化市、宁海县、象山县、越城区、诸暨市、上虞市、嵊州市、绍兴县、新昌县、衢州市、江山市、常山县、开化县、龙游县、金华市、兰溪市、永康市、义乌市、东阳市、武义县、浦江县、磐安县、台州市、临海市、温岭市、三门县、天台县、仙居县、玉环县、温州市、瑞安市、乐清市、永嘉县、文成县、平阳县、泰顺县、洞头县、苍南县、莲都区、龙泉市、缙云县、青田县、云和县、遂昌县、松阳县、庆元县、景宁畲族自治县	清雍正十三年(1735)《浙江通志·物产·浙江通省》	豹	

（续表）

省级政区	今地点	文献	内容	新方志出处
	郎溪县、广德县	清乾隆四年(1739)《广德州志》	豹	
	瑞安市	清乾隆十四年(1749)《瑞安县志》	豹	
	安吉县	清乾隆十五年(1750)《安吉州志》	豹(《伍志》:似虎而小。俗传,虎生三子,必有一豹,斑斑有文者)	
	分属莲都区和武义县	清乾隆十八年(1753)《宣平县志》	豹	
	桐庐县	清乾隆十八年(1753)《桐庐县志》	豹	
	玉环县、温州市、瑞安市、乐清市、永嘉县、文成县、平阳县、泰顺县、洞头县、苍南县	清乾隆二十一年(1756)《温州府志》	豹	
	遂昌县	清乾隆三十年(1765)《遂昌县志》	豹	
	义乌市	清嘉庆七年(1802)《义乌县志》	豹(长尾,斑文。捷于虎。齿骨极坚,火不能烧)	
	武义县	清嘉庆九年(1804)《武义县志》	豹	
	属衢州市	清嘉庆十六年(1811)《西安县志》	豹*	
	东阳市	清道光十一年(1831)《东阳县志》	豹	
	遂昌县	清道光十五年(1835)《遂昌县志》	豹	
	泰顺县	清同治四年(1865)《泰顺分疆录》	豹	
	属台州市	清同治七年(1868)《黄岩县志》	豹	
	嵊州市	清同治九年(1870)《嵊县志》	豹	
	湖州市、长兴县、德清县、安吉县	清同治九年(1870)《湖州府志》	豹*	
	江山市	清同治十二年(1873)《江山县志》	豹	
	景宁畲族自治县	清同治十二年(1873)《景宁县志》	豹	
	安吉县	清同治十三年(1874)《安吉县志》	豹	
	属安吉县	清同治十三年(1874)《孝丰县志》	豹	
	松阳县	清光绪元年(1875)《松阳县志》	豹	
	青田县	清光绪二年(1876)《青田县志》	豹(似虎而小,其文如钱。亦有似艾叶者)	
	缙云县	清光绪二年(1876)《缙云县志》	豹(多金钱色,艾叶者罕有)	
	莲都区、龙泉市	清光绪三年(1877)《处州府志》	豹	

（续表）

省级政区	今地点	文献	内容	新方志出处
	属安吉县	清光绪三年(1877)《孝丰县志》	豹***	
	属台州市	清光绪三年(1877)《黄岩县志》	豹(《赤城志》:有赤、黑二种。又有文圆者,曰金钱豹)	
	舟山市	清光绪三年(1877)《定海厅志》	豹	
	庆元县	清光绪三年(1877)《庆元县志》	豹	
	分属莲都区和武义县	清光绪四年(1878)《宣平县志》	豹*	
	泰顺县	清光绪四年(1878)《分疆录》	豹	
	龙泉市	清光绪四年(1878)《龙泉县志》	豹	
	属宁波市	清光绪五年(1879)《镇海县志》	豹*	
	衢州市、江山市、龙游县、常山县、开化县	清光绪八年(1882)《衢州府志》	豹	
	建德市、桐庐县、淳安县	清光绪九年(1883)《严州府志》	豹	
	淳安县	清光绪十年(1884)《淳安县志》	豹	
	慈溪市	清光绪十四年(1888)《慈溪县志》	豹	
	上虞市	清光绪十七年(1891)《上虞县志》	豹*	
	宁海县	清光绪十八年(1892)《宁海县志》	豹	
	金华市	清光绪二十年(1894)《金华县志》	豹	
	仙居县	清光绪二十年(1894)《仙居志》	豹(有赤、黑二种。又有文圆者,为金钱豹)	
	遂昌县	清光绪二十二年(1896)《遂昌县志》	豹***	
	属临安市	清光绪二十四年(1898)《于潜县志》	豹	
	开化县	清光绪二十四年(1898)《开化县志》	豹	
	上虞市	清光绪二十五年(1899)《上虞县志》	豹*	
	慈溪市	清光绪二十五年(1899)《慈溪县志》	豹(至正《四名续志》原注:身似虎而小,圆斑,尾长。亦间有之)	
	祁门县	明弘治十五年(1502)《徽州府志》	国朝……永乐……庚寅,祁门……擒虎豹凡四十有六	
	郎溪县	明嘉靖十年(1531)《建平县志》	豹	
	铜陵市、铜陵县、贵池县、东至县、石台县、青阳县	明嘉靖二十四年(1545)《池州府志》	有豹	

（续表）

省级政区	今地点	文献	内容	新方志出处
	宁国市	明嘉靖二十八年(1549)《宁国县志》	豹(毛黄,比虎为小,文黑如钱,比比相对。古云:狼贪豹廉)	
	泾县	明嘉靖三十一年(1552)《泾县志》	豹	
	铜陵市、铜陵县	明嘉靖四十二年(1563)《铜陵县志》	豹	
	东至县	清康熙元年(1662)《建德县志》	豹	
	金寨县等地	清顺治十六年(1659)《光州志》	豹	
	马鞍山市、当涂县、芜湖市、繁昌县	清康熙十二年(1673)《太平府志》	有豹	
	祁门县	清康熙三十八年(1699)《徽州府志》	明……庚寅,祁门……擒虎、豹四十有六	
	安庆市、桐城市、怀宁县、枞阳县、潜山县、太湖县、宿松县、望江县、岳西县	清康熙六十年(1721)《安庆府志》	豹	
	金寨县等地	清雍正九年(1731)《河南通志》	豹(光州亦有)	
	铜陵市、铜陵县	清乾隆二十二年(1757)《铜陵县志》	豹	
	霍山县	清乾隆四十一年(1776)《霍山县志》	豹	
	泾县	清嘉庆十一年(1806)《泾县志》	豹	
	黄山市	清嘉庆二十年(1815)《宁国府志》	苍豹(太平黄山石九峰下有之)	
	黟县	清道光五年(1825)《黟县续志》	豹	
	繁昌县	清道光六年(1826)《繁昌县志书》	豹	
	祁门县	清道光七年(1827)《徽州府志》	明……永乐……八年,祁门……擒虎、豹四十有六	
	霍邱县	清同治九年(1870)《霍邱县志》	豹	
	祁门县	清同治十二年(1873)《祁门县志》	豹	
	歙县、休宁县、黟县、祁门县、绩溪县等地	清光绪四年(1878)《安徽通志》	徽州府:豹	
	宣州区	清光绪四年(1878)《宣城县志》	豹	
	郎溪县、广德县	清光绪七年(1881)《广德州志》	豹	
	贵池区	清光绪九年(1883)《贵池县志》	豹	
	青阳县	清光绪十七年(1891)《青阳县志》	豹	
	定远县	1995年《定远县志》	豹(早已绝迹)	定远县地方志编纂委员会,1995

（续表）

省级政区	今地点	文献	内容	新方志出处
福建	福州市、福清市、长乐市、闽侯县、连江县、罗源县、闽清县、永泰县、蕉城区、福安市、福鼎市、霞浦县、柘荣县、屏南县、古田县	宋淳熙九年(1182)《三山志》	豹(尾赤而文黑，為赤豹。又有黑豹。文圓者，為錢文豹)	
	福州市、福清市、长乐市、闽侯县、连江县、平潭县、永泰县、闽清县、罗源县、屏南县、古田县、建瓯市、武夷山市、建阳市、松溪县、浦城县、政和县、寿宁县、周宁县、厦门市、泉州市、石狮市、晋江市、南安市、惠安县、安溪县、金门县、明溪县、宁化县、清流县、长汀县、武平县、上杭县、永定县、连城县、延平区、顺昌县、三明市、永安市、将乐县、沙县、尤溪县、邵武市、光泽县、建宁县、泰宁县、莆田市、仙游县、蕉城区、福安市、福鼎市、霞浦县、柘荣县	明弘治四年(1491)《八闽通志》	福州府、建宁府、泉州府、汀州府、延平府、邵武府、兴化府、福宁州：豹	
	顺昌县	明正德十五年(1520)《顺昌邑志》	豹(尾赤而文黑为赤豹。文圆者，曰钱文豹。又有黑豹，似虎而小)	
	延平区、顺昌县、三明市、永安市、大田县、尤溪县、沙县、将乐县	明嘉靖四年(1525)《延平府志》	豹	
	明溪县、宁化县、清流县、长汀县、武平县、上杭县、永定县、连城县	明嘉靖六年(1527)《汀州府志》	豹	
	尤溪县	明嘉靖九年(1530)《尤溪县志》	豹	
	属龙海市	明嘉靖十三年(1534)《龙溪县志》	豹	
	蕉城区、福安市、福鼎市、霞浦县、柘荣县	明嘉靖十七年(1538)《福宁州志》	豹	
	蕉城区	明嘉靖十七年(1538)《宁德县志》	豹	
	仙游县	明嘉靖十七年(1538)《仙游县志》	豹*	
	武夷山市、建瓯市、建阳市、松溪县、浦城县、政和县、寿宁县、周宁县	明嘉靖二十年(1541)《建宁府志》	豹	
	清流县	明嘉靖二十四年(1545)《清流县志》	豹(皮有花文，小于虎。俗云，虎生三子，必有一豹)	
	沙县	明嘉靖二十四年(1545)《沙县志》	豹	
	建宁县	明嘉靖二十五年(1546)《建宁县志》	豹	
	福清市	明嘉靖二十六年(1547)《福清县志》	豹	
	漳平市	明嘉靖二十八年(1549)《漳平县志》	豹	

（续表）

省级政区	今地点	文献	内容	新方志出处
	安溪县	明嘉靖三十一年(1552)《安溪县志》	豹***	
	建阳市	明嘉靖三十二年(1553)《建阳县志》	豹*	
	蕉城区、福安市、福鼎市、霞浦县、柘荣县	明万历二十一年(1593)《福宁州志》	豹	
	永安市	明万历二十二年(1594)《永安县志》	豹	
	福州市、福清市、长乐市、闽侯县、连江县、罗源县、闽清县、永泰县、平潭县、屏南县、古田县	明万历二十四年(1596)《福州府志》	豹	
	福安市	明万历二十五年(1597)《福安县志》	豹	
	福州市、福清市、长乐市、闽侯县、连江县、罗源县、闽清县、永泰县、平潭县、屏南县、古田县	明万历四十一年(1613)《福州府志》	豹	
	明溪县	明万历四十二年(1614)《归化县志》	豹(皮有纹。齿坚)	
	蕉城区、福安市、福鼎市、霞浦县、柘荣县	明万历四十四年(1616)《福宁州志》	豹	
	尤溪县	明崇祯九年(1636)《尤溪县志》	豹	
	浦城县	清顺治八年(1651)《浦城县志》	豹	
	福清市	清康熙六年(1667)《福清县志续略》	豹	
	武夷山市	清康熙九年(1670)《崇安县志》	豹	
	武平县	清康熙十一年(1672)《武平县志》	豹	
	泰宁县	清康熙二十五年(1686)《泰宁县志》	豹	
	寿宁县	清康熙二十五年(1686)《寿宁县志》	豹	
	德化县	清康熙二十六年(1687)《德化县志》	豹乃虎类	
	诏安县	清康熙三十年(1691)《诏安县志》	豹	
	武夷山市、建瓯市、建阳市、浦城县、松溪县、政和县	清康熙三十二年(1693)《建宁府志》	豹	
	建瓯市	清康熙三十二年(1693)《瓯宁县志》	豹	
	松溪县	清康熙三十九年(1700)《松溪县志》	豹	
	漳浦县	清康熙三十九年(1700)《漳浦县志》	豹***	
	平和县	清康熙五十七年(1718)《平和县志》	豹(赤尾,黑文。狼贪,豹廉,故名)	
	延平区	清康熙五十八年(1719)《南平县志》	豹	
	罗源县	清康熙六十一年(1722)《罗源县志》	豹	
	永安市	清雍正十年(1732)《永安县志》	豹	

（续表）

省级政区	今地点	文献	内容	新方志出处
	福州市、福清市、长乐市、闽侯县、连江县、罗源县、闽清县、永泰县、平潭县、延平区、邵武市、武夷山市、建瓯市、建阳市、顺昌县、浦城县、光泽县、松溪县、政和县、三明市、永安市、明溪县、清流县、宁化县、大田县、尤溪县、沙县、将乐县、泰宁县、建宁县、莆田市、仙游县、泉州市、石狮市、晋江市、南安市、惠安县、安溪县、永春县、德化县、金门县、厦门市、新罗区、漳平市、长汀县、永定县、上杭县、武平县、连城县、蕉城区、福安市、福鼎市、寿宁县、霞浦县、柘荣县、屏南县、古田县、周宁县	清乾隆二年(1737)《福建通志》	福州府：豹（尾赤而文黑，为赤豹。文圆者，曰钱文豹。又有黑豹），延平府、邵武府、建宁府、兴化府、泉州府、汀州府、福宁府、永春州、龙岩州：豹	
	南靖县	清乾隆八年(1743)《南靖县志》	豹（……其文如钱者，曰金钱豹）	
	福清县	清乾隆十二年(1747)《福清县志》	豹（尾赤而文黑为赤豹，文圆者为金钱豹，又有黑豹）	
	长泰县	清乾隆十三年(1748)《长泰县志》	豹（陆玑疏曰：尾赤而文黑，谓之赤豹。又有玄豹）	
	永泰县	清乾隆十四年(1749)《永福县志》	豹	
	福州市、福清市、长市乐、闽侯县、连江县、罗源县、闽清县、永泰县、平潭县、屏南县、古田县	清乾隆十六年(1751)《福州府志》	豹	
	古田县	清乾隆十六年(1751)《古田县志》	豹	
	明溪县、宁化县、清流县、长汀县、武平县、上杭县、永定县、连城县	清乾隆十七年(1752)《汀州府志》	豹···	
	大田县、永春县、德化县	清乾隆二十二年(1757)《永春州志》	豹	
	安溪县	清乾隆二十二年(1757)《安溪县志》	豹（黄质黑文而圆。皮可为裘）	
	蕉城区、福安市、福鼎市、寿宁县、霞浦县、柘荣县、周宁县	清乾隆二十七年(1762)《福宁府志》	豹	
	龙海市	清乾隆二十七年(1762)《龙溪县志》	豹	
	厦门市、泉州市、石狮市、晋江市、南安市、惠安县、安溪县、金门县	清乾隆二十八年(1763)《泉州府志》	豹（似虎而小。毛有圆文。少见）	
	晋江市	清乾隆三十年(1765)《晋江县志》	豹（似虎而小，毛有圆文。少见）	

（续表）

省级政区	今 地 点	文 献	内 容	新方志出处
	延平区、顺昌县、三明市、永安市、将乐县、沙县、尤溪县	清乾隆三十年(1765)《延平府志》	豹(尾赤而文黑，为赤豹。文圆者，曰钱文豹。又有黑豹)	
	将乐县	清乾隆三十年(1765)《将乐县志》	豹*	
	仙游县	清乾隆三十六年(1771)《僊游县志》	豹	
	蕉城区	清乾隆四十六年(1781)《宁德县志》	豹	
	大田县、永春县、德化县	清乾隆五十二年(1787)《永春州志》	豹	
	惠安县	清嘉庆八年(1803)《惠安县志》	豹	
	福鼎市	清嘉庆十一年(1806)《福鼎县志》	豹	
	云霄县	清嘉庆二十一年(1816)《云霄厅志》	豹(赤尾，黑文。另一种为玄豹)	
	晋江市	清道光九年(1829)《晋江县志》	豹(似虎而小，毛有圆文。少见)	
	漳平市	清道光十年(1830)《漳平县志》	豹	
	罗源县	清道光十一年(1831)《罗源县志》	豹(似虎而小，黄质黑文如钱圜者，中五，左右各四，名金钱豹)	
	顺昌县	清道光十二年(1832)《顺昌县志》	豹(尾赤而文黑，为赤豹。文圆者，曰钱文豹。又有黑豹)	
	永安市	清道光十四年(1834)《永安县续志》	豹(有数种：金钱豹、黑豹、赤豹。古诗：饿狼食不足，饥豹食有余。言狼贪而豹廉)	
	新罗区、漳平市	清道光十五年(1835)《龙岩州志》	豹(视虎差小。乡民呼为豹虎)	
	厦门市	清道光十九年(1839)《厦门志》	豹皮	
	宁化县	清同治八年(1869)《宁化县志》	豹***	
	仙游县	清同治十二年(1873)《仙游县志》	豹	
	分属永安市、龙岩市新罗区、漳平市	清光绪元年(1875)《宁洋县志》	豹(视虎差小)	
	漳州市、龙海市、平和县、南靖县、诏安县、漳浦县、华安县、东山县、长泰县、云霄县	清光绪三年(1877)《漳州府志》	豹(尾赤而文黑，谓之赤豹。圆文者，名金钱豹)	
	莆田市	清光绪五年(1879)《莆田县志》	豹	
	福安市	清光绪十年(1884)《福安县志》	豹(毛赤而文黑为赤豹。又有黑豹。文圆为钱文豹)	

（续表）

省级政区	今地点	文献	内容	新方志出处
	邵武市、光泽县、泰宁县、建宁县	清光绪二十四年(1888)《邵武府志》	豹	
	福州市、福清市、长乐市、闽侯县、连江县、罗源县、闽清县、永泰县、平潭县、延平区、邵武市、武夷山市、建瓯市、建阳市、顺昌县、浦城县、光泽县、松溪县、政和县、三明市、永安市、明溪县、清流县、宁化县、大田县、尤溪县、沙县、将乐县、泰宁县、建宁县、莆田市、仙游县、泉州市、石狮市、晋江市、南安市、惠安县、安溪县、永春县、德化县、金门县、厦门市、漳州市、龙海市、云霄县、漳浦县、诏安县、长泰县、东山县、南靖县、平和县、华安县、新罗区、漳平市、长汀县、永定县、上杭县、武平县、连城县、蕉城区、福安市、福鼎市、寿宁县、霞浦县、柘荣县、屏南县、古田县、周宁县	清光绪十六年(1890)《闽产录异》	艾叶豹、金钱豹*	
	新罗区、漳平县	清光绪十六年(1890)《龙岩州志》	豹	
	福州市	清光绪二十年(1894)《闽县乡土志》	金钱豹(色黑，点稍黄。胎味极美)	
	闽侯县	清光绪二十年(1894)《侯官县乡土志》	金钱豹(色黑，满身作黄点)	
	邵武市、光泽县、建宁县、泰宁县	清光绪二十四年(1898)《邵武府志》	豹	
江西	黎川县	明正德十一年(1516)《新城县志》	豹*	
	南丰县、南城县、资溪县、广昌县、黎川县	明正德十二年(1517)《建昌府志》	豹*	
	月湖区、贵溪市、信州区、上饶县、广丰县、玉山县、铅山县、横峰县、弋阳县	明嘉靖五年(1526)《广信府志》	豹*	
	九江市、瑞昌市、九江县、德安县、湖口县、彭泽县	明嘉靖六年(1527)《九江府志》	豹(小于虎。毛黄而文黑如钱)	
	章贡区、瑞金市、石城县、安远县、赣县、宁都县、寻乌县、兴国县、定南县、于都县、龙南县、信丰县、全南县、会昌县	明嘉靖十五年(1536)《赣州府志》	豹	
	南康市、大余县、上犹县、崇义县	明嘉靖十五年(1536)《南安府志》	豹	
	修水县	明嘉靖二十二年(1543)《宁州志》	豹	
	武宁县	明嘉靖二十二年(1543)《武宁县志》	豹	
	南康市	明嘉靖三十四年(1555)《南康县志》	豹	
	渝水区、樟树市、新干县、峡江县	明隆庆六年(1572)《临江府志》	豹	

（续表）

省级政区	今地点	文献	内容	新方志出处
	建德市、桐庐县、淳安县	明万历六年(1578)《严州府志》	豹	
	南昌市、南昌县、新建县、进贤县、武宁县、修水县、丰城市、奉新县、靖安县	明万历十六年(1588)《南昌府志》	豹(传曰：玄豹隐雾。其肉补绝伤益气)	
	南康市、大余县、上犹县、崇义县	明万历三十七年(1609)《南安府志》	豹	
	浮梁县	清康熙十一年(1672)《浮梁县志》	豹	
	渝水区	清康熙十二年(1673)《新喻县志》	豹	
	信州区	清康熙二十二年(1683)《广信郡志》	豹	
	万载县	清康熙二十二年(1683)《万载县志》	豹	
	瑞昌市	清雍正四年(1726)《瑞昌县志》	豹	
	黎川县	清乾隆十六年(1751)《新城县志》	豹	
	莲花县	清乾隆二十五年(1760)《莲花县志》	豹	
	信丰县	清道光三年(1823)《信丰县志》	豹	
	定南县	清道光五年(1825)《定南厅志》	豹	
	宜黄县	清道光五年(1825)《宜黄县志》	豹	
	广昌县	清同治六年(1867)《广昌县志》	豹	
	南康市、上犹县、崇义县、大余县	清同治七年(1868)《南安府志》	豹	
	樟树市	清同治九年(1870)《清江县志》	豹	
	武宁县	清同治九年(1870)《武宁县志》	豹	
	靖安县	清同治九年(1870)《靖安县志》	豹	
	临川区	清同治九年(1870)《临川县志》	有豹	
	金溪县	清同治九年(1870)《金溪县志》	有豹	
	泸溪县	清同治九年(1870)《泸溪县志》	豹	
	横峰县	清同治十年(1871)《兴安县志》	豹	
	黎川县	清同治十年(1871)《新城县志》	豹	
	乐安市	清同治十年(1871)《乐安县志》	豹	
	德安县	清同治十年(1871)《德安县志》	豹	
	瑞昌市	清同治十年(1871)《瑞昌县志》	豹	
	修水县	清同治十年(1871)《建昌县志》	豹	
	鄱阳县	清同治十年(1871)《鄱阳县志》	豹	
	奉新县	清同治十年(1871)《奉新县志》	豹	
	宜黄县	清同治十年(1871)《宜黄县志》	豹	

（续表）

省级政区	今地点	文献	内容	新方志出处
	进贤县	清同治十年(1871)《进贤县志》	豹	
	安义县、星子县、永修县、都昌县	清同治十一年(1872)《南康府志》	豹	
	景德镇市、乐平市、浮梁县、余江县、德兴市、鄱阳县、余干县、万年县	清同治十一年(1872)《饶州府志》	豹	
	九江县	清同治十一年(1872)《德化县志》	豹(小于虎)	
	德兴市	清同治十一年(1872)《德兴县志》	豹	
	广丰县	清同治十一年(1872)《广丰县志》	豹	
	南丰县、南城县、广昌县、黎川县	清同治十一年(1872)《建昌府志》	豹	
	会昌县	清同治十一年(1872)《会昌县志》	豹	
	定南县	清同治十一年(1872)《定南厅志》	豹	
	铅山县	清同治十二年(1873)《铅山县志》	豹	
	渝水区	清同治十二年(1873)《新喻县志》	豹	
	崇仁县	清同治十二年(1873)《崇仁县志》	豹	
	南城县	清同治十二年(1873)《南城县志》	豹	
	遂川县	清同治十二年(1873)《龙泉县志》	豹	
	永新县	清同治十三年(1874)《永新县志》	豹	
	永丰县	清同治十三年(1874)《永丰县志》	豹	
	永新县	清同治十三年(1874)《永新县志》	豹	
	吉水县	清光绪元年(1875)《吉水县志》	豹	
	临川区、崇仁县、乐安县、宜黄县、金溪县、东乡县	清光绪二年(1876)《抚州府志》	豹	
	龙南县	清光绪二年(1876)《龙南县志》	豹	
	婺源县等地	清光绪四年(1878)《安徽通志》	徽州府：豹	
	上犹县	清光绪十九年(1893)《上犹县志》	豹	
	崇义县	清光绪二十一年(1895)《崇义县志》	豹	
山东	章丘市	明嘉靖九年(1530)《章丘县志》	豹	
	枣庄市、滕州市、济宁市、曲阜市、兖州市、邹城市、鱼台县、金乡县、嘉祥县、微山县、汶上县、泗水县、梁山县、宁阳县、东平县、临邑县、郯城县、苍山县、费县、临沭县、牡丹区、单县、郓城县、曹县、定陶县、巨野县、成武县	万历二十四年(1596)《兖州府志》	土贡：豹皮七十张	

（续表）

省级政区	今　地　点	文　　献	内　　容	新方志出处
台湾	高雄县	1968年《高雄县志稿》	豹皮*	谢向岑等，1968
	台北市、基隆市、高雄市、台南市、台中市、新竹市、嘉义市、台北县、高雄县、台南县、台中县、新竹县、嘉义县、屏东县、台东县、花莲县、宜兰县、桃园县、苗栗县、彰化县、南投县、云林县、澎湖县	清康熙二十三年(1684)《澎湖，台湾纪略》	豹	
	台北市、基隆市、高雄市、台南市、台中市、新竹市、嘉义市、台北县、高雄县、台南县、台中县、新竹县、嘉义县、屏东县、台东县、花莲县、宜兰县、桃园县、苗栗县、彰化县、南投县、云林县、澎湖县	清康熙二十四年《台湾纪略(附澎湖)》	山无虎，但有豹，亦不噬人	
	台北市、基隆市、高雄市、台南市、台中市、新竹市、嘉义市、台北县、高雄县、台南县、台中县、新竹县、嘉义县、屏东县、台东县、花莲县、宜兰县、桃园县、苗栗县、彰化县、南投县、云林县、澎湖县	清康熙三十年(1691)《台湾府志》	金钱豹(似豹而小。搏鹿、豕以食，不啮人)	
	台北市、基隆市、高雄市、台南市、台中市、新竹市、嘉义市、台北县、高雄县、台南县、台中县、新竹县、嘉义县、屏东县、台东县、花莲县、宜兰县、桃园县、苗栗县、彰化县、南投县、云林县、澎湖县	清康熙三十四年(1695)《台湾府志》	金钱豹(似豹而小)	
	台北市、基隆市、高雄市、台南市、台中市、新竹市、嘉义市、台北县、高雄县、台南县、台中县、新竹县、嘉义县、屏东县、台东县、花莲县、宜兰县、桃园县、苗栗县、彰化县、南投县、云林县、澎湖县	清康熙五十一年(1712)《台湾府志》	金钱豹(似豹而小)	
	嘉义县	清康熙五十六年(1717)《诸罗县志》	豹*	
	高雄县	清康熙五十九年(1720)《凤山县志》	豹：似虎而小。陆玑疏云：毛赤而文，谓之赤豹。又有玄豹。古诗曰：饿狼食不足，饥豹食有余。言狼贪而豹廉也。本地所出，间或以二，不可多得	
	台北市、基隆市、高雄市、台南市、台中市、新竹市、嘉义市、台北县、高雄县、台南县、台中县、新竹县、嘉义县、屏东县、台东县、花莲县、宜兰县、桃园县、苗栗县、彰化县、南投县、云林县、澎湖县	清乾隆二年(1737)《福建通志》	台湾府：金钱豹(似豹而小)	

（续表）

省级政区	今地点	文献	内容	新方志出处
	台北市、基隆市、高雄市、台南市、台中市、新竹市、嘉义市、台北县、高雄县、台南县、台中县、新竹县、嘉义县、屏东县、台东县、花莲县、宜兰县、桃园县、苗栗县、彰化县、南投县、云林县、澎湖县	清乾隆六年(1741)《台湾府志》	金钱豹(似豹而小)	
	台北市、基隆市、高雄市、台南市、台中市、新竹市、嘉义市、台北县、高雄县、台南县、台中县、新竹县、嘉义县、屏东县、台东县、花莲县、宜兰县、桃园县、苗栗县、彰化县、南投县、云林县、澎湖县	清乾隆十二年(1747)《台湾府志》	艾叶豹(台产者稍大于犬而无害于人。或名之曰獐虎)	
	台中县	清乾隆十九年(1752)《台湾县志》	艾叶豹(稍大于犬，而无所害于人，或名之曰獐虎)	
	高雄县	清乾隆二十九年(1764)《凤山县志》	艾叶豹(稍大于犬，无害，人或名獐虎)	
	宜兰县	清道光十七年(1837)《噶玛兰志略》	金钱豹	
	宜兰县	清咸丰二年(1852)《噶玛兰厅志》	金钱豹(《本草·集解》:文如钱者，曰金钱豹，宜为裘)	
	新竹县	清同治十年(1871)《淡水厅志》	石豹(台山无虎，此别有一种)	
	台北市、基隆市、高雄市、台南市、台中市、新竹市、嘉义市、台北县、高雄县、台南县、台中县、新竹县、嘉义县、屏东县、台东县、花莲县、宜兰县、桃园县、苗栗县、彰化县、南投县、云林县、澎湖县	清光绪十六年(1890)《闽产录异》	艾叶豹*	
	苗栗县	清光绪十七年(1891)《苗栗县志》	石豹(尾长于身，骨圆。深山有重至八九十斤者，性猛过于石虎)	
	台北市、基隆市、高雄市、台南市、台中市、新竹市、嘉义市、台北县、高雄县、台南县、台中县、新竹县、嘉义县、屏东县、台东县、花莲县、宜兰县、桃园县、苗栗县、彰化县、南投县、云林县、澎湖县	清光绪二十年(1894)《台湾通志》	豹***、艾叶豹[斑驳可观，制裘者重直购之，然亦粗重不堪曳娄。惟野牛皮制衣，篋甚坚。台物以此为最(《海东札记》)]	
	台东县	清光绪二十年(1894)《台东州采访册》	豹	

（续表）

省级政区	今 地 点	文 献	内 容	新方志出处
	新竹县	清光绪二十年(1894)《树杞林志》	豹皮	
	台北市、基隆市、高雄市、台南市、台中市、新竹市、嘉义市、台北县、高雄县、台南县、台中县、新竹县、嘉义县、屏东县、台东县、花莲县、宜兰县、桃园县、苗栗县、彰化县、南投县、云林县、澎湖县	清光绪二十一年(1895)《台湾通志》	豹*	
	属苗栗县	清光绪二十三年(1897)《苑里志》	豹仔皮	

注：*表示详见正文。***表示本省级政区已有类似记录。

4.4 中南

历史时期，中南各省级行政区皆有豹类分布。

4.4.1 河南

河南省较早就有豹类栖息记录。

《山海经·中山经》记载：

又东北百二十里曰女几之山。其上多玉，其下多黄金。其兽多豹、虎，多闾、麋、麖、麂。

又西北一百里，曰堇理之山。其上多松、柏，多美梓，其阴多丹雘，多金。其兽多豹、虎。

又东南三十五里，曰即谷之山。多美玉，多多玄豹，多闾、麈，多麢、㚟。

按：此处的“女几之山”，似在今宜阳县西；“堇理之山”与“即谷之山”，似皆在内乡县。反映此二地曾有豹等多种野兽栖息。

清乾隆五十三年《杞县志》记述：

明……崇正[祯]……十六年癸未春正月，雷电大雨雪。是岁，县境皆水，村落一空，蓬苇，豹、狼、野猪之属皆生焉。

按：此处记载明崇祯十六年(1643)，当地因水灾而有豹等野兽横行。

4.4.2 湖北

湖北省历史上也有豹类分布记录。

《山海经·中山经》记载：

东北百里，曰荆山。其阴多铁，其阳多赤金。其中多牦牛，多豹虎。其木多松柏，其草多竹，多橘櫾。漳水出焉，而东南流注于睢，其中多黄金，多鲛鱼，其兽多闾麋。

又东百三十里，曰铜山。其上多金、银、铁，其木多穀、柞、柤、栗、橘、櫾，其兽多犳(豹)。

按：古籍中有多处“荆山”，此处似指南漳县西南，漳水发源地；“铜山”，在今麻城市。由此表明此二地曾多豹与虎等野生动物。

《太平寰宇记·江南西道·鄂州》记载：

樊姥庙西去州一百七十三里。《武昌记》云：孙权尝猎于樊口山，见一姥。问猎何物。答曰：得一豹。

按：据此表明，在三国吴时，今武汉市一带有豹分布。

清同治五年《来凤县志》记述：

豹：其花如钱，黑而小于虎文。文如钱者，曰金钱豹，宜为裘；如艾叶者，曰艾叶豹；次之毛赤，文黑，曰赤豹；毛白文黑，曰白豹。

按：据此表明，当地曾有金钱豹与云豹分布。其中所称“白豹”，似并非“豹类”。

清光绪二十年《利川县志》记述：

豹：别种曰马豹，犬喙，马尾，牛腰，豹爪，好食野猪。野猪尽，遂食牛、马。产忠路十五保。

按：我国猫科大型猛兽仅虎、“豹”，此处似为金钱豹。

4.4.3 湖南

历史上，湖南省有较多豹类分布记录。

清嘉庆二十三年《龙山县志》记述：

豹：陆玑《诗疏》：毛赤而文黑，谓之赤豹。毛白而文黑，谓之白豹。《正字通》：状似虎而小，面毛赤黄，文圜黑如钱，左右各为圈者四，故又名金钱豹，皮可为裘。

按：此处较确定的是有金钱豹。而所称“白豹”者，似非“豹”的食肉目野兽。

清同治七年《石门县志》记述：

豹：性暴，脊长毛赤黄，纹黑如钱而中空，比比相次。无纹者为土豹。《列子》：青宁生程，程生马。东胡谓失刺孙。有金钱豹、艾叶豹。西域有金线豹。海中有水豹。貘为白豹，能食铜铁。《淮南子》：蝟令虎申，蛇令豹止。

按：据此表明，当地有金钱豹与云豹。

清同治八年《慈利县志》记述：

豹：似虎而小，面白，身毛赤黄，文黑如钱，中五圈，左有[右]各四圈者，曰金钱豹，可为裘。如艾叶者，曰艾叶豹。

按：据此表明，当地有金钱豹与云豹，且可与毗邻的石门县相互印证。

清同治九年《祁阳县志》记述：

豹：状似虎而小。白面，团头，自惜其毛采。其文如钱者，曰金钱豹。如艾叶者，曰艾叶豹。皆可为裘。《禽虫述》云：虎生三子，一为豹。则豹有变者。

按：据描迟看，当地有金钱豹与云豹生息繁衍。

清同治十年《保靖县志》记述：

豹：陆玑《诗疏》。《正字通》：状似虎而小，面毛赤黄，文圈黑如钱，左右各为圈者四，故又名金钱豹。皮可为裘。

按：此处措述表明，当地有金钱豹分布。

清光绪十一年《耒阳县志》记述：

豹：《禽虫述》：虎生三子，一为豹。《字说》：豹性勺物而取，程度而食，故字从勺，又从程。《说文》：豹似虎，圜文。

按：此处主要是金钱豹的特征。

4.4.4　广东

广东省历史时期也有较多豹类分布记录。

明嘉靖三十六年（1557）《广东通志》“毛品”记载有“豹”。说明“豹”分布较普遍；当时“广东”辖境大于今广东省，还包括今香港、澳门与广西部分地区。

清雍正九年《揭阳县志》记载：

豹：豹似虎，为种不一。有金钱豹，有艾叶豹，有土豹、元豹、赤豹之异。

按：虽称有多种“豹”，但实际上仅有金钱豹与云豹。

清乾隆二十八年《潮州府志》记述：

《广志》：豹：色苍白，其皮温暖。潮郡诸山有金钱豹、艾叶豹、土豹、元豹、赤豹。

按：虽强调“潮郡诸山”有多种“豹”，但实际上只有金钱豹与云豹两种。

清道光十年《西宁县志》记述：

豹：状似虎而小。文散者，名艾叶豹。文如钱者，名金钱豹。亦食犬、豕，皮可为裘《容县志》。按：邑产同。

按：据此表明，当地有云豹与金钱豹。

清道光二十三年《英德县志》记述：

豹：小于虎，身有金钱斑点。属内近山常有。虎畏之，其山有豹则无虎，不咥人。虎生三子，必有一豹。

按：据此表明，当地有较多金钱豹栖息。

清宣统二年《南海县志》记述：

光绪二十年（1894）正月廿七日，下金瓯堡儒村冈背人余满在镇岭下突见虎从隔河竹林中出，直来攫噬，即凫水。虎相随跳下，被爪伤，没水得脱。有携竹篓临水取浮萍者见之，即将竹篓加头上奔呼打虎。乡人齐出，或用火枪轰之，机发不响，被爪伤臂。有余猷者，年方十六七，有武力。遇虎，遽取旧棺板掷击之，为所攫噬其手。乡人百余合围，持械纵击，遂擒之。重七八十斤，其文斑然，俗所谓金钱豹也。三人被伤，调治数月始愈。至今，人犹指霍港为打虎处云据《采访册》修。

按：前虽称虎，但据其“重七八十斤，其文斑然，俗所谓金钱豹也”描述，小于虎，又俗称“金钱豹”，且有擒获的实体，故应为金钱豹。

4.4.5　广西

广西壮族自治区历史上有较多豹类分布记录。

明嘉靖四十三年《南宁府志》记述：

豹：毛黄而文黑如钱。传曰：玄豹隐雾，欲泽其衣毛而成文然，能勺物而取犬，故名豹。

按：据描述看，是指金钱豹。

清光绪四年《新宁州志》记述：

虎：山岗时有之。豹，似虎，毛黄而文黑如钱。性忌虎，见之辄斗。跳跃便捷，虎甚畏之。

按：此处虽称虎，但从“毛黄而文黑如钱”及《罗城县志》与《三江县志》等的类似记述看，是描述金钱豹。

4.4.6　海南

海南省历史上也有不少豹类记录。

清乾隆三十九年《琼州府志》记述：

豹：如虎而小，白面，团头。其文如钱者曰金钱豹，如艾叶者曰艾豹。性畏蛇。《淮南子》云：蛇令豹止，物有所制也《本草纲目》。

按：据描述看，当地有金钱豹与云豹。

清乾隆五十七年《陵水县志》记述：

豹：如虎而小，团头。其文如钱者，曰金钱豹。如艾叶者，曰艾豹。性畏蛇。《淮南子》云：蛇令豹止，物有所制也。

按：由此表明当地曾有云豹与金钱豹。

清道光二十一年(1841)《琼州府志》记述：

豹：状如虎而小，白面，团头。其文如钱者，曰金钱豹；如艾叶者，曰艾叶豹。性畏蛇。《淮南子》云：蛇令豹止，物有所制也。

按：据此说明，曾有金钱豹与云豹。只是该府相当于今海南省，更具体的地点待查证。

清咸丰七年《琼山县志》记述：

豹：状似虎而小，白面，团头。其文如钱者，曰金钱豹。如艾叶者，曰艾叶豹。性畏蛇。《淮南子》云：蛇令豹止，物有所制也《本草纲目》。

按：此记述基本沿用《琼州府志》，表明当地有不止一种“豹”。

4.4.7 方志记载

尽管方志记载较简略，但可以反映不同时期中南多地豹类分布情况(表 16.5)。

表 16.5　方志记载 20 世纪前的中南豹类情况

省级政区	今地点	文献	内容	新方志出处
河南	商城县	明嘉靖三十年(1551)《商城县志》	豹	
	鲁山县	明嘉靖三十一年(1552)《鲁山县志》	豹	
	巩义市	明嘉靖三十四年(1555)《巩县志》	豹	
	光山县	明嘉靖三十五年(1556)《光山县志》	豹	
	邓州市、内乡县、淅川县、新野县	明嘉靖四十三年(1564)《邓州志》	有豹	
	潢川县、光山县、固始县、息县、商城县、新县、淮滨县等地	清顺治十六年(1659)《光州志》	豹	
	内乡县	清康熙三十二年(1693)《内乡县志》	豹	
	孟津县	清康熙四十八年(1709)《孟津县志》	豹(邑西山中间有之)	
	舞阳县、叶县、方城县	清康熙五十五年(1716)《裕州志》	豹	
	登封市、巩义市、湖滨区、义马市、灵宝市、渑池县、陕县、卢氏县、洛阳市、偃师市、孟津县、新安县、栾川县、嵩县、汝阳县、宜阳县、洛宁县、伊川县、舞阳县、平顶山市、舞钢市、汝州市、宝丰县、叶县、鲁山县、郏县、南阳市、邓州市、南召县、方城县、西峡县、镇平县、内乡县、淅川县、社旗县、唐河县、新野县、桐柏县、信阳市、息县、淮滨县、潢川县、光山县、固始县、商城县、罗山县、新县、驿城区、确山县、泌阳县、遂平县、西平县、上蔡县、汝南县、平舆县、新蔡县、正阳县等地	清雍正九年(1731)《河南通志》	豹(河南府深山有之，南，汝，陕，光各府，州亦有)	
	舞阳县、叶县、方城县	清乾隆五年(1740)《裕州志》	康熙……十四年，豹入城。街民击杀之	

（续表）

省级政区	今地点	文献	内容	新方志出处
	南召县	清乾隆十一年(1746)《南召县志》	豹[1]	
	渑池县	清乾隆十一年(1746)《渑池县志》	豹	
	汝阳县	清乾隆三十一年(1766)《伊阳县志》	豹	
	唐河县	清乾隆五十二年(1787)《唐县志》	无虎、豹[2]	
	杞县	清乾隆五十三年(1788)《杞县志》	豹*。	
	渑池县	清嘉庆十五年(1810)《渑池县志》	豹	
	辉县市	清道光十五年(1835)《辉县志》	豹	
	汝阳县	清道光十八年(1838)《伊阳县志》	豹	
	淅川县	清咸丰十年(1860)《淅川县志》	豹	
	灵宝市	清光绪二年(1876)《灵宝县志》	豹	
	宜阳县	清光绪七年(1881)《宜阳县志》	豹	
	金寨县、息县、淮滨县、潢川县、光山县、固始县、商城县、新县	清光绪十三年(1887)《光州志》	豹(小于虎。毛亦黄，其文黑如钱而空中)	
	卢氏县	清光绪十八年(1892)《卢氏县志》	豹	
	巩义市	民国二十六年(1937)《巩县志》	《旧志》有虎、豹各种，绝迹久矣	
湖北	宜昌市、宜都市、远安县、长阳土家族自治县	明弘治九年(1496)《夷陵州志》	豹	
	武汉市、黄州区、罗田县、团风县	明弘治十三年(1500)《黄州府志》	黄冈县：豹	
	广水市	明嘉靖十九年(1540)《应山县志》	豹	
	大冶市	明嘉靖十九年(1540)《大冶县志》	豹	
	罗田县	明嘉靖二十一年(1542)《罗田县志》	豹	
	秭归、巴东、兴山县	明嘉靖二十八年(1549)《归州全志》	豹	
	巴东县	明嘉靖三十年(1551)《巴东县志》	豹	
	宜城市	明嘉靖四十二年(1563)《宜城县志》	豹	
	兴山县、秭归县、巴东县	明嘉靖四十三年(1564)《归州志》	豹	
	荆门市、钟祥市、京山县、洪湖市、当阳市、仙桃市、天门市、潜江市	明万历三十年(1602)《承天府志》	豹	
	兴山县、秭归县、巴东县	明万历三十七年(1609)《归州志》	豹	
	钟祥市、应城市、安陆市、云梦县、大悟县、曾都区、广水市	清康熙八年(1669)《安陆府志》	豹	
	巴东县	清康熙二十二年(1683)《巴东县志》	豹	

（续表）

省级政区	今地点	文献	内容	新方志出处
	郧县、竹山县、房县、郧西县、竹溪县、保康县	清康熙二十四年(1685)《郧阳府志》	豹	
	郧县、竹山县、房县、郧西县、竹溪县、保康县	清雍正十年(1732)《湖广通志》	郧阳府：豹	
	鹤峰县	清乾隆六年(1741)《鹤峰州志》	豹	
	武汉市	清乾隆十二年(1747)《汉阳府志》	黄陂县：豹（尾贵而胎美）	
	荆门市、当阳市、远安县	清乾隆十九年(1754)《荆门州志》	豹	
	枣阳市	清乾隆二十七年(1762)《枣阳县志》	豹	
	鄂州市、黄石市、大冶市	清乾隆二十八年(1763)《武昌县志》	豹	
	宜昌市	清乾隆二十八年(1763)《东湖县志》	豹	
	竹山县	清乾隆五十年(1785)《竹山县志》	豹	
	钟祥市	清乾隆六十年(1795)《钟祥县志》	豹	
	建始县	清道光二十一年(1841)《建始县志》	豹远藏，今不常见	
	宣恩县	清同治二年(1863)《宣恩县志》	豹	
	安陆市	清道光二十三年(1843)《安陆县志》	豹	
	宜昌市、秭归县、兴山县、长阳土家族自治县、五峰土家族自治县、巴东县、鹤峰县	清同治三年(1864)《宜昌府志》	豹	
	宜昌市	清同治三年(1864)《东湖县志》	豹	
	恩施市	清同治三年(1864)《恩施县志》	豹	
	竹山县	清同治四年(1865)《竹山县志》	豹	
	房县	清同治四年(1865)《房县志》	豹	
	咸丰县	清同治四年(1865)《咸丰县志》	豹	
	当阳市	清同治五年(1866)《当阳县志》	豹	
	巴东县	清同治五年(1866)《巴东县志》	豹	
	宜都市	清同治五年(1866)《宜都县志》	豹	
	枝江市	清同治五年(1866)《枝江县志》	豹(邑西南山中有捕获者)	
	建始县	清同治五年(1866)《建始县志》	豹	
	赤壁市	清同治五年(1866)《蒲圻县志》	豹	
	崇阳县	清同治五年(1866)《崇阳县志》	豹	
	远安县	清同治五年(1866)《远安县志》	豹	

（续表）

省级政区	今地点	文献	内容	新方志出处
	长阳土家族自治县	清同治五年(1866)《长阳县志》	豹	
	来凤县	清同治五年(1866)《来凤县志》	豹*	
	郧西县	清同治五年(1866)《郧西县志》	豹、金钱豹、梅花豹、雨点豹、乌云豹、槲叶豹	
	郧县	清同治五年(1866)《郧县志》	豹	
	通城县	清同治六年(1867)《通城县志》	豹	
	大冶市	清同治六年(1867)《大冶县志》	《旧志》云：产虎、豹、鹿、獐，今宵然矣	
	钟祥市	清同治六年(1867)《钟祥县志》	豹	
	竹溪县	清同治六年(1867)《竹溪县志》	豹	
	谷城县	清同治六年(1867)《谷城县志》	豹	
	恩施市	清同治七年(1868)《恩施县志》	豹	
	通山县	清同治七年(1868)《通山县志》	豹	
	当阳市、远安县	清同治七年(1868)《荆门直隶州志》	远安：豹，当阳：豹	
	郧县	清同治九年(1870)《郧阳县志》	豹	
	武汉市	清同治十年(1871)《黄坡县志》	豹(尾至贵，胎至美)	
	襄樊市	清同治十三年(1874)《襄阳县志》	豹	
	五峰土家族自治县	清光绪元年(1875)《长乐县志》	豹	
	黄梅县	清光绪二年(1876)《黄梅县志》	豹	
	荆州市、石首市、松滋市、江陵县、公安县、監利县、枝江市、宜都市、远安县、兴山县、秭归县	清光绪六年(1880)《荆州府志》	豹	
	巴东县	清光绪六年(1880)《巴东县志》	豹	
	孝感市	清光绪八年(1882)《孝感县志》	豹	
	红安县	清光绪八年(1882)《黄安县志》	豹	
	兴山县	清光绪十年(1884)《兴山县志》	豹(邑旧多产豹，近亦少)	
	应城市、安陆市、云梦县、曾都区、广水市	清光绪十四年(1888)《德安府志》	豹(不常见)	
	利川市	清光绪二十年(1894)《利川县志》	豹*	

（续表）

省级政区	今地点	文献	内容	新方志出处
湖南	凤凰县、花垣县、保靖县、古丈县	明天顺五年(1461)《明一统志·保靖州军民宣慰使司》	豹(宣慰司境出)	
	张家界市、慈利县、桑植县、安乡县、澧县、临澧县、石门县、南县、岳阳市、临湘市、岳阳县、华容县、平江县	明弘治元年(1488)《岳州府志》	豹	
	祁东县、永州市、东安县、道县、宁远县、江永县、新田县、双牌县、祁阳县、江华瑶族自治县	明弘治七年(1494)《永州府志》	豹	
	湘阴县	明嘉靖四十四年(1565)《湘阴县志》	豹	
	邵阳市、武冈市、邵东县、邵阳县、新邵县、隆回县、洞口县、新宁县、城步苗族自治县、新化县	明隆庆元年(1567)《宝庆府志》	豹	
	郴州市、资兴市、宜章县、汝城县、桂东县、永兴县	明万历四年(1576)《郴州志》	豹	
	桃源县	明万历四年(1576)《桃源县志》	豹	
	新宁县	明万历三十四年(1606)《新宁县志》	豹	
	武冈市	清康熙二年(1663)《武冈州志》	豹	
	绥宁县、洪江县、会同县、靖州苗族侗族自治县、通道县	清康熙二十三年(1684)《靖州志》	豹	
	邵阳市、邵阳县	清康熙二十三年(1684)《邵阳县志》	豹	
	属永州市	清康熙二十三年(1684)《零陵县志》	豹	
	长沙市、浏阳市、长沙县、望城县、宁乡县、益阳市、桃江县、安化县、汨罗县、湘阴县、株洲市、醴陵市、株洲县、攸县、茶陵县、湘潭市、湘乡市、韶山市、湘潭县、涟源县、双峰县	清康熙二十四年(1685)《长沙府志》	豹	
	属张家界市	清康熙二十四年(1685)《永定卫志》	豹	
	临湘市	清康熙二十四年(1685)《临湘县志》	豹	
	郴州市、资兴市、宜章县、汝城县、桂东县、永兴县	清康熙二十四年(1685)《郴州总志》	豹	
	宁乡县	清康熙四十一年(1702)《宁乡县志》	豹	
	江永县	清康熙四十八年(1709)《永明县志》	豹	
	耒阳县	清康熙五十五年(1716)《耒阳县志》	豹	
	中方县	清雍正十一年(1733)《黔阳县志》	豹	
	吉首市	清乾隆四年(1739)《乾州志》	豹	

（续表）

省级政区	今地点	文献	内容	新方志出处
	岳阳市、临湘市、岳阳县、平江县、华容县	清乾隆十一年(1746)《岳州府志》	豹	
	长沙市、浏阳市、长沙县、望城县、宁乡县、益阳市、桃江县、安化县、汨罗县、湘阴县、株洲市、醴陵市、株洲县、攸县、茶陵县、湘潭市、湘乡市、韶山市、湘潭县、涟源县、双峰县	清乾隆十二年(1747)《长沙府志》	豹	
	平江县	清乾隆八年(1755)《平江县志》	豹	
	湘潭市、韶山市、湘潭县	清乾隆二十一年(1756)《湘潭县志》	豹	
	中方县、麻阳县、芷江侗族自治县	清乾隆二十三年(1758)《沅州府志》	豹	
	衡阳市、衡阳县	清乾隆二十六年(1761)《衡阳县志》	豹	
	永兴县	清乾隆二十七年(1762)《永兴县志》	豹	
	炎陵县、衡阳市、常宁市、耒阳市、衡南县、衡山县、衡东县、安仁县	清乾隆二十八年(1763)《衡州府志》	豹	
	属衡阳市	清乾隆二十八年(1763)《清泉县志》	豹	
	沅陵县、辰溪县、溆浦县、泸溪县	清乾隆三十年(1765)《辰州府志》	豹	
	祁阳县	清乾隆三十六年(1771)《祁阳县志》	豹	
	永顺县	清乾隆五十八年(1793)《永顺县志》	豹	
	桂阳县	清嘉庆七年(1802)《桂阳县志》	豹	
	汉寿县	清嘉庆十九年(1814)《龙阳县志》	豹	
	宜章县	清嘉庆二十年(1815)《宜章县志》	豹	
	长沙市	清嘉庆二十二年(1817)《长沙县志》	豹(间有)	
	武冈市	清嘉庆二十二年(1817)《武冈州志》	豹	
	临武县	清嘉庆二十二年(1817)《临武县志》	豹	
	龙山县	清嘉庆二十三年(1818)《龙山县志》	豹	
	安仁县	清嘉庆二十四年(1819)《安仁县志》	豹	
	郴州市、资兴市、宜章县、汝城县、桂东县、永兴县	清嘉庆二十五年(1820)《郴州总志》	豹	
	辰溪县	清道光元年(1821)《辰溪县志》	豹(……邑产名金钱豹……)	
	新宁县	清道光三年(1823)《新宁县志》	豹(长尾，斑文。捷于虎。齿、骨■坚，火不能烧)	
	张家界市	清道光三年(1823)《永定县志》	豹	

（续表）

省级政区	今地点	文献	内容	新方志出处
	新晃侗族自治县	清道光五年(1825)《晃州厅志》	豹	
	祁东县、永州市、东安县、道县、宁远县、江永县、新田县、双牌县、祁阳县、江华瑶族自治县	清道光八年(1828)《永州府志》	府境昔时草木榛芜，山径险阻，虎豹豺狼所在多有	
	新化县	清道光十二年(1832)《新化县志》	豹	
	邵阳市、武冈市、邵东县、邵阳县、新邵县、隆回县、洞口县、新宁县、城步苗族自治县、冷水江市、新化县	清道光二十九年(1849)《宝庆府志》	豹	
	隆回县	清咸丰三年(1853)《南高平物产记》	豹(《本草衍义》:“豹，毛赤黄，文黑如钱，比比相次。皮中为裘”)	
	桂东县	清咸丰九年(1859)《桂东县志》	豹	
	嘉禾县	清同治二年(1863)《嘉禾县志》	豹	
	桂东县	清同治五年(1866)《桂东县志》	豹	
	桂阳县	清同治六年(1867)《桂阳县志》	豹	
	绥宁县	清同治六年(1867)《绥宁县志》	豹	
	城步苗族自治县	清同治七年(1868)《城步县志》	豹	
	石门县	清同治七年(1868)《石门县志》	豹*	
	慈利县	清同治八年(1869)《慈利县志》	豹*	
	安仁县	清同治八年(1869)《安仁县志》	豹	
	张家界市	清同治八年(1869)《永定县志》	豹	
	张家界市、慈利县、津市市、安乡县、澧县、临澧县、石门县、南县	清同治八年(1869)《澧州志》	豹	
	临澧县	清同治八年(1869)《安福县志》	豹	
	龙山县	清同治九年(1870)《龙山县志》	豹	
	江华瑶族自治县	清同治九年(1870)《江华县志》	豹	
	祁阳县	清同治九年(1870)《祁阳县志》	豹*	
	常宁市	清同治九年(1870)《常宁县志》	豹	
	芷江侗族自治县	清同治九年(1870)《芷江县志》	豹	
	攸县	清同治十年(1871)《攸县志》	豹	
	保靖县	清同治十年(1871)《保靖县志》	豹*	
	桑植县	清同治十一年(1872)《桑植县志》	豹(改土初，颇多。今内半县间有之)	

（续表）

省级政区	今地点	文献	内容	新方志出处
	新化县	清同治十一年(1872)《新化县志》	豹	
	吉首市	清同治十一年(1872)《乾州厅志》	豹	
	炎陵县	清同治十二年(1873)《酃县志》	豹	
	浏阳市	清同治十二年(1873)《浏阳县志》	豹	
	鹤城区、中方县、芷江侗族自治县、麻阳苗族自治县	清同治十二年(1873)《沅州府志》	豹	
	桑植县、保靖县、古丈县、永顺县、龙山县	清同治十二年(1873)《永顺府志》	豹	
	平江县	清同治十三年(1874)《平江县志》	豹	
	麻阳苗族自治县	清同治十三年(1874)《麻阳县志》	豹	
	益阳市	清同治十三年(1874)《益阳县志》	豹	
	资兴市	清光绪元年(1875)《兴宁县志》	豹	
	衡山县	清光绪元年(1875)《衡山县志》	豹	
	汉寿县	清光绪元年(1875)《龙阳县志》	豹	
	永州市	清光绪二年(1876)《零陵县志》	豹	
	长沙市、长沙县	清光绪三年(1877)《善化县志》	豹	
	道县	清光绪三年(1877)《道州志》	豹	
	龙山县	清光绪四年(1878)《龙山县志》	豹	
	绥宁县、洪江县、会同县、靖州苗族侗族自治县、通道县	清光绪五年(1879)《靖州直隶州志》	豹	
	永兴县	清光绪九年(1883)《永兴县志》	豹	
	祁东县、永州市、东安县、道县、宁远县、江永县、新田县、双牌县、祁阳县、江华瑶族自治县、桑植县、保靖县、古丈县、永顺县、龙山县	清光绪十一年(1885)《湖南通志》	永州府：豹，永顺府：豹	
	耒阳市	清光绪十一年(1885)《耒阳县志》	豹*	
	桃源县	清光绪十八年(1892)《桃源县志》	豹***	
	临湘市	清光绪十八年(1892)《临湘县志》	豹	
	新宁县	清光绪十九年(1893)《新宁县志》	豹	
广东	增城市	明嘉靖十七年(1538)《增城县志》	金钱豹(似虎而小，尾长于躯。猛力，能跳踯。色黄，间有黑点如钱大)	
	南雄市、始兴县	明嘉靖二十一年(1542)《南雄府志》	豹	

（续表）

省级政区	今地点	文献	内容	新方志出处
	新丰县、源城区、紫金县、龙川县、连平县、和平县、东源县、兴宁市、五华县、城区、陆丰市、海丰县、陆河县、惠州市、博罗县、惠东县	明嘉靖二十一年(1542)《惠州府志》	豹	
	封开县、德庆县	明嘉靖二十五年(1546)《德庆州志》	有豹	
	兴宁市	明嘉靖三十一年(1552)《兴宁县志》	豹	
	湘桥区	明隆庆六年(1572)《潮阳县志》	文豹	
	茂名市、化州市、信宜市、高州市、电白县、吴川市、廉江市	明万历(1573～1620)《高州府志》	豹	
	广州市、增城市、从化市、清城区、连州市、佛冈县、阳山县、清新县、连山壮族瑶族自治、连南瑶族自治县、龙门县、东莞市、深圳市、珠海市、中山市、江门市、恩平市、台山市、开平市、鹤山市、佛山市、英德市、韶关市、乐昌市、仁化县、翁源县、乳源瑶族自治县、南雄市，辖今南雄市、始兴县、惠州市，辖今新丰县、源城区、紫金县、龙川县、连平县、和平县、东源县、兴宁市、五华县、城区、陆丰市、海丰县、陆河县、惠州市、博罗县、惠东县、梅江区、梅县、大埔县、丰顺县、平远县、蕉岭县、湘桥区、潮安县、饶平县、汕头市、南澳县、榕城区、普宁市、揭东县、揭西县、惠来县、肇庆市、高要市、四会市、广宁县、封开县、德庆县、新兴县、江城区、阳春市、阳西县、阳东县、茂名市、化州市、信宜市、高州市、电白县、吴川市、廉江市、湛江市、雷州市、遂溪县、徐闻县、云城区、罗定市、云安县、郁南县等地	明万历二十九年(1601)《广东通志》	广州府：有豹，韶州府：有豹，南雄府：有豹，惠州府：有豹，潮州府：有豹，肇庆府：有豹，高州府：有豹，雷州府：多豹，罗定州：有豹	
	湛江市、雷州市、遂溪县、徐闻县	明万历四十二年(1614)《雷州府志》	豹	
	兴宁市	明崇祯十年(1637)《兴宁县志》	豹	
	阳山县	清顺治十五年(1658)《阳山县志》	豹	
	五华县	清康熙二年(1663)《长乐县志》	豹	
	茂名市、化州市、信宜市、高州市、电白县、吴川市、廉江市	清康熙十一年(1672)《高州府志》	豹	
	湛江市、雷州市、遂溪县、徐闻县	清康熙十一年(1672)《雷州府志》	豹	
	翁源县	清康熙二十五年(1686)《翁源县志》	豹	
	乳源瑶族自治县	清康熙二十五年(1686)《乳源县志》	豹	

（续表）

省级政区	今地点	文献	内容	新方志出处
	增城市	清康熙二十五年(1686)《增城县志》	豹	
	属大埔县	清康熙二十五年(1686)《埔阳县志》	豹	
	属广州市	清康熙二十六年(1687)《花县志》	豹	
	兴宁市	清康熙二十六年(1687)《兴宁县志》	豹	
	云城区、罗定市、云安县、郁南县	清康熙二十六年(1687)《罗定州志》	豹	
	乳源瑶族自治县	清康熙二十六年(1687)《乳源县新志》	豹	
	阳春市	清康熙二十六年(1687)《阳春县志》	豹	
	江城区	清康熙二十七年(1688)《阳江县志》	豹	
	江门市	清康熙二十九年(1690)《新会县志》	豹	
	佛山市	清康熙三十年(1691)《南海县志》	有豹	
	从化市	清康熙四十九年(1710)《从化县志》	豹	
	从化市	清雍正八年(1730)《从化县新志》	豹	
	源城区、连平县、和平县	清雍正八年(1730)《连平州志》	豹	
	榕城区	清雍正九年(1731)《揭阳县志》	豹*	
	普宁市	清乾隆十年(1745)《普宁县志》	豹	
	陆丰市	清乾隆十四年(1749)《陆丰县志》	豹	
	海丰县	清乾隆十五年(1750)《海丰县志》	豹	
	南雄市	清乾隆十八年(1753)《保昌县志》	豹	
	鹤山市	清乾隆十九年(1754)《鹤山县志》	豹	
	梅江区、梅县、大埔县、丰顺县、平远县、蕉岭县、湘桥区、潮安县、饶平县、汕头市、南澳县、榕城区、普宁市、揭东县、揭西县、惠来县	清乾隆二十八年(1763)《潮州府志》	《广志》：豹*	
	博罗县	清乾隆二十八年(1763)《博罗县志》	豹	
	梅江区、梅县、大埔县、丰顺县、平远县、蕉岭县、湘桥区、潮安县、饶平县、汕头市、南澳县、榕城区、普宁市、揭东县、揭西县、惠来县	清乾隆四十年(1775)《潮州府志》	潮郡诸山有金钱豹，艾叶豹，土豹，元豹，赤豹	
	惠州市	清乾隆四十八年(1783)《归善县志》	豹	
	增城市	清嘉庆二十五年(1820)《增城县志》	豹	
	翁源县	清嘉庆二十五年(1820)《翁源县志》	豹(岁不常有)	
	紫金县	清道光二年(1822)《永安县志》	豹	
	南雄市、始兴县	清道光四年(1824)《直隶南雄州志》	豹	

（续表）

省级政区	今地点	文献	内容	新方志出处
	广宁县	清道光四年(1824)《广宁县志》	豹	
	云城区	清道光四年(1824)《东安县志》	豹	
	恩平县	清道光五年(1825)《恩平县志》	豹(金钱豹。皮为裀褥,甚佳)	
	电白县	清道光五年(1825)《电白县志》	豹	
	郁南县	清道光十年(1830)《西宁县志》	豹*	
	鹤山市、恩平市、开平市、佛山市、肇庆市、高要市、四会市、广宁县、德庆县、封开县、新兴县、江城区、阳春市、阳西县、阳东县	清道光十三年(1833)《肇庆府志》	豹	
	化州市	清道光十四年(1834)《化州志》	豹	
	连山壮族瑶族自治县	清道光十七年(1837)《连山绥猺厅志》	豹(今人稠,木伐,无虎、豹)	
	佛冈县	清道光二十二年(1842)《佛冈县直隶军民厅志》	豹	
	英德市	清道光二十三年(1843)《英德县志》	豹*	
	五华县	清道光二十三年(1843)《长乐县志》	豹	
	遂溪县	清道光二十八年(1848)《遂溪县志》	豹	
	佛冈县	清咸丰元年(1851)《佛冈厅志》	豹	
	兴宁市	清咸丰六年(1856)《兴宁县志》	豹	
	连州市、阳山县、连南瑶族自治县	清同治九年(1870)《连州志》	豹	
	属广州市	清同治十年(1871)《番禺县志》	豹	
	乐昌市	清同治十年(1871)《乐昌县志》	豹	
	怀集县等地	清同治十二年(1873)《梧州府志》	豹	
	海丰县	清同治十二年(1873)《海丰县志》	豹(数年,虎豹之患皆多)	
	英德市、韶关市、乐昌市、仁化县、翁源县、乳源瑶族自治县	清同治十三年(1874)《韶州府志》	豹(小于虎,身有金钱斑点。虎生三子,必有一豹)	
	新丰县、源城区、紫金县、龙川县、连平县、和平县、东源县、城区、陆丰市、海丰县、陆河县、惠州市、博罗县、惠东县	清光绪三年(1877)《惠州府志》	豹	
	新丰县、源城区、紫金县、龙川县、连平县、和平县、东源县、城区、陆丰市、海丰县、陆河县、惠州市、博罗县、惠东县	清光绪七年(1881)《惠州府志》	豹	

（续表）

省级政区	今地点	文献	内容	新方志出处
	丰顺县	清光绪十年(1884)《丰顺县志》	豹	
	茂名市	清光绪十四年(1888)《茂名县志》	虎(县东北近山处多有。……小者,曰豹……《采访册》)	
	吴川市	清光绪十四年(1888)《吴川县志》	明……万历……二十八年庚子春正月,城外下郭有豹至	
	电白县	清光绪十四年(1888)《电白县志》	豹	
	茂名市、化州市、信宜市、高州市、电白县、吴川市、廉江市	清光绪十五年(1889)《高州府志》	虎(郡东西北近山处甚多。……小者,曰豹)	
	揭阳县	清光绪十六年(1890)《揭阳县续志》	豹(似虎而小,有圆斑。山中亦间有之)	
	化州市	清光绪十六年(1890)《化州志》	豹	
	信宜市	清光绪十七年(1891)《信宜县志》	豹	
	临高县	清光绪十八年(1892)《临高县志》	豹(纹如艾叶者居多)	
	台山市	清光绪十九年(1893)《新宁县志》	豹	
	属佛山市	清宣统二年(1910)《南海县志》	金钱豹(1894)*	
	遂溪县	清光绪二十一年(1895)《遂溪县志》	豹	
	四会市	清光绪二十二年(1896)《四会县志》	豹	
	梅江区、兴宁市、梅县、蕉岭县、五华县、平远县	清光绪二十四年(1898)《嘉应州志》	豹	
广西	南宁市、横县、隆安县、上思县、扶绥县、平果县	明嘉靖十七年(1538)《南宁府志》	豹	
	钦州市、灵山县	明嘉靖十八年(1539)《钦州志》	豹	
	南宁市、横县、隆安县、上思县、扶绥县、平果县	明嘉靖四十三年(1564)《南宁府志》	豹*	
	江州区、大新县	明万历三年(1575)《太平府志》	豹(似虎而小)	
	宾阳县	明万历十五年(1587)《宾州志》	豹	
	钦州市、灵山县、浦北县、北海市、合浦县、防城港市、东兴市等地	明万历二十九年(1601)《广东通志》	廉州府:有豹	
	钦州市、灵山县、浦北县、北海市、合浦县、防城港市、东兴市	明崇祯十年(1637)《廉州府志》	豹	
	南宁市、横县、隆安县、上思县、扶绥县、平果县	明崇祯十三年(1640)《南宁府志》	豹***	

（续表）

省级政区	今地点	文献	内容	新方志出处
广西	全州县	清康熙二十八年(1689)《全州志》	豹	
	西林县	清康熙五十七年(1718)《西林县志》	豹	
	钦州市、灵山县、浦北县、北海市、合浦县	清康熙六十年(1721)《廉州府志》	豹	
	灵山县	清雍正十一年(1733)《灵山县志》	豹	
	岑溪市	清乾隆四年(1739)《岑溪县志》	豹	
	梧州市、岑溪市、苍梧县、藤县、容县等地	清乾隆十年(1745)《梧州府志》	豹	
	柳州市	清乾隆二十九年(1764)《马平县志》	豹	
	柳州市	清乾隆二十九年(1764)《柳州县志》	豹	
	兴业县	清乾隆四十三年(1778)《兴业县志》	豹	
	龙胜各族自治县	清道光二十六年(1846)《龙胜厅志》	豹	
	藤县	清同治七年(1868)《藤县志》	豹	
	梧州市、岑溪市、苍梧县、藤县、容县等地	清同治十二年(1873)《梧州府志》	豹	
	扶绥县	清光绪四年(1878)《新宁州志》	豹	
	北流市	清光绪六年(1880)《北流县志》	豹(出邑中深山。山人每设陷进获之)	
	平乐县	清光绪十年(1884)《平乐县志》	豹	
	富川瑶族自治县	清光绪十六年(1890)《富川县志》	豹	
	右江区	清光绪十七年(1891)《百色厅志》	豹	
	天等县、德保县、靖西县、那坡县	清光绪十八年(1892)《镇安府志》	豹(各州县出《旧志》)	
	玉州区、北流市、兴业县、陆川县、博白县	清光绪二十年(1894)《郁林州志》	豹(最多。近年常日伏路旁,夜或冲门入室攫食人畜)	
	容县	清光绪二十三年(1897)《容县志》	豹(状似虎而小散者,名艾叶豹。文如钱者,名金钱豹,亦食犬豕。皮可为裘)	
	田阳县	1999年《田阳县志》	豹(在清代以前,田阳县境有不少连片天然林,尤其边远林区,古木参天,经常出没)	田阳县志编纂委员会,1999

（续表）

省级政区	今地点	文献	内容	新方志出处
海南	三亚市、万宁市、儋州市	明正德六年(1511)《琼台志》	豹(有曰土,曰金钱,曰艾叶数种;出儋,崖,万深山中,不嗜人)	
	海口市、三亚市、文昌市、琼海市、万宁市、五指山市、东方市、儋州市、临高县、澄迈县、定安县、屯昌县、昌江黎族自治县、白沙黎族自治县、琼中黎族苗族自治县、陵水黎族自治县、保亭黎族苗族自治县、乐东黎族自治县	明万历二十九年(1601)《广东通志》	琼州府:有豹	
	海口市、三亚市、文昌市、琼海市、万宁市、五指山市、东方市、儋州市、临高县、澄迈县、定安县、屯昌县、昌江黎族自治县、白沙黎族自治县、琼中黎族苗族自治县、陵水黎族自治县、保亭黎族苗族自治县、乐东黎族自治县	明万历年(1573～1620)《琼州府志》	豹	
	琼海市	清康熙八年(1669)《乐会县志》	豹	
	海口市	清康熙四十七年(1708)《琼山县志》	豹	
	海口市、三亚市、文昌市、琼海市、万宁市、五指山市、东方市、儋州市、临高县、澄迈县、定安县、屯昌县、昌江黎族自治县、白沙黎族自治县、琼中黎族苗族自治县、陵水黎族自治县、保亭黎族苗族自治县、乐东黎族自治县	清乾隆三十九年(1774)《琼州府志》	豹*	
	陵水黎族自治县	清乾隆五十七年(1792)《陵水县志》	豹*	
	万宁市	清道光八年(1828)《万州志》	豹	
	海口市、三亚市、文昌市、琼海市、万宁市、五指山市、东方市、儋州市、临高县、澄迈县、定安县、屯昌县、昌江黎族自治县、白沙黎族自治县、琼中黎族苗族自治县、陵水黎族自治县、保亭黎族苗族自治县、乐东黎族自治县	清道光二十一年(1841)《琼州府志》	豹***	
	属海口市	清咸丰七年(1857)《琼山县志》	豹*	
	定安县	清光绪四年(1878)《定安县志》	豹(文如钱者,曰金钱豹。如艾叶者,曰艾豹。性畏蛇)	
	临高县	清光绪十八年(1892)《临高县志》	豹(纹如艾叶者居多)	
香港	香港等地	明万历二十九年(1601)《广东通志》	广州府:有豹	
澳门	澳门等地	明万历二十九年(1601)《广东通志》	广州府:有豹	

注：*表示详见正文。***表示本省级政区已有类似记录。①注释原文不清晰。②亦即曾有豹。

4.5 西南

历史时期，西南各省级政区皆有豹类分布。

4.5.1 重庆

重庆市较早就有豹类记录。

《山海经·中山经》记载：

又东一百五十里，曰风雨之山。其上多白金，其下多石涅，其木多棷、椫，多杨。宣余之水出焉，东流注于江。其中多蛇。其兽多闾、麋，多麈、豹、虎。

按：此“风雨之山”，似指巫山县之巫山。反映曾多有豹、虎、鹿科动物等分布。

清光绪十九年《巫山县志》记述：

豹：似虎而圈文花如钱黑，而小于虎。《禽虫述》云：虎生三子，一为豹。

按：据此表明，当地分布的是金钱豹。

4.5.2 四川

四川省也较早有豹类栖息的记录。

《山海经·中山经》记载：

中次九经，岷山之首，曰女几之山。其上多石涅，其木多杻、橿，其草多菊、茱。洛水出焉，东注于江。其中多雄黄，其兽多虎、豹。

按：此“女几之山”，似为什邡市、绵竹市、茂县一带的九顶山，说明曾有较多的虎、豹分布。

（宋）黄休复《茅亭客话》记载：“陵州铁炉山有青豹子”。

按：所称“陵州”，即今仁寿县，反映曾有豹栖息。

清嘉庆二十三年《邛州直隶州志》记述：

豹：《说文》：豹似虎，圜文，黄黑如钱者，曰金钱豹，宜为裘。如艾叶者，曰艾叶豹。又西域有金线豹，其文如金线。

按：据此表明，当地有金钱豹与云豹繁衍生息。

清咸丰九年《邛嶲野录》记述：

豹：《府志》：西昌、冕宧[冕宁]俱产。《会理州志》：州产。按：别名曰程，曰失剌孙。状似虎而小，白面团头，毛赤黄色，其文黑如钱而中亦比比相次。《冕宧[冕宁]县志》：金钱为上，艾叶次之。

按：据此说明，当地有金钱豹与云豹。但其中似有非“豹”记述。

4.5.3 贵州

历史上，贵州省有较多豹类记录。

清《贵州通志·地理·山川·遵义府·正安州》记载：

豹子山：在旧州北八里，多产豹。虽晴明，亦常有雾。

按：所谓“正安州”，乃今正安县。说明当地曾有较多豹类分布。

清道光二十一年《遵义府志》记载有：

虎：……《觉轩杂著》：俗言，三虎一豹，常疑之。近地线鸡水有虎乳子山洞中。其母觅食，村为不宁。村人乘母出，至洞缚二子置树颠。其母至，咆吼，掘树。以此知，虎生子无多，大约每乳一虎、一豹云。

山水豹：《居易录》：李刑部又云：遵义有山水豹，皮有斑文，自然成山水形，宛如图画。

松花豹：《仁怀物产记》：友人刘君得一皮，其章如鼠而状似豹差小，名曰松花豹。盖《尔雅》豹鼠也。

按：此处所称“山水豹”，当是今云豹，“松花豹”与“豹”皆金钱豹，说明这一带不止一种“豹”。

4.5.4 云南

历史时期，云南省有不少豹类分布记录。

清嘉庆十三年（1808）《滇系·赋产》在“常产·毛之属”中即记载有“獐（麝）、麂、兔、鹿、麋、猿、猴、虎、豹、熊、豺、狼、獭、狐、狸、麢羊、野猪、蝟、鼠”等。

按：《滇系》是一部补充《云南通志》的志书，“常产”表明是全省较普遍分布的物种，所列举的“豹”当不止金钱豹一种。

清《云南通志》记载：

万历……二十一年，……豹入临安南门。

康熙……十九年，……豹入禄劝城。

按：所称“临安”，乃今建水县；“禄劝”，即今禄劝彝族苗族自治县。表明在明万历二十一年（1601）与清康熙十九年（1680）分别出现“豹”进入城市的异常情况。

4.5.5 方志记载

尽管方志记载较简略，但可以反映不同时期西南多地豹类分布情况（表 16.6）。

表 16.6　　方志记载 20 世纪前的西南豹类情况

省级政区	今地点	文献	内容	新方志出处
重庆	涪陵区	清康熙五十四年(1715)《涪州志》	豹	
	石柱土家族自治县	清道光二十三年(1843)《石柱厅志》	豹(二种)	
	江北区	清道光二十四年(1844)《江北厅志》	豹(健猛不减于虎,毛赤黄,其文黑如钱。张关、铁山等处隐焉)	
	城口县	清道光二十四年(1844)《城口厅志》	豹(……又,厅境有黑圜文者,名铁钱豹。黄圜者,名金钱豹)	
	綦江县	清同治二年(1863)《綦江县志》	豹	
	黔江区、彭水县、酉阳土家族苗族自治县、秀山土家族苗族自治县	清同治三年(1864)《酉阳直隶州总志》	豹(有金钱、艾叶等名,以毛彩分也)	
	万州区	清同治五年(1866)《万县志》	豹(殆非常产,县境举目皆山,在昔,荒芜尚或藏纳)	
	涪陵区	清同治九年(1870)《涪州志》	豹	
	巫溪县	清光绪十二年(1886)《大宁县志》	豹(《说文》:似虎,圜文,隐深山中。近年常来平地攫人羊、豕)	
	奉节县	清光绪十九年(1893)《奉节县志》	豹	
	巫山县	清光绪十九年(1893)《巫山县志》	豹*	
	梁平县	清光绪二十年(1894)《梁山县志》	豹	
	黔江区	清光绪二十年(1894)《黔江县志》	豹(有金钱、艾叶等名)	
四川	沐川县、马边彝族自治县、屏山县、美姑县、金阳县、雷波县	明嘉靖三十四年(1555)《马湖府志》	豹	
	洪雅县	明嘉靖四十一年(1562)《洪雅县志》	有豹	
	成都市、都江堰市、彭州市、崇州市、金堂县、双流县、郫县、蒲江县、新津县、绵阳市、安县、旌阳区、什邡市、广汉市、绵竹市、资中县、雁江区、简阳市、仁寿县、汶川县、理县、茂县	明天启元年(1621)《成都府志》	豹	
	峨眉山市	清康熙十一年(1672)《峨眉山志》	豹(年年有迹于峰顶,不见其形)	
	攀枝花市等地	清康熙(1662～1722)《楚雄府志》	豹	
	江油市、平武县、北川羌族自治县、青川县	清雍正七年(1729)《四川通志》	龙安府:豹	
	通川区、达县	清乾隆七年(1742)《直隶达州志》	豹	
	通川区、达县	清乾隆十二年(1747)《直隶达州志》	豹	
	隆昌县	清乾隆二十九年(1764)《隆昌县志》	豹	

（续表）

省级政区	今地点	文献	内容	新方志出处
	屏山县	清乾隆四十三年(1778)《屏山县志》	豹	
	东坡区、彭山县、丹棱县、青神县	清嘉庆五年(1800)《眉州属志》	豹	
	马边彝族自治县	清嘉庆十年(1805)《马边厅志略》	豹	
	洪雅县	清嘉庆十八年(1813)《洪雅县志》	豹	
	峨眉山市	清嘉庆十八年(1813)《峨眉县志》	豹	
	江油市、平武县、北川羌族自治县、青川县	清嘉庆二十一年(1816)《四川通志》	龙安府:豹	
	邛崃市、蒲江县、大邑县	清嘉庆二十三年(1818)《邛州直隶州志》	豹*	
	茂县、汶川县	清道光十一年(1831)《茂州志》	豹则间有之	
	北川羌族自治县	清道光十四年(1834)《石泉县志》	豹	
	邻水县	清道光十五年(1835)《邻水县志》	豹	
	江油市、平武县、北川羌族自治县、青川县	清道光二十一年(1841)《龙安府志》	豹	
	通江县	清道光二十八年(1848)《通江县志》	豹	
	冕宁县	清咸丰七年(1857)《冕宁县志》	豹(金钱为上,艾叶次之)	
	米易县、盐边县、西昌市、盐源县、德昌县、会理县、会东县、宁南县、普格县、布拖县、金阳县、昭觉县、喜德县、冕宁县、越西县、甘洛县、木里县	清咸丰九年(1859)《邛嶲野录》	豹*	
	天全县	清咸丰(1851～1861)《天全州志》	豹	
	邻水县	1991年《邻水县志》	清咸丰《华蓥山志》:豹	四川省邻水县地方志编纂委员会,1991
	威远县、乐山市、峨眉山市、夹江县、犍为县、峨边彝族自治县、荣县、洪雅县	清同治三年(1864)《嘉定府志》	豹	
	高县	清同治五年(1866)《高县志》	豹	
	营山县	清同治九年(1870)《营山县志》	豹	
	筠连县	清同治十二年(1873)《筠连县志》	豹狗	
	越西县	清同治十三年(1874)《越嶲厅志》	豹	
	江油市	清同治十三年(1874)《彰明县志》	豹	
	会理县	清同治十三年(1874)《会理州志》	豹***	
	属丹巴县	清同治十三年(1874)《章谷屯志略》	豹(虽多,无敢公然为害)	
	岳池县	清光绪元年(1875)《岳池县志》	豹	
	彭州市	清光绪四年(1878)《彭县志》	豹(多在前山。有艾叶、金钱两色。艾叶者尤猛)	
	珙县	清光绪九年(1883)《珙县志》	豹(今少)	

（续表）

省级政区	今地点	文献	内容	新方志出处
	雷波县	清光绪十九年(1893)《雷波厅志》	豹	
	盐源县	清光绪二十年(1894)《盐源县志》	豹(金钱为上，艾叶次之)	
	自贡市、富顺县、隆昌县、沐川县、马边彝族自治县、翠屏区、宜宾县、南溪县、珙县、长宁县、高县、筠连县、屏山县、美姑县、雷波县	清光绪二十一年(1895)《叙州府志》	豹	
	郫县	1989年《郫县志》	豹(汉·扬雄《蜀都赋》和晋·常璩《华阳国志》)	四川省郫县志编纂委员会，1989
贵州	务川仡佬族苗族自治县、德江县、思南县、印江土家族苗族自治县、沿河土家族自治县	明嘉靖十六年(1537)《思南府志》	豹	
	盘县、兴义市、普安县、安龙县	明嘉靖二十八年(1549)《普安州志》	豹	
	贵阳市、开阳县、修文县、息烽县、钟山区、水城县、大方县、黔西县、金沙县、织金县、纳雍县、长顺县、惠水县、玉屏侗族自治县、岑巩县、务川仡佬族苗族自治县、思南县、德江县、印江土家族苗族自治县、沿河土家族自治县、施秉县、三穗县、镇远县、铜仁市、江口县、松桃苗族自治县、万山特区、锦屏县、黎平县、从江县、惠水县、凯里市、麻江县、都匀市、独山县、平塘、三都水族自治县	明嘉靖三十四年(1555)《贵州通志》	宣慰司、思州府、思南府、镇远府、铜仁府、黎平府、程番府、都匀府：豹	
	贵阳市、开阳县、修文县、息烽县、钟山区、水城县、大方县、黔西县、金沙县、织金县、纳雍县、长顺县、惠水县	明万历二十五年(1597)《贵州通志》	贵阳府：豹	
	余庆县	清康熙五十六年(1717)《余庆县志》	豹	
	贵阳市、开阳县、修文县、息烽县、钟山区、水城县、大方县、黔西县、金沙县、织金县、纳雍县、长顺县、惠水县	清乾隆六年(1741)《贵州通志》	贵阳府：豹	
	关岭布依族苗族自治县	清道光十七年(1837)《永宁州志》	豹	
	遵义市、仁怀市、遵义县、桐梓县、绥阳县、正安县、习水县、道真仡佬族苗族自治县	清道光二十一年(1841)《遵义府志》	豹、山水豹、松花豹	
	荔波县	清光绪元年(1875)《荔波县志》	豹	
	正安县	清光绪三年(1877)《正安州志》	豹	
	盘县	清光绪十五年(1889)《普安直隶厅志》	豹	
	湄潭县	清光绪二十五年(1899)《湄潭县志》	豹	
	凯里市	清《清平县志》	豹	
	遵义市、仁怀市、遵义县、绥阳县、桐梓县、习水县、正安县、道真仡佬族苗族自治县	民国二十五年(1936)《遵义府志》	松花豹(久无见闻)	

（续表）

省级政区	今地点	文献	内容	新方志出处
云南	新平彝族傣族自治县	明正德五年(1510)《云南志》	新化州：豹	
	寻甸回族自治县	明嘉靖二十九年(1550)《寻甸府志》	豹	
	昆明市、安宁市、呈贡县、晋宁县、富民县、宜良县、嵩明县、禄劝彝族苗族自治县、易门县、元谋县、武定县、禄丰县	明天启五年(1625)《滇志》	云南府：豹，姚安府：豹	
	禄劝彝族苗族自治县、元谋县、武定县	清康熙二十八年(1689)《武定府志》	豹	
	昆明市、安宁市、呈贡县、晋宁县、富民县、宜良县、嵩明县、易门县、禄丰县	清康熙三十五年(1696)《云南府志》	合郡同产·毛属：豹	
	楚雄市、双柏县、牟定县、南华县、姚安县、大姚县等地	清康熙(1662～1722)《楚雄府志》	豹	
	师宗县	清雍正七年(1729)《师宗州志》	豹	
	建水县	清雍正九年(1731)《建水县志》	豹	
	昆明市、安宁市、呈贡县、晋宁县、富民县、宜良县、嵩明县、石林彝族自治县、禄劝彝族苗族自治县、寻甸回族彝族自治县、麒麟区、宣威市、马龙县、沾益县、富源县、罗平县、师宗县、陆良县、会泽县、红塔区、江川县、澄江县、通海县、华宁县、易门县、峨山彝族自治县、新平彝族傣族自治县、江哈尼族彝族傣族自治县、隆阳区、施甸县、腾冲县、龙陵县、昌宁县、昭阳区、鲁甸县、巧家县、盐津县、大关县、永善县、绥江县、镇雄县、彝良县、威信县、水富县、古城区、永胜县、华坪县、玉龙纳西族自治县、宁蒗彝族自治县、思茅区、宁洱哈尼族彝族自治县、墨江哈尼族自治县、景东彝族自治县、景谷傣族彝族自治县、镇沅彝族哈尼族拉祜族自治县、江城哈尼族彝族自治县、孟连傣族拉祜族佤族自治县、澜沧拉祜族自治县、西盟佤族自治县、临翔区、凤庆县、云县、永德县、镇康县、双江拉祜族佤族布朗族傣族自治县、耿马傣族佤族自治县、沧源佤族自治县、潞西市、瑞丽市、梁河县、盈江县、陇川县、泸水县、贡县、贡山独龙族怒族自治县、兰坪白族普米族自治县、香格里拉县、德钦县、维西傈僳族自治县、大理市、祥云县、宾川县、弥渡县、永平县、云龙县、洱源县、剑川县、鹤庆县、漾濞彝族自治县、南涧彝族自治县、巍山彝族回族自治县、楚雄市、双柏县、牟定县、南华县、姚安县、大姚县、永仁县、元谋县、武定县、禄丰县、蒙自县、个旧市、开远市、绿春县、建水县、石屏县、弥勒县、泸西县、元阳县、红河县、金平苗族瑶族自治县、河口瑶族自治县、屏边苗族自治县、文山县、砚山县、西畴县、麻栗坡县、马关县、丘北县、广南县、富宁县、景洪市、勐海县、勐腊县	清乾隆元年(1736)《云南通志·物产·通省》	豹	

（续表）

省级政区	今地点	文献	内容	新方志出处
	师宗县、弥勒县、泸西县、丘北县	清乾隆四年(1739)《广西府志》	豹	
	陆良县	清乾隆十七年(1752)《陆凉州志》	豹	
	石屏县	清乾隆二十四年(1759)《石屏州志》	豹	
	永胜县、华坪县、宁蒗彝族自治县	清乾隆三十年(1765)《永北府志》	豹	
	腾冲县、瑞丽市、梁河县、盈江县、陇川县	清乾隆五十五年(1790)《腾越州志》	豹	
	蒙自县	清乾隆五十六年(1791)《蒙自县志》	豹	
	昆明市、安宁市、呈贡县、晋宁县、富民县、宜良县、嵩明县、石林彝族自治县、禄劝彝族苗族自治县、寻甸回族彝族自治县、麒麟区、宣威市、马龙县、沾益县、富源县、罗平县、师宗县、陆良县、会泽县、红塔区、江川县、澄江县、通海县、华宁县、易门县、峨山彝族自治县、新平彝族傣族自治县、江哈尼族彝族傣族自治县、隆阳区、施甸县、腾冲县、龙陵县、昌宁县、昭阳区、鲁甸县、巧家县、盐津县、大关县、永善县、绥江县、镇雄县、彝良县、威信县、水富县、古城区、永胜县、华坪县、玉龙纳西族自治县、宁蒗彝族自治县、思茅区、宁洱哈尼族彝族自治县、墨江哈尼族自治县、景东彝族自治县、景谷傣族彝族自治县、镇沅彝族哈尼族拉祜族自治县、江城哈尼族彝族自治县、孟连傣族拉祜族佤族自治县、澜沧拉祜族自治县、西盟佤族自治县、临翔区、凤庆县、云县、永德县、镇康县、双江拉祜族佤族布朗族傣族自治县、耿马傣族佤族自治县、沧源佤族自治县、潞西市、瑞丽市、梁河县、盈江县、陇川县、泸水县、贡县、贡山独龙族怒族自治县、兰坪白族普米族自治县、香格里拉县、德钦县、维西傈僳族自治县、大理市、祥云县、宾川县、弥渡县、永平县、云龙县、洱源县、剑川县、鹤庆县、漾濞彝族自治县、南涧彝族自治县、巍山彝族回族自治县、楚雄市、双柏县、牟定县、南华县、姚安县、大姚县、永仁县、元谋县、武定县、禄丰县、蒙自县、个旧市、开远市、绿春县、建水县、石屏县、弥勒县、泸西县、元阳县、红河县、金平苗族瑶族自治县、河口瑶族自治县、屏边苗族自治县、文山县、砚山县、西畴县、麻栗坡县、马关县、丘北县、广南县、富宁县、景洪市、勐海县、勐腊县	清嘉庆十三年(1808)《滇系·赋产·常产》	豹	

（续表）

省级政区	今地点	文献	内容	新方志出处
	属大理市	清道光十八年(1838)《赵州志》	豹	
	宣威市	清道光二十四年(1844)《宣威州志》	豹	
	广南县、富宁县	清道光二十八年(1849)《广南府志》	豹	
	江川县	清道光(1821～1850)《江川县志》	豹	
	麒麟区	清咸丰二年(1852)《南宁县志》	豹	
	隆阳区、施甸县、龙陵县、永德县、镇康县、耿马傣族佤族自治县、潞西市、永平县	清光绪十一年(1885)《永昌府志》	豹	
	沾益县	清光绪十一年(1885)《霑益州志》	豹	
	腾冲县、瑞丽市、梁河县、盈江县、陇川县	清光绪十三年(1887)《腾越厅志》	豹	
	祥云县	清光绪十六年(1890)《云南县志》	豹	
	南华县	清光绪十八年(1892)《镇南州志》	豹	
	腾冲县、瑞丽市、梁河县、盈江县、陇川县	清光绪十八年(1892)《腾越州志》	豹	
西藏	城关区、当雄县、堆龙德庆县	清康熙六十年(1721)《西藏志》	拉撒至杨八景：白豹、金钱豹	
	城关区、当雄县、堆龙德庆县	清乾隆五十七年(1792)《西藏志》	拉撒至杨八景一带：白豹、金钱豹	
	城关区、当雄县、堆龙德庆县	清嘉庆(1796～1820)《西藏志》	拉撒至杨八景一带：白豹、金钱豹	
	城关区	清道光二十五年(1845)《拉萨厅志》	金钱豹、白豹	
	城关区、林周县、当雄县、尼木县、曲水县、堆龙德庆县、达孜县、墨竹工卡县、乃东县、扎囊县、贡嘎县、桑日县、琼结县、曲松县、措美县、洛扎县、加查县、隆子县、错那县、浪卡子县	清光绪十二年(1886)《西藏图考》	前藏·贡赋附：豹皮	

注：* 表示详见正文。* * * 表示本省级政区已有类似记录。

4.6 西北

历史时期，西北各省级政区皆有豹类分布。

4.6.1 陕西

陕西省历史上较早就有豹类栖息记录。

《山海经·西山经》记述：

西南三百里曰女床之山，其阳多赤铜，其阴多石涅。其兽多虎，豹，犀，兕。

按："女床之山"约指六盘山东南麓陇山一带山岭，有豹生息繁衍。

清雍正十三年《陕西通志》记述：

豹：赤豹黄罴《诗经·大雅》。毛赤而文黑，谓之赤豹。毛白而文黑，谓之白豹孔疏。南山多猛豹《西山经》。豹似熊而小，毛浅有光泽，能食蛇，食铜铁郭注。陶谷子妻曰：南山有玄豹，雾雨七日不下食者，何也。欲以泽其衣毛，成其文章也《列女传》。穆王猎漆泽，得玄豹《潜确类书》。沈氏《笔谈》云：秦人谓豹为程。至今，延州犹然《本草纲目》。文豹，初生无文。稍长，隐南山雾雨中，七日则文彩蔚然。玄豹毛泽，而色黑美于文豹，远甚出终南山中《马志》。

按：此处多转引前人的诠释，其中"豹"似指大熊猫(详见本书大熊猫),但陕西省20世纪尚有云豹与金钱豹,且分布仍较广。

清乾隆四十七年《蒲城县志》记述:

豹:《西山经》郭注:豹似熊而小,毛浅有光泽。《笔谈》:秦人谓豹为程。

按:据此表明,当地曾有豹栖息。

清光绪十八年《渭南县志》记述:

邑南涧峪至(顺治)十一年后,虎、豹游于平川,直至邑城左右。日暮,路断行人。

按:据此表明,当地在清初就有虎、豹下到平川,直至城周伤害人类。

4.6.2　甘肃

甘肃省历史上有较多豹类分布的记录。

(明)陆应阳《广舆记》记载:"豹,产陕西洮州卫、岷州卫"。

按:"洮州卫"即今甘肃省临潭县,"岷州卫"即今岷县,辖区约为当今岷县以西、西倾山以东的洮河流域。说明当时因豹类较多而著称。

民国二十四年《镇原县志》追记:

清……乾隆……四十九年春三月,陨星如斗,天鼓鸣;有二豹,乡人毙其一。

按:据此表明,乾隆四十九年(1784)当地出现2只豹,被乡民打死1只。

4.6.3　宁夏

历史上,宁夏回族自治区也有豹类记录。

明弘治十四年(1501)《宁夏新志·物产》记载有:虎、狼、鹿、麝、狍、艾叶豹、土豹、野马、羱羊、青羊、野豕、夜猴儿、獭、兔、跳兔、獾、狐、沙狐、狸、熊、豺、黑鼠、黄鼠、黄羊等兽。其时"宁夏"辖区小于今,约辖今银川市、永宁县、贺兰县、石嘴山市、平罗县、利通区、青铜峡市、灵武市、盐池县、同心县、沙坡头区、中宁县等地。其中"土豹"似为猞猁,"艾叶豹"似为雪豹。

4.6.4　新疆

新疆维吾尔自治区历史上分布的豹类,据晚近情况看,基本上就是雪豹。

清乾隆四十七年(1782)《西域图志·土产》记载:"准噶尔·羽毛鳞介之属……有豹,名伊尔毕斯""回部……羽毛鳞介之属……豹(名伊勒必斯)"。所称"准噶尔",亦即"准部",指北疆;所称"回部",亦即指南疆,进而说明新疆南北皆有雪豹分布,只是南北地方名称不同。

4.6.5　方志记载

尽管方志记载较简略,但可以反映不同时期西北多地豹类分布情况(表16.7)。

表16.7　方志记载20世纪前的西北豹类情况

省级政区	今地点	文献	内容
陕西	榆阳区	清康熙十二年(1673)《延绥镇志》	豹
	户县	清康熙二十一年(1682)《鄠县志》	豹
	陇县	清康熙五十二年(1713)《陇州志》	豹
	西安市、蓝田县、周至县、户县、高陵县、宝塔区、延长县、延川县、子长县、安塞县、志丹县、吴旗县、甘泉县、富县、洛川县、宜川县、黄龙县、黄陵县、铜川市、宜君县、临渭区、华阴市、韩城市、华县、潼关县、大荔县、蒲城县、澄城县、白水县、合阳县、富平县、咸阳市、兴平市、三原县、泾阳县、乾县、礼泉县、永寿县、彬县、长武县、旬邑县、淳化县、武功县、宝鸡市、凤翔县、岐山县、扶风县、眉县、陇县、千阳县、麟游县、凤县、太白县、汉台区、南郑县、城固县、洋县、西乡县、勉县、宁强县、略阳县、镇巴县、留坝县、佛坪县、榆阳区、神木县、府谷县、横山县、靖边县、定边县、绥德县、米脂县、佳县、吴堡县、清涧县、子洲县、汉滨区、汉阴县、石泉县、宁陕县、紫阳县、岚皋县、平利县、镇坪县、旬阳县、白河县、商州区、洛南县、丹凤县、商南县、山阳县、镇安县、柞水县	清雍正十三年(1735)《陕西通志》	豹

（续表）

省级政区	今地点	文献	内容
	镇安县	清乾隆十八年(1753)《镇安县志》	豹(最多)
	宜川县	清乾隆十八年(1753)《宜川县志》	豹
	延长县	清乾隆二十七年(1762)《延长县志》	豹
	宝鸡市	清乾隆二十九年(1764)《宝鸡县志》	豹
	宝鸡市、岐山县、凤翔县、陇县、太白县、麟游县、扶风县、千阳县、眉县	清乾隆三十一年(1766)《凤翔府志》	豹
	合阳县	清乾隆三十四年(1769)《郃阳县全志》	豹
	西安市、蓝田县、周至县、户县、高陵县、铜川市、临渭区、富平县、咸阳市、兴平市、三原县、泾阳县、礼泉县、宁陕县、柞水县	清乾隆四十四年(1779)《西安府志》	豹***
	蒲城县	清乾隆四十七年(1782)《蒲城县志》	豹*
	韩城市	清乾隆四十九年(1784)《韩城县志》	山……有豹
	白河县	清嘉庆六年(1801)《白河县志》	豹
	延长县、甘泉县、宜川县	清嘉庆七年(1802)《延安府志》	豹(甘泉、宜川、延长俱有)
	黄陵县	清嘉庆十二年(1807)《中部县志》	豹
	石泉县	清道光二十九年(1849)《石泉县志》	豹
	宁强县	清同治二年(1863)《宁羌州乡土志》	豹
	城固县	清同治三年(1864)《城固县乡土志》	豹
	黄陵县	清同治六年(1867)《中部县乡土志》	豹
	洛南县	清光绪四年(1878)《雒南县乡土志》	豹
	镇巴县	清光绪五年(1879)《定远厅志》	豹
	柞水县	清光绪九年(1883)《孝义厅志》	豹
	佛坪县	清光绪九年(1883)《佛坪厅志》	豹
	宁强县	清光绪十四年(1888)《宁羌州志》	豹
	永寿县	清光绪十四年(1888)《永寿县志》	豹
	临渭区	清光绪十八年(1892)《渭南县志》	豹*
	凤县	清光绪十八年(1892)《凤县志》	豹
	白河县	清光绪十九年(1893)《白河县志》	豹
	平利县志	清光绪二十二年(1896)《平利县志》	豹
	户县	清光绪二十四年(1898)《鄠县乡土志》	豹

（续表）

省级政区	今地点	文献	内容
甘肃	靖远县、岷县、宕昌县、舟曲县	明天顺五年(1461)《明一统志》	靖虏卫：豹，岷州卫军民指挥使司：豹
	秦安县	明嘉靖十四年(1535)《秦安县志》	有豹
	西峰区、庆城县、环县、华池县、合水县、正宁县、宁县	明嘉靖三十六年(1557)《庆阳府志》	豹
	兰州市、榆中县、临洮县、渭源县、临夏市、临夏县、康乐县、永靖县、广河县、和政县、东乡族自治县、积石山保安族东乡族撒拉族自治县、夏河县；青海省海东地区的循化撒拉族自治县，海南州的贵德县、贵南县，黄南州的同仁县、尖扎县等地	明万历三十三年(1605)《临洮府志》	豹、艾叶豹
	嘉峪关市、肃州区、金塔县、高台县、肃南裕固族自治县	清顺治十四年(1657)《肃镇志》	豹
	临夏市、临夏县、广河县、和政县、东乡族自治县、积石山保安族东乡族撒拉族自治县	清康熙(1662～1722)《河州志》	艾叶豹
	成县	清乾隆六年(1741)《成县新志》	豹
	静宁县	清乾隆十一年(1746)《静宁州志》	豹
	永昌县、凉州区、民勤县	清乾隆十四年(1749)《五凉全志》	武威县：豹(间有)；镇番县：土豹；永昌县：土豹
	天祝县等地	清乾隆二十七年(1762)《西宁府新志》	豹
	临洮县	清乾隆二十八年(1763)《狄道州志》	豹
	天水市、清水县、秦安县、张家川回族自治县、礼县、两当县、徽县	清乾隆二十九年(1764)《直隶秦州新志》	豹
	甘谷县	清乾隆三十五年(1770)《伏羌县志》	豹
	西和县	清乾隆三十九年(1774)《西和县志》	豹
	镇原县	民国二十四年(1935)《镇原县志》	清乾隆四十九年：豹*
	玉门市	清嘉庆(1796～1820)《玉门县志》	草豹
	民勤县	清道光五年(1825)《镇番县志》	土豹
	敦煌市	清道光十一年(1831)《敦煌县志》	豹
	靖远县	清道光十三年(1833)《靖远县志》	各堡山中有……豹
	岷县	清同治四年(1865)《岷州乡土志》	豹(皮文有金钱、艾叶等名，可为褥)
	通渭县	清光绪十九年(1893)《通渭县新志》	豹(取其皮)
	兰州市、永登县、皋兰县、榆中县	清光绪十八年(1892)《皋兰县志》	豹

（续表）

省级政区	今地点	文献	内容
青海	循化撒拉族自治县、贵德县、贵南县、同仁县、尖扎县等地	明万历三十三年(1605)《临洮府志》	豹、艾叶豹
	西宁市、大通县、湟源县、湟中县、平安县、乐都县、民和县、互助土族自治县志、化隆回族自治县、循化撒拉族自治县、门源回族自治县、贵德县、尖扎县等地	清乾隆二十七年(1762)《西宁府新志》	豹
宁夏	银川市、永宁县、贺兰县、石嘴山市、平罗县、利通区、青铜峡市、灵武市、同心县、盐池县、沙坡头区、中宁县	明弘治十四年(1501)《宁夏新志》	艾叶豹
	隆德县	清康熙二年(1663)《隆德县志》	豹
	银川市、永宁县、贺兰县、石嘴山市、平罗县、利通区、青铜峡市、灵武市、同心县、盐池县、沙坡头区、中宁县	清乾隆四十五年(1780)《宁夏府志》	艾叶豹
	灵武市	清嘉庆三年(1798)《灵州志》	艾叶豹
新疆	喀什市、疏附县、疏勒县、英吉沙县、泽普县、莎车县、叶城县、麦盖提县岳普湖县、伽师县、巴楚县、塔什库尔干塔吉克自治县、阿克苏市、温宿县、库车县、沙雅县、新和县、拜城县、乌什县、阿瓦提县、柯坪县、和田市、和田县、墨玉县、皮山县、洛浦县、策勒县、于田县、民丰县、吐鲁番市、鄯善县、托克逊县、哈密市、伊吾县、巴里坤哈萨克自治县、阿图什市、阿克陶县、阿合奇县、乌恰县、库尔勒市、轮台县、尉犁县、若羌县、且末县、和静县、和硕县、博湖县、焉耆回族自治县	清嘉庆九年(1804)《回疆通志》	豹
	哈密市	清道光二十六年(1846)《哈密志》	豹

注：* 表示详见正文。* * * 表示本省级政区已有类似记录。

4.7　20 世纪前的豹类分布状况

20 世纪前，豹类在我国的分布不仅较密集，而且范围广阔(图 16.65、表 16.8)。

● 历史上，全国文献记载有豹类分布的地方达 1 934 地。

● 豹类分布地除上海市外，各省级政区皆有分布。

● 豹类分布地，县级及其以上政区约占全国政区的 81%。

● 豹类西部分布较密集，东部分布较稀疏；南部与北部分布较密集，中部分布较稀疏。这与我国分布的豹类种类状况相关。

● 豹类分布地各市县均有的省级政区，除香港特别行政区与澳门特别行政区外，还有：山西省、辽宁省、黑龙江省、浙江省、福建省、江西省、台湾、湖北省、湖南省、广东省、海南省、贵州省、云南省、西藏自治区、陕西省、甘肃省、青海省、宁夏回族自治区、新疆维吾尔自治区，占全国省级政区的 59%。

● 有豹类分布(绝对数)的地区排序为：中南(占 6 个省级政区)、西北(占 5 个省级政区)、华东(占 4 个省级政区)、西南(占 3 个省级政区)、东北(占 2 个省级政区)。

图 16.65　20 世纪前中国的豹类分布图

表 16.8　　20 世纪前豹类分布概况

地区	省级政区	文献记载地点
华北	北京	丰台区、石景山区、海淀区、门头沟区、房山区、顺义区、昌平区、延庆区、密云区
	天津	蓟县
	河北	辛集市、井陉县、栾城县、行唐县、灵寿县、深泽县、赞皇县、平山县、张家口市、宣化县、张北县、康保县、沽源县、尚义县、蔚县、阳原县、怀安县、万全县、怀来县、涿鹿县、赤城县、崇礼县、承德市、承德县、兴隆县、平泉县、滦平县、隆化县、丰宁满族自治县、宽城满族自治县、围场满族蒙古族自治县、秦皇岛市、昌黎县、抚宁县、卢龙县、青龙满族自治县、唐山市、遵化市、迁安市、滦县、滦南县、乐亭县、迁西县、玉田县、唐海县、保定市、安国市、高碑店市、满城县、清苑县、易县、徐水县、涞源县、定兴县、顺平县、唐县、望都县、涞水县、高阳县、安新县、雄县、容城县、曲阳县、阜平县、博野县、蠡县、南皮县、邢台市、沙河市、邢台县、临城县、内丘县、隆尧县、邯郸市、武安市、涉县、磁县

（续表）

地区	省级政区	文献记载地点
	山西	太原市、古交市、清徐县、阳曲县、娄烦县、大同市、阳高县、天镇县、广灵县、灵丘县、浑源县、左云县、大同县、朔州市、山阴县、应县、右玉县、怀仁县、阳泉市、平定县、盂县、长治市、潞城市、长治县、襄垣县、屯留县、平顺县、黎城县、壶关县、长子县、武乡县、沁县、沁源县、城区、高平市、泽州县、沁水县、阳城县、陵川县、忻府区、原平市、定襄县、五台县、代县、繁峙县、宁武县、静乐县、神池县、五寨县、岢岚县、河曲县、保德县、偏关县、榆次区、介休市、榆社县、左权县、和顺县、昔阳县、寿阳县、太谷县、祁县、平遥县、灵石县、尧都区、侯马市、霍州市、曲沃县、翼城县、襄汾县、洪洞县、古县、安泽县、浮山县、吉县、乡宁县、蒲县、大宁县、永和县、隰县、汾西县、盐湖区、永济市、河津市、芮城县、临猗县、万荣县、新绛县、稷山县、闻喜县、夏县、绛县、平陆县、垣曲县、离石区、孝义市、汾阳市、文水县、中阳县、兴县、临县、方山县、柳林县、岚县、交口县、交城县、石楼县
	内蒙古	呼和浩特市、武川县、包头市、固阳县、土默特右旗、达尔罕茂明安联合旗、赤峰市、宁城县、巴林右旗、喀喇沁旗、集宁区、卓资县、察哈尔右翼中旗、四子王旗、乌拉特前旗、乌拉特中旗、乌兰浩特市、阿尔山市、突泉县、科尔沁右翼前旗、科尔沁右翼中旗、扎赉特旗、阿拉善左旗、额济纳旗
东北	辽宁	沈阳市、新民市、辽中县、康平县、法库县、朝阳市、北票市、凌源市、朝阳县、建平县、喀喇沁左翼蒙古族自治县、阜新市、彰武县、阜新蒙古族自治县、铁岭市、调兵山市、开原市、铁岭县、西丰县、昌图县、抚顺市、抚顺县、新宾满族自治县、清原满族自治县、本溪市、本溪满族自治县、桓仁满族自治县、辽阳市、灯塔市、辽阳县、鞍山市、海城市、台安县、岫岩满族自治县、丹东市、凤城市、东港市、宽甸满族自治县、大连市、瓦房店市、普兰店市、庄河市、长海县、营口市、大石桥市、盖州市、盘锦市、大洼县、盘山县、锦州市、凌海市、北镇市、黑山县、义县、葫芦岛市、兴城市、绥中县、建昌县
东北	吉林	长春市、德惠市、九台市、榆树市、宁江区、扶余县、吉林市、磐石市、蛟河市、桦甸市、舒兰市、永吉县、公主岭市、伊通满族自治县、辽源市、东丰县、东辽县、通化市、梅河口市、集安市、通化县、辉南县、柳河县、白山市、临江市、抚松县、靖宇县、长白朝鲜族自治县、延吉市、图们市、敦化市、珲春市、龙井市、和龙市、汪清县、安图县
东北	黑龙江	哈尔滨市、双城市、尚志市、五常市、依兰县、方正县、宾县、巴彦县、木兰县、通河县、延寿县、齐齐哈尔市、讷河市、龙江县、依安县、泰来县、甘南县、富裕县、克山县、克东县、拜泉县、爱辉区、北安市、五大连池市、嫩江县、逊克县、孙吴县、大庆市、肇州县、肇源县、林甸县、杜尔伯特蒙古族自治县、伊春市、铁力市、嘉荫县、鹤岗市、萝北县、绥滨县、佳木斯市、同江市、富锦市、桦南县、桦川县、汤原县、抚远县、双鸭山市、集贤县、友谊县、宝清县、饶河县、七台河市、勃利县、鸡西市、虎林市、密山市、鸡东县、牡丹江市、穆棱市、绥芬河市、海林市、宁安市、东宁县、林口县、北林区、安达市、肇东市、海伦市、望奎县、兰西县、青冈县、庆安县、明水县、绥棱县、大兴安岭地区、呼玛县、塔河县、漠河县
华东	江苏	南京市、盱眙县、靖江市、常州市、金坛市、溧阳市、无锡市、江阴市、宜兴市
华东	浙江	杭州市、临安市、富阳市、建德市、桐庐县、淳安县、湖州市、长兴县、德清县、安吉县、嘉兴市、平湖市、海宁市、桐乡市、嘉善县、海盐县、舟山市、岱山县、嵊泗县、宁波市、慈溪市、余姚市、奉化市、宁海县、象山县、越城区、诸暨市、上虞市、嵊州市、绍兴县、新昌县、衢州市、江山市、常山县、开化县、龙游县、金华市、兰溪市、永康市、义乌市、东阳市、武义县、浦江县、磐安县、台州市、临海市、温岭市、三门县、天台县、仙居县、玉环县、温州市、瑞安市、乐清市、永嘉县、文成县、平阳县、泰顺县、洞头县、苍南县、莲都区、龙泉市、缙云县、青田县、云和县、遂昌县、松阳县、庆元县、景宁畲族自治县
华东	安徽	定远县、马鞍山市、当涂县、芜湖市、芜湖县、繁昌县、南陵县、铜陵市、铜陵县、安庆市、桐城市、怀宁县、枞阳县、潜山县、太湖县、宿松县、望江县、岳西县、黄山市、歙县、休宁县、黟县、祁门县、寿县、霍邱县、舒城县、金寨县、霍山县、庐江县、无为县、贵池区、东至县、石台县、青阳县、宣州区、宁国市、郎溪县、广德县、泾县、旌德县、绩溪县
华东	福建	福州市、福清市、长乐市、闽侯县、连江县、罗源县、闽清县、永泰县、平潭县、延平区、邵武市、武夷山市、建瓯市、建阳市、顺昌县、浦城县、光泽县、松溪县、政和县、三明市、永安市、明溪县、清流县、宁化县、大田县、尤溪县、沙县、将乐县、泰宁县、建宁县、莆田市、仙游县、泉州市、石狮市、晋江市、南安市、惠安县、安溪县、永春县、德化县、金门县、厦门市、漳州市、龙海市、云霄县、漳浦县、诏安县、长泰县、东山县、南靖县、平和县、华安县、新罗区、漳平市、长汀县、永定县、上杭县、武平县、连城县、蕉城区、福安市、福鼎市、寿宁县、霞浦县、柘荣县、屏南县、古田县、周宁县

（续表）

地区	省级政区	文献记载地点
	江西	南昌市、南昌县、新建县、安义县、进贤县？九江市、瑞昌市、九江县、武宁县、修水县、永修县？德安县、星子县、都昌县、湖口县？彭泽县、景德镇市、乐平市、浮梁县、月湖区、贵溪市、余江县、渝水区、分宜县、萍乡市、莲花县、上栗县？芦溪县？章贡区、瑞金市、南康市、赣县、信丰县、大余县、上犹县、崇义县、安远县、龙南县、定南县、全南县、宁都县、于都县、兴国县、会昌县、寻乌县、石城县、信州区、德兴市、上饶县、广丰县、玉山县、铅山县、横峰县、弋阳县、余干县、鄱阳县、万年县、婺源县、临川区、南城县、黎川县、南丰县、崇仁县、乐安县、宜黄县、金溪县、资溪县、东乡县、广昌县、袁州区、丰城市、樟树市、高安市、奉新县、万载县、上高县？宜丰县、靖安县、铜鼓县、吉安市、井冈山市、吉安县、吉水县、峡江县、新干县、永丰县、泰和县、遂川县、万安县？安福县？永新县
	山东	章丘市、枣庄市、滕州市、济宁市、曲阜市、兖州市、邹城市、鱼台县、金乡县、嘉祥县、微山县、汶上县、泗水县、梁山县、宁阳县、东平县、临沂县、郯城县、苍山县、费县、临沭县、牡丹区、单县、郓城县、曹县、定陶县、巨野县、成武县
	台湾	台北市、基隆市、高雄市、台南市、台中市、新竹市、嘉义市、台北县、高雄县、台南县、台中县、新竹县、嘉义县、屏东县、台东县、花莲县、宜兰县、桃园县、苗栗县、彰化县、南投县、云林县、澎湖县
中南	河南	登封市、巩义市、湖滨区、义马市、灵宝市、渑池县、陕县、卢氏县、洛阳市、偃师市、孟津县、新安县、栾川县、嵩县、汝阳县、宜阳县、洛宁县、伊川县、焦作市、孟州市、沁阳市、修武县、博爱县、武陟县、温县、辉县市、鹤壁市、浚县、淇县、林州市、襄城县、舞阳县、平顶山市、舞钢市、汝州市、宝丰县、叶县、鲁山县、郏县、南阳市、邓州市、南召县、方城县、西峡县、镇平县、内乡县、淅川县、社旗县、唐河县、新野县、桐柏县、信阳市、息县、淮滨县、潢川县、光山县、固始县、商城县、罗山县、新县、驿城区、确山县、泌阳县、遂平县、西平县、上蔡县、汝南县、平舆县、新蔡县、正阳县、济源市
	湖北	武汉市、十堰市、丹江口市、郧县、竹山县、房县、郧西县、竹溪县、襄樊市、老河口市、枣阳市、宜城市、南漳县、谷城县、保康县、荆门市、钟祥市、沙洋县？京山县、孝南区、应城市、安陆市、汉川市？孝昌县？大悟县、云梦县、黄州区、麻城市？武穴市、红安县、罗田县、英山县、浠水县？蕲春县、黄梅县、团风县、鄂州市、黄石市、大冶市、阳新县、咸安区、赤壁市、嘉鱼县、通城县、崇阳县、通山县、荆州市、石首市、洪湖市、松滋市、江陵县、公安县、监利县、宜昌市、枝江市、宜都市、当阳市、远安县、兴山县、秭归县、长阳土家族自治县、五峰土家族自治县曾都区、广水市、仙桃市、天门市、潜江市、神农架林区、恩施市、利川市、建始县、巴东县、宣恩县、咸丰县、来凤县、鹤峰县
	湖南	长沙市、浏阳市、长沙县、望城县、宁乡县、张家界市、慈利县、桑植县、常德市、津市市、安乡县、汉寿县、澧县、临澧县、桃源县、石门县、益阳市、沅江市、南县、桃江县、安化县、岳阳市、汨罗市、临湘市、岳阳县、华容县、湘阴县、平江县、株洲市、醴陵市、株洲县、攸县、茶陵县、炎陵县、湘潭市、湘乡市、韶山市、湘潭县、衡阳市、常宁市、耒阳市、衡阳县、衡南县、衡山县、衡东县、祁东县、郴州市、资兴市、桂阳县、永兴县、宜章县、嘉禾县、临武县、汝城县、桂东县、安仁县、永州市、东安县、道县、宁远县、江永县、蓝山县、新田县、双牌县、祁阳县、江华瑶族自治县、邵阳市、武冈市、邵东县、邵阳县、新邵县、隆回县、洞口县、绥宁县、新宁县、城步苗族自治县、鹤城区、洪江市、沅陵县、辰溪县、溆浦县、中方县、会同县、麻阳苗族自治县、新晃侗族自治县、芷江侗族自治县、靖州苗族侗族自治县、通道侗族自治县、娄星区、冷水江市、涟源市、双峰县、新化县、吉首市、泸溪县、凤凰县、花垣县、保靖县、古丈县、永顺县、龙山县
	广东	广州市、增城市、从化市、清城区、英德市、连州市、佛冈县、阳山县、清新县、连山壮族瑶族自治县、连南瑶族自治县、韶关市、乐昌市、南雄市、始兴县、仁化县、翁源县、新丰县、乳源瑶族自治县、源城区、紫金县、龙川县、连平县、和平县、东源县、梅江区、兴宁市、梅县、大埔县、丰顺县、五华县、平远县、蕉岭县、湘桥区、潮安县、饶平县、汕头市、南澳县、榕城区、普宁市、揭东县、揭西县、惠来县、城区、陆丰市、海丰县、陆河县、惠州市、博罗县、惠东县、龙门县、东莞市、深圳市、珠海市、中山市、江门市、恩平市、台山市、开平市、鹤山市、佛山市、肇庆市、高要市、四会市、广宁县、怀集县、封开县、德庆县、云城区、罗定市、云安县、新兴县、郁南县、江城区、阳春市、阳西县、阳东县、茂名市、化州市、信宜市、高州市、电白县、湛江市、吴川市、廉江市、雷州市、遂溪县、徐闻县

（续表）

地区	省级政区	文献记载地点
	广西	南宁市、武鸣县、横县、宾阳县、上林县、隆安县、马山县、桂林市、阳朔县、临桂县、灵川县、全州县、兴安县、永福县、灌阳县、资源县、平乐县、荔浦县、龙胜各族自治县、恭城瑶族自治县、柳州市、柳江县、柳城县、鹿寨县、融安县、三江侗族自治县、融水苗族自治县、梧州市、岑溪市、苍梧县、藤县、蒙山县、贵港市、桂平市、平南县、玉州区、北流市、兴业县、容县、陆川县、博白县、钦州市、灵山县、浦北县、北海市、合浦县、防城港市、东兴市、上思县、江州区、凭祥市？扶绥县、大新县、天等县、宁明县、龙州县、右江区、田阳县、田东县、平果县、德保县、靖西县、那坡县、凌云县、乐业县、西林县、田林县、隆林各族自治县、天峨县、东兰县、巴马瑶族自治县、罗城仫佬族自治县、环江毛南族自治县、兴宾区、象州县、武宣县、金秀瑶族自治县、八步区、昭平县、钟山县、富川瑶族自治县
	海南	海口市、三亚市、文昌市、琼海市、万宁市、五指山市、东方市、儋州市、临高县、澄迈县、定安县、屯昌县、昌江黎族自治县、白沙黎族自治县、琼中黎族苗族自治县、陵水黎族自治县、保亭黎族苗族自治县、乐东黎族自治县
	香港	香港
	澳门	澳门
西南	重庆	江北区、万盛区、渝北区、巴南区、万州区、涪陵区、黔江区、长寿区、江津区、合川区、永川区、南川区、綦江县、潼南县、铜梁县？大足县、荣昌县？璧山县、垫江县、武隆县、丰都县、城口县、梁平县、开县、巫溪县、巫山县、奉节县、云阳县、忠县？石柱土家族自治县、彭水苗族土家族自治县、酉阳土家族苗族自治县、秀山土家族苗族自治县
	四川	成都市、都江堰市、彭州市、邛崃市、崇州市、金堂县、双流县、郫县、大邑县、蒲江县、新津县、广元市、旺苍县、青川县、剑阁县、苍溪县、绵阳市、江油市、三台县、盐亭县、安县、梓潼县、北川羌族自治县、平武县、旌阳区、什邡市、广汉市、绵竹市、中江县、阆中市、营山县、西充县、广安区、华蓥市、岳池县、邻水县、射洪县、威远县、资中县、隆昌县、乐山市、峨眉山市、犍为县、井研县？夹江县、沐川县、峨边彝族自治县、马边彝族自治县、自贡市、荣县、富顺县、泸州市、泸县、合江县、叙永县、古蔺县、翠屏区、宜宾县、南溪县、江安县、长宁县、高县、筠连县、珙县、兴文县、屏山县、攀枝花市、米易县、盐边县、巴州区、通江县、南江县、通川区、万源市、达县、宣汉县、开江县？大竹县、渠县、雁江区、简阳市、乐至县、安岳县、东坡区、仁寿县、彭山县、洪雅县、丹棱县、青神县、雨城区、名山县、荥经县、汉源县、石棉县、天全县、芦山县、宝兴县、马尔康县、汶川县、理县、茂县、松潘县、九寨沟县、金川县、小金县、黑水县、壤塘县、阿坝县、若尔盖县、红原县、康定县、泸定县、丹巴县、九龙县、雅江县、道孚县、炉霍县、甘孜县、新龙县、德格县、白玉县、石渠县、色达县、理塘县、巴塘县、乡城县、稻城县、得荣县、西昌市、盐源县、德昌县、会理县、会东县、宁南县、普格县、布拖县、金阳县、昭觉县、喜德县、冕宁县、越西县、甘洛县、美姑县、雷波县、木里藏族自治县
	贵州	贵阳市、清镇市、开阳县、修文县、息烽县、钟山区、盘县、六枝特区、水城县、遵义市、赤水市、仁怀市、遵义县、桐梓县、绥阳县、正安县、凤冈县、湄潭县、余庆县、习水县、道真仡佬族苗族自治县、务川仡佬族苗族自治县、西秀区、平坝县、普定县、关岭布依族苗族自治县、镇宁布依族苗族自治县、紫云苗族布依族自治县、毕节市、大方县、黔西县、金沙县、织金县、纳雍县、赫章县、威宁彝族回族苗族自治县、铜仁市、江口县、石阡县、思南县、德江县、玉屏侗族自治县、印江土家族苗族自治县、沿河土家族自治县、松桃苗族自治县、万山特区、凯里市、黄平县、施秉县、三穗县、镇远县、岑巩县、天柱县、锦屏县、剑河县、台江县、黎平县、榕江县、从江县、雷山县、麻江县、丹寨县、都匀市、福泉市、荔波县、贵定县、瓮安县、独山县、平塘县、罗甸县、长顺县、龙里县、惠水县、三都水族自治县、兴义市、兴仁县、普安县、晴隆县、贞丰县、望谟县、册亨县、安龙县
	云南	昆明市、安宁市、呈贡县、晋宁县、富民县、宜良县、嵩明县、石林彝族自治县、禄劝彝族苗族自治县、寻甸回族彝族自治县、麒麟区、宣威市、马龙县、沾益县、富源县、罗平县、师宗县、陆良县、会泽县、红塔区、江川县、澄江县、通海县、华宁县、易门县、峨山彝族自治县、新平彝族傣族自治县、元江哈尼族彝族傣族自治县、隆阳区、施甸县、腾冲县、龙陵县、昌宁县、昭阳区、鲁甸县、巧家县、盐津县、大关县、永善县、绥江县、镇雄县、彝良县、威信县、水富县、古城区、永胜县、华坪县、玉龙纳西族自治县、宁蒗彝族自治县、思茅区、宁洱哈尼族彝族自治县、墨江哈尼族自治县、景东彝族自治县、景谷傣族彝族自治县、镇沅彝族哈尼族拉祜族自治县、江城哈尼族彝族自治县、孟连傣族拉祜族佤族自治县、澜沧拉祜族自治县、西盟佤族自治县、临翔区、凤庆县、云县、永德县、镇康县、双江拉祜族佤族布朗族傣族自治县、耿马傣族佤族自治县、沧源佤族自治县、潞西市、瑞丽市、梁河县、盈江县、陇川县、泸水县、福贡县、贡山独龙族怒族自治县、兰坪白族普米族自治县、香格里拉县、德钦县、维西傈僳族自治县、大理市、祥云县、宾川县、弥渡县、永平县、云龙县、洱源县、剑川县、鹤庆县、漾濞彝族自治县、南涧彝族自治县、巍山彝族回族自治县、楚雄市、双柏县、牟定县、南华县、姚安县、大姚县、永仁县、元谋县、武定县、禄丰县、蒙自县、个旧市、开远市、绿春县、建水县、石屏县、弥勒县、泸西县、元阳县、红河县、金平苗族瑶族傣族自治县、河口瑶族自治县、屏边苗族自治县、文山县、砚山县、西畴县、麻栗坡县、马关县、丘北县、广南县、富宁县、景洪市、勐海县、勐腊县

（续表）

地区	省级政区	文献记载地点
	西藏	城关区、林周县、当雄县、尼木县、曲水县、堆龙德庆县、达孜县、墨竹工卡县？那曲县、嘉黎县、比如县、聂荣县？安多县、申扎县、索县、班戈县、巴青县？尼玛县、昌都县、江达县、贡觉县、类乌齐县、丁青县、察雅县？八宿县？左贡县？芒康县、洛隆县、边坝县、林芝县、工布江达县、米林县、墨脱县、波密县、察隅县、朗县、乃东县、扎囊县、贡嘎县、桑日县、琼结县、曲松县、措美县、洛扎县、加查县、隆子县、错那县、浪卡子县、日喀则市、南木林县、江孜县、定日县、萨迦县、拉孜县、昂仁县、谢通门县、白朗县、仁布县、康马县、定结县、仲巴县？亚东县、吉隆县、聂拉木县、萨嘎县、岗巴县、噶尔县、普兰县、札达县、日土县、革吉县、改则县、措勤县
西北	陕西	西安市、蓝田县、周至县、户县、高陵县、宝塔区、延长县、延川县、子长县、安塞县、志丹县、吴旗县、甘泉县、富县、洛川县、宜川县、黄龙县、黄陵县、铜川市、宜君县、临渭区、华阴市、韩城市、华县、潼关县、大荔县、蒲城县、澄城县、白水县、合阳县、富平县、咸阳市、兴平市、三原县、泾阳县、乾县、礼泉县、永寿县、彬县、长武县、旬邑县、淳化县、武功县、宝鸡市、凤翔县、岐山县、扶风县、眉县、陇县、千阳县、麟游县、凤县、太白县、汉台区、南郑县、城固县、洋县、西乡县、勉县、宁强县、略阳县、镇巴县、留坝县、佛坪县、榆阳区、神木县、府谷县、横山县、靖边县、定边县、绥德县、米脂县、佳县、吴堡县、清涧县、子洲县、汉滨区、汉阴县、石泉县、宁陕县、紫阳县、岚皋县、平利县、镇坪县、旬阳县、白河县、商州区、洛南县、丹凤县、商南县、山阳县、镇安县、柞水县
	甘肃	兰州市、永登县、皋兰县、榆中县、嘉峪关市、金川区、永昌县、白银市？靖远县、会宁县？景泰县、天水市、清水县、秦安县、甘谷县、武山县？张家川回族自治县、凉州区、民勤县、古浪县、天祝藏族自治县、肃州区、玉门市、敦煌市、金塔县、瓜州县、肃北蒙古族自治县、阿克塞哈萨克族自治县、甘州区、民乐县、临泽县、高台县、山丹县、肃南裕固族自治县、西峰区、庆城县、环县、华池县、合水县、正宁县、宁县、镇原县、崆峒区、泾川县？灵台县、崇信县、华亭县、庄浪县、静宁县、安定区？通渭县、临洮县、漳县、岷县、渭源县、陇西县？武都区、成县、宕昌县、康县、文县、西和县、礼县、两当县、徽县、临夏市、临夏县、康乐县、永靖县、广河县、和政县、东乡族自治县、积石山保安族东乡族撒拉族自治县、合作市、临潭县、卓尼县、舟曲县、迭部县、玛曲县、碌曲县、夏河县
	青海	西宁市、大通回族自治县、湟源县、湟中县、平安县、乐都县、民和回族土族自治县、互助土族自治县志、化隆回族自治县、循化撒拉族自治县、海晏县、祁连县、刚察县、门源回族自治县、共和县？同德县、贵德县、兴海县、贵南县、同仁县、尖扎县、泽库县、河南蒙古族自治县、玛沁县、班玛县、甘德县、达日县、久治县、玛多县、玉树县、杂多县、称多县、治多县、囊谦县、曲麻莱县、德令哈市、格尔木市、乌兰县、都兰县、天峻县
	宁夏	银川市、灵武市、永宁县、贺兰县、石嘴山市、平罗县、利通区、青铜峡市、盐池县、同心县、原州区、西吉县、隆德县、泾源县、彭阳县、沙坡头区、中宁县、海原县？
	新疆	乌鲁木齐市、乌鲁木齐县、克拉玛依市？石河子市、阿拉尔市？图木舒克市、五家渠市、喀什市、疏附县、疏勒县、英吉沙县、泽普县、莎车县、叶城县、麦盖提县、岳普湖县、伽师县、巴楚县、塔什库尔干塔吉克自治县、阿克苏市、温宿县、库车县、沙雅县、新和县、拜城县、乌什县、阿瓦提县、柯坪县、和田市、和田县、墨玉县、皮山县、洛浦县、策勒县、于田县、民丰县、吐鲁番市、鄯善县、托克逊县、哈密市、伊吾县、巴里坤哈萨克自治县、阿图什市、阿克陶县、阿合奇县、乌恰县、博乐市、精河县、温泉县、昌吉市、阜康市、呼图壁县、玛纳斯县、奇台县、吉木萨尔县？木垒哈萨克自治县、库尔勒市、轮台县、尉犁县、若羌县、且末县、和静县、和硕县、博湖县、焉耆回族自治县、伊宁市、奎屯市、伊宁县、霍城县、巩留县、新源县、昭苏县、特克斯县、尼勒克县、察布查尔锡伯自治县、塔城市、乌苏市、额敏县、沙湾县、托里县、裕民县、和布克赛尔蒙古自治县、阿勒泰市、布尔津县、富蕴县？福海县、哈巴河县？青河县、吉木乃县

5 20世纪以来的云豹分布变迁

据百余年来的云豹地理分布看，其主要分布于秦岭—淮河以南地区。

5.1 华东

华东除上海市、江苏省外，其他省级政区皆有云豹分布。

5.1.1 江苏

江苏省有云豹分布。

《宁波市志》记述（宁波市地方志编纂委员会，1995）：

云豹：乌云豹。体似小豹，四肢短而尾特长，体有云块状斑纹，捕食鸟类及中小型动物。1993年10月29日，宁海西店镇岭口村山区捕获云豹一头，其身长1 m，体高0.5 m，体重25 kg。

按：据此表明，确实是云豹，并且还捕获有实体。

5.1.2 浙江

浙江省是云豹在我国东部分布地较北的省级政区。

《浙江动物志：兽类》记述（浙江动物志编辑委员会等，1989）：

云豹

别名：乌云豹、龟纹豹、云虎。

分布：浙南、浙西山区为多；杭州动物园从富阳、桐庐、淳安、德清、安吉、仙居、云和、遂昌、松阳、龙泉等地引进。

按：据此表明，在富阳市、桐庐县、淳安县、德清县、安吉县、仙居县、龙泉市、云和县、遂昌县、松阳县等地曾捕获云豹，现今还有残存。

《中国重点陆生野生动物资源调查》称（国家林业局，2008）：

本次调查，云豹见于浙江（主要分布于宁海、天门、三门、临海、仙居等，少量分布于湖州、德清、安吉、杭州、余杭、萧山、富阳、临安、桐庐、建德、淳安、绍兴、诸暨、新昌、开化、江山、常山、金华、浦江、武义、磐安、黄岩、丽水、遂昌、松阳、云和、龙泉、缙云、庆元、景宁、泰顺）。

按：其中个别地名有瑕疵，亦即表明在杭州市、临安市、富阳市、建德市、桐庐县、淳安县、湖州市、德清县、安吉县、诸暨市、绍兴县、新昌县、江山市、常山县、开化县、金华市、义乌市、武义县、浦江县、磐安县、泰顺县、莲都区、龙泉市、缙云县、云和县、遂昌县、松阳县、庆元县、景宁畲族自治县等地仍有云豹存在。

由于该省云豹分布资料较多，以下按市级政区排列（下文同此）。

● 衢州市：开化县地势西北高而东南低，中部和东南部逐渐由中山向低山、高丘、低丘、河谷小盆地过渡。地属亚热带季风气候，四季分明、温和宜人。据调查，野生动物有两栖类26种、爬行类51种、鸟类104种、兽类58种，其中国家重点保护动物34种、省重点保护动物32种，有白颈长尾雉、黑麂、云豹（*Neofelis mebulosa* Griffirh）、豹等①。

● 金华市：磐安县地处天台山、会稽山、括苍山、仙霞岭等山脉发脉处，为大盘山的中心地段。现有野生动物中哺乳纲有豹（金钱豹和龟纹豹）与虎、猕猴、香狸、赤麂、黑麂、穿山甲、野山羊（鬣羊）、豺、灰狼、黄鼠狼、貉（山狗）、黄猺（两头乌）、青猺（花面狸）、狸子、獾、猸子、刺猬、猾、草狐、水獭、旱獭、豪猪、黄麂、獐、白面猫、黑面猫、野猪、山兔、松鼠等②。

● 台州市：临海市境内地貌受西北部的天台山脉和西南部的括苍山脉控制，以切割破碎的丘陵和山地为主要特征，兼有谷地、平原、江河、滩涂、岛屿，其中山区、丘陵占2/3以上。地属亚热带季风气候，温暖湿润、四季分明。森林覆盖率达58.6%。野生动物90余种，其中云豹、黑鹿等11种为国家级保护动物③。

仙居县俞坑自然保护区2007年被评为国家级森林公园，永安溪主支流韦羌溪穿境而过。国家重点保护和珍稀濒危的野生动植物有100余种，包括南方红豆杉、长叶榧、香果树、浙江楠、八角莲、厚朴、白颈长尾雉、云豹、金钱豹、黑鹿、猕猴、猫头鹰、猴面鹰等，享有“绿色基因库”和“天然药物宝库”之美誉④。

文成县现有脊椎动物5纲34目97科379种，列为国家保护的珍稀动物有17种，云豹、黄腹角雉、猕猴等稀有动物常在林间出没⑤。

● 温州市：泰顺县动物区系属于东洋界中印亚界华中区的东部丘陵平原亚区，知名的动物有230科1 129属1 466种（含种下等级和养殖种

---

①中国·开化. http://www.kaihua.gov.cn/zjkh/zrdl/zrzy/200804/t20080423_161236.html

②磐安县. http://baike.baidu.com/view/453254.htm

③中国·临海. http://www.linhai.gov.cn/html/main/zrdl/

④俞坑淡竹原始森林双穿越之旅. http://bbs.qjwb.com.cn/simple/? t948457.html

⑤文成县. http://baike.baidu.com/link? url=-5IW5RCqHQNwbEiKPubOx-_ccw4mo5ADjAapTEqKqvsxKhynEnG7eOY9_I_mQe-DO#6

类，下同），其中兽类24科55属73科，珍稀濒危动物多，是浙江重要的保种基地。属国家一级保护的有云豹、金钱豹、虎、黑麂、金雕、黄腹角雉、白颈长尾雉、鼋8种[①]。

● 丽水市：《凤阳山志》记述（《凤阳山志》编委会，2012）：

云豹：又名龟纹豹。中型猫科动物。全身黄褐色，体侧有对称深色大块云状斑纹，周缘近黑色，而中间暗黄色，状如龟背饰纹，故有龟纹豹之称。栖息于山地及丘陵的常绿林中。它是豹类中最典型的林栖动物，能轻松攀爬上树，白天在树上睡眠。

按：据此表明，地处龙泉市境内的凤阳山一带仍有云豹存在。

庆元县全境山岭连绵，群峰起伏，地势自东北向西南倾斜。北、东部为洞宫山脉，主峰百山祖海拔1 856.7 m，为浙江省第二高峰；西南部和中部是仙霞岭、枫岭余脉；山间盆地之外有较多河谷，地势平缓。据调查，分布有动物100多种，其中珍稀动物有云豹、金钱豹与华南虎、黄腹角雉、短尾猴、猕猴、穿山甲、黑熊、金猫、鸳鸯、大鲵（娃娃鱼）、大灵猫、獐鬣羚、白鹇、相思鸟等[②]。

5.1.3　安徽

安徽省有云豹分布记录，但发现地要少于金钱豹。

《安庆市志》记述（安庆市地方志编纂委员会，1997）：

云豹：1956年花山村村民在红山笼捕云豹2只，各重约50 kg；1970年花山钟方寺出现过云豹。在山区腹地还偶有出现。

按：不仅有目击纪录，而且捕获云豹实体，证明确有云豹栖息。

《安徽省陆生野生动植物资源》记述（安徽省林业厅，2006）：

云豹

【分布】见于皖南山区。如休宁、祁门、黟县、黄山区、歙县、石台、贵池、青阳、东至、泾县、绩溪、宁国等地。

【数量】很少，20世纪70年代每年产皮二三十张，近年来由于栖息地缩小，食物匮乏，常到山区村庄内觅食而遭捕杀。据此次专项调查，皖南山区现有云豹100～150只。

【云豹资源调查结果】从调查中获知，云豹分布于东至、石台、祁门、黟县、黄山区、青阳、泾县、旌德、绩溪、宁国、休宁、歙县、徽州区及贵池，共14个区县。

从1999年开始云豹频频被发现：

1988年4月，祁门县凫峰乡黄源坑村民酒后打死一只窜入鸡场刁鸡的云豹。

1999年1月15日，一云豹眼受枪伤，送休宁救护，死去。

1999年正月初四，石台县六都一云豹吃了毒死的老鼠，四天后死亡。

1999年春季，石台县兰关村民发现一只体重15～20 kg云豹到居民点活动。

1999年，泾县丁溪乡村民捕到3只幼云豹，后放生。

1999年2月25日，祁门县胥岭乡村民打死一只进入猪栏的云豹。

1999年9～10月份，黄山区桃源乡地理溪村老猎人在村边遇到两只云豹。

1999年10月，黄山区桃源乡村民晚10点钟碰到云豹在林区路上活动。

1999年11月份，谭家桥乡冬山下村一云豹到居民点抓鸡后返身上山。

1999年11月～2000年3月，石台县先后有4只云豹死去，送安师大剖检。

2000年1月17日，齐云山送休宁救护中心云豹一只。

2000年1月，石台县河口乡新棚地发现一10多斤云豹已死。

2000年，石台县河口乡一云豹到村民家欲抓猪被赶走。

2000年2月，石台县大字坑农民上山砍柴，发现受伤云豹，送当地林业部门。

2000年2月，泾县榔桥镇球桂村一雌云豹19斤，入农户猪栏吃猪后被打死。

2000年2月26日，黄山区郭村乡卫星村送休宁救护中心云豹一只。

---

①泰顺县. http://baike.baidu.com/view/570274.htm

②庆元县. http://baike.baidu.com/link?url=zCrys3q9wl8ieFqNQ59ERwEhrrqI7BFiCuhD4fO4_leXHC1vE1adUFgXjf0hXPWq

2000 年宁国县狮桥捕一 20 多斤重的云豹，送宣城救护。

2000 年 3 月，石台县六都乡老里村，一云豹被捉送林业局。

2000 年 3 月，东至县葛公镇发现一只“三次中毒”死亡云豹（在居民点周围），即食物链为毒死鼠→毒死猫→毒死云豹。

2000 年 3 月 28 日，石台县河田乡市里村捕到一到居民点觅食的云豹，后送休宁救护中心。

2000 年 3 月 31 日，石台县仙寓山林场门前河边救护一云豹，后送休宁救护中心。

2000 年 3 月份，贵池县救护一头云豹，并于 6 月 10 日放生。

按：据此详细记录，表明在黄山市、歙县、休宁县、黟县、祁门县、贵池区、东至县、石台县、青阳县、宁国市、泾县、旌德县、绩溪县等地有云豹栖息。

《中国重点陆生野生动物资源调查》称（国家林业局，2008）：

本次调查，云豹见于……安徽（东至、石台、祁门、黟县、黄山、青阳、泾县、旌德、绩溪、宁国、休宁、歙县、徽州、贵池）。

按：虽地名存在瑕疵，但基本说明在黄山市、歙县、休宁县、黟县、祁门县、贵池区、东至县、石台县、青阳县、宁国市、泾县、旌德县、绩溪县等地仍有云豹存在。

● 黄山市：地级黄山市是一个“八山一水一分田”的山区。境内群峰参天，岭谷交错，有深山、山谷，也有盆地、平原，波流清澈，到处清荣峻茂，水秀山灵。举世闻名的黄山横贯黄山市、歙县、休宁县、黟县，现仍有动物种类 300 多种，其中属于国家保护的珍贵鸟兽有 20 多种，属于国家一级保护动物的有：云豹、金钱豹、黑麂、梅花鹿、白颈长尾雉、白鹳等①。

● 池州市：贵池区地势南高北低，依山傍水，分山区、丘陵、圩区，呈阶梯形分布。南部中低山区，群山起伏，绿树如云；中部丘陵区，岗垄相间，田园平整；北部为沿江洲圩区，圩区河渠交错，平畴如毯。地处暖温带与亚热带过渡地带，属亚热带季风性湿润气候区。全区森林覆盖率为 48.8%。现有野生动物中兽类有：云豹、豹与梅花鹿、猕猴、短尾猴、虎、豺、狼、獐、麂、兔、野猪、小熊猫、金猫、斑狗、松鼠、狗尾狸、白面、刺猬、穿山甲、箭猫、猪獾、鸡爪猪、野猫、香灵猫、黄鼠狼、狐狸等②。

石台县境内低山、高丘分布最广，约占全县总面积的 82%，东南部黄山北行千脉盘结，西北部是九华山脉的南端，形成南、北高，东、西低的地势，境内山峦起伏，沟壑纵横。地属亚热带湿润气候区，光照充足，四季分明，且冬夏长，春秋短。现有野生动物中兽类有：金钱豹、龟纹豹、云豹与梅花鹿、乌麂、鬣羚、山羊、苏门羚、猕猴、短尾猴、毛冠鹿、大灵猫、小灵猫、花松鼠、黄鼬、白猸、黄摇、豹猫、黄麂、果子狸、野猪、豪猪、班狗、水獭、穿山甲、貉、灌、獐、狼、豺、刺猬、野兔等③。

旌德县境内重峦叠翠，山水相间，黄山支脉自西南蜿蜒而入，斜贯全境，全县森林覆盖率达 58.5%以上。至 2003 年，已被人们认识的野生动物有兽类 51 种、鸟类 143 种、爬行类 23 种、两栖类 16 种，另有鱼类 48 种和其他水生动物多种。“野生动物名录”中兽类有“刺猬科：刺猬，鼩鼱科：灰麝鼩，鼹鼠科：缺齿鼹，蝙蝠科：蝙蝠、家伏翼（日本伏翼），猴科：猕猴②、短尾猴②，穿山甲科：穿山甲②，兔科：华南兔，松鼠科：赤腹松鼠、隐纹花松鼠、岩松鼠、长吻松鼠，仓鼠科：黑腹绒鼠，鼠科：小家鼠、黑线姬鼠、中华姬鼠、黄胸鼠、褐家鼠、社鼠、针毛鼠、大足鼠、青毛鼠，豪猪科：豪猪，犬科：狼、红狐、貉、豺②，鼬科：青鼬（黄猺）、黄腹鼬、黄鼬、鼬獾（白猸）、狗獾、猪獾、水獭②，灵猫科：大灵猫②、小灵猫②、花面狸（青猺）、果子狸、食蟹獴（石獾），猫科：豹猫、云豹①④、金钱豹①，猪科：野猪，麝科：獐[麝]②，鹿科：黄麂、黑麂①、毛冠鹿、梅花鹿①，牛科：鬣羚（苏门羚）②、青羊（斑羚）②”⑤。

---

①黄山. http://baike. baidu. com/link? url=TXz6VdTD2MLNIyAN4Xf0ruJeJQ4_oOksw5h-AumU9oJ7Gtrm48rD_WApD85I8CBLPwuBriSnOyK15GiaT6tY085V7UBi8zb2beUSIeo6LPe#3_3

②中国·贵池. http://www. ahgc. gov. cn/content/55844. html

③石台县. http://baike. baidu. com/link? url=WvpMTJ_Cx-FAApa4W4i1PCmWv8z84O5ctg44S-gcmg9oCqJ7IlClf9vBtom1MBt1#4_2

④按原文，物种名后注有①为国家一级保护动物，②为国家二级保护动物。

⑤中国·旌德. http://www. ahjd. gov. cn/ReadNews. asp? NewsID=1297

5.1.4 福建

福建省有较多云豹分布记录。

《中国重点陆生野生动物资源调查》称（国家林业局，2008）：

本次调查，云豹见于……福建（长汀、建阳、建瓯、永安、光泽、浦城、将乐、尤溪、连城、新罗）。

按：据此表明，在建瓯市、建阳市、浦城县、光泽县、永安市、尤溪县、将乐县、新罗区、长汀县、连城县等地有云豹栖息，但有相当部分待补。

● 福州市：《马尾区志·野生动植物》确认鱼类有37科75种、两栖类有5科10种、爬行类有11科22种、鸟类有25科41种、哺乳类有18科22种，哺乳纲有云豹与蝙蝠、穿山甲、竹鼠、豪猪、野兔、豺犬、獾、黄鼠狼、水獭、豹猫、野山羊、野猪、鹿、猕猴、鲲鲸等①。

《福州市志》记述（福州市地方志编纂委员会，1998）：

云豹：食肉目，猫科。身体比狗稍大而似小豹，具云状块斑，尾亦较长。栖息于山地常绿阔叶林内，性凶猛，行动敏捷，昼伏夜出，以各种树栖动物为主要食物。见于连江县境内，仅存数只，属国家二类保护动物。

按：据此看来，不仅有云豹栖息，而且在连江县还有残存。

● 南平市：《中国动物志：兽纲：食肉目》称，云豹"依标本和文献记载，计有……福建，南平"（高耀亭等，1987）。"南平"不仅并非省级政区，而且有"南平地区""南平市""南平县"等多种概念，而该志在记录云豹分布地时采用省、市（地）、县三级政区名称，故颇难确定，暂定其为今延平区。

《建瓯县志》记述（建瓯县地方志编纂委员会，1994）：

云豹：生长于迪口镇和龙村、水源、川石乡的深山密林中。近年，几乎绝迹。

按：尽管云豹在今建瓯市已经濒危，但据后来记载，还有残存。建瓯市位于武夷山脉东南面、鹫峰山脉西北侧，属东南沿海低山丘陵区，地势东南高、西南低，四周中、低山环绕，中西部是以建溪、松溪为主轴的河谷平原、丘陵与串珠状的山间盆谷。地属亚热带海洋性季风气候，四季分明，雨量充足。全市野生动物有28目87科330种，属国家保护的有17种，其中属一级保护的有华南虎、云豹、金钱豹、黑鹿、金猫、黄腹角雉②。

● 泉州市：泉州市境内山峦起伏，丘陵、河谷、盆地错落其间，地势西北高、东南低，西部为戴云山主体部分，山地、丘陵占土地总面积的4/5。地处低纬度，东临海洋，属亚热带海洋性季风气候。当地两栖类、爬行类、鸟类、哺乳类野生动物资源有30目85科385种，其中兽类32种。有国家一级重点保护野生动物云豹与鼋、蟒蛇、黑鹳、黄腹角雉、华南虎、中华白海豚、中华鲟等11种③。地级泉州市辖多个市县，个别地方现并不存在云豹。

● 厦门市：《同安县志》记载的"毛属类"中有：虎、云豹、山獐、山羊、苏门羚、山犬、水獭、刺猬、山猪、山兔、鼠狼、田鼠、黄麂、赤麂、白皮猫等（同安县地方志编纂委员会，2000），反映厦门市同安区尚有云豹栖息。

漳平市地处戴云山、玳瑁山和博平岭三大山脉结合部。九龙江北溪横切中部，将漳平分成南北两半。地势由南、北向中部河谷倾斜，呈马鞍形。中部沿江两岸为漳平市地势较为平缓的河谷、丘陵地带。地属亚热带季风气候，中部河谷地带受海洋性季风影响，为南亚热带气候。境内野生脊椎动物现存300余种，国家重点保护动物有：云豹、金钱豹、蟒、白颈长尾雉、黑熊、水獭、鹿、草鸮，棘胸蛙、穿山甲、猫头鹰、啄木鸟、灵猫、山羊、苍鹰、虎纹蛙、豪猪等④。

5.1.5 江西

江西省是华东分布有云豹最多的省级政区。

---

①福州地情网. http://www.fzdqw.com/ShowText.asp? ToBook=1100&index=99&

②中国·建瓯. http://www.jianou.gov.cn/cms/sitemanage/index.shtml? siteId=30160281333960000

③泉州. http://baike.baidu.com/link? url=F6R15ZHCMZjokP3nNZfyyS9XEa_YHvnvaTFZb8kfO_TycQ6kbxmgDjfGLZ4vAtZGoAjVZeuxLdCfu4_wIENhe_#6_5

④漳平. http://baike.baidu.com/link? url=SOJkx38Uus-1Dq2coF_yQIhlrGMzWyES6Z64Q_UDVQyEseb3wWl8sw7WUR8DcaidgLUhwgRGmBd HaWc8VM32187FtZvvh7_BDW4XveK22PZ_mKnm6Am1O1HS8ulxdgBJC2V3N6yOCTpuUmLgdOPdHH1nDt7AD Sb-PgkxdccP1-O

《中国动物志：兽纲：食肉目》称，云豹“依标本和文献记载，计有……江西黎明、余南、高安、崇仁、大余、莲花、雩都[①]”（高耀亭等，1987）。据核查，地名有误，似指今莲花县、大余县、全南县、于都县、黎川县、崇仁县、高安市等地有云豹栖居。

《江西鄱阳湖国家级自然保护区研究》称，永修县、星子县和新建县的江西鄱阳湖国家级自然保护区[②]经调查，有：云豹与刺猬、穿山甲、狐、貉、青鼬、黄鼬、鼬獾、狗獾、猪獾、果子狸、豹猫、野猪、獐、华南兔、豪猪、江豚等31种哺乳动物（纪伟涛等，2002）。

《中国重点陆生野生动物资源调查》称（国家林业局，2008）：

本次调查，云豹见于……江西（全南、定南、龙南、寻乌、石城、上犹、崇义、安远、宁都、瑞金、于都、兴国、赣县、信丰、大余、会昌、南康、赣州章贡区、宜黄、乐安、南丰、广昌、黎川、资溪、南城、金溪、上栗、莲花、芦溪、婺源、德兴、玉山、广丰、铅山、万年、横峰、井冈山、永丰、泰和、遂川、永新、安福、新干、吉水、万安、宜春袁州区、宜丰、铜鼓、奉新、靖安、上高、高安、武宁、修水、永修、瑞昌、德安）。

按：据此表明，在瑞昌市、武宁县、修水县、永修县、德安县、莲花县、上栗县、芦溪县、章贡区、瑞金市、南康市、赣县、信丰县、大余县、上犹县、崇义县、安远县、龙南县、定南县、全南县、宁都县、于都县、兴国县、会昌县、寻乌县、石城县、德兴市、广丰县、玉山县、铅山县、横峰县、万年县、婺源县、南城县、黎川县、南丰县、乐安县、宜黄县、金溪县、资溪县、广昌县、袁州区、高安市、奉新县、上高县、宜丰县、靖安县、铜鼓县、井冈山市、吉水县、新干县、永丰县、泰和县、遂川县、万安县、安福县、永新县等地还有云豹存在。

● 景德镇市：景德镇全境山区特征明显，境内森林资源十分丰富，森林覆盖率达70%。当地有国家一、二级保护动物20余种，其中国家一级保护动物4种，为云豹、金钱豹、黑鹿、白颈长尾雉[③]。地级景德镇市中的乐平市与浮梁县现仍有云豹存在。

浮梁县境内以中低山、低山和丘陵为主，均属黄山、怀玉山余脉，总的趋势为东西北三面高，三条山脉缓向西南低去，所以地形起伏变化较大。地属亚热带季风性气候，热量丰富，雨量充沛，光照充足，无霜期长。但由于境内地势起伏，相对高度差异很大，各地日照时数和气温均不同，具有明显的丘陵山区气候特色。现有国家一级保护动物云豹、金钱豹等[④]。

● 萍乡市：市境内分布的国家一级保护动物有豹、云豹、黄腹角雉、白颈长尾雉4种；国家二级保护动物有大灵猫、小灵猫、水鹿、河麂[獐]、猕猴、藏酋猴、穿山甲、大鲵（娃娃鱼）、虎纹蛙、草鸮、鸳鸯、白鹇12种[⑤]。然而，地级萍乡市中能查证有云豹的仅有萍乡市。

● 赣州市：信丰县东部、南部及西北部为中低山脉，西南部和北部为低山丘陵，而中部地区则多低丘平地，由此构成由南往北倾斜的地形。地处东亚季风区，气候温和、光照充足、热量丰富、雨量充沛，属中亚热带季风性湿润气候，具有四季变化分明、春秋短、夏冬长、冰雪期短、无霜期长、夏少酷暑、冬少严寒等特点。现有动物资源中，国家重点保护野生动物之兽类有：云豹、豹与豺、小灵猫、斑灵猫、水鹿、苏门羚、穿山甲[⑥]。

大余县全县山地面积占总面积的22.97%，多呈脉状，逶迤起伏；丘陵面积占58.86%，属山地支脉的延伸，多呈树枝状和条带相间分布，地表呈波状起伏，分割零乱；平原和岗地面积占

---

①雩都在1957年改称“于都县”。

②经核查《全国自然保护区名录》（http://sts.mep.gov.cn/zrbhq/zrbhq/201208/t20120824_235172.htm）未见此自然保护区。而江西省内有“鄱阳湖”的唯一国家级自然保护区为“鄱阳湖南矶湿地”，基本情况也与此不符。

③景德镇. http://baike.baidu.com/link? url = Vl50A6mi3BEKavjLwBXBBIieVVUfNaX6pponk2RkxfuxiqZ2L7l7JJwf38C7TYd7AY1RP95AgpnnC4WyHe5_H-4By0Zl0dGpMorp9wreJDy

④浮梁县. http://baike.baidu.com/link? url=cbq1s2Pue2dPZvLKcM06BT7dsCHRvvSwwd541azggQun7Pht0R3eB9IPhA4gKYuLm0Byh2QQ4XL_F3r6wHN11a

⑤萍乡野生动物资源. http://bm.pingxiang.gov.cn/lyj/article/200911/156949.html

⑥信丰县. http://baike.baidu.com/link? url=xGGEGEUZCeIYVr6D_t6YlerFvpJE1c0o49eDS3TxeN-4SDLeLK-l2FyRUu5K1c8N#8_2

18.38%。地属中亚热带季风性湿润气候区。森林覆盖率为76.2%。现有野生动物116种，有兽类5目10科19种，其中有云豹、豹、穿山甲、河麂等国家重点保护野生动物①。

安远县是典型的丘陵山区县，山地面积占总面积的83.43%；地势中部突起，向南北倾斜。地属中亚热带季风性湿润气候区，森林覆盖率达83.4%。境内野生动物繁多，列入国家保护的野生动物有华南虎、云豹、金钱豹、黄腹角雉、猕猴、穿山甲、金猫、香獐[麝]、水鹿、鸢、水獭、白鹇、大灵猫、水灵猫、猫头鹰等②。

龙南县按海拔可划分为4个地貌类型：中山占总面积的0.92%，低山占总面积的26.95%，高丘占总面积的50.34%，中丘面积约358平方千米，占总面积的21.79%。地属中亚热带季风性湿润气候区，森林覆盖率达80.3%。珍稀野生动物有云豹、水鹿等③。

会昌县四面环山，中部狭长，自东南向西北倾斜；南岭余脉横亘西南，武夷山余脉逶迤东部和东南部。东部和西南部地势较高，低山环绕，峰峦重叠；北部和西北部地势较低，丘陵起伏，坡岗连绵。县境山区占全县面积的25%，丘陵占69.7%，盆地占5.3%。地属中亚热带季风性湿润气候区，具有山区立体气候明显的特征。据称，2009年县内珍稀动物有国家一级保护动物云豹、蟒蛇；国家二级保护动物金猫、斑林狸、河鹿、水鹿、虎纹蛙、穿山甲、黑冠鹃隼、乌雕、长耳、短耳、灰背隼、小鸦鹃、蛇雕、黑鹿④。

● 上饶市：《铅山县志》记述(铅山县县志编纂委员会，1990)：

云豹：亦称"龟纹豹""乌云豹"。较金钱豹小，全身淡灰褐色，体侧有云形暗灰色斑纹，颈上有黑纹，尾上有浅黑或棕色环带。栖息热带和亚热带丛林中，列为国家一类保护。

按：据此表明，当地确有云豹生息繁衍。

● 抚州市：宜黄县地势南高北低，东倚武夷山脉，西倚雩山山脉，东南西三面环山，北临赣抚平原，为山区与平原过渡地形。地处华南气候区与华中气候区过渡地带，属于中亚热带季风性湿润气候区。县境森林植被繁茂，生态环境优越，物种资源丰富，野生动物种类达698种。国家一级保护野生动物有：华南虎、云豹、黑鹿、白颈长尾雉、黄腹角雉，国家二级保护动物有：水鹿、苏门羚、大灵猫、小灵猫、水獭、獐、黄猴貂、黑熊、豺、穿山甲、藏酋猴、斑头休鹠、领角鸮、草鸮、燕隼、游隼、黑鸢、苍鹰、勺鸡、白鹇、鸳鸯、大鲵、棘脑蛙、虎纹蛙等25种⑤。

● 宜春市：宜丰县属中亚热带温暖湿润气候区，植物种类多，植被好，适合多种野生动物生存和繁衍。经查明，全县共有脊椎动物341种，其中哺乳类43种。县内森林资源主要分布在宜棠公路以北，故宜丰县的绝大多数野生动物，特别是珍贵野生动物如云豹、豹与白颈长尾雉、白鹇、豺、狼、金猫、豹猫、黑熊以及果子狸、眼镜蛇等都分布在宜棠公路以北的花桥、同安、天宝、潭山、黄岗、石花尖、车上等地⑥。

靖安县以山区为主，地势东西长，南北窄，四周环山，中部山地间杂丘陵，唯东南偶有少量河谷平原。地属北亚热带湿润气候区，四季分明：春季回暖迟，有春寒，夏季炎热时间长，秋季凉得快，冬季较寒冷；气候温和，气温东西相差大。当地野兽有：猴、鹿、獐、狐、獭、香狸(箭猫)、中尾狸、九节狸、小黑熊、青猺、黄猺、野兔、野猪、野牛、野鹿、野猫、山羊、刺猬、黄鼬、山(田)鼠、松鼠等，属国家一级保护的有云豹、豹等⑦。

5.1.6　台湾

台湾有云豹栖息记录。

《台湾脊椎动物志》记述(陈兼善等，1984)：

云豹：……亦名猫豹、樟豹；……原分布东南部1 000公尺高山森林中，北部较少，现已近于绝迹。

①大余县. http://baike.baidu.com/view/173756.htm

②安远县. http://baike.baidu.com/view/173679.htm

③中国・龙南. http://www.jxln.gov.cn/lngk/zrzy/

④会昌县. http://baike.baidu.com/view/173820.htm#4_4

⑤宜黄县. http://baike.baidu.com/link? url=VtQMdFbKQMo7TdDSeTbhQoLyKSzJzoAjUHcv3-oEdIQKtf5Rk3X5RS6

⑥宜丰县人民政府. http://www.jxyf.gov.cn/News/ZJYF/zrhj/2011/YF_2011101413543.html

⑦中国靖安. http://www.jxjaxzf.gov.cn/Category_121/Index.aspx

按：尽管这已是较晚的记录，但可看出在台湾曾分布较广。

《嘉义县志》记述（赖子清等，1982）：

豹：豹似虎，圈文黄纹，黑如钱，比比相对。圈中五圈，左右各四者曰金钱豹；宜为裘。纹如艾叶者曰艾叶豹。台谓之乌云豹。土产者稍大于犬，而无所害人，或名之曰獐虎。

艾叶豹：斑驳可观，制裘者重值购之；然亦粗重，不堪曳娄。云豹分布甚广，由喜马拉雅山东南，经缅甸，以至闽、广、台湾，各地俱有。亦名猫豹、獐豹。豹皮为裘为褥皆可用，价数倍于鹿皮。

按：尽管此处列出2种“豹”，但动物学界基本认为台湾岛在清代以来仅有云豹一种。

《桃园县志》记述（郭薰风等，1956）：

豹：属于食肉类。体长一公尺许，形似虎（台山无虎），耳短，瞳孔能随光线而收放，犬牙大，呈圆锥形，臼齿尖，毛色苍褐或赤褐，有黑色斑点。性猛力强，动作活泼，能远跳，善攀木，毛皮甚珍贵。栖深山中。

按：此处尽管有“毛色苍褐或赤褐，有黑色斑点”较含糊的描述（参见下文），但“体长一公尺许”乃云豹的体形，且现代动物学家一致认为台湾仅有云豹一种“豹”。

《苗栗县志》记述（黄新亚等，1957）：

雪豹：*Felis nebulosa* GRIFFITH　别称：豹猫。山胞称：Ikieri。偶出现于泰安、南庄等高山森林中。体色灰褐色，躯干背面有数条黑色纵走条纹，体侧有云状斑，腹面地色灰白有不规则只黑褐色斑纹。

按：此处尽管称“雪豹”，但“躯干背面有数条黑色纵走条纹，体侧有云状斑，腹面地色灰白有不规则只黑褐色斑纹”描述与拉丁文学名等皆表明应是云豹。

《台南县志》（洪波浪等，1960）：

云豹：*Felis Nebulosa*（Grittith）体色灰色及至褐色或淡黄色等，又带有黑色条纹斑纹及斑点，排列如云形故名，常在树上栖息。

按：此处的中文学名与拉丁文学名皆准确。值得注意的是“有黑色条纹斑纹及斑点”描述，与《桃园县志》的“有黑色斑点”颇相似。

《宜兰县志》（卢世标等，1965）：

猫豹：樟豹，云豹。学名 *Felis nubulosa* ［*Neofelis nebulosi*］台湾特产。体小形斑点小，头胴长一至二公尺，耳壳半月形而小。尾粗长较头稍短小。毛短者、整齐。黄褐色地有斑纹，故美。背中央有幅广黑条，下端有云形、圆形之黑轮纹。颊及喉有数条黑色纵纹，腹面为灰白色有斑点，尾有十一至十四褐色环带。在树上遇有通过之鹿、羚羊、羌仔等，便飞降咬其背部杀之。产本县。

按：据此表明，当地确有云豹，只是原拉丁文学名略有瑕疵。

《嘉义县志》记述（赖子清等，1982）：

豹：豹似虎，圈文黄纹，黑如钱，比比相对。圈中五圈，左右各四者曰金钱豹；宜为裘。纹如艾叶者曰艾叶豹。台谓之乌云豹。土产者稍大于犬，而无所害人，或名之曰獐虎。

艾叶豹：斑驳可观，制裘者重值购之；然亦粗重，不堪曳娄。云豹分布甚广，由喜马拉雅山东南，经缅甸，以至闽、广、台湾，各地俱有。亦名猫豹、獐豹。豹皮为裘为褥皆可用，价数倍于鹿皮。

按：此处虽有“金钱豹”的描述，然而对照前志，不难看出只是抄录前人而略去出处，不足为凭。云豹则是当地所产。

台湾云豹原为栖息在中低海拔阔叶林间的大型猫科动物，土地被大量开发之后，台湾云豹被迫迁往高山，最后的栖息地是玉山和大武山。台湾学者经过13年的研究，于2013年4月宣布台湾云豹可能已经灭绝①。亦即高雄县、嘉义县、南投县、屏东县、台东县一带是台湾分布的云豹较后残存地；然而，在自然保护区内仍见云豹残存报道。

5.2　中南

中南地区唯香港特别行政区与澳门特别行政区未见明确的云豹分布。

5.2.1　河南

河南省有云豹分布，直至20世纪后半叶仍有记录。

民国二十五年《光山县志约稿》记述：

豹：有两种……毛褐色，背有花纹名艾花豹。

①台湾云豹. http://baike.haosou.com/doc/5952316-6165257.html

邑南深山中间有之。

按：此处不仅明确"豹""有两种"，而且从其"背有花纹名艾花豹"、光山县地处淮河以南看，当是云豹。

5.2.2　湖北

湖北省也有云豹分布。

《秭归县志》记述（湖北省秭归县地方志编纂委员会，1991）：

云豹：1982年12月7日，磨坪区龙坪大队农民在杨家荒的密林中生擒一只云豹，送交宜昌市动物园。

按：据此表明，当地确有云豹栖息。

《中国重点陆生野生动物资源调查》称（国家林业局，2008）：

本次调查，云豹见于……湖北（五峰、宣恩、鹤峰、郧西、神农架、通山）。

按：据此表明，在郧西县、通山县、五峰土家族自治县、神农架林区、宣恩县、咸丰县、鹤峰县等地仍有云豹分布。

5.2.3　湖南

湖南省在中南是云豹分布最多的省级政区。

《湖南省志・地理志・动物》记载："本科（猫科）还有：原猫、豹猫、云豹"（湖南省志编纂委员会，1987），表明湖南省有云豹等分布。

《中国重点陆生野生动物资源调查》称（国家林业局，2008）：

本次调查，云豹见于……湖南（省内各大林区）。

按：据此难以确定云豹的具体地方[①]。

● 张家界市：据称，张家界有脊椎动物146种，其中国家级保护动物40种，珍稀动物有娃娃鱼、独角兽、苏门羚、华南虎、云豹、猕猴、灵猫等[②]。表明在张家界市、慈利县、桑植县等地仍有云豹等存在。

慈利县地处武陵山脉东部边缘，澧水中游，属湘西山区向滨湖平原过渡地带，地势自西北向东南倾斜，武陵山余脉在境内分为3支东西走向的山脉，澧、溇两河纵贯全境，蜿蜒于县西北部和中部。地属中亚热带季风性湿润气候区。据称，集聚了云豹、大鲵等472种野生动物[③]。

石门县人民政府网描述：

云豹：别名龟纹豹、荷叶豹、柳叶豹、樟豹，属于猫科，学名为 *Neofelis nebulosa*。

云豹体重15～20 kg，体长1 m左右，比豹要小。体侧由数个狭长黑斑连接成云块状大斑，故名"云豹"。云豹体毛灰黄，眼周具黑环。颈背有4条黑纹，中间两条止于肩部，外侧两条则继续向后延伸至尾部；胸、腹部及四肢内侧灰白色，具暗褐色条纹；尾长80 cm左右，末端有几个黑环。云豹属夜行性动物，清晨与傍晚最为活跃，栖息在常绿阔叶林内，毛色与周围环境形成良好的保护及隐蔽效果。云豹爬树本领高，比在地面活动灵巧，尾巴成了有效的平衡器官，喜在树上活动和睡眠。发情期多在晚间交配，孕期90天左右，每胎2～4仔。

云豹产于长江以南各省及陕西、甘肃、台湾，属于国家一级保护动物。

石门壶瓶山为云豹频繁出没之地，其主要栖息于南坪河的双尖子、鹰子尖，江坪河的管山、三峰、大岭，中岭的棋梁尖等高山云雾地带[④]。

按：据此证实，当地确有云豹生息繁衍。

● 益阳市：桃江县境地貌类型多样，山、丘、岗、平犬牙交错。山地西南部居多，丘陵主要分布在西北部和东部，岗地分布于平原与丘陵之间，平原分布在中部资江和溪河两岸以及山间谷地之中：山地面积占全县总面积的27.26%（低山占山地面积的58.8%，中低山只占2.4%），丘陵占全县总面积的29.46%，岗地占全县总面积的14.71%，平原占全县总面积的26.35%。地属亚热带大陆性季风湿润气候区。《桃江县志》2011年11月称，2000年县境共有野生动物19目41科

①据《湖南省2014年林业统计年报分析报告. http://www.hnforestry.gov.cn/MoreList_Infoshow.aspx? ID=435615》称：2014年全省林业系统拥有各种经济类型单位2922个（其中企业单位86个，事业单位2567个，机关单位269个）。亦即各县级行政区基本上有企业单位，但既无规模分类，也无名录，难以确认"各大林区"位置。

②中国・张家界. http://www.zjj.gov.cn/user/newscenter/001002-001002002-1.html

③慈利县. http://baike.baidu.com/link? url=rZsVWE3slFCRfSiMU8rjrKKQcOl99C8DZbvfgted0UTwQIDRLgA5zuBOyr_MHt8T#1_2

④中国石门・珍稀动物. http://www.shimen.gov.cn/Item/2791.aspx

107 种，其中哺乳动物 5 目 10 科 24 种，国家一级保护的有云豹，国家二级保护的有豺、穿山甲、小灵猫、水獭 4 种，常见的有黄鼬、花面狸、华南兔、中华竹鼠、银星竹鼠、野猪、蝙蝠、刺猬、豪猪、鼬獾、野兔、果子狸、豹猫、鹿类等①。

● 衡阳市：尽管衡阳市称有兽类 30 种，其中国家一级保护动物有云豹等②，但地级衡阳市并非现辖 2 市 5 区 5 县皆有云豹栖息。

衡阳县位于南岳衡山之南，湘江中游，衡阳盆地北沿。地处该县溪江乡的九峰山现为省级自然保护区，森林植被良好，珍稀植物种类繁多，独特的自然环境为野生动物栖身和繁衍创造了良好的条件，有云豹、穿山甲、白鹭、画眉、鹰、猫头鹰等③。

衡东县地形以丘陵为主，兼有平原和山地。地势东南高、西北低，凤凰山雄踞于东部，四方山矗立于南部。地属亚热带季风性湿润气候区。森林覆盖率达 51.7%。现仍有云豹与獐[麝]、麂、兔、鹿、野生猴面鹰等 20 余种野生动物④。

● 永州市：永州市称，1984 年调查，零陵地区有陆栖脊椎野生动物 51 科、118 种，列为国家保护的有 32 种，其中属国家一级保护的有华南虎、黄腹角羚、云豹、金钱豹、黑鹿、巨蜥、梅花鹿和蟒 8 种。境内属国家保护的野生动物主要分布在东安大庙口、双牌阳明山、道县月岩、江永源口、宁远九嶷山 5 个自然保护区以及江华部分山区和金洞林区⑤。说明在永州市所辖的东安县、道县、宁远县、江永县、双牌县、江华瑶族自治县等地仍有云豹等生息繁衍。

● 怀化市：清光绪三十四年《靖州乡土志》记述：

豹：（《说文》：豹似虎，圜文）形如虎而小，毛黄质而黑章。……如艾叶者，为艾叶豹。

按：据此看来，今靖州苗族侗族自治县不仅曾有云豹，而且还有另一种“豹”。

洪江市西部的雪峰山森林公园水资源十分丰富，群峰叠嶂、林木丰茂，山间溪水潺潺，四季长流不断。野生动物资源十分丰富，据调查，境内有野生动物约 190 种，国家重点保护野生动物有 16 种，其中国家一级保护动物有 2 种，即：云豹、黄腹角雉⑥。

● 湘西州：保靖县境内重峦叠峰，岭谷相间，地貌类型齐全，山、丘、岗、坪交错分布，属以中山、中低山为主的山地地貌，显现出西北和东南高、中间低的“马鞍形”地貌轮廓。复杂的地象性状使保靖境内气候因地带不同而存在一定差异，尤其是中山地带，呈现出地跨三带的主体气候特征。当地野生动物种类繁多，有云豹、金钱豹、猕猴、大鲵等国家保护动物 60 余种⑦。

龙山县境温暖湿润，冬少严寒，夏少酷暑，植被丰茂，自然洞穴多，适宜多种动物繁殖生长。1999 年，县森林资源保护站对境内陆生野生脊椎动物进行普查，查明县境陆生脊椎动物有 124 种，哺乳动物已查明的有蝙蝠、猕猴、黑熊、豺、狐、黄鼬、青鼬、獾、鼬獾、狗獾、水獭、大灵猫、小灵猫、果子狸、华南虎（原有分布，现已绝迹）、云豹（原有分布，现已绝迹）、金猫、野猪、麝、獐、黄麂、毛冠鹿、岩羊、穿山甲、棕鼯鼠、黄鼠、赤腹松鼠、岩松鼠、竹鼠、豪猪、帚尾豪猪、野兔等 32 种⑧。

5.2.4 广东

广东省是中南分布有云豹较多的省级政区，在多个市级政区发现有云豹分布。

《中国重点陆生野生动物资源调查》称（国家

①中国・桃江. http://www. taojiang. gov. cn/col/col52/index. html

②衡阳. http://www. hengyang. gov. cn/main/hygk/hyjs/1_626/default. shtml

③九峰山. http://baike. baidu. com/link? url＝EbocZENNDpFaPAEbewLfQvG1dITR82a9NOzcXaRSJczs0Uoqx4eVG00trXv3axHmUMvZYXFFxLTxzFCQTRvX1qU-F5w9N98Di5XZ_uYdLzi

④衡东县. http://baike. baidu. com/link? url＝NgdfRll9AlGpUPo-f46oXefo4aUF-eIrY71F5lpTqmT4kweL3Hf_5sCeoE52d7sV＃7；桂东县人民政府. http://www. gdx. gov. cn/page/item340/index. html

⑤永州市人民政府网站. http://www. yzcity. gov. cn/col/col16888/index. html

⑥雪峰山国家森林公园. http://baike. baidu. com/link? url＝r0JewRSAi3eyQ4DDZM7nTaG_XISXVOYtrtcp8MhrX8eA0903QTH_2MrQ6RZ43Uafx4lJMtHeOs6ZJIVkbUUrzq

⑦保靖县. http://baike. baidu. com/link? url＝PV5aVOPrEgkXSZcuw7L04de6H3NEkzOuCw9hWzq3yqZ-XOXX8iGvROuEpli-FL-cN＃2_3

⑧中国・龙山. http://www. xxls. gov. cn/lsgk/zrdl/st/201309/54614. html

林业局,2008):

本次调查,云豹见于……广东(紫金、乳源)。

按:据此表明,在乳源瑶族自治县、紫金县等地还有云豹存在,只是调查的云豹现存地方数量偏低。

● 广州市:《中国动物志:兽纲:食肉目》称,云豹"依标本和文献记载,计有广东广州",并明确云豹指名亚种在1821年采自广州,1922年可能产自广州(高耀亭等,1987),证实广州市曾有云豹。

● 清远市:连州市地处萌渚岭南麓,境内崇山峻岭,丘陵、岗峦星罗棋布。山地占全市总面积的72.2%,丘陵占15.9%。地属中亚热带季风性湿润气候区,常年热量大,气温变化明显。据调查,连州市有野生动物500多种,其中兽类有100多种;属国家重点保护的动物有30多种,其中国家一级保护动物有:华南虎、黄腹角雉、云豹、金钱豹、蟒蛇、金雕、白颈长尾雉等10多种①。

佛冈县地势东北高,西南低,西北部的观音山山脉是全县主要山脉。据调查资料,全县野生动物有两栖类11种、爬行类26种、鸟类109种、哺乳类34种;而观音山的主峰阿婆髻就有动物238种,其中珍稀动物有云豹、小灵猫、蟒等20多种②。

● 韶关市:乳源瑶族自治县地处南岭山脉骑田岭南麓,属中亚热带季风性湿润气候区。当地野生动物共计700多种,其中陆栖兽类共25科86种,两栖类33种,鸟类217种,鱼类33种;国家珍稀濒危物种达83种,一级保护物种有:华南虎、云豹、山瑞、黄腹角雉、黑鹿、蟒蛇等,二级保护物种有:短尾猴、黑熊、穿山甲、白鹇、鸦鹃、原鸡、梅花鹿、水鹿、青羊、东南毛冠鹿、苏门羚、金猫、灵猫、麝香、猫头鹰等,其他动物有黄猄、野猪、狐、野子猁、兔子、芒鼠、松鼠、蝮蛇、银环蛇、蜥蜴、乌龟、水鸭、燕子等③。

● 惠州市:博罗县地势东北高,西南低,自东北向西南倾斜,北部为山地丘陵,间有山谷平原,中部为丘陵台地,南部沿东江自东向西有三个小冲积平原;境内的山峰有罗浮山、象头山、太阳峰,有金钱龟、穿山甲、云豹等珍稀野生动物④。该县境内的象头山自然保护区经实地调查,有云豹与穿山甲、水獭、小灵猫、大灵猫、青鼬(黄喉貂)、苏门羚(鬣羚)等44种兽类(吴章文等,2003)。

5.2.5 广西

广西壮族自治区也有云豹分布记录。

《中国重点陆生野生动物资源调查》称(国家林业局,2008):

本次调查,云豹见于……广西(宁明、环江、上思、田东、田阳、田林、凌云、德保、靖西)。

按:据此表明,在上思县、宁明县、田阳县、田东县、德保县、靖西县、凌云县、西林县、田林县、环江毛南族自治县等地仍有云豹存在,但此调查的云豹现存地方数量偏低。

● 桂林市:桂林市位于南岭山系西南部,为中、低山地形,有喀斯特山地、丘陵和台地。处于低纬度,属亚热带季风气候区;境内气候温和,雨量充沛,无霜期长,光照充足,热量丰富,夏长冬短,四季分明且雨热基本同季。据称,当地陆栖脊椎动物有400多种,其中有云豹、黄腹角稚、穿山甲、果子狸等珍稀物种⑤。

《恭城瑶族自治县概况》记载(《恭城瑶族自治县概况》编写组,2009):

动物资源·兽类:国家保护珍贵兽类有猕猴、短尾猴、华南虎、穿山甲、云豹(龟纹豹)、金猫、河麂、毛冠鹿、小灵猫、大灵猫等。其他野兽有果子狸、鹿、獐[麝]、猸(田猪)、黄鼠狼、刺猬、山牛、水鹿、苏门羚(水羊)、麝(石羊)、豺狼、狐狸、山猪、豪猪(箭猪)、野猫、松鼠、竹鼠、野兔等。

按:据此看来,当地仍有云豹存在。

● 防城港市:《上思县志》记载有:"云豹、金钱豹、虎3种为国家一级保护"(上思县地方志编纂委员会,2000),说明还有云豹等残存。

---

①中国·连州. http://www.lianzhou.gov.cn/channel/001001008003

②佛冈县. http://baike.baidu.com/link? url=jAnpVluizD3wlwVYpGXLHgnrPz57uxhfo2rK7VqcfwT-nplg1tFxK0RILzbqHhAI#2_3

③乳源瑶族自治县. http://baike.baidu.com/link? url=PdAAArTrX9Y6vLTu_8_XdG1kj6_mmWrnaAXNcCtmnXYrfR8TLCBiqPnesK5aZir1F5)pbiEEKXvRcJE0Jl Bq#3_3

④博罗县. http://baike.baidu.com/link? url=hjzpnAEV77JQcFSjaL-Q8rqNH2KKp9yzq_rpDeovK_554aEC33aO5B1w80lWHQZ3

⑤桂林市. http://baike.baidu.com/view/7304.htm? fromId=672632

● 崇左市：大新县地处云贵高原南缘，县境地形北高南低，山岭间形成许多小盆地；县中部、东北部、西南部为石灰岩山峰构成的峰林，中部地势由北向东倾斜，西南部地势由西向东南倾斜。现今兽类有灵猫、野猫、金猫、云豹、狐狸、山猪、虎、飞虎等①。

● 百色市：

《中国经济动物志：兽类》称中国科学院动物研究所的云豹标本采自广西壮族自治区靖西（寿振黄，1962），亦即表明靖西县确有云豹。

《中国动物志：兽纲：食肉目》称，云豹“依标本和文献记载，计有……广西靖西”（高耀亭等，1987），此似沿用以往文献，说明靖西县曾有云豹。

《靖西县志》（靖西县县志编纂委员会，2000）[靖西县县志编纂委员会编. 2000. 靖西县志. 南宁：广西人民出版社]：

兽类：主要有猕猴、熊猴、黑叶猴（又称乌猿）、蜂猴、黑熊、云豹、林麝、黄猄（赤麂）、苏门羚、鬣羚（又称山羊）、水鹿、毛冠鹿、小麂、貉、豺、狐、野猪、豪猪、猪獾、水獭（眉子）、斑林狸（又称山彪）、果子狸（又称花面狸）、食蟹狞、穿山甲、华南兔、豹猫（又称抓鸡虎）、大灵猫、小灵猫、原猫（又称金猫）、鼯鼠（又称飞虎、飞猫）、白斑鼯鼠、蝙蝠、黄鼠狼、鼬、巨松鼠、松鼠……等约 70 种。

靖西县珍贵兽类及其分布表：云豹（岳圩、龙邦、南坡乡镇）。

按：据此看来，当地仍有云豹存在。

西林县处于云贵高原向广西丘陵过渡的褶皱带，地势由西北向东南倾斜；境内诸山概属云贵高原余脉，土岭连绵，沟壑纵横，土山占全县总面积的 98%；境内地广人稀、山多田少。地属亚热带大陆性季风气候区。属国家保护的动物有 30 多个种类，其中有云豹（龟纹豹）、黑叶猴、恒河猴、小灵猫、苏门羚、林麝、黑鹿、穿山甲、水獭、大鲵、水鱼、白鹇鸡、锦鸡、鸳鸯等②。反映还有云豹存在。

田林县地处广西丘陵至云贵高原过渡地带；县境都是山地，无一处平原，垂直高度差异明显；地势东北、西北、西南及中部高，河水向西北、北部和东南分流。石山集中在县境东北部和西北部，多溶洞；其余为土山，山上林深草密；海拔 1 000 m以上的高峰有 200 多座，层峦叠嶂，丘陵起伏。地属亚热带季风气候类型，因处于低纬度，太阳辐射较强，温度较高，热量丰富，雨量适中，气候温暖，大部分地区夏长冬短，霜期短，雨热同季；但随着海拔升高，地貌各异，气候的地域性和季节性差异较大，形成许多不同的小气候。野生动物有 108 种，属于国家保护动物的有云豹、金钱豹与班鹿[梅花鹿]、大鲵、猕猴、林麝、大小灵猫、金猫、苏门羚、华南虎、穿山甲、南蛇、原鸡、角雉、白鹇、锦鸡、猫头鹰、山瑞、鹰嘴龟、青蛙等 20 多种③。

● 河池市：环江毛南族自治县杨梅坳地处九万山山脉腹地，景区内野生动物种类颇多，属于国家一级保护的珍稀濒危动物有华南虎、云豹、熊猴、蟒等；二级保护动物有猕猴、鬣羚、藏酋猴、林麝、黑熊、大灵猫、小灵猫、穿山甲、水鹿、金猫、大鲵、山瑞鳖、白鹇、红腹角雉、红腹锦鸡、原鸡等④。

● 来宾市：金秀瑶族自治县地处桂中东部的大瑶山，森林覆盖率 87.34%。当地陆栖脊椎动物 373 种，其中国家一级保护动物 4 种：蟒蛇、瑶山鳄蜥、金斑喙凤蝶、云豹等，二级保护动物 22 种，包括：大鲵、细痣蝾、虎纹蛙、白尾双足晰（白尾双足蜥）、红臂鸭、伯劳、猕猴、穿山甲、小灵猫、林麝等⑤。

5.2.6 海南

海南省是云豹分布最南的省级政区。

《中国经济动物志：兽类》称中国科学院动物研究所的云豹标本有的采自海南岛东方、海口（寿振黄，1962），表明在今海口市与东方市有云

---

①大新县. http://baike. baidu. com/link? url = dZ5SaEF2AwPChB2Mtt-peUpr7OCzHGzKnvhjSUyx4_JOayxxGyWdVAwNoJSXl-ARGQeOhGg7GdVNY5PjgFyMba

②西林县. http://baike. baidu. com/link? url=NKBiqxzK-rB0d45LGs7g1_Egfzn2D8-p-Dhue7X_H69T6SSWztX85FrvhQ_YEyBE#3_3

③田林概要. http://map. mapbar. com/a_baise_tianlin_map/；田林县. http://baike. baidu. com/view/395066. htm

④环江毛南族自治县. http://gxi. zwbk. org/MyLemmaShow. aspx? lid=2446

⑤广西金秀瑶族自治县基本概况. http://wenku. baidu. com/link? url = vPa2U3fWaOSrWNirfVXeFGQKb-kBQCMSvbHmiXtE4wSQXYapLH0V3mZKx51ySM6w6BMBfh6DVGomiDhAqyBNCUU-iyuZPWyXCVLsPOfl_fO

豹繁衍生息。

《海南岛的鸟兽》记述（广东省昆虫研究所动物室等，1983）：

云豹：

【别名】乌云豹、龟纹豹、荷叶豹、什豹。

【地理分布】本岛各大林区如尖峰岭、吊罗山、五指山、坝王岭、鹦哥岭、黎母岭等均有分布。标本采于五指山。

按：据此表明，当时在海南省的中南部一带山区仍有云豹分布。

《中国动物志：兽纲：食肉目》称，云豹“依标本和文献记载，计有……海南岛（东方、海口、琼东）”（高耀亭等，1987），反映在今海口市、琼海市[①]与东方市曾有云豹分布。《中国重点陆生野生动物资源调查》称：“本次调查，云豹”在“海南未发现”（国家林业局，2008）。但仍有文献指出在海南省还有云豹存在。

白沙黎族自治县在黎母山脉中段西北麓、南渡江上游，地处五指山腹地，地势陡峻，东南高，西北低；东南部山地占总面积的 41.9%，东部盆地占 19.3%，北部丘陵地占 28.6%，西北部台地占 10%。当地野生动物有被列为国家重点保护的一类动物：坡鹿、黑冠长臂猿、云豹、小爪水獭、山鹧鸪、隼游等 6 种；二类保护动物：猕猴、穿山甲、巨松鼠、水獭、大灵猫、水鹿、白鹇、孔雀雉、山瑞、蟒蛇等 12 种[②]。

5.3　西南

西南各省级政区皆有云豹分布记录。

5.3.1　重庆

重庆市有云豹分布记录。

《四川资源动物志. 第一卷，总论》记载（《四川资源动物志》编辑委员会等，1982）：

云豹：重庆、巴县、綦江、长寿、城口、巫山、奉节、江津、武隆、南川。

按：说明在万盛区、渝北区、巴南区、长寿区、江津区、南川区、綦江县、武隆县、城口县、巫山县、奉节县等地有云豹栖息。

《中国重点陆生野生动物资源调查》称（国家林业局，2008）：

本次调查，云豹见于……重庆（巫溪、巫山、南川、江津）。

按：据此表明，在江津区、南川区、巫溪县、巫山县等地仍有云豹存在，只是调查的云豹现存地方数量偏低。

万盛区黑山镇境内的黑山谷，据称有动物 330 余种及亚种，包括分布极其稀少的国家一级保护动物中华黑叶猴，还有云豹、黑鹤、穿山甲、红腹锦鸡、白尾长冠雉、玉锦蛇、水獭等珍稀动物[③]。

民国二十八年《巴县志》记述：

豹：……《本草纲目》云：似虎而小，白面圆头，自惜其毛。……如艾叶者，曰艾叶豹。畏蛇与鼩鼠。按：县属诸山时有之。猛健过虎，往往出而伤人。

按：据此表明，在今巴南区不仅有云豹，而且“往往出而伤人”，呈现濒危状态。

民国十七年《长寿县志》记述：

豹：性暴，故名。似虎而小，白面，团头。……如艾叶者，曰艾叶豹。最畏蛇。本境西山间有之。

按：据此表明，在今长寿区西山一带曾有云豹。

民国十五年《南川县志》记述：

豹：状似虎而小，白面，团头。……如艾叶者，曰艾叶豹，次之。吾邑猛兽，虎少豹多。山僻单户，常入人家攫犬、豕。近数年，尤常出游捕之。以药矮者多，枪毙者少。皮贱于虎。

按：据此表明，今南川区不仅确有云豹，而且还有其他“豹”。

綦江区（原为綦江县）地处四川盆地东南边缘，介于华蓥山帚状山脉向南倾没、大娄山脉向北延伸之间；地势西南高、东北低，边缘高、腹地低，以山地、丘陵为主，山地约占綦江区总面积的 70%，丘陵约占 30%。据 2012 年报道，当地动物有 200 多种，其中重点保护动物有黑叶猴、云豹、林麝、猕猴、穿山甲、豺、青鼬、大灵猫、小灵猫、金

①琼东县在 1958 年 12 月合并到今琼海市。

②白沙黎族自治县. http://baike. baidu. com/link? url = 3DPXNecxdg7msUBP7qBYlyDasBw6LVLaLh-DbpeKYBQgJhiztyF-BQRVR4-82zyOdib1azzFP5N7nUm-qYVeL9_#2_3

③黑山谷风景区. http://baike. baidu. com/view/1552483. htm

猫、斑羚、黑耳鸢、苍鹰、雀鹰、普通鵟、红隼、红腹锦鸡、领角鸮、雕鸮、斑头鸺鹠、鹰鸮等①。

巫溪县在大巴山东段南麓，地形以山地为主，属于典型的中深切割中山地形，境内山大坡陡，立体地貌明显。据称，境内脊椎动物达350余种，其中兽类有国家重点保护动物：虎、金钱豹、云豹、黑熊、林麝（香獐）、毛冠鹿（青麂）、金猫（狗豹子）、水獭、猕猴、穿山甲、鬣羚、豺、岩羊（崖羊）、大灵猫（九节狸）、小灵猫（野猫子）等；其他有野猪、狼小麂（黄麂）、狐狸（毛狗子）、黄鼬（黄鼠狼）、狗獾、草鹿、草兔（野兔）、松鼠、豪猪（刺猪）、食蟹獴（猸、白猸）、青猴、貉（狸）、罗代鼢鼠、小家鼠（小耗子）、黄腹鼠（黄胸鼠）、褐家鼠（大家鼠、沟鼠）、黑线姬鼠（田姬鼠）、巢鼠（麦鼠）等②。

云阳县地形近似菱形，南、北高，中部底，由南、北向中间倾斜；地貌以山地为主，兼有谷、丘，山高、谷深、坡陡，群山巍峨。该县东南隅龙缸景区地貌奇特，溶洞密布、奇峰怪石、石笋摩天、雄险俊秀、千姿百态、多彩多姿，珍禽异兽有獐子［林麝］、猴群、野猪、崖燕、飞狐、杜鹃、麂、蟒、云豹、穿山甲、锦鸡等③。

石柱土家族自治县属巫山大娄山中山区，境内地势东高西低，起伏下降；群山连绵，重峦叠嶂，峰坝交错，沟壑纵横；以中、低山为主，兼有山原、丘陵。地属中亚热带湿润季风区，气候温和，雨水充沛，四季分明。据2014年11月报道，林木覆盖率和森林覆盖率分别达到71.3%和54%。随着生态环境持续改善，境内发现陆生野生动物329种，包括云豹、穿山甲、赤壁鹰等④。

酉阳土家族苗族自治县属武陵山区，地势中部高，东西两侧低。地属亚热带湿润季风气候区，全年雨量充沛，冬暖夏凉。当地野生动物中兽类有“33种，隶属5目12科，属于二级保护动物的有毛冠鹿、云豹、胡猴、猴4种，三级保护动物有大灵猫”⑤。尽管保护动物等级存在瑕疵，然而还是可以说明仍有云豹等存在。

5.3.2　四川

四川省有较多云豹分布。

《四川资源动物志.第一卷，总论》记载（《四川资源动物志》编辑委员会等，1982）：

云豹：巴中、南江、通江、宜宾、江安、兴文、高县、筠连、屏山、泸县、合江、古蔺、叙永、沐川、洪雅、马边、雅安、汉源、石棉、宝兴、灌县、汶川。

按：说明在都江堰市、沐川县、马边彝族自治县、泸县、合江县、叙永县、古蔺县、翠屏区、宜宾县、江安县、高县、筠连县、珙县、兴文县、屏山县、巴州区、通江县、南江县、洪雅县、雨城区、汉源县、石棉县、宝兴县、汶川县等地有云豹生息繁衍。

《中国经济动物志：兽类》称中国科学院动物研究所的云豹标本有的从四川省境内获得幼仔（寿振黄，1962）。

《中国重点陆生野生动物资源调查》称（国家林业局，2008）：

本次调查，云豹见于……四川（南江、青川、松潘、石棉、天全、汶川、古蔺、马边、美姑等县，绵竹、屏山、洪雅等县极为罕见，在盆周丘陵一带的邻水、射洪、安岳、高县等县已绝迹。另外，巴中、兴文、雅安、江安等县曾有毛皮收购记录）。

按：据此说明，在青川县、绵竹市、邻水县、射洪县、马边彝族自治县、古蔺县、江安县、高县、兴文县、屏山县、巴州区、南江县、安岳县、洪雅县、雨城区、石棉县、天全县、汶川县、松潘县、美姑县等地曾有或仍存有云豹，但数量偏少。

● 成都市：据报道，大邑县境内的西岭雪山依然有各种动物常出没于林间山涧，其中有大熊猫、牛羚、金丝猴、小熊猫、猕猴、云豹、金鸡等珍

①綦江区. http://baike. baidu. com/link? url = DOd8 _ 3409zeve9 _ UcU8MBo24xHfCk51RRbo84Bp0io-jkVKjKbYgKYtXPKzdg6njUqJbsg0PQNT3XODS6iDkTa

②巫溪概况—自然资源. http://wx. cq. gov. cn/Category_442/Index. aspx

③重庆云阳龙缸景区资源介绍. http://www. cqyylg. com/Article/Show. asp? id=426&NewsType=2

④李梦真. 石柱将建藤子沟湿地公园 总体规划已通过市级评审. http://cq. qq. com/a/20141119/009255. htm

⑤酉阳土家族苗族自治县. http://baike. baidu. com/link? url = K5WnvORdduhHBSZ1U5-wZo6KCieLsfvfsFTAf _ 9Y3gzhJJt0tdUZr-6M1s Kl-epXxxTDIBGeo3guMV_VBoLXxK

贵动物[①]。

● 绵阳市：《平武县志》记述（平武县县志编纂委员会，1997）：

云豹：又名乌云豹、龟纹豹、荷叶豹、狗豹子。属食肉目猫科。云豹栖息于海拔 1 600～3 000 m 的丛林中。性凶猛，善爬树，昼伏夜出。以林中小动物为食。

按：此处皆是云豹特征，反映有该物种存在。

● 德阳市：《什邡县志》记述（什邡县《什邡县志》编纂委员会，1988）：

扁担花豹：一九四九年前，在三河分水岭及天鹅山一带常有发现。因其有扁担花纹，被人误以为虎，实为扁担花豹。三河药材市场所售虎骨，实为豹骨。

按：据此看，首先确认是"豹"而非"虎"，其次是"扁担花纹"而非"钱纹"，说明在今什邡市曾有云豹栖息。

● 广安市：据称，华蓥山有云豹、穿山甲、白鹭等 400 余种野生动物，大熊猫、小灵猫、金钱豹、水獭等 34 种国家级保护动物[②]。反映在广安区、华蓥市、邻水县等地仍有云豹存在。

● 乐山市：《乐山市志》记载，当地兽类有 80 种，有：豹、云豹与刺猬、猕猴、短尾猴、穿山甲、大熊猫、小熊猫、黑熊、狼、貉、黄喉貂、香鼬、黄鼬（黄鼠狼）、獾、水獭、大灵猫、小灵猫、虎、豺、斑林狸、金猫、林麝、水鹿、鬣羚、斑羚、岩羊、豹猫（山猫、野猫子）等（乐山市地方志编纂委员会，2000）。此乃地级乐山市状况，而存在云豹的更具体地方尚待进一步查证。

● 泸州市：古蔺县处于四川盆地与云贵高原过渡带乌蒙山系大娄山西段北侧；地势西高东低，南陡北缓，地形起伏较大，山峦耸立，沟壑纵横，"七山一水两分地"，是典型的盆周山区县。据称，现有野生动物 100 余种，鸟类 430 多种，国家一、二级保护动物有云豹、黑熊、岩羊、飞狐、野猪、野牛、獐子［麝］、九节狸、穿山甲等[③]。

● 宜宾市：兴文县境内中南部仙峰山隆起，将全县分为南北两翼；北部北低南高，南部北高南低；分槽坝、丘陵、低山、中山四个地貌类型。地属亚热带湿润气候区，雨量充沛，无霜期长，四季分明，雨热同季。经查明，走兽类、飞行类、爬虫类等每类均有 50 种以上，属于国家重点保护和省保护的野生动物有 30 多种，其中属于国家一级保护动物的有云豹，二级保护动物有猕猴、獐子［麝］、岩羊、大灵猫、小灵猫、灰鹤、娃娃鱼、白腹锦鸡等；省级保护动物有豹猫、花面狸、豪猪等 20 多种[④]。

珙县属山区县，地势南高北低，地形为狭长形；丘陵和平坝面积小，以中低山地为主，有少数岩溶冲积坝，西北面有部分丘陵，山区、丘陵、平坝的比例大致为 7.5∶1.5∶1。地属亚热带季风性湿润气候区，春早冬暖，湿度偏大，森林覆盖率达 43.68%。主要有黑熊、弥猴（猕猴）、土豹、锦鸡等，主要分布在该县南部山区，数量较少[⑤]。所称"土豹"，似为云豹。

● 巴中市：通江县位于米仓山东段南麓大巴山缺口处，属中、低山区，包括中切割低山、中切割中山和深切割中山，为"三山夹两谷"地形。地属亚热带季风气候区，春暖秋爽，夏热冬冷，降水集中，雨热同季，四季分明，森林覆盖率 57.61%。现有野生动物（不含昆虫）331 种，其中有毛冠鹿、金雕、云豹、金钱豹、猕猴、苏门羚、林麝、大鲵、白冠长尾雉、红腹锦鸡等 21 余种珍稀动物[⑥]。

南江县位于四川盆地北缘米仓山南麓，地势北高南低，地形复杂，溪沟纵横，山水相依，有"八山一水一分田"之称，地属亚热带季风性湿润气候区。现境内有野生动物 195 种，其中有金猫、云豹、金钱豹、黑熊、红腹角雉、穿山甲、大鲵等国家重点保护野生动物 41 种，省级保护动物 17 种[⑦]。

● 眉山市：《洪雅县志》记述（洪雅县地方志

---

①西岭雪山. http://baike. baidu. com/view/30875. htm

②广安："国宝"正式安家华蓥山 打造大熊猫的宜居家园. http://ga. wenming. cn/jjga/201408/t20140824_1317797. html

③古蔺县. http://baike. baidu. com/link? url=iiaqXKP0Jpnqdn6kgGvXOOSJ9zIPN6u2450FBOIzOawuQtY4M6iTq2SzP2ZbZrQS#6_2

④兴文县. http://baike. baidu. com/link? url=jydC3dI7Wr6pLbMGaQpGS40cRo2Eh_yaQ5nKxn4XHwtsKC7Na8nyi-N6Ucs_DuTg#3_2

⑤珙县. http://baike. baidu. com/view/72127. htm

⑥通江县. http://baike. baidu. com/view/282192. htm

⑦南江县. http://baike. baidu. com/link? url=KxpJggT279xJOXgg9AYXgQEAYGQff1Edop7hvRLOakmpoAoyNl384QeSzfsPDVJYEd w6TLUx_qcQrjWRu-Iala#3_2

编纂委员会,1997)：

云豹：均系国家保护动物。……云豹，俗称乌云豹，以野生小动物为食。……三种豹的性情均孤僻，单独活动在中、低山林间，分布在炳灵、张村、吴庄、高庙、赵河等乡的山林中。

按：据此反映，当地 3 种豹类皆有(此着重于云豹)。

● 雅安市：雨城区地处邛崃山脉二郎山支脉大相岭北部，为中低山地带；山地占全区总面积的 91%，平地占 9%，主要是河谷阶地和山间盆地。境内除少数高山区外，基本属于亚热带季风性湿润气候区。据称，业已查明的脊推动物种类有 330 余种，野生哺乳类动物主要有猴、熊、大熊猫、小熊猫、豹、獐(麝)、野牛、林麝、狐狸等 45 种；属国家保护的一级动物有：白尾海雕、黑颈鹤、大熊猫、云豹、豹 5 种①。

石棉县地势西南高、东北低，山脉多呈南北走向，以中高山为主；西南部地势高峻挺拔，起伏变化大、多高峰；中山区约占总面积的 78%，河谷平坝约占总面积的 2%。地属以中纬度亚热带季风气候为基带的山地气候区，受地形影响，气候垂直分布明显。截至 2013 年，境内分布有脊椎动物 359 种，其中兽类 66 种，有豹、云豹、雪豹与大熊猫、川金丝猴、黄喉貂、大灵猫、林麝、牛羚、猕猴、小熊猫、豺、黑熊、水獭、金猫、猞猁、马麝、羚、斑羚、岩羊、毛冠鹿、白臀鹿、金猫等②。表明当地 3 种"豹"皆有。

《宝兴县志》记载的"野生脊椎动物名录"中"哺乳纲"有 64 种：云豹、豹(华南亚种)、雪豹与猕猴、短尾猴、金丝猴、小熊猫、大熊猫、马熊、黑熊(宝兴亚种)、狼、藏狐、豺(川西亚种)、黄喉貂、香鼬(青藏亚种)黄鼬(四川亚种)、鼬、獾(华南亚种)、獾、猪獾(华南亚种)、水獭、大灵猫、金猫、猞猁、野猪(宝兴亚种)、马麝、林麝、小麂、毛冠鹿(指名亚种)、水鹿、白臀鹿、白唇鹿、狍、羚牛(江西亚种)、鬣羚(四川亚种)、斑羚、岩羊、草兔等(四川省宝兴县地方志编纂委员会,2000)。反映当地同时有云豹等 3 种"豹"。

● 阿坝州：1982～1985 年对横断山东部的阿坝、若尔盖、红原三县调查，发现豹(又名金钱豹)只有极少数山林地带零星分布(罗佳,1986)。

松潘县地貌东西差异明显，以中山为主；地形起伏显著，相对高度比较大。由于地形复杂，海拔悬殊，松潘的气候具有按流域呈明显变化的特点，小气候多样且灾害性天气活动频繁。当地野生动物种类繁多，仅脊椎动物就有 258 种，其中兽类 120 种，有大熊猫、金丝猴、云豹、牛羚等国家一级保护珍稀动物 10 余种，猕猴、大灵猫、盘羊、岩羊、蓝马鸡等国家二级保护动物 30 余种③。

小金县地形狭长，地势东北高，西南低；县境北部虹桥山海拔 5 200 m，东部四姑娘山高达 6 250 m；河谷地区多在 3 000 m 以下。地属亚热带季风气候区。当地野生动物颇多，其中国家一、二级重点保护的珍稀动物有 10 余种，包括大熊猫、牛羚、金丝猴、白唇鹿、马麝、云豹(一类)；毛冠鹿、藏马鸡、小熊猫、红腹角雉、盘羊(二类)。另有野生保护动物马鹿、大灵猫、金猫、水鹿、白臀鹿、斑羚、岩羊、猞猁、林麝、兔狲、短尾猴、水獭、血雉等④。

黑水县地处青藏高原东南缘横断山脉中段北端的岷江上游，岷山与邛崃山山脉交汇处；地势由西北向东南倾斜，最高海拔 5 286 m，最低海拔 1 790 m，高差 1 000～2 000 m；群山屹立，山峦起伏，雪峰对峙，河谷深切。据有关部门调查，全县有脊椎动物 250 种，其中兽类 120 余种，国家一级保护动物有川金丝猴、云豹、牛羚、林麝等，国家二级保护动物有小熊猫、猕猴、马熊、大灵猫、猞猁、金猫、水鹿、岩羊、红腹锦鸡、兰马鸡(蓝马鸡)等⑤。

● 甘孜州：康定县地处四川盆地西缘山地向青藏高原过渡地带，地势由西向东倾斜，东部为

---

①雨城区. http://baike. baidu. com/link? url = PxG _ GCKt7yKIGHJdThC3o _ JCiYjKw0ErEUR7gL8LFN1RmHQp3Lewa _ pUl-Gv7TCC3＃6_5

②石棉县. http://baike. baidu. com/link? url = 7zEKw4Cmkjs1BEOWLmuS7VXhsUWvtwxXY6wg2yhyFGZU6CiuMoX-6OXty _ AN9fJ4LjMoKR7rN_27CYYvOv_PX_

③松潘县. http://baike. baidu. com/link? url = LMyeIK3APZtT5-2J2neKFgmrVh1UArCWEE8pD19YBnvsTjkhwTptc TaAGeF-pXXs_＃5_1

④小金县旅游发展总体规划. http://ems. lssta. gov. cn/web/t1/main. jsp? go=newsDetail&cid=1006&id=134992

⑤杨林，王长命. 黑水县森林旅游发展对策探讨. http://www. docin. com/p-1205610346. html

高山峡谷，西部和西北部为丘状高原及高山深谷。由于地貌气候复杂多样，有“一山有四季，十里不同天”之说。野生动物300余种，有国家一、二级保护动物大熊猫、云豹、白唇鹿、小熊猫等40余种①。

乡城县地处横断山脉中北段，金沙江东岸纵谷地区；最高海拔5 336 m，最低海拔2 560 m，构成东北高西南低的坡状倾斜面；山原地表约占总面积的68%，中部和南部主要为高山峡谷地带，占29%，平坝分布零散，仅占3%。当地野生动植物资源丰富，国家一、二级保护动物有金钱豹、云豹、雪豹、白唇鹿、黑颈鹤、金雕、玉带雕、水獭、猞猁、小熊猫等53种②。

● 凉山州：《中国动物志：兽纲：食肉目》称，云豹“依标本和文献记载，计有……四川雷波”（高耀亭等，1987），说明在雷波县曾有云豹分布。

越西县处于青藏高原东缘，横断山脉的东北麓；山川南北纵列，地势南高北低，岭谷相对高度1 000～2 000 m。地属西昌巴塘亚热带气候区，天气凉爽，雨量充沛，四季不太分明。全县野生动物有21科48种，其中国家一级保护动物有大熊猫、云豹、金钱豹、灰腹角雉等③。

木里藏族自治县地处青藏高原东南缘，横断山脉终端，是云贵高原向青藏高原过渡地带。全县整个地势南倾，属于典型的高山、山原、峡谷地貌。气候特点为冷热两季交替、干湿两季分明，年温差小、日温差大、辐射强烈，无四季区分。据称，常见的野生动物有200多种，其中国家保护动物有云豹、豹与白唇鹿、牛羚、羚羊、金雕、小熊猫、短尾猴，猕猴、黑熊、班羚，马鹿、岩羊等数十种④。

5.3.3 贵州

贵州省有较多云豹分布记录。

《中国重点陆生野生动物资源调查》称（国家林业局，2008）：

本次调查，云豹见于……贵州（赤水、习水、桐梓、正安、绥阳、遵义、务川、沿河、江口、印江、思南、凤岗[凤冈]、金沙、都匀、贵定、龙里、平塘、荔波、三都）。

按：据此说明，在赤水市、遵义市、遵义县、桐梓县、绥阳县、正安县、凤冈县、习水县、务川仡佬族苗族自治县、金沙县、江口县、思南县、印江土家族苗族自治县、沿河土家族自治县、都匀市、贵定县、平塘县、龙里县、三都水族自治县等地仍有云豹存在。

《贵州野生动物名录》记载（李子忠，2011）：

云豹：

分布：贵州（沿河、德江、江口、绥阳、修文、织金）。

按：虽可表明在修文县、绥阳县、织金县、江口县、德江县、沿河土家族自治县等地尚有云豹栖息，但相应地方还是偏少。

● 遵义市：赤水市处于云贵高原向四川盆地过渡地带，地势东南高、西北低；地形主要为高原峡谷型和山原峡谷型，东南部重峦叠嶂，峡谷幽深，西北部丘陵起伏，河谷开阔平缓。地属中亚热带季风性湿润气候区，冬暖春早，夏季炎热多伏旱，全年日照少，初夏晚秋多阴雨，立体气候和地区差异显著。森林覆盖率达76.17%。据称，当地有野生动物1 668种，其中脊椎动物404种，昆虫1 264种，云豹、长尾雉、苏门羚等国家重点保护动物39种⑤。

习水县地处大娄山山系西北坡向四川盆地南缘过渡地带，属中山峡谷地貌，地势东高西低。地属亚热带湿润季风气候区，四季分明。经重点考察，现已查明的兽类有72种2亚种，诸多动物中，国家一级重点保护动物有豹、云豹，国家二级重点保护动物有猕猴、藏酋猴、穿山甲、豺、黑熊、青鼬、水獭、大灵猫、小灵猫、班灵狸、林麝、鬣羚、斑羚、大鲵、虎纹蛙、细痣疣螈⑥。

道真仡佬族苗族自治县属大娄山系中支和

①康定县 http://baike.baidu.com/view/112822.htm

②乡城县 http://baike.baidu.com/link?url=DVrzsXxGAvBJR56Miko5tsjHHwI2ui_zSlbd_TFXHEz73Tx7XMkPK3MbAe14X17S

③越西县. http://baike.baidu.com/link?url=_omf2CkLtOkJCfwO-PQEQw2_-xJ1PCIN1PDO81St9G42JukSdlr4UVE4y-cKSunb

④木里藏族自治县. http://baike.baidu.com/view/480821.htm

⑤赤水市. http://baike.baidu.com/link?url=BEw3RRJFmCey4UU2f-YTnnDkyKKL7QSuWrih5dxiZqLoJSZ0LhASd2Mx0qt_1dwt33jvh-reZ3gXZjDLeiR2AK#5_4

⑥习水政府网. http://www.gzxishui.gov.cn/html/xsgov/col4/1_11_6.html

东支余脉，地貌以溶蚀浸蚀低山峰丛和槽谷为主，碳酸盐岩广布，属典型的喀斯特地貌。地属亚热带季风性湿润气候区，冬无严寒、夏无酷暑，气候宜人。截至2012年，县境内有陆栖脊椎动物400余种，其中，有黑叶猴、林麝、金钱豹、云豹等4种国家一级保护野生动物，猕猴、藏酋猴、大灵猫、穿山甲、红腹锦鸡等30余种国家二级保护野生动物①。

《务川仡佬族苗族自治县志》中“主要野生动物资源分类表”列举的哺乳动物有：华南虎、云豹（别名金钱豹、豹子）、豹猫、猞猁、野猫、豺、貉、狐、狼、蠓[食蟹獴?]、果子狸、小灵猫、大灵猫、獾、仙獾、黄鼬、紫貂、黑叶猴、猕猴、猿猴、麂、黑麂、麝獐[麝]、马麝、水鹿、林麝、马麝、水鹿、青羊、苏门羚、小熊猫、野猪、豪猪、拱猪、泥猪、猬、穿山甲、野兔等（贵州省务川仡佬族苗族自治县志编纂委员会，2001），说明还有云豹繁衍生息。

● 黔东南州：《施秉县志》记述（贵州省施秉县地方志编纂委员会，1997）：

云豹：俗名狗豹、小豹子。食肉目猫科。一般长1 m左右，重约20 kg。体侧有暗灰色云形斑纹，故名云豹，尾有浅黑色或棕色圈子。喜栖浅山地带，昼夜活动，性凶猛，以小动物为食。新中国成立前后县内均有出现，今已难觅踪迹。

按：不仅指出云豹特征，还提及在当地已是濒危状态。

5.3.4 云南

云南省是云豹分布最多的省级政区。

《云南野生动物》称，有“云豹（龟纹豹、荷叶豹）：长江以南山区森林”（云南省科学技术委员会等，1999）。

《中国经济动物志：兽类》称中国科学院动物研究所的云豹标本有的采自云南省东南缘（寿振黄，1962）。

《中国重点陆生野生动物资源调查》称（国家林业局，2008）：

本次调查，云豹见于……云南（勐腊、景洪、勐海、江城、思茅、景谷、镇沅、金平、绿春、元阳、红河、屏边、河口、马关、麻栗坡、新平、景东、南涧、孟连、澜沧、西盟、沧源、双江、耿马、镇康、永德、临沧、潞西、瑞丽、陇川、梁河、盈江、龙陵、保山、腾冲、泸水、贡山、永平、云龙、大理、洱源、剑川、兰坪、维西、丽江、永胜、中甸、德钦）。

按：据此说明，在新平彝族傣族自治县、隆阳区、腾冲县、龙陵县、古城区、永胜县、玉龙纳西族自治县、思茅区、景东彝族自治县、景谷傣族彝族自治县、镇沅彝族哈尼族拉祜族自治县、江城哈尼族彝族自治县、孟连傣族拉祜族佤族自治县、澜沧拉祜族自治县、西盟佤族自治县志、临翔区、永德县、镇康县、双江拉祜族佤族布朗族傣族自治县、耿马傣族佤族自治县、沧源佤族自治县、潞西市、瑞丽市、梁河县、盈江县、陇川县、泸水县、贡山独龙族怒族自治县、兰坪白族普米族自治县、香格里拉县、德钦县、维西傈僳族自治县、大理市、永平县、云龙县、洱源县、剑川县、南涧彝族自治县、绿春县、建水县、元阳县、红河县、金平苗族瑶族自治县、河口瑶族自治县、屏边苗族自治县、麻栗坡县、马关县、景洪市、勐海县、勐腊县等地仍有云豹存在，但还不仅于此。

● 保山市：《龙陵县志》记载的兽类有：虎、金钱豹、草豹、狗熊、马熊、马鹿、山驴、岩羊、野猪、豪猪、狼、豺狗、狐狸、破脸狗、黄鼠狼、九节狸、野猫、鹿、獐[麝]、水獭、旱獭、蝙蝠、獾、穿山甲、恒河猴、黑猴、蜂猴、长臂猿等（龙陵县委党史地方志工作办公室，2000）。其中“草豹”，即是云豹。

昌宁县地势自西北向东南由高渐低，形成山坝南北纵列、高山坝谷相间的地貌状态。地属亚热带季风气候区，有低热、温热、温凉、高寒4个气候带。据称，该县天堂山林区中的参天树木和水系得到了很好的保护，渐渐成了各种野生动物的天堂。统计显示，这里生存着181中陆栖脊椎动物，有竹鼠、小熊猫、猕猴、云豹、穿山甲以及黑熊等②。

● 昭通市：《昭通市志》记载的兽纲中，列举有：云豹、虎、藏酋猴、林麝、狼、红豺、鹿、兔、野猪、豪猪、鼠、松鼠、黄鼠狼、岩羊、狐、獭猫、金钱豹、黑熊、小灵猫、金猫、斑羚等（昭通市志编纂委

①道真仡佬族苗族自治县. http://baike. baidu. com/link? url＝2Qk_cSEXLwqcdYkvdpz5lG5t46Oe8iV9jSqm90KXCjMFJeQsYooOLzBDL_MmCErUMHYzcg5oJXMBZBsl6i4_Ia

②崔敏，张国华. 云南保山：昌宁天堂山有熊出没 常有人伤亡. http://www. csunews. com/yunnan/bs/2013/0522/19374. html

员会,2000),说明今昭阳区还有云豹存在。

《威信县志》记述(云南省威信县志编纂委员会,1999):

金钱豹:1960年5月18日,三桃公社塘房管理区女饲养员刘素香为保护集体的牛,与豹搏斗,随后两个民兵赶来用棍、锄将豹打死。……1956年4～7月斑鸠乡所灭野兽中有豹子27只……1960年全县民兵打猎队灭豹、熊、狼、野猪2 685只。

按:据此确认,该县有金钱豹分布。

● 丽江市:《丽江纳西族自治县志》称,根据云南省动物研究所1960、1964、1979年三次调查资料及前人调查资料,县内已查明的兽类有:金钱豹、云豹、豹猫、金猫、小灵猫、大灵猫、小熊猫、黑熊、棕熊、猕猴、滇金丝猴、狼、豺、赤狐、貉、石貂、狗獾、猪獾、花面狸、水獭、穿山甲、刺猬、青鼬、黄鼬、鼬獾、野猪、林麝、马麝、毛冠鹿、赤鹿、黑鹿、水鹿、鬣羚、斑羚、岩羊、云南兔、藏鼠兔……等70多种,其中属国家一级保护的有:滇金丝猴、金钱豹、黑鹿、云豹4种(丽江纳西族自治县志编纂委员会等,2001)。证明在今古城区、玉龙纳西族自治县尚有云豹等栖息。

● 临沧市:《中国动物志:兽纲:食肉目》称,云豹"依标本和文献记载,计有……云南永德"(高耀亭等,1987),说明在永德县曾有云豹分布。

云县地处滇西横断山系纵谷区南部,属深度切割中山宽谷、峡谷区,地貌大致分为河谷盆地、中切割中山宽谷区、深切割中山峡谷区3种类型。地属低纬度高原亚热带季风气候和暖温带季风气候区。该县主要野生动物有野猫、黑熊、黄麂、野猪、穿山甲、白鹇、白腹锦鸡、篝鸡、麻鸡、画眉、草豹、黄鼠狼、蜂猴、豺、大灵猫、小灵猫、云豹、岩羊、红腹角雉、原鸡、绿孔雀、鸦鹃、白腹黑啄木鸟、蟒、虎纹蛙、金斑啄凤蝶、双尾褐凤蝶、三尾褐凤蝶、熊猴、灰叶猴、金钱豹、赤颈鹤、金雕、黑颈长尾雉等,其中蜂猴、云豹、绿孔雀、蟒、金斑啄凤蝶、熊猴、灰叶猴、金钱豹、赤颈鹤、金雕、黑颈长尾雉为国家一级保护动物①。

镇康县山区面积占县域总面积的98%,坝区面积占2%。地属低纬度山地南亚热带季风性湿润气候区,主要的气候特点为大部地区较热,日照充足,霜期短,四季不明显,雨量充沛,干湿季分明,立体气候显著。县境内最高点为木场乡的雪竹林山。截至2009年,当地野生动物资源主要有黑长臂猿、蜂猴、灰叶猴、穿山甲、云豹、水獭等兽类与两栖类、爬行类、鸟类近200种②。

● 德宏州:德宏傣族景颇族自治州称,截止到2013年底,现有国家一级保护动物绿孔雀、孔雀雉、白颊山鹧鸪、红腿小隼、黑颈长尾雉、赤颈鹤、红腹角雉、白尾稍虹雉、冠斑犀鸟、双角犀鸟、蜂猴、叶猴、金丝猴、熊猴、豚尾猴、马来熊、熊狸、黑颈长尾雉、巨晰(巨蜥)、长臂猿、云豹、云猫、金钱豹、孟加拉虎、亚洲象、云南野牛、扭角羚等③。表明在潞西市、瑞丽市、梁河县、盈江县、陇川县等地还有云豹存在。

潞西市山区占74%,坝区(含海拔1 000 m以下的低热河谷)占26%。地处低纬度高原,热量丰富,气候温和,属南亚热带季风气候区。据报道,2006年分布于芒市④的野生动物有258科1 643种,属国家一级保护的有云豹、熊狸、苏门羚、蜂猴、长尾叶猴、菲氏叶猴、白掌长臂猿、豚尾猴、熊猴、黑鹿、绿孔雀等50种⑤。

瑞丽市为横断山脉高黎贡山余脉向南延伸的部分,地势西北高、东南低。现存野生动物339种,其中兽类52种,爬行动物20种,两栖类8种,

---

①云县. http://baike. baidu. com/link? url=-ER_CgPZdisktPJWOxWE21YE2jH0nR0dki-MYOMjowQeLpwU3jrnhf-M6Mn1XSc9

②镇康县. http://baike. baidu. com/link? url = zZiziFTfdeGG3P3NODzJVLq7cUUwUrUGXBns-nNOTdjL2McfUCH EaffmNmH-CXtGIrc4tNΞ2SafxEsq5kwbYYG_

③德宏傣族景颇族自治州. http://baike. baidu. com/link? url = lSu3odG8ADhPv0_7pJPıQwsgetM3Tv-LmUHH08Omsm2HlPAXY-ll4pXWIWs-jFLUFUTIlhe3ECFm2YK-cjkcmT1BO8NGjnk-71JCWOGfTY8suMaYCbxrCfSdb-J9O_8kBmq8fTkY0d_qsfPS_wjbUOTWrMv8pdzcV-pJApAB9ZYuMn23XvaXnpEJSPmIzsZ1zcZBL-90oT8a1t-ReLM_JP-cn-xme_feYAYxBu7hC0fCKEK48e_Lz-uxvPjelZ3yBRazUaIcIL7NTgxTHSv3k_

④2010年7月12日,潞西市更名为芒市。

⑤芒市. http://baike. baidu. com/link? url = tdonHnqNFzm6fiZY4zpQBrb7kPN_7u5XjVUezhKKkdWO-LC0g_ypNToZlgPniTZlG0fjqPxxemSnl2B90Ygc1FpN1iL4n-pTXSrZDtc82E_fWbyqxSnFC4RraSJSSCRVpaB5OfYD7UTy-fr2mh91WtVU9IWxl5s39cUREfg38zb1lt_5HoWA1gVrUyV5ILyO

鸟类71种，昆虫类163种。列入国家一级保护的动物有：蜂猴、绿孔雀、云豹、巨蜥、蟒蛇、马来熊[①]。

盈江县地处横断山脉西南端，属高黎贡山南延支系一尖高山的西南余脉构成的山区地形。境内低山与宽谷盆地交错相间，地势东北高、西南低，起伏较大。全县属低纬度高原地区，具有典型的“立体气候”特点。据称当地野生动物中兽类有335种，“国家一类保护动物有蜂猴、白眉长臂猿、印度支那虎；国家二类保护动物有云豹、水鹿、猕猴、蟒蛇、绿孔雀、原鸡、冠斑犀鸟”等[②]。虽然在保护动物等级有瑕疵，但可以证明有云豹存在。

陇川县境内高黎贡山余脉纵贯，西南走向，地貌特征为“三山两坝一河谷”，东北高峻，西南低平。当地野生动物有107种，其中有水鹿、棕熊、黑熊、金钱豹、云豹、苏门羚（山驴）、豺狼、狐、九节狸、獐、野猪、黄猴、长臂猴、旱坝羊、破脸狗（果子狸）、麂子、刺猬（豪猪）、猞猁、野兔、野猫、鼬、灰猴、水獭、松鼠、竹鼠、穿山甲等27种兽类[③]。

● 怒江州：兰坪白族普米族自治县地处横断山脉滇西北纵谷区。虽属于低纬山地季风气候区，但因地形复杂，海拔高度大，形成典型的垂直分布的立体气候带。森林覆盖率为68.4%。当地有属于国家一级保护的野生动物：滇金丝猴、云豹、金钱豹、虎4种，属于国家二级保护的野生动物：猕猴、林麝、苏门羚、金猫、大灵猫、小灵猫、穿山甲、小熊猫、马鹿、斑羚、罴熊、马来熊等14种[④]。

● 迪庆州：德钦县全境山高坡陡，峡长谷深，地形地貌复杂；东有云岭山脉，西有怒山山脉，山脉均为南北走向，地势北高南低。地属寒温带山地季风性气候区，受海拔的影响较大，纬度影响不甚明显。森林覆盖率为36.7%。截止到2014年，该县动物中兽类有18科47种，鸟类有14目37科215种，有国家一级保护动物云豹、金钱豹、雪豹、熊猴、黑仰鼻猴、金雕、胡兀鹫、绿孔雀、斑尾榛鸡、雉鹑，国家二级保护动物猕猴、棕熊、林麝、岩羊、鬣羚、斑羚、穿岬、藏马熊、小熊猫、石豹、青鼬、水獭、斑灵猫、大灵猫、小灵猫、金猫、猞猁、马麝、高山麝、血雉、红腹、角雉、藏马鸡、淡腹雪鸡、勺鸡、黑鸢、松雀鹰雀、雀、高山鹰、红隼、白腹锦鸡、灰鹤、黑颈鹤、楔、尾、尾绿鸠、大绯胸鹦鹉、灰林鹛、白腹黑啄木鸟等珍稀动物[⑤]。

维西傈僳族自治县位于三江并流地带，云岭山脉东濒金沙江，西临澜沧江，自北往南延伸，切割剧烈，气势雄浑；碧罗雪山矗立于澜沧江与怒江之间，群峰巍峨，连绵起伏，形成天然屏障。地势大起大落，由南往北呈阶梯状抬升。县境地貌类型复杂多样，有高山、河谷、山间小盆地和高山褶断，凹陷枯湖沉积地或草甸。地处低纬度高原，属西藏华西类康滇区亚热带与温带季风高原山地气候。当地野生动物有羚牛、云豹、穿山甲、赤斑羚、小熊猫、棕熊、滇金丝猴、红腹锦雉、红腹角雉、大绯胸鹦鹉、黑顶长尾雉、金猫、雪豹、白尾梢虹鸡等珍稀物种[⑥]。

● 大理州：《漾濞彝族自治县志》记载有（漾濞彝族自治县地方志编纂委员会，2000）：

野兽 目前已知者有下列各种：猴（有猕猴、熊猴、短尾猴、灰叶猴）、穿山甲、狼、狐（有赤狐、黄狐、黑狐）、豺、貉、黑熊、小猫熊、青鼬（黄猺）、鼬（有黄鼬、纹鼬、黄腹鼬）、狗獾、猪獾、鼬獾、水獭、獐［麝］、麂（有赤、黑等色）、鹿、麝、大灵猫（九节狸）、小灵猫（香狸）、斑林狸、排子狸、果子狸（青

---

①瑞丽. http://baike.baidu.com/link? url=9TxsAG1pw8sWgt9TnbGAy9Gg6KAcixtlD8GOUerOlUNDI0kM5C_ mZQRqHEajdJ_AvABO0hUPugLYFhjKSWRdIpMZGfwjycLTXfJvgz-_ pB9yu4UMwHY2QOXY91Q06-NA0034J0snqMGN7SbEW527RaqJESQm8RAPmKTfs_VCcO_1S6zJ4Icztl3cQbFcOHr_

②盈江县. http://baike.baidu.com/link? url=OydIJ-yVzpA3C0T1oUFzc_sLRYv3fEQG_Jv3D2E7TC6-ssm21k8FZBpbutQ20O9w

③陇川县. http://baike.baidu.com/link? url = Nm7ZJWjo1hDKDL5fm0aftqqbC4adptWqIiEkchgEDOji0Pjz3H7D5-NeZVsBVUaKVSAt_361nIahYMmMS4AkOq

④兰坪白族普米族自治县. http://baike.baidu.com/link? url = fArKP8unFts8hrHzRDmhTPzytzlVS_ 7I9kMrqHgysoFb1pBdzRrJsRSz8mSYh0Noexg-s4emXOK0LtxcIsczkq

⑤德钦县. http://baike.baidu.com/link? url=3CJUV5p-gsruVwLZLfAoPWdp77yvAZRGRxu0J3SflkqA-wtSSyjN_Gw2mL2aEW5I6i3BEtfUgo-sfGpz1eMH2K

⑥“三江并流”腹地、横断山脉中的绿宝石维西傈僳族自治县. http://blog.sina.com.cn/s/blog_489e6b210101cu8q.html

猺)、熊狸、金蟹獴(石狟[食蟹獴])、丛林猫(草猫)、金猫(红春豹)、豹猫(山猫)、豹(有龟纹、金钱)、虎、鼯鼠(飞鼠)、松鼠(有……巨型等)……野猪、苏门羚、斑羚、灰岩羚、刺猬。

按:根据动物组合与其中的“豹(有龟纹)”,表明仍有云豹分布。

● 楚雄州:大姚县地处横断山系云岭东部,是被金沙江和渔泡江深切而成的山原,是东部高原的过渡带。总体地形呈塔状,中部高,四周低,地形高低悬殊。地属亚热带干燥气候区,具有气候温和、日照充足、干湿季明显、雨热同季等气候特点。据称,仍有国家一级保护动物华南虎、云豹、虹雉、红腹角雉、黑颈鹤、赤颈鹤、白鹤、蟒等①。

● 红河州:个旧市地处阴、阳两山之间,最高海拔 2 740 m,最低海拔 150 m。由于海拔高度大,立体气候明显。森林覆盖率 32.3%。仍有珍稀动物长臂猿、云豹、麝、水獭、巨蜥等 11 种②。

建水县地处滇东高原南缘,地势南高北低;境内东西走向的山脉分南北两支,将建水和曲江两个坝子隔开形成盆地。属南亚热带季风气候区,受季节和地形变化影响,呈现出夏季炎热多雨、冬季温和少雨的立体气候特征。截止到 2014 年,还有珍稀动物懒猴、云豹、黑冠长臂猿、白颊长臂猿、红腹角雉、绿孔雀、原鸡、白腹锦鸡、白鹇、水獭、穿山甲、鹦鹉、岩羊、猕猴等③。

《红河县志》记述(云南省红河县志编纂委员会,1991):

云豹:亦称龟纹豹。栖息热带和亚热带丛林中,常单独在树上活动,主食树栖动物。50 年代前各地有分布,数量不少,60 年代后亦难看见。

按:反映在红河县有云豹,但已经濒危。

《河口县志》记述(云南省河口瑶族自治县地方志编纂委员会,1994):

云豹:龟纹豹。栖于热带亚热带常绿阔叶林中,性凶猛,喜活动于树上,花纹美观。

按:说明在河口瑶族自治县有云豹生息繁衍。

● 西双版纳州:《景洪县志》记述(景洪县地方志编纂委员会,2000):

云豹:俗称龟纹豹、乌云豹。体背毛色呈灰黄或黄色,具有不规则的块状黑斑纹,宛如云朵,故称“云豹”。栖息于热带、亚热带丛林或常绿阔叶林中,善爬树,喜树居,夜行,以小兽类、野禽为食,性凶猛。毛皮色彩斑纹艳丽,是贵重毛皮,又为珍贵观赏动物。勐养、普文有分布。

按:据此看来,当地仍有云豹栖息。

5.3.5 西藏

西藏自治区有云豹栖息,主要在东南部一带。

《西藏史地大纲》中只提及有“豹”等兽类(洪涤尘,1936),实际上有云豹等物种。

《西藏哺乳类》记载(中国科学院青藏高原综合考察队,1986):

云豹:别名:龟纹豹,乌云豹,荷叶豹。

【采集地】察隅县。

按:证实西藏自治区确有云豹存在,只是分布地数量调查到的不多。

《西藏珍稀野生动物与保护》记述(尹秉高等,1993):

云豹:

别名:龟纹豹、荷叶豹。

分布:芒康、察隅、墨脱。据 1987~1990 年调查,过去在隆子、错那、亚东、珠穆朗玛峰南麓、聂拉木等地林区也有可能分布。

按:据此反映,在芒康县、墨脱县、察隅县、隆子县、错那县、亚东县、聂拉木县等地有云豹栖息。

《中国重点陆生野生动物资源调查》称(国家林业局,2008):

本次调查,云豹见于……西藏(芒康、昌都、察隅、波密)。

按:据此反映,在昌都县、芒康县、波密县、察隅县

---

①大姚县. http://baike.baidu.com/link? url=I1ZmIkbi78xuGEmIU6ebeq3m6wJ7o1OdrxbIXC4_W5z0Y-I a1snrfSm-XAuxedjVy4tgQryO00zIxSdINAMZY_

②个旧市. http://baike.baidu.com/link? url=MvupVvNirG1VPso5ckA-smMRPYTDz3tH kAtx8YxaxzKXZKG6lvXeTO9M_ 7AaoD8neCsF6q1ZrbrTxHww18mKQ8-VOofpCVry5d7i4rOGCnqLBCokJYSq2zsAlzPgdXHOkeu7X-Y1JbP9kGlCDScLU6Y _ G-ICyBBtvXMkaldfNy

③建水县. http://baike.baidu.com/link? url=qihT7TV0p_tFPqjvAaW9xD0EontYe-biH3AXaSwf9OFke4gRY_Q9EMs_ iBFm9peS-gt_qRVcObfhr6SNokiKS_

等地还有云豹存在，只是此调查偏少。

● 山南地区：萨嘎县地处雅鲁藏布江中游河谷区和江南高山宽谷区；境内高山纵横起伏，连绵不断；地势西高东低，中间向雅鲁藏布江倾斜，地势平坦、宽阔。地属高原温带干旱季风气候区。野生动物资源主要有：云豹与野牦牛、野驴、藏羚羊、岩羊、黄羊、马鹿、獐子（麝）、灰兔、猞猁、狗熊、旱獭、鼠兔等[①]。

● 日喀则地区：岗巴县地处藏南谷地，地势北高南低，全县均属高原丘陵地带，无平原；高原丘陵约占土地面积的7/10，自然植被稀疏，多是荒山秃岭；河谷滩地约占土地面积的3/10。地属高原温带半干旱季风气候区。比较珍贵的兽类有：野驴、黄羊、盘羊、岩羊、艾叶豹、黄狼、獐子（麝）、猞猁、狐狸、水獭、雪猪等[②]。所称“艾叶豹”，即云豹。

5.4 西北

云豹在本区仅见于纬度偏南的陕西省与甘肃省部分地区。

5.4.1 陕西

陕西省有较多云豹分布地。

《中国动物志：兽纲：食肉目》称，云豹“依标本和文献记载，计有……陕西汉中、安康”（高耀亭等，1987），说明在汉台区、南郑县、城固县、洋县、西乡县、勉县、宁强县、略阳县、镇巴县、留坝县、佛坪县、汉滨区、汉阴县、石泉县、宁陕县、紫阳县、岚皋县、平利县、镇坪县、旬阳县、白河县一带曾有云豹栖息。

《中国西北地区珍稀濒危动物志》记载（中华人民共和国濒危物种进出口管理办公室等，1994）：

云豹

别名：龟纹豹、荷叶豹、柳叶豹、樟豹、乌云豹。

指名亚种：见于陕西的汉中、安康。

按：反映在汉台区、南郑县、城固县、洋县、西乡县、勉县、宁强县、略阳县、镇巴县、留坝县、佛坪县、汉滨区、汉阴县、石泉县、宁陕县、紫阳县、岚皋县、平利县、镇坪县、旬阳县、白河县等地有云豹生息繁衍。

《陕西省志·地理志》记述（陕西省地方志编纂委员会，2000）：

云豹：【数量】濒于绝迹【地理分布】秦巴山地。

按：据此说明，在凤县、太白县、汉台区、南郑县、城固县、洋县、西乡县、勉县、宁强县、略阳县、镇巴县、留坝县、佛坪县、汉滨区、汉阴县、石泉县、宁陕县、紫阳县、岚皋县、平利县、镇坪县、旬阳县、白河县、商州区、洛南县、丹凤县、商南县、山阳县、镇安县、柞水县等地有云豹分布。

《中国重点陆生野生动物资源调查》称（国家林业局，2008）：

本次调查，云豹见于……陕西（太白、镇安、留坝、城固、平利、岚皋、宁陕）。

按：据此说明，在太白县、城固县、留坝县、宁陕县、岚皋县、平利县、镇安县等地仍有云豹栖息，只是此次调查偏少。

● 宝鸡市：《宝鸡市志》记述（宝鸡市地方志编纂委员会，1998）：

云豹

别名：荷叶豹、龟纹豹。

形态：体形大小似豹，体长1.3 m左右，重15～20 kg，四肢粗短，尾较长，雌雄个体相差悬殊。体毛黄灰色，体侧从前肢到臀部有一些大型云块状斑纹，故称云豹。眼周有一黑色环，眼后和颊部有横列黑色斑纹。上唇和额顶部有小斑点，颈部有四条黑纹，中间两条止肩部，外侧两条较粗，直延伸到尾部，该纹由数个长形黑斑连接而成云状块斑。四肢黄色具长形黑斑，尾基部有纵纹，末端有数个黑环。

生态：栖息于高山丛林中，夜行性，善爬树，活动和睡眠在树上，喜食各种鸟类、猴类和树栖哺乳动物，性情较凶猛，跳跃能力强，有时从树上跳下捕食小鹿、野兔等。

分布：太白县、凤县、宝鸡县和陇县等地。

按：据此表明，在今宝鸡市、陇县、凤县、太白县等

---

①萨嘎县的资讯. http://www.cntics.com/townkl/saga.html；萨嘎县政府网. http://www.114huoche.com/zhengfu_RiKaZe/Sa-GaXian；全县耕地面积18万亩·日喀则概要·萨嘎概要. http://www.tubaobei.com/show-392d32d2-0-b9058516.html

②岗巴县. http://baike.baidu.com/link?url=s6qXnYsz1C-M3oW35i3UiV841jCZ9JvZpW7htCaPKcZRUrPH9QUek52I1xEDj3bm#2_2

地有云豹分布。

● 渭南市：民国二十六年《大荔县志稿》记述：

民国……十五年六月，有艾叶豹突现于晁邑坊，啮毙唐正子（周家营人）。二村合力围击，遂毙于兰秀初场中。皮存周家营。

按：此被击毙的艾叶豹即云豹。

● 宝鸡市：《太白县志》（太白县地方志编纂委员会，1995）：

豹：太白山之猛兽，形似虎而小。……此外，并有土豹，毛黄褐，无斑。

按：除金钱豹外，"毛黄褐，无斑"的"豹"，当是云豹。

岐山县南接秦岭，北枕千山，中为广阔平原；地势自西北向东南倾斜，南北狭长，东西较窄；境内山、川、塬皆有，渭河、韦水河穿境而过，形成了"两山夹一川，两水分三塬"的地形地貌特征。地属暖温带半湿润大陆性季风气候区。现仍有金钱豹、云豹、斑羚（青羊）、麝（獐子）、石貂（俗名帚雪）、豹猫（山猫）、狐狸、鹿、狼、獾、野猪、野兔、狗熊、黄鼬（俗称黄鼠狼）等野兽①。

眉县地形地貌复杂，大体为南北高中间低的不对称"U"形，东西向延伸略长，南北向起伏较短。依照地貌特征，全县可分为秦岭山地、黄土高原、山前洪积平原、渭河冲积平原、渭北黄土台原五种地貌类型。地属暖温带大陆性半湿润气候区。野生动物中兽类主要有黑熊、云豹、金毛扭角羚、麝、鹿、野猪、刺猬、獾、豺狼、岩羊、狐狸、山兔、松鼠、黄鼠等，多分布于秦岭山地和太白山中②。

《麟游县志》记述（麟游县地方志编纂委员会，1993）：

豹：分……灰豹两种。分布本县中西部，性凶暴，肉食类。骨、脂均可入药，肉可食，皮可制裘。

按：反映在该县的中西部有云豹等2种"豹"。

● 汉中市：佛坪县地处秦岭腹地，总体地形西北高、东南低；北界秦岭主脊为长江流域与黄河流域的分水岭，山体多为中切峡谷，沟壑纵横，群峰四起；河沟两岸分布大小不等的洪积、冲积、淤积台地，地势较平坦。地属暖温带气候区，有显著的山地森林小区气候特征，成为特殊的亚热带北缘山地暖温带湿润季风气候。已发现野生脊椎动物439种，其中兽类103种，有云豹、豹与金丝猴、大熊猫、虎、扭角羚、黑鹿、猕猴、穿山甲、豺、黑熊、小熊猫、石貂、黄喉貂、水獭、大灵猫、猞猁、金猫、小灵猫、林麝、黄羊、鬣羚、斑羚、岩羊等③。

● 安康市：《石泉县志》记述（石泉县地方志编纂委员会，1991）：

豹：……还有从体侧前肢到臀部有大型云块状斑纹的云豹。四肢粗短，尾较长，栖息于海拔1 600～3 000 m的云雾山、凤凰山高山丛林之中。

按：据此反映，当地有多种豹类，此处着重反映云豹特征。

白河县地势南高北低，山脉与沟相间，无一处百亩平地；汉江从县境北部自西向东穿过，冷水河与白石河从县境西南向东北大致平行流入汉江。当地野兽有：虎、金钱豹、云豹、豹猫、猕猴、野猪、狼、狐、貉、草鹿、毛冠鹿、林麝、扭角羚、豪猪、刺猬、猪獾、青猺、大灵狸、黄鼬、水獭、青羊、褐家鼠、小家鼠、黑线姬鼠、岩松鼠、鼯鼠、蝙蝠④。

● 商洛市：商南县地处秦岭东段南麓，属长江流域汉江水系丹江中游地区；以低山丘陵为主体，基本状况是"八山一水一分田"；地势西南部和北部较高，东南部和中部较低，千米以下的低山、丘陵占总面积约77%。处中纬度偏南地带，北部和西北部属暖温带气候区，占49.3%；中部和南部属于北亚热带气候区，占50.7%。据"商南县野生动物兽类（大、中型）调查名录"，"猫科"有："云豹（土豹子）"等⑤，表明该地有云豹等分布。

---

①岐山县. http://baike.baidu.com/link? url=WQ6DJX5rOjB5QjzNPPRABnrHcKpbiwhlSFTGQ6lBrgyCC4rAkwBYDI6Aj0G50Jyv#4_4

②眉县. http://baike.baidu.com/link? url=gt2bKYM4OWexhLqCT4AvnJbhkXfuWChIPFWa0dYmoF2PLZkEEuK1xHqoye0-Ub-pS#3_4

③中国·佛坪. http://www.foping.gov.cn/gov/Html/zjfp/20131123182652.html

④白河县 http://baike.baidu.com/link? url=VzbQbIXjRwVjexIfUCDwxFYEjFlUZRXjEjTBIUdyHCECVk87OUYRwRAYP1IK8zelTqqYHPks89A4ke_Rnz2ga

⑤商南县野生动物兽类（大、中型）调查名录. http://www.snlyw.gov.cn/Article/ShowArticle.asp? ArticleID=46

《镇安县志》记述（镇安县志编纂委员会，1995）：

豹：……另外，在同一区域内还分布有云豹。1982年均被国家列为三类保护动物。

按：表明该县有云豹等豹类栖息。

5.4.2 甘肃

甘肃省云豹主要分布在东南部一带。

《中国重点陆生野生动物资源调查》尽管称："本次调查，云豹"在"甘肃未发现"（国家林业局，2008）。但仍有资料表明该省有云豹存在。

● 天水市：据报道，现今天水市广阔的天然森林有许多珍禽异兽，栖息着30多种野生动物，有国家一级保护动物羚牛、梅花鹿、金猫、云豹等①。说明在天水市、清水县、秦安县、甘谷县、武山县、张家川回族自治县一带还有云豹存在。

清水县地处鄂尔多斯地台西南和北祁连地槽褶皱带东端，在群山环抱中，形成牛头河中部的山间盆地，清水县地处盆地中南部，形成沟壑纵横的地貌形态。由于该县深居内陆腹地，地处东南、西南季风交互影响的边缘地带，属温带大陆性季风气候区，年平均气温8.8℃，森林覆盖率21.63%。据《清水县志》记载：据调查，境内哺乳类有毛冠鹿、青羊、鬣羚、野猪、林麝、豪猪、青鼬、黄鼬、獾、水獭、豺、狼、狐、金钱豹、石豹、云豹、金猫、猞猁（俗称山猫、大山猫）、黑熊、蒙古兔、刺猬等（清水县志编纂委员会，2001）。近年仍称，林区野生动物种类较多，主要有金钱豹、斑羚、鬣羚、云豹、林麝、毛冠鹿、水獭、猞猁、鸳鸯、红腹锦鸡等珍禽异兽60余种②。

● 陇南市：《中国西北地区珍稀濒危动物志》记载："云豹：……指名亚种：见于……甘肃的文县。"（中华人民共和国濒危物种进出口管理办公室等，1994）。

陇南市位于甘、陕、川交界处，境内复杂的地形、温暖的气候、茂密的森林等得天独厚的自然生态环境，为珍贵野生动物栖息繁衍提供了优越的条件。有各类野生动物350多种，其中有大熊猫、金丝猴、羚牛、褐马鸡、藏羚、梅花鹿、毛冠鹿、雪豹、大鲵、角雉、蓝马鸡、白马鸡、雪鸡、绿尾虹雉等珍稀动物③。根据生态环境与一些相关旁证，疑似云豹而非"雪豹"；另外，现辖武都区和成县、徽县、两当、西和、礼县、康县、文县、宕昌8个县是否皆有云豹存在待查证。

5.5 方志与保护区记载的云豹

虽已有野外调查记录，但方志记载仍可以反映相当部分地方的云豹分布（表16.9）状况。

表16.9 方志记载反映20世纪云豹分布概况

地区	省级政区	今地点	文献	内容	新方志出处
华东	浙江	宁海县	清光绪二十八年（1902）《宁海县志》	豹（《正字通》：……如艾叶者，曰艾叶豹）	
		属富阳市	民国十一年（1922）《新登县志》	豹（有……皂荚豹二种，以其毛色斑点而别之）	
		分属莲都区、武义县	民国二十三年（1934）《宣平县志》	豹（状如虎而小，白面，圆头。自惜其毛采。……如艾叶者，曰艾叶豹，次之）	

①天水. http://baike. baidu. com/link? url＝2nkUAjeqj1dmmh6gwpH1-mgPPKsu0xTJ9MZqt9ssVJo01vDicSx-xQ465EuDWibZRYJ-efvgqvq4Me6RdeT2t_

②清水. http://baike. baidu. com/link? url = VQmOkyqD9D-S2TUveXqi _ 2pmqb0LpFOeWbXW-RBA7bBKDF _ yCjTE-Bwc-qB0xV4PhqeaifjW_NEIMPbBnd7We5K

③陇南. http://baike. baidu. com/view/18217. htm

（续表）

地区	省级政区	今地点	文献	内容	新方志出处
		宁海市、台州市、临海市、温岭市、玉环县、天台县、仙居县、三门县	民国二十五年（1936）《台州府志》	豹（《正字通》：……如艾叶者，曰艾叶豹）	
		江山市	1990年《江山市志》	云豹	江山市志编纂委员会，1990
		淳安县	1990年《淳安县志》	云豹	浙江省淳安县志编纂委员会，1990
		浦江县	1990年《浦江县志》	云豹（豹……极少见）	浦江县志编纂委员会，1990
		桐庐县	1991年《桐庐县志》	云豹（一级；三源、新合、芦茨等乡均有出现）	桐庐县志编纂委员会，1991
		龙游县	1991年《龙游县志》	云豹（龟纹豹）	浙江省龙游县志编纂委员会，1991
		金华市	1992年《金华县志》	云豹	金华县志编纂委员会，1992
		三门县	1992年《三门县志》	云豹（龟纹豹）	三门县志编纂委员会，1992
		宁海县	1993年《宁海县志》	云豹（国家一级保护动物）	宁海县地方志编纂委员会，1993
		磐安县	1993年《磐安县志》	豹（龟纹豹）	磐安县志编纂委员会，1993
		平阳县	1993年《平阳县志》	豹（已绝迹）	平阳县志编纂委员会，1993
		奉化市	1994年《奉化市志》	云豹	奉化市地方志编纂委员会，1994
		衢州市、江山市、常山县、开化县、龙游县	1994年《衢州市志》	云豹（龟纹豹）	《衢州市志》编纂委员会，1994
		新昌县	1994年《新昌县志》	云豹	新昌县志编纂委员会，1994
		临安市	1994年《杭州志》	天目山自然保护区：云豹	《中国城市综合实力五十强丛书·杭州市》编委会，1994
		杭州市、临安市、富阳市、建德市、桐庐县、淳安县	1995年《杭州市志》	云豹	杭州市地方志编纂委员会，1995
		宁波市、慈溪市、余姚市、奉化市、宁海县、象山县	1995年《宁波市志》	云豹	宁波市地方志编纂委员会，1995
		景宁畲族自治县	1995年《景宁畲族自治县志》	云豹	景宁畲族自治县志编纂委员会，1995
		越城区、诸暨市、上虞市、嵊州市、绍兴县、新昌县	1996年《绍兴市志》	云豹	绍兴市地方志编纂委员会，1996
		苍南县	1996年《中国国情丛书：百县市经济社会调查：苍南卷》	豹（已绝迹）	丁伟志等，1996a
		缙云县	1996年《缙云县志》	云豹	缙云县志编纂委员会，1996
		云和县	1996年《云和县志》	云豹	《云和县志》编纂委员会，1996
		遂昌县	1996年《遂昌县志》	云豹	遂昌县志编纂委员会，1996
		松阳县	1996年《松阳县志》	云豹	松阳县志编纂委员会，1996

（续表）

地区	省级政区	今地点	文献	内容	新方志出处
		温州市、瑞安市、乐清市、永嘉县、文成县、平阳县、泰顺县、洞头县、苍南县	1998 年《温州市志》	云豹(偶见于西部山区幽僻丛林中)	温州市志编纂委员会，1998
	安徽	黄山市、歙县、休宁县、黟县	1988 年《黄山志》	云豹	《黄山志》编纂委员会，1988
		黟县	1988 年《黟县志》	豹	黟县地方志编纂委员会，1988
		休宁县	1990 年《休宁县志》	云豹	休宁县地方志编纂委员会，1990
		祁门县	1990 年《祁门县志》	云豹	祁门县地方志编纂委员会办公室，1990
		歙县	1995 年《歙县志》	云豹	歙县地方志编纂委员会，1995
		泾县	1996 年《泾县志》	云豹(数量稀少)	泾县地方志编纂委员会，1996
		安庆市	1997 年《安庆市志》	云豹*	安庆市地方志编纂委员会，1997
		宁国市	1997 年《宁国县志》	云豹	宁国县地方志编纂委员会，1997
		郎溪县	1998 年《郎溪县志》	草豹	郎溪县地方志编纂委员会，1998
		绩溪县	1998 年《绩溪县志》	云豹	绩溪县地方志编纂委员会，1998
	福建	浦城县	清光绪二十六年(1900)《浦城县志》	豹(文散如艾叶者，曰艾叶豹)	
		建宁县	民国八年(1919)《建宁县志》	豹(如艾叶者，曰艾叶豹)	
		永泰县	民国十一年(1922)《永泰县志》	豹(又有艾叶者，为艾叶豹)	
		永春县	民国十六年(1927)《永春县志》	豹(有金钱、艾叶二种)	
		建瓯市	民国十八年(1929)《建瓯县志》	豹(似虎。其色不赤，毛无文者，曰土豹)	
		上杭县	民国二十八年(1939)《上杭县志》	豹(……今猎户所杀，大都金钱豹)①	
		长汀县	民国三十年(1941)《长汀县志》	豹(似虎而小，猛捷过虎。山泽皆有之。猎人所杀，大金钱豹)	
		清流县	民国三十六年(1947)《清流县志》	豹(如艾叶者，为艾叶豹，次之。色不赤，无文者，曰土豹)	
		尤溪县	1987 年《尤溪县志》	豹	尤溪县志编纂委员会，1987
		新罗区、漳平市、长汀县、永定县、上杭县、武平县、连城县	1992 年《龙岩地区志》	云豹	龙岩地区地方志编纂委员会，1992
		宁化县	1992 年《宁化县志》	云豹	宁化县志编纂委员会，1992

（续表）

地区	省级政区	今地点	文献	内容	新方志出处
		德化县	1992年《德化县志》	云豹	德化县地方志编纂委员会，1992
		龙海市	1993年《龙海县志》	云豹（龟纹豹）	福建省龙海县地方志编纂委员会，1993
		建瓯市	1994年《建瓯县志》	云豹*	建瓯县地方志编纂委员会，1994
		建阳市	1994年《建阳县志》	云豹	建阳县地方志编纂委员会，1994
		浦城县	1994年《浦城县志》	豹［有……龟纹豹、艾叶豹（云豹）数种，栖于高莽草处，偶见］	浦城县地方志编纂委员会，1994
		光泽县	1994年《光泽县志》	豹	光泽县地方志编纂委员会，1994
		松溪县	1994年《松溪县志》	云豹	松溪县地方志编纂委员会，1994
		政和县	1994年《政和县志》	豹	政和县地方志编纂委员会，1994
		平和县	1994年《平和县志》	云豹（在文峰、国强等一带时有出现）	平和县地方志编纂委员会，1994
		漳平县	1995年《漳平县志》	云豹	漳平市地方志编纂委员会，1995
		大田县	1996年《大田县志》	云豹	大田县地方志编纂委员会，1996
		明溪县	1997年《明溪县志》	豹	明溪县地方志编纂委员会，1997
		古田县	1997年《古田县志》	豹（云豹）	古田县地方志编纂委员会。1997
		连江县	1998年《福州市志》	云豹*	福州市地方志编纂委员会，1998
		罗源县	1998年《罗源县志》	云豹（龟考豹、荷叶豹）	罗源县地方志编纂委员会，1998
		将乐县	1998年《将乐县志》	云豹	将乐县地方志编纂委员会，1998
		福安市	1999年《福安市志》	云豹	福安市地方志编纂委员会，1999
	江西	大余县	1990年《大余县志》	云豹	江西省大余县志编纂委员会，1990
		铅山县	1990年《铅山县志》	云豹*	铅山县县志编纂委员会，1990
		新干县	1990年《新干县志》	龟纹豹、艾叶豹	江西省新干县志编纂委员会，1990
		上犹县	1992年《上犹县志》	云豹	江西省上犹县志编纂委员会，1992
		安远县	1993年《安远县志》	云豹	江西省安远县志编纂委员会，1993
		萍乡市	1996年《萍乡市志》	云豹	萍乡市志编纂委员会，1996
		贵溪县	1996年《贵溪县志》	云豹	贵溪县志编纂委员会，1996
		吉安市	1997年《吉安市志》	豹	吉安市地方志编纂委员会，1997
		南昌市、南昌县、新建县、安义县、进贤县	1997年《南昌市志》	云豹（已日见稀少）	南昌市地方志编纂委员会，1997
	台湾	桃园县	1956年《桃园县志》	豹*	郭薰风等，1956
		苗栗县	1957年《苗栗县志》	雪豹*	黄新亚等，1957
		台南县	1960年《台南县志》	云豹*	洪波浪等，1960
		宜兰县	1965年《宜兰县志》	猫豹*	卢世标等，1965
		嘉义县	1982年《嘉义县志》	豹*、艾叶豹*	赖子清等，1982

（续表）

地区	省级政区	今地点	文献	内容	新方志出处
中南	河南	光山县	民国二十五年(1936)《光山县志约稿》	豹(有二种。……毛褐色，背有花纹名艾花豹。邑南深山中间有之)	
		西峡县	1990年《西峡县志》	槲叶豹	西峡县志编纂委员会，1990
		内乡县	1994年《内乡县志》	云豹	内乡县地方史志编纂委员会，1994
		南召县	1995年《南召县志》	雪豹(艾叶豹)	南召县史志编纂委员会，1995
		南阳市、邓州市、南召县、方城县、西峡县、镇平县、内乡县、淅川县、社旗县、唐河县、新野县、桐柏县	1996年《南阳地区志：1986～1994》	云豹、艾叶豹	南阳地区地方史志编纂委员会，1996
	湖北	郧西县	民国二十五年(1936)《郧西县志》	乌云豹、枯叶豹	
		秭归县	1991年《秭归县志》	云豹*	湖北省秭归县地方志编纂委员会，1991
		赤壁市	1992年《中国国情丛书：百县市经济社会调查：蒲圻卷》	云豹	丁伟志等，1992a
		郧西县	1995年《郧西县志》	豹(分……乌云豹)	湖北省郧西县地方志编纂委员会办公室，1995
		宣恩县	1995年《宣恩县志》	云豹	宣恩县志编纂委员会，1995
		神农架林区	1996年《神农架志》	云豹	湖北省神农架林区地方志编纂委员会，1996
		恩施市	1996年《恩施市志》	豹	湖北省恩施市地方志编纂委员会，1996
		武汉市	1998年《武汉市志·总志类》	云豹	武汉市地方志编纂委员会，1998
		恩施市、利川市、建始县、巴东县、宣恩县、咸丰县、来凤县、鹤峰县	1998年《恩施州志》	云豹	湖北省恩施土家族苗族自治州地方志编纂委员会，1998
	湖南	靖州苗族侗族自治县	清光绪三十四年(1908)《靖州乡土志》	豹*	
		茶陵县	1993年《茶陵县志》	云豹	湖南省茶陵县地方志编纂委员会，1993
		祁阳县	1993年《祁阳县志》	云豹	《祁阳县志》编纂委员会，1993
		沅陵县	1993年《沅陵县志》	云豹	沅陵县地方志编纂委员会，1993
		桑植县	1994年《中国国情丛书：百县市经济社会调查：桑植卷》	云豹	丁伟志等，1994b

（续表）

地区	省级政区	今地点	文献	内容	新方志出处
		炎陵县	1994年《酃县志》	云豹	酃县志编纂委员会，1994
		郴州市	1995年《郴县志》	豹	郴县志编纂委员会，1995
		江永县	1995年《江永县志》	龟纹豹	湖南省江永县志编纂委员会，1995
		新宁县	1995年《新宁县志》	云豹	新宁县县志编委会，1995
		郴州市、资兴市、桂阳县、永兴县、宜章县、嘉禾县、临武县、汝城县、桂东县、安仁县	1996年《郴州地区志》	云豹	郴州地区地方志编纂委员会，1996
		新化县	1996年《新化县志》	云豹	新化县志编纂委员会，1996
		城步苗族自治县	1996年《城步苗族自治县志》	云豹	城步苗族自治县志编纂委员会，1996
		益阳市、沅江市、南县、桃江县、安化县	1997年《益阳地区志》	云豹	湖南省益阳地区地方志编纂委员会，1997
		邵阳市、武冈市、邵东县、邵阳县、洞口县、新邵县、绥宁县、新宁县、隆回县、城步苗族自治县	1997年《邵阳市志》	云豹（已稀少）	邵阳市地方志编纂委员会，1997
		岳阳县	1997年《岳阳县志》	云豹（……自康王至毛田山区一带有，至1990年记录到10只）	岳阳县地方志编委会，1997
		绥宁县	1997年《绥宁县志》	云豹	湖南省绥宁县志编纂委员会，1997
		通道侗族自治县	1999年《通道县志》	龟纹豹、艾叶豹	湖南省通道侗族自治县县志编纂委员会，1999
	广东	五华县	1991年《五华县志》	云豹	五华县地方志编纂委员会，1991
		兴宁市	1992年《兴宁县志》	云豹	兴宁县地方志编纂委员会，1992
		大埔县	1992年《大埔县志》	云豹	大埔县地方志编纂委员会，1992
		饶平县	1994年《饶平县志》	云豹（韩江林场桃园山间时有发现）	饶平县地方志编纂委员会，1994
		阳春市	1996年《阳春县志》	云豹	阳春县地方史志办公室，1996
		始兴县	1997年《始兴县志》	云豹	始兴县志办公室，1997
		乳源瑶族自治县	1997年《乳源瑶族自治县志》	云豹	乳源瑶族自治县地方志编纂委员会，1997
		封开县	1998年《封开县志》	云豹	封开县地方志编纂委员会，1998
	广西	大新县	1989年《大新县志》	云豹	大新县志编纂委员会，1989
		恭城瑶族自治县	1992年《恭城县志》	云豹（龟纹豹）	恭城瑶族自治县地方志编纂委员会，1992
		永福县	1996年《永福县志》	云豹	永福县志编纂委员会，1996

（续表）

地区	省级政区	今 地 点	文 献	内 容	新方志出处
		田林县	1996年《田林县志》	云豹	田林县地方志编纂委员会，1996
		融水苗族自治县	1998年《融水苗族自治县志》	云豹（滚贝老山、泗洞山登森林之中）	广西融水苗族自治县地方志编纂委员会，1998
	海南	三亚市、保亭黎族苗族自治县、乐东黎族自治县	清光绪二十六年（1900）《崖州志》	豹***	
		三亚市、保亭黎族苗族自治县、乐东黎族自治县	清光绪三十四年（1908）《崖州志》	豹***	
		属海口市	民国六年（1917）《琼山县志》	豹***	
		属东方市	民国二十年（1931）《感恩县志》	豹***	
		儋州市	民国二十四年（1935）《儋县志》	豹***	
		琼中黎族苗族自治县	1995年《琼中县志》	云豹（稀少，中部、南部深山有出现）	琼中黎族苗族自治县地方志办公室，1995
		昌江黎族自治县	1998年《昌江县志》	云豹	海南省昌江黎族自治县地方志编纂委员会，1998
西南	重庆	合川区	民国十一年（1922）《合川县志》	豹（有……艾叶豹两种。以其斑状别之）	
		南川区	民国十五年（1926）《南川县志》	豹*	
		丰都县	民国十六年（1927）《丰都县志》	马豹	
		长寿区	民国十七年（1928）《长寿县志》	豹*	
		南川区	民国二十年（1931）《南川县志》	豹***	
		巴南区	民国二十八年（1939）《巴县志》	豹*	
		长寿区	民国三十三年（1944）《长寿县志》	豹***	
		南川区	1991年《南川县志》	云豹（文豹；金佛山、鱼泉、柏枝山、箐坝山等地）	四川省南川县志编纂委员会，1991
		巫溪县	1993年《巫溪县志》	云豹	巫溪县志编纂委员会，1993

（续表）

地区	省级政区	今地点	文献	内容	新方志出处
		黔江区	1994年《黔江县志》	云豹（狗豹子）	黔江土家族苗族自治县志编纂委员会，1994
		武隆县	1994年《武隆县志》	云豹	四川省武隆县志编纂委员会，1994
		涪陵区	1995年《涪陵市志》	云豹（狗豹子）	四川省涪陵市志编纂委员会，1995
		大足县	1996年《大足县志》	南豹（狗豹子）	大足县县志编修委员会，1996
		彭水苗族土家族自治县	1997年《彭水县志》	云豹	彭水县志编纂委员会，1997
	四川	苍溪县	民国十七年（1928）《苍溪县志》	豹（黑间白点者，为铁钱豹。产之邑之九龙山）	
	四川	康定县	民国初年（20世纪20年代）《康定县图志》	豹	
	四川	甘孜县	民国初年（20世纪20年代）《甘孜县图志》	豹骨	
	四川	乡城县	民国初年（20世纪20年代）《定乡县图志》	鸟兽：西康全省所产之鸟兽大略相同……药材：与巴安县相同②	
	四川	宣汉县	民国二十年（1931）《宣汉县志》	有文如艾叶者，曰艾叶豹，皮为褥，骨入药，价极昂	
	四川	万源市	民国二十一年（1932）《万源县志》	豹（白毛黑圈，为铁钱豹）	
	四川	都江堰市	民国二十二年（1933）《灌县志》	豹（别有土豹，毛色无文）	
	四川	汶川县	民国三十三年（1944）《汶川县志》	豹（尚有红春、艾叶两种，毛纹各异，性均猛，常捕食他兽）	
	四川	木里藏族自治县	1985年《木里藏族自治县概况》	豹骨	《木里藏族自治县概况·物产资源》编写组，1985
	四川	什邡市	1988年《什邡县志》	扁担花豹*	什邡县《什邡县志》编纂委员会，1988
	四川	沐川县	1989年《沐川县志》	云豹	四川省沐川县地方志编纂委员会，1989
	四川	邻水县	1991年《邻水县志》	云豹	四川省邻水县地方志编纂委员会，1991
	四川	大邑县	1992年《大邑县志》	云豹	四川省大邑县志编纂委员会，1992
	四川	青川县	1992年《青川县志》	云豹	《青川县志》编纂委员会，1992
	四川	汶川县	1992年《汶川县志》	云豹	四川省阿坝藏族羌族自治州汶川县地方志编纂委员会，1992

（续表）

地区	省级政区	今地点	文献	内容	新方志出处
		喜德县	1992 年《喜德县志》	云豹	四川省喜德县志编纂委员会，1992
		安岳县	1993 年《安岳县志》	1962 年在护龙发现云豹（狗豹）	四川省安岳县志编纂委员会，1993
		阿坝县	1993 年《阿坝县志》	云豹	阿坝县地方志编纂委员会，1993
		峨边彝族自治县	1994 年《峨边彝族自治县志》	云豹	峨边彝族自治县志编纂委员会，1994
		汉源县	1994 年《汉源县志》	云豹	汉源县志编纂委员会，1994
		金川县	1994 年《金川县志》	（云豺）[云豹]	金川县地方志编纂委员会，1994
		宁南县	1994 年《宁南县志》	云豹	宁南县志编纂委员会，1994
		华蓥市	1995 年《华蓥市志》	云豹	四川省华蓥市志编纂委员会，1995
		康定县	1995 年《康定县志》	云豹	四川省康定县地方志编纂委员会，1995
		旺苍县	1996 年《旺苍县志》	云豹	四川省旺苍县志编纂委员会，1996
		北川羌族自治县	1996 年《北川县志》	云豹	北川县志编纂委员会，1996
		平武县	1997 年《平武县志》	云豹*	平武县县志编纂委员会，1997
		洪雅县	1997 年《洪雅县志》	云豹*	洪雅县地方志编纂委员会，1997
		理县	1997 年《理县志》	云豹	理县志编纂委员会，1997
		康定县、甘孜县	1997 年《甘孜州志》	云豹（俗称龟纹豹）	甘孜州志编纂委员会，1997
		九龙县	1997 年《九龙县志》	云豹	九龙县志编纂委员会，1997
		雷波县	1997 年《雷波县志》	云豹（艾叶豹）	《雷波县志》编纂委员会，1997
		泸州市、泸县、合江县、叙永县、古蔺县	1998 年《泸州市志》	云豹	泸州市地方志编纂委员会，1998
		叙永县	1998 年《叙永县志》	龟纹豹、艾叶豹	叙永县地方志编纂委员会，1998
		屏山县	1998 年《屏山县志》	云豹（龟纹豹）	屏山县志编纂委员会，1998
		通江县	1998 年《通江县志》	云豹（龟纹豹、猫豹）	四川省通江县志编纂委员会，1998
		石棉县	1999 年《石棉县志》	云豹	石棉县地方志编纂委员会，1999
		昭觉县	1999 年《昭觉县志》	云豹	四川省昭觉县志编纂委员会，1999
	贵州	开阳县	民国二十九年（1940）《开阳县志稿》	马儿豹	
		沿河土家族自治县	民国三十二年（1943）《沿河县志》	豹（有山水……之别）	
		清镇县	1991 年《清镇县志》	云豹	贵州省清镇县地方志编纂委员会，1991
		凤冈县	1994 年《凤冈县志》	云豹	贵州省凤冈县地方志编纂委员会，1994
		台江县	1994 年《台江县志》	云豹（俗名狗豹、小豹子）	贵州省台江县志编纂委员会，1994

（续表）

地区	省级政区	今地点	文献	内容	新方志出处
		毕节县	1996年《毕节县志》	云豹	毕节县地方志编纂委员会，1996
		桐梓县	1997年《桐梓县志》	云豹（属国家一级保护动物，极少）	桐梓县地方志编纂委员会，1997
		织金县	1997年《织金县志》	云豹	贵州省织金县地方志编纂委员会，1997
		施秉县	1997年《施秉县志》	云豹*	贵州省施秉县地方志编纂委员会，1997
		正安县	1999年《正安县志》	云豹	正安县地方志编纂委员会，1999
		榕江县	1999年《榕江县志》	云豹	贵州省榕江县地方志编纂委员会，1999
	云南	大理市	民国五年（1916）《大理县志稿》	豹	
		金平苗族瑶族自治县	民国十三年（1924）《金河行政委员区域地志资料册》	豹	
		金平苗族瑶族自治县	民国二十一年（1932）《云南省金河设治区通志资料》	豹	
		景洪市、勐海县、勐腊县	1989年《西双版纳傣族自治州林业志》	云豹	西双版纳傣族自治州林业局，1989
		昌宁县	1990年《昌宁县志》	草豹	云南省昌宁县志编纂委员会，1990
		红河县	1991年《红河县志》	云豹*	云南省红河县志编纂委员会，1991
		镇康县	1992年《镇康县志》	云豹	云南省镇康县志编纂委员会，1992
		绿春县	1992年《绿春县志》	龟纹豹	云南省绿春县志编纂委员会，1992
		思茅区	1993年《思茅县志》	云豹	思茅县志编纂委员会，1993
		宁洱哈尼族彝族自治县	1993年《普洱哈尼族彝族自治县志》	草豹	普洱哈尼族彝族自治县地方志编纂委员会，1993
		潞西市	1993年《潞西县志》	草豹（皮毛呈铜钱花）	云南省潞西县志编纂委员会，1993
		楚雄市、双柏县、牟定县、南华县、姚安县、大姚县、永仁县、元谋县、武定县、禄丰县	1993年《楚雄彝族自治州志》	云豹：俗名乌云豹或龟纹豹，分布于楚雄、双柏、大姚、武定、禄丰5县（市）；……豹和云豹在山区常能见到，特别是云豹，近年亦常捕获	楚雄彝族自治州地方志编纂委员会，1993
		永德县	1994年《永德县志》	云豹	云南省永德县志编纂委员会，1994
		潞西市、瑞丽市、梁河县、盈江县、陇川县	1994年《德宏州志：综合卷》	云豹	德宏傣族景颇族自治州志编纂委员会，1994
		建水县	1994年《建水县志》	云豹（龟纹豹）	建水县志编纂委员会，1994

（续表）

地区	省级政区	今地点	文献	内容	新方志出处
		金平苗族瑶族自治县	1994年《金平苗族瑶族自治县志》	云豹	云南省金平苗族瑶族自治县志编纂委员会，1994
		河口瑶族自治县	1994年《河口县志》	云豹*	云南省河口瑶族自治县地方志编纂委员会，1994
		勐腊县	1994年《勐腊县志》	云豹	云南省勐腊县志编纂委员会，1994
		双江拉祜族佤族布朗族傣族自治县	1995年《双江拉祜族佤族布朗族傣族自治县志》	云豹	双江拉祜族佤族布朗族傣族自治县地方志编纂委员会，1995
		瑞丽市	1996年《瑞丽市志》	云豹	云南省瑞丽市志编纂委员会，1996
		祥云县	1996年《祥云县志》	龟纹豹	祥云县志编纂委员会，1996
		双柏县	1996年《双柏县志》	云豹	云南省双柏县地方志编纂委员会，1996
		昭阳市、鲁甸县、巧家县、盐津县、大关县、永善县、绥江县、镇雄县、彝良县、威信县、水富县	1997年《昭通地区志》	云豹	昭通地区地方志编纂委员会，1997
		施甸县	1997年《施甸县志》	豹（含……草豹）	云南省施甸县志编纂委员会，1997
		盈江县	1997年《盈江县志》	云豹（草豹）	云南省盈江县志编纂委员会，1997
		德钦县	1997年《德钦县志》	云豹	德钦县志编纂委员会，1997
		禄丰县	1997年《禄丰县志》	云豹	云南省禄丰县地方志编纂委员会，1997
		勐海县	1997年《勐海县志》	云豹	云南省勐海县地方志编纂委员会，1997
		古城区、永胜县、华坪县、玉龙纳西族自治县、宁蒗彝族自治县	1998年《丽江地区林业志》	云豹	丽江地区行政公署林业局，1998
		大理市	1998年《大理市志》	云豹	大理市志编纂委员会，1998
		个旧市	1998年《个旧市志》	云豹（龟纹豹）	个旧市志编纂委员会，1998
		隆阳区、施甸县、腾冲县、龙陵县、昌宁县	1999年《保山地区志》	云豹	保山地区地方志编纂委员会，1999
		威信县	1999年《威信县志》	云豹	云南省威信县志编纂委员会，1999
		维西傈僳族自治县	1999年《维西傈僳族自治县志》	云豹	云南省维西傈僳族自治县志编纂委员会，1999
		屏边苗族自治县	1999年《屏边苗族自治县志》	云豹	屏边苗族自治县县志编纂委员会，1999
		丘北县	1999年《丘北县志》	云豹	云南省丘北县地方志编纂委员会，1999

（续表）

地区	省级政区	今地点	文献	内容	新方志出处
西北	陕西	沸坪县	民国十八年(1929)《佛坪县志》	豹	
		大荔县	民国二十六年(1937)《大荔县志稿》	艾叶豹*	
		南郑县	1990年《南郑县志》	云豹(南山地区有少量分布)	南郑县地方志编纂委员会,1990
		石泉县	1991年《石泉县志》	豹*	石泉县地方志编纂委员会,1991
		略阳县	1992年《略阳县志》	铁钱豹	略阳县志编纂委员会,1992
		宁陕县	1992年《宁陕县志》	云豹	宁陕县地方志编纂委员会,1992
		陇县	1993年《陇县志》	豹(铁钱豹)	陇县地方志编纂委员会,1993
		麟游县	1993年《麟游县志》	豹*	麟游县地方志编纂委员会,1993
		佛坪县	1993年《佛坪县志》	云豹(铁钱豹)	佛坪县地方志编纂委员会,1993
		凤县	1994年《凤县志》	云豹	凤县志编纂委员会,1994
		太白县	1995年《太白县志》	土豹(毛黄褐,无斑)	太白县地方志编纂委员会,1995
		镇安县	1995年《镇安县志》	豹*	镇安县志编纂委员会,1995
		镇巴县	1996年《镇巴县志》	云豹(荷叶豹)	镇巴县地方志编纂委员会,1996
		属铜川市	1997年《耀县志》	土豹	耀县志编纂委员会,1997
		宝鸡市、陇县、凤县、太白县	1998年《宝鸡市志》	云豹*	宝鸡市地方志编纂委员会,1998
	甘肃	岷县	1995年《岷县志》	云豹	岷县志编纂委员会,1995

注：* 表示详见正文。* * * 表示本省级政区已有类似记录。①据此说明，不能排除绝对没有云豹。②亦即也有“豹”。

保护区中现分布有云豹（表16.10、图16.66）可以表明它们依然存在。其特点有：

● 现分布有云豹的自然保护区仅在4个地区，达到192个，总面积达5.86万 km^2。

● 拥有保护区数量情况按地区排序：中南（67个），西南（59个），华东（57个），西北（9个），与云豹分布的状况相当。

● 拥有保护区数量情况（等于或超过10个）按省级政区排序：四川省（30个），广东省（24个），福建省（23个），湖南省（21个），云南省（18个），江西省（14个），安徽省与广西壮族自治区（皆10个）。

● 省级政区内同日建立的含有云豹的保护区超过5个的有湖南省（1981年2月1日，6个）与广西壮族自治区（1982年6月1日，6个）。

● 保护区的建立时间虽在1961～2010年间，但主要还是1980年代以来建立的。

● 保护区的等级情况：4级皆有，但省级（占46%）与国家级（占43%）占绝对优势。

● 主管部门林业占绝对优势（高达95%），其余则环保较高（约占4%）。

● 面积最大的保护区是西藏自治区雅鲁藏布大峡谷国家级自然保护区，达9 168 km^2；面积最小的保护区是福建省甲坑云豹县级自然保护区，仅1.58 km^2。

表 16.10　栖息有云豹的自然保护区概况

地区	省级政区	保护区名称	所处地点	面积(hm²)	级别	建立时间	主管部门
华东	浙江	乌岩岭	泰顺县	18 862	国家级	19740401	林业
		凤阳山—百山祖	龙泉市、庆元县	26 052	国家级	19750101	林业
		古田山	开化县	8 108	国家级	19750301	林业
		浙江九龙山	遂昌县	5 525	国家级	19830903	林业
		临安清凉峰	临安市	10 800	国家级	19850801	林业
		龙王山	安吉县	1 242	省级	19850807	林业
		大盘山	磐安县	4 558	国家级	19930420	环保
		牛头山	武义县	3 000	县级	19951226	林业
		望东洋高山湿地	景宁畲族自治县	1 195	省级	20020204	林业
	安徽	安徽清凉峰	绩溪县、歙县	7 811	国家级	19790101	林业
		牯牛降	祁门县、石台县	6 713	国家级	19821028	林业
		板桥	宁国市	5 000	省级	19950501	林业
		岭南	休宁县	2 771	省级	19951202	林业
		十里山	黄山市	1 936	省级	19951221	林业
		紫石塔	东至县	6 670	县级	19980801	林业
		天湖	黄山市	4 500	省级	20000318	林业
		五溪山	黟县	4 050	省级	20000318	林业
		老山	贵池区	16 909	省级	20010406	林业
		查湾	祁门县	1 600	省级	20010601	林业
	福建	福建武夷山	武夷山市、建阳市、光泽县、邵武市	56 527	国家级	19790703	林业
		屏南鸳鸯猕猴	屏南县、周宁县、政和县	1 457	省级	19840807	林业
		龙栖山	将乐县	15 693	国家级	19840911	林业
		梅花山	上杭县、连城县、新罗区	22 168	国家级	19850402	林业
		戴云山	德化县	13 472	国家级	19850516	林业
		将石	邵武市	1 222	省级	19860327	林业
		茫荡山	延平区	9 442	省级	19880205	林业
		天宝岩	永安市	11 015	国家级	19881226	林业
		梁野山	武平县	14 365	国家级	19950101	林业
		峨眉峰	泰宁县	5 418	省级	19951101	林业
		九阜山	尤溪县	2 308	省级	19960101	林业
		牙梳山	宁化县	5 250	省级	19960501	林业
		藤山	永泰县	17 618	省级	19971101	林业
		虎伯寮	南靖县	2 650	国家级	19990209	林业
		大仙峰	大田县	6 886	省级	20010301	林业
		圭龙山	长汀县	5 768	省级	20010609	林业

（续表）

地区	省级政区	保护区名称	所处地点	面积(hm²)	级别	建立时间	主管部门
		甲坑云豹	寿宁县	158	县级	20010629	林业
		闽江源	建宁县	13 022	国家级	20011008	林业
		安溪云中山	安溪县	4 095	省级	20011008	林业
		老鹰尖	莆田市	2 828	省级	20020226	林业
		松溪白马山	松溪县	3 250	省级	20030211	林业
		清流莲花山	清流县	1 722	省级	20051230	林业
		杨梅州大鲵	寿宁县	19 610	县级	20070411	林业
	江西	井冈山	井冈山市	21 499	国家级	19810301	林业
		九连山	龙南县	13 412	国家级	19810306	林业
		官山	宜丰县、铜鼓县	11 501	国家级	19810306	林业
		江西武夷山	铅山县	16 007	国家级	19810306	林业
		桃红岭梅花鹿	彭泽县	12 500	国家级	19810816	林业
		三百山	安远县	15 333	县级	19920101	林业
		江西马头山	资溪县	13 867	国家级	19940101	林业
		江西九岭山	靖安县	11 541	国家级	19970106	林业
		齐云山	崇义县	17 105	省级	19970920	林业
		高天岩	莲花县	4 780	省级	19990510	林业
		老虎脑	乐安县	22 000	省级	20000830	林业
		瑶里	浮梁县	3 627	省级	20010330	林业
		伊山	武宁县	11 415	县级	20051020	林业
		大山脑	南康市	680	县级	20090106	林业
	台湾	玉里	花莲县	11 415	林务局	20000127	
中南	湖北	九宫山	通山县	16 609	国家级	19810201	林业
		星斗山	利川市、咸丰县、恩施市	68 339	国家级	19811218	林业
		木林子	鹤峰县	20 838	省级	19830101	林业
		五峰后河	五峰土家族自治县	10 340	国家级	19850101	林业
		崩尖子	长阳土家族自治县	13 500	省级	19880101	林业
		五道峡	保康县	23 816	省级	19900101	林业
		南河	谷城县	14 834	省级	20030928	林业
		大九湖湿地	神农架林区	9 320	县级	20060101	林业
	湖南	金童山	城步苗族自治县	18 466	省级	19810201	林业
		莽山	宜章县	19 833	国家级	19820101	林业
		小溪	永顺县	24 800	国家级	19820101	林业
		炎陵桃源洞	炎陵县	23 786	国家级	19820101	林业
		莽山	宜章县	19 833	国家级	19820101	林业
		永州都庞岭	道县、江永县	20 066	国家级	19820101	林业

（续表）

地区	省级政区	保护区名称	所处地点	面积(hm²)	级别	建立时间	主管部门
		浏阳大围山	浏阳市	5 220	省级	19820401	林业
		壶瓶山	石门县	40 847	国家级	19820405	林业
		八面山	桂东县	10 974	国家级	19820409	林业
		九嶷山	宁远县	3 648	省级	19820427	林业
		江永源口	江永县	5 527	省级	19820527	林业
		阳明山	双牌县	12 795	国家级	19840101	林业
		八大公山	桑植县	20 000	国家级	19860709	林业
		九重岩	凤凰县	8 500	省级	19910401	林业
		高望界	古丈县	17 170	国家级	19930901	林业
		张家界大鲵	张家界市	14 285	国家级	19961129	农业
		衡东四方山	衡东县	380	省级	19980101	林业
		鹰嘴界	会同县	15 900	国家级	19980101	林业
		乌云界	桃源县	33 818	国家级	19980501	环保
		六步溪	安化县	14 239	国家级	19990426	林业
		雪峰山	洪江市	12341	县级	20010401	环保
	广东	南岭	乳源瑶族自治县、阳山县、连州市	50 000	国家级	19840401	林业
		古田	惠东县	2 189	省级	19840404	林业
		丰溪	大埔县	10 590	省级	19840404	林业
		龙文—黄田	平远县	7 961	省级	19850301	林业
		阴那山	梅县	2 566	省级	19851101	林业
		皇佑笔	蕉岭县	7 404	市级	19870101	林业
		云髻山	新丰县	2 700	省级	19900101	林业
		百涌	阳春市	4 060	省级	19900101	林业
		沙溪	韶关市	9 040	省级	19960201	林业
		石门台	英德市	33 555	省级	19980528	林业
		乳源大峡谷	乳源瑶族自治县	3 468	省级	19981101	林业
		罗坑鳄蜥	韶关市	20 424	省级	19981201	林业
		象头山	博罗县	10 697	国家级	19981201	林业
		仁化高坪	仁化县	3 585	省级	19990301	林业
		黄牛石	连平县	4334	省级	19990901	林业
		铁山渡田河	兴宁市	17 827	省级	19991101	林业
		莲花山白盆珠	惠东县	4 127	省级	19991201	林业
		黄石坳	和平县	8 097	省级	20000301	林业
		笔架山	连山壮族瑶族自治县	10 728	省级	20000601	林业
		连南板洞	连南瑶族自治县	10 196	省级	20000901	林业

（续表）

地区	省级政区	保护区名称	所处地点	面积(hm²)	级别	建立时间	主管部门
		七目嶂	五华县	5 850	省级	20001001	林业
		长潭	蕉岭县	5 586	省级	20020101	林业
		三岳	怀集县	6 762	省级	20040101	林业
		云开山	信宜市、高州市	12 511	国家级	20100618	林业
	广西	花坪	龙胜各族自治县、临桂县	17 400	国家级	19611018	林业
		猫儿山	兴安县、资源县、龙胜各族自治县	17 009	国家级	19760501	林业
		弄岗	龙州县、宁明县	10 080	国家级	19780101	林业
		崇左白头叶猴	江州区、扶绥县	25 578	省级	19800101	林业
		元宝山	融水苗族自治县	4 159	省级	19820601	林业
		岑王老山	田林县、凌云县	18 994	国家级	19820601	林业
		滑水冲	八步区	9 929	省级	19820601	林业
		金钟山黑颈长尾雉	隆林各族自治县	20 924	国家级	19820601	林业
		十万大山	上思县、钦州市、防城港市	58 277	国家级	19820601	林业
		大瑶山	金秀瑶族自治县	8 875	省级	19820601	林业
	海南	尖峰岭	乐东黎族自治县、东方市	20 170	国家级	19761009	林业
		霸王岭	东方市、昌江黎族自治县、白沙黎族自治县	29 980	国家级	19800129	林业
		五指山	琼中黎族苗族自治县、五指山市	13 436	国家级	19851101	林业
		黎母山	琼中黎族苗族自治县	11 701	省级	20040723	林业
西南	重庆	大巴山	城口县	136 017	国家级	19790501	林业
		金佛山	南川区	41 850	国家级	19790701	林业
		武隆白马山	武隆县	7 200	省级	19981001	林业
		大板营	酉阳土家族苗族自治县	21 246	省级	19991001	林业
		雪宝山	开县	23 452	国家级	20000401	林业
		武陵山	黔江区	7 011	省级	20000701	林业
		五里坡	巫山县	35 277	省级	20000901	林业
		华蓥山	渝北区	4556	省级	20020601	林业
	四川	卧龙	汶川县	200 000	国家级	19630402	林业
		九寨沟	九寨沟县	64 297	国家级	19781215	林业
		马边大风顶	马边彝族自治县	30 164	国家级	19781215	林业
		美姑大风顶	美姑县	50 655	国家级	19781215	林业
		黄龙寺（黄龙）	松潘县	55 051	省级	19830101	林业
		大小兰沟	南江县	40 155	省级	19910102	林业
		观雾山	江油市	21 034	省级	19920201	林业

（续表）

地区	省级政区	保护区名称	所处地点	面积(hm²)	级别	建立时间	主管部门
		龙溪—虹口	都江堰市	31 000	国家级	19930424	林业
		黑水河	大邑县	31 790	省级	19930601	林业
		鞍子河	崇州市	10 141	省级	19930801	林业
		平武小河沟	平武县	28 227	省级	19930801	林业
		雪宝顶	平武县	63 615	国家级	19930801	林业
		白水河	彭州市	30 150	国家级	19960101	林业
		花萼山	万源市	48 203	国家级	19960101	环保
		长宁竹海	长宁县	28 719	国家级	19961001	环保
		黑竹沟	峨边彝族自治县	29 650	省级	19970101	林业
		画稿溪	叙永县	23 827	国家级	19980101	环保
		米仓山	旺苍县	23 400	国家级	19990101	林业
		大小沟	青川县	4 067	市级	20000101	环保
		栗子坪	石棉县	40 903	省级	20010101	林业
		毛寨	青川县	14 150	省级	20011001	林业
		古蔺黄荆	古蔺县	36 522	省级	20020301	林业
		羊子岭	雨城区	6 336	市级	20030101	林业
	贵州	赤水桫椤	赤水市	13 300	国家级	19840911	环保
		大沙河	道真仡佬族苗族自治县	26 990	省级	19841010	林业
		桐梓黄连柏箐	桐梓县	2 542	市级	19851103	林业
		梵净山	江口县、印江土家族苗族自治县、松桃苗族自治县	41 900	国家级	19860709	林业
		宽阔水	绥阳县	26 231	国家级	19891201	林业
		赤水原生林	赤水市	28 000	县级	19900701	林业
		习水中亚热带常绿阔叶林	习水县	48 666	国家级	19940908	林业
		四野屯	思南县	2 859	县级	19990601	林业
	云南	南滚河	沧源佤族自治县、耿马傣族佤族自治县	50 887	国家级	19800306	林业
		文山	文山县、西畴县	26 867	国家级	19800605	林业
		云龙天池	云龙县	6 630	省级	19810401	林业
		莱阳河	思茅区	14 892	省级	19811101	林业
		碧塔海	香格里拉县	14 133	省级	19820101	林业
		高黎贡山	隆阳区、腾冲县、泸水县、福贡县、贡山独龙族怒族自治县	405 200	国家级	19830101	林业
		黄连山	绿春县	65 058	国家级	19830427	林业
		玉龙雪山	玉龙纳西族自治县	26 000	省级	19840501	林业
		永德大雪山	永德县	17 541	国家级	19860320	林业

（续表）

地区	省级政区	保护区名称	所处地点	面积(hm²)	级别	建立时间	主管部门
		云南大围山	屏边苗族自治县、河口瑶族自治县、个旧市、蒙自县	43 993	国家级	19860320	林业
		铜壁关	盈江县、陇川县、瑞丽市	100 744	省级	19860320	林业
		哀牢山	新平彝族傣族自治县、楚雄市、双柏县、景东彝族自治县、镇沅彝族哈尼族拉祜族自治县	67 700	国家级	19880509	林业
		云岭	兰坪白族普米族自治县	75 894	省级	19980101	林业
		临沧澜沧江	临翔区、凤庆县、云县、双江拉祜族佤族布朗族傣族自治县、耿马傣族佤族自治县	182 168	省级	19990612	林业
		白老林	盐津县	2 200	市级	20030501	林业
		罗汉坝	大关县	6 913	市级	20030501	林业
		五莲峰	永善县	35 420	市级	20030501	林业
		布龙	景洪市	35 333	市级	20081001	林业
	西藏	雅鲁藏布大峡谷	墨脱县、林芝县、波密县、米林县	916 800	国家级	19850709	林业
		芒康滇金丝猴	芒康县	185 300	国家级	19930101	林业
西北	陕西	化龙山	镇坪县、平利县	28 103	国家级	20010801	林业
		紫柏山	凤县	17 472	国家级	20030101	林业
		新开岭	商南县	14 963	省级	20040101	林业
		鹰嘴石	镇安县	11 462	省级	20040101	林业
	甘肃	白水江	武都区、文县	183 799	国家级	19630101	林业
		小陇山	徽县、两当县	31 938	国家级	19821103	林业
		岷县双燕	岷县	64 000	省级	20020114	林业
		白龙江阿夏	迭部县	135 536	省级	20040912	林业
		插岗梁	舟曲县	114 361	省级	20050609	林业

注：①本表参考多方面信息综合而成，个别误差进行了更正。②本表据全国自然保护区名录. http://sts. mep. gov. cn/zrbhq/zrbhq/201208/t20120824_235172. htm；乌岩岭国家级自然保护区. http://www. wyl. org. cn/E_ReadNews1. asp? NewsID＝156；《凤阳山志》编委会，2012；龙泉山. http://baike. soso. com/v61371. htm；古田山国家级自然保护区. http://baike. baidu. com/view/1364716. htm? fromId＝246951；浙江九龙山国家级自然保护区. http://jls. suichang. gov. cn/zybh/dwzy/201006/t20100621_78562. htm；临安清凉峰自然保护区. http://baike. baidu. com/view/472705. htm；浙江安吉龙王山省级自然保护区. http://lws-nr. forestry. gov. cn/business/htmlfiles/lwsbhq/jqgk/index. html；浙江大盘山国家级自然保护区. http://www. todps. com/fax-ian/zrzy/32010/11868775_1. html；牛头山. http://wenku. baidu. com/view/9674342ced630b1c59eeb5a5. html；望东洋高山湿地自然保护区. http://www. lsly. gov. cn/detail-662. html；安徽省自然保护区简介. http://www. ahly. gov. cn/main/model/newinfo/newinfo. do? infoId＝14166；老山自然保护区. http://app. travel. ifeng. com/scenery_info-482. html；福建武夷山国家级自然保护区. http://baike. baidu. com/view/391621. htm；屏南宜洋鸳鸯猕猴省级自然保护区. http://baike. baidu. com/link? url＝gbRen-xmHIOhbcWKPwqdEEwR8snwOYTxjS1vbeeN_OZdR-XJI2fgGd5XGhUtKrdD6AHgvY9RFxSn-MTVz08ALZzkuN69IMapD8u0Nmjgh-hw9V-UDlv57vY1_InLW35Y7DhQY1bB1-bsgPASpZLZtGs3zaE6q7sJ2x9AQgNzkH26VFCYQ6CWS9NN6LYsRG4oQ98xuIEISkJJ4PUwexf1Ohy1qWk0_pTZaHD-LT_PGq3Gd7l7bpA-U0grsEWDRlEp；龙栖山国家级自然保护区. http://www. jiangle.

gov. cn/2006/7/1716. htm；福建梅花山国家级自然保护区. http://baike. baidu. com/view/321967. htm? fromId＝248802；福建戴云山国家级自然保护区. http://baike. baidu. com/view/9462018. htm? fromId＝821314；邵武将石省级自然保护区. http://baike. baidu. com/view/9447150. htm? fromId＝211244；茫荡山国家级自然保护区. http://baike. baidu. com/view/211210. htm? subLemmaId＝211210&fromenter＝%C3%A3%B5%B4%C9%BD%D7%D4%C8%BB%B1%A3%BB%A4%C7%F8；永安天宝岩自然保护区. http://baike. baidu. com/view/1079546. htm? fromId＝303766；梁野山自然保护区保护区. http://www. baike. com/wiki/%E6%A2%81%E9%87%8E%E5%B1%B1%E8%87%AA%E7%84%B6%E4%BF%9D%E6%8A%A4%E5%8C%BA；泰宁峨嵋峰自然保护区. http://baike. baidu. com/view/481091. htm；九阜山自然保护区. http://baike. baidu. com/view/481035. htm；牙梳山自然保护区. http://www. 51yala. com/Html/20061110144629-1. html；藤山自然保护区. http://baike. baidu. com/view/8630872. htm；虎伯寮自然保护区. http://baike. baidu. com/view/2502295. htm；大仙峰自然保护区. http://baike. baidu. com/view/1079697. htm；长汀圭龙山省级自然保护区. http://baike. baidu. com/view/9441079. htm；闽江源自然保护区. http://www. baike. com/wiki/%E9%97%BD%E6%B1%9F%E6%BA%90%E8%87%AA%E7%84%B6%E4%BF%9D%E6%8A%A4%E5%8C%BA；安溪云中山自然保护区. http://baike. baidu. com/view/3673013. htm；老鹰尖省级自然保护区. http://baike. baidu. com/view/8631076. htm；松溪白马山自然保护区. http://baike. baidu. com/view/8636012. htm；清流莲花山自然保护区. http://baike. baidu. com/view/8639787. htm；杨梅州. http://baike. soso. com/v34087854. htm；井冈山国家级自然保护区. http://www. twwtn. com/Popular-Science-Base/122_136115. html；龙南县. http://baike. baidu. com/view/173630. htm；官山国家级自然保护区. http://baike. baidu. com/view/3140304. htm? fromId＝161047；刘信中等，2001；桃红岭梅花鹿自然保护区. http://baike. baidu. com/view/9408860. htm；三百山. http://baike. baidu. com/view/89111. htm；马头山国家级自然保护区. http://baike. baidu. com/view/8907742. htm；江西九岭山国家级自然保护区. http://baike. baidu. com/view/8390036. htm；刘小明等，2010；莲花县高天岩自然保护区升为省级自然保护区. http://www. yuanlin365. com/news/160597. shtml；老虎脑自然保护区. http://baike. baidu. com/view/1109274. htm；瑶里自然保护区. http://baike. baidu. com/view/8841528. htm；伊山自然生态保护区. http://www. wuning. gov. cn/? thread-1631-1. html；大山脑自然保护区. http://baike. baidu. com/view/8143217. htm；玉里野生动物保护区. http://baike. baidu. com/link? url＝DlpJD2DKkPPVReIjHSwnVvo8_N5F5ENoUy4x3MVpRGR6S0mlN6gHiW48YeoAzLHNhQoLPrcVXLnOobJ4qsDLTa；九宫山国家级自然保护区. http://baike. baidu. com/view/8910754. htm；星斗山自然保护区. http://baike. baidu. com/view/488558. htm；木林子自然保护区. http://baike. baidu. com/view/5145374. htm；后河国家级自然保护区. http://baike. baidu. com/view/345586. htm? fromId＝473379；长阳崩尖子自然保护区. http://baike. baidu. com/view/4161514. htm；五道峡自然保护区. http://baike. baidu. com/view/8913553. htm；南河湿地自然保护区. http://baike. baidu. com/view/4178635. htm；大九湖湿地自然保护区. http://baike. baidu. com/view/8913858. htm；湖南金童山省级自然保护区成功晋级国字号. http://www. sy3n. cn/show. asp? id＝1430；莽山国家级自然保护区. http://baike. baidu. com/view/481726. htm? fromId＝248733；小溪自然保护区. http://baike. baidu. com/view/246943. htm；永顺县. http://baike. baidu. com/link? url＝BvOH7myS1ah7lwuSKhVgBmmNOi56xL9E_VwyB-4O6stUIKZ0aRd-lSnsgxzcC7PG；炎陵桃源洞自然保护区. http://www. baike. com/wiki/%E7%82%8E%E9%99%B5%E6%A1%83%E6%BA%90%E6%B4%9E%E8%87%AA%E7%84%B6%E4%BF%9D%E6%8A%A4%E5%8C%BA；莽山国家级自然保护区. http://baike. baidu. com/view/481726. htm? fromId＝248733；都庞岭自然保护区. http://baike. baidu. com/view/90321. htm? fromId＝473378；浏阳. http://baike. baidu. com/link? url＝bZ7SSVmZczB9LDuE-EIUGOKaXdmSyaU29B2mO0y5XgmC-MX8pb6iiIMiAIlcB-nqKENOuiKdLj708WCW4nV5Bq；壶瓶山国家级自然保护区. http://baike. baidu. com/link? url＝u7Ii1aZzDT_McxkV3WwtAmBROpsVsi_FHmBNbbqPtnb3bzfrmCeIyVlw0MqMO1di；八面山自然保护区. http://baike. baidu. com/view/825873. htm；永州市人民政府网站. http://www. yzcity. gov. cn/col/col16888/index. html；八大公山国家级自然保护区. http://baike. baidu. com/view/481725. htm? fromId＝248739；九重岩省级自然保护区. http://baike. baidu. com/view/4746096. htm；湖南高望界国家级自然保护区概况. http://124. 205. 185. 3：8080/publicfiles/business/htmlfiles/hngwjbhq/jqgk/index. html；大鲵国家级自然保护区. http://baike. baidu. com/view/469503. htm? fromId＝825882；四方山森林公园总体规划. http://www. docin. com/p-401667204. html；湖南鹰嘴界国家级自然保护区. http://baike. baidu. com/view/1280248. htm? subLemmaId＝1280248&fromenter＝%D3%A5%D7%EC%BD%E7%D7%D4%C8%BB%B1%A3%BB%A4%C7%F8；湖南乌云界国家级自然保护区. http://baike. baidu. com/view/1280211. htm? subLemmaId＝1280211&fromenter＝%CE%DA%D4%C6%BD%E7%D7%D4%C8%BB%B1%A3%BB%A4%C7%F8；六步溪国家级自然保护区. http://baike. baidu. com/view/9404429. htm；雪峰山. http://www. zjjta. com/jingdian/huaihua-995282. html；广东南岭国家级自然保护区. http://baike. baidu. com/view/481761. htm? fromId＝246957；古田自然保护区. http://baike. baidu. com/view/135435. htm；广东大埔丰溪省级自然保护区. http://baike. baidu. com/view/2264303. htm? fromId＝821347；广东平远龙文-黄田省级自然保护区简介. http://www. pylyj. net/E_ReadNews. asp? NewsID＝411；广东梅县阴那山省级自然保护区. http://baike. baidu. com/view/2264302. htm；皇佑笔自然保护区. http://baike. baidu. com/view/211258. htm；云髻山. http://baike. baidu. com/view/531162. htm；广东阳春百涌省级自然保护区. http://baike. baidu. com. cn/view/2297642. htm；广东曲江沙溪省级自然保护区. http://baike. baidu. com/view/2253137. htm；英德. http://baike. baidu. com/link? url＝9f-nQowg6SLUPUaIs6y_JZw8CSOsmRIcvl9P2XDBUl0PKnzSg9Eadcp1n3SVWZZq0oGpjE8Nwd6BpG9_DXE3L_#2_5；石门台自然保护区. http://baike. baidu. com/view/1411193. htm；广东乳源大峡谷省级自然保护区. http://baike. baidu. com/view/2253165. htm；广东曲江

罗坑鳄蜥省级自然保护区. http://baike. baidu. com/view/9229727. htm；象头山国家级自然保护区. http://baike. baidu. com/view/345592. htm? subLemmaId＝345592&fromenter＝%CF%F3%CD%B7%C9%BD%D7%D4%C8%BB%B1%A3%BB%A4%C7%F8；广东仁化高坪省级自然保护区. http://baike. baidu. com/view/3018413. htm；黄牛石自然保护区. http://baike. baidu. com/view/882139. htm；广东兴宁铁山渡田河省级自然保护区. http://baike. baidu. com/view/2264296. htm；惠东莲花山白盆珠省级自然保护区. http://www. baike. com/wiki/%E6%83%A0%E4%B8%9C%E8%8E%B2%E8%8A%B1%E5%B1%B1%E7%99%BD%E7%9B%86%E7%8F%A0%E7%9C%81%E7%BA%A7%E8%87%AA%E7%84%B6%E4%BF%9D%E6%8A%A4%E5%8C%BA；广东和平黄石坳省级自然保护区. http://baike. baidu. com/view/2258691. htm；广东连山笔架山省级自然保护区. http://baike. baidu. com. cn/view/2297739. htm；广东连南板洞省级自然保护区. http://baike. baidu. com. cn/view/2297759. htm；七目嶂. http://baike. baidu. com/view/34467. htm? fromId＝2985586；广东蕉岭长潭省级自然保护区. http://baike. soso. com/v8197724. htm；怀集三岳自然保护区. http://baike. soso. com/v48546215. htm；云开山晋升国家级自然保护区. http://www. gdmmr. com/thread-36303-1-1. html；花坪国家级自然保护区. http://baike. baidu. com/view/481766. htm? fromtitle＝花坪自然保护区 &fromid＝8583413&type＝syn；广西猫儿山国家级自然保护区. http://www. forestry. gov. cn/portal/zrbh/s/2713/content-438116. html；弄岗国家级自然保护区. http://baike. baidu. com/view/481765. htm? subLemmaId＝481765&fromenter＝%C5%AA%B8%DA%D7%D4%C8%BB%B1%A3%BB%A4%C7%F8；广西崇左白头叶猴自然保护区. http://baike. baidu. com/view/5676685. htm；融水元宝山. http://baike. baidu. com/link? url＝hbYDktxF49eWbPVhLMHxueaJXcGwPo8jcuzxYn_FtHJ_xDL6a9n0lQEsntWws23SOizIL2d76CqgkgLxFyjY3a；岑王老山国家级自然保护区. http://baike. baidu. com/view/3018398. htm；水冲自然保护区. http://baike. baidu. com/link? url＝2BdiHUQ58pokQ_RvX-0G4-4pzXiIOJjO2kq8scXfRi5fBXnlVFHdQRUqhEfjECt98TkQqbbny8-RggVXuj5QzK；中国科学院院士到隆林金钟山自然保护区考察. http://www. gx. xinhuanet. com/dtzx/2007-06/03/content_10193879. htm；十万大山国家级自然保护区. http://baike. baidu. com/view/3018384. htm；大瑶山自然保护区. http://baike. baidu. com/view/246389. htm；海南尖峰岭国家级自然保护区. http://baike. baidu. com/view/3018363. htm? fromId＝246932；霸王岭自然保护区. http://baike. baidu. com/view/552777. htm；海南五指山国家级自然保护区. http://www. hnwuzhishan. com/info/show. asp? id＝75；黎母山森林公园. http://www. baike. com/wiki/%E9%BB%8E%E6%AF%8D%E5%B1%B1%E6%A3%AE%E6%9E%97%E5%85%AC%E5%9B%AD；重庆大巴山国家级自然保护区. http://www. forestry. gov. cn/portal/zrbh/s/2713/content-438113. html；金佛山自然保护区. http://baike. baidu. com/view/248491. htm；白马山. http://baike. baidu. com/view/946787. htm；大板营. http://baike. baidu. com/view/1060463. htm；雪宝山自然保护区. http://baike. baidu. com/view/1731620. htm；五里坡自然保护区. http://cq. sina. com. cn/city/whly/2012-02-14/22174_2. html；华蓥山. http://baike. baidu. com/view/185882. htm；卧龙国家；九寨沟国家级自然保护区. http://baike. baidu. com/view/481819. htm? fromId＝248498；马边大风顶国家级自然保护区. http://baike. baidu. com/view/481800. htm? fromId＝246865；美姑大风顶国家级自然保护区. http://baike. baidu. com/view/481825. htm? subLemmaId＝481825&fromenter＝%C3%C0%B9%C3%B4%F3%B7%E7%B6%A5%D7%D4%C8%BB%B1%A3%BB%A4%C7%F8；黄龙寺自然保护区. http://baike. baidu. com/view/825852. htm；黄龙国家自然保护区. http://baike. baidu. com/link? url＝tG0dC754rEMegVtF-B84W0_MvBD-iAhuIwCvwj5CN1SBy9iOCWeeLOCz9DK7KVMT；鲁庆彬等，2003；四川观雾山自然保护区. http://www. my. gov. cn/MYGOV/150619928930549760/20111202/605140. html；龙溪—虹口国家级自然保护区. http://baike. baidu. com/view/825859. htm? fromId＝281859；黑水河自然保护区. http://sc. zwbk. org/MyLemmaShow. aspx? lid＝1496；鞍子河自然保护区. http://baike. baidu. com/view/349644. htm；小河沟自然保护区. http://baike. baidu. com/view/1628412. htm；四川雪宝顶国家级自然保护区. http://baike. baidu. com/view/848214. htm；白水河自然保护区. http://baike. baidu. com/view/182214. htm；花萼山国家级自然保护区. http://www. huaeshan. gov. cn/docc/about. htm；长宁竹海自然保护区. http://baike. baidu. com/view/211420. htm；刘洋等，2005；黑竹沟. http://baike. baidu. com/link? url＝pWYn3vfU-tzy3b6hz8p9OKbER-7i4CjB6vglBeXeAsYJb-HsHAX-0763IUJulFTf；"桫椤金三角"叙永画稿溪. http://sichuan. kaiwind. com/dfmssy/201310/31/t20131031_1180303. shtml；米仓山国家级自然保护区. http://baike. baidu. com/view/3069089. htm；青川大小沟自然保护区. http://sc. zwbk. org/MyLemmaShow. aspx? lid＝1584；李艳红等，2007；毛寨自然保护区. http://baike. baidu. com/view/5609246. htm；古蔺黄荆风景区. http://baike. baidu. com/view/860737. htm；雨城区羊子岭自然保护区简介. http://baike. baidu. com/view/9111733. htm；桫椤自然保护区. http://baike. baidu. com/view/379778. htm；道真大沙河省级自然保护区. http://baike. baidu. com/view/9136668. htm；桐梓柏箐自然保护区. http://www1. cfsdc. org/wwwroot/baohuqu/57. htm；梵净山. http://baike. baidu. com/link? url＝7rqXyYyaiGtT-zkvM6d9JybHL1JkSeWK3H7GyhIZ8t4gF2_PBi7dplzj0vFApZ7A；梵净山. http://baike. baidu. com/view/2168. htm；宽阔水国家级自然保护区. http://baike. baidu. com/view/4064595. htm；赤水市原生林及野生动植物资源自然保护区. http://www1. cfsdc. org/wwwroot/baohuqu/30. htm；习水中亚热带常绿阔叶林国家级自然保护区. http://baike. baidu. com/view/472694. htm? fromId＝181358；四野屯属自然保护区. http://www. zwbk. org/MyLemmaShow. aspx? lid＝179626；南滚河国家级自然保护区. http://baike. baidu. com/view/746820. htm? fromId＝246983；文山国家级自然保护区. http://baike. baidu. com/view/1429933. htm? subLemmaId＝1429933&fromenter＝%CE%C4%C9%BD%D7%D4%C8%BB%B1%A3%BB%A4%C7%F8；云南云龙天池国家级自然保护区. http://baike. baidu. com/link? url＝ZVyF6q9C7WaOz82O5ZODnfaMMcxS8Jze118FKsqrYHWXT7GYrE6H-BjST6z8VSjyD1-d3nWPmTrQZzvT8q31UK；菜阳河国家森林公园. http://www. baike. com/wiki/菜阳河国家森林公园；碧塔

海自然保护区. ttp://baike. baidu. com/view/246474. htm；高黎贡山国家级自然保护区. http://baike. baidu. com/view/342462. htm? from_id=8990863&type=syn&fromtitle=高黎贡山自然保护区 &fr=aladdin；高黎贡山. http://www. glgs. gov. cn/zrzy. asp? sortid=013002；黄连山国家级自然保护区. http://baike. baidu. com/view/1405397. htm? fromId=246469；玉龙雪山. http://www. baike. com/wiki/玉龙雪山；云南永德大雪山国家级自然保护区. http://baike. baidu. com/link? url=Jq94skpPfLCcQzAa9UISPUa2E4GvrlhJzBCE8DTJiif6SdU5cTqgiEIEDyl3nHYKuWdGfSXKAXbEfWov4nNpa；大围山国家级自然保护区. http://baike. baidu. com/view/1439617. htm? subLemmaId=1439617&fromenter=%D4%C6%C4%CF%B4%F3%CE%A7%C9%BD%D7%D4%C8%BB%B1%A3%BB%A4%C7%F8；铜壁关自然保护区. http://baike. baidu. com/view/246524. htm；哀牢山国家级自然保护区. http://baike. baidu. com/link? url=ghqjGv99RqHCAOVD2cvVzGaFH_OAMYWZ8_FYLD1YgXoSsD3UALX9SWF0m-ct9-Z05ztaLSpE4e4dlUMvLwrgq#4_2；兰坪云岭省级自然保护区. http://yn. zwbk. org/lemma/1290；王珏，2005；盐津白老林自然保护区. http://yn. zwbk. org/lemma/1894；天星镇. http://baike. baidu. com/view/711395. htm；布龙州级自然保护区正式建立. http://www. xtbg. ac. cn/xwzx/zhxw/200911/t20091104_2647394. html；墨脱国家级自然保护区. http://www. baike. com/wiki/墨脱国家级自然保护区；雅鲁藏布江大峡谷国家级自然保护区. http://baike. soso. com/v4651626. htm? ch=ch. bk. innerlink；西藏芒康滇金丝猴国家级自然保护区. http://baike. baidu. com/view/871351. htm? fromId=1118385；化龙山国家级自然保护区. http://baike. baidu. com/view/3157775. htm；宝鸡市紫柏山自然保护区晋升国家级. http://www. bjslyj. gov. cn/URL. aspx? DID=2941986e-4cfa-4544-9c98-3d4fa7a45875；白水江自然保护区. http://www. china. com. cn/aboutchina/zhuanti/ysdw/2008-12/05/content_16905471. htm；甘肃小陇山国家级自然保护区. http://www. xlsbhq. com/index. aspx? menuid=4&type=articleinfo&lanmuid=6&infoid=179&language=cn；双燕林区成为省列保护区. http://gsrb. gansudaily. com. cn/system/2002/06/08/000005620. shtml；刘鹏. 2010. 浅析阿夏自然保护区的管理现状与建设对策. http://www. doc88. com/p-0093992185414. html；插岗梁大熊猫自然保护区. http://baike. baidu. com/view/848231. htm

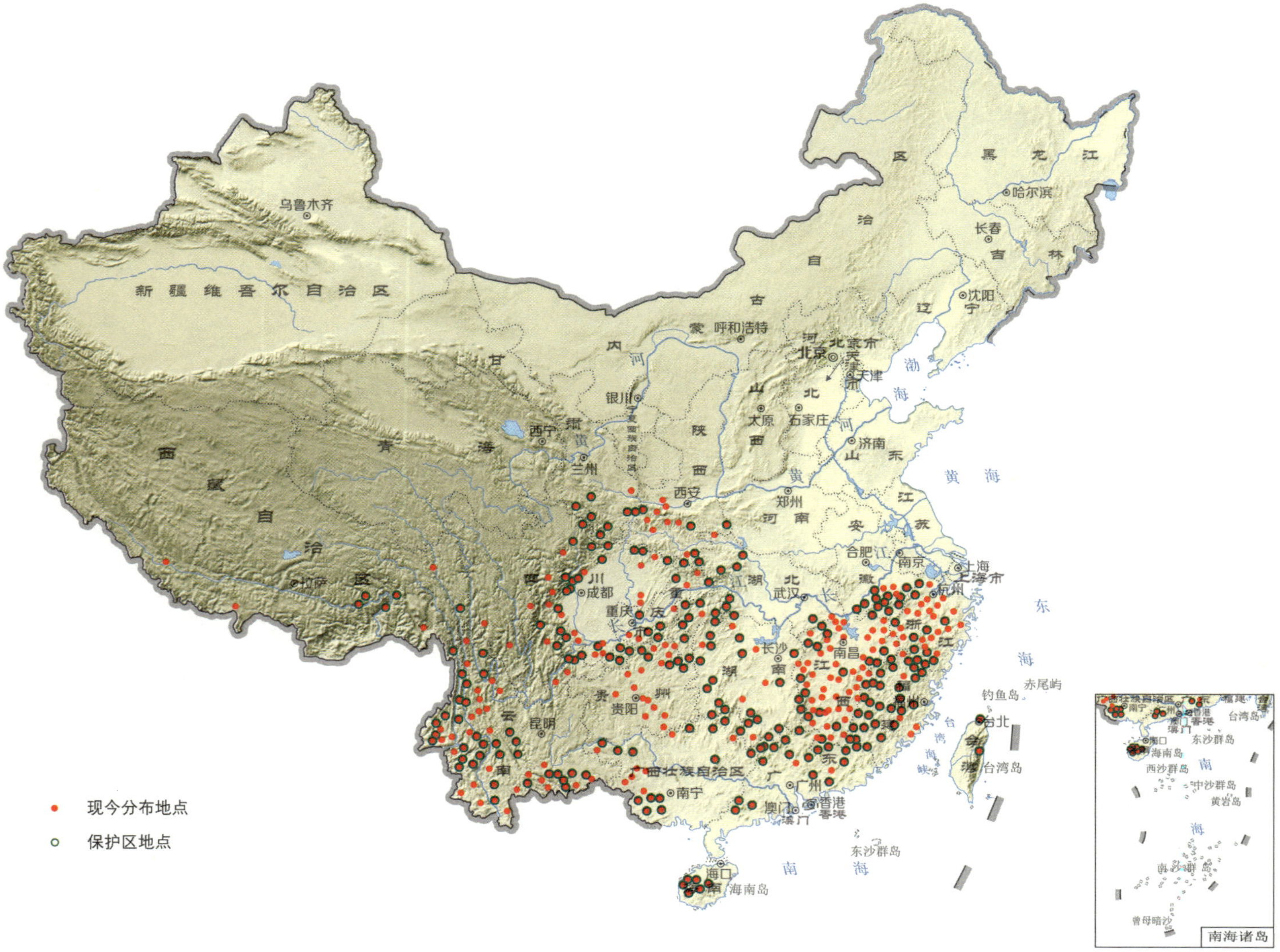

图 16.66　现有云豹栖息地与其栖息的自然保护区分布图

5.6 云豹的分布变迁

云豹的地理分布，根据较明确而系统的资料看，其东段主要分布在秦岭—淮河以南，西段到达黄河流域。

人们对历史时期的云豹分布，存在不同认识。

《中国经济动物志：兽类》虽称云豹"只分布于我国南方各省"，但根据其所列举的"文献记载云豹产地有：四川，贵州，福建，台湾，广东省广州、海南岛琼东等地"（寿振黄，1962），仅处于西南、华南与华东南部。

《中国动物志：兽纲：食肉目》称云豹"分布于长江以南各省"，但"依标本和文献记载"看，记载的省级政区有广东、广西、四川、贵州、福建、云南、台湾、安徽、陕西、江西等（高耀亭等，1987），已经远非"长江以南"，保守看似在秦岭—淮河以南。

《中国珍稀兽类的历史变迁》记录的云豹分布涉及西藏、四川、云南、贵州、甘肃、陕西、河南、安徽、湖北、湖南、江西、江苏、浙江、福建、台湾、广东、广西、海南等18个省级政区（何业恒，1993），这固然包括历史时期的分布情况。

《中国哺乳动物分布》记录的云豹有陕西、甘肃、江西、湖南、安徽、浙江、四川、贵州、云南、西藏、广西、广东、海南、福建、台湾等省级政区（张荣祖等，1997），据参考文献看，主要是20世纪的分布状况。

《中国兽类彩色图谱》提到的云豹分布则在"陕西、河南、甘肃、青海、江西、湖南、安徽、浙江、四川、重庆、贵州、云南、西藏、广西、广东、海南、福建、台湾"（杨奇森等，2007），显示其分布北界之西段似已经到达黄河流域，只是缺乏时间段概念。

20世纪以来，云豹的分布变迁（图16.67、表16.11）状况显示：

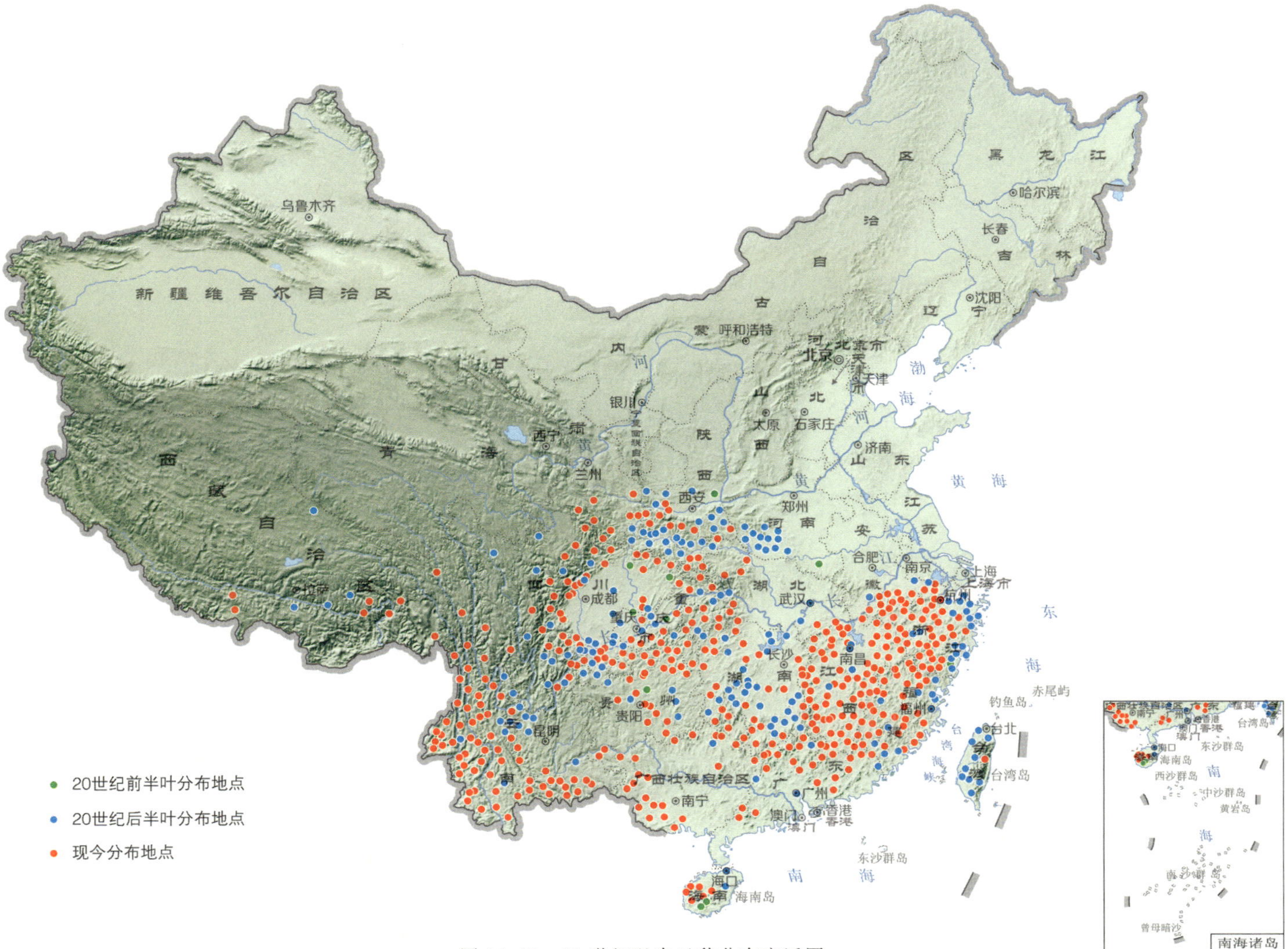

图16.67 20世纪以来云豹分布变迁图

● 省级政区中有18个明确的云豹分布记录；但据20世纪前曾有豹类及生态环境与周边状况看，香港特别行政区与澳门特别行政区之前似有过云豹分布。

● 云豹的分布地域约占我国半壁江山，西南与华东分布数量多而密集，中南部略稀少，西北实际地域偏小，数量更为稀疏。

● 可确定有云豹的县级及其以上分布地总数约600个，约占全国相应政区数量的25%。

● 云豹的分布地数量，按地区排序为：西南（216个），华东（189个），中南（150个），西北（45个），这与云豹分布大势相符。

● 云豹的县级及其以上分布地绝对数量，按省级政区排序为：云南省（87个），江西省（68个），四川省（64个），湖南省（53个），浙江省（52个），福建省（44个），陕西省（37个），贵州省（31个）。

● 云豹的县级及其以上分布地相对数量，按省级政区排序为：浙江省与江西省（皆75%），云南省（69%），福建省（65%），海南省（56%），重庆市（55%），湖南省（52%）。

● 20世纪前半叶变化较大的省级政区是：海南省（减少3个地方），重庆市与四川省（皆减少2个地方）。

● 20世纪后半叶以来，变化较大的省级政区是：湖南省（减少27个地方），陕西省（减少23个地方），四川省（减少21个地方），浙江省（减少19个地方），云南省（减少18个地方），河南省（减少13个地方），福建省（减少10个地方）。

● 百余年来，云豹的县级及其以上分布地仅为69%。各地区云豹残留地排序：华东（残留75%），西南（残留71%），中南（残留63%），西北（残留47%）。

● 可以明显看出，云豹从20世纪后半叶以来消失得更为迅速。现今，台湾仅残留1地，河南省则未见有云豹报道。

表16.11　20世纪以来云豹分布变迁概况

地区	省级政区	20世纪前半叶分布地点	20世纪后半叶分布地点	现今分布地点
华东	浙江	杭州市、临安市、富阳市、建德市、桐庐县、淳安县、湖州市、长兴县、德清县、安吉县、宁波市、慈溪市、余姚市、奉化市、宁海县、象山县、越城区、诸暨市、上虞市、嵊州市、绍兴县、新昌县、衢州市、江山市、常山县、开化县、龙游县、金华市、义乌市、武义县、浦江县、磐安县、临海市、三门县、仙居县、温州市、瑞安市、乐清市、永嘉县、文成县、平阳县、泰顺县、洞头县、苍南县、莲都区、龙泉市、缙云县、云和县、遂昌县、松阳县、庆元县、景宁畲族自治县	杭州市、临安市、富阳市、建德市、桐庐县、淳安县、湖州市、长兴县、德清县、安吉县、宁波市、慈溪市、余姚市、奉化市、宁海县、象山县、越城区、诸暨市、上虞市、嵊州市、绍兴县、新昌县、衢州市、江山市、常山县、开化县、龙游县、金华市、义乌市、武义县、浦江县、磐安县、临海市、三门县、仙居县、温州市、瑞安市、乐清市、永嘉县、文成县、泰顺县、洞头县、苍南县、莲都区、龙泉市、缙云县、云和县、遂昌县、松阳县、庆元县、景宁畲族自治县	杭州市、临安市、富阳市、建德市、桐庐县、淳安县、湖州市、德清县、安吉县、诸暨市、绍兴县、新昌县、江山市、常山县、开化县、金华市、义乌市、武义县、浦江县、磐安县、临海市、仙居县、文成县、泰顺县、莲都区、龙泉市、缙云县、云和县、遂昌县、松阳县、庆元县、景宁畲族自治县
	安徽	安庆市、黄山市、歙县、休宁县、黟县、祁门县、贵池区、东至县、石台县、青阳县、宁国市、郎溪县、泾县、旌德县、绩溪县	安庆市、黄山市、歙县、休宁县、黟县、祁门县、贵池区、东至县、石台县、青阳县、宁国市、郎溪县、泾县、旌德县、绩溪县	黄山市、歙县、休宁县、黟县、祁门县、贵池区、东至县、石台县、青阳县、宁国市、泾县、旌德县、绩溪县
	福建	福州市、连江县、罗源县、永泰县、延平区、邵武市、武夷山市、建瓯市、建阳市、浦城县、光泽县、松溪县、政和县、永安市、明溪县、清流县、宁化县、大田县、尤溪县、将乐县、泰宁县、建宁县、莆田市、晋江市、惠安县、安溪县、永春县、德化县、厦门市、龙海市、南靖县、平和县、新罗区、漳平市、长汀县、永定县、上杭县、武平县、连城县、福安市、寿宁县、屏南县、古田县、周宁县	福州市、连江县、罗源县、永泰县、延平区、邵武市、武夷山市、建瓯市、建阳市、浦城县、光泽县、松溪县、政和县、永安市、明溪县、清流县、宁化县、大田县、尤溪县、将乐县、泰宁县、建宁县、莆田市、晋江市、惠安县、安溪县、永春县、德化县、厦门市、龙海市、南靖县、平和县、新罗区、漳平市、长汀县、永定县、上杭县、武平县、连城县、福安市、寿宁县、屏南县、古田县、周宁县	永泰县、延平区、邵武市、武夷山市、建瓯市、建阳市、浦城县、光泽县、松溪县、政和县、永安市、清流县、宁化县、大田县、尤溪县、将乐县、泰宁县、建宁县、莆田市、晋江市、惠安县、安溪县、永春县、德化县、厦门市、南靖县、新罗区、长汀县、上杭县、武平县、连城县、寿宁县、屏南县、周宁县

（续表）

地区	省级政区	20世纪前半叶分布地点	20世纪后半叶分布地点	现今分布地点
	江西	南昌市、南昌县、新建县、瑞昌市、武宁县、修水县、永修县、德安县、星子县、彭泽县、乐平市、浮梁县、贵溪市、萍乡市、莲花县、上栗县、芦溪县、章贡区、瑞金市、南康市、赣县、信丰县、大余县、上犹县、崇义县、安远县、龙南县、定南县、全南县、宁都县、于都县、兴国县、会昌县、寻乌县、石城县、德兴市、广丰县、玉山县、铅山县、横峰县、万年县、婺源县、南城县、黎川县、南丰县、崇仁县、乐安县、宜黄县、金溪县、资溪县、广昌县、袁州区、高安市、奉新县、上高县、宜丰县、靖安县、铜鼓县、吉安市、井冈山市、吉水县、新干县、永丰县、泰和县、遂川县、万安县、安福县、永新县	南昌市、南昌县、新建县、瑞昌市、武宁县、修水县、永修县、德安县、星子县、彭泽县、乐平市、浮梁县、贵溪市、萍乡市、莲花县、上栗县、芦溪县、章贡区、瑞金市、南康市、赣县、信丰县、大余县、上犹县、崇义县、安远县、龙南县、定南县、全南县、宁都县、于都县、兴国县、会昌县、寻乌县、石城县、德兴市、广丰县、玉山县、铅山县、横峰县、万年县、婺源县、南城县、黎川县、南丰县、崇仁县、乐安县、宜黄县、金溪县、资溪县、广昌县、袁州区、高安市、奉新县、上高县、宜丰县、靖安县、铜鼓县、吉安市、井冈山市、吉水县、新干县、永丰县、泰和县、遂川县、万安县、安福县、永新县	新建县、瑞昌市、武宁县、修水县、永修县、德安县、星子县、彭泽县、乐平市、浮梁县、贵溪市、萍乡市、莲花县、上栗县、芦溪县、章贡区、瑞金市、南康市、赣县、信丰县、大余县、上犹县、崇义县、安远县、龙南县、定南县、全南县、宁都县、于都县、兴国县、会昌县、寻乌县、石城县、德兴市、广丰县、玉山县、铅山县、横峰县、万年县、婺源县、南城县、黎川县、南丰县、乐安县、宜黄县、金溪县、资溪县、广昌县、袁州区、高安市、奉新县、上高县、宜丰县、靖安县、铜鼓县、井冈山市、吉水县、新干县、永丰县、泰和县、遂川县、万安县、安福县、永新县
	台湾	高雄县、台南县、嘉义县、屏东县、台东县、花莲县、宜兰县、桃园县、苗栗县、南投县	高雄县、台南县、嘉义县、屏东县、台东县、花莲县、宜兰县、桃园县、苗栗县、南投县	花莲县
中南	河南	南阳市、邓州市、南召县、方城县、西峡县、镇平县、内乡县、淅川县、社旗县、唐河县、新野县、桐柏县、光山县	南阳市、邓州市、南召县、方城县、西峡县、镇平县、内乡县、淅川县、社旗县、唐河县、新野县、桐柏县	
	湖北	武汉市、郧西县、谷城县、保康县、赤壁市、通山县、秭归县、长阳土家族自治县、五峰土家族自治县、神农架林区、恩施市、利川市、建始县、巴东县、宣恩县、咸丰县、来凤县、鹤峰县	武汉市、郧西县、谷城县、保康县、赤壁市、通山县、秭归县、长阳土家族自治县、五峰土家族自治县、神农架林区、恩施市、利川市、建始县、巴东县、宣恩县、咸丰县、来凤县、鹤峰县	郧西县、谷城县、保康县、通山县、长阳土家族自治县、五峰土家族自治县、神农架林区、恩施市、利川市、宣恩县、咸丰县、鹤峰县
	湖南	浏阳市、张家界市、慈利县、桑植县、桃源县、石门县、益阳市、沅江市、南县、桃江县、安化县、岳阳县、茶陵县、炎陵县、衡阳县、衡东县、郴州市、资兴市、桂阳县、永兴县、宜章县、嘉禾县、临武县、汝城县、桂东县、安仁县、东安县、道县、宁远县、江永县、双牌县、祁阳县、江华瑶族自治县、邵阳市、武冈市、邵东县、邵阳县、新邵县、隆回县、洞口县、绥宁县、新宁县、城步苗族自治县、洪江市、沅陵县、会同县、通道侗族自治县、新化县、凤凰县、保靖县、古丈县、永顺县、龙山县	浏阳市、张家界市、慈利县、桑植县、桃源县、石门县、益阳市、沅江市、南县、桃江县、安化县、岳阳县、茶陵县、炎陵县、衡阳县、衡东县、郴州市、资兴市、桂阳县、永兴县、宜章县、嘉禾县、临武县、汝城县、桂东县、安仁县、东安县、道县、宁远县、江永县、双牌县、祁阳县、江华瑶族自治县、邵阳市、武冈市、邵东县、邵阳县、新邵县、隆回县、洞口县、绥宁县、新宁县、城步苗族自治县、洪江市、沅陵县、会同县、通道侗族自治县、新化县、凤凰县、保靖县、古丈县、永顺县、龙山县	浏阳市、张家界市、慈利县、桑植县、桃源县、石门县、桃江县、安化县、炎陵县、衡阳县、衡东县、宜章县、桂东县、东安县、道县、宁远县、江永县、双牌县、江华瑶族自治县、城步苗族自治县、洪江市、会同县、凤凰县、保靖县、古丈县、永顺县

（续表）

地区	省级政区	20 世纪前半叶分布地点	20 世纪后半叶分布地点	现今分布地点
	广东	广州市、英德市、连州市、佛冈县、阳山县、连山壮族瑶族自治县、连南瑶族自治县、韶关市、始兴县、仁化县、新丰县、乳源瑶族自治县、紫金县、连平县、和平县、兴宁市、梅县、大埔县、五华县、平远县、蕉岭县、饶平县、博罗县、惠东县、怀集县、封开县、阳春市、信宜市、高州市	广州市、英德市、连州市、佛冈县、阳山县、连山壮族瑶族自治县、连南瑶族自治县、韶关市、始兴县、仁化县、新丰县、乳源瑶族自治县、紫金县、连平县、和平县、兴宁市、梅县、大埔县、五华县、平远县、蕉岭县、饶平县、博罗县、惠东县、怀集县、封开县、阳春市、信宜市、高州市	英德市、连州市、佛冈县、阳山县、连山壮族瑶族自治县、连南瑶族自治县、韶关市、仁化县、新丰县、乳源瑶族自治县、紫金县、连平县、和平县、兴宁市、梅县、大埔县、五华县、平远县、蕉岭县、博罗县、惠东县、怀集县、阳春市、信宜市、高州市
	广西	桂林市、临桂县、兴安县、永福县、资源县、龙胜各族自治县、恭城瑶族自治县、融水苗族自治县、钦州市、防城港市、上思县、江州区、扶绥县、大新县、宁明县、龙州县、田阳县、田东县、德保县、靖西县、凌云县、西林县、田林县、隆林各族自治县、环江毛南族自治县、金秀瑶族自治县、八步区	桂林市、临桂县、兴安县、永福县、资源县、龙胜各族自治县、恭城瑶族自治县、融水苗族自治县、钦州市、防城港市、上思县、江州区、扶绥县、大新县、宁明县、龙州县、田阳县、田东县、德保县、靖西县、凌云县、西林县、田林县、隆林各族自治县、环江毛南族自治县、金秀瑶族自治县、八步区	桂林市、临桂县、兴安县、资源县、龙胜各族自治县、恭城瑶族自治县、融水苗族自治县、钦州市、防城港市、上思县、江州区、扶绥县、大新县、宁明县、龙州县、田阳县、田东县、德保县、靖西县、凌云县、西林县、田林县、隆林各族自治县、环江毛南族自治县、金秀瑶族自治县、八步区
	海南	海口市、三亚市、琼海市、五指山市、东方市、昌江黎族自治县、白沙黎族自治县、琼中黎族苗族自治县、保亭黎族苗族自治县、乐东黎族自治县	海口市、琼海市、五指山市、东方市、昌江黎族自治县、白沙黎族自治县、琼中黎族苗族自治县、乐东黎族自治县	五指山市、东方市、昌江黎族自治县、白沙黎族自治县、琼中黎族苗族自治县、乐东黎族自治县
西南	重庆	万盛区、渝北区、巴南区、涪陵区、黔江区、长寿区、江津区、合川区、南川区、綦江县、大足县、武隆县、丰都县、城口县、开县、巫溪县、巫山县、奉节县、云阳县、石柱土家族自治县、彭水苗族土家族自治县、酉阳土家族苗族自治县	万盛区、渝北区、巴南区、涪陵区、黔江区、长寿区、江津区、南川区、綦江县、大足县、武隆县、城口县、开县、巫溪县、巫山县、奉节县、云阳县、石柱土家族自治县、彭水苗族土家族自治县、酉阳土家族苗族自治县	万盛区、渝北区、黔江区、江津区、南川区、綦江县、武隆县、城口县、开县、巫溪县、巫山县、云阳县、石柱土家族自治县、酉阳土家族苗族自治县
	四川	都江堰市、彭州市、崇州市、大邑县、旺苍县、青川县、苍溪县、江油市、北川羌族自治县、平武县、什邡市、绵竹市、广安区、华蓥市、邻水县、射洪县、沐川县、峨边彝族自治县、马边彝族自治县、泸州市、泸县、合江县、叙永县、古蔺县、翠屏区、宜宾县、江安县、长宁县、高县、筠连县、珙县、兴文县、屏山县、巴州区、通江县、南江县、万源市、宣汉县、安岳县、洪雅县、雨城区、汉源县、石棉县、天全县、宝兴县、汶川县、理县、松潘县、九寨沟县、金川县、小金县、黑水县、阿坝县、康定县、九龙县、甘孜县、乡城县、宁南县、昭觉县、喜德县、越西县、美姑县、雷波县、木里藏族自治县	都江堰市、彭州市、崇州市、大邑县、旺苍县、青川县、江油市、北川羌族自治县、平武县、什邡市、绵竹市、广安区、华蓥市、邻水县、射洪县、沐川县、峨边彝族自治县、马边彝族自治县、泸州市、泸县、合江县、叙永县、古蔺县、翠屏区、宜宾县、江安县、长宁县、高县、筠连县、珙县、兴文县、屏山县、巴州区、通江县、南江县、万源市、安岳县、洪雅县、雨城区、汉源县、石棉县、天全县、宝兴县、汶川县、理县、松潘县、九寨沟县、金川县、小金县、黑水县、阿坝县、康定县、九龙县、甘孜县、乡城县、宁南县、昭觉县、喜德县、越西县、美姑县、雷波县、木里藏族自治县	都江堰市、彭州市、崇州市、大邑县、旺苍县、青川县、江油市、平武县、绵竹市、广安区、华蓥市、沐川县、峨边彝族自治县、马边彝族自治县、叙永县、古蔺县、江安县、长宁县、珙县、兴文县、屏山县、巴州区、通江县、南江县、万源市、洪雅县、雨城区、石棉县、天全县、宝兴县、汶川县、松潘县、九寨沟县、小金县、黑水县、康定县、乡城县、越西县、美姑县、木里藏族自治县

（续表）

地区	省级政区	20世纪前半叶分布地点	20世纪后半叶分布地点	现今分布地点
	贵州	清镇市、开阳县、修文县、赤水市、遵义市、遵义县、桐梓县、绥阳县、正安县、凤冈县、习水县、道真仡佬族苗族自治县、务川仡佬族苗族自治县、毕节市、金沙县、织金县、江口县、思南县、德江县、印江土家族苗族自治县、沿河土家族自治县、松桃苗族自治县、施秉县、台江县、榕江县、都匀市、荔波县、贵定县、平塘县、龙里县、三都水族自治县	清镇市、修文县、赤水市、遵义市、遵义县、桐梓县、绥阳县、正安县、凤冈县、习水县、道真仡佬族苗族自治县、务川仡佬族苗族自治县、毕节市、金沙县、织金县、江口县、思南县、德江县、印江土家族苗族自治县、沿河土家族自治县、松桃苗族自治县、施秉县、台江县、榕江县、都匀市、荔波县、贵定县、平塘县、龙里县、三都水族自治县	修文县、赤水市、遵义市、遵义县、桐梓县、绥阳县、正安县、凤冈县、习水县、道真仡佬族苗族自治县、务川仡佬族苗族自治县、金沙县、织金县、江口县、思南县、德江县、印江土家族苗族自治县、沿河土家族自治县、松桃苗族自治县、都匀市、荔波县、贵定县、平塘县、龙里县、三都水族自治县
	云南	新平彝族傣族自治县、隆阳区、施甸县、腾冲县、龙陵县、昌宁县、昭阳区、鲁甸县、巧家县、盐津县、大关县、永善县、绥江县、镇雄县、彝良县、威信县、水富县、古城区、永胜县、华坪县、玉龙纳西族自治县、宁蒗彝族自治县、思茅区、宁洱哈尼族彝族自治县、景东彝族自治县、景谷傣族彝族自治县、镇沅彝族哈尼族拉祜族自治县、江城哈尼族彝族自治县、孟连傣族拉祜族佤族自治县、澜沧拉祜族自治县、西盟佤族自治县志、临翔区、凤庆县、云县、永德县、镇康县、双江拉祜族佤族布朗族傣族自治县、耿马傣族佤族自治县、沧源佤族自治县、潞西市、瑞丽市、梁河县、盈江县、陇川县、泸水县、福贡县、贡山独龙族怒族自治县、兰坪白族普米族自治县、香格里拉县、德钦县、维西傈僳族自治县、大理市、祥云县、永平县、云龙县、洱源县、剑川县、漾濞彝族自治县、南涧彝族自治县、楚雄市、双柏县、牟定县、南华县、姚安县、大姚县、永仁县、元谋县、武定县、禄丰县、蒙自县、个旧市、绿春县、建水县、元阳县、红河县、金平苗族瑶族自治县、河口瑶族自治县、屏边苗族自治县、文山县、西畴县、麻栗坡县、马关县、丘北县、景洪市、勐海县、勐腊县	新平彝族傣族自治县、隆阳区、施甸县、腾冲县、龙陵县、昌宁县、昭阳区、鲁甸县、巧家县、盐津县、大关县、永善县、绥江县、镇雄县、彝良县、威信县、水富县、古城区、永胜县、华坪县、玉龙纳西族自治县、宁蒗彝族自治县、思茅区、宁洱哈尼族彝族自治县、景东彝族自治县、景谷傣族彝族自治县、镇沅彝族哈尼族拉祜族自治县、江城哈尼族彝族自治县、孟连傣族拉祜族佤族自治县、澜沧拉祜族自治县、西盟佤族自治县志、临翔区、凤庆县、云县、永德县、镇康县、双江拉祜族佤族布朗族傣族自治县、耿马傣族佤族自治县、沧源佤族自治县、潞西市、瑞丽市、梁河县、盈江县、陇川县、泸水县、福贡县、贡山独龙族怒族自治县、兰坪白族普米族自治县、香格里拉县、德钦县、维西傈僳族自治县、大理市、祥云县、永平县、云龙县、洱源县、剑川县、漾濞彝族自治县、南涧彝族自治县、楚雄市、双柏县、牟定县、南华县、姚安县、大姚县、永仁县、元谋县、武定县、禄丰县、蒙自县、个旧市、绿春县、建水县、元阳县、红河县、金平苗族瑶族自治县、河口瑶族自治县、屏边苗族自治县、文山县、西畴县、麻栗坡县、马关县、丘北县、景洪市、勐海县、勐腊县	新平彝族傣族自治县、隆阳区、腾冲县、龙陵县、昌宁县、昭阳区、巧家县、盐津县、大关县、永善县、古城区、永胜县、玉龙纳西族自治县、思茅区、景东彝族自治县、景谷傣族彝族自治县、镇沅彝族哈尼族拉祜族自治县、江城哈尼族彝族自治县、孟连傣族拉祜族佤族自治县、澜沧拉祜族自治县、西盟佤族自治县志、临翔区、凤庆县、云县、永德县、镇康县、双江拉祜族佤族布朗族傣族自治县、耿马傣族佤族自治县、沧源佤族自治县、潞西市、瑞丽市、梁河县、盈江县、陇川县、泸水县、福贡县、贡山独龙族怒族自治县、兰坪白族普米族自治县、香格里拉县、德钦县、维西傈僳族自治县、大理市、永平县、云龙县、洱源县、剑川县、漾濞彝族自治县、南涧彝族自治县、楚雄市、双柏县、蒙自县、个旧市、绿春县、建水县、元阳县、红河县、金平苗族瑶族自治县、河口瑶族自治县、屏边苗族自治县、文山县、西畴县、麻栗坡县、马关县、景洪市、勐海县、勐腊县
	西藏	昌都县、芒康县、林芝县、米林县、墨脱县、波密县、察隅县、隆子县、错那县、萨迦县、亚东县、聂拉木县、岗巴县	昌都县、芒康县、林芝县、米林县、墨脱县、波密县、察隅县、隆子县、错那县、萨迦县、亚东县、聂拉木县、岗巴县	昌都县、芒康县、林芝县、米林县、墨脱县、波密县、察隅县、萨嘎县、岗巴县

（续表）

地区	省级政区	20世纪前半叶分布地点	20世纪后半叶分布地点	现今分布地点
西北	陕西	铜川市、大荔县、宝鸡市、岐山县、眉县、陇县、麟游县、凤县、太白县、汉台区、南郑县、城固县、洋县、西乡县、勉县、宁强县、略阳县、镇巴县、留坝县、佛坪县、汉滨区、汉阴县、石泉县、宁陕县、紫阳县、岚皋县、平利县、镇坪县、旬阳县、白河县、商州区、洛南县、丹凤县、商南县、山阳县、镇安县、柞水县	铜川市、宝鸡市、岐山县、眉县、陇县、麟游县、凤县、太白县、汉台区、南郑县、城固县、洋县、西乡县、勉县、宁强县、略阳县、镇巴县、留坝县、佛坪县、汉滨区、汉阴县、石泉县、宁陕县、紫阳县、岚皋县、平利县、镇坪县、旬阳县、白河县、商州区、洛南县、丹凤县、商南县、山阳县、镇安县、柞水县	岐山县、眉县、凤县、太白县、城固县、留坝县、佛坪县、宁陕县、岚皋县、平利县、镇坪县、商南县、镇安县
	甘肃	清水县、岷县、武都区、文县、两当县、徽县、舟曲县、迭部县	清水县、岷县、武都区、文县、两当县、徽县、舟曲县、迭部县	清水县、岷县、武都区、文县、两当县、徽县、舟曲县、迭部县

6　20世纪以来的金钱豹分布变迁

金钱豹是广布型物种，虽非各省级政区皆有分布，但在各大区皆有。

6.1　华北

华北各省级政区皆有金钱豹分布，并延续至今。

6.1.1　北京

北京市有一些金钱豹分布记录。

民国二十四年(1935)《察哈尔通志》记述：

豹：似虎，体长三尺至四尺六七寸，尾长二尺至三尺余，耳短而较尖，瞳孔能随光收放，门牙、犬牙、臼齿皆具，犬牙特大，形如圆锥，臼齿尖，在上颚者甚小；毛色苍褐而微赤，有光辉及黑斑；背部及两旁斑纹作蔷薇花形，或环形，大而明，四肢渐少，黑色渐淡，至腹部及四肢内面，渐为白色。性猛力强，能远跳，且善攀木。常栖息丛草中及洞穴。有赤豹、白豹之别。伤害人畜。猎者用枪击捕，获置毒肉中诱杀之。皮可制被褥，骨肉可疗疾。

按：据此表明，确实是金钱豹。

《中国动物志：兽纲：食肉目》对豹华北亚种(*Panthera pardus fontanierii*)，既称模式产地1867年在北京附近、1867年在北京西山，又记载“分布于……北京昌平、延庆、门头沟、密云”(高耀亭等，1987)，说明在今门头沟区、昌平区、延庆区、密云区等地有金钱豹分布。

《北京脊椎动物检索表》记载(高武等，1994)：

豹

分布：门头沟区、怀柔区、延庆区、密云区、平谷区等深山区有分布。

按：表明在门头沟区、怀柔区、平谷区、延庆区、密云区等地曾有金钱豹分布。

《中国重点陆生野生动物资源调查》称(国家林业局，2008)：

本次调查，豹见于北京(昌平、门头沟、延庆、怀柔、密云)。

按：据此表明，在门头沟区、房山区、昌平区、怀柔区、延庆区、密云区等地仍有金钱豹存在。

据报道，位于门头沟区西北部的灵山，其西部与河北省交界，当地现存野生动物有金钱豹、野猪、野山羊、狍子、松鼠等[①]。

6.1.2　天津

天津市仅见蓟县一地一直有金钱豹分布记录。

6.1.3　河北

河北省有较多金钱豹分布记录。

民国二十六年(1937)《河北通志稿·食货志·物产》记述：

①门头沟区. http://baike.baidu.com/view/193726.htm

豹：《说文》云，豹似虎，圆文。陆玑疏云，毛赤而文黑，谓之赤豹。毛白而文黑，谓之白豹。《广志》云，狐死首丘，豹死首山，是性之异也。《本草衍义》云，豹，毛赤黄，其纹黑如钱而中空，比比相次，此兽猛健过虎。颜注《急就篇》云，豹似乌涂而圆文。《字林》云，豹似虎，贝文。贝文即钱也。……钱文者，谓之金钱豹，亦多出于涞、易山中。

按：据此反映，河北省当时还有金钱豹等存在，且金钱豹多在太行山北端东麓的易县与涞水县一带。

《中国动物志：兽纲：食肉目》称，豹华北亚种（*Panthera pardus fontanierii*）"分布于河北沙城、围场"（高耀亭等，1987），说明在今怀来县（"沙城"在该县内）与围场满族蒙古族自治县等地曾有金钱豹栖息。

《河北动物志：两栖、爬行、哺乳动物类》（吴跃峰等，2009）：

豹

别名：金钱豹、银钱豹、土豹子、文豹。

分布：河北（张家口市的蔚县、阳原、怀来、涿鹿、赤城，承德市的承德、围场、滦平、隆化、丰宁、兴隆、平泉，保定市的涞源、涞水、阜平，石家庄市的井陉、平山、赞皇，邯郸市的武安、涉县）。

按：据此说明，在井陉县、赞皇县、平山县、蔚县、阳原县、怀来县、涿鹿县、赤城县、承德市、承德县、兴隆县、平泉县、滦平县、隆化县、丰宁满族自治县、围场满族蒙古族自治县、涞源县、涞水县、阜平县、武安市、涉县、磁县等地仍有金钱豹存在。

《中国重点陆生野生动物资源调查》称（国家林业局，2008）：

本次调查，豹见于……河北（蔚县、阳原、怀来、涿鹿、赤城、承德、滦平、隆化、丰宁、涞源、涞水、阜平、武安）。

按：据此反映，在蔚县、阳原县、怀来县、涿鹿县、赤城县、承德市、承德县、滦平县、隆化县、丰宁满族自治县、涞源县、涞水县、阜平县、武安市等地尚有金钱豹生息繁衍，只是调查的金钱豹现存地方数量偏低。

● 石家庄市：民国二十三年《井陉县志》记述：

豹：《本草纲目》："其文如钱者，曰金钱豹……"境内西北山中，从前恒不时发现。近年已不多见矣。

按：据此反映，曾有金钱豹分布，但此时已然濒危。

《栾城县志》记述（河北省栾城县地方志编纂委员会，1995）：

豹：生长于太行山，偶入境。清同治《栾城县志》记载，道光十八年，有豹害。清末，段同村村民曾打死金钱豹一只。

按：据此表明，金钱豹主要栖息于太行山，偶入栾城县境，曾被打死。

平山县现仍称：豹子，深山次生林中依稀栖息①。

● 张家口市：沽源县报道的野生动物中，兽类有：豹、狼、狐狸、獾、黄羊、野兔、黄鼠狼、黄鼠、鼠、鼹鼠、夜猴 、猬等②。

灵山位于怀来县与北京交界处，现仍有金钱豹等野生动物③。

涿鹿县现有兽类主要有豹子、狼、山羊、狍子、野猪、狐狸、獾子、野兔、黄鼠、山狸猫、松鼠等④。

赤城县称，境内野生动物种类较多，主要有哺乳类 30 种、鸟类 125 种、两栖类 2 种、爬行类 15 种、鱼类 15 种、昆虫类 449 种。哺乳类动物主要有豹、狼、狐、狍、獾、青羊、野兔、刺猬、黄鼬、蝙蝠、鼠等⑤。

据 2013 年 5 月报道，设置在小五台山国家级自然保护区（在蔚县、涿鹿县）的一台红外触发相机，2012 年 11 月 2 日拍摄到一只金钱豹在相机前经过。该个体为成年雄性金钱豹（图 16.68），身长 1.2 m 左右，体重约50 kg，身体健康，状态良

①平山县. http://baike.baidu.com/link? url=nQVJ_B17ROzdK6HEOaNYi0zIe8htVzGDNfpD7avG96hWhOL7eSg_AdEsFDy49eZ
②中国·沽源. http://www.zjkgy.gov.cn/article/20090227/zjkgyzfb-2011-04229.html
③门头沟区. http://baike.baidu.com/view/193726.htm
④中国·涿鹿. http://www.zjkzl.gov.cn/article/20090724/000936730-2011-00342.html
⑤中国·赤城. http://www.ccx.gov.cn/syscolumn/zjcc/zrzy/index.html

好。在该区域，还拍摄到赤狐、豹猫、西伯利亚狍、斑羚、褐马鸡、雉鸡、勺鸡等多种野生动物。小五台山中东台最高峰（海拔 2 882 m）为太行山主峰、河北最高峰，在海拔 2 000 m 的山上发现金钱豹非常罕见，这也是迄今为止最接近首都北京地区发现的大型猫科动物[①]。

图 16.68　远红外相机拍摄的金钱豹

《崇礼县志》记述（河北省崇礼县地方志编纂委员会，1995）：

直到新中国成立初期，县境东南部的深山老林中还有豹子、豺、狼等野兽出没。

按：反映在 1950 年代，该县东南部的深山老林中仍有金钱豹等野兽栖息。

● 承德市：兴隆县称，主要有陆生野生脊椎动物 206 种，隶属于 4 纲 24 目 61 科 128 属；国家级保护动物有 176 种，其中国家一级保护动物有 2 种，即金钱豹和金雕[②]。

《平泉县志》记述（河北省平泉县地方志编纂委员会，2000）：

金钱豹：哺乳纲，食肉目，猫科。体长 1.2 m 左右，尾细长，淡褐色，有明显的圆形或椭圆形黑色斑纹。

本世纪初，古山子的头道沟、三道沟、王土房的山弯子、七家岱的大地，柳溪的大窝铺等处山林中均有分布。五十年代后，已很少见到。1956 年李子如在大窝铺打死金钱豹 1 只，1960 年宋营子二道河子群众用枷子猎豹 1 只。现大窝铺的深山老林仍有豹的形迹，但很难见到。

按：据此证明，该县有金钱豹生息繁衍。

千松坝森林公园位于丰宁满族自治县西北部，“京北第一草原”东南，是一处以天然次生林景观为特色的新辟旅游风景点。该园现有动物 300 种以上，其中猞猁、豹、斑羚、细鳞鱼、驴轴棍蛇、黑琴鸡、松鸡、石鸡、勺鸡、豺、兔狲、黄羊、天鹅、鸳鸯、红脚隼、灰鹤等均属珍贵稀有保护动物[③]。

围场满族蒙古族自治县已查明的脊椎动物计 5 纲 28 目 78 科 183 属 323 种，其中国家一级保护动物有金钱豹与大鸨、白鹳、黑鹳、白头鹤等[④]。

● 唐山市：《唐山市志》记述（唐山市地方志编纂委员会，1999）：

《唐山市畜产公司收购野生动物皮种情况表》：金钱豹：【50 年代】5～7 张【60 年代】3～5 张【70 年代】无。

按：收购的野生动物皮毛显示，在唐山市、遵化市、迁安市、迁西县、滦县、滦南县、玉田县、乐亭县、唐海县一带曾有金钱豹分布，并延续到 1960 年代。

● 保定市：《易县志》称，野生动物现存 49 种，其中兽类有：豹与狐狸、野兔、山羊、松鼠、刺猬、野狸、狍子、野猪、狼、獾、家鼠等（易县地方志编纂委员会，2000）。

民国二十四年（1935）《新城县志》记述：

【地俗篇·方言】豹之子谓之豹崽子。《水经注》：弱年崽子。《方言》：崽，子也。湘沅之间，凡称子，皆谓之崽。案：豹子大如狸时，即至人家窃食猪羔。涞水山农夜间猪羔鸣，急惊曰：豹崽子来矣。幼孩遇之，亦有伤生命者。

按：据此表明，今涞水县山区时有金钱豹袭击家畜与幼儿。

● 邢台市：清光绪三十一年《邢台县志》

①张岩等. 燕赵都市网记者河北屋脊小五台山“寻踪”金钱豹. http://yanzhao. yzdsb. com. cn/system/2013/05/06/012709175. shtml

②中国·兴隆. http://www. hbxl. gov. cn/syscolumn/zjxl/zrzy/index. html

③千松坝森林公园. http://baike. baidu. com/link? url＝538Gaqvcq1xEhYL52N-ydUFX4lUG9woalCsrTJYVlFhvOgNwfrMEHfwPUdpfh9fF3o6doUi2obDBp3UOUEUXGa

④围场满族蒙古族自治县. http://baike. baidu. com/link? url＝9u3X3ykSaEDASei9m2Yft6094T2q28IveNW0geoVQc1J_vclfhw4Wkob9blp84lnaEEqqmJaFtRRwKmikBRE

记述：

光绪……十三年，狼豹伤人。十五年，有大星昼见，数日乃止。狼豹伤人。十六年，三月至七月，狼豹伤人。

按：该志多次记载“狼豹伤人”，证明今邢台市、邢台县一带尚有金钱豹存在，但已濒危。

● 邯郸市：武安市处于太行山隆起带与华北平原沉降带接触部，境内山脉属太行山余脉，总体可分为山区（占总面积的29.7%）、低山丘陵区（占45%）及盆地（占25.3%）三大类型。地属温带大陆性季风气候区，四季分明。当地野生动物主要有：豹、狼、狐、鼢鼠、松鼠、刺猬等①。

《涉县志》记述（涉县地方志编纂委员会，1998）：

豹：俗称土豹子，活动在县境西北深山中，极少见。40年代，县政府规定打死一只豹子奖洋1 000元至8 000元。1957年2月青塔乡欢峪沟村民打死一只金钱豹，豹身长2.33 m，高0.833 m。

按：据此说明，当地的土豹子即金钱豹，并有多次打死金钱豹的记录。

《磁县志》“磁县常见野生动物表”中，“哺乳动物”有：豹、狼、狐狸、松鼠、黄鼬、獾、刺蝟……野兔、蝙蝠、鼯鼠（磁县地方志编纂委员会，2000）。

6.1.4 山西

山西省是华北分布金钱豹最多的省级政区。

《中国动物志：兽纲：食肉目》称，豹华北亚种（*Panthera pardus fontanierii*）“分布于……山西太原、晋中、雁北、吕梁、晋东南、临汾、运城”（高耀亭等，1987），说明在今太原市、古交市、清徐县、阳曲县、娄烦县、大同市、阳高县、天镇县、广灵县、灵丘县、浑源县、左云县、大同县、朔州市、山阴县、应县、右玉县、怀仁县、长治市、潞城市、长治县、襄垣县、屯留县、平顺县、黎城县、壶关县、长子县、武乡县、沁县、沁源县、城区、高平市、泽州县、沁水县、阳城县、陵川县、榆次区、介休市、榆社县、左权县、和顺县、昔阳县、寿阳县、太谷县、祁县、平遥县、灵石县、尧都区、侯马市、霍州市、曲沃县、翼城县、襄汾县、洪洞县、古县、安泽县、浮山县、吉县、乡宁县、蒲县、大宁县、永和县、隰县、汾西县、盐湖区、永济市、河津市、芮城县、临猗县、万荣县、新绛县、稷山县、闻喜县、夏县、绛县、平陆县、垣曲县、离石区、孝义市、汾阳市、文水县、中阳县、兴县、临县、方山县、柳林县、岚县、交口县、交城县、石楼县等地曾有金钱豹分布。

雁门关生态畜牧经济区（涉及大同市、左云县、大同县、浑源县、灵丘县、广灵县、阳高县、天镇县、怀仁县、应县、右玉县、山阴县、朔州市、河曲县、保德县、偏关县、神池县、五寨县、岢岚县、静乐县、宁武县、代县、繁峙县、五台县、兴县、岚县、方山县等地）仍有豹与狼、豺、貉、赤狸、青鼬、石貂、豹猫、兔狲、果子狸、原麝、狍、黄羊、野猪等（邹波等，2008）。

《中国重点陆生野生动物资源调查》称（国家林业局，2008）：

本次调查，豹见于……山西（平陆、交城、沁水、武乡、交口、沁源、翼城、左权、平遥、五寨、岢岚、和顺）。

按：据此反映，武乡县、沁源县、沁水县、五寨县、岢岚县、左权县、和顺县、平遥县、翼城县、平陆县、交口县、交城县等地尚有金钱豹存在，只是调查的金钱豹现存地方数量偏低。

● 太原市：《中国经济动物志：兽类》称，“文献记载豹的地区有……山西省太原”（寿振黄，1962），说明当时太原市即有金钱豹栖息记录。《太原市志》记述（太原市方志编纂委员会，1999）：

金钱豹：猫科。国家一级重点保护动物。栖息于石千峰、天龙山等茂密的森林深处或岩洞中。

按：进一步确认在该市山区有金钱豹分布。

《阳曲县志》记述（阳曲县地方志编纂办公室，1999）：

金钱豹：分布在县境东、西两山，如西凌井、西庄、杨兴等乡镇森林茂密的地带，数量很少，为国家二类保护动物。

按：据此反映，当地多处有金钱豹分布。

《古交志》记述（古交市地方志办公室，1996）：

金钱豹：分布在本区西部、西南部和西北部

①武安市. http://baike.baidu.com/link? url = u1qsZayqTwuY8LSGDRX0tBuPImoWyRHomBxfyc2s-MjMlbkSbVfUGOZ8rN37b5XHyPXB8FPoiSoN6vVNxTd5QF5nFlFe1x8o9SWLDJPtId_

边缘茂密的森林、灌丛中，数量不多，为国家二类保护动物。

按：据此反映，在该市西部还有少数金钱豹存在。

娄烦县地处吕梁山区，汾河中上游。当地现有褐马鸡、梅花鹿、鹿麝[原麝]、豹、黑鹤（黑颈鹤）、白天鹅、狼、狐狸、獾、野猪、野兔、狍、黄鼠狼、松鼠、灰头鹦鹉、野鸡、画眉、大雁、燕、杜鹃、啄木鸟、鹞子、鸽子、麻雀、黄莺、斑鸠、蝙蝠、乌鸦、喜鹊、猫头鹰、百灵鸟等[①]。

● 大同市：《广灵县志》记述（山西省广灵县县志编纂委员会，1993）：

豹：栖于西南山区次生林中，多有伤牛羊。……1960 年，海子公社民兵打死金钱豹 1 只，鸡豹 5 只。

按：据此反映，当地仍有金钱豹等存在。

● 朔州市：朔州市朔城区境内北、西、南三面环山，中部为盆地，形似簸箕状向东倾斜。山区、丘陵、平原分别占总面积的 24%、10.7%、65.3%。地属温带大陆性季风气候区，四季分明，冬夏风向更替明显，春秋短暂。据称发现的陆栖动物达 200 多种，大型动物有“约（豹）、豺、狼等”[②]。

● 阳泉市：《阳泉市志》记述（阳泉市地方志编纂委员会，1998）：

金钱豹：食肉目猫科动物。生活在密林和灌木丛中，是夜行动物。会攀树，猎食对象主要是鸟类等。分布极稀少。

按：反映金钱豹在阳泉市、平定县、盂县一带山区密林等处仍有所存在。

● 长治市：太岳山国家森林公园地垮晋中、长治、临汾三个市，园内层峰叠峦，逶迤绵亘，林木繁茂，郁郁苍苍。野生动物有 166 种，其中兽类 46 种、鸟类 120 种，属于国家保护动物的有金钱豹、原麝、林麝、红脚（猫头鹰）、黑熊、岩羊等[③]。

● 晋城市：泽州猕猴省级自然保护区位于泽州县，有猕猴、金钱豹、原麝、黑鹳等珍稀物种（李宝堂，2010）。泽州县称，该县野生动物物主要有爬行类、水生类、鸟类和兽类等 100 余种，其中兽类主要有狼、豹、獾、狐、猴、野猪、野兔、山羊、黄鼠狼、山猫、松鼠、刺猬、山鹿、麝等[④]。

沁水县地貌以山地丘陵为主，其中山区面积占 40%，低山丘陵区占 50%，河谷平川区占 10%。山岭多属太岳山和中条山山脉，海拔 1 100 m 以上的高山有历山、鹿台山、大尖山、白云山、柏尖山、仙翁山、岳神山、牛头山、宇峻山、荒山；峻岭有东坞岭、老马岭、界牌岭、夜明珠岭、秋峪岭、关门岭、夫妻岭、山中岭、香山岭、佛庙岭，其中东坞岭、老马岭海拔均在 1 300 m 以上，山高坡陡，地势险要。全县森林覆盖率 48.4%，野生动物 220 余种，属国家重点保护的珍稀动物有虎、金钱豹、金雕、猕猴、大鲵（娃娃鱼）等 26 种[⑤]。

● 忻州市：《忻州地区志》记述（《忻州地区志》编纂委员会，1999）：

金钱豹

【栖息生境】山地针叶林、山地针阔混交林。

【栖息海拔（m）】1 300～2 500。

【分布范围】管涔山、五台山。

按：该地区的管涔山与五台山有金钱豹，实际上今忻府区、原平市、定襄县、五台县、代县、繁峙县、宁武县、静乐县、神池县、五寨县、岢岚县、河曲县、保德县、偏关县等地也曾较普遍分布。

神池县的原始森林地处管涔山纵深处，坐落在太平庄乡所属的西岭、岭脚底两个自然村。主要动物有金钱豹、狍子、野猪、褐马鸡、野鸡、乌类数十种[⑥]。

岢岚县称，当地动物资源有金钱豹、黑鹳，野猪、金雕，狍、狐等 160 余种[⑦]。

● 晋中市：1990 年代对晋中市动物资源清查，有哺乳类 42 种，其中有国家保护动物金钱豹、原麝、金雕、黑鹳、水獭、青鼬、天鹅、鸳鸯、蜂鹰等（董亚峰，2014）。在榆次区、介休市、榆社县、左

---

①娄烦县. http://baike.baidu.com/view/337927.htm
②朔城区. http://baike.baidu.com/view/726195.htm
③太岳山. http://www.baike.com/wiki/%E5%A4%AA%E5%B2%B3%E5%B1%B1
④中国·泽州. http://www.zezhou.cn/34/2012-12-13/42@97363.htm
⑤沁水县. http://baike.baidu.com/subview/726125/11122164.htm? fr=aladdin
⑥神池县. http://baike.baidu.com/link? url=-IRhCOGMiCCDkX2n0fvnNxt-dsxgUpDei52IVj30uiWadBHb11uAHzq38-iB5PxX
⑦岢岚县. http://baike.baidu.com/link? url=W2nwp4ia9Fgpy-H2T4T42xkCwvO6Yr2t_zTIqSS8PbRpHbr2Ws2ixahLOnAn6paJ

权县、和顺县、昔阳县、寿阳县、太谷县、祁县、平遥县、灵石县等地曾有金钱豹分布。

乌金山国家森林公园由乌金山（又名龙王山）、大洪山、紫金山、中林山等 25 座山脉和田家湾明珠湖组成，总面积 3 666 公顷，森林面积 2 066 公顷，森林覆盖率 80% 以上。乌金山有鸟类、兽类、两栖类、爬行类、节肢类以及环节类动物 36 科 150 余种。在这些动物中，金钱豹和雪貂最为珍贵，其他如狼、野猪、狍子、狐狸等各种兽类均分布在乌金山千顷密林之中①。

《榆社县志》记述（榆社县志编纂委员会，1999）：

豹：金钱豹；50 年代见于雾云山、石源山、黑神山林中。90 年代初，偶有发现。

按：反映当地的金钱豹延续到 1990 年代。

左权县地处太行山巅，西、北、东三面高，中、南部低，全境主要地形区域分为土石山区、深石山区、山间河谷区三部分。地处内陆，属温带大陆性气候。当地野兽主要有金钱豹、狼、狐狸、狍子、猪獾、豹猫、野兔、鼠、黄鼠狼、鼹鼠等②。

昔阳县境内已发现陆栖脊椎动物 27 目 192 种，其中哺乳类 37 种，豹、麝、金雕、鸢、苍鹰等野生动物属国家级保护动物③。

寿阳县称，截至 2007 年，该县野生动物资源中鸟类有苍鹰、猫头鹰、云雀、红咀山鸦、山鸡、红牵、啄木鸟、石鸡、灰喜鹊、斑坞等，兽类有金钱豹与狐狸、草兔、狼、山猪、梅花鹿等④。

● 临汾市：临汾市野生动物种类丰富，两栖类动物 9 种，鸟类 232 种，兽类 46 种，爬行类 23 种。据“临汾市野生动物”记载，国家一类保护动物有金钱豹、黑鹳、金雕、褐马鸡、大鸨⑤。然而地级临汾市是否全境皆有金钱豹尚待查证。

霍州市现有野生动物 70 余种，主要有：金钱豹、野猪、狼、狸豹、山羊、鸨、苍鹰、水獭、鼯鼠、枭、鹘、雕、鸮、鹳、啄木鸟、野鸡、草鹭、黄鼬、艾虎等⑥。

《古县志》列举的兽类有：豹、狼、狐狸、獾、黄鼠、山猫、山猪、山羊、野兔、刺猬、獐[麝]、狍、圪�、山鼠、圪埝、哈蝼、穿山甲等（古县志编纂委员会，2001）。

位于古县与霍州市交界处的灵空山省级自然保护区⑦仍有褐马鸡、金钱豹、原麝、黑鹳、金雕等珍稀动物（李润强等，2012）。

民国二年《岳阳县志》记述：

豹：似虎而小，毛白而兼黄赤。黑文如钱者，金钱豹……山中所在皆有。谚云：山有虎豹则其年丰。

按：据此表明，今安泽县确有金钱豹分布。

《安泽县志》记述（安泽县志编纂委员会，1997）：

豹：俗名金钱豹，食肉目，猫科，国家一类保护动物，出没于杜社、三交乡密林。

按：虽确认当地的“豹”即金钱豹，但分布地域较之前有所缩小。

安泽县地势北高南低，东部山峰有安太山、泉庙凹、盘秀山等；西部有大东沟梁、牛头山等；南部沁河谷地地势较低，有小块平川。地属暖温带大陆性季风气候区，四季分明。林木覆盖率达 67.2%。现有野生动物 218 种，其中国家保护动物有金钱豹、红尾狐等珍禽异兽 10 余种⑧。

蒲县称，境内陆栖脊椎动物有 70 余种，主要是金钱豹、花面狸、猫狸、青羊、野猪、原麝、野兔、喜鹊、百灵、乌鸦、鹌鹑、锦鸡、褐马鸡、金雕等，其中金钱豹主要分布于豹子梁、太山一带⑨。

隰县 2003 年统计，境内已发现陆栖动物

①乌金山国家森林公园. http://jjsx. china. com. cn/c10/0722/18260042946. htm

②左权县. http://baike. baidu. com/view/94581. htm

③昔阳县. http://baike. baidu. com/link? url=n0c_gjKWgtSL6g2a0dD-CPGzLla_oMkQ6Sn10XX2C3U4ntWZB2fjve5KMN2RN1GP

④寿阳县. http://baike. baidu. com/link? url=y8XzQ4WN606BF-BRB03_5V4MtY3QWV-W99S0mhzYbxKRsXJIaTx8DJoj YETN-foygQGnqH7HrAuqdABKHKr2MD_#reference-[7]-726117-wrap

⑤临汾市. http://baike. baidu. com/view/35311. htm? from_id=529505&type=syn&fromtitle=临汾市 &fr=aladdin

⑥霍州市. http://baike. baidu. com/link? url=5et931MVILHOTlZtUi-S5pLG7olmmzeVliFwqbFxj1xUOvW-MYm4s35jc92ru Ed-wzKTnnpDFivvthHskI30VQq

⑦原题名中保护区名称误称“灵空寺”；《全国自然保护区名录》称该保护区在沁源县。

⑧安泽县. http://baike. baidu. com/view/711205. htm

⑨蒲县. http://baike. baidu. com/link? url=d9FSKFp_PSHO9Sw7DYBncGzN18wj0U-DlRgnVRTzDtJSm_t0FLp0FOQ7FB56rSqL

66种。其中，鸟类32种，哺乳类16种，爬行类5种，两栖类2种，节肢动物10种，环节动物1种。大型动物有金钱豹、梅花鹿、狼、野猪、黄羊等[①]。

● 运城市：民国十八年《新绛县志》记述：

豹：溢水发源处往往有之。毛上生有黑环，极似钱形，故谓之金钱豹。前数年，支北庄农人合围，曾得豹大小各一，其明证也。

按：据此说明，当地有金钱豹分布。另据报道，该县有“豹（50年代偶有发现，曾在席村附近打死金钱豹一只，后再未发现）”[②]。

《垣曲县志：1991～2000》记载：国家一级保护动物有金钱豹与虎、梅花鹿、黑鹳、金雕等（垣曲县地方志编纂委员会，2001）。

● 吕梁市：孝义市境内野生动物资源分禽、兽、爬行及昆虫四大类，其中禽类有猫头鹰、野鸡、布谷鸟等，兽类有金钱豹、野猪、松鼠等[③]。

据2010～2011年调查，庞泉沟国家级自然保护区（地处交城县与方山县）有金钱豹与褐马鸡、金雕、黑鹳、苍鹰、原麝、草原雕、雀鹰、白尾鹞、獐[④]、鸳鸯等26种（王改芳等，2011）。

据调查，文水县有野生动物200余种，主要动物有70余种，其中走兽类19种、飞禽类32种、爬行类17种。县境内国家一级保护动物有褐马鸡，是世界珍贵鸟；二级保护动物有金钱豹、穿山甲；三级保护动物有毛冠（鹿）、牙獐（麝）。这些动物均分布和栖息于西部低山区和中山森林之中[⑤]。虽野生动物的保护等级存在瑕疵，但可以说明当地有金钱豹存在。

《中阳县志》记述（中阳县志编纂委员会，1996）：

金钱豹：形似凶猛，实不伤人，皮肉珍贵，骨可入药。虽系国家一级保护动物，但仍处于绝灭边缘。

按：据此表明，当地有金钱豹分布。

临县称，该县动物资源共224种，其中褐马鸡、金钱豹属国家一级保护动物，老鹰、雕、鹃、黑卷尾属国家三级保护动物[⑥]。

交口县城北的神南峪自然风光优美，原始生态保存良好，森林覆盖率达99%。林中常有金钱豹、褐马鸡、野猪、黄羊等珍稀动物出没[⑦]。

6.1.5 内蒙古

内蒙古有一些金钱豹分布记录。

民国二十一年《黑龙江志稿》记述：

豹：秽多文豹《后汉书》。豹，似虎而小，白面圆头，色白者，曰：白豹；黑者，曰：乌豹；文圆者，曰：金钱豹，最贵重；……《盛京通志》。

按：据此表明，今内蒙古自治区与黑龙江省一些地方的“豹”中有金钱豹等。

《内蒙古珍稀濒危动物图谱》记述（凤凌飞，1991）：

豹

蒙名：伊日布斯。别名：金钱豹。

分布：除宁夏、新疆、台湾、山东和辽宁少数省外皆有分布。内蒙古产于兴安盟。

按：据此表明，在乌兰浩特市、阿尔山市、突泉县、科尔沁右翼前旗、科尔沁右翼中旗等地曾有金钱豹分布，但在内蒙古并不止于此。

《中国重点陆生野生动物资源调查》称（国家林业局，2008）：

本次调查，豹见于……内蒙古（赤峰南部的七老图山）。

按：据其他资料显示，现今内蒙古自治区的金钱豹不止赤峰市一地尚存。

● 包头市：包头市境内有阴山山脉大青山、乌拉山（以昆都仑河为界），呈中间高、南北低、西高东低的地势；全市由中部山岳地带、山北高原草地和山南平原三部分组成，山地占14.49%，丘

---

①隰县. http://baike.baidu.com/link? url=G5PmwKjYwuuZT6wc4XnYYBFwC2eykwk9imN4Ayva9RA_elT8j5iXWOlMMi_mdZno

②新绛县政府信息网. http://www.jiangzhou.gov.cn/info/iList.jsp? cat_id=1173

③孝义市. http://baike.baidu.com/link? url = aK6mov _ Ik _ WhwcZNNRSdcOfOFgbQ9XyBBfjUPvNM-hPaTw3BG8wlj4IDp8sUW3JAlGmXnk9rP_NurNq-PA19b_

④正文中实际未见“獐”。疑似指麝，据生态环境看，当地现今不可能有河麂（獐）分布。

⑤山西金地煤焦有限公司110万吨/年5.5 m捣固焦炉升级改造项目环境影响评价报告书. http://www.0351hky.com/html/NewShow.asp? ItemClassID=112&ItemID=347；文水海威钢铁有限公司80万吨线材、60万吨轧材生产线升级改造项目环境影响评价公示. http://lvliang.gov.cn/wenshui/content/2014-12/27/content_164374.htm

⑥临县县委、县政府门户网站. http://www.linxian.gov.cn/node/node_5305.htm

⑦交口县. http://baike.baidu.com/view/176492.htm

陵草原占75.51%，平原占10%。地属中温带大陆性半干旱季风气候区。现有野兽21种，其中青羊、雪豹、狍子、毛皮兽、赤狐、獾、豹、野猫、蒙古兔等是保护动物①。反映在包头市、固阳县、土默特右旗、达尔罕茂明安联合旗一带仍有金钱豹等分布。

● 赤峰市：地处赤峰市旺业甸镇的旺业甸国家森林公园处于大兴安岭和燕山山脉的交接地带，与河北省隆化县、围场县相邻，据称有豹、狐、兔等野生动物②。

喀喇沁旗食肉动物很多，其中狐和黄鼬等分布较广，历史上曾有过虎、豹、熊、狼等猛兽；食草类动物有鹿、狍、兔等，其中狍、兔分布较广③。说明金钱豹曾有分布。

《巴林右旗志》记述（《巴林右旗志》编纂委员会，1990）：

豹：曾于旗南部巴彦汉山密林中发现。1953年巴彦尔灯牧民曾猎获一头。其体长五六尺，体高2尺余，毛色黄白，有黑线斑纹。

按：尽管描述中"有黑线斑纹"并不准确，但该志已经记载有"虎"，而又出现"体长五六尺，体高2尺余，毛色黄白"的猫科动物，当是金钱豹。

● 鄂尔多斯市：《鄂托克旗志》记述（鄂托克旗志编纂委员会，1993）：

豹：1951年在阿尔巴斯山区发现过1只，后被牧民捕获，50年代已绝迹。

按：说明当地虽确有金钱豹，但早已绝迹。

● 巴彦淖尔市：

《中国动物志：兽纲：食肉目》记载：豹东北亚种（*Panthera pardus orientalis*）"分布于……内蒙古科右前旗"（高耀亭等，1987），说明在科尔沁右翼前旗曾有金钱豹栖息。

6.2　东北

东北各省级政区皆有金钱豹分布。

6.2.1　辽宁

辽宁省曾有金钱豹分布，主要延续到20世纪后半叶。

《辽宁动物志：兽类》记述（肖增祜等，1988）：

豹：地方名：金钱豹、银钱豹、文豹。

【亚种】国内3种：……东北亚种：分布于辽宁、吉林、黑龙江。

【分布】辽宁仅见于凌源县的刀尔登、大河北、三道河子很窄的地区。40年代，桓仁县的沙尖子、八里甸子、下漏河、东四平地区都有过收购记录。1958年在新宾县榆树乡岔路村捕获1只。

按：据此证实，在凌源市、新宾满族自治县、桓仁满族自治县等地曾有金钱豹，实际上有所遗漏。

《凌源县志》记述（凌源县志编纂委员会，1995）：

豹：出现于西南部山区。性凶暴，形似虎，肉食类，其骨、肉、脂入药。肉可食，毛皮可制裘。

按：据此，进一步证实当地有金钱豹栖息。

位于葫芦岛市连山区的虹螺山，据称现大型野生动物十分稀少，狼、野猪、金钱豹等至20世纪五六十年代就已消失④。说明曾有金钱豹分布。

6.2.2　吉林

吉林省有金钱豹分布，现今尚有一些存在。

清宣统二年《长白汇征录》记述：

豹：《本草》引《禽虫述》云：虎生三子，一为豹。按：豹似虎而略小。俗谓，能食虎。盖其性暴，敢与虎斗也。毛赤黄，间有黑色。……有黄文如线者，曰金线豹。冬至后，黑斑内生有黄毛，外圆而中空如钱者，曰金钱豹。其皮质稍薄，不及虎之美。长人终岁猎获之数，与虎等。惟价值次之。

按：据此表明，当地有"豹"中的金钱豹等。

《中国经济动物志：兽类》称，豹"中国科学院动物研究所收藏的标本采自……吉林省汪清、安图"（寿振黄，1962），说明在汪清县与安图县确有金钱豹栖居。

《中国动物志：兽纲：食肉目》称，东北亚种（*Panthera pardus orientalis*）"分布于……吉林汪清、晖春⑤、和龙、敦化、延吉、安图、长白、集安、

①包头．http://baike.baidu.com/view/2777.htm? fromId=188483

②旺业甸国家森林公园．http://baike.soso.com/v8383503.htm

③喀喇沁旗．http://baike.baidu.com/link? url=zKZbFz-NmOnp0l2yslqGeI0uYlZE6d2ggIUIwADEg6rH-a61-PmRgSJomkjgvseh

④虹螺山．http://baike.baidu.com/view/91577.htm

⑤"晖春"乃"珲春"之误。

抚松、通化、靖宇、浑江[①]、柳河、辉南、蛟河、舒兰、桦甸”(高耀亭等,1987),说明在今蛟河市、桦甸市、舒兰市、通化市、集安市、辉南县、柳河县、白山市、抚松县、靖宇县、长白朝鲜族自治县、延吉市、敦化市、珲春市、和龙市、汪清县、安图县等地曾有金钱豹栖居。

《中国长白山动物》记载有“金钱豹”,并介绍“长白山主脉位于和龙、安图、长白、抚松、白山、靖宇等县(市)一带”(高玮等,2002),说明在白山市、抚松县、靖宇县、长白朝鲜族自治县、和龙市、安图县等地尚有金钱豹存在。

《中国重点陆生野生动物资源调查》称(国家林业局,2008):

本次调查,豹见于……吉林(珲春、汪清、安图、延吉)。

按:据此表明,在延吉市、珲春市、汪清县、安图县等地仍有金钱豹存在,只是此次调查数量偏少。

● 通化市:民国四年《辑安县乡土志》记述:

豹:似虎而小,白面,团头。白者,曰白豹。黑者,曰乌豹。文圆者,曰金钱豹,最贵重。

按:据此反映,当地确有金钱豹分布。

民国二十年《辑安县志》也记述:

豹:似虎而小,性猛于虎。毛赤黄,间有黑色……有黄文如线者,曰金线豹。冬至后,黑斑内生有黄毛,外圆而中空如钱者,曰金钱豹。其皮质稍薄,不及虎皮之美,价值亦次于虎。境内间有之。

按:进一步证实该县有金钱豹。

民国十六年《辉南县志》记述:

豹:有金钱豹与土豹之分。金钱豹高三四尺,长五六尺。体有白细花纹,形似金钱,故名。

按:据此说明,当地确有金钱豹存在。

● 白山市:民国十九年《抚松县志》记述:

豹:性似虎,尤凶猛。身有斑点,色甚美丽,故俗称金钱豹。为特生之一种。相传,为虎产,殊非。其皮为孺极称贵重。

按:据此反映,该县确有金钱豹栖息。

抚松县地处长白山山区,境内总地势由东南向西北逐渐倾斜。属山区寒温带湿润气候区,大体可划分为5个区域:沿江温和区、山地温凉区、山地冷凉区、山地冷冻区、山地极寒区;气温随海拔增高而递减,自西向东和自南向北递减的变化趋势明显。据称境内有野生动物3 010种,其中大型兽类主要有东北虎、金钱豹、马鹿、梅花鹿、黑熊、棕熊、野猪等[②]。

● 延边州:珲春东北虎国家级自然保护区位于珲春市,是中、俄、朝三国交界地带,东与俄罗斯波罗斯维克、巴斯维亚两个虎豹保护区接壤,西与朝鲜的卵岛和藩蒲湿地保护区相邻,有豹等34目77科183属316种野生动物繁衍生息[③]。

敦化市野生动物主要有兽类13科32种、鸟类21科73种、鱼类15科54种,兽类种类占延边地区总类数的70%。在动物资源中,具有经济、药用和观赏价值的兽类有东北虎,金钱豹、梅花鹿、马鹿、黑熊、野猪、狍子、獐子、猞猁、中华秋沙鸭、环颈雉等[④]。

龙井市野生经济动物有梅花鹿、黑熊、豹子、獾子等,此外还有鸟类、爬行类、两栖类野生动物上百种[⑤]。

和龙市地处长白山山区,地貌类型复杂多样,西部多高山峻岭,西高东低,南岗山脉横亘中部,地貌类型分为山区、丘陵、台地、谷地、河谷平原。据称,境内已查明并具有一定经济价值的野生动物近300科600多种,兽类20余科100余种,其中有金钱豹等国家一级保护动物[⑥]。

2013年12月报道,汪清县吉林汪清国家级自然保护区架设的远红外照相机2年多来共拍到东北豹78次,成功记录了东北豹在保护区内生存、繁衍的良好状况[⑦]。下选4幅照片:2011年9月,首次拍摄到远东豹(金钱豹)(图16.69)[⑧];

---

①1994年4月,浑江市正式更名为白山市。

②抚松县. http://baike. baidu. com/view/287446. htm

③珲春东北虎国家级自然保护区. http://baike. baidu. com/view/1520569. htm

④敦化经济开发区. http://www. ecdc. net. cn/newindex/chinese/page/tumen/tumen_jishi/013/12. htm

⑤龙井市. http://www. baike. com/wiki/龙井市

⑥和龙. http://www. helong. gov. cn/user/index. xhtml? menu_id=528

⑦吉林汪清监控到约6只东北豹 全世界仅50只. http://news. sohu. com/20131221/n392157507. shtml

⑧极危“大猫”远东豹惊现吉林. http://baike. haosou. com/doc/5649997. html

2012年4月，拍摄到东北豹(金钱豹)(图16.70，图16.71)[①]；2014年8月，拍摄到远东豹(金钱豹)猎食梅花鹿时路过(图16.72)[②]。

图16.69　汪清金钱豹(2011年9月)

图16.70　汪清金钱豹(2012年4月)

图16.71　汪清金钱豹(2012年4月)

图16.72　汪清金钱豹(2014年8月)

民国十八年《安图县志》记述：

豹：状似虎而小，白面团头，毛色黄褐，行走迅速。背有黑色圆斑者，曰金钱豹……《禽虫述》云：虎生三子，一为豹。山居。猎户时或见之。

按：反映当地有金钱豹分布。

安图县现今仍称境内栖息着东北虎、金钱豹、黑熊、水獭、紫貂、梅花鹿、野猪等野生动物550余种，其中有野鸡、飞龙等200多种鸟类[③]。

6.2.3　黑龙江

黑龙江省分布的金钱豹不仅在东北最多，也是全国最多的省级政区之一。

民国十四年(1925)《黑龙江通志纲要·物产志》记载："虎、豹、熊、貉等兽皆产，而以貂及堪达汉为特产"。反映当时全省皆有金钱豹等分布。

《黑龙江省兽类志》记述(马逸清等，1986)：

豹：别名：金钱豹、银钱豹。

如果说本世纪30年代大兴安岭还有豹(Loukashkin，1939)，则70年代已经绝迹。现在仅见于黑龙江省东部山区，小兴安岭也已极少见到。

按：提到金钱豹在黑龙江省分布的缩减过程。

《中国动物志：兽纲：食肉目》记载，豹"东北

①汪清林业局第三次拍摄到野生东北豹珍贵照片.http://news.365jilin.com/xinwen/20120515/237920.html
②汪清保护区发现东北豹猎食梅花鹿现场.http://jl.sina.com.cn/news/jlyw/2014-08-03/084395608.html
③安图政务信息网.http://www.antu.gov.cn/info.aspx?id=5124

亚种(*Panthera pardus orientalis*)：模式产地：黑龙江(1903 年)；分布于黑龙江宝清、牡丹江、东宁、穆棱”(高耀亭等，1987)。反映在今宝清县、牡丹江市、穆棱市、东宁县等地曾有金钱豹栖居。

《中国重点陆生野生动物资源调查》称(国家林业局，2008)：

本次调查，豹见于……黑龙江(大海林、绥阳、穆棱、林口)。

按：据此说明，在穆棱市、绥芬河市、海林市、宁安市、东宁县、林口县等地尚有金钱豹，但这仅是在牡丹江市辖境内的部分。

● 哈尔滨市：民国十五年《双城县志》记述：

文豹：濊多文豹《后汉书》。似虎而小，白面团头。色白者，曰白豹。黑者，为黑豹。文圆者，曰金钱豹，最为贵重……《盛京通志》。

按：据此表明，自汉代以来，人们即认识到今双城市有金钱豹分布。

巴彦县称，现存野生动物有豹、狼、狸、狐、兔、鼬鼠等[①]。

● 鹤岗市：鹤岗市及萝北县西部均为小兴安岭林区，有三块面积较大的原始森林保护区，栖息的东北虎、金钱豹、棕熊、黑熊、罕达犴等珍奇动物时常可见[②]。

● 佳木斯市：民国十七年《桦川县志》记述：

豹：似虎而小，白面团头。黑色圆斑者，俗称金钱豹。皮甚贵重。《清会典》：公侯极品坐褥用虎、豹皮。

按：反映当地确有金钱豹分布。

● 双鸭山市：《中国经济动物志：兽类》称，豹“中国科学院动物研究所收藏的标本采自黑龙江省宝清”(寿振黄，1962)，证明宝清县确有金钱豹存在。

● 鸡西市：2008～2009 年，完达山东部林区东方红林业局(虎林市、饶河县、宝清县)在境内开展兽类多样性调查，据称没有发现曾有分布的豹(沈才智等，2011)。

● 牡丹江市：据 2014 年 7 月报道，一只野生东北虎和东北豹近日被布设在黑龙江省老爷岭东北虎国家级自然保护区(牡丹江市)的红外相机拍到。经专家比对，均为去年在同一地区拍到的两只[③]。又据 2015 年 7 月报道，黑龙江省绥阳林业局工作人员在整理老爷岭东北虎国家级自然保护区内的红外监控相机时，发现一段视频，一只东北豹正在观音岭标记领地(图 16.73)。由此标志着东北豹已经在该保护区安家落户，有别于过境豹、旅游豹[④]。

图 16.73　金钱豹在标记领地

民国十三年《宁安县志》记述：

豹：似虎而小，白面团头。色白者，曰白豹，黑者，曰乌豹。文圆者，曰金钱豹，最贵重。……《后汉书·濊传》：其地又多文豹。宁安五道沟、八道河子及北梨树沟均产。

按：不仅确认当地有金钱豹栖息，而且在今宁安市多处有分布。

《东宁县志》记述(东宁县志办公室，1989)：

豹：略小于虎。本地豹体色黄色，密布黑褐色圆形斑点，状似古钱，俗称金钱豹；……全县各地都有分布。伪满前，经常出没村屯，伤害人畜。解放后逐渐减少。1978 年秋，东宁镇西山通往葫萝卜崴的路上，一妇女被豹咬死。近年，村屯附近已不见其踪迹。

按：据此确定，当地有 2 种豹类，其一为金钱豹。

在兽类中，林口县有东北虎、金钱豹、梅花鹿、马鹿、狐狸、紫貂、猞猁、狍子、獾子、黑熊、野猪、山兔、水獭、狼、貉、刺猬、松鼠、黄鼬等 29 种

---

①巴彦县. http://baike.baidu.com/link? url=qakTu2kSu5MPa1hLDKz77GpO-ad6Tu9lSsJmeyBCONY_aSk0jjyAQOinuhXWfKxD

②鹤岗市. http://baike.baidu.com/view/52724.htm? fromId=139617

③辛林霞. 野生东北虎或已在黑龙江老爷岭保护区“定居”. http://news.xinhuanet.com/tech/2014-07/09/c_126728720.htm

④魏来. 一东北豹在黑龙江老爷岭“圈地”标记生活领地. http://www.cepnews.org.cn/news/494770

经济兽类①。

● 绥化市：《绥棱县志》"大事记"记载，野生动物中兽类有：豹与梅花鹿、马鹿、虎、熊、猞猁、野猪、狍子、香獐子、貉子、狐狸、獾子、黄鼬、艾虎、麝鼠、紫貂、水貂、水獭、山狸子、蜜狗、旱獭、刺猬、松鼠、罕达罕等②。

6.3 华东

华东有金钱豹分布的省级政区中未见上海市、山东省与台湾。

6.3.1 江苏

江苏省曾有金钱豹分布，并延续到20世纪后半叶。

《中国重点陆生野生动物资源调查》称：对金钱豹在"江苏未调查"（国家林业局，2008）。

6.3.2 浙江

浙江省有较多金钱豹分布的记录。

《浙江动物志：兽类》（浙江动物志编辑委员会等，1989）：

豹

别名：金钱豹、银钱豹、文豹。

分布：以浙南山区为主；标本采自萧山、宁波、丽水；杭州动物园从富阳、德清、仙居、云和、遂昌等地引进。

按：据此可见，在杭州市、富阳市、德清县、宁波市、仙居县、莲都区、云和县、遂昌县等地曾捕获或取得金钱豹标本。

《中国重点陆生野生动物资源调查》称（国家林业局，2008）：

本次调查，豹见于……浙江（临安、淳安、诸暨、嵊州、开化、龙泉、青田、遂昌）。

按：据此说明，在临安市、淳安县、诸暨市、嵊州市、开化县、龙泉市、青田县、遂昌县等地尚有金钱豹，但调查的金钱豹现存地方数量偏低。

● 湖州市：德清县称，动物有鱼、虾、蟹、猪、牛、羊、兔、豺、狼、豹、水獭等③。

● 宁波市：民国二十二年《鄞县通志》记述：

豹（金钱豹）

体赤褐色或苍褐色，有黑褐色或暗褐色之圆形或卵形斑点。四肢则色较深而为不规则形之黑斑。四肢之内侧与腹面呈白色。性凶猛，运动活泼，善攀树，栖于丛山之洞穴中。捕食兽类，亦害人畜。

如四明山之大风岭附近一带常有其足迹。亦偶有猎得者。

按：此处对金钱豹的形态、生态、习性与分布等皆有记载，说明今宁波市确有金钱豹栖息。

《宁波市志》记述（宁波市地方志编纂委员会，1995）：

金钱豹：银钱豹。体较虎小，全身棕黄色或赤褐色，背、体侧具古钱形黑圈斑点，四肢内侧与腹面呈白色，能跳跃、攀树，捕食猴、鸟类等动物。《鄞县通志》载，四明山大风岭一带常有其足迹，偶猎得。20年代，约猎获百头。

按：不仅印证了《鄞县通志》的记载，更指出曾猎获近百头金钱豹，说明曾广泛分布。

清光绪二十八年《宁海县志》记述：

豹：《正字通》：状似虎而小，白面，毛赤黄，文黑如铁圈，中五圈，左右各四者，曰金钱豹。

按：据此说明，当地栖息的是金钱豹。

民国十五年《象山县志》记述：

豹（《嘉靖志》、《乾隆志》）。案《尸子》：程，中国谓之豹，越人谓之貘。今无貘之名。亦曰山猫。其毛文如柳叶者，虎；如连钱者，豹。

按：据此反映，从明代以来，当地一直有金钱豹。

● 衢州市：开化县称，现有"国家一级保护动物名录"中有豹（*Panthera pardus* Linnaeus）④，表明仍有金钱豹存在。

● 金华市：《中国动物志：兽纲：食肉目》称，豹华南亚种（*Panthera pardus fusca*）"分布于……浙江金华"（高耀亭等，1987），表明金华市曾有金钱豹栖息。

义乌市称，境内兽类有30多种，较多的有黄鼠狼、水獭，属国家二级保护的有穿山甲、豹、江

①林口县. http://baike.baidu.com/link? url＝UlJFdRCgBHEtfnmXGl1p-WAMZwvSaTox-BcHuz_v1uVzhdkCLd9lvynhL8z23Ax4dgdyoT6BmRa1Y7F42kQHQK

②绥棱县志之概述和第一、二篇. http://blog.sina.com.cn/s/blog_62b50a12010176nk.html

③德清县. http://baike.baidu.com/link? url＝IHjorYzW9JNb13dM8YezK2i7ZSYG8DMtysa9FsrTn2x2Ube3XGuBSWu2Lthrf6SB

④中国·开化. http://www.kaihua.gov.cn/zjkh/zrdl/zrzy/200804/t20080423_161236.html

猪，三级保护的有大灵猫、小灵猫、獐、鬣羚，一般野兽有猸子、狸子、麂、野山兔、貉子、松鼠、青猺、黄猺、狗獾、石獾、狼、香菇狼、草狐等①。虽保护动物等级存在瑕疵，但还是可以证明有金钱豹分布。

民国二十三年《宣平县志》记述：

豹：状如虎而小，白面，圆头。自惜其毛采。其文如钱者，曰金钱豹，宜为裘。

按：据此确认，有金钱豹，该县今分属武义县与莲都区。

《浦江县志》记述（浦江县志编纂委员会，1990）：

金钱豹：豹，讹称老虎，系国家二类保护动物。1958 年，潘宅乡东许村少年许柏生，用拳头打死 43 斤重金钱豹一只。今极少见。

按：说明当地不仅将金钱豹讹称"老虎"，还打死一只，证实确有其物。

磐安县称，哺乳纲中属国家一级保护的珍贵动物有"豹（金钱豹和龟纹豹）"②，说明仍有金钱豹生息繁衍。

● 台州市：民国二十五年《台州府志》记述：

豹：《正字通》：状似虎而小，白面，毛赤黄，纹黑如铁圈，中五圈，左右各四者，曰金钱豹。

按：此处引用《正字通》来说明当地有金钱豹分布。

仙居县的俞坑国家级森林公园为国内最大的亚热带原始林沟谷常绿阔叶林保护区之一，其中有国家保护动物"金钱豹"等珍稀物种③。

● 丽水市：《青田县志》记述：

豹：1952 年 4 月，一只豹窜入鹤城镇大街，被众人打死。同年，石溪金钟坦村郭由巢与豹搏斗，豹死人伤。以后再无发现。

按：据实记载了同年分别打死 2 只金钱豹。

《凤阳山志》不仅书前的冠彩照有金钱豹等珍稀物种，还记述了（《凤阳山志》编委会，2012）：

豹：又名金钱豹、银钱豹、文豹。外形似虎而体型较小，为大中型猛兽。主要生活在山地林区，其巢穴多筑于浓密树丛、灌丛或岩洞中，营独居生活。常夜间活动，捕食各种有蹄类动物，如鹿类、野山羊、野猪、猴、野兔、鼠类和野禽等。

按：据此看来，地处龙泉市境内的凤阳山一带确有金钱豹等栖息。

庆元县称，据调查，分布有动物 100 多种，其中珍稀动物有"金钱豹"等④。

6.3.3 安徽

安徽省也有一些金钱豹分布，延续至今的栖息地较多。

《中国动物志：兽纲：食肉目》称，豹华南亚种（*Panthera pardusfusca*）"分布于……安徽歙县、宁国、休宁、永宁⑤、至德⑥、广德、青阳、宜城⑦等"（高耀亭等，1987），表明在今安庆市、怀宁县、歙县、休宁县、东至县、青阳县、宁国市、广德县等地曾有金钱豹生息繁衍。

《安徽省陆生野生动植物资源》记述（安徽省林业厅，2006）：

豹

【分布】见于皖南山区、大别山区和江淮丘陵的西部。

【数量】稀少，上世纪 70 年代以前，每年豹皮产量三四十张，近年来数量锐减，大别山区和江淮丘陵西部已近绝迹，现仅见于皖南山区的黟县、祁门和东至县等少数地点。1996 年，黟县林业局曾没收过 1 只，后制成标本。1999 年和 2000 年黄山师范高等专科学校在黟县获得 2 张新鲜豹皮。现具体数量不详。

按：据此说明，较明确的金钱豹分布地仅有黟县、祁门县、东至县等。

《中国重点陆生野生动物资源调查》称："安徽……已调查证实有分布，但因数量稀少而无法统计，故数量不详"（国家林业局，2008），表明仍有金钱豹存在。

● 马鞍山市：南陵县水热条件优越，利于动

---

①义乌. http://baike. baidu. com/link? url = 9oqQ-K1Ge4zZsi6BUEvsC4uc3A9StUCzksoaYeiYHd3olTweqq2OZn5epZS62ilKNf7_TkfX9vsJxhO5NHJvBa

②磐安县. http://baike. baidu. com/view/453254. htm

③俞坑淡竹原始森林双穿越之旅. http://bbs. qjwb. com. cn/simple/? t948457. html

④庆元县. http://baike. baidu. com/link? url=zCrys3q9wl8ieFqNQ59ERwEhrrqI7BFiCuhD4fO4_leXHC1vE1adUFgXjf0hXPWq

⑤安徽省古今未见县名有"永宁"；疑似"怀宁县"之误，当地现今仍有豹存在。

⑥1959 年 5 月 15 日，"至德县"并入今"东至县"。

⑦安庆市古称"宜城"，宋绍兴十七年（1147），即始名"安庆"。

植物繁衍栖息，生物资源十分富饶。有多种珍稀动物，如扬子鳄、梅花鹿、金钱豹、穿山甲、黡羚和白鹇等①。

● 铜陵市：铜陵县境内动植物资源丰富多样，其中列入国家保护的动物有梅花鹿、金钱豹、猫头鹰、江豚、穿山甲、苏门羚 7 种②。

● 安庆市：《安庆市志》记述（安庆市地方志编纂委员会，1997）：

金钱豹：1964～1966 年，花山公社桐山二队社员在龙泉庵笼捕金钱豹 4 只，重的有 35 kg，轻的 25 kg；1982 年金钱豹偷食龙堂山民家猪，被枪杀。在山区腹地还偶有出现。

按：反映当地曾有较多金钱豹。

怀宁县境内兽类主要有：豹（甚少）、狐、狼（稀少）、豪猪、野猪、猪獾、貉、黄鹿（亦称黄獐）、豹猫（亦称山猫）、香灵猫、果子狸、山獾、南狐（亦称竹狗）、短耳兔（亦称华南兔、山兔）、刺猬、褐家鼠、小家鼠、黑线姬鼠、松鼠、黄鼬（俗称黄鼠狼）、水獭（罕见）、穿山甲（有铜色、铁色两种，今甚少）、蝙蝠（遍及全县）、虎（今基本无）等③。

宿松县现存野生动物中兽类有：豺、犴、獐、麂、獭、獾、揣狸、果狸、野猪、兔等，虎、豹少见④。

望江县称："豹子，1963 年冬在鸦滩乡曾出现 1 只"⑤，可见曾有金钱豹分布。

● 黄山市：据报道，地级黄山市（辖黄山市、歙县、休宁县、黟县）动物种类 300 多种，其中属于国家保护的珍贵鸟兽有 20 多种，国家一级保护动物有云豹、金钱豹等多种⑥。

民国二十六年《歙县志》记述：

豹：似虎而较小，毛淡黄色有黑斑如钱。山中时有之，每为猎者所枪杀。

按：据此说明，当地有金钱豹分布。

● 六安市：六安市境内动物区系具有古北界向东洋界过渡的特点，在安徽动物区划中跨大别山和江淮丘陵两区。有脊椎动物 500 多种，其中兽类 62 种。野生动物中，受国家保护的有金钱豹与大鲵、原麝、香獐、小灵猫、白冠长尾雉、白颈长尾雉等⑦。地级六安市辖境内绝大部分历史上都有金钱豹。

天堂寨为大别山主峰，位于金寨县与湖北省交界处。现有野生动物 634 种，其中有野猪、穿山甲、金钱豹、原麝、大鲵、小鲵、豺狼、水獭、长尾雉、珍珠黄羊等珍稀动植物资源⑧。

《霍山县志》记述（霍山县地方志编纂委员会，1993）：

金钱豹：属哺乳纲食肉目、猫科的猛兽。体长一般 15 cm，尾长 80 多 cm，头圆耳短，毛色橙黄，密布着许多形状似古钱的黑色斑点或环纹，故名。

活豹可观赏，死后皮可做服装，肉可食，骨可入药，有定痛镇惊、健骨强筋功效。

主要栖于茂密的丛林或森林中，多在夜间活动。由于大量砍伐森林、滥捕乱猎，数量锐减，目前濒于绝迹。全县仅 20 多头，在同岳西、英山、金寨交界的深山区有活动踪迹。已列为国家一类保护动物，严禁猎捕。

按：反映有金钱豹，且在多地仍有分布。

● 巢湖市：庐江县报道，野生动物中兽类有：金钱豹、麂、狼、野猪、豺、野猫、水獭、黄鼬、狐、狸、野兔、猪獾、豪猪、鼠、穿山甲、刺猬、蝙蝠，其中金钱豹、麂、狼、狐狸、黄鼬多出没于山区丘陵或圩畈区，今已少见⑨。

---

①南陵县. http://baike. baidu. com/subview/282227/7964034. htm? fr=aladdin

②铜陵县. http://baike. baidu. com/link? url=-MuSeU0IPmTssWSjTk1iGhI2UnpuLJ0c2S7AM5v4c9v1OuYUEXBKUb4nK8ML2iRo

③怀宁县. http://baike. baidu. com/link? url = 4YHD30xWD72NejmpoKC7rQxPXR9VqZDkTMrSFGhvnblIUiskpXzWAWVQ5KGT3Qbj#4_1

④宿松县人民政府网站. http://www. susong. gov. cn/

⑤望江县. http://baike. baidu. com/link? url=b3TsenAMw_5UX82pnl4amWuQH75EjobBcmP4ttAq2h-pN0GNg4PpTAKJgoqsOnUv

⑥黄山. http://baike. baidu. com/link? url = TXz6VdTD2MLNIyAN4Xf0ruJeJQ4_oOksw5h-AumU9oJ7Gtrm48rD_WApD85I8CBLPwuBriSnOyK15GiaT6tY085V7UBi8zb2beUSIeo6LPe#3_3

⑦六安. http://baike. baidu. com/link? url = sgWnyL4JmTZiEaTVMdkWQWOwRhw8RHfbO0O8S-NciQtDbyJvaAaL0wqscN3gXnVNEfsSVAz_5pRUbPwi_NG6H_#6_3

⑧天堂寨. http://baike. baidu. com/view/155702. htm

⑨庐江县. http://baike. baidu. com/link? url = QZQrgMmFPrIwbtBMqsJVIrPc3I1zo3MHqmX0fEWeul4AKntPJHzToNHcvg-WORlu#3_1

《无为县志》记述(无为县地方志编纂委员会,1993):

豹:1952年前后在西南低山丘陵带出没频繁,因常伤害牲畜,鹤毛区政府组织人员进山围捕,曾打死1只,活捉1只……后少见。

按:据此说明,当地打死与捕获的就是金钱豹。

● 池州市:贵池区称,当地现有野生动物中兽类有“豹”等①。

石台县称,现当地野生动物中兽类仍有“金钱豹”等②。

青阳县位于皖南山区东北部,长江中下游南岸,为长江中下游平原与皖南山区交界处;中低山和丘陵居多,九华山山脉绵亘中南部;地势南高北低,南部高山峭拔,中部为丘陵,北部多平原、圩区。地属亚热带季风性湿润气候区。县境生物资源较丰富,种类繁多。据调查,有动物资源300余种。但由于生态环境的改变,原始森林消失,以原始森林为栖息地的野生动植物有的逐渐减少,有的已经消亡,金钱豹的头数大为减少③。

● 宣州市:至2003年,旌德县已被人们认识的野生动物有兽类51种,其中还有“金钱豹”等④。

6.3.4 福建

福建省有金钱豹分布,至今仍有较多金钱豹存在。

《中国经济动物志:兽类》称:“文献记载豹的地区有……福建省福清,南平”(寿振黄,1962),反映在今福清市与延平区曾有金钱豹栖息。

《中国重点陆生野生动物资源调查》称(国家林业局,2008):

本次调查,豹见于……福建(建瓯、武夷山、光泽、浦城、建阳、将乐、延平、新罗、连城、永安)。

按:据此表明,在延平区、武夷山市、建瓯市、建阳市、浦城县、光泽县、永安市、将乐县、新罗区、连城县等地仍有金钱豹存在,但调查的金钱豹现存地方数量偏低。

● 福州市:《福州市郊区志·自然资源》称,有鼠、野猪、豺犬、金钱豹、狐、九节狸、果子狸、阄(?)、獐、鼠狼、竹鼬、豪猪、山犬、蝙蝠、穿山甲等⑤。

《福清市志·野生动物》称,1940年代末、1950年代初,沿海一带不时可见老虎、豹子到田野里活动,有的人还受其害⑥。反映当地曾有金钱豹栖息。

《长乐市志·野生动植物·野生动物》记载:哺乳类主要有猫、狸、狐、穿山甲、野兔、松鼠、竹鼬、豪猪、猹、黄鼬、野猪、山羊、山犬、刺猬、田鼠、家鼠、蝙蝠、海豚、虎、赤豹、钱文豹、黑豹、鹿、麂、獐、狼等,但少见⑦。从记载情况看,所称“但少见”,似指从“海豚”起往后的物种。总之,反映曾有金钱豹栖息。

《闽侯县志·野生动植物》记载:哺乳类有虎、豹、豺、狼、鹿、獐、麂、野猪、野山羊、豪猪、野兔、狐、狸、山猫、猴、黄鼠狼和水獭等兽类⑧。

民国十六年《连江县志》记述:

豹:毛如虎黄而有黑点如钱,曰金钱豹。齿骨最坚,惟以羚羊角击之则碎。玄豹、土豹皆虎生焉。

按:说明当地有金钱豹分布。

《连江县志·野生动植物·野生动物》记述,1980代后,电、煤、液化气逐步成为家庭的主要能源,加上水土保持、造林、生态环保和林政管理,森林覆盖率提高,可偶见豹等一类动物。另外,列举的兽类有野猪、青羊、野兔、金钱豹(*Panthera pardus*)、野猫、狼、狐、蝙蝠、穿山甲、松鼠、豪猪、黄鼬、黄麂等⑨。

● 南平市:《中国动物志:兽纲:食肉目》称,

---

①中国·贵池. http://www.ahgc.gov.cn/content/55844.html

②石台县. http://baike.baidu.com/link?url=WvpMTJ_Cx-FAApa4W4i1PCmWv8z84O5ctg44S-gcmg9oCqJ7IlClf9vBtom1MBt1#4_2

③青阳县. http://baike.baidu.com/view/457828.htm?from_id=4321125&type=syn&fromtitle=青阳&fr=aladdin#3_2

④中国·旌德. http://www.ahjd.gov.cn/ReadNews.asp?NewsID=1297

⑤福州地情网. http://www.fzdqw.com/showtext.asp?ToBook=1115&index=6&

⑥福州地情网. http://www.fzdqw.com/ShowText.asp?ToBook=1100&index=99&

⑦福州地情网. http://www.fzdqw.com/ShowText.asp?ToBook=1106&index=102&

⑧福州地情网. http://www.fzdqw.com/ShowText.asp?ToBook=1107&index=121&

⑨福州地情网. http://www.fzdqw.com/ShowText.asp?ToBook=1113&index=147&

豹华南亚种（*Panthera pardusfusca*）“分布于……福建平和”（高耀亭等，1987），说明在平和县曾有金钱豹栖居。

至2005年，由于栖息地遭受破坏及人为滥捕滥猎，邵武市野生动物种群数量明显减少。过去广布的一些种类，如各种鸟类已不常见，狼、虎、豹等珍稀野生动物在市境内已基本绝迹①。

民国十八年《建瓯县志》记述：

豹：似虎。……赤尾，黑纹者，曰赤豹。纹小而圆者，曰金钱豹。

按：据此反映，今建瓯市有金钱豹等豹类。

《建瓯县志》记述（建瓯县地方志编纂委员会，1994）：

金钱豹：生长于迪口镇和龙村、水源、川石乡的深山密林中。近年，几乎绝迹。

按：不仅证实有金钱豹，而且在多处有分布。

建瓯市全市野生动物有330种，属国家保护的有17种，其中属一级保护的有“金钱豹”等②。

《顺昌县志》记述（顺昌县地方志编纂委员会，1994）：

金钱豹：栖息环境与虎相似，数量较多，繁殖力比虎强，体重比虎轻、体形小，较易被人捕获。80年代以后，数量锐减。

按：据此说明，该县有金钱豹生息繁衍。

浦城县称，野生动物主要有虎、豹、熊、猴、山羊、穿山甲、鸳鸯、角怪、娃娃鱼等③。

● 三明市：泰宁县山多林密，适宜各种野兽栖息和繁衍，常见的兽类有刺猬、麝、梅花鹿、黑麂、山羊、短尾猴等37种。因森林砍伐过量和滥猎滥捕，生态平衡受到破坏，有的珍贵动物越来越少，如虎、豹、鹿等④。

民国二十年《大田县志》记述：

豹：赤尾，黑纹。一种为玄豹。一种为金钱豹，以其纹圆小似金钱。古诗：饿狼食不足，饥豹食有余。言狼贪，豹廉也。

按：据此表明，当地有金钱豹分布。

民国八年《建宁县志》记述：

豹：……毛有金钱圈，中五圈，左右各四者，曰金钱豹。……见《诗》。元豹，见《山海经》。黑豹、白豹，见《王会篇》。

按：此处多援引古籍来说明当地有金钱豹。

《建宁县志》记述（建宁县地方志编纂委员会，1995）：

豹：1969年，溪源、均口发生虎、豹伤人。为此，全县建立了78个打猎队，搭捕兽棚千余处，当年猎获虎、豹、山猪、豪猪共538只；至1988年，已濒于绝迹。

按：此处不仅证实有金钱豹的记载，而且还有较多数量。

● 泉州市：《惠安县志》记述（惠安县地方志编纂委员会，1998）：

豹：俗称金钱豹，60年代初在境内西北山区以及螺阳梅山尖西岭一带尚有发现。

按：表明该县山区还有金钱豹。

安溪县属戴云山脉向东南延伸部分，地势自西北向东南倾斜。西北部山峦起伏，山峰林立，山势峻峭，坡度大，河谷狭窄；东南部地势相对较平缓，以丘陵山地为主，河谷盆地串珠状分布在西溪、蓝溪沿岸。属南、中亚热带海洋性季风气候区。由于地形地貌的差异，形成明显不同的气候特点。县内兽类，虎、豹、狼少见，主要是山獐（麝）、豪猪、豹猫、野兔、山羊、水獭、穿山甲等⑤。

● 漳州市：《平和县志》记述（平和县地方志编纂委员会，1994）：

豹：山格双坑、下寨双尖、文峰三坪、国强三五等一带常有发现，常窜入村庄伤害猪、狗等家畜。

按：说明该县多地有金钱豹分布。

● 龙岩市：漳平市现存300余种野生脊椎动物，国家重点保护动物有“金钱豹”等⑥。

---

①中国·邵武. http://www.shaowu.gov.cn/showZjsw.aspx? ctlgid=592851

②中国·建瓯. http://www.jianou.gov.cn/cms/sitemanage/index.shtml? siteId=30160281333960000

③浦城县. http://baike.baidu.com/view/190726.htm

④泰宁县. http://baike.baidu.com/subview/681431/8049376.htm? fr=Aladdin

⑤安溪县. http://baike.baidu.com/link? url=rCnfVaQcrFj9_k4BsNsEp_edBB_U7MKd2Gyy-9Kj38IdjbCRzv0ES1QhUf7Yn-CJ#4

⑥漳平. http://baike.baidu.com/link? url=SOJkx38Uus-1Dq2coF_yQIhlrGMzWyES6Z64Q_UDVQyEseb3wWl8sw7WUR8DcaidgLUhwgRGmBdlHaWc8VM32187FtZvvh7_BDW4XveK22PZ_mKnm6Am1O1HS8ulxdgBJC2V3N6yOCTpuUmLgdOPdHH1nDt7ADSbPgkxdccP1-O

民国三十年《长汀县志》记述：

豹：似虎而小，猛捷过虎。山泽皆有之。……尾赤而文黑，谓之赤豹。又，圆者，为钱文豹。

按：据此表明，当地不止一种“豹”，其中就有金钱豹。

● 宁德市：民国十八年《霞浦县志》记述：

豹：似虎而小，背及腹部有黑色圆斑，大如金钱。性凶暴，体力之强壮稍逊于虎，亦能害人。

按：记载有金钱豹的特征，说明当地有此物栖息。

6.3.5 江西

江西省是华东金钱豹分布地最多的省级政区，仍有较多延续至今。

《中国动物志：兽纲：食肉目》记载，“1965 年在江西峡江县境内发现成群的豺将 50 余千克的豹咬死”；又称，豹（华南亚种 *Panthera pardus-fusca*）“分布于……江西峡江、高安、宜黄、景德镇、新建、永丰、会昌、南城、新余、贵溪、安义”（高耀亭等，1987），表明在今新建县、安义县、景德镇市、贵溪市、渝水区、会昌县、南城县、宜黄县、高安市、峡江县、永丰县等地曾有金钱豹栖息。

《中国重点陆生野生动物资源调查》称（国家林业局，2008）：

本次调查，豹见于……江西（抚州、宜春、九江）。

按：此处所列举的 3 地皆为地级市，并非皆有金钱豹存在，目前查证到的仅有九江市、瑞昌市、九江县、修水县、德安县、星子县、都昌县、彭泽县、临川区、南城县、崇仁县、东乡县、袁州区、丰城市、高安市、万载县、宜丰县、靖安县、铜鼓县等地。此外，其他地级市也有金钱豹存在。

● 九江市：九江县是江湖平原与低山丘陵相混交连的地区。地势西南高而东北低，东南和西南为低山高丘，中部多丘陵岗地，东北和西北沿江滨湖一带为冲积平原和洲地。地处中亚热带向北亚热带过渡的湿润性季风气候区，四季分明，光照充足，气候温和，雨量充沛，无霜期长。森林覆盖率为 35.73%。当地珍稀野生兽类有金钱豹、穿山甲、小灵猫等 14 种①。

修水县在幕阜山脉和九岭山脉之间，是比较典型的山区县，以山为主。境内四周群山环绕，北有幕阜山，南有九岭山，均为东北—西南走向，从四周向中心依次是中山、低山、丘陵和河谷地形；中、低山占总面积的 65%，高丘占总面积的 20.5%，低丘占总面积的 13.5%。地属亚热带湿润性季风气候区，四季分明，热量丰富，无霜期长，光照较充足，雨量充沛；各地气候差异大，立体气候明显。现野生哺乳类动物主要有金钱豹、梅花鹿、獐、山獾、黄麂、南狐、貂、水獭等②。

瑞昌市地处九岭山低山丘陵区，由西南向东北倾斜，地貌以低山丘陵为主。地属温带大陆性湿润气候区。现有兽类：“鹿、野兔、野猪、刺猬、豹猫、金钱豹、豺獐（豺、獐）、狐等”③。

都昌县以丘陵和滨湖平原为主，且水域宽阔，局部有低山分布；地势北高南低，向西北和东南两个方向倾斜；自东北向西南呈低山、高丘、低丘、平原、湖区的变势。地属亚热带湿润性季风气候区。动物资源中兽类有：狼、獐、鹿、兔、黄鼬、山獾、水獭、灵猫、刺猬、豹猫、野猪、豪猪、金钱豹、豺狗、里子猫、田鼠、蝙蝠等④。

● 景德镇市：景德镇市（辖景德镇市、乐平市、浮梁县）仍有国家一级保护动物“金钱豹”等 4 种⑤。

浮梁县境内也有国家一级保护动物“金钱豹”等⑥。

安远县境内野生动物繁多，列入国家保护的野生动物有 18 种，其中华南虎、云豹、金钱豹、黄

---

①九江县. http://baike.baidu.com/link? url=dGTa5gR9_SujY3ob5Zxb8DZusttRfaFM8FpwxURKX6b2B5fpqiuc34amhO6DmkUW#6_2

②修水县. http://baike.baidu.com/link? url=KvypVUIBQPITq_oaqEZf7dtQKogHuo5SKVT0sPvJk8niZkMj0Dunq8RUPT0pMUte#8_5

③瑞昌. http://baike.baidu.com/link? url=CBvuqioCljWQoYYRgRuUZqGF6BGMzV8nRjDSVwhd8S3THJFHwbaxWbG2SUsDW8_0ZrIcrNJV6o3e59gynCGs7W8TthwFNKpj6qzv20aN6o3#8_5

④都昌县. http://baike.baidu.com/link? url=IJpN2Xy1JedF_TSaRMP8u_MLrQ35D7jqyqZgJkLSjaL9VcX5Un1NNGtQKztFTjmP#5_3

⑤景德镇. http://baike.baidu.com/link? url=Vl50A6mi3BEKavjLwBXBBIieVVUfNaX6pponk2RkxfuxiqZ2L7l7JJwf38C7TYd7AY1RP95AgpnnC4WyHe5_H-4By0Zl0dGpMorp9wreJDy

⑥浮梁县. http://baike.baidu.com/link? url = cbq1s2Pue2dPZvLKcM06BT7dsCHRvvSwwd541azggQun7Pht0R3eB9IPhA4gKYuLm0Byh2QQ4XL_F3r6wHN11a

腹角雉为一级保护动物[①]。

● 新余市：民国二十九年《分宜县志》记述：

豹：各乡山林间。

为数不多。

山林稠密，人烟稀少之处，多藏此豹。

按：表明当地有金钱豹分布。

● 萍乡市：萍乡市称，市境内分布的国家一级保护动物有"豹"等多种[②]，但能查证的仅有萍乡市。

莲花县地貌由山地、丘陵、岗地、河谷平原和山间盆地组成，地势北、东、西三面高，中部和南部低。野生动物中国家一、二级保护动物有穿山甲、王斑、虎（王斑虎，即华南虎）、豹、猴、猩猩等20多种[③]。

● 上饶市：《三清山志》记述（德兴县县志编纂委员会办公室，1990）：

金钱豹：……体较虎小，长尾，体黄色，密布圆形或椭圆形黑褐色斑点或斑环，状似古钱，故名"金钱豹"；其腹白色，杂有黑色斑点。主食草食兽。毛皮可制冬衣、褥子，骨可供药用。为国家一级保护动物。

按：据此反映，在德兴市、玉山县一带有金钱豹栖息。

《弋阳县志》记述（弋阳县县志编纂委员会，1991）：

金钱豹：头圆，耳短，毛呈橙黄或黄色，身上有金钱纹。体型似虎，体长1.0～1.5 m，体重50 kg左右。

喜栖于山区的森林、树丛、草莽中，四肢矫健，跳跃力很强。属夜行性动物，能扒［爬］树，以傍晚和黎明最为活跃。捕食家犬、麂子等中小型动物。

产于洪山、三县岭等地，近年极少。

按：表明有金钱豹分布。

弋阳县地处弋阳—玉山丘陵盆地西部，地势南北高、中部低，南北两端为低山丘陵，山地面积占全县土地总面积的57.1%。地属中亚热带湿润气候大区江南气候区。弋阳县人民政府网站称，当地珍稀动物有：中华秋沙鸭、金钱豹、苏门羚、斑羚、猕猴、黑鹿、穿山甲、水獭、锦鸡、蟒蛇、黑熊、小灵猫、鸢鹰、白鹇、大鲵等[④]。

● 抚州市：东乡县地处赣东丘陵与鄱阳湖平原的过渡地带，整个地势由东向西南缓慢倾斜。地属亚热带湿润气候区，气候温和，日照充足，雨量充沛，无霜期长。据称，该县有国家一级保护动物金毛豹、苏门羚等[⑤]，说明仍有金钱豹等栖息。

● 宜春市：袁州区属低山丘陵地形，南、西、北三面群山环抱，峰峦叠嶂，地势较高；中部和东部广布丘陵，地势较低。按海拔和相对高度，袁州区可划分为山区、丘陵、平原三种地貌，山区主要分布在南面和北面的区境边缘，占总面积的21.7%；丘陵分布在区境中部，占总面积的60.7%；平原主要分布在区境东部和袁河两岸以及丘陵地貌中夹插的小块平原，占总面积的17.6%。地属中亚热带季风性湿润气候区。当地珍贵野兽有虎、豹、豺、猴、野牛、红毛狗等[⑥]。

宜丰县经查明，共有脊椎动物341种，其中哺乳类43种，有"豹"等珍稀物种[⑦]。

靖安县现有国家一级保护野生动物"豹"等[⑧]。

铜鼓县地处罗霄山脉北端东部，修河上游。地势由西南向东北倾斜，地形西宽东窄，境内山丘连绵起伏。地属中亚热带北部湿润气候区，气候温润，冬无严寒，夏少酷暑，四季分明，雨量充沛，光照充足，无霜期长。野生动物门类繁多，有虎、豹、鹿、獐、麂、猴、鸦、鹊、燕、雁、竹鸡、野鸡、地花鸡等[⑨]。

---

①安远县. http://baike.baidu.com/view/173679.htm

②萍乡野生动物资源. http://bm.pingxiang.gov.cn/lyj/article/200911/156949.html

③中国·莲花. http://www.zglh.gov.cn/html/lvyouzixun/1540.html

④自然资源. http://www.jxyy.gov.cn/yygk/zrzy.html

⑤东乡县. http://baike.baidu.com/view/16513.htm

⑥袁州区. http://baike.baidu.com/link? url=GCLVXqWI0hWK68weFBpse0dugDomgApHGwpFo5XoflL_sSbb7cooXMO8ttSHv-0I#6

⑦宜丰县人民政府. http://www.jxyf.gov.cn/News/ZJYF/zrhj/2011/YF_2011101413543.html

⑧中国靖安. http://www.jxjaxzf.gov.cn/Category_121/Index.aspx

⑨铜鼓县人民政府. http://www.tonggu.gov.cn/list.aspx? id=374419503170

● 赣州市：信丰县现仍有“豹”等珍稀野生动物①。

大余县野生动物资源有16目37科116种，其中兽类5目10科19种，有云豹、豹、黄腹角雉等国家一级重点保护动物②。

上犹县丘陵和山地间有大小不等的山间盆地，多为陕长带状，地势低平。地属亚热带季风气候区。该县仍有国家一级保护动物金钱豹、草鹗、白鹇、黄腹角雉，二级保护动物穿山甲、刺猬、红腹锦鸡、蟒蛇、猕猴，三级保护动物大鲵（娃娃鱼）、小灵猫（黄鳅狸）、水獭、猫头鹰等③。虽然此处保护动物等级存在瑕疵，然而仍可证实有金钱豹。

安远县境内野生动物繁多，还有“金钱豹”等多种国家保护动物④。

全南县以山地为主，地势西南高、东北低，中部隆起，把县境分成南北两片。地属中亚热带季风气候区。现有兽类主要有金钱豹、豹猫、刺猬（豪猪）、苏门羚（石羊）、黄麂、山鹿（黄黑山牛）、獐（麝）、狐狸、野猪、果子狸、豺、水獭、野兔、黄鼠狼、鼹鼠（芒杆兔）、家鼠、田鼠、松鼠、穿山甲、蝙蝠等⑤。

《宁都县志》记述（宁都县志编辑委员会，1986）：

金钱豹：又叫豹子。形似虎，较小。身上有很多金钱般花纹。性凶猛，能上树。骨骼、脏腑可入药。县西、北部山区有分布。

按：说明该县多地有金钱豹分布。

● 吉安市：吉水县地形兼有山地、丘陵、平原三大类，以丘陵为主。东、北、南三面地势稍高，西部与西北稍低，由东向西倾斜形成一个半开口的盆地。气候温和，雨量充沛，光照充足，四季分明，具有东亚热带季风性湿润气候的特征。常见兽类有野猪、野兔、獐、鹿、狼、狐、獾、黄鼠狼、水獭、刺猬、松鼠、田鼠等；稀有珍贵动物有华南虎、南山豹（金钱豹）、苏门羚、马鹿、穿山甲等⑥。

《永丰县志》记述（江西省永丰县志编纂委员会，1993）：

金钱豹：似虎，较小。全身有金钱般花纹。性凶猛，善奔走，能上树。喜栖息于丘陵多树的地方。1970年以后，境内未发现。

按：说明该县曾有金钱豹分布。

6.4 中南

中南仅澳门特别行政区未见有金钱豹分布记录。

6.4.1 河南

河南省有较多金钱豹栖息。

《中国动物志：兽纲：食肉目》称，豹华南亚种（*Panthera pardus fusca*）“分布于……河南豫南山区（桐柏）、桐柏山和大别山一带”（高耀亭等，1987），即约在今舞阳县、方城县、社旗县、唐河县、桐柏县、信阳市、潢川县、光山县、固始县、商城县、罗山县、新县、确山县、泌阳县等地曾有金钱豹分布。

《河南省野生动植物资源调查与保护》记述（甘雨等，2004）：

金钱豹

【地方名】豹、老豹子、银钱豹、文豹。

【分布与数量】全省共有20个县（市、区）有金钱豹分布，具体地点为：济源市黄楝树林场、蟒河林场，辉县市南坪、关山，修武县西村乡，焦作市中站区桑原乡，博爱县长岭林区，沁阳市杨庄河，林州市城郊乡，栾川县老君山、熊耳山，嵩县五马寺林场、王莽寨林场，汝阳县付店乡，卢氏县狮子坪乡、朱阳关镇，灵宝市朱阳镇，陕县林场，鲁山县四棵树乡、二郎庙乡，南召县崔庄乡、桥端乡，内乡县宝天曼，西峡县木寨林场，淅川县毛堂乡和荆关林场，桐柏县陈庄林场，商城县金岗台林场。共40～68只，其中济源市3～6只，辉县市1～2只，修武县2～4只，焦作市中站区1～2只，博爱县1～2只，沁阳市3～6只，林州市1～2只，栾川县2～4只，嵩县3～6只，汝阳县1～2只，卢

①信丰县. http://baike. baidu. com/link? url=xGGEGEUZCeIYVr6D_t6YlerFvpJE1c0o49eDS3TxeN-4SDLeLK-l2FyRUu5K1c8N#8_2
②大余县. http://baike. baidu. com/view/173756. htm
③上犹县. http://baike. baidu. com/view/173586. htm
④安远县. http://baike. baidu. com/view/173679. htm
⑤全南县. http://baike. baidu. com/view/173615. htm
⑥吉水县. http://baike. baidu. com/link? url=I3yxQ96nKhO7csQo5eVqOeD67HMngOdbNxsrR0N-FflV67oHmx6UZxfGxnQSCA2t#5_2

氏县 5～8 只，灵宝市 2 只，陕县 1～2 只，鲁山县 2～3 只，南召县 2 只，内乡县 3～4 只，西峡县 3～5 只，淅川县 1～2 只，桐柏县 2 只，商城县 1～2 只。种群密度 0.006 1 只/km^2。

按：此处的调查比较细致、清晰，反映在灵宝市、陕县、卢氏县、栾川县、嵩县、汝阳县、焦作市、沁阳市、修武县、博爱县、辉县市、林州市、鲁山县、南召县、西峡县、内乡县、淅川县、桐柏县、商城县、济源市等地仍有金钱豹存在。

《中国重点陆生野生动物资源调查》称（国家林业局，2008）：

本次调查，豹见于……河南（济源、辉县、修武、博爱、沁阳、林州、栾川、嵩县、汝阳、灵宝、陕县、鲁山、南召、内乡、西峡、淅川、桐柏、商城）。

按：据此反映，在灵宝市、陕县、栾川县、嵩县、汝阳县、沁阳市、修武县、博爱县、辉县市、林州市、鲁山县、南召县、西峡县、内乡县、淅川县、桐柏县、商城县、济源市等地尚有金钱豹生息繁衍。

● 洛阳市：位于嵩县境内南部的龙池曼国家自然保护区野生动物资源丰富，经调查分类鉴定共有 26 目 59 科 201 种，其中列为国家重点保护的有金钱豹、华南虎、水獭、青鼬等①。

宜阳县地处豫西浅山丘陵区，地理区划大致可分为洛河川区、宜北丘陵区、宜南丘陵区、白杨和赵保盆地、宜西南山区五大区域；宜北属秦岭余脉，宜南属熊耳山系。地属暖温带大陆性季风气候区。县西南部的穆册乡境内，花果山森林覆被率达 92.4%，林中珍禽异兽比比皆是，有金钱豹、香獐（麝）、金雕、银狐、大灵猫、小灵猫、鹿、相思鸟等②。

● 南阳市：内乡县北部的宝天曼是我国长江、黄河、淮河三个水系唯一的分水岭。《宝天曼林区兽类资源调查报告》称，有金钱豹与普通刺猬、短刺猬、草兔、高原兔（长毛兔）、豪猪、貉、狼、狐、豺、青鼬、黄鼬、鼬獾、狗獾、猪獾、水獭、花灵猫、大灵猫、豹猫、野猪、麝、梅花鹿、狍、小麂、斑羚、鬣羚等 48 种哺乳动物（宋朝枢，1997）。

● 信阳市：信阳市称，动物种类已见记载的有 2 031 种，其中陆生脊椎动物 380 多种及亚种，占全省种类总数的 83%；无脊椎动物 1 650 种；哺乳类动物 47 种，主要有黄鼬、狗獾、猪獾、水獭、狼、狐、貉、豺、小灵猫、大灵猫、果子狸、豹猫、金钱豹（濒危或已灭绝）、草兔、鼠类、豪猪、野猪、麝、狍、穿山甲、刺猬等③。此乃地级市情况，辖境内金钱豹的具体分布地待查证。

据报道，信阳市仍有金钱豹与林麝、豺、水獭、大灵猫、斑羚等哺乳动物（熊林春等，2014）。

商城县地势由南向北倾斜，逐级降低，形成中低山、低山丘陵、丘陵垄岗三大自然区；东、南、西三面由纵向山脊环绕，峰峦叠嶂，沟谷交错，地貌多姿；南部中低山区占全县总面积的 40%，中部低山丘陵区占全县总面积的 32%，北部丘陵垄岗区占全县总面积的 28%。气候温和，雨量充沛，四季分明。全县有陆栖动物 270 多种，野生哺乳类 170 多种，主要有狐、狼、金钱豹、野猪、水獭、貉、刺猬、断板龟、灵猫、草兔等④。

6.4.2 湖北

湖北省有较多金钱豹分布记录。

《中国经济动物志：兽类》称："文献记载豹的地区有……湖北省宜昌，长阳"（寿振黄，1962），反映在今宜昌市与长阳土家族自治县曾有金钱豹分布。

《中国重点陆生野生动物资源调查》称（国家林业局，2008）：

本次调查，豹见于……湖北（宜昌、长阳、五峰、竹溪、丹江口、罗田、阳新、通山、崇阳、通城、利川、巴东、宣恩、咸丰、神农架）。

按：据此证明，在武汉市、丹江口市、竹溪县、罗田县、阳新县、通城县、崇阳县、通山县、宜昌市、长阳土家族自治县、五峰土家族自治县、神农架林区、恩施市、利川市、巴东县、宣恩县、咸丰县等地尚有金钱豹存在，只是金钱豹现存地方数量偏低。

---

①龙池曼国家自然保护区. http://baike. baidu. com/view/1308259. htm

②宜阳县. http://baike. baidu. com/link? url=BdgITlQQyIUPYfhraxQap6cd_efYttyn6Mfw-1fqyx7xU_oIbVhPZD02TLm22lHe

③信阳. http://baike. baidu. com/link? url=vtS5Wu43AXVbBtuD-ZbFCrcHmuqPodgOmVJxHR6N2FsbCUbUhEogiliCwGNRRD_P0_KEXXiOPTqZHpize6xg1baIyrBkflqQFsoj-mr4P-S

④商城县. http://baike. baidu. com/link? url=54Wu01ENQkH28hNCxi3lXnxvW9C34DUCmVhc7v9Nzhqxl0shd0W0ONExnb9drbOh#8_1

● 十堰市：《丹江口市志》记述（湖北省丹江口市地方志编纂委员会，1993）：

金钱豹：俗称“豹子”。体长 1 000～1 500 mm 左右。毛色棕黄，背面布满黑色环纹，内具棕黄色斑点，故称“金钱豹”。

栖息于武当山山区森林中。多在夜间活动，善爬树。食物包括鹿科动物、野猪、野兔等。其毛皮色泽鲜艳，可制裘；骨可入药。

因乱捕滥猎，现已为数不多。

按：据此表明，当地有金钱豹栖息。

《竹山县志》记述（竹山县地方志编纂委员会，2002）：

随着山区开发日益严重，森林植被面积日渐缩小，县域内野生动物活动区变窄，加之肆意捕杀、贩卖，许多珍贵动物逐年减少，如虎、豹、梅花鹿等濒临绝迹。

【兽类】尚存野兽品种主要有：豹、獐、麂、野兔、黑熊、猕猴、金丝猴、山彪、野猪、豪猪、猪獾、狗獾、野山羊、棕羊（大羊）［鬣羚、苏门羚、明鬃羊］、狐狸、刺猬、獭……黄鼠狼、鼬……貂、狼、果子狸、蝙蝠、老鼠等。

按：据此表明，该县确有金钱豹分布。

房县地势西高东低，南陡北缓，中为河谷平坝。境内平坝、丘陵占 17.1%，而高山占 44.4%，高山区占 38.5%。地属北亚热带季风气候区，森林覆盖率 67.8%。该县西部的望佛山珍禽异兽颇多，有梅花鹿、獐子、麂子、野猪、豹子、猪獾子、猴子等①。

● 襄樊市：民国十二年《枣阳县志》记述：

豹：性暴，似虎《本草·释名》：豹性暴，故曰豹。《说文》：似虎，圜文宣统初，马家寨捕一豹，其皮灿烂然。殆所谓金钱豹者。

按：据此说明，当地有金钱豹分布。

● 黄冈市：武穴市地势北部高、东南部低，自北向东南倾斜；北部为连绵起伏的低山，中、西部为丘陵，南部和东南为平原；在低山、丘陵中分布着盆地和谷地，平原中分布一些洼地。现仍有金钱豹、小灵猫（俗称香狸）、鬣羚、穿山甲（俗名鲮鲤）、小麂等兽类②。

《蕲春县志》记述（湖北省蕲春县地方志编纂委员会，1997）：

70 年代前曾有豹出没；1975 年和 1978 年，商业部门收购有豹皮，此后未见豹踪。

按：说明当地金钱豹延续到 1970 年代末。

● 黄石市：《黄石市志》记述（黄石市志编纂委员会，2001）：

由于不断变迁，有些古代动物不复存在，但豪猪、野猪、虎、豹、狼等继续生存。

【走兽类】有：虎、豹、野猪、豪猪、野狗、红毛狗、野猫、野兔、猪獾、狗獾、鹿［麂］、獐、水獭、麝、刺猬、黄鼠狼等。

按：据此表明，当地有金钱豹分布。

阳新县属鄂东南低山丘陵区，地处幕阜山向长江冲积平原过渡地带，西北、西南、东南部多低山，且向东、中部倾斜，构成不完整的山间盆地。富水自西向东南横穿县境，自湄潭以下，两岸湖泊星罗棋布，岗地坡度平缓，分布在山丘、河流湖泊之间。现有兽类有豺、狼、豹、野猪、獐（麝）、鹿、刺猬、野兔等 30 余种③。

● 咸宁市：《嘉鱼县志》记述（湖北省嘉鱼县地方志编纂委员会，1993）：

1955 年 12 月，石泉九岭山处打死一只豹。1967 年冬，虎山之虎山井、筲箕坡两处均见虎、豹。

按：反映到 1960 年代还有金钱豹栖息。

通山县整个地势南北高、中间低，由西向东缓降；大幕山横卧于北，中部丘陵、盆地交错分布，境南幕阜山脉绵亘；山地、丘陵占国土总面积的 78.6%。属北亚热带季风气候区，具有温暖湿润、四季分明、日照充足、雨量充沛、无霜期长的特点。现有动物资源 398 科 720 属 1200 余种，其中哺乳动物 28 科 30 属 42 种，鸟类 25 科 57 属 83 科，森林昆虫 19 目 99 科 980 种，国家保护的珍稀兽类有金钱豹、穿山甲、牙獐、水獭、豺、豹猫④。

● 荆州市：松滋市地处巫山山系荆门分支余

---

①房县. http://baike.baidu.com/link? url=1qp973fZGJyoDCx2cVTtX05eOKjJ4cVQrSDUmIWvLgCAJ1LoqHhtDv9ZidFpPe8Y#5_4

②武穴. http://baike.baidu.com/link? url=CFwC_XqRnhU2Kb9cX1tvAGc_gsrpuPpvRw6F-mYX_qTuIojdiEKCEqOfv6FMnlUFbM_d6kdbThck19xjZTolqq#6_2

③阳新县. http://baike.baidu.com/link? url=ck1zV97CdZilmScOclspArJA6KKFu3BfIn6I92sMF-ZWPJW_MusTdJQg2pNlSgVU#4_4

④通山县人民政府网站. http://www.tongshan.gov.cn/html/2011/0805/1781.shtml

脉和武陵山系石门分支余脉向江汉平原延伸的过渡地带；地形西高东低，西南山地峰峦起伏、沟壑纵横；西北部和中部为广阔的丘陵岗地，丘冈绵延，谷宽丘低；平原湖区宽广，河渠纵横，间有湖泊。地处亚热带过渡性季风气候区。该市的洈水国家森林公园森林覆盖率96%以上，常见野生兽类20余种、飞禽类近40种，华南虎、金钱豹、白天鹅等珍稀动物时有发现①。

● 宜昌市：长阳土家族自治县地处鄂西南清江中下游、云贵高原东延尾部。境内山峦起伏，沟壑纵横，东高西低。现今野生哺乳动物有野猪、野羊、豪猪、獾、麂、獐、猴、果子狸、貂(鼬)、獭、野兔及虎、豹等②。

● 随州市：鸡公山自然保护区虽地处河南省，但与广水市交界。1990年代调查，有金钱豹与普通刺猬、豪猪、狼、豺、狐、貉、青鼬、艾虎、黄鼬、黄腹鼬、鼬獾、猪獾、狗獾、水獭、大灵猫、小灵猫、花面狸、豹猫、野猪、麝、小麂、狍、青羊等44种兽类(宋朝枢，1994)。今鸡公山自然保护区虽未具体列举当地物种，但称有"陆生脊椎动物28目69科258种，其中两栖动物15种，爬行动物28种，鸟类170种，兽类45种"③，不难断定还有金钱豹栖息。

广水市地处桐柏山脉南麓、大别山脉西端，属低山丘陵地带。地势北高南低，自北而南山地、丘陵、岗地、沿河小块平原依次分布。山地占总面积的30.1%，丘陵占67.4%，平原占2.5%。地属北亚热带大陆性季风气候区，冷暖适中，冬干夏湿，雨热同季，四季分明。现存野生动物100余种，其中兽类有野猪、飞野山羊、野兔、金钱豹、豹猫、草狐、果子狸、黄鼠狼、纺狼、猪灌、狗灌、刺猬、水獗、松鼠等④。

6.4.3　湖南

湖南省是中南金钱豹分布最多的省级政区，迄今仍有较多延续下来。

《湖南省志·地理志·动物》记述(湖南省志编纂委员会，1987)：(湖南省志编纂委员会编. 1987. 湖南省志. 修订本. 长沙：湖南人民出版社)

豹：金钱豹。栖息环境于虎大同小异，但能爬树和游泳，常隐伏于树上，以待机猎取过往的野猪、麂、猴、兔等食物。豹皮色泽鲜明，斑纹清晰美观，多用作饰皮如衣领、褥垫等。药用价值与虎相似，在缺虎骨时一般以豹骨代用。外形似虎而稍小，毛色棕黄，背侧有多数黑圈状的豹纹。分布较虎为广，主要集中在山地丘陵区。目前数量也很稀少，已被列入第一类保护对象。

按：据此表明，湖南省有金钱豹等分布。

《中国重点陆生野生动物资源调查》称，金钱豹在"湖南(少数几个大林区)"(国家林业局，2008)，这是相当含糊的调查结论，只能证实尚有存在。

● 长沙市：《望城县志》记述(湖南省望城县志编纂委员会，1995)：

豹：新中国成立前至建国初期，在县境东北、中部和西南低山丘陵区常有虎豹出没，伤害人畜。1938年冬，几名猎人在书堂山狩到一只成年公豹。

按：说明到1950年代，该县金钱豹尚多。

● 张家界市：清光绪三十二年《永定县乡土志》记述：

虎豹：……豹文圆，白质黑章，间有黄者。俗呼为铜钱花。本境南北山时有之，颇为人畜害。虎大者重三四百斤。豹则逊之。

按：反映当地既有虎又有金钱豹分布。

● 常德市：花岩溪国家森林公园地处雪峰山余脉，位于常德市城南60 km处，与桃花源比邻。史料记载，1970、1980年代有华南虎、金钱豹出没⑤。

石门县记述：

金钱豹：人们爱将虎豹相提并论，大约是因为二者形相近，性相似的缘故吧。金钱豹学名：

---

①松滋市. http://baike. baidu. com/view/26167. htm? fromId=323515

②长阳土家族自治县. http://baike. baidu. com/view/126925. htm? from_id=5951831&type=syn&fromtitle=长阳 &fr=aladdin#3_6

③鸡公山国家级自然保护区. http://baike. baidu. com/link? url=N_AEPLyJEawWxadyRF2FAROJ2nIaiKF_Q-oeJGQuym9Fn Gd-kYB88qfZXVDYnaLQE3BNUX-Soi8Bi3Q2X6kWC-QmZri8jSXsN8IUWHM8S7Y6jpiMNlkRQ0zm-YjIRakzsvm-RtTxSr5I5oAiTtvIsukk-PQX1q0C-vz1Dpb_QrKyITMBgzwFTPWXbGg1iE00DsmR9Ic0RGXCx-BqxHxKeLglpcEoq5BM_ztjEAMzaPR8_

④中国·广水. http://www.zggs. gov. cn/trade/zjgs/

⑤花岩溪国家森林公园. http://baike. baidu. com/view/2003063. htm

Panthera pardus，与华南虎一样，同属大型猫科动物，目前同样被列为国家一级保护动物。豹的外形、性情、生活习性都与虎有惊人的相似，因此有人把虎豹混为一谈，民间还有“虎生三仔，必有一豹”的讹传。豹的积体比虎略小一些，皮毛系橙黄或土黄的底色上缀满黑色的斑点或斑纹，乍看上去好像全身挂满了铜钱，故人们以金钱豹名之。豹虽在体能上不及虎，但在敏捷性还略胜一筹。它能上树，行走树上如履平地，故常年栖息于树上，穿行丛林深处，亦有相对固定的洞穴，喜欢独来独往，白日潜伏于洞穴、树林或草丛中，夜晚出来寻觅食物。由于其身体灵活，不仅能攀崖上树，还有超强的跳跃能力，可一跃两三丈远，敢于和虎同栖一地，甚至与虎相争，捕食猴、兔、鹿、麂、獐、野猪和鸟类等，与老虎猎捕对象基本相同，真可谓是虎口夺食！

豹虽性情异常凶残，但母豹对于幼仔却呵护有加。幼豹虽出生时，没有排泄能力，拉屎拉尿全凭母豹以舌舔之，方能排出秽物。母豹自是不嫌子其屎尿恶臭，殷殷吮舔，其心其性，分明与凶猛捕食他物判若两样。

金钱豹是珍贵的观赏动物，毛色斑斓艳丽，花斑清晰、富有光泽，系上等毛皮经济动物，其身姿灵活健美，为许多动物园圈养，供广大游人观赏。

金钱豹主产于湖南、江西、云南、贵州、四川等五省，现存数量较少；石门壶瓶山自然保护区境内的顶坪、土湾、双尖子、斤半山、野猫岔、楸木峰等地，都不时发现有金钱豹活动的痕迹。2004年，保护区里还活捉了一只幼豹，送交有关部门鉴定过①。

按：此处较详细记述了金钱豹的形态、生态、习性与分布等，证实当地确有金钱豹。

《澧县志》记述（澧县地方志编纂办公室，1993）：

金钱豹：澧称马彪、豹虎子，比老虎略小。1987年，蒋宗银在天供山林场见过一只豹虎。

按：据此反映，当地有金钱豹栖息。

● 益阳市：桃江县2011年11月报道，到1960年代初，很多物种如老虎、豹子、乌鸦等在县境内很稀有②。

《安化县志》记述（安化县志编纂委员会，1993）：

豹：1982年，木孔乡群众在芙蓉山麓岩洞中，活捉一只母豹，两只幼豹，以后虎豹在县境很少发现。

按：据此说明，该县有金钱豹栖息。

《茶陵县志》记述（湖南省茶陵县地方志编纂委员会，1993）：

金钱豹：1975年2月，平水公社水源大队一社员捕获一只重15 kg的幼豹，次年12月又捕获1只重30 kg的小豹。

按：反映当地有金钱豹生息繁衍。

● 衡阳市：常宁市地处衡阳盆地南缘与南岭北向余脉交接地带，湘江中游南岸；境内丘陵起伏，河谷纵横，地势南高北低；地貌类型以岗地、山地、平原为主，山地占总面积的25.56%，丘陵占17.01%，岗地占27.78%，平原占25.41%，水面占4.24%。地属中亚热带季风性湿润气候区。境内野生动物有：豹、狼、野猪、野山羊、山牛、穿山甲、野兔、灌（獾），豪猪、鹿、獐（麝）、狐狸、香狸、果子狸（花面狸），小灵猫、大灵猫、水鹿、斑羚、竹鼠、黄鼠狼等③。

● 郴州市：桂东县称，全县有陆生脊椎动物240种，鸟类116种。现有国家重点保护野生动物41种，其中一级4种，有“金钱豹”④。

《安仁县志》记述（安仁县志编委会，1996）：

1954年，据禾市、桐岗、潇湾、大源、大石、龙源等不完全统计，捕杀虎、豹3只。

按：说明在1950年代当地还有金钱豹。

● 永州市：永州市称当地列为国家保护的野生动物有32种，其中属国家一级保护的有“金钱豹”等8种。境内属国家保护的野生动物主要分布在东安大庙口、双牌阳明山、道县月岩、江永源口、宁远九嶷山5个自然保护区以及江华部分山区和金洞林区⑤。亦即说明在永州市所辖的东安县、道县、宁远县、江永县、双牌县、江华瑶族自治

---

①中国石门·珍稀动物. http://www.shimen.gov.cn/Item/2791.aspx

②中国·桃江. http://www.taojiang.gov.cn/col/col52/index.html

③常宁. http://baike.baidu.com/view/321417.htm? fromId=589256

④桂东县人民政府. http://www.gdx.gov.cn/page/item340/index.html

⑤永州市人民政府网站. http://www.yzcity.gov.cn/col/col16888/index.html

县等地仍有金钱豹等存在。

东安县地处南岭山地向湘中丘陵过渡带，为越城岭向零祁盆地过渡区；地势西北高、东南低，西部及西北部为中山，东北部为中山、丘陵带，越城岭山脉逶迤延伸，围成天然屏障；东南部及中部为岗地丘陵，此起彼伏，散布众多峡谷小盆地。据称，该县的舜皇山国家森林公园中动物有金钱豹、红腹角雉、猕猴、穿山甲、白鹇、金鸡、大灵猫、小灵猫①。

新田县四面环山，地势西北高、东南低；南北长，东西窄，为向南开口的狭长盆地；五分山丘、三分岗地、二分平原和水面。地属中亚热带大陆性季风湿润气候区。当地野生动物有700余种，兽类有蝙蝠、穿山甲、松鼠、豪猪、褐家鼠、小家鼠、刺猬、黑线鼠、猪獾、华南兔、水獭、果子狸、中华竹鼠、聋猪、野羊、鹿、獐等，原有的华南虎、金钱豹、牙獐等动物已绝迹②。

● 邵阳市：位于邵东县、新邵县、涟源市、双峰县的龙山山脉已建立龙山森林公园，据称有40多种野生动物，金钱豹、锦鸡等19种国家重点保护动物③。

● 怀化市：《麻阳县志》记述（麻阳县志编纂委员会，1994）：

金钱豹：30年代，南、西北部山地常见。40～50年代，兰村、郭公坪、栗坪、高村、石羊哨、江口、兰里等山地常见。50年代后少见。

按：据此反映，当地金钱豹由多到濒危的时间并不长久。

清光绪三十四年《靖州乡土志》记述：

豹《说文》：豹似虎，圜文形如虎而小，毛黄质而黑章。其文如钱者，为金钱豹。

按：据此表明，今靖州苗族侗族自治县当时有金钱豹分布。

● 湘西州：凤凰县称，野生动物有狼、虎、豹、野猪、獐（麝）、娃娃鱼（大鲵）、乌鸦、锦鸡、野鸡等④。

保靖县野生动物种类繁多，有"金钱豹"等国家保护动物60余种⑤。

龙山县称，现有野禽野兽及各种野生动物100多种，包括山狐、黄鼠狼、金钱豹、水獭等⑥。

6.4.4 广东

广东省有金钱豹分布。

《中国重点陆生野生动物资源调查》称金钱豹在"广东已调查证实有分布，但因数量稀少而无法统计，故数量不详"（国家林业局，2008），仅能证实仍有该物种残存。

● 清远市：《清远县志》记述（清远市地方志编纂办公室，1993）：

豹："文化大革命"初，洲心在联岗凤凰接界处的大南山打死豹1头。

按：证实确有金钱豹栖息。

连州市有野生动物500多种，其中兽类有100多种，国家一级保护动物有"金钱豹"等⑦。

● 韶关市：民国二十年《乐昌县志》记述：

豹：似虎而小，背赤黄色，有斑黑如铁。动作活泼，性猛，力强，能远跳，且善扳缘，栖于丛林及洞穴。或行村落掠食猪犬，时亦害人。其毛皮可为褥垫。

按：据此反映，该县有金钱豹栖息。

新丰县地势中高，向东西倾斜，东部属低山地带，西南部为丘陵地带，中北部为中山地带。由于山地广阔，植被茂密，水源充足，四季常青，适宜各种野生动物繁衍生长。列入国家一、二级保护的野生动物有画眉、金钱豹、金猫、穿山甲、鹿、猿、麝、猴、水獭、果狸、猫头鹰、山牛、蟒蛇、娃娃鱼、杜鹃、喜鹊、长尾凤、白鹤、燕子、啄木鸟、白鹇等⑧。

● 梅州市：民国三十二年《丰顺县志》记述：

豹：小于虎，身毛皆有白斑，俗呼金钱豹。食

---

①东安舜皇山. http://www.baike.com/wiki/东安舜皇山

②新田县. http://baike.baidu.com/link? url=_OSpMhgIDxXklkOlGEtfUKWhDE0YfhLlDpCtSBn5SfjCplZn0BdhLVLNqtBBqViT#5_2

③龙山森林公园. http://baike.baidu.com/link? url=zislPUi0T2ey4W56cRAqtOumeKUBTFaH6dg6Txi87sMlFPy7NW0CN1ACIQdBYsoF；龙山森林公园. http://bbs.rednet.cn/forum.php? mod=viewthread&tid=1362326

④凤凰县. http://baike.baidu.com/view/86087.htm

⑤保靖县. http://baike.baidu.com/link? url=PV5aVOPrEgkXSZcuw7L04de6H3NEkzOuCw9hWzq3yqZ-XOXX8iGvROuEpli-FLcN#2_3

⑥龙山县. http://baike.baidu.com/link? url=z2lhjm9dzt5wn034YKKOnXP5pZzY1_NeZTSmLVdA-_kPV4OQMmhsYtd28aPoyUOQ

⑦中国·连州. http://www.lianzhou.gov.cn/channel/001001008003

⑧新丰县. http://baike.baidu.com/link? url=Gb1O37tD4SQWSnYITLpil0fc7lQIwi4KfSUAJhjy0pvwuklA9nZlxxNp8kEdfQBL#3_3

人畜，如虎。《本草》：文如钱，曰金钱豹。是也。

按：据此反映，该县有金钱豹分布。

● 东莞市：民国十年《东莞县志》记述：

豹：《杂道书》曰：南海博罗县有罗山，高入云雾，诸仙人所游之山也。上有豹兽，似猕猴，南海人名之为果下《太平御览》。按：今罗浮有豹，然罕至邑境。

按：说明罗浮山有金钱豹，偶至邻近的今东莞市。

● 深圳市：深圳市地处珠江三角洲东岸，东临大亚湾和大鹏湾，西濒珠江口和伶仃洋，南隔深圳河与香港相连，北部与东莞、惠州接壤，当地栖息繁衍的国家级野生保护动物有虎纹蛙、蟒蛇、猕猴、大灵猫、金钱豹和穿山甲等[①]。

● 江门市：民国二十三年《恩平县志》记述：

金钱豹：因通身黑点如钱，故名。皮为裀褥，甚佳。肉比花豹尤香美益人。俱采访参《前志》。

按：据此表明，今恩平市当时有金钱豹栖息。

● 肇庆市：怀集县位于绥江上游，山高林密，宜林山地约占全县总面积的72.5%。地属亚热带气候区，夏长冬短，雨量充沛。中华人民共和国成立前，豺、狼、虎、豹4种猛兽多而猖獗，常进村入屋觅食，伤人、伤畜禽事件屡有发生；中华人民共和国成立后，为保护生产和人畜安全，大力捕杀，到20世纪60年代初只有少量幸存；到了60年代末，即使在境内的深山老林也未发现这类野兽[②]。

德庆县由于境内低山区与丘陵区互相交错的影响，南北气候略有差异。现野生动物中兽类有：虎（罕见）、豹（罕见）、豺狗、山牛、山猪、箭猪、果子狸、过树狸、白鼻喷、七间狸、五间狸、芒花狸、山羊、黄麖、花猫（山猫）、山兔、黄鼬（黄鼠狼）、松鼠，花鼠、田鼠、家鼠、骚鼠、蝙蝠、穿山甲、水獭等[③]。表明还有金钱豹生息繁衍。

● 云浮市：云浮市全市野生动物资源有鸟类、兽类、鳞介类及蛇类等210多种，兽类有：果子狸、白鼻狸、豹狸、猪仔狸、野猪、野猫、华南虎、华南金钱豹、黄猄、水獭、黄鼠狼、穿山甲、野兔、鼠等，华南虎、华南金钱豹等猛兽已基本绝迹[④]。此乃地级云浮市状况，而辖境内更具体的地方还待查证。

云安县境内动物有鸟类、兽类、鱼类、爬行类、昆虫类等100多种。数量较多、分布面广的动物除家养畜禽外，有燕子、画眉、麻雀、相思鸟、老鹰、乌鸦、果子狸、白鼻狸、鼠、塘虱、黄鳝、泥鳅、虾、田螺、金环蛇、银环蛇、黄肚仔、乌肉蛇、泥蛇、青蛙、蚂蚁等，华南虎、华南金钱豹等猛兽已绝迹[⑤]。

● 茂名市：《电白县志》称当地兽类“主要有：山猪、山狗、箭猪、白面猪、野山羊、乌獐、狐、野兔、田鼠、蝙蝠、黄猄、果子狸、豹狸、豹猫、鹿、猿、猴、獭等。”“60年代以前曾有虎、豹等”（广东省电白县地方志编纂委员会，2000）。

6.4.5 广西

广西壮族自治区有较多金钱豹分布记录。

《广西通志：自然地理志》记载的“国家一级重点保护的野生动物”中有“两云豹（龟纹豹、艾叶豹）、豹（金钱豹）”（广西壮族自治区地方志编纂委员会，1994），说明在该自治区有这两种物种生息繁衍。

《中国经济动物志：兽类》称：“文献记载豹的地区有……广西壮族自治区宁明，上思等地”（寿振黄，1962），说明在今上思县与宁明县曾有金钱豹生息繁衍。

《中国动物志：兽纲：食肉目》称，豹华南亚种（*Panthera pardus fusca*）“分布于……广西西南部的睦边[⑥]、靖西、龙津[⑦]、宁明、上思”（高耀亭等，1987），表明在今上思县、宁明县、龙州县、靖西县、那坡县等地曾有金钱豹生息繁衍。

《中国重点陆生野生动物资源调查》称（国家

①深圳. http://baike. baidu. com/link? url = taR3Vt4u1iPxH1p07MoyFqNoT _ SJOY42SZdk2mMNlJfvTFWRFjIEcu0rVuvfU-Fb-dJ4Jef656Ur0zPG0XGPywq＃3_2

②怀集县. http://baike. baidu. com/view/1078645. htm

③德庆县. http://baike. baidu. com/link? url=a03wlAVI_g6lyM3IOB1_khokFS62ifr4LEgDqWJUCN49T52X9N2DmmGT4xK2ek5R＃2_2

④云浮市政府网. http://www. chengche. cc/news/95/9543. htm

⑤云安县. http://baike. baidu. com/link? url=Jox5qYXfG30CHkpFK-Dd45bIaFuNMuJ9OUGBlooEM7LYdQm8UPb7D6VvPhR-99MC＃5_4

⑥1965年1月，“睦边县”改为“那坡县”。

⑦“龙津县”曾反复更改县名，直至1961年12月31日，正式更名为“龙州县”至今。

林业局，2008）：

本次调查，豹见于……广西（龙州、上思、融水、贺县、防城、百色、资源、龙胜）。

按：据此反映，在资源县、龙胜各族自治县、融水苗族自治县、防城港市、上思县、龙州县、右江区、八步区等地尚有金钱豹存在，只是调查的金钱豹现存地方数量偏低。

● 南宁市：南宁市兴宁区称，常见的野生动物有120多种，属国家一级重点保护的有黑叶猴、金钱豹、蟒、林麝等①。说明南宁市还有金钱豹存在。

据2015年4月报道，宾阳县"2007年自然分布的野生脊椎动物有31目90科208属294种。其中……哺乳类60种，主要有黑叶猴、猕猴、小灵猫、大灵猫、金钱豹、林麝、苏门羚、黑熊、穿山甲等"②，说明当地还有金钱豹等珍稀动物存在。

上林县整个地势自西北向东南倾斜，西部多山，东南部属丘陵和平地；中山占8.62%，低山占17.03%，山丘占12.15%，丘陵占30.29%，平原占27.9%。地属南亚热带季风气候区。现有野生动物中兽类有懒猴、金猫、金钱豹、黑叶猴、林麝、猕猴、熊猴、短尾猴、苏门羚、穿山甲、大灵猫、小灵猫、果子狸、五间狸、九间狸、豹狸、猪仔狸、黄猄、野羊、箭猪、狗熊、山猪、獐子[麝]、恒河猴、黑猴、黑熊猴、小黑熊猴、野猫等③。但又指出，"二十世纪末，上林县境内华南虎、狗熊、豹、狼等已基本绝迹"，可见金钱豹在当地已极度濒危。

《隆安县志》记述（隆安县志编纂委员会，1993）：

豹：民国年间，近山林的村庄常有豹出没。中华人民共和国成立后，稀少。1955年，第六区（今丁当乡）一武装干部在邑发山附近击毙一只豹。1972年6月，屏山公社一干部在下孟屯后山碰上一只重约40 kg的金钱豹，开枪未打中，尔后，此豹活动于上孟村至龙虎山自然风景区一带。

按：说明该县确有金钱豹分布。

● 桂林市：《兴安县志·动物》记载（兴安县地方志编纂委员会，2002）：

中华人民共和国成立后，由于乱猎滥捕，野生动物数量逐年减少，特别是虎、豹、麝、鸳鸯等今已少见。

【哺乳类】虎、豹、狼、狐狸、野兔、獐、鹿、猴、獭、狗熊、野猪、野山羊、黄鼠狼、松鼠、野猫、箭猪、鬣羚、穿山甲、竹鼠、果子狸、大灵猫、小灵猫、鼬獾、麂子、黄猄。

按：据此看来，兴安县似仍有残存的金钱豹。

《平乐县志》记述（平乐县地方志编纂委员会，1995）：

豹：40年代境内各乡均有发现。50年代后以除"害"为名，凡发现均以围捕。

按：反映当地金钱豹的灭绝主要是人类大肆捕杀所致。

《资源县志》记述（广西壮族自治区资源县志编纂委员会，1998）：

豹：历来豹子甚多，常见的是金钱豹。豹子常进山寨觅食，撞入羊栅猪舍，咬死或叼走猪羊。60年代以后渐少。80年代以来已绝迹。

按：可见该县曾经金钱豹甚多。

● 柳州市：民国三十五年《三江县志》记述：

豹：全县山间皆有。黄毛，小黑纹如钱而中空。善跳跃，忌虎，见即斗，虎甚畏之。

按：说明当时今三江侗族自治县金钱豹不少。

● 梧州市：梧州市（辖梧州市、岑溪市、苍梧县、藤县、蒙山县）有各类动物1 000多种。属国家保护的珍贵动物有华南虎、金钱豹、黑叶猴、中华鲟等24种，属广西重点保护的野生动物有40多种④。

● 贵港市：民国九年《桂平县志》记述：

豹：状似虎而小，白面，圆头，其纹如钱。虎生三子，则有一豹。豹小时，必随母行。母率子渡河，则先衔豹往，以免虎子伤噬。次衔虎往，则又衔豹回原岸。俟衔第二虎子过河，乃复回，衔豹往焉。虎虽动物，用心亦苦矣。

---

①南宁市兴宁区林地保护利用规划（2010～2020年）. http://www.nnxn.gov.cn/fazhiban/contents/3989/51191.html

②广西宾阳县年产16万吨硅锰及富锰渣产品项目环境影响报告书. http://max.book118.com/html/2015/0417/15088115.shtm

③上林县. http://baike.baidu.com/view/132787.htm

④梧州. http://baike.baidu.com/link?url=akK75xBNv2h_2U-XbBD-QBIIk2YvpGrxnS6SBvRcAc0GgyvdsMOEiNXFTYKecwP1UIlPPqw_x8J1q1DPam0DHa#6_4

按：说明当地有金钱豹。

● 玉林市：《容县志》记述（容县志编纂委员会，1993）：

豹：状似虎，身有花纹，花纹散状者俗称艾叶豹，花纹圆状称金钱豹。50年代前，豹常于夜间入村觅食猪狗，50年代仍有出现，60年代后基本绝迹。

按：反映当地金钱豹由多到绝迹的时间并不长久。

● 防城港市：

《上思县志》记载有："金钱豹"等珍稀动物（上思县地方志编纂委员会，2000），说明还有金钱豹等残存。

● 崇左市：《崇左县志》记述（崇左县志编纂委员会，1994）：

豹：50、60年代尚有出现，以后逐渐减少。1973年新和公社下询生产对有一农民捉到2只豹仔来饲养。70年代，该公社新村大队有几位民办教师星期六晚上到外大队看电影，路过一沟渠时，在朦胧的月光下见到1只豹子于沟渠旁饮水。从罗白珍贵动物保护站人员了解到：80年代初，那隆公社王沙大队一农民捉到1只豹仔养，只是没有成活。近年不见。

按：说明今江州区确有金钱豹分布。

《天等县志》记述（天等县志编纂委员会，1991）：

豹：40年代各地均有。50年代后，唯与大新县交界的福新乡老林中尚存少数。

按：说明该县虽有金钱豹，但已濒危。

《宁明县志》记述（宁明县志编纂委员会，1988）：

豹：1950年，桐棉琴清村那沙屯民兵击毙一豹。1985年夏，峙浪村供销社购得1只8市斤重的豹仔，转送南宁市公园；同年，桐棉乡那梨村百琴屯一农民装铁猫捕获1只40多斤重的豹仔。耀达村有人发现陇瑞自然保护区有豹两只。

按：表明该县确有金钱豹分布。

● 百色市：那坡县地处桂西南边陲、云贵高原余脉六韶山南缘。据称，"1958年前，尚发现有华南虎、金钱豹、黑熊，'大搞钢铁'滥伐木烧炭，森林遭到严重破坏以后，无发现踪迹"①，说明当地曾有金钱豹栖息。

德保县境内以石山为主，山峦连绵环绕。具有热带、亚热带季风气候特点，冬温夏热、四季分明，降水丰沛，季节分配比较均匀。现仍有珍稀动物资源：黑叶猴、大蟒蛇、小豹，属国家一级珍稀保护野生动物；恒河猴、短尾猴、穿山甲、小灵猫、原鸡，属国家二级保护动物②。所称"小豹"，即金钱豹。

乐业县黄猄洞天坑国家森林公园森林茂密，栖息着黑熊、黑豹、斑竹狸、穿山甲等国家级重点保护野生动物43种③。

按："国家级重点保护野生动物"中并无"黑豹"，而据周边的"豹"种看，多是金钱豹。

西林县野生动物仍有108种，其中有"金钱豹"等珍稀物种④。

● 河池市：《天峨县志》记述（天峨县志编纂委员会，1994）：

1985年6月，在八腊瑶族乡内还发现金钱豹咬死马。此后，未发现豹迹。

按：可见该县确有金钱豹栖息。

环江毛南族自治县西北部的木论喀斯特林区，1990年代调查，仍有金钱豹与草兔、豪猪、中华竹鼠、赤狐、貉、黑熊、黄腹鼬、黄鼬、鼬獾、猪獾、大灵猫、小灵猫、斑林狸、果子狸、豹猫、金猫、野猪、林麝、赤鹿、小麂、毛冠鹿、苏门羚、斑羚等24种哺乳动物（郑颖吾，1999）。

巴马瑶族自治县地处云贵高原向桂中平原过度的斜坡地带，地势西高东低；石山地占30%，土山地占69%，水面占1%。地属南亚热带至中亚热带季风气候区。现野生动物中哺乳类有：野猪、猴子、野兔、箭猪、穿山甲、獐子[麝]、果子狸、野狗、野猫、老虎、狗熊、金钱豹、松鼠、飞鼠、水獭、旱獭等⑤。

民国二十四年《罗城县志》记述：

---

①那坡县. http://baike.baidu.com/link? url=AukiFkvMib3ddNdl8xLvhl8e38uIWMc6nahTT2id5rX5n9he8aejTAYL3MofeGZb#3_4
②德保县生态县建设规划(2010～2020年). http://www.docin.com/p-841198257.html
③乐业黄猄洞天坑风景区. http://www.sxol.com/travel/landscape.asp? id=24797
④田林概要. http://map.mapbar.com/a_baise_tianlin_map/；田林县. http://baike.baidu.com/view/395066.htm
⑤巴马网. http://www.bama.gov.cn/zjbm/item.php? Cateid=001005&lx=zw&dh

豹：黄毛，小黑纹如钱而中空。善跳跃。忌虎，见即斗。虎甚畏之。

按：反映今罗城仫佬族自治县有金钱豹分布。

● 贺州市：昭平县群山起伏，河谷深切，平地狭小，地势西北高东南低；境内山地面积占全县总面积的87.6%。地处南亚热带气候区，属亚热带季风性湿润气候。森林覆盖率80.7%。据2013年10报道，境内野生动物650多种，其中兽类有：虎、豹、豺、狼、獐、鹿、獾、獭、猴、野兔、野猪、山羊、山牛、箭猪、刺猬、野猫、松鼠、竹鼠、田鼠、黄鼠狼、白眼狸、果子狸、野狗、麝、蝙蝠、水鼠、穿山甲等①。

6.4.6 海南

海南省是否有金钱豹存在争议。窃以为，该省不仅历史上有相关记载，而且其生态环境对金钱豹来说并无不适，何况现今仍有明确栖息记录，故暂认为有该物种。

万宁市土地面积中，山地约占一半，丘陵和平原各占1/4。地属热带季风气候区。野生动物种类繁多，其中珍贵品种有大洲金丝燕、梅花鹿、熊、豹、长臂猿、黄猄、蟒蛇、毛鸡、金钱龟、鹧鸪、野兔等②。

儋州市地势由东南向西北倾斜，由平原、丘陵、山地三部分构成，丘陵占76.5%，滨海平原占23.13%，山地占0.37%；南部属山地和丘陵地带，西南属平原阶地及火山熔岩台地，东南部为沙壤土，中部为河流冲积平原，北部主要为玄武岩和第四纪的海相沉积层。处于东亚大陆季风气候区的南缘，属热带季风性湿润气候，夏无酷暑，冬无严寒，阳光充足，雨量充沛。野生动物主要有野猪、金钱豹、果子狸、水鹿、猕猴、水鹿、猕猴、穿山甲、蟒蛇等10余种，被列为国家保护珍稀野生动物③。

琼中黎族苗族自治县地形西南高、东北低，地势自西南向东北倾斜；境内西南部有五指山，是全岛的最高峰，西部有鹦哥岭，南部有吊罗山，北部有黎母岭。当地珍稀野生动物主要有黑熊、长臂猿、猕猴、金钱豹、金钱龟、山鹿、孔雀雉、穿山甲、蟒蛇、毛鸡、原鸡、鹦鹉等④。

6.4.7 香港

香港特别行政区与现今仍有金钱豹的深圳市接壤，当地的金钱豹一直延续到20世纪下半叶。

《香港风物志》记述：

豹：新界曾有人猎过一头，剥了皮留下一张照片，那是一九三一年十二月的事。

按：据此证实，当地确有金钱豹。

《香港陆生脊椎动物简介》称有食肉目14种，但其中5种(豺、豹、虎、狐、大灵猫)已绝迹(徐延恭等，1997)。也佐证曾有金钱豹栖息。

6.5 西南

西南各省级政区皆有金钱豹分布记录。

6.5.1 重庆

重庆市有金钱豹生息繁衍。

《四川资源动物志.第一卷，总论》记载(《四川资源动物志》编辑委员会等，1982)：

豹：(1)华南亚种：重庆、巴县、綦江、长寿、万县、开县、城口、巫山、巫溪、奉节、云阳、忠县、梁平、铜梁、江北、合川、涪陵、垫江、丰都、石柱、武隆、黔江、南川。

按：反映在江北区、万盛区、渝北区、巴南区、万州区、涪陵区、黔江区、长寿区、合川区、南川区、綦江县、铜梁县、垫江县、武隆县、丰都县、城口县、梁平县、开县、巫溪县、巫山县、奉节县、云阳县、忠县、石柱土家族自治县等地有金钱豹栖息。

《中国重点陆生野生动物资源调查》称(国家林业局，2008)：

本次调查，豹见于……重庆(城口、巫溪、南川、武隆、江津)。

按：据此可证实，在江津区、南川区、武隆县、城口县、巫溪县等地仍有金钱豹分布，但调查的金钱

---

①昭平县志. http://www.gxdqw.com/pub/zhaoping_dqw/xznj/201308/t20130829_16763.html

②万宁. http://baike.baidu.com/link? url=NAMbNzEC8YTGSYLRtna01bBSspoWtTOS0SR9Pyd3PlTbxA6eU9zVojaNyNltm7jPzOltCGIHwvzqftif9qqrASBSVhyf658yIEgnWemQ7BdZpbFlD3l5CQbxZShMsjkO57d6QmwJOlx7Lo6yoszGW0Wkyv0shIbPRxLfBDo9873

③儋州. http://baike.baidu.com/view/61840.htm? fromId=28511

④琼中黎族苗族自治县. http://baike.baidu.com/link? url=s vIV06qZ9Vu8foHnizm6jIVbs27m2HFyXq_NNtetLpi-thBwsZfIju-VML0DEqpFoaAdnaXIVUamIs9m3NR2K

豹现存地方数量偏低。

《中国动物志：兽纲：食肉目》称豹华南亚种（*Panthera pardusfusca*）“分布于……四川……巴县……綦江”（高耀亭等，1987），即说明在今巴南区、綦江县曾有金钱豹栖居。

万盛区属四川盆地东南边缘与云贵高原衔接过渡山区，地势东高西低，山脉南北伸展，切割强烈，重峦叠嶂，岭谷相间。以低山、低中山为主，兼有岩溶丘陵、台地、平坝、山原。地属亚热带季风性湿润气候区。据称，清代及民国时期区境虎、豹、野猪、狐狸、猴等野生动物种类及数量较多，常危害人畜及庄稼①。

民国二十八年《巴县志》记述：

豹：……《本草纲目》云：似虎而小，白面圆头，自惜其毛。其文如钱者，曰金钱豹……畏蛇与鼩鼠。按：县属诸山时有之。猛健过虎，往往出而伤人。

按：说明今巴南区有金钱豹分布。

《巴县志》记述（四川省巴县志编纂委员会，1994）：

豹：主要分布于县内森林繁茂的低山区。虎、豹常（串）[闯]入山区农舍捕食猪、犬，伤人事件亦时有发生。解放初期，姜家区清和乡豹患猖獗，政府集该乡民兵，在解放军带领下搜山灭豹。1958年后，历经“大办钢铁”和“文化大革命”，林木迭遭乱砍滥伐，加之人户增加，薪炭采伐过速，毁林开荒等因素，致使森林破坏严重，一些野兽渐失栖身之所而逃匿，约从60年代后期以来，未闻境内发现虎、豹踪迹。

按：此与前志相互印证，说明有金钱豹，同时指出人祸导致当地金钱豹灭绝。

长寿区地处重庆腹心，襟长江而临主城，居渝东而挟三峡。据称当地动物有218种，包括“二类（保护动物）豹”②。尽管保护等级有误，但还是可以说明仍有金钱豹存在。

民国十七年《长寿县志》记述：

豹：性暴，故名。似虎而小，白面，团头。其文如钱者，曰金钱豹，宜为裘。……最畏蛇。本境西山间有之。人有见金钱者，误以为虎。

按：证实今长寿区有金钱豹栖息。

民国十三年《江津县志》记述：

豹：《庄子》云：青宁生程，程生马。沈氏《笔谈》云：秦人谓豹为程。至今延州犹然。邑语谓虎豹花文灰黑成线者，为阳程，弔其殆程之遣语耶。黄斑者，谓之金钱花，革颇贵。

按：说明今江津区有金钱豹分布。

民国十一年《合川县志》记述：

豹：似虎而小，背赤黄色，有黑斑纹如钱，腹白。行甚速，攀缘树木。性凶暴，喜捕食他兽。有金钱豹……两种。以其斑状别之。

按：据此说明，今合川区既有金钱豹，还有另一种“豹”。

民国二十年《南川县志》记述：

豹：状似虎而小，白面团头。其毛文如钱者，曰金钱豹，宜为裘。……吾邑猛兽，虎少，豹多。山僻单户，常入人家攫犬、豕。近数年，尤常常出游。捕之，以药矮者多，枪毙者少。皮贱于虎。

按：据此说明，今南川区金钱豹比虎多。

清光绪二十六年《垫江县志》记述：

豹：百年前，山林蓊郁，反不为害。近日，两山童童，竟有虎、豹白日噬人。

按：证实有金钱豹栖息，同时指出虎、豹伤人与否与生态环境地变化相关。

民国十七年《大足县志》记述：

豹：似虎而小，毛黄褐色，上具黑斑。牡者作圆形，俗呼金钱豹。清咸、同时，豺为邑患。豹至，豺绝迹。今乡民利其捕食小野兽。

按：据此证实，该县有金钱豹分布，同时印证唐代达官贵人们利用金钱豹捕猎的行为。

丰都县以山地为主，丘陵次之，仅在河谷、山谷间有狭小的平坝。有野生动物种类约300种，主要有哺乳纲兽类约40种，珍稀动物有虎、金钱豹等③。

巫溪县境内脊椎动物达350余种，其中就有“金钱豹”等珍稀物种④。

---

①万盛区. http://baike.baidu.com/link? url=qJ4l5rIAm5owZ8zJnB4PAAtefCPdNi58NAQdGDpeCuJczzDI1P1wsguTLnrmDzcN

②重庆市长寿区人民政府. http://cs.cq.gov.cn/zjcs/10/

③丰都县. http://baike.baidu.com/link? url=xwc0a31r8wu3fAINo8AnmDpYZV7yNyftyQjmgpNja8wFSwqublzJla3ivPpm2tv8

④巫溪概况一自然资源. http://wx.cq.gov.cn/Category_442/Index.aspx

《秀山县志》列举当地野生动物中兽类"主要有豹(金钱豹)、豺狼、狐狸、九江狸(大灵猫)、山猪、野猪、刺猪、泥猪、野山羊、黄鼠狼、野兔、松鼠、鲮鲤(穿山甲)、狗獾、马熊、田胖头、水獭、石獾、野猫、山牛、黄洋狸、苏门羚、獐子(麝)、九节狸、旱獭、田鼠"(秀山土家族苗族自治县志编纂委员会,2001)。反映仍有金钱豹繁衍生息。

6.5.2 四川

四川省分布金钱豹的地方数量不少,在全国也名列前茅。

《四川资源动物志.第一卷,总论》记载(《四川资源动物志》编辑委员会等,1982):

豹:(1)华南亚种:梓潼、江油、德阳、青川、绵竹、广元、安县、旺苍、北川、剑阁、平武、三台、盐亭、射洪、中江、阆中、苍溪、达县、宣汉、万源、邻水、渠县、巴中、南江、通江、安岳、乐至、宜宾、江安、高县、筠连、屏山、泸县、隆昌、古蔺、叙永、乐山、犍为、峨眉、丹棱、沐川、洪雅、夹江、仁寿、昭觉、甘洛、美姑、雷波、金阳、喜德、普格、越西、布拖、马边、峨边、雅安、名山、荥经、汉源、石棉、天全、芦山、宝兴、西昌、宁南、冕宁、会理、会东、盐边、米易、木里、德昌、盐源、邛崃、大邑、彭县、什邡、崇庆、灌县、康定、丹巴、泸定、九龙、雅江、乾宁、炉霍、道孚、新龙、白玉、德格、邓柯、甘孜、理塘、稻城、乡城、得荣、巴塘、义敦、汶川。(2)华北亚种:松潘。

按:反映在都江堰市、彭州市、邛崃市、崇州市、大邑县、广元市、旺苍县、青川县、剑阁县、苍溪县、江油市、三台县、盐亭县、安县、梓潼县、北川羌族自治县、平武县、旌阳区、什邡市、绵竹市、中江县、阆中市、邻水县、射洪县、隆昌县、乐山市、峨眉山市、犍为县、夹江县、沐川县、峨边彝族自治县、马边彝族自治县、泸县、叙永县、古蔺县、翠屏区、江安县、高县、筠连县、屏山县、米易县、盐边县、巴州区、通江县、南江县、万源市、达县、宣汉县、渠县、乐至县、安岳县、仁寿县、洪雅县、丹棱县、雨城区、名山县、荥经县、汉源县、石棉县、天全县、芦山县、宝兴县、汶川县、松潘县、康定县、泸定县、丹巴县、九龙县、雅江县、道孚县、炉霍县、甘孜县、新龙县、德格县、白玉县、石渠县、理塘县、巴塘县、乡城县、稻城县、得荣县、西昌市、盐源县、德昌县、会理县、会东县、宁南县、普格县、布拖县、金阳县、昭觉县、喜德县、冕宁县、越西县、甘洛县、美姑县、雷波县、木里藏族自治县等地有金钱豹分布。

《中国动物志:兽纲:食肉目》记载,"中国科学院南水北调综合考察队1960年5月中旬,在四川会东获得一雌性豹标本";又称豹华南亚种(*Panthera pardus fusca*)"分布于……四川会东、巴塘、泸定、雅安、宜宾、万源、峨眉、苍溪……内江、乐至……沐川、绵阳等地"(高耀亭等,1987),表明在今苍溪县、绵阳市、内江市、峨眉山市、沐川县、翠屏区、万源市、乐至县、雨城区、泸定县、巴塘县、会东县等地曾有金钱豹分布。

《中国重点陆生野生动物资源调查》称(国家林业局,2008):

本次调查,豹见于……四川(青川、平武、松潘、石棉、巴塘、金川、色达、天全、汶川、马边、美姑、得荣、雅江、炉霍、白玉、木里、洪雅、万源、屏山、古蔺等县,西昌、会东、屏山、若尔盖等县已极为罕见或已绝迹,而在盆周丘陵一带的剑阁、射洪、安岳、邻水和高县等县已经绝迹)。

按:据此反映,在青川县、剑阁县、平武县、邻水县、射洪县、马边彝族自治县、古蔺县、高县、屏山县、万源市、安岳县、洪雅县、石棉县、天全县、汶川县、松潘县、金川县、若尔盖县、雅江县、炉霍县、白玉县、色达县、巴塘县、得荣县、西昌市、会东县、美姑县等地金钱豹或已绝迹,或仍有残存。只是调查的金钱豹现存地方数量偏低。

● 成都市:《什邡县志》记述(什邡县《什邡县志》编纂委员会,1988):

一九七八年,在党家山对面高岭处,一支[只]金钱豹翻越山脊,逸入彭县界内。

按:所称"彭县",即今彭州市,说明还有金钱豹。

民国二十二年《灌县志》记述:

豹:似虎而小,毛黄褐色,背有黑色圆斑,俗称金钱豹。性亦猛。又有赤、白、黑、青各色者。

按:证实今都江堰市有金钱豹栖息。

● 广元市:民国二十九年《广元县志稿》记述:

豹:毛赤黄,有黑纹如钱状,皮可制褥。南北山皆有之,年可得皮十余。

按:说明今广元市当时金钱豹较多。

● 绵阳市:安县地貌可分为平坝、丘陵(台地)、低中山三种类型,主要山峰有大光包、千佛山、大柏岩等，海拔均超过 2 000 m。地属中亚热带季风性湿润气候区，干湿季节分明。据称，境内有动物资源 1 000 多种，其中野生哺乳动物有 80 余种，国家一级保护动物有大熊猫、金丝猴、牛羚，分布在高川、茶坪两乡海拔 1 700～3 000 m 的高山密林之中；其他野生哺乳动物还有：豹与猕猴、小熊猫、马熊、黑熊、狼、赤狐（野狗）、貉、豺、石貂、黄喉貂、黄鼬（黄鼠狼）、鼬獾（猸子）、獾（狗獾）、猪獾、水獭（鱼毛子）、大灵猫（九江狸）、果子狸（花面狸）、野猪、麝香獐子、鬣羚（山驴子）、斑羚（岩羊）、草兔、复齿鼯鼠、豪猪（刺猪）、竹鼠（竹溜子）、褐家鼠、黄胸鼠、小家鼠川陕亚种、四川短尾、山蝠、绯鼠耳蝠华南亚种等[①]。尽管保护动物等级存在瑕疵，但可以说明当地仍有金钱豹栖息。

● 德阳市：《什邡县志》记述（什邡县《什邡县志》编纂委员会，1988）：

金钱豹：一九五 0 年，一豹藏于回澜水月庵麦田中，伤害二人，为解放军击毙。

一九五七年冬，红白干河二坪有豹，曾咬食猎狗一只。

一九五八年，红白五桂坪山上一金钱豹从林中奔出，为王正喜、马家兴二人击毙。

一九六二年，三河党家山附近一豹残害牛羊，为杨正海击毙。

按：对 1950 年以来发现的金钱豹纪实。

民国九年《绵竹县志》记述：

豹：身长五六尺，有黑斑纹，前肢四距，后肢五距，内藏寻常锐齿，以备搏攫，白齿尖锐，犬齿大而有钩曲，目瞳闪烁。好攫人畜食之。山民谓之金钱豹，其皮价重数十金。

按：据此反映，当地有金钱豹。同时“其皮价重数十金”，则是数量稀少的表示。

● 南充市：南部县记述：

1949 年以前，县境内森林茂密，百草丛生，各类野生动物栖息其间，至五十年代初期，县境西北部升钟、双峰一带，时有虎、豹、熊、鹿出没。但到六十年代由于乱砍滥伐，致使自然环境发生很大变化，林地面积减缩，环境被污染，兼之肆意捕杀及声光干扰等，野生动物失去繁衍的生态条件，因而数量锐减，野兽基本绝迹[②]。

按：据此可见，当地在 1960 年代还有金钱豹残存。

● 广安市：《广安县志》记述（四川省广安县志编纂委员会，1994）：

（1950 年代）桂兴、天才、龙滩等乡仍有金钱豹出没。1956 年，华蓥山附近农民还捕获小豹 1 只。后森林骤减，虎豹消失。

按：据此表明，今广安区确有金钱豹。虽称“消失”，但又再现。

据称，华蓥山现有 400 余种野生动物，其中有“金钱豹”等 34 种国家级保护动物[③]。反映在广安区、华蓥市、邻水县等地仍有金钱豹存在。

《邻水县志》记述（四川省邻水县地方志编纂委员会，1991）：

豹：俗称金钱豹。猫科。栖息于人极罕至的芽拐山、五华山等地。喜独栖生活，白天隐伏于石洞或丛林中，夜间觅食，一般不主动伤人，只在狭路相逢或受伤后伤人。豹皮珍贵，骨可入药。

按：说明该县多处有金钱豹栖息。

● 内江市：民国二十五年《隆昌县志》记述：

清康熙年间，邑东白鹤林跃出猛豹一只，被击毙；光绪庚子年，邑西周家寺出现豹一只，被壮士周吉五击毙；清末县城十里的扈家岩出现豹一只，被乡民击毙；民国二十年邑西黄家乡吴家坳、邑东油房沟均出现豹一只，被团丁击毙。

按：此乃对当地多次击毙金钱豹的纪实。

● 乐山市：《乐山市志》记载，当地兽类有 80 种，其中有“豹”等珍稀物种（乐山市地方志编纂委员会，2000）。只是此乃地级乐山市状况，而存在金钱豹的更具体地方尚待进一步查证。

民国二十六年《犍为县志》记述：

豹：似虎而小，毛黄褐色，背有黑色圆斑，俗称金钱豹。县属大窝顶、云峰寺山等处皆产之。

按：证实该县有金钱豹栖息。

《马边彝族自治县志》记述（马边彝族自治县

①安县政务网. http://anxian.my.gov.cn/ax/219841861039161344/20110623/258949.html

②南部县人民政府. http://www.scnanbu.gov.cn/a/detail/97.html

③广安：“国宝”正式安家华蓥山 打造大熊猫的宜居家园. http://ga.wenming.cn/jjga/201408/t20140824_1317797.html

地方志编纂委员会,1994):

豹:彝名日诺。体型大,体色棕黄,背上遍布黑色(班)[斑]点和环纹,除张坝区外,各区均有。系食肉性动物,常袭击家犬家畜和一些野兽。量已少。

按:说明该县确有金钱豹栖息。

● 宜宾市:《筠连县志》记述(筠连县县志编纂委员会,1998):

豹:民国时期常有发现,1958 年后逐渐绝迹。随着森林植被的恢复,1983 年前后,在金銮、镇舟及与云南交界的山区又曾有人猎获幼豹。

按:据此反映,金钱豹在该县的变迁。

位于筠连县大雪山镇的筠连大雪山自然保护区是云贵高原大娄山北侧支脉,现拥有豹、黑熊、野猪等国家重点保护动物 18 种①。

● 攀枝花市:攀枝花市称,当地珍贵稀有动物中,国家一级重点保护动物有 4 种(金雕、豹、黑颈鹤、四川山鹧鸪),国家二级重点保护动物有 30 种②。表明在攀枝花市、米易县、盐边县等地还有金钱豹存在。

盐边县位于凉山州西部,青藏高原东南缘,雅砻江下游西岸;地势北高南低,由西北向东南缓缓倾斜,全县分为南、中、北三大部分,北部山势陡峭,为高中山地貌;中部地势和缓,为中低山地貌;南部为河谷低山区。地属南亚热带干河谷气候区。据称,当地野生动物主要有:熊、豹、獐、狐、猴、小熊猫、穿山甲、羌活鱼、白寒鸡、雉鸡等③。

● 巴中市:通江县现有野生动物(不含昆虫)331 种,其中有"金钱豹"等 21 种珍稀物种④。

南江县现有野生动物 195 种,其中有"金钱豹"等国家重点保护野生动物 41 种,省级保护动物 17 种⑤。

● 达州市:《达县市志》记述(达县市地方志工作委员会,1994):

金钱豹:以食草性动物为食,皮毛珍贵,骨可入药,现存不多,偶在复兴乡铁山地有所发现。

按:据此反映,今通川区确有金钱豹分布。

民国二十年《宣汉县志》记述:

金钱豹:县不产虎,惟间有豹,似虎而小,毛黄褐色,背有黑斑,文如钱。行走迅捷,捕食牛、羊、鸡、猪。

按:反映有金钱豹分布。

宣汉县位于四川盆地东北部,大巴山南麓;境内地形复杂、山势逶迤,由东北向西南倾斜,呈"七山一水两分田"总体地貌。据称,现有野生动物约 400 种,其中金钱豹、猕猴、大鲵(娃娃鱼)、白鹇等国家重点保护动物数十种,还有阳鱼、憨鸡、明鬃羊等珍稀动物⑥。

开江县境内以浅丘、平坝为主,野生动物较少。1958 年、1966 年森林砍伐严重,虎、豹绝迹⑦。说明曾有金钱豹分布。

民国十七年《大竹县志》记述:

豹:似虎而小,毛黄褐色,山上具黑斑。牡者作圆形,俗呼金钱豹。清咸、同时,豺为邑患,豹至,豺绝迹。今乡民利其捕食小野兽。

按:证实有金钱豹分布,同时指出其遏制豺患与猎捕野兽的作用。

《大竹县志》记述(四川省大竹县志编纂委员会,1992):

金钱豹:哺乳纲猫科。

1958 年前,以铜锣山较多,华鎣山、明月山次之。形状似虎较小,毛黄褐色,上具黑斑,雄形作圆形,俗称金钱豹。

清咸丰、同治年间,境内豺为患,豹至,豺狗绝迹。民国时,常有豹子至院落附近觅食家畜、家禽。民国三十一年(1942),竹师学生曾在云雾山捕得两只小豹,形如尺长的猫。1952 年,白坝

---

①筠连大雪山. http://www.jj831.com/lvyou/2015/201503/lvyou_20150319150807_213271.html

②攀枝花市人民政府网站. http://www.panzhihua.gov.cn/zjpzh/zrgk/zrzy/index.shtml

③盐边县志. http://www.scyanbian.gov.cn/zjyb/ybxz/2411.shtml

④通江县. http://baike.baidu.com/view/282192.htm

⑤南江县. http://baike.baidu.com/link? url=KxpJggT279xJOXgg9AYXgQEAYGQff1Edop7hvRLOakmpoAoyNl384QeSzfsPDVJYEdw6TLUx_qcQrjWRu-Iala#3_2

⑥宣汉县. http://baike.baidu.com/link? url=0NDzHvs1UHCCVtpPIsYld4is_wFptm0WLYAMHiIRHwkFxJvNBatxfgyCGaE6TvkM

⑦开江县. http://baike.baidu.com/link? url=u-KoFwRQLMqaZXN1rMVAGZyIzcX3XjRp-_diaEDPhLYLcWEfGQx6qByh5ed6qD5p#2_5

乡农民在境内用特制的木槶捕捉到8只活豹。同年秋，1只豹子窜到文星乡朱家坝被村民打死在古墓里。1953年，金鸡乡铁龙山一带，夜里常有豹子呼啸声，不时窜入农家捕食家畜。同年，窜至白坝乡仁义村坝中一豹，身长1.5 m，尾长1 m，被村民撵入土洞内，用稻草熏死。1958年以后，豹子出现渐少。1978年。秋，梅子山曾出现1只豹子，晚上偷食农家羊子或狗。此后，未再发现豹子踪迹。

按：更为详细地记载金钱豹相关情况。

民国二十一年《渠县志》记述：

清……嘉庆九年十一月，县南五十里叶家坝有豹晨出平野坟草中，不知何来。为乡民击毙，未伤一人。

按：此是当地击毙金钱豹的纪实。

● 资阳市：《简阳县志》记述（四川省简阳县志编纂委员会，1995）：

豹：1958年贾家区久隆乡山上猎获1只。1958年砍伐林木后，境内豹已绝迹。

按：据此表明，今简阳市曾有金钱豹栖息。

● 眉山市：《洪雅县志》记述（洪雅县地方志编纂委员会，1997）：

金钱豹：均系国家保护动物。金钱豹俗名金猫，以野生动物和家畜为食。……三种豹的性情均孤僻，单独活动在中、低山林间，分布在炳灵、张村、吴庄、高庙、赵河等乡的山林中。

按：据此反映，当地有3种“豹”，其中有金钱豹。

《丹棱县志》列举的兽类有：“虎、豹、熊、狐、鼠（耗子）、野猫、蝙蝠等”（四川省丹棱县志编纂委员会，2000），说明尚有金钱豹存在。

● 雅安市：雨城区境内野生动物种类多，已查明的脊椎动物种类有330余种，其中国家一级保护动物有“豹”等5种①，说明仍有金钱豹生息繁衍。

《名山县志》记述（名山县志编纂委员会，1992）：

山高林密处有豹（1952年太平乡二村干部陈显荣在回乡开会路上被豹子咬伤面部）。

按：证实该县确有金钱豹栖息。

名山县②位于四川盆地向青藏高原过渡地带，地形由西北向东南倾斜。地属亚热带季风性湿润气候区，冬无严寒，夏无酷暑，雨量充沛，终年温暖湿润。森林覆盖率32%。现有豹、豺、狼、野猪等14种兽类和布谷、黄莺、杜鹃等40余种鸟类③。

到2013年，石棉县境内分布有脊椎动物359种，其中有“豹”、林麝、牛羚、云豹、雪豹、猕猴、小熊猫、豺、黑熊、水獭、金猫、猞猁、马麝、羚、斑羚、岩羊、毛冠鹿、白臀鹿、金猫等④。该县似3种豹类皆有。

《荥经县志》记述（四川省荥经县地方志编纂委员会，1998）：

豹：又名“金钱豹”，俗称“铜钱花”。泗坪、新庙、三合、石滓等乡均有分布，以食动物为主，属国家二类保护动物。

按：据此表明，当地金钱豹分布在多处。

荥经县位于四川盆地向青藏高原过渡地带，属盆周山区。县境内四面群山环抱，河流强烈切割；地势西南高、东北低，分高山区、中山区、低山与丘陵区、阶地与河谷平坝四种类型。属于接近中纬度的低纬度地区，大气环流受季风控制，因而属季风气候；在地形上高低相差悬殊，垂直变化大，因而具有山地气候特征。野生脊椎动物约有295种（含亚种），其中哺乳纲53种、鸟纲124种、爬行纲19种、两栖纲12种、鱼纲87种，珍稀动物有大熊猫、羚牛、大鲵、小熊猫、豹、金猫、水鹿、林麝、白鹭、灰角斑雉、盘羊、大灵猫、小灵猫、四川猴、红面短尾猴、苏门羚、岩羊、水獭、白腹锦鸡、红腹锦鸡、白鹇等⑤。

---

①雨城区. http://baike. baidu. com/link? url = PxG _ GCKt7yKIGHJdThC3o _ JCiYjKw0ErEUR7gL8LFN1RmHQp3Lewa _ pUl-Gv7TCC3＃6_5

②“名山县”虽2012年11月6日已撤县设区，但未保持全书风格，仍按现记述。

③名山区. http://baike. baidu. com/view/9597907. htm? fromId=342452

④石棉县. http://baike. baidu. com/link? url = 7zEKw4Cmkjs1BEOWLmuS7VXhsUWvtwxXY6wg2yhyFGZU6CiuMoX-6OXty _ AN9fJ4LjMoKR7rN_27CYYvOv_PX_

⑤荥经县. http://baike. baidu. com/link? url = s4IUlEDggFCqBq _ EniaUgM _ RKkSEEr0gxvsCePEy6ZLbwI6gjKeTR0Id2 _ I2WQx Zwoet0CXNA9okmkce1XMN0_

《中国经济动物志：兽类》称："文献记载豹的地区有……四川省万兴"（寿振黄，1962），四川省并无称为"万兴"的县级及其以上地名，似为宝兴县（当地确有金钱豹）之误。《宝兴县志》记载的"野生脊椎动物名录"中"哺乳纲"有64种，其中有"豹（华南亚种）"等（四川省宝兴县地方志编纂委员会，2000）。反映当地有金钱豹等3种"豹"，比较罕见。

● 阿坝州：马尔康县位于青藏高原南缘，属高原峡谷区，地势由东北向西南逐渐降低，海拔2 180～5 301 m。境内有丰富的自然资源，高山峡谷，森林茂密，栖息着国家级保护动物金钱豹、白唇鹿、梅花鹿、小熊猫、金丝猴、扭角羚等①。

壤塘县地处青藏高原东南边缘，大渡河上游；地形以丘状高原为主，相间河谷平地和高山，有较大的山74座，海拔4 500 m以上的山峰60余座。地属高原季风气候区，昼夜温差大。该县的香拉东吉圣山风景区栖息着许多珍稀野生动物，有岩羊、狍、原羚、草鹿、麂子、黑鹿、野驴、马鹿、麝、黑熊、棕熊、猕猴、野猪、狐狸、金钱豹、雪豹、猞猁、兔、水獭、狼、豺狗、旱獭等兽类②。

红原县地处青藏高原东部，地势由东南向西北倾斜，地貌具有山原向丘状高原过渡的典型特征。县境中部海拔4 345 m的查真梁子是县境南北山原与丘状高原的天然分界线，是长江、黄河流域的分水岭。南部为山原，北部为丘状高原。地属大陆性高原寒温带季风气候区，无明显四季界线，气候偏冷，春秋短促，长冬无夏，热量低。动物有200余种，主要有梅花鹿、马鹿、天鹅、盘羊、苏门羚、藏马鸡、猞猁、斑羚、喜马拉雅山旱獭、藏狐、灰毛兔、鹰、狼、豹、豺、林蛙、黄河条鳅、厚唇鱼、水獭、牦牛等③。

● 甘孜州：

道孚县地处青藏高原边缘，属山地地貌；地形复杂，峰峦起伏，东北高，东南略低；地形大体分为：东部八美山原宽谷区，西南部尼措、瓦日山原河谷区，南部扎坝高山峡谷区，北部玉科高原高山区。地属寒温带大陆性季风气候区。珍稀野生动物有豹、雪豹、金雕、胡兀鹫、西藏野驴、褐马鸡、黑熊、棕熊、小熊猫、细嘴松鸡、藏马鸡、岩羊、盘羊等④。

新龙县地处川西北丘状高原山区，属沙鲁里山北段；南部最低点为子拖西乡雅砻江河谷，全境有高山峡谷、高山低谷、高原低山丘陵、现代冰川冰蚀地貌。地属青藏高原亚湿润气候区。当地野生动物有豹、马鹿、白唇鹿、斑羚、林麝、马麝、黑熊、马熊、盘羊、岩羊等⑤。

德格县地处青藏高原东南缘，属横断山系沙鲁里山脉；地形复杂，最高点为绒麦峨扎山峰，海拔6 168 m，全县相对高度3 188 m。以雀儿山为标志，将全县分为东北、西南两大部分：东北部高，河谷宽广平坦，土壤肥沃，古夷平面保存完整，属川西北丘状高原地貌；西南部低，河谷深切，地属于高山峡谷地貌。地属大陆性高原季风气候区，空气干燥，气温较低，冬长夏短。现有野生动物共170余种，其中国家一级保护动物有白唇鹿、豹、金雕等9种，国家二级保护动物有黑熊、水獭、林麝等32种⑥。

色达县地处巴颜喀拉山南麓，全境海拔大多在4 000 m以上，整个地势由西北向东南倾斜，西北高，东南低；高原面积占84%，山原占15%，平坝占1%。地属大陆性高原季风气候区。据称，常见的国家一、二级保护野生动物有雕、豹、黑熊、穿山甲、灵猫、水獭、麋鹿、林麝、岩羊、红腹角雉等动物20多种（陈小涛等，2009）

理塘县以丘状高原和山原地貌为主，兼有部分高山峡谷；西部、中部地势起伏较大，向东南和东北倾斜，境内山脉和水系呈南北走向，东西排列，山川河流相间，山地垂直分布明显；在山地窄

①马尔康县. http://baike. baidu. com/view/163486. htm? fr=Aladdin；马尔康县. http://www. zwbk. org/MyLemmaShow. aspx? lid=161190

②香拉东吉圣山风景区. http://www. bytravel. cn/Landscape/27/xiangladongjishengshanfengjingqu. html

③红原县. http://baike. baidu. com/view/991951. htm

④道孚县. http://baike. baidu. com/view/824773. htm

⑤新龙县. http://baike. baidu. com/link? url=fWEZazbdBbF4cHyT8pD5HEQXyBqqmCSL08oKQe5K7Ih6YLm-CPMcxK7pXJR5HIyc

⑥德格县. http://baike. baidu. com/link? url=x4VbX25Dgll6FYXLkb6-G2omHUu-fweTl8ARzeycutXZOqTdPO-82FB-FZezZCqg

谷、宽谷和高山顶部又出现台地、多平坝、高山原类型。地属高原气候区，气温低、冬季长、日照多、辐射强、风力大，冬季干冷漫长，暖季温凉短暂。野生动物中兽类主要有白唇鹿、豹、猴、扭角羚、林麝、水獭、熊、猞猁、斑羚、岩羊、盘羊、狐狸、旱獭、兔①。

乡城县野生动植物资源丰富，国家一、二级保护动物有“金钱豹”等 53 种②。

稻城县地处青藏高原东南部，横断山脉东侧；地势北高南低，西高东低，境内最高海拔 6 032 m，垂直高差达 4 032 m。地处亚热带气候带，受青藏高原复杂地形的影响，呈现出高原型气候和大陆型气候特点，属高原季风气候。当地主要珍稀野生动物有豹、白唇鹿、毛冠鹿、獐（马麝）、熊、藏羚羊、岩羊、林麝、小熊猫、猕猴、穿山甲、藏马鸡、贝母鸡等③。

得荣县属青藏高原东南边缘地带，地势北高南低，北部山脊线一般在 5 000 m 左右；地处古学乡下拥村的后山海拔高达 5 599 m，为县境最高峰，但相距不到 30 km 的金沙江出境点海拔仅 1 990 m。地属亚热带干旱河谷气候区，是西南干旱河谷中心。现有熊、豹、獐［麝］、鹿、羚羊等 50 多种珍稀动物④。

● 凉山州：1942 年《西昌县志》记述：

豹：县属四周之山均产之。傍山人畜，常被其害。每年为猎人说猎获，其皮售卖于市者，约十余张。

按：说明今西昌市曾有较多金钱豹分布。

西昌市地形以中山为主，占全市总面积的 78.9%，高山、低山分别占 1.1%和 3.4%，河谷平坝面积占 16.4%。地属热带高原季风气候区，具有冬暖夏凉、四季如春，雨量充沛、降雨集中，日照充足、光热资源丰富等特点。野兽主要有熊、麂、鹿、羚羊、岩羊、野牛、豹、狼、豪猪、野猪、穿山甲、狐、兔、飞鼠、扭角羚、猴、林麝、水獭、野猫、金猫、大灵猫、小灵猫、小熊猫、松鼠、黄鼬、鼷鼠等⑤。

《盐源县志》称，野生动物现已知 160 余种，哺乳纲除“豹（又称金钱豹、印度豹、大貘，当地人称豹子）”外，还有：猕猴、短尾猴、穿山甲、小熊猫、马熊、黑熊、狼、豺、赤狐、白貂、黄喉貂、黄鼬、水獭、小灵猫、花面狸、金猫、豹猫、虎、野猪、林麝、赤麂、小麂、毛冠鹿、白臀鹿、水鹿、牛羚、白羊、斑羚、岩羊、牦牛等（盐源县志编纂委员会，2000）。

普格县属云贵高原横断山脉，以中山（含亚高山）为主，占总面积的 67.4%；丘陵平坝仅分布在河谷地带，为高山、中山深切割地貌。受西南季风和印度北部干燥大陆性气团交替控制，干雨季分明，年温差较小，日差较大。野生动物种类有豹、黑熊、滇猴（猕猴）、小熊猫、麝、野牛、岩羊、穿山甲、灵猫、红腹角雉、锦鸡、鹤、长脚秧鸡、鹦鹉等⑥。

《金阳县志》列举的兽类有：熊、野猪、麂、岩羊、狐狸、水獭、旱獭、野兔、猪鼩、石鼩、竹鼠……狸猫、香狸、小熊猫、金钱豹、刁豹、豺豹、狼、黄狼、香姑狼、金丝猴、黄猴、青猴、苏门羚、獐（麝）、猞猁、刺猬等（四川省金阳县志编纂委员会，2000），说明还有金钱豹栖息。

越西县现野生动物有 21 科 48 种，其中国家一级保护动物有“金钱豹”等⑦。

甘洛县地处四川盆地南缘向云贵高原过渡地带，全为山地，岭高谷深，河谷地带间有台地斜坝与河边小坝，西部有较大的高山间狭长斜坝。地属中亚热带气候区，垂直变化明显，冬春干旱，夏秋多雨，光照充足，降雨集中，四季分明。据称，常见的野兽有豹与大熊猫、扭角羚、小熊猫、岩羊、水獭、熊、野猪、獐（麝）、鹿、猴、狐狸、刺猬、松鼠、黄鼠、鼯鼠等⑧。

---

①理塘县. http://baike. baidu. com/view/797830. htm

②乡城县. http://baike. baidu. com/link? url=DVrzsXxGAvBJR56Miko5tsjHHwI2ui_zSlbd_TFXHEz73Tx7XMkPK3MbAe14X17S

③稻城亚丁. http://www. 51766. com/xianlu/11004/1100444763. html

④得荣县. http://baike. baidu. com/link? url=4p3ojkzn-Ff5ViFq2yEej8L4RI9kaP3DcVkQjM8Mk09iKuxrOk3PmxT6BQCunOw7

⑤西昌. http://baike. baidu. com/view/5868. htm

⑥普格县. http://baike. baidu. com/view/377792. htm? fromId=399474

⑦越西县. http://baike. baidu. com/link? url=_omf2CkLtOkJCfwO-PQEQw2_-xJ1PCIN1PDO81St9G42JukSdlr4UVE4y-cKSunb

⑧甘洛县. http://www. zwbk. org/MyLemmaShow. aspx? lid=177443

木里藏族自治县现常见的野生动物有200多种，其中有“豹”等数十种珍稀动物①。

6.5.3 贵州

贵州省有较多金钱豹分布记录。

《中国动物志：兽纲：食肉目》称，豹华南亚种(*Panthera pardusfusca*)“分布于……贵州梵净山(松桃、江口、印江)”(高耀亭等，1987)，证明在梵净山所处的今江口县、印江土家族苗族自治县、松桃苗族自治县一带曾有金钱豹栖息。

《中国重点陆生野生动物资源调查》称(国家林业局，2008)：

本次调查，豹见于……贵州(赤水、习水、桐梓、正安、凤岗[凤冈]、绥阳、遵义、仁怀、金沙、盘县、兴仁、兴义、安龙、荔波、三都、都匀、贵定、惠水、平塘、瓮安、福泉、石阡、思南、沿河、德江、松桃、江口、印江、思秉)。

按：据此说明，在盘县、遵义市、赤水市、仁怀市、遵义县、桐梓县、绥阳县、正安县、凤冈县、习水县、金沙县、江口县、石阡县、思南县、德江县、印江土家族苗族自治县、沿河土家族自治县、施秉县、都匀市、福泉市、荔波县、贵定县、瓮安县、平塘县、惠水县、三都水族自治县、兴义市、兴仁县、安龙县等地仍有金钱豹存在，但调查的金钱豹现存地方数量偏低。

《贵州野生动物名录》记载(李子忠，2011)：

豹

分布：贵州(全省)；及我国除台湾、辽宁、宁夏、山东、新疆外的其他各省(区、市)。

按：尽管作者有所说明②，但无论是从贵州全省状况看，还是从我国省级政区分布状况看，皆值得再核查。若按20世纪前的豹类分布，尚较接近。

● 贵阳市：据称，目前贵阳市远郊和三县一市近20年来因农民大肆捕捉，珍稀野生动物接近灭绝。大灵猫、小灵猫、金钱豹、华南虎、豺、狐狸等已经多年未发现③，表明在贵阳市、清镇市、开阳县、修文县、息烽县等地曾有金钱豹栖息，但少数地方实际上仍有残存。

开阳县属黔中高原区，地势较高、起伏不平，地质构造复杂多样。地势西南高、东北低，由西南分水岭地带向北面乌江河谷和东面清水河谷倾斜。县境大部分地区属北亚热带季风湿润气候，四季分明，春暖风和，冬无严寒，夏无酷暑，水热同季，无霜期长。县境野生动物种类繁多，已查明哺乳类有：豹、虎、獐子、苏门羚、野猪、果狸、狐狸、猪獾、狗獾、黄鼠狼、野猫、野兔、刺猬、猴、旱獭、松鼠、山鼠、岩羊、穿山甲④。

● 六盘水：六枝特区称，据《郎岱访稿》⑤载，境内野生动物有虎、豹、狼、獐、鹿、穿山甲、狐狸、猥、竹鼠等兽类⑥。说明在民国年间曾有金钱豹栖息。

● 遵义市：1929年《桐梓县志》记述：

豹：《居易录》：李刑部又云：遵义有山水豹，皮有斑纹，自然成山水形，宛如图画《黄志》。按：本地所产皆金钱豹，其毛赤黄，黑文如钱而中空，比比相次，似虎而小。俗传，虎生三子，其一为豹。以今验之，各一种也。

按：据此说明，桐梓县确有金钱豹。

习水县现已查明的兽类种数为72种2亚种，属国家一级重点保护的动物有“豹”等⑦。

道真仡佬族苗族自治县境内有陆栖脊椎动物400余种，其中有“金钱豹”等4种国家一级保护野生动物⑧。

● 安顺市：普定县地势南、北部高，中间低，由南部和北部向中部三岔河河谷倾斜，岩溶地貌发育非常典型。地属亚热带季风湿润气候区，季风交替明显，全年气候温和，冬无严寒，夏无酷

---

①木里藏族自治县. http://baike.baidu.com/view/480821.htm

②据作者称：“参阅了国内外有关贵州野生动物种类分布记载的文献共610篇(部)。”

③中国・贵阳. http://www.gygov.gov.cn/col/col10801/index.html

④中国・开阳. http://www.kygov.gov.cn/zjky/dlzy/1314691527ky4840.html

⑤亦即《民国郎岱县访稿》。

⑥六枝特区. http://baike.baidu.com/link?url=190qhfAZHsRVIaIQXMw3GJ6SDlvcuYcaShny1P-asuGSiFzHoR0RIBs-I9fapScq#6_2

⑦习水政府网. http://www.gzxishui.gov.cn/html/xsgov/col4/1_11_6.html

⑧道真仡佬族苗族自治县. http://baike.baidu.com/link?url=2Qk_cSEXLwqcdYkvdpz5lG5t46Oe8iV9jSqm90KXCjMFJeQsYooOLzBDL_MmCErUMHYzcg5oJXMBZBsl6i4_Ia

暑，春干秋凉，无霜期长，雨量充沛，日照少。据称，境内有虎、豹、野猪、豺、岩羊、獐子（麝）、穿山甲、蛇、野兔等野生动物①。

● 毕节地区：《金沙县志》记述（贵州省金沙县地方志编纂委员会，1997）：

豹：有金钱豹……1953 年前为多，各乡都曾上报有抓食家畜和抓伤人的事例，早晨、晚间多潜入街巷活动。现部分林木繁茂区域仍有存在。

按：据此，反映当地确有金钱豹栖息。

《赫章县志》在哺乳纲中列举有：虎、豹（金钱豹）、花面狸、野猫、小灵猫、豺、狼、狐狸、狗獾、岩羊、黄鹿、青鹿、野兔、野猪、猪獾、拱猪、黄鼬、猸子、水獭、竹溜、麝（香獐、牙獐）、刺猬、穿山甲、大青猴、黄猴、短尾猴、松鼠、蝙蝠、飞虎、狗熊、马熊等。（贵州省赫章县地方志编纂委员会，2001）

● 黔东南州：《施秉县志》记述（贵州省施秉县地方志编纂委员会，1997）：

金钱豹：俗名铜钱花。

食肉猫科动物，体形似虎但略小，头圆、耳短，身长 1.5 m 左右，重约 50 kg。体侧有古铜钱状的黑褐色花纹，腹部白色，故名金钱豹。栖于森林、灌丛、草地，喜攀树，喜跳跃。常夜出捕山羊、野兔、野猪和啮齿类动物为食，亦窜入村寨捕食家狗和猪、羊，伤害人类。

解放前和解放初期县内部分山地有分布，1961 年后极为罕见。1978 年，在马溪公社芭蕉坪大队蔺家沟有 1 只金钱豹被捕猎的铁夹摄住，但仍对 1 社员造成伤害，后县公安局武警中队接到报讯后前往将此豹击毙。

按：据此说明，该县确有金钱豹分布。

1938 年《麻江县志》记载：

豹：似虎而小。《遵义志》谓：虎育子二：一虎一豹。俗谓三虎一豹，非也。面白，毛黄褐色，背有黑色圆斑，俗称金钱豹。行走甚速，捕食人畜。光绪时，城中有农人吴大汉，曾于长坡徒手打死一豹，皮为褥，骨合虎熬膏。

按：据“面白，毛黄褐色，背有黑色圆斑，俗称金钱豹”描述，证实当地有金钱豹。

锦屏县地处黔东低山丘陵东缘，西南高，东北低，森林覆盖率为 58%。该县 1960 年代后，森林曾逐渐减少，动物活动范围缩小，加上遭到大量捕捉，哺乳动物逐渐减少。及至近年，除各地浅山中尚存少量野猪和文斗乡南包溪、乌斗溪等小范围原始残次林中尚存小群猕猴外，虎、豹、豺、狼、野牛、野鹿等大型动物已基本绝迹②。

1930 年《八寨县志稿》记述：

豹：小于虎，面毛黄褐色圆班，谓之铜钱花。行甚速，性残不亚于虎。

按：据此表明，当地确有金钱豹栖息。

● 黔南州：惠水县称，由于生态环境被破坏和人类活动频繁，境内野生动物已大大减少，其中虎、豹、狼已经绝迹。仅于 1973 年以前有虎、豹伤人和捕获虎、豹的记载③。表明当地曾有金钱豹分布。

三都水族自治县处于云贵高原东南部，地势自西北向东南倾斜；境内山岭连绵，溪流交错，其间夹着若干起伏的丘陵和平坝，有“九山半水半分田”之称。地属中亚热带湿润季风气候类型。由于地形、地势、地貌、海拔的复杂影响，形成三都气候在地域上的差异，全县分为温热、温暖、温和三个气候区域。该县的尧人山国家森林公园有金钱豹、猕猴等 12 种以上兽类，有红腹锦鸡、白鹇等 17 种以上鸟类④。

6.5.4 云南

云南省既是我国金钱豹分布最多的省级政区之一，也是现存分布地最多的省级政区。

《中国经济动物志：兽纲》称，豹“中国科学院动物研究所收藏的标本采自……云南省东南缘”（寿振黄，1962），证实该地有金钱豹分布，但缺乏更具体地点。

《中国动物志：兽纲：食肉目》记载，豹在“西双版纳的勐海县曼寨村附近乱草丛的凹处捕获到 2 只初生不久的幼仔”；又称，豹华南亚种（*Panthera pardus fusca*）“分布于云南西双版纳、泸水、丽江、金平、屏边、河口”（高耀亭等，1987）。

---

①普定县. http://baike. baidu. com/link? url = mUnf0VJpdctVcFQAkwB9qKZApedyzovTM1FjgA9prqyV-DijWHumsgGoQQ_x_JFsyeTWVimoG2emps-Ji2YI3K

②锦屏县. http://baike. baidu. com/view/189088. htm

③惠水县. http://baike. baidu. com/link? url=LdfkNjH_wCr9o7qem73tHamGArs7Q6pI0cxsI-aIMilhi7Dr3HpnmzAI5nOR7lrb#6_2

④三都水族自治县政府门户网站. http://www. sdx. gov. cn/zjsx/zrzy/

反映约在今古城区、玉龙纳西族自治县、泸水县、金平苗族瑶族自治县、河口瑶族自治县、屏边苗族自治县、景洪市、勐海县、勐腊县等地曾有金钱豹栖息。

《中国重点陆生野生动物资源调查》称(国家林业局,2008):

本次调查,豹见于……云南(除昆明外广布各地)。

按:此说有待核查①,仅将其作为20世纪后半叶分布状况。

● 昆明市:晋宁县坐落在滇池南岸,三面环山,一面是平坝。地属低纬度高原北亚热带季风气候区,冬无严寒,夏无酷暑,四季如春,干湿季分明。当地现野兽有豺、狼、麂、兔、狐狸、豹、鼠、鼬、竹鼠、獐[麝]、狗獾、獭、野猪、豪猪、穿山甲等②。

1921年《宜良县志》记述:

豹:山中常有之。状似虎而小,圆文,白质,黑章,爪最坚利,尾长有力。竖其尾,可登岩屋。吼声震山。如过处及皮肉,皆有臭味。

按:据此说明,该县有金钱豹分布。

● 曲靖市:曲靖市列为国家珍稀保护动物的有大灵猫、猕猴、水獭、黑熊、金猫、豹、斑羚、黑颈鹤等30种③。曲靖市乃地级市,是否现全境皆有金钱豹,尚待查证。

1934年《宣威县志稿》记述:

豹:似虎而小,背有黑色圆斑,俗称金钱豹。行最速。捕食牛羊鸡豕等物。其皮最贵。县属东西北三边界多产之。

按:据此反映,今宣威市有金钱豹,在边界地带。

会泽县地处滇东北高原,乌蒙山主峰地段;山高谷深,沟壑纵横,山川相间排列,山区、河谷条块分布;以山地地貌为主,次为盆地地貌,部分为冰川地貌。地属典型的温带高原季风气候区,四季不明,夏无酷暑,冬季冷寒,干湿分明;立体气候特点突出,南亚热带至寒温带气候均有分布。当地主要动物有50多种,有国家一级保护动物黑颈鹤、黑顶长尾雉、金钱豹,国家二级保护动物穿山甲、水獭,国家三级保护动物獐子、岩羊、灰鹤、鹞④。此处的保护动物等级有误。

● 玉溪市:《澄江县志》记载的野兽类有:鹿子、狼、狐狸、野猪、豹子(极少量)、花脸獐(野猫狸)、狗獾、黄鼠狼、刺猪、岩羊、松鼠、野兔、獭猫、竹鼠、山鼠、猴子、野猫(云南省澄江县史志编纂委员会,2002)。

《龙陵县志》记载的兽类中列举有"金钱豹"等(龙陵县委党史地方志工作办公室,2000)。说明还有该物种存在。

● 保山市:《昌宁县志》记述(云南省昌宁县志编纂委员会,1990):

金钱豹、豹(多为金钱豹,生长在更戛、鸡飞及澜沧江畔林地内,今已少见)。

按:据此证明,该县曾有金钱豹。

● 昭通市:《昭通市志》记载的兽纲中,列举有"金钱豹"等(昭通市志编纂委员会,2000),说明今昭阳区还有金钱豹存在。

巧家县属亚热带与温带共存的高原立体气候区,夏季受东南海洋季风控制,雨热同季;冬春受极地大陆季风控制,干凉同季。现有陆生野生动物264种,其中有国家一级保护野生动物金钱豹、黑颈鹤、红腹角雉等⑤。

镇雄县地处云贵高原北部斜坡地带,境内山峦起伏,沟壑纵横,全县无坝区,只有半山区、山区和高寒山区。地势西南高,东北低,中部和南部稍平缓。县境大多数地方属暖温带季风气候区,少数河谷地区属北亚热带气候区。在县西南的坪上镇境内曾出现过老虎、豹子、果子狸(地方语称维子)、猴子、獐(麝)、貂、野猫、狐狸、野狼、

①因虽《东川市志》称:"豹(基本灭绝)"(云南省东川市地方志编纂委员会,1995),尚难断定昆明市在20世纪后半叶前就已灭绝;但《罗平县志》却绝然称"豹(已绝迹)"(罗平县志编纂委员会,1995)。

②晋宁县. http://baike.baidu.com/link? url=FCU5weaBM-5PGGqykERW4oAZWv1G4UmCNaANK9FnwiyV5dVF0tlh9sAgje-eNx6IIeYhYgkMYiwsIkeI_CCcxK

③曲靖市. http://baike.baidu.com/link? url=V7jUAQRTaNARGKZeSSNyJQw963TIh0THHePVe3LDD0S8obmoaV1v5Wvh1lBtytOlyio9cU6rLHhFsjEQ61Euu51mDFH8BLZ3BQH5UbYK6eeXe_B9FZvltklJZ29_AJsP-he-yK6sX2T0nwvmQsSjdSCrdG2ggdeIod3y2l-Hasu

④会泽. http://zy.zwbk.org/index.php/会泽

⑤巧家县. http://baike.baidu.com/link? url=Ti0uMOw-0W3nB9Z_Yd7mC57BEDbVQBDhuC_Eyzy2P2A6T5uLh0lqbHZbi6Rm61qPp_uQX3_PHzJzvzuchwLt-q

野猪、犀牛、穿山甲、野兔、野猪、黄鼠狼等兽类①。

水富县地处金沙江与横江汇合处夹角地带，为四川盆地南缘、云贵高原的起点，南接乌蒙山麓末端；地势东北低、西南高；西南部多为山地，中部多为二半山区和深丘陵区域，北部和东部多为河谷平坝和矮丘陵地区。地属亚热带季风气候类型。截止到 2014 年，水富县森林覆盖率达 45.1%，境内野生动物有 100 多种，属国家一、二级保护的动物有豹、熊、野猪、獐、猴、獾、鹿、雉等 20 多种②。

● 丽江市：《丽江纳西族自治县志》记载，根据云南省动物研究所 1960、1964、1979 年三次调查资料及前人调查资料，县内已查明的兽类有“金钱豹”等 70 多种（丽江纳西族自治县志编纂委员会等，2001），说明在今古城区、玉龙纳西族自治县还有金钱豹分布。

永胜县地跨横断山脉和滇西北高原两个地貌单元，属三江并流的边缘地区，有江、河、湖泊、山原、盆地（坝子）、河谷等多种地貌类型。地势东北高，西南低。县境以北亚热带山地季风气候为主，由于县境内海拔高差大，加之错综复杂的地貌，在不同的海拔区域有高寒、冷凉、低热、金沙江亚热带等多种气候类型，是典型的立体气候。森林覆盖率 24%。虽未见现今野生动物报道，但其名贵药材中有：麝香、熊胆、豹骨、猴骨、穿山甲等，说明还有金钱豹存在③。

● 普洱市：宁洱哈尼族彝族自治县全境皆山，地貌纵横交错，地质构造属喀斯特地貌。地属南亚热带山地季风气候，兼有热带、中亚热带、南温带等气候类型。森林覆盖率 74.04%。截止到 2014 年，该县野生动物种类还有猕猴、长臂猿、金丝猴、黑熊、鹿、野猪、豹、岩羊、穿山甲、蟒蛇、灵猫、绿孔雀、锦鸡等国家一、二级保护动物④。

墨江哈尼族自治县地处云贵高原西南边缘、横断山系纵谷区东南段，即哀牢山脉中段；地势自西北向东南倾斜，境内山区、半山区占 99.8%，丘陵谷地仅占 0.1%。地貌类型复杂多样，大致可分为：中切中山丘陵墨江盆地、中切中山河谷、中山山地、深切高中山峡四个类型。县境处于低纬度高海拔地区，属南亚热带半湿润山地季风气候。该县野生动物中兽类，1949 年后虎、野牛已绝迹，熊、豹、豺、狼、水獭等也很少见，其他各种野兽数量大大减少⑤。

镇沅彝族哈尼族拉祜族自治县处于横断山脉纵谷区东南余梢，云岭余脉的哀牢山和无量山纵贯全境，与河流相间，构成北高南低、北向南走的“五谷五岭”地貌轮廓。地属亚热带季风区，地貌复杂，气候垂直差异突出，形成热带、亚热带、暖温带三种气候类型。当地现有野生动物 519 种，其中有国家和省级保护动物黑长臂猿、虎、豹等 30 余种⑥。

江城哈尼族彝族自治县地处横断山脉，在无量山尾端；地形起伏大，切割深，形成中低山地貌。地属亚热带湿润气候，冬夏两季短，春秋两季长。当地野生动物有虎、熊、豹、鹿、野猪、麂子、刺猪、穿山甲等兽类及蛇类、鸟类、鱼类等动物上百种⑦。

孟连傣族拉祜族佤族自治县地处怒山余脉，地貌以山地为主；南北部多高山峻岭；东西部偏低，多河谷盆地。属南亚热带气候类型，境内气候垂直变化明显。当地野生动物还有虎、豹、熊、

---

①坪上镇. http://baike. baidu. com/link? url=NVZVlbo76larUNCcXVVeoisw6hedn1hu2_JcjcCRQ7AMuIvzeX05YiO1mir0WZmSgg0n0_-jGJpBvK57cXyRXVFeHaM63WCHERHiUNtc4nihbGAEZ1uJ3G-GBXE3u817

②水富县. http://baike. baidu. com/link? url=Vp9EzV-ftSB9lAePX_bSWxY_7J-83YJxVp7yC_nJyW214y2CuJrBLKLYVV ZtW-FkT1CRKDCRgpNZNpLvg2eNkGq

③永胜县. http://www. baike. com/wiki/永胜县

④宁洱哈尼族彝族自治县. http://baike. baidu. com/link? url = a-OOgOWWRo4Sy2X4mm0kGCvFnyV7zJL1DGPQb9yv74sN9TPtjtJuvn-T-8fpRrI_

⑤墨江哈尼族自治县. http://baike. baidu. com/link? url=7dwkfgTOF-rEFFjk-8pX_JI-tjK82xvBbpkfidTbQChD7ljSc57zKVdM kX-oKI-IImRplJsIWmZO3RODHE4Y9e_#5_2

⑥镇沅彝族哈尼族拉祜族自治县. http://baike. baidu. com/link? url=O4H4BcLKyXv1vDbmj4TUOhr6B5FwOxq_Ce3Au4YdlUcWeXFLUpeYEB8dMfhd8Qh-nQ9Nuz6OzAhgPOx5QXDOHa

⑦江城哈尼族彝族自治县. http://baike. baidu. com/link? url=-OSJ2tVPqloYW471-O2q76Y4FAqD4HxOkM-M7IrDqQSdkOXOVaoWFPUg1qjFJQCDWgrEO-o7qlaMSStc6oiY1a

猴、山驴、穿山甲、蟒等①。

澜沧拉祜族自治县地处横断山脉怒山山系南段，地势西北高、东南低，五山六水纵横交错，山区、半山区占98.8%。地处北回归线以南，气候主要属南亚热带夏湿冬干山地季风气候，森林覆盖率53.9%。现野生动物有野牛、马鹿、熊、豹、野猪、懒猴、岩羊、水獭、穿山甲、猫头鹰、孔雀、鹦鹉、白鹇、蟒蛇等②。

西盟佤族自治县地处怒山山脉南段，属中高山峡谷地带；地形复杂，西盟县除勐梭镇有一块3 000余亩的河谷川坝外，其余均为山区。当地受孟加拉湾西南暖湿气流影响，属亚热带海洋性季风气候。截止到2009年，西盟县有懒猴、青猴、黄猴、虎、熊、豹等数十种兽类和近百种鸟类③。

● 临沧市：云县野生动物中有“金钱豹”等国家一级保护动物④。

耿马傣族佤族自治县全境山地面积约为92.4%，坝区约为7.6%；自东北向西南渐呈梯级递降，东北山峰高耸陡峭，中部宽阔起伏，西部略显狭窄，坝子多为丘陵坝。全县90%以上的土地分布在热带和亚热带，气候属南亚热带季风气候类型。至2011年，耿马县内有列入国家重点保护的珍稀动物孟加拉虎、金钱豹、懒猴、猕猴等⑤。

德宏州：德宏傣族景颇族自治州称，截止到2013年底，现有国家规定的一级保护动物“金钱豹”等⑥。表明在潞西市、瑞丽市、梁河县、盈江县、陇川县等地还有金钱豹等存在。

梁河县地处横断山脉西南端、高黎贡山西麓坡阶地中的峡谷地带。地属南亚热带季风气候区。当地兽类有豹子、熊、野猪、苏门羚、灰猴等⑦。

陇川县野生动物中还有“金钱豹”等27种兽类⑧。

● 怒江州：兰坪白族普米族自治县还有属于国家一级保护的野生动物“金钱豹”等⑨。

迪庆州：德钦县称，截止到2014年，国家一级保护动物尚有“金钱豹”、雪豹、熊猴、黑仰鼻猴、金雕、胡兀鹫、绿孔雀、斑尾榛鸡、雉鹑，国家二级保护动物猕猴、棕熊、林麝、岩羊、鬣羚、斑羚、穿岬、藏马熊、小熊猫、石豹、青鼬、水獭、斑灵猫、大灵猫、小灵猫、金猫、猞猁、马麝、高山麝、血雉、红腹、角雉、藏马鸡、淡腹雪鸡、勺鸡、黑鸢、松雀鹰雀、雀、高山鹰、红隼、白腹锦鸡、灰鹤、黑颈鹤、楔、尾、尾绿鸠、大绯胸鹦鹉、灰林鹛、白腹黑啄木鸟等珍稀动物⑩。

● 大理州：宾川县地处云岭横断山脉边缘，金沙江南岸云贵高原西南部；境内主要山脉、坝子、河流多呈南北走向，地势东西高、中部低。属中亚热带冬干夏湿低纬度高原季风气候区。森林覆盖率25.99%。境内常见的哺乳动物有50余种，有珍稀濒危动物猕猴、豹、蟒、穿山甲、黑

---

①孟连傣族拉祜族佤族自治县. http://baike. baidu. com/link? url=Y9JSgGW7PMBqKouRw2kXGOWcZ0BrLFkrHj2rW6XL1lBHtGF2Bnqjdm Vq3G80YCRX

②澜沧拉祜族自治县. http://baike. baidu. com/link? url=9m9A1_Exitq3636UbNED7e8z04rCAsgPYys0aWvmEuNzApzqhdVTTi8CodzBSd5yYtPkD75BZgrbvVpeZ0jTs_

③西盟佤族自治县. http://baike. baidu. com/link? url = VnElUVgDCc0kJ2dWRcbAXLZTJhXTJeVo-grJrHxtj1yG5b14c _ Mh-kUFi64qb_FUQ0FQtwozWHoSAIDNzOveR1K

④云县. http://baike. baidu. com/link? url=-ER_CgPZdisktPJWOxWE21YE2jH0nR0dki-MYOMjowQeLpwU3jrnhf-M6Mn1XSc9

⑤耿马傣族佤族自治县. http://baike. baidu. com/link? url=-hCdnwemr3HlpxSkSkxc1n8KKvAG98LFsjFafP6TriBO4Vhi5PwkdKlfFcK0tXny-wXj0ccnwbHDXLdw7rCUsa

⑥德宏傣族景颇族自治州. http://baike. baidu. com/link? url=lSu3odG8ADhPv0_7pJPuQwsgetM3Tv-LmUHH08Omsm2HlPAXY-ll4pXWIWs-jFLUFUTIlhe3ECFm2YK-cjkcmT1BO8NGjnk-71JCWOGfTY8suMaYCbxrCfSdb-J9O_8kBmq8fTkY0d_qsfPS_wjbUOT-WrMv8pdzzV-pJApAB9ZYuMn23XvaXnpEJSPmIzsZ1zcZBL-90oT8a1t-ReLM_JP-cn-xme_feYAYxBu7hC0fCKEK48e_Lz-uxvPjelZ3yBRazUaIcIL7NTgxTHSv3k_

⑦梁河县. http://baike. baidu. com/link? url=J1PycJxZj9P7jnisGiE_yYNeNnZjWil1YSoD9o3GNaY71qwn08ZNPgYGSFerQxi-

⑧陇川县. http://baike. baidu. com/link? url = Nm7ZJWjo1hDKDL5fm0aftqqbC4adptWqIiEkchgEDOji0Pjz3H7D5-NeZVsBVUaKVSAt_361nIahYMmMS4AkOq

⑨兰坪白族普米族自治县. http://baike. baidu. com/link? url=fArKP8unFts8hrHzRDmhTPzytzlVS_7I9kMrqHgysoFb1pBdzRrJsRSz8mSYh0Noexg-s4emXOK0LtxcIsczkq

⑩德钦县. http://baike. baidu. com/link? url=3CJUV5p-gsruVwLZLfAoPWdp77yvAZRGRxu0J3SflkqA-wtSSyjN_Gw2mL2aEW5I6i3BEtfUgo-sfGpz1eMH2K

熊、水獭、丛林猫、水鹿、岩羊等①。

弥渡县地势西北高，东南低，自西北向东南呈狭长地形。地貌分构造剥蚀山地、切割中山峡谷山地、溶蚀中山峡谷山块、山间断陷盆地四大类型。属中亚热带季风气候区，冬无严寒，夏无酷暑，气候温和，没有明显的四季之分，只有干季、雨季之别。县内南山与哀牢山相连，河谷水草丰茂，适宜各种野生动物繁殖生长，有虎、豹、熊、野猪、山驴等野生兽类20多种②。

永平县地处云岭山脉分支博南山和云台山之间，地势西北高、东南低。地属北亚热带季风气候区，立体气候较为明显。野生动物有狗熊、野猪、豪猪、豹、狼、獐（麝）、狐狸、岩羊、猴、穿山甲、飞鼠等③。

云龙县位于横断山南段滇西澜沧江纵谷区，怒山山脉、云岭支脉和澜沧江由北向南纵贯全境，怒江绕西部边境而过；属山区地形。地属大陆性亚热带高原季风气候，但因特殊的地理位置和复杂的地貌影响，垂直方向更为明显，形成复杂多变的“复合型立体气候”。森林覆盖率64.8%。当地仍有滇金丝猴、白臂叶猴、小熊猫、金钱豹、穿山甲、梅花鹿、孟加拉虎、黑熊、岩羊、狐狸等数百种野生动物④。

洱源县是洱海的发源地，地处横断山脉与云贵高原交界地带；境内山岭纵横，层峦叠嶂，湖泊星罗棋布，河流如织，盆地、河谷错落其间。地属北亚热带高原气候区，干湿季节分明，光照充足，温暖宜人，境内立体气候和区域性小气候特征明显。境内有国家重点保护野生动物22种，其中有金钱豹⑤。

鹤庆县境内峰峦起伏、山体连绵，形成山地、丘陵、小盆地、河谷等多种地貌；地势西北高、东南低，南北两端有两个狭长的小盆地。属冬干夏凉的高原季风气候，是介于亚热带与温带之间的过渡性气候区。据称，野生动物有80多种，国家一级保护动物有“豹（别名：金钱豹）”等⑥。

《漾濞彝族自治县志》记载的“野兽”中有“豹（有色纹、金钱）”（漾濞彝族自治县地方志编纂委员会，2000），反映还有金钱豹存在。

1919年《蒙化志稿》记述：

豹：似虎而小，毛黄褐色，背有黑色圆班，俗称金钱豹。行甚速，捕食牛羊等物。

按：据此说明，今巍山彝族回族自治县有金钱豹栖息。

● 楚雄州：《楚雄彝族自治州志》记述（楚雄彝族自治州地方志编纂委员会，1993）：

豹的俗名为金钱豹或银钱豹，分布在南华县境。

豹和云豹在山区常能见到……据州商业部门统计，1966年以前一般年收购豹皮百张左右（含被误为豹的金猫皮），其中1956年收购538张；进入70年代，每年能收到几张、十几张。大姚铁锁、三台及楚雄紫溪山、母掌一带，1985年以来仍有豹子多次袭击放牧在山上的牛羊，但已为数不多。

按：据此说明，当地有金钱豹等分布。

《双柏县志》记述（云南省双柏县地方志编纂委员会，1996）：

金钱豹：金钱豹和野猪到60年代还活动频繁。1965年，一赶街村民与1只金钱豹相遇于茶叶箐的山路旁。1967年，县食品公司的老黑山猪场夜间屡遭豹子袭击，咬死、伤猪数头。其他地区的豹子活动情况，常有所闻。

按：据此证明，该县确有金钱豹分布。

《禄丰县志》记述（云南省禄丰县地方志编纂

---

①宾川县生物资源开发市场前景看好. http://www.foods1.com/content/1210774/；宾川县. http://baike.baidu.com/link? url=JxU_PXTMuW8aHx6-z8-3VEWrCvCYdeZuvhuhmSROqWAHK6OKKl8G95CYhEcOn8nT

②弥渡县. http://yn.zwbk.org/lemma/114

③永平县. http://baike.baidu.com/link? url=DInZiIjaSnfaAJFiw6UCaDqBLFCiY-bDDmiSFm-sU0eIeH2Gsm4G0pXN14gk71tn5oJLxDay1XOPmR974QMF7_

④云龙县. http://baike.baidu.com/link? url=tYwk2HcoagGnJcPgNScs68guPKrmciIyLDMDNYLlsQX1XSwCGpilrlJ9PYENM3haFuryDaqd1A71tmpx-0I9lK

⑤洱源县. http://baike.baidu.com/link? url=o-ICb8zsBjf2SuVF2z2dn-gF02SsOffp6A5tuZNXTiy1uWOIBwLeIKfGgZt-5NZilJAyhO7Q3cFhqmZ1tytTsq

⑥鹤庆县. http://baike.baidu.com/link? url=ZplavYaCQoO8FRfQrx0uxmHP7ubAKQurZGuGot_MM-HitLBV9BgHd4xsyY68ZTVSrucyW-JC4OUFOcvyEQpeI_

委员会，1997)：

金钱豹：1953 年，广通地区……组织 37 个流动打猎小组，共击毙豹 7 只。

按：据此反映曾有金钱豹生息繁衍。

● 红河州：红河县境内峰峦起伏，沟壑纵横，红河绕县境北缘奔流而过；境内地势大致中部高，南北低，96%的面积为山地。属亚热带季风气候类型，立体气候十分明显。当地野生动物种类较多，其中有不少列为国家保护动物，有蟒蛇、懒猴、黑冠长臂猿、马来熊、金钱豹等[①]。

● 文山州：文山壮族苗族自治州野生动物有豹、野猪、狼、鹿、麂、猴、岩羊、蛤蚧、穿山甲、蛇、蟒、猫头鹰、长尾雉、野鸡、鹦鹉等 40 多种[②]。该州还有少数地方是否有金钱豹栖息待核查。

《砚山县志》在兽类中列举有：金钱豹(花豹子、野猫)、野猪、狼(豺狗、野狗)、狐(狐狸)、獐子(香獐)、麂子、岩羊、猕猴(山猴子)、刺猬(刺猪、豪猪)、穿山甲、黄鼠狼、水獭(水踏猫)、狗獾(憨狗)、草兔(野兔、山兔)、松鼠(貂鼠)、竹鼠(大耗子)、蝙蝠(夜蝙蝠、盐耗子)(砚山县志编纂委员会，2000)。

《麻栗坡县志》记载的野生动物，"兽类"中列举有：虎、豹、黑熊、岩羊、野猪、野兔、懒猴、红面猴、穿山甲、豺狼、野猫、刺猪、飞虎、麂子、獐子(麝)、狐狸、黄鼠狼、野狗、破脸狗(野猫狸)、独鼠、香猫、犰狳等(云南省麻栗坡县地方志编纂委员会，2000)。麻栗坡县称，现有野生动物 120 余种，主要有豹、黑熊、岩羊、猴、蟒蛇、眼镜蛇、鳄鱼以及各种鸟类、昆虫类和水生动物。其中：国家一级保护动物有蜂猴、鳞虫，国家二级保护动物有金钱豹、黑熊、蟒蛇、眼镜蛇、红原鸡等 30 多种[③]。此处保护动物级别存在瑕疵。

马关县地处滇东南岩溶高原南部边缘，为石灰岩山地与峡谷相间地貌，在石山起伏较为平缓地区，有高大的石峰林与深沉的溶蚀洼地、溶蚀盆地，无较大坝子；山地和窄形谷地面积约占全县面积的 87.7%，丘陵盆地占 12.3%；大致可分为中切割低山峡谷区、中山缓坡区、中山温凉山区、岩溶山区、丘陵盆地区五种地貌单元。气候类型跨北热带、南亚热带、中亚热带和北亚热带。截至 2012 年，马关县野生动物近百种，主要有豹与懒猴、猕猴、短尾猴、毛冠鹿、麝、穿山甲、红腹角雉、黑麂、水獭、旱獭、大灵猫、小灵猫、斑羚、岩羊、白鹇、锦鸡、蟒蛇、狐狸、黄鼠狼、熊、画眉、鹌鹑、野鸡、猫头鹰、啄木鸟等[④]。

《广南县志》列举的"兽类"有：虎、豹、麂子、野猫、野猪、猴、刺猬、穿山甲、青羊、野兔、狐、狼、黄腹鼬、松鼠、飞鼠、红腰松鼠、小灵猫、猕猴、旱獭、水獭、獾、果子狸等(云南省广南县地方志编纂委员会，2001)。近据广南县报道，野生动物仍有豹、野猪、狼、鹿、麂、猴、岩羊、蛤蚧、穿山甲、蛇、蟒、猫头鹰、长尾雉、野鸡、鹦鹉等 40 多种[⑤]。

● 西双版纳州：西双版纳傣族自治州(辖景洪市、勐海县、勐腊县)有兽类 67 种，占全国兽类总数的 16%，西双版纳鸟兽种类之多，是国内其他地方无法相比的。其中被列为世界性保护动物的有亚洲象、兀鹫、印支虎、金钱豹等，有国家一级保护动物野牛、羚羊、懒猴等 13 种[⑥]。

《景洪县志》记载："除上述种类外，主要还

---

①红河县. http://baike. baidu. com/link? url = Nq8PJyKRK3pnE2mEt5fQlQcEi0Vc1jSLCM1zjIyHH2uDeITqJ7OBbmKcpSQs4xa1d08zgvui805CyIziAAOthq

②文山壮族苗族自治州. http://baike. baidu. com/link? url= VZzfmywT1cnLWC3u61Yr_yOyMj48aCRpaXDMR3dk8rmoSXZLZYLNPdUFbm_sEl1_QcxpQkF2O9NABs1bbFWdB-ApbutAKLkhFzak10arrQNQqlT1ubH-Hma8NGTKrtOjyF8e8LMVa4dLAa06J6JbFSV3MLZjgcs5nDsX_XMmNq7iE9d2_D3HTDypST9i2s1fVOcI6KB2eZLDg8IbaZqK_b1I4kVDfzKRY0jysChSCxbw0kgCOHdUfhGiRB rn-qdGndCOKct-wd1UE7rzNBjHK

③麻栗坡县. http://baike. baidu. com/link? url=KUUhGGZ5U_c8hZlz38iJoDs9PhhwWWNF_MsG7Xwp_wDNiPOpuCbq-DTxF_6XjCYHuQL5DEX6HWiS8tbYludxfa

④马关县. http://baike. baidu. com/link? url=NoSygezR55i_2RivWwxZVmjDUTTuaslk_qOJdqWjXbqpA4AuZe5RFi0v2Jck2KtEtCxxUSdu7w9foFlYYMXBYa

⑤广南县. http://baike. baidu. com/link? url= y9SqZSEUUth98klQKtfgFWvNIKsUkZioyPJEraQprjhOdT3pOpA-zg7uyar5VbHGhwuq_11D2Cr53NfkurAKLq

⑥西双版纳傣族自治州. http://baike. baidu. com/link? url=iZiWXT8s1PH8zf5QHRNBYcJCOLkEgqwrtByLVSnA3aYbAdyncg0-PWlqbp6olQVVIz1VWlTRkRlZ-gGTql1abXJ9WMSrwVRWEz7zMGywcAPn89OSpy6fzk171Z5LRvz3B_XcjET6pyB0OpCY4kKClKSKLK2c-9i67iTmGFo2yqN1uc9G27PrjIAFhwnLARbo

有：树鼩、懒猴（蜂猴）、熊猴、灰叶猴、穿山甲、黑熊、小灵猫、椰子猫、花面狸、金猫、豹猫、金钱豹、赤麂、水鹿、豪猪、竹鼠等”（景洪县地方志编纂委员会，2000）。证明当地尚有金钱豹存在。

勐腊县位于无量山南端的尾部，整个地势北高南低，由东北向西南呈梯状下降；山地占95.6%，山间盆地（坝子）占4.4%。地属北热带湿润季风气候区，特点是热量丰富，夏无酷热，冬无严寒，降水充沛，旱雨两季分明。境内保存完好的原始森林496万亩。至1998年12月，已被列入国家重点保护的动物有97种（一类18种，二类79种），珍稀动物主要有亚洲象、孟加拉虎、东南亚虎、野牛、金钱豹、灵猫、小熊猫、长臂猿、蜂猴、熊猴、金丝猴、犀鸟、蟒蛇、绿孔雀等。白颊长臂猿、白喉犀鸟、棕颈犀鸟是勐腊特有种①。

6.5.5　西藏

西藏自治区有金钱豹生息繁衍。

《西藏史地大纲》中只是提及“豹”等兽类（洪滌尘，1936），实际上有金钱豹等物种。

《西藏哺乳类》记载（中国科学院青藏高原综合考察队，1986）：

金钱豹：别名：银钱豹，文豹。

【采集地】昌都县。察隅县。洛隆县。拉萨市行政区某县。

按：确认有金钱豹存在，但调查到的分布地不多，有的未能确认。

《西藏珍稀野生动物与保护》记述（尹秉高等，1993）：

豹

别名：金钱豹、文豹。

分布：珠穆朗玛峰地区（南坡）、年楚河以东、波密、边坝、洛隆、昌都、江达、芒康、察隅等地。文献记载樟木、吉隆也有分布。

现状：据了解，80年代以前，仅昌都地区每年就产豹皮170多张；巴青县产8张。1987～1990年调查，目前只昌都地区尚产豹皮80张。据此估计，西藏东部的豹种群不到1 000只。

按：据此表明，在巴青县、昌都县、江达县、芒康县、洛隆县、边坝县、波密县、察隅县、扎囊县、贡嘎县、措美县、洛扎县、浪卡子县、江孜县、亚东县、吉隆县、聂拉木县等地有金钱豹分布，但调查有金钱豹的地方数量偏少。

《中国动物志：兽纲：食肉目》称，豹华南亚种（*Panthera pardus fusca*）“分布于……西藏珠穆朗玛峰地区、年楚河以东、察隅、洛隆、波密”（高耀亭等，1987），说明在洛隆县、波密县、察隅县、乃东县、扎囊县、贡嘎县、桑日县、琼结县、曲松县、措美县、洛扎县、加查县、隆子县、错那县、浪卡子县、江孜县、仁布县、定结县、亚东县、吉隆县、聂拉木县、岗巴县等地有金钱豹栖居。

《中国重点陆生野生动物资源调查》称（国家林业局，2008）：

本次调查，豹见于……西藏（林芝、米林、波密、察隅、墨脱、昌都、芒康、江达、贡觉、洛隆）。

按：据此说明，在昌都县、江达县、贡觉县、芒康县、洛隆县、林芝县、米林县、墨脱县、波密县、察隅县等地仍有金钱豹分布，但调查数量偏低。

● 拉萨市：当雄县地貌复杂，念青唐古拉山脉的西北部横穿全境，总地势由西北向东南倾斜；东北部为高原平原，西北部和东南半壁皆为高峻山地，其间夹着近同念青唐古拉山走向的山间构造宽谷盆地，呈现岭谷平行相间、较有规则的条状地形；地貌分为：西北部冰蚀高山、极高山，东部高寒中山，北部高原湖盆地和中部洪积宽谷盆地四个地貌单元。地属高原寒温带半干旱季风气候区，冬寒夏凉，多大风。当地草食野生动物有野兔、盘羊、黄羊、野驴、旱獭和石羊，大型肉食兽主要有狼、豹、猞猁以及猛禽秃鹫，处于食物链中部的小型食肉兽有狐狸、黄鼠狼、雪鸡、山鸡、水鸭、黄鸭和迁徙的候鸟、白天鹅、黑颈鹤等几十种野生动物②。

尼木县位于雅鲁藏布江中游北岸；地势北高南低，以尼木河两岸为代表的河谷地区地势平坦。地属高原温带半干旱季风气候区，四季分明，夏季雨水集中，辐射强。现野生动物主要有豹子、狗熊、猞猁、獐子（麝）、黑颈鹤、贝母鸡、

①勐腊县. http://baike.baidu.com/link? url=ucw6eFXjp5nbRZNwCL2JuKkiNzC4wrbka3DcJHIqrU2drjf5wp-3Tq4Oy9g xwtVjj-clubmg1uM1ILm035rvMiznLhWJhNnd71QvjrV-Bjk4FVx8Q5bJW15M0S0q4t8JveLehQhha_KsG-qNHWWYepOcCeq7Rat0qYAJCQ3McSSa

②当雄县. http://baike.soso.com/v260984.htm

野鸡[①]。

曲水县位于雅鲁藏布江中游河谷地带，念青唐古拉山的一条山脉逶迤北部，地形东、西部稍高，中部的拉萨河与雅鲁藏布江交汇处较低。地属高原温带半干旱季风气候区。当地野生动物主要有岩羊、野鸡、獐子(麝)、金钱豹、狗熊、鹿[②]。

堆龙德庆县地处念青唐古拉山西段南麓拉萨河下游，总体地势西北高、东南低，中间河谷宽阔；西北部高原山地占总面积的67%，东南部为拉萨河谷和堆龙河谷平坦开阔区，占总面积的33%。地属高原寒温带湿润季风气候区。野生动物有：獐子(麝)、鹿、水獭、棕熊、豹子、黑颈鹤、藏马鸡[③]。

● 那曲地区：嘉黎县地处藏北高原与藏东高山峡谷结合地带的高原山区，地势从西北到东南由高到低倾斜，是典型的高原山地。地属高原亚寒带半湿润季风气候区。野生动物有豹子与羚羊、黄羊、岩羊、盘羊、狼、野兔、狐狸、猞猁、豺、鹿、獐子(麝)、猴子、马熊、狗熊、獾等[④]。

比如县地处唐古拉山和念青唐古拉山之间，以低山丘陵为主，间有高山峡谷，四周冰山雪峰环绕。地属高原亚寒或温带半湿润季风气候区。野生动物有豹与藏羚羊、盘羊、黑颈鹤、獐子(麝)、鹿、熊、黄羊、岩羊、狐狸、狼、藏马鸡、藏雪鸡、秃鹫、鱼类等[⑤]。

索县地处南羌塘大湖盆区，地势西北高、东南低，总体上由西北向东南呈阶梯状递降；西部有少数较开阔的高山草原，其余为高山峡谷。地属高原亚寒带季风气候区，空气稀薄，雨雪较多，气温低，日照充足，日温差较大，冬春多大风。野生动物资源主要有獐子(麝)、鹿、豹、狗熊、猴、岩羊、黄羊、水獭及多种鸟类等[⑥]。

● 昌都地区：昌都县位于横断山脉西北部、青藏高原东南部的边缘地带，地势北高南低，东西呈"W"形。地属中纬度地区，受地形的影响，高原寒温带季风性气候混杂。野生动物有豹子与岩鹿、草鹿、樟子(麝)、马熊、猪翻(猪獾?)、狐狸、马猴[⑦]。

江达县位于横断山脉的高山峡谷之中，为金沙江流域的河谷地带，地势由西北向东南倾斜。当地野生动物有：豹与野牛、盘羊、岩羊、黑秃鹤、胡秃鹫、马鹿、白唇鹿、猞猁、小灵猫、黑熊、棕熊、水獭、石貂、金猫、猴子、藏狐、雪猪、雪鸡、野鸽、斑鸠、金雕、高山秃鹫等[⑧]。

贡觉县处于三江流域的横断山峡谷区，地势由东南向西北倾斜；群山连绵，山高峰锐，谷深坡陡，丘原交错，河流纵横，湖泊星罗棋布，高山、森林、草原并存。地属大陆性高原季风气候区，受纬度、海拔和地理位置的影响，气温垂直变化明显。野生动物种类繁多，兽类有35种，鸟类有37种，爬行类有4种，两栖类有1种，鱼类10种，其中列为国家一级保护的有豹、鹿、白鹤、金雕、黑颈鹤、贝母鸡[⑨]。

芒康县横断山脉由北向南纵贯县境，宁静山脉是境内主要山脉，呈南北走向。地属高原温带半湿润季风型气候区。野生动物主要有金钱豹与雕、鹫、鹿、獐(麝)、鹞子、黄猴、野猪、狐狸、猞猁、狗熊、苏门羚、小熊猫、大青猴、滇金丝猴等[⑩]。

洛隆县地处青藏高原东南部、藏东横断山脉、怒江流域，念青唐古拉山与他念他翁山平行而过，怒江中游流域穿行于两山脉之间。境内地势南北高，中部较低，呈扇形向东北方向倾斜，地势起伏大；地形地貌复杂多样，沟壑纵横，路况险峻，河流密布，湖泊众多，冰山雪峰、干热河谷与原始森林、高山草甸相间并存。地属高原温带半

①尼木县. http://baike. baidu. com/link? url=uqGzXYeMoF7DrLF6eMx9JnZMKvfP2fJMSAKbOHug7-qEbmdE2RyOVa8nHYDTNypi

②曲水县. http://baike. baidu. com/link? url=HAzmjBOlEBjY7SRl6Rhwl8DjCacM226JiFcp_oSmDFMvAty421Rgj_y3vXZuoZWt

③堆龙德庆县. http://baike. baidu. com/link? url=DA4sLBuk3aCENXwqDkfuMUbsEKxQs2EJDRTo_uBiPSC295W7pqY8CzPJjoEspRDT

④嘉黎县. http://baike. baidu. com/link? url=u0rajRuoyZhzGsQ8Iv6s2X-q0dNDtE0XL7gQ_zuNFE0vdS6JEXbyvvt-1XkP_qiP

⑤比如县. http://baike. baidu. com/link? url=37Te0zogW0WJxbsVGDSHD3433LwhLFGzZ_5KALvh_8gllaZfhhHbXYyl3ufxUf_E

⑥索县. http://baike. baidu. com/link? url=IFcd_Utgp6_PafXNUYzvM2BIWxaufc9xWfIENEYxGkpaB8li5fLiUoc9CMM1ie-i

⑦昌都县. http://www. baike. com/wiki/昌都县

⑧昌都地区·江达县自然资源. http://www. xzcd. com/_renshi/ziran/20140409/43153. html

⑨贡觉县. http://baike. baidu. com/link? url=ABJ2FlAfKDNQeU_mNuLfRM3OQK0bzkUa4VFkCTw2MMhTXM56X07SlvRFQmsOLpA9

⑩芒康县. http://baike. baidu. com/link? url=EWV3p7VulgsgkWuILQgyF6uloVhCeAnGO0i7DO8bJptQ5AEdUN0G1IG05NGyw5y4

干旱气候区。野生动物资源主要有豹与獐子（麝）、野牛、熊、鹿、猴、岩羊、盘羊、狼、狐狸、猞狸、雪鸡等几十种①。

边坝县地处藏东南三江流域峡谷地带，地势南高北低；呈现高山深谷地貌，境内山峦重叠，沟壑纵横。地属高原温带半湿润气候类型。属于国家一级保护动物的有4种：白唇鹿、西藏野驴、雪豹、豹；属于国家二级保护动物的有18种，即藏猴、豺、扭角羚（野牛）、黑熊、小熊猫、水獭、野猫、林麝、白臀鹿、藏原羚、岩羊、盘羊、鹰、草原鹞、藏雪鸡、红腹角雉、藏马鸡、白腥黑啄木鸟②。

● 林芝地区：林芝县南部为冈底斯山余脉，北部属念青唐古拉山支脉高山地段，雅鲁藏布江与尼洋河在此相汇。受印度洋暖湿气流的影响，林芝县境内属温带湿润季风气候。现存动物资源有樟（麝）、黑熊、猴、豹、马熊等③。

工布江达县地处藏南谷地向藏东高山峡谷区的过渡地带，南以冈底斯山脉东延地段郭喀拉日居为界，北以念青唐古拉山脉为界；地势总体呈现南北高、中部低、西部高、东部低的变化特征；山脉、河谷近东西向展布。境内山峰林立，沟谷深切，属深切割的高山河谷地貌。地属温带半湿润高原季风气候区。当地野生动物有63种，被国家列为重点保护的珍稀野生动物有金钱豹、雪豹与猕猴、白唇鹿、黑颈鹤、黄鸭、云雀、狗熊、马鹿、水貂、水獭等④。

米林县境内主要山脉有喜马拉雅山脉和念青唐古拉山脉；境内东西狭长，西高东低，多宽谷，相对高度相差较小。地属高原温带半湿润季风气候区。野生动物主要有能（熊）、豹、野牦牛、香捧（香獐）、水獭等⑤。

墨脱县四面环山，地势由北向南急剧下降；雅鲁藏布江在喜马拉雅山脉的南迦巴瓦峰和加拉白垒峰的夹峙中咆哮而出，于崇山峻岭间劈开一道深达五千多米的深壑，形成了世界上最深最长最险峻的雅鲁藏布大峡谷。地属喜马拉雅山东侧亚热带湿润气候区。野生动物主要有雪豹、豹子与鹿、樟子（麝）、盘羊、羚羊、小熊猫、狗熊、雪鸡、赤斑羚、狐狸等⑥。

波密县野生动物80余种，其中被国家列为重点保护的动物有豹与獐子（麝）、梅花鹿、熊、罴、金丝猴、羚羊、小熊猫、小獭、黑颈鹤等20余种⑦。

察隅县属喜马拉雅山向横断山过渡地带的藏东南高山峡谷区，地势总的趋势是由西北向东南倾斜，西北高东南低，垂直高度相差悬殊，是典型的高山峡谷和山地河谷地貌。地属喜马拉雅山南亚热带湿润气候区。野生动物主要有虎、豹、熊、小熊猫、麝、鹦鹉、黑颈鹤等，其中属国家级保护动物的有100多种⑧。

朗县属藏东南沟谷地貌，雅鲁藏布江自西向东横穿县境，将全县划分为南北两大部分，南部属喜马拉雅山脉北麓，北部系念青唐古拉山脉南麓，南北两山组成一个巨大“V”形谷地。境内为青藏高原区气候，属温暖半湿润气候带。野生动物资源有豹与野牛、黄羊、羚羊、盘羊、樟子[麝]、鹿、猴、熊、猞猁、水獭、野猪和鸟类等⑨。

● 山南地区：洛扎县属藏南山原湖盆谷地中的喜马拉雅区。地势西北高，东南低。属藏南温带半干旱高原季风气候。野生动植物主分有豹与猞猁、獐子（麝）、野牦牛、水獭、熊、虎、黄羊、山鸡、雪猪等⑩。

加查县地貌为高山与深切峡谷的混合型，总

---

①洛隆县. http://www. baike. com/wiki/洛隆县

②全县耕地面积18万亩·昌都概要·边坝概要. http://www. tubaobei. com/show-392d32d2-0-b9058516. html

③林芝县. http://baike. baidu. com/link? url=g7bRUH_Vwp1G5xL5WDfZ47C7JdX00zvzoiwyAeEMnvWnhrZWberAoxYO89fxCTPe

④工布江达县. http://baike. baidu. com/link? url=S9Ol0Wuv8-FQB5YDfFl-7_C3Rc8Qjvv_H9dKmO_8XIdEOTeI5 EeRtdbpTSB-BIsFoq6e8XJ6a8RXk8IqaJHSF-_；全县耕地面积18万亩·林芝概要·工布江达概要. http://www. tubaobei. com/show-392d32d2-0-b9058516. html

⑤米林县. http://baike. baidu. com/link? url = qGtE9zLQwGKmaMO _ d _ QqORTybeWEwYVcyOG4fERXygaTdQgRD9958Yi-_wpQGUYxOwqMPA52AYtCDa54QPNP6K

⑥全县耕地面积18万亩·林芝概要·墨脱概要. http://www. tubaobei. com/show-392d32d2-0-b9058516. html

⑦波密县. http://baike. baidu. com/link? url=np7NGcwpR5cG3e1Ih0GJdxtgpsYyutMaEFMduBUDnAR_eLj-kJKScQHTt6SDFd8s

⑧察隅县. http://baike. baidu. com/link? url=2sWVANlIK0XvSBI44-cPiicg4RqoLISKdsw2hmliT0pCqes-wvD7lcxXqnZLlwhw

⑨朗县. http://baike. baidu. com/link? url=NtncWkMq-842xX7O6irEwZkSBbUpA0IxDsmpc8oyjRhIYp5XodqwaWw-w_gmD06Y

⑩洛扎县. http://baike. baidu. com/link? url=zYtDXwvwIx01wgaJJY_EbGmEnZdO2QQOX9gMGiNRLWH1Pu9VesdAkdKYtUSwjhsV

体地势南北高、中间低；全县境内地势高耸、重峦叠嶂，海拔 5 000 m 以上的山峰就有 180 座；河流深切，地形复杂多样。地属高原温带半干旱季风气候区。野生动物有金钱豹与马鹿、白唇鹿、雪豹、黑熊、棕熊、马熊、贝母鸡、藏马鸡、麝、旱獭、水獭等种类①。

隆子县属喜马拉雅山北麓的藏南谷地，地势连绵起伏，山岭、河流纵横交错；地势北高南低，西高东低，境内有海拔 6 000 m 的崇山峻岭，亦有倾斜而下至 3 000 m 的山川峡谷。地属高原温带大陆性季风气候区。野生动植物资源有豹子、野牦牛、藏马鸡、鹿、水獭、獐子(麝)、黑熊、黄羊、野兔、狐狸、旱獭、鹰、野鸡等②。

错那县属藏南山原湖盆谷地中的喜马拉雅区，以康格多山为界，形成北高南低地势，康格多山以北为高原山地区，以南地区海拔递减。南部印占区属亚热带山地半湿润、湿润气候区，中北部喜马拉雅山区属于高原性高寒气候区。野生动物中已列入国家重点保护的有：孟加拉虎、金钱豹、雪豹、小熊猫、藏野驴、野牛、猕猴、棕熊、黑熊、天鹅、秃鹫、藏雪鸡等③。

浪卡子县属藏南山原湖盆宽谷区，四周边缘高突，中间为低洼湖泊。地属亚寒带高原气候区。野生动物主要有野驴、豹、黑颈鹤、水獭、猞猁、盘羊、灰鹤、狼、狐狸、獐(麝)、黄羊、青羊、灰鸭、麻鸭等④。

● 日喀则地区：萨迦县南部为高山，北部为雅鲁藏布河谷平原，根据地形地貌可分为山岳、丘陵与平原三大地貌类型。地属高原温带半干旱季风气候区。野生动物主要有岩羊、黄羊、豹子、黑颈鹤、水獭、旱獭、狐狸、野鸭、猞猁、狼等⑤。

昂仁县地势由东向西逐渐抬升，山脉占据全县总面积的五分之三多。全县形成两大气候带：东南河谷地带，为温暖、少风、半干旱气候；西北高山地带，为多风寒冷、半干旱气候。野生动物资源主要有豹与岩羊、羚羊、漳(麝)、狼、狐狸、拾荆(?)、野兔、旱獭、水獭、融鼠、斑头雁、野鸭、角雉、秃鸯及野牦牛、野驴、黑颈鹤等珍稀动物⑥。

白朗县属高山河谷宽谷地貌，西南高，东北低。野生动物主要有喜马拉雅旱獭、野驴、野兔、狼、豹、麝、草原雕、斑头雁、赤麻鸭、藏雪鸡以及高原无鳞及细鳞鱼类等⑦。

亚东县属喜马拉雅山高山地貌，北部宽高，南部窄低；卓木拉日雪山山脉横通县境中部，从而导致亚东县北高南低的地势，将其划分为两个迥然不同的地貌单元。该县北部气候高寒干旱，南部具有亚热带半湿润季风型特点，气候温和湿润。野生动物资源主要有小熊猫、金钱豹、长尾叶猴、孟加拉虎、獐子(麝)、鹿、野驴、猞猁、熊、水獭、狐狸、黑颈鹤、黄白鸭等⑧。

吉隆县北部为高原宽谷湖盆地，南部为深切级高山峡谷，大致以喜马拉雅山脉中段希夏邦马峰为界，其北翼表现为南高北低，南部位于喜马拉雅山中段。北部地区属于温湿半干旱大陆性气候区，南部地区则为亚热带山地季风气候区。珍稀动物有长尾灰叶猴、恒河猴、金钱豹、獐子(麝)、孔雀雉、雪鸡等⑨。

6.6　西北

西北仅新疆维吾尔自治区未见金钱豹分布记录。

6.6.1　陕西

陕西省也是我国金钱豹分布地最多的省级政区之一。

《中国动物志：兽纲：食肉目》称，豹华北亚种(*Panthera pardus fontanieri*)模式产地：陕西安

①加查县. http://baike.baidu.com/link? url=866ut-Z4lacbFogA14D5PhJb2EINaRl9cz95zEKxJFlThzJBQHEnA05nbKGyVxsm

②全县耕地面积 18 万亩・山南概要・隆子概要. http://www.tubaobei.com/show-392d32d2-0-b9058516.html；隆子县. http://baike.baidu.com/link? url=MPSdtzpSl7VWku12vWDkywXVQwjHI63sghsmSB7y0Fbm9eQxAyvWEtaGdyombNR0

③错那县. http://baike.baidu.com/link? url=ISmDGuI4vcDDPU2wmFLbYB1eLfOjazErVimFzspnMOL0u0zIBmoGWw6oG6cGhmHp

④浪卡子县. http://baike.baidu.com/link? url=c6m4PfnSeamSxnx9QWfh2BzWmW-5720bIbZtEa1ThcPUnM3wTyXZoU90beX8o8Tv

⑤萨迦县. http://www.baike.com/wiki/萨迦县

⑥昂仁县简介. http://www.dzwww.com/2009/tlqxzs/angren/200909/t20090917_5072048.htm

⑦西藏白朗概况. http://xzbailang.e23.cn/html/2013/blgk_1219/1.html

⑧亚东县. http://baike.baidu.com/link? url=drO5EzKqbEF8U-cb8S1qPYFm-j5TC3c0okEJ4Zl2y34p3zPhb85n4xcMCLl-oYCs

⑨日喀则吉隆县概况. http://www.rkz.xzgtt.gov.cn/zygk/qtgk/201008/t20100806_732190.htm

康(1907 年)、商县(1930 年),“分布于……陕西延安地区中部、西北部”(高耀亭等,1987),说明约在今宝塔区、安塞县、志丹县、吴旗县、甘泉县、富县、洛川县、汉滨区、商州区等地有金钱豹分布。

《中国西北地区珍稀濒危动物志》记载(中华人民共和国濒危物种进出口管理办公室等,1994):

豹

俗名:金钱豹、豹子、文豹、印度豹、大猫、色(藏)。

(1)华南亚种:分布于陕西的宁陕、石泉、汉阴、紫阳、安康、旬阳、白河、平利、镇坪、岚皋、镇巴、西乡、佛坪、镇安、柞水、山阳、丹凤等地;

(2)华北亚种:分布于陕西的吴旗、志丹、富县、黄陵、洛川、黄龙、宜川、安塞、甘泉、太白、陇县。

按:据此反映,在安塞县、志丹县、吴旗县、甘泉县、富县、洛川县、宜川县、黄龙县、黄陵县、陇县、太白县、西乡县、镇巴县、佛坪县、汉滨区、汉阴县、石泉县、宁陕县、紫阳县、岚皋县、平利县、镇坪县、旬阳县、白河县、丹凤县、山阳县、镇安县、柞水县等地有金钱豹分布,但实际的金钱豹分布地更多。

《陕西省志·地理志》记述(陕西省地方志编纂委员会,2000):

豹:……豹外形似虎,但体形较小,成年豹体长 100~150 cm,雄豹体重约 50 kg,雌豹约35 kg,尾巴较长,超过体长之半,尾长 75~85 cm,毛色棕黄色而全身有似古代铜钱般的黑斑纹,又称金钱豹,黑色是一种色型变异。

豹在亚洲、非洲和欧洲皆有广泛分布,产于中国的豹可分布两个亚种,长江以北为华北豹亚种,长江以南为华南豹亚种。豹在陕西省各地均有分布。

豹是一种生命力很强的猛兽。它对自然环境的适应能力强,食性广,多栖于山区、丘陵和森林中。白天潜伏于树丛中或山岩间,傍晚出来活动。常突然袭击或悄然接近猎物,然后猛扑抓食,由于弹跳力强,行动敏捷并善爬树,因此能捕食羚羊甚至能捕获飞翔的雉鸡和昆虫。吼声低沉而短促,不及虎啸洪亮。豹一般 2~3 年性成熟,妊娠期约 96 d,每胎 2~4 仔,多为 2 仔。

豹:【数量】濒于绝迹。【地理分布】秦巴山地、关中平原、黄土高原。

按:据此看来,陕西省基本上各地皆有金钱豹分布,此处似为 20 世纪状况。

《中国重点陆生野生动物资源调查》称(国家林业局,2008):

本次调查,豹见于……陕西(黄龙、富县、陇县、旬邑、化阴[华阴]、太白、洛南、镇安、留坝、城固、南郑、宁强、岚皋、平利、石泉、宁陕)。

按:据此可证实,在富县、黄龙县、华阴市、旬邑县、陇县、凤县、太白县、南郑县、宁强县、留坝县、石泉县、宁陕县、岚皋县、平利县、洛南县、镇安县等地尚有金钱豹存在,但此调查金钱豹现存地方数量偏低。

● 西安市:户县地处秦岭山地,北部为渭河阶地,中部为黄土台原、洪积扇及扇缘洼地,地势南高北低。地属暖热带半湿润大陆性季风气候区。主要的野生兽类有豹与羚牛、草兔、松鼠、羚牛、黄鼠、豺狼、狐、黑熊、鹿、黄、獾、林麝、青羊、苏门羚、野猪、刺猬、猴等①。

● 延安市:延长县地势由西北向东南倾斜,南北高,中间低,呈谷峰型。地属大陆性季风半干旱气候区,四季冷暖干湿分明,夏短冬长。野生动物资源丰富,有豹与狼、狐狸、野兔、野猪、獾、黄鼠、麻雀、啄木鸟、蝴蝶等 100 多种②。

《富县志》记述(富县地方志编纂委员会,1994):

豹:俗称豹子,哺乳动物。形似虎而较小,周身有斑点或花纹,性凶猛,食肉类。其骨、肉、脂均可入药,皮毛可制衣。西部和东部林区的“金钱豹”为稀有珍贵动物,为国家保护品种。

按:反映当地有金钱豹分布。

洛川县地势由黄龙山脉富县东的普师山延伸而来,在洛川县境内分三大支,地势由东北向西南倾斜。地属北温带大陆性湿润易干旱季风气候区。野生动物中兽类有:金钱豹与刺猬、野兔、狼、黄鼬、獾、野猪、黄羊、野羊、羊鹿子、山狸

①户县. http://baike.baidu.com/view/91087.htm

②延长县. http://baike.soso.com/v3238006.htm

子、黄鼠等①。

宜川县地处渭北高原、黄河沿岸，属黄土高原丘陵沟壑区，境内沟壑纵横、川原相间。地属暖温带半湿润区，具有明显的大陆性季风气候特征。当地保护动物有天鹅、鸳鸯、水獭、金钱豹等②。

黄陵县为黄土高原沟壑区，地势西北高、东南低，略倾斜；分为西部梁峁、川道河谷、东部塬面三个地貌单元。地属中温带大陆性气候区。野生动物中兽类有：豹与大耳猬、林猬、达吾尔鼠、西藏鼠、兔、崖杜鼠、花鼠、达吾耳黄鼠、中华鼠分鼠、狼、狐、黄鼠鼬、艾虎、虎鼬、狗獾、水獭、花面狸、豹猫、猞猁、野猪、小鹿、狍(羊鹿子)等③。

● 铜川市：宜君县地属子午岭桥山山系，地势西南高而东北低，自西向东呈阶梯状，仅东部与东北部分为破碎的黄土高原；但境内群山毓秀，林丰草茂。地属温带大陆性季风气候区。当地有脊椎动物 23 目 60 科 110 属 163 种，其中包括国家一级保护动物金钱豹、金雕、黑鹳 3 种，国家二级保护动物水獭、黑鸢、长耳鸮等 11 种④。

● 渭南市：华县地势南高北低，相差悬殊，类型复杂多样：南部高耸着逶迤不断的山地，峰峦叠嶂，高峻挺拔，占华县总面积的 59.9%；北部陡直而降，为渭河及其支流冲积而成的平原；二者之间为山前洪积扇，背山向川，波状起伏。属于大陆性季风半湿润气候，四季冷暖干湿分明。野生动物中兽类有国家保护动物林麝、青羊、金钱豹，其他兽类有普通刺猬、林猬、伊氏鼠耳蝠、尖耳鼠耳蝠、须鼠耳蝠、伏翼、草兔、岩松鼠、赤腹松鼠、明纹花松鼠等⑤。

白水县属黄土高原沟壑区，地势西北高而东南低；由于洛河及白水河各支沟的切割，境内沟壑纵横，地形破碎，山少沟多，沟壑面积占白水县面积的 51.8%。受地形复杂的影响，境内气候差异很大。境内兽类有：金钱豹与貂、野兔、豺、羊鹿、野猪、狐、水獭、獾、豹猫、蝙蝠、刺猬等⑥。

● 咸阳市：《三原县志》记载的兽类有：狼、豺、豹、豹猫、獾、狐、野猪、青羊(野羊)、狍(羊鹿子)、黄鼠狼(黄鼬)、水貂、旱獭、野兔、蝙蝠等(三原县志编纂委员会，2000)。

1935 年《醴泉县志》记述：

民国……十四年正月，有豹见南乡小陈村。驻军侦知，以枪毙之，取其骨皮。

按：这是今礼泉县一次击毙金钱豹的记录。

永寿县地处渭北旱塬南缘丘陵沟壑区。地属暖温带大陆性气候区，冬季长而干寒，夏季短而温和。林木覆盖率为 15.2%。当地野生动物有豹、狐、豺、狼、鹿、野猪、黄羊、鼠、鼬、鼹、野兔、蝙蝠等⑦。

《彬县志》记载的野生动物中，兽类仅见豹(近年少见)、狼、野狐、黄鼬、青鼬、獾、狍、野猪、野兔等(彬县志编纂委员会，2001)。

《长武县志》记载的兽类有：狐狸、狼、黄羊、鹿、豹(性凶残，极少)、黄鼠狼、獾、狼、豹等凶猛野兽屡经扑杀，已不多见(长武县志编纂委员会，2000)。

《旬邑县志》列举当地的野兽类有：狼、豹、野猪、黄羊、狐狸、黄鼬、野狸子、獾、野兔、野猫、水獭等(旬邑县地方志编纂委员会，2000)。

● 宝鸡市：《宝鸡县志》记述(《宝鸡县志》编纂委员会，1996)：

豹：有金钱豹、狗豹、黑豹之别。外形似虎。通体布满黑环，且有黑色斑点，形如古钱，故称金钱豹。性烈，喜爬树，跳跃力强。对人、畜常有危害。栖息于秦岭、关山深山密林中。其骨为重要药材，皮有很高的经济价值。

按：据此说明，今宝鸡市有金钱豹分布。

岐山县尚有“金钱豹”等珍稀野生动物⑧。

《麟游县志》记述(麟游县地方志编纂委员会，1993)：

①洛川. http://baike.baidu.com/link? url=YzX9neJmpa4w1Gl_z0g_3wfDsO6VZApPORJ4xegaPT2_q1OT8R0os3EXbTeMbnxd
②宜川县. http://baike.baidu.com/link? url=K_dujLd1LRBxunPiH2U87oqBWNOBAlWnwLuHunQZJCk2cYfIP9ALrGhdr31OEiJU
③黄陵县. http://baike.baidu.com/link? url=csh8ct7bE6aRhCgDiBklyy6oqqEOOxeRZxmlpm59DxhzAs0YvHIWUouoYok72Rle
④宜君县人民政府网站. http://www.yijun.gov.cn/news/2011727/n62952168.html
⑤华县. http://baike.baidu.com/subview/975622/11094402.htm? fr=aladdin#4_3
⑥白水县. http://baike.baidu.com/link? url=wxk-DwI7KLFfrWWC6GWZbELbjMB11HOK6j0rH3u4RL15wMKds28rLk5IalhitN3p#4_3
⑦永寿县. http://baike.baidu.com/link? url=P9bpJh2DK3HIagji0DLmiwyi2QADm0v7UPY1e5R0QCBR6zG9dCYyoDeXWQuTIThC
⑧岐山县. http://baike.baidu.com/link? url=WQ6DJX5rOjB5QjzNPPRABnrHcKpbiwhlSFTGQ6lBrgyCC4rAkwBYDI6Aj0G50Jyv#4_4

豹：分全钱豹……两种。分布本县中西部，性凶暴，肉食类。骨、脂均可入药，肉可食，皮可制裘。

按：证明当地有金钱豹等不同的“豹”。

《太白县志》（太白县地方志编纂委员会，1995）：

豹：太白山之猛兽，形似虎而小。体长1.2～1.5 m，通体遍布黑圈，内具黑斑，似铜钱状，故称“金钱豹”。体毛棕黄，背色深，黑圈串通成背中线。常栖息于茂密林中，固定巢穴多在岩洞或树丛中。其性善爬跳，动作敏捷，可跃10 m许。夜间活动，常偷袭捕食鹿、雉、兔等。与太白虎有同等价值，属国家三类保护动物。

按：虽然“豹”的保护等级存在瑕疵，但无疑当地有金钱豹分布。

● 汉中市：宁强县西部的青木川自然保护区，据实地调查有金钱豹与中华竹鼠、豪猪、草兔、猕猴、金丝猴、狼、黑熊、大熊猫、青鼬、黄腹鼬、黄鼬、猪獾、果子狸、大灵猫、金猫、豹猫、野猪、林麝、小麂、毛冠鹿、鬣羚、斑羚、羚牛等70种哺乳动物栖息（蒋志刚，2005）。

城固县北居秦岭南坡，南处巴山北坡，中为汉中盆地东域。现存兽类有：金钱豹与羚牛、原羚、青羊、野猪、毛冠鹿、林麝（香子、香樟）、獐（河鹿、獐狼）、狍、小麂、狐、狼、豺、貉、虎、豹猫、金猫、灵猫、斑灵猫、黑熊（狗熊、黑子）、大熊猫（花熊）、小熊猫、黄鼬、青鼬、香鼬、水獭、獾、鼬獾、草兔、穿山甲（鲮鲤）、黑线姬鼠、褐家鼠、小家鼠、东方田鼠、仓鼠、大仓鼠、中华鼢鼠、中华竹鼠、缺齿鼹、复齿鼯鼠、黄耳鼯鼠、、豪猪、刺猬、大耳蝠①。

《洋县志》记述（洋县地方志编纂委员会，1996）：

金钱豹：哺乳纲，猫科。体小于虎，尾长，体黄色，密布古钱状黑褐色斑点或斑环。居县东、北部低、中山区树林中。善爬树，食草食肉。因伤人畜，多被猎，现少见。毛皮可做大衣、皮褥，骨可入药。列为国家一级保护动物。

按：据此表明，该县确有金钱豹栖息。

西乡县位于汉中盆地东部，秦岭与大巴山之间，在秦岭—淮河以南。当地野生动物有金钱豹与梅花鹿、羚牛、白鹤、猕猴、青猴、羚羊、獐[麝]、白冠长尾雉、大鲵、青羊、崖羊、大灵猫、苏门羚、锦鸡、血雉、虎纹蛙等②。

《留坝县志》记载，在松栎林带松（海拔1 200～2 200 m之间）有：黑熊、豹、豺、野猪等哺乳动物。（陕西省留坝县地方志编纂委员会，2002）

佛坪县已发现野生脊椎动物439种，其中兽类有“豹”等数十种珍稀动物③。

● 安康市：据称，岚皋县东部的南宫山国家森林公园珍贵野生动物有金钱豹、苏门羚、灵猫、金雕、锦鸡、大鲵等28种④。

镇坪县境内山冈连绵，峰岭叠嶂；大巴山主脊横亘县境南部，南江河纵贯南北，将该县切割为东西两半，形成“两山夹一谷”的地貌。地属北亚热带山地湿润气候区，垂直差异大。森林覆盖率为84%。有野生脊椎动物22目69科275种，其中有苏门羚、豹等珍稀动物⑤。

旬阳县位于陕西省东南部、秦巴山区东段，汉江横贯其中。县境地貌以中山为主，兼有低山、丘陵、河谷地形。栖息有豹与金雕、金鸡、大灵猫、鬣羚、林麝、青羊等珍稀动物⑥。

白河县现今的野兽中还有“金钱豹”等珍稀物种⑦。

● 商洛市：丹凤县位于秦岭东段南麓，全境山岭连绵，河谷纵横，为“九山、半水、半分田”的土石山区。处于亚热带半湿润与东部季风暖温带过渡性气候区。野生动物有林麝、豹、大灵猫、豪猪、环颈雉、松鼠、狐、果子狸、锦鸡、野猪、大鲵

---

①城固县主要野生动物介绍. http://www. sanqinyou. com/shaanxi/info/1211120261255343_1. html

②西乡县. http://baike. baidu. com/link? url=kHRXsZe502Smkk3ObnCJT3NY8BSbHU8GolHLrLdT0bTHdLX8-xVE6wRWwdUGmdlzQ7ff7- UyiIPkHLsCgnL8vWjEyKZY6D9gMm3K4U2zzQW

③中国·佛坪. http://www. foping. gov. cn/gov/Html/zjfp/20131123182652. html

④南宫山国家森林公园. http://baike. baidu. com/view/907841. htm

⑤镇坪县人民政府. http://www. zhp. gov. cn/CMS/Content. gen? Id=3290

⑥旬阳县. http://baike. baidu. com/link? url = yE1eJX3OzYrf6ZXChGe7Ze2f _ fgLlUsH _ vtsTFtBs2BOINxGw6zsR9XsWj _ uZkG04irlGCn2bW_995116RSnDK

⑦白河县 http://baike. baidu. com/link? url = VzbQbIXjRwVjexIfUCDwxFYEjFlUZRXjEjfTBIUdyHCECVk87OUYRwRAYP1IK8zelTqqYHPks89A4ke_Rnz2ga

等40多种有较高经济价值的物种①。

《山阳县志》记述（山阳县地方志编纂委员会，1991）：

豹：分金钱豹与土豹。主要活动于鹘岭、流岭和郧岭山头，数量极少。金钱豹头大而圆，前额有“王”字形斑纹，其骨为珍贵药材，皮毛为高级裘料。

按：尽管“前额有‘王’字形斑纹”并非金钱豹特征，但该志明确“早先，曾经有过：野人、老虎、狗熊、猴子，已绝迹”，且此“豹”明确为“金钱豹”，其周边分布的猫科动物中也有金钱豹，当有此物种。

商南县当地仍有：“豹（金钱豹）”等珍稀动物②。

《镇安县志》记述（镇安县志编纂委员会，1995）：

豹：又名金钱豹、银钱豹、纹豹、老爬、爬山子。外形似虎，但比虎小。体长100～150 cm，尾长超过体长之半。属食肉目，猫科。全身布满色环，内具黑色斑点，状似铜钱，故称“金钱豹”。

喜栖茂林山中，巢穴多在岩洞或丛林中。善夜行爬行，行动敏捷，跳跃力强。主食鹿科动物或捕食雉鸡、兔、家禽等。分布于县内西部地区。……1982年均被国家列为三类保护动物。

按：虽有瑕疵，但还是可以证明当地有金钱豹等豹类。

《柞水县志》记述（柞水县志编纂委员会，1998）

豹：柞水人民称豹子，属食肉目猫科。分布在两河、老林、太河、龙潭、丰北河、高桥、红石、九间房等乡。活动高度在海拔1 200～2 100 m之间。

豹四肢矫健，跳跃力强，善爬树，多在夜间活动，傍晚及黎明时最为活跃。豹常攻击野猪、青羊等大型食草兽及野兔，也常进入村庄危害人畜。

按：据此表明，当地有金钱豹栖息。

6.6.2　甘肃

甘肃省仅在南部与东部有金钱豹分布。

《中国西北地区珍稀濒危动物志》记载：“豹……华北亚种：分布于……甘肃的环县、兰州、康乐、和政、临夏、文县”（中华人民共和国濒危物种进出口管理办公室等，1994）。证明在兰州市、环县、文县、临夏县、康乐县、和政县等地有金钱豹栖息，但调查的分布地偏少。

《中国重点陆生野生动物资源调查》称（国家林业局，2008）：

本次调查，豹见于……甘肃（武都、榆中、天水、徽县、康乐、和政、临夏、康县、文县）。

按：据此可证实，在榆中县、天水市、武都区、成康县、文县、徽县、临夏县、康乐县、和政等地有金钱豹残存，但调查的金钱豹现存地方数量偏低。

● 兰州市：《兰州市志·地理志》记述（兰州市地方志编纂委员会等，1998）：

豹

【地理分布】榆中县。【生境】低山灌丛、阔叶林、针叶林、高山灌丛。

按：据此表明，在榆中县有金钱豹分布。

● 白银市：《景泰县志》记述（景泰县志编纂委员会，1996）：

豹：稀有珍贵动物，50年代在五佛冬青沟捕获一只，60年代在米家山被打死一只，现已绝迹。

按：据此表明，该县曾有金钱豹栖息。

● 天水市：《清水县志》列举境内哺乳类有金钱豹等（清水县志编纂委员会，2001）。近年仍称，林区野生动物种类较多，主要有金钱豹等珍禽异兽60余种，其中10余种属国家二、三级保护动物③。

甘谷县西南25 km尖山之上的尖山寺省级森林公园林中有梅花鹿、金钱豹、锦鸡等10余种国家保护野生动物生息繁衍④。

张家川回族自治县地势由东北向西南倾斜；地貌大体上由梁峁、沟壑、川台、河谷四部分形成，以山地为主：东北部陇山巍峨，峻岭重叠；西南部山峦起伏，沟壑纵横；东北部为陇山石质、土

①中国·丹凤. http://www.danfeng.gov.cn/news/2011109/n55074056.html

②商南县野生动物兽类（大、中型）调查名录. http://www.snlyw.gov.cn/Article/ShowArticle.asp? ArticleID=46

③清水. http://baike.baidu.com/link? url=VQmOkyqD9D-S2TUveXqi_2pmqb0LpFOeWbXW-RBA7bBKDF_yCjTE-BwcqB0xV4PhqeaifjW_NEIMPbBnd7We5K

④甘谷县. http://baike.baidu.com/link? url=9Kn6qJ3CRK2EYOQ-BQSkYaoKZ_Ck85Y1UwHWZNx1UEjzhUOJipez3Ex5xlJWNRry

石山地；中东部为红土与红砂岩黏土相间山地，中西部为黄土梁峁沟壑山地。该县深居内陆腹地，地处东南、西南季风交互影响的边缘地带，属温带大陆性季风气候。森林覆盖率 20.8%。当地有金钱豹、毛冠鹿、林麝、獐子（麝）、石貂、鬣羚、青羊、水獭、黄鼬、红腹锦鸡等珍禽异兽 57 种①。

● 平凉市：崇信县属黄土高原丘陵沟壑区，地势西南高，东北低。地属暖温带半干旱大陆性气候区。据称，当地兽类有金钱豹与麝（香子）、鼹鼠（瞎瞎）、蝙蝠、梅花鹿、水獭等②。

1933 年《华亭县志》记述：

豹：似虎而小，生月同。腿短，面多白色。有白豹、黑豹、金钱豹之分。

按：说明该县有金钱豹分布。

庄浪县属黄土高原丘陵沟壑区，境内群山起伏，地势东高西低，六盘山耸峙于东部，余脉分六支回环盘绕，贯穿全境。地属大陆性季风区，县境内南北气温差异大。该县东部云崖寺国家级森林公园主要野生动物有金钱豹、鹿、麝、狍、野猪、红腹锦鸡、环颈雉等国家级保护动物③。

● 庆阳市：《庆阳地区志》记述（甘肃省庆阳地区志编纂委员会，1998）：

金钱豹：俗称豹子。体褐黄色，密布圆形或椭圆形黑褐色斑点或斑环，状似古钱，故名“金钱豹”。腹面白色，杂有黑色斑点。喜隐伏大树。主食中小型草食兽类。分布子午岭林区，原多见，现近绝灭。1983 年列为国家一类保护动物。

按：据此表明，当地有金钱豹分布。

● 定西市：漳县地处西秦岭向黄土高原过渡地带，境内地势西南高、东北低。属大陆性季风气候，其主要特点是降水稀少，且分布不均，蒸发量大，冬春寒冷而干燥，秋季温凉而湿润，日较差大。据报道，该县贵清山国家级森林公园有金钱豹、狗熊、苏门羚、红腹锦鸡、蓝马鸡等国家保护动物 20 余种④。

● 陇南市：成县地处秦岭山脉南麓丘陵河谷地带；多高山峡谷，地势西北高、东南低；地貌特征：南北为山地，中部为丘陵。地属暖温带半湿润气候区，四季分明，冷暖适度。现野生动物中有梅花鹿、豹、熊、画眉、红腹锦鸡等 10 余种珍稀动物⑤。

1936 年《康县县志》记述：

豹：野兽之凶猛者，常食鹿及狗。毛有斑纹，人谓之金钱豹。有时能食之。其皮多为床褥，花美可观，亦取毛深温厚，可御寒也。各山林中，往往有之。

按：据此证明，当地确有金钱豹分布。

6.6.3 青海

青海省也有金钱豹分布记录，主要在南部。

《中国动物志：兽纲：食肉目》记载，豹华南亚种（*Panthera pardus fusca*）“分布于青海玉树、果洛州南部”（高耀亭等，1987），亦即在班玛县、达日县、久治县、玉树县、杂多县、称多县、治多县、囊谦县等地曾有金钱豹生息繁衍。

《中国西北地区珍稀濒危动物志》记载：“豹……华南亚种：分布于……青海的玉树、果洛”（中华人民共和国濒危物种进出口管理办公室等，1994），即在玛沁县、班玛县、甘德县、达日县、久治县、玛多县、玉树县、杂多县、称多县、治多县、囊谦县、曲麻莱县等地有金钱豹栖息。

《中国重点陆生野生动物资源调查》称“青海未调查”（国家林业局，2008），然而仍有金钱豹存在。

● 海南州：《兴海县志》记载的“稀有珍贵动物”列举有：野牦牛、野驴、盘羊、猞猁、水獭、赤狐、沙狐、兔狲、旱獭、雪豹、草豹等（兴海县志编纂委员会，2000）。其中“草豹”似指金钱豹。

班玛县地处青川边沿，属高山地；境内山脉纵横，山峰重叠，河流交错，山大沟深，其间有许多小块较为平坦的草原地和狭窄的河谷地带。地属大陆性高原气候区，随海拔的增加而气温递减。主要野生动物中兽类有：林麝、金钱豹、白唇

①张家川回族自治县. http://baike. baidu. com/link? url=ldlAaR5k1DEEj4i-55P58_PXUMm4PW9LCpSG8p-me9vMZ_2QtH3rnjFCYPnEWs0T

②甘肃·崇信. http://www. chongxin. gansu. gov. cn/contents/12085/91706. html

③庄浪县. http://baike. baidu. com/link? url=bq1XuW4BJbL1rs_pqqoKRE8d-2HxoMNoYbpSOxFIUX28OuRdxcYpWNsQaYNZPNLf

④漳县. http://baike. baidu. com/link? url=FT5oL8XKvArA-arvKbFFNtd-sfdMWW8AQLcvqPP6JB98OZe6c-AW5Bj5Jd7Sd3cK

⑤成县. http://baike. baidu. com/view/726551. htm? fromId=1527896

鹿、盘羊、猕猴、雪豹、棕熊、猞猁、麝鹿、旱獭、狐、水獭、野猪①。

● 玉树州：玉树县东临川西山地，南接横断山脉北段，西近高原主体，北靠通天河，全县纵跨长江与澜沧江两大水系，地势高耸，地形复杂；地貌以高山峡谷和山原地带为主，间有许多小盆地和湖盆。野生动物中兽类31种、鸟类73种，其中著名的兽有金钱豹、雪豹、苏门羚、白唇鹿、马鹿、猞猁、水獭、棕熊等②。

囊谦县地处青藏高原东部，南接横断山脉，北临高原主体，境内大小山脉纵横交错，峰峦重叠。属于大陆性季风季候，日照时间长，辐射强烈，日温差大，降雨量多而集中，四季不分明，只有冷暖两季，干旱少雨。野生动物中兽类有32种，其中属于国家保护的兽类有寻豹(?)、金钱豹、猞猁、石貂、藏水獭、猕猴、马麝、白唇鹿、马鹿、鬣羚、盘羊等多种③。

6.6.4　宁夏

宁夏回族自治区有金钱豹分布记录。

《宁夏脊椎动物志》记载，豹在隆德、泾源、固原、中卫等地分布（王香亭，1990），亦即在原州区、隆德县、泾源县、沙坡头区等地有所分布。

《中国西北地区珍稀濒危动物志》也记载："豹……华北亚种：分布于……宁夏的隆德、泾源、固原和中卫"（中华人民共和国濒危物种进出口管理办公室等，1994）。

《中国重点陆生野生动物资源调查》称（国家林业局，2008）：

> 本次调查，豹见于……宁夏（泾源、隆德、固原、彭阳）。

按：据此可证实，在原州区、隆德县、泾源县、彭阳县等地还有金钱豹存在，但此次调查的金钱豹现存地方数量偏低。

据2015年1月报道，有人在六盘山用行车记录仪首次拍摄到"豹"图片（图16.74，图16.75）。区分"豹"，主要看它的外部形态、花纹、身体大小、尾巴等。六盘山发现的这只"豹"尾巴很长，几乎接近于它的体长。另外，从其身上的斑纹、斑点来看，确认就是豹（金钱豹）。而如果是雪豹，其尾巴更长④。

图16.74　金钱豹在爬坡

图16.75　金钱豹俯身直视拍摄者

①班玛县. http://baike.baidu.com/link? url=nWDv4VNTZqkMLHkU5sr1zSomApuLlFPpo_W63w-K_VestgiqF0EhNKIGb4rMWg6NhV45sxF05mIDtumzfN2Slq

②玉树县. http://www.baike.com/wiki/玉树县

③囊谦县. http://baike.baidu.com/link? url=VHAkFew1yjgzQgAUVSCjE_sj3TZIe_LqxbZWke5MyzUXj_WwODZOi9JT lskAZzDw

④崔万明. 网友1月26日在六盘山拍到疑似雪豹. http://www.nxnews.net/tp/system/2015/01/27/011089550.shtml;《六盘山雪豹》后续 专家认为是金钱豹. http://xinxiaoxi.com/x34604-1-1.html

6.7 方志与保护区记载的金钱豹

方志与自然保护区的金钱豹记载情况也可证明其地理分布。

虽有现代野外调查资料，但方志记载仍可以反映相当部分地方的金钱豹分布（表16.12）状况。

表16.12 方志记载反映20世纪金钱豹分布概况

地区	省级政区	今地点	文献	内容	新方志出处
华北	北京	密云县	民国三年(1914)《密云县志》	豹	
		房山区	民国十七年(1928)《房山县志》	豹（性暴烈，好啮人，故曰豹。《广志》云：豹死首山，不忘本也）	
		延庆县等地	民国二十四年(1935)《察哈尔通志》	豹*（延庆……均产）	
		丰台区	2001年《北京市丰台区志》	民国时期西部山区有野山羊、豹（土豹子）	北京市丰台区志编纂委员会，2001
		密云县	1998年《密云县志》	豹	密云县志编纂委员会，1998
		房山区	1999年《北京市房山区志》	豹	北京市房山区地方志编纂委员会，1999
		怀柔县	1999年《怀柔县志》	豹	怀柔县志编纂委员会，1999
	天津	蓟县	民国三十三年(1944)《蓟县志》	豹（前数年，第八区北山一带常有之）	
		蓟县	1991年《天津简志》	金钱豹(【分布】山区)	天津市地方志编修委员会，1991
		蓟县	1991年《蓟县志》	八仙桌子森林生态自然保护区：豹	蓟县志编修委员会，1991
	河北	邢台市、邢台县	清光绪三十一年(1905)《邢台县志》	豹*	
		分属秦皇岛市、抚宁县	民国十八年(1929)《临榆县志》	豹	
		井陉县	民国二十三年(1934)《井陉县志》	豹*	
		涞水县	民国二十四年(1935)《新城县志》	豹*	
		阳原县	民国二十四年(1935)《阳原县志》	豹（皮可制褥；约四十至五十元）	
		张家口市、宣化县、蔚县、阳原县、怀安县、万全县、怀来县、涿鹿县、赤城县等地	民国二十四年(1935)《察哈尔通志》	豹**（蔚县、涿鹿、阳原……赤城、龙关均产）	
		遵化县	1990年《遵化县志》	民国年间，在县境边沿山地曾发现过豹	遵化县志编纂委员会，1990

（续表）

地区	省级政区	今地点	文献	内容	新方志出处
		宽城满族自治县	1990年《宽城县志》	金钱豹	宽城县志编纂委员会，1990
		迁西县	1991年《迁西县志》	进入50年代以后……豹等多种野生动物也日渐稀少甚至绝迹	迁西县地方志编纂委员会，1991
		邯郸市	1992年《邯郸市志》	豹	邯郸市地方志编纂委员会，1992
		灵寿县	1993年《灵寿县志》	豹	河北省灵寿县地方志编纂委员会，1993
		邢台县	1993年《邢台县志》	金钱豹	邢台县地方志编纂委员会，1993
		平山县	1994年《中国国情丛书：百县市经济社会调查：平山卷》	深山区：豹子	丁伟志等，1994a
		张北县	1994年《张北县志》	豹	张北县地方志编纂委员会，1994
		涿鹿县	1994年《涿鹿县志》	豹等一些动物绝迹消亡①	涿鹿县地方志编纂委员会，1994
		丰宁满族自治县	1994年《丰宁满族自治县志》	黑钱豹	丰宁满族自治县志编纂委员会，1994
		秦皇岛市、昌黎县、抚宁县、卢龙县、青龙满族自治县	1994年《秦皇岛市志》	豹	秦皇岛市地方志编纂委员会，1994
		属秦皇岛市	1994年《山海关志》	偶见虎、豹	秦皇岛市山海关区地方志编纂委员会，1994
		沙河市	1994年《沙河市志》	土豹(60年代前常见，今已不多)	河北省沙河市地方志编纂委员会，1994
		栾城县	1995年《栾城县志》	豹*	河北省栾城县地方志编纂委员会，1995
		崇礼县	1995年《崇礼县志》	豹子*	河北省崇礼县地方志编纂委员会，1995
		临城县	1996年《临城县志》	豹	临城县地方志编纂委员会，1996
		内丘县	1996年《内丘县志》	金钱豹	河北省内丘县地方志编纂委员会，1996
		青龙满族自治县	1997年《青龙满族自治县志》	豹	青龙满族自治县志编纂委员会，1997
		阳原县	1997年《阳原县志》	豹已绝迹	阳原县地方志编纂委员会，1997
		围场满族自治县	1997年《围场满族自治县志》	金钱豹	围场满族自治县地方志编纂委员会，1997
		行唐县	1998年《行唐县志》	豹(甚少，70年代邢家庄、羊柴曾各猎获一只)	行唐县地方志编纂委员会编.1998
		赞皇县	1998年《赞皇县志》	豹(数量很少，建国初偶尔可见，1953年曾在五马山猎得金钱豹1只)	河北省赞皇县地方志编纂委员会，1998

（续表）

地区	省级政区	今地点	文献	内容	新方志出处
		涞源县	1998年《涞源县志》	金钱豹	涞源县地方志编纂委员会，1998
		隆尧县	1998年《隆尧县志》	虽偶有狼、豹，系从外地窜入	隆尧县地方志编纂委员会，1998
		涉县	1998年《涉县志》	豹*	涉县地方志编纂委员会，1998
		唐山市、遵化市、迁安市、迁西县、滦县、滦南县、玉田县、乐亭县、唐海县	1999年《唐山市志》	金钱豹*	唐山市地方志编纂委员会，1999
		唐县	1999年《唐县志》	豹（1972年，大茂山北涞源县大滩村农民打死一只后即绝迹）	河北省唐县地方志编纂委员会，1999
		阜平县	1999年《阜平县志》	豹子	阜平县地方志编纂委员会，1999
	山西	安泽县	民国二年（1913）《岳阳县志》	豹*	
		和顺县	民国三年（1914）《和顺县志》	豹	
		昔阳县	民国三年（1914）《昔阳县志》	豹	
		乡宁县	民国六年（1917）《乡宁县志》	豹	
		闻喜县	民国八年（1919）《闻喜县志》	豹（时来时去。有赤、白二种）	
		盐湖区	民国九年（1920）《虞乡县新志》	小豹子（身有班环，俗名金钱豹）	
		芮城县	民国十二年（1923）《芮城县志》	豹	
		翼城县	民国十八年（1929）《翼城县志》	豹	
		新绛县	民国十八年（1929）《新绛县志》	豹*	
		介休市	民国十九年（1930）《介休县志》	豺	
		永和县	民国二十年（1931）《永和县志》	豹	
		安泽县	民国二十一年（1932）《安泽县志》	豹***	
		沁源县	民国二十二年（1933）《沁源县志》	豹	
		陵川县	民国二十二年（1933）《陵川县志》	豹	
		尧都区	民国二十二年（1933）《临汾县志》	豹	
		阳城县	民国二十三年（1934）《阳城县乡土志》	豹（有时见南山）	
		浮山县	民国二十四年（1935）《浮山县志》	豹	
		黎城县	民国二十四年（1935）《黎城县志》	豹（产于西北山林中）	

（续表）

地区	省级政区	今地点	文献	内容	新方志出处
		天镇县	1997年《天镇县志》	民国26年至民国34年间，双山一带有豹子	山西省天镇县地方志办公室，1997
		宁武县	1985年《宁武县志》	金钱豹	山西省宁武县县志编纂办公室，1985
		五台县	1988年《五台县志》	金钱豹	五台县志编纂委员会，1988
		寿阳县	1989年《寿阳县志》	金钱豺［金钱豹］（为数不多）	寿阳县志编纂委员会编.1989
		应县	1992年《应县志》	金钱豹	应县志编纂委员会，1992
		平定县	1992年《平定县志》	豹	平定县志编纂委员会，1992
		五寨县	1992年《五寨县志》	金钱豹	山西省五寨县志编纂办公室，1992
		灵石县	1992年《灵石县志》	金钱豹	山西省灵石县志编纂委员会，1992
		吉县	1992年《吉县志》	豹	吉县志编纂委员会，1992
		阳高县	1993年《阳高县志》	金钱豹	郭海，1993
		广灵县	1993年《广灵县志》	豹*	
		和顺县	1993年《和顺县志》	金钱豹	和顺县志编纂委员会，1993
		忻府区	1993年《忻县志》	金钱豹	山西省忻州市地方志编纂委员会，1993
		定襄县	1993年《定襄县志》	本县山区有豹	定襄志编纂委员会，1993
		太谷县	1993年《太谷县志》	豹	太谷县志编纂委员会，1993
		兴县	1993年《兴县志》	金钱豹	贾维桢等，1993
		方山县	1993年《方山县志》	金钱豹（深居关帝山的高山区，属国家二级保护动物）	方山县志编纂委员会，1993
		文水县	1994年《文水县志》	金钱豹、豹（俗名豹则）	李培信，1994
		黎城县	1994年《黎城县志》	豹	黎城县志编纂委员会，1994
		阳城县	1994年《阳城县志》	金钱豹（分布在境南及西南部大山密林中）	阳城县志编纂委员会，1994
		盐湖区	1994年《运城市志》	豹	运城市地方志编纂委员会，1994
		交城县	1994年《交城县志》	金钱豹	交城县志编写委员会，1994
		盂县	1995年《盂县志》	金钱豹、黑鬣豹	盂县史志编纂委员会，1995
		屯留县	1995年《屯留县志》	偶尔也有豹子出没	屯留县志编纂委员会，1995
		繁峙县	1995年《繁峙县志》	豹	繁峙县地方志编纂委员会，1995
		五台县、盐湖区、永济市、芮城县、闻喜县、夏县、绛县、平陆县、垣曲县、宁武县、岢岚县、五寨县、交城县、方山县、娄烦县、浑源县	1996年《山西通志》	金钱豹（【地理分布】五台山、中条山、管涔山、关帝山、恒山）	山西省史志研究院，1996

（续表）

地区	省级政区	今地点	文献	内容	新方志出处
		古交市	1996年《古交志》	金钱豹*	古交市地方志办公室，1996
		介休市	1996年《介休市志》	豹	山西省介休市志编纂委员会，1996
		沁源县	1996年《沁源县志》	豹	山西省沁源县志编纂委员会，1996
		离石区	1996年《离石县志》	金钱豹	李文凡，1996
		中阳县	1996年《中阳县志》	金钱豹*	中阳县志编纂委员会，1996
		平顺县	1997年《平顺县志》	金钱豹	平顺县志编纂委员会，1997
		城区	1997年《晋城县志》	豹	晋城县志编纂委员会，1997
		安泽县	1997年《安泽县志》	豹*	安泽县志编纂委员会，1997
		绛县	1997年《绛县志》	豹	绛县志编纂委员会，1997
		汾阳市	1998年《汾阳县志》	金钱豹	汾阳县志编纂委员会，1998
		阳泉市、平定县、盂县	1998年《阳泉市志》	金钱豹*	阳泉市地方志编纂委员会，1998
		襄垣县	1998年《襄垣县志》	豹	襄垣县志编纂委员会，1998
		夏县	1998年《夏县志》	金钱豹	夏县地方志编纂委员会，1998
		太原市	1999年《太原市志》	金钱豹*	太原市方志编纂委员会，1999
		清徐县	1999年《清徐县志》	豹	清徐县地方志编纂办公室，1999
		阳曲县	1999年《阳曲县志》	金钱豹*	阳曲县地方志编纂办公室，1999
		娄烦县	1999年《娄烦县志》	金钱豹	山西省娄烦县地方志编纂委员会，1999
		浑源县	1999年《浑源县志》	旧志载，有：虎、豹……近几年少见	山西省浑源县志编纂委员会，1999
		壶关县	1999年《壶关县志》	豹	壶关县志编纂委员会，1999
		城区、高平市、泽州县、沁水县、阳城县、陵川县	1999年《晋城市志》	金钱豹	晋城市地方志编纂委员会，1999
		陵川县	1999年《陵川县志》	豹	陵川县志编纂委员会，1999
		忻府区、原平市、定襄县、五台县、代县、繁峙县、宁武县、静乐县、神池县、五寨县、岢岚县、河曲县、保德县、偏关县	1999年《忻州地区志》	金钱豹*	《忻州地区志》编纂委员会，1999
		榆社县	1999年《榆社县志》	豹*	榆社县志编纂委员会，1999
		左权县	1999年《左权县志》	金钱豹	左权县志编纂委员会，1999
		平遥县	1999年《平遥县志》	金钱豹	平遥县地方志编纂委员会，1999

（续表）

地区	省级政区	今地点	文献	内容	新方志出处
	内蒙古	呼和浩特市、托克托县、清水河县、土默特左旗、和林格尔县、武川县、土默特右旗	清光绪三十三年（1907）《土默特志》	豹	
		呼和浩特市	清光绪三十四年（1908）《绥远全志》	伊尔不色（豹子）	
		临河区	民国二十年（1931）《临河县志》	豹（伊尔不色）	
		海拉尔区、满洲里市、牙克石市、根河市、额尔古纳市、新巴尔虎右旗、新巴尔虎左旗、陈巴尔虎旗、鄂温克族自治旗、鄂伦春自治旗、扎兰屯市、阿荣旗、莫力达瓦达斡尔族自治旗	民国二十一年（1932）《黑龙江志稿》	豹（金钱豹）*	
		集宁区、丰镇市、兴和县、凉城县、察哈尔右翼中旗、察哈尔右翼后旗等地	民国二十四年（1935）《察哈尔通志》	豹【同前文】	
		武川县	1988年《武川县志》	豹子也极少见	《武川县志》编纂委员会，1988
		巴林右旗	1990年《巴林右旗志》	豹*	《巴林右旗志》编纂委员会，1990
		宁城县	1992年《宁城县志》	金钱豹（【分布】西部山林可见）	宁城县志编纂委员会，1992
		克什克腾旗	1993年《克什克腾旗志》	金钱豹	克什克腾旗地方志编纂委员会，1993
		扎兰屯市	1993年《扎兰屯市志》	五十年代曾有金钱豹出没，今已绝迹	扎兰屯市史志编纂委员会，1993
		鄂托克旗	1993年《鄂托克旗志》	豹*	鄂托克旗志编纂委员会，1993
		阿鲁科尔沁旗	1994年《阿鲁科尔沁旗志》	20世纪40年代以前，罕山地区有虎、豹……70年代后已绝迹	《阿鲁科尔沁旗志》编纂委员会，1994
		乌拉特前旗	1995年《乌拉特前旗志》	发生森林火灾后，虎、豹、鹿已不见	乌拉特前旗志编纂委员会，1995
		赤峰市	1996年《赤峰市志》	豹	赤峰市地方志编纂委员会，1996

（续表）

地区	省级政区	今地点	文献	内容	新方志出处
		海拉尔区、满洲里市、扎兰屯市、牙克石市、根河市、额尔古纳市、阿荣旗、新巴尔虎右旗、新巴尔虎左旗、陈巴尔虎旗、鄂伦春自治旗、鄂温克族自治旗、莫力达瓦达斡尔族自治旗	1997年《内蒙古自治区志：科学技术志》	《呼伦贝尔盟国土资源综合考察报告》：豹	内蒙古自治区科学技术志编纂委员会，1997
		土默特左旗	1997年《土默特志》	狩猎者亦曾猎获金钱豹	土默特左旗《土默特志》编纂委员会，1997
		临河区、五原县、磴口县、乌拉特前旗、乌拉特中旗、乌拉特后旗、杭锦后旗	1997年《巴彦淖尔盟志》	在乌拉山、狼山、色尔腾山等山地和低山丘陵区：豹	巴彦淖尔盟志编纂委员会，1997
		阿拉善左旗	1998年《阿拉善盟志》	贺兰山：金钱豹	阿拉善盟志编纂委员会，1998
东北	辽宁	新宾满族自治县	民国十四年（1925）《兴京县志》	豹（似虎而小，苍黧，曰金钱。猛于虎）	
		岫岩满族自治县、丹东市、东港市、凤城市、宽甸满族自治县	1993年《丹东市志》	金钱豹（至本世纪30年代前后，在全地区绝迹）	丹东市地方志办公室，1993
		岫岩满族自治县	1989年《岫岩县志》	豹（金钱豹）已绝迹	岫岩县志编辑部，1989
		沈阳市、新民市、辽中县、康平县、法库县	1989年《沈阳市志》	豹（已绝迹）	沈阳市人民政府地方志编纂办公室，1989
		抚顺市	1993年《中国国情丛书：百县市经济社会调查：抚顺卷》	豹骨	丁伟志等，1993b
		新宾满族自治县	1993年《新宾满族自治县志》	1964年，榆树乡有人打过金钱豹	房守志，1993
		锦州市、凌海市、北镇市、葫芦岛市、兴城市、黑山县、义县、绥中县	1994年《锦州市志：综合卷》	豹	锦州市地方志编纂委员会，1994
		凌源市	1995年《凌源县志》	豹*	凌源县志编纂委员会，1995
		抚顺县	1995年《抚顺县志》	金钱豹	杜景琴，1995

（续表）

地区	省级政区	今地点	文献	内容	新方志出处
	吉林	白山市、临江市、抚松县、长白朝鲜族自治县、和龙市、安图县	清宣统二年（1910）《长白汇征录》	豹（金线豹）*	
		集安市	民国四年（1915）《辑安县乡土志》	豹*	
		辉南县	民国十六年(1927)《辉南县志》	豹*	
		抚松县	民国十九年(1930)《抚松县志》	豹*	
		安图县	民国十八年(1929)《安图县志》	豹*	
		集安市	民国二十年(1931)《辑安县志》	豹*	
		梅河口市	1999年《梅河口市志》	豹（至民国以前，已不多见）	梅河口市地方志编纂委员会，1999
		永吉县	1991年《永吉县志》	豹（甚少）	永吉县志编纂委员会，1991
		柳河县	1991年《柳河县志》	豹（柳东南混交林）	柳河县志编纂委员会，1991
		白山市、临江市、抚松县、靖宇县、长白朝鲜族自治县	1994年《浑江市志》	金钱豹	浑江市地方志编纂委员会，1994
		抚松县	1994年《抚松县志》	金钱豹	抚松县地方志编纂委员会，1994
		延吉市	1994年《延吉市志》	豹	吉林省延吉市地方志编纂委员会，1994
		延吉市、图们市、敦化市、珲春市、龙井市、和龙市、汪清县、安图县	1996年《延边朝鲜族自治州志》	豹（金钱豹）	延边朝鲜族自治州地方志编纂委员会，1996
		通化县	1996年《通化县志》	豹	通化县地方志编纂委员会，1996
	黑龙江	哈尔滨市、巴彦县、木兰县、兰西县	清宣统二年（1910）《呼兰府志》	豹	
		方正县	民国八年(1919)《方正县志》	豹（分二种。曰金钱豹，体有白黑斑纹）	
		爱辉区	民国九年(1920)《瑷珲县志》	豹	
		宁安市	民国十三年(1924)《宁安县志》	豹*	
		双城市	民国十五年（1926）《双城县志》	文豹*	
		桦川县	民国十七年（1928）《桦川县志》	豹*	
		属尚志市	民国十八年（1929）《珠河县志》	豹（按：豹形似虎而小。身有纹者，曰金钱豹，皮极贵重）	

（续表）

地区	省级政区	今地点	文献	内容	新方志出处
		爱辉区、逊克县、孙吴县、嘉荫县、萝北县、大兴安岭地区、呼玛县、塔河县、漠河县、讷河市、嫩江县、哈尔滨、巴彦县、齐齐哈尔市、龙江县、依安县、甘南县、富裕县、克山县、克东县、拜泉县、北安市、五大连池市、伊春市、铁力市、北林区、海伦市、望奎县、兰西县、青冈县、庆安县、明水县、绥棱县等地	民国二十一年（1932）《黑龙江志稿》	豹（金钱豹）*	
		东宁县	1989 年《东宁县志》	豹（金钱豹）*	东宁县志办公室，1989
		宾县	1991 年《宾县志》	豹（二种：一种金钱豹，有白细花纹）	宾县地方志办公室，1991
		双鸭山市	1991 年《双鸭山市志》	豹	双鸭山市地方志编纂委员会办公室，1991
		海林市	1991 年《中国国情丛书：百县市经济社会调查：海林卷》	豹	丁伟志等，1991
		饶河县	1992 年《饶河县志》	豹（亦有猎捕，较虎为少。伪康德十年及解放后，均有猎获）	饶河县地方志办公室，1992
		密山市	1993 年《密山县志》	豹	密山县志编纂委员会，1993
		牡丹江市、穆棱市、绥芬河市、海林市、宁安市、虎林市、密山市、东宁县、林口县	1993 年《牡丹江市志》	豹	牡丹江市志编审委员会，1993
		漠河县	1993 年《漠河县志》	金钱豹（已在大兴安岭消失）	漠河县志编纂委员会，1993
		伊春市、铁力市、嘉荫县	1995 年《伊春市志》	金钱豹	伊春市地方志编纂委员会，1995
		爱辉区、北安市、五大连池市、嫩江县、逊克县、孙吴县、伊春市、铁力市、嘉荫县、尚志市、五常市、方正县、牡丹江市、穆棱市、绥芬河市、海林市、宁安市、东宁县、林口县	1998 年《黑龙江省志·地理志》	东北豹（金钱豹、银钱豹；小兴安岭、东部山地）	黑龙江省地方志编纂委员会，1998

（续表）

地区	省级政区	今地点	文献	内容	新方志出处
华东	江苏	宜兴市	1990年《宜兴县志》	豹	江苏省宜兴市地方志编纂委员会，1990
		属南京市	1991年《六合县志》	豹（60～70年代常有猎人出售豹子皮）	六合县地方志编纂委员会，1991
		溧阳市	1992年《溧阳县志》	金钱豹	溧阳县志编纂委员会，1992
		金坛市	1993年《金坛县志》	豹	金坛县地方志编纂委员会，1993
	浙江	奉化市	清光绪二十七年（1901）《奉化县志》	豹（《至正志》注……亦间有之）	
		宁海县	清光绪二十八年（1902）《宁海县志》	豹*	
		桐庐县	清光绪三十二年（1906）《分水县志》	豹	
		奉化市	清光绪三十四年（1908）《奉化县志》	豹（《至正志》注：身似虎而小，圆斑，尾长。亦间有之）	
		浦江县	清光绪（1875～1908）《浦江县志》	豹（虎生三子，一为豹）	
		临安市	清宣统二年（1910）《临安县志》	豹（似虎而圜文，毛赤，文黑为赤豹。毛白文黑为白豹）	
		乐清县	民国元年（1912）《乐清县志》	豹	
		天台县	民国四年（1915）《天台县志稿》	豹	
		嵊州市	民国七年（1918）《嵊县志》	豹	
		建德市	民国八年（1919）《建德县志》	豹	
		属富阳市	民国十一年（1922）《新登县志》	豹（有金钱豹……两种，以其毛色斑点而别之）	
		属宁波市	民国十二年（1923）《镇海县志》	豹	
		属临安市	民国十三年（1924）《昌化县志》	豹	
		平阳县	民国十四年（1925）《平阳县志》	工业动物：豹（旧：毛皮黄褐色而有光泽，带无数黑色斑纹。皮可制褥）	
		象山县	民国十五年（1926）《象山县志》	豹*	
		属衢州市	民国十五年（1926）《衢县志》	豹	
		武义县	民国十五年（1926）《宣平县志》	豹	
		松阳县	民国十五年（1926）《松阳县志》	豹	
		并入淳安县	民国十九年（1930）《遂安县志》	豹	
		属三门县	民国十九年（1930）《南田县志》	山豹	
		嵊州市	民国二十二年（1933）《嵊县志》	豹	

（续表）

地区	省级政区	今地点	文献	内容	新方志出处
		属宁波市	民国二十二年(1933)《鄞县通志》	豹*	
		分属莲都区、武义县	民国二十三年(1934)《宣平县志》	豹*	
		临海市	民国二十四(1935)《临海县志》	豹(有赤、黑二种。又有文圆者，名金钱豹)	
		宁海市、台州市、临海市、温岭市、玉环县、天台县、仙居县、三门县	民国二十五年(1936)《台州府志》	豹*	
		建德市	1986年《建德县志》	豹	建德县志编纂委员会，1986
		属杭州市	1987年《萧山县志》	豹(甚少，1957年云石乡猎一只)	萧山县志编纂委员会，1987
		淳安县	1990年《淳安县志》	金钱豹(豹)	浙江省淳安县志编纂委员会，1990
		浦江县	1990年《浦江县志》	金钱豹*	浦江县志编纂委员会，1990
		青田县	1990年《青田县志》	豹*	青田县志编纂委员会，1990
		桐庐县	1991年《桐庐县志》	金钱豹(一级；县内大部分地区均有出现)	桐庐县志编纂委员会，1991
		龙游县	1991年《龙游县志》	豹	浙江省龙游县志编纂委员会，1991
		永康县	1991年《永康县志》	豹	永康县地方志编纂委员会，1991
		金华市	1992年《金华县志》	金钱豹(1961年曹宅乡，60年代含香乡曾发现)	金华县志编纂委员会，1992
		三门县	1992年《三门县志》	金钱豹	三门县志编纂委员会，1992
		东阳市	1993年《东阳市志》	金钱豹	东阳市地方志编纂委员会，1993
		宁海县	1993年《宁海县志》	金钱豹(梅花豹。国家一级保护动物)	宁海县地方志编纂委员会，1993
		磐安县	1993年《磐安县志》	豹(金钱豹)	磐安县志编纂委员会，1993
		平阳县	1993年《平阳县志》	豹(已绝迹)	平阳县志编纂委员会，1993
		衢州市、江山市、常山县、开化县、龙游县	1994年《衢州市志》	豹	《衢州市志》编纂委员会，1994
		莲都区	1994年《丽水市志》	豹(已罕见)	《丽水市志》编纂委员会，1994
		安吉县	1994年《安吉县志》	豹	安吉县地方志编纂委员会，1994
		临安市	1994年《杭州志》	天目山自然保护区：金钱豹	《中国城市综合实力五十强丛书·杭州市》编委会，1994

（续表）

地区	省级政区	今地点	文献	内容	新方志出处
		杭州市、临安市、富阳市、建德市、桐庐县、淳安县	1995年《杭州市志》	豹	杭州市地方志编纂委员会，1995
		宁波市、慈溪市、余姚市、奉化市、宁海县、象山县	1995年《宁波市志》	金钱豹*	宁波市地方志编纂委员会，1995
		景宁畲族自治县	1995年《景宁畲族自治县志》	金钱豹（1966年，大均、梧桐农民捕金钱豹2只）	景宁畲族自治县志编纂委员会，1995
		属宁波市	1996年《鄞县志》	金钱豹（豹）	浙江省鄞县志编纂委员会，1996
		越城区、诸暨市、上虞市、嵊州市、绍兴县、新昌县	1996年《绍兴市志》	金钱豹	绍兴市地方志编纂委员会，1996
		苍南县	1996年《中国国情丛书：百县市经济社会调查：苍南卷》	豹（已绝迹）	丁伟志等，1996a
		缙云县	1996年《缙云县志》	豹	缙云县志编纂委员会，1996
		遂昌县	1996年《遂昌县志》	金钱豹	遂昌县志编纂委员会，1996
		松阳县	1996年《松阳县志》	金钱豹	松阳县志编纂委员会，1996
		温州市、瑞安市、乐清市、永嘉县、文成县、平阳县、泰顺县、洞头县、苍南县	1998年《温州市志》	金钱豹（偶见于西部山区幽僻丛林中）	温州市志编纂委员会，1998
		湖州市、长兴县、德清县、安吉县	1999年《湖州市志》	金钱豹	湖州市地方志编纂委员会，1999
	安徽	霍山县	清光绪三十一年（1905）《霍山县志》	今惟文豹	
		舒城县	清光绪三十三年（1907）《舒城县志》	豹	
		黄山市	清光绪三十四年（1908）《太平县志》	豹	
		东至县	清宣统二年（1910）《建德县志》	豹	
		潜山县	民国九年（1920）《潜山县志》	豹	
		宿松县	民国十年（1921）《宿松县志》	豹	
		太湖县	民国十一年（1922）《太湖县志》	豹	
		宁国市	民国二十五年（1936）《宁国县志》	豹	
		歙县	民国二十六年（1937）《歙县志》	豹*	

（续表）

地区	省级政区	今地点	文献	内容	新方志出处
		潜山县	1984 年《天柱山志》	豹(天柱豹藏密林中,多夜间出没)	乌以风,1984
		黄山市、歙县、休宁县、黟县	1988 年《黄山志》	金钱豹	《黄山志》编纂委员会,1988
		黟县	1988 年《黟县志》	豹	黟县地方志编纂委员会,1988
		休宁县	1990 年《休宁县志》	金钱豹	休宁县地方志编纂委员会,1990
		潜山县	1993 年《潜山县志》	金钱豹	潜山县地方志编纂委员会,1993
		霍山县	1993 年《霍山县志》	金钱豹*	霍山县地方志编纂委员会,1993
		无为县	1993 年《无为县志》	豹*	无为县地方志编纂委员会,1993
		安庆市、桐城市、怀宁县、枞阳县、潜山县、太湖县、宿松县、望江县、岳西县、贵池区、东至县	1995 年《安庆地区志》	金钱豹	安庆地区地方志编纂委员会,1995
		桐城市	1995 年《桐城县志》	金钱豹	桐城县地方志编纂委员会,1995
		歙县	1995 年《歙县志》	金钱豹	歙县地方志编纂委员会,1995
		舒城县	1995 年《舒城县志》	豹	舒城县地方志编纂委员会,1995
		宣州区	1996 年《宣城县志》	金钱豹(国家级保护动物)	安徽省宣州市地方志编纂委员会,1996
		广德县	1996 年《广德县志》	豹	广德县地方志编纂委员会,1996
		泾县	1996 年《泾县志》	金钱豹(数量稀少,濒于灭绝)	泾县地方志编纂委员会,1996
		岳西县	1996 年《岳西县志》	豹	岳西县地方志编纂委员会,1996
		安庆市	1997 年《安庆市志》	金钱豹*	安庆市地方志编纂委员会,1997
		宁国市	1997 年《宁国县志》	金钱豹	宁国县地方志编纂委员会,1997
		郎溪县	1998 年《郎溪县志》	金钱豹	郎溪县地方志编纂委员会,1998
		绩溪县	1998 年《绩溪县志》	金钱豹	绩溪县地方志编纂委员会,1998
	福建	浦城县	清光绪二十六年(1900)《浦城县志》	豹(毛赤黄,文黑如连钱者,曰金钱豹)	
	福建	长乐市	民国六年(1917)《长乐县志》	豹(尾赤而文黑为赤豹,文圆者曰钱文豹,又有黑豹)	
	福建	政和县	民国八年(1919)《政和县志》	豹(质白,文黑。有文如钱者,曰金钱豹。射者多取皮为褥)	
	福建	建宁县	民国八年(1919)《建宁县志》	豹*	
	福建	延平区	民国八年(1919)《南平县志》	豹(豹性暴,故名。又,虎生三子,一曰豹。则豹有变者)	

（续表）

地区	省级政区	今地点	文献	内容	新方志出处
		新罗区	民国九年(1920)《龙岩县志》	豹(似虎而小，毛黄褐色，背有黑色圆斑。俗称金钱豹)	
		延平区	民国九年(1920)《南平县志》	豹(豹性暴，故名。又虎生三子，一曰豹。则豹有变者)	
		屏南县	民国九年(1920)《屏南县志》	豹	
		闽清县	民国十年(1921)《闽清县志》	豹(十二都、十四都、十七都等皆有，但往来无常)	
		永泰县	民国十一年(1922)《永泰县志》	豹(尾赤而文黑，为赤豹。文圆者，为金钱豹)	
		宁化县	民国十五年(1926)《宁化县志》	豹	
		连江县	民国十六年(1927)《连江县志》	豹*	
		尤溪县	民国十六年(1927)《尤溪县志》	豹(赤尾，黑纹者，曰赤豹。纹小而圆者，曰金钱豹)	
		永春县	民国十六年(1927)《永春县志》	豹(有金钱、艾叶二种)	
		德化县	民国十六年(1927)《德化县志》	豹(尾赤而文黑，为赤豹。文圆者，曰金钱豹)	
		南安县	民国十六年(1927)《南安县志》	豹(似虎而小，毛有圆文。少见)	
		沙县	民国十七年(1928)《沙县志》	豹(尾赤而纹黑，为赤豹。纹圆者，曰金钱豹。又有黑豹)	
		属厦门市	民国十八年(1929)《同安县志》	豹(似虎而小，毛黄褐色。背有黑色圆斑，俗称金钱豹)	
		建阳市	民国十八年(1929)《建阳县志》	豹	
		建瓯市	民国十八年(1929)《建瓯县志》	豹*	
		霞浦县	民国十八年(1929)《霞浦县志》	豹*	
		大田县	民国二十年(1931)《大田县志》	豹*	
		顺昌县	民国二十五年(1936)《顺昌县志》	豹(尾赤而文黑，为赤豹。文圆者，曰金钱豹。又有黑豹)	
		邵武市	民国二十六年(1937)《邵武县志》	豹	
		连城县	民国二十七年(1938)《连城县志》	豹	
		蕉城区	民国二十七年(1938)《周墩区志》	豹	

(续表)

地区	省级政区	今地点	文献	内容	新方志出处
		上杭县	民国二十八年(1939)《上杭县志》	豹(……今猎户所杀,大都金钱豹)	
		长汀县	民国三十年(1941)《长汀县志》	豹*	
		永定县	民国三十年(1941)《永定县志》	豹	
		古田县	民国三十一年(1942)《古田县志》	豹	
		诏安县	民国三十一年(1942)《诏安县志》	豹	
		泰宁县	民国三十一年(1942)《泰宁县志》	豹	
		明溪县	民国三十二年(1943)《明溪县志》	豹(性与虎同,惟躯干略小)	
		莆田市	民国三十四年(1945)《莆田县志》	豹	
		云霄县	民国三十六年(1947)《云霄县志》	豹	
		长泰县	民国三十六年(1947)《长泰县新志》	豹(食肉目,裂脚,野兽。形似虎)	
		清流县	民国三十六年(1947)《清流县志》	豹(似虎,圆文黑如钱,比比相对者,曰金钱豹,宜为裘)	
		尤溪县	1987年《尤溪县志》	豹	尤溪县志编纂委员会,1987
		永春县	1990年《永春县志》	金钱豹(豹、金钱豹)	永春县地方志编纂委员会,1990
		新罗区、漳平市、长汀县、永定县、上杭县、武平县、连城县	1992年《龙岩地区志》	金钱豹	龙岩地区地方志编纂委员会,1992
		永泰县	1992年《永泰县志》	豹	永泰县地方志编纂委员会,1992
		宁化县	1992年《宁化县志》	豹	宁化县志编纂委员会,1992
		沙县	1992年《沙县志》	豹(已十分罕见)	沙县地方志编纂委员会,1992
		寿宁县	1992年《寿宁县志》	豹(主要分布于北部山地)	寿宁县地方志编纂委员会,1992
		龙海市	1993年《龙海县志》	金钱豹(文豹)	福建省龙海县地方志编纂委员会,1993
		闽清县	1993年《闽清县志》	豹	闽清县地方志编纂委员会,1993
		长汀县	1993年《长汀县志》	金钱豹	长汀县地方志编纂委员会,1993
		武平县	1993年《武平县志》	豹	武平县地方志编纂委员会,1993
		周宁县	1993年《周宁县志》	豹(现已稀少)	周宁县地方志编纂委员会,1993
		建瓯市	1994年《建瓯县志》	金钱豹*	建瓯县地方志编纂委员会,1994

（续表）

地区	省级政区	今地点	文　献	内　容	新方志出处
		永安市	1994年《永安市志》	金钱豹(已难觅踪迹)	永安市地方志编纂委员会,1994
		晋江市	1994年《晋江市志》	豹	晋江市地方志编纂委员会,1994
		建阳市	1994年《建阳县志》	豹	建阳县地方志编纂委员会,1994
		顺昌县	1994年《顺昌县志》	金钱豹*	顺昌县地方志编纂委员会,1994
		浦城县	1994年《浦城县志》	豹[有金钱豹……数种,栖于高莽草处,偶见]	浦城县地方志编纂委员会,1994
		光泽县	1994年《光泽县志》	豹	光泽县地方志编纂委员会,1994
		松溪县	1994年《松溪县志》	金钱豹	松溪县地方志编纂委员会,1994
		政和县	1994年《政和县志》	豹	政和县地方志编纂委员会,1994
		清流县	1994年《清流县志》	金钱豹	清流县地方志编纂委员会,1994
		莆田市	1994年《莆田县志》	豹	莆田县地方志编纂委员会,1994
		平和县	1994年《平和县志》	豹*	平和县地方志编纂委员会,1994
		永定县	1994年《永定县志》	豹	永定县地方志编纂委员会,1994
		建宁县	1995年《建宁县志》	豹*	建宁县地方志编纂委员会,1995
		仙游县	1995年《仙游县志》	豹	仙游县地方志编纂委员会,1995
		漳平县	1995年《漳平县志》	金钱豹	漳平市地方志编纂委员会,1995
		蕉城区	1995年《宁德市志》	金钱豹(已少见)	宁德市地方志编纂委员会,1995
		柘荣县	1995年《柘荣县志》	豹	柘荣县地方志编纂委员会,1995
		大田县	1996年《大田县志》	豹	大田县地方志编纂委员会,1996
		华安县	1996年《华安县志》	豹	华安县地方志编纂委员会,1996
		明溪县	1997年《明溪县志》	豹	明溪县地方志编纂委员会,1997
		南靖县	1997年《南靖县志》	豹	南靖县地方志编纂委员会,1997
		将乐县	1998年《将乐县志》	金钱豹	将乐县地方志编纂委员会,1998
		惠安县	1998年《惠安县志》	豹*	惠安县地方志编纂委员会,1998
		漳浦县	1998年《漳浦县志》	豹	漳浦县地方志编纂委员会,1998
		云霄县	1999年《云霄县志》	豹	云霄县地方志编纂委员会,1999
		诏安县	1999年《诏安县志》	豹(1956年也曾出现过,数量不多,由于毁林和捕杀,已绝迹)	诏安县地方志编纂委员会,1999
		霞浦县	1999年《霞浦县志》	豹(到80年代,已基本消失)	霞浦县地方志编纂委员会,1999
		屏南县	1999年《屏南县志》	金钱豹	屏南县地方志编纂委员会,1999

（续表）

地区	省级政区	今地点	文献	内容	新方志出处
	江西	德兴市	民国八年(1919)《德兴县志》	豹	
		大余县	民国八年(1919)《大庾县志》	豹	
		属吉安市	民国九年(1920)《庐陵县志》	豹	
		分宜县	民国二十九年(1940)《分宜县志》	豹*	
		袁州区	民国二十九年(1940)《宜春县志》	虎(……不常见,近稍有捕获者为豹,非斑虎)	
		万年县	1982年《万年县志》	豹	万年县县志编纂委员会,1982
		宁都县	1986年《宁都县志》	金钱豹*	宁都县志编辑委员会,1986
		乐平市	1987年《乐平县志》	豹	乐平县志编纂委员会,1987
		万载县	1988年《万载县志》	豹(亦少发现)	江西省万载县志编纂委员会,1988
		高安县	1988年《高安县志》	豹	江西省高安县史志编纂委员会,1988
		丰城市	1989年《江西省丰城县志》	豹	丰城县县志编纂委员会,1989
		崇义县	1989年《崇义县志》	金钱豹	江西省崇义县编史修志委员会,1989
		大余县	1990年《大余县志》	豹	江西省大余县志编纂委员会,1990
		德兴市、玉山县	1990年《三清山志》	金钱豹*	德兴县县志编纂委员会办公室,1990
		铅山县	1990年《铅山县志》	金钱豹(产于武夷山自然保护区。数量极少,现列为国家一类保护)	铅山县县志编纂委员会,1990
		崇仁县	1990年《崇仁县志》	豹	江西省崇仁县志编纂委员会,1990
		星子县	1990年《星子县志》	豹	江西省星子县志编纂委员会,1990
		安义县	1990年《安义县志》	豹(濒于绝迹)	江西省安义县志编纂领导小组,1990
		新干县	1990年《新干县志》	金钱豹	江西省新干县志编纂委员会,1990
		德安县	1991年《德安县志》	豹	德安县地方志编纂委员会,1991
		赣县	1991年《赣县志》	金钱豹	江西省赣县志编纂委员会,1991
		弋阳县	1991年《弋阳县志》	金钱豹*	弋阳县县志编纂委员会,1991
		上犹县	1992年《上犹县志》	豹	江西省上犹县志编纂委员会,1992
		永新县	1992年《永新县志》	豹(偶出现)	永新县志编纂委员会,1992
		婺源县	1993年《婺源县志》	豹	婺源县志编纂委员会,1993
		渝水区	1993年《新余市志》	豹	江西省新余市志编纂委员会,1993
		瑞金市	1993年《瑞金县志》	豹	瑞金县志编纂委员会,1993
		南康市	1993年《南康县志》	豹	南康县志编纂委员会,1993
		安远县	1993年《安远县志》	金钱豹	江西省安远县志编纂委员会,1993
		德兴市	1993年《德兴县志》	豹	江西省德兴市地方志编纂委员会,1993
		上饶县	1993年《上饶县志》	豹	上饶县志编纂委员会,1993

（续表）

地区	省级政区	今地点	文献	内容	新方志出处
		临川区	1993年《临川县志》	豹	临川县志编纂委员会，1993
		永丰县	1993年《永丰县志》	金钱豹	江西省永丰县志编纂委员会，1993
		泰和县	1993年《泰和县志》	豹（多栖息于深山密林中，建国后逐年减少，今少见）	泰和县地方志编纂委员会，1993
		吉安县	1994年《吉安县志》	金钱豹	吉安县志编纂委员会，1994
		属井冈山市	1995年《宁冈县志》	金钱豹	宁冈县地方志编纂委员会，1995
		全南县	1995年《全南县志》	金钱豹	江西省全南县志编纂委员会，1995
		萍乡市	1996年《萍乡市志》	金钱豹	萍乡市志编纂委员会，1996
		兴国县	1996年《中国国情丛书：百县市经济社会调查：兴国卷》	豹子	丁伟志等，1996b
		寻乌县	1996年《中国国情丛书：百县市经济社会调查：寻乌卷》	金钱豹	丁伟志等，1996c
		遂川县	1996年《遂川县志》	豹	遂川县地方志编纂委员会，1996
		吉安市	1997年《吉安市志》	金钱豹	吉安市地方志编纂委员会，1997
		南昌市、南昌县、新建县、安义县、进贤县	1997年《南昌市志》	豹（已日见稀少）	南昌市地方志编纂委员会，1997
		井冈山市	1997年《井冈山志》	印度豹②	井冈山市地方志编纂委员会，1997
		资溪县	1997年《资溪县志》	金钱豹	资溪县地方志编纂委员会，1997
		浮梁县	1998年《浮梁县志》	金钱豹	浮梁县地方志编纂委员会，1998
		章贡区	1999年《赣州市志》	豹	江西省赣州市地方志编纂委员会，1999
中南	河南	南阳市	清光绪三十年（1904）《南阳府南阳县户口地土物产畜牧表图说》	豹（出西北山。不如狼多）	
		洛宁县	民国六年（1917）《洛宁县志》	豹	
		确山县	民国二十年（1931）《确山县志》	豹	
		修武县	民国二十年（1931）《修武县志》	豹（不常有）	
		灵宝市	民国二十四年（1935）《灵宝县志》	豹	
		陕县	民国二十五年（1936）《陕县志》	豹（不常见）	
		信阳市	民国二十五年（1936）《信阳县志》	豹	
		光山县	民国二十五年（1936）《光山县志约稿》	豹（有二种。毛黄斑圆，名金钱豹……邑南深山中间有之）	
		修武县	1986年《修武县志》	金钱豹	修武县志编纂委员会，1986

（续表）

地区	省级政区	今地点	文献	内容	新方志出处
		罗山县	1987 年《罗山县志》	豹	罗山县地方史志编纂委员会，1987
		陕县	1988 年《陕县志》	豹子	陕县地方史志编纂委员会，1988
		新安县	1989 年《新安县志》	豹子（近年已几于绝迹）	新安县地方史志编纂委员会，1989
		嵩县志	1990 年《嵩县志》	豹	河南省嵩县志编纂委员会，1990
		西峡县	1990 年《西峡县志》	金钱豹	西峡县志编纂委员会，1990
		淅川县	1990 年《淅川县志》	豹（濒于绝迹）	淅川县地方史志编纂委员会，1990
		新县	1990 年《新县志》	金钱豹	新县志编纂委员会，1990
		巩义市	1991 年《巩县志》	豹（偶有所见）	巩县志编纂委员会，1991
		渑池县	1991 年《渑池县志》	豹	渑池县志编纂委员会，1991
		洛宁县	1991 年《洛宁县志》	豹	洛宁县志编纂委员会，1991
		光山县	1991 年《光山县志》	豹	光山县史志编纂委员会。1991
		方城县	1992 年《方城县志》	豹	方城县地方志编纂委员会，1992
		商城县、新县	1992 年《信阳地区志》	金钱豹（商城、新县）	信阳地区地方史志编纂委员会，1992
		灵宝市	1992 年《灵宝县志》	豹	灵宝县地方史志编纂委员会，1992
		辉县市	1992 年《辉县市志》	山豹	辉县市史志编纂委员会，1992
		焦作市、孟州市、沁阳市、修武县、博爱县、武陟县、温县、济源市	1993 年《焦作市志》	豹	河南省焦作市地方史志编纂委员会，1993
		舞钢市	1993 年《舞钢市志》	豹	舞钢市地方史志编纂委员会，1993
		确山县	1993 年《确山县志》	豹	确山县志编纂委员会，1993
		唐河县	1993 年《唐河县志》	豹	唐河县地方史志编纂委员会，1993
		济源市	1993 年《济源市志》	豹	济源市地方史志编纂委员会，1993
		栾川县	1994 年《栾川县志》	豹	栾川县地方史志编纂委员会，1994
		博爱县	1994 年《博爱县志》	豹	博爱县志编纂委员会总编辑室等，1994
		平顶山市、舞钢市、汝州市、宝丰县、叶县、鲁山县、郏县、襄城县	1994 年《平顶山市志》	金钱豹	平顶山市地方史志编纂委员会，1994
		鲁山县	1994 年《鲁山县志》	豹	鲁山县地方史志编纂委员会，1994
		南阳市、邓州市、南召县、方城县、西峡县、镇平县、内乡县、淅川县、社旗县、唐河县、新野县、桐柏县	1994 年《南阳地区志》	金钱豹	南阳地区地方史志编纂委员会，1994

（续表）

地区	省级政区	今地点	文献	内容	新方志出处
		内乡县	1994年《内乡县志》	豹	内乡县地方史志编纂委员会，1994
		汝阳县	1995年《汝阳县志》	豹	汝阳县地方史志编纂委员会，1995
		南召县	1995年《南召县志》	金钱豹	南召县史志编纂委员会，1995
		桐柏县	1995年《桐柏县志》	金钱豹	桐柏县地方史志编纂委员会，1995
		宜阳县	1996年《宜阳县志》	金钱豹	河南省宜阳县地方志编纂委员会，1996
		淇县	1996年《淇县志》	金钱豹	《淇县志》编纂委员会，1996
		南阳市、邓州市、南召县、方城县、西峡县、镇平县、内乡县、淅川县、社旗县、唐河县、新野县、桐柏县	1996年《南阳地区志：1986～1994》	金钱豹	南阳地区地方史志编纂委员会，1996
		镇平县	1998年《镇平县志》	豹	镇平县地方史志编纂委员会，1998
		鹤壁市、浚县、淇县	1998年《鹤壁市志》	豹（已绝迹）	鹤壁市地方史志编纂委员会，1998
	湖北	英山县	民国九年（1920）《英山县志》	豹	
		南漳县	民国十一年（1922）《南漳县志》	豹（有文如钱。《正字通》曰：金钱豹）	
		枣阳市	民国十二年（1923）《枣阳县志》	豹	
		郧西县	民国二十五年（1936）《郧西县志》	豹、金钱豹、梅花豹、雨点豹	
		老河口市	1992年《老河口市志》	豹（40年代绝迹）	湖北省老河口市地方志编纂委员会，1992
		通城县	1985年《通城县志》	豹	通城县志编纂委员会，1985
		曾都区	1988年《随州志》	豹	湖北省随州市地方志编纂委员会，1988
		枣阳市	1990年《枣阳志》	豹	湖北省枣阳市地方志编纂委员会，1990
		钟祥县	1990年《钟祥县志》	豹	湖北省钟祥县县志编纂委员会，1990
		京山县	1990年《京山县志》	豹（金钱豹、豹子）	湖北省京山县志编纂委员会，1990
		枝江市	1990年《枝江县志》	豹	湖北省枝江县地方志编纂委员会，1990
		宜都市	1990年《宜都县志》	豹	湖北省枝城市地方志编纂委员会，1990
		远安县	1990年《远安县志》	豹	湖北省远安县地方志编纂委员会，1990

（续表）

地区	省级政区	今地点	文献	内容	新方志出处
		咸丰县	1990年《咸丰县志》	豹	咸丰县志编纂委员会，1990
		来凤县	1990年《来凤县志》	豹(已经接近绝迹)	湖北省来凤县县志编纂委员会，1990
		鹤峰县	1990年《鹤峰县志》	金钱豹	湖北省鹤峰县史志编纂委员会，1990
		谷城县	1991年《谷城县志》	豹	湖北省谷城县地方志编纂委员会，1991
		崇阳县	1991年《崇阳县志》	豹	崇阳县志编纂委员会，1991
		秭归县	1991年《秭归县志》	金钱豹(九岭头林场)	湖北省秭归县地方志编纂委员会，1991
		咸安区	1992年《咸宁市志》	豹(已很少见)	湖北省咸宁市地方志编纂委员会，1992
		属武汉市	1992年《黄陂县志》	豹(50年代，北部木兰山、棺材山等处常有)	黄陂县志编纂委员会，1992
		属武汉市	1992年《新洲县志》	豹	新洲县志编纂委员会，1992
		红安县	1992年《红安县志》	豹(金钱豹)	红安县县志编纂委员会，1992
		赤壁市	1992年《中国国情丛书：百县市经济社会调查：蒲圻卷》	金钱豹、豹	丁伟志等，1992a
		丹江口市	1993年《丹江口市志》	金钱豹*	湖北省丹江口市地方志编纂委员会，1993
		安陆市	1993年《安陆县志》	豹	湖北省安陆市地方志编纂委员会，1993
		属宜昌市	1993年《宜昌县志》	金钱豹	湖北省宜昌县地方志编纂委员会，1993
		嘉鱼县	1993年《嘉鱼县志》	豹*	湖北省嘉鱼县地方志编纂委员会，1993
		利川市	1993年《利川市志》	豹	湖北省利川市地方志编纂委员会，1993
		巴东县	1993年《巴东县志》	金钱豹(南豹)	湖北省巴东县地方志编纂委员会，1993
		襄樊市、老河口市、枣阳市、南漳县、谷城县、保康县、曾都区	1994年《襄樊市志》	金钱豹	湖北省襄樊市地方志编纂委员会，1994
		五峰土家族自治县	1994年《五峰县志》	豹	湖北省五峰土家族自治县地方志编纂委员会，1994
		建始县	1994年《建始县志》	金钱豹(1986年3月肖家坪林场曾捕获豹仔2只)	建始县地方志编纂委员会，1994

（续表）

地区	省级政区	今地点	文献	内容	新方志出处
		郧西县	1995年《郧西县志》	豹（分金钱豹、梅花豹、雨点豹）	湖北省郧西县地方志编纂委员会办公室，1995
		神农架林区	1996年《神农架志》	金钱豹（金钱豹华南亚种）	湖北省神农架林区地方志编纂委员会，1996
		恩施市	1996年《恩施市志》	金钱豹	湖北省恩施市地方志编纂委员会，1996
		蕲春县	1997年《蕲春县志》	豹*	湖北省蕲春县地方志编纂委员会，1997
		兴山县	1997年《兴山县志》	华南金钱豹	湖北省兴山县地方志编纂委员会，1997
		恩施市、利川市、建始县、巴东县、宣恩县、咸丰县、来凤县、鹤峰县	1998年《恩施州志》	金钱豹	湖北省恩施土家族苗族自治州地方志编纂委员会，1998
		宜城市	1998年《宜城志》	豹	湖北省宜城市地方志编纂委员会，1998
		罗田县	1998年《罗田县志》	豹（在县境东北高山区偶有发现）	罗田县地方志编纂委员会，1998
		英山县	1998年《英山县志》	豹	英山县志编纂委员会，1998
		属黄石市	1998年《铁山区志》	豹（几乎绝迹）	黄石市铁山区地方志编纂委员会，1998
		十堰市	1999年《十堰市志》	金钱豹	湖北省十堰市地方志编纂委员会，1999
	湖南	沅陵县	清光绪二十八年（1902）《沅陵县志》	豹	
		张家界市	清光绪三十二年（1906）《永定县乡土志》	虎豹*	
		邵阳市、邵阳县	清光绪三十三年（1907）《邵阳县乡土志》	豹	
		江永县	清光绪三十三年（1907）《永明县志》	豹	
		古丈县	清光绪三十三年（1907）《古丈坪厅志》	豹	
		靖州苗族侗族自治县	清光绪三十四年（1908）《靖州乡土志》	豹*	
		花垣县	清宣统元年（1909）《永绥厅志》	豹	

（续表）

地区	省级政区	今地点	文献	内容	新方志出处
		慈利县	民国十二年(1923)《慈利县志》	豹	
		永顺县	民国十九年(1930)《永顺县志》	豹	
		嘉禾县	民国二十年(1931)《嘉禾县图志》	豹	
		道县	民国二十年(1931)《道县志》	豹	
		汝城县	民国二十一年(1932)《汝城县志》	豹	
		蓝山县	民国二十二年(1933)《蓝山县图志》	豹(深山间有)	
		醴陵市	民国三十七年(1948)《醴陵县志》	豹	
		城步苗族自治县	1984年《城步苗族自治县概况》	金钱豹	《城步苗族自治县概况》编写组，1984
		新晃侗族自治县	1985年《新晃侗族自治县概况》	豹子	《新晃侗族自治县概况》编写组，1985
		通道侗族自治县	1986年《通道侗族自治县概况》	金钱豹	《通道侗族自治县概况》编写组，1986
		凤凰县	1988年《凤凰县志》	豹(濒于绝迹)	凤凰县志编纂委员会，1988
		中方县	1991年《黔阳县志》	豹	黔阳县地方志编纂委员会，1991
		汉寿县	1993年《汉寿县志》	豹(绝迹)	汉寿县志编纂委员会，1993
		澧县	1993年《澧县志》	金钱豹*	澧县地方志编纂办公室，1993
		安化县	1993年《安化县志》	豹*	安化县志编纂委员会，1993
		茶陵县	1993年《茶陵县志》	金钱豹*	湖南省茶陵县地方志编纂委员会，1993
		湘乡县	1993年《湘乡县志》	豹(60年代以后绝迹)	湘乡县志编纂委员会，1993
		常宁县	1993年《常宁县志》	豹(20世纪50年代，境内山区及半山区有)	常宁县志编纂委员会，1993
		耒阳市	1993年《耒阳市志》	豹(已绝迹)	耒阳市志编纂委员会，1993
		宁远县	1993年《宁远县志》	豹(极少，偶见于南、北、西三区)	湖南省宁远县地方志编纂委员会，1993
		沅陵县	1993年《沅陵县志》	金钱豹	沅陵县地方志编纂委员会，1993
		溆浦县	1993年《溆浦县志》	金钱豹	溆浦县县志编纂委员会，1993
		新晃县	1993年《新晃县志》	金钱豹	新晃侗族自治县志编纂委员会，1993
		芷江侗族自治县	1993年《芷江县志》	豹	芷江侗族自治县志编纂委员会，1993
		泸溪县	1993年《泸溪县志》	豹	湖南省泸溪县志编纂委员会，1993
		花垣县	1993年《花垣县志》	豹(金钱豹)	湖南省花垣县地方志编纂委员会，1993
		鹤城区	1994年《怀化市志》	豹(60年代稀少，70年代绝迹)	湖南省怀化市志编纂委员会，1994

（续表）

地区	省级政区	今地点	文献	内容	新方志出处
		桑植县	1994 年《中国国情丛书：百县市经济社会调查：桑植卷》	金钱豹、豹	丁伟志等，1994b
		平江县	1994 年《平江县志》	豹	湖南省平江县志编纂委员会，1994
		炎陵县	1994 年《酃县志》	金钱豹	酃县志编纂委员会，1994
		嘉禾县	1994 年《嘉禾县志》	豹	嘉禾县志编委会，1994
		江华瑶族自治县	1994 年《江华瑶族自治县志》	金钱豹	湖南省江华瑶族自治县志编纂委员会，1994
		新邵县	1994 年《新邵县志》	豹（已相继迁徙绝迹）	新邵县志编委会，1994
		辰溪县	1994 年《辰溪县志》	金钱豹	辰溪县志编纂委员会，1994
		会同县	1994 年《会同县志》	豹（已绝迹）	湖南省会同县志编纂委员会，1994
		麻阳苗族自治县	1994 年《麻阳县志》	金钱豹*	麻阳县志编纂委员会，1994
		醴陵市	1995 年《醴陵市志》	豹（今几绝迹）	醴陵市志编纂委员会，1995
		汨罗市	1995 年《汨罗市志》	豹（豹有金钱豹，智丰山偶有发现）	汨罗市志编纂委员会，1995
		长沙县	1995 年《长沙县志》	豹（已绝迹）	湖南省长沙县志编纂委员会，1995
		望城县	1995 年《望城县志》	豹*	湖南省望城县志编纂委员会，1995
		湘阴县	1995 年《湘阴县志》	豹	湖南省湘阴县志编纂委员会，1995
		株洲县	1995 年《株洲县志》	金钱豹	湖南省株洲县志编纂委员会，1995
		湘潭县	1995 年《湘潭县志》	豹（已经绝迹）	湘潭县地方志编纂委员会，1995
		郴州市	1995 年《郴县志》	金钱豹	郴县志编纂委员会，1995
		江永县	1995 年《江永县志》	豹、金钱豹	湖南省江永县志编纂委员会，1995
		蓝山县	1995 年《蓝山县志》	豹	蓝山县志编纂委员会，1995
		新宁县	1995 年《新宁县志》	豹	新宁县县志编委会，1995
		郴州市、资兴市、桂阳县、永兴县、宜章县、嘉禾县、临武县、汝城县、桂东县、安仁县	1996 年《郴州地区志》	金钱豹（1959 年，全区捕获豹 63 只）	郴州地区地方志编纂委员会，1996
		安仁县	1996 年《安仁县志》	豹*	安仁县志编委会，1996
		城步苗族自治县	1996 年《城步苗族自治县志》	金钱豹	城步苗族自治县志编纂委员会，1996
		益阳市、沅江市、南县、桃江县、安化县	1997 年《益阳地区志》	金钱豹	湖南省益阳地区地方志编纂委员会，1997
		邵阳市、武冈市、邵东县、邵阳县、洞口县、新邵县、绥宁县、新宁县、隆回县、城步苗族自治县	1997 年《邵阳市志》	豹（已稀少）	邵阳市地方志编纂委员会，1997

（续表）

地区	省级政区	今地点	文　献	内　容	新方志出处
		娄星区	1997年《娄底市志》	豹	娄底市志编纂委员会，1997
		宜章县	1997年《中国国情丛书：百县市经济社会调查：宜章卷》	金钱豹	丁伟志等，1997b
		汝城县	1997年《汝城县志》	豹（已很少见到，偶尔发现，也为数极少，或仅为暂时停留）	汝城县志编委会，1997
		绥宁县	1997年《绥宁县志》	金钱豹（1959年，全区捕获豹63只）	湖南省绥宁县志编纂委员会，1997
		衡阳市、耒阳市、常宁市、衡东县、衡山县、衡南县、祁东县	1998年《衡阳市志》	金钱豹（为国家一级保护动物）	衡阳市地方志编纂委员会，1998
		通道侗族自治县	1999年《通道县志》	金钱豹	湖南省通道侗族自治县县志编纂委员会，1999
	广东	徐闻县	清宣统三年(1911)《徐闻县志》	豹	
		连山壮族瑶族自治县	民国四年(1915)《连山县志》	豹	
		怀集县	民国五年(1916)《怀集县志》	豹	
		东莞市	民国十年(1921)《东莞县志》	豹*	
		增城市	民国十年(1921)《增城县志》	豹	
		属广州市	民国十三年(1924)《花县志》	豹	
		四会市	民国十四年(1925)《四会县志》	豹（虎生三子，其一为豹）	
		始兴县	民国十五年(1926)《始兴县志》	豹（身有斑纹如钱，因名金钱豹）	
		仁化县	民国二十年(1931)《仁化县志》	豹	
		廉江市	民国二十年(1931)石城县志	虎（小者曰豹，近山处多有）	
		乐昌市	民国二十年(1931)《乐昌县志》	豹*	
		梅江区、梅县、大埔县、丰顺县、平远县、蕉岭县、湘桥区、潮安县、饶平县、汕头市、南澳县、榕城区、普宁市、揭东县、揭西县、惠来县	民国二十二年(1933)《潮州府志略》	豹	
		开平市	民国二十二年(1933)《开平县志》	斑豹（小于虎）	
		恩平市	民国二十三年(1934)《恩平县志》	金钱豹*	
		龙门县	民国二十五年(1936)《龙门县志》	豹	

（续表）

地区	省级政区	今地点	文献	内容	新方志出处
		郁南县	民国二十六年(1937)《西宁县志》	豹	
		阳山县	民国二十七年(1938)《阳山县志》	豹	
		阳春市	民国三十年(1941)《阳春县志》	豹	
		丰顺县	民国三十二年(1943)《丰顺县志》	豹*	
		大埔县	民国三十二年(1943)《大埔县志》	豹	
		电白县	民国三十五年(1946)《电白县新志稿》	豹	
		南雄市	1991年《南雄县志》	豹	南雄县地方志编纂委员会,1991
		兴宁市	1992年《兴宁县志》	金钱豹	兴宁县地方志编纂委员会,1992
		大埔县	1992年《大埔县志》	金钱豹	大埔县地方志编纂委员会,1992
		蕉岭县	1992年《蕉岭县志》	豹(建国后,逐步稀少,70年代在尖坑猎得一只)	蕉岭县地方志编纂委员会,1992
		清城区	1993年《清远县志》	豹*	清远市地方志编纂办公室,1993
		怀集县	1993年《怀集县志》	豹(到60年代初,只有少量幸存)	怀集县地方志编纂委员会,1993
		平远县	1993年《平远县志》	豹	平远县地方志编纂委员会,1993
		信宜市	1993年《信宜县志》	金钱豹	信宜县地方志编纂委员会,1993
		从化市	1994年《从化县志》	金钱豹	从化县地方志编纂委员会,1994
		乐昌市	1994年《乐昌市志》	金钱豹	乐昌市地方志编纂委员会,1994
		紫金县	1994年《紫金县志》	豹	紫金县地方志编纂委员会,1994
		揭西县	1994年《揭西县志》	豹	揭西县地方志编纂委员会,1994
		广宁县	1994年《广宁县志》	豹	广宁县地方志编纂委员会,1994
		属广州市	1995年《花县志》	豹(60年代后,未出现)	花县地方志编纂委员会,1995
		普宁市	1995年《普宁县志》	豹(1976年4月大坪尾村猎1只)	普宁市地方志编纂委员会,1995
		惠州市	1995年《中国国情丛书:百县市经济社会调查:惠州卷》	豹	丁伟志等,1995a
		龙门县	1995年《龙门县志》	豹	龙门县地方志编纂委员会,1995
		云城区	1995年《云浮县志》	华南金钱豹(已基本绝迹)	云浮县地方志编纂委员会,1995
		连南瑶族自治县	1996年《连南瑶族自治县县志》	金钱豹	连南瑶族自治县地方志编纂委员会,1996
		阳春市	1996年《阳春县志》	豹	阳春县地方史志办公室,1996
		化州市	1996年《化州县志》	豹(1958年后已不见出现)	化州市地方志编纂委员会,1996

（续表）

地区	省级政区	今地点	文献	内容	新方志出处
		连山壮族瑶族自治县	1997年《连山壮族瑶族自治县志》	豹	连山壮族瑶族自治县志编纂委员会，1997
		翁源县	1997年《翁源县志》	豹	翁源县地方志编纂委员会，1997
		属汕头市	1997年《潮阳县志》	豹	潮阳市地方志编纂委员会，1997
		茂名市	1997年《茂名市志》	豹（50年代末绝迹）	茂名市地方志编纂委员会，1997
		汕头市、普宁市、湘桥区、榕城区、饶平县、南澳县、惠来县	1999年《汕头市志》	豹	广东省汕头市地方志编纂委员会，1999
	广西	属罗城仫佬族自治县	清光绪末年（—1908）《天河县乡土志》	豹	
	广西	桂平市	民国九年（1920）《桂平县志》	豹*	
	广西	陆川县	民国十三年（1924）《陆川县志》	豹（一种章如金钱者，名金钱豹）	
	广西	灵川县	民国十八年（1929）《灵川县志》	豹（有狗崽豹，其小如狗）	
	广西	富川瑶族自治县	民国二十一年（1932）《富川县志》	豹	
	广西	属扶绥县	民国二十二年（1933）《同正县志》	豹	
	广西	属环江毛南族自治县	民国二十二年（1933）《思恩县志》	豹	
	广西	钟山县	民国二十二年（1933）《钟山县志》	豹	
	广西	八步区	民国二十三年（1934）《贺县志》	豹	
	广西	昭平县	民国二十三年（1934）《昭平县志》	豹***	
	广西	贵港市	民国二十三年（1934）《贵县志》	豹	
	广西	属鹿寨县	民国二十三年（1934）《雒容县志》	豹	
	广西	上林县	民国二十三年（1934）《上林县志》	豹	
	广西	属兴宾区	民国二十四年（1935）《迁江县志》	豹（各乡深山中多有，惟不易得）	
	广西	罗城仫佬族自治县	民国二十四年（1935）《罗城县志》	豹*	
	广西	兴宾区	民国二十五年（1936）《来宾县志》	豹（多在北山与西山中）	

（续表）

地区	省级政区	今地点	文献	内容	新方志出处
		阳朔县	民国二十五年(1936)《阳朔县志》	豹	
		隆安县	民国二十五年(1936)《融县志》	豹(有黄斑豹,即金钱豹)	
		属南宁市	民国二十六年(1937)《邕宁县志》	豹(状极似虎,惟黑斑成钱形。跳跃便捷。虎颇畏之)	
		属鹿寨县	民国二十六年(1937)《榴江县志》	豹	
		属环江毛南族自治县	民国二十六年(1937)《宜北县志》	豹	
		江州区	民国二十六年(1937)《崇善县志》	豹(或有之。其骨熬膏,可壮筋骨,驱风湿。其皮可卧)	
		属田林县	民国二十七年(1938)《田西县志》	豹	
		平乐县	民国二十九年(1940)《平乐县志》	豹	
		柳城县	民国二十九年(1940)《柳城县志》	豹	
		凌云县	民国三十一年(1942)《凌云县志》	豹(嘉猷产)	
		三江侗族自治县	民国三十五年(1946)《三江县志》	豹*	
		属大新县	民国三十五年(1946)《雷平县志》	豹	
		宾阳县	民国三十七年(1948)《宾阳县志》	豹	
		宾阳县	1987年《宾阳县志》	豹	宾阳县志编纂委员会,1987
		宁明县	1988年《宁明县志》	豹*	宁明县志编纂委员会,1988
		上林县	1989年《上林县志》	金钱豹	上林县志编纂委员会,1989
		扶绥县	1989年《扶绥县志》	金钱豹	扶绥县志编纂委员会,1989
		大新县	1989年《大新县志》	豹	大新县志编纂委员会,1989
		柳江县	1991年《柳江县志》	金钱豹	柳江县志编纂委员会,1991
		天等县	1991年《天等县志》	豹*	天等县志编纂委员会,1991
		金秀瑶族自治县	1992年《金秀瑶族自治县志》	豹(已绝迹)	金秀瑶族自治县志编纂委员会,1992
		昭平县	1992年《昭平县志》	豹	昭平县志编纂委员会,1992
		隆安县	1993年《隆安县志》	豹*	隆安县志编纂委员会,1993
		蒙山县	1993年《蒙山县志》	豹(金钱豹)	蒙山县志编纂委员会,1993
		平南县	1993年《平南县志》	豹(已罕见)	平南县志编纂委员会,1993
		玉州区	1993年《玉林市志》	豹(已绝迹)	玉林市地方志编纂委员会,1993

（续表）

地区	省级政区	今地点	文献	内容	新方志出处
		北流县	1993 年《北流县志》	豹(已绝迹)	北流县志编纂委员会,1993
		容县	1993 年《容县志》	豹*	容县志编纂委员会,1993
		富川瑶族自治县	1993 年《富川瑶族自治县志》	豹	富川瑶族自治县志编纂委员会,1993
		博白县	1994 年《博白县志》	豹(已绝迹)	博白县志编纂委员会,1994
		浦北县	1994 年《浦北县志》	豹(已绝迹)	浦北县志编纂委员会,1994
		合浦县	1994 年《合浦县志》	豹(已绝迹)	合浦县志编纂委员会,1994
		江州区	1994 年《崇左县志》	豹*	崇左县志编纂委员会,1994
		天峨县	1994 年《天峨县志》	金钱豹*	天峨县志编纂委员会,1994
		东兰县	1994 年《东兰县志》	豹(近年不见足迹)	东兰县志编纂委员会,1994
		象州县	1994 年《象州县志》	豹(已绝迹)	象州县志编纂委员会,1994
		灌阳县	1995 年《灌阳县志》	豹(濒临绝迹)	灌阳县地方志编委办公室,1995
		平乐县	1995 年《平乐县志》	豹*	平乐县地方志编纂委员会,1995
		武宣县	1995 年《武宣县志》	金钱豹(1958 年后绝迹)	武宣县志编纂委员会,1995
		钟山县	1995 年《钟山县志》	豹	钟山县志编纂委员会,1995
		临桂县	1996 年《临桂县志》	金钱豹	临桂县志编纂委员会,1996
		永福县	1996 年《永福县志》	豹子(1966 年以后已经绝迹)	永福县志编纂委员会,1996
		荔浦县	1996 年《荔浦县志》	豹	荔浦县地方志编纂委员会,1996
		柳州市	1996 年《中国国情丛书:百县市经济社会调查:柳州卷》	豹	丁伟志等,1996d
		融安县	1996 年《融安县志》	豹子	融安县志编纂委员会,1996
		岑溪市	1996 年《岑溪市志》	豹(在 60 年代尚有发现,今已绝迹)	岑溪市志编纂委员会,1996
		藤县	1996 年《藤县志》	豹(1983 年在县西南部发现,近年绝迹)	藤县志编纂委员会,1996
		田林县	1996 年《田林县志》	金钱豹	田林县地方志编纂委员会,1996
		马山县	1997 年《马山县志》	金钱豹(已灭绝)	马山县志编纂委员会,1997
		苍梧县	1997 年《苍梧县志》	豹(50 年代出没在上述山区。现已绝迹)	苍梧县志编纂委员会,1997
		柳州市、柳江县、柳城县	1998 年《柳州市志》	豹子	柳州市地方志编纂委员会,1998
		武鸣县	1998 年《武鸣县志》	金钱豹(1958 年前尚发现)	武鸣县志编纂委员会,1998
		兴安县	1998 年《中国国情丛书:百县市经济社会调查:兴安卷》	豹	丁伟志等,1998a
		资源县	1998 年《资源县志》	豹*	广西壮族自治区资源县志编纂委员会,1998
		田东县	1998 年《田东县志》	豹(属金钱豹种,各乡均有分布。1960 年基本绝)	田东县志编纂委员会,1998
		德保县	1998 年《德保县志》	小豹(金钱豹)	德保县志编纂委员会,1998

（续表）

地区	省级政区	今地点	文献	内容	新方志出处
	海南	三亚市、保亭黎族苗族自治县、乐东黎族自治县	清光绪二十六年(1900)《崖州志》	豹***	
	海南	三亚市、保亭黎族苗族自治县、乐东黎族自治县	清光绪三十四年(1908)《崖州志》	豹***	
	海南	属海口市	民国六年(1917)《琼山县志》	豹***	
	海南	属东方市	民国二十年(1931)《感恩县志》	豹***	
	海南	儋州市	民国二十四年(1935)《儋县志》	豹***	
	海南	临高县	1990年《临高县志》	豹	《临高县志》编委员会，1990
	海南	儋州市	1996年《儋县志》	金钱豹	海南省儋州市地方志编纂委员会，1996
	香港	香港	1985年《香港风物志》	豹*	叶灵凤，1985
西南	重庆	垫江县	清光绪二十六年(1900)《垫江县志》	豹*	
西南	重庆	合川区	民国十一年(1922)《合川县志》	豹*	
西南	重庆	江津区	民国十三年(1924)《江津县志》	豹*	
西南	重庆	南川区	民国十五年(1926)《南川县志》	豹*	
西南	重庆	丰都县	民国十六年(1927)《丰都县志》	豹	
西南	重庆	大足县	民国十七年(1928)《大足县志》	豹*	
西南	重庆	长寿区	民国十七年(1928)《长寿县志》	豹*	
西南	重庆	南川区	民国二十年(1931)《南川县志》	豹*	
西南	重庆	巴南区	民国二十八年(1939)《巴县志》	豹*	
西南	重庆	长寿区	民国三十三年(1944)《长寿县志》	豹***	
西南	重庆	南川区	1991年《南川县志》	金钱豹(金佛山、鱼泉、柏枝山、箐坝山等地)	四川省南川县志编纂委员会，1991
西南	重庆	巫溪县	1993年《巫溪县志》	金钱豹	巫溪县志编纂委员会，1993
西南	重庆	潼南县	1993年《潼南县志》	豹(绝迹)	四川省潼南县志编纂委员会，1993
西南	重庆	垫江县	1993年《垫江县志》	豹	四川省垫江县志编纂委员会，1993
西南	重庆	巴南区	1994年《巴县志》	豹*	四川省巴县志编纂委员会，1994
西南	重庆	黔江区	1994年《黔江县志》	豹(金钱豹)	黔江土家族苗族自治县志编纂委员会，1994
西南	重庆	武隆县	1994年《武隆县志》	金钱豹	四川省武隆县志编纂委员会，1994
西南	重庆	石柱土家族自治县	1994年《石柱县志》	豹	石柱县志编纂委员会，1994
西南	重庆	涪陵区	1995年《涪陵市志》	金钱豹	四川省涪陵市志编纂委员会，1995

（续表）

地区	省级政区	今地点	文献	内容	新方志出处
		梁平县	1995年《梁平县志》	豹子	四川省梁平县地方志编纂委员会，1995
		奉节县	1995年《奉节县志》	金钱豹	四川省奉节县志编纂委员会，1995
		合川区	1996年《合川县志》	豹	四川省合川县地方志编纂委员会，1996
		璧山县	1996年《璧山县志》	豹	四川省璧山县志编纂委员会，1996
		永川区	1997年《永川县志》	豹	四川省永川县志编修委员会，1997
		彭水苗族土家族自治县	1997年《彭水县志》	金钱豹	彭水县志编纂委员会，1997
	四川	越西县	清光绪三十一年（1905）《越嶲厅志》	豹	
		荥经县	民国四年（1915）《荥经县志》	豹	
		峨边彝族自治县	民国四年（1915）《峨边县志》	豹	
		绵竹市	民国九年（1920）《绵竹县志》	豹*	
		邛崃市	民国十一年（1922）《邛崃县志》	豹	
		南江县	民国十一年（1922）《南江县志》	豹	
		东坡区	民国十二年（1923）《眉山县志》	近年东西两山亦时见虎、豹	
		松潘县	民国十三年（1924）《松潘县志》	豹（状如虎而小，其毛文。有……金钱三种。常捕食他兽）	
		德格县、白玉县、理塘县等地	民国十四年（1925）《西藏志》	豹（里塘、三岩、德格均产）	
		剑阁县	民国十六年（1927）《剑阁县续志》	豹	
		巴州区	民国十六年（1927）《巴中县志》	豹	
		苍溪县	民国十七年（1928）《苍溪县志》	豹（其文黄间黑点，为金钱豹……产之邑之九龙山）	
		大竹县	民国十七年（1928）《大竹县志》	豹*	
		荣县	民国十八年（1929）《荣县志》	豹	
		什邡市	民国十八年（1929）《什邡县志》	豹	
		合江县	民国十八年（1929）《合江县志》	豹	
		金川县	民国初年（20世纪20年代）《绥靖屯志》	豹	
		康定县	民国初年（20世纪20年代）《康定县图志》	豹	
		炉霍县	民国初年（20世纪20年代）《炉霍县图志》	豹骨	

（续表）

地区	省级政区	今地点	文献	内容	新方志出处
		甘孜县	民国初年(20世纪20年代)《甘孜县图志》	豹骨	
		新龙县	民国初年(20世纪20年代)《瞻化县图志》	豹骨	
		白玉县	民国初年(20世纪20年代)《白玉县图志》	豹骨	
		德格县	民国初年(20世纪20年代)《德格县图志》	豹骨	
		石渠县	民国初年(20世纪20年代)《石渠县图志》	豹、豹骨	
		分属德格、石渠县	民国初年(20世纪20年代)《邓科县图志》	豹骨	
		泸定县	民国初年(20世纪20年代)《泸定县图志》	豹、豹骨	
		雅江县	民国初年(20世纪20年代)《雅江县图志》	豹、豹骨	
		道孚县	民国初年(20世纪20年代)《道孚县图志》	本县鸟兽与各县同****	
		理塘县	民国初年(20世纪20年代)《理化县图志》	豹、豹骨	
		巴塘县	民国初年(20世纪20年代)《巴安县图志》	豹、豹骨	
		分属理塘、巴塘县	民国初年(20世纪20年代)《义敦县图志》	鸟兽：与巴安县同****	
		乡城县	民国初年(20世纪20年代)《定乡县图志》	鸟兽：西康全省所产之鸟兽大略相同……药材：与巴安县相同****	
		得荣县	民国初年(20世纪20年代)《得荣县图志》	鸟兽：与各县同****	
		西充县	1993年《西充县志》	金钱豹(清末、民国初期，曾出现过)	四川省西充县志编纂委员会，1993
		大邑县	民国十九年(1930)《大邑县志》	豹	
		名山县	民国十九年(1930)《名山县新志》	豹	
		宣汉县	民国二十年(1931)《宣汉县志》	金钱豹*	
		万源市	民国二十一年(1932)《万源县志》	豹(黄毛黑圈为金钱豹……圈开口者，曾伤人)	
		渠县	民国二十一年(1932)《渠县志》	豹*	

（续表）

地区	省级政区	今地点	文献	内容	新方志出处
		北川羌族自治县	民国二十一年(1932)《北川县志》	豹	
		都江堰市	民国二十二年(1933)《灌县志》	豹*	
		乐山市	民国二十三年(1934)《乐山县志》	豹	
		南溪县	民国二十三年(1934)《南溪县志》	豹	
		夹江县	民国二十四年(1935)《夹江县志》	豹	
		隆昌县	民国二十五年(1936)《隆昌县志》	豹*	
		犍为县	民国二十六年(1937)《犍为县志》	豹*	
		泸县	民国二十七年(1938)《泸县志》	南境大山中亦间有虎、豹	
		达县	民国二十七年(1938)《达县志》	豹(身长五六尺，有黑斑纹，曰金钱豹)	
		广元市	民国二十九年(1940)《广元县志稿》	豹*	
		汉源县	民国三十年(1941)《汉源县志》	豹(俗名铜钱花)	
		西昌市	民国三十一年(1942)《西昌县志》	豹*	
		芦山县	民国三十二年(1943)《芦山县志》	豹	
		汶川县	民国三十三年(1944)《汶川县志》	豹(似虎而小，毛黄褐色，背有红色圆斑，名金钱豹)	
		彭山县	民国三十三年(1944)《彭山县志》	狗豹	
		筠连县	民国三十七年(1948)《筠连县志》	豹	
		小金县	民国(1912～1949)《懋功县志》	豹	
		什邡市	1988年《什邡县志》	金钱豹*	什邡县《什邡县志》编纂委员会，1988
		夹江县	1989年《夹江县志》	豹	四川省夹江县编史修志委员会，1989
		崇州市	1991年《崇庆县志》	豹子	四川省崇庆县志编纂委员会，1991
		邻水县	1991年《邻水县志》	豹*	四川省邻水县地方志编纂委员会，1991
		蒲江县	1992年《蒲江县志》	豹	四川省蒲江县志编纂委员会，1992

（续表）

地区	省级政区	今地点	文献	内容	新方志出处
		青川县	1992 年《青川县志》	豹	《青川县志》编纂委员会，1992
		翠屏区	1992 年《宜宾市志》	豹	宜宾市地方志办公室，1992
		巴州区	1992 年《巴中县志》	山豹	四川省巴中县志编纂委员会，1992
		大竹县	1992 年《大竹县志》	金钱豹*	四川省大竹县志编纂委员会，1992
		东坡区	1992 年《眉山县志》	豹	四川省眉山县志编纂委员会，1992
		名山县	1992 年《名山县志》	山高林密处有豹*	名山县志编纂委员会，1992
		普格县	1992 年《普格县志》	豹	四川省普格县志编纂委员会，1992
		喜德县	1992 年《喜德县志》	金钱豹	四川省喜德县志编纂委员会，1992
		邛崃市	1993 年《邛崃县志》	豹	四川省邛崃县志编纂委员会，1993
		苍溪县	1993 年《苍溪县志》	豹（金钱豹）	四川省苍溪县志编纂委员会，1993
		合江县	1993 年《合江县志》	豹	合江县志编纂委员会，1993
		安岳县	1993 年《安岳县志》	1953 年在孔雀乡发现金钱豹	四川省安岳县志编纂委员会，1993
		阿坝县	1993 年《阿坝县志》	豹	阿坝县地方志编纂委员会，1993
		布拖县	1993 年《布拖县志》	豹	四川省布拖县志编纂委员会，1993
		长宁县	1993 年《长宁县志》	豹（已绝迹）	四川省长宁县志编纂委员会，1993
		广安区	1994 年《广安县志》	金钱豹*	四川省广安县志编纂委员会，1994
		峨边彝族自治县	1994 年《峨边彝族自治县志》	豹	峨边彝族自治县志编纂委员会，1994
		马边彝族自治县	1994 年《马边彝族自治县志》	豹*	马边彝族自治县地方志编纂委员会，1994
		兴文县	1994 年《兴文县志》	金钱豹	兴文县志编纂委员会，1994
		通川区	1994 年《达县市志》	金钱豹*	达县市地方志工作委员会，1994
		达县	1994 年《达县志》	1980 年后，森林逐渐恢复，……豹等在四条背斜林区重新出现	四川省达县志编纂委员会，1994
		汉源县	1994 年《汉源县志》	豹（金钱豹）	汉源县志编纂委员会，1994
		九寨沟县	1994 年《南坪县志》	金钱豹	南坪县地方志编纂委员会，1994
		金川县	1994 年《金川县志》	豹、金钱豹	金川县地方志编纂委员会，1994
		宁南县	1994 年《宁南县志》	金钱豹	宁南县志编纂委员会，1994
		华蓥市	1995 年《华蓥市志》	金钱豹	四川省华蓥市志编纂委员会，1995
		隆昌县	1995 年《隆昌县志》	豹（已绝迹）	四川省隆昌县志编纂委员会，1995
		简阳市	1995 年《简阳县志》	豹*	四川省简阳县志编纂委员会，1995
		珙县	1995 年《珙县志》	豹（已少见）	四川省珙县志编纂委员会，1995
		康定县	1995 年《康定县志》	豹	四川省康定县地方志编纂委员会，1995
		旺苍县	1996 年《旺苍县志》	豹	四川省旺苍县志编纂委员会，1996
		北川羌族自治县	1996 年《北川县志》	金钱豹	北川县志编纂委员会，1996

（续表）

地区	省级政区	今地点	文献	内容	新方志出处
		万源市	1996 年《万源县志》	豹（分布状况：茶垭乡 10，新店、柳黄乡 10，庙子乡 10）	四川省万源县志编纂委员会，1996
		红原县	1996 年《红原县志》	豹（川西亚种）	四川省红原县志编纂委员会，1996
		丹巴县	1996 年《丹巴县志》	豹、豹子	四川省甘孜藏族自治州丹巴县志编纂委员会，1996
		理塘县	1996 年《理塘县志》	金钱豹	四川省理塘县志编纂委员会，1996
		西昌市	1996 年《西昌市志》	豹	四川省西昌市志编纂委员会，1996
		茂县	1997 年《茂汶羌族自治县志》	豹	四川省阿坝藏族羌族自治州茂汶羌族自治县地方志编纂委员会，1997
		洪雅县	1997 年《洪雅县志》	金钱豹*	洪雅县地方志编纂委员会，1997
		天全县	1997 年《天全县志》	豹（分布于两路、紫石、青石、小河、大河等乡的山区丛林中）	天全县志办公室，1997
		康定县、甘孜县	1997 年《甘孜州志》	金钱豹	甘孜州志编纂委员会，1997
		九龙县	1997 年《九龙县志》	豹	九龙县志编纂委员会，1997
		道孚县	1997 年《道孚县志》	金钱豹	四川省道孚县志编纂委员会，1997
		色达县	1997 年《色达县志》	豹	四川省色达县志编纂委员会，1997
		稻城县	1997 年《稻城县志》	豹	四川省稻城县志编纂委员会，1997
		泸州市、泸县、合江县、叙永县、古蔺县	1998 年《泸州市志》	豹	泸州市地方志编纂委员会，1998
		叙永县	1998 年《叙永县志》	金钱豹	叙永县地方志编纂委员会，1998
		江安县	1998 年《江安县志》	豹（普遍减少）	四川省江安县志编纂委员会，1998
		高县	1998 年《高县志》	豹（已绝迹）	高县志编纂委员会，1998
		筠连县	1998 年《筠连县志》	豹*	筠连县县志编纂委员会，1998
		屏山县	1998 年《屏山县志》	豹（金钱豹、豹子）	屏山县志编纂委员会，1998
		通江县	1998 年《通江县志》	金钱豹（豹子、大猫）	四川省通江县志编纂委员会，1998
		荥经县	1998 年《荥经县志》	豹*	四川省荥经县地方志编纂委员会，1998
		德昌县	1998 年《德昌县志》	豹（近些年已十分少见）	德昌县地方志编纂委员会，1998
		江油市	1999 年《江油县志》	豹	江油市地方志编纂委员会，1999
		梓潼县	1999 年《梓潼县志》	金钱豹（已绝迹）	四川省梓潼县志编纂委员会，1999
		米易县	1999 年《米易县志》	豹	四川省米易县志编纂委员会，1999
		石棉县	1999 年《石棉县志》	金钱豹	石棉县地方志编纂委员会，1999
		甘孜县	1999 年《甘孜县志》	豹	甘孜县地方志编纂委员会，1999
	贵州	瓮安县	民国二年（1913）《瓮安县志》	豹	
		桐梓县	民国十八年（1929）《桐梓县志》	豹*	
		属丹寨县	民国二十年（1931）《八寨县志稿》	豹*	

（续表）

地区	省级政区	今地点	文献	内容	新方志出处
		遵义市、仁怀市、遵义县、绥阳县、桐梓县、习水县、正安县、道真仡佬族苗族自治县	民国二十五年(1936)《遵义府志》	松花豹(久无见闻)	
		余庆县	民国二十五年(1936)《余庆县志》	豹	
		麻江县	民国二十七年(1938)《麻江县志》	豹*	
		开阳县	民国二十九年(1940)《开阳县志稿》	豹	
		属三都水族自治县	民国二十九年(1940)《三合县志略》	豹	
		德江县	民国三十一年(1942)《德江县志》	豹(西北大山中间有之)	
		沿河土家族自治县	民国三十二年(1943)《沿河县志》	豹(有……松花之别)	
		黎平县	1989年《黎平县志》	金钱豹	贵州省黎平县志编纂委员会，1989
		清镇县	1991年《清镇县志》	金钱豹(豹在边沿山区偶有发现)	贵州省清镇县地方志编纂委员会，1991
		福泉市	1992年《福泉县志》	豹(已灭绝)	贵州省福泉县地方志编纂委员会，1992
		息烽县	1993年《息烽县志》	豹(基本绝迹)	贵州省息烽县地方志编纂委员会，1993
		玉屏侗族自治县	1993年《玉屏侗族自治县志》	豹(1962年后绝迹)	玉屏侗族自治县志编纂委员会，1993
		沿河土家族自治县	1993年《沿河县志》	金钱豹	沿河土家族自治县志编纂委员会，1993
		黄平县	1993年《黄平县志》	豹(已绝迹)	黄平县地方志编纂委员会，1993
		岑巩县	1993年《岑巩县志》	豹子	贵州省岑巩县志编纂委员会，1993
		天柱县	1993年《天柱县志》	豹	贵州省天柱县志编纂委员会，1993
		水城县	1994年《水城县(特区)志》	豹(已绝迹)	水城县地方志编纂委员会，1994
		凤冈县	1994年《凤冈县志》	金钱豹	贵州省凤冈县地方志编纂委员会，1994
		台江县	1994年《台江县志》	金钱豹(俗名铜钱花)	贵州省台江县志编纂委员会，1994
		德江县	1994年《德江县志》	豹(已稀少)	贵州省德江县地方志编纂委员会，1994
		剑河县	1994年《剑河县志》	豹	贵州省剑河县志编纂委员会，1994
		西秀区	1995年《安顺市志》	豹	安顺市地方志编纂委员会，1995

（续表）

地区	省级政区	今地点	文献	内容	新方志出处
		锦屏县	1995年《锦屏县志》	金钱豹(基本绝迹)	贵州省锦屏县志编纂委员会,1995
		大方县	1996年《大方县志》	金钱豹	贵州省大方县地方志编纂委员会,1996
		独山县	1996年《独山县志》	金钱豹	贵州省独山县志编纂委员会,1996
		桐梓县	1997年《桐梓县志》	豹(属国家一级保护动物,极少)	桐梓县地方志编纂委员会,1997
		金沙县	1997年《金沙县志》	豹*	贵州省金沙县地方志编纂委员会,1997
		织金县	1997年《织金县志》	金钱豹	贵州省织金县地方志编纂委员会,1997
		施秉县	1997年《施秉县志》	金钱豹*	贵州省施秉县地方志编纂委员会,1997
		荔波县	1997年《荔波县志》	豹	贵州省荔波县地方志编纂委员会,1997
		长顺县	1998年《长顺县志》	豹	贵州省长顺县志编纂委员会,1998
		正安县	1999年《正安县志》	金钱豹	正安县地方志编纂委员会,1999
		普定县	1999年《普定县志》	豹	贵州省普定县地方志编纂委员会,1999
		纳雍县	1999年《纳雍县志》	豹(60年代常见,现已绝迹)	贵州省纳雍县地方志编纂委员会,1999
		榕江县	1999年《榕江县志》	金钱豹	贵州省榕江县地方志编纂委员会,1999
	云南	昆明市	清光绪二十七年(1901)《昆明县志》	豹	
		华宁县	清光绪二十九年(1903)《黎县旧志》	豹	
		昌宁县、澜沧拉祜族自治县、西盟佤族自治县志、孟连傣族拉祜族佤族自治县、临翔区、凤庆县、云县、双江拉祜族佤族布朗族傣族自治县、沧源佤族自治县、耿马傣族佤族自治县	清光绪三十年(1904)《顺宁府志》	豹	
		楚雄市	清宣统二年(1910)《楚雄县志》	豹	
		马龙县	民国五年(1916)《马龙县志》	豹	

（续表）

地区	省级政区	今地点	文献	内容	新方志出处
		大理市	民国五年(1916)《大理县志稿》	豹	
		石林彝族自治县	民国六年(1917)《路南县志稿》	豹(多产放竹山一带)	
		龙陵县	民国六年(1917)《龙陵县志》	豹	
		巍山彝族回族自治县	民国八年(1919)《蒙化志稿》	豹*	
		宜良县	民国十年(1921)《宜良县志》	豹*	
		景东彝族自治县	民国十一年(1922)《景东县志稿》	豹	
		元江哈尼族彝族傣族自治县	民国十一年(1922)《元江志稿》	豹	
		盈江县	民国十一年(1922)《盏达地志资料》	豹	
		昭阳区	民国十三年(1924)《昭通县志》	豹(似虎而小，毛有黑圆点。俗称金钱豹。行最速，捕食牛羊等)	
		金平苗族瑶族自治县	民国十三年(1924)《金河行政委员区域地志资料册》	豹	
		禄劝彝族苗族自治县	民国十四年(1925)《禄劝县志》	豹	
		马关县	民国二十一年(1932)《马关县志》	豹	
		禄丰县	民国二十一年(1932)《禄丰县志条目》	豹	
		泸水县	民国二十一年(1932)《泸水志》	豹	
		金平苗族瑶族自治县	民国二十一年(1932)《云南省金河设治区通志资料》	豹	
		新平彝族傣族自治县	民国二十二年(1933)《新平县志》	豹	
		宣威市	民国二十三年(1934)《宣威县志稿》	豹*	
		昭阳区	民国二十五年(1936)《昭通县志稿》	豹(如虎而小，毛有黑圆点。俗称金钱豹。行最速，捕食牛羊等)	
		勐腊县	民国二十七年(1938)《镇越县志》	豹	

（续表）

地区	省级政区	今地点	文献	内容	新方志出处
		腾冲县、瑞丽市、梁河县、盈江县、陇川县	民国二十七年（1938）《腾龙边区开发方案》	豹	
		巧家县	民国三十一年（1942）《巧家县志》	豹	
		姚安县	民国三十七（1948）《姚安县志》	豹	
		弥勒县	1987年《弥勒县志》	豹子（少量）	云南省弥勒县志编纂委员会，1987
		景洪市、勐海县、勐腊县	1989年《西双版纳傣族自治州林业志》	金钱豹	西双版纳傣族自治州林业局，1989
		昌宁县	1990年《昌宁县志》	金钱豹、豹*	云南省昌宁县志编纂委员会，1990
		鹤庆县	1991年《鹤庆县志》	豹子	云南省鹤庆县志编纂委员会，1991
		红河县	1991年《红河县志》	金钱豹（常栖丘陵树丛，主食中、小型草食兽，境内时有发现）	云南省红河县志编纂委员会，1991
		通海县	1992年《中国国情丛书：百县市经济社会调查：通海卷》	豹（很少见）	丁伟志等，1992b
		镇康县	1992年《镇康县志》	金钱豹	云南省镇康县志编纂委员会，1992
		云龙县	1992年《云龙县志》	豹	云南省云龙县志编纂委员会，1992
		绿春县	1992年《绿春县志》	金钱豹	云南省绿春县志编纂委员会，1992
		新平彝族傣族自治县	1993年《新平县志》	金钱豹	新平彝族傣族自治县志编纂委员会，1993
		元江哈尼族彝族傣族自治县	1993年《元江哈尼族彝族傣族自治县志》	豹	云南省元江哈尼族彝族傣族自治县志编纂委员会，1993
		宁蒗彝族自治县	1993年《宁蒗彝族自治县志》	豹子	云南省宁蒗彝族自治县志编纂委员会，1993
		思茅区	1993年《思茅县志》	金钱豹	思茅县志编纂委员会，1993
		宁洱哈尼族彝族自治县	1993年《普洱哈尼族彝族自治县志》	豹	普洱哈尼族彝族自治县地方志编纂委员会，1993
		临翔区	1993年《临沧县志》	豹	临沧县志编纂委员会，1993
		潞西市	1993年《潞西县志》	金钱豹	云南省潞西县志编纂委员会，1993
		巍山彝族回族自治县	1993年《巍山彝族回族自治县志》	豹	云南省巍山彝族回族自治县志编纂委员会，1993
		楚雄市、双柏县、牟定县、南华县、姚安县、大姚县、永仁县、元谋县、武定县、禄丰县	1993年《楚雄彝族自治州志》	豹*	楚雄彝族自治州地方志编纂委员会，1993

（续表）

地区	省级政区	今地点	文献	内容	新方志出处
		华宁县	1994年《华宁县志》	豹	华宁县志编纂委员会，1994
		盐津县	1994年《盐津县志》	豹	云南省盐津县志编纂委员会，1994
		绥江县	1994年《绥江县志》	豹	绥江县志编纂委员会，1994
		云县	1994年《云县志》	金钱豹	云县地方志编纂委员会，1994
		潞西市、瑞丽市、梁河县、盈江县、陇川县	1994年《德宏州志：综合卷》	金钱豹	德宏傣族景颇族自治州志编纂委员会，1994
		永平县	1994年《永平县志》	金钱豹	云南省永平县志编纂委员会，1994
		个旧市、开远市、蒙自县、绿春县、建水县、石屏县、弥勒县、泸西县、元阳县、红河县、金平苗族瑶族自治县、河口瑶族自治县、屏边县	1994年《红河州志》	豹	红河哈尼族彝族自治州志编纂委员会，1994
		建水县	1994年《建水县志》	金钱豹	建水县志编纂委员会，1994
		勐腊县	1994年《勐腊县志》	豹	云南省勐腊县志编纂委员会，1994
		属昆明市	1995年《东川市志》	豹（基本灭绝）	云南省东川市地方志编纂委员会，1995
		嵩明县	1995年《嵩明县志》	豹	云南省嵩明县志编纂委员会，1995
		禄劝彝族苗族自治县	1995年《禄劝县志》	豹子	禄劝彝族苗族自治县地方志编纂委员会，1995
		罗平县	1995年《罗平县志》	豹（已绝迹）	罗平县志编纂委员会，1995
		耿马傣族佤族自治县	1995年《耿马傣族佤族自治县志》	金钱豹	耿马傣族佤族自治县志编纂委员会，1995
		彝良县	1995年《彝良县志》	金钱豹	云南省彝良县志编纂委员会，1995
		镇沅彝族哈尼族拉祜族自治县	1995年《镇沅彝族哈尼族拉祜族自治县志》	豹	云南省镇沅彝族哈尼族拉祜族自治县志编纂委员会，1995
		双江拉祜族佤族布朗族傣族自治县	1995年《双江拉祜族佤族布朗族傣族自治县志》	金钱豹	双江拉祜族佤族布朗族傣族自治县地方志编纂委员会，1995
		南华县	1995年《南华县志》	豹	云南省南华县志编纂委员会，1995
		永仁县	1995年《永仁县志》	金钱豹	云南省永仁县志编纂委员会，1995
		蒙自县	1995年《蒙自县志》	豹	蒙自县志编纂委员会，1995
		石林彝族自治县	1996年《路南彝族自治县志》	豹子	昆明市路南彝族自治县志编纂委员会，1996
		水富县	1996年《水富县志》	金钱豹	水富县志编纂委员会，1996

（续表）

地区	省级政区	今地点	文献	内容	新方志出处
		澜沧拉祜族自治县	1996年《澜沧拉祜族自治县志》	豹	云南省澜沧拉祜族自治县志编纂委员会，1996
		瑞丽市	1996年《瑞丽市志》	金钱豹	云南省瑞丽市志编纂委员会，1996
		祥云县	1996年《祥云县志》	豹、金钱豹	祥云县志编纂委员会，1996
		洱源县	1996年《洱源县志》	金钱豹	云南省洱源县志编纂委员会，1996
		双柏县	1996年《双柏县志》	金钱豹*	云南省双柏县地方志编纂委员会，1996
		开远市	1996年《开远市志》	豹	云南省开远市志编纂委员会，1996
		马关县	1996年《马关县志》	豹	云南省马关县地方志编纂委员会，1996
		麒麟区、沾益县	1997年《曲靖市志》	豹（濒于灭绝）	云南省曲靖市地方志编纂委员会，1997
		昭阳市、鲁甸县、巧家县、盐津县、大关县、永善县、绥江县、镇雄县、彝良县、威信县、水富县	1997年《昭通地区志》	金钱豹	昭通地区地方志编纂委员会，1997
		巧家县	1997年《巧家县志》	豹	云南省巧家县志编纂委员会，1997
		施甸县	1997年《施甸县志》	豹（含铜钱花豹）	云南省施甸县志编纂委员会，1997
		华坪县	1997年《华坪县志》	豹	云南省华坪县地方志编纂委员会，1997
		西盟佤族自治县	1997年《西盟佤族自治县志》	豹	西盟佤族自治县志编纂委员会，1997
		盈江县	1997年《盈江县志》	金钱豹	云南省盈江县志编纂委员会，1997
		德钦县	1997年《德钦县志》	金钱豹	德钦县志编纂委员会，1997
		禄丰县	1997年《禄丰县志》	金钱豹*	云南省禄丰县地方志编纂委员会，1997
		富宁县	1997年《富宁县志》	豹子	云南省富宁县地方志编纂委员会，1997
		勐海县	1997年《勐海县志》	豹	云南省勐海县地方志编纂委员会，1997
		古城区、永胜县、华坪县、玉龙纳西族自治县、宁蒗彝族自治县	1998年《丽江地区林业志》	金钱豹	丽江地区行政公署林业局，1998
		大关县	1998年《大关县志》	金钱豹	云南省大关县地方志编纂委员会，1998
		个旧市	1998年《个旧市志》	豹	个旧市志编纂委员会，1998

（续表）

地区	省级政区	今地点	文献	内容	新方志出处
		富民县	1999年《富民县志》	豹（至1969年后，已大部分灭绝）	云南省富民县地方志编纂委员会，1999
		寻甸回族彝族自治县	1999年《寻甸回族彝族自治县志》	豹	云南省寻甸回族彝族自治县志编纂委员会，1999
		隆阳区、施甸县、腾冲县、龙陵县、昌宁县	1999年《保山地区志》	金钱豹	保山地区地方志编纂委员会，1999
		威信县	1999年《威信县志》	金钱豹	云南省威信县志编纂委员会，1999
		孟连傣族拉祜族自治县	1999年《孟连傣族拉祜族自治县志》	豹	孟连傣族拉祜族佤族自治县志编纂委员会，1999
		屏边苗族自治县	1999年《屏边苗族自治县志》	豹	屏边苗族自治县县志编纂委员会，1999
		文山县	1999年《文山县志》	豹	云南省文山县志编纂委员会，1999
		丘北县	1999年《丘北县志》	豹	云南省丘北县地方志编纂委员会，1999
	西藏	城关区、当雄县、堆龙德庆县	清宣统三年(1911)《西藏志》	产于拉萨至杨八景一带地方(霍甘人游牧之地)者：金钱豹	
		工布江达县	民国初年(约20世纪20年代)《太昭县志》	豹	
		嘉黎县	民国初年(约20世纪20年代)《嘉黎县志》	豹、豹骨	
		昌都县	民国初年(约20世纪20年代)《昌都县志》	豹	
		贡觉县	民国初年(约20世纪20年代)《贡县志》	豹	
		属贡觉县	民国初年(约20世纪20年代)《武成县志》	豹	
		属察隅县	民国初年(约20世纪20年代)《科麦县志》	豹	
		属芒康县	民国初年(约20世纪20年代)《盐井县志》	豹	
		波密县	民国初年(约20世纪20年代)《波密县志》	豹	
		属丁青县	民国初年(约20世纪20年代)《冬九县志》	与波密县同	
		类乌齐县	民国初年(约20世纪20年代)《恩达县志》	豹	

（续表）

地区	省级政区	今地点	文献	内容	新方志出处
		属洛隆县	民国初年（约20世纪20年代）《硕督县志》	豹、豹骨	
		芒康县	民国初年（约20世纪20年代）《宁静县志》	鸟兽与巴安各县相同****，豹骨	
		贡觉县等地	民国十四年（1925）《西藏志》	豹（三岩……均产）	
西北	陕西	华县	清光绪二十六年（1900）《华州乡土志》	豹	
		旬阳县	清光绪三十年（1904）《洵阳县志》	豹	
		镇安县	清光绪三十四年（1908）《镇安县乡土志》	豹（山民间有猎得，无巨大者）	
		岚皋县	清光绪三十四年（1908）《砖坪县志》	豹	
		商南县	民国八年（1919）《商南县志》	豹	
		南郑县	民国十年（1921）《南郑县志》	豹	
		周至县	民国十四年（1925）《盩厔县志》	豹	
		澄城县	民国十五年（1926）《澄城县附志》	豹	
		佛坪县	民国十八年（1929）《佛坪县志》	豹	
		户县	民国二十二年（1933）《鄠县志》	豹	
		礼泉县	民国二十四年（1935）《醴泉县志》	豹*	
		岐山县	民国二十四年（1935）《岐山县志》	豹	
		山阳县	民国二十五年（1936）《山阳县志点释》	豹	山阳县地方志办公室，1985
		洛川县	民国三十三年（1944）《洛川县志》	豹（多见于沿黄龙山边一带。毛绒甚厚）	
		宜川县	民国三十三年（1944）《宜川县志》	豹（西南山均有。民国卅三年七郎山亦发现）	
		凤县	民国（1912～1949）《凤县志民国时期资料汇编》	豹	陕西省凤县地方志编纂委员会，1986
		勉县	1989年《勉县志》	金钱豹	勉县志编纂委员会，1989
		山阳县	1991年《山阳县志》	豹（金钱豹）*	山阳县地方志编纂委员会，1991
		凤翔县	1991年《凤翔县志》	金钱豹（猛兽。分布于北部深山地带，现数量少，严禁狩猎）	陕西省凤翔县地方志编纂委员会，1991

（续表）

地区	省级政区	今地点	文献	内容	新方志出处
		石泉县	1991 年《石泉县志》	豹（有金钱豹、铜钱豹）	石泉县地方志编纂委员会，1991
		潼关县	1992 年《潼关县志》	豹（民国二十三年，豹出山，李家村群众猎得 1 只。今栖深山罕见）	潼关县志编纂委员会，1992
		略阳县	1992 年《略阳县志》	金钱豹	略阳县志编纂委员会，1992
		宁陕县	1992 年《宁陕县志》	豹	宁陕县地方志编纂委员会，1992
		周至县	1993 年《周至县志》	金钱豹	《周至县志》编纂委员会，1993
		甘泉县	1993 年《甘泉县志》	金钱豹	甘泉县地方志编纂委员会，1993
		扶风县	1993 年《扶风县志》	豹（分布山区。古时多，今极少）	风县地方志编纂委员会，1993
		陇县	1993 年《陇县志》	豹（金钱豹）	陇县地方志编纂委员会，1993
		麟游县	1993 年《麟游县志》	豹*	麟游县地方志编纂委员会，1993
		蓝田县	1994 年《蓝田县志》	豹（又称金钱豹。分布于东南部山区）	蓝田县地方志编纂委员会，1994
		宝塔区	1994 年《延安市志》	豹	延安市志编纂委员会，1994
		富县	1994 年《富县志》	豹*	富县地方志编纂委员会，1994
		大荔县	1994 年《大荔县志》	豹（外地游窜野兽，曾在大荔、朝邑本境出没）	大荔县志编纂委员会，1994
		凤县	1994 年《凤县志》	豹	凤县志编纂委员会，1994
		汉台区	1994 年《汉中市志》	豹（猫科，在本市秦岭南坡山区有分布）	汉中市地方志编纂委员会，1994
		城固县	1994 年《城固县志》	金钱豹（*Panthera pardus*）	城固县地方志编纂委员会，1994
		丹凤县	1994 年《丹凤县志》	豹	丹凤县志编纂委员会，1994
		黄陵县	1995 年《黄陵县志》	豹	黄陵县志编纂委员会，1995
		华阴县	1995 年《华阴县志》	豹、金钱豹	华阴市地方志编纂委员会，1995
		平利县	1995 年《平利县志》	金钱豹	平利县志编纂委员会，1995
		太白县	1995 年《太白县志》	豹*	太白县地方志编纂委员会，1995
		镇安县	1995 年《镇安县志》	豹*	镇安县志编纂委员会，1995
		西安市、蓝田县、周至县、户县、高陵县	1996 年《西安市志》	金钱豹	西安市地方志编纂委员会，1996
		志丹县	1996 年《志丹县志》	豹	志丹县志编纂委员会，1996
		临渭区、华阴市、韩城市、华县、潼关县、大荔县、蒲城县、澄城县、白水县、合阳县、富平县	1996 年《渭南地区志》	豹（金钱豹。哺乳纲，猫科。在秦岭山地偶有出现）	渭南地区地方志编纂委员会，1996
		合阳县	1996 年《合阳县志》	金钱豹	合阳县志编纂委员会，1996

（续表）

地区	省级政区	今地点	文献	内容	新方志出处
		宝鸡市	1996年《宝鸡县志》	豹*	《宝鸡县志》编纂委员会，1996
		洋县	1996年《洋县志》	金钱豹*	洋县地方志编纂委员会，1996
		镇巴县	1996年《镇巴县志》	金钱豹（豹）	镇巴县地方志编纂委员会，1996
		榆阳区	1996年《榆林市志》	豹	榆林市地方志编纂委员会，1996
		属铜川市	1997年《耀县志》	金钱豹	耀县志编纂委员会，1997
		宝鸡市、凤翔县、岐山县、扶风县、眉县、陇县、千阳县、麟游县、凤县、太白县	1998年《宝鸡市志》	豹	宝鸡市地方志编纂委员会，1998
		商州区	1998年《商州市志》	豹子（金钱豹）	商州市地方志编纂委员会，1998
		柞水县	1998年《柞水县志》	豹*	柞水县志编纂委员会，1998
	甘肃	临潭县、卓尼县	清光绪三十三年（1907）《洮州厅志》	豹皮	
		崇信县	民国十五年（1926）《崇信县志》	豹（性凶恶。尾长，多有斑纹，南乡多有之。皮可为褥）	
		和政县	民国十九年（1930）《和政县志》	金钱豹	
		华亭县	民国二十二年（1933）《华亭县志》	豹*	
		夏河县	民国二十四年（1935）《夏河县志》	豹	
		张家川回族自治县、崆峒区等地	民国二十四年（1935）《隆德县志》	豹（每只二十元至二十五元。平凉、张家川）	
		灵台县	民国二十四年（1935）《灵台县志》	豹（南山有产，甚多）	
		康县	民国二十五年（1936）《康县县志》	豹*	
		华池县	1984年《华池县志》	金钱豹（为本县珍贵动物之一，分布在子午岭林区，数量很少）	华池县志编写领导小组，1984
		宁县	1988年《宁县志》	豹	《宁县志》编纂委员会，1988
		通渭县	1990年《通渭县志》	豹（60年代初，南部山区偶有出没，并有猎获者。现已绝）	《通渭县志》编纂委员会，1990
		永昌县	1993年《永昌县志》	豹（豹子、金钱豹。大黄山、西大河曾见）	永昌县志编纂委员会，1993
		西峰区、庆城县	1993年《庆阳县志》	豹	庆阳县志编纂委员会，1993
		静宁县	1993年《静宁县志》	豹	静宁县县志编纂委员会，1993

（续表）

地区	省级政区	今地点	文献	内容	新方志出处
		敦煌市	1994年《敦煌市志》	豹（今不见）	敦煌市志编纂委员会，1994
		临夏县	1995年《临夏县志》	金钱豹	临夏县志编纂委员会，1995
		岷县	1995年《岷县志》	豹	岷县志编纂委员会，1995
		景泰县	1996年《景泰县志》	豹*	景泰县志编纂委员会，1996
		华亭县	1996年《华亭县志》	金钱豹（国家一级保护动物。见于关山林区，为数极少）	华亭县志编纂委员会，1996
		榆中县	1998年《兰州市志·地理志》	豹*	兰州市地方志编纂委员会等，1998a
		榆中县	1998年《兰州市志·林业志》	金钱豹（马啣山［马衔山］一带）	兰州市地方志编纂委员会等，1998b
		属天水市	1998年《中国国情丛书：百县市经济社会调查：秦城卷》	豹	丁伟志等，1998b
		西峰区、庆城县、环县、华池县、合水县、正宁县、宁县、镇原县	1998年《庆阳地区志》	金钱豹*	甘肃省庆阳地区志编纂委员会，1998
		迭部县	1998年《迭部县志》	金钱豹（一名豹子、斑豹）	迭部县志编纂委员会，1998
	青海	循化撒拉族自治县、贵德县、贵南县、同仁县、尖扎县等地	明万历三十三年（1605）《临洮府志》	豹	
		玉树县	民国四年(1915)《玉树县志稿》	豹	
		贵德县	1995年《贵德县志》	豹	贵德县地方志编纂委员会，1995
		河南蒙古族自治县	1996年《河南县志》	金钱豹	河南蒙古族自治县方志编纂委员会，1996
		同德县	1999年《同德县志》	金钱豹	同德县地方志编纂委员会，1999
	宁夏	原州区	清宣统元年（1909）《固原州志》	豹	
		同心县	民国十四年（1925）《豫旺县志》	豹	
		银川市、灵武市、永宁县、贺兰县、石嘴山市、平罗县、利通区、青铜峡县、沙坡头区	民国十五年（1926）《朔方道志》	豹（似虎而圜文。分金钱……两种）	
		隆德县等地	民国二十四年（1935）《隆德县志》	豹**	
		原州区	1993年《固原县志》	金钱豹	固原县志编纂委员会，1993
		中宁县	1994年《固原县志》	金钱豹	中宁县志编纂委员会，1994

（续表）

地区	省级政区	今地点	文献	内容	新方志出处
		西吉县	1995年《西吉县志》	豹(金钱豹,70年代在东北森林见过几只,后未见)	西吉县志编纂委员会,1995
		泾源县	1995年《泾源县志》	金钱豹	泾源县志编纂委员会,1995
		沙坡头区	1995年《中卫县志》	金钱豹	中卫县县志编纂委员会,1995
		彭阳县	1996年《彭阳县志》	豹	彭阳县志编纂委员会,1996
		隆德县	1998年《隆德县志》	金钱豹	隆德县志编纂委员会,1998
		盐池县	2002年《盐池县志:1981～2000》	50年代,豹子绝迹	盐池县志编纂委员会,2002

注:*表示详见正文。**表示同前文。***表示本省级政区已有类似记录。****表示"亦即也有豹"①实际上仍有,详见下文。②原文如此;但其周边皆称金钱豹,故应是金钱豹。

保护区中现分布有金钱豹(表16.13、图16.76),可以表明它们依然存在。其特点有:

● 现分布有金钱豹的自然保护区在6个地区皆有,达到285个,总面积达27.3万km^2。

● 拥有保护区数量情况按地区排序:西南(74个),中南(66个),华东(52个),华北(50个),西北(32个),东北(11个);与金钱豹分布的状况相当。

● 拥有保护区数量情况(等于或超过10个)按省级政区排序:四川省(31个),山西省(28个),陕西省(22个),云南省(19个),福建省与河南省(皆17个),广东省(15个),湖北省(14个),湖南省与贵州省(皆12个),江西省(11个),河北省与浙江省(皆10个)。

● 一省级政区内有多个金钱豹保护区的县有:北京市的延庆县(4个),内蒙古自治区的围场满族蒙古族自治县、河南省的栾川县与四川省的九寨沟县(皆3个)。

● 省级政区内同日建立的含有金钱豹的保护区超过5个的有:山西省(2002年6月20日;18个),河南省(1982年6月24日;8个),陕西省(2004年1月1日;6个)。

● 保护区的建立时间虽在1963～2007年间,但主要还是1980年代以来建立的。

● 保护区的等级情况:4级皆有,但省级(占50%)与国家级(占42%)占绝对优势。

● 主管部门林业占绝对优势(高达94%),其余则是环保较高(约占4%)。

● 面积最大的保护区是西青海省三江源国家级自然保护区,达152 300 km^2;面积最小的保护区是云南省大堵水库县级自然保护区,仅1.58 km^2。

表16.13 **栖息有金钱豹的自然保护区概况**

地区	省级政区	保护区名称	所处地点	面积	级别	建立时间	主管部门
华北	北京	百花山	门头沟区	21 743	国家级	19850401	林业
		北京松山	延庆县	4 660	国家级	19860709	林业
		拒马河	房山区	1 125	省级	19961101	农业
		太安山	延庆县	3 470	县级	19991201	林业
		大滩	延庆县	12 130	县级	19991201	林业
		玉渡山	延庆县	9 820	县级	19991201	林业
		密云雾灵山	密云县	4 152	省级	20001201	林业

（续表）

地区	省级政区	保护区名称	所处地点	面积	级别	建立时间	主管部门
	天津	八仙山	蓟县	1 049	国家级	19841201	林业
		盘山	蓟县	710	省级	19841201	住建
	河北	小五台山	蔚县、涿鹿县	21 833	国家级	19831101	林业
		围场红松洼	围场满族蒙古族自治县	7 970	国家级	19940815	农业
		大海陀	赤城县	11 225	国家级	19990701	环保
		漫山	灵寿县	12 028	省级	20010301	林业
		驼梁	平山县	21 312	国家级	20010331	林业
		塞罕坝	围场满族蒙古族自治县	20 030	国家级	20010801	林业
		茅荆坝	隆化县	40 038	国家级	20020529	林业
		滦河上游	围场满族蒙古族自治县	50 637	国家级	20020626	林业
		辽河源	平泉县	45 225	省级	20030701	林业
		白草洼	滦平县	17 680	省级	20071127	林业
	山西	庞泉沟	交城县、方山县	10 466	国家级	19801201	林业
		芦芽山	宁武县、岢岚县、五寨县	21 453	国家级	19801218	林业
		历山	垣曲县、沁水县、翼城县、阳城县	24 800	国家级	19831226	林业
		阳城莽河猕猴	阳城县	5 600	国家级	19831226	林业
		灵空山	沁源县	1 334	省级	19930120	林业
		绵山	介休市	17 827	省级	19930120	林业
		五鹿山	蒲县、隰县	20 617	国家级	19930120	林业
		凌井沟	阳曲县	24 920	省级	20020620	林业
		汾河上游	娄烦县	27 000	省级	20020620	林业
		云顶山	娄烦县	23 029	省级	20020620	林业
		药林寺冠山	平定县	11 017	省级	20020620	林业
		中央山	黎城县	32 671	省级	20020620	林业
		八缚岭	榆次区	15 267	省级	20020620	林业
		孟信垴	左权县	39 047	省级	20020620	林业
		铁桥山	和顺县	35 352	省级	20020620	林业
		四县垴	祁县	16 000	省级	20020620	林业
		太宽河	夏县	23 947	省级	20020620	林业
		霍山	霍州市、古县、洪洞县	17 852	省级	20020620	林业
		团圆山	石楼县	16 477	省级	20020620	林业
		灵丘黑鹳	灵丘县	134 667	省级	20020620	林业
		陵川南方红豆杉	陵川县	21 440	省级	20020620	林业
		泽州猕猴	泽州县	93 775	省级	20020620	林业
		涑水河源头	绛县、闻喜县、翼城县、垣曲县	23 144	省级	20020620	林业
		人祖山	吉县	15 940	省级	20020620	林业

（续表）

地区	省级政区	保护区名称	所处地点	面积	级别	建立时间	主管部门
		黑茶山	兴县	25 741	国家级	20020620	林业
		贺家山	保德县	18 642	省级	20051206	林业
		管头山	吉县	10 140	省级	20051206	林业
		壶流河湿地	广灵县	12 918	省级	20071228	林业
	内蒙古	内蒙古贺兰山	阿拉善左旗	67 711	国家级	19920513	林业
		黑里河	宁城县	27 638	国家级	19961229	林业
		乌拉山	乌拉特前旗	83 160	省级	20030301	林业
东北	吉林	吉林长白山	安图县、抚松县、长白朝鲜族自治县	196 465	国家级	19600401	林业
		黄泥河	敦化市	23 476	国家级	20000401	林业
		珲春东北虎	珲春市	108 700	国家级	20011022	林业
		汪清	汪清县	42 756	省级	20021201	林业
	黑龙江	镜泊湖	宁安市	126 000	省级	19801101	其他
		黑龙江凤凰山	鸡东县	26 570	国家级	19890403	林业
		七星砬子东北虎	桦南县、集贤县、双鸭山市	23 000	省级	19900101	林业
		八岔岛	同江市	32 014	国家级	19991001	环保
		大佳河	饶河县	72 604	省级	20040901	林业
		小北湖	宁安市	20 834	省级	20061226	林业
		老爷岭东北虎	牡丹江市	71 278	省级	20111223	林业
华东	浙江	乌岩岭	泰顺县	18 862	国家级	19740401	林业
		凤阳山—百山祖	龙泉市、庆元县	26 052	国家级	19750101	林业
		古田山	开化县	8 108	国家级	19750301	林业
		浙江九龙山	遂昌县	5 525	国家级	19830903	林业
		临安清凉峰	临安市	10 800	国家级	19850801	林业
		龙王山	安吉县	1 242	省级	19850807	林业
		浙江天目山	临安市	4 284	国家级	19860709	林业
		大盘山	磐安县	4 558	国家级	19930420	环保
		牛头山	武义县	3 000	县级	19951226	林业
		望东洋高山湿地	景宁畲族自治县	1 195	省级	20020204	林业
	安徽	安徽清凉峰	绩溪县、歙县	7 811	国家级	19790101	林业
		金寨天马	金寨县	28 914	国家级	19820601	林业
		牯牛降	祁门县、石台县	6 713	国家级	19821028	林业
		舒城万佛山	舒城县	2 000	省级	19870801	林业
		鹞落坪	岳西县	12 300	国家级	19911229	环保
		板桥	宁国市	5 000	省级	19950501	林业
		板仓	潜山县、岳西县、舒城县	1 523	省级	19951202	林业
		岭南	休宁县	2 771	省级	19951202	林业

（续表）

地区	省级政区	保护区名称	所处地点	面积	级别	建立时间	主管部门
		紫石塔	东至县	6 670	县级	19980801	林业
		天湖	黄山市	4 500	省级	20000318	林业
		五溪山	黟县	4 050	省级	20000318	林业
		老山	贵池区	16 909	省级	20010406	林业
		九龙峰	黄山市	2 720	省级	20010406	林业
		查湾	祁门县	1 600	省级	20010601	林业
	福建	福建武夷山	武夷山市、建阳市、光泽县、邵武市	56 527	国家级	19790703	林业
	福建	屏南鸳鸯猕猴	屏南县、周宁县、政和县	1 457	省级	19840807	林业
	福建	龙栖山	将乐县	15 693	国家级	19840911	林业
	福建	梅花山	上杭县、连城县、新罗区	22 168	国家级	19850402	林业
	福建	将石	邵武市	1 222	省级	19860327	林业
	福建	茫荡山	延平区	9 442	省级	19880205	林业
	福建	天宝岩	永安市	11 015	国家级	19881226	林业
	福建	梁野山	武平县	14 365	国家级	19950101	林业
	福建	峨眉峰	泰宁县	5 418	省级	19951101	林业
	福建	君子峰	明溪县、泰宁县	18 061	国家级	19951220	林业
	福建	九阜山	尤溪县	2 308	省级	19960101	林业
	福建	牙梳山	宁化县	5 250	省级	19960501	林业
	福建	大仙峰	大田县	6 886	省级	20010301	林业
	福建	圭龙山	长汀县	5 768	省级	20010609	林业
	福建	闽江源	建宁县	13 022	国家级	20011008	林业
	福建	老鹰尖	莆田市	2 828	省级	20020226	林业
	福建	清流莲花山	清流县	1 722	省级	20051230	林业
	江西	井冈山	井冈山市	21 499	国家级	19810301	林业
	江西	庐山	九江市	30 452	省级	19810306	林业
	江西	官山	宜丰县、铜鼓县	11 501	国家级	19810306	林业
	江西	江西武夷山	铅山县	16 007	国家级	19810306	林业
	江西	桃红岭梅花鹿	彭泽县	12 500	国家级	19810816	林业
	江西	水浆	永丰县	2 000	省级	19820101	林业
	江西	阳际峰	贵溪市	10 946	省级	19961101	林业
	江西	江西九岭山	靖安县	11 541	国家级	19970106	林业
	江西	齐云山	崇义县	17 105	省级	19970920	林业
	江西	青龙尖云豹	浮梁县	3 854	县级	20010101	林业
	江西	八字脑金钱豹	浮梁县	5 784	县级	20010412	林业

（续表）

地区	省级政区	保护区名称	所处地点	面积	级别	建立时间	主管部门
中南	河南	宝天曼	内乡县	5 413	国家级	19800430	林业
		伏牛山	西峡县、内乡县、南召县、栾川县、嵩县、鲁山县	56 024	国家级	19820624	林业
		小秦岭	灵宝市	15 160	国家级	19820624	林业
		太白顶	桐柏县	4 924	省级	19820624	林业
		董寨	罗山县	46 800	国家级	19820624	林业
		连康山	新县	10 580	国家级	19820624	林业
		金刚台	商城县	2 972	省级	19820624	林业
		太行山猕猴	济源市、沁阳市、修武县、辉县市	56 600	国家级	19820624	林业
		鸡公山	信阳市	2 917	国家级	19820624	林业
		青要山	新安县	4 000	省级	19881120	林业
		栾川大鲵	栾川县	800	县级	19950810	农业
		湍河湿地	内乡县	4 547	省级	20010810	林业
		丹江湿地	淅川县	64 027	国家级	20010810	林业
		信阳天目山	信阳市	6 750	省级	20011205	林业
		鲇鱼山	商城县	5 805	省级	20011205	林业
		万宝山	林州市	8 667	省级	20040226	林业
		熊耳山	嵩县、洛宁县、宜阳县、栾川县	32 525	省级	20041119	林业
	湖北	九宫山	通山县	16 609	国家级	19810201	林业
		星斗山	利川市、咸丰县、恩施市	68 339	国家级	19811218	林业
		木林子	鹤峰县	20 838	省级	19830101	林业
		五峰后河	五峰土家族自治县	10 340	国家级	19850101	林业
		神农架	神农架林区	70 467	国家级	19860709	林业
		赛武当	十堰市	21 203	国家级	19870101	林业
		十八里长峡	竹溪县	30 459	省级	19881001	林业
		五道峡	保康县	23 816	省级	19900101	林业
		三峡万朝山	兴山县	20 986	省级	20001201	林业
		大老岭	宜昌市	14 225	省级	20010101	林业
		神农溪	巴东县	10 150	省级	20020101	林业
		丹江口库区	丹江口市	45 103	省级	20030318	林业
		南河	谷城县	14 834	省级	20030928	林业
		野人谷	房县	36 892	省级	20040806	林业

（续表）

地区	省级政区	保护区名称	所处地点	面积	级别	建立时间	主管部门
	湖南	莽山	宜章县	19 833	国家级	19820101	林业
		小溪	永顺县	24 800	国家级	19820101	林业
		莽山	宜章县	19 833	国家级	19820101	林业
		湖南舜皇山	新宁县	21 720	国家级	19820401	林业
		壶瓶山	石门县	40 847	国家级	19820405	林业
		九嶷山	宁远县	3 648	省级	19820427	林业
		江永源口	江永县	5 527	省级	19820527	林业
		阳明山	双牌县	12 795	国家级	19840101	林业
		八大公山	桑植县	20 000	国家级	19860709	林业
		花岩溪	常德市	4 032	省级	19971027	林业
		衡东四方山	衡东县	380	省级	19980101	林业
		乌云界	桃源县	33 818	国家级	19980501	环保
	广东	南岭	乳源瑶族自治县、阳山县、连州市	50 000	国家级	19840401	林业
		古田	惠东县	2 189	省级	19840404	林业
		南昆山	龙门县	6 666	省级	19840404	林业
		丰溪	大埔县	10 590	省级	19840404	林业
		龙文—黄田	平远县	7 961	省级	19850301	林业
		罗浮山	博罗县	9 828	省级	19851101	林业
		粤北华南虎	韶关市	16 361	省级	19900101	林业
		云髻山	新丰县	2 700	省级	19900101	林业
		白溪	紫金县	5 756	省级	19950301	林业
		石门台	英德市	33 555	省级	19980528	林业
		枫树坝	龙川县	15 671	省级	19981201	林业
		仁化高坪	仁化县	3 585	省级	19990301	林业
		莲花山白盆珠	惠东县	4 127	省级	19991201	林业
		连南板洞	连南瑶族自治县	10 196	省级	20000901	林业
		林洲顶	信宜市	6 065	省级	20050201	林业
	广西	花坪	龙胜各族自治县、临桂县	17 400	国家级	19611018	林业
		猫儿山	兴安县、资源县、龙胜各族自治县	17 009	国家级	19760501	林业
		滑水冲	八步区	9 929	省级	19820601	林业
		十万大山	上思县、钦州市、防城港市	58 277	国家级	19820601	林业
		九万山	罗城仫佬族自治县、环江毛南族自治县、融水苗族自治县	25 213	国家级	19820601	林业
		春秀	龙州县	7 870	县级	19820601	林业
		木论	罗城仫佬族自治县、环江毛南族自治县	8 969	国家级	19960101	林业
		七冲	昭平县	13 024	省级	20031101	林业

（续表）

地区	省级政区	保护区名称	所处地点	面积	级别	建立时间	主管部门
西南	重庆	大巴山	城口县	136 017	国家级	19790501	林业
		金佛山	南川区	41 850	国家级	19790701	林业
		武隆白马山	武隆县	7 200	省级	19981001	林业
		小南海	黔江区	15 000	省级	19990301	环保
		雪宝山	开县	23 452	国家级	20000401	林业
		阴条岭	巫溪县	22 423	省级	20000801	林业
		五里坡	巫山县	35 277	省级	20000901	林业
		大木山	涪陵区	14 630	省级	20010301	林业
		华蓥山	渝北区	4 556	省级	20020601	林业
	四川	卧龙	汶川县	200 000	国家级	19630402	林业
		喇叭河	天全县	23 437	省级	19630402	林业
		白河金丝猴	九寨沟县	16 204	省级	19630402	林业
		九寨沟	九寨沟县	64 297	国家级	19781215	林业
		马边大风顶	马边彝族自治县	30 164	国家级	19781215	林业
		美姑大风顶	美姑县	50 655	国家级	19781215	林业
		倒须沟	邻水县	300	县级	19830101	林业
		黄龙寺(黄龙)	松潘县	55 051	省级	19830101	林业
		大小兰沟	南江县	40 155	省级	19910102	林业
		观雾山	江油市	21 034	省级	19920201	林业
		勿角	九寨沟县	36 280	省级	19930101	林业
		龙溪—虹口	都江堰市	31 000	国家级	19930424	林业
		黑水河	大邑县	31 790	省级	19930601	林业
		鞍子河	崇州市	10 141	省级	19930801	林业
		平武小河沟	平武县	28 227	省级	19930801	林业
		察青松多白唇鹿	白玉县	143 683	国家级	19950101	林业
		海子山	理塘县、稻城县	459 161	国家级	19951108	林业
		新路海	德格县	16 875	省级	19960101	林业
		白水河	彭州市	30 150	国家级	19960101	林业
		花萼山	万源市	48 203	国家级	19960101	环保
		光雾山	南江县	34 984	省级	19960101	住建
		黑竹沟	峨边彝族自治县	29 650	省级	19970101	林业
		湾坝	九龙县	120 100	省级	19970401	环保
		洪坝	九龙县	6 029	省级	19990101	林业
		米仓山	旺苍县	23 400	国家级	19990101	林业
		栗子坪	石棉县	40 903	省级	20010101	林业
		筠连大雪山	筠连县	60 000	县级	20010101	环保

（续表）

地区	省级政区	保护区名称	所处地点	面积	级别	建立时间	主管部门
		毛寨	青川县	14 150	省级	20011001	林业
		卡松渡	德格县	29 764	县级	20010101	林业
		二滩鸟类	盐边县	10 321	省级	20020101	林业
		苍溪九龙山	苍溪县	8 048	省级	20030501	林业
	贵州	雷公山	雷山县、台江县、剑河县、榕江县	47 300	国家级	19820601	林业
		螺蛳壳	都匀市	4 500	县级	19820801	林业
		大沙河	道真仡佬族苗族自治县	26 990	省级	19841010	林业
		桐梓黄连柏箐	桐梓县	2542	市级	19851103	林业
		茂兰	荔波县	20 000	国家级	19860409	林业
		麻阳河	沿河土家族自治县、务川仡佬族苗族自治县	31 113	国家级	19870801	林业
		宽阔水	绥阳县	26 231	国家级	19891201	林业
		冷水河	金沙县	8 133	县级	19920901	林业
		石阡佛顶山	石阡县	12 635	省级	19921001	林业
		习水中亚热带常绿阔叶林	习水县	48 666	国家级	19940908	林业
		龙头大山	兴仁县、贞丰县、安龙县	2 817	市级	19970701	林业
		榕江月亮山	榕江县	32 849	市级	19980101	林业
	云南	西双版纳	景洪市、勐海县、勐腊县	241 776	国家级	19581009	林业
		南滚河	沧源佤族自治县、耿马傣族佤族自治县	50 887	国家级	19800306	林业
		云龙天池	云龙县	6 630	省级	19810401	林业
		威远江	景谷傣族彝族自治县	7 653	省级	19811001	林业
		莱阳河	思茅区	14 892	省级	19811101	林业
		金光寺	永平县	9 584	省级	19820331	林业
		高黎贡山	隆阳区、腾冲县、泸水县、福贡县、贡山独龙族怒族自治县	405 200	国家级	19830101	林业
		黄连山	绿春县	65 058	国家级	19830427	林业
		药山	巧家县	20 141	国家级	19840405	林业
		哈巴雪山	香格里拉县	21 908	省级	19850101	林业
		无量山	景东彝族自治县、南涧彝族自治县、大理市	30 938	国家级	19860320	林业
		永德大雪山	永德县	17 541	国家级	19860320	林业
		云南大围山	屏边苗族自治县、河口瑶族自治县、个旧市、蒙自县	43 993	国家级	19860320	林业
		铜壁关	盈江县、陇川县、瑞丽市	100 744	省级	19860320	林业
		哀牢山	新平彝族傣族自治县、楚雄市、双柏县、景东彝族自治县、镇沅彝族哈尼族拉祜族自治县	67 700	国家级	19880509	林业

（续表）

地区	省级政区	保护区名称	所处地点	面积	级别	建立时间	主管部门
		磨盘山	新平彝族傣族自治县	7 454	县级	19901101	林业
		云岭	兰坪白族普米族自治县	75 894	省级	19980101	林业
		大堵水库	师宗县	160	县级	19990601	林业
		小岩方	永善县	9 698	市级	20030501	林业
	西藏	察隅慈巴沟	察隅县	101 400	国家级	19850923	林业
		珠穆朗玛峰	定日县、聂拉木县、定结县、吉隆县	3 381 000	国家级	19880405	林业
		类乌齐马鹿	类乌齐县	120 615	国家级	19930101	林业
西北	陕西	太白山	太白县、眉县、周至县	56 325	国家级	19650909	林业
		佛坪	佛坪县	29 240	国家级	19781215	林业
		牛背梁	柞水县、西安市、宁陕县	16 418	国家级	19880509	林业
		老县城	周至县	12 611	国家级	19930101	林业
		长青	洋县	29 906	国家级	19951222	林业
		陕西子午岭	富县	40 621	国家级	19990101	林业
		石门山	旬邑县	30 049	省级	20000702	环保
		化龙山	镇坪县、平利县	28 103	国家级	20010801	林业
		留坝摩天岭	留坝县	8 520	省级	20020801	林业
		桑园	留坝县	13 806	国家级	20020826	林业
		紫柏山	凤县	17 472	国家级	20030101	林业
		爷台山	淳化县	10 000	市级	20030101	林业
		翠屏山	永寿县	19 200	市级	20030101	林业
		青木川	宁强县	10 200	国家级	20030521	林业
		陕西米仓山	西乡县	34 192	国家级	20030820	林业
		韩城黄龙山褐马鸡	韩城市	60 439	省级	20031021	林业
		太安	宜君县	25 872	省级	20040101	林业
		野河	扶风县	10 996	省级	20040101	林业
		柴松	富县	17 640	省级	20040101	林业
		黄龙山	黄龙县	35 563	省级	20040101	林业
		新开岭	商南县	14 963	省级	20040101	林业
		天竺山	山阳县	21 685	省级	20040101	林业
	甘肃	太统—崆峒山	崆峒区	16 283	国家级	19820101	林业
		小陇山	徽县、两当县	31 938	国家级	19821103	林业
		甘肃莲花山	康乐县、临潭县、卓尼县、渭源县、临洮县	11 691	国家级	19821203	林业
		兴隆山	榆中县	33 301	国家级	19860111	林业
		贵清山	漳县	1 114	省级	19920601	林业
		合水子午岭	华池县、合水县、正宁县、宁县	242 106	省级	20050202	林业
		插岗梁	舟曲县	114 361	省级	20050609	林业

（续表）

地区	省级政区	保护区名称	所处地点	面积	级别	建立时间	主管部门
	青海	三江源	同德县、兴海县、泽库县、河南蒙古族自治县、玛沁县、班玛县、甘德县、达日县、久治县、玛多县、玉树县、杂多县、称多县、治多县、囊谦县、曲麻莱县、格尔木市	15 230 000	国家级	20000523	林业
	宁夏	六盘山	泾源县、隆德县、原州区	26 784	国家级	19820501	林业
		宁夏贺兰山	银川市、永宁县、贺兰县、石嘴山市、平罗县	193 536	国家级	19820701	林业

注：①本表参考多方面信息综合而成，个别误差进行了更正。②本表据全国自然保护区名录. http://sts. mep. gov. cn/zrbhq/zrbhq/201208/t20120824_235172. htm；百花山国家级自然保护区. http://baike. baidu. com/view/1294479. htm? fromId＝246927；北京松山国家级自然保护区. http://www. songshan. org. cn/index. php? id＝151；拒马河水生野生动物自然保护区简介. http://www. shidu. cn/jumahe/baohu/1712. html；太安山自然保护区. http://www. ezlife. com. cn/62/20080117-18667. html；大滩次生林自然保护区. http://baike. baidu. com/view/3428366. htm；玉渡山自然保护区. http://jingguan. yuanlin. com/scene/protect/2007-6-22/6483. html；蓟县志编修委员会，1991；盘山风景名胜区基本情况. http://www. docin. com/p-535553150. html；小五台山国家级自然保护区. http://baike. baidu. com/view/1293494. htm；河北围场红松洼国家级自然保护区. http://baike. baidu. com/link? url＝xBNQYBZsHiMF2NiAr_QZiP7GOkZkq5ku5AECt7SjeUeL77is7xTVWniBftDB5zR9X6x6kNsv6mLbf4gWgJHR-_；大海陀国家级自然保护区. http://baike. baidu. com/link? url＝WfhlIti8jiEpQzlUAMMn0Tu4HXlIsrm1Gr9ke6tmp67NVLiQsgpvfIkAPFzQFtT3dZ_d2mtkbivrrNrS8_1AVq；河北省漫山自然保护区是太行山区保存最完好的森林生态系统. http://www. cngaosu. com/a/2012/0424/375163. html；驼梁自然保护区. http://baike. baidu. com/view/5664683. htm；塞罕坝国家级自然保护区. http://baike. baidu. com/view/3155517. htm；河北茅荆坝国家级自然保护区. http://baike. baidu. com/link? url＝0UB_sh-mGFrlC-JZ6JnTcqVH2U1YnDRGU9ywbUKWBAxlaWgvcJP3KAwchRlSp0cgGyowsoKXBtby7KPNWmuZeiK；滦河上游国家级自然保护区. http://baike. baidu. com/view/3790110. htm；辽河源自然保护区成为野生动物的家园. http://www. heb. chinanews. com/5/2011-06-22/124230. shtml；白草洼省级自然保护区. http://www. he. xinhuanet. com/zfwq/2009-12/14/content_18492628. htm；交城县. http://baike. baidu. com/link? url＝XoEKeLYnSZRgCJ6pB79VXlLNzrV4aVfaSGPbQriyCIHPlCw6_TJNfbkoh-ZDTdTn44mFUQUdP4nHcfdkoHAGNa；芦芽山. http://baike. baidu. com/link? url＝PVBRtu-JeyF5P1mszTnss_5aUZVZj3SbPjp2o-VzebZtHlp0GphBPyP90rMPx7yFjUfZXTD35ECATBOF40MYCq；芦芽山国家级自然保护区. http://www. china. com. cn/aboutchina/zhuanti/ysdw/2008-12/04/content_16897927. htm；山西阳城莽河猕猴自然保护区. http://baike. baidu. com/view/391601. htm? fromId＝472724；灵空山自然保护区. http://baike. baidu. com/view/1973907. htm；灵空山自然保护区. http://baike. baidu. com/view/1973907. htm；山西省灵丘黑鹳自然保护区又现豹子吃羊事件. http://tieba. baidu. com/p/1086529437；陵川红豆杉自然保护区. http://www. jchb. gov. cn/Item. aspx? id＝5128；泽州猕猴自然保护区发现国家一级保护动物黑鹳. http://www. jcnews. com. cn/Html/ly_sxy/2008-7/15/10161215. html；山西涑水河源头首拍金钱豹，母豹携两幼仔现丛林. http://www. chinanews. com/gn/2011/03-03/2881390. shtml；人祖山自然保护区. http://baike. baidu. com/view/4497629. htm；山西黑茶山（岚县）自然保护区升为国家级自然保护区. http://tieba. baidu. com/p/1420153599；朱莉香等，2009；管头山自然保护区. http://baike. soso. com/v7533811. htm；壶流河湿地省级自然保护区. http://baike. baidu. com/view/5657969. htm；内蒙古贺兰山国家级自然保护区. http://baike. baidu. com/view/334250. htm；内蒙古国家级自然保护区简介 · 内蒙古贺兰山自然保护区. http://www. nmgepb. gov. cn/ywgl/stbh/zrstgl/201310/t20131011_1434015. html；黑里河自然保护区. http://baike. baidu. com/view/211369. htm；乌拉山. http://baike. baidu. com/view/168280. htm；吉林长白山国家级自然保护区. http://baike. baidu. com/view/90326. htm；珲春东北虎国家级自然保护区. http://baike. baidu. com/view/1520569. htm；吉林汪清监控到约 6 只东北豹，全世界仅 50 只. http://news. sohu. com/20131221/n392157507. shtml；镜泊湖自然保护区. http://baike. baidu. com/view/246956. htm；李世民等，2005；七星砬子自然保护区. http://baike. baidu. com/view/673697. htm；八岔岛国家级自然保护区. http://baike. baidu. com/view/1094445. htm? subLemmaId＝1094445&fromenter＝%B0%CB%B2%ED%B5%BA%D7%D4%C8%BB%B1%A3%BB%A4%C7%F8；高龙. 生机盎然的大佳河湿地. http://shuangyashan. dbw. cn/system/2014/10/31/056093044. shtml；小北湖自然保护区. http://baike. baidu. com/view/7767038. htm；辛林霞. 野生东北虎或已在黑龙江老爷岭保护区"定居". http://news. xinhuanet. com/tech/2014-07/09/c_126728720. htm；乌岩岭国家级自然保护区. http://www. wyl. org. cn/E_ReadNews1. asp? NewsID＝156；《凤阳山志》编委会，2012；龙泉山. http://baike. soso. com/v61371. htm；古田山国家级自

然保护区. http://baike. baidu. com/view/1364716. htm? fromId=246951；浙江九龙山国家级自然保护区. http://jls. suichang.
gov. cn/zybh/dwzy/201006/t20100621_78562. htm；临安清凉峰自然保护区. http://baike. baidu. com/view/472705. htm；浙江安
吉龙王山省级自然保护区. http://lwsnr. forestry. gov. cn/business/htmlfiles/lwsbhq/jqgk/index. html；浙江天目山国家级自然保
护区. http://baike. baidu. com/view/481664. htm；浙江大盘山国家级自然保护区. http://www. todps. com/faxian/zrzy/32010/
11868775_1. html；牛头山. http://wenku. baidu. com/view/9674342ced630b1c59eeb5a5. html；望东洋高山湿地自然保护区. ht-
tp://www. lsly. gov. cn/detail-662. html；安徽省自然保护区简介. http://www. ahly. gov. cn/main/model/newinfo/newinfo. do?
infoId=14166；老山自然保护区. http://app. travel. ifeng. com/scenery_info-482. html；福建武夷山国家级自然保护区. http://
baike. baidu. com/view/391621. htm；屏南宜洋鸳鸯猕猴省级自然保护区. http://baike. baidu. com/link? url=gbRen-xmHIOhbc-
WKPwqdEEwR8snwOYTxjS1vbeeN _ OZdR-XJI2fgGd5XGhUtKrdD6AHgvY9RFxSn-MTVz08ALZzkuN69IMapD8u0Nmjgh-hw9
V-UDlv57vY1 _ InLW35Y7DhQY1bB1-bsgPASpZLZtGs3zaE6q7sJ2x9AQgNzkH26VFCYQ6CWS9NN6LYsRG4oQ98xuIEISkJJ4P
Uwexf1Ohy1qWk0_pTZaHD-LT_PGq3Gd7l7bpA-U0grsEWDRlEp；龙栖山国家级自然保护区. http://www. jiangle. gov. cn/
2006/7/1716. htm；福建梅花山国家级自然保护区. http://baike. baidu. com/view/321967. htm? fromId=248802；邵武将石省级
自然保护区. http://baike. baidu. com/view/9447150. htm? fromId=211244；茫荡山国家级自然保护区. http://baike. baidu.
com/view/211210. htm? subLemmaId=211210&fromenter=%C3%A3%B5%B4%C9%BD%D7%D4%C8%BB%B1%A3%
BB%A4%C7%F8；永安天宝岩自然保护区. http://baike. baidu. com/view/1079546. htm? fromId=303766；梁野山自然保护区保
护区. http://www. baike. com/wiki/%E6%A2%81%E9%87%8E%E5%B1%B1%E8%87%AA%E7%84%B6%E4%BF%
9D%E6%8A%A4%E5%8C%BA；泰宁峨嵋峰自然保护区. http://baike. baidu. com/view/481091. htm；林鹏等，2005；九阜山自
然保护区. http://baike. baidu. com/view/481035. htm；牙梳山自然保护区. http://www. 51yala. com/Html/20061110144629-1.
html；大仙峰自然保护区. http://baike. baidu. com/view/1079697. htm；长汀圭龙山省级自然保护区. http://baike. baidu. com/
view/9441079. htm；闽江源自然保护区. http://www. baike. com/wiki/%E9%97%BD%E6%B1%9F%E6%BA%90%E8%87%
AA%E7%84%B6%E4%BF%9D%E6%8A%A4%E5%8C%BA；老鹰尖省级自然保护区. http://baike. baidu. com/view/
8631076. htm；清流莲花山自然保护区. http://baike. baidu. com/view/8639787. htm；井冈山国家级自然保护区. http://www. tw-
wtn. com/Popular-Science-Base/122_136115. html；庐山自然保护区. http://baike. baidu. com/view/118116. htm；官山国家级自然
保护区. http://baike. baidu. com/view/3140304. htm? fromId=161047；刘信中等，2001；桃红岭梅花鹿自然保护区. http://
baike. baidu. com/view/9408860. htm；水浆自然保护区. http://baike. soso. com/v41933383. htm；贵溪文坊阳际峰晋升为国家级
自然保护区. http://bbs. jxnews. com. cn/thread-453131-1-1. html；江西九岭山国家级自然保护区. http://baike. baidu. com/
view/8390036. htm；刘小明等，2010；宝天曼国家级自然保护区. http://baike. baidu. com/view/481830. htm? fromId=114594；伏
牛山国家级自然保护区. http://baike. baidu. com/view/472684. htm；小秦岭国家级自然保护区. http://baike. baidu. com/view/
1301428. htm? fromId=825961；太白顶自然保护区. http://baike. baidu. com/view/825946. htm；董寨国家级自然保护区. ht-
tp://baike. baidu. com/view/1093458. htm? fromId=238516；连康山国家级自然保护区. http://baike. baidu. com/view/
1093453. htm? fromId=825952；金刚台自然保护区. http://www. hnep. gov. cn/tabid/324/InfoID/4286/frtid/229/Default. aspx；
太行山猕猴自然保护区. http://baike. baidu. com/view/472746. htm；宋朝枢，1994；鸡公山国家级自然保护区. http://baike.
baidu. com/link? url=N _ AEPLyJEawWxadyRF2FAROJ2nIaiKF _ Q-oeJGQuym9FnGdkYB88qfZXVDYnaLQE3BNUX-
Soi8Bi3Q2X6kWC-QmZri8jSXsN8IUWHM8S7Y6jpiMNlkRQ0zm-YjIRakzsvm-RtTxSr5I5oAiTtvIsukk-PQX1q0Gvz1Dpb _ QrKy-
ITMBgzwFTPWXbGg1iE00DsmR9Ic0RGXCx-BqxHxKeLglpcEoq5BM_ztjEAMzaPR8_；青要山自然保护区. http://baike. baidu.
com/view/1776388. htm；湍河湿地省级自然保护区. http://www. forestry. gov. cn/portal/main/s/144/content-82439. html；丹江
湿地保护区. http://www. baike. com/wiki/%E4%B8%B9%E6%B1%9F%E6%B9%BF%E5%9C%B0%E4%BF%9D%E6%
8A%A4%E5%8C%BA；平桥区概况. http://www. xinyang. gov. cn/sitegroup/root/html/ff80808124033d7f01254491bc39139c/
20100105002720 39. html；商城鲇鱼山省级自然保护区. http://www. hnly. gov. cn/xinyang/zybh/zrbhq/webinfo/2009/12/
1259720231300833. htm；万宝山自然保护区. http://www. hnly. gov. cn/anyang/zybh/zrbhq/webinfo/2009/12/
1259575517042612. htm；熊耳山自然保护区. http://baike. baidu. com/view/8805288. htm；九宫山国家级自然保护区. http://
baike. baidu. com/view/8910754. htm；星斗山自然保护区. http://baike. baidu. com/view/488558. htm；木林子自然保护区. ht-
tp://baike. baidu. com/view/5145374. htm；后河国家级自然保护区. http://baike. baidu. com/view/345586. htm? fromId=
473379；神农架. http://baike. baidu. com/view/617. htm? fromId=120015；赛武当自然保护区动物资源. http://www. symjswd.
cn/Lisheng_ReadNews. asp? NewsID=211；十八里长峡自然保护区. http://www. baike. com/wiki/%E5%8D%81%E5%85%
AB%E9%87%8C%E9%95%BF%E5%B3%A1%E8%87%AA%E7%84%B6%E4%BF%9D%E6%8A%A4%E5%8C%BA；五
道峡自然保护区. http://baike. baidu. com/view/8913553. htm；湖北三峡万朝山自然保护区晋升省级保护区. http://www. for-
estry. gov. cn/portal/main/s/228/content-276996. html；三峡大老岭自然保护区. http://baike. baidu. com/view/8913308. htm；神
农溪. http://www. baike. com/wiki/%E7%A5%9E%E5%86%9C%E6%BA%AA；丹江口库区湿地自然保护区. http://baike.
baidu. com/view/8913586. htm；南河湿地自然保护区. http://baike. baidu. com/view/4178635. htm；野人谷自然保护区. http://

baike. baidu. com/view/8913521. htm;莽山国家级自然保护区. http://baike. baidu. com/view/481726. htm? fromId=248733;小溪自然保护区. http://baike. baidu. com/view/246943. htm;永顺县. http://baike. baidu. com/link? url=BvOH7mySlah7lwuSKhVgBmmNOi56xL9E_VwyB-4O6stUIKZ0aRd-lSnsgxzcC7PG;莽山国家级自然保护区. http://baike. baidu. com/view/481726. htm? fromId=248733;湖南省东安舜皇山自然保护区. http://www. huaxia. com/hn-tw/2007/06/692063. html;壶瓶山国家级自然保护区. http://baike. baidu. com/link? url=u7Ii1aZzDT_McxkV3WwtAmBROpsVsi_FHmBNbbqPtnb3bzfrmCeIyVlw0MqMO1di;永州市人民政府网站. http://www. yzcity. gov. cn/col/col16888/index. html;八大公山国家级自然保护区. http://baike. baidu. com/view/481725. htm? fromId=248739;花岩溪国家森林公园. http://baike. baidu. com/view/2003063. htm;四方山森林公园总体规划. http://www. docin. com/p-401667204. html;湖南乌云界国家级自然保护区. http://baike. baidu. com/view/1280211. htm? subLemmaId=1280211&fromenter=%CE%DA%D4%C6%BD%E7%D7%D4%C8%BB%B1%A3%BB%A4%C7%F8;广东南岭国家级自然保护区. http://baike. baidu. com/view/481761. htm? fromId=246957;古田自然保护区. http://baike. baidu. com/view/135435. htm;南昆山自然保护区. http://baike. baidu. com/view/821332. htm;广东大埔丰溪省级自然保护区. http://baike. baidu. com/view/2264303. htm? fromId=821347;广东平远龙文-黄田省级自然保护区简介. http://www. py-lyj. net/E_ReadNews. asp? NewsID=411;罗浮山自然保护区. http://www. dy7cd. com/sight/2002/6875. shtml;广东粤北华南虎省级自然保护区. http://baike. baidu. com/view/2258570. htm;云髻山. http://baike. baidu. com/view/531162. htm;白溪自然保护区. http://baike. baidu. com/view/882141. htm;英德. http://baike. baidu. com/link? url=9f-nQowg6SLUPUaIs6y_JZw8CSOsmRIcvl9P2XDBUl0PKnzSg9Eadcp1n3SVWZZq0oGpjE8Nwd6BpG9_DXE3L_#2_5;石门台自然保护区. http://baike. baidu. com/view/1411193. htm;枫树坝自然保护区. http://baike. baidu. com/view/3429014. htm;广东仁化高坪省级自然保护区. http://baike. baidu. com/view/3018413. htm;惠东莲花山白盆珠省级自然保护区. http://www. baike. com/wiki/%E6%83%A0%E4%B8%9C%E8%8E%B2%E8%8A%B1%E5%B1%B1%E7%99%BD%E7%9B%86%E7%8F%A0%E7%9C%81%E7%BA%A7%E8%87%AA%E7%84%B6%E4%BF%9D%E6%8A%A4%E5%8C%BA;广东连南板洞省级自然保护区. http://baike. baidu. com. cn/view/2297759. htm;市级林洲顶自然保护区呼之欲出. http://www. cwca. org. cn/Article/ShowArticle. asp? ArticleID=2826;花坪国家级自然保护区. http://baike. baidu. com/view/481766. htm? fromtitle=花坪自然保护区&fromid=8583413&type=syn;广西猫儿山国家级自然保护区. http://www. forestry. gov. cn/portal/zrbh/s/2713/content-438116. html;水冲自然保护区. http://baike. baidu. com/link? url=2BdiHUQ58pokQ_RvX-0G4-4pzXiIOJjO2kq8scXfRi5fBXnlVFHdQRUqhEfjECt98TkQqbbny8-RggVXuj5QzK;十万大山国家级自然保护区. http://baike. baidu. com/view/3018384. htm;九万山国家级自然保护区. http://baike. baidu. com/view/3018401. htm;春秀水源林保护区. http://baike. baidu. com/view/822617. htm;木论国家级自然保护区. http://baike. baidu. com/view/3018393. htm? fromId=472792;七冲自然保护区野生动物日渐增多. http://www. zpol. cn/lyj/stly/show_news. asp? id=555;重庆大巴山国家级自然保护区. http://www. forestry. gov. cn/portal/zrbh/s/2713/content-438113. html;金佛山自然保护区. http://baike. baidu. com/view/248491. htm;白马山. http://baike. baidu. com/view/946787. htm;黔江小南海风景区. http://www. auyou. cn/scenerylist/10564. html;雪宝山自然保护区. http://baike. baidu. com/view/1731620. htm;阴条岭自然保护区. http://cqrbepaper. cqnews. net/cqrb/html/2012-04/25/content_1525161. htm;五里坡自然保护区. http://cq. sina. com. cn/city/whly/2012-02-14/22174_2. html;李宏群等,2011;华蓥山. http://baike. baidu. com/view/185882. htm;卧龙国家级自然保护区. http://baike. baidu. com/view/345535. htm? fromId=35318;喇叭河自然保护区. http://baike. baidu. com/view/372762. htm;白河自然保护区. http://baike. baidu. com/view/377263. htm;九寨沟国家级自然保护区. http://baike. baidu. com/view/481819. htm? fromId=248498;马边大风顶国家级自然保护区. http://baike. baidu. com/view/481800. htm? fromId=246865;美姑大风顶国家级自然保护区. http://baike. baidu. com/view/481825. htm? subLemmaId=481825&fromenter=%C3%C0%B9%C3%B4%F3%B7%E7%B6%A5%D7%D4%C8%BB%B1%A3%BB%A4%C7%F8;邻水县:倒须沟看桫椤树. http://blog. zhiji. com/blog/readblog_467615. html;黄龙寺自然保护区. http://baike. baidu. com/view/825852. htm;黄龙国家自然保护区. http://baike. baidu. com/link? url=tG0dC754rEMegVtF-B84W0_MvBD-iAhuIwCvwj5CN1SBy9iOCWeeLOCz9DK7KVMT;鲁庆彬等,2003;四川观雾山自然保护区. http://www. my. gov. cn/MYGOV/150619928930549760/20111202/605140. html;勿角自然保护区. http://baike. baidu. com/view/377270. htm;龙溪—虹口国家级自然保护区. http://baike. baidu. com/view/825859. htm? fromId=281859;黑水河自然保护区. http://sc. zwbk. org/MyLemmaShow. aspx? lid=1496;鞍子河自然保护区. http://baike. baidu. com/view/349644. htm;鞍子河自然保护区. http://baike. baidu. com/view/349644. htm;察青松多白唇鹿自然保护区. http://baike. baidu. com/view/2263738. htm;海子山自然保护区. http://baike. baidu. com/view/376373. htm;新路海白唇鹿自然保护区. http://baike. baidu. com/view/5617440. htm;白水河自然保护区. http://baike. baidu. com/view/182214. htm;花萼山国家级自然保护区. http://www. huaeshan. gov. cn/docc/about. htm;光雾山. http://baike. baidu. com/view/48004. htm;刘洋等,2005;黑竹沟. http://baike. baidu. com/link? url=pWYn3vfU-tzy3b6hz8p9OKbER-7i4CjB6vglBeXeAsYJb-HsHAX-0763IUJulFTf;湾坝自然保护区. http://baike. baidu. com/view/3395982. htm;米仓山国家级自然保护区. http://baike. baidu. com/view/3069089. htm;李艳红等,2007;筠连大雪山. http://www. jj831. com/lvyou/2015/201503/lvyou_20150319150807_213271. html;毛寨自然保护区. http://baike. baidu. com/view/5609246. htm;卡松渡原始

自然生态旅游风景区. http://baike. baidu. com/view/496088. htm;四川二滩鸟类自然保护区. http://www. docin. com/p-603673609. html;四川九龙山自然保护区. http://baike. baidu. com/view/7146790. htm;雷公山国家级自然保护区. http://baike. baidu. com/view/246379. htm;螺蛳壳自然保护区. http://baike. baidu. com/view/3429368. htm;道真大沙河省级自然保护区. http://baike. baidu. com/view/9136668. htm;桐梓柏箐自然保护区. http://www1. cfsdc. org/wwwroot/baohuqu/57. htm;贵州茂兰国家级自然保护区. http://baike. baidu. com/view/211168. htm? fromId=248580;麻阳河国家级自然保护区. http://baike. baidu. com/view/1203904. htm? subLemmaId=1203904&fromenter=%C2%E9%D1%F4%BA%D3%D7%D4%C8%BB%B1%A3%BB%A4%C7%F8;宽阔水国家级自然保护区. http://baike. baidu. com/view/4064595. htm;冷水河自然保护区. http://baike. baidu. com/view/2664875. htm;佛顶山自然保护区资源概况. http://www. sq-tour. com/Article/ShowArticle. asp? ArticleID=242;州佛顶山. http://baike. baidu. com/link? url=-iE4lNI7t1DD72SKGiyd5ONCJ01TLRmgvdddCAR3K7X429XlL77AKphhbuRELpLN#7;习水中亚热带常绿阔叶林国家级自然保护区. http://baike. baidu. com/view/472694. htm? fromId=181358;龙头大山. http://baike. baidu. com/view/1561275. htm;榕江月亮山州级自然保护区. http://www. baike. com/wiki/%E6%A6%95%E6%B1%9F%E6%9C%88%E4%BA%AE%E5%B1%B1%E5%B7%9E%E7%BA%A7%E8%87%AA%E7%84%B6%E4%BF%9D%E6%8A%A4%E5%8C%BA;西双版纳国家级自然保护区. http://baike. baidu. com/link? url=1SLFDQpUxqjiAgB0t3SEm6ZRe0hZWJuryK9ccf3ipj3D-02yuDmcWy-QNq9nWjtb7WQlm-mseNN9d27YvXhFgQ6-UxQG8cE5N2xT1TWAOnhJnzz_qkug_I6viVnROJsLEgB0JaSIbzj3pT6C6t1fwtEvY81DgFqNfv5ZylRAy0exlFhqmzctYKkIRcZ5N0O_MhZU2IDVsSvAuebZ8seDjEuprxq6lQ9NIbEb7aqVjVS;南滚河国家级自然保护区. http://baike. baidu. com/view/746820. htm? fromId=246983;云南云龙天池国家级自然保护区. http://baike. baidu. com/link? url=ZVyF6q9C7WaOz82O5ZODnfaMMcxS8Jze118FKsqrYHWXT7GYrE6H-BjST6z8VSjyD1-d3nWPmTrQZzvT8q31UK;威远江自然保护区. http://baike. baidu. com/view/246418. htm;菜阳河国家森林公园. http://www. baike. com/wiki/菜阳河国家森林公园;金光寺自然保护区. http://jingdian. tripc. net/item/6372. html;高黎贡山国家级自然保护区. http://baike. baidu. com/view/342462. htm? from_id=8990863&type=syn& fromtitle=高黎贡山自然保护区 &fr=aladdin;高黎贡山. http://www. glgs. gov. cn/zrzy. asp? sortid=013002;黄连山国家级自然保护区. http://baike. baidu. com/view/1405397. htm? fromId=246469;药山国家级自然保护区. http://baike. baidu. com/view/1429919. htm? fromId=246416;无量山国家级自然保护区. http://baike. baidu. com/view/1429931. htm? fromId=248391;云南永德大雪山国家级自然保护区. http://baike. baidu. com/link? url=Jq94skpPfLCcQzAa9UISPUa2E4GvrlhJzBCE8DTJiif6SdU5cTqgi9EIEDyl3nHYKuWdGfSXKAXbEfWov4nNpa;大围山国家级自然保护区. http://baike. baidu. com/view/1439617. htm? subLemmaId=1439617&fromenter=%D4%C6%C4%CF%B4%F3%CE%A7%C9%BD%D7%D4%C8%BB%B1%A3%BB%A4%C7%F8;铜壁关自然保护区. http://baike. baidu. com/view/246524. htm;哀牢山国家级自然保护区. http://baike. baidu. com/link? url=ghqjGv99RqHCAOVD2cvVzGaFH_OAMYWZ8_FYLD1YgXoSs-D3UALX9SWF0m-ct9-Z05ztaLSpE4e4dlUMvLwrgq#4_2;磨盘山国家森林公园. http://baike. baidu. com/link? url=88Q7z0mrCuqMYPIYxQi1xVCSdsHsLJi8vgzO_VaRHQDy1T0UHAgnf0JsPvpEmT_nAnK5xFMCS4BYYblqsapXEq;兰坪云岭省级自然保护区. http://yn. zwbk. org/lemma/1290;云南师宗大堵水库自然保护区. http://www. baike. com/wiki/%E4%BA%91%E5%8D%97%E5%B8%88%E5%AE%97%E5%A4%A7%E5%A0%B5%E6%B0%B4%E5%BA%93%E8%87%AA%E7%84%B6%E4%BF%9D%E6%8A%A4%E5%8C%BA;永善小岩方自然保护区. http://yn. zwbk. org/lemma/1890;察隅慈巴沟国家级自然保护区. http://baike. zhyww. cn/npost/200812/15983. html;珠穆朗玛峰自然保护区. http://baike. baidu. com/view/119958. htm;长毛岭马鹿自然保护区. http://baike. sogou. com/v10900247. htm;陕西太白山国家级自然保护区. http://baike. baidu. com/view/248557. htm;陕西佛坪国家级自然保护区. http://baike. baidu. com/view/341113. htm? fromId=251906;牛背梁国家级自然保护区. http://baike. baidu. com/view/825933. htm? subLemmaId=825933&fromenter=%C5%A3%B1%B3%C1%BA%D7%D4%C8%BB%B1%A3%BB%A4%C7%F8;陕西省老县城国家级自然保护区. http://baike. sogou. com/v83237167. htm;长青国家级自然保护区. http://baike. baidu. com/view/514992. htm? fromId=246385;子午岭国家级自然保护区. http://baike. baidu. com/view/3157711. htm? fromId=1281924;陕西旬邑石门山省级自然保护区. http://www. xyhb. gov. cn/show_news. asp? id=275;化龙山国家级自然保护区. http://baike. baidu. com/view/3157775. htm;陕西摩天岭自然保护区. http://baike. baidu. com/view/5761599. htm;桑园保护区脊椎动物资源. http://www. taibaishan. com. cn/publicfiles/business/htmlfiles/bsj/s1765/201107/2649. html;宝鸡市紫柏山自然保护区晋升国家级. http://www. bjslyj. gov. cn/URL. aspx? DID=2941986e-4cfa-4544-9c98-3d4fa7a45875;爷台山自然保护区. http://baike. baidu. com/view/7103059. htm;翠屏山自然保护区. http://baike. baidu. com/view/7103061. htm;青木川国家级自然保护区. http://baike. baidu. com/view/3207139. htm? fromId=3419869;米仓山国家级自然保护区. http://baike. baidu. com/view/3069089. htm;陕西韩城黄龙山褐马鸡省级自然保护区. http://www. wnlyw. gov. cn/news_read. asp? id=1177;陕西野河省级自然保护区. http://baike. baidu. com/view/7103016. htm;崆峒. http://baike. baidu. com/view/1172560. htm;甘肃小陇山国家级自然保护区. http://www. xlsbhq. com/index. aspx? menuid=4&type=articleinfo&lanmuid=6&infoid=179& language=cn;莲花山国家级自然保护区. http://baike. baidu. com/view/1429887. htm? subLemmaId=1429887&fromenter=%B8%CA%CB%E0%C1%AB%BB%A8%C9%BD%D7%D4%C8%BB%B1%A3%BB%A4%C7%F8;兴隆山自然保护区. http://www.baike.com/wiki/%E5%85%B4%E9%9A%86%E5%B1%B1%E8%87%AA%E7%84%B6%E4%BF%9D%E6%8A%A4%E5%8C%BA；漳县贵清山. http://baike.baidu.com/view/468696.htm；子午岭国家级自然保护区. http://baike.baidu.com/view/3157711.htm；插岗梁大熊猫自然保护区. http://baike.baidu.com/view/848231.htm；青海三江源国家级自然保护区. http://baike.baidu.com/view/871342.htm；六盘山国家级自然保护区. http://baike.baidu.com/view/1429861.htm? fromId=248538；贺兰山. http://baike.baidu.com/link? url=0bcUIVFXY6xEeFLfStWakjBiX1l6Ks7aj6YaYNxH78JzNqyCY3JpcNJhN4mLiKwR6ED1It99DCMCUApmczmyhj8-T5HTrB_9WJRbXimkuQ_；贺兰山国家级自然保护区. http://baike.baidu.com/view/6235142.htm? subLemmaId=6326342&fromenter=%C4%FE%CF%C4%BA%D8%C0%BC%C9%BD%D7%D4%C8%BB%B1%A3%BB%A4%C7%E8

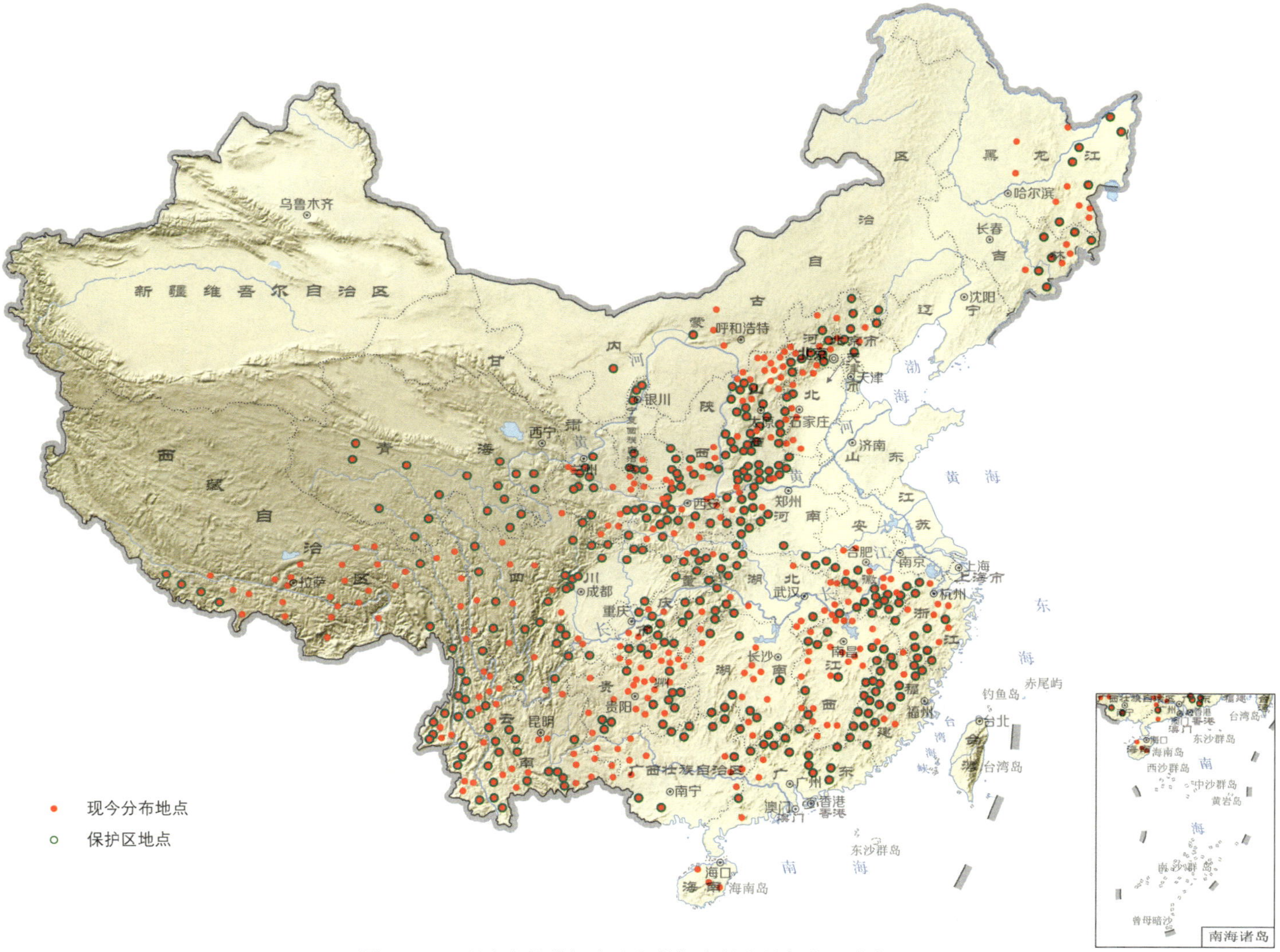

图 16.76　现有金钱豹栖息地与其栖息的自然保护区分布图

6.8　金钱豹的分布变迁

仅就百余年的情况看，金钱豹在我国的分布与变迁变化巨大。

半个世纪以来，专家、学者们对金钱豹的分布变迁看法不一。

《中国经济动物志：兽类》虽称“豹的分布很广”，但列举的省级政区仅见黑龙江、吉林、云南、河北、山西、陕西、江西、安徽、浙江、四川、贵州、湖北、福建、广西（寿振黄，1962），共计 14 个省级政区。

《中国动物志：兽纲：食肉目》称：豹“广布于我国各地，除了台湾、辽宁、山东、宁夏和新疆外，各省区皆有分布”。但根据该志记述豹(1)华南亚种(*Panthera pardus fusca*)分布于云南、贵州、四川、西藏、青海、湖南、广西、广东、湖北、安徽、福建、浙江、陕西、江西、河南；(2)华北亚种(*Pan-*

thera pardus fontanieri）分布于河北、北京、山西、陕西；(3)东北亚种（*Panthera pardus orientalis*）分布于黑龙江、吉林、内蒙古（高耀亭等，1987)看，仅涉及21个省级政区（其中陕西省有2个亚种）。除海南（1988）、香港（1997）、澳门（1999）、重庆（1997）是1988年后新建置外，尚有天津、上海、江苏、甘肃4个省级政区没有提及。

《中国珍稀兽类的历史变迁》对金钱豹的分布，虽引用《中国动物志》说法①，但实际涉及内蒙古、黑龙江、吉林、辽宁、河北、北京、天津、山西、河南、陕西、宁夏、甘肃、青海、江苏、安徽、浙江、江西、福建、湖北、湖南、广东、广西、四川、贵州、云南、西藏等26个省级政区（何业恒，1993)，这也包括历史时期的分布情况。可以看出：海南（1988）、香港（1997）、澳门（1999）、重庆（1997）是1988年后新建置的，且不论；较《中国动物志》实际多出辽宁与宁夏2个省级政区；只是也未提及上海。

《中国哺乳动物分布》记录的金钱豹有黑龙江、吉林、内蒙古、北京、河北、河南、山西、陕西、宁夏、甘肃、青海、江西、湖北、湖南、四川、贵州、云南、西藏、安徽、江苏、浙江、广西、广东、福建等24个省级政区（张荣祖等，1997）。据参考文献看，记录20世纪的金钱豹分布情况。

《中国兽类彩色图谱》记载豹分布于：黑龙江、吉林、内蒙古、北京、河北、河南、山西、陕西、宁夏、甘肃、青海、江西、湖北、湖南、四川、重庆、贵州、云南、西藏、江苏、浙江、广西、广东、福建（杨奇森等，2007)，共计24个省级政区。变化在于：①没有沿用《中国动物志》“华南亚种”提到的安徽；②采用《中国动物志》的说法，否定有豹分布的宁夏；③采用《中国动物志》的说法，未提及江苏、甘肃；④采用1997年新建置的重庆。

20世纪以来，金钱豹的分布变迁（表16.14、图16.77)状况显示：

● 省级政区中有29个明确的金钱豹分布记录，但据20世纪前曾有豹类及生态环境与周边状况看，上海市、山东省与澳门特别行政区之前似有过金钱豹分布。

● 金钱豹分布于我国绝大部分地域，西南与中南分布的数量多而密集，华东与华北略稀少，东北与西北则数量更为稀少。

● 可确定有云豹的县级及其以上分布地总数约1356个，约占全国相应政区数量的57%。

● 金钱豹的分布地数量，按地区排序为：西南（384个），中南（315个），华东（206个），华北（156个），东北（125个），西北（170个）；这与金钱豹分布大势相符。

● 金钱豹的县级及其以上分布地绝对数量，按省级政区排序为：云南省（125个），四川省（123个），陕西省（93个），山西省（89个），湖南省（78个），黑龙江省（77个），广西壮族自治区（68个），江西省（62个），贵州省（60个）。

● 金钱豹的县级及其以上分布地相对数量，除香港特别行政区外，黑龙江省、云南省与陕西省各地皆有。此外，按省级政区（超过60%）排序为：宁夏回族自治区（94%），浙江省（84%），山西省（83%），四川省（79%），湖南省（77%），广西壮族自治区（76%），重庆市（75%），贵州省（73%），福建省（71%），江西省（68%），湖北省（66%），广东省（64%），西藏自治区（63%）。西南5个省级政区中，金钱豹的县级及其以上分布地相对数量最少者也达到63%。

● 到20世纪后半叶，变化较大的省级政区是：黑龙江省（减少41个地方），广东省（减少16个地方），广西壮族自治区（减少11个地方），河北省、辽宁省、浙江省、海南省与四川省（皆减少5个地方），山西省（减少4个地方）。

● 到20世纪后半叶，云南省与陕西省仍称皆有金钱豹分布，这在珍稀动物分布变迁中并不多见。

● 自20世纪后半叶以来，变化较大的省级政区是：四川省（减少77个地方），云南省（减少57个地方），湖南省（减少53个地方），陕西省（减少48个地方），浙江省（减少36个地方），广西壮族自治区（减少31个地方），河北省（减少26个地方），山西省（减少25个地方），江西省（减少24个地方），湖北省（减少21个地方），福建省（减少19个地方）。

● 百余年来，金钱豹的县级及其以上分布地仅为27%，相对残留地仅为48%。各地区金钱豹相对残留地排序为：华北（64%），西北（56%），西

---

①现除台湾、辽宁、山东、宁夏、新疆外，各省区均匀分布。

南(51%),华东(50%),中南(40%),东北(22%)。

可以明显看出,金钱豹在20世纪后半叶以来消失得更为迅速。现今,辽宁省、江苏省、香港特别行政区均未见有金钱豹报道。

表16.14　20世纪以来金钱豹分布变迁概况

地区	省级政区	20世纪前半叶分布地点	20世纪后半叶分布地点	现今分布地点
华北	北京	丰台区、门头沟区、房山区、顺义区、昌平区、怀柔区、平谷区、延庆县、密云县	丰台区、门头沟区、房山区、昌平区、怀柔区、平谷区、延庆县、密云县	门头沟区、房山区、昌平区、怀柔区、延庆县、密云县
	天津	蓟县	蓟县	蓟县
	河北	井陉县、栾城县、行唐县、灵寿县、赞皇县、平山县、张家口市、宣化县、张北县、沽源县、蔚县、阳原县、怀安县、万全县、怀来县、涿鹿县、赤城县、崇礼县、承德市、承德县、兴隆县、平泉县、滦平县、隆化县、丰宁满族自治县、宽城满族自治县、围场满族蒙古族自治县、秦皇岛市、昌黎县、抚宁县、卢龙县、青龙满族自治县、唐山市、遵化市、迁安市、滦县、滦南县、乐亭县、迁西县、玉田县、唐海县、易县、涞源县、唐县、涞水县、阜平县、邢台市、沙河市、邢台县、临城县、内丘县、隆尧县、邯郸市、武安市、涉县、磁县	井陉县、栾城县、行唐县、灵寿县、赞皇县、平山县、张北县、沽源县、蔚县、阳原县、怀来县、涿鹿县、赤城县、崇礼县、承德市、承德县、兴隆县、平泉县、滦平县、隆化县、丰宁满族自治县、宽城满族自治县、围场满族蒙古族自治县、秦皇岛市、昌黎县、抚宁县、卢龙县、青龙满族自治县、唐山市、遵化市、迁安市、滦县、滦南县、乐亭县、迁西县、玉田县、唐海县、易县、涞源县、唐县、涞水县、阜平县、沙河市、邢台县、临城县、内丘县、隆尧县、邯郸市、武安市、涉县、磁县	井陉县、灵寿县、赞皇县、平山县、沽源县、蔚县、阳原县、怀来县、涿鹿县、赤城县、承德市、承德县、兴隆县、平泉县、滦平县、隆化县、丰宁满族自治县、围场满族蒙古族自治县、易县、涞源县、涞水县、阜平县、武安市、涉县、磁县
	山西	太原市、古交市、清徐县、阳曲县、娄烦县、大同市、阳高县、天镇县、广灵县、灵丘县、浑源县、左云县、大同县、朔州市、山阴县、应县、右玉县、怀仁县、阳泉市、平定县、盂县、襄垣县、屯留县、平顺县、黎城县、壶关县、武乡县、沁源县、城区、高平市、泽州县、沁水县、阳城县、陵川县、忻府区、原平市、定襄县、五台县、代县、繁峙县、宁武县、静乐县、神池县、五寨县、岢岚县、河曲县、保德县、偏关县、榆次区、介休市、左权县、和顺县、昔阳县、寿阳县、太谷县、祁县、平遥县、灵石县、尧都区、霍州市、翼城县、洪洞县、古县、安泽县、浮山县、吉县、乡宁县、蒲县、永和县、隰县、盐湖区、永济市、芮城县、新绛县、闻喜县、夏县、绛县、平陆县、垣曲县、离石区、汾阳市、文水县、中阳县、兴县、方山县、岚县、交口县、交城县、石楼县	太原市、古交市、清徐县、阳曲县、娄烦县、大同市、阳高县、天镇县、广灵县、灵丘县、浑源县、左云县、大同县、朔州市、山阴县、应县、右玉县、怀仁县、阳泉市、平定县、盂县、襄垣县、屯留县、平顺县、黎城县、壶关县、武乡县、沁源县、城区、高平市、泽州县、沁水县、阳城县、陵川县、忻府区、原平市、定襄县、五台县、代县、繁峙县、宁武县、静乐县、神池县、五寨县、岢岚县、河曲县、保德县、偏关县、榆次区、介休市、左权县、和顺县、昔阳县、寿阳县、太谷县、祁县、平遥县、灵石县、霍州市、翼城县、洪洞县、古县、安泽县、吉县、蒲县、隰县、盐湖区、永济市、芮城县、新绛县、闻喜县、夏县、绛县、平陆县、垣曲县、离石区、汾阳市、文水县、中阳县、兴县、方山县、岚县、交口县、交城县、石楼县	太原市、阳曲县、娄烦县、大同市、阳高县、天镇县、广灵县、灵丘县、浑源县、左云县、大同县、朔州市、山阴县、应县、右玉县、怀仁县、平定县、黎城县、武乡县、沁源县、泽州县、沁水县、阳城县、陵川县、五台县、代县、繁峙县、宁武县、静乐县、神池县、五寨县、岢岚县、河曲县、保德县、偏关县、榆次区、介休市、左权县、和顺县、昔阳县、祁县、平遥县、霍州市、翼城县、洪洞县、古县、吉县、蒲县、隰县、闻喜县、夏县、绛县、平陆县、垣曲县、兴县、方山县、岚县、交口县、交城县、石楼县
	内蒙古	包头市、固阳县、土默特右旗、达尔罕茂明安联合旗、赤峰市、宁城县、巴林右旗、喀喇沁旗、察哈尔右翼中旗、乌拉特前旗、乌兰浩特市、阿尔山市、突泉县、科尔沁右翼前旗、科尔沁右翼中旗、扎赉特旗、阿拉善左旗	包头市、固阳县、土默特右旗、达尔罕茂明安联合旗、赤峰市、宁城县、巴林右旗、喀喇沁旗、察哈尔右翼中旗、乌拉特前旗、乌兰浩特市、阿尔山市、突泉县、科尔沁右翼前旗、科尔沁右翼中旗、扎赉特旗、阿拉善左旗	包头市、固阳县、土默特右旗、达尔罕茂明安联合旗、赤峰市、宁城县、乌拉特前旗、阿拉善左旗

（续表）

地区	省级政区	20世纪前半叶分布地点	20世纪后半叶分布地点	现今分布地点
东北	辽宁	沈阳市、新民市、辽中县、康平县、法库县、凌源市、抚顺市、抚顺县、新宾满族自治县、桓仁满族自治县、岫岩满族自治县、丹东市、凤城市、东港市、宽甸满族自治县、锦州市、凌海市、北镇市、黑山县、义县、葫芦岛市、兴城市、绥中县	沈阳市、新民市、辽中县、康平县、法库县、凌源市、抚顺市、抚顺县、新宾满族自治县、岫岩满族自治县、锦州市、凌海市、北镇市、黑山县、义县、葫芦岛市、兴城市、绥中县	
	吉林	蛟河市、桦甸市、舒兰市、永吉县、东丰县、东辽县、通化市、梅河口市、集安市、通化县、辉南县、柳河县、白山市、临江市、抚松县、靖宇县、长白朝鲜族自治县、延吉市、图们市、敦化市、珲春市、龙井市、和龙市、汪清县、安图县	蛟河市、桦甸市、舒兰市、永吉县、东丰县、东辽县、通化市、集安市、通化县、辉南县、柳河县、白山市、临江市、抚松县、靖宇县、长白朝鲜族自治县、延吉市、图们市、敦化市、珲春市、龙井市、和龙市、汪清县、安图县	白山市、抚松县、靖宇县、长白朝鲜族自治县、延吉市、敦化市、珲春市、龙井市、和龙市、汪清县、安图县
	黑龙江	哈尔滨市、双城市、尚志市、五常市、依兰县、方正县、宾县、巴彦县、木兰县、通河县、延寿县、齐齐哈尔市、讷河市、龙江县、依安县、泰来县、甘南县、富裕县、克山县、克东县、拜泉县、爱辉区、北安市、五大连池市、嫩江县、逊克县、孙吴县、大庆市、肇州县、肇源县、林甸县、杜尔伯特蒙古族自治县、伊春市、铁力市、嘉荫县、鹤岗市、萝北县、绥滨县、佳木斯市、同江市、富锦市、桦南县、桦川县、汤原县、抚远县、双鸭山市、集贤县、友谊县、宝清县、饶河县、七台河市、勃利县、鸡西市、虎林市、密山市、鸡东县、牡丹江市、穆棱市、绥芬河市、海林市、宁安市、东宁县、林口县、北林区、安达市、肇东市、海伦市、望奎县、兰西县、青冈县、庆安县、明水县、绥棱县、大兴安岭地区、呼玛县、塔河县、漠河县	尚志市、五常市、方正县、宾县、巴彦县、爱辉区、北安市、五大连池市、嫩江县、逊克县、孙吴县、伊春市、铁力市、嘉荫县、鹤岗市、萝北县、同江市、桦南县、双鸭山市、集贤县、宝清县、饶河县、虎林市、密山市、鸡东县、牡丹江市、穆棱市、绥芬河市、海林市、宁安市、东宁县、林口县、绥棱县、漠河县	巴彦县、鹤岗市、萝北县、同江市、桦南县、双鸭山市、集贤县、饶河县、鸡东县、牡丹江市、穆棱市、绥芬河市、海林市、宁安市、东宁县、林口县、绥棱县
华东	江苏	南京市、金坛市、溧阳市、宜兴市	南京市、金坛市、溧阳市、宜兴市	
	浙江	杭州市、临安市、富阳市、建德市、桐庐县、淳安县、湖州市、长兴县、德清县、安吉县、宁波市、慈溪市、余姚市、奉化市、宁海县、象山县、越城区、诸暨市、上虞市、嵊州市、绍兴县、新昌县、衢州市、江山市、常山县、开化县、龙游县、金华市、永康市、义乌市、东阳市、武义县、浦江县、磐安县、台州市、温岭市、三门县、天台县、仙居县、玉环县、温州市、瑞安市、乐清市、永嘉县、文成县、平阳县、泰顺县、洞头县、苍南县、莲都区、龙泉市、缙云县、青田县、云和县、遂昌县、松阳县、庆元县、景宁畲族自治县	杭州市、临安市、富阳市、建德市、桐庐县、淳安县、湖州市、长兴县、德清县、安吉县、宁波市、慈溪市、余姚市、奉化市、宁海县、象山县、越城区、诸暨市、上虞市、嵊州市、绍兴县、新昌县、衢州市、江山市、常山县、开化县、龙游县、金华市、永康市、义乌市、东阳市、武义县、浦江县、磐安县、三门县、仙居县、温州市、瑞安市、乐清市、永嘉县、文成县、泰顺县、洞头县、苍南县、莲都区、龙泉市、缙云县、青田县、云和县、遂昌县、松阳县、庆元县、景宁畲族自治县	临安市、淳安县、德清县、安吉县、诸暨市、嵊州市、开化县、义乌市、武义县、磐安县、仙居县、泰顺县、龙泉市、青田县、遂昌县、庆元县、景宁畲族自治县
	安徽	南陵县、铜陵县、安庆市、桐城市、怀宁县、枞阳县、潜山县、太湖县、宿松县、望江县、岳西县、黄山市、歙县、休宁县、黟县、祁门县、寿县、霍邱县、舒城县、金寨县、霍山县、庐江县、无为县、贵池区、东至县、石台县、青阳县、宣州区、宁国市、郎溪县、广德县、泾县、旌德县、绩溪县	南陵县、铜陵县、安庆市、桐城市、怀宁县、枞阳县、潜山县、太湖县、宿松县、望江县、岳西县、黄山市、歙县、休宁县、黟县、祁门县、寿县、霍邱县、舒城县、金寨县、霍山县、庐江县、无为县、贵池区、东至县、石台县、青阳县、宣州区、宁国市、郎溪县、广德县、泾县、旌德县、绩溪县	南陵县、铜陵县、怀宁县、潜山县、宿松县、岳西县、黄山市、歙县、休宁县、黟县、祁门县、寿县、霍邱县、舒城县、金寨县、霍山县、庐江县、贵池区、东至县、石台县、青阳县、宁国市、旌德县、绩溪县

（续表）

地区	省级政区	20世纪前半叶分布地点	20世纪后半叶分布地点	现今分布地点
	福建	福州市、福清市、长乐市、闽侯县、闽清县、延平区、邵武市、武夷山市、建瓯市、建阳市、顺昌县、浦城县、光泽县、松溪县、政和县、永安市、明溪县、清流县、宁化县、大田县、尤溪县、沙县、将乐县、泰宁县、建宁县、莆田市、仙游县、南安市、惠安县、安溪县、云霄县、漳浦县、诏安县、长泰县、平和县、华安县、新罗区、漳平市、长汀县、永定县、上杭县、武平县、连城县、蕉城区、霞浦县、柘荣县、屏南县、周宁县	福州市、福清市、长乐市、闽侯县、闽清县、延平区、邵武市、武夷山市、建瓯市、建阳市、顺昌县、浦城县、光泽县、松溪县、政和县、永安市、明溪县、清流县、宁化县、大田县、尤溪县、沙县、将乐县、泰宁县、建宁县、莆田市、仙游县、惠安县、安溪县、云霄县、漳浦县、诏安县、平和县、华安县、新罗区、漳平市、长汀县、永定县、上杭县、武平县、连城县、蕉城区、霞浦县、柘荣县、屏南县、周宁县	延平区、邵武市、武夷山市、建瓯市、建阳市、浦城县、光泽县、政和县、永安市、明溪县、清流县、宁化县、大田县、尤溪县、将乐县、泰宁县、建宁县、莆田市、安溪县、新罗区、漳平市、长汀县、上杭县、武平县、连城县、屏南县、周宁县
	江西	南昌市、南昌县、新建县、安义县、九江市、瑞昌市、九江县、修水县、德安县、星子县、都昌县、彭泽县、景德镇市、乐平市、浮梁县、贵溪市、渝水区、分宜县、萍乡市、莲花县、章贡区、瑞金市、南康市、赣县、信丰县、大余县、上犹县、崇义县、安远县、全南县、宁都县、兴国县、寻乌县、石城县、德兴市、上饶县、玉山县、铅山县、弋阳县、万年县、婺源县、临川区、南城县、崇仁县、东乡县、袁州区、丰城市、高安市、万载县、宜丰县、靖安县、铜鼓县、吉安市、井冈山市、吉安县、吉水县、峡江县、新干县、永丰县、泰和县、遂川县、永新县	南昌市、南昌县、新建县、安义县、九江市、瑞昌市、九江县、修水县、德安县、星子县、都昌县、彭泽县、景德镇市、乐平市、浮梁县、贵溪市、渝水区、萍乡市、莲花县、章贡区、瑞金市、南康市、赣县、信丰县、大余县、上犹县、崇义县、安远县、全南县、宁都县、兴国县、寻乌县、德兴市、上饶县、玉山县、铅山县、弋阳县、万年县、婺源县、临川区、南城县、崇仁县、东乡县、袁州区、丰城市、高安市、万载县、宜丰县、靖安县、铜鼓县、吉安市、井冈山市、吉安县、吉水县、峡江县、新干县、永丰县、泰和县、遂川县、永新县	九江市、瑞昌市、九江县、修水县、德安县、星子县、都昌县、彭泽县、景德镇市、乐平市、浮梁县、贵溪市、萍乡市、莲花县、信丰县、大余县、上犹县、崇义县、安远县、全南县、铅山县、弋阳县、临川区、南城县、崇仁县、东乡县、袁州区、丰城市、高安市、万载县、宜丰县、靖安县、铜鼓县、井冈山市、吉水县、永丰县
中南	河南	灵宝市、陕县、卢氏县、新安县、栾川县、嵩县、汝阳县、宜阳县、洛宁县、焦作市、孟州市、沁阳市、修武县、博爱县、武陟县、温县、辉县市、鹤壁市、浚县、淇县、林州市、襄城县、舞阳县、平顶山市、舞钢市、汝州市、宝丰县、叶县、鲁山县、郏县、南阳市、邓州市、南召县、方城县、西峡县、镇平县、内乡县、淅川县、社旗县、唐河县、新野县、桐柏县、信阳市、潢川县、光山县、固始县、商城县、罗山县、新县、确山县、泌阳县、济源市	灵宝市、陕县、卢氏县、新安县、栾川县、嵩县、汝阳县、宜阳县、洛宁县、焦作市、孟州市、沁阳市、修武县、博爱县、武陟县、温县、辉县市、鹤壁市、浚县、淇县、林州市、襄城县、舞阳县、平顶山市、舞钢市、汝州市、宝丰县、叶县、鲁山县、郏县、南阳市、邓州市、南召县、方城县、西峡县、镇平县、内乡县、淅川县、社旗县、唐河县、新野县、桐柏县、信阳市、潢川县、光山县、固始县、商城县、罗山县、新县、确山县、泌阳县、济源市	灵宝市、陕县、卢氏县、新安县、栾川县、嵩县、汝阳县、宜阳县、洛宁县、焦作市、沁阳市、修武县、博爱县、辉县市、林州市、鲁山县、南召县、西峡县、内乡县、淅川县、桐柏县、信阳市、商城县、罗山县、新县、济源市
	湖北	武汉市、十堰市、丹江口市、竹山县、房县、郧西县、竹溪县、襄樊市、老河口市、枣阳市、宜城市、南漳县、谷城县、保康县、钟祥市、京山县、安陆市、武穴市、红安县、罗田县、英山县、蕲春县、黄石市、阳新县、咸安区、赤壁市、嘉鱼县、通城县、崇阳县、通山县、松滋市、宜昌市、枝江市、宜都市、远安县、兴山县、秭归县、长阳土家族自治县、五峰土家族自治县、曾都区、广水市、神农架林区、恩施市、利川市、建始县、巴东县、宣恩县、咸丰县、来凤县、鹤峰县	武汉市、十堰市、丹江口市、竹山县、房县、郧西县、竹溪县、襄樊市、老河口市、枣阳市、宜城市、南漳县、谷城县、保康县、钟祥市、京山县、安陆市、武穴市、红安县、罗田县、英山县、蕲春县、黄石市、阳新县、咸安区、赤壁市、嘉鱼县、通城县、崇阳县、通山县、松滋市、宜昌市、枝江市、宜都市、远安县、兴山县、秭归县、长阳土家族自治县、五峰土家族自治县、曾都区、广水市、神农架林区、恩施市、利川市、建始县、巴东县、宣恩县、咸丰县、来凤县、鹤峰县	武汉市、十堰市、丹江口市、竹山县、房县、竹溪县、谷城县、保康县、武穴市、罗田县、英山县、黄石市、阳新县、通城县、崇阳县、通山县、松滋市、宜昌市、兴山县、长阳土家族自治县、五峰土家族自治县、广水市、神农架林区、恩施市、利川市、巴东县、宣恩县、咸丰县、鹤峰县

（续表）

地区	省级政区	20世纪前半叶分布地点	20世纪后半叶分布地点	现今分布地点
	湖南	长沙县、望城县、桑植县、常德市、汉寿县、澧县、桃源县、石门县、益阳市、沅江市、南县、桃江县、安化县、汨罗市、湘阴县、平江县、株洲市、醴陵市、株洲县、茶陵县、炎陵县、湘潭市、湘乡市、湘潭县、衡阳市、常宁市、耒阳市、衡南县、衡山县、衡东县、祁东县、郴州市、资兴市、桂阳县、永兴县、宜章县、嘉禾县、临武县、汝城县、桂东县、安仁县、东安县、道县、宁远县、江永县、蓝山县、新田县、双牌县、江华瑶族自治县、邵阳市、武冈市、邵东县、邵阳县、新邵县、隆回县、洞口县、绥宁县、新宁县、城步苗族自治县、鹤城区、沅陵县、辰溪县、溆浦县、中方县、麻阳苗族自治县、新晃侗族自治县、芷江侗族自治县、靖州苗族侗族自治县、通道侗族自治县、娄星区、涟源市、双峰县、泸溪县、凤凰县、花垣县、保靖县、永顺县、龙山县	长沙县、望城县、桑植县、常德市、汉寿县、澧县、桃源县、石门县、益阳市、沅江市、南县、桃江县、安化县、汨罗市、湘阴县、平江县、株洲市、醴陵市、株洲县、茶陵县、炎陵县、湘潭市、湘乡市、湘潭县、衡阳市、常宁市、耒阳市、衡南县、衡山县、衡东县、祁东县、郴州市、资兴市、桂阳县、永兴县、宜章县、嘉禾县、临武县、汝城县、桂东县、安仁县、东安县、道县、宁远县、江永县、蓝山县、新田县、双牌县、江华瑶族自治县、邵阳市、武冈市、邵东县、邵阳县、新邵县、隆回县、洞口县、绥宁县、新宁县、城步苗族自治县、鹤城区、沅陵县、辰溪县、溆浦县、中方县、麻阳苗族自治县、新晃侗族自治县、芷江侗族自治县、通道侗族自治县、娄星区、涟源市、双峰县、泸溪县、凤凰县、花垣县、保靖县、永顺县、龙山县	桑植县、常德市、桃源县、石门县、桃江县、常宁市、衡东县、宜章县、桂东县、东安县、道县、宁远县、江永县、双牌县、江华瑶族自治县、邵东县、新邵县、新宁县、涟源市、双峰县、凤凰县、保靖县、永顺县、龙山县
	广东	广州市、增城市、从化市、清城区、英德市、连州市、阳山县、连南瑶族自治县、韶关市、乐昌市、南雄市、始兴县、仁化县、翁源县、新丰县、紫金县、龙川县、梅江区、兴宁市、梅县、大埔县、丰顺县、平远县、蕉岭县、湘桥区、潮安县、饶平县、汕头市、南澳县、榕城区、普宁市、揭东县、揭西县、惠来县、惠州市、博罗县、惠东县、龙门县、东莞市、深圳市、恩平市、开平市、四会市、广宁县、怀集县、德庆县、云城区、云安县、郁南县、阳春市、茂名市、化州市、信宜市、电白县、廉江市、徐闻县	从化市、清城区、英德市、连州市、阳山县、连南瑶族自治县、韶关市、乐昌市、南雄市、仁化县、翁源县、新丰县、紫金县、龙川县、兴宁市、大埔县、平远县、湘桥区、汕头市、南澳县、榕城区、普宁市、揭东县、揭西县、惠来县、惠州市、博罗县、惠东县、龙门县、深圳市、广宁县、怀集县、德庆县、云城区、云安县、阳春市、茂名市、化州市、信宜市、电白县	英德市、连州市、阳山县、连南瑶族自治县、韶关市、仁化县、新丰县、紫金县、龙川县、大埔县、平远县、博罗县、惠东县、龙门县、深圳市、怀集县、德庆县、信宜市、电白县
	广西	南宁市、武鸣县、宾阳县、上林县、隆安县、马山县、阳朔县、临桂县、灵川县、兴安县、永福县、灌阳县、资源县、平乐县、荔浦县、龙胜各族自治县、柳州市、柳江县、柳城县、鹿寨县、融安县、三江侗族自治县、融水苗族自治县、梧州市、岑溪市、苍梧县、藤县、蒙山县、贵港市、桂平市、平南县、玉州区、北流市、容县、陆川县、博白县、钦州市、浦北县、合浦县、防城港市、上思县、江州区、扶绥县、大新县、天等县、宁明县、龙州县、右江区、田东县、德保县、那坡县、凌云县、乐业县、西林县、田林县、天峨县、东兰县、巴马瑶族自治县、罗城仫佬族自治县、环江毛南族自治县、兴宾区、象州县、武宣县、金秀瑶族自治县、八步区、昭平县、钟山县、富川瑶族自治县	武鸣县、宾阳县、上林县、隆安县、马山县、临桂县、兴安县、永福县、灌阳县、资源县、平乐县、荔浦县、龙胜各族自治县、柳州市、柳江县、柳城县、融安县、融水苗族自治县、梧州市、岑溪市、苍梧县、藤县、蒙山县、平南县、玉州区、北流市、容县、博白县、钦州市、浦北县、合浦县、防城港市、上思县、扶绥县、大新县、天等县、宁明县、龙州县、右江区、田东县、德保县、那坡县、乐业县、西林县、田林县、天峨县、东兰县、巴马瑶族自治县、罗城仫佬族自治县、环江毛南族自治县、象州县、武宣县、金秀瑶族自治县、八步区、昭平县、钟山县、富川瑶族自治县	临桂县、兴安县、资源县、龙胜各族自治县、融水苗族自治县、梧州市、岑溪市、苍梧县、藤县、蒙山县、钦州市、防城港市、上思县、龙州县、右江区、德保县、那坡县、乐业县、西林县、田林县、巴马瑶族自治县、罗城仫佬族自治县、环江毛南族自治县、八步区、昭平县
	海南	海口市、三亚市、万宁市、东方市、儋州市、临高县、琼中黎族苗族自治县、保亭黎族苗族自治县、乐东黎族自治县	万宁市、儋州市、临高县、琼中黎族苗族自治县	万宁市、儋州市、琼中黎族苗族自治县
	香港	香港	香港	

（续表）

地区	省级政区	20世纪前半叶分布地点	20世纪后半叶分布地点	现今分布地点
西南	重庆	万盛区、渝北区、巴南区、万州区、涪陵区、黔江区、长寿区、江津区、合川区、永川区、南川区、綦江县、潼南县、铜梁县、大足县、璧山县、垫江县、武隆县、丰都县、城口县、梁平县、开县、巫溪县、巫山县、奉节县、云阳县、忠县、石柱土家族自治县、彭水苗族土家族自治县、秀山土家族苗族自治县	万盛区、渝北区、巴南区、万州区、涪陵区、黔江区、长寿区、江津区、合川区、永川区、南川区、綦江县、潼南县、铜梁县、璧山县、垫江县、武隆县、丰都县、城口县、梁平县、开县、巫溪县、巫山县、奉节县、云阳县、忠县、石柱土家族自治县、彭水苗族土家族自治县、秀山土家族苗族自治县	万盛区、渝北区、涪陵区、黔江区、长寿区、江津区、南川区、武隆县、丰都县、城口县、开县、巫溪县、巫山县、秀山土家族苗族自治县
	四川	都江堰市、彭州市、邛崃市、崇州市、大邑县、蒲江县、广元市、旺苍县、青川县、剑阁县、苍溪县、江油市、三台县、盐亭县、安县、梓潼县、北川羌族自治县、平武县、旌阳区、什邡市、绵竹市、中江县、阆中市、西充县、广安区、华蓥市、邻水县、射洪县、隆昌县、乐山市、峨眉山市、犍为县、夹江县、沐川县、峨边彝族自治县、马边彝族自治县、荣县、泸州市、泸县、合江县、叙永县、古蔺县、翠屏区、南溪县、江安县、长宁县、高县、筠连县、珙县、兴文县、屏山县、米易县、盐边县、巴州区、通江县、南江县、通川区、万源市、达县、宣汉县、开江县、大竹县、渠县、雁江区、洪雅县、丹棱县、雨城区、名山县、荥经县、汉源县、石棉县、天全县、芦山县、宝兴县、汶川县、茂县、松潘县、九寨沟县、金川县、小金县、阿坝县、若尔盖县、红原县、康定县、泸定县、丹巴县、九龙县、雅江县、道孚县、炉霍县、甘孜县、新龙县、德格县、白玉县、石渠县、色达县、理塘县、巴塘县、乡城县、稻城县、得荣县、西昌市、盐源县、德昌县、会理县、会东县、宁南县、普格县、布拖县、金阳县、昭觉县、喜德县、冕宁县、越西县、甘洛县、美姑县、雷波县、木里藏族自治县	达县、宣汉县、开江县、都江堰市、彭州市、邛崃市、崇州市、大邑县、蒲江县、广元市、旺苍县、青川县、剑阁县、苍溪县、江油市、三台县、盐亭县、安县、梓潼县、北川羌族自治县、平武县、旌阳区、什邡市、绵竹市、中江县、阆中市、广安区、华蓥市、邻水县、射洪县、隆昌县、乐山市、峨眉山市、犍为县、夹江县、沐川县、峨边彝族自治县、马边彝族自治县、泸州市、泸县、合江县、叙永县、古蔺县、翠屏区、江安县、长宁县、高县、筠连县、珙县、兴文县、屏山县、米易县、盐边县、巴州区、通江县、南江县、通川区、万源市、乐至县、安岳县、东坡区、仁寿县、彭山县、大竹县、渠县、雁江区、乐至县、安岳县、东坡区、仁寿县、洪雅县、丹棱县、雨城区、名山县、荥经县、汉源县、石棉县、天全县、芦山县、宝兴县、汶川县、茂县、松潘县、九寨沟县、金川县、阿坝县、若尔盖县、红原县、康定县、泸定县、丹巴县、九龙县、雅江县、道孚县、炉霍县、甘孜县、新龙县、德格县、白玉县、石渠县、色达县、理塘县、巴塘县、乡城县、稻城县、得荣县、西昌市、盐源县、德昌县、会理县、会东县、宁南县、普格县、布拖县、金阳县、昭觉县、喜德县、冕宁县、越西县、甘洛县、美姑县、雷波县、木里藏族自治县	都江堰市、彭州市、崇州市、大邑县、旺苍县、青川县、苍溪县、江油市、平武县、邻水县、峨边彝族自治县、马边彝族自治县、古蔺县、筠连县、屏山县、盐边县、南江县、万源市、洪雅县、石棉县、天全县、宝兴县、汶川县、松潘县、九寨沟县、金川县、若尔盖县、九龙县、雅江县、炉霍县、德格县、白玉县、色达县、理塘县、巴塘县、稻城县、得荣县、西昌市、会东县、美姑县、木里藏族自治县
	贵州	贵阳市、清镇市、开阳县、修文县、息烽县、盘县、六枝特区、水城县、遵义市、赤水市、仁怀市、遵义县、桐梓县、绥阳县、正安县、凤冈县、余庆县、习水县、道真仡佬族苗族自治县、务川仡佬族苗族自治县、西秀区、普定县、大方县、金沙县、织金县、纳雍县、赫章县、江口县、石阡县、思南县、德江县、玉屏侗族自治县、印江土家族苗族自治县、沿河土家族自治县、黄平县、施秉县、岑巩县、天柱县、锦屏县、剑河县、台江县、黎平县、榕江县、雷山县、麻江县、丹寨县、都匀市、福泉市、荔波县、贵定县、瓮安县、独山县、平塘县、长顺县、惠水县、三都水族自治县、兴义市、兴仁县、贞丰县、安龙县	贵阳市、清镇市、开阳县、修文县、息烽县、盘县、水城县、遵义市、赤水市、仁怀市、遵义县、桐梓县、绥阳县、正安县、凤冈县、习水县、道真仡佬族苗族自治县、务川仡佬族苗族自治县、西秀区、普定县、大方县、金沙县、织金县、纳雍县、赫章县、江口县、石阡县、思南县、德江县、玉屏侗族自治县、印江土家族苗族自治县、沿河土家族自治县、黄平县、施秉县、岑巩县、天柱县、锦屏县、剑河县、台江县、黎平县、榕江县、雷山县、麻江县、都匀市、福泉市、荔波县、贵定县、瓮安县、独山县、平塘县、长顺县、惠水县、三都水族自治县、兴义市、兴仁县、贞丰县、安龙县	贵阳市、清镇市、开阳县、修文县、息烽县、盘县、遵义市、赤水市、仁怀市、遵义县、桐梓县、绥阳县、正安县、凤冈县、习水县、道真仡佬族苗族自治县、务川仡佬族苗族自治县、普定县、金沙县、赫章县、江口县、石阡县、思南县、德江县、印江土家族苗族自治县、沿河土家族自治县、施秉县、剑河县、台江县、榕江县、雷山县、都匀市、福泉市、荔波县、贵定县、瓮安县、平塘县、惠水县、三都水族自治县、兴义市、兴仁县、贞丰县、安龙县

（续表）

地区	省级政区	20 世纪前半叶分布地点	20 世纪后半叶分布地点	现今分布地点
	云南	昆明市、安宁市、呈贡县、晋宁县、富民县、宜良县、嵩明县、石林彝族自治县、禄劝彝族苗族自治县、寻甸回族彝族自治县、麒麟区、宣威市、马龙县、沾益县、富源县、罗平县、师宗县、陆良县、会泽县、红塔区、江川县、澄江县、通海县、华宁县、易门县、峨山彝族自治县、新平彝族傣族自治县、元江哈尼族彝族傣族自治县、隆阳区、施甸县、腾冲县、龙陵县、昌宁县、昭阳区、鲁甸县、巧家县、盐津县、大关县、永善县、绥江县、镇雄县、彝良县、威信县、水富县、古城区、永胜县、华坪县、玉龙纳西族自治县、宁蒗彝族自治县、思茅区、宁洱哈尼族彝族自治县、墨江哈尼族自治县、景东彝族自治县、景谷傣族彝族自治县、镇沅彝族哈尼族拉祜族自治县、江城哈尼族彝族自治县、孟连傣族拉祜族佤族自治县、澜沧拉祜族自治县、西盟佤族自治县、临翔区、凤庆县、云县、永德县、镇康县、双江拉祜族佤族布朗族傣族自治县、耿马傣族佤族自治县、沧源佤族自治县、潞西市、瑞丽市、梁河县、盈江县、陇川县、泸水县、福贡县、贡山独龙族怒族自治县、兰坪白族普米族自治县、香格里拉县、德钦县、维西傈僳族自治县、大理市、祥云县、宾川县、弥渡县、永平县、云龙县、洱源县、剑川县、鹤庆县、漾濞彝族自治县、南涧彝族自治县、巍山彝族回族自治县、楚雄市、双柏县、牟定县、南华县、姚安县、大姚县、永仁县、元谋县、武定县、禄丰县、蒙自县、个旧市、开远市、绿春县、建水县、石屏县、弥勒县、泸西县、元阳县、红河县、金平苗族瑶族自治县、河口瑶族自治县、屏边苗族自治县、文山县、砚山县、西畴县、麻栗坡县、马关县、丘北县、广南县、富宁县、景洪市、勐海县、勐腊县	昆明市、安宁市、呈贡县、晋宁县、富民县、宜良县、嵩明县、石林彝族自治县、禄劝彝族苗族自治县、寻甸回族彝族自治县、麒麟区、宣威市、马龙县、沾益县、富源县、罗平县、师宗县、陆良县、会泽县、红塔区、江川县、澄江县、通海县、华宁县、易门县、峨山彝族自治县、新平彝族傣族自治县、元江哈尼族彝族傣族自治县、隆阳区、施甸县、腾冲县、龙陵县、昌宁县、昭阳区、鲁甸县、巧家县、盐津县、大关县、永善县、绥江县、镇雄县、彝良县、威信县、水富县、古城区、永胜县、华坪县、玉龙纳西族自治县、宁蒗彝族自治县、思茅区、宁洱哈尼族彝族自治县、墨江哈尼族自治县、景东彝族自治县、景谷傣族彝族自治县、镇沅彝族哈尼族拉祜族自治县、江城哈尼族彝族自治县、孟连傣族拉祜族佤族自治县、澜沧拉祜族自治县、西盟佤族自治县、临翔区、凤庆县、云县、永德县、镇康县、双江拉祜族佤族布朗族傣族自治县、耿马傣族佤族自治县、沧源佤族自治县、潞西市、瑞丽市、梁河县、盈江县、陇川县、泸水县、福贡县、贡山独龙族怒族自治县、兰坪白族普米族自治县、香格里拉县、德钦县、维西傈僳族自治县、大理市、祥云县、宾川县、弥渡县、永平县、云龙县、洱源县、剑川县、鹤庆县、漾濞彝族自治县、南涧彝族自治县、巍山彝族回族自治县、楚雄市、双柏县、牟定县、南华县、姚安县、大姚县、永仁县、元谋县、武定县、禄丰县、蒙自县、个旧市、开远市、绿春县、建水县、石屏县、弥勒县、泸西县、元阳县、红河县、金平苗族瑶族自治县、河口瑶族自治县、屏边苗族自治县、文山县、砚山县、西畴县、麻栗坡县、马关县、丘北县、广南县、富宁县、景洪市、勐海县、勐腊县	晋宁县、师宗县、会泽县、澄江县、新平彝族傣族自治县、隆阳区、腾冲县、龙陵县、巧家县、永善县、水富县、古城、永胜县、玉龙纳西族自治县、思茅区、宁洱哈尼族彝族自治县、墨江哈尼族自治县、景东彝族自治县、景谷傣族彝族自治县、镇沅彝族哈尼族拉祜族自治县、江城哈尼族彝族自治县、孟连傣族拉祜族佤族自治县、澜沧拉祜族自治县、西盟佤族自治县、云县、永德县、耿马傣族佤族自治县、沧源佤族自治县、潞西市、瑞丽市、梁河县、盈江县、陇川县、泸水县、福贡县、贡山独龙族怒族自治县、兰坪白族普米族自治县、香格里拉县、德钦县、大理市、宾川县、弥渡县、永平县、云龙县、洱源县、鹤庆县、漾濞彝族自治县、南涧彝族自治县、楚雄市、双柏县、蒙自县、个旧市、绿春县、红河县、河口瑶族自治县、屏边苗族自治县、砚山县、麻栗坡县、马关县、丘北县、广南县、富宁县、景洪市、勐海县、勐腊县
	西藏	城关区、当雄县、尼木县、曲水县、堆龙德庆县、嘉黎县、比如县、索县、巴青县、昌都县、江达县、贡觉县、类乌齐县、丁青县、芒康县、洛隆县、边坝县、林芝县、工布江达县、米林县、墨脱县、波密县、察隅县、朗县、乃东县、扎囊县、贡嘎县、琼结县、曲松县、措美县、洛扎县、加查县、隆子县、错那县、浪卡子县、江孜县、定日县、萨迦县、昂仁县、白朗县、仁布县、定结县、亚东县、吉隆县、聂拉木县、岗巴县	当雄县、尼木县、曲水县、堆龙德庆县、嘉黎县、比如县、索县、巴青县、昌都县、江达县、贡觉县、类乌齐县、芒康县、洛隆县、边坝县、林芝县、工布江达县、米林县、墨脱县、波密县、察隅县、朗县、乃东县、扎囊县、贡嘎县、琼结县、曲松县、措美县、洛扎县、加查县、隆子县、错那县、浪卡子县、江孜县、定日县、萨迦县、昂仁县、白朗县、仁布县、定结县、亚东县、吉隆县、聂拉木县、岗巴县	当雄县、尼木县、曲水县、堆龙德庆县、嘉黎县、比如县、索县、昌都县、江达县、贡觉县、类乌齐县、芒康县、洛隆县、边坝县、林芝县、工布江达县、米林县、墨脱县、波密县、察隅县、朗县、洛扎县、加查县、隆子县、错那县、浪卡子县、定日县、萨迦县、昂仁县、白朗县、定结县、亚东县、吉隆县、聂拉木县

（续表）

地区	省级政区	20世纪前半叶分布地点	20世纪后半叶分布地点	现今分布地点
西北	陕西	西安市、蓝田县、周至县、户县、高陵县、宝塔区、延长县、延川县、子长县、安塞县、志丹县、吴旗县、甘泉县、富县、洛川县、宜川县、黄龙县、黄陵县、铜川市、宜君县、临渭区、华阴市、韩城市、华县、潼关县、大荔县、蒲城县、澄城县、白水县、合阳县、富平县、咸阳市、兴平市、三原县、泾阳县、乾县、礼泉县、永寿县、彬县、长武县、旬邑县、淳化县、武功县、宝鸡市、凤翔县、岐山县、扶风县、眉县、陇县、千阳县、麟游县、凤县、太白县、汉台区、南郑县、城固县、洋县、西乡县、勉县、宁强县、略阳县、镇巴县、留坝县、佛坪县、榆阳区、神木县、府谷县、横山县、靖边县、定边县、绥德县、米脂县、佳县、吴堡县、清涧县、子洲县、汉滨区、汉阴县、石泉县、宁陕县、紫阳县、岚皋县、平利县、镇坪县、旬阳县、白河县、商州区、洛南县、丹凤县、商南县、山阳县、镇安县、柞水县	西安市、蓝田县、周至县、户县、高陵县、宝塔区、延长县、延川县、子长县、安塞县、志丹县、吴旗县、甘泉县、富县、洛川县、宜川县、黄龙县、黄陵县、铜川市、宜君县、临渭区、华阴市、韩城市、华县、潼关县、大荔县、蒲城县、澄城县、白水县、合阳县、富平县、咸阳市、兴平市、三原县、泾阳县、乾县、礼泉县、永寿县、彬县、长武县、旬邑县、淳化县、武功县、宝鸡市、凤翔县、岐山县、扶风县、眉县、陇县、千阳县、麟游县、凤县、太白县、汉台区、南郑县、城固县、洋县、西乡县、勉县、宁强县、略阳县、镇巴县、留坝县、佛坪县、榆阳区、神木县、府谷县、横山县、靖边县、定边县、绥德县、米脂县、佳县、吴堡县、清涧县、子洲县、汉滨区、汉阴县、石泉县、宁陕县、紫阳县、岚皋县、平利县、镇坪县、旬阳县、白河县、商州区、洛南县、丹凤县、商南县、山阳县、镇安县、柞水县	西安市、周至县、户县、延长县、富县、洛川县、宜川县、黄龙县、黄陵县、宜君县、华阴市、韩城市、华县、白水县、三原县、永寿县、彬县、长武县、旬邑县、淳化县、岐山县、扶风县、眉县、陇县、凤县、太白县、南郑县、城固县、洋县、西乡县、宁强县、留坝县、佛坪县、石泉县、宁陕县、岚皋县、平利县、镇坪县、旬阳县、洛南县、丹凤县、商南县、山阳县、镇安县、柞水县
	甘肃	兰州市、榆中县、永昌县、景泰县、天水市、清水县、甘谷县、张家川回族自治县、敦煌市、西峰区、庆城县、环县、华池县、合水县、正宁县、宁县、镇原县、崆峒区、灵台县、崇信县、华亭县、庄浪县、静宁县、通渭县、临洮县、漳县、岷县、渭源县、武都区、成县、康县、文县、两当县、徽县、临夏县、康乐县、和政县、临潭县、卓尼县、舟曲县、迭部县、夏河县	兰州市、榆中县、永昌县、景泰县、天水市、清水县、甘谷县、张家川回族自治县、敦煌市、西峰区、庆城县、环县、华池县、合水县、正宁县、宁县、镇原县、崆峒区、崇信县、华亭县、庄浪县、静宁县、通渭县、临洮县、漳县、岷县、渭源县、武都区、成县、康县、文县、两当县、徽县、临夏县、康乐县、和政县、临潭县、卓尼县、舟曲县、迭部县	榆中县、天水市、清水县、甘谷县、张家川回族自治县、华池县、合水县、正宁县、宁县、崆峒区、崇信县、庄浪县、临洮县、漳县、渭源县、武都区、成县、康县、文县、两当县、徽县、临夏县、康乐县、和政县、临潭县、卓尼县、舟曲县
	青海	同德县、贵德县、兴海县、泽库县、河南蒙古族自治县、玛沁县、班玛县、甘德县、达日县、久治县、玛多县、玉树县、杂多县、称多县、治多县、囊谦县、曲麻莱县、格尔木市	同德县、贵德县、兴海县、泽库县、河南蒙古族自治县、玛沁县、班玛县、甘德县、达日县、久治县、玛多县、玉树县、杂多县、称多县、治多县、囊谦县、曲麻莱县、格尔木市	同德县、兴海县、泽库县、河南蒙古族自治县、玛沁县、班玛县、甘德县、达日县、久治县、玛多县、玉树县、杂多县、称多县、治多县、囊谦县、曲麻莱县、格尔木市
	宁夏	银川市、灵武市、永宁县、贺兰县、石嘴山市、平罗县、利通区、青铜峡市、盐池县、同心县、原州区、西吉县、隆德县、泾源县、彭阳县、沙坡头区、中宁县	银川市、永宁县、贺兰县、石嘴山市、平罗县、盐池县、原州区、西吉县、隆德县、泾源县、彭阳县、沙坡头区、中宁县	银川市、永宁县、贺兰县、石嘴山市、平罗县、原州区、隆德县、泾源县、彭阳县

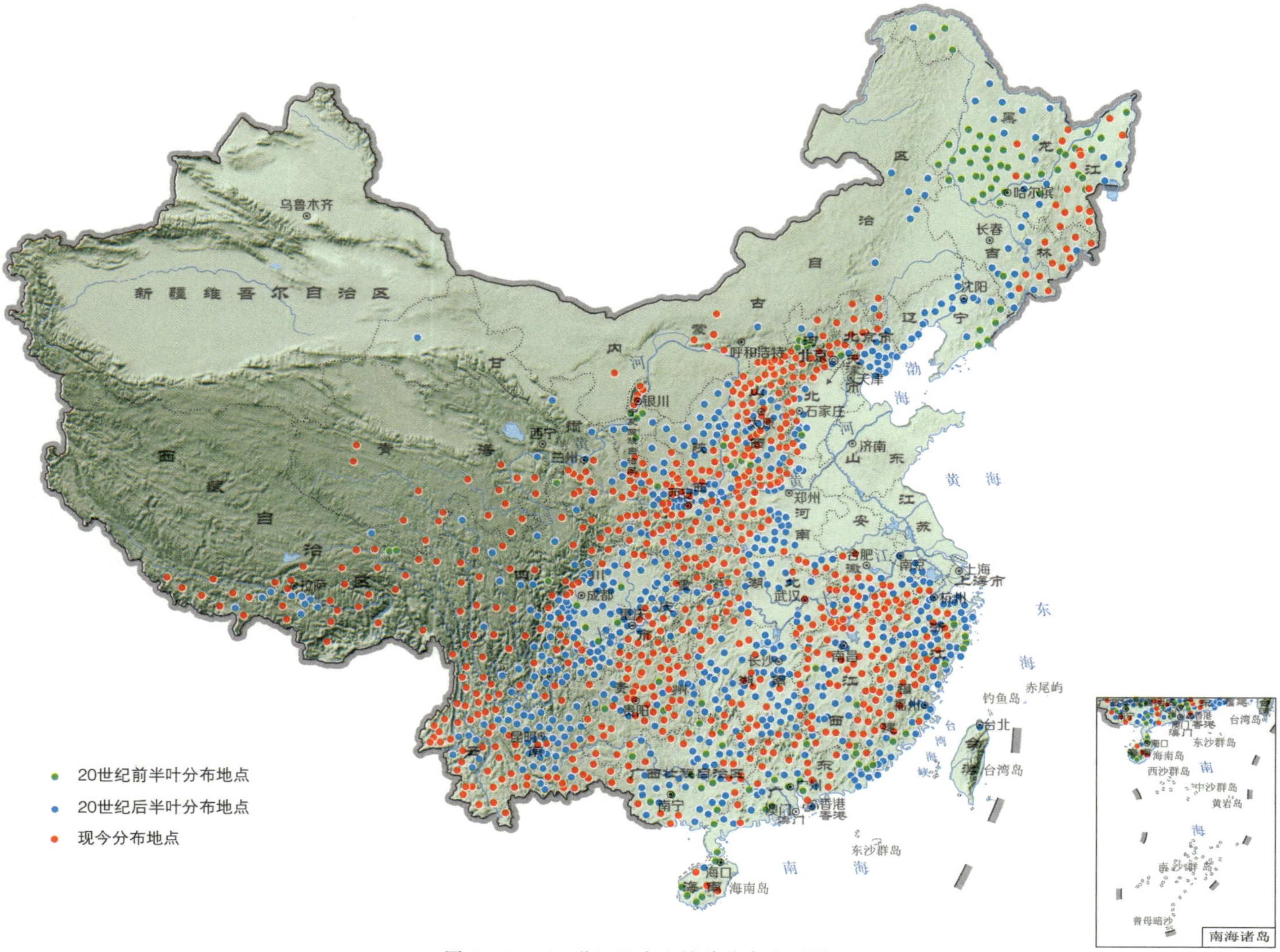

图 16.77　20 世纪以来金钱豹分布变迁图

7　20 世纪以来的雪豹分布变迁

雪豹仅见分布于“三北”（西北、华北、东北）与西南一带。

7.1　华北

华北仅北京市与天津市未见有雪豹分布记录。

7.1.1　河北

河北省曾有雪豹残存。

1934 年《井陉县志》记述：

豹：《本草纲目》：“……如艾叶者，曰艾叶豹。”境内西北山中，从前恒不时发现。近年已不多见矣。

按：古籍所称“艾叶豹”有今云豹与雪豹 2 种，从其分布地域看，此当是雪豹。

1937 年《河北通志稿·食货志·物产》记述：

豹：……陆玑疏云，毛赤而文黑，谓之赤豹。毛白而文黑，谓之白豹。《广志》云，狐死首丘，豹死首山，是性之异也。……然又有一种，文如艾叶者，不如钱文者值价。艾叶者，谓之艾叶豹。

按：据此反映，河北省当时除金钱豹外，还有雪豹存在，但具体地点不详，似主要在北部燕山山脉东北部。

7.1.2　山西

山西省有雪豹分布，并延续到 20 世纪后半叶。

1913年《岳阳县志》记述：

豹：似虎而小，毛白而兼黄赤。……文散者，曰艾叶豹。山中所在皆有。谚云：山有虎豹则其年丰。

按：据此反映，今安泽县确有雪豹分布。

《中国哺乳动物分布》提道，雪豹“山西：各地偶有发现”（张荣祖等，1997）。

《广灵县志》记述（山西省广灵县县志编纂委员会，1993）：

豹：栖于西南山区次生林中，多有伤牛羊。群众于1956年、1958年分别在香炉台、平城各击毙1只，身上无花纹，俗称土豹。

按：该县有金钱豹，同时“身上无花纹，俗称土豹”，疑似雪豹；且邻近的阳高县既有“金钱豹、土豹”，又有“猞狸”（猞猁），当也有雪豹分布；阳高县与广灵县皆处于阴山—燕山南麓，曾有雪豹并非绝无可能。

7.1.3 内蒙古

内蒙古自治区是华北雪豹分布最多的省级政区。

1932年《黑龙江志稿》记述：

豹：……豹，似虎而小，白面圆头，……文尖长者，曰：艾叶豹《盛京通志》。

按：据此表明，今内蒙古自治区与黑龙江省一些地方的“豹”中有雪豹等。

《中国经济动物志：兽类》提到，雪豹在“阴山山脉，均有出产”（寿振黄，1962）。

《中国动物志：兽纲：食肉目》称，雪豹分布于“内蒙古乌拉山一带”（高耀亭等，1987）。

《内蒙古珍稀濒危动物图谱》记述（凤凌飞，1991）：

雪豹

蒙名：查干—伊日布斯。别名：艾叶豹。

分布：喜马拉雅山以北、昆仑山、天山、阿尔泰山、阴山、祁连山、贺兰山等地。内蒙古分布于贺兰山、乌拉山，向东到大青山。

按：反映在呼和浩特市、武川县、包头市、达尔罕茂明安联合旗、集宁区、察哈尔右翼中旗、四子王旗、乌拉特前旗、阿拉善左旗等地有雪豹栖息。

《阿拉善盟志》记述（阿拉善盟志编纂委员会，1998）：

雪豹

【蒙名】查干—伊日布斯。【别名】艾叶豹。

【分布】贺兰山。

按：据此证实，当地有雪豹生息繁衍。

《中国重点陆生野生动物资源调查》称（国家林业局，2008）：

本次调查，雪豹见于内蒙古（乌拉山、大青山）。

按：据此表明，在呼和浩特市、武川县、包头市、达尔罕茂明安联合旗、集宁区、察哈尔右翼中旗、四子王旗、乌拉特前旗等地仍有雪豹生息繁衍。

● 呼和浩特市：《呼和浩特市志》记述（呼和浩特市地方志编修办公室，1999）：

雪豹：俗名土豹子，体形似金钱豹。雪豹是典型的山地动物，栖息地多为空旷多岩石的地方，很少藏身于丛林或灌木林中。雪豹的毛色美观，是一种稀有珍贵的展览动物，其皮毛在国际市场上享有很高声誉。雪豹数量稀少，分布于大青山中。

按：据此表明，在阴山山地中段的大青山（约呼和浩特市、武川县、包头市、达尔罕茂明安联合旗、集宁区、察哈尔右翼中旗、四子王旗一带）有雪豹栖息。

《武川县志》记述（《武川县志》编纂委员会，1988）：

豹子也极少见。1965年庙沟公社喜鹊村一农民曾用炸狐子的土弹炸死土豹一只，1986年冬在庙沟乡有土豹咬死牲畜之事，大蓝旗乡也偶有发现。

按：虽所称“土豹”缺乏更具体的形态描述，但当地处于大青山一带，当是雪豹。

● 包头市：包头市称，现有野兽21种，其中有“雪豹”等保护动物①。反映在包头市、固阳县、土默特右旗、达尔罕茂明安联合旗一带仍有雪豹等分布。

卓资县地处内蒙古高原阴山山脉东南麓，是个多丘陵、少平川地区。属中温带气候区，具有明显的大陆性气候特点，四季温差较大。该县境内自然资源丰富，野生动物主要出没在上高台林

①包头. http://baike.baidu.com/view/2777.htm? fromId=188483

场、保安林场和淖尔梁、灰腾梁草原。兽类有狍子、狐狸、狼、獾子、青羊、黄羊、鹿、豹子、松鼠、野兔等①。所称“豹子”，似为雪豹。

● 巴彦淖尔市：乌拉特中旗由阴山山脉东西走向的二狼山、乌梁素太山、查斯太山分割成南北不同的自然地貌，具有明显的地域差异和过渡变化；具体以固查公路为界，分为南部山前准平原区和北部高原区。由于深居大陆，远离海洋，地处高原，地域辽阔，气候差异很大，具有高原寒暑剧变的特点，属大陆性干旱气候区。现生存的野生动物有：土豹子与野驴、石羊、黄羊、团羊、青羊、狼、狐狸、野鸡、石鸡、鹌鹑、野鸭、地脯、捞鱼鹳、喜鹊、乌鸦、老鹰、猫头鹰、老雕、灰鹤、天鹅、野兔、兔狲、獾子、猞猁、刺猬、黄鼠、松鼠、蛇等②。其中所称“土豹子”，当为雪豹。

2011 年 4 月报道，乌拉特后旗牧民救助了一只长约 1 m、体重约 40 kg 的雌性年轻雪豹（图 16.78），使得乌拉特后旗的戈壁滩上有雪豹出没的信息得到证实。随后，人们将雪豹在该旗内梭梭林国家级自然保护区放生。这里灌木丛生，是黄羊、野驴等野生动物经常出没的地方，很适合雪豹生存③。

图 16.78　乌拉特后旗发现地雪豹

图 16.79　阿拉善左旗发现地雪豹

● 阿拉善盟：据 2013 年 5 月报道，3 月初，一只雪豹（图 16.79）突然出现在阿拉善左旗的大漠深处。阿拉善境内的贺兰山上曾有雪豹出没，但已绝迹多年。如今山中实施禁牧，岩羊数量猛增，调查中不时出现的岩羊尸骨似乎暗示着雪豹的回归。据介绍，根据豹子身上的斑纹和体形比对，初步断定是一只成年雪豹。阿拉善盟境内的贺兰山和北部戈壁草原上曾有雪豹分布，此后，由于人类活动频繁，雪豹绝迹了。这是自二十世纪三四十年代后，阿拉善盟境内首次发现雪豹。人们将这只雪豹送回大漠，没想到的是，放归的三个星期后，居然在 300 km 外的巴丹吉林沙漠中又被发现。野生动物专家通过对雪豹体长、花纹及残损的犬齿等重要信息进行比对，确定该雪豹为 3 月 15 日从阿拉善左旗放归的那只，可见在巴丹吉林沙漠放归不现实。经专家多方讨论，最后决定再次在该旗敖伦布拉格山附近放归，主要因为这里有山体便于雪豹隐蔽，食物和水源相对比较充足；并且这里距离乌拉特后旗近，去年这里曾发现过雪豹，很可能有雪豹种群，有利于雪豹繁衍④。

7.2　东北

东北仅辽宁省未见雪豹分布记录。

《中国经济动物志：兽类》称，雪豹在“东北偶尔发现，但为数极少”（寿振黄，1962）。

《中国动物志：兽纲：食肉目》称，据“阿部余

①卓资县. http://baike. baidu. com/link? url=J5lXKncWYq-3Qs4P0BVYLx2N2wljEwfN-atSCdlIOr_NjPvbq0iuGtCA4fjSL073

②乌拉特中旗. http://baike. baidu. com/view/168612. htm

③内蒙古乌拉特后旗发现濒危野生动物雪豹. http://news. sina. com. cn/green/news/roll/2011-04-21/095922332618. shtml

④戈壁雪豹. http://soushi. tv. cntv. cn/2013/05/30/ARTI1369883880056283. shtml；放归雪豹现身巴丹吉林 牧民发现救治再度放归. http://tieba. baidu. com/p/2284005285

四男(1944)、寿振黄等(1962)报道，在我国东北偶有发现雪豹。但是，缺少标本记录及确切的产地”(高耀亭等，1987)。

7.2.1 吉林

吉林省曾有雪豹分布，并延续到20世纪后半叶。

清宣统二年《长白汇征录》记述：

豹:《本草》引《禽虫述》云：虎生三子，一为豹。按：豹似虎而略小。俗谓，能食虎。盖其性暴，敢与虎斗也。毛赤黄，间有黑色。其文尖长如艾叶者，曰艾叶豹。

按：所称“艾叶豹”者有两种，云豹多栖息于气温较高的南方，此在纬度较高的东北，表明当地的“豹”中有雪豹等。

1915年《辑安县乡土志》记述：

豹：似虎而小，白面团头。白者，曰白豹。黑者，曰乌豹。……文尖长者，曰艾叶豹。

按：据此反映，今集安市有雪豹分布。

1931年《辑安县志》也记述：

豹：似虎而小，性猛于虎。毛赤黄，间有黑色。其文尖长如艾叶者，曰艾叶豹……境内间有之。

按：据此进一步证实境内确有雪豹。

1939年《安图县志》记述：

豹：状似虎而小，白面团头，毛色黄褐，行走迅速。……纹彩如艾叶者，曰艾叶豹。《禽虫述》云：虎生三子，一为豹。山居。猎户时或见之。

按：据此表明，该县有雪豹生息繁衍。

7.2.2 黑龙江

黑龙江省有较多雪豹分布，但延续到20世纪后半叶便再无相关信息。

《东宁县志》记述(东宁县志办公室，1989)：

豹：略小于虎。本地……体形小、身上无金钱斑的称土豹子，全县各地都有分布。伪满前，经常出没村屯，伤害人畜。解放后逐渐减少。

按：据记述看，当地有2种豹，其中“土豹子”是雪豹。

《宾县志》记述(宾县地方志办公室，1991)：

豹：二种：……另一种是土豹，体有黑纹，嘴方，尾呈淡黄色，高2尺余，长5～6尺，爪牙尖利。

按：据此表明，当地除金钱豹外，还有雪豹分布。

7.3 西南

西南除重庆市与贵州省未见雪豹分布记录外，其余3个省级政区均有雪豹栖息。

7.3.1 四川

四川省是西南雪豹分布地方最多的省级政区，在全国也是名列前茅。

《中国经济动物志：兽类》称，雪豹分布于“四川省宝兴”(寿振黄，1962)。

《四川资源动物志.第一卷，总论》记载(《四川资源动物志》编辑委员会等，1982)：

雪豹：宝兴、德格、甘孜、巴塘、小金、金川、康定。

按：据此，可反映在宝兴县、金川县、小金县、康定县、甘孜县、德格县、巴塘县等地有雪豹栖息，但调查的地方偏少。

《中国动物志：兽纲：食肉目》称，雪豹分布于“四川德格、甘孜、阿坝、雅安、凉山、宝兴、康定”(高耀亭等，1987)，亦即在雨城区、名山县、荥经县、汉源县、石棉县、天全县、芦山县、宝兴县、马尔康县、汶川县、理县、茂县、松潘县、九寨沟县、金川县、小金县、黑水县、壤塘县、阿坝县、若尔盖县、红原县、康定县、泸定县、丹巴县、九龙县、雅江县、道孚县、炉霍县、甘孜县、新龙县、德格县、白玉县、石渠县、色达县、理塘县、巴塘县、乡城县、稻城县、得荣县、西昌市、盐源县、德昌县、会理县、会东县、宁南县、普格县、布拖县、金阳县、昭觉县、喜德县、冕宁县、越西县、甘洛县、美姑县、雷波县、木里藏族自治县等地有雪豹栖息。

《中国重点陆生野生动物资源调查》称(国家林业局，2008)：

本次调查，雪豹见于……四川(金川、白玉、石渠、若尔盖等县为主要分布区；巴塘、色达、天全、汶川、炉霍等县尚有零星分布；平武、得荣等县已极为罕见或已绝迹；宝兴、大邑、德格、甘孜、小金等县曾有毛皮收购记录)。

按：据此表明，在大邑县、平武县、天全县、宝兴县、汶川县、金川县、小金县、若尔盖县、炉霍县、甘孜县、德格县、白玉县、石渠县、色达县、巴塘县、得荣县等地还有雪豹分布(个别似极度濒危，甚至绝迹)，但此调查雪豹现存地方数量仍偏低。

● 眉山市：《洪雅县志》记述(洪雅县地方志编纂委员会，1997)：

雪豹：均系国家保护动物……雪豹，俗名芝麻豹。三种豹的性情均孤僻，单独活动在中、低山林间，分布在炳灵、张村、吴庄、高庙、赵河等乡的山林中。

按：据此表明，该县有雪豹等 3 种豹类分布。

● 雅安市：石棉县到 2013 年，境内分布有脊椎动物 359 种，其中有“雪豹”等①。

《天全县志》记述（天全县志办公室，1997）：

雪豹：亦称荷叶豹、艾叶豹。生活在海拔 3 000～6 000 m 的高山峻岭中，有时下到海拔 1 000 m 左右的地方活动。分布于两路、紫石、青石、小河等乡的高山峻岭中。

按：据此可见，该县确有雪豹栖息。

《宝兴县志》记载的“野生脊椎动物名录”中“哺乳纲”有 64 种，其中还有“雪豹”等（四川省宝兴县地方志编纂委员会，2000）。反映当地有雪豹等 3 种“豹”，比较罕见。

● 阿坝州：小金县称，当地深山密林中栖息着扭角羚、苏门羚、鹿、小熊猫、雪豹、角雉、藏马鸡等多种珍稀动物②。

黑水县位于青藏高原东南缘横断山脉中段北端的岷江上游，岷山与邛崃山脉交汇处；地势由西北向东南倾斜，群山屹立，山峦起伏，雪峰对峙，河谷深切。地属季风高原型气候，旱、雨季分明，日照充足，气温年差较小，日差较大，并随海拔不同差别较大。仍有金丝猴、云豹、牛羚、盘羊、野牛等国家一、二级保护动物③。

壤塘县的香拉东吉圣山风景区栖息着许多珍稀野生动物，其中有“雪豹”等珍稀动物④。

● 甘孜州：《康定县志》记述（四川省康定县地方志编纂委员会，1995）：

雪豹：营官语称为“打门热”，鱼通语称为“洛鸟”，孔玉语称为“客染”。偶见于孔玉区山埂子、下索子沟顶、沙德俄巴绒沟。

按：据此，表明当地确有雪豹栖息。

道孚县现存珍稀野生动物有“雪豹”等多种⑤。

《巴塘县志：续编》记载：县境内有属国家一级保护动物的白唇鹿、黑金丝猴；有属国家二级保护动物的雪豹、藏羚、盘羊……黑颈鹤；有属国家三级保护动物的马麝、林麝、马鹿、白臀鹿、山鹿、岩羊、水獭、旱獭、猞猁、兔狲……此外，还有：……沙狐、熊、猴、松鼠、黄鼬、麂、赤狐、鼯鼠、野猪、马熊（四川省巴塘县地方志编纂委员会，2001）。尽管保护动物等级存在瑕疵，但还是可以证明有雪豹存在。

乡城县野生动植物资源丰富，有国家一、二级保护动物“雪豹”等 53 种⑥。

7.3.2 云南

云南省也有雪豹分布，主要在西北部。

《云南野生动物》称，有“雪豹（艾叶豹）：在雪线附近，主要在白马雪山自然保护区”（云南省科学技术委员会等，1999）。

《中国重点陆生野生动物资源调查》称（国家林业局，2008）：

云南西北部的中甸、丽江、德钦和贡山是本次调查新发现的雪豹分布地。

按：据此反映，在玉龙纳西族自治县、贡山独龙族怒族自治县、香格里拉县、德钦县等地尚有雪豹存在。

德钦县称，截止到 2014 年，国家一级保护动物尚有“雪豹”等珍稀动物⑦。

维西傈僳族自治县现有野生动物中尚有“雪豹”等⑧。

7.3.3 西藏

西藏自治区是我国雪豹分布最多的省级政区之一。

《西藏史地大纲》中只是提及有“豹”等兽类

---

①石棉县. http://baike. baidu. com/link? url = 7zEKw4Cmkjs1BEOWLmuS7VXhsUWvtwxXY6wg2yhyFGZU6CiuMoX-6OXty_AN9fJ4LjMoKR7rN_27CYYvOv_PX_

②小金县. http://baike. baidu. com/link? url=gcUDavmm0sJC4Ny2IdSYu3pk6CIw9QTBAPU3gPqmytsDwoAeWfHd-TKarF4i8W0F＃3_2

③黑水县. http://baike. baidu. com/view/991967. htm

④香拉东吉圣山风景区. http://www. bytravel. cn/Landscape/27/xiangladongjishengshanfengjingqu. html

⑤道孚县. http://baike. baidu. com/view/824773. htm

⑥乡城县. http://baike. baidu. com/link? url=DVrzsXxGAvBJR56Miko5tsjHHwI2ui_zSlbd_TFXHEz73Tx7XMkPK3MbAe14X17S

⑦德钦县. http://baike. baidu. com/link? url = 3CJUV5p-gsruVwLZLfAoPWdp77yvAZRGRxu0J3SflkqA-wtSSyjN_Gw2mL2aEW5I6i3BEtfUgo-sfGpz1eMH2K

⑧“三江并流”腹地、横断山脉中的绿宝石维西傈僳族自治县. http://blog. sina. com. cn/s/blog_489e6b210101cu8q. html

(洪涤尘,1936),实际上有雪豹等物种。

《西藏哺乳类》记载(中国科学院青藏高原综合考察队,1986):

雪豹:别名:艾叶豹。

【采集地】昌都县。吉隆县。丁青县。普兰县。拉萨市行政区某县。

按:据此证实,确有雪豹存在,但调查到的分布地方偏少。

《中国动物志:兽纲:食肉目》称,雪豹分布于"西藏珠穆朗玛峰北坡、喜马拉雅山北坡、阿里地区、昌都地区"(高耀亭等,1987)。

《西藏珍稀野生动物与保护》记述(尹秉高等,1993):

雪豹:

别名:艾叶豹、荷叶豹。

分布:喜马拉雅山以北及昆仑山、可可西里山、唐古拉山以南各县。考察中见到皮张的地点有当雄、尼木、巴青、比如、昌都、吉隆、丁青、普兰、申扎、察隅、左贡等县。

现状:1970 年,仅昌都地区 1 年就捕杀 60 只;1990 年 1~6 月,吉隆县捕杀了 11 只。据调查估计,西藏的雪豹数量约 2 000 只左右。

按:此处记载了较多具体的雪豹分布地,反映在当雄县、尼木县、比如县、申扎县、巴青县、昌都县、江达县、贡觉县、类乌齐县、丁青县、察雅县、八宿县、左贡县、芒康县、洛隆县、边坝县、察隅县、吉隆县、普兰县等地有雪豹栖息。

《羌塘:世界上最后的净土》介绍,当地 24 种哺乳动物中就有"雪豹"(刘务林,1996)。"羌塘"包括申扎县、班戈县、尼玛县、安多县、改则县、日土县等地。

《中国重点陆生野生动物资源调查》称(国家林业局,2008):

本次调查,雪豹见于……西藏(全区)。

按:尽管如此,窃以为作为 20 世纪后半叶的状况比较妥当,现今情况有待查证。

● 拉萨市:城关区地处雅鲁藏布江支流拉萨河中游河谷平原地区,地势南北高、中间低。地属高原温带半干旱气候区。境内有国家和自治区重点保护动物雪豹与黑颈鹤、金雕、胡兀鹫、高山兀鹫、马麝、彩鹳、斑头雁、自尾鹞、灰背隼、红隼、鸢、鹦鹉、毛腿沙鸡、哈曼马鸡、灰鹤、赤麻鸭、雕鸮、水獭、黄鼬、藏狐、猞猁等[①]。

● 那曲地区:安多县属高原山川类型,以唐古拉山主脉为脊,无数大小山峰连绵,呈中间高南北低、西高东低之势;由西向东,北有唐古拉山、可可西里山和祖尔肯乌拉山,中部有托尔火山,南部有桑卡等山脉。地属高原亚寒带半湿润季风气候区。常见的野生动物有:草豹与野牦牛、藏野驴、藏羚羊、岩羊、盘羊、黄羊、狐狸、狼、猞猁、狗熊、旱懒、野兔等[②]。所称"草豹",当是雪豹。

申扎县属南羌塘高原大湖盆地带,地势较缓,丘陵、高山与盆地相间。地属高原亚寒带半干旱季风气候区。野生动物资源主要有雪豹与藏羚羊、野驴、盘羊、黑颈鹤、斑头雁等,仅国家一、二类保护动物就有 20 多种[③]。

班戈县地貌受念青唐古拉山脉的控制,地势上呈现出南凹北凸。属高原亚寒带半干旱季风气候区。野生动物有雪豹与野驴、黑颈鹤、藏羚羊、熊、樟子(麝)、雪鸡、岩羊、拾俐(猞猁)、狐狸、秃赞(秃鹫)等[④]。

尼玛县地势北高南低,地形以高原、丘陵、平地为主,北部为幅员辽阔的"无人区",属高原亚寒带半干旱季风气候和高原寒带干旱气候。野生动物资源丰富,雪豹与藏羚羊、藏野驴、野牦牛、黑颈鹤、棕熊、雪鸡、藏原羚、岩羊、盘羊、斑头雁、灰鸭、黄鸭等国家一、二级保护动物达 20 余种[⑤]。

● 昌都地区:昌都县称,当地活跃着雪豹、小熊猫、滇金丝猴、白唇鹿、麝、貂、水獭、猞猁等野

①城关区. http://baike. baidu. com/link? url=TA5zUR9q5rdjEZLRrXqTQziFkyshnxcK8-ku71JbbRW9aVOlu2lLCZhVm4 GGgIefi-JA2YdsowcW1-xpyjrjmHghl3POwwDXTCWVng-Lzhae

②安多县. http://baike. baidu. com/link? url=qdxZP3T_63btMWmilopjTrJJnusVpvoFUD-eGbS65945-FIEqPj1CFfSbeesFzc3

③申扎县. http://baike. baidu. com/link? url=jWuJCxQkS27gBgmv_h-4EMcTi4DfipN9i_ozY7gc6Uvvw5g_Rqxw0QarNZ4bNt9y

④班戈县. http://baike. baidu. com/link? url=4n5h2ms5pYVZj0orglpTCOWOv6sGoavpVXiazQnHJZReh5INnAH3XFb_qIbb9nrP

⑤尼玛县. http://baike. baidu. com/link? url=Zax4YGpwHScTUJN7Lhi802lDesAAXza309KoSj3TaZzarR02WN0lgIigPOOeFE-k

生动物[①]。

边坝县现有国家一级保护动物“雪豹”等[②]。

● 林芝地区：工布江达县野生动物 63 种，其中有“雪豹”等珍稀物种[③]。

墨脱县的野生动物中有“雪豹”等珍稀物种[④]。

● 山南地区：桑日县地处冈底斯山南麓，雅鲁藏布江中游河谷地带，总体地势西高东低、北高南低，呈“两山夹一江”之势。地属高原温带季风半湿润气候区，主要特点是气温偏低，长冬无夏，四季不明显。野生动物中国家一级保护动物有白唇鹿、马鹿、雪豹，二级保护动物有香獐（麝）、雪鸡、狗熊等。此外，还有狼、狍、猴、山鸡、黄羊、野兔等[⑤]。

洛扎县境内现今还有雪豹、猞猁、麝、扭角羚等珍贵野生动物[⑥]。

加查县野生动物有马鹿、白唇鹿、雪豹、黑熊、棕熊、马熊、贝母鸡、藏马鸡、麝、旱獭、水獭、金钱豹等种类[⑦]。

错那县现有野生动物“雪豹”等[⑧]。

● 日喀则地区：日喀则市处于喜马拉雅山系中段与冈底斯—念青唐古拉山中段之间，南北地势较高，其间为藏南高原和雅鲁藏布江流域；地形复杂多样，基本上由高山、宽谷和湖盆组成。大致有三种区域性气候：喜马拉雅山以北和冈底斯—念青唐古拉山以南的地区，属高原温带半干旱季风气候区；冈底斯—念青唐古拉山以北的少部分地区属高原亚寒带季风半干旱、干旱气候区；喜马拉雅山主脊线以南地区属高原温带季风半湿润气候区。据初步统计，共有哺乳类动物 53 种、两栖动物 8 种、爬行动物 6 种、飞禽 206 种，其中有雪豹与藏羚羊、野牦牛、藏野驴、长尾叶猴、黑劲鹤（黑颈鹤）、棕尾虹雉等国家一级保护动物[⑨]。

谢通门县北部位于冈底斯山脉南部，约占全县面积的 2/3；其间既有众多山峰和平缓的山丘，也有地势相对平坦的草原，还夹着许多河谷平地，低处常年积水成湖。由于地形地貌及受西南季风、西风南支流影响，形成了复杂多样的独特气候。北部严寒干燥，南部、西部半温暖半湿润。野生动物种类较多，主要有土豹子与野驴、黄羊、羚羊、樟子（麝）、雪猪、猞猁、狗熊、山猫、山鸡、雪鸡、大雁、野鸽、黄鸭、天鹅、黑颈鹤、水獭等。另外还有不少名目繁多的鸟类和鱼类[⑩]。所谓“土豹子”，当是雪豹。

康马县地处青藏高原南部，属雅鲁藏布江河谷地形，地势东西部高，中部低。属高原温带半干旱季风气候区，干湿季分明，日照充足，雨水集中。境内野生动物主要有野驴、黄羊、岩羊、盘羊、艾叶豹、黄狼、黑狼、獐子、狐狸、猞猁、野兔、旱獭、雪猪、高原鼯鼠、高原鼠兔、老鼠等[⑪]。此处“艾叶豹”，中文学名则是雪豹。

定结县属喜马拉雅山北麓湖盆区，地势南北高，中间低；东部是以错姆折林为中心的高原湖盆区，地形较宽阔平坦；中西部是以叶如藏布和金龙河为两条主线的河谷区；南部是喜马拉雅山支脉脊背高寒区，多为冰川和雪山；西南部是陈塘峡谷区，地处喜马拉雅山主脊南翼，该峡谷地势差异大，多为原始森林。主要珍贵动物资源有：国家一级保护动物雪豹与羚羊、鬣羚、喜马拉雅塔尔羊、盘羊、长尾猴、斑羚等；国家二级保护

---

①[西藏旅游]旅游区域及重要旅游城镇. http://club. news. sohu. com/rikeze/thread/! ee8227d844cc9a14

②全县耕地面积 18 万亩 · 昌都概要 · 边坝概要. http://www. tubaobei. com/show-392d32d2-0-b9058516. html

③工布江达县. http://baike. baidu. com/link? url=S9Ol0Wuv8-FQB5YDfFl-7_C3Rc8Qjvv_H9dKmO_8XIdEOTeI5EeRtdbp TSB-BIsFoq6e8XJ6a8RXk8IqaJHSF-_；全县耕地面积 18 万亩 · 林芝概要 · 工布江达概要. http://www. tubaobei. com/show-392d32d2-0-b9058516. html

④全县耕地面积 18 万亩 · 林芝概要 · 墨脱概要. http://www. tubaobei. com/show-392d32d2-0-b9058516. html

⑤桑日县. http://baike. baidu. com/link? url=ZC_BaOh0OE4fl9qxKcyefFegNjlQXPJ_D96UkywZOPW5imOTDtyeAWIHQcqX-PnX

⑥洛扎县. http://gov. xzsnw. com/szqh/31778. html

⑦加查县. http://baike. baidu. com/link? url=866ut-Z4lacbFogA14D5PhJb2EINaRl9cz95zEKxJFlThzJBQHEnA05nbKGyVxsm

⑧错那县. http://baike. baidu. com/link? url=ISmDGuI4vcDDPU2wmFLbYB1eLfOjazErVimFzspnMOL0u0zIBmoGWw6oG6cGhmHp

⑨日喀则市. http://baike. baidu. com/link? url = V56uylNDWc04mOPk7gH9uIn8dI-1jXYecedGeGmQj7tSi7b0N9hu9KNpOL85mCEiRxB6RLBov8GkTPbbS4VBFH0_KuWTOfCgVsSXn8fMm2Cbe8aCRZXjP36iYi3D7yxhYQs2tqz8lNbbCxzeZRy0La

⑩全县耕地面积 18 万亩 · 日喀则概要 · 谢通门概要. http://www. tubaobei. com/show-392d32d2-0-b9058516. html

⑪康马县资讯概况. http://www. jnxcx. com/town/kangma. html

动物熊猴、小熊猫、金猫、林麝、马麝、喜马拉雅麝等；国家三类保护动物黑熊、豹猫、赤麂和岩羊等①。此处保护动物等级有误。

2002～2004年对吉隆县现场勘察，野生动物有雪豹与熊猴、长尾叶猴、小熊猫、黑熊、棕熊、猞猁、喜马拉雅麝、狼等31种（王德刚等，2007）。

聂拉木县地处喜马拉雅山区，由南至北可分为五个地貌类型区：喜马拉雅山南麓高山峡谷区、喜马拉雅高山区、佩枯错高原湖盆区、琐断陷谷区、拉轨岗日高山区。气候以喜马拉雅山脉主脊线为界，可分为南北两大气候类型区：南区气候特征是气温高，雨量大，年均气温在10～20℃之间，降水量为2 000～2 500 mm，无霜期250天左右；北区的气候特征是高寒，干旱少雨，年均气温为3.5℃。珍禽异兽繁衍生息，主要有獐子（麝）、雪豹、小熊猫、藏雪、黄羊、藏野驴等②。

● 阿里地区：阿里地区主要动物有国家一级保护动物野牦牛、藏羚羊、西藏野驴、盘羊、雪豹、黑颈鹤、胡兀鹫等③。反映雪豹在此分布较广。

普兰县地处马甲藏布流域，具有山地灌丛草原景观；纳木阿比峰和那尼雪峰之间的孔雀河（马甲藏布）谷地，是阿里地区"雪山环绕的地方"。地属高原亚寒带干旱气候区。野生动物种类繁多，资源丰富，分布广阔，有野驴、野牛、盘羊、岩羊、雪豹、金雕等20余种，1万余头（只）④。

革吉县在羌塘高原大湖盆区，山势高耸，海拔6 000 m以上的山峰有11座，5 000 m以上的山峰有23座。地属高原亚寒干旱气候区。野生动物资源有国家一级保护动物野牦牛、黑颈鹤；国家二级保护动物盘羊、野驴、猞猁、天鹅、斑头雁、藏羚，还有草豹与哈熊、岩羊、黄羊、狐狸、雪猪、雪鸡、雪鸭、水鸭、野鸭、野兔、河鸥等⑤。所称"草豹"，当是雪豹。

措勤县地处羌塘高原大湖盆地带，是高原丘陵型、高原宽滩型地貌；山峦起伏叠嶂，山脉多为东西走向；四周高，中部为盆地，全县草原广阔，河流、湖泊众多。野生动物资源主要有土豹与野牛、野驴、盘羊、岩羊、羚羊、黄羊、野兔、狗熊、狼、水獭、狐狸、猞猁、老鹰、猫头鹰、黄鸭、白鸭、黑颈鹤、扎玛草、红柳等⑥。所谓"土豹"，当是雪豹。

噶尔县境内山峰林立，海拔多在5 000 m以上。东部有罗布山，西部有伊拉日居山山脉，中部有冈底斯山脉、日赛田山、阿弄拉山，北部有则木日山、拉梅拉山，西南部有拉加山。地属高原亚寒带干旱气候区，干燥寒冷，太阳辐射强。野生动物主要有狼、豹、野牛、野驴、黑熊、猪则、黄羊、青羊、狐狸、大头羊、藏羚羊、黑颈鹤等⑦。此处虽称"豹"，但从生态环境与物种组合等看，似为雪豹。

札达县属高原地带，平均海拔4 000 m。地属高原亚寒带干旱气候区，日照时间长，空气稀薄，干燥多风。野生动物主要有猞猁、豹子、狐狸、雪鸡、狼、大头羊、野牛、野驴⑧。此处虽也称"豹"，但从生态环境与物种组合等看，似也为雪豹。

7.4 西北

西北除陕西省外，其他省级政区皆有雪豹分布记录。

7.4.1 甘肃

甘肃省的雪豹主要分布在西部及河西走廊一带。

《中国动物志：兽纲：食肉目》称，雪豹分布于"甘肃阿克塞、肃北、肃南、武威等县"（高耀亭等，1987）。亦即说明在凉州区、肃北蒙古族自治县、阿克塞哈萨克族自治县、肃南裕固族自治县等地有雪豹分布。

《中国西北地区珍稀濒危动物志》记载（中华人民共和国濒危物种进出口管理办公室等，1994）：

①定结县. http://baike.baidu.com/link? url=DkHJMbQ98EPQwsv3CPoiKVHcqQGwkjip-pi1TL6Re3RCCsH3g5w_2ysNHkUHJI9X#8

②聂拉木县. http://baike.baidu.com/link? url=QYQp0yUFyqLCH4-A5vwQaBzpVc_aIpwqfjl6MJ-PVyty7hY4DnL4Ag6KnEI5RPfo

③阿里. http://www.xzali.gov.cn/sdjks%20.jhtml

④普兰县. http://baike.baidu.com/link? url=LR7800pIPfpiuQbKvmh_yx9icjeWvh8-8YQc2-oYNLs1ja90AJtPzTe_zfjEiwaP

⑤全县耕地面积18万亩·阿里概要·革吉概要. http://www.tubaobei.com/show-392d32d2-0-b9058516.html

⑥全县耕地面积18万亩·阿里概要·措勤概要. http://www.tubaobei.com/show-392d32d2-0-b9058516.html

⑦西藏阿里噶尔县简介. http://ngari.cncn.com/jingdian/gaerxian/profile

⑧札达. http://baike.baidu.com/link? url=Upb5NjJRe2uVXqOzPgcne6fg5XyTYUZOH_yC_05EIrYDXhzeymh4FGb_0Pe_Bjgy；全县耕地面积18万亩·阿里概要·札达概要. http://www.tubaobei.com/show-392d32d2-0-b9058516.html

雪豹：

俗名：草豹、豹、艾叶豹、荷叶豹、土豹、马豹、打马热（藏）、伊白克斯（维、哈）。

甘肃的康乐、和政、临夏、永昌、武威、张掖、肃南、肃北、阿克赛［阿克塞］、天祝、卓尼、玛曲、碌曲、夏河、舟曲、迭部等地。

按：据此说明，在永昌县、凉州区、天祝藏族自治县、肃北蒙古族自治县、阿克塞哈萨克族自治县、甘州区、肃南裕固族自治县、临夏市、临夏县、康乐县、和政县、卓尼县、舟曲县、迭部县、玛曲县、碌曲县、夏河县等地有雪豹分布。

《中国重点陆生野生动物资源调查》称（国家林业局，2008）：

本次调查，雪豹见于……甘肃（玛曲、碌曲、夏河、舟曲、迭部、张掖、肃南、肃北、阿克塞有一定种群数量；临夏、武威、肃北数量稀少）。

按：据此可证实，在凉州区、肃北蒙古族自治县、阿克塞哈萨克族自治县、甘州区、肃南裕固族自治县、临夏市、临夏县、舟曲县、迭部县、玛曲县、碌曲县、夏河县等地仍有雪豹存在，但此次调查雪豹分布地的数量偏低。

● 金昌市：《金昌市志》记述（甘肃省金昌市地方志编纂委员会，1995）：

雪豹：草豹、土豹、艾叶豹。系食肉目猫科动物。生活于海拔 3 000～4 800 m 的石质山和林中裸岩地带，以岩羊、麝、鹿、旱獭、兔及家畜为食。性残忍，行动敏捷，喜夜行，行走路线较固定。

按：此处不仅列出雪豹的多种别称，而且从生态与习性等看，也与雪豹相吻合，说明在今金川区、永昌县有所分布。

据报道，金昌市境内有各类野生动物 220 种，其中国家保护动物有雪豹、淡腹雪鸡、蓝马鸡、马鹿、麝、猞猁、石貂、黄羊、鹅喉羚、水獭、天鹅等[①]。证明在今金川区、永昌县仍有雪豹存在。

《永昌县志》记述（永昌县志编纂委员会，1993）：

雪豹：艾叶豹。栖息于 2 000～4 843 m 的祁连山石质山及森林中裸岩区，数量很少。

按：据此表明，当地确有雪豹分布。

永昌县境内地势以山地、平原为主，戈壁、沙漠东西展开，南北山岭夹峙，相间排列，山地平川交错，绿洲荒漠绵延。地属温带大陆性气候区，冬无严寒，夏无酷暑。据称，当地兽类主要有黑熊、雪豹、豺、紫貂、水獭、猞猁、麝、马鹿、滩黄羊等 40 多种[②]。

● 武威市：《天祝县志》记述（天祝藏族自治县志编纂委员会，1994）：

雪豹：主要分布在毛藏、祁连、马牙雪山一带，现有数目约为 30 只。

按：确认该县有雪豹存在。

● 酒泉市：瓜州县地处安敦盆地内，地形南北高，逐渐向盆地中央疏勒河谷地倾斜；北部最高处为芨芨台子山，南部为祁连山北麓山前地带，中部走廊地带被北东向的截山子分为两部分。地属典型的大陆性气候区。野生动物有雪豹、金雕等国家一、二级保护动物 26 种[③]。

《阿克塞哈萨克族自治县志》记述（阿克塞哈萨克族自治县地方志编纂委员会，1993）：

雪豹：常出现在深山和丘陵地带。毛色明显地不同于其他豹类，背毛很淡，呈灰白色。身上有不规则的黑圈，圈内有小黑斑，耳小尾长，栖息于深山野岭，多在夜间出没，以肉为食。毛长厚且柔软，质地很好，属于珍贵的皮毛兽。

按：反映出雪豹特征，表明当地确有此物种。

阿克塞哈萨克族自治县处于柴达木盆地荒漠与河西走廊荒漠包围之中，地形呈狭长状。以当金山口为界，西部阿尔金山脉横贯，东部有党河南山、赛什腾山、吐尔根达坂山等山脉，均呈西北—东南走向分布；由山区到盆地中心，大体可以分为山岳、丘陵、平原三种地貌类型。在群山大漠深处栖息着 28 种野生动物，有野骆驼、野牦牛、野驴、盘羊、藏原羚、黄羊、雪豹等受国家保护的珍贵动物[④]。

● 张掖市：临泽县位于河西走廊中部，地形

---

①金昌市资讯概况. http://www.bzeip.com/townab/jinchang2.html

②永昌县的资讯. http://www.cntics.com/townkl/yongchang.html

③瓜州县. http://baike.baidu.com/link?url=g9BkUXopEQbRRgGlaHRI4CJ2WqF9l-PgkYnfVs-66dto_UYp3cvNjDVFQMeLYgCNDLrGIvbb-cC8RLFmDH2mka

④阿克塞哈萨克族自治县政府公众信息网. http://www.akesai.gov.cn/bigClassdeta.asp?typeid=18&BigClassid=60&BigClassName=

特征是“两山夹一川”，南屏祁连峻峰，北蔽合黎峰峦，中部是平坦的走廊平原；地势南北高、中间低，由东南向西北逐渐倾斜。地属大陆性荒漠草原气候区，气候干燥，降雨稀少。《临泽县志》记载的兽类有：犏牛、牦牛、山羊、青羊、绵羊（斑羚）、黄羊（蒙古羚羊）、野猪、家兔、草兔、骆驼、草原斑猫、荒漠猫、豹、豺、狼、狐（草狐、沙狐）、刺猬、水獭（水狗）等野生动物（临泽县县志编纂委员会，2001）。从生态环境与物种组合看，所称“豹”似为“雪豹”。

肃南裕固族自治县地处河西走廊中部、祁连山北麓。气候大部属高寒山地半干旱气候，部分属温带干旱气候。祁连山横贯全境，冰川总储量159亿 m^3，有水源涵养林33万公顷。据称，山林和草原上生栖着白唇鹿、獐、野牛、大头羊、熊、豹、狼、猞猁、旱獭、雪鸡、蓝马鸡等野生动物①。此处所称“豹”值得注意，因为1994年《肃南裕固族自治县志》明确是“雪豹”，而甘肃祁连山自然保护区现今存在的也是雪豹。

7.4.2　青海

青海省较多地方有雪豹分布。

《中国经济动物志：兽类》称，雪豹在“青海省东北部祁连县均有捕获”（寿振黄，1962）。

《中国动物志：兽纲：食肉目》称，雪豹分布于“青海祁连山地、柴达木周围山地及果洛、玉树高原等地”（高耀亭等，1987）。

《中国西北地区珍稀濒危动物志》记载，雪豹分布（中华人民共和国濒危物种进出口管理办公室等，1994）：

青海的贵德、互助、门源、祁连、天峻、都兰、格尔木、贵南、兴海、治多、杂多、囊谦、玉树、称多、曲麻莱、玛多、玛沁、久治、班玛、达日及大柴旦的部分地区，北部的祁连山、托勒南山，中部的巴颜喀拉山、布尔汗布达山、阿尼玛卿山及南部的唐古拉山，东部的西倾山。

按：据此反映，在互助土族自治县志、祁连县、门源回族自治县、贵德县、兴海县、贵南县、玛沁县、班玛县、达日县、久治县、玛多县、玉树县、杂多县、称多县、治多县、囊谦县、曲麻莱县、德令哈市、格尔木市、乌兰县、都兰县、天峻县等地有雪豹栖息。

三江源自然保护区是长江、黄河、澜沧江源头地区，地域广阔，含同德县、兴海县、泽库县、河南蒙古族自治县、玛沁县、班玛县、甘德县、达日县、久治县、玛多县、玉树县、杂多县、称多县、治多县、囊谦县、曲麻莱县、格尔木市等地。据调查，有兽类76种，其中就有雪豹（《三江源自然保护区生态环境》编辑委员会，2002）。

《中国重点陆生野生动物资源调查》称（国家林业局，2008）：

本次调查，雪豹见于……青海（治多、杂多、曲麻莱、称多、玉树、囊谦、玛多、玛沁、久治、班玛、达日、都兰、天峻、大柴旦、格尔木、祁连、门源）。

按：据此可证实，在祁连县、门源回族自治县、玛沁县、班玛县、达日县、久治县、玛多县、玉树县、杂多县、称多县、治多县、囊谦县、曲麻莱县、格尔木市、乌兰县、都兰县、天峻县等地仍有雪豹栖息，但此次调查的雪豹分布地方偏少。

● 西宁市：据称，西宁市现已查明的有经济价值的动物有250多种，其中有雪豹、野骆驼、野牦牛、野驴、盘羊、白唇鹿、苏门羚等10种国家级保护动物②。

民国八年《大通县志》记述：

豹：《释名》：程，一名失刺。李时珍曰：豹性暴，故名曰豹。弘景曰：豹至稀而入用亦鲜，惟尾可贵。

按：此处虽记载“豹”（通常是金钱豹），但大通一带现一般是雪豹，反映有所分布。

● 海北州：海晏县位于青海湖盆地东北部，祁连山系大通山脉的西南麓；属高山地貌，山地面积占45%，滩地占40%，低山丘陵占10%，湟水谷地占5%。地属高原亚干旱气候区，春季干旱多风，夏季凉爽，秋季短暂，冬季漫长。当地兽类主要有雪豹与普氏原羚、马鹿、岩羊、棕熊、狼、猞猁等20多种③。

祁连县地处祁连山中段腹地，祁连山由西北向东南横贯全境。地属典型的高原大陆性气候

①大河资讯概况. http://www.bzeip.com/policab/dahe9.html

②西宁市. http://baike.baidu.com/link?url=uWToGJc3-KspYGZqbU3FsR2l2hUCVxSfVP7YeajpwrD2bX6guE3vGOJmWRPPV4E3IN0dEkTGy1FvtRJJJzpIwItDe8vCA91s9WgXmjWmvRN2P6RbJTaboO9qk_yQJ3e5#9_3

③海晏县. http://baike.baidu.com/view/470290.htm?from_id=3007225&type=syn&fromtitle=海晏&fr=aladdi

区。现野生动物有著名的野牦牛、野驴、盘羊、羚羊、白唇鹿、雪豹、马熊、黑顶鹤、天鹅、雕等 20 余种 4 万余只①。

刚察县地处青海湖盆地北部，祁连山系中部大通山地段；境内山脉走向北西，北部高山连绵，南部低缓，自北西向南倾斜；大通山横贯县境北部，桑斯扎山与赞宝化秀山将全县东西向分成两大区域：北部是黄河流域的湟水水系外流区，南部是青海湖环湖内陆水系的内流区；全县分为山丘、丘陵、平原三大地貌类型。地属典型的高原大陆性气候。野生动物有普氏原羚、白唇鹿、马鹿、棕熊、雪豹、盘羊等 20 多种 2 万余头（只）②。

门源回族自治县地处祁连山系东端，地形复杂；北部祁连山麓群峰耸立，南部达板山高拔陡峻，大通河谷地较平坦；山地面积占 83.1%，盆地面积占 16.9%。地处中纬度西风带区；具有典型的日照时间长、太阳辐射强、昼夜温差大等高原寒温湿润性气候特征。有国家保护的珍贵动物青鹿、马鹿、麝、雪豹、猞猁、水獭、天鹅、雪鸡、兰马鸡等 10 余种③。

● 海南州：贵德县全境沟壑纵横，山川相间，呈现多级河流阶地和盆地丘陵地貌；地势南北高，中间低，形成四山环抱的河谷盆地。属高原大陆性气候，光照时间长，太阳辐射强。野生动物有 36 科 106 种，其中兽类 15 种，有雪豹、藏原羚、马鹿、马麝、岩羊、石貂、荒漠猫、兔狲、猞猁、沙狐、狼等④。

《兴海县志》在“稀有珍贵动物”中记载有“雪豹”等（兴海县志编纂委员会，2000）。据近期报道，仍称：“还有珍贵的国家一级保护动物野牛、野驴、盘羊、雪豹等”⑤。

贵南县地处祁连山边缘至昆仑山的过渡地带，西倾山与黄河之间；境内南部高山连绵、挺拔高耸；中部为高原滩地，地势开阔平坦，其中木格滩沙漠是典型的内陆沙漠滩地，沙丘连绵，牧草点点，黄河及其支流切割冲刷所形成的台地和谷地，或宽或窄，相对平坦；北部拉西瓦黄河边是境内最低点。地属高原大陆性气候，冬长夏短。野生动物有马鹿、麝、雪豹、岩羊、猞猁、雪鸡、马鸡等国家保护的稀有动物⑥。

● 黄南州：尖扎县全县地势西高东低，河谷、低山丘陵和中高山地地域的垂直差异明显；境内山脉属西倾山余脉，海拔都在 3 500 m 以上。地属高原大陆性气候，为青藏高原特殊型气候区。野生动物中有旱獭、狐、猞猁、扫雪、水獭、麝、鼯鼠、岩羊、苏门羚、兰马鸡（蓝马鸡）、雪豹等⑦。

● 果洛州：玛沁县境内西北部和北部高山环绕，积石山脉绵延全境，阿尼玛卿雪山逶迤北部，山脉走向为西北、东南向，有低山、丘陵、滩地、谷地。地属大陆性寒润性气候区，东西部差异较大：西北部寒冷湿润，东南部由寒温潮湿逐渐到冷温湿润。县境内有野生动物（经济兽类）20 余种，有雪豹与野牦牛、野驴、羚羊、白唇鹿、岩羊、盘羊、麝、棕熊、猞猁、黄羊、水獭、豺等，分布广泛，在全县均有分布，在下大武、雪山、东倾沟、拉加、军功较多分布⑧。

班玛县现有主要野生动物中有“雪豹”等珍稀物种⑨。

甘德县地处青南高原高山峡谷向高原面的过渡地带，阿尼玛卿山支脉自西北向东南贯穿中部，地势由西北向东南倾斜，为高山山地地貌。

---

①祁连县. http://baike. baidu. com/link? url=XAgSvMmoET0PdYMfCCUTY07cTPSqvqNZiDoUtSiRQsRDr5eTVdY8Y9_w6ThnXwYl

②刚察县人民政府. http://www. qhgc. gov. cn/html/2144/64618. html

③门源回族自治县. http://baike. baidu. com/link? url=0_XxuxGj2QVLhuY97Q_lsEpb1uR-cZ_nfj5RHWVA2P4pTnaRKqny0-VHBZYh4bGBcahSbA8khNhdslh3lLMPs_

④贵德县. http://baike. baidu. com/link? url=KIMHGpJr07s1IbC83tOipqNK5R1aO4VU-DGtsVHxYy8fl6Rh3UOJXcf3yWy5Y11Z

⑤兴海城市宣传片解说词. http://www. tubaobei. com/show-26f755-1194966-e7c53b. html

⑥贵南县. http://baike. baidu. com/link? url=e5aY41HvgpsVAGkZJWr85q-T5rAObgbrvz66bQj90MDDyJwghLvLYSwvj4DcNYKRKGzDflXzHYGyJRnJ6toQ5a

⑦尖扎县. http://baike. baidu. com/link? url=Nou7Baj4JrstnBK0Zf0PaBW4S8dH1ZJsfo1-aTbd95R9l9O2rbl06RLSUIBdNaFZe2GvQsSc3oKKHxvGn8s_

⑧玛沁县. http://baike. baidu. com/link? url=-pDrFX2Dj9KCGjjU0bmQykGMd6xsI-NBZWSmE3VApomJvN9Dfal3quwiqWdQ_hS60qjVqcUz7rpD-1nQgODEUq

⑨班玛县. http://baike. baidu. com/link? url=nWDv4VNTZqkMLHkU5sr1zSomApuLlFPpo_W63w-K_VestgiqF0EhNKIGb4rMWg6NhV45sxF05mIDtumzfN2Slq

地属高原大陆性半温润气候区。当地动物数量较大的食肉动物有棕熊、豺、狼、猞猁、沙狐、红狐、水獭、雪豹、荒漠猫等，食草类动物有野驴、野牛、黄羊、岩羊、麝、狍、喜马拉雅旱獭、高原鼠兔、高原兔、马鹿等[①]。

达日县地处青藏高原境内，地貌属巴颜喀拉山原区；地形呈蝴蝶状，地势西北高，东南低。地属高寒半湿润气候区，无明显四季之分，只有冷暖之别，无绝对无霜期。现有野生动物有：雪豹与盘羊、黄羊、岩羊、猞猁、旱獭、水獭、艾虎、狗獾、棕熊、麝、野驴、白唇鹿等兽类，县内各地均有分布[②]。

久治县地处青南高原东部，境内山岭重叠，层峰起伏，巴颜喀拉山脉的年保山横贯全境；山南部多为南北走向的峡谷，山北部是宽谷和山间盆地。具有典型的高原大陆性气候特征，全年无四季之分，只有冷、暖两季。野生动物中属国家一级保护的有麝、雪豹、玉带海雕、白鹤等，二级保护的有棕熊、马鹿、岩羊、黄羊、蓝马鸡、中华秋沙鸭等[③]。

玛多县属高平原地区，地势自西北向东南倾斜，地形起伏不大，相对平坦；西北高，东南低，山间有平坦地、沙漠地、沼泽地。地属高寒草原气候区，一年之中无四季之分，只有冷暖之别。该县野生动物主要有：雪豹与野牛、野驴（俗称野马）、羚羊、黄羊、石羊、盘羊、白唇鹿、棕熊、狼、红狐、猞猁、獾猪、野猫、旱獭等[④]。

● 玉树州：玉树县现有野生动物中兽类有31种，其中有“雪豹”等珍稀物种[⑤]。

2015年10月28日报道，三江源一带的杂多县城10月10日以来接连发现雪豹、棕熊以及狼等珍稀物种“进城”。据称，这是当年雪豹第四次光临杂多县城，甚至深入县城主干道。有专家称：“表现了这个区域对于雪豹盗猎等威胁较小，保护工作到位，野生动物并不惧怕人类”，“预示生态环境向好”[⑥]。对此看法，难以苟同。野生动物理应栖息于远离人类栖居聚集区的野外，但却在秋冬之际频繁到县城，似为野外生存遇到困难而铤而走险之举。有报道称，三江源一带的久治县牧民近200头羊在4年内陆续成了雪豹的腹中餐，那是他的绝大部分家产。现有研究发现雪豹的食物中大约有1/3（巴基斯坦2010年的一项研究表明近70%）来自牧民所饲养的牛羊，剩下的则是岩羊等野生动物，这使得研究者们担心，牧民的报复性猎杀会持续并不断发酵。美国动物学家乔治·夏勒1984年在三江源考察时看见不少带枪的牧民，那时他不禁对雪豹的保护前景担忧。今天，虽然没有人再持枪，但猎杀并没有停止。在《青藏高原三江源地区雪豹的生态学研究及保护》中统计，中国1990～2011年至少有432只雪豹死于报复性猎杀和盗猎。雪豹捕食家畜所造成的损失虽然不及狼和熊，但报复性猎杀一直都存在，有时还会因为毒杀狼等其他野兽而误杀雪豹[⑦]。

治多县地势高耸，地形西南高东北低；昆仑山脉绵亘境北，乌兰乌拉山横贯境南，可可西里山横穿中西部。地属典型的高原大陆气候，昼夜温差大，冷季长达近10个月。野生动物较多，有藏羚羊、雪豹、白唇鹿、野牦牛、藏原羚、狐狸、岩羊、盘羊、藏野驴、雪鸡、麝等[⑧]。

囊谦县现野生动物中兽类有32种，“其中属于国家和省规定保护的鸟兽类有寻豹、金钱豹”[⑨]。所谓“寻豹”，疑似雪豹。

地处曲麻莱县曲麻河乡措池村的烟瘴挂峡

①甘德县人民政府. http://www.gande.gov.cn/html/17/955.html

②达日县. http://baike.baidu.com/link? url=spll8DcafctPpWx4b79VLPrs2o379Ux2wxRrjCZenJoJ7gyxPUb71wBkWHMq49IAGmjSAHeufv1Go0-Wi2kkSK

③久治县. http://baike.baidu.com/link? url=8Gt6K-NzDt8UP5eJCtOU6U_91oTKvFcMtlQfnLMC-CozFrWd3kaFIS9ljOiRp7oV

④玛多县. http://baike.baidu.com/link? url=q5z4VTh1852Jqs1bPH5twv34nl0tAVErX-ZTmOTn-y-hlJzqkHQQu3RutIfEMN9cLlBFX6Ct6Xa7wytKT23xUa

⑤玉树县. http://www.baike.com/wiki/玉树县

⑥罗云鹏. 三江源珍稀野生动物接连“进城”专家称预示生态环境向好. http://politics.people.com.cn/n/2015/1028/c70731-27750746.html

⑦雪豹生存危机：食物3成来自牧民牛羊. http://news.sohu.com/20151024/n424051856.shtml

⑧治多县. http://baike.baidu.com/link? url=YP9n5BH2Ypvy11p-nqtODsq_MymSV6juJPaLQ_W_ouQbJs91RjtqVvC9E44vYbGZ

⑨囊谦县. http://baike.baidu.com/link? url=VHAkFew1yjgzQgAUVSCjE_sj3TZIe_LqxbZWke5MyzUXj_WwODZOi9JTlskAZzDw

谷是长江上的第一大峡谷。据 2015 年 1 月报道，近 10 个月定点观测，在长江源烟瘴挂大峡谷记录到雪豹、白唇鹿、马麝、野牦牛、藏野驴、藏羚羊、兔狲、猞猁、水獭、藏原羚、盘羊、岩羊等国家保护动物。尤其是雪豹的种群密度是世界最高的，每 100 km^2 的数量超过 20 只。而以往记录，我国境内雪豹分布的平均密度是每 100 km^2 0.5～0.6 只①。

● 海西州：《海西蒙古族藏族自治州志》记述(海西蒙古族藏族自治州地方志编纂委员会，1995)：

雪豹：别名草豹、艾叶豹。

分布于天峻、都兰、格尔木等地及大柴旦部分地区。

雪豹为高山动物，栖息于高山草甸、高山灌丛和山地针叶林缘 4 种环境，夏季居于海拔 3 700～5 300 m 的高山上，冬季一般随食物情况下降到 3 000～3 600 m 的山上。巢穴设在岩石洞中或岩石下面的灌木丛中。一个巢穴往往几年都不离开。是夜行性动物，白天很少出来，或者躺在高山裸岩上晒太阳。在黄昏或黎明时最活跃。上、下山均有一定路线，喜走山脊和溪谷，经常沿着踩出的小路行走。雪豹凶猛异常，行动敏捷机警，四肢矫健，动作非常灵，善于跳跃，十几米宽的山涧一跃而过，三四米高一跃而上。以岩羊为主食，也捕食麝、狍、野兔等，在野外从不主动攻击人。夏季黄昏时，常乘岩羊群到草地觅食时，以突然袭击方式捕食岩羊，咬其喉部使之死亡。冬季饥饿则有时闯入羊圈盗食绵羊。

雪豹毛色美观，是一种稀少珍贵的展览动物，在国际市场上享有很高声誉。而且毛密而柔软，可制成皮衣、皮褥等。雪豹骨可代替虎骨治疗风湿病症，疗效亦佳。

据 1959 年青海省六干会议上统计，都兰、天峻、乌兰、德令哈、格尔木、马海、唐古拉、茫崖、冷湖的野生动物有野驴、黄羊、石羊、野猪、狗熊、哈熊、鹿、香子[麝]、草狐、哈拉、虎、豹子……

按：据此可见，雪豹在海西州分布较普遍。

海西蒙古族藏族自治州现仍称，共有野生动物 196 种，列为国家一、二级和省级保护的有 62 种，其中国家一级保护动物 16 种，分别为：雪豹、蒙古野驴、西藏野驴、野骆驼、白唇鹿、野牦牛、普氏原羚、藏羚、中华秋沙鸭、金雕、白肩雕、玉带海雕、胡兀鹫、雉鹑、黑颈鹤、丹顶鹤②。说明该州仍有雪豹栖息。

德令哈市位于柴达木盆地东北边缘，在地貌单元上分属祁连山地和柴达木盆地。地属高原大陆性气候区，具有高寒缺氧、空气干燥、少雨多风、年内四季不分的特点。境内还有丰富的野牦牛、野驴、雪豹、麝、岩羊、黄羊、雪鸡等珍稀动物③。

格尔木市地处欧亚大陆中部，地貌复杂，地形南高北低，由西向东倾斜；昆仑山、唐古拉山横贯全境，山势高峻，气势磅礴；盆地地势平坦，沙丘起伏，绿洲陷显，盐湖、碱滩、沼泽众多。地属大陆高原气候区，少雨、多风、干旱，冬季漫长寒冷，夏季凉爽短促。野生动物有雪豹与野牦牛、野驴、猞猁、藏羚羊、盘羊、岩羊、野马、鹅喉羚、棕熊、白唇鹿、红狐、狼等 20 多种④。

乌兰县四周环山，北有祁连山支脉，南靠昆仑，中间平坦；地势西北高、东南低，形成波浪形狭长倾斜走向。深居内陆腹地，气候受高压西风控制和蒙古—西伯利亚反气旋影响，气候极为干燥，表现出典型干旱大陆性气候特征，终年偏西风强劲，仅东部地区可受东南季风的影响，气候稍湿润。境内有野生兽类：雪豹、蒙古野驴、西藏野驴、野骆驼、白唇鹿、野牦牛、普氏原羚、藏羚等珍稀物种⑤。

《天峻县志》记述(天峻县县志编纂委员会，1995)：

---

①烟瘴挂峡谷发现众多珍稀动植物包括雪豹、白唇鹿、马麝等. http://www. envir. gov. cn/info/2015/1/115318. htm

②海西蒙古族藏族自治州. http://baike. baidu. com/link? url=2cHbTADfy-fwxEwWCnpSePUj5HmCKhjRuwHNghFOzVMb9dv01307-bdjzAdfjdAyzdRaqbkgrTFebLF_kK3boa

③德令哈市人民政府. http://www. qh. xinhuanet. com/dlh/2012-06/28/c_112311098. htm

④中国盐湖城：格尔木. http://www. gem. gov. cn/html/21/55419. html；格尔木市. http://baike. baidu. com/link? url=25ovZqdq6hhyWd3E48IKLnoubOLxDMMKYklLdxY2Kj7EE5eB2Jrf70aHBnWBzTUQCqhD6Q7mTf6C8ppUH4PwdK

⑤乌兰县. http://baike. baidu. com/link? url = v0xisLQxQuG44kj4-EuwbshayoVfmTiyRnTWJ2DohRjdmBpnV5GYeOJBODuketGDmb7V6ZR0N61-O4gOqgE9aq

雪豹：全县约有百只左右，主要分布在苏里、木里、舟群、阳康、快尔玛、生格诸乡。

按：据此，证实该县确有雪豹分布。

《都兰县志》记载的“兽类”列举有：豹与白唇鹿、马鹿、藏羚羊、盘羊、岩羊、黄羊、麝、野驴、野牦牛、高原兔、旱獭、雪熊、狼、猞猁等（都兰县县志编纂委员会，2001）。都兰县仍记载有岩羊、黄羊、盘羊、藏羚羊、野驴、野牦牛、白唇鹿、马鹿、狐狸、雪豹、熊、黄鸭、猞猁、石貂、沙狐、鹅喉羚等国家保护动物①。2006 年 06 月报道，动物学家在都兰国际猎场开展了雪豹考察，用自动感应照相系统拍摄到雪豹（图 16.80）影像②，证实都兰县确实仍有雪豹分布。

图 16.80　在都兰县拍摄到的雪豹背影

7.4.3　宁夏

宁夏回族自治区有雪豹分布。

据 2011 年 2 月报道，经过多年的退耕还林、封山育林，六盘山麓植被覆盖度大幅提高，一度罕见踪迹的野猪、雪豹等动物身影再现，尤其是野猪不仅多，也敢下山了。地处六盘山北麓的泾源县周沟村的村民谈道，这两年林子“稠”了，野生动物又多了起来，人们曾经在山林里远远看见过雪豹，但人兽互相戒备，未敢接近③。

7.4.4　新疆

新疆维吾尔自治区是我国雪豹分布最多的省级政区之一。

1914 年《新疆地理志·地文地理·物植物之分布》记述：

新疆野兽亦多，其种类有：虎、豹、熊、野羊、大头羊、猪、犀（?）、野马、鹿时（?）、麋（?）、兔、水獭、猞猁、狐、狼、鼠族等。就中，虎、豹则生于西湖附近，玛喇巴什附近之梧桐林、芦苇中。豹、熊、猪则生于伊犁河谷。

按：尽管所列举的个别物种待核查，但其中提及在“西湖附近”“玛喇巴什附近”与“伊犁河谷”一带有“豹”。此“豹”，现今鉴定为雪豹；“西湖”似指精河县与博乐市一带的艾比湖与赛里木湖，现今仍有雪豹分布；“玛喇巴什”即今巴楚县；伊犁河谷约在伊宁市、伊宁县、霍城县、巩留县、新源县、昭苏县、特克斯县、尼勒克县、察布查尔锡伯自治县等地，现今也有雪豹栖息，进而表明这些地方当时就有雪豹繁衍生息。

《中国经济动物志：兽类》称，雪豹分布于“新疆天山中部北面伊母萨尔（吉木萨尔县）……此外，在新疆康尔勒[库尔勒]拜城、阿克苏三地均见有雪豹皮张”（寿振黄，1962）。

《新疆南部的鸟兽》记述（中国科学院新疆综合考察队等，1965）：

雪豹：据文献记载，阿尔金山一带曾有发现。考察中曾在哈密、库尔勒、拜城、且末、若羌、尉犁等地畜产收购站见到皮张。1960 年有人在塔里木盆地铁干里克（属若羌县）附近沙漠中的芦苇地捕捉到一雪豹，据云该豹伤害过好几只家羊。

按：由此反映，在拜城县、哈密市、库尔勒市、尉犁县、若羌县、且末县等地有雪豹分布。

《新疆珍贵动物图谱》描述（梁崇岐，1986）：

雪豹（*Panthera uncial* Schreber）俗名：艾叶豹、荷叶豹。

……雪豹毛色美观，全身呈灰白色，满布黑斑……

分布：新疆昆仑山、阿尔金山、天山及阿尔泰山，海拔 3 000 m 以上有分布。国内还见于青海、甘肃、四川。新疆每年可收购少量皮子；伊犁 1980 年的豹骨收购量，只及 1958 年的 1/3，可见雪豹数量明显下降。

①都兰县. http://baike. baidu. com/link? url = hXT9rVzprkamu-O24ntXbmcguAcS6hdkIhXMIz851H6YLSsBs-edm1CSrbnDZJ8LKxVrv51AIPMy5xIM-xCj-K

②赵永新. 我国科学家首次在青藏高原拍到雪豹照片. http://env. people. com. cn/BIG5/1074/4431579. html

③宁夏六盘山区再现野猪雪豹. http://epaper. jinghua. cn/html/2011-02/22/content_633888. htm

按：泛指雪豹在新疆的一些分布地，并指出其数量明显减少。

《中国动物志：兽纲：食肉目》称，雪豹分布于“新疆阿尔金、塔里木盆地南缘（铁干里克）、昆仑山区、天山（托木尔峰地区）。另外，曾在哈密、库尔勒、拜城、阿克苏、且末、若羌、尉犁等地收购站见有皮张”（高耀亭等，1987）。

《中国西北地区珍稀濒危动物志》记载，雪豹分布（中华人民共和国濒危物种进出口管理办公室等，1994）：

新疆的昆仑山、阿尔金山、塔里木盆地南缘（铁干里克）、天山（托木尔峰地区）；在哈密、库尔勒、拜城、阿克苏、且末、若羌、尉犁等地畜产品收购站见到皮张。

按：此处记载与《中国动物志》相似。

《新疆哺乳动物的分类与分布》记载（阿布力米提·阿布部卡迪尔，2003）：

雪豹（土豹子、艾叶豹）

新疆（各山地）。包括乌鲁木齐南山和博格达山区、昌吉、呼图壁、玛纳斯、米泉、阜康、吉木萨尔、奇台、木垒山区、石河子南山区、博乐（赛里木湖周围山地）、温泉、精河（艾比湖及甘家湖附近山地）、伊犁[伊宁?]、霍城、尼勒克、新源、巩留、察布查尔、昭苏、特克斯、塔城、额敏、裕民、托里、和丰[“和布克赛尔蒙古自治县”简称]（萨吾尔山、玛伊尔山、巴尔鲁克山、塔尔巴哈台山）、乌苏、沙湾（南山）、阿勒泰、布尔津、哈巴河、吉木乃、福海、富蕴（可可托海）、青河、哈密、巴里坤、伊吾、托克逊、鄯善、库尔勒、焉耆、博湖、和硕、和静、且末、若羌、温宿（托木尔峰）、库车、拜城、乌什、柯坪、阿图什、阿合奇、乌恰、阿克陶、喀什、莎车、泽普、叶城、塔什库尔干、和田、墨玉、皮山、洛浦、策勒、于田、民丰等。

按：此处的分布地含有自然地理与政区等多种成分，具体对应地包括在下文中。

《中国重点陆生野生动物资源调查》称（国家林业局，2008）：

本次调查，雪豹见于……新疆（阿勒泰、布尔津、青河、塔城、玛纳斯、博乐、温泉、哈密、吐鲁番、轮台、塔什库尔干、皮山、且末、民丰、和田、若羌）。

按：据此可反映，在塔什库尔干塔吉克自治县、和田市、和田县、皮山县、民丰县、吐鲁番市、哈密市、博乐市、温泉县、玛纳斯县、轮台县、若羌县、塔城市、阿勒泰市、布尔津县、青河县等地仍有雪豹栖息，但此次调查的雪豹分布地方数量偏少。

● 乌鲁木齐市：据报道，乌鲁木齐市与乌鲁木齐县目前有各类野生陆栖脊椎动物约 212 种，其中有国家一级保护动物雪豹、北山羊、大鸨等 4 种[①]。

乌鲁木齐县地处天山北麓，准噶尔盆地南缘；县境地势东南高，西北低。地属温带大陆性气候区，温差大，寒暑变化剧烈，日照时数长，热量充足。野生动物有数 10 种，有国家一级保护动物雪豹、北山羊、黑鹳、大鸨 4 种，有国家二级保护动物棕熊、猞猁、雪鸡等 20 种[②]。

● 图木舒克市：图木舒克市位于塔克拉玛干沙漠西缘的叶尔羌河和喀什噶尔河流域，东与塔克拉玛干沙漠毗邻，西与帕米尔高原相连，北倚天山，南接喀喇昆仑山；地貌特征表现为平原、沙丘等。地属温带极干旱荒漠气候区，日照时间长，昼夜温差大。据称，当地野生动物 700 余种，有国家重点保护动物 116 种，其中包括蒙古野马、藏野驴、藏羚羊、雪豹等国际濒危野生动物[③]。

● 五家渠市：《农六师垦区·五家渠市志：1949～2001》记载，哺乳类有：野马、蒙古野驴、雪豹、马鹿、盘羊、岩羊、鹅喉羚、北山羊、波斑豹(?)、熊、短尾黄羊、野猪、雪兔、赤狐、沙狐、狍子、野狸子、长尾旱獭、水獭、草兔、艾鼬、猞猁、狼、草原斑猫、荒漠猫、獾、刺猬、麝鼠、狼熊、松鼠……蝙蝠等（文定讴，2001）。

● 阿克苏地区：拜城县位于天山中段南麓、却勒塔格山北缘的山间盆地、渭干河上游流域；四周群山环抱，为带状盆地。西北高东南低，自然坡坡降较大，地形复杂，北部为天山主干，南部为却勒塔格山，东部为库车达坂，西部有叠山洪沟。地属温带大陆性干旱气候区，冬季寒冷，夏

① 乌鲁木齐市. http://www.baike.com/wiki/乌鲁木齐市

② 乌鲁木齐县. http://baike.baidu.com/link? url=_gPxACEK3samFf8zyFAxQJ03RF0dvzENmsO26mw2Pj7oA0c1icfObERfdBPCzs-W#5_3

③ 中国·图木舒克市政府网. http://www.xjtmsk.gov.cn/zjws/zrzy/

季凉爽。野生动物有：雪豹与马鹿、黄羊、野山羊、盘羊、大头羊、野猪、野兔、野鸭、熊、狼、狐狸、旱獭及珍禽山鸡、雪鸡和奇兽山虎等[①]。

乌什县位于塔里木盆地西北边缘，天山南麓，托什干河上游地带；地势西北高东南低，四周为山，中间为谷地；山地占59.9%，戈壁占27.6%，谷地平原仅占12.5%。地属温暖大陆半干旱气候区。野生动物有：雪豹、黄羊、大头羊、狐狸、旱獭、雪鸡、野猪、雁、天鹅[②]。

● 和田地区：和田市地处喀喇昆仑山与塔克拉玛干大沙漠之间，南高北低，北宽南窄，由南向北倾斜。地属干旱荒漠性气候区，四季多风沙。野生动物主要有21种，属国家保护的动物有：野骆驼、野牦牛、藏野驴、雪豹、藏羚、马鹿、盘羊、石貂、鹅喉羚、北山羊、岩羊、青羊等兽类[③]。说明部分地方还有雪豹残存。

民丰县位于昆仑山北麓，塔克拉玛干沙漠南缘，地貌由南部的昆仑山地、北部的冲积扇平原和沙漠三大地形单元构成。地属典型的温带荒漠性气候区。野生动物有珍稀物种：野马、野驴、雪豹、旱獭、草狼、黄羊、青羊等多种兽类[④]。

● 吐鲁番地区：位于吐鲁番市南50 km恰特卡勒乡境内的艾丁湖，是我国内陆最低洼地，既是吐鲁番盆地水系的尾闾和最后归宿地，也是雪豹等珍稀动物的栖息地（冯晓华等，2007）。

《鄯善县志》记载"兽类：天山一带有豹、熊、大头羊、扫雪、野猪、黄羊、狼、赤狐、河猩（河狸?）、羚羊等"（鄯善县地方志编纂委员会，2001）。所称在天山一带分布的"豹"，当是雪豹。

● 哈密地区：巴里坤哈萨克自治县地势东南高、西北低，大体可以分为高中山地、高原、盆地、戈壁荒漠、湖泊五大类；地形特征是三山夹两盆：南部是巴里坤山，中部是莫钦乌拉山，北部是东准噶尔断块山系。地属温带大陆性冷凉干旱气候区，冬季严寒，夏季凉爽，光照充足，四季不分明。野生动物有马鹿、雪豹、野驴、黄羊、野猪、狼、沙狐、松貂、旱獭、雪鸡、沙鸡、鹌鹑、鹰、隼等百余种[⑤]。

● 博尔塔拉蒙古自治州：据2013年11月报道，在温泉县的别珍套山深处拍摄野生北山羊的记者意外拍摄到一只雪豹追赶北山羊的全过程[⑥]。仅选取其中4幅难得的照片（图16.81～图16.84）：一群北山羊正安详地采食；一只身上布满黑斑的雪豹翘着长长的尾巴潜行接近北山羊；待到近处，雪豹以迅雷不及掩耳之势猛扑过去；北山羊顾不得陡峭悬崖的险峻，腾跳逃命。

图16.81　采食

图16.82　潜行

①拜城县. http://baike.baidu.com/link? url=m0Bhtjb4nofXIvirTOKcOj3b1P83EhrsmCKY1J9YZloDIpMgOIus71jK5p134iUV#4_4
②乌什县. http://baike.baidu.com/link? url=Bkb4Pmq8jq6vp8vKCjXza9V0s1xhrBIUgqvUHtXnXladv5jNVEXx8u2eM2mepx5D
③和田市. http://www.xjht.gov.cn/Article/ShowArticle.aspx? ArticleID=98743
④民丰县. http://baike.baidu.com/link? url=CwzM_G90jVidZzGkcLWQrYKWBG_jfcSXDoqjiUHtSC3CGyTPci6esH45B5JUoZtn
⑤新疆·巴里坤. http://www.hami.gov.cn/10017/10017/00004/00002/index.htm
⑥震撼！中国首次拍到高清晰度雪豹捕食照片. http://lc.cf8.com.cn/rdzx/20131105/180772,7.shtml

图 16.83　猛扑

图 16.84　逃窜

● 昌吉州：《阜康县志》记载“国家重点保护野生动物分布名录·兽纲：棕熊、石貂、猞猁、兔狲、雪豹、蒙古野驴、马鹿、鹅喉羚、北山羊、盘羊”（阜康市党史地方志编纂委员会，2001）。

奇台县位于天山北麓，准噶尔盆地东南缘；地形地貌复杂多变，集沙漠、戈壁、绿洲、山谷、草原、森林和冰雪等自然景观为一体；南部山区崇山峻岭，逶迤连绵，雪峰冰川高耸入云，林海草原苍茫无际，翠谷溪流清幽隽秀，河山旖旎，绝景天成；中部平原田野广袤，阡陌纵横，一派北国田园风光；北部为荒漠戈壁。地属中温带大陆性半荒漠干旱气候区。现有马鹿、雪豹、野猪、棕熊、狍鹿、狐狸、狼、獾猪、岩羊、岩鼠、松鼠、水獭、猞猁、石貂、盘羊、野兔等 20 余种兽类①。

木垒哈萨克自治县三面环山，成为南北东三面高、中部低的半壁盆地，山势由西向东逐渐降低，盆地由东向西倾斜，在地貌上可分为山地、丘、平原、沙漠四个不同单元。地处温带荒漠，具有明显的干旱大陆性气候特征。属于国家保护的珍贵动物有：野驴、马鹿、雪豹、棕熊、鹅喉羚、大头羊、北山羊、青羊、黄羊、猞猁、扫雪、野猪等②。

● 伊犁州：伊犁哈萨克自治州记载：“雪豹则遍布各高山地”③，辖境内大部分地方仍有雪豹分布。

霍城县地势东北高、西南低，北部山区是天然林区、河流发源地和高山草场，中部是黄土丘陵，南部是伊犁河冲积平原，西南部为戈壁沙漠区。地属温带半干旱气候区。野生动物有鹿、黄羊、豹、旱獭、水獭、雪鸡等④。此处所称“豹”，应是雪豹。

巩留县东部的天山西部林区野生动物资源丰富，有陆栖脊椎动物 21 目 52 科 146 种，其中两栖纲 3 种，爬行纲 7 种，鸟纲 101 种，哺乳纲 35 种。国家一级保护动物有黑鹳、金雕、白肩雕、

①奇台县的资讯. http://www. cntics. com/townkl/qitai. html

②木垒哈萨克自治县. http://baike. baidu. com/link? url = lMbCZqCAsBJ _ rhifA82koGGjoJmbZUy1tTPNPzertEc4Ua4NX MT-WjvS10IGw1j30

③中国·伊犁. http://www. xjyl. gov. cn/Article/ShowArticle. aspx? ArticleID=8327

④霍城县. http://baike. baidu. com/link? url=JjBJ5gA1x_yYHlBY_v-oyg49Pc9LKDQXd1dOSDv1LOWhyll6Kr47Z_GuoCOFsStD

雪豹、北山羊 5 种①。

新源县位于天山北麓，伊犁河谷东端，巩乃斯河河谷地带；地势东高西低，东南北三面环山，西部为谷地。地属大陆性半干旱气候区，冬暖夏凉，山地气候特点明显。现仍有雪豹、银狐、雪鸡、马鹿等多种珍贵野生动物②。

昭苏县南部为天山主脉，山势雄伟，高峻绵亘；北部为乌孙山，呈东西走向，山体较矮；西部受沙尔套山以及哈萨克斯坦境内查旦尔山的阻隔，形成一个南、西、北三面高，东部略低的盆地，山地、丘陵与平原之比为 4∶1。地属高山半湿润性草原气候区，冬长无夏，春秋相连，没有明显的四季之分。野生动物有马鹿、熊、雪豹、旱獭、麝鼠、雪鸡、黄牛（黄羊）、棕熊、大头羊等珍稀动物③。

特克斯县位于天山北麓西部特昭盆地东端，属于山区县，93%的面积为丘陵地。地属典型的北温带大陆性气候区。当地野生动物有天山马鹿、雪豹、棕熊、天山羚、北山羊、雪鸡、松鸡、石鸡等国家珍稀保护动物④。

尼勒克县四周高山环绕，峡谷遍布；地势自东北向西南倾斜，低山丘陵地貌主要分布在喀什河流域山前地带，喀什河流域阶地上为河谷阶地平原。地属大陆性北温带气候，日照时间长，光能资源丰富，昼夜温差较大，降水丰富。东西气候差异大，山地气候特性明显。野生动物主要有天山马鹿、水貂、旱獭、雪鸡、雪豹、大头羊、狐狸、狗熊等⑤。

察布查尔锡伯自治县地处新疆西天山支脉乌孙山北麓，伊犁河以南；地势自南向北形成多级阶梯，东窄西宽，南高北低，自东向西渐趋开阔，自南向北逐渐平坦，形状像一面打开的旗帜；分为南部山区、山麓、丘陵、中部倾斜平原、北部河流阶地和河漫滩等 5 个地貌类型。地属大陆性北温带温和干旱气候，热量丰富，光照充足，四季分明。野生动物有麝鼠、旱獭、马鹿、黄羊、野羊、野猪、狼、豹、熊、狐狸、野兔、野鸭、野鸡、雪鸡、獾等。伊犁河出产的鱼类有鲤鱼、草鱼、鳊鱼、鲢鱼和鲟鱼等⑥。此处所记载的“豹”，应是雪豹。

● 塔城地区：《塔城地区志》记述（塔城地区地方志编纂委员会，1997）：

雪豹：俗名艾叶豹，体型似虎，长 1.3 m 左右，体重约 50 kg。通体灰白，满布黑斑和黑环。性凶猛机警而灵巧，主要以盘羊、北山羊、岩羊等高山高原动物及鸡类为食。是稀有观赏动物，毛密而柔软，底绒丰厚，为高级制革原料，骨可入药。

分布于塔城地区高山林区，数量极少，国家一类保护动物。

按：据此表明，在塔城地区确有雪豹分布。

塔城地区仍称，全区有雪豹、赛加羚、野驴、鹅喉羚、马鹿、猞猁、兔狲、石貂、蓑羽鹤、白鹳、大天鹅、金雕、大鸨、高山雪鸡等野生动物 27 目 69 科 286 种，其中被列为国家保护的动物有 42 种⑦。说明在塔城市、乌苏市、额敏县、沙湾县、托里县、裕民县、和布克赛尔蒙古自治县依然有雪豹存在。

乌苏市地处准噶尔盆地西南部，跨准噶尔盆地和北天山山地两大地貌单元，由北而南随海拔升高，气候、地貌的地带性差异很大，垂直分带明显，地貌类型多样。地处北温带干旱地区，属典型大陆性气候。据称，“在海拔 4 000 m 的群山

---

①巩留县. http://baike. baidu. com/link? url＝NG8BEfC64rEx60MoMd01wUnRD7yj4iWdtocjlIYnoaMl1yp1WoH1m8WmJM0YmCrK；西天山国家级自然保护区. http://baike. baidu. com/link? url＝5D_iTeqMPHEbN0vomegh0m6OMoBnTlR0dCnHP1TD-l7r0r0nXN6zdG_Ggo--IR2HRHq8RZeLMbkxTllnyhQVAK

②新源县. http://baike. baidu. com/link? url＝-PyUePN25hg_YZoMugkcd-RGOWBfaDeCxoC9dQTpS2Iu-OZI8HUpGXvMqIEocnt1

③昭苏县公众信息网. http://www. zhaosu. gov. cn/Article/ShowArticle. aspx? ArticleID＝86579

④特克斯县. http://baike. baidu. com/link? url＝zLtLln-_ECCaXVXZ1kDvStQXFfWzW01oVvtfptVVMB0Y 2i3vchdUnFjRpQ6WIpA5YcLV4RIboqa_J2_ry7Vtqq

⑤尼勒克县. http://baike. baidu. com/link? url＝LgG7EsfcAzBcJUjwqjk6RY8U872lOTegB1CqWeDedsDkhm_OPWErW-Q JRRZ-VaqacQiiAatdYcnWWoH8TPVDzD_

⑥察布查尔县. http://baike. baidu. com/link? url＝Tw7mTHd6DtZD8gbE1uuj-8m3VXWwZuVASvoGQ5EFg_PzS91oVo5UI9i-guKyDqvVa2ifB-1EmFOzcWPl_gPFFq

⑦塔城市资讯概况. http://www. jnxcx. com/town/tacheng2. html

上，有珍贵的雪莲、雪鸡、鹿和雪豹等珍禽异兽”①。

《额敏县志》记载：“兽类约30余种，其中被国家列为一、二级保护动物的有雪豹、赛加羚、鹅喉羚（黄羊）、马鹿、棕熊（狗熊）、雪兔、盘羊、石貂、兔狲、猞猁（山猫）”（额敏县地方志编纂委员会，2000）。

托里县有野生动物200余种，其中兽类31种、鸟类39种、鱼类20种、两栖爬行类6种、昆虫类150余种。属国家一级、二级保护的动物有雪豹、北山羊、紫貂、天鹅、雪鸡、马鹿、黄羊、棕熊等②。

裕民县位于塔额盆地南缘、准噶尔盆地西缘，可分为巴尔鲁克山区、山前丘陵沟壑区、山前倾斜平原区、北部冲积平原等四个地貌单位。地属典型的温带大陆性气候，昼夜温差大，日照时间长。由于境内高山、丘陵、戈壁、平原、湿地等复杂的地形，形成了独特的区域性气候：即山区气候、平原气候、湿地气候。境内有雪豹、盘羊、羚羊、黄羊、大鸨、雪鸡、天鹅、灰雁等野生动物90余种③。

● 阿勒泰地区：《阿勒泰市志》记载，野兽类有67种，具有经济开发价值的兽类品种及珍稀动物有棕熊、雪豹、北山羊、盘羊、紫貂、熊貂、马鹿、雪兔、石貂、艾虎、扫雪、赤狐、沙狐、旱獭、野猪、獾猪、猞猁、兔狲、野山羊、鹅喉羚、松鼠、麝鼠、跳鼠、狼等，属国家一级保护的动物有北山羊、紫貂、雪豹3种（阿勒泰市党史、地方志编纂委员会，2001）。表明大部分地方还有雪豹存在。

布尔津县位于阿尔泰山脉西南麓，准噶尔盆地北沿；地势由东北向西南倾斜，分三部分：北部的高、中山区，中部的低山丘陵、河谷地，南部的半荒漠低山区。地属大陆性北温带寒凉气候区，夏季干热，冬季严寒，降水量小，蒸发量大，昼夜温差大，光照充足。当地野生动物有月熊、棕熊、猞猁、扫雪、狼、豹、野猪、草兔、沙鸡等④。其中所谓“豹”，应是雪豹。

福海县地势北高南低，额尔齐斯大断裂整体将县境分为北部山区和南部平原两个地貌单元，山区地貌又可分为高山带、中山带、低山带，山前冲积—洪积平原丘陵，平原可分为两河间平原、河谷平原和沙漠。地属中温带大陆性干旱气候区。野生动物中国家一级保护动物有野驴、赛加羚羊、雪豹、河狸、丹顶鹤、蒙新野马等15种⑤。

青河县位于准噶尔盆地东北边缘，阿尔泰山东南麓；地势北高南低向西倾斜，依次分为高山、中山、低山、丘陵、戈壁、沙漠等地带。地属大陆性北温带干旱气候区，高山高寒，四季变化不明显，空气干燥，冬季漫长而寒冷，风势较大，夏季凉爽。现仍有河狸、鹅喉羚、北山羊、盘羊、紫貂、红隼、雪豹、棕熊、天鹅等几十种珍禽异兽在此地繁衍生息⑥。

吉木乃县位于准噶尔盆地北缘，萨吾尔山北麓，额尔齐斯河南岸；地势北低南高，南陡北缓；地貌分为：戈壁平原区、低山丘陵区、中山区、高山区。地属大陆性北温带寒冷气候。当地兽类有：雪豹与大头羊、野骆驼、红狐、沙狐、山狐、野猪、猞猁、马鹿、岩羊、雪兔、豺、狼、旱獭、灰兔、松鼠、田鼠、跳鼠、貂熊、紫貂、羚羊、野马羚羊、兔狲、草原斑猫、北山羊等⑦。

7.5 方志与保护区记载的雪豹

方志与自然保护区的记载从不同角度反映雪豹的分布状况。

虽有野外调查资料，然而方志记载也是反映相当部分地方的雪豹分布（表16.15）状况不可缺少的。

---

①乌苏. http://baike. baidu. com/link? url=g85KFya_T82zU1bSaIQ4PDXXylPjArEKquWmtzZPB51rQV6MR72zMf3wfg AQ5afkEWRRNr5big0lYaLWTAq7SK

②托里县. http://baike. baidu. com/link? url=2zQxfJlS7oLfi8KfC59kqRZULm05buTr-9aKGmDt1v8nIlvLXqosMLzEyJSs0CBA

③裕民县. http://baike. baidu. com/link? url=f8kNoRu3znEMXuMm5qma2vMaEtjr-cbkxpJHRFTGsmL0Tz2z58p61pM5wQV5psWD

④布尔津县. http://baike. baidu. com/link? url=76gax-S_HBUciuPWkCziArj0VF0gSz7vcX8Rbm_htHgIYcpxIrNMS48TKYlDsPTRXX-4CA2n1ufI5iTbapdMoq

⑤福海县. http://baike. baidu. com/link? url=MWMrHwucCMazWIGly3OTMUkTqcPZ1ofsl1E36qkzNyFaUcnglAskHlEFoK qN7RSM

⑥青河县. http://baike. baidu. com/link? url=f4Pw_aNhxb21iHhLFE Joqsx8Y4OkIz587LDkVyyb4YW3jxFhpFTmcG3v6UeACUuQ

⑦吉木乃县. http://jmn. gov. cn/Item/2242. aspx

表 16.15　　方志记载反映 20 世纪雪豹分布概况

地区	省级政区	今地点	文献	内容	新方志出处
华北	河北	井陉县	民国二十三年(1934)《井陉县志》	豹*	
	山西	安泽县	民国二年(1913)《岳阳县志》	豹*	
		安泽县	民国二十一年(1932)《安泽县志》	豹**	
		宁武县	1985 年《宁武县志》	雪豹	山西省宁武县县志编纂办公室,1985
		寿阳县	1989 年《寿阳县志》	雪豹(为数不多,其中雪豹为国家二类保护动物)	寿阳县志编纂委员会编.1989
		阳高县	1993 年《阳高县志》	土豹	郭海,1993
		广灵县	1993 年《广灵县志》	豹(身上无花纹,俗称土豹)*	
		文水县	1994 年《文水县志》	菊花豹	李培信,1994
		盂县	1995 年《盂县志》	虎豹(亦称艾叶豹)	盂县史志编纂委员会,1995
		左权县	1999 年《左权县志》	虎豹(艾叶豹)	左权县志编纂委员会,1999
	内蒙古	海拉尔区、满洲里市、牙克石市、根河市、额尔古纳市、新巴尔虎右旗、新巴尔虎左旗、陈巴尔虎旗、鄂温克族自治旗、鄂伦春自治旗、扎兰屯市、阿荣旗、莫力达瓦达斡尔族自治旗	民国二十一年(1932)《黑龙江志稿》	豹(艾叶豹)*	
		武川县	1988 年《武川县志》	土豹*	《武川县志》编纂委员会,1988
		乌拉特中旗	1994 年《乌拉特中旗志》	土豹子	乌拉特中旗地方志编纂委员会,1994
		土默特右旗	1994 年《土默特右旗志》	雪豹	《土默特右旗志》编纂委员会,1994
		土默特左旗	1997 年《土默特志》	狩猎者亦曾猎获……雪豹(俗称土豹子)	土默特左旗《土默特志》编纂委员会,1997
		包头市、固阳县、土默特右旗	1997 年《中国国情丛书:百县市经济社会调查:包头卷》	雪豹	丁伟志等,1997a
		阿拉善左旗	1998 年《阿拉善盟志》	雪豹*	阿拉善盟志编纂委员会,1998
		呼和浩特市区、土默特左旗、托克托县	1999 年《呼和浩特市志》	雪豹*	呼和浩特市地方志编修办公室,1999
		察哈尔右翼中旗	1999 年《察右中旗志》	土豹	察右中旗志编纂委员会,1999
		固阳县	1999 年《固阳县志》	豹	固阳县地方志编纂委员会,1999

（续表）

地区	省级政区	今地点	文　献	内　容	新方志出处
东北	吉林	白山市、临江市、抚松县、长白朝鲜族自治县、和龙市、安图县	清宣统二年（1910）《长白汇征录》	豹（艾叶豹）*	
		集安市	民国四年（1915）《辑安县乡土志》	豹*	
		安图县	民国十八年（1929）《安图县志》	豹*	
		集安市	民国二十年（1931）《辑安县志》	豹*	
		辽源市、东丰县、东辽县	1995年《辽源市志》	土豹子（24只）	辽源市地方志编纂委员会，1995
	黑龙江	宁安市	民国十三年（1924）《宁安县志》	豹（似虎而小，白面团头。……文尖长者，曰艾叶豹）	
		双城市	民国十五年（1926）《双城县志》	文豹［……文尖长者，曰艾叶豹（《盛京通志》）］	
		爱辉区、逊克县、孙吴县、嘉荫县、萝北县、大兴安岭地区、呼玛县、塔河县、漠河县、讷河市、嫩江县、哈尔滨、巴彦县、齐齐哈尔市、龙江县、依安县、甘南县、富裕县、克山县、克东县、拜泉县、北安市、五大连池市、伊春市、铁力市、北林区、海伦市、望奎县、兰西县、青冈县、庆安县、明水县、绥棱县等地	民国二十一年（1932）《黑龙江志稿》	豹（艾叶豹）*	
		东宁县	1989年《东宁县志》	豹（土豹）*	东宁县志办公室，1989
		宾县	1991年《宾县志》	豹*	宾县地方志办公室，1991
		漠河县	1993年《漠河县志》	雪豹（已在大兴安岭消失）	漠河县志编纂委员会，1993
西南	四川	松潘县	民国十三年（1924）《松潘县志》	豹（状如虎而小，其毛文。……艾叶……三种。常捕食他兽）	
		康定县	民国初年（20世纪20年代）《康定县图志》	豹	
		炉霍县	民国初年（20世纪20年代）《炉霍县图志》	豹骨	
		甘孜县	民国初年（20世纪20年代）《甘孜县图志》	豹骨	

（续表）

地区	省级政区	今地点	文献	内容	新方志出处
		新龙县	民国初年（20世纪20年代）《瞻化县图志》	豹骨	
		白玉县	民国初年（20世纪20年代）《白玉县图志》	豹骨	
		德格县	民国初年（20世纪20年代）《德格县图志》	豹骨	
		石渠县	民国初年（20世纪20年代）《石渠县图志》	豹、豹骨	
		分属德格、石渠县	民国初年（20世纪20年代）《邓科县图志》	豹骨	
		泸定县	民国初年（20世纪20年代）《泸定县图志》	豹、豹骨	
		雅江县	民国初年（20世纪20年代）《雅江县图志》	豹、豹骨	
		道孚县	民国初年（20世纪20年代）《道孚县图志》	本县鸟兽与各县同····	
		理塘县	民国初年（20世纪20年代）《理化县图志》	豹、豹骨	
		巴塘县	民国初年（20世纪20年代）《巴安县图志》	豹、豹骨	
		分属理塘、巴塘县	民国初年（20世纪20年代）《义敦县图志》	鸟兽：与巴安县同····	
		乡城县	民国初年（20世纪20年代）《定乡县图志》	鸟兽：西康全省所产之鸟兽大略相同……药材：与巴安县相同····	
		得荣县	民国初年（20世纪20年代）《得荣县图志》	鸟兽：与各县同····	
		芦山县	民国三十二年（1943）《芦山县志》	豹	
		木旦藏族自治县	1985年《木里藏族自治县概况》	豹骨	《木里藏族自治县概况·物产资源》编写组，1985
		汶川县	1992年《汶川县志》	雪豹	四川省阿坝藏族羌族自治州汶川县地方志编纂委员会，1992
		阿坝县	1993年《阿坝县志》	雪豹	阿坝县地方志编纂委员会，1993

（续表）

地区	省级政区	今地点	文献	内容	新方志出处
		长宁县	1993 年《长宁县志》	豹（已绝迹）	四川省长宁县志编纂委员会，1993
		九寨沟县	1994 年《南坪县志》	雪豹	南坪县地方志编纂委员会，1994
		马尔康县	1995 年《马尔康县志》	雪豹	四川省马尔康县志编纂委员会，1995
		康定县	1995 年《康定县志》	雪豹*	四川省康定县地方志编纂委员会，1995
		红原县	1996 年《红原县志》	雪豹	四川省红原县志编纂委员会，1996
		丹巴县	1996 年《丹巴县志》	雪豹	四川省甘孜藏族自治州丹巴县志编纂委员会，1996
		理塘县	1996 年《理塘县志》	雪豹	四川省理塘县志编纂委员会，1996
		茂县	1997 年《茂汶羌族自治县志》	雪豹（土豹）	四川省阿坝藏族羌族自治州茂汶羌族自治县地方志编纂委员会，1997
		洪雅县	1997 年《洪雅县志》	雪豹*	洪雅县地方志编纂委员会，1997
		天全县	1997 年《天全县志》	雪豹*	天全县志办公室，1997
		康定县、甘孜县	1997 年《甘孜州志》	雪豹（俗称艾叶豹）	甘孜州志编纂委员会，1997
		道孚县	1997 年《道孚县志》	雪豹	四川省道孚县志编纂委员会，1997
	云南	德钦县	1997 年《德钦县志》	雪豹	德钦县志编纂委员会，1997
	云南	维西傈僳族自治县	1999 年《维西傈僳族自治县志》	雪豹	云南省维西傈僳族自治县志编纂委员会，1999
	西藏	城关区、当雄县、堆龙德庆县	清宣统三年（1911）《西藏志》	产于拉萨至杨八景一带地方（霍甘人游牧之地）者：白豹	
	西藏	工布江达县	民国初年（约 20 世纪 20 年代）《太昭县志》	豹	
	西藏	昌都县	民国初年（约 20 世纪 20 年代）《昌都县志》	豹	
西北	甘肃	和政县	民国十九年（1930）《和政县志》	艾叶豹	
西北	甘肃	永昌县	1993 年《永昌县志》	雪豹*	永昌县志编纂委员会，1993
西北	甘肃	阿克塞哈萨克族自治县	1993 年《阿克塞哈萨克族自治县志》	雪豹*	阿克塞哈萨克族自治县地方志编纂委员会，1993
西北	甘肃	天祝县	1994 年《天祝县志》	雪豹*	天祝藏族自治县志编纂委员会，1994

（续表）

地区	省级政区	今地点	文　献	内　容	新方志出处
		肃南裕固族自治县	1994年《肃南裕固族自治县志》	雪豹（是本带唯有猛兽，捕食岩羊、雪鸡；531只）	甘肃省肃南裕固族自治县地方志编纂委员会，1994
		金川区、永昌县	1995年《金昌市志》	雪豹*	甘肃省金昌市地方志编纂委员会，1995
		临夏县	1995年《临夏县志》	豹	临夏县志编纂委员会，1995
		甘州区	1995年《张掖市志》	雪豹	甘肃省张掖市志编修委员会，1995
		民乐县	1996年《民乐县志》	雪豹	民乐县县志编纂委员会，1996
		凉州区	1998年《武威市志》	雪豹	武威市市志编纂委员会，1998
		迭部县	1998年《迭部县志》	雪豹（草豹、铁钱豹、土豹子）	迭部县志编纂委员会，1998
	青海	大通县	民国八年（1919）《大通县志》	豹*	
	青海	格尔木市	1992年《中国国情丛书：百县市经济社会调查：格尔木卷》	雪豹	丁伟志等，1992c
	青海	民和回族土族自治县	1993年《民和县志》	草豹	民和回族自治县志编纂委员会，1993
	青海	湟源县	1993年《湟源县志》	雪豹	湟源县志编纂委员会，1993
	青海	海晏县	1994年《海晏县志》	雪豹	海晏县志编纂委员会，1994
	青海	德令哈市、格尔木市、乌兰县、都兰县、天峻县	1995年《海西蒙古族藏族自治州志》	雪豹*	海西蒙古族藏族自治州地方志编纂委员会，1995
	青海	天峻县	1995年《天峻县志》	雪豹*	天峻县县志编纂委员会，1995
	青海	贵南县	1996年《贵南县志》	雪豹	贵南县志编纂委员会，1996
	青海	河南蒙古族自治县	1996年《河南县志》	雪豹	河南蒙古族自治县方志编纂委员会，1996
	青海	刚察县	1998年《刚察县志》	雪豹	刚察县志编纂委员会，1998
	青海	同德县	1999年《同德县志》	雪豹	同德县地方志编纂委员会，1999
	宁夏	银川市、灵武市、永宁县、贺兰县、石嘴山市、平罗县、利通区、青铜峡县、沙坡头区	民国十五年（1926）《朔方道志》	豹（似虎而圜文。分……艾叶两种）	
	宁夏	灵武市	1999年《灵武市志》	艾叶豹	灵武市志编纂委员会，1999
	新疆	阿克苏市、温宿县、拜城县、阿瓦提县、柯坪县	清光绪年间（1875～1908）《温宿府乡土志》	豹皮	
	新疆	阜康县	清光绪三十四年（1908）《阜康县乡土志》	豹	

（续表）

地区	省级政区	今地点	文献	内容	新方志出处
		奇台县	清光绪三十四年(1908)《奇台县乡土志》	豹(均产于深山穷谷人迹罕到之处,间有蒙民猎取之者)	
		昌吉市	清光绪三十四年(1908)《昌吉县乡土图志》	特产虎、豹(岁约二三只)	
		精河县	清光绪三十四年(1908)《精河直隶厅乡土志》	豹(南山产之)	
		轮台县	清光绪三十四年(1908)《轮台县乡土志》	豹皮	
		博乐市、温泉县、伊宁市、伊宁县、霍城县、巩留县、新源县、昭苏县、特克斯县、尼勒克县、察布查尔锡伯自治县	清光绪三十四年(1908)《伊犁府乡土志》	豹	
		玛纳斯县	清《绥来县乡土志》	豹(均产于南山深邃之处)	
		乌苏市、奎屯市	清《库尔喀喇乌苏直隶厅乡土志》	豹(南山内均产)	
		巴楚县、博乐市、精河县、伊宁市、伊宁县、霍城县、巩留县、新源县、昭苏县、特克斯县、尼勒克县、察布查尔锡伯自治县	民国三年(1914)《新疆地理志》	西湖附近、玛喇巴什附近、伊犁河谷:豹*	
		哈密市	1989年《哈密县志》	雪豹	哈密市地方志编纂委员会,1989
		轮台县	1991年《轮台县志》	雪豹	轮台县党史、县志编纂委员会,1991
		呼图壁县	1992年《呼图壁县志》	雪豹	呼图壁县志编纂委员会,1992
		温宿县	1993年《温宿县志》	雪豹	温宿县志编纂委员会,1993
		阿合奇县	1993年《阿合奇县志》	雪豹	阿合奇县志编纂委员会,1993
		玛纳斯县	1993年《玛纳斯县志》	雪豹	玛纳斯县地方志编纂委员会,1993
		尉犁县	1993年《尉犁县志》	豹	尉犁县地方志编纂委员会,1993
		石河子市	1994年《农八师垦区石河子市志》	豹子	农八师石河子市地方志编纂委员会,1994
		伊吾县	1994年《伊吾县志》	雪豹(在喀尔里克山北坡)	伊吾县地方志编纂委员会,1994
		奇台县	1994年《奇台县志》	雪豹	奇台县史志编纂委员会,1994

（续表）

地区	省级政区	今地点	文献	内容	新方志出处
		霍城县	1994 年《中国国情丛书：百县市经济社会调查：霍城卷》	豹	丁伟志等，1994c
		库车县	1995 年《中国国情丛书：百县市经济社会调查：库车卷》	豹	丁伟志等，1995b
		乌恰县	1995 年《乌恰县志》	豹、雪豹	乌恰县地方志编纂委员会，1995
		塔城市	1995 年《塔城市志》	草豹	塔城市地方志编纂委员会，1995
		吐鲁番市	1996 年《中国国情丛书：百县市经济社会调查：吐鲁番卷》	雪豹	丁伟志等，1996e
		莎车县	1996 年《莎车县志》	雪豹	莎车县地方志编纂委员会，1996
		阿图什市	1996 年《阿图什市志》	雪豹	阿图什市地方志编纂委员会，1996
		阿克陶县	1996 年《阿克陶县志》	雪豹	阿克陶县地方志编纂委员会，1996
		哈密市、伊吾县、巴里坤哈萨克自治县	1997 年《哈密地区志》	雪豹	哈密地区地方志编纂委员会，1997
		塔城市、乌苏市、额敏县、沙湾县、托里县、裕民县、和布克赛尔蒙古自治县	1997 年《塔城地区志》	雪豹*	塔城地区地方志编纂委员会，1997
		精河县	1998 年《精河县志》	雪豹	精河县《精河县志》编纂委员会，1998
		属乌鲁木齐市	1998 年《米泉县志》	雪豹	米泉县地方志编纂委员会，1998
		焉耆回族自治县	1998 年《焉耆回族自治县志》	豹	焉耆回族自治县志编纂委员会，1998
		和硕县	1999 年《和硕县志》	雪豹	和硕县地方志编纂委员会，1999

注：* 表示详见正文。* * 表示同前文。* * * * 表示“亦即也有雪豹”。

保护区中现分布有雪豹（表 16.16、图 16.85），可以表明它们依然存在。其特点有：

● 现分布有雪豹的自然保护区仅在 3 个地区，达到 53 个，总面积达 70.99 万 km^2。

● 拥有保护区数量情况按地区排序：西南（31 个），西北（19 个），华北（3 个）；与雪豹分布的状况相当。

● 拥有保护区数量较多（或超过 6 个）者按省级政区排序：四川省（19 个），西藏自治区（9 个），甘肃省（8 个），新疆维吾尔自治区（7 个）。

● 省级政区内一地有多个保护区的，仅见四川省德格县（3 个）。

● 保护区的建立时间虽在 1963～2008 年间，但主要还是 1980 年代以来建立的。

● 保护区的等级情况：4 级皆有，但国家级（占 58%）占多数，其次是省级（占 30%）与县级（占 19%）。

● 主管部门仅林业与环保两者，前者占绝对优势（高达 92%）。

● 面积最大的保护区是西藏自治区羌塘国家级自然保护区，达 298 000 km^2；面积最小的保护区是青海省隆宝国家级自然保护区，仅 100 km^2。

● 整体看，现分布有雪豹的自然保护区仅占现有雪豹分布地的 28%，偏少。

表 16.16　　栖息有雪豹的自然保护区概况

地区	省级政区	保护区名称	所处地点	面积(hm²)	级别	建立时间	主管部门
华北	内蒙古	乌拉特梭梭林蒙古野驴	乌拉特中旗、乌拉特后旗	131 800	国家级	19851001	林业
		额济纳胡杨林	额济纳旗	26 253	国家级	19860601	林业
		内蒙古贺兰山	阿拉善左旗	67 711	国家级	19920513	林业
西南	四川	卧龙	汶川县	200 000	国家级	19630402	林业
		蜂桶寨	宝兴县	39 039	国家级	19750320	林业
		勿角	九寨沟县	36 280	省级	19930101	林业
		冶勒	冕宁县	24 293	省级	19930101	林业
		黑水河	大邑县	31 790	省级	19930601	林业
		雪宝顶	平武县	63 615	国家级	19930801	林业
		察青松多白唇鹿	白玉县	143 683	国家级	19950101	林业
		小金四姑娘山	小金县	56 000	国家级	19950301	环保
		莫斯卡	丹巴县	13700	省级	19951101	林业
		海子山	理塘县、稻城县	459 161	国家级	19951108	林业
		新路海	德格县	16 875	省级	19960101	林业
		贡嘎山	泸定县、康定县、九龙县	400 000	国家级	19960301	林业
		长沙贡玛	石渠县	669 800	国家级	19971208	林业
		阿木拉	德格县	12 003	县级	19990101	林业
		台站沟	道孚县	18 136	县级	20000101	林业
		色达年龙	色达县	75 175	县级	20000101	林业
		卡松渡	德格县	29 764	县级	20010101	林业
		卡娘	炉霍县	380 000	县级	20020101	林业
		恰郎多吉	木里藏族自治县	39 076	市级	20060401	林业
	云南	白马雪山	德钦县、维西傈僳族自治县	276 400	国家级	19840101	林业
		玉龙雪山	玉龙纳西族自治县	26 000	省级	19840501	林业
		哈巴雪山	香格里拉县	21 908	省级	19850101	林业
	西藏	雅鲁藏布大峡谷	墨脱县、林芝县、波密县、米林县	916 800	国家级	19850709	林业
		珠穆朗玛峰	定日县、聂拉木县、定结县、吉隆县	3 381 000	国家级	19880405	林业
		雅鲁藏布江中游河谷黑颈鹤	林周县、达孜县、浪卡子县、拉孜县、日喀则市、南木林县	614 350	国家级	19930101	林业
		类乌齐马鹿	类乌齐县	120 615	国家级	19930101	林业
		芒康滇金丝猴	芒康县	185 300	国家级	19930101	林业
		色林错	申扎县、尼玛县、班戈县、安多县、那曲县	2 032 380	国家级	19930101	林业
		羌塘	安多县、尼玛县、改则县、革吉县、日土县、噶尔县	29 800 000	国家级	19930709	林业

（续表）

地区	省级政区	保护区名称	所处地点	面积(hm²)	级别	建立时间	主管部门
		纳木错	当雄县、班戈县	1 099 796	省级	20010705	环保
		玛旁雍错湿地	普兰县	97 499	省级	20081029	林业
西北	甘肃	盐池湾	肃北蒙古族自治县	1 360 000	国家级	19820401	林业
		尕海—则岔	碌曲县	247 431	国家级	19820902	林业
		安南坝野骆驼	阿克塞哈萨克族自治县	396 000	国家级	19821211	林业
		甘肃祁连山	凉州区、天祝藏族自治县、古浪县、永昌县、甘州区、山丹县、民乐县、肃南裕固族自治县	230 000	国家级	19870101	林业
		安西极旱荒漠	瓜州县	800 000	国家级	19870602	环保
		黄河首曲湿地候鸟	玛曲县	37 500	省级	19951123	林业
		疏勒河中下游	瓜州县	324 200	省级	20020114	林业
		太子山	临夏市、临夏县、康乐县、和政县、积石山保安族东乡族撒拉族自治县、合作市、临潭县、卓尼县、夏河县	84 700	省级	20050101	林业
	青海	隆宝	玉树县	10 000	国家级	19860709	林业
		三江源	同德县、兴海县、泽库县、河南蒙古族自治县、玛沁县、班玛县、甘德县、达日县、久治县、玛多县、玉树县、杂多县、称多县、治多县、囊谦县、曲麻莱县、格尔木市	1 5230 000	国家级	20000523	林业
		海北祁连山	互助土族自治县志、海晏县、祁连县、刚察县、门源回族自治县	834 700	省级	20051201	林业
	宁夏	宁夏贺兰山	银川市、永宁县、贺兰县、石嘴山市、平罗县	193 536	国家级	19820701	林业
	新疆	巴音布鲁克	和静县	100 000	国家级	19800509	林业
		天池	阜康市	38 069	省级	19800601	林业
		托木尔峰	温宿县	237 600	国家级	19800601	林业
		西天山	巩留县	31 217	国家级	19831002	林业
		塔什库尔干野生动物	塔什库尔干塔吉克自治县	1 500 000	省级	19840508	林业
		罗布泊野骆驼	托克逊县、吐鲁番市、鄯善县、哈密市、尉犁县、若羌县	7 800 000	国家级	19860901	环保
		夏尔希里	博乐市	31 400	省级	20000616	林业

注：①本表参考多方面信息综合而成，个别误差进行了更正。②本表据全国自然保护区名录. http://sts. mep. gov. cn/zrbhq/zrbhq/201208/t20120824_235172. htm；内蒙古乌拉特后旗发现濒危野生动物雪豹. http://news. sina. com. cn/green/news/roll/

2011-04-21/095922332618. shtml；额济纳胡杨林国家级自然保护区. http://baike. baidu. com/link? url = 1GByCDqyaTAciGBAkd2r62fvaTUV4Sbs54-s9szkiXRuJuZGm0P_rfE4ZoitWHzjNAL3PV_flu947AkZDxbZTq；内蒙古贺兰山国家级自然保护区. http://baike. baidu. com/view/334250. htm；内蒙古国家级自然保护区简介・内蒙古贺兰山自然保护区. http://www. nmgep b. gov. cn/ywgl/stbh/zrstgl/201310/t20131011_1434015. html；卧龙国家级自然保护区. http://baike. baidu. com/view/345535. htm? fromId=35318；蜂桶寨国家级自然保护区. http://baike. baidu. com/view/481806. htm? fromId=246947；勿角自然保护区. http://baike. baidu. com/view/377270. htm；冶勒自然保护区. http://baike. baidu. com/view/377448. htm；黑水河自然保护区. http://sc. zwbk. org/MyLemmaShow. aspx? lid=1496；四川雪宝顶国家级自然保护区. http://baike. baidu. com/view/848214. htm；察青松多白唇鹿自然保护区. http://baike. baidu. com/view/2263738. htm；四姑娘山国家级自然保护区. http://www. gxyyzwy. com/html/zwbh/1703621. htm；海子山自然保护区. http://baike. baidu. com/view/376373. htm；新路海白唇鹿自然保护区. http://baike. baidu. com/view/5617440. htm；贡嘎山国家级自然保护区. ttp://baike. baidu. com/view/472693. htm? subLemmaId=472693&fromenter=%B9%B1%B8%C2%C9%BD%D7%D4%C8%BB%B1%A3%BB%A4%C7%F8；阿木拉自然保护区. http://baike. baidu. com/view/496079. htm；卡松渡原始自然生态旅游风景区. http://baike. baidu. com/view/496088. htm；白马雪山自然保护区. http://www. baike. com/wiki/%E7%99%BD%E9%A9%AC%E9%9B%AA%E5%B1%B1%E8%87%AA%E7%84%B6%E4%BF%9D%E6%8A%A4%E5%8C%BA；玉龙雪山. http://www. baike. com/wiki/玉龙雪山；墨脱国家级自然保护区. http://www. baike. com/wiki/墨脱国家级自然保护区；雅鲁藏布江大峡谷国家级自然保护区. http://baike. soso. com/v4651626. htm? ch=ch. bk. innerlink；珠穆朗玛峰自然保护区. http://baike. baidu. com/view/119958. htm；雅鲁藏布江中游河谷黑颈鹤国家级自然保护区. ttp://baike. baidu. com/view/1429911. htm? subLe mmaId = 1429911&fromenter=%D1%C5%C2%B3%B2%D8%B2%BC%BD%AD%D6%D0%D3%CE%BA%D3%B9%C8%BA%DA%BE%B1%BA%D7%D7%D4%C8%BB%B1%A3%BB%A4%C7%F8；长毛岭马鹿自然保护区. http://baike. sogou. com/v10900247. htm；西藏芒康滇金丝猴国家级自然保护区. http://baike. baidu. com/view/871351. htm? fromId=1118385；色林错国家级自然保护区. http://baike. baidu. com/view/1429906. htm? subLemmaId=1429906&fromenter=%C9%AB%C1%D6%B4%ED%D7%D4%C8%BB%B1%A3%BB%A4%C7%F8；羌塘国家级自然保护区. ttp://baike. baidu. com/view/246504. htm? fromId=473425；纳木错自然保护区. http://baike. baidu. com/view/1127374. htm；玛旁雍错湿地. ttp://baike. baidu. com/view/4207482. htm；盐池湾国家级自然保护区. http://baike. baidu. com/view/1429874. htm? fromId= 246907；甘肃尕海—则岔国家级自然保护区简介. http://www. ghzczrbhq. com/second. asp? classid=46&classidx=86；安南坝野骆驼国家级自然保护区. ttp://baike. baidu. com/view/1429869. htm? fromId=1060450；祁连山自然保护区野生动物资源概况. http://www. qilianshan. com. cn/client/content/Program/index. jsp? ArticleID=6261；甘肃祁连山自然保护区. http://www. qilianshan. com. cn/client/qlsbhq/html/6/20/22/24. html；安西极荒漠国家级自然保护区. http://www. gsjhhm. com/show. aspx? id=70&cid=22；黄河首曲玛曲在行动. ttp://www. gansudaily. com. cn/20051023/462/2005A23A0043C003. htm；甘肃省安西县疏勒河中下游省级自然保护区基本情况汇报. ttp://wenku. baidu. com/view/c744121a964bc f84b9d57b09. html；太子山自然保护区. http://baike. baidu. com/view/3923994. htm；隆宝国家级自然保护区. http://baike. baidu. com/view/824182. htm? subLemmaId = 824182&fromenter=%C2%A1%B1%A6%D7%D4%C8%BB%B1%A3%BB%A4%C7%F8；青海三江源国家级自然保护区. http://baike. baidu. com/view/871342. htm；贺兰山. http://baike. baidu. com/link? url=0bcUIVFXY6xEeFLfStWakjBiX1l6Ks7aj6YaYNxH78JzNqyCY3JpcNJhN4mLiKwR6ED1It99DCMCUApmczmyhj8-T5HTrB_9WJRbXimkuQ_；贺兰山国家级自然保护区. http://baike. baidu. com/view/6235142. htm? subLemmaId=6326342&fromenter=%C4%FE%CF%C4%BA%D8%C0%BC%C9%BD%D7%D4%C8%BB%B1%A3%BB%A4%C7%F8；巴音布鲁克. http://baike. baidu. com/link? url = cjftxPx9eL77iEoFsvGv3TYzmzPTbAWveRLfZYvrwcd6JO5；博格达峰国家自然保护区. ttp://baike. baidu. com/view/1611175. htm；新疆天池博格达峰自然保护区. ttp://www. docin. com/p-526442341. html；托木尔峰自然保护区. http://leopard. forestry. gov. cn/html/info/10567. html；西天山国家级自然保护区. http://baike. baidu. com/view/1429331. htm? fr=aladdin；罗布泊野骆驼国家级自然保护区. http://baike. baidu. com/link? url=D1lPDUbvawrzRSEPEwB2n11FkyVYtnFhRPGALvNi8mLS1Jc SFywcBUb8qKyHfSG6fm8MN0qfnYMq74p6pRXvCq#reference-[5]-910645-wrap；新疆夏尔希里自然保护区基本情况. ttp://www. xjboz. gov. cn/co ntent. aspx? id=128000000584。

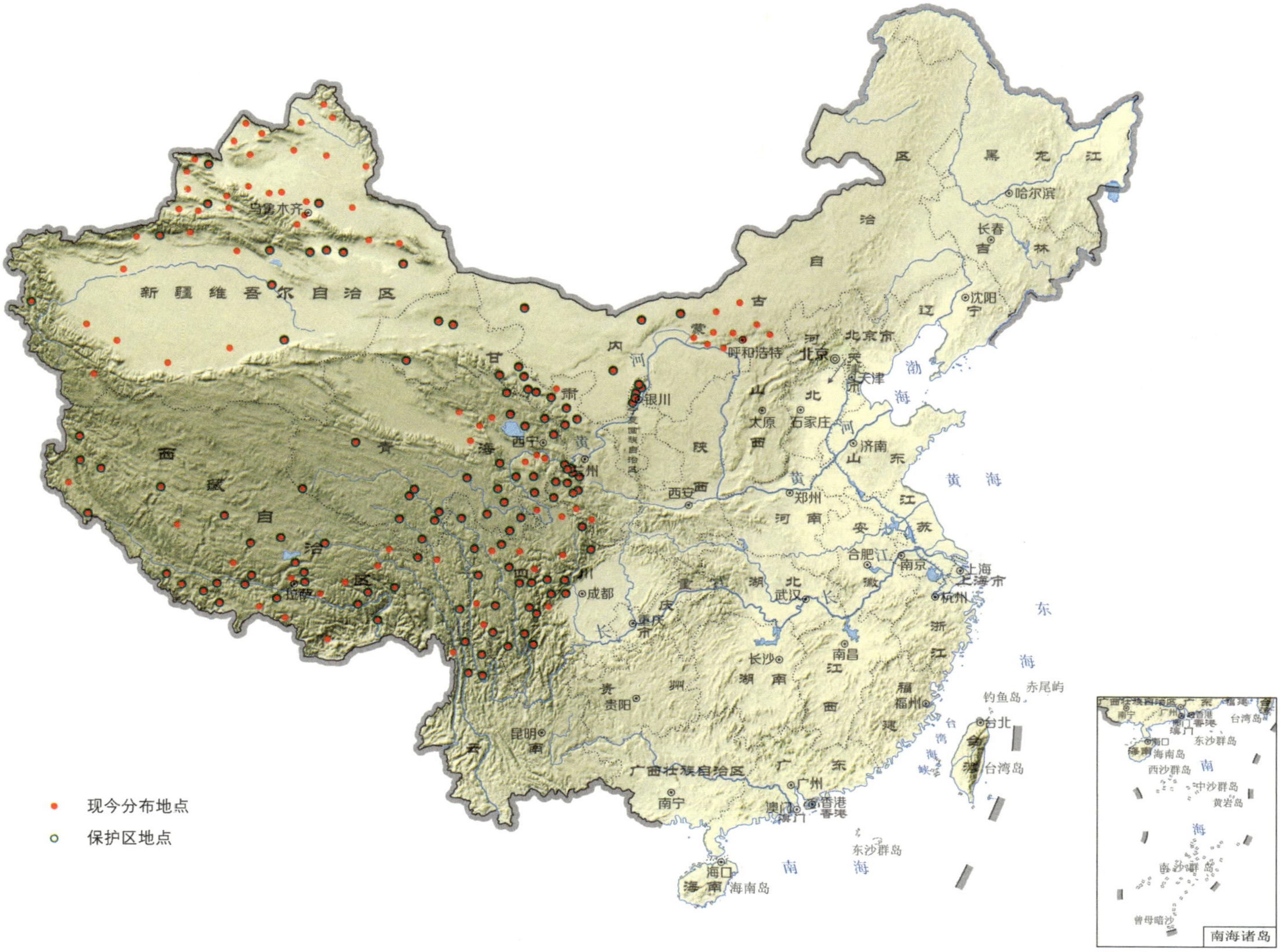

图 16.85 现有雪豹栖息地与其栖息的自然保护区分布图

7.6 雪豹的分布变迁

虽然雪豹的分布地域处于我国边远地区，资料相对偏少，但也可看出其分布变迁较大。

《中国经济动物志：兽类》称雪豹“地理分布：我国的帕米尔高原、康（原西康）藏高原、西藏、青海、新疆以及阴山山脉，均有出产。东北偶尔发现，但为数极少”，但列举的省级政区仅见四川、新疆、青海省（寿振黄，1962）。

《中国动物志：兽纲：食肉目》称雪豹“地理分布：我国分布于喜马拉雅山以北，昆仑山、天山、阿尔泰山、阴山、祁连山、贺兰山等地”。但“文献记载和标本产地”列举有西藏、新疆、青海、四川、甘肃、内蒙古，还提到“在我国东北偶有发现雪豹。但是，缺少标本记录及确切的产地”（高耀亭等，1987）。

《中国珍稀兽类的历史变迁》记录云豹的分布涉及西藏、新疆、青海、甘肃、宁夏、内蒙古、四川、云南等 8 个省级政区（何业恒，1993），这包括历史时期的分布情况。

《中国哺乳动物分布》记录的雪豹分地有内蒙古、山西、新疆、青海、甘肃、四川、西藏等 7 个省级政区（张荣祖等，1997），据参考文献看，主要是 20 世纪的分布状况。

《中国兽类彩色图谱》记载，雪豹“分布：内蒙古、新疆、青海、甘肃、四川、西藏”（杨奇森等，2007）。

20 世纪以来，雪豹的分布变迁（表 16.17、图 16.86）状况显示：

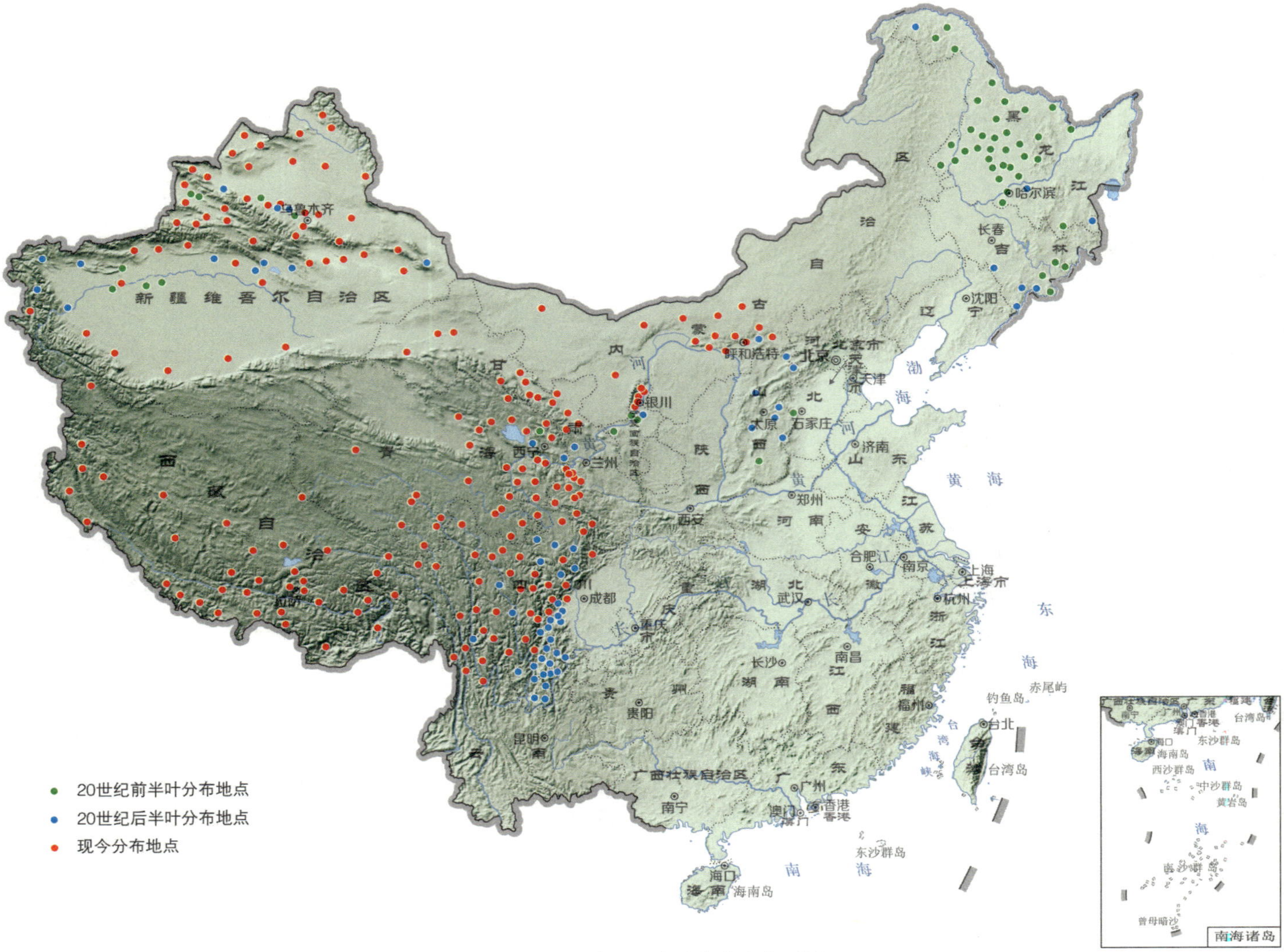

图 16.86　20 世纪以来雪豹分布变迁图

● 雪豹曾在我国 4 个大区有所分布，在省级政区中有 12 个明确的雪豹分布记录。

● 雪豹的分布地域主要处于我国西部与北部，并且呈现由西向东分布数量逐步稀疏趋势。

● 尽管可确定有雪豹的县级及其以上分布地总数约 341 个，约占全国相应政区数量的 14%；但其较多实际上处于高寒、荒漠地带，因此所占地域较广。

● 有雪豹的县级及其以上分布地数量，按地区排序为：西南（137 个），西北（135 个），东北（45 个），华北（24 个）；这与雪豹分布大势相符。

● 雪豹的县级及其以上分布地绝对数量，按省级政区排序为：西藏自治区（73 个），新疆维吾尔自治区（67 个），四川省（59 个），黑龙江省（37 个），青海省（32 个），甘肃省（27 个），内蒙古自治区（3715 个）。

● 雪豹的县级及其以上分布地相对数量，除西藏自治区曾各地皆有外，按省级政区排序为：青海省（皆 80%），黑龙江省（77%），新疆维吾尔自治区（75%），宁夏回族自治区（50%），四川省（38%），甘肃省（33%）。

● 到 20 世纪后半叶，变化较大的省级政区是：黑龙江省（减少 34 个地方），新疆维吾尔自治区（减少 8 个地方），吉林省（减少 4 个地方），宁夏回族自治区（减少 3 个地方）。河北省虽仅减少 1 个地方，但却形成该省雪豹灭绝态势。

● 20 世纪后半叶以来，变化较大的省级政区是：西藏自治区（减少 34 个地方），四川省（减少 31 个地方），新疆维吾尔自治区（减少 12 个地方），山西省（减少 7 个地方）。东北的吉林省与黑龙江省虽减少的地方不多，却形成该地区雪豹灭绝态势。

● 百余年来，雪豹的县级及其以上分布地仅为56%。各地区雪豹残留地排序：西北（残留79%），西南（残留53%），华北（残留58%），东北则未再见报道。

● 可以明显看出，雪豹从20世纪后半叶以来消失得更为迅速。现今，山西省继河北省之后也未再见有雪豹报道，东北曾有雪豹的2个省也未再见报道。

表16.17　　20世纪以来雪豹分布变迁概况

地区	省级政区	20世纪前半叶分布地点	20世纪后半叶分布地点	现今分布地点
华北	河北	井陉县		
	山西	阳高县、广灵县、盂县、宁武县、左权县、寿阳县、安泽县、文水县	阳高县、广灵县、盂县、宁武县、左权县、寿阳县、文水县	
	内蒙古	呼和浩特市、武川县、包头市、固阳县、土默特右旗、达尔罕茂明安联合旗、集宁区、卓资县、察哈尔右翼中旗、四子王旗、乌拉特前旗、乌拉特中旗、乌拉特后旗、阿拉善左旗、额济纳旗	呼和浩特市、武川县、包头市、固阳县、土默特右旗、达尔罕茂明安联合旗、集宁区、卓资县、察哈尔右翼中旗、四子王旗、乌拉特前旗、乌拉特中旗、乌拉特后旗、阿拉善左旗、额济纳旗	呼和浩特市、武川县、包头市、固阳县、土默特右旗、达尔罕茂明安联合旗、集宁区、察哈尔右翼中旗、四子王旗、乌拉特前旗、乌拉特中旗、乌拉特后旗、阿拉善左旗、额济纳旗
东北	吉林	辽源市、集安市、白山市、临江市、抚松县、长白朝鲜族自治县、和龙市、安图县	辽源市、集安市、白山市、临江市	
	黑龙江	哈尔滨市、双城市、宾县、巴彦县、齐齐哈尔市、讷河市、龙江县、依安县、甘南县、富裕县、克山县、克东县、拜泉县、爱辉区、北安市、五大连池市、嫩江县、逊克县、孙吴县、伊春市、铁力市、嘉荫县、萝北县、宁安市、东宁县、北林区、海伦市、望奎县、兰西县、青冈县、庆安县、明水县、绥棱县、大兴安岭地区、呼玛县、塔河县、漠河县	宾县、东宁县、漠河县	
西南	四川	大邑县、平武县、洪雅县、雨城区、名山县、荥经县、汉源县、石棉县、天全县、芦山县、宝兴县、马尔康县、汶川县、理县、茂县、松潘县、九寨沟县、金川县、小金县、黑水县、壤塘县、阿坝县、若尔盖县、红原县、康定县、泸定县、丹巴县、九龙县、雅江县、道孚县、炉霍县、甘孜县、新龙县、德格县、白玉县、石渠县、色达县、理塘县、巴塘县、乡城县、稻城县、得荣县、西昌市、盐源县、德昌县、会理县、会东县、宁南县、普格县、布拖县、金阳县、昭觉县、喜德县、冕宁县、越西县、甘洛县、美姑县、雷波县、木里藏族自治县	大邑县、平武县、洪雅县、雨城区、名山县、荥经县、汉源县、石棉县、天全县、芦山县、宝兴县、马尔康县、汶川县、理县、茂县、松潘县、九寨沟县、金川县、小金县、黑水县、壤塘县、阿坝县、若尔盖县、红原县、康定县、泸定县、丹巴县、九龙县、雅江县、道孚县、炉霍县、甘孜县、新龙县、德格县、白玉县、石渠县、色达县、理塘县、巴塘县、乡城县、稻城县、得荣县、西昌市、盐源县、德昌县、会理县、会东县、宁南县、普格县、布拖县、金阳县、昭觉县、喜德县、冕宁县、越西县、甘洛县、美姑县、雷波县、木里藏族自治县	大邑县、平武县、天全县、宝兴县、汶川县、九寨沟县、金川县、小金县、黑水县、壤塘县、若尔盖县、康定县、泸定县、丹巴县、九龙县、道孚县、炉霍县、甘孜县、德格县、白玉县、石渠县、色达县、理塘县、巴塘县、乡城县、稻城县、冕宁县、木里藏族自治县
	云南	玉龙纳西族自治县、贡山独龙族怒族自治县、香格里拉县、德钦县、维西傈僳族自治县	玉龙纳西族自治县、贡山独龙族怒族自治县、香格里拉县、德钦县、维西傈僳族自治县	玉龙纳西族自治县、贡山独龙族怒族自治县、香格里拉县、德钦县、维西傈僳族自治县西族自治县

（续表）

地区	省级政区	20世纪前半叶分布地点	20世纪后半叶分布地点	现今分布地点
	西藏	城关区、林周县、当雄县、尼木县、曲水县、堆龙德庆县、达孜县、墨竹工卡县、那曲县、嘉黎县、比如县、聂荣县、安多县、申扎县、索县、班戈县、巴青县、尼玛县、昌都县、江达县、贡觉县、类乌齐县、丁青县、察雅县、八宿县、左贡县、芒康县、洛隆县、边坝县、林芝县、工布江达县、米林县、墨脱县、波密县、察隅县、朗县、乃东县、扎囊县、贡嘎县、桑日县、琼结县、曲松县、措美县、洛扎县、加查县、隆子县、错那县、浪卡子县、日喀则市、南木林县、江孜县、定日县、萨迦县、拉孜县、昂仁县、谢通门县、白朗县、仁布县、康马县、定结县、仲巴县、亚东县、吉隆县、聂拉木县、萨嘎县、岗巴县、噶尔县、普兰县、札达县、日土县、革吉县、改则县、措勤县	城关区、林周县、当雄县、尼木县、曲水县、堆龙德庆县、达孜县、墨竹工卡县、那曲县、嘉黎县、比如县、聂荣县、安多县、申扎县、索县、班戈县、巴青县、尼玛县、昌都县、江达县、贡觉县、类乌齐县、丁青县、察雅县、八宿县、左贡县、芒康县、洛隆县、边坝县、林芝县、工布江达县、米林县、墨脱县、波密县、察隅县、朗县、乃东县、扎囊县、贡嘎县、桑日县、琼结县、曲松县、措美县、洛扎县、加查县、隆子县、错那县、浪卡子县、日喀则市、南木林县、江孜县、定日县、萨迦县、拉孜县、昂仁县、谢通门县、白朗县、仁布县、康马县、定结县、仲巴县、亚东县、吉隆县、聂拉木县、萨嘎县、岗巴县、噶尔县、普兰县、札达县、日土县、革吉县、改则县、措勤县	城关区、林周县、当雄县、堆龙德庆县、达孜县、那曲县、安多县、申扎县、班戈县、尼玛县、昌都县、类乌齐县、芒康县、边坝县、林芝县、工布江达县、米林县、墨脱县、波密县、桑日县、洛扎县、错那县、浪卡子县、日喀则市、南木林县、定日县、拉孜县、谢通门县、康马县、定结县、吉隆县、聂拉木县、噶尔县、普兰县、札达县、日土县、革吉县、改则县、措勤县
西北	甘肃	永登县、金川区、永昌县、凉州区、古浪县、天祝藏族自治县、瓜州县、肃北蒙古族自治县、阿克塞哈萨克族自治县、甘州区、民乐县、临泽县、山丹县、肃南裕固族自治县、临夏市、临夏县、康乐县、和政县、积石山保安族东乡族撒拉族自治县、合作市、临潭县、卓尼县、舟曲县、迭部县、玛曲县、碌曲县、夏河县	永登县、金川区、永昌县、凉州区、古浪县、天祝藏族自治县、瓜州县、肃北蒙古族自治县、阿克塞哈萨克族自治县、甘州区、民乐县、临泽县、山丹县、肃南裕固族自治县、临夏市、临夏县、康乐县、和政县、积石山保安族东乡族撒拉族自治县、合作市、临潭县、卓尼县、舟曲县、迭部县、玛曲县、碌曲县、夏河县	金川区、永昌县、凉州区、古浪县、天祝藏族自治县、瓜州县、肃北蒙古族自治县、阿克塞哈萨克族自治县、甘州区、民乐县、临泽县、山丹县、肃南裕固族自治县、临夏市、临夏县、康乐县、和政县、积石山保安族东乡族撒拉族自治县、合作市、临潭县、卓尼县、舟曲县、迭部县、玛曲县、碌曲县、夏河县
	青海	大通回族自治县、湟源县、民和回族土族自治县、互助土族自治县志、海晏县、祁连县、刚察县、门源回族自治县、同德县、贵德县、兴海县、贵南县、尖扎县、泽库县、河南蒙古族自治县、玛沁县、班玛县、甘德县、达日县、久治县、玛多县、玉树县、杂多县、称多县、治多县、囊谦县、曲麻莱县、德令哈市、格尔木市、乌兰县、都兰县、天峻县	湟源县、民和回族土族自治县、互助土族自治县志、海晏县、祁连县、刚察县、门源回族自治县、同德县、贵德县、兴海县、贵南县、尖扎县、泽库县、河南蒙古族自治县、玛沁县、班玛县、甘德县、达日县、久治县、玛多县、玉树县、杂多县、称多县、治多县、囊谦县、曲麻莱县、德令哈市、格尔木市、乌兰县、都兰县、天峻县	互助土族自治县志、海晏县、祁连县、刚察县、门源回族自治县、同德县、贵德县、兴海县、贵南县、尖扎县、泽库县、河南蒙古族自治县、玛沁县、班玛县、甘德县、达日县、久治县、玛多县、玉树县、杂多县、称多县、治多县、囊谦县、曲麻莱县、德令哈市、格尔木市、乌兰县、都兰县、天峻县
	宁夏	银川市、灵武市、永宁县、贺兰县、石嘴山市、平罗县、利通区、青铜峡市、沙坡头区	银川市、灵武市、永宁县、贺兰县、石嘴山市、平罗县	银川市、永宁县、贺兰县、石嘴山市、平罗县

（续表）

地区	省级政区	20世纪前半叶分布地点	20世纪后半叶分布地点	现今分布地点
	新疆	乌鲁木齐市、乌鲁木齐县、石河子市、图木舒克市、五家渠市、莎车县、巴楚县、塔什库尔干塔吉克自治县、阿克苏市、温宿县、库车县、拜城县、乌什县、阿瓦提县、柯坪县、和田市、和田县、皮山县、民丰县、吐鲁番市、鄯善县、托克逊县、哈密市、伊吾县、巴里坤哈萨克自治县、阿图什市、阿克陶县、乌恰县、博乐市、精河县、温泉县、昌吉市、阜康市、呼图壁县、玛纳斯县、奇台县、吉木垒哈萨克自治县、库尔勒市、轮台县、尉犁县、若羌县、且末县、和静县、和硕县、焉耆回族自治县、伊宁市、奎屯市、伊宁县、霍城县、巩留县、新源县、昭苏县、特克斯县、尼勒克县、察布查尔锡伯自治县、塔城市、乌苏市、额敏县、沙湾县、托里县、裕民县、和布克赛尔蒙古自治县、阿勒泰市、布尔津县、福海县、青河县、吉木乃县	乌鲁木齐市、乌鲁木齐县、石河子市、图木舒克市、五家渠市、莎车县、塔什库尔干塔吉克自治县、温宿县、库车县、拜城县、乌什县、和田市、和田县、皮山县、民丰县、吐鲁番市、鄯善县、托克逊县、哈密市、伊吾县、巴里坤哈萨克自治县、阿图什市、阿克陶县、乌恰县、博乐市、精河县、温泉县、阜康市、呼图壁县、玛纳斯县、奇台县、吉木垒哈萨克自治县、库尔勒市、轮台县、尉犁县、若羌县、且末县、和静县、和硕县、焉耆回族自治县、霍城县、巩留县、新源县、昭苏县、特克斯县、尼勒克县、察布查尔锡伯自治县、塔城市、乌苏市、额敏县、沙湾县、托里县、裕民县、和布克赛尔蒙古自治县、阿勒泰市、布尔津县、福海县、青河县、吉木乃县	乌鲁木齐市、乌鲁木齐县、图木舒克市、五家渠市、塔什库尔干塔吉克自治县、温宿县、拜城县、乌什县、和田市、和田县、皮山县、民丰县、吐鲁番市、鄯善县、托克逊县、哈密市、巴里坤哈萨克自治县、博乐市、温泉县、阜康市、玛纳斯县、奇台县、吉木垒哈萨克自治县、轮台县、尉犁县、若羌县、且末县、和静县、霍城县、巩留县、新源县、昭苏县、特克斯县、尼勒克县、察布查尔锡伯自治县、塔城市、乌苏市、额敏县、沙湾县、托里县、裕民县、和布克赛尔蒙古自治县、阿勒泰市、布尔津县、福海县、青河县、吉木乃县

8 豹类的分布变迁概况

以省级政区为单位概括我国历史时期豹类的分布变迁（表16.18），可以看到：

● 除上海市外，各省级政区皆有豹类分布记录，但省级政区所拥有的物种多寡不一。

● 豹类的分布总态势为西密东稀、南多北少，这与它们适应生态环境的差异是吻合的。

● 雪豹是现生3种“豹”中最早出现的物种，其分布变迁大致为：首先出现在今青藏高原一带，然后在西部，尤其是纬度较高的北部向东散布；尽管历史时期尚未见河北北部的雪豹记录，但其在西北—华北—东北的主要分布态势是明确的。

● 金钱豹最早出现在华北，然后较早在华北、西北、中南、华东、西南散布开，较晚才在今辽东半岛、南海沿岸、滇西南等地有所发现。

● 3种“豹”同时重叠分布的省级政区有四川省、云南省、西藏自治区、甘肃省。

● 3种“豹”重叠分布的海拔高度依次为：雪豹、金钱豹、云豹。

● 3种“豹”中金钱豹分布最广，其栖息的保护区在省级政区中的数量也最多。

● 雪豹的分布略呈“C”形，处于我国北部与西部。

● 云豹的分布东段主要处于秦岭—淮河以南地区。

● 3种“豹”残存地按百年前比率高低排序为：云豹是69%，雪豹是56%，金钱豹是48%。

● 云豹保护区地点低于现存分布地点50%的省级政区有：浙江省、江西省、贵州省、陕西省。

● 金钱豹保护区地点低于现存分布地点50%的省级政区有：河北省、内蒙古自治区、黑龙江省、江西省、湖南省、海南省、贵州省、西藏自治区。

● 雪豹保护区地点低于现存分布地点50%的省级政区有：内蒙古自治区、新疆维吾尔自治区。

表 16.18　　我国豹类的分布变迁概况

地区	省级政区	20世纪前	云豹				金钱豹				雪豹			
			20世纪前半叶	20世纪后半叶	现今	保护区	20世纪前半叶	20世纪后半叶	现今	保护区	20世纪前半叶	20世纪后半叶	现今	保护区
华北	北京	★					★	★	★	★				
	天津	★					★	★	★	★				
	河北	★					★	★	★	★	★			
	山西	★					★	★	★	★	★	★		
	内蒙古	★					★	★	★	★	★	★	★	★
东北	辽宁	★					★	★						
	吉林	★					★	★	★	★	★	★		
	黑龙江	★					★	★	★	★	★	★		
华东	江苏	★					★	★						
	浙江	★	★	★	★	★	★	★	★	★				
	安徽	★	★	★	★	★	★	★	★	★				
	福建	★	★	★	★	★	★	★	★	★				
	江西	★	★	★	★	★	★	★	★	★				
	山东	★												
	台湾	★	★	★	★									
中南	河南	★	★	★			★	★	★	★				
	湖北	★	★	★	★	★	★	★	★	★				
	湖南	★	★	★	★	★	★	★	★	★				
	广东	★	★	★	★	★	★	★	★	★				
	广西	★	★	★	★	★	★	★	★	★				
	海南	★	★	★	★	★	★	★	★					
	香港	★					★	★						
	澳门	★												
西南	重庆	★	★	★	★	★	★	★	★	★				
	四川	★	★	★	★	★	★	★	★	★	★	★	★	★
	贵州	★	★	★	★	★	★	★	★	★				
	云南	★	★	★	★	★	★	★	★	★	★	★	★	★
	西藏	★	★	★	★	★	★	★	★	★	★	★	★	★
西北	陕西	★	★	★	★	★	★	★	★	★				
	甘肃	★	★	★	★	★	★	★	★	★	★	★	★	★
	青海	★					★	★	★	★	★	★	★	★
	宁夏	★					★	★	★	★	★	★	★	★
	新疆	★									★	★	★	★

参考文献

阿坝县地方志编纂委员会编.1993.阿坝县志.北京:民族出版社

阿布力米提·阿布都卡迪尔编著.2003.新疆哺乳动物的分类与分布.北京:科学出版社

阿合奇县志编纂委员会编.1993.阿合奇县志.乌鲁木齐:新疆大学出版社

阿克塞哈萨克族自治县地方志编纂委员会编.1993.阿克塞哈萨克族自治县志.兰州:甘肃人民出版社

阿克陶县地方志编纂委员会编.1996.阿克陶县志.乌鲁木齐:新疆人民出版社

阿拉善盟志编纂委员会编.1998.阿拉善盟志.北京:方志出版社

阿勒泰市党史、地方志编纂委员会编.2001.阿勒泰市志.乌鲁木齐:新疆人民出版社

《阿鲁科尔沁旗志》编纂委员会编.1994.阿鲁科尔沁旗志.呼和浩特:内蒙古人民出版社

阿图什市地方志编纂委员会编.1996.阿图什市志.乌鲁木齐:新疆大学出版社

安化县志编纂委员会编.1993.安化县志.北京:社会科学文献出版社

安徽省林业厅主编.2006.安徽省陆生野生动植物资源.合肥:合肥工业大学出版社

安徽省宣州市地方志编纂委员会编.1996.宣城县志.北京:方志出版社

安吉县地方志编纂委员会编.1994.安吉县志.杭州:浙江人民出版社

安庆地区地方志编纂委员会编.1995.安庆地区志.合肥:黄山书社

安庆市地方志编纂委员会编.1997.安庆市志.北京:方志出版社

安仁县志编委会编.1996.安仁县志.北京:中国社会出版社

安顺市地方志编纂委员会编.1995.安顺市志.贵阳:贵州人民出版社

安泽县志编纂委员会编.1997.安泽县志.太原:山西古籍出版社

安志敏.1965.河南安阳小南海旧石器时代洞穴堆积的试掘.考古学报,(1):1～27

《巴林右旗志》编纂委员会编.1990.巴林右旗志.呼和浩特:内蒙古人民出版社

巴彦淖尔盟志编纂委员会编.1997.巴彦淖尔盟志.呼和浩特:内蒙古人民出版社

宝鸡市地方志编纂委员会编.1998.宝鸡市志.西安:三秦出版社

《宝鸡县志》编纂委员会编.1996.宝鸡县志.西安:陕西人民出版社

保山地区地方志编纂委员会编.1999.保山地区志.北京:中华书局

北川县志编纂委员会编纂.1996.北川县志.北京:方志出版社

北京市房山区地方志编纂委员会.1999.北京市房山区志.北京:北京出版社

北流县志编纂委员会编.1993.北流县志.南宁:广西人民出版社

毕节县地方志编纂委员会编.1996.毕节县志.贵阳:贵州人民出版社

宾县地方志办公室编.1991.宾县志.哈尔滨:黑龙江人民出版社

宾阳县志编纂委员会编.1987.宾阳县志.南宁:广西人民出版社

彬县志编纂委员会编.2001.彬县志.西安:陕西人民出版社

博爱县志编纂委员会总编辑室编著;李英芳主编.1994.博爱县志.北京:中国国际广播出版社

博白县志编纂委员会编.1994.博白县志.南宁:广西人民出版社

苍梧县志编纂委员会编.1997.苍梧县志.南宁:广西人民出版社

岑溪市志编纂委员会编.1996.岑溪市志.南宁:广西人民出版社

察右中旗志编纂委员会编.1999.察右中旗志.呼和浩特:内蒙古人民出版社

长汀县地方志编纂委员会编.1993.长汀县志.北京:生活·读书·新知三联书店

长武县志编纂委员会编.2000.长武县志.西安:陕西人民出版社

常宁县志编纂委员会编.1993.常宁县志.北京:社会科学文献出版社

潮阳市地方志编纂委员会编.1997.潮阳县志.广州:广东人民出版社

郴县志编纂委员会编.1995.郴县志.北京:中国社会出版社

郴州地区地方志编纂委员会编.1996.郴州地区志.北京:中国社会出版社

辰溪县志编纂委员会编. 1994. 辰溪县志. 北京：生活 · 读书 · 新知三联书店
陈德珍，祁国琴. 1978. 云南西畴人类化石及共生的哺乳动物群. 古脊椎动物与古人类，16(1)：3～46
陈耿娇. 2002. 广西田东雾云洞更新世脊椎动物群. 古脊椎动物学报，40(1)：42～51
陈兼善著；于名振增订. 1984. 台湾脊椎动物志. 增订2版. 台北：台湾商务印书馆
陈全家，等. 2004. 清江流域古动物遗存研究. 北京：科学出版
陈小涛，谢启兴. 2009. 四川色达旅游资源开发与设计. 地质学报，29(2)：228～231
陈醒斌. 1986. 湖南省第四纪哺乳动物化石新材料. 古脊椎动物学报，24(3)：242～244
《城步苗族自治县概况》编写组编. 1984. 城步苗族自治县概况. 长沙：湖南人民出版社
城步苗族自治县志编纂委员会编. 1996. 城步苗族自治县志. 长沙：湖南出版社
城固县地方志编纂委员会编. 1994. 城固县志. 北京：中国大百科全书出版社
赤峰市地方志编纂委员会编. 1996. 赤峰市志. 呼和浩特：内蒙古人民出版社
崇阳县志编纂委员会编. 1991. 崇阳县志. 武汉：武汉大学出版社
崇左县志编纂委员会编. 1994. 崇左县志. 南宁：广西人民出版社
楚雄彝族自治州地方志编纂委员会编. 1993. 楚雄彝族自治州志. 北京：人民出版社
磁县地方志编纂委员会编. 2000. 磁县志. 北京：新华出版社
从化县地方志编纂委员会编. 1994. 从化县志. 广州：广东人民出版社
达县市地方志工作委员会编. 1994. 达县市志. 成都：四川人民出版社
大理市志编纂委员会编. 1998. 大理市志. 北京：中华书局
大荔县志编纂委员会编. 1994. 大荔县志. 西安：陕西人民出版社
大埔县地方志编纂委员会编. 1992. 大埔县志. 广州：广东人民出版社
大田县地方志编纂委员会编. 1996. 大田县志. 北京：中华书局
大新县志编纂委员会编. 1989. 大新县志. 上海：上海古籍出版社
大足县县志编修委员会编. 1996. 大足县志. 北京：方志出版社
丹东市地方志办公室编. 1993. 丹东市志. 沈阳：辽宁科学技术出版社
丹凤县志编纂委员会编. 1994. 丹凤县志. 西安：陕西人民出版社
德安县地方志编纂委员会编. 1991. 德安县志. 上海：上海古籍出版社
德保县志编纂委员会编. 1998. 德保县志. 南宁：广西人民出版社
德昌县地方志编纂委员会编. 1998. 德昌县志. 成都：四川人民出版社
德宏傣族景颇族自治州志编纂委员会编. 1994. 德宏州志：综合卷. 德宏：德宏民族出版社
德化县地方志编纂委员会编. 1992. 德化县志. 北京：新华出版社
德钦县志编纂委员会编. 1997. 德钦县志. 昆明：云南民族出版社
德日进，杨钟健. 1936. 安阳殷墟之哺乳动物群. 中国古生物学志(丙种)，12(1)：1～78
德兴县县志编纂委员会办公室编纂. 1990. 三清山志. 德兴(江西)：编纂者
邓涛，王鸿杰. 1999. 北京门头沟牛眼洞晚更新世哺乳动物化石. 古脊椎动物学报，37(2)：156～164
迭部县志编纂委员会. 1998. 迭部县志. 兰州：兰州大学出版社
丁伟志[总]主编；包头市情调查组. 1997a. 中国国情丛书：百县市经济社会调查：包头卷. 北京：中国大百科全书出版社
丁伟志[总]主编；苍南县情调查组. 1996a. 中国国情丛书：百县市经济社会调查：苍南卷. 北京：中国大百科全书出版社
丁伟志[总]主编；抚顺市情调查组. 1993b. 中国国情丛书：百县市经济社会调查：抚顺卷. 北京：中国大百科全书出版社
丁伟志[总]主编；格尔木市情调查组. 1992c. 中国国情丛书：百县市经济社会调查：格尔木卷. 北京：中国大百科全书出版社
丁伟志[总]主编；海林县情调查组. 1991. 中国国情丛书：百县市经济社会调查：海林卷. 北京：中国大百科全书出版社
丁伟志[总]主编；霍城县情调查组. 1994c. 中国国情丛书：百县市经济社会调查：霍城卷. 北京：中国大百科全书出版
丁伟志[总]主编；库车县情调查组. 1995b. 中国国情丛书：百县市经济社会调查：库车卷. 北京：中国大百科全书出版社
丁伟志[总]主编；柳州市情调查组. 1996d. 中国国情丛书：百县市经济社会调查：柳州卷. 北京：中国大百科全

书出版社
丁伟志[总]主编;南皮县情调查组.1993a.中国国情丛书:百县市经济社会调查:南皮卷.北京:中国大百科全书出版社
丁伟志[总]主编;平山县情调查组.1994a.中国国情丛书:百县市经济社会调查:平山卷.北京:中国大百科全书出版社
丁伟志[总]主编;蒲圻市情调查组.1992a.中国国情丛书:百县市经济社会调查:蒲圻卷.北京:中国大百科全书出版社
丁伟志[总]主编;秦城区情调查组.1998b.中国国情丛书:百县市经济社会调查:秦城卷.北京:中国大百科全书出版社
丁伟志[总]主编;桑植县情调查组.1994b.中国国情丛书:百县市经济社会调查:桑植卷.北京:中国大百科全书出版社
丁伟志[总]主编;汕尾市情调查组.1995a.中国国情丛书:百县市经济社会调查:惠州卷.北京:中国大百科全书出版社
丁伟志[总]主编;通海县情调查组.1992b.中国国情丛书:百县市经济社会调查:通海卷.北京:中国大百科全书出版社
丁伟志[总]主编;吐鲁番市情调查组.1996e.中国国情丛书:百县市经济社会调查:吐鲁番卷.北京:中国大百科全书出版社
丁伟志[总]主编;县情调查组编.1997b.中国国情丛书:百县市经济社会调查:宜章卷.北京:中国大百科全书出版社
丁伟志[总]主编;兴安县情调查组编.1998a.中国国情丛书:百县市经济社会调查:兴安卷.北京:中国大百科全书出版社
丁伟志[总]主编;兴国县情调查组.1996b.中国国情丛书:百县市经济社会调查:兴国卷.北京:中国大百科全书出版社
丁伟志[总]主编;寻乌县情调查组.1996c.中国国情丛书:百县市经济社会调查:寻乌卷.北京:中国大百科全书出版社
定远县地方志编纂委员会编.1995.定远县志.合肥:黄山书社
东兰县志编纂委员会编.1994.东兰县志.南宁:广西人民出版社
东宁县志办公室编.1989.东宁县志.哈尔滨:黑龙江人民出版社
东阳市地方志编纂委员会编.1993.东阳市志.上海:汉语大词典出版社
董为,等.2009.辽宁朝阳龙城马山洞哺乳动物群的性质及时代探讨.人类学学报.28(1):95~109;傅仁义,等.2009.辽宁朝阳马山洞的食肉类化石.人类学学报,29(3):293~302
董亚峰.2014.晋中市野生动物现状及对策浅析.山西林业科技,43(4):58,封4
动物考古课题组.2011.中华文明形成时期的动物考古学研究/中国社会科学院考古研究所科技考古中心编.科技考古.第三辑.北京:科学出版社:80~99
都兰县县志编纂委员会编.2001.都兰县志.西安:陕西人民出版社
杜景琴主编.1995.抚顺县志.沈阳:辽宁人民出版社
敦煌市志编纂委员会编.1994.敦煌市志.北京:新华出版社
峨边彝族自治县志编纂委员会编.1994.峨边彝族自治县志.成都:四川辞书出版社
额敏县地方志编纂委员会编.2000.额敏县志.乌鲁木齐:新疆人民出版社
鄂托克旗志编纂委员会编.1993.鄂托克旗志.呼和浩特:内蒙古人民出版社
繁峙县地方志编纂委员会编.1995.繁峙县志.北京:今日中国出版社
范雪春,郑国珍.2006.福建第四纪哺乳动物化石考古发现与研究.北京:科学出版社
方城县地方志编纂委员会编.1992.方城县志.郑州:中州古籍出版社
房守志主编.1993.新宾满族自治县志.沈阳:辽沈书社
房迎三.2000.江苏上新世以来的哺乳动物群.东南文化,(7):33~40
汾阳县志编纂委员会编.1998.汾阳县志.北京:海潮出版社
丰城县县志编纂委员会编.1989.江西省丰城县志.上海:上海人民出版社
丰宁满族自治县志编纂委员会编.1994.丰宁满族自治县志.北京:中国和平出版社
封开县地方志编纂委员会编.1998.封开县志.广州:广东人民出版社
冯晓华,等.2007.艾丁湖北景区旅游环境容量预测研究.干旱区地理,30(6):974~980
凤凰县志编纂委员会编.1988.凤凰县志.长沙:湖南人民出版社
凤凌飞主编.1991.内蒙古珍稀濒危动物图谱.北京:中国农业科技出版社
凤县志编纂委员会编.1994.凤县志.西安:陕西人民出版社
《凤阳山志》编委会编.2012.凤阳山志.北京:中国林业出版社

奉化市地方志编纂委员会编. 1994. 奉化市志. 北京：中华书局

佛坪县地方志编纂委员会编. 1993. 佛坪县志. 西安：三秦出版社

扶风县地方志编纂委员会编. 1993. 扶风县志. 西安：陕西人民出版社

扶绥县志编纂委员会编. 1989. 扶绥县志. 南宁：广西人民出版社

浮梁县地方志编纂委员会编. 1998. 浮梁县志. 北京：方志出版社

福安市地方志编纂委员会编. 1999. 福安市志. 北京：方志出版社

福建省龙海县地方志编纂委员会编. 1993. 龙海县志. 北京：东方出版社

福州市地方志编纂委员会编. 1998. 福州市志. 北京：方志出版社

抚松县地方志编纂委员会编. 1994. 抚松县志. 北京：中华书局

阜康市党史地方志编纂委员会编. 2001. 阜康县志. 乌鲁木齐：新疆人民出版社

阜平县地方志编纂委员会编. 1999. 阜平县志. 北京：方志出版社

傅仁义. 1984. 大连郭家村遗址的动物遗骨. 考古学报(3)：331～334

富川瑶族自治县志编纂委员会编. 1993. 富川瑶族自治县志. 南宁：广西人民出版社

富县地方志编纂委员会编. 1994. 富县志. 西安：陕西人民出版社

甘泉县地方志编纂委员会编. 1993. 甘泉县志. 西安：陕西人民出版社

甘肃省金昌市地方志编纂委员会编纂. 1995. 金昌市志. 北京：中国城市出版社

甘肃省庆阳地区志编纂委员会编. 1998. 庆阳地区志. 兰州：兰州大学出版社

甘肃省肃南裕固族自治县地方志编纂委员会编. 1994. 肃南裕固族自治县志. 兰州：甘肃民族出版社

甘肃省张掖市志编修委员会编纂. 1995. 张掖市志. 兰州：甘肃人民出版社

甘雨，方保华主编. 2004. 河南省野生动植物资源调查与保护. 郑州：黄河水利出版社

甘孜县地方志编纂委员会编纂. 1999. 甘孜县志. 成都：四川科学技术出版社

甘孜州志编纂委员会编. 1997. 甘孜州志. 成都：四川人民出版社

刚察县志编纂委员会编. 1998. 刚察县志. 西安：陕西人民出版社

高玮，盛连喜主编. 2002. 中国长白山动物. 延吉：延边人民出版社；北京：北京科学技术出版社

高武，等编著. 1994. 北京脊椎动物检索表. 北京：北京出版社

高县志编纂委员会编纂. 1998. 高县志. 北京：方志出版社

高耀亭，等编著. 1987. 中国动物志：兽纲：食肉目. 北京：科学出版社

鸽子洞发掘队. 1975. 辽宁鸽子洞旧石器遗址发掘报告. 古脊椎动物与古人类，13(2)：122～136

个旧市志编纂委员会编. 1998. 个旧市志. 昆明：云南人民出版社

耿马傣族佤族自治县志编纂委员会编. 1995. 耿马傣族佤族自治县志. 昆明：云南人民出版社

恭城瑶族自治县地方志编纂委员会编. 1992. 恭城县志. 南宁：广西人民出版社

《恭城瑶族自治县概况》编写组编. 2009. 广西恭城瑶族自治县概况. 北京：民族出版社

巩县志编纂委员会编. 1991. 巩县志. 郑州：中州古籍出版社

古交市地方志办公室编. 1996. 古交志. 太原：山西人民出版社

古田县地方志编纂委员会编. 1997. 古田县志. 北京：中华书局

古县志编纂委员会编. 2001. 古县志. 西安：陕西人民出版社

固阳县地方志编纂委员会编. 1999. 固阳县志. 呼和浩特：内蒙古人民出版社

固原县志编纂委员会编. 1993. 固原县志. 银川：宁夏人民出版社

关毅编译. 2013. 科学家发现迄今最古老"大猫". 自然杂志，35(6)：421

灌阳县地方志编委办公室编. 1995. 灌阳县志. 北京：新华出版社

光山县史志编纂委员会编. 1991. 光山县志. 郑州：中州古籍出版社

光泽县地方志编纂委员会编. 1994. 光泽县志. 北京：群众出版社

广德县地方志编纂委员会编. 1996. 广德县志. 北京：方志出版社

广东省电白县地方志编纂委员会编. 2000. 电白县志. 北京：中华书局

广东省昆虫研究所动物室，中山大学生物系著. 1983. 海南岛的鸟兽. 北京：科学出版社

广东省汕头市地方志编纂委员会编. 1999. 汕头市志. 北京：新华出版社

广宁县地方志编纂委员会编. 1994. 广宁县志. 广州：广东

人民出版社
广西融水苗族自治县地方志编纂委员会编.1998.融水苗族自治县志.北京:生活·读书·新知三联书店
广西壮族自治区地方志编纂委员会编.1994.广西通志:自然地理志.南宁:广西人民出版社
广西壮族自治区资源县志编纂委员会编.1998.资源县志.南宁:广西人民出版社
贵德县地方志编纂委员会编.1995.贵德县志.西安:陕西人民出版社
贵南县志编纂委员会编.1996.贵南县志.西安:三秦出版社
贵溪县志编纂委员会编.1996.贵溪县志.北京:中国科学技术出版社
贵州省博物馆.1990.贵州考古十年//文物编辑委员会编.文物考古工作十年:1979～1989.北京:文物出版社:263～271
贵州省岑巩县志编纂委员会编.1993.岑巩县志.贵阳:贵州人民出版社
贵州省长顺县志编纂委员会编.1998.长顺县志.贵阳:贵州人民出版社
贵州省大方县地方志编纂委员会编.1996.大方县志.北京:方志出版社
贵州省德江县地方志编纂委员会编.1994.德江县志.贵阳:贵州人民出版社
贵州省独山县志编纂委员会编.1996.独山县志.贵阳:贵州人民出版社
贵州省凤冈县地方志编纂委员会编.1994.凤冈县志.贵阳:贵州人民出版社
贵州省福泉县地方志编纂委员会编.1992.福泉县志.贵阳:贵州人民出版社
贵州省赫章县地方志编纂委员会编.2001.赫章县志.贵阳:贵州人民出版社
贵州省剑河县志编纂委员会编.1994.剑河县志.贵阳:贵州人民出版社
贵州省金沙县地方志编纂委员会编.1997.金沙县志.北京:方志出版社
贵州省锦屏县志编纂委员会编.1995.锦屏县志.贵阳:贵州人民出版社
贵州省黎平县志编纂委员会编.1989.黎平县志.成都:四川巴蜀书社
贵州省荔波县地方志编纂委员会编.1997.荔波县志.北京:方志出版社
贵州省纳雍县地方志编纂委员会编.1999.纳雍县志.贵阳:贵州人民出版社
贵州省普定县地方志编纂委员会编.1999.普定县志.贵阳:贵州人民出版社
贵州省清镇县地方志编纂委员会编.1991.清镇县志.贵阳:贵州人民出版社
贵州省榕江县地方志编纂委员会编.1999.榕江县志.贵阳:贵州人民出版社
贵州省施秉县地方志编纂委员会编.1997.施秉县志.北京:方志出版社
贵州省台江县志编纂委员会编.1994.台江县志.贵阳:贵州人民出版社
贵州省天柱县志编纂委员会编.1993.天柱县志.贵阳:贵州人民出版社
贵州省务川仡佬族苗族自治县志编纂委员会编.2001.务川仡佬族苗族自治县志.贵阳:贵州人民出版社
贵州省息烽县地方志编纂委员会编.1993.息烽县志.贵阳:贵州人民出版社
贵州省织金县地方志编纂委员会编.1997.织金县志.北京:方志出版社
郭郛注.2004.山海经注证.北京:中国社会科学出版社
郭海主编.1993.阳高县志.北京:中国工人出版社
郭薰风主修;石璋如,等纂.1956.桃园县志.台北:成文出版社
国家林业局主编.2008.中国重点陆生野生动物资源调查.北京:中国林业出版社
哈密地区地方志编纂委员会编.1997.哈密地区志.乌鲁木齐:新疆大学出版社
哈密市地方志编纂委员会编.1989.哈密县志.乌鲁木齐:新疆人民出版社
海南省昌江黎族自治县地方志编纂委员会编.1998.昌江县志.北京:新华出版社
海南省儋州市地方志编纂委员会编.1996.儋县志.北京:新华出版社
海西蒙古族藏族自治州地方志编纂委员会编.1995.海西蒙古族藏族自治州志.西安:陕西人民出版社
海晏县志编纂委员会编.1994.海晏县志.兰州:甘肃文化出版社
邯郸市地方志编纂委员会编纂.1992.邯郸市志.北京:新华出版社
韩立刚,郑龙亭.2008.蚌埠双墩新石器时代遗址动物遗存鉴定简报/安徽省文物考古研究所,蚌埠市博物馆编著.蚌埠双墩:新石器时代遗址发掘报告.北京:科学出版社,585～607
汉寿县志编纂委员会编.1993.汉寿县志.北京:人民出版社
汉源县志编纂委员会编.1994.汉源县志.成都:四川科学技术出版社
汉中市地方志编纂委员会编.1994.汉中市志.北京:中共中央党校出版社

杭州市地方志编纂委员会编. 1995. 杭州市志. 北京：中华书局
合江县志编纂委员会编纂. 1993. 合江县志. 成都：四川科学技术出版社
合浦县志编纂委员会编. 1994. 合浦县志. 南宁：广西人民出版社
合阳县志编纂委员会编. 1996. 合阳县志. 西安：陕西人民出版社
何业恒著. 1993. 中国珍稀兽类的历史变迁. 长沙：湖南科学技术出版社
和硕县地方志编纂委员会编. 1999. 和硕县志. 乌鲁木齐：新疆人民出版社
河北省崇礼县地方志编纂委员会编. 1995. 崇礼县志. 北京：中国社会出版社
河北省灵寿县地方志编纂委员会编纂. 1993. 灵寿县志. 北京：新华出版社
河北省栾城县地方志编纂委员会编. 1995. 栾城县志. 北京：新华出版社
河北省内丘县地方志编纂委员会编. 1996. 内丘县志. 北京：中华书局
河北省平泉县地方志编纂委员会编. 2000. 平泉县志. 北京：作家出版社
河北省曲阳县地方志编纂委员会编. 1998. 曲阳县志. 北京：新华出版社
河北省沙河市地方志编纂委员会编. 1994. 沙河市志. 北京：生活·读书·新知三联书店
河北省唐县地方志编纂委员会编. 1999. 唐县志. 石家庄：河北人民出版社
河北省赞皇县地方志编纂委员会编. 1998. 赞皇县志. 北京：方志出版社
河南蒙古族自治县方志编纂委员会编. 1996. 河南县志. 兰州：甘肃人民出版社
河南省焦作市地方史志编纂委员会编. 1993. 焦作市志. 北京：红旗出版社
河南省嵩县志编纂委员会编. 1990. 嵩县志. 郑州：河南人民出版社
河南省宜阳县地方志编纂委员会编. 1996. 宜阳县志. 北京：生活·读书·新知三联书店
河南文物考古研究所，等. 1989. 淅川下王岗. 北京：文物出版社
鹤壁市地方史志编纂委员会编. 1998. 鹤壁市志. 郑州：中州古籍出版社
黑龙江省地方志编纂委员会编. 1998. 黑龙江省志·地理志. 哈尔滨：黑龙江省人民出版社
衡阳市地方志编纂委员会编. 1998. 衡阳市志. 长沙：湖南人民出版社
红安县县志编纂委员会编. 1992. 红安县志. 上海：上海人民出版社
红河哈尼族彝族自治州志编纂委员会编. 1994. 红河州志. 北京：生活·读书·新知三联书店
洪波浪，等. 1960. 台南县志. 台北：成文出版社
洪滌尘编著. 1936. 西藏史地大纲. 南京：正中书局
洪雅县地方志编纂委员会编. 1997. 洪雅县志. 成都：电子科技大学出版社
呼和浩特市地方志编修办公室编. 1999. 呼和浩特市志. 呼和浩特：内蒙古人民出版社
呼图壁县志编纂委员会编. 1992. 呼图壁县志. 乌鲁木齐：新疆人民出版社
胡长康，齐陶著. 1978. 陕西蓝田公王岭更新世哺乳动物群. 北京：科学出版社
胡长康. 1985. 周口店第一地点哺乳动物化石研究的历史及进展//吴汝康，等著. 北京猿人遗址综合研究. 北京：科学出版社
胡绍锦. 1995. 宜良九乡张口洞发现的旧石器. 人类学学报，14(2)：21～31
壶关县志编纂委员会编. 1999. 壶关县志. 北京：海潮出版社
湖北省安陆市地方志编纂委员会编纂. 1993. 安陆县志. 武汉：武汉出版社
湖北省巴东县地方志编纂委员会编. 1993. 巴东县志. 武汉：湖北科学技术出版社
湖北省丹江口市地方志编纂委员会编. 1993. 丹江口市志. 北京：新华出版社
湖北省恩施市地方志编纂委员会编. 1996. 恩施市志. 武汉：武汉工业大学出版社
湖北省恩施土家族苗族自治州地方志编纂委员会编. 1998. 恩施州志. 武汉：湖北人民出版社
湖北省谷城县地方志编纂委员会编. 1991. 谷城县志. 北京：新华出版社
湖北省鹤峰县史志编纂委员会编. 1990. 鹤峰县志. 武汉：湖北人民出版社
湖北省嘉鱼县地方志编纂委员会编纂. 1993. 嘉鱼县志. 武汉：湖北科学技术出版社
湖北省京山县志编纂委员会编纂. 1990. 京山县志. 武汉：湖北人民出版社
湖北省来凤县县志编纂委员会编. 1990. 来凤县志. 武汉：湖北人民出版社
湖北省老河口市地方志编纂委员会编纂. 1992. 老河口市志. 北京：新华出版社
湖北省利川市地方志编纂委员会编. 1993. 利川市志. 武汉：湖北科学技术出版社
湖北省蕲春县地方志编纂委员会编. 1997. 蕲春县志. 武

汉:湖北科学技术出版社
湖北省清江隔河岩考古队,湖北省文物考古研究所编著;王善才主编.2004. 建始人遗址.北京:科学出版社
湖北省神农架林区地方志编纂委员会编.1996.神农架志.武汉:湖北科学技术出版社
湖北省十堰市地方志编纂委员会编.1999.十堰市志.北京:中华书局
湖北省随州市地方志编纂委员会编纂.1988.随州志.北京:中国城市经济社会出版社
湖北省文物考古研究所.1990.湖北省文物考古工作十年来的发展/文物编辑委员会编.文物考古工作十年:1979～1989.北京:文物出版社,192～203
湖北省五峰土家族自治县地方志编纂委员会编.1994.五峰县志.北京:中国城市出版社
湖北省咸宁市地方志编纂委员会编.1992.咸宁市志.北京:中国城市出版社
湖北省襄樊市地方志编纂委员会编.1994.襄樊市志.北京:中国城市出版社
湖北省兴山县地方志编纂委员会编.1997.兴山县志.北京:中国三峡出版社
湖北省宜昌县地方志编纂委员会编.1993.宜昌县志.北京:冶金工业出版社
湖北省宜城市地方志编纂委员会编.1998.宜城志.北京:新华出版社
湖北省远安县地方志编纂委员会编.1990.远安县志.北京:中国城市经济社会出版社
湖北省郧西县地方志编纂委员会办公室编.1995.郧西县志.武汉:武汉测绘科技大学出版社
湖北省枣阳市地方志编纂委员会编纂.1990.枣阳志.北京:中国城市经济社会出版社
湖北省枝城市地方志编纂委员会编.1990.宜都县志.武汉:湖北人民出版社
湖北省枝江县地方志编纂委员会编纂.1990.枝江县志.北京:中国城市经济社会出版社
湖北省钟祥县县志编纂委员会编纂.1990.钟祥县志.武汉:湖北人民出版社
湖北省秭归县地方志编纂委员会编.1991.秭归县志.北京:中国大百科全书出版社
湖南省茶陵县地方志编纂委员会编.1993.茶陵县志.北京:文史出版社
湖南省长沙县志编纂委员会编.1995.长沙县志.北京:生活・读书・新知三联书店
湖南省花垣县地方志编纂委员会编.1993.花垣县志.北京:生活・读书・新知三联书店
湖南省怀化市志编纂委员会编.1994.怀化市志.北京:生活・读书・新知三联书店
湖南省会同县志编纂委员会编.1994.会同县志.北京:生活・读书・新知三联书店
湖南省江华瑶族自治县志编纂委员会编.1994.江华瑶族自治县志.北京:中国城市出版社
湖南省江永县志编纂委员会编.1995.江永县志.北京:方志出版社
湖南省泸溪县志编纂委员会编.1993.泸溪县志.北京:社会科学文献出版社
湖南省宁远县地方志编纂委员会编.1993.宁远县志.北京:社会科学文献出版社
湖南省平江县志编纂委员会编.1994.平江县志.北京:国防大学出版社
湖南省绥宁县志编纂委员会编.1997.绥宁县志.北京:方志出版社
湖南省通道侗族自治县县志编纂委员会编.1999.通道县志.北京:民族出版社
湖南省望城县志编纂委员会编.1995.望城县志.北京:生活・读书・新知三联书店
湖南省文物考古研究所,石门县博物馆.1994.石门县燕儿洞旧石器遗址试掘.湖南考古辑刊,1～7
湖南省湘阴县志编纂委员会编.1995.湘阴县志.北京:生活・读书・新知三联书店
湖南省益阳地区地方志编纂委员会编纂.1997.益阳地区志.北京:新华出版社
湖南省志编纂委员会编.1987.湖南省志.修订本.长沙:湖南人民出版社
湖南省株洲县志编纂委员会编.1995.株洲县志.长沙:湖南出版社
湖州市地方志编纂委员会编.1999.湖州市志.北京:昆仑出版社
花县地方志编纂委员会编.1995.花县志.广州:广东人民出版社
华安县地方志编纂委员会编.1996.华安县志.厦门:厦门大学出版社
华池县志编写领导小组.1984.华池县志.兰州:甘肃人民出版社
华宁县志编纂委员会编.1994.华宁县志.北京:中华书局
华亭县志编纂委员会编.1996.华亭县志.兰州:甘肃人民出版社
华阴市地方志编纂委员会编.1995.华阴县志.北京:作家出版社
化州市地方志编纂委员会编.1996.化州县志.广州:广东人民出版社
怀集县地方志编纂委员会编.1993.怀集县志.广州:广东人民出版社
怀柔县志编纂委员会编.1999.怀柔县志.北京:北京出

版社
黄陂县志编纂委员会编.1992.黄陂县志.武汉:武汉出版社
黄陵县志编纂委员会编.1995.黄陵县志.西安:西安地图出版社
黄平县地方志编纂委员会编.1993.黄平县志.贵阳:贵州人民出版社
《黄山志》编纂委员会编.1988.黄山志.合肥:黄山书社
黄石市铁山区地方志编纂委员会编.1998.铁山区志.武汉:湖北人民出版社
黄石市志编纂委员会编.2001.黄石市志.北京:中华书局
黄万波,等.1981.安徽和县龙潭洞发现的猿人头盖骨的观察.科学通报,(24):1 508～1 510
黄万波,等.1988.记广东首次发现巨羊及扬子鳄化石.古脊椎动物学报,26(3):227～231
黄万波,等著.2012.和县猿人.北京:科学出版社
黄万波,计宏祥.1963.江西万年仙人洞全新世洞穴堆积.古脊椎动物与古人类,7(3):263～272
黄万波.1979.华南洞穴动物群的性质和时代.古脊椎动物与古人类,17(4):327～142
黄新亚,钟建英,等纂.1957.苗栗县志.台北:成文出版社
黄蕴平.2010.动物骨骼数量分析和家畜驯化发展初探/河南省文物考古研究所编.动物考古.第1辑,2007年中国郑州动物考古国际学术研讨会论文集.北京:文物出版社
湟源县志编纂委员会编.1993.湟源县志.西安:陕西人民出版社
辉县市史志编纂委员会编.1992.辉县市志.郑州:中州古籍出版社
惠安县地方志编纂委员会编.1998.惠安县志.北京:方志出版社
浑江市地方志编纂委员会编.1994.浑江市志.北京:中华书局
霍山县地方志编纂委员会编.1993.霍山县志.合肥:黄山书社
绩溪县地方志编纂委员会编.1998.绩溪县志.合肥:黄山书社
吉安市地方志编纂委员会编.1997.吉安市志.珠海(广东):珠海出版社
吉安县志编纂委员会编.1994.吉安县志.北京:新华出版社
吉林省延吉市地方志编纂委员会编.1994.延吉市志.北京:新华出版社
吉县志编纂委员会编.1992.吉县志.北京:中国科学技术出版社
计宏祥,李炎贤.1979.从哺乳动物化石来探讨元谋人生活时代的自然环境.古脊椎动物与古人类,17(4):318～324
计宏祥.1974.陕西蓝田涝池河晚更新世哺乳动物化石.古脊椎动物与古人类,12(3)
济源市地方史志编纂委员会编.1993.济源市志.郑州:河南人民出版社
蓟县志编修委员会编著.1991.蓟县志.天津:南开大学出版社
嘉禾县志编委会编.1994.嘉禾县志.合肥:黄山书社
贾兰坡,等.1959.周口店附近新发现的哺乳动物化石地点.古脊椎动物与古人类,1(1):47～51
贾兰坡,张振标.1977.河南淅川下王岗遗址中的动物群.文物,(6):41～49
建德县志编纂委员会编.1986.建德县志.杭州:浙江人民出版社
建宁县地方志编纂委员会编.1995.建宁县志.北京:新华出版社
建瓯县地方志编纂委员会编.1994.建瓯县志.北京:中华书局
建始县地方志编纂委员会编.1994.建始县志.武汉:湖北辞书出版社
建水县志编纂委员会编.1994.建水县志.北京:中华书局
建阳县地方志编纂委员会编.1994.建阳县志.北京:群众出版社
江山市志编纂委员会编.1990.江山市志.杭州:浙江人民出版社
江苏省宜兴市地方志编纂委员会编.1990.宜兴县志.上海:上海人民出版社
江西省安义县志编纂领导小组编纂.1990.安义县志.海口:南海出版公司
江西省安远县志编纂委员会编.1993.安远县志.北京:新华出版社
江西省崇仁县志编纂委员会编纂.1990.崇仁县志.南昌:江西人民出版社
江西省崇义县编史修志委员会编.1989.崇义县志.海口:海南人民出版社
江西省大余县志编纂委员会编.1990.大余县志.北京:三环出版社
江西省德兴市地方志编纂委员会编.1993.德兴县志.北京:光明日报出版社
江西省赣县志编纂委员会编.1991.赣县志.北京:新华出版社
江西省赣州市地方志编纂委员会编.1999.赣州市志.北京:中国文史出版社
江西省高安县史志编纂委员会编纂.1988.高安县志.南昌:江西人民出版社

江西省全南县志编纂委员会编纂. 1995. 全南县志. 南昌：江西人民出版社
江西省上犹县志编纂委员会编. 1992. 上犹县志. 上犹：上犹印刷厂
江西省万载县志编纂委员会编纂. 1988. 万载县志. 南昌：江西人民出版社
江西省文物管理委员会. 1963. 江西万年大源仙人洞洞穴遗址试掘. 考古学报，(1)：1～16
江西省新干县志编纂委员会编. 1990. 新干县志. 北京：中国世界语出版社
江西省新余市志编纂委员会编. 1993. 新余市志. 北京：汉语大词典出版社
江西省星子县志编纂委员会编纂. 1990. 星子县志. 南昌：江西人民出版社
江西省永丰县志编纂委员会编. 1993. 永丰县志. 北京：新华出版社
江油市地方志编纂委员会编. 1999. 江油县志. 成都：四川人民出版社
将乐县地方志编纂委员会编. 1998. 将乐县志. 北京：方志出版社
蒋志刚主编. 2005. 陕西青木川自然保护区的生物多样性. 北京：清华大学出版社
绛县志编纂委员会编. 1997. 绛县志. 西安：陕西人民出版社
交城县志编写委员会编. 1994. 交城县志. 太原：山西古籍出版社
蕉岭县地方志编纂委员会编. 1992. 蕉岭县志. 广州：广东人民出版社
揭西县地方志编纂委员会编. 1994. 揭西县志. 广州：广东人民出版社
金川县地方志编纂委员会编. 1994. 金川县志. 北京：民族出版社
金华县志编纂委员会编. 1992. 金华县志. 杭州：浙江人民出版社
金坛县地方志编纂委员会编. 1993. 金坛县志. 南京：江苏人民出版社
金秀瑶族自治县志编纂委员会编. 1992. 金秀瑶族自治县志. 北京：中央民族学院出版社
锦州市地方志编纂委员会编. 1994. 锦州市志：综合卷. 北京：中国统计出版社
晋城市地方志编纂委员会编. 1999. 晋城市志. 北京：中华书局
晋城县志编纂委员会编. 1997. 晋城县志. 太原：山西古籍出版社
晋江市地方志编纂委员会编. 1994. 晋江市志. 上海：生活·读书·新知三联书店上海分店
缙云县志编纂委员会编. 1996. 缙云县志. 杭州：浙江人民出版社
泾县地方志编纂委员会编. 1996. 泾县志. 北京：方志出版社
泾源县志编纂委员会编. 1995. 泾源县志. 银川：宁夏人民出版社
精河县《精河县志》编纂委员会编. 1998. 精河县志. 乌鲁木齐：新疆人民出版社
井冈山市地方志编纂委员会编. 1997. 井冈山志. 北京：新华出版社
景洪县地方志编纂委员会编. 2000. 景洪县志. 昆明：云南人民出版社
景宁畲族自治县志编纂委员会编. 1995. 景宁畲族自治县志. 杭州：浙江人民出版社
景泰县志编纂委员会编. 1996. 景泰县志. 兰州：兰州大学出版社
静宁县县志编纂委员会编. 1993. 静宁县志. 兰州：甘肃人民出版社
九龙县志编纂委员会编. 1997. 九龙县志. 成都：四川人民出版社
筠连县县志编纂委员会编. 1998. 筠连县志. 成都：四川科学技术出版社
克什克腾旗地方志编纂委员会编. 1993. 克什克腾旗志. 呼和浩特：内蒙古人民出版社
宽城县志编纂委员会编. 1990. 宽城县志. 石家庄：河北人民出版社
昆明市路南彝族自治县志编纂委员会编. 1996. 路南彝族自治县志. 昆明：云南人民出版社
涞源县地方志编纂委员会编. 1998. 涞源县志. 北京：新华出版社
赖子清，赖明初，等纂修. 1982. 嘉义县志. 台北：成文出版社
兰州市地方志编纂委员会，兰州市林业志编纂委员会编纂. 1998a. 兰州市志. 第二卷，地理志. 兰州：兰州大学出版社
兰州市地方志编纂委员会，兰州市林业志编纂委员会编纂. 1998b. 兰州市志. 第二十六卷，林业志. 兰州：兰州大学出版社
蓝山县志编纂委员会编. 1995. 蓝山县志. 北京：中国社会出版社
蓝田县地方志编纂委员会编. 1994. 蓝田县志. 西安：陕西人民出版社
郎溪县地方志编纂委员会编. 1998. 郎溪县志. 北京：方志出版社
乐昌市地方志编纂委员会编. 1994. 乐昌市志. 广州：广东人民出版社

乐平县志编纂委员会编. 1987. 乐平县志. 上海：上海古籍出版社
乐山市地方志编纂委员会编纂. 2000. 乐山市志. 成都：巴蜀书社
《雷波县志》编纂委员会编. 1997. 雷波县志. 成都：四川民族出版社
耒阳市志编纂委员会编. 1993. 耒阳市志. 北京：中国社会出版社
李宝堂. 2010. 山西泽州自然保护区生物多样性及保护研究. 科技创新导报，(16)：23～24
李宏群，等. 2011. 重庆市大木山自然保护区兽类动物资源调查. 贵州农业科学，39(9)：32～35
李润强，高晋红. 2012. 浅析山西灵空寺省级自然保护区的保护价值. 山西林业，(3)：32～33
李世民，赵玉龙. 2005. 试论凤凰山自然保护区的评价. 今日科苑，(9)：108
李文凡主编. 1996. 离石县志. 太原：山西人民出版社
李艳红，等. 2007. 四川栗子坪自然保护区的兽类区系与资源. 四川动物，26(4)
李意愿，等. 2013. 湖南道县后背山福岩洞 2011 年发掘报告. 人类学学报，32(2)：133～143
李占扬，董为. 2007. 河南许昌灵井旧石器遗址哺乳动物群的性质及时代探讨. 人类学学报，26(4)：345～360
李子忠主编. 2011. 贵州野生动物名录. 贵阳：贵州科技出版社
理县志编纂委员会编. 1997. 理县志. 成都：四川民族出版社
澧县地方志编纂办公室编. 1993. 澧县志. 北京：社会科学文献出版社
醴陵市志编纂委员会编. 1995. 醴陵市志. 长沙：湖南人民出版社
丽江地区行政公署林业局编撰. 1998. 丽江地区林业志. 昆明：云南民族出版社
丽江纳西族自治县志编纂委员会编纂；李汝明总纂. 2001. 丽江纳西族自治县志. 昆明：云南人民出版社
《丽水市志》编纂委员会编. 1994. 丽水市志. 杭州：浙江人民出版社
荔浦县地方志编纂委员会编. 1996. 荔浦县志. 北京：生活·读书·新知三联书店
溧阳县志编纂委员会编. 1992. 溧阳县志. 南京：江苏人民出版社
连南瑶族自治县地方志编纂委员会编. 1996. 连南瑶族自治县县志. 广州：广东人民出版社
连山壮族瑶族自治县志编纂委员会编. 1997. 连山壮族瑶族自治县志. 北京：生活·读书·新知三联书店
梁崇岐主编. 1986. 新疆珍贵动物图谱. 北京：中国林业出版社
辽源市地方志编纂委员会编. 1995. 辽源市志. 长春：吉林人民出版社
林鹏，等. 2005. 福建君子峰自然保护区综合科学考察报告. 厦门：厦门大学出版社
临沧县志编纂委员会编. 1993. 临沧县志. 昆明：云南人民出版社
临城县地方志编纂委员会编. 1996. 临城县志. 北京：团结出版社
临川县志编纂委员会编. 1993. 临川县志. 北京：新华出版社
《临高县志》编委员会编. 1990. 临高县志. 广州：广东人民出版社
临桂县志编纂委员会编. 1996. 临桂县志. 北京：方志出版社
临夏县志编纂委员会. 1995. 临夏县志. 兰州：兰州大学出版社
临泽县县志编纂委员会编. 2001. 临泽县志. 兰州：甘肃人民出版社
麟游县地方志编纂委员会编. 1993. 麟游县志. 西安：陕西人民出版社
灵宝县地方史志编纂委员会编. 1992. 灵宝县志. 郑州：中州古籍出版社
灵武市志编纂委员会编. 1999. 灵武市志. 银川：宁夏人民出版社
凌源县志编纂委员会编. 1995. 凌源县志. 沈阳：辽宁古籍出版社
陵川县志编纂委员会编. 1999. 陵川县志. 北京：人民日报出版社
鄗县志编纂委员会编. 1994. 鄗县志. 北京：中国社会出版社
刘金毅，等. 2006. 芜湖金盆洞旧石器遗址的食肉类. 人类学学报，25(3)：227～241
刘务林编著. 1996. 羌塘：世界上最后的净土. 北京：中国林业出版社
刘小明，等主编. 2010. 江西齐云山自然保护区综合科学考察集. 北京：中国林业出版社
刘信中，方福生主编. 2001. 江西武夷山自然保护区科学考察集. 北京：中国林业出版社
刘洋，等. 2005. 四川黑竹沟自然保护区的兽类资源调查. 四川林业科技. 26(6)
柳河县志编纂委员会编. 1991. 柳河县志. 长春：吉林文史出版社
柳江县志编纂委员会编. 1991. 柳江县志. 南宁：广西人民出版社
柳州市地方志编纂委员会编. 1998. 柳州市志. 南宁：广西

人民出版社
六合县地方志编纂委员会编. 1991. 六合县志. 北京：中华书局
龙陵县委党史地方志工作办公室编. 2000. 龙陵县志. 北京：中华书局
龙门县地方志编纂委员会编. 1995. 龙门县志. 广州：广东人民出版社
龙岩地区地方志编纂委员会编. 1992. 龙岩地区志. 上海：上海人民出版社
隆安县志编纂委员会编. 1993. 隆安县志. 南宁：广西人民出版社
隆德县志编纂委员会编. 1998. 隆德县志. 银川：宁夏人民出版社
隆尧县地方志编纂委员会编. 1998. 隆尧县志. 北京：生活·读书·新知三联书店
陇县地方志编纂委员会编. 1993. 陇县志. 西安：陕西人民出版社
娄底市志编纂委员会编. 1997. 娄底市志. 北京：中国社会出版社
卢世标总纂；陈芳草，等纂. 1965. 宜兰县志. 台北：成文出版社
泸州市地方志编纂委员会编. 1998. 泸州市志. 北京：方志出版社
鲁庆彬，胡锦矗. 2003. 大小兰沟自然保护区兽类资源生态评价. 内江师范学院学报，18(4)
鲁山县地方史志编纂委员会编. 1994. 鲁山县志. 郑州：中州古籍出版社
禄劝彝族苗族自治县地方志编纂委员会编. 1995. 禄劝县志. 昆明：云南人民出版社
栾川县地方史志编纂委员会编. 1994. 栾川县志. 北京：生活·读书·新知三联书店
略阳县志编纂委员会编. 1992. 略阳县志. 西安：陕西人民出版社
轮台县党史、县志编纂委员会编. 1991. 轮台县志. 北京：新华出版社
罗佳. 1986. 四川省三县动物资源及其保护. 野生动物，(5)：16～18，25
罗平县志编纂委员会编. 1995. 罗平县志. 昆明：云南人民出版社
罗山县地方史志编纂委员会编纂. 1987. 罗山县志. 郑州：河南人民出版社
罗田县地方志编纂委员会编. 1998. 罗田县志. 北京：中华书局
罗源县地方志编纂委员会编. 1998. 罗源县志. 北京：方志出版社
洛宁县志编纂委员会编. 1991. 洛宁县志. 北京：生活·读书·新知三联书店
麻阳县志编纂委员会编. 1994. 麻阳县志. 北京：生活·读书·新知三联书店
马边彝族自治县地方志编纂委员会编. 1994. 马边彝族自治县志. 成都：成都科技大学出版社
马山县志编纂委员会编. 1997. 马山县志. 北京：民族出版社
马逸清，等编著. 1986. 黑龙江省兽类志. 哈尔滨：黑龙江科学技术出版社
玛纳斯县地方志编纂委员会编. 1993. 玛纳斯县志. 乌鲁木齐：新疆大学出版社
茂名市地方志编纂委员会编. 1997. 茂名市志. 北京：生活·读书·新知三联书店
梅河口市地方志编纂委员会编. 1999. 梅河口市志. 长春：吉林人民出版社
蒙山县志编纂委员会编. 1993. 蒙山县志. 南宁：广西人民出版社
蒙自县志编纂委员会编. 1995. 蒙自县志. 北京：中华书局
孟连傣族拉祜族佤族自治县志编纂委员会编. 1999. 孟连傣族拉祜族自治县志. 昆明：云南人民出版社
米泉县地方志编纂委员会编. 1998. 米泉县志. 乌鲁木齐：新疆人民出版社
汨罗市志编纂委员会编. 1995. 汨罗市志. 北京：方志出版社
密山县志编纂委员会编. 1993. 密山县志. 北京：中国标准出版社
密云县志编纂委员会. 1998. 密云县志. 北京：北京出版社
勉县志编纂委员会主编. 1989. 勉县志. 北京：地震出版社
民和回族自治县志编纂委员会编. 1993. 民和县志. 西安：陕西人民出版社
民乐县县志编纂委员会编. 1996. 民乐县志. 兰州：甘肃人民出版社
岷县志编纂委员会编. 1995. 岷县志. 兰州：甘肃人民出版社
闽清县地方志编纂委员会编. 1993. 闽清县志. 北京：群众出版社
名山县志编纂委员会编. 1992. 名山县志. 成都：四川科学技术出版社
明溪县地方志编纂委员会编. 1997. 明溪县志. 北京：方志出版社
漠河县志编纂委员会编纂. 1993. 漠河县志. 北京：中国大百科全书出版社
牡丹江市志编审委员会编. 1993. 牡丹江市志. 哈尔滨：黑龙江人民出版社
《木里藏族自治县概况·物产资源》编写组编. 1985. 木里藏族自治县概况. 成都：四川民族出版社

内蒙古自治区科学技术志编纂委员会编.1997.内蒙古自治区志:科学技术志.呼和浩特:内蒙古人民出版社
内乡县地方史志编纂委员会编.1994.内乡县志.北京:生活·读书·新知三联书店
南昌市地方志编纂委员会编.1997.南昌市志.北京:方志出版社
南靖县地方志编纂委员会编.1997.南靖县志.北京:方志出版社
南康县志编纂委员会编.1993.南康县志.北京:新华出版社
南坪县地方志编纂委员会编.1994.南坪县志.北京:民族出版社
南雄县地方志编纂委员会编.1991.南雄县志.广州:广东人民出版社
南阳地区地方史志编纂委员会编.1994.南阳地区志.郑州:河南人民出版社
南阳地区地方史志编纂委员会编.1996.南阳地区志:1986～1994.郑州:中州古籍出版社
南召县史志编纂委员会编.1995.南召县志.郑州:中州古籍出版社
南郑县地方志编纂委员会编.1990.南郑县志.北京:中国人民公安大学出版社
宁波市地方志编纂委员会编.1995.宁波市志.北京:中华书局
宁城县志编纂委员会编.1992.宁城县志.呼和浩特:内蒙古人民出版社
宁德市地方志编纂委员会编.1995.宁德市志.北京:中华书局
宁都县志编辑委员会编.1986.宁都县志.宁都(江西):编者
宁冈县地方志编纂委员会编.1995.宁冈县志.北京:中共中央党校出版社
宁国县地方志编纂委员会编.1997.宁国县志.北京:生活·读书·新知三联书店
宁海县地方志编纂委员会编.1993.宁海县志.杭州:浙江人民出版社
宁化县志编纂委员会编.1992.宁化县志.福州:福建人民出版社
宁明县志编纂委员会编.1988.宁明县志.北京:中央民族学院出版社
宁南县志编纂委员会编.1994.宁南县志.成都:成都科技大学出版社
宁陕县地方志编纂委员会编.1992.宁陕县志.西安:陕西人民出版社
《宁县志》编纂委员会编.1988.宁县志.兰州:甘肃人民出版社
农八师石河子市地方志编纂委员会编.1994.农八师垦区石河子市志.乌鲁木齐:新疆人民出版社
磐安县志编纂委员会编.1993.磐安县志.杭州:浙江人民出版社
裴文中.1960.中国原始人类的生活环境.古脊椎动物与古人类,2(1):9～21
彭水县志编纂委员会编.1997.彭水县志.成都:四川人民出版社
彭阳县志编纂委员会编.1996.彭阳县志.银川:宁夏人民出版社
平顶山市地方史志编纂委员会编.1994.平顶山市志.郑州:河南人民出版社
平定县志编纂委员会编.1992.平定县志.北京:社会科学文献出版社
平和县地方志编纂委员会编.1994.平和县志.北京:群众出版社
平乐县地方志编纂委员会编.1995.平乐县志.北京:方志出版社
平利县志编纂委员会编.1995.平利县志.西安:三秦出版社
平南县志编纂委员会编.1993.平南县志.南宁:广西人民出版社
平顺县志编纂委员会编.1997.平顺县志.北京:海潮出版社
平武县县志编纂委员会编.1997.平武县志.成都:四川科学技术出版社
平阳县志编纂委员会编.1993.平阳县志.上海:汉语大词典出版社
平遥县地方志编纂委员会编.1999.平遥县志.北京:中华书局
平远县地方志编纂委员会编.1993.平远县志.广州:广东人民出版社
屏边苗族自治县县志编纂委员会编.1999.屏边苗族自治县志.北京:新华出版社
屏南县地方志编纂委员会编.1999.屏南县志.北京:方志出版社
屏山县志编纂委员会编.1998.屏山县志.成都:四川人民出版社
萍乡市志编纂委员会编.1996.萍乡市志.北京:方志出版社
莆田县地方志编纂委员会编.1994.莆田县志.北京:中华书局
浦北县志编纂委员会编.1994.浦北县志.南宁:广西人民出版社
浦城县地方志编纂委员会编.1994.浦城县志.北京:中华书局

浦江县志编纂委员会编.1990.浦江县志.杭州:浙江人民出版社

普洱哈尼族彝族自治县地方志编纂委员会编.1993.普洱哈尼族彝族自治县志.北京:生活·读书·新知三联书店

普宁市地方志编纂委员会编.1995.普宁县志.广州:广东人民出版社

祁国琴.1989.中国北方第四纪哺乳动物群:兼论原始人类生活环境.中国远古人类.北京:科学出版社,277～337

祁门县地方志编纂委员会办公室编.1990.祁门县志.合肥:安徽人民出版社

《祁阳县志》编纂委员会编.1993.祁阳县志.北京:社会科学文献出版社

奇台县史志编纂委员会编.1994.奇台县志.乌鲁木齐:新疆大学出版社

《淇县志》编纂委员会编.1996.淇县志.郑州:中州古籍出版社

迁西县地方志编纂委员会编.1991.迁西县志.北京:中国科学技术出版社

铅山县县志编纂委员会编.1990.铅山县志.海口:南海出版公司

潜山县地方志编纂委员会编.1993.潜山县志.北京:社会科学文献出版社

黔江土家族苗族自治县志编纂委员会编.1994.黔江县志.北京:中国社会出版社

黔阳县地方志编纂委员会编.1991.黔阳县志.北京:中国文史出版社

秦皇岛市地方志编纂委员会编纂.1994.秦皇岛市志.天津:天津人民出版社

秦皇岛市山海关区地方志编纂委员会编纂.1994.山海关志.天津:天津人民出版社

《青川县志》编纂委员会编.1992.青川县志.成都:成都科技大学出版社

青龙满族自治县志编纂委员会编纂.1997.青龙满族自治县志.北京:中国城市出版社

青田县志编纂委员会编.1990.青田县志.杭州:浙江人民出版社

清流县地方志编纂委员会编.1994.清流县志.北京:中华书局

清徐县地方志编纂办公室编.1999.清徐县志.太原:山西古籍出版社

清远市地方志编纂办公室编.1993.清远县志.清远:清远市印刷厂

庆阳县志编纂委员会编.1993.庆阳县志.兰州:甘肃人民出版社

琼中黎族苗族自治县地方志办公室编.1995.琼中县志.海口:海南摄影美术出版社

邱立诚,等.1980.广东阳春独仔洞穴文化遗址发掘简讯.古脊椎动物与古人类.18(3):260

邱占祥.1998.虎年谈虎的起源.大自然,(1):9～10

邱占祥.2000.泥河湾哺乳动物群与中国第四系下限.第四纪研究(2)

邱中郎,等.1973.周口店新发现的北京猿人化石及文化遗物.古脊椎动物与古人类,11(2):109～131

《衢州市志》编纂委员会编.1994.衢州市志.杭州:浙江人民出版社

确山县志编纂委员会编.1993.确山县志.北京:生活·读书·新知三联书店

饶河县地方志办公室编.1992.饶河县志.哈尔滨:黑龙江人民出版社

饶平县地方志编纂委员会编.1994.饶平县志.广州:广东人民出版社

容县志编纂委员会编.1993.容县志.南宁:广西人民出版社

融安县志编纂委员会编.1996.融安县志.南宁:广西人民出版社

汝城县志编委会编.1997.汝城县志.长沙:湖南出版社

汝阳县地方史志编纂委员会编.1995.汝阳县志.北京:生活·读书·新知三联书店

乳源瑶族自治县地方志编纂委员会编.1997.乳源瑶族自治县志.广州:广东人民出版社

瑞金县志编纂委员会编.1993.瑞金县志.北京:中央文献出版社

《三江源自然保护区生态环境》编辑委员会.2002.三江源自然保护区生态环境.西宁:青海人民出版社

三门县志编纂委员会编.1992.三门县志.杭州:浙江人民出版社

三原县志编纂委员会编.2000.三原县志.西安:陕西人民出版社

沙县地方志编纂委员会编.1992.沙县志.北京:中国科学技术出版社

莎车县地方志编纂委员会编.1996.莎车县志.乌鲁木齐:新疆人民出版社

山西省浑源县志编纂委员会编.1999.浑源县志.北京:方志出版社

山西省介休市志编纂委员会编.1996.介休市志.北京:海潮出版社

山西省灵石县志编纂委员会编.1992.灵石县志.北京:中国社会科学出版社

山西省娄烦县地方志编纂委员会编.1999.娄烦县志.北京:中华书局

山西省宁武县县志编纂办公室编.1985.宁武县志:初稿.宁武:宁武县县志编纂办公室
山西省沁源县志编纂委员会编.1996.沁源县志.北京:海潮出版社
山西省史志研究院编.1996.山西通志.第二卷,地理志.北京:中华书局
山西省天镇县地方志办公室编.1997.天镇县志.太原:山西教育出版社
山西省五寨县志编纂办公室编.1992.五寨县志.北京:人民日报出版社
山西省五寨县志编纂办公室编.1992.五寨县志.北京:人民日报出版社
山阳县地方志编纂委员会编.1991.山阳县志.西安:陕西人民出版社
陕西省地方志编纂委员会编.2000.陕西省志.第三卷,地理志.西安:陕西人民出版社
陕西省凤翔县地方志编纂委员会编.1991.凤翔县志.西安:陕西人民出版社
陕西省考古研究院,商洛市博物馆编著.2011.东龙山遗址动物遗存分析/商洛东龙山.北京:科学出版社,312～421
陕西省留坝县地方志编纂委员会编.2002.留坝县志.西安:陕西人民出版社
陕县地方史志编纂委员会编.1988.陕县志.郑州:河南人民出版社
鄯善县地方志编纂委员会编.2001.鄯善县志.乌鲁木齐:新疆人民出版社
商州市地方志编纂委员会编.1998.商州市志.北京:中华书局
上林县志编纂委员会编.1989.上林县志.南宁:广西人民出版社
上饶县志编纂委员会编.1993.上饶县志.北京:中共中央党校出版社
上思县地方志编纂委员会编.2000.上思县志.南宁:广西人民出版社
邵阳市地方志编纂委员会编.1997.邵阳市志.长沙:湖南出版社
绍兴市地方志编纂委员会编.1996.绍兴市志.杭州:浙江人民出版社
涉县地方志编纂委员会编.1998.涉县志.北京:中国对外翻译出版社
沈才智,等.2011.黑龙江完达山东部林区兽类多样性调查.国土与自然资源研究,(5):95～96
沈阳市人民政府地方志编纂办公室编.1989.沈阳市志.沈阳:沈阳出版社
渑池县志编纂委员会编.1991.渑池县志.上海:汉语大词典出版社
什邡县《什邡县志》编纂委员会编.1988.什邡县志.成都:四川大学出版社
石棉县地方志编纂委员会编.1999.石棉县志.成都:四川辞书出版社
石泉县地方志编纂委员会编.1991.石泉县志.西安:陕西人民出版社
石柱县志编纂委员会编.1994.石柱县志.成都:四川辞书出版社
始兴县志办公室编.1997.始兴县志.广州:广东人民出版社
寿宁县地方志编纂委员会编.1992.寿宁县志.厦门:鹭江出版社
寿阳县志编纂委员会编.1989.寿阳县志.太原:山西人民出版社
寿振黄主编.1962.中国经济动物志:兽类.北京:科学出版社
舒城县地方志编纂委员会编.1995.舒城县志.合肥:黄山书社
双江拉祜族佤族布朗族傣族自治县地方志编纂委员会编.1995.双江拉祜族佤族布朗族傣族自治县志.昆明:云南人民出版社
双鸭山市地方志编纂委员会办公室编.1991.双鸭山市志.北京:中国展望出版社
水城县地方志编纂委员会编.1994.水城县(特区)志.贵阳:贵州人民出版社
水富县志编纂委员会编.1996.水富县志.昆明:云南人民出版社
顺昌县地方志编纂委员会编.1994.顺昌县志.北京:中国统计出版社
思茅县志编纂委员会编.1993.思茅县志.北京:生活·读书·新知三联书店
斯信强,等.1993.盘县大洞发掘简报.人类学学报,12(2):113～119;张镇洪,等.1997.贵州盘县大洞遗址动物群的研究.人类学学报,16(3):209～220
四川省阿坝藏族羌族自治州茂汶羌族自治县地方志编纂委员会编.1997.茂汶羌族自治县志.成都:四川辞书出版社
四川省阿坝藏族羌族自治州汶川县地方志编纂委员会编.1992.汶川县志.北京:民族出版社
四川省安岳县志编纂委员会编纂.1993.安岳县志.成都:四川人民出版社
四川省巴塘县地方志编纂委员会编.2001.巴塘县志:续编.北京:方志出版社
四川省巴县志编纂委员会编.1994.巴县志.重庆:重庆出版社

四川省巴中县志编纂委员会编. 1992. 巴中县志. 成都:巴蜀书社
四川省宝兴县地方志编纂委员会编. 2000. 宝兴县志. 北京:方志出版社
四川省璧山县志编纂委员会编. 1996. 璧山县志. 成都:四川人民出版社
四川省布拖县志编纂委员会编. 1993. 布拖县志. 北京:中国建材工业出版社
四川省苍溪县志编纂委员会编. 1993. 苍溪县志. 成都:四川人民出版社
四川省长宁县志编纂委员会编纂. 1993. 长宁县志. 成都:巴蜀书社
四川省崇庆县志编纂委员会编纂. 1991. 崇庆县志. 成都:四川人民出版社
四川省达县志编纂委员会编纂. 1994. 达县志. 成都:四川辞书出版社
四川省大邑县志编纂委员会编. 1992. 大邑县志. 成都:四川人民出版社
四川省大竹县志编纂委员会编. 1992. 大竹县志. 重庆:重庆出版社
四川省丹棱县志编纂委员会编纂. 2000. 丹棱县志. 丹棱(四川):丹棱印刷厂
四川省道孚县志编纂委员会编. 1997. 道孚县志. 成都:四川人民出版社
四川省稻城县志编纂委员会编. 1997. 稻城县志. 成都:四川人民出版社
四川省垫江县志编纂委员会编. 1993. 垫江县志. 成都:四川人民出版社
四川省奉节县志编纂委员会编. 1995. 奉节县志. 北京:方志出版社
四川省涪陵市志编纂委员会编. 1995. 涪陵市志. 成都:四川人民出版社
四川省甘孜藏族自治州丹巴县志编纂委员会编. 1996. 丹巴县志. 北京:民族出版社
四川省珙县志编纂委员会编纂. 1995. 珙县志. 成都:四川人民出版社
四川省广安县志编纂委员会编纂. 1994. 广安县志. 成都:四川人民出版社
四川省合川县地方志编纂委员会编. 1996. 合川县志. 成都:四川人民出版社
四川省红原县志编纂委员会编纂. 1996. 红原县志. 成都:四川人民出版社
四川省华蓥市志编纂委员会编纂. 1995. 华蓥市志. 成都:四川人民出版社
四川省夹江县编史修志委员会编纂. 1989. 夹江县志. 成都:四川人民出版社
四川省简阳县志编纂委员会编纂. 1995. 简阳县志. 成都:巴蜀书社
四川省江安县志编纂委员会编. 1998. 江安县志. 北京:方志出版社
四川省金阳县志编纂委员会编纂. 2000. 金阳县志. 北京:方志出版社
四川省康定县地方志编纂委员会编纂. 1995. 康定县志. 成都:四川辞书出版社
四川省理塘县志编纂委员会编. 1996. 理塘县志. 成都:四川人民出版社
四川省梁平县地方志编纂委员会编. 1995. 梁平县志. 北京:方志出版社
四川省邻水县地方志编纂委员会编. 1991. 邻水县志. 成都:四川科学技术出版社
四川省隆昌县志编纂委员会编纂. 1995. 隆昌县志. 成都:巴蜀书社
四川省马尔康县志编纂委员会编纂. 1995. 马尔康县志. 成都:四川人民出版社
四川省眉山县志编纂委员会编纂. 1992. 眉山县志. 成都:四川人民出版社
四川省米易县志编纂委员会编. 1999. 米易县志. 成都:四川辞书出版社
四川省沐川县地方志编纂委员会编纂. 1989. 沐川县志. 成都:巴蜀书社
四川省南川县志编纂委员会编. 1991. 南川县志. 成都:四川人民出版社
四川省蒲江县志编纂委员会编. 1992. 蒲江县志. 成都:四川人民出版社
四川省普格县志编纂委员会编纂. 1992. 普格县志. 成都:四川大学出版社
四川省邛崃县志编纂委员会编纂. 1993. 邛崃县志. 成都:四川人民出版社
四川省色达县志编纂委员会编. 1997. 色达县志. 成都:四川人民出版社
四川省通江县志编纂委员会编纂. 1998. 通江县志. 成都:四川人民出版社
四川省潼南县志编纂委员会编. 1993. 潼南县志. 成都:四川人民出版社
四川省万源县志编纂委员会编纂. 1996. 万源县志. 成都:四川人民出版社
四川省旺苍县志编纂委员会编. 1996. 旺苍县志. 成都:四川人民出版社
四川省武隆县志编纂委员会编. 1994. 武隆县志. 成都:四川人民出版社
四川省西昌市志编纂委员会编纂. 1996. 西昌市志. 成都:四川人民出版社

四川省喜德县志编纂委员会编.1992.喜德县志.成都:电子科技大学出版社
四川省荥经县地方志编纂委员会编.1998.荥经县志.重庆:西南师范大学出版社
四川省永川县志编修委员会编.1997.永川县志.成都:四川人民出版社
四川省昭觉县志编纂委员会编纂.1999.昭觉县志.成都:四川辞书出版社
四川省梓潼县志编纂委员会编纂.1999.梓潼县志.北京:方志出版社
《四川资源动物志》编辑委员会主编;施白南,赵尔宓卷主编.1982.四川资源动物志.第一卷,总论.2版.成都:四川人民出版社
松溪县地方志编纂委员会编.1994.松溪县志.北京:中国统计出版社
松阳县志编纂委员会编.1996.松阳县志.杭州:浙江人民出版社
宋朝枢主编.1994.鸡公山自然保护区科学考察集.北京:中国林业出版社
宋朝枢主编.1997.宝天曼自然保护区科学考察集.北京:中国林业出版社
绥江县志编纂委员会编.1994.绥江县志.成都:四川辞书出版社
遂昌县志编纂委员会编.1996.遂昌县志.杭州:浙江人民出版社
遂川县地方志编纂委员会编.1996.遂川县志.南昌:江西人民出版社
塔城地区地方志编纂委员会编.1997.塔城地区志.乌鲁木齐:新疆人民出版社
塔城市地方志编纂委员会编.1995.塔城市志.乌鲁木齐:新疆人民出版社
太白县地方志编纂委员会编.1995.太白县志.西安:三秦出版社
太原市方志编纂委员会编.1999.太原市志.第一册.太原:山西古籍出版社
泰和县地方志编纂委员会编.1993.泰和县志.北京:中共中央党校出版社
唐河县地方史志编纂委员会编.1993.唐河县志.郑州:中州古籍出版社
唐山市地方志编纂委员会编.1999.唐山市志.北京:方志出版社
藤县志编纂委员会编.1996.藤县志.南宁:广西人民出版社
天等县志编纂委员会编.1991.天等县志.南宁:广西人民出版社
天峨县志编纂委员会编.1994.天峨县志.南宁:广西人民出版社
天津市地方志编修委员会.1991.天津简志.天津:天津人民出版社
天峻县县志编纂委员会编.1995.天峻县志.兰州:甘肃文化出版社
天全县志办公室主编.1997.天全县志.成都:四川科学技术出版社
天祝藏族自治县志编纂委员会编.1994.天祝县志.兰州:甘肃民族出版社
田东县志编纂委员会编.1998.田东县志.南宁:广西人民出版社
田林县地方志编纂委员会编.1996.田林县志.南宁:广西人民出版社
通城县志编纂委员会编.1985.通城县志.通城:通城县印刷厂
《通道侗族自治县概况》编写组编.1986.通道侗族自治县概况.长沙:湖南人民出版社
通化县地方志编纂委员会编.1996.通化县志.长春:吉林人民出版社
《通渭县志》编纂委员会编.1990.通渭县志.兰州:兰州大学出版社
同安县地方志编纂委员会编.2000.同安县志.北京:中华书局
同德县地方志编纂委员会编.1999.同德县志.北京:民族人民出版社
同号文,等.2004.周口店田园洞大中型哺乳动物记述.人类学学报,23(3):213~223
同号文,等.2006.周口店田园洞古人类化石点地层学研究及与山顶洞的对比.人类学学报.25(1):68~81
桐柏县地方史志编纂委员会编.1995.桐柏县志.郑州:中州古籍出版社
桐城县地方志编纂委员会编.1995.桐城县志.合肥:黄山书社
桐庐县志编纂委员会编.1991.桐庐县志.杭州:浙江人民出版社
桐梓县地方志编纂委员会编.1997.桐梓县志.北京:方志出版社
潼关县志编纂委员会编.1992.潼关县志.西安:陕西人民出版社
《土默特右旗志》编纂委员会编.1994.土默特右旗志.呼和浩特:内蒙古人民出版社
土默特左旗《土默特志》编纂委员会编.1997.土默特志.呼和浩特:内蒙古人民出版社
屯留县志编纂委员会编.1995.屯留县志.西安:陕西人民出版社
拓荣县地方志编纂委员会编.1995.拓荣县志.北京:中华

书局
万年县县志编纂委员会编.1982.万年县志.万年:万年县志编纂委员会
王德刚,李倩.2007.吉隆沟生态资源考察与旅游开发评价.西藏研究,(3):63～70
王改芳,赵燕.2011.庞泉沟野生动物资源调查.经济动物学报,15(3):134～140
王景文,鲍永超.1984.藏北发现的大型猫科动物脑化石.古脊椎动物学报,22(2):134～137
王珏.2005.云南临沧澜沧江自然保护区双江片区生态旅游开发探索.陕西林业科技,(2):35～38
王令红,等.1982.湖南省西北部新发现的哺乳动物化石及其意义.古脊椎动物与古人类,20(4):350～358
王香亭主编.1990.宁夏脊椎动物志.银川:宁夏人民出版社
围场满族自治县地方志编纂委员会编纂.1997.围场满族自治县志.沈阳:辽海出版社
尉犁县地方志编纂委员会编.1993.尉犁县志.乌鲁木齐:新疆大学出版社
渭南地区地方志编纂委员会编.1996.渭南地区志.西安:三秦出版社
温宿县志编纂委员会编.1993.温宿县志.乌鲁木齐:新疆大学出版社
温州市志编纂委员会编.1998.温州市志.北京:中华书局
文定讴总纂.2001.农六师垦区·五家渠市志:1949～2001.乌鲁木齐:新疆人民出版社
翁源县地方志编纂委员会编.1997.翁源县志.广州:广东人民出版社
乌拉特前旗志编纂委员会编.1995.乌拉特前旗志.呼和浩特:内蒙古人民出版社
乌拉特中旗地方志编纂委员会编.1994.乌拉特中旗志.呼和浩特:内蒙古人民出版社
乌恰县地方志编纂委员会编.1995.乌恰县志.乌鲁木齐:新疆人民出版社
乌以风编著.1984.天柱山志.合肥:安徽教育出版社
巫溪县志编纂委员会编.1993.巫溪县志.成都:四川辞书出版社
无为县地方志编纂委员会编.1993.无为县志.北京:社会科学文献出版社
吴茂霖,等.1975.贵州桐梓发现的古人类化石及其文化遗物.古脊椎动物与古人类,13(1):14～23
吴英豪,纪伟涛主编.2002.江西鄱阳湖国家级自然保护区研究.北京:中国林业出版社
吴友如.1983.吴友如画宝:中外百兽图.上海:上海古籍出版社
吴跃峰,等编著.2009.河北动物志:两栖、爬行、哺乳动物类.石家庄:河北科学技术出版社
吴章文,等主编.2003.广东象头山国家级自然保护区科学考察集.北京:中国林业出版社
五华县地方志编纂委员会编.1991.五华县志.广州:广东人民出版社
五台县志编纂委员会编.1988.五台县志.太原:山西人民出版社
《武川县志》编纂委员会编.1988.武川县志.呼和浩特:内蒙古人民出版社
武汉市地方志编纂委员会主编.1998.武汉市志·总志类.武汉:武汉大学出版社
武鸣县志编纂委员会编.1998.武鸣县志.南宁:广西人民出版社
武平县地方志编纂委员会编.1993.武平县志.北京:中国大百科全书出版社
武威市市志编纂委员会.1998.武威市志.兰州:兰州大学出版社
武仙竹,等.2007.湖北郧西黄龙洞古人类遗址2006年发掘报告.人类学学报,26(3):193～205
武仙竹,等.2009.湖北郧西白龙洞古人类遗址初步研究.人类学学报,28(1):1～15
武仙竹.1998.神农架犀牛洞旧石器时代遗址发掘报告.人类学学报,17(2):121～136
武宣县志编纂委员会编.1995.武宣县志.南宁:广西人民出版社
舞钢市地方史志编纂委员会编.1993.舞钢市志.郑州:中州古籍出版社
婺源县志编纂委员会编.1993.婺源县志.北京:档案出版社
西安市地方志编纂委员会编.1996.西安市志.西安:西安出版社
西吉县志编纂委员会编.1995.西吉县志.银川:宁夏人民出版社
西盟佤族自治县志编纂委员会编.1997.西盟佤族自治县志.昆明:云南人民出版社
西双版纳傣族自治州林业局编.1989.西双版纳傣族自治州林业志.昆明:云南人民出版社
西峡县志编纂委员会编.1990.西峡县志.郑州:河南人民出版社
淅川县地方史志编纂委员会编.1990.淅川县志.郑州:河南人民出版社
歙县地方志编纂委员会编.1995.歙县志.北京:中华书局
霞浦县地方志编纂委员会编.1999.霞浦县志.北京:方志出版社
夏县地方志编纂委员会编.1998.夏县志.北京:人民出版社

仙游县地方志编纂委员会编.1995.仙游县志.北京:方志出版社
咸丰县志编纂委员会编.1990.咸丰县志.武汉:武汉大学出版社
湘潭县地方志编纂委员会编.1995.湘潭县志.长沙:湖南出版社
湘乡县志编纂委员会编.1993.湘乡县志.长沙:湖南出版社
襄垣县志编纂委员会编.1998.襄垣县志.北京:海潮出版社
祥云县志编纂委员会编.1996.祥云县志.北京:中华书局
象州县志编纂委员会编.1994.象州县志.北京:知识出版社
萧山县志编纂委员会编.1987.萧山县志.杭州:浙江人民出版社
肖增祜,等编著.1988.辽宁动物志:兽类.沈阳:辽宁科学技术出版社
谢向岑主修;陈子波,等纂.1968.高雄县志稿.台北:成文出版社
《忻州地区志》编纂委员会编.1999.忻州地区志.太原:山西古籍出版社
新安县地方史志编纂委员会编.1989.新安县志.郑州:河南人民出版社
新昌县志编纂委员会编.1994.新昌县志.上海:上海书店
新化县志编纂委员会编.1996.新化县志.长沙:湖南出版社
《新晃侗族自治县概况》编写组编.1985.新晃侗族自治县概况.长沙:湖南人民出版社
新晃侗族自治县志编纂委员会编.1993.新晃县志.北京:生活·读书·新知三联书店
新宁县县志编委会编.1995.新宁县志.长沙:湖南出版社
新平彝族傣族自治县志编纂委员会编.1993.新平县志.北京:生活·读书·新知三联书店
新邵县志编委会编.1994.新邵县志.北京:人民出版社
新县志编纂委员会编.1990.新县志.郑州:河南人民出版社
新洲县志编纂委员会编.1992.新洲县志.武汉:武汉出版社
信阳地区地方史志编纂委员会编.1992.信阳地区志.北京:生活·读书·新知三联书店
信宜县地方志编纂委员会编.1993.信宜县志.广州:广东人民出版社
兴安县地方志编纂委员会编.2002.兴安县志.南宁:广西人民出版社
兴海县志编纂委员会编.2000.兴海县志.西安:三秦出版社
兴宁县地方志编纂委员会编.1992.兴宁县志.广州:广东人民出版社
兴文县志编纂委员会编.1994.兴文县志.成都:四川辞书出版社
行唐县地方志编纂委员会编.1998.行唐县志.北京:中国对外翻译出版公司
邢台县地方志编纂委员会编.1993.邢台县志.北京:新华出版社
熊林春,等.2014.信阳市野生动植物资源概述.河南林业科技,34(1):46～48
(元)熊梦祥著.1983.析津志辑佚.北京:北京古籍出版社
休宁县地方志编纂委员会编.1990.休宁县志.合肥:安徽教育出版社
修武县志编纂委员会编.1986.修武县志.郑州:河南人民出版社
秀山土家族苗族自治县志编纂委员会编.2001.秀山县志.北京:中华书局
岫岩县志编辑部编.1989.岫岩县志.沈阳:辽宁大学出版社
徐钦琦,欧阳涟.1982.北京人时代的气候.人类学学报,1(1):80～90
徐延恭,李迪强.1997.香港陆生脊椎动物简介.动物学杂志,32(3):3～8
许春华,方笃生.1982.安徽又发现人类化石.人类学学报,1(2):206
叙永县地方志编纂委员会编.1998.叙永县志.北京:方志出版社
溆浦县县志编纂委员会编.1993.溆浦县志.北京:社会科学文献出版社
宣恩县志编纂委员会编.1995.宣恩县志.武汉:武汉工业大学出版社
旬邑县地方志编纂委员会编.2000.旬邑县志.西安:三秦出版社
焉耆回族自治县志编纂委员会编.1998.焉耆回族自治县志.乌鲁木齐:新疆人民出版社
延安市志编纂委员会编.1994.延安市志.西安:陕西人民出版社
延边朝鲜族自治州地方志编纂委员会编.1996.延边朝鲜族自治州志.北京:中华书局
沿河土家族自治县志编纂委员会编.1993.沿河县志.贵阳:贵州人民出版社
盐池县志编纂委员会编.2002.盐池县志:1981～2000.银川:宁夏人民出版社
盐源县志编纂委员会编.2000.盐源县志.成都:四川民族出版社
砚山县志编纂委员会编.2000.砚山县志.昆明:云南民族

出版社
阳春县地方史志办公室编.1996.阳春县志.广州:广东人民出版社
阳曲县地方志编纂办公室编.1999.阳曲县志.太原:山西古籍出版社
阳泉市地方志编纂委员会编.1998.阳泉市志.北京:当代中国出版社
阳原县地方志编纂委员会编.1997.阳原县志.北京:中国大百科全书出版社
杨奇森,岩昆主编.2007.中国兽类彩色图谱.北京:科学出版社
杨肇清.1999.试论淅川下王岗仰韶文化时期的生产经济状况.见:徐钦琦,等主编.史前考古学新进展:庆祝贾兰坡院士九十华诞国际学术讨论会文集.北京:科学出版社:98~102
杨钟健,刘东生.1949.安阳殷墟之哺乳动物群补遗.考古学报,(4):145~153
洋县地方志编纂委员会编.1996.洋县志.西安:三秦出版社
漾濞彝族自治县地方志编纂委员会编.2000.漾濞彝族自治县志.昆明:云南人民出版社
耀县志编纂委员会编.1997.耀县志.北京:中国社会出版社
叶灵凤.1985.香港风物志.北京:生活·读书·新知三联书店
伊春市地方志编纂委员会编.1995.伊春市志.哈尔滨:黑龙江人民出版社
伊吾县地方志编纂委员会编.1994.伊吾县志.乌鲁木齐:新疆大学出版社
黟县地方志编纂委员会编.1988.黟县志.北京:光明日报出版社
宜宾市地方志办公室编.1992.宜宾市志.北京:新华出版社
弋阳县县志编纂委员会编.1991.弋阳县志.海口:南海出版公司
易县地方志编纂委员会编.2000.易县志.北京:中央编译出版社
尹秉高,刘务林.1993.西藏珍稀野生动物与保护.北京:中国林业出版社
应县志编纂委员会编.1992.应县志.太原:山西人民出版社
应县志编纂委员会编.1992.应县志.太原:山西人民出版社
英山县志编纂委员会编纂.1998.英山县志.北京:中华书局
永安市地方志编纂委员会编.1994.永安市志.北京:中华书局
永昌县志编纂委员会编.1993.永昌县志.兰州:甘肃人民出版社
永春县地方志编纂委员会编.1990.永春县志.北京:语文出版社
永定县地方志编纂委员会编.1994.永定县志.北京:中国科学技术出版社
永福县志编纂委员会编.1996.永福县志.北京:新华出版社
永吉县志编纂委员会编.1991.永吉县志.长春:长春出版社
永康县地方志编纂委员会编.1991.永康县志.杭州:浙江人民出版社
永泰县地方志编纂委员会编.1992.永泰县志.北京:新华出版社
永新县志编纂委员会编.1992.永新县志.北京:新华出版社
尤溪县志编纂委员会编.1987.尤溪县志.福州:福建省地图出版社
尤玉柱,蔡保全.1995.台湾海峡西部海域哺乳动物化石.古脊椎动物学报,33(3):231~237
尤玉柱,蔡保全.1996.福建更新世地层,哺乳动物与生态环境.人类学学报,15(4):335~346
尤玉柱,祁国琴.1973.云南元谋更新世哺乳动物化石新材料.古脊椎动物与古人类,11(1):66~80
(清)于敏中等编纂.1981.日下旧闻考.北京:北京古籍出版社
盂县史志编纂委员会编.1995.盂县志.北京:方志出版社
榆林市地方志编纂委员会编.1996.榆林市志.西安:三秦出版社
榆社县志编纂委员会编.1999.榆社县志.太原:山西古籍出版社
玉林市地方志编纂委员会编.1993.玉林市志.南宁:广西人民出版社
玉屏侗族自治县志编纂委员会编.1993.玉屏侗族自治县志.贵阳:贵州人民出版社
沅陵县地方志编纂委员会编.1993.沅陵县志.北京:中国社会出版社
垣曲县地方志编纂委员会编.2001.垣曲县志:1991~2000.北京:中华书局
袁杰主编;故宫博物院编.2014.清宫兽谱.北京:故宫出版社
袁靖,杨梦菲.2003.甑皮岩遗址各期出土的水陆生动物/中国社会科学院考古研究所等编.桂林甑皮岩.北京:文物出版社,541~645
岳西县地方志编纂委员会编.1996.岳西县志.合肥:黄山

书社
岳阳县地方志编委会编.1997.岳阳县志.长沙:湖南出版社
云浮县地方志编纂委员会编.1995.云浮县志.广州:广东人民出版社
《云和县志》编纂委员会编.1996.云和县志.杭州:浙江人民出版社
云南省博物馆.1990.十年来云南文物考古新发现及研究//文物编辑委员会编.文物考古工作十年:1979～1989.北京:文物出版社,272～282
云南省昌宁县志编纂委员会编.1990.昌宁县志.潞西市:德宏民族出版社
云南省澄江县史志编纂委员会编.2002.澄江县志.昆明:云南人民出版社
云南省大关县地方志编纂委员会编.1998.大关县志.昆明:云南人民出版社
云南省东川市地方志编纂委员会编.1995.东川市志.昆明:云南人民出版社
云南省洱源县志编纂委员会编.1996.洱源县志.昆明:云南人民出版社
云南省富民县地方志编纂委员会编.1999.富民县志.昆明:云南人民出版社
云南省富宁县地方志编纂委员会编.1997.富宁县志.昆明:云南民族出版社
云南省广南县地方志编纂委员会编.2001.广南县志.北京:中华书局
云南省河口瑶族自治县地方志编纂委员会编.1994.河口县志.北京:生活·读书·新知三联书店
云南省鹤庆县志编纂委员会编.1991.鹤庆县志.昆明:云南人民出版社
云南省红河县志编纂委员会编.1991.红河县志.昆明:云南人民出版社
云南省华坪县地方志编纂委员会编.1997.华坪县志.昆明:云南民族出版社
云南省金平苗族瑶族自治县志编纂委员会编.1994.金平苗族瑶族自治县志.北京:生活·读书·新知三联书店
云南省开远市志编纂委员会编.1996.开远市志.昆明:云南人民出版社
云南省科学技术委员会等编.1999.云南野生动物.昆明:云南教育出版社
云南省澜沧拉祜族自治县志编纂委员会编.1996.澜沧拉祜族自治县志.昆明:云南人民出版社
云南省禄丰县地方志编纂委员会编.1997.禄丰县志.昆明:云南人民出版社
云南省潞西县志编纂委员会编.1993.潞西县志.昆明:云南教育出版社
云南省绿春县志编纂委员会编.1992.绿春县志.昆明:云南人民出版社
云南省麻栗坡县地方志编纂委员会编.2000.麻栗坡县志.昆明:云南民族出版社
云南省马关县地方志编纂委员会编.1996.马关县志.北京:生活·读书·新知三联书店
云南省勐海县地方志编纂委员会编.1997.勐海县志.昆明:云南人民出版社
云南省勐腊县志编纂委员会编.1994.勐腊县志.昆明:云南人民出版社
云南省弥勒县志编纂委员会编.1987.弥勒县志.昆明:云南人民出版社
云南省南华县志编纂委员会编.1995.南华县志.昆明:云南人民出版社
云南省宁蒗彝族自治县志编纂委员会编.1993.宁蒗彝族自治县志.昆明:云南民族出版社
云南省巧家县志编纂委员会编.1997.巧家县志.昆明:云南人民出版社
云南省丘北县地方志编纂委员会编.1999.丘北县志.北京:中华书局
云南省曲靖市地方志编纂委员会编.1997.曲靖市志.昆明:云南人民出版社
云南省瑞丽市志编纂委员会编.1996.瑞丽市志.成都:四川辞书出版社
云南省施甸县志编纂委员会编.1997.施甸县志.北京:新华出版社
云南省双柏县地方志编纂委员会编.1996.双柏县志.昆明:云南人民出版社
云南省嵩明县志编纂委员会编.1995.嵩明县志.昆明:云南人民出版社
云南省威信县志编纂委员会编.1999.威信县志.昆明:云南人民出版社
云南省巍山彝族回族自治县志编纂委员会编.1993.巍山彝族回族自治县志.昆明:云南人民出版社
云南省维西傈僳族自治县志编纂委员会编.1999.维西傈僳族自治县志.昆明:云南人民出版社
云南省文山县志编纂委员会编.1999.文山县志.昆明:云南民族出版社
云南省寻甸回族彝族自治县志编纂委员会编.1999.寻甸回族彝族自治县志.昆明:云南人民出版社
云南省盐津县志编纂委员会编.1994.盐津县志.昆明:云南人民出版社
云南省彝良县志编纂委员会编.1995.彝良县志.昆明:云南人民出版社
云南省盈江县志编纂委员会编.1997.盈江县志.昆明:云南民族出版社

云南省永德县志编纂委员会编.1994.永德县志.昆明:云南人民出版社
云南省永平县志编纂委员会编.1994.永平县志.昆明:云南人民出版社
云南省永仁县志编纂委员会编.1995.永仁县志.昆明:云南人民出版社
云南省元江哈尼族彝族傣族自治县志编纂委员会编.1993.元江哈尼族彝族傣族自治县志.北京:中华书局
云南省云龙县志编纂委员会编.1992.云龙县志.北京:农业出版社
云南省镇康县志编纂委员会编.1992.镇康县志.成都:四川民族出版社
云南省镇沅彝族哈尼族拉祜族自治县志编纂委员会编.1995.镇沅彝族哈尼族拉祜族自治县志.昆明:云南人民出版社
云县地方志编纂委员会编.1994.云县志.昆明:云南人民出版社
云霄县地方志编纂委员会编.1999.云霄县志.北京:方志出版社
运城市地方志编纂委员会编.1994.运城市志.北京:生活·读书·新知三联书店
扎兰屯市史志编纂委员会编.1993.扎兰屯市志.天津:百花文艺出版社
张北县地方志编纂委员会编.1994.张北县志.北京:中国社会科学出版社
张荣祖,等著.1997.中国哺乳动物分布.北京:中国林业出版社
张兴永.1973.云南第四纪哺乳动物化石新地点.古脊椎动物与古人类,11(2):219~221
张镇洪.1981.辽宁地区远古人类及其文化的初步研究.古脊椎动物与古人类,19(2):184~192;傅仁义.1992.鸽子洞遗址时代的再研究.北方文物(4)
漳平市地方志编纂委员会编.1995.漳平县志.北京:生活·读书·新知三联书店
漳浦县地方志编纂委员会编.1998.漳浦县志.北京:方志出版社
昭平县志编纂委员会编.1992.昭平县志.南宁:广西人民出版社
昭通地区地方志编纂委员会编纂.1997.昭通地区志.昆明:云南人民出版社
昭通市志编纂委员会编.2000.昭通市志.昆明:云南人民出版社
诏安县地方志编纂委员会编.1999.诏安县志.北京:方志出版社
赵凌霞.2013.贵州赫章发现早更新世哺乳动物化石.人类学学报,32(4):477~484
赵熙熙.2013.科学家发现迄今最古老"大猫":支持豹属食肉动物亚洲起源假说.中国科学报.11~14
赵仲如,等.1981.广西都安九愣山人类化石与共生动物群及其在岩溶发育史上的意义.古脊椎动物与古人类,19(1):45~54
浙江动物志编辑委员会;董聿茂卷主编.1989.浙江动物志:兽类.杭州:浙江科学技术出版社
浙江省淳安县志编纂委员会编.1990.淳安县志.上海:汉语大词典出版社
浙江省龙游县志编纂委员会编.1991.龙游县志.北京:中华书局
浙江省鄞县志编纂委员会编.1996.鄞县志.北京:中华书局
镇安县志编纂委员会编.1995.镇安县志.西安:陕西人民教育出版社
镇巴县地方志编纂委员会编.1996.镇巴县志.西安:陕西人民出版社
镇平县地方史志编纂委员会编.1998.镇平县志.北京:方志出版社
正安县地方志编纂委员会编.1999.正安县志.贵阳:贵州人民出版社
郑绍华主编.2004.建始人遗址.北京:科学出版社;裴树文,等.2010.湖北建始高坪洞穴调查及其试掘简报.人类学学报,2007.29(4):383~394
郑颖吾主编.1999.木论喀斯特林区概论.北京:科学出版社
郑州大学历史文化遗产保护研究中心编著;韩国河,张继华主编.2014.登封南洼:2004~2006年田野考古报告.北京:科学出版社
政和县地方志编纂委员会编.1994.政和县志.北京:中华书局
芷江侗族自治县志编纂委员会编.1993.芷江县志.北京:生活·读书·新知三联书店
志丹县志编纂委员会编.1996.志丹县志.西安:陕西人民出版社
中国科学院古脊椎动物与古人类研究所《中国脊椎动物化石手册》编写组编.1979.中国脊椎动物化石手册:增订版.北京:科学出版社
中国科学院青藏高原综合考察队.1986.西藏哺乳类.北京:科学出版社
中国科学院新疆综合考察队,动物研究所编;钱燕文,等著.1965.新疆南部的鸟兽.北京:科学出版社
中国社会科学院考古研究所.1983.宝鸡北首岭新石器时代遗址中的动物骨骸//宝鸡北首岭.北京:文物出版社:145
中华人民共和国濒危物种进出口管理办公室主编;郑生

武，等编著. 1994. 中国西北地区珍稀濒危动物志. 北京：中国林业出版社

中宁县志编纂委员会编. 1994. 中宁县志. 银川：宁夏人民出版社

中卫县县志编纂委员会编. 1995. 中卫县志. 银川：宁夏人民出版社

中阳县志编纂委员会编. 1996. 中阳县志. 太原：山西人民出版社

钟山县志编纂委员会编. 1995. 钟山县志. 南宁：广西人民出版社

周本雄. 1965. 河南安阳小南海旧石器时代洞穴遗址脊椎动物化石的研究，(1)：29～47

周本雄. 1981. 河北武安磁山遗址的动物骨骸. 考古学报，(3)：339～347

周明镇. 1965. 同蓝田猿人共同生的动物化石. 科学大众(中学版)，(7)：10～11

周宁县地方志编纂委员会编. 1993. 周宁县志. 北京：中国科学技术出版社

周信学，等. 1984. 古龙山动物群的时代及其对比. 古脊椎动物学报，22(2)：151～155

《周至县志》编纂委员会编. 1993. 周至县志. 西安：三秦出版社

朱莉香，曳红玉. 2009. 贺家山自然保护区自然资源现状评估. 山西林业科技. 38(4)

竹山县地方志编纂委员会编. 2002. 竹山县志. 北京：方志出版社

《准格尔旗志》编纂委员会编. 1993. 准格尔旗志. 呼和浩特：内蒙古人民出版社

涿鹿县地方志编纂委员会编. 1994. 涿鹿县志. 石家庄：河北人民出版社

资溪县地方志编纂委员会编. 1997. 资溪县志. 北京：方志出版社

紫金县地方志编纂委员会编. 1994. 紫金县志. 广州：广东人民出版社

邹波，等. 2008. 雁门关地区哺乳动物多样性的调查研究. 山西农业科学，36(12)：114～116

遵化县志编纂委员会编. 1990. 遵化县志. 石家庄：河北人民出版社

遵义市文物管理所，遵义地区文物管理委员会. 1996. 遵义市风帽山旧石器时代地点调查报告. 贵州文物工作(1)

左权县志编纂委员会编. 1999. 左权县志. 北京：高等教育出版社

柞水县志编纂委员会编. 1998. 柞水县志. 西安：陕西人民出版社

H. D. 卡尔克. 关于中国南方剑齿象—熊猫动物群和巨猿的时代. 古脊椎动物与古人类，1961. (2)：83～103

H. D. 卡尔克，周本雄. 1961. 周口店第一地点下部各层的地层、古生物学观察及第一地点的时代. 古脊椎动物与古人类，3(3)：211～233

Teilhard de Chard P. 1938. Le villafranchian de Asic etla Question du villafranchian. C. R. sommaire desseances de la soc. Geol de la. France(17)：325～328

Yong C C. 1932. On some fossil mammals from Yunnan. Bull Geol. Soc. China：383～393

第十七章

虎的分布变迁(续)

虎(*Panthera tigris*)由瑞典博物学家林奈1758年正式命名,别称有老虎、大虫、白额虎、扁担花、李耳、于菟、大猫、野兽等近50种,加上亚种名等不胜枚举。

虎是亚洲特有的珍稀野生动物,虽为大型猛兽,却只有一个种、数个亚种,在我国已被列为国家一级保护动物。

笔者曾对历史时期虎的分布与变迁有过研究(文榕生,2009),后来数年间因故多次、大量研究虎的资料,对该物种有更广泛与深入的了解,故在有别于以往的基础上,再行探讨有关问题。

1 虎的起源与扩散

迄今,关于虎的起源与扩散依然众说纷纭,莫衷一是。

1.1 虎的起源

物种遗存(迄今,研究者已利用动物的骨骼、牙齿、脑、粪便、足印、痕迹等)不仅是实证,而且含有空间、时间与环境等大量信息;尤其是成序列的遗存,更是探讨物种起源的有力证据。

古生物化石证明,虎是早更新世出现的猫科动物之一。邱占祥等(2004)对在河南渑池县与甘肃东乡族自治县出土的200万年前的古中华虎(*Panthera palaeosinensis*)化石(图17.1、图17.2)比较后论述:

在大小上龙担的标本介于现生虎和豹之间,和Zdansky(1924)记载的采自河南渑池蓝沟的*Felis*(现改为*Panthera*)*palaeosinensis*(古中华虎)几乎完全一样大小,两者的基本特征也一致。它们之间的不同很细微,主要表现在,在龙担标本中P^2有较长的前齿隙,P^2和P^3之间也有小的齿隙,而在古中华虎正型标本中,P^2之前的齿隙很小,其后则没有齿隙。

陕西蓝田县不仅出土有110万年前的虎(*Panthera tigris*)齿化石(图17.3;胡长康等,1978),还有中更新世虎头骨前半部一件(图17.4),发现时与蓝田中国猿人下颌骨化石紧密结合在一起(周明镇,1964)。

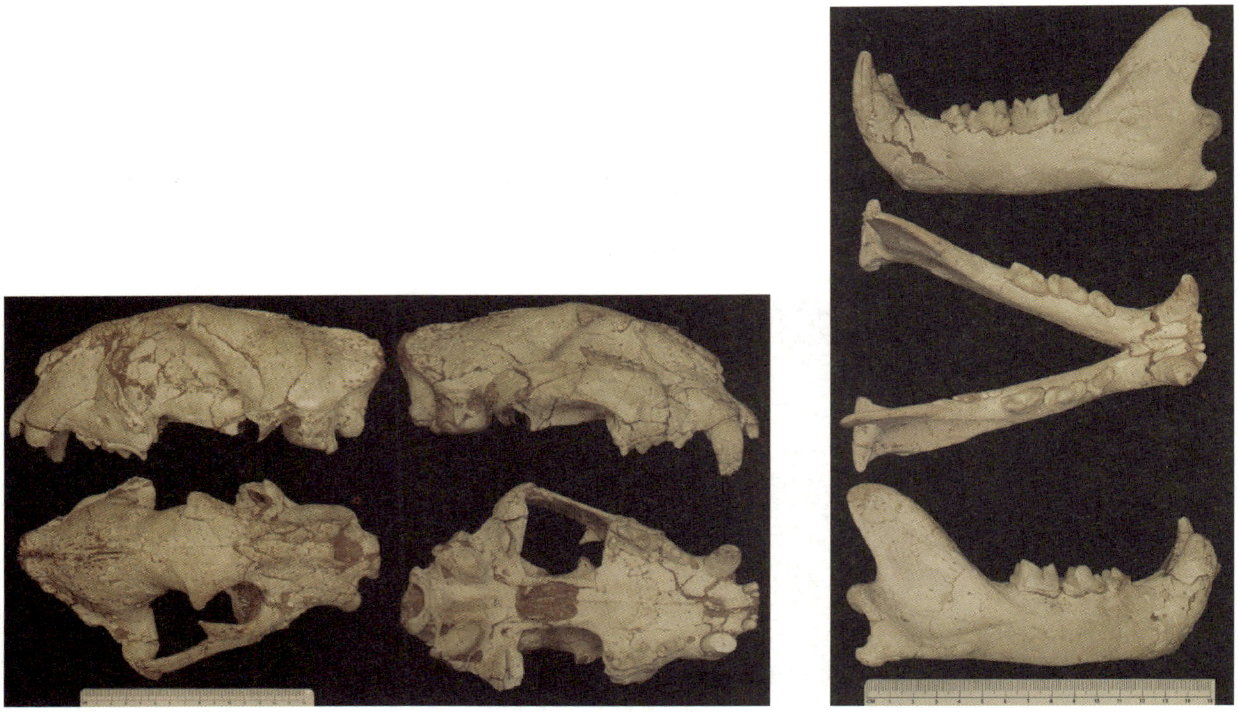

图 17.1　渑池古中华虎化石头骨（左）与颌骨（右）①

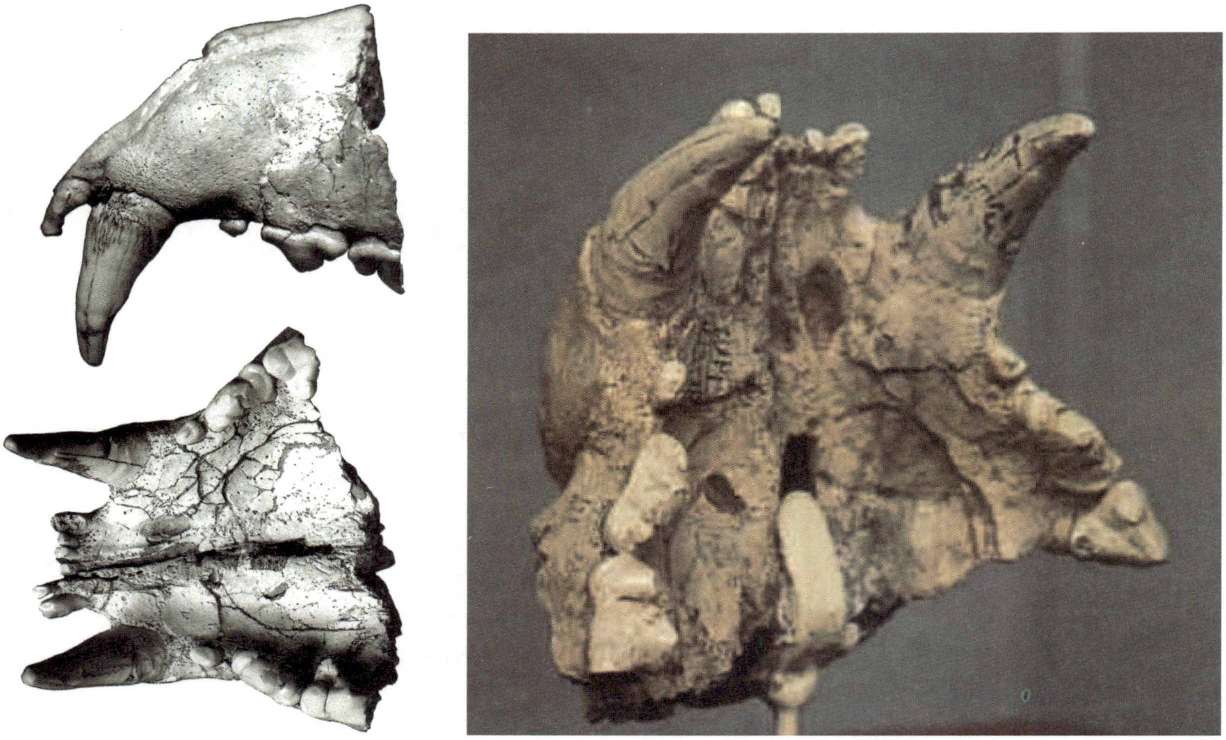

图 17.2　东乡古中华虎化石②

①2009 年图是由 Zdansky1924 年原著的图版直接翻印。此新图是王晓鸣先生（美国加州旧金山县自然博物馆古脊椎动物部研究馆员）根据原标本重新拍摄的，表现得更清楚而完整。承蒙邱占祥转允使用，特向王晓鸣先生、邱占祥先生致谢！

②左图引自：邱占祥等，2002；右图引自：http://tieba.baidu.com/p/2942997953

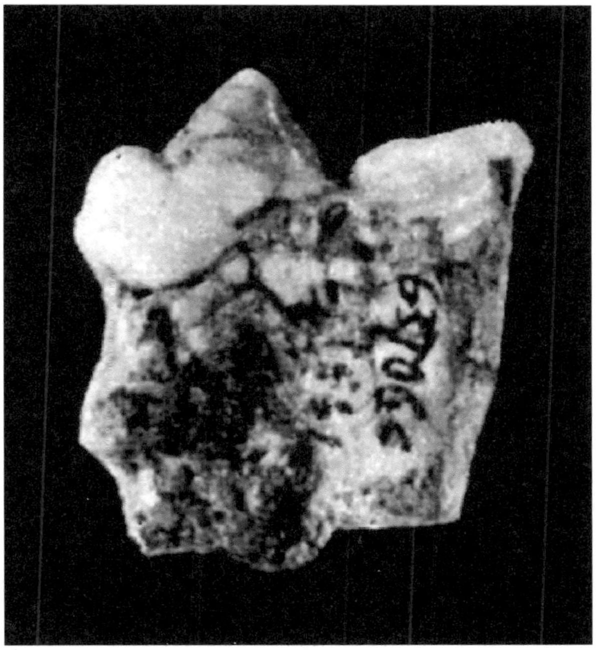

图 17.3　蓝田公王岭的虎齿化石(早更新世)①

图 17.4　蓝田虎化石的头骨与下颌骨(中更新世)②

再察看河南安阳殷墟出土的全新世虎骨骼(图 17.5;德日进等,1936),可见我国发掘出的不同时期的虎遗存十分丰富,举世无双。尤其是不止一处出土最早的虎化石与序列的虎遗存,充分反映出虎的起源与演化的完整性。

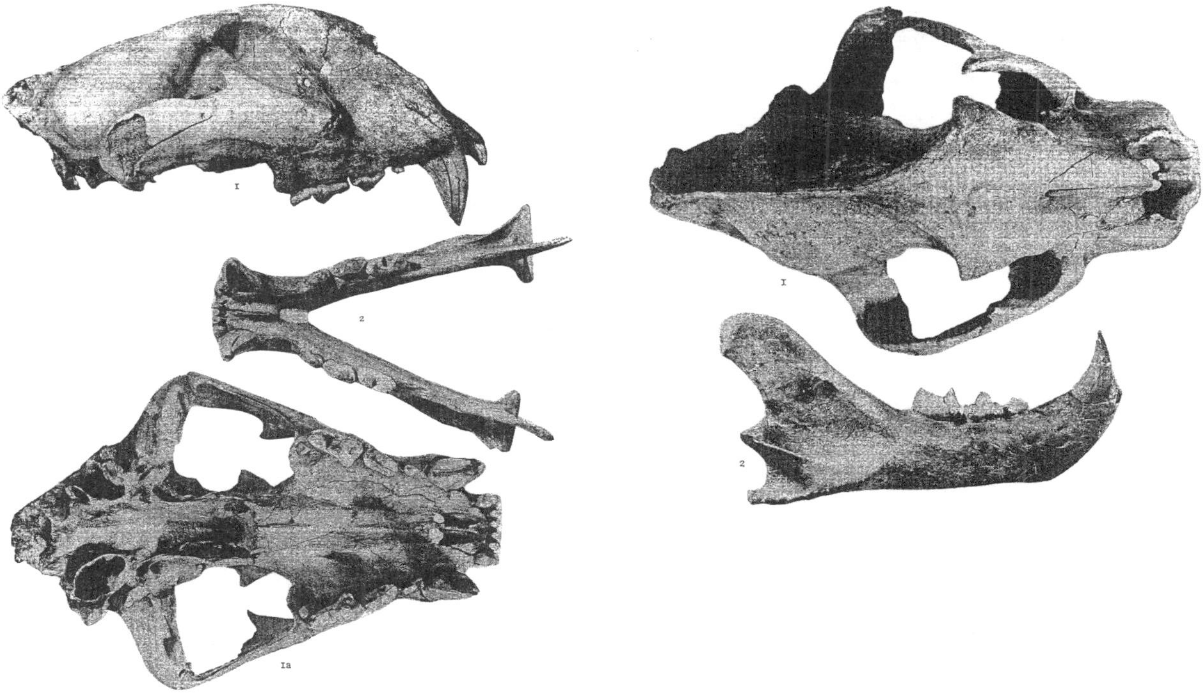

图 17.5　安阳殷墟虎颅骨与下颌骨③

①P^4 侧视,×1/1。
②3:头骨,×2/3;4:右下颌骨,×1/1。
③据原著的图版扫描,皆为×1/2。为保持 2 幅图大小相似,仅删除原图中的非虎骨部分。

1.2　虎的早期扩散大势

梳理迄今在我国27个省级政区(北京、河北、山西、内蒙古、辽宁、吉林、黑龙江、上海、江苏、浙江、安徽、福建、江西、山东、台湾、河南、湖北、湖南、广东、广西、海南、重庆、四川、贵州、云南、陕西、甘肃等地)、105地、128点出土的更新世—全新世虎遗存(图17.6、表17.1),可以看出:

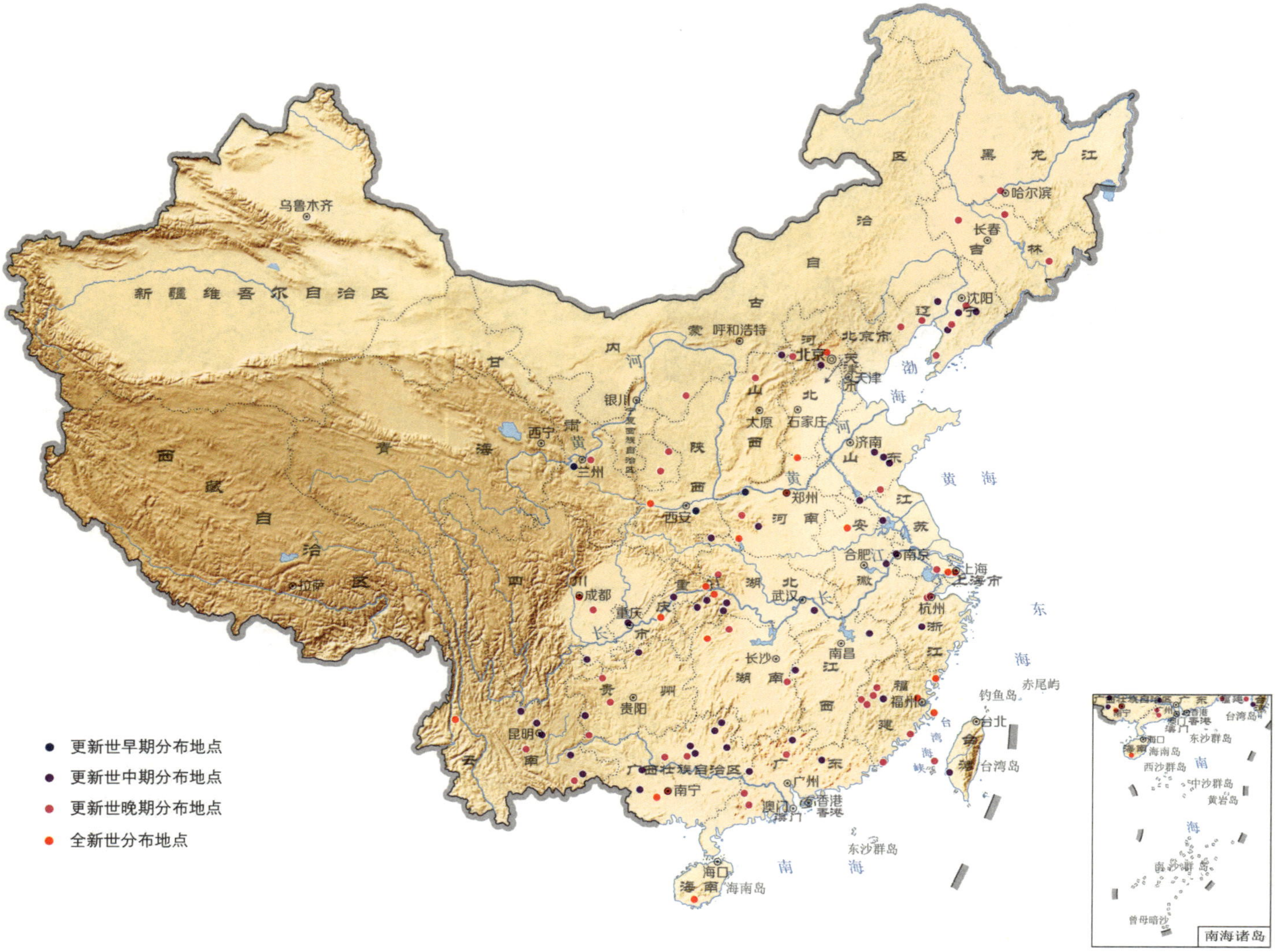

图17.6　虎遗存分布图

● 河南渑池县、陕西蓝田县、甘肃东乡族自治县三地出土的虎化石属于早更新世,渑池与东乡的古中华虎化石年代最早。此外,中更新世的虎化石分布在45地,晚更新世的虎化石分布在40地,全新世的虎遗存分布在20地。这些分布广阔且成序列的虎遗存充分证明虎起源于第四纪的更新世早期,首先在我国黄河中游一带出现,然后才扩散开。

● 在黄河流域,迄今3地除了出土早更新世虎遗存外,还有中更新世、晚更新世与全新世的虎遗存出土,形成序列,说明这一区域的虎是一脉相承的。

● 中更新世的虎遗存地点占迄今出土的虎遗存总数的44%;地域已然扩散到辽河、淮河、长江、珠江等大河流域,甚至到达台南市,远非华南虎的分布区可以覆盖的。

●值得注意的是,在台湾与海南有虎遗存发现,说明历史上我国省级政区皆有虎分布。

●虎向东北方的扩散路线比较清晰,即先在今辽宁省出土中更新世虎遗存(也有晚更新世虎遗存),然后在今吉林省与黑龙江省出土晚更新世虎遗存。时间的先后说明虎是依此顺序向东北亚(除我国东北外,还包括今蒙古东部与我国接壤部分地区、俄罗斯远东地区、朝鲜与韩国等地)一带扩散,故后来人们对出现的同一虎亚种有多种称谓。笔者认为,按照该亚种的自然分布范围,似称其为“东北亚虎”(虎的东北亚亚种)更恰当。

●虎是第四纪出现的物种,尽管迄今在西北出土的动物遗存中有虎的并不多,但还是可以借助古地理图反映的环境判断虎向西北方扩散的大势。

表 17.1　　**虎遗存分布概况**

地区	省级政区	市、县、区	遗存地点	时期	遗存	资料来源
华北	北京	房山区	周口店(第一地点,3、5、6、7、8～9、10～11 层)	中更新世中期—中更新世末期	化石	贾兰坡等,1959;卡尔克,1961;邱中郎等,1973;徐钦琦等,1982;胡长康,1985
			周口店(山顶洞)	旧石器时代晚期	化石	山顶洞人,网
			周口店(第十五地点)	晚更新世中期之末	化石	鸽子洞发掘队,1975
			周口店(第二十三地点,鱼眼坡)	中更新世中期—中更新世末期	化石	贾兰坡等,1959
		昌平区	张营遗址	夏末—中商时期	遗骨	黄蕴平,2010
	河北	阳原县	泥河湾村	晚更新世中期	化石	胡长康等,1978;泥河湾遗址群.网
			侯家窑	晚更新世早期	化石	尤玉柱等,1981
	山西	阳高县	许家窑	中更新世晚期	化石	贾兰坡等,1979
		朔州市	峙峪村	更新世晚期	化石(左股骨上半段)	贾兰坡等,1972
	内蒙古	乌审旗	杨四沟	晚更新世早—中期	化石(后半身骨架)	祁国琴,1975;尤玉柱等,1981
东北	辽宁	喀拉沁左翼蒙古族自治县	鸽子洞遗址	晚更新世中期之末	化石	鸽子洞发掘队,1975;张镇洪,1981;傅仁义,1992
		大石桥市	金牛山遗址	中更新世晚期	化石	金牛山联合发掘队,1976;吕遵谔,1989;祁国琴,1989;尤玉柱等,1993;黄蕴平,1996
		凌海市	沈家台遗址	晚更新世中期	化石	张镇洪,1981;魏海波,1986
		瓦房店市	古龙山洞穴	晚更新世	化石	周信学等,1984;尤玉柱等,1985
		本溪市	湖东洞穴	晚更新世	化石(完整的右上犬齿)	黄学诗等,1973
		本溪县	庙后山遗址	约和北京猿人同期	化石	张镇洪,1981

（续表）

地区	省级政区	市、县、区	遗存地点	时期	遗存	资料来源
		辽阳市	安平南山	更新世中期	化石（2个被压扁的头骨）	张镇洪等，1980
		海城市	小孤山洞穴（前称仙人洞）	晚更新世	化石	张镇洪等，1985
		黑山县	姜家屯	旧石器时代	化石	佟柱臣，1947
	吉林	榆树市	周家油坊	晚更新世及全新世	化石	孙建中等，1981
		乾安县	大布苏泡子	晚更新世	化石（完整下颌骨、左下颌骨）	汤卓炜等，2003
		安图县	明月镇石门山村东大洞等洞穴	更新世晚期	化石（左下颌骨碎片）	姜鹏，1975；姜鹏，1982
	黑龙江	哈尔滨市	顾乡屯	晚更新世	化石	包诺索夫，1938；孙建中，1977
华东	上海	闵行区	崧泽遗址	新石器时代	亚化石	黄象洪等，1978；袁靖等，1997
		青浦区	崧泽遗址	新石器时代	亚化石	黄象洪等，1978；袁靖等，1997
	江苏	南京市	葫芦洞小洞	中更新世中期	化石	房迎三，2000；黄万波等，2012
		铜山县	大黑山石灰岩裂隙	中更新世晚期	化石	林玉芬，1981
		泗洪县	下草湾遗址	中更新世	化石	卡尔克，1961
		苏州市	三山岛	更新世晚期	化石	张祖方等，1987；苏州市地方志编纂委员会，1995
	浙江	杭州市	凤凰山东坡	与马坝人相当	韩德芬等，1978	
		金华市	双龙洞	更新世中晚期—早全新世	化石	马安成等，1992
	安徽	蒙城县	尉迟寺遗址	新石器时代	虎骨	中国社会科学院考古研究所，2001
		和县	龙潭洞“和县猿人”遗址	旧石器时代早期	化石（虎齿）	黄万波等，2012；善厚镇龙潭洞“和县猿人”遗址项目简介，2011
	福建	闽侯县	昙石山遗址	新石器时代	虎骨	祁国琴，1977
		平潭县	壳坵头遗址	新石器时代	虎骨	福建省地方志编纂委员会，2004
		三明市	万寿岩船帆洞及支洞3处	中更新世晚期—全新世	化石	范雪春等，2006
		明溪县	剪刀墘洞	晚更新世	化石	尤玉柱等，1996；范雪春等，2006
		清流县	龙津洞3号裂隙	晚更新世	化石	中国考古学会，1993；尤玉柱等，1996 中国考古学会，1993
			狐狸洞	晚更新世	化石	中国考古学会，1993；尤玉柱等，1996；范雪春等，2006
		宁化县	石子嵊洞、老虎洞	晚更新世	化石	尤玉柱等，1996；范雪春等，2006
			湖村老虎洞	晚更新世中—晚期	化石	杨启成等，1975；余生富等，2008；范雪春等，2006

(续表)

地区	省级政区	市、县、区	遗存地点	时期	遗存	资料来源
		将乐县	岩仔洞(上层洞与下层洞)	晚更新世	化石	中国考古学会,1993;尤玉柱等,1996;范雪春等,2006
		石狮市	台湾海峡	晚更新世	化石	范雪春等,2006
		东山县	大帽山遗址	新石器时代	骨骸	黄蕴平,2010
			台湾海峡	晚更新世	化石	范雪春等,2006
		霞浦县	黄瓜山遗址	新石器时代	虎骨	福建省地方志编纂委员会,2004
	江西	乐平市	山下溶洞	中更新世—晚更新世	化石(虎齿)	罗祥瑞,1992
		萍乡市	竹山园洞更新世中期—晚期	化石	李家和等,1992	
	山东	沂源县		更新世中期—晚期	化石	吕遵谔等,1989;尤玉柱等,1996
		莒县	前小村沭河右岸	中更新世	化石	尤玉柱等,1996
		郯城县	马陵山	晚更新世	化石	尤玉柱等,1996
		沂水县		更新世中期—晚期	化石	吕遵谔等,1989;尤玉柱等,1996
	台湾	台南市	菜寮溪	更新世中期	化石(虎臼齿)	小五生捡40万年虎化石,2006
				晚更新世	化石(虎头盖骨)	台湾的化石(虎、象、鳄、鲸等),2006;台湾的化石,2014;左镇人
		澎湖县	澎湖海沟	更新世晚期	化石	何传坤等,1997
中南	河南	郑州市	西山遗址	新石器时代—西周时期	虎骨	陈全家,2006
		渑池县	兰沟	早更新世	化石(虎头骨、下颌骨、肢骨等)	邱占祥,1998
		栾川县	蝙蝠洞	晚更新世早期	化石	桂娟,2010
		安阳市	殷墟	商朝中晚期	骨骸(头骨若干,有完整的头骨与下颚骨及肢骨等)	德日进等,1936;杨钟健等,1949
		南召县	杏花山下	中更新世	化石	邱中郎等,1982
		淅川县	下王岗遗址	仰韶文化中期	虎骨	贾兰坡等,1977;河南文物考古研究所等,1989
	湖北	郧西县	神雾岭白龙洞	中更新世早期	化石	湘江,1977
			黄龙洞古人类遗址	更新世中晚期	化石	中国考古学会,2006
		大冶市	石龙头遗址	中更新世	化石(残破的右上颌骨1块)	李炎贤等,1974
		长阳土家族自治县	大堰乡下钟家湾	更新世中期的后期	化石	贾兰坡,1957

（续表）

地区	省级政区	市、县、区	遗存地点	时期	遗存	资料来源
		五峰土家族自治县	长乐坪	更新世中期—晚期	化石	邱中郎等，1961
		神农架林区	犀牛洞	晚更新世早期	化石	武仙竹，1998；中国考古学会，2000
		恩施市	鲁竹坝	更新世中期—晚期	化石	邱中郎等，1961
		建始县	花坪	更新世中期—晚期	化石	邱中郎等，1961
		巴东县	店子头遗址	新石器中晚期	化石	湖北省文物考古研究所，2004
	湖南	慈利县	笔架山硝洞	晚更新世	化石	何业恒，1996
		攸县	店背溶洞	晚更新世	化石	何业恒，1996
		永顺县	不二门商周遗址	商周时期	虎骨	中国考古学会，2004
	广东	英德市	牛栏洞动物群	更新世晚期	化石	张镇洪等，1998b；曹菁等，2012
			九龙礼堂山动物群	更新世晚期	化石	张镇洪等，1998a；刘海军，2007
		韶关市	马坝狮子岩洞穴	中更新世	化石	卡尔克，1961；宋方义等，1985；谭文斌，1992
			马坝人遗址	晚更新世	化石	中国考古学会，1985
		东源县	必寿洞	中更新世晚期—晚更新世早期	化石	黄东等，2008
		封开县	渔涝罗沙岩遗址	旧石器时代	化石	张镇洪等，1994
		罗定市	苹塘下山洞	晚更新世晚期	化石	黄万波等，1988
		阳春市	独石山仙人洞	晚更新世	化石	中国考古学会，1997a
	广西	南宁市	豹子头贝丘遗址	新石器时代晚期	虎骨	广西壮族自治区文物考古训练班等，1975
		桂林市	新开村	中更新世	化石	卡尔克，1961
			穿山月岩东岩洞	更新世晚期	化石	吴新智等，1962
		兴安县		中更新世	化石	裴文中，1960
		平乐县	石排后山盘古庙	更新世中期—晚期	化石	吴新智等，1962
		柳州市	笔架山	中更新世	化石	黄万波，1979
		柳江县	人洞（通天岩）	晚更新世	化石	黄万波，1979
			四案咁前山洞穴	更新世晚期	化石	李有恒等，1984
		柳城县	巨猿洞	中更新世	化石	卡尔克，1961；裴文中，1960
		扶绥县	左江西岸、敢造等地	新石器时代晚期	虎骨	广西壮族自治区文物考古训练班等，1975
		大新县	牛睡山黑洞	中更新世	化石	卡尔克，1961；裴文中，1960
			下雷马鞍山	晚更新世	化石	顾玉珉等，1986
		田东县	雾云山	中更新世或晚更新世早期	化石	陈耿娇，2002
		都安瑶族自治县	地苏乡	晚更新世	化石	赵仲如等，1981

(续表)

地区	省级政区	市、县、区	遗存地点	时期	遗存	资料来源
	海南	三亚市	落笔洞遗址	属于旧石器时代末期新石器时代初期	化石	中国考古学会,1997b;郝思德,1997;郝思德等,2004
西南	重庆	沙坪坝区	歌乐山区	中更新世	化石	卡尔克,1961;邱占祥,1998
西南	重庆	万州区	新田镇盐井沟	中更新世	化石	卡尔克,1961
西南	重庆	丰都县	玉溪遗址	新石器时代中期	骨骼	黄蕴平,2010
西南	重庆	巫山县	大溪文化遗址	新石器时代	虎骨	王家德,1994
西南	四川	成都市	方池街遗址	新石器时代晚期—商周时期	虎骨	周尔泰,2003;徐鹏章,2003
西南	四川	筠连县	灯杆洞	中更新世—晚更新世	化石	王正新,1991 学报,29(1):71
西南	四川	筠连县	拱猪洞哺乳动物群	晚更新世后期	化石	筠连县县志编纂委员会,1998
西南	四川	雁江区	黄鳝溪	晚更新世①	化石	卡尔克,1961
西南	贵州	盘县	十里坪大洞	中更新世后期—晚更新世	化石	斯信强等,1993
西南	贵州	桐梓县	柴山岗南坡	中更新世—晚更新世	化石	吴茂霖等,1975
西南	贵州	桐梓县	马鞍山南洞	晚更新世后期	化石	黄泗亭等,1992
西南	贵州	普定县	白岩脚洞	晚更新世中—晚期	化石	李炎贤等,1986
西南	贵州	毕节市	周家桥扁扁洞	晚更新世早期	化石	蔡回阳等,1991
西南	贵州	兴义市	张口洞遗址	晚更新世后期	化石	中国考古学会,1988a
西南	云南	昆明市	花红洞、野猫洞	更新世中期—晚期	化石	张兴永,1973;胡绍锦,1985
西南	云南	富民县	河上洞	更新世中期—晚期	化石	Yong,1932;Teilhard,1938;卡尔克,1961
西南	云南	峨山彝族自治县	老龙洞	更新世晚期	化石	白子麒,1998
西南	云南	隆阳区	龙王塘动物群	早全新世	化石	耿德铭,1995
西南	云南	隆阳区	塘子沟遗址	旧石器时代晚期	虎骨	中国考古学会,1988b
西南	云南	元谋县		中更新世	化石	尤玉柱等,1973
西南	云南	西畴县	仙人洞	更新世中期—晚期	化石	张兴永,1973;陈德珍等,1978
西南	云南	马关县	九龙口	晚更新世	化石	陈德珍等,1978
西南	云南	丘北县	大龙山洞	旧石器时代	化石	卡尔克,1961
西北	陕西	蓝田县	公王岭	早于陈家窝	化石	胡长康等,1978;邱占祥,1998;公王岭动物群,网
西北	陕西	蓝田县	泄湖镇陈家窝村	与北京人相当	化石	周明镇,1964;周明镇等,1965
西北	陕西	蓝田县	厚镇涝池河	晚更新世中期	化石	计宏祥,1974;胡长康等,1978
西北	陕西	宝鸡市	福临堡遗址	仰韶文化中期		吴家炎,1993;吴家炎等,1993

（续表）

地区	省级政区	市、县、区	遗存地点	时期	遗存	资料来源
	甘肃	榆中县	上花岔乡上苦水村	晚更新世中晚期	化石	颉光普等，1994
		西峰区	西峰区	更新世晚期	化石	胡长康，1962
		华池县	柔远镇	晚更新世	化石	谢骏义等，1988
		东乡族自治县	龙担动物群	早更新世	化石(中年个体头骨吻部P4前尖以前)	邱占祥等，2002；邱占祥等，2004

注：①现修正为："晚更新世，距今 35 000 年"。②本表源自网络参考文献有：曹菁，黄振生. 2012. 英德牛栏洞人遗址解密 8000 年前人类饮食进化过程. http://news.dayoo.com/guangzhou/201205/23/77128_23963788.htm；公王岭动物群. http://baike.baidu.com/view/2536738.htm? fr=Aladdin；桂娟. 河南首次在洞穴遗址发现古人类化石. http://news.xinhuanet.com/2010-11/25/c_12814343.htm；刘海军. 2007. 清远英德九龙礼堂山发现大理冰期动物群化石. http://www.qyta.com/news/20070330/105529856777.htm；泥河湾遗址群. http://baike.baidu.com/view/585918.htm? fr=aladdin；山顶洞人. http://baike.baidu.com/view/2179.htm? fr=aladdin；小五生捡 40 万年虎化石.[2006-12-12]. http://forums.perak.org/cn/simple/index.php? t31936.html；余生富等. 2008. 宁化现闽年代最早的古人类牙齿化石. http://www.66163.com/Fujian_w/bdxw/20080613/fj161929.html

1.3 虎向西与南的扩散

尽管对于虎向其他方向扩散缺少直接证据，或说服力不足，但我们可以借助与虎起源和扩散早期相当的《中国古地理图集》（中国地质科学院地质研究所等，1985）中的 2 幅更新世古地图（参见"早更新世古地图"①，"中、晚更新世古地图"②），较形象而直观地复原当时的地形环境。

两图中文字描述相关部分（这也是相当部分研究者所忽略的古地理环境）：

早更新世海陆分布轮廓与现今已相相近，下更新统海相层在陆地上分布不广……

西部青藏地区开始大面积、大幅度地整体断块隆起形成高原，上升幅度高达 1 000 m 以上，高原面海拔平均约为 2 500 m。北部上新世夷平面上岩溶发育，南部喜马拉雅山平均海拔 3 300 m，山前堆积厚冰水沉积贡巴砾石层，沿班公错—怒江大断裂带，湖泊发育。高原西部喀喇昆仑山平均海拔 4 500 m，地势最高。昆仑山自西向东平均海拔由 3 700 m 降至 2 000 余 m、高原北部祁连山亦高 2 000 余 m。柴达木盆地为高原边缘的巨大湖盆，其南侧堆积洪、冲积泥、砂、砾组合，中部发育与盆地走向一致的淡水湖泊。早更新世高原气候较为温暖，后期转为寒冷，冰川发育于 3 000 m 以上的高峰上，冰期之后发育湖泊沉积或红色风化壳。

高原北缘昆仑山山前深大断裂以北，为一系列受到大断裂控制的盆地和山岳相间的地形。中部天山在早更新世初期受到强烈的水平挤压，天山南、北山前基底断裂复活，以逆冲走向滑动断层性质向两侧盆地逆掩，山体随之强烈隆起。早更新世天山上升量为 1 500～2 500 m，山体海拔高度达 4 000 余 m，晚第三纪准平原面被抬升到 2 700 m 高度，属强烈活动的中、高山。山上冰川发育，冰舌可达海拔 1 600～1 700 m。山区内分布有与山体走向一致的继承性断陷盆地及谷地，如博斯腾斯湖为比今日大 600 km^2 的大淡水湖。古吐鲁番—哈密盆地坳陷面积大，陷落深，东西各发育有湖盆。随沉降中心的转移，湖泊有向西和向南迁移的趋势。盆地内均为洪、湖积砂、砾、泥组合的堆积。

……

天山北侧的准噶尔盆地也为一断陷盆地，北缘以阿尔泰山前断裂带为界。阿尔泰山形成于晚第三纪，拱形隆起速度较慢，海拔 3 000 左右。

①此图因故不得已删除，有兴趣的读者可以根据所列出处查看原图。该图显示出的正是虎出现时的地理环境，高海拔山脉的雏形已经存在，这对于虎从起源地的四外扩散起到不可忽视的作用，据现代动物学者调查，虎栖息于海拔 3 000 m 以下山地。

②此图因故不得已删除，有兴趣的读者可以根据所列出处查看原图。该图显示，陆表第三极的特征更加显著，这相当有可能阻断虎向西、向西南跨出我国现今国境的通道。

准噶尔盆地北部上升较剧,沉积物很薄,仅在额尔齐斯河断陷谷地中有洪、冲积泥、砂、砾堆积。南缘坳陷深。在天山山麓地带形成巨大的洪积扇群,由冰水、冲积泥、砂、砾组合的西域砾石层组成……

云贵高原、内蒙古高原、黄土高平原及山西高平原和山地联合构成中间一级阶梯地形的主体。云贵高原海拔 1 000～2 000 m,为一抬升的准平原,原面平坦,西部岩溶发育。沿深大断裂带发育许多断陷湖盆地,如丽江、大理、元谋诸盆地,沉积巨厚的河湖泥、砂、砾组合堆积,河边有"元谋人"栖居生活,从动物群反映当时气候一度温和湿润,为草原—森林环境。位于阴山山脉南北的黄土高平原及内蒙古高原,都是随其周围山系的隆起而沿断裂整体抬升的,黄土高平原海拔 800 m 左右,属微弱活动的高平原。……内蒙古高原海拔 1 000 m 以下,它接受从山区侵蚀下来的物质,形成砂、砾、黏土组合堆积的冲积扇。扇前及高平原中部小湖泊星罗棋布。山西西部为黄土高平原的一部分,高平原之东为吕梁山、太行山及燕山等山脉组成的中、低山区,其山峰海拔 1 500～2 000 m,山前堆积山麓洪冲积泥、砂、砾组合。山西中部为汾河地堑,发育一系列断陷盆地……

……早更新世时秦岭强烈上升,其幅度可达 500 m 以上,平均海拔 1 000 m 左右,山峰高 2 000 余 m,属强烈活动中、低山区。随山脉上升,其北部的关中盆地沿断裂不断陷落,形成一个南深北浅的不对称的断陷湖盆,湖盆东西长 300 km,南北宽 30～80 km。三原、户县和渭南北部一带为沉降中心,沉积河湖砂、砾、泥组合,蚀堆积丘陵,海拔 450 m,上升量为 250 m,相对高度不超过几十米。

……

中—晚更新世,陆表三级阶梯地形更加显著。青藏高原继续迅猛隆起,上升幅度达 1 000～2 500 m,随着地势的升高,气候逐渐向寒冷、干燥的方向发展。大冰期降临时,气候更为严寒,喜马拉雅山、冈底斯山、喀喇昆仑山、唐古拉山等,在海拔 4 000～5 000 m 处已是银镶玉砌,冰川广布了……

早更新世末期至今的天山上升量约为 700～1 500 m,为强烈活动区……此时,天山内部的断陷盆地也逐渐缩小,博斯腾湖由洪积物代替了湖积物。吐鲁番盆地和哈密盆地继续向西南迁移。天山南、北麓仍发育洪积物。

……

早更新世末期,阿尔泰山上升幅度可达 1 000 m 左右,以中山为主,中更新世开始形成山谷冰川,分布面积较大,晚更新世时冰川厚度变薄,开始萎缩。准噶尔盆地随着阿尔泰山及天山的抬升,盆地边缘形成更为开阔的台地及丘陵……

……

中—晚更新时,黄河、长江基本上接近现貌。中更新世时,黄河切穿了积石山和中条山山前的山岭,串通了古若尔盖湖、古共和湖和古银川湖,完成了全河的联结,向东流入平原。中—晚更新世时向东南方向流去,大致穿行于徐州残丘间,然后经苏北平原,注入黄海。直到全新世初期黄河发生大的改道,才沿今黄河的流向向北东归入渤海。

我们察看两图的某些细部差异:早更新世时,内蒙古高原、黄土高平原及山西高平原是大片浅色(亦即"高平原")间有深色(亦即"台地")以及"冰水——洪积泥、砂、砾组合",在古阿尔泰山山麓下呈现出浅绿带点图标(亦即"海陆交互砂、砾石、泥组合"的"低地"),在今伊犁谷地一带则是浅绿色图标(亦即"平原")。到中—晚更新世时,内蒙古高原、黄土高平原及山西高平原的"高平原"与"冰水——洪积泥、砂、砾组合"基本如故,而"台地"呈破碎状;今阿尔泰山山麓下的"低地"扩大,今伊犁谷地一带也变为扩大的"低地"。此外,在今塔城一带又新出现了较大片"低地"。

上述地形的变化,使虎向北与向西北扩散处于畅通状态。当然,向北扩散的虎最终受阻于沙漠或荒漠地带,使东、西方反向分布的虎在今蒙古国、俄罗斯一带呈现出明显的分布隔离带①,在绕行至更北方相对分布时却难以再度相交。

虎向西南扩散主要受阻于恰与虎同期出现、强烈隆起、难以逾越的青藏高原。故其扩散当是间接绕行,因而分布于中南半岛(旧称印度支那

①也是下文将涉及的后来形成阿尔泰虎与东北亚虎 2 亚种,虽生态环境相似,但之间存在隔离的天然屏障。

半岛、中印半岛）及其以西的南亚次大陆（又称印度次大陆）的虎似晚于华南虎出现（马逸清等，2015）。

2　20世纪前的虎分布

对虎的历史分布进行一些增补。

2.1　华北

除天津外，其余4个省级政区皆有关于虎分布的新资料。

2.1.1　北京

新见有关虎栖息于今北京市的记载又有数条。

清雍正十三年《畿辅通志》追记："《山海经》：幽都之山上，有元虎。"

明万历十四年（1586）《蓟邱集》：京师北山，兽有虎，豹，奇狸。

明万历四十一年（1613）《图书编》记载：

清孙承泽（1593—1676）《天府广记》：

自高梁至德胜，小山至众，兽有虎。

按：从其所称"自高梁至德胜"的地理位置判断，当是在今海淀区内，说明当时有虎栖息。

清光绪十年《畿辅通志·物产》记载：

驳：顺州山中有异兽，如马而食虎豹。辽人不知其名，以问刘敞。敞曰：此所谓驳也。言其形状，声音皆如所见。人叹其博物(《东都事略》)。

按："顺州"即今顺义区，唐末领怀柔县（今怀柔区）；"食虎豹"，说明有虎栖息；《东都事略》南宋的王称所撰，是关于北宋九朝史的纪传体史籍。此记述表明在唐宋间，两地皆有虎分布。此说有清康熙时的方志可以证实。

2.1.2　河北

又见虎在今河北省一带分布的记载。

明成化八年（1472）《保定郡志·物产》记载有"虎"。

按：明代称"保定"的较大政区是"保定府"，辖境包括今石家庄市与保定市20余地。但根据历史上虎分布情况看，只有部分地点有虎栖息，约为保定市、易县、徐水县、顺平县、唐县、涞水县数地。

清康熙二十四年（1685）《高邑县（今县）志》追记：

明……崇祯九年（1636），虎至邑之马闲村。村民毙之。

十一年（1638）冬，虎至邑之北营村。村民毙之。

按：仅间隔1年，高邑县就连毙2虎，反映当时虎患较严重。

清嘉庆《重修一统志·正定府·土产·药》记载：

灵寿、平山、赞皇诸县，亦产……龙虎骨。

按：据此表明，当时属正定府的今灵寿县、平山县、赞皇县一带皆有虎分布。

2.1.3　山西

今山西省一带不仅虎分布较广，而且数量较多。

2013年3月，对位于忻州市忻府区兰村乡下社村东北的九原岗北朝壁画墓抢救性发掘，发现壁画上狩猎场景中有虎、熊、豺、狼、野猪、鹿、麝、羊等多物种，反映当时在忻州市一带有这些野生动物[①]。尤其是虎的形象不仅出现在多幅图中（如图17.7，一只猛虎扑向猎手，而猎手急忙箭满弦返身射虎），而且在同一幅图中绘制有多只虎（如图17.8，猎手张弓搭箭追赶多种野兽，前排中部即有2头张皇逃窜的猛虎，其一还回首张望）。壁画栩栩如生，说明在北朝（386～581）时，当地虎的数量还不少。

图17.7　九原岗北朝壁画之一

①孟苗．忻州九原岗北朝墓壁画之狩猎图．http://blog.sina.com.cn/s/blog_a7e15c650101glmw.html

图 17.8　九原岗北朝壁画之二

(清)王士祯《池北偶谈·义虎》记述：

汾州孝义县狐岐山多虎。明嘉靖中，一樵人朝行，失足堕虎穴，见两虎子卧穴内，深数丈，不得出，彷徨待死。日将晡，虎来，衔一生麋，饲其子既，复以馂予樵，樵惧甚，自度必不免。迨昧爽，虎跃去，暮归饲子，复以馂与樵。如是月余，渐与虎狎。一日，虎负子出，樵夫号曰："大王救我！"须臾，虎复入，俛首就樵，樵遂骑而腾上，置丛箐中。

按：据此证明，今孝义县一带在明嘉靖(1522～1566)有虎分布。

清顺治十一年(1654)任灵丘知县的宋起凤在《稗说·兽食虎》记载：

大同灵丘山中数多虎，相率十数成群，当昼噬人。灵丘驻犒帅常牧放营马山下，虎时就群中残啮去。军人相戒，捕之不得。

按：由此表明，今灵丘县在清初虎患非常严重，"十数成群"，白昼噬人，就是军人也奈何不得。

清雍正十二年《山西通志·物产·潞安府》追记：

虎：《摄虎碑》：刁黄山有虎唓人。唐长子令崔元靖遣首吏孟完赍牒往摄之，虎衔牒而至。元靖数其罪当刑，虎触阶死。

按：记述中的崔元靖是唐代长子县令，说明虎在当地栖息。

2.1.4　内蒙古

记载今内蒙古自治区东北部虎分布的资料较多。

《辽史·营卫志·秋捺钵》记述：

秋捺钵，曰伏虎林。七月中旬自纳凉处起牙帐，入山射鹿及虎。林在永州西北五十里，常有虎据林，伤害居民畜牧。景宗(耶律贤；在位公元969～982)领数骑猎焉。虎伏草际战栗不敢仰视。上舍之，因号伏虎林。

《辽史·道宗本纪》进一步证实：

咸雍元年(1065)十月己亥，皇太后(指萧太后，在伏虎林)射获虎。

按：所称"永州"，在今阿鲁科尔沁旗与开鲁县一带；而"伏虎林"在今巴林右旗西北察罕木伦河源之白塔子西北。《辽史》数度记载在伏虎林射虎，可见此地乃帝王狩猎处。巴林右旗位于西拉沐沦河北岸，是大兴安岭南段山地，地处大兴安岭山地与燕山山地交接过渡地带，地势西北高，东南低，海拔由西北 700 m 向东南 400 m 逐渐倾斜，北部为山地，中部为丘陵，南部为平原区；天然植被完好，适宜虎等动物生息繁衍。"常有虎据林，伤害居民畜牧"，进一步说明因虎数量多而影响到居民畜牧活动。

《元史·世祖本》记载：至元十八年(1281)七月庚戌，"以松州知州仆散秃哥前后射虎万计，赐号万虎将军。"按：关于"松州"地名，有多种说法，就元代也有 2 种说法：①治所在今四川松潘县；②治所在松山县(今内蒙古赤峰市西南①)。窃以为是后者，理由有二：①清乾隆《热河志》、光绪《畿辅通志》与《承德府志》等都记载有此事，《热河志》更明确"布萨图格旧作仆散秃哥，今改正"，说明"松州"是指今东北，而非西南者。②克什克腾旗百岔山岩画涉及动物的就有虎，汉代李广在右北平郡大量射虎、辽代帝王将这一带作为皇家射虎猎场，直至清代"以是知口外产虎，自昔为众。今塞山多有之"帝王亦多于此猎虎。故元代猛将布萨图格一人射虎上万只(恐怕不一定都在"松州")，真乃空前绝后，也反映当地栖息虎的数量之多。

清乾隆元年(1736)与四十四年(1779)《盛京通志》皆称：

①元中统三年(1262)改松山州为松州，领松山县；至元二年(1265)松山县并入松州；大德十一年(1307)六月，为鲁王牧地。

虎：诸山皆有之。边外间有白质黑章者，尤猛鸷，围中以激打，枪手制之。

按："盛京"有多种概念，据该志涉及的范围（有"奉天府""锦州府""吉临乌乌""宁古塔""黑龙江将军"等）看，其范围涵盖东北虎的主要地域。仅就我国现境内而言，涉及内蒙古、辽宁、吉林、黑龙江4省区。按谭其骧（1987）划定，属今内蒙古的有3个"总管辖区"或"副都统辖区"（海拉尔区、满洲里市、牙克石市、根河市、额尔古纳市、新巴尔虎右旗、新巴尔虎左旗、陈巴尔虎旗、鄂温克族自治旗，鄂伦春自治旗，扎兰屯市、阿荣旗、莫力达瓦达斡尔族自治旗等地）。

清光绪二十年《黑龙江外记》也有"虎"记载，亦即在今我国境内属内蒙古呼伦贝尔市的海拉尔区、满洲里市、扎兰屯市、牙克石市、根河市、额尔古纳市、阿荣旗、新巴尔虎右旗、新巴尔虎左旗、陈巴尔虎旗、鄂伦春自治旗、鄂温克族自治旗、莫力达瓦达斡尔族自治旗等地曾有东北虎分布。

清宣统三年（1911）《珠尔干河总卡伦边务报告书》明确珠尔干河流域"兽则有虎"，但"不多"，并有调查日志：

宣统元年（1909）五月初八日……牛尔河两岸草甸宽大，有宽长五六里者，有七八里者。因本年开冻至今无雨，天旱过甚，草为之枯。是日，所行道路，每于泥泞处，见有熊、狼暨犴达尔犴等兽之踪迹，并有爪大似盘者，则虎迹也。深入无人，司怖矣夫！

按：珠尔干河卡伦在今根河市奇乾乡，《清史稿》称为"珠尔干河总卡伦"，为"鄂伦春与俄人交易治所"。由此看来，当时仍有虎栖息。

1923年《呼伦贝尔[辖呼伦县（今海拉尔区）、胪滨县（今满洲里市）、室韦县（今根河市）、奇乾县（今分属根河市与额尔古纳市）、雅鲁县（今扎兰屯市）、布西县（今莫力达瓦达斡尔族自治旗）等地]志略·物产》还记载有"虎"。

2.2 东北

东北历史上是虎的主要分布区之一，对有关虎原资料的再认识很有必要。

2.2.1 辽宁

历史上，今辽宁省皆有虎分布。

《资治通鉴》第一百一十三卷记载：

天赐元年（公元404）九月到十一月燕王熙（后燕慕容熙）与苻后游畋，北登白鹿山（即白狼山，在今喀喇沁左翼蒙古族自治县东），东逾青岭（一名青陉，在今朝阳市?），南临沧海（辽西郡海阳县，即今绥中县）而还，士卒为虎狼所杀及冻死者五千余人。

按：喀左县虽地处辽西低山丘陵区，但境内有白狼山、金花山与楼子山等海拔900 m左右山峰，尤其是西北部有与建平县、朝阳县（有山高坡陡、悬崖壁立的大青山）及（内蒙古）敖汉旗共有的努鲁儿虎山脉。努鲁儿虎山为蒙语，汉语意思"脊梁山"，契丹时称"冷陉山"。据1999～2002年调查努鲁儿虎山国家级自然保护区，尽管今已无虎，但仍有脊椎动物5纲27目69科354种，兽类6目15科37种。其中国家一级重点保护野生动物2种，国家二级重点保护野生动物32种，辽宁省重点保护野生动物56种，是辽西地区野生动物分布的高密度区。后燕帝王在这一带游畋，乐不思返，以致"士卒为虎狼所杀及冻死者五千余人"。所称"十一月"，相当阳历12月。据查今绥中县，12月平均最低气温达到－12～－13℃。如此低温，对于未作御寒准备的后燕士卒来说，无疑是灭顶之灾，但其中尚有"为虎狼所杀"，可见在伤亡士卒中也有相当部分，进一步说明这一带虎的数量颇多。

清乾隆元年与四十四年《盛京通志》记载东北虎分布地，涉及今辽宁省的有2个"府"、2个"牧场"、1个"副都统辖区"（沈阳市、新民市、辽中县、法库县、铁岭市、调兵山市、开原市、铁岭县、西丰县、昌图县、抚顺市、抚顺县、新宾满族自治县、清原满族自治县、本溪市、本溪满族自治县、辽阳市、灯塔市、辽阳县、鞍山市、海城市、岫岩县、丹东市、凤城市、东港市、宽甸满族自治县、大连市、瓦房店市、普兰店市、庄河市、长海县、营口市、大石桥市、盖州市，台安县、盘锦市、大洼县、锦州市、北镇市、黑山县、义县、葫芦岛市、兴城市、绥中县，彰武县，盘山县、凌海市，桓仁满族自治县等地）。

清嘉庆《重修一统志·奉天府·土产》记载有"虎",反映奉天府(治今沈阳市,辖今沈阳市、新民市、辽中县、法库县、彰武县、铁岭市、调兵山市、开原市、铁岭县、西丰县、昌图县、抚顺市、抚顺县、新宾满族自治县、清原满族自治县、本溪市、本溪满族自治县、桓仁满族自治县、辽阳市、灯塔市、辽阳县、鞍山市、海城市、台安县、岫岩县、丹东市、凤城市、东港市、宽甸满族自治县、大连市、瓦房店市、普兰店市、庄河市、长海县、营口市、大石桥市、盖州市、盘锦市、大洼县、盘山县、锦州市、凌海市、北镇市、黑山县、义县、葫芦岛市、兴城市、绥中县等地)有虎栖息。

辽阳市(辖辽阳市、灯塔市、辽阳县)称,在"300年前,境内仍见有虎、熊、豹、罴、豺、狼、野猪、獐(麝)、狍、鹿、貉、水獭、黄羊、野马、野羊……。20世纪以来,随着生态环境不断遭到破坏,野生动物群的自下而上条件受到严重威胁,其种类和数量逐年减少,有的物种已经消失"①,说明曾有虎分布。

2.2.2 吉林

今吉林省在历史上也有较多的虎分布。

清乾隆元年与四十四年《盛京通志》记载东北虎分布地,涉及今吉林省的有2个"副都统辖区"(延吉市、图们市、敦化市、珲春市、龙井市、和龙市、汪清县,长春市、德惠市、九台市、榆树市、宁江区、扶余县、吉林市、磐石市、蛟河市、桦甸市、舒兰市、永吉县、伊通满族自治县、辽源市、东丰县、东辽县、通化市、梅河口市、集安市、通化县、辉南县、柳河县、白山市、临江市、抚松县、靖宇县、长白朝鲜族自治县、安图县等地)。

清嘉庆《重修一统志·吉林·土产》记载有"虎"。此"吉林"当是指"吉林将军"辖区,亦即在今我国境内属吉林省的长春市、德惠市、九台市、榆树市、宁江区、扶余县、吉林市、磐石市、蛟河市、桦甸市、舒兰市、永吉县、伊通满族自治县、辽源市、东丰县、东辽县、通化市、梅河口市、集安市、通化县、辉南县、柳河县、白山市、临江市、抚松县、靖宇县、长白朝鲜族自治县、延吉市、图们市、敦化市、珲春市、龙井市、和龙市、汪清县、安图县等地,反映有虎在当地生息。

2.2.3 黑龙江

今黑龙江省历史上绝大部分地方有虎分布。

清乾隆元年与四十四年《盛京通志》记载东北虎分布地,涉及今黑龙江省的有5个"副都统辖区"(依兰县、方正县、通河县、鹤岗市、绥滨县、佳木斯市、同江市、富锦市、桦南县、桦川县、汤原县、抚远县、双鸭山市、集贤县、友谊县、宝清县、饶河县、七台河市、勃利县、虎林市、哈尔滨市(不含呼兰区)、双城市、尚志市、五常市、宾县、木兰县、延寿县,鸡西市、密山市、鸡东县、牡丹江市、穆棱市、绥芬河市、海林市、宁安市、东宁县、林口县、爱辉区、逊克县、孙吴县、嘉荫县、萝北县、大兴安岭地区、呼玛县、塔河县、漠河县,讷河市、嫩江县、哈尔滨的呼兰区、巴彦县、齐齐哈尔市、龙江县、依安县、甘南县、富裕县、克山县、克东县、拜泉县、北安市、五大连池市、伊春市、铁力市、北林区、海伦市、望奎县、兰西县、青冈县、庆安县、明水县、绥棱县等地)。

清嘉庆《重修一统志·吉林·土产》记载有"虎",亦即在今我国境内属黑龙江省的哈尔滨市、双城市、尚志市、五常市、依兰县、方正县、宾县、巴彦县、木兰县、通河县、延寿县、齐齐哈尔市、讷河市、龙江县、依安县、甘南县、富裕县、克山县、克东县、拜泉县、爱辉区、北安市、五大连池市、嫩江县、逊克县、孙吴县、伊春市、铁力市、嘉荫县、鹤岗市、萝北县、绥滨县、佳木斯市、同江市、富锦市、桦南县、桦川县、汤原县、抚远县、双鸭山市、集贤县、友谊县、宝清县、饶河县、七台河市、勃利县、鸡西市、虎林市、密山市、鸡东县、牡丹江市、穆棱市、绥芬河市、海林市、宁安市、东宁县、林口县、北林区、安达市、肇东市、海伦市、望奎县、兰西县、青冈县、庆安县、明水县、绥棱县、大兴安岭地区、呼玛县、塔河县、漠河县等地,反映有东北虎在当地生息。

清光绪二十年(1894)《黑龙江外记》②也有

---

①辽阳. http://baike.baidu.com/view/4994.htm

②实际上,《黑龙江外记》撰于清嘉庆十五年(1810),初刊于清光绪二十年。

"虎"记载，亦即在今我国境内属黑龙江省的哈尔滨市（松花江北岸部分）、齐齐哈尔市、讷河市、龙江县、依安县、泰来县、甘南县、富裕县、克山县、克东县、拜泉县、爱辉区、北安市、五大连池市、嫩江县、逊克县、孙吴县、伊春市、铁力市、嘉荫县、北林区、安达市、肇东市、海伦市、望奎县、兰西县、青冈县、庆安县、明水县、绥棱县、大兴安岭地区、呼玛县、塔河县、漠河县等地，也是东北虎广泛分布地。

清宣统二年（1910）《呼兰府志》记载：

有虎：土人不敢斥言之，称曰山神爷，又曰软蹄子。其小者，曰石虎。

……

旧记，呼兰多虎患。维时，林林蓊蔚，四野未辟，兽蹄鸟迹交于国中，不独虎也。今惟巴彦、木兰北境有之，盖恒巢窟于青，黑二山中，猎者非深入，不能得。

按：清呼兰府是光绪三十年（1905）由呼兰厅升改，民国二年（1913）废，其辖境有哈尔滨市呼兰区、巴彦县、木兰县、兰西县等地。尽管称"今惟巴彦、木兰北境有之"，但民国方志仍有记载，进一步证实当时有虎栖息。

2.3 华东

华东各省级政区皆有新见的虎资料。

2.3.1 上海

新见今上海市有虎分布的资料。

清嘉庆七年《太仓州志》记载：

嘉定县（今嘉定区）：元……至正二年（1342）……一都有虎。有司移文万户府捕之。一虎中矢死，一逸去。

明……正统二年（1437），宝山（今宝山区）有虎成群为害，凡伤六十五人。事闻诏下襄城伯李隆遣吴淞千户王庆丞、张鉴捕戮之。

按：据此，进一步证实历史上今嘉定区与宝山区不仅有虎，而且数量还不少。

2.3.2 江苏

今江苏省历史上虎分布的资料又有多条。

清光绪元年（1875）《通州直隶州志·杂记·泰兴县（今泰兴市）》追记：

（唐）法响，海陵李氏子，年十六为广福寺僧。有虎害。响召虎，虎至，弭伏不动，杖其胫，虎遂绝迹。

按：由此记述，表明今泰兴市在唐代有虎分布。

（宋）陆游（1125—1210）《入蜀记》记载：

（七月）四日。风便，解缆挂帆，发真州……过瓜步山，山蜿蜒蟠伏，临江起小峯，颇巉峻。绝顶有元魏太武庙，庙前大木可三百年……山出玛瑙石，多虎豹害人，往时大将刘宝，每募人捕虎于此。

按：史上所称"真州"有多处，如唐代在今四川省，宋代在今江苏省，元代在今贵州省。尽管陆游之作有众所周知的"蜀"，然而其地理位置并非指前者，而是中者。理由有：①瓜步山（一作瓜埠山，亦名桃叶山）在今南京市六合区东南。水际谓之步，古时此山南临大江，又相传吴人卖瓜于江畔，因以为名。北魏主拓跋焘曾于山上起行宫。②陆游曾登临瓜步山，留下名篇《登赏心亭》："蜀栈秦关岁月遒，今年乘兴却东游。全家稳下黄牛峡（在今宜昌市），半醉来寻白鹭洲（在今南京市）。黯黯江云瓜步（瓜步山）雨，萧萧木叶石城（今南京市）秋。孤臣老抱忧时意，欲请迁都涕已流。"③陆游乃宋代人，故元代的地名断然不取；而对其前代的地名虽不是一概不取，但还要进一步综合考虑取舍。④更为重要的是，《入蜀记》是陆游于乾道五年（1170）从山阴（今浙江绍兴）乘船由运河、长江水路赴任夔州（今重庆奉节一带）通判，经今浙、苏、皖、赣、鄂、渝六省市，历时5个多月所记载的每日经历。⑤《三国志》与《南齐书》等有关于今南京市一带多虎的多次记载。

明成化十九年（1483）《毗陵志》仍记载有"虎"。该志记载以"常州府"（辖今靖江市、常州市、无锡市、江阴市、宜兴市等地）为主，反映当时还有虎存在。

清嘉庆七年（1802）《太仓州（治今太仓市，辖今上海市、江苏省与浙江省部分地区）志》记载：

明……正德……十年（1515）四月十一日，有虎哭至娄塘永寿寺傍。十二日，至西门伤四五人，逸去。

国朝顺治……十七年（1660）九月五日，八都有虎噬豚犬，至黄家湾伤人，数日逸去。

康熙……二十三年(1684)……九月，广福有虎伤一民一僧，夜逸去。

按：据此反映，明清时期今太仓市仍有虎栖息。

清康熙二十二年(1683)《高淳县(今县)志》追记：

明……崇祯……十五年(1642)壬午，蝗，大水。西沙，人面鸟见游山。……虎见永丰，杀之。

国朝顺治……十四年(1657)丁酉八月，虎见西陡门小湖。

康熙……九年(1670)庚戌，夏水，有秋。十月，虎至南荡圩，杀之。……

十一年(1672)壬子七月，东三埂见人面鸟。十月，虎见□□，杀之。

十二年(1673)癸丑初四日卯时，地震。是年，山乡多虎伤人。

按：尽管所记载的只是高淳县在明末清初(在17世纪中期)阶段，但也有5次之多；尤其是1670年代初，不仅虎出现频率更紧密，而且出现"多虎伤人"严重情况。

清光绪十九年(1893)《震泽县(今吴江市)志》记载[①]：

大清顺治……九年(1652)，正月二十八日，忽有虎浮太湖而来，匿梅里蒋家园中。居民见四野多虎迹，大骇，以闻于官。总镇耿某围而搏之，观者如堵。虎突出，伤人一足。矢如雨注，健者以枪刺其喉，遂毙之。是年大旱，米石二两七钱。

十六年(1659)……是年十月，四都南有虎伤人。居民陈霞溪兄弟以箭炮杀之于徐家竹园。

清乾隆十二年(1747)《吴江县(今吴江市)志》记载：

大清……康熙……六十一年(1722)冬，木冰。是年四月，黎里永安圩虎宿民家。众逐之，伤三人，一毙。往来田间两昼夜。守备张光玉率兵下乡，虎已去，不知所之。

按：据今为吴江市的"震泽"与"吴江"两县志记载，从"虎浮太湖而来"看，显然是来自太湖，即印证了明崇祯十五年(1642)《吴县志》："明……成化……十四年(1478)四月，太湖诸山有虎"之说，又表明到18世纪20年代，今吴江市仍有确凿的虎活动证据。

民国九年(1920)《沛县(今县)志》追记：

清……康熙三十年(1691)……秋，沛有虎(《乾隆旧志》)。

按：据此记载，表明今沛县到清初还有虎栖息。

民国二十三年(1934)《阜宁县(今县)新志》追记：

素不产虎，而康熙十四年(1675)，有虎自海滨来，横噬人畜，践踏至大塌港始遁。

按：从记载情况看，尽管阜宁县地处水网地区，地势平坦，河渠纵横、湖荡众多，但到17世纪后半叶，还时不时有虎到当地活动。

2.3.3　浙江

新见的今浙江省的、虎资料集中于嘉兴市。

明崇祯十年(1637)《嘉兴县志》记载：

正德……庚午(五年，1510)……是岁十月，梧桐乡(今属桐乡市)忽有一虎入境[②]。

崇祯……四年辛未(1631)……是冬，有虎自平湖(今平湖市)汉塘西来。禾地少山，无虎。突有虎至，村民震骇，白于官，遣营兵持器捕之。斗伤二三人，窘于十八里桥王家坟获之以献。自是，浹岁不登。

按：由此看来，今平湖市与桐乡市在明末也有虎分布。

清光绪五年(1879)《嘉兴府志》追记：

嘉靖……二十七年(1548)正月二十六日，有虎入海盐(今海盐县)，至刘家坟，莫知所往(《海盐仇志》)。

万历……三十五年(1607)……平湖(今平湖市)有三虎，不知从何来，居高宫山之坳(《平湖朱志》)。

崇祯……四年(1631)……是冬，有虎自平湖(今平湖市)至。营兵捕之，伤数人。至十八里桥

---

①(清)朱鹤龄《愚庵小集》除有类似记载外，另有：丁亥年[清顺治四年(1647)]三月，周庄之东忽有虎至。守巡兵丁争出射之而毙。

②清光绪五年(1879)《嘉兴府志》对同一事件记载：正德……五年(1510)五月，大水害稼，民饥流移者半。冬十月，梧桐乡(在今嘉兴市)蓦有虎入县境，居民惊怖。县令张紘为文遣之，虎不复见(以上《刘志》)。

获之以献（《嘉兴汤志》）。……海盐（今海盐县）有虎入蓝田庙（《海盐图经》）。

国朝……嘉庆……七年（1802）……冬十二月中旬，平湖（今平湖市）雅山有虎，乡民毙之。

按：不仅对虎曾在今平湖市活动事件有更多记载，时间延续到19世纪初，而且还有数次虎在今海盐县活动的记载。

2.3.4 安徽

历史时期，今安徽省有虎分布的资料又见多条。

明万历十二年（1584）《六安州（治今六安市，辖境属今安徽省的有六安市、霍山县等地）志》在“兽属”中记载有“於菟”，即有虎分布。

清顺治十六年《光州（辖境包括今金寨县等地）志》记载有“虎”。

清嘉庆二十年（1815）《萧县（今县）志》记载：

国朝顺治……《府志》六年（1649）二月，萧东山虎北渡河去。

按：据此看来，到17世纪中叶，今萧县一带还有虎活动。

清康熙二十三年（1684）《江南通志·食货志·庐州府（治今合肥市，辖境有：合肥市、肥东县、肥西县、舒城县、居巢区、庐江县、无为县等地）》记载有虎等野兽。

清光绪四年（1878）《安徽通志·物产》尚记载“安庆府（治今安庆市，辖今安庆市、桐城市、宿松县、枞阳县、太湖县、怀宁县、岳西县、望江县、潜山县等地）”“徽州府（治今歙县，辖境属今安徽省的有：歙县、休宁县、黟县、祁门县、绩溪县等地）”“宁国府（治今宣州区，辖境有：南陵县、黄山市、宣州区、宁国市、广德县、郎溪县、泾县、旌德县等地）”“庐州府（治今合肥市，辖境有：合肥市、肥东县、肥西县、舒城县、居巢区、庐江县、无为县等地）”与“六安州（今市）”有虎。

民国十四年（1925）《太和县（今县）志》记载：

明……万历……二十七年（1599），卧龙岗获虎。

按：此记载表明当地曾有虎栖息。

（清）纪昀《阅微草堂笔记·槐西杂记·猎户翁》记载：旌德县（今县）近城有虎，暴伤猎户数人，不能捕。后聘得徽州唐打猎才得以除之。说明在清乾隆五十四年至嘉庆三年（1789～1798），当地仍有虎。

2.3.5 福建

今福建省历史上关于虎分布的资料虽仅2条，但涉及地颇广。

明万历二十四年（1596）《福州府（治今福州市，辖今福州市、福清市、长乐市、闽侯县、连江县、平潭县、永泰县、闽清县、罗源县、屏南县、古田县等地）志》在“毛之属”中记载有“虎”等物种。

清乾隆二年（1737）《福建通志·物产》记载“福州府（治今福州市，辖今福州市、福清市、长乐市、闽侯县、连江县、平潭县、永泰县、闽清县、罗源县、屏南县、古田县等地）”的“虎：依山处，多有之”，而“延平府（治今延平区，辖今延平区、顺昌县、三明市、永安市、尤溪县、沙县、将乐县等地）”“邵武府（治今邵武市，辖今邵武市、光泽县、泰宁县、建宁县等地）”“建宁府（治今建瓯市，辖今武夷山市、建瓯市、建阳市、浦城县、松溪县、政和县等地）”“兴化府（治今莆田市，辖今莆田市、仙游县等地）”“泉州府（治今泉州市，辖今泉州市、石狮市、晋江市、南安市、惠安县、安溪县、金门县、厦门市等地）”“永春州（治今永春县，辖今大田县、永春县、德化县等地）”“漳州府（治今漳州市，辖今漳州市、龙海市、云霄县、漳浦县、诏安县、长泰县、东山县、南靖县、平和县、华安县等地）”“龙岩州（治今新罗区，辖今新罗区与漳平市等地）”“汀州府（治今长汀县，辖今明溪县、清流县、宁化县、长汀县、永定县、上杭县、武平县、连城县等地）”“福宁府（治今霞浦县，辖今蕉城区、福安市、福鼎市、寿宁、霞浦、柘荣、周宁等地）”也都有“虎”等动物，亦即当时在今福建省范围内皆有虎分布。

2.3.6 江西

历史上今江西省有虎记载的资料又见多条。

清光绪二年（1876）《吉安府志》追记：

宋……熙宁（1068～1077）间，万安（今县）有五虎自蕉源突入民舍。一道人敲铜具祝曰：虎不杀人，新邑以宁。果无所害。

按:一次有5只虎出现,表明今万安县当时有颇多虎栖息。

明万历三十七年(1609)《南安府(治今大余县,辖今南康市、大余县、上犹县、崇义县等地)志》在"毛类"中记载有"虎"等。

清同治十一年(1872)《南康府(治今永修县,辖今安义县、星子县、永修县、都昌县等地)志》记载有"虎"等野兽,说明仍有分布。

清光绪四年《安徽通志·物产》尚记载"徽州府(辖境包括今婺源县)"等地有虎。

2.3.7 山东

今山东省分布的虎虽然消失较早,但又新见数条。

民国二十五年(1936)《寿光县(今县)志》追记:

唐建中(780～783)时,望海台畔有渔人张渔舟独宿茅舍。忽有一虎入,渔人惊。虎举左前足以示,见掌中有刺,为拔之,长寸许。虎跃然若拜伏状,久方去。次夜,闻舍外作坠物声。开户视,见虎负一野豕置庭中。嗣又常餽鹿、豕不绝。村人疑为妖,白于县。渔人始陈始末。县令使人伺之。夜过二鼓,果如前,且致缣帛。令始信。渔人得释。后潮汐将至,虎先坏其庐舍。渔人悟,乃他徙。虎由是绝迹(见《太平广记》及《青州志》)。

按:寿光县周边,在此之前的春秋时期,今广饶县、淄博市、青州市一带就有虎分布;在此之后,安丘市"元末(14世纪中)忽有虎出林中",诸城市"明成化(1465～1487)中窜来一虎"。民国二十五年《泰安州志》称:"自孔子过泰山,闻有母哭其子被虎食者,自后千余年未闻有虎。至顺治十一年……顺治十六年春","有虎迹出入无常"。因此,唐代寿光虎出现在海边,并非异乎寻常。故综合相关情况,此记述并非无稽之谈,而表明历史上曾有虎。

清光绪十九年《扶沟县志》记载:

国朝定鼎,知县萧让……时,文登(今文登市)等虎踞北潭,皆免脱矣。

按:萧让为今河南扶沟县籍人士,清顺治二年(1645)任文登知县。由此记述,表明今文登市在17世纪中叶曾有虎栖息。

清康熙三十二年(1693)《新城县(今桓台县)志》记载:

[豢龙池]:新城东七八里有何老庵。何,元时人,修[道于]此,独居数十年。每夜,有蛇、虎伴之。庵后[有积]水,[曰]豢龙池。相传,何老扰龙[处](《[池]北纪谈》)。

按:据此可见,在元代今桓台县仍有虎存在。

2.3.8 台湾

尽管所见古文献多称"台山无虎"①,但还是有少数文献提及历史上台湾的虎分布。

前文提及台湾出现虎遗存,按环境变迁看,不足为奇。《中国古地理图集》(中国地质科学院地质研究所等,1985)描述:

中—晚更新世海岸线时有波动,并有较大变化。桂粤沿岸中更新世最大海进可达钦州—江门一线。整个雷州半岛淹没于海水之中。晚更新世时则发生较大海退,海水退到现代海岸附近……

晚更新世晚期,大约距今2.5万年时,气候急剧变冷,整个东部海面大幅度下降,到距今1.8万年时,海面下降到最低位置,大约在现代海面以下150 m左右。在华南沿海形成宽达上千公里的辽阔滨海平原,其上发育古土壤层、风化壳和泥炭,与此同时很多河流一直延伸到滨海平原的外缘。大约在距今1万年左右,气候复又转暖,海面回升到海深25～30 m处,接近现代海面。

按:台湾海峡虽宽130～410 km,但其最深处不到80 m。这对利用晚更新世海退机遇且善于泅渡

---

①此说似出自《台海使槎录》。该书著者黄叔璥在1722—1724出任台湾巡使,虽是"搜采有关旧籍记载,参以亲身见闻撰成",但对于距其约40年前有虎的情况记载为"无虎",只能反映虎已经绝迹。

又,清康熙三年(1664)《颜山杂记》[乃博山(今属淄博市)最早的地方志]不仅记载有5条有"虎"情况,还在之前记述:

齐故无虎也。初,余生长孝乡山中四十余年,逮所传闻。又何啻百年乡之人,曾无故而谈虎者。齐其果无虎也。齐有虎,其自今以始也。抑闻之昔者孔子尝过泰山之侧,而叹苛政焉。则是齐故有虎也。

再,马建章:"按照国际上的规定,五十年不见才可以宣布说这种动物在野外灭绝了"。(马建章. http://baike.baidu.com/view/285352.htm? fr=aladdin)

的虎来说，由大陆扩散而达两海岛就是如履平地。

秦蕴珊等（1991）也认为，台湾海滩上的第四纪沉积物应是陆架沙漠化及其衍生沉积所形成的，是古季风活动的地质效应。不难看出，末次冰期时由于海平面下降，台湾浅滩必然出露成陆，并成为大陆人类和动物通往群湖列岛直至台湾的桥梁。

尤玉柱等（1995）进一步提出，台湾海峡西部海域哺乳动物化石是由于福建东山岛和广东南澳岛以东确有一条向澎湖列岛延伸的浅滩，即台湾浅滩，其宽 10 余 km，长约 130 km，大多水深不及百米，在“骸筒骨洲”附近，水深仅有 10 m。该浅滩是东海陆架盆地和南海盆地的分水岭，海底地形由分永岭向东北和西南倾斜。在分水岭处，佛昙组地层隆起，上覆的上更新统和下全新统很薄，这是渔民打捞时容易采到化石的原因。

文焕然等（1996）根据中国历史时期森林植被、多种对气候敏感的动植物分布变迁，结合海洋生物、土壤、海岸等多方面资料，认为我国近 8 000 年来冬半年气候变迁呈现阶段性由暖转冷总趋势（图 17.9），气温变化的峰谷之差约 5℃。亦即反映在此时期，就是发生海退，其程度也远不如晚更新世剧烈。进而可推断，虎扩散到台湾岛当是在此之前。

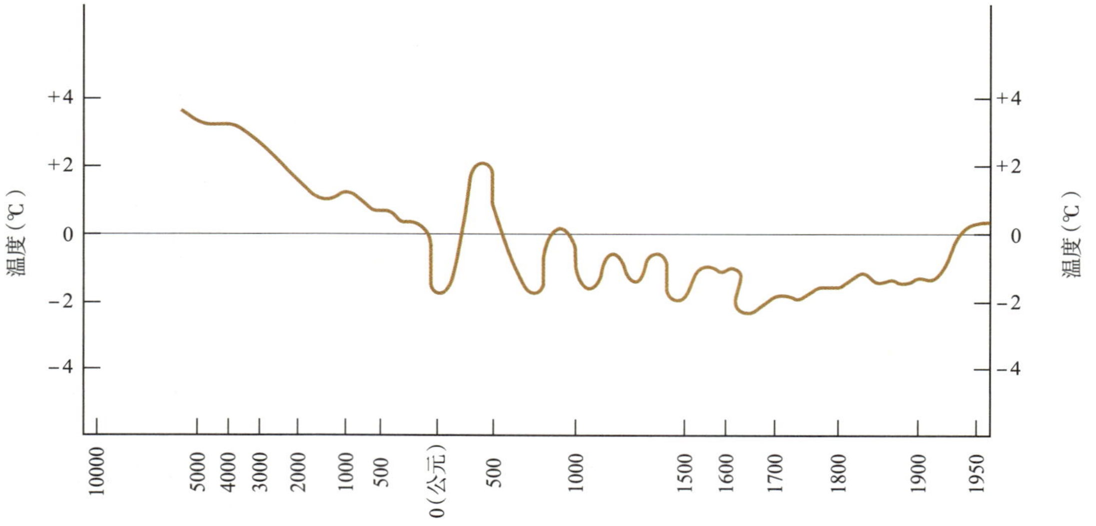

图 17.9　近 8 000 年来冬半年气温变迁曲线图

台湾历史上虽曾也有明代文献（如：明万历三十一年（1603）《东番记》与崇祯元年（1628）《福尔摩沙岛记略》）记载有虎。

清康熙二十三年（1684）《澎湖，台湾纪略》记载有：

台湾旧名东番，不知所自始。……

兽有：虎、豹、熊、鹿。鸟有：鸠、雉、鸦、雀。山尤多鹿。人善用镖；镖长五尺，镞甚铦，虎鹿遇之辄毙。其捕鹿，尝以冬；伺其群台，乃集众逐而围之。掩群尽取，积如丘陵。先屠取其皮角，次腊其肉，次腊其舌与肾、与筋别藏之，盛以籍而鬻之华人①。

按：该志分别记载澎湖②与台湾两处状况。而有“虎”的记载则是在台湾岛。

由上述文献记载虽可证明直到明末清初还有虎分布，但遗憾的是，这些文献皆缺乏更具体

①为避免读者产生误解，此处特略多引用相关信息。

②该志称：“澎湖有三十六岛，纵横三百余里（此据新图；实录云：二百余里）”，亦即指今澎湖列岛。

虎分布地点。现暂以台北市[①]代为在图上的标点。

2.4　中南

中南各省级政区中,今湖南省未见新资料。

2.4.1　河南

多条新见资料进一步充实了今河南省历史上的虎分布。

《华阳国志·巴志》记载秦昭襄王(前306～前252)杀虎的"四郡",其中属今河南的有似为秦朝"内史"(约辖今灵宝市),反映曾有虎分布。

清顺治十六年(1659)《光州(治今潢川县,辖今息县、淮滨县、潢川县、光山县、固始县、商城县、新县等地)志》记载有"虎"等动物。

清康熙二十九年(1690)《阳武县(今原阳县)志》追记道:

明……万历……二十八年(1600)春,虎狼成群为害。

按:据此,说明今原阳县不仅曾有虎分布,而且数量还不少。

清康熙三十一年(1692)《鹿邑县(今县)志》也追记:

明正统六年(1441)秋七月,学宫后见虎。

按:据此记述,表明鹿邑县曾有虎活动。

清雍正九年(1731)《河南通志·物产》称"虎(各近山府,州有之)",虽未指明具体地点,也并非全境皆有,却也可反映当时尚有不少虎。

2.4.2　湖北

今湖北省补充的历史上虎分布的新资料有多条。

《华阳国志·巴志》记载秦昭襄王(前306～前252)杀虎的"四郡",其中属今湖北的有"汉中郡"(约辖包括今十堰市、郧县、竹山县、房县、郧西县、竹溪县等地),反映曾有虎分布。

(宋)陆游《入蜀记》有3条涉及今湖北省多虎的记载:

(八月)十五日。……自富池以西,沿江之南,皆大山起伏如涛头。山麓时有居民,往往作棚,持弓矢,伏其上以伺虎。

……

(九月)四日。平旦,始解舟。舟人云:自此陂泽深阻,虎狼出没,未明而行,则挽卒多为所害。……抵暮,乃还舟中。毕家池,盖属复州玉沙县沧浪乡云。

……

(十月)九日。微雪,过扇子峡。重山相掩,政如屏风扇,疑以此得名。登虾蟆碚,《水品》所载第四泉是也。……晚次黄牛庙,山复高峻。……夜,舟人来告,请无击更鼓,云庙后山中多虎,闻鼓则出。

十日。……过鹿角、虎头、史君诸滩,水缩已三之二,然湍险犹可畏。泊城下,归州秭归县界也。与儿曹步沙上,回望,正见黄牛峡。庙后山如屏风迭,嵯峨插天,第四迭上,有若牛状,其色赤黄。

按:①此"富池",即"富池口",属今阳新县。山民"往往作棚,持弓矢"猎虎,说明当时多虎。

②"玉沙县",宋代始置,辖境包括今仙桃市、监利县、洪湖市大部分地区。"陂泽深阻,虎狼出没""挽卒多为所害",亦反映当时多虎。

③虽然陆游当年所宿"黄牛庙"的今属地未详,但从其次日即达秭归县界的记述判断,乃是今秭归县的直接下游宜昌市,反映当时有颇多虎栖息。

明嘉靖二十五年(1546)《汉阳府(治今汉阳区,辖今武汉市与汉川市等地)志》称"虎(多)"。

明万历十二年《六安州(辖境有属今湖北省的英山县等地)志》记载有"於菟",亦即有虎分布。

清雍正十年(1732)《湖广通志·物产》记载

---

①此外,传说台北市在清末尚有虎存在,证据虽不很充分,但可参考成文出版社1983年出版的《台北市志·虎形山》记述:

此山不仅整个山形似虎,且山上树木繁茂,疏密得宜,点缀得如虎皮斑纹,栩栩如生。

据传此老虎于清末尚活在世,每逢日落西山,天色转黑,即出没附近村落,时而在竹林中徜徉,时而在大池塘——虎形陂喝水。惟最奇怪者,此虎不滋扰居民;不仅未尝伤人,且不吃人家所养牲畜。每被人发现,倏然即不见踪迹。苟有小偷要潜入人家盗窃,每见其蹲于目标之人家门口,虎眼烂烂发光,钉视小偷,故小偷均被吓得魂飞魄散,仓皇逃走。外地匪贼,倘企图侵入此地方为非作歹,亦均被吓阻,知难而退。

“郧阳府”有虎。

2.4.3 广东

证实今广东省虎分布的新资料仅1条。

《水经注·溱水》记述：

泷水又南历灵鹫山，山本名虎郡山，亦曰虎市山，以虎多暴故也。晋义熙(405～418)中，沙门释僧律葺宇岩阿，猛虎远迹。盖律仁感所致，因改曰灵鹫山。

按：“泷水”即北江上游支流武水，又名武溪，古名虎溪，又名武阳溪，源自湖南临武县西北。“灵鹫山”位于今韶关市北。由此反映曾有虎分布。

2.4.4 广西

历史上，今广西壮族自治区全境皆有虎分布。

尽管仅隆林各族自治县与大化瑶族自治县未见有明确的虎分布记载，但不妨通过其周边(图17.10；其中2个紫方块即此两地，红星为其周边有虎分布地)情况分析，此两地皆处山丘地带，周围各地历史上皆有虎分布。

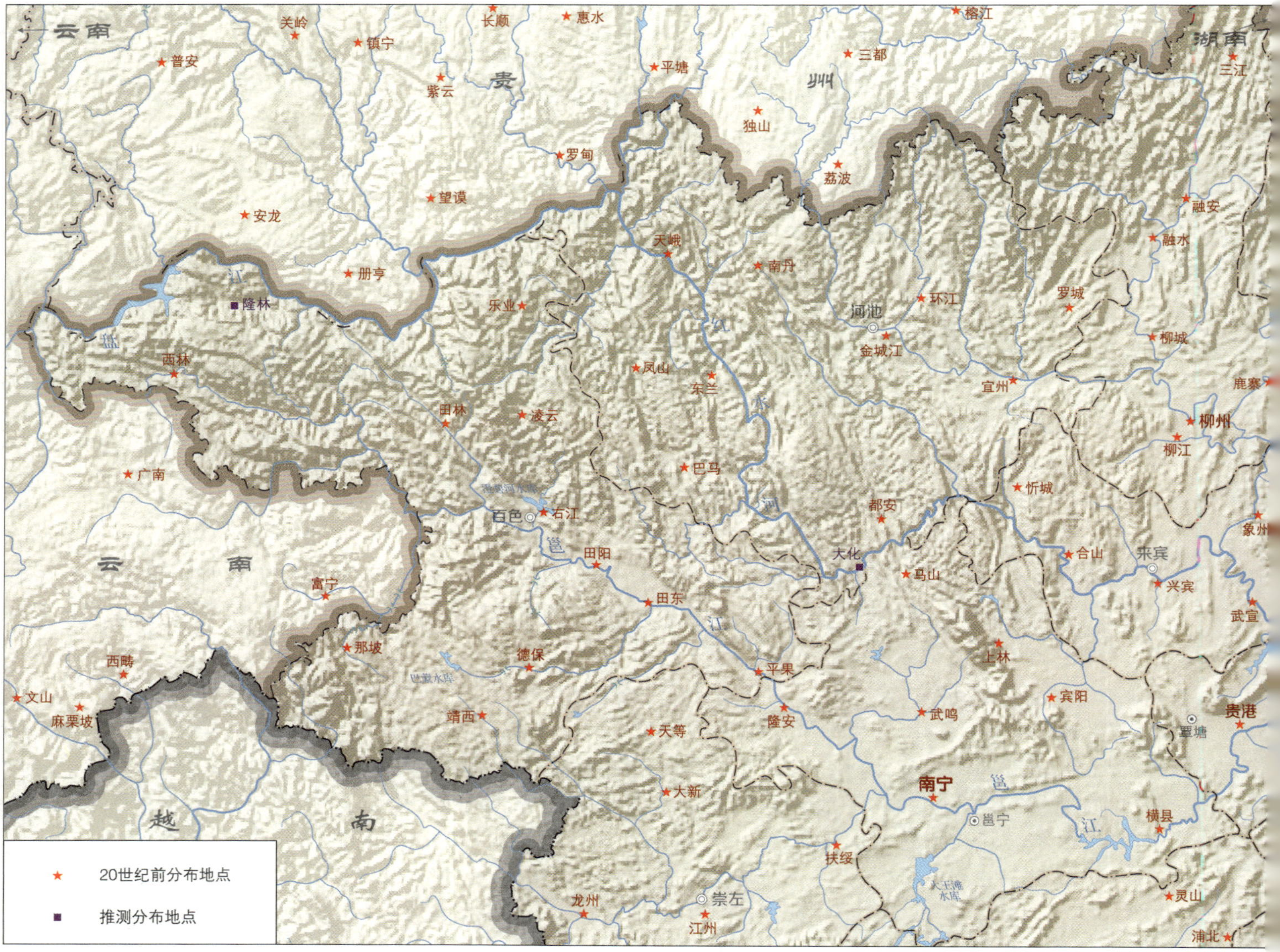

图17.10 广西隆林与大化一带地形与虎分布图

具体看隆林各族自治县的东邻,《田林县志》(田林县地方志编纂委员会,1996)记载:

1953 年……牛、马、猪、羊受虎豹害 1 005 头(匹)。这年,打死虎豹 106 只,野猪 412 头,箭猪 356 头,黄麂 443 头,其他兽类 422 头。

1959 年,央边公社(今板桃乡)共打死各种兽类 2 805 只,其中野猪 510 头,箭猪 159 只,虎豹 4 只,黄麂 964 只。

按:从记述看,田林县不仅有丰富的供虎食用的有蹄类动物,而且虎的数量也非常多。更值得注意的是,当地现今仍有虎栖息。

大化瑶族自治县则是 1988 年 10 月由当时河池地区都安瑶族自治县、巴马瑶族自治县以及南宁地区的边缘结合部组成的年代并不久远的县。尽管历史资料稀少,但我们可以从当地乌龙岭地区尚有野猪、黄猄、野山羊、猴子、山鸡、毛鸡、果子狸、穿山甲、竹鼠、蛤蚧、蛇类、剑鱼、巴马纯唇鱼、暗岩鱼、长尾唇等动物组合①看到,仍有虎的食物存在。大化瑶族自治县北毗邻的《都安瑶族自治县志》(都安瑶族自治县志编纂委员会,1993)记载:

1952 年县内发生虎患,计咬死黄牛 54 头,山羊 749 只,生猪 130 头,咬伤 14 人,咬死 1 人。

1953 年各族群众除兽保苗畜禽,打死老虎 21 只,黄猄 31 只,猴子 197 只,泥猪 191 只,箭猪 350 只,团猪 318 只,鸟兽老鼠所得更多,无法统计。

按:据此看来,在 1950 年代,都安瑶族自治县不仅也有可供虎食物的丰富有蹄类,而且确实打死的虎不在少数。大化瑶族自治县西北的巴马瑶族自治县至今仍有虎存在。

2.4.5 海南

前文提及今海南省出土有全新世虎遗存,台湾岛分布的虎约在海退时可以顺利到达②。文献记载证实历史上虽有虎(图 17.11),但消失得较早。

图 17.11　两广南部与海南岛地形及历史上虎分布图

①大化瑶族自治县. http://baike.baidu.com/view/395054.htm? fr=aladdin

②琼州海峡虽平均水深 44 m,最大深度 114 m,但宽仅 18～40 km。而距今 1.8 万年时,海面下降到现代海面以下 150 m 左右。

曾见《汉书·地理志》记述：

自合浦、徐闻南入海，得大州，东西南北方千里，武帝元封元年略以为儋耳、珠厓郡。……亡马与虎，民有五畜，山多麈、麖。

由此记述看来，到汉元封元年，亦即公元前110年前，海南的虎似已绝迹。

但（宋）范成大在淳熙二年（1175）前完成的《桂海虞衡志》记述：

黎海南四郡岛土蛮也，岛直雷州，由徐闻渡半日至。岛之中有黎母山，诸蛮环居四傍，号黎人。……黎母之巅，则虽生黎亦不能至。相传其上有人寿考逸乐，不与世接，虎豹守险，无路可攀，但觉水泉甘美绝异尔。

紧随其后的周去非在宋淳熙戊戌（亦即淳熙五年；1178）的《岭外代答》也记载：

海南四州军中，有黎母山。……黎母山巅数百里，常在云雾之上，虽黎人亦不可至也。秋晴清澄，或见尖翠浮空，下积鸿蒙。其上之人，寿考逸乐，不接人世。人欲穷其高，往往迷不知津，而虎豹守险，无路可攀，但见水泉甘美耳。

尽管海南现今仍有豹栖息，明代琼山县（今属海口市）籍的丘浚（1421—1495）在《南溟奇甸赋》赞叹：

天下皆有于菟，兹独无之。岂天欲居民蕃息于此，常夜户不闭，而不触藩之虞乎？

其意为：天下到处都有老虎出没，唯独海南这里没有此兽。这岂不是上天愿意让黎民百姓平安地繁衍生息在这块土地上，而不必天天关门闭户地设防，没有困守藩篱的忧虑？

但值得注意的是，清道光二年（1822）《广东通志》记述：

《桂海虞衡志》云：黎母山之巅虽生黎，亦不能至。相传其上有人寿考逸乐，不与世接。虎豹守险，无路可攀，但觉水泉甘美绝异。尔初疑其言，近闻之熟黎者曰：村代生一寿妇，主诸岐，已尝至山下。以渊泉极甘，旁皆果壳鸟羽，尽中原梭鱼者。余方知石湖之言，或有据也。岐，乃生黎中荒昧不服王化者。岐当作峊（《海槎余录》）。

按：《海槎余录》之作者顾岕在明嘉靖（1522～1566）年间曾任职儋州（即汉之“儋耳”，今儋州市，地处黎母山北麓），其也认可范成大的记述可信。

虽《汉书》与琼籍的丘浚皆认为“海南无虎”，但前者只是泛指；后者不仅故乡与黎母山并非近邻[1]，而且约在26岁即赴京会试、为官，尤其不可忽视的是黎母山“虽黎人亦不可至也”。黎母山是海南岛绵延最长的一组山地，位于岛中部偏西南一带，以琼中黎族苗族自治县与白沙黎族自治县、五指山市交界地带的鹦哥岭为主体。据上述资料综合分析，窃以为，至少到宋代，海南仍有虎残存。

至于海南虎灭绝，有人认为是得不到雷州半岛的虎源补充（赵焕庭等，2007），笔者认为十分牵强。虽然虎在台湾与海南灭绝的原因尚待探讨，然而从晚更新世晚期的最大海退到宋代也有万余年，虎在与大陆隔离后已无法依赖大陆的虎源补充，仍然繁衍生息的时期并不短。

2.4.6 香港

今香港特别行政区又见1条关于虎分布的新资料。

明嘉靖三十九年（1560）《广东（辖今包括今香港）通志》记载有虎。

2.4.7 澳门

今澳门特别行政区也见1条关于虎分布的新资料。

明嘉靖三十九年（1560）《广东（辖今包括今澳门）通志》记载有虎。

2.5 西南

西南地区仅重庆与四川2个省级政区关于虎分布的资料值得再研究。

2.5.1 重庆

关于今重庆市有虎分布的记载需要重新认识。

---

①据现今测量，海口市与琼中黎族苗族自治县的距离也约有143 km。

（晋）常璩《华阳国志·巴志》[①]记述：

秦昭襄王时，白虎为害，自秦、蜀、巴、汉患之。秦王乃重募国中："有能杀虎者，邑万家，金帛称之。"于是，夷朐忍廖仲药、何射虎、秦精等乃作白竹弩于高楼上，射虎，中头三（节）［矢］。白虎常从群虎，瞋恚，尽搏杀群虎，大呴而死。昭王嘉之曰："虎历四郡，害千二百人，一朝患除，功莫大焉。"

按：此乃较早反映虎在大范围伤害众多人口的事件之一，尤其值得注意的是：①尽管秦昭襄王在位（前 306～前 252）长达 55 年，但专指虎伤害 1 200 人之事件则似在短期内，故秦王震怒而重募勇士杀虎。②杀虎勇士出自"朐忍"，亦即今重庆云阳县双江镇建民村，当时属巴郡。③虽群虎横行之地只是大致范围，但既称"自秦、蜀、巴、汉患之"，又道"虎历四郡"，据谭其骧（1982，1982）可以推断，后三者分别是蜀郡、巴郡（治今重庆市，约辖今重庆的渝中区、江北区、大渡口区、沙坪坝区、九龙坡区、南岸区、北碚区、万盛区、双桥区、渝北区、巴南区、万州区、涪陵区、长寿区、江津区、合川区、永川区、南川区、綦江县、潼南县、铜梁县、大足县、荣昌县、璧山县、垫江县、武隆县、丰都县、城口县、梁平县、开县、巫溪县、奉节县、云阳县等地）、汉中郡。尽管就地名而言，与其时相匹配的"秦"只是诸侯国范围，但比照后三者及综合地域、虎的活动范围考虑，似为秦朝"内史"一带，反映曾有虎分布。

2.5.2　四川

重新认识历史上今四川省的虎分布情况。

《华阳国志·巴志》记载秦昭襄王（前 306～前 252）杀虎的"四郡"，其中属今四川的有"蜀郡"（治今成都市，约辖今成都市、都江堰市、彭州市、邛崃市、崇州市、金堂县、双流县、郫县、大邑县、蒲江县、新津县、广元市、青川县、剑阁县、绵阳市、江油市、三台县、盐亭县、安县、梓潼县、北川羌族自治县、平武县、旌阳区、什邡市、广汉市、绵竹市、罗江县、中江县、广安区、华蓥市、岳池县、武胜县、邻水县、遂宁市、蓬溪县、射洪县、大英县、威远县、资中县、隆昌县、乐山市、峨眉山市、犍为县、井研县、夹江县、沐川县、峨边彝族自治县、马边彝族自治县、自贡市、荣县、富顺县、翠屏区、宜宾县、南溪县、江安县、长宁县、高县、筠连县、珙县、兴文县、屏山县、攀枝花市、米易县、盐边县、雁江区、简阳市、乐至县、安岳县、东坡区、仁寿县、彭山县、洪雅县、丹棱县、青神县、雨城区、名山县、荥经县、汉源县、石棉县等地）、"巴郡"（约辖今旺苍县、苍溪县、南充市、阆中市、南部县、营山县、蓬安县、仪陇县、西充县、内江市、泸州市、泸县、合江县、巴州区、通江县、南江县、平昌县、通川区、万源市、达县、宣汉县、开江县、大竹县、渠县等地），反映曾有虎分布。

虽仅马尔康县与理县（参见"马尔康县与理县一带的地形环境图"[②]）未见文献明确记载有虎分布，但综合分析相关情况，可以推断马尔康县与理县在历史时期也有虎栖息。

● 从地形环境看：相连的两地皆处于青藏高原南缘，在四川盆地西北部，属高原峡谷区，地势由东北向西南逐渐降低。马尔康县多高山峡谷，森林茂密，现有林地面积 16.8 万余公顷，主要有冷杉、云杉、落叶松以及桦、高山栎等适应温凉环境的树种。理县现今林业用地占全县总土地面积的 55.7%，森林覆盖率为 43.67%，有冷杉、桦、柏、枫、槭、漆、云杉、油松、落叶松、鹅掌松、香樟、白杨、檀木等适应不同生态环境的树种。

● 就食物链而论：至 1990 年代，前者主要有野驴、牛羚、藏原羚、藏羚、斑羚、野牦牛、盘羊、岩羊、金丝猴、猕猴、短尾猴、白唇鹿、水鹿、林麝、黑熊、棕熊、雪豹、水獭、兔狲、豹猫、獾、

---

①此资料因原作已佚，内容在《华阳国志》［现存有多种版本，主要是据宋嘉泰四年（1204）李坙刻本为底本，但点校本有多种，见有：顾广圻校. 长沙：商务印书馆，1938；李调元校定. 长沙：商务印书馆，1939；刘琳校注. 成都：巴蜀书社，1984；严茜子点校. 济南：齐鲁书社，2000 等］及《后汉书》《太平御览》《太平广记》等之中，略有差异。此主要据刘琳（1984），仅对个别异议处改动。

②据天地图. http://map.tianditu.com/. 此图因故不得已删除，有兴趣的读者可以根据所列出处查看原图。该图显示，"马尔康县"与"理县"是西北—东南方向毗邻的两县，前者是地势由东北向西南逐渐降低，海拔在 2 180～5 301 m 之间；后者的地势是西北向东南倾斜，海拔 1 422～5 922 m。反映出，虽然两地的交界带地势较高，但两端较低，是高原峡谷地带，并非虎难以达到的栖息绝境。

獾、赤狐、藏狐、草兔、岩兔、雪兔、松鼠、旱獭等野兽（四川省马尔康县志编纂委员会，1995）；后者则有刺猬、豪猪、蝙蝠、金丝猴、黄猴、岩猴、黑熊、马熊、狼、赤狐、豺、黄秧驴、黄鼬、水獭、猪獾、豹猫、云豹、野猪、马鹿、岩鹿、麂、獐（麝）、盘羊、山驴、野牛、野兔、岩兔、鼹、松鼠等野兽（理县志编纂委员会，1997），可见皆有虎赖以生存的丰富有蹄类。

● 以周边地带的虎分布而言：环其周边的汶川县、黑水县、红原县、壤塘县、金川县、小金县、都江堰市等地，历史上皆有虎分布记载。

2.6 西北

西北地区补充的虎分布资料仅陕西、甘肃、宁夏3省级政区。

2.6.1 陕西

关于今陕西省历史上虎分布的记载需要再研究。

《华阳国志·巴志》记载秦昭襄王（前306～前252）杀虎的“四郡”，其中属今陕西的有“汉中郡”（治今汉台区，约辖今汉台区、南郑县、城固县、洋县县、西乡县、勉县、宁强县、略阳县、镇巴县、留坝县、佛坪县、汉滨区、汉阴县、石泉县、宁陕县、紫阳县、岚皋县、平利县、镇坪县、旬阳县、白河县、山阳县、镇安县、柞水县等地）与秦朝“内史”（治今咸阳市，约辖今西安市、蓝田县、周至县、户县、高陵县、铜川市、临渭区、华阴市、韩城市、华县、潼关县、大荔县、蒲城县、澄城县、白水县、合阳县、富平县、咸阳市、兴平市、三原县、泾阳县、乾县、礼泉县、永寿县、彬县、旬邑县、淳化县、武功县、宝鸡市、凤翔县、岐山县、扶风县、眉县、陇县、千阳县、麟游县、太白县、商州区、洛南县、丹凤县、商南县等地）一带，反映曾有虎分布。

2.6.2 甘肃

六盘山的虎分布涉及今甘肃省部分地方。

清康熙二年《隆德县志》记述，明崇祯时，广义的六盘山（属今甘肃省的有庄浪县、张家川县、华亭县等地）仍有颇多虎分布。

清乾隆三十四年（1769）《庄浪县志》载（明）窦文《六盘山》中也有“白草坡前虎豹家”之句。

2.6.3 宁夏

今宁夏回族自治区历史上的虎记载新资料，主要是南部的六盘山一带。

清康熙二年（1663）《隆德县（今县）志》记述：

董俊，俊弟任，兄弟并至孝。俊以贡士授温州府训导，归家遭母丧，未及葬而贼克隆德。贼初入城，横肆杀戮，人兢奔匿。俊与弟任环柩号泣，独不肯去。贼哀之，不忍加害。初母病时，任偶在外，不知其母之病也。人有一自其家至者语之，任即驰归。时已晚，而六盘山多虎狼，莫敢夜行者。众咸阻之，弗听。半夜，只身逾山，手无寸铁。固知其孝出于至性也。任亦崇祯间贡士。

按：此固记载今隆德县籍董俊、董任兄弟至孝之事，但值得注意的是，其中提及“六盘山多虎狼”，而董氏兄弟是崇祯（1628～1644）年间贡士。故可推断17世纪前半叶，广义的六盘山（在宁夏回族自治区西南部、甘肃省东部一带，属今宁夏的有原州区、隆德县、泾源县等地）仍有颇多虎分布。

3 虎亚种及其分布

历史时期，由于分布隔离，我国先后分化出9个虎亚种，即：阿尔泰虎、东北虎（东北亚虎）、海南虎、华北虎、华南虎、塔里木虎、台湾虎、印度虎、印支虎。

3.1 虎亚种的分布

9个虎亚种的分布概况如下图（图17.12）。

图 17.12　历史时期我国分化出的 9 个虎亚种分布图

3.2　虎亚种概况

对于我国历史上出现的 9 个虎亚种目前可以基本断定,但一些具体情况尚待进一步研究。

3.2.1　海南虎与台湾虎

前文已经提及,此 2 个虎亚种似在晚更新世后期气温急剧降低而出现大海退期间由大陆扩散来的。随后,由于气温回暖,出现海进而逐渐将它们阻隔于两座孤岛上,形成 2 个虎亚种。在宋代与明末清初就已经灭绝(文榕生,2015)。

3.2.2　阿尔泰虎与塔里木虎

以往,人们认为新疆历史上仅有单一的虎亚种,故有“新疆虎”①“高加索虎、波斯虎”(谭邦杰,1980)“西北亚种”(高耀亭等,1987)以及“塔里木虎、里海虎、图兰虎、西亚虎、中亚虎、黑海虎”等多种称谓。

而在历史上,虎在天山南北皆有分布(图 17.13)。南疆的虎约呈 C 状散布于沙漠绿洲一带,北疆的虎则主要处于山麓地带,伊犁河谷的虎分布比较集中。

①Perry R. 1964. *The World of the Tiger*. London(转自:谭邦杰,1980)

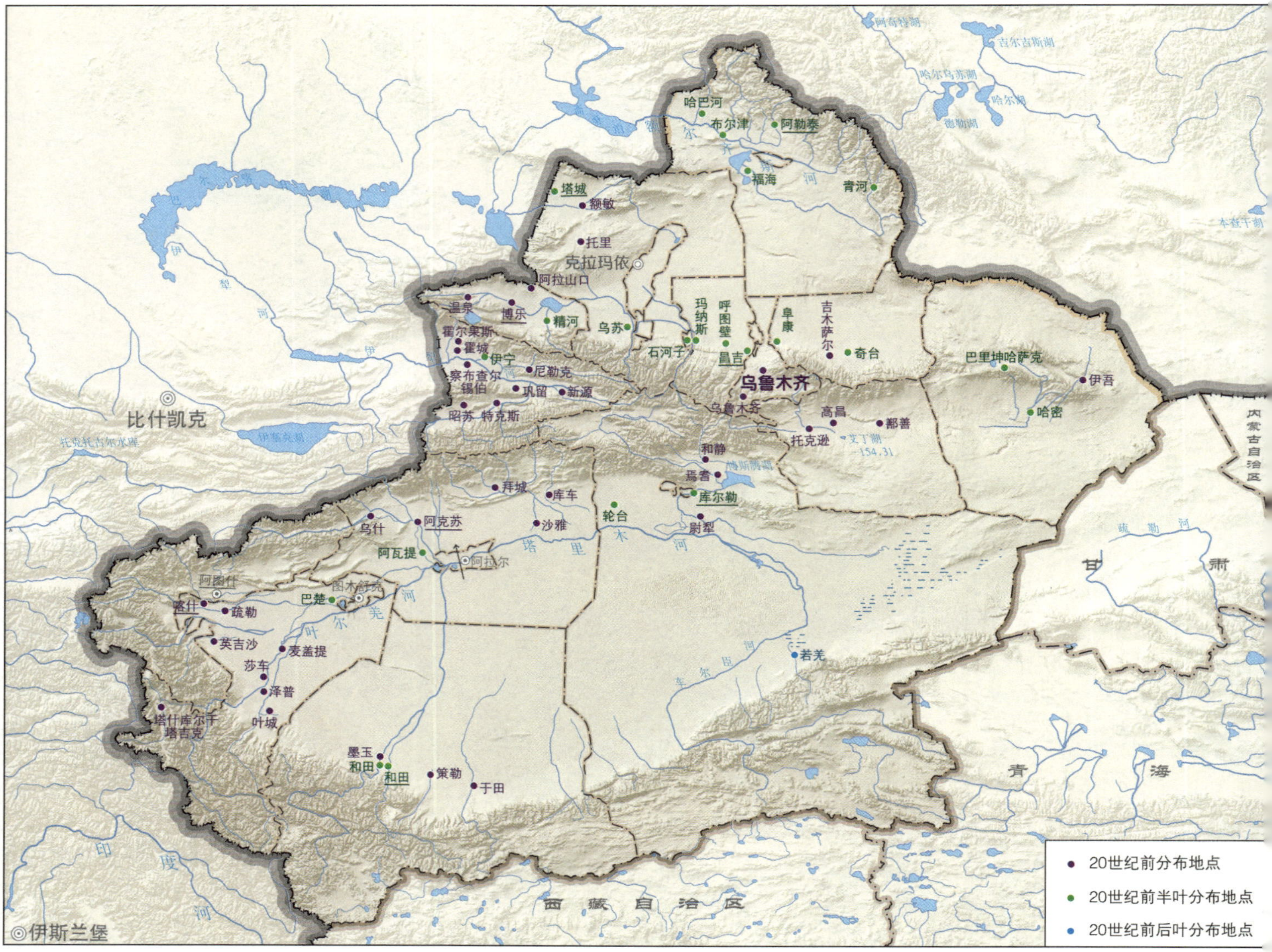

图 17.13　历史时期新疆的虎分布图

● 生态环境的差异反映有 2 个亚种虎。

文焕然（1988）对历史时期新疆森林的分布变迁有所研究，他认为，新疆在原始农业开始时，荒漠可能已经分布很广，植被很少。但是在冷湿的中山带，依然有天然森林分布；在河谷平原地区，天然植被虽以荒漠为主，但在河边、湖畔或潜水较丰富的地方（如洪积扇前缘潜水溢出带），却有天然森林分布，这里树木青翠，与荒漠植被稀少成为两个显著不同的自然景色。

在南疆，乾隆《回疆志》记述：

回地山谷并无树木，平地胡桐树木并芦苇最多，竟有方圆数十里，丛密人迹不到之处，虎俱藏于其内。

林则徐在日记中记载（陈锡祺，1985）：

从皮产里克台出发，至戌刻抵阿克玛拉克军台，计三时有余，行九十里，路实有百里之远也。此路程皆树木蓊郁，枯苇犹高于人。沿途皆野兽出没之所，道中每有虎迹。因此次随从人多，兽亦潜踪而避耳。此台为叶尔羌第五台。

直至清末，萧雄《西疆杂述诗》仍称：

南八城水多，或胡桐遍野而成深林，或芦苇丛生而隐大泽，动至数十里之广，其中多虎、狼、熊、豕等类。

1927 年，德国探险家特林克勒（2000）记录了他在今巴楚一带目睹的情景：

我们到达一个茂密丛林，那里的芦苇长得如

此高，以至于即使从骆驼背上人们也看不到远处。我在前人的游记中读到玛拉巴什的丛林中仍有老虎出没，而且我们前天遇见的牧羊人证实了这一点。

在北疆，光绪《昌吉县乡土图志》记载：

查本境南山，草木丛杂，虎、豹、狼、鹿、黄羊、大头羊无一不产。

光绪《塔城直隶厅乡土志》记述：

达尔达木图河上游两岸，苇柳交生，产野豕、鹿、兔、水獭等物。又有虎、彪两种，每盘踞于南岸阿林淖尔湖边苇林中，耽耽越境而来，饱以弱肉而返。行者戒之。

古籍中虽直接反映北疆虎生态的记载不多，但与其共生的动物群记载可间接反映虎的生态。经梳理并删除重复后，可见同治《新疆大记补编》、光绪《塔城直隶厅乡土志》、光绪《库尔喀啦乌苏直隶厅乡土志》等记载今塔城地区有：虎、彪、豹、熊、狼、狐、鹿、麞(麝)、麅、麡、貂鼠、獭、兔、野马、犀、兕、野豕、羚羊等；同治《新疆大记补编》与《新疆阿山概况》等记载今阿勒泰地区有：虎、豹、熊、罴、狐、狼、猞猁、土豹、狍子、鹿、香麞(麝)、貂鼠、獾、兔、狸、飞鼠、野马、野骆驼、野山羊、黄羊、羚羊、獾、獭、松鼠、灰鼠、跳鼠等。

斯文·赫定(2013)曾亲历新疆探险，虎是其关注点之一，并亲自绘制反映当地虎生态的图(图17.14)。

图17.14　斯文·赫定绘制的“新疆虎”生态环境

新疆远离海洋，深居内陆，周环高山，海洋气流不易到达，形成明显的温带大陆性气候。由于其中有东西向横亘的天山山脉，南北疆气候、植被类型与分布、野生动物组合等迥异。南疆的气温高于北疆，而北疆的降水量则高于南疆。南疆的植被呈水平分布，北疆的植被则呈垂直分布；天山和阿尔泰山区覆盖着葱郁的原始森林，西伯利亚落叶松占优势，多为新疆云杉、新疆冷杉、新疆五针松、针叶柏等混生的山地针叶林；塔里木河、玛纳斯河等河流两岸是平原阔叶林分布的地区，尤其是前者丛生着珍贵树种胡杨林和灰杨林。就现生野兽看，南疆有野骆驼、藏羚羊、野牦牛、野驴、塔里木兔、鼠兔、高原兔、丛林猫，草原斑猫等荒漠、半荒漠类型组合；北疆则有雪豹、猞猁、棕熊、北山羊、河狸、水獭、旱獭、松鼠、雪兔、紫貂等冷湿、林栖、水栖类型组合。

朱兆瑞(1997)的《中国年降水量图》显示，虎在南疆主要分布于年降水量25～50 mm地带，在北疆则主要分布于年降水量超过100 mm地带。按张荣祖等(1997)现代动物地理区划，尽管将南疆绝大部分与北疆大部分划归“蒙新区”的“西部荒漠亚区”，但又十分明显地将“阿尔泰山地区”与“大兴安岭亚区”划分为“东北区”，将“天山山地亚区”作为“蒙新区”的一个独立成分。

● 称谓与形态不同表明有 2 个亚种虎。

清朝《西域（辖境包括今新疆）图志》在“准噶尔部”有“虎（名巴尔）”，而在“回部”则有“虎（名约勒巴尔斯）”，针对有差异的虎亚种使用不同的称谓，表明存在 2 个虎亚种。

沙俄的普尔热瓦尔斯基(1999)在 19 世纪 70～80 年代，先后五次到中亚探险。证实南疆虎情况：

现在老虎最多的地方在塔里木盆地的塔里木河、罗布泊、和田河、叶尔羌河、喀什噶尔河流域，当地居民把老虎叫作“居勒巴鲁斯”。

乾隆《回疆（即南疆）志》描述：“虎：回地……较内地之虎身小，毛色淡浅稀疏”。而湖南益阳县人萧雄在《西疆杂述诗》中将南疆虎与“南中”之华南虎进行比较道：“虎之身躯较南中所见者微小，而凶猛亦杀，不乱伤人。”

宣统二年(1910)，生物学者贾树模(1916)亲历新疆，记述北疆：“彪虎毛甚粗，猎获之后，每皮一张价银二三十两，及肉各二三十两。产于绥来（今玛纳斯县）及塔城（今市）之喀图山”。其后，王醒民(1935)称：新疆虎产于天山南北，尤以绥来（今玛纳斯县）与塔城（今市）喀图山较著，皮毛甚丰，每张虎皮值银 30 两。许崇灏(1945)也称新疆虎“皮毛甚丰，皮值颇昂。南北两路皆产，绥来（今玛纳斯县）与塔城（今市）间之喀图山较著”。

虽然未见对北疆的虎体形大小比较，但就被毛看，南疆的虎“毛色淡浅稀疏”，而北疆的虎“毛甚粗”“皮毛甚丰，皮值颇昂”，有显著差异。

● 新疆 2 个虎亚种称谓的选择

曹志红(2010)根据一些资料记述对“新疆虎”与“里海虎”进行三项比对，认为二者在“毛被色型”与“条纹型式”方面有差异，进而提出它们不是同一亚种的观点。

仅凭笔者个人之力对世间仍存在的新疆及其周边分布的虎标本（有资料披露）进行鉴定力不从心，尽管就笔者现在所掌握的资料难对曹志红的“新疆虎”与“里海虎”进行评判，但我们根据分布隔离的实际与生态环境的迥异①，以及有限的形态等分析，可以大致推断，历史上天山南北栖息着 2 个虎亚种，故不宜采用“新疆虎”称谓。

纵观虎亚种的命名，已有以人物（命名者或纪念者）、形态、分布地等形式。对于新疆分布的 2 个虎亚种命名，窃以为，应综合考虑古今它们各自分布范围与涉及地域，尽量采用自然地理名称。分布于北疆的虎亚种，建议采用“阿尔泰虎”或“阿尔泰亚种”。这是因为阿尔泰山脉呈西北—东南走向，固然在北疆有一段，但其整个山脉斜跨今中国、哈萨克斯坦、俄罗斯、蒙古 4 国境，历史上虎的分布并非独在我国境内②。至于南疆的虎亚种，在没有判明其与“里海虎”的关系之前，采用曾有的“塔里木虎”可能比较妥当。

● 新疆 2 虎亚种的界线

虽然塔里木虎、阿尔泰虎皆是来自黄河中游的古中华虎后代，但我们现依据的资料主要来自清代文献，从设置在下文的分布图（图 17.25）可见其二者与华北虎之间已然存在明显的隔离带，即今甘肃与新疆界线一带。

而塔里木虎与阿尔泰虎之间的界线比较清晰，以天山山脉为界（文榕生，2016）。

3.2.3 华北虎

山西虞乡县（今山西省永济县）捕获华北虎罕见的纪实图片（图 17.15），形态特征清晰。

图 17.15　罕见的华北虎照片③

①对现生物种的亚种判定，一般需要不同居群的形态差异证据、这种差异占该居群的比例、形成生殖隔离的明显界线等综合情况。但若对历史时期的野生动物也套用这样的标准，就勉为其难了。窃以为，生态环境与物种不同居群的变异存在因果关系，如果抓住关键证据进行推导，还是有可能复原某些已然消逝事物或场景。

②有确切证据表明，20 世纪中叶，周边的哈萨克斯坦、吉尔吉斯斯坦等国还有虎分布（A. A. 斯卢德斯基，1959）。

③华北虎图. http://baike.baidu.com/picview/1393511/1393511/0/4b90f603738da9771c9f51d7b051f8198718e39e.html#albumindex=1&picindex=1

《中国动物志》(高耀亭等,1987)中虽认同存在虎"华北亚种",但所用其模式产地为"朝鲜",拉丁学名为"*Panthera tigris coreensis*","毛较长"的描述则值得商榷。

● 华北虎与邻近虎亚种的界线

华北虎地处古中华虎的发源地,现今处于暖温带地区,其东西两边后与东北亚虎、新疆分布的2个亚种隔离,南边也与华南虎隔离(界线是秦岭—淮河)而成为独立亚种。故以往将其归入"东北虎",显然不妥。

历史上,虽然朝鲜半岛有虎分布,但其并不与华北接壤,故取其标本作为"模式产地"并不符合虎的起源与扩散规律,无疑是本末倒置。

● 形态特征的区分

虎亚种的个体大小、毛的疏密长短与其所处的生态环境相适应。所指出的"毛较长"的虎亚种,则是地处凉温带或寒温带地区的东北亚虎特征之一,也符合分布在朝鲜半岛的虎亚种特征,却并不符合华北虎特征。

华北虎的外形特征是:体长2.7～2.9 m;被毛短密;棕黄色,色调深重,棕黑色条纹清晰;雌性一般通体无纹,个别个体有潜纹①(吴家炎,1993)。

虎在更新世向北扩散过程中,受阻于内蒙古北部与蒙古国南部广阔的沙漠、戈壁地带而止步,故华北虎也是我国特有亚种之一(文榕生等,2016)。

3.2.4 东北亚虎

东北现今还有虎存在,历史上自然地理概念的东北则有更广泛的虎分布(图17.16)。

"东北分布的'虎'"与"东北虎"虽是两个不同概念,但前者可以涵盖后者,而后者只是特定时期的称谓。换而言之,在演化过程中,虽皆处于"东北"(主要指我国境内自然地理概念,约与今行政区域的黑龙江省、吉林省、辽宁省,以及内蒙古自治区东北部的呼伦贝尔市、兴安盟和东南部的通辽市与赤峰市相当)地区,但在不同时期才出现动物种名与亚种名。综合考虑该虎亚种的产生与涉及的周边国家分布,宜称"东北亚虎"。

● 诸山皆有虎——分布广

据标注在地形图上的古今虎分布概况,在东北分布的虎主要栖息于山地一带,而在东北平原的核心地带(内蒙古通辽市、吉林省西部、黑龙江省西南部)未见有虎记载。略举4省级政区数条记载:

前文提及今内蒙古阿鲁科尔沁旗与开鲁县一带是辽代帝王射鹿猎虎的专用狩猎处,尤其是巴林右旗西北察罕木伦河源之白塔子西北正是当时著名的射虎地"伏虎林"。《元史》记载:"松州(今赤峰市松山区)知州布萨图格(仆散秃哥)前后射虎万计,赐号万虎将军",这是迄今所见猎虎最多者,尽管其猎虎数量不免夸大,但也十分惊人,说明这一带虎颇多。

清初,高士奇曾随康熙由北京到松花江,他在《扈从东巡日录》中记述:

哈达城(今西丰县境内)。城在众山间,弹丸地耳,(然)材木、獐(麝)、鹿甲于诸处。每合围,獐(麝)、鹿数百……遇虎,则皇上亲率侍卫二十余人,据高射之,无不殪者。若虎负嵎,则遣犬撄之。犬不畏虎,随吠其后,或啮其尾。虎伏草间,犬必围绕跳嗥,人即知虎所在也。虎怒逐犬,出平陆,人乃得施弓矢;更有侍卫数人持枪步行,俟虎被逐中箭,必怒扑人,随势击刺之,亦无不殪者。昔人谓虎、豹在山,其势莫敌,今乃搏之甚易。月余以来,杀虎数十,前代所未有也。

不仅生动地描绘出一幅地处今辽吉两省哈达岭一带的猎虎图,而且可见,哈达城虽小,但由于林木茂盛,麝与鹿皆多于此处,故虎亦多。康熙仅在此地就"杀虎数十",当是纪实之作。

民国《吉林省地理志》记载:"虎林县山川皆以虎得名,产虎最多,其各大山亦有之。"直至今日,虎林市仍是东北虎的主要分布地之一。

民国《汤原县志略》记载:"虎有大小两种。猎户入山,每年共得五六只。"既然"每年共得五六只",说明当地野外尚有数十只虎。

民国《临江县志》称:"虎:临江深山中极多。"采用"极多"来形容当地野生动物,这在方志中十

① 华北虎. http://baike.baidu.com/link?url=P4ObdQA--TFNI4PWjwvdZSj-D2eZKI4kUYap2DWZkKbR83bY6bj4Jo0AZ2iT629hO8L9cOrhKc-HEZ2XCpjnnq

分罕见。

可见今临江市一带的虎数量依然十分多。

● 虎的数量大

由于古籍中多不记载动物数量，研究者多回避这一敏感问题。对虎数量的估计，众说纷纭；我们所见，即使对现有虎的估计也出入颇大。

从历史时期一些对气温敏感的野生动物的分布北界曾北移（扬子鳄曾到达北纬 37°的河北邢台，移动 5.3°；犀牛曾到达北纬 36°的河南安阳，移动 11.7°；亚洲象曾到达北纬 40.1°的河北阳原盆地，移动 15.5°）看，气候带有所变动。仅此自然变化，也直接或间接影响植被、动物的分布与数量。

综合考虑历史时期气候带变动、东北地区地广人稀、植被良好，生物多样性平衡等条件，估计虎的数量不少于 13 000 只。

图 17.16　历史时期“东北虎”分布变迁概况图

● 变化巨大的虎分布变迁

从地形看，东北亚虎首先在平原一带消失，然后是山麓和丘陵地带绝迹，再以后则往山林地带退缩。就方位论，东北亚虎先从西南部往东北部退缩，然后再从西北部往东南部退缩，其现今残存在靠近中俄、中朝边境地区，实际上在一些自然保护区内。

根据虎的地理分布变迁看，东北虎这一亚种的出现仅百余年历史。主要是由于人类活动的干预，不仅打破了原本虎分布浑然一体的状况，而且使之分布隔离带不断扩展。

据文焕然等（1979）研究，距今七八千年前，东北地区，无论是大兴安岭北段的寒温带林、小兴安岭和长白山地的温带林，还是大兴安岭南段、呼伦贝尔高原、内蒙古高原东部、东北平原等地，天然植被皆有森林或草原，林相完好，有豹、熊、狼、野猪、鹿、麝、狍、驼鹿、貂、灰鼠等动物栖息。这样的生态环境适宜虎生息繁衍与广泛分布。

历史时期我国气候由温暖向寒冷的阶段性变迁过程中，呈现明显的气候带南移，使东北森林中一些适宜较暖环境的阔叶树种逐渐南移，或在东北消失；同时，针叶树种（尤其是北方针叶树种）增多、扩大，并在相当长时期保持完好状态。

东北地广人稀，先民早期虽开展渔猎活动，但由于尊虎为“山神”，并没有显著影响虎的生息繁衍。从 4 000～5 000 年前至 6～7 世纪，西辽河平原、西拉木伦河与老哈河之间、辽海地区等地已先后有原始农业活动，对天然植被有所影响，然而由于元、明两代政治中心南移，农垦规模缩小，天然植被逐渐有所恢复。

清朝迁都北京后，把东北划为一个特殊地带，为防止其“龙脉”受损，并保护皇室贵族所需要的人参、东珠等特产以及每年采捕供物、皇帝巡幸时的围猎场，修筑了一条全长 1 300 多千米的封禁界线——柳条边，严禁民间随意迁徙、开发、砍伐、捕猎。康乾盛世时，关内人口密度达到 24 人/km^2，而辽沈地区人口密度仅 1.7 人/km^2，吉林与黑龙江的人口更为稀少。这些客观上保护了虎的生态环境，故两修乾隆《盛京通志》皆称“虎：诸山皆有之。”此“盛京”是广义概念，其范围包括今辽、吉、黑大部分地方，证实了虎在东北广泛分布。

19 世纪末，沙俄靠不平等条约入侵我国，开始劫掠森林资源，不仅砍光黑龙江南岸数千米的森林；更借修建“中东铁路”（路线呈丁字形；以哈尔滨为中心，西至满洲里，东至绥芬河，南至大连）之机，大肆劫掠。《历代森林史略及民国林政史料》（陈嵘，1934）称：

铁路沿线昔日均为广大森林所被覆，自与东省铁路公司立伐木合同后，迄今不过三十年，沿铁路两侧五十里内的森林均被砍伐净尽，近更向远方采伐有达百余里之远者。

随后，接踵而至的日寇更加疯狂掠夺森林等资源，采取拔大毛（指大树）、采大留小、采好留坏、只采不更新等毁灭性方式，造成东北森林满目疮痍，甚至荒山秃岭，至今仍历历在目。这些活动以及伴随而来的人口迁入与增长，关乎利益的战火硝烟等，严重地损毁了林栖动物的生态环境，既造成虎分布隔离，更危及虎生息、繁衍。实力雄厚、装备先进的国外猎虎队也乘虚而入，直接捕杀体形最大、体态丰满、被毛最长的东北虎。

1950 年代以来，由于忽视生态平衡，使处于生物链顶层的虎极度濒危，不得已而采取拯救举措，才略有改善（文榕生，2014），现今我国仅存的东北亚虎仅 20 余只。

3.2.5　华南虎

中外学者对华南虎的认识基本上没有歧义。不同时期的虎遗存分布状况（图 17.6）显示，虎问世后向南方的扩散更为迅速，恐怕是因为地形与气候等环境关系更适宜。

人们有意识地以秦岭—淮河为界对我国自然地理进行南北划分是 20 世纪初，华北虎与华南虎的分界则基本上与此相当。历史上气候带曾出现南北移动，反映由于分布隔离而出现的这 2 个亚种并不久远。如果说其西部界线的形成主要是自然原因[1]，那么其东部界线可能更多是因为人类活动的影响。黄河中下游一带（约今河南、山西南部、河北南部、山东西南部、安徽北部、江苏西北部等地）的中原，从地形上看，北、西、南三面有诸山环抱，而中部和东部是一望无际的黄淮海平原；就人文而论，既是中华文明的摇篮，又是中华民族最重要的发祥地之一，是元代以前中国历史的核心区域；以经济活动讲，人类的地区开发、农耕活动的持久与力度不断加大，使相当大范围内的天然植被早已荡然无存。虎在这一地区的栖息地不断受到挤压、剥夺，消失得较早，形成隔离。

就已知历史时期我国分布的虎亚种情况看，华南虎并非以往人们认为的我国唯一亚种。

3.2.6 印度虎

不同时期的虎遗存分布状况（图 17.6）显示，虎在早期向西南扩散时受阻于隆起的青藏高原，尤其是喜马拉雅山脉是它们难以逾越的天然屏障，故其似经云南一带越出，转向印度半岛。

我国现分布的印度虎，似为绕过天然屏障出境后再度北返的虎亚种。虽然它们在我国仅在西藏东南部与云南西南部形成较小的分布区，却是属于境外更大的印度虎分布区的东北小片。

印度虎与华南虎在云南约以云岭—盘山—无量山互为东西界线。

3.2.7 印支虎

印支虎是 1968 年才分化出来的虎亚种。

在我国，印支虎仅在云南省有少量分布。其分布区虽在云南南部呈东、西两小片状，但却是境外印支虎分布区的最北分布地。

印支虎西片分布区较小，仅见于德宏州一带。

印支虎东片分布区较大，在西双版纳州、红河州与文山州一些县（市）及思茅市（现普洱市）的江城哈尼族彝族自治县有分布。

4 20 世纪的虎分布

20 世纪，仅东北与西南各省级政区仍然有虎栖息，而华北、华东、中南与西北则有部分省级政区的虎消失。

此次主要是修订并增补新资料。

4.1 华北

到 20 世纪，华北区中天津市已经不见虎的踪迹。

4.1.1 北京

北京市有虎的历史可以延续到 20 世纪末。

民国二十四年《察哈尔省通志》记载有“虎”，其辖境包括今北京市的延庆县。

《北京市房山区志》列举有“虎、豹”等野兽（北京市房山区地方志编纂委员会，1999），尽管是“极罕见”，还是可以说明有存在。

4.1.2 河北

河北省的野生虎直到 1950 年代末才灭绝。

1912 年，在东陵（位于今遵化市）猎获一只黑虎。1920 年《大中华直隶省地理志》还记载猛兽有“虎、豹、狼、熊今皆若匿迹深山，不轻出扰民。因乡团渐多枪械，人民无复惧猛兽者”（吴跃峰等，2009）。

民国二十四年（1935）《察哈尔省通志》记载有“虎”。该省治今张家口市，辖区包括今北京、河北、内蒙古一些地方。表明今河北省的张家口市、宣化县、张北县、沽源县、蔚县、阳原县、怀安县、万全县、怀来县、涿鹿县、赤城县等地仍有虎分布。尤其是该志还提到：

虎：蔚县、涿鹿、龙关均产。

按：所称“蔚县、涿鹿、龙关”，分别是今蔚县、涿鹿县、赤城县。反映此三地东北—西南走向地带栖

---

[1] 如《中国古地理图集》提到：“早更新世时秦岭强烈上升，其幅度可达 500 m 以上，平均海拔 1 000 m 左右，山峰高 2 000 余米，属强烈活动中、低山区。”

又据《西藏哺乳类》称：“春季时节，在山上经常听到虎的吼声；秋冬时候，于海拔 1 600 多 m 的地方，已难发现它们活动的足迹。”（中国科学院青藏高原综合考察队，1986）

秦岭所处位置要比青藏高原纬度高，似为逐渐阻断虎的南北交流。

息的虎更多。

《涉县志》记载:"虎:1959 年曾打死一只,后未发现"(涉县地方志编纂委员会,1998)。

4.1.3　内蒙古

内蒙古自治区新见 1 条资料。

民国二十四年《察哈尔省通志》记载有"虎",其辖境包括今内蒙古自治区的商都县、多伦县、太仆寺旗。

4.2　华东

到 20 世纪,上海市与台湾分布的虎已经绝迹。

4.2.1　浙江

增补 2 种记载今浙江省华南虎文献。

《宁波市志》有关虎的记述(宁波市地方志编纂委员会,1995)摘录:

古时郡县虎豹为患。民国初至解放前,鄞县庐王、宁海东岙、余姚白鹿、奉化大竹山、慈溪乌岩、镇海算山尚见虎、豹。解放初,山区虎、豹间或出没,现绝迹。

华南虎:老虎。体大,四肢强有力,爪锐利,掌底部有肉垫,行动轻巧无声,眼上毛系云白色,故称白额虎,性凶猛,捕食大型动物。

旧志及昔日报纸所载,明嘉靖至解放初 300 余年,虎迹 39 次,其数可计者发现虎 56 头。按朝代分,始记于 1557 年(明嘉靖三十六年),"慈溪县四乡多虎,白昼啮人。"至 1607 年(万历三十五年),记猛虎 3 次。1680 年(清康熙十九年)至 1878 年(光绪四年)11 次。1933 年至 1949 年 22 次。1950 年,连续发现并记虎迹 3 次。是年 4 月 12 日,奉化莼湖区海靖乡黄贤村农民陈阿定、谢开华等多人去小岭峰打猎,至大毛岙有虎一头从深山冷谷中窜出,被击毙,大如小牛,重百余斤,抬回村中,村民携幼扶老来观。虎踪终记时间为 1955 年 10 月 19 日,余姚县临山镇驻军、民兵在苍山下击毙一虎,运杭州展览。

虎迹分布慈溪、鄞县、象山、奉化、宁海、镇海、余姚各县。出现于鄞县 17 次,尤鄞西为频;宁海、奉化次之,各 6 次。且有同年数地发现虎迹的。1933 年,鄞县、慈溪发现虎 4 次 4 头。1946 年,鄞县、奉化、宁海发现虎 3 次 4 头。次年,鄞县、宁海、象山发现虎 6 次 7 头。1948 年,鄞县、镇海、奉化出现虎 5 次 11 头。1950 年,余姚、鄞县、奉化发现虎 3 次 4 头。

边缘山区至沿海平原,皆有老虎出没。1935 年 9 月,宁海油坑村民陈兴生,放牧耕牛 3 头宿食于道士宫尖岩一带,倏来猛虎,一夜间耕牛悉被啖食。1943 年 10 月,镇海六区算山发现猛虎,晚四出觅食,日前傍晚有 11 岁男孩一名被攫,四肢撕裂。1948 年 1 月,奉化畸泉乡乌岩坑附近村落,晚闻虎啸,牛羊家畜多失踪,目睹白额虎 2 头,大如小牛,蹲伏上仙洞岩墩。次年 3 月,慈溪北乡茅岙,有大如家犬雏虎 2 头,每于深夜进村噬家畜。更有甚者,1812 年(清嘉庆十七年),"有虎至鄞县城厢江东冰厂,点兵捕之,不知去向"。

老虎白昼觅食者计 17 次,占总出没次数 44.1%。1680 年(清康熙十九年)"府属五县虎大横,白昼食人"。1948 年 8 月 3 日,奉化甘润乡倪家山,有黄褐色斑虎 6 头,鱼贯入村,徘徊觅食,村民大惊,集猎户围击,虎入山逃逸,被噬母羊二只。

《宁海县志》记载(宁海县地方志编纂委员会,1993)有:

哺乳动物:古时,境内有猴,并有虎、豹为患。

华南虎:老虎。民国 3 年(1948)曾于西乡猎毙 1 只。1953 年双峰乡上辽岗出现虎患。近年在宁海、象山界山一带发现虎迹。国家一级保护动物。

4.2.2　安徽

仅见 1 条关于今安徽省华南虎的新资料。

据曾在安徽一带抗战的老将军回忆,约 1940 年代初,侵华日军派出一个小队,在铜陵贵池(今贵池区与铜陵市)交界的地方设立了一个新的据点。一个冬季夜晚,站岗的哨兵尽管全副武装,但到半夜,还是被老虎拖走了(萨苏,2011)。反映这一带还有虎活动。

4.2.3　江西

增补 1 条关于今江西省华南虎的资料。

据报道,清代县志①记有猿、虎、麈,然而 20 世

① 似指:清同治九年(1870)《靖安县志》。

纪 80 年代以后无人看到过这些动物①，亦即反映当地的华南虎延续到 20 世纪后半叶。

4.3 中南

到 20 世纪，今澳门特别行政区已经没有虎分布。

4.3.1 湖北

获悉 1 条今湖北省华南虎的新资料。

1983 年，利川县百户湾林场捕获一头幼虎，后送到了重庆动物园②。

4.3.2 湖南

得到数条今湖南省的华南虎新资料。

《民国大腕》（刘继兴，2010）记述：

1918 年，冯玉祥驻军湖南常德时，郊外的德山有猛虎伤人。一次，赵登禹奉命送信，路遇猛虎，他竟像武松那样将猛虎打死。事后冯玉祥请城里的照相馆为赵登禹照了一张骑在虎背挥拳的照片。1937 年 7 月 28 日赵登禹在北平抗战牺牲后，7 月 31 日冯玉祥在南京找出这张照片，题写了“民国七年（1918 年）的打虎将军”，以为纪念。

按：据此说明，到 20 世纪初，今常德市一带仍有虎栖息。

常德市城南 60 km 处的花岩溪国家森林公园，据史料记载，1970～1980 年代有华南虎等珍稀动物出没③。

《郴县（今郴州市）志 · 野生动物》在多处指出，1988 年尚有国家一级保护动物华南虎等珍稀动物（郴县志编纂委员会，1995）。

《邵阳市志 · 野生动物》指出“全市”有一级保护动物 9 种，其中就有华南虎（邵阳市地方志编纂委员会，1997），亦即反映该市现所辖邵阳市、武冈市、邵东县、邵阳县、洞口县、新邵县、绥宁县、新宁县、隆回县、城步苗族自治县皆有分布。

4.3.3 广东

新获悉的关于今广东省华南虎的资料主要出自粤北地区。

1957 年，韶关（实际上是在今乐昌市④）曾出现一头先后吃掉 32 人的恶虎，遇害者中包括一个带枪的乡干部。这头老虎最终被老猎手邓仕房击毙，后发现其爪牙都已经松动，已无法捕捉野猪、麂子等兽类，估计是因为捕食艰难转向袭击容易捕食的人类（萨苏，2011）。

怀集县称，解放后，为保护生产和人畜安全大力捕杀猛兽。到 20 世纪 60 年代初，只有少量虎幸存。到了 60 年代末，即使在境内的深山老林也未发现这类野兽⑤。

位于乳源瑶族自治县西部的韶关天井山林场（现为广东省天井山林场），在 1970 年初，华南濒危动物研究所 2 位工作人员曾亲眼见到并与 3 只华南虎直面相对（何兵，2008）。

4.3.4 广西

新见今广西壮族自治区的华南虎资料仅 1 条。

据报道，凭祥市“由于森林受到破坏，老虎、麝香、聋狗等很多野生动物已经绝迹”⑥。尽管时间未明，但中华人民共和国成立以来最早较大规模的毁林是在 1950 年代末。

4.3.5 香港

补充记载今香港特别行政区华南虎的难得资料，进一步证实当地曾有分布。

《香港风物志 · 香港的老虎》（叶灵凤，1985）记述：

冬天，正是老虎在香港出现的季节。香港本地并不出产老虎，凡是在香港出现的老虎必是来自外地的。它们多数来自江西和福建。因为这两处是中国出产老虎最多的地方。它们攀山越岭而来，目的乃是冬季旅行，因此在香港不会停留很久，大都在新界的粉岭、上水以至沙田之间停留三五日，然后又飘然远引了。到香港新界来冬季旅行的老虎，多数是单身的，只有雌老虎有时带着一两只乳虎同来。老虎会游水，因此不仅冬天在新界会有老虎，就是在大屿山以及香港岛上，过去也曾屡次发生过出现虎踪的事，这显然

---

①中国靖安. http://www.jxjaxzf.gov.cn/Category_121/Index.aspx

②阳山老虎邓亲猎吃人猛虎　华南虎踪传闻不绝. http://news.163.com/07/1202/15/3UNFQU0P0001124J.html

③花岩溪国家森林公园. http://baike.baidu.com/view/2003063.htm

④阳山老虎邓亲猎吃人猛虎　华南虎踪传闻不绝. http://news.163.com/07/1202/15/3UNFQU0P0001124J.html

⑤怀集县. http://baike.baidu.com/view/1078645.htm

⑥凭祥. http://baike.baidu.com/view/76899.htm?from_id=7180741&type=syn&fromtitle=凭祥市&fr=aladdin

是从新界大陆作渡海泳而来的。香港岛上最近一次千真万确出现老虎的新闻，是一九四二年沦陷期间，地点是赤柱警署附近，后来给一个印度差人用枪打死了。当时香港的一位著名自然科学家香乐思教授正囚在赤柱集中营里，老虎也会在夜间闯入集中营的菜园，香乐思曾亲眼见过那脚印。这只老虎据说很瘦(在那黑暗的日子里，每个人都饿瘦了，老虎自然也不能例外)，因此有人认为是从豢养的兽笼中逃出来的，因为战争爆发时，正有一个马戏班子来到岛上。

大屿山的面积比香港大得多，可是人口少，山林又茂密，因此，在过去曾屡次发现虎踪。闹得最厉害的是一九一一年，差不多先后咬死了六十至七十头猪。有一时期，大屿山的乡民将所养的猪搬到附近的小岛上去养，老虎竟追踪而去，两夜之间咬死十六头猪。等到乡人组织了狩猎队去集团打虎时，这只老虎忽然又失踪了，显然是又游水回到新界去了。

粉岭沙田发现老虎的记载更多，本港的报纸上差不多每年冬天总有这样的新闻。有时是夸大其词或者虚报的，但有时也确有其事。一九一五年三月间，有一老虎在粉岭咬死了一名欧籍帮办和一名印度差人。后来这只老虎给警察围剿打死了，量起来身长八尺六寸，重达二百八十九磅。在博物院未曾拆卸时，这只虎头曾经陈列在那里。

关于新界老虎最有趣的记载，是在一九三四年年底，在荃湾一带屡传发现虎踪，有一天有一个客家妇人砍柴回来，在荃湾的路上果然遇见一只老虎，这畜生围了她打圈子，妇人吓得没有办法，便将手中的镰刀和挑柴的竹竿一阵乱舞，居然将老虎吓跑了。后来这妇人在警署被问话时，还吓得惊魂不定。可见不仅纸老虎不足怕，就是真老虎有时也怕人的。

徐延恭等(1997)介绍香港的14种食肉目动物称："其中5种(豺、豹、虎、狐、大灵猫)已绝迹"。

4.4　西南

到20世纪，本区各省级政区虽皆有虎，但仅见今贵州省数条新资料。

习水林区曾是华南虎的栖息地，到1950年代仍有华南虎出没伤人[①]。

据《台江县志》称，当地珍稀动物还有华南虎等多种珍稀物种(贵州省台江县志编纂委员会，1994)。

锦屏县报道，1960年代后，森林逐渐减少，动物活动范围缩小，加上遭到大量捕捉，哺乳动物逐渐减少。及至近年，虎、豹、豺、狼、野牛、野鹿等大型动物已基本绝迹[②]。由此证实当地曾有华南虎。

《龙里县志》(贵州省龙里县志编纂委员会，1995)。在"一级保护动物"中描述：

华南虎：食肉目猫科。栖息于山林、灌丛地带，体长1.5～3 m，尾长约1 m，体重150～200 kg。毛色浅黄、橙黄至棕黄，全身布满黑色横纹，胸、腹部及四肢内侧呈白色。近年已罕见。

按：据此反映，当地确有华南虎，但已极度濒危。

4.5　西北

到20世纪，西北地区的宁夏回族自治区已无虎存在。

4.5.1　甘肃

获悉今甘肃省1条较晚的华南虎记载。

耿飚将军记载1940年代在甘肃打虎情况(萨苏，2011)：

1940年冬……派129师385旅和120师359旅三个营到陇东庆阳县东北的大凤川、小凤川、东华池，在子午岭大山里……这个地方曾经是塞上谷仓，有清朝时稻田的痕迹……但是野兽特别多，尤其是猛兽，不但糟蹋庄稼，还咬伤人畜……我军组织士兵打猎，三个人一组，一个月下来，打到四只老虎，七八只豹子，上百条狼和狐狸，上千只野兔……那是第一次吃老虎肉，与牛肉差不多。我们还送了一只老虎给延安毛主席和朱总司令。

按：据此记述，到1940年代，庆阳县(今西峰区)一带还有颇多华北虎，一个月即打死4只。

4.5.2　青海

证实今青海省东南部有华南虎的资料比较

①习水中亚热带常绿阔叶林国家级自然保护区. http://baike.baidu.com/view/472694.htm?fromId=181358
②锦屏县. http://baike.baidu.com/view/189088.htm

罕见。

据1990年代末报道，虎（华南亚种）产于……青海的玉树、班玛（郑生武等，1994）。虽然对虎的亚种有不同意见，但还是可以证明青海到20世纪后半叶仍有虎栖息。

4.5.3 新疆

关于今新疆维吾尔自治区的虎资料十分罕见。

袁国映（2010）在《追记新疆虎》中记述：

> 据称，1948年在伊犁霍尔果斯（在霍城县境内）捕到一只幼虎，它背部的颜色显然比新疆虎的深，腹部则发白。
>
> 1951年，军垦战士在阿克苏（市）胡杨林区垦荒时，还见过一只虎。
>
> 1962年，新疆地质一大队在阿尔金山探矿工作时，在红柳沟（在若羌县）中，一名工程师和一名工人在勘查作业时，遇到过一只正在吃藏野驴的老虎，当老虎发现人时，便起身朝后面的悬崖跑了。这次遭遇被记录在新疆地质一大队的档案文件中。

按：上述不仅有天山南北较晚的虎记载，而且将“霍尔果斯捕到的一只幼虎”（阿尔泰虎）与“新疆虎”（塔里木虎）进行比较，证实了在天山南北存在2个虎亚种的判断。

5 现今虎的分布

各大区虽然还有残存的虎，但虎在不少省级政区已然消失了。

5.1 华北

尽管中华人民共和国建立以来规模最大的全国陆生野生动物资源调查与专项调查没有对河北、山西、内蒙古的虎进行调查（国家林业局，2008），但就目前掌握的资料看，本区仅山西省还有虎残存，也是岌岌可危。

据报道，处于宁武县、岢岚县、五寨县一带的芦芽山国家级自然保护区还有虎残存[①]。

《垣曲县志》称当地“国家一级保护动物有：虎”等数种（垣曲县地方志编纂委员会，2001）。

5.2 东北

本区辽宁省的虎已经绝迹，而吉林与黑龙江2省则是东北虎的残存地。

5.2.1 吉林

吉林省是我国现残存东北虎的省级政区之一。

据中华人民共和国建立以来规模最大的全国陆生野生动物资源调查与专项调查，在吉林省“东部林区的珲春、汪清、敦化、延吉、安图、交河（应是“蛟河市”）”见到虎（国家林业局，2008）。

据报道，抚松县境内现仍有野生动物3 010种，其中大型兽类有东北虎等多种珍稀野生动物[②]。

雁鸣湖国家级自然保护区位于敦化市境内，该区属低山丘陵区，总体地势北高南低，张广才岭余脉马鹿岭、小岭等由北向南延伸到牡丹江沿岸，其间分布有溪流、谷地及草甸，构成本区复杂多样的地貌类型。保护区内有高等植物63目143科512属1 460种，野生脊椎动物34目90科212属368种（兽类45种）。这些都为东北虎栖息和迁移提供了较为理想的生境条件，是东北虎克服牡丹江水域生态屏障来往于张广才岭和哈尔巴岭的最佳地段，对联系吉林省东北虎三个岛屿状分布区，保证隔离种群的基因交流、维持与稳定，扩大东北虎种群起到十分关键的作用。2001年至今，在保护区北部曾2次发现东北虎的踪迹，重视该区保护措施，对于东北虎野生种群的恢复具有重大意义[③]。

珲春东北虎国家级自然保护区位于珲春市，其东与俄罗斯的波罗斯维克、巴斯维亚两个虎豹保护区等接壤，西与朝鲜的卵岛和藩蒲湿地保护区相邻；保护区有东北虎等34目77科183属316种野生动物[④]。2012年3月26日～4月3日期间，保护区用远红外线照相机分别拍摄到当地的东北虎、豹及梅花鹿的珍贵照片[⑤]。2014年11月25日，远红外摄像机再次拍摄到东北虎

①芦芽山自然保护区. http://www.sxcnt.com/lygg/lyszrbhq.htm

②抚松县. http://baike.baidu.com/view/287446.htm

③雁鸣湖国家级自然保护区. http://baike.baidu.com/view/4064671.htm

④珲春东北虎国家级自然保护区. http://baike.baidu.com/view/1520569.htm

⑤张中志. 珲春拍到野生东北虎和东北豹. http://roll.sohu.com/20120405/n339841045.shtml

（图 17.17），这是已公布的所有拍摄到的野生东北虎视频画面中，最正面、最清晰、最精彩的一段[①]。

图 17.17　远红外摄像机中的正面东北虎

据报道，2014 年 12 月初，舒兰市一村民家中怀孕的母牛日前被大型动物猎食。根据现场遗留下的痕迹、尿液及捕食的方法分析，袭击母牛的系一只不到 3 岁的公虎，是从长白山余脉张广才岭一带游荡过来的[②]。

5.2.2　黑龙江

黑龙江省是国内现存东北亚虎分布最多的省级政区，多有其活动的报道。

据中华人民共和国建立以来规模最大的全国陆生野生动物资源调查与专项调查，在黑龙江省见到的虎在“完达山东部东方红—迎春林区、老爷岭南部绥阳—穆棱林区、张广才岭南部东京城—大海林林区；此外，在张广才岭北部的方正—柴河林区和完达山西部的桦南林区可能有 2 个潜在分布区”（国家林业局，2008）。

据报道，哈尔滨市现今依然有东北虎等多种珍稀野生动物分布[③]。

小兴安岭原始森林公园、鹤岗市及苏北（应是“萝北”）县西部均为小兴安岭林区，是三块面积较大的原始森林保护区。在那里，东北虎等珍奇动物时常可见[④]。

据报道，林口县仍有虎等 29 种经济兽类栖息[⑤]。

据报道，绥芬河市的野生动物资源主要有虎、熊、野猪、马鹿、狼、狐、貉、獾、狍、獐（麝）、黄鼬、水獭等兽类[⑥]。

东方红林业局（处于虎林市、饶河县、宝清县）位于完达山脉主峰神顶峰及其周围的森林地带，是我国仅存的野生东北虎栖息地之一。2000 年 12 月 8 日，一林场工人在奇源林场（在饶河县）收割刺五加时，和一只野生东北虎相遇，他的右胳膊被咬伤。2010 年 2 月第一次发现野生东北虎幼虎被夹在柴火垛里，小家伙“虎头虎脑”，大眼睛，非常可爱。但受了伤，一条腿还有些瘸，体重约有正常幼虎的一半[⑦]。2011 年末到 2012 年初，东方红林业局追踪了 7 条东北虎的足迹链，经技术分析，这 7 条足迹链来自 4 只东北虎，两公两母，它们栖息在东方红林业局施业区内[⑧]。

2004 年 12 月 26 日，鸡东县的凤凰山国家级自然保护区惊现 2～3 只家族式野生东北虎捕食野猪的痕迹（李世民等，2005）。

2009 年 4 月，黑龙江省八五二农场护林员在驾车回家途中，看见一只动物（长约 2 m，身子很粗，尾巴挺长，高有 1.2 m 左右）从北边树林里出来，不紧不慢地走进南面的玉米地二十几米后，大概是因为看到车辆，马上调转头往回跑，返回北边的树林里。野生动物专家通过对爪印进行鉴定，确认为一只雄性成年东北虎[⑨]。2014 年 8 月，双鸭山林业局上游经营所（位于宝清县）用远红外感应照相机拍摄到多次啃食黄牛的野生

①于宁. 吉林珲春首次拍到野生东北虎正面视频(图). http://www.chinadaily.com.cn/hqpl/zggc/2014-12-07/content_12850602.html

②苍雁. 吉林舒兰现野生东北虎踪迹一头怀孕母牛被捕食. http://news.sina.com.cn/c/2014-12-08/220931261110.shtml? source=1? source=1

③中国哈尔滨. http://www.harbin.gov.cn/zjhrb/sqgl/csgk/zrdl.htm

④鹤岗市. http://baike.baidu.com/view/52724.htm? fromId=139617

⑤林口县. http://baike.baidu.com/view/289846.htm

⑥绥芬河. http://baike.baidu.com/view/38570.htm? fromId=32188

⑦据多方查证，该幼虎是在虎林市境内海音山林场发现。该虎最后没有成活，后被制成标本，在黑龙江省博物馆展出。

⑧史东旭. 东方红林业局国内首现野生东北虎幼虎. http://hlj.china.com/news/info/11156116/20141127/19016932.html

⑨东北虎惊现黑龙江农场已拍下老虎背影并找到体毛. http://news.cnwest.com/content/2009-05/05/content_2027590.htm

东北虎(图 17.18)[①]。进一步证实宝清县确仍有东北虎分布。

图 17.18　双鸭山林业局上游经营所拍摄的东北虎

黑龙江省森林工业总局宣布，其下属的绥阳林业局(在东宁县境内)2009 年 12 月 15 日在整理今年的野外拍摄数据时，意外发现了一段野生东北虎的高清影像画面，记录了一只雄性野生东北虎在林中散步的场景(图 17.19)[②]。证实当地仍有东北虎栖息。2014 年 5 月 26 日，绥阳林业局又发布消息，该局管辖的林区内再次发现野生东北虎踪迹。经鉴定，足迹为野生雄性成年东北虎，身体状况良好[③]。

2010 年 10 月 17 日，在密山市富源乡民富村青年水库发现一只老虎，引来附近村民围观。随着人员越聚越多，老虎又重新回到水中，向对岸游去。到 27 日，则发现一只老虎尸体，颈脖虽有钢丝套，但已锈迹斑斑，且只是在颈部环绕一周，并没有勒到颈部要害部位。分析应该是在死亡之前一段时间就套在颈部的，估计是老虎在捕猎野猪、狍子等猎物时不慎被捕猎套套住后挣脱遗留在颈部，从而影响到捕猎和进食而致死。老虎体长 2.5 m 左右，尾长约 1 m，体重约 200 kg。专家判断，死虎即之前人们发现游水的那只[④]。由此证实当地仍有虎栖息。

图 17.19　野生东北虎在林中漫步(视频截图)的瞬间差异

2013 年 3 月，一只脖戴 GPS 定位项圈的(俄罗斯)雄性成年野生东北虎经乌苏里江冰面由饶河县进入中国境内。这是近两年来饶河县第三次发现野生东北虎的踪迹(2011 年，东方红林业局在饶河县奇峰林场曾拍摄到野生东北虎影像，随后不久又发现了野生东北虎足迹和栖息地)[⑤]。

黑龙江省森林工业总局野生动物保护处披露，随"天然林资源保护工程"实施和"停止商业性采伐"禁令生效，黑龙江省林区的野生动物种群数量有了很大的回升，野猪、狍子、鹿等野生东北虎的"猎物"种群数量恢复很快，野生东北虎的分布范围也逐步扩大，目前黑龙江省的东方红、迎春、绥阳、穆棱、桦南等林业局均发现过野生东

①邓蕾. 双鸭山林业局再现野生东北虎三食黄牛被"逮"真身. http://cnews.chinadaily.com.cn/2014-08/18/content_18439431.htm

②野生东北虎现身黑龙江省. http://jnrb.e23.cn/shtml/jinrb/20131219/1230068.shtml；我省绥阳林业局首次捕捉到野生东北虎高清晰影像. http://heilongjiang.dbw.cn/system/2013/12/19/055343947.shtml

③黑龙江再现野生东北虎踪迹种群数量回升. http://www.baike.com/wiki/东北虎

④周毓亮，李博. 黑龙江密山野生东北虎死因经初步判定与颈部钢丝套有关. http://heilongjiang.dbw.cn/system/2011/10/29/053479947.shtml；黑龙江密山市发现一具野生成年东北虎尸体. http://news.qq.com/a/20111027/001180.htm

⑤邹大鹏. 黑龙江饶河县发现野生东北虎足迹. http://politics.people.com.cn/n/2013/0316/c70731-20812856.html

北虎实体和踪迹[1]。这些林业局的行政区分别涉及虎林市、饶河县、宝清县、东宁县、穆棱市、七台河市、双鸭山市、密山市、桦南县、勃力县、集贤县,虽个别政区有重叠,但绝大部分有其他佐证表明依然有东北虎分布。

2014年10月,方正县宝兴林场(位于长白山山脉张广才岭北麓的浅山区)发现东北虎吼叫及其足迹[2]。这是继1990年当地最后发现有虎遗迹报道(张冠相等,1990)以来的首次发现。

萝北县太平沟国家级自然保护区2014年11月9日拍到的东北虎视频和图片资料,经国家林业局猫科动物研究中心专家鉴定后确认是由俄罗斯入境的东北虎"库贾"(图17.20)。东北虎"库贾"游过黑龙江,从伊春市嘉荫县河口段进入我国境内[3]。

图17.20　远红外线照相机拍摄到的"库贾"

据报道,2014年11月中旬越过中俄边界线、来自俄罗斯犹太自治州的放生野生东北虎"乌斯京"的行动轨迹目前已迫近中国黑瞎子岛附近的抚远县居民生活区[4]。

5.3　华东

现今,本区仅浙江、安徽、福建、江西4省级政区还有华南虎栖息。

5.3.1　浙江

浙江省仍有华南虎存在。

平湖市的九龙山仍然有华南虎栖息(钟祥浩主编,2000)。据了解,九龙山是天目山余脉,有20余座山岭;植被良好,森林以黑松林和马尾松林为主,点缀着枫香、香樟、檫树等多种乔木,森林动植物资源丰富。

据中华人民共和国建立以来规模最大的全国陆生野生动物资源调查与专项调查,在浙江省"庆元—百山祖国家级自然保护区"见到虎(国家林业局,2008)。

据报道,磐安县境内现今依然有虎、豹等珍稀保护动物[5]。

5.3.2　安徽

安徽省残存有华南虎。

尽管中华人民共和国建立以来规模最大的全国陆生野生动物资源调查与专项调查没有对安徽省的虎进行调查(国家林业局,2008),但就目前掌握的资料看,板仓自然保护区(位于潜山县)原始次生林面积大,林相完好,还有残存的华南虎。

5.3.3　福建

福建省是现存华南虎较多的省级政区。

据报道,厦门市同安区还有"虎"等珍兽存在(同安县地方志编纂委员会,2000)。

据中华人民共和国建立以来规模最大的全国陆生野生动物资源调查与专项调查,在福建省"连城、上杭、新罗、永安、宁化、尤溪、德化、永春、大田、南靖"等地还见到虎活动(国家林业局,2008)。

据报道,浦城县现今依然有虎等珍稀动物存在[6]。

5.3.4　江西

江西省的周边地区还有华南虎。

据中华人民共和国建立以来规模最大的全国陆生野生动物资源调查与专项调查,在江西省见到虎的有:"宜黄、乐安、南丰、崇仁、南城、广昌、宁都、上栗、莲花、铜鼓、宁冈(并入井冈山

①黑龙江再现野生东北虎踪迹种群数量回升. http://www.baike.com/wiki/东北虎

②赵岩峰,刘柏森. 方正县境内发现东北虎足迹. http://cpc.people.com.cn/n/2014/1023/c87228-25893864.html

③牟景君,贾红路. 经国家林业局专家鉴定太平沟现身的正是"普京虎"库贾. http://www.hinews.cn/news/system/2014/11/15/017116039.shtml

④倪子垚. 普京所放生东北虎迫近黑龙江抚远县居民生活区. http://news.qq.com/a/20141127/035101.htm

⑤磐安县. http://baike.baidu.com/view/453254.htm

⑥浦城县. http://baike.baidu.com/view/190726.htm

市）、井冈山、永新、铅山、贵溪、资溪、瑞金、石城、婺源、德兴、全南、定南、寻乌、大余、修水、武宁、靖安、永修”等地（国家林业局，2008）。

据报道，芦溪县现今仍有华南虎、短尾猴、水鹿、黄腹角雉、白鹇、娃娃鱼等60余种珍稀动物，其中兽类20余种、鸟类30余种[①]。

安远县境内野生动物繁多，列入国家保护的野生动物有18种，其中就有华南虎，说明其依然存在[②]。

据报道，袁州区现今还有虎等珍贵野兽分布[③]。

5.4 中南

本区仅湖北、湖南、广东、广西4省级政区还有华南虎残存。

21世纪初，调查河南省野生动物，“未发现，故本种未列入《河南省兽类名录》”（甘雨等，2004），说明是较接近灭绝的。

5.4.1 湖北

湖北省少数地方仍有华南虎栖息。

《黄石市志》确认：“有些古代动物不复存在”，但又在“走兽类”指出有：“虎”等物种（黄石市志编纂委员会，2001），说明仍有残存，却已濒危。

据中华人民共和国建立以来规模最大的全国陆生野生动物资源调查与专项调查，在湖北省“五峰、利川、神农架”等地见到虎（国家林业局，2008）。

据报道，松滋市洈水国家森林公园中华南虎等珍稀动物时有发现[④]。

《中国长江三峡动物大全》称“陆生野生动物资源调查和研究，基本摸清了三峡地区现有陆生野生脊椎动物资源的本底情况”，仍有“华南虎（别名：老虎）”，但其所称“三峡地区是指东起宜昌，西至重庆，北抵大巴山，南接云贵高原，跨越鄂、渝中低山峡谷和川东平行岭谷低山丘陵”（刘先新，2010），难以在地图上标点，暂以“三峡”湖北段的巴东县、秭归县、宜昌市代之，反映仍有华南虎栖息。

据报道，当阳县于1989年1月1日升级为市，当地野生动物类仍有虎与大鲵（娃娃鱼）、水獭、鹿、獐（应为“麝”）、麂、野猪、松鼠、蜈蚣等[⑤]。

5.4.2 湖南

湖南省周边还有华南虎存在，与毗邻的省级政区分布形成分布小区。

据中华人民共和国建立以来规模最大的全国陆生野生动物资源调查与专项调查，在湖南省见到虎活动的有：“石门、慈利、安化、桃源、沅陵、宜章、桂东、江永、道县、江华、炎陵”等地（国家林业局，2008）。

2002年，汝城县在与广东交界的杨东山上发现了华南虎的踪迹[⑥]。

据报道，凤凰县现存野生动物中还有虎等珍稀物种[⑦]。

龙山县称当地现有野禽野兽及各种野生动物100多种，其中虎骨、麝香等颇为珍贵[⑧]，亦即还有华南虎存在。

位于桃源县（漳江镇）南部山区的乌云界国家级自然保护区（原黑山自然保护区）1999年以来，发现华南虎踪迹（邓学建等，2001）。直至2014年8月，在该保护区网站上还刊有《乌云界保护区又现疑似虎脚印》的报道[⑨]，表明仍有华南虎。

5.4.3 广东

广东省现存华南虎主要在粤北一带。

《南澳县志》仍有“虎”等珍稀动物记载（南澳县地方志编纂委员会，2000）。

据中华人民共和国建立以来规模最大的全国陆生野生动物资源调查与专项调查，在广东省见到虎活动的有：“连州、阳山、乳源、乐昌、始兴、翁源、连平、仁化、南雄、乐昌”等地（国家林业局，

---

①芦溪县. http://baike.baidu.com/view/159248.htm
②安远县. http://baike.baidu.com/view/173679.htm
③袁州区. http://baike.baidu.com/view/161268.htm
④松滋市. http://baike.baidu.com/view/26167.htm? fromId=323515
⑤当阳县. http://baike.baidu.com/view/1576772.htm
⑥汝城县. http://baike.baidu.com/view/748363.htm
⑦凤凰县. http://baike.baidu.com/view/86087.htm
⑧龙山县. http://baike.baidu.com/view/589352.htm
⑨刘国华. 乌云界保护区又现疑似虎脚印. http://www.cnwyj.com/news/2014-08-26/487.html

2008)。

5.4.4　广西

广西壮族自治区现存华南虎在桂东北与桂西少数地方。

《兴安县志》称"虎、豹、麝、鸳鸯等今已少见"(兴安县地方志编纂委员会,2002),表明已经濒危。

尽管中华人民共和国建立以来规模最大的全国陆生野生动物资源调查与专项调查没有对广西壮族自治区的虎进行调查(国家林业局,2008),但其他资料证明广西仍有残存的虎。

据报道,田林县有野生动物108种,属于国家保护动物的有华南虎等20多种①。

巴马瑶族自治县政府称,当地现存野生动物中,哺乳类还有老虎等珍稀物种②。

兴安县地形东南和西北高、中间低、西北部为越城岭山脉,东南纵贯都庞山脉,两大山脉中间的狭长地带为"湘桂走廊",其间分布着丘陵及河谷、平原。该县政府2012年发布信息称:"解放后,由于乱猎滥捕,野生动物数量逐年减少,特别是虎、豹、麝、鸳鸯等今已少见",但其县"常见"的127种动物名录中仍有"虎"③,说明还有华南虎。

5.5　西南

本区是唯一各省级政区皆现存有虎的地区。

5.5.1　重庆

重庆市现存华南虎在渝东北,与鄂西的华南虎成为一分布小区。

中华人民共和国建立以来规模最大的全国陆生野生动物资源调查与专项调查虽未提及对重庆市的虎情况调查(国家林业局,2008),但仍残存有虎。

《中国长江三峡动物大全》称仍有"华南虎(别名:老虎)"(刘先新,2010),为便于在地图上标点,暂以"三峡"重庆段的奉节县、巫山县代之,反映仍有华南虎栖息。

5.5.2　四川

四川省主要在东南部还有华南虎残存。

中华人民共和国建立以来规模最大的全国陆生野生动物资源调查与专项调查虽也未提及对四川省的虎情况调查(国家林业局,2008),但还是有虎存在。

虽然《乐山市志》列举的野兽中仍有"虎"(乐山市地方志编纂委员会,2000),但该市属地范围较广,综合其周边及生态环境考虑,可能只是在市属的峨眉山市、夹江县、峨边彝族自治县、马边彝族自治县、洪雅县、丹棱县、青神县等地有分布,且已处于极度濒危状态。同期的《丹棱县志》也有"虎"等物种记载(四川省丹棱县志编纂委员会,2000)。

据报道,泸州市依然有华南虎与中华鲟、白鲟、黑颈鹳(疑似"黑颈鹤"之误)、林麝、猕猴等18种珍稀动物④。因其是地级市,似包括泸州市与合江县。

越西县称,当地仍有虎与熊猫(大熊猫与小熊猫)、豹、猕猴、獐子(麝)、黑熊等珍贵动物⑤。

5.5.3　贵州

贵州省的华南虎残存于边缘地带。

《务川仡佬族苗族自治县志》记载的当地野兽中依然有"华南虎(老虎)"等,并指出其为"国家一级保护动物"(贵州省务川仡佬族苗族自治县志编纂委员会,2001),然而已经濒危。

《赫章县志》依然有:"虎(华南虎)"等兽记载(贵州省赫章县地方志编纂委员会,2001)

据中华人民共和国建立以来规模最大的全国陆生野生动物资源调查与专项调查,在贵州省:"梵净山国家级自然保护区、习水、赤水、金沙"等地还见到虎活动(国家林业局,2008)。

5.5.4　云南

云南省现有华南虎、印度虎与印支虎,尤其是后两者更为珍稀。

根据方志记载,二十世纪初,龙陵县(龙陵县委党史地方志工作办公室,2000)、昭阳区(昭通市志编纂委员会,2000)、漾濞彝族自治县(漾濞彝族自治县地方志编纂委员会,2000)、麻栗坡县(云南省麻栗坡县地方志编纂委员会,2000)、广

①田林概要. http://map.mapbar.com/a_baise_tianlin_map/;田林县. http://baike.baidu.com/view/395066.htm

②巴马网. http://www.bama.gov.cn/zjbm/item.php? Cateid=001005&lx=zw&dh=

③兴安县人民政府. http://www.xazf.gov.cn/html/2012/zrdl_0426/52.html

④泸州. http://baike.baidu.com/view/24528.htm? fromId=162261

⑤越西县. http://baike.baidu.com/view/377721.htm

南县（云南省广南县地方志编纂委员会，2001）等皆有“虎”记载，反映当地还有残存。

据中华人民共和国建立以来规模最大的全国陆生野生动物资源调查与专项调查，在云南省仍见到虎活动的有：“勐腊、景洪、勐海、江城、沧源、腾冲、盈江、泸水、福贡、贡山”等地（国家林业局，2008）。

梁宗利等（2011）对金平苗族瑶族傣族自治县近10年间的野生动物调查资料进行归纳整理，结合各乡镇林业站的访问记录，认为当地仍有1～2只印支虎栖息。

5.5.5 西藏

反映现今西藏自治区虎现状的资料虽不多见，但还是有虎残存。

据中华人民共和国建立以来规模最大的全国陆生野生动物资源调查与专项调查，在西藏自治区“雅鲁藏布江大峡谷”等地还见到虎活动（国家林业局，2008）。

5.6 西北

有证据表明，本区现仍有虎分布的仅陕西与青海2省。

中华人民共和国建立以来规模最大的全国陆生野生动物资源调查与专项调查没有对甘肃省的虎进行调查（国家林业局，2008）。笔者也未见现今虎存在的报道。

人们对20世纪末新疆维吾尔自治区是否仍有虎存在有争议，中华人民共和国建立以来规模最大的全国陆生野生动物资源调查与专项调查也未对新疆的虎进行调查（国家林业局，2008）。

5.6.1 陕西

陕西省现存虎仅在陕南少数地方，与鄂西、渝北形成华南虎残存小区。

中华人民共和国建立以来规模最大的全国陆生野生动物资源调查与专项调查未对陕西省的虎进行调查（国家林业局，2008），但其他资料证明陕西仍有残存的虎。

佛坪县政府2013年11月发布信息称，经调查、普查证实县境内有兽类103种，其中有国家一级保护动物虎等[①]。

2004年6月中旬，位于镇坪县与平利县的化龙山千家坪森林公园的一匹近150 kg的马被不明动物吃掉，仅剩两个马蹄和马尾巴，怀疑是华南虎所为；之前的1994年、1996年、1997年和1998年，分别有人见到过老虎脚印并多次听见过华南虎的叫声，这些都发生在化龙山的正河垭和光顶山。2006年3月，陕西省林业厅正式成立陕西华南虎调查组，于2006年6月、9月和2007年1月，分别组织专业调查队3次深入镇坪，与当地林业部门一起，在化龙山寻找野外华南虎的蛛丝马迹，获取了大量物证和目击证据，形成了数十万字和大量图片资料的《陕西华南虎调查报告》[②]。

5.6.2 青海

青海省现有虎残存地1处。

中华人民共和国建立以来规模最大的全国陆生野生动物资源调查与专项调查虽未对青海省的虎进行调查（国家林业局，2008），但青海仍有虎栖息。

据报道，位于循化撒拉族自治县境内的孟达国家级自然保护区地处巴颜喀拉山支脉西倾山的当蕊—五台山区，是黄土高原向青藏高原的过渡地带。据科学考察，孟达林区还有虎与熊、麋鹿、林麝、狍子、岩羊等珍稀动物[③]，该地的虎当是华北虎，尤其珍贵。

6 现栖息有虎的自然保护区

现存比较确定的虎主要处于自然保护区内，这也是它们最后的保障地。据调查统计，现栖息有虎的自然保护区（图17.21、表17.2）有90个，总面积达4.63万 km^2。

从图上看：

- 东北片的保护区主要集中在吉林省和黑龙江省东部一带。
- 华东片的保护区，浙南、闽县、赣东与粤东北有一小片。

①中国·佛坪. http://www.foping.gov.cn/gov/Html/zjfp/20131123182652.html

②化龙山国家级自然保护区. http://baike.baidu.com/view/3157775.htm

③循化孟达国家级自然保护区. http://www.zwbk.org/MyLemmaShow.aspx? lid=124919

● 华东与中南片的保护区,在赣西南、湘南、粤北与桂东北形成一小片。

● 西南片的保护区,从藏东南延续到滇西并到达滇西南,也形成一小片。

● 此外,在鄂西北与陕东南,湘西北与鄂南,渝东南、晋西北等地皆有更小的保护区片。

● 在青东,陕南,川东北与东南,粤东南等地则有零散的保护区。

据表统计看:

● 4 级保护区的比例依次为:国家级(58%),省级(36%),县级(6%),市级(1%)。

● 保护区的数量按各地区多寡排列依次为:西南(27 个),中南(23 个),东北(19 个),华东(17 个),西北(3 个),华北(1 个)。

● 保护区数量超过 5 个的省级政区按多寡排列依次为:云南(17 个),黑龙江(13 个),湖南(11 个),福建(9 个),广东(7 个),吉林与江西(皆 6 个)。

● 保护区面积达到或超过 1 900 km^2 的有:吉林省的长白山自然保护区、黑龙江省的三江自然保护区与海林莲花湖自然保护区、云南省的西双版纳自然保护区与高黎贡山自然保护区。高黎贡山自然保护区最大,面积达到 4 052 km^2,甚至是大多数省级政区总和的数倍。

● 省级政区拥有保护区面积最大的是云南省(1.4 万 km^2;约占有虎保护区总面积的 29%),其余较多的依次为:黑龙江省(0.73 万 km^2),吉林省(0.54 万 km^2),湖南省(0.19 万 km^2),福建省(0.14 万 km^2)。

● 有趣的是,湖南省 1982 年 1 月 1 日~7 月 1 日有 7 个保护区获得批准;云南省 1986 年 3 月 20 日有 4 个保护区获得批准。

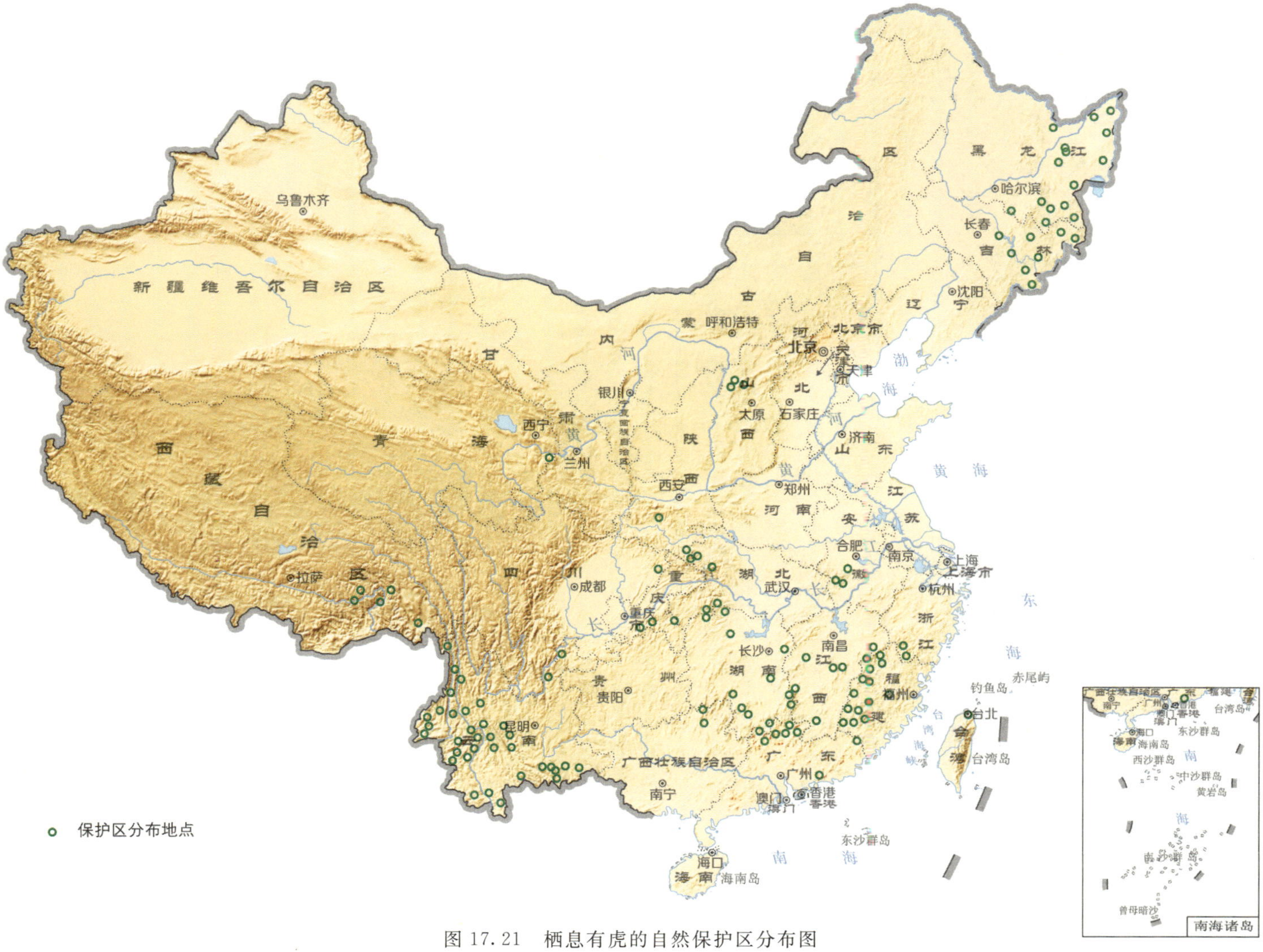

图 17.21 栖息有虎的自然保护区分布图

表 17.2　　栖息有虎的自然保护区概况

地区	省级政区	保护区名称	所处地点	面积(hm²)	级别	建立时间	主管部门	备注
华北	山西	芦芽山	宁武县、岢岚县、五寨县	21 453	国家级	19801218	林业	
东北	吉林	吉林长白山	安图县、抚松县、长白朝鲜族自治县	196 465	国家级	19600401	林业	
		松花江三湖	吉林市、桦甸市	115 253	国家级	19900213	林业	
		雁鸣湖	敦化市	53 940	国家级	19911120	林业	
		黄泥河	敦化市	23 476	国家级	20000401	林业	
		珲春东北虎	珲春市	108 700	国家级	20011022	林业	
		汪清	汪清县	42 756	省级	20021201	林业	
	黑龙江	牡丹峰	牡丹江市	19 648	国家级	19810505	林业	
		黑龙江凤凰山	鸡东县	26 570	国家级	19890403	林业	
		七星砬子东北虎	桦南县、集贤县、双鸭山市	23 000	省级	19900101	林业	
		三江	抚远县、同江市	198 089	国家级	19940919	林业	
		六峰湖	穆棱市	6 591	省级	19961113	环保	
		海林莲花湖	海林市	190 000	省级	19971226	其他	
		大佳河	饶河县	72 604	省级	20040901	林业	
		东方红湿地	虎林市	31 516	国家级	20050419	林业	
		小北湖	宁安市	20 834	省级	20061226	林业	
		东宁鸟青山	东宁县	18 002	省级	20070112	林业	
		太平沟	萝北县	22 199	国家级	20091200	林业	《名录》未列；2014年晋升国家级
		五常大峡谷	五常市	24 998	国家级	20101229	林业	2014 年晋升国家级
		老爷岭东北虎	牡丹江市	71 278	国家级	20111223	林业	2014 年晋升国家级
华东	浙江	凤阳山—百山祖	庆元县、龙泉市	26 052	国家级	19750101	林业	
	安徽	板仓	潜山县、岳西县、舒城县	1 523	省级	19951202	林业	
	福建	福建武夷山	武夷山市、建阳市、光泽县、邵武市	56 527	国家级	19790703	林业	
		龙栖山	将乐县	15 693	国家级	19840911	林业	
		梅花山	上杭县、连城县、新罗区	22 168	国家级	19850402	林业	
		天宝岩	永安市	11 015	国家级	19881226	林业	
		梁野山	武平县	14 365	国家级	19950101	林业	
		峨眉峰	泰宁县	5 418	省级	19951101	林业	

（续表）

地区	省级政区	保护区名称	所处地点	面积（hm^2）	级别	建立时间	主管部门	备　注
		九阜山	尤溪县	2 308	省级	19960101	林业	
		牙梳山	宁化县	5 250	省级	19960501	林业	
		圭龙山	长汀县	5 768	省级	20010609	林业	
	江西	井冈山	井冈山市	21 499	国家级	19810301	林业	
		江西武夷山	铅山县	16 007	国家级	19810306	林业	
		信丰金盆山	信丰县	1 133	县级	19820331	林业	
		宜黄华南虎	宜黄县	58 300	省级	19920101	林业	
		老虎脑	乐安县	22 000	省级	20000830	林业	
		大岗山	分宜县	1 200	县级	20050520	林业	
	湖北	木林子	鹤峰县	838	省级	19830101	林业	
		五峰后河	五峰土家族自治县	10 340	国家级	19850101	林业	
		神农架	神农架林区	70 467	国家级	19860709	林业	
		十八里长峡	竹溪县	30 459	省级	19881001	林业	
	湖南	炎陵桃源洞	炎陵县	23 786	国家级	19820101	林业	
		莽山	宜章县	19 833	国家级	19820101	林业	
		浏阳大围山	浏阳市	5 220	省级	19820401	林业	
		壶瓶山	石门县	40 847	国家级	19820405	林业	
		八面山	桂东县	10 974	国家级	19820409	林业	
		九嶷山	宁远县	3 648	省级	19820427	林业	
		东安舜皇山	东安县	14 311	省级	19820701	林业	
		阳明山	双牌县	12 795	国家级	19840101	林业	
		八大公山	桑植县	20 000	国家级	19860709	林业	
		乌云界	桃源县	33 818	国家级	19980501	环保	
		衡东四方山	衡东县	380	省级	19980101	林业	
	广东	南岭	乳源瑶族自治县、阳山县、连州市	50 000	国家级	19840401	林业	
		丰溪	大埔县	10 590	省级	19840404	林业	
		古田	惠东县	2 189	省级	19840404	林业	
		车八岭	始兴县	7 545	国家级	19880509	林业	
		粤北华南虎	韶关市	16 361	省级	19900101	林业	
		乳源大峡谷	乳源瑶族自治县	3 468	省级	19981101	林业	
		仁化高坪	仁化县	3 585	省级	19990301	林业	
	广西	花坪	龙胜各族自治县、临桂县	17 400	国家级	19611018	林业	

（续表）

地区	省级政区	保护区名称	所处地点	面积（hm^2）	级别	建立时间	主管部门	备注
西南	重庆	金佛山	南川区	41 850	国家级	19790701	林业	
		武隆白马山	武隆县	7 200	省级	19981001	林业	
		黔江小南海湿地	黔江区	8 902	县级	20110101	林业	
	四川	百里峡	宣汉县	26 260	省级	19990101	环保	
	贵州	雷公山	雷山县、台江县、剑河县、榕江县	47 300	国家级	19820601	林业	
		螺蛳壳	都匀市	4 500	县级	19820801	林业	
		茂兰	荔波县	20 000	国家级	19860409	林业	
		梵净山	江口县、印江土家族苗族自治县、松桃苗族自治县	41 900	国家级	19860709	林业	
	云南	西双版纳	景洪市、勐海县、勐腊县	241 776	国家级	19581009	林业	
		南滚河	沧源佤族自治县、耿马傣族佤族自治县	50 887	国家级	19800306	林业	
		文山	文山县、西畴县	26 867	国家级	19800605	林业	
		金光寺	永平县	9 584	省级	19820331	林业	
		高黎贡山	隆阳区、腾冲县、泸水县、福贡县、贡山独龙族怒族自治县	405 200	国家级	19830101	林业	《名录》则是：保山、腾冲、泸水、福贡、景东、镇西、楚雄、双柏、南华等市县，似有误。
		黄连山	绿春县	65 058	国家级	19830427	林业	
		药山	巧家县	20 141	国家级	19840405	林业	
		云南大围山	屏边苗族自治县、河口瑶族自治县、个旧市、蒙自县	43 993	国家级	19860320	林业	
		永德大雪山	永德县	17 541	国家级	19860320	林业	
		无量山	景东彝族自治县、南涧彝族自治县、大理市	30 938	国家级	19860320	林业	
		铜壁关	盈江县、陇川县、瑞丽市	100 744	省级	19860320	林业	
		哀牢山	新平彝族傣族自治县、楚雄市、双柏县、景东彝族自治县、镇沅彝族哈尼族拉祜族自治县	67 700	国家级	19880509	林业	
		青华绿孔雀	巍山彝族回族自治县	1 000	省级	19880905	环保	
		新平哀牢山	新平彝族傣族自治县	9 978	县级	19920801	林业	
		云岭	兰坪白族普米族自治县	75 894	省级	19980101	林业	

(续表)

地区	省级政区	保护区名称	所处地点	面积(hm²)	级别	建立时间	主管部门	备注
		临沧澜沧江	临翔区、凤庆县、云县、双江拉祜族佤族布朗族傣族自治县、耿马傣族佤族自治县	182 168	省级	19990612	林业	
		小岩方	永善县	9 698	市级	20030501	林业	
	西藏	雅鲁藏布大峡谷	林芝县、米林县、墨脱县、波密县	916 800	国家级	19850709	林业	
		察隅慈巴沟	察隅县	101 400	国家级	19850923	林业	
西北	陕西	佛坪	佛坪县	29 240	国家级	19781215	林业	
		化龙山	镇坪县、平利县	28 103	国家级	20010801	林业	
	青海	循化孟达	循化撒拉族自治县	17 290	国家级	19800403	林业	

注:①本表参考多方面信息综合而成,个别误差进行更正。

②本表主要据:全国自然保护区名录. http://sts. mep. gov. cn/zrbhq/zrbhq/201208/t20120824_235172. htm;简称《手册》。

③另参考:芦芽山自然保护区. http://www. sxcnt. com/lygg/lyszrbhq. htm;吉林松花江三湖自然保护区介绍. http://wenku. baidu. com/view/f5118b757fd5360cba1adbb0. html;雁鸣湖国家级自然保护区. http://baike. baidu. com/view/4064671. htm;吉林黄泥河国家级自然保护区. http://124. 205. 185. 3 : 8080/publicfiles/business/htmlfiles/hnhbhq/jqgk/index. html;汪清自然保护区首次拍到东北豹视频. http://bbs. dahe. cn/read-htm-tid-8018414-fpage-532. htm;汪清自然保护区首次拍到清晰野生东北豹. http://www. ccnews. gov. cn/jlxw/201110/t20111013_733985. htm;黑龙江牡丹峰国家级自然保护区. http://baike. baidu. com/view/389747. htm? fromId=248416;黑龙江凤凰山国家级自然保护区. http://baike. baidu. com/view/2940840. htm;三江国家级自然保护区. http://baike. baidu. com/view/5484380. htm? fromId=110203;六峰湖自然保护区. http://www. hljnews. cn/xw_whyl/system/2009/06/22/010384146. shtml;海林莲花湖保护区. http://www. baike. com/wiki/%E6%B5%B7%E6%9E%97%E8%8E%B2%E8%8A%B1%E6%B9%96%E4%BF%9D%E6%8A%A4%E5%8C%BA;大佳河自然保护区评价. http://www. hlraohe. gov. cn/zrbh/djhpj. htm;黑龙江东方红湿地国家级自然保护区. http://baike. baidu. com/view/2940831. htm;小北湖自然保护区. http://baike. baidu. com/view/7767038. htm;张旭光,周文慧. 黑龙江老爷岭、大峡谷、太平沟晋升为国家级自然保护区. http://news. hljtv. com/2014/0117/519936. shtml;太平沟自然保护区. http://www. arkoo. cn/sf_B9EEEB128A7F4B80AEB5FA847A85313F_274_nfp0179. html;凤阳山-百山祖自然保护区. http://cidian. iask. sina. com. cn/a/eqnm. html;浙江百山祖国家级自然保护区. http://zjbsz. nre. cn/htm/baishanzu/jibengaikuang/20100914/576. html;板仓自然保护区. http://baike. baidu. com/view/1060662. htm;福建武夷山国家级自然保护区. http://baike. baidu. com/view/391621. htm;龙栖山国家级自然保护区. http://www. jiangle. gov. cn/2006/7/1716. htm;福建梅花山国家级自然保护区. http://baike. baidu. com/view/321967. htm? fromId=248802;永安天宝岩自然保护区. http://baike. baidu. com/view/1079546. htm? fromId=303766;梁野山自然保护区保护区. http://www. baike. com/wiki/%E6%A2%81%E9%87%8E%E5%B1%B1%E8%87%AA%E7%84%B6%E4%BF%9D%E6%8A%A4%E5%8C%BA;泰宁峨嵋峰自然保护区. http://baike. baidu. com/view/481091. htm;九阜山自然保护区. http://baike. baidu. com/view/481035. htm;牙梳山自然保护区. http://www. 51yala. com/Html/20061110144629-1. html;长汀圭龙山省级自然保护区. http://baike. baidu. com/view/9441079. htm;井冈山国家级自然保护区. http://www. twwtn. com/Popular-Science-Base/122_136115. html;福建武夷山国家级自然保护区. http://baike. baidu. com/view/391621. htm;刘信中,2001;信丰县金盆山自然保护区. http://baike. baidu. com/view/4548951. htm;大岗山. http://baike. baidu. com/view/1208983. htm;木林子自然保护区. http://baike. baidu. com/view/5145374. htm;后河国家级自然保护区. http://baike. baidu. com/view/345586. htm? fromId=473379;湖北神农架国家级自然保护区 · 动物资源. http://www. snjbhq. com/html/baohuqugaikuang/20090727/77. html;十八里长峡自然保护区. http://www. baike. com/wiki/%E5%8D%81%E5%85%AB%E9%87%8C%E9%95%BF%E5%B3%A1%E8%87%AA%E7%84%B6%E4%BF%9D%E6%8A%A4%E5%8C%BA;炎陵桃源洞自然保护区. http://www. baike. com/wiki/%E7%82%8E%E9%99%B5%E6%A1%83%E6%BA%90%E6%B4%9E%E8%87%AA%E7%

84%B6%E4%BF%9D%E6%8A%A4%E5%8C%BA；莽山国家级自然保护区. http://baike. baidu. com/view/481726. htm? fromId=248733；大围山. http://baike. baidu. com/view/55200. htm；浏阳市. http://baike. baidu. com/view/55456. htm? fromId=159390；壶瓶山. http://baike. baidu. com/view/341740. htm；八面山自然保护区. http://baike. baidu. com/view/825873. htm；零陵地区志. 第十四编，林业. 第四章，森林保护. 第四节，自然保护区. http://www. yzcity. gov. cn/gtb/index. jsp? url=http%3A%2F%2Fwww. yzcity. gov. cn%2Fart%2F2006%2F9%2F13%2Fart_2702_142395. html；八大公山国家级自然保护区. http://baike. baidu. com/view/481725. htm? fromId=248739；湖南八大公山自然保护区导游词. http:/wenku. baidu. com/view/b7e210c42cc58bd63186bd89. html；湖南乌云界国家级自然保护区. http://baike. baidu. com/view/1280211. htm? subLemmaId=1280211&fromenter=%CE%DA%D4%C6%BD%E7%D7%D4%C8%BB%B1%A3%BB%A4%C7%F8；四方山森林公园总体规划. http://www. docin. com/p-401667204. html；广东南岭国家级自然保护区. http://baike. baidu. com/view/481761. htm? fromId=246957；南岭自然保护区. http://www. baike. com/wiki/%E5%8D%97%E5%B2%AD%E8%87%AA%E7%84%B6%E4%BF%9D%E6%8A%A4%E5%8C%BA；广东大埔丰溪省级自然保护区. http://baike. baidu. com/view/2264303. htm? fromId=821347；古田自然保护区. http://baike. baidu. com/view/135435. htm；车八岭国家级自然保护区位. http://baike. baidu. com/view/345602. htm? fromId=248735；广东乳源大峡谷省级自然保护区. http://baike. baidu. com/view/2253165. htm；广东仁化高坪省级自然保护区. http://baike. baidu. com/view/3018413. htm；花坪国家级自然保护区. http://baike. baidu. com/view/481766. htm? fromId=471252；金佛山自然保护区. http://baike. baidu. com/view/248491. htm；白马山自然保护区. http://baike. baidu. com/view/6296923. htm；黔江小南海风景区. http://www. auyou. cn/scenerylist/10564. html；宣汉县百里峡省级自然保护区. http://www. zwbk. org/MyLemmaShow. aspx? lid=224930；雷公山国家级自然保护区. http://baike. baidu. com/view/246379. htm；螺丝壳自然保护区. http://baike. baidu. com/view/3429368. htm；茂兰自然保护区. http://baike. soso. com/h6122941. htm? sp=l6122942；江口县. http://www. baike. com/wiki/%E6%B1%9F%E5%8F%A3；梵净山国家级自然保护区. http://baike. baidu. com/view/824110. htm? fromId=120315；西双版纳自然护区. http://www. yn. xinhuanet. com/green/bao/xsbn2. htm；文山国家级自然保护区. http://baike. baidu. com/view/1429933. htm? subLemmaId=1429933&fromenter=%CE%C4%C9%BD%D7%D4%C8%BB%B1%A3%BB%A4%C7%F8；金光寺自然保护区. http://jingdian. tripc. net/item/6372. html；高黎贡山. http://www. glgs. gov. cn/zrzy. asp? sortid=013002；高黎贡山国家级自然保护区. http://baike. baidu. com/view/342462. htm? from_id=8990863&type=syn&fromtitle=高黎贡山自然保护区 &fr=aladdin；黄连山国家级自然保护区. http://baike. baidu. com/view/1405397. htm? fromId=246469；药山国家级自然保护区. http://baike. baidu. com/view/1429919. htm? fromId=246416；大围山国家级自然保护区. http://baike. baidu. com/view/1439617. htm? subLemmaId=1439617&fromenter=%D4%C6%C4%CF%B4%F3%CE%A7%C9%BD%D7%D4%C8%BB%B1%A3%BB%A4%C7%F8；永德大雪山自然保护区. http://baike. baidu. com/view/1094389. htm；无量山国家级自然保护区. http://baike. baidu. com/view/1429931. htm? fromId=248391；铜壁关自然保护区. http://baike. baidu. com/view/246524. htm；哀牢山国家级自然保护区. http://www. yn. xinhuanet. com/newscenter/2007-03/20/content_9563521. htm；青华绿孔雀自然保护区频繁出现大量野生动物. http://www. people. com. cn/GB/huanbao/58/20010526/475027. html；新平县哀牢山国家级自然保护区. http://www. lotour. com/snapshot/2005-12-13/snapshot_29153. shtml；兰坪云岭省级自然保护区. http://yn. zwbk. org/lemma/1290；王珏，2005；永善小岩方自然保护区. http://yn. zwbk. org/lemma/1890；国家林业局，2008；陕西佛坪国家级自然保护区. http://baike. baidu. com/view/341113. htm? fromId=251906；化龙山国家级自然保护区. http://baike. baidu. com/view/3157775. htm；循化孟达国家级自然保护区. http://www. zwbk. org/MyLemmaShow. aspx? lid=124919

7 虎的分布变迁大势

历史时期我国栖息的虎分布变迁（图 17.22、表 17.3）巨大，主要表现在：

- 虎起源于我国黄河中游一带，随后主要向东北、西北、南方等扩散，再后则越出国境分布到亚洲其他国家境内，成为亚洲特有物种。
- 在虎兴盛时，其栖息地曾遍布现今全国省级政区。
- 虎从分布广阔到现今成为分散隔离小区，甚至出现孤立的点状分布，变化显著。
- 虎的数量变化，东北分布的虎数量曾不少于 13 000 只，而现今仅 20 余只，不超过历史上的万分之十五。
- 虎的分布变迁之所以没有形成明显的界

线,主要是因为虎是广布型物种,对气候与自然环境变化不是十分敏感;但虎的分布变迁受限于人类活动产生的直接或间接影响。

● 虎在我国曾分布广阔,呈现大面积整体分布,但随环境变化而出现分布隔离,产生 9 个亚种。

● 9 个虎亚种的产生与部分灭绝并非同一时间,而大部分亚种的出现时间并不久远。

● 虎的分布总趋势是从西北部向东南部退缩,其中的分隔、断裂距离越来越大。

● 在虎最兴盛时期,按今县级及其以上政区比较,其分布广度超过现政区的 82%;而现今,约占 9%,高低悬殊。

● 各地区现存虎分布地数量按多寡排序为:西南(78 地),华东(58 地),中南(44 地),东北(34 地),华北与西北(皆 4 地)。

● 现今虎栖息地绝对数较高的省级政区排序为:云南省(43 地),江西省(31 地),黑龙江省(23 地),福建省与湖南省(皆 20 地);省级政区内拥有虎的保护区比率,于此基本相符。

● 现今虎栖息地占当地比例达到或超过 20%的省级政区排序为:江西省与云南省(皆 34%),黑龙江省(30%),福建省(29%),吉林省(23%),湖南省(20%)。

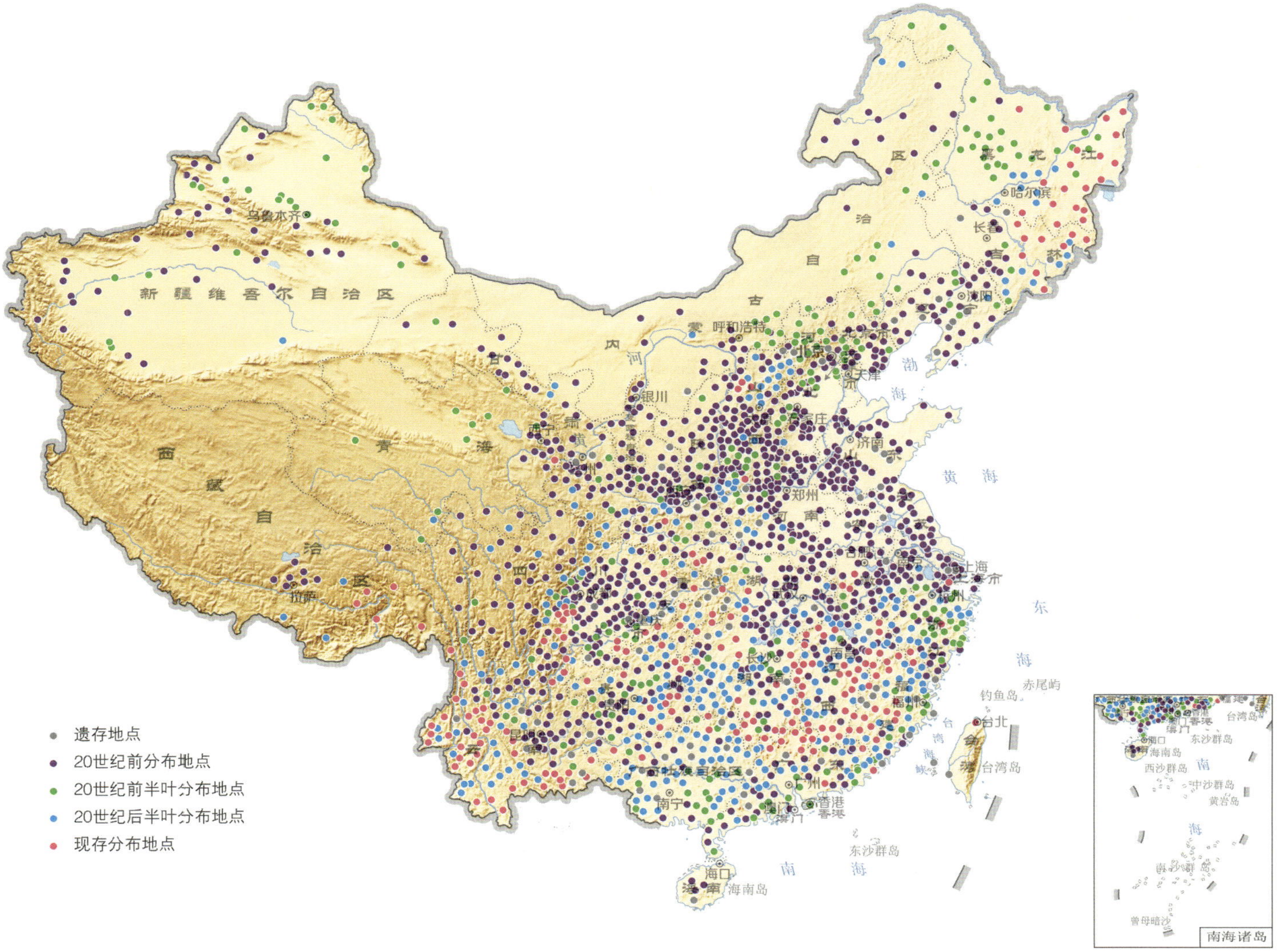

图 17.22 历史时期虎分布变迁图

表 17.3　　历史时期虎分布变迁概况

地区	省级政区	化石地点	20 世纪前分布地点	20 世纪前半叶地点	20 世纪后半叶地点	现存地点
华北	北京	房山区、昌平区	丰台区、房山区、顺义区、昌平区、大兴区、怀柔区、平谷区、延庆县、密云县	房山区、平谷区、延庆县、密云县	房山区	
	天津		武清区、宝坻区、蓟县			
	河北	阳原县	井陉县、行唐县、灵寿县、高邑县、赞皇县、平山县、元氏县、赵县、张家口市、宣化县、张北县、沽源县、蔚县、阳原县、怀安县、万全县、怀来县、涿鹿县、赤城县、承德市、承德县、兴隆县、平泉县、滦平县、隆化县、丰宁县、宽城满族自治县、围场县、秦皇岛市、昌黎县、抚宁县、卢龙县、青龙满族自治县、唐山市、遵化市、迁安市、滦县、滦南县、乐亭县、迁西县、玉田县、唐海县、廊坊市、霸州市、三河县、永清县、香河县、大厂回族自治县、保定市、定州市、涿州市、满城县、清苑县、易县、徐水县、涞源县、顺平县、唐县、涞水县、曲阳县、阜平县、邢台市、邢台县、临城县、内丘县、任县、南和县、巨鹿县、广宗县、平乡县、清河县、涉县、永年县、丘县、曲周县	井陉县、赞皇县、张家口市、宣化县、张北县、沽源县、蔚县、阳原县、怀安县、万全县、怀来县、涿鹿县、赤城县、兴隆县、隆化县、围场县、秦皇岛市、抚宁县、遵化市、霸州市、满城县、清苑县、易县、唐县、涉县	围场县、涉县	
	山西	阳高县、朔州市	太原市、古交市、清徐县、阳曲县、娄烦县、大同市、阳高县、天镇县、广灵县、灵丘县、浑源县、左云县、大同县、朔州市、山阴县、应县、右玉县、怀仁县、阳泉市、平定县、盂县、长治市、潞城市、长治县、襄垣县、屯留县、平顺县、黎城县、壶关县、长子县、武乡县、沁县、沁源县、城区、高平市、泽州县、沁水县、阳城县、陵川县、忻府区、原平市、定襄县、五台县、代县、繁峙县、宁武县、静乐县、神池县、五寨县、岢岚县、河曲县、保德县、偏关县、榆次区、介休市、榆社县、左权县、和顺县、昔阳县、寿阳县、太谷县、祁县、平遥县、灵石县、尧都区、侯马市、霍州市、曲沃县、翼城县、襄汾县、洪洞县、古县、安泽县、浮山县、吉县、乡宁县、蒲县、大宁县、永和县、隰县、汾西县、盐湖区、永济市、河津市、芮城县、临猗县、万荣县、新绛县、稷山县、闻喜县、夏县、绛县、平陆县、垣曲县、离石区、孝义市、汾阳市、文水县、中阳县、兴县、临县、方山县、柳林县、岚县、交口县、交城县、石楼县	阳曲县、广灵县、灵丘县、浑源县、朔州市、应县、右玉县、沁源县、陵川县、忻府区、原平市、五台县、代县、繁峙县、宁武县、静乐县、神池县、五寨县、岢岚县、和顺县、昔阳县、灵石县、尧都区、翼城县、安泽县、浮山县、乡宁县、蒲县、盐湖区、永济市、芮城县、闻喜县、夏县、平陆县、垣曲县	阳曲县、广灵县、灵丘县、浑源县、朔州市、应县、右玉县、沁源县、忻府区、原平市、五台县、代县、繁峙县、宁武县、静乐县、神池县、五寨县、岢岚县、灵石县、盐湖区、永济市、芮城县、夏县、平陆县、垣曲县	宁武县、五寨县、岢岚县、垣曲县

(续表)

地区	省级政区	化石地点	20世纪前分布地点	20世纪前半叶地点	20世纪后半叶地点	现存地点
	内蒙古	乌审旗	呼和浩特市、托克托县、武川县、和林格尔县、清水河县、土默特左旗、包头市、土默特右旗、乌海市、赤峰市、宁城县、林西县、阿鲁科尔沁旗、巴林左旗、巴林右旗、克什克腾旗、翁牛特旗、喀喇沁旗、敖汉旗、开鲁县、库伦旗、奈曼旗、海拉尔区、满洲里市、扎兰屯市、牙克石市、根河市、额尔古纳市、阿荣旗、新巴尔虎右旗、新巴尔虎左旗、陈巴尔虎旗、鄂伦春自治旗、鄂温克族自治旗、莫力达瓦达斡尔族自治旗、东胜区、准格尔旗、乌审旗、伊金霍洛旗、集宁区、丰镇市、商都县、兴和县、凉城县、察哈尔右翼前旗、察哈尔右翼中旗、察哈尔右翼后旗、磴口县、乌拉特前旗、乌拉特中旗、乌拉特后旗、乌兰浩特市、阿尔山市、科尔沁右翼前旗、扎赉特旗、多伦县、东乌珠穆沁旗、太仆寺旗	呼和浩特市、赤峰市、宁城县、林西县、阿鲁科尔沁旗、巴林左旗、巴林右旗、克什克腾旗、翁牛特旗、喀喇沁旗、敖汉旗、根河市、额尔古纳市、集宁区、丰镇市、商都县、兴和县、凉城县、察哈尔右翼中旗、察哈尔右翼后旗、乌拉特前旗、乌兰浩特市、科尔沁右翼前旗、太仆寺旗	赤峰市、阿鲁科尔沁旗、根河市、额尔古纳市、乌拉特前旗、乌兰浩特市	
东北	辽宁	喀喇沁左翼蒙古族自治县、本溪市、本溪满族自治县、辽阳市、海城市、瓦房店市、大石桥市、凌海市、黑山县	沈阳市、新民市、辽中县、康平县、法库县、朝阳市、北票市、凌源市、朝阳县、建平县、喀喇沁左翼蒙古族自治县、阜新市、彰武县、阜新蒙古族自治县、铁岭市、调兵山市、开原市、铁岭县、西丰县、昌图县、抚顺市、抚顺县、新宾满族自治县、清原满族自治县、本溪市、本溪满族自治县、桓仁满族自治县、辽阳市、灯塔市、辽阳县、鞍山市、海城市、台安县、岫岩县、丹东市、凤城市、东港市、宽甸满族自治县、大连市、瓦房店市、普兰店市、庄河市、长海县、营口市、大石桥市、盖州市、盘锦市、大洼县、盘山县、锦州市、凌海市、北镇市、黑山县、义县、葫芦岛市、兴城市、绥中县、建昌县	辽中县、康平县、法库县、新宾满族自治县、桓仁满族自治县、辽阳市、辽阳县	新宾满族自治县	
	吉林	榆树市、乾安县、安图县	长春市、德惠市、九台市、榆树市、宁江区、扶余县、吉林市、磐石市、蛟河市、桦甸市、舒兰市、永吉县、伊通满族自治县、辽源市、东丰县、东辽县、通化市、梅河口市、集安市、通化县、辉南县、柳河县、白山市、临江市、抚松县、靖宇县、长白朝鲜族自治县、延吉市、图们市、敦化市、珲春市、龙井市、和龙市、汪清县、安图县	长春市、吉林市、蛟河市、桦甸市、舒兰市、永吉县、集安市、通化县、辉南县、柳河县、白山市、临江市、抚松县、靖宇县、长白朝鲜族自治县、延吉市、图们市、敦化市、珲春市、龙井市、和龙市、汪清县、安图县	吉林市、蛟河市、桦甸市、舒兰市、通化县、柳河县、白山市、临江市、抚松县、靖宇县、长白朝鲜族自治县、延吉市、图们市、敦化市、珲春市、龙井市、和龙市、汪清县、安图县	吉林市、蛟河市、桦甸市、舒兰市、抚松县、长白朝鲜族自治县、延吉市、敦化市、珲春市、汪清县、安图县

（续表）

地区	省级政区	化石地点	20 世纪前分布地点	20 世纪前半叶地点	20 世纪后半叶地点	现存地点
	黑龙江	哈尔滨市	哈尔滨市、双城市、尚志市、五常市、依兰县、方正县、宾县、巴彦县、木兰县、通河县、延寿县、齐齐哈尔市、讷河市、龙江县、依安县、甘南县、富裕县、克山县、克东县、拜泉县、爱辉区、北安市、五大连池市、嫩江县、逊克县、孙吴县、伊春市、铁力市、嘉荫县、鹤岗市、萝北县、绥滨县、佳木斯市、同江市、富锦市、桦南县、桦川县、汤原县、抚远县、双鸭山市、集贤县、友谊县、宝清县、饶河县、七台河市、勃利县、鸡西市、虎林市、密山市、鸡东县、牡丹江市、穆棱市、绥芬河市、海林市、宁安市、东宁县、林口县、北林区、海伦市、望奎县、兰西县、青冈县、庆安县、明水县、绥棱县、大兴安岭地区、呼玛县、塔河县、漠河县	哈尔滨市、双城市、尚志市、五常市、依兰县、方正县、宾县、巴彦县、木兰县、通河县、延寿县、齐齐哈尔市、讷河市、龙江县、依安县、甘南县、富裕县、克山县、克东县、拜泉县、爱辉区、北安市、五大连池市、嫩江县、逊克县、伊春市、铁力市、嘉荫县、鹤岗市、萝北县、绥滨县、佳木斯市、同江市、富锦市、桦南县、桦川县、汤原县、抚远县、双鸭山市、集贤县、友谊县、宝清县、饶河县、七台河市、勃利县、鸡西市、虎林市、密山市、鸡东县、牡丹江市、穆棱市、绥芬河市、海林市、宁安市、东宁县、林口县、北林区、海伦市、望奎县、兰西县、青冈县、庆安县、明水县、绥棱县、大兴安岭地区、呼玛县、塔河县、漠河县	哈尔滨市、双城市、尚志市、五常市、依兰县、方正县、宾县、巴彦县、木兰县、通河县、延寿县、逊克县、伊春市、嘉荫县、鹤岗市、萝北县、绥滨县、佳木斯市、同江市、富锦市、桦南县、桦川县、汤原县、抚远县、双鸭山市、集贤县、友谊县、宝清县、饶河县、七台河市、勃利县、鸡西市、虎林市、密山市、鸡东县、牡丹江市、穆棱市、绥芬河市、海林市、宁安市、东宁县、林口县、大兴安岭地区	哈尔滨市、五常市、方正县、嘉荫县、鹤岗市、萝北县、同江市、桦南县、抚远县、双鸭山市、集贤县、宝清县、饶河县、虎林市、密山市、鸡东县、牡丹江市、穆棱市、绥芬河市、海林市、宁安市、东宁县、林口县
华东	上海	闵行区、青浦区	闵行区、宝山区、嘉定区、浦东新区、金山区、松江区、青浦区、南汇区、奉贤区			
	江苏	南京市、铜山县、泗洪县、苏州市	南京市、高淳县、邳州市、新沂市、睢宁县、沛县、丰县、连云港市、赣榆县、灌云县、东海县、灌南县、宿迁市、沭阳县、泗阳县、泗洪县、淮安市、金湖县、盱眙县、涟水县、盐城市、东台市、大丰市、阜宁县、响水县、建湖县、扬州市、仪征市、江都市、高邮市、宝应县、泰州市、靖江市、泰兴市、姜堰市、兴化市、南通市、如皋市、海安县、镇江市、丹阳市、句容市、常州市、金坛市、溧阳市、无锡市、江阴市、宜兴市、苏州市、吴江市、太仓市、昆山市、常熟市	宜兴市	宜兴市	
	浙江	杭州市、金华市	杭州市、临安市、富阳市、建德市、桐庐县、淳安县、湖州市、长兴县、德清县、安吉县、嘉兴市、平湖市、海宁市、桐乡市、嘉善县、海盐县、舟山市、岱山县、嵊泗县、宁波市、慈溪市、余姚市、奉化市、宁海县、象山县、越城区、诸暨市、上虞市、嵊州市、绍兴县、新昌县、衢州市、江山市、常山县、开化县、龙游县、金华市、兰溪市、永康市、义乌市、东阳市、武义县、浦江县、磐安县、台州市、临海市、温岭市、三门县、天台县、仙居县、玉环县、温州市、瑞安市、乐清市、永嘉县、文成县、平阳县、泰顺县、洞头县、苍南县、莲都区、龙泉市、缙云县、青田县、云和县、遂昌县、松阳县、庆元县、景宁畲族自治县	杭州市、临安市、建德市、德清县、安吉县、平湖市、舟山市、宁波市、慈溪市、余姚市、奉化市、宁海县、象山县、越城区、诸暨市、嵊州市、绍兴县、新昌县、衢州市、江山市、开化县、龙游县、金华市、永康市、东阳市、武义县、浦江县、磐安县、台州市、临海市、温岭市、三门县、天台县、仙居县、玉环县、乐清市、平阳县、莲都区、龙泉市、缙云县、遂昌县、松阳县、庆元县、景宁畲族自治县	临安市、平湖市、奉化市、宁海县、象山县、越城区、绍兴县、新昌县、衢州市、江山市、开化县、龙游县、金华市、磐安县、莲都区、龙泉市、遂昌县、松阳县、庆元县、景宁畲族自治县	平湖市、磐安县、龙泉市、庆元县

(续表)

地区	省级政区	化石地点	20世纪前分布地点	20世纪前半叶地点	20世纪后半叶地点	现存地点
	安徽	蒙城县、和县	合肥市、长丰县、肥东县、肥西县、埇桥区、萧县、灵璧县、淮北市、濉溪县、阜阳市、太和县、阜南县、蚌埠市、怀远县、五河县、固镇县、淮南市、凤台县、滁州市、来安县、全椒县、定远县、凤阳县、马鞍山市、当涂县、芜湖市、芜湖县、繁昌县、南陵县、铜陵市、铜陵县、安庆市、桐城市、怀宁县、枞阳县、潜山县、太湖县、宿松县、望江县、岳西县、黄山市、歙县、休宁县、黟县、祁门县、六安市、寿县、霍邱县、舒城县、金寨县、霍山县、居巢区、庐江县、无为县、含山县、贵池区、东至县、石台县、青阳县、宣州区、宁国市、郎溪县、广德县、泾县、旌德县、绩溪县	安庆市、潜山县、太湖县、宿松县、岳西县、黄山市、歙县、黟县、舒城县、宁国市、泾县、绩溪县	潜山县、岳西县、黄山市、歙县、黟县、舒城县、泾县、绩溪县	潜山县、岳西县、舒城县
	福建	闽侯县、平潭县、三明市、明溪县、清流县、宁化县、将乐县、石狮市、东山县、霞浦县	福州市、福清市、长乐市、闽侯县、连江县、罗源县、闽清县、永泰县、平潭县、延平区、邵武市、武夷山市、建瓯市、建阳市、顺昌县、浦城县、光泽县、松溪县、政和县、三明市、永安市、明溪县、清流县、宁化县、大田县、尤溪县、沙县、将乐县、泰宁县、建宁县、莆田市、仙游县、泉州市、石狮市、晋江市、南安市、惠安县、安溪县、永春县、德化县、金门县、厦门市、漳州市、龙海市、云霄县、漳浦县、诏安县、长泰县、东山县、南靖县、平和县、华安县、新罗区、漳平市、长汀县、永定县、上杭县、武平县、连城县、蕉城区、福安市、福鼎市、寿宁县、霞浦县、柘荣县、屏南县、古田县、周宁县	福州市、福清市、长乐市、闽侯县、连江县、罗源县、闽清县、永泰县、延平区、邵武市、武夷山市、建瓯市、建阳市、顺昌县、浦城县、光泽县、松溪县、政和县、三明市、永安市、明溪县、清流县、宁化县、大田县、尤溪县、沙县、将乐县、泰宁县、建宁县、莆田市、仙游县、南安市、惠安县、安溪县、永春县、德化县、厦门市、龙海市、云霄县、诏安县、长泰县、南靖县、平和县、新罗区、漳平市、长汀县、永定县、上杭县、武平县、连城县、蕉城区、寿宁县、霞浦县、柘荣县、屏南县、古田县、周宁县	罗源县、闽清县、邵武市、武夷山市、建瓯市、建阳市、顺昌县、浦城县、光泽县、松溪县、政和县、永安市、明溪县、清流县、宁化县、大田县、尤溪县、沙县、将乐县、泰宁县、建宁县、莆田市、仙游县、惠安县、安溪县、永春县、德化县、厦门市、龙海市、云霄县、南靖县、平和县、新罗区、漳平市、长汀县、永定县、上杭县、武平县、连城县、蕉城区、寿宁县、霞浦县、柘荣县、屏南县、古田县、周宁县	邵武市、武夷山市、建阳市、浦城县、光泽县、永安市、宁化县、大田县、尤溪县、将乐县、泰宁县、永春县、德化县、厦门市、南靖县、新罗区、长汀县、上杭县、武平县、连城县

（续表）

地区	省级政区	化石地点	20世纪前分布地点	20世纪前半叶地点	20世纪后半叶地点	现存地点
	江西	乐平市、萍乡市	南昌市、南昌县、新建县、安义县、进贤县、九江市、瑞昌市、九江县、武宁县、修水县、永修县、德安县、星子县、都昌县、湖口县、彭泽县、景德镇市、乐平市、浮梁县、月湖区、贵溪市、余江县、渝水区、分宜县、萍乡市、莲花县、上栗县、芦溪县、章贡区、瑞金市、南康市、赣县、信丰县、大余县、上犹县、崇义县、安远县、龙南县、定南县、全南县、宁都县、于都县、兴国县、会昌县、寻乌县、石城县、信州区、德兴市、上饶县、广丰县、玉山县、铅山县、横峰县、弋阳县、余干县、鄱阳县、万年县、婺源县、临川区、南城县、黎川县、南丰县、崇仁县、乐安县、宜黄县、金溪县、资溪县、东乡县、广昌县、袁州区、丰城市、樟树市、高安市、奉新县、万载县、上高县、宜丰县、靖安县、铜鼓县、吉安市、井冈山市、吉安县、吉水县、峡江县、新干县、永丰县、泰和县、遂川县、万安县、安福县、永新县	新建县、安义县、九江市、瑞昌市、武宁县、修水县、永修县、德安县、星子县、乐平市、浮梁县、贵溪市、渝水区、分宜县、萍乡市、莲花县、上栗县、芦溪县、章贡区、瑞金市、南康市、赣县、信丰县、大余县、上犹县、崇义县、安远县、龙南县、定南县、全南县、宁都县、寻乌县、石城县、信州区、德兴市、上饶县、铅山县、弋阳县、鄱阳县、万年县、婺源县、临川区、南城县、黎川县、南丰县、崇仁县、乐安县、宜黄县、资溪县、广昌县、袁州区、丰城市、高安市、万载县、靖安县、铜鼓县、吉安市、井冈山市、吉安县、峡江县、新干县、永丰县、泰和县、遂川县、永新县	安义县、九江市、瑞昌市、武宁县、修水县、永修县、德安县、星子县、乐平市、浮梁县、贵溪市、渝水区、分宜县、萍乡市、莲花县、上栗县、芦溪县、瑞金市、南康市、赣县、信丰县、大余县、上犹县、崇义县、安远县、龙南县、定南县、全南县、宁都县、寻乌县、石城县、信州区、德兴市、上饶县、铅山县、弋阳县、鄱阳县、万年县、婺源县、临川区、南城县、黎川县、南丰县、崇仁县、乐安县、宜黄县、资溪县、广昌县、袁州区、丰城市、高安市、万载县、靖安县、铜鼓县、吉安市、井冈山市、吉安县、峡江县、新干县、泰和县、遂川县、永新县	武宁县、修水县、永修县、贵溪市、分宜县、莲花县、上栗县、芦溪县、瑞金市、信丰县、大余县、安远县、定南县、全南县、宁都县、寻乌县、德兴市、铅山县、婺源县、南城县、南丰县、崇仁县、乐安县、宜黄县、资溪县、广昌县、袁州区、靖安县、铜鼓县、井冈山市、永新县
	山东	沂源县、莒县、郯城县、沂水县	济南市、章丘市、平阴县、济阳县、阳谷县、东阿县、德城区、禹城市、陵县、平原县、临邑县、宁津县、广饶县、淄博市、桓台县、潍坊市、安丘市、青州市、诸城市、寿光市、烟台市、蓬莱市、文登市、胶州市、临沂市、郯城县、沂水县、平邑县、费县、临沭县、枣庄市、滕州市、济宁市、曲阜市、兖州市、邹城市、微山县、鱼台县、金乡县、嘉祥县、汶上县、泗水县、梁山县、泰安市、宁阳县、东平县、邹平县、牡丹区、曹县、定陶县、成武县、单县、巨野县、郓城县	淄博市		
	台湾	台南市、澎湖县	台北市？			

(续表)

地区	省级政区	化石地点	20世纪前分布地点	20世纪前半叶地点	20世纪后半叶地点	现存地点
中南	河南	郑州市、渑池县、安阳市、南召县、淅川县	登封市、新郑市、荥阳市、巩义市、湖滨区、灵宝市、渑池县、陕县、卢氏县、洛阳市、偃师市、孟津县、新安县、栾川县、嵩县、汝阳县、宜阳县、洛宁县、伊川县、焦作市、孟州市、沁阳市、修武县、博爱县、武陟县、温县、新乡市、卫辉市、辉县市、获嘉县、原阳县、延津县、封丘县、浚县、安阳市、林州市、安阳县、汤阴县、滑县、内黄县、清丰县、濮阳县、禹州市、平顶山市、舞钢市、汝州市、宝丰县、叶县、鲁山县、郏县、南阳市、邓州市、南召县、方城县、西峡县、镇平县、内乡县、淅川县、社旗县、唐河县、新野县、桐柏县、信阳市、息县、淮滨县、潢川县、光山县、固始县、商城县、罗山县、新县、鹿邑县、驿城区、确山县、泌阳县、遂平县、西平县、上蔡县、汝南县、平舆县、新蔡县、正阳县、济源市	灵宝市、陕县、偃师市、嵩县、洛宁县、焦作市、修武县、舞钢市、鲁山县、西峡县、镇平县、内乡县、淅川县、确山县	灵宝市、嵩县、焦作市、舞钢市、鲁山县、西峡县、镇平县、内乡县、淅川县	
	湖北	郧西县、大冶市、长阳土家族自治县、五峰土家族自治县、神农架林区、恩施市、建始县、巴东县	武汉市、十堰市、丹江口市、郧县、竹山县、房县、郧西县、竹溪县、襄樊市、老河口市、枣阳市、宜城市、南漳县、谷城县、保康县、荆门市、钟祥市、沙洋县、京山县、孝南区、应城市、安陆市、汉川市、孝昌县、大悟县、云梦县、黄州区、麻城市、武穴市、红安县、罗田县、英山县、浠水县、蕲春县、黄梅县、团风县、鄂州市、黄石市、大冶市、阳新县、咸安区、赤壁市、嘉鱼县、通城县、崇阳县、通山县、荆州市、石首市、洪湖市、松滋市、江陵县、公安县、监利县、宜昌市、枝江市、宜都市、当阳市、远安县、兴山县、秭归县、长阳土家族自治县、五峰土家族自治县、曾都区、广水市、仙桃市、天门市、潜江市、神农架林区、恩施市、利川市、建始县、巴东县、宣恩县、咸丰县、来凤县、鹤峰县	武汉市、郧西县、竹溪县、枣阳市、南漳县、保康县、罗田县、黄石市、咸安区、嘉鱼县、通城县、荆州市、松滋市、宜昌市、枝江市、宜都市、当阳市、远安县、兴山县、秭归县、长阳土家族自治县、五峰土家族自治县、神农架林区、恩施市、利川市、巴东县、宣恩县、咸丰县、来凤县、鹤峰县	武汉市、竹溪县、罗田县、黄石市、咸安区、嘉鱼县、通城县、荆州市、松滋市、宜昌市、枝江市、宜都市、当阳市、远安县、兴山县、秭归县、五峰土家族自治县、神农架林区、恩施市、利川市、巴东县、宣恩县、咸丰县、来凤县、鹤峰县	竹溪县、黄石市、松滋市、宜昌市、当阳市、秭归县、五峰土家族自治县、神农架林区、利川市、巴东县、鹤峰县

（续表）

地区	省级政区	化石地点	20世纪前分布地点	20世纪前半叶地点	20世纪后半叶地点	现存地点
	湖南	慈利县、攸县、永顺县	长沙市、浏阳市、长沙县、望城县、宁乡县、张家界市、慈利县、桑植县、常德市、津市市、安乡县、汉寿县、澧县、临澧县、桃源县、石门县、益阳市、沅江市、南县、桃江县、安化县、岳阳市、汨罗市、临湘市、岳阳县、华容县、湘阴县、平江县、株洲市、醴陵市、株洲县、攸县、茶陵县、炎陵县、湘潭市、湘乡市、韶山市、湘潭县、衡阳市、常宁市、耒阳市、衡阳县、衡南县、衡山县、衡东县、祁东县、郴州市、资兴市、桂阳县、永兴县、宜章县、嘉禾县、临武县、汝城县、桂东县、安仁县、永州市、东安县、道县、宁远县、江永县、蓝山县、新田县、双牌县、祁阳县、江华瑶族自治县、邵阳市、武冈市、邵东县、邵阳县、新邵县、隆回县、洞口县、绥宁县、新宁县、城步苗族自治县、鹤城区、洪江市、沅陵县、辰溪县、溆浦县、中方县、会同县、麻阳县、新晃侗族自治县、芷江侗族自治县、靖州苗族侗族自治县、通道侗族自治县、娄星区、冷水江市、涟源县、双峰县、新化县、吉首市、泸溪县、凤凰县、花垣县、保靖县、古丈县、永顺县、龙山县	长沙市、浏阳市、望城县、宁乡县、张家界市、慈利县、桑植县、常德市、汉寿县、澧县、桃源县、石门县、益阳市、桃江县、安化县、汨罗市、岳阳县、平江县、株洲市、醴陵市、株洲县、茶陵县、炎陵县、湘潭市、湘乡市、韶山市、湘潭县、常宁市、耒阳市、衡东县、郴州市、资兴市、宜章县、嘉禾县、汝城县、桂东县、安仁县、东安县、道县、宁远县、江永县、蓝山县、双牌县、祁阳县、江华瑶族自治县、邵阳市、武冈市、邵东县、邵阳县、新邵县、隆回县、洞口县、绥宁县、新宁县、城步苗族自治县、鹤城区、沅陵县、辰溪县、溆浦县、中方县、会同县、麻阳县、新晃侗族自治县、芷江侗族自治县、靖州苗族侗族自治县、通道侗族自治县、娄星区、新化县、泸溪县、凤凰县、花垣县、龙山县	长沙市、浏阳市、宁乡县、张家界市、慈利县、桑植县、常德市、汉寿县、澧县、桃源县、石门县、安化县、岳阳县、平江县、醴陵市、茶陵县、炎陵县、湘乡市、常宁市、耒阳市、衡东县、郴州市、资兴市、宜章县、汝城县、桂东县、安仁县、东安县、道县、宁远县、江永县、双牌县、江华瑶族自治县、邵阳市、武冈市、邵东县、邵阳县、新邵县、隆回县、洞口县、绥宁县、新宁县、城步苗族自治县、鹤城区、沅陵县、辰溪县、溆浦县、中方县、会同县、新晃侗族自治县、芷江侗族自治县、靖州苗族侗族自治县、通道侗族自治县、娄星区、新化县、凤凰县、花垣县、龙山县	浏阳市、慈利县、桑植县、桃源县、石门县、安化县、炎陵县、衡东县、宜章县、汝城县、桂东县、东安县、道县、宁远县、江永县、双牌县、江华瑶族自治县、沅陵县、凤凰县、龙山县
	广东	英德市、韶关市、东源县、封开县、罗定市、阳春市	广州市、增城市、从化市、清城区、英德市、连州市、佛冈县、阳山县、清新县、连山壮族瑶族自治县、连南瑶族自治县、韶关市、乐昌市、南雄市、始兴县、仁化县、翁源县、新丰县、乳源瑶族自治县、源城区、紫金县、龙川县、连平县、和平县、东源县、梅江区、兴宁市、梅县、大埔县、丰顺县、五华县、平远县、蕉岭县、湘桥区、潮安县、饶平县、汕头市、南澳县、榕城区、普宁市、揭东县、揭西县、惠来县、城区、陆丰市、海丰县、陆河县、惠州市、博罗县、惠东县、龙门县、东莞市、深圳市、珠海市、中山市、江门市、恩平市、台山市、开平市、鹤山市、佛山市、肇庆市、高要市、四会市、广宁县、怀集县、封开县、德庆县、云城区、罗定市、云安县、新兴县、郁南县、江城区、阳春市、阳西县、阳东县、茂名市、化州市、信宜市、高州市、电白县、湛江市、吴川市、廉江市、雷州市、遂溪县、徐闻县	广州市、增城市、从化市、清城区、连州市、阳山县、连山壮族瑶族自治县、连南瑶族自治县、韶关市、乐昌市、南雄市、始兴县、仁化县、翁源县、乳源瑶族自治县、紫金县、连平县、和平县、兴宁市、大埔县、丰顺县、平远县、蕉岭县、湘桥区、潮安县、饶平县、汕头市、南澳县、榕城区、普宁市、揭东县、揭西县、惠来县、惠东县、龙门县、东莞市、中山市、恩平市、台山市、开平市、佛山市、高要市、广宁县、怀集县、云城区、郁南县、江城区、阳春市、茂名市、化州市、信宜市、电白县、廉江市、徐闻县	从化市、清城区、连州市、阳山县、连山壮族瑶族自治县、连南瑶族自治县、韶关市、乐昌市、南雄市、始兴县、仁化县、翁源县、乳源瑶族自治县、连平县、兴宁市、大埔县、丰顺县、平远县、蕉岭县、湘桥区、饶平县、汕头市、南澳县、普宁市、揭西县、惠东县、龙门县、高要市、广宁县、怀集县、云城区、郁南县、阳春市、信宜市、电白县	连州市、阳山县、韶关市、乐昌市、南雄市、始兴县、仁化县、翁源县、乳源瑶族自治县、连平县、大埔县、南澳县、惠东县

（续表）

地区	省级政区	化石地点	20 世纪前分布地点	20 世纪前半叶地点	20 世纪后半叶地点	现存地点
	广西	南宁市、桂林市、兴安县、平乐县、柳州市、柳江县、柳城县、扶绥县、大新县、田东县、都安瑶族自治县	南宁市、武鸣县、横县、宾阳县、上林县、隆安县、马山县、桂林市、阳朔县、临桂县、灵川县、全州县、兴安县、永福县、灌阳县、资源县、平乐县、荔浦县、龙胜各族自治县、恭城县、柳州市、柳江县、柳城县、鹿寨县、融安县、三江侗族自治县、融水苗族自治县、梧州市、岑溪市、苍梧县、藤县、蒙山县、贵港市、桂平市、平南县、玉州区、北流市、兴业县、容县、陆川县、博白县、钦州市、灵山县、浦北县、北海市、合浦县、防城港市、东兴市、上思县、江州区、凭祥市、扶绥县、大新县、天等县、宁明县、龙州县、右江区、田阳县、田东县、平果县、德保县、靖西县、那坡县、凌云县、乐业县、西林县、田林县、隆林各族自治县、金城江区、宜州市、南丹县、天峨县、凤山县、东兰县、巴马瑶族自治县、都安瑶族自治县、大化瑶族自治县、罗城仫佬族自治县、环江毛南族自治县、兴宾区、合山市、象州县、武宣县、忻城县、金秀瑶族自治县、八步区、昭平县、钟山县、富川瑶族自治县	南宁市、武鸣县、横县、宾阳县、上林县、隆安县、马山县、临桂县、灵川县、兴安县、永福县、灌阳县、资源县、平乐县、荔浦县、龙胜各族自治县、恭城县、鹿寨县、融安县、三江侗族自治县、融水苗族自治县、岑溪市、苍梧县、藤县、蒙山县、贵港市、桂平市、平南县、玉州区、北流市、兴业县、容县、陆川县、博白县、浦北县、防城港市、上思县、江州区、凭祥市、扶绥县、大新县、天等县、宁明县、龙州县、田阳县、田东县、德保县、靖西县、那坡县、凌云县、乐业县、西林县、田林县、天峨县、东兰县、巴马瑶族自治县、都安瑶族自治县、罗城仫佬族自治县、环江毛南族自治县、兴宾区、象州县、武宣县、忻城县、金秀瑶族自治县、八步区、昭平县、钟山县、富川瑶族自治县	武鸣县、宾阳县、上林县、隆安县、马山县、临桂县、兴安县、永福县、灌阳县、资源县、平乐县、荔浦县、龙胜各族自治县、恭城县、鹿寨县、融安县、融水苗族自治县、岑溪市、藤县、蒙山县、北流市、容县、陆川县、防城港市、上思县、江州区、大新县、宁明县、龙州县、田阳县、德保县、靖西县、那坡县、乐业县、西林县、田林县、天峨县、东兰县、巴马瑶族自治县、都安瑶族自治县、罗城仫佬族自治县、环江毛南族自治县、象州县、武宣县、忻城县、金秀瑶族自治县、八步区、昭平县、钟山县、富川瑶族自治县	临桂县、兴安县、龙胜各族自治县、田林县、巴马瑶族自治县
	海南	三亚市	五指山市、白沙黎族自治县、琼中黎族苗族自治县			
	香港		香港	香港		
	澳门		澳门			
西南	重庆	沙坪坝区、万州区、丰都县、巫山县	渝中区、江北区、大渡口区、沙坪坝区、九龙坡区、南岸区、北碚区、万盛区、双桥区、渝北区、巴南区、万州区、涪陵区、黔江区、长寿区、江津区、合川区、永川区、南川区、綦江县、潼南县、铜梁县、大足县、荣昌县、璧山县、垫江县、武隆县、丰都县、城口县、梁平县、开县、巫溪县、巫山县、奉节县、云阳县、忠县、石柱土家族自治县、彭水苗族土家族自治县、酉阳土家族苗族自治县	巴南区、万州区、涪陵区、黔江区、江津区、南川区、綦江县、璧山县、垫江县、武隆县、丰都县、城口县、巫溪县、巫山县、奉节县、石柱土家族自治县、彭水苗族土家族自治县	万州区、涪陵区、黔江区、南川区、垫江县、武隆县、城口县、巫溪县、巫山县、奉节县、石柱土家族自治县、彭水苗族土家族自治县	黔江区、南川区、武隆县、巫山县、奉节县

（续表）

地区	省级政区	化石地点	20世纪前分布地点	20世纪前半叶地点	20世纪后半叶地点	现存地点
	四川	成都市、筠连县、雁江区	成都市、都江堰市、彭州市、邛崃市、崇州市、金堂县、双流县、郫县、大邑县、蒲江县、新津县、广元市、旺苍县、青川县、剑阁县、苍溪县、绵阳市、江油市、三台县、盐亭县、安县、梓潼县、北川羌族自治县、平武县、旌阳区、什邡市、广汉市、绵竹市、罗江县、中江县、南充市、阆中市、南部县、营山县、蓬安县、仪陇县、西充县、广安区、华蓥市、岳池县、武胜县、邻水县、遂宁市、蓬溪县、射洪县、大英县、内江市、威远县、资中县、隆昌县、乐山市、峨眉山市、犍为县、井研县、夹江县、沐川县、峨边彝族自治县、马边彝族自治县、自贡市、荣县、富顺县、泸州市、泸县、合江县、叙永县、古蔺县、翠屏区、宜宾县、南溪县、江安县、长宁县、高县、筠连县、珙县、兴文县、屏山县、攀枝花市、米易县、盐边县、巴州区、通江县、南江县、平昌县、通川区、万源市、达县、宣汉县、开江县、大竹县、渠县、雁江区、简阳市、乐至县、安岳县、东坡区、仁寿县、彭山县、洪雅县、丹棱县、青神县、雨城区、名山县、荥经县、汉源县、石棉县、天全县、芦山县、宝兴县、马尔康县、汶川县、理县、茂县、松潘县、九寨沟县、金川县、小金县、黑水县、壤塘县、阿坝县、若尔盖县、红原县、康定县、泸定县、丹巴县、九龙县、雅江县、道孚县、炉霍县、甘孜县、新龙县、德格县、白玉县、石渠县、色达县、理塘县、巴塘县、乡城县、稻城县、得荣县、西昌市、盐源县、德昌县、会理县、会东县、宁南县、普格县、布拖县、金阳县、昭觉县、喜德县、冕宁县、越西县、甘洛县、美姑县、雷波县、木里藏族自治县	都江堰市、大邑县、蒲江县、广元市、旺苍县、青川县、剑阁县、北川羌族自治县、平武县、什邡市、绵竹市、南充市、广安区、隆昌县、乐山市、峨眉山市、犍为县、夹江县、峨边彝族自治县、马边彝族自治县、泸州市、泸县、合江县、南溪县、高县、筠连县、兴文县、万源市、宣汉县、东坡区、洪雅县、丹棱县、青神县、名山县、荥经县、汉源县、天全县、芦山县、宝兴县、汶川县、甘孜县、巴塘县、西昌市、盐源县、德昌县、越西县、美姑县	蒲江县、旺苍县、青川县、北川羌族自治县、平武县、绵竹市、峨眉山市、夹江县、峨边彝族自治县、马边彝族自治县、泸州市、合江县、筠连县、宣汉县、洪雅县、丹棱县、青神县、名山县、汉源县、天全县、宝兴县、汶川县、甘孜县、盐源县、德昌县、越西县、美姑县	峨眉山市、夹江县、峨边彝族自治县、马边彝族自治县、泸州市、合江县、宣汉县、洪雅县、丹棱县、青神县、越西县
	贵州	桐梓县、普定县、毕节市、兴义市	贵阳市、清镇市、开阳县、修文县、息烽县、钟山区、盘县、六枝特区、水城县、遵义市、赤水市、仁怀市、遵义县、桐梓县、绥阳县、正安县、凤冈县、湄潭县、余庆县、习水县、道真仡佬族苗族自治县、务川仡佬族苗族自治县、西秀区、平坝县、普定县、关岭布依族苗族自治县、镇宁布依族苗族自治县、紫云苗族布依族自治县、毕节市、大方县、黔西县、金沙县、织金县、纳雍县、赫章县、威宁彝族回族苗族自治县、铜仁市、江口县、石阡县、思南县、德江县、玉屏侗族自治县、印江土家族苗族自治县、沿河土家族自治县、松桃苗族自治县、万山特区、凯里市、黄平县、施秉县、三穗县、镇远县、岑巩县、天柱县、锦屏县、剑河县、台江县、黎平县、榕江县、从江县、雷山县、麻江县、丹寨县、都匀市、福泉市、荔波县、贵定县、瓮安县、独山县、平塘县、罗甸县、长顺县、龙里县、惠水县、三都水族自治县、兴义市、兴仁县、普安县、晴隆县、贞丰县、望谟县、册亨县、安龙县	清镇市、开阳县、息烽县、水城县、赤水市、桐梓县、绥阳县、正安县、凤冈县、余庆县、习水县、务川仡佬族苗族自治县、普定县、镇宁布依族苗族自治县、毕节市、大方县、金沙县、纳雍县、赫章县、威宁彝族回族苗族自治县、江口县、石阡县、德江县、玉屏侗族自治县、印江土家族苗族自治县、沿河土家族自治县、松桃苗族自治县、凯里市、黄平县、施秉县、天柱县、锦屏县、剑河县、台江县、榕江县、雷山县、麻江县、丹寨县、都匀市、荔波县、瓮安县、独山县、龙里县、惠水县、三都水族自治县、兴义市、晴隆县、册亨县	赤水市、桐梓县、绥阳县、正安县、凤冈县、习水县、务川仡佬族苗族自治县、毕节市、大方县、金沙县、纳雍县、赫章县、威宁彝族回族苗族自治县、江口县、石阡县、德江县、玉屏侗族自治县、印江土家族苗族自治县、沿河土家族自治县、松桃苗族自治县、凯里市、黄平县、施秉县、天柱县、锦屏县、剑河县、台江县、榕江县、江口县、雷山县、麻江县、丹寨县、都匀市、荔波县、独山县、龙里县、惠水县、三都水族自治县	赤水市、习水县、务川仡佬族苗族自治县、金沙县、赫章县、江口县、印江土家族苗族自治县、松桃苗族自治县、剑河县、台江县、榕江县、雷山县、都匀市、荔波县

(续表)

地区	省级政区	化石地点	20世纪前分布地点	20世纪前半叶地点	20世纪后半叶地点	现存地点
	云南	昆明市、富民县、峨山彝族自治县、隆阳区、元谋县、西畴县、马关县、丘北县	昆明市、安宁市、呈贡县、晋宁县、富民县、宜良县、嵩明县、石林彝族自治县、禄劝彝族苗族自治县、寻甸回族彝族自治县、麒麟区、宣威市、沾益县、富源县、罗平县、师宗县、陆良县、会泽县、江川县、澄江县、华宁县、易门县、新平彝族傣族自治县、元江哈尼族彝族傣族自治县、隆阳区、施甸县、腾冲县、龙陵县、昌宁县、昭阳区、鲁甸县、巧家县、大关县、永善县、威信县、古城区、永胜县、华坪县、玉龙纳西族自治县、宁蒗彝族自治县、思茅区、宁洱哈尼族彝族自治县、墨江哈尼族自治县、景东彝族自治县、景谷傣族彝族自治县、镇沅彝族哈尼族拉祜族自治县、江城哈尼族彝族自治县、孟连傣族拉祜族佤族自治县、澜沧拉祜族自治县、西盟佤族自治县志、临翔区、凤庆县、云县、永德县、镇康县、双江拉祜族佤族布朗族傣族自治县、耿马傣族佤族自治县、沧源佤族自治县、潞西市、瑞丽市、梁河县、盈江县、陇川县、泸水县、福贡县、贡山独龙族怒族自治县、兰坪白族普米族自治县、香格里拉县、德钦县、维西傈僳族自治县、大理市、祥云县、宾川县、弥渡县、永平县、云龙县、洱源县、剑川县、鹤庆县、漾濞彝族自治县、南涧彝族自治县、巍山彝族回族自治县、楚雄市、双柏县、牟定县、南华县、姚安县、大姚县、永仁县、元谋县、武定县、禄丰县、蒙自县、个旧市、开远市、绿春县、石屏县、弥勒县、泸西县、元阳县、红河县、金平苗族瑶族自治县、河口瑶族自治县、屏边苗族自治县、文山县、砚山县、西畴县、麻栗坡县、马关县、丘北县、广南县、富宁县、景洪市、勐海县、勐腊县	宣威市、新平彝族傣族自治县、元江哈尼族彝族傣族自治县、隆阳区、腾冲县、龙陵县、昭阳区、鲁甸县、巧家县、大关县、永善县、威信县、古城区、玉龙纳西族自治县、宁蒗彝族自治县、思茅区、宁洱哈尼族彝族自治县、墨江哈尼族自治县、景东彝族自治县、景谷傣族彝族自治县、镇沅彝族哈尼族拉祜族自治县、江城哈尼族彝族自治县、孟连傣族拉祜族佤族自治县、澜沧拉祜族自治县、西盟佤族自治县志、临翔区、凤庆县、云县、永德县、镇康县、双江拉祜族佤族布朗族傣族自治县、耿马傣族佤族自治县、沧源佤族自治县、潞西市、瑞丽市、梁河县、盈江县、陇川县、泸水县、福贡县、贡山独龙族怒族自治县、兰坪白族普米族自治县、香格里拉县、德钦县、维西傈僳族自治县、大理市、弥渡县、永平县、云龙县、鹤庆县、漾濞彝族自治县、南涧彝族自治县、巍山彝族回族自治县、楚雄市、双柏县、南华县、大姚县、永仁县、禄丰县、蒙自县、个旧市、绿春县、泸西县、元阳县、红河县、金平苗族瑶族自治县、河口瑶族自治县、屏边苗族自治县、文山县、砚山县、西畴县、麻栗坡县、马关县、丘北县、广南县、富宁县、景洪市、勐海县、勐腊县	新平彝族傣族自治县、元江哈尼族彝族傣族自治县、隆阳区、腾冲县、龙陵县、昭阳区、鲁甸县、巧家县、大关县、永善县、古城区、玉龙纳西族自治县、宁蒗彝族自治县、思茅区、宁洱哈尼族彝族自治县、墨江哈尼族自治县、景东彝族自治县、景谷傣族彝族自治县、镇沅彝族哈尼族拉祜族自治县、江城哈尼族彝族自治县、孟连傣族拉祜族佤族自治县、澜沧拉祜族自治县、西盟佤族自治县志、临翔区、凤庆县、云县、永德县、镇康县、双江拉祜族佤族布朗族傣族自治县、耿马傣族佤族自治县、沧源佤族自治县、潞西市、瑞丽市、梁河县、盈江县、陇川县、泸水县、福贡县、贡山独龙族怒族自治县、兰坪白族普米族自治县、香格里拉县、维西傈僳族自治县、大理市、弥渡县、永平县、云龙县、漾濞彝族自治县、南涧彝族自治县、巍山彝族回族自治县、楚雄市、双柏县、南华县、大姚县、永仁县、禄丰县、蒙自县、个旧市、绿春县、元阳县、红河县、金平苗族瑶族自治县、河口瑶族自治县、屏边苗族自治县、文山县、西畴县、麻栗坡县、丘北县、广南县、富宁县、景洪市、勐海县、勐腊县	新平彝族傣族自治县、隆阳区、腾冲县、龙陵县、昭阳区、巧家县、永善县、江城哈尼族彝族自治县、临翔区、凤庆县、云县、永德县、双江拉祜族佤族布朗族傣族自治县、耿马傣族佤族自治县、沧源佤族自治县、瑞丽市、盈江县、陇川县、泸水县、福贡县、贡山独龙族怒族自治县、兰坪白族普米族自治县、大理市、弥渡县、永平县、漾濞彝族自治县、南涧彝族自治县、巍山彝族回族自治县、楚雄市、双柏县、蒙自县、个旧市、绿春县、金平苗族瑶族自治县、河口瑶族自治县、屏边苗族自治县、文山县、西畴县、麻栗坡县、广南县、景洪市、勐海县、勐腊县

（续表）

地区	省级政区	化石地点	20 世纪前分布地点	20 世纪前半叶地点	20 世纪后半叶地点	现存地点
	西藏		城关区、林周县、当雄县、尼木县、曲水县、堆龙德庆县、达孜县、墨竹工卡县、江达县、贡觉县、芒康县、林芝县、工布江达县、米林县、墨脱县、波密县、察隅县、洛扎县、错那县	林芝县、工布江达县、米林县、墨脱县、波密县、察隅县、洛扎县、错那县	林芝县、工布江达县、米林县、墨脱县、波密县、察隅县、洛扎县、错那县	林芝县、米林县、墨脱县、波密县、察隅县
西北	陕西	蓝田县、宝鸡市	西安市、蓝田县、周至县、户县、高陵县、宝塔区、延长县、延川县、子长县、安塞县、志丹县、吴旗县、甘泉县、富县、洛川县、宜川县、黄龙县、黄陵县、铜川市、宜君县、临渭区、华阴市、韩城市、华县、潼关县、大荔县、蒲城县、澄城县、白水县、合阳县、富平县、咸阳市、兴平市、三原县、泾阳县、乾县、礼泉县、永寿县、彬县、长武县、旬邑县、淳化县、武功县、宝鸡市、凤翔县、岐山县、扶风县、眉县、陇县、千阳县、麟游县、凤县、太白县、汉台区、南郑县、城固县、洋县、西乡县、勉县、宁强县、略阳县、镇巴县、留坝县、佛坪县、榆阳区、神木县、府谷县、横山县、靖边县、定边县、绥德县、米脂县、佳县、吴堡县、清涧县、子洲县、汉滨区、汉阴县、石泉县、宁陕县、紫阳县、岚皋县、平利县、镇坪县、旬阳县、白河县、商州区、洛南县、丹凤县、商南县、山阳县、镇安县、柞水县	周至县、洛川县、华县、澄城县、淳化县、宝鸡市、岐山县、眉县、太白县、城固县、佛坪县、榆阳区、汉滨区、汉阴县、宁陕县、平利县、镇坪县、山阳县、镇安县	周至县、眉县、太白县、城固县、佛坪县、宁陕县、平利县、镇坪县	佛坪县、平利县、镇坪县
	甘肃	榆中县、西峰区、华池县、东乡族自治县	兰州市、永登县、榆中县、嘉峪关市、金川区、永昌县、靖远县、会宁县、景泰县、天水市、清水县、秦安县、甘谷县、武山县、张家川回族自治县、凉州区、民勤县、古浪县、天祝县、肃州区、敦煌市、金塔县、瓜州区、肃北蒙古族自治县、甘州区、民乐县、临泽县、高台县、山丹县、肃南裕固族自治县、西峰区、庆城县、环县、华池县、合水县、正宁县、宁县、崆峒区、泾川县、灵台县、崇信县、华亭县、庄浪县、静宁县、安定区、通渭县、临洮县、漳县、岷县、渭源县、陇西县、武都区、成县、文县、西和县、礼县、两当县、徽县、临夏市、临夏县、康乐县、永靖县、广河县、和政县、东乡族自治县、合作市、临潭县、卓尼县、舟曲县、迭部县、碌曲县、夏河县	金川区、永昌县、会宁县、瓜州区、华亭县、陇西县、武都区、文县、西和县、徽县、卓尼县、舟曲县、迭部县	金川区、永昌县、武都区、文县、徽县、卓尼县、舟曲县、迭部县	

(续表)

地区	省级政区	化石地点	20世纪前分布地点	20世纪前半叶地点	20世纪后半叶地点	现存地点
	青海		西宁市、大通县、湟源县、湟中县、平安县、乐都县、民和县、互助土族自治县志、化隆回族自治县、循化撒拉族自治县、祁连县、门源回族自治县、贵德县、贵南县、同仁县、尖扎县、班玛县、达日县、久治县、玉树县、称多县、囊谦县、德令哈市、格尔木市、乌兰县、都兰县、天峻县	大通县、循化撒拉族自治县、祁连县、班玛县、玉树县、称多县、囊谦县、德令哈市、格尔木市、乌兰县、都兰县、天峻县	循化撒拉族自治县、班玛县、玉树县	循化撒拉族自治县
	宁夏		银川市、灵武市、永宁县、贺兰县、石嘴山市、平罗县、利通区、青铜峡市、盐池县、同心县、原州区、西吉县、隆德县、泾源县、彭阳县、沙坡头区、中宁县、海原县			
	新疆		乌鲁木齐市、乌鲁木齐县、石河子市、喀什市、疏勒县、英吉沙县、泽普县、莎车县、叶城县、麦盖提县、巴楚县、塔什库尔干塔吉克自治县、阿克苏市、库车县、沙雅县、拜城县、乌什县、阿瓦提县、和田市、和田县、墨玉县、策勒县、于田县、吐鲁番市、鄯善县、托克逊县、哈密市、伊吾县、巴里坤哈萨克自治县、博乐市、精河县、温泉县、昌吉市、阜康市、呼图壁县、玛纳斯县、奇台县、吉木萨尔县、库尔勒市、轮台县、尉犁县、若羌县、和静县、焉耆回族自治县、伊宁市、伊宁县、霍城县、巩留县、新源县、昭苏县、特克斯县、尼勒克县、察布查尔县、塔城市、乌苏市、额敏县、托里县、阿勒泰市、布尔津县、福海县、哈巴河县、青河县	石河子市、巴楚县、阿瓦提县、和田市、和田县、哈密市、巴里坤哈萨克自治县、精河县、昌吉市、阜康市、呼图壁县、玛纳斯县、奇台县、库尔勒市、若羌县、伊宁市、伊宁县、塔城市、乌苏市、阿勒泰市、布尔津县、福海县、哈巴河县、青河县	若羌县	

参考文献

白子麒.1998.老龙洞史前遗址初步研究.人类学学报,17(3):212～229

包诺索夫 B Б.1938.北满更新世动物及其旧石器时代遗物之观察.满洲史学,2(1)

北京大学考古学系.2003.华县泉护村.北京:科学出版社

北京市房山区地方志编纂委员会.1999.北京市房山区志.北京:北京出版社

蔡回阳,等.1991.贵州毕节扁扁洞的旧石器.人类学学报,10(1):50～57

曹志红.2010.老虎与人:中国虎地理分布和历史变迁的人文影响因素研究.西安:陕西师范大学博士论文

郴县志编纂委员会编.1995.郴县志.北京:中国社会出版社

陈德珍,祁国琴.1978.云南西畴人类化石及共生的哺乳动物群.古脊椎动物与古人类,16(1):33～46

陈耿娇.2002.广西田东雾云洞更新世脊椎动物群.古脊椎动物学报,40(1):42～51

陈全家.2006.郑州西山遗址出土动物遗存研究.考古学报,(3):385～418

陈嵘.1934.历代森林史略及民国林政史料.南京:金陵大学

陈锡祺.1985.林则徐奏稿·公牍·日记补编.广州:中山

大学出版社
大瑶山自然资源综合考察队.1988.广西大瑶山自然资源考察.上海:学林出版社
(德)艾米尔·特林克勒著;赵凤朝译.2000.未完成的探险.乌鲁木齐:新疆人民出版社
德日进,杨钟健.1936.安阳殷墟之哺乳动物群.中国古生物学志(丙种),12(1):1～78
邓学建,王斌.2001.湖南省桃源县发现华南虎踪迹.动物学报,(1):118～119
(俄)普尔热瓦尔斯基著;黄健民译.1999.走向罗布泊.乌鲁木齐:新疆人民出版社
范雪春,郑国珍.2006.福建第四纪哺乳动物化石考古发现与研究.北京:科学出版社
房迎三.2000.江苏上新世以来的哺乳动物群,(7):33～40
福建省地方志编纂委员会.2004.福建省历史地图集.福州:福建省地图出版社:229
甘雨,方保华主编.2004.河南省野生动植物资源调查与保护.郑州:黄河水利出版社
高耀亭,等.1987.中国动物志·兽纲.第八卷,食肉目.北京:科学出版社
鸽子洞发掘队.1975.辽宁鸽子洞旧石器遗址发掘报告.古脊椎动物与古人类,13(2):122～136
耿德铭.1995.怒江中游史前文化遗存综说.考古,(7):626～638
顾玉珉,等.1986.广西洞穴调查报告.人类学学报,5(2):198～199
广西壮族自治区文物考古训练班,广西壮族自治区文物工作队.1975.广西南宁地区新石器时代贝丘遗址.考古,(5):295～301
贵州省赫章县地方志编纂委员会编.2001.赫章县志.贵阳:贵州人民出版社
贵州省龙里县志编纂委员会编.1995.龙里县志.福州:福建人民出版社
贵州省台江县志编纂委员会编.1994.台江县志.贵阳:贵州人民出版社
贵州省务川仡佬族苗族自治县志编纂委员会编.2001.务川仡佬族苗族自治县志.贵阳:贵州人民出版社
国家林业局主编.2008.中国重点陆生野生动物资源调查.北京:中国林业出版社
韩德芬,张森水.1978.建德发现的一枚人的犬齿化石及浙江第四纪哺乳动物新资料.古脊椎动物与古人类,16(4):255～263
郝思德,王明忠.2004.海南史前文化遗存经济生活初探.南方文物,(4):28～34
郝思德.1997.三亚落笔洞洞穴遗址文化初探.南方文物,(1):94～99
何兵.2008.寻找华南虎.大自然探索,(10):32～41
何传坤,祁国琴,张钧翔.1997.台湾澎湖海沟更新世晚期食肉类化石的初步研究.台湾立博物馆年刊,40:195～224
何业恒著.1996.中国虎与中国熊的历史变迁.长沙:湖南师范大学出版社
河南文物考古研究所等.1989.淅川下王岗.北京:文物出版社
胡长康,齐陶著.1978.陕西蓝田公王岭更新世哺乳动物群.北京:科学出版社
胡长康.1985.周口店第一地点哺乳动物化石研究的历史及进展//吴汝康,等著.北京猿人遗址综合研究.北京:科学出版社
胡海松.2003.华县泉护村遗址动物遗存分析/北京大学考古学系　中国社会科学院考古研究所.华县泉护村.北京:文物出版社
胡绍锦.1985.昆明新发现一批旧石器地点.人类学学报,4(1):103
湖北省文物考古研究所.2004.巴东店子头遗址发掘简报.江汉考古,(3):28～35
黄东,邱立诚.2008.广东东源县必寿洞更新世化石群/董为主编.第十一届中国古脊椎动物学学术年会论文集.北京:海洋出版社,113～118
黄石市志编纂委员会编.2001.黄石市志.北京:中华书局
黄泗亭,等.1992.马鞍山南洞旧石器文化遗址试掘报告.人类学学报,11(1):69～78
黄万波,等.1988.记广东首次发现巨羊及扬子鳄化石.古脊椎动物学报,26(3):227～231
黄万波,等著.2012.和县猿人.北京:科学出版社
黄万波.1979.华南洞穴动物群的性质和时代.古脊椎动物与古人类,17(4):327～142
黄象洪,曹克清.1978.上海马桥、嵩泽新石器时代遗址中的动物遗骸.古脊椎动物与古人类,16(1):60～65
黄学诗,宗冠福.1973.辽宁本溪晚更新世洞穴堆积.古脊椎动物与古人类,11(2):211～214
黄蕴平.1996.金牛山遗址动物碎骨的观察.东北亚旧石器文化.韩国国立忠北大学校先史文化研究所,中国辽宁省文物考古研究所编辑发行
黄蕴平.2010.动物骨骼数量分析和家畜驯化发展初探//河南省文物考古研究所编动物考古.第1辑,2007年中国郑州动物考古国际学术研讨会论文集.北京:文物出版社
贾兰坡,等.1959.周口店附近新发现的哺乳动物化石地点.古脊椎动物与古人类,1(1):47～51
贾兰坡,等.1972.山西峙峪旧石器时代遗址发掘报告.考古学报,(1):39～58
贾兰坡,等.1979.许家窑旧石器时代文化遗址1976年发掘报告.古脊椎动物与古人类,17(4):277～288

贾兰坡,张振标. 1977. 河南淅川下王岗遗址中的动物群. 文物,(6):41～49
贾兰坡. 1957. 长阳人化石及共生的哺乳动物群. 古脊椎动物学报,1(3):247～252
贾树模. 1916. 新疆杂记. 地学杂志(第 80 号)
姜鹏. 1975. 吉林安图晚更新世洞穴堆积. 古脊椎动物与古人类,13(3):197～198
姜鹏. 1982. 吉林安图人化石. 古脊椎动物与古人类,20(1):65～70
金牛山联合发掘队. 1976. 辽宁营口金牛山发现的第四纪哺乳动物群及其意义. 古脊椎动物与古人类,14(2):120～127
(晋)常璩撰;刘琳校注. 1984. 华阳国志校注. 成都:巴蜀书社
筠连县县志编纂委员会编. 1998. 筠连县志. 成都:四川科学技术出版社,105～106
卡尔克 H D. 1961. 关于中国南方剑齿象一熊猫动物群和巨猿的时代. 古脊椎动物与古人类,(2):83～103
乐山市地方志编纂委员会编纂. 2000. 乐山市志. 成都:巴蜀书社
李家和,等. 1992. 江西萍乡竹山园洞的哺乳类化石和石制品. 人类学学报,11(1):86～92
李炎贤,蔡回阳. 1986. 贵州普定白岩脚洞旧石器时代遗址. 人类学学报,5(2):162～171
李炎贤,等. 1974. 湖北大冶石龙头旧石器时代遗址发掘报告. 古脊椎动物与古人类,12(2):139～156
李有恒,等. 1984. 广西柳江土博出土的人牙化石及共生的哺乳动物群. 人类学学报,3(4):322～329
理县志编纂委员会编. 1997. 理县志. 成都:四川民族出版社
梁宗利等. 2011. 金平县野生动物保护现状及其影响因素分析. 林业调查规划,36(6):68～72,75
林玉芬. 1981. 江苏铜山县第四纪哺乳动物化石新地点. 古脊椎动物与古人类,19(3):378
刘莉,等. 2001. 陕西临潼康家龙山文化遗址 1990 年发掘动物遗存. 华夏考古,(1):4
刘先新主编. 2010. 中国长江三峡动物大全. 北京:科学出版社
刘信中,方福生主编. 2001. 江西武夷山自然保护区科学考察集. 北京:中国林业出版社,206～222
龙陵县委党史地方志工作办公室编. 2000. 龙陵县志. 北京:中华书局
吕遵谔,等. 1989. 山东沂源猿人化石. 人类学学报,8(4):301～313
吕遵谔. 1989. 金牛山人的时代及其演化的地位. 辽海文物学刊(1)
罗祥瑞. 1992. 江西乐平山下溶洞的调查. 南方文物,(4):1
马安成,汤虎良. 1992. 浙江金华全新世大熊猫——剑齿象动物群的发现及其意义. 古脊椎动物学报,30(4):295～312
马逸清,文榕生. 2015. 虎(Panthera tigris)的起源与地理分布变迁. 野生动物学报,36(2):134～145,封 3
宁波市地方志编纂委员会编. 1995. 宁波市志. 北京:中华书局
宁海县地方志编纂委员会编. 1993. 宁海县志. 杭州:浙江人民出版社
裴文中. 1960. 中国原始人类的生活环境. 古脊椎动物与古人类,2(1):10～21
祁国琴. 1975. 内蒙古萨拉乌苏河流域第四纪哺乳动物化石. 古脊椎动物与古人类,13(4):239～249
祁国琴. 1977. 福建闽侯昙石山新石器时代遗址中出土的兽骨. 古脊椎动物与古人类,15(4):301～306
祁国琴. 1989. 中国北方第四纪哺乳动物群:兼论原始人类生活环境. 中国远古人类. 北京:科学出版社,277～337
秦蕴珊,赵拙龄. 1991. 中国陆架沉积模式研究新进展/梁名胜,张吉林主编. 中国海陆第四纪对比研究. 北京:科学出版社,23～39
邱占祥,等. 2002. 甘肃省东乡族自治县龙担黄土底部新发现的哺乳动物群初步报道. 第四纪研究,22(1):33～38
邱占祥,等著. 2004. 甘肃东乡龙担早更新世哺乳动物群. 北京:科学出版社
邱占祥. 1998. 虎年谈虎的起源. 大自然,(1):9～10
邱中郎,等. 1961. 湖北省清江地区洞穴中的哺乳类化石报导. 古脊椎动物与古人类,3(2):155～158
邱中郎,等. 1973. 周口店新发现的北京猿人化石及文化遗物. 古脊椎动物与古人类,11(2):109～131
邱中郎,等. 1982. 南召发现的人类和哺乳类化石. 人类学学报,1(2):109～117
(瑞典)斯文·赫定著;孙仲宽译;杨镰整理. 2013. 我的探险生涯. 乌鲁木齐:新疆人民出版社
邵阳市地方志编纂委员会编. 1997. 邵阳市志. 长沙:湖南出版社
涉县地方志编纂委员会编. 1998. 涉县志. 北京:中国对外翻译出版社
A. A. 斯卢德斯基;刘鸿麟译. 1959. 苏联的虎/中国科学院动物研究所编 狩猎、驯养、自然保护. 北京:科学出版社
斯信强,等. 1993. 盘县大洞发掘简报. 人类学学报,12(2):113～119
四川省丹棱县志编纂委员会编纂. 2000. 丹棱县志. 丹棱:丹棱印刷厂
四川省马尔康县志编纂委员会编纂. 1995. 马尔康县志. 成都:四川人民出版社

苏州市地方志编纂委员会编. 1995. 苏州市志. 南京：江苏人民出版社：241
孙建中，等. 1981. 吉林榆树周家油坊旧石器文化遗址. 古脊椎动物与古人类，19(3)：281～290
孙建中. 1977. 关于顾乡屯组. 吉林地质(2)
谭邦杰. 1980. 中国的虎. 自然杂志(11)
谭其骧主编. 1982a. 中国历史地图集. 第一册，原始社会、夏、商、西周、春秋、战国时期. 北京：中国地图出版社
谭其骧主编. 1982b. 中国历史地图集. 第二册，秦、西汉、东汉时期. 北京：中国地图出版社
汤卓炜，等. 2003. 吉林乾安大布苏晚更新世动物群. 古脊椎动物学报，41(2)：137～146
同安县地方志编纂委员会编. 2000. 同安县志. 北京：中华书局
佟柱臣. 1947. 东北旧石器时代问题. 沈阳博物院筹备委员会汇刊
王家德. 1994. 试论长江三峡地区大溪文化的原始渔猎. 江汉考古，(3)：52～55
王珏. 2005. 云南临沧澜沧江自然保护区双江片区生态旅游开发探索. 陕西林业科技，(2)：35～38
王醒民. 1935. 新疆之农牧与生物. 新亚细亚(5)
王正新. 1991. 四川筠连县发现大批哺乳动物化石. 古脊椎动物学报，29(1)：71
魏海波. 1986. 辽宁第四纪哺乳动物群与古气候的演变. 辽宁地质(1)
文焕然，何业恒. 1979. 中国森林资源分布的历史概况. 自然资源(2)
文焕然，文榕生著. 1996. 中国历史时期冬半年气候冷暖变迁. 北京：科学出版社
文焕然. 1988. 历史时期新疆森林的分布及其特点. 历史地理(6)
文榕生，张明海. 2016. 中国历史上的虎(Panthera tigris)亚种名称及分布地. 野生动物学报，37(1)：5～14
文榕生. 2014. 诸山皆有虎. 人与生物圈，(6)：18～22
文榕生. 2015. 对虎在我国两大岛屿上分布的历史考察. 晋中学院学报(社会科学版)，32(2)：74～79
文榕生. 2016. 再探历史时期新疆分布的虎. 四川动物，35(2)：311～320
文榕生著. 2009. 中国珍稀野生动物分布变迁. 济南：山东科学技术出版社
吴家炎. 1993. 关于秦岭的虎：兼议虎的“华北亚种”. 大自然，(2)：30～31
吴茂霖，等. 1975. 贵州桐梓发现的古人类化石及其文化遗物. 古脊椎动物与古人类，13(1)：14～23
吴新智，等. 1962. 广西东北地区调查简报. 古脊椎动物与古人类，6(4)：408～413
吴跃峰，等编著. 2009. 河北动物志：两栖、爬行、哺乳动物类. 石家庄：河北科学技术出版社
武仙竹. 1998. 神农架犀牛洞旧石器时代遗址发掘报告. 人类学学报，17(2)：121～136
西安半坡博物馆. 1985. 陕西临潼康家遗址第一、二次试掘简报. 史前研究，(1)：56～67
湘江. 1977. 湖北郧西发现猿人牙齿化石. 古脊椎动物与古人类，15(2)：封 3
谢骏义，许俊臣. 1988. 甘肃华池马兰黄土中的哺乳动物化石. 古脊椎动物学报，26(2)：149～152
兴安县地方志编纂委员会编. 2002. 兴安县志. 南宁：广西人民出版社
徐鹏章. 2003. 成都方池街古遗址发掘报告. 考古学报(2)
徐钦琦，欧阳涟. 1982. 北京人时代的气候. 人类学学报，1(1)：80～90
徐延恭，李迪强. 1997. 香港陆生脊椎动物简介. 动物学杂志，32(3)：3～8
许崇灏. 1945. 新疆志略. 南京：正中书局
杨启成，等. 1975. 福建永安第四纪哺乳类化石. 古脊椎动物与古人类，13(3)：192～194
杨钟健，刘东生. 1949. 安阳殷墟之哺乳动物群补遗. 中国考古学报，(4)：145～153
漾濞彝族自治县地方志编纂委员会编. 2000. 漾濞彝族自治县志. 昆明：云南人民出版社
叶灵凤. 1985. 香港风物志. 北京：生活・读书・新知三联书店
尤玉柱，蔡保全. 1995. 台湾海峡西部海域哺乳动物化石. 古脊椎动物学报，33(3)：231～237
尤玉柱，蔡保全. 1996. 福建更新世地层，哺乳动物与生态环境. 人类学学报，15(4)：335～346
尤玉柱，等. 1985. 大连古龙山洞穴文化遗物及对当时古生态环境的探讨. 史前研究(1)
尤玉柱，等. 1993. 金牛山 A 点地层剖面及溶洞的形成和堆积过程. 中国科学院古脊椎动物与古人类研究所集刊. 第 19 号. 北京：科学出版社，7～15
尤玉柱，祁国琴. 1973. 云南元谋更新世哺乳动物化石新材料. 古脊椎动物与古人类，11(1)：66～80
尤玉柱，徐钦琦. 1981. 中国北方晚更新世哺乳动物群与深海沉积物的对比. 古脊椎动物与古人类，19(1)：77～84
尤玉柱，徐淑彬. 1996. 沂，沭河流域第四纪地层与哺乳动物化石. 古脊椎动物学报，34(4)：322～331
垣曲县地方志编纂委员会编. 2001. 垣曲县志：1991～2000. 北京：中华书局
袁国映. 2010. 追记新疆虎. 新疆环境保护，32(3)：14～17
袁靖，宋建. 1997. 上海市马桥遗址出土动物骨骼的初步研究. 考古学报(2)
云南省麻栗坡县地方志编纂委员会编. 2000. 麻栗坡县

志.昆明:云南民族出版社
张冠相,等.1990.张广才岭方正林区再次发现东北虎的踪迹.野生动物(3)
张荣祖,等.1997.中国哺乳动物分布.北京:中国林业出版社:概图 VI
张兴永.1973.云南第四纪哺乳动物化石新地点.古脊椎动物与古人类,11(2):219～221
张玉光,等.2009.陕西华县泉护村遗址发现的全新世猛禽类及其意义.地质通报,28(6):756
张镇洪,陈青松.1994.广东封开县罗沙岩洞穴遗址第一期发掘简报.人类学学报,13(4):300～308
张镇洪,等.1980.辽阳安平化石哺乳动物群的发现.古脊椎动物与古人类,18(2):154～161
张镇洪,等.1985.辽宁海城小孤山遗址发掘简报.人类学学报,4(1):70～79
张镇洪,等.1998a.广东英德九龙礼堂山动物群的发现.江汉考古,(1):29,28
张镇洪,等.1998b.广东英德牛栏洞动物群的研究.江汉考古,(1):21～28
张镇洪.1981.辽宁地区远古人类及其文化的初步研究.古脊椎动物与古人类,19(2):184～192
张祖方,王闵闽.1987.太湖三山岛的哺乳动物化石.南京博物院集刊(9)
昭通市志编纂委员会编.2000.昭通市志.昆明:云南人民出版社
赵焕庭,等.2007.琼州海峡成因与时代.海洋地质与第四纪地质,27(2):33～40
赵仲如,等.1981.广西都安九愣山人类化石与共生动物群及其在岩溶发育史上的意义.古脊椎动物与古人类,19(1):45～54
中国地质科学院地质研究所,武汉地质学院编制.1985.中国古地理图集.北京:地图出版社
中国考古学会编.1985.中国考古学年鉴:1985.北京:文物出版社
中国考古学会编.1988.中国考古学年鉴:1986.北京:文物出版社
中国考古学会编.1988b.中国考古学年鉴:1987.北京:文物出版社
中国考古学会编.1993.中国考古学年鉴:1992.北京:文物出版社
中国考古学会编.1997a.中国考古学年鉴:1994.北京:文物出版社
中国考古学会编.1997b.中国考古学年鉴:1995.北京:文物出版社
中国考古学会编.2000.中国考古学年鉴:1998.北京:文物出版社
中国考古学会编.2004.中国考古学年鉴:2002.北京:文物出版社
中国考古学会编.2006.中国考古学年鉴:2005.北京:文物出版社
中国科学院青藏高原综合考察队.1986.西藏哺乳类.北京:科学出版社
中国社会科学院考古研究所编著.2001.蒙城尉迟寺:皖北新石器时代聚落遗存的发掘与研究.科学出版社
中华人民共和国濒危物种进出口管理办公室主编;郑生武,等编著.1994.中国西北地区珍稀濒危动物志.北京:中国林业出版社
钟祥浩主编.2000.山地学概论与中国山地研究.成都:四川科学技术出版社
周尔泰.2003.成都市方池街古文化遗址初探.四川文物(1)
周明镇,李传夔.1965.陕西蓝田陈家窝中更新世哺乳类化石补记.古脊椎动物与古人类,9(4):377～393
周明镇.1964.陕西蓝田中更新世哺乳类化石.古脊椎动物与古人类,8(3):301～305
朱兆瑞.1997.中国年降水量图/张荣祖,等.中国哺乳动物分布.北京:中国林业出版社:概图 V
Teilhard de Chard P. 1938. Le villafranchian de Asic etla Question du villafranchian. C. R. sommaire desseances de la soc. Geol de la. France,(17):325～328
Yong C C. 1932. On some fossil mammals from Yunnan. Bull Geol. Soc. China,383～393

第十八章

亚洲象的分布变迁（续）

亚洲象（*Elephas maximus*；以下一般简称野象）被列为国家一级保护动物，笔者曾对其分布变迁进行过探讨，当时仅分为历史与现今两个主要阶段（文榕生，2009）。现根据新资料与本书体例再对其分布变迁探究，曾表述过的原始资料不再重复，仅增补新资料，或作订正。

现存野象在全球只有 30 000～50 000 头，分布在亚洲 13 个国家，其中 60%以上在印度，10%在缅甸，8%在泰国，马来西亚与斯里兰卡共占 6%；我国仅在云南省西南与南部存有 15～18 群、300 余头[①]，处于波动状态，依然十分珍贵。

1 象的遗存分布

在我国，象的遗存除香港特别行政区与澳门特别行政区外，其余各省级政区皆有发现。可以说，古脊椎动物中，象是我国分布最广的哺乳动物之一。

对于亚洲象遗存，通常认为其为全新世物种，然而我们也见到出自晚更新世的亚洲象遗存。对亚洲象的近亲纳玛象（有纳玛古菱齿象、菱齿象、棱齿象等别称；拉丁学名也有 *Palaeoloxodon*、*namadicus* 和 *Elephas namadicus*），虽一般说其存在于晚更新世，但也有出自中更新世的报道。亚洲象与纳玛象二者相似点颇多，有时仅凭发现的部分遗存鉴定，难免混淆。故笔者选取并梳理迄今所见中更新世以来的纳玛象与亚洲象遗存（表 18.1、图 18.1），形成序列，大致可以看出以下特点：

● 中新世以来象遗存超过 123 地，约 160 点，涉及除东北以外的 5 个地区。

● 从中更新世与晚更新世象的遗存分布看，已然四散到遗存分布区的周边；但后者的密集度更高，反映数量更多，或是纳玛象与亚洲象交替或共存阶段。

● 从全新世的象遗存分布看，主要处于黄河以南；黄河以北仍有稀疏分布，当然还有个别地点则因不同时段重叠而隐去。由此反映其时基本上是亚洲象栖息，并且呈现分布区向南迁移态势。

● 新发现的河北省玉田县（39.8°N）亚洲象后腿股骨属于全新世遗存，使得亚洲象遗存分布地东北界具有更坚实的支撑。

● 就鉴定出的亚洲象遗存分布看，基本上处于象遗存外围，亦即：北起河北省阳原县（40.1°N），南至海南省三亚市（18.2°N），西自西藏自治区桑日县（92.0°E），东达上海市闵行区（121.4°E）。

---

①尹瑞峰．陈俊骢．实施亚洲象救护工程．http://news.hexun.com/2016-03-14/182733468.html

表 18.1　中更新世以来象遗存分布概况

地区	省级政区	市、县、区	遗存地点	时期	资料来源
华北	北京	朝阳区	朝阳门外	晚更新世	黄万波,1979a
		海淀区	黑山沪安河桥东、知春路北京卫星厂	晚更新世	周明镇,1957;网络*
		房山区	上地	全新世	网络*
			周口店(第一地点,1、4、9层)	中更新世中期—中更新世末期	甄朔南,1960;卡尔克等,1961;赵树森等,1980
			周口店龙骨山新洞	晚更新世	黄万波,1979a;安志敏,1984
		顺义区	首都国际机场	晚更新世	网络*
		昌平区	小汤山、南环大桥	晚更新世	黄万波,1979a;网络*
		怀柔区	卧龙岗、一工地	晚更新世	黄万波,1979a;网络*
		密云县	城关、运输十二场	更新世晚期	甄朔南,1960;黄万波,1979a
	天津	蓟县	7次出土①	中更新世—晚更新世	网络*
			出头岭乡	晚更新世	网络*
	河北	石家庄市	长安区	晚更新世晚期	董明星等,2011
		栾城县	龙化村、胡家寨村、西塔口村	晚更新世晚期	董明星等,2011
		尚义县	七甲乡	更新世中—晚期?	网络*
		阳原县	许家窑—侯家窑遗址	晚更新世	阳原县地方志编纂委员会,1997
			丁家堡水库、化稍营镇大渡口村	全新世	贾兰坡等,1980
		赤城县	白河右岸	中更新世	贾兰坡等,1957
		迁安市	爪村遗址	晚更新世早期	裴文中等,1958a;黄万波,1989
		玉田县	新联印刷厂	全新世	网络*
	山西	大同市	青磁窑矿	中更新世晚期	李超荣等,1983
		襄汾县	丁村	更新世晚期	裴文中等,1958b
		永济市	匼河遗址、介峪口村	更新世中期最初阶段	贾兰坡等,1962;魏海波等,1985
		芮城县	匼河遗址	更新世中期最初阶段	贾兰坡等,1962
		万荣县	荣河镇西桌子村	中更新世	宗冠福,1980;汤英俊等,1982
		新绛县	横桥乡三家店	中更新世	黄万波等,1986
	内蒙古	乌审旗	杨四沟	晚更新世早—中期	祁国琴,1975
华东	上海	闵行区	马桥镇东俞塘村	全新世	黄象洪等,1978
		嘉定区	方泰镇	全新世	曹克清,1982
		松江区	城厢镇兴圣教寺塔	全新世	曹克清,1982
		青浦区	赵巷镇崧泽遗址	全新世	张明华,1979
	江苏	邳州市	多次多处挖掘出大象化石	中更新世	网络*
		睢宁县	张圩乡凤凰山磷矿	晚更新世?	罗其湘,1978

（续表）

地区	省级政区	市、县、区	遗存地点	时期	资料来源
		连云港市	锦屏镇酒店庄	全新世	网络*
		泗洪县	下草湾遗址	中新世	卡尔克，1961；周明镇等，1964
			石集乡桂台村	晚更新世	网络*
		海安县	双楼镇	全新世	海安县志编纂委员会，1997
		丹阳市		中更新世	卡尔克，1961
		吴江市	黎里镇乌金漾	全新世	网络*
	浙江	杭州市	西湖区留下镇荆山岭	中更新世	裴文中等，1957
			萧山区	全新世	张明华，1979
		富阳市	渌渚镇高山龙洞	全新世	徐玉斌等，1980
		建德市	李家镇新桥村乌龟洞	更新世晚期	韩德芬等，1978
		湖州市	吴兴区菱湖镇	全新世	张明华，1979
		余姚市	罗江乡河姆渡遗址	全新世	张明华，1979；吴维棠，1983
		越城区		全新世	张明华，1979
	安徽	界首市		晚更新世	网络*
		临泉县	陈集镇李钟营村	晚更新世	网络*
		太和县		晚更新世	网络*
		蒙城县	庄周乡九里桥村、立仓镇张长营村	晚更新世	李凤麟等，1988；蔡凌凯.2011
		怀远县		中更新世	网络*
			古城乡	晚更新世	网络*
		五河县	西尤遗址	晚更新世	网络*
		淮南市	潘集区田集街道	中更新世	网络*
		铜陵市	铜山铜矿水泥厂	更新世晚期至晚更新世	叶元正等，1975
		宣州区	新田镇莆田村	晚更新世	网络*
	福建	闽侯县	甘蔗镇恒心村昙石山遗址	全新世	祁国琴，1977
		清流县	龙津洞 3 号裂隙	晚更新世	尤玉柱等，1995；范雪春等，2006
		泉州市	玉犀巷内泉州民主党派总部	全新世	志诚，1985
		石狮市	台湾海峡	晚更新世	尤玉柱等，1995；范雪春等，2006
		惠安县	东园乡玉埕村	更新世晚期或全新世	徐余瑄，1959
		东山县	台湾海峡	晚更新世	尤玉柱等，1995；范雪春等，2006
	江西	萍乡市	芦溪区宣风镇竹山园洞	更新世中期—晚期	李家和等，1992
	山东	济南市	长清区	晚更新世	网络*
		平阴县	玫瑰镇赵台村	晚更新世	网络*
		淄博市	周村区王村镇西道村砖厂	更新世晚期	网络*
		昌乐县	高崖镇西李家庄村	晚更新世	网络*
		青岛市	黄岛区大珠山遗址	更新世晚期	网络*

(续表)

地区	省级政区	市、县、区	遗存地点	时期	资料来源
		日照市	黄海岸边沙滩	更新世中晚期	秦嗣华,2001
		临沂市	兰山区枣沟头镇	晚更新世	网络*
		郯城县	黑龙塘	晚更新世	临沂地区文物管理委员会,1986;徐淑彬等,1987
		苍山县		晚更新世	网络*
		莒南县	坪上三村砖场	晚更新统	常玉英等,1974
		沂水县	蒋庄、中良子村、贾姚庄	晚更新世	临沂地区文物管理委员会,1986;徐淑彬等,1987
		泰安市	大汶口遗址	全新世	山东省文物管理处等,1974;网络*
		宁阳县	大汶口遗址	全新世	山东省文物管理处等,1974
	台湾	高雄市	左营区莲池潭(莲花潭)	中更新世?	网络*
		台南县	左镇乡荣和村菜寮溪	晚各显身手	网络*
中南	河南	郑州市	董砦村	中更新世	汪培梓,2015
		新郑市	龙湖镇大赵村	中更新世	网络*
		洛阳市	西工区凯旋路、涧西区南昌路	晚更新世	张森水等,1982;网络*
		偃师市	二里头遗址	全新世	苗霞,2002
		安阳市	殷墟	全新世	德日进等,1936;杨钟健等,1949
		淅川县	下王岗遗址	全新世	贾兰坡等,1977
	湖北	武汉市	洪山区向家尾村	全新世	网络*
		荆门市	沙洋镇	晚更新世	李天元,1985
	湖南	澧县	梦溪镇三元宫遗址	全新世	湖南省博物馆,1979
		道县	乐福堂乡塘贝村	晚更新世	陈醒斌,1986
	广东	广州市	越秀区象岗南越王墓	全新世	申云艳,2002
		韶关市	马坝人遗址	晚更新世	卡尔克,1961;刘昌芝,1962
		佛山市	南海区西樵镇官山城区、石湾区澜石镇河南村、顺德区	全新世	王将克,1978;网络*
		高要市	金利茅岗水上干栏遗址	全新世	网络*
		封开县	罗沙岩、渔涝镇狮子岩	晚更新世	宋方义等. 1981;邱立诚,1986;张镇洪等,1994
		罗定市	苹塘下山洞	晚更新世晚期	黄万波等,1988;宋方义等,1989
	广西	桂林市	新开村	中更新世	卡尔克,1961
			甑皮岩遗址	全新世早期	李有恒等,1978;网络*
		兴安县		中更新世	裴文中,1960
		柳江县	柳江人洞(通天岩)	晚更新世	黄万波,1979b
		浦北县	乐民镇莫村石山洞穴	晚更新世	网络*
		凭祥市	铁路机务段后侧洞穴、东罗矿务局那法矿区	晚更新世	顾玉珉等,1986;王頠等,2004

（续表）

地区	省级政区	市、县、区	遗存地点	时期	资料来源
		大新县	牛睡山黑洞	中更新世	裴文中，1960；卡尔克，1961
		右江区	百色镇东笋村革新桥遗址	全新世	黄蕴平，2010
		田东县	雾云洞	中更新世或晚更新世早期	陈耿娇，2002
		田东县	祥周乡模范村定模山	更新世晚期	李有恒等，1985
		都安瑶族自治县	地苏乡	晚更新世	赵仲如等，1981
		八步区	黄田乡硝岩洞	晚更新世	顾玉珉等，1986
	海南	三亚市	落笔洞遗址	全新世	郝思德等，1994；郝思德等，2004
	海南	昌江黎族自治县	七叉镇保由村信冲洞、石碌镇鸡心村红林化石地点	中更世中期	网络*
西南	重庆	万州区	新田镇盐井沟遗址	中更新世	
西南	重庆	铜梁县	城西郭张二塘遗址	晚更新世—全新世	张森水等，1982
西南	重庆	璧山县	梅江乡	晚更新世?	四川省璧山县志编纂委员会，1996
西南	重庆	巫山县	大溪文化遗址	全新世	王家德，1994；缪雅娟，2002a；网络*
西南	重庆	秀山土家族苗族自治县	海洋乡	晚更新世②	网络*
西南	四川	彭州市		全新世?③	网络*
西南	四川	邛崃市		全新世?③	网络*
西南	四川	崇州市		全新世?③	网络*
西南	四川	双流县		全新世?③	网络*
西南	四川	旌阳区		全新世?③	网络*
西南	四川	广汉市	三水乡	更新世晚期	四川省广汉市《广汉县志》编纂委员会，1992
西南	四川	广汉市	南兴镇三星堆遗址	全新世	二陈，1989
西南	四川	攀枝花市	仁和区民政乡（布德镇）回龙湾遗址	晚更新世	李淼，1988
西南	四川	雁江区	黄鳝溪“资阳人”遗址、“资阳人”发现地点西偏北100 m处	晚更新世	卡尔克，1961；李宣民等，1984；网络*
西南	贵州	盘县	十里坪大洞	中更新世后期—晚更新世	斯信强等，1993
西南	云南	昆明市	花红洞、野猫洞	更新世中期—晚期	张兴永，1973；胡绍锦，1985
西南	云南	富民县	河上洞	更新世中期—晚期	裴文中，1960；卡尔克，1961
西南	云南	隆阳区	芒宽彝族傣族乡新光村上芒岗	中更新世纪晚期	云南保山行政公署，1980
西南	云南	腾冲县	固东镇江东新寨江东山小水井落水洞	全新世	吉学平等，2008
西南	云南	昭阳区		更新世早—中期	周明镇等，1974；云博，1975

(续表)

地区	省级政区	市、县、区	遗存地点	时期	资料来源
		景洪市	景哈乡巴勒原始白骨洞	晚更新世	网络*
			宣慰大道	全新世	西双版纳傣族自治州地方志编纂委员会,2002
	西藏	桑日县	县城附近	全新世	西藏自治区文物管理委员会,1975
西北	陕西	西安市	泄湖镇陈家窝村	更新世中期	周明镇,1964
			临潼区新丰镇渭河大桥	晚更新世	网络*
		高陵县	渭河滩	晚更新世	网络*
		大荔县	段家乡解放村大荔人遗址	中更新世晚期	张森水,1984

注:①7次出土距今3万、10万、20万、70万年和200万年前等不同时期的古象化石,仅取中更新世以来者。②据称:"这些化石有可能是第四纪的动物化石,至今有180万年至1万年,可能是剑齿象、犀牛类化石,小的可能是亚洲象、大熊猫的化石。但两种象的化石同时出现在一个地方的现象很少见"。亚洲象出现较晚,故此推断。③取自成都理工大学博物馆亚洲象的遗骸,故此推断。④标*者出处依次为:北京地铁十号线工地出土象牙化石. http://news.21tx.com/2007/09/06/10904.html;神秘巨骨来自历史上北京唯一象种:古菱齿象. http://news.xinhuanet.com/st/2004-11/10/content_2198156.htm;蒋桂佳. 昌平北运河河底发现万年前古代大象化石. http://news.qq.com/a/20110403/000522.htm;张瑾等. 北京怀柔挖出古菱齿象化石. http://www.xianqin.org/cgi-bin/lb5000/topic.cgi? forum=12&topic=24&show=50;侯福志. 古象化石与天津古气候. http://www.jwb.com.cn/gb/content/2005-10/22/content_323613.htm;蓟县发现古象牙化石. http://news.enorth.com.cn/system/2001/05/09/000067880.shtml;赵锡臣,张鸥. 唐山玉田出土巨大象骨化石距今约1万年. http://gb.cri.cn/14714/2007/05/28/1385@1607935.html;邳州城市的历史名片:邳州古象牙化石之王——破解沧海桑田的密码. http://www.pzzc.net/read-htm-tid-298686.html;连云港人类历史的序幕 http://www.lygwh.gov.cn/show.asp? id=3220;王宣波. 宿迁市泗洪县淮河古菱齿象化石发掘工作完成. http://www.uua.cn/show-8-7500-1.html;费解之谜. http://www.suzhou.gov.cn/szgl/newsslwh1-11.shtml;安徽临泉发现古生物化石为大象头盖骨. http://365jia.cn/news/2016-06-08/0E9ED48B9032E315.html;贾付光. 临泉发现古生物化或是大象头盖骨. http://www.jieshounews.cn/article-55670-1.html;罗薇,李勇. 村民盖房挖出3米长象牙化石. http://ah.anhuinews.com/system/2013/05/07/005632561.shtml;淮南发现50万年前淮河古象(猛犸象)象牙化石. http://www.chinadaily.com.cn/hqcj/zxqxb/2014-07-08/content_11968666.html;特大发现昨天在宣城市新田镇莆田村发现亚洲象的牙齿化石. http://bbs.xcetv.com/dv_rss.asp? s=xhtml&boardid=57&id=79805;马方方等. 新田老虎洞发现大象牙齿化石十月发掘有望显影古人类踪迹. http://www.xccm.cn/News/xccmnews/200709/20070906101651_10210.html;郭学军. 平阴县发现古棱齿象象牙化石. http://news.artxun.com/huashi-1603-8012871.shtml;秦丹银等. 山东昌乐县发现距今约15万年的纳玛象牙化石. http://www.qingdaonews.com/gb/content/2005-09/09/content_5372864.htm;王滨等. 青岛旧石器时代遗址发现万年象牙化石. http://wenshi.dzwww.com/tupian/201311/t20131119_9209140.html;莲池潭. http://www.baike.com/wiki/莲池潭;左镇化石博物馆. http://www.baike.com/wiki/左镇化石博物馆;菜寮溪. http://baike.baidu.com/link? url=RiOpypWkPSNem2K1Olr1eNWTGQ-7onaMY16bqqYUtKd3YdqjFTfhIayqSDwedzVwXadrd4aV-iqnDEeAXfEGa;巴明星. 纳玛象牙化石. http://news.163.com/16/0122/00/BDT6910A00014AED.html;陈世昌等. 千年亚洲象化石现身武汉千年前是大象乐园. http://www.scol.com.cn/society/csxz/20040410/2004410162436.htm;河宕旧墟遗址. http://www.foshaninfo.com/mingcheng/2007/0922/article_204.html;珠江三角洲. http://www.renwen.com/wiki/珠江三角洲;浦北县发掘的亚洲象化石模型复制完成来看象祖宗. http://www.nnnews.net/gxnews/201304/t20130411_519906.html;《琼州记忆:海南省第三次全国文物普查成果图录丛书·昌江县分册》. http://wenku.baidu.com/link? url=iBFBVqikGN7MwdczcJdpBVbUasAsaDdwQV4gcDZJr2SVC9rKnzXGxYSHBB4iHwZKDUQ_QMJgwYS2mglMQJ5tOns9DP65DAHv2nFUUdShrq;马伟元. 海南岛两万年前就有古人类活动昌江发现熊猫化石. http://www.cnfossil.com/viewnews-5969.html;采石场发现剑齿象、大熊猫化石. http://www.uua.cn/fossils/2007/0112/4086.html;郑其等."四川地区首次发现亚洲象遗骸"简直是笑话. http://www.sc.xinhuanet.com/content/2008-04/04/content_12880760.htm;周东棣. 西双版纳"白骨洞"出土旧石器时期文化遗物. http://www.guxiang.com/lishi/others/dongtai/200211/200211090022.htm;方舟,荣忠. 陕西临潼出土大象化石证明两万年前关中有大象. http://news.xinhuanet.com/newscenter/2002-02/02/content_265210.htm;李彪. 渭河两岸考古现"智人"头骨同时发现猛犸象化石. http://www.china.com.cn/culture/txt/2007-01/15/content_7658070.htm

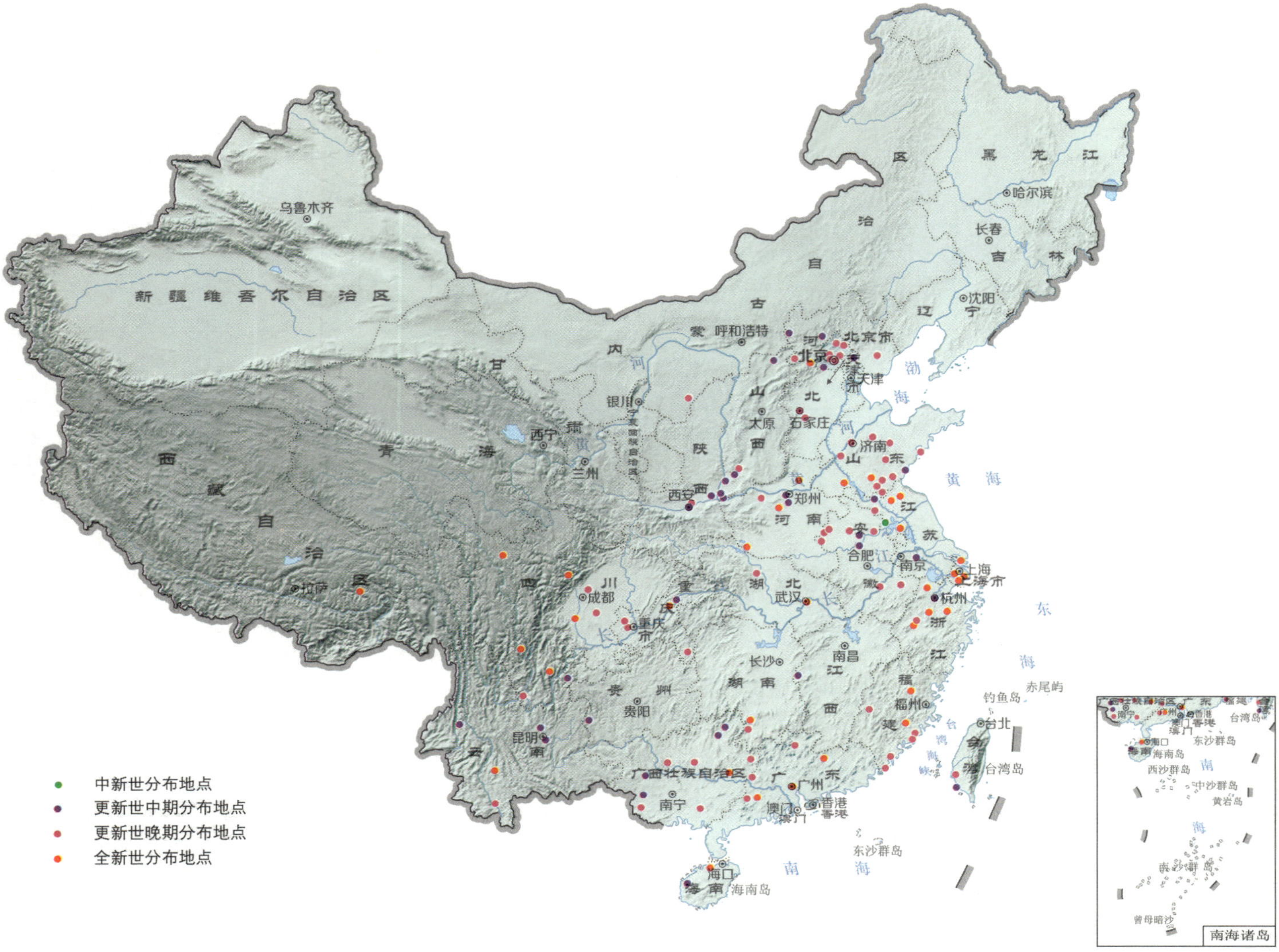

图 18.1　中新世以来象遗存分布变迁图

2　亚洲象在 20 世纪的分布

本阶段，野象仅存在于云南省的 4 个市级政区内。

● 保山市：民国六年（1917）《龙陵县志 · 舆地志 · 物产》记载有：“象、象牙、象尾、琥珀”等，反映今龙陵县在当时仍有野象存在。

● 普洱市：《中国境内亚洲象分布及变迁的社会因素研究》提到：“据科研工作者实地调查，直到新中华人民共和国建立初期这里[①]仍然有亚洲象分布”（张洁，2014），说明到 20 世纪后半叶，景谷傣族彝族自治县仍有野象栖息。

《中国重点陆生野生动物资源调查》记述（国家林业局，2008）：

60 年代，思茅莱阳河自然保护区曾有亚洲象分布，后绝迹。90 年代，在西双版纳自然保护区分布的亚洲象不断向北活动进入思茅市范围。1993 年有 5 只、1996 年有 12 只亚洲象进入思茅

①其前，原文为：“可见，威远州自明朝初期开始，就是明廷驯象朝贡的主要来源地”。“威远州”，在清代为威远厅，治今景谷傣族彝族自治县。

市,之后返回西双版纳。1997年至今,大约有4只的一个群体和一只独象一直在以思茅市南屏镇和翠云乡为中心的大约5个乡镇范围内活动,基本形成了定居的态势。主要活动范围在倚象镇、震东乡、云仙乡、思茅镇、南屏镇、思茅港镇、翠云乡、龙潭乡等乡镇。独象为成体雄性,群体中有2个亚成体。

按:据此表明,虽然莱阳河自然保护区的野象绝迹,但思茅区仍有较稳定的野象栖息。

● 临沧市:据称,沧源县南滚河自然保护区,由以前最多的100多只野象,减少(到)现在13只(钟祥浩,2000),说明曾有不少野象分布。

1992年7~11月对南滚河自然保护区野生动物现状进行调查(郭宝用等,1999),其中亚洲象在保护区成立初期(1981年)估计约有16只(刘德隅等,1989),1984年有人估计有24~25只。1988年保护区专门调查,大象只有12只(郭宝用,1989)。本次调查统计为20只,可能偏高……总数应在11只以上。另据调查,从1918年至1971年间,至少猎杀116只,其中1966年至1971年的5年间就猎杀37头。1988年是保护区建立以来亚洲象死亡最多的一年,有4只(猎杀雌雄各一,触电死亡一雄象,病死一雄幼象)。

《中国重点陆生野生动物资源调查》记述(国家林业局,2008):

临沧地区的亚洲象集中分布在南滚河自然保护区。60年代曾经有50多只亚洲象;80年代以后的历次调查大都认为南滚河保护区只有14~16只亚洲象,如1984年调查认为有24~25只。此外,1985年、1988年、1996年4月和1996年11月均发现过亚洲象尸体,除个别尸体确定为偷猎死亡外,其他死因不详。据西南林学院等单位考察,截至1998年,南滚河保护区的亚洲象数量为15~16只,与林业部门掌握的14~18只相近。但根据其他各地亚洲象增长趋势估计,目前当地亚洲象数量可能还要多一些,总数量估计在16~20只。

按:据此反映,位于沧源佤族自治县与耿马傣族佤族自治县的南滚河自然保护区中,野象在1960年代还有较多数量,此后野象数量徘徊在20只左右,增长缓慢。

● 西双版纳州:据称,景洪勐养一地仅1971~1977年间,就滥杀野象9只,1979~1980年又有6只野象被猎杀(钟祥浩,2000)。反映景洪市有较多野象存在。

《中国重点陆生野生动物资源调查》记述(国家林业局,2008):

①澜沧江西岸 根据1991年调查和本次调查,西双版纳范围内的亚洲象仅分布在澜沧江东岸。事实上,西岸的勐海境内80年代曾有独象短期进入,如在1989年曾有亚洲象从思茅方向到勐旺并停留2~3个月后离去,显然为游荡个体。因未能形成定居群体,可认为西双版纳澜沧江以西无亚洲象分布。

②勐腊县 1991年调查时,亚洲象在勐腊几乎全境分布,从勐腊自然保护所辖区一直向北延伸至小黑江勐养自然保护所以南,包括勐仑保护所的广泛区域都有亚洲象活动,但本次调查表明,上述区域已没有亚洲象活动。

③景洪市、勐养 1995~1998年在勐养的调查表明,亚洲象在勐养保护所范围内普遍分布,活动较为集中的有3个区域,即勐养保护所西部自莲花塘、南满河头至三岔河一线,保护所东南部及东北部延伸至保护区以外;该保护所中部的非核心区,虽有亚洲象活动但数量较少。亚洲象在勐养形成11~13个群体,群体大小在2~27只之间,加上一些单独活动的独象个体,勐养的亚洲象数量估计在115~140只之间;勐养的亚洲象种群已成孤立的种群。

按:由此反映,西双版纳自然保护区是我国野象分布最多的保护区,其所处景洪市、勐海县、勐腊县皆有野象栖息。

3 亚洲象的现今分布

现今,野生亚洲象仅在云南省内仍有残存。

3.1 分布状况

残存于云南省的野象主要在普洱市、临沧市与西双版纳傣族自治州。

据《中国重点陆生野生动物资源调查》称(国家林业局,2008):

本次调查,亚洲象见于云南西双版纳的景洪、勐纳、勐海,思茅地区的思茅、江城和临沧地区的沧源均有或曾经有过亚洲象活动的记录。

本次调查表明，全国约有 180 只亚洲象。

与 20 世纪 70 年代相比，亚洲象呈现逐年递增的趋势。

按：亦即说明，在思茅区、江城哈尼族彝族自治县、沧源佤族自治县、景洪市、勐海县、勐腊县等地仍有有野象栖息。

● 普洱市：该市现存野象主要分布于思茅区、江城哈尼族彝族自治县、澜沧拉祜族自治县。

采用野外监测、数据收集整理、村寨走访调查等方法，分析 1996 年以来亚洲象在思茅区的数量与分布情况，表明其数量逐渐增多（由最初 1996～2004 年的 5 只，增加到 2014 年的 59 只，10 年间增长近 12 倍），活动范围不断扩大（由 1 个乡镇级象群发展到 4 个乡镇级象群），但也出现人、象冲突等新问题（余玲江等，2015）。

据 2016 年 6 月报道，1996 年至今，普洱市辖区共有 20 人遭亚洲象攻击身亡。最近两年，思茅区六顺镇团结村一带就有 4 人死于野象攻击，而且攻击他们的是同一头雄性亚洲象。据介绍，目前普洱市的思茅区、江城哈尼族彝族自治县、澜沧拉祜族自治县除了 104 只亚洲象定居外，还有 20 余只经常在普洱市与西双版纳傣族自治州两地间来回活动，最多的时候，普洱市辖区内的亚洲象达到 120 余只①。

● 临沧市：据 2011 年 1 月报道，南滚河国家级自然保护区用红外相机拍摄到亚洲象活动影像，截图显示亚洲象从“象道”走出热带丛林的活动影像。根据个体特征和出现时间，此次出入该区域的亚洲象共有 6 只，3 大 3 小，它们沿着河谷或山脊，在不同地点循环移动，随后沿森林连接带，取道西北方向。该区亚洲象种群数量由 1980 年的 14 只发展到现在的 23 只，共 4 个象群（分别为 9 只 1 群，6 只 1 群，4 只 1 群，3 只 1 群）和 1 只独象，为典型的孤立小种群，它们主要分布在保护区境内的芒永山、南郎山、大河底、石头寨、西能河等地，栖息面积约 3300 hm②。

据 2016 年 6 月报道，位于沧源佤族自治县与耿马傣族佤族自治县的南滚河国家级自然保护区通过触发式红外相机再次拍摄到亚洲象生存发展迹象（图 18.2、图 18.3）。通过镜头可以看到，近段时间大象从这些“象道”走出热带丛林的影像。根据个体特征和出现时间，此次出入该区域的这一象群数量由原来的 5 只发展到如今的 6 只，它们经常沿着河谷或者山脊，在不同地点循环移动，沿着森林连接带，取道西北方向③。

图 18.2　南滚河的雌雄亚洲象

图 18.3　南滚河的小群亚洲象

● 西双版纳州：通过社区村寨访问、监测网络、痕迹追踪和生态因子分析（ENFA）等方法对西双版纳国家级自然保护区勐腊子保护区内亚洲象的种群和栖息地状况进行研究，显示：野生亚洲象主要分布于勐养、勐腊和尚勇 3 个子保护区。目前活动于勐腊子保护区的亚洲象都是从南部的尚勇子保护区迁移过来的（Zhang W Q,

①云南野象频繁袭击村庄村民求击毙官方：正在调研. http://www.qianhuaweb.com/2016/0608/3355230.shtml

②李岩旺，王志胜. 云南：红外相机再现亚洲象活动保护工作现成效. http://www.hlbrdaily.com.cn/syxw/93792536.html

③李发兴. 云南沧源：南滚河自然保护区内亚洲象群再次显影. http://www.tibet.cn/news/china/1465107189364.shtml

2006)。野生亚洲象数量,2007 年为 25~32 只,2009 年增加到 35~42 只。野象喜好的栖息地仅占保护区总面积的 28.5%(林柳等,2014)。

目前,大多数(野生)亚洲象分布在西双版纳国家级自然保护区。中国亚洲象面临着栖息地高度破碎化、猖獗的盗猎活动和日益严重的农业开发干扰等问题。现在,普洱和西双版纳的(亚洲象)栖息地就被分割成了七八个块状,亚洲象种群间分布分散,造成种群间无法交流。2010 年 11 月,2 只野生亚洲象在勐腊县勐满镇校办厂村公路旁觅食,不幸被高压电线电击致死。2014 年 10 月,勐腊县发生一起猎杀亚洲象案件。盗猎者为取下象牙,残忍地砍下大象的半个头,长长的鼻子被扔在一边,头部腐烂,场面血腥(谭爱军等,2015)。

据 2016 年 4 月报道,最近野生亚洲象在景洪市勐养镇野象谷频繁出没。为确保人象安全,西双版纳各部门不间断巡逻。自 2 月 5 日野象在野象谷出现以来,最近一段时间天天都会出现,创下了野象群连续在景区停留时间最长纪录。据介绍,虽然以往野象会时不时在景区出现,但从来没有这么长时间不间断地大量在景区出现,大家把看野象当作件稀奇的事儿。这一次野象持续出现了将近 70 天,天天都在,最多的一天有 56 只①。

无独有偶,据 2016 年 6 月报道,25 日 23 时左右,2 只亚洲野象走出山林,闯进勐海县勐阿镇,在大街上四处游荡。所幸勐海县森林公安、林业等部门及时启动应急预案,会同勐阿镇党委、政府对镇街道进行彻底清查,没有发生人、象伤害事件②。而前不久,该镇已发生两起野象致人死亡事件③。另据 2016 年 6 月报道,相较于西双版纳景洪市和勐腊县,勐海县的野象数量是较少的。来自西双版纳州林业局的数据显示,目前全州的野象数量已达 279 只,而勐海县境内只有 15 只④。

西双版纳国家级自然保护区由勐腊、尚勇、勐仑、勐养、曼搞五大片(子保护区)组成,空间上互不连接,其中一些分布着的野象交流需要廊道相连。

3.2 保护区概况

由于野象现仅存于云南省,故栖息有野象的保护区也只位于该省境内(表 18.2、图 18.4)。其特点大致有:

- 栖息有野象的保护区现有 4 个,总面积 4 124 km^2。
- 保护区数量与 20 世纪后半叶比较,减少了莱阳河省级自然保护区(位于思茅区)。
- 保护区面积与 20 世纪后半叶比较,增加了 486 km^2。
- 尽管未出现一地数个保护区,但现有野象分布地基本上处于保护区内。

表 18.2 云南省栖息有亚洲象的自然保护区概况

保护区名称	所处地点	面积(hm^2)	级别	建立时间	主管部门
西双版纳	景洪市、勐海县、勐腊县	241 776	国家级	19581009	林业
南滚河	沧源佤族自治县、耿马傣族佤族自治县	50 887	国家级	19800306	林业
铜壁关	盈江县、陇川县、瑞丽市	100 744	省级	19860320	林业
糯扎渡	思茅区、澜沧拉祜族自治县	18 997	省级	19971001	林业

注:①本表参考多方面信息综合而成,个别误差进行更正。②本表据全国自然保护区名录. http://sts.mep.gov.cn/zrbhq/zrb-

①西双版纳亚洲象频繁出没官方不间断巡逻确保人象安全. http://china.cnr.cn/ygxw/20160415/t20160415_521884377.shtml

②中央电视台 2016 年 5 月 27 日"新闻联播"有短片(云南勐海:两头亚洲野象街道漫步. http://www.yn.xinhuanet.com/2016hot1/20160527/3167684_v.html)

③马骞,常宗波. 云南西双版纳"象出没"2 头野生亚洲象深夜游荡街头. http://news.k618.cn/society/201605/t20160526_7519307.html

④勐海官员讲述遭野象追杀经历. http://news.qq.com/a/20160602/018770.htm

hq/201208/t20120824_235172.htm；林柳等，2014；西双版纳亚洲象频繁出没官方不间断巡逻确保人象安全. http://china.cnr.cn/ygxw/20160415/t20160415_521884377.shtml；西双版纳国家级自然保护区. http://baike.baidu.com/link? url＝1SLFDQpUxqjiAgB0t3SEm6ZRe0hZWJuryK9ccf3ipj3D-02yuDmcWy-QNq9nWjtb7WQlm-mseNN9d27YvXhFgQ6-UxQG8cE5N2xT1TWAOnhJnzz_qkug_I6viVnROJsLEgB0JaSIbzj3pT6C6t1fwtEvY81DgFqNfv5ZylRAy0exlFhqmzctYKkIRcZ5N0O_MhZU2IDVsSvAuebZ8seDjEuprxq6lQ9NIbEb7aqVjVS；李发兴. 云南沧源：南滚河自然保护区内亚洲象群再次显影. http://www.tibet.cn/news/china/1465107189364.shtml；糯扎渡自然保护区. http://www.yn.Xinhuanet.com/puer/2011-07/21/c_13999591.htm

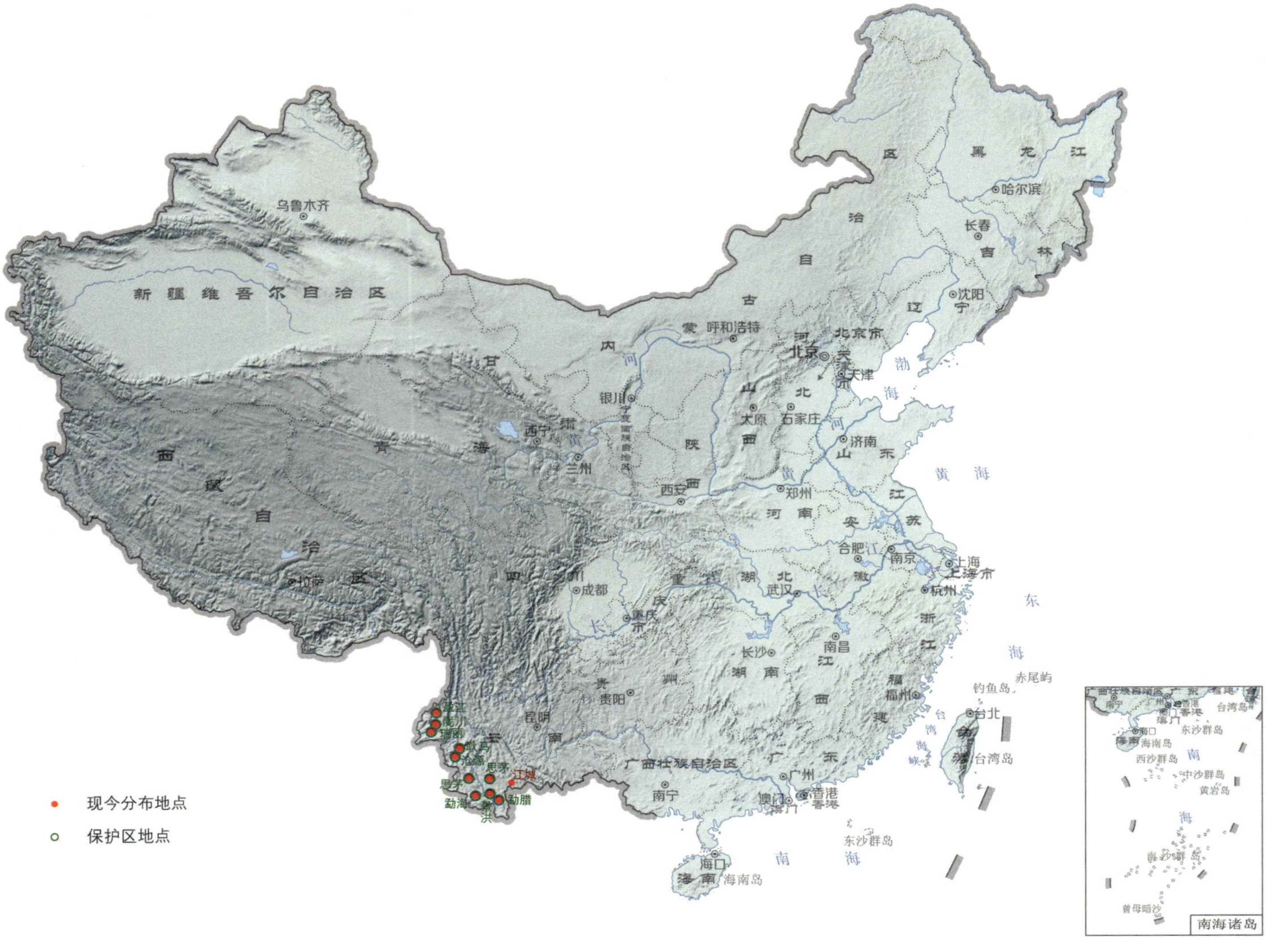

图 18.4　现存亚洲象与保护区分布比较图

4　亚洲象的分布变迁大势

历史时期，野象分布变迁剧烈。

4.1　分布变迁大势

野象分布变迁阶段性比较清晰（图 18.5、表 18.3），可看出有以下特点：

● 野象分布于我国东部。中更新世以来的象遗存（图 18.1）显示，其在我国最大分布区处于 40.1°N（河北省阳原县）以南、92.0°E（西藏自治区桑日县）以东，分布范围约占全国 1/3。

● 与文献记载的野象分布比较，曾有象遗存分布的华北（北京市、天津市、河北省、山西省、内蒙古自治区)、华东(上海市、台湾)、西南(西藏自治区)再未见有野象记录。

● 历史上,文献记载我国野象分布的县级及其以上政区最大数量超过415地。之所以数量较低,主要因为据文献可考的具体地点不多,而实际上野象活动或迁移的地域要广得多。

● 仅据目前的统计数字看,西北与华东分布的野象较少。前者似主要因为气候关系,原本到达的野象就不多,又由于气候带南移与人类活动影响而较早消失。后者则似主要由于人类活动影响,人、象冲突加剧,亦存在气候带移动影响野象栖息。

● 中南既是野象北上的出发地之一,又是野象向北、向东迁移的中转地,故获得其活动地点记录较多。

● 西南是野象最后退居地,野象栖息时间更为长久,也获得其活动地点较多。

● 与我们所研究过的其他珍稀野生动物不同的是,到20世纪,野象的地理分布已经迁移到云南省西南部,致部分人误以为亚洲象是外来动物。

● 我们依然认为野象分布变迁是由于动物自身的适应性、生态环境变迁与人类活动相互影响。而弱化,甚至否定生态环境变迁(包括气候变迁),却夸大人类活动作用对野生动物分布变迁的影响,不仅是片面的,更是站不住脚的。因为在人类出现之前,甚至在人类活动能力尚低下时期,野生动物就存在地理分布变迁的现象。

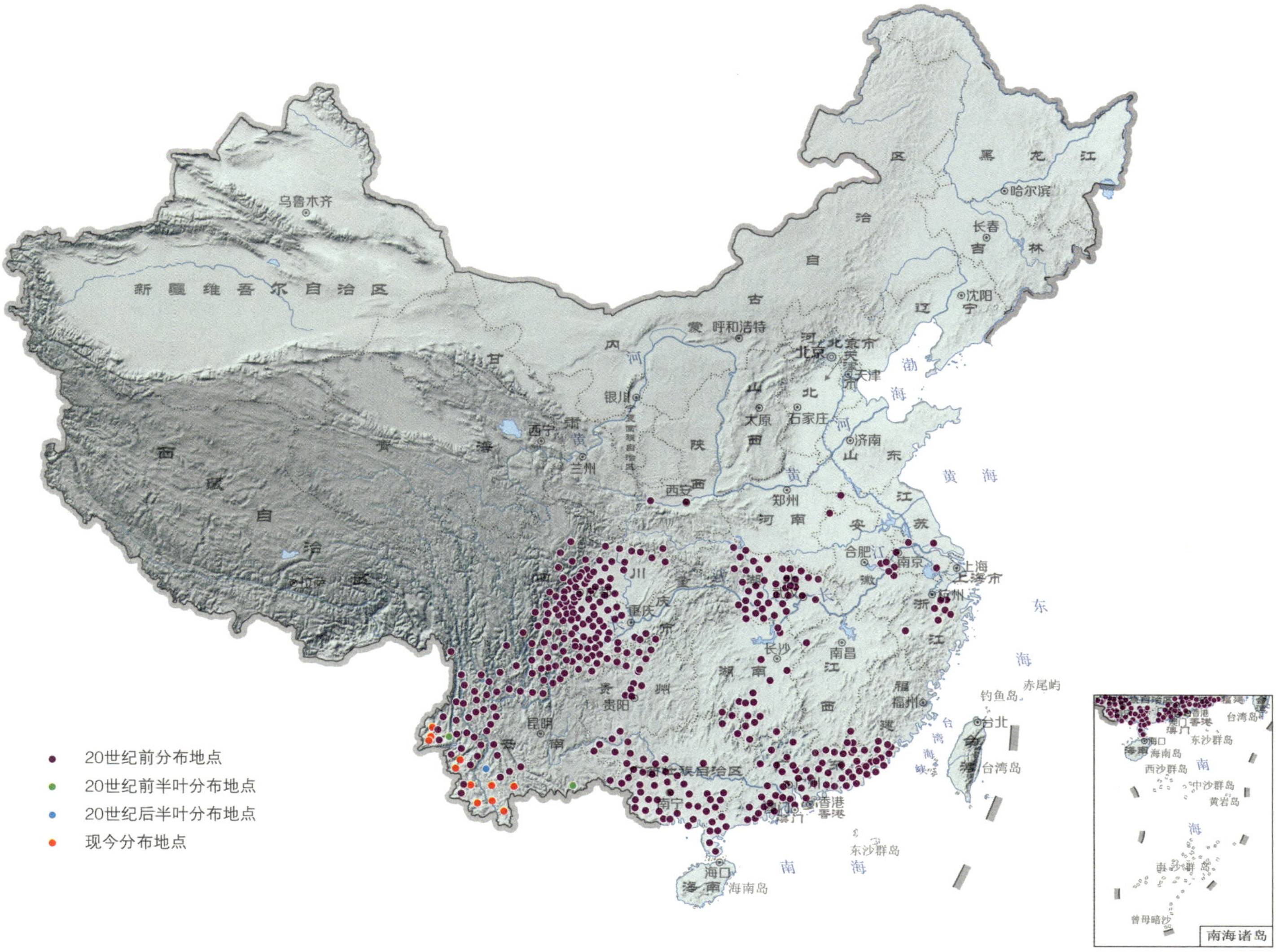

图18.5 历史时期野生亚洲象分布变迁图

表 18.3　　历史时期野生亚洲象的分布变迁概况

地区	省级政区	20 世纪前分布地点	20 世纪前半叶分布地点	20 世纪后半叶分布地点	现今分布地点
华东	江苏	南京市、扬州市、如皋市、苏州市			
	浙江	越城区、诸暨市、上虞市、嵊州市、绍兴县、新昌县、衢州市、东阳市			
	安徽	砀山县、谯城区、当涂县、芜湖市、芜湖县、含山县、和县			
	福建	漳州市、龙海市、云霄县、漳浦县、诏安县、东山县、南靖县？平和县、武平县			
	江西	安福县			
	山东	曲阜市			
中南	河南	安阳市、安阳县、开封市、永城市、虞城县、夏邑县、南阳市、邓州市、方城县、镇平县？社旗县、唐河县、新野县、桐柏县、泌阳县			
	湖北	武汉市、丹江口市、襄樊市、老河口市、枣阳市、宜城市、南漳县、谷城县、保康县、荆门市、钟祥市、沙洋县？京山县、孝南区、应城市、安陆市、汉川市、孝昌县、大悟县、云梦县、麻城市、红安县、鄂州市、荆州市、石首市？洪湖市、松滋市、江陵县、公安县、监利县、枝江市、宜都市？当阳市、远安县、曾都区、广水市、仙桃市、天门市、潜江市			
	湖南	宁乡县、澧县、岳阳市、岳阳县、醴陵市、衡山县、祁东县、宜章县、永州市、东安县、道县、宁远县、江永县、新田县、双牌县、祁阳县、江华瑶族自治县			
	广东	广州市、增城市、从化市、清城区、英德市？佛冈县、阳山县、清新县、韶关市、源城区、紫金县、龙川县、连平县、和平县、东源县、梅江区、兴宁市、梅县、大埔县、丰顺县、五华县、平远县、蕉岭县、湘桥区、潮安县、饶平县、汕头市、南澳县、榕城区、普宁市、揭东县、揭西县、惠来县、城区、陆丰市、海丰县、陆河县、惠州市、博罗县、惠东县、龙门县、东莞市、深圳市、珠海市、中山市、江门市、恩平市、台山市？开平市？鹤山市、佛山市、高要市、怀集县、新兴县、江城区、阳春市、阳西县、阳东县、化州市、湛江市、吴川市、廉江市、雷州市、遂溪县、徐闻县			
	广西	南宁市、武鸣县、横县、宾阳县、上林县、隆安县、马山县、全州县、兴安县、资源县、玉州区、北流市？兴业县？容县、陆川县？博白县、钦州市、灵山县、浦北县、北海市、合浦县、防城港市、东兴市、上思县、江州区、凭祥市、扶绥县、大新县、天等县、宁明县、龙州县、右江区、田阳县、田东县、平果县、德保县、靖西县、那坡县、凌云县、乐业县、西林县、田林县、隆林各族自治县、巴马瑶族自治县、都安瑶族自治县、大化瑶族自治县？象州县			
	海南	海口市			
	香港	香港			
	澳门	澳门			

(续表)

地区	省级政区	20世纪前分布地点	20世纪前半叶分布地点	20世纪后半叶分布地点	现今分布地点
西南	重庆	万盛区、南川区、綦江县、潼南县、铜梁县？大足县			
西南	四川	成都市、都江堰市、彭州市、邛崃市、崇州市、金堂县、双流县、郫县、大邑县、蒲江县、新津县、广元市、旺苍县？青川县、剑阁县、苍溪县？绵阳市、江油市、三台县、盐亭县、安县、梓潼县、北川羌族自治县、旌阳区、什邡市、广汉市、绵竹市、罗江县、中江县、阆中市、遂宁市、蓬溪县、射洪县、大英县、内江市、威远县、资中县、隆昌县、乐山市、峨眉山市、犍为县、井研县、夹江县、沐川县、峨边彝族自治县、马边彝族自治县、自贡市、荣县、富顺县、泸州市、泸县、合江县、叙永县、古蔺县、翠屏区、宜宾县、南溪县、江安县、长宁县、高县、筠连县、珙县、兴文县、屏山县、攀枝花市、通江县、南江县、万源市、雁江区、简阳市、乐至县、安岳县、东坡区、仁寿县、彭山县、洪雅县、丹棱县、青神县、雨城区、名山县、荥经县、汉源县、石棉县、天全县、芦山县、宝兴县、汶川县、理县、茂县、松潘县、黑水县、泸定县、九龙县、西昌市、盐源县、德昌县、会理县、会东县、宁南县、普格县、布拖县、金阳县、昭觉县、喜德县、冕宁县、越西县、甘洛县、美姑县、雷波县、木里藏族自治县			
西南	贵州	贵阳市、清镇市、开阳县、修文县、息烽县、遵义市、赤水市？仁怀市、遵义县、桐梓县、绥阳县、正安县、习水县、道真仡佬族苗族自治县、望谟县、册亨县			
西南	云南	元江哈尼族彝族傣族自治县、隆阳区、施甸县、腾冲县、龙陵县、昌宁县、昭阳区、鲁甸县、巧家县、盐津县、大关县、永善县、绥江县、镇雄县、彝良县、威信县、水富县、古城区、永胜县、华坪县、玉龙纳西族自治县、宁蒗彝族自治县、思茅区、宁洱哈尼族彝族自治县、墨江哈尼族自治县、景东彝族自治县、景谷傣族彝族自治县、镇沅彝族哈尼族拉祜族自治县、江城哈尼族彝族自治县、孟连傣族拉祜族佤族自治县、澜沧拉祜族自治县、西盟佤族自治县、临翔区、凤庆县、云县、永德县、镇康县、双江拉祜族佤族布朗族傣族自治县、耿马傣族佤族自治县、沧源佤族自治县、潞西市、瑞丽市、梁河县、盈江县、陇川县、泸水县、福贡县、贡山独龙族怒族自治县、兰坪白族普米族自治县、大理市、祥云县、宾川县、弥渡县、永平县、云龙县、洱源县、剑川县？鹤庆县？漾濞彝族自治县、南涧彝族自治县、马关县、景洪市、勐海县、勐腊县	龙陵县、思茅区、景谷傣族彝族自治县、江城哈尼族彝族自治县、澜沧拉祜族自治县、耿马傣族佤族自治县、沧源佤族自治县、瑞丽市、盈江县、陇川县、马关县、景洪市、勐海县、勐腊县	思茅区、景谷傣族彝族自治县、江城哈尼族彝族自治县、澜沧拉祜族自治县、耿马傣族佤族自治县、沧源佤族自治县、瑞丽市、盈江县、陇川县、景洪市、勐海县、勐腊县	思茅区、江城哈尼族彝族自治县、澜沧拉祜族自治县、耿马傣族佤族自治县、沧源佤族自治县、瑞丽市、盈江县、陇川县、景洪市、勐海县、勐腊县
西北	陕西	西安市、宝鸡市、镇巴县			

4.2 分布北界变迁

根据新掌握的资料，宜对野象分布变迁的北界进行修订。

之前的第2～7个阶段保持不变，修订“第一阶段”“第八阶段”，补充“第九阶段”为：

● 第一阶段

前2 000年～前1 000年(包括前5 000多年

至前 900 多年）；分布界线是燕山南麓、黄河中下游以北毗邻地带的阳原县，向东推断到北京、河北玉田县，向西推断到（山西）晋中盆地及今西安稍北。

● 第八阶段

本阶段的时间为 1830～1899 年；分布界线是：盈江县（97.9°E，24.6°N）—龙陵县（98.7°E，24.5°N）—景谷傣族彝族自治县（100.7°E，23.6°N）—马关县（104.3°E，23.0°N）；最北地区逐渐缩小到滇西南的 24°36′N～21°24′N，97°54′E～101°48′E。

● 第九阶段

本阶段的时间为 1899～1999 年；分布界线是：盈江县（97.9°E，24.6°N）—耿马傣族佤族自治县（99.4°E，23.5°N）—思茅区（100.9°E，22.7°N）—江城哈尼族彝族自治县（101.8°E，22.5°N）。

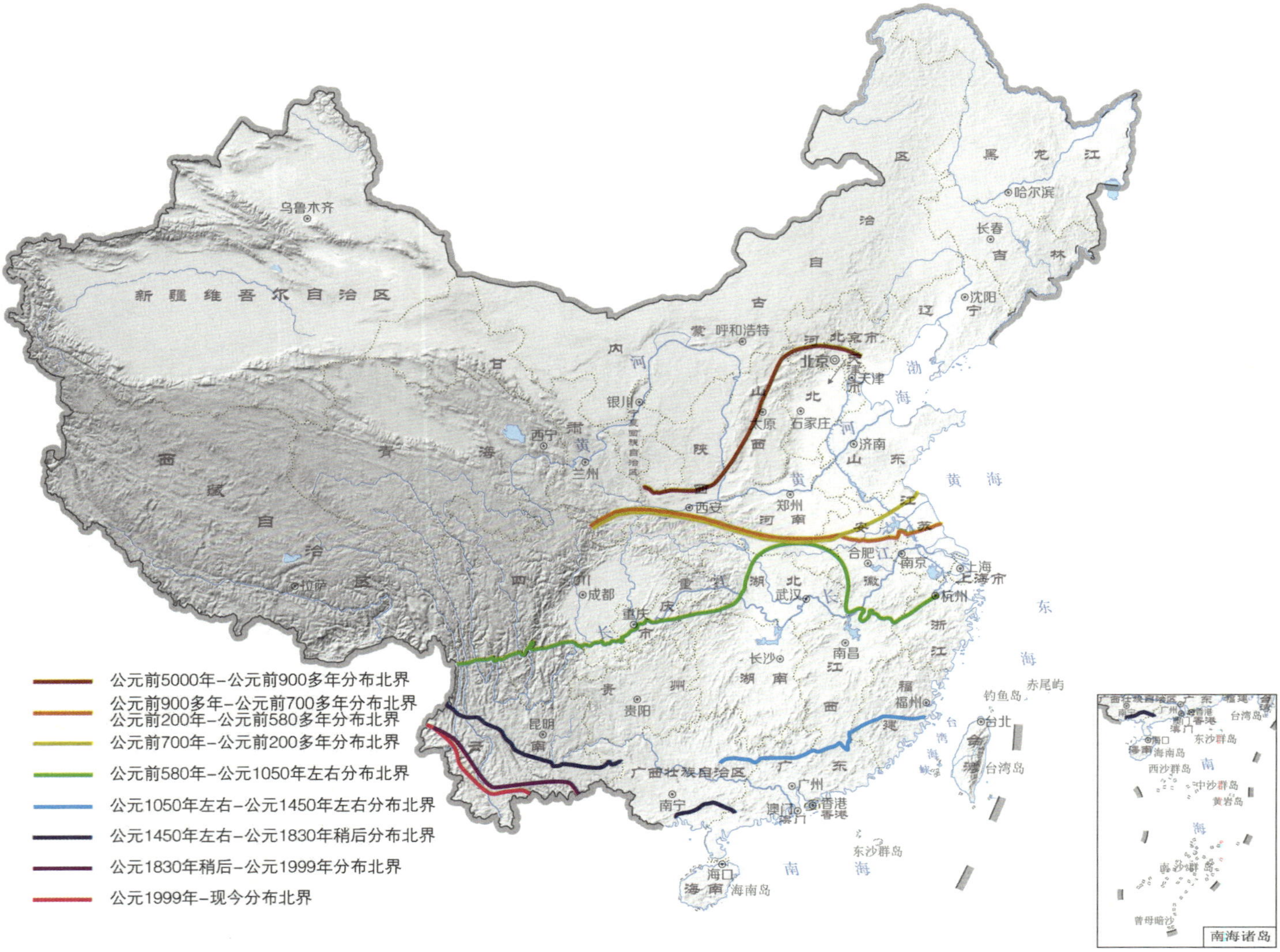

图 18.6　中国野生亚洲象分布北界变迁示意图

参考文献

安志敏. 1984. 中国晚期旧石器的 14C 断代及其有关问题//《第一次全国 14C 学术会议文集》编辑小组编辑. 第一次全国 14C 学术会议文集. 北京：科学出版社

蔡凌凯. 2011. 安徽蒙城发现古菱齿象象牙化石. 化石，(3)：7～9

曹克清. 1982. 上海地区的脊椎动物化石. 上海地质(2)

常玉英，徐淑彬. 1974. 山东莒南发现纳玛象化石. 化石(4)
陈耿娇. 2002. 广西田东雾云洞更新世脊椎动物群. 古脊椎动物学报，40(1)：42～51
陈醒斌. 1986. 湖南省第四纪哺乳动物化石新材料. 古脊椎动物学报(3)
德日进，杨钟健. 1936. 安阳殷墟之哺乳动物群. 中国古生物学志(丙种)，12(1)：1～78
董明星，等. 2011. 河北省石家庄地区晚更新世晚期古菱齿象—披毛犀动物群及其古气候. 古地理学报，13(4)：419～425
二陈. 1989. 广汉三星堆遗址二号祭祀坑发掘简报. 文物，(1)：1～20
范雪春，郑国珍. 2006. 福建第四纪哺乳动物化石考古发现与研究. 北京：科学出版社
顾玉珉，等. 1986. 广西洞穴调查报告. 人类学学报，5(2)：198～199
郭宝用. 1989. 南滚河野象考察情况及保护. 云南林业，(4)：11
郭宝用，等. 1999. 南滚河保护区野生动物资源现状. 野生动物，20(4)：46～47
国家林业局主编. 2008. 中国重点陆生野生动物资源调查. 北京：中国林业出版社
海安县志编纂委员会编. 1997. 海安县志. 上海：上海社会科学院出版社
韩德芬，张森水. 1978. 建德发现的一枚人的犬齿化石及浙江第四纪哺乳动物新资料. 古脊椎动物与古人类，16(4)：255～263
郝思德，王明忠. 2004. 海南史前文化遗存经济生活初探. 南方文物，(4)：28～34
郝思德，等. 1994. 海南"三亚人"遗址 1992 年发掘报告. 人类学学报，13(2)：117～125
河南文物考古研究所等. 1989. 淅川下王岗. 北京：文物出版社
胡绍锦. 1985. 昆明新发现一批旧石器地点. 人类学学报，4(1)：103
湖南省博物馆. 1979. 澧县梦溪三元宫遗址. 考古学报(4)
黄万波. 1979a. 北京阜成门一披毛犀化石的发现与晚更新世古气候问题. 古脊椎动物与古人类，17(2)：172～174
黄万波. 1979b. 华南洞穴动物群的性质和时代. 古脊椎动物与古人类，17(4)：327～142
黄万波. 1989. 迁安爪村"假石器"：订正一个历史的误解. 人类学学报，8(2)：114～117
黄万波，等. 1986. 旧石器时代的蚌制品. 人类学学报，5(3)：267～270
黄万波，等. 1988. 记广东首次发现巨羊及扬子鳄化石. 古脊椎动物学报，26(3)：227～231
黄象洪，曹克清. 1978. 上海马桥、嵩泽新石器时代遗址中的动物遗骸. 古脊椎动物与古人类，16(1)：60～65
黄蕴平. 2010. 动物骨骼数量分析和家畜驯化发展初探//河南省文物考古研究所编. 动物考古. 第 1 辑，2007 年中国郑州动物考古国际学术研讨会论文集. 北京：文物出版社
吉学平，等. 2008. 云南腾冲江东山小水井全新世大熊猫的发现及其意义//董为主编. 第十一届中国古脊椎动物学学术年会论文集. 北京：海洋出版社，119～125
贾兰坡，卫奇. 1980. 桑干河阳原县丁家堡水库全新统中的动物化石. 古脊椎动物与古人类，18(4)：327～333
贾兰坡，翟人杰. 1957. 河北赤城第四纪哺乳动物化石. 古脊椎动物学报，1(1)：47～51
贾兰坡，张振标. 1977. 河南淅川下王岗遗址中的动物群. 文物，(6)：41～49
贾兰坡，等. 1962. 匼河：山西西南部旧石器时代初期文化遗址. 北京：科学出版社，14～20
卡尔克 H D. 1961. 关于中国南方剑齿象—熊猫动物群和巨猿的时代. 古脊椎动物与古人类，(2)：83～103
李超荣，等. 1983. 大同青磁窑旧石器遗址的发掘. 人类学学报，2(3)：236～246
李凤麟，金权. 1988. 安徽蒙城九里桥晚更新世古菱齿象化石. 现代地质(3)
李家和，等. 1992. 江西萍乡竹山园洞的哺乳类化石和石制品. 人类学学报，11(1)：86～92
李淼. 1988. 攀枝花发现旧石器时代晚期的洞穴文化遗址. 人类学学报，7(4)：387
李天元. 1985. 汉江河床里的象化石. 江汉考古.(1)
李宣民，张森水. 1984. 资阳人 B 地点发现的旧石器. 人类学学报，3(3)：215～224
李有恒，韩德芬. 1978. 广西桂林甑皮岩遗址动物群. 古脊椎动物与古人类，16(4)：244～254
李有恒，等. 1985. 广西田东县祥周公社定模洞调查报告. 人类学学报，4(2)：127～131
林柳，等. 2014. 西双版纳国家级自然保护区勐腊子保护区亚洲象种群和栖息地评价. 生态学报，34(7)：1 726～1 735
临沂地区文物管理委员会，郯城图书馆. 1986. 山东郯城黑龙塘细石器遗址. 考古(8)
刘昌芝. 1962. 粤北第四纪哺乳动物化石调查简报. 古脊椎动物与古人类，6(2)：202～203
刘德隅，等. 1989. 云南自然保护区. 北京：中国林业出版社
罗其湘. 1978. 徐州附近发现上新世和更新世大量哺乳动

物化石.古脊椎动物与古人类,16(1):76
苗霞.2002.华夏第一都:河南偃师二里头遗址//考古杂志社编著.二十世纪中国百项考古大发现.北京:中国社会科学出版社,150～153
缪雅娟.2002a.高峡出平湖　先人应无恙:重庆巫山大溪新石器时代遗址//考古杂志社编著.二十世纪中国百项考古大发现.北京:中国社会科学出版社,82～85
裴文中,邱中郎.1957.浙江杭州洞穴哺乳动物化石.古脊椎动物学报,1(1):43～46
裴文中.1960.中国原始人类的生活环境.古脊椎动物与古人类,2(1):10～21
裴文中,等.1958a.河北迁安第四纪哺乳动物化石发掘简报.古脊椎动物学报,2(4):214～225
裴文中,等著.1958b.山西襄汾县丁村旧石器时代遗址发掘报告.北京:科学出版社
祁国琴.1975.内蒙古萨拉乌苏河流域第四纪哺乳动物化石.古脊椎动物与古人类,13(4):239～249
祁国琴.1977.福建闽侯昙石山新石器时代遗址中出土的兽骨.古脊椎动物与古人类,15(4):301～306
秦嗣华.2001.黄海岸边发现大象化石.化石,(2):19
邱立诚.1986.广东封开发现的人类牙齿化石.人类学学报,5(4):311～313
山东省文物管理处,济南市博物馆编.1974.大汶口:新石器时代墓葬发掘报告.北京:文物出版社
申云艳.2002.象岗樵歌不复闻　巍巍古墓重见天:广州西汉南越王墓//考古杂志社编著.二十世纪中国百项考古大发现.北京:中国社会科学出版社,286～289
斯信强,等.1993.盘县大洞发掘简报.人类学学报,12(2):113～119
四川省璧山县志编纂委员会编.1996.璧山县志.成都:四川人民出版社
四川省广汉市《广汉县志》编纂委员会编.1992.广汉县志.成都:四川人民出版社
宋方义,等.1981.广东封开黄岩洞古人类文化遗址简讯.古脊椎动物与古人类,19(1):98,86
宋方义,等.1989.广东罗定饭甑山岩、下山洞洞穴遗址发掘报告.人类学学报,8(2):118～122
谭爱军,余玲江.2015.我国亚洲象的分布与保护.防护林科技,(5):89～91
汤英俊,等.1982.山西万荣的旧石器.人类学学报,1(2):156～159
汪培梓.2015.中原地区远古环境的见证:古纳玛象象牙化石.理财:收藏(3)
王家德.1994.试论长江三峡地区大溪文化的原始渔猎.江汉考古,(3):52～55
王将克.1978.广东西樵山亚洲象:新亚种头骨记述.古脊椎动物与古人类.16(2)
王頠,莫进尤.2004.广西扶绥南山洞新发现的人类化石和蒙古野驴化石:末次冰期华南气候变化的哺乳动物化石新证据.人类学学报,23(2):130～137
魏海波,石金鸣.1985.山西永济发现中更新世动物化石及旧石器地点.人类学学报,4(4):399
文榕生著.2009.中国珍稀野生动物分布变迁.济南:山东科学技术出版社
吴维棠.1983.河姆渡新石器时代遗址发现的两种犀亚化石及其意义.古脊椎动物学报,21(2):160～164
西藏自治区文物管理委员会.1975.西藏首次发现象化石.化石(1)
西双版纳傣族自治州地方志编纂委员会编.2002.西双版纳傣族自治州志.北京:新华出版社
徐淑彬,等.1987.山东沂水发现更新世哺乳动物化石地点.古脊椎动物学报.25(2)
徐余瑄.1959.福建惠安的印度象臼齿.古脊椎动物与古人类,1(3):137～138
徐玉斌,魏丰.1980.浙江富阳高山龙洞发现一新种麂类化石.古脊椎动物与古人类,18(2):176～177
阳原县地方志编纂委员会编.1997.阳原县志.北京:中国大百科全书出版社
杨钟健,刘东生.1949.安阳殷墟之哺乳动物群补遗.中国考古学报,(4):145～153
叶元正,阎德发.1975.皖南铜山第四纪哺乳动物化石新地点.古脊椎动物与古人类,13(3):195～198
尤玉柱,蔡保全.1995.台湾海峡西部海域哺乳动物化石.古脊椎动物学报,33(3):231～237
尤玉柱,徐钦琦.1981.中国北方晚更新世哺乳动物群与深海沉积物的对比.古脊椎动物与古人类,19(1):77～84
余玲江,谭爱军.2015.思茅区亚洲象活动现状及保护策略.林业调查规划,40(1):120～128
袁靖,宋建.1997.上海市马桥遗址出土动物骨骼的初步研究.考古学报(2)
云博.1975.云南象类化石的新材料.古脊椎动物与古人类,13(4):229～233
云南保山行政公署.1980.云南怒江中下游发现第四纪哺乳动物.古脊椎动物与古人类,18(3):259
张洁.2014.中国境内亚洲象分布及变迁的社会因素研究.西安.陕西师范大学博士论文
张明华.1979.浙江菱湖一亚洲象臼齿的记述.古脊椎动物与古人类,17(2):175～176
张森水,周春茂.1984.大荔人化石地点第二次发掘简报.

人类学学报，3(1)：19～29
张森水，等. 1982. 洛阳首次发现旧石器. 人类学学报，1(2)：149～155
张森水，等. 1982. 铜梁旧石器遗址自然环境的探讨. 古脊椎动物与古人类，20(2)：165～179
张兴永. 1973. 云南第四纪哺乳动物化石新地点. 古脊椎动物与古人类，11(2)：219～221
张镇洪，陈青松. 1994. 广东封开县罗沙岩洞穴遗址第一期发掘简报. 人类学学报，13(4)：300～308
赵树森，等. 1980. 应用铀系法研究北京猿人年龄. 科学通报，(4)：192
赵仲如，等. 1981. 广西都安九愣山人类化石与共生动物群及其在岩溶发育史上的意义. 古脊椎动物与古人类，19(1)：45～54
甄朔南. 1960. 北京密云发现的象类化石. 古脊椎动物与古人类，2(2)：157～159
志诚. 1985. 闽南野象及其遗物. 化石(3)
钟祥浩主编. 2000. 山地学概论与中国山地研究. 成都：四川科学技术出版社
周明镇，李传夔. 1965. 陕西蓝田陈家窝中更新世哺乳类化石补记. 古脊椎动物与古人类，9(4)：377～393
周明镇，张玉萍著. 1974. 中国的象化石. 北京：科学出版社
周明镇. 1957. 北京西郊的 Palaeoloxodon 化石及中国 Namadicus 类象化石的初步讨论. 古生物学报，5(2)：283～294
周明镇. 1964. 陕西蓝田中更新世哺乳类化石. 古脊椎动物与古人类，8(3)：301～305
宗冠福. 1980. 山西万荣县发现古文化遗物. 古脊椎动物与古人类，18(1)：81
Zhang W Q. 2006. A Preliminary Study on Asian Elephant (Elephas maximus) Population Ecology in Shangyong Nature Reserve, Xishuangbanna, Yunan Province. Beijing : Beijing Normal University

第十九章

马属的分布变迁(续)

奇蹄目(Perissodactyla)中马科(Equidae)虽仅有1属(马属 *Equus*),却有多种,我国历史时期有其中3种——野马(*Equus przewalskii*)、蒙古野驴(*Equus hemionus*)与西藏野驴(*Equus kiang*)[①]。

笔者曾对历史时期野马与野驴的地理分布与变迁有过研究(文榕生,2009),现根据新掌握的相关资料,对其分布与变迁按新体例再行研究。

1 马属的遗存分布

迄今,我国出土的马属遗存不少,但较明确鉴定的则分为野马与"野驴"(少量有具体种)。根据这一实际情况,我们按野马与野驴遗存探讨。

1.1 野马遗存分布概况

马的遗存在我国出土较多,研究也比较深入。

1.1.1 野马的进化概况

关于马的进化情况,经专家、学者研究,现在比较清晰。最早的始祖马(Hyracotherium)出现在始新世早期至中期(距今6 000万~4 500万年)的亚洲、欧洲及北美洲。其大小如狗一般,平均只有60 cm长,肩高20 cm;前肢有四趾,而后肢则有三趾;头颅骨很长,有44颗低冠的牙齿。从始祖马以来,马的进化过程出现多次分叉,形成马科庞大的家族与颇多分支。现存普氏野马的进化主线大约是:

4 000万~3 000万年前的始新世晚期至渐新世中期,出现渐新马(Mesohippus),其大小如羊,高约60 cm;缺少了一个脚趾,主要以中趾站立;面部较其早期马科要长。

约在2 000万年前的中新世期间,出现了草原古马(Merychippus)。这时正是气候逐渐变得干燥、草原面积不断扩大的时候,为了适应变化的环境,草原古马齿形基本上与现代马一样,牙齿变得较高、出现了白垩质,使其能咀嚼草本植物;原有的三趾出现较大分化,中趾用于承担主要体重和奔跑,其余两趾呈现退化趋势;体积进一步增加,几乎与现代矮马一样大;头骨拉长,成为现代马的样子;四肢比例变得更像现代马,更适应奔跑。

到距今约550万年的晚中新世,中国内蒙古化德县[②]、四子王旗等地出土有中华马(*Sinohippus robustus*)化石。其变化主要有:下门齿前倾,第一对下门齿大而粗壮,第二对比第一对稍小,第三对非常小;前臼齿列及臼齿列的宽度分

①蒙古野驴与西藏野驴曾被认为是亚洲野驴的2个亚种,现动物分类学者再研究后认为它们是亲缘关系很近的不同种。

②粗壮中华马. http://baike.baidu.com/link? url=_zrEjD3Rjso9Vdsbvqzp-jhhHUXEhnICqN7BXrJLSvQPReHZm91tzOrDWlYcs2OtzCm_7rEUeLFG12yLGGtv_a

别向前和向后明显变小等(侯素宽等,2007)。

在距今 530 万～258.8 万年的上新世,出现上新马(Pliohippus),这是最早的一趾马。其牙齿比早期类型进步,趋向现代马的齿式,有长长的褶皱、复杂的牙齿,显然是食草、奔跑的动物,现代马由其演化而来。山西、江苏等地皆有该时期的遗存出土。

埃氏马(*Equus eisenmannae*)是世界上最大的真马,四肢都仅仅有一个脚趾,其余的脚趾已全部退化。其身长 270～300 cm,身高 180 cm,头骨长度达到 73 cm,表明其脸部无论从绝对还是相对方面来说在马类中都是最长的。埃氏马的长脸特点有助于它们在吃草时随时用眼睛观察周围情况,防范凶猛动物的袭击。临夏盆地早更新世龙担地点的真马——埃氏马化石(图 19.1)采自龙担剖面的上下两个层位。研究发现,通过与现生真马属(Equus)物种之间的比较,上下层化石在形态学上的差异并未超过现生真马之间的差异,因此应归为同一种。但至少在脑颅在头骨之间相对比例增大这一点上,体现了真马进化的同共趋势。龙担剖面古地磁年龄在 255 万～185 万年之间。龙担动物群的时代比中国早更新世经典的泥河湾动物群要早,而埃氏马无论从脑颅长度与头基长度的比例、眼前线与眼后线长度的比例,还是从鼻颌切迹与面颊长度的比例来看,都要比泥河湾动物群出现的三门马原始①。

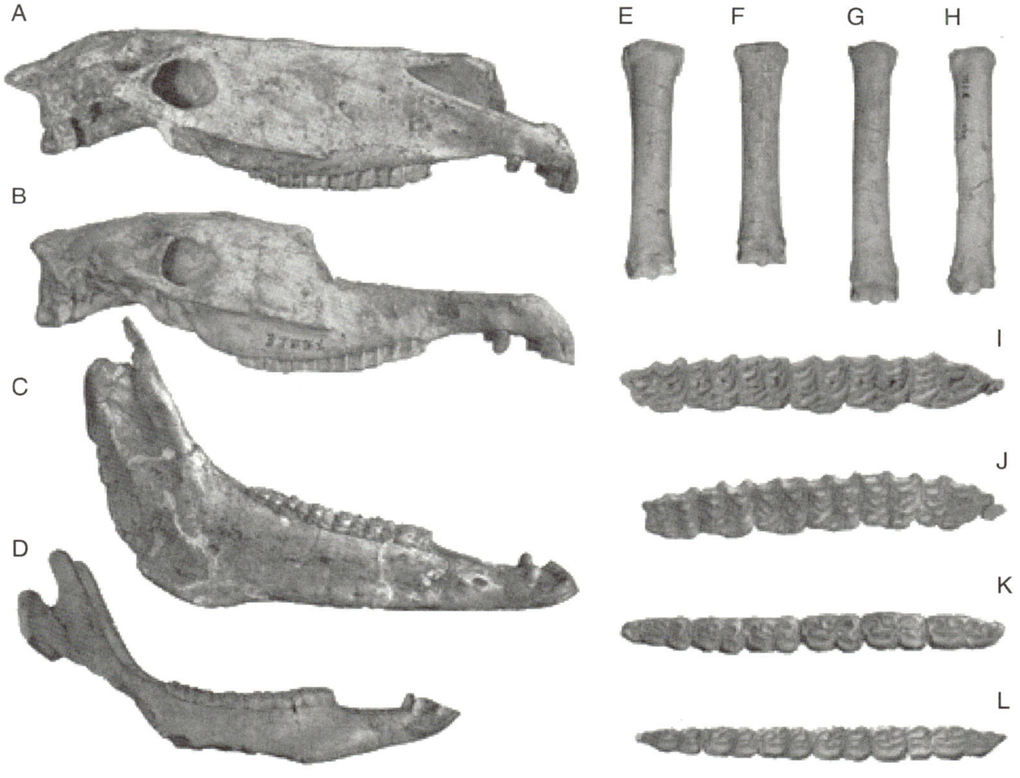

图 19.1　埃氏马化石(王世骐供图)

原注:下层(A,C,E,G,I,K)与上层(B,D,F,H,J,L)埃氏马化石的头骨(A,B),下颌(C,D),第三掌骨(E,F),第三蹠骨(G,H),上颊齿列(I,J)与下颊齿列(K,L)

①临夏早更新世真马存在与现代真马相似的进化趋势. http://www.ivpp.ac.cn/xwdt/kydt/201111/t20111114_3395940.html

1.1.2 野马遗存的分布

迄今，我国已发现中新世晚期以来近 100 处野马遗存（表 19.1、图 19.2），经梳理，概况清晰。

表 19.1　　野马遗存分布概况

地区	省级政区	市、县、区	遗存地点	时期	资料来源
华北	北京	房山区	周口店第 19 地点、第 21 地点、第 22 地点	中更新世	刘后一，1963；网络*
			周口店第 23 地点、第 24 地点、第 26 地点（山顶洞）	晚更新世末	裴文中，1940；网络*
	天津	西青区	曹庄子村及附近的南运河堤岸	晚更新世	网络*
	河北	栾城县	朱家庄村西沙坑 侯家窑	上新世—更新世早期 晚更新世早期	河北省栾城县地方志编纂委员会，1995 尤玉柱等，1981；李蕾等，2016
		阳原县	东城镇虎头梁村至井儿沟乡八马坊村、东井集镇侯家窑遗址	更新世晚期	贾兰坡等，1980
			化稍营镇大渡口村	全新世	贾兰坡等，1980
		玉田县	城南小丁庄、城西沈官屯等	晚更新世?	网络*
		徐水县	高林村镇南庄头村	全新世早期	胡松梅，2006；网络*
		邢台市	高开区东汪镇武家庄狗头泉	晚更新世	邢台地区狗头泉考察小组，1978
	山西	阳高县	许家窑	中更新世晚期	贾兰坡等，1979
		朔州市	朔城区峙峪村	更新世晚期	贾兰坡等，1972
		榆次区	东赵乡大发村	更新世晚期	高星等，1991
		和顺县	土岭乡当城村	晚更新世	吴志清等，1989
		曲沃县	滏河北岸朝阳西沟出口	晚更新世	刘源，1986
		襄汾县	丁村	晚更新世早期	裴文中等，1958b；网络*
		蒲县	薛关镇后沟	上新统	周明镇等，1965
		新绛县	横桥乡三家店	中更新世	黄万波等，1986
		平陆县	常乐镇车村	晚更新世	黄万波等，1984
	内蒙古	巴林左旗	碧流台镇	更新世晚期	陆有泉等，1984；陆有泉等，1986
		满洲里市	扎赉诺尔区扎赉诺尔煤矿	全新世早期	张森水，1984；黎兴国等，1982
		乌审旗	河南乡"河套人"遗址	晚更新世早—中期	祁国琴，1975；尤玉柱等，1981；伊克昭盟地方志编纂委员会，1994；张多勇等，2011；网络*
		化德县	六支箭乡黑沙图村	晚中新世	网络*
		四子王旗		晚中新世	侯素宽等，2007
东北	辽宁	朝阳市	龙城区边杖子乡朱杖子村马山洞	晚更新世中晚期	董为等，2009
		凌源市	西八间房草山遗址	晚更新世末期	辽宁省博物馆，1973；张镇洪，1981
		建平县	张家营子镇、收购的"龙骨"	更新世晚期	周明镇等，1958；陈恩志，2004
		喀拉沁左翼蒙古族自治县	鸽子洞遗址	晚更新世中期之末	辽宁省博物馆，1973；张镇洪，1981；傅仁义，1992

(续表)

地区	省级政区	市、县、区	遗存地点	时期	资料来源
		东港市	前阳镇山城子村白家沟后山前阳洞穴	晚更新世	王连春等,1985;林一璞等,1985;网络*
		瓦房店市	祝华街道龙山村古龙山遗址	更新世晚期	周信学等,1990;祁国琴,1989;尤玉柱等,2011;网络*
		营口市		晚更新世	网络*
		大石桥市	金牛山遗址	中更新世晚期	金牛山联合发掘队,1976;吕遵谔,1989;祁国琴,1989;郑绍华等,1993;尤玉柱等,1993;黄蕴平,1996
		本溪市	溪湖区三道岗洞穴堆积	晚更新世	魏海波,1986
		本溪县	庙后山遗址	中更新世	张镇洪,1981;陈恩志,2004
		海城市	小孤山洞穴(前称仙人洞)	晚更新世	张镇洪等,1985
	吉林	榆树市	周家油坊、大桥屯	晚更新世及全新世	古脊椎动物研究所高等脊椎动物组,1959;孙建中等,1981;周信学等,1985;姜鹏,1990;陈全家,2003
		乾安县	大布苏泡子	晚更新世	汤卓炜等,2003
		前郭尔罗斯蒙古族自治县	穆泉乡青山头	晚更新世早期	金昌柱等,1984;尤玉柱,1984
				晚更新世晚期	金昌柱等,1984;尤玉柱,1984
		桦甸市	榆木桥子镇(八道河子镇)寿山村寿山仙人洞	晚更新世晚期	姜鹏,1996
		临江市	一处建筑工地	晚更新世	网络*
		抚松县	马鹿沟内仙人洞	更新世中晚期	姜鹏,1996;陈恩志,2004
		安图县	明月镇石门山村东大洞等洞穴	晚更新世	姜鹏,1975;姜鹏,1982;祁国琴,1989
	黑龙江	哈尔滨市	顾乡屯	晚更新世	尹赞勋,1931;包诺索夫,1938;孙建中,1977
			道里区新农砖厂至阎家岗农场啤酒厂、江边沙场	更新世晚期	黑龙江省文物管理委员会等,1987;于汇历,1988;祁国琴,1989;网络*
		五常市	龙凤山乡学田村	晚更新世	于汇历,1988
		齐齐哈尔市	昂昂溪区榆树屯镇大兴屯村	晚更新世	黄慰文,1984;高星,1988
		青冈县	通肯河流域	更新世晚期	网络*
华东	江苏	睢宁县	姚集镇(张圩乡)凤凰山磷矿	上新世	罗其湘,1978;网络*
	浙江	杭州市	滨江区江辉路	全新世	网络*
	安徽	居巢区	银屏镇岱山村银山	更新世早—中期	许春华等,1982
	福建	明溪县	剪刀墘洞	晚更新世	尤玉柱等,1996;范雪春等,2006
		石狮市	台湾海峡	晚更新世	郭志超,2000;蔡保全,2001;范雪春等
		漳浦县	兄弟岛周围	晚更新世	范雪春等,2006
		东山县	台湾海峡	晚更新世	尤玉柱等,1995;范雪春等,2006

（续表）

地区	省级政区	市、县、区	遗存地点	时期	资料来源
	山东	章丘市	龙山镇城子崖遗址	全新世	胡松梅，2006
		沂源县	千人洞顶层、石龙洞	更新世晚期	吕遵谔等，1989；尤玉柱等，1996
		青岛市	黄岛区大珠山遗址	更新世晚期	网络*
		日照市		更新世晚期	尤玉柱等，1996
		莒县	前小村沭河右岸	中更新世	尤玉柱等，1996
		临沂市		更新世晚期	尤玉柱等，1996
		郯城县		更新世晚期	尤玉柱等，1996
		苍山县		更新世晚期	尤玉柱等，1996
		沂水县	鱼鳞崖裂隙堆积	更新世晚期	尤玉柱等，1996
		蒙阴县	仙人洞、巨山	更新世晚期	尤玉柱等，1996
		平邑县		更新世晚期	尤玉柱等，1996
		沂南县		更新世晚期	尤玉柱等，1996
		枣庄市		更新世晚期	尤玉柱等，1996
	台湾	澎湖县	澎湖海沟	更新世晚期	高建维，1982；何传坤等，1997
中南	河南	汤阴县	白营镇白营村遗址	全新世	胡松梅，2006
		滑县	留固镇程新庄	晚更新世早期	网络*
		许昌县	灵井镇许昌人"遗址	晚更新世	网络*
		南召县	小店乡杏花山下	中更新世	许春华，1980；南阳地区文管会，1982；邱中郎等，1982
		新蔡县	练村镇	更新世中期	裴文中，1956；网络*
	湖北	郧县	梅铺镇杜家沟龙骨洞	早更新世	许春华，1978
		秭归县	官庄坪遗址	全新世	武仙竹等，2005
	海南	三亚市	落笔洞遗址	全新世	郝思德等，1994；郝思德等，2004
西南	四川	若尔盖县	唐克乡索格藏寺	晚更新世晚期	宗冠福等，1985b
西北	陕西	西安市	长安区渭河南岸	晚更新世晚期	李永项等，2009
			灞桥区半坡遗址	全新世	胡松梅，2006
		蓝田县	厚镇涝池河	晚更新世中期	计宏祥，1974
		高陵县	渭河滩	晚更新世？	网络*
		铜川市	王益区王益乡灰堆坡村	更新世中—晚期？	薛祥煦，1964
		大荔县	段家乡解放村大荔人遗址	中更新世晚期	张森水，1984
		乾县	周城镇大北沟	更新世晚期	邱中郎，1984
		长武县	城关镇窑头沟及鸭儿沟长武遗址	晚更新世	黄万波等，1982；网络*
		宝鸡市	拓石镇关桃园村	全新世	胡松梅，2006；陕西省考古研究院等，2007
	甘肃	兰州市	西北民族学院	晚更新世？	张行，2002
		榆中县	上花岔乡上苦水村	晚更新世中晚期	颉光普等，1994
			岦坪乡岦坪沟遗址	晚更新世	网络*

（续表）

地区	省级政区	市、县、区	遗存地点	时期	资料来源
		天水市	秦城区太京乡师赵村、西山坪遗址	全新世	胡松梅，2006
		西峰区	赵家庄	更新世晚期	胡长康，1962
		庆阳县	温泉乡巨家塬龙骨沟	更新世晚期	张行，2002；网络*
		环县	虎洞乡半个城村、环城镇龚家塬村"龙骨"拐沟	晚更新世	甘肃省博物馆，1982；张行，2002；网络*
		华池县	柔远镇	晚更新世	谢骏义等，1988；网络*
		泾川县	泾明乡牛角沟	晚更新世	网络*
		东乡族自治县	龙担哺乳动物群	早更新世	邱占祥等，2004；侯素宽等，2007
	新疆	乌鲁木齐市	沙依巴克区仓房沟	晚更新世	韩淑媞等，1983

注：标 * 者出处依次为：尔洪琪. 远古动物化石在杨柳青. http://blog. sina. com. cn/s/blog_5ff26f2e0100iuqf. html；刘彩霞. 老运河堤岸发现神秘化石初步认定：远古野马的. http://news. enorth. com. cn/system/2010/05/26/004716028. shtml；玉田出土巨大象骨化石. http://feicui168. com/redianshoucang/news3730. html；河北玉田县挖出上万年前象骨化石. http://tech. enorth. com. cn/system/2007/06/01/001691732. shtml；丁村人化石. http://baike. baidu. com/link? url＝JKWMGu9TK9PeO965ppnQCTYFl2Sl80jO63boGZ-w12QfgieQdT3wo-pLEy4xM_19b3XP9EzXrn8UxoB_A-6JCq；粗壮中华马. http://baike. baidu. com/link? url＝_zrEjD3Rjso9Vdsbvqzp-jhhHUXEhnICqN7BXrJLSvQPReHZm91tzOrDWlYcs2OtzCm_7rEUeLFG12yLGGtv_a；杨立科. 营口"龙骨"原是野马化石. http://news. sina. com. cn/s/2004-11-01/07094100039s. shtml；吕闯. 两颗野马牙化石来长鉴定. http://news. sina. com. cn/c/2006-06-28/09389317564s. shtml；金润锦，董凝. "普氏野马"化石. http://www. qqhrnews. com/system/2014/01/30/055460578. shtml；国家一级文物汉画像石成主角睢宁县博物馆汉文化遗存丰富. http://epaper. cnxz. com. cn/dscb/html/2012-11/15/content_91987. htm；胡恒俊. 人类究竟发源于何地. http://blog. sina. com. cn/s/blog_530ed2760102x83j. html；韩丹. 钱塘江边十米深的地下挖出一块带牙齿的头骨. http://hzdaily. hangzhou. com. cn/dskb/html/2007-10/04/content_368655. htm；朱燕. 钱塘江边带齿头骨与野马化石下颌吻合. http://hzdaily. hangzhou. com. cn/dskb/html/2007-10/10/content_369709. htm；青岛大珠山旧石器时代遗址出土大量化石和石器. http://news. artxun. com/huashi-1732-8659705. shtml；黄河首现10 万年前动物化石佐证中国人起源本土. http://www. kejixun. com/article/201311/25443. html；河南发现距今 10 万年古人类头盖骨化石. http://tieba. baidu. com/p/315362751；淮河动物群. http://baike. baidu. com/link? url ＝ WwLU_UXHkZl2o3igRs2m5aXCCwi8RlPaad6wlITAb6I-93swPkQ9CP0nzgZUmCM7eU9VdPLuPFgOjzzcZqlXm_；探寻远古动物遗迹. http://www. uua. cn/show-36-1151-1. html；旧石器时代. http://baike. baidu. com/view/2182. htm? noadapt＝1；身在兰州，不可不知，他们曾这样过生活. http://www. wtoutiao. com/p/156AbPv. html；巨家塬遗址. http://baike. baidu. com/link? url＝WP-HD2C70iHEqHO4U30rFS4EBTLYyQNdaRMPbmLvp0LG3Nvk_AqWUjdnQFTu6rL71YUNzmX8h-_Ft9OTXB5payO_SEmMy-giB413hMkCBMq5q39z0I2fpfgQhrY0Tt7Ei；柔远城化石点. http://www. baike. com/wiki/柔远城化石点；甘肃境内第一个有人化石的遗址：泾川泾明乡牛角沟 5 万年前的"泾川人"头盖骨化石. http://www. gs. xinhuanet. com/jingchuanly/2012-05/22/c_1120C6502. htm

● 迄今发现的野马遗存有近百地、百余点，包括中新世晚期、上新世、更新世早期、更新世中期、更新世晚期、全新世各时期，序列完整，可以反映野马的演化与分布变迁过程。

● 野马遗存出土地点东部较多，而并非现今残存的西北部一带，呈现出野马分布变迁的总趋势。

● 尽管在河北省、安徽省与湖北省有上新世野马(上新马)遗存出土，然而内蒙古自治区有中更新世晚期野马(中华马)遗存、甘肃省更新世早期野马(埃氏马)遗存出土，表明野马在中国首先出现于内蒙古高原，随后向西南、南方扩散。

● 到更新世中期，野马扩散的范围到达陕西大荔县、山西新绛县、河南新蔡县、吉林抚松县一带。

● 更新世晚期发现的野马遗存最多，不但约占迄今发现野马遗存的 67%，而且分布范围在多数方向达到最广(西北到新疆乌鲁木齐市，东南抵台湾澎湖县，东北达黑龙江青冈县)，反映野马在其时达到顶峰。

● 在省级政区中，更新世晚期野马遗存达到或超过5地的排序为：山东省（有11地），辽宁省（有9地），甘肃省（有7地），山西省与吉林省（皆有6地），陕西省（有5地），反映分布的密集度较高。

● 全新世，野马分布最为突出的是：①在南方越过今琼州海峡，直抵海南最南端；②尽管显现出分布区收缩态势，但在其他方向的分布不比文献记载的分布地域逊色。

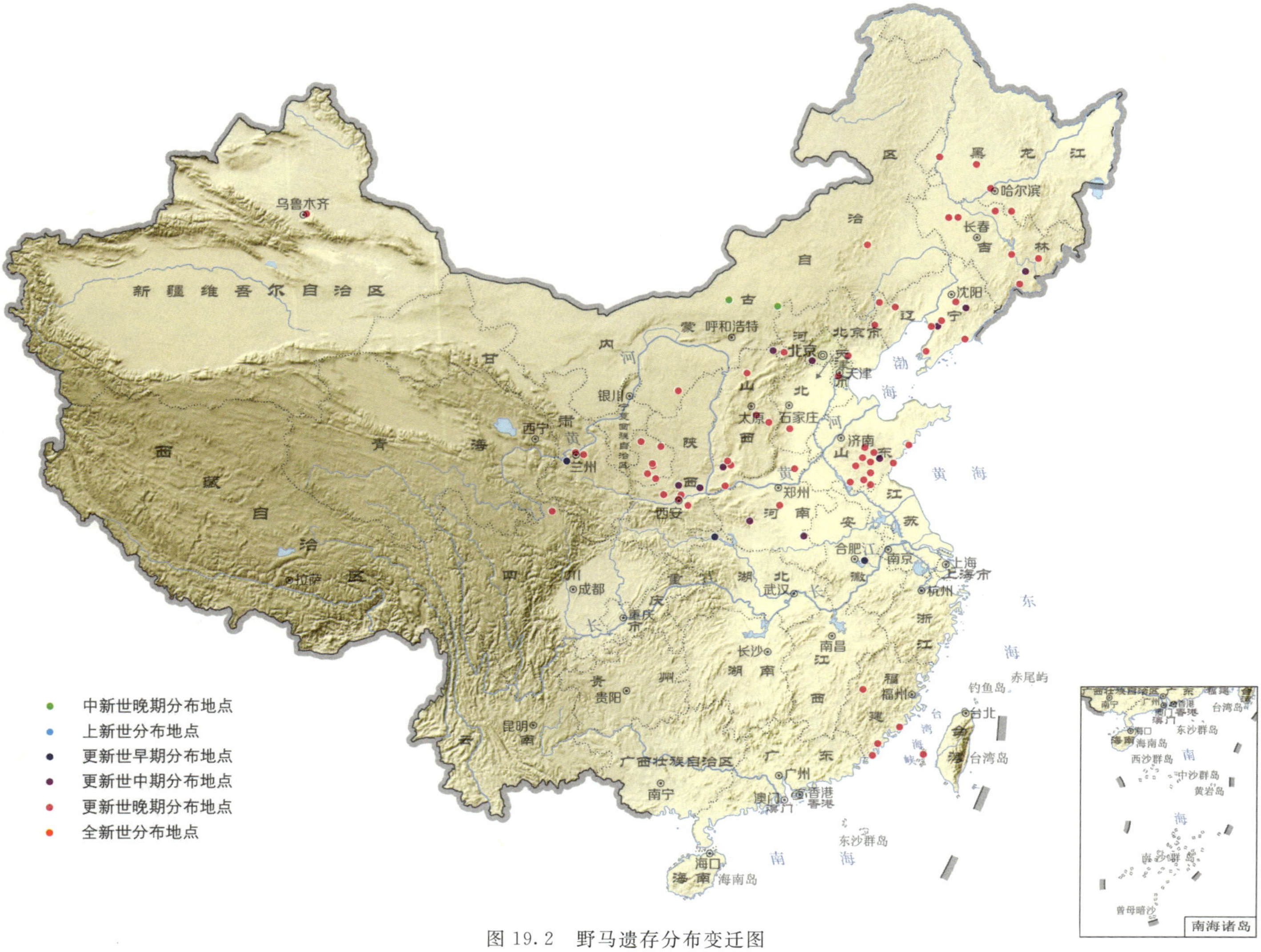

图 19.2　野马遗存分布变迁图

1.2　野驴遗存分布概况

迄今，我国已发现中新世晚期以来50余处野驴遗存（表19.2、图19.3），经梳理，大致可以看出：

● 野驴遗存主要散布在长江以北各地。

● 虽然未见更新世早期的野驴化石，但结合其前后（上新世与更新世中期）的野驴化石出土地（山西省、山东省、河南省、陕西省）看，野驴较早出现在黄河流域一带。

● 出土的更新世晚期野驴化石显著增多，约占迄今发现野驴遗存的82%，反映其时野驴数量骤然增多。此现象与野马相似，说明此期间的环境最适宜马属动物繁衍生息。

● 更新世晚期，野驴化石分布范围最大：西到甘肃永登县，南达广西扶绥县，东抵山东沂蒙山区，东北至黑龙江齐齐哈尔市。

● 虽然现存野驴较多的新疆维吾尔自治区

与青藏高原尚未发现野驴遗存,但在接近这一带的甘肃省、四川省皆有野驴遗存发现。

● 全新世,野驴遗存的出土地点骤然减少,反映其急剧收缩趋势。

表 19.2 野驴遗存分布概况

地区	省级政区	市、县、区	遗存地点	时期	资料来源
	北京	房山区		晚更新世	北京市房山区地方志编纂委员会,1999
华北	天津	西青区	曹庄子村及附近的南运河堤岸	晚更新世	网络*
	河北	阳原县	侯家窑	晚更新世早期	尤玉柱等,1981;李蕾等,2016
			东城镇虎头梁村至井儿沟乡八马坊村、东井集镇侯家窑遗址	更新世晚期	贾兰坡等,1980
			化稍营镇大渡口村	全新世	贾兰坡等,1980
		迁安市	爪村遗址	晚更新世早期	裴文中等,1958a;黄万波,1989
		玉田县	城南小丁庄、城西沈官屯等	晚更新世?	网络*
	山西	阳高县	许家窑	中更新世晚期	贾兰坡等,1979
		朔州市	朔城区峙峪村	更新世晚期	贾兰坡等,1972
		榆次区	东赵乡大发村	更新世晚期	高星等,1991
		曲沃县	滏河北岸朝阳西沟出口	晚更新世	刘源,1986
		襄汾县	丁村	晚更新世早期	裴文中等,1958b;网络*
		蒲县	薛关镇后沟	上新统	周明镇等,1965
		平陆县	常乐镇车村	晚更新世	黄万波等,1984
	内蒙古	巴林左旗	碧流台镇	更新世晚期	陆有泉等,1984;陆有泉等,1986
		满洲里市	扎赉诺尔区扎赉诺尔煤矿	全新世早期	张森水,1984;黎兴国等,1982
		乌审旗	河南乡"河套人"遗址	晚更新世早—中期	祁国琴,1975;尤玉柱等,1981;伊克昭盟地方志编纂委员会,1994;张多勇等,2011;网络*
东北	辽宁	朝阳市	龙城区边杖子乡朱杖子村马山洞	晚更新世中晚期	董为等,2009
		凌源市	西八间房草山遗址	晚更新世末期	辽宁省博物馆,1973;张镇洪,1981
		建平县	张家营子镇、收购的"龙骨"	更新世晚期	周明镇等,1958;陈恩志,2004
		喀拉沁左翼蒙古族自治县	鸽子洞遗址	晚更新世中期之末	辽宁省博物馆,1973;张镇洪,1981;傅仁义,1992
		瓦房店市	祝华街道龙山村古龙山遗址	更新世晚期	周信学等,1990;祁国琴,1989;尤玉柱等,2011;网络*
	吉林	榆树市	周家油坊、大桥屯	晚更新世及全新世	古脊椎动物研究所高等脊椎动物组,1959;孙建中等,1981;周信学等,1985;姜鹏,1990;陈全家,2003
		乾安县	大布苏泡子	晚更新世	汤卓炜等,2003
	黑龙江	哈尔滨市	顾乡屯	晚更新世	尹赞勋,1931;包诺索夫,1938;孙建中,1977
			江边沙场	更新世晚期	网络*
		齐齐哈尔市	昂昂溪区榆树屯镇大兴屯村	晚更新世	黄慰文,1984;高星,1988

（续表）

地区	省级政区	市、县、区	遗存地点	时期	资料来源
华东	安徽	灵璧县	西关	全新世	顾玉珉等，1982
	山东	沂源县	千人洞顶层、石龙洞	更新世晚期	吕遵谔等，1989；尤玉柱等，1996
		日照市		更新世晚期	尤玉柱等，1996
		莒县	前小村沭河右岸	中更新世	尤玉柱等，1996
		临沂市		更新世晚期	尤玉柱等，1996
		郯城县		更新世晚期	尤玉柱等，1996
		苍山县		更新世晚期	尤玉柱等，1996
		沂水县	鱼鳞崖裂隙堆积	更新世晚期	尤玉柱等，1996
		蒙阴县	仙人洞、巨山	更新世晚期	尤玉柱等，1996
		平邑县		更新世晚期	尤玉柱等，1996
		沂南县		更新世晚期	尤玉柱等，1996
		枣庄市		更新世晚期	尤玉柱等，1996
		新泰市	东都镇乌珠台早期智人遗址	更新世晚期	网络*
中南	河南	安阳县	北楼顶山小南海溶岩洞穴	晚更新世	安志敏等，1965；周本雄，1965
		许昌县	灵井镇许昌人"遗址	晚更新世	网络*
		新蔡县	练村镇	更新世中期	裴文中，1956；网络*
	广西	扶绥县	那法矿区的南山洞	晚更新世晚期	王頠等，2004
西南	四川	若尔盖县	唐克乡索格藏寺	晚更新世晚期	宗冠福等，1985b
		炉霍县	虾拉沱	晚更新世	宗冠福等，1985a；石硕，2015
西北	陕西	蓝田县	厚镇涝池河	晚更新世中期	计宏祥，1974
		高陵县	渭河滩	晚更新世?	网络*
		大荔县	段家乡解放村大荔人遗址	中更新世晚期	张森水，1984
		长武县	城关镇窑头沟及鸭儿沟长武遗址	晚更新世	黄万波等，1982；网络*
	甘肃	永登县		晚更新世?	张行，2002
		榆中县	垲坪乡垲坪沟遗址	晚更新世	网络*
		庆阳县	温泉乡巨家塬龙骨沟	更新世晚期	张行，2002；网络*
		环县	虎洞乡半个城村、环城镇龚家塬村"龙骨"拐沟	晚更新世	甘肃省博物馆，1982；张行，2002；网络*
		华池县	柔远镇	晚更新世	谢骏义等，1988；网络*
	宁夏	灵武市	临河乡水洞沟遗址	晚更新世	孙建中，1977

注：标*者出处依次为：尔洪琪. 远古动物化石在杨柳青. http://blog.sina.com.cn/s/blog_5ff26f2e0100iuqf.html；刘彩霞. 老运河堤岸发现神秘化石初步认定：远古野马的. http://news.enorth.com.cn/system/2010/05/26/004716028.shtml；玉田出土巨大象骨化石. http://feicui168.com/redianshoucang/news3730.html；河北玉田县挖出上万年前象骨化石. http://tech.enorth.com.cn/system/2007/06/01/001691732.shtml；丁村人化石. http://baike.baidu.com/link? url＝JKWMGu9TK9PeO965ppnQCTYFl2Sl80jO63boGZ-w12QfgieQdT3wo-pLEy4xM_19b3XP9EzXrn8UxoB_A-6JCq；河套人. http://baike.baidu.com/link? url＝UdbkNu7RvFld2DK6xKMrFj3oMUlwDuC_KkuvqiUCtTzXegyPSk11ceoaUrvFvxhEwSA6EfGV4yGEWBeK6h2JT_；刘朔，谢小芳. 大连古龙山 1.7 万年前旧石器时代猎马人. http://www.uua.cn/show-13-3102-1.html；丛明宇. 发现万年前野驴臼齿化石.

http://news. sohu. com/20060720/n244347282. shtml；智人化石遗址. http://baike. baidu. com/link? url = 2c9vU_z0I4xocW0p7rnNNqfJwrpHQO5EN2s-eW4kIlfDoaPd7MLGlPYsaelitbnIMd_0AwEMF_tHLOWf0Twbba；河南发现距今 10 万年古人类头盖骨化石. http://tieba. baidu. com/p/315362751；淮河动物群. http://baike. baidu. com/link? url = WwLU_UXHkZl2o3igRs2m5aXCCwi8RlPaad6wlITAb6I-93swPkQ9CP0nzgZUmCM7eU9VdPLuPFgOjzzcZqlXm_；探寻远古动物遗迹. http://www. uua. cn/show-36-1151-1. html；旧石器时代. http://baike. baidu. com/view/2182. htm? noadapt=1；身在兰州，不可不知，他们曾这样过生活. http://www. wtoutiao. com/p/156AbPv. html；巨家塬遗址. http://baike. baidu. com/link? url=WP-HD2D70iHEqHO4U30rFS4EBTLYyQNdaRMPbmLvp0LG3Nvk_AqWUjdnQFTu6rL71YUNzmX8h-_Ft9OTXB5payO_SEmMy-giB413hMkCBMq5q39z0I2fpfgQhrY0Tt7Ei；柔远城化石点. http://www. baike. com/wiki/柔远城化石点

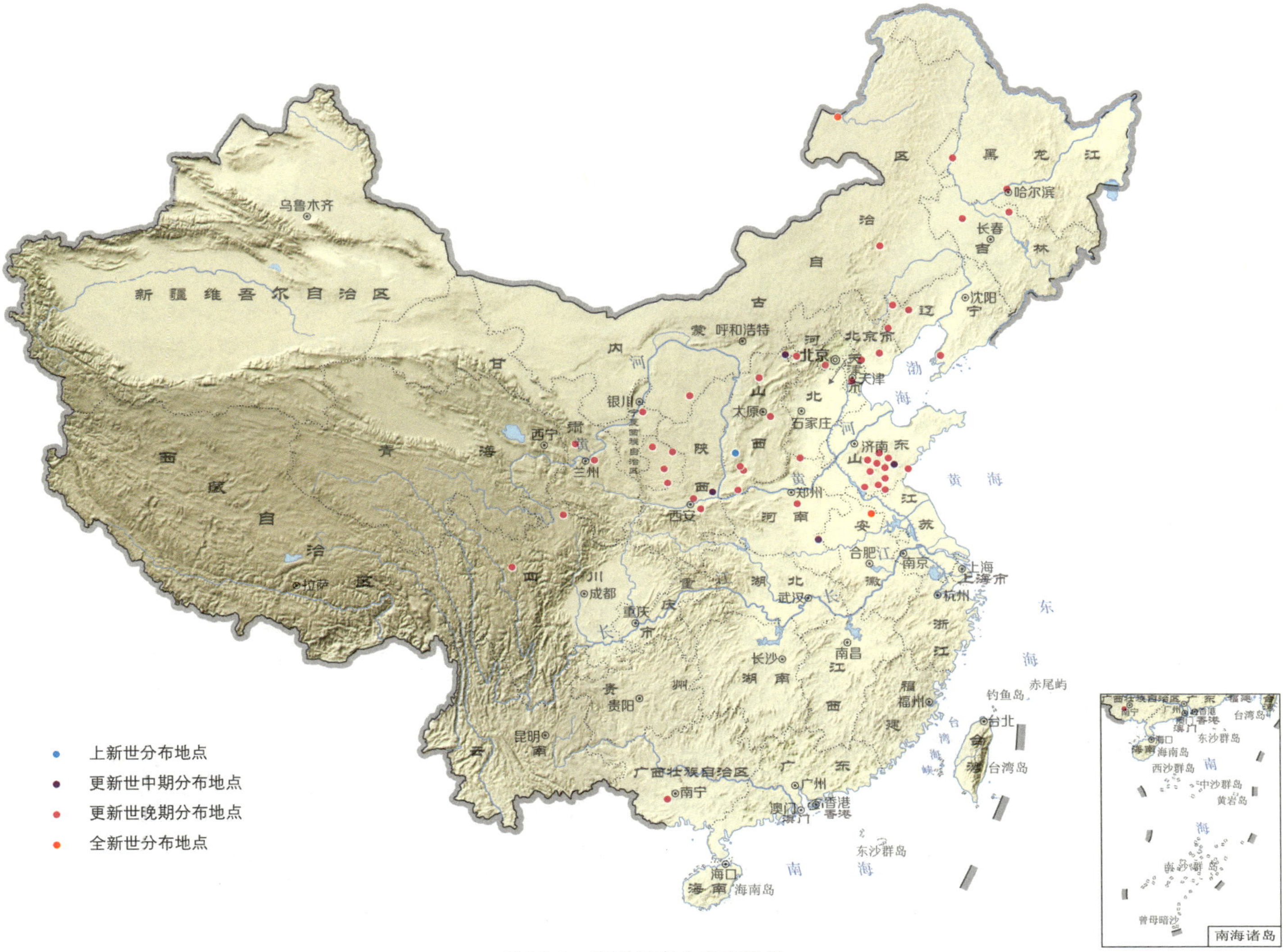

图 19.3　野驴遗存分布变迁图

2　20 世纪前的马属分布

由于野马与野驴在形态、生态、行为、分布变迁等方面都比较接近，古今不少人将它们混淆，统称为“野马”，且古文献记载大多十分简略而难以考证；数千年来，生态环境变迁导致不少动物分布古今迥异，已不能简单地按照它们现今的分布套用或推测历史上的状况，尤其是对相似度较高的物种。野马与蒙古野驴的现代分布区相互重叠，蒙古野驴与西藏野驴近年才由亚种上升为种，尚难以判断历史上是否存在分布重叠。故对 20 世纪前的分布暂按马属，而不做具体物种区分。

2.1　华北

华北又发现一些 20 世纪前野驴分布资料。

● 天津市:《宁河县志》记述(宁河县地方志编修委员会,1991):

商周时期(公元前602年),黄河(即传说中的禹河)北迁到今宁河县境之南入海。宁河地居海口,其南部黄土高地,就是黄河三角形冲积扇的北翼。这时宁河大部呈现洼淀棋布,麋鹿、野驴出没的荒凉景象。

按:据此表明,历史上宁河县曾有野驴等珍稀野生动物分布。

● 河北省:围场满族蒙古族自治县确认:"曾备受清代皇帝关注的蒙古野驴、麋鹿、原麝(獐)、东北虎、豺等绝迹"①。说明当地曾有蒙古野驴等分布。

● 内蒙古自治区:著名的"阴山岩画"位于阴山山脉的狼山地区,西起阿拉善左旗,中经磴口县、潮格旗②,东至乌拉特中联合旗③。东西长约300 km,南北宽40~70 km,正所谓"去北地五百里"。目前,在该地区已发现几万幅各种内容的岩画,堪称我国岩画资源的宝库。据史学家翦伯赞先生考证,直到13世纪或者更晚些时候,阴山一带还是一个有着广袤的森林、宽阔的草原,有着成批鹿群、野牛、野马,甚至还有虎豹出没的地方。在阴山岩画中,可以分辨出的动物种属达40种之多,可以确定动物属种的有:狐、狼、虎、豹、黑熊、家犬、野马、野驴、家马、岩羊、盘羊、北山羊、羚羊、藏羚羊、黄羊、梅花鹿、马鹿、麋鹿、驼鹿、驯鹿、狍、野猪、家猪、家牛、双峰驼、单峰驼;可以确定动物的属名,但不能定其种名的有:野兔、大角鹿、野牛、鸵鸟、龟、鹰;不能确定其属与种的有:鸟、蛇、海龟(童永生,2011)。

根据"阴山岩画"描述的具体位置,我们截取相应地区地图(参见"阴山岩画地点示意图"④)。

按:据此看来,"阴山岩画"东起阿拉善左旗,中经磴口县,东至乌拉特中旗,约包括阿拉善左旗、乌海市、磴口县、临河区、五原县、乌拉特中旗等地。反映曾有野马、野驴等栖息。

"阴山岩画"中有颇多关于野马、野驴的形象(图19.4~图19.9),例如:不仅有更具体地点待考,而且有属于阴山山脉西段狼山地区的敖伦布拉格岩画(在阿拉善左旗敖伦布拉格镇),还有北部乌拉特中旗的岩画,甚至有邻近的敖伦敖包岩画(在达尔罕茂明安联合旗境内),这些形态各异、栩栩如生的野马、野驴形象,证实当地先民只有胸有成竹才能绘制出。

图19.4　野马(图下方)⑤

图19.5　野马(左)与猛兽对峙⑥

①围场县委宣传部.木兰围场放垦与生态变迁.http://cd.hebei.com.cn/system/2014/06/18/013538814.shtml

②"潮格旗"乃旧旗名。1970年析乌拉特中后联合旗西部地区置,治今乌拉特后旗潮格温都尔。1981年改称乌拉特后旗,迁治赛乌苏镇。

③应是"乌拉特中旗";原为"乌拉特中后联合旗"。

④据天地图.http://map.tianditu.com/.此图因故不得已删除,有兴趣的读者可以根据所列出处查看原图。该图显示,"阴山岩画"的范围主要在宁夏平原以西,鄂尔多斯高原以西、以北,阴山山脉西段一带的地形状况。

⑤http://baike.baidu.com/pic/阴山岩画/1038967/14657147/ac4bd11373f08202430f773d48fbfbedab641b16?fr=lemma&ct=cover#aid=0&pic=a84052087fd5e4d60b7b823c

⑥http://baike.baidu.com/pic/阴山岩画/1038967/14657147/ac4bd11373f08202430f773d48fbfbedab641b16?fr=lemma&ct=cover#aid=0&pic=a84052087fd5e4d60b7b823c

图 19.6　野马(下)①

图 19.7　野马(右下方)②

图 19.8　野驴(乌中旗)③

图 19.9　野马(达茂旗)④

清乾隆元年(1736)与四十四年(1779)《盛京通志》皆记载有:"野马(形如马而小)、野驴(似驴而色驳,鬃、尾巴尾长)",说明曾有野马、野驴分布。该志涉及今内蒙古自治区的地方有:海拉尔区、满洲里市、扎兰屯市、牙克石市、根河市、额尔古纳市、阿荣旗、新巴尔虎右旗、新巴尔虎左旗、陈巴尔虎旗、鄂伦春自治旗、鄂温克族自治旗、莫力达瓦达斡尔族自治旗等地。

《土默特右旗志》追记:"古代草木繁茂,野生动物很多。山区豹、狼、鹿、青羊、狍等较多,平川野马、野驴、狐、獾、兔等遍地"(《土默特右旗志》编纂委员会,1994)。反映土默特右旗曾有野驴分布。

2.2　东北

东北 3 个省级政区历史上皆有野马、野驴分布。

● 辽宁省:清乾隆元年(1736)与四十四年(1779)《盛京通志》皆记载有野马、野驴。该志涉及今辽宁省的地方有:沈阳市、新民市、辽中县、法库县、彰武县、铁岭市、调兵山市、开原市、铁岭县、西丰县、昌图县、抚顺市、抚顺县、新宾满族自治县、清原满族自治县、本溪市、本溪满族自治

①阴山岩画. http://blog.sina.cn/dpool/blog/s/blog_40118ecf0100d98v.html
②阴山岩画. http://blog.sina.cn/dpool/blog/s/blog_40118ecf0100d98v.html
③内蒙古乌拉特中旗段阴山岩画. http://photo.blog.sina.com.cn/photo/94a4ae4bhb3c6c8fb9ba1
④敖伦敖包岩画群数据采集与区域研究. http://www.nmgbwy.com/xsyj/1066.jhtml

县、桓仁满族自治县、辽阳市、灯塔市、辽阳县、鞍山市、海城市、台安县、岫岩满族自治县、丹东市、凤城市、东港市、宽甸满族自治县、大连市、瓦房店市、普兰店市、庄河市、长海县、营口市、大石桥市、盖州市、盘锦市、大洼县、盘山县、锦州市、凌海市、北镇市、黑山县、义县、葫芦岛市、兴城市、绥中县等地。

清光绪十七年(1891)《吉林通志》记载有野马、野驴，涉及今辽宁省的有桓仁满族自治县等地。

● 吉林省：清光绪十七年(1891)《吉林通志》记载：

野马：形似马而小……

野驴：女直，兽多野驴《通考》。女直出野驴《明一统志》八十九。女直出野驴，似驴而色驳，鬃尾长，骨骼大《本草纲目》五十。

按：说明其时还有野马、野驴存在。该志涉及今吉林省的地方有：延吉市、图们市、敦化市、珲春市、龙井市、和龙市、汪清县、长春市、德惠市、九台市、宁江区、吉林市、磐石市、蛟河市、桦甸市、舒兰市、永吉县、公主岭市、伊通满族自治县、辽源市、东丰县、东辽县、通化市、梅河口市、集安市、通化县、辉南县、柳河县、白山市、临江市、抚松县、靖宇县、长白朝鲜族自治县、安图县、榆树市、扶余县等地

● 黑龙江省：清乾隆元年(1736)与四十四年(1779)《盛京通志》皆记载有野马、野驴，该志涉及今黑龙江省的地方有：哈尔滨市、双城市、尚志市、五常市、依兰县、方正县、宾县、巴彦县、木兰县、通河县、延寿县、齐齐哈尔市、讷河市、龙江县、依安县、甘南县、富裕县、克山县、克东县、拜泉县、爱辉区、北安市、五大连池市、嫩江县、逊克县、孙吴县、伊春市、铁力市、嘉荫县、鹤岗市、萝北县、绥滨县、佳木斯市、同江市、富锦市、桦南县、桦川县、汤原县、抚远县、双鸭山市、集贤县、友谊县、宝清县、饶河县、七台河市、勃利县、鸡西市、虎林市、密山市、鸡东县、牡丹江市、穆棱市、绥芬河市、海林市、宁安市、东宁县、林口县、北林区、海伦市、望奎县、兰西、青冈县、庆安县、明水县、绥棱县、大兴安岭地区、呼玛县、塔河县、漠河县等地。

2.3 西南

新见关于马属在西南的资料主要在云南省香格里拉县。

2008 年中澳联合考察时，用铀系同位素断代法和^{14}C断代法确定了金沙江岩画白云湾岩画点的绝对年代，距今 5 738～4 694 年。亦即金沙江地区这种写实主义风格的岩画至少创作于 3 400 年以前，并提出可能早到晚更新世到全新世之间(Paul 等，2012)。

2011 年 11 月，云南省文物考古研究所与澳大利亚格里菲斯大学合作，首次用国际通行的考古学方法对香格里拉县洛吉乡的岩布洛、花岩和腰岩 3 个岩画点进行详细的测量、三维摄影、摄像和描述。金沙江岩画多用描绘方式以写实主义的风格表现野牛、鹿、岩羊、山羊、野猪、麂、獐、猴、野马、野驴、熊、虎等动物图像，刻画准确，用笔熟练，形态生动。在洛吉河口的岩布洛岩画点就有一个深紫红色的野驴头轮廓(45 cm 宽×43 cm 高)(吴沄，2012)。由此反映在这一带曾有野马、野驴等生息繁衍。

2.4 西北

西北的甘肃省、青海省、宁夏回族自治区、新疆维吾尔自治区新发现的岩画中有一些野马、野驴形象。

● 甘肃省：在马鬃山(在肃北蒙古族自治县)最南端的巨石上凿刻了一组动物岩画，其中有 6 只神形兼备的野驴向一个方向行进(图 19.10)，而垂涎欲滴的食肉兽尾随其后在窥测，远处还有北山羊昂首观望。

图 19.10　行进中的野驴①

①图绘史诗　河西走廊岩画. http://www.ys137.com/xiuxian/862295.html

● 青海省：鲁芒沟岩画(位于天峻县天棚乡之西南)制作在山体溃塌而落下的大石块上，动物画像不仅有牛、山羊、野猪、狐狸、老虎、大头羊、蛇等，还有野马、野骆驼(图 19.11)等。

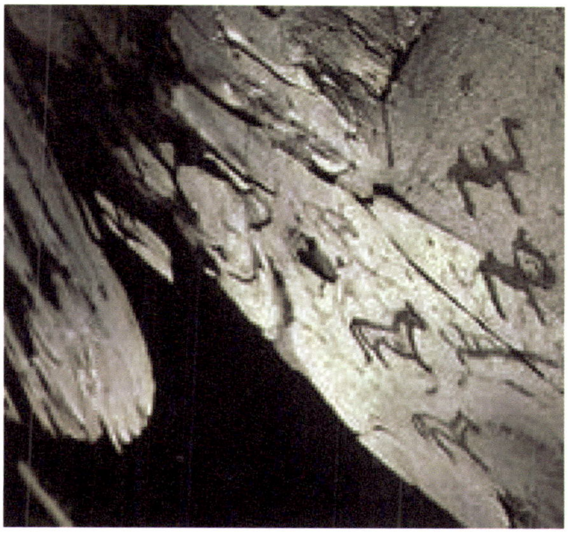

图 19.11　野马与野骆驼①

● 宁夏回族自治区：与“阴山岩画”毗邻的“贺兰山岩画”主要处于石嘴山市与平罗县，岩画内容中也有野马等诸多动物形象，反映这一带曾有野马、野驴分布。

● 新疆维吾尔自治区：从阿勒泰地区吉木乃县、哈巴河县，直到该地区最东部的青河县，逢山必有岩画，因此素有“阿勒泰山千里岩画长廊”之美名。阿勒泰市岩画群是构成阿勒泰岩画的重要组成部分，多数出现在水草丰盛的山谷河畔，有的刻画在悬崖峭壁上，有的刻画在洞窟的壁顶上，有的刻画在林下的巨石上，多临近古今牧道。可以断言，凡出现岩画的地方，过去或现在都是优良的狩猎场或放牧场②。新石器时代岩画是原始绘画的重要组成部分。新疆阿尔泰山岩画90%以上的画面有动物形象，可辨认出的有洞角类、鹿科、犬科、猫科、骆驼、马科(图 19.12)、野猪、象、鹰等九类(周忠庆，2015)。反映在阿勒泰市、布尔津县、富蕴县、福海县、哈巴河县、青河县、吉木乃县一带曾有野马、野驴分布。

图 19.12　阿尔泰山岩画

哈巴河县境内已发现岩画 20 多处 893 幅，题材广泛，内容丰富，画面多为狩猎、放牧、日月星辰、舞蹈竞技场景，还有骆驼、马、狼、虎等大幅岩画，被称为远古北方草原游牧民族造型艺术和文化的露天博物馆。据新疆古代岩画测年国际合作研究考察组对该县多尕特洞穴彩绘岩画群考察，确认洞穴内最早的岩画在 1 万年前③。察看彩绘图(图 19.13)，左侧动物似野马，其前方的长耳动物似野驴。另外，彩绘图右下方的一大兽也似野马。

图 19.13　多尕特洞穴彩绘(部分)

①鲁芒沟岩画. http://baike.baidu.com/link? url=yEGflNKEdVhhS9Tb-jjJko1anFckVvSxJiWchDJdTOWEFPW6c0kAfHo35mhl0P2WϽBcCTZNRdtLMnHHSBYAZh0SRbHefqks4hq7cd5e3lAMMYH5D_dk40UOk9-z25p5Rf9mzSaSE-o6i24N6UOyFS0noGVzbkabRa9vPg9YLGhB8maNuo4JjKuaRVyJqW3DQ

②阿尔泰山岩画旅游景区. http://jing188970.cn.zhsho.com/

③新疆万年前洞穴岩画形似飞机不排除是现代科技. http://www.taihainet.com/news/finance/hot/2015-06-21/1447955.html

2.5　20世纪前马属分布概况

20世纪前，马属在我国的分布不仅范围广阔，而且在一些省级政区还比较密集(图19.14、表19.3)，有以下特点：

● 历史上，全国文献记载有马属分布的地区除华东外，其余5个地区皆有涉及，只是中南仅有一地还有马属分布记录。

● 尽管能够确定马属县级及其以上分布地超过500地，约占全国政区的21%，但其分布的地域范围并不少于1/2。

● 马属分布大势为西部与北部分布较密集，中部分布较稀疏，东部与南部基本没有分布。

● 马属分布较多，省级政区按占有绝对数达到或超过40地排序为：新疆维吾尔自治区(有78地)，黑龙江省(有68地)，内蒙古自治区(有64地)，辽宁省(有58地)，西藏自治区(有54地)，甘肃省(有41地)，青海省(有40地)。

● 马属分布占全部省级政区的，仅辽宁省与青海省。

● 马属分布占省级政区50%以上的排序为：黑龙江省与新疆维吾尔自治区(皆88%)，吉林省(75%)，西藏自治区(74%)，内蒙古自治区与宁夏回族自治区(皆72%)，甘肃省(51%)。

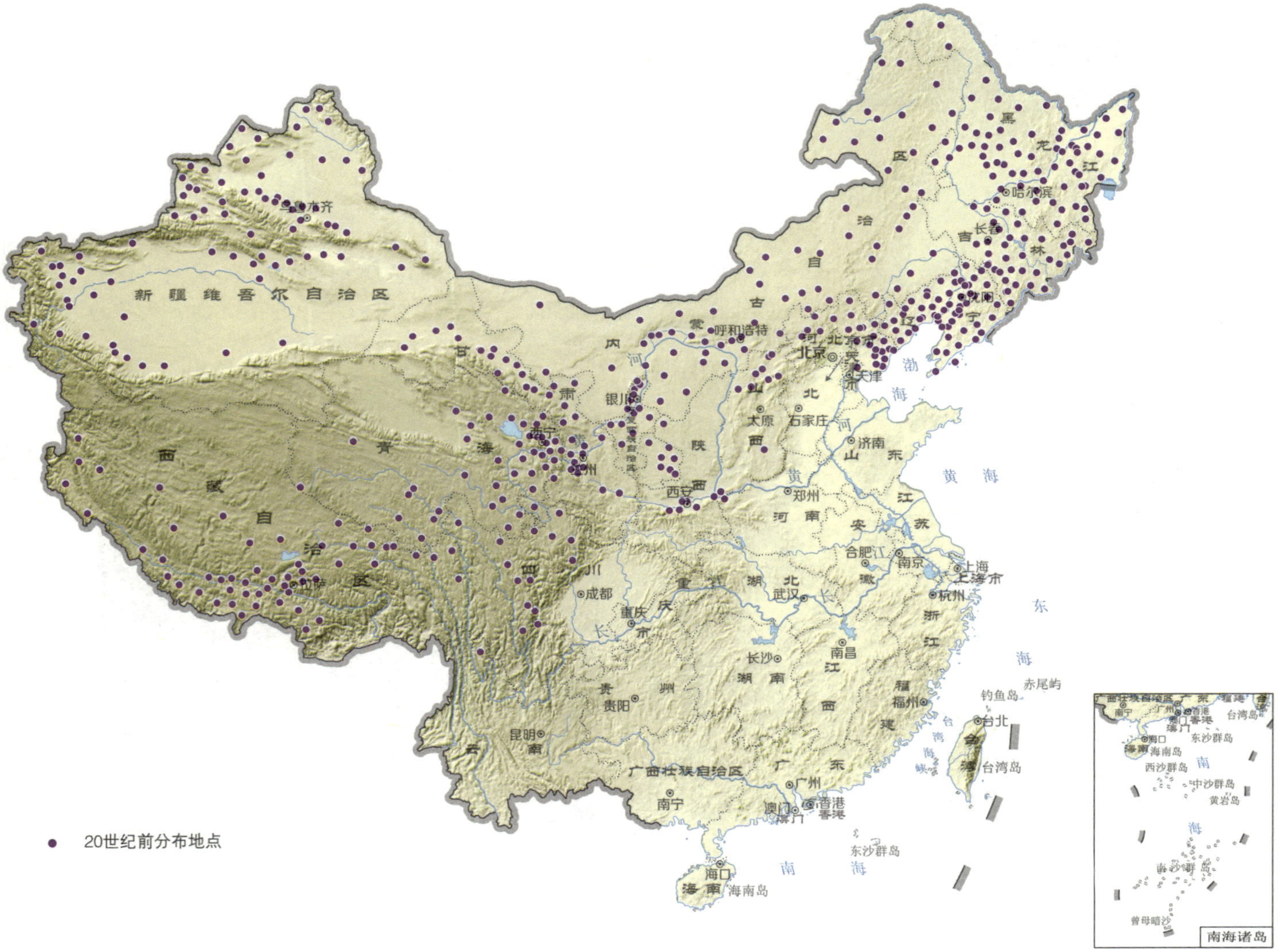

图19.14　20世纪前中国的马属分布图

表 19.3　　20 世纪前的马属分布概况

地区	省级政区	20 世纪前分布地点
华北	天津	宁河县
	河北	张家口市、沽源县、赤城县、崇礼县、承德市、承德县、兴隆县、平泉县、滦平县、隆化县、丰宁满族自治县、宽城满族自治县、围场满族蒙古族自治县、秦皇岛市、昌黎县、抚宁县、卢龙县、青龙满族自治县、迁安市、滦县、滦南县、乐亭县、迁西县
	山西	大同市、朔州市、山阴县、屯留县、代县、繁峙县、宁武县、岢岚县、芮城县
	内蒙古	呼和浩特市、和林格尔县、土默特左旗、包头市、固阳县、土默特右旗、达尔罕茂明安联合旗、乌海市、赤峰市、巴林左旗、巴林右旗、敖汉旗、科尔沁区、奈曼旗、扎鲁特旗、海拉尔区、满洲里市、扎兰屯市、牙克石市、根河市、额尔古纳市、阿荣旗、新巴尔虎右旗、新巴尔虎左旗、陈巴尔虎旗、鄂伦春自治旗、鄂温克族自治旗、莫力达瓦达斡尔族自治旗、东胜区、达拉特旗、准格尔旗、鄂托克前旗、鄂托克旗、杭锦旗、乌审旗、兴和县、察哈尔右翼中旗、临河区、五原县、磴口县、乌拉特前旗、乌拉特中旗、乌拉特后旗、杭锦后旗、乌兰浩特市、阿尔山市、突泉县、科尔沁右翼前旗、科尔沁右翼中旗、锡林浩特市、二连浩特市、多伦县、阿巴嘎旗、苏尼特左旗、苏尼特右旗、东乌珠穆沁旗、西乌珠穆沁旗、太仆寺旗、镶黄旗、正镶白旗、正蓝旗、阿拉善左旗、阿拉善右旗、额济纳旗
	辽宁	沈阳市、新民市、辽中县、康平县、法库县、朝阳市、北票市、凌源市、朝阳县、建平县、喀喇沁左翼蒙古族自治县、阜新市、彰武县、阜新蒙古族自治县、铁岭市、调兵山市、开原市、铁岭县、西丰县、昌图县、抚顺市、抚顺县、新宾满族自治县、清原满族自治县、本溪市、本溪满族自治县、桓仁满族自治县、辽阳市、灯塔市、辽阳县、鞍山市、海城市、台安县、岫岩满族自治县、丹东市、凤城市、东港市、宽甸满族自治县、大连市、瓦房店市、普兰店市、庄河市、长海县、营口市、大石桥市、盖州市、盘锦市、大洼县、盘山县、锦州市、凌海市、北镇市、黑山县、义县、葫芦岛市、兴城市、绥中县、建昌县
	吉林地区	长春市、德惠市、九台市、榆树市、宁江区、扶余县、吉林市、磐石市、蛟河市、桦甸市、舒兰市、永吉县、公主岭市、伊通满族自治县、辽源市、东丰县、东辽县、通化市、梅河口市、集安市、通化县、辉南县、柳河县、白山市、临江市、抚松县、靖宇县、长白朝鲜族自治县、延吉市、图们市、敦化市、珲春市、龙井市、和龙市、汪清县、安图县
	黑龙江	哈尔滨市、双城市、尚志市、五常市、依兰县、方正县、宾县、巴彦县、木兰县、通河县、延寿县、齐齐哈尔市、讷河市、龙江县、依安县、甘南县、富裕县、克山县、克东县、拜泉县、爱辉区、北安市、五大连池市、嫩江县、逊克县、孙吴县、伊春市、铁力市、嘉荫县、鹤岗市、萝北县、绥滨县、佳木斯市、同江市、富锦市、桦南县、桦川县、汤原县、抚远县、双鸭山市、集贤县、友谊县、宝清县、饶河县、七台河市、勃利县、鸡西市、虎林市、密山市、鸡东县、牡丹江市、穆棱市、绥芬河市、海林市、宁安市、东宁县、林口县、北林区、海伦市、望奎县、兰西、青冈县、庆安县、明水县、绥棱县、大兴安岭地区、呼玛县、塔河县、漠河县
中南	河南	灵宝市
西南	四川	石棉县、茂县、松潘县、阿坝县、若尔盖县、红原县、康定县、泸定县、丹巴县、九龙县、道孚县、炉霍县、石渠县、色达县
	云南	香格里拉县
	西藏	城关区、林周县？当雄县、尼木县？曲水县？堆龙德庆县？达孜县？墨竹工卡县？那曲县、嘉黎县、比如县？聂荣县、安多县、申扎县、索县？班戈县、巴青县？尼玛县、昌都县？江达县？贡觉县？类乌齐县？丁青县、边坝县、贡嘎县、措美县、隆子县、错那县、浪卡子县、日喀则市？南木林县？江孜县？定日县、萨迦县？拉孜县、昂仁县、谢通门县、白朗县、仁布县？康马县、定结县、仲巴县、亚东县、吉隆县、聂拉木县、萨嘎县、岗巴县、噶尔县、普兰县、札达县、日土县、革吉县、改则县、措勤县

（续表）

地区	省级政区	20 世纪前分布地点
西北	陕西	西安市、蓝田县、周至县、户县、潼关县、咸阳市、定边县
	甘肃	兰州市、永登县、皋兰县、嘉峪关市、金川区、永昌县、靖远县、天水市、武山县、凉州区、民勤县、古浪县、天祝藏族自治县、肃州区、玉门市、敦煌市、金塔县、瓜州县、肃北蒙古族自治县、阿克塞哈萨克族自治县、甘州区、民乐县、临泽县、高台县、山丹县、肃南裕固族自治县、西峰区、庆城县、环县、华池县、合水县、正宁县、宁县、临洮县、康乐县、永靖县、广河县、和政县、东乡族自治县、玛曲县、夏河县
	青海	西宁市、大通回族自治县、湟源县、湟中县、平安县、乐都县、民和回族土族自治县、互助土族自治县志、化隆回族自治县、循化撒拉族自治县、海晏县、祁连县、刚察县、门源回族自治县、共和县、同德县、贵德县、兴海县、贵南县、同仁县、尖扎县、泽库县、河南蒙古族自治县、玛沁县、班玛县、甘德县、达日县、久治县、玛多县、玉树县、杂多县、称多县、治多县、囊谦县、曲麻莱县、德令哈市、格尔木市、乌兰县、都兰县、天峻县
	宁夏	银川市、灵武市、永宁县、贺兰县、石嘴山市、平罗县、利通区、青铜峡市、盐池县、同心县、沙坡头区、中宁县、海原县
	新疆	乌鲁木齐市、乌鲁木齐县、克拉玛依市、石河子市、五家渠市、喀什市、疏附县、疏勒县、英吉沙县、泽普县、莎车县、叶城县、麦盖提县、岳普湖县、伽师县、巴楚县、塔什库尔干塔吉克自治县、库车县、乌什县、和田市、和田县、墨玉县、皮山县、洛浦县、策勒县、于田县、民丰县、吐鲁番市、鄯善县、托克逊县、哈密市、伊吾县、巴里坤哈萨克自治县、阿图什市、乌恰县、博乐市？精河县、温泉县？昌吉市、阜康市、呼图壁县、玛纳斯县、奇台县、吉木萨尔县、木垒哈萨克自治县、库尔勒市、轮台县、尉犁县、若羌县、且末县、和静县、和硕县、博湖县、焉耆回族自治县、伊宁市、奎屯市、伊宁县、霍城县、巩留县、新源县、昭苏县、特克斯县、尼勒克县、察布查尔锡伯自治县、塔城市、乌苏市？额敏县、沙湾县、托里县、裕民县、和布克赛尔蒙古自治县、阿勒泰市、布尔津县、富蕴县、福海县、哈巴河县、青河县、吉木乃县

3　20 世纪以来的野马分布变迁

20 世纪以来，野马在我国华北、东北、西南、西北均有分布。

3.1　20 世纪的野马分布

20 世纪，野马在我国仍有 8 个省级政区有分布记录。

3.1.1　甘肃

甘肃省有野马栖息记录。

《金塔县志》记载的兽类中有“野马”（金塔县地方志编纂委员会，1992），证明其时金塔县仍有野马栖息。

3.1.2　新疆

新疆维吾尔自治区是我国野马的主要分布区之一。

《新疆珍贵动物图谱》记述（梁崇岐，1986）：

野马　俗名：普氏野马、蒙古野马。

分布：历史上分布范围在准噶尔盆地，从玛纳斯河流域，沿乌伦古河向东延伸到北塔山附近……近年多次实地考察和了解，始终没有发现野马踪迹。

按：该书主要记述 20 世纪后半叶情况，故所称“历史上”似包括 20 世纪前半叶及其之前。据其记述看（图 19.15），其时野马栖息在准噶尔盆地及其周边的克拉玛依市、石河子市、五家渠市、昌吉市、阜康市、呼图壁县、玛纳斯县、奇台县、吉木萨尔县、木垒哈萨克自治县、和静县、沙湾县、和布克赛尔蒙古自治县、富蕴县、福海县、青河县一带。

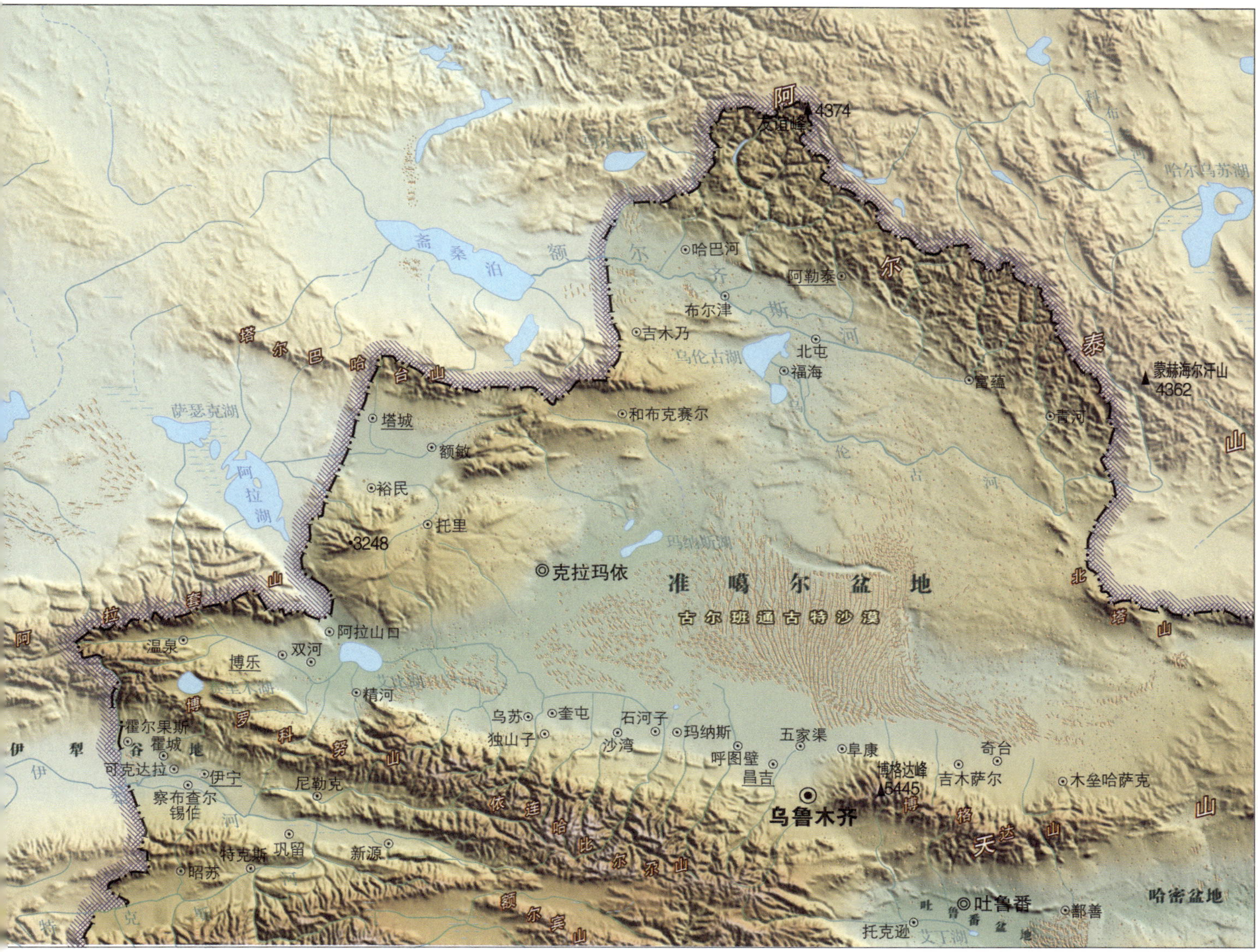

图 19.15 准噶尔盆地周边概况

石河子垦区位于玛纳斯河流域,历史上野生动物资源丰富,有野马、野驴、盘羊、野猪、旱獭、蒙古兔、北山羊、鹅喉羊(鹅喉羚)、獾猪、狼、狐狸等野生动物。中华人民共和国成立后,由于滥伐森林、过度放牧与开采矿山等,侵占、破坏了野生动物栖息地,加之乱捕滥猎,野生动物迅速减少,甚至绝迹,野马已经难觅踪迹(程钢等,2013)。反映在玛纳斯河流域的和静县、玛纳斯县、沙湾县、和布克赛尔蒙古自治县、石河子市、克拉玛依市等地曾有野马分布。

《内蒙古珍稀濒危动物图谱》则认为(凤凌飞,1991):

野马　蒙名:踏嘿。别名:蒙古野马、普氏马。

分布:阿尔泰山以南、天山以北的准噶尔盆地及玛纳斯河流域,沿乌伦古河向东延伸到北塔山附近。

按:分布地较梁崇岐(1986)记录的略扩大,似可增加天山以北的乌鲁木齐市、乌鲁木齐县。

《中国西北地区珍稀濒危动物志》记述(中华人民共和国濒危物种进出口管理办公室等,1994):

野马　俗名:普氏野马、蒙古野马、牙瓦阿特(维)。

作者根据1980~1982年对野马的3次专题考察,标定了目前野马可能残存的分布区,位于新疆西北部北塔山以东的中蒙边境地区,近1万km^2,东经91°46′~93°50′,北纬44°44′~45°13′,该地区于原分布区中央。据当地观察者报告，在东经92°～94°地区，共见到野马6次7匹。这里地处边境，人迹罕至，基本处于原生态，食物丰富，水源充足，成为一个有回旋余地的“安全岛”和自然保护地。

1978～1982年，当地目击者共见到野马15次，在东经92°～94°之间的中蒙边境地区，多为单个或不超过2匹。1981年，新疆八一农学院教师在准噶尔盆地东部，搜集到野马头骨一个。可见，70年代末至80年代初，在我国境内可能尚有极少数野马残存。

按：据此看来，既反映野马的分布地与前述基本重叠，又说明自然栖息的野马延续到1980年代初。

《农六师垦区·五家渠市志：1949～2001》列举脊椎动物·哺乳类有（文定讴，2001）：

野马、蒙古野驴、雪豹、马鹿、盘羊、岩羊、鹅喉羚、北山羊、波斑豹、熊、短尾黄羊、野猪、雪兔、赤狐、沙狐、狍子、野狸子、长尾旱獭、水獭、草兔、艾鼬、猞猁、狼、草原斑猫、荒漠猫、獾、刺猬、麝鼠、狼熊、松鼠……蝙蝠等。

按：尽管该志记载有“野马”，网上关于“新疆生产建设兵团农六师”“五家渠市”的概况中也有类似记载，但野马在1980年代初野外基本灭绝，故该志记载可以认为是20世纪后半叶存在记录。之后所转引的该市“野马”若不加注释，容易产生误导。

《新疆哺乳动物的分类与分布》记述（阿布力米提，2003）：

野马（普氏野马）

分布：蒙新交界地区、内蒙古西部、新疆准噶尔东部。历史上野马分布的范围在新疆准噶尔盆地，从玛纳斯河流域，沿乌伦古河向东延伸到北塔山一带，同蒙古西南的科布多盆地作为连接的历史分布区。据此，野马在新疆分布的区域曾包括玛纳斯、沙（弯）[湾]、昌吉、阜康、吉木萨尔、奇台、木垒、富蕴、青河、巴里坤、伊吾等。

生态：1980～1983年，中国科学院新疆生物土壤沙漠研究所科研人员曾对野马原分布地进行全面考察，证实野马原分布地自然状态依然存在，但野马已经消失。

1985～1988年，“野马还乡”计划在我国开始实施，新疆林业厅先后从德国、英国引进野马16匹；1991年又从美国圣地亚哥动物园引进2匹。在18匹野马中，后来有16匹参与建群。在新疆野马繁育饲养中心的照料下，1988年有6匹幼驹出生，并先后通过了成活关和仔一代、仔二代繁育关。到1992年，野马种群数量已经达到43匹。

目前，野马平均年产仔17匹，在册数已达173匹。扣除自然死亡淘汰与外调上海野生动物园的数量，存栏尚有113匹。其中雌、雄野马分别为68匹和45匹，饲养野马年平均繁育率达85%。

2001年8月28日，饲养在“半野放”大围栏中的27匹野马首次放回大自然。但是，由于野马自我供养和寻找食物能力差，加上准噶尔盆地严寒雪厚，直到12月31日其中3匹野马死亡，不得不把余下24匹野马赶回野放基地（谷景和，2002）。

按：由此看来，1985年后我国所称“野马”并非原生孑遗，实际上是引进的普氏野马。

3.2 现今的野马分布

现今我国存在的野马基本上是重新引进的普氏野马，仅在甘肃省与新疆维吾尔自治区栖息。

3.2.1 甘肃

甘肃省3地有野马栖息。

位于凉州区的国家林业局甘肃濒危动物保护中心近年来先后引进和繁育普氏野马、野骆驼等濒危珍稀野生动物40余种。特别是普氏野马，表现出良好的适应性和繁殖能力，已发展到75匹。2010年成功组织实施了首次试验性放归，并在野外成功繁殖幼驹1匹；2012年9月再次放归21匹①。

地处敦煌市的敦煌西湖国家级自然保护区栖息的野马源于甘肃濒危动物保护中心。2010年9月和2012年9月，国家林业局先后在该保护区放归普氏野马27匹，其中母马11匹。经过多次

①甘肃濒危动物研究中心. http://baike.baidu.com/link? url＝WwzULNmTZo7VcfYUl4uRTFoA2eZM3CZ4bnV5WpBdrGMWi7NqJea89Q8gC1wY3zSJY1tznJypz2BuHO_7GZDPZK；连振祥. 河西走廊成为我国主要的普氏野马和野骆驼繁育栖息地. http://news.xinhuanet.com/energy/2016-01/27/c_1117906114.htm

自然分群，两次放归的野马（图 19.16）逐步形成了 4 个繁殖群和 1 个全雄群。截至目前，有 2 个繁殖群共产下 4 匹小野马。截至 2016 年 5 月，2012 年 7 月至此诞生 17 匹野马。另据监测，还有 2 个繁殖群将有野马临产迹象，预计野马种群数量将增至 43 匹以上。这些小野马不断在野外降生，标志着我国实施“野马还乡”计划在甘肃恢复普氏野马野外种群进入了实质性阶段①。

据 2016 年 5 月报道，处于瓜州县的安西极旱荒漠国家级自然保护区半放养的普氏野马产出第一匹马驹。据观察，还有 6 匹成年母马有临产迹象，5 月下旬和 6 月份将迎来产驹高峰，预计野马种群数量将增至 25 匹以上②。

图 19.16　敦煌西湖放归的普氏野马（钟欣摄）

3.2.2　新疆

新疆维吾尔自治区不仅是目前我国野马栖息最多的省级政区，还似存在自然孑遗野马。

1985 年、1986 年和 1988 年间，我国分别从德国和英国引进了 A 普系纯种野马 16 匹，并在吉木萨尔县城西北 40 km 的老台乡境内建立了野马繁殖中心，采用圈养和半放养两种方式繁育野马，为野马重返大自然进行科学实验和研究，是中国政府最早实施的八大濒危物种拯救工程之一。通过 30 年左右的研究、繁育，中心已成功繁育野马 500 多匹，目前该中心存栏及野外放活野马近 350 匹，是迄今以来核实活体野马数量最大的种群③。另据报道，该中心现有普氏野马 267 匹，平均繁殖成活率达 85.61%，年均增长率 21.12%，均居世界领先水平。2012 年还首次向国外提供种源——向蒙古国赠送 4 匹 3～5 岁种公马，体格健壮，形态优美，将逐步适应国外栖息环境，能够健康地生存、繁衍，经过半散放、散放后完全回归大自然④。

卡拉麦里山省级自然保护区是全国第三大、新疆第二大自然保护区，同时栖息有蒙古野驴与引进的野马等珍稀动物。尽管引进的野马在此首次放野试验失利，但多年来引进的野马已经逐渐适应野外环境。据 2016 年 6 月报道，保护区不仅野马已达 195 匹（图 19.17），而且野马产下首例双胞胎（图 19.18）⑤。

图 19.17　卡拉麦里的野马⑥

①冯志军．甘肃放归普氏野马种群数量增至 30 匹．http://www.chinanews.com/df/2013/07-16/5049793.shtml；王耀，董开炜．敦煌西湖普氏野马再添新丁预计种群数量将增至 43 匹以上．http://news.163.com/16/0519/05/BNDGGEIH00014AEE.html；普氏野马再添新成员．http://www.zyjjw.cn/hnhz/stwm/2016-05-24/337160.html

②燕澜月．安西保护区普氏野马数量有望超 25 匹．http://www.gsjb.com/news/2/22/2016053017167194110.html

③野马繁殖中心．http://baike.baidu.com/link? url = s_nGK5P51Bouygj9iU-Qz3ehpZlrKFUqjxgBRqf3Ir7RwQLN0j00BiJe7KtreQcRJsKxmgm-_MDLqRmyDn5tAq；野马集团董事长陈志峰：竭尽所能改善野马生存环境．http://sports.sina.com.cn/o/e/2016-05-27/doc-ifxsqxxs7750578.shtml

④王文，江文耀．我国首次向国外输出普氏野马种源．http://news.xinhuanet.com/tech/2012-05/22/c_123171863.htm

⑤卡拉麦里山自然保护区．http://baike.baidu.com/view/14792242.htm? fr=aladdin&fromtitle=卡拉麦里有蹄类自然保护区&fromid=8C81820&type=syn；首例有记录普氏野马“双胞胎”满月．http://tv.people.com.cn/n1/2016/0611/c39805-28425558.html

⑥新疆卡拉麦里山有蹄类自然保护区景点介绍．http://www.lvyougl.com/fengjing/326306.html

图 19.18　雌马与双胞胎①

民丰县位于昆仑山北麓，塔克拉玛干沙漠南缘；地势南高北低，地貌由南部的昆仑山地、北部的冲积扇平原和沙漠三大地形单元构成。地属典型的温带荒漠性气候，县境地处塔里木盆地西北部，由于帕米尔高原和天山的屏障作用，年平均气温较稳定。据报道，2013 年当地生物有野马、野驴、雪豹、金猢、旱獭、草狼、黄羊、青羊、雪鸡、大雁、野鸭、呱呱鸡等②。此处列举的动物既有“野驴”，又有“野马”，且并非单一报道，其中还有较权威网站。但是否确为自然界孑遗的普氏野马，尚待进一步查证。

吉木萨尔县位于天山北麓东端，准噶尔盆地东南缘；地势南高北低，南部为高山雪岭，北部为卡拉麦里山岭的低山残丘，两山之间是山前倾斜平原和低缓起伏的沙丘。地属中温带大陆干旱气候区，冬季寒冷、夏季炎热，降雨量少，昼夜温差大。有野马等栖息③。

木垒哈萨克自治县位于天山北麓，准噶尔盆地东南缘；木垒县三面环山，成为南北东三面高，中部低的半壁盆地；山势由西向东逐渐降低，盆地由东向西倾斜；在地貌上可分为山地、丘、平原、沙漠四个不同单元。地处北疆温带荒漠，具有明显的干旱大陆性气候特征，表现为冬季长而偏暖，夏季短而偏凉；有效积温偏低，无霜期偏短，光照充足。珍稀野生动物有鹅喉羚、狗熊、雪豹、野马、野驴等④。即有野马等存在。

福海县地势北高南低（依次为山地、丘陵、戈壁、平原、沙漠地貌），东高西低；山区地貌可分为高山带、中山带、低山带，山前冲积—洪积平原丘陵，平原可分为两河间平原、河谷平原和沙漠。地属中温带大陆性干旱气候区。截至 2010 年，福海县列为国家一级保护动物的有野驴、赛加羚羊、雪豹、河狸、丹顶鹤、蒙新野马等 15 种；二级保护动物有马鹿、盘羊、猞猁、天鹅、北山羊等 20 种⑤。

吉木乃县位于准噶尔盆地北缘，萨吾尔山北麓，额尔齐斯河南岸；地势北低南高，南陡北缓。地貌分为：戈壁平原区、低山丘陵区、中山区、高山区。地属大陆性北温带寒冷气候区，气候干燥。境内野生动物中兽类有：野马与大头羊、野骆驼、红狐、沙狐、山狐、野猪、猞猁、马鹿、岩羊、雪兔、豺、狼、旱獭、灰兔、松鼠、田鼠、跳鼠、貂熊、紫貂、羚羊、羚羊、兔狲、草原班猫、雪豹、北山羊等⑥。

3.3　野马分布变迁

20 世纪以来，尽管可确认的野马分布地点数量不多，但也显示出其分布变迁颇大（图 19.19、表 19.4）：

● 先是出现野马灭绝的趋势，尽管到 20 世纪初，尚有 4 个地区 8 个省级政区的 53 地有野马存在，但到 20 世纪后半叶，仅有 3 个省级政区还有残存；并且在 30 余年内，基本绝迹。

● 在 20 世纪前半叶，野马灭绝不仅出现在仅存一地的吉林省、黑龙江省、四川省与宁夏回族自治区，而且在较荒僻的青海省数地也绝迹，就是在仍有残存的内蒙古自治区、甘肃省、新疆

①http://loulannews.com/jiaotongxinwen/2016/0620/108577.html

②民丰县. http://baike.baidu.com/link? url = Z49hPdMAIs1f0f-LEEnIJqijmPcpI53EjxxjY4qtMeUsAUp73wbU24uzDRlGPpR8TGWmUaXJNzPD4JygC-Nytq；民丰县政府网. http://www.114huoche.com/zhengfu/HeTian-MinFengXian

③新疆昌吉吉木萨尔县. http://baike.soso.com/v30287868.htm

④木垒哈萨克自治县. http://baike.baidu.com/link? url=lMbCZqCAsBJ_rhifA82koGGjoJmbZUy1tTPNPzertEc4Ua4NXMTWjvS10IGw1j30

⑤福海县. http://baike.baidu.com/link? url=NmEJAsd49G5ZiPZTqjUKKgZ8qIffFtA8lEhJV6J8KTsGkB8HW0c7BRFa bOQUJC-JO7V6y4slhRIMYIfQlRmcMAK

⑥吉木乃县. http://jmn.gov.cn/Item/2242.aspx

维吾尔自治区也有数处消失,说明是普遍现象。

● 1980 年代后重新引进野马,虽然得到百般呵护,数量稳步回升,然而恢复、扩散情况依然不容乐观,更反映出任重而道远。

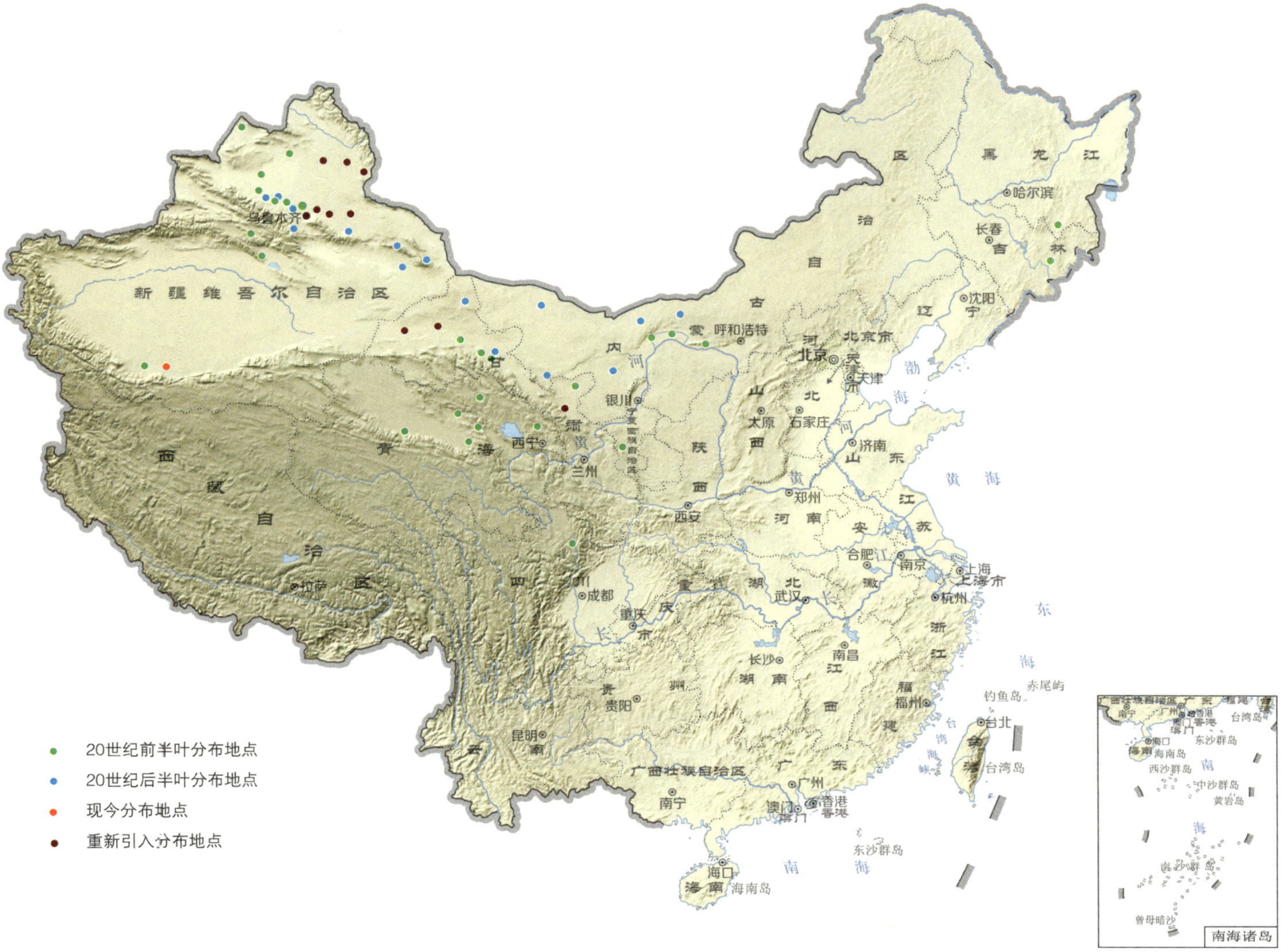

图 19.19　20 世纪以来野马分布变迁图

表 19.4　　**20 世纪以来野马分布变迁概况**

地区	省级政区	20 世纪前半叶分布地点	20 世纪后半叶分布地点	现今分布地点
华北	内蒙古	包头市、五原县、乌拉特中旗、乌拉特后旗、杭锦后旗、阿拉善左旗、阿拉善右旗、额济纳旗	乌拉特中旗、乌拉特后旗、阿拉善左旗、阿拉善右旗、额济纳旗	
东北	吉林	安图县		
	黑龙江	宁安县		
西南	四川	松潘县		

（续表）

地区	省级政区	20 世纪前半叶分布地点	20 世纪后半叶分布地点	现今分布地点
西北	甘肃	嘉峪关市、凉州区、民勤县、肃州区、玉门市、敦煌市、金塔县、瓜州县、肃北蒙古族自治县	凉州区*、敦煌市*、金塔县、瓜州县*、肃北蒙古族自治县	凉州区*、敦煌市*、瓜州县*
	青海	大通回族自治县、德令哈市、格尔木市、乌兰县、都兰县、天峻县		
	宁夏	海原县		
	新疆	乌鲁木齐市、乌鲁木齐县、克拉玛依市、石河子市、五家渠市、于田县、民丰县、哈密市、伊吾县、巴里坤哈萨克自治县、昌吉市、阜康市、呼图壁县、玛纳斯县、奇台县、吉木萨尔县、木垒哈萨克自治县、和静县、焉耆回族自治县、奎屯市？塔城市、沙湾县、和布克赛尔蒙古自治县、富蕴县、福海县、青河县	乌鲁木齐市*、乌鲁木齐县、民丰县、哈密市、伊吾县、巴里坤哈萨克自治县、昌吉市、阜康市*、玛纳斯县、奇台县*、吉木萨尔县*、木垒哈萨克自治县、沙湾县、富蕴县*、福海县*、青河县*	乌鲁木齐市*、民丰县、阜康市*、奇台县*、吉木萨尔县*、富蕴县*、福海县*、青河县*

注：标“*”者，为引进野马分布地。

4　20 世纪以来的蒙古野驴分布变迁

蒙古野驴是分布于北部与东部的大型有蹄类。20 世纪以来，仅见于华北、东北与西北地区。

4.1　蒙古野驴概况

蒙古野驴，又称野驴、亚洲野驴、蒙古野驴、准噶尔野驴、蒙新野驴、饿驴子、野马、蒙驴、骞驴、胡楞（蒙）、库兰（维）、什麻特（维）、库郎（哈萨克）等。

蒙古野驴是大型有蹄类动物（图 19.20～图 19.25），外形似骡，体形介于家驴和家马之间。其体长可达 260 cm，肩高约 120 cm，尾长 80 cm 左右，体重约 250 kg。吻部稍细长，耳长而尖；颈背具棕褐色短鬃；颜面上部、耳背、颈背侧、肩部、背部为浅黄棕色，背中央有一条棕褐色的背线延伸到尾的基部；吻部色略深；颜面下部、颈下、胸部、体侧、腹部黄白色，与背侧毛色无明显的分界线；尾细长，尖端毛较长，棕黄色。四肢刚劲有力，蹄比马小但略大于家驴。

蒙古野驴的叫声像家驴，但短促而嘶哑。它们善于奔跑，奔跑速度可达每小时 45 km，甚至狼群也往往望尘莫及。蒙古野驴具有极强的耐力，既耐冷耐热，又耐饥耐渴，并且具有敏锐的视觉、听觉和嗅觉，能察觉距离自己数百米外的情况。若发现有人接近或敌害袭击，先是静静地抬头观望，凝视片刻，然后扬蹄疾跑；跑出一段距离后，觉得安全了，又停下站立观望，然后再跑；总是跑跑停停，看看后再跑。由于其具有“好奇心”，常常追随猎人，前后张望，也因此遭害。

蒙古野驴是典型的荒漠动物，多栖息于海拔 3 000 m 以下地带，有随季节短距离迁徙的习性。它们营游荡生活，平时活动很有规律，清晨到水源处饮水，白天在草场上采食、休息，傍晚回到山地深处过夜，每天要游荡好几十千米的路程。在野驴经常活动的地方，未受到惊扰的蒙古野驴移动时喜欢排成一路纵队，鱼贯而行。在草场、水源附近，蒙古野驴经常沿着固定路线行走，在草地上留下特有的“驴径”。驴径宽约 20 cm，纵横交错地伸向各处。

蒙古野驴喜欢集群活动，雌驴、雄驴和幼驴终年一起游荡生活。冬春季，集小群活动，每群 5～8 匹或 20～30 匹。夏秋季食物丰富，通常为 20～200 匹一群。驴群中有一匹哨驴，警惕性极高，忠于职守。当人距离 500～600 m 处时，它开始慢慢跑去；人走它跑，跑跑停停，始终与人保持 500～600 m 的距离；最后引诱人朝着驴群相反的方向走去，以确保驴群的安全。驴群一旦发生危情，驴群中的头驴会带着其他成员排成“一”字形逃跑，场面十分壮观。

蒙古野驴极耐干旱，可以数日不饮水，冬季主要吃积雪解渴；以禾本科、莎草科和百合科植物为食，喜欢吃茅草、苔草和蒿类。在干旱的环境中，它们善于找到合适的地方，用蹄刨坑挖水饮用，还可以供藏羚等有蹄类动物饮用。聪明的蒙古野驴在干旱缺水的时候，会在河湾处选择地下水位高的地方“掘井”。它们用蹄在沙滩上刨出深0.5 m左右的大水坑，当地牧民称为“驴井”。

图 19.20 蒙古野驴(前侧视)①

图 19.21 蒙古野驴(后侧视)②

图 19.22 蒙古野驴(侧视)③

图 19.23 鸣叫④

①http://baike.baidu.com/view/14380.htm
②蒙古野驴. http://www.bigear.cn/res-100872-1000100002547.html
③蒙古野驴. http://www.nzmc.org/ztg/539
④http://diyitui.com/content-1412192961.19029589.html

图 19.24　奔跑①

图 19.25　涉水②

每年 8～9 月份蒙古野驴进入繁殖交配期，此时雄驴性情变得很凶，频频嘶叫，为争夺交配权时常发生激烈的咬斗。取得胜利的雄野驴控制整个驴群的活动，哪只驴不听话，就对它又踢又咬。雌驴怀孕期约 11 个月，每胎 1 仔。蒙古野驴对幼仔倒是体贴入微③。

4.2　20 世纪的蒙古野驴分布

20 世纪，我国尚有 6 个省级政区有蒙古野驴栖息。

到 1980 年代，蒙古野驴仅分布于内蒙古和甘肃西北角、新疆东北部至准噶尔盆地西部（高行宜等，1989）。

4.2.1　内蒙古

内蒙古自治区有蒙古野驴分布记录。

《内蒙古珍稀濒危动物图谱》记述（凤凌飞，1991）：

野驴　蒙名：胡楞。别名：亚洲野驴、蒙古野驴。

分布：新疆、青海、西藏和甘肃。

内蒙古见于乌兰察布盟由达尔罕茂明安联合旗向西沿中蒙边境一带。1982 年 7 月，在巴彦淖尔盟乌拉特后旗沿中蒙边境的 10 km 路线内曾统计到两群共 4 匹野驴。据当地居民介绍，近年来野驴数量明显下降。

按：此处所称“野驴”，似将蒙古野驴与西藏野驴作为亚种。说明达尔罕茂明安联合旗、乌拉特中旗、乌拉特后旗、额济纳旗等地有蒙古野驴分布。

《中国西北地区珍稀濒危动物志》记述（中华人民共和国濒危物种进出口管理办公室等，1994）：

蒙古野（马）[驴]：……国内还见于内蒙古西北角狼山、居延海一带。

按：说明在乌拉特后旗、额济纳旗一带仍存在蒙古野驴。

4.2.2　甘肃

《中国西北地区珍稀濒危动物志》记述（中华人民共和国濒危物种进出口管理办公室等，1994）：

蒙古野（马）[驴]：……指名亚种：产于甘肃西北角马（宗）[鬃]山。

按：马鬃山地处肃北蒙古族自治县，说明那里还有蒙古野驴栖息。

《金塔县志》记载兽类中有“野驴”（金塔县地方志编纂委员会，1992）。证明金塔县仍有蒙古野驴栖息。

4.2.3　新疆

新疆维吾尔自治区的蒙古野驴主要分布于北疆与东部盆地一带。

《新疆珍贵动物图谱》记述（梁崇岐，1986）：

蒙新野驴　俗名：野驴、野马、库郎（哈萨克语）、什麻特（维吾尔语）。

分布：新疆产于阿勒泰、哈密及石河子、昌吉

①卡拉麦里拍蒙古野驴. http://club2011. auto. 163. com/post/100013269928. html

②国家重点保护野生动物:蒙古野驴. http://www. 360doc. com/content/12/1011/14/1630322_240841004. shtml

③蒙古野驴. http://baike. baidu. com/link? url=zW59tBePIiCQLx7Kut8aL6A0_blYw7K9xLxtGt9o9P0v7Ntp7lhauY_rb0bRINi7Uploq72vXhkL3cc4pf2cEq;蒙古野驴. http://www. china. com. cn/aboutchina/zhuanti/ysdw/2008-11/24/content_16813628. htm;蒙古野驴. http://www. nzmc. org/ztg/539;蒙古野驴的生境和习性. http://wsxrd. com/news/DispNews. asp? Ti=0&CiD=1000&ID=1752

地区;另若羌、鄯善或有残留……卡拉麦里山自然保护区,有五百头左右蒙新野驴。

按:说明在石河子市、鄯善县(?)、哈密市、伊吾县、巴里坤哈萨克自治县、昌吉市、阜康市、呼图壁县、玛纳斯县、奇台县、吉木萨尔县、木垒哈萨克自治县、若羌县(?)、阿勒泰市、布尔津县、富蕴县、福海县、哈巴河县、青河县、吉木乃县等地还有蒙古野驴分布。

《中国西北地区珍稀濒危动物志》记述(中华人民共和国濒危物种进出口管理办公室等,1994):

蒙古野(马)[驴]　俗名:野驴、亚洲野驴、野马、库兰(维)。

指名亚种:产于……新疆东北部伊吾、巴里坤、木垒及北部准噶尔盆地一带……现今集中分布区为卡拉麦里山至乌伦古河一带,即卡拉麦里山有蹄类自然保护区。

按:虽然提法不同,但所在地域与前述重叠。

1998年9～10月对阿尔泰山系北塔山地区的野生动物,以有蹄类为重点,采用定点观测、路线考察和调查访问相结合的方法进行专题考察研究,发现兽类还有狼、兔狲、猞猁、雪豹、蒙古野驴、野猪(高行宜等,2002)。反映约在奇台县、吉木萨尔县、青河县一带仍栖息有蒙古野驴。

《新疆脊椎动物简况》记载:蒙古野驴分布于准噶尔盆地、东疆诸盆地(王德忠等,1999)。其所称"东疆诸盆地",乃指吐鲁番市、哈密市、焉耆回族自治县等地。

《农六师垦区·五家渠市志:1949～2001》列举脊椎动物·哺乳类有"蒙古野驴"(文定讴,2001)。说明五家渠市还有蒙古野驴栖息。

4.3　现今的蒙古野驴分布

现今,蒙古野驴仅见于内蒙古自治区、甘肃省与新疆维吾尔自治区。

4.3.1　内蒙古

内蒙古依然有蒙古野驴分布记录。

《乌拉特梭梭林自然保护区科学考察集》记述(宋靳枢等,2000):

该地区保存着原始的天然梭梭林,并栖息着珍稀野生动物蒙古野驴、鹅喉羚等。又是我国梭梭林天然分布的最东缘,也是我国现存蒙古野驴、鹅喉羚、盘羊、北山羊等分布的最北界或最东界。

按:经科学考察确认,位于乌拉特中旗、乌拉特后旗的乌拉特梭梭林蒙古野驴国家级自然保护区确有蒙古野驴(图19.26)等珍稀动物。

图19.26　梭梭与蒙古野驴①

据2012～2013年野外调查,达尔罕茂明安联合旗、查干哈达苏木、乌拉特梭梭林蒙古野驴国家级自然保护区等地,分布有蒙古野驴(刘燕等,2015a;刘燕等,2015b)。反映在达尔罕茂明安联合旗、巴林左旗、乌拉特中旗、乌拉特后旗等地还有蒙古野驴栖息。

《中国重点陆生野生动物资源调查》记述(国家林业局,2008):

本次调查,蒙古野驴见于内蒙古(乌拉特中旗以西的中蒙边境地区)。

按:在乌拉特中旗、乌拉特后旗、额济纳旗一带仍有蒙古野驴存在。

据称,巴彦淖尔市各种野生动物共38目111科,近500种,其中兽类7目15科49种,鸟类17目46科209种,国家一级保护动物有蒙古野驴、北山羊和雪豹(吴彪等,2014)。然而,此记载是全市野生动物情况,但该市蒙古野驴得到证实的仅有乌拉特中旗、乌拉特后旗,而磴口县似在1960年代后绝迹,其他地方是否有蒙古野驴尚待查证。

滦河源国家森林公园位于多伦县境内,是燕山山脉、阴山山脉与大兴安岭余脉交汇之地,属于半干旱地区森林草原地带。公园优良的生态

①乌拉特梭梭林—蒙古野驴自然保护区. http://tieba.baidu.com/p/1452544222

环境成为野生动物栖息繁衍的乐园。现已记录的脊椎动物有 134 种，其中哺乳动物 14 种、鸟类 99 种，哺乳动物中鹿、狍子、黄羊、沙狐、獾子、野兔等十分常见，近几年随着生态环境的改善，狼也时常在这里出没。国家一级保护动物有大鸨和蒙古野驴，国家二级保护动物有黄羊、白天鹅等 22 种（王淑玲，2014）。

据 2014 年 12 月报道，苏尼特右旗森林公安局额仁淖尔派出所在巡护辖区时，在保护区①边境线附近发现 3 匹蒙古野驴，包括 2 匹成年野驴和 1 匹幼崽。同时发现的还有从蒙古国迁徙到中国的黄羊 31 只②。

阿拉善左旗地势东南高、西北低，主要为荒漠、半荒漠草原；沙漠主要是腾格里、乌兰布和两大沙漠。地属温带荒漠干旱区，为典型的大陆性气候，以风沙大、干旱少雨、日照充足、蒸发强烈为主要特点。境内有黄羊、野驴、马鹿、梅花鹿、青羊、盘羊、旱獭、白天鹅、獐（麝）、黑斑蛙、中国林蛙、灰鹤、兰马鸡、秃鹫等珍奇野生动物③。

阿拉善右旗地势南高北低，西高东低，中间地段趋于缓和；南、西南部有龙首山脉、合黎山，中部有雅布赖山脉，西北部为巴丹吉林沙漠。在山地与沙漠之间有戈壁、丘陵、滩地纵横交错，其中沙漠占 46.6%、山地占 6.5%，丘陵占 33.4%，戈壁、滩涂占 13.5%。地属暖温带荒漠干旱区，为典型的干燥大陆性气候特征，四季分明。该县有野生动物几十种，其中国家一级保护动物有野驴、天鹅等，国家二级保护动物有石貂、鹅喉羚、盘羊、岩羊等④。

4.3.2 甘肃

甘肃省有蒙古野驴记录。

《新疆哺乳动物的分类与分布》记载："亚洲野驴……分布：中国……甘肃（马鬃山）"（阿布力米提，2003）。反映在肃北蒙古族自治县还有蒙古野驴栖息。

《中国重点陆生野生动物资源调查》记述："本次调查，蒙古野驴见于……甘肃（肃北马鬃山地区）"（国家林业局，2008）。证实肃北蒙古族自治县一带仍分布有蒙古野驴。

据 2015 年 12 月报道，在瓜州县境内的安西极旱荒漠国家级自然保护区北片核心区发现了 13 匹蒙古野驴，这是该保护区首次利用红外触发相机拍摄到种群数量较大的蒙古野驴种群（图 19.27、图 19.28）。据介绍，以往保护区工作人员在日常巡查管护中偶尔遇见过一两匹，如此数量较大的种群还是第一次发现⑤。

图 19.27　红外相机拍摄（一）

图 19.28　红外相机拍摄（二）

4.3.3 新疆

新疆维吾尔自治区仍有较多蒙古野驴分布。

《新疆哺乳动物的分类与分布》记述（阿布力

---

①据《全国自然保护区名录》（http://sts.mep.gov.cn/zrbhq/zrbhq/201208/t20120824_235172.htm），苏尼特右旗仅有"苏尼特自然保护区"。又据称：苏尼特右旗的额仁淖尔苏木境内有着历史悠久的自然生物遗产，千年古树、古岩画、巴音宝力嘎神泉、脑木根敖包及国家级保护动物盘羊、石羊、野驴、黄羊等（额仁淖尔苏木. http://baike.baidu.com/link? url=3TPAO16Jxut_zogB8yM-oZ5HgKkVmqR7rECPJHYllADXiTsR9ucJRChypjIhwxwDDWzu_5H9flQTM9L0sv8HXa）。

②世界濒危动物蒙古野驴出现在内蒙苏尼特右旗森林. http://www.hb114.cc/siteall/hb114fuzhuang/newsInfo_111158.html

③阿拉善左旗. http://baike.baidu.com/view/402674.htm

④阿拉善右旗. http://baike.baidu.com/view/418333.htm

⑤魏金龙，吴敏，邵亚平. 甘肃安西自然保护区首次发现大种群蒙古野驴. http://news.21cn.com/caiji/roll1/a/2015/1202/17/30336910.shtml

米提,2003):

亚洲野驴(蒙古野驴、准噶尔野驴、蒙新野驴)*Asinus hemionus* H. Smith, 1841 = *Equus hemionus* Pallas, 1774 = *Hemionus hemionus* F. Cuvier

分布:中国内蒙古、甘肃(马鬃山)、青海(湖西南)、新疆(准噶尔盆地)。目前,亚洲野驴在新疆分布的行政区域范围包括昌吉、呼图壁、玛纳斯、米泉、阜康、吉木萨尔、奇台、木垒、克拉玛依、石河子、莫索湾、奎屯、精河、富蕴、青河、哈密、巴里坤、伊吾等。其中,集中分布于准噶尔卡拉麦里山自然保护区内,粗略估计有3 000匹左右的种群数量。若羌东部、鄯善和哈密东南部是否有少数残留,有待考证。

按:反映在克拉玛依市、石河子市、鄯善县(?)、哈密市(?)、伊吾县、巴里坤哈萨克自治县、精河县、昌吉市、阜康市、呼图壁县、玛纳斯县、奇台县、吉木萨尔县、木垒哈萨克自治县、若羌县(?)、和静县、奎屯市、沙湾县、和布克赛尔蒙古自治县、富蕴县、福海县、青河县等地还有蒙古野驴栖息。

《中国重点陆生野生动物资源调查》记述(国家林业局,2008):

本次调查,蒙古野驴见于……新疆(阿勒泰地区、阜康、米泉、昌吉、吉木萨尔、奇台、木垒、哈密、巴里坤、伊吾)。

按:说明在哈密市、伊吾县、巴里坤哈萨克自治县、昌吉市、阜康市、奇台县、吉木萨尔县、木垒哈萨克自治县、阿勒泰市、布尔津县、富蕴县、福海县、哈巴河县、青河县、吉木乃县等地依然有蒙古野驴存在。

地处乌鲁木齐市达坂城区西部的天山野生动植物园保护区(也是亚洲最大野生动物园——新疆天山野生动物园)放养有蒙古野驴(图19.29、图19.30)、盘羊、北山羊、岩羊、鹅喉羚、鸵鸟、天山马鹿和梅花鹿等8种262头(只)国家一、二级保护动物①。

图19.29　放养的蒙古野驴(一)

图19.30　放养的蒙古野驴(二)

石河子垦区位于玛纳斯河流域,历史上玛纳斯河流域野生动物资源丰富,有野马、野驴、盘羊、野猪、旱獭、蒙古兔、北山羊、鹅喉羊(鹅喉羚)、獾猪、狼、狐狸等野生动物。中华人民共和国成立后,由于滥伐森林、过度放牧与开采矿山等,侵占、破坏了野生动物栖息地,加之乱捕滥猎,野生动物迅速减少,甚至绝迹,野马已经难觅踪迹,野驴、马鹿大大减少,黄羊已为数不多(程钢等,2013)。反映在和静县、玛纳斯县、沙湾县、和布克赛尔蒙古自治县、石河子市、克拉玛依等玛纳斯河流域一带曾有蒙古野驴。另据介绍,石河子市地处天山北麓中段,古尔班通古特大沙漠南缘;地形由南向北依次为:天山山区、山前丘陵区、山前倾斜平原、洪水冲积平原、风成沙漠区。地属典型的温带大陆性气候区,冬季长而严寒,夏季短而炎热。位于该市准噶尔盆地古尔班通

①张雷,孙玉柱.新疆:亚洲最大野生动物园放养保护动物.http://www.cnr.cn/folk/tpxw/200409210270.html;张孝成.走进自然走近野生动植物.http://xj.cnr.cn/xwtp/200610/t20061009_504301136.html

古特沙漠南缘的驼铃梦坡沙漠公园是一片沙漠，分布着国家一级保护动物野驴及野猪、黄羊、狼、狐狸、跳鼠、娃娃头蛇，沙枣鸟等百余种动物①。反映依然有蒙古野驴等栖息。

巴里坤哈萨克自治县位于天山山脉东段与东准噶尔断块山系之间的草原上；地势东南高，西北低，大体可以分为高中山地、高原、盆地、戈壁荒漠、湖泊五大类；地形特征是三山夹两盆，南部是巴里坤山，中部是莫钦乌拉山，北部是东准噶尔断块山系。地属温带大陆性冷凉干旱气候区，冬季严寒，夏季凉爽，光照充足，四季不分明。境内野生动物有马鹿、雪豹、野驴、黄羊、野猪、狼、沙狐、松貂、旱獭、雪鸡、沙鸡、鹌鹑、鹰、隼等百余种②，亦即还有蒙古野驴等存在。

吉木萨尔县现今还有蒙古野驴栖息等记录③。

木垒哈萨克自治县依然有蒙古野驴等分布的记录④。

富蕴县地处阿勒泰山南麓、准噶尔盆地北缘；地势复杂，北高南低；地貌兼有山区、盆地、河谷、戈壁、沙漠五大类。地属大陆性寒温带干旱气候区，冬季严寒而漫长，夏季炎热，春秋季短暂，日照充足。当地主要野生动物兽类有野驴、赛加羚羊、北山羊、鹅喉羚（长尾黄羊）、旱獭、河狸、熊、貂、鹿、狼、狐狸等⑤。亦即当地有蒙古野驴等存在。

截至2010年，福海县列为珍稀濒危的国家一级保护动物有“野驴”等15种⑥。说明还有蒙古野驴分布。

卡拉麦里国家级自然保护区栖息着数以百计的有蹄类动物和珍禽，如蒙古野驴（图19.31、图19.32）、鹅喉羚（黄羊）、马鹿、盘羊、野山羊，有更多的鸟类在这里生息繁衍。可以说，卡拉麦里已经成了一个野生动物的乐园。据统计，生活在卡拉麦里保护区的蒙古野驴已经达到6 000多匹⑦。

图19.31　尘头大起⑧

图19.32　雪原跋涉⑨

①石河子. http://baike. baidu. com/link? url＝i7-BA8osAbZfPOdyoZenRnrEKAeIknUGgKAkrTCgFcbn7NaEDyDdiUDMbxoioO0GN0vRXuvfPA_A9BSBFuFOaq

②新疆·巴里坤. http://www. hami. gov. cn/10017/10017/00004/00002/index. htm

③新疆昌吉吉木萨尔县. http://baike. soso. com/v30287868. htm

④木垒哈萨克自治县. http://baike. baidu. com/link? url＝lMbCZqCAsBJ_rhifA82koGGjoJmbZUy1tTPNPzertEc4Ua4NXMTWjvS10IGw1j30

⑤富蕴县. http://baike. baidu. com/link? url＝n7cUGncJumQDz0ljkDCidNjGkhQCpNCUa7VBsPFjT6R2S5TozYR-pXvPaUrzY-wTRC-gpdE_pfjJ8EDTuoxRqK_

⑥福海县. http://baike. baidu. com/link? url＝NmEJAsd49G5ZiPZTqjUKKgZ8qIffFtA8lEhJV6J8KTsGkB8HW0c7BRFabO QUJC-JO7V6y4slhRIMYIfQlRmcMAK

⑦卡拉麦里山自然保护区. http://baike. baidu. com/view/14792242. htm? fr＝aladdin&fromtitle＝卡拉麦里有蹄类自然保护区&fromid＝8081820&type＝syn

⑧卡拉麦里拍蒙古野驴. http://club2011. auto. 163. com/post/100013269928. html

⑨http://www. ctps. cn/PhotoNet/product. asp? proid＝226371

4.4　保护区

现有蒙古野驴栖息的自然保护区(图 19.33、表 19.5)可以表明它们依然存在。特点有：

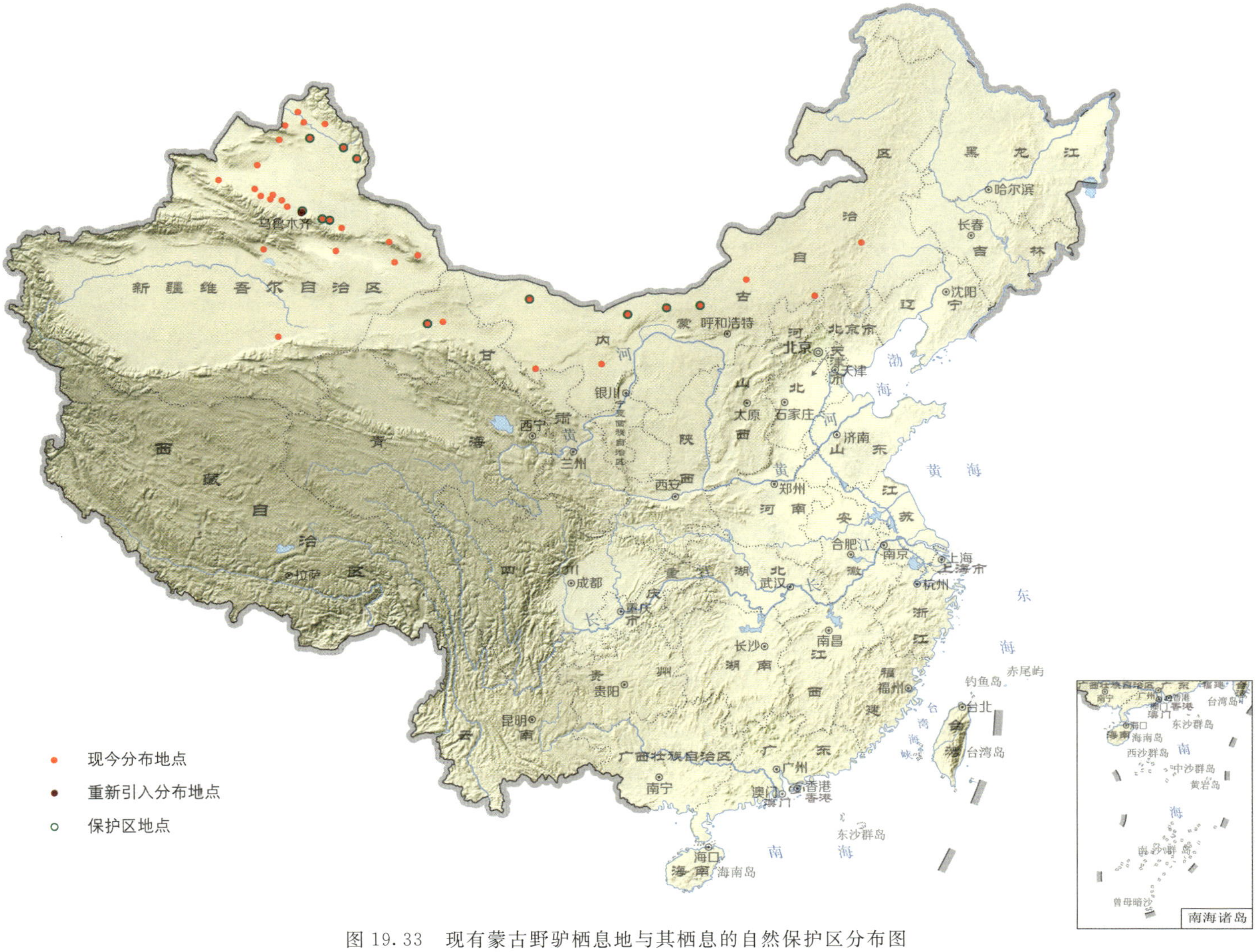

图 19.33　现有蒙古野驴栖息地与其栖息的自然保护区分布图

● 现栖息有蒙古野驴的自然保护区虽仅在 2 个区的 3 个省级政区中，数量也仅有 6 个，但与现存蒙古野驴的状况大致相符。

● 栖息有蒙古野驴的自然保护区总面积达 1.99 万 km^2。

● 保护区的建立时间虽在 1982～2002 年间，但主要是在 1980 年与 2000 年建立的。

● 保护区等级仅有国家级与省级 2 种，比率约为省级占 2/3，国家级占 1/3。

● 保护区的主管部门皆是林业部门。

● 栖息有蒙古野驴的保护区面积最大的是卡拉麦里山省级自然保护区(在新疆维吾尔自治区，面积 1 423 558 hm^2)，面积最小的是额济纳胡杨林国家级自然保护区(在内蒙古自治区，面积 26 253 hm^2)，相差约 54 倍。

● 现有蒙古野驴栖息地 38 地，而栖息有蒙古野驴的保护区才 11 地，仅占 29%。表明还有 71%的蒙古野驴栖息地未得到保护区庇护，亟待改进。

表 19.5　　栖息有蒙古野驴的自然保护区概况

地区	省级政区	保护区名称	所处地点	面积(hm^2)	级别	建立时间	主管部门
华北	内蒙古	乌拉特梭梭林蒙古野驴	乌拉特中旗、乌拉特后旗	131 800	国家级	19851001	林业
		额济纳胡杨林	额济纳旗	26 253	国家级	19860601	林业
		苏尼特	苏尼特右旗	30 595	省级	20010101	林业
		巴音杭盖	达尔罕茂明安联合旗	49 650	省级	20011201	林业
西北	甘肃	疏勒河中下游	瓜州县	324 200	省级	20020114	林业
	新疆	卡拉麦里山	阜康市、吉木萨尔县、奇台县、福海县、富蕴县、青河县	1 423 558	省级	19820408	林业

注：①本表参考多方面信息综合而成，个别误差进行更正。②本表据全国自然保护区名录. http://sts. mep. gov. cn/zrbhq/zrbhq/201208/t20120824_235172. htm；额济纳胡杨林国家级自然保护区. http://baike. baidu. com/link? url＝1GByCDqyaT AciGBAkd2r62fvaTUV4Sbs54-s9szkiXRuJuZGm0P_rfE4ZoitWHzjNAL3PV_flu947AkZDxbZTq；世界濒危动物蒙古野驴出现在内蒙苏尼特右旗森林. http://www. hb114. cc/siteall/hb114fuzhuang/newsInfo_111158. html；包头巴音杭盖自然保护区将晋升“国家级”. http://cnnews. nmgnews. com. cn/system/2008/09/26/010116816. shtml；甘肃省安西县疏勒河中下游省级自然保护区基本情况汇报. http://wenku. baidu. com/view/c744121a964bcf84b9d57b09. html；新疆卡拉麦里山自然保护区. ttp://www. zwbk. org/MyLemmaShow. aspx? lid＝147297

4.5　蒙古野驴分布变迁

就 20 世纪以来蒙古野驴分布变迁状况（表 19.6、图 19.34）看，有以下特点：

● 20 世纪初，蒙古野驴分布地遍布 3 个地区 6 个省级政区，达到 55 个。从大范围分布看，要比野马同期小，但是更具体的分布地要比野马略多，反映其密集度要高于野马。

● 到 20 世纪后半叶，虽然仅残存个别地方的吉林省、黑龙江省、宁夏回族自治区蒙古野驴绝迹，甘肃省也有 7 地蒙古野驴消失，但在内蒙古自治区与新疆维吾尔自治区仍有较多地方存留有蒙古野驴。

● 到现今，蒙古野驴仅在个别地方继续消失。

● 百余年来，蒙古野驴消失地约占 31%，比起野马几乎全部灭绝，显然要强得多。

● 在我国分布的 3 种马属动物中，蒙古野驴的适应力中等。

表 19.6　　20 世纪以来蒙古野驴的分布变迁概况

地区	省级政区	20 世纪前半叶分布地点	20 世纪后半叶分布地点	现今分布地点
华北	内蒙古	包头市、达尔罕茂明安联合旗、巴林左旗、五原县、乌拉特中旗、乌拉特后旗、杭锦后旗、多伦县、苏尼特右旗、阿拉善左旗、阿拉善右旗、额济纳旗	达尔罕茂明安联合旗、巴林左旗、乌拉特中旗、乌拉特后旗、多伦县、苏尼特右旗、阿拉善左旗、阿拉善右旗、额济纳旗	达尔罕茂明安联合旗、巴林左旗、乌拉特中旗、乌拉特后旗、多伦县、苏尼特右旗、阿拉善左旗、阿拉善右旗、额济纳旗
东北	吉林	集安市		
	黑龙江	宁安县		
西北	甘肃	永登县、嘉峪关市、金川区、民勤县、肃州区、玉门市、金塔县、瓜州县、肃北蒙古族自治县、高台县	金塔县、瓜州县、肃北蒙古族自治县	瓜州县、肃北蒙古族自治县

（续表）

地区	省级政区	20世纪前半叶分布地点	20世纪后半叶分布地点	现今分布地点
西北	宁夏	海原县		
	新疆	乌鲁木齐市*、克拉玛依市、石河子市、五家渠市、鄯善县？哈密市、伊吾县、巴里坤哈萨克自治县、精河县、昌吉市、阜康市、呼图壁县、玛纳斯县、奇台县、吉木萨尔县、木垒哈萨克自治县、若羌县？和静县、焉耆回族自治县、奎屯市、塔城市、沙湾县、和布克赛尔蒙古自治县、阿勒泰市、布尔津县、富蕴县、福海县、哈巴河县、青河县、吉木乃县	乌鲁木齐市*、克拉玛依市、石河子市、五家渠市、鄯善县？哈密市、伊吾县、巴里坤哈萨克自治县、精河县、昌吉市、阜康市、呼图壁县、玛纳斯县、奇台县、吉木萨尔县、木垒哈萨克自治县、若羌县？和静县、焉耆回族自治县、奎屯市、沙湾县、和布克赛尔蒙古自治县、阿勒泰市、布尔津县、富蕴县、福海县、哈巴河县、青河县、吉木乃县	乌鲁木齐市*、克拉玛依市、石河子市、鄯善县？哈密市、伊吾县、巴里坤哈萨克自治县、精河县、昌吉市、阜康市、呼图壁县、玛纳斯县、奇台县、吉木萨尔县、木垒哈萨克自治县、若羌县？和静县、奎屯市、沙湾县、和布克赛尔蒙古自治县、阿勒泰市、布尔津县、富蕴县、福海县、哈巴河县、青河县、吉木乃县

注：标“*”者为引进蒙古野驴分布地。

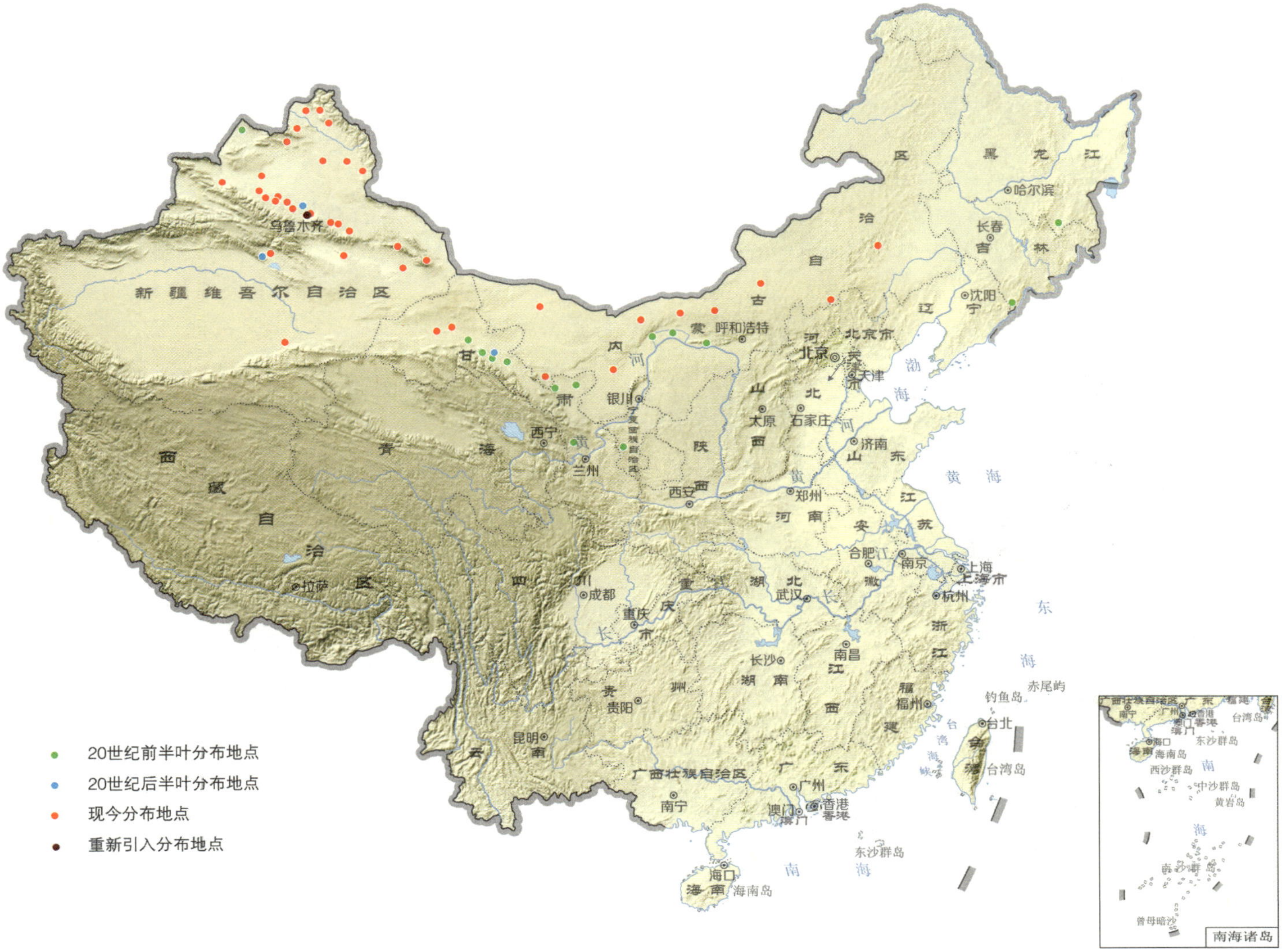

图19.34　20世纪以来蒙古野驴分布变迁图

5 20世纪以来的西藏野驴分布变迁

西藏野驴是分布于西南高原地带的大型有蹄类。20世纪以来，仅见于西南与西北地区。

5.1 西藏野驴概况

西藏野驴有亚洲野驴、野马、野驴、康驴、藏驴、江（藏）、什麻特（维）、库郎（哈萨克）等别称。

西藏野驴（图19.35～图19.40）外形既与蒙古野驴相似又似骡，体形和蹄子都较家驴大许多，显得特别矫健雄伟，当地人们常常把它们叫作“野马”。西藏野驴是所有野生驴中体形最大的一种，平均肩高为140 cm，雄性较大。其体长可达200 cm多，头体长182～214 cm，尾长32～45 cm，肩高132～142 cm，重量250～400 kg。头部短而宽，吻部稍圆钝；耳壳长超过17 cm，能够转动；四肢粗，前肢内侧均有圆形胼胝体，俗称“夜眼”，蹄较窄而高。

西藏野驴的颜面上部、耳背、脖颈及体背呈棕色或暗棕色（夏毛略带黑色），胁毛色较深，至深棕色；自肩部颈鬣的后端沿背脊至尾部，具明显较窄的棕褐色或黑褐色脊纹；颜面下部、脖颈、肩后侧具典型的白色楔形斑，此斑的前腹角呈弧形；腹部及四肢内侧呈白色，腹部的淡色区域明显向体侧扩展，四肢外侧呈淡棕色，臀部的白色与周围的体色相混合而无明显的界限。一般而言，其夏毛色较深，冬毛色较淡；幼体毛色较深，呈沙土黄色，绒毛很长，第二年夏天换毛后毛色似成体。

西藏野驴对寒冷、日晒和风雪均具有极强的耐受力，擅长奔跑，警惕性高；它们的听觉、嗅觉、视觉均很灵敏，能察觉距离自己数百米外的情况。若发现有人接近或敌害袭击，先是静静地抬头观望，凝视片刻，然后扬蹄疾跑；跑出一段距离后，觉得安全了，又停下站立观望，然后再跑；总是跑跑停停，看看后再跑。

西藏野驴有集群活动的习性，雌驴、雄驴和幼驴终年一起游荡生活，但也偶见个体活动的独驴。其集群大小受气候、水草与人为干扰影响，一般是五六匹组成小群，大的群体数十匹，最大群体可达200余匹。驴群由一头雄驴率领，营游移生活。

西藏野驴为高原型动物，栖居于海拔3 600～5 400 m的高寒荒漠地带，但有季节性迁移，夏季到海拔5 000多米的高山上活动，冬季则到海拔较低的地方，喜欢吃茅草、苔草和蒿类植物。

图19.35 西藏野驴（前侧视）①

图19.36 西藏野驴（后侧视）②

①http://www.photofans.cn/album/showpic.php? year=2009&picid=1142507

②http://baike.so.com/doc/6100979-6314090.html

图 19.37　小家庭①

图 19.38　荒滩上②

图 19.39　荒漠中③

图 19.40　雪地里④

西藏野驴每年 7～12 月份为繁殖季节，雌性每胎产 1 仔，幼仔出生时体重可达 35 kg，3～4 岁时性成熟。野生西藏野驴寿命 20 岁左右⑤。

5.2　20 世纪的西藏野驴分布

20 世纪以来，西藏野驴在我国分布于 2 个地区 6 个省级政区。

到 1980 年代，“西藏野驴(A. k. kiang)分布于西藏西部、新疆南缘山地；A. k. holdereri【青海亚种】分布于除湟水河谷外青海全境、四川西北角、甘肃祁连山”(高行宜等，1989)。

5.2.1　四川

四川省有西藏野驴分布记录。

《四川省三县动物资源及其保护》记述(罗佳，1986)：

1982～1985 年对横断山东部地区考察……阿坝、若尔盖、红原三县是川西北高原沼泽的集中分布区。

国家一级保护动物有：四川梅花鹿、白唇鹿、野驴、豹(*Panthera pardus*)……野驴可见于若尔盖、红原少部分偏僻地区。

按：据称反映，若尔盖县与红原县还有西藏野驴栖息。

《阿坝县志》记载：兽类有 49 种……其中国家一级保护的有：川金丝猴、云豹、豹、雪豹、西藏野驴、白唇鹿、藏羚 7 种(阿坝县地方志编纂委员会，1993)。反映阿坝县有西藏野驴存在。

《甘孜州志》记载(甘孜州志编纂委员会，1997)：

哺乳类：属于一级保护品种有：大熊猫、四川金丝猴(别名长尾猴)、羚牛(别名野牛、牛羚、扭角羚)、藏野驴(别名野马)、野牦牛、云豹(俗称龟

---

①http://m.quanjing.com/imginfo/d88-1237119.html

②西藏之行动物篇-藏野驴.http://blog.sina.com.cn/s/blog_6842e6af0100wy05.html

③http://www.xzwyu.com/article-14468-1.html

④http://blog.sina.com.cn/s/blog_6f5595780100ojbi.html

⑤西藏野驴.http://baike.baidu.com/link?url=IrbghY6UaGB-BMhMX2Gx9V4Cm8mlnenGRHLQ1X3wFAwWnegsI-zVDCc1FeFm0keqqtD8q3oIWZVMwEfDwnor9a；西藏野驴.http://www.renwen.com/wiki/西藏野驴；西藏野驴指名亚种.http://baike.baidu.com/view/14503751.htm

纹豹）、金钱豹、雪豹（俗称艾叶豹）、藏羚［藏羚羊］、白唇鹿等 10 种。

按：这固然是该州的珍稀动物，但可以证实“野马”是当地对西藏野驴的别称。

5.2.2 西藏

西藏自治区是西藏野驴分布最多的省级政区。

《西藏珍稀野生动物与保护》（尹秉高等，1993）

西藏野驴　别名：亚洲野驴、野马。

分布：那曲地区西部、阿里地区和日喀则地区西北部。

按：反映在西藏自治区西部较多地方还有西藏野驴分布。

《羌塘：世界上最后的净土》记述有西藏野驴分布的“羌塘”政区归属（刘务林，1996）：

目前，羌塘地区南部（南羌塘）的行政区域是申扎县全境，班戈县全境，尼玛县南部等乡，安多县南部等乡；羌塘地区北部（北羌塘）的行政区域是双湖特区[①]全境，安多县北部，尼玛县北部等乡，改则县全境，日土县东部各乡；羌塘地区东部（东羌塘）的行政区域是青海玉树藏族自治州西北部的沱沱河乡[②]和西藏自治区安多县多玛区。

按：可见在安多县、申扎县、班戈县、尼玛县、日土县、改则县一带皆有西藏野驴栖息。

藏北无人区，地理学家们统称羌塘，气候寒冷变化无常，且渺无人烟。但这里有藏羚羊、藏野驴、野牦牛、雪豹、猞猁、狼、棕熊、狐狸与藏雪鸡、隼等珍稀动物（孤旅，2000）。实际上，羌塘在藏语中的意思是“北方高地”，特指藏北高原，平均海拔 5 000 m 以上，是我国地势最高的一级台阶，被称为“世界屋脊的屋脊”，位于昆仑山脉、唐古拉山脉和冈底斯山脉之间，是野生动植物的天堂。栖息在羌塘的动物大多是青藏高原独有的濒危野生动物，其中包括西藏野驴、野牦牛、藏原羚、西藏棕熊、黑颈鹤、藏羚羊、藏狐、高原兔、藏雪鸡、西藏毛腿沙鸡、雪雀等[③]。羌塘地区南部（南羌塘）的行政区域是申扎县全境，班戈县全境，尼玛县南部等乡，安多县南部等乡；羌塘地区北部（北羌塘）的行政区域是双湖特区（其时属尼玛县）全境，安多县北部，尼玛县北部等乡，改则县全境，日土县东部各乡；羌塘地区东部（东羌塘）的行政区域是青海玉树藏族自治州西北部的沱沱河乡和西藏自治区安多县多玛区。

5.2.3 甘肃

甘肃省也有一些地方有西藏野驴分布。

《中国西北地区珍稀濒危动物志》记述（中华人民共和国濒危物种进出口管理办公室等，1994）：

西藏野驴　俗名：野驴、骞驴、江（藏）、库郎（哈萨克）、什麻特（维）。

青藏亚种：……甘肃的阿克（赛）［塞］、肃南、肃北和玛曲。

按：反映在肃北蒙古族自治县、阿克塞哈萨克族自治县、肃南裕固族自治县、玛曲县等地仍有西藏野驴分布。

5.2.4 青海

青海省较多地方有西藏野驴生息繁衍。

据《青海省海南地区兽类调查》（张广登，1985）：

青海省海南藏族自治州包括共和、贵德、同德、兴海和贵南五县，1966～1982 年的调查共捕获兽类 3 500 余匹。有野驴的是共和、兴海。

按：据此说明在共和县与兴海县有西藏野驴栖息。

《中国西北地区珍稀濒危动物志》记述（中华人民共和国濒危物种进出口管理办公室等，1994）：

西藏野驴……青藏亚种：青海的玉树、果洛、海北和海西州。

按：反映西藏野驴栖息在海晏县、祁连县、刚察县、门源回族自治县、玛沁县、班玛县、甘德县、达日县、久治县、玛多县、玉树县、杂多县、称多县、治多县、囊谦县、曲麻莱县、德令哈市、格尔木市、乌兰县、都兰县、天峻县等地。

---

①2013 年成立双湖县，隶属那曲地区。

②现为飞地：青海省格尔木市唐古拉山乡。

③羌塘. http://baike.baidu.com/link? url=7vQ9a26ZRa5DfgK0T0jVatzmySOSXO8PNQdznPwbc45SiORDkXHPhr1Pgd35WLIQNmhcE8CoYKlkTeyydvHvG_/

《青海可可西里地区生物与人体高山生理》记述：据调查，在各拉丹冬、桑恰曲、岗齐曲、乌兰乌拉湖、西金乌兰湖、勒斜武担湖、太阳湖、五雪峰、库赛湖南等地皆有藏野驴栖息（武素功等，1996）。表明西藏野驴在玉树县、杂多县、称多县、治多县、囊谦县、曲麻莱县等地皆有分布。

5.2.5　新疆

新疆维吾尔自治区的西藏野驴主要分布于南疆（不含东部盆地）一带。

1984 年 9 月，对（当时）全国最大的阿尔金山自然保护区进行了采访考察。新疆维吾尔自治区政府 1983 年划定阿尔金山自然保护区，以海拔 4 000 m 左右的高原盆地库木库里为中心，面积约 45 000 km^2。保护区地跨新疆的若羌、且末两县。若羌县是我国最大的县，面积达 190 000 km^2；而且末县是我国第二大县，面积约 130 000 km^2。据有关资料记载，1889 年至 1890 年，沙俄探险队曾穿过塔克拉玛干沙漠的西部，抵昆仑山北麓，在且末登阿尔金山。因为道路艰险，气候变化莫测，他们只在阿尔金山边缘作过短暂逗留。1982 年以后，新疆有关部门和科研单位先后两次组织科研人员从若羌进阿尔金山腹地考察。这次可以说是历史上第四次对这个地区的考察。区内有野牦牛、藏羚、藏驴、北山羊、盘羊、雪豹、猞猁、兔狲、岩羊、棕熊、胡兀鹫、雪鸡等。在采访过程中，目击到的 3 种珍稀动物——藏羚、藏驴、野牦牛（谢联辉，1985）。可见当时西藏野驴并不罕见。

《新疆珍贵动物图谱》记述（梁崇岐，1986）：

藏野驴　俗名：藏驴、骞驴、库郎（哈萨克语）、什麻特（维吾尔语）。

分布：青海、西藏、甘肃、新疆的阿尔金山一带。

按：表明在若羌县、且末县等地有西藏野驴栖息。

《中国西北地区珍稀濒危动物志》记述（中华人民共和国濒危物种进出口管理办公室等，1994）：

西藏野驴：……青藏亚种：……新疆的昆仑—阿尔金山一带。

按：反映约在叶城县、和田市、和田县、墨玉县、皮山县、洛浦县、策勒县、于田县、民丰县、若羌县、且末县等地有西藏野驴分布。

《新疆脊椎动物简况》记载：西藏野驴分布于昆仑山—阿尔金山山地（王德忠等，1999）。即在塔里木盆地南缘与新疆东南部，与前述相当。

5.3　现今的西藏野驴分布

西藏野驴依然在 6 个省级政区存在。

5.3.1　四川

《中国重点陆生野生动物资源调查》记述（国家林业局，2008）：

本次调查，藏野驴见于四川（石渠、色达、炉霍 3 县有分布，后 2 县为分布的新记录）。

按：反映在邻近青藏高原的川西高原西北部炉霍县、石渠县、色达县等地还有西藏野驴残存。

石渠县地处青藏高原东缘、川西北丘状高原山区，东北为巴颜喀拉山脉，西南为沙鲁里山北段。地属大陆性季风高原气候区，气温低，日照长，昼夜温差大，无绝对无霜期。据称，当地珍稀动物有羚羊、野牦牛、丹顶鹤等，还有鹿、盘羊、野马、獐（麝）、狐狸、水獭、旱獭等①。此处所称“野马”，乃西藏野驴。该县洛须镇的洛须白唇鹿自然保护区以保护白唇鹿、西藏野驴、野牦牛等珍稀野生动物及其自然生态系统为对象（齐代华等，2014）。可以确认仍有西藏野驴存在。

红原县地处青藏高原东部，地势由东南向西北倾斜，地貌具有山原向丘状高原过渡的典型特征；县境中部的查真梁子是南北山原与丘状高原的天然分界线，也是长江、黄河流域分水岭；南部为山原，北部为丘状高原。地属大陆性高原寒温带季风气候区，无明显四季界线，气候偏冷，春秋短促，长冬无夏，热量低。据称，该县野生动物主要有梅花鹿、盘羊、野驴、黑熊、狼、藏狐、黑颈鹤等。有国家、省一级保护动物 22 种，有国家、省二级保护动物 51 种（四川省红原县志编纂委员会，2011；杨丽雪等，2016）。

道孚县地处青藏高原边缘，界线十分清晰；地形复杂，峰峦起伏，东北高，东南略低；按地形大体分为：东部八美山原宽谷区，西南部尼措、瓦日山原河谷区，南部扎坝高山峡谷区，北部玉科为高原高山区。地属寒温带大陆性季风气候区，

① 石渠县. http://baike.baidu.com/link?url=vBT8IYFd2veVps6isCcGJ0Wfo0w0JvwHAEXd47Bjvymv3l0moc9_6nhjIq7l1PPJ#5_4

昼夜温差大，特点是春夏不分明，冬长夏短，冬寒干燥。境内珍稀野生动物活跃，一级保护动物有豹、雪豹、金雕、胡兀鹫、西藏野驴、褐马鸡等，二级保护动物有黑熊、棕熊、小熊猫、细嘴松鸡、藏马鸡、岩羊、盘羊等①。

5.3.2 云南

云南省仅见1地有西藏野驴分布记录。

香格里拉县位于青藏高原横断山区腹地，是滇、川、藏三省（区）交界地；地形总趋势是西北高、东南低，地貌按形态可分为山地、高原、盆地、河谷。地处高海拔低纬度地带，气候随海拔升高而变化，依次出现6个气候带。该县境内的哈巴雪山保护区是以保护高山森林垂直分布的自然景观及滇金丝猴、野驴、狸、猴为目的而设立的寒温带针叶林类型自然保护区（马欣敏等，2015）。可见有西藏野驴分布。

5.3.3 西藏

西藏自治区现今仍是西藏野驴分布地最多的省级政区。

《中国重点陆生野生动物资源调查》记述（国家林业局，2008）：

本次调查，藏野驴见于……西藏（日土、噶尔、革吉、改则、尼玛、班戈、双湖、申扎、措勤、普兰、仲巴、隆格尔、札达、昂仁、拉孜、浪卡子、康马、吉隆）。

按：实际上约是申扎县、班戈县、尼玛县、浪卡子县、拉孜县、昂仁县、康马县、仲巴县、吉隆县、噶尔县、普兰县、札达县、日土县、革吉县、改则县、措勤县等地，反映有西藏野驴存在。

西藏野驴主要分布在西藏的那曲地区西部、阿里地区和日喀则地区的西北部②。依然存在的西藏野驴分布地略有减少。

当雄县地貌复杂，念青唐古拉山脉的西北部横穿全境，总地势由西北向东南倾斜，地貌分为四个单元：西北部冰蚀高山、极高山，东部高寒中山，北部高原湖盆地和中部洪积宽谷盆地。地属高原寒温带半干旱季风气候区，冬寒夏凉，多大风。在北部高平原上，有西藏第一大湖——纳木错，也是世界上海拔最高的咸水湖。在湖周围常有狗熊、野牦牛、野驴、岩羊、狐狸、獐子（麝）、旱獭等野生动物栖息③。说明有西藏野驴分布。

那曲县地处唐古拉山脉与念青唐古拉山脉之间，境内多山，地势呈西北向东南缓坡状，坡度较为平缓，多数山呈浑圆状，属高原丘陵地形。地属高原亚寒带季风半湿润气候区，没有绝对无霜期。当地野生动物有68种，哺乳动物28种，野生鸟类32种，列为国家保护的有：大头羚羊、獐子（麝）、水獭、猞猁、野驴、狗熊、天鹅、黑颈鹤、斑头鹰等④。反映依然栖息有西藏野驴等。

聂荣县位于唐古拉山南麓，青藏高原腹地；地处藏北南羌塘高原太湖盆区，地势西北高东南低。地属高原亚寒带半干旱季风气候区，冬长无夏，没有绝对无霜期。该县境内主要野生动物有藏羚羊、野驴、野山羊、黄羊、盘羊、岩羊、马鹿、狗熊、獐子（麝）、旱獭、水獭、高原兔、狐狸、猞猁、雪鸡、马鸡、野鸽、黄鸭、灰鸭、黑颈鹤、天鹅、乌鸦、秃鹫等⑤。亦即仍有西藏野驴等。

安多县地处唐古拉山脉南北两侧，地势呈中间高南北低、西高东低之势；以唐古拉山主脉为脊，无数大小山峰逶迤连绵，高低起伏，由西向东，北有唐古拉山、可可西里山和祖尔肯乌拉山，中部有托尔火山，南部有桑卡等山脉。地属高原亚寒带半湿润季风气候区，空气稀薄，昼夜温差大，四季不分明，多风雪天气，无绝对无霜期。当地常见的野生动物有：野牦牛、藏野驴、藏羚羊、岩羊、盘羊、黄羊、狐狸、狼、猞猁、狗熊、草豹、旱懒、野兔等⑥。亦即有西藏野驴等存在。

申扎县地处藏北高原腹地南部、冈底斯山和藏北第二大湖色林错之间；属南羌塘高原大湖盆地带，地势较缓，丘陵、高山与盆地相间，地势南

①道孚县. http://baike. baidu. com/view/824773. htm

②西藏野驴. http://baike. baidu. com/link? url=IrbghY6UaGB-BMhMX2Gx9V4Cm8mlnenGRHLQ1X3wFAwWnegsI-zVDCc1FeFm0keqqtD8q3oIWZVMwEfDwnor9a

③纳木错. http://baike. baidu. com/view/24971. htm? fromtitle=纳木错湖&fromid=1482617&type=syn

④那曲县. http://baike. baidu. com/link? url=tyxwjkA9LjmsNOTZytkAQAFycdj26AusIPXF1KuH-13-Cqrov0dYrJT3uXeMkQ-x

⑤聂荣县. http://baike. baidu. com/link? url=AEUmlLMFJ-98g7mRF-BPtib0MStO5Z4jzNGdL8W2_VlPMyYwv41col48gKr4TD2uue2pp31ZImj6z8mAj2v1jsHfoFy-RGFhpqwMqWbWdJK

⑥安多县. http://baike. baidu. com/link? url=qdxZP3T_63btMWmilopjTrJJnusVpvoFUD-eGbS65945-FIEqPj1CFfSbeesFzc3

高北低。地属高原亚寒带半干旱季风气候区，空气稀薄，气候寒冷干燥。该县野生动物资源主要有藏羚羊、野驴、盘羊、雪豹、黑颈鹤、斑头雁等，仅国家一、二类保护动物就有20多种[①]。说明有西藏野驴等栖息。

班戈县位于藏北高原的纳木错、色林错两大湖之间；地势上呈现出南凹北凸：南部湖面地区，周围为冲积平原和较缓的残山；北边为深切高山，中部分布中高山地，呈低山状。地属高原亚寒带季风半干旱气候区，空气稀薄，寒冷干燥，气候变幻无常，昼夜温差大，无绝对无霜期。据2014年资料显示，班戈县野生动物有野驴、黑颈鹤、藏羚羊、熊、樟子(麝)、雪豹、雪鸡、岩羊、拾俐[猞猁]、狐狸等[②]。反映还有西藏野驴等栖息。

尼玛县地处羌塘高原大湖盆地带，北有昆仑山、可可西里山，南有冈底斯山；地势北高南低，地形以高原、丘陵、平地为主。地属高原亚寒带半干旱季风气候和高原寒带干旱气候区，特点为空气稀薄、降雨量少、日照充足、气温低、多风雪。当地野生动物资源丰富，有藏羚羊、藏野驴、野牦牛、雪豹、黑颈鹤、棕熊、雪鸡、藏原羚、岩羊、盘羊、斑头雁、灰鸭、黄鸭等国家一、二级保护动物达20余种[③]。其中就有西藏野驴。

丁青县属藏东峡谷，西北高、东南低的地形和藏北草原向横断山脉过渡的地势，构成了独特的河谷、平坝、崇山峻岭的自然景观。地属高原寒带气候区，冬半年气候寒冷、干燥，夏半年温和、湿润，年温差小，日温差大，日照时间长。该县野生动物资源就上百种，主要有獐(麝)、黄羊、马鹿、水獭、旱獭、狐狸、熊、豺、狼、猞猁、野牦牛、野驴等[④]。反映仍有西藏野驴等栖息。

边坝县位于念青唐古拉山南麓，地处藏东南三江流域峡谷地带，地势南高北低；境内山峦重叠，高山深谷。地属高原温带半湿润气候区，有气温低、光照充足、日温差大等特点。当地珍稀动物有22种，属于国家一级保护动物的有白唇鹿、西藏野驴、雪豹、豹4种[⑤]。反映有西藏野驴等存在。

贡嘎县地处雅鲁藏布江中游河谷区和江南高山宽谷区；境内高山纵横起伏，连绵不断；地势南北高，中间向雅鲁藏布江倾斜，地势平坦、宽阔。地属高原带干旱季风气候区，日照射间长，气温日差较大，年差较小，冬春寒冷多风，雨季降水集中，形成长冬无夏，春秋相边的气候特点。该县野生动物资源主要有：野牦牛、野驴、藏羚羊、岩羊、黄羊、马鹿、獐子(麝)、灰兔、猞猁、狗熊、云豹、旱獭、鼠兔、温泉蛇和铲齿裂腹鱼、双须重唇鱼、斑切腹鱼、藏鹤、雪鸡、秃鹫、野黄鸦、野水鸭等[⑥]。亦即仍有西藏野驴等栖息。

措美县属西藏南山原湖盆区的高原湖谷区，地处喜马拉雅山脉北麓；境内大小山脉连绵起伏，地质结构复杂。地属高原温带半干旱季风气候区。该县列入国家重点保护的野生动物有藏野驴、黑颈鹤、水獭、马麝、天鹅、藏雪鸡、藏原羚、秃鹫、灰鹤等[⑦]。说明仍有西藏野驴等存在。

隆子县位于喜马拉雅山东段北麓，属藏南谷地；地势北高南低，西高东低，连绵起伏，山岭河流纵横交错，河流深切，多呈"V"形河谷，冲沟发育，冲沟与支流有大小不等的冲积扇。地属高原温带大陆性季风气候区。该县野生动物资源有：棕熊、岩羊、盘羊、藏骊鸡(藏马鸡)、雪鸡、野牛、野驴、雕等100余种野生动物[⑧]。亦即还有西藏野驴等栖息。

错那县位于喜马拉雅山脉东南；属藏南山原湖盆谷地，地势北高南低；康格多山以北为高原山地区，以南地区海拔递减。该县南部属亚热带山地半湿润、湿润气候，中北部属于高原性高寒气候。该县野生动物中已列入国家一级保护的有：孟加拉虎、金钱豹、雪豹、小熊猫、藏野驴、野

①申扎县. http://baike.baidu.com/link? url=jWuJCxQkS27gBgmv_h-4EMcTi4DfipN9i_ozY7gc6Uvvw5g_Rqxw0QarNZ4bNt9y
②班戈县. http://baike.baidu.com/link? url=4n5h2ms5pYVZj0orglpTCOWOv6sGoavpVXiazQnHJZReh5INnAH3XFb_qIbb9nrP
③尼玛县. http://baike.baidu.com/link? url=Zax4YGpwHScTUJN7Lhi802lDesAAXza309KoSj3TaZzarR02WN0lgIigPOOeFE-k
④丁青县. http://baike.baidu.com/link? url=JEXGWmni7p4PXQsS1aGFpsUTZu8SzLelBCVz3bKiotuUULuABFMvQbZ_ebx2yP9V
⑤全县耕地面积18万亩·昌都概要·边坝概要. http://www.tubaobei.com/show-392d32d2-0-b9058516.html
⑥贡嘎县. http://baike.baidu.com/link? url=FTlw-EiUqplUe3_oQiLGgL8xQG-zvdlN9VlavHDZEuzyr9fzBr1Jo7OkC7avt2ty
⑦措美县. http://baike.baidu.com/link? url=rt4i3LDeXmigjv-495lhU1JoGSCT8nBJBKcAdoKmqgCjMBbbRAGrOsEyRwlbxtM0
⑧隆子县. http://baike.baidu.com/link? url=MPSdtzpSl7VWku12vWDkywXVQwjHI63sghsmSB7y0Fbm9eQxAyvWEtaGdyombNR0

牛等[1]。反映仍有西藏野驴等分布。

浪卡子县地处喜马拉雅山中段北麓；属藏南山原湖盆宽谷区，四周边缘高突，中间呈低洼湖泊；境内山峰众多。地属亚寒带高原气候。当地野生动物资源丰富，主要有野驴、豹、黑颈鹤、水獭、猞猁、盘羊、灰鹤、狼、狐狸、獐（麝）、黄羊、青羊、灰鸭、麻鸭等[2]。说明还有西藏野驴等栖息。

定日县地处喜马拉雅山脉中段北麓珠峰脚下；境内群山起伏，雪峰巍峨。地属高原温带半干旱季风气候区，昼夜温差大，气候干燥，年降雨量少，蒸发量大，日照时间长。据2013年统计，定日县动物资源有藏牦牛、藏系绵羊、山羊、藏黄牛、藏马、藏驴、犏牛、变种藏獒、狼、雪豹、喜马拉雅麝、喜马拉雅塔尔羊、豹猫、小熊猫、旱獭、野驴等[3]。表明依然有西藏野驴存在。

拉孜县位于念青唐古拉山最西部。由于高原奇特多样的地形、地貌和高空空气环流等诸多因素的影响，形成了日照强烈，气温较低，温差大，雨水集中，干湿明显，冬春季少雨雪多大风的气候特点。该县珍稀动物资源有：灰颈鹤、獐子（麝）、水獭、岩羊、黄羊、黑颈鹤、雪鸡、野鸭、野驴、羊邻、狐狸、天鹅等[4]。表明仍有西藏野驴等分布。

昂仁县位于冈底斯山麓、雅鲁藏布江上游，岗底斯山脉中脊线上；因岗底斯山脉东西横贯，县域地势中部较高，南北部稍低；山脉占全县总面积的3/5。该县东南河谷地带为温暖、少风、半干旱气候，西北高山地带为多风寒冷、半干旱气候。当地野生动物资源主要有岩羊、羚羊、獐（麝）、狼、狐狸、豹、野兔、旱獭、水獭、融鼠、斑头雁、野鸭、角维、秃鹫及野牦牛、野驴、黑颈鹤等珍稀动物[5]。说明依然还有西藏野驴等。

谢通门县位于冈底斯山脉南北，雅鲁藏布江北岸；既有众多的山峰和系列浑圆而平缓的山丘，也有地势相对平坦的草原，还夹着许多河谷平地，低处常年积水成湖。由于地形、地貌及受西南季风、西风南支流影响，形成了复杂多样的独特气候：北部严寒干燥，南部、西部半温暖半湿润；明显特点日照时间长，辐射强，气温较低，昼夜温差大，干湿分明，多夜雨，冬春干燥，多大风，气压低，氧气含量较少。当地野生动物种类较多，主要有：野驴、黄羊、羚羊、樟子（麝）、雪猪、猞猁、土豹子（雪豹）、狗熊、山猫、山鸡、雪鸡、大雁、野鸽、黄鸭、天鹅、黑颈鹤、水獭等[6]。可见仍有西藏野驴等生息。

白朗县属高山河谷宽谷地貌地势，西南高，东北低。地属高原温带季风半干旱气候，气候干燥，太阳辐射强，干湿冷暖季节分明。该县野生动物主要有喜马拉雅旱獭、野驴、野兔、狼、豹、麝、草原雕、斑头雁、赤麻鸭、藏雪鸡以及高原无鳞及细鳞鱼类等[7]。反映还有西藏野驴等存在。

康马县位于喜马拉雅山北麓；属于雅鲁藏布江河谷地形，地势东西部高，中部低。地属高原温带半干旱季风气候区，干湿季分明，日照充足，雨水集中。境内野生动物主要有野驴、黄羊、岩羊、盘羊、艾叶豹、黄狼、黑狼、獐子（麝）、狐狸、猞猁、野兔、旱獭、雪猪、高原鼯鼠、高原鼠兔、老鼠等[8]。亦即仍有西藏野驴等分布。

仲巴县地处喜马拉雅山以北，马泉河两岸；是较典型的高原山地地貌，喜马拉雅山脉矗立于该县南部，冈底斯山脉斜贯该县中部，其支脉遍布全县；冈底斯山以北的隆嘎尔地区属于南羌塘高原，地势高亢而开阔，密布大小湖泊、湖盆平原及平坝滩地，也有起伏的高山峻岭，但大多较平缓呈中高山丘陵状；冈底斯山脉以南与喜马拉雅山脉之间，为著名的雅鲁藏布江（马泉河）河谷，地形开阔；冈底斯山、喜马拉雅山的支脉也可伸

①错那县. http://baike. baidu. com/link? url=UowSbf6KnP4J6Un3GbN8132gtrawxvMUT6td5vgX1VsVpHANgGkCcqkcF3srHbrBH6skOwY1SqgkRG2_dLNHo

②浪卡子县. http://baike. baidu. com/link? url=c6m4PfnSeamSxnx9QWfh2BzWmW-5720bIbZtEa1ThcPUnM3wTyXZoU90beX8o8Tv

③定日县. http://baike. baidu. com/link? url = OL0xaY-FYcRySYEm8cIIBkK-NVQkxPF0a2sU _ givfi0BCOvbmuFDky46OiS4-R0UD-BAYXBDDKhoiXSnTwM96a

④拉孜县. http://baike. baidu. com/link? url=y-MZ-gyQA2I4gmKS7mn4zjv4pGX7G-tnfZtQ61aA4GxXBTo10LZaPDMWcyfYJbWH

⑤昂仁县简介. http://www. dzwww. com/2009/tlqxzs/angren/200909/t20090917_5072048. htm

⑥谢通门县. http://baike. baidu. com/link? url=RkQIQYxzPFGGuMH0BK83MJCIvDgdjf0mkg4qhvu8t3frWlGdkYYW8UHNwX7fi9Zb

⑦白朗县. http://baike. baidu. com/link? url=nBGGwTKat0Ztv_9idloIB8qANGuKoUlf7xiuU-KwkydT_GqGeEc2JSVCzFF49_3x

⑧康马县资讯概况. http://www. jnxcx. com/town/kangma. html

展到河谷底部河边，地势平缓呈丘陵状。地属高原亚寒带半干旱气候区；气候干燥、寒冷、风沙大、日照充足。年温差较大，无霜期短。当地野生动物资源主要有野牦牛、野驴、黑颈鹤、藏羚羊、马熊、旱獭等，其中有的已列为国家一、二级保护动物①。表明有西藏野驴等栖息。

亚东县地处喜马拉雅山脉中段南麓；属喜马拉雅山高山地貌，北部宽高，南部窄低；由于卓木拉日雪山山脉横通于县境内的中部，导致该县北高南低的地势，还自然将该县划分为断块山系与山麓冲积平原两个迥然不同的地貌单元。该县北部气候高寒干旱；南部具有亚热带半湿润季风型特点，气候温和湿润。野生动物资源主要有小熊猫、金钱豹、长尾叶猴、孟加拉虎、獐子（麝）、鹿、野驴、猞猁、熊、水獭、狐狸、黑颈鹤、黄白鸭等②（纪晓鹏，2013）。反映仍有西藏野驴等珍稀动物。

吉隆县大致以喜马拉雅山段至希夏帮马山峰至脊线为界，其北翼表现为南高北低，南部位于喜马拉雅中段；北部为高原宽谷湖盆地，南部为深切级高山峡谷。该县北部地区为藏南寒冷—温暖的半干旱高原河谷季风气候区，南部地区则为亚热带山地季风气候区。珍稀动物有长尾灰叶猴、恒河猴、金钱豹、獐子（麝）、孔雀雉、雪鸡等，北部高寒区有成群的野驴和藏羚羊③。亦即有西藏野驴等栖息。

聂拉木县位于喜马拉雅山与拉轨岗日山之间，由南至北可分为：喜马拉雅山南麓高山峡谷区、喜马拉雅高山区佩枯错高原湖盆区、琐断陷谷区、拉轨岗日高山区等地貌类型区。该县以喜马拉雅山脉主脊线为界，可分为南北两大气候类型区：南区气温高，雨量大；北区高寒，干旱少雨。珍禽异兽繁衍生息，主要有獐子（麝）、雪豹、小熊猫、藏雪、黄羊、藏野驴等100余种④。反映有西藏野驴等分布。

萨嘎县地处喜马拉雅山北麓，冈底斯山脉以南的西南边缘；北有冈底斯山、南有喜马拉雅山、中间夹有强拉山、同日伦布山等众多高山，山与山之间隔着开阔不等、互不连通的平川、沟谷。地属高原严寒带半干旱气候区，空气稀薄，日照充足，昼夜温差大，干燥寒冷，只有温、寒季之别。该县野生动物资源主要有：野牦牛、野驴、藏羚羊、岩羊、黄羊、马鹿、獐子（麝）、灰兔、猞猁、狗熊、云豹、旱獭、鼠兔等野兽⑤。说明有西藏野驴等栖息。

岗巴县位于喜马拉雅山中段北麓，地处藏南谷地，全县均属高原丘陵地带，无平原，高原丘陵约占70%。地属高原温带半干旱季风气候区，春季寒暖适中、多大风和瑞雪；夏季气候温和、光照充足、昼夜温差大；秋季天高气爽、风少雨小、寒暖适中；冬季寒冷干燥、季风频繁。境内野生动物品种繁多，其中比较珍贵的兽类有：野驴、黄羊、盘羊、岩羊、艾叶豹、黄狼、獐子（麝）、猞猁、狐狸、水獭、雪猪等⑥。表明还有西藏野驴等存在。

据2012年9月报道，见到国家级保护动物西藏野驴，对于前来西藏阿里地区的游客来说已不再是一件稀奇事了。随着保护力度的加大，西藏野驴越来越多地出现在人们的视线里。据一位老司机介绍，这些年西藏野驴越来越多，开车时经常能够看到。在从革吉县前往改则县途中，数百千米距离内，记者先后3次看到成群的西藏野驴。其中一次，记者发现有五六匹出现在公路的左侧；车辆驶近后，这些西藏野驴才向远方跑去。过了半个小时，近10匹又出现在公路的右侧，直到车辆开到跟前，这些野驴才跑开⑦。可见就是西藏野驴。

噶尔县位于沿森格藏布和噶尔藏布流域，境内多高山：西部有伊拉日居山山脉，中部有东南走向的冈底斯山脉，北部有则木日山、拉梅拉山，中部有日赛田山、阿弄拉山，西南部有拉加山，东部有罗布山等。属高原亚寒带干旱气候区，干燥寒冷，太阳辐射强，日照时数长；气温随海拔高度呈垂直变化。一年四季可降雪。当地野生动物

①全县耕地面积18万亩·日喀则概要·仲巴概要. http://www. tubaobei. com/show-392d32d2-0-b9058516. html

②亚东县. http://baike. baidu. com/link? url=drO5EzKqbEF8U-cb8S1qPYFm-j5TC3c0okEJ4Zl2y34p3zPhb85n4xcMCLl-oYCs

③日喀则吉隆县概况. http://www. rkz. xzgtt. gov. cn/zygk/qtgk/201008/t20100806_732190. htm

④聂拉木县. http://baike. baidu. com/link? url=QYQp0yUFyqLCH4-A5vwQaBzpVc_aIpwqfjl6MJ-PVyty7hY4DnL4Ag6KnEI5RPfo

⑤萨嘎县. http://baike. baidu. com/link? url=KXN3wIiLydP8lHsfgheBflq3dhtywZivOvrTZ4x1OQuosY2uGKxsC1L7z6bs3_HL

⑥岗巴县. http://baike. baidu. com/link? url=s6qXnYsz1C-M3oW35i3UiV841jCZ9JvZpW7htCaPKcZRUrPH9QUek52I1xEDj3bm#2_2

⑦西藏阿里地区东部频现藏野驴. http://www. newchinesenet. com/node/4440? tid=18

资源主要有狼、豹、野牛、野驴、黑熊、猪则、黄羊、青羊、狐狸、大头羊、藏羚羊、黑颈鹤等①。在该县门士乡在卡尔东遗址（亦称“曲松多遗址”）西北侧的山谷中有一处非常重要的遗址——泽蚌遗址，位于宽阔的一级台地上，是一处包含有居住遗迹、立石遗迹和墓葬的综合性遗址，学术价值极高。这个遗址的地理位置也很好，既有水源，又有草地，所以现在还时常见到成群的野驴在其间觅食饮水（李帅，2014）。

普兰县位于喜马拉雅山南侧的峡谷地带，马甲藏布流域，具有山地灌丛草原景观；县城地形特殊，纳木阿比峰和那尼雪峰之间的孔雀河（马甲藏布）谷地是阿里地区中“雪山环绕的地方”。地属高原亚寒带干旱气候区，日照充足，日温差大，年温差相对也较大，气温低，降水少。该县野生动物种类繁多，资源丰富，分布广阔，有野驴、野牛、盘羊、岩羊、雪豹、金雕等20余种（周毅等，2011）。当地的玛旁雍错栖息着黑颈鹤、斑头雁等大量水禽，也是藏羚羊、西藏野驴（图19.41）、野牦牛等珍稀野生动物种群向西藏喜马拉雅山脉迁徙的重要走廊之一，高原上奔跑的西藏野驴群场面十分壮观（李贵云等，2015）。从该县拍摄到雪地上行走（图19.42）、从寺庙边安详行走的野驴（图19.43）等，证实确有西藏野驴栖息。

图19.41　壮观的队伍

图19.42　雪地觅食②

图19.43　路过寺庙③

札达县位于象泉河流域，属高原地带，地势南低北高。地属高原亚寒带干旱气候区，日照时间长，空气稀薄，干燥多风。该县野生动植物资源主要有猞猁、豹子、狐狸、雪鸡、狼、大头羊、野牛、野驴等④。亦即还有西藏野驴等分布。

日土县属高原湖盆区地貌，喀喇昆仑崇山峻岭和冈底斯山支脉横穿全境，总的地势是南北高，中间低；沿班公错—怒江断裂带形成高原地势最低的巨大集水洼地，在四周山脉之间沿断裂带则为宽谷或串珠状湖盆洼地。地属高原亚寒带季风半干旱气候区，具有气压低、辐射强、寒冷干燥、降水稀少等特点。境内野生动物主要有黑

①西藏阿里噶尔县简介. http://ngari.cncn.com/jingdian/gaerxian/profile

②http://www.vtibet.com/vtibet/xw_702/jlxz/201410/t20141022_246020.html

③文涛. 神山圣湖边的“驴世界”. http://news.tibettu.com/newsdetail.aspx? nid=970

④全县耕地面积18万亩·阿里概要·札达概要. http://www.tubaobei.com/show-392d32d2-0-b9058516.html

颈鹤、大雁、黄鸭、金丝野牦牛、蟠羊、藏羚羊、黄羊、青羊、野驴、熊等①。从该县拍摄到的西藏野驴图片(图 19.44、图 19.45)证实其仍有存在。

图 19.44　班公湖畔小憩②

图 19.45　日土县荒野奔跑③

革吉县地处狮泉河的源头,在羌塘高原大湖盆区,山势高耸,多高山。地属高原亚寒干旱气候区,日照充足,无霜期短,风大寒冷。境内野生动物有近百种,属国家保护的有野牦牛、野驴、藏羚、猞猁、旱獭、、哈熊(棕熊)、岩羊、黄羊等④。反映还有西藏野驴等存在。

改则县地处南羌塘高湖盆区,均为高山河谷地带,无平原;山势平缓,地形由西北向东南倾斜;境内主要山脉有昆仑山、隆格尔山、夏康坚、达日龙、波杂、查多岗日等。地属高原亚寒干旱高原季风型气候区,干旱,多大风,昼夜温差大,日照时间长。该县野生动物主要有野牦牛、野驴、黄羊、藏羚羊、岩羊、大头羊、狗熊、猞猁、草狐、旱獭、雪鸡、黄白鸭等⑤。表明有西藏野驴等栖息。

措勤县地处羌塘高原大湖盆地带,属高原丘陵型和高原宽滩型地貌;山峦起伏叠嶂,山脉多为东西走向,四周高,中部为盆地;全县草原广阔,河流,湖泊众多。当地野生动物资源主要有野牛、野驴、盘羊、岩羊、羚羊、黄羊、野兔、狗熊、土豹(雪豹)、狼、水獭、狐狸、猞猁等兽类⑥。亦即依然有西藏野驴等分布。

5.3.4　甘肃

甘肃省还有一些西藏野驴栖息。

《中国重点陆生野生动物资源调查》记述(国家林业局,2008):

本次调查,藏野驴见于……甘肃(祁连山山麓、阿克塞、肃南、肃北)。

按:证明永昌县、凉州区、古浪县、天祝藏族自治县、肃北蒙古族自治县、阿克塞哈萨克族自治县、甘州区、民乐县、山丹县、肃南裕固族自治县等地依然有西藏野驴分布。

据报道,西藏野驴主要分布在……甘肃的阿克塞、肃南、(南)[肃]北和玛曲⑦。亦即在肃北蒙古族自治县、阿克塞哈萨克族自治县、肃南裕固族自治县、玛曲县等地有西藏野驴存在。

玛曲县地处青藏高原东端,若尔盖高原西北边缘,在我国大地貌单元中处于第二和第三阶梯交界处,是黄河流经的上游地区。黄河自青海奔

①日土县. h:tp://baike. baidu. com/link? url=JFzRspLO6KN0smsgZ-mUpH_IHu9IaZwSYy2kp4qRRrJP5CBDjPGIzuXdV94pCtiB

②圣域掠影 :班公湖. http://www. photofans. cn/article/article. php/4391

③http://www. vtibet. com/vtibet/xw_702/jlxz/201410/t20141022_246020. html

④革吉县. http://baike. baidu. com/link? url=e7i75QitZGVqHbwj0IFe15GFspPVmlPkYBFiR0VnbA_LXfoBgJ8RkhJGTF5O ye-JgG8z1mTBsTj7K4VBpeUSL9K

⑤改则县资讯概况. http://www. jnxcx. com/town/gaize. html;全县耕地面积 18 万亩 · 阿里概要 · 改则概要. http://www. tubaobei. com/show-392d32d2-0-b9058516. html

⑥全县耕地面积 18 万亩 · 阿里概要 · 措勤概要. http://www. tubaobei. com/show-392d32d2-0-b9058516. html

⑦西藏野驴. http://baike. baidu. com/link? url=IrbghY6UaGB-BMhMX2Gx9V4Cm8mlnenGRHLQ1X3wFAwWnegsI-zVDCc1FeFm0keqqtD8q3oIWZVMwEfDwnor9a

腾而来，远远望去，“黄河之水天上来”的壮阔图景生动地展现在眼前，并在玛曲境内绕了一个美丽的大弯，形成享誉世界的“天下黄河第一弯”，故称“黄河首曲”。玛曲，是汉语“黄河”二字的藏语译音。该县境内栖息着黑颈鹤、黑鹳、胡兀鹫、白尾海雕、水獭、猞猁等140多种野生动物，其中国家一级保护野生动物有雪豹、野驴、白唇鹿、黑颈鹤、黑鹳、金雕、玉带海雕、白尾海雕、兀鹫、胡兀鹫等10种；国家二级保护野生动物有豺、棕熊、水獭、兔狲、猞猁、马鹿、秃鹫、灰背隼、红脚隼、淡腹雪鸡、蓝马鸡、血雉等21种①。说明还有西藏野驴等存在。

肃南裕固族自治县地处河西走廊中部、祁连山北麓；祁连山地在境内长达400 km，山势陡峻巍峨。境内大部属高寒山地半干旱气候，只有明花区属温带干旱气候，气候特点是冬春季长而冷，夏秋季短而凉爽。全县森林覆盖率21.8%。野生动物有229种，其中国家一级保护动物有白唇鹿、雪豹、野牦牛、野驴、盘羊等12种（殷丽霞，2013）。

河西走廊是祁连山以北的山前内陆盆地，以河西走廊为轴心形成了3个内陆河流域，中部属黑河流域，西北部属疏勒河流域，东部是石羊河流域。在行政区划上地跨武威、金昌、张掖、酒泉和嘉峪关5市14县（市、区）（闫晓玲，2013）。河西走廊北山、祁连山地及马鬃山区草原地带野生动物资源分布广泛，据调查，祁连山地野生脊椎动物共有28目63科286种（其中哺乳纲7目17科69种）。有国家一级保护动物14种，二级保护动物39种。中国特有动物有：雪豹、野牦牛、藏野驴、白唇鹿、马鹿、藏羚羊等（张掖地区草原工作站，1988；刘廼发等，1998）。

祁连山国家级自然保护区地处青藏、蒙新、黄土三大高原交汇地带的祁连山北麓，属森林生态系统类型的自然保护区。地属大陆性高寒半湿润山地气候区，表现为冬季长而寒冷干燥，夏季短而温凉湿润。该保护区地跨永昌县、凉州区、古浪县、天祝藏族自治县、甘州区、民乐县、山丹县、肃南裕固族自治县等地。区内，据调查野生脊椎动物共有28目63科286种，其中有雪豹、马麝、藏野驴等国家一级保护动物14种（杨全生等，2008；王小芳等，2016）。

阿克塞哈萨克族自治县处于柴达木盆地荒漠与河西走廊荒漠包围之中，地形呈狭长状，以当金山口为界，西部有阿尔金山脉横贯，东部有祁连山地的党河南山、赛什腾山、吐尔根达坂山等山脉，均呈西北—东南走向分布。由山区到盆地中心，大体可以分为山岳地貌、丘陵地貌、平原地貌三种地貌类型。该县群山大漠深处栖息着2纲、11目、16科、28种野生动物，有野骆驼、野牦牛、野驴、盘羊、藏原羚、黄羊、雪豹等受国家保护的珍贵动物②。亦即还有西藏野驴存在。

5.3.5 青海

青海省是现今西藏野驴存留较多的省级政区之一。

《三江源自然保护区生态环境》记载（《三江源自然保护区生态环境》编辑委员会，2002）：

西藏野驴（别名亚洲野驴、野马）：主要分布在兴海、治多、杂多、玉树、称多、曲麻莱、玛多、玛沁、久治、达日等地。

按：表明在玛沁县、达日县、久治县、玛多县、玉树县、杂多县、称多县、治多县、曲麻莱县等地仍有西藏野驴分布。

《新疆哺乳动物的分类与分布》记载（阿布力米提，2003）：

亚洲野驴……分布：中国……青海（湖西南）。

藏野驴……分布：中国……其中，青海可可西里自然保护区……种群数量分布最为集中。

按：该书所称“亚洲野驴”（亦即蒙古野驴）在青海省的分布疑似有误，因为：①所谓“湖西南”，当是青海湖西南，恰是青海省内西藏野驴分布区的一部分（主要是海西州与玉树州一带）。②西藏野驴栖息地海拔较高，而蒙古野驴则低得多。③该书也提到可可西里国家级自然保护区（在玉树县、杂多县、称多县、治多县、囊谦县、曲麻莱县等地）是西藏野驴分布最为集中地之一。④尚未见青海湖西南是蒙古野驴与西藏野驴重叠分布区

①黄河首曲玛曲在行动. ttp://www.gansudaily.com.cn/20051023/462/2005A23A0043C003.htm

②阿克塞哈萨克族自治县政府公众信息网. http://www.akesai.gov.cn/bigClassdeta.asp? typeid=18&BigClassid=60&BigClassName=

报道。

而现今，西藏野驴主要分布在青海的玉树、果洛、海北和海西州[①]。即在海晏县、祁连县、刚察县、门源回族自治县、玛沁县、班玛县、甘德县、达日县、久治县、玛多县、玉树县、杂多县、称多县、治多县、囊谦县、曲麻莱县、德令哈市、格尔木市、乌兰县、都兰县、天峻县等地有西藏野驴栖息。

《中国重点陆生野生动物资源调查》记述（国家林业局，2008）：

> 本次调查，藏野驴见于……青海（治多、杂多、曲麻莱、称多、玛多、玛沁、都兰、天峻、德令哈、格尔木、可可西里自然保护区）。

按：证明在玛沁县、玛多县、玉树县、杂多县、称多县、治多县、囊谦县、曲麻莱县、德令哈市、格尔木市、都兰县、天峻县等地依然有西藏野驴栖息。

祁连县地处祁连山中段腹地，地属典型的高原大陆性气候区。由于青藏高原对大气环流的特殊影响，使夏季来自东南季风的湿润气流得以北进西伸，波及本区；冬季受内蒙古干冷空气，西北寒冷气流的影响，致使本区冬季降温幅度大，气温年较差较大。境内野生动物有野牦牛、野驴、盘羊、白唇鹿、马鹿、麝、岩羊、雪豹、熊、雪鸡、玉带海雕等20余种[②]。表明有西藏野驴等栖息。

兴海县地处“三江源”国家自然保护区核心，属高原大陆性气候，日照充足，辐射强烈，热量条件差，且地区间的气候条件差异性较大。当地幽深的峡谷、茂密的森林、辽阔的草原、纵横的河流为野生动物提供了良好的生存环境，蕴藏着石羊、马鹿、水獭、猞猁、赤狐、旱獭、香獐（麝）、棕熊、雪鸡等许多种野生动物。还有珍贵的国家一级保护动物野牛、野驴、盘羊、雪豹等[③]。虽然保护动物等级存在瑕疵，但还是可以证实有西藏野驴分布。

玛沁县境内有多种地形：西北部和北部高山环绕，积石山脉绵延全境，阿尼玛卿雪山逶迤北部，山脉走向为西北—东南向；低山分布于阿尼玛卿山以东，山峦重叠，逶迤起伏，峡谷交错；丘陵分布在县境中高山之间，相对高度仅在几十米之间，坡度较平缓，山坡表面有植被覆盖；滩地地形平坦；谷地在县境内广泛分布，有的狭窄，有的较宽阔平缓。地属大陆性寒润性气候区，东西部差异较大：西北部寒冷湿润，东南部由寒温潮湿逐渐到冷温湿润。境内有野生动物（经济兽类）20余种，著名的有野牦牛、野驴、羚羊、白唇鹿、岩羊、盘羊、雪豹、麝、棕熊、猞猁、黄羊、水獭、豺等，分布广泛[④]。反映仍有西藏野驴等栖息。

甘德县地处青南高原高山峡谷向高原面的过渡地带，阿尼玛卿山支脉自西北向东南贯穿中部，地势由西北向东南倾斜，为高山山地地貌。地属高原大陆性半温润气候，常年有风，平均风速大，大风日数多，而且多为阵发性，尤其是冬春两季大风出现机会较多。境内栖息着种类繁多、数量较大的野生动物，其中，食肉动物有棕熊、豺、狼、猞猁、沙狐、红狐、水獭、雪豹、荒漠猫等，食草类动物有野驴、野牛、黄羊、岩羊、麝、狍、喜马拉雅旱獭、高原鼠兔、高原兔、马鹿等[⑤]。表明还有西藏野驴等存在。

达日县地处青藏高原境内，地貌属巴颜喀拉山原区，地形呈蝴蝶状，地势西北高，东南低。地属高寒半湿润气候区，无明显四季之分，只有冷暖之别，无绝对无霜期，冷季风大雪多，气候寒冷。该县野生动物中兽类有：盘羊、黄羊、岩羊、猞猁、旱獭、水獭、艾虎、狗獾、棕熊、麝、野驴、雪豹、白唇鹿等，县内各地均有分布[⑥]。反映依然有西藏野驴等栖息。

玛多县属高平原地区，地势自西北向东南倾斜，地形起伏不大，相对平坦；山间有平坦地、沙漠地、沼泽地。地属高寒草原气候区，一年之中

①西藏野驴. http://baike. baidu. com/link? url = IrbghY6UaGB-BMhMX2Gx9V4Cm8mlnenGRHLQ1X3wFAwWnegsI-zVDCc1FeFm0keqqtD8q3oIWZVMwEfDwnor9a

②祁连县. http://baike. baidu. com/link? url=XAgSvMmoET0PdYMfCCUTY07cTPSqvqNZiDoUtSiRQsRDr5eTVdY8Y9_w6ThnXwYl

③兴海城市宣传片解说词. http://www. tubaobei. com/show-26f755-1194966-e7c53b. html

④玛沁县. http://baike. baidu. com/link? url=Oil1kFEyhOKw9aKv7--p49M5ITmK5bu3vK9hwAj_CKvYMt8o2OrHZqbF7iZkUCuG

⑤甘德县人民政府. http://www. gande. gov. cn/html/17/955. html

⑥达日县. http://baike. baidu. com/link? url = spll8DcafctPpWx4b79VLPrs2o379Ux2wxRrjCZenJoJ7gyxPUb71wBkWHMq49IAGmjSAHeufv1Go0-Wi2kkSK

无四季之分，只有冷暖之别，而通常又把冷暖两季分别称为冬季和夏季；冬季漫长而严寒，干燥多大风，夏季短促而温凉，多雨。当地野生动物资源极为丰富，主要有：野牛、野驴（俗称野马）、羚羊、黄羊、石羊、盘羊、白唇鹿、棕熊、狼、红狐、猞猁、雪豹、獾猪、野猫、旱獭等①。该县花石峡镇西北的玛多冬格措纳湖国家湿地公园既是典型的高原水禽如斑头雁、赤麻鸭、棕头欧、鸬鹚等众多水生候鸟的繁殖栖息地，也是藏原羚、藏野驴、岩羊、马鹿等典型高原动物的繁殖栖息地（贾慧聪等，2011；陈海存等，2013；郭非凡等，2015）。

杂多县地处唐古拉山北麓，地势西高东低。地属大陆性季风气候区，受地理环境的影响，全年气候寒冷，无四季之分，只有平均气温大于0℃的暖季和平均气温小于0℃的冷季，暖季为3个月，而冷季长达9个月。境内野生动物资源有野牦牛、黑颈鹤、白唇鹿、雪豹、麝、野驴、藏羚羊、黄羊、雪鸡等②。说明依然有西藏野驴等栖息。

治多县地势高耸，地形西南高、东北低；昆仑山脉绵亘境北，乌兰乌拉山横贯境南，可可西里山横穿中西部。地属典型的高原大陆气候区，冷季长达近10个月，昼夜温差大。境内野生动物较多，有藏羚羊、雪豹、白唇鹿、野牦牛、藏原羚、狐狸、岩羊、盘羊、藏野驴、雪鸡、麝等珍稀野生动物③。

曲麻莱县是中国南北两大水系的主要水源涵养地，横跨通天河（长江）、黄河两大水系；境内高山、盆地、滩地相间，主要山脉有昆仑山、巴颜喀拉山、可可西里、冬乌拉山；县境西北部为宽谷大滩，地域辽阔，东南重山叠岭。地属典型的高原高寒气候区，主要特点是：高寒缺氧、日照时间长、紫外线强；仅有冷暖两季，冷季长达七八个月，暖季只有四五个月，气候比较干燥；年温差不大，日温差则较大。境内繁衍生息着白唇鹿、野牦牛、野驴、熊、豹等45种野兽类和66种野生鸟类④。该县曲麻河乡措池村的烟瘴挂峡谷是长江上的第一个大峡谷，据2015年1月报道，经10个月观测，记录到雪豹、白唇鹿、马麝、野牦牛、藏野驴、藏羚羊等6种国家一级保护动物，兔狲、猞猁、水獭、藏原羚、盘羊、岩羊等8种国家二级保护动物⑤。

德令哈市地处柴达木盆地东北部，地形北高南低；北为宗务隆山屏障，境内地形以平原、丘陵、高山为主。地属典型的高原荒漠半荒漠干旱气候区。境内野生动物资源主要有：草豹、熊、麝、野牦牛、野驴、黄羊、石羊、雪鸡等⑥。反映依然有西藏野驴等生息繁衍。

格尔木市地处青藏高原腹地，辖区由柴达木盆地中南部和唐古拉山地区两块互不相连的区域组成，市区位于柴达木盆地中南部格尔木河冲积平原。地貌复杂，地形南高北低，由西向东倾斜；昆仑山、唐古拉山横贯全境，山势高峻，气势磅礴；境内雪峰连绵，冰川广布，冰塔林立，河流纵横，湖泊星罗棋布，是长江和澜沧江的发源地；盆地地势平坦，沙丘起伏，绿洲陷显，盐湖、碱滩、沼泽众多。地属大陆高原气候区，少雨、多风、干旱，冬季漫长寒冷，夏季凉爽短促。境内野生动物主要有野骆驼、野驴、野牦牛、黄羊、青羊、旱獭、狼、马熊、獐（麝）、狐、獾等⑦。亦即还有西藏野驴等存在。

乌兰县位于柴达木盆地东部，四周环山，中间平坦，北有祁连山支脉，南靠昆仑；地势西北高、东南低，形成波浪形狭长倾斜走向。该县深居内陆腹地，气候受高压西风控制和蒙古—西伯利亚反气旋影响，气候极为干燥，表现出典型干旱大陆性气候特征；终年偏西风强劲，仅东部地

①玛多县. http://baike. baidu. com/link? url = q5z4VTh1852Jqs1bPH5twv34nl0tAVErX-ZTmOTn-y-hlJzqkHQQu3RutIfEMN9cLlBFX6Ct6Xa7wytKT23xUa

②杂多县. http://baike. baidu. com/link? url=CqDAuh6UfXUmfdNvSff_Nbu5NLdLAopBJ3bVLd5Nqg3s7P5CXrHoUH5rnHbqepLZ

③治多县. http://baike. baidu. com/link? url=YP9n5BH2Ypvy11p-nqtODsq_MymSV6juJPaLQ_W_ouQbJs91RjtqVvC9E44vYbGZ

④曲麻莱县. http://baike. baidu. com/link? url=bRds-0rNEV5fMwzeMPtVTWusW89l1HdrCPHOHKhlyaFK7e6EX0PQpehoKTs8vvFN

⑤烟瘴挂峡谷发现众多珍稀动植物包括雪豹、白唇鹿、马麝等. http://www. envir. gov. cn/info/2015/1/115318. htm

⑥德令哈市. http://baike. baidu. com/link? url=nY06ldNnH_MYBcRsrw8_nH4upQSsRQtVpUVnrlzQDuiwz1uD0UduQWXMkJ_r2OA51eqXAZNkZ4VpAmHfsAiF6K

⑦格尔木市. http://baike. baidu. com/link? url = 25ovZqdq6hhyWd3E48IKLnoubOLxDMMKYklLdxY2Kj7EE5eB2Jrf70a HBnW-BzTUQCqhD6Q7mTf6C8ppUH4PwdK；柴达木盆地. http://baike. baidu. com/view/28887. htm

区可受东南季风的影响,气候稍湿润。境内有野生兽类(雪豹、蒙古野驴、西藏野驴、野骆驼、白唇鹿、野牦牛、普氏原羚、藏羚等)103 种、鸟类(胡兀鹫、雉鹑、黑颈鹤、丹顶鹤等)294 种①。

都兰县地处柴达木盆地东南隅,全境可分为汗布达山区和柴达木盆地平原两种地貌类型,戈壁、沙漠、谷地、河湖、丘陵、高原、山地等地形依次分布。地属高原干旱大陆性气候区。当地野生动物有:岩羊、黄羊、盘羊、藏羚羊、野驴、野牦牛、白唇鹿、马鹿、狐狸、雪豹、熊、黄鸭、猞猁、石貂、沙狐、鹅喉羚、天鹅、黑颈鹤、雪鸡、石鸡等 40 多种,其中国家一、二级保护动物 16 种②。即还有西藏野驴等生息繁衍。

天峻县位于青海湖西北部、柴达木盆地东缘;地形中部高,两头低,东南宽,西北窄,形似楔;可概括为:六大水、五大山、丘陵沟谷间平原,大小河四十三,湖泊沼泽连冰川。地属高原大陆性气候区,气温低,降水时间不均匀,气候寒冷,无绝对无霜期。截至 2010 年,该县野生动物有百余种,主要珍稀动物有牦牛、鹿、麝、雪鸡、猞猁、雪豹、野驴、岩羊、黄羊、羚羊、熊、盘羊等③。反映西藏野驴等还有分布。

5.3.6 新疆

新疆维吾尔自治区也是现存西藏野驴较多的省级政区之一。

《新疆哺乳动物的分类与分布》记述(阿布力米提,2003):

藏野驴(西藏野驴、藏驴)*Asinus kiang* Kinloch, 1869 = *Equus kiang* Moorcraft, 1841 = *Equus hemionus kiang* Moorcraft, 1841

分布:中国西藏、青海、新疆昆仑山—阿尔金山。青、甘、新边区为中国乃至世界唯一集中分布区。新疆境内的分布区域范围为沿昆仑山—阿尔金山—喀喇昆仑山—帕米尔山的若羌、且末、民丰、于田、策勒、洛浦、和田、墨玉、皮山、叶城、塔什库尔干等。其中,青海可可西里自然保护区和新疆阿尔金山(实为东昆仑山)自然保护区种群数量分布最为集中。

按:说明叶城县、塔什库尔干塔吉克自治县、和田市、和田县、墨玉县、皮山县、洛浦县、策勒县、于田县、民丰县、若羌县、且末县等地还有西藏野驴分布。

《中国重点陆生野生动物资源调查》记述(国家林业局,2008):

本次调查,藏野驴见于……新疆(和田、巴音郭楞)。

按:反映在和田市、和田县、墨玉县、皮山县、洛浦县、策勒县、于田县、民丰县、库尔勒市、轮台县、尉犁县、若羌县、且末县、和静县、和硕县、博湖县、焉耆回族自治县等地仍有西藏野驴分布。

塔什库尔干塔吉克自治县位于帕米尔高原东南部,为喀喇昆仑山脉、兴都库什山脉和阿赖山脉的联结处;地势由西南向东北倾斜,山脉自西南向东北延伸;地形主要有山地、谷地、盆地和丘陵。地属高原高寒干旱半干旱气候区,冬季漫长寒冷,干旱少雨,光能充足,热量欠缺;春秋季短暂多风,有少量降雨;无明显夏季,大致可分为冷暖两季。境内野生动物有帕米尔盘羊(又称马可波罗羊)、棕熊、旱獭、血鸡、狐、野驴、鹫等④。该县的苏盖提江格,也就是现代登山爱好者简称为"音红滩"(音苏盖提河红柳滩)的地方,登山、考察人员亲眼见到了野驴、黄羊、大头羊、狐狸、野兔、狼、雪鸡、乌鸦、老鹰、山雀、燕子等各种飞禽走兽,水中有鱼,有人还见到了雪豹的脚印和熊的粪便(王鸿宝,1979;陆水林,2015)。《塔什库尔干塔吉克自治县志》也证实有西藏野驴等动物栖息(塔什库尔干塔吉克自治县地方志编纂委员会,2009)。

---

①乌兰县. http://baike. baidu. com/link? url = v0xisLQxQuG44kj4-EuwbshayoVfmTiyRnTWJ2DohRjdmBpnV5GYeOJBODuketGDmb7V6ZR0N61-O4gOqgE9aq

②都兰县. http://baike. baidu. com/link? url = hXT9rVzprkamu-O24ntXbmcguAcS6hdkIhXMIz851H6YLSsBs-edm1CSrbnDZJ8LKxVrv51AIPMy5xIM-xCj-K

③天峻县. http://baike. baidu. com/link? url = CeplCB01rK9f5J3XxC1mgrr6A9EoDgGL27jpurHeA6la0gIo-3ru0wkSa2cSowGew2fbxIn5y3uDGkYxlxoq

④塔什库尔干塔吉克自治县. http://baike. baidu. com/link? url = wHP2XKLYO800k_cJRr9D1JwDx_CpFz194MHbu3o9UUG7kQCCgaMplTQ9UXqq8UN8

和田县南部高山连绵，峡谷遍布；北部地势低平，属塔里木盆地。地属暖温带干旱荒漠气候区，四季分明，夏长秋短、春季多风，冬不严寒。该县野生动物有：黄羊、狐狸、旱獭、野猪、狼、雪鸡、野驴等①。说明还有西藏野驴等栖息。

民丰县位于昆仑山北麓、塔克拉玛干沙漠南缘；地势南高北低，地貌由南部的昆仑山地、北部的冲积扇平原和沙漠三大地形单元构成。地属典型的温带荒漠性气候区。县境地处塔里木盆地西北部，由于帕米尔高原和天山的屏障作用，阻挡了中亚、西伯利亚和北冰洋的冷空气和水汽来源；南面受昆仑山和青藏高原的阻挡，使低纬度的暖空气不易进入，水汽来源很少，形成大陆性沙漠气候，各季节气温变化大，年平均气温变化较稳定。据报道，2013 年，民丰县生物还有“野驴”等②。反映有西藏野驴等存在。

据 2012 年 5 月～2013 年 7 月调查，罗布泊野骆驼国家级自然保护区分布的野生动物除了野骆驼外，还有藏野驴、鹅喉羚、岩羊、盘羊、狼、赤狐等（袁磊等，2015）。

据报道，西藏野驴主要分布在……新疆的阿尔金山等地③。说明在若羌县、且末县等地仍有西藏野驴栖息。

若羌县地处塔克拉玛干沙漠东南缘，地势南高北低，由西南向东北倾斜；南部为山区，中部为冲积扇绿洲平原，北部为平原沙漠区；由四个部分组成：西面为塔克拉玛干沙漠的东部，东南面为库木塔格沙漠，东北面为库鲁克塔格山部分山体和南麓山前冲积扇戈壁沙滩地，中部为罗布泊干涸湖床和湖滨盐膜地。地属暖温带大陆性荒漠干旱气候区。境内野生动物种类繁多，已发现的兽类有：野牦牛、野骆驼、野驴、藏羚、马鹿、岩羊、盘羊等 49 种④。反映有西藏野驴依然存在。

且末县位于塔里木盆地东南缘，阿尔金山北麓；地形东南高、西北低，北边为戈壁沙漠，西南至东南有昆仑山支脉及阿尔金山山脉逶迤连绵，整个绿洲呈狭长的沿水系分布的条状带；山地占全县总面积的 44.42%，山前倾斜平原占 17.21%，沙漠占 38.36%。当地野生动物种类繁多，主要有藏羚、鹅喉羚、野牦牛、野驴、野骆驼、盘羊、棕熊、雪鸡，野兔等⑤。反映仍有西藏野驴等珍稀动物。

5.4 保护区

现有西藏野驴栖息的自然保护区（表 19.7、图 19.46）可以表明它们依然存在。其特点有：

● 现栖息有西藏野驴的自然保护区达到 18 个，远高于现存马属中其他两种数倍。

● 栖息有西藏野驴的自然保护区总面积达 71.1 万 km^2，也是现存马属中其他两种望尘莫及的。

● 保护区的建立时间虽在 1982～2005 年间，但 1990 年代建立的居多。

● 保护区的等级仅有国家级与省级 2 种，比率约为国家级占 2/3，省级占 1/3。

● 保护区的主管部门有林业与环保部门，前者占 83%，后者占 17%。

● 栖息有蒙古野驴的保护区面积最大的是三江源国家级自然保护区（在青海省，面积 15 230 000 hm^2），面积最小的是哈巴雪山省级自然保护区（在云南省，面积 21 908 hm^2），相差超过 695 倍。

● 尽管现栖息有西藏野驴的保护区较另 2 种马属高得多，栖息地也高达 103 地，但栖息有西藏野驴的保护区只有 56 地，仅约占 54%。表明还有 46%的西藏野驴栖息地未得到保护区庇护，存在较大改进空间。

---

①和田县. http://www.htx.gov.cn/Article/ShowArticle.aspx? ArticleID=46973

②民丰县. http://baike.baidu.com/link? url=Z49hPdMAIs1f0f-LEEnIJqijmPcpI53EjxxjY4qtMeUsAUp73wbU24uzDRlGPpR8TGWmUaXJNzPD4JygC-Nytq；民丰县政府网. http://www.114huoche.com/zhengfu/HeTian-MinFengXian

③西藏野驴. http://baike.baidu.com/link? url=IrbghY6UaGB-BMhMX2Gx9V4Cm8mlnenGRHLQ1X3wFAwWnegsI-zVDCc1FeFm0keqqtD8q3oIWZVMwEfDwnor9a

④若羌县. http://baike.baidu.com/link? url=s7R3HzBtvQpB4-9zLiFvn1MlbZIluU3exERpqcWlmrYuHZ-JdxchlCz_EuOK6n9T

⑤且末县. http://baike.baidu.com/link? url=lX40NVgAw2Wf1DOG7ZrXpJNK-lPhiiU977vw3KvWomxk-j1arOR03LHW0b9LjxiTKzPSJI91doFF3PtGSnDhOq

表 19.7　　栖息有西藏野驴的自然保护区概况

地区	省级政区	保护区名称	所处地点	面积(hm²)	级别	建立时间	主管部门
西南	四川	洛须	石渠县	155 350	省级	19950101	林业
		贡嘎山	康定县、泸定县、九龙县、石棉县	409 144	国家级	19960301	林业
		长沙贡玛	石渠县	669 800	国家级	19971208	林业
		栗子坪	石棉县	40 903	省级	20010101	林业
	云南	哈巴雪山	香格里拉县	21908	省级	19850101	林业
	西藏	珠穆朗玛峰	定日县、聂拉木县、定结县、吉隆县	3381000	国家级	19880405	林业
		色林错	申扎县、尼玛县、班戈县、安多县、那曲县	2 032 380	国家级	19930101	林业
		羌塘	安多县、尼玛县、改则县、双湖县*、革吉县、日土县、噶尔县	29 800 000	国家级	19930709	林业
		麦地卡湿地	嘉黎县	89 541	省级	20081029	林业
西北	甘肃	盐池湾	肃北蒙古族自治县	1 360 000	国家级	19820401	林业
		安南坝野骆驼	阿克塞哈萨克族自治县	396 000	国家级	19821211	林业
		甘肃祁连山	凉州区、天祝藏族自治县、古浪县、永昌县、甘州区、山丹县、民乐县、肃南裕固族自治县	230 000	国家级	19870101	林业
	青海	可可西里	玉树县、杂多县、称多县、治多县、囊谦县、曲麻莱县	4 500 000	国家级	19951008	林业
		柴达木梭梭林	德令哈市	373 391	省级	20000501	林业
		三江源	同德县、兴海县、泽库县、河南蒙古族自治县、玛沁县、班玛县、甘德县、达日县、久治县、玛多县、玉树县、杂多县、称多县、治多县、囊谦县、曲麻莱县、格尔木市	15 230 000	国家级	20000523	林业
		诺木洪	都兰县	118 000	省级	20051001	环保
	新疆	阿尔金山	若羌县、且末县	4 500 000	国家级	19830101	环保
		罗布泊野骆驼	托克逊县、吐鲁番市、鄯善县、哈密市、尉犁县、若羌县	7 800 000	国家级	19860901	环保

注:(1)本表参考多方面信息综合而成,个别误差进行更正。(2)双湖县 2013 年成立,本书暂不计。(3)贡嘎山国家级自然保护区. ttp://baike. baidu. com/view/472693. htm? subLemmaId=472693&fromenter=%B9%B1%B8%C2%C9%BD%D7%D4%C8%BB%B1%A3%BB%A4%C7%F8;栗子坪自然保护区. http://d. lotour. com/lizipingzrbhq/index_bak. shtml/;哈巴雪山. http://baike. baidu. com/view/62767. htm? fromId=824125;珠穆朗玛峰自然保护区. http://baike. baidu. com/view/119958. htm;色林错国家级自然保护区. http://baike. baidu. com/view/1429906. htm? subLemmaId=1429906&fromenter=%C9%AB%C1%D6%B4%ED%D7%D4%C8%BB%B1%A3%BB%A4%C7%F8;羌塘国家级自然保护区. ttp://baike. baidu. com/view/246504. htm? fromId=473425;盐池湾国家级自然保护区. http://baike. baidu. com/view/1429874. htm? fromId=246907;安南坝野骆驼国家级自然保护区. ttp://baike. baidu. com/view/1429869. htm? fromId=1060450;祁连山自然保护区野生动物资源概况. http://www. qilianshan. com. cn/client/content/Program/index. jsp? ArticleID=6261;甘肃祁连山自然保护区. http://www. qilianshan. com. cn/client/qlsbhq/html/6/20/22/24. html;可可西里国家级自然保护区. ttp://baike. baidu. com/view/472698. htm? fromId=119977;柴达木梭梭林自然保护区. http://baike. soso. com/v11033467. htm;青海三江源国家级自然保护区. http://baike. baidu. com/view/871342. htm;青海诺木洪省级自然保护区. http://www. qhepb. gov. cn/hjgl/zrst/zrbhq/201001/t20100111_2553. html;阿尔金山脉. http://baike. baidu. com/link? url=uehObdUHU_vHCMI8lanCTaHXL2G9edmFRC3EraGf

D4eFTJMuqUFUDImoyzLFlOAX8okGZmOA6NK06jdvtLRIL1EJ7pduwzQ6-W8tm8gk2qdI0VYDAUXD _ kciOmhDR4gvU6FBbjWHWqEPaS48iBNgKfW4kfTAJT6qacaxkC4Fwgy；新疆罗布泊野骆驼国家级自然保护区. http://www. lbcamel. com/E_Big-Class. asp? E_typeid=13&E_BigClassID=62；罗布泊野骆驼国家级自然保护区. http://baike. baidu. com/link? url=D1lPDUbvawrzRSEPEwB2n11FkyVYtnFhRPGALvNi8mLS1JcSFywcBUb8qKyHfSG6fm 8MN0qfnYMq74p6pRXvCq # reference-[5]-910645-wrap

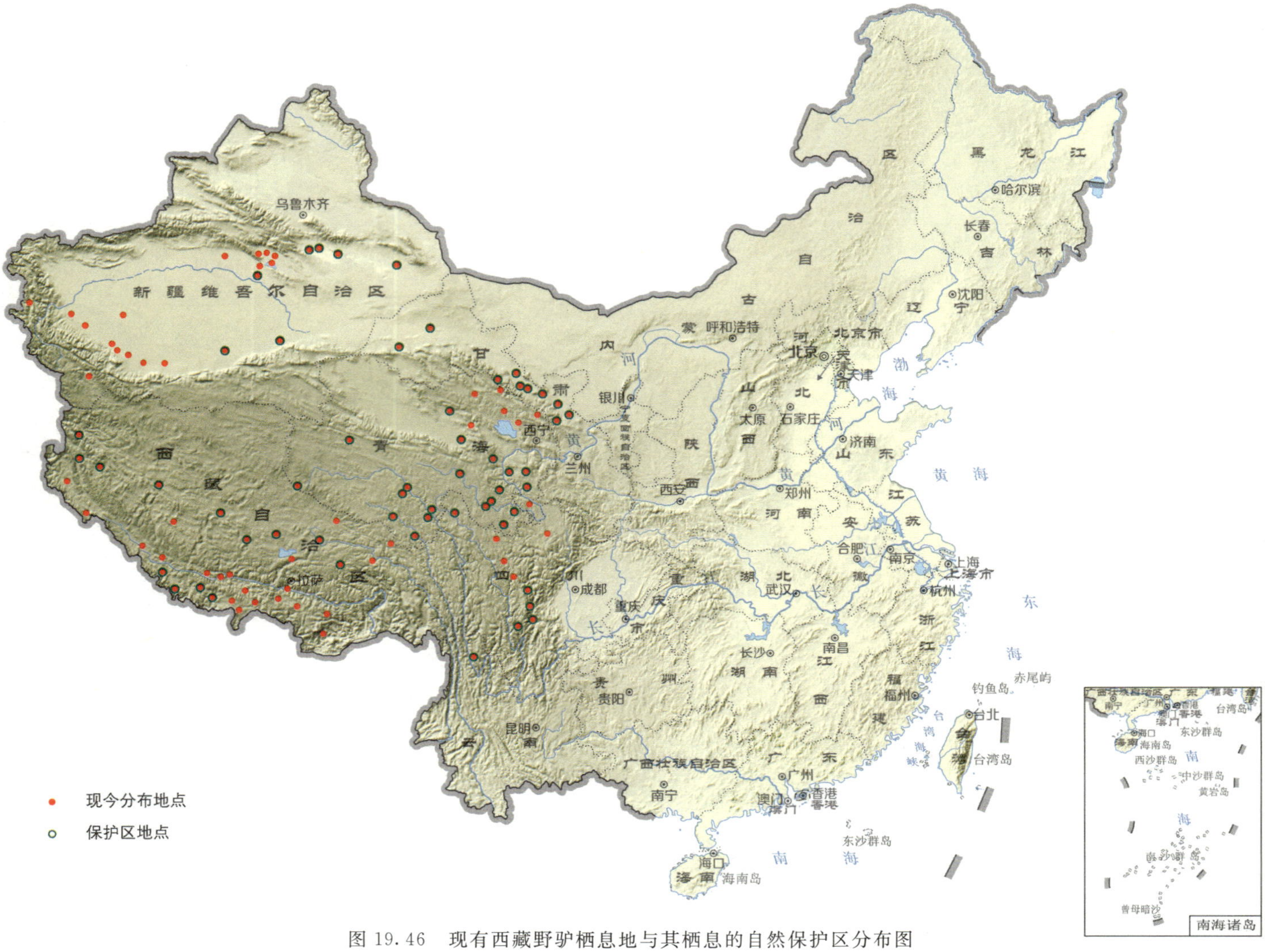

图 19.46　现有西藏野驴栖息地与其栖息的自然保护区分布图

5.5　西藏野驴分布变迁

就 20 世纪以来西藏野驴分布变迁状况（表 19.8、图 19.47）看，有以下特点：

● 20 世纪初，虽然确认有西藏野驴分布的也是 2 个地区 6 个省级政区，但更具体地点达到 136 个；从大范围分布看，比野马同期小，但是更具体的分布地要比野马与蒙古野驴高得多，反映其密集度要高于后两者。

● 到 20 世纪后半叶，省级政区中西藏野驴分布地减少，仅 1～5 地；西藏自治区较多，主要是据一些文献描述，似曾有西藏野驴分布。

● 到现今，西藏野驴分布地继续消失，仅在 1～3 地，其中外缘的四川省略多。

● 百余年来，西藏野驴消失地仅约占 24%，比起蒙古野驴（消失 31%）与野马（几乎全部灭绝），显然都要强得多。

● 在我国分布的 3 种马属动物中，西藏野驴栖息的自然环境最为恶劣，加之人类活动干扰的力度相对较弱，使得它们存留量较多。

表 19.8　20 世纪以来西藏野驴的分布变迁概况

地区	省级政区	20 世纪前半叶分布地点	20 世纪后半叶分布地点	现今分布地点
西南	四川	石棉县、茂县、松潘县、阿坝县、若尔盖县、红原县、康定县、泸定县、九龙县、道孚县、炉霍县、石渠县、色达县	石棉县、茂县、阿坝县、若尔盖县、红原县、康定县、泸定县、九龙县、道孚县、炉霍县、石渠县、色达县	石棉县、红原县、康定县、泸定县、九龙县、道孚县、炉霍县、石渠县、色达县
	云南	香格里拉县	香格里拉县	香格里拉县
	西藏	城关区、林周县？当雄县、尼木县？曲水县？堆龙德庆县？达孜县？墨竹工卡县？那曲县、嘉黎县、比如县？聂荣县、安多县、申扎县、索县？班戈县、巴青县？尼玛县、昌都县？江达县？贡觉县？类乌齐县？丁青县、边坝县、贡嘎县、措美县、隆子县、错那县、浪卡子县、日喀则市？南木林县？江孜县？定日县、萨迦县？拉孜县、昂仁县、谢通门县、白朗县、仁布县？康马县、定结县、仲巴县、亚东县、吉隆县、聂拉木县、萨嘎县、岗巴县、噶尔县、普兰县、札达县、日土县、革吉县、改则县、措勤县	当雄县、那曲县、嘉黎县、聂荣县、安多县、申扎县、班戈县、尼玛县、丁青县、边坝县、贡嘎县、措美县、隆子县、错那县、浪卡子县、定日县、拉孜县、昂仁县、谢通门县、白朗县、康马县、定结县、仲巴县、亚东县、吉隆县、聂拉木县、萨嘎县、岗巴县、噶尔县、普兰县、札达县、日土县、革吉县、改则县、措勤县	当雄县、那曲县、嘉黎县、聂荣县、安多县、申扎县、班戈县、尼玛县、丁青县、边坝县、贡嘎县、措美县、隆子县、错那县、浪卡子县、定日县、拉孜县、昂仁县、谢通门县、白朗县、康马县、定结县、仲巴县、亚东县、吉隆县、聂拉木县、萨嘎县、岗巴县、噶尔县、普兰县、札达县、日土县、革吉县、改则县、措勤县
西北	甘肃	永登县、嘉峪关市、金川区、永昌县、凉州区、古浪县、天祝藏族自治县、肃州区、金塔县、肃北蒙古族自治县、阿克塞哈萨克族自治县、甘州区、民乐县、高台县、山丹县、肃南裕固族自治县、玛曲县	永昌县、凉州区、古浪县、天祝藏族自治县、金塔县、肃北蒙古族自治县、阿克塞哈萨克族自治县、甘州区、民乐县、山丹县、肃南裕固族自治县、玛曲县	永昌县、凉州区、古浪县、天祝藏族自治县、肃北蒙古族自治县、阿克塞哈萨克族自治县、甘州区、民乐县、山丹县、肃南裕固族自治县、玛曲县
	青海	西宁市、大通回族自治县、海晏县、祁连县、刚察县、门源回族自治县、共和县、同德县、兴海县、泽库县、河南蒙古族自治县、玛沁县、班玛县、甘德县、达日县、久治县、玛多县、玉树县、杂多县、称多县、治多县、囊谦县、曲麻莱县、德令哈市、格尔木市、乌兰县、都兰县、天峻县	海晏县、祁连县、刚察县、门源回族自治县、共和县、同德县、兴海县、泽库县、河南蒙古族自治县、玛沁县、班玛县、甘德县、达日县、久治县、玛多县、玉树县、杂多县、称多县、治多县、囊谦县、曲麻莱县、德令哈市、格尔木市、乌兰县、都兰县、天峻县	海晏县、祁连县、刚察县、门源回族自治县、同德县、兴海县、泽库县、河南蒙古族自治县、玛沁县、班玛县、甘德县、达日县、久治县、玛多县、玉树县、杂多县、称多县、治多县、囊谦县、曲麻莱县、德令哈市、格尔木市、乌兰县、都兰县、天峻县
	新疆	叶城县、塔什库尔干塔吉克自治县、和田市、和田县、墨玉县、皮山县、洛浦县、策勒县、于田县、民丰县、吐鲁番市、鄯善县、托克逊县、哈密市、库尔勒市、轮台县、尉犁县、若羌县、且末县、和静县、和硕县、博湖县、焉耆回族自治县	叶城县、塔什库尔干塔吉克自治县、和田市、和田县、墨玉县、皮山县、洛浦县、策勒县、于田县、民丰县、吐鲁番市、鄯善县、托克逊县、哈密市、库尔勒市、轮台县、尉犁县、若羌县、且末县、和静县、和硕县、博湖县、焉耆回族自治县	叶城县、塔什库尔干塔吉克自治县、和田市、和田县、墨玉县、皮山县、洛浦县、策勒县、于田县、民丰县、吐鲁番市、鄯善县、托克逊县、哈密市、库尔勒市、轮台县、尉犁县、若羌县、且末县、和静县、和硕县、博湖县、焉耆回族自治县

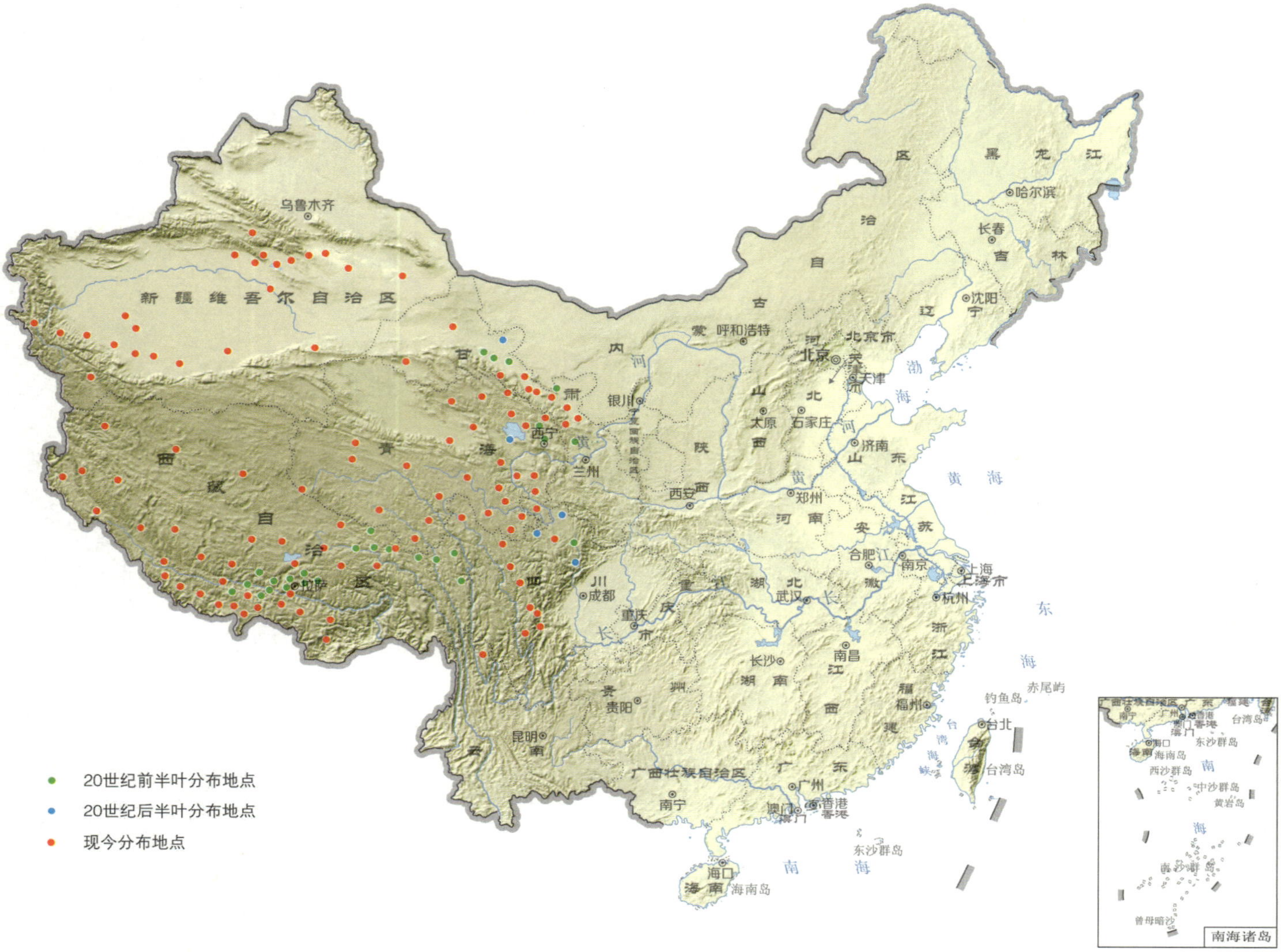

图 19.47　20 世纪以来西藏野驴分布变迁图

6　马属的分布变迁大势

以省级政区为单位概括我国历史时期马属的分布变迁（表 19.9），可以看到：

● 我国有 8 省级政区（上海、江西、湖南、广东、香港、澳门、重庆、贵州）未涉及马属，其余省级政区虽有马属分布记录，但在时间段或省级政区所拥有的物种多寡不一。

● 马属的分布总态势呈现西密东稀，北多南少，这与它们适应生态环境的差异是吻合的。

● 从马属遗存看，更新世晚期，出土无论是野马还是野驴遗存都显著增多，扩散范围显著增大，反映当时生态环境最适宜马属生息繁衍。

● 人们对于野马有较多研究，资料也比较丰富，可反映野马的演化与分布变迁过程。其分布变迁大致为：首先出现在内蒙古高原，随后向西南、南方扩散，再向东北、西北、东南扩散。野马遗存在华东多处发现，反映其扩散范围更广，野马最终抵达台湾岛与海南岛。

● 野驴较早出现在黄河流域一带，再向四外扩散；最终野驴达到东北、西北、西南，向南止步于广西壮族自治区一带；野驴遗存在华东发现较少。

● 根据文献记载，中南仅有少量马属分布，华东则未见记录，反映马属在全新世早期就显示出分布收缩趋势。

● 20 世纪以来，甘肃省与新疆维吾尔自治区皆有 3 种马属栖息，反映同时具备适宜它们栖息的生态环境。

● 20 世纪以来，同时有马属中 2 物种分布的省级政区有：内蒙古自治区、吉林省、黑龙江省、四川省、青海省，反映华北与东北是野马与蒙古野驴的分布区，西南与西北是野马与西藏野驴的分布区。

● 百年来，自然环境中天然分布的野马首先灭绝，蒙古野驴分布地的减少比较显著，西藏野驴在一些省级政区中分布地也有所减少，这与它们对自然环境适应力强弱成正比。

● 约 30 年来，重新引进的野马皆处于保护区内，数量稳步回升，栖息地略有扩展。

● 现栖息有蒙古野驴的保护区不仅屈指可数，而且占现有蒙古野驴栖息地比率低，亟待采取有效举措改进。

● 现栖息有西藏野驴的保护区虽约占西藏野驴栖息地的 54%，也说明尚有改进的空间。

表 19.9　**我国马属的分布变迁概况**

地区	省级政区	野马遗存	野驴遗存	20 世纪前	野马				蒙古野驴				西藏野驴			
					20 世纪前半叶	20 世纪后半叶	现今	保护区	20 世纪前半叶	20 世纪后半叶	现今	保护区	20 世纪前半叶	20 世纪后半叶	现今	保护区
华北	北京	★	★													
	天津	★	★	★												
	河北	★	★	★												
	山西	★	★	★												
	内蒙古	★	★	★	★	★			★	★	★	★				
东北	辽宁	★	★	★												
	吉林	★	★	★	★				★							
	黑龙江	★	★	★	★				★							
华东	江苏	★														
	浙江	★														
	安徽	★	★													
	福建	★														
	山东	★	★													
	台湾	★														
中南	河南	★	★	★												
	湖北	★														
	广西		★													
	海南	★														
西南	四川	★	★	★	★								★	★	★	★
	云南			★									★	★	★	★
	西藏			★									★	★	★	★
西北	陕西	★	★	★												
	甘肃	★	★	★	★	★	★	★	★	★	★	★	★	★	★	★
	青海			★	★								★	★	★	★
	宁夏		★	★	★											
	新疆	★		★	★	★	★	★	★	★	★	★	★	★	★	★

参考文献

阿坝县地方志编纂委员会编. 1993. 阿坝县志. 北京：民族出版社

阿布力米提·阿布部卡迪尔编著. 2003. 新疆哺乳动物的分类与分布. 北京：科学出版社

安志敏，等. 1965. 河南安阳小南海洞穴堆积的试掘及脊椎动物化石. 考古学报，(1)：1～5

包诺索夫 B B. 1938. 北满更新世动物及其旧石器时代遗物之观察. 满洲史学，2(1)

北京市房山区地方志编纂委员会. 1999. 北京市房山区志. 北京：北京出版社

蔡保全. 2001. 台湾海峡晚更新世人类肱骨化石. 人类学学报(3)

朝枢，贾昆峰主编. 2000. 乌拉特梭梭林自然保护区科学考察集. 北京：中国林业出版社

陈恩志编著. 2004. 中国化石古人类和旧石器文化考古发现与研究：1901～2000：东北地区卷. 北京：科学出版社

陈全家. 2003. 长春地区(99)发现的动物化石和旧石器. 北方文物，(2)：1～9

程钢，张晓莉. 2013. 石河子垦区绿洲农业开发及生态效应. 农业经济，(5)：37～39

董为，等. 2009. 辽宁朝阳龙城马山洞哺乳动物群的性质及时代探讨. 人类学学报，28(1)：95～109

范雪春，郑国珍. 2006. 福建第四纪哺乳动物化石考古发现与研究. 北京：科学出版社

凤凌飞主编. 1991. 内蒙古珍稀濒危动物图谱. 北京：中国农业科技出版社

傅仁义. 1992. 鸽子洞遗址时代的再研究. 北方文物(4)：22

甘肃省博物馆. 1982. 甘肃环县刘家岔旧石器时代遗址. 考古学报，(1)：35～48

甘孜州志编纂委员会编. 1997. 甘孜州志. 成都：四川人民出版社

高建维. 1982. 澎湖动物群. 海洋汇刊，(27)：123～131

高星，等. 1991. 山西榆次大发旧石器地点. 人类学学报，10(2)：147～154

高星. 1988. 昂昂溪新发现的旧石器. 人类学学报. 7(1)

高行宜，等. 2002. 新疆北塔山地区的野生动物. 干旱区研究，19(4)：75～82

高行宜，谷景和. 1989. 马科在中国的分布于现状. 兽类学报，9(4)：269～274

鸽子洞发掘队. 1975. 辽宁鸽子洞旧石器遗址发掘报告. 古脊椎动物与古人类，13(2)：122～136

孤旅. 2000. 世界上最后一块“与狼共舞”之地：青藏高原无人区探险纪实. 野生动物，(3)：16～18

古脊椎动物研究所高等脊椎动物组. 1959. 东北第四纪哺乳动物化石志. 中国科学院古脊椎动物研究所甲种专刊第 3 号. 北京：科学出版社

顾玉珉，等. 1982. 安徽灵璧全新世人骨及兽骨的观察. 人类学学报，1(2)：197～198

郭志超. 2000. 台湾古人类探源. 光明日报，03～24

国家林业局主编. 2008. 中国重点陆生野生动物资源调查. 北京：中国林业出版社

韩淑媞，齐陶. 1983. 新疆乌鲁木齐晚更新世含哺乳类化石地点及“仓房沟层”剖面地层述要. 古脊椎动物学报，21(3)：241～243

郝思德，等. 1994. 海南“三亚人”遗址 1992 年发掘报告. 人类学学报，13(2)：117～125

郝思德，王明忠. 2004. 海南史前文化遗存经济生活初探. 南方文物，(4)：28～34

何传坤，等. 1997. 台湾澎湖海沟更新世晚期食肉类化石的初步研究. 台湾立博物馆年刊，40：195～224

河北省栾城县地方志编纂委员会编. 1995. 栾城县志. 北京：新华出版社

黑龙江省文物管理委员会等. 1987. 阎家岗：旧石器时代晚期古营地遗址. 北京：文物出版社

侯素宽，等. 2007. 记甘肃和内蒙古新发现的中华马化石. 古脊椎动物学报(3)

胡长康，齐陶著. 1978. 陕西蓝田公王岭更新世哺乳动物群. 北京：科学出版社

胡长康. 1962. 甘肃第三纪后期及第四纪哺乳类化石. 古脊椎动物与古人类，6(1)：88～96

胡松梅. 2006. 陕西宝鸡关桃园新石器遗址中首次于我国北方发现金丝猴等重要动物遗存. 化石，(4)：39～40

黄万波，等. 1986. 旧石器时代的蚌制品. 人类学学报，5(3)：267～270

黄万波，计宏祥. 1984. 三门峡地区含哺乳动物化石的几个第四纪剖面. 古脊椎动物学报，22(2)：230～237

黄万波，郑绍华. 1982. 记陕西长武晚更新世人类牙及共生哺乳动物化石. 人类学学报，1(1)：14～17

黄万波. 1989. 迁安爪村“假石器”：订正一个历史的误解. 人类学学报，8(2)：114～117

黄慰文. 1984. 黑龙江昂昂溪的旧石器. 人类学学报，3(3)：234～243

黄蕴平. 1996. 金牛山遗址动物碎骨的观察. 东北亚旧石器文化. 韩国国立忠北大学校先史文化研究所,中国辽宁省文物考古研究所编辑发行
计宏祥. 1974. 陕西蓝田涝池河晚更新世哺乳动物化石. 古脊椎动物与古人类,12(3):222~227
纪晓鹏. 2013. 西藏亚东县城镇化建设实践与思考. 西藏发展论坛,(1):58~67
贾兰坡,等. 1972. 山西峙峪旧石器时代遗址发掘报告. 考古学报,(1):39~58
贾兰坡,等. 1979. 许家窑旧石器时代文化遗址 1976 年发掘报告. 古脊椎动物与古人类,17(4):277~288
贾兰坡,卫奇. 1980. 桑干河阳原县丁家堡水库全新统中的动物化石. 古脊椎动物与古人类,18(4):327~333
姜鹏. 1975. 吉林安图晚更新世洞穴堆积. 古脊椎动物与古人类,13(3):197~198
姜鹏. 1982. 吉林安图人化石. 古脊椎动物与古人类,20(1):65~70
姜鹏. 1990. 吉林榆树大桥屯发现的旧石器. 人类学学报,9(1):8~15
姜鹏. 1996. 吉林抚松仙人洞旧石器时代遗址//韩国国立忠北大学校先史文化研究所. 东北亚旧石器文化. 沈阳:中国辽宁省文物考古研究所编辑发行
颉光普,张行. 1994. 甘肃榆中晚更新世哺乳动物化石. 古脊椎动物学报,32(4):297~306
金昌柱,等. 1984. 吉林青山头遗址哺乳动物群及其地质时代. 古脊椎动物学报,22(4):314~322
金牛山联合发掘队. 1976. 辽宁营口金牛山发现的第四纪哺乳动物群及其意义. 古脊椎动物与古人类,14(2):120~127
金塔县地方志编纂委员会编. 1992. 金塔县志. 兰州:甘肃人民出版社
黎兴国,等. 1982. 内蒙古扎赉诺尔地区冰缘现象及其地质时代的初步探讨. 冰川冻土(3)
李贵云,高宝军. 2015. 阿里的神山圣湖. 森林与人类,(11):99~107
李蕾,等. 2016. 泥河湾侯家窑遗址古河流及环境考古意义. 沉积学报,34(1):111~119
李帅. 2014. 西藏阿里考古漫记. 大众考古,(2):76~84
李永项,等. 2009. 西安浐河南岸的马化石. 西北大学学报(自然科学版),39(2):293~297
梁崇岐主编. 1986. 新疆珍贵动物图谱. 北京:中国林业出版社
辽宁省博物馆,1973. 凌源西八间房旧石器时代文化地点. 古脊椎动物与古人类,11(2)
林一璞,等. 1985. 辽宁省丹东地区旧石器时代人类化石的发现//辽宁省考古博物馆学会等. 辽宁省本溪、丹东地区考古学术讨论会文集. 沈阳:辽宁省考古博物馆学会
刘后一. 1963. 周口店第 21 地点马属一新种. 古脊椎动物与古人类,7(4):318~320
刘延发,宁瑞栋. 1998. 甘肃安西极旱荒漠国家自然保护区. 北京:中国林业出版社
刘务林编著. 1996. 羌塘:世界上最后的净土. 北京:中国林业出版社
刘燕,等. 2015a. 内蒙古中部蒙古野驴春季食性分析. 动物学杂志,50(3):321~328
刘燕,等. 2015b. 内蒙古中部地区蒙古野驴冬季食性. 东北林业大学学报,43(11):88~91
刘源. 1986. 山西曲沃县西沟新发现的旧石器. 人类学学报,5(4):325~335
陆有泉,等. 1986. 乌尔吉晚更新世动物群和古生态环境. 古脊椎动物学报,24(2):152~161
陆有泉,李毅. 1984. 内蒙古新发现的更新世晚期哺乳动物化石点. 古脊椎动物学报,22(3):246~248
吕遵谔,等. 1989. 山东沂源猿人化石. 人类学学报,8(4):301~313
吕遵谔. 1989. 金牛山人的时代及其演化的地位. 辽海文物学刊(1)
罗佳. 1986. 四川省三县动物资源及其保护. 野生动物,(5):16~18,25
罗其湘. 1978. 徐州附近发现上新世和更新世大量哺乳动物化石. 古脊椎动物与古人类,16(1):76
马欣敏,罗志清. 2015. 哈巴雪山保护区人类活动强度时空变化定量研究. 安徽农业科学,43(19):205~208
南阳地区文管会. 1982. 南召县小空山发现旧石器时代文化. 中原文物(1)
宁河县地方志编修委员会编著. 1991. 宁河县志. 天津:天津社会科学院出版社
裴文中,等. 1958a. 河北迁安第四纪哺乳动物化石发掘简报. 古脊椎动物学报,2(4):214~225
裴文中,等著. 1958b. 山西襄汾县丁村旧石器时代遗址发掘报告. 北京:科学出版社
裴文中. 1940. 周口店的山顶洞动物群. 中国古生物志
裴文中. 1956. 河南新蔡的第四纪哺乳类动物化石. 古生物学报,4(1):92
祁国琴. 1975. 内蒙古萨拉乌苏河流域第四纪哺乳动物化石. 古脊椎动物与古人类,13(4):239~249
祁国琴. 1989. 中国北方第四纪哺乳动物群:兼论原始人类生活环境. 中国远古人类. 北京:科学出版社,277~337
齐代华,等. 2014. 四川洛须白唇鹿自然保护区种子植物区系分析. 草地学报,22(4):728~736

邱占祥，等.2004.甘肃东乡龙担早更新世哺乳动物群.北京：科学出版社
邱中郎，等.1982.南召发现的人类和哺乳类化石.人类学学报，1(2)：109～117
邱中郎.1984.陕西乾县的旧石器.人类学学报，3(3)：212～214
《三江源自然保护区生态环境》编辑委员会.2002.三江源自然保护区生态环境.西宁：青海人民出版社，113～126
陕西省考古研究院，宝鸡市考古工作队.2007.宝鸡关桃园.北京：文物出版社
石硕.2015.炉霍在康区的历史地位于文化价值.四川民族学院学报，24(5)：1～5
四川省红原县志编纂委员会.2011.红原县志：1992～2005.北京：府志出版社
孙建中，等.1981.吉林榆树周家油坊旧石器文化遗址.古脊椎动物与古人类，19(3)：281～290
孙建中.1977.关于顾乡屯组.吉林地质.2
汤卓炜，等.2003.吉林乾安大布苏晚更新世动物群.古脊椎动物学报，41(2)：137～146
童永生.2011.阴山岩画中原始畜牧文化的解读与考证.民族艺术研究，24(2)：159～163
《土默特右旗志》编纂委员会编.1994.土默特右旗志.呼和浩特：内蒙古人民出版社
王德忠，等.1999.新疆脊椎动物简况//中国动物学会编.中国动物学研究.北京：中国林业出版社，279～289
王连春，崔双来.1985.前阳洞穴遗址发掘简报//辽宁省考古博物馆学会等.辽宁省本溪、丹东地区考古学术讨论会文集.沈阳：辽宁省考古博物馆学会
王淑玲.2014.滦河源：草原榆林奇观.森林与人类，(1)：78～81
王頠，莫进尤.2004.广西扶绥南山洞新发现的人类化石和蒙古野驴化石：末次冰期华南气候变化的哺乳动物化石新证据.人类学学报(2)
王小芳，等.2016.祁连山自然保护区社区管理存在的问题及对策措施.甘肃科技，32(6)：4～5
魏海波.1986.辽宁本溪发现更新世晚期哺乳动物化石.古脊椎动物学报，24(4)：320
文榕生著.2009.中国珍稀野生动物分布变迁.济南：山东科学技术出版社
吴彪，等.2014.巴彦淖尔市野生动物保护管理建议.内蒙古林业，(3)：14～15
吴沄.2012.金沙江岩画洛吉岩画点调查记录及初步研究.云南地理环境研究，24(4)：49～54
吴志清，孙炳亮.1989.山西和顺当城旧石器时代洞穴遗址群初步研究.人类学学报，8(1)：39～48
武素功，冯祚建主编.1996.青海可可西里地区生物与人体高山生理.北京：科学出版社
武仙竹，周国平.2005.湖北官庄坪遗址动物遗骸研究报告.人类学学报，24(3)：232～248
谢骏义，许俊臣.1988.甘肃华池马兰黄土中的哺乳动物化石.古脊椎动物学报，26(2)：149～152
谢联辉.1985.初访阿尔金山.野生动物(3)
邢台地区狗头泉考察小组.1978.邢台地区发现的披毛犀—古菱齿象动物群.古脊椎动物与古人类，16(1)：73～75
许春华，方笃生.1982.安徽又发现人类化石.人类学学报，1(2)：206
许春华.1978.湖北郧县猿人化石地点发掘.中国科学院古脊椎动物与古人类研究所编.古人类论文集.北京：科学出版社，175～179
许春华.1980.河南省又发现重要的旧石器地点.古脊椎与古人类.18(4)
薛祥煦.1964.陕西铜川灰堆坡哺乳动物化石地点.古脊椎动物与古人类，8(4)：387～393
闫晓玲.2013.河西地区山地草原生态现状及保护对策.草业科学，30(6)：853～858
杨丽雪，等.2016.青藏高原地区生态功能定位及经济发展路径探析：以四川省阿坝藏族羌族自治州红原县为例，37(1)：87～90，96
杨全生，等.2008.祁连山自然保护区综合科学考察报告.兰州：甘肃科学技术出版社
伊克昭盟地方志编纂委员会编.1994.伊克昭盟志.北京：现代出版社
殷丽霞.2013.甘肃张掖肃南裕固族自治县发展生态旅游的调研.山东省农业管理干部学院学报，30(3)：49～50
尹秉高，刘务林.1993.西藏珍稀野生动物与保护.北京：中国林业出版社
尹赞勋.1931.哈尔滨附近第四纪哺乳类动物化石群之发现.中国地质学会志.11(2)
尤玉柱，蔡保全.1996.福建更新世地层，哺乳动物与生态环境.人类学学报，15(4)：335～346
尤玉柱，等.1993.金牛山A点地层剖面及溶洞的形成和堆积过程.中国科学院古脊椎动物与古人类研究所集刊.第19号.北京：科学出版社，7～15
尤玉柱，等.2011.大连古龙山洞穴文化遗物及对当时古生态环境的探讨//大连市文物考古研究所.大连考古文集.第1集.北京：科学出版社
尤玉柱，徐钦琦.1981.中国北方晚更新世哺乳动物群与深海沉积物的对比.古脊椎动物与古人类，19(1)：77～84

尤玉柱,徐淑彬.1996.沂,沭河流域第四纪地层与哺乳动物化石.古脊椎动物学报,34(4):322～331
尤玉柱.1984.吉林前郭县查干泡发现的人类化石与古生态环境.史前研究(4)
于汇历,尤玉柱.1988.阎家岗遗址的结构及埋藏学研究.考古与文物(4)
于汇历.1988.黑龙江五常学田旧石器文化遗址的初步研究.人类学学报.7(3)
袁磊,等.2015.罗布泊野骆驼的家域特征及其意义.生物多样性,23(3):314～320
张多勇,等.2011.鄂尔多斯盆地旧石器时代的地理环境变迁.干旱区资源与环境,25(10):167～174
张广登.1985.青海省海南地区兽类调查.动物学杂志,(4):13～16
张森水,周春茂.1984.大荔人化石地点第二次发掘简报.人类学学报,3(1):19～29
张森水.1984.关于扎赉诺尔文化年代的一点意见.人类学学报,3(4)
张行.2002.甘肃发现的马化石.陇右文博,(1):63～66
张掖地区草原工作站.1988.甘肃省张掖地区草地资源.兰州:中国草业科学,8～50
张镇洪,等.1985.辽宁海城小孤山遗址发掘简报.人类学学报,4(1):70～79
张镇洪.1981.辽宁地区远古人类及其文化的初步研究.古脊椎动物与古人类,19(2):184～192
郑绍华,韩德芬.1993.哺乳类化石.//金牛山(1978年发掘)旧石器遗址综台研究.北京:科学出版社,43～127
中华人民共和国濒危物种进出口管理办公室主编;郑生武,等编著.1994.中国西北地区珍稀濒危动物志.北京:中国林业出版社
周本雄.1965.河南安阳小南海旧石器时代洞穴遗址脊椎动物化石的研究.考古学报,(1):29～49
周明镇,等.1965.晋西南几个晚新生代地层剖面的观察.古脊椎动物与古人类,9(3):256～266
周明镇,薛祥煦.1958.辽宁建平及康平几种更新世晚期哺乳类化石.古生物学报.6(1)
周信学,等.1985.记大连晚更新世马属一新种.古脊椎动物学报,23(1):69～74
周信学,等著.1990.大连古龙山遗址研究.北京:北京科学技术出版社
周毅,等.2011.西藏普兰县生态环境保护与经济可持续发展.安徽农业科学,39(3):1712～1714,1720
周忠庆.2015.花鸟画的滥觞:原始绘画中的花鸟、草虫、走兽.中国书画报(68)
宗冠福,等.1985b.阿坝藏族自治州若尔盖晚更新世地层及哺乳类化石.古脊椎动物学报,23(2):161～165
宗冠福,黄学诗.1985a.四川炉霍县虾拉沱晚更新世哺乳类化石.古脊椎动物学报,23(4):287～294
Paul S C Tacon, Maxime Ahbert, Li Gang, et al. 2012. Uranium-series Age Estimates for Rock Art in Southwest China. Journal of Archaeological Science 39, 10(4):498～499

第二十章

犀科的分布变迁(续)

犀科(Rhinocerotidae)是现存最大的奇蹄目(Perissodactyla)动物,亚洲现生的3种是我国灭绝不久的珍稀野生动物。笔者曾对其分布变迁进行过探讨,当时仅分为历史与现今两个主要阶段(文榕生,2009),现根据新资料与本书体例再对其分布变迁进行探究。曾表述过的原始资料不再重复,仅增补新资料,或作订正。

另,近年我国又引进南部白犀(*Ceratotherium simum simum*),使得我国共分布有4种野生犀牛。

1 我国历史上曾分布的犀科图片

历史时期,亚洲现生3种犀牛在我国曾长期分布,但限于当时条件,能够较多反映它们特征的图片不多,特作补充。

(1)苏门答腊犀牛(*Didermocerus sumatrensis*):简称苏门犀,又称双角犀(图20.1～图20.6)。

图20.1 苏门犀[①]

图20.2 泥塘沐浴[②]

①http://www.5123.cc/bbs/simple/? t604.html

②http://www.quanjing.com/share/min00621258.html

图 20.3　亲密无间①

图 20.4　初生幼仔②

图 20.5　苏门犀头部③

图 20.6　母仔亲情④

(2)印度犀牛(*Rhinoceros unicornis*):简称印度犀,又称大独角犀(图 20.7～图 20.14)。

图 20.7　印度犀(雄性)⑤

图 20.8　呼朋唤友⑥

①http://v.tieba.baidu.com/p/3126416503

②http://weibo.com/2047955550/DwdnvEkt7? type=comment#_rnd1466415082544

③http://baike.baidu.com/picture/536546/536546/0/d53f8794a4c27d1eaaac5aa31dd5ad6edcc438ca.html? fr=lemma&ct=single#aid=0&pic=f95898182f3c05e64aedbcbe

④http://tech.huanqiu.com/photo/2012-07/2654717_8.html

⑤http://www.5123.cc/bbs/simple/? t604.html

⑥http://www.quanjing.com/share/ys1-1469853.html

图 20.9　印度犀头部①

图 20.10　印度犀（雌性）②

图 20.11　伉俪③

图 20.12　交配④

图 20.13　母仔情⑤

图 20.14　印度幼犀⑥

（3）爪哇犀牛（*Rhinoceros sondaicus*）：简称爪哇犀，又称小独角犀（图 20.15～图 20.20）。

---

①http://www.quanjing.com/share/iblcht02164435.html

②http://www.quanjing.com/share/min781362.html

③http://baike.baidu.com/view/509884.htm

④http://blog.sina.com.cn/s/blog_e93998110102v2vq.html

⑤http://www.quanjing.com/share/min00426972.html

⑥http://image.baidu.com/search/detail? ct=503316480&z=0&ipn=d&word=印度犀&step_word=&pn=28&spn=0&di=86889703560&pi

图 20.15　丛林中的爪哇犀①

图 20.16　泥沼中的爪哇犀②

图 20.17　关爱③

图 20.18　携仔④

图 20.19　爪哇幼犀⑤

图 20.20　爪哇犀头部⑥

①http://www.iltaw.com/

②http://www.5123.cc/bbs/simple/? t604.html

③印尼国家公园发现三只濒危物种爪哇犀幼崽. http://news.hangzhou.com.cn/gjxw/content/2015-09/10/content_5915397.htm

④http://baike.baidu.com/picture/468887/468887/0/d52a2834349b033bc8e109a517ce36d3d539bd60.html? fr=lemma&ct=single#aid=0&pic=d52a2834349b033bc8e109a517ce36d3d539bd60

⑤http://www.icpcw.com/Information/Tech/News/2247/224737.htm

⑥http://www.iltaw.com/animal/mammal? page=8

2 犀牛的遗存分布

最古老的犀牛化石是在始新世（距今5 500万～3 600万年）出现的，若以广泛的犀牛化石而论，我国各地皆有发现。

2.1 与现生犀牛最接近的遗存

与现生犀牛最接近的遗存，主要是指更新世以来，能够与其现生分布区相衔接的犀牛遗存，据报道情况看，多称“中国犀”“南方犀”等，能够鉴别出属、种的多是苏门犀与爪哇犀。例如：

余姚市河姆渡新石器遗址发掘出的犀类化石标本不少，按个体算至少有5个，其中在第四文化层（^{14}C测定在距今6 570～6 950年间）发现的犀牛遗存经过认真鉴定，确定有苏门犀（*Didermocerus sumatrensis*；标本为有破损的头骨一个）和爪哇犀（*Rhinoceros sondaicus*；标本为有破损的头骨一个），并且可与下王岗仰韶早期文化遗址中发现的犀遗骸相互印证（吴维棠，1983）。

金华市洞前村附近双龙洞发掘出的全新世［^{14}C测定为距今（7 815±385）年］48种动物遗存，其中就有双角犀（*Didermocerus sp.*）、爪哇犀（*Rhinoceros sondaicus*）（马安成等，1992）。此时的“双角犀”，当是本地区唯一的苏门犀。

东山县以东海域自1992年以来，在台湾海峡西部海域陆续有古生物化石发现，据不完全统计，有哺乳动物300多件、无脊椎动物数十件。经鉴定，属于更新世晚期的有102件标本，石化程度很好，骨表棕褐色或黑褐色，其中有双角犀（*Dicerorhinus sp.*）。经与现生标本比较，和苏门犀（*Dicerorhinus sumatransis*）很相近，这与苏门犀喜栖水草丰盛的沼泽地及能下海游泳的习性相符（尤玉柱等，1995）。

道县乐堂乡福岩洞发掘出一批晚更新世脊椎动物化石，其中就有苏门犀（李意愿等，2013）。

广西新石器时代贝丘遗址（如南宁市豹子头、扶绥县左江西岸及敢造等遗址）中有犀、象等动物遗存发现，经^{14}C测定，为距今9 500年的遗物，其中有不少犀牛牙齿，可能是双角犀，尚待进一步研究。扶绥县左江西岸贝丘遗址，^{14}C测定为距今7 500年左右（广西壮族自治区文物考古训练班等，1975）。若果真如此，则“双角犀”当是有明确分布的苏门犀。

隆阳区芒宽乡上芒岗洞穴发现有第四纪的犀牛、象、鹿、牛、猪等动物遗存（云南保山行政公署，1980）。隆阳区、施甸县、腾冲县之间的塘子沟遗址，出土了大批晚更新世末期动物化石，其中就有“爪哇犀”（吉学平等，2004），皆鉴定到物种。

在玉龙雪山脚下的蛇山北端东元桥，当时位于古城区，出土的中更新世8属10种哺乳动物化石多鉴定到种，其中的“额鼻角犀（未定种）”似与苏门犀比较接近（程捷等，1996）。

宝鸡市拓石镇关桃园村发掘出仰韶—西周时期（距今6 000～5 000年至公元前1 046～前771年）动物遗存，鉴定出瓣鳃纲、鱼纲、鸟纲和哺乳纲的26个物种136个个体，其中哺乳动物有：苏门犀（右肩胛骨1件和右侧第3掌骨，至少代表2个个体）（胡松梅，2006）。

商州区南丹江上游的紫荆遗址发现有苏门犀等多种动物遗存，经^{14}C测定距今（6 345±75）年，树轮校正为距今（6 835±175）年（王宜涛，1991）。

秦安县五营乡邵店村发现的大地湾遗址，是距今8 300～4 800年的原始社会新石器时代古村落遗址，出土动物骨骼17 000多件，其中有苏门犀遗存（胡松梅，2006）。

西安市灞桥区薄太后陵从葬坑出土的汉代犀牛（图20.21、图20.22）等骨骼，确定为一中年个体（王学理，1981）。从该犀牛头部遗存看，似有一鼻角。据邱占祥鉴定，为爪哇犀（孙机，1982）。

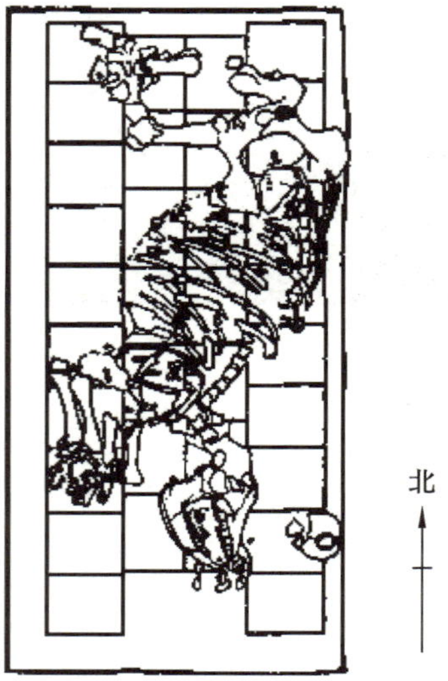

图20.21 第20号坑平面图（犀牛骨骼）

图 20.22　第 20 号坑出土犀牛骨骼头部

仅据此 10 余地能够明确的苏门犀与爪哇犀分布看，就涉及到华东、中南、西北、西南，可以说是连片分布的。

尽管我国出土的犀牛遗存尚未鉴定出印度犀，但文献中相关记载并不罕见。

我们虽可确定亚洲现生的 3 种犀牛在我国曾有分布，就是野生犀牛最后灭绝地云南省也曾有 3 种犀牛，但要区分清楚它们的各自分布区，尚缺乏更详尽资料，且据现有资料看，它们似存在重叠分布或同域分布，又隶属 2 个属，故只能按犀科称之为“犀牛”。

2.2　犀牛遗存分布概况

根据迄今出土的犀牛遗存(图 20.23、表 20.1)看，有以下特点：

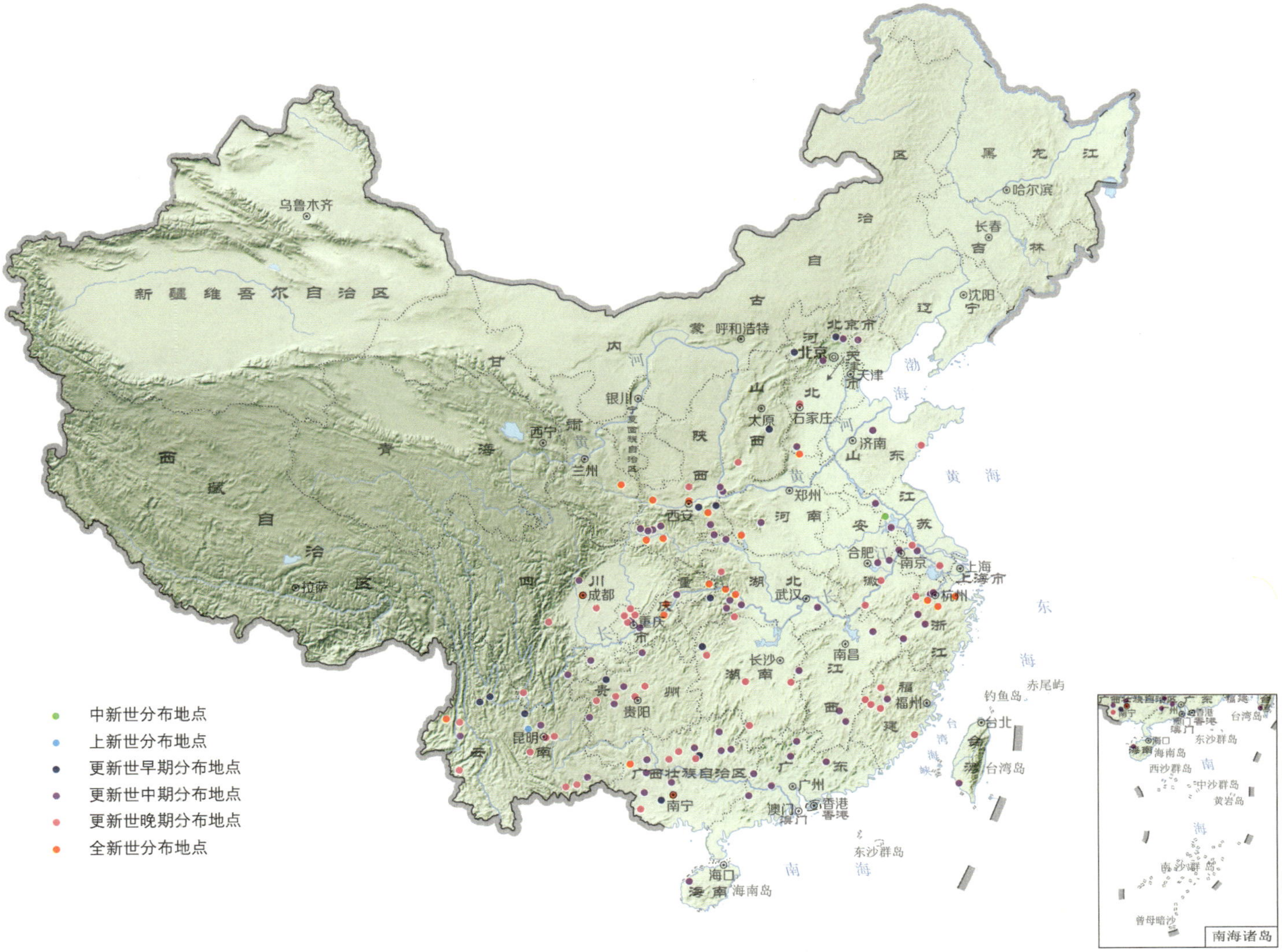

图 20.23　中新世以来犀牛遗存分布变迁图

● 根据出土的约170地、200点犀牛遗存看，时期涉及中新世至全新世，以中更新世与晚更新世为主。

● 犀牛遗存涉及除东北外的5个地区，有北京市、河北省、山西省、江苏省、浙江省、安徽省、福建省、江西省、山东省、台湾、河南省、湖北省、湖南省、广东省、广西壮族自治区、海南省、重庆市、四川省、贵州省、云南省、陕西省、甘肃省等22个省级行政区，范围相当广。

● 犀牛遗存分布以西南地区、中南地区为主，密集度较高。

● 犀牛遗存时代较早，分布地较多，皆出现在西部，尤其是云南省，似可反映是现生犀牛较早出现地，随后向北、向东扩散。

● 不仅出现一地有多处同时期犀牛遗存出土情况，而且还出现一地有多处不同时期犀牛遗存出土情况（如浙江省杭州市、广西壮族自治区扶绥县）。

表20.1　　中新世以来犀牛遗存分布概况

地区	省级政区	市、县、区	遗存地点	时期	资料来源
华北	北京	房山区	周口店（第一地点，13、20、22、23层）、青龙镇南观音村凤凰山	中更新世中期—中更新世末期	贾兰坡等，1959；卡尔克等，1961；王波等，2013
			周口店（山顶洞）	晚更新世末	尤玉柱等，1981
			上方山云水洞	晚更新世	黄万波等，1984
		怀柔区	黄坎乡龙牙洞	早更新世	黄万波等，1983
		密云县	溪翁庄镇黄坨子（原北台子）	中更新世或晚更新世早期	顾玉珉，1984
	河北	石家庄市	南小街与自强路交叉口附近	晚更新世？	网络*
		阳原县	化稍营镇泥河湾村，大田洼乡官亭村小长梁、后石山	早更新世	胡长康等，1978；汤英俊等，1981
		兴隆县	上窝铺乡北营房	中更新世	王峰，1984
		磁县	下庄店乡九龙口村	中新世晚期	陈冠芳等，1976
	山西	榆社县	云簇镇	早更新世？	
		襄汾县	丁村	更新世晚期	裴文中等，1958b
		永济市	匼河遗址、介峪口遗址	更新世中期最初阶段	贾兰坡等，1962；魏海波等，1985
		芮城县	匼河遗址	更新世中期最初阶段	贾兰坡等，1962；魏海波等，1985
华东	江苏	南京市	葫芦洞小洞	中更新世中期	徐钦琦等，1993；南京市博物馆等，1996；房迎三，2000
		睢宁县	姚集镇（张圩乡）凤凰山磷矿	中更新世？	罗其湘，1978
		泗洪县	双沟镇下草湾遗址	中新世	卡尔克，1961；周明镇等，1964
		盱眙县	鲍集镇戚嘴村	中更新世	林一璞等，1983
			沙岗镇青墩遗址	全新世	黄赐璇等，1984
		镇江市	润州区蒋乔镇莲花洞	晚更新世	李文明等，1982
		丹阳市		中更新世	卡尔克，1961
		苏州市	三山岛	晚更新世晚期	苏州市地方志编纂委员会，1995
	浙江	杭州市	西湖区留下镇荆山岭	中更新世	裴文中等，1957
			余杭区凤凰山东坡	晚更新世早期	韩德芬等，1978
			萧山区跨湖桥遗址	全新世	蒋乐平，2014

(续表)

地区	省级政区	市、县、区	遗存地点	时期	资料来源
		临安市	西天目乡华严洞	晚更新世	张明华,1984
		建德市	李家镇新联村乌龟洞	更新世中—晚期	黄正维等,1964
		富阳市	渌渚镇高山龙洞	全新世	徐玉斌等,1980
		余姚市	罗江乡河姆渡遗址	全新世	吴维棠,1983
		诸暨市	次坞镇楼家桥	全新世	金幸生等,2004;网络*
		江山市	曹天坊村洞穴化石群	中更新世	卡尔克,1961
		金华市	双龙洞	更新世中晚期—早全新世	马安成等,1992
	安徽	铜陵市	铜山铜矿水泥厂	更新世晚期至晚更新世	叶元正等,1975
		居巢区	银屏镇岱山村2次	更新世中期	许春华等,1982,许春华等.1986
		和县	龙潭洞"和县猿人"遗址	中更新世末期	邱,1982
		东至县	建新乡汪村梅源山华龙洞	晚更新世	盛锦朝,2008;安徽省文物考古研究所等,2012
	福建	三明市	万寿岩灵峰洞、船帆洞	中更新世晚期—全新世	李建军等,2001;范雪春等,2006
		永安市	曹远镇寨岩山	晚更新世中—晚期	杨启成等,1975
		清流县	龙津洞3号裂隙	晚更新世	范雪春等,2006
			沙芜乡洞口村狐狸洞	晚更新世晚期	董兴仁等,1996
		宁化县	裴山洞	晚更新世	范雪春等,2006
		将乐县	岩仔洞(上层洞与下层洞)	晚更新世	范雪春等,2006
		石狮市	台湾海峡	晚更新世	尤玉柱等,1995;范雪春等,2006
	江西	乐平市	涌山镇涌山村鸡公山涌山洞穴遗址	中更新世—晚更新世	Yong,1947;黄万波等,1963
		萍乡市	芦溪区宣风镇竹山园洞	更新世中期—晚期	李家和等,1992
		于都县	罗垇乡罗垇石灰厂	更新世中晚期	万幼楠,1985
		会昌县	小密乡小密村万石坑	更新世中晚期	黄卫国等,1991
	山东	淄博市	临淄区辛店镇仉行村	更新世中晚期	网络*
		青岛市	黄岛区大珠山遗址	更新世晚期	网络*
	台湾	高雄市	左营区莲池潭(莲花潭)	中更新世?	网络*
				晚更新世晚期	网络*
中南	河南	安阳市	殷墟、洹北花园遗址	全新世	德日进等,1936;杨钟健等,1949;孙机,1982;袁靖等,2000
		南召县	云阳镇李楼村杏花山下	中更新世	邱中郎等,1982
		淅川县	下王岗遗址	全新世	贾兰坡等,1977
	湖北	郧县	梅铺镇龙骨洞	中更新世	王善才,1976
		郧西县	神雾岭白龙洞	中更新世早期	湘江,1977;武仙竹等,2009;网络*
			黄龙洞古人类遗址	晚更新世	武仙竹等,2007
		大冶市	章山乡石龙头遗址	中更新世	李炎贤等,1974;黄石市志编纂委员会,2001

（续表）

地区	省级政区	市、县、区	遗存地点	时　期	资料来源
		宜都市	枝城镇九道河村	中更新世	李天元,1990;刘德银等,2001
		秭归县	柳林溪遗址	全新世	湖北省文物考古研究所,2000;武仙竹等,2005;武仙竹,周国平.2005.湖北官庄坪遗址动物遗骸研究报告.人类学学报.24(3):232～248
		长阳土家族自治县	大堰乡下钟家湾、桅杆坪、鲢鱼山、西寺坪、沙嘴	更新世中期的后期	贾兰坡,1957
		五峰土家族自治县	长乐坪	更新世中期—晚期	邱中郎等,1961
		神农架林区	犀牛洞	晚更新世早期	武仙竹,1998
		建始县	高坪乡(高店子)龙骨洞	早更新世晚期	许春华等,1974;裴树文等,2010
			花坪镇	更新世中期—晚期	邱中郎等,1961
	湖南	石门县	阳泉乡凤堡岭燕儿洞遗址	晚更新世	湖南省考古研究所等,1994;网络*
		攸县	漕泊乡七里村	晚更新世?	网络*
		道县	乐福堂乡塘贝村福岩洞	晚更新世	陈醒斌,1986;李意愿等,2013
		邵阳市	板桥乡龙头村	更新世晚期	邵阳市地方志编纂委员会,1997
		吉首市	螺丝旋山洞	晚更新世	王令红等,1982a
		保靖县	龙溪乡要坝村洞泡山	早更新世晚期	王令红等,1982a
	广东	英德市	双岩	中更新世—晚更新世之初	刘昌芝,1962
			九龙礼堂山动物群	更新世晚期	张镇洪等,1998
		韶关市	曲江区马坝乡狮子岩洞穴多次	中更新世—晚更新世之初	卡尔克,1961;刘昌芝,1962;宋方义等,1985
		东源县	必寿洞	中更新世晚期—晚更新世早期	
		肇庆市	洞穴堆积	中更新世	卡尔克,1961
		封开县	渔涝镇狮子岩黄岩洞	中更新世	黄万波,1963
			河儿口镇与渔涝镇间狮子岩、渔涝镇罗沙岩	晚更新世	宋方义等,1981a;宋方义等,1981b;邱立诚,1986;张镇洪等,1994
		罗定市	大岩	中更新世	黄万波,1963
			下山洞、饭甑山岩	中更新世—晚更新世之初?	黄万波等,1988;宋方义等,1989
		阳春市	独石山仙人洞	晚更新世晚期	邱立诚等,1980
	广西	南宁市	豹子头贝丘遗址	全新世	广西壮族自治区文物考古训练班等,1975
		武鸣县	巨猿洞	更新世中期	王令红等,1982b
		桂林市	新开村	中更新世	卡尔克,1961
			宝积岩洞	晚更新世	王令红等,1982c

(续表)

地区	省级政区	市、县、区	遗存地点	时期	资料来源
		平乐县	沙子镇义和村	更新世中期	吴新智等,1962
		荔浦县	马岭镇南村、杜莫镇寨村	更新世中期	吴新智等,1962
		柳州市	笔架山	更新世早一中期	韩德芬,1975
		柳江县	柳江人洞(通天岩)	晚更新世	吴汝康,1959;王令红等,1982b
			四案咁前山洞穴	更新世晚期	李有恒等,1984
		柳城县	巨猿洞	中更新世	卡尔克,1961
		凭祥市	铁路机务段后侧洞穴、东罗矿务局那法矿区	晚更新世	顾玉珉等,1986;王頠等,2004
		扶绥县	柳桥镇平坡村岩亮洞	早更新世	严亚玲等,2014
			东罗矿务局那法矿区	更新世晚期	王頠等,2004
			左江西岸、敢造等地	全新世	广西壮族自治区文物考古训练班等,1975
		大新县	牛睡山黑洞	中更新世	卡尔克,1961;韩德芬,1982
			下雷马鞍山	晚更新世	韩德芬.1982.广西大新黑洞哺乳动物化石.古脊椎动物与古人类.20(1):58～64
		右江区	百色镇革新桥遗址	全新世	黄蕴平,2010
		田东县	雾云洞	中更新世或晚更新世早期	陈耿娇,2002
			祥周乡模范村定模山	更新世晚期	李有恒等,1985
		宜州市	德胜镇屏风山飞鼠岩	更新世晚期	林一璞等,1974
		巴马瑶族自治县	所略乡那合村	更新世中期	张银运等,1975
		都安瑶族自治县	加贵乡加图村、地苏镇九楞山、东庙乡牛洞、东庙乡巴独山	晚更新世	广西壮族自治区博物馆,1973;赵仲如等,1981;谢光茂,1991
	海南	昌江黎族自治县	七叉镇保由村信冲洞、石碌镇鸡心村红林化石地点	中更世中期	网络*
			七叉镇保由村混雅岭	晚更新世	王大新,2001;颜家安,2006
西南	重庆	沙坪坝区	歌乐山	中更新世	卡尔克,1961
		北碚区	文星场殷家洞	晚更新世	佚名,1984
		巴南区	和尚坡	中更新世	卡尔克,1961
		万州区	新田镇盐井沟遗址	中更新世	卡尔克,1961
		合川区	三汇坝牛尾洞	晚更新世	佚名,1984
		潼南县	瑷江岸边	更新世的晚期或更晚	周明镇,1957
		铜梁县	城西郭张二塘遗址	晚更新世—全新世	张森水等,1982
		璧山县	梅江乡	晚更新世?	四川省璧山县志编纂委员会,1996
		丰都县	玉溪遗址	全新世	黄蕴平,2010
		巫山县	大溪文化遗址	全新世	王家德,1994;缪雅娟,2002a;网络*
		忠县	中坝遗址	全新世	傅罗文,2006

（续表）

地区	省级政区	市、县、区	遗存地点	时期	资料来源
	四川	成都市	蜀都大道十二桥路十二桥遗址、金沙遗址	全新世	四川省文物管理委员会等，1987；何锟宇，2007
		彭州市	转经楼山	中更新世	网络*
		筠连县	灯杆洞	中更新世—晚更新世	王正新，1991
			拱猪洞哺乳动物群	晚更新世后期	筠连县县志编纂委员会，1998
		攀枝花市	仁和区民政乡（布德镇）回龙湾遗址	晚更新世	李淼，1988
		雁江区	黄鳝溪"资阳人"遗址、"资阳人"发现地点西偏北 100 m 处	晚更新世	卡尔克，1961；李宣民等，1984；网络*
		汉源县	富林镇狮子山	晚更新世	陈全家，1991
	贵州	贵阳市	白云区	晚更新世	网络*
		开阳县	哨上镇打儿窝岩厦遗址	晚更新世	贵州省文物考古研究所，2013
		盘县	十里坪大洞	中更新世后期—晚更新世	斯信强等，1993；张镇洪等，1997
		水城县	乌江上游硝灰洞	更新纪晚期	曹泽田，1973
		桐梓县	柴山岗南坡	中更新世—晚更新世	吴茂霖等，1975
			马鞍山南洞	晚更新世后期	张森水，1988；黄泗亭等，1992
		普定县	白岩脚寨白岩脚洞	晚更新世中—晚期	李炎贤等，1986
			城关镇穿洞	全新世早期	张森水，1995
		毕节市	何官屯镇关口村	早更新世	许春华等，1984
			老鸦洞遗址、周家桥扁扁洞	晚更新世早期	贵州省博物馆，1990；蔡回阳等，1991
		黔西县	观音洞镇（沙井乡井山村）观音洞村	更新世中期或晚期	裴文中等，1965
		织金县	洞穴堆积	晚更新世	卡尔克，1961
	云南	昆明市	花红洞、野猫洞	更新世中期—晚期	张兴永，1973；胡绍锦，1985
		呈贡县	大渔乡龙潭山	晚更新世	张兴永等，1978；邱中郎等，1985
		富民县	河上洞	更新世中期—晚期	Yong，1932；Teilhard，1938；卡尔克，1961
		宜良县	九乡张口洞	晚更新世至早全新世	胡绍锦，1995
		峨山彝族自治县	塔甸乡老龙洞	更新世晚期	白子麒，1998
		隆阳区	芒宽乡上芒岗洞穴	晚更新世？	云南保山行政公署，1980
			塘子沟遗址	晚更新世末期	吉学平等，2004
		施甸县	由旺镇岚蜂办事处	中更新世	杨升义，2002
			塘子沟遗址	晚更新世末期	吉学平等，2004
		腾冲县	塘子沟遗址	晚更新世末期	吉学平等，2004
			固东镇江东新寨江东山小水井落水洞	全新世	吉学平等，2008

(续表)

地区	省级政区	市、县、区	遗存地点	时期	资料来源
		昭阳区	北闸镇新田村鸡公山	中更新世?	郑良,1985
		古城区	蛇山北端东元桥	中更新世	程捷,1996
			金山乡	更新世晚期	李有恒,1961
		沧源佤族自治县	勐省镇硝洞	晚更新世后期或末期	张兴永,1984
		洱源县	茈碧湖镇巡检村、三营镇	早更新世—中更新世,或晚更新世	苏民,1983
		剑川县	甸南镇、沙溪镇、上兰乡	早更新世—中更新世,或晚更新世	苏民,1983
		鹤庆县	城关镇	早更新世—中更新世,或晚更新世	苏民,1983
		元谋县	老城乡上那蚌村	上—中更新世	尤玉柱等,1973;钱方等,1984
			马街镇河谷	中更新世	卡尔克,1961
		禄丰县	金山镇石灰坝	上新世	云南省博物馆,1979
		河口瑶族自治县	桥头苗族壮族乡石灰岩洞	晚更新世	张兴永,1984
		西畴县	茇茇山仙人洞	更新世中期—晚期	张兴永,1973;陈德珍等,1978
		马关县	城关镇九龙口	晚更新世	陈德珍等,1978
西北	陕西	西安市	灞桥区薄太后陵	全新世	王学理等,1976;王学理,1981
		蓝田县	辋川乡锡水洞、九间房乡公王岭	早更新世晚期	吴新智等,1966;胡长康等,1978;陈恩志,1992
		铜川市	漆水河左岸	晚更新世?	薛祥煦,1964
		宝鸡市	拓石镇关桃园村	全新世	胡松梅,2006
		汉台区	南郊	更新世中期	李有恒,1962
		南郑县	梁山镇龙岗寺	全新世	陕西省考古研究所,1990
		城固县	芦家坡、大盘乡五里坝村	更新世中期	李有恒,1962
		洋县	大坝沟、金河口	更新世中期	李有恒,1962;汤英俊等,1987
		西乡县	古城镇三合村何家湾	全新世	陕西省考古研究所汉水考古队,1981
		勉县	赤土岭	更新世中期?	汤英俊等,1987
		商州区	紫荆遗址	全新世	王宜涛,1991
		洛南县	龙牙洞	早更新世晚期	薛祥煦等,1999
		山阳县	乌龟崖	更新世中期	李有恒,1962
	甘肃	秦安县	五营乡邵店村大地湾遗址	全新世	胡松梅,2006

注:标*者出处依次为:茅雯婷.工地挖出万年前犀牛牙齿化石. http://futures.hexun.com/2008-10-21/110209082.html;最新考古发现:新石器时代我国仍有犀牛存在. http://tech.163.com/04/1122/21/15QSBBTF0009rt.html;犀牛角化石. http://baike.baidu.com/link? url=i9L7qALXxf7Q_n5qlBykIqCWbnpQPrn71xP4kfCjerNQD4GmVd-CaND_67e1aGaIsb3WiSwiX1-nRosLeGyzK;王滨等.青岛旧石器时代遗址发现万年象牙化石.http://wenshi.dzwww.com/tupian/201311/t20131119_9209140.html;莲池潭.http://www.baike.com/wiki/莲池潭;早坂犀牛回娘家:左镇菜寮化石馆.http://translate.google.com/translate?hl=zh-CN&sl=zh-TW&u=http;十堰博物馆.远古人类家园:郧西白龙洞人.http://www.cnyunxi.com/ArticleView_426.html;最新考古发现:新石器时代我国仍有犀牛存在.http://tech.163.com/04/1122/21/15QSBBTF0009rt.html;古遗址·燕尔洞洞穴遗址.http://www.changde.gov.cn/changde/72633746989318144/20040407/9454.html;湖南攸县发现万年前犀牛化石 http://news.66wz.com/system/2004/09/07/056279061.shtml;攸县大事记.http://www.hnyx.gov.cn/home/yxnew/2014-6-23/144927.html;《琼州记忆:海南省第三次全国文物普查成果图录丛书·昌江县分册》.http://wenku.baidu.com/link?url=iBFB-VqikGN7MwdczcJdpBVbUasAsaDdwQV4gcDZ-Jr2SVC9rKnzXGxYSHBB4iHwZKDUQ_QMJgwYS2mglMQJ5tOns9DP65DAHv2nFUUdShrq;马伟元.海南岛两万年前就有古人类活动昌江发现熊猫化石.http://www.cnfossil.com/viewnews-5969.html;任式楠.大溪文化.http://www.chinabaike.com/article/316/327/2007/2007022156146.html;川西平原首次发现东方剑齿象化石.http://www.szlyzx.com/BBS/showpost_art.asp?art_id=3434&forumid=36&cat_id=7;资阳人.http://baike.baidu.com/link?url=F53kqLPkkDmD_E_9xyCw9r-duufC5XQPV4-ArIy7p4doIxAO51B4hljMe46FOZcevO5VhRHVmBP3nvnL8hrBKq;杨皓钧,欧鲁男.化石是上古“神兽”中国犀.http://www.tianjinwe.com/rollnews/201504/t20150411_1207340.html

3 犀牛的历史分布

我们又见一些反映历史时期犀牛分布的资料。

3.1 华北

河北省南部与河南省毗邻地带,历史上似有犀牛分布。

磁州窑褐彩犀牛枕虽枕面已残(图 20.24),但匍匐状犀牛(黄宏,2011)双目凹陷却圆睁,花式独角和背上托举的枕面等显示初唐的形制。磁州窑在今邯郸市峰峰矿区的彭城镇和磁县的观台镇一带,北宋中期达到鼎盛,并延续到明清。尽管以生产白釉黑彩瓷器著称,然其釉色较为丰富,有白釉、黑釉、酱釉、绿釉等。此神似的犀牛,反映工匠们已很难见到活生生的犀牛,只能根据传说与想象创作工艺品。

图 20.24 褐彩犀牛枕

3.2 华东

江苏省也有历史时期犀牛分布资料。

1985 年,地处扬州市的扬州教育学院工地出土一唐三彩犀牛枕(图 20.25)。枕面长方形,微弧凹,中间刻一对同向展翅飞翔的蝴蝶;值得注意的是,枕座为匍匐的犀牛。至于犀牛具体物种,限于报道的描述与多角度图片缺乏,仅略作判断:其全身有鳞片状刻纹,仅有鼻角,更接近爪哇犀。这与相关记载可相互印证:在全新世,江浙一带有苏门犀、爪哇犀等遗存出土;春秋战国时期,江南有众多犀牛分布;直至宋代,今江阴市一带还有野生犀牛分布。

图 20.25 唐三彩犀牛枕(扬州)①

3.3 中南

河南省也有历史上犀牛分布的证据。

出自巩县窑的青釉犀牛枕为脉枕(图 20.26、图 20.27),似为初唐之物。犀牛枕的造型只是神

①扬州馆藏高古陶瓷精品鉴赏.http://fw.kelamayi.com.cn/html/2014/cangpzs_0522/84865.html

似:犀牛呈匍匐状,花式独角和背上托举着枕面;枕面上点缀几缕随意的褐彩,二者均为大鼻,一眼窝深陷,另一个突眼圆睁,虎虎有生气(黄宏,2011)。"巩县窑"在今巩义市,始于隋,盛于唐,到五代初衰退。隋代烧青瓷,唐代烧白瓷,还烧三彩陶器、黑瓷、纹胎和茶叶末釉等。

图 20.26　青釉犀牛枕(一)

图 20.27　青釉犀牛枕(二)

3.4　西南

四川省近年也发现历史上犀牛分布的证据。

成都市天府广场旁东北侧的四川大剧院工地发掘出石制神兽(图 20.28),同时出土有战国、两汉、三国、两晋、隋唐、宋、元、明、清各个时代的文物。石兽由整块红砂岩雕刻而成,重约 8.5 kg;耳朵、眼睛、下颌和鼻部清晰可辨,局部装饰卷云图案,四肢短粗,身体浑圆。根据出土情况判断,石兽埋藏在西晋地层以下①。

图 20.28　石犀(战国)②

(汉)扬雄《蜀王本纪》记载:成都

江水为害,蜀守李冰作石犀五枚。二枚在府中,一枚在市桥下,二枚在水中,以厌(压)水精,因曰石犀里也。

按:据多方情况综合考证,此石犀应为战国时期李冰"作石犀五枚""二枚在府中"之一(罗开玉,2013;冯广宏,2013)。

广元市昭化区曾出土一战国(巴)时期的错金银犀牛青铜带钩(图 20.29、图 20.30)。从其既有长长的鼻角,又有短粗的额角可以判断,是苏门犀造型。联系到(晋)常璩《华阳国志》称益州盛产"犀、象",(唐)杜甫《冬狩行》反映东川节度使围猎活捉到不少苏门犀,那么在战国时期能制作

图 20.29　错金银犀牛青铜带钩(一)③

①成都发掘千年石兽身世成谜:或与李冰治水有关. http://wfrb.wfnews.com.cn/content/20130111/Articel06002TB.htm
②http://image.baidu.com/search/detail? z=0&ipn=d&word=出土石犀
③http://sucai.redocn.com/yishuwenhua_4082810.html

图 20.30　错金银犀牛青铜带钩(二)(黄宏,2011)

出如此惟妙惟肖的苏门犀带钩,便不足为奇。

3.5　西北

陕西省新发现历史上有犀牛分布的记录较多。

西安市碑林区何家村唐代窖藏出土了一批精美的金银器,共 1 000 多件,造型美轮美奂,艺术价值极高,多为唐皇室的日常用品。其中有一鎏金犀牛宝相花纹银盒(图 20.31、图 20.32),是一口衔瑞草、通身鳞甲的独角犀。据我国历史上曾有分布的独角犀——印度犀与爪哇犀特征比较,更接近印度犀(两条显著的大皱襞不平行,全身皮肤上有许多疣粒)。

图 20.31　鎏金犀牛宝相花纹银盒①

图 20.32　鎏金犀牛宝相花纹银盒②(放大)

铜川市王益区黄堡镇耀州窑遗址出土有唐三彩犀牛枕(图 20.33),比较突出的是该犀牛也有一额角,似按苏门犀原型制作的。

图 20.33　唐三彩犀牛枕(铜川市)

地处宝鸡市的中国青铜器博物馆(原宝鸡青铜器博物馆)收藏品中有 3 枚与犀牛相关的铜镜(图 20.34～图 20.37)。

①宋代"犀牛望月镜":镜背满饰水波纹,一头犀牛立于左侧岸边,正俯首观望。镜钮上方有如意祥云托起的一轮弯月,镜钮下方似为云彩和月亮的倒影,镜钮的右侧有怪石和灌木。

①工艺欣赏:唐代鎏金银盒及纹样. http://www.chinayibai.com/share/2D80AF84FB14921A.html

②http://www.gold-zhaoyuan.com/museum/shownews.asp? id=1877

图 20.34 犀牛望月镜(拓片)

图 20.35 犀牛望月镜①

图 20.36 吴牛喘月镜

图 20.37 牛郎织女镜

②宋代"吴牛喘月镜"②:镜钮上方有一轮满月,周围祥云环绕。下有连绵起伏的群山,山顶上还点缀有草木。镜钮下方卧着一头牛,正抬头仰望。

③金代"牛郎织女镜":在镜钮(左)上方有弯弯的月牙儿,月亮旁边有织女星的星象图,下面祥云缭绕,旁边星辰闪烁。镜钮四周及下方山水相

①http://bbs.sssc.cn/viewthread.php? tid=924772

②对于《犀牛望月》题材,曾见郭学雷(2012)有不同一般的见解,窃以为不无道理,特摘录部分:

《犀牛望月》的真实寓意如何?对此人们似乎并不清楚,甚至有严重误读。其中最典型的例子,是将《犀牛望月》附会为"吴牛喘月"。细加矸读有关资料则不难发现,《犀牛望月》应与人们祈求长寿、福禄、财富等吉祥寓意有关。

宋金文献的有关记述也可证实《犀牛望月》确与吉祥寓意有关。如《犀牛望月》在宋代又称之为"坤牛望月",坤牛乃吉兆之相。占曰:犀之为物,上能通天下能分水,科举梦此子丑联捷;征伐梦此水战大胜;出行梦此遇险得济;疾病梦此服药必痊;商贾梦此涉江泛海必获珍宝之奇货。

"犀牛涉大水"不仅象征着生活中的种种吉兆,而且为我们解开了犀牛与浩大水势经典构图之谜。至于犀牛"上能通天"之神力,则为星月纹的设计找到了答案。总之,"坤牛望月"这一图像几乎包揽了宋金时期人们对科举、征战、出行、健康、经商等所有方面的美好期许,这就是宋金时期《犀牛望月》题材流行的原因。

连，空白处有一头卧牛，正抬头观望（王莉，2015）。

据称，“三镜在藏品登录时，均起名为犀牛望月镜”，但正如作者所言：“实际上镜面所反映的文化信息十分丰富，只等我们仔细甄别，揣摩体会后方能品味其中的真谛。”

此三面铜镜中的“犀牛”形象，除“犀牛望月镜”有一突出的额角勉强为神似外，三者体形则并非犀牛。反映当时这一带已无野生犀牛分布，工匠对其也难以胸有成竹。

4　犀牛在20世纪的分布

20世纪，犀牛在华东（浙江省、福建省、江西省）、西南（四川省、贵州省、云南省）仍有残存。主要是在云南省，不仅分布地较多，延续的时间也最长久。

据何晓瑞（1994）调查：

据罗铿馥（1986）考察，1934年滇南思茅倚象区渔溏乡［今思茅区倚象镇鱼塘村］猎人刘芦在莱阳河大硝塘猎杀一头雄性犀牛，“嘴筒上长有二角”。倚象区小坝子村［今倚象镇菠萝村?］老农民何梦书在1940年左右，见到犀牛在莱阳河边滚泥塘。1991年1月，作者访问了著名历史学家李埏教授，他说：“我家在路南，20世纪30～40年代，路南许多人家都有1、2只犀角和麝香以作常备药物。我家也有1对，一大一小。这些药对于家庭不一定富裕的人也常有。显然当时滇南一带完全可能有犀牛存在。”作者1985～1990年在滇南、滇西考察时，当地老干部和老猎人反映，在40年代末，勐腊县象明，景洪县勐养、普文，盈江县铜壁关、昔马一带有犀牛活动。50年代初，偶尔还能见到，50年代末从未见到。

由此可见，在40年代以前，云南南部及西南部①还生活着犀牛，但50年代已绝迹。

按：据此及“云南历史上犀牛、赤颈鹤及梅花鹿的分布”图，反映在今玉溪市、普洱市、临沧市、红河哈尼族彝族自治州、文山壮族苗族自治州、西双版纳傣族自治州等市级政区及石林彝族自治县、盈江县等地，在20世纪前半叶仍有犀牛分布；而盈江县、景洪市、勐腊县等地，在20世纪后半叶初还有残存犀牛踪迹。

据群众反映和实物证实，位于思茅区的莱阳河省级自然保护区的热带森林里，1933年还有一对犀牛在活动。但不幸在当年就被猎人捕杀，当地群众至今还保存着犀角。而在西双版纳自然保护区的密林里，当地群众在1939年前还见到过犀牛，遗憾的是，自那以后犀牛便无影无踪了②。

《丽江地区林业志》记述（丽江地区行政公署林业局，1998）载：

1967年夏一炎日，丽江县树底吊桥上面约一里处金沙江边沙滩上，发现一只黑栗色条花的独角兽上滩晒太阳，在附近放牧的牛羊只会战栗发抖而不会食草。这只独角牛下水潜去后，牛羊无恙又活跃起来，附近老人称是犀牛。

按：所谓“树底吊桥”，现为“树底大桥”，位于今古城区金山乡东江村树底，东岸为永胜县松坪乡境。“黑栗色条花的独角兽”，当是犀牛，由于缺少更多形态描述，似为爪哇犀（可参见上文图片）。这是所见最后的犀牛存在记载。

由此看来，我国原产野生犀牛延续到1960年代。

5　犀牛的现今分布

在2015年的中国哺乳动物红色名录评估结果中，大独角犀（即印度犀）、爪哇犀和双角犀（即苏门犀）被评定为“区域绝灭”（蒋志刚等，2015）。中国学者自1981年以来一直呼吁重新引进、恢复我国曾有分布的野生犀（文焕然与何业恒，1981；文焕然等，1981；何业恒，1993；文榕生，2009）。蒋志刚等（2015）也指出重新引进并恢复中国“区域绝灭”的物种，如大独角犀（即印度犀）、爪哇犀和双角犀（即苏门犀）是可能的。

---

①“云南南部及西南部”地域，根据：

（a）“滇南”的概念，指昆明以南的广大地区，主要指玉溪、红河、普洱、文山等市（州）。

（b）据云南省住房和城乡建设厅公示《滇西南城镇群规划（2012～2030）》与《滇东南城镇群规划（2012～2030）》看，“滇西南”范围包括普洱市、西双版纳州、临沧市；“滇东南”范围包括红河哈尼族彝族自治州和文山壮族苗族自治州（云南省住建厅公示滇西南滇东南城镇群规划. http://www.chinacity.org.cn/cstj/zxgg/97298.html）。

②在云南消失长达80年犀牛月底重返普洱. http://xw.kunming.cn/yn-news/content/2013-03/21/content_3242444.htm

如今,我们看到这一愿望正逐步实现。

5.1　南部白犀的引入

现今,仅云南省思茅区有引进的南非野生白犀。

白犀(*Ceratotherium simum*),又称白犀牛、方吻犀、宽吻犀等,分为北部白犀(*Ceratotherium simum cottoni*)和南部白犀(*Ceratotherium simum simum*)两个亚种,南部白犀主要分布于南非、纳米比亚、津巴布韦等国,尚存在两万头左右。

白犀体大威武,形态奇特,是现存体形第二大的犀牛(图20.38～图20.43)。其头部特长,大约为120 cm;眼睛很小,分别长在头部两侧;管道状的耳朵可以旋转,听觉较为灵敏;嘴里的颊齿为非常厚的石灰质层;上唇平而宽,呈方形,故有宽吻犀及方吻犀之称;角长在鼻子上,两只角一大一小、一前一后。白犀的角是所有犀牛中最长的,最高纪录为158.7 cm,细长如鞭,高高耸立,极为特殊;通常前角较长而稍微向后弯曲,长度为60～90 cm,后角较短,长度为50 cm左右;雌兽的角较雄兽的更长。它的角不是骨质的,而是上皮组织的衍生物,由角质纤维堆积而成,所以并没有长在骨头上,而是长在皮肤上,但却格外坚硬和锋利,是其自卫和进攻的武器。白犀的体躯浑圆粗壮,皮肤光滑,厚3～4 cm;只有耳边和尾端才有毛,也没有大褶和皱纹形成的甲胄[①]。

图20.38　白犀(雄)[②]

图20.39　白犀(雌)[③]

图20.40　伉俪[④]

图20.41　母仔[⑤]

①白犀. http://baike. baidu. com/link? url=h-O3Rknkxv-0waL9wzT3nsKuP_OthdSC0iXw0w-ceys2WSZPZAlOF43JU7iUdQLvpw5F5jv1cb4wjmXXTq0X5a

②http://baike. baidu. com/quanwei/174&offset=8484

③http://tieba. baidu. com/p/2558883467

④http://tieba. baidu. com/p/539151573

⑤http://niaolei. org. cn/posts/49181

图 20.42　幸福小家庭[①]

图 20.43　独来独往[②]

中国栖息的野生犀牛在新世纪柳暗花明，首先是从南非引进的白犀牛（图 20.44～图 20.48）到达。

据称，为了让犀牛在云南重现，普洱太阳河国家森林公园、云南野生动物园启动了“建立犀牛种群”的科研项目。太阳河（原莱阳河）流域曾经是犀牛广泛分布的地区。2010 年 7 月 25 日，经过与南非长达近 3 年的磋商，南非最终同意中国云南引进 9 头野生犀牛[③]，其中 2 头在云南野生动物园生活，7 头到普洱太阳河国家森林公园野生放养，繁衍种群，承担起建立犀牛种群的历史重任。这 7 头犀牛均为野生犀牛，3 雄 4 雌，到达中国时平均年龄 4 岁。它们将经历逐步适应、试散放、正式散放、自然繁衍、种群重建成功等几个阶段，人工对犀牛生存的干预也将从初期的密集监测，到人工、器材结合，再到最终最大降低人工对犀牛野生放养的干预。根据犀牛种群重建计划，犀牛从到达普洱到种群重建成功，预计需要 3～5 年的时间[④]。

图 20.44　初踏中国的白犀[⑤]

图 20.45　白犀伉俪[⑥]

①http://baike. baidu. com/pic/白犀/1636771/0/023b5bb5c9ea15ceaf316ab1b6003af33b87b2af? fr = lemma&ct = single # aid = 231404&pic=ca1349540923dd54c2c69cefd109b3de9d8248fb

②http://deanstudio. blog. 163. com/blog/static/2025030522012716105228846/

③另有报道称，2010 年来自南非约翰内斯堡的是 12 头平均年龄 4 岁的小犀牛（李瑶会. 最后的犀牛. http://www. ycwb. com/ePaper/ycwb/html/2010-09/11/content_922038. htm）。

④灭绝 80 年的犀牛将重返普洱. http://wenku. baidu. com/link? url = 2J0XeurIYmUmHHhRY6MGFbAHbBmRo8mWHWJR2c3ALg8WbtI19ziNpCV_r2QmOPhwik9C1DKyTTp5E5G2cZKvFU74YB6vfJhT5glT8pbUc_7

⑤杨之辉. 灭绝 80 年的犀牛将重返普洱. http://yn. yunnan. cn/html/2013-03/21/content_2663374. htm

⑥白拓. 7 头南飞犀牛到普洱国家公园生活. http://www. perb. cn/Article/Article. asp? nid=32865

图 20.46　放养的野犀[①]

图 20.47　初次出现发情[②]

图 20.48　野生白犀在普洱栖息地[③]

2013 年 3 月，7 头两年前来到云南的南非犀牛将启程前往犀牛的原始栖息地普洱，在普洱太阳河国家森林公园生活，承担起建立犀牛种群的历史重任[④]。实际上首次运送 6 头南非白犀[⑤]。

目前看来，来自非洲的白犀牛在云南省的气候条件下栖息状况尚好。有人将此举称为“商业炒作”，也有报道称其“重返”“回归”，窃以为有必要厘清相关理念、概念。

近些年，我国野外灭绝的珍稀野生动物通过人为有意识地恢复存在不同情况：

● 回归。是指原生动物迁移到其他地域后，通过人为有意识地再次返回其原生地，二者具有直系血缘关系。例如：当今国外存在的野生麋鹿皆是出自我国野生麋鹿后代。在我国原生的野生麋鹿在野外绝迹后，又从国外获得，称其为回归的野生麋鹿，恰如其分。

● 重返。是指原生动物绝迹后，通过人为有意识地从其他地域引入与原生物种并不具有直系血缘关系的同类物种。例如：我国原生的普氏野马在野外绝迹后，又从国外引入普氏野马。由于这些野马的祖先并不能确定为是在我国原生的纯种，故称其为重返比较适宜。

● 引进。人为有意识地引入，并无血缘关系。例如：普洱引进的南非白犀。据报道，虽为散养野生物种，但毕竟既非我国亦非亚洲原生的“外来物种”，它们的出现，并非通过自然迁徙，宜采用“引进”。

● 采用外来物种来“建立犀牛种群”，最终目的是要形成野生白犀种群。对于引进外来物种(简称“引种”)而言，是一柄双刃剑：正确的引种会增加引进地区生物的多样性，也会极大丰富人们的物质生活；相反，不适当的引种则会使得缺乏自然天敌的外来物种迅速繁殖，并抢夺其他生

①http://cache. baiducontent. com/c? m = 9f65cb4a8c8507ed4fece763105392230e54f7257b8b8b5258d4e419ce3b4614003db5ec3a660704a5373b3041fa0e01b2ab65276a5f75fcdc9bd45dddcd912d298821347701c00650884af3d652609c60c655&p

②回归自然后普洱犀牛第一次出现发情. http://qcyn. sina. com. cn/travel/lyzx/2013/0724/172139148946. html

③http://www. sz-matro. com/tongcheng/ticketinfo. asp? id=45798

④杨之辉. 灭绝 80 年的犀牛将重返普洱. http://yn. yunnan. cn/html/2013-03/21/content_2663374. htm；武建雷. 灭绝 80 年的犀牛重返普洱栖息. http://www. greentimes. com/green/swdyx/2013-04/10/content_216645. htm

⑤朱菊英，罗建华. 央视 13 频道直播犀牛回普洱. http://www. yn. xinhuanet. com/puer/2013-04/02/c_132279775. htm

物的生存空间，形成外来物种入侵（简称“入侵种”），进而导致其他本地物种减少和灭绝，导致引进地区生态失衡，甚至出现灾难。

- 窃以为，恢复珍稀野生动物，要充分考虑当地历史上野生动物分布与组合情况，尽可能采用原有分布物种，使之和谐相处。

5.2 印度犀的再引入

最近有报道，尼泊尔将赠送中国一对来自奇旺国家公园的大独角犀（印度犀）[1]。

蒋志刚等（2016）立即做出反应，认为在广东、广西、海南、台湾及云南的局部地区存在潜在适宜分布区，并谨慎地提出：

> 对于大型野生动物重引入到野外生境，还需要考虑栖息地的适宜度、食物的丰富度、栖息地斑块的承载量、被猎杀/捕食的风险、人兽冲突以及引入种群的自我持续性等因素。气候适宜是选择重引入独角犀生境的首要条件。

根据我国近些年重新引进大型珍稀野兽的情况考虑，笔者认为宜首选它们最后灭绝地一带且未遭受人类活动影响。

6 犀牛的分布变迁大势

历史时期，野生犀牛在我国的分布区域曾超过半壁江山，涉及现今的北京市、河北省、山西省、江苏省、浙江省、安徽省、福建省、江西省、山东省、台湾、河南省、湖北省、湖南省、广东省、广西壮族自治区、海南省、香港特别行政区、澳门特别行政区、重庆市、四川省、贵州省、云南省、陕西省、甘肃省、青海省等25个省级行政区。然而野犀却在20世纪中叶绝迹，古今变化之大，不难想见。

6.1 野犀分布与变迁

据文献记录的野犀分布与变迁（图20.49、表20.2）并结合犀牛遗存情况看，有以下一些特点：

- 我国犀牛分布的最北地点是早更新世，在河北省阳原县（40.1°N）。这里地处华北平原向蒙古高原过渡带，阴山余脉与恒山余脉复合处，桑干河自西向东横贯全境。
- 到约3500年前，我国犀牛分布的最北地点南移到山西省浑源县（39.6°N）。位于大同盆地东南边缘，地处桑干河支流浑河中上游。桑干河为永定河的上游，是海河的重要支流。由此可以推断：这一带既是野生犀牛早期的最北部分布区，也是野犀进退的重要通道之一。
- 到商周时期，我国犀牛分布的最北地点再度南移到太行山南端东坡的冀豫交界一带，也是黄土高原与黄淮海平原交界处。
- 尽管文献记载的犀牛分布地与犀牛遗存涉及地皆是除东北外的5个地区、22个省级行政区，但省级行政区既有重叠的，又有各自独特的，删除重复的，共达到25个省级行政区，地域相当广。
- 历史上，文献记载我国野犀分布的县级及其以上政区最大数量超过750地，主要因为据文献可考的具体地点不多。
- 从野犀分布大势看，西部多于东部，南方高于北方。
- 野犀分布显著多的是西南与中南地区，皆超过320地，比率相当高。
- 按省级政区野犀分布地绝对数排序是：云南省（125地），四川省（108地），湖南省（101地），广东省（76地），贵州省（73地），湖北省（60地），广西壮族自治区（54地）。
- 按省级政区野犀分布地相对数排序，除香港特别行政区与澳门特别行政区外，是：云南省与湖南省（皆全有），贵州省（89%），广东省（86%），重庆市（83%），湖北省（79%），海南省（72%），四川省（69%），广西壮族自治区（61%）。
- 到20世纪前半叶，野犀存留地较多的是：云南省（55地），福建省（10地）。
- 到20世纪后半叶，仅云南省尚有少数地方还有野犀存在。

---

① Nepal to gift 2rhinos to China. The Kathmandu Post. http://www. Gbif. org/.[accessed on 2016-01-31]

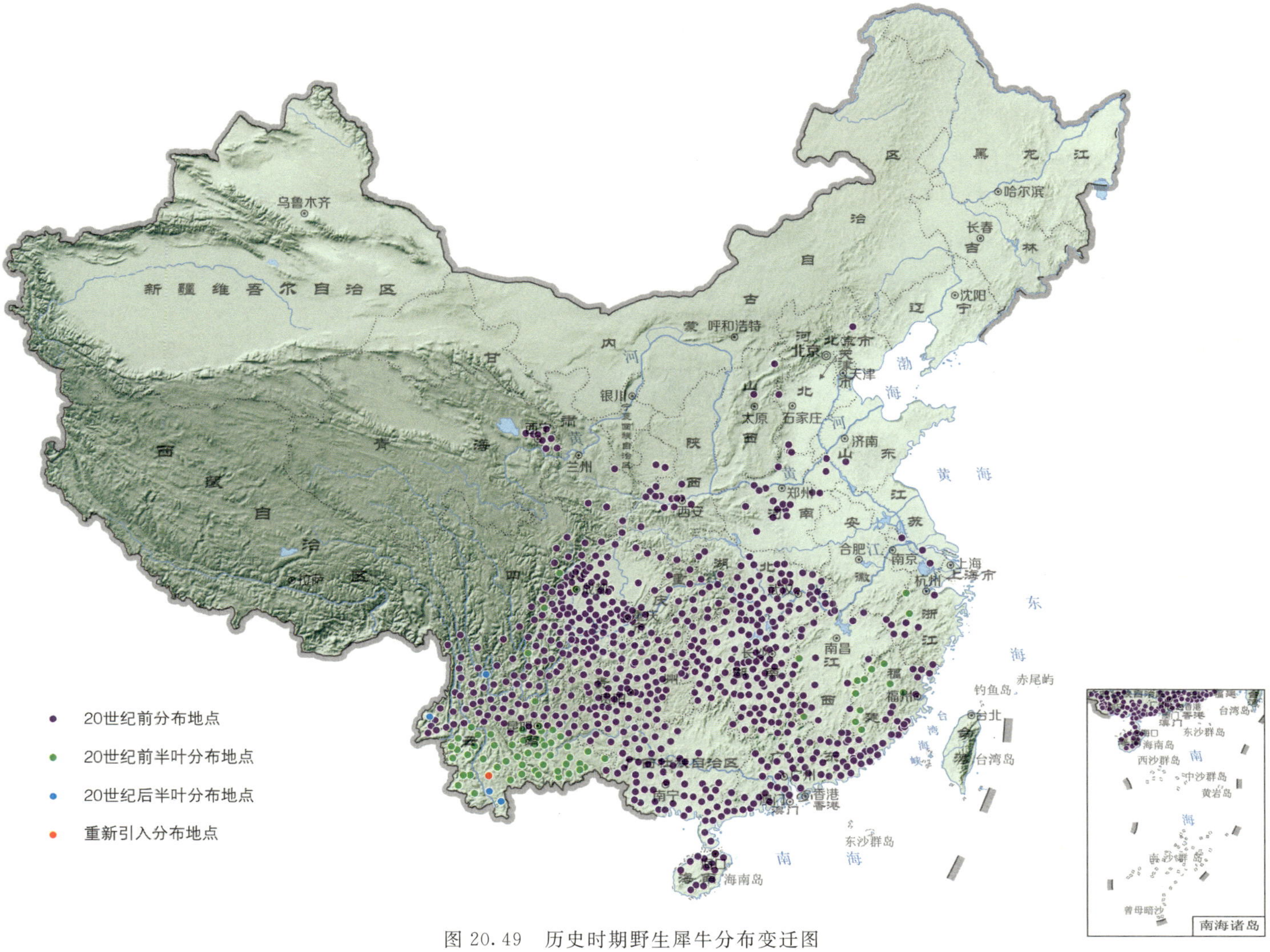

图 20.49 历史时期野生犀牛分布变迁图

表 20.2 历史时期野生犀牛的分布变迁概况

地区	省级政区	20 世纪前	20 世纪前半叶	20 世纪后半叶	现今(引进)
华北	河北	平山县、邯郸市、磁县			
	山西	浑源县、忻府区			
华东	江苏	扬州市、江阴市、苏州市			
	浙江	临安市、建德市、越城区、衢州市、江山市、常山县、开化县、龙游县、武义县、遂昌县	临安市、建德市		
	福建	福州市、闽清县、延平区、邵武市、建阳市、光泽县、宁化县、泰宁县、建宁县、泉州市、石狮市、晋江市、南安市、惠安县、安溪县、永春县、德化县、金门县、厦门市、云霄县、漳浦县、诏安县、东山县、长汀县、永定县、上杭县、连城县、蕉城区、福安市、福鼎市、霞浦县、柘荣县、周宁县	闽清县、延平区、邵武市、建阳市、宁化县、泰宁县、建宁县、永定县、上杭县、连城县		

（续表）

地区	省级政区	20 世纪前	20 世纪前半叶	20 世纪后半叶	现今（引进）
	江西	九江市、九江县、武宁县、修水县、浮梁县、渝水区、莲花县、芦溪县、南康市、信丰县、大余县、上犹县、崇义县、鄱阳县、广昌县、袁州区、泰和县、遂川县	大余县、袁州区		
	山东	曲阜市、梁山县、巨野县			
中南	河南	巩义市、偃师市、孟津县、嵩县、辉县市、安阳市、安阳县、商丘市、宁陵县、魏都区、禹州市、许昌县、鄢陵县、襄城县、漯河市、临颍县、叶县、南阳市			
	湖北	武汉市、竹山县、竹溪县、襄樊市、宜城市、南漳县、荆门市、钟祥市、沙洋县？京山县、孝南区、应城市、安陆市、汉川市、孝昌县？云梦县、黄州区？麻城市、武穴市？红安县、罗田县、浠水县？蕲春县？黄梅县？团风县？鄂州市、黄石市？大冶市？阳新县？咸安区？赤壁市？嘉鱼县？荆州市、石首市、洪湖市、松滋市、江陵县？公安县、监利县、宜昌市、枝江市、宜都市、当阳市、远安县、兴山县、秭归县、五峰土家族自治县、曾都区、广水市、仙桃市、天门市？潜江市、恩施市、利川市、建始县、巴东县、宣恩县、咸丰县、来凤县、鹤峰县			
	湖南	长沙市、浏阳市、长沙县、望城县、宁乡县、张家界市、慈利县、桑植县、常德市、津市市？安乡县、汉寿县、澧县、临澧县、桃源县、石门县、益阳市、沅江市、南县、桃江县、安化县、岳阳市、汨罗市、临湘市、岳阳县、华容县？湘阴县、平江县、株洲市、醴陵市、株洲县、攸县、茶陵县、炎陵县、湘潭市、湘乡市？韶山市、湘潭县？衡阳市、常宁市、耒阳市、衡阳县、衡南县、衡山县、衡东县、祁东县、郴州市、资兴市？桂阳县、永兴县、宜章县、嘉禾县、临武县、汝城县？桂东县、安仁县、永州市、东安县、道县、宁远县、江永县、蓝山县、新田县、双牌县、祁阳县、江华瑶族自治县、邵阳市、武冈市、邵东县、邵阳县、新邵县、隆回县、洞口县、绥宁县、新宁县、城步苗族自治县、鹤城区、洪江市？沅陵县、辰溪县、溆浦县、中方县、会同县、麻阳苗族自治县、新晃侗族自治县、芷江侗族自治县、靖州苗族侗族自治县、通道侗族自治县、娄星区？冷水江市、涟源市？双峰县？新化县、吉首市？泸溪县、凤凰县、花垣县、保靖县、古丈县、永顺县、龙山县			
	广东	广州市、增城市、从化市、清城区、英德市、连州市、佛冈县、清新县、韶关市、乐昌市、仁化县、翁源县、新丰县？乳源瑶族自治县、源城区、紫金县、龙川县、连平县、和平县、东源县、梅江区、兴宁市、梅县、大埔县、丰顺县、五华县、平远县、蕉岭县、湘桥区、潮安县、饶平县、汕头市、南澳县、榕城区、普宁市、揭东县、揭西县、惠来县、城区、陆丰市、海丰县、陆河县、惠州市、博罗县、惠东县、龙门县、东莞市、深圳市、珠海市、中山市、江门市、恩平市、台山市、开平市、鹤山市、佛山市、肇庆市？高要市？四会市、广宁县、怀集县、江城区？阳春市、阳西县？阳东县？茂名市、化州市、信宜市、高州市、电白县、湛江市、吴川市、廉江市、雷州市、遂溪县、徐闻县			

(续表)

地区	省级政区	20世纪前	20世纪前半叶	20世纪后半叶	现今(引进)
	广西	南宁市、武鸣县、横县?宾阳县、上林县?隆安县、马山县、玉州区、北流市?兴业县、容县?陆川县?博白县、钦州市?灵山县、浦北县、北海市、合浦县、防城港市、东兴市、上思县、江州区、凭祥市、扶绥县、大新县、天等县、宁明县?龙州县?右江区、田阳县、田东县、平果县、德保县、靖西县、那坡县、凌云县、乐业县、西林县、田林县、隆林各族自治县、金城江区?宜州市?南丹县、天峨县、凤山县、东兰县、巴马瑶族自治县、都安瑶族自治县、大化瑶族自治县、罗城仫佬族自治县、环江毛南族自治县?兴宾区?合山市?象州县			
	海南	海口市、三亚市、文昌市?琼海市?万宁市、儋州市、临高县?澄迈县?定安县?屯昌县?昌江黎族自治县?陵水黎族自治县?保亭黎族苗族自治县?			
	香港	香港			
	澳门	澳门			
西南	重庆	渝中区、江北区、大渡口区、沙坪坝区、九龙坡区、南岸区、北碚区、万盛区、双桥区、渝北区、巴南区、万州区、涪陵区、黔江区、长寿区、江津区?合川区、永川区、南川区?綦江县、潼南县、铜梁县、大足县、荣昌县、璧山县、城口县、梁平县?开县?巫溪县、巫山县、奉节县、彭水苗族土家族自治县、酉阳土家族苗族自治县			
	四川	成都市、都江堰市、彭州市?邛崃市、崇州市、金堂县?双流县、郫县、大邑县、蒲江县、新津县、广元市、青川县、剑阁县、绵阳市、江油市、三台县、盐亭县、安县、梓潼县、北川羌族自治县、平武县、旌阳区、什邡市、广汉市、绵竹市、罗江县、中江县、遂宁市、蓬溪县、射洪县、大英县、内江市、威远县、资中县、隆昌县、乐山市、峨眉山市、犍为县、井研县、夹江县、沐川县、峨边彝族自治县、马边彝族自治县、自贡市、荣县、富顺县、泸州市、泸县、合江县、叙永县、古蔺县、翠屏区、宜宾县、南溪县、江安县、长宁县、高县、筠连县、珙县、兴文县?屏山县、攀枝花市、米易县、盐边县、通江县、南江县、万源市、渠县、雁江区、简阳市、乐至县、安岳县、洪雅县、丹棱县、青神县、雨城区、名山县、荥经县、汉源县、石棉县、天全县、芦山县、宝兴县、汶川县、理县、茂县、松潘县、黑水县、泸定县、九龙县、西昌市、盐源县、德昌县、会理县、会东县、宁南县、普格县、布拖县、金阳县、昭觉县、喜德县、冕宁县、越西县、甘洛县、美姑县、雷波县、木里藏族自治县	荥经县、汶川县、西昌市		
	贵州	贵阳市、清镇市、开阳县、修文县、息烽县、钟山区、盘县、六枝特区、水城县、遵义市、赤水市、仁怀市、遵义县、桐梓县、绥阳县、正安县、凤冈县、湄潭县、余庆县、习水县、道真仡佬族苗族自治县、务川仡佬族苗族自治县、西秀区、平坝县、普定县、关岭布依族苗族自治县、镇宁布依族苗族自治县、紫云苗族布依族自治县、毕节市、大方县、黔西县、金沙县、织金县、纳雍县、赫章县、威宁彝族回族苗族自治县、铜仁市、江口县?石阡县?思南县、德江县、玉屏侗族自治县、印江土家族苗族自治县?沿河土家族自治县?松桃苗族自治县、万山特区?凯里市、黄平县、施秉县、台江县、雷山县、麻江县、丹寨县、都匀市、福泉市、荔波县、贵定县、瓮安县、独山县、平塘县、罗甸县、长顺县、龙里县、惠水县、三都水族自治县、兴义市、兴仁县、普安县、晴隆县、贞丰县、望谟县、册亨县、安龙县	桐梓县		

（续表）

地区	省级政区	20 世纪前	20 世纪前半叶	20 世纪后半叶	现今（引进）
	云南	昆明市、安宁市、呈贡县、晋宁县、富民县、宜良县、嵩明县、石林彝族自治县、禄劝彝族苗族自治县、寻甸回族彝族自治县、麒麟区、宣威市、马龙县、沾益县、富源县、罗平县、师宗县、陆良县、会泽县、红塔区、江川县、澄江县、通海县、华宁县、易门县、峨山彝族自治县、新平彝族傣族自治县、元江哈尼族彝族傣族自治县、隆阳区、施甸县、腾冲县、龙陵县、昌宁县、昭阳区、鲁甸县、巧家县、盐津县、大关县、永善县、绥江县、镇雄县、彝良县、威信县、水富县、古城区、永胜县、华坪县、玉龙纳西族自治县、宁蒗彝族自治县、思茅区、宁洱哈尼族彝族自治县、墨江哈尼族自治县、景东彝族自治县、景谷傣族彝族自治县、镇沅彝族哈尼族拉祜族自治县、江城哈尼族彝族自治县、孟连傣族拉祜族佤族自治县、澜沧拉祜族自治县、西盟佤族自治县、临翔区、凤庆县、云县、永德县、镇康县、双江拉祜族佤族布朗族傣族自治县、耿马傣族佤族自治县、沧源佤族自治县、潞西市、瑞丽市、梁河县、盈江县、陇川县、泸水县、福贡县、贡山独龙族怒族自治县、兰坪白族普米族自治县、香格里拉县、德钦县、维西傈僳族自治县、大理市、祥云县、宾川县、弥渡县、永平县、云龙县、洱源县、剑川县、鹤庆县、漾濞彝族自治县、南涧彝族自治县、巍山彝族回族自治县、楚雄市、双柏县、牟定县、南华县、姚安县、大姚县、永仁县、元谋县、武定县、禄丰县、蒙自县、个旧市、开远市、绿春县、建水县、石屏县、弥勒县、泸西县、元阳县、红河县、金平苗族瑶族自治县、河口瑶族自治县、屏边苗族自治县、文山县、砚山县、西畴县、麻栗坡县、马关县、丘北县、广南县、富宁县、景洪市、勐海县、勐腊县	石林彝族自治县、禄劝彝族苗族自治县、红塔区、江川县、澄江县、通海县、华宁县、易门县、峨山彝族自治县、新平彝族傣族自治县、元江哈尼族彝族傣族自治县、古城区、思茅区、宁洱哈尼族彝族自治县、墨江哈尼族自治县、景东彝族自治县、景谷傣族彝族自治县、镇沅彝族哈尼族拉祜族自治县、江城哈尼族彝族自治县、孟连傣族拉祜族佤族自治县、澜沧拉祜族自治县、西盟佤族自治县、临翔区、凤庆县、云县、永德县、镇康县、双江拉祜族佤族布朗族傣族自治县、耿马傣族佤族自治县、沧源佤族自治县、盈江县、蒙自县、个旧市、开远市、绿春县、建水县、石屏县、弥勒县、泸西县、元阳县、红河县、金平苗族瑶族自治县、河口瑶族自治县、屏边苗族自治县、文山县、砚山县、西畴县、麻栗坡县、马关县、丘北县、广南县、富宁县、景洪市、勐海县、勐腊县	古城区、盈江县、景洪市、勐腊县	思茅区
西北	陕西	西安市、蓝田县、周至县、户县、铜川市、咸阳市、兴平市、宝鸡市、凤翔县、岐山县、扶风县、麟游县、汉台区、宁强县、略阳县			
	甘肃	西峰区、宁县、静宁县、宕昌县、西和县			
	青海	西宁市、大通回族自治县、湟源县、湟中县、平安县、乐都县、民和回族土族自治县、互助土族自治县、化隆回族自治县			

注：由于截稿时，尚未见到重返的印度犀将落地何处的报道，故未标注具体地点。

7.2 野犀分布北界变迁

至 1960 年代，我国原产野犀灭绝，其分布北界较清晰地可分为 5 个阶段（图 20.50）：

（1）约 3 500 年前：青海省大通回族自治县（101.9°E，36.8°N）—互助土族自治县（114.1°E，40.1°N）—甘肃省静宁县（105.7°E，35.5°N）—西峰区（107.6°E，35.7°N）—陕西省铜川市（109.1°E，35.0°N）—山西省忻府区（112.7°E，38.3°N）—浑源县（113.7°E，39.6°N）—河北省阳原县（114.1°E，40.1°N）—兴隆县（117.5°E，40.4°N）。

（2）战国—宋代（公元前 221 年—1297 年）：青海省大通回族自治县（101.9°E，36.8°N）—互助土族自治县（114.1°E，40.1°N）—甘肃省静宁县（105.7°E，35.5°N）—西峰区（107.6°E，35.7°N）—陕西省凤翔县（107.3°E，34.5°N）—麟游县

(107.8°E,34.6°N)—铜川市(109.1°E,35.0°N)—山西省忻府区(112.7°E,38.3°N)—浑源县(113.7°E,39.6°N)—河北省平山县(114.1°E,38.2°N)。

(3)宋代—清末(1297年—1900年):四川省荥经县(102.8°E,29.8°N)—新津县(103.8°E,30.4°N)—渠县(106.9°E,30.8°N)—重庆市城口县(108.6°E,31.9°N)—湖北省建始县(109.7°E,30.5°N)—湖南省津市市(111.8°E,29.6°N)—华容县(112.5°E,29.5°N)—临湘市(113.4°E,29.4°N)—江西省九江市(115.9°E,29.7°N)—浙江省建德县(119.2°E,29.4°N)。

(4)1900年—1950年:云南省盈江县(97.9°E,24.6°N)—古城区(100.2°E,26.8°N)—四川省汶川县(103.6°E,31.4°N)—荥经县(102.8°E,29.8°N)—浙江省建德市(119.2°E,29.4°N)—浙江临安市(119.7°E,30.2°N)。

(5)1950年—1970年:云南省古城区(100.2°E,26.8°N)—盈江县(97.9°E,24.6°N)—景洪市(100.8°E,22.0°N)—勐腊县(101.5°E,21.4°N)。

据此反映,我国野犀分布变迁呈现从北向南、从东往西退缩,直至1960年代灭绝的大势。

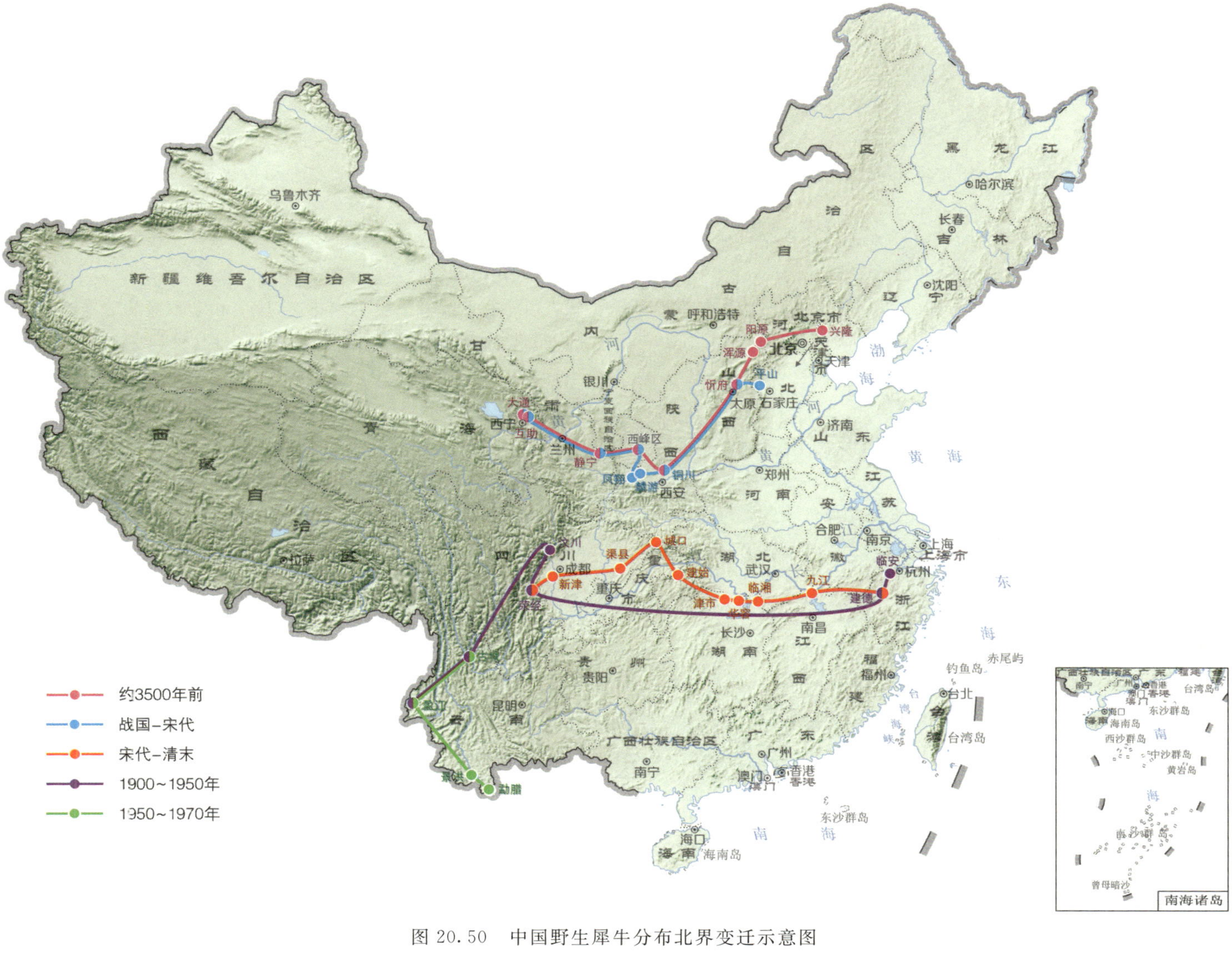

图20.50　中国野生犀牛分布北界变迁示意图

参考文献

安徽省文物考古研究所，吉林大学边疆考古研究中心.2012.安徽东至县华龙洞旧石器时代.考古，(4)：7～13

白子麒.1998.老龙洞史前遗址初步研究.人类学学报，17(3)：212～229

蔡回阳，等.1991.贵州毕节扁扁洞的旧石器.人类学学报，10(1)：50～57

曹泽田.1973.贵州水城硝灰洞旧石器文化遗址.古脊椎动物与古人类(1)

陈德珍，祁国琴.1978.云南西畴人类化石及共生的哺乳动物群.古脊椎动物与古人类，16(1)：33～46

陈恩志编著.1992.中国化石古人类和旧石器文化考古发现与研究(1901～1990)：西北地区卷.北京：科学出版社

陈耿娇.2002.广西田东雾云洞更新世脊椎动物群.古脊椎动物学报，40(1)：42～51

陈冠芳，吴文裕.1976.河北磁县九龙口中新世哺乳动物.古脊椎动物与古人类，14(1)：6～15

陈全家.1991.四川汉源狮子山旧石器.人类学学报，10(1)：42～49

陈醒斌.1986.湖南省第四纪哺乳动物化石新材料.古脊椎动物学报(3)

程捷，汪新文.1996.滇西北丽江盆地中更新世哺乳动物化石新材料.古脊椎动物学报，34(2)：145～155

德日进，杨钟健.1936.安阳殷墟之哺乳动物群.中国古生物学志(丙种)，12(1)：1～78

董兴仁，范雪春.1996.清流狐狸洞人类牙齿化石记述.人类学学报，15(4)：315～319

范雪春，郑国珍.2006.福建第四纪哺乳动物化石考古发现与研究.北京：科学出版社

冯广宏.2013.成都新出石犀略考.文史杂志，(3)：4～8

傅罗文，袁靖.2006.重庆忠县中坝遗址动物遗存的研究.考古，(1)：79～88

顾玉珉.1984.北京密云县溪翁庄更新世哺乳动物化石.古脊椎动物学报，22(1)：75～79

顾玉珉，等.1986.广西洞穴调查报告.人类学学报，5(2)：198～199

广西壮族自治区博物馆.1973.广西都安发现人类牙齿及哺乳类化石.古脊椎动物与古人类，11(2)：221～223

广西壮族自治区文物考古训练班，广西壮族自治区文物工作队.1975.广西南宁地区新石器时代贝丘遗址.考古，(5)：295～301

贵州省博物馆.1990.贵州考古十年//文物编辑委员会编.文物考古工作十年：1979～1989.北京：文物出版社，263～271

贵州省文物考古研究所.2013.贵州开阳打儿窝岩厦遗址试掘简报长江文明(11)

郭学雷.2012.南宋吉州窑瓷装饰与民间文化.收藏，(11)：58～63

韩德芬，张森水.1978.建德发现的一枚人的犬齿化石及浙江第四纪哺乳动物新资料.古脊椎动物与古人类，16(4)：255～263

韩德芬.1975.广西柳州笔架山第四纪哺乳动物化石.古脊椎动物与古人类，13(4)：250～256

韩德芬.1982.广西大新黑洞哺乳动物化石.古脊椎动物与古人类，20(1)：58～64

何锟宇.2007.十二桥遗址出土动物骨骼及其相关问题研究.四川文物，(4)：41～46

何晓瑞.1994.云南历史上梅花鹿、犀牛和赤颈鹤的分布及其绝迹原因的研究.云南大学学报(自然科学版)，16(3)：294～298

何业恒著.1993.中国珍稀兽类的林麝变迁.长沙：湖南科学技术出版社

河南文物考古研究所等.1989.淅川下王岗.北京：文物出版社

胡绍锦.1985.昆明新发现一批旧石器地点.人类学学报，4(1)：103

胡绍锦.1995.宜良九乡张口洞发现的旧石器.人类学学报，14(2)：21～31

胡松梅.2006.陕西宝鸡关桃园新石器遗址中首次于我国北方发现金丝猴等重要动物遗存.化石，(4)：39～40

胡长康，齐陶著.1978.陕西蓝田公王岭更新世哺乳动物群.北京：科学出版社

湖北省文物考古研究所.2000.湖北秭归县柳林溪遗址1998年发掘简报.考古，(8)：16

湖南省考古研究所，石门县博物馆.1994.石门县燕儿洞旧石器遗址试掘.湖南考古辑刊，6：1～7

黄赐璇，梁玉莲.1984.江苏青墩古人生活时期的地理环境.地理学报，39(1)

黄东，邱立诚.2008.广东东源县必寿洞更新世化石群//董为主编.第十一届中国古脊椎动物学学术年会论文

集.北京:海洋出版社,113～118
黄宏.2011.犀牛归来.中国社会科学报,04～12(18)
黄石市志编纂委员会编.2001.黄石市志.北京:中华书局
黄泗亭,等.1992.马鞍山南洞旧石器文化遗址试掘报告.人类学学报,11(1):69～78
黄万波,关键.1983.京郊燕山一早更新世洞穴堆积与哺乳类化石.古脊椎动物学报,21(1):69～75
黄万波,侯连海.1984.北京云水洞的脊椎动物化石.古脊椎动物学报,22(2):117～122
黄万波,计宏祥.1963.江西乐平"大熊猫—剑齿象"化石及其洞穴堆积.古脊椎动物与古人类,7(2):182～186
黄万波.1963.广东高要、罗定、封开等地洞穴及其堆积物概述.古脊椎动物与古人类,7(1):79～83
黄万波,等.1988.记广东首次发现巨羊及扬子鳄化石.古脊椎动物学报,26(3):227～231
黄卫国,朱思维.1991.江西会昌发现第四纪哺乳动物化石.人类学学报,10(3):271
黄蕴平.2010.动物骨骼数量分析和家畜驯化发展初探//河南省文物考古研究所编.动物考古.第1辑,2007年中国郑州动物考古国际学术研讨会论文集.北京:文物出版社
黄正维,孟子江.1964.浙江哺乳动物化石新产地.古脊椎动物与古人类,8(1):92～94
吉学平,等.2004.云南保山塘子沟遗址2003年发掘简报//董为主编.第九届中国古脊椎动物学学术年会论文集.北京:海洋出版社,243～252
吉学平,等.2008.云南腾冲江东山小水井全新世大熊猫的发现及其意义//董为主编.第十一届中国古脊椎动物学学术年会论文集.北京:海洋出版社,119～125
贾兰坡,张振标.1977.河南淅川下王岗遗址中的动物群.文物,(6):41～49
贾兰坡.1957.长阳人化石及共生的哺乳动物群.古脊椎动物学报,1(3):247～252
贾兰坡,等.1959.周口店附近新发现的哺乳动物化石地点.古脊椎动物与古人类,1(1):47～51
贾兰坡,等.1962.匼河:山西西南部旧石器时代初期文化遗址.北京:科学出版社,14～20
蒋乐平著.2014.跨湖桥文化研究.北京:科学出版社
蒋志刚,等.2015.中国哺乳动物多样性.生物多样性,23(3):251～364
蒋志刚,等.2016.中国引入大独角犀的适宜地点在哪里.生物多样性,24(3):355～357
金幸生,等.2004.浙江诸暨楼家桥新石器时代文化遗址古环境研究.考过与文物(2)
筠连县县志编纂委员会编.1998.筠连县志.成都:四川科学技术出版社,105～106
卡尔克 H D,周本雄.1961.周口店第一地点下部各层的地层、古生物学观察及第一地点的时代.古脊椎动物与古人类,3(3):211～233
卡尔克 H D.1961.关于中国南方剑齿象—熊猫动物群和巨猿的时代.古脊椎动物与古人类,(2):83～103
李家和,等.1992.江西萍乡竹山园洞的哺乳类化石和石制品.人类学学报,11(1):86～92
李建军,等.2001.灵峰洞:福建省首次发现的旧石器时代早期遗址.人类学学报,20(4):247～255
李森.1988.攀枝花发现旧石器时代晚期的洞穴文化遗址.人类学学报,7(4):387
李天元.1990.湖北枝城九道河旧石器时代遗址发掘报告.考古与文物,(1):6～20
李文明,等.1982.江苏丹徒莲花洞动物群.人类学学报,1(2):169～179
李宣民,张森水.1984.资阳人B地点发现的旧石器.人类学学报,3(3):215～224
李炎贤,蔡回阳.1986.贵州普定白岩脚洞旧石器时代遗址.人类学学报,5(2):162～171
李炎贤,等.1974.湖北大冶石龙头旧石器时代遗址发掘报告.古脊椎动物与古人类,12(2):139～156
李意愿,等.2013.湖南道县后背山福岩洞2011年发掘报告.人类学学报,32(2):133～143
李有恒.1961.云南丽江盆地一个第四纪哺乳类化石地点.古脊椎动物与古人类,3(2):143～149
李有恒.1962.汉水上游哺乳类化石的新线索.古脊椎动物与古人类,6(3):280～287
李有恒,等.1984.广西柳江土博出土的人牙化石及共生的哺乳动物群.人类学学报,3(4):322～329
李有恒,等.1985.广西田东县祥周公社定模洞调查报告.人类学学报,4(2):127～131
林一璞,等.1974.广西宜山长臂猿牙齿化石.古脊椎动物与古人类,12(3):231～232
林一璞,等.1983.1981年江苏泗洪考察与发掘简报.人类学学报,2(1):100～103
刘昌芝.1962.粤北第四纪哺乳动物化石调查简报.古脊椎动物与古人类,6(2):202～203
刘德银,王幼平.2001.鸡公山遗址发掘初步报告.人类学学报,20(2):102～114
罗开玉.2013.成都天府广场出土石犀、汉碑为秦汉三国蜀郡府衙遗珍说.四川文物,(3):51～59
罗其湘.1978.徐州附近发现上新世和更新世大量哺乳动

物化石.古脊椎动物与古人类,16(1):76
马安成,汤虎良.1992.浙江金华全新世大熊猫——剑齿象动物群的发现及其意义.古脊椎动物学报,30(4):295~312
缪雅娟.2002a.高峡出平湖 先人应无恙:重庆巫山大溪新石器时代遗址//考古杂志社编著.二十世纪中国百项考古大发现.北京:中国社会科学出版社,82~85
南京市博物馆,北京大学考古系汤山考古发掘队.1996.南京人化石地点.北京:文物出版社;房迎三.2000.江苏上新世以来的哺乳动物群,(7):33~40
裴树文,等.2010.湖北建始高坪洞穴调查及其试掘简报.人类学学报,2007.29(4):383~394
裴文中,邱中郎.1957.浙江杭州洞穴哺乳动物化石.古脊椎动物学报,1(1):43~46
裴文中,等.1965.贵州黔西县观音洞试掘报告.古脊椎动物与古人类,9(3):270~278
裴文中,等著.1958b.山西襄汾县丁村旧石器时代遗址发掘报告.北京:科学出版社
钱方,等.1984.元谋人牙齿的发现//元谋人昆明:云南人民出版社,3~7
邱.1982.和县龙潭洞又发现猿人化石.人类学学报,1(1):97~98
邱立诚.1986.广东封开发现的人类牙齿化石.人类学学报,5(4):311~313
邱立诚,等.1980.广东阳春独石仔洞穴文化遗址发掘简讯.古脊椎动物与古人类,18(3):260
邱中郎,等.1961.湖北省清江地区洞穴中的哺乳类化石报导.古脊椎动物与古人类,3(2):155~158
邱中郎,等.1982.南召发现的人类和哺乳类化石.人类学学报,1(2):109~117
邱中郎,等.1985.昆明呈贡龙潭山第2地点的人化石和旧石器.人类学学报,4(3):233~241
陕西省考古研究所.1990.龙岗寺:新石器时代遗址发掘报告.北京:文物出版社
陕西省考古研究所汉水考古队.1981.陕西西乡何家湾新石器时代遗址首次发掘.考古与文物(4)
邵阳市地方志编纂委员会编.1997.邵阳市志.长沙:湖南出版社
盛锦朝.2008.安徽东至梅源山旧石器遗址出土人牙化石.中国文物报,11~28(2)
斯信强,等.1993.盘县大洞发掘简报.人类学学报,12(2):113~119
四川省璧山县志编纂委员会编.1996.璧山县志.成都:四川人民出版社
四川省文物管理委员会等.1987.成都十二桥商代建筑遗址第一期发掘简报.文物(12)
宋方义,黄志高.1985.马坝人化石地点发现石器.人类学学报,4(2):195~196
宋方义,等.1981a.广东封开黄岩洞古人类文化遗址简讯.古脊椎动物与古人类,19(1):98,86
宋方义,等.1981b.广东封开、怀集岩溶洞穴调查报告.古脊椎动物与古人类,19(3):292~293
宋方义,等.1989.广东罗定饭甑山岩、下山洞洞穴遗址发掘报告.人类学学报,8(2):118~122
苏民.1983.云南剑川等地发现一批哺乳动物化石.古脊椎动物学报,21(3):273
苏州市地方志编纂委员会编.1995.苏州市志.南京:江苏人民出版社
孙机.1982.古文物中所见之犀牛.文物,(8):80~84
汤英俊,等.1981.河北阳原、蔚县几个早更新世哺乳动物化石及旧石器地点.古脊椎动物与古人类,19(3):256~268
汤英俊,等.1987.汉水上游旧石器的新发现.人类学学报.6(1)
万幼楠.1985.赣南发现第四纪哺乳动物化石.古脊椎动物学报,23(3):245~246
王波,等.2013.北京凤凰山化石地点发掘简报.人类学学报,32(4):470~476
王大新.2001.昌江县混雅岭动物化石地点//中国考古学会编.考古学年鉴:1999,北京:文物出版社:267~268
王峰,李秀英.1984.河北兴隆县发现中更新世的动物化石.人类学学报,3(3):295
王家德.1994.试论长江三峡地区大溪文化的原始渔猎.江汉考古,(3):52~55
王莉.2015.看牛识铜镜.宝鸡日报,10~29
王令红,欧阳涟.1982b.大熊猫一剑齿象动物群的聚类分析.古脊椎动物与古人类,20(3):257~263
王令红,等.1982a.湖南省西北部新发现的哺乳动物化石及其意义.古脊椎动物与古人类,20(4):350~358
王令红,等.1982c.桂林宝积岩发现的古人类化石和石器.人类学学报,1(1):30~35
王善才.1976.郧县猿人化石发现经过简记.古脊椎动物与古人类.14(3):封3
王頠,莫进尤.2004.广西扶绥南山洞新发现的人类化石和蒙古野驴化石:末次冰期华南气候变化的哺乳动物化石新证据.人类学学报,23(2):130~137
王学理,吴镇烽.1976.西安任家坡汉陵从葬坑的发掘.考古,(2):129~133

王学理.1981.汉南陵从葬坑的初步清理:兼论大熊猫头骨及犀牛骨骼出土的有关问题.文物(11)
王宜涛.1991.紫荆遗址动物群及其古环境意义//环境考古研究:第一辑.北京:科学出版社
王正新.1991.四川筠连县发现大批哺乳动物化石.古脊椎动物学报,29(1):71
魏海波,石金鸣.1985.山西永济发现中更新世动物化石及旧石器地点.人类学学报,4(4):399
文焕然,何业恒.1981.中国野犀的地理分布及其演变.野生动物,(1):2～5
文焕然,等.1981.中国野生犀牛的灭绝.武汉师范学院学报(自然科学版),(1):53～60
文榕生,著.2009.中国珍稀野生动物分布变迁.济南:山东科学技术出版社
吴茂霖,等.1975.贵州桐梓发现的古人类化石及其文化遗物.古脊椎动物与古人类,13(1):14～23
吴汝康.1959.广西柳江发现的人类化石.古脊椎动物与古人类,1(3):97～103
吴维棠.1983.河姆渡新石器时代遗址发现的两种犀亚化石及其意义.古脊椎动物学报,21(2):160～164
吴新智,等.1962.广西东北地区调查简报.古脊椎动物与古人类,6(4):408～413
吴新智,等.1966.陕西蓝田公王岭猿人地点1965年发掘报告.古脊椎动物与古人类,10(1):23～28
武仙竹.1998.神农架犀牛洞旧石器时代遗址发掘报告.人类学学报,17(2):121～136
武仙竹,等.2007.湖北郧西黄龙洞古人类遗址2006年发掘报告.人类学学报,26(3):193～205
武仙竹,等.2009.湖北郧西白龙洞古人类遗址初步研究.人类学学报,28(1):1～15
湘江.1977.湖北郧西发现猿人牙齿化石.古脊椎动物与古人类,15(2):封3
谢光茂.1991.广西都安巴独山发现的人类文化遗物及动物化石.人类学学报,10(3):264～267
徐钦琦等.1993.南京汤山溶洞中更新世哺乳动物群的发现及其意义.科学通报(15)
徐玉斌,魏丰.1980.浙江富阳高山龙洞发现一新种鹿类化石.古脊椎动物与古人类,18(2):176～177
许春华,蔡回阳.1984.贵州毕节发现早更新世的哺乳类化石.人类学学报,3(4):413
许春华,方笃生.1982.安徽又发现人类化石.人类学学报,1(2):206
许春华,等.1974.鄂西巨猿化石及共生的动物群.古脊椎动物与古人类,12(4):293～306
许春华,等.1986.安徽巢县人类化石地点的新材料.人类学学报,5(4):305～310
薛祥煦.1964.陕西铜川灰堆坡哺乳动物化石地点.古脊椎动物与古人类,8(4):387～393
薛祥煦,等.1999.陕西洛南龙牙洞动物群的特点时代及环境.古脊椎动物学报,37(4):309～325
严亚玲,等.2014.广西扶绥岩亮洞早更新世独角犀年龄结构的分析.人类学学报,33(4):534～544
颜家安.2006.海南岛第四纪古生物及生态环境演变.古地理学报,8(1):104～115
杨启成,等.1975.福建永安第四纪哺乳类化石.古脊椎动物与古人类,13(3):192～194
杨升义.2002.云南施甸出土大熊猫剑齿象化石.化石,(2):15
杨钟健,刘东生.1949.安阳殷墟之哺乳动物群补遗.中国考古学报,(4):145～153
叶元正,阎德发.1975.皖南铜山第四纪哺乳动物化石新地点.古脊椎动物与古人类,13(3):195～198
佚名.1984.四川华蓥山地区第四纪哺乳动物化石.古脊椎动物学报(1)
尤玉柱,蔡保全.1995.台湾海峡西部海域哺乳动物化石.古脊椎动物学报,33(3):231～237
尤玉柱,祁国琴.1973.云南元谋更新世哺乳动物化石新材料.古脊椎动物与古人类,11(1):66～80
尤玉柱,徐钦琦.1981.中国北方晚更新世哺乳动物群与深海沉积物的对比.古脊椎动物与古人类,19(1):77～84
袁靖,唐际根.2000.河南安阳市洹北花园遗址出土动物骨骼研究报告.考古,(11):75～81
云南保山行政公署.1980.云南怒江中下游发现第四纪哺乳动物.古脊椎动物与古人类,18(3):259
云南省博物馆.1979.云南古代文化的发掘与研究//文物编辑委员会编.文物考古工作三十年.北京:文物出版社
张明华.1984.浙江西天目山华严洞的动物化石.古脊椎动物学报,22(2):138～144
张森水.1988.马鞍山旧石器遗址试掘报告.人类学学报,7(1):64～74
张森水.1995.穿洞史前遗址(1981年发掘)初步研究.人类学学报,14(2):132～146
张森水,等.1982.铜梁旧石器遗址自然环境的探讨.古脊椎动物与古人类,20(2):165～179
张兴永.1973.云南第四纪哺乳动物化石新地点.古脊椎动物与古人类,11(2):219～221
张兴永.1984.云南沧源、河口发现旧石器.人类学学报,3(2):182

张兴永，等. 1978. 云南昆明晚更新世人类牙齿化石. 古脊椎动物与古人类，16(4)：288～289

张银运，等. 1975. 广西巴马发现的巨猿牙齿化石. 古脊椎动物与古人类，13(3)：148～152

张镇洪，陈青松. 1994. 广东封开县罗沙岩洞穴遗址第一期发掘简报. 人类学学报，13(4)：300～308

张镇洪，等. 1997. 贵州盘县大洞遗址动物群的研究. 人类学学报，16(3)：209～220

张镇洪，等. 1998. 广东英德九龙礼堂山动物群的发现. 江汉考古，(1)：29，28

赵仲如，等. 1981. 广西都安九澇山人类化石与共生动物群及其在岩溶发育史上的意义. 古脊椎动物与古人类，19(1)：45～54

郑良. 1985. 云南昭通发现的人类牙齿化石. 人类学学报，4(2)：105～112

周本雄. 1963. 山西榆社云簇盆地双角犀一新种. 古脊椎动物学报(4)

周明镇，王伴月. 1964. 江苏南京浦镇及泗洪下草湾中新世脊椎动物化石. 古脊椎动物与古人类，8(4)：341～348

周明镇. 1957. 四川潼南几种更新世哺乳类化石. 古脊椎动物学报，1(1)：57

Teilhard de Chard P. 1938. Le villafranchian de Asic etla Question du villafranchian. C. R. sommaire desseances de la soc. Geol de la. France，(17)：325～328

Yong C C. 1932. On some fossil mammals from Yunnan. Bull Geol. Soc. China，383～393

Yong C C. 1947. Notes on A Pleistocene Microfauna from Loping Kiangsi. Bull. Geol. Soc. China. 27. pp，164～170

第二十一章

野骆驼的分布变迁(续)

野骆驼(*Camelus ferus*)指现今仅存的野生双峰驼,是偶蹄目(Artiodactyla)骆驼科(Camelidae)骆驼属中唯一现生野生种。它与家骆驼分属两个完全不同的种,野骆驼无亚种分化。本文中除引用文献外,尽可能采用“野骆驼”这一中文学名。

尤其值得注意的是:据调查,我国境内野骆驼1980年代约有1 000峰,1990年代下降到730~880峰,21世纪初再次下降到约380峰。导致双峰驼的分布范围急剧缩小、种群迅速下降的原因是:①放牧、油田建设、采矿、公路和铁路建设等人类经济活动,使野骆驼的栖息环境特别是核心分布区发生重大变化;②罗布泊干涸,植被退化,水源短缺导致双峰驼的种群急剧下降(国家林业局,2008)。作为一个独特的物种,野骆驼已成为全球比大熊猫更为珍稀的野生动物。相对于我国重新引进灭绝物种得到恢复,日益恶化的野骆驼状况应引起有关部门高度重视,采取强有力举措,首先要遏制住野骆驼下滑的态势。

笔者曾对历史时期野骆驼的地理分布与变迁有过研究(文榕生,2009),现根据新掌握的相关资料,对其分布与变迁按新体例再行研究。

1 野骆驼的遗存分布

迄今,尽管我国已发现的野骆驼遗存不多、时代较早且不连续(表21.1、图21.1),但经梳理,还是可以约略看出一些特点:

● 野骆驼遗存基本上出土于黄河以北,这与野骆驼是栖息于北方的动物相符。

● 较早的野骆驼遗存出现于北京市、河北省与陕西省,反映黄河流域是野骆驼发源地。

● 野骆驼似首先向西扩散,随后向北、向东北扩散。

● 结合文献记载(见下文),可以看出野骆驼后来也有向南扩散趋势。

表 21.1　　野骆驼遗存分布概况

地区	省级政区	市、县、区	遗存地点	时期	资料来源
华北	北京	房山区	周口店	上新世早期—中更新世末期	贾兰坡等，1959；中国科学院古脊椎动物与古人类研究所《中国脊椎动物化石手册》编写组，1979；徐钦琦等，1982
	河北	栾城县	朱家庄村西沙坑	上新世—更新世早期	河北省栾城县地方志编纂委员会，1995
		蔚县	北水泉镇东窑子头村	上新世—早更新世	汤英俊，1980；汤英俊等，1983
		邢台市	高开区东汪镇武家庄狗头泉	晚更新世	邢台地区狗头泉考察小组，1978
	山西	和顺县	土岭乡当城村	晚更新世	吴志清等，1989
		临猗县	潘侯村、梁家坡、浪店、吴王村以及夏里村等地	早更新世	汤英俊等，1983
	内蒙古	巴林左旗	碧流台镇	更新世晚期	陆有泉等，1984；陆有泉等，1986
		乌审旗	河南乡“河套人”遗址	晚更新世早—中期	祁国琴，1975；尤玉柱等，1981；伊克昭盟地方志编纂委员会，1994；张多勇等，2011；网络*
东北	辽宁	瓦房店市	祝华街道龙山村古龙山遗址	更新世晚期	周信学等，1990；祁国琴，1989；尤玉柱等，2011；网络*
	吉林	乾安县	大布苏泡子	晚更新世	汤卓炜等，2003
	黑龙江	哈尔滨市	顾乡屯	晚更新世	尹赞勋，1931；德永重康等，1937；包诺索夫，1938；直良信夫，1939；远藤隆次，1942；孙建中，1977；于汇历等，1988
西北	陕西	高陵县	渭河滩	晚更新世？	网络*
		勉县	新街子镇杨家湾村	上新世	汤英俊等，1987
		横山县	石马坬村	更新世晚期	李有恒，1963；裴文中等，1964
	甘肃	合水县	板桥乡马莲河畔	早更新世	赵希涛，1986

注：河套人. http://baike. baidu. com/link? url＝UdbkNu7RvFld2DK6xKMrFj3oMUlwDuC_KkuvqiUCtTzXegyPSk11ceoaUrvFvxhEwSA6EfGV4yGEWBeK6h2JT_；刘朔，谢小芳. 大连古龙山 1.7 万年前旧石器时代猎马人. http://www. uua. cn/show-13-3102-1. html；探寻远古动物遗迹. http://www. uua. cn/show-36-1151-1. html

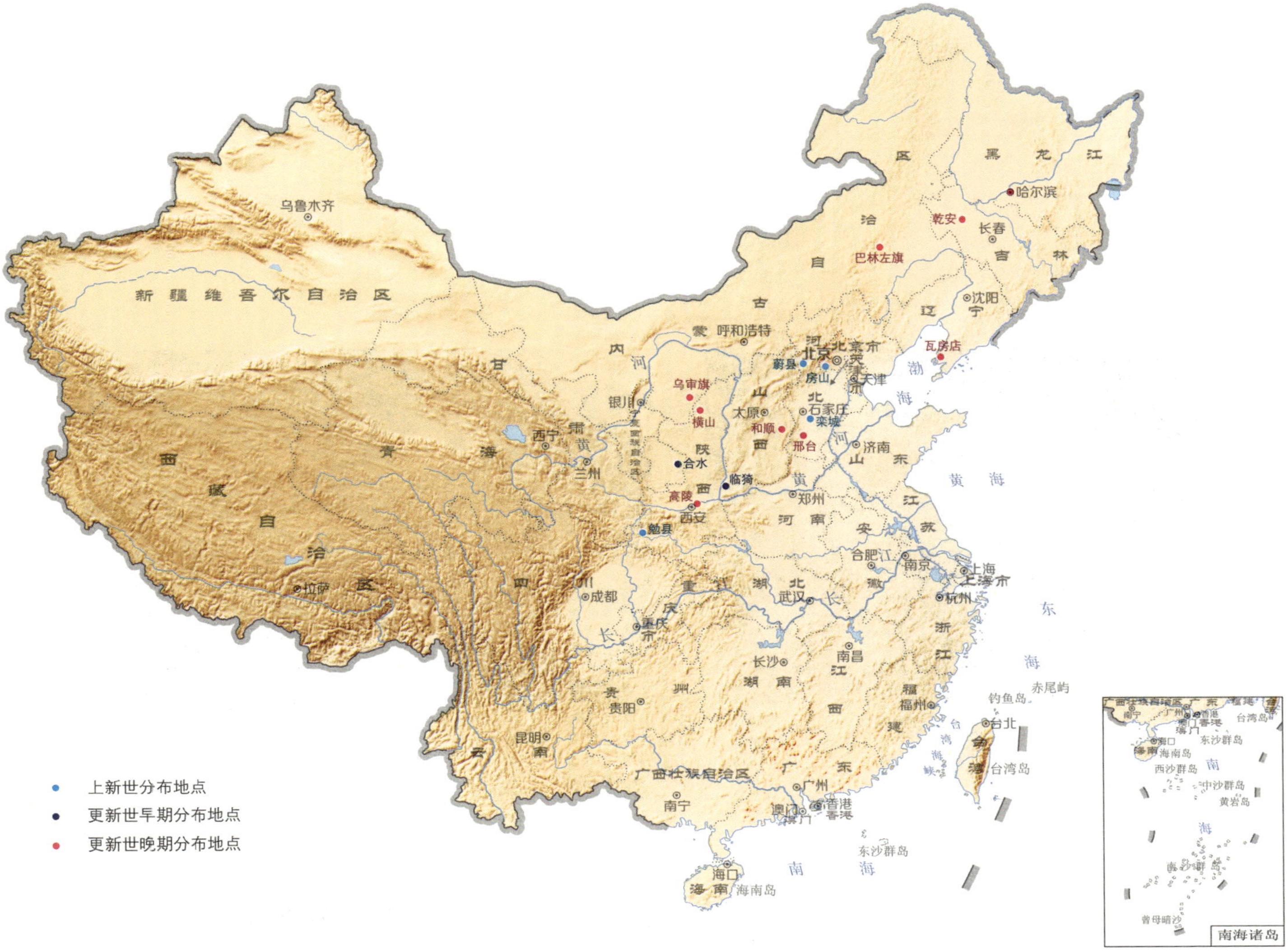

图 21.1　野骆驼遗存分布变迁图

2　20 世纪前的野骆驼分布

根据文献记载，野骆驼在 20 世纪前虽然主要分布于黄河以北，尤其是西北、华北、东北地区，但也曾向南，略越过黄河，涉及华东、中南、西南边缘地带。

2.1　内蒙古

内蒙古自治区是野骆驼在华北的主要分布地域。

"阴山岩画"中就有野骆驼形象，其地域(详见第十九章，图 19.4)约包括阿拉善左旗、乌海市、磴口县、临河区、五原县、乌拉特中旗等地，反映曾栖息有野骆驼。

阿拉善右旗孟根苏木曼德拉山有 4 000 多幅数千年前的古代岩画，内容以刻画动物为主，主要有牛、羊、马、驼、鸡、兔、鹿、蛇、鹰、龟等动物，其形象或静或动、或站或卧、或单或多，物种之多样、形态之各异，令人叹为观止。其中有一幅《围猎图》(图 21.2)，可以看出有 3 位猎手骑马围猎野兽，左上方有一背上双驼峰明显的野骆驼，左下方一野兽也似野骆驼。这是先民留下的对野骆驼认识的证明。

2.2 宁夏

宁夏回族自治区也有一些野骆驼分布记录。

“贺兰山岩画”与“阴山岩画”西段毗邻，广义的“贺兰山岩画”包括石嘴山市、平罗县、贺兰县、青铜峡市、沙坡头区岩画几部分，创作于距今10 000～3 000 年。主要在石嘴山市与平罗县的“贺兰山岩画”，可分为“山地岩画”（主要在大武口区和平罗县境内），大多凿刻在深山腹地的山谷岩壁上，如黑石峁岩画，归德沟、白芨沟岩画，还有分布于沟口两侧的沟崖上，如韭菜沟岩画、大西风沟岩画；“山前草原岩画”（主要分布于大武口区和惠农区境内），如麦如井、翻石沟、大树林沟、小树林沟、红果子沟等地。岩画内容以北山羊和马为主，其次有黄羊、岩羊、牛、马、鹿、骆驼、犀牛、大雁、虎、狼、豹、狐、人物和符号等[①]。这得益于贺兰山山高林密，树木葱茏，高山气候阴凉，植被茂盛，野生动物众多。先民正是对栖息于此的野生动物形态与习性胸有成竹，才能刻画出它们栩栩如生的形态。

图 21.2　围猎图[②]

图 21.3　双驼图[③]

青铜峡市广武口子门沟砂石梁子山上刻有朴拙画纹，称“广武岩画”，后又被具体称为“口子门沟岩画”。岩画内容有鹿、羊、马、骆驼、犬等动物及人类射猎图等，其中一幅《双驼图》（图 21.2）刻画出一对野骆驼相随的悠闲神态。

2.3 甘肃

甘肃省也发现有野骆驼岩画，证实曾有野骆驼分布。

肃北蒙古族自治县马鬃山公婆泉西北80 km 的山德尔岩画中，有《狩猎野骆驼图》（图 21.4）[④]。该岩画的右上方有一猎人正张弓搭箭，对准其前方的一大兽，该兽身材高大，尤其是背上两个驼峰明显，显然就是野骆驼形象。在该岩画左下方 2 只小兽之前，还有一峰稍大的野兽，背上也有两个驼峰。

图 21.4　狩猎野驼图

①石嘴山市. http://baike. baidu. com/link? url＝2exYlM8ipUdSB_QgElXrSvR58rM1QAWuTC6aGVx1rtEpYBpbD1bLmC UsH-moWr--7jlbecjS5KyMYVSGn6f-0g9vtT3uxpe3EPJT3syITdcXJFxHDV2Vhaar8CIDmqv1C6OBPykvePADg2uPz7tCHca；贺兰山岩画. http://www. huaxia. com/zt/jl/14-042/4072013. html

②曼德拉岩画. http://photo. poco. cn/lastphoto-htx-id-314200-p-0. xhtml

③http://baike. baidu. com/pic/贺兰山岩画/588909/85178/cc506c8b6112355fc8fc7af4? fr＝lemma&ct＝cover＃aid＝85178&pic＝cc506c8b6112355fc8fc7af4

④图绘史诗 河西走廊岩画. http://www. ys137. com/xiuxian/862295. html

图 21.5　野驼与野马(鲁茫沟岩画)

2.4　青海

青海省早期岩画中有野骆驼形象,证实曾有所分布。

天峻县天棚乡西南的鲁芒沟岩画,据说其中一幅面积仅 3 m^2,其上有 21 个动物画像,以骆驼为主,头向一致,展示骆驼在沙漠里行走的场面,此外尚有马、牛、山羊、大头羊、蛇等①。从截取的部分(图 21.5)看:左下方有 2 匹比较清晰的野马;在野马右上方,至少有 6 峰背负两个驼峰的野骆驼,反映当地当时野骆驼数量较多。

2.5　新疆

新疆维吾尔自治区近期发现的岩画中也有野骆驼形象。

哈巴河县境内已发现岩画 20 多处 893 幅,题材广泛,内容丰富,画面多为狩猎、放牧、日月星辰、舞蹈竞技场景,还有画面为骆驼、马、狼、虎等大幅岩画,被人们称为远古北方草原游牧民族造型艺术和文化的露天博物馆②。反映在全新世早期先民就熟知当地栖息的野骆驼。

乌鲁木齐市米东区柏杨河哈萨克民族乡独山子岩画主要分布于南山坡的石壁和崩塌的黑色石面上,从山脚的岩画到山顶的峭壁,在约 2 万 m^2 的斜坡乱石上分布着各类题材的岩画,总计一二百组。岩画内容也异常丰富,画面上不仅刻有羊、骆驼、鹿、马、狗、熊、牛、狼、野猪等动物,而且也有表现原始游牧民族狩猎、放牧、生殖及原始宗教信仰等多方面生活的内容。其中有野骆驼形象(图 21.6),呈现在光滑的石面上,上方的大兽背上有两个夸张的高耸驼峰,表明其为野骆驼。

图 21.6　野骆驼

图 21.7　岩画石

据 2010 年 10 月报道,在若羌县铁木里克乡山区古河道边发现的重近 4 kg 的岩画石,在丢失两年多后近日被追回。该岩画呈朱红色,石头顶部略有风化,岩画构图精妙,动物图案较多,构思原始,形象生动逼真、优美,图案为野生动物如鹿、羚羊、骆驼、野牛等(图 21.7),石头整体姿势像一头卧着的水牛③。据且末县文物部门初步推断,此岩画距今 6 000～7 000 年④。该石左上方的大兽背上有两个驼峰,更似野骆驼,反映当地先民对野骆驼早就胸有成竹。

---

①鲁芒沟岩画. http://baike. baidu. com/link? url = yEGflNKEdVhhS9Tb-jjJko1anFckVvSxJiWchDJdTOWEFPW6c0kAfHo35mhl0P2WOBcCTZNRdtLMnHHSBYAZh0SRbHefqks4hq7cd5e3lAMMYH5D _ dk40UOk9-z25p5Rf9mzSaSE-o6i24N6UOyFS0noGVzbkabRa9vPg9YLGhB8maNuo4JjKuaRVyJqW3DQ

②新疆万年前洞穴岩画形似飞机 不排除是现代科技. http://www. taihainet. com/news/finance/hot/2015-06-21/1447955. html

③新疆若羌县一块丢失两年多的重近四吨岩画石失而复得. http://www. 4908. cn/html/2010-10/18369. html

④新疆发现 6000 年前岩画 有水滴穿石印记. http://news. chushan. com/index/article/id/40547ml

3 20世纪的野骆驼分布

20世纪，原在河北省与东北3省分布的野骆驼已经绝迹，虽还有10个省级政区仍有存在，但主要在内蒙古自治区、甘肃省、青海省、新疆维吾尔自治区。

3.1 内蒙古

内蒙古自治区还有野骆驼分布记录。

《内蒙古珍稀濒危动物图谱》记述（凤凌飞，1991）：

双峰驼　蒙名：哈巴特尔戉。别名：野骆驼。

分布：新疆、甘肃同蒙古交界地区及青海柴达木盆地的西隅与新疆塔里木盆地等处尚可发现。内蒙古仅分布于额济纳旗。

现存仅限于额济纳旗西北部的三角形边境地带，面积不足3 000 km^2。自1959年在额济纳旗的马鬃山地区捕获1只外，至今尚未发现。

按：据此反映野骆驼主要分布于额济纳旗。

《中国西北地区珍稀濒危动物志》记载："野骆驼……西北亚种：见于……额济纳旗石板井以北靠中蒙边境的狭长地带"（中华人民共和国濒危物种进出口管理办公室等，1994）。即在额济纳旗境内还有野骆驼分布。

3.2 甘肃

甘肃省仍有野骆驼栖息记录。

《中国西北地区珍稀濒危动物志》记述（中华人民共和国濒危物种进出口管理办公室等，1994）：

骆驼科　野骆驼：别名：野驼、双峰驼、图应克依克（哈萨克）。

西北亚种：见于甘肃肃北县马宗山[马鬃山]公婆泉以北……阿克赛[阿克塞]安南坝。

按：表明在肃北蒙古族自治县与阿克塞哈萨克族自治县仍有野骆驼存在。

3.3 青海

青海省还有野骆驼存在记录。

《中国西北地区珍稀濒危动物志》记载："西北亚种：见于……青海柴达木盆地西部"（中华人民共和国濒危物种进出口管理办公室等，1994）。表明约在德令哈市、格尔木市一带仍有野骆驼栖息。

3.4 新疆

新疆维吾尔自治区还有野骆驼分布记录。

《新疆南部的鸟兽》记述（中国科学院新疆综合考察队等，1965）：

1958～1960年进行野外调查，野骆驼　分布：1959年（塔克拉玛干，罗布泊）。

据文献记载，在南疆的分布为罗布泊以东，阿尔金山以北地区。

按：据此表明，约在泽普县、叶城县、麦盖提县、库车县、和田市、和田县、墨玉县、皮山县、洛浦县、策勒县、于田县、民丰县、若羌县、且末县等地曾有野骆驼栖息。

《新疆珍贵动物图谱》记述（梁崇岐，1986）：

野骆驼　俗名：野驼、双峰驼。

分布：甘肃西北、青海西北。新疆分布在阿尔金山以北、尉犁以东、伊吾、哈密及其以南地区。

按：据此表明，约在哈密市、伊吾县、尉犁县、若羌县、且末县等地，亦即在塔里木盆地东部、库鲁克塔格山、库姆塔格沙漠一带的荒漠区有野骆驼栖息。

《中国西北地区珍稀濒危动物志》记载："西北亚种……新疆分布在阿尔金山以北、尉犁以东，伊吾、哈密及其以南地区"（中华人民共和国濒危物种进出口管理办公室等，1994）。与梁崇岐（1986）记载相仿。

4 现今的野骆驼分布

野骆驼现今仅在华北与西北少数省级政区残存。

4.1 各省级政区的野骆驼分布

野骆驼现今仅在内蒙古自治区、甘肃省、青海省、新疆维吾尔自治区仍有分布。

4.1.1 内蒙古

内蒙古自治区依然有野骆驼分布。

《中国重点陆生野生动物资源调查》记述（国家林业局，2008）：

本次调查，双峰驼见于内蒙古（额济纳旗西北部，中蒙两国相邻地区）。

按：即在额济纳旗等地仍有野骆驼存在。

阿拉善右旗地势南高北低，总趋势西高东

低,中间地段趋于缓和;南、西南部有龙首山脉、合黎山,中部有雅布赖山脉,西北部为巴丹吉林沙漠;在山地与沙漠之间戈壁、丘陵、滩地纵横交错,其中沙漠占 46.6%,山地占 6.5%,丘陵占 33.4%,戈壁、滩涂占 13.5%。地属暖温带荒漠干旱区,为典型的干燥大陆性气候特征,四季分明。巴丹吉林沙漠横贯该旗全境,近 1/4 地域人类尚未涉足,沙漠中栖息着天鹅、野鸭、山鸡、盘羊、青羊、黄羊、狐狸、骆驼等数十种野生动物,堪称一个天然动物园①。说明仍有野骆驼生息繁衍。

4.1.2 甘肃

除新疆外,甘肃省是现今仍有野骆驼栖息较多的省级政区。

《中国重点陆生野生动物资源调查》虽称"本次调查,双峰驼……甘肃……未发现"(国家林业局,2008),但甘肃省依然有野骆驼存在。

肃北蒙古族自治县辖区分为南山地区和北山地区互不相连的两部分,自然环境差异极大:南山地区南部祁连山区平均海拔 3 500 m 以上,山麓为沙砾戈壁倾斜高平原区;北山地区为中低山和残丘地貌,戈壁广布。该县南、北两地区因所处纬度不同,地形地貌差异较大,气候各具特点。境内野生动物分布广、数量多,截至 2012 年,已查明 174 种,其中国家重点保护的野生动物有 32 种,属于国家重点保护的一级珍贵动物有白唇鹿、藏野驴、蒙古野驴、北山羊、普代原羚、野牦牛、野骆驼、雪豹、黑颈鹤、胡兀鹫、金雕、白肩雕、玉带海雕、白尾海雕等 14 种②。说明依然有野骆驼残存。

阿克塞哈萨克族自治县处于柴达木盆地荒漠与河西走廊荒漠包围之中,地形呈狭长状,以当金山口为界,西部有阿尔金山脉横贯,东部有祁连山地的党河南山、赛什腾山、吐尔根达坂山等山脉,均呈西北—东南走向分布;由山区到盆地中心,大体可以分为山岳地貌、丘陵地貌、平原地貌三种地貌类型。境内气候冷、热、干、湿差异明显。在群山大漠深处栖息着 2 纲 11 目 16 科 28 种野生动物,有野骆驼、野牦牛、野驴、盘羊、藏原羚、黄羊、雪豹等受国家保护的珍贵动物③。据 2014 年 3 月报道,该县的安南坝野骆驼国家级自然保护区工作人员在例行巡护期间,观察到大批濒危野骆驼(图 21.8～图 21.10)来到其"产房"——安南坝黄羊沟深处觅食栖息的壮观景象。在黄羊沟附近 50 km 的范围内,共发现野骆驼种群数量达到 154 峰,是该保护区有历史记录以来最多的一次。

图 21.8 安南坝的大居群(海拉提 摄)④

①阿拉善右旗. http://baike. baidu. com/link? url=iFVK1FnJY8BIqY-3gQMQ2h9TReLkuLyWrVI_hZtdP_o09NOWXKTKfP7H9ITgT5aK

②肃北蒙古族自治县. http://baike. baidu. com/link? url = HHPa5C5I3CcqVFZzZpV _ RcOZpYxHCkny _ wTM0LG6dc4b6CpvU53Vg-zMfDlGHm90jS0SNz8Zq4ck5ee7-W4Kr_

③阿克塞哈萨克族自治县政府公众信息网. http://www. akesai. gov. cn/bigClassdeta. asp? typeid=18&BigClassid=60&BigClassName=

④甘肃发现有记录以来最大野骆驼种群. http://sn. people. com. cn/BIG5/n/2014/0302/c190230-20681437-4. html

图 21.9　峡谷行进(海拉提 摄)[①]

图 21.10　荒漠奔跑[②]

据 2013 年 3 月报道，22 日和 31 日，成功放归到敦煌市敦煌西湖国家级自然保护区的两峰野骆驼在距离 2 km 的胡杨林中分别产下一雌性幼驼和一雄性幼驼(图 21.11)。这两峰母骆驼是 2012 年 9 月 6 日从甘肃濒危动物保护中心运抵敦煌西湖自然保护区，与另两峰雄性野骆驼配对后一同放归保护区的，放归时间刚满 7 个月[③]。另据 2016 月报道，敦煌西湖国家级自然保护区科研人员例行监测时，在一处叫西井子的地方遇见了野骆驼群。它们共分为 3 个大群，相距 1 km 左右，总数为 33 峰，其中最大一群达 18 峰，内有 4 峰小驼羔(图 21.12、图 21.13)[④]。

图 21.11　母驼与雌雄幼仔

图 21.12　埋头觅食

①甘肃发现有记录以来最大野骆驼种群. http://sn.people.com.cn/BIG5/n/2014/0302/c190230-20681437-4.html

②安南坝野骆驼自然保护区. http://story.gscn.com.cn/system/2012/02/27/010006844.shtml

③敦煌西湖保护局野骆驼成功产下两峰幼驼. http://www.gsdgj.cn/upclass2/hangye/2013-04-27/1240.html

④保护野骆驼科学探索联盟. 野骆驼大群再现敦煌西湖自然保护区. http://www.weixinnu.com/tag_article/3378825156

图 21.13 野骆驼群

4.1.3 青海

《中国重点陆生野生动物资源调查》虽称"本次调查,双峰驼……青海……未发现"(国家林业局,2008),但青海省依然有野骆驼存在。

德令哈市地处柴达木盆地东北部,地形北高南低,北为宗务隆山屏障,境内地形以平原、丘陵、高山为主,地属典型的高原荒漠半荒漠干旱气候区。该市的花土沟镇地势西北高东南低,阿尔金山雄峙其北,白雪皑皑的阿喀祁漫塔格山高耸西南,形成山盆相间的地形格局。除北部高山外,约占全镇总面积 80% 的盆地区海拔在 2 689~3 800 m 之间,分布有野牦牛、野骆驼、野马、雪豹、藏羚羊、野驴(国家一级保护动物)和棕熊、黄羊、岩羊、猞猁、藏雪鸡(国家二级保护动物)等 110 多种野生动物[①]。

格尔木市地处被昆仑山、阿尔金山、祁连山等山脉环抱的封闭盆地,动物区系具有蒙新区向青藏区过渡的特征,野生动物主要有野骆驼、野驴、野牦牛、黄羊、青羊、旱獭、狼、马熊、獐(麝)、狐、獾等。由于垦殖和捕猎,目前野生动物大为减少,有的濒于绝迹[②]。

乌兰县位于柴达木盆地东部,四周环山,中间平坦,北有祁连山支脉,南靠昆仑山,由东向西有茶卡契墨格山等山峰;地势西北高、东南低,形成波浪形狭长倾斜走向;南北大山的褶皱将县境切割成茶卡盆地、希赛盆地和卜浪沟盆地三个闭流性山间盆地。该县深居内陆腹地,气候受高压西风控制和蒙古—西伯利亚反气旋影响,极为干燥,表现出典型干旱大陆性气候特征,终年偏西风强劲,仅东部地区可受东南季风的影响,气候稍湿润。当地野生兽类有雪豹、蒙古野驴(?)、西藏野驴、野骆驼、白唇鹿、野牦牛、普氏原羚、藏羚等 103 种[③]。

4.1.4 新疆

新疆维吾尔自治区是现存野骆驼的主要分布区。

《中国重点陆生野生动物资源调查》记述(国家林业局,2008):

本次调查,双峰驼见于……新疆(轮台、阿克苏、阿瓦提、沙雅、尉犁、若羌、鄯善、哈密)。

按:即在阿克苏市、沙雅县、阿瓦提县、鄯善县、哈密市、轮台县、尉犁县、若羌县等地还有野骆驼分布。

---

①青海海西州德令哈市花土沟镇. http://www. tcmap. com. cn/qinghai/delinghashi_huatugouzhen. html

②柴达木盆地. http://baike. baidu. com/view/28887. htm

③乌兰县. http://baike. baidu. com/link? url = v0xisLQxQuG44kj4-EuwbshayoVfmTiyRnTWJ2DohRjdmBpnV5GYeOJBODuketGDmb7V6ZR0N61-O4gOqgE9aq

若羌县地处塔克拉玛干沙漠东南缘，地势南高北低，由西南向东北倾斜；南部为山区，属羌塘高原东北部，中部为冲积扇绿洲平原，北部为平原沙漠区；由四个部分组成：西面为塔克拉玛干沙漠的东部，东南面为库木塔格沙漠，东北面为库鲁克塔格山部分山体和南麓山前冲积扇戈壁沙滩，中部为罗布泊干涸湖床和湖滨盐膜地。地属暖温带大陆性荒漠干旱气候区。境内野兽有野牦牛、野骆驼、野驴、藏羚、马鹿、岩羊、盘羊等49种①。

且末县位于塔里木盆地东南缘，阿尔金山北麓；地形东南高、西北低，北边为戈壁沙漠，西南至东南昆仑山支脉及阿尔金山脉逶迤连绵，整个绿洲呈狭长的沿水系分布的条带状；山地占全县总面积的44.42%，山前倾斜平原占17.21%，沙漠面积占38.36%。境内野生动物种类繁多，主要有藏羚、鹅喉羚、野牦牛、野驴、野骆驼、盘羊、棕熊、雪鸡，野兔等②。县南的中昆仑野生动物园山区地形异常复杂，植被有明显的垂直群落结构。由于人迹罕至，这里成为野生动物的乐园，野耗牛、熊、羚羊、雪鸡、山鹰、野驴、盘羊、赤狐、藏野骆驼、猞猁、叶尔羌马鹿等二十多种野生动物在这里繁衍生息③。所谓"藏野骆驼"，虽有瑕疵，但反映有野骆驼。

据称，双峰野骆驼在哈密主要分布在西南部的戈壁沙漠地带及伊吾县的淖毛湖沙漠胡杨林带、下马崖与蒙古国接壤的戈壁荒漠中④。表明在哈密市西南部（即罗布泊野骆驼自然保护区部分）与伊吾县东部（东北部为淖毛湖沙漠，有自成体系的伊吾河与举世闻名的胡杨林47万亩；东南部为多戈壁、荒漠的下马崖乡）皆有野骆驼分布。又据2016年6月报道：

> 近年来，随着工作环境发生变化，新疆罗布泊野骆驼国家级自然保护区哈密管理站南湖检查站一直处于闲置状态。经环保局领导批准同意，哈密管理站于2016年6月6日将南湖检查站全部门窗封闭牵封、大门紧锁、封条拍照为证，从即日起该检查站全面停用⑤。

按：据此，保护区的衰败景象略见一斑。

库尔勒市地处塔里木盆地东北边缘，北倚天山支脉库鲁克山和霍拉山，南距塔克拉玛干沙漠直线距离仅70 km；库尔勒绿洲平原的南部、西部与塔里木盆地相连，形成一个广阔的扇形绿洲。地属欧亚大陆暖湿带干旱气候区。由于北面有霍拉山、东面有库鲁克山阻挡，北方的冷空气和焉耆盆地的湿润空气侵入库尔勒市的势力明显减弱，铁门关成为南北疆气候的自然分界线。据2016年6月报道，该市上库综合产业园区管委会执法大队在该园区山区巡查防洪设施时，发现3峰野骆驼正在一处积水处饮水。此处常发现黄羊、呱呱鸡、松鼠、旱獭等野生动物，这次是野骆驼首次出现在执法人员的视线内⑥。

伊宁市地处伊犁河谷盆地中央，伊犁河从市南由东向西蜿蜒流过。地属北温带大陆性气候区，四季分明，日照充足，当地动物有：天山马鹿、鸽子、骆驼、肉鸽、珍珠鸡、麝香鼠等⑦。反映似有野骆驼存在⑧。

尼勒克县位于中天山西段，伊犁河上游；四周高山环绕，峡谷遍布；地势自东北向西南倾斜，具有高山、中山、低山丘陵、河谷阶地平原等地貌类型。地属大陆性北温带气候区，日照时间长，光能资源丰富，昼夜日差较大，降水丰富；东西气候差异大，山地气候特性明显。境内动物主要有哈萨克牛、蒙古黄牛、伊犁双峰骆驼、伊犁山羊、麻鸭、伊犁马、新疆细毛羊、新疆褐牛、天山马鹿、水貂、旱獭、雪鸡、雪豹、大头羊、狐狸、狗熊等⑨。从列举的动物名称看，野生动物与饲养动物皆

①若羌县. http://baike. baidu. com/link? url=s7R3HzBtvQpB4-9zLiFvn1MlbZIluU3exERpqcWlmrYuHZ-JdxchlCz_EuOK6n9T

②玉王·且末. http://www. xjqmx. gov. cn/zjcm/jbqk/36876. htm

③且末县资讯. http://www. cataczs. com/townef/qiemo. html

④双峰野骆驼. http://shop. bytravel. cn/produce1/53CC5CF091CE9A869A7C. html

⑤新疆罗布泊野骆驼国家级自然保护区哈密管理站南湖检查站全面停用. http://www. hami. gov. cn/info/1141/159978. htm

⑥严万海，朱广辉. 库尔勒上库园区惊现三峰野骆驼. http://news. 163. com/16/0617/10/BPOM3IRT00014AED. html

⑦伊宁. http://baike. baidu. com/link? url=Tri_jm-tl_xphiXojz33OnSPPhduatIUAHueUeCPUsS7uWyNeprNTGj-oy6IGyRdwMOCE4NX10PedAXb4rSKjG67V38JLsnniiK6txmYRsUwG0mbZTps4DisFbTsp8P9v0NuOcsu05ymFxJtXq5a1BkZ54lVDAdQSz4n-6WmY2S

⑧其中"肉鸽"当是饲养动物，然而因该市同时列举有市动物园内圈养动物名录。

⑨尼勒克县. http://baike. baidu. com/link? url=tHCw33dqxVwHb9SCpCpdtIEU8DYwR8Z4SrTNIElOe2BfpCbH-aT1eQxn4gVw_PaW

有。此“伊犁双峰骆驼”，似为家骆驼，表明似有野骆驼残存。

吉木乃县位于准噶尔盆地北缘，萨吾尔山北麓，额尔齐斯河南岸；地势北低南高，南陡北缓；地貌分为戈壁平原区、低山丘陵区、中山区、高山区等。地属大陆性北温带寒冷气候区，气候干燥。境内野生动物中兽类有：大头羊、野骆驼、红狐、沙狐、山狐、野猪、猞猁、马鹿、岩羊、雪兔、豺、狼、旱獭、灰兔、松鼠、田鼠、跳鼠、貂熊、紫貂、羚羊、野马、羚羊、兔狲、草原班猫、雪豹、北山羊等①。

罗布泊野骆驼国家级保护区（地处托克逊县、吐鲁番市、鄯善县、哈密市、尉犁县、若羌县）的北部为吐哈盆地南区，中部为罗布泊干涸湖盆区，南部为阿尔金山的一段，是现存野骆驼的主要栖息区域之一（图 21.14～图 21.18）。近年考察，不仅获得不少高质量野骆驼图片，还有红外相机监测到的野骆驼自然情况，还发现有白嘴野骆驼（在库姆塔格沙漠南缘库木库都克地区），考察队见到的最大野骆驼群达到 40 余峰②。2012 年 5 月～2013 年 7 月，在阿奇克谷地和阿尔金山北麓捕捉到 8 峰野骆驼并安装 GPS 卫星跟踪项圈，发现野骆驼主要分布在阿奇克谷地及其以南区域、阿尔金山北麓（袁磊等，2015）。

图 21.14　聚集峡谷中（喻菲摄）

图 21.15　往往（红外相机摄）③

图 21.16　来来（红外相机摄）④

①吉木乃县. http://jmn.gov.cn/Item/2242.aspx

②喻菲. 新疆野骆驼. http://www.dili360.com/author/14647.htm；王瑟. 新疆罗布泊发现白唇野骆驼. http://roll.sohu.com/20160423/n445651189.shtml；罗布泊的野骆驼. http://news.china.com.cn/rollnews/2010-02/22/content_670248.htm

③中国科学家挽救比大熊猫还稀少的野骆驼. http://news.cnnb.com.cn/system/2013/09/22/007854288_08.shtml

④中国科学家挽救比大熊猫还稀少的野骆驼. http://news.cnnb.com.cn/system/2013/09/22/007854288_08.shtml

图 21.17　白唇野骆驼（李为国 摄）

图 21.18　行走罗布泊

4.2　保护区

现有野骆驼栖息的自然保护区（图 21.19、表 21.2）可以表明它们依然存在。其特点有：

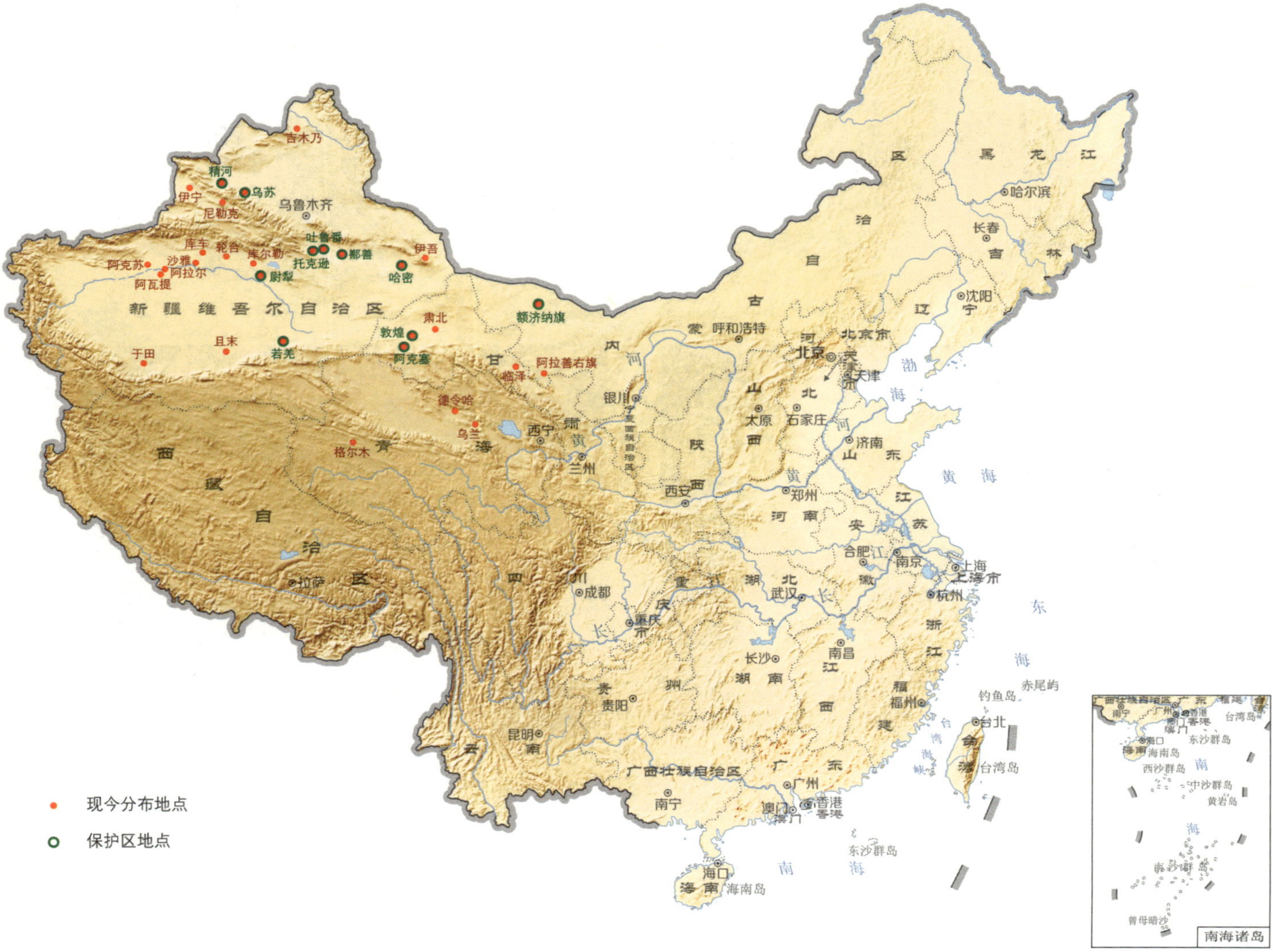

图 21.19　现有野骆驼栖息地与其栖息的自然保护区分布图

● 现栖息有野骆驼的自然保护区仅 5 个,总面积 8.94 万 km^2。

● 保护区的建立时间在 1982～1986 年间,但皆是 1980 年代中期建立的。

● 保护区的规格高,全部是国家级,这在珍稀动物中并不多见。

● 保护区的主管部门有林业与环保部门,前者占 80%,后者占 20%。

● 栖息有野骆驼的保护区面积最大的是罗布泊野骆驼国家级自然保护区(在新疆维吾尔自治区,面积 7 800 000 hm^2),面积最小的是额济纳胡杨林国家级自然保护区(在内蒙古自治区,面积 26 253 hm^2),相差超过 297 倍。

● 现栖息有野骆驼的保护区分布地仅占现仍有野骆驼分布地的 37%,反映仍有相当多的野骆驼得不到保护区庇护,值得注意。

● 更值得重视的是,自 1980 年代保护区设立以来,野骆驼数量呈减少趋势,形势日益严重,反映目前高规格的保护区对野骆驼的保护不力,必须加大整改措施,遏制这种下滑势头。

表 21.2 栖息有野骆驼的自然保护区概况

地区	省级政区	保护区名称	所处地点	面积(hm^2)	级别	建立时间	主管部门
华北	内蒙古	额济纳胡杨林	额济纳旗	26 253	国家级	19860601	林业
西北	甘肃	安南坝野骆驼	阿克塞哈萨克族自治县	396 000	国家级	19821211	林业
		敦煌西湖	敦煌市	660 000	国家级	19921214	林业
	新疆	甘家湖梭梭林	乌苏市、精河县	54 667	国家级	19830901	林业
		罗布泊野骆驼	托克逊县、吐鲁番市、鄯善县、哈密市、尉犁县、若羌县	7 800 000	国家级	19860901	环保

注:(1)本表参考多方面信息综合而成,个别误差进行更正。(2)本表据:全国自然保护区名录. http://sts.mep.gov.cn/zrbhq/zrbhq/201208/t20120824_235172.htm;额济纳胡杨林国家级自然保护区. http://baike.baidu.com/link?url=1GByCDqyaTAciGBAkd2r62fvaTUV4Sbs54-s9szkiXRuJuZGm0P_rfE4ZoitWHzjNAL3PV_flu947AkZDxbZTq;安南坝野骆驼国家级自然保护区. ttp://baike.baidu.com/view/1429869.htm?fromId=1060450;甘家湖梭梭林自然保护区. http://www.baike.com/wiki/甘家湖梭梭林自然保护区

5 野骆驼的分布变迁

综合野骆驼的遗存分布变迁与历史时期分布变迁(图 21.20、表 21.3)看,变化巨大,有以下特点:

● 野骆驼遗存与文献记载表明,野骆驼的分布南界达到:西藏丁青县(95.5°E,31.4°N)—河南滑县(114.4°E,35.5°N)—山东肥城市(116.7°E,36.2°N),超过我国半壁江山。

● 目前基本上能够确定的野骆驼分布地处于 15 个省级政区,超过 400 地,主要在黄河以北。

● 野骆驼分布地西北、华北、东北多,其中西北与东北绝对分布地相当,但前者所占地域较广,后者分布密集度较高。

● 野骆驼绝对分布地按省级政区排序,前 6 名为:新疆维吾尔自治区(有 84 地),黑龙江省(有 69 地),辽宁省(有 58 地),内蒙古自治区(有 42 地),甘肃省(有 39 地),吉林省(有 36 地)。

● 野骆驼相对分布地,除辽宁省与吉林省皆有外,按省级政区排序为:新疆维吾尔自治区(占 94%),黑龙江省(占 90%),宁夏回族自治区(占 56%),甘肃省(占 48%),内蒙古自治区(占 47%),青海省(占 30%)。

● 野骆驼分布变迁首先表现为分布地由密集变为稀疏,然后呈现收缩趋势;其显著收缩在 19 世纪前后,表现为从东向西趋势。

● 北京市仅有较早的野骆驼遗存出现。

● 到20世纪，野骆驼首先灭绝的省级政区有：河北省、辽宁省、吉林省、黑龙江省。

● 在20世纪前半叶，野骆驼灭绝的省级政区有：山西省、山东省、河南省、西藏自治区、陕西省、宁夏回族自治区。

● 在20世纪后半叶，新疆维吾尔自治区野骆驼分布地消失较多，达到11地。

● 现仅内蒙古自治区、甘肃省、青海省、新疆维吾尔自治区还有野骆驼分布，新疆吾尔自治区最多。

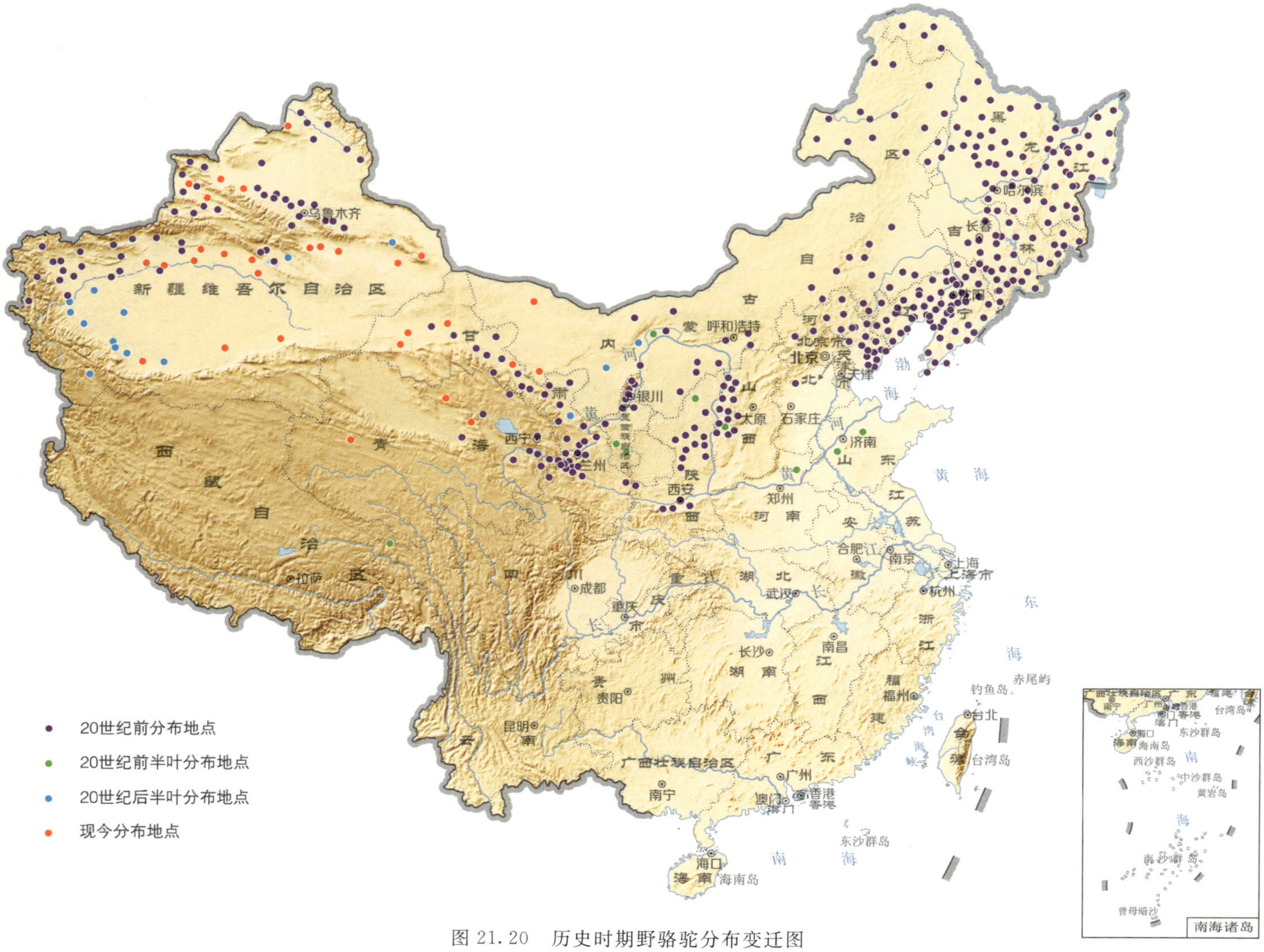

图 21.20　历史时期野骆驼分布变迁图

表 21.3　历史时期野骆驼的分布变迁概况

地区	省级政区	20世纪前分布地点	20世纪前半叶分布地点	20世纪后半叶分布地点	现今分布地点
华北	河北	张家口市、赤城县、承德市、承德县、兴隆县、平泉县、滦平县、隆化县、丰宁满族自治县、宽城满族自治县、围场满族蒙古族自治县、秦皇岛市、昌黎县、抚宁县、卢龙县、青龙满族自治县、迁安市、滦县、滦南县、乐亭县、迁西县、唐县			

(续表)

地区	省级政区	20 世纪前分布地点	20 世纪前半叶分布地点	20 世纪后半叶分布地点	现今分布地点
	山西	五寨县、岢岚县、河曲县、保德县、离石区、孝义市、中阳县、兴县、临县、方山县、柳林县、岚县、交口县、交城县、石楼县	中阳县		
	内蒙古	土默特左旗、乌海市、宁城县、林西县、巴林左旗、巴林右旗、克什克腾旗、翁牛特旗、喀喇沁旗、敖汉旗、库伦旗、奈曼旗、扎鲁特旗、海拉尔区、满洲里市、扎兰屯市、牙克石市、根河市、额尔古纳市、阿荣旗、新巴尔虎右旗、新巴尔虎左旗、陈巴尔虎旗、鄂伦春自治旗、鄂温克族自治旗、莫力达瓦达斡尔族自治旗、东胜区、准格尔旗、乌审旗、伊金霍洛旗、卓资县、凉城县、临河区、五原县、磴口县、乌拉特中旗、乌拉特后旗、多伦县、正蓝旗、阿拉善左旗、阿拉善右旗、额济纳旗	临河区、磴口县、阿拉善左旗、阿拉善右旗、额济纳旗	磴口县、阿拉善左旗、阿拉善右旗、额济纳旗	阿拉善右旗、额济纳旗
东北	辽宁	沈阳市、新民市、辽中县、康平县、法库县、朝阳市、北票市、凌源市、朝阳县、建平县、喀喇沁左翼蒙古族自治县、阜新市、彰武县、阜新蒙古族自治县、铁岭市、调兵山市、开原市、铁岭县、西丰县、昌图县、抚顺市、抚顺县、新宾满族自治县、清原满族自治县、本溪市、本溪满族自治县、桓仁满族自治县、辽阳市、灯塔市、辽阳县、鞍山市、海城市、台安县、岫岩满族自治县、丹东市、凤城市、东港市、宽甸满族自治县、大连市、瓦房店市、普兰店市、庄河市、长海县、营口市、大石桥市、盖州市、盘锦市、大洼县、盘山县、锦州市、凌海市、北镇市、黑山县、义县、葫芦岛市、兴城市、绥中县、建昌县			
东北	吉林	长春市、德惠市、九台市、榆树市、扶余县、吉林市、磐石市、蛟河市、桦甸市、舒兰市、永吉县、公主岭市、伊通满族自治县、辽源市、东丰县、东辽县、通化市、梅河口市、集安市、通化县、辉南县、柳河县、白山市、临江市、江源县、抚松县、靖宇县、长白朝鲜族自治县、延吉市、图们市、敦化市、珲春市、龙井市、和龙市、汪清县、安图县			
东北	黑龙江	哈尔滨市、双城市、尚志市、五常市、依兰县、方正县、宾县、巴彦县、木兰县、通河县、延寿县、齐齐哈尔市、讷河市、龙江县、依安县、甘南县、富裕县、克山县、克东县、拜泉县、爱辉区、北安市、五大连池市、嫩江县、逊克县、孙吴县、伊春市、铁力市、嘉荫县、鹤岗市、萝北县、绥滨县、佳木斯市、同江市、富锦市、桦南县、桦川县、汤原县、抚远县、双鸭山市、集贤县、友谊县、宝清县、饶河县、七台河市、勃利县、鸡西市、虎林市、密山市、鸡东县、牡丹江市、穆棱市、绥芬河市、海林市、宁安市、东宁县、林口县、北林区、海伦市、望奎县、兰西、青冈县、庆安县、明水县、绥棱县、大兴安岭地区、呼玛县、塔河县、漠河县			

（续表）

地区	省级政区	20世纪前分布地点	20世纪前半叶分布地点	20世纪后半叶分布地点	现今分布地点
华东	山东	淄博市？肥城市？	淄博市？肥城市？		
中南	河南	滑县？	滑县？		
西南	西藏	丁青县	丁青		
西北	陕西	西安市、蓝田县、周至县、户县、宝塔区、延长县、延川县、子长县、安塞县、志丹县、甘泉县、富县、宜川县、黄陵县、陇县、榆阳区、米脂县	榆阳区		
西北	甘肃	兰州市、永登县、皋兰县、榆中县、嘉峪关市、金川区、永昌县、白银市、靖远县、景泰县、张家川回族自治县、凉州区、民勤县、古浪县、天祝藏族自治县、肃州区、玉门市、敦煌市、金塔县、瓜州县、肃北蒙古族自治县、阿克塞哈萨克族自治县、甘州区、民乐县、临泽县、高台县、山丹县、肃南裕固族自治县、临洮县、渭源县、临夏市、临夏县、康乐县、永靖县、广河县、和政县、东乡族自治县、积石山保安族东乡族撒拉族自治县、夏河县	古浪县、敦煌市、肃北蒙古族自治县、阿克塞哈萨克族自治县、临泽县	古浪县、敦煌市、肃北蒙古族自治县、阿克塞哈萨克族自治县、临泽县	敦煌市、肃北蒙古族自治县、阿克塞哈萨克族自治县、临泽县
西北	青海	西宁市、循化撒拉族自治县、祁连县、贵德县、贵南县、同仁县、尖扎县、德令哈市、格尔木市、乌兰县、都兰县、天峻县	德令哈市、格尔木市、乌兰县	德令哈市、格尔木市、乌兰县	德令哈市、格尔木市、乌兰县
西北	宁夏	银川市、灵武市、永宁县、贺兰县、石嘴山市、平罗县、青铜峡市、原州区、沙坡头区、海原县	原州区、海原县		
西北	新疆	乌鲁木齐市、乌鲁木齐县、克拉玛依市、石河子市、阿拉尔市、图木舒克市？五家渠市、喀什市、疏附县、疏勒县、英吉沙县、泽普县、莎车县、叶城县、麦盖提县、岳普湖县、伽师县、巴楚县、塔什库尔干塔吉克自治县、阿克苏市、温宿县？库车县、沙雅县、新和县？拜城县？乌什县、阿瓦提县、柯坪县？和田市、和田县、墨玉县、皮山县、洛浦县、策勒县、于田县、民丰县、吐鲁番市、鄯善县、托克逊县、哈密市、伊吾县、巴里坤哈萨克自治县、阿图什市、阿克陶县？阿合奇县、乌恰县、博乐市？精河县、阿克苏市、温泉县？昌吉市、阜康市、呼图壁县、玛纳斯县、奇台县、吉木萨尔县、木垒哈萨克自治县、库尔勒市、轮台县、尉犁县、若羌县、且末县、和静县、和硕县、博湖县、焉耆回族自治县、伊宁市、奎屯市？伊宁县、霍城县、巩留县、新源县、昭苏县、特克斯县、尼勒克县、察布查尔锡伯自治县、乌苏市、沙湾县、阿勒泰市、布尔津县、富蕴县、福海县、哈巴河县、青河县、吉木乃县	阿拉尔市、泽普县、叶城县、麦盖提县、库车县、沙雅县、阿瓦提县、和田市、和田县、墨玉县、皮山县、洛浦县、策勒县、于田县、民丰县、吐鲁番市、鄯善县、托克逊县、哈密市、伊吾县、巴里坤哈萨克自治县、精河县、阿克苏市、库尔勒市、轮台县、尉犁县、若羌县、且末县、和硕县、伊宁市、尼勒克县、乌苏市、吉木乃县	阿拉尔市、泽普县、叶城县、麦盖提县、库车县、沙雅县、阿瓦提县、和田市、和田县、墨玉县、皮山县、洛浦县、策勒县、于田县、民丰县、吐鲁番市、鄯善县、托克逊县、哈密市、伊吾县、巴里坤哈萨克自治县、精河县、阿克苏市、库尔勒市、轮台县、尉犁县、若羌县、且末县、和硕县、伊宁市、尼勒克县、乌苏市、吉木乃县	阿拉尔市、阿克苏市、库车县、沙雅县、阿瓦提县、于田县、吐鲁番市、鄯善县、托克逊县、哈密市、伊吾县、精河县、库尔勒市、轮台县、尉犁县、若羌县、且末县、伊宁市、尼勒克县、乌苏市、吉木乃县

参考文献

包诺索夫 B B.1938.北满更新世动物及其旧石器时代遗物之观察.满洲史学,2(1)

德永重康,直良信夫.1937.哈尔滨哺乳动物总括.地质学杂志,525

凤凌飞主编.1991.内蒙古珍稀濒危动物图谱.北京:中国农业科技出版社

国家林业局主编.2008.中国重点陆生野生动物资源调查.北京:中国林业出版社

河北省栾城县地方志编纂委员会编.1995.栾城县志.北京:新华出版社

贾兰坡,等.1959.周口店附近新发现的哺乳动物化石地点.古脊椎动物与古人类,1(1):47～51

李有恒.1963."河套人"的新材料.古脊椎动物与古人类,7(4):376～377

梁崇岐主编.1986.新疆珍贵动物图谱.北京:中国林业出版社

陆有泉,李毅.1984.内蒙古新发现的更新世晚期哺乳动物化石点.古脊椎动物学报,22(3):246～248

陆有泉,等.1986.乌尔吉晚更新世动物群和古生态环境.古脊椎动物学报,24(2):152～161

裴文中,李有恒.1964.萨拉乌苏河系的初步探讨.骨脊椎动物与古人类,8(2):99～118

祁国琴.1975.内蒙古萨拉乌苏河流域第四纪哺乳动物化石.古脊椎动物与古人类,13(4):239～249

祁国琴.1989.中国北方第四纪哺乳动物群:兼论原始人类生活环境.中国远古人类.北京:科学出版社,277～337

孙建中.1977.关于顾乡屯组.吉林地质(2)

汤英俊,宗冠福.1987.陕西汉中地区上新世哺乳类化石及其地层意义.古脊椎动物学报,25(3):222～235

汤英俊.1980.河北蔚县早更新世哺乳动物化石及其在地层划分上的意义.古脊椎动物与古人类,18(4):314～322

汤英俊,等.1983.山西临猗早更新世地层及哺乳动物群.古脊椎动物学报,21(1):77～86

汤卓炜,等.2003.吉林乾安大布苏晚更新世动物群.古脊椎动物学报,41(2):137～146

文榕生著.2009.中国珍稀野生动物分布变迁.济南:山东科学技术出版社

吴志清,孙炳亮.1989.山西和顺当城旧石器时代洞穴遗址群初步研究.人类学学报,8(1):39～48

邢台地区狗头泉考察小组.1978.邢台地区发现的披毛犀—古菱齿象动物群.古脊椎动物与古人类,16(1):73～75

徐钦琦,尤玉柱.1982.华北四个古人类遗址的哺乳动物群及其深海沉积物的对比.人类学学报,1(2):180～190

伊克昭盟地方志编纂委员会编.1994.伊克昭盟志.北京:现代出版社

尹赞勋.1931.哈尔滨附近第四纪哺乳类动物化石群之发现.中国地质学会志,11(2)

尤玉柱,徐钦琦.1981.中国北方晚更新世哺乳动物群与深海沉积物的对比.古脊椎动物与古人类,19(1):77～84

尤玉柱,等.2011.大连古龙山洞穴文化遗物及对当时古生态环境的探讨//大连市文物考古研究所.大连考古文集.第1集.北京:科学出版社

于汇历,尤玉柱.1988.阎家岗遗址的结构及埋藏学研究.考古与文物.4

袁磊,等.2015.罗布泊野骆驼的家域特征及其意义.生物多样性,23(3):314～320

远藤隆次.1942.顾乡屯:滨江省哈尔滨市顾乡屯化石产地调查报告.满洲古迹古物名胜天然纪念物保存协会,2

张多勇,等.2011.鄂尔多斯盆地旧石器时代的地理环境变迁.干旱区资源与环境,25(10):167～174

赵希涛.1986.甘肃庆阳地区第四纪地层与哺乳动物化石地点.中国第四纪研究,7(1):79～86

直良信夫.1939.关于顾乡屯之第二次堆积.人类学杂志,54(9)

中国科学院古脊椎动物与古人类研究所《中国脊椎动物化石手册》编写组.1979.中国脊椎动物化石手册(增订版).北京:科学出版社

中国科学院新疆综合考察队,动物研究所编;钱燕文,等著.1965.新疆南部的鸟兽.北京:科学出版社

中华人民共和国濒危物种进出口管理办公室主编;郑生武,等编著.1994.中国西北地区珍稀濒危动物志.北京:中国林业出版社

周信学,等著.1990.大连古龙山遗址研究.北京:北京科学技术出版社

第二十二章

麝属的分布变迁（续）

自林奈（Carl von Linné，1707—1778）1758 年将采自阿尔泰山东支[①]萨彦岭的麝命名为原麝（*Moschus moschiferus*），并建立麝属（*Moschus*）以来，已历时两个半世纪。曾有不少外国学者根据局部地区少量标本的研究，发表了多种观点；我国学者则是在 1950 年代后期开始从传统动物形态学、（现代）动物地理学、动物生态学以及细胞学、分子生物学等多方面对麝分类问题展开讨论，但仍未对麝的分类问题取得共识（盛和林等，2007）。2003 年，国家林业局正式将麝科麝属所有种由国家二级保护野生动物调整为一级。

由于认识探索过程或历史原因，现代动物地理学对麝种的分布记载不尽一致，所见某些较严谨的记载也难以采信[②]，而如盛和林先生如此坦诚者[③]，并不多见。故本文不再在此方面更多着墨，虽尽量保留原文称谓，但谨按拙见将它们按各自独立的物种区分开。

笔者曾按麝科麝属对它们在历史时期的分布变迁做过探讨（文榕生，2009），根据现有认识，认为有必要对麝属 5 个物种的地理分布进一步区分[④]，并将时间下限延续到与本书一致的“现今”。

从我国省级政区（表 22.1）看，历史上除台湾与海南为岛屿麝不涉足外，上海、香港、澳门也未见到麝分布，其余 29 个省级政区（山东省比较特殊，详见下文）皆或多或少有麝分布。

---

①原文为“中蒙边境”，特做改动。

②例如，2010～2012 年 5 次对珠峰（定日县、定结县、吉隆县、聂拉木县）一带调查，列出有马麝、林麝、黑（褐）麝、喜马拉雅麝 4 种（胡一鸣等. 2014. 西藏珠穆朗玛峰国家级自然保护区哺乳动物区系及其垂直变化. 兽类学报. 34(1)：28～37）。尽管 4 种麝皆标“VD”，意即“（Visiting）为访问记录”与“（Data）为资料记录”，而无一标有“B”，“（Body）为实体记录”或 S“（Spoor）为痕迹记录”，实难采信。

又如：《丽江地区林业志》记载：“据 1982 年（中国科学院）昆明动物所和省林勘五大队对本区（今丽江市）野生动物资源调查证实”有“野驴、原麝、林麝、马麝、黄麝、毛冠鹿岩羊、青羊、赤麂”等有蹄类，还有“药用动物麝香、熊胆、豹骨、猪砂、牛黄等”记载（丽江地区行政公署林业局，1998）。应是专业人员调查，但此处出现 4 种麝，尤其是还有相距甚远的“原麝”与罕见的“黄麝”。

③盛和林等（2007）指出：

林麝与原麝的分化，除林麝的体形较小（所处纬度所致）和成体毛被无斑点外，从骨学形态上两者的差异的确并不很显著，笔者曾将其归属于原麝，作为原麝的一个亚种（盛和林，1992）。通过对其头骨的判别分析，还是可与原麝区分开来；两者在分子水平上存在显著差异（Su Bing 等，2001；李明等，1998）；再考虑到两者在地理上的长期隔离，生存环境的差异；行为方面林麝善于上树采食，但未见原麝有类似报道。据此，笔者修正原来主张，接受林麝是个独立物种的观点。

④略前伸到 20 世纪以来，而不是整个历史时期。

表 22.1　历史时期我国麝的分布变迁概况

地区	省级政区	历史上有麝	原麝	林麝	马麝	黑麝	喜马拉雅麝
华北	北京	▲	★				
	天津	▲	★				
	河北	▲	★				
	山西	▲	★				
	内蒙古	▲	★		★		
东北	辽宁	▲	★				
	吉林	▲	★				
	黑龙江	▲	★				
华东	上海						
	江苏	▲					
	浙江	▲		★			
	安徽	▲		★			
	福建	▲		★			
	江西	▲		★			
	山东						
	台湾						
中南	河南	▲	★	★			
	湖北	▲		★			
	湖南	▲		★			
	广东	▲		★			
	广西	▲		★			
	海南						
	香港						
	澳门						
西南	重庆	▲		★			
	四川	▲		★	★		
	贵州	▲		★			
	云南	▲		★	★	★	★
	西藏	▲		★	★	★	★
西北	陕西	▲	★	★			
	甘肃	▲		★	★		
	青海	▲			★		
	宁夏	▲		★	★		
	新疆	▲	★				

1　麝的演化与扩散

麝属化石仅见于亚洲。通过对线粒体 DNA 细胞素 b 基因上的一个片段分析表明，麝在 500 万～600 万年前与鹿科出现分歧（李明等，1998），这与依据化石研究古生物进化比较吻合。在我国，最早的中新世化石当属河北磁县（麝的祖先“古鹿”）与江苏泗洪县（半麝鹿）；随后，内蒙古的满洲里市、化德县出土上新世麝化石；到早更新世，广西的柳城县、重庆的巫山县与陕西的大荔县分别发掘出麝化石；到中更新世，麝化石已在北京、河北、辽宁、安徽、湖北、广西、重庆、贵州、云南等省级政区发现。据迄今我国发现的不同时期麝遗存分布概况（图 22.1、表 22.2）看，尽管在分布边缘的黑龙江、新疆、浙江、福建、广东等地尚未见到麝遗存，但麝的演化与扩散过程已经比较明朗。

● 禄丰县是麝遗存数量较多的地方。韩德芬(1985)明确指出：我国已知的两种晚第三纪麝即原麝（*Moschus primaevus*）和古麝（*Moschus grandaevus*），主要发现于内蒙古二登特地层。禄丰标本上颌骨的臼齿最接近古麝，但单个上臼齿却与已记述的古麝在细微特征上有所不同，下臼齿无古鹿褶而不同于原麝。据此看来，此地虽远在西南，但麝却早已到达。

● 如果说最早的麝化石出现在内蒙古一带，那么其直接先祖的化石在江南也有存在，并且在其后的早更新世，在长江中游与珠江上游支流的柳江一带也有较早的麝化石。因此，窃以为，麝的扩散似表现从东向西的大势，亦即沿“东→中→西”逐步扩散可能更准确一些。

● 在全新世（具体为距今 5 600～4 000 年至公元 9～11 世纪），麝的遗存扩散到青藏高原。至今，这一带依然是麝种类多、分布广、数量较大的分布区。

● 值得注意的是，在长阳土家族自治县渔峡口镇香炉石遗址有喜马拉雅麝的犬齿和下颌骨出土，据报道是“早期巴文化遗址及东周遗址（距今(3 125±130)年～2 430 年）”。这与现今喜马拉雅麝分布区的最近距离也超过 2 300 km。

● 尽管尚未见文献关于山东有麝的记载，但却有距今 5 000～4 500 年的麝遗存出土，证明曾有麝分布，但灭绝的较早。

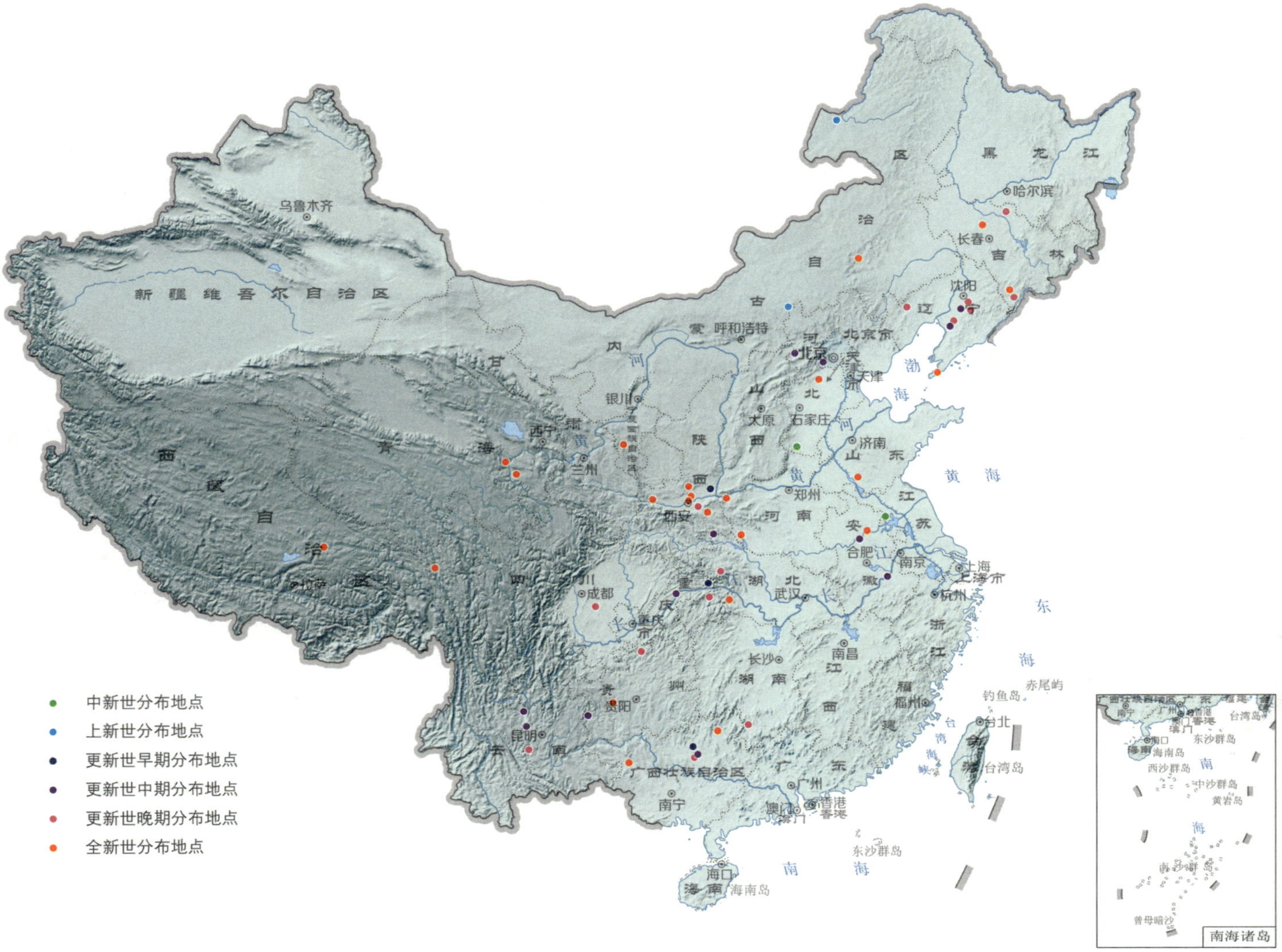

图 22.1　麝遗存分布图

表 22.2 麝遗存分布概况

地区	省级政区	市、县、区	遗存地点	时期	资料来源	
华北	北京	房山区	周口店(第一地点,4～7层)	中更新世	北京麝化石	贾兰坡等,1959;卡尔克等,1961;中国科学院古脊椎动物与古人类研究所《中国脊椎动物化石手册》编写组,1979;李炎贤等,1981
			周口店田园洞	晚更新世	香麝	同号文等,2004
			十渡镇西太平村	晚更新世	香麝	同号文等,2008
	河北	阳原县	化稍营镇泥河湾动物群	中更新世	麝	(Teihard de Chardin et al.,1931;郑绍华等,1991;金昌柱等,2000)
		徐水县	南庄头	全新世	麝	保定地区文物管理所等,1992;陈星灿,1999
		磁县	九龙口	中新世	古鹿(麝的祖先)	陈冠芳等,1976
	内蒙古	林西县	井子沟西梁	全新世	麝	陈全家,2010
		满洲里市	扎赉诺尔	上新世	古鹿褶(*Moschus primaevus*)	Schlosser,1924;韩德芬,1985
				晚更新世	麝	尤玉柱等,1981
		化德县	土城子和黑沙图	上新世	古麝(*Moschus grandaevus*)	邱铸鼎,1979;中国科学院古脊椎动物与古人类研究所《中国脊椎动物化石手册》编写组,1979;韩德芬,1985
东北	辽宁	朝阳市	龙城区马山洞	晚更新世	香麝	董为等,2009
		本溪市	溪湖区三道岗洞穴	晚更新世	香麝(*Moschus moschiferus*)	魏海波,1986
		本溪满族自治县	庙后山	晚更新世	北京香麝、褶齿香麝(*Moschus m. plicodon*)	陈恩志,2004;魏海波,2009
		辽阳市	安平南山裂隙	中更新世	北京麝(*Moschus moschiferus*)	张镇洪等,1980;魏海波等,2010
		海城市	小孤山	晚更新世	北京香麝	陈恩志编著,2004
		大连市	铁山镇郭家村	全新世	麝(*Moschus moschiferus*)	傅仁义,1984
		大石桥市	金牛山(下部)	中更新世	北京麝	金牛山联合发掘队,1976;魏海波等,2010
			金牛山(上部)	晚更新世	北京麝	金牛山联合发掘队,1976;魏海波等,2010
	吉林	榆树县	周家油坊	晚更新世	麝	古脊椎动物研究所高等脊椎动物组,1959;胡长康等,1978;陈恩志,2004
		农安县	左家山	全新世	麝	陈全家,1993
		通化市	王八脖子	全新世	原麝	动物考古课题组,2011
		集安县	大路乡仙人洞	晚更新世	香麝(*Moschus moschiferus*;超过10个个体)	董頠,1993

（续表）

地区	省级政区	市、县、区	遗存地点	时期	资料来源	
华东	江苏	泗洪县	下草湾	中新世	半麝鹿	李传夔等，1983
			松林庄	中新世	麝	林一璞等，1983
	安徽	蚌埠市	小蚌埠镇双墩	全新世	麝	韩立刚等，2008
		淮南市	大居山西坡	中更新世	麝	淮南年鉴：2003 网络版
		繁昌县	孙村镇人字洞	中更新世	麝（未定种）	金昌柱等，2000
	山东	滕州市	官桥镇西公桥	全新世	麝	钟蓓，2007
中南	河南	灵宝市	西坡	全新世	麝	动物考古课题组，2011
		淅川县	下王岗	全新世	麝	贾兰坡等，1977
	湖北	郧西县	神雾岭白龙洞	中更新世	麝属（未定种）	武仙竹等，2009
		长阳土家族自治县	鲢鱼山	全新世	麝	陈全家等，2004；王善才 a，2004
			原柘坪乡桅杆坪	全新世	麝	陈全家等，2004；王善才 b，2004
			津洋口镇西寺坪	全新世	麝	陈全家等，2004；王善才 c，2004
			渔峡口镇香炉石	全新世	喜马拉雅麝（第 3～5 层；个体 3、3、3）	陈全家等，2004；王善才 d，2004
		神农架林区	犀牛洞	晚更新世	褶齿香麝（*Moschus moschiferus plicodon*）、麝（*Moschus* sp.）	武仙竹，1998
		建始县	高坪镇杨家坡洞	晚更新世	麝 *Moschus* sp.（*Moxdhiftrus*?）	陆成秋，2010
	湖南	道县	后背山福岩洞	晚更新世	香麝（未定种）	李意愿等，2013
	广西	桂林市	甑皮岩	全新世	麝	袁靖等，2003
		柳州市	笔架山	中更新世	麝	黄万波，1979
		柳江县	柳江人洞	晚更新世	麝	黄万波，1979
		柳城县	巨猿洞	早更新世	麝	裴文中，1987；金昌柱等，2000
		右江区	百色镇革新桥	全新世	麝（*Moschus* sp.）（标本 393，最小个体 14）	黄蕴平，2010；宋艳波等，2010
西南	重庆	万州区	盐井沟	中更新世	褶齿香麝	卡尔克等，1961；中国科学院古脊椎动物与古人类研究所《中国脊椎动物化石手册》编写组，1979；计宏祥，1982
		巫山县	龙骨坡古猿人	早更新世	麝	黄万波等，1991；金昌柱等，2000
	四川	雁江区	黄鳝溪	晚更新世	麝	卡尔克，1961；计宏祥，1982
	贵州	盘县	大洞	中更新世	麝（*Moschus* sp.）	斯信强等，1993；张镇洪等，1997
		桐梓县	马鞍山	晚更新世	麝	黄泗亭等，1992；龙凤骧，2002
		普定县	穿洞	全新世	麝（*Moschus* sp.）	张森水，1995

（续表）

地区	省级政区	市、县、区	遗存地点	时期	资料来源	
	云南	峨山彝族自治县	塔甸乡老龙洞	晚更新世	麝鹿(*Moschus* sp.)	白子麒,1998
	云南	元谋县	元谋人	中更新世	麝	林一朴等,1978;金昌柱等,2000
	云南	禄丰县	古猿化石地点	中更新世	麝遗存(上颌骨3件,下颌骨43件,单个牙齿13枚)	韩德芬,1985
	西藏	那曲县	罗马乡察秀塘	全新世	马麝(*Moschus sifanicus*)	胡松梅等,2010
	西藏	昌都县	卡若遗址	全新世	“獐(*Hydropotes inermes*)”	黄万波,1980
西北	陕西	西安市	临潼零口村	全新世	麝	陕西省考古研究所,2004
西北	陕西	西安市	临潼姜寨遗址	全新世	麝	祁国琴,1988
西北	陕西	蓝田县	涝池河	晚更新世	麝右下颌	计宏祥,1974
西北	陕西	高陵县	泾渭镇东营	全新世	麝(龙山1件,仰韶2件)	陕西省考古研究院等,2010
西北	陕西	铜川市	瓦窑沟	全新世	麝	王华等,2014
西北	陕西	大荔县		早更新世	麝	赵晨,2009
西北	陕西	宝鸡市	北首岭	全新世	麝(*Moschus moschiferus*)	中国社会科学院考古研究所,1983
西北	陕西	宝鸡市	福临堡	全新世	原麝	宝鸡市考古工作队等,1993;吴家炎,1993
西北	陕西	宝鸡市	关桃园	全新世	麝	胡松梅,2006
西北	陕西	商州区	东龙山	全新世	麝(共29件;其中夏代18件)	陕西省考古研究院等,2011
西北	青海	同德县	宗日	全新世	麝(*Moschus moshiferus*)	安家瑗等,2010
西北	青海	兴海县	羊曲十二档和香那沟等	全新世	麝(*Moschus moshiferus*)	安家瑗等,2010
西北	宁夏	海原县	西安乡林子梁	全新世	麝	韩康信,2003

注:①西藏昌都卡若新石器时代遗址所称“獐(*Hydropotes inermes* Sw.)”,笔者曾存疑。盛和林等(2007)提到:“据马逸清提供的资料,人类早在新石器时代,距今4 000～5 000年前,澜沧江畔的西藏昌都卡若文化遗址,曾出土麝的骨骼”。由此看来,是“麝”(现代这一带是马麝与林麝重叠分布区)的可能性更大,笔者与之不谋而合。

②青海同德与兴海的麝,据所标学名(*Moschus moshiferus*)看,是“原麝”;而其时不可能分布在这一带,疑似误标。另,文中有“香那沟”与“香让沟”2种稍异地名。

2　20世纪前的麝分布

根据笔者以往研究麝的资料,尚难以区分我国历史上麝的独立物种时期。麝属分布颇广泛(图22.2、表22.3),大致有如下特点:

- 有麝分布的市(县、区)超过1 280个,约占全国的54%。
- 广西壮族自治区、青海省与宁夏回族自治区3个省级政区曾全有麝分布。
- 基本上(≤8地)有麝分布的3个省级政区是:贵州省、云南省、甘肃省。

● 多数(≥50%)有麝分布的 9 个省级政区是：山西省、吉林省、黑龙江省、湖北省、湖南省、重庆市、四川省、西藏自治区、陕西省。

● 麝在当地分布超过 1/3 的 5 个省级政区是：北京市、河北省、内蒙古自治区、辽宁省、河南省。

● 直观看，内蒙古以南的中部地区麝分布比较密集，内蒙古与西部内陆地区麝分布则比较稀疏。这与当地荒漠、高寒生态环境不适宜麝生息繁衍密切相关，而东部沿海低地或丘陵地带的生态环境也不适宜麝栖息。

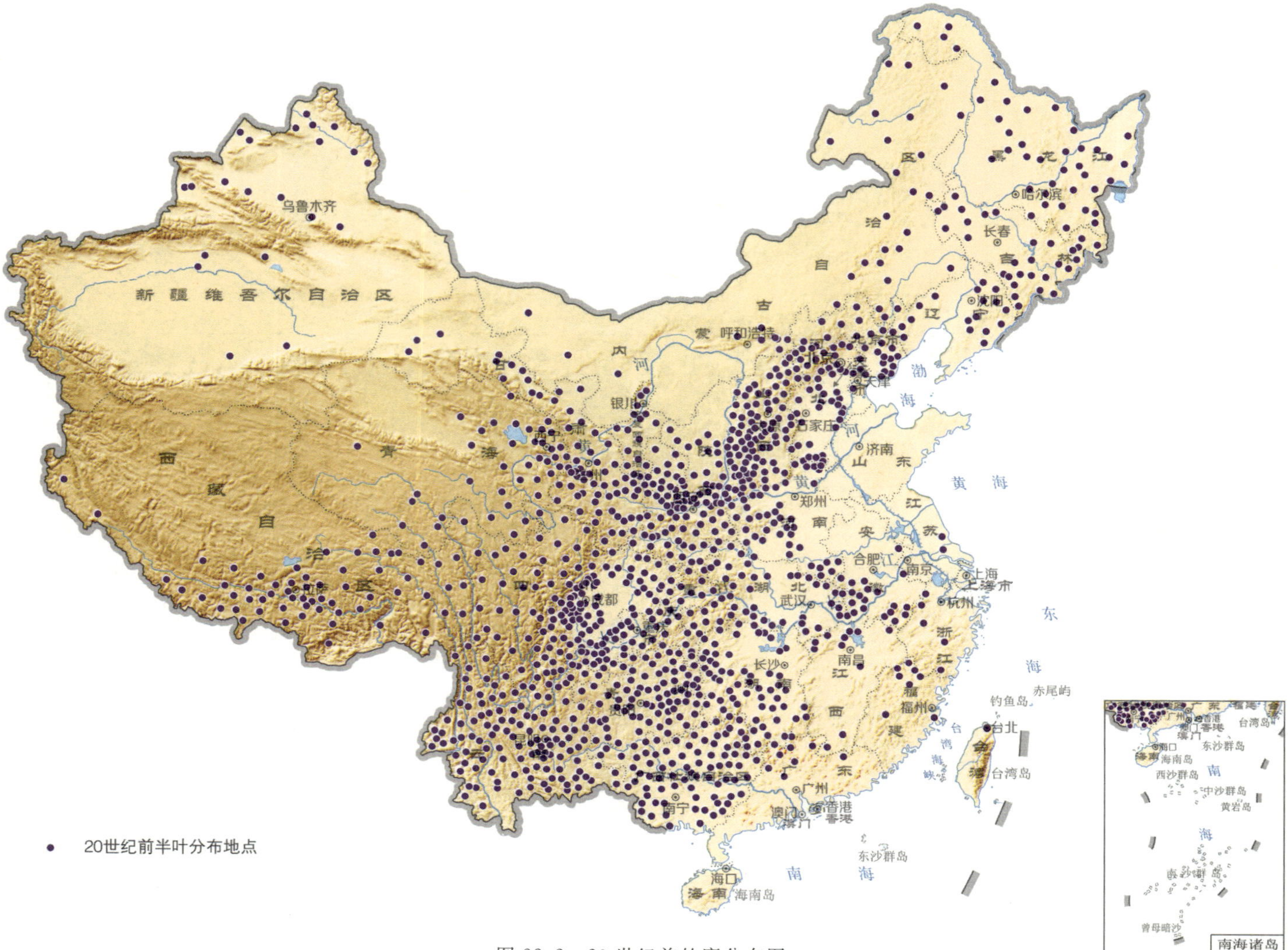

图 22.2　20 世纪前的麝分布图

表 22.3　　**20 世纪前麝分布概况**

地区	省级政区	20 世纪前分布地点
华北	北京	丰台区、房山区、昌平区、大兴区、怀柔区、延庆县、密云县
	天津	武清区、宝坻区、蓟县、宁河县、静海县
	河北	井陉县、灵寿县、深泽县、赞皇县、张家口市、宣化县、沽源县、蔚县、阳原县、怀安县、万全县、怀来县、涿鹿县、赤城县、承德市、承德县、兴隆县、平泉县、滦平县、隆化县、丰宁满族自治县、宽城满族自治县、围场县、秦皇岛市、昌黎县、抚宁县、卢龙县、青龙满族自治县、唐山市、迁安市、滦县、滦南县、乐亭县、迁西县、唐海县、廊坊市、涿州市、安国市、满城县、清苑县、易县、涞源县、唐县、涞水县、泊头市、任丘市、河间市、肃宁县、献县、故城县、景县、阜城县、武安市、临漳县、大名县、涉县、永年县、魏县

(续表)

地区	省级政区	20世纪前分布地点
	山西	太原市、古交市、清徐县、阳曲县、娄烦县、大同市、阳高县、天镇县、广灵县、灵丘县、浑源县、大同县、朔州市、山阴县、应县、怀仁县、阳泉市、平定县、盂县、长治市、长子县、武乡县、沁县、沁源县、城区、高平市、沁水县、阳城县、陵川县、忻府区、原平市、定襄县、五台县、代县、繁峙县、宁武县、静乐县、神池县、五寨县、岢岚县、保德县、榆次区、介休市、榆社县、左权县、和顺县、昔阳县、寿阳县、太谷县、祁县、平遥县、灵石县、尧都区、侯马市、霍州市、曲沃县、翼城县、襄汾县、洪洞县、古县、安泽县、浮山县、吉县、乡宁县、蒲县、大宁县、永和县、隰县、汾西县、盐湖区、永济市、芮城县、临猗县、新绛县、稷山县、闻喜县、夏县、绛县、平陆县、垣曲县、离石区、孝义市、汾阳市、文水县、中阳县、兴县、临县、方山县、柳林县、岚县、交口县、交城县、石楼县
	内蒙古	呼和浩特市、武川县、赤峰市、宁城县、林西县、阿鲁科尔沁旗、巴林左旗、巴林右旗、克什克腾旗、翁牛特旗、喀喇沁旗、霍林郭勒市、扎鲁特旗、科尔沁左翼后旗、扎兰屯市、牙克石市、根河市、额尔古纳市、新巴尔虎右旗、陈巴尔虎旗、鄂伦春自治旗、鄂温克族自治旗、莫力达瓦达斡尔族自治旗、集宁区、丰镇市、卓资县、兴和县、察哈尔右翼前旗、察哈尔右翼中旗、乌兰浩特市、阿尔山市、科尔沁右翼前旗、多伦县、阿拉善左旗、阿拉善右旗、额济纳旗
东北	辽宁	沈阳市、朝阳市、北票市、凌源市、朝阳县、建平县、喀喇沁左翼蒙古族自治县、阜新市、阜新蒙古族自治县、铁岭市、开原市、铁岭县、抚顺市、抚顺县、新宾满族自治县、清原满族自治县、本溪市、本溪满族自治县、桓仁满族自治县、辽阳市、辽阳县、岫岩县、丹东市、凤城市、东港市、宽甸满族自治县、锦州市、建昌县
	吉林	洮北区、大安市、洮南市、镇赉县、通榆县、扶余县、长岭县、乾安县、前郭尔罗斯县、磐石市、蛟河市、桦甸市、辽源市、东丰县、通化市、梅河口市、集安市、通化县、辉南县、柳河县、白山市、临江市、抚松县、靖宇县、长白朝鲜族自治县、延吉市、图们市、敦化市、珲春市、龙井市、和龙市、汪清县、安图县
	黑龙江	哈尔滨市、尚志市、五常市、依兰县、方正县、宾县、延寿县、爱辉区、北安市、五大连池市、嫩江县、逊克县、孙吴县、伊春市、铁力市、嘉荫县、鹤岗市、萝北县、佳木斯市、桦南县、桦川县、汤原县、双鸭山市、友谊县、宝清县、饶河县、七台河市、勃利县、鸡西市、虎林市、密山市、鸡东县、牡丹江市、穆棱市、绥芬河市、海林市、宁安市、东宁县、林口县、海伦市、庆安县、明水县、绥棱县、大兴安岭地区、呼玛县、塔河县、漠河县
华东	江苏	东台市、如皋市
	浙江	临安市、建德市、安吉县、宁波市、泰顺县、缙云县
	安徽	滁州市、来安县、当涂县、安庆市、桐城市、怀宁县、枞阳县、潜山县、太湖县、宿松县、望江县、岳西县、黄山市、歙县、休宁县、黟县、祁门县、六安市、舒城县、金寨县、霍山县、绩溪县
	福建	福清市、武夷山市、建瓯市、建阳市、浦城县、松溪县、政和县、永安市
	江西	安义县、武宁县、修水县、永修县、星子县、都昌县、安远县、龙南县、婺源县、临川区
中南	河南	登封市、湖滨区、灵宝市、渑池县、陕县、卢氏县、洛阳市、新安县、栾川县、嵩县、汝阳县、洛宁县、焦作市、沁阳市、修武县、长垣县、鹤壁市、安阳市、林州市、安阳县、汤阴县、内黄县、华龙区、清丰县、南乐县、襄城县、舞阳县、平顶山市、舞钢市、汝州市、宝丰县、叶县、鲁山县、南召县、方城县、西峡县、镇平县、内乡县、淅川县、桐柏县、信阳市、潢川县、光山县、固始县、商城县、罗山县、新县、确山县、泌阳县、济源市
	湖北	十堰市、丹江口市、郧县、竹山县、房县、郧西县、竹溪县、襄樊市、老河口市、宜城市、南漳县、谷城县、保康县、大悟县、麻城市、武穴市、红安县、罗田县、英山县、浠水县、蕲春县、黄梅县、黄石市、嘉鱼县、崇阳县、通山县、荆州市、石首市、松滋市、公安县、监利县、宜昌市、枝江市、宜都市、远安县、兴山县、秭归县、长阳土家族自治县、五峰土家族自治县、曾都区、广水市、神农架林区、恩施市、利川市、建始县、巴东县、宣恩县、咸丰县、来凤县、鹤峰县
	湖南	张家界市、慈利县、桑植县、津市市、安乡县、澧县、石门县、南县、汨罗市、湘阴县、炎陵县、湘乡市、湘潭县、衡阳市、常宁市、耒阳市、衡阳县、衡南县、衡山县、衡东县、祁东县、资兴市、桂阳县、宜章县、桂东县、道县、宁远县、江永县、蓝山县、双牌县、祁阳县、江华瑶族自治县、邵阳市、武冈市、邵东县、邵阳县、新邵县、隆回县、洞口县、绥宁县、新宁县、城步苗族自治县、鹤城区、沅陵县、辰溪县、溆浦县、中方县、会同县、麻阳县、新晃侗族自治县、靖州苗族侗族自治县、冷水江市、新化县、吉首市、泸溪县、凤凰县、花垣县、保靖县、古丈县、永顺县、龙山县

（续表）

地区	省级政区	20世纪前分布地点
	广东	英德市、连州市、阳山县、连山壮族瑶族自治、韶关市、乐昌市、始兴县、乳源瑶族自治县、龙川县、怀集县
	广西	南宁市、武鸣县、横县、宾阳县、上林县、隆安县、马山县、桂林市、阳朔县、临桂县、灵川县、全州县、兴安县、永福县、灌阳县、资源县、平乐县、荔浦县、龙胜各族自治县、恭城县、柳州市、柳江县、柳城县、鹿寨县、融安县、三江侗族自治县、融水苗族自治县、梧州市、岑溪市、苍梧县、藤县、蒙山县、贵港市、桂平市、平南县、玉州区、北流市、兴业县、容县、陆川县、博白县、钦州市、灵山县、浦北县、北海市、合浦县、防城港市、东兴市、上思县、江州区、凭祥市、扶绥县、大新县、天等县、宁明县、龙州县、右江区、田阳县、田东县、平果县、德保县、靖西县、那坡县、凌云县、乐业县、西林县、田林县、隆林各族自治县、金城江区、宜州市、南丹县、天峨县、凤山县、东兰县、巴马瑶族自治县、都安瑶族自治县、大化瑶族自治县、罗城仫佬族自治县、环江毛南族自治县、兴宾区、合山市、象州县、武宣县、忻城县、金秀瑶族自治县、八步区、昭平县、钟山县、富川瑶族自治县
西南	重庆	江北区、巴南区、万州区、涪陵区、黔江区、长寿区、江津区、合川区、永川区、南川区、綦江县、铜梁县、大足县、荣昌县、璧山县、垫江县、武隆县、丰都县、城口县、梁平县、开县、巫溪县、巫山县、奉节县、云阳县、忠县、石柱土家族自治县、彭水县、酉阳土家族苗族自治县、秀山土家族苗族自治县
	四川	成都市、都江堰市、彭州市、邛崃市、崇州市、金堂县、双流县、郫县、大邑县、蒲江县、新津县、广元市、旺苍县、青川县、剑阁县、苍溪县、绵阳市、江油市、安县、梓潼县、北川羌族自治县、平武县、旌阳区、什邡市、绵竹市、罗江县、南充市、阆中市、南部县、营山县、蓬安县、仪陇县、武胜县、邻水县、遂宁市、内江市、威远县、资中县、隆昌县、乐山市、峨眉山市、犍为县、井研县、夹江县、沐川县、峨边彝族自治县、马边彝族自治县、自贡市、荣县、富顺县、泸州市、泸县、合江县、叙永县、古蔺县、翠屏区、宜宾县、南溪县、江安县、长宁县、高县、筠连县、珙县、兴文县、屏山县、攀枝花市、米易县、盐边县、巴州区、通江县、南江县、平昌县、通川区、万源市、达县、宣汉县、开江县、大竹县、渠县、雁江区、简阳市、东坡区、仁寿县、彭山县、洪雅县、丹棱县、青神县、雨城区、名山县、荥经县、汉源县、石棉县、天全县、芦山县、宝兴县、马尔康县、汶川县、理县、茂县、松潘县、九寨沟县、金川县、小金县、黑水县、壤塘县、阿坝县、若尔盖县、红原县、康定县、泸定县、丹巴县、九龙县、雅江县、道孚县、炉霍县、甘孜县、新龙县、德格县、白玉县、石渠县、色达县、理塘县、巴塘县、乡城县、稻城县、得荣县、西昌市、盐源县、德昌县、会理县、会东县、宁南县、普格县、布拖县、金阳县、昭觉县、喜德县、冕宁县、越西县、甘洛县、美姑县、雷波县、木里藏族自治县
	贵州	贵阳市、清镇市、开阳县、修文县、息烽县、盘县、水城县、遵义市、赤水市、仁怀市、遵义县、桐梓县、绥阳县、正安县、凤冈县、湄潭县、余庆县、习水县、道真仡佬族苗族自治县、务川仡佬族苗族自治县、西秀区、平坝县、普定县、大方县、黔西县、金沙县、织金县、纳雍县、赫章县、威宁彝族回族苗族自治县、铜仁市、江口县、石阡县、思南县、德江县、玉屏侗族自治县、印江土家族苗族自治县、沿河土家族自治县、松桃苗族自治县、万山特区、凯里市、黄平县、施秉县、三穗县、镇远县、岑巩县、天柱县、锦屏县、剑河县、台江县、黎平县、榕江县、从江县、雷山县、麻江县、丹寨县、都匀市、福泉市、荔波县、贵定县、瓮安县、独山县、平塘县、罗甸县、长顺县、龙里县、惠水县、三都水族自治县、兴义市、兴仁县、普安县、晴隆县、册亨县、安龙县
	云南	昆明市、安宁市、呈贡县、晋宁县、富民县、宜良县、嵩明县、石林彝族自治县、禄劝彝族苗族自治县、寻甸回族彝族自治县、麒麟区、宣威市、马龙县、沾益县、富源县、罗平县、师宗县、陆良县、会泽县、红塔区、江川县、澄江县、通海县、华宁县、易门县、峨山彝族自治县、新平彝族傣族自治县、元江哈尼族彝族傣族自治县、隆阳区、施甸县、腾冲县、龙陵县、昌宁县、昭阳区、鲁甸县、巧家县、盐津县、大关县、永善县、绥江县、镇雄县、彝良县、威信县、水富县、古城区、永胜县、华坪县、玉龙纳西族自治县、宁蒗彝族自治县、思茅区、宁饵哈尼族彝族自治县、墨江哈尼族自治县、景东彝族自治县、景谷傣族彝族自治县、镇沅彝族哈尼族拉祜族自治县、江城哈尼族彝族自治县、孟连傣族拉祜族佤族自治县、澜沧拉祜族自治县、西盟佤族自治县志、临翔区、凤庆县、云县、永德县、镇康县、双江拉祜族佤族布朗族傣族自治县、耿马傣族佤族自治县、沧源佤族自治县、潞西市、瑞丽市、梁河县、盈江县、陇川县、泸水县、福贡县、贡山独龙族怒族自治县、兰坪白族普米族自治县、香格里拉县、德钦县、维西傈僳族自治县、大理市、祥云县、宾川县、弥渡县、永平县、云龙县、洱源县、剑川县、鹤庆县、漾濞彝族自治县、南涧彝族自治县、巍山彝族回族自治县、楚雄市、双柏县、牟定县、南华县、姚安县、大姚县、永仁县、元谋县、武定县、禄丰县、蒙自县、个旧市、开远市、绿春县、建水县、石屏县、弥勒县、泸西县、元阳县、红河县、金平苗族瑶族自治县、河口瑶族自治县、屏边苗族自治县、文山县、砚山县、西畴县、麻栗坡县、马关县、丘北县、广南县、富宁县、勐海县

（续表）

地区	省级政区	20 世纪前分布地点
	西藏	城关区、林周县、当雄县、尼木县、曲水县、堆龙德庆县、达孜县、墨竹工卡县、那曲县、嘉黎县、比如县、索县、巴青县、昌都县、江达县、贡觉县、类乌齐县、丁青县、察雅县、八宿县、左贡县、芒康县、洛隆县、边坝县、林芝县、工布江达县、米林县、墨脱县、波密县、察隅县、朗县、乃东县、扎囊县、贡嘎县、桑日县、琼结县、曲松县、措美县、洛扎县、加查县、隆子县、错那县、浪卡子县、日喀则市、南木林县、江孜县、定日县、萨迦县、拉孜县、昂仁县、谢通门县、白朗县、仁布县、康马县、定结县、亚东县、吉隆县、聂拉木县、岗巴县、普兰县、札达县
西北	陕西	西安市、蓝田县、周至县、户县、高陵县、宝塔区、延长县、延川县、子长县、安塞县、志丹县、吴旗县、洛川县、宜川县、黄陵县、铜川市、临渭区、华阴市、韩城市、华县、潼关县、大荔县、蒲城县、澄城县、白水县、合阳县、富平县、咸阳市、兴平市、三原县、泾阳县、乾县、礼泉县、永寿县、彬县、长武县、旬邑县、淳化县、武功县、宝鸡市、凤翔县、岐山县、扶风县、眉县、陇县、千阳县、麟游县、凤县、太白县、汉台区、南郑县、城固县、洋县、西乡县、勉县、宁强县、略阳县、镇巴县、留坝县、佛坪县、定边县、汉滨区、汉阴县、石泉县、宁陕县、紫阳县、岚皋县、平利县、镇坪县、旬阳县、白河县、商州区、洛南县、丹凤县、商南县、山阳县、镇安县、柞水县
	甘肃	兰州市、永登县、皋兰县、榆中县、金川区、永昌县、白银市、靖远县、会宁县、景泰县、天水市、清水县、秦安县、甘谷县、武山县、张家川回族自治县、凉州区、民勤县、古浪县、天祝藏族自治县、肃州区、敦煌市、金塔县、肃北蒙古族自治县、阿克塞哈萨克族自治县、甘州区、民乐县、临泽县、高台县、山丹县、肃南裕固族自治县、西峰区、庆城县、环县、华池县、合水县、正宁县、宁县、镇原县、崆峒区、泾川县、灵台县、崇信县、华亭县、庄浪县、静宁县、安定区、通渭县、临洮县、漳县、岷县、渭源县、陇西县、武都区、成县、宕昌县、康县、文县、西和县、礼县、两当县、徽县、临夏市、临夏县、康乐县、永靖县、广河县、和政县、东乡族自治县、积石山保安族东乡族撒拉族自治县、合作市、临潭县、卓尼县、舟曲县、迭部县、玛曲县、碌曲县、夏河县
	青海	西宁市、大通回族自治县、湟源县、湟中县、平安县、乐都县、民和回族土族自治县、互助土族自治县志、化隆回族自治县、循化撒拉族自治县、海晏县、祁连县、刚察县、门源回族自治县、共和县、同德县、贵德县、兴海县、贵南县、同仁县、尖扎县、泽库县、河南蒙古族自治县、玛沁县、班玛县、甘德县、达日县、久治县、玛多县、玉树县、杂多县、称多县、治多县、囊谦县、曲麻莱县、德令哈市、格尔木市、乌兰县、都兰县、天峻县
	宁夏	银川市、灵武市、永宁县、贺兰县、石嘴山市、平罗县、利通区、青铜峡市、盐池县、同心县、原州区、西吉县、隆德县、泾源县、彭阳县、沙坡头、中宁县、海原县
	新疆	库车县、沙雅县、精河县、阜康市、玛纳斯县、奇台县、若羌县、且末县、焉耆回族自治县、伊宁市、霍城县、塔城市、乌苏市、额敏县、阿勒泰市、布尔津县、富蕴县、福海县、哈巴河县、青河县、吉木乃县

注：20 世纪前，个别地虽尚未见文献记载，但其周边皆有麝分布，故推断曾有麝的是：广西 4 地(桂林市、北流市、东兴市、合山市)、四川 4 地(泸县、兴文县、彭山县、青神县)、贵州 5 地(赤水市、万山特区、三穗县、平塘县、晴隆县)、甘肃 2 地(西峰区、镇原县)、青海 2 地(西宁市、德令哈市)、宁夏 4 地(灵武市、利通区、盐池县、彭阳县)。

3　清代以来的 5 种麝分布区

盛和林等(2007)将我国的麝属划分为“北方麝”(原麝)“南方麝”(林麝)与“高山麝”(马麝、黑麝、喜马拉雅麝)，兼顾到麝种的生态环境与分布区方位，不无道理。然而，本文还是采用学界一致认同的 5 种麝，试图区分清它们的分布界线。

历史时期生态环境曾有数次较大变迁，气候带明显移动，就是各种麝遗存的分布地也显著异与今①，加之古今文献中各种麝的名称与分布地混杂误用，所见一些麝分布界线绘制存在较大差

①如：褶齿香麝遗存在中更新世出现在重庆万州盐井沟，褶齿香麝遗存在晚更新世出现在湖北神农架犀牛洞，喜马拉雅麝遗存在全新世出现在湖北长阳渔峡口镇香炉石。

异。窃以为，我们所进行的5种麝分布区初步划定，也仅是反映古籍记载麝较多、生态环境较稳定的清代以来的概况，而绝非各麝种分化以来的界线。

从5种麝的分布区（图22.3～图22.7）看，仅原麝的分布区是独立的，与其他麝种分布没有重叠现象；林麝与马麝在西部地区分布有所重叠；黑麝略呈刀把状在西藏东南部与云南西南部分布，它与林麝、马麝、喜马拉雅麝的分布有所重叠；喜马拉雅麝西北—东南向略呈“一”字形横卧于西藏南部及云南西部少数地区，它与林麝、马麝、黑麝的分布有所重叠。

有研究者提出，原麝是麝属最早分化出的独立物种。原麝在我国分布较广，在秦岭—淮河以北，分东、西两片分布：东片的西界约达白于山—子午岭以东，西片主要在新疆一带。这两片分布区看似隔离，实际上与境外的原麝分布连成大片分布区。

林麝东半部主要处于秦岭东段、淮河以南地区，在西半部最北则达到宁夏中部，部分分布区与马麝有所分隔。

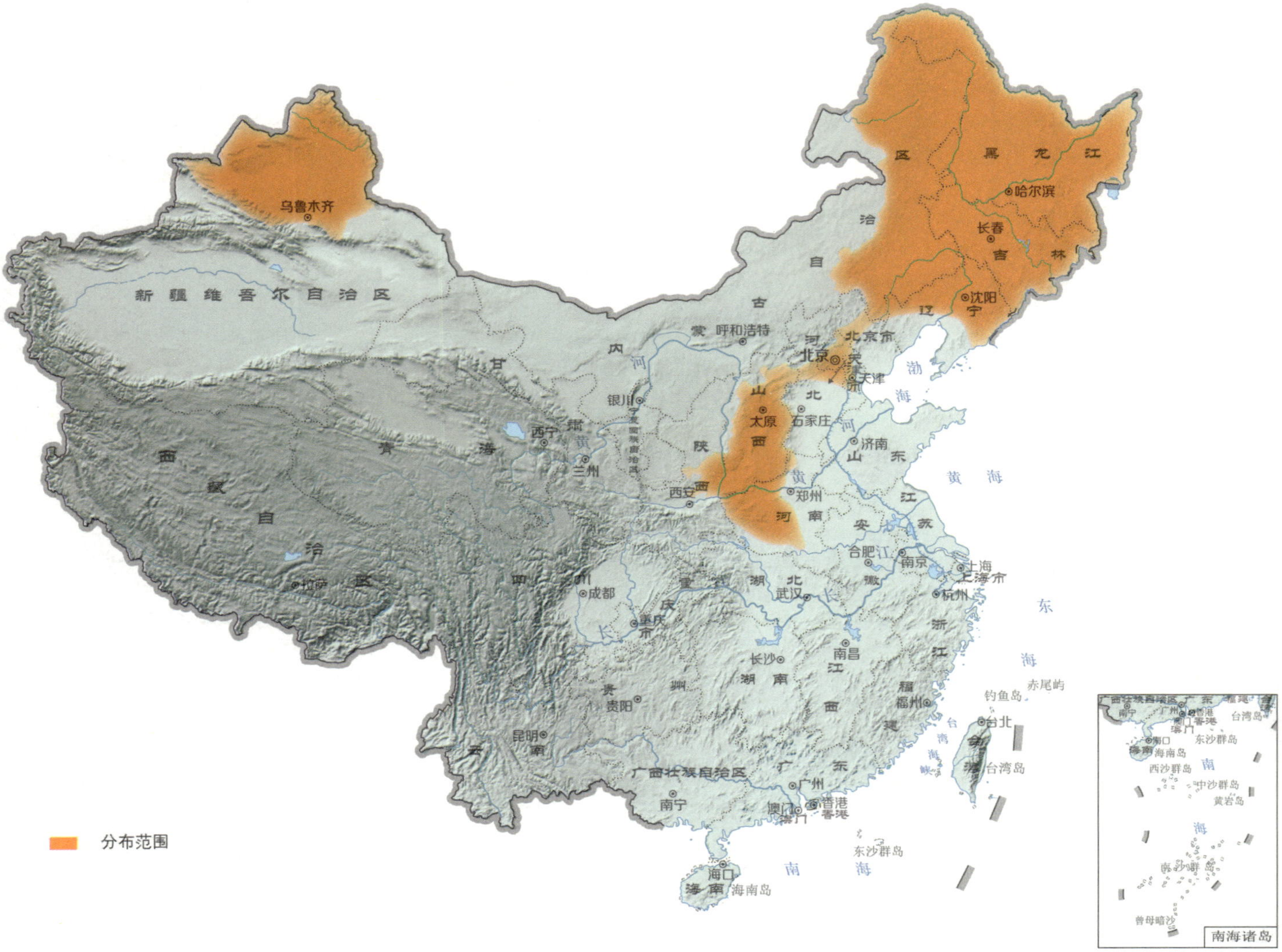

图22.3 清代以来的原麝分布范围图

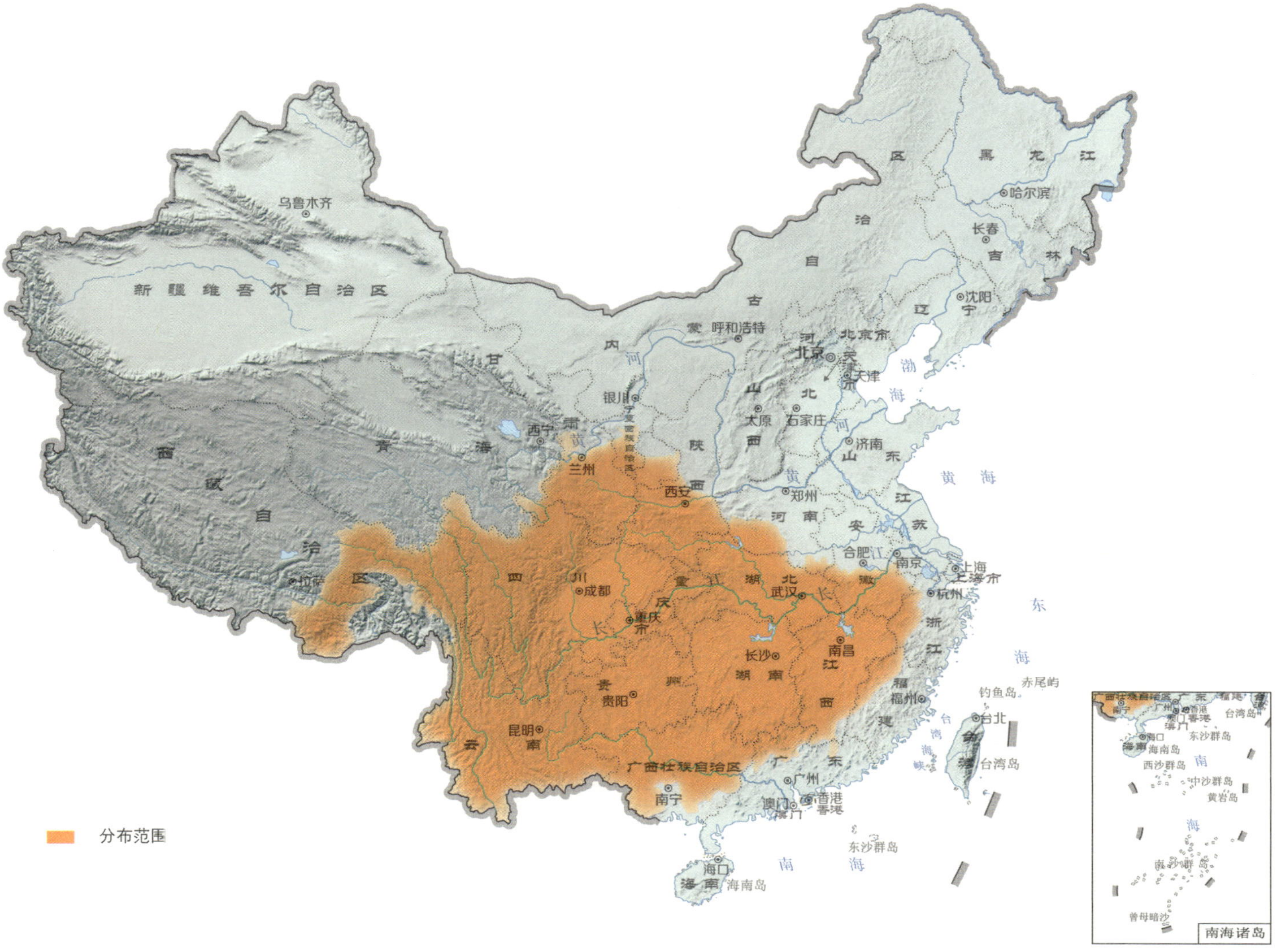

图 22.4　清代以来的林麝分布范围图

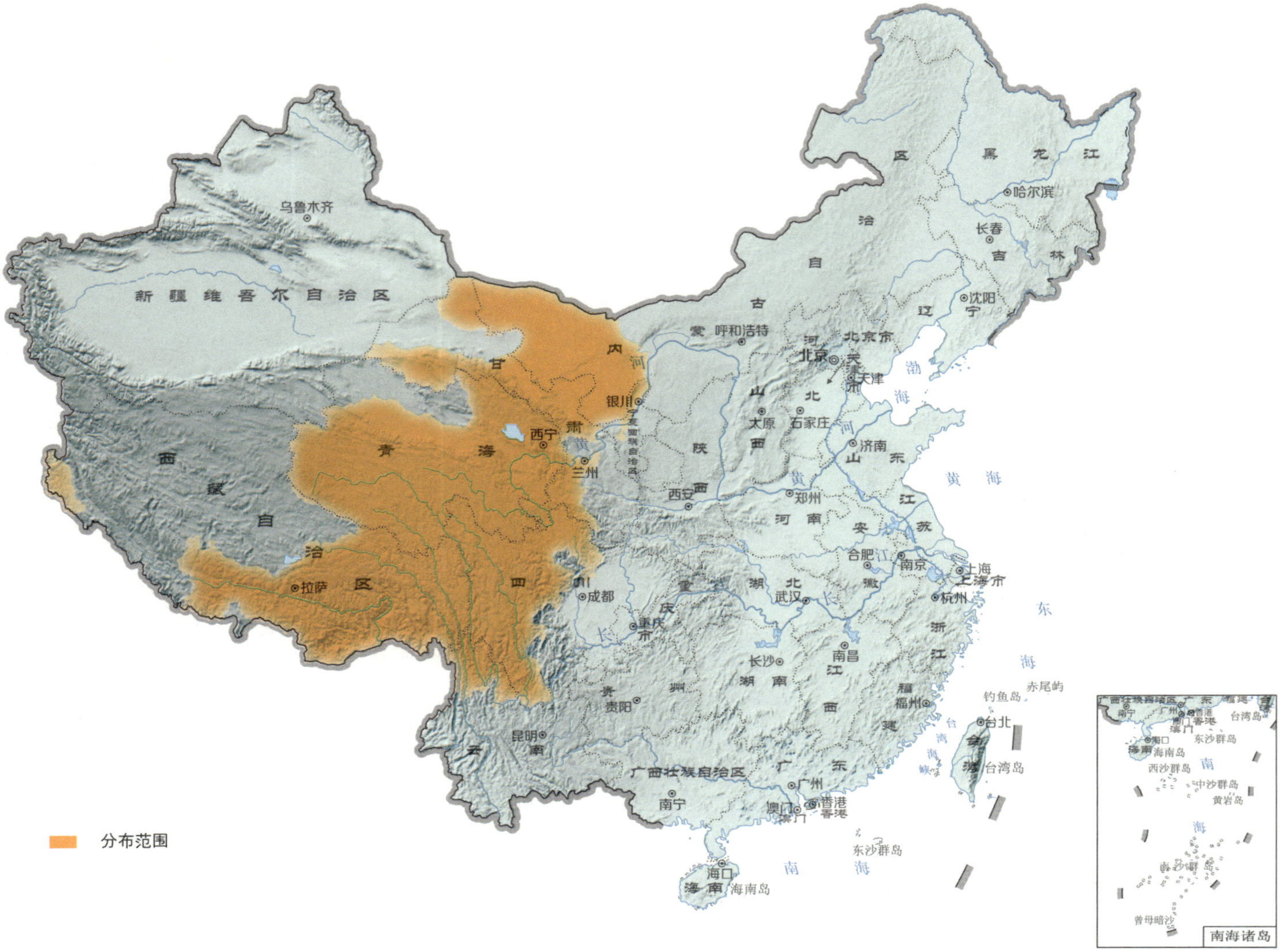

图 22.5 清代以来的马麝分布范围图

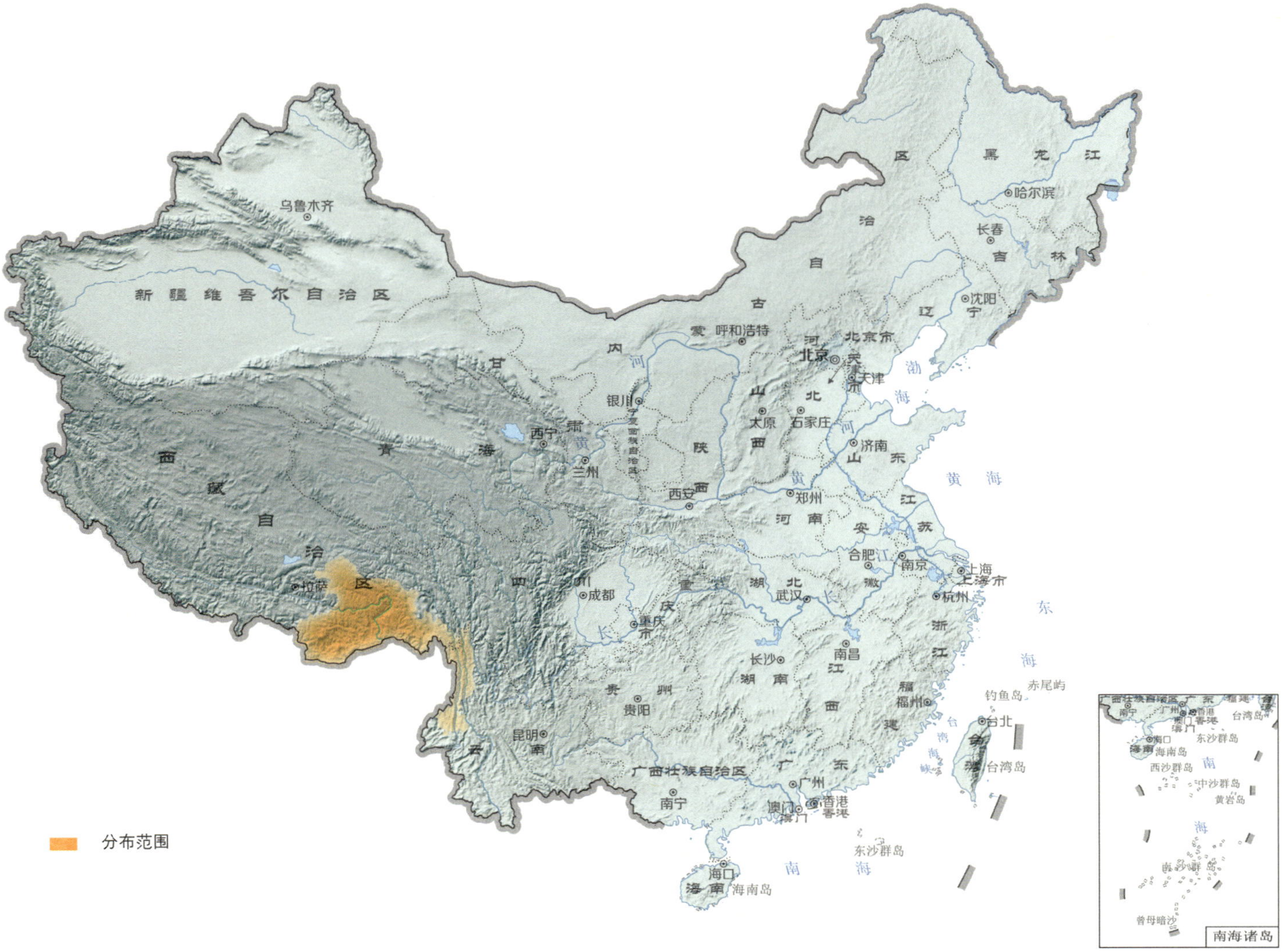

图 22.6　清代以来的黑麝分布范围图

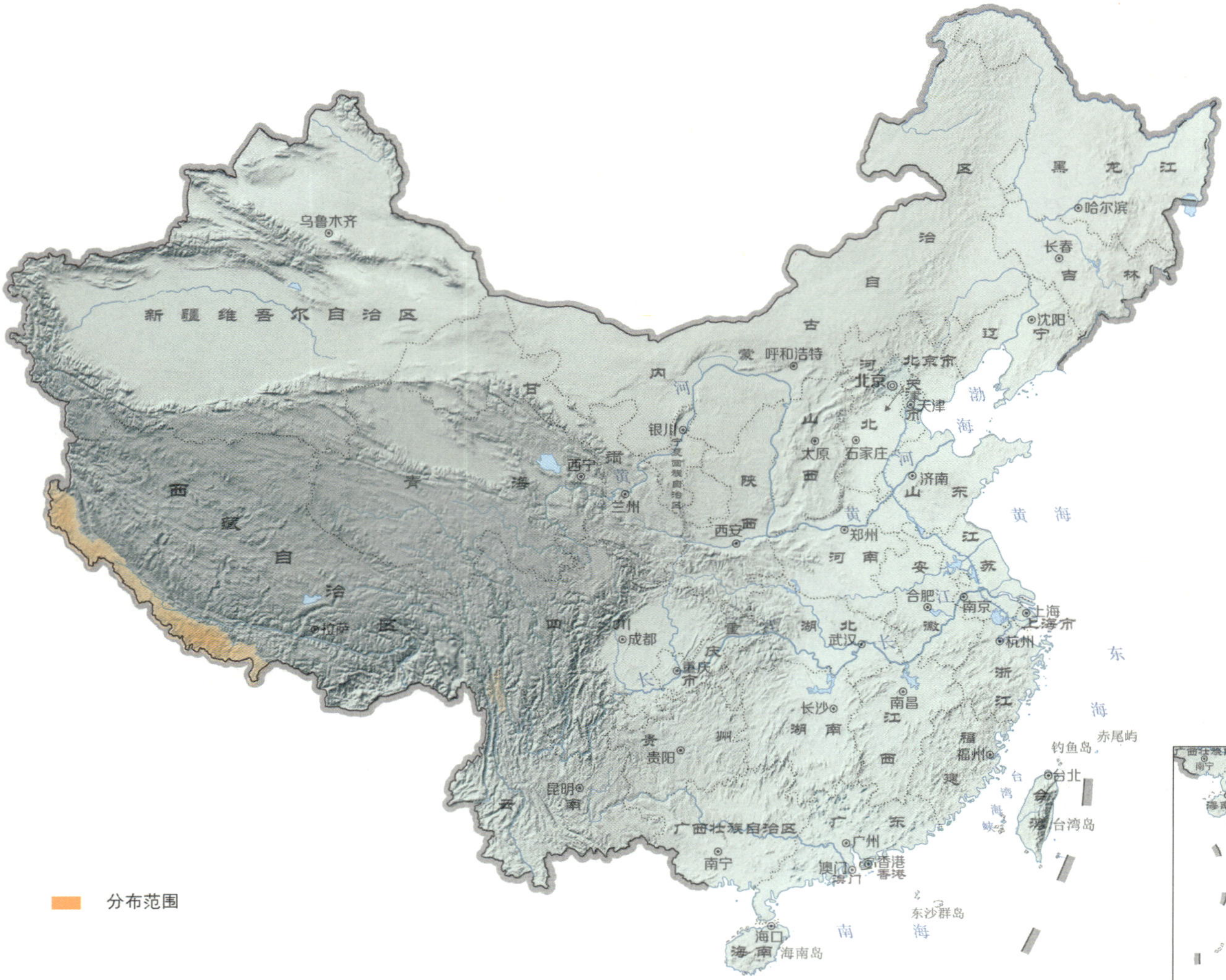

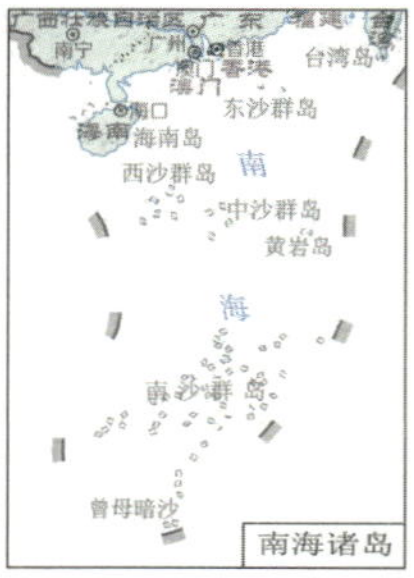

图 22.7　清代以来的喜马拉雅麝分布范围图

4　20 世纪以来的原麝分布变迁

原麝（*Moschus moschiferus*）的别名有：麝、麝鹿、香獐、香子、香獐子、獐子、北麝、山驴子等。蒙语名：呼德日，满语称：乌支克。

图 22.8　雪地上的原麝[①]

图 22.9　原麝（盛和林等，1992）

①http://photo.blog.sina.com.cn/photo/1235531101/49a4b55dhc89b5a37ed6a

4.1 北京

北京市到20世纪初还有原麝残存，但到20世纪后半叶已基本绝迹。

民国三年(1914)《密云县志》记载有"獐"，此乃原麝。

《中国哺乳动物分布》记载"北京"有原麝(张荣祖，1997)，但查看引文，得知出自20世纪前半叶文献(文伦，1938;1940)。

据称，1990年前怀柔县(现怀柔区)还有原麝存在(三北大猫，2012)。

《河北动物志：两栖、爬行、哺乳动物类》虽称北京有原麝(吴跃峰等，2009)，但没有指出更具体地点。

4.2 天津

天津市麝分布延续到20世纪前半叶。

民国二十三年(1934)《天津卫志》毛属中仍有"獐"记载。此时"獐"的分布北界早已南移，当是原麝。虽该志未有更具体的分布地，但据当地最晚仍有具体记载的情况看，似指静海县。

4.3 河北

河北省原麝延续到20世纪前半叶有较可靠的证据。

民国二十四年(1935)《东安县(今属廊坊市)志》记载有"獐"，反映仍有原麝残存。

《河北动物志：两栖、爬行、哺乳动物类》称，北部山区还有原麝(吴跃峰等，2009)。

4.4 山西

山西省是历史上原麝分布最广的省级政区，有麝分布的市、县绝对数为93个，高达全省的87%。

4.4.1 20世纪分布情况

20世纪前半叶，据民国二年(1913)《岳阳县(今安泽县)志》、民国三年(1914)《和顺县志》《昔阳县志》、民国七年(1918)《马邑县(今朔州市)志》、民国八年(1919)《闻喜县志》、民国十八年(1929)《翼城县志》、民国十九年(1930)《介休县(今市)志》、民国二十一年(1932)《平陆县续志》《安泽县志》、民国二十二年(1933)《陵川县志》《临汾县(今尧都区)志》、民国二十四年(1935)《浮山县志》、民国二十五年(1936)《阳城县志》记载，这些地方当时皆有原麝分布。

《历山保护区兽类调查报告》称："本区国家一级重点保护动物有金钱豹；二级有猕猴、豺、黄喉貂、水獭、林麝和原麝等6种"(曹振来等，1994)，表明在垣曲县、沁水县、翼城县、阳城县一带有原麝分布，只是所称"林麝"恐有误。

张荣祖(1997)汇集的原麝分布地有："吕梁山(约宁武县、岢岚县、静乐县、岚县、娄烦县、方山县、蒲县、隰县、汾西县、离石区、中阳县、交口县一带)、垣曲(县)、绛县、忻州[①]、运城[②]、交城(县)、方山(县)"等地。

樊龙锁等(1998)认为山西省原麝在芦芽山(位于宁武县、岢岚县、五寨县)、五台山(位于五台县)、关帝山(在交城县、方山县、娄烦县一带)、太岳山(在沁源县、介休市、灵石县、霍州市、洪洞县一带)、中条山(在永济市、芮城县、盐湖区、夏县、平陆县、垣曲县、阳城县一带)有分布。

1982～1987年对位于交城县与方山县的庞泉沟自然保护区中的原麝进行调查，有20个不同山沟的悬崖峭壁地带见原麝分布(郝映红等，1991)。

1996～1997年第二次调查芦芽山自然保护区(位于宁武、五寨、岢岚三县交界处)的兽类，证实有原麝与狼、豺、赤狐、果子狸、豹猫、野猪、狍等45种(邱富才等，1998)。

《太原市(辖太原市、古交市、阳曲县、清徐县、娄烦县等地)志》(太原市地方志编纂委员会，1999)、《古交县(今古交市)志》(古交市地方志办公室，1996)、《娄烦县志》(山西省娄烦县地方志编纂委员会，1999)、《浑源县志》(山西省浑源县志编纂委员会，1999)、《沁源县志》(山西省沁源

①2000年前曾设忻州地区与县级忻州市，而据历史分布情况看，似指前者，亦即现忻州市；只似指现该市境一些地方有原麝分布。

②2000年前曾设运城地区与县级运城市，而据历史分布情况看，似指前者，亦即现运城市；只似指主要在现该市境的中条山一带有原麝分布。

县志编纂委员会，1996）、《晋城市志》（晋城市地方志编纂委员会，1999）、《晋城县（今城区）志》（晋城县志编纂委员会，1997）、《阳城县志》（阳城县志编纂委员会，1994）、《沁水县志》（沁水县志编纂办公室，1987）、《忻州地区（现市）志》（忻州地区志编纂委员会，1999）、《五台县志》（五台县志编纂委员会，1996）、《宁武县志》（山西省宁武县县志编纂办公室，1985）、《灵石县志》（山西省灵石县志编纂委员会，1992）、《和顺县志》（和顺县志编纂委员会，1993）、《古县志》（古县志编纂委员会，2001）、《吉县志》（吉县志编纂委员会，1992）、《绛县志》（绛志编纂委员会，1997）、《夏县志》（夏县地方志编纂委员会，1998）、《垣曲县志》（垣曲县地方志编纂委员会，2001）、《方山县志》（方山县志编纂委员会，1993）、《文水县志》（李培信，1994）、《交城县志》（交城县志编写委员会，1994）、《离石县（今区）志》（李文凡，1996）、《中阳县志》（中阳县志编纂委员会，1996）、《汾阳县志》（汾阳县志编纂委员会，1998）、《陵川县志》（陵川县志编纂委员会，1999）等所记载的“林麝、原麝”“麝”“林麝”“獐、麝”“香獐”“原麝（香子）”“獐子（麝）”“牙獐”等有多种称谓的动物，皆是原麝。

4.4.2 现今分布情况

据近年“重点陆生野生动物资源调查”，在恒山（跨宁武县、朔州市、代县、应县、繁峙县、山阴县、浑源县、灵丘县等地）、管涔山（处宁武县、岢岚县、五寨县交界处）、五台山（跨五台县、繁峙县、代县、原平市、定襄县）、关帝山（跨交城县、方山县、娄烦县）、系舟山（跨阳曲县、忻府区、定襄县）、绵山（跨介休市、灵石县、沁源县）、霍山（跨霍州市、洪洞县、古县、沁源县、灵石县）、中条山（在永济市、芮城县、临猗县、平陆县、夏县、闻喜县、绛县、垣曲县、翼城县、阳城县、沁水县一带）、五寨（县）、沁水（县）、交城（县）等地仍有原麝栖息（国家林业局，2008）。

近有报道称“如按行政区划分，原麝在山西现今地理分布，见于7市61县”（梁小明等，2008），但既未见明细，又无出处，还有误导信息，故似为夸大之说，现仅取其中有具体地点的“永济、阳城、和顺、交城、盂县、方山、文水、宁武、灵丘、五台”。

据报道，位于古县与霍州市交界处的灵空山省级自然保护区①“是褐马鸡、金钱豹、原麝等连续分布区的重要组成部分，起着联系太行山、吕梁山动物种群的纽带和桥梁作用”（李润强等，2012）。

据2011年9月12日报道，地跨介休市、灵石县、沁源县的绵山自2005年1月至今，陆续发现了丹顶鹤、褐马鸡、麝、山猪等大中型野生动物②。2014年6月，在介休市绵山旅游区发现原麝（董亚峰，2014）。

2010～2011年，对地处交城县与方山县的庞泉沟国家级自然保护区进行调查，仍有原麝与狍、野猪、狼等野生动物（王改芳等，2011）。

经2012～2013年调查，地处垣曲县、沁水县、翼城县、阳城县的历山国家级自然保护区仍有原麝、猕猴、豺、黄喉貂、水獭等44种兽类（赵珊等，2014）。

位于阳曲县的凌井沟省级自然保护区，已查清现有原麝等148种野生动物（毛银凤，2014）。

位于汾河中上游的娄烦县，现今还有“鹿麝”（应为“原麝”）、褐马鸡、梅花鹿、豹、黑鹳、白天鹅等保护动物栖息③。

据报道，园部设在沁源县郭道镇的太岳山国家森林公园仍然有原麝、林麝分布④，只是是否是“林麝”待查证。

4.5 内蒙古

内蒙古自治区是原麝在华北的主要分布区之一。

4.5.1 20世纪分布情况

《科尔沁左翼后旗志》称：“60年代还出现过

①据介绍，作者李润强是山西灵空山省级自然保护区管理局副局长，但原题名误作“灵空山”；另，《全国自然保护区名录》等皆称该保护区地处沁源县，笔者依此文介绍在“古县与霍州市交界处”。

②绵山不时出现的野生动物. http://bjwb.bjd.com.cn/html/2011-09/12/content_450371.htm? div=-1

③娄烦县. http://baike.baidu.com/view/337927.htm

④太岳山. http://www.baike.com/wiki/%E5%A4%AA%E5%B2%B3%E5%B1%B1

野猪、黄羊、獐、狍子，到80年代末已不易显见”(科尔沁左翼后旗志编纂委员会，1993)。

曾于德尔布尔(在根河市)采集到原麝标本；在大兴安岭(位于内蒙古自治区部分在东北部，约林西县、巴林左旗、巴林右旗、克什克腾旗、扎兰屯市、牙克石市、根河市、额尔古纳市、陈巴尔虎旗、鄂伦春自治旗、鄂温克族自治旗、乌兰浩特市、阿尔山市、科尔沁右翼前旗一带)有所分布(马逸清等，1986)。

原麝分布于大兴安岭林区(凤凌飞，1991)。

《中国哺乳动物分布》记载“呼伦贝尔盟(大兴安岭)”有原麝(张荣祖，1997)。

《巴林左旗志》(巴林左旗志编纂委员会，1990)、《扎兰屯市志》(扎兰屯市史志编纂委员会，1993)、《额尔古纳右旗(今额尔古纳市)志》(额尔古纳右旗史志编纂委员会，1993)、《鄂温克族自治旗志》(鄂温克族自治旗志编纂委员会，1996)、《牙克石市志》(牙克石市志编纂委员会，1996)、《根河市志》(根河市史志编纂委员会，1998)、《莫力达瓦达斡尔族自治旗志》(莫力达瓦达斡尔族自治旗史志编纂委员会，1998)、《兴安盟志》(兴安盟地方志编纂委员会，1997)、《科尔沁右翼前旗志》(科尔沁右翼前旗志编纂委员会，1991)等所记载的“獐”“原麝”“麝”“獐(麝)”等多种称谓的动物皆是原麝。

4.5.2　现今分布情况

据近年“重点陆生野生动物资源调查”，原麝在大兴安岭林区(属内蒙古的约是赤峰市、宁城县、林西县、阿鲁科尔沁旗、巴林左旗、巴林右旗、克什克腾旗、翁牛特旗、喀喇沁旗、霍林郭勒市、扎兰屯市、牙克石市、根河市、额尔古纳市、鄂伦春自治旗、阿尔山市、科尔沁右翼前旗一带)北部原始林区较多(国家林业局，2008)。

对地处根河市的满归林业局湿地资源进行调查，仍有原麝与马鹿、驼鹿、驯鹿、狍子、野猪等有蹄类(张贵泉等，2007)。

地处鄂伦春自治旗的毕拉河林业局施业区，现仍有原麝及马鹿、驼鹿、狍等鹿科国家级保护动物①。

4.6　辽宁

辽宁省虽仍有原麝分布，但已处于濒危状态。

4.6.1　20世纪分布情况

民国十九年(1930)《开原县志》、民国二十年(1931)《铁岭县(今市)志》还有原麝记载。

《辽宁动物志》指出，麝(东北亚种 *Moschus moschiferus sibiricus*)：辽宁仅见于桓仁(肖增祜等，1988)。

位于宽甸满族自治县北部的白石砬子自然保护区，经考察，有麝及刺猬、东北兔、貉、赤狐、沙狐、豺、黑熊、黄鼬、密狗、狗獾、紫貂、水獭、豹猫、野猪、狍等26种哺乳动物(袁永孝等，1990)。

1994～1995年调查，凤城县(现凤城市)、宽甸满族自治县、桓仁满族自治县、本溪满族自治县、新宾满族自治县5地有原麝分布(赵文双等，2001)。1998～2000年调查②，减少了凤城市(张敏等，2005)。

《中国哺乳动物分布》记载“桓化”(应为“桓仁满族自治县”)有原麝(张荣祖，1997)。

姜大成等(2000)所称的“中国东北长白山区”是广义之称(总计48个市县，总面积约为20万km^2)，属辽宁省的有“抚顺③、本溪④、丹东⑤等11个市县”。在《药用动物名录》中有“原麝”，说明当时有原麝分布。

《清原县(清原满族自治县)志》(清原县志编纂委员会办公室，1991)，《丹东市志》(丹东市地方志办公室，1993)，《凤城市志》(赵万兴，1997)等记载的“獐”“麝”“麝：*Moschus moschiferus* Linnaeus；地方名香獐子、獐子”等不同称谓的动物就是原麝。

---

①毕拉河林业局. http://baike.baidu.com/view/3779752.htm

②文中提到：“本次调查没有在全省范围全面进行，而是依据历史资料和近年来掌握的情况，重点在抚顺市的新宾县，本溪市的本溪县、桓仁县，丹东市的宽甸县、凤城市进行。”

③应是抚顺市，辖抚顺市、抚顺县、新宾满族自治县、清原满族自治县。

④应是本溪市，辖本溪市、本溪满族自治县、桓仁满族自治县。

⑤应是丹东市，辖丹东市、凤城市、东港市。

4.6.2 现今分布情况

1996～2000年对本溪地区[①]野生动物资源进行调查，表明仍有原麝存在（赵文双等，2004）。

据近年"重点陆生野生动物资源调查"，原麝在桓仁（桓仁满族自治县）、本溪（本溪满族自治县?）、新宾（新宾满族自治县）仍有分布（国家林业局，2008）。

4.7 吉林

吉林省是东北地区原麝分布较多的省。

4.7.1 20世纪分布情况

民国四年（1915）《辑安县（今集安市）乡土志》、民国十四年（1925）《临江县（今市）乡土志》、民国十六年（1927）《辉南县志》、民国十八年（1929）《安图县志》、民国十九年（1930）《抚松县志》记载都反映有原麝。

1954～1962年，中国科学院动物研究所从辉南（县）、汪清（县）、靖宇（县）、抚松（县）等收集到原麝标本（高耀亭，1963）。

《中国长白山动物》在附录V《长白山哺乳纲检索表》中列有"鹿科：原麝"（高玮等，2002）。此"长白山"似为狭义之称，长白山主脉位于今和龙市、安图县、长白朝鲜族自治县、抚松县、白山市、靖宇县一带，说明有原麝生息繁衍。

《中国哺乳动物分布》记载"敦化（市）、汪清（县）、抚松（县）、靖宇（县）、辉南（县）"有原麝（张荣祖，1997）。

姜大成等（2000）所称的"中国东北长白山区"是广义之称，属吉林省的有"延吉[②]、通化[③]、浑江[④]等23个市县[⑤]"。在《药用动物名录》中有"原麝"，说明当时有原麝分布。

《白城地区（辖境有今洮北区、大安市、洮南市、镇赉县、通榆县、扶余县、长岭县、乾安县、前郭尔罗斯县等地）志》（白城地区地方志编纂委员会，1992）、《辽源市志》（辽源市地方志编纂委员会，1995）、《柳河县志》（柳河县志编纂委员会，1991）、《通化县志》（通化县地方志编纂委员会，1996）、《梅河口市志》（梅河口市地方志编纂委员会，1999）、《浑江市（改白山市，辖白山市、临江市等地）志》（浑江市地方志编纂委员会，1994）、《抚松县志》（抚松县地方志编纂委员会，1994）、《延边朝鲜族自治州志》（延边朝鲜族自治州地方志编纂委员会，1996）等记载的"麝""獐子""原麝""獐（采'麝香'）"等称谓的动物即原麝。

4.7.2 现今分布情况

据近年调查，原麝在东部林区的抚松（县）、长白（长白朝鲜族自治县）、敦化（市）、集安（市）、长白山自然保护区（安图县、抚松县、长白朝鲜族自治县）、和龙（市）、珲春（市）、安图（县）、通化（市）仍有栖息（国家林业局，2008）。

敦化市西北部的黄泥河自然保护区，2009～2010年调查，仍有原麝及马鹿、狍、野猪等有蹄类动物栖息（朱洪强等，2012；葛志勇等，2012）。

据报道，抚松县现存中小型兽类主要有麝与狍子、猞狸（猞猁）、水獭、紫貂、黄鼬等[⑥]。

4.8 黑龙江

黑龙江省的原麝分布在历史上仅次于山西省，有麝分布的市、县绝对数为47个，达到全省的61%。

4.8.1 20世纪分布情况

民国九年（1920）《瑷辉县（今爱辉区）志》、民国十三年（1924）《宁安县（今市）志》、民国十七年（1928）《桦川县志》的记载皆反映有原麝。

1954～1962年，中国科学院动物研究所从伊春（市）、尚志（市）、镜泊湖（宁安市境内）等收集到原麝标本（高耀亭，1963）。

曾在五营（属伊春市）、伊春（市）、呼中（属大兴安岭地区）、铁力（市）采集到原麝标本；并在大兴安岭（约加格达奇区、松岭区、新林区、呼中区、

---

①据该文中称"全地区总面积8 400 km^2"，应当是包括本溪市、本溪满族自治县、桓仁满族自治县；因后2县即6 909 km^2。只是之前2篇相关文（赵文双等，2001；张敏等，2005）皆有赵文双参加，提法稍异。

②应是"延边州"，辖今延吉市、图们市、敦化市、珲春市、龙井市、和龙市、汪清县、安图县。

③应是通化市，辖今通化市、梅河口市、集安市、通化县、辉南县、柳河县。

④即今白山市，辖今白山市、临江市、抚松县、靖宇县、长白朝鲜族自治县。

⑤还有今吉林市的磐石市、蛟河市、桦甸市，辽源市的东丰县。

⑥抚松县. http://baike.baidu.com/view/287446.htm

呼玛县、塔河县、漠河县一带)、小兴安岭(约爱辉区、北安市、孙吴县、嘉荫县、伊春市、鹤岗市、铁力市、汤原县一带)、完达山(约虎林市、宝清县、饶河县一带)、张广才岭(约海林市、五常市、尚志市、方正县一带)、老爷岭(约牡丹江市、宁安市、穆棱市、鸡西市、东宁县、绥芬河市一带)有原麝分布(马逸清等,1986)。

《中国哺乳动物分布》记载"伊春(市)、尚志(市)、宁安(市)、海林(市)"有原麝(张荣祖,1997)。

1997~1999年,调查位于伊春市的汤旺河林区,兽类仍有原麝与狼、赤狐、黄鼬、豹猫、松鼠、野猪、马鹿、驼鹿、狍子等(赫峻峰等,2003)。

姜大成等(2000)所称的"中国东北长白山区"是广义之称,属黑龙江省的有"七台河市等14个市县[①]"。在《药用动物名录》中有"原麝",说明当时有原麝分布。

《宾县志》(宾县地方志办公室,1991)、《延寿县志》(黑龙江省延寿县志编纂委员会办公室,1991)、《逊克县志》(逊克县地方志编纂委员会,1991)、《嘉荫县志》(范德昌,1988)、《伊春市志》(伊春市地方志编纂委员会,1995)、《铁力县志》(铁力县志编纂委员会办公室,1990)、《萝北县志》(萝北县地方志编纂委员会,1992)、《桦南县志》(黑龙江省桦南县志办公室,1991)、《鸡西市(辖鸡西市与鸡东县)志》(鸡西市地方志编纂委员会,1996)、《庆安县志》(庆安县地方志编纂委员会办公室,1995)、《呼玛县志》(呼玛县地方志办公室,1990)、《漠河县志》(漠河县志编纂委员会,1993)等记载的"獐""麝(香獐)""獐子""原麝……麝"不同称谓的动物乃原麝。

4.8.2 现今分布情况

据近年"重点陆生野生动物资源调查",原麝在大兴安岭林区(属黑龙江的约为大兴安岭地区、呼玛县、塔河县、漠河县一带),北部原始林区较多;还有塔河(县)、呼中、新林(以上两者属大兴安岭地区)、逊克(县)、新青、五营、友好(以上三者属伊春市)、尚志(市)、海林(市)、宁安(市)、桦南(县)、汤原(县)、虎林(市)仍有分布(国家林业局,2008)。

据哈尔滨市统计局公布,当地现存兽类仍有麝等[②]。

延寿县的稀有名贵中药材仍有麝香与山参、鹿茸、熊胆、中国林蛙、平贝、细章等品种[③],说明还有原麝生息繁衍。

位于鹤岗市五营区的小兴安岭原始森林公园森林覆盖率达74.1%,在浩瀚的绿色海洋中繁衍生息有獐(原麝)、狍、野猪、雪兔等各种珍禽异兽400余种[④]。

饶河县现有野生动物中还有獐子(原麝)与马鹿、野猪、狍子、狐狸、獾子、灰鼠、麝鼠、貂、貉等几十种[⑤]。

在伊春市,地处汤旺河区的汤旺河林业局主要珍贵和经济动物有麝、马鹿、驼鹿、野猪、狍子、哈士蟆、猞猁、蝙蝠、啄木鸟、猫头鹰、水獭等20多种[⑥];新青区的新青林业局有原麝、紫貂等国家保护动物[⑦]。

地处虎林市、宝清县和饶河县的迎春林业局自然资源中仍有獐子(原麝)与水獭、狐狸、野猪、狍子、松鼠、雪兔等[⑧]。

位于东宁县境内的绥阳林业局野生动物约280种,其中名贵动物就有麝[⑨]。

绥芬河市的野生动物资源中仍有獐(原麝)与野猪、马鹿、狼、狐、貉、獾、狍、黄鼬、水獭等

①为今双鸭山市、友谊县、宝清县、七台河市、勃利县、鸡西市、密山市、牡丹江市、穆棱市、绥芬河市、海林市、宁安市、东宁县、林口县。
②中国哈尔滨. http://www.harbin.gov.cn/zjhrb/sqgl/csgk/zrdl.htm
③延寿县. http://baike.baidu.com/view/289802.htm
④小兴安岭原始森林公园. http://baike.baidu.com/view/514477.htm
⑤饶河县. http://baike.baidu.com/view/289791.htm
⑥汤旺河石林风景区. http://baike.baidu.com/view/514449.htm
⑦新青区. http://baike.baidu.com/link? url=w4p6aOPM_m2Ln_hAPT1SICsKJNd9OZKYplo718SuhorKeNUsW8HtwG38HD2fWkIbv5oI9xao2UEEN13PT0PlmK
⑧迎春林业局. http://baike.baidu.com/view/2015667.htm? fr=Aladdin
⑨绥阳林业局. http://www.tx2.org.cn/jcwl/ShowArticle.asp? ArticleID=743

兽类[①]。

明水县境内随着荒原大量开垦和人类活动增加，虽然各种野生动物逐渐减少，有的甚至已灭迹，但灰狼、狐狸、黄鼬、獐（原麝）、狍、獾貂、野兔等还有少量[②]。

4.9 河南

河南省地处秦岭—淮河分界线一带，分布有原麝与林麝2种。

4.9.1 20世纪分布情况

民国二十年（1931）《修武县志》与《确山县志》、民国二十一年（1932）《林县（今林州市）志》、民国二十四年（1935）《灵宝县志》、民国二十五年（1936）《陕县志》等记载，皆表明仍有原麝存在。

《登封县（今市）志简编》中记载有麝香的"獐子"（登封县革命委员会文化局，1979），证明仍有原麝残存。

《陕县志》（陕县地方史志编纂委员会，1988）、《渑池县志》（渑池县志编纂委员会，1991）、《灵宝县（现市）志》（灵宝县地方史志编纂委员会，1992）、《新安县志》（新安县地方史志编纂委员会，1989）、《嵩县志》（河南省嵩县志编纂委员会，1990）、《洛宁县志》（洛宁县志编纂委员会，1991）、《栾川县志》（栾川县地方史志编纂委员会，1994）、《汝阳县志》（汝阳县地方史志编纂委员会，1995）、《焦作市志》（河南省焦作市地方史志编纂委员会，1995）、《济源市志》（济源市地方史志编纂委员会，1993）等记载的"獐子""香獐""麝"等不同称谓的动物皆是原麝。

4.9.2 现今分布情况

《河南省野生动植物资源调查与保护》所调查的"发现于济源、渑池、陕县、灵宝、卢氏、洛宁、栾川、嵩县、汝阳、鲁山等县（市）"的"林麝"（甘雨等，2004），似为原麝。

"重点陆生野生动物资源调查"所称见于"济源（市）、渑池（县）、陕县、灵宝（市）、卢氏（县）、洛宁（县）、栾川（县）、嵩县、汝阳（县）、鲁山（县）"的"林麝"[③]（国家林业局，2008），疑似原麝。

4.10 陕西

陕西省地处秦岭南北，分布有原麝、林麝2种。

4.10.1 20世纪分布情况

民国初年《中部县（今黄陵县）乡土志》、民国三十三年（1944）《宜川县志》《洛川县志》等记载了"麝""獐""麝香"等不同称谓的动物，表明有原麝分布。

《耀县（今属铜川市）志》（耀县志编纂委员会，1997）、《渭南地区（现为市，辖境中的韩城市、大荔县、蒲县城、澄城县、白水县、合阳县、富平县等地）志》（渭南地区地方志编纂委员会，1996）、《咸阳市（辖境中的三原县等地）志》（咸阳市地方志编纂委员会，1996）等记载的"麝""獐""香子"等不同称谓的动物皆是原麝。

4.10.2 现今分布情况

近年，在宜川县的黄龙山区从偷猎者手中缴获10只成体麝标本，经鉴定为原麝（吴家炎等，2011），证实秦岭是林麝与原麝的分界线。

4.11 新疆

新疆维吾尔自治区是原麝在我国的分布西区。

4.11.1 20世纪分布情况

清光绪三十四年（1908）《精河直隶厅（今县）乡土志》、《阜康县（今市）乡土志》、《奇台县乡土志》、《绥来县（今玛纳斯县）乡土志》与清末《库尔喀啦乌苏直隶厅（今乌苏市）乡土志》等记载的"獐""麝"皆原麝。

人们在阿尔泰山获得麝标本，故在靠近阿尔泰山的阿勒泰市、青河县、富蕴县一带有麝分布（重熙，1957）

梁崇岐（1986）虽提到在阿尔泰地区有麝分布，但又指出，1975年后野生动物考察逐渐深入，包括阿尔泰、阿尔金山考察，均未有发现。

1990年代的一些文献都指出新疆有原麝，甚

---

①绥芬河. http://baike.baidu.com/view/38570.htm? fromId=32188

②明水县. http://baike.baidu.com/view/289783.htm

③此调查结果与甘雨等（2004）一致，疑似同一数据。

至明确是在阿尔泰山地区(中国科学院新疆生物土壤研究所,1991;中华人民共和国濒危物种进出口管理办公室等,1994;张荣祖,1997;王德忠等,1999)。

4.11.2　现今分布情况

据野外调查,虽然在北疆的阿勒泰市、青河县、吉木乃县、富蕴县、布尔津县、哈巴河县一带还有麝残存(阿布力米提,2003),但由于非法采矿,森林采伐、采药、放牧过度,以及滥捕乱猎,致使生态环境发生很大变化,造成植被退化,部分地域出现水土流失,水体生态环境趋于恶化,野生动物的栖息地受到很大影响,活动区域缩小。原麝及马鹿、棕熊、雪豹、貂熊、水獭、猞猁、雪兔、北山羊、玉带海雕、白肩雕、金雕、苍鹰、雪鸮、雪鸡、波斑鸨、胡兀鹫等珍稀物种种群数量急剧下降,现在本区已很难见到①。

4.12　原麝的分布变迁

通过梳理资料(图 22.10、表 22.4),可以较清晰看出:

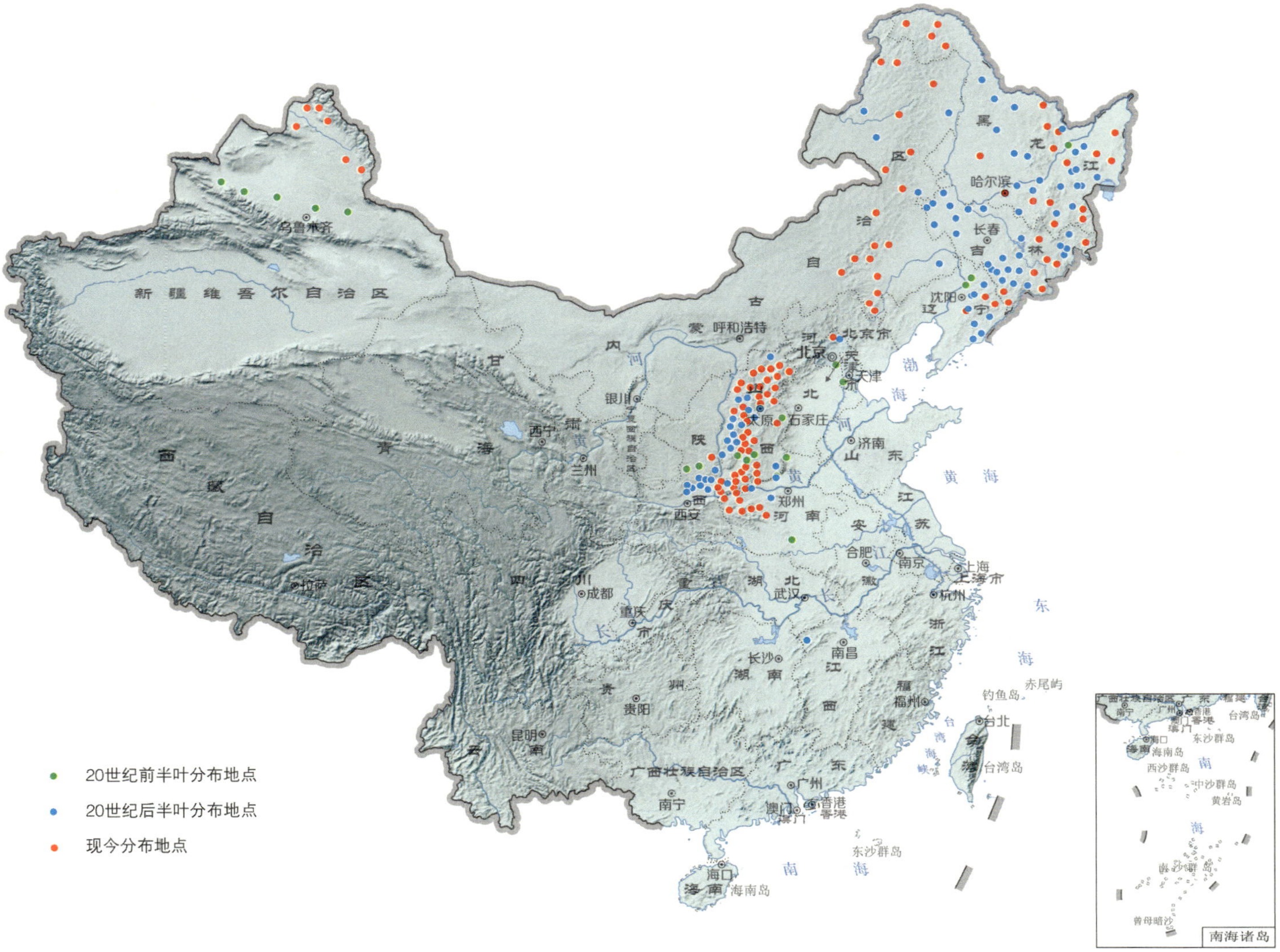

图 22.10　20 世纪以来的原麝分布变迁图

①阿尔太·塔依巴扎尔.阿尔泰山生态环境保护与开发利用中的问题探讨. http://www.altxw.com/wyyl/content/2007-10/26/content_2251680.htm

● 西部分布区：新疆原麝，20 世纪前半叶在塔里木盆地南端尚有的原麝到后半叶已然绝迹，仅北疆阿尔泰山一带至今还有少量存在。

● 东部分布区：天津与河北虽在 20 世纪前半叶尚有原麝残存，但不久就消失了。

● 河南分布的原麝，呈现逐步向西北部收缩趋势。

● 陕西分布的原麝则向北收缩，现仅在晋陕交界中部一带有残存，那里有山塬沟壑，地形复杂，林区气候温湿多雨，植被生长良好，人口密度不高。

● 相对而言，就分布地的显示看，山西与内蒙古的原麝分布区外围变化不是十分突出。

● 东北三省分布的原麝变化尤其以 20 世纪后半叶以来十分明显：辽宁几乎绝迹，吉林则蜷缩到东南部并呈现隔离状态；黑龙江东北部与中部的分布地大量消失。

● 具体统计看，北京有麝分布的区（县）级政区绝对数量不多，故残存的比例较大，达到 50%。

● 原麝分布政区存量超过 50% 的省级政区依次是：内蒙古（72%），山西（66%），河南（63%），新疆（55%）。

● 原麝分布政区存量不足 50% 的省级政区依次是：黑龙江（49%），吉林（24%），辽宁（23%），陕西极低（1%）。

● 原麝分布政区到 20 世纪后半叶消失较显著的是：陕西（75%），辽宁（62%），黑龙江（49%），山西（28%）。

表 22.4　20 世纪以来的原麝分布变迁概况

地区	省级政区	20 世纪前半叶分布地点	20 世纪后半叶分布地点	现今分布地点
华北	北京	怀柔区、密云县	怀柔区、密云县	怀柔区
	天津	静海县		
	河北	廊坊市		
	山西	太原市、古交市、清徐县、阳曲县、娄烦县、灵丘县、浑源县、朔州市、山阴县、应县、盂县、沁源县、城区、沁水县、阳城县、陵川县、忻府区、原平市、定襄县、五台县、代县、繁峙县、宁武县、静乐县、五寨县、岢岚县、介休市、和顺县、昔阳县、灵石县、尧都区、霍州市、翼城县、洪洞县、古县、安泽县、浮山县、吉县、蒲县、隰县、汾西县、盐湖区、永济市、芮城县、临猗县、闻喜县、夏县、绛县、平陆县、垣曲县、离石区、汾阳市、文水县、中阳县、方山县、岚县、交口县、交城县	太原市、古交市、清徐县、阳曲县、娄烦县、灵丘县、浑源县、朔州市、山阴县、应县、盂县、沁源县、城区、沁水县、阳城县、陵川县、忻府区、原平市、定襄县、五台县、代县、繁峙县、宁武县、静乐县、五寨县、岢岚县、介休市、和顺县、灵石县、霍州市、翼城县、洪洞县、古县、吉县、蒲县、隰县、汾西县、盐湖区、永济市、芮城县、临猗县、闻喜县、夏县、绛县、平陆县、垣曲县、离石区、汾阳市、文水县、中阳县、方山县、岚县、交口县、交城县	阳曲县、娄烦县、灵丘县、浑源县、朔州市、山阴县、应县、盂县、沁源县、沁水县、阳城县、忻府区、原平市、定襄县、五台县、代县、繁峙县、宁武县、五寨县、岢岚县、介休市、和顺县、灵石县、霍州市、翼城县、洪洞县、古县、永济市、芮城县、临猗县、闻喜县、夏县、绛县、平陆县、垣曲县、文水县、方山县、交城县
	内蒙古	赤峰市、宁城县、林西县、阿鲁科尔沁旗、巴林左旗、巴林右旗、克什克腾旗、翁牛特旗、喀喇沁旗、霍林郭勒市、科尔沁左翼后旗、扎兰屯市、牙克石市、根河市、额尔古纳市、陈巴尔虎旗、鄂伦春自治旗、鄂温克族自治旗、莫力达瓦达斡尔族自治旗、乌兰浩特市、阿尔山市、科尔沁右翼前旗	赤峰市、宁城县、林西县、阿鲁科尔沁旗、巴林左旗、巴林右旗、克什克腾旗、翁牛特旗、喀喇沁旗、霍林郭勒市、科尔沁左翼后旗、扎兰屯市、牙克石市、根河市、额尔古纳市、陈巴尔虎旗、鄂伦春自治旗、鄂温克族自治旗、莫力达瓦达斡尔族自治旗、乌兰浩特市、阿尔山市、科尔沁右翼前旗	赤峰市、宁城县、林西县、阿鲁科尔沁旗、巴林左旗、巴林右旗、克什克腾旗、翁牛特旗、喀喇沁旗、霍林郭勒市、扎兰屯市、牙克石市、根河市、额尔古纳市、鄂伦春自治旗、阿尔山市、科尔沁右翼前旗

(续表)

地区	省级政区	20世纪前半叶分布地点	20世纪后半叶分布地点	现今分布地点
东北	辽宁	开原市、铁岭县、抚顺市、抚顺县、新宾满族自治县、清原满族自治县、本溪市、本溪满族自治县、桓仁满族自治县、丹东市、凤城市、东港市、宽甸满族自治县	抚顺市、抚顺县、新宾满族自治县、清原满族自治县、本溪市、本溪满族自治县、桓仁满族自治县、丹东市、凤城市、东港市、宽甸满族自治县	新宾满族自治县、本溪满族自治县、桓仁满族自治县
	吉林	洮北区、大安市、洮南市、镇赉县、通榆县、扶余县、长岭县、乾安县、前郭尔罗斯县、磐石市、蛟河市、桦甸市、辽源市、东丰县、通化市、梅河口市、集安市、通化县、辉南县、柳河县、白山市、临江市、抚松县、靖宇县、长白朝鲜族自治县、延吉市、图们市、敦化市、珲春市、龙井市、和龙市、汪清县、安图县	洮北区、大安市、洮南市、镇赉县、通榆县、扶余县、长岭县、乾安县、前郭尔罗斯县、磐石市、蛟河市、桦甸市、辽源市、东丰县、通化市、梅河口市、集安市、通化县、辉南县、柳河县、白山市、临江市、抚松县、靖宇县、长白朝鲜族自治县、延吉市、图们市、敦化市、珲春市、龙井市、和龙市、汪清县、安图县	集安市、通化县、抚松县、长白朝鲜族自治县、敦化市、珲春市、和龙市、安图县
	黑龙江	哈尔滨市、尚志市、五常市、方正县、宾县、延寿县、爱辉区、北安市、逊克县、孙吴县、伊春市、铁力市、嘉荫县、鹤岗市、萝北县、桦南县、桦川县、汤原县、双鸭山市、友谊县、宝清县、饶河县、七台河市、勃利县、鸡西市、虎林市、密山市、鸡东县、牡丹江市、穆棱市、绥芬河市、海林市、宁安市、东宁县、林口县、庆安县、明水县、大兴安岭地区、呼玛县、塔河县、漠河县	哈尔滨市、尚志市、五常市、方正县、宾县、延寿县、爱辉区、北安市、逊克县、孙吴县、伊春市、铁力市、嘉荫县、鹤岗市、萝北县、桦南县、汤原县、双鸭山市、友谊县、宝清县、饶河县、七台河市、勃利县、鸡西市、虎林市、密山市、鸡东县、牡丹江市、穆棱市、绥芬河市、海林市、宁安市、东宁县、林口县、庆安县、明水县、大兴安岭地区、呼玛县、塔河县、漠河县	哈尔滨市、尚志市、延寿县、逊克县、伊春市、鹤岗市、桦南县、汤原县、宝清县、饶河县、虎林市、绥芬河市、海林市、宁安市、东宁县、明水县、大兴安岭地区、呼玛县、塔河县、漠河县
中南	河南	登封市、灵宝市、渑池县、陕县、卢氏县、新安县、栾川县、嵩县、汝阳县、洛宁县、焦作市、修武县、林州市、鲁山县、确山县、济源市	登封市、灵宝市、渑池县、陕县、卢氏县、新安县、栾川县、嵩县、汝阳县、洛宁县、焦作市、鲁山县、济源市	灵宝市、渑池县、陕县、卢氏县、栾川县、嵩县、汝阳县、洛宁县、鲁山县、济源市
西北	陕西	洛川县、宜川县、黄陵县、铜川市、韩城市、大荔县、蒲城县、澄城县、白水县、合阳县、富平县、三原县	宜川县、铜川市、韩城市、大荔县、蒲城县、澄城县、白水县、合阳县、富平县、三原县	宜川县
	新疆	精河县、阜康市、玛纳斯县、奇台县、乌苏市、阿勒泰市、布尔津县、富蕴县、哈巴河县、青河县、吉木乃县	阿勒泰市、布尔津县、富蕴县、哈巴河县、青河县、吉木乃县	阿勒泰市、布尔津县、富蕴县、哈巴河县、青河县、吉木乃县

5　20世纪以来的林麝分布变迁

林麝（*Moschus berezovskii*）的别名有：獐、獐子、樟子、香獐、林獐、黑獐子、香子、牙香、麝鹿、山驴子、香驴、麝羊、香羊、野羊、石羊、麝香羊、香獈子、林律、南麝、麝香鹿、麻鹿、线牙獐、土猪、牛鹿、麝包子等。彝族语称：勒。藏语称：灰拉瓦。

图22.11　林麝①

图22.12　林麝上树（盛和林等，1999）

5.1　浙江

浙江省历史上分布的麝属只有林麝1种，且到20世纪后半叶已然绝迹。

清宣统二年（1910）《临安县（今市）志》，民国八年（1919）《建德县（今市）志》、民国二十二年（1933）《鄞县（今属宁波市）通志》记载有"獐""麝香"，表明曾有林麝分布。

5.2　安徽

安徽省是华东地区林麝分布较广，且现存较多的省级政区。

5.2.1　20世纪分布情况

清光绪三十一年（1905）《霍山县志》、光绪三十四年（1908）《太平县（今黄山市）志》，民国十年（1921）《宿松县志》、民国十一年（1922）《太湖县志》、民国二十五年（1936）《当涂县志》记载的"麝香""山麝""獐""香獐""麝"不同称谓的动物，乃林麝。

1960年代，岳西县和潜山县还有麝分布；70年代调查，虽称潜山县的麝记录已消失，但岳西县还有麝残存（项平，1991）。

1980年代，在潜山县西北的天柱山一带还有"獐：俗呼香獐"（乌以风，1984），说明有林麝分布。

《安徽省陆生野生动植物资源》所称"见于大别山区的金寨、霍山、岳西、六安、舒城、潜山等县市"的"原麝"（安徽省林业厅，2006），乃林麝。"解放初期麝香最高年产量达15.5 kg左右，估计原数量有5万余只……80年代初估计有500余只……至90年代初其数量有所回升。90年代中期，由于四川农民进入大别山区捕捉原麝达数年，后虽经当地政府严厉打击，但已造成很大的资源损失，数量又回到了低谷，经专项调查数量约在100只。"

《潜山县志》（潜山县地方志编纂委员会，1993）、《桐城县（现市）志》（桐城县地方志编纂委员会，1995）、《霍山县志》（霍山县地方志编纂委

①http://www.wildchina.cn/bbs/redirect.php? tid=484&goto=lastpost

员会,1993)、《绩溪县志》(绩溪县地方志编纂委员会,1998)记载的"香獐""麝獐""原麝"等就是林麝。

《中国哺乳动物分布》记载"佛子岭(在霍山县)、舒城(县)、霍山(县)、六安(市)、金寨(县)、岳西(县)"有林麝(张荣祖,1997)。

5.2.2　现今分布情况

据近年"重点陆生野生动物资源调查","安徽麝"见于金寨(县)、霍山(县)、岳西(县)、六安(市)、舒城(县)、潜山(县),乃林麝(国家林业局,2008)。

六安市现在受国家保护的动物中仍有原麝(林麝)[①]。

天堂寨(位于金寨县与湖北罗田县、英山县交界处,与岳西县的鹞落坪国家级自然保护区毗邻)所处的大别山是中国南北水系的分水岭,有动物634种,其中就有原麝(林麝)等珍稀物种[②]。

5.3　福建

福建省20世纪上半叶还有林麝。

民国十八年(1929)《建阳县(今市)志》记载的"麝",乃林麝。虽该省仅见此一地,但却是武夷山一带林麝的最后记录。

5.4　江西

20世纪以来,江西省的林麝分布屈指可数。

5.4.1　20世纪分布情况

民国十四年(1925)《婺源县志》记载的"麝",即林麝。此地处于皖东南林麝分布区的边缘,也是较早灭绝地之一。

《安远县志》(江西安远县志编纂委员会,1993)记载有"香獐",说明还有林麝。

中国物种信息系统(CSIS)等曾介绍,位于龙南县的九连山自然保护区中还有麝等59种陆生脊椎动物[③]。但最近再检索,2001年的报道(青峰等,2001)已不再提及"麝"。

5.4.2　现今分布情况

安远县地处长江水系赣江上游和珠江水系东江起源地,位于闽、粤、赣三省交汇处,境内野生动物繁多,列入国家保护的野生动物现有18种,其中就有香獐(林麝)[④]。

5.5　河南

河南省的林麝主要分布在南阳市与信阳市。

5.5.1　20世纪分布情况

据民国二十五年(1936)《光山县志约稿》记载,还有林麝存在。

鸡公山自然保护区位于信阳县(今并入信阳市),与湖北交界,有"麝"等脊椎动物174种,其中国家保护动物29种、省级保护动物13种(宋朝枢,1994)。此"麝"乃林麝。

伏牛山自然保护区是伏牛山的主体部分,大致在海拔600 m以上的山地,面积约56 000 km^2,包括西峡、内乡、南召三县的大部分山区,栾川、嵩县二县的南部山区,鲁山县西部山区。据考察,有"麝(香獐皮)"或"林麝"(宋朝枢,1994)。

宝天曼自然保护区位于河南省西南部,南阳市内乡县北,是伏牛山中部的著名山峰。据《宝天曼林区兽类资源调查报告》,有"麝"等48种(宋朝枢,1997),说明有林麝栖息。

《中国哺乳动物分布》仅见河南1处"麝"分布地,是"内乡(县)"的"林麝"(张荣祖,1997)。据查,其原始出处则是1961年的资料(周家兴,1961)。

《南阳地区(现市)志》(南阳地区地方史志编纂委员会,1994)、《淅川县志》(淅川县地方史志编纂委员会,1990)、《西峡县志》(西峡县志编纂委员会,1990)、《方城县志》(方城县地方志编纂委员会,1992)、《内乡县志》(内乡县地方史志编纂委员会,1994)、《南召县志》(南召县史志编纂委员会,1995)、《镇平县志》(镇平县地方史志编纂委员会,1998)、《桐柏县志》(桐柏县地方史志

---

①六安. http://baike.baidu.com/view/9153.htm

②天堂寨. http://baike.baidu.com/view/155702.htm

③九连山自然保护区. http://www.wwfchina.org/csis/search/reserve.shtm? loccode=95518;江西九连山自然保护区的详细资料如下. http://www.caf.ac.cn/db/zrbhq/bhq.cfm? nm=228

④安远县. http://baike.baidu.com/view/173679.htm

编纂委员会，1995）、《信阳地区（现市）志》（信阳地区地方史志编纂委员会，1992）、《新县志》（新县志编纂委员会，1990）等记载的"獐""麝"，乃林麝。

5.5.2 现今分布情况

《河南省野生动植物资源调查与保护》称"原麝""发现于南召、淅川、西峡、内乡等县（市）""商城县 140 只，桐柏县 16 只"及"分布于大别山（在河南部分约为信阳市、光山县、新县、商城县一带）"（甘雨等，2004），皆为林麝。

据近年"重点陆生野生动物资源调查"，林麝见于"南召（县）、淅川（县）、西峡（县）、内乡（县）、商城（县）、桐柏（县）"[①]（国家林业局，2008）。

5.6 湖北

湖北省是中南林麝分布的主要省级政区之一。

5.6.1 20 世纪分布情况

民国九年（1920）《英山县志》、民国十一年（1922）《南漳县志》、民国二十年（1931）《宜昌县（今市）志》、民国二十五年（1936）《郧西县志》记载的"香獐""獐""麝"不同称谓的动物即林麝。

鸡公山自然保护区在应山县（今广水市）与河南交界处，有"麝"（宋朝枢，1994），即林麝。

《竹溪县志》（竹溪县志编纂委员会，1992）、《丹江口市志》（湖北省丹江口市地方志编纂委员会，1993）、《郧西县志》（湖北省郧西县地方志编纂委员会办公室，1995）、《十堰市志》（湖北省十堰市地方志编纂委员会，1999）、《襄樊市志》（湖北省襄樊市地方志编纂委员会编，1994）、《罗田县志》（罗田县地方志编纂委员会，1998）、《英山县志》（英山县志编纂委员会编，1998）、《黄石市志》（黄石市志编纂委员会，2001）、《远安县志》（湖北省远安县地方志编纂委员会，1990）、《宜昌县（现属市）志》（湖北省宜昌县地方志编纂委员会，1993）、《兴山县志》（湖北省兴山县地方志编纂委员会，1997）、《神农架志》（湖北省神农架林区地方志编纂委员会，1996）、《恩施州志》（湖北省恩施土家族苗族自治州地方志编纂委员会，1998）、《来凤县志》（湖北省来凤县县志编纂委员会编，1990）、《鹤峰县志》（湖北省鹤峰县史志编纂委员会，1990）、《咸丰县志》（咸丰县志编纂委员会，1990）、《巴东县志》（湖北省巴东县地方志编纂委员会，1993）、《建始县志》（建始县地方志编纂委员会，1994）、《宣恩县志》（宣恩县志编纂委员会，1995）、《恩施市志》（湖北省恩施市地方志编纂委员会，1996）等记载的"麝香""獐""麝""香獐"等不同称谓的动物皆是林麝。

《中国哺乳动物分布》记载"宜昌"有林麝（张荣祖，1997）。

考察后的成果《神农架自然保护区兽类调查表》显示，当地有林麝等 75 种哺乳动物（朱兆泉等，1999）。

5.6.2 现今分布情况

据近年"重点陆生野生动物资源调查"，"安徽麝"见于罗田（县）、英山（县）、麻城（市）、红安（县）（国家林业局，2008），乃林麝；另称林麝见于"鄂西、鄂西北、鄂西南等 18 个山区县"（国家林业局，2008），约指竹山县、房县、竹溪县、宜昌市、宜都市、兴山县、秭归县、长阳土家族自治县、五峰土家族自治县、神农架林区、恩施市、利川市、建始县、巴东县、宣恩县、咸丰县、来凤县、鹤峰县。

《中国长江三峡动物大全》记录当地有"林麝（别名：獐子、香獐）"（刘先新，2010），说明在湖北西南部等地仍有分布。

天堂寨（位于罗田县、英山县与安徽金寨县交界处）所处的大别山还有原麝（林麝）等珍稀物种[②]。

竹山县位于秦巴山区腹地，常见野生动物现有 23 目 33 科 300 余种，其中就有林麝[③]。

地处远安县茅坪场镇的大堰原始森林中依然栖息有林麝等野生动物 50 多种[④]。

武陵山位于湘、黔、鄂、渝四省市交界处，山林中现仍有林麝。在湖北省约处于恩施市、利川

①此调查结果与甘雨等（2004）一致，疑似同一数据。
②天堂寨. http://baike.baidu.com/view/155702.htm
③竹山县. http://baike.baidu.com/view/17835.htm
④远安县. http://baike.baidu.com/view/1659375.htm

市、建始县、巴东县、宣恩县、咸丰县、来凤县、鹤峰县一带①。

5.7 湖南

湖南省也是中南林麝主要分布的省级政区之一。

5.7.1 20 世纪分布情况

清光绪二十八年(1902)《沅陵县志》与民国二十八年(1939)《澧县县志》记载的"獐""香麝"皆林麝。

《汨罗市志》(汨罗市志编纂委员会,1995)、《湘阴县志》(湖南省湘阴县志编纂委员会,1995)、《酃县(现炎陵县)志》(酃县志编纂委员会,1994)、《湘乡县(现市)志》(湘乡县志编纂委员会,1993)、《衡阳市志》(衡阳市地方志编纂委员会,1998)、《宁远县志》(湖南宁远县地方志编纂委员会,1993)、《江华瑶族自治县志》(湖南省江华瑶族自治县志编纂委员会,1994)、《蓝山县志》(蓝山县志编纂委员会,1995)、《江永县志》(湖南省江永县志编纂委员会,1995)、《邵阳市志》(邵阳市地方志编纂委员会,1997)、《新宁县志》(新宁县志编纂委员会,1995)、《城步苗族自治县志》(城步苗族自治县志编纂委员会,1996)、《武冈县(今市)志》(武冈县志编委会,1997)、《绥宁县志》(绥宁县志编纂委员会,1997)、《怀化市(今鹤城区)志》(湖南省怀化市志编纂委员会,1994)、《黔阳县(现中方县)志》(黔阳县志编纂委员会,1991)、《溆浦县志》(溆浦县县志编纂委员会,1993)、《新晃县(新晃侗族自治县)志》(新晃侗族自治县志编纂委员会,1993)、《会同县志》(湖南省会同县志编纂委员会,1994)、《麻阳县志》(湖南省麻阳县志编纂委员会,1994)、《辰溪县志》(辰溪县志编纂委员会,1994)、《靖州县志》(靖州苗族侗族自治县县志编纂委员会,1994)、《新化县志》(新化县志编纂委员会,1996)、《花垣县志》(湖南省花垣县地方志编纂委员会,1993)、《泸溪县志》(湖南省泸溪县志编纂委员会,1993)、《凤凰县志》(凤凰县志编纂委员会,1998)等记载的"獐""香獐""麝"等不同称谓的动物都是林麝。

《中国哺乳动物分布》记载"邵阳(邵阳市与邵阳县)、新宁(县)、绥宁(县)、宜章(县)、桂东(县)、城步(城步苗族自治县)、资兴(市)"有林麝(张荣祖,1997)。

5.7.2 现今分布情况

据近年"重点陆生野生动物资源调查",林麝"仅见于保护区内"(国家林业局,2008)。

武陵山山林中现仍有林麝,在湖南省约处于张家界市、慈利县、桑植县、吉首市、泸溪县、凤凰县、花垣县、保靖县、古丈县、永顺县、龙山县一带②。

蓝山县地处九嶷山东麓,地势由西南向东北倾斜,境内山、丘、岗、平区相互交错,以山地为主,是典型的山区县,林间有香獐(林麝)、麂子等珍稀动物 60 余种③。

辰溪县野生动物有 600 多种,其中属于国家保护的有麝(林麝)与黄腹角雉、角雉、长尾雉等④。

龙山县位于湘西州北部,深山丛林中栖息的珍禽异兽很多,现有野禽野兽及各种野生动物 100 多种。还提到"虎骨、麝香配药颇为珍贵,獐、鹿、兔、野猪、山羊、大鲵等堪称筵席美味"。其中有"麝香",反映还有林麝分布。提到的"筵席美味"之"獐",似非麝之别称,而就是獐(*Hydropotes inermis*)。

5.8 广东

广东省分布的麝属仅有林麝。

5.8.1 20 世纪分布情况

民国十五年(1926)《始兴县志》与民国二十年(1931)《乐昌县(今市)志》记载有"麝",表明还有林麝栖息。

根据 1980 年代调查,现今乐昌(市)、连州(市)、阳山(县)、曲江(今属韶关市)、乳源(乳源瑶族自治县)、怀集(县)等地还分布有麝(徐龙辉

---

①武陵山. http://baike.baidu.com/view/182731.htm
②武陵山. http://baike.baidu.com/view/182731.htm
③蓝山县. http://baike.baidu.com/view/589324.htm
④辰溪县. http://baike.baidu.com/view/185444.htm

等，1989），乃林麝。

《乐昌市志》（乐昌市地方志编纂委员会，1994）、《始兴县志》（始兴县志办公室，1997）、《乳源瑶族自治县志》（乳源瑶族自治县地方志编纂委员会，1997）记载的“麝”“南麝”皆林麝。

《中国哺乳动物分布》记载“乐昌（市）、阳山（县）、连州（市）、乳源（乳源瑶族自治县）、曲江（今属韶关市）、怀集（县）”有林麝（张荣祖，1997）。

5.8.2 现今分布情况

据近年“重点陆生野生动物资源调查”，林麝见于“龙川（县）、乳源（乳源瑶族自治县）、乐昌（市）、英德（市）”（国家林业局，2008）。

5.9 广西

广西壮族自治区是省级政区中林麝分布最广者，全区各地皆有林麝栖息。

5.9.1 20世纪分布情况

清光绪三十四年（1908）《藤县志》、民国三年（1914）《荔浦县志》、民国十六年（1927）《龙州县志》、民国十八年（1929）《灵川县志》、民国二十一年（1932）《富川县（今富川瑶族自治县）志》、民国二十二年（1933）《同正县（今属扶绥县）志》与《钟山县志》、民国二十三年（1934）《上林县志》与《贺县（今八步区）志》、民国二十四年（1935）《罗城县（今罗城仫佬族自治县）志》、民国二十五年（1936）《融县（今融安县）志》与《来宾县（今兴宾区）志》、民国二十六年（1937）《邕宁县（今属南宁市）志》、《榴江县（今鹿寨县）志》与《宜北县（今属环江毛南族自治县）志》、民国二十九年（1940）《平乐县志》与《柳城县志》、民国三十一年（1942）《凌云县志》、民国三十五年（1946）《三江县（今三江侗族自治县）志》与《凤山县志》等记载的“獐”“麝”“麝羊”“麝香”等不同称谓的动物，乃林麝。

1954～1962年，中国科学院动物研究所从靖西（县）等收集到林麝标本（高耀亭，1963）。

依1930～1940年代的资料统计，广西全区有77个县或多或少均有麝分布，桂西北、桂西南和桂北地区分布广而数量多。1950年代到1984年，调查结果表明：已有16个县[桂平（桂平市）、博白、蒙山、马山、象州、武宣、柳城、柳江、阳朔、鹿寨和贵县（贵港市）、邕宁（今属南宁市）、荔浦、平乐、临桂、灵川]绝迹，16个县[即扶绥、崇左（江州区）、宁明、宜山（宜州市）、来宾（兴宾区）、三江（三江侗族自治县）、土林（上林县）、武鸣、资源、灌阳、贺县（八步区）和钟山、百色（右江区）、凭祥（凭祥市）、平果、全州]数量减少，30个县[天峨、南丹、河池（金城江区）、罗城（罗城仫佬族自治县）、环江（环江毛南族自治县）、都安（都安瑶族自治县）、东兰、巴马（巴马瑶族自治县）、凤山（凤山）、西林、隆林（隆林各族自治县）、田林、凌云、乐业、那坡、靖西、德保、大新、隆安、天等、忻城、上思、富川（富川瑶族自治县）、大瑶山（金秀瑶族自治县）、永福、龙胜（龙胜各族自治县）、兴安、恭城、融水（融水苗族自治县）和融安]保有一定数量[1]（吴名川等，1990）。

《广西大瑶山自然资源考察》所指的“大瑶山”，“主体部分位于金秀瑶族自治县境内，面积约2 080 km^2，其外围延伸到鹿寨、象州、武宣、桂平、蒙山、荔浦等县”，有林麝等34种兽类（大瑶山自然资源综合考察队，1988）。

《中国哺乳动物分布》记载“靖西（县）、龙州（县）、那坡（县）、田东（县）、田林（县）、德保（县）、宜山（宜州市）、隆林（隆林各族自治县）、河池（金城江区）、南丹（县）、大瑶山（在金秀瑶族自治县）、全州（县）、贺县（八步区）、苍梧（县）、玉林（玉州区）、灵山（县）、钦州（市）、上思（县）”有林麝（张荣祖，1997）。

位于环江毛南族自治县西北部的木论喀斯特自然保护区依然有林麝等48种哺乳动物栖息（郑颖吾，1999）。

上林县在20世纪末常见的野生动物有60多种，其中仍有“獐子”[2]，即林麝。

《上林县志》（上林县志编纂委员会，1989）、《隆安县志》（隆安县志编纂委员会，1993）、《马山县志》（马山县志编纂委员会，1997）、《阳朔县志》（阳朔县志编纂委员会，1988）、《恭城县（恭城瑶族自治县）志》（恭城瑶族自治县地方志编纂委员

①77个县据原文；“()”内表示其中今变化或原文有误。

②上林县. http://baike.baidu.com/view/132787.htm

会,1992)、《平乐县志》(平乐县地方志编纂委员会,1995)、《灌阳县志》(灌阳县志编委办公室,1995)、《永福县志》(永福县志编纂委员会,1996)、《荔浦县志》(荔浦县地方志编纂委员会,1996)、《灵川县志》(灵川县地方志编纂委员会,1997)、《资源县志》(广西壮族自治区资源县志编纂委员会,1998)、《兴安县志》(兴安县志编纂委员会,2002)、《柳州市(辖柳州市、柳江县、柳城县等地)志》(柳州市地方志编纂委员会,1998)、《鹿寨县志》(鹿寨地方志编纂委员会,1996)、《融安县志》(融安县志编纂委员会,1996)、《融水县志》(广西融水县志编纂委员会,1998)、《蒙山县志》(蒙山县志编纂委员会,1993)、《浦北县志》(浦北县志编纂委员会,1994)、《上思县志》(上思县地方志编纂委员会,2000)、《扶绥县志》(扶绥县志编纂委员会,1989)、《大新县志》(大新县志编纂委员会,1989)、《天等县志》(天等县志编纂委员会,1991)、《崇左(今江州区)县志》(崇左县志编纂委员会,1994)、《平果县志》(平果县志编纂委员会,1996)、《田林县志》(田林县地方志编纂委员会,1996)、《德保县志》(德保县志编纂委员会,1998)、《靖西县志》(靖西县县志编纂委员会编,2000)、《都安瑶族自治县志》(都安瑶族自治县志编纂委员会,1993)、《南丹县志》(南丹县地方志编纂委员会,1994)、《天峨县志》(天峨县志编纂委员会,1994)、《东兰县志》(东兰县志编纂委员会,1994)、《河池市(今金城江区)志》(河池市志编纂委员会,1996)、《宜州市志》(宜州市地方志编纂委员会,1998)、《金秀瑶族自治县志》(金秀瑶族自治县志编纂委员会,1992)、《象州县志》(象州县志编纂委员会,1994)、《忻城县志》(忻城县志编纂委员会,1997)、《昭平县志》(昭平县志编纂委员会,1992)、《钟山县志》(钟山县志编纂委员会,1995)等记载的“獐子”“麝”“黑麝”“麻鹿”“麝香”不同称谓的动物皆是林麝。

5.9.2　现今分布情况

据近年“重点陆生野生动物资源调查”,林麝见于“百色、南宁、防城(港)、梧州、柳州”(国家林业局,2008)。但所列举的似市级政区,而并非全有分布。试按此前后有相关记载点恢复:百色市(右江区、田阳县、田东县、平果县、德保县、靖西县、那坡县、凌云县、乐业县、西林县、田林县、隆林各族自治县)、南宁市(武鸣县、横县、宾阳县、上林县、隆安县)、防城港市(防城港市和上思县)、梧州市(梧州市、岑溪市、苍梧县、藤县、平南县)、柳州市(柳州市、融安县、三江侗族自治县、融水苗族自治县)有林麝。

凌云县称当地有“樟子、蛤蚧、蛇类、穿山甲等山珍”①,可见此“樟子”乃适宜山居的林麝。

平果县野生动物中有林麝等兽类 18 种②。

据防城港市(辖防城市、东兴市和上思县)介绍,当地野生动物有哺乳动物、鸟纲动物、两栖动物、爬行动物等 28 目 80 科 269 种,其中仍有“獐”③。但从十万大山国家级自然保护区的情况看,此“獐”乃林麝,且该市仅防城港市和上思县有分布。

兴安县人民政府公布当地野生动物,“今已少见”的物种中有“麝”④,说明仍有残存。

鹿寨县位于洛清江下游、湘桂走廊东部,该地的走兽类有獐子与山猪、黄猄、箭猪、狐狸、猴子等⑤,其中“獐子”乃林麝。

隆林各族自治县报道,境内野生动物共有 900 多种,有麝(獐子)、天鹅、鹰、瑞鳖、虎纹蛙等珍稀物种⑥,此“麝”当是林麝。

巴马瑶族自治县政府介绍,当地有“璋子”等珍稀动物⑦。只是“璋子”当是林麝。

都安瑶族自治县境内野生动物众多,兽类有麝与猴子、野狗、野猪、野猫、野兔、果子狸、黄猄、

①凌云县. http://baike.baidu.com/view/395055.htm
②平果县. http://baike.baidu.com/view/323883.htm
③防城港市. http://baike.baidu.com/view/54615.htm? fromId=523302
④兴安县人民政府. http://www.xazf.gov.cn/html/2012/zrdl_0426/52.html
⑤鹿寨县. http://baike.baidu.com/view/259530.htm
⑥广西隆林网. http://www.gxll.gov.cn/html/longlin/about/resources/
⑦巴马网. http://www.bama.gov.cn/zjbm/item.php? Cateid=001005&lx=zw&dh=

水獭、野山羊、松鼠、田鼠、飞鼠、刺猬、狐狸等①，其中“麝”当是林麝。

那坡县地处云贵高原余脉六韶山南缘，据称已列为国家保护的珍贵动物有“麝香、林麝”②。但从反映的物种来看，二者是同一物种。

田林县地处亚热带，气候温暖，森林茂密，适宜各类动物繁衍，动物资源丰富，野生动物有 108 种，其中有林麝等 20 多种保护动物③。

5.10 重庆

重庆市分布的麝属仅有林麝 1 种。

5.10.1 20 世纪分布情况

民国十五年(1926)与二十年(1931 年)《南川县(今区)志》、民国十六年(1927)《丰都县志》记载的“獐”，《璧山县志》称“解放前有……獐”(四川省璧山县志编纂委员会，1996)，皆是林麝。

《四川资源动物志》记载，林麝分布于“巴县(巴南区)、綦江(县)、长寿(区)……万县专区、涪陵专区”(《四川资源动物志》编辑委员会，1982)。其中“万县专区、涪陵专区”约对应今下列政区：万州区、开县、城口县、巫溪县、云阳县、奉节县、巫山县、忠县、涪陵区、南川区、丰都县、石柱土家族自治县、武隆县、长寿区、彭水县、垫江县、黔江区、酉阳土家族苗族自治县、秀山土家族苗族自治县。

《中国哺乳动物分布》记载“涪陵(区)”有林麝(张荣祖，1997)。

《巴县(今巴南区)志》(四川省巴县志编纂委员会，1994)、《涪陵市(现区)志》(四川省涪陵市志编纂委员会，1995)、《黔江县(现区)志》(黔江土家族苗族自治县志编纂委员会，1994)、《南川县(现区)志》(四川省南川县志编纂委员会，1991)、《武隆县志》(四川省武隆县志编纂委员会，1994)、《梁平县志》(四川省梁平县地方志编纂委员会，1995)、《巫溪县志》(巫溪县志编纂委员会，1993)、《奉节县志》(奉节县志编纂委员会，1995)、《云阳县志》(云阳县志编纂委员会，1999)、《石柱县(石柱土家族自治县)志》(石柱县志编纂委员会，1994)、《彭水县志》(彭水县志编纂委员会，1997)、《秀山县志》(秀山土家族苗族自治县县志编纂委员会，2001)记载的“麝”“獐”“獐子”等不同称谓的动物皆是林麝。

5.10.2 现今分布情况

据近年“重点陆生野生动物资源调查”，林麝见于“城口(县)、巫溪(县)、江津(区)”(国家林业局，2008)。

武陵山山林中现仍有林麝，在重庆市约处于黔江区、石柱土家族自治县、彭水县、酉阳土家族苗族自治县、秀山土家族苗族自治县一带④。

《中国长江三峡动物大全》记录当地有“林麝”(刘先新，2010)，说明在重庆东北部等地仍有分布。

5.11 四川

林麝是四川省生息繁衍的麝属之一，分布区较广。

5.11.1 20 世纪分布情况

光绪二十九年(1903)《江油县(今市)志》、光绪三十一年(1906)《越嶲厅(今越西县)志》、宣统三年(1911)《巴塘(今县)盐井乡志》、民国元年(1912)《西康建省记》、民国四年(1915)《峨边县(今峨边彝族自治县)志》与《荥经县志》、民国九年(1920)《绵竹县(今市)志》、民国十一年(1922)《邛崃县(今市)志》、民国十三年(1924)《松潘县志》、民国十六年(1927)《剑阁县续志》与《巴中县(今巴州区)志》、民国十七年(1928)《苍溪县志》、民国十八年(1929)《什邡县(今市)志》《遂宁县(今市)志》与《西康问题》、民国十九年(1930)《大邑县志》、民国二十一年(1932)《北川县(今北川羌族自治县)志》与《渠县志》、民国二十二年(1933)《灌县(今都江堰市)志》、民国二十三年(1934)《乐山县(今市)志》与《西康之实况》、民国二十四年(1935)《雷(雷波县)马(今马边彝族自治县)峨(今峨边彝族自治县)屏(今屏山县)调查

---

①都安瑶族自治县. http://baike.baidu.com/view/395051.htm? fr=aladdin

②那坡县. http://baike.baidu.com/view/395078.htm

③田林概要. http://map.mapbar.com/a_baise_tianlin_map/

④武陵山. http://baike.baidu.com/view/182731.htm

记》、民国二十六年（1937）《犍为县志》、民国二十九年（1940）《广元县（今市）志稿》、民国三十年（1941）《汉源县（今市）志》、民国三十一年（1942）《西昌县（今市）志》、民国三十三年（1944）《汶川县志》、民国三十四年（1945）《内江县（今市）志》以及《懋功县（今小金县）志》与《抚边屯（属今小金县）志略草案》等记载的“獐”“麝”“麝香”不同称谓的动物皆林麝。而《隆昌县志》证实“建国后……獐已绝迹”（四川省隆昌县志编纂委员会，1995）。

1954～1962年，中国科学院动物研究所在马尔康（县）、盐源（县）、壤塘（县）、理塘（县）等收集到林麝标本；另在平武（县）、木里（木里藏族自治县）、理塘（县）、康定（县）调查发现林麝与马麝重叠分布（高耀亭，1963）。

《四川资源动物志》记载，林麝分布于“梓潼（县）、江油（市）、青川（县）、绵竹（市）、广元（市）、安县、旺苍（县）、北川（北川羌族自治县）、剑阁（县）、平武（县）、阆中（市）、苍溪（县）、达县专区……宜宾（翠屏区、宜宾县）、江安（县）、高县、屏山（县）、合江（县）、古蔺（县）、叙永（县）、富顺（县）、乐山（市）、犍为（县）、峨眉（今峨眉山市）、丹棱（县）、沐川（县）、洪雅（县）、凉山自治州、雅安专区、原西昌专区、温江（今属成都市）、邛崃（市）、大邑（县）、彭县（今彭州市）、什邡（市）、崇庆（今崇州市）、灌县（今都江堰市）、甘孜自治州、阿坝自治州等全省深丘和山区各县”（《四川资源动物志》编辑委员会，1982）。其中所称“达县专区、凉山自治州、雅安专区、原西昌专区、甘孜自治州、阿坝自治州”约对应今下列政区：达县、宣汉县、开江县、平昌县、巴州区、南江县、通江县、万源市、大竹县、渠县、邻水县、西昌市、盐源县、德昌县、会理县、会东县、宁南县、普格县、布拖县、金阳县、昭觉县、喜德县、冕宁县、越西县、甘洛县、美姑县、雷波县、木里藏族自治县、盐边县、雨城区、荥经县、汉源县、天全县、宝兴县、芦山县、石棉县、名山县、康定县、泸定县、丹巴县、九龙县、雅江县、道孚县、炉霍县、甘孜县、新龙县、德格县、白玉县、石渠县、色达县、理塘县、巴塘县、乡城县、稻城县、得荣县、马尔康县、汶川县、理县、茂县、松潘县、九寨沟县、金川县、小金县、黑水县、壤塘县、阿坝县、若尔盖县、红原县。

1986～1987年，在青川县唐家河自然保护区（保护地区）及该县关虎乡（非保护地区），对不同生境和不同海拔区间的林麝种群密度进行调查研究（王会志等，1988）。白玉县对林麝进行调查，在次生灌丛和针阔混交林平均密度达到9.02～9.15只/km^2（杨奇森等，1989）。

1992年，地处马边彝族自治县的马边大风顶自然保护区设点对林麝进行种群密度调查（魏辅文等，1995）。

1995年，对地处冕宁县的冶勒自然保护区中的林麝进行调查，证明仍有分布（郭建等，2001）。

《中国哺乳动物分布》记载“盐源（县）、马尔康（县）、壤塘（县）、理塘（县）、德格（县）、会东（县）、雷波（县）、平武（县）、峨眉山（市）、白玉（县）、泸定（县）、北川（北川羌族自治县）、青川（县）、苍溪（县）、达川（通川区）、石渠（县）、叙永（县）、古蔺（县）、沐川（县）、雅安（雨城区）、甘孜（县）、阿坝（县）、安县、灌县（都江堰市）”有林麝（张荣祖，1997）。

经调查，都江堰市还有林麝栖息（陈昌笃，2000）。

《崇庆县（现崇州市）（四川省崇庆县志编纂委员会，1991）、《蒲江县志》（四川省蒲江县志编纂委员会，1992）、《大邑县志》（四川省大邑县志编纂委员会，1992）、《邛崃县（现市）志》（四川省邛崃县志编纂委员会，1993）、《青川县志》（青川县志编纂委员会，1992）、《苍溪县志》（四川省苍溪县志编纂委员会，1993）、《旺苍县志》（四川省旺苍县志编纂委员会，1996）、《北川县（今北川羌族自治县）志》（北川县志编纂委员会，1996）、《平武县志》（平武县县志编纂委员会，1997）、《江油县（今市）志》（江油市地方志编纂委员会，1999）、《什邡县（现市）志》（什邡县县志编纂委员会，1988）、《蓬安县志》（蓬安县志编纂委员会，1994）、《沐川县志》（四川省沐川县地方志编纂委员会，1993）、《马边彝族自治县志》（马边彝族自治县地方志编纂委员会，1994）、《峨边彝族自治县志》（峨边彝族自治县志编纂委员会，1994）、《峨眉山志》（峨眉山志编纂委员会，1997）、《乐山市志》（乐山市志编纂委员会，2000）、《自贡市志》（自贡市志地方志编纂委员会，1997）、《合江县志》（合江县志编纂委员会，1993）、《泸州市志》

（泸州市志地方志编纂委员会，1998）、《叙永县志》（叙永县地方志编纂委员会，1998）、《珙县志》（四川省珙县志编纂委员会，1995）、《江安县志》（四川省江安县志编纂委员会，1998）、《高县志》（高县志编纂委员会，1998）、《屏山县志》（屏山县志编纂委员会，1998）、《米易县志》（四川省米易县志编纂委员会，1999）、《巴中县（今巴州区）志》（四川省巴中县志编纂委员会，1994）、《通江县志》（四川省通江县志编纂委员会，1998）、《万源县（今市）志》（四川省万源县志编纂委员会，1996）、《洪雅县志》（洪雅县地方志编纂委员会，1997）、《名山县志》（名山县志编纂委员会，1992）、《汉源县志》（汉源县志编纂委员会，1994）、《天全县志》（天全县志办公室，1997）、《荥经县志》（四川省荥经县地方志编纂委员会，1998）、《石棉县志》（石棉县地方志编纂委员会，1999）、《宝兴县志》（四川省宝兴县地方志编纂委员会，2000）、《汶川县志》（四川省阿坝藏族羌族自治州汶川县地方志编纂委员会，1992）、《阿坝县志》（阿坝县地方志编纂委员会，1993）、《南坪县（今九寨沟县）志》（南坪县地方志编纂委员会，1994）、《金川县志》（金川县地方志编纂委员会，1994）、《马尔康县志》（四川省马尔康县志编纂委员会，1995）、《红原县志》（四川省红原县志编纂委员会，1996）、《理县志》（理县志编纂委员会，1997）、《茂汶羌族自治县（今茂县）志》（四川省阿坝藏族羌族自治州茂汶羌族自治县地方志编纂委员会，1997）、《甘孜州志》（甘孜州志编纂委员会，1997）、《康定县志》（四川省康定县志编纂委员会，1995）、《丹巴县志》（四川省甘孜藏族自治州丹巴县志编纂委员会，1996）、《理塘县志》（四川省理塘县志编纂委员会，1996）、《九龙县志》（九龙县志编纂委员会，1997）、《道孚县志》（四川省道孚县志编纂委员会，1997）、《稻城县志》（四川省稻城县志编纂委员会，1997）、《色达县志》（四川省色达县志编纂委员会，1997）、《巴塘县志》（四川省巴塘县地方志编纂委员会，2001）、《木里藏族自治县概况》（木里藏族自治县概况编写组，1985）、《喜德县志》（四川省喜德县志编纂委员会，1992）、《布拖县志》（四川省布拖县志编纂委员会，1993）、《宁南县志》（宁南县志编纂委员会，1994）、《冕宁县志》（四川省冕宁县地方志编纂委员会，1994）、《美姑县志》（四川省美姑县志编纂委员会，1996）、《西昌市志》（四川省西昌市志编纂委员会，1996）、《雷波县志》（雷波县地方志编纂委员会，1997）、《德昌县志》（德昌县地方志编纂委员会，1998）、《昭觉县志》（四川省昭觉县志编纂委员会，1999）、《盐源县志》（盐源县志编纂委员会，2000）、《金阳县志》（四川省金阳县地方志编纂委员会，2000）等记载的“獐子”“麝”“獐”等不同称谓的动物主要是林麝。

5.11.2 现今分布情况

据近年“重点陆生野生动物资源调查”，林麝见于“南江（县）、青川（县）、平武（县）、松潘（县）、绵竹（县）、石棉（县）、金川（县）、天全（县）、汶川（县）、古蔺（县）、若尔盖（县）、马边（马边彝族自治县）、美姑（县）、得荣（县）、雅江（县）、炉霍（县）、白玉（县）、木里（木里藏族自治县）、西昌（市）、万源（市）、屏山（县）、洪雅（县）；剑阁（县）、高县、开江（县）、邻水（县）已极罕见或已绝迹”（国家林业局，2008）。

位于美姑县的美姑大风顶自然保护区近年还对当地栖息的林麝进行调查（杨萃等，2011）。

崇州市珍稀动物中记载的“獐子”[①]，据其生态环境及周边物种判断，当是林麝。

泸州市有林麝等珍稀动物 18 种[②]。该市还辖泸县、合江县、叙永县、古蔺县等，据 1990 年代记载，仅泸州市、合江县、叙永县有“獐、香麂”“香麂、獐”“獐子”。

据屏山县人民政府公众信息网介绍，该县中药材有 169 种，名贵药材有天麻、菌灵芝、麝香、熊胆等[③]。此“麝香”，据以往记载，似来自林麝。

通江县位于米仓山东段南麓大巴山缺口处，有林麝等 21 种国家保护动物[④]。

荥经县有哺乳纲 7 目 22 科 53 种，其中有林

①崇州. http://baike.baidu.com/view/399421.htm

②泸州. http://baike.baidu.com/view/24528.htm? fromId=162261

③屏山县. http://baike.baidu.com/view/72139.htm

④通江县. http://baike.baidu.com/view/282192.htm

麝等珍稀保护动物①。

马尔康县森林覆盖率为 52.26%，林草综合覆盖率 95.32%，有“獐”等 73 种珍稀野生动物②。此“獐”包括林麝与马麝。

红原县境内草原辽阔，水草丰茂，矿藏、森林极丰丰富，野生动物繁多，盛产牛黄、鹿茸、麝香等名贵动物药产品③。“麝香”反映当地仍有林麝与马麝。

康定县自然资源极为丰富，野生动物 300 余种，盛产虫草、鹿茸、贝母、天麻、麝香等名贵中药材④。“麝香”表明还有林麝与马麝。

丹巴县称该县主要保护动物有马麝、白臀鹿、藏原羚、獐、盘羊等⑤，此“獐”则是林麝。

九龙县野生动物资源丰富，有“麝”等珍稀动物近百种⑥，此“麝”则是林麝与马麝。

雅江县珍贵动物有鹿、獐、盘羊、熊等，名贵中药材有麝香、鹿茸、虫草、贝母、大黄、黄芪等⑦。故此，可以确定“獐”乃麝。据以往记载，则是林麝。

甘孜县有獐、鹿、黄羊、狐、猴、熊、豹、马鸡等 20 多种野生动物，中药材有鹿茸、麝香、虫草等⑧。据以往记载，此“獐”当是林麝。

新龙县的野生动物中有林麝、马麝⑨。

理塘县森林、草原面积大，是野生动物较理想的生息繁衍区域，有林麝、白唇鹿、扭角羚、斑羚、岩羊、盘羊等有蹄类动物⑩。

据乡城县人民政府网站报道，国家确定的保护动物有 54 种，其中有林麝与马麝⑪。

据稻城县报道，主要珍稀野生动物有豹、白唇鹿、毛冠鹿、獐、熊、藏羚羊、岩羊，林麝，小熊猫等⑫。

得荣县称有獐、鹿、羚羊等 50 多种珍稀动物⑬，此“獐”应是林麝。

会东县称，随着近年来生态环境改善，濒临灭绝的珍贵动物数量有所回升，并列举有“獐子”⑭。据以往记载，当是林麝与马麝。

西昌市境内高山区动物有林麝与麂、鹿、羚羊、岩羊、野牛、豪猪、野猪、扭角羚等有蹄类⑮。

据盐源县人民政府办公室公布，当地还有“獐子”等多种珍稀动物⑯。此“獐子”乃林麝。

普格县在野生动物中记载的“麝”⑰应是林麝。

金阳县称有“鹿、岩羊、标麝、金丝猴、猞猁、刺猬等 30 余种”兽类⑱，此“标麝”当是林麝。

冕宁县国家二级重点保护动物有林麝与大灵猫、小灵猫、黑熊、水獭、红腹解雉、白腹锦鸡等 29 种⑲。

越西县列举的珍贵动物中有“獐子”⑳，就是林麝。

甘洛县在其他主要野生动物中列举的“獐”㉑乃林麝。

---

①汞经县. http://baike.baidu.com/view/985922.htm
②马尔康县. http://baike.baidu.com/view/163486.htm
③红原县. http://baike.baidu.com/view/991951.htm
④康定县. http://baike.baidu.com/view/112822.htm
⑤丹巴县. http://baike.baidu.com/view/929959.htm
⑥九龙县. http://baike.baidu.com/view/399466.htm
⑦雅江县. http://baike.baidu.com/view/662672.htm
⑧甘孜县. http://baike.baidu.com/view/399468.htm
⑨新龙县. http://baike.baidu.com/view/662669.htm
⑩理塘县. http://baike.baidu.com/view/797830.htm
⑪自然资源. http://www.xcx.gov.cn/show.php? id=2115
⑫稻城县. http://baike.baidu.com/view/282188.htm
⑬得荣县. http://baike.baidu.com/view/299007.htm
⑭会东县. http://baike.baidu.com/view/377794.htm? fromId=399477
⑮西昌. http://baike.baidu.com/view/5868.htm
⑯盐源县概况. http://www.yanyuan.gov.cn/plus/view.php? aid=2319
⑰普格县. http://baike.baidu.com/view/377792.htm? fromId=399474
⑱金阳县. http://baike.baidu.com/view/377718.htm
⑲冕宁县. http://baike.baidu.com/view/377778.htm
⑳越西县. http://baike.baidu.com/view/377721.htm
㉑甘洛县. http://www.zwbk.org/MyLemmaShow.aspx? lid=177443

5.12 贵州

贵州省也是西南仅有林麝分布的省级政区，而且分布比较广。

5.12.1 20世纪分布情况

民国二年（1913）《瓮安县志》、民国十四年（1925）《都匀县（今市）志稿》、民国十五年（1926）《普安县志》、民国十八年（1929年）《桐梓县志》、民国二十一年（1932）《平坝县志》、民国二十二年（1933）《沿河县（沿河土家族自治县）志》、民国二十五年（1936）《遵义府志》、民国二十六年（1937）《贵定一览》、民国二十七年（1938）《麻江县志》、民国二十九年（1940）《息烽县志》《三合县（今属三都水族自治县）志略》与《开阳县志稿》、民国三十七年（1948）《贵州通志》记载的"獐""麝"皆林麝。

1954～1962年，中国科学院动物研究所从贵阳（市）等收集到林麝标本（高耀亭，1963）。

罗蓉等（1985）称：根据历年的调查，林麝分布于"全省各县"。

《中国哺乳动物分布》记载"贵阳（市）、黔西（县）、威宁（县）、盘县、兴义（市）、册亨（县）、罗甸（县）、雷山（县）、天柱（县）、梵净山（在江口县、印江土家族苗族自治县、松桃苗族自治县）、绥阳（县）、余庆（县）、务山（务川仡佬族苗族自治县）、荔波（县）"有林麝（张荣祖，1997）。

地处瓮安县境内的朱家山自然保护区，经考察有林麝与野猪、小麂、毛冠鹿、鬣羚、斑羚等多种有蹄类动物（贵州省林业厅，2000）。

考察证实，位于石阡县西南缘的佛顶山自然保护区仍有林麝等11种兽类栖息（贵州省林业厅，2000）。

《清镇县（今市）志》（贵州省清镇县地方志编纂委员会，1991）、《息烽县志》（贵州省息烽县地方志编纂委员会，1993）、《修文县志》（贵州省修文县地方志编纂委员会，1998）、《水城县志》（水城县地方志编纂委员会，1994）、《凤冈县志》（贵州省凤冈县地方志编纂委员会，1994）、《桐梓县志》（桐梓县地方志编纂委员会，1997）、《正安县志》（正安县地方志编纂委员会，1999）、《务川仡佬族自治县志》（贵州省务川仡佬族自治县县志编纂委员会，2001）、《安顺市（今西秀区）志》（安顺市地方志编纂委员会，1995）、《普定县志》（贵州省普定县地方志编纂委员会，1999）、《威宁彝族回族苗族自治县志》（贵州省威宁彝族回族苗族自治县志编纂委员会，1994）、《大方县志》（贵州省大方县地方志编纂委员会，1996）、《织金县志》（贵州省织金县地方志编纂委员会，1997）、《金沙县志》（贵州省金沙县地方志编纂委员会，1997）、《纳雍县志》（贵州省纳雍县地方志编纂委员会，1999）、《赫章县志》（贵州省赫章县地方志编纂委员会，2001）、《玉屏侗族自治县志》（玉屏侗族自治县志编纂委员会，1993）、《沿河县（沿河土家族自治县）志》（沿河土家族自治县志编纂委员会，1993）、《德江县志》（贵州省德江县地方志编纂委员会，1994）、《镇远县志》（贵州省镇远县志编纂，1992）、《岑巩县志》（贵州省岑巩县志编纂委员会，1993）、《天柱县志》（贵州省天柱县志编纂委员会，1993）、《黄平县志》（黄平县地方志编纂委员会，1993）、《台江县志》（贵州省台江县编纂委员会，1994）、《锦屏县志》（贵州省锦屏县志编纂委员会，1995）、《施秉县志》（贵州省施秉县地方志编纂委员会，1997）、《凯里市志》（贵州省凯里市地方志编纂委员会，1998）、《榕江县志》（贵州省榕江县地方志编纂委员会，1999）、《丹寨县志》（贵州省丹寨县地方志编纂委员会，1999）、《福泉县（今市）志》（贵州省福泉县地方志编纂委员会，1992）、《瓮安县志》（贵州省瓮安县地方志编纂委员会，1995）、《龙里县志》（贵州省龙里县志编纂委员会，1995）、《独山县志》（贵州省独山县志编纂委员会，1996）、《荔波县志》（贵州省荔波县地方志编纂委员会，1997）、《长顺县志》（贵州省长顺县志编纂委员会，1998）等记载的"獐子""麝""香獐子""牛麂""香獐""樟子""麝羊"等不同称谓的动物，乃林麝。

5.12.2 现今分布情况

荔波县境内的茂兰自然保护区还有林麝栖息（李子忠等，2002）。

据近年"重点陆生野生动物资源调查"，林麝"北部的绥阳（县）、道真（道真仡佬族苗族自治县）、正安（县）、织金（县）和南部的长顺（县）、惠水（县）、贵定（县）数量较多"（国家林业局，2008）。

《贵州野生动物名录》指出林麝在"绥阳、道真、正安、惠水、长顺、贵定、织金"仍有分布（李子忠,2011)。

武陵山山林中现仍有林麝,在贵州省约处于铜仁市、江口县、石阡县、思南县、德江县、玉屏侗族自治县、印江土家族苗族自治县、沿河土家族自治县、松桃苗族自治县一带①。

据调查,锦屏县现存“樟子”等 20 余种野兽②。此“樟子”乃林麝。

丹寨县在野生兽类动物中所列举的“麝羊”③乃林麝。

惠水县动物资源十分丰富,兽类中有林麝与华南野猪、海南赤麂、小麂、苏门羚等有蹄类④。

5.13　云南

云南省的林麝分布相当广泛,几乎遍布全省。

5.13.1　20 世纪分布情况

光绪二十九年(1903)《黎县(今华宁县)旧志》、光绪三十一年(1905)《广南府(辖今广南县与富宁县)志》、宣统二年(1910)《楚雄县(今市)志》、民国五年(1916)《马龙县志》、民国五年(1916)《大理县(今市)志稿》、民国六年(1917)《路南县(今石林彝族自治县)志》与《龙陵县志》、民国八年(1919)《蒙化县(今巍山彝族回族自治县)志稿》、民国十年(1921)《宜良县志》、民国十一年(1922)《元江(今元江哈尼族彝族傣族自治县)志稿》、民国十二年(1923)《景东县(今景东彝族自治县)志稿》、民国二十一年(1932)《泸水(今县)志》《禄丰县志条目》与《马关县志》、民国二十三年(1934)《宣威县(今市)志稿》与《新平县志》、民国三十一年(1942)《巧家县志稿》、民国三十四年(1945)《缅宁县(今临翔区)志稿》、民国三十七年(1948)《姚安县志》、民国十三年(1924)与民国二十五年(1936)《昭通县(今昭阳区)志》、民国《泸西县志》等记载的“獐”“麝”“獐子”等不同称谓的动物皆林麝。

《中国哺乳动物分布》记载“文山(县)、会泽(县)、大理(市)、墨江(墨江哈尼族自治县)、峨山(峨山彝族自治县)、姚安(县)、泸西(县)、建水(县)、开远(县)、弥勒(县)、绿春(县)、元阳(县)、金平(金平苗族瑶族自治县)、河口(河口瑶族自治县)、景东(景东彝族自治县)”有林麝(张荣祖,1997)。

《云南野生动物》记述:“林麝:栖多岩高山森林中”(云南省科学技术委员会等,1999)。《中国云南野生动物》指出:“林麝:省内除滇南外大部分地区有分布”(季维智,1999)。

《呈贡县志》(云南省呈贡县志编纂委员会,1992)、《嵩明县志》(云南省嵩明县志编纂委员会,1995)、《禄劝彝族苗族自治县志》(禄劝彝族苗族自治县地方志编纂委员会,1995)、《东川市(今属昆明市)志》(云南省东川市地方志编纂委员会,1995)、《路南彝族自治县(今石林彝族自治县)志》(昆明市路南彝族自治县志编纂委员会,1996)、《宜良县志》(宜良县志编纂委员会,1998)、《寻甸回族彝族自治县志》(云南省寻甸回族彝族自治县志编纂委员会,1999)、《会泽县志》(云南省会泽县志编纂委员会,1993)、《罗平县志》(罗平县志编纂委员会,1995)、《曲靖市(辖今麒麟区与沾益县)志》(云南省曲靖市地方志编纂委员会,1997)、《马龙县志》(马龙县志编纂委员会,1997)、《宣威市志》(中共宣威市委史志办公室,1999)、《通海县志》(云南省通海县史志编纂委员会,1992)、《元江哈尼族彝族傣族自治县志》(云南省元江哈尼族彝族傣族自治县志编纂委员会,1993)、《新平县(新平彝族傣族自治县)志》(新平彝族傣族自治县志编纂委员会,1993)、《保山地区(今市,辖今隆阳区与施甸县、腾冲县、龙陵县、昌宁县)志》(保山地区地方志编纂委员会,1999)、《昌宁县志》(云南省昌宁县志编纂委员会,1990)、《施甸县志》(云南省施甸县志编纂委员会,1997)、《龙陵县志》(龙陵县委党史地方志工作办公室,2000)、《绥江县志》(绥江县志编纂委员会,1994)、《盐津县志》(云南省盐津县志编纂委员会,1994)、《彝良县志》(云南省彝良县志编纂委员会,1995)、《永善县志》(云南省永善县人民政府,1995)、《水富县志》(水富县志编纂委员会,1996)、《巧家县志》(云南省巧家县志编纂

①武陵山. http://baike.baidu.com/view/182731.htm

②锦屏县. http://baike.baidu.com/view/189088.htm

③丹寨县. http://baike.baidu.com/view/1429161.htm

④惠水县. http://baike.baidu.com/view/282267.htm

委员会，1997）、《大关县志》（云南省大关县地方志编纂委员会，1998）、《威信县志》（云南省威信县志编纂委员会，1999）、《昭通市（今昭阳区）志》（昭通市志编纂委员会，2000）、《丽江地区（今市，辖今古城区与永胜县、华坪县、玉龙纳西族自治县、宁蒗彝族自治县）林业志》（丽江地区行政公署林业局，1998）、《宁蒗彝族自治县志》（云南省宁蒗彝族自治县志编纂委员会，1993）、《华坪县志》（云南省华坪县地方志编纂委员会，1997）、《镇沅彝族哈尼族拉祜族自治县志》（云南省镇沅彝族哈尼族拉祜族自治县志编纂委员会，1995）、《澜沧拉祜族自治县志》（云南省澜沧拉祜族自治县志编纂委员会，1996）、《临沧县（现临翔区）志》（临沧县志编纂委员会，1993）、《云县志》（云南省云县地方志编纂委员会，1994）、《德宏州（辖今潞西市、瑞丽市、梁河县、盈江县、陇川县等地）志》（德宏傣族景颇族自治州志编纂委员会，1994）、《潞西县志》（云南省潞西县志编纂委员会，1993）、《泸水县志》（云南省泸水县志编纂委员会，1995）、《德钦县志》（德钦县志编纂委员会，1997）、《维西傈僳族自治县志》（云南省维西傈僳族自治县志编纂委员会，1999）、《云龙县志》（云龙县志编纂委员会，1992）、《巍山彝族回族自治县志》（云南省巍山彝族回族自治县志编纂委员会编，1993）、《永平县志》（云南省永平县志编纂委员会，1994）、《洱源县志》（云南省洱源县志编纂委员会，1996）、《祥云县志》（祥云县志编纂委员会，1996）、《大理市志》（大理市志编纂委员会，1998）、《鹤庆县志》（鹤庆县志编纂委员会，1999）、《漾濞彝族自治县志》（漾濞彝族自治县地方志编纂委员会，2000）、《楚雄彝族自治州（辖今楚雄市、双柏县、牟定县、南华县、姚安县、大姚县、永仁县、元谋县、武定县、禄丰县等地）志》（楚雄彝族自治州地方志志编纂委员会，1993）、《南华县志》（云南省南华县志编纂委员会，1995）、《永仁县志》（云南省永仁县志编纂委员会，1995）、《双柏县志》（云南省双柏县地方志编纂委员会，1996）、《红河州（辖今个旧市、开远市、蒙自县、绿春县、建水县、石屏县、弥勒县、泸西县、元阳县、红河县、金平苗族瑶族自治县、河口瑶族自治县、屏边苗族自治县等地）志》（红河哈尼族彝族自治州志编纂委员会，1994）、《弥勒县志》（云南省弥勒县志编纂委员会，1987）、《泸西县志》（云南省泸西县志编纂委员会，1992）、《绿春县志》（云南省绿春县志编纂委员会，1992）、《河口县（河口瑶族自治县）志》（河口瑶族自治县地方志编纂委员会，1994）、《建水县志》（建水县志编纂委员会，1994）、《蒙自县志》（蒙自县志编纂委员会，1995）、《开远市志》（云南省开远市志编纂委员会，1996）、《个旧县（今市）志》（个旧县志编纂委员会，1998）、《马关县志》（云南省马关县地方志编纂委员会，1996）、《丘北县志》（云南省丘北县地方志编纂委员会，1999）、《麻栗坡县志》（麻栗坡县地方志编纂委员会，2000）、《砚山县志》（砚山县志编纂委员会，2000）、《勐海县志》（云南省勐海县地方志编纂委员会，1997）记载的“獐”“獐子”“香獐子”“原麝”等不同称谓的动物主要是林麝。

5.13.2 现今分布情况

据调查，地处德钦县的梅里雪山国家公园还有林麝与斑尾榛鸡、胡兀鹫、雉鹑、金雕、水鹿等保护动物（马建忠等，2010）。

2010年3～8月对位于兰坪白族普米族自治县的云岭省级自然保护区进行综合科学考察，证实还有林麝等珍稀物种存在（崔茂欢，2011）。

据近年“重点陆生野生动物资源调查”，林麝“除西双版纳外广布全省山林”（国家林业局，2008）。

5.14 西藏

西藏自治区分布有4种麝，林麝位居第二。

5.14.1 20世纪分布情况

民国时期《昌都县图志》《察雅县志》《贡县（今贡觉县）志》《宁静县（属今芒康县）志》《同普县（属今江达县）志》《硕督县（属今洛隆县）志》《太昭县（今江达县）志》《西康建省记》《西康问题》《西康之实况》记载的“麝”“獐”中有林麝。

据野外调查，在察雅县竹瓦根采集到林麝标本①（中国科学院青藏高原综合考察队，1986）。

据刘务林（2004）1987～1994年调查研究，林麝主要在藏东横断山脉地区的怒江、澜沧江、金

①据刘务林（2004）意见，将波密县采集到的“林麝”调整到“马麝”。

沙江流域一带分布，即约在马麝分布区(昌都县、江达县、贡觉县、类乌齐县、丁青县、察雅县、八宿县、左贡县、芒康县、洛隆县、边坝县)重叠分布。而"过去有资料认为林麝也分布在波密、察隅一带，但经比较标本后我们认为原资料①中所涉及的林麝可能是马麝或黑(褐)麝，仍有待研究"(刘务林，2004)。

《中国哺乳动物分布》记载"错那(县)、错美(措美县)、林芝(县)、米林(县)、工布江达(县)"有林麝(张荣祖，1997)。

5.14.2　现今分布情况

据近年"重点陆生野生动物资源调查"，林麝见于"昌都地区各县(即昌都县、江达县、贡觉县、类乌齐县、丁青县、察雅县、八宿县、左贡县、芒康县、洛隆县、边坝县)及那曲地区东部的比如(县)、索县、巴青(县)"(国家林业局，2008)。

5.15　陕西

陕西省是西北地区林麝分布最多的省级政区。

5.15.1　20世纪分布情况

光绪三十年(1904)《洵阳县(今旬阳县)志》、光绪三十一年(1905)《留坝厅(今县)志》、民国初年(约1920年代)《鄠县(今户县)乡土志》《宁羌州(今宁强县)乡土志》与《城固县乡土志》、民国九年(1920年)《白河县志》、民国十年(1921)《南郑县志》、民国十四年(1925)《盩厔县(今周至县)志》、民国十五年(1926)《镇安县志》、民国二十五年(1936)《山阳县志》《凤县志民国时期资料汇编》等记载有"麝""獐""麝香"，表明有林麝分布。

1950年代，眉县所称"麝"(禹瀚，1958)，乃林麝。

1954～1962年，中国科学院动物研究所从洋县等收集到林麝标本(高耀亭，1963)。

江延安(2007)提到1980年代陕西省有林麝分布地31处："宝鸡县(宝鸡市)、凤县、太白县、眉县、陇县、城固县、洋县、佛坪县、西乡县、镇巴县、南郑县、宁强县、勉县、留坝县、略阳县、安康(汉滨区)、岚皋县、汉阴县、石泉县、宁陕县、紫阳县、旬阳县、平利县、镇平县(镇坪县)、白河县、商州市(商州区)、洛南县、丹凤县、商南县、山阳县、镇安县、柞水县"(江延安，2007)。

《中国西北地区珍稀濒危动物志》记载"长安(在西安市)、蓝田(县)、户县、宝鸡(市)、太白(县)、眉县、周至(县)、陇县、洋县、南郑(县)、佛坪(县)、留坝(县)、略阳(县)、西乡(县)、镇巴(县)、安康(汉滨区)、石泉(县)、汉阴(县)、宁陕(县)、紫阳(县)、岚皋(县)、平利(县)、镇坪(县)、白河(县)、旬阳(县)、商县(商州区)、柞水(县)、镇安(县)、商南(县)、丹凤(县)、洛南(县)、山阳(县)等地"分布有林麝(中华人民共和国濒危物种进出口管理办公室，1994)。

《中国哺乳动物分布》记载"洋县、周至(县)、陇县、凤县、留坝(县)、佛坪(县)、宁强(县)、宁陕(县)、白河(县)、镇坪(县)、柞水(县)、镇安(县)、商南(县)"有林麝；而"眉县(秦岭)"的"马麝"(张荣祖，1997)，当为林麝。

秦岭自然保护区群(即秦岭山脉中部的太白山、佛坪、周至、牛背梁、长青、老县城6个自然保护区和1个朱鹮保护监测站)都有林麝分布(张金良等，2000)。

《周至县志》(周至县志编纂委员会，1993)、《蓝田县志》(蓝田县地方志编纂委员会，1994)、《西安市志》(西安市地方志编纂委员会，1996)、《渭南地区(现市；其中临渭区、华阴市、华县、潼关县等地)志》(渭南地区地方志编纂委员会，1996)、《潼关县志》(潼关县志编纂委员会，1992)、《华阴县(现市)志》(华阴市地方志编纂委员会，1995)、《咸阳市(辖境中咸阳市、兴平市、泾阳县、乾县、礼泉县、永寿县、彬县、长武县、旬邑县、淳化县、武功县等地)志》(咸阳市地方志编纂委员会，1996)、《旬邑县志》(旬邑县地方志编纂委员会，2000)、《宝鸡市志》(宝鸡市志编纂委员会，1996)、《麟游县志》(麟游县地方志编纂委员会，1993)、《陇县志》(陇县地方志志编纂委员会，1993)、《凤县志》(凤县志编纂委员会，1994)、《太白县志》(太白县地方志编纂委员会，1995)、《宝鸡县(现属市)志》(宝鸡县志编纂委员会，1996)、《勉县志》(勉县志编纂委员会，1989)、《南郑县

①似指有作者参与的《西藏珍稀野生动物与保护》，记述了林麝"分布：波密、察隅、错那、错美(措美)、林芝、工布江达、米林等地"(尹秉高等，1993)。

志》(南郑县地方志编纂委员会,1990)、《略阳县志》(略阳县志编纂委员会,1992)、《佛坪县志》(佛坪县地方志编纂委员会,1993)、《汉中市(汉台区)志》(汉中市地方志编纂委员会,1994)、《城固县志》(城固县地方志编纂委员会,1994)、《镇巴县志》(镇巴县地方志编纂委员会,1996)、《洋县志》(洋县地方志编纂委员会,1996)、《留坝县志》(陕西省留坝县地方志编纂委员会,2002)、《石泉县志》(石泉县地方志编纂委员会,1991)、《宁陕县志》(宁陕县地方志编纂委员会,1992)、《平利县志》(平利县志编纂委员会,1995)、《山阳县志》(山阳县地方志编纂委员会,1991)、《丹凤县志》(丹凤县志编纂委员会,1994)、《镇安县志》(镇安县志编纂委员会,1995)、《商州市(今商州区)志》(商州市地方志编纂委员会,1998)、《柞水县志》(柞水县志编纂委员会,1998)等记载的"麝""獐""香獐子""獐子""山驴子""香子"等不同称谓的动物皆是林麝。

5.15.2 现今分布情况

据调查,位于宁强县西端的青木川自然保护区还有林麝等70种哺乳动物(蒋志刚,2005)。

据近年"重点陆生野生动物资源调查",林麝见于"长安(在西安市)、蓝田(县)、户县、宝鸡(市)、太白(县)、眉县、周至(县)、陇县、洋县、南郑(县)、佛坪(县)、留坝(县)、略阳(县)、西乡(县)、镇巴(县)、安康(汉滨区)、石泉(县)、汉阴(县)、宁陕(县)、紫阳(县)、岚皋(县)、平利(县)、镇坪(县)、白河(县)、旬阳(县)、商县(商州区)、柞水(县)、镇安(县)、商南(县)、丹凤(县)、洛南(县)、山阳(县)"(国家林业局,2008),与1994年的资料如出一辙。

1996~2012年,对地处洋县的长青国家级自然保护区中的林麝实体与活动痕迹等进行调查(张英等,2013),证明还有该物种栖息。

丹凤县人民政府公布的当地野生动物种类中就有林麝[①]。2005~2006年,经调查和野外实地验证,凤县虽仍有林麝,但50年来原4个主要林麝分布区收缩至县境边缘地带,且分布面积已缩小了约2/3(薛文杰等,2007)。

据《商南县野生动物兽类(大、中型)调查名录》,偶蹄目中有林麝[②],表明当地仍有分布。

2003~2004年,对地处秦岭西段南坡凤县境内的紫柏山国家级自然保护区林麝进行调查(胡忠军等,2006)。

5.16 甘肃

甘肃省分布的林麝在西北地区仅次于陕西省。

5.16.1 20世纪分布情况

清光绪三十一年(1905)《合水县志》、光绪三十三年(1907)《洮州厅(在今卓尼县东北)志》、光绪三十四年(1908)《陇西分县武阳(今属陇西县)志》、民国初年(约1920年代)《永登县志》、民国十三年(1924)《徽县新志》、民国十五年(1926)《渭源县志》、民国十六年(1927)《天水(今市)乡土教材》、民国十八年(1929)《礼县新志》、民国十九年(1930)《和政县志》、民国二十二年(1933)《华亭县志》、民国二十三年(1934)《漳县志》、民国二十四年(1935)《夏河县志》及民国《金县(今榆中县)续新志稿》等记载的"獐""麝"主要是林麝。

1985年对位于张家川回族自治县的陇山林区调查,据称还有"林麝"分布(陈钧,1987)。

《中国西北地区珍稀濒危动物志》记载"兰州(市)、康乐(县)、卓尼(县)、临潭(县)、玛曲(县)、夏河(县)、徽县、康县、文县、武都(武都区)、舟曲(县)、迭部(县)等地"有"林麝"(中华人民共和国濒危物种进出口管理办公室,1994)。

《中国哺乳动物分布》记载"文县、舟曲(县)、迭部(县)、卓尼(县)、碌曲(县)、玛曲(县)、夏河(县)、临潭(县)、平凉(崆峒区)、漳县、天水(市)、徽县、关山(在张家川回族自治县)"有林麝(张荣祖,1997)。

《兰州市志》(兰州市地方志编纂委员会等,1998)、《榆中县志》(榆中县志编纂委员会,2001)、《甘谷县志》(甘肃省甘谷县县志编纂委员会,1999)、《清水县志》(清水县志编纂委员会,2001)、《平凉市(今崆峒区)志》(平凉市志编纂委员会,1996)、《华亭县志》(华亭县志编纂委员会,1996)、《岷县志》(岷县志编纂委员会,1995)、《渭

①中国·丹凤. http://www.danfeng.gov.cn/news/2011109/n55074056.html

②商南县野生动物兽类(大、中型)调查名录. http://www.snlyw.gov.cn/Article/ShowArticle.asp? ArticleID=46

源县志》(渭源县志编纂委员会,1998)、《宕昌县志》(宕昌县县志编纂委员会,1995)、《西和县志》(西和县志编纂委员会,1997)、《武都县(今武都区)志》(武都县地方志编纂委员会,1998)、《礼县志》(礼县志编纂委员会,1999)、《临夏回族自治州(辖今临夏市、临夏县、康乐县、永靖县、广河县、和政县、东乡族自治县、积石山保安族东乡族撒拉族自治县)志》(临夏回族自治州志编纂委员会,1993)、《和政县志》(和政县志编纂委员会,1993)、《临夏县志》(临夏县志编纂委员会,1995)、《永靖县志》(永靖县志编纂委员,1995)、《康乐县志》(甘肃省康乐县地方志编纂委员会,1995)、《甘南州(辖今合作市、临潭县、卓尼县、舟曲县、迭部县、玛曲县、碌曲县、夏河县等地)志》(甘南藏族自治州地方史志编纂委员会,1999)、《卓尼县志》(卓尼县志编纂委员会,1994)、《舟曲县志》(甘肃省舟曲县志编纂委员会,1996)、《迭部县志》(迭部县志编纂委员会,1998)、《玛曲县志》(玛曲县志编纂委员会,2001)等记载的"麝""香獐子""獐鹿""香子"等不同称谓的动物主要是林麝。

5.16.2　现今分布情况

据调查,位于崆峒区境内的甘肃太统—崆洞山自然保护区有林麝,同时指出在"崆洞山、太统山、大阴山、关山、六盘山"等山脉与"天水、陇南"2市也有分布(李嘉珏等,2001)。

据近年"重点陆生野生动物资源调查",林麝见于"舟曲(县)、迭部(县)、卓尼(县)、碌曲(县)、玛曲(县)、夏河(县)、临潭(县)、康县、文县、武都(区)、徽县、礼县、漳县、天水(市)、平凉(崆峒区)、崇信(县)、庄浪(县)"(国家林业局,2008)。

5.17　宁夏

宁夏回族自治区分布的林麝是栖息于当地的麝属之一。

5.17.1　20世纪分布情况

清宣统元年(1909)《固原州(辖今原州区与海原县等地)志》、民国十三年(1924)《宁夏考察记》、民国十四年(1925)《豫旺县(今同心县)志》、民国十六年(1927)《朔方道志》、民国二十九年(1940)《化平县(今泾源县)志》等记载的"麝""獐"主要是林麝。

《中国西北地区珍稀濒危动物志》记载"六盘山(在原州区、西吉县、隆德县、泾源县一带)、泾源(县)、固原(原州区)"有"林麝"(中华人民共和国濒危物种进出口管理办公室,1994)。

《固原县(现原州区)志》(固原县志编纂委员会,1993)、《泾源县志》(泾源县志编纂委员会,1995)、《隆德县志》(隆德县志编纂委员会,1998)等记载的"香獐子""獐""麝"等不同称谓的动物皆林麝。

5.17.2　现今分布情况

据近年"重点陆生野生动物资源调查",林麝见于"泾源(县)、固原(原州区)为分布新记录"(国家林业局,2008)。

5.18　林麝的分布变迁

经梳理资料(图22.13、表22.5),可以较清晰看出:

- 涉及林麝分布的华东、中南、西南、西北4个地区,西南地区是林麝的最主要分布区,分布范围大,分布点比较密集。
- 浙江与福建仅在20世纪前半叶有林麝残存,不久即消失了。
- 从林麝分布区外围看,西部与西北部收缩的幅度比较大。
- 从林麝分布区中部看,四川盆地与重庆南部、贵州与广西中部一带的海拔较低处所分布的林麝已大面积消失。
- 按省级政区内林麝分布比例看,广西曾全区各地皆有林麝,云南仅2地没有林麝分布记载。
- 现今林麝分布,无论按省级政区内林麝分布比例,还是分布有林麝的市、县绝对数量,甚至在5种麝中比较,云南省分布的林麝皆居首。
- 从林麝分布地数量看,安徽、江西、河南、广东、宁夏5个省级政区,无论是林麝分布地的绝对数量,还是占各省级政区的比例,都非常低。
- 在20世纪前半叶,当地分布的林麝未占半数比例,但也有相当数量的省级政区依次是:西藏(26%),湖北(39%),湖南(40%),甘肃(48%)。
- 在20世纪前半叶,当地分布的林麝占比较高的省级政区依次是:云南(98%),广西(85%),四川(73%),贵州(71%),重庆(58%),

陕西(56%)。

● 林麝分布在20世纪后半叶减少幅度较大的省级政区依次是：甘肃(49%)，四川(54%)，广西与贵州(皆57%)，湖南(63%)。

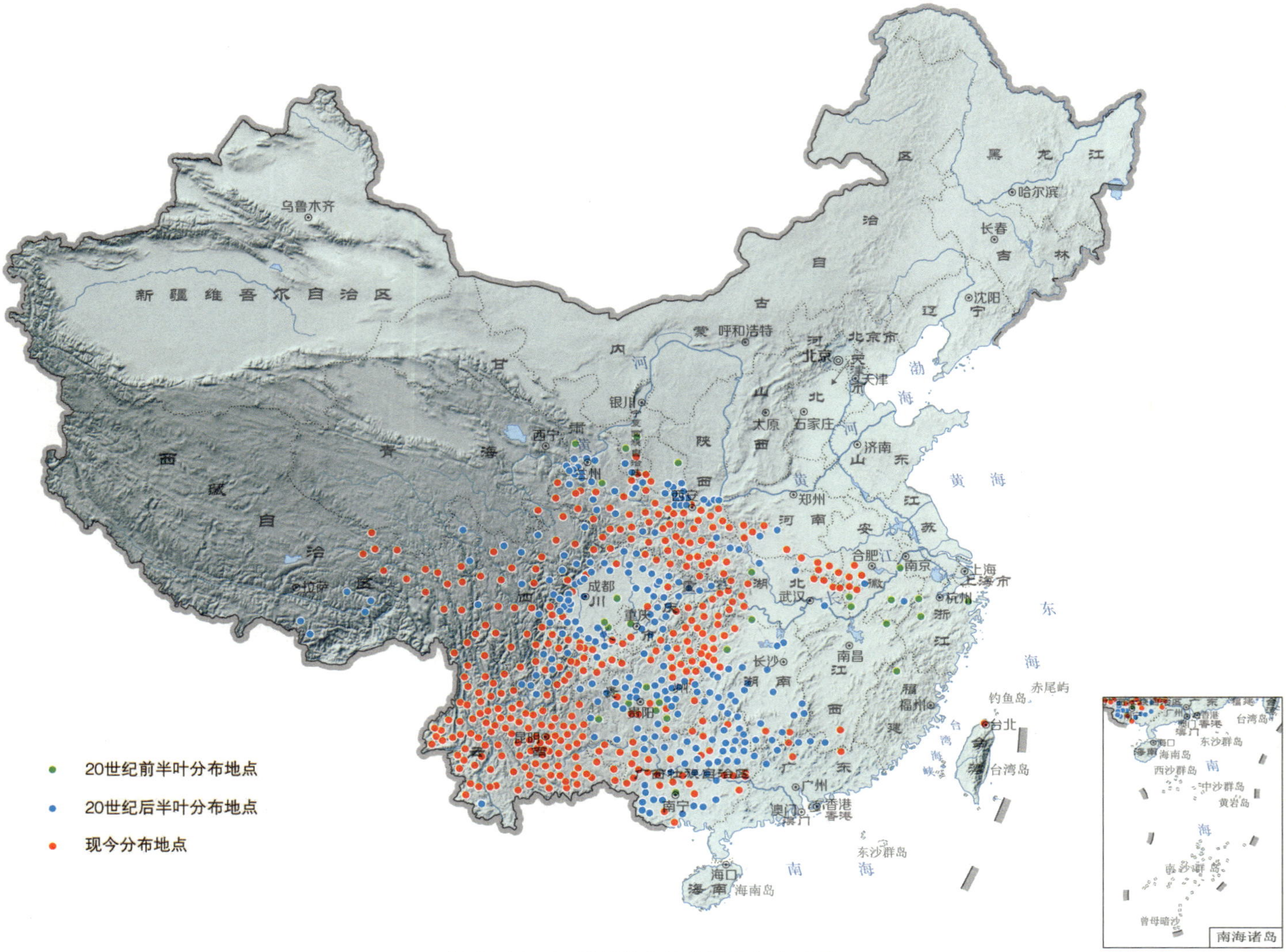

图22.13　20世纪以来的林麝分布变迁图

表22.5　　20世纪以来的林麝分布变迁概况

地区	省级政区	20世纪前半叶分布地点	20世纪后半叶分布地点	现今分布地点
华东	浙江	临安市、建德市、宁波市		
	安徽	当涂县、桐城市、潜山县、太湖县、宿松县、岳西县、黄山市、六安市、舒城县、金寨县、霍山县、绩溪县	桐城市、潜山县、岳西县、六安市、舒城县、金寨县、霍山县、绩溪县	潜山县、岳西县、六安市、舒城县、金寨县、霍山县
	福建	建阳市		
	江西	安远县、龙南县、婺源县	安远县、龙南县	安远县

（续表）

地区	省级政区	20世纪前半叶分布地点	20世纪后半叶分布地点	现今分布地点
中南	河南	南召县、方城县、西峡县、镇平县、内乡县、淅川县、桐柏县、信阳市、光山县、商城县、新县	南召县、方城县、西峡县、镇平县、内乡县、淅川县、桐柏县、信阳市、光山县、商城县、新县	南召县、西峡县、内乡县、淅川县、桐柏县、信阳市、光山县、商城县、新县
	湖北	十堰市、丹江口市、竹山县、房县、郧西县、竹溪县、襄樊市、南漳县、麻城市、红安县、罗田县、英山县、黄石市、宜昌市、宜都市、远安县、兴山县、秭归县、长阳土家族自治县、五峰土家族自治县、广水市、神农架林区、恩施市、利川市、建始县、巴东县、宣恩县、咸丰县、来凤县、鹤峰县	十堰市、丹江口市、竹山县、房县、郧西县、竹溪县、襄樊市、麻城市、红安县、罗田县、英山县、黄石市、宜昌市、宜都市、远安县、兴山县、秭归县、长阳土家族自治县、五峰土家族自治县、广水市、神农架林区、恩施市、利川市、建始县、巴东县、宣恩县、咸丰县、来凤县、鹤峰县	竹山县、房县、竹溪县、麻城市、红安县、罗田县、英山县、宜昌市、宜都市、远安县、兴山县、秭归县、长阳土家族自治县、五峰土家族自治县、神农架林区、恩施市、利川市、建始县、巴东县、宣恩县、咸丰县、来凤县、鹤峰县
	湖南	张家界市、慈利县、桑植县、澧县、汨罗市、湘阴县、炎陵县、湘乡市、衡阳市、资兴市、宜章县、桂东县、宁远县、江永县、蓝山县、江华瑶族自治县、邵阳市、武冈市、邵阳县、绥宁县、新宁县、城步苗族自治县、鹤城区、沅陵县、辰溪县、溆浦县、中方县、会同县、麻阳县、新晃侗族自治县、靖州苗族侗族自治县、新化县、吉首市、泸溪县、凤凰县、花垣县、保靖县、古丈县、永顺县、龙山县	张家界市、慈利县、桑植县、汨罗市、湘阴县、炎陵县、湘乡市、衡阳市、资兴市、宜章县、桂东县、宁远县、江永县、蓝山县、江华瑶族自治县、邵阳市、武冈市、邵阳县、绥宁县、新宁县、城步苗族自治县、鹤城区、辰溪县、溆浦县、中方县、会同县、麻阳县、新晃侗族自治县、靖州苗族侗族自治县、新化县、吉首市、泸溪县、凤凰县、花垣县、保靖县、古丈县、永顺县、龙山县	张家界市、慈利县、桑植县、蓝山县、辰溪县、吉首市、泸溪县、凤凰县、花垣县、保靖县、古丈县、永顺县、龙山县
	广东	英德市、连州市、阳山县、韶关市、乐昌市、始兴县、乳源瑶族自治县、龙川县、怀集县	英德市、连州市、阳山县、韶关市、乐昌市、始兴县、乳源瑶族自治县、龙川县、怀集县	英德市、乐昌市、乳源瑶族自治县、龙川县
	广西	南宁市、武鸣县、横县、宾阳县、上林县、隆安县、马山县、阳朔县、灵川县、全州县、兴安县、永福县、灌阳县、资源县、平乐县、荔浦县、龙胜各族自治县、恭城县、柳州市、柳江县、柳城县、鹿寨县、融安县、三江侗族自治县、融水苗族自治县、梧州市、岑溪市、苍梧县、藤县、蒙山县、桂平市、平南县、玉州区、钦州市、灵山县、浦北县、防城港市、上思县、江州区、凭祥市、扶绥县、大新县、天等县、宁明县、龙州县、右江区、田阳县、田东县、平果县、德保县、靖西县、那坡县、凌云县、乐业县、西林县、田林县、隆林各族自治县、金城江区、宜州市、南丹县、天峨县、凤山县、东兰县、巴马瑶族自治县、都安瑶族自治县、罗城仫佬族自治县、环江毛南族自治县、兴宾区、象州县、武宣县、忻城县、金秀瑶族自治县、八步区、昭平县、钟山县、富川瑶族自治县	武鸣县、横县、宾阳县、上林县、隆安县、马山县、阳朔县、灵川县、全州县、兴安县、永福县、灌阳县、资源县、平乐县、荔浦县、龙胜各族自治县、恭城县、柳州市、柳江县、柳城县、鹿寨县、融安县、三江侗族自治县、融水苗族自治县、梧州市、岑溪市、苍梧县、藤县、蒙山县、桂平市、平南县、玉州区、钦州市、灵山县、浦北县、防城港市、上思县、江州区、凭祥市、扶绥县、大新县、天等县、宁明县、龙州县、右江区、田阳县、田东县、平果县、德保县、靖西县、那坡县、凌云县、乐业县、西林县、田林县、隆林各族自治县、金城江区、宜州市、南丹县、天峨县、凤山县、东兰县、巴马瑶族自治县、都安瑶族自治县、罗城仫佬族自治县、环江毛南族自治县、兴宾区、象州县、武宣县、忻城县、金秀瑶族自治县、八步区、昭平县、钟山县、富川瑶族自治县	武鸣县、横县、宾阳县、上林县、隆安县、兴安县、柳州市、鹿寨县、融安县、三江侗族自治县、融水苗族自治县、梧州市、岑溪市、苍梧县、藤县、平南县、防城港市、上思县、右江区、田阳县、田东县、平果县、德保县、靖西县、那坡县、凌云县、乐业县、西林县、田林县、隆林各族自治县、巴马瑶族自治县、都安瑶族自治县

（续表）

地区	省级政区	20世纪前半叶分布地点	20世纪后半叶分布地点	现今分布地点
西南	重庆	巴南区、万州区、涪陵区、黔江区、长寿区、江津区、南川区、璧山县、垫江县、武隆县、丰都县、城口县、梁平县、开县、巫溪县、巫山县、奉节县、云阳县、忠县、石柱土家族自治县、彭水县、酉阳土家族苗族自治县、秀山土家族苗族自治县	巴南区、万州区、涪陵区、黔江区、长寿区、江津区、南川区、垫江县、武隆县、丰都县、城口县、梁平县、开县、巫溪县、巫山县、奉节县、云阳县、忠县、石柱土家族自治县、彭水县、酉阳土家族苗族自治县、秀山土家族苗族自治县	黔江区、江津区、城口县、巫溪县、石柱土家族自治县、彭水县、酉阳土家族苗族自治县、秀山土家族苗族自治县
	四川	成都市、都江堰市、彭州市、邛崃市、崇州市、大邑县、蒲江县、广元市、旺苍县、青川县、剑阁县、苍溪县、江油市、安县、梓潼县、北川羌族自治县、平武县、什邡市、绵竹市、阆中市、蓬安县、邻水县、遂宁市、内江市、隆昌县、乐山市、峨眉山市、犍为县、沐川县、峨边彝族自治县、马边彝族自治县、自贡市、富顺县、泸州市、合江县、叙永县、古蔺县、翠屏区、宜宾县、江安县、高县、珙县、屏山县、米易县、盐边县、巴州区、通江县、南江县、平昌县、通川区、万源市、达县、宣汉县、开江县、大竹县、渠县、洪雅县、丹棱县、雨城区、名山县、荥经县、汉源县、石棉县、天全县、芦山县、宝兴县、马尔康县、汶川县、理县、茂县、松潘县、九寨沟县、金川县、小金县、黑水县、壤塘县、阿坝县、若尔盖县、红原县、康定县、泸定县、丹巴县、九龙县、雅江县、道孚县、炉霍县、甘孜县、新龙县、德格县、白玉县、石渠县、色达县、理塘县、巴塘县、乡城县、稻城县、得荣县、西昌市、盐源县、德昌县、会理县、会东县、宁南县、普格县、布拖县、金阳县、昭觉县、喜德县、冕宁县、越西县、甘洛县、美姑县、雷波县、木里藏族自治县	成都市、都江堰市、彭州市、邛崃市、崇州市、大邑县、蒲江县、广元市、旺苍县、青川县、剑阁县、苍溪县、江油市、安县、梓潼县、北川羌族自治县、平武县、什邡市、绵竹市、阆中市、蓬安县、邻水县、乐山市、峨眉山市、犍为县、沐川县、峨边彝族自治县、马边彝族自治县、自贡市、富顺县、泸州市、合江县、叙永县、古蔺县、翠屏区、宜宾县、江安县、高县、珙县、屏山县、米易县、盐边县、巴州区、通江县、南江县、平昌县、通川区、万源市、达县、宣汉县、开江县、大竹县、渠县、洪雅县、丹棱县、雨城区、名山县、荥经县、汉源县、石棉县、天全县、芦山县、宝兴县、马尔康县、汶川县、理县、茂县、松潘县、九寨沟县、金川县、小金县、黑水县、壤塘县、阿坝县、若尔盖县、红原县、康定县、泸定县、丹巴县、九龙县、雅江县、道孚县、炉霍县、甘孜县、新龙县、德格县、白玉县、石渠县、色达县、理塘县、巴塘县、乡城县、稻城县、得荣县、西昌市、盐源县、德昌县、会理县、会东县、宁南县、普格县、布拖县、金阳县、昭觉县、喜德县、冕宁县、越西县、甘洛县、美姑县、雷波县、木里藏族自治县	崇州市、青川县、剑阁县、平武县、绵竹市、邻水县、马边彝族自治县、泸州市、合江县、叙永县、古蔺县、高县、屏山县、通江县、南江县、万源市、开江县、洪雅县、荥经县、石棉县、天全县、马尔康县、汶川县、松潘县、金川县、若尔盖县、红原县、康定县、丹巴县、九龙县、雅江县、炉霍县、甘孜县、新龙县、白玉县、理塘县、乡城县、稻城县、得荣县、西昌市、盐源县、会东县、普格县、金阳县、冕宁县、越西县、甘洛县、美姑县、木里藏族自治县
	贵州	贵阳市、清镇市、开阳县、修文县、息烽县、盘县、水城县、桐梓县、绥阳县、正安县、凤冈县、余庆县、道真仡佬族苗族自治县、务川仡佬族苗族自治县、西秀区、平坝县、普定县、大方县、黔西县、金沙县、织金县、纳雍县、赫章县、威宁彝族回族苗族自治县、铜仁市、江口县、石阡县、思南县、德江县、玉屏侗族自治县、印江土家族苗族自治县、沿河土家族自治县、松桃苗族自治县、凯里市、黄平县、施秉县、镇远县、岑巩县、天柱县、锦屏县、台江县、榕江县、雷山县、麻江县、丹寨县、都匀市、福泉市、荔波县、贵定县、瓮安县、独山县、罗甸县、长顺县、惠水县、三都水族自治县、兴义市、普安县、册亨县	贵阳市、清镇市、修文县、息烽县、盘县、水城县、桐梓县、绥阳县、正安县、凤冈县、余庆县、道真仡佬族苗族自治县、务川仡佬族苗族自治县、西秀区、普定县、大方县、黔西县、金沙县、织金县、纳雍县、赫章县、威宁彝族回族苗族自治县、铜仁市、江口县、石阡县、思南县、德江县、玉屏侗族自治县、印江土家族苗族自治县、沿河土家族自治县、松桃苗族自治县、凯里市、黄平县、施秉县、镇远县、岑巩县、天柱县、锦屏县、台江县、榕江县、雷山县、丹寨县、福泉市、荔波县、贵定县、瓮安县、独山县、罗甸县、长顺县、惠水县、兴义市、册亨县	绥阳县、正安县、道真仡佬族苗族自治县、织金县、铜仁市、江口县、石阡县、思南县、德江县、玉屏侗族自治县、印江土家族苗族自治县、沿河土家族自治县、松桃苗族自治县、锦屏县、丹寨县、荔波县、贵定县、长顺县、惠水县

(续表)

地区	省级政区	20世纪前半叶分布地点	20世纪后半叶分布地点	现今分布地点
	云南	昆明市、安宁市、呈贡县、晋宁县、富民县、宜良县、嵩明县、石林彝族自治县、禄劝彝族苗族自治县、寻甸回族彝族自治县、麒麟区、宣威市、马龙县、沾益县、富源县、罗平县、师宗县、陆良县、会泽县、红塔区、江川县、澄江县、通海县、华宁县、易门县、峨山彝族自治县、新平彝族傣族自治县、元江哈尼族彝族傣族自治县、隆阳区、施甸县、腾冲县、龙陵县、昌宁县、昭阳区、鲁甸县、巧家县、盐津县、大关县、永善县、绥江县、镇雄县、彝良县、威信县、水富县、古城区、永胜县、华坪县、玉龙纳西族自治县、宁蒗彝族自治县、思茅区、宁饵哈尼族彝族自治县、墨江哈尼族自治县、景东彝族自治县、景谷傣族彝族自治县、镇沅彝族哈尼族拉祜族自治县、江城哈尼族彝族自治县、孟连傣族拉祜族佤族自治县、澜沧拉祜族自治县、西盟佤族自治县志、临翔区、凤庆县、云县、永德县、镇康县、双江拉祜族佤族布朗族傣族自治县、耿马傣族佤族自治县、沧源佤族自治县、潞西市、瑞丽市、梁河县、盈江县、陇川县、泸水县、福贡县、贡山独龙族怒族自治县、兰坪白族普米族自治县、香格里拉县、德钦县、维西傈僳族自治县、大理市、祥云县、宾川县、弥渡县、永平县、云龙县、洱源县、剑川县、鹤庆县、漾濞彝族自治县、南涧彝族自治县、巍山彝族回族自治县、楚雄市、双柏县、牟定县、南华县、姚安县、大姚县、永仁县、元谋县、武定县、禄丰县、蒙自县、个旧市、开远市、绿春县、建水县、石屏县、弥勒县、泸西县、元阳县、红河县、金平苗族瑶族自治县、河口瑶族自治县、屏边苗族自治县、文山县、砚山县、西畴县、麻栗坡县、马关县、丘北县、广南县、富宁县、勐海县	昆明市、安宁市、呈贡县、晋宁县、富民县、宜良县、嵩明县、石林彝族自治县、禄劝彝族苗族自治县、寻甸回族彝族自治县、麒麟区、宣威市、马龙县、沾益县、富源县、罗平县、师宗县、陆良县、会泽县、红塔区、江川县、澄江县、通海县、华宁县、易门县、峨山彝族自治县、新平彝族傣族自治县、元江哈尼族彝族傣族自治县、隆阳区、施甸县、腾冲县、龙陵县、昌宁县、昭阳区、鲁甸县、巧家县、盐津县、大关县、永善县、绥江县、镇雄县、彝良县、威信县、水富县、古城区、永胜县、华坪县、玉龙纳西族自治县、宁蒗彝族自治县、思茅区、宁饵哈尼族彝族自治县、墨江哈尼族自治县、景东彝族自治县、景谷傣族彝族自治县、镇沅彝族哈尼族拉祜族自治县、江城哈尼族彝族自治县、孟连傣族拉祜族佤族自治县、澜沧拉祜族自治县、西盟佤族自治县志、临翔区、凤庆县、云县、永德县、镇康县、双江拉祜族佤族布朗族傣族自治县、耿马傣族佤族自治县、沧源佤族自治县、潞西市、瑞丽市、梁河县、盈江县、陇川县、泸水县、福贡县、贡山独龙族怒族自治县、兰坪白族普米族自治县、香格里拉县、德钦县、维西傈僳族自治县、大理市、祥云县、宾川县、弥渡县、永平县、云龙县、洱源县、剑川县、鹤庆县、漾濞彝族自治县、南涧彝族自治县、巍山彝族回族自治县、楚雄市、双柏县、牟定县、南华县、姚安县、大姚县、永仁县、元谋县、武定县、禄丰县、蒙自县、个旧市、开远市、绿春县、建水县、石屏县、弥勒县、泸西县、元阳县、红河县、金平苗族瑶族自治县、河口瑶族自治县、屏边苗族自治县、文山县、砚山县、西畴县、麻栗坡县、马关县、丘北县、广南县、富宁县、勐海县	昆明市、安宁市、呈贡县、晋宁县、富民县、宜良县、嵩明县、石林彝族自治县、禄劝彝族苗族自治县、寻甸回族彝族自治县、麒麟区、宣威市、马龙县、沾益县、富源县、罗平县、师宗县、陆良县、会泽县、红塔区、江川县、澄江县、通海县、华宁县、易门县、峨山彝族自治县、新平彝族傣族自治县、元江哈尼族彝族傣族自治县、隆阳区、施甸县、腾冲县、龙陵县、昌宁县、昭阳区、鲁甸县、巧家县、盐津县、大关县、永善县、绥江县、镇雄县、彝良县、威信县、水富县、古城区、永胜县、华坪县、玉龙纳西族自治县、宁蒗彝族自治县、思茅区、宁饵哈尼族彝族自治县、墨江哈尼族自治县、景东彝族自治县、景谷傣族彝族自治县、镇沅彝族哈尼族拉祜族自治县、江城哈尼族彝族自治县、孟连傣族拉祜族佤族自治县、澜沧拉祜族自治县、西盟佤族自治县志、临翔区、凤庆县、云县、永德县、镇康县、双江拉祜族佤族布朗族傣族自治县、耿马傣族佤族自治县、沧源佤族自治县、潞西市、瑞丽市、梁河县、盈江县、陇川县、泸水县、福贡县、贡山独龙族怒族自治县、兰坪白族普米族自治县、香格里拉县、德钦县、维西傈僳族自治县、大理市、祥云县、宾川县、弥渡县、永平县、云龙县、洱源县、剑川县、鹤庆县、漾濞彝族自治县、南涧彝族自治县、巍山彝族回族自治县、楚雄市、双柏县、牟定县、南华县、姚安县、大姚县、永仁县、元谋县、武定县、禄丰县、蒙自县、个旧市、开远市、绿春县、建水县、石屏县、弥勒县、泸西县、元阳县、红河县、金平苗族瑶族自治县、河口瑶族自治县、屏边苗族自治县、文山县、砚山县、西畴县、麻栗坡县、马关县、丘北县、广南县、富宁县

（续表）

地区	省级政区	20世纪前半叶分布地点	20世纪后半叶分布地点	现今分布地点
	西藏	比如县、索县、巴青县、昌都县、江达县、贡觉县、类乌齐县、丁青县、察雅县、八宿县、左贡县、芒康县、洛隆县、边坝县、林芝县、工布江达县、米林县、措美县、错那县	比如县、索县、巴青县、昌都县、江达县、贡觉县、类乌齐县、丁青县、察雅县、八宿县、左贡县、芒康县、洛隆县、边坝县、林芝县、工布江达县、米林县、措美县、错那县	比如县、索县、巴青县、昌都县、江达县、贡觉县、类乌齐县、丁青县、察雅县、八宿县、左贡县、芒康县、洛隆县、边坝县
西北	陕西	西安市、蓝田县、周至县、户县、临渭区、华阴市、华县、潼关县、咸阳市、兴平市、泾阳县、乾县、礼泉县、永寿县、彬县、长武县、旬邑县、淳化县、武功县、宝鸡市、眉县、陇县、麟游县、凤县、太白县、南郑县、城固县、洋县、西乡县、勉县、宁强县、略阳县、镇巴县、留坝县、佛坪县、汉滨区、汉阴县、石泉县、宁陕县、紫阳县、岚皋县、平利县、镇坪县、旬阳县、白河县、商州区、洛南县、丹凤县、商南县、山阳县、镇安县、柞水县	西安市、蓝田县、周至县、户县、临渭区、华阴市、华县、潼关县、咸阳市、兴平市、泾阳县、乾县、礼泉县、永寿县、彬县、长武县、旬邑县、淳化县、武功县、宝鸡市、眉县、陇县、麟游县、凤县、太白县、南郑县、城固县、洋县、西乡县、勉县、宁强县、略阳县、镇巴县、留坝县、佛坪县、汉滨区、汉阴县、石泉县、宁陕县、紫阳县、岚皋县、平利县、镇坪县、旬阳县、白河县、商州区、洛南县、丹凤县、商南县、山阳县、镇安县、柞水县	西安市、蓝田县、周至县、户县、宝鸡市、眉县、陇县、凤县、太白县、南郑县、洋县、西乡县、宁强县、略阳县、镇巴县、留坝县、佛坪县、汉滨区、汉阴县、石泉县、宁陕县、紫阳县、岚皋县、平利县、镇坪县、旬阳县、白河县、商州区、洛南县、丹凤县、商南县、山阳县、镇安县、柞水县
	甘肃	兰州市、永登县、榆中县、天水市、清水县、甘谷县、张家川回族自治县、合水县、崆峒区、崇信县、华亭县、庄浪县、漳县、岷县、渭源县、陇西县、武都区、宕昌县、康县、文县、西和县、礼县、徽县、临夏市、临夏县、康乐县、永靖县、广河县、和政县、东乡族自治县、积石山保安族东乡族撒拉族自治县、合作市、临潭县、卓尼县、舟曲县、迭部县、玛曲县、碌曲县、夏河县	兰州市、榆中县、天水市、清水县、甘谷县、张家川回族自治县、崆峒区、崇信县、华亭县、庄浪县、漳县、岷县、渭源县、武都区、宕昌县、康县、文县、西和县、礼县、徽县、临夏市、临夏县、康乐县、永靖县、广河县、和政县、东乡族自治县、积石山保安族东乡族撒拉族自治县、合作市、临潭县、卓尼县、舟曲县、迭部县、玛曲县、碌曲县、夏河县	天水市、崆峒区、崇信县、庄浪县、漳县、武都区、康县、文县、礼县、徽县、临潭县、卓尼县、舟曲县、迭部县、玛曲县、碌曲县、夏河县
	宁夏	同心县、原州区、西吉县、隆德县、泾源县、海原县	原州区、西吉县、隆德县、泾源县	原州区、泾源县

6　20世纪以来的马麝分布变迁

马麝（*Moschus sifanicus*）的别名有：草坪獐、马獐、香獐、香獐子、獐子、草獐、黄獐子、板牙獐、獐鹿、香子、西麝、高山麝等。藏语称：拉瓦、贡拉，门巴语称：拉嘎儿。

图 22.14　马麝(盛和林等,1992)

图 22.15　马麝(雄)[①]

6.1　内蒙古

内蒙古自治区分布的马麝主要处于西部的阿拉善盟。

6.1.1　20 世纪分布情况

凤凌飞(1991)所称分布于西部贺兰山的“原麝”,乃马麝。

20 世纪末,贺兰山(西侧为阿拉善左旗)还有马麝、马鹿、岩羊等偶蹄类动物(刘志霄等,2000)。

《阿拉善盟(辖阿拉善左旗、阿拉善右旗、额济纳旗)志》(阿拉善盟志编纂委员会,1998)所记载的“獐”,乃马麝。

6.1.2　现今分布情况

据报道,阿拉善左旗仍有獐(马麝)及黄羊、野驴、马鹿、梅花鹿、青羊、盘羊、旱獭等珍稀野生兽类[②]。

阿拉善左旗的内蒙古贺兰山国家级自然保护区有称之为“獐”的马麝与马鹿、盘羊、金钱豹、青羊、石貂、蓝马鸡等 180 余种动物[③]。

6.2　四川

四川省的马麝主要分布于川西高原一带。

6.2.1　20 世纪分布情况

清宣统三年(1911)《巴塘(今县)盐井乡志》、民国元年(1912)《西康建省记》、民国九年(1920)《绵竹县(今市)志》、民国十三年(1924)《松潘县志》、民国十八年(1929)《西康问题》、民国二十一年(1932)《北川县(今北川羌族自治县)志》、民国二十三年(1934)《西康之实况》、民国三十一年(1942)《西昌县(今市)志》、民国三十三年(1944)《汶川县志》以及《懋功县(今小金县)志》与《抚边屯(属今小金县)志略草案》等记载的“獐”“麝”“麝香”不同称谓的动物皆马麝。

1954～1962 年,中国科学院动物研究所在德格(县)、康定(县)等收集到马麝标本。在平武(县)、木里(木里藏族自治县)、理塘(县)、康定(县)调查发现林麝与马麝重叠分布(高耀亭,1963)。

《四川资源动物志》记载,马麝分布于“北川(北川羌族自治县)、安县、平武(县)、芦山(县)、宝兴(县)、会东(县)、木里(木里藏族自治县)、康定(县)、德格(县)、马尔康(县)、阿坝(县)、若尔盖(县)、小金(县)、汶川(县)、理县”(《四川资源

①http://t.eba.baidu.com/p/1448576001
②阿拉善左旗. http://baike.baidu.com/view/402674.htm
③内蒙古贺兰山国家级自然保护区. http://baike.baidu.com/view/33425C.htm

动物志》编辑委员会，1982）。

川西北高原（约石渠县、色达县、壤塘县、阿坝县、红原县、若尔盖县一带）到20世纪末还有马麝分布（张洪茂等，2004）。

《中国哺乳动物分布》记载“北川（北川羌族自治县）、平武（县）、宝兴（县）、会东（县）、木里（木里藏族自治县）、康定（县）、马尔康（县）、小金（县）、汶川（县）、德格（县）、若尔盖（县）、理县、安县”有马麝（张荣祖，1997）。

《北川县（今北川羌族自治县）志》（北川县志编纂委员会，1996）、《平武县志》（平武县县志编纂委员会，1997）、《石棉县志》（石棉县地方志编纂委员会，1999）、《宝兴县志》（四川省宝兴县地方志编纂委员会，2000）、《汶川县志》（四川省阿坝藏族羌族自治州汶川县地方志编纂委员会，1992）、《阿坝县志》（阿坝县地方志编纂委员会，1993）、《南坪县（今九寨沟县）志》（南坪县地方志编纂委员会，1994）、《金川县志》（金川县地方志编纂委员会，1994）、《马尔康县志》（四川省马尔康县志编纂委员会，1995）、《红原县志》（四川省红原县志编纂委员会，1996）、《康定县志》（四川省康定县志编纂委员会，1995）、《色达县志》（四川省色达县志编纂委员会，1997）、《巴塘县志》（四川省巴塘县地方志编纂委员会，2001）、《木里藏族自治县概况》（木里藏族自治县概况编写组，1985）等记载的“獐子”“麝”“獐”等不同称谓的动物主要是马麝。

6.2.2 现今分布情况

据近年“重点陆生野生动物资源调查”，马麝见于“松潘（县）、石棉（县）、巴塘（县）、金川（县）、色达（县）、汶川（县）、若尔盖（县）、得荣（县）、雅江（县）、炉霍（县）、白玉（县）、石渠（县）、木里（木里藏族自治县）及西昌（市）等县；会东（县）、平武（县）、绵竹（市）极为罕见或已绝迹”（国家林业局，2008）。

马尔康县有“獐”等73种珍稀野生动物[①]，此“獐”包括林麝与马麝。

红原县盛产麝香等名贵动物药产品[②]。反映当地仍有林麝与马麝。

康定县盛产麝香等名贵中药材[③]。“麝香”表明还有林麝与马麝。

丹巴县称该县主要保护动物有马麝、白臀鹿、藏原羚、獐、盘羊等[④]。

九龙县有“麝”等珍稀动物近百种[⑤]，此“麝”则是林麝与马麝。

新龙县的野生动物中有林麝、马麝[⑥]。

据乡城县人民政府网站报道，有林麝与马麝[⑦]。

稻城县报道，主要珍稀野生动物有獐、熊、藏羚羊、岩羊，林麝，小熊猫等[⑧]。此“獐”当是马麝。

会东县所列举的“獐子”[⑨]，据以往记载当是林麝与马麝。

6.3 云南

马麝在云南省主要分布于西部。

6.3.1 20世纪分布情况

据1950年代调查，腾冲（县）、丽江、（丽江市；辖境中有麝地约为永胜县、华坪县、玉龙纳西族自治县、宁蒗彝族自治县）、贡山（贡山独龙族怒族自治县）、维西（维西傈僳族自治县）出产麝香（曾育麟，1956）。

1954～1962年，中国科学院动物研究所从德钦（县）等收集到马麝标本（高耀亭，1963）。

《中国哺乳动物分布》记载“德钦（县）、贡山（贡山独龙族怒族自治县）、丽江（丽江市；辖境中

①马尔康县. http://baike.baidu.com/view/163486.htm
②红原县. http://baike.baidu.com/view/991951.htm
③康定县. http://baike.baidu.com/view/112822.htm
④丹巴县. http://baike.baidu.com/view/929959.htm
⑤九龙县. http://baike.baidu.com/view/399466.htm
⑥新龙县. http://baike.baidu.com/view/662669.htm
⑦自然资源. http://www.xcx.gov.cn/show.php? id=2115
⑧稻城县. http://baike.baidu.com/view/282188.htm
⑨会东县. http://baike.baidu.com/view/377794.htm? fromId=399477

有麝地约为永胜县、华坪县、玉龙纳西族自治县、宁蒗彝族自治县)、维西(维西傈僳族自治县)、中甸(香格里拉县)、腾冲(县)”有马麝(张荣祖,1997)。

《保山地区(今市;其中腾冲县)志》(保山地区地方志编纂委员会,1999)、《丽江地区(今市;其中的永胜县、华坪县、玉龙纳西族自治县、宁蒗彝族自治县)林业志》(丽江地区行政公署林业局,1998)、《德钦县志》(德钦县志编纂委员会,1997)、《维西傈僳族自治县志》(云南省维西傈僳族自治县志编纂委员会,1999)记载的“獐”“獐子”“原麝”等不同称谓的动物主要是马麝。

6.3.2 现今分布情况

据近年“重点陆生野生动物资源调查”,马麝见于“德钦(县)、中甸(香格里拉县)、丽江(丽江市;辖境中有麝地约在永胜县、华坪县、玉龙纳西族自治县、宁蒗彝族自治县)、维西(维西傈僳族自治县)、兰坪(兰坪白族普米族自治县)、贡山(贡山独龙族怒族自治县)、福贡(县)”(国家林业局,2008)。

据调查,地处德钦县的梅里雪山国家公园还有林麝、斑尾榛鸡、胡兀鹫、雉鹑、金雕、水鹿等保护动物(马建忠等,2010)。

2010年3~8月对位于兰坪白族普米族自治县的云岭省级自然保护区进行综合科学考察,证实还有马麝等珍稀物种存在(崔茂欢,2011)。

6.4 西藏

西藏自治区除原麝外,其余4种麝皆有分布,尤以马麝分布范围最大。

6.4.1 20世纪分布情况

民国十九年(1930)《西藏纪要》、民国二十一年(1932)《西藏》、民国二十五年(1936)《西藏史地大纲》、民国《嘉黎县志》《昌都县图志》《盐井县(今属芒康县)志》《察雅县志》《贡县(今贡觉县)志》《恩达县(属今类乌齐县)志》《宁静县(属今芒康县)志》《同普县(属今江达县)志》《硕督县(属今洛隆县)志》《太昭县(今江达县)志》《察隅县图志》《科麦县(属今察隅县)志》《波密县志》《冬九县(属今波密县)志》、民国元年《西康建省记》、民国十八年《西康问题》、民国十九年和民国二十三年《西康之实况》所记载的“麝”“麝香”“獐”“麝鹿”“獐子”等不同称谓的动物中有马麝。

据野外调查,在昂仁县桑桑镇、彭波农场(在林周县)尼玛沟、林芝县则拉、巴青县江绵区、类乌齐县、察雅县、江达县同普采集到马麝标本;分布于日喀则地区、山南地区、那曲地区、昌都地区以及拉萨地区。另外,在波密县扎木采集到“林麝”标本;分布于西藏东南部波密、察隅一带的“林麝”(中国科学院青藏高原综合考察队,1986),似为“马麝或黑(褐)麝”(刘务林,2004)。

在昌都县的拉多雪豹自然保护区进行马麝家域研究(杨奇森等,1998),证实当地有马麝与岩羊、豺、狼、藏狐、赤狐、豹猫、石貂等数百种动物。

据刘务林(2004)1987~1994年调查研究,西藏栖息的4种麝中马麝分布最广,在城关区、林周县、当雄县、尼木县、曲水县、堆龙德庆县、达孜县、墨竹工卡县、那曲县、嘉黎县、比如县、索县、巴青县、昌都县、江达县、贡觉县、类乌齐县、丁青县、察雅县、八宿县、左贡县、芒康县、洛隆县、边坝县、林芝县、工布江达县、米林县、墨脱县、波密县、察隅县、朗县、乃东县、扎囊县、贡嘎县、桑日县、琼结县、曲松县、措美县、洛扎县、加查县、隆子县、错那县、浪卡子县、日喀则市、南木林县、江孜县、萨迦县、拉孜县、昂仁县、谢通门县、白朗县、仁布县、康马县、札达县皆有①。

《中国哺乳动物分布》记载“察隅(县)、波密(县)”的“林麝”(张荣祖,1997),似为“马麝或黑麝”(刘务林,2004)。

6.4.2 现今分布情况

据近年“重点陆生野生动物资源调查”,马麝见于“墨竹工卡(县)、林周(县)、工布江达(县)、米林(县)、林芝(县)、波密(县)、朗县、加查(县)、

①刘务林为作者之一的《西藏珍稀野生动物与保护》称:马麝“除阿里地区及那曲地区北部外,其余地区均有分布”(尹秉高,1993)。而其又公布的西藏4种麝分布地点有所修正,故不再采用之前的资料。

曲松（县）、桑日（县）、达孜（县）、隆子（县）、琼结（县）、乃东（县）、措美（县）、浪卡子（县）、仁布（县）、曲水（县）、尼木（县）、白朗（县）、江孜（县）、拉孜（县）、定日（县）、定结（县）”（国家林业局，2008）。

6.5 甘肃

甘肃省分布有林麝与马麝，后者居多。

6.5.1 20世纪分布情况

民国十九年（1930）《红水县（今白银市）志》、民国十二年（1923）《东乐县（今民勤县）志》、民国二十八年（1939）《古浪县志》、民国三十一年（1942）《临泽县志》、民国三十八年（1949）《张掖县（今甘州区）志》及民国《金县（今榆中县）续新志稿》等记载的“麝”“獐”主要是马麝。

1958～1960年，对青海省的海北、柴达木盆地和甘肃省的走廊地带进行较广泛的调查，确定马麝在“东祁连山地，西祁连山地”有分布（中国科学院青海甘肃综合考察队，1964）。

《中国西北地区珍稀濒危动物志》认为马麝“分布在祁连山地的天祝（天祝藏族自治县）、肃南（肃南裕固族自治县）、肃北（肃北蒙古族自治县）和陇南山地的舟曲（县）、迭部（县）、卓尼（县）、碌曲（县）、玛曲（县）、夏河（县）、临潭（县）”（中华人民共和国濒危物种进出口管理办公室，1994）。

《中国哺乳动物分布》记载“临夏（县）、临潭（县）、舟曲（县）、迭部（县）、卓尼（县）、碌曲（县）、玛曲（县）、夏河（县）、张掖（甘州区）、武威（凉州区）、民乐（县）、肃南（肃南裕固族自治县）、阿克塞（阿克塞哈萨克族自治县）、天祝（天祝藏族自治县）、康乐（县）、兰州（市）”有马麝（张荣祖，1997）。

《兰州市志》（兰州市地方志编纂委员会等，1998）、《榆中县志》（榆中县志编纂委员会，2001）、《金昌市（辖金川区与永昌县）志》（甘肃省金昌市地方志编纂委员会，1995）、《永昌县志》（永昌县志编纂委员会，1993）、《景泰县志》（景泰县志编纂委员会，1996）、《白银市志》（白银市地方志编纂委员会，1999）、《天祝县（天祝藏族自治县）志》（天祝藏族自治县志编纂委员会，1994）、《古浪县志》（古浪县志编纂委员会，1996）、《武威市（今凉州区）志》（武威市市志编纂委员会，1998）、《肃南裕固族自治县志》（甘肃省肃南裕固族自治县地方志编纂委员会，1994）、《民乐县志》（民乐县县志编纂委员会，1996）、《临夏回族自治州（辖今临夏市、临夏县、康乐县、永靖县、广河县、和政县、东乡族自治县、积石山保安族东乡族撒拉族自治县）志》（临夏回族自治州志编纂委员会，1993）、《和政县志》（和政县志编纂委员会，1993）、《临夏县志》（临夏县志编纂委员会，1995）、《永靖县志》（永靖县志编纂委员，1995）、《康乐县志》（甘肃省康乐县地方志编纂委员会，1995）、《甘南州（辖今合作市、临潭县、卓尼县、舟曲县、迭部县、玛曲县、碌曲县、夏河县等地）志》（甘南藏族自治州地方史志编纂委员会，1999）、《卓尼县志》（卓尼县志编纂委员会，1994）、《舟曲县志》（甘肃省舟曲县志编纂委员会，1996）、《迭部县志》（迭部县志编纂委员会，1998）、《玛曲县志》（玛曲县志编纂委员会，2001）等记载的“麝”“香獐子”“獐鹿”“香子”等不同称谓的动物主要是马麝。

6.5.2 现今分布情况

2006～2007年，对地处榆中县的兴隆山自然保护区（是祁连山山系东延部分）进行野外调查，仍有马麝（孟秀祥等，2011）。

祁连山国家级自然保护区（位于凉州区、天祝藏族自治县、古浪县、永昌县、甘州区、山丹县、民乐县、肃南裕固族自治县）依然还有马麝栖息（马堆芳等，2005）。

据近年“重点陆生野生动物资源调查”，马麝见于“兴隆山（在榆中县）、寿鹿山（在景泰县）”（国家林业局，2008）。

金昌市（其中金川区与永昌县）地处甘肃省河西走廊东段，祁连山北麓，阿拉善台地南缘。境内有各类野生动物220种，其中所称“麝”[①]，似为马麝。

---

①金昌. http://baike.baidu.com/view/24123.htm

6.6 青海

青海省分布的麝属唯有马麝。

6.6.1 20世纪分布情况

清末《采录大通县乘帙稿》、民国八年(1919)《大通县志》、民国十五年(1926)《大通县风土调查录》、民国二十二年(1933)《青海风土记》、民国二十一年(1932)《共和县风土调查记》、民国抄本《玉树县志稿》与民国九年(1920)《玉树调查记》记载的"麝""獐"等动物皆是马麝。

1954～1962年,中国科学院动物研究所从天峻(县)、共和(县)、门源(县)等收集到马麝标本(高耀亭,1963)

1958～1960年,对青海省的海北、柴达木盆地和甘肃省的走廊地带进行较广泛的调查,确定马麝在湟水河谷、东祁连山地、西祁连山地、(青海)湖周地区等皆有分布(中国科学院青海甘肃综合考察队,1964)。

据《中国西北地区珍稀濒危动物志》介绍,马麝在"青海37县中,除农业发达、人口集中的民和、乐都、湟中、湟源和平安5县原有记录,而现已绝迹和西部柴达木地区之外,其余地区均有分布"(中华人民共和国濒危物种进出口管理办公室,1994),亦即"湟源县、湟中县、平安县、乐都县、民和回族土族自治县"曾经有,再除去"西宁、德令哈、格尔木"3个市,其余的现有县(大通县、互助土族自治县志、化隆回族自治县、循化撒拉族自治县、海晏县、祁连县、刚察县、门源回族自治县、共和县、同德县、贵德县、兴海县、贵南县、同仁县、尖扎县、泽库县、河南蒙古族自治县、玛沁县、班玛县、甘德县、达日县、久治县、玛多县、玉树县、杂多县、称多县、治多县、囊谦县、曲麻莱县、乌兰县、都兰县、天峻县)皆有马麝。

黄南州的同仁县、尖扎县、泽库县、河南蒙古族自治县在20世纪后半叶皆有马麝分布(巨德,2013)。

《中国哺乳动物分布》记载"天峻(县)、共和(县)、门源(县)、祁连(县)、班玛(县)、玛沁(县)、湟源(县)、茫崖(近德令哈市)、格尔木(市)、都兰(县)、德令哈(市)、贵德(县)、兴海(县)、同德(县)、贵南(县)、尖扎(县)、西宁(市)、平安(县)、乐都(县)、曲麻莱(县)、囊谦(县)"有马麝。而记载的"班玛(县)"有林麝(张荣祖,1997),恐有误。

《湟中县志》(湟中县地方志编纂委员会,1989)、《大通县(大通回族自治县)志》(大通回族自治县志编纂委员会,1993)、《湟源县志》(湟源县志编纂委员会,1993)、《互助县(互助土族自治县)志》(互助土族自治县志编纂委员会,1993)、《民和县(民和回族自治县)志》(民和回族自治县志编纂委员会,1993)、《平安县志》(平安县志编纂委员会,1996)、《海晏县志》(海晏县志编纂委员会,1994)、《刚察县志》(刚察县志编纂委员会,1998)、《共和县志》(共和县地方志编纂委员会,1991)、《贵德县志》(贵德县地方志编纂委员会,1995)、《贵南县志》(贵南县志编纂委员会,1996)、《同德县志》(同德县地方志编纂委员会,1999)、《兴海县志》(兴海县志编纂委员会,2000)、《河南县(河南蒙古族自治县)志》(河南蒙古族自治县方志编纂委员会,1996)、《海西蒙古族藏族自治州(辖今德令哈市、格尔木市市、乌兰县、都兰县、天峻县等地)志》(海西蒙古族藏族自治州地方志编纂委员会,1995)、《天峻县志》(天峻县县志编纂委员会,1995)、《都兰县志》(都兰县县志编纂委员会,2001)等记载的"麝""獐""獐子""香獐""香子"等不同称谓的动物皆是马麝。

6.6.2 现今分布情况

位于同德县、兴海县、泽库县、河南蒙古族自治县、玛沁县、班玛县、甘德县、达日县、久治县、玛多县、玉树县、杂多县、称多县、治多县、囊谦县、曲麻莱县、格尔木市17个县(市)的三江源自然保护区,据调查仍有马麝分布(《三江源自然保护区生态环境》编辑委员会,2002)。

据近年"重点陆生野生动物资源调查",马麝见于"祁连(县)、门源(门源回族自治县)、刚察(县)、海晏(县)、共和(县)、兴海(县)、贵南(县)、同德(县)、天峻(县)、乌兰(县)、都兰(县)、格尔木(市)、玛多(县)、玛沁(县)、久治(县)、班玛(县)、甘德(县)、达日(县)、称多(县)、玉树(县)、曲麻莱(县)、治多(县)、囊谦(县)、杂多

（县）、河南（河南蒙古族自治县）”（国家林业局，2008）。

2011年调查，黄南州的麦秀与官秀林场（地处泽库县）、西卜沙、兰采与双朋西林场（地处同仁县）、冬果林场（地处尖扎县）还有马麝，但西卜沙与西卜沙林场已然极度濒危（巨德，2013）。

共和县地处青藏高原东北缘，位于青海湖之南。该县珍稀动物主要分布在鄂拉山区、青海南山和哇洪山等地，其中有“麝”①，乃马麝。

《中国环境报》2015年1月15日报道，位于曲麻莱县的烟瘴挂峡谷经过近10个月定点观测，在40平方千米的区域记录到马麝与雪豹、白唇鹿、野牦牛、藏野驴、藏羚羊等6种国家一级保护动物。

6.7 宁夏

宁夏回族自治区分布的马麝主要处于贺兰山地带。

6.7.1 20世纪分布情况

民国十三年（1924）《宁夏考察记》、民国十六年（1927）《朔方道志》等都记载有“麝”，其中含有马麝。

《中国西北地区珍稀濒危动物志》称马麝“见于贺兰山”，又称有“林麝”的“贺兰”（中华人民共和国濒危物种进出口管理办公室，1994），疑似指“贺兰山”，却是马麝。

20世纪末，贺兰山（山脉为近南北走向，绵延200多千米，宽约30千米。东麓在宁夏境内，依次为石嘴山市、贺兰县、银川市、永宁县、青铜峡市、中宁县、沙坡头区）还有马麝、马鹿、岩羊等偶蹄类动物（刘志霄等，2000）。

《贺兰县志》（贺兰县志编纂委员会，1994）、《永宁县志》（永宁县志编纂委员会，1995）、《银川市志》（银川市志编纂委员会，1998）、《平罗县志》（平罗县志编纂委员会，1996）、《惠农县（今属石嘴山市）志》（惠农县志编纂委员会，1999）等记载的“獐”“麝”“獐子”等不同称谓的动物，乃马麝。

《中国哺乳动物分布》记载“贺兰山”有马麝（张荣祖，1997）。

6.7.2 现今分布情况

宁夏贺兰山自然保护区地处贺兰山中段东侧，位于银川市、永宁县、贺兰县、石嘴山市、平罗县一带，仍有“麝”（即马麝）与马鹿等珍贵稀有动物共14种②。

6.8 马麝的分布变迁

梳理资料（图22.16、表22.6）后可以较清晰看出：

- 马麝分布区外围主要呈由北、东方向收缩趋势，现今已经形成一些孤岛状分布小区。
- 曾分布于甘肃南部与西藏东北部较大面积的马麝，现今已然消失。
- 从具体数字看，分布有马麝的省级政区中20世纪前半叶地点绝对数较高的是：西藏（56个），四川（35个），甘肃与青海（皆33个）。
- 按占当地市、县比例论，20世纪前半叶较高的省级政区依次是：青海（83%），西藏（77%），宁夏（44%），甘肃（41%）。
- 分布有马麝的省级政区中20世纪后半叶减少地点幅度较大的省级政区依次是：甘肃（61%；绝对数是20个），西藏（57%；绝对数是32个），宁夏（38%；绝对数是3个），内蒙古（33%；绝对数是3个），四川（29%；绝对数是10个）。
- 现存马麝最多的省级政区，无论是占当地比例，还是地点绝对数，皆是青海（85%；绝对数是28个）居首。

①共和县. http://baike.baidu.com/view/328564.htm? fr=aladdin

②贺兰山国家级自然保护区. http://baike.baidu.com/view/6235142.htm? subLemmaId=6326342&fromenter=%C4%FE%CF%C4%BA%D8%C0%BC%C9%BD%D7%D4%C8%BB%B1%A3%BB%A4%C7%F8

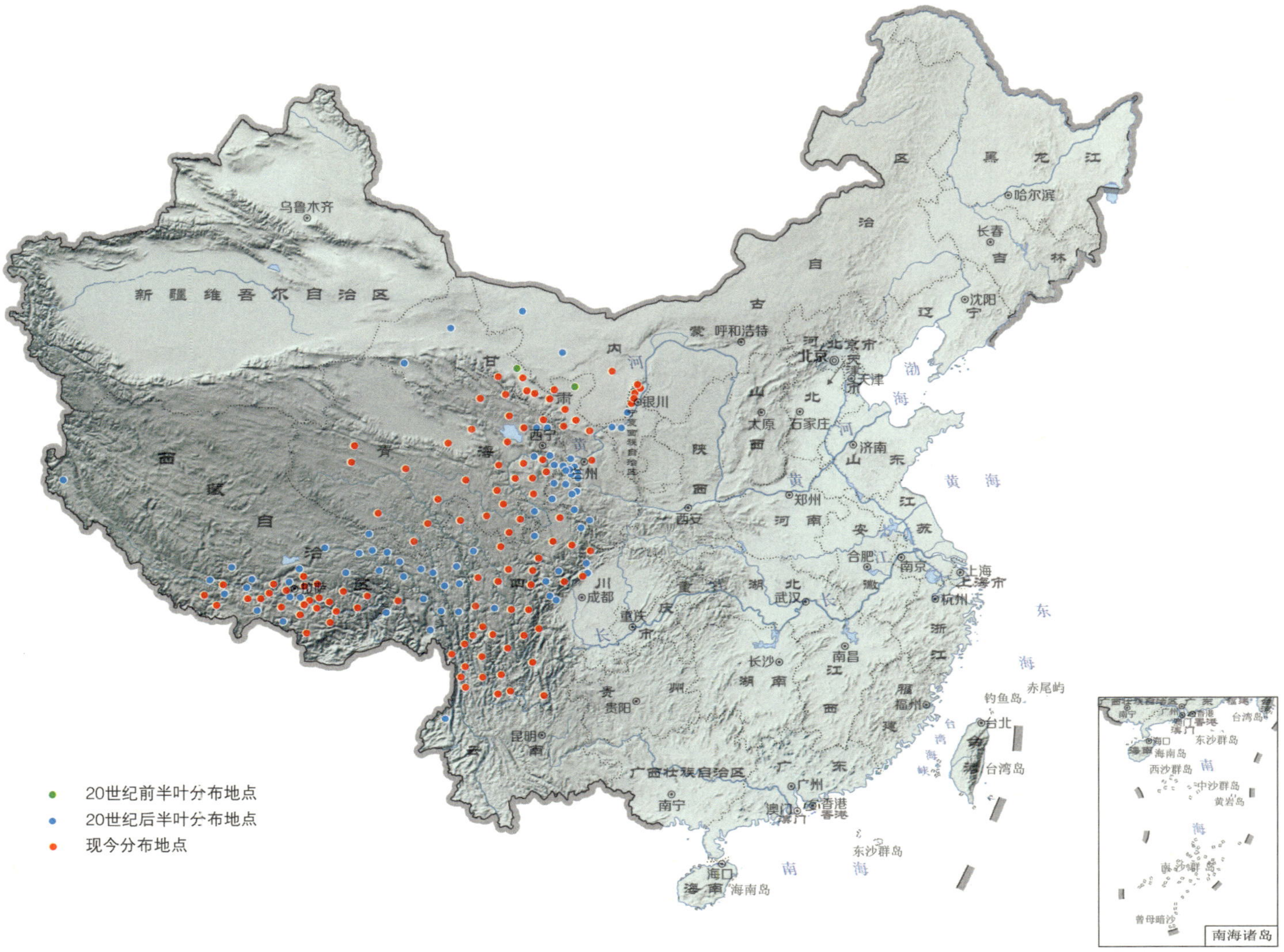

图 22.16 20 世纪以来的马麝分布变迁图

表 22.6 **20 世纪以来的马麝分布变迁概况**

地区	省级政区	20 世纪前半叶分布地点	20 世纪后半叶分布地点	现今分布地点
华北	内蒙古	阿拉善左旗、阿拉善右旗、额济纳旗	阿拉善左旗、阿拉善右旗、额济纳旗	阿拉善左旗
西南	四川	安县、北川羌族自治县、平武县、绵竹市、石棉县、芦山县、宝兴县、马尔康县、汶川县、理县、松潘县、九寨沟县、金川县、小金县、阿坝县、若尔盖县、红原县、康定县、丹巴县、九龙县、雅江县、炉霍县、新龙县、德格县、白玉县、石渠县、色达县、理塘县、巴塘县、乡城县、稻城县、得荣县、西昌市、会东县、木里藏族自治县	安县、北川羌族自治县、平武县、绵竹市、石棉县、芦山县、宝兴县、马尔康县、汶川县、理县、松潘县、九寨沟县、金川县、小金县、阿坝县、若尔盖县、红原县、康定县、丹巴县、九龙县、雅江县、炉霍县、新龙县、德格县、白玉县、石渠县、色达县、理塘县、巴塘县、乡城县、稻城县、得荣县、西昌市、会东县、木里藏族自治县	平武县、绵竹市、石棉县、马尔康县、汶川县、松潘县、金川县、若尔盖县、红原县、康定县、丹巴县、九龙县、雅江县、炉霍县、新龙县、白玉县、石渠县、色达县、巴塘县、乡城县、稻城县、得荣县、西昌市、会东县、木里藏族自治县

（续表）

地区	省级政区	20世纪前半叶分布地点	20世纪后半叶分布地点	现今分布地点
	云南	腾冲县、永胜县、华坪县、玉龙纳西族自治县、宁蒗彝族自治县、福贡县、贡山独龙族怒族自治县、兰坪白族普米族自治县、香格里拉县、德钦县、维西傈僳族自治县	腾冲县、永胜县、华坪县、玉龙纳西族自治县、宁蒗彝族自治县、福贡县、贡山独龙族怒族自治县、兰坪白族普米族自治县、香格里拉县、德钦县、维西傈僳族自治县	永胜县、华坪县、玉龙纳西族自治县、宁蒗彝族自治县、福贡县、贡山独龙族怒族自治县、兰坪白族普米族自治县、香格里拉县、德钦县、维西傈僳族自治县
	西藏	城关区、林周县、当雄县、尼木县、曲水县、堆龙德庆县、达孜县、墨竹工卡县、那曲县、嘉黎县、比如县、索县、巴青县、昌都县、江达县、贡觉县、类乌齐县、丁青县、察雅县、八宿县、左贡县、芒康县、洛隆县、边坝县、林芝县、工布江达县、米林县、墨脱县、波密县、察隅县、朗县、乃东县、扎囊县、贡嘎县、桑日县、琼结县、曲松县、措美县、洛扎县、加查县、隆子县、错那县、浪卡子县、日喀则市、南木林县、江孜县、定日县、萨迦县、拉孜县、昂仁县、谢通门县、白朗县、仁布县、康马县、定结县、札达县	城关区、林周县、当雄县、尼木县、曲水县、堆龙德庆县、达孜县、墨竹工卡县、那曲县、嘉黎县、比如县、索县、巴青县、昌都县、江达县、贡觉县、类乌齐县、丁青县、察雅县、八宿县、左贡县、芒康县、洛隆县、边坝县、林芝县、工布江达县、米林县、墨脱县、波密县、察隅县、朗县、乃东县、扎囊县、贡嘎县、桑日县、琼结县、曲松县、措美县、洛扎县、加查县、隆子县、错那县、浪卡子县、日喀则市、南木林县、江孜县、定日县、萨迦县、拉孜县、昂仁县、谢通门县、白朗县、仁布县、康马县、定结县、札达县	林周县、尼木县、曲水县、达孜县、墨竹工卡县、林芝县、工布江达县、米林县、波密县、朗县、乃东县、桑日县、琼结县、曲松县、措美县、加查县、隆子县、浪卡子县、江孜县、定日县、拉孜县、白朗县、仁布县、定结县
西北	甘肃	兰州市、榆中县、金川区、永昌县、白银市、景泰县、凉州区、民勤县、古浪县、天祝藏族自治县、肃北蒙古族自治县、阿克塞哈萨克族自治县、甘州区、民乐县、临泽县、山丹县、肃南裕固族自治县、临夏市、临夏县、康乐县、永靖县、广河县、和政县、东乡族自治县、积石山保安族东乡族撒拉族自治县、合作市、临潭县、卓尼县、舟曲县、迭部县、玛曲县、碌曲县、夏河县	兰州市、榆中县、金川区、永昌县、白银市、景泰县、凉州区、古浪县、天祝藏族自治县、肃北蒙古族自治县、阿克塞哈萨克族自治县、甘州区、民乐县、山丹县、肃南裕固族自治县、临夏市、临夏县、康乐县、永靖县、广河县、和政县、东乡族自治县、积石山保安族东乡族撒拉族自治县、合作市、临潭县、卓尼县、舟曲县、迭部县、玛曲县、碌曲县、夏河县	榆中县、金川区、永昌县、景泰县、凉州区、古浪县、天祝藏族自治县、甘州区、民乐县、山丹县、肃南裕固族自治县
	青海	大通回族自治县、互助土族自治县志、化隆回族自治县、循化撒拉族自治县、海晏县、祁连县、刚察县、门源回族自治县、共和县、同德县、贵德县、兴海县、贵南县、同仁县、尖扎县、泽库县、河南蒙古族自治县、玛沁县、班玛县、甘德县、达日县、久治县、玛多县、玉树县、杂多县、称多县、治多县、囊谦县、曲麻莱县、格尔木市、乌兰县、都兰县、天峻县	大通回族自治县、互助土族自治县志、化隆回族自治县、循化撒拉族自治县、海晏县、祁连县、刚察县、门源回族自治县、共和县、同德县、贵德县、兴海县、贵南县、同仁县、尖扎县、泽库县、河南蒙古族自治县、玛沁县、班玛县、甘德县、达日县、久治县、玛多县、玉树县、杂多县、称多县、治多县、囊谦县、曲麻莱县、格尔木市、乌兰县、都兰县、天峻县	海晏县、祁连县、刚察县、门源回族自治县、共和县、同德县、兴海县、贵南县、同仁县、尖扎县、泽库县、河南蒙古族自治县、玛沁县、班玛县、甘德县、达日县、久治县、玛多县、玉树县、杂多县、称多县、治多县、囊谦县、曲麻莱县、格尔木市、乌兰县、都兰县、天峻县
	宁夏	银川市、永宁县、贺兰县、石嘴山市、平罗县、青铜峡市、沙坡头、中宁县	银川市、永宁县、贺兰县、石嘴山市、平罗县、青铜峡市、沙坡头、中宁县	银川市、永宁县、贺兰县、石嘴山市、平罗县

7 20世纪以来的黑麝分布变迁

黑麝(*Moschus fuscus*)的别名有:褐麝、黑獐、褐麂、黑獐子、獐子、香獐、麻鹿等。藏语称:黑拉瓦。

图 22.17 黑麝(盛和林等,1992)

图 22.18 黑麝①

黑麝(图 22.17、图 22.18)是 1981 年正式公布的新麝种,仅见云南与西藏 2 省有黑麝分布。

7.1 云南

云南省是最早发现黑麝的地区。

7.1.1 20世纪分布情况

1973～1978 年间,在对高黎贡山和碧罗雪山的脊椎动物进行多次考察时,先后获得珍奇的黑麝标本 10 个(其中有确切地点的是:贡山县巴坡三队 4 个,碧江(县)②1 个,碧罗雪山 2 个)。经对比研究,实属麝亚科新种。(李致祥. 1981. 中国麝一新种的记述. 动物学研究. 2(2):157～161)

碧罗雪山是横断山的主要山脉之一,也是兰坪白族普米族自治县、福贡、泸水三县的界山,由此表明这一带有黑麝栖息。

《中国哺乳动物分布》记载"贡山(贡山独龙族怒族自治县)、六库(高黎贡山保护区)"有黑麝(张荣祖,1997)。

7.1.2 现今分布情况

据近年"重点陆生野生动物资源调查",黑麝见于贡山(贡山独龙族怒族自治县)、福贡(县)、泸水(县)、德钦(县)、维西(维西傈僳族自治县)、兰坪(兰坪白族普米族自治县)(国家林业局,2008)。

地处德钦县的梅里雪山国家公园有黑麝等多种麝属动物③(马建忠等,2010)。

据 2010 年 3～8 月对位于兰坪白族普米族自治县的云岭省级自然保护区进行综合科学考察,证实还有黑麝等珍稀物种存在(崔茂欢,2011)。

调查,现今高黎贡山(位于隆阳区、腾冲县、泸水县、福贡县、贡山独龙族怒族自治县一带)仍有兽类 154 种,鸟类 419 种,两栖动物 21 种,爬行型类动物 56 种,鱼类 49 种,昆虫 1 690 种,其中就有黑麝等珍稀动物④。

高黎贡山自然保护区(地处隆阳区、腾冲县、泸水县、福贡县、贡山独龙族怒族自治县)中还有黑麝等珍稀动物栖息(张绍辉,2013)。

---

①http://www.senmore.net.cn/dongwu/heishe_2/

②碧江县于 1986 年撤销,其北部并入北边的福贡县,南部并入泸水县。

③梅里雪山国家公园总体规划. http://www.docin.com/p-338384910.html

④高黎贡山. http://baike.baidu.com/link? url = B4W7oE64XFBAlkFjvW9FmLZHB8k0_tjUyQ9HkTRwsUeD15ZkBpUO1otVUO4PScY6oqIWyvevODbUeTC-0G5IvrxJpXq-1gQfb3rIzbqARHS

7.2 西藏

西藏自治区是仅见的黑麝分布区之一。

7.2.1 20 世纪分布情况

民国《察隅县图志》《科麦县（属今察隅县）志》《波密县志》《冬九县（属今波密县）志》所记载的“麝”“獐”，其中似含有黑麝。

据报道，1980 年代，在察隅县竹瓦根，墨脱县多雄拉山等地获取黑麝标本，并称西藏东南缘的察隅、墨脱及米林等县一带有分布（中国科学院青藏高原综合考察队，1986）。

1990 年代，据称在察隅、墨脱、波密、林芝、米林等地有黑麝分布（尹秉高等，1993）。

据卢欣（1998）称，“在易贡藏布上游海拔 4 300 m 的针叶林地我曾发现这种珍贵动物。”易贡藏布是雅鲁藏布江的二级支流，发源于嘉黎县念青唐古拉山脉南麓，由西北至东南注入帕龙藏布。嘉黎县与波密县接壤，既有旁证反映其中下游的波密县有黑麝栖息，那么出现在处于上游的嘉黎县便不足为奇（卢欣，1998）。

据刘务林（2004）1987～1994 年调查研究，马麝与黑麝在林芝县、米林县、墨脱县、波密县、察隅县等地重叠分布。

《中国哺乳动物分布》记载“察隅（县）、墨脱（县）、米林（县）、林芝（县）、波密（县）”有黑麝（张荣祖，1997）。

7.2.2 现今分布情况

据近年“重点陆生野生动物资源调查”，黑麝见于林芝地区各县（即林芝县、工布江达县、米林县、墨脱县、波密县、察隅县、朗县）及山南地区的隆子（县）、措那（错那县）（国家林业局，2008）。

2001～2002 年在察隅县调查，还有林麝等大中型动物（吴鹏举，2006）；而慈巴沟自然保护区仅发现 5 次林麝①和黑麝踪迹，已濒临灭绝（吴鹏举等，2007）。

7.3 黑麝的分布变迁

经梳理资料（表 22.7、图 22.19），可以较清晰看出：

● 相对而言，黑麝的分布区虽然不大，但分布点比较集中。

● 由于黑麝发现较晚，分布区又处于青藏高原靠近边境一带，分布变化较小。

● 从具体数字看，在仅有的 2 个省级政区中，马麝的分布地绝对数西藏曾略多 1 个；但就现存马麝相同的 8 地绝对数，按占当地比例看，西藏为 11%，而云南只有 6%，前者几乎为后者 2 倍。

表 22.7　　20 世纪以来的黑麝分布变迁图概况

省级政区	20 世纪前半叶	20 世纪后半叶	现今
云南	隆阳区、腾冲县、泸水县、福贡县、贡山独龙族怒族自治县、兰坪白族普米族自治县、德钦县、维西傈僳族自治县	隆阳区、腾冲县、泸水县、福贡县、贡山独龙族怒族自治县、兰坪白族普米族自治县、德钦县、维西傈僳族自治县	隆阳区、腾冲县、泸水县、福贡县、贡山独龙族怒族自治县、兰坪白族普米族自治县、德钦县、维西傈僳族自治县
西藏	嘉黎县、林芝县、工布江达县、米林县、墨脱县、波密县、察隅县、朗县、隆子县、错那县	嘉黎县、林芝县、工布江达县、米林县、墨脱县、波密县、察隅县、朗县、隆子县、错那县	林芝县、工布江达县、米林县、墨脱县、波密县、察隅县、朗县、隆子县、错那县

① 刘务林（2004）认为是“马麝”。

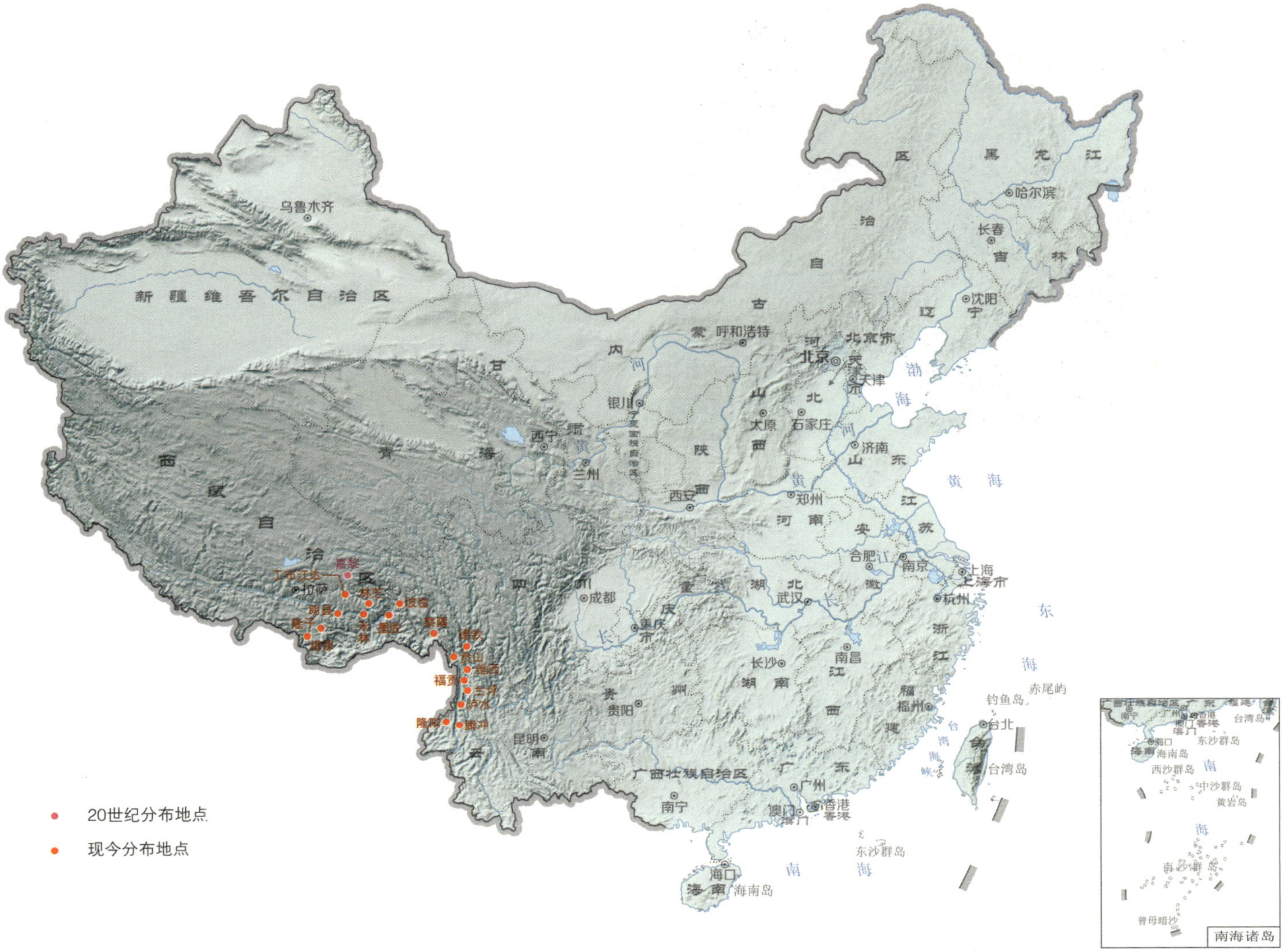

图 22.19　20 世纪以来的黑麝分布变迁图

8　20 世纪以来的喜马拉雅麝分布变迁

喜马拉雅麝(*Moschus chrysogaster*)的别名为:香獐。

在我国,喜马拉雅麝(图 22.20、图 22.21)是 1980 年代初正式公布发现的,仅见云南与西藏有所分布。

8.1　云南

云南省迄今仅在滇藏交界地发现喜马拉雅麝。

图 22.20　喜马拉雅麝(盛和林等,1992)

图 22.21　喜马拉雅麝[1]

地处德钦县的梅里雪山国家公园有喜马拉雅麝等多种麝属动物[2]（马建忠等，2010）。

8.2　西藏

喜马拉雅麝首先在西藏发现，此后得到更多关注。

8.2.1　20 世纪分布情况

1973～1977 年间，在喜马拉雅山南麓（亚东县至吉隆县一带）采得 7 只"麝"标本，经核对英国自然历史博物馆的喜马拉雅麝（*M. chrysogaster*）的模式标本，证实我们的麝应为此种（蔡桂全等，1981）。这一区域，依次涉及亚东县、岗巴县、定结县、定日县、聂拉木县、吉隆县一带。

喜马拉雅麝在亚东县仁青岗、（聂拉木县）樟木口岸曲香、吉隆县吉隆等地采集到标本。在西藏仅分布于喜马拉雅山南坡地区，西自吉隆河谷经波曲河谷往东至亚东河谷（中国科学院青藏高原综合考察队，1986）。

据刘务林（2004）1987～1994 年调查研究，喜马拉雅麝在定日县、定结县、亚东县、吉隆县、聂拉木县、札达县等地（刘务林，2004）。

《中国哺乳动物分布》记载"亚东（县）、樟木（在聂拉木县）、吉隆（县）"有喜马拉雅麝（张荣祖，1997）。

8.2.2　现今分布情况

2002～2004 年对吉隆县现场勘察，获知当地野生动物有喜马拉雅麝及熊猴、长尾叶猴、红胸角雉、黑鹇、斑羚、金猫、小熊猫、狼等 31 种（王德刚等，2007）。

据近年"重点陆生野生动物资源调查"，喜马拉雅麝仅见于吉隆（县）、亚东（县）、聂拉木（县）、普兰（县）、定结（县）、定日（县）（国家林业局，2008）

8.3　喜马拉雅麝的分布变迁

梳理资料（表 22.8、图 22.22）可以较清晰看出：

● 喜马拉雅麝主要沿喜马拉雅山脉北麓分布，还延续到横断山脉西段。

● 喜马拉雅麝的分布点虽然比较分散，呈 3 小区隔离状，但其分布区应是连片的。

● 喜马拉雅麝发现也较晚，分布变化较小。

● 从具体数字看，云南仅 1 处，其余现存 6 处皆在西藏，尤为稀少。

表 22.8　　20 世纪以来的喜马拉雅麝分布变迁概况

省级政区	20 世纪前半叶分布地点	20 世纪后半叶分布地点	现今分布地点
云南	德钦县	德钦县	德钦县
西藏	定日县、定结县、亚东县、吉隆县、聂拉木县、岗巴县、普兰县、札达县	定日县、定结县、亚东县、吉隆县、聂拉木县、岗巴县、普兰县、札达县	定日县、定结县、亚东县、吉隆县、聂拉木县、普兰县

①藏麝. https://baike.baidu.com/item/%E8%97%8F%E9%BA%9D/12615170

②梅里雪山国家公园总体规划. http://www.docin.com/p-338384910.html

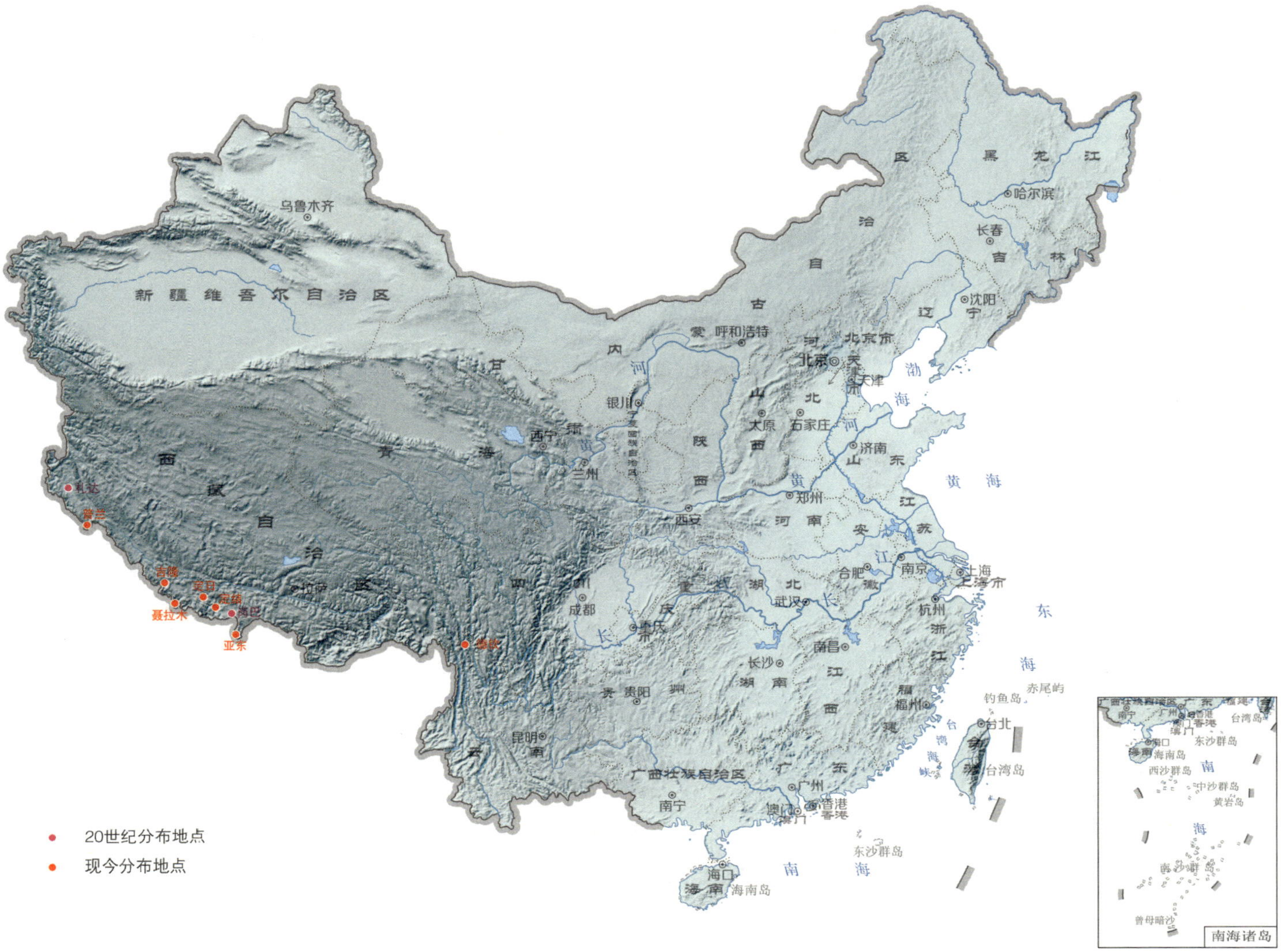

图 22.22　20 世纪以来的喜马拉雅麝分布变迁图

9　分布有麝的自然保护区现状

据调查,我国有麝分布的自然保护区近 248 个,据其分布与基本情况(图 22.23、表 22.9)可以看出:

● 分布有麝的保护区总面积 31.22 万 km^2,基本覆盖了 5 种麝分布地。

● 保护区除了自然地理概念的东北较集中外,主要集中在中西部的高原、山地、丘陵地区。

● 新疆未见分布有麝的保护区。

● 保护区的 4 种级别类型按比例高低分别为:国家级占 48%(119 个),省级 39%(96 个),县级 7%(18 个),市级 6%(15 个)。

● 保护区的主管部门有林业、环保、水利、其他多种,林业系统占绝对优势。

● 保护区绝对数达到或超过 15 个的省级政区是:湖北(15 个),湖南(16 个),贵州、云南与陕西(皆 19 个),黑龙江(20 个),四川(46 个);最多的四川省比其次的黑龙江省多 1.3 倍。

● 青海虽然保护区绝对数不多,但其“三江源国家级自然保护区”面积达 15.23 万 km^2,占全国分布有麝的保护区总面积的 49%。

● 与 2009 年仅统计到 132 个自然保护区(文榕生,2009)比较,尚不能简单地认为增加了 116 个。以西藏为例,原统计有 15 个,现仅有 6 个,还不完全被原有的包括。经核查,有的似调整到“雅鲁藏布大峡谷国家级自然保护区”或“珠穆朗玛峰国家级自然保护区”,有的则难觅踪迹,有的似已取消。

● 最早建立的是黑龙江省丰林国家级自然保护区(1958 年 6 月 14 日),随后依次是吉林省的吉林长白山国家级自然保护区(1960 年 4 月 1 日),广西壮族自治区的花坪国家级自然保护区(1961 年 10 月 18 日),甘肃省的白水江国家级自然保护区(1963 年 1 月 1 日),四川省的卧龙国家级自然保护区与木里鸭嘴省级自然保护区(皆 1963 年 4 月 2 日)、铁布省级自然保护区(1965 年 1 月 1 日),陕西省的太白山国家级自然保护区(1965 年 9 月 9 日)。

● 最新建立的是黑龙江省的五常大峡谷国家级自然保护区(2010 年 12 月 29 日)。

● 值得注意的是,广西在 1982 年 6 月 1 日同时批准建立了 10 个保护区。

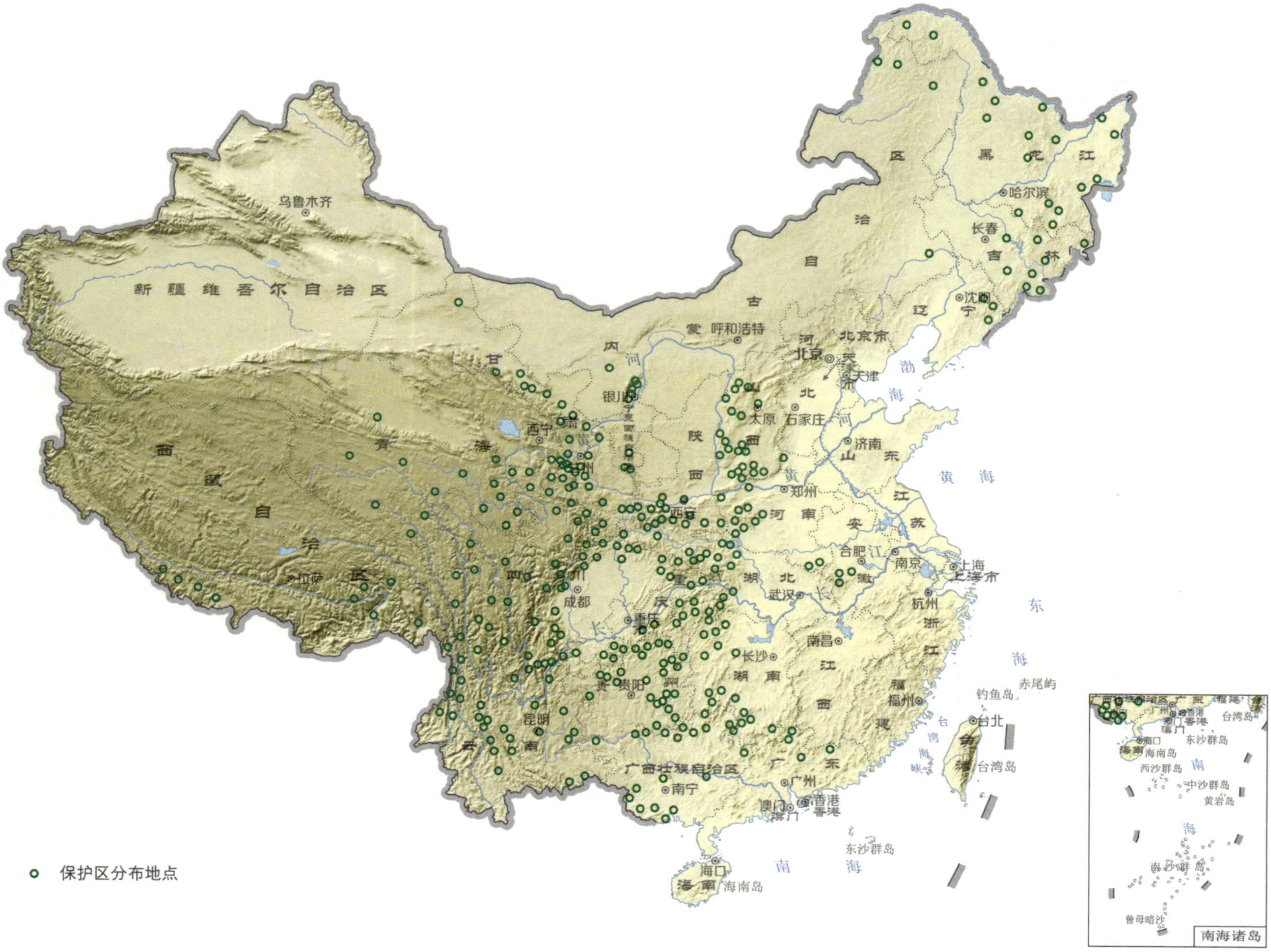

图 22.23　栖息有麝的自然保护区分布图

表 22.9　　栖息有麝的自然保护区概况

地区	省级政区	保护区名称	所处地点	面积(hm²)	级别	建立时间	主管部门	备注
华北	山西	庞泉沟	交城县、方山县	10 466	国家级	19801201	林业	
		芦芽山	宁武县、岢岚县、五寨县	21 453	国家级	19801218	林业	
		历山	垣曲县、沁水县、翼城县、阳城县	24 800	国家级	19831226	林业	
		阳城莽河猕猴	阳城县	5 600	国家级	19831226	林业	标“林麝”
		五鹿山	蒲县、隰县	20 617	国家级	19930120	林业	
		灵空山	古县、霍州市	1 334	省级	19930120	林业	《名录》称在沁源县;引文原题名中的保护区名称有误
		人祖山	吉县	15 940	省级	20020620	林业	
		尉汾河	兴县	16 890	省级	20020620	林业	
		凌井沟	阳曲县	24 920	省级	20020620	林业	
		涑水河源头	绛县、闻喜县、翼城县、垣曲县	23 144	省级	20020620	林业	
		霍山	霍州市、古县、洪洞县	17 852	省级	20020620	林业	
		黑茶山	兴县	25 741	国家级	20020620	林业	《名录》为“省级”
		团圆山	石楼县	16 477	省级	20020620	林业	标“麝”
		泽州猕猴	泽州县	93 775	省级	20020620	林业	
	内蒙古	大兴安岭汗马	根河市	107 348	国家级	19790501	林业	
		内蒙古贺兰山	阿拉善左旗	67 711	国家级	19920513	林业	标“獐”
		额尔古纳	额尔古纳市	124 527	国家级	19980101	林业	
		诺敏	鄂伦春自治旗	22 181	县级	19980708	环保	标“麝”
		莫力庙水库	科尔沁区	2 000	县级	20010301	水利	标“獐”
东北	辽宁	白石砬子	宽甸满族自治县	7 467	国家级	19810909	林业	1980 年代有“麝”等哺乳纲 26 种;现虽未尽列,但称有“兽类 40 种”,疑仍有麝
		恒仁老秃顶子	桓仁满族自治县、新宾满族自治县	15 219	国家级	19810915	林业	标“麝”
	吉林	吉林长白山	安图县、抚松县、长白朝鲜族自治县	196 465	国家级	19600401	林业	标“麝”
		松花江三湖	吉林市、桦甸市	115 253	国家级	19900213	林业	标“獐”
		龙湾	辉南县	15 061	国家级	19910801	林业	
		雁鸣湖	敦化市	53 940	国家级	19911120	林业	
		鸭绿江上游	长白朝鲜族自治县	20 306	国家级	19961001	水利	
		黄泥河	敦化市	23 476	国家级	20000401	林业	《名录》为“省级”
		珲春东北虎	珲春市	108 700	国家级	20011022	林业	
		白山原麝	临江市	12 453	省级	20061229	林业	

（续表）

地区	省级政区	保护区名称	所处地点	面积（hm²）	级别	建立时间	主管部门	备注
	黑龙江	丰林	伊春市	18 400	国家级	19580614	林业	标“麝”
		镜泊湖	宁安市	126 000	省级	19801101	其他	标“麝”
		牡丹峰	牡丹江市	19 648	国家级	19810505	林业	标“麝”
		呼中	大兴安岭地区	167 213	国家级	19840509	林业	标“麝”
		车陆湾子	逊克县	400	市级	19860111	环保	标“獐”
		兴凯湖	密山市	222 488	国家级	19860405	林业	标“麝”
		铁西	密山市	7 235	省级	19961113	环保	标“麝”
		海林莲花湖	海林市	190 000	省级	19971226	其他	有“獐”，“原麝”
		黑龙江凤凰山	鸡东县	26 570	国家级	19890403	林业	
		八岔岛	同江市	32 014	国家级	19991001	环保	
		南瓮河	大兴安岭地区	229 523	国家级	19991215	林业	
		胜山	爱辉区	60 000	国家级	20030211	林业	
		大佳河	饶河县	72 604	省级	20040901	林业	
		朗乡	铁力市	31 355	省级	20050101	林业	2008 年“黑龙江朗乡原麝省级自然保护区”更名“黑龙江朗乡省级自然保护区”
		岭峰	漠河县	68 373	省级	20060125	林业	
		大沾河湿地	五大连池市、孙吴县、逊克县	211 618	国家级	20060127	林业	
		北极村	漠河县	137 553	省级	20060125	林业	
		小北湖	宁安市	20 834	省级	20061226	林业	标“獐子”
		太平沟	鹤岗市	22 199	国家级	20091230	林业	《名录》为“省级”
		五常大峡谷	五常市	24 998	国家级	20101229	林业	《名录》为“省级”
华东	安徽	舒城万佛山	舒城县	2 000	省级	19870801	林业	有“原麝”，“香獐”
		鹞落坪	岳西县	12 300	国家级	19911229	环保	标“原麝”
		霍山佛子岭	霍山县、岳西县	6 667	省级	20001201	林业	标“原麝”
中南	河南	宝天曼	内乡县	5 413	国家级	19800430	林业	标“香獐”
		小秦岭	灵宝市	15 160	国家级	19820624	林业	
		伏牛山	西峡县、内乡县、南召县、栾川县、嵩县、鲁山县	56 024	国家级	19820624	林业	标“麝”
		连康山	新县	10 580	国家级	19820624	林业	标“麝”

(续表)

地区	省级政区	保护区名称	所处地点	面积(hm²)	级别	建立时间	主管部门	备注
		金刚台	商城县	2 972	省级	19820624	林业	标“香獐”
		老界岭	西峡县	200 031	国家级	1982		标“麝”。《名录》无,但称:“南阳市面积最大的省级自然保护区,1998 年又划为国家级自然保护区”
		青要山	新安县	4 000	省级	19881120	林业	标“麝”
		丹江湿地	淅川县	64 027	国家级	20010810	林业	有“獐”,“林麝”
		万宝山	林州市	8 667	省级	20040226	林业	
	湖北	星斗山	利川市、咸丰县、恩施市	68 339	国家级	19811218	林业	
		木林子	鹤峰县	20 838	省级	19830101	林业	
		五峰后河	五峰土家族自治县	10 340	国家级	19850101	林业	
		神农架	神农架林区	70 467	国家级	19860709	林业	有“白林麝”
		堵河源	竹山县	47 173	省级	19870101	林业	
		赛武当	十堰市	21 203	国家级	19870101	林业	
		崩尖子	长阳土家族自治县	13 500	省级	19880101	林业	
		十八里长峡	竹溪县	30 459	省级	19881001	林业	
		五道峡	保康县	23 816	省级	19900101	林业	
		七姊妹山	宣恩县	34 550	国家级	19900301	林业	
		大老岭	宜昌市	14 225	省级	20010101	林业	
		丹江口库区	丹江口市	45 103	省级	20030318	林业	
		南河	谷城县	14 834	省级	20030928	林业	《名录》为“市级”
		野人谷	房县	36 892	省级	20040806	林业	
		大九湖湿地	神农架林区	9 320	县级	20060101	林业	
	湖南	金童山	城步苗族自治县	18 466	国家级	19810201	林业	《名录》为“省级”
		永州都庞岭	道县、江永县	20 066	国家级	19820101	林业	
		莽山	宜章县	19 833	国家级	19820101	林业	标“麝”
		永州都庞岭	道县、江永县	20 066	国家级	19820101	林业	标“麝”
		小溪	永顺县	24 800	国家级	19820101	林业	有“黑麝”,“林麝”
		武冈云山	武冈市	952	省级	19820401	林业	标“麝”
		黄桑	绥宁县	12 590	国家级	19820403	林业	
		九嶷山	宁远县	3 648	省级	19820427	林业	标“麝”
		江永源口	江永县	5 527	省级	19820527	林业	《名录》为“大远源口”
		东安舜皇山	东安县	14 311	省级	19820701	林业	标“麝”

（续表）

地区	省级政区	保护区名称	所处地点	面积（hm^2）	级别	建立时间	主管部门	备注
		阳明山	双牌县	12 795	国家级	19840101	林业	标"麝"
		张家界	张家界市、慈利、桑植县	4 800	省级	19840501	林业	标"麝"
		八大公山	桑植县	20 000	国家级	19860709	林业	
		借母溪	沅陵县	13 041	国家级	19980101	林业	
		六步溪	安化县	14 239	国家级	19990426	林业	
		天桥山	泸溪县	13 878	省级	20030101	林业	标"麝"
	广东	云髻山	新丰县	2 700	省级	19900101	林业	
		罗坑鳄蜥	韶关市	20 424	省级	19981201	林业	
		枫树坝	龙川县	15 671	省级	19981201	林业	标"香樟"
		仁化高坪	仁化县	3 585	省级	19990301	林业	
	广西	花坪	龙胜各族自治县、临桂县	17 400	国家级	19611018	林业	
		弄岗	龙州县、宁明县	10 080	国家级	19780101	林业	
		千家洞	灌阳县	12 231	国家级	19820601	林业	
		金钟山黑颈长尾雉	隆林各族自治县	20 924	国家级	19820601	林业	
		大平山	桂平市	1 867	省级	19820601	林业	
		三锁鸟类	融安县	5 000	县级	19820601	林业	
		元宝山	融水苗族自治县	4 159	省级	19820601	林业	
		十万大山	上思县、钦州市、防城市	58 277	国家级	19820601	林业	
		滑水冲	八步区	9 929	省级	19820601	林业	
		三匹虎	南丹县、天峨县	3 105	省级	19820601	林业	
		恩城	大新县	25 820	省级	19820601	林业	
		九万山	罗城仫佬族自治县、环江毛南族自治县、融水苗族自治县	25 213	国家级	19820601	林业	
		木论	罗城仫佬族自治县、环江毛南族自治县	8 969	国家级	19960101	林业	
		三十六弄一陇均	武鸣县	12 822	省级	20041108	林业	
西南	重庆	大巴山	城口县	136 017	国家级	19790501	林业	
		金佛山	南川区	41 850	国家级	19790701	林业	
		武隆白马山	武隆县	7 200	省级	19981001	林业	标"林麂"
		天坑地缝	奉节县	26 458	省级	19981201	环保	
		小南海	黔江区	15 000	省级	19990301	环保	
		雪宝山	开县	23 452	国家级	20000401	林业	
		五里坡	巫山县	35 277	省级	20000901	林业	

(续表)

地区	省级政区	保护区名称	所处地点	面积(hm²)	级别	建立时间	主管部门	备注
	四川	卧龙	汶川县	200 000	国家级	19630402	林业	
		木里鸭嘴	木里藏族自治县	10 000	省级	19630402	林业	
		铁布	若尔盖县	20 000	省级	19650101	林业	
		蜂桶寨	宝兴县	39 039	国家级	19750320	林业	
		九寨沟	九寨沟县	64 297	国家级	19781215	林业	标"林爵"
		马边大风顶	马边彝族自治县	30 164	国家级	19781215	林业	
		美姑大风顶	美姑县	50 655	国家级	19781215	林业	
		黄龙寺	松潘县	55 051	省级	19830101	林业	
		螺髻山	西昌市、德昌县、普格县	20 912	省级	19860101	农业	
		卡莎湖	炉霍县	22 300	省级	19870101	林业	
		大小兰沟	南江县	40 155	省级	19910102	林业	
		观雾山	江油市	21 034	省级	19920201	林业	
		千佛山	安县、北川羌族自治县	17 710	省级	19930401	林业	
		黑水河	大邑县	31 790	省级	19930601	林业	
		鞍子河	崇州市	10 141	省级	19930801	林业	
		平武小河沟	平武县	28 227	省级	19930801	林业	
		雪宝顶	平武县	63 615	国家级	19930801	林业	
		瓦屋山	洪雅县	36 490	省级	19931201	林业	
		若尔盖湿地	若尔盖县	166 571	国家级	19941118	林业	标"麝香"
		米亚罗	理县	160 732	省级	19950101	林业	
		格西沟	雅江县	22 897	省级	19950101	林业	
		察青松多白唇鹿	白玉县	143 683	国家级	19950101	林业	
		莫斯卡	丹巴县	13 700	省级	19951101	林业	
		海子山	理塘县、稻城县	459 161	国家级	19951108	林业	
		花萼山	万源市	48 203	国家级	19960101	环保	
		新路海	德格县	16 875	省级	19960101	林业	
		黑竹沟	峨边彝族自治县	29 650	省级	19970101	林业	
		画稿溪	叙永县	23 827	国家级	19980101	环保	标"獐子"
		百里峡	宣汉县	26 260	省级	19990101	环保	标"獐"
		阿木拉	德格县	12 003	县级	19990101	林业	
		米仓山	旺苍县	23 400	国家级	19990101	林业	
		佛珠峡	乡城县	9 620	县级	20000101	林业	
		热打尼丁	乡城县	1 960	县级	20000101	林业	
		党岭	丹巴县	47 219	市级	20000702	环保	标"香獐"
		卡松渡	德格县	29 764	县级	20010101	林业	
		栗子坪	石棉县	40 903	省级	20010101	林业	标"獐"

（续表）

地区	省级政区	保护区名称	所处地点	面积（hm^2）	级别	建立时间	主管部门	备注
		百草坡	金阳县	44 128	省级	20010101	林业	标"獐"
		水磨沟	广元市	7 337	省级	20011001	林业	
		毛寨	青川县	14 150	省级	20011001	林业	
		所冲	稻城县	16 600	县级	20020101	林业	
		二滩鸟类	盐边县	10 321	省级	20020101	林业	
		古蔺黄荆	古蔺县	36 522	省级	20020301	环保	标"獐子"
		布拖乐安	布拖县	22 751	市级	20030101	林业	标"獐子"
		苍溪九龙山	苍溪县	8 048	省级	20030501	林业	
		巴丁拉姆	木里藏族自治县	21 086	市级	20060401	林业	标"麝"
		恰郎多吉	木里藏族自治县	39 076	市级	20060401	林业	标"麝"
	贵州	雷公山	雷山县、台江县、剑河县、榕江县	47 300	国家级	19820601	林业	
		赤水桫椤	赤水市	13 300	国家级	19840911	环保	
		桐梓黄连柏箐	桐梓县	2 542	市级	19851103	林业	
		从江月亮山	从江县	24 800	市级	19860101	林业	
		茂兰	荔波县	20 000	国家级	19860409	林业	
		梵净山	江口县、印江土家族苗族自治县、松桃苗族自治县	41 900	国家级	19860709	林业	
		麻阳河	沿河土家族自治县、务川仡佬族苗族自治县	31 113	国家级	19870801	林业	
		野钟黑叶猴	水城县	1 362	市级	19891201	林业	
		宽阔水	绥阳县	26 231	国家级	19891201	林业	
		冷水河	金沙县	8 133	县级	19920901	林业	
		石阡佛顶山	石阡县	12 635	省级	19921001	林业	
		老蛇冲	麻江县	8 678	市级	19921201	林业	
		习水中亚热带常绿阔叶林	习水县	48 666	国家级	19940908	林业	
		瓮安朱家山	瓮安县	7 638	县级	19950801	林业	
		老冬寨	丹寨县	4 513	市级	19980501	林业	
		四野屯	思南县	2 859	县级	19990601	林业	
		桴焉	正安县	32 448	市级	20010510	林业	
		百里杜鹃	大方县、黔西县	12 580	省级	20011101	林业	
		毕节罩子山	毕节市	2 513	县级	20021201	林业	

(续表)

地区	省级政区	保护区名称	所处地点	面积(hm²)	级别	建立时间	主管部门	备注
	云南	云龙天池	云龙县	6 630	省级	19810401	林业	标“原麝”
		麻栗坡老君山	麻栗坡县、马关县	4 509	省级	19811101	林业	标“麝(香獐)”
		古林箐	马关县	6 833	省级	19821001	林业	
		高黎贡山	隆阳区、腾冲县、泸水县、福贡县、贡山独龙族怒族自治县	405 200	国家级	19830101	林业	
		白马雪山	德钦县、维西傈僳族自治县	276 400	国家级	19840101	林业	
		药山	巧家县	20 141	国家级	19840405	林业	
		哈巴雪山	香格里拉县	21 908	省级	19850101	林业	标“原麝、马麝”
		无量山	景东彝族自治县、南涧彝族自治县、大理市	30 938	国家级	19860320	林业	标“獐”
		哀牢山	新平彝族傣族自治县、楚雄市、双柏县、景东彝族自治县、镇沅彝族哈尼族拉祜族自治县	67 700	国家级	19880509	林业	
		青华绿孔雀	巍山彝族回族自治县	1 000	省级	19880905	环保	标“獐”
		磨盘山	新平彝族傣族自治县	7 454	县级	19901101	林业	标“麝香”
		轿子山	昆明市、禄劝彝族苗族自治县	16 456	国家级	19940331	林业	标“獐子、麝鹿”
		云岭	兰坪白族普米族自治县	75 894	省级	19980101	林业	
		罗平万峰山	罗平县	47 491	市级	19990201	林业	
		大堵水库	师宗县	160	县级	19990601	林业	
		海峰	沾益县	26 610	省级	20010401	林业	
		弥渡大黑山	弥渡县	14 000	市级	20011001	林业	标“獐子”
		白老林	盐津县	2 200	市级	20030501	林业	标“獐子”
		小岩方	永善县	9 698	市级	20030501	林业	标“獐子”
	西藏	雅鲁藏布大峡谷	墨脱县、林芝县、波密县、米林县	916 800	国家级	19850709	林业	
		察隅慈巴沟	察隅县	101 400	国家级	19850923	林业	
		珠穆朗玛峰	定日县、聂拉木县、定结县、吉隆县	3 381 000	国家级	19880405	林业	
		尼果	芒康县	164	县级	19900501	林业	《名录》标“尼果寺”;标“獐”
		芒康滇金丝猴	芒康县	185 300	国家级	19930101	林业	
		拉妥湿地	贡觉县	142	县级	19970701	林业	标“獐”

（续表）

地区	省级政区	保护区名称	所处地点	面积（hm²）	级别	建立时间	主管部门	备注
西北	陕西	太白山	太白县、眉县、周至县	56 325	国家级	19650909	林业	
		佛坪	佛坪县	29 240	国家级	19781215	林业	
		汉中朱鹮	洋县、城固县	37 549	国家级	19830101	林业	
		周至	周至县	56 393	国家级	19880509	林业	
		牛背梁	柞水县、西安市、宁陕县	16 418	国家级	19880509	林业	
		老县城	周至县	12 611	国家级	19930101	林业	2013 年晋升国家级
		长青	洋县	29 906	国家级	19951222	林业	
		化龙山	镇坪县、平利县	28 103	国家级	20010801	林业	
		留坝摩天岭	留坝县	8 520	省级	20020801	林业	
		天华山	宁陕县	25 485	国家级	20020801	林业	
		桑园	留坝县	13 806	国家级	20020826	林业	
		紫柏山	凤县	17 472	国家级	20030101	林业	原称“屋梁山”，2011 年更名“陕西紫柏山省级自然保护区”，2012 年晋升国家级
		青木川	宁强县	10 200	国家级	20030521	林业	
		陕西米仓山	西乡县	34 192	国家级	20030820	林业	
		野河	扶风县	10 996	省级	20040101	林业	
		新开岭	商南县	14 963	省级	20040101	林业	
		天竺山	山阳县	21 685	省级	20040101	林业	
		鹰嘴石	镇安县	11 462	省级	20040101	林业	
		黄柏塬	太白县	21 865	省级	20060101	林业	
	甘肃	白水江	武都区、文县	183 799	国家级	19630101	林业	
		寿鹿山	景泰县	10 875	省级	19800101	林业	《名录》标“林麝”
		盐池湾	肃北蒙古族自治县	1 360 000	国家级	19820401	林业	
		尕海—则岔	碌曲县	247 431	国家级	19820902	林业	
		小陇山	徽县、两当县	31 938	国家级	19821103	林业	
		甘肃莲花山	康乐县、临潭县、卓尼县、渭源县、临洮县	11 691	国家级	19821203	林业	标“麝类”
		兴隆山	榆中县	33 301	国家级	19860111	林业	
		甘肃祁连山	凉州区、天祝藏族自治县、古浪县、永昌县、甘州区、山丹县、民乐县、肃南裕固族自治县	230 000	国家级	19870101	林业	
		昌岭山	古浪县	3 679	省级	19870501	林业	

(续表)

地区	省级政区	保护区名称	所处地点	面积(hm^2)	级别	建立时间	主管部门	备注
		贵清山	漳县	1 114	省级	19920601	林业	标"麝"
		礼县香山	礼县	11 330	省级	19920703	林业	
		尖山	文县	10 040	省级	19921216	林业	
		黄河三峡湿地	永靖县	19 500	省级	19950210	林业	
		连城	永登县	47 930	国家级	20010401	林业	
		哈思山	靖远县	8 400	省级	20020114	林业	
		白龙江阿夏	迭部县	135 536	省级	20040912	林业	
		太子山	临夏市、临夏县、康乐县、和政县、积石山保安族东乡族撒拉族自治县、合作市、临潭县、卓尼县、夏河县	84 700	省级	20050101	林业	
		插岗梁	舟曲县	114 361	省级	20050609	林业	
	青海	循化孟达	循化撒拉族自治县	17 290	国家级	19800403	林业	标"麝"
		三江源	同德县、兴海县、泽库县、河南蒙古族自治县、玛沁县、班玛县、甘德县、达日县、久治县、玛多县、玉树县、杂多县、称多县、治多县、囊谦县、曲麻莱县、格尔木市	15 230 000	国家级	20000523	林业	
	宁夏	六盘山	泾源县、隆德县、原州区	26 784	国家级	19820501	林业	
		宁夏贺兰山	银川市、永宁县、贺兰县、石嘴山市、平罗县	193 536	国家级	19820701	林业	标"麝";《名录》缺"平罗县"

注:①本表参考多方面信息综合而成,对个别误差进行更正。

②本表主要据:全国自然保护区名录. http://sts. mep. gov. cn/zrbhq/zrbhq/201208/t20120824_235172. htm;在"备注"中简称"《名录》"。

③其余源自:山西庞泉沟国家级自然保护区. http://baike. baidu. com/view/746921. htm? fromId=138438;芦芽山国家级自然保护区. http://www. china. com. cn/aboutchina/zhuanti/ysdw/2008-12/04/content_16897927. htm;山西历山国家级自然保护区. http://www. nre. cn/htm/04/bhq/2004-12-17-14462. htm;山西阳城莽河猕猴自然保护区. http://baike. baidu. com/view/391601. htm? fromId=472724;五鹿山自然保护区. http://baike. baidu. com/view/825967. htm;李润强等,2012;李宝堂,2009;山西涞水河源头首拍金钱豹母豹携两幼仔现丛林. http://www. chinanews. com/gn/2011/03-03/2881390. shtml;山西黑茶山(岚县)自然保护区升为国家级自然保护区. http://tieba. baidu. com/p/1420153599;团圆山. http://baike. baidu. com/view/4440139. htm;大兴安岭汗马自然保护区保护区. http://baike. baidu. com/view/1429364. htm;诺敏自然保护区. http://baike. baidu. com/view/518807. htm;莫力庙水库自然保护区. http://cidian. iask. sina. com. cn/a/fqhl. html;白石砬子国家级自然保护区. http://www. baike. com/wiki/白石砬子国家级自然保护区;辽宁老秃顶子国家级自然保护区. http://baike. baidu. com/link? url=26I6fB0d1MarxNc8zL0EgHatmGtCZZKdD2vIEpxdp5fjV74ypVYhkRKzTd20y9SElNnwnChGfi3NSsHkg31fuq;吉林长白山国家级自然保护区. http://baike. baidu. com/view/90326. htm;吉林松花江三湖自然保护区介绍. http://wenku. baidu. com/view/f5118b757fd5360cba1adbb0. html;吉林龙湾国家级自然保护区. http://baike. baidu. com/view/1091004. htm? subLemmaId=

1091004&fromenter=%C1%FA%CD%E5%D7%D4%C8%BB%B1%A3%BB%A4%C7%F8；雁鸣湖国家级自然保护区. http://baike. baidu. com/view/4064671. htm；鸭绿江上游国家级自然保护区. http://baike. baidu. com/view/871347. htm? subLemmaId=871347&fromenter=%D1%BC%C2%CC%BD%AD%C9%CF%D3%CE%D7%D4%C8%BB%B1%A3%BB%A4%C7%F8；吉林黄泥河国家级自然保护区. http://124. 205. 185. 3:8080/publicfiles/business/htmlfiles/hnhbhq/jqgk/index. html；珲春东北虎国家级自然保护区. http://baikezbaidu. com/view/1520569. htm；黑龙江丰林国家级自然保护区. http://baike. baidu. com/view/481643. htm? fromId=248750；镜泊湖自然保护区. http://baike. baidu. com/view/246956. htm；黑龙江牡丹峰国家级自然保护区. http://baike. baidu. com/view/389747. htm? fromId=248416；资源概况. http://www. zrbhq. com/ziyuan_show. asp? id=23；黑龙江兴凯湖国家级自然保护区. http://baike. baidu. com/view/481645. htm? fromId=485581；铁西自然保护区. http://baike. baidu. com/view/827695. htm；海林莲花湖保护区. http://www. baike. com/wiki/%E6%B5%B7%E6%9E%97%E8%8E%B2%E8%8A%B1%E6%B9%96%E4%BF%9D%E6%8A%A4%E5%8C%BA；李世民等，2005；八岔岛国家级自然保护区. http://baike. baidu. com/view/1094445. htm? subLemmaId=1094445&fromenter=%B0%CB%B2%ED%B5%BA%D7%D4%C8%BB%B1%A3%BB%A4%C7%F8；南瓮河国家级自然保护区. http://www. zwbk. org/MyLemmaShow. aspx? lid=117548；胜山国家级自然保护区. http://baike. baidu. com/view/3155625. htm；大佳河自然保护区评价. http://www. hlraohe. gov. cn/zrbh/djhpj. htm；大沾河湿地国家级自然保护区. http://baike. baidu. com/view/5488006. htm；黑龙江省太平沟省级自然保护区通过国家林业局国家级自然保护区评审会的评审. http://www. hljforestjd. cn/content. php? id=9139；太平沟自然保护区. http://www. arkoo. cn/sf_B9EEEB128A7F4B80AEB5FA847A85313F_274_nfp0179. html；黑龙江老爷岭、大峡谷、太平沟晋升为国家级自然保护区. http://news. hljtv. com/2014/0117/519936. shtml；安徽省自然保护区简介. http://www. ahly. gov. cn/main/model/newinfo/newinfo. do? infoId=14166；宝天曼国家级自然保护区. http://baike. baidu. com/view/481830. htm? fromId=114594；小秦岭国家级自然保护区. http://baike. baidu. com/view/1301428. htm? fromId=825961；伏牛山国家级自然保护区. http://baike. baidu. com/view/472684. htm? subLemmaId=472684&fromenter=%B7%FC%C5%A3%C9%BD%D7%D4%C8%BB%B1%A3%BB%A4%C7%F8；连康山国家级自然保护区. http://baike. baidu. com/view/1093453. htm? fromId=825952；金刚台自然保护区. http://www. hnep. gov. cn/tabid/324/InfoID/4286/frtid/229/Default. aspx；老界岭自然保护区. http://www. baike. com/wiki/%E8%80%81%E7%95%8C%E5%B2%AD%E8%87%AA%E7%84%B6%E4%BF%9D%E6%8A%A4%E5%8C%BA；青要山自然保护区. http://baike. baidu. com/view/1776388. htm；丹江湿地保护区. http://www. baike. com/wiki/%E4%B8%B9%E6%B1%9F%E6%B9%BF%E5%9C%B0%E4%BF%9D%E6%8A%A4%E5%8C%BA；万宝山自然保护区. http://www. hnly. gov. cn/anyang/zybh/zrbhq/webinfo/2009/12/1259575517042612. htm；星斗山自然保护区. http://baike. baidu. com/view/488558. htm；木林子自然保护区. http://baike. baidu. com/view/5145374. htm；后河国家级自然保护区. http://baike. baidu. com/view/345586. htm? fromId = 473379；神农架. http://baike. baidu. com/view/617. htm? fromId = 120015；湖北神农架国家级自然保护区・动物资源. http://www. snjbhq. com/html/baohuqugaikuang/20090727/77. html；赛武当自然保护区动物资源. http://www. symjswd. cn/Lisheng_ReadNews. asp? NewsID=211；长阳崩尖子自然保护区. http://baike. baidu. com/view/4161514. htm；十八里长峡自然保护区. http://www. baike. com/wiki/%E5%8D%81%E5%85%AB%E9%87%8C%E9%95%BF%E5%B3%A1%E8%87%AA%E7%84%B6%E4%BF%9D%E6%8A%A4%E5%8C%BA；五道峡自然保护区. http://baike. baidu. com/view/8913553. htm；七姊妹山. http://baike. baidu. com/view/937234. htm；三峡大老岭自然保护区. http://baike. baidu. com/view/8913308. htm；丹江口库区湿地自然保护区. http://baike. baidu. com/view/8913586. htm；南河湿地自然保护区. http://baike. baidu. com/view/4178635. htm；野人谷自然保护区. http://baike. baidu. com/view/8913521. htm；大九湖湿地自然保护区. http://baike. baidu. com/view/8913858. htm；湖南金童山省级自然保护区成功晋级国字号. http://www. sy3n. cn/show. asp? id=1430；莽山国家级自然保护区. http://baike. baidu. com/view/481726. htm? fromId=248733；零陵地区地方志编纂委员会，2001；千家洞自然保护；小溪自然保护区. http://baike. baidu. com/view/246943. htm；武冈云山. http://baike. soso. com/v24331812. htm；黄桑国家级自然保护区. http://baike. baidu. com/view/3687370. htm? fromId=793019；零陵地区地方志编纂委员会，2001；江永源口省级自然保护区. http://baike. baidu. com/view/8712781. htm；阳明山自然保护区. http://baike. baidu. com/view/2080192. htm；张家界自然保护区. http://baike. baidu. com/view/118108. htm；湖南张家界自然保护区. http://www. czs. gov. cn/lyj/stcz/slly/content_117970. html；八大公山国家级自然保护区. http://baike. baidu. com/view/481725. htm? fromId = 248739；湖南借母溪国家级自然保护区. http://baike. baidu. com/view/5704834. htm? fromId = 1501539&redirected=seachword；六步溪国家级自然保护区. http://baike. baidu. com/view/9404429. htm；泸溪天桥山顺利通过省级自然保护区评审. http://www. tjwang. net/html/news/xxnews/2010-12/18/xxnews10121810154GIHJ8D324138G06. html；云髻山. http://baike. baidu. com/view/531162. htm；广东曲江罗坑鳄蜥省级自然保护区. http://baike. baidu. com/view/9229727. htm；枫树坝自然保护区. http://baike. baidu. com/view/3429014. htm；广东仁化高坪省级自然保护区. http://baike. baidu. com/view/3018413. htm；广西花坪国家级自然保护区. http://app. travel. ifeng. com/scenery_info-4180. html；弄岗国家级自然保护区. http://baike. baidu. com/view/481765. htm? subLemmaId=481765&fromenter=%C5%AA%B8%DA%D7%D4%

C8%BB%B1%A3%BB%A4%C7%F8;零陵地区地方志编纂委员会,2001;千家洞自然保护区. http://baike.baidu.com/link?url=xuWoplebIRKnTFzaQ7UIprYBG0BWQvm4kWCLfTj9rxc8ME7sLM_qV-gI2;中国科学院院士到隆林金钟山自然保护区考察. http://www.gx.xinhuanet.com/dtzx/2007-06/03/content_10193879.htm;广西大平山自然保护区. http://baike.baidu.com/view/211271.htm;三锁鸟类自然保护区. http://gxi.zwbk.org/lemma-show-2154.shtml;元宝山保护区. http://baike.baidu.com/view/246369.htm;十万大山国家级自然保护区. http://baike.baidu.com/view/3018384.htm;滑水冲自然保护区. http://baike.baidu.ccm/view/1671545.htm;三匹虎水源林保护区. http://baike.baidu.com/view/822678.htm;大新恩城自然保护区. http://baike.soso.com/v49118837.htm;九万山国家级自然保护区. http://baike.baidu.com/view/3018401.htm;木论国家级自然保护区. http://baike.baidu.com/view/3018393.htm? fromId=472792;重庆大巴山国家级自然保护区. http://www.forestry.gov.cn/portal/zrbh/s/2713/content-438113.html;金佛山自然保护区. http://baike.baidu.com/view/248491.htm;白马山. http://baike.baidu.com/view/946787.htm;张维宾等,2009;黔江小南海风景区. http://www.auyou.cn/scenerylist/10564.html;雪宝山自然保护区. http://baike.baidu.com/view/1731620.htm;五里坡自然保护区. http://cq.sina.com.cn/city/whly/2012-02-14/22174_2.html;看看巫山五里坡自然保护区的野生动物照片. http://cq.qq.com/a/20120213/000130.htm;卧龙国家级自然保护区. http://baike.baidu.com/view/345535.htm? fromId=35318;木里鸭嘴省级自然保护区. http://sc.zwbk.org/MyLemmaShow.aspx? lid=1581;铁布梅花鹿自然保护区. http://baike.baidu.com/view/919175.htm? fromId=377474;蜂桶寨国家级自然保护区. http://baike.baidu.com/view/481806.htm? fromId=246947;四川九寨沟风景名胜区. http://baike.baidu.com/view/809590.htm;自然遗产. http://baike.baidu.com/link? url=5zwgLYCwOITkExfQ0ovlUjNNy4sQtJOcEYzNbj0Zb_qF9oFjSDgeas1_8cIQGnD4rzN22kV_zEsPYgR2BPpU3_;九寨沟县. http://baike.baidu.com/view/399460.htm;九寨沟国家级自然保护区. http://baike.baidu.com/view/481819.htm? fromId=248498;马边大风顶国家级自然保护区. http://baike.baidu.com/view/481800.htm? fromId=246865;美姑大风顶国家级自然保护区. http://baike.baidu.com/view/481825.htm? subLemmaId=481825&fromenter=%C3%C0%B9%C3%B4%F3%B7%E7%B6%A5%D7%D4%C8%BB%B1%A3%BB%A4%C7%F8;黄龙寺自然保护区. http://baike.baidu.com/view/825852.htm;螺髻山. http://www.baike.com/wiki/%E8%9E%BA%E9%AB%BB%E5%B1%B1;四川·卡莎湖湿地保护区基础设施建设项目建议书. http://xbzs.chinawestnews.net/system/2009/04/25/010120561.shtml;鲁庆彬等,2003;四川观雾山自然保护区. http://www.my.gov.cn/MYGOV/150619928930549760/20111202/605140.html;千佛山自然保护区. http://baike.baidu.com/view/377451.htm;黑水河自然保护区. http://sc.zwbk.org/MyLemmaShow.aspx? lid=1496;鞍子河自然保护区. http://baike.baidu.com/view/349644.htm;小河沟自然保护区. http://baike.baidu.com/view/1628412.htm;四川雪宝顶国家级自然保护区. http://baike.baidu.com/view/848214.htm;四川瓦屋山自然保护区·动植物资源. http://www.taibaishan.com.cn/publicfiles/business/htmlfiles/wws/s1694/201107/2594.html;四川若尔盖湿地自然保护区. http://baike.baidu.com/view/472790.htm? fromId=472803;野外监测工作. http://www.forestry.gov.cn/portal/main/s/3095/content-487736.html;格西沟自然保护区. http://baike.baidu.com/view/377522.htm;察青松多白唇鹿自然保护区. http://baike.baidu.com/view/2263738.htm;莫斯卡自然保护区. http://baike.baidu.com/view/377499.htm;海子山自然保护区. http://baike.baidu.com/view/376373.htm;花萼山国家级自然保护区. http://www.huaeshan.gov.cn/docc/about.htm;新路海白唇鹿自然保护区. http://baike.baidu.com/view/5617440.htm;刘洋等,2005;画稿溪国家级自然保护区官网. http://www.huagaoxi.org/info/? InfoType=4;宣汉县百里峡省级自然保护区. http://www.zwbk.org/MyLemmaShow.aspx? lid=224930;阿木拉自然保护区. http://baike.baidu.com/view/496079.htm;米仓山国家级自然保护区. http://baike.baidu.com/view/3069089.htm;党岭. http://baike.baidu.com/view/8805066.htm;卡松渡原始自然生态旅游风景区. http://baike.baidu.com/view/496088.htm;栗子坪自然保护区. http://d.lotour.com/lizipingzrbhq/index_bak.shtml/;李艳红等,2007;百草坡生态自然保护区考察报告. http://www.yizuren.com/plus/view.php? aid=2464;水磨沟自然保护区之行(2007年11月). http://photo.56.com/album/? do=Plist&did=38799054;毛寨自然保护区. http://baike.baidu.com/view/5609246.htm;四川二滩鸟类自然保护区. http://www.docin.com/p-603673609.html;古蔺黄荆风景区. http://baike.baidu.com/view/860737.htm;布拖县. http://baike.baidu.com/view/377769.htm;四川九龙山自然保护区. http://baike.baidu.com/view/7146790.htm;雷公山国家级自然保护区. http://baike.baidu.com/view/246379.htm;梭椤自然保护区. http://baike.baidu.com/view/379778.htm;桐梓柏箐自然保护区. http://www1.cfsdc.org/wwwroot/baohuqu/57.htm;榕江月亮山州级自然保护区. http://www.baike.com/wiki/%E6%A6%95%E6%B1%9F%E6%9C%88%E4%BA%AE%E5%B1%B1%E5%B7%9E%E7%BA%A7%E8%87%AA%E7%84%B6%E4%BF%9D%E6%8A%A4%E5%8C%BA;贵州茂兰国家级自然保护区. http://baike.baidu.com/view/211168.htm? fromId=248580;梵净山. http://baike.baidu.com/view/2168.htm;麻阳河国家级自然保护区. http://baike.baidu.com/view/1203904.htm? subLemmaId=1203904&fromenter=%C2%E9%D1%F4%BA%D3%D7%D4%C3%BB%B1%A3%BB%A4%C7%F8;贵州省野钟黑叶猴自然保护区. http://www1.cfsdc.org/wwwroot/baohuqu/10.htm;宽阔水国家级自然保护区. http://baike.baidu.com/view/4064595.htm;冷水河自然保护区. http://baike.baidu.com/view/2664875.htm;佛顶山自然保护区资源概况. http://www.sq-tour.com/Article/ShowArticle.asp? ArticleID=242;老

蛇冲自然保护区. http://www.51yala.com/Html/200792422341-1.html；习水中亚热带常绿阔叶林国家级自然保护区. http://baike.baidu.com/view/472694.htm? fromId=181358；瓮安朱家山自然保护区. http://www.baike.com/wiki/%E7%93%AE%E5%AE%89%E6%9C%B1%E5%AE%B6%E5%B1%B1%E8%87%AA%E7%84%B6%E4%BF%9D%E6%8A%A4%E5%8C%BA；丹寨老冬寨州级自然保护区. http://www.baike.com/wiki/%E4%B8%B9%E5%AF%A8%E8%80%81%E5%86%AC%E5%AF%A8%E5%B7%9E%E7%BA%A7%E8%87%AA%E7%84%B6%E4%BF%9D%E6%8A%A4%E5%8C%BA；四野屯属自然保护区. http://www.zwbk.org/MyLemmaShow.aspx? lid=179626；正安桴焉市级自然保护区. http://www.baike.com/wiki/%E6%AD%A3%E5%AE%89%E6%A1%B4%E7%84%89%E5%B8%82%E7%BA%A7%E8%87%AA%E7%84%B6%E4%BF%9D%E6%8A%A4%E5%8C%BA；百里杜鹃自然保护区. http://www1.cfsdc.org/wwwroot/baohuqu/21.htm；毕节市罩子山生态自然保护区. http://www1.cfsdc.org/wwwroot/baohuqu/22.htm；云龙天池. http://baike.baidu.com/view/503701.htm；麻栗坡老君山自然保护区. http://www.ccqtt.com/html/ws/31.htm；马关古林箐省级自然保护区. http://yn.zwbk.org/lemma/1294；高黎贡山. http://www.glgs.gov.cn/zrzy.asp? sortid=013002；云南药山国家级自然保护区. http://ynysnr.forestry.gov.cn/publicfiles/business/htmlfiles/ynysbhq/stzy/201307/22533.html；哈巴雪山. http://baike.baidu.com/view/62767.htm? fromId=824125；哀牢山国家级自然保护区. http://baike.baidu.com/view/824116.htm? fromId=20195；青华绿孔雀自然保护区频繁出现大量野生动物. http://www.people.com.cn/GB/huanbao/58/20010526/475027.html；新平磨盘山自然保护区（磨盘山国家森林公园）介绍：. http://www.odian.cn/sight/html/200912161526012469.html；轿子山. http://baike.baidu.com/view/472469.htm；兰坪云岭省级自然保护区. http://yn.zwbk.org/lemma/1290；赖兴会，2003；云南师宗大堵水库自然保护区. http://www.baike.com/wiki/%E4%BA%91%E5%8D%97%E5%B8%88%E5%AE%97%E5%A4%A7%E5%A0%B5%E6%B0%B4%E5%BA%93%E8%87%AA%E7%84%B6%E4%BF%9D%E6%8A%A4%E5%8C%BA；师宗县森林资源和野生动植物资源情况. http://xxgk.yn.gov.cn/canton_model12/newsview.aspx? id=2042540；云南曲靖沾益海峰自然保护区. http://www.ynjoy.com/html/1317.htm；大黑山州级自然保护区简介. http://wenku.baidu.com/view/f93b52fe9e31433239689357.html；盐津白老林自然保护区. http://yn.zwbk.org/lemma/1894；永善小岩方自然保护区. http://yn.zwbk.org/trade/lemma/1890；雅鲁藏布江大峡谷国家级自然保护区. http://baike.soso.com/v4651626.htm? ch=ch.bk.innerlink；察隅慈巴沟国家级自然保护区. http://baike.zhyww.cn/npost/200812/15983.html；珠穆朗玛峰自然保护区. http://baike.baidu.com/view/119958.htm；尼果自然保护区. http://www.1ziyou.com/list/jingdian-9996.html；西藏芒康滇金丝猴国家级自然保护区. http://baike.baidu.com/view/871351.htm? fromId=1118385；拉妥湿地自然保护区. http://baike.baidu.com/view/9224681.htm；陕西太白山国家级自然保护区. http://baike.baidu.com/view/248557.htm；陕西佛坪国家级自然保护区. http://baike.baidu.com/view/341113.htm? fromId=251906；汉中朱鹮国家级自然保护区. http://www.zwbk.org/MyLemmaShow.aspx? lid=115670#3；周至国家级自然保护区. http://baike.baidu.com/view/825934.htm? fromId=248554；牛背梁国家级自然保护区. http://baike.baidu.com/view/825933.htm? subLemmaId=825933&fromenter=%C5%A3%B1%B3%C1%BA%D7%D4%C8%BB%B1%A3%BB%A4%C7%F8；陕西省老县城国家级自然保护区. http://baike.sogou.com/v83237167.htm；长青国家级自然保护区. http://baike.baidu.com/view/514992.htm? fromId=246385；化龙山国家级自然保护区. http://baike.baidu.com/view/3157775.htm；陕西摩天岭自然保护区. http://baike.baidu.com/view/5761599.htm；天华山自然保护区. http://www.zwbk.org/MyLemmaShow.aspx? lid=127155；桑园保护区脊椎动物资源. http://www.taibaishan.com.cn/publicfiles/business/htmlfiles/bsj/s1765/201107/2649.html；胡忠军等，2006；青木川国家级自然保护区. http://baike.baidu.com/view/3207139.htm? fromId=3419869；米仓山国家级自然保护区. http://baike.baidu.com/view/3069089.htm；陕西野河省级自然保护区. http://baike.baidu.com/view/7103016.htm；新开岭红豆杉. http://blog.sina.com.cn/s/blog_4c55c16b0100ydhv.html；山阳天竺山. http://baike.soso.com/v28555914.htm；陕西省镇安鹰嘴石省级自然保护区筹建处. 2003.（秦岭自然保护群）镇安鹰嘴石省级自然保护区管理计划. http://www.wwfchina.org/wwfpress/publication/species/200407012.pdf；陕西黄柏塬自然保护区. http://baike.baidu.com/view/7103034.htm；白水江自然保护区. http://www.china.com.cn/aboutchina/zhuanti/ysdw/2008-12/05/content_16905471.htm；寿鹿山. http://baike.baidu.com/view/1086419.htm；盐池湾国家级自然保护区. http://baike.baidu.com/view/1429874.htm? fromId=246907；甘肃尕海—则岔国家级自然保护区简介. http://www.ghzczrbhq.com/second.asp? classid=46&classidx=86；甘肃小陇山国家级自然保护区. http://www.xlsbhq.com/index.aspx? menuid=4&type=articleinfo&lanmuid=6&infoid=179&language=cn；莲花山国家级自然保护区. http://baike.baidu.com/view/1429887.htm? subLemmaId=1429887&fromenter=%B8%CA%CB%E0%C1%AB%BB%A8%C9%BD%D7%D4%C8%BB%B1%A3%BB%A4%C7%F8；兴隆山自然保护区. http://www.baike.com/wiki/%E5%85%B4%E9%9A%86%E5%B1%B1%E8%87%AA%E7%84%B6%E4%BF%9D%E6%8A%A4%E5%8C%BA；祁连山自然保护区野生动物资源概况. http://www.qilianshan.com.cn/client/content/Program/index.jsp? ArticleID=6261；昌岭山自然保护站简介. http://wenku.baidu.com/view/27b07ae84afe04a1b171de04.html；漳县贵清山. http://baike.baidu.com/view/468696.htm；香山自然保护区. http://baike.baidu.com/view/1632039.htm；尖山自然保护区. http://baike.baidu.com/view/581745.htm；黄河三峡湿地自然保护

区. http://baike. baidu. com/view/579784. htm;连城自然保护区. http://www. baike. com/wiki/%E8%BF%9E%E5%9F%8E%E8%87%AA%E7%84%B6%E4%BF%9D%E6%8A%A4%E5%8C%BA;白银市哈思山森林风景旅游区. http://www. hi0943. com/article/article_2776. html;刘鹏. 2010. 浅析阿夏自然保护区的管理现状与建设对策. http://www. doc88. com/p-0093992185414. html;太子山自然保护区. http://baike. baidu. com/view/3923994. htm;插岗梁大熊猫自然保护区. http://baike. baidu. com/view/848231. htm;循化孟达国家级自然保护区. http://www. zwbk. org/MyLemmaShow. aspx? lid=124919;青海三江源国家级自然保护区. http://baike. baidu. com/view/871342. htm;六盘山国家级自然保护区. http://baike. baidu. com/view/1429861. htm? fromId=248538;贺兰山国家级自然保护区. http://baike. baidu. com/view/6235142. htm? subLemmaId=6326342&fromenter=%C4%FE%CF%C4%BA%D8%C0%BC%C9%BD%D7%D4%C8%BB%B1%A3%BB%A4%C7%F8

参考文献

阿坝县地方志编纂委员会编. 1993. 阿坝县志. 北京:民族出版社,76~77

阿布力米提·阿布都卡迪尔编著. 2003. 新疆哺乳动物的分类与分布. 北京:科学出版社:26

阿拉善盟志编纂委员会编. 1998. 阿拉善盟志. 北京:方志出版社:190

安徽省林业厅主编. 2006. 安徽省陆生野生动植物资源. 合肥:合肥工业大学出版社

安家瑗,陈洪海. 2010. 宗日文化遗址动物骨骼的研究/河南省文物考古研究所编. 动物考古. 第1辑,2007年中国郑州动物考古国际学术研讨会论文集. 北京:文物出版社

安顺市地方志编纂委员会编. 1995. 安顺市志. 贵阳:贵州人民出版社:203

巴林左旗志编纂委员会编. 1990. 巴林左旗志. 呼和浩特:内蒙古人民出版社:132

白城地区地方志编纂委员会编. 1992. 白城地区志. 长春:吉林文史出版社,3~4,169

白银市地方志编纂委员会编. 1999. 白银市志. 北京:中华书局:84

白子麒. 1998. 老龙洞史前遗址初步研究. 人类学学报,17(3):212~229

宝鸡市考古工作队,陕西省考古研究所. 1993. 宝鸡福临堡—新石器时代遗址发掘报告. 北京:文物出版社

宝鸡市志编纂委员会编. 1996. 宝鸡市志. 西安:三秦出版社:162

宝鸡县志编纂委员会编. 1996. 宝鸡县志. 西安:陕西人民出版社:109

保定地区文物管理所等. 1992. 河北徐水县南庄头遗址试掘简报. 考古,(11):961~970

保山地区地方志编纂委员会编. 1999. 保山地区志. 北京:中华书局:159

北川县志编纂委员会编纂. 1996. 北川县志. 北京:方志出版社,138~142

宾县地方志办公室编. 1991. 宾县志. 哈尔滨:黑龙江人民出版社,80~81

蔡桂全,冯祚建. 1981. 喜马拉雅麝在我国的发现及麝属的分类探讨. 动物分类学报. 6(1):106~111

曹振来,等. 1994. 历山保护区兽类调查报告/中国动物学会编. 中国动物学会60周年纪念文摘汇编:108

辰溪县志编纂委员会编. 1994. 辰溪县志. 北京:生活·读书·新知三联书店,101~102

陈昌笃主编. 2000. 都江堰生物多样性研究与保护. 成都:四川科学技术出版社,55~59

陈恩志编著. 2004. 中国化石古人类和旧石器文化考古发现与研究:1901~2000:东北地区卷. 北京:科学出版社

陈冠芳,吴文裕. 1976. 河北磁县九龙口中新世哺乳动物. 古脊椎动物与古人类,14(1):6~15

陈钧. 1987. 甘肃陇山林区林麝的生活环境. 四川动物,(2):39

陈全家,等. 2004. 清江流域古动物遗存研究. 北京:科学出版

陈全家. 1993. 农安左家山遗址动物骨骼鉴定及研究/吉林大学考古系编. 青果集:吉林大学考古专业成立二十周年考古论文集. 北京:知识出版社

陈全家. 2010. 林西县井子沟西梁新石器时代遗址出土动物遗存鉴定报告/内蒙古自治区文物考古研究所,吉林大学边疆考古研究中心编著

陈星灿. 1999. 中国新石器时代早期文化的探索:关于最早陶器的一些问题/徐钦琦,等主编. 史前考古学新进展:庆祝贾兰坡院士九十华诞国际学术讨论会文集. 北京:科学出版社

城步苗族自治县志编纂委员会编. 1996. 城步苗族自治县志. 长沙:湖南出版社:63

城固县地方志编纂委员会. 1994. 城固县志. 北京:中国大百科全书出版社:78

崇左县志编纂委员会编. 1994. 崇左县志. 南宁:广西人民出版社:147

楚雄彝族自治州地方志志编纂委员会编. 1993. 楚雄彝族自治州志. 北京:人民出版社,86~97

崔茂欢.2011.兰坪云岭省级自然保护区森林生态旅游资源评价.林业调查规划,36(1):93～98
大理市志编纂委员会编.1998.大理市志.北京:中华书局:94
大通回族自治县志编纂委员会编.1993.大通县志.西安:陕西人民出版社:92
大新县志编纂委员会编.1989.大新县志.上海:上海古籍出版社:90
大瑶山自然资源综合考察队.1988.广西大瑶山自然资源考察.上海:学林出版社
丹东市地方志办公室编.1993.丹东市志.沈阳:辽宁科学技术出版社:6,591
丹凤县志编纂委员会编.1994.丹凤县志.西安:陕西人民出版社:87
宕昌县县志编纂委员会编.1995.宕昌县志.兰州:甘肃文化出版社,111～112
德保县志编纂委员会编.1998.德保县志.南宁:广西人民出版社:105
德昌县地方志编纂委员会编.1998.德昌县志.成都:四川人民出版社:101
德宏傣族景颇族自治州志编纂委员会编.1994.德宏州志:综合卷.潞西:德宏民族出版社,153～158
德钦县志编纂委员会编.1997.德钦县志.昆明:云南民族出版社:63
登封县革命委员会文化局编.1979.登封县志简编.(河南)登封:登封县革命委员会文化局
迭部县志编纂委员会.1998.迭部县志.兰州:兰州大学出版社:166
东兰县志编纂委员会编.1994.东兰县志.南宁:广西人民出版社:70
董为,等.2009.辽宁朝阳龙城马山洞哺乳动物群的性质及时代探讨.人类学学报,2009.28(1):95～109
董頠,姜鹏.1993.记吉林集安仙人洞的鹿类化石,兼述我国斑鹿化石的分类.古脊椎动物学报,31(2):117～131
董亚峰.2014.晋中市野生动物现状及对策浅析.山西林业科技.43(4):58,封4
动物考古课题组.2011.中华文明形成时期的动物考古学研究/中国社会科学院考古研究所科技考古中心编.科技考古.第三辑.北京:科学出版社
都安瑶族自治县志编纂委员会编.1993.都安瑶族自治县志.南宁:广西人民出版社:103
都兰县县志编纂委员会编.2001.都兰县志.西安:陕西人民出版社,114～118
峨边彝族自治县志编纂委员会编.1994.峨边彝族自治县志.成都:四川辞书出版社:76
峨眉山志编纂委员会编.1997.峨眉山志.成都:四川科学技术出版社,166～167
额尔古纳右旗史志编纂委员会编.1993.额尔古纳右旗志.海拉尔:内蒙古文化出版社,99～100
樊龙锁,等.1998.山西两栖爬行类.北京:中国林业出版社
范德昌主编.1988.嘉荫县志.哈尔滨:黑龙江人民出版社
方城县地方志编纂委员会.1992.方城县志.郑州:中州古籍出版社,121～122
方山县志编纂委员会编.1993.方山县志.太原:山西人民出版社:183
汾阳县志编纂委员会编.1998.汾阳县志.北京:海潮出版社:66
凤凰县志编纂委员会编.1998.凤凰县志.长沙:湖南人民出版社,50～52
凤凌飞主编.1991.内蒙古珍稀濒危动物图谱.北京:中国农业科技出版社
凤县志编纂委员会编.1994.凤县志.西安:陕西人民出版社:3,93
奉节县志编纂委员会编.1995.奉节县志.北京:方志出版社:94
佛坪县地方志编纂委员会编.1993.佛坪县志.西安:三秦出版社:79
扶绥县志编纂委员会编.1989.扶绥县志.南宁:广西人民出版社:64
抚松县地方志编纂委员会编.1994.抚松县志.北京:中华书局:70
傅仁义.1984.大连郭家村遗址的动物遗骨.考古学报,(3):331～334
甘南藏族自治州地方史志编纂委员会编.1999.甘南州志.北京:民族出版社,268～270
甘肃省甘谷县县志编纂委员会编.1999.甘谷县志.北京:中国社会出版社:87
甘肃省金昌市地方志编纂委员会编纂.1995.金昌市志.北京:中国城市出版社,46～47
甘肃省康乐县地方志编纂委员会编.1995.康乐县志.北京:生活·读书·新知三联书店:48
甘肃省肃南裕固族自治县地方志编纂委员会编.1994.肃南裕固族自治县志.兰州:甘肃民族出版社,125～145
甘肃省舟曲县志编纂委员会编.1996.舟曲县志.北京:生活·读书·新知三联书店:119
甘雨,方保华主编.2004.河南省野生动植物资源调查与保护.郑州:黄河水利出版社
甘孜州志编纂委员会编.1997.甘孜州志.成都:四川人民出版社:212
刚察县志编纂委员会编.1998.刚察县志.西安:陕西人民出版社:106
高玮,盛连喜主编.2002.中国长白山动物.延吉:延边人民出版社;北京:北京科学技术出版社

高县志编纂委员会编纂. 1998. 高县志. 北京:方志出版社:102
高耀亭. 1963. 中国麝的分类. 动物学报,15(3):479～488
葛志勇,等. 2012. 黄泥河自然保护区狍冬季栖息地选择. 生态学杂志,31(4):943～948
个旧县志编纂委员会编. 1998. 个旧县志. 昆明:云南人民出版社:102
根河市史志编纂委员会编. 1998. 根河市志. 海拉尔:内蒙古文化出版社,65～70
恭城瑶族自治县地方志编纂委员会编. 1992. 恭城县志. 南宁:广西人民出版社:63
共和县地方志编纂委员会编. 1991. 共和县志. 西宁:青海人民出版社,98～99
古脊椎动物研究所高等脊椎动物组. 1959. 东北第四纪哺乳动物化石志. 北京:科学出版杜
古交市地方志办公室编. 1996. 古交志. 太原:山西人民出版社:61
古浪县志编纂委员会. 1996. 古浪县志. 兰州:甘肃文化出版社:127
古县志编纂委员会编. 2001. 古县志. 西安:陕西人民出版社:53
固原县志编纂委员会编. 1993. 固原县志. 银川:宁夏人民出版社,107～108
灌阳县志编委办公室编. 1995. 灌阳县志. 北京:新华出版社,77～79
广西融水县志编纂委员会编. 1998. 融水县志. 北京:生活·读书·新知三联书店:91
广西壮族自治区资源县志编纂委员会编. 1998. 资源县志. 南宁:广西人民出版社,88～92
贵德县地方志编纂委员会编. 1995. 贵德县志. 西安:陕西人民出版社:101
贵南县志编纂委员会编. 1996. 贵南县志. 西安:三秦出版社:73
贵州省岑巩县志编纂委员会编. 1993. 岑巩县志. 贵阳:贵州人民出版社:108
贵州省长顺县志编纂委员会编. 1998. 长顺县志. 贵阳:贵州人民出版社:59
贵州省大方县地方志编纂委员会编纂. 1996. 大方县志. 北京:方志出版社:118
贵州省丹寨县地方志编纂委员会编. 1999. 丹寨县志. 北京:方志出版社:101
贵州省德江县地方志编纂委员会编. 1994. 德江县志. 贵阳:贵州人民出版社:99
贵州省独山县志编纂委员会编. 1996. 独山县志. 贵阳:贵州人民出版社:139
贵州省凤冈县地方志编纂委员会编. 1994. 凤冈县志. 贵阳:贵州人民出版社:104
贵州省福泉县地方志编纂委员会编. 1992. 福泉县志. 贵阳:贵州人民出版社:142
贵州省赫章县地方志编纂委员会编. 2001. 赫章县志. 贵阳:贵州人民出版社
贵州省金沙县地方志编纂委员会编. 1997. 金沙县志. 北京:方志出版社
贵州省锦屏县志编纂委员会编. 1995. 锦屏县志. 贵阳:贵州人民出版社,116～117
贵州省凯里市地方志编纂委员会编. 1998. 凯里市志. 北京:方志出版社:160
贵州省荔波县地方志编纂委员会编. 1997. 荔波县志. 北京:方志出版社,141～142
贵州省林业厅. 2000. 贵州佛顶山自然保护区科学考察集. 北京:中国林业出版社,1～10
贵州省林业厅. 2000. 贵州朱家山自然保护区科学考察集. 北京:中国林业出版社,151～164
贵州省龙里县志编纂委员会编. 1995. 龙里县志. 贵阳:贵州人民出版社,119～121
贵州省纳雍县地方志编纂委员会编. 1999. 纳雍县志. 贵阳:贵州人民出版社:206
贵州省普定县地方志编纂委员会编. 1999. 普定县志. 贵阳:贵州人民出版社,144～145
贵州省清镇县地方志编纂委员会编. 1991. 清镇县志. 贵阳:贵州人民出版社:143
贵州省榕江县地方志编纂委员会编. 1999. 榕江县志. 贵阳:贵州人民出版社:96
贵州省施秉县地方志编纂委员会编. 1997. 施秉县志. 北京:方志出版社
贵州省台江县编纂委员会编. 1994. 台江县志. 贵阳:贵州人民出版社:1,84
贵州省天柱县志编纂委员会编. 1993. 天柱县志. 贵阳:贵州人民出版社:95
贵州省威宁彝族回族苗族自治县志编纂委员会编. 1994. 威宁彝族回族苗族自治县志. 贵阳:贵州人民出版社:73
贵州省瓮安县地方志编纂委员会编. 1995. 瓮安县志. 贵阳:贵州人民出版社:147
贵州省务川仡佬族自治县县志编纂委员会编. 2001. 务川仡佬族自治县志. 贵阳:贵州人民出版社:130～135
贵州省息烽县地方志编纂委员会编. 1993. 息烽县志. 贵阳:贵州人民出版社
贵州省镇远县志编纂委员会编. 1992. 镇远县志. 贵阳:贵州人民出版社:72
贵州省织金县地方志编纂委员会编. 1997. 织金县志. 北京:方志出版社:124
郭建,等. 2001. 冶勒自然保护区林麝对生境选择研究. 应用与环境生物学报,7(2):183～185

国家林业局主编.2008.中国重点陆生野生动物资源调查.北京:中国林业出版社
海西蒙古族藏族自治州地方志编纂委员会编.1995.海西蒙古族藏族自治州志.西安:陕西人民出版社,299～339
海晏县志编纂委员会编.1994.海晏县志.兰州:甘肃文化出版社:94
韩德芬.1985.禄丰古猿化石地点偶蹄目化石初步研究.人类学学报,4(1):44～53
韩康信.2003.宁夏海原菜园村林子梁新石器时代遗址动物骨骼鉴定/宁夏文物考古研究所,中国历史博物馆考古部编著.宁夏菜园:新石器时代遗址、墓葬发掘报告.北京:科学出版社
韩立刚,郑龙亭.2008.蚌埠双墩新石器时代遗址动物遗存鉴定简报/安徽省文物考古研究所,蚌埠市博物馆编著.蚌埠双墩:新石器时代遗址发掘报告.北京:科学出版社
汉源县志编纂委员会编.1994.汉源县志.成都:四川科学技术出版社:100
汉中市地方志编纂委员会编.1994.汉中市志.北京:中共中央党校出版社:89
郝映红,等.1991.庞泉沟自然保护区原麝的生态研究.生态学杂志,10(6):16～18
合江县志编纂委员会编.1993.合江县志.成都:四川科学技术出版社:89
和顺县志编纂委员会编.1993.和顺县志.北京:海潮出版社:77
和政县志编纂委员会.1993.和政县志.兰州:兰州大学出版社:73
河池市志编纂委员会编.1996.河池市志.南宁:广西人民出版社:89
河口瑶族自治县地方志编纂委员会编.1994.河口县志.北京:生活·读书·新知三联书店,57～61
河南蒙古族自治县方志编纂委员会编.1996.河南县志.兰州:甘肃人民出版社:179
河南省焦作市地方史志编纂委员会编.1993.焦作市志.北京:红旗出版社
河南省嵩县志编纂委员会编.1990.嵩县志.郑州:河南人民出版社:114
贺兰县志编纂委员会编.1994.贺兰县志.银川:宁夏人民出版社,64～65
赫峻峰,等.2003.汤旺河林区兽类资源现状.国土与自然资源研究,(1):73～74
鹤庆县志编纂委员会编纂.1999.鹤庆县志.昆明:云南人民出版社,129～130
黑龙江省桦南县志办公室编.1991.桦南县志.哈尔滨:黑龙江科学技术出版社,91～93
黑龙江省延寿县志编纂委员会办公室编.1991.延寿县志.北京:三环出版社:121
衡阳市地方志编纂委员会编.1998.衡阳市志.长沙:湖南人民出版社:204
红河哈尼族彝族自治州志编纂委员会编.1994.红河州志.北京:生活·读书·新知三联书店:177
洪雅县地方志编纂委员会编.1997.洪雅县志.成都:电子科技大学出版社:76
呼玛县地方志办公室编纂.1990.呼玛县志:1978～1987.北京:中国文史出版社:29
胡长康,齐陶著.1978.陕西蓝田公王岭更新世哺乳动物群.北京:科学出版社
胡松梅,张建林.2010.西藏那曲察秀塘祭祀遗址哺乳动物遗存及其意义/河南省文物考古研究所编.动物考古.第1辑,2007年中国郑州动物考古国际学术研讨会论文集.北京:文物出版社
胡松梅.2006.陕西宝鸡关桃园新石器遗址中首次于我国北方发现金丝猴等重要动物遗存.化石,(4):39～40
胡忠军,等.2006.紫柏山自然保护区林麝冬季生境选择.河南大学学报(自然科学版),36(1):70～74
湖北省巴东县地方志编纂委员会编.1993.巴东县志.武汉:湖北科学技术出版社:50
湖北省丹江口市地方志编纂委员会编.1993.丹江口市志.北京:新华出版社,75～77
湖北省恩施市地方志编纂委员会编.1996.恩施市志.武汉:武汉工业大学出版社:46
湖北省恩施土家族苗族自治州地方志编纂委员会编.1998.恩施州志.武汉:湖北人民出版社:74
湖北省鹤峰县史志编纂委员会编.1990.鹤峰县志.武汉:湖北人民出版社:77
湖北省来凤县县志编纂委员会编纂.1990.来凤县志.武汉:湖北人民出版社:43
湖北省神农架林区地方志编纂委员会编.1996.神农架志.武汉:湖北科学技术出版社,53～54
湖北省十堰市地方志编纂委员会编.1999.十堰市志.北京:中华书局:99
湖北省襄樊市地方志编纂委员会编纂.1994.襄樊市志.北京:中国城市出版社:73
湖北省兴山县地方志编纂委员会编.1997.兴山县志.北京:中国三峡出版社:103
湖北省宜昌县地方志编纂委员会编.1993.宜昌县志.北京:冶金工业出版社:111
湖北省远安县地方志编纂委员会编.1990.远安县志.北京:中国城市经济社会出版社:112
湖北省郧西县地方志编纂委员会办公室编.1995.郧西县志.武汉:武汉测绘科技大学出版社,69～70
湖南宁远县地方志编纂委员会编.1993.宁远县志.北京:

社会科学文献出版社:61
湖南省花垣县地方志编纂委员会编. 1993. 花垣县志. 北京:生活·读书·新知三联书店,99～100
湖南省怀化市志编纂委员会编. 1994. 怀化市志. 北京:生活·读书·新知三联书店:97
湖南省会同县志编纂委员会编. 1994. 会同县志. 北京:生活·读书·新知三联书店:127
湖南省江华瑶族自治县志编纂委员会编. 1994. 江华瑶族自治县志. 北京:中国城市出版社:73
湖南省江永县志编纂委员会编. 1995. 江永县志. 北京:方志出版社:82～83
湖南省泸溪县志编纂委员会编. 1993. 泸溪县志. 北京:社会科学文献出版社,70～71
湖南省麻阳县志编纂委员会编. 1994. 麻阳县志. 北京:生活·读书·新知三联书店:114
湖南省湘阴县志编纂委员会编. 1995. 湘阴县志. 北京:生活·读书·新知三联书店,137～138
华亭县志编纂委员会编. 1996. 华亭县志. 兰州:甘肃人民出版社:136
淮南年鉴:2003 网络版. http://www.huainan.gov.cn/zghn/zoujinghuainan/hnnj/2.htm,2004～06～10
黄平县地方志编纂委员会编. 1993. 黄平县志. 贵阳:贵州人民出版社:89
黄石市志编纂委员会编. 2001. 黄石市志. 北京:中华书局:185
黄泗亭,等. 1992. 马鞍山南洞旧石器文化遗址试掘报告. 人类学学报,11(1):69～78
黄万波,等. 1991. 巫山猿人遗址. 北京:海洋出版社
黄万波. 1979. 华南洞穴动物群的性质和时代. 古脊椎动物与古人类,17(4):327～142
黄万波. 1980. 西藏昌都卡若新石器时代遗址动物群. 古脊椎动物与古人类,18(2):163～167
黄蕴平. 2010. 动物骨骼数量分析和家畜驯化发展初探/河南省文物考古研究所编. 动物考古. 第 1 辑,2007 年中国郑州动物考古国际学术研讨会论文集. 北京:文物出版社
湟中县地方志编纂委员会编. 1989. 湟中县志. 西宁:青海人民出版社:65
惠农县志编纂委员会编. 1999. 惠农县志. 银川:宁夏人民出版社:55
浑江市地方志编纂委员会编. 1994. 浑江市志. 北京:中华书局:1,130～131
霍山县地方志编纂委员会编. 1993. 霍山县志. 合肥:黄山书社:99
鸡西市地方志编纂委员会编. 1996. 鸡西市志. 北京:方志出版社,:125
绩溪县地方志编纂委员会编. 1998. 绩溪县志. 合肥:黄山书社:116
吉县志编纂委员会编. 1992. 吉县志. 北京:中国科学技术出版社:64
计宏祥. 1974. 陕西蓝田涝池河晚更新世哺乳动物化石. 古脊椎动物与古人类,12(3):222～227
计宏祥. 1982. 中国南方第四纪哺乳动物群所反映的自然环境变迁. 古脊椎动物与古人类,20(2):148～151
季维智主编. 1999. 中国云南野生动物. 北京:中国林业出版社
济源市地方史志编纂委员会. 1993. 济源市志. 郑州:河南人民出版社,88～90
贾兰坡,等. 1959. 周口店附近新发现的哺乳动物化石地点. 古脊椎动物与古人类,1(1):47～51
贾兰坡,张振标. 1977. 河南淅川下王岗遗址中的动物群. 文物,(6):41～49
建始县地方志编纂委员会. 1994. 建始县志. 武汉:湖北辞书出版社:86
建水县志编纂委员会编. 1994. 建水县志. 北京:中华书局:98
江西安远县志编纂委员会编. 1993. 安远县志. 北京:新华出版社:68
江延安. 2007. 陕西省林麝的数量估计. 陕西师范大学学报(自然科学版). 25(增刊):127～130
江油市地方志编纂委员会编. 1999. 江油县志. 成都:四川人民出版社:165
姜大成,等. 2000. 中国东北长白山区濒危野生药用动物资源及其保护/张恩迪,郑汉臣主编. 中国濒危野生药用动植物资源的保护. 上海:第二军医大学出版社,73～78
蒋志刚主编. 2005. 陕西青木川自然保护区的生物多样性. 北京:清华大学出版社,69～78
绛县志编纂委员会编. 1997. 绛县志. 西安:陕西人民出版社:109
交城县志编写委员会编. 1994. 交城县志. 太原:山西古籍出版社:94
金昌柱,等. 2000. 安徽繁昌早更新世人字洞古人类活动遗址及其哺乳动物群. 人类学学报,19(3):184～198
金川县地方志编纂委员会编. 1994. 金川县志. 北京:民族出版社:171
金牛山联合发掘队. 1976. 辽宁营口金牛山发现的第四纪哺乳动物群及其意义. 古脊椎动物与古人类,14(2):120～1 271
金秀瑶族自治县志编纂委员会编. 1992. 金秀瑶族自治县志. 北京:中央民族学院出版社:89
晋城市地方志编纂委员会. 1999. 晋城市志. 北京:中华书局,570～576
晋城县志编纂委员会编. 1997. 晋城县志. 太原:山西古籍

出版社:200
泾源县志编纂委员会编.1995.泾源县志.银川:宁夏人民出版社,66～67
景泰县志编纂委员会编.1996.景泰县志.兰州:兰州大学出版社:88
靖西县县志编纂委员会编.2000.靖西县志.南宁:广西人民出版社:158
靖州苗族侗族自治县县志编纂委员会编.1994.靖州县志.北京:生活·读书·新知三联书店:105～106
九龙县志编纂委员会编.1997.九龙县志.成都:四川人民出版社:66
巨德.2013.黄南州马麝资源现状与保护.山东林业科技,(3):104～106,91
科尔沁右翼前旗志编纂委员会编.1991.科尔沁右翼前旗志.呼和浩特:内蒙古人民出版社:150
科尔沁左翼后旗志编纂委员会编.1993.科尔沁左翼后旗志.呼和浩特:内蒙古人民出版社:148
昆明市路南彝族自治县志编纂委员会编.1996.路南彝族自治县志.昆明:云南人民出版社:100
赖兴会.2003.拟建中的罗平万峰山自然保护区的保护价值.林业调查规划,28(3):40～42
兰州市地方志编纂委员会,兰州市林业志编纂委员会编纂.1998.兰州市志.第二十六卷,林业志.兰州:兰州大学出版社:50～53
蓝山县志编纂委员会编.1995.蓝山县志.北京:中国社会出版社:69
蓝田县地方志编纂委员会编.1994.蓝田县志.西安:陕西人民出版社,88～90
乐昌市地方志编纂委员会编.1994.乐昌市志.广州:广东人民出版社:92
乐山市志编纂委员会编纂.2000.乐山市志.成都:巴蜀书社,174～175
雷波县地方志编纂委员会.1997.雷波县志.成都:四川民族出版社
礼县志编纂委员会.1999.礼县志.西安:陕西人民出版社:153
李宝堂.2009.山西凌井沟自然保护区生物多样性研究.安徽农业科学.37(17)
李宝堂.2010.山西泽州自然保护区生物多样性及保护研究.科技创新导报,(16):23～24
李传夔,等.1983.江苏泗洪下草湾中中新世脊椎动物群.1,化石地点暨近年发现的新材料简介.古脊椎动物学报,21(4):313～324
李嘉珏,谢忙义主编.2001.甘肃太统一崆洞山自然保护区科学考察集.北京:中国林业出版社,97～160
李明,等.1998.麝、獐、麂和鹿间线粒体 DNA 的差异及其系统进化研究.兽类学报,8(3):184～191
李培信主编.1994.文水县志.太原:山西人民出版社:82
李润强,高晋红.2012.浅析山西灵空寺省级自然保护区的保护价值.山西林业,(3):32～33
李世民,赵玉龙.2005.试论凤凰山自然保护区的评价.今日科苑,(9):108
李文凡主编.1996.离石县志.太原:山西人民出版社:81
李炎贤,计宏祥.1981.北京猿人生活时期自然环境及其变迁的探讨.古脊椎动物与古人类,19(4):337～347
李艳红,等.2007.四川栗子坪自然保护区的兽类区系与资源.四川动物.26(4)
李意愿,等.2013.湖南道县后背山福岩洞 2011 年发掘报告.人类学学报,32(2):133～143
李子忠,金道超主编.2002.茂兰景观昆虫.贵阳:贵州科技出版社,6～7
李子忠主编.2011.贵州野生动物名录.贵阳:贵州科技出版社
理县志编纂委员会编.1997.理县志.成都:四川民族出版社:118
丽江地区行政公署林业局编撰.1998.丽江地区林业志.昆明:云南民族出版社,66～70
荔浦县地方志编纂委员会编.1996.荔浦县志.北京:生活·读书·新知三联书店,100～101
梁崇岐主编.1986.新疆珍贵动物图谱.北京:中国林业出版社
梁小明,李巧芳.2008.山西原麝现今地理分布初报.山西农业科学,36(10):55～56
辽源市地方志编纂委员会编.1995.辽源市志.长春:吉林人民出版社:174
林一璞,等.1983.1981 年江苏泗洪考察与发掘简报.人类学学报,2(1):100～103
林一朴,等.1978.云南元谋早更新世哺乳动物群/中国科学院古脊椎动物与古人类研究所编.古人类文集.北京:科学出版社,101～120
临沧县志编纂委员会编.1993.临沧县志.昆明:云南人民出版社:75
临夏回族自治州志编纂委员会编.1993.临夏回族自治州志.兰州:甘肃人民出版社:135
临夏县志编纂委员会.1995.临夏县志.兰州:兰州大学出版社:140
麟游县地方志编纂委员会编.1993.麟游县志.西安:陕西人民出版社:71
灵宝县地方史志编纂委员会编.1992.灵宝县志.郑州:中州古籍出版社:125
灵川县地方志编纂委员会编.1997.灵川县志.南宁:广西人民出版社:124
陵川县志编纂委员会编.1999.陵川县志.北京:人民日报出版社:83

零陵地区地方志编纂委员会编. 2001. 长沙:湖南人民出版社
鄗县志编纂委员会编. 1994. 鄗县志. 北京:中国社会出版社:74
刘务林. 2004. 西藏麝类资源研究. 西藏科技,(5):45~50
刘先新主编. 2010. 中国长江三峡动物大全. 北京:科学出版社
刘洋,等. 2005. 四川黑竹沟自然保护区的兽类资源调查. 四川林业科技. 26(6)
刘志霄,等. 2000. 贺兰山林区马麝隔离种群的生存现状及保护. 生态学报,20(3):463~467
柳河县志编纂委员会. 1991. 柳河县志. 长春:吉林文史出版社,97~98
柳州市地方志编纂委员会编. 1998. 柳州市志. 南宁:广西人民出版社:150
龙凤骧. 2002. 马鞍山遗址出土碎骨表面痕迹的分析/高星,侯亚梅编. 中国科学院古脊椎动物与古人类研究所20世纪旧石器时代考古学研究. 北京:文物出版社
龙陵县委党史地方志工作办公室编. 2000. 龙陵县志. 北京:中华书局:71
隆安县志编纂委员会编. 1993. 隆安县志. 南宁:广西人民出版社:93
隆德县志编纂委员会编. 1998. 隆德县志. 银川:宁夏人民出版社:110
陇县地方志编纂委员会编. 1993. 陇县志. 西安:陕西人民出版社,119~120
卢欣. 1998. 西藏的常见的哺乳动物. 生物学通报,33(12):8~9
泸州市志地方志编纂委员会编纂. 1998. 泸州市志志. 北京:方志出版社,154~155
鲁庆彬,胡锦矗. 2003. 大小兰沟自然保护区兽类资源生态评价. 内江师范学院学报. 18(4)
陆成秋. 2010. 湖北建始杨家坡洞晚更新世哺乳动物群/董为主编. 第十二届中国古脊椎动物学学术年会论文集. 北京:海洋出版社
鹿寨地方志编纂委员会编. 1996. 鹿寨县志. 南宁:广西人民出版社:51
禄劝彝族苗族自治县地方志编纂委员会编. 1995. 禄劝彝族苗族自治县志. 昆明:云南人民出版社:103
栾川县地方史志编纂委员会编. 1994. 栾川县志. 北京:生活·读书·新知三联书店:86
略阳县志编纂委员会编. 1992. 略阳县志. 西安:陕西人民出版社,75~76
罗平县志编纂委员会编. 1995. 罗平县志. 昆明:云南人民出版社:83
罗蓉,辜永河. 1985. 贵州省的贵珍兽类. 野生动物,(3):37~39
罗田县地方志编纂委员会编. 1998. 罗田县志. 北京:中华书局:114
萝北县地方志编纂委员会编. 1992. 萝北县志. 北京:中国人事出版社:131
洛宁县志编纂委员会编. 1991. 洛宁县志. 北京:生活·读书·新知三联书店,83~84
麻栗坡县地方志编纂委员会编纂. 2000. 麻栗坡县志. 昆明:云南民族出版社,123~124
马边彝族自治县地方志编纂委员会编. 1994. 马边彝族自治县志. 成都:成都科技大学出版社,98~104
马堆芳,刘兴明. 2005. 甘肃祁连山林区马麝资源变化原因的研究. 甘肃林业科技,30(4):62~64
马建忠,等. 2010. 梅里雪山国家公园生物多样性保护规划方法研究. 林业调查规划,35(3):119~123
马龙县志编纂委员会编. 1997. 马龙县志. 昆明:云南人民出版社:87
马山县志编纂委员会编. 1997. 马山县志. 北京:民族出版社:100
马逸清,等编著. 1986. 黑龙江省兽类志. 哈尔滨:黑龙江科学技术出版社
玛曲县志编纂委员会编纂. 2001. 玛曲县志. 兰州:甘肃人民出版社:217
毛银风,曳红玉. 2014. 山西凌井沟自然保护区自然资源评价. 内蒙古林业设计,37(2):11~12,44
梅河口市地方志编纂委员会编. 1999. 梅河口市志. 长春:吉林人民出版社:76
蒙山县志编纂委员会编. 1993. 蒙山县志. 南宁:广西人民出版社:73
蒙自县志编纂委员会编. 1995. 蒙自县志. 北京:中华书局:126
孟秀祥等. 2011. 甘肃兴隆山自然保护区濒危马麝(Moschus sifanicus)秋季利用生境特征. 应用与环境生物学报,17(3)412~417
汨罗市志编纂委员会编. 1995. 汨罗市志. 北京:方志出版社:79
勉县志编纂委员会主编. 1989. 勉县志. 北京:地震出版社,116~118
民和回族自治县志编纂委员会编. 1993. 民和县志. 西安:陕西人民出版社:107
民乐县县志编纂委员会编. 1996. 民乐县志. 兰州:甘肃人民出版社:87
岷县志编纂委员会编. 1995. 岷县志. 兰州:甘肃人民出版社:63
名山县志编纂委员会编. 1992. 名山县志. 成都:四川科学技术出版社:60
莫力达瓦达斡尔族自治旗史志编纂委员会编. 1998. 莫力达瓦达斡尔族自治旗志. 呼和浩特:内蒙古人民出版

社:153
漠河县志编纂委员会编. 1993. 漠河县志. 北京:中国大百科全书出版社,132～137
木里藏族自治县概况编写组. 1985. 木里藏族自治县概况. 成都:四川民族出版社,11～16
内乡县地方史志编纂委员会编. 1994. 内乡县志. 北京:生活·读书·新知三联书店,105～108
南丹县地方志编纂委员会编. 1994. 南丹县志. 南宁:广西人民出版社,74～75
南坪县地方志编纂委员会编. 1994. 南坪县志. 北京:民族出版社:93
南阳地区地方史志编纂委员会. 1994. 南阳地区志. 郑州:河南人民出版社,192～197
南召县史志编纂委员会编. 1995. 南召县志. 郑州:中州古籍出版社,148～151
南郑县地方志编纂委员会编. 1990. 南郑县志. 北京:中国人民公安大学出版社:134
宁南县志编纂委员会编. 1994. 宁南县志. 成都:成都科技大学出版社:49
宁陕县地方志编纂委员会编. 1992. 宁陕县志. 西安:陕西人民出版社,81～86
裴文中. 1987. 广西柳城巨猿洞及其他山洞之食肉类、长鼻目和啮齿类化石. 北京:科学出版社
彭水县志编纂委员会编. 1997. 彭水县志. 成都:四川人民出版社:65
蓬安县志编纂委员会编. 1994. 蓬安县志. 成都:四川辞书出版社:59
平安县志编纂委员会编. 1996. 平安县志. 西安:陕西人民出版社:73
平果县志编纂委员会编. 1996. 平果县志. 南宁:广西人民出版社:1,97
平乐县地方志编纂委员会. 1995. 平乐县志. 北京:方志出版社,76～77
平利县志编纂委员会编. 1995. 平利县志. 西安:三秦出版社:86
平凉市志编纂委员会编. 1996. 平凉市志. 北京:中华书局,104～105
平罗县志编纂委员会编. 1996. 平罗县志. 银川:宁夏人民出版社:27
平武县县志编纂委员会编. 1997. 平武县志. 成都:四川科学技术出版社:183
屏山县志编纂委员会编. 1998. 屏山县志. 成都:四川人民出版社:109
浦北县志编纂委员会编. 1994. 浦北县志. 南宁:广西人民出版社:110
祁国琴. 1988. 姜寨新石器时代遗址动物群的分析//西安半坡村博物馆等著. 姜寨:新石器时代遗址发掘报告. 北京:文物出版社
潜山县地方志编纂委员会编. 1993. 潜山县志. 北京:社会科学文献出版社:145
黔江土家族苗族自治县志编纂委员会编. 1994. 黔江县志. 北京:中国社会出版社:86
黔阳县志编纂委员会编. 1991. 黔阳县志. 北京:中国文史出版社,105～106
沁水县志编纂办公室编. 1987. 沁水县志. 太原:山西人民出版社
青川县志编纂委员会编. 1992. 青川县志. 成都:四川科学技术出版社:95
青峰,任观良. 2001－01－16. 江西九连山自然保护区. 市场报(8)
清水县志编纂委员会编. 2001. 清水县志. 西安:陕西人民出版社,154～155
清原县志编纂委员会办公室编. 1991. 清原县志. 沈阳:辽宁人民出版社:96
庆安县地方志编纂委员会办公室. 1995. 庆安县志. 哈尔滨:黑龙江人民出版社:42
邱富才,等. 1998. 芦芽山自然保护区兽类调查. 山西林业科技,(1):24～31
邱铸鼎. 1979. 华北几个地点的上新世哺乳动物化石. 古脊椎动物与古人类,17(3):222～234
融安县志编纂委员会编. 1996. 融安县志. 南宁:广西人民出版社:99
汝阳县地方史志编纂委员会编. 1995. 汝阳县志. 北京:生活·读书·新知三联书店,83～84
乳源瑶族自治县地方志编纂委员会编. 1997. 乳源瑶族自治县志. 广州:广东人民出版社:146
三北大猫. 2012. 怀柔寻兽. 自然与科技,(3):42～47
《三江源自然保护区生态环境》编辑委员会. 2002. 三江源自然保护区生态环境. 西宁:青海人民出版社,113～126
山西省浑源县志编纂委员会编. 1999. 浑源县志. 北京:方志出版社:87～88
山西省灵石县志编纂委员会编. 1992. 灵石县志. 北京:中国社会科学出版社:61
山西省娄烦县地方志编纂委员会编. 1999. 娄烦县志. 北京:中华书局,110～123
山西省宁武县县志编纂办公室. 1985. 宁武县志:初稿. 宁武:宁武县县志编纂办公室,64～66
山西省沁源县志编纂委员会编. 1996. 沁源县志. 北京:海潮出版社:65
山阳县地方志编纂委员会编. 1991. 山阳县志. 西安:陕西人民出版社,70～71
陕西省考古研究所. 2004. 临潼零口村. 西安:三秦出版社:5

陕西省考古研究院,商洛市博物馆编著.2011.商洛东龙山.北京:科学出版社
陕西省考古研究院,西北大学文化遗产与考古学研究中心.2010.高陵东营:新石器时代遗址发掘报告.北京:科学出版社
陕西省留坝县地方志编纂委员会.2002.留坝县志.西安:陕西人民出版社,113~114
陕县地方史志编纂委员会编.1988.陕县志.郑州:河南人民出版社,30~31
商州市地方志编纂委员会编.1998.商州市志.北京:中华书局:89
上林县志编纂委员会编.1989.上林县志.南宁:广西人民出版社,101~102
上思县地方志编纂委员会编.2000.上思县志.南宁:广西人民出版社:100
邵阳市地方志编纂委员会编.1997.邵阳市志.长沙:湖南人民出版社:382
渑池县志编纂委员会编.1991.渑池县志.上海:汉语大词典出版社
盛和林,等编著.1999.中国野生哺乳动物.北京:中国林业出版社
盛和林,等著.1992.中国鹿类动物.上海:华东师范大学出版社
盛和林,刘志霄主著.2007.中国麝科动物.上海:上海科学技术出版社
什邡县县志编纂委员会编.1988.什邡县志.成都:四川大学出版社,32~33
石棉县地方志编纂委员会编.1999.石棉县志.成都:四川辞书出版社:86
石泉县地方志编纂委员会编.1991.石泉县志.西安:陕西人民出版社:62
石柱县志编纂委员会编.1994.石柱县志.成都:四川辞书出版社:84
始兴县志办公室编.1997.始兴县志.广州:广东人民出版社,65~66
水城县地方志编纂委员会编.1994.水城县(特区)志.贵阳:贵州人民出版社:104
水富县志编纂委员会编.1996.水富县志.昆明:云南人民出版社:32
斯信强,等.1993.盘县大洞发掘简报.人类学学报,12(2):113~119
四川省阿坝藏族羌族自治州茂汶羌族自治县地方志编纂委员会编.1997.茂汶羌族自治县志.成都:四川辞书出版社:99
四川省阿坝藏族羌族自治州汶川县地方志编纂委员会编.1992.汶川县志.北京:民族出版社:155
四川省巴塘县地方志编纂委员会编.2001.巴塘县志.北京:方志出版社:86~87
四川省巴县志编纂委员会编.1994.巴县志.重庆:重庆出版社:84
四川省巴中县志编纂委员会编.1994.巴中县志.成都:巴蜀书社:164
四川省宝兴县地方志编纂委员会编.2000.宝兴县志.北京:方志出版社:86
四川省璧山县志编纂委员会编.1996.璧山县志.成都:四川人民出版社:95
四川省布拖县志编纂委员会.1993.布拖县志.北京:中国建材工业出版社,53~54
四川省苍溪县志编纂委员会编.1993.苍溪县志.成都:四川人民出版社:125
四川省崇庆县志编纂委员会编纂.1991.崇庆县志.成都:四川人民出版社:108
四川省大邑县志编纂委员会编纂.1992.大邑县志.成都:四川人民出版社,133~134
四川省道孚县志编纂委员会编.1997.道孚县志.成都:四川人民出版社
四川省稻城县志编纂委员会编.1997.稻城县志.成都:四川人民出版社:65
四川省涪陵市志编纂委员会编纂.1995.涪陵市志.成都:四川人民出版社,199~202
四川省甘孜藏族自治州丹巴县志编纂委员会编.1996.丹巴县志.北京:民族出版社:105
四川省珙县志编纂委员会编.1995.珙县志.成都:四川人民出版社:91
四川省红原县志编纂委员会编.1996.红原县志.成都:四川人民出版社:91
四川省江安县志编纂委员会编.1998.江安县志.北京:方志出版社:109
四川省金阳县地方志编纂委员会编纂.2000.金阳县志.北京:方志出版社,75~76
四川省康定县志编纂委员会编.1995.康定县志.成都:四川辞书出版社:65
四川省理塘县志编纂委员会编.1996.理塘县志.成都:四川人民出版社:83
四川省梁平县地方志编纂委员会编.1995.梁平县志.北京:方志出版社:106
四川省隆昌县志编纂委员会编纂.1995.隆昌县志.成都:巴蜀书社,48~50
四川省马尔康县志编纂委员会编.1995.马尔康县志.成都:四川人民出版社:68
四川省美姑县志编纂委员会编.1996.美姑县志.成都:四川人民出版社:119
四川省米易县志编纂委员会编纂.1999.米易县志.成都:四川辞书出版社,86~87

四川省冕宁县地方志编纂委员会编纂. 1994. 冕宁县志. 成都:四川人民出版社,444～445

四川省沐川县地方志编纂委员会编纂. 1993. 沐川县志. 成都:巴蜀书社,83～84

四川省南川县志编纂委员会编纂. 1991. 南川县志. 成都:四川人民出版社:22

四川省蒲江县志编纂委员会编. 1992. 蒲江县志. 成都:四川人民出版社:134

四川省邛崃县志编纂委员会编纂. 1993. 邛崃县志. 成都:四川人民出版社,132～135

四川省色达县志编纂委员会编. 1997. 色达县志. 成都:四川人民出版社:83

四川省通江县志编纂委员会编. 1998. 通江县志. 成都:四川人民出版社:176

四川省万源县志编纂委员会编. 1996. 万源县志. 成都:四川人民出版社:83

四川省旺苍县志编纂委员会编. 1996. 旺苍县志. 成都:四川人民出版社:110

四川省武隆县志编纂委员会编纂. 1994. 武隆县志. 成都:四川人民出版社:85

四川省西昌市志编纂委员会编纂. 1996. 西昌市志. 成都:四川人民出版社,124～125

四川省喜德县志编纂委员会编. 1992. 喜德县志. 成都:电子科技大学出版社:52

四川省荥经县地方志编纂委员会编. 1998. 荥经县志. 重庆:西南师范大学出版社:94

四川省昭觉县志编纂委员会编. 1999. 昭觉县志. 成都:四川辞书出版社:89

《四川资源动物志》编辑委员会主编;施白南,赵尔宓卷主编. 1982. 四川资源动物志. 第一卷,总论. 2版. 成都:四川人民出版社

宋朝枢主编. 1994. 伏牛山自然保护区科学考察集. 北京:中国林业出版社

宋朝枢主编. 1994. 鸡公山自然保护区科学考察集. 北京:中国林业出版社

宋朝枢主编. 1997. 宝天曼自然保护区科学考察集. 北京:中国林业出版社,293～298

宋艳波,谢光茂. 2010. 广西革新桥新石器遗址动物遗骸的鉴定与研究/河南省文物考古研究所编. 动物考古. 第1辑. 北京:文物出版社

绥江县志编纂委员会编. 1994. 绥江县志. 成都:四川辞书出版社:48

绥宁县志编纂委员会编. 1997. 绥宁县志. 北京:方志出版社:128

太白县地方志编纂委员会编. 1995. 太白县志. 西安:三秦出版社:87

太原市地方志编纂委员会编. 1999. 太原市志. 太原:山西古籍出版社:382

天等县志编纂委员会编. 1991. 天等县志. 南宁:广西人民出版社:68

天峨县志编纂委员会编. 1994. 天峨县志. 南宁:广西人民出版社:71

天峻县县志编纂委员会. 1995. 天峻县志. 兰州:甘肃文化出版社,92～93

天全县志办公室主编. 1997. 天全县志. 成都:四川科学技术出版社,120～122

天祝藏族自治县志编纂委员会编. 1994. 天祝县志. 兰州:甘肃民族出版社:222

田林县地方志编纂委员会编. 1996. 田林县志. 南宁:广西人民出版社:123

铁力县志编纂委员会办公室编. 1990. 铁力县志. 哈尔滨:黑龙江人民出版社:85

通化县地方志编纂委员会编. 1996. 通化县志. 长春:吉林人民出版社,48～49

同德县地方志编纂委员会编. 1999. 同德县志. 北京:民族出版社:92

同号文,等. 2004. 周口店田园洞大中型哺乳动物记述. 人类学学报,23(3):213～223

同号文,等. 2008. 北京房山十渡西太平洞晚更新世哺乳动物化石. 古脊椎动物学报,46(1):51～70

桐柏县地方史志编纂委员会. 1995. 桐柏县志. 郑州:中州古籍出版社:128

桐城县地方志编纂委员会编. 1995. 桐城县志. 合肥:黄山书社:122

桐梓县地方志编纂委员会编. 1997. 桐梓县志. 北京:方志出版社:169

潼关县志编纂委员会编. 1992. 潼关县志. 西安:陕西人民出版社:60

王德刚,李倩. 2007. 吉隆沟生态资源考察与旅游开发评价. 西藏研究,(3):63～70

王德忠等. 1999. 新疆脊椎动物简况/中国动物学会编. 中国动物学研究. 北京:中国林业出版社,279～289

王改芳,赵燕. 2011. 庞泉沟野生动物资源调查. 经济动物学报,15(3):134～140

王华,等. 2014. 仰韶时代人类狩猎梅花鹿的策略:以铜川瓦窑沟遗址为案例. 人类学学报,33(1):90～100

王会志,盛和林. 1988. 四川盆地西北缘林麝种群密度及保护利用. 兽类学报,8(4):241～249

王善才 a. 2004. 鲢鱼山旧石器遗址/湖北省清江隔河岩考古队,湖北省文物考古研究所编著. 建始人遗址. 北京:科学出版社

王善才 b. 2004. 桅杆坪遗址/湖北省清江隔河岩考古队,湖北省文物考古研究所编著. 建始人遗址. 北京:科学出版社

王善才 c. 2004. 西寺坪大溪文化遗址/湖北省清江隔河岩考古队,湖北省文物考古研究所编著. 建始人遗址. 北京:科学出版社
王善才 d. 2004. 香炉石遗址/湖北省清江隔河岩考古队,湖北省文物考古研究所编著. 建始人遗址. 北京:科学出版社
渭南地区地方志编纂委员会编. 1996. 渭南地区志. 西安:三秦出版社:59
渭源县志编纂委员会编. 1998. 渭源县志. 兰州:兰州大学出版社:133
魏辅文,等. 1995. 四川马边大风顶自然保护区林麝种群密度初步分析,14(2):66～67
魏海波,刘彦红. 2010. 试论东北更新世哺乳动物群与自然环境的变迁/董为主编. 第十二届中国古脊椎动物学学术年会论文集. 北京:海洋出版社
魏海波. 1986. 辽宁本溪发现更新世晚期哺乳动物化石. 古脊椎动物学报,24(4):320
魏海波. 2009. 辽宁庙后山遗址研究的新进展. 人类学学报,2009. 28(2):154～161
文榕生著. 2009. 中国珍稀野生动物分布变迁. 济南:山东科学技术出版社
乌以风编著. 1984. 天柱山志. 合肥:安徽教育出版社,226
巫溪县志编纂委员会编. 1993. 巫溪县志. 成都:四川辞书出版社:78
吴家炎,等. 2011. 我国原麝一个新的分布省、区:陕西省黄龙山区. 野生动物,32(6):306～308
吴家炎. 1993. 福临堡遗址动物群研究初探/宝鸡市考古工作队,陕西省考古研究所宝鸡工作站. 宝鸡福临堡一新石器时代发掘报告. 北京:文物出版社:224
吴名川,高耀亭. 1990. 广西林麝生态考察和麝资源的消长. 动物学杂志,25(3):49～53
吴鹏举,等. 2007. 西藏慈巴沟自然保护区主要偶蹄类动物春季垂直分布和栖息地分化. 生态学杂志,26(10):1 569～1 573
吴鹏举. 2006. 藏东南察隅河上游流域大中型兽类动物资源现状和保护. 自然资源学报,21(4):584～589
吴跃峰,等编著. 2009. 河北动物志:两栖、爬行、哺乳动物类. 石家庄:河北科学技术出版社
五台县志编纂委员会编. 1996. 五台县志. 太原:山西人民出版社
武都县地方志编纂委员会编. 1998. 武都县志. 北京:生活·读书·新知三联书店:177
武冈县志编委会编. 1997. 武冈县志. 北京:中华书局:86
武威市市志编纂委员会. 1998. 武威市志. 兰州:兰州大学出版社:68
武仙竹,等. 2009. 湖北郧西白龙洞古人类遗址初步研究. 人类学学报,28(1):1～15
武仙竹. 1998. 神农架犀牛洞旧石器时代遗址发掘报告. 人类学学报,17(2):121～136
西安市地方志编纂委员会. 1996. 西安市志. 西安:西安出版社,313～314
西和县志编纂委员会编. 1997. 西和县志. 西安:陕西人民出版社:246
西峡县志编纂委员会. 1990. 西峡县志. 郑州:河南人民出版社,108～109
淅川县地方史志编纂委员会编. 1990. 淅川县志. 郑州:河南人民出版社:90
夏县地方志编纂委员会编. 1998. 夏县志. 北京:人民出版社:34
咸丰县志编纂委员会编. 1990. 咸丰县志. 武汉:武汉大学出版社:80
咸阳市地方志编纂委员会编. 1996. 咸阳市志. 西安:陕西人民出版社,351～355
湘乡县志编纂委员会编. 1993. 湘乡县志. 长沙:湖南出版社:92
祥云县志编纂委员会编. 1996. 祥云县志. 北京:中华书局:107
项平. 1991. 安徽原麝资源的保护和利用. 野生动物,(4):7～8,14
象州县志编纂委员会编. 1994. 象州县志. 北京:知识出版社,104～105
肖增祜,等编著. 1988. 辽宁动物志:兽类. 沈阳:辽宁科学技术出版社
忻城县志编纂委员会编. 1997. 忻城县志. 南宁:广西人民出版社:109
忻州地区志编纂委员会编. 1999. 忻州地区志. 太原:山西古籍出版社,74～76
新安县地方史志编纂委员会. 1989. 新安县志. 郑州:河南人民出版社,120～121
新化县志编纂委员会编. 1996. 新化县志. 长沙:湖南人民出版社:140
新晃侗族自治县志编纂委员会编. 1993. 新晃县志. 北京:生活·读书·新知三联书店:83
新宁县志编纂委员会编. 1995. 新宁县志. 长沙:湖南出版社:113
新平彝族傣族自治县志编纂委员会编. 1993. 新平县志. 北京:生活·读书·新知三联书店,79～82
新县志编纂委员会. 1990. 新县志. 郑州:河南人民出版社:113
信阳地区地方史志编纂委员会编. 1992. 信阳地区志. 北京:生活·读书·新知三联书店,202～204
兴安盟地方志编纂委员会编. 1997. 兴安盟志. 呼和浩特:内蒙古人民出版社,157～159
兴安县志编纂委员会编. 2002. 兴安县志. 南宁:广西人民

出版社，102～103
兴海县志编纂委员会编. 2000. 兴海县志. 西安：三秦出版社，107～109
秀山土家族苗族自治县县志编纂委员会编. 2001. 秀山县志. 北京：中华书局：85
徐龙辉，等. 1989. 广东山区经济动物：兽类. 广州：广东科技出版社，7～29
叙永县地方志编纂委员会编纂. 1998. 叙永县志. 北京：方志出版社：101
溆浦县县志编纂委员会编. 1993. 溆浦县志. 北京：社会科学文献出版社：107
宣恩县志编纂委员会编. 1995. 宣恩县志. 武汉：武汉工业大学出版社：46
薛文杰，等. 2007. 近 50 年陕西凤县林麝分布区的变迁. 生态学杂志，26(6)：797～801
旬邑县地方志编纂委员会编. 2000. 旬邑县志. 西安：三秦出版社，110～113
逊克县地方志编纂委员会编. 1991. 逊克县志. 哈尔滨：黑龙江人民出版社：111
牙克石市志编纂委员会编. 1996. 牙克石市志. 呼和浩特：内蒙古人民出版社：101
延边朝鲜族自治州地方志编纂委员会编. 1996. 延边朝鲜族自治州志. 北京：中华书局，212～225
沿河土家族自治县志编纂委员会编. 1993. 沿河县志. 贵阳：贵州人民出版社：112
盐源县志编纂委员会编. 2000. 盐源县志. 成都：四川民族出版社：210
砚山县志编纂委员会编纂. 2000. 砚山县志. 昆明：云南人民出版社，73～74
阳城县志编纂委员会. 1994. 阳城县志. 北京：海潮出版社，79～80
阳朔县志编纂委员会编. 1988. 阳朔县志. 南宁：广西人民出版社：57
杨萃，等. 2011. 凉山山系林麝夏季利用生境特征. 生态学杂志，30(1)：18～23
杨奇森，等. 1989. 白玉县林麝种群密度的研究. 四川师范学院学报，10(4)329～336
杨奇森，等. 1998. 西藏东南部地区马麝家域的研究. 兽类学报，18(2)：87～94
洋县地方志编纂委员会编. 1996. 洋县志. 西安：三秦出版社，58～65
漾濞彝族自治县地方志编纂委员会编纂. 2000. 漾濞彝族自治县志. 昆明：云南人民出版社，110～111
耀县志编纂委员会编. 1997. 耀县志. 北京：中国社会科学出版社：75
伊春市地方志编纂委员会编. 1995. 伊春市志. 哈尔滨：黑龙江人民出版社：106
宜良县志编纂委员会编. 1998. 宜良县志. 北京：中华书局：88
宜州市地方志编纂委员会编. 1998. 宜州市志. 南宁：广西人民出版社：85
银川市志编纂委员会编. 1998. 银川市志. 银川：宁夏人民出版社：100
尹秉高，刘务林. 1993. 西藏珍稀野生动物与保护. 北京：中国林业出版社
英山县志编纂委员会编纂. 1998. 英山县志. 北京：中华书局：63
永昌县志编纂委员会编. 1993. 永昌县志. 兰州：甘肃人民出版社：158
永福县志编纂委员会编. 1996. 永福县志. 北京：新华出版社：129
永靖县志编纂委员会. 1995. 永靖县志. 兰州：兰州大学出版社：85
永宁县志编纂委员会编. 1995. 永宁县志. 银川：宁夏人民出版社，17～18
尤玉柱，徐钦琦. 1981. 中国北方晚更新世哺乳动物群与深海沉积物的对比. 古脊椎动物与古人类，19(1)：77～84
榆中县志编纂委员会编. 2001. 榆中县志. 兰州：甘肃人民出版社，125～127
禹瀚. 1958. 秦岭麝鹿(Moschus moschiferus sifanicas)的研究. 动物学杂志. 2(3)171
玉屏侗族自治县志编纂委员会编. 1993. 玉屏侗族自治县志. 贵阳：贵州人民出版社：97
垣曲县地方志编纂委员会编. 2001. 垣曲县志：1991～2000. 北京：中华书局：15
袁靖，杨梦菲. 2003. 甑皮岩遗址各期出土的水陆生动物/中国社会科学院考古研究所等编. 桂林甑皮岩. 北京：文物出版社
袁永孝，宋朝枢主编. 1990. 白石砬子自然保护区科学考察集. 北京：中国林业出版
云龙县志编纂委员会编纂. 1992. 云龙县志. 北京：农业出版社，95～97
云南省昌宁县志编纂委员会编纂. 1990. 昌宁县志. 潞西：德宏民族出版社，124～126
云南省呈贡县志编纂委员会编. 1992. 呈贡县志. 太原：山西人民出版社：51
云南省大关县地方志编纂委员会编. 1998. 大关县志. 昆明：云南人民出版社：83
云南省东川市地方志编纂委员会编. 1995. 东川市志. 昆明：云南人民出版社：55
云南省洱源县志编纂委员会编. 1996. 洱源县志. 昆明：云南人民出版社：68
云南省华坪县地方志编纂委员会编. 1997. 华坪县志. 昆

明:云南民族出版社:75
云南省会泽县志编纂委员会编.1993.会泽县志.昆明:云南人民出版社
云南省开远市志编纂委员会编.1996.开远市志.昆明:云南人民出版社:221
云南省科学技术委员会等编.1999.云南野生动物.昆明:云南教育出版社
云南省澜沧拉祜族自治县志编纂委员会编.1996.澜沧拉祜族自治县志.昆明:云南人民出版社:76
云南省泸水县志编纂委员会编纂.1995.泸水县志.昆明:云南人民出版社,76～77
云南省泸西县志编纂委员会编.1992.泸西县志.昆明:云南人民出版社:85
云南省潞西县志编纂委员会编.1993.潞西县志.昆明:云南教育出版社
云南省马关县地方志编纂委员会编.1996.马关县志.北京:生活·读书·新知三联书店,80～81
云南省勐海县地方志编纂委员会编.1997.勐海县志.昆明:云南人民出版社:52
云南省弥勒县志编纂委员会编.1987.弥勒县志.昆明:云南人民出版社:70
云南省南华县志编纂委员会编.1995.南华县志.昆明:云南人民出版社:152
云南省宁蒗彝族自治县志编纂委员会编.1993.宁蒗彝族自治县志.昆明:云南民族出版社:98
云南省巧家县志编纂委员会编.1997.巧家县志.昆明:云南人民出版社:99
云南省丘北县地方志编纂委员会编.1999.丘北县志.北京:中华书局:75
云南省曲靖市地方志编纂委员会编.1997.曲靖市志.昆明:云南人民出版社:109
云南省施甸县志编纂委员会编.1997.施甸县志.北京:新华出版社
云南省双柏县地方志编纂委员会编.1996.双柏县志.昆明:云南人民出版社:8,53
云南省通海县史志编纂委员会编纂.1992.通海县志.昆明:云南人民出版社:7 172
云南省威信县志编纂委员会编.1999.威信县志.昆明:云南人民出版社:78
云南省巍山彝族回族自治县志编纂委员会编.1993.巍山彝族回族自治县志.昆明:云南人民出版社:108
云南省维西傈僳族自治县志编纂委员会编.1999.维西傈僳族自治县志.昆明:云南人民出版社:112
云南省寻甸回族彝族自治县志编纂委员会编.1999.寻甸回族彝族自治县志.昆明:云南人民出版社:86
云南省盐津县志编纂委员会编.1994.盐津县志.昆明:云南人民出版社:94
云南省彝良县志编纂委员会编.1995.彝良县志.昆明:云南人民出版社:89
云南省永平县志编纂委员会编.1994.永平县志.昆明:云南人民出版社:1,53
云南省永仁县志编纂委员会编.1995.永仁县志.昆明:云南人民出版社:68
云南省永善县人民政府编纂.1995.永善县志.昆明:云南人民出版社:73
云南省元江哈尼族彝族傣族自治县志编纂委员会编.1993.元江哈尼族彝族傣族自治县志.北京:中华书局:59
云南省云县地方志编纂委员会编纂.1994.云县志.昆明:云南人民出版社:61
云南省镇沅彝族哈尼族拉祜族自治县志编纂委员会编.1995.镇沅彝族哈尼族拉祜族自治县志.昆明:云南人民出版社:68
云阳县志编纂委员会编.1999.云阳县志.成都:四川人民出版社:144
曾育麟.1956.云南的麝香及其生产.云南日报,1956-05-24
扎兰屯市史志编纂委员会编.1993.扎兰屯市志.天津:百花文艺出版社,85～93
张贵泉,等.2007.满归林业局湿地资源及保护.内蒙古林业调查设计,30(3):80～84
张洪茂,胡锦矗.2004.川西北高原马麝(横断山亚种)的夏季生境选择.四川动物,23(2):98～103
张金良,等.2000.中国秦岭山区濒危野生药用动植物资源及其保护/张恩迪,郑汉臣主编.中国濒危野生药用动植物资源的保护.上海:第二军医大学出版社,67～77
张敏,等.2005.辽宁省原麝资源现状及管理措施.辽宁林业科技,(3):57～59
张荣祖.1997.中国哺乳动物分布.北京:中国林业出版社
张森水.1995.穿洞史前遗址(1981年发掘)初步研究.人类学学报,14(2):132～146
张绍辉.2013.高黎贡山自然保护区生物多样性受威胁因素及可持续发展对策.林业调查规划,38(5):45～49
张维宾,等.2009.重庆奉节天坑地缝自然保护区动植物资源调查.安徽农业科学,37(3):1 255～1 256
张英,陈鹏.2013.陕西长青国家级自然保护区林麝种群分布与保护.陕西林业科技,(3):28～30
张镇洪,等.1980.辽阳安平化石哺乳动物群的发现.古脊椎动物与古人类,18(2):154～161
张镇洪,等.1997.贵州盘县大洞遗址动物群的研究.人类学学报,16(3):209～220
昭平县志编纂委员会编.1992.昭平县志.南宁:广西人民出版社,99～101

昭通市志编纂委员会编. 2000. 昭通市志. 昆明：云南人民出版社：89

赵晨. 2009. 关中地区史前动物遗存研究. 吉林大学硕士学位论文

赵珊，等. 2014. 山西历山国家级自然保护区毛皮动物资源调查. 山西农经，(2)：114～116

赵万兴主编. 1997. 凤城市志. 北京：方志出版社：163

赵文双，等. 2001. 辽宁省原麝资源现状及保护管理对策，(2)：45～46

赵文双，等. 2004. 本溪地区野生动物资源调查研究. 辽宁林业科技，(4)：6～9

镇安县志编纂委员会编. 1995. 镇安县志. 西安：陕西人民教育出版社：60

镇巴县地方志编纂委员会编. 1996. 镇巴县志. 西安：陕西人民出版社：110

镇平县地方史志编纂委员会编. 1998. 镇平县志. 北京：方志出版社：109

正安县地方志编纂委员会编. 1999. 正安县志. 贵阳：贵州人民出版社：107

郑绍华，蔡保全. 1991. 河北蔚县乐窑子头大南沟剖面中的小哺乳动物化石/中国科学院古脊椎动物与古人类研究所编. 参加第十三届国际第四纪大会论文选. 北京：北京科学技术出版社，100～123

郑颖吾主编. 1999. 木论喀斯特林区概论. 北京：科学出版社

中共宣威市委史志办公室编纂. 1999. 宣威市志. 昆明：云南人民出版社：88

中国科学院古脊椎动物与古人类研究所《中国脊椎动物化石手册》编写组编. 1979. 中国脊椎动物化石手册：增订版. 北京：科学出版社

中国科学院青藏高原综合考察队. 1986. 西藏哺乳类. 北京：科学出版社

中国科学院青海甘肃综合考察队编. 1964. 青海甘肃兽类调查报告. 北京：科学出版社

中国科学院新疆生物土壤研究所编辑. 1991. 新疆动物研究. 北京：科学出版社

中国社会科学院考古研究所. 1983. 宝鸡北首岭. 北京：文物出版社

中华人民共和国濒危物种进出口管理办公室主编；郑生武，等编著. 1994. 中国西北地区珍稀濒危动物志. 北京：中国林业出版社

中阳县志编纂委员会编. 1996. 中阳县志. 太原：山西人民出版社：99

钟蓓. 2007. 滕州西公桥遗址中出土的动物骨骼/山东省文物考古研究所. 海岱考古. 第二辑. 北京：科学出版社

重熙. 1957. 阿尔泰麝鹿的生态研究. 动物学杂志(1)：59

周家兴，郭田岱. 1961. 河南省哺乳动物目录. 新乡师范学院学报，(2)：45～52

周至县志编纂委员会编. 1993. 周至县志. 西安：三秦出版社，51～52

朱洪强，等. 2012. 吉林黄泥河自然保护区马鹿冬季栖息地选择. 四川动物，31(3)：478～482

朱永刚，等主编. 2010. 西拉木伦河流域先秦时期遗址调查与试掘. 北京：科学出版社

朱兆泉，宋朝枢主编. 1999. 神农架自然保护区科学考察集. 北京：中国林业出版社，44～49

竹溪县志编纂委员会编. 1992. 竹溪县志. 竹溪：竹溪县志编纂委员会：86

卓尼县志编纂委员会编. 1994. 卓尼县志. 兰州：甘肃民族出版社：54

自贡市志地方志编纂委员会编纂. 1997. 自贡市志志. 北京：方志出版社，130～131

H. D. 卡尔克，周本雄. 1961. 周口店第一地点下部各层的地层、古生物学观察及第一地点的时代. 古脊椎动物与古人类，3(3)：211～233

H. D. 卡尔克. 1961. 关于中国南方剑齿象—熊猫动物群和巨猿的时代. 古脊椎动物与古人类，(2)：83～103

Schlosser, M. ,1924. Tertiary vertebrates from Mongolia. Pal. Sin. , Ser. C. ,1(1)

Teihard de Chardin P, Young C C. 1931. Fossil Mammals from the Cenozoic of Northern China. Pal Sin, Ser C, 9(1)：1～66

第二十三章

河鹿的分布变迁(续)

笔者曾对獐的分布变迁进行过探讨,当时仅分为历史与现今两个主要阶段(文榕生,2009),其中还存在一些瑕疵。

现根据对其一些新认识,采用通用中文学名——河鹿(*Hydropotes inermis*)再探讨其分布变迁,并按四阶段区分。曾表述过的原始资料不再重复,仅增补新资料,或作订正。

1 河鹿的概况

河鹿(图 23.1～图 23.6)①,又称獐、麕、麞、牙獐、獐子、草獐、车獐、黄麞、河麂、水鹿、山羊、老角麂、獐呒郎、羊獐子、中国水鹿(Chinese water deer)等。

河鹿无角,雄性獠牙发达,尾短。其冬毛粗而厚密,枯草黄色;夏毛细而较短,光润而微带红棕色;腹毛略呈淡黄色;全身无斑纹。初生仔鹿暗褐色,有浅棕色斑点,随胎毛更换而逐渐消失。

图 23.1 河鹿(雄)②

图 23.2 河鹿(雌)③

①原选图片"獐(曾玉梧等,2002)"似有误,故重选表现河鹿特征明确、清晰、美观图片。

②http://www.jqw.com/produceShow/1308/27/3425250.html

③http://www.nzmc.org/ztg/557

图 23.3　奔跑①

图 23.4　哺乳②

图 23.5　后视③

图 23.6　河麂(幼兽)④

2　河麂的遗存分布

迄今发现的河麂遗存不少(表 23.1、图 23.7)，经梳理，可以形成序列，大致可以看出以下特点：

● 河麂遗存近 80 地、90 余点，涉及 6 个地区。

● 河麂遗存时代最早的是早更新世晚期，在陕西省洛南县(110.1°E，34.0°N)；最晚的是全新世，甚至到商周以后，可与文献记载相衔接。

● 据遗存分布时代早晚大约可以看出，河麂最早出现在黄土高原，然后向东(到达东部沿海)、向南扩散，再向东北到达黑龙江省，向南到达东南、南部沿海。

● 全新世的河麂遗存约占 50%，主要分布在

①http://www.birdnet.cn/forum.php?mod=viewthread&tid=211867

②http://www.arkive.org/chinese-water-deer/hydropotes-inermis/image-G37045.html

③http://baike.sogou.com/v524412.htm?ch=ch.bk.innerlink

④http://www.arkive.org/chinese-water-deer/hydropotes-inermis/image-G37045.html

陕西省(在原地延续)、河南省(中转地繁衍)以及辽宁省、山东省、江苏省等,最终扩散到沿海一带。

● 西南一带虽也有河麂遗存出土,但十分零星,证据还不很充分。

表 23.1 河麂遗存分布概况

地区	省级政区	市、县、区	遗存地点	时期	资料来源
华北	北京	房山区	周口店(第 22,24 地点)	中更新世	贾兰坡等.1959
			周口店(山顶洞)	晚更新世晚期	高星等,2002
		昌平区	南邵镇张营遗址	全新世	黄蕴平,2010
	天津	蓟县	张家园遗址	全新世	天津市文物管理处,1977
	河北	抚宁县	石门寨镇山羊寨	中更新世晚期—晚更新世早期	牛平山等,1999
		武安市	磁山遗址	全新世	周本雄,1981
	内蒙古	林西县	双井店乡井子沟遗址	全新世	陈全家,2007
		察哈尔右翼前旗	庙子沟遗址	全新世	网络(1)
东北	辽宁	本溪满族自治县	山城子镇山城子村庙后山	中更新世	张镇洪,1981;陈恩志,2004;魏海波等,2010
		大连市	旅顺口区铁山镇郭家村、金州区庙山	全新世	傅仁义,1984;汪清,1999
		瓦房店市	长兴岛三堂村	全新世	汪清,1999
		普兰店市	皮口镇(貔子窝镇)	全新世	汪清,1999
		庄河县	黑岛镇北吴屯遗址	全新世	汪清,1999
		长海县	广鹿岛小珠山	全新世	汪清,1999
		大石桥市	金牛山	中更新世晚期	金牛山联合发掘队,1976;张镇洪,1981;董为等,1996
	吉林	农安县	左家山遗址	全新世	陈全家,1993
	黑龙江	哈尔滨市	顾乡屯遗址	晚更新世	包诺索夫 B. B,1938;陈恩志,2004
华东	上海	闵行区	马桥镇	全新世	黄象洪等,1978
	江苏	南京市	江宁区汤山镇葫芦洞	中更新世	房迎三,2000
		溧水县	神仙洞	晚更新世	葛治功,1990;房迎三,2000
		邳州市	大墩子遗址	全新世	尹焕章等.1964;网络(2)
		泗洪县	梅花镇顺山集遗址	全新世	网络(3)
		高邮市	龙虬镇	全新世	龙虬庄遗址考古队,1999
		丹阳市		中更新世	卡尔克,1961;房迎三,2000
		常州市	戚墅堰区圩墩遗址	全新世	黄文儿,1978;黄象洪,1990
		吴江市	平望镇龙南遗址	全新世	吴建民,1991

（续表）

地区	省级政区	市、县、区	遗存地点	时期	资料来源
	浙江	余姚市	河姆渡	全新世	浙江省博物馆自然组，1978；曹克清，1982；计宏祥，1985
	安徽	谯城区	傅庄遗址	全新世	网络（4）
		蒙城县	尉迟寺遗址	全新世	袁靖，2001
		蚌埠市	淮上区双墩遗址	全新世	韩立刚等，2008
		和县	龙潭洞	中更新世	黄万波等，1982；徐钦琦等，1984；计宏祥，1985
	福建	三明市	万寿岩船帆洞及支洞3处	中更新世晚期—全新世	范雪春等，2006
		明溪县	剪刀墘洞	晚更新世	尤玉柱等，1996；范雪春等，2006
		清流县	沙芜乡洞口村狐狸洞、龙津洞3号裂隙	晚更新世晚期	董兴仁等，1996
		宁化县	石子嵊洞、老虎洞	晚更新世	尤玉柱等，1996；范雪春等，2006
		将乐县	岩仔洞（上层洞与下层洞）	晚更新世	尤玉柱等，1996；范雪春等，2006
		漳平市	象湖镇奇和洞遗址	晚更新世	网络（5）
	江西	万年县	大源乡仙人洞	全新世	黄万波，1963
	山东	茌平县	乐平镇教场铺遗址	全新世	动物考古课题组，2011
		桓台县	唐山镇前埠遗址	全新世	宋艳波等，2011b
		潍坊市	前埠下遗址，鲁家口遗址	全新世	周本雄，1985；孔庆生，2000
		乳山市	白沙滩乡翁家埠贝丘遗址	全新世	中国社会科学院考古研究所，1999
		胶州市	城南三里河遗址	全新世	网络（6）
		临沭县	朱仓乡东盘遗址	全新世	网络（7）
		滕州市	官桥镇西公桥遗址	全新世	钟蓓，2007
		济宁市	任城区玉皇顶遗址	全新世	钟蓓，2010
		兖州市	西吴寺遗址	全新世	卢浩泉，1990
		邹城市	峄山镇野店遗址	全新世	网络（8）
		泰安市	大汶口	全新世	李有恒，1974
		阳信县	水落坡乡李屋遗址	全新世	宋艳波等，2011b
		邹平县	苑城乡丁公遗址	全新世	网络（9）
中南	河南	新密市	新砦遗址	全新世	黄蕴平，2010
		灵宝市	阳平镇西坡村	全新世	动物考古课题组，2011
		安阳市	殷墟	全新世	德日进等，1936；杨钟健等，1949
		汤阴县	白营遗址	全新世	周本雄，1983
		许昌县	灵井镇	晚更新世早期	李占扬等，2007
		舞阳县	北舞渡镇贾湖遗址	全新世	河南省文物考古研究所，1999
		新蔡县	练村镇练村集	晚更新世	裴文中，1965

（续表）

地区	省级政区	市、县、区	遗存地点	时期	资料来源
	湖北	郧县	黑家院遗址	全新世	动物考古课题组,2011
		郧西县	香口乡黄龙洞	更新世晚期	武仙竹等,2007
		秭归县	官庄坪遗址	全新世	武仙竹等,2005
		长阳土家族自治县	原柘坪乡桅杆坪遗址,津洋口镇西寺坪遗址,资丘镇沙嘴遗址、深潭湾遗址	全新世	陈全家等,2004;湖北省清江隔河岩考古队等,2004
		神农架林区	犀牛洞	晚更新世早期	武仙竹,1998
	广东	罗定县	苹塘镇下山洞	晚更新世晚期	黄万波等,1988
	广西	南宁市	豹子头贝丘遗址	全新世	广西壮族自治区文物考古训练班等,1975
		桂林市	象山区甑皮岩	更新世晚期	李有恒等,1978;袁靖等,2003
		柳江县	新兴农场人洞	更新世晚期	吴汝康,1959;黄万波. 1979
		扶绥县	敢造遗址	全新世	广西壮族自治区文物考古训练班等,1975
西南	重庆	铜梁县	张二塘遗址	晚更新世晚期	周乐鹏,2010
		忠县	㽏井沟中坝遗址	全新世	付罗文等,2006
	贵州	盘县	大洞遗址	中更新世	六盘水市文物管理委员会等,1993
	云南	兰坪白族普米族自治县	通甸镇玉水坪古人类文化遗址*	全新世	网络(10)
	西藏	昌都县**	卡若遗址	全新世	黄万波,1980
西北	陕西	西安市	灞桥区半坡遗址,临潼区姜寨遗址、白家村遗址,长安区丰镐遗址	全新世	李有恒等,1959;西安半坡博物馆等,1988;祁国琴,1988;赵晨等,2011 网络(11)
		蓝田县	涝池河	中更新世	计宏祥,1974
		高陵县	泾渭镇东营遗址	全新世	陕西省考古研究院等,2010
		铜川市	黄堡镇瓦窑沟遗址	全新世	王华等,2014
		华县	泉护村遗址	全新世	北京大学考古学系,2003;胡海松,2003;张玉光等,2009;
		宝鸡市	金台区北首岭,陈仓区关桃园遗址	全新世	中国社会科学院考古研究所,1983;陕西省考古研究院等,2007;胡松海等,2007
		扶风县	案板遗址	全新世	傅勇,2000
		洛南县	尖角乡龙牙南洞	早更新世晚期	薛祥煦等,1999
	青海	互助土族自治县	金禅口遗址*	全新世	网络(12)

注:*表示详见正文。**表示对所称河麂遗存存疑。(1)胡晓农. 乌兰察布文化遗产—石器时代. http://inews.nmgnews.com.cn/system/2016/04/13/011948561.shtml(2)邳州大墩子遗址先后三次发掘,获得了6000余件器物和554座墓葬资料. http://www.pzzc.net/read-htm-tid-7495623.html(3)宿迁发现世界最早古稻田出土“中华第一灶”. http://news.025ct.com/shehuixinwen/438177.html(4)阜阳地区志·文物名胜·古遗址. http://www.360doc.com/content/11/0713/12/5170494_133283812.shtml(5)福建漳平奇和洞遗址发掘取得重大收获. http://www.ccrnews.com.cn/index.php/Zhuanlanzhuankan/content/id/43649.html(6)三里河遗址. http://baike.baidu.com/link? url=9RA4Z0vKNW_5_Rsywgh-BFUe2235JBUvJ60OEx7gBiiMn4Cwe4H76pKfBuG1j5FI(7)东盘遗址. http://baike.baidu.com/link? url=CvXuWFidrMeKwgXaqwaOrjgFrQADW4JUpcmk5e_snx0GXSWPGwULNwXJRZT1mt3IIzGR4uH3qjenp_eQHQnNFq(8)邹城野店遗址:大汶口文化遗存. http://www.dzwww.com/2013/sdwsdt/jnwsdt/zcswsdt/zcslsyj/201312/t20131210_9321101.htm(9)邹平丁公遗址. http://museum.sdu.edu.cn/aticle_view.jsp? fid=267(10)怒江历史遗存. http://www.nujiang.cn/html/2016/zhouqinggaikuang_0412_41539.html(11)丰镐遗址. http://baike.baidu.com/link? url = PP2K6XJl2P03cwInh7od2HLCLpXK0qS-poc05-9XHU_jcmCJCbgSd1GXv3pf5rpHlLNl1GvPHFN6PMfzlmVq(12)李志鹏等.金禅口遗址出土动物遗存及其先民的动物资源开发//青藏高原科技考古新成果. http://www.ccrnews.com.cn/index.php/Zhuanlanzhuankan/content/id/53599.html

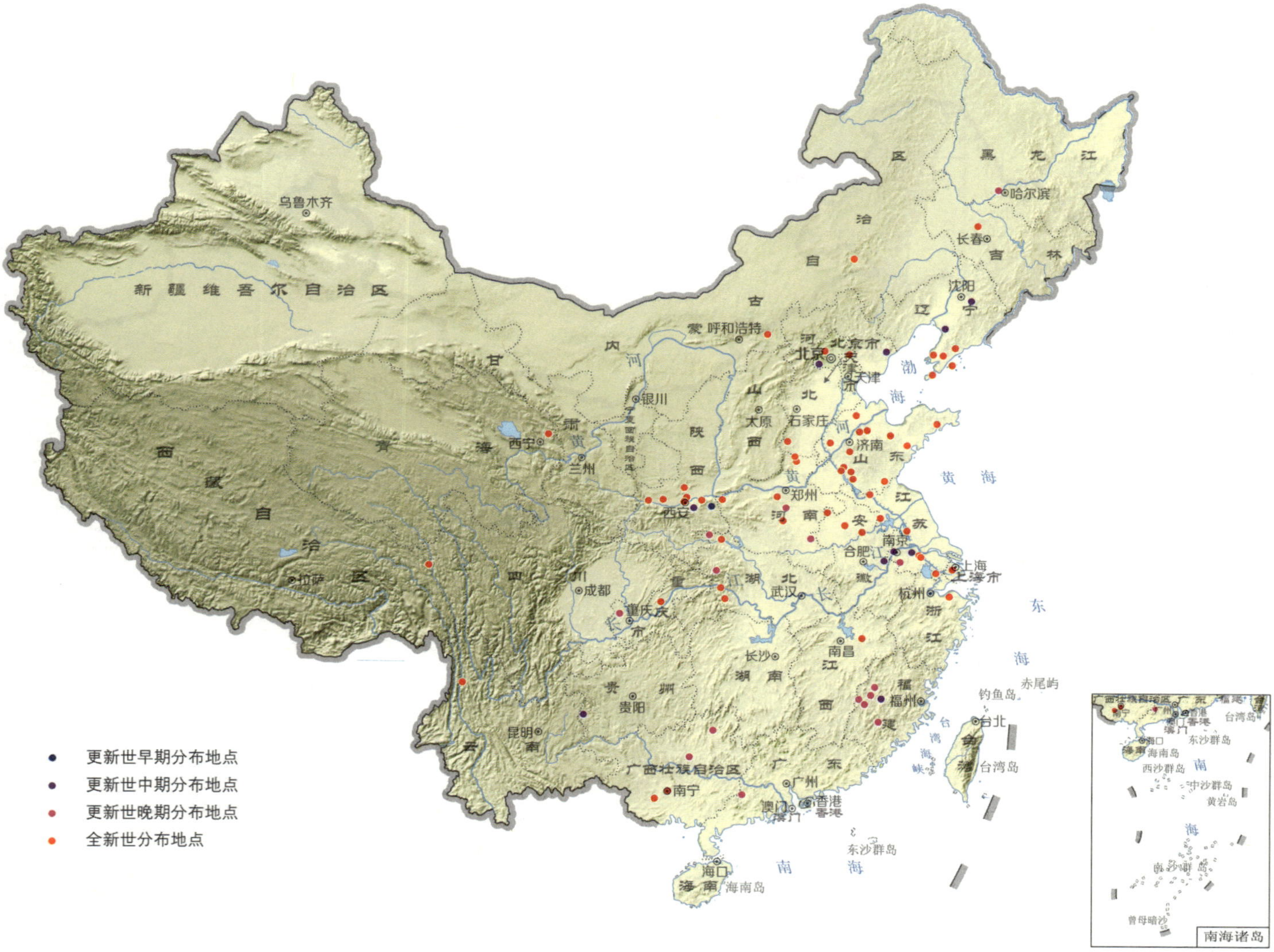

图 23.7　河麂遗存分布图

就河麂遗存发现地而言，值得注意的是金禅口遗址，据介绍：

青海省互助县金禅口遗址地处大通河南岸的二级阶地上，面积约 8 000 m²，海拔 2 419 m，遗址的树轮校正年代为公元前 2000 年左右，属于齐家文化。金禅口遗址位于河西走廊、青海东部河湟地区、黄土高原西缘的三角地带，交通位置极为重要。青海省文物考古研究所 2012 年发掘了该遗址，对遗址出土的动物骨骼进行了细致收集。中国社会科学院考古研究所科技考古中心动物考古实验室受委托鉴定、分析了这批动物遗存，在此对金禅口遗址先民利用的动物资源情况作一初步介绍和分析。

金禅口遗址发现的动物骨骼共计 2 000 多块。动物遗存中以野生动物为主，家养动物也占了相当的比例。动物群中鹿的可鉴定标本数占50%多，最小个体数所占比例占 30%左右，鹿包括马鹿、梅花鹿、狍子、獐、麝等大中型鹿类动物。其次为家养的羊，主要为绵羊，也有少量山羊。羊在动物群中可鉴定标本数所占比例占 30%左右，最小个体数占 20%多。再次为狗，在动物群中可鉴定标本数所占比例占 4%左右，最小个体数约占 8%。其他的野生动物还有斑羚、岩羊、羚羊、熊、狐、貉、旱獭、野猪、中型猫科动物、鼬科和鼠类等，数量、比例均很少。可以看出，金蝉口遗址齐家文化时期先民的生业模式是狩猎经济和畜牧业经济相结合的动物资源开发模式，其中狩猎经济比重更大，且狩猎的野生动物种类较为集中，主要为马鹿、梅花鹿和狍子等鹿科动物[①]。

按：此处不仅出土多种鹿科动物，还有容易混淆的獐(河麂)与麝。虽然与陕西省河麂遗存群有一段距离，但尚属黄土高原西缘。这是迄今发现的河麂遗存最西北地点(102.4°E，36.8°N)。

据 2016 年 4 月《怒江历史遗存・古人类活动遗址》报道：

玉水坪古人类文化遗址位于兰坪县通甸镇所在地西北 1.5 km 处通甸河北侧金鸡岩上，高出通甸河水面 16 m，洞穴发育为二叠纪石灰溶洞，洞口向南，高 1.5 m，宽 1.55 m，内深 8.8 m，宽 4.7 m。文化层为黑褐色，厚 65 cm，灰黄的土块和火成岩砾石混杂其间，有烧红的土面和火塘遗迹。1979 年，治河取石被炸开，大量的文化层被群众取出做肥料撒到地里。1984 年，文物普查时采撷到骨饰品 7 件(属獐牙，根部有孔)，石斧 1 件，石钵 2 件，还有马、熊、鹿、野猪、鼠、羊、獐等动物骨骼和灰沙陶片，属新石器时代文化遗址[②]。

按：尽管此处称获得“根部有孔”的骨饰品獐牙，但兰坪县地处横断山脉纵谷地带，是距河麂分布区较远的单纯麝分布区，且乃孤证，是否是河麂暂存疑。

3　古人对河麂的认识

古人对河麂的认识可追溯到先秦时期，证据则是文献记载居多。

3.1　古人心目中的河麂

古人早就认识河麂。

《诗・国风・召南・野有死麕》中就有“野有死麕，白茅包之”之句。其中“麕”，乃“獐”，即河麂。说明早在春秋时期，先民就关注到河麂。

《说文解字注・鹿部・麞》集解：

《考工记》：缋人山以章。郑云：章，读为獐。獐，山物也。齐人谓麋为獐。陆机《诗疏》云：麐，麞也。青州人谓之麐。按：麞异于麋者，无角。从鹿。章声。诸良切。十部。

按：虽多字，说法不一，但皆指河麂。

(汉)《说文解字・鹿部》：“麞：麋属。从鹿，章声。诸良切。”

(宋)《埤雅・释兽・麕》集解：

崔豹《古今注》曰：鹿有角而不能触，麞有牙而不能噬。麞，麕也。齐人谓麕为麞。麞如小鹿而美，故从章也。章，美也。《易》曰：阴虽有美，含之，以从王事[，弗敢成也]。麞从章，从旨，其义一也。语曰：四足之美有麃，麃即麞也。或曰：麞性善惊，故从章。《吴越春秋》曰：章者，偉偟也。盖麕，鹿皆健骇，而麕性胆尤怯，饮水见影辄奔。《道书》曰：麞、鹿无魂。又曰：麞、鹿白胆善怖，为是故也。或曰：麋喜音声，麞喜文彩。故麋从禾，麞从章。今猎户以彩服舞麞、鹿。《字说》曰：赤与白为章，麞见章而惑者也。乐以道和，麋可以乐道而获焉。麋不可畜，又不健走，可缚者也。故又训缚。《诗》曰：野有死麕，白茅包之。言昏礼不以死物。故其生挚用雁而饰，羔雁者以缋。今取死麕，更以白茅包之，则皆非其礼矣。

①李志鹏等. 金禅口遗址出土动物遗存及其先民的动物资源开发//青藏高原科技考古新成果. http://www.ccrnews.com.cn/index.php/Zhuanlanzhuankan/content/id/53599.html

②怒江历史遗存. http://www.nujiang.cn/html/2016/zhouqinggaikuang_0412_41539.html

虽皆非礼，然犹愈于无礼。故序云：恶无礼也。先曰死麕，后曰死鹿。先曰包，后曰束。言被文王之化，知恶无礼，其俗有隆而无杀。麞性喜山，麋性喜泽，鹿性喜林。故林属于山为麓，其字从鹿。麓者，鹿之所在故也。鹿，林兽也。麋，泽兽也。《博物志》曰：麋掘泽草而食，其处成泥，名曰麋暖。民随此暖种稻，不耕而获，其收百倍。麕性善聚，善散，故从囷。囷，聚也，亦散也。《国语》曰：市无赤米，而囷鹿空虚。先儒以为圆曰囷，方曰鹿。鹿善聚，亦善散。故囷，或谓之鹿也。

传世的古人绘制的河麂形态图不多，逼真者更是寥寥。（北宋）易元吉《獐猿图》（又称"山猿野麞图"）（图 23.8）不仅栩栩如生地描绘出河麂与长臂猿的形神，更难能可贵的是准确反映出二者所处的生态环境不同：猿居山林，河麂居水。据局部放大图（图 23.9）看，河麂的被毛皆是一笔一笔绘制的。

图 23.8　易元吉《獐猿图》①

图 23.9　易元吉《獐猿图》（局部）②

图 23.10　神兵擒河麂（《搜山图》局部；宋—元）

《搜山图》表现的是民间传说二郎神搜山降魔的故事，所以也称为《二郎神搜山图》。据记载，最早北宋高益画的《鬼神搜山图》受到皇帝重视，以后明、清两代不断有传本出现。此幅《搜山图》是南宋末或元初人的手迹，虽是残本，其中缺少主神即二郎神部分，但是绘画技巧却高于其他各本。图中描绘神兵神将们耀武扬威地搜索山林中的各种魔怪，魔怪们均是各种野兽变的，有虎、熊、豕、猴、狐狸、山羊、獐、兔、蜥蜴、蛇及树精木魅等（图 23.11）。值得注意的是，其中有河麂（獐）形象出现（图 23.10），根据所绘制动物的神形，可反映古人对其认知程度。

①http://s7.sinaimg.cn/large/70c17140gx6BgiH9Lame6&690

②（宋）易元吉《山猿野麞图》卷. http://www.360doc.com/content/15/0805/00/21205651_489560881.shtml

图 23.11　《搜山图》(局部;宋—元)

3.2　正本清源

对河麂的误认，从现有证据看，唐代就有，后虽有所纠偏，但又有误解、误传，至今更愈演愈烈，值得加大纠偏力度，以正本清源。

● 河麂图的误认。《清宫兽谱》中有“麕”(河麂)的图文(图 23.12)(袁杰等，2014)，据左侧的文字内容，确是描述河麂，而绘制的图则非此物。

该图册后附有现今鉴定意见：

【画名】麕【古名】麇、獐【今名】獐、河獐【英文名】Chinese water deer【河麂】*Hydropotes inermis*【备注】动物形态生动可爱，唯头部外貌与体毛与现生者有所不同。

按：据此看来，有关专家基本上将此“麕”形象鉴定为河麂。笔者则难以苟同：①从外形看，宫廷画师绘制的该兽的头型、体态、蹄形皆与河麂相差

图 23.12　麕(《清宫兽谱》)

甚远，显著差异在于河麂并无蓬松长尾。而犬科动物的特征是：颜面部长，吻端突出，耳较大，直立；体形矫健，四肢细长；尾较粗长，尾毛一般蓬松。但此兽的前后足显然不具备犬科动物特征。②就生态环境论，河麂生活于山地灌丛、草坡中，不上高山，栖息于河岸、湖边、湖中心草滩、海滩芦苇或茅草丛生的环境，也生活在低丘和海岛林缘草灌丛中；善游泳，能在岛屿与岛屿和岛屿与沙滩间迁移；在山丘、岛屿，河麂虽能在灌丛中栖息，但更多选择草丛[①]。而图中该兽是在植被不甚繁茂的山地栖息，缺少灌丛、草坡、湿地。

●“河麂”物种的误用。在“百度”检索“河麂”与“山獐”时，分别获得如下结果：

（1）中文学名：河麂。拉丁学名：*Hydropotes inermis*。别称：獐、牙河麂、土麝、香獐[②]。

（2）獐为鹿科动物 *Hydropotes inermis* Swinhoe，又称牙獐、河麂。

中文学名：山獐。拉丁学名：*Hydropotes inermis* Swinhoe。别称：老獐，牙獐。

生存环境：曾分布于28°N至42°N（现24°N至34°N），110°E以东。獐生活于山地草坡灌丛、草坡中，不上高山，喜欢在河岸、湖边等潮湿地或沼泽地的芦苇丛中生活，故《本草纲目》曰：秋冬居深山、春夏居泽。

产地来源：过去曾广泛分布于我国长江流域各省的丘陵河谷地带，包括江苏、浙江、安徽、江西、湖北、广东、福建等地[③]。

按：比较之后，可以看出虽然皆是按河麂来诠释的，但别称略有差异。值得注意的是：第（1）条的别称中出现“土麝、香獐”；第（2）条引用“《本草纲目》曰：秋冬居深山、春夏居泽”，似为“山獐”乃“河麂”别称的佐证[④]，实则皆值得商榷。

《本草纲目》有多种版本，为便于探讨问题，笔者特选版本较好的1975年人民卫生出版社的《本草纲目·兽部·獐》原样摘录[⑤]（李时珍，1975）：

獐《别录》：中品

【释名】麃音君。亦作麏。时珍曰：猎人舞采，则獐、麋注视。獐喜文章，故字从章。陆氏曰：獐性惊慞，故谓之獐。又善聚散，故又名麏。囷，圆仓也。《尔雅》云：麏，牡曰麌（音语），牝曰麜（音栗），其子曰麆（音助）。大者曰麃（音庖）。古语云：“四足之美，有麃”，是矣。

【集解】颂曰：獐，今陂泽浅草中多有之。其类甚多，麏乃总名也。有有牙者，有无牙者，其牙不能噬啮。时珍曰：獐，秋冬居山，春夏居泽。似鹿而小，无角，黄黑色，大者不过二三十斤。雄者有牙出口外，俗称牙獐。其皮细软，胜于鹿皮，夏月毛毨而皮厚，冬月毛多而皮薄也。宋·《符瑞志》有：银獐，白色。云，王者刑罚中理则出。《春秋运斗枢》云：枢星散为獐。

【正误】诜曰：獐中往往得香，如栗子大，不能全香，亦治恶病[⑥]。时珍曰：獐无香，有香者麝也，俗称土麝呼为香獐是矣。今正之。

按：整体看，标点略有瑕疵，基本准确，值得商榷的是最后的“正误”。①“诜曰：獐中往往得香，如栗子大，不能全香，亦治恶病。”这是李时珍看出孟诜[⑦]误将有香（麝香）的麝也混入“獐”（河麂）中，故进行纠正。②古籍原标点有误，此处所加

---

①河麂. http://baike. baidu. com/link? url = oTZ13WVgVvtxCHGS5p3iFrgc6WUbjayyp _ TEmGN8T8rKK529e5EaWpVBCyFzLqNoxV5jO5T3VlKzcazBalJcNq

②河麂. http://baike. baidu. com/link? url = XH3vyNhjoDPFdyw1XHy2BmKvWmiXmFe7AXE0ffpLxlVAshGnruXpc56yxC5g2-Yw3vzWgX984MK1TvKu0dbRwa

③山獐. http://baike. baidu. com/link? url = iF4qZtBrt99RcNDci6H _ opy3Z6a1auVHWDJwLMTondWAKd6slcNbA093QWzcepAs09Xf6K5UvcHa-j7q2m4_Pq

④笔者初确实这样认识，经考证才推翻了这种诠释。

⑤有下划线的是笔者加注的标点符号。

⑥据张存惠原刻晦明轩本影印《重修政和经史证类备用本草·兽部》摘录（唐慎微，1957）：

獐骨：獐骨：……肉：温补，益五藏。臣禹锡等谨按《蜀本》云：獐肉味甘。孟诜云：肉亦同麋，酿酒。“道家名为白脯。唯獐、鹿”，是也。余者不入。又其中往往得香，栗子大，不能全香。亦治恶病。其肉八月止十一月，食之胜羊肉。自十二月止。七月食，动气也。又若瘦恶者食，发痼疾也。

⑦孟诜（621—713），唐代著名学者、医学家、饮食家，著有《食疗本草》。

的则是今人所为。而此处李时珍原意当是："獐无香。有香者，麝也。俗称土麝，呼为香獐，是矣。"即第一句是诠释"獐"（河麂），其后则是诠释麝。有无"香"（麝香）是区分河麂与麝的关键，所以最终以"今正之"结束。正是由于今人标点有误，以至于现今仍有人将河麂与麝相混。

● "山獐"是赤麂。"山獐"的称谓仅见于福建省一些地方，如《龙岩地区志》（龙岩地区地方志编纂委员会，1992）、《武平县志》（武平县地方志编纂委员会，1993）、《连城县志》（连城县地方志编纂委员会，1993）、《永安市志》（永安市地方志编纂委员会，1994）、《中国国情丛书：百县市经济社会调查：上杭卷》（丁伟志等，1994b）、《华安县志》（华安县地方志编纂委员会，1996）、《南靖县志》（南靖县地方志编纂委员会，1997）、《漳浦县志》（漳浦县地方志编纂委员会，1998）、《诏安县志》（诏安县地方志编纂委员会，1999）、《霞浦县志》（霞浦县地方志编纂委员会，1999）、《同安县志》（同安县地方志编纂委员会，2000）以及福州市晋安区的皇帝洞①、上杭县茶地乡②、华安县③、安溪县④等地皆有记录。其中《漳浦县志》明确："獐（土名山羌）"。

据2011年6月报道，一只山獐闯进了泉州市区温陵北路盏达小区的地下车库，民警赶到现场后联系了泉州市东湖公园动物园，将其安放。泉州市林业局称，山獐生活于山地草坡灌丛，行动时常为蹿跳式，喜欢吃嫩草绿叶，行动迅速，两耳直立，感觉灵敏，人难以近身。泉州的清源山、安溪（县）、永春（县）、德化（县）和洛江区的山区都有山獐，它很可能是从清源山上跑下来的⑤。

据2010年11月报道，新罗区东宫下长安马自达轿车经营店工作人员报警称，一只野生动物闯进该店，现被关在一小房间内。接警后，市森林公安局民警协同野生动物救助人员迅速赶到现场，一起将受伤动物安顿好，并运至动物园寄养，待治愈后再放生。经了解，该野生动物俗称山獐，别名河麂，鹿科，属国家二级保护动物⑥。尤其是此处"俗称山獐，别名叫河麂，鹿科，属国家二级保护动物"，似与"百度"介绍吻合。

然而，泉州市的报道附有"山獐"图片（图23.13），使笔者对所谓"山獐即河麂"的说法产生疑问，遂向泉州市林业局求教。该局第一时间即给予回应，并安排相关人员认真解答：

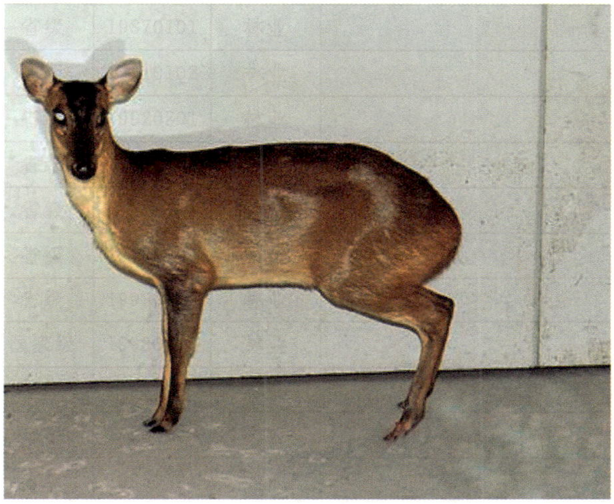

图23.13　闯入小区的山獐

报道中所提及的"山獐"，学名赤麂（*Muntiacus muntjak*），在闽南地区俗称"山獐"。为鹿类中体形最大一种，体长约1 m，尾长17～21 cm，体重25～30 kg。属省级一般保护动物，其相关特征与河麂（*Hydropotes inermis*）区别如下：

①皇帝洞景区. http://baike. baidu. com/link? url＝3KBGfUUymygsl_Jmmc7qa6vgZpaLuigzCwG3QPIFhBCv8lbg63ArZkHav4dEVHqS4rid5Xo1gY7RvRzoRfx7ca

②张筱晨等. 村民持枪上山打猎上杭民警埋伏将其抓获. http://www. mxrb. cn/zt/content/2015-07/03/content_1424029. htm

③华安县. http://baike. baidu. com/link? url＝tB8pFqQDJL4r_f_r5O9stuWtHw5jo2Sv2zptOoeGzhI0d5kNlMMmpIunFW_QXN5b8r3J2zfap6CXOo0OFgQfV_；走进华安，品鉴璀璨的北溪文化. http://news. 163. com/10/0609/07/68NI981N00014AED. html

④安溪县. http://baike. baidu. com/link? url＝rCnfVaQcrFj9_k4BsNsEp_edBB_U7MKd2Gyy-9Kj38IdjbCRzv0ES1QhUf7Yn-CJ＃4

⑤俞志村，谢明飞. 市区一小区停车库 半夜闯进一只山獐. http://www. mnw. cn/news/photo/19307. html

⑥刘菲菲等. 龙岩新罗：山獐误闯店内森林公安施救. http://www. 0597. com/news/longyanxinxianshi/2010-11-20/48417. html

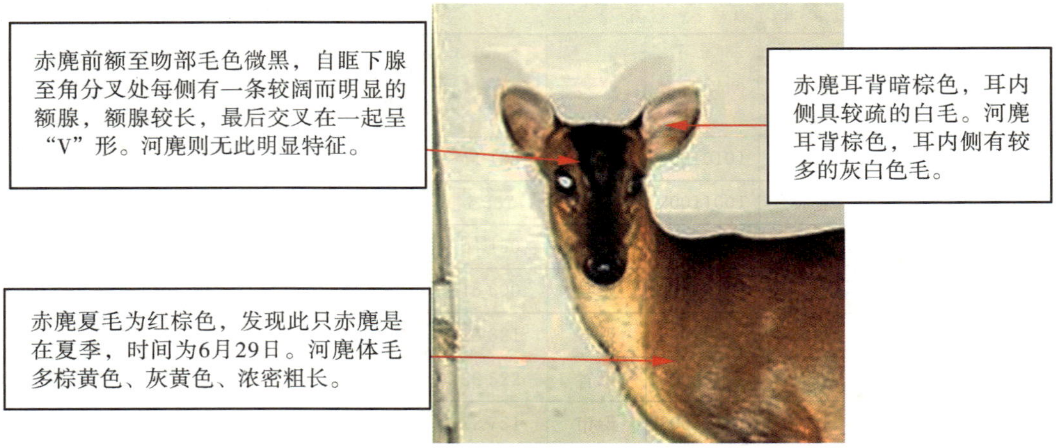

（此图为2011年海峡都市报报道时现场拍摄的图片）

图 23.14　泉州市林业局解答山獐与河麂区别

综上，澄清“山獐”乃赤麂别称，而非河麂。

● 小麂并非獐。据 2004 年 7 月报道，一只成年母獐（图 23.15）突然闯进浦城县城关环城河，被早起的当地菜农发现，并拨打“110”电话报告。巡警闻讯后，在群众协助下，捕获了这头成年母獐。经县林政部门鉴定，该动物是最原始的鹿科动物，属国家二级保护野生动物。獐虽能在灌丛栖息，但更多选择草丛。晨昏活动最为频繁，以灌木嫩叶及杂草为食，常至附近农田吃蔬菜、豆科作物及薯叶。之后，林政部门人员对其身体全面检查，确认这头獐身体健康，未受外伤。当天下午，公安民警载着它驱车 20 多 km，在一偏僻大山里将其放生①。尽管林政部门人员将其鉴定为国家二级保护野生动物——獐（河麂），但其形态与河麂相去甚远。

戴云山国家级自然保护区网站上有一幅“山羌”图片（图 23.16），再经调查，证实应为小麂（*Muntiacus reevesi*），别称麂、麂子、吠鹿、犬麂、角麂、黄麂、黄猄等。脸部较短而宽，额腺短而平行，在颈背中央有一条黑线；牙齿结构与赤麂相似，成年的雄兽上犬齿相当发达，形成獠牙；雄兽具角，但角叉短小，角尖向内向下弯曲；头部为鲜棕色，体毛呈棕褐色，颈背部较深，呈暗褐色，腹面从前胸至肛门周围均为白色。小麂喜独居或

图 23.15　浦城县发现的“母獐”

图 23.16　“山羌”②

①叶涛，李娜. 野獐惊现城区警民携手相救. http://news.sina.com.cn/c/2004-07-20/13573138670s.shtml

②台湾动物资源. http://www.cndys.net/2013/02/464_1.shtml

雌雄同栖，昼夜活动。小麂有 3 个亚种（指名亚种、江口亚种、台湾亚种），台湾亚种又有山羌、羌仔等别称①。

有人发布在九仙山拍摄的“山獐”图片（图 23.17），并介绍：

这是 12 月 31 日下午 5 时许本人在福建九仙山拍摄的山獐②。

按：此图中的一对雌雄小麂特征明显，不难区分。

图 23.17　雌雄小麂

4　20 世纪前的河麂分布

据文献记载，20 世纪前河麂在我国的分布涉及华北、华东、中南、西南四大区。华东与中南是河麂的主要分布区，西南仅见重庆市有河麂记录。

● 中南分布的河麂

根据历史上河麂的分布状况，其范围理应更为广阔。

元大德八年（1304）《南海志》列举的兽类有：

象、虎、豹、狼、鹿、獐、猄、麖、麂、野猪、獭、猿猴、竹鼬、倒鼻、豪猪、刺猬、川山甲、香狸、白面毡、金钱狸、鼠狼、白鼠、豺、羚羊、熊、猩猩、麞。

按：其中的“獐”就是河麂。当时其辖境包括今广东省的广州市、增城市、从化市、清城区、佛冈县、新丰县、龙门县、东莞市、深圳市、珠海市、中山市、江门市、台山市、佛山市，以及香港特别行政区与澳门特别行政区等地。

● 西南分布的河麂

以往皆称重庆市没有河麂分布，然而新资料表明，重庆市等省级政区不仅有河麂遗存出土，而且还有文献记载反映有河麂分布。

清同治三年《酉阳直隶州总志》记述：

獐（即麞也，似鹿而小，无角，雄者牙出口外，曰牙麞）……麝（香麞也）。

按：此处同时明确有河麂与麝，说明当时它们在当地重叠分布。

清光绪十二年《大宁县志》记述：

麞（《埤雅》：麞如小鹿而美，有牙而不能噬）……麝（《说文》：麝如小麋，脐下有香，一名麝父，字林小鹿，有香，其足似麞）。

按：此处亦明确有河麂与麝，反映当时它们在当地重叠分布。

5　河麂在 20 世纪的分布

到 20 世纪，已不见华北有河麂分布记录。

5.1　华东

上海市与山东省分布的河麂延续到 20 世纪前半叶，台湾分布的河麂延续到 20 世纪后半叶。

5.1.1　江苏

江苏省有较多河麂分布。

《泰县志》记述（泰县县志编纂委员会，1993）：

獐：形似鹿而小，头无角。母性齿露口外，喜驰，毛褐黄色。民国时期渐少。50 年代后绝迹。

按：此处所述虽存瑕疵③，然而当是河麂；尤其是提及民国时期数量减少，仅延续到 1950 年代。

5.1.2　安徽

安徽省仍有较多河麂存在。

庐江县西部属大别山余脉，地形西南高、东北低；东挟黄（陂）、白（湖）二湖、北襟巢湖，圩畈相连；中部多丘阜，纵横起伏，冲塝相间；大体是山、圩各两分，一水五丘陵。地属北亚热带湿润

①小麂. http://baike.baidu.com/link? url = INpQZJa7CwMDsOkDLXftoLxbLoVj3ppwQxCXQxBrLjFICccJS1IL8Okutt18B1-OB-nasXLiO6PEDbAPS6VdPLK；台湾动物资源. http://www.cndys.net/2013/02/464_1.shtml

②福建九仙山拍摄野生动物. http://www.photofans.cn/album/showpic.php? year=2006&picid

③古人以“牝、牡”来区分动物雌、雄。此处似误将“牡”（mǔ）作雌性，或同音字（母）而误。河麂则是雄兽上犬齿发达，突出口外。

季风气候区，四季分明，冬寒夏热，春秋温和，阳光充沛，无霜期长，梅雨特征显著。当地兽类仍多，但虎、猴、獐、鹿等旧志有载，今已绝见①。

5.1.3 福建

福建省在此阶段已是河麂分布的较东南边缘。

福州市称（《福州市郊区志》记载似截止于20世纪末）当地野兽历史上有鼠、猴、野猪、豺犬、狼、虎、金钱豹、狐、九节狸、果子狸、鹿、玉面狸、阉、獐、猢鼠、鼠狼、竹鼬、刺猬、驳马、豪猪、渭猪、土猪、羊犬、山犬、貉、香狸、熊、蝙蝠、穿山甲等。现在有鼠、野猪、豺犬、金钱豹、狐、九节狸、果子狸、阇、獐、鼠狼、竹鼬、豪猪、山犬、蝙蝠、穿山甲等②。所谓“獐”，乃河麂。

福清市称（《福清市志》记载似截止于20世纪末）该市哺乳动物较多，分布也广。长毛猴生长在一都乡善山村的后山和镜洋乡晨钟、大化、吴红等地深山密林中。古时，东张石竹山、渔溪大帽山也有长毛猴。老虎、金钱豹、龟纹豹和石豹，在东张镇的玉林、三星、双金、道桥等地区出没。新厝的凤迹、东漈山丘中也有老虎出现。鹿、狼犬、山狗、狸、獐、狐、大小香菇狼、青猺、黄摇、白鼻猖、刺猬、山猪、獾和野兔，主要分布在西北大陆山丘林间草丛③。其中也有“獐”，即河麂分布。

长乐市称（《长乐市志》记载似截止于20世纪末）当地哺乳类主要有：猫、狸、狐、穿山甲、野兔、松鼠、竹鼬、豪猪、猹、黄鼬、野猪、山羊、山犬、刺猬、田鼠、家鼠、蝙蝠、海豚、虎、赤豹、钱文豹、黑豹、鹿、麂、獐、狼等，但少见④。其称“少见”的物种似从“海豚”以后，包括“獐”（河麂）。

闽侯县介绍（《闽侯县志》记载似截止于20世纪末），该县有丰富的绿色植物和密布的河网，为野生动物提供营养和能量。野生动物中哺乳类主要有：虎、豹、豺、狼、鹿、獐、麂、野猪、野山羊、豪猪、野兔、狐、狸、山猫、猴、黄鼠狼和水獭等兽类⑤。其中含有“獐”。

闽清县介绍（《闽清县志》记载似截止于20世纪末），食肉类凶猛动物已近灭绝，其他尤其是草食野生动物仍较多。县内主要野兽有：虎、豹、野猪、野山羊、土猪、土狗、草狐、灵猫、金钱猫、豺狗、麂、鹿、獐、穿山甲、豪猪、山猴、水獭、黄鼠狼、松鼠、田鼠、家鼠、甘瓢鼠、山兔等⑥。说明还有河麂存在。

泉州市林业局2016年5月26日答复笔者咨询的回复称：“河麂在泉州历史上有分布，但已多年未见及相关消息。”证明地级泉州市辖境泉州市、石狮市、晋江市、南安市、惠安县、安溪县、永春县、德化县、金门县等曾有河麂分布。

5.1.4 江西

江西省此阶段仍有河麂存在。

民国二十二年（1933）《庐山志》中记述（吴宗慈等，1996）：

> 獐：……形似鹿，体长约四五尺；头上无角；牡兽之犬齿露出口外；四肢善驰；毛色棕黄，其毛易落。其肉可食，味甚鲜美。

按：不仅形态描述是河麂，而且经济价值为肉用的说法也符合。

5.2 中南

此阶段，香港特别行政区与澳门特别行政区未见有河麂记录，海南省存在的河麂延续到20世纪前半叶。

5.2.1 河南

新资料表明河南省还有河麂分布。

《中国珍稀野生动物分布变迁》提到（文榕生，2009）：

> 河南位于历史时期獐分布偏北地区，当有较多的獐分布点，只是明、清至今文献记载所谓

---

①庐江县. http://baike. baidu. com/link? url = QZQrgMmFPrIwbtBMqsJVIrPc3I1zo3MHqmX0fEWeul4AKntPJHzToNHcvg-WORlu＃3_1

②福州地情网. http://www. fzdqw. com/showtext. asp? ToBook=1115&index=6&

③福州地情网. http://www. fzdqw. com/ShowText. asp? ToBook=1100&index=99&

④福州地情网. http://www. fzdqw. com/ShowText. asp? ToBook=1106&index=102&

⑤福州地情网. http://www. fzdqw. com/ShowText. asp? ToBook=1107&index=121&

⑥福州地情网. http://www. fzdqw. com/ShowBook. asp? BookType=%B8%A3%D6%DD%CA%D0_(%CF%D8)%CA%D0%C7%F8%D6%BE&Bookno=1111

“獐”“麞”，经考证是麝。尽管已知的分布地点不多，但也反映獐在河南的南北都有分布，并且在明代前已经基本灭绝。

按：在此之前，我们所见的关于河南省的有蹄类动物，虽未见有明确的河麂记载，但却有单纯“獐”的记载。河南省曾有河麂遗存证实其确有分布，20 世纪前的文献也反映有“獐”(从环境变迁看，其时有河麂也是可能的)，再从现今有河麂(详见下文)残存看，20 世纪有河麂分布不无根据。

5.2.2 湖南

湖南省还有较多河麂分布。

新田县四面环山，地势西北高，东南低；县境南北长，东西窄，呈向南开口的狭长盆地状；地形表现为五分山丘、三分岗地、二分平原和水面。地属中亚热带大陆性季风湿润气候区，但因地形复杂，山地交错，具有复杂的气候特点。当地野生动物有 700 余种，兽类有蝙蝠、穿山甲、松鼠、豪猪、褐家鼠、小家鼠、刺猬、黑线鼠、猪獾、华南兔、水獭、果子狸、中华竹鼠、聋猪、野羊、鹿、獐等。原有的华南虎、金钱豹、牙獐等动物已绝迹[①]。

5.3 西南

此阶段，重庆市仍有河麂分布记录。

民国十五年《南川县志》记述：

麞：一名麕。李时珍曰：麞喜文章，故字从章。陆佃云：麞性惊憧，谓之麞。《尔雅》：麕牡曰麌，牝曰麜，其子曰麆，大者曰麃。秋冬居山，春夏居泽。似鹿小而无角，黄黑色。有有牙者，有无牙者。有牙出口外者，其牙不能噬啮，俗称牙麞。孟诜曰：往往得香如栗子大，不能全者亦治恶病。《本草·正误》李时珍曰：麞无香，有香者麝也。吾邑所产或有香或无香，其特称为香麞者，麝也。

麝：《尔雅》名射父。李时珍曰：麝之香气远射，故谓之麝。或云：射父之香来射，故名，亦通。其形似麞，俗呼香麞。陶弘景曰：麝形似麞而小，黑色，食柏叶，又啖蛇。其香在阴茎前皮内，别有膜袋裹之。五月得香，往往有蛇皮骨。今人用蛇蜕皮裹香，则弥香。夏月食蛇虫，多至冬寒香满。入春，脐内急痛，以自爪剔出著屎尿中覆之，常在一处不移，曾有得至一斗五升者，其香绝胜杀取者。

按：此处不仅明确有河麂与麝，而且指出“吾邑所产或有香或无香”(“有香”者是麝，“无香”者乃河麂)。

《巴县志》记载(四川省巴县志编纂委员会，1994)：

麝牙獐、麝……虎、豹、豺、野猪、獐、麝、鹿等主要分布于县内森林繁茂的低山区。

按：“麝牙獐”，疑似“麝、牙獐”之误；其后又有“獐”与“麝”，可见就是河麂与麝。

经过梳理，将重庆市有关麝与河麂较明确记载的方志分列(表 23.2)，便于比较。

表 23.2 方志记载重庆市分布的麝与疑似河麂比较

比较	现今地点	方志名	内容	出处
疑似河麂记载	云阳县	明嘉靖二十年(1541)《云阳县志》	獐	
	城口县	清道光二十四年(1844)《城口厅志》	獐	
	黔江区、彭水苗族土家族自治县、酉阳土家族苗族自治县、秀山土家族苗族自治县	清同治三年(1864)《酉阳直隶州总志》	獐*……麝*	

①新田县. http://baike.baidu.com/link? url=_OSpMhgIDxXklkOlGEtfUKWhDE0YfhLlDpCtSBn5SfjCplZn0BdhLVLNqtBBqViT#5_2

（续表）

比较	现今地点	方志名	内容	出处
	垫江县、丰都县、梁平县、忠县	清同治十二年(1873)《忠州直隶州志》	余皆他处能产，故以及不赘①。	
	彭水苗族土家族自治县	清光绪元年(1875)《彭水县志》	獐	
	巫溪县	清光绪十二年(1886)《大宁县志》	麞*……麝*	
	奉节县	清光绪十九年(1893)《奉节县志》	獐	
	巫山县	清光绪十九年(1893)《巫山县志》	麞（如小鹿而美。《古今注》：有牙而不能噬，亦有无牙者）	
	梁平县	清光绪二十年(1894)《梁山县志》	獐	
	南川区	民国十五年(1926)《南川县志》	麞*、麝*	
	南川区	民国二十年(1931)《南川县志》	麞**、麝**	
	巴南区	1992年《中国国情丛书：百县市经济社会调查：巴县卷》	獐	丁伟志等，1992
	巴南区	1994年《巴县志》	麝牙獐*、麝*	四川省巴县志编纂委员会，1994
	武隆县	1994年《武隆县志》	獐（*Hydropotes inermis*）	四川省武隆县志编纂委员会，1994
	石柱土家族自治县	1994年《石柱县志》	獐……麝（香獐）	石柱县志编纂委员会，1994
	梁平县	1995年《梁平县志》	獐（为数很少）	四川省梁平县地方志编纂委员会，1995
	奉节县	1995年《奉节县志》	獐子	四川省奉节县志编纂委员会，1995
	璧山县	1996年《璧山县志》	獐	四川省璧山县志编纂委员会，1996
明确麝记载	南川区	1991年《南川县志》	林麝（獐；水江、大有、金山等地）	四川省南川县志编纂委员会，1991
	巫溪县	1993年《巫溪县志》	林麝（香獐）	巫溪县志编纂委员会，1993
	黔江土家族苗族自治县	1994年《黔江县志》	林麝（獐子）、马麝（马獐）	黔江土家族苗族自治县志编纂委员会，1994
	涪陵区	1995年《涪陵市志》	林麝（獐子）	四川省涪陵市志编纂委员会，1995
	合川区	1996年《合川县志》	香獐	四川省合川县地方志编纂委员会，1996
	彭水苗族土家族自治县	1997年《彭水县志》	獐子（麝）	彭水县志编纂委员会，1997
	云阳县	1999年《云阳县志》	脊椎第动物·兽类：林麝（獐子），林业·野生动物资源：獐子	云阳县志编纂委员会，1999

注：*表示详见正文。**表示同前文。①反映与周边物种类似，亦即其中有河麂。

由此可见,重庆市的现代方志记载,多数麝类皆十分明确用中文学名,或用便于区分的“香獐”;而河麂则沿用旧学名(麞、獐),还有注释可表明就是河麂,甚至还有标拉丁学名者。

5.4 方志记载

方志记载虽较简略,却可反映20世纪多地河麂分布情况(表23.3)。

表23.3 方志反映20世纪的河麂分布情况(不含重庆)

地区	省级政区	现今地点	方志名	内容	出处
华东	江苏	姜堰市	泰县志	獐*	泰县县志编纂委员会,1993
华东	江苏	射阳县	中国国情丛书:百县市经济社会调查:射阳卷	牙獐(即麂,属国家二级保护动物)	丁伟志等,1994a
华东	江苏	兴化市	兴化市志	直至40年代前,仍有獐	兴化市地方志编纂委员会,1995
华东	江苏	如皋市	如皋县志	獐(1949年以前常见)	如皋市地方志编纂委员会,1995
华东	江苏	滨海县	滨海县志	獐	滨海县地方志编纂委员会,1998
华东	浙江	永康市	永康县志	獐(已绝迹)	永康县地方志编纂委员会,1991
华东	浙江	东阳市	东阳市志	獐(罕见)	东阳市地方志编纂委员会,1993
华东	安徽	广德县	广德县志	獐	广德县地方志编纂委员会,1996
华东	江西	宁都县	宁都县志	獐(已多年无人发现)	宁都县志编辑委员会,1986
华东	江西	永丰县	永丰县志	獐	江西省永丰县志编纂委员会,1993
华东	江西	高安市	中国国情丛书:百县市经济社会调查:高安卷	獐	丁伟志等,1994c
华东	江西	景德镇市	中国国情丛书:百县市经济社会调查:景德镇卷	草獐	丁伟志等,1996a
华东	江西	兴国县	中国国情丛书:百县市经济社会调查:兴国卷	獐	丁伟志等,1996b
华东	江西	寻乌县	中国国情丛书:百县市经济社会调查:寻乌卷	獐	丁伟志等,1996c
中南	河南	陕县	陕县志	獐	陕县地方史志编纂委员会,1988
中南	河南	淅川县	淅川县志	獐子	淅川县地方史志编纂委员会,1990
中南	河南	新县	新县志	獐	新县志编纂委员会,1990
中南	河南	洛宁县	洛宁县志	獐	洛宁县志编纂委员会,1991
中南	河南	商城县、新县	信阳地区志	獐(商城、新县)	信阳地区地方史志编纂委员会,1992
中南	河南	灵宝市	灵宝县志	獐	灵宝县地方史志编纂委员会,1992
中南	河南	方城县	方城县志	獐	方城县地方志编纂委员会,1992

（续表）

地区	省级政区	现今地点	方志名	内容	出处
		栾川县	栾川县志	獐子	栾川县地方史志编纂委员会，1994
		平顶山市、舞钢市、汝州市、宝丰县、叶县、鲁山县、郏县、襄城县	平顶山市	獐	平顶山市地方史志编纂委员会，1994
		南阳市、邓州市、南召县、方城县、西峡县、镇平县、内乡县、淅川县、社旗县、唐河县、新野县、桐柏县	南阳地区志	獐	南阳地区地方史志编纂委员会，1994
		鲁山县	鲁山县志	獐	鲁山县地方史志编纂委员会，1994
		内乡县	内乡县志	獐子	内乡县地方史志编纂委员会，1994
		汝阳县	汝阳县志	獐子	汝阳县地方史志编纂委员会，1995
		镇平县	镇平县志	獐	镇平县地方史志编纂委员会，1998
	湖北	洪湖市	中国国情丛书：百县市经济社会调查：洪湖卷	獐	丁伟志等，1994d
	湖南	炎陵县	酃县志	獐	酃县志编纂委员会，1994
	湖南	郴州市、资兴市、桂阳县、永兴县、宜章县、嘉禾县、临武县、汝城县、桂东县、安仁县	郴州地区志	獐	郴州地区地方志编纂委员会，1996
	湖南	宜章县	中国国情丛书：百县市经济社会调查：宜章卷	水麂（牙獐）	丁伟志等，1997
	广东	连南瑶族自治县	连南瑶族自治县县志	獐	连南瑶族自治县地方志编纂委员会，1996
	广东	深圳市	宝安县志	黄麖	宝安县地方志编纂委员会，1997
	广西	柳州市	中国国情丛书：百县市经济社会调查：柳州卷	獐	丁伟志等，1996
	广西	宜州市	宜州市志	獐	宜州市地方志编纂委员会，1998

注：* 表示详见正文。

6　河麂的现今分布

现今，河麂虽在华东、中南与西南残存，但分布点大为缩减。

6.1　华东

华东是现今河麂主要分布地区，大部分省级政区还有河麂残存。

6.1.1　上海

2006 年，上海市实施“獐重引入种群扩繁技术和野化技术研究”项目，从浙江舟山群岛引进了17只獐(河麂)在上海野外林地放养。如今,这17只(一说21只)獐的后代数量已达150只(一说2013年即达227只)①,据称在6个自然和半自然区域放养河麂。

浦东新区的放养地有滨江森林公园、南汇东滩湿地等。

松江区的放养地有叶榭镇的松江黄浦江涵养林(叶榭獐繁育基地;占地100亩)、新浜地区的雪浪湖生态林(占地180亩)②。

崇明县的放养地有明珠湖公园③。

6.1.2 江苏

江苏省还有河麂栖息记录。

《中国重点陆生野生动物资源调查》称:"本次调查,河麂见于江苏(长江沿岸、苏北沿海及苏南山区)"(国家林业局,2008)。约处于南京市、连云港市、赣榆县、东台市、大丰市、射阳县、滨海县、仪征市、泰州市、靖江市、泰兴市、南通市、海门市、启东市、镇江市、扬中市、常州市、江阴市、太仓市、常熟市、张家港市等地。

无锡市以平原为主,零散分布着低山、残丘;南部为水网平原,北部为高沙平原,中部为低地辟成的水网圩田;西南部地势较高,为宜兴的低山和丘陵地区。据2008年5月报道,该市滨湖区马山镇万丰村,4月20日至26日接连发生野生母獐(河麂)被狗咬伤、咬死的事:一次是村民进山挖竹笋,听到附近山坡群犬狂吠,只见多条野狗追逐一只野獐,将这只大腹便便、重约20 kg的母獐活活咬死;另一次是一位退休教师在前往杨梅林途中所遇,过程与上述情形如出一辙,一只母獐被成群野狗咬死;再一次是一只母獐受到不明惊吓,误入村中遭家犬围捕,最后伤重而亡。据介绍,马山林区已多年难见踪影,今年野獐在本地多次现身,说明了其种群数量明显增加,也是当地生态环境改善的佐证④。

苏州市以平缓平原为主,属于长江三角洲平原地区和太湖平原地区;地势低平,自西向东缓慢倾斜;低山丘陵零星散布在西部山区和太湖诸岛。地属亚热带季风海洋性气候区,四季分明,气候温和,雨量充沛。据2011年7月报道,该市高新区境内的大阳山地区多次出现野生獐(河麂)的踪影。在阳山森林公园一只腿部受伤的野生獐(雌性,4岁,有生育史)被成功救治(图23.18)。考虑到这只野生獐已适应大阳山地区的生活环境,现场工作人员在对它救治后当场放生⑤。

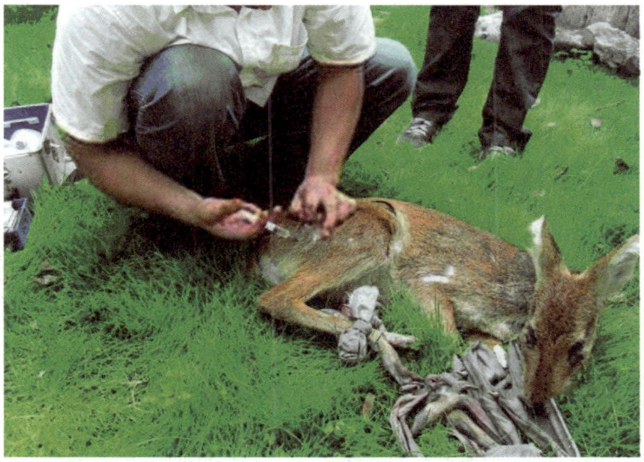

图23.18　救治野生河麂(苏州市)

南京市以低山缓岗为主,低山占土地总面积的3.5%,丘陵占4.3%,岗地占53%,平原、洼地及河流湖泊占39.2%。地属北亚热带湿润气候区,四季分明,雨水充沛。据2012年11月报道,该市紫金山索道西北侧的密林里发现了一只像梅花鹿一样的动物,个头比梅花鹿要稍微小一些。虽然到处是树,但这家伙看起来很灵敏,在树林里一跳一跳的,跳了几下,突然之间就不见了,后发现掉进消防蓄水池内。消防队员逮住了它,经确认是獐子(河麂),大约15 kg。当被提到半空中的时候,獐子摔落下来,鼻子里的血都流出来了。随后,獐子被放到了路边,就在担心这家伙会不会摔残废了的时候,人们惊喜地发现,到底是野生动物,身体机能那是相当好,10分钟以后挣扎着爬了起来,很快跑进了旁边的草丛

①郁文艳.未来世纪公园、佘山或可观獐踪.http://news.sina.com.cn/c/2013-01-15/072926036237.shtml

②沈轶伦,贾佳.獐影绝迹百年重现浦江上游5年前引入放养在松江.http://sh.sina.com.cn/news/b/2014-06-20/084299232.html;贾佳.大片生态林是野獐第二个家.http://news.163.com/15/0107/15/AFC8H90O00014AED.html

③胡玉荣.25头本土幼獐野放崇明"上海獐"消失百年后重归家园.http://sh.eastday.com/m/20141224/u1a8505122.html

④姚起亚.野獐频频现身马山孕獐接连被狗咬死.http://news.sina.com.cn/s/2008-05-13/085413868598s.shtml

⑤周建越.大阳山再次发现野生獐.http://jsnews.jschina.com.cn/system/2011/07/23/011295689.shtml

里，紧接着又溜达起来，蹦蹦跳跳地不见了。据介绍，紫金山中的獐子，现在数量很少，大概也就一二十只（也有说法 10 只左右）；南京 3 处发现獐子的地方紫金山、老山和牛首山被割裂，生态被隔离，分化后的 3 个群体数量有限，均处在遗传退化状态，需要人为干预①。

据 2014 年 6 月报道，一只受伤的怀孕野生河麂（图 23.19）窜进了南京市栖霞山旅游度假区管委会，由于其是国家二级保护野生动物，工作人员将其送到了红山动物园救治，遗憾的是因伤势过重死亡。解剖后发现其多处脏器内出血，肚子里还有两只已成形的小河麂②。

图 23.19　怀孕的野生河麂

射阳县位于盐阜平原东部，属于里下河沿海垦区，地势平坦，射阳河穿越东西全境；射阳河以南为江苏中部海积平原，射阳河以北为废黄河三角洲平原。地属北亚热带向暖温带过渡地带，属季风气候区，季风环流支配本地区主要气候要素的变化。据 2014 年 6 月报道，江苏边防总队盐城支队黄沙河边防派出所官兵巡逻至海堤路段时，发现一只疑似"小鹿"的动物，后腿上部有明显擦伤，速将"小鹿"抱在怀中带回所内救治。后经确认是国家二级保护动物河麂，移交给盐城（湿地）珍禽自然保护区③。

海安县地处苏中平原，东临黄海；境内为平原地带，地形坦荡，河道稠密；通扬运河、串场河以东为河东地区，是苏中—苏北滨海平原的最高处，为海相沉积物盐碱地区。地属北亚热带海洋季风性湿润气候区，气候温和，四季分明，气候宜人，冷热适中；日照充足，雨水充沛，无霜期长。据 2014 年 10 月报道，该县兰彬河麂驯养繁殖场在滨海新区滩涂开展了河麂种群繁育（从浙江引种 4 组 16 只河麂进行人工繁殖）与野外放生活动，12 只河麂（5 雄，7 雌）回归自然。因为河麂（俗称獐）生性胆小，所以放生前还帮它们注射了麻醉剂。放生时，清醒过来的河麂慢慢走进路边的荒草丛中，不时吃上几口身边的野草，然后快速跳跃，隐身到茂盛的草丛中④。

6.1.3　浙江

浙江省仍有河麂分布。

《中国重点陆生野生动物资源调查》称："本次调查，河麂见于……浙江（舟山海岛、北仑、镇海、象山、余姚的北部、江北、鄞县、余杭、淳安、余姚、鄞县、奉化、宁海、金华、义乌、永康、江山、遂昌）"（国家林业局，2008）。其中略存瑕疵，具体地方约为杭州市、淳安县、舟山市、宁波市、余姚市、奉化市、宁海县、象山县、江山市、金华市、永康市、义乌市、遂昌县等地。

舟山群岛四面环海，属亚热带季风气候，冬暖夏凉，温和湿润，光照充足，这里一直是河麂主要分布地。据 2011 年 2 月报道，有人在舟山市定海区盐仓街道黄沙村附近的山上抓野生"老角麂"（学名河麂，又称獐），民警随后赶到该地点将 5 名犯罪嫌疑人抓获。他们在周围布网，然后放出猎犬把獐往山下赶。由于獐前肢短、后肢长，下山速度慢，冲进网后不易逃脱，随后就被追赶到的猎犬咬死。2 只獐年龄都在 2 岁以上，现在已经怀孕三个多月。据介绍，舟山最多时候有近万只野生獐，但由于生态改变，目前仅有 2 000～3 000只野生獐⑤。又据 2011 年 11 月报道，该区岑港镇一带向来都有獐出没，但是近几年来出现的频率越来越高，今年尤为多见，很多当地村民声称在今年已不止一次看到獐（河麂）。据农林部门分析，可能是近些年生态环境和野生动物保

①孙婧. 獐失前蹄掉进紫金山一蓄水池，紫金山禽多兽少大家要爱惜. http://news.sina.com.cn/o/2012-11-02/051125492893.shtml
②李宏，李子俊. 栖霞山发现带伤怀孕野生河麂送治后不幸身亡. http://www.njdaily.cn/2014/0616/865652.shtml
③洪林. 江苏边防官兵救助一只国家二级保护动物河麂. http://mil.cnr.cn/gmws/sbsh/201406/t20140611_515651752.htm
④许金荣. 南通首次放生河麂 12 只"国宝"回归自然. http://jsnews.jschina.com.cn/system/2014/10/15/022167199.shtml
⑤馋嘴村民上山抓"老角麂"被抓，可怜 2 只孕獐遭毒手. http://zjnews.zjol.com.cn/05zjnews/system/2011/02/23/017315078.shtml

护工作做得比较好，獐的种群数量增加，导致山林里食物供应不足，农民的田地就变成了獐频繁光顾的觅食场所①。据 2016 年 4 月报道，去年 6 月，舟山市两男子因在定海区水库周边猎捕 2 只年幼的野生河麂而双双获刑②。

磐安县地处天台山、会稽山、括苍山、仙霞岭等山脉发脉处，为大盘山的中心地段。据称，当地哺乳纲中属国家二级保护的有猕猴、香狸、赤麂、黑麂、穿山甲、野山羊(鬣羊)，还有豺、灰狼、黄鼠狼、貉(山狗)、黄猺(两头乌)、青猺(花面狸)、狸子、獾、猸子、刺猬、猾、草狐、水獭、旱獭、豪猪、黄麂、獐、白面猫、黑面猫、野猪、山兔、松鼠等③。其中"獐"即河麂。

义乌市东、南、北三面群山环抱，境内有中低山、丘陵、岗地、平原。地属亚热带季风气候区，温和湿润，四季分明。据称当地兽类有 30 多种，属国家二级保护的有穿山甲、豹、江猪，三级保护的有大灵猫(九江狸)、小灵猫(香狸)、獐、鬣羚(野生羊)，一般野兽有猸子、狸子、麂、野山兔、貉子、松鼠、青猺、黄猺、狗獾、石獾、狼、香菇狼、草狐等④。"獐"乃河麂，是国家二级保护动物，此处显然有误。

6.1.4　安徽

安徽省还有一些地方有河麂存在。

《中国重点陆生野生动物资源调查》称："本次调查，河麂……安徽数量不详"(国家林业局，2008)。可作为该省还有河麂存在的佐证。

明光市地势南高北低，境内南部为低山区，占总面积的 35%；中部为丘陵，占总面积的 50%；北部平原占 10%，湖泊占 5%。地属北亚热带向暖温带过渡的半湿润季风气候区，四季分明，阳光充足，雨热同季。据 2012 年 7 月报道，该市管店镇一村民去年严冬因在郊外捕杀一只河麂而获刑⑤。证实该市仍有河麂分布。

长丰县地势东、南部稍高，西部较低；横贯县境中南部的江淮分水岭，岗峦跌宕起伏，将全县分为长江、淮河两大水系。气候受海洋影响较大，属亚热带季风性湿润气候。气候温和，降水充沛，日照充足，植被丰富，四季分明。据 2013 年 11 月报道，该县水家湖农场九分场一农工在路边发现一只受伤的鹿状动物在路上挣扎。经报告，合肥野生动物园对该兽进行抢救，但因伤势过重而停止了呼吸。动物园断定该兽为雄性野生河麂，俗称麂子，是小型鹿科动物的一种；并表示野生河麂是国家二级保护动物，在我省一些地势低洼的山地会有一些分布，但是比较稀有⑥。

芜湖市位于长江南岸，动物区系处于古北界和东洋界两大界动物相互渗透的广泛过渡地带内。典型的东洋界种在芜湖市广泛分布，如兽类的华面兔、猪獾、鼬獾、杜鼠，黄胸鼠等；鸟类的白头鸭、画眉、白腰文鸟、鸟鸫、珠颈斑鸠等；爬行类的鳖、石龙子、大头平胸龟等；两栖类的泽蛙和斑腿树蛙等。而古北界的北方刺猬、麝鼩、大仓鼠、黑线姬鼠、貉、灰喜鹊、云雀、红尾伯劳、蝮蛇、大蟾蜍等也有分布。另外，还有一些古老而珍稀的种类，如扬子鳄、白鳍豚和白鲟等。芜湖市水域范围内已知鱼类约有 57 种，隶属 9 目 20 科，还盛产中华绒螯蟹、虾、鳖、龟等。冬季，长江及其支流、湖泊与池塘中有数量可观的各种海鸥、雁鸭类、鹬类越冬；夏季稻田广布着秧鸡、水雉、骨顶鸡、苇和各种鹭类。兽类，小型啮齿占绝对优势，其次是中、小型食肉兽，大型草食性兽类，如小麂、獐等。由于人类活动频繁，市区周围已很少见到⑦。芜湖乃地级市，其所辖(芜湖市、芜湖县、繁昌县、南陵县)的绝大部分地方皆有河麂记录。

繁昌县丘陵、山地主要分布在西部、南部和东南部，北部和东部为平原；其中，平原占 42.5%，丘陵、山地占 37.9%，水面占 19.6%。该

①定海岑港一带大量獐出没毁坏农作物. http://dhnews.zjol.com.cn/dhnews/system/2011/11/04/014409968.shtml

②两男子猎捕野生河麂获刑. http://mt.sohu.com/20160427/n446512774.shtml

③磐安县. http://baike.baidu.com/view/453254.htm

④义乌. http://baike.baidu.com/link? url = 9oqQ-K1Ge4zZsi6BUEvsC4uc3A9StUCzksoaYeiYHd3olTweqq2OZn5epZS62ilKNf7_TkfX9vsJxhO5NHJvBa

⑤卞广庆等. 明光男子私猎河麂被判 6 个月罚款 5000 元. http://ah.sina.com.cn/news/g/2012-07-24/15032237.html

⑥张剑，许家权. 公路边捡到一只重伤"小鹿". http://roll.sohu.com/20131108/n389812619.shtml

⑦芜湖. http://baike.baidu.com/link? url = q9aLkO5Y1_67DcIcY4VprnfM6Vo-3X1YIpYn7ibCUJTLifdXEoz_caIpOq0xjAsb_AE-zLXHqg_YuwUkf2NDaZLXsPRJPASpsNQmU7fTUiae

县位于北亚热带温润季风气候区南缘，全年气候温和，四季分明，冬夏长、春秋短，雨量适中，无霜期较长，湿度大，光照充足。据称，该县境内野兽中，梅花鹿、野山羊已绝迹，尚有少量鹿、獐、獾（有猪獾、狗獾），野猪、穿山甲（鲮鲤）、扬子鳄、狐、竹狗（豹狗）、果子狸等偶尔出现在中、南部山区[①]。有“獐”，表明还有河麂存在。

南陵县地处皖南丘陵向沿江平原过渡地带，是通往“两山一湖”（黄山、九华山、太平湖）的重要门户；西部边缘以低山、丘陵地貌组合为主，中部丘陵、台地和平原地貌结构占主导地位，东部则以圩区平原和洼地平原为主。地属北亚热带湿润气候区，温暖湿润，雨水充沛；四季分明，季风明显，光照充足，雨热同季。据称，当地动物资源有珍稀动物扬子鳄、梅花鹿、穿山甲、苏门羚、獐、猫头鹰等[②]。说明还有“獐”（河麂）。

宿松县地处大别山山脉东部末端，形成了境内地势由西北向东南逐渐降低，山地、丘陵、湖泊、平原依次排列的基本格局；其中西北部为山区，中部为丘陵。地属北亚热带湿润气候区，气候特点为四季分明、日照充足、热量丰富、雨量充沛、无霜期长。据介绍，当地兽类有：豺、犴、獐、麂、獭、獾、揣狸、果狸、野猪、兔等，虎、豹少见[③]。此“獐”即河麂。

望江县一面负山，三面临水，素有”水乡泽国”之称；地势由西北向东南缓斜，大致呈丘陵—岗地—平原阶梯状分布；西北部为丘陵，中部是低岗地，东南部是沿长江分布的冲积平原。地属北亚热带季风气候区，四季分明，气候温和。据介绍，该县野兽中鹿、虎、猴已经绝迹，麂、獐仅少数见于江洲芦苇丛中[④]。尽管“仅少数”，说明还有河麂等存在。

据报道，黄山动物种类300多种，其中属于国家二级保护的野兽有：黄山短尾猴、黄山猕猴、穿山甲、豺、黑熊、大灵猫、小灵猫、獐、苏门羚[⑤]。此介绍是指地级黄山市（黄山市、歙县、休宁县、黟县、祁门县）情况，基本上都有河麂存在。

休宁县地貌以山地、丘陵为主，面积约占全县总面积的76.70%；整个地势南北高、中间低，起伏较大，垂直高差明显。地属北亚热带湿润季风气候区，总的特点是：气候温和，四季分明，热量丰富，雨量充沛，日照适宜，无霜期长，水热季节交替明显，春秋短，夏冬长。春季天气多变；夏季温度高、湿度大，降水集中；秋季降温快，常出现“夹秋旱”，气温日差较大；冬季冷而不寒，雨雪不多。据称，已知的哺乳类有：梅花鹿、猕猴（黄猴）、黑麂麂、穿山甲、小灵猫、大灵猫、云豹、金钱豹、獐、青羊、虎、狗熊（黑熊）、猪熊、人熊、黄麂、狼、豺狗、黄鼬、松鼠、华南兔、獾、貉、麂鹿、水獭、貂、草狐、蝙蝠、刺猬、豪猪、野猪、熊面猴、豹猫、果子狸、山獾、鼬獾等[⑥]。从列举的物种名称看，虽有部分乃沿用历史上的名称，但“獐”乃河麂，应当仍有存在。

黟县地处黄山山脉及其南北两坡上，境内峰峦绵延，山高谷深，具有明显的皖南山区特点。地属北亚热带湿润季风气候区，四季分明，气候温和，冬、夏季长，春、秋季短。现存野兽有：豹、豺、狼、野猪、野山羊、鹿、獐、麂、短尾猴、狸、豪猪、獭、野兔、穿山甲、松鼠、黄鼬、香灵猫等[⑦]。所谓“獐”，即河麂。

贵池区地势南高北低，依山傍水，分山区、丘陵、圩区，呈阶梯形分布；南部中低山区群山起伏，绿树如云；中部丘陵区岗垄相间，田园平整；北部为沿江洲圩区，圩内河渠交错，平畴如毯。地处暖温带向亚热带过渡的地带，属亚热带季风性湿润气候区，气候温和，雨量适中，光照充足；全年冬寒、夏热、春暖、秋凉，四季分明，季风明显。全区森林覆盖率48.8%。当地野兽仍有：梅花鹿、猕猴、短尾猴、虎、豹、豺、狼、獐、麂、兔、野猪、小熊猫、金猫、斑狗、松鼠、狗尾狸、白面、刺猬、穿山

---

①繁昌县. http://baike. baidu. com/link? url=tXxfQqHLIVHVlJ5XGWcIC3p_lCljM4Btm-hlT6jO2qoANoF9LXPY4ee_K59PV4sK

②南陵县. http://www. baike. com/wiki/南陵县

③宿松县人民政府网站. http://www. susong. gov. cn/

④望江县. http://baike. baidu. com/link? url=b3TsenAMw_5UX82pnl4amWuQH75EjobBcmP4ttAq2h-pN0GNg4PpTAKJgoqsOnUv

⑤黄山. http://baike. baidu. com/link? url = TXz6VdTD2MLNIyAN4Xf0ruJeJQ4 _ oOksw5h-AumU9oJ7Gtrm48rD _ WApD85I8CBLPwuBriSnOyK15GiaT6tY085V7UBi8zb2beUSIeo6LPe＃3_3

⑥休宁县2014年基础资料汇编. http://www. doc88. com/p-4095130894529. html

⑦黟县. http://baike. baidu. com/link? url=bn1sl2t0XlHkp7iON8qK6kKV3_klNF61mmXclFlEBbIfI7GeejyfGt5Rex0WOuPM

甲、箭猫、猪獾、鸡爪猪、野猫、香灵猫、黄鼠狼、狐狸、云豹等①。说明还有河麂等野生动物。

石台县低山、高丘分布最广,约占全县总面积的82%;东南部黄山北行千脉盘结,西北部是九华山脉的南端,形成南、北高,东、西低的地势,境内山峦起伏,沟壑纵横。地属中亚热带湿润气候区,光照充足,四季分明,且冬夏长,春秋短。现今当地兽类仍有:梅花鹿、金钱豹、龟纹豹、云豹、乌麂、鬣羚、山羊、苏门羚、猕猴、短尾猴、毛冠鹿、大灵猫、小灵猫、花松鼠、黄鼬、白猸、黄摇、豹猫、黄麂、果子狸、野猪、豪猪、班狗、水獭、穿山甲、貉、灌、獐、狼、豺、刺猬、野兔等②。其中有"獐",表明依然有河麂栖息。

旌德县位于皖南山区,地处黄山北麓;四面环山,中北部较低;为山地丘陵山间盆谷地貌,分为中山、低山、丘陵和山间盆地四种类型。地属北亚热带湿润季风气候区,气候温和,雨量充沛,光照适中,季风明显。据《野生动物名录》,野兽有8目19科51种,具体有刺猬科:刺猬,鼩鼱科:灰麝鼩,鼹鼠科:缺齿鼹,蝙蝠科:蝙蝠、家伏翼(日本伏翼),猴科:猕猴②③、短尾猴②,穿山甲科:穿山甲②,兔科:华南兔,松鼠科:赤腹松鼠、隐纹花松鼠、岩松鼠、长吻松鼠,仓鼠科:黑腹绒鼠,鼠科:小家鼠、黑线姬鼠、中华姬鼠、黄胸鼠、褐家鼠、社鼠、针毛鼠、大足鼠、青毛鼠,豪猪科:豪猪,犬科:狼、红狐、貉、豺②,鼬科:青鼬(黄猺)、黄腹鼬、黄鼬、鼬獾(白猸)、狗獾、猪獾、水獭②,灵猫科:大灵猫②、小灵猫②、花面狸(青猺)、果子狸、食蟹獴(石獾),猫科:豹猫、云豹①、金钱豹①,猪科:野猪,麝科:獐②,鹿科:黄麂、黑麂①、毛冠鹿、梅花鹿①,牛科:鬣羚(苏门羚)②、青羊(斑羚)②④。其中"獐"当时河麂,应属"鹿科"动物。

6.1.5 福建

福建省仍有河麂分布,这是一般文献不多提及的现实。

《中国重点陆生野生动物资源调查》称:"本次调查,河麂见于……福建(长汀)"(国家林业局,2008)。即在长汀县仍有河麂存在。

将乐县地处武夷山脉东南麓,闽江支流金溪中下游;山岭耸峙,丘陵起伏,河谷和盆地错落其间;山体多呈西南—东北走向,与金溪流向一致,构成西北、东南高,中间低,由西南向东北延伸的山间盆谷。地属中亚热带季风气候区,具有大陆性气候特征,兼受海洋性气候的影响。气候特点:四季分明,夏无酷暑,冬少严寒,雨热同期,干湿明显,受季风及地形影响,常有灾害性天气。县内森林覆盖率达85.2%。据2008年6月报道,位于县城东南7 km的玉华洞风景名胜区内生存有大量野生动物。主要的野生动物中脊椎动物就有5纲73科297种,其中国家二级保护动物有:哺乳纲毛冠鹿、丛林猫、大灵猫、小灵猫、水獭、猕猴、穿山甲、河麂、水鹿、狼、豺、黄喉貂、金猫⑤。表明还有河麂存在。

6.1.6 江西

江西省是现今河麂分布最密集的省级政区。

《中国重点陆生野生动物资源调查》称:"本次调查,河麂见于……江西(除九连山外全省都有分布,集中分布在鄱阳湖滨河赣北的湿地)"(国家林业局,2008)。即约在南昌市、南昌县、新建县、安义县、进贤县、九江市、瑞昌市、九江县、武宁县、修水县、永修县、德安县、星子县、都昌县、湖口县、彭泽县、景德镇市、乐平市、浮梁县、月湖区、贵溪市、余江县、渝水区、分宜县、萍乡市、莲花县、上栗县、芦溪县、章贡区、瑞金市、南康市、赣县、信丰县、大余县、上犹县、崇义县、安远县、宁都县、于都县、兴国县、会昌县、寻乌县、石城县、信州区、德兴市、上饶县、广丰县、玉山县、铅山县、横峰县、弋阳县、余干县、鄱阳县、万年县、婺源县、临川区、南城县、黎川县、南丰县、崇仁县、乐安县、宜黄县、金溪县、资溪县、东乡县、广昌县、袁州区、丰城市、樟树市、高安市、奉新县、万载县、上高县、宜丰县、靖安县、铜鼓县、吉安市、井冈山市、吉安县、吉水县、峡江县、新干

---

①中国·贵池.http://www.ahgc.gov.cn/content/55844.html

②石台县.http://baike.baidu.com/link? url=WvpMTJ_Cx-FAApa4W4i1PCmWv8z84O5ctg44S-gcmg9oCqJ7IlClf9vBtom1MBt1#4_2

③据其原名录,在物名后注有①为国家一级保护动物,②为国家二级保护动物。

④中国·旌德.http://www.ahjd.gov.cn/ReadNews.asp? NewsID=1297

⑤将乐县人民政府·玉华洞总体规划.http://www.jiangle.gov.cn/2008/6/7910.htm

县、永丰县、泰和县、遂川县、万安县、安福县、永新县等地仍有河鹿分布。

瑞昌市地处幕阜九岭低山丘陵区，由西南向东北倾斜，地貌以低山丘陵为主。地属大陆温湿性气候带，气候温和，四季分明。据称，县西南山区环境优越，适宜野生动物栖息。现仍有野兽：鹿、野兔、野猪、刺猬、豹猫、金钱豹、豺、獐、狐等[①]。其“獐”，乃河鹿。

修水县地处修水上游，幕阜、九岭山脉之间；地势西高东低，向东北倾斜，略如碗状；从四周向中心依次是中山、低山、丘陵和河谷地形；中、低山占总面积的65%，高丘占总面积的20.5%，低丘占总面积的13.5%，河谷阶地仅占总面积的1%。地属亚热带湿润季风气候区，四季分明，热量丰富，无霜期长，光照较充足，雨量充沛；立体气候明显，各地气候差异大。该县现存野兽主要有：金钱豹、梅花鹿、獐、山獾、黄麂、南狐、貂、水獭等[②]。即还有河鹿等栖息。

都昌县北依武山，南濒鄱阳湖；地貌以丘陵和滨湖平原为主，且水域宽阔，局部有低山分布；地势北高南低，自东北向西南呈现低山、高丘、低丘、平原、湖区的变势。地属亚热带湿润性季风气候区，受鄱阳湖大水体影响，其特点是气候温和、雨量充沛、日照充足、热量丰富、结冰期短、无霜期长，春秋季短、夏冬季长。据称，该县野兽有：狼、獐、鹿、兔、黄鼬、山獾、水獭、灵猫、刺猬、豹猫、野猪、豪猪、金钱豹、豺狗、里子猫、田鼠、蝙蝠等[③]。说明还有河鹿等存在。

乐平市地处赣东北丘陵向鄱阳湖平原过渡地带，东部、北部多山，中部平原与丘陵交错，西部多平原。地属中亚热带潮湿气候区，四季潮湿。该县动物种类主要有：蜜蜂、鱼、黄鼠狼、野猫、獐、鹿、野兔、野猪、豪猪、狐狸、穿山甲、斑鸠、雉、画眉、翡翠鸟、田螺、甲鱼、泥鳅、黄鳝、棋盘蛇、壁虎、蝴蝶、蜈蚣、蜗牛等[④]。反映仍有河鹿等存在。

分宜县地势南部略高，中部较低平；北部为丘陵，袁河横贯中部，间以平原岗地，南部为低山区。地属亚热带湿润性气候区，雨量充沛，阳光充足，气候温和，无霜期长。据称，当地野兽有：野猪、山羊、山牛、穿山甲、野兔、獐、鹿、麂、虎、狼等[⑤]。说明还有河鹿等栖息。

据萍乡市林业局介绍，市境内有国家二级保护动物大灵猫、小灵猫、水鹿、河鹿、猕猴、藏酋猴、穿山甲、大鲵（娃娃鱼）、虎纹蛙、草鸮、鸳鸯、白鹇等12种[⑥]。反映地级萍乡市（辖萍乡市、莲花县、上栗县、芦溪县）皆有河鹿等野生动物。

芦溪县地处罗霄山脉北段武功山，多中山和低山。当地森林覆盖率达45%。据报道，该县张佳坊乡杂溪村的玉皇山还有胡鸡、竹鸡、麂子、獐、穿山甲、石羊等珍稀动物[⑦]。证实仍有河鹿等野生动物。

会昌县位于武夷山余脉西麓，南岭余脉北端，赣江一级支流贡江上游；四面环山，中部狭长，自东南向西北倾斜；山区占全县面积的25%，丘陵占69.7%，盆地占5.3%。地属中亚热带季风性温暖湿润气候区，具有明显的山区立体气候特征。该县野生动物有500多种，其中常见的有：野猪、刺猬、狐狸、麂、山羊、黄鼠狼、野兔、燕子、竹鸡、野鸡、鹧鸪、麻雀、斑鸠、杜鹃、喜鹊、竹鼠、赤链蛇、红点锦蛇、中国水蛇，国家二级保护动物有：金猫、斑林狸、河鹿、水鹿、虎纹蛙、穿山甲、黑冠鹃隼、乌雕、长耳、短耳、灰背隼、小鸦鹃、蛇雕、黑麂[⑧]。所谓“河鹿”，当是河麂。

地处德兴市与玉山县的三清山道教名山，其中玉京峰为怀玉山脉的最高峰，也是信江的源头。据称，三清山一带野生动物中，仅国家二级

---

①瑞昌. http://baike. baidu. com/link? url = CBvuqioCljWQoYYRgRuUZqGF6BGMzV8nRjDSVwhd8S3THJFHwbaxWbG2SUsDW8_0ZrIcrNJV6o3e59gynCGs7W8TthwFNKpj6qzv20aN6o3＃8_5

②修水县. http://baike. baidu. com/view/171303. htm

③都昌县. http://baike. baidu. com/view/650579. htm

④乐平. http://baike. baidu. com/view/35086. htm? fromId=407902

⑤分宜县. http://baike. baidu. com/link? url=1WKrJYcRpy9YQcfzrQLW9LB4_HINgj2OgsnCGVW3WUGjBDu6XBza53r_FtQqX-ajw＃4_5

⑥萍乡野生动物资源. http://bm. pingxiang. gov. cn/lyj/article/200911/156949. html

⑦芦溪玉皇山. http://www. wutongzi. com/a/271763. html

⑧会昌县. http://baike. baidu. com/view/173820. htm＃4_4

重点保护野生动物就有猕猴、藏酋猴、穿山甲、豺、黑熊、青鼬、水獭、大灵猫、小灵猫、金猫、獐、鬣羚、鸳鸯、虎纹蛙等 47 种①。其中“獐”就是河麂。

章贡区属低山丘陵区，地势由东南、西北向中部倾斜，略呈马鞍形；东南、西北高，为丘陵山地，中部平缓，为河谷平原。地属亚热带季风湿润气候区，气候温和，四季分明，雨量充沛，光照充足。当地野生动物主要有鹧鸪、雉、白鹭、獐、麂、狸、野猪、穿山甲、蛇等②。看来河麂是当地现存较大野兽。

赣县地处赣江上游，境域地形属丘陵山地；地势东南高，中、北部低，东部和南部重峦叠嶂，迂回起伏，其间夹有山间条带状谷地。地属中亚热带丘陵山区季风湿润气候区，气候温和，阳光充足，雨量充沛，并具有春早、夏长、秋短、冬迟的特点。该县森林覆盖率达 75%。据称，当地野兽主要有：野猪、野牛、麂、毫猪、山羊、狐、貉、豺、灌水獭、青鼬、黄鼬、水麂、灵猫、豹猫、云豹、鬣羚、食蟹蒙、华南兔、田鼠、家鼠、松鼠、穿山甲、蝙蝠等。1950 年代初期各种野兽较多，后因猎捕过量及山林毁坏严重，品种、数量大量减少。1990 年代后随着全县森林覆盖率的上升，野兽种类和数量都有回升③。其中所谓“水麂”，即是河麂，反映仍有存在。

大余县位于江西省西南端，赣州市西南部，章江上游，庾岭北麓；境内北部、西部、南部地势崛起，中部与东部凹陷，形成三面环山、朝东敞开的丘陵盆地；地势西高东低，西北部、西部和东南部层山叠嶂。地属中亚热带季风湿润气候区，气候特点是温暖湿润，四季分明，热量丰富，雨水充沛，春温多变，夏涝秋旱，冬寒期短，无霜期长。野生动物资源有 16 目 37 科 116 种，其中有穿山甲、河麂、虎纹蛙、白鹇、鸳鸯等国家二级重点保护陆生野生动物④。

会昌县位于武夷山余脉西麓，南岭余脉北端，赣江一级支流贡江上游；地势周围高、中间低，自东南往西北略呈掌状倾斜；东部和西南部地势较高，低山环绕，峰峦重叠，北部和西北部地势较低，丘陵起伏，坡岗连绵；山区占全县面积的 25%，丘陵占 69.7%，盆地占 5.3%。地属中亚热带季风性温暖湿润气候区，具有山区立体气候明显的特征。据称，2009 年县内珍稀动物有国家二级保护动物金猫、斑林狸、河麂、水麂、虎纹蛙、穿山甲、黑冠鹃隼、乌雕、长耳、短耳、灰背隼、小鸦鹃、蛇雕、黑麂⑤。所称“河麂、水麂”，似指河麂；由于“水麂”是江西省一些地方对河麂的别称，此处似应为“河麂（水麂）”之误。

寻乌县位于武夷山与九连山余脉相交处；地势东北、西北与东南高，向西南倾斜，似撮箕状，中山、低山、丘陵、岗地呈阶梯状分布；山间谷地占总面积的 2.38%，岗地占总面积的 7.68%，丘陵占总面积的 14.3%，山地占总面积的 75.62%。地属亚热带季风气候区，总的特征是：温暖湿润，雨量充沛，冬少严寒，夏无酷暑。县内动物资源中，国家二级保护动物有：黑冠鹃隼、黑鸢、苍鹰、赤腹鹰、游隼、燕隼、褐翅鸦鹃、草鸮、雕鸮、斑头鸺、白鹇、猕猴、穿山甲、豺、小灵猫、斑灵猫、金猫、水麂、苏门羚、斑羚、虎纹蛙⑥。其中所谓“水麂”，乃河麂。

宜黄县地处武夷山西翼，北临赣抚平原，为山区向平原过渡地形；地势南高北低，东倚武夷山脉，西倚雩山山脉，东南西三面环山，东西两边的边缘及中南部分为中心。地属中亚热带湿润季风气候区。全县森林覆盖率超过 75%。该县野生动物种类达 698 种，其中属国家二级保护的有：水麂、苏门羚、大灵猫、小灵猫、水獭、獐、黄猴貂、黑熊、豺、穿山甲、藏酉猴、斑头休鹠、领角鸮、草鸮、燕隼、游隼、黑鸢、苍鹰、勺鸡、白鹇、鸳鸯、

①三清山. http://baike. baidu. com/link? url=c8SKRd68zVZMbbH1ovGiq_408dfFVsdIQbceq6s4BNSclQfRsrOOwkQuxJxug-UoIP-DBklZ9T9oV4n2pU3Ea7K

②章贡区. http://baike. baidu. com/view/282306. htm

③赣县. http://baike. baidu. com/link? url = OtHKruw68qufbu1QUx6hvuUziPIc6a65UYyhR3hA _ ayvbckqpf2tA9l0IsKBWYo5OF8VmfTIpTrbVLgaXefUb_

④大余县. http://baike. baidu. com/view/173756. htm

⑤会昌县. http://baike. baidu. com/view/173820. htm#4_4

⑥寻乌县. http://baike. baidu. com/link? url=rj2qBX2xxffSe3nvb7lUZaP8sddNHCNjKA4035iIEhU-PuGLLxD3mEYBF

大鲵、棘胸蛙、虎纹蛙等 25 种①。说明还有河鹿等。

靖安县是一个以山区为主的地区，地势东西长，南北窄，四周环山，中部山地间杂丘陵，唯东南偶有少量河谷平原。地属北亚热带湿润气候区，春季回暖迟，有春寒，夏季炎热时间长，秋季凉得快，冬季较寒冷，四季分明。据 2011 年 9 月称，当地野生脊椎动物有 34 目 96 科 283 属 429 种，其中野兽有：猴、鹿、獐、狐、獭、香狸（箭猫）、中尾狸、九节狸、（犴狗）、小黑熊、青猺、黄猺、野兔、野猪、野牛、野鹿、野猫、野马、山羊、刺猬、黄鼬、山（田）鼠、松鼠等，属国家二级保护的有猕猴、穿山甲、豺、水獭、大灵猫、小灵猫、河鹿、水鹿、鬣羚等 11 种②。

铜鼓县地处罗霄山脉北端东部，修河上游；地势由西南向东北倾斜，境内山丘连绵起伏；雄踞西部的是大沩山，中部的丹霞地貌更具特色，为耸立的孤独山峰，东部的地貌较平缓，土地集中连片。地属中亚热带北部湿润气候区，气候温润，冬无严寒，夏少酷暑，四季分明，雨量充沛，光照充足，无霜期长。全县森林覆盖率高达 87.4%。该县野生动物资源丰富，门类繁多，有虎、豹、鹿、獐、麂、猴、鸦、鹊、燕、雁、竹鸡、野鸡、地花鸡、鲤鱼、鳙鱼、鲫鱼、青蛙、石鸡、蟾蜍、蕲蛇、菜花蛇、乌梢蛇、甲鱼、龟、蚌、蜂、蝉、蝶等。随着生态环境的变化，虎、豹、獐、鹿数量也在减少③，表明仍有河鹿等。

吉水县地处赣江中游，地形兼有山地、丘陵、平原三大类，以丘陵为主；东、北、南三面地势稍高，西与西北稍低，并依序由东向西倾斜形成一个半开口的盆地。地属中亚热带区域，气候温和，雨量充沛，光照充足，四季分明，具有东亚季风湿润气候特征。该县常见野兽有：野猪、野兔、獐、鹿、狼、狐、獾、黄鼠狼、水獭、刺猬、松鼠、田鼠等④。

崇义县位于章江源头，按地貌特征，大致可分为中山、低山、高丘陵、河谷阶地四种类型。山地占土地总面积的 47.67%，高丘占 45.06%，低丘及河谷阶地占 7.27%。地属中亚热带季风湿润区，冬夏两季盛行季风，全年热量丰富，四季分明，雾日多，日照偏少，雨量充沛，空气湿度大，无霜期长。由于地形复杂，垂直高度差异大，山上和山下、向阳面和背阳面气候差异十分明显。全县森林覆盖率 88.3%。该县仍有国家二级保护动物：金猫、獐、鹰、猫头鹰、苏门羚、毛冠鹿、山黑鹿、水黑鹿、穿山甲、水獭、小灵猫、大灵猫、白鹇、红腹锦鸡、娃娃鱼 15 种⑤。说明还有河鹿等存在。

全南县地貌以山地为主，地势西南高、东北低，中部隆起，把县境分成南北两片。地属中亚热带季风气候区，具有气候温和，四季分明，无霜期长，夏无酷热，冬少严寒，日照偏少，雨水充沛的特征。据称，野兽主要有：金钱豹、豹猫、刺猬（豪猪）、苏门羚（石羊）、黄麂、山鹿（黄黑山牛）、獐、狐狸、野猪、果子狸、豺、水獭、野兔、黄鼠狼、鼹鼠（芒杆兔）、家鼠、田鼠、松鼠、穿山甲、蝙蝠等⑥。反映还有河鹿等栖息。

永新县地处罗霄山脉中段，万洋山与武功山余脉接触地带，赣江支流禾水中上游，是以山地、丘陵为主的地形；县境边缘地势高耸，中部地势低缓，禾水横贯东西，全境自南、北两侧向中部倾斜，形成不对称的盆地地貌特征。地属亚热带湿润季风气候区，雨量充沛，气候温和，光照充足，春秋短，冬夏长，霜期短。当地野兽有：豹、水鹿、金猫、猴、穿山甲、大灵猫、小灵猫、苏门羚、獐、狼、狐、野猪、刺猬、华南虎、狗獾、松鼠、竹鼠、老鼠等⑦。反映仍有河鹿等存在。

6.2 中南

中南大部分省级政区仍有河鹿分布记录。

---

①宜黄县. http://baike.baidu.com/link? url=VtQMdFbKQMo7TdDSeTbhQoLyKSzJzoAjUHcv3-oEdIQKtf5Rk3X5RS6Os-SvpMre#5_4

②中国靖安. http://www.jxjaxzf.gov.cn/Category_121/Index.aspx

③铜鼓县人民政府. http://www.tonggu.gov.cn/list.aspx? id=374419503170

④吉水县. http://baike.baidu.com/link? url=I3yxQ96nKhO7csQo5eVqOeD67HMngOdbNxsrR0N-FflV67oHmx6UZxfGxnQSCA2t#5_2

⑤崇义县. http://baike.baidu.com/view/173779.htm

⑥全南县. http://baike.baidu.com/view/173615.htm

⑦永新县. http://baike.baidu.com/link? url=qj6jspuQiTzdxlHF_G4-E6tkGBgco1T_CB4h0Pt6W9Jn1XcwDv8zR0uNyp--jQfe

6.2.1　河南

河南省现今仍有河麂存在，尽管不多，但更显珍贵。

商城县林业局 2014 年 11 月发布的《河南省分布的国家重点保护野生动物介绍》，其中有原麝、林麝、獐（别名：牙獐、河麂）、斑羚、鬣羚等①。尽管没有具体分布地，但还是表明有河麂存在。

栾川县位于豫西伏牛山，地势西南高、东北低，地貌起伏跌宕，形成中山、低山和河谷三种类型。地属暖温带大陆性季风气候区，但因县境气候差异，形成三个小气候带：东北部热温带，中南部温凉湿润带，西部寒冷湿润带。全县森林覆盖率 83.3%。县内的龙峪湾国家森林公园中各种野生动物达 400 余种，其中国家一、二级保护动物达 48 种，如金钱豹、红腹锦鸡、獐狍、梅花鹿、大鲵等②。此处"獐狍"，似为"獐（河麂）、狍"之误，说明还有河麂等存在。

位于淅川县的丹江湿地国家级自然保护区称：

截至 2012 年，保护区内有兽类有 20 种，鸟类 23 种，两栖类 6 种，爬行类 8 种，水生类 13 种，昆虫类 500 多种。

兽类：豹、獐、狍、狼、豺、野猪、野羊、草鹿、林麝、鹿、狐狸、果子狸、猪脚獾、狗脚獾、松鼠、青鼬、草兔、刺猬、田鼠等③。

按：值得注意的是，所列举的兽类中既有明确的"林麝"，又出现"獐"。之前，一般报道 20 世纪河南省仅有麝而没有河麂。然而，现在我们不仅看到明确的"獐（别名：牙獐、河麂）"名录，而且从生态看，河麂更适宜湿地环境；再就网络报道看，并非孤证④。

6.2.2　湖北

湖北省是中南现存河麂最多的省级政区。

《中国重点陆生野生动物资源调查》称："本次调查，河麂见于……湖北（江汉湖群湿地）"（国家林业局，2008）。相当于武汉市、荆门市、钟祥市、沙洋县、京山县、孝南区、应城市、汉川市、孝昌县、云梦县、黄州区、武穴市、罗田县、浠水县、蕲春县、黄梅县、团风县、鄂州市、黄石市、大冶市、阳新县、咸安区、赤壁市、嘉鱼县、荆州市、石首市、洪湖市、松滋市、江陵县、公安县、监利县、宜昌市、宜都市、枝江市、当阳市、仙桃市、天门市、潜江市等地。

竹山县位于秦巴山区腹地，北属武当山，南属大巴山；地势由南、西向东北倾斜，特点是高差大，坡度陡，切割深；南为高山区，东南为二高山、低山区，中南为低山区，北为高山、二高山、低山区，西北为二高山区，中西部为低山、平丘、盆地区。虽为副亚热带季风大陆性气候，属北温带，但地处汉江、堵河盆地，又为高温区，热量比较充足。《竹山县志》称，尚存野兽种类主要有：豹、獐、鹿、野兔、黑熊、猕猴、金丝猴、山彪、野猪、豪猪、猪獾、狗獾、野山羊、棕羊（大羊）、狐狸、刺猬、獭、黄鼠狼、鼬、貂、狼、果子狸、蝙蝠、老鼠等（竹山县地方志编纂委员会，2002）。另有报道称，竹山县常见野生动物有 23 目 33 科 300 余种。除常见的动物外，还有粗 15～85 cm 的大蛇、鸡冠蛇、独角兽、过山黄、1.3 m 以上的短尾猴、驴头狼、野牛、野马、花鹿、长颈鹿、白明鬃羊、白獐子、白麂子、白熊等⑤。反映还有河麂分布。

房县地势西高东低，南陡北缓，中为河谷平坝；境内平坝、丘陵占 17.1%，而高山占 44.4%，高山区占 38.5%。地属北亚热带季风气候区，其特点为：冬长夏短，春秋相近，四季分明；垂直差异变化大，具有立体气候。全县森林覆盖率 67.8%。

---

①河南省分布的国家重点保护野生动物介绍. http://hasc.forestry.gov.cn/27848/150841.html

②龙峪湾国家森林公园. http://baike.baidu.com/link?url=rZsVWE3slFCRfSiMU8rjrKKQcOl99C8DZbvfgted0UVbO-pWpYCS-dg4MVNflzIoi

③丹江湿地国家级自然保护区. http://baike.baidu.com/link?url=oSLiUTEUxPlMvhJpdZBZbbRjf8EBhjSc4T_7WW8rOoRctTulFI_5brrpEj-AlmW57I4sK36mtMdMuU9Oz4iK7RzCkOcdEPTe_9zOYPL2WLpH2mLCi15sQrGa2vxukJaY_PCuh66LRWl20wyS-dPZ5x9eRJVZZRvdKuJpvuNxLVNoPSdvABURRIihCTaWm6uZfj96-G63E0uHMWeCuBl_；丹江口水库湿地自然保护区. http://www.people.com.cn/GB/paper53/11147/1009589.html

④据《湿地中国》发布《河南丹江湿地国家级自然保护区》称："保护区内有脊椎动物共计 35 目 91 科 325 种。其中：鱼类 7 目 17 科 88 种、两栖类 2 目 5 科 13 种、爬行类 3 目 7 科 19 种、鸟类 17 目 48 科 167 种、兽类 6 目 14 科 38 种。"（河南丹江湿地国家级自然保护区. http://www.shidi.org/sf_0CFDFB03536E47EEABBEDE44A5942E5F_151_hndjsd.html）虽然未列出具体物种，但数量更多。

⑤竹山县. http://baike.baidu.com/view/17835.htm

据报道，该县西部望佛山珍禽异兽更多，如梅花鹿、獐子、麂子、野猪、豹子、猪獾子、猴子等①。其中“獐子”乃河麂。

南漳县地处荆山山脉东麓，是鄂西山区向汉水中游平原过渡的地带；地形西高东低，大致形成了三级阶梯：县西为一级阶梯，中山地带，约占总面积的17.6%；县中部为二级阶梯，低山、丘陵地带，约占总面积的52.9%；石门、三道河、云台山水库以东为三级阶梯，渠网密布、土壤肥沃，约占总面积的29.5%。境内气候有明显的地区差异和垂直差异。据称，当地仍有麂、獐、獾、鲵等稀有动物②，亦即有河麂分布。

当阳市地处荆山之南，是荆山山脉向江汉平原延伸地带，余脉绵延起伏，东、南、西、北四面环山；地势从西北向东南倾斜，西北高、东南低，势若建瓴，渐次敞开，略似一个不完整的河谷盆地；地貌类型复杂多样，景象万千，山地、丘陵、岗地、平原兼而有之；其中山地占全市总面积的14.83%，丘陵、岗地占56.43%，平原占28.74%。属亚热带季风性湿润气候，四季分明，雨热同季，兼有南北过渡的特点，气候温和，日照充足，无霜期长。据称，当地野生动物类有大鲵（娃娃鱼）、水獭、鹿、獐、麂、虎、野猪、松鼠、蜈蚣等③。所谓“獐”，乃河麂。

阳新县地处长江中游南岸，幕阜山脉北麓；属鄂东南低山丘陵区，为幕阜山向长江冲积平原过渡地带，西北、西南、东南部多低山，且向东、中部倾斜，构成不完整山间盆地。地属北亚热带气候区。该县仍有豺、狼、豹、野猪、獐、鹿、刺猬、野兔等30余种④。其中獐，亦即河麂。

通山县整个地势南北高，中间低，由西向东缓降；地貌为低山丘陵区，县域中部丘陵、盆地交错分布，山地丘陵占国土总面积的78.6%。地属北亚热带季风气候区，具有温暖湿润，四季分明，日照充足，雨量充沛，无霜期长的特点。按地形和气温变化的特点，全县大致分为：中部丘陵平畈温暖湿润区、南北低山丘陵温和阴湿区，南部中低山温凉多雨多雾区。当地动物资源398科720属1 200余种，其中哺乳动物28科30属42种，属国家保护的珍稀兽类有金钱豹、穿山甲、牙獐、水獭、豺、豹猫等⑤。说明还有河麂等分布。

长阳土家族自治县地处鄂西南清江中下游，云贵高原东延尾部，武陵山余脉；境内山峦起伏，沟壑纵横，东高西低。地属亚热带大陆性夏热潮湿气候区，光照充足，热量丰富，雨量充沛，雨热同季，四季分明。该县野生哺乳动物有：野猪、野羊、豪猪、獾、麂、獐、猴、果子狸、豸由、獭、野兔及虎、豹等⑥。反映还有河麂等存在。

天门市位于江汉平原北部，北缘与大洪山余脉的低丘相连，西、南面有汉水环绕，依山带水，呈龙拱虎卫之状；地势西北高，东南低，由西北向东南依次递减。地属亚热带季风气候区，具有光照充足，气候湿润，春温多变，初夏多涝，伏秋多旱，生长期长，严寒期短的气候特点。现有野生动物中兽类有：黄鼬（黄鼠狼）、水獭、草兔、狗獾、狐、牙獐、貉、小麝鼠、豹猫、刺猬、家蝠、穿山甲、长吻松鼠计13种⑦。皆中小型野兽，其中还有河麂。

6.2.3 湖南

湖南省还有一些地方有河麂残存。

《中国重点陆生野生动物资源调查》称：“本次调查，河麂……湖南……调查未发现”（国家林业局，2008）。但实际上该省还有河麂存在。

石门县地势自西向东南倾斜，西北部群山叠翠，东南部平岗交错。地属中亚热带向亚热带过渡的季风气候区。据2015年6月报道，当地属国家二级保护的动物有：大鲵、鸢、赤腹鹰、苍鹰、松雀鹰、黑冠鹃隼、普通鵟、白尾鹞、游隼、红隼、灰背隼、红腹锦鸡、白尾长冠雉、红腹角雉、勺鸡、红翅绿鸠、红角鸮、领角鸮、褐鱼鸮、大鵟、白腹鹞、

①房县. http://baike. baidu. com/link? url=1qp973fZGJyoDCx2cVTtX05eOKjJ4cVQrSDUmIWvLgCAJ1LoqHhtDv9ZidFpPe8Y#5_4
②南漳县. http://baike. baidu. com/view/615493. htm
③当阳县. http://baike. baidu. com/view/1576772. htm
④阳新县. http://baike. baidu. com/link? url=ck1zV97CdZilmScOclspArJA6KKFu3BfIn6I92sMF-ZWPJW_MusTdJQg2pNlSgVU#4_4
⑤通山县人民政府网站. http://www. tongshan. gov. cn/html/2011/0805/1781. shtml
⑥长阳土家族自治县. http://baike. baidu. com/view/126925. htm? from_id=5951831&type=syn&fromtitle=长阳 &fr=aladdin#3_6
⑦天门市. http://baike. baidu. com/view/48830. htm? fromId=19180

白头鹞、鹊鹞、凤头鹎、雀鹰、燕隼、穿山甲、水獭、猕猴、藏酋猴、黑熊、青鼬、金猫、黑麂、牙獐、大灵猫、小灵猫、苏门羚、青草獐等49种[①]。其中“牙獐”就是河鹿。

湘阴县位于湘资两水尾闾、南洞庭湖滨，湘江自南向北贯穿全境，把全县分为东西两部分，东部为丘陵岗地，西部为滨湖平原；地貌呈现低山、岗地、平原三种形态。地属亚热带季风湿润气候区，四季分明，光照长，降水集中在春夏暖热季节。森林覆盖率为12.5%，主要分布在东部低山岗地。该县现存珍禽异兽有：鹿、獐、獾、锦鸡、鸳鸯等[②]。表明仍有河鹿栖息。

据报道，衡阳市有兽类和鸟类200余种，其中兽类30种，鸟类17目40科170种以上。国家一级保护动物有云豹、白鹳（东方白鹳）、河鹿（车獐）、中华秋沙鸭，国家二级保护动物有穿山甲、虎纹蛙、水獭、大灵猫、小灵猫、果子狸、水鹿、斑羚、鏖麝、鸳鸯，猛禽类有草峭、猫头鹰、褐林峭、短耳峭、大庐、红脚隼、白鹇、峭鹞、白冠长尾雉、红腹角雉、大鲵等[③]。所谓“河鹿（车獐）”，乃河鹿。由此说明，地级衡阳市（辖衡阳市、常宁市、耒阳市、衡南县、衡阳县、衡山县、衡东县、祁东县）绝大部分地方还有河鹿栖息。

常宁市地处衡阳盆地南缘与南岭北向余脉交接地带，湘江中游南岸；地势南高北低，大致呈两级阶梯形分布：南部是南岭山簇余脉，群峰巍峨，构成南部的天然屏障，为第一级阶梯；北部平原、丘陵交错，地形起伏，为第二阶梯；境内地势类型分山地、丘陵、平原三种，其中山地面积、丘陵面积、平原面积分别占总面积的37.6%、26%和37.4%。地属亚热带季风性湿润气候区，四季分明，雨量充沛。但因塔山、大义山绵亘南部，中部低平，有利于空气滞留，春秋天气多变。境内野生动物属森林动物区划的古北区与东洋区的交叉过渡地带，已知各类动物200余种，其中兽类30种、鸟类70余种、爬行类20种、两栖类20种、鱼类80余种。属国家保护的动物有：穿山甲、水獭、水鹿、果子狸、斑羚、黄鼠狼、牙獐、华南兔、竹鼠、豪猪、貉、鼬獾、长耳鸮、短耳鸮、猫头鹰、猴面鹰、啄木鸟、竹鸡、环颈雉、董鸡、原鸡、燕隼、平胸龟、鹰嘴鱼、虎纹蛙、大鲵等[④]。另据2015年4月报道，长沙市一市民在该市水口山出差时发现一只脚被捕猎的夹子严重夹伤的獐（河鹿），重达10余kg，将其解救下，联系媒体将它辗转送至湖南省野生动物救助中心[⑤]。更证实当地确有河鹿存在。

衡南县位于南岳衡山之南，为一凹字形丘陵盆地。地属亚热带季风湿润气候区，具有热量充足、雨水集中、冬冷夏热、四季分明、春温多变、严寒期短、暑热期长的特点。据报道，该县东部的花桥镇还有獐、鹿、穿山甲、水獭等珍禽异兽栖息在山中[⑥]。其中“獐”即是河鹿。

衡东县位于湘江中游的衡阳盆地与醴攸盆地之间，地势东南高、西北低，地形以丘陵为主，兼有平原和山地。地属亚热带季风温润气候区。该县森林覆盖率达到51%。据称，当地还有獐、麂、兔、鹿、野生猴面鹰、云豹等20余种禽兽[⑦]。说明河鹿等仍有栖息。

汝城县地貌主要特征是山地为主，四面环山，丘冈盆地相间；地势西北高，东南低。地属亚热带季风湿润气候区，但因境内山岭陡峻，气候的垂直变化和地域差异比较明显，具有立体气候的特色。该县森林覆盖率73.69%。据称，当地野兽还有水鹿（山牛）、鹿、刺猬、獐、水獭、野山羊、穿山甲等[⑧]。

桂东县地处罗霄山脉南端，南岭北麓，诸广山西翼，八面山东侧；境内山高谷深，重峦叠嶂，

①中国石门·珍稀动物. http://www.shimen.gov.cn/Item/2791.aspx

②湘阴县. http://baike.baidu.com/link? url=hiUeV4XPEwfBpqX8prb_K27M1AmoK_8IZOGRpE7D-CNRA6uAqIH9oIlt7tihZpFo#5

③中国·衡阳. http://www.hengyang.gov.cn/main/hygk/hyjs/1_626/default.shtml；珠晖区. http://www.baike.com/wiki/%25E7%258F%25A0%25E6%2599%2596%25E5%258C%25BA&prd=so_1_doc；石鼓区. http://www.baike.com/wiki/石鼓区；蒸湘区. http://www.baike.com/wiki/蒸湘区&prd=button_doc_jinru

④常宁. http://baike.baidu.com/view/321417.htm? fromId=589256

⑤谭旭燕. 长沙市民从捕猎者手里救下一只獐. http://news.163.com/15/0401/02/AM34QEDS00014Q4P.html

⑥衡南花桥镇. http://www.baike.com/wiki/衡南花桥镇

⑦衡东县. http://baike.baidu.com/link? url=NgdfRll9AlGpUPo-f46oXefo4aUF-eIrY71F5lpTqmT4kweL3Hf_5sCeoE52d7sV#7

⑧汝城县. http://baike.baidu.com/view/748363.htm

沟壑纵横，岭谷相间；山地、丘陵、岗地、溪谷平原的比例为 93∶4∶1∶2，构成以中山为主，山、丘、岗、平兼具的山区地貌。地属中亚热带湿润季风气候区，其主要特点是夏无酷暑，冬无严寒，温暖湿润，四季分明。该县森林覆盖率达 82%。据称，全县有陆生脊椎动物 240 种，其中国家二级保护动物 36 种，即：猕猴、藏酋猴、穿山甲、青鼬、水獭、大灵猫、小灵猫、金猫、水鹿、林麝、獐、斑羚、苏门羚、凤头鹃隼、苍鹰、鸢、雀鹰、松雀鹰、赤腹鹰、普通鵟、燕隼、红脚隼、红隼、红腹角雉、红腹锦鸡、白鹇、勺鸡、褐翅鸦鹃、草鸮、鹰鸮、长耳鸮、短耳鸮、斑头鸺鹠、领鸺鹠、大鲵、虎纹蛙①。反映还有河麂等珍稀动物分布。

永州市称，已查明的野生动物有 1 000 余种，其中有大量珍稀动物。现列为国家保护的有 31 种，属国家一级保护的有华南虎、黄腹角雉；属国家二级濒危保护的有五步蛇、猕猴、穿山甲、金钱豹、麝、红腹角雉、毛冠鹿、水鹿、大鲵（娃娃鱼）、红石猴、灰腹角雉等 10 种；属国家三级保护的有獐、青羊、苏州羚、白鹇、金鸡等 19 种②。虽保护动物等级存在瑕疵，但“獐”当是河麂；同时，地级永州市大部分地方的现今河麂存在情况待查证。

道县属南岭地区，四周高山环绕，中部岗丘起伏，平川交错。东南有九嶷山，南有铜山岭，西有都庞岭，北有紫金山；整个地势从四周向中间倾斜，呈盆状结构；山地占总面积的 44.7%，丘陵占 11.4%，岗地占 24.6%，平原占 14.9%。据称，县境内已发现野生脊椎动物 134 种，其中兽类 8 目 16 科 29 种，属国家二级保护的有猕猴、短尾猴、穿山甲、水獭、大灵猫、小灵猫、水鹿、林麝、獐、鬣羚 10 种③。反映仍有河麂等栖息。

双牌县地处潇水中游，以山地为主，丘陵、岗地、平原兼备；地势东西高，南北低，形似马鞍形；地形地貌复杂，分区纷繁。双牌县森林覆盖率在 80%以上。地属中亚热带季风湿润气候区，总的特征是冬夏长，春秋短；热量丰富，雨水充沛，温暖湿润；夏少酷暑，严寒期短；春温多变，春寒明显；降水集中，夏秋多旱；受地貌因素影响，有鲜明的地方特征，山地小气候丰富多样。该县森林覆盖率为 80.55%。据称，2002 年县内尚存哺乳动物：野猪、野牛、獐、麂、野兔、野羊、野猫、黄鼬、芦鼠、竹鼠、穿山甲等 37 种④。其中有“獐”，表明还有河麂栖息。

洪江市位于沅水上游，云贵高原东部边缘的雪峰山区；地势东南高，西北低；山地夹丘陵与河谷平原相连；东南部多山地，中部为安洪江谷盆地，地势低凹，且较平坦。当地气候温和，四季分明，日照充足，雨量充沛。西部雪峰山脉主峰苏宝顶地域的雪峰山国家森林公园内水资源十分丰富，群峰叠嶂、林木丰茂，山间溪水潺潺，四季长流不断，野生动物资源十分丰富。野生动物约 190 种，其中国家重点保护野生动物有 16 种，二级保护动物有 14 种，即：大鲵、穿山甲、獐、豺、青鼬、草鸮、长耳鸮、短耳鸮等⑤。其中还有河麂等栖息。

凤凰县地形复杂，东部及东南角的河谷丘陵地带为第一级台阶，以低山、高丘为主，兼有岗地及部分河谷平地，地表切割破碎，谷狭坡陡；从东北到西南的中间地带为第二级台阶，以中低山为主，地势较平缓开阔，谷少坡缓、垅田较多，石灰岩广布，天坑溶洞甚多；西北部中山地带为第三级台阶，地表组成物质石灰岩占 95%，地表起伏和缓，边缘地带峰峦连绵，谷深坡陡，为中山类型。地属中亚热带季风湿润性气候区，但西北却有北亚热带的性质。由于西北高、东南低，气候分为三种类型：西北高寒山区、较暖区以及界于两类之间。当地野生动物有：狼、虎、豹、野猪、獐、娃娃鱼（大鲵）、乌鸦、锦鸡、野鸡等⑥。可见还有河麂等珍稀物种存在。

永顺县地处中西部结合地带的武陵山脉中段，地势险峻，山峦起伏，溪河纵横；地貌有山地、

---

①桂东县人民政府. http://www.gdx.gov.cn/page/item340/index.html

②永州. http://baike.baidu.com/link? url = CqoVDb6buFO-3CzfeuH4rbs4SPP7Ml-eyKLLdt_wqMAFKmA1sWLtJ331MoF9bsniIl3KcfrpMOFW-OpQQruxxq#4_2

③道县. http://baike.baidu.com/link? url=M8-H_eA4717r3-g-Gjqz8i5n_b74wdqmC-jR4LpGXLWDos-82I0scIi0c3bkrdEG

④双牌新闻网. http://www.spxw.gov.cn/zjsp/wczy.html

⑤雪峰山国家森林公园. http://baike.baidu.com/link? url=r0JewRSAi3eyQ4DDZM7nTaG_XISXVOYtrtcp8MhrX8eA0903QTH_2MrQ6RZ43Uafx4lJMtHeOs6ZJIVkbUUrzq

⑥凤凰县. http://baike.baidu.com/view/86087.htm

平原、丘陵、岗地及谷地等多种类型。地属亚热带季风性湿润气候区，热量充足，雨量充沛。该县森林覆盖率达70.2%。据称，该县猛洞河天然动植物园两岸山谷中有不少珍禽异兽，其中兽类除猴群是这里的大家族外，还有獐子、麂子、白面、刺猬、貂鼠、野猪等①。说明还有河麂等存在。

龙山县地处云贵高原北东侧与鄂西山地西南端结合部，武陵山脉由东北和西南斜贯全境，属中国由西向东逐步降低的第二阶梯东缘；地势北高南低，东陡西缓，境内群山耸立，峰峦起伏，酉水、澧水及其支流纵横其间。属亚热带大陆性湿润季风气候区，全年四季分明；夏半年受夏季风影响，降水较丰沛，气候温暖湿润；冬半年受冬季风控制，气温较低，降水较少，气候较寒冷；在复杂的山体影响下，形成山地垂直地带和水平方向地域差异的多样性气候。据称，深山丛林中栖藏的珍禽异兽很多，现有野禽野兽及各种野生动物100多种，其中还有河麂栖息。

6.2.4　广东

虽然《中国重点陆生野生动物资源调查》称："本次调查，河麂……广东调查未发现"(国家林业局，2008)，但广东省仍有河麂残存。

乳源瑶族自治县地处南岭山脉骑田岭南麓，溶蚀高原地貌显著，多峡谷。地属中亚热带湿润季风气候区，总的气候特点是：四季分明，春早多变，夏热期长，秋短温凉，冬天霜雪不多；热量丰富，降水集中，但雨量分布不均，夏秋易涝易旱；晴久则隆冬亦暖，雨久则盛夏生寒。由于境内地形复杂，海拔悬殊，形成明显的区间小气候。该县北部的南岭国家级森林公园内，国家二级保护动物有：猕猴、藏酋猴、穿山甲、豺、黑熊、青鼬、水獭、小爪水獭、斑林狸、大灵猫、小灵猫、金猫、林麝、河麂、水鹿、苏门羚、斑羚。还有一些在区内或外围地带有过记录，如梅花鹿、河麂、黑麂、熊猴等②。表明曾有河麂等栖息。

6.2.5　广西

广西壮族自治区现今依然有河麂分布。

《中国重点陆生野生动物资源调查》称："本次调查，河麂……广西未调查"(国家林业局，2008)。可作为该区还有河麂存在的佐证。

上林县整个地势自西北向东南倾斜，西部多山，东南部属丘陵和平地；各类地貌分布为：中山占8.62%，低山占17.03%，山丘占12.15%，丘陵占30.29%，平原占27.9%。地处低纬度地区，北回归线横贯中部，属南亚热带季风气候。该县国家二级保护动物有：黑叶猴、林麝、猕猴、熊猴、短尾猴、苏门羚、穿山甲、大灵猫、小灵猫等，还有列为联合国保护的大鹰鹞；其他禽兽有：果子狸、五间狸、九间狸、豹狸、猪仔狸、黄猄、野羊、箭猪、豹仔、虎仔、狗熊、山猪、獐子、小恒河猴、残次恒河猴、黑猴、黑熊猴、小黑熊猴、野猫、鹌鹑、乳鸽、黄鹂、画眉、草眉、锦鸟、山麻雀、草子雀、河南了哥、鹧鸪、竹鸡、五更鸡、火鸠、斑鸠、竹丝鸡、雉鸡、山鸡、大水鸭、小水鸭、越南了哥、黄莺、猫头鹰、猴面鹰、白灵鸡、大鹰、飞虎、末花雀、彩雀、杜鹃鸟、大杜鹃(俗称布谷)、四声杜鹃(俗称催春鸟)③。虽保护等级存在瑕疵，但还是可以说明有河麂等珍稀动物。

鹿寨县东北部大瑶山余脉延伸至县境东南部，与架桥岭余脉相连，约占全县面积的20%；西北部为峰林谷地区，是典型的喀斯特地貌；中部和南部地势低平，主要为缓和的丘陵、台地和小平原。地属南亚热带向中亚热带过渡带，受季风环流影响较明显，境内气候温和。该县森林覆盖率约50%。据称，当地野生动物中走兽类有山猪、黄猄、箭猪、狐狸、猴子、獐子、果子狸、野兔等④。说明还有河麂等栖息。

兴安县地形多样而复杂，西北和东南为山地，山峦重叠，沟谷溪流纵横；西北部为越城岭山系，逐渐向西南倾斜；东南部是都庞岭的海洋山系，并逐渐向东北倾斜，形成两大山系之间的狭长谷地，称为"湘桂走廊"，其间有土岭、石山、河谷平原。地处北回归线附近，属中亚热带湿润季风气候区，气温适宜，雨量充沛，日照时间长，积温多，霜期短。据2012年4月报道，县内常见的动物有127种，其中主要野兽有：虎、豹、狼、狐狸、

①永顺县. http://baike.baidu.com/link? url=BvOH7myS1ah7lwuSKhVgBmmNOi56xL9E_VwyB-4O6stUIKZ0aRd-lSnsgxzcC7PG
②南岭国家森林公园. http://www.baike.com/wiki/南岭国家森林公园
③上林县. http://baike.baidu.com/view/132787.htm
④鹿寨县. http://baike.baidu.com/view/259530.htm

野兔、獐、鹿、猴、獭、狗熊、野猪、野山羊、黄鼠狼、松鼠、野猫、箭猪、鬣羚、穿山甲、竹鼠、果子狸、大灵猫、小灵猫、鼬獾、麂子、黄猄等①。反映有河麂等存在。

融安县地势东北高西南低，多山；地貌大致可分为中低山陡坡地貌、低山缓坡地貌、岩溶峰丛地貌、沉积平原地貌等几种类型。地属中亚热带季风气候区，太阳辐射强，气候温暖，雨水充沛，冬短夏长，雨热同季，气候资源丰富。该县现有野生动物中兽类有：山猪、山牛、山羊、黄猄、鹿子、香猫、竹鼠、黄鼠狼、野狗、獐子、香狸、狗熊、豺狼、豹子、四不像等 40 多种②。其中“獐子”乃河麂。

蒙山县位于大瑶山之东，四周群山环抱，西连大瑶山，西北部的鸯山属萌诸岭山脉，东北部有鸡冠山脉，北部有白面山，西南部有百崖顶、大道岭，南部有高山岭；境内丘陵起伏，地势东北高、西南低，湄江纵贯其中。地属亚热带季风气候区，县内气候温和，雨量充沛；雨热同季，夏季长，酷热；冬季短，严寒期短，无霜期长。当地野生动物中较为珍贵的有：山猪、果子狸、穿山甲、竹鼠、獐、獭、蜕、鹿、相思鸟、翡翠、鹌鸽、春丝鸟等，其中大鲵、穿山甲、白鹇、原鸡、大灵猫、小灵猫、水獭、麝、毛冠鹿等为国家级保护动物③。其中“獐”乃河麂，也是国家保护动物。

平南县位于西江上游，北回归线横贯县境中部，南近海洋，属南亚热带季风气候区。据调查，县内哺乳类动物主要有野猪、獐、野兔、穿山甲、果子狸等④。即还有河麂等野兽。

东兰县地处云贵高原南缘，红水河中游。位于中、南亚热带之间的季风气候区，总的气候特征是：夏长冬短，雨热同季，冬暖夏凉，气候温和，光照充足，局部灾害天气频繁，光、温、水的地域差异明显，四季分明。当地兽类有猴、麝、獐、箭猪、山獾、九江狸、果子狸（又称花面狸）、野猪、水獭、水鹿、黄麂（又名黄猄）、黄鼠狼、黄猺、野猫，虎、豹已不见足迹⑤。反映河麂等依然存在。

昭平县群山起伏，河谷深切，平地狭小，地势西北高、东南低；境内山地面积占全县总面积的 87.6%，素有“昭平不平”之说。其中中山主要分布在县西北部、中部及东西边境处，占总面积的 2.7%；低山是境内主要的地貌类型，占总面积的 32%；丘陵主要分布在县南部桂江两岸。地处南亚热带气候区，属亚热带季风性湿润气候，四季基本特征是：夏长冬短，春湿冬干，夏涝秋旱，冬有霜雪。据 2013 年 10 月报道，境内野生动物 650 多种，兽类有：虎、豹、豺、狼、獐、鹿、獾、獭、猴、野兔、野猪、山羊、山牛、箭猪、刺猬、野猫、松鼠、竹鼠、田鼠、黄鼠狼、白眼狸、果子狸、野狗、麝、蝙蝠、水鼠、穿山甲等⑥。说明还有河麂等珍稀动物。

6.3 西南

西南仅重庆市仍有河麂残存。

秀山土家族苗族自治县位于武陵山脉中段，四川盆地东南缘外侧；境内平坝、丘陵、低山、中山互相交错；西南高，东北低，中部是一个类似三角形的盆地。地属亚热带湿润季风气候区，四季分明，降水充沛，日照偏少。据《秀山县志》列举，当地兽类主要有：豹（金钱豹）、豺狼、狐狸、九江狸、山猪、野猪、刺猪、泥猪、野山羊、黄鼠狼、野兔、松鼠、鲮鲤（穿山甲）、狗獾、马熊、田胖头、水獭、石獾、野猫、山牛、黄洋狸、苏门羚、獐子、九节狸、旱獭、田鼠（秀山土家族苗族自治县志编纂委员，2001）。此“獐子”似为河麂。

巴南区地处长江南岸丘陵地带；地势南高北低，起伏甚大，相差 1 000 余 m。地属亚热带湿润气候区，四季分明，春早秋迟，夏热冬暖，初夏有

---

①兴安县人民政府. http://www.xazf.gov.cn/html/2012/zrdl_0426/52.html

②融安县. http://baike.baidu.com/link? url = lwlAKzYvpXV9Ly0WUpUl-ckybhrK8K4WG2BvWdk6vNIOI9GlbbH7VizMc2bif3ugFlNQi9ht8vZqCB2senl1Ra

③蒙山县. http://baike.baidu.com/link? url = zOIDBvHXsIEBGfeimY8gs5Figx5ZkAM2NB7PcAUf5qXuKGPUz2i3R68vIHZdgId4LeJRhRdn24pYKAm5ujM30RzDAeMig4bGrUpGkNz9SCu

④平南县. http://zy.zwbk.org/index.php? title=平南县&printable=yes

⑤东兰县. http://baike.baidu.com/link? url = wmNz1i2w-8yUj1BfWYXnbsmHof3NuWVz-rPOynsQtSWwrGuq_LP3b1GHIvMEAyjesGjHDhzQzXjnzii7VUs2zK

⑥昭平县志. http://www.gxdqw.com/pub/zhaoping_dqw/xznj/201308/t20130829_16763.html

梅雨,盛夏多伏旱,秋季有绵雨,冬季多云雾,霜雪甚少,无霜期长,日照少,风力小,湿度大。据称,当地常见的野生兽类有:狐狸、林麝、獐子、松鼠、兔子、穿山甲、野猪等;鸟类有鸺鹠、苍鹭、白鹭、绿翅鸭、长尾雉、猫头鹰、金鸡、斑鸠、化眉、喜鹊、乌鸦、麻雀等①。此处"獐子",当是河鹿。

万州区境内山丘起伏,低山、丘陵面积约占25%,低中山和山间平地面积约占25%,少平坝和台地,且零星散布。地属亚热带季风湿润带,四季分明,日照充足,雨量充沛,无霜期长,霜雪稀少。特征为冬暖多雾,夏热多伏旱;春早,气温回升快且不稳定,秋长,阴雨绵绵。据报道,该区现有野生动物312种,其中兽类69种。区内潭獐峡中野生动物种类繁多,有锦鸡、白鹊、獐子、鹿、九节狸、水獭、刺猬、猴子等②。大垭口森林公园主要动物资源有獐、羚羊、野猪、山羊、野兔、蛇、猫头鹰、锦鸡等20多种③。反映还有河鹿存在。

长寿区地处四川盆地东部川东平行岭谷褶皱低山丘陵区,长江北岸地势顺大巴山支脉由东北向西南呈阶梯下降;全境山区约占总面积的18%,深丘占35%,浅丘占42%,江湖水面占5%。地属亚热带湿润季风气候区,四季分明,气候温和,冬暖春早,初夏多雨,盛夏炎热常伏旱,秋多连绵阴雨,无霜期长,温差大,多雾少日照。该区森林覆盖率达到45.1%。据称,现有动物218种,包括一级保护动物中华鲟、白鲟、胭脂鱼,二级保护动物豹,三级保护动物长江鲟、红腹锦鸡、灵猫、獐子等④。说明还有河鹿栖息。

巫山县位于重庆市东北部,地处三峡库区腹地,跨长江巫峡两岸;地处大巴山弧形构造、川东褶皱带及川鄂湘黔隆褶带三大构造体系结合部,长江横贯东西,大宁河、抱龙河等七条支流呈南北向强烈下切,地貌为深谷和中低山相间形态,地形起伏大,坡度陡。地属亚热带季风性湿润气候区,立体气候特征明显。当地珍稀动物有金丝猴、鬣羚、牛羚、白唇鹿、鸳鸯、大鲵、红腹角雉、白尾梢红雉、绿尾红雉、猕猴、穿山甲、水獭、大灵猫、小灵猫、猞猁、獐、马鹿、斑羚、白冠长毛雉、金鸡,有各种野鸟100余种,有豺、狼、熊、野猪、鹿等走兽50余种⑤。其中的"獐",即河鹿。

城口县位于大巴山南麓,地势南、东偏高,北、西偏低;山脉受地质构造和岩性的控制,排列较为整齐,山岭均由西北向东南展布,但岭谷相间,相对高差大。地属北亚热带山地气候区,具有山区立体气候的特征。特点是:气候温和,雨量充沛,日照较足,四季分明,冬长夏短。据称,位于该县的大巴山自然保护区动物资源丰富,有兽类52种,隶属7目22科。主要有华南虎、豹、熊、野猪、豪猪(俗名刺猪)、土猪(俗名拱猪)、苏门羚(俗名明鬃羊)、斑羚、岩羊、鹿、麂、獐、猴、狐狸(俗称毛狗)、豺、狼、狗獾、马豹(俗名神狗儿、掏狗儿)、金猫、大灵猫、小灵猫、野猫、白米子、穿山甲、水獭、野兔、飞虎、黄鼠狼、松鼠、田鼠等。其中华南虎、金丝猴、猕猴、短尾猴、白唇鹿、苏门羚、斑羚、岩羊、云豹、豹、金猫、獐、大灵猫、小灵猫、穿山甲、水獭等被列为国家重点保护动物⑥。其中"獐"乃河鹿。

云阳县地势南、北高,中部底,由南、北向中间倾斜;岭谷地貌明显,以山地为主,兼有谷、丘,山高、谷深、坡陡,群山巍峨,呈现出"一山二岭一槽""一山三岭两槽"或"一山一岭、岭谷交错"的地貌特征。地属亚热带季风气候区,日照充足,夏季炎热,冬季暖和,多伏旱、秋雨,立体气候显著。据称,县境内常见和经济价值较大的脊椎动物有5大类40多种,其中有猕猴、穿山甲、野猪、野羊、豪猪、黄鼬、云猫、豹、金钱猫、獾、林麝、草兔、野鸭、白鹤、猫头鹰、画眉、竹鸡、雉鸡等。该区内龙缸景区地貌奇特,溶洞密布、奇峰怪石、石笋摩天、雄险俊秀、千姿百态、多彩多姿,是自然科学的博物馆、地质景观的大观园。珍禽异兽有

①巴南区. http://baike. baidu. com/link? url=lyAMWY4Qkg7Xq_fPCi8yycq0G6TGrPqcncwfxuDmL5910oCn2kgRHsskNPQMFxkGXjEJlRNEmsYEMSU58E996_

②万州区. http://baike. baidu. com/link? url=BTbRhvsnjzIIIMgQY_Trqq1EjwdBI9gxEho5J0RjZAihaa-tsYioRPFwQ8fpgXIB;万州区情概况_万州港. http://www. wzg. com. cn/wzqq/76. html

③大垭口森林公园. http://baike. baidu. com/view/1636342. htm

④重庆市长寿区人民政府. http://cs. cq. gov. cn/zjcs/10/

⑤巫山县. http://baike. baidu. com/link? url=-3v_59Wl1vqVxuoNJblx-9hf3DIXkoCs36jEMGZnfr7gz5g1Q2veX5vU1A5R99Mx

⑥城口县. http://baike. baidu. com/link? url=g8ngvyNeW9LAI_jJOfiBEL0PuFUl4SyO0yuEKJrep8h6euQP7ZVMrr-PKLN4JNG2#6

獐子、猴群、野猪、崖燕、飞狐、杜鹃、麂、蟒、云豹、穿山甲、锦鸡等①。列举的物种中既有“林麝”，又出现“獐子”，联系之前当地的物种介绍，“獐子”当是河麂。

综合重庆市曾有河麂遗存出土、文献记载历史上有河麂分布以及其周边分布河麂情况（图 23.20），反映处于河麂分布西北界一带或是与麝属重叠分布。

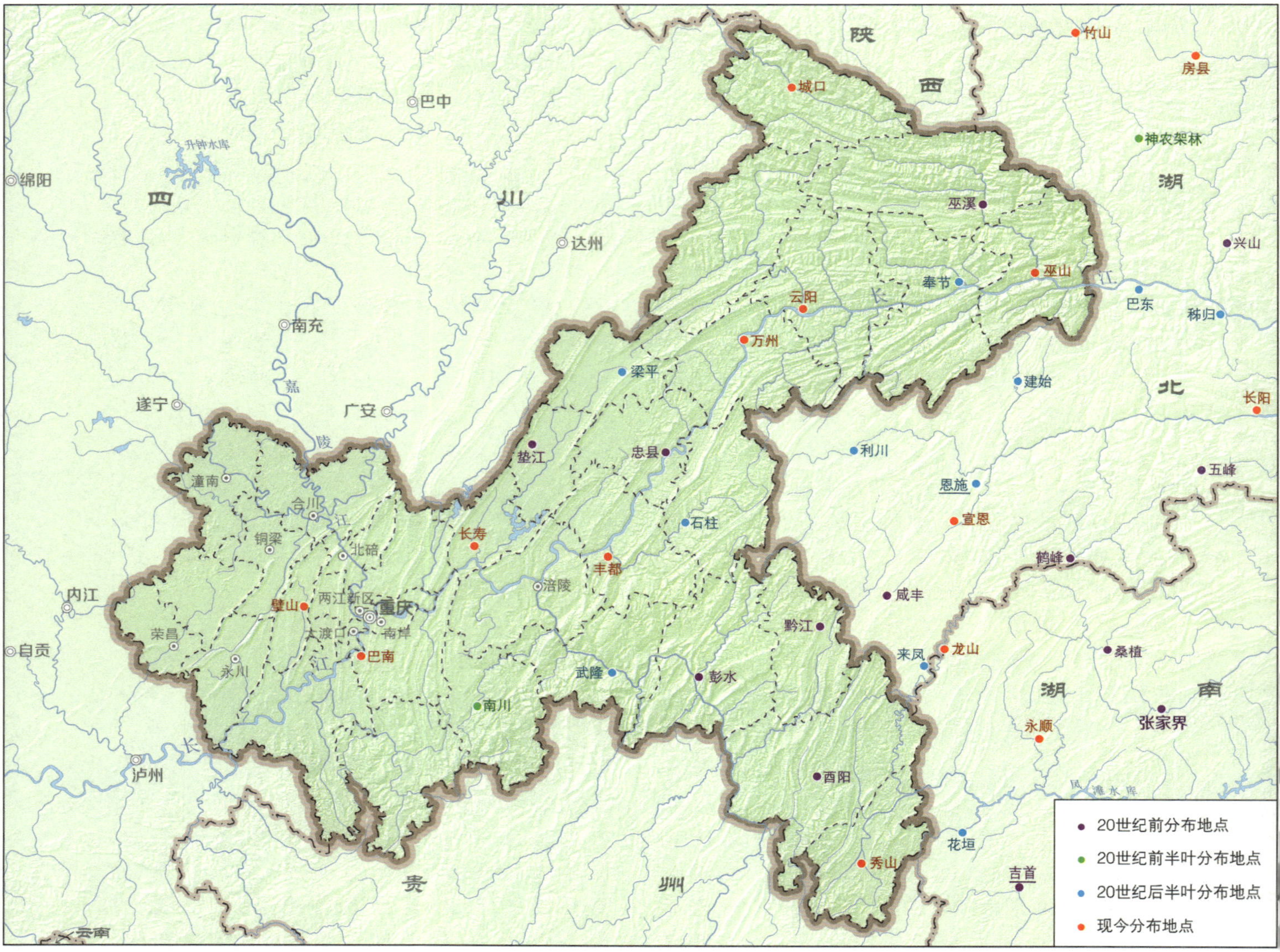

图 23.20　重庆市与周边古今河麂分布变迁图

6.4　保护区

现有河麂栖息的自然保护区（图 23.21、表 23.4）可以表明它们依然存在。其特点有：

● 现分布有河麂的自然保护区达到 28 个，总面积达 9 547 km²。

● 拥有保护区的地区仅有华东、中南与西南。

● 拥有保护区数量较多的地区按省级政区排序为：湖南省（8 个），江西省（5 个），福建省与

①重庆云阳龙缸景区资源介绍. http://www.cqyylg.com/Article/Show.asp? id=426&NewsType=2；云阳旅游资源简介. http://3y.uu456.com/bp_74bzj7l1337s7tu44gpp_2.html

湖北省(皆 4 个)。

● 保护区的建立时间虽在 1979～2005 年间,但主要还是 1980 年代以来建立的。

● 保护区的等级情况:除市级外皆有,比率约为国家级占 50%、省级占 32%、县级占 18%。

● 主管部门林业占绝对优势(高达 89%),其余则是环保(约占 11%)。

● 按保护区所在政区地点看,达到 36 个(不含重复)。

● 拥有保护区的政区数量情况按地区排序是:中南(18 个),华东(17 个),西南(1 个)。

● 拥有保护区的政区数量情况按省级政区排序是:湖南省(12 个),江苏省(6 个),福建省与江西省(皆 5 个),湖北省(4 个)。

● 栖息有河麂的保护区面积最大的是盐城湿地珍禽国家级自然保护区(在江苏省,面积 284 179 hm^2),面积最小的是新村苏门羚县级自然保护区(在福建省寿宁县,面积 45 hm^2),相差超过 6 315 倍。

● 现有保护区所覆盖的河麂栖息地仅达 15%;上海市与重庆市分布的河麂虽不在保护区内,却也处于保护机构内;江苏省残存的河麂得不到保护区(不含其他保护机构)庇护。

总之,河麂在我国尽管濒危程度非最高,但也需要加强对保护区外的种群的调查,落实保护区庇护。

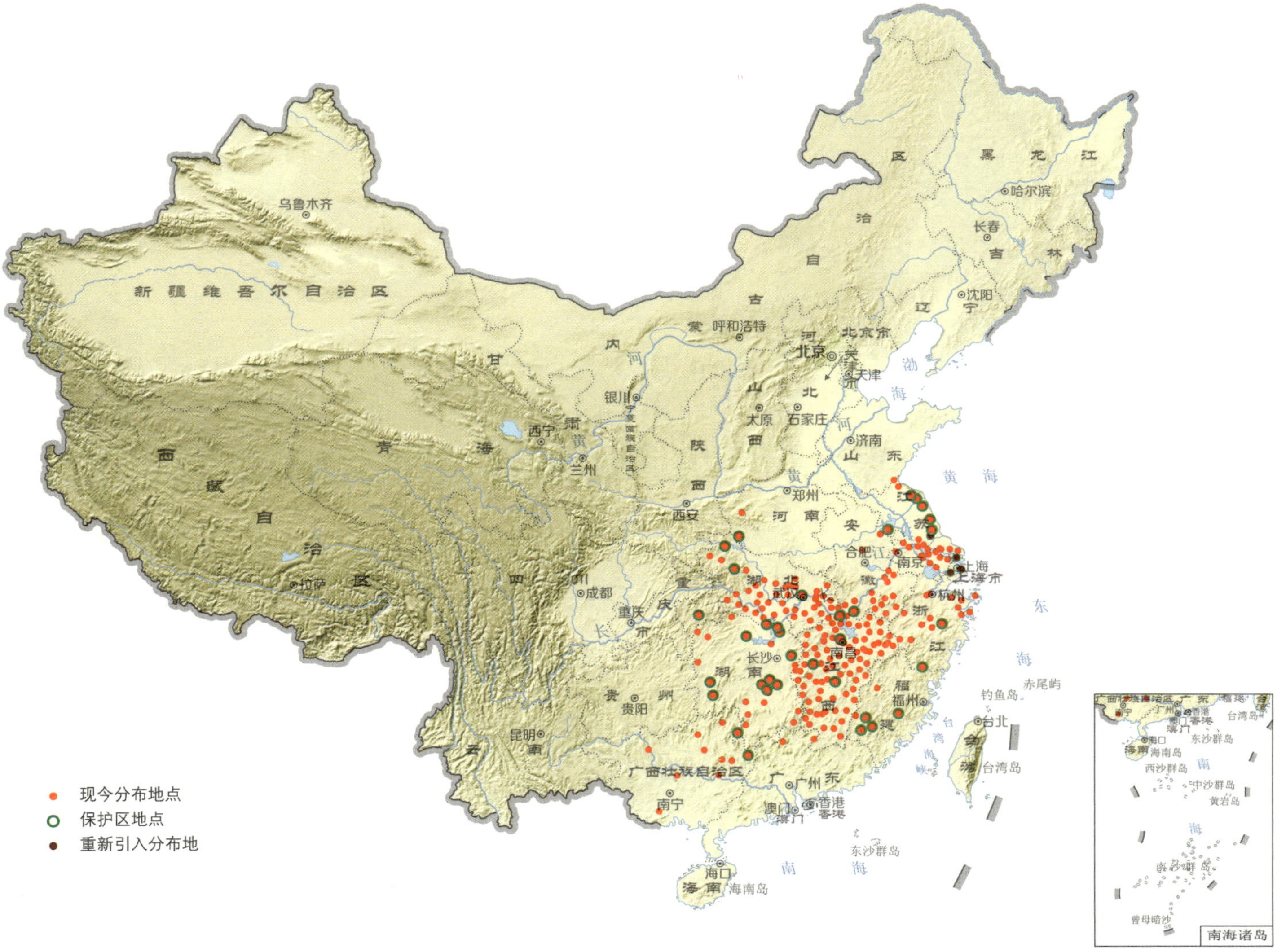

图 23.21　现有河麂栖息地与其栖息的自然保护区分布图

表 23.4　　栖息有梅花鹿的自然保护区概况

地区	省级政区	保护区名称	所处地点	面积(hm²)	级别	建立时间	主管部门
华东	江苏	盐城湿地珍禽	东台市、大丰市、射阳县、滨海县、响水县	284 179	国家级	19830225	环保
		大丰麋鹿	大丰市	2 667	国家级	19860208	林业
		铁山寺	盱眙县	3 573	县级	19900723	林业
	浙江	大盘山	磐安县	4 558	国家级	19930420	环保
	福建	梅花山	上杭县、连城县、新罗区	22 168	国家级	19850402	林业
		戴云山	德化县	13 472	国家级	19850516	林业
		南山顶	寿宁县	1 337	县级	20010629	林业
		新村苏门羚	寿宁县	45	县级	20010629	林业
	江西	庐山	九江市	30 452	省级	19810306	林业
		桃红岭梅花鹿	彭泽县	12 500	国家级	19810816	林业
		水浆	永丰县	2 000	省级	19820101	林业
		鄱阳湖南矶湿地	新建县	33 300	国家级	19970106	林业
		大岗山	分宜县	1 200	县级	20050520	林业
中南	河南	丹江湿地	淅川县	64 027	国家级	20010810	林业
	湖北	赛武当	十堰市	21 203	国家级	19870101	林业
		五道峡	保康县	23 816	省级	19900101	林业
		七姊妹山	宣恩县	34 550	国家级	19900301	林业
		沉湖湿地	武汉市	11 579	省级	19940101	林业
	湖南	浏阳大围山	浏阳市	5 220	省级	19820401	林业
		黄桑	绥宁县	12 590	国家级	19820403	林业
		江永源口	江永县	5 527	省级	19820527	林业
		南岳衡山	衡阳市、衡阳县、衡山县	11 992	国家级	19840509	林业
		东洞庭湖	岳阳市、华容县、岳阳县	190 000	国家级	19841101	林业
		花岩溪	常德市	4 032	省级	19971027	林业
		衡东四方山	衡东县	380	省级	19980101	林业
		雪峰山	洪江市	12 341	县级	20010401	环保
	广西	滑水冲	八步区	9 929	省级	19820601	林业
西南	重庆	大巴山	城口县	136 017	国家级	19790501	林业

注：①本表参考多方面信息综合而成，个别误差进行更正。②本表据全国自然保护区名录. http://sts. mep. gov. cn/zrbhq/zrbhq/201208/t20120824_235172. htm；江苏盐城湿地珍禽国家级自然保护区. http://baike. baidu. com/link? url =

Yy9cMog8Av02w2Ho8pY_BIJjDw-2ZU33_mvI_7vMZyhG3-ciHSAWLgX09DI0FytQRUCmnBYTcRaM92GwiefXSq；江苏大丰麋鹿国家级自然保护区. http://baike. baidu. com/view/327678. htm? fromId＝248479；浙江大盘山国家级自然保护区. http://www. todps. com/faxian/zrzy/32010/11868775_1. html；郑秋生. 梅花山自然保护区探秘. http://www. mxrb. cn/dzb/2009-05/20/content_516183. htm；德化戴云山. http://www. agri. cn/DFV20/fj/xxny/xclytp/201404/t20140408_3843；庐山自然保护区. http://baike. baidu. com/view/118116. htm；桃红岭梅花鹿自然保护区. http://baike. baidu. com/view/9408860. htm；水浆自然保护区. http://baike. soso. com/v41933383. htm；江西鄱阳湖南矶湿地国家级自然保护区管理局. http://www. njnr. org/html/kyjc/ssyd/97. html；大岗山. http://baike. baidu. com/view/1208983. htm；丹江湿地保护区. http://www. baike. com/wiki/%E4%B8%B9%E6%B1%9F%E6%B9%BF%E5%9C%B0%E4%BF%9D%E6%8A%A4%E5%8C%BA；赛武当自然保护区. http://baike. baidu. com/view/3429946. htm；五道峡自然保护区. http://baike. baidu. com/view/8913553. htm；七姊妹山. http://baike. baidu. com/view/937234. htm；沉湖湿地自然保护区. http://baike. baidu. com/view/8911163. htm；大围山. http://baike. baidu. com/view/55200. htm；黄桑国家级自然保护区. http://baike. baidu. com/view/3687370. htm? fromId＝793019；江永源口省级自然保护区. http://baike. baidu. com/view/8712781. htm；湖南南岳衡山国家级自然保护区. http://baike. baidu. com/link? url＝p1Co6qZZJj4tu8eEhbqN89A-BXC8ibGckhqqN3njWBZPaAxlrlYoEw6oG _ HIm8ihjYs8nzOg7dOASzLYizleZSOeA2EzKJURbMUsNxS_0IyhiJZOyGriyTObHCzamAQC06qeazc304aI-AkrV3WpLFVORwMCPr0GcNO-_osMv7qKWNCqIqXtSareH8LCWlw13ws3mUza0zfsajYgv_Wbkd7JZSWvy6L3Icgm4rLejjy；求真务实开拓创新努力推进自然保护区事业新发展：在全国野生动植物保护与自然保护区建设管理工作会议上的发言. http://lyt. hunan. gov. cn/xxgk_71167/ldjh/201604/t20160405_3008735. html；花岩溪国家森林公园. http://baike. baidu. com/view/2003063. htm；四方山森林公园总体规划. http://www. docin. com/p-401667204. html；雪峰山. http://www. zjjta. com/jingdian/huaihua-995282. html；滑水冲自然保护区. http://baike. baidu. com/view/1671545. htm；城口县. http://baike. baidu. com/link? url = g8ngvyNeW9LAI _ jJOfiBEL0PuFUl4SyO0yuEKJrep8h6euQP7ZVMrrPKLN4JNG2#6

7　河麂的分布变迁大势

据河麂的分布变迁整体情况看，古今有不小变化。

7.1　河麂的分布变迁

历史时期，河麂的分布变迁变化不小（图 23.22、表 23.6），表现为：

● 河麂分布于我国东部。河麂遗存显示，我国最大分布区处于 45.7°N（黑龙江省哈尔滨市）以南，102.4°E（青海省互助土族自治县）以东。

● 历史上，我国河麂分布的县级及其以上政区最大数量超过 900 地，虽仅约占全国政区的 38%，但密集度却相当高。在有河麂分布的 17 个省级政区中，除香港特别行政区与澳门特别行政区外，尚有 3 个省级政区曾都有河麂生息繁衍。

● 历史上，我国河麂分布的县级及其以上政区数量按省级政区排序为：广东省（79 个），山东省（75 个），广西壮族自治区（70 个），安徽省（61 个），河南省（45 个）。

● 到 20 世纪前半叶，河麂分布地消失剧烈（当然时间较长），北京市、天津市、河北省、香港特别行政区、澳门特别行政区已然消失；其余消失数量超过 20 个的省级政区排序为：山东省（67 个），广东省（58 个），广西壮族自治区（35 个），湖南省（32 个），安徽省（24 个），江苏省与台湾（皆 21 个）。

● 到 20 世纪后半叶，上海市、山东省、海南省的河麂消失；其余河麂分布地较多的省级政区排序为：广东省（13 个），福建省与广西壮族自治区（皆 6 个）。

● 到现今，河麂在台湾已然消失；其余河麂分布地消失超过 15 个的省级政区为：湖南省（43 个），浙江省（32 个），福建省（30 个），河南省（26 个），安徽省（19 个）。

● 现有河麂分布地绝对数超过 13 个的省级政区排序为：江西省（89 个），湖北省（45 个），江苏省（26 个），湖南省（24 个），安徽省（16 个），浙江省（14 个）。

● 江西省分布的河麂至今仅 2 地未见，这在珍稀动物保护中十分罕见。

● 上海市在原生河麂消失后，又在 3 地重新引入河麂放养；江苏省也有 1 地放养河麂。

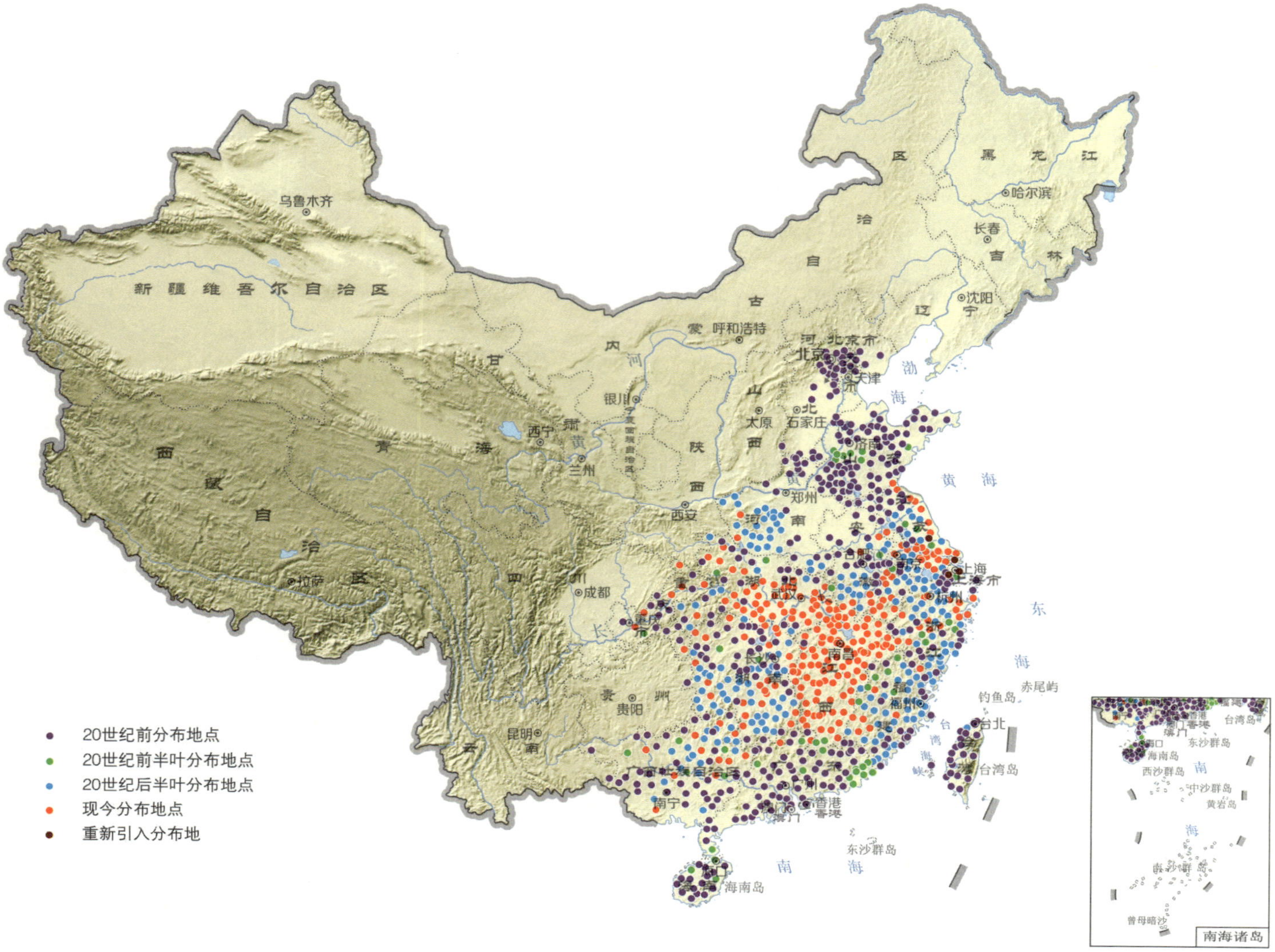

图 23.22　历史时期河鹿分布变迁图

表 23.6　　**历史时期河鹿的分布变迁概况**

地区	省级政区	20 世纪前分布地点	20 世纪前半叶分布地点	20 世纪后半叶分布地点	现今分布地点
华北	北京	朝阳区、丰台区、海淀区、房山区、通州区、顺义区、昌平区、大兴区、平谷区			
	天津	武清区、宝坻区、蓟县、宁河县			
	河北	卢龙县、唐山市、遵化市、玉田县、廊坊市、霸州市、三河市、固安县、永清县、香河县、大城县、文安县、大厂回族自治县、保定市、安国市、涿州市、河间市、吴桥县、临漳县、大名县、涉县			

(续表)

地区	省级政区	20世纪前分布地点	20世纪前半叶分布地点	20世纪后半叶分布地点	现今分布地点
华东	上海	金山区、松江区、青浦区、南汇区、奉贤区、崇明县	奉贤区、崇明县		浦东新区*、松江区*、崇明县*
	江苏	南京市、溧水县、高淳县、徐州市、邳州市、新沂市、铜山县?睢宁县、沛县、丰县?连云港市、赣榆县、灌云县、东海县、灌南县、宿迁市、沭阳县、泗阳县、泗洪县?淮安市、金湖县、盱眙县、洪泽县、涟水县、盐城市、东台市、大丰市、射阳县、阜宁县、滨海县、响水县、建湖县、扬州市、仪征市、江都市、高邮市、宝应县、泰州市、靖江市、泰兴市、姜堰市、兴化市、南通市、海门市、启东市、通州市、如皋市、如东县、海安县*、镇江市、扬中市、丹阳市、句容市、常州市、金坛市、溧阳市、无锡市、江阴市、宜兴市、苏州市、吴江市、昆山市、太仓市、常熟市、张家港市	南京市、连云港市、赣榆县、淮安市、盱眙县、洪泽县、盐城市、东台市、大丰市、射阳县、阜宁县、滨海县、响水县、建湖县、仪征市、高邮市、宝应县、泰州市、靖江市、泰兴市、姜堰市、兴化市、南通市、海门市、启东市、如皋市、如东县、海安县*、镇江市、扬中市、丹阳市、句容市、常州市、金坛市、溧阳市、无锡市、江阴市、宜兴市、苏州市、吴江市、昆山市、太仓市、常熟市、张家港市	南京市、连云港市、赣榆县、淮安市、盱眙县、洪泽县、盐城市、东台市、大丰市、射阳县、阜宁县、滨海县、响水县、建湖县、仪征市、高邮市、泰州市、靖江市、泰兴市、姜堰市、南通市、海门市、启东市、如东县、海安县*、镇江市、扬中市、丹阳市、句容市、常州市、金坛市、溧阳市、无锡市、江阴市、宜兴市、苏州市、吴江市、昆山市、太仓市、常熟市、张家港市	南京市、连云港市、赣榆县、盱眙县、东台市、大丰市、射阳县、滨海县、响水县、仪征市、泰州市、靖江市、泰兴市、南通市、海门市、启东市、海安县*、镇江市、扬中市、常州市、无锡市、江阴市、苏州市、太仓市、常熟市、张家港市
	浙江	杭州市、临安市、富阳市、建德市、桐庐县、淳安县、湖州市、长兴县、德清县、安吉县、嘉兴市?平湖市、海宁市、桐乡市、嘉善县?海盐县?舟山市、岱山县、嵊泗县、宁波市、慈溪市、余姚市、奉化市、宁海县、象山县、越城区、诸暨市、上虞市、嵊州市、绍兴县、新昌县、衢州市、江山市、常山县、开化县、龙游县、金华市、兰溪市、永康市、义乌市、东阳市、武义县、浦江县、磐安县、台州市、临海市、温岭市、三门县、天台县、仙居县、玉环县、温州市、瑞安市、乐清市、永嘉县、文成县、平阳县、泰顺县、洞头县、苍南县、莲都区、龙泉市?缙云县、青田县、云和县、遂昌县、松阳县、庆元县、景宁畲族自治县	杭州市、临安市、富阳市、建德市、桐庐县、淳安县、湖州市、长兴县、德清县、安吉县、海宁市、桐乡市、舟山市、宁波市、慈溪市、余姚市、奉化市、宁海县、象山县、越城区、诸暨市、上虞市、嵊州市、绍兴县、新昌县、衢州市、江山市、金华市、永康市、义乌市、东阳市、武义县、浦江县、磐安县、临海市、三门县、天台县、温州市、瑞安市、乐清市、永嘉县、文成县、平阳县、泰顺县、洞头县、苍南县、莲都区、缙云县、遂昌县、松阳县	杭州市、临安市、富阳市、建德市、桐庐县、淳安县、湖州市、长兴县、德清县、安吉县、海宁市、桐乡市、舟山市、宁波市、慈溪市、余姚市、奉化市、宁海县、象山县、越城区、诸暨市、上虞市、嵊州市、绍兴县、新昌县、衢州市、江山市、金华市、永康市、义乌市、东阳市、浦江县、磐安县、三门县、温州市、瑞安市、乐清市、永嘉县、文成县、平阳县、泰顺县、洞头县、苍南县、缙云县、遂昌县、松阳县	杭州市、淳安县、舟山市、宁波市、余姚市、奉化市、宁海县、象山县、江山市、金华市、永康市、义乌市、磐安县、遂昌县

（续表）

地区	省级政区	20世纪前分布地点	20世纪前半叶分布地点	20世纪后半叶分布地点	现今分布地点
	安徽	合肥市、长丰县、肥东县、肥西县、埇桥区、砀山县、萧县、泗县、阜阳市、颍上县、怀远县、滁州市、明光市、来安县、全椒县、定远县、凤阳县、马鞍山市、当涂县、芜湖市、芜湖县、繁昌县、南陵县、铜陵市、铜陵县、安庆市、桐城市、怀宁县、枞阳县、潜山县、太湖县、宿松县、望江县、岳西县、黄山市、歙县、休宁县、黟县、祁门县、六安市、寿县、霍邱县、舒城县、金寨县、霍山县、居巢区、庐江县、无为县、含山县、和县、贵池区、东至县、石台县、青阳县、宣州区、宁国市、郎溪县、广德县、泾县、旌德县、绩溪县	长丰县、滁州市、明光市、来安县、全椒县、定远县、当涂县、芜湖市、芜湖县、繁昌县、南陵县、安庆市、桐城市、怀宁县、枞阳县、潜山县、太湖县、宿松县、望江县、岳西县、黄山市、歙县、休宁县、黟县、祁门县、舒城县、霍山县、庐江县、贵池区、东至县、石台县、宣州区、郎溪县、广德县、泾县、旌德县、绩溪县	长丰县、滁州市、明光市、来安县、定远县、芜湖市、芜湖县、繁昌县、南陵县、安庆市、桐城市、怀宁县、枞阳县、潜山县、太湖县、宿松县、望江县、岳西县、黄山市、歙县、休宁县、黟县、祁门县、舒城县、霍山县、庐江县、贵池区、东至县、石台县、宣州区、郎溪县、广德县、泾县、旌德县、绩溪县	长丰县、明光市、芜湖市、芜湖县、繁昌县、南陵县、宿松县、望江县、黄山市、歙县、休宁县、黟县、祁门县、贵池区、石台县、旌德县
	福建	福州市、福清市、长乐市、闽侯县、连江县、罗源县、闽清县、永泰县、平潭县、延平区、邵武市、武夷山市、建瓯市、建阳市、顺昌县、浦城县、光泽县、松溪县、政和县、三明市、永安市、明溪县、清流县、宁化县、大田县、尤溪县、沙县、将乐县、泰宁县、建宁县、莆田市、仙游县、泉州市、石狮市？晋江市？南安市？惠安县、安溪县、永春县、德化县、金门县、厦门市、漳州市、龙海市、云霄县、漳浦县、诏安县、长泰县、东山县、南靖县、平和县、华安县、新罗区、漳平市、长汀县、永定县、上杭县、武平县、连城县、蕉城区、福安市、福鼎市、寿宁县、霞浦县、柘荣县、屏南县、古田县、周宁县	福州市、福清市、长乐市、闽侯县、闽清县、永泰县、延平区、邵武市、建瓯市、建阳市、浦城县、松溪县、政和县、永安市、明溪县、清流县、宁化县、大田县、尤溪县、沙县、将乐县、泰宁县、建宁县、莆田市、仙游县、泉州市、安溪县、永春县、德化县、厦门市、龙海市、云霄县、漳浦县、诏安县、南靖县、华安县、新罗区、漳平市、长汀县、永定县、上杭县、武平县、连城县、蕉城区、寿宁县、霞浦县、柘荣县、屏南县、古田县、周宁县	福州市、福清市、长乐市、闽侯县、闽清县、永泰县、建瓯市、松溪县、政和县、永安市、明溪县、清流县、大田县、尤溪县、沙县、将乐县、建宁县、莆田市、仙游县、泉州市、安溪县、永春县、德化县、厦门市、龙海市、云霄县、漳浦县、诏安县、南靖县、华安县、新罗区、漳平市、长汀县、永定县、上杭县、武平县、连城县、蕉城区、寿宁县、霞浦县、柘荣县、屏南县、古田县、周宁县？福清市、长乐市、闽清县、永泰县、建瓯市、松溪县、政和县、永安市、明溪县、清流县、大田县、尤溪县、沙县、将乐县、建宁县、莆田市、仙游县、泉州市？安溪县？永春县？德化县、厦门市？龙海市、云霄县、漳浦县、诏安县、南靖县、华安县？新罗区、漳平市、长汀县、永定县、上杭县、武平县、连城县、蕉城区、寿宁县、霞浦县、柘荣县、屏南县、古田县、周宁县	将乐县、德化县、新罗区、长汀县、上杭县、连城县、寿宁县

（续表）

地区	省级政区	20世纪前分布地点	20世纪前半叶分布地点	20世纪后半叶分布地点	现今分布地点
	江西	南昌市、南昌县、新建县、安义县、进贤县、九江市、瑞昌市、九江县、武宁县、修水县、永修县、德安县、星子县、都昌县、湖口县、彭泽县、景德镇市、乐平市、浮梁县、月湖区、贵溪市、余江县、渝水区、分宜县、萍乡市、莲花县、上栗县、芦溪县、章贡区、瑞金市、南康市、赣县、信丰县、大余县、上犹县、崇义县、安远县、龙南县？定南县？全南县、宁都县、于都县、兴国县、会昌县、寻乌县、石城县、信州区、德兴市、上饶县、广丰县、玉山县、铅山县、横峰县、弋阳县、余干县、鄱阳县、万年县、婺源县、临川区、南城县、黎川县、南丰县、崇仁县、乐安县、宜黄县、金溪县、资溪县、东乡县、广昌县、袁州区、丰城市、樟树市、高安市、奉新县、万载县、上高县、宜丰县、靖安县、铜鼓县、吉安市、井冈山市、吉安县、吉水县、峡江县、新干县、永丰县、泰和县、遂川县、万安县、安福县、永新	南昌市、南昌县、新建县、安义县、进贤县、九江市、瑞昌市、九江县、武宁县、修水县、永修县、德安县、星子县、都昌县、湖口县、彭泽县、景德镇市、乐平市、浮梁县、月湖区、贵溪市、余江县、渝水区、分宜县、萍乡市、莲花县、上栗县、芦溪县、章贡区、瑞金市、南康市、赣县、信丰县、大余县、上犹县、崇义县、安远县、龙南县？定南县？全南县、宁都县、于都县、兴国县、会昌县、寻乌县、石城县、信州区、德兴市、上饶县、广丰县、玉山县、铅山县、横峰县、弋阳县、余干县、鄱阳县、万年县、婺源县、临川区、南城县、黎川县、南丰县、崇仁县、乐安县、宜黄县、金溪县、资溪县、东乡县、广昌县、袁州区、丰城市、樟树市、高安市、奉新县、万载县、上高县、宜丰县、靖安县、铜鼓县、吉安市、井冈山市、吉安县、吉水县、峡江县、新干县、永丰县、泰和县、遂川县、万安县、安福县、永新县	南昌市、南昌县、新建县、安义县、进贤县、九江市、瑞昌市、九江县、武宁县、修水县、永修县、德安县、星子县、都昌县、湖口县、彭泽县、景德镇市、乐平市、浮梁县、月湖区、贵溪市、余江县、渝水区、分宜县、萍乡市、莲花县、上栗县、芦溪县、章贡区、瑞金市、南康市、赣县、信丰县、大余县、上犹县、崇义县、安远县、全南县、宁都县、于都县、兴国县、会昌县、寻乌县、石城县、信州区、德兴市、上饶县、广丰县、玉山县、铅山县、横峰县、弋阳县、余干县、鄱阳县、万年县、婺源县、临川区、南城县、黎川县、南丰县、崇仁县、乐安县、宜黄县、金溪县、资溪县、东乡县、广昌县、袁州区、丰城市、樟树市、高安市、奉新县、万载县、上高县、宜丰县、靖安县、铜鼓县、吉安市、井冈山市、吉安县、吉水县、峡江县、新干县、永丰县、泰和县、遂川县、万安县、安福县、永新县	南昌市、南昌县、新建县、安义县、进贤县、九江市、瑞昌市、九江县、武宁县、修水县、永修县、德安县、星子县、都昌县、湖口县、彭泽县、景德镇市、乐平市、浮梁县、月湖区、贵溪市、余江县、渝水区、分宜县、萍乡市、莲花县、上栗县、芦溪县、章贡区、瑞金市、南康市、赣县、信丰县、大余县、上犹县、崇义县、安远县、全南县、宁都县、于都县、兴国县、会昌县、寻乌县、石城县、信州区、德兴市、上饶县、广丰县、玉山县、铅山县、横峰县、弋阳县、余干县、鄱阳县、万年县、婺源县、临川区、南城县、黎川县、南丰县、崇仁县、乐安县、宜黄县、金溪县、资溪县、东乡县、广昌县、袁州区、丰城市、樟树市、高安市、奉新县、万载县、上高县、宜丰县、靖安县、铜鼓县、吉安市、井冈山市、吉安县、吉水县、峡江县、新干县、永丰县、泰和县、遂川县、万安县、安福县、永新县
	山东	济南市、章丘市、平阴县、济阳县、商河县、莘县、东阿县、德城区、禹城市、陵县、齐河县、临邑县、东营市、利津县、广饶县、淄博市、桓台县、高青县、沂源县、潍坊市、安丘市、昌邑市、高密市、青州市、诸城市、寿光市、临朐县、昌乐县、烟台市、栖霞市、海阳市、龙口市、莱阳市、莱州市、招远市、文登市、胶州市、平度市、日照市、五莲县、莒县、临沂市、郯城县、苍山县、莒南县、沂水县、蒙阴县、费县、枣庄市、滕州市、济宁市、曲阜市、兖州市、邹城市、微山县、鱼台县、金乡县、嘉祥县、汶上县、泗水县、梁山县、泰安市、新泰市、肥城市、宁阳县、东平县、莱芜市、博兴县、牡丹区、曹县、定陶县、成武县、单县、巨野县、郓城县	平阴县、东阿县、胶州市、泰安市、新泰市、肥城市、东平县、莱芜市		

（续表）

地区	省级政区	20世纪前分布地点	20世纪前半叶分布地点	20世纪后半叶分布地点	现今分布地点
	台湾	台北市、基隆市、高雄市、台南市、台中市、新竹市、嘉义市、台北县、高雄县、台南县、台中县、新竹县、嘉义县、屏东县、台东县、花莲县、宜兰县、桃园县、苗栗县、彰化县、南投县、云林县、澎湖县	嘉义县、桃园县	嘉义县、桃园县	
中南	河南	荥阳市、灵宝市、陕县、栾川县、汝阳县、洛宁县、沁阳市、卫辉市、浚县、安阳市、林州市、安阳县、汤阴县、滑县、内黄县、南乐县、魏都区、襄城县、平顶山市、舞钢市、汝州市、宝丰县、叶县、鲁山县、郏县、南阳市、邓州市、南召县、方城县、西峡县、镇平县、内乡县、淅川县、社旗县、唐河县、新野县、桐柏县、信阳市、潢川县、光山县、固始县、商城县、新县、确山县、汝南县	灵宝市、陕县、栾川县、汝阳县、洛宁县、襄城县、平顶山市、舞钢市、汝州市、宝丰县、叶县、鲁山县、郏县、南阳市、邓州市、南召县、方城县、西峡县、镇平县、内乡县、淅川县、社旗县、唐河县、新野县、桐柏县、光山县、商城县、新县	灵宝市、陕县、栾川县、汝阳县、洛宁县、襄城县、平顶山市、舞钢市、汝州市、宝丰县、叶县、鲁山县、郏县、南阳市、邓州市、南召县、方城县、西峡县、镇平县、内乡县、淅川县、社旗县、唐河县、新野县、桐柏县、光山县、商城县、新县	栾川县、淅川县
	湖北	武汉市、十堰市、丹江口市？郧县、竹山县、房县、郧西县、竹溪县、襄樊市、老河口市？枣阳市、宜城市、南漳县、谷城县？保康县、荆门市、钟祥市、沙洋县、京山县、孝南区、应城市、安陆市？汉川市、孝昌县、大悟县、云梦县、黄州区、麻城市、武穴市、红安县、罗田县、英山县、浠水县、蕲春县、黄梅县、团风县、鄂州市、黄石市、大冶市、阳新县、咸安区、赤壁市、嘉鱼县、通城县、崇阳县、通山县、荆州市、石首市、洪湖市、松滋市、江陵县、公安县、监利县、宜昌市、枝江市、宜都市、当阳市、远安县、兴山县、秭归县、长阳土家族自治县、五峰土家族自治县、曾都区？广水市、仙桃市、天门市、潜江市、神农架林区、恩施市、利川市、建始县、巴东县、宣恩县、咸丰县、来凤县、鹤峰县	武汉市、十堰市、竹山县、房县、郧西县、枣阳市、宜城市、南漳县、保康县、荆门市、钟祥市、沙洋县、京山县、孝南区、应城市、汉川市、孝昌县、云梦县、黄州区、武穴市、红安县、罗田县、英山县、浠水县、蕲春县、黄梅县、团风县、鄂州市、黄石市、大冶市、阳新县、咸安区、赤壁市、嘉鱼县、通城县、通山县、荆州市、石首市、洪湖市、松滋市、江陵县、公安县、监利县、宜昌市、宜都市、当阳市、秭归县、长阳土家族自治县、仙桃市、天门市、潜江市、神农架林区、恩施市、利川市、巴东县、宣恩县、来凤县	武汉市、十堰市、竹山县、房县、郧西县、宜城市、南漳县、保康县、荆门市、钟祥市、沙洋县、京山县、孝南区、应城市、汉川市、孝昌县、云梦县、黄州区、武穴市、红安县、罗田县、浠水县、蕲春县、黄梅县、团风县、鄂州市、黄石市、大冶市、阳新县、咸安区、赤壁市、嘉鱼县、通城县、通山县、荆州市、石首市、洪湖市、松滋市、江陵县、公安县、监利县、宜昌市、宜都市、当阳市、秭归县、长阳土家族自治县、仙桃市、天门市、潜江市、恩施市、利川市、巴东县、宣恩县、来凤县	武汉市、十堰市、竹山县、房县、南漳县、保康县、荆门市、钟祥市、沙洋县、京山县、孝南区、应城市、汉川市、孝昌县、云梦县、黄州区、武穴市、罗田县、浠水县、蕲春县、黄梅县、团风县、鄂州市、黄石市、大冶市、阳新县、咸安区、赤壁市、嘉鱼县、通山县、荆州市、石首市、洪湖市、松滋市、江陵县、公安县、监利县、宜昌市、宜都市、当阳市、长阳土家族自治县、仙桃市、天门市、潜江市、宣恩县

(续表)

地区	省级政区	20世纪前分布地点	20世纪前半叶分布地点	20世纪后半叶分布地点	现今分布地点
	湖南	长沙市、浏阳市、长沙县、望城县、宁乡县、张家界市、慈利县、桑植县、常德市、津市市、安乡县、汉寿县、澧县、临澧县、桃源县、石门县、益阳市、沅江市、南县、桃江县、安化县、岳阳市、汨罗市、临湘市、岳阳县、华容县、湘阴县、平江县、株洲市、醴陵市、株洲县、攸县、茶陵县、炎陵县、湘潭市、湘乡市、韶山市、湘潭县、衡阳市、常宁市、耒阳市、衡阳县、衡南县、衡山县、衡东县、祁东县、郴州市、资兴市、桂阳县、永兴县、宜章县、嘉禾县、临武县、汝城县、桂东县、安仁县、永州市、东安县、道县、宁远县、江永县、蓝山县、新田县、双牌县、祁阳县、江华瑶族自治县、邵阳市、武冈市、邵东县、邵阳县、新邵县、隆回县、洞口县、绥宁县、新宁县、城步苗族自治县、鹤城区、洪江市、沅陵县、辰溪县、溆浦县、中方县、会同县、麻阳苗族自治县、新晃侗族自治县、芷江侗族自治县、靖州苗族侗族自治县、通道侗族自治县、娄星区、冷水江市、涟源市、双峰县、新化县、吉首市、泸溪县?凤凰县、花垣县、保靖县、古丈县、永顺县、龙山县	浏阳市、长沙县、望城县、宁乡县、常德市、澧县、石门县、岳阳市、岳阳县、华容县、湘阴县、平江县、醴陵市、株洲县、炎陵县、湘潭市、湘乡市、湘潭县、衡阳市、常宁市、耒阳市、衡阳县、衡南县、衡山县、衡东县、祁东县、郴州市、资兴市、桂阳县、永兴县、宜章县、嘉禾县、临武县、汝城县、桂东县、安仁县、永州市、道县、宁远县、江永县、蓝山县、新田县、双牌县、祁阳县、邵阳市、武冈市、邵东县、邵阳县、新邵县、隆回县、洞口县、绥宁县、新宁县、城步苗族自治县、鹤城区、洪江市、沅陵县、溆浦县、中方县、会同县、麻阳苗族自治县、芷江侗族自治县、靖州苗族侗族自治县、通道侗族自治县、娄星区、凤凰县、花垣县、永顺县、龙山县	浏阳市、长沙县、望城县、常德市、澧县、石门县、岳阳市、岳阳县、华容县、湘阴县、平江县、醴陵市、株洲县、炎陵县、湘潭市、湘乡市、湘潭县、衡阳市、常宁市、耒阳市、衡阳县、衡南县、衡山县、衡东县、祁东县、郴州市、资兴市、桂阳县、永兴县、宜章县、嘉禾县、临武县、汝城县、桂东县、安仁县、永州市、道县、宁远县、江永县、蓝山县、新田县、双牌县、祁阳县、邵阳市、武冈市、邵东县、邵阳县、新邵县、隆回县、洞口县、绥宁县、新宁县、城步苗族自治县、鹤城区、洪江市、溆浦县、中方县、会同县、麻阳苗族自治县、芷江侗族自治县、靖州苗族侗族自治县、通道侗族自治县、娄星区、凤凰县、花垣县、永顺县、龙山县	浏阳市、常德市、石门县、岳阳市、岳阳县、华容县、湘阴县、衡阳市、常宁市、衡阳县、衡南县、衡山县、衡东县、汝城县、桂东县、永州市、道县、江永县、双牌县、绥宁县、洪江市、凤凰县、永顺县、龙山县
	广东	广州市、增城市、从化市、清城区、英德市、连州市、佛冈县、阳山县、清新县、连山壮族瑶族自治县?连南瑶族自治县、韶关市、乐昌市、南雄市、始兴县、仁化县、翁源县、新丰县、乳源瑶族自治县、源城区、紫金县、龙川县、连平县、和平县、东源县、梅江区、兴宁市、梅县、大埔县、丰顺县、五华县、平远县、蕉岭县、湘桥区、潮安县、饶平县、汕头市、南澳县、榕城区、普宁市、揭东县、揭西县、惠来县、城区、陆丰市、海丰县、陆河县、惠州市、博罗县、惠东县、龙门县、东莞市、深圳市、珠海市、中山市、江门市、恩平市、台山市、开平市?鹤山市、佛山市、肇庆市、高要市、四会市、广宁县、怀集县、封开县、德庆县、新兴县、江城区、阳春市、阳西县、阳东县、电白县、湛江市、廉江市、雷州市、遂溪县、徐闻县	连南瑶族自治县、乐昌市、始兴县、乳源瑶族自治县、和平县、兴宁市、蕉岭县、湘桥区、潮安县、饶平县、汕头市、南澳县、榕城区、普宁市、揭东县、揭西县、惠来县、龙门县、怀集县、廉江市、徐闻县	连南瑶族自治县、乐昌市、乳源瑶族自治县、兴宁市、蕉岭县、揭西县、廉江市	乳源瑶族自治县

（续表）

地区	省级政区	20世纪前分布地点	20世纪前半叶分布地点	20世纪后半叶分布地点	现今分布地点
	广西	南宁市、武鸣县、横县、宾阳县、上林县、隆安县、马山县、桂林市？阳朔县、临桂县、灵川县、全州县、兴安县、永福县、灌阳县、资源县、平乐县、荔浦县？龙胜各族自治县、恭城瑶族自治县、柳州市、柳江县、柳城县、鹿寨县、融安县、三江侗族自治县、融水苗族自治县、梧州市、岑溪市、苍梧县？藤县、蒙山县、贵港市？桂平市？平南县、玉州区、北流市、兴业县、容县、陆川县？博白县、灵山县、上思县、扶绥县、大新县、天等县、田东县、平果县？德保县、靖西县、那坡县、凌云县、西林县、金城江区、宜州市、南丹县、天峨县、东兰县、罗城仫佬族自治县、环江毛南族自治县、兴宾区、合山市、象州县、武宣县、忻城县、金秀瑶族自治县、八步区、昭平县、钟山县、富川瑶族自治县	武鸣县、上林县、阳朔县、临桂县、灵川县、兴安县、永福县、灌阳县、资源县、平乐县、恭城瑶族自治县、柳州市、柳江县、柳城县、鹿寨县、融安县、藤县、蒙山县、平南县、博白县、上思县、扶绥县、凌云县、宜州市、东兰县、罗城仫佬族自治县、兴宾区、合山市、象州县、武宣县、八步区、昭平县、钟山县、富川瑶族自治县	武鸣县、上林县、阳朔县、临桂县、灵川县、兴安县、永福县、灌阳县、资源县、恭城瑶族自治县、柳州市、柳江县、柳城县、鹿寨县、融安县、蒙山县、平南县、博白县、上思县、扶绥县、宜州市、东兰县、合山市、象州县、武宣县、八步区、昭平县、钟山县、富川瑶族自治县	上林县、兴安县、鹿寨县、融安县、蒙山县、平南县、上思县、东兰县、八步区、昭平县
	海南	海口市、三亚市、文昌市、琼海市、万宁市、五指山市、东方市、儋州市、临高县、澄迈县、定安县、屯昌县、昌江黎族自治县、白沙黎族自治县、琼中黎族苗族自治县、陵水黎族自治县、保亭黎族苗族自治县、乐东黎族自治县	海口市、琼海市、儋州市		
	香港	香港			
	澳门	澳门			
西南	重庆	巴南区、万州区、黔江区、长寿区、南川区、璧山县、垫江县、武隆县、丰都县、城口县、梁平县、巫溪县、巫山县、奉节县、云阳县、忠县、石柱土家族自治县、彭水苗族土家族自治县、酉阳土家族苗族自治县、秀山土家族苗族自治县	巴南区、万州区、长寿区、南川区、璧山县、武隆县、城口县、梁平县、巫山县、奉节县、云阳县、石柱土家族自治县、秀山土家族苗族自治县	巴南区、万州区、长寿区、璧山县、武隆县、城口县、梁平县、巫山县、奉节县、云阳县、石柱土家族自治县、秀山土家族苗族自治县	巴南区、万州区、长寿区、城口县、巫山县、云阳县、秀山土家族苗族自治县

注：* 表示重新放养河鹿地点。

7.2　河鹿分布界线变化

历史时期,河鹿分布在不同时段呈现较明显的界线(图 23.23),并可见其分布界线呈现南北收缩态势。

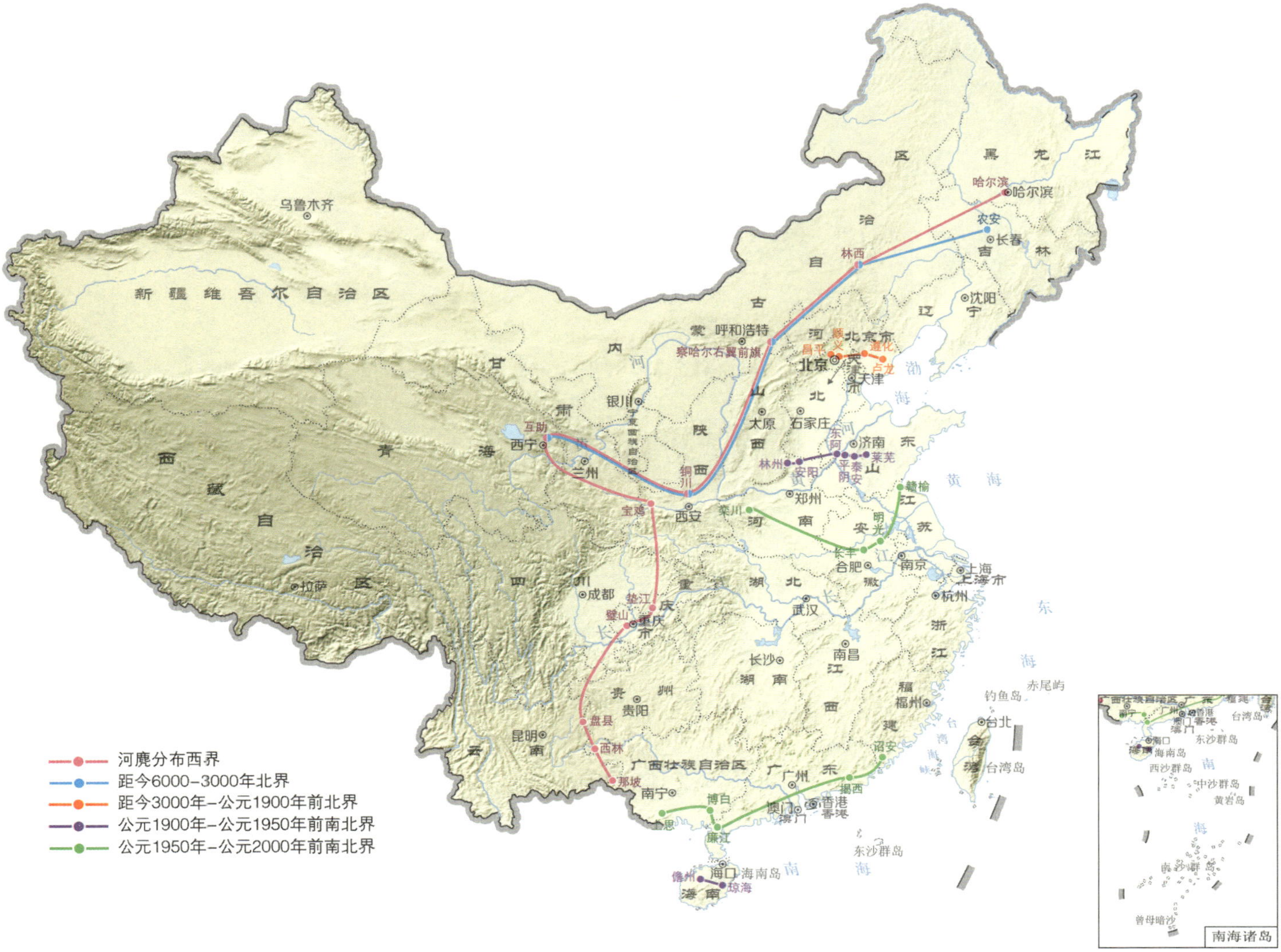

图 23.23　历史时期河鹿分布界线变迁图

● 河鹿的最大分布范围。在现国境线与哈尔滨市(126.6°E,45.7°N)—林西县(118.0°E,43.6°N)—察哈尔右翼前旗(113.2°E,40.7°N)—铜川市(109.1°E,35.0°N)—互助土族自治县(102.4°E,36.8°N)—宝鸡市(107.1°E,34.3°N)—垫江县(107.3°E,30.3°N)—璧山县(106.2°E,29.6°N)—盘县(104.6°E,25.8°N)—西林县(105.0°E,24.5°N)—那坡县(105.8°E,23.4°N)等地形成的闭合圈内。

● 距今 6000～3000 年。农安县(125.1°E,44.4°N)—林西县(118.0°E,43.6°N)—察哈尔右翼前旗(113.2°E,40.7°N)—铜川市(109.1°E,35.0°N)—互助土族自治县(102.4°E,36.8°N)。

● 距今 3000 年～公元 1900 年。卢龙县(118.8°E,39.8°N)—遵化市(117.9°E,40.1°N)—顺义区(116.6°E,40.1°N)—昌平区(116.2°E,40.2°N)。

● 公元 1900 年～公元 1950 年。林州市

（113.8°E，36.0°N）—安阳市（114.3°E，36.0°N）—东阿县（116.4°E，36.3°N）—平阴县（116.4°E，36.3°N）—泰安市（117.1°E，36.2°N）—莱芜市（117.6°E，36.2°N）；儋州市（109.5°E，19.5°N）—琼海市（110.4°E，19.2°N）。

● 公元 1950 年～公元 2000 年。栾川县（111.5°E，33.7°N）—长丰县（117.1°E，32.4°N）—明光市（117.9°E，32.7°N）—赣榆县（119.1°E，34.8°N）；上思县（107.9°E，22.1°N）—博白县（109.9°E，22.2°N）—廉江市（110.2°E，21.6°N）—揭西县（115.8°E，23.4°N）—诏安县（117.1°E，23.7°N）。

参考文献

丁伟志[总]主编；巴县县情调查组. 1992. 中国国情丛书：百县市经济社会调查：巴县卷. 北京：中国大百科全书出版社

丁伟志[总]主编；上杭县情调查组. 1994b. 中国国情丛书：百县市经济社会调查：上杭卷. 北京：中国大百科全书出版社

国家林业局主编. 2008. 中国重点陆生野生动物资源调查. 北京：中国林业出版社

华安县地方志编纂委员会编. 1996. 华安县志. 厦门：厦门大学出版社

连城县地方志编纂委员会编. 1993. 连城县志. 北京：群众出版社

龙岩地区地方志编纂委员会编. 1992. 龙岩地区志. 上海：上海人民出版社

（明）李时珍著. 1975. 本草纲目：校点本. 北京：人民卫生出版社

南靖县地方志编纂委员会编. 1997. 南靖县志. 北京：方志出版社

彭水县志编纂委员会编. 1997. 彭水县志. 成都：四川人民出版社

黔江土家族苗族自治县志编纂委员会编. 1994. 黔江县志. 北京：中国社会出版社

石柱县志编纂委员会编. 1994. 石柱县志. 成都：四川辞书出版社

四川省巴县志编纂委员会编. 1994. 巴县志. 重庆：重庆出版社

四川省璧山县志编纂委员会编. 1996. 璧山县志. 成都：四川人民出版社

四川省奉节县志编纂委员会编. 1995. 奉节县志. 北京：方志出版社

四川省涪陵市志编纂委员会编. 1995. 涪陵市志. 成都：四川人民出版社

四川省合川县地方志编纂委员会编. 1996. 合川县志. 成都：四川人民出版社

四川省梁平县地方志编纂委员会编. 1995. 梁平县志. 北京：方志出版社

四川省南川县志编纂委员会编. 1991. 南川县志. 成都：四川人民出版社

四川省武隆县志编纂委员会编. 1994. 武隆县志. 成都：四川人民出版社

同安县地方志编纂委员会编. 2000. 同安县志. 北京：中华书局

（宋）唐慎微撰. 1957. 重修政和经史证类备用本草：影印. 北京：人民卫生出版社

文榕生著. 2009. 中国珍稀野生动物分布变迁. 济南：山东科学技术出版社

巫溪县志编纂委员会编. 1993. 巫溪县志. 成都：四川辞书出版社

吴宗慈编撰；胡迎建注释. 1996. 庐山志. 南昌：江西人民出版社

武平县地方志编纂委员会编. 1993. 武平县志. 北京：中国大百科全书出版社

霞浦县地方志编纂委员会编. 1999. 霞浦县志. 北京：方志出版社

秀山土家族苗族自治县志编纂委员会编. 2001. 秀山县志. 北京：中华书局

永安市地方志编纂委员会编. 1994. 永安市志. 北京：中华书局

袁杰主编；故宫博物院编. 2014. 清宫兽谱. 北京：故宫出版社

云阳县志编纂委员会编. 1999. 云阳县志. 成都：四川人民出版社

漳浦县地方志编纂委员会编. 1998. 漳浦县志. 北京：方志出版社

诏安县地方志编纂委员会编. 1999. 诏安县志. 北京：方志出版社

竹山县地方志编纂委员会编. 2002. 竹山县志. 北京：方志出版社

第二十四章

梅花鹿的分布变迁

梅花鹿(*Cervus nippon*)在动物分类中,是哺乳纲 Mammalia 偶蹄目 Artiodactyla 鹿科 Cervidae 鹿属 *Cervus* 的一种,简称花鹿、鹿等。现生梅花鹿有 14 个亚种,我国一般认为有 6 个亚种。

梅花鹿性情温驯,体态优雅,是人们心目中富禄吉庆、伉俪和谐、祥瑞长寿的象征,尤其是它全身都是宝(鹿茸、鹿角、鹿胎、鹿鞭和血、心、尾、肉、脑、筋骨、内脏等都可入药),用途广泛,向来成为猎捕对象。生态环境的变迁与近现代人类活动不断增强而危及其生存,使其栖息地持续缩小,过度捕杀更使梅花鹿数量急剧下降(据全国性普查,约有 8 000 只①),有些亚种甚至灭绝。我国已将梅花鹿列为国家一级保护动物。

1 梅花鹿的概况

梅花鹿是中型鹿(图 24.1～图 24.24),体长 1.25～1.70 m,尾长 0.12 m 左右,肩高 0.85～1.00 m,成年体重 100～150 kg,雄兽较大,而雌兽略小。其头部略圆,颜面部较长,鼻端裸露,眼大而圆,眶下腺呈裂缝状,泪窝明显,耳长且直立;颈部长;四肢细长,主蹄狭而尖,侧蹄小;尾较短,背面黑色,腹面白色。

梅花鹿雌兽无角,雄兽有一对实角。1～2 岁小雄鹿的初角几乎是直的,以后角的分叉逐年增多,成年后定型,一般有 4 个分叉。主干一般向两侧弯曲,略呈半弧形,眉叉向前上方横抱,角尖稍向内弯曲,非常锐利。每年春季,骨化鹿角脱落,再从额骨上一对梗节的毛口处生出新角(初出称谓"茸"),到盛夏逐渐骨化,不再生长。

梅花鹿的毛色随季节变化而改变:冬季,体毛呈烟褐色,白斑不明显,与枯茅草的颜色类似;夏季,体毛棕黄色或栗红色,无绒毛,在背脊两旁和体侧下缘镶嵌着许多排列无序的白色斑点,状似梅花,因而得名。颈部与耳背呈灰棕色;一条黑色的背中线从耳尖贯穿到尾的基部;腹部色浅;臀部有白色斑块,周围有黑色毛圈。

梅花鹿一般不在茂密的森林或灌丛中栖息,而喜欢森林边缘和山地草原地区,这有利于逃避敌害而快速奔跑。它们多晨昏出来活动,昼夜的栖息地有着明显的差异:白天多选择在向阳的山坡,茅草丛较茂密,并与其体色基本相似的地方栖息,这样可以较早发现敌害,以便迅速逃离;夜间则栖息于山坡的中部或中上部,坡向不定,但向阳的山坡较多,栖息的地方茅草则相对低矮稀少。

季节不同,梅花鹿的栖息地也有所改变。春季多在半阴坡,采食栎、板栗、胡枝子、野山楂、地榆等乔木和灌木的嫩枝叶以及刚刚萌发的草本

①据称共有 7 700 只梅花鹿(国家林业局,2008)。但此仅指我国大陆部分,并且还有未统计的安徽省以及未调查的数个省级政区。

植物。夏秋季迁到阴坡的林缘地带，主要采食藤本和草本植物，如葛藤、何首乌、明党参、草莓等，冬季则喜欢在温暖的阳坡，采食成熟的果实、种子以及各种苔藓地衣类植物，间或到山下采食油菜、小麦等农作物，还常到盐碱地舔食盐碱。

梅花鹿性情机警，行动敏捷，听觉、嗅觉均很发达，视觉稍弱，胆小易惊。四肢细长，蹄窄而尖，故奔跑迅速，跳跃能力很强，尤其擅长攀登陡坡；速度快，姿态优美潇洒，能在灌木丛中穿梭自如，或隐或现。

梅花鹿大部分时间结群活动，群体的大小随季节、天敌和人为因素的影响而变化，通常为3～5只，多时可达20多只。在繁殖季节，梅花鹿群由1只健壮的成年雄兽、1～10只成年雌兽、一些亚成体和幼兽组成，被称为“繁殖群”。在产仔季节，临产雌兽先离群到僻静隐蔽处产仔，随后自带幼仔生活或与其他母子群组合起来，有时多达数十只，被称为“母子群”。非繁殖季节，数只成年雄兽或成年雌兽组成小群，称为“雄鹿群”和“雌鹿群”。在寒冷的冬季，梅花鹿比其他季节的集群性更大。

梅花鹿雄兽多单独活动，发情交配时归群。每年8～10月开始发情交配，雌兽发情时发出特有的求偶叫声，持续1个月左右，而雄兽在求偶时则发出像老绵羊一样的“咩咩”叫声。这时，它们显得烦燥不安、食欲减退，尤其雄鹿性凶好斗。如果鹿群中存在2只以上成年雄鹿，必会发生激烈的争斗，结果不是两败俱伤，就是强者把弱者赶出群外。直至交配期过后，才慢慢恢复正常（马逸清等，1986；盛和林等，1992；郭延蜀等，2000）。

梅花鹿1.5～3.0岁性成熟，寿命约为20年。梅花鹿雌兽怀孕期7～8个月，每年4～6月为产仔盛期，每胎1仔，极少有2仔。幼兽体色较鲜艳，体背及体侧有密集的白色斑点。幼鹿在3月龄以内增重最快，以后逐渐减少①。

我国梅花鹿的6个亚种②为（盛和林等，1992）：

（1）东北亚种 *Cervus nippon hortulorn* Swinhoe，1864，分布于长白山一带。

（2）华南亚种 *Cervus nippon pseudaxis*（＝*kopschi*），Eydoux & Souleyct or Gervais，1841，残存于江西、安徽南部及浙江西部。

（3）四川亚种 *Cervus nippon sinchuanicus* Guo，Chen & Wang，1978，仅分布于四川若尔盖和红原县。

（4）台湾亚种 *Cervus nippon taiouanus* Blyth，1860，分布于台湾，野生种已在1940年代绝迹，但饲养种群已有相当数量。

（5）山西亚种 *Cervus nippon grassianus* Heade，1884，仅分布于山西，现在是否存在，尚待证实。

（6）华北亚种 *Cervus nippon mandarinus* Milne-Edwards，1871，曾分布于河北省，现已绝迹。

---

①梅花鹿（鹿科哺乳动物）. http://baike.baidu.com/link? url＝VFfFluQMcDHNCTy9S2lREperen4oxJXmm7MobR-zPk1xAP_aeoT_ltiwXsLwZfU7ryN5YrW06ThgL6XxbYpAOSXQRpJCetzfb_rL4z_krYG；鹿科. http://baike.baidu.com/link? url＝_T25TV5yYZD5mOlyAEHOQz0J_cU4WRuhmrY8-zBUqtiRtboVvX5r-8lNbTLF04z_DQK3TwUhb_PthhVs2q5CtK

②郭延蜀等（2000）认为我国梅花鹿有9个亚种（详见下列）。经察看，二者不同在于，郭延蜀等把年代亚种与地理亚种混杂在一起。

新竹亚种 *Cervus*（*Sika*）*nippon* sintikuensis Shikama，1937＝[*C.*（*Pseudaxis*）*sintikuensis*]；早更新世。分布于台湾等地。

台湾亚种 C.（S.）*n. taiouanus* Blyth，1860＝[*C.*（*P.*）*taevanus*]；早更新世至现代。分布于台湾。

葛氏亚种 C.（S.）*n. grayi* Zdansky，1925＝[*C.*（*P.*）*grayi*，*C.*（*P.*）*magnus*]；早更新世至晚更新世。分布于东北、华北、华中、华南、西南。

东北亚种 C.（S.）*n. hortulorn* Swinhoe，1864＝[*C.*（*P.*）*manchuricus*，*C.*（*P.*）*hortulorum*]；早更新世至晚更新世。分布于东北、华北、华中、华南、西南。

华北亚种 C.（S.）*n. mandarinus* Milne-Edwards，1871＝[*C.*（*P.*）*hortulorum*]；晚更新世至现代。分布于辽宁西南部、北京、河北、河南、陕西、湖北西北部、甘肃的榆中与环县。

山西亚种 C.（S.）*n. grassianus* Heade，1884；晚更新世至现代。分布于山西。

四川亚种 C.（S.）*n. sinchuanicus* Guo Chen et Wang，1978；晚更新世至现代。分布于四川西部、甘肃的迭部。

江南亚种 C.（S.）*n. kopschi* Swinhoe，1873；晚更新世至现代。分布于江苏、上海、安徽、江西、湖北、湖南、福建、广东、广西北部、贵州、四川的会理和盐边、云南的丽江。

越南亚种 C.（S.）*n. pseudaxis* Eydoux et Souleyct，1838＝（*C. dugennianus*）；晚更新世至现代。分布于广西南部。

图 24.1　梅花鹿雄兽①

图 24.2　梅花鹿雌兽②

图 24.3　梅花鹿雌兽正视③

图 24.4　梅花鹿雄兽侧视④

①http://www.birdnet.cn/thread-959818-1-1.html
②http://jjpzx.jxgtt.gov.cn/News.shtml?p5=5006609
③http://www.nipic.com/show/1/9/4281602k027c15eb.html
④http://baike.baidu.com/subview/25259/9072718.htm

图 24.5　秀恩爱(一)①

图 24.6　秀恩爱(二)②

图 24.7　决斗前夕③

图 24.8　势均力敌④

图 24.9　幼仔⑤

图 24.10　亲昵⑥

①http://image.baidu.com/search/detail? ct=503316480&z=0&ipn=d&word=梅花鹿
②http://www.zjol.com.cn/05zjol/system/2015/12/06/020941039.shtml
③http://www.5i01.cn/waypointtopicdetail.php? f=206&t=3655391&m=f&last=48998359
④http://www.5i01.cn/waypointtopicdetail.php? f=206&t=3655391&m=f&last=48998359
⑤http://www.nipic.com/show/1/9/6711430kaf1d1944.html
⑥http://www.duitang.com/blog/? id=303264426

图 24.11　哺育①

图 24.12　舐犊②

图 24.13　天伦之乐③

图 24.14　孤独守望④

图 24.15　雄鹿群⑤

图 24.16　雌鹿群⑥

①梅鹿母子. http://photo.poco.cn/lastphoto-htx-id-4186588-p-0.xhtml
②http://www.tooopen.com/view/543000.html
③http://www.zjol.com.cn/05zjol/system/2015/12/06/020941039.shtml
④http://xianguo.com/article/66EF62E0699DFAA357C5FF4F5956A6A4
⑤http://p.gmw.cn/thread-37509-1-71.html
⑥http://www.zjol.com.cn/05zjol/system/2015/12/06/020941039.shtml

图 24.17　呼唤①

图 24.18　脱角②

图 24.19　不同生境(一)③

图 24.20　不同生境(二)④

图 24.21　不同生境(三)⑤

图 24.22　不同生境(四)⑥

①http://www.zjol.com.cn/05zjol/system/2015/12/06/020941039.shtml
②http://m.fengniao.com/image/1881677_9.html
③http://www.nipic.com/show/1/9/8517589k73a4d1b1.html
④http://www.huitu.com/photo/show/20140111/190144269391.html
⑤http://www.photofans.cn/album/showpic.php? year=2012&picid=240004
⑥http://images2.wenming.cn/web_sc/jcyx/201307/t20130704_1328979.htm

图 24.23　不同生境(五)①

图 24.24　不同生境(六)②

2　梅花鹿的遗存分布

梅花鹿是在上新世晚期由古北界三趾马动物群中的 *Axis speciasus* 或 *Axis pardinensis* 演化而来(弗辽罗夫,1957)。

迄今,我国出土的梅花鹿遗存不仅时间早,而且分布广,形成序列。

2.1　斑鹿问题

"斑鹿"问题是与梅花鹿息息相关的关键问题。

正如同号文等(2006)所称:

关于梅花鹿的起源问题,目前大家一致认为梅花鹿是起源于中国的。盛和林认为我国更新世 *Pseudaxis* 亚属下的某一个种就是它的祖先……笔者认为梅花鹿与葛氏斑鹿的关系应当最为接近,在化石鉴定中,有时确实难以将两者区分开来。在我国,清楚地归入梅花鹿的最早化石是台湾(佐)[左]镇化石的斑鹿化石,其时代为早更新世到中更新世早期;但在祖国大陆,梅花鹿的化石记录就成为一笔糊涂账,主要是由分类名的混乱所致。

我们看到,早在 1932 年,杨钟健就指出:葛氏斑鹿(*Pseudaxis grayi*)与梅花鹿十分接近,只有微小差异(Young,1932)。

李有恒等(1963)进一步说明:

中国现代生存的斑鹿,分布于华北、华南、东北各地。在鹿类中体格大小中等。体重在 100 kg 以内。夏季毛色夹白斑,冬季消逝或不显。生活于有森林的丘陵地带。半坡出土的斑鹿标本,与现代生存在华北的北京斑鹿或称梅花鹿没有区别。它应当比第四纪中期的葛氏斑鹿 *Pseudaxis grayi* Zdansky 要小一些。从新石器时代到现在,这种鹿没有什么体质形态上的重大变化。

但此后相当一段时间,斑鹿化石的命名与鉴定出现混乱。

直到董颀等(1993)提出:

从目前能查阅到的文献来看,(斑鹿)*Sika* 亚属中的现生种只有一个 *Cervus*(*Sika*) *nippon*,其地理分布在亚洲东部偏北的地区。这个亚属的化石在日本有三个种……根据《中国脊椎动物化石手册》(1979 年版)这个亚属在中国有六个种:葛氏斑鹿 C.(S.) *grayi*,大斑鹿 C.(S.) *magnus*,新竹斑鹿 C.(S.) *sineikuensis*,台湾斑鹿 C.(S.) *taevanus*,北京斑鹿 C.(S.) *hortulorum*,东北斑鹿 C.(S.) *manchuricus*。其中后三种斑鹿从更新世一直延续到现在,在它们之间因不存在生殖隔离而被归入同一个种,而它们之间的形态差异则被看成是亚种一级的差别。另外,北京斑鹿 C.(S.) *hortulorum* 和东北斑鹿 C.(S.) *manchuricus* 为同物异名。而上述前三种斑鹿仅生存于更新世,它们之间及与 C.(S.) *Nippon* 之间的生殖隔离问题则无从考证,但在它们之间及与北京斑鹿之间又确有明显的形态差异。

①http://www.birdnet.cn/thread-959818-1-1.html
②http://shop.ebdoor.com/Shops/515703/Products/5817625.aspx

董为等(2006)道出原委：

北京斑鹿(*Pseudaxis hortulorum*)是 Swinhoe 于 1864 根据来自颐和园清王朝狩猎场的 1 张鹿皮所订立的种。但是这个种已于 1837 年被 Temminck 命名为 *Cervus* (*Sika*) *nippon*(直译为“日本斑鹿”,汉语学名则为“梅花鹿”[13]),而在二十世纪三四十年代裴文中等中国学者尚不知这一情况,将周口店出土的一些梅花鹿标本命名为北京斑鹿并长期沿用[8～9]。董为、姜鹏考证后指出,北京斑鹿和东北斑鹿均为梅花鹿的同物异名[11];斑鹿 *Cervus* (*Sika*)由 Sclater 命名于 1870 年(Sika 是日语“鹿”的译音,在日本主要指身体表皮上有一些斑点的鹿),*Pseudaxis* 由 Gray 命名于 1872 年,所以斑鹿的有效学名为 *Cervus* (*Sika*)而不是 *Pseudaxis*。①。

至此,可以说这一问题基本尘埃落定:斑鹿是梅花鹿在更新世的遗存,所谓若干斑鹿亚种,是其年代亚种。

2.2 梅花鹿遗存分布

梳理迄今我国出土的梅花鹿遗存,可以看出梅花鹿的起源与扩散大势。

据梅花鹿遗存分布(表 24.1、图 24.25)可以看出:

- 梅花鹿遗存在六大区的 28 个省级政区有所发现,陕西省、山东省、辽宁省、河南省、福建省出土地点较多。
- 从早更新世到全新世的 125 地 154 点梅花鹿遗存,基本上形成序列。
- 从我国大陆部分的梅花鹿遗存看,梅花鹿起源于华北地区,更具体的则是在陕西省,有 3 个早更新世分布地。
- 梅花鹿较早向东扩散,在山西省、河北省、北京市等地都有中更新世遗存发现。
- 梅花鹿向东北扩散的轨迹也较清晰,首先是在辽宁省有中更新世遗存发现,然后是吉林省与黑龙江省出土晚更新世与全新世遗存。
- 梅花鹿向南扩散,先在河南省、安徽省、江苏省、湖北省、广东省、贵州省、云南省等地出土中更新世遗存,随后又有晚更新世、全新世遗存在这些地方乃至山东省、福建省、湖南省、广西壮族自治区、四川省、上海市、江西省等更广阔地域发现。
- 梅花鹿向西扩散,在甘肃省与新疆维吾尔自治区分别有晚更新世遗存出土,青海省、宁夏回族自治区则有全新世遗存出土。

表 24.1　　梅花鹿遗存分布概况

地区	省级政区	市、县、区	遗存地点	时期	资料来源
华北	北京	东城区	王府井古人类文化遗址	晚更新世	网络①
		房山区	周口店(第一地点,3、5、6、7、8～9、10～11 层)	中更新世中期—中更新世末期	H. D. 卡尔克等,1961;邱中郎等,1973
			周口店(第十三—二十一地点)	中更新世中期—中更新世末期	贾兰坡等,1959;赵资奎等,1960
			周口店山顶洞	晚更新世	胡长康等,1978;高星等,2002
			周口店(第二十七等地,田园洞)	更新世末期	同号文等,2004;同号文等,2006
			十渡镇西太平村	晚更新世晚期	同号文等,2008
		通州区	尹各庄	全新世	陈方吉,1975;贾兰坡等,1977

①由于此引文中的参考文献比较重要,为便于读者参阅,特按原标序号照原样列出(其中“Pei Wen2Chung”,似应为“Pei WC”):
[8]Pei Wen2Chung. On the Mammalian Remains from Loc. 3 at Choukoutien[M]. Pal Sin, Ser C, 1936,7(5):1～120.
[9]Pei Wen2Chung. The Upper Cave Fauna of Choukoutien[M]. *Pal Sin*, New Ser C, 1940,10:1～86.
[11]董为,姜鹏.记吉林集安仙人洞的鹿类化石,兼述我国斑鹿化石的分类[J].古脊椎动物学报,1993,31(2):117～131.
[13]盛和林.中国鹿类动物[M].上海:华东师范大学出版社.1992,1～305.

（续表）

地区	省级政区	市、县、区	遗存地点	时期	资料来源
	河北	栾城县	栾城镇朱家庄村	晚更新世	河北省栾城县地方志编纂委员会，1995；网络[2]
		阳原县	侯家窑遗址	中更新世晚期	阳原县地方志编纂委员会，1997
		赤城县	白河右岸	中更新统	贾兰坡等，1957
		徐水县	南庄头遗址	晚更新世—全新世	袁靖等，2010
		邢台市	鹿角[3]	全新世	网络[4]
		武安市	磁山遗址	全新世	周本雄，1981
	山西	阳高县	古城镇许家窑村	中更新世晚期	贾兰坡等，1979
		定襄县	南王乡	更新世中晚？	胡振祺，1960
		襄汾县	丁村	中更新世末期	中国科学院古脊椎动物与古人类研究所《中国脊椎动物化石手册》编写组，1979；陈铁梅，1984；丁村人（网）
		垣曲县	东关遗址	全新世	袁靖，2001
	内蒙古	赤峰市	松山区上机房营子遗址	全新世	动物考古课题组，2011
		林西县	新城子镇双井店村白音长汗遗址	全新世	内蒙古自治区文物考古研究所，2004；动物考古课题组，2011
		满洲里市	扎赉诺尔区扎赉诺尔煤矿	晚更新世	网络[5]
东北	辽宁	朝阳市	龙城区边杖子乡马山洞	晚更新世中晚期	傅仁义，2006；董为等，2009；傅仁义等，2009
		凌源市	八间房	晚更新世	傅仁义，1995
		喀拉沁左翼蒙古族自治县	大城镇（兴隆庄乡）二布尺村	晚更新世	傅仁义，2006
		本溪市	溪湖区三道岗	更新世晚期	魏海波，1986
		本溪满族自治县	山城子镇山城子村庙后山	中更新世	张镇洪，1981；陈恩志，2004；魏海波等，2010
		辽阳市	安平南山裂隙	更新世中期	张镇洪等，1980
		海城市	小孤山	晚更新世	张镇洪等，1985
		大连市	旅顺口区铁山镇郭家村	全新世	傅仁义，1984
			金州区三十里堡东马圈子汉墓、华家屯杨家村老晾台汉墓	全新世	金州区地方志编纂委员会办公室，1989
		瓦房店市	古龙山洞穴	晚更新世	周信学等，1984；祁国琴，1989；尤玉柱等，1985
		大石桥市	金牛山	中更新世晚期	金牛山联合发掘队，1976；张镇洪，1981
		凌海市	沈家台	晚更新世	傅仁义，1995

（续表）

地区	省级政区	市、县、区	遗存地点	时期	资料来源
	吉林	榆树市	周家油坊	更新世晚期	胡长康等，1978
			大桥屯动物群	晚更新世	陈全家，2003
		通化市	金厂镇王八脖子遗址	全新世	动物考古课题组，2011
		集安市	洞沟古墓群禹山墓区	全新世	陈全家，2009
		安图县	安图县石灰厂	更新世晚期	姜鹏，1975
			明月镇石门山村	更新世晚期	姜鹏，1982
	黑龙江	哈尔滨市	阿城区交界旧石器时代洞穴遗址	晚更新世	于汇历等，2011
		安达市		全新世	安达市地方志办公室，1992
华东	上海	闵行区	马桥镇	全新世	黄象洪等，1978
		青浦区	赵巷镇崧泽村	全新世	黄象洪等，1979
	江苏	南京市	江宁区马鞍山	更新世晚期	房迎三，2000
		徐州市	白云洞	中更新世晚期	徐钦琦等，1997；房迎三，2000
		铜山县	铜矿水泥厂	中更新世晚期至晚更新世	叶元正等，1975
		高邮市	龙虬庄遗址	全新世	龙虬庄遗址考古队，1999
		常州市	戚墅堰区圩墩	全新世	黄象洪等，1979
		苏州市	吴中区龙头山	晚更新世	房迎三，2000
			工业园区唯亭草鞋山遗址	全新世	黄象洪等，1979
	浙江	杭州市	留下镇荆山岭洞穴	更新世中期	裴文中，1957
			萧山区跨湖桥遗址	全新世	浙江省文物考古研究所等，2004；蒋乐平，2014
		长兴县	小浦镇光耀村合溪洞	晚更新世	浙江省文物考古研究所，2009
			林城镇大云寺村江家山	全新世	浙江省文物考古研究所，2009
		桐乡市	石门镇罗家角遗址	全新世	张明华，1981
		余姚市	河姆渡镇	全新世	浙江省博物馆自然组，1978；黄象洪等，1979
		金华市	双龙洞	全新世	马安成等，1992
	安徽	灵璧县	西关	全新世	顾玉珉等，1982
		蚌埠市	?	中更新世	蚌埠市地方志编纂委员会，1995
			淮上区双墩遗址	全新世	韩立刚等，2008
		五河县	西尤遗址	晚更新世	韩立刚，2006
		芜湖县	石硊镇高山村金盆洞	中更新世晚期	董为等，2006；刘金毅等，2006
		霍邱县	石店镇堰台遗址	全新世	赵莹等，2010
		和县	龙潭洞“和县猿人”遗址	中更新世	黄万波等，1981；黄万波等，1982；徐钦琦等，1984；黄万波等，2012

（续表）

地区	省级政区	市、县、区	遗存地点	时期	资料来源
	福建	闽侯县	昙石山	全新世	祁国琴，1977
		三明市	万寿岩船帆洞及支洞3处	中更新世晚期—全新世	范雪春等，2006
		明溪县	剪刀墘洞	晚更新世	尤玉柱等，1996；范雪春等，2006
			龙津洞3号裂隙	晚更新世	尤玉柱等，1996
			狐狸洞	晚更新世	尤玉柱等，1989；中国考古学会，1993；尤玉柱等，1996；范雪春等，2006
		宁化县	石子嵊洞、老虎洞	晚更新世	尤玉柱等，1996；范雪春等，2006
		将乐县	岩仔洞（上层洞与下层洞）	晚更新世	尤玉柱等，1996；范雪春等，2006
		石狮市	台湾海峡中线以东	更新世晚期	范雪春等，2006
		漳浦县	兄弟岛周围的海底	更新世晚期	范雪春等，2006
		东山县	台湾海峡西部海域	更新世晚期	尤玉柱等，1995；范雪春等，2006
	江西	万年县	大源镇仙人洞	全新世	黄万波等，1963
	山东	济南市	历城区大辛庄遗址	全新世	宋艳波，2008
		茌平县	乐平镇教场铺遗址	全新世	动物考古课题组，2011
		桓台县	唐山镇唐山遗址	全新世	宋艳波等，2011
			唐山镇前埠遗址	全新世	宋艳波等，2011
		潍坊市	前埠下遗址	全新世	孔庆生，2000
			鲁家口遗址	全新世	周本雄，1985
		烟台市	牟平区蛤堆顶贝丘遗址	全新世	中国社会科学院考古研究所，1999
		蓬莱市	大季家乡大仲家贝丘遗址	全新世	中国社会科学院考古研究所，1999
		乳山市	白沙滩乡翁家埠贝丘遗址	全新世	中国社会科学院考古研究所，1999
		蒙阴县	蒙阴镇完庄村	更新世晚期偏早	网络⑥
		滕州市	官桥镇前掌大遗址	全新世	袁靖等，2005
			官桥镇西公桥遗址	全新世	钟蓓，2007
		济宁市	任城区玉皇顶遗址	全新世	钟蓓，2010
		兖州市	西吴寺遗址	全新世	卢浩泉，1990
		泗水县	尹家城遗址	全新世	卢浩泉等，1990
		泰安市	泰安市岱岳区	全新世	李有恒，1974
		宁阳县	磁窑镇堡头村	全新世	李有恒，1974
		阳信县	水落坡乡李屋遗址	全新世	宋艳波等，2011
	台湾	台南县	左镇区菜寮溪	早更新世？	中国科学院古脊椎动物与古人类研究所《中国脊椎动物化石手册》编写组，1979；郭延蜀等，2000；网络⑦
中南	河南	登封市	君召乡南洼遗址	全新世	郑州大学历史文化遗产保护研究中心等，2014
		灵宝市	阳平镇西坡村	全新世	动物考古课题组，2011

（续表）

地区	省级政区	市、县、区	遗存地点	时 期	资料来源
		渑池县	史前遗址	晚更新世	考古研究所河南调查团，1951
		洛阳市	关林镇皂角树遗址	全新世	洛阳市文物工作队，2002
		博爱县	金城乡西金城遗址	全新世	宋艳波等，2012
		安阳市	殷墟	全新世	德日进等，1936；杨钟健等，1949
		禹州市	瓦店遗址	全新世	动物考古课题组，2011
		许昌县	灵井镇	晚更新世早期	郑州市博物馆，1979；李占扬等，2007
		舞阳县	北舞渡镇贾湖遗址	全新世	河南省文物考古研究所，1999
		淅川县	下王岗遗址	全新世	贾兰坡等，1977；河南文物考古研究所等，1989
		新蔡县	“练黑取直”工程	更新世中期	裴文中，1956
	湖北	大冶市	石龙头遗址	中更新世	李炎贤等，1974
		荆州市	沙市区周梁玉桥遗址	全新世	彭锦华，1988
		长阳土家族自治县	下钟家湾龙洞	中更新世	贾兰坡，1957；卡尔克，1961
			原柘坪乡桅杆坪遗址	全新世	陈全家等，2004；湖北省清江隔河岩考古队等，2004
		神农架林区	犀牛洞	晚更新世早期	武仙竹，1998
	湖南	道县	乐福堂乡塘贝村福岩洞	晚更新世	陈醒斌，1986；李意愿等，2013
	广东	韶关市	曲江区“马坝人”遗址	中更新世	卡尔克，1961；刘昌芝，1962；宋方义等，1985
		佛山市	顺德区	全新世	王将克，1978
	广西	桂林市	象山区甑皮岩	更新世晚期	李有恒等，1978；袁靖等，2003
			郊区甲山乡唐家村轿子岩洞遗址	全新世	桂林市地方志编纂委员会，1997
		柳江县	新兴农场人洞	更新世晚期	吴汝康，1959；黄万波．1979
		右江区	百色镇革新桥遗址	全新世	宋艳波等，2010
西南	四川	成都市	城西苏坡乡金沙遗址	全新世	网络[⑧]
		炉霍县	虾拉沱	晚更新世	宗冠福，1985
	贵州	盘县	十里坪大洞	中更新世后期—晚更新世	斯信强等，1993；张镇洪等，1997
		金沙县	石场乡石灵山遗址	全新世	贵州省金沙县地方志编纂委员会，1997
	云南	呈贡县	龙潭山“昆明人”遗址（下层）	中更新世	胡绍锦．1977；张兴永等，1978
		古城区	金山乡漾西村木家桥（木坚桥）	晚更新世	李有恒．1961；卫奇等，1984
西北	陕西	西安市	灞桥区半坡遗址	全新世	李有恒等，1959
			临潼区康家遗址	全新世	西安半坡博物馆，1985；刘莉等．2001
			临潼区姜寨遗址	全新世	西安半坡博物馆等，1988；祁国琴，1988
			临潼区零口村	全新世	陕西省考古研究所，2004

（续表）

地区	省级政区	市、县、区	遗存地点	时期	资料来源
		蓝田县	公王岭	早更新世	周明镇，1964；周明镇，1965；吴新智等，1966
			泄湖镇陈家窝	中更新世	周明镇，1965
			辋川锡水洞	中更新世	李传令等，1999
			涝池河	中更新世	计宏祥，1974；计宏祥.1976
		高陵县	泾渭镇东营遗址	全新世	陕西省考古研究院等，2010
		铜川市	黄堡镇瓦窑沟遗址	全新世	王华等，2014
		临渭区	张家坡	早更新世	袁复礼等，1984
		华县	泉护村遗址	全新世	北京大学考古学系，2003；胡海松，2003；张玉光等，2009；
		大荔县	三门湖区	早更新世	大荔县志编纂委员会，1994
			甜水沟	中更新世晚期	安志敏等，1957；陈恩志，1992
		乾县	大北沟和东堡子等	更新世中—晚期	陈恩志，1992
		长武县	窑头沟和鸭儿沟	更新世晚期	陈恩志，1992
		旬邑县	下魏洛村	全新世	西北大学文化遗产与考古研究中心，2006；张云翔，2006
		宝鸡市	关桃园遗址	全新世	陕西省考古研究院等，2007；胡松海等，2007
			福临堡遗址	全新世	宝鸡市考古工作队等，1993；吴家炎，1993
		扶风县	案板遗址	全新世	傅勇，2000
		榆阳区	小纪汉乡火石梁遗址	全新世	胡松梅，2007
		商州区	东龙山遗址	全新世	陕西省考古研究院等，2011
	甘肃	皋兰县	水阜乡长川村马圈沟塬	晚更新世晚期	兰州市地方志编纂委员会等，1998
		榆中县	上苦水大沟	晚更新世	颉光普等，1994
			园子乡马兰黄土中	晚更新世晚期	兰州市地方志编纂委员会等，1998
			青城乡马兰黄土中	晚更新世晚期	兰州市地方志编纂委员会等，1998
		环县	曲子乡楼房子	晚更新世中期或中晚期	陈恩志，1992
	青海省	同德县	宗日遗址	全新世	安家瑗等，2010
		兴海县	河卡乡羊曲十二档遗址	全新世	安家瑗等，2010
			河卡乡香那沟遗址	全新世	安家瑗等，2010
	宁夏	海原县	西安乡林子梁遗址	全新世	韩康信，2003
	新疆	乌鲁木齐市	妖魔山南坡仓房沟砂石场[9]	晚更新世	同号文等，2006

注：①北京王府井古人类文化遗址博物馆. http://www.rxyj.org/articles/128501.html。②沧海桑田话栾城. http://blog.

sina. com. cn/s/blog_4e60454a0101hsxb. html。③2011 年 4 月，出土了一枚刻有文字符号的鹿角。④邢台 3 老者释义出土鹿角甲骨文. http://big5. xinhuanet. com/gate/big5/news. xinhuanet. com/xhfk/2011-11/11/c_122267635. htm。⑤葛氏斑鹿鹿角图片. http://sucai. redocn. com/yishuwenhua_4079673. html。⑥10 万年前古动物化石现身蒙阴反映当地古气候环境. http://kj. sach. gov. cn/news_detail. asp? t_id=6595。⑦左镇臼齿化石证明大陆金丝猴曾在台湾生活. http://news. guhantai. com/2013/1027/269328. shtml。⑧金沙遗址. http://baike. baidu. com/link? url=vYRHji-T7_Kg4FJrfRIIfDwzuIvLM2WTcw9gLsWFTte4tQkM0TgthB7 6QfwAkZM_ZbCfIRB2418rRzZ_UetiRig0SCJ1xphxo6eBnpVf5dW。⑨感谢刘金毅、邓涛 2016 年 4 月协助查证。

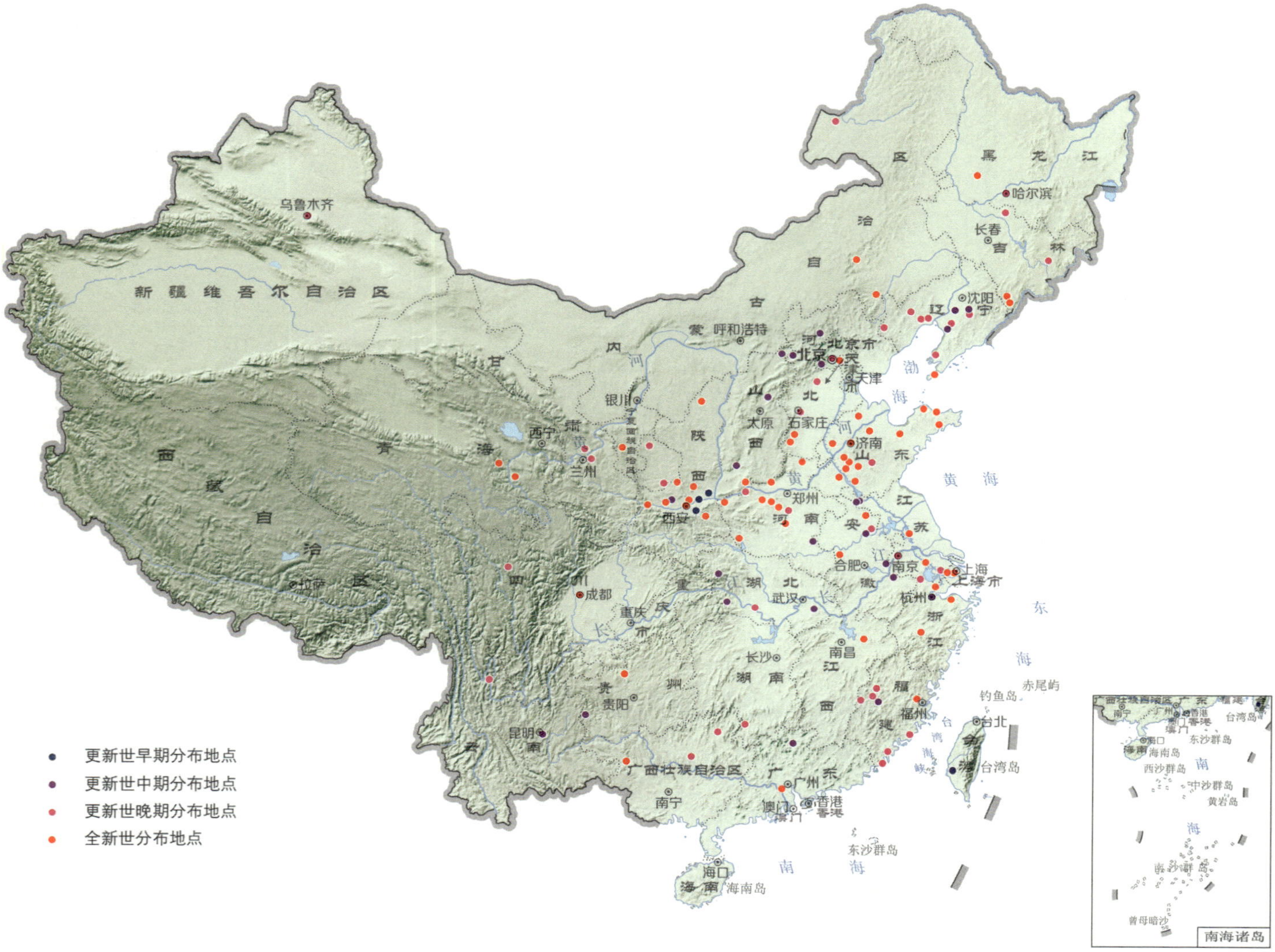

图 24.25　梅花鹿遗存分布图

3　古人对梅花鹿的认识

自古以来，梅花鹿的别称不少，有鹿、麋、班龙、斑鹿、马鹿、羊鹿、花鹿、梅鹿、黄鹿、角鹿、草鹿、仙鹿、毛鹿、山鹿、野鹿、鹿子、小鹿、红獐羊、小羊鹿、麇花鹿、松不长（满语）、孝一包格（蒙语）、哈（藏语）等。

3.1　早期的梅花鹿数量变化

从出土的动物遗存看，从新石器时代以来，先民捕猎的野生动物约有梅花鹿与虎、棕熊、黑熊、金钱豹、大熊猫、河鹿、麝、麋鹿、亚洲象、猕猴、红面猴、犀（苏门犀、印度犀、爪哇犀）、穿山甲、孔雀、扬子鳄、大鲵等，主要还是获取肉食资源。

随着古脊椎动物研究的深入，我们可以借助梅花鹿遗存，从仅注重定性到同时关注定性与定量，以反映梅花鹿的数量变化。

安徽省和县龙潭洞“和县猿人”遗址出土的动物遗存有：鳖、钝吻鳄、猕猴、蝙蝠、黑鼠、大河狸、豺、猪獾、水獭、中国鬣狗、剑齿虎、豹、棕熊、小熊、东方剑齿象、马、中国貘、巨貘、似梅氏犀、李氏野猪、葛氏斑鹿、中国大角鹿、麋鹿、野牛等。在数量上，斑鹿（梅花鹿）最多，初步统计，三次采集的斑鹿角300多个，即近200个个体（黄万波等，1981）。这是中更新世（距今25万年）的情况。

河北省徐水县南庄头遗址（距今10 510～9 700年）出土脊椎动物骨骼1 068件，其中梅花鹿占哺乳动物43.67%（袁靖等，2010）。

陕西省铜川市黄堡镇瓦窑沟遗址（仰韶时代半坡类型）出土的动物遗存中，可鉴定出近30个哺乳动物种属。其中梅花鹿数量最多，共2 947件，占可鉴定标本数的48.4%（王华等，2014）。

从陕西省商州区东龙山遗址出土的梅花鹿遗存（仰韶文化—西周文化7个阶段）变化（陕西省考古研究院等，2011）看（图24.26），夏商时代先民捕猎的梅花鹿最多。

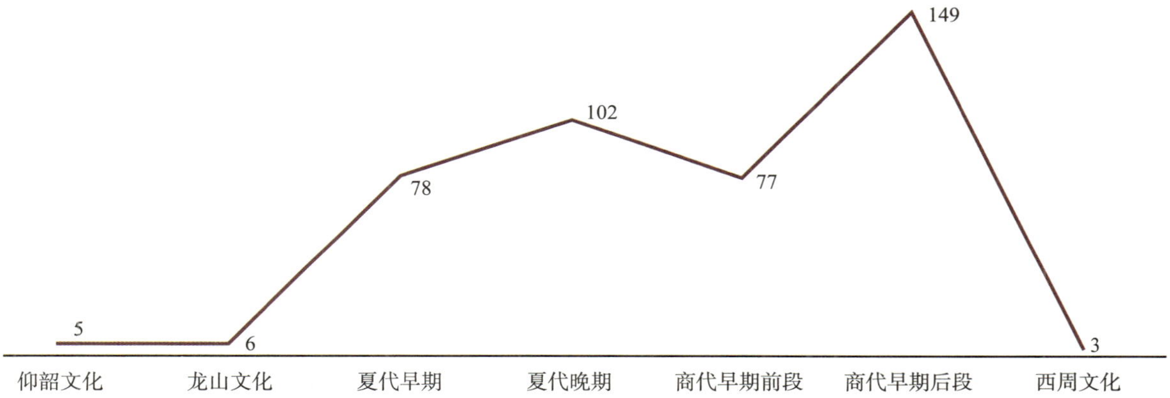

图24.26 东龙山遗址梅花鹿遗存数量变化图

安徽省霍邱县堰台遗址出土的周代4个阶段梅花鹿遗存（赵莹等，2010）变化（图24.27），既可承续东龙山遗址梅花鹿遗存状况，又可反映梅花鹿的数量进一步减少。

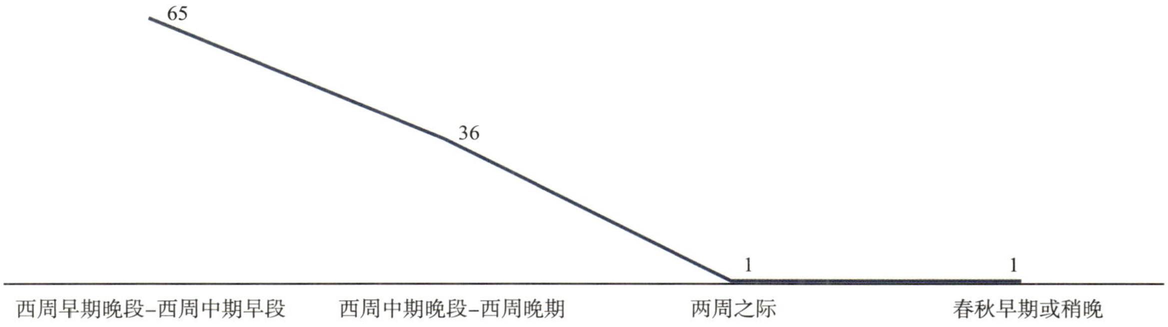

图24.27 堰台遗址梅花鹿遗存数量变化图

3.2 文献反映古人认识的梅花鹿

古文献记载可反映古人对梅花鹿的认识。

《逸周书王会解》记载：

武王狩，禽虎二十有二，猫二，麋五千二百三十五，犀十有二，氂七百二十有一，熊百五十有一，罴百一十有八，豕三百五十有二，貉十有八，麈十有六，麝五十，麋三十，鹿三千五百有八。

按：据此看，周武王姬发（约前 1087～前 1043）狩猎的野生动物中，上千计的仅 2 种（麋鹿居首，梅花鹿次之），余下最高的第三者氂（野牛）才 700 余。可见当时梅花鹿数量依然不少。

《诗经·小雅·鹿鸣》道：

呦呦鹿鸣，食野之苹。我有嘉宾，鼓瑟吹笙。
吹笙鼓簧，承筐是将。人之好我，示我周行。
呦呦鹿鸣，食野之蒿。我有嘉宾，德音孔昭。
视民不恌，君子是则是效。
我有旨酒，嘉宾式燕以敖。
呦呦鹿鸣，食野之芩。我有嘉宾，鼓瑟鼓琴。
鼓瑟鼓琴，和乐且湛。
我有旨酒，以燕乐嘉宾之心。

按：据朱熹《诗集传》的说法，此诗原是君王宴请群臣时所唱，后来逐渐推广到民间，在乡人的宴会上也可唱。“呦呦鹿鸣”，乃群鹿互相呼唤而发声；此“鹿”，主要指梅花鹿。

《诗经·小雅·吉日》第三章道：

吉日庚午，既差我马。兽之所同，麀鹿麌麌。漆沮之从，天子之所。

按：此处再现了周宣王田猎时选择吉日祭祀马祖、野外田猎的情景。其意为：庚午吉日好时光，匹匹良马精挑选。群兽惊慌聚一处，雄鹿雌鹿满眼前。驱赶野兽到漆沮，天子猎场在此间。以鹿代野兽，却无猛兽伤人之虞；在广袤无垠、水草丰茂的原野上，原本三五成群、或跑或行、嬉戏取食、出入自在的鹿群，霎时被侍从们驱赶到狩猎场供天子射猎。

日本人冈元凤在日本天朝四年（亦即清朝乾隆四十九年；1784）绘制有“呦呦鹿鸣”意境图（图 24.28；冈元凤，1985），明确就是梅花鹿。

图 24.28 《悠悠鹿鸣》

在商代，鹿骨已用作占卜，殷墟还发现鹿角刻辞两件。其一为商王帝乙、帝辛时期的鹿头骨刻辞（图 24.29），记载商王征讨方国后，回程在“蒿”地田猎，获得猎物祭祀“文武丁”之事。

图 24.29 商代有刻辞的鹿头①

自 1970 年代以来，文物考古工作者陆续在内蒙古自治区克什克腾旗白岔河流域发现了一批

①http://museum.sinica.edu.tw/exhibition_detail.php? id=21

古代岩画，据鉴定为商代作品。其中有不少梅花鹿形象(图 24.30)，岩画中有不少野生动物，尤其是右上方几只带角的鹿比较清晰，反映在这一带有较多梅花鹿分布。

图 24.30　白岔河一带的岩画①

战国时期，尤其是楚国出土的文物中颇多梅花鹿形象或采用鹿角实物装饰的镇墓鸟兽神怪，形成楚文化的特点，也说明当地梅花鹿较多。

湖北省江陵县望山桥 1 号墓出土了一件彩漆凤鹿木雕座屏(图 24.31)，透雕和浮雕了 51 只动物，包括大蟒 20 条，小蛇 10 条，蛙 2 只，鹿、凤、雀各 4 只。透雕部分由两组完全相同的动物组成，虽都以写实方法表现动物，但它们的动态和身上的羽毛、斑纹毕竟是理想化的，因此比自然更具有规律，也更美②。从鹿的形态与角看，显然就是梅花鹿。

图 24.31　彩漆凤鹿木雕座屏(战国)③

江陵县观音垱镇天星观 1 号墓出土的虎座立凤木雕(图 24.32、图 24.33)，神秘而优美。虎为底座，昂首踞伏；凤立于虎背，引颈长鸣，展翅欲飞。凤背部插一对锐利的真鹿角，应即飞廉。整体造型怪诞奇妙，给人以神奇之感。虎座立凤是流行于战国时期楚墓的一种寓意性随葬明器，仅见于湖北境内的楚墓④。

①百岔河岩画. http://page.tianya.cn/tyk000008859

②彩漆凤鹿木雕座屏. http://baike.baidu.com/link? url＝N_nr5xIb5vjTg4anZF6DR0EZw3Ca6F_CRT1h5HNd-BM2vXu-T_Rok90VYDazn376QihBCrhsWhMpBtyeVAfesa

③http://www.eku.cc/xzy/sctx/117645.htm

④荆楚建筑美学特征. http://app.site.cnhubei.com/print.php? contentid＝100920；木雕虎座立凤. http://www.huitu.com/photo/show/20150407/221702887394.html

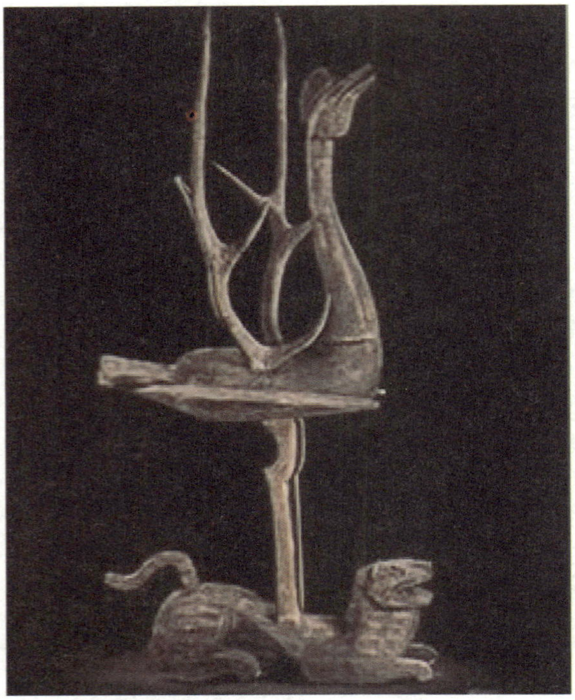

图 24.32　虎座立凤木雕（战国，组装）①

图 24.33　虎座立凤木雕（战国，分散）②

江陵县天星观1号墓还出土有木雕双头镇墓兽（图 24.34），镇墓兽的双头曲颈相连，两只兽头雕成变形龙面，巨眼圆睁，长舌伸至颈部。两头各插一对巨型鹿角，鹿角杈枒横生，枝节盘错，意象极为奇异生动。通体髹黑漆后，彩绘兽面纹、勾连云纹、几何形方块及菱形纹等，显得神秘而魔幻。这是楚墓镇墓兽造型中最为怪诞、壮观的一件③。

图 24.34　木雕双头镇墓兽（战国）④

图 24.35　彩绘木雕卧鹿（战国）⑤

①http://admiration.luxtarget.com/Collection/20140721/15253_3_m.html

②荆楚建筑美学特征. http://app.site.cnhubei.com/print.php?contentid=100920

③木雕双头镇墓兽. http://baike.baidu.com/link?url=315PG8bMtDJ_lUWwQGcW_qJfiQrgCy2ISS_LuaUA2M1PQHHIeCs8jiVyZkmXHtAosscPsM4y178UkoMrEeyIx_

④http://weibo.com/3471825882/DhWTpFj3v?type=repost#_rnd1460604286340

⑤http://blog.sina.com.cn/s/blog_615079fc0100f3e6.html

枣阳市吴店镇东赵湖村九连墩2号墓出土的彩绘木雕卧鹿(图24.34),整体圆雕成反首盘曲状,头上插有一对真鹿角。通体髹黑褐色漆,彩绘斑纹。造型生动别致,色泽鲜艳,表现出鹿恬静安详的神态。鹿这种生性警觉、温顺可爱的动物,不仅是先人主要的狩猎对象,还是宗教仪式中的重要祭物,被楚人视为具有特殊生命力的神物,能给人们带来吉祥、幸福和长寿①。

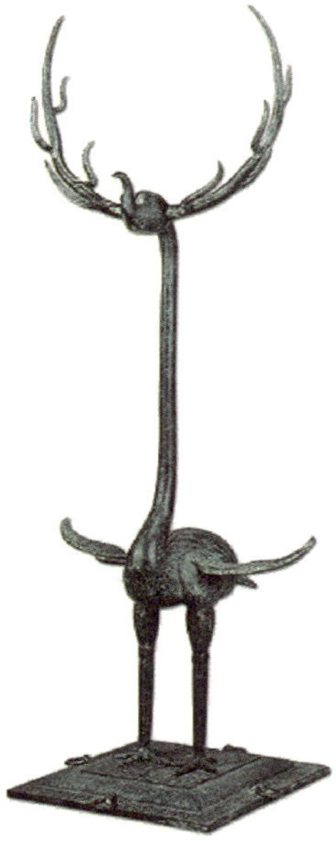

图24.36 青铜鹿角立凤(战国)②

图24.37 青铜鹿角立凤(头部)③

湖北省曾都区擂鼓墩曾侯乙墓出土的青铜鹿角立凤(图24.36、图24.37),出土时置于主棺东侧,由凤鸟、鹿角、座板以榫卯连接组装而成,是目前所见楚国最大的青铜动物雕像之一。这种似鹤非鹤,似鹿非鹿,构成一种非禽非兽、禽兽合一的超现实复合动物形象,一般认为是古代风神飞廉。飞廉是风的别种,楚人把它当作风神。屈原《楚辞·离骚》有诗句:"前望舒使先驱兮,后飞廉使奔属",意即"月神望舒在前面引路,风神飞廉在后面助力"。此器可能被巫师当成沟通人、鬼、神的灵媒④。

古人往往用"鹿"来隐喻"禄",表示吉祥。《汉书·蒯通传》:"且秦失其鹿,天下共逐之。"(元)张晏注:"鹿喻帝位。"即鹿作"禄"解。

鹿在古代还被视为神物,认为鹿能给人们带来吉祥、幸福和长寿,那些长寿神就是骑着梅花鹿。

《说文解字·鹿部》诠释:

丽:旅行也。鹿之性,见食急则必旅行。从鹿,丽声。《礼》:丽皮纳聘。盖鹿皮也。

按:"丽"(繁体为"麗")字,从鹿。说明自古以来,人们认为鹿的体形,无论是独特的犄角,还是油光水滑的花纹斑点皮毛以及修长健壮的四肢,尤其是鹿天性中的善良、柔美、内敛的气质,都是值得人们赞美的。丽字的美丽之义则是后引申出来的。《通鉴外纪》称:"上古男女无别,太昊始设嫁娶,以俪皮为礼。"后人称夫妻为伉俪。而俪皮就是鹿皮。

五代人所绘《丹枫呦鹿图》(图24.38)显示:入秋,茂密的枫林叶色丹黄掩映,梅花鹿群栖息其间,或立或卧,或隐于林内,或立于林际。居首者为有犄角的雄鹿,似闻惊警,雌鹿与幼鹿亦皆侧首注视一方。专家认为,此画属契丹绘画艺术的代表作之一⑤。该画以写实手法绘制,使梅花鹿得传神之妙,也是流传至今最早的梅花鹿写实之作。

①http://blog.sina.com.cn/s/blog_7bf3c3ab0100ycyp.html
②http://www.hnmuseum.com/hnmuseum/whatson/chu/exhibition033.html
③http://blog.sina.com.cn/s/blog_7bf3c3ab0100ycyp.html
④http://blog.sina.com.cn/s/blog_7bf3c3ab0100ycyp.html
⑤丹枫呦鹿图.http://detail.yofond.com/product/521/

图 24.38 《丹枫呦鹿图》

古人描绘的梅花鹿传世之作，多写意或具有某些特征，写实作品不多。

明代人绘制的《搜山图》长卷中，虽主要展现陆妖水怪故事，但其中涉及不少动物。从截取的部分(图 24.39)看，梅花鹿的主要特征明显。

图 24.39 搜山图(局部)①

清初，沈铨②创作的《百鹿图》等(图 24.40～图 24.42)③不仅有美好的吉祥寓意，而且是难得的写实画作，不少梅花鹿的特征都有清晰显示。

图 24.40 沈铨《百鹿图》

①波士顿美术馆藏中国画精选. http://jsl641124. blog. 163. com/blog/static/17702514320127151185338 7/

②沈铨(1682—1760)，字衡之，号南苹，浙江省德清县新市镇(一作吴兴(今湖州市吴兴区)人。20 岁左右，从事绘画，其画远师黄筌画派，近承明代吕纪，工写花卉翎毛、走兽，以精密妍丽见长。雍正九年(1731)应日本天皇之聘，偕弟子东渡日本，历时 3 年，形成“南苹派”写生画，深受日人推崇，被称为“舶来画家第一”，从习画者颇多，日本江户时代长崎画派即在其影响下形成，尤以圆山应举最为著名。归国后，声誉大震，朝廷下旨命其作画上贡，陆续为宫廷作吉祥寓意之画，被称为宫廷画家。

③清. 沈铨画选. http://shiteng1981. blog. 163. com/blog/static/2673826201597614561 43/

图 24.41　沈铨《双喜松鹿图》

图 24.42　沈铨《灵鹿图》

清光绪二十五年《百兽集说图考》诠释(范约翰等,1899):

鹿:又名红羱羊。《尔雅·释(畜)[兽]》云:鹿,牡麚,牝麀,其子麛。[其迹速,]绝有力麉。《澹寮方》云:鹿,又名斑龙。《乾宁记》云:鹿与游龙相戏,必生异角,则鹿得称龙。或以此欤。其说近谬。又《梵书》谓鹿谓密利迦罗。《本草纲目》……麀,性喜食龟,能别良草。食则相呼,行则同旅,居则环角外向以防贼害,卧则口朝尾闾以通督脉。殷仲堪云:鹿以白色为正。沈存中《笔谈》云:北狄有驼鹿,极大而色苍黄,无斑。角大而有文,坚莹如玉。茸亦可用。《名苑》云:鹿之大者曰麈,视其尾为准。其尾能辟尘,拂毡则不蠹,置茜帛中,岁久红色不黯也。按:麈尾,今俗名拂麈。昔晋人恒挥之以佐清谈,意谓鹿随麈尾所转而往。而谈者挥之,亦俾人知其意义所向耳。唯近时所制拂麈,多以马鬃为之,人家购之,唯用以驱逐蚊蚋而已。其物其用,交相失之,殊可笑也。夫鹿,为地球赤道以北常见之兽,大抵产于寒冷之区。居恒群,宿于茂林之内。行甚迅速,腿长而细。身形细圆,毛光泽,状美。解角每在春时,牡者生叉角,而牝者无之。每年三月则解其旧者,而新茸出焉。鹿体略如小马,其色红黄,头高而形可观,喜食草木果品等物。冬时则食树皮石花。今欧洲之王公贵介,常适野猎鹿为快。其稚者,畜诸家中,驯良可爱。虽小女子辈亦得而玩弄之。又《广韵》云:鹿,一岁曰麑,二岁曰麃。《天中记》云:鹿性嗜碱,洒碱于地,诱而射之。角之初出者，其名曰茸，能补骨血，益精髓。鹿角亦可入药，唯功力稍逊耳。鹿血亦大补虚损，而《韩飞霞补益方》有斑鹿晏法，然甚残酷，无足取也。今中国药肆制有百补全鹿丸。其法选择北地稚鹿，涓吉虔宰，洗净入锅，血肉脏腑不遗一物，煮之极烂，然后和入各种补益药饵捣炼成丸。谓服之必能疗虚补损。其实鹿肉亦只为山居者寻常肴馔，虽有益于食者，但未必果具如许竣补之功力也。又《史记》汉武帝时均以白鹿皮方尺，缘以藻缋为皮币，值四十万。王侯宗室朝觐聘享，必以皮币荐璧，然后得行云。

按：该书是现代动物学启蒙著作，与《本草纲目·兽部·鹿》可互补。

3.3 梅花鹿的主要古称

“鹿”的甲骨文写法超过 60 种，主要依据梅花鹿特征象形而成。我们取其中一个(图 24.43)，并比较其后的金文与小篆，皆可见其保持梅花鹿特点。

甲骨文　　金文　　小篆

图 24.43 “鹿”字的演化

《尔雅·释兽》诠释：

鹿，牡麚，牝麀；其子麛，其迹速，绝有力麉。

(宋)邢昺、(清)郝懿行疏：

《诗·鹿鸣》：呦呦鹿鸣，食野之苹。食相呼也。《夏小正》：八月：…… 鹿人从。从者，从群也。鹿之养也，离。群而善之。离而生，非所知时也，故记从，不记离。《诗·小雅》：麀鹿麌麌。《说文》鹿，解角兽也，群苹善走者也。其牡名麚，牡鹿；其牝名麀。以夏至解角。麛，鹿子也。其迹名速；绝有力者名麉。

按：可见此“鹿”默认为梅花鹿。“麚”是雄鹿，“麀”是雌鹿，“麛”是幼鹿，“麉”是梅花鹿中雄壮威武者，奔跑迅速，跨距大，前后足迹并不重叠。

《说文解字·鹿部》既有今麝科(麝：如小麋，脐有香。从鹿，射声)与鹿科[如：麂(麔：大麇也。狗足。从鹿，旨声)、河麂(麇：麞也。从鹿，囷省声；麞：麋属。从鹿，章声)、羚羊(麙：山羊而大者，细角。从鹿，咸声；麢：大羊而细角。从鹿，霝声)、麋鹿(麋：鹿属。从鹿，米声。麋冬至解其角；麔：麋牝[1]者。从鹿，咎声；麎：牝麋也。从鹿，辰声)]，又有其他野兽[如：狮子(麑：狻麑，兽也。从鹿，儿声)]，还有并非兽本身[如：麗：旅行也。鹿之性见食急，则必旅行。从鹿，丽声。《礼》：麗皮纳聘。盖鹿皮也]。尽管没有“梅花鹿”，但有相关诠释：

鹿：兽也。象头，角，四足之形。鸟鹿足相似，从匕。凡鹿之属皆从鹿。

麚：牡鹿。从鹿，叚声。以夏至解角。

麀：牝鹿也。从鹿，从牝省。

麛：鹿子也。从鹿，弭声。

麉：鹿之绝有力者。从鹿，幵(jiān)声。

按：由此反映，古人对动物的命名，先是采用单字，后才衍生出双字、多字称谓。既然相当部分鹿科动物有专用名称，那么“鹿”主要指梅花鹿。

《本草纲目·兽部·鹿》记述：

【释名】斑龙。

时珍曰：鹿字篆文，象其头、角、身、足之形……

【集解】时珍曰：鹿，处处山林中有之。马身羊尾，头侧而长，高脚而行速。牡者有角，夏至则解。大如小马，黄质白斑，俗称马鹿。牝者无角，小而无斑，毛杂黄白色，俗称麀，孕六月而生子。鹿性淫，一牡常交数牝，谓之聚。[食则相呼，行则]同旅，居则环角外向以防[贼]害，卧则口朝尾闾[以通督脉]。

沈存中《笔谈》云：北狄有驼鹿，极大而色苍黄，无斑。角大而有文，坚莹如玉。茸亦可用。

按：此述虽有瑕疵[2]，但基本上就是梅花鹿。

《本草纲目》(《四库全书》本)中的鹿图(兼用“麋”“麈”)，所绘制的主要是梅花鹿(图 24.44)，可将其与马鹿(图 24.45～图 24.47)比较。

---

①此处“牝”，当是“牡”之误。同书中出现麋鹿雌性的不同称谓，而缺少雄性；《康熙字典·麔》：“《唐韵》其九切《集韵》《韵会》巨九切，音舅。牡麋也。《尔雅·释兽》麋，牡麔。又《尔雅·释兽》麔麚，短脰。《疏》皆短项也。……按：‘麔’字，诸书‘牝’、‘牡’称混，当以《尔雅》为正。”

②虽有“马鹿”之称，但现称马鹿(*Cervus elaphus*)是仅次于驼鹿的大型鹿类，并无白斑；而梅花鹿雌性体躯也有显著白斑(参见前文图)。

图 24.44 《本草纲目》鹿图

图 24.45　风雪中的马鹿①

图 24.46　马鹿(雄)②

图 24.47　马鹿(雌)③

驼鹿(*Alces alces*),又称堪达罕(满语)、犴达罕(满语)、犴。特征明显:高大的身躯和四条长腿都与骆驼相似,肩部特别高耸,像骆驼背部的驼峰,因此得名。雄兽头上有犄角,也是鹿类中最大的。角的形状特殊,与其他鹿类不同,不是枝杈形,而是呈扁平的铲子状,角面粗糙,从角基向左右两侧各伸出一小段后分出眉枝和主干,呈水平方向伸展,中间宽阔,很像仙人掌。我国早期记载见于《埤雅》:“北方有鹿,形如驼。”宋代沈括《梦溪笔谈》中记载:“北狄有驼鹿”。

《清宫兽谱》中的“鹿”(袁杰等,2014)(图 24.48)基本上是梅花鹿特征。

---

①http://www.aesly.com/gotoaershan/ZRAeshan/Animal/20130619205146825.html

②https://www.douban.com/note/465531775/? type=like&start=2000

③http://baike.baidu.com/link? url=78qPezF_Bvxj7DMdssGVB4QaNw2dG_lqAJSIvwKyQUBOLpRzMiAYN14GfW-tQN6TI9l8Tkn-rA39kaAko8RQp8l6ZTccezbktGVc6JRC-PK

图 24.48 鹿（似梅花鹿）

4 20 世纪前的梅花鹿分布

文献记载反映，历史时期的梅花鹿不仅在六大区生息繁衍，而且在我国除海南省、西藏自治区、新疆维吾尔自治区外，绝大部分省级政区皆有分布。

4.1 华北

历史上，华北各省级政区皆有梅花鹿栖息。

4.1.1 北京

北京市历史上有多处梅花鹿分布记录。

《太平寰宇记・河北道・妫州・土产》记载有：“胡鹿”。反映在今延庆县等地似有梅花鹿且较著名。

清康熙十二年《昌平州志》记述：

鹿：名类甚多，六十年必怀（璚）[琼]于角下，斑痕紫色。今之所谓康得力者，即此。

按：所描述的即是梅花鹿。

清光绪十一年《昌平州志》记述：

鹿：《天府广记》：驻跸山西北山，鹿之麄，豪猪之毛，丰茸随风。

按：据此反映，有梅花鹿等野兽栖息。

4.1.2 天津

天津市曾有梅花鹿分布，主要在蓟县一带。

《文献通考・土贡考》“唐天下诸部每年常贡”记载：“渔阳郡（贡鹿角胶十斤。今蓟州）”。说明当时今蓟县是梅花鹿著名分布地之一。

《太平寰宇记・河北道・蓟州・土产》记载有：“鹿角胶。”反映当时今蓟县等地梅花鹿较著名。

4.1.3 河北

河北省历史上有梅花鹿分布。

平山县战国中山王墓出土的错金银虎噬鹿铜屏座（图 24.49～图 24.51），器身为一只勇猛威武的老虎，两耳直竖，双目圆睁，尾梢上卷，身体浑圆并向右侧弓曲，左侧的前后两腿用力后蹬，右侧的前后两腿前屈，右前腿以肘着地，用利爪抓住一只小鹿的后腿，张开的血盆大口正紧紧咬住小鹿的后身。小鹿在虎口中拼命挣扎，短尾用力上翘，却始终无法脱身。小鹿的头搭在虎颈的左下侧，两眼僵直，口微微张开。猛虎与幼鹿的力量对比悬殊，弱肉强食的凄惨场面生动地展现在眼前[①]。据此反映，当地曾有梅花鹿与虎分布。

图 24.49　错金银虎噬鹿铜屏座

图 24.50　虎噬鹿铜屏座（右侧细部）

图 24.51　错金银虎噬鹿铜屏座（左侧细部）[②]

《太平寰宇记·河北道·妫州·土产》记载有："胡鹿"；《蓟州·土产》记载有："鹿角胶。"反映在今张家口市、宣化县、怀安县、怀来县、涿鹿县、兴隆县、唐山市、遵化市、玉田县等地似有梅花鹿且较著名。

明嘉靖元年《彰德府志》记载：

磁州·贡：鹿十三只；涉县·贡：活鹿三只，鹿皮二十张。

按：反映当时确有梅花鹿，且涉县更多。

隆庆元年《赵州志》记述：

鹿：旧时本州亦有。昔李鲁为赵郡太守，令行禁止。贼于常山界得一鹿，疑是赵郡，即送过界。人语之曰，诈作赵郡鹿，犹胜常山粟。观此可信，今绝无止出太行山。

按：表明曾有梅花鹿分布。

清乾隆二十三年《口北三厅志》摘引：

鹿：《辽史·营卫志》：秋捺钵，……（于）伏虎林（射鹿）。每岁，车驾至，皇族而下分布泺水侧伺。夜将半，鹿饮盐水。令猎人吹角效鹿鸣，既集而射之。谓之舐碱鹿，又名呼鹿。

①武贞.河北博物院"镇馆之宝"候选文物：错金银虎噬鹿铜屏座.http://hebei.hebnews.cn/2014-07/11/content_4032321.htm

②千古探秘—考古与发现.http://blog.sina.com.cn/s/blog_7e6181510100yftt.html

按：转引旧文献，反映曾有梅花鹿存在。

清光绪十三年《承德府志》集解：

鹿：冀州贡鹿角胶，久罢《唐六典》。渔阳郡贡鹿胶十斤《通考》……流杯亭之北瓜圃平原如掌，丰草茂木，鹿麚雉兔交牣其间《御制诗序》。塞山产鹿最盛，其角自两叉，四叉，六叉，至八叉。年久，则数至八叉以外。蒙古谓鹿为布古。今围场中地及府属州县内之山多有称布古图者，皆以有鹿处得名《热河志》。昌平驻跸山，西北山，鹿之毳，豪猪之毛茸随风《天府广记》。今京师宴席最重鹿尾，虽猩唇，驼峰未足为比。然唐已贵之，陈子昂《麈尾赋》云：(率)［卒］网罗以见逼，受庖割而罹伤。［岂不以斯尾之有用，而杀身于此堂。］为君雕俎之羞，(侧)［厕］君金盘之实云云《香祖笔记》。盘山处处有之。丙辰春，青沟西岭有黑鹿二，大如骡，其毛类山羊长六七寸。群鹿随之东西，不敢逆。隐见月余，后不复见《盘山志》。

按：此处兼有马鹿、麋鹿与梅花鹿分布，其中所谓“两叉”“四叉”者，似为梅花鹿。

《易县志》追述（易县地方志编纂委员会，2000）：

历史上(动物)种类繁多。由于盲目捕杀，滥伐山林，使很多名贵动物如梅花鹿、金钱豹等失去栖身之所，绝迹断种。

按：据此证实，当地确曾有梅花鹿分布。

《唐县志》称：“据旧志载：明嘉靖二十七年(1548 年)境内大茂山尚有猴、鹿、獭”(河北省唐县地方志编纂委员会，1999)。可见历史上曾有梅花鹿栖息。

4.1.4 内蒙古

内蒙古自治区历史上有较多梅花鹿分布记录。

早在公元 5 世纪时，乌拉特前旗、乌拉特后旗、乌拉特中旗、磴口县境内的阴山岩画就被北魏地理学家郦道元发现。龙进(1987)选出的具有代表性的 1 400 幅岩画，通过初步鉴定，可以确认的动物竟达 40 种之多种，包括梅花鹿与虎、豹、狼、狐、黑熊、野马、野驴、家马、家犬、岩羊、盘羊、北山羊、羚羊、藏羚、绵羊、黄羊、马鹿、麋鹿、驼鹿、大角鹿、狍子、野猪、家牛、野牛、双峰驼、单峰驼、野兔、鸵鸟、龟、蛇、鹰、螺等，另外还有骆驼、马、牛的足印以及难以分辨的其他偶蹄类足印等。反映这一带早期曾有梅花鹿等分布。

《太平寰宇记·关内道·胜州(废)·土产》记载有：“鹿角。”反映当时今东胜区、准格尔旗、伊金霍洛旗等地梅花鹿不一般。

清乾隆元年《盛京通志》记述：

麋鹿：《月令》：仲冬，麋角解。仲夏，鹿角解。本二物，今通呼曰鹿。……

鹿大，麋小。《礼·月令》：仲冬，麋角解。仲夏，鹿角解。今考麋鹿，俱于夏至解角。盛京，吉林有麋，无鹿，见《御制鹿角解诗》。后说，凡猎，春夏谓之青草围，秋曰哨鹿围，冬曰大围。进贡则有汤鹿，毛鹿，合子鹿及肠，肚，舌，尾。夏秋贡干腌肉及茸角，筋，皮。《新唐书·渤海传》：俗所贵者，扶余之鹿。扶余，即今开原以北地，正为田猎之所。

按：此处内容较多重复，故省略。又由于将麋鹿、马鹿、梅花鹿混为一谈，故多有误。①此处“鹿大，麋小”，恰与一般称谓相反，可参见前文。②此处的“今考麋、鹿，俱于夏至解角”与《礼·月令》风马牛不相及，因后者是指麋鹿与梅花鹿等，而前者是马鹿与梅花鹿。③“盛京、吉林有麋，无鹿”，当是涉及比例，而非绝对有无。

清光绪三十三年(1907)《蒙古志》列举的“野兽”有：

虎、豹、熊、鹿、狐狸、獾、兔、羚羊、山羊、野驴、野马、獭鼠、栗鼠、鼮鼠

按：反映包括今内蒙古一些地方有梅花鹿等栖息。

清光绪十七年《黑龙江述略》记述：

鹿多而贱。茸角之属，岁于七八月时，由黑龙江、兴安两城境捆运至省。茸之佳者，每支可得银三十余两，劣亦七八两不等……盖奉天产者梅鹿，江省则马鹿也。

按：据此可见，当时产梅花鹿颇多。虽称“江省(黑龙江省)则马鹿”，但似仅较多而已。

清光绪二十年《黑龙江外记》记述：

梅鹿：即麋，出吉林，鹿茸亦然。《金史》：以桦皮为角，吹作呦呦之声，呼鹿射之。今布特哈有哨鹿者，即呼鹿也。其哨以木为之，长二尺余，状如牛角而中空。《国语》谓之穆喇库。哨时，吹穆喇库，能肖游牝已惫之声，则牡者甡甡来。然不能人人擅长，盖亦有独得之妙焉。

按：此处也称梅花鹿出自吉林，然其中所谓“今布特哈有哨鹿者”，则是指今扎兰屯市一带，亦非“吉林”辖境。

4.1.5 方志记载

方志记载可以反映 20 世纪前华北多地的梅花鹿分布情况(表 24.2)。

表 24.2　　方志记载20世纪前华北的梅花鹿情况

省级政区	今地点	文献	内容	新方志出处
北京	平谷区等地	宋泰定元年(1208)《文献通考》	渔阳郡贡鹿胶十斤	
	延庆县等地	明嘉靖二十七年(1548)《隆庆志》	鹿	
	延庆县	明万历十四年(1586)《居庸关志》	鹿	
	房山区	清康熙三年(1664)《房山县志》	鹿	
	平谷区	清康熙六年(1667)《平谷县志》	鹿	
	顺义区、昌平区、密云县	清康熙十二年(1673)《昌平州志》	鹿*	
	西城区、宣武区、丰台区、石景山区、海淀区、门头沟区	清康熙二十三年(1684)《宛平县志》	鹿	
	大兴区	清康熙二十四年(1685)《大兴县志》	鹿	
	房山区	清康熙三十七年(1698)《房山县志》	鹿	
	密云县	清雍正元年(1723)《密云县志》	鹿	
	平谷区	清乾隆四十二年(1777)《平谷县志》	鹿	
	延庆县	清光绪七年(1881)《延庆州志》	鹿	
	密云县	清光绪七年(1881)《密云县志》	鹿	
	顺义区、昌平区、密云县	清光绪十一年(1885)《昌平州志》	鹿*	
	顺义区、昌平区、密云县	清光绪十二年(1886)《昌平州志》	鹿	
天津	蓟县等地	宋泰定元年(1208)《文献通考》	渔阳郡贡鹿胶十斤	
	静海县等地	明嘉靖十九年(1540)《河间府志》	鹿茸	
	蓟县	清康熙三十四年(1704)《蓟州志》	鹿	
	武清区	清光绪七年(1881)《武清县志》	鹿	
河北	桃城区、冀州市、枣强县、武邑县、武强县、南宫市、新河县	唐开元二十六年(738)《唐六典》	鹿(冀州贡鹿角胶,久罢)	
	兴隆县、遵化市、三河市等地	宋泰定元年(1208)《文献通考》	渔阳郡贡鹿胶十斤	
	大名县、魏县等地	明正统十年(1445)《大名府志》	鹿	
	蔚县、涞源县等地	明成化十一年(1475)《山西通志》	熊、獐、鹿(以上三府、五州大山中出)	
	辛集市、深泽县、保定市、安国市、高碑店市、满城县、清苑县、易县、徐水县、定兴县、顺平县、唐县、望都县、涞水县、高阳县、安新县、雄县、容城县、博野县、蠡县	明弘治七年(1494)《保定郡志》	鹿(《诗》注:牝鹿曰麀)	
	秦皇岛市、昌黎县、抚宁县、卢龙县、唐山市、迁安市、滦县、滦南县、乐亭县、迁西县、唐海县	明弘治十四年(1501)《永平府志》	鹿	
	易县	明弘治十五年(1502)《易州志》	鹿	

（续表）

省级政区	今 地 点	文 献	内容	新方志出处
	赞皇县	明正德十年(1515)《赵州志》	赞皇县：鹿	
	涉县、磁县等地	明嘉靖元年(1522)《彰德府志》	鹿*	
	秦皇岛市	明嘉靖十四年(1535)《山海关志》	鹿	
	沧州市、泊头市、任丘市、黄骅市、河间市、沧县、青县、东光县、海兴县、盐山县、肃宁县、南皮县、吴桥县、献县、孟村回族自治县、故城县、阜城县等地	明嘉靖十九年(1540)《河间府志》	鹿茸	
	威县	明嘉靖二十九年(1550)《威县志》	鹿	
	栾城县、高邑县、赞皇县、元氏县、赵县、临城县、柏乡县、宁晋县	隆庆元年(1567)《赵州志》	鹿*	
	辛集市、唐县	明万历三十六年(1608)《保定府志》	唐县·旧志：硝熟鹿皮六十八张，束鹿县·旧志：鹿皮七张	
	属廊坊市	明天启五年(1625)《东安县志》	鹿	
	蔚县、涞源县等地	明崇祯二年(1629)《山西通志》	鹿	
	安国市	明崇祯(1628～1644)《祁州志》	鹿	
	成安县	清顺治三年(1646)《成安县志》	鹿(仅供祭祀)	
	涿鹿县	清康熙十年(1671)《保安州志》	鹿	
	属赤城县	清康熙五十一年(1712)《龙门县志》	鹿	
	井陉县	清雍正八年(1730)《井陉县志》	鹿	
	武安市	清乾隆四年(1739)《武安县志》	鹿	
	赤城县	清乾隆十三年(1748)《赤城县志》	鹿	
	属廊坊市	清乾隆十四年(1749)《东安县志》	鹿	
	张家口市、宣化县、阳原县、赤城县、怀安县、怀来县、蔚县、涿鹿县、万全县等地	清乾隆二十二年(1757)《宣化府志》	鹿	
	张北县、康保县、沽源县、尚义县、崇礼县等地	清乾隆二十三年(1758)《口北三厅志》	鹿*	
	承德市、承德县、兴隆县、平泉县、滦平县、隆化县、丰宁满族自治县、宽城满族自治县、围场满族蒙古族自治县等地	清乾隆四十六年(1781)《热河志》	鹿***	
	涿鹿县	清道光十五年(1712)《保安州志》	鹿	
	承德市、承德县、兴隆县、平泉县、滦平县、隆化县、丰宁满族自治县、宽城满族自治县、围场满族蒙古族自治县等地	清光绪十三年(1887)《承德府志》	鹿*	
	涞水县	清光绪二十一年(1895)《涞水县志》	鹿	

（续表）

省级政区	今地点	文献	内容	新方志出处
山西	太原市、古交市、清徐县、阳曲县、娄烦县、大同市、阳高县、天镇县、广灵县、灵丘县、浑源县、左云县、大同县、朔州市、山阴县、应县、右玉县、怀仁县、阳泉市、平定县、盂县、长治市、潞城市、长治县、襄垣县、屯留县、平顺县、黎城县、壶关县、长子县、武乡县、沁县、沁源县、城区、高平市、泽州县、沁水县、阳城县、陵川县、忻府区、原平市、定襄县、五台县、代县、繁峙县、宁武县、静乐县、神池县、五寨县、岢岚县、河曲县、保德县、偏关县、榆次区、介休市、榆社县、左权县、和顺县、昔阳县、寿阳县、太谷县、祁县、平遥县、灵石县、尧都区、侯马市、霍州市、曲沃县、翼城县、襄汾县、洪洞县、古县、安泽县、浮山县、吉县、乡宁县、蒲县、大宁县、永和县、隰县、汾西县、盐湖区、永济市、河津市、芮城县、临猗县、万荣县、新绛县、稷山县、闻喜县、夏县、绛县、平陆县、垣曲县、离石区、孝义市、汾阳市、文水县、中阳县、兴县、临县、方山县、柳林县、岚县、交口县、交城县、石楼县等地	明成化十一年(1475)《山西通志》	熊、獐、鹿(以上三府、五州[2]大山中出)	
	黎城县	明弘治八年(1495)《黎城县志》	鹿	
	太原市	明嘉靖三十年(1551)《太原县志》	鹿	
	太原市、古交市、清徐县、阳曲县、娄烦县、大同市、阳高县、天镇县、广灵县、灵丘县、浑源县、左云县、大同县、朔州市、山阴县、应县、右玉县、怀仁县、阳泉市、平定县、盂县、长治市、潞城市、长治县、襄垣县、屯留县、平顺县、黎城县、壶关县、长子县、武乡县、沁县、沁源县、城区、高平市、泽州县、沁水县、阳城县、陵川县、忻府区、原平市、定襄县、五台县、代县、繁峙县、宁武县、静乐县、神池县、五寨县、岢岚县、河曲县、保德县、偏关县、榆次区、介休市、榆社县、左权县、和顺县、昔阳县、寿阳县、太谷县、祁县、平遥县、灵石县、尧都区、侯马市、霍州市、曲沃县、翼城县、襄汾县、洪洞县、古县、安泽县、浮山县、吉县、乡宁县、蒲县、大宁县、永和县、隰县、汾西县、盐湖区、永济市、河津市、芮城县、临猗县、万荣县、新绛县、稷山县、闻喜县、夏县、绛县、平陆县、垣曲县、离石区、孝义市、汾阳市、文水县、中阳县、兴县、临县、方山县、柳林县、岚县、交口县、交城县、石楼县等地	明崇祯二年(1629)《山西通志》	鹿	

（续表）

省级政区	今 地 点	文 献	内容	新方志出处
	绛县	清顺治十六年(1659)《绛县志》	鹿	
	文水县	清康熙十二年(1673)《文水县志》	鹿	
	霍州市	清康熙十二年(1673)《霍州志》	鹿	
	五台县	清康熙二十六年(1687)《五台县志》	鹿	
	长子县	清康熙四十四年(1705)《长子县志》	鹿	
	尧都区、侯马市、曲沃县、翼城县、襄汾县、洪洞县、古县、安泽县、浮山县、吉县、乡宁县、汾西县	清康熙四十七年(1708)《平阳府志》	鹿	
	阳高县	清雍正七年(1729)《阳高县志》	鹿	
	尧都区	清雍正七年(1729)《临汾县志》	鹿	
	属朔州市	清雍正十三年(1735)《朔州志》	鹿	
	翼城县	清乾隆二年(1737)《翼城县志》	鹿	
	天镇县	清乾隆四年(1739)《天镇县志》	鹿	
	蒲县	清乾隆十八年(1753)《蒲县志》	鹿	
	洪洞县	清乾隆二十五年(1760)《赵城县志》	鹿	
	五台县	清乾隆四十年(1775)《五台县志》	鹿	
	长子县	清乾隆四十三年(1778)《长子县志》	鹿	
	五台县	清乾隆五十年(1785)《凉山志》	鹿(近北诸岩有之)	
	介休市	清嘉庆二十四年(1819)《介休县志》	鹿	
	太原市	清道光六年(1826)《太原县志书》	白鹿	
	阳曲县	清道光二十三年(1843)《阳曲县志》	鹿亦间有之(在西山、交城界)	
	稷山县	清同治四年(1865)《稷山县志》	鹿	
	阳城县	清同治十三年(1874)《阳城县志》	鹿	
	代县	清光绪三年(1877)《蔚州志》	神麝元年,白鹿见于代郡倒刺山。	
	吉县	清光绪五年(1879)《吉县志》	鹿	
	长子县	清光绪八年(1882)《长子县志》	鹿	
	长治市、长治县	清光绪二十年(1894)《长治县志》	鹿	
	安泽县	民国二年(1913)《岳阳县志》	鹿(……前十数年尚有,今则不复见矣)	
	沁源县	民国二十二年(1933)《沁源县志》	鹿(《旧志》载,今无)	
内蒙古	土默特左旗	1997 年《土默特志》	明末清初野兽有:鹿	土默特左旗《土默特志》编纂委员会,1997

（续表）

省级政区	今 地 点	文 献	内容	新方志出处
	海拉尔区、满洲里市、扎兰屯市、牙克石市、根河市、额尔古纳市、阿荣旗、新巴尔虎右旗、新巴尔虎左旗、陈巴尔虎旗、鄂伦春自治旗、鄂温克族自治旗、莫力达瓦达斡尔族自治旗等地	清乾隆元年(1736)《盛京通志》	麋鹿*	
	海拉尔区、满洲里市、扎兰屯市、牙克石市、根河市、额尔古纳市、阿荣旗、新巴尔虎右旗、新巴尔虎左旗、陈巴尔虎旗、鄂伦春自治旗、鄂温克族自治旗、莫力达瓦达斡尔族自治旗等地	清乾隆四十四年(1779)《盛京通志》	麋鹿***	
	和林格尔县	清咸丰二年(1852)《和林格尔厅志》	鹿	
	海拉尔区、满洲里市、牙克石市、根河市、额尔古纳市、新巴尔虎右旗、新巴尔虎左旗、陈巴尔虎旗、鄂温克族自治旗、鄂伦春自治旗、扎兰屯市、阿荣旗、莫力达瓦达斡尔族自治旗等地	清光绪十七年(1891)《黑龙江述略》	鹿*	
	海拉尔区、满洲里市、牙克石市、根河市、额尔古纳市、新巴尔虎右旗、新巴尔虎左旗、陈巴尔虎旗、鄂温克族自治旗、鄂伦春自治旗、扎兰屯市、阿荣旗、莫力达瓦达斡尔族自治旗等地	清光绪二十年(1894)《黑龙江外记》	梅鹿*	
	土默特右旗	1994年《土默特右旗志》	古代草木繁茂，野生动物很多。山区豹、狼、鹿、青羊、狍等较多	《土默特右旗志》编纂委员会，1994

注：*表示详见正文。***表示本省级政区已有类似记录。①其一似指大同府。②似指大同府、太原府、平阳府，汾州、辽州、沁州、潞州(潞安府)、泽州；亦即略大于今山西省。

4.2 东北

东北各省级政区皆有梅花鹿生息繁衍。

4.2.1 辽宁

辽宁省曾有较多梅花鹿分布记录。

民国十九年《义县志》追记：

备考：《辽史·表第六，游幸表》：二十一年壬辰秋九月(时宋仁宗皇祐四年)，上射鹿于黑山。

按：据此说明，在辽代，当地是帝王围猎梅花鹿等的狩猎场。

4.2.2 吉林

吉林省也曾有较多梅花鹿分布记录。

集安市出土的高句丽壁画创作时间与敦煌早期壁画创作时间相当(5世纪中期前)，或更早一些。其中有一幅《狩猎图》(图 24.52),画面显示雌雄 2 只梅花鹿正在奔跑,猎手骑马迎面而来,弯弓搭箭之时,人鹿交错,猎手急忙回首待射。

图 24.52 集安《狩猎图》壁画(局部)①

4.2.3 方志记载

方志记载可反映 20 世纪前东北多地的梅花鹿分布情况(表 24.3)。

表 24.3　方志记载 20 世纪前东北的梅花鹿情况

省级政区	今地点	文献	内容
辽宁	义县	民国十九年(1930)《义县志》	射鹿*
	沈阳市、新民市、辽中县、法库县、彰武县、铁岭市、调兵山市、开原市、铁岭县、西丰县、昌图县、抚顺市、抚顺县、新宾满族自治县、清原满族自治县、本溪市、本溪满族自治县、桓仁满族自治县、辽阳市、灯塔市、辽阳县、鞍山市、海城市、台安县、岫岩满族自治县、丹东市、凤城市、东港市、宽甸满族自治县、大连市、瓦房店市、普兰店市、庄河市、长海县、营口市、大石桥市、盖州市、盘锦市、大洼县、盘山县、锦州市、凌海市、北镇市、黑山县、义县、葫芦岛市、兴城市、绥中县等地	清乾隆元年(1736)《盛京通志》	麋鹿**
	沈阳市、新民市、辽中县、法库县、彰武县、铁岭市、调兵山市、开原市、铁岭县、西丰县、昌图县、抚顺市、抚顺县、新宾满族自治县、清原满族自治县、本溪市、本溪满族自治县、桓仁满族自治县、辽阳市、灯塔市、辽阳县、鞍山市、海城市、台安县、岫岩满族自治县、丹东市、凤城市、东港市、宽甸满族自治县、大连市、瓦房店市、普兰店市、庄河市、长海县、营口市、大石桥市、盖州市、盘锦市、大洼县、盘山县、锦州市、凌海市、北镇市、黑山县、义县、葫芦岛市、兴城市、绥中县等地	乾隆四十四年(1779)《盛京通志》	麋鹿
	桓仁满族自治县等地	清光绪十七年(1891)《吉林通志》	鹿***
	桓仁满族自治县等地	清光绪二十一年(1895)《吉林外记》	鹿茸

①神奇的集安高句丽古墓壁画. http://www.ja168.net/html/news/201206/news_2505.html

（续表）

省级政区	今地点	文献	内容
吉林	长春市、德惠市、九台市、榆树市、扶余县、吉林市、磐石市、蛟河市、桦甸市、舒兰市、永吉县、公主岭市、伊通满族自治县、辽源市、东丰县、东辽县、通化市、梅河口市、集安市、通化县、辉南县、柳河县、白山市、临江市、江源县、抚松县、靖宇县、长白朝鲜族自治县、延吉市、图们市、敦化市、珲春市、龙井市、和龙市、汪清县、安图县等地	清乾隆元年（1736）《盛京通志》	麋鹿**
	长春市、德惠市、九台市、榆树市、扶余县、吉林市、磐石市、蛟河市、桦甸市、舒兰市、永吉县、公主岭市、伊通满族自治县、辽源市、东丰县、东辽县、通化市、梅河口市、集安市、通化县、辉南县、柳河县、白山市、临江市、江源县、抚松县、靖宇县、长白朝鲜族自治县、延吉市、图们市、敦化市、珲春市、龙井市、和龙市、汪清县、安图县等地	乾隆四十四年（1779）《盛京通志》	麋鹿**
	延吉市、图们市、敦化市、珲春市、龙井市、和龙市、汪清县、长春市、德惠市、九台市、宁江区、吉林市、磐石市、蛟河市、桦甸市、舒兰市、永吉县、公主岭市、伊通满族自治县、辽源市、东丰县、东辽县、通化市、梅河口市、集安市、通化县、辉南县、柳河县、白山市、临江市、抚松县、靖宇县、长白朝鲜族自治县、安图县、榆树市、扶余县等地	清光绪十七年（1891）《吉林通志》	鹿**
	延吉市、图们市、敦化市、珲春市、龙井市、和龙市、汪清县、长春市、德惠市、九台市、榆树市、宁江区、扶余县、吉林市、磐石市、蛟河市、桦甸市、舒兰市、永吉县、辽源市、东丰县、东辽县、通化市、梅河口市、集安市、通化县、辉南县、柳河县、白山市、临江市、抚松县、靖宇县、长白朝鲜族自治县、安图县等地	清光绪二十一年（1895）《吉林外记》	鹿茸**
黑龙江	宁安市	清康熙七年（1668）《宁古塔山水记》	鹿
	哈尔滨市、双城市、尚志市、五常市、依兰县、方正县、宾县、巴彦县、木兰县、通河县、延寿县、齐齐哈尔市、讷河市、龙江县、依安县、甘南县、富裕县、克山县、克东县、拜泉县、爱辉区、北安市、五大连池市、嫩江县、逊克县、孙吴县、伊春市、铁力市、嘉荫县、鹤岗市、萝北县、绥滨县、佳木斯市、同江市、富锦市、桦南县、桦川县、汤原县、抚远县、双鸭山市、集贤县、友谊县、宝清县、饶河县、七台河市、勃利县、鸡西市、虎林市、密山市、鸡东县、牡丹江市、穆棱市、绥芬河市、海林市、宁安市、东宁县、林口县、北林区、海伦市、望奎县、兰西、青冈县、庆安县、明水县、绥棱县、大兴安岭地区、呼玛县、塔河县、漠河县等地	清乾隆元年（1736）《盛京通志》	麋鹿**
	哈尔滨市、双城市、尚志市、五常市、依兰县、方正县、宾县、巴彦县、木兰县、通河县、延寿县、齐齐哈尔市、讷河市、龙江县、依安县、甘南县、富裕县、克山县、克东县、拜泉县、爱辉区、北安市、五大连池市、嫩江县、逊克县、孙吴县、伊春市、铁力市、嘉荫县、鹤岗市、萝北县、绥滨县、佳木斯市、同江市、富锦市、桦南县、桦川县、汤原县、抚远县、双鸭山市、集贤县、友谊县、宝清县、饶河县、七台河市、勃利县、鸡西市、虎林市、密山市、鸡东县、牡丹江市、穆棱市、绥芬河市、海林市、宁安市、东宁县、林口县、北林区、海伦市、望奎县、兰西、青冈县、庆安县、明水县、绥棱县、大兴安岭地区、呼玛县、塔河县、漠河县等地	乾隆四十四年（1779）《盛京通志》	麋鹿**
	宁安市	清乾隆六十年（1795）《宁古塔纪略》	鹿

（续表）

省级政区	今　地　点	文献	内容
	爱辉区、逊克县、孙吴县、嘉荫县、萝北县、大兴安岭地区、呼玛县、塔河县、漠河县、讷河市、嫩江县、哈尔滨、巴彦县、齐齐哈尔市、龙江县、依安县、甘南县、富裕县、克山县、克东县、拜泉县、北安市、五大连池市、伊春市、铁力市、北林区、海伦市、望奎县、兰西县、青冈县、庆安县、明水县、绥棱县等地	清光绪十七年(1891)《黑龙江述略》	鹿**
	爱辉区、逊克县、孙吴县、嘉荫县、萝北县、大兴安岭地区、呼玛县、塔河县、漠河县、讷河市、嫩江县、哈尔滨、巴彦县、齐齐哈尔市、龙江县、依安县、甘南县、富裕县、克山县、克东县、拜泉县、北安市、五大连池市、伊春市、铁力市、北林区、海伦市、望奎县、兰西县、青冈县、庆安县、明水县、绥棱县等地	清光绪二十年(1894)《黑龙江外记》	梅鹿**
	依兰县、方正县、通河县、鹤岗市、绥滨县、佳木斯市、同江市、富锦市、桦南县、桦川县、汤原县、抚远县、双鸭山市、集贤县、友谊县、宝清县、饶河县、七台河市、勃利县、虎林市、哈尔滨市、双城市、尚志市、五常市、宾县、木兰县、延寿县、鸡西市、密山市、鸡东县、牡丹江市、穆棱市、绥芬河市、海林市、宁安市、东宁县、林口县等地	清光绪二十一年(1895)《吉林外记》	鹿茸**

注：*表示详见正文。**表示同前文。***表示本省级政区已有类似记录。

4.3 华东

华东各省级政区皆有梅花鹿分布记录。

4.3.1 江苏

江苏省有较多梅花鹿分布记录。

扬州市邗江区姚庄1号木椁墓出土的西汉《漆面罩绘乌墨云气图》(图24.53)，不仅色彩斑斓，而且其中有猛虎、雄豹、奔鹿(图右上方)等动物①。虎回首长啸、豹侧首环顾、梅花鹿惊恐狂奔等不同生态都呼之欲出，表明工匠们对它们胸有成竹才绘制得惟妙惟肖，进而反映当地有这些动物分布。

图24.53　漆面罩绘乌墨云气图(局部)

民国十四年《丹徒县志》追记：

鹿：《晋志》：大兴三年四月白鹿见南东海丹徒。按，录已见《前志》，所见之地未详，今据县志摭余补之。

按：据此证实，当地曾有梅花鹿栖息。

元治顺三年《镇江志》记载：

鹿：解角兽也。《尔雅》：牡麚牝麀，其子麛，其迹速，绝有力麉。《晋志》：太兴三年四月，白鹿见南东海丹徒。

按：此与《丹徒县志》可相互印证同一事件，表明有梅花鹿。

清乾隆十五年《太湖备考》记述：

鹿：出马迹山。《武进志》：此山素有三断六绝之谣。万历间，里民率钱购雌雄鹿放之山中，清知县晏文辉给示永禁猎户射弋，至今番衍不绝。

按：据此证明，确有梅花鹿；只是"马迹山"又作"马山"。

清光绪五年《丹徒县志》记载：

鹿：马身羊尾，头侧而长，高脚而行走，毛杂黄白有斑。有角者牡，无者牝。山林中间有之，不可多得。

①http://www.duitang.com/blog/? id=247306615

按："毛杂黄白有斑"，证明是梅花鹿。

清光绪八年《宜兴荆溪县志》诠释：

鹿：马身而羊尾，角大多枝曰麋；牝而童首曰麀牡鹿有角，曰鹿；牝鹿无角，曰麀。

按：据此表明，有梅花鹿分布。

4.3.2　浙江

浙江省也有梅花鹿分布记录。

民国十三年《定海县志》追记：

明嘉靖间胡宗宪治军海上，曾猎得大白鹿二；山阴徐渭前后代州表进之王亨彦云。案：徐渭前表言地，当宁波、定海之间，定海为故镇海，非邑境，且《至正志》亦止[只]有麃无鹿，志载获鹿事恐非事实。

按："白鹿"虽是梅花鹿白化现象，但古时寓为祥瑞。《史记·孝武本纪》："其后，天子苑有白鹿，以其皮为币，以发瑞应，造白金焉。"此后，凡发现"白鹿"，皆作为祥瑞记载。此后白鹿之事有多文献记载。

清光绪三年《定海厅志》记载：

鹿：嘉靖间，胡宗宪治军海上时，海北猎者得白大鹿以献，遂具表进上。未几，又获其雄，复表进之。山阴徐文长渭代草前后表，两白鹿皆此地海岛中所获《康熙志》。

按：似可解《定海县志》之惑。

4.3.3　安徽

安徽省有梅花鹿分布记录。

《太平寰宇记·淮南西路·庐州·土产》记载有"鹿脯。"反映当时今合肥市、肥东县、肥西县、舒城县一带梅花鹿品质较好。

4.3.4　福建

福建省也有梅花鹿栖息记录。

明嘉靖九年《惠安县志》记述：

捕鹿者养鹿为媒，以诱而射之。鹿性爱其类，食必相呼。故人以见利而卖友者，比之鹿媒。

按：捕鹿者以鹿媒诱而射之(鹿)，说明有野生梅花鹿存在。

明嘉靖三十二年《建阳县志》记述：

鹿：行速，性警防，分背而食。食则相呼，群居则环其角外向。阳物也，故夏至感阴生而角解。《格物论》："十年为苍鹿，又百年为白鹿，五百年为玄鹿。

按：此处主要涉及梅花鹿。

清乾隆十七年《汀州府志》记述：

鹿：性惊防。分背而食，食则相呼。群居则环其角外向，以防物之害已也。《说文》曰：解角兽。《尔雅翼》曰：鹿与麋为友。鹿，阳兽，夏至得阴气而解角。麋，阴兽，冬至得阳气而解角。《诗》注：牝鹿为麀。

按：虽含麋鹿，但还是以梅花鹿为主。

清光绪十六年《闽产录异》记述：

鹿：山邑多产，但色有深浅，茸短小不及关东，且有鲨鱼所化。

或言："鹿粮草恒食九物，余则不尝。"九草者，葛叶及花鹿葱、鹿药、白蒿、水靳、甘草、齐头蒿、山耳、荠苨。其说无据。苍见养鹿者日获野草，鹿尽啮之。

按：虽其中有误，但主要还是涉及梅花鹿。

4.3.5　江西

江西省有梅花鹿分布记录。

明正德十二年《建昌府志》记述：

鹿：性善警防，分背而食，以备人物之害。角有斑痕，紫色。行，或有涎出口，不复能急走也。

按：此处涉及梅花鹿一些特征，说明当地有此物。

明嘉靖六年《九江府志》记述：

鹿：《字统》曰：鹿性警防，分背而食以备害。爱其类，发于天性。《诗》曰：鹿斯之奔，维足跂跂。宜疾而舒，留其群也。

按：此处也涉及梅花鹿一些习性，反映当地有梅花鹿分布。

明万历十六年《南昌府志》记述：

有鹿：牡曰麚，牝曰麀，子曰麛。豹文者，不可食。其茸入药，壮元阳，补腰膝。

按：从其采用《尔雅》诠释看，当是指梅花鹿。

清乾隆三十二年《江西考古录》追记：

余干白鹿：《古今注》曰：孝和帝永元中，豫章、余汗得白鹿，高丈九尺。《述异记》曰：余干县有白鹿……讫宋，凡四十有八；见豫章者三晋元帝太兴三年，成帝咸康二年，孝武太元十六年，见南康者一宋文帝元嘉二十二年，见鄱阳者一元嘉二十九年，见临川者一宋孝武帝孝建三年，独不及余干白鹿。可知史志多有遗漏。

按：从其追记当地多次出现白鹿看，当地一直有梅花鹿存在。

清同治十二年《玉山县志》记载：

老农常述：乾隆初，怀玉开山，树木丛杂竹菁蒙密，有麋、鹿成群游卧道旁。

按：据此反映，在清初当地梅花鹿等数量不少。

4.3.6 山东

山东省不仅有梅花鹿遗存出土，而且历史上也曾有较多梅花鹿分布。

清同治十一年(1872)在蓬莱市城南 25 km 的沈余村发现汉墓门残石，一端空白，另一端刻隶书“汉廿八将佐命功苗东藩琴亭国李夫人灵第之门”20 字，中部浮雕卧鹿(图 24.54)[①]。鹿犄角形式为梅花鹿，极为生动。据此反映，当地有较常见的梅花鹿栖息。

图 24.54　汉卧鹿碑(拓片)

《文献通考·土贡考》“唐天下诸部每年常贡”记载：“济阳郡(贡……鹿角胶三十小片。今济州)”。说明当时今巨野县一带是梅花鹿著名分布地之一。

民国二十五年《寿光县志》摘引：

唐建中时，望海台畔有渔人张渔舟独宿茅舍。忽有一虎入，渔人惊。虎举左前足以示，见掌中有刺，为拔之，长寸许。虎跃然若拜伏状，久方去。次夜，闻舍外作坠物声。开户视，见虎负一野豕置庭中。嗣又常餽鹿、豕不绝。村人疑为妖，白于县。渔人始陈始末。县令使人伺之。夜过二鼓，果如前，且致缣帛。令始信。渔人得释见《太平广记》及《青州志》。

按：此虽是传奇之说，但提到常捕捉野猪与鹿等感恩渔人，与其周边有梅花鹿记载可相互印证。

民国二十四年《广饶县志》追记：

明……穆宗隆庆元年正月获三白鹿于辛镇场鹿非本地所产，故特志以见异。

按：所谓“辛镇场”，在广饶县[②]，可见曾有梅花鹿。

明万历元年《兖州府志》记述：

鹿：黄质，有斑点。性多惊烈，能别良草，常食名物，诸毒不食。处必山冈。牡曰麚，牝曰麀，麛其子也。麉，又鹿之绝有力者。抱朴子曰：鹿寿千年而变苍。满五百岁，则色白；又五百年，而为玄。

按：“黄质，有斑点”是梅花鹿显著特征之一，可见确有梅花鹿分布。

4.3.7 台湾

台湾曾有梅花鹿广泛分布。

明万历三十一年(1603)陈第《东番记》中对于台湾梅花鹿多有记载：

山最宜鹿，鹿鹿俟俟，千百为群。

人精用镖，镖竹柄，铁镞，长五尺有咫，铦甚，出入携自随，试鹿鹿毙，试虎虎毙。……镖发命中，获若丘陵，社社无不饱鹿者。取其余肉，离而腊之，鹿舌、鹿鞭、鹿筋亦腊，鹿皮角委积充栋。

按：据此反映，当时梅花鹿分布广且多。荷兰殖民时期，鹿皮的需求很大，梅花鹿被人类大量捕猎，几乎濒临绝种。1969 年之后，由于栖息地受到破坏与人类大肆捕猎，台湾梅花鹿渐渐减少。

清乾隆年间黄叔璥(巡台御史，另撰有《台海使槎录》)与六十七(巡台给事中)的 2 部纪实著作记述了清初台湾内山土著居民捕鹿情节。

黄叔璥《台湾内山番地风俗图》记述：

猎禽：台地未入版图以前，番惟以射猎为生，名曰“出草”；至今尚沿其俗。十龄以上，即令演弓矢；练习既熟，三四十步外取的必中。当春深草茂，则邀集社众，各持器械带猎犬逐之，呼噪四面围猎，得鹿则刺喉吮其血，或禽兔生啖之；腌其脏腹，令生蛆，名曰“肉笋”，以为美馔。其皮则以易汉人盐米烟布等物。

捕鹿：内山鹿生最繁，番人以打牲为业，交易货物。捕时因风纵火，俟其奔逸，各番负弓矢镖枪、牵猎犬逐之。所用弓矢，以细藤、苎绳为弦，

---

①极其罕见汉代卧鹿碑拓片. http://www.kongfz.cn/12746320/pic/

②元至元二年(1265)于乐安县境内设盐场 3 处，即辛镇场、高家港场、王家岗场，属山东转运司(东营市大事记. http://www.360doc.com/content/14/0624/10/14356447_389291752.shtml)。“乐安县”是广饶县前称谓，金天眷元年(1138)—民国三年(1914)由千乘县改称。

竹箭甚短，铁镞长二寸许；镖枪长五尺，亦犀利。番人善用镖枪，每发多中。

六十七《番社采风图考·捕鹿》记述：

淡防厅大甲、后垄、中港，竹堑，霄里等社熟番，至秋末冬初，各社聚众捕鹿，名为"出草"。

按：所称"淡防厅"，乃今新竹市与新竹县一带。据《番社采风图考》等意境绘制的《捕鹿图》有2幅（图24.55、图24.56），各有千秋。

图 24.55 捕鹿图(一)①

图 24.56 捕鹿图(二)②

有趣的是，将2幅图比较看，不仅主题相同，而且绘制的主体（人物、梅花鹿、猎犬等）也相似。较显著差异在于：在左图左上方将内容题写上，远处有3座山包，较醒目的植物是竹林与棕榈；右图既无题字，也无远山，较醒目的植物则是阔叶乔木，并有一株横在人物与动物之间。

清康熙三十年《台湾府志》记述：

鹿茸：鹿儿角之初发而茸者，禀纯阳之质，含生发之气。其味甘，其气温。凤、诸二县出。

鹿角胶：用鹿角煮成胶。

鹿角霜：即煮胶之角渣也。

按：此3种药材皆取自梅花鹿。

清康熙五十六年《诸罗县志》集解：

鹿：《埤雅》：鹿性决燥，又善警。群居则环角外向，以防物之害已。《尔雅翼》：鹿，阳兽，游山。夏至，得阴气而解角，从阳退之象。

按：据此，表明是梅花鹿。

清乾隆一九年《台湾县志》摘引：

鹿：《使槎录》云：台山无虎，故鹿最繁。昔年，近山皆为土番鹿场。今，汉人垦种，极目良田，遂多于内山捕猎。角尾单弱，绝不似关东之濯濯。角百对，只可（按：原著作哥）煎胶二十余斤。鹿虽多，街市求一脔不得。冬春时，社番截成方块，重可斤余，皆用盐渍。运致府治，【略】而值（甚昂）[亦不轻]。

《稗海纪游》云：鹿以角纪年，凡角一岐为一年，犹马之纪以齿也。番人世世射鹿为生，未见七岐以上者。向谓鹿仙兽多寿，又谓五百岁而白，千岁而元，特妄言耳。竹堑番射得小鹿，通体纯白，角纔两岐，要不过偶然毛色之异耳，书固未足尽信也。鹿生三岁始角。角生一岁解，犹人之毁齿也。解后再角，即终身不后解。每岁止增一岐。又云：牝鹿以四月乳，未乳极肥。腹中胎鹿，皮毛鲜泽，文彩可爱。又牝鹿既乳，视小鹿长，则避之他山，虑小鹿之淫之也。兽之不乱伦者惟马，牡马误烝则自死。牝鹿自远以避。

①http://eol.taibif.tw/data_objects/34880

②清佚名《台湾内山番地风俗图册》. http://blog.sina.com.cn/s/blog_4d4281af0102vmv8.html

按:记述了当时台湾的梅花鹿情况。

清道光十四年《彰化县志》集解:

鹿:《埤雅》:鹿性决燥,又善警。群居则环角外向,以防物之害已。

《稗海纪游》:鹿以角纪年,凡角一歧为一年,犹马之纪以齿也。番人世世射鹿为生,未见七岐以上者。向谓鹿仙兽多寿,又谓五百岁而白,千岁而元,特妄言耳。竹堑番射得小鹿,通体纯白,角纔两歧,要不过偶然毛色之异耳,书固未足尽信也。鹿生三岁始角。角生一岁解,犹人之毁齿也。解后再角,即终身不后解。每岁止增一歧。牝鹿既乳,视小鹿长,则避之他山,虑小鹿之淫之也。兽之不乱伦者惟马,牡马误烝则自死。牝鹿自远以避。

《尔雅翼》鹿,阳兽,游山,夏至得阴气而解角,从阳退之象。

按:表明当地有梅花鹿栖息。

清光绪二十一年《恒春县志》记述:

鹿:出番山,番人恒捕之。取鹿茸,鹿皮,鹿鞭,鹿筋等,入市换货。肉即留以自啖。

按:据此表明,其时主要是土著居民捕猎梅花鹿。

4.3.8 方志记载

方志记载可反映20世纪前华东多地的梅花鹿分布情况(表24.4)。

表24.4　　方志记载20世纪前华东的梅花鹿情况

省级政区	今地点	文献	内容	新方志出处
江苏	属镇江市	民国十四年(1925)《丹徒县志》	鹿*	
	镇江市	宋嘉定(1208～1224)《镇江志》	白鹿	
	南京市	宋景定(1260～1264)《建康志》	鹿	
	常州市、江阴市、宜兴市	宋咸淳四年(1268)《毗陵志》	鹿	
	镇江市、扬中市、丹阳市、金坛市	元治顺三年(1323)《镇江志》	鹿*	
	常熟市	元至正二十五年(1365)《琴川志》	鹿	
	靖江市、常州市、无锡市、江阴市、宜兴市	明成化十九年(1483)《毗陵志》	鹿	
	句容市	明弘治九年(1496)《句容县志》	鹿	
	海门市	明嘉靖九年(1530)《通州志》	土贡・海门县:鹿(一只)	
	海门市、通州市	明嘉靖二十一年(1542)《惟扬志》	通州:鹿皮一十张,解京活鹿一只;海门县:鹿皮五张,解京活鹿一只	
	如皋市	明嘉靖三十九年(1560)《如皋县志》	鹿	
	邳州市、新沂市、睢宁县、连云港市、赣榆县、灌云县、东海县、灌南县、宿迁市、沭阳县、泗阳县、泗洪县、淮安市、洪泽县、涟水县、盐城市、阜宁县、响水县、建湖县	明万历元年(1573)《淮安府志》	鹿	
	属镇江市	明万历元年(1573)《丹徒县志》	鹿	
	宿迁市	明万历五年(1577)《宿迁县志》	鹿	
	南通市、海门市	明万历六年(1578)《通州志》	鹿	
	江都市	明万历二十五年(1597)《江都县志》	有鹿	

（续表）

省级政区	今地点	文献	内容	新方志出处
	扬州市	清康熙三年(1664)《扬州府志》	鹿	
	属南京市	清康熙二十二年(1683)《江宁县志》	鹿	
	宜兴市	清康熙三十四年(1695)《常州府志》	惟鹿……产于宜兴诸山者佳而可食	
	金湖县、东台市、大丰市、扬州市、仪征市、江都市、高邮市、宝应县、泰州市、姜堰市、兴化市、海安县	清雍正十一年(1733)《扬州府志》	鹿	
	无锡市	清乾隆十五年(1750)《太湖备考》	鹿*	
	句容市	清乾隆十五年(1750)《句容县志》	鹿	
	宜兴市	清嘉庆二年(1797)《宜兴县志》	鹿	
	金湖县、东台市、大丰市、扬州市、仪征市、江都市、高邮市、宝应县、泰州市、姜堰市、兴化市、海安县	清嘉庆十五年(1810)《扬州府志》	鹿	
	连云港市、赣榆县、灌云县、东海县、灌南县、沭阳县、响水县	清嘉庆十六年(1811)《海州直隶州志》	鹿	
	连云港市	清道光十七年(1837)《云台新志》	鹿(角鹿、麋鹿二种)	
	徐州市、邳州市、新沂市、铜山县、睢宁县、沛县、丰县,宿迁市等地	清同治十三年(1874)《徐州府志》	白鹿	
	涟水县	清光绪元年(1875)《安东县志》	鹿出没滩荡,杰者或能害人	
	属镇江市	清光绪五年(1879)《丹徒县志》	鹿*	
	无锡市	清光绪五年(1879)《武进阳湖县志》	鹿、麞(皆产阳湖迎春乡马迹山)	
	宜兴市	清光绪八年(1882)《宜兴荆溪县志》	鹿*	
	属江都市	清光绪十三年(1885)《甘泉县志》	鹿	
	赣榆县	清光绪十四年(1888)《赣榆县志》	鹿(《元丰九域志·海州领县．四，土贡》:麋鹿皮)	
	泗洪县等地	清光绪十四年(1888)《泗虹合志》	鹿	
浙江	建德市、桐庐县、淳安县	宋淳熙十三年(1186)《严州图经》	鹿	
	湖州市	宋嘉泰元年(1201)《吴兴志》	鹿	
	杭州市、临安市、富阳市、海宁市	宋咸淳(1265～1274)《临安志》	鹿	
	宁波市	明成化四年(1468)《四明志》	鹿	
	衢州市、江山市、龙游县、常山县、开化县	明弘治十六年(1503)《衢州府志》	鹿	
	玉环县、温州市、瑞安市、乐清市、永嘉县、文成县、平阳县、泰顺县、洞头县、苍南县	明弘治十六年(1503)《温州府志》	白鹿	
	淳安县	明嘉靖三年(1524)《淳安县志》	鹿	

（续表）

省级政区	今地点	文献	内容	新方志出处
	武义县	明嘉靖三年(1524)《武义县志》	鹿	
	浦江县	明嘉靖五年(1526)《浦江志略》	鹿	
	属台州市	明嘉靖十六年(1537)《海门县志》	岁进：鹿一只，岁办：鹿皮五张	
	温岭市	明嘉靖十九年(1540)《太平县志》	鹿	
	属德清县	明嘉靖二十九年(1550)《武康县志》	鹿	
	瑞安市	明嘉靖三十四年(1555)《瑞安县志》	鹿	
	象山县	明嘉靖三十五年(1556)《象山县志》	鹿	
	属舟山市	明嘉靖四十二年(1563)《定海县志》	鹿	
	宁波市	民国十三年(1924)《定海县志》	明嘉靖间曾猎得大白鹿二*	
	越城区	明万历三年(1575)《会稽县志》	鹿	
	建德市、桐庐县、淳安县	明万历六年(1578)《严州府志》	鹿	
	属台州市	明万历七年(1579)《黄岩县志》	鹿	
	新昌县	明万历七年(1579)《新昌县志》	鹿	
	温州市、瑞安市、乐清市、永嘉县、平阳县、洞头县	明万历三十三年(1605)《温州府志》	鹿	
	属杭州市	明万历三十七年(1609)《钱塘县志》	鹿	
	建德市、桐庐县、淳安县	明万历四十二年(1614)《严州府志》	鹿	
	平湖市	明天启七年(1627)《平湖县志》	土贡：獐、鹿、麂、羊皮一百二十七张	
	开化县	明崇祯四年(1631)《开化县志》	鹿	
	属湖州市	明崇祯十一年(1638)《乌程县志》	鹿	
	义乌市	明崇祯十三年(1640)《义乌县志》	鹿	
	建德市	清顺治七年(1650)《寿昌县志》	鹿	
	入莲都区、松阳县、武义县	清顺治十二年(1655)《宣平县志》	鹿	
	龙泉市	清顺治十二年(1655)《龙泉县志》	鹿	
	嵊州市	清康熙十年(1671)《嵊县志》	鹿(大者为麋)	
	缙云县	清康熙十年(1671)《缙云县志》	鹿	
	永康市	清康熙十一年(1672)《永康县志》	鹿	
	永嘉县	清康熙二十一年(1682)《永嘉县志》	鹿	
	金华市、兰溪市、义乌市、东阳市、永康市、武义县、浦江县、磐安县	清康熙二十二年(1683)《金华府志》	鹿	
	临安市	清康熙二十二年(1683)《临安县志》	鹿	
	属建德市	清康熙二十二年(1683)《寿昌县志》	鹿	
	建德市	清康熙二十三年(1684)《建德县志》	鹿	
	属宁波市	清康熙二十五年(1686)《鄞县志》	鹿	

（续表）

省级政区	今地点	文献	内容	新方志出处
	青田县	清康熙二十五年(1686)《青田县志》	鹿	
	属杭州市	清康熙二十六年(1687)《仁和县志》	鹿	
	平阳县	清康熙三十三年(1694)《平阳县志》	鹿	
	衢州市、江山市、常山县、开化县、龙游县	清康熙五十年(1711)《衢州府志》	鹿	
	遂昌县	清康熙五十一年(1712)《遂昌县志》	鹿	
	属杭州市	清康熙五十七年(1718)《钱塘县志》	鹿	
	衢州市、江山市、龙游县、常山县、开化县	清雍正六年(1728)《古今图书集成·方舆汇编·职方典·衢州府物产考》	鹿	
	玉环县、温州市、瑞安县、乐清县、永嘉县、洞头县、平阳县、苍南县、文成县、泰顺县	清雍正六年(1728)《古今图书集成·方舆汇编·职方典·温州府物产考》	鹿	
	慈溪市	清雍正八年(1730)《慈溪县志》	鹿	
	舟山市、岱山县、嵊泗县、宁波市、奉化市、象山县	清乾隆六年(1741)《宁波府志》	鹿	
	平湖市	清乾隆十年(1745)《平湖县志》	獐、鹿、麂、羊皮(一百二十一张)	
	瑞安市	清乾隆十四年(1749)《瑞安县志》	鹿	
	安吉县	清乾隆十五年(1750)《安吉州志》	鹿	
	分属莲都区和武义县	清乾隆十八年(1753)《宣平县志》	鹿	
	桐庐县	清乾隆十八年(1753)《桐庐县志》	鹿	
	玉环县、温州市、瑞安市、乐清市、永嘉县、文成县、平阳县、泰顺县、洞头县、苍南县	清乾隆二十一年(1756)《温州府志》	鹿	
	遂昌县	清乾隆三十年(1765)《遂昌县志》	鹿	
	属宁波市	清乾隆五十三年(1788)《鄞县志》	鹿	
	义乌市	清嘉庆七年(1802)《义乌县志》	鹿	
	属舟山市	清嘉庆八年(1803)《山阴县志》	鹿	
	武义县	清嘉庆九年(1804)《武义县志》	鹿	
	属衢州市	清嘉庆十六年(1811)《西安县志》	鹿	
	属德清县	清道光九年(1829)《武康县志》	鹿	
	东阳市	清道光十一年(1831)《东阳县志》	鹿	
	舟山市	清道光十二年(1832)《普陀山志》	鹿	
	遂昌县	清道光十五年(1835)《遂昌县志》	鹿	
	泰顺县	清同治四年(1865)《泰顺分疆录》	鹿	
	嵊州市	清同治九年(1870)《嵊县志》	鹿	
	湖州市、长兴县、德清县、安吉县	清同治九年(1870)《湖州府志》	鹿	
	江山市	清同治十二年(1873)《江山县志》	鹿	
	长兴县	清同治十二年(1873)《长兴县志》	鹿	

（续表）

省级政区	今 地 点	文 献	内 容	新方志出处
	景宁畲族自治县	清同治十二年(1873)《景宁县志》	鹿	
	湖州市、长兴县、德清县、安吉县	清同治十三年(1874)《湖州府志》	鹿	
	安吉县	清同治十三年(1874)《安吉县志》	鹿	
	青田县	清光绪二年(1876)《青田县志》	鹿	
	缙云县	清光绪二年(1876)《缙云县志》	鹿	
	莲都区、龙泉市、缙云县、青田县、云和县、遂昌县、松阳县、庆元县、景宁畲族自治县	清光绪三年(1877)《处州府志》	鹿	
	属安吉县	清光绪三年(1877)《孝丰县志》	鹿	
	舟山市	清光绪三年(1877)《定海厅志》	鹿*	
	庆元县	清光绪三年(1877)《庆元县志》	鹿	
	分属武义县、莲都区、松阳县	清光绪四年(1878)《宣平县志》	鹿	
	泰顺县	清光绪四年(1878)《分疆录》	鹿	
	龙泉市	清光绪四年(1878)《龙泉县志》	鹿	
	属宁波市	清光绪五年(1879)《镇海县志》	鹿	
	玉环县	清光绪六年(1880)《玉环厅志》	鹿	
	属湖州市	清光绪七年(1881)《乌程县志》	鹿	
	兰溪市	清光绪七年(1881)《兰溪县志》	鹿	
	衢州市、江山市、龙游县、常山县、开化县	清光绪八年(1882)《衢州府志》	鹿	
	建德市、桐庐县、淳安县	清光绪九年(1883)《严州府志》	鹿	
	淳安县	清光绪十年(1884)《淳安县志》	鹿	
	常山县	清光绪十二年(1886)《常山县志》	鹿(《万历县志》:山产虽有难致,故祭恒以羊代)	
	兰溪市	清光绪十四年(1888)《兰溪县志》	鹿	
	慈溪市	清光绪十四年(1888)《慈溪县志》	鹿	
	上虞市	清光绪十七年(1891)《上虞县志》	鹿	
	永康市	清光绪十七年(1891)《永康县志》	鹿	
	宁海县	清光绪十八年(1892)《宁海县志》	鹿	
	永康市	清光绪十八年(1892)《永康县志》	鹿	
	金华市	清光绪二十年(1894)《金华县志》	鹿(按旧志有熊、鹿,今不经见)	
	遂昌县	清光绪二十二年(1896)《遂昌县志》	鹿	
	海宁市	清光绪二十二年(1896)《海宁州志》	鹿	
	杭州市、富阳市、临安市、海宁市	清光绪二十四年(1898)《杭州府志》	鹿	
	属临安市	清光绪二十四年(1898)《于潜县志》	鹿	
	开化县	清光绪二十四年(1898)《开化县志》	鹿	

（续表）

省级政区	今地点	文献	内容	新方志出处
	上虞市	清光绪二十五年(1899)《上虞县志校续》	鹿	
	慈溪市	清光绪二十五年(1899)《慈溪县志》	鹿	
	余姚市	清光绪二十五年(1899)《余姚县志》	鹿	
安徽	黄山市、歙县、休宁县、黟县、祁门县、绩溪县等地	宋淳熙二年(1175)《新安志》	山中时有鹿	
	凤阳县	明成化六年(1470)《中都志》	岁进：活鹿一十六只，岁办退毛硝熟皮：鹿皮四十三张	
	埇桥区	明弘治十二年(1499)《直隶凤阳府宿州志》	鹿	
	黄山市、歙县、休宁县、黟县、祁门县、绩溪县等地	明弘治十五年(1502)《徽州府志》	鹿	
	阜阳市	明正德六年(1511)《颍州志》	鹿	
	和县、含山县	明嘉靖七年(1528)《和州志》	鹿	
	芜湖市、芜湖县、繁昌县、南陵县	明嘉靖十年(1531)《太平府志》	白鹿	
	郎溪县	明嘉靖十年(1531)《建平县志》	鹿	
	南陵县、宣州区	明嘉靖十五年(1536)《宁国府志》	惟宣、南以天鹅、活鹿之直输于工部，南陵：活鹿四只	
	阜阳市	明嘉靖十五年(1536)《颍州志》	白鹿	
	埇桥区、灵璧县、泗县、濉溪县、固镇县	明嘉靖十六年(1537)《宿州志》	鹿：国初常贡·宿州：岁进活鹿一十六只，岁办鹿皮三十三张	
	铜陵市、铜陵县、贵池县、东至县、石台县、青阳县	明嘉靖二十四年(1545)《池州府志》	有鹿	
	宁国市	明嘉靖二十八年(1549)《宁国县志》	鹿（其牡名鹿，若其牝名麀，其子名麛）	
	泾县	明嘉靖三十一年(1552)《泾县志》	鹿	
	铜陵市、铜陵县	明嘉靖四十二年(1563)《铜陵县志》	鹿	
	芜湖市、芜湖县、南陵县、黄山市、宣州区、宁国市、泾县、旌德县	明万历五年(1577)《宁国府志》	岁贡：鹿皮、活鹿	
	六安市、霍山县等地	明万历十二年(1584)《六安州志》	有鹿	
	望江县	明万历二十二年(1594)《望江县志》	鹿	
	埇桥区、来安县、全椒县	明万历四十二年(1614)《滁阳志》	鹿	
	定远县	1995年《定远县志》	清以前猎物有：鹿	定远县地方志编纂委员会，1995

（续表）

省级政区	今地点	文献	内容	新方志出处
	属东至县	清康熙元年(1662)《建德县志》	鹿	
	马鞍山市、当涂县、芜湖市、芜湖县、繁昌县	清康熙十二年(1673)《太平府志》	有鹿	
	含山县	清康熙二十三年(1684)《含山县志》	鹿	
	休宁县	清康熙三十二年(1693)《休宁县志》	鹿	
	望江县	清康熙三十四年(1695)《望江县志》	鹿	
	庐江县	清康熙三十七年(1698)《庐江县志》	鹿	
	黄山市、歙县、休宁县、黟县、祁门县、绩溪县等地	清康熙三十八年(1699)《徽州府志》	山中时有鹿	
	安庆市、桐城市、怀宁县、枞阳县、潜山县、太湖县、宿松县、望江县、岳西县	清康熙六十年(1721)《安庆府志》	鹿	
	郎溪县、广德县	清乾隆四年(1739)《广德州志》	鹿	
	绩溪县	清乾隆二十一年(1756)《绩溪县志》	鹿	
	铜陵市、铜陵县	清乾隆二十二年(1757)《铜陵县志》	鹿	
	芜湖市、芜湖县、繁昌县、马鞍山市、当涂县	清乾隆二十二年(1757)《太平府志》	鹿	
	霍山县	清乾隆四十一年(1776)《霍山县志》	鹿	
	望江县	清乾隆三十三年(1768)《望江县志》	鹿	
	歙县	清乾隆三十六年(1771)《歙县志》	驯鹿	
	合肥市、肥东县、肥西县、舒城县、居巢区、无为县、庐江县	清嘉庆八年(1803)《庐州府志》	鹿	
	无为县	清嘉庆八年(1803)《无为州志》	鹿(间有)	
	泾县	清嘉庆十一年(1806)《泾县志》	鹿	
	舒城县	清嘉庆十二年(1807)《舒城县志》	鹿(今无)	
	旌德县	清嘉庆十三年(1808)《旌德县志》	鹿	
	宣州区	清嘉庆十三年(1808)《宣城县志》	白鹿	
	绩溪县	清嘉庆十五年(1810)《绩溪县志》	鹿	
	萧县	清嘉庆十九年(1814)《萧县志》	鹿	
	宣州区、宁国市、黄山市	清嘉庆二十年(1815)《宁国府志》	鹿	
	萧县	清嘉庆二十年(1815)《萧县志》	鹿	
	黟县	清道光五年(1825)《黟县续志》	鹿	
	繁昌县	清道光六年(1826)《繁昌县志书》	鹿	
	黄山市、歙县、休宁县、黟县、祁门县、绩溪县等地	清道光七年(1827)《徽州府志》	山中时有鹿	
	桐城市	清道光七年(1827)《桐城续修县志》	鹿	
	桐城市	清道光十四年(1834)《桐城县志》	鹿	
	霍邱县	清同治九年(1870)《霍邱县志》	鹿	
	六安市、霍山县等地	清同治十一年(1872)《六安州志》	鹿	

（续表）

省级政区	今地点	文献	内容	新方志出处
	祁门县	清同治十二年(1873)《祁门县志》	鹿	
	砀山县、萧县等地	清同治十三年(1874)《徐州府志》	白鹿	
	宿迁市	清同治十三年(1874)《宿迁县志》	白鹿	
	宣州区	清光绪四年(1878)《宣城县志》	鹿	
	郎溪县、广德县	清光绪七年(1881)《广德州志》	鹿	
	贵池区	清光绪九年(1883)《贵池县志》	鹿	
	合肥市、肥东县、肥西县、舒城县、居巢区、无为县、庐江县	清光绪十一年(1885)《庐州府志》	有鹿	
	泗县等地	清光绪十四年(1888)《泗虹合志》	鹿	
	青阳县	清光绪十七年(1891)《青阳县志》	鹿	
福建	福州市、福清市、长乐市、闽侯县、连江县、罗源县、闽清县、永泰县、蕉城区、福安市、福鼎市、霞浦县、柘荣县、屏南县、古田县	明弘治四年(1491)《八闽通志》	福州府、建宁府、泉州府、漳州府、汀州府、延平府、邵武府、兴化府、福宁州：鹿	
福建	顺昌县	明正德十五年(1520)《顺昌邑志》	鹿	
福建	延平区、顺昌县、三明市、永安市、大田县、尤溪县、沙县、将乐县	明嘉靖四年(1525)《延平府志》	鹿	
福建	明溪县、宁化县、清流县、长汀县、武平县、上杭县、永定县、连城县	明嘉靖六年(1527)《汀州府志》	鹿	
福建	尤溪县	明嘉靖九年(1530)《尤溪县志》	鹿	
福建	惠安县志	明嘉靖九年(1530)《惠安县志》	鹿媒*	
福建	属龙海市	明嘉靖十三年(1534)《龙溪县志》	鹿	
福建	蕉城区、福安市、福鼎市、霞浦县、柘荣县	明嘉靖十七年(1538)《福宁州志》	鹿	
福建	蕉城区	明嘉靖十七年(1538)《宁德县志》	鹿	
福建	仙游县	明嘉靖十七年(1538)《仙游县志》	鹿	
福建	武夷山市、建瓯市、建阳市、松溪县、浦城县、政和县、寿宁县、周宁县	明嘉靖二十年(1541)《建宁府志》	鹿	
福建	沙县	明嘉靖二十四年(1545)《沙县志》	鹿	
福建	清流县	明嘉靖二十四年(1545)《清流县志》	鹿	
福建	建宁县	明嘉靖二十五年(1546)《建宁县志》	鹿	
福建	福清市	明嘉靖二十六年(1547)《福清县志》	鹿	
福建	漳平市	明嘉靖二十八年(1549)《漳平县志》	鹿	
福建	安溪县	明嘉靖三十一年(1552)《安溪县志》	鹿	
福建	建阳市	明嘉靖三十二年(1553)《建阳县志》	鹿*	
福建	蕉城区、福安市、福鼎市、霞浦县、柘荣县	明万历二十一年(1593)《福宁州志》	鹿	
福建	永安市	明万历二十二年(1594)《永安县志》	鹿	

（续表）

省级政区	今 地 点	文 献	内 容	新方志出处
	福州市、福清市、长乐市、闽侯县、连江县、罗源县、闽清县、永泰县、平潭县、屏南县、古田县	明万历二十四年(1596)《福州府志》	鹿	
	福安市	明万历二十五年(1597)《福安县志》	鹿	
	建阳市	明万历二十九年(1601)《建阳县志》	鹿	
	福州市、福清市、长乐市、闽侯县、连江县、罗源县、闽清县、永泰县、平潭县、屏南县、古田县	明万历四十一年(1613)《福州府志》	鹿	
	明溪县	明万历四十二年(1614)《归化县志》	鹿	
	蕉城区、福安市、福鼎市、霞浦县、柘荣县	明万历四十四年(1616)《福宁州志》	鹿	
	龙海市	明崇祯六年(1633)《海澄县志》	鹿	
	尤溪县	明崇祯九年(1636)《尤溪县志》	鹿	
	浦城县	清顺治八年(1651)《浦城县志》	鹿	
	福清市	清康熙六年(1667)《福清县志》	鹿	
	武夷山市	清康熙九年(1670)《崇安县志》	鹿	
	武平县	清康熙十一年(1672)《武平县志》	鹿	
	德化县	清康熙二十六年(1687)《德化县志》	山林多有鹿	
	诏安县	清康熙三十年(1691)《诏安县志》	鹿	
	武夷山市、建瓯市、建阳市、浦城县、松溪县、政和县	清康熙三十二年(1693)《建宁府志》	鹿	
	属建瓯市	清康熙三十二年(1693)《瓯宁县志》	鹿	
	漳浦县	清康熙三十九年(1700)《漳浦县志》	鹿	
	松溪县	清康熙三十九年(1700)《松溪县志》	鹿	
	平和县	清康熙五十七年(1718)《平和县志》	鹿	
	延平区	清康熙五十八年(1719)《南平县志》	鹿	
	罗源县	清康熙六十一年(1722)《罗源县志》	鹿	
	永安市	清雍正十年(1732)《永安县志》	鹿	
	福清县	清乾隆十二年(1747)《福清县志》	鹿	
	永泰县	清乾隆十四年(1749)《永福县志》	鹿	
	福州市、福清市、长市乐、闽侯县、连江县、罗源县、闽清县、永泰县、平潭县、屏南县、古田县	清乾隆十六年(1751)《福州府志》	鹿	
	古田县	清乾隆十六年(1751)《古田县志》	鹿	
	明溪县、宁化县、清流县、长汀县、武平县、上杭县、永定县、连城县	清乾隆十七年(1752)《汀州府志》	鹿*	
	大田县、永春县、德化县	清乾隆二十二年(1757)《永春州志》	鹿	
	安溪县	清乾隆二十二年(1757)《安溪县志》	鹿	
	蕉城区、福安市、福鼎市、寿宁县、霞浦县、柘荣县、周宁县	清乾隆二十七年(1762)《福宁府志》	鹿	

（续表）

省级政区	今地点	文献	内容	新方志出处
	龙海市	清乾隆二十七年(1762)《龙溪县志》	鹿	
	属龙海市	清乾隆二十七年(1762)《海澄县志》	鹿	
	厦门市、泉州市、石狮市、晋江市、南安市、惠安县、安溪县、金门县	清乾隆二十八年(1763)《泉州府志》	鹿(少见。近间有致自台湾者)	
	延平区、顺昌县、三明市、永安市、将乐县、沙县、尤溪县	清乾隆三十年(1765)《延平府志》	鹿***	
	将乐县	清乾隆三十年(1765)《将乐县志》	鹿*	
	仙游县	清乾隆三十六年(1771)《僊游县志》	鹿	
	蕉城区	清乾隆四十六年(1781)《宁德县志》	鹿	
	大田县、永春县、德化县	清乾隆五十二年(1787)《永春州志》	鹿	
	惠安县	清嘉庆八年(1803)《惠安县志》	鹿	
	福鼎市	清嘉庆十一年(1806)《福鼎县志》	鹿	
	云霄县	清嘉庆二十一年(1816)《云霄厅志》	鹿	
	晋江市	清道光九年(1829)《晋江县志》	鹿	
	罗源县	清道光十一年(1831)《罗源县志》	鹿	
	顺昌县	清道光十二年(1832)《顺昌县志》	鹿	
	永安市	清道光十四年(1834)《永安县续志》	鹿	
	新罗区、漳平市	清道光十五年(1835)《龙岩州志》	鹿	
	厦门市	清道光十九年(1839)《厦门志》	鹿皮	
	宁化县	清同治八年(1869)《宁化县志》	鹿	
	仙游县	清同治十二年(1873)《仙游县志》	鹿	
	分属永安市、龙岩市新罗区、漳平市	清光绪元年(1875)《宁洋县志》	鹿	
	漳州市、龙海市、平和县、南靖县、诏安县、漳浦县、华安县、东山县、长泰县、云霄县	清光绪三年(1877)《漳州府志》	鹿(人家所养,多自台湾来。生山中者,甚少)	
	莆田市	清光绪五年(1879)《莆田县志》	鹿	
	长汀县	清光绪五年(1879)《长汀县志》	鹿	
	福安市	清光绪十年(1884)《福安县志》	鹿	
	邵武市、光泽县、泰宁县、建宁县	清光绪二十四年(1888)《邵武府志》	鹿	
	福州市、福清市、长乐市、闽侯县、连江县、罗源县、闽清县、永泰县、蕉城区、福安市、福鼎市、霞浦县、柘荣县、屏南县、古田县	清光绪十六年(1890)《闽产录异》	鹿*	
	新罗区、漳平县	清光绪十六年(1890)《龙岩州志》	鹿	
	福州市	清光绪二十年(1894)《闽县乡土志》	鹿	
	闽侯县	清光绪二十年(1894)《候官县乡土志》	鹿	
	邵武市、光泽县、建宁县、泰宁县	清光绪二十四年(1898)《邵武府志》	鹿	
	建阳市	民国十八年(1929)《建阳县志》	鹿(按:本邑无鹿,兹从《旧志》录之)	

（续表）

省级政区	今地点	文献	内容	新方志出处
江西	婺源县等地	明弘治十五年(1502)《徽州府志》	鹿	
	临川区、崇仁县、乐安县、宜黄县、金溪县、东乡县	明弘治十五年(1502)《抚州府志》	白鹿	
	高安市、宜丰县、上高县	明正德六年(1511)《瑞州府志》	鹿(《埤雅》云：鹿性警防，分背而食。大曰麋，茸可入药)	
	景德镇市、乐平市、浮梁县、余江县、德兴市、余干县、鄱阳县、万年县	明正德六年(1511)《饶州府志》	鹿	
	分宜县、萍乡市、上栗县、袁州区、万载县	明正德九年(1514)《袁州府志》	鹿	
	安义县、星子县、永修县、都昌县	明正德十年(1515)《南康府志》	鹿	
	黎川县	明正德十一年(1516)《新城县志》	鹿	
	南丰县、南城县、资溪县、广昌县、黎川县	明正德十二年(1517)《建昌府志》	鹿*	
	铅山县	明嘉靖四年(1525)《铅山县志》	鹿	
	月湖区、贵溪市、信州区、上饶县、广丰县、玉山县、铅山县、横峰县、弋阳县	明嘉靖五年(1526)《广信府志》	鹿***	
	九江市、瑞昌市、九江县、德安县、湖口县、彭泽县	明嘉靖六年(1527)《九江府志》	鹿*	
	章贡区、瑞金市、石城县、安远县、赣县、宁都县、寻乌县、兴国县、定南县、于都县、龙南县、信丰县、全南县、会昌县	明嘉靖十五年(1536)《赣州府志》	鹿	
	渝水区、樟树市、峡江县、新干县	明嘉靖十五年(1536)《临江府志》	鹿	
	南康市、大余县、上犹县、崇义县	明嘉靖十五年(1536)《南安府志》	鹿	
	分宜县、萍乡市、上栗县、袁州区、万载县	明嘉靖二十二年(1543)《袁州府志》	鹿	
	武宁县	明嘉靖二十二年(1543)《武宁县志》	鹿	
	永丰县	明嘉靖二十三年(1544)《永丰县志》	贡赋野味(活鹿八只，折银三两四厘四毫五丝)	
	南康市	明嘉靖三十四年(1555)《南康县志》	鹿	
	丰城市	明嘉靖四十二年(1563)《丰乘》	有鹿	
	南昌市、南昌县、新建县、进贤县、武宁县、丰城市、奉新县、靖安县	明万历十六年(1588)《南昌府志》	有鹿*	
	渝水区、樟树市、新干县、峡江县	明隆庆六年(1572)《临江府志》	鹿	
	南康市、大余县、上犹县、崇义县	明万历三十七年(1609)《南安府志》	鹿	
	丰城市	清康熙三年(1664)《丰城县志》	鹿	
	东乡县	清康熙四年(1665)《东乡县志》	鹿	
	浮梁县	清康熙十二年(1673)《浮梁县志》	鹿	
	渝水区	清康熙十二年(1673)《新喻县志》	鹿	
	新建县	清康熙十九年(1680)《新建县志》	鹿	

（续表）

省级政区	今地点	文献	内容	新方志出处
	信州区	清康熙二十二年(1683)《广信郡志》	鹿	
	万载县	清康熙二十二年(1683)《万载县志》	鹿	
	瑞金市	清康熙二十二年(1683)《瑞金县志》	鹿	
	九江市、瑞昌市、九江县、德安县、湖口县、彭泽县	清雍正六年(1728)《古今图书集成·方舆汇编·职方典·九江府物产考》	鹿	
	萍乡市、分宜县、袁州区、万载县	清雍正六年(1728)《古今图书集成·方舆汇编·职方典·袁州府物产考》	鹿	
	黎川县	清乾隆十六年(1751)《新城县志》	鹿	
	莲花县	清乾隆二十五年(1760)《莲花县志》	鹿	
	余干县、南昌市、南昌县、南康市、鄱阳县、临川区	清乾隆三十二年(1767)《江西考古录》	余干白鹿*	
	丰城市	清道光五年(1825)《丰城县志》	鹿	
	分宜县、萍乡市、上栗县、袁州区、万载县	清咸丰十年(1860)《袁州府志》	鹿	
	广昌县	清同治六年(1867)《广昌县志》	鹿	
	武宁县	清同治九年(1870)《武宁县志》	鹿	
	乐平市	清同治九年(1870)《乐平县志》	鹿	
	靖安县	清同治九年(1870)《靖安县志》	鹿	
	临川区	清同治九年(1870)《临川县志》	有鹿	
	泸溪县	清同治九年(1870)《泸溪县志》	鹿	
	横峰县	清同治十年(1871)《兴安县志》	鹿	
	黎川县	清同治十年(1871)《新城县志》	鹿	
	万年县	清同治十年(1871)《万年县志》	鹿	
	新建县	清同治十年(1871)《新建县志》	鹿	
	德安县	清同治十年(1871)《德安县志》	鹿	
	瑞昌市	清同治十年(1871)《瑞昌县志》	鹿	
	星子县	清同治十年(1871)《星子县志》	鹿	
	修水县	清同治十年(1871)《建昌县志》	鹿	
	鄱阳县	清同治十年(1871)《鄱阳县志》	鹿	
	分宜县	清同治十年(1871)《分宜县志》	鹿	
	奉新县	清同治十年(1871)《奉新县志》	鹿	
	进贤县	清同治十年(1871)《进贤县志》	鹿	
	安义县、星子县、永修县、都昌县	清同治十一年(1872)《南康府志》	鹿	
	景德镇市、乐平市、浮梁县、余江县、德兴市、鄱阳县、余干县、万年县	清同治十一年(1872)《饶州府志》	鹿	
	章贡区	清同治十一年(1872)《赣县志》	白鹿	
	九江县	清同治十一年(1872)《德化县志》	鹿	

（续表）

省级政区	今地点	文献	内容	新方志出处
	余干县	清同治十一年(1872)《余干县志》	白鹿	
	德兴市	清同治十一年(1872)《德兴县志》	鹿	
	都昌县	清同治十一年(1872)《都昌县志》	鹿	
	泰和县	清同治十一年(1872)《泰和县志》	鹿	
	安远县	清同治十一年(1872)《安远县志》	鹿(不常有或数年而一遇)	
	会昌县	清同治十一年(1872)《会昌县志》	鹿(间有)	
	高安市、宜丰县、上高县	清同治十二年(1873)《瑞州府志》	鹿(大曰麋,茸可入药)	
	丰城市	清同治十二年(1873)《丰城县志》	鹿	
	新干县	清同治十二年(1873)《新淦县志》	鹿	
	玉山县	清同治十二年(1873)《玉山县志》	鹿*	
	南城县	清同治十二年(1873)《南城县志》	鹿	
	遂川县	清同治十二年(1873)《龙泉县志》	鹿	
	修水县	清同治十二年(1873)《义宁州志》	鹿(藏深山,不常见)	
	永新县	清同治十三年(1874)《永新县志》	鹿	
	吉水县	清光绪元年(1875)《吉水县志》	鹿	
	临川区、崇仁县、乐安县、宜黄县、金溪县、东乡县	清光绪二年(1876)《抚州府志》	有鹿	
	龙南县	清光绪二年(1876)《龙南县志》	鹿	
	安义县、星子县、永修县、都昌县	清光绪六年(1880)《江西通志》	南康府:鹿	
山东	寿光市	民国二十五年(1936)《寿光县志》	鹿*	
	东明县等地	明正统十年(1445)《大名府志》	鹿	
	章丘市	明嘉靖九年(1530)《章丘县志》	鹿	
	济南市、章丘市、济阳县、商河县、德城区、乐陵市、禹城市、陵县、平原县、东营市、垦利县、利津县、淄博市、桓台县、泰安市、新泰市、肥城市、莱芜市、滨城区、惠民县、阳信县、无棣县、沾化县、邹平县、平阴县、阳谷县、东阿县、临沂市、郯城县、苍山县、平邑县、费县、临沭县、枣庄市、滕州市、济宁市、曲阜市、兖州市、邹城市、微山县、鱼台县、金乡县、嘉祥县、汶上县、泗水县、梁山县、宁阳县、东平县、牡丹区、曹县、定陶县、成武县、单县、巨野县、郓城县、广饶县、沂源县、安丘市、青州市、诸城市、寿光市、临朐县、昌乐县、日照市、五莲县、莒县、莒南县、沂水县、蒙阴县、沂南县、博兴县	明嘉靖十二年(1533)《山东通志》	济南府、兖州府、青州府:白鹿	
	宁津县、庆云县等地	明嘉靖十九年(1540)《河间府志》	鹿茸	

（续表）

省级政区	今地点	文献	内容	新方志出处
	莱芜市	明嘉靖二十七(1548)《莱芜县志》	鹿	
	临朐县	明嘉靖三十一年(1552)《临朐县志》	鹿	
	广饶县、沂源县、安丘市、青州市、诸城市、寿光市、临朐县、昌乐县、日照市、五莲县、莒县、莒南县、沂水县、蒙阴县、沂南县、博兴县	明嘉靖四十四年(1565)《青州府志》	鹿	
	广饶县	民国二十四年(1935)《广饶县志》	白鹿*	
	平阴县、阳谷县、东阿县、临沂市、郯城县、苍山县、平邑县、费县、临沭县、枣庄市、滕州市、济宁市、曲阜市、兖州市、邹城市、微山县、鱼台县、金乡县、嘉祥县、汶上县、泗水县、梁山县、宁阳县、东平县、牡丹区、曹县、定陶县、成武县、单县、巨野县、郓城县	明万历元年(1573)《兖州府志》	鹿*	
	巨野县	明天启三年(1623)《巨野县志》	白鹿	
	郓城县	明崇祯七年(1634)《郓城县志》	鹿	
	惠民县	明崇祯十二年(1639)《武定州志》	白鹿	
	桓台县	清康熙三十二年(1693)《新城县志》	鹿	
	邹城市	清康熙五十四年(1715)《邹县志》	鹿	
	济南市	清乾隆三十八年(1773)《历城县志》	鹿	
	胶州市	清道光二十五年(1845)《胶州志》	鹿	
	临朐县	清光绪十年(1884)《临朐县志》	沂山旧产鹿，今绝不见	
	文登市	清光绪二十三年(1897)《文登县志》	明时，庙丁祭用鹿，取之猎户，今绝迹矣	
	青岛市、胶州市、即墨市	民国十七年(1928)《胶澳志》	《卫志》有野鹿、麂、獐，今无之。	
	胶州市	民国二十年(1931)《胶志》	野豕、鹿、獐(以上三兽昔载《卫志》，今无)	
台湾	台北市、基隆市、高雄市、台南市、台中市、新竹市、嘉义市、台北县、高雄县、台南县、台中县、新竹县、嘉义县、屏东县、台东县、花莲县、宜兰县、桃园县、苗栗县、彰化县、南投县、云林县、澎湖县	清康熙三十年(1691)《台湾府志》	鹿茸*、鹿角胶*、鹿角霜*	
台湾	台北市、基隆市、高雄市、台南市、台中市、新竹市、嘉义市、台北县、高雄县、台南县、台中县、新竹县、嘉义县、屏东县、台东县、花莲县、宜兰县、桃园县、苗栗县、彰化县、南投县、云林县、澎湖县	清康熙三十四年(1695)《台湾府志》	鹿茸***、鹿角胶***、鹿角霜***	

（续表）

省级政区	今 地 点	文 献	内 容	新方志出处
	嘉义县	清康熙五十六年(1717)《诸罗县志》	鹿*	
	台南市	清康熙五十九年(1720)《台湾县志》	鹿茸***、鹿角胶***、鹿角霜***	
	台北市、基隆市、高雄市、台南市、台中市、新竹市、嘉义市、台北县、高雄县、台南县、台中县、新竹县、嘉义县、屏东县、台东县、花莲县、宜兰县、桃园县、苗栗县、彰化县、南投县、云林县、澎湖县	清乾隆十二年(1747)《台湾府志》	鹿茸***、鹿角胶、鹿角霜***	
	台中县	清乾隆十九年(1754)《台湾县志》	鹿*	
	高雄县	清乾隆二十九年(1764)《凤山县志》	鹿	
	台中县	清嘉庆十二年(1807)《台湾县志》	鹿(旧盛产，今取之既尽，为难得，必求之番酋)	
	彰化县	清道光十四年(1834)《彰化县志》	鹿*	
	宜兰县	清咸丰二年(1852)《噶玛兰厅志》	鹿*	
	新竹县	清同治十年(1871)《淡水厅志》	鹿茸、麋耳、鹿鞭、鹿肚草、鹿肚石、鹿角胶、鹿角霜	
	苗栗县	清光绪十七年(1891)《苗栗县志》	鹿(似麋而小，色赤，有白花点。)	
	台北市、基隆市、高雄市、台南市、台中市、新竹市、嘉义市、台北县、高雄县、台南县、台中县、新竹县、嘉义县、屏东县、台东县、花莲县、宜兰县、桃园县、苗栗县、彰化县、南投县、云林县、澎湖县	清光绪二十年(1894)《台湾通志》	鹿***	
	台东县	清光绪二十年(1894)《台东州采访册》	鹿	
	属屏东县	清光绪二十一年(1895)《恒春县志》	鹿*	

注：*表示详见正文。***表示本省级政区已有类似记录。

4.4 中南

中南仅海南省无梅花鹿(暂存疑)，其他省级政区皆有分布。

4.4.1 河南

河南省历史上有较多梅花鹿分布记录。

《太平寰宇记·京西北路·汝州·土产》记载有："鹿脯"，说明在汝阳县、襄城县、平顶山市、汝州市、宝丰县、叶县、鲁山县一带的梅花鹿品质较佳。

明弘治十三年《黄州府志》记载：

黄冈县：鹿；各州县物产并同黄冈。

贡赋·黄冈县：岁办：鹿皮三百五十张；蕲州：岁进：活鹿二只；广济县：岁办：白硝退毛鹿皮二百七十八张。

按：据此看来，尽管该府各地皆有梅花鹿分布，但当时黄冈县最多，其次是广济县。

民国二十一年《林县志》追记：

鹿：《康熙志·赋役·折色门》中有：鹿一只折银三十二两，可见前此，林山有鹿；《乾隆志》已无之。

按：据此说明，当地梅花鹿到清乾隆时已绝迹。

4.4.2　湖北

湖北省历史上也有梅花鹿生息繁衍。

《墨子·公输篇》道：

子墨子曰：荆之地方五千里，宋之地方五百里，此犹文轩之兴敝舆也。荆有云梦，犀、兕、麋、鹿满之。

按：此不仅反映楚国当时地域广阔，而且物产丰富，尤其在今湖北省南部一带更有众多的犀牛、麋鹿、梅花鹿等野生动物栖息。

《太平寰宇记·京西南路·均州·土产》记载有："鹿脯（今贡）"；《荆湖北路·复州·土产》记载有："鹿皮。"反映当时今十堰市、郧县、郧西县、洪湖市、仙桃市、天门市梅花鹿品质优良。

《汉阳县志》追记（汉阳县县志编纂委员会，1989）：

明嘉靖元年，规定汉阳县每年上交的贡品中有活鹿 4 只，嘉靖十一年改为上交白硝鹿皮 120 张。

按：据此反映，在明中后期当地尚有较多梅花鹿存在。

4.4.3　湖南

历史时期，湖南省有梅花鹿分布。

《太平寰宇记·荆湖南路·潭州·土产》记载："长沙县……云山在县西六里，隔江乃衡岳之足，十一白鹿"，可见当时在今长沙市与长沙县一带有梅花鹿栖息。该书《荆湖北路·朗州·土产》又称："武陵县……鹿山（《武陵县记》云：鹿山有鹿穴。昔宋元嘉初，武陵溪蛮人射鹿，逐入一石穴）。"反映在今常德市曾有梅花鹿分布。

明嘉靖十七年《常德府志》记述：

鹿：减肥高脚，长颈秃尾，色黄有白点。《埤雅》云：鹿性警防，分背而食。食则相呼，群居则环其角外向，以防物之害已也。

按："色黄有白点"，表明确是梅花鹿。

明隆庆《岳州府志》记载：

岳州府：活鹿四，巴陵县：白硝鹿皮百六十四，临（浙）[湘]县：白硝鹿皮十六，平江县：白硝鹿皮百二十四，澧州：白硝鹿皮百五十，安乡县：白硝鹿皮八十，石门县：白硝鹿皮百七十，慈利县：白硝鹿皮百七十、活鹿四。

按：所列举的梅花鹿情况具体到大部分属县，反映全府基本都有梅花鹿分布。

明万历二年《慈利县志》记述：

鹿：性爱其类，食必相呼，与麞皆健骇，而麞[獐]性胆尤怯，饮水见影辄奔。

按：此处主要提及梅花鹿的习性。

清光绪十一年《湖南通志》记载：

永顺府出……鹿……《湖广志》；黔阳罗翁山出鹿……《省志》；郴州贡活鹿一只《万历总志》；靖州贡活鹿四只《万历总志》。

按：主要反映当时永州府、黔阳县、郴州、靖州等地还有梅花鹿分布。

4.4.4　广东

广东省历史上曾有较多梅花鹿分布。

《太平寰宇记·广南东路·潮州·土产》记述：

鳄鱼：《岭表志》[1]录异云：鳄鱼其身土黄色，有四足，修尾，形状如鼍。而举止趋疾，口森齿锯，往往害人。南中鹿多，最惧此物。鹿走崖岸之上，群鳄嗥叫其下，鹿必怖惧落崖，多为鳄鱼所得。亦物之相慑伏也。

该书《梅州·土产》也记述：

恶水即州前大江，东流至潮州出海。其水崄恶，多损舟船。水中鳄鱼遇江水泛涨之时，随水至舟前。《岭表异录》云：能食鹿者，即此也。

按："潮州"与"梅州"接壤。此处虽记述鳄鱼，但提及"南中鹿多""能食鹿者"，说明在大埔县、丰顺县、湘桥区、潮安县、饶平县、汕头市、南澳县、榕城区、普宁市、揭东县、揭西县、惠来县、梅江区、梅县、平远县、蕉岭县一带有较多梅花鹿。

明嘉靖二十六年《潮州府志》记载：

物产：鹿；贡·海阳县：鹿皮一十八张、鹿羔皮二十七张，潮阳县：鹿皮一百张、鹿羔皮一十二张，揭阳县：鹿皮九十二张，程乡县：鹿皮六十九张，饶平县：白（销）[硝]鹿皮八十张。

按：据此反映，该府梅花鹿分布较广，尤其是揭阳

[1] 此《岭表志》与下文《岭表异录》现皆为（唐）刘恂撰《岭表录异》。

县与饶平县出产较多。

清光绪五年《广州府志》记载：

鹿：康熙时，粤东藩司某畜鹿数头于后园，生育日蕃，乃以木为闲[？栏]防其奔触，百年以来百十成群，呦呦之声达于墙外矣《舟车问闻录》。

按：此处虽记述圈养梅花鹿，但之前广东梅花鹿分布广，其时就是在该府也还有野生梅花鹿，只是野生种不如昔日。

4.4.5 广西

广西壮族自治区历史上也有一些梅花鹿分布记录。

《太平寰宇记·广南西路·梧州·土产》记述：

思良江在州北二十里，一名多贤水。其中鳄鱼状如鼍，有四足，长者二丈，皮如鲮鱼鳞，南方谓之鳄鱼，亦以为鲊。口长七寸，两边生齿如锯。恒在山涧伺鹿，亦能啖人。故谷汲往往过害。

按：此处虽记述鳄鱼，但也反映在梧州市、苍梧县当时有梅花鹿分布。

明万历四十三年《南宁府志》记述：

鹿：性善惊防，分背而食，以备人物之害。角有(班)[斑]痕，紫色[如点]行，或有涎出口，不复能急走。

按：此与他处描述梅花鹿相似。

4.4.6 方志记载

方志记载可反映 20 世纪前中南多地的梅花鹿分布情况（表 24.5）。

表 24.5　方志记载 20 世纪前中南的梅花鹿情况

省级政区	今地点	文献	内容	新方志出处
河南	长垣县、浚县、滑县、内黄县、华龙区、清丰县、南乐县、濮阳县等地	明正统十年(1445)《大名府志》	鹿	
	堰师市	明弘治十七年(1504)《堰师县志》	贡赋·岁额：活鹿肆只	
	汝阳县、伊川县、平顶山市、汝州市、宝丰县、鲁山县、郏县	明正德元年(1506)《汝州志》	鹿	
	新乡市、新乡县	明正德元年(1506)《新乡县志》	土贡：鹿皮一十四张	
	安阳市、安阳县等地	明嘉靖元年(1522)《彰德府志》	安阳县·贡：活鹿二只	
	辉县市	明嘉靖六年(1527)《辉县志》	鹿	
	魏都区、许昌县	明嘉靖十九年(1540)《许州志》	白鹿	
	固始县	明嘉靖二十一年(1542)《固始县志》	鹿	
	商城县	明嘉靖三十年(1551)《商城县志》	鹿	
	鲁山县	明嘉靖三十一年(1552)《鲁山县志》	鹿	
	邓州市、内乡县、淅川县、新野县	明嘉靖四十三年(1564)《邓州志》	内、淅：多鹿	
	登封市	明万历四十年(1612)《嵩书》	白鹿	
	潢川县、光山县、固始县、息县、商城县、新县、淮滨县等地	清顺治十六年(1659)《光州志》	鹿	
	固始县	清顺治十七年(1660)《固始县志》	鹿	
	登封市、巩义市、渑池县、洛阳市、偃师市、孟津县、新安县、嵩县、宜阳县、洛宁县、伊川县	清顺治十七年(1660)《河南通志》	河南府：鹿茸	
	汝阳县	清康熙二十九年(1690)《汝阳县志》	鹿	
	鹿邑县	清康熙三十一年(1692)《鹿邑县志》	白鹿	

（续表）

省级政区	今地点	文献	内容	新方志出处
	内乡县	清康熙三十二年(1693)《内乡县志》	鹿	
	舞阳县、叶县、方城县	清乾隆五年(1740)《裕州志》	鹿	
	洛阳市	清乾隆十年(1745)《洛阳县志》	白鹿	
	南召县	清乾隆十一年(1746)《南召县志》	鹿	
	渑池县	清乾隆十一年(1746)《渑池县志》	鹿	
	汝阳县	清乾隆三十一年(1766)《伊阳县志》	鹿	
	登封市	清乾隆五十二年(1787)《登封县志》	骏鹿	
	唐河县	清乾隆五十二年(1787)《唐县志》	有鹿	
	偃师市	清乾隆五十三年(1788)《偃师县志》	白鹿	
	林州市	民国二十一年(1932)《林县志》	鹿*	
	鲁山县	清嘉庆元年(1796)《鲁山县志》	鹿角、鹿血	
	渑池县	清嘉庆十五年(1810)《渑池县志》	鹿	
	辉县市	清道光十五年(1835)《辉县志》	鹿	
	汝阳县	清道光十八年(1838)《伊阳县志》	鹿	
	灵宝市	清光绪二年(1876)《灵宝县志》	白鹿	
	潢川县、光山县、固始县、息县、商城县、新县、淮滨县等地	清光绪十三年(1887)《光州志》	鹿	
	卢氏县	清光绪十八年(1892)《卢氏县志》	鹿	
湖北	宜昌市、宜都市、远安县、长阳土家族自治县	明弘治九年(1496)《夷陵州志》	鹿	
	武汉市、大悟县、黄州区、麻城市、武穴市、红安县、罗田县、浠水县、蕲春县、黄梅县、团风县	明弘治十三年(1500)《黄州府志》	黄冈县：鹿；各州县物产并同黄冈*	
	蕲春县	明弘治八年(1529)《蕲州志》	鹿	
	仙桃市	明嘉靖十年(1531)《沔阳志》	贡：鹿皮二十	
	属武汉市	1989年《汉阳县志》	明嘉靖，鹿*	汉阳县县志编纂委员会，1989
	广水市	明嘉靖十九年(1540)《应山县志》	鹿	
	大冶市	明嘉靖十九年(1540)《大冶县志》	鹿	
	武汉市、汉川市	明嘉靖二十五年(1546)《汉阳府志》	额办：活鹿六只	
	秭归县、巴东县、兴山县	明嘉靖二十八年(1549)《归州全志》	鹿	
	巴东县	明嘉靖三十年(1551)《巴东县志》	鹿	
	武汉市、汉川市、大悟县，黄州区、麻城市、武穴市、红安县、罗田县、浠水县、蕲春县、黄梅县、团风县、丹江口市、襄樊市、老河口市、枣阳市、宜城市、南漳县、谷城县、十堰市、郧县、竹山县、房县、郧西县、竹溪县、保康县、神农架林区、荆门市、钟祥市、京山县、洪湖市、天门市、潜江市等地	明嘉靖元年(1522)《湖广图经志书》	汉阳府、黄州府、襄阳府、郧阳府、安陆州：鹿	

（续表）

省级政区	今地点	文献	内容	新方志出处
	宜城市	明嘉靖四十二年(1563)《宜城县志》	鹿皮	
	兴山县、秭归县、巴东县	明嘉靖四十三年(1564)《归州志》	鹿	
	荆门市、钟祥市、京山县、洪湖市、当阳市、仙桃市、天门市、潜江市	明万历三十年(1602)《承天府志》	鹿	
	钟祥市、应城市、安陆市、云梦县、大悟县、曾都区、广水市	清康熙八年(1669)《安陆府志》	鹿	
	广水市	清康熙十二年(1673)《应山县志》	鹿	
	巴东县	清康熙二十二年(1683)《巴东县志》	鹿	
	郧县、竹山县、房县、郧西县、竹溪县、保康县	清康熙二十四年(1685)《郧阳府志》	鹿	
	应城市、安陆市、云梦县、大悟县、曾都区、广水市	清雍正六年(1728)《古今图书集成·方舆汇编·职方典·德安府物产考》	鹿	
	鹤峰县	清乾隆六年(1741)《鹤峰州志》	鹿	
	武汉市、孝南区、汉川市、洪湖市、仙桃市	清乾隆十二年(1747)《汉阳府志》	鹿	
	荆门市、当阳市、远安县	清乾隆十九年(1754)《荆门州志》	鹿	
	枣阳市	清乾隆二十七年(1762)《枣阳县志》	鹿	
	宜昌市	清乾隆二十八年(1763)《东湖县志》	鹿	
	京山县	1990年《京山县志》	据乾隆《大清一统志》载，时太阳山(许家寨)上多猿、鹿	湖北省京山县志编纂委员会，1990
	竹山县	清乾隆五十年(1785)《竹山县志》	鹿	
	嘉鱼县	清乾隆五十五年(1790)《嘉鱼县志》	鹿	
	钟祥市	清乾隆六十年(1795)《钟祥县志》	鹿	
	郧西县	清嘉庆(1796～1820)《湖北通志检存稿》	郧西地近陕西，出石耳、蘑菇、鹿筋	
	建始县	清道光二十一年(1841)《建始县志》	鹿(今无)	
	宜昌市、秭归县、兴山县、长阳土家族自治县、五峰土家族自治县、巴东县、鹤峰县	清同治三年(1864)《宜昌府志》	鹿	
	宜昌市	清同治三年(1864)《东湖县志》	鹿	
	竹山县	清同治四年(1865)《竹山县志》	鹿筋	
	房县	清同治四年(1865)《房县志》	鹿	
	宜昌市、秭归县、兴山县、五峰土家族自治县、长阳土家族自治县、巴东县、鹤峰县	清同治五年(1866)《宜昌府志》	鹿	
	当阳市	清同治五年(1866)《当阳县志》	鹿	
	兴山县、秭归县、长阳土家族自治县、恩施市、巴东县	清同治五年(1866)《归州志》	鹿	

（续表）

省级政区	今地点	文献	内容	新方志出处
	巴东县	清同治五年(1866)《巴东县志》	鹿	
	建始县	清同治五年(1866)《建始县志》	鹿(今无)	
	远安县	清同治五年(1866)《远安县志》	鹿	
	咸安区	清同治五年(1866)《咸宁县志》	鹿	
	嘉鱼县	清同治五年(1866)《嘉鱼县志》	鹿	
	赤壁市	清同治五年(1866)《蒲圻县志》	鹿	
	长阳土家族自治县	清同治五年(1866)《长阳县志》	鹿	
	来凤县	清同治五年(1866)《来凤县志》	鹿(《旧志》载有此物。鹿，阳兽，喜居山)	
	郧西县	清同治五年(1866)《郧西县志》	梅鹿	
	大冶市	清同治六年(1867)《大冶县志》	鹿	
	通城县	清同治六年(1867)《通城县志》	鹿	
	钟祥市	清同治六年(1867)《钟祥县志》	鹿	
	竹溪县	清同治六年(1867)《竹溪县志》	鹿	
	谷城县	清同治六年(1867)《谷城县志》	鹿	
	荆门市、当阳市、远安县	清同治七年(1868)《荆门直隶州志》	鹿	
	属武汉市	清同治八年(1869)《江夏县志》	白鹿	
	郧县	清同治九年(1870)《郧阳县志》	鹿	
	属武汉市	清同治十年(1871)《黄坡县志》	鹿	
	五峰土家族自治县	清光绪元年(1875)《长乐县志》	鹿	
	黄梅县	清光绪二年(1876)《黄梅县志》	鹿	
	荆州市、石首市、松滋市、江陵县、公安县、监利县、枝江市、宜都市、远安县、兴山县、秭归县	清光绪六年(1880)《荆州府志》	白鹿	
	巴东县	清光绪六年(1880)《巴东县志》	鹿	
	兴山县、秭归县、长阳土家族自治县、恩施市与巴东县	清光绪八年(1882)《归州志》	鹿	
	咸安区	清光绪八年(1882)《咸宁县志》	鹿	
	孝南区	清光绪八年(1882)《孝感县志》	鹿	
	红安县	清光绪八年(1882)《黄安县志》	鹿	
	咸安区	清光绪八年(1882)《咸宁县志》	鹿	
	麻城市	清光绪十年(1884)《黄州府志》	鹿	
	鄂州市	清光绪十一年(1885)《武昌县志》	鹿	
	丹江口市、襄樊市、老河口市、枣阳市、宜城市、南漳县、谷城县	清光绪十一年(1885)《襄阳府志》	鹿茸	

（续表）

省级政区	今地点	文献	内容	新方志出处
湖南	张家界市、慈利县、桑植县、安乡县、澧县、临澧县、石门县、南县、岳阳市、临湘市、岳阳县、华容县、平江县	明弘治元年(1488)《岳州府志》	鹿	
	衡山县	明弘治元年(1488)《衡山县志》	鹿	
	祁东县、永州市、东安县、道县、宁远县、江永县、新田县、双牌县、祁阳县、江华瑶族自治县	明弘治七年(1494)《永州府志》	鹿	
	茶陵县	明嘉靖四年(1525)《茶陵州志》	鹿	
	长沙市、浏阳市、长沙县、望城县、宁乡县、益阳市、桃江县、安化县、株洲市、湘阴县、醴陵市、株洲县、攸县、茶陵县、湘潭市、湘乡市、韶山市、湘潭县、涟源县、双峰县	明嘉靖十二年(1533)《长沙府志》	鹿	
	炎陵县、衡阳市、常宁市、耒阳市、衡南县、衡山县、衡东县、安仁县	明嘉靖十五年(1536)《衡州府志》	鹿	
	常德市、汉寿县、桃源县、沅江市	明嘉靖十七年(1538)《常德府志》	鹿*	
	祁东县、永州市、东安县、道县、宁远县、江永县、新田县、双牌县、祁阳县、江华瑶族自治县、长沙市、浏阳市、望城县、宁乡县、益阳市、桃江县、安化县、汨罗县、湘阴县、株洲市、醴陵市、攸县、茶陵县、湘潭市、湘乡市、韶山市、湘潭县、涟源市、双峰县、邵阳市、武冈市、邵东县、邵阳县、新邵县、隆回县、洞口县、新宁县、城步苗族自治县、冷水江市、新化县、绥宁县、城步苗族自治县、会同县、靖州苗族侗族自治县、通道侗族自治县等地	明嘉靖元年(1522)《湖广图经志书》	永州府、长沙府、宝庆府、靖州：鹿	
	湘阴县	明嘉靖四十四年(1565)《湘阴县志》	鹿	
	邵阳市、武冈市、邵东县、邵阳县、新邵县、隆回县、洞口县、新宁县、城步苗族自治县、新化县	明隆庆元年(1567)《宝庆府志》	鹿	
	张家界市、慈利县、桑植县、安乡县、澧县、临澧县、石门县、南县、岳阳市、临湘市、岳阳县、华容县、平江县	明隆庆(1567～1572)《岳州府志》	鹿*	
	慈利县	明万历二年(1574)《慈利县志》	鹿*	
	郴州市、资兴市、宜章县、汝城县、桂东县、永兴县	明万历四年(1576)《郴州志》	鹿	
	桃源县	明万历四年(1576)《桃源县志》	鹿	

（续表）

省级政区	今地点	文献	内容	新方志出处
	新宁县	明万历三十四年(1606)《新宁县志》	鹿	
	绥宁县、洪江县、会同县、靖州苗族侗族自治县、通道侗族自治县	清康熙二十三年(1684)《靖州志》	鹿	
	属永州市	清康熙二十三年(1684)《零陵县志》	鹿	
	邵阳市、邵阳县	清康熙二十三年(1684)《邵阳县志》	鹿	
	郴州市、资兴市、宜章县、汝城县、桂东县、永兴县	清康熙二十四年(1685)《郴州总志》	鹿	
	长沙市、浏阳市、长沙县、望城县、宁乡县、益阳市、桃江县、安化县、汨罗县、湘阴县、株洲市、醴陵市、株洲县、攸县、茶陵县、湘潭市、湘乡市、韶山市、湘潭县、涟源县、双峰县	清康熙二十四年(1685)《长沙府志》	鹿	
	慈利市、安乡县、澧县、石门县、岳阳市、临湘市、岳阳县、华容县、平江县	清康熙二十四年(1685)《岳州府志》	白鹿	
	临湘市	清康熙二十四年(1685)《临湘县志》	鹿	
	属张家界市	清康熙二十四年(1685)《永定卫志》	鹿	
	江永县	清康熙四十八年(1709)《永明县志》	鹿	
	耒阳县	清康熙五十五年(1716)《耒阳县志》	鹿	
	长沙市、浏阳市、长沙县、望城县、宁乡县、益阳市、桃江县、安化县、汨罗市、湘阴县、株洲市、醴陵市、株洲县、湘潭市、韶山市、湘乡县、湘潭县、涟源市、双峰县	清雍正六年(1728)《古今图书集成·方舆汇编·职方典·长沙府物产考》	鹿	
	中方县	清雍正十一年(1733)《黔阳县志》	鹿	
	吉首市	清乾隆四年(1739)《乾州志》	鹿	
	岳阳市、临湘市、岳阳县、平江县、华容县	清乾隆十一年(1746)《岳州府志》	鹿	
	长沙市、浏阳市、长沙县、望城县、宁乡县、益阳市、桃江县、安化县、汨罗县、湘阴县、株洲市、醴陵市、株洲县、攸县、茶陵县、湘潭市、湘乡市、韶山市、湘潭县、涟源县、双峰县	清乾隆十二年(1747)《长沙府志》	鹿	
	平江县	清乾隆二十年(1755)《平江县志》	鹿	
	湘潭市、韶山市、湘潭县	清乾隆二十一年(1756)《湘潭县志》	鹿	
	中方县、麻阳苗族自治县、芷江侗族自治县	清乾隆二十三年(1758)《沅州府志》	鹿	
	衡阳市、衡阳县	清乾隆二十六年(1761)《衡阳县志》	鹿	
	永兴县	清乾隆二十七年(1762)《永兴县志》	鹿	
	炎陵县、衡阳市、常宁市、耒阳市、衡南县、衡山县、衡东县、安仁县	清乾隆二十八年(1763)《衡州府志》	鹿	
	属衡阳市	清乾隆二十八年(1763)《清泉县志》	鹿	

（续表）

省级政区	今地点	文献	内容	新方志出处
	沅陵县、辰溪县、溆浦县、泸溪县	清乾隆三十年（1765）《辰州府志》	鹿	
	祁阳县	清乾隆三十六年（1771）《祁阳县志》	鹿	
	酉阳土家族苗族自治县	清乾隆三十九年（1774）《酉阳州志》	鹿	
	桂阳县	清嘉庆七年（1802）《桂阳县志》	鹿	
	常德市、桃源县、汉寿县、沅江市	清嘉庆十八年（1813）《常德府志》	鹿	
	茶陵县	清嘉庆十八年（1813）《茶陵州志》	鹿	
	宜章县	清嘉庆二十年（1815）《宜章县志》	鹿	
	长沙市	清嘉庆二十二年（1817）《长沙县志》	白鹿	
	临武县	清嘉庆二十二年（1817）《临武县志》	鹿	
	安仁县	清嘉庆二十四年（1819）《安仁县志》	鹿	
	郴州市、资兴市、宜章县、汝城县、桂东县、永兴县	清嘉庆二十五年（1820）《郴州总志》	鹿	
	辰溪县	清道光元年（1821）《辰溪县志》	鹿	
	属张家界市	清道光三年（1823）《永定县志》	鹿	
	新宁县	清道光三年（1823）《新宁县志》	鹿	
	凤凰县	清道光四年（1824）《凤凰厅志》	鹿	
	新晃侗族自治县	清道光五年（1825）《晃州厅志》	鹿	
	永州市、东安县、道县、江永县、江华瑶族自治县	清道光八年（1828）《永州府志》	零陵、东安、道州、江华、永明皆有鹿	
	邵阳市、武冈市、邵东县、邵阳县、新邵县、隆回县、洞口县、新宁县、城步苗族自治县、冷水江市、新化县	清道光二十九年（1849）《宝庆府志》	白鹿	
	桂东县	清咸丰九年（1859）《桂东县志》	鹿	
	桂东县	清同治五年（1866）《桂东县志》	鹿	
	桂阳县	清同治六年（1867）《桂阳县志》	鹿	
	绥宁县	清同治六年（1867）《绥宁县志》	鹿	
	城步苗族自治县	清同治七年（1868）《城步县志》	鹿	
	石门县	清同治七年（1868）《石门县志》	鹿	
	衡阳县	清同治八年（1869）《清泉县志》	鹿	
	安仁县	清同治八年（1869）《安仁县志》	鹿	
	属张家界市	清同治八年（1869）《永定县志》	鹿	
	张家界市、慈利县、津市市、安乡县、澧县、临澧县、石门县、南县	清同治八年（1869）《澧州志》	鹿	
	茶陵县	清同治九年（1870）《茶陵县志》	鹿	
	常宁市	清同治九年（1870）《常宁县志》	鹿	
	芷江侗族自治县	清同治九年（1870）《芷江县志》	鹿	

（续表）

省级政区	今地点	文献	内容	新方志出处
	江华瑶族自治县	清同治九年(1870)《江华县志》	鹿	
	攸县	清同治十年(1871)《攸县志》	鹿	
	茶陵县	清同治十年(1871)《茶陵州志》	鹿	
	桑植县	清同治十一年(1872)《桑植县志》	鹿	
	鹤城区、中方县、芷江侗族自治县、麻阳苗族自治县	清同治十二年(1873)《沅州府志》	鹿	
	炎陵县	清同治十二年(1873)《酃县志》	鹿	
	平江县	清同治十三年(1874)《平江县志》	鹿	
	麻阳苗族自治县	清同治十三年(1874)《麻阳县志》	鹿	
	益阳市	清同治十三年(1874)《益阳县志》	鹿	
	资兴市	清光绪元年(1875)《兴宁县志》	鹿(少)	
	衡山县	清光绪元年(1875)《衡山县志》	鹿	
	邵阳市、邵阳县	清光绪二年(1876)《邵阳县志》	白鹿	
	属永州市	清光绪二年(1876)《零陵县志》	鹿	
	道县	清光绪三年(1877)《道州志》	鹿	
	绥宁县、洪江县、会同县、靖州苗族侗族自治县、通道侗族自治县	清光绪五年(1879)《靖州直隶州志》	鹿	
	湘阴县	清光绪六年(1880)《湘阴县图志》	鹿	
	永兴县	清光绪九年(1883)《永兴县志》	鹿	
	桑植县、保靖县、古丈县、永顺县、龙山县、洪江市、郴州市、资兴市、宜章县、汝城县、桂东县、永兴县、绥宁县、会同县、靖州苗族侗族自治县、通道侗族自治县	清光绪十一年(1885)《湖南通志》	鹿*	
	桃源县	清光绪十八年(1892)《桃源县志》	鹿	
	临湘市	清光绪十八年(1892)《临湘县志》	鹿	
	新宁县	清光绪十九年(1893)《新宁县志》	鹿	
广东	增城市	明嘉靖十七年(1538)《增城县志》	鹿	
	南雄市、始兴县	明嘉靖二十一年(1542)《南雄府志》	鹿	
	新丰县、源城区、紫金县、龙川县、连平县、和平县、东源县、兴宁市、五华县、城区、陆丰市、海丰县、陆河县、惠州市、博罗县、惠东县	明嘉靖二十一年(1542)《惠州府志》	鹿	
	封开县、德庆县	明嘉靖二十五年(1546)《德庆州志》	多鹿	
	梅江区、梅县、大埔县、丰顺县、平远县、蕉岭县、湘桥区、潮安县、饶平县、汕头市、南澳县、榕城区、普宁市、揭东县、揭西县、惠来县	明嘉靖二十六年(1547)《潮州府志》	鹿*	

（续表）

省级政区	今地点	文献	内容	新方志出处
	中山市	明嘉靖二十七年(1548)《香山县志》	鹿	
	仁化县	明嘉靖三十二年(1553)《仁化县志》	鹿	
	新丰县、源城区、紫金县、龙川县、连平县、和平县、东源县、兴宁市、五华县、城区、陆丰市、海丰县、陆河县、惠州市、博罗县、惠东县	明嘉靖三十五年(1556)《惠州府志》	有鹿	
	广州市、增城市、从化市、清城区、连州市、佛冈县、阳山县、清新县、连山壮族瑶族自治、连南瑶族自治县、龙门县、东莞市、深圳市、珠海市、中山市、江门市、恩平市、台山市、开平市、鹤山市、佛山市、韶关市，辖今英德市、韶关市、乐昌市、仁化县、翁源县、乳源瑶族自治县、新丰县、源城区、紫金县、龙川县、连平县、和平县、东源县、兴宁市、五华县、城区、陆丰市、海丰县、陆河县、惠州市、博罗县、惠东县、梅江区、梅县、大埔县、丰顺县、平远县、蕉岭县、湘桥区、潮安县、饶平县、汕头市、南澳县、榕城区、普宁市、揭东县、揭西县、惠来县、肇庆市、高要市、四会市、广宁县、封开县、德庆县、新兴县、江城区、阳春市、阳西县、阳东县、茂名市、化州市、信宜市、高州市、电白县、吴川市、廉江市、湛江市、雷州市、遂溪县、徐闻县、云城区、罗定市、云安县、郁南县等地	明万历二十九年(1601)《广东通志》	广州府、韶州府、惠州府、雷州府：多鹿，潮州府、肇庆府、高州府、罗定州：有鹿	
	湛江市、雷州市、遂溪县、徐闻县	明万历四十二年(1614)《雷州府志》	鹿	
	茂名市、化州市、信宜市、高州市、电白县、吴川市、廉江市	明万历(1573～1620)《高州府志》	鹿	
	兴宁市	明崇祯十年(1637)《兴宁县志》	鹿	
	阳山县	清顺治十五年(1658)《阳山县志》	鹿	
	五华县	清康熙二年(1663)《长乐县志》	鹿	
	茂名市、化州市、信宜市、高州市、电白县、吴川市、廉江市	清康熙十一年(1672)《高州府志》	鹿	
	湛江市、雷州市、遂溪县、徐闻县	清康熙十一年(1672)《雷州府志》	鹿皮	
	增城市	清康熙二十五年(1686)《增城县志》	鹿	
	属大埔县	清康熙二十五年(1686)《埔阳县志》	鹿	
	翁源县	清康熙二十五年(1686)《翁源县志》	鹿	
	属广州市	清康熙二十六年(1687)《花县志》	鹿	
	雷州市	清康熙二十六年(1687)《海康县志》	鹿	
	乳源瑶族自治县	清康熙二十六年(1687)《乳源县新志》	鹿	

（续表）

省级政区	今地点	文献	内容	新方志出处
	兴宁市	清康熙二十六年(1687)《兴宁县志》	鹿	
	云城区、罗定市、云安县、郁南县	清康熙二十六年(1687)《罗定州志》	鹿	
	阳春市	清康熙二十六年(1687)《阳春县志》	鹿	
	江城区	清康熙二十七年(1688)《阳江县志》	鹿	
	属江门市	清康熙二十九年(1690)《新会县志》	鹿	
	属佛山市	清康熙三十年(1691)《南海县志》	有鹿	
	从化市	清康熙四十九年(1710)《从化县志》	鹿	
	博罗县	清康熙五十六年(1717)《罗浮山志会编》	鹿	
	从化市	清雍正八年(1730)《从化县新志》	鹿	
	源城区、连平县、和平县	清雍正八年(1730)《连平州志》	鹿	
	惠来县	清雍正九年(1731)《惠来县志》	鹿	
	榕城区	清雍正九年(1731)《揭阳县志》	鹿	
	普宁市	清乾隆十年(1745)《普宁县志》	鹿	
	陆丰市	清乾隆十四年(1749)《陆丰县志》	鹿	
	海丰县	清乾隆十五年(1750)《海丰县志》	鹿	
	保昌县志	清乾隆十八年(1753)《保昌县志》	鹿	
	鹤山市	清乾隆十九年(1754)《鹤山县志》	鹿	
	新兴县	清乾隆二十三年(1758)《新兴县志》	鹿	
	博罗县	清乾隆二十八年(1763)《博罗县志》	鹿	
	榕城区	清乾隆四十四年(1779)《揭阳县正续志》	鹿	
	怀集县等地	清嘉庆六年(1801)《广西通志》	梧州府：鹿	
	增城市	清嘉庆二十五年(1820)《增城县志》	有鹿	
	江城区	清道光二年(1822)《阳江县志》	鹿	
	紫金县	清道光二年(1822)《永安县志》	鹿	
	南雄市、始兴县	清道光四年(1824)《直隶南雄州志》	鹿	
	广宁县	清道光四年(1824)《广宁县志》	鹿	
	云城区	清道光四年(1824)《东安县志》	鹿	
	恩平市	清道光五年(1825)《恩平县志》	鹿	
	电白县	清道光五年(1825)《电白县志》	鹿	
	郁南县志	清道光十年(1830)《西宁县志》	鹿	
	德庆县	清道光十三年(1833)《肇庆府志》	白鹿(德庆青旗山有三走鹿……)	
	化州市	清道光十四年(1834)《化州志》	鹿	
	连山壮族瑶族自治县	清道光十七年(1837)《连山绥猺厅志》	黄鹿	
	新丰县	清道光十九年(1839)《长宁县志》	鹿	
	佛冈县	清道光二十二年(1842)《佛冈县直隶军民厅志》	鹿	

（续表）

省级政区	今地点	文献	内容	新方志出处
	英德市	清道光二十三年(1843)《英德县志》	鹿	
	遂溪县	清道光二十八年(1848)《遂溪县志》	鹿	
	佛冈县	清咸丰元年(1851)《佛冈厅志》	鹿	
	兴宁市	清咸丰六年(1856)《兴宁县志》	鹿	
	连州市、阳山县、连南瑶族自治县	清同治九年(1870)《连州志》	鹿	
	属广州市	清同治十年(1871)《番禺县志》	鹿	
	英德市、韶关市、乐昌市、仁化县、翁源县、乳源瑶族自治县	清同治十三年(1874)《韶州府志》	鹿(……端有茸，虽逊北产，亦能滋补)	
	源城区	清同治十三年(1874)《河源县志》	鹿	
	属韶关市	清光绪元年(1875)《曲江县志》	鹿	
	新丰县、源城区、紫金县、龙川县、连平县、和平县、东源县、城区、陆丰市、海丰县、陆河县、惠州市、博罗县、惠东县	清光绪三年(1877)《惠州府志》	鹿	
	广州市、增城市、从化市、清城区、龙门县、东莞市、深圳市、珠海市、中山市、江门市、恩平市、台山市、开平市、鹤山市、佛山市等地	清光绪五年(1879)《广州府志》	鹿	
	中山市	清光绪五年(1879)《香山县志》	鹿	
	新丰县、源城区、紫金县、龙川县、连平县、和平县、东源县、城区、陆丰市、海丰县、陆河县、惠州市、博罗县、惠东县	清光绪七年(1881)《惠州府志》	鹿	
	饶平县	清光绪九年(1883)《饶平县志》	鹿	
	丰顺县	清光绪十年(1884)《丰顺县志》	鹿	
	电白县	清光绪十四年(1888)《电白县志》	鹿	
	茂名市、化州市、信宜市、高州市、电白县、吴川市、廉江市	清光绪十五年(1889)《高州府志》	鹿	
	化州市	清光绪十六年(1890)《化州志》	鹿	
	临高县	清光绪十八年(1892)《临高县志》	鹿	
	台山市	清光绪十九年(1893)《新宁县志》	鹿	
	遂溪县	清光绪二十一年(1895)《遂溪县志》	鹿	
	四会市	清光绪二十二年(1896)《四会县志》	鹿(不多见)	
	阳春市	民国三十年(1941)《阳春县志》	鹿(今无)	
广西	南宁市、横县、隆安县、上思县、扶绥县、平果县	明嘉靖十七年(1538)《南宁府志》	鹿	
广西	钦州市、灵山县	明嘉靖十八年(1539)《钦州志》	鹿	
广西	南宁市、横县、隆安县、上思县、扶绥县、平果县	明嘉靖四十三年(1564)《南宁府志》	鹿	

（续表）

省级政区	今地点	文献	内容	新方志出处
	恭城瑶族自治县	清光绪十五年(1889)《恭城县志》	明……隆庆四年庚午，白昼，城中获鹿	
	江州区、大新县	明万历三年(1575)《太平府志》	鹿	
	宾阳县	明万历十五年(1587)《宾州志》	鹿	
	钦州市、灵山县、浦北县、北海市、合浦县、防城港市、东兴市等地	明万历二十九年(1601)《广东通志》	廉州府：有鹿	
	南宁市、横县、隆安县、上思县、扶绥县、平果县	明万历四十三年(1615)《南宁府志》	鹿*	
	钦州市、灵山县、浦北县、北海市、合浦县、防城港市、东兴市	明崇祯十年(1637)《廉州府志》	鹿	
	南宁市、横县、隆安县、上思县、扶绥县、平果县	明崇祯十三年(1640)《南宁府志》	鹿	
	全州县	清康熙二十八年(1689)《全州志》	鹿	
	西林县	清康熙五十七年(1718)《西林县志》	鹿	
	钦州市、灵山县、浦北县、北海市、合浦县	清康熙六十年(1721)《廉州府志》	鹿	
	钦州市、灵山县、浦北县、北海市、合浦县、防城港市、东兴市	清雍正六年(1728)《古今图书集成·方舆汇编·职方典·廉州府物产考》	鹿	
	灵山县	清雍正十一年(1733)《灵山县志》	鹿	
	岑溪市	清乾隆四年(1739)《岑溪县志》	鹿	
	柳州市	清乾隆二十九年(1764)《柳州县志》	鹿	
	属柳州市	清乾隆二十九年(1764)《马平县志》	鹿	
	兴业县	清乾隆四十三年(1778)《兴业县志》	鹿	
	武鸣县、宾阳县、上林县、马山县、右江区、巴马瑶族自治县、都安瑶族自治县、合山市、梧州市、岑溪市、苍梧县、藤县、容县等地	清嘉庆六年(1801)《广西通志》	思恩府：麂鹿类，梧州府：鹿	
	龙胜各族自治县	清道光二十六年(1846)《龙胜厅志》	呦鹿	
	藤县	清同治七年(1868)《藤县志》	鹿	
	梧州市、岑溪市、苍梧县、藤县、容县等地	清同治十二年(1873)《梧州府志》	鹿	
	属扶绥县	清光绪四年(1878)《新宁州志》	鹿	
	平乐县	清光绪十年(1884)《平乐县志》	鹿	
	富川瑶族自治县	清光绪十六年(1890)《富川县志》	鹿	
	右江区	清光绪十七年(1891)《百色厅志》	鹿	
香港	香港等地	明万历二十九年(1601)《广东通志》	广州府：多鹿	
澳门	澳门等地	明万历二十九年(1601)《广东通志》	广州府：多鹿	
	澳门等地	清光绪五年(1879)《广州府志》	鹿**	

注：*表示详见正文。**表示同前文。①即“内乡、淅川”。

4.5 西南

西南仅西藏自治区无梅花鹿（暂存疑），其他省级政区皆有分布。

4.5.1 四川

四川省历史上有较多梅花鹿分布记录。

清嘉庆二十三年《邛州直隶州志》集解：

鹿：《尔雅》：鹿，牡麚，牝麀，其子麛。其迹速，绝有力麋。《埤雅》：鹿性驯，故其迹速而不■。

按：此即通常描述梅花鹿的说法。

清咸丰九年《邛嶲野录》记述：

鹿：《府志》：西昌、冕宁俱产。《会理州志》：州产。按：别名斑龙。牡曰麚，牝曰麀。马身，羊尾，头侧而长，高脚而行速。牡有角，夏至则解。大如小马，黄质白斑。牝无角，小而无斑，毛杂黄白色。《冕宁县志》：产。

按：虽有瑕疵，但基本上是梅花鹿，同时提及其分布状况。

4.5.2 云南

云南省历史上有不少梅花鹿分布记录。

明正德五年《云南志》

大理府·土产：神鹿《汉书·西南夷传》：云南县有神鹿两头，能食毒草，今无；澜沧卫·土产：鹿茸。

按：两个头的神鹿固然是无稽之谈，但有梅花鹿分布则是事实。

清光绪二十四年《云南通志稿》记述：

鹿茸《一统志》：永宁土府出、鹿《蛮书》：傍西洱河诸山皆有鹿。龙尾城东北息龙山，南召养鹿处，要则取之、神鹿《博物志》：云南郡出茶首（其音蔡茂），两头鹿也。以四月中取其胎，可治蛇毒。永昌间有之。《华阳国志》：云南郡有熊苍山，上有神鹿，一身两头，食毒草、龙足鹿、仙鹿《龙部琐录》：在雪山，人不能见。

按：此处主要追记以往鹿的分布，主要还是梅花鹿。

4.5.3 方志记载

方志记载可反映 20 世纪前西南多地的梅花鹿分布情况（表 24.6）。

表 24.6　　方志记载 20 世纪前西南的梅花鹿情况

省级政区	今地点	文献	内容
重庆	万州区、城口县、梁平县、开县、巫溪县、巫山县、奉节县、云阳县等地	明正德八年（1513）《夔州府志》	鹿
	云阳县	明嘉靖二十年（1541）《云阳县志》	鹿
	涪陵区	清康熙五十四年（1715）《涪州志》	鹿
	万州区、开县、巫溪县、巫山县、奉节县、云阳县	清嘉庆二十一年（1816）《四川通志》	夔州府：鹿
	万州区、开县、巫溪县、巫山县、奉节县、云阳县	清道光七年（1827）《夔州府志》	鹿
	城口县	清道光二十四年（1844）《城口厅志》	鹿
	开县	清咸丰三年（1853）《开县志》	鹿
	綦江县	清同治二年（1863）《綦江县志》	鹿
	涪陵区	清同治九年（1870）《涪州志》	鹿
	梁平县	清光绪二十年（1894）《梁山县志》	鹿
四川	沐川县、马边彝族自治县、屏山县、美姑县、金阳县、雷波县	明嘉靖三十四年（1555）《马湖府志》	鹿
	成都市、都江堰市、彭州市、崇州市、金堂县、郫县、新津县、双流县、旌阳区、什邡市、绵竹市、罗江县、绵阳市、安县、内江市、雁江区、简阳市、资中县、井研县、仁寿县、汶川县、理县、茂县	明天启（1621～1627）《成都府志》	鹿
	攀枝花市等地	清乾隆元年（1736）《云南通志》	鹿
	雨城区、名山县	清乾隆四年（1739）《雅州府志》	鹿

（续表）

省级政区	今地点	文献	内容
	通川区、万源市、达县、宣汉县、开江县等地	清乾隆七年(1742)《直隶达州志》	鹿
	东坡区、彭山县、丹棱县、青神县	清嘉庆五年(1800)《眉州属志》	鹿
	汉源县	清嘉庆五年(1800)《清溪县志》	鹿
	马边彝族自治县	清嘉庆十年(1805)《马边厅志略》	鹿
	攀枝花市等地	清嘉庆十三年(1808)《滇系·赋产·常产》	鹿
	洪雅县	清嘉庆十八年(1813)《洪雅县志》	鹿
	峨眉山市	清嘉庆十八年(1813)《峨眉县志》	鹿
	邛崃市、蒲江县、大邑县	清嘉庆二十三年(1818)《邛州直隶州志》	鹿*
	邻水县	清道光十五年(1835)《邻水县志》	鹿
	江油市、平武县、北川羌族自治县、青川县	清道光二十一年(1841)《龙安府志》	鹿
	通江县	清道光二十八年(1848)《通江县志》	鹿
	冕宁县	清咸丰七年(1857)《冕宁县志》	鹿
	天全县	清咸丰八年(1858)《天全州志》	无麋、鹿
	米易县、盐边县、西昌市、盐源县、德昌县、会理县、会东县、宁南县、普格县、布拖县、金阳县、昭觉县、喜德县、冕宁县、越西县、甘洛县、木里藏族自治县	清咸丰九年(1859)《邛嶲野录》	鹿*
	威远县、乐山市、峨眉山市、夹江县、犍为县、峨边彝族自治县、荣县、洪雅县	清同治三年(1864)《嘉定府志》	鹿
	高县	清同治五年(1866)《高县志》	鹿
	理县	清同治五年(1866)《直隶理番厅志》	鹿
	会理县	清同治十三年(1874)《会理州志》	鹿***
	属丹巴县	清同治十三年(1874)《章谷屯志略》	鹿
	岳池县	清光绪元年(1875)《岳池县志》	鹿
	彭州市	清光绪四年(1878)《彭县志》	白鹿
	珙县	清光绪九年(1883)《珙县志》	鹿(今无)
	兴文县	清光绪十三年(1887)《兴文县志》	鹿
	雨城区、芦山县、石棉县、名山县、天全县、荥经县、宝兴县、汉源县、康定县、九龙县、甘孜县、雅江县、新龙县、道孚县、白玉县、理塘县、德格县、乡城县、石渠县、稻城县、色达县、巴塘县、泸定县、得荣县等地	清光绪十三年(1887)《雅州府志》	鹿
	雷波县	清光绪十九年(1893)《雷波厅志》	鹿
	盐源县	清光绪二十年(1894)《盐源县志》	鹿(亦名斑龙)
	木里藏族自治县等地	清光绪二十四年(1898)《云南通志稿》	鹿茸(《一统志》：永宁土府出)
	越西县	清光绪三十一年(1905)《越嶲厅志》	鹿
贵州	天柱县等地	明嘉靖元年(1522)《湖广图经志书》	靖州：鹿
	务川仡佬族苗族自治县、德江县、思南县、印江土家族苗族自治县、沿河土家族自治县	明嘉靖十六年(1537)《思南府志》	鹿

（续表）

省级政区	今 地 点	文 献	内 容
	贵阳市、清镇市、开阳县、修文县、息烽县、钟山区、盘县、六枝特区、水城县、遵义市、赤水市、仁怀市、遵义县、桐梓县、绥阳县、正安县、凤冈县、湄潭县、余庆县、习水县、道真仡佬族苗族自治县、务川仡佬族苗族自治县、西秀区、平坝县、普定县、关岭布依族苗族自治县、镇宁布依族苗族自治县、紫云苗族布依族自治县、毕节市、大方县、黔西县、金沙县、织金县、纳雍县、赫章县、威宁彝族回族苗族自治县、铜仁市、江口县、石阡县、思南县、德江县、玉屏侗族自治县、印江土家族苗族自治县、沿河土家族自治县、松桃苗族自治县、万山特区、凯里市、黄平县、施秉县、三穗县、镇远县、岑巩县、天柱县、锦屏县、剑河县、台江县、黎平县、榕江县、从江县、雷山县、麻江县、丹寨县、都匀市、福泉市、荔波县、贵定县、瓮安县、独山县、平塘县、罗甸县、长顺县、龙里县、惠水县、三都水族自治县、兴义市、兴仁县、普安县、晴隆县、贞丰县、望谟县、册亨县、安龙县	明嘉靖三十四年(1555)《贵州通志》	贵州布政司宣慰司：鹿[②]
	贵阳市、开阳县、修文县、息烽县、钟山区、水城县、大方县、黔西县、金沙县、织金县、纳雍县、长顺县、惠水县、凤冈县、石阡县	明万历二十五年(1597)《贵州通志》	贵阳府、石阡府：鹿
	余庆县	清康熙五十六年(1717)《余庆县志》	鹿
云南	大理市、祥云县、宾川县、云龙县、洱源县、永胜县	明正德五年(1510)《云南志》	大理府·土产：神鹿*；澜沧卫·土产：鹿茸
云南	昆明市、安宁市、呈贡县、晋宁县、富民县、宜良县、嵩明县、易门县、禄丰县	清康熙三十五年(1696)《云南府志》	鹿
云南	建水县	清雍正九年(1731)《建水县志》	鹿
云南	昆明市、安宁市、呈贡县、晋宁县、富民县、宜良县、嵩明县、石林彝族自治县、禄劝彝族苗族自治县、寻甸回族彝族自治县、麒麟区、宣威市、马龙县、沾益县、富源县、罗平县、师宗县、陆良县、会泽县、红塔区、江川县、澄江县、通海县、华宁县、易门县、峨山彝族自治县、新平彝族傣族自治县、江哈尼族彝族傣族自治县、隆阳区、施甸县、腾冲县、龙陵县、昌宁县、昭阳区、鲁甸县、巧家县、盐津县、大关县、永善县、绥江县、镇雄县、彝良县、威信县、水富县、古城区、永胜县、华坪县、玉龙纳西族自治县、宁蒗彝族自治县、思茅区、宁洱哈尼族彝族自治县、墨江哈尼族自治县、景东彝族自治县、景谷傣族彝族自治县、镇沅彝族哈尼族拉祜族自治县、江城哈尼族彝族自治县、孟连傣族拉祜族佤族自治县、澜沧拉祜族自治县、西盟佤族自治县、临翔区、凤庆县、云县、永德县、镇康县、双江拉祜族佤族布朗族傣族自治县、耿马傣族佤族自治县、沧源佤族自治县、潞西市、瑞丽市、梁河县、盈江县、陇川县、泸水县、贡县、贡山独龙族怒族自治县、兰坪白族普米族自治县、香格里拉县、德钦县、维西傈僳族自治县、大理市、祥云县、宾川县、弥渡县、永平县、云龙县、洱源县、剑川县、鹤庆县、漾濞彝族自治县、南涧彝族自治县、巍山彝族回族自治县、楚雄市、双柏县、牟定县、南华县、姚安县、大姚县、永仁县、元谋县、武定县、禄丰县、蒙自县、个旧市、开远市、绿春县、建水县、石屏县、弥勒县、泸西县、元阳县、红河县、金平苗族瑶族自治县、河口瑶族自治县、屏边苗族自治县、文山县、砚山县、西畴县、麻栗坡县、马关县、丘北县、广南县、富宁县、景洪市、勐海县、勐腊县等地	清乾隆元年(1736)《云南通志》	鹿

（续表）

省级政区	今地点	文献	内容
	陆良县	清乾隆十七年(1752)《陆凉州志》	鹿
	石屏县	清乾隆二十四年(1759)《石屏州志》	鹿
	永胜县、华坪县、宁蒗彝族自治县	清乾隆三十年(1765)《永北府志》	鹿
	腾冲县、瑞丽市、梁河县、盈江县、陇川县	清乾隆五十五年(1790)《腾越州志》	鹿
	蒙自县	清乾隆五十六年(1791)《蒙自县志》	鹿
重庆	昆明市、安宁市、呈贡县、晋宁县、富民县、宜良县、嵩明县、石林彝族自治县、禄劝彝族苗族自治县、寻甸回族彝族自治县、麒麟区、宣威市、马龙县、沾益县、富源县、罗平县、师宗县、陆良县、会泽县、红塔区、江川县、澄江县、通海县、华宁县、易门县、峨山彝族自治县、新平彝族傣族自治县、江哈尼族彝族傣族自治县、隆阳区、施甸县、腾冲县、龙陵县、昌宁县、昭阳区、鲁甸县、巧家县、盐津县、大关县、永善县、绥江县、镇雄县、彝良县、威信县、水富县、古城区、永胜县、华坪县、玉龙纳西族自治县、宁蒗彝族自治县、思茅区、宁洱哈尼族彝族自治县、墨江哈尼族自治县、景东彝族自治县、景谷傣族彝族自治县、镇沅彝族哈尼族拉祜族自治县、江城哈尼族彝族自治县、孟连傣族拉祜族佤族自治县、澜沧拉祜族自治县、西盟佤族自治县、临翔区、凤庆县、云县、永德县、镇康县、双江拉祜族佤族布朗族傣族自治县、耿马傣族佤族自治县、沧源佤族自治县、潞西市、瑞丽市、梁河县、盈江县、陇川县、泸水县、贡县、贡山独龙族怒族自治县、兰坪白族普米族自治县、香格里拉县、德钦县、维西傈僳族自治县、大理市、祥云县、宾川县、弥渡县、永平县、云龙县、洱源县、剑川县、鹤庆县、漾濞彝族自治县、南涧彝族自治县、巍山彝族回族自治县、楚雄市、双柏县、牟定县、南华县、姚安县、大姚县、永仁县、元谋县、武定县、禄丰县、蒙自县、个旧市、开远市、绿春县、建水县、石屏县、弥勒县、泸西县、元阳县、红河县、金平苗族瑶族自治县、河口瑶族自治县、屏边苗族自治县、文山县、砚山县、西畴县、麻栗坡县、马关县、丘北县、广南县、富宁县、景洪市、勐海县、勐腊县等地	清嘉庆十三年(1808)《滇系·赋产·常产》	鹿
	属大理市	清道光十八年(1838)《赵州志》	鹿
	广南县、富宁县	清道光二十八年(1848)《广南府志》	鹿
	麒麟区	清咸丰二年(1852)《南宁县志》	鹿
	隆阳区、施甸县、龙陵县、永德县、镇康县、潞西市、永平县	清光绪十一年(1885)《永昌府志》	鹿
	沾益县	清光绪十一年(1885)《霑益州志》	鹿
	腾冲县、瑞丽市、梁河县、盈江县、陇川县	清光绪十三年(1887)《腾越厅志稿》	鹿
	祥云县	清光绪十六年(1890)《云南县志》	鹿
	古城区、永胜县、华坪县、玉龙纳西族自治县、宁蒗彝族自治县、大理市、祥云县、宾川县、弥渡县、洱源县、剑川县、鹤庆县、漾濞彝族自治县、南涧彝族自治县、巍山彝族回族自治县、姚安县、大姚县、永仁县等地	清光绪二十四年(1898)《云南通志稿》	鹿茸*、鹿*、神鹿*、龙足鹿、仙鹿*
	洱源县	清光绪二十八年(1902)《浪穹县志略》	鹿（……《旧志》：凝云山有梅花鹿）

注：*表示详见正文。＊＊＊表示本省级政区已有类似记录。①疑似“鹿”。②其余府、州、卫皆相互“同”，亦即皆有鹿。

4.6 西北

西北仅新疆维吾尔自治区无梅花鹿（暂存疑），其他省级政区皆有分布。

4.6.1 陕西

陕西省历史上有梅花鹿分布记录。

西安市灞桥区浐河东岸半坡遗址属新石器时代仰韶文化，距今 6 000 年以上。遗址出土有鹿纹彩陶盆（图 24.57），彩陶是绘画的集中表现，题材多为劳动对象和大自然动植物：张口的鱼、奔跑的鹿，最具表现的是人面鱼纹陶盆。据此，既可看出当时人们已经初步认识和掌握了一些事物的规律，又可反映这些正是存在于他们周围的常见物。

图 24.57　鹿纹彩陶盆（半坡遗址）①

图 24.58　陶鹿尊（西晋）②

西安市长安区陕西师范大学校园出土了一件西晋时代的陶鹿尊（图 24.58），从其鹿角的形态看，与梅花鹿相似。

绥德县黄家塔一汉墓墓室横额中间题刻铭文："使者持節护乌桓校尉王君威府君"三行十四字，画像（图 24.59）分上下两层：上层刻青龙、仙鹤和云纹；下层为狩猎图③，中部 3 只奔跑的野兽为梅花鹿（有角者）、麝（无角，回首者）、兔（下方长耳者）。

图 24.59　黄家塔汉墓石刻（汉，拓片）

子长县称，据绥德出土的汉代狩猎题材画像石考证，境内野生动物有虎、熊、鹿、猴、野猪、野骆驼、黄牛、鹭鸶等。随着森林的破坏和消失，虎、熊、猴、野猪、野骆驼、鹤、鹭鸶等今在子长县消失④。所称"鹿"，主要指梅花鹿。

《文献通考・土贡考》"唐天下诸部每年常贡"记载："新秦郡（贡青地鹿角二具、鹿角三十具。今麟州）"。表明当时今神木县一带是梅花鹿著名分布地之一。

《太平寰宇记・关内道・胜州（废）・土产》记载有"鹿角"，该书《永兴军路・邠州・土产》也记载有"鹿"，反映当时今神木县、府谷县、彬县、长武县、旬邑县等地梅花鹿不一般。

清乾隆十八年《镇安县志》记述：

鹿：山民不能生捕，亦不能解取。鹿茸买间有得者，多系湖北人重价买去。

鹿茸系夏至时取，以一二寸者为贵。最易生蛆，须涂以青油，罩以漏纱，悬挂阴凉当风处。时去其蛆，以油涂之。

按：据此说明是梅花鹿。

①彩陶鹿纹盆. http://baike. baidu. com/link? url = jUYjbuAxTjDsxahm-ZefmeZZw5-xyeIb3PNsB00-2LxxxxgUA _ BOvWdJm-mEvCeRm-v3sznAQ57GCmajt3fuoZa

②千古探秘—考古与发现. http://blog. sina. com. cn/s/blog_7e6181510100yftt. html

③绥德画像石题刻之一：黄家塔汉墓横额题刻. http://blog. sina. com. cn/s/blog_8b81b9b70100xh7f. html

④子长县. http://baike. baidu. com/link? url=CkrltCkzYUbUU-IRSzHdrMelPE_V4JntaBC03696JGjJfsb682DGU2gyQwbFM3gl

清乾隆四十四年《西安府志》集解：

鹿：《诗·召南》：野有死鹿。《小雅》：[兽之所同，]麀鹿麌麌。漆沮之从，[天子之所。]《抱朴子》：南山多鹿。《宋高僧传》：唐京师安国寺什元康贞观中游养一鹿，角分八岐，乘而致远，曾无倦色。《清异录》：华清宫一鹿十年精俊不衰，人呼为角仙。《马志》：出南北山。

按：除“角分八岐”者为马鹿外，其余基本上是指梅花鹿；“南北山”，似指大巴山与秦岭。

清光绪十九年《白河县志》记述：

鹿：《马通志》：出南山。鹿性警防，分背而食，食则相呼。群居则环其角外向，以防害。

按：此“鹿”即梅花鹿；所谓“南山”，似指大巴山。

4.6.2　甘肃

甘肃省历史上也有梅花鹿栖息记录。

敦煌市城东的佛爷庙湾墓群出土了一件西晋《卧鹿图》壁画（图 24.60）。画中的梅花鹿呈卧姿，头部上仰，鹿角后扬，短尾略翘，十分安详；在画右侧，题有黑色的“鹿”字（甘肃省文物考古研究所，1998）。古代，“鹿”有“禄”之吉祥寓意。此图中的梅花鹿形象并未失真，说明画师对其胸有成竹，也反映附近并不缺乏此物种。

图 24.60　卧鹿图

图 24.61　牧鹿图①

高台县骆驼城乡骆驼城遗址出土的魏晋时期的《牧鹿图》壁画（图 24.61），图右下角是一束发持棍的牧人正照料一群梅花鹿，它们或卧或立，在草丛中悠闲吃草；其中既有雄鹿（带角者），又有雌鹿（无角而略大者），还有幼鹿（略小者）。牧鹿画并不多见，说明有不少鹿驯化放养，反映当地有野生梅花鹿分布。

《太平寰宇记·关内道·会州·土产》记载有：“鹿胎……鹿尾”，说明当时取自靖远县、会宁县、安定区、西吉县、海原县的梅花鹿产品较好。

清嘉庆《青海志》记述：

鹿茸、鹿角（蒙番各境皆有。近年渐形减少。嫩鹿茸价值不大，时有京师商人来买者。其老鹿角亦多，均系河南人采买）

按：“嫩鹿茸价值不大”，似据《本草纲目》称：“《本经》上品白胶，中品鹿茸”。此处主要还是指梅花鹿。

4.6.3　宁夏

宁夏回族自治区历史上也有梅花鹿分布。

1987 年，西吉县陈阳川村出土了一件战国时期铜质饰物——虎噬鹿铜牌饰（宁夏固原博物馆，2004）（图 24.62、图 24.63）。虎的长尾前甩，双目圆睁，右前爪踩住一只幼鹿；左前爪又扑倒雌鹿，雌鹿惊恐地睁开双目，前肢前屈踢蹬，后肢伸直抖动，拼命挣扎；虎又张口血盆大口，准备向雌鹿展开最后一击。此画惟妙惟肖地描绘出一虎捕食大小二鹿之状。

图 24.62　虎噬鹿铜牌饰

①北凉古都骆驼城. http://gansu.gansudaily.com.cn/system/2015/10/23/015743614_06.shtml

图 24.63　虎噬鹿铜牌饰（线描）

《文献通考・土贡考》“唐天下诸部每年常贡”记载：“灵武郡（贡鹿角胶……今灵州）”。说明当时今灵武市一带是梅花鹿著名分布地之一。

《太平寰宇记・关内道・灵州・土产》记载有：“鹿皮……鹿角胶”，反映当时源于银川市、灵武市、永宁县、贺兰县、石嘴山市、平罗县、利通区、青铜峡市、沙坡头区、中宁县的梅花鹿产品较佳。

4.6.4　方志记载

方志记载可反映 20 世纪前西北多地的梅花鹿分布情况（表 24.7）。

表 24.7　　方志记载 20 世纪前西北的梅花鹿情况

省级政区	今地点	文献	内容
陕西	白河县等地	明嘉靖元年(1522)《湖广图经志书》	郧阳府：鹿
	礼泉县	明崇祯十一年(1638)《醴泉县志》	鹿
	榆阳区	清康熙十二年(1673)《延绥镇志》	鹿
	户县	清康熙二十一年(1682)《鄠县志》	鹿(供祭祀之用)
	神木县	清康熙五十年(1711)《神木县志》	鹿
	属大荔县	清康熙五十一年(1712)《朝邑县后志》	鹿
	陇县	清康熙五十二年(1713)《陇州志》	鹿
	宜君县	清雍正十年(1732)《宜君县志》	鹿
	武功县	清雍正十一年(1733)《武功县后志》	白鹿
	镇安县	清乾隆十八年(1753)《镇安县志》	鹿*
	宜川县	清乾隆十八年(1753)《宜川县志》	鹿
	延长县	清乾隆二十七年(1762)《延长县志》	鹿
	宝鸡市	清乾隆二十九年(1764)《宝鸡县志》	鹿
	属铜川市	清乾隆三十年(1765)《同官县志》	鹿
	宝鸡市、岐山县、凤翔县、陇县、太白县、麟游县、扶风县、千阳县、眉县	清乾隆三十一年(1766)《凤翔府志》	鹿
	合阳县	清乾隆三十四年(1769)《郃阳县全志》	鹿
	属西安市	清乾隆四十一年(1776)《临潼县志》	鹿
	西安市、蓝田县、周至县、户县、高陵县、铜川市、临渭区、富平县、咸阳市、兴平市、三原县、泾阳县、礼泉县、宁陕县、柞水县	清乾隆四十四年(1779)《西安府志》	鹿*
	蒲城县	清乾隆四十七年(1782)《蒲城县志》	鹿(《马志》：鹿出南北山)
	府谷县	清乾隆四十八年(1783)《府谷县志》	鹿
	韩城市	清乾隆四十九年(1784)《韩城县志》	鹿

（续表）

省级政区	今地点	文献	内容
	白河县	清嘉庆六年(1801)《白河县志》	鹿
	宝塔区、延长县、甘泉县、宜川县	清嘉庆七年(1802)《延安府志》	鹿(肤施、甘泉、宜川、延长俱有)
	黄陵县	清嘉庆十二年(1807)《中部县志》	鹿
	凤县、南郑县、西乡县、勉县、宁强县、汉滨区、汉阴县、石泉县、紫阳县、岚皋县、平利县、镇坪县、旬阳县、白河县	清道光七年(1827)《陕西志辑要》	汉中府、兴安府·物产:鹿茸
	石泉县	清道光二十九年(1849)《石泉县志》	鹿
	西乡县	清道光(1821～1850)《西乡县志》	鹿
	宁强县	清同治二年(1863)《宁羌州乡土志》	鹿
	黄陵县	清同治六年(1867)《中部县乡土志》	鹿
	柞水县	清光绪九年(1883)《孝义厅志》	鹿
	华阴市	清光绪九年(1883)《华岳志》	白鹿
	宁强县	清光绪十四年(1888)《宁羌州志》	鹿
	永寿县	清光绪十四年(1888)《永寿县志》	近年,永邑东五峰山地荒过半,麞、鹿时有
	富平县	清光绪十七年(1891)《富平县志稿》	鹿
	临渭区	清光绪十八年(1892)《渭南县志》	鹿
	凤县	清光绪十八年(1892)《凤县志》	鹿
	白河县	清光绪十九年(1893)《白河县志》	鹿
	平利县	清光绪二十二年(1896)《平利县志》	鹿
	户县	清光绪二十四年(1898)《鄠县乡土志》	鹿
	靖边县	清光绪二十五年(1899)《靖边县志稿》	鹿(偶取其皮)
甘肃	秦安县	明嘉靖十四年(1535)《秦安县志》	多鹿
	西峰区、庆城县、环县、华池县、合水县、正宁县、宁县	明嘉靖三十六年(1557)《庆阳府志》	鹿
	徽县	明嘉靖四十二年(1563)《徽郡志》	鹿
	嘉峪关市、肃州区、金塔县、高台县、肃南裕固族自治县	清顺治十四年(1657)《肃镇志》	鹿
	安定区	清康熙十九年(1680)《安定县志》	鹿
	榆中县	清康熙二十六年(1687)《金县志》	鹿
	合水县	清乾隆二十六年(1687)《合水县志》	鹿
	会宁县、天水市、清水县、秦安县、甘谷县、武山县、张家川回族自治县、安定区、通渭县、漳县、陇西县、武都区、成县、康县、文县、西和县、礼县、两当县、徽县等地	清乾隆元年(1736)《甘肃通志》	巩昌府:鹿茸,秦州:鹿皮,阶州:鹿茸(《唐志》成州土贡)
	成县	清乾隆六年(1741)《成县新志》	鹿
	静宁县	清乾隆十一年(1746)《静宁州志》	鹿

（续表）

省级政区	今地点	文献	内容
	凉州区、永登县	清乾隆十四年(1749)《五凉全志》	武威县、平番县：鹿
	合水县	清乾隆二十六年(1761)《合水县志》	鹿
	天祝县等地	清乾隆二十七年(1762)《西宁府新志》	鹿
	临洮县	清乾隆二十八年(1763)《狄道州志》	鹿
	天水市、清水县、秦安县、张家川回族自治县、礼县、两当县、徽县	清乾隆二十九年(1764)《直隶秦州新志》	野多鹿
	两当县	清乾隆三十二年(1767)《两当县志》	多鹿
	西和县	清乾隆三十九年(1774)《西和县志》	鹿
	甘州区、民乐县、山丹县、临泽县等地	清乾隆四十四年(1779)《甘州府志》	鹿
	清水县	清乾隆六十年(1795)《清水县志》	鹿
	徽县	清嘉庆十四年(1809)《徽县志》	鹿
	崆峒区	清嘉庆二十四年(1819)《崆峒山志》	鹿
	玛曲县等地	清嘉庆(1796～1820)《青海志》	鹿茸、鹿角*
	敦煌市	清道光十一年(1831)《敦煌县志》	鹿
	兰州市、榆中县、皋兰县、靖远县、渭源县、临洮县、夏河县、康乐县、永靖县、广河县、和政县、东乡族自治县等地	清道光十三年(1833)《兰州府志》	鹿
	靖远县	清道光十三年(1833)《靖远县志》	鹿
	山丹县	清道光十五年(1835)《山丹县志》	鹿
	岷县	清同治四年(1865)《岷州乡土志》	鹿(俗名羊鹿。夏至解角)
	武都区、文县	清光绪十二年(1886)《阶州直隶州续志》	鹿茸(成州贡《元丰志》)
	通渭县	清光绪十九年(1893)《通渭县新志》	鹿
	镇原县	民国二十四年(1935)《镇原县志》	鹿(……古有今无)
青海	西宁市、大通县、湟源县、湟中县、平安县、乐都县、民和回族土族自治县、互助土族自治县志、化隆回族自治县、循化撒拉族自治县、门源回族自治县、贵德县、尖扎县等地	清乾隆二十七年(1762)《西宁府新志》	鹿
	祁连县等地	清乾隆四十四年(1779)《甘州府志》	鹿
	循化撒拉族自治县	清乾隆五十七年(1792)《循化厅志》	鹿，熊，山中皆有
	海晏县、祁连县、刚察县、共和县、同德县、兴海县、贵南县、泽库县、河南蒙古族自治县、玛沁县、甘德县、达日县、玛多县、玉树县、杂多县、称多县、治多县、囊谦县、曲麻莱县、德令哈市、格尔木市、乌兰县、都兰县、天峻县等地	清嘉庆(1796～1820)《青海志》	鹿茸、鹿角**
	同仁县等地	清道光十三年(1833)《兰州府志》	鹿
	循化撒拉族自治县	清道光二十四年(1844)《循化厅志》	鹿，熊，山中皆有，鹿、獐[麝]尤多

（续表）

省级政区	今地点	文献	内容
宁夏	银川市、永宁县、贺兰县、石嘴山市、平罗县、利通区、青铜峡市、灵武市、同心县、盐池县、沙坡头区、中宁县	明弘治十四年(1501)《宁夏新志》	鹿
	原州区	明嘉靖十一年(1532)《固原州志》	鹿
	银川市、永宁县、贺兰县、石嘴山市、平罗县、利通区、青铜峡市、灵武市、同心县、盐池县、沙坡头区、中宁县	明嘉靖十九年(1540)《宁夏新志》	鹿
	原州区	明万历四十四年(1616)《固原州志》	鹿
	隆德县	清康熙二年(1663)《隆德县志》	鹿
	银川市、灵武市、永宁县、贺兰县、石嘴山市、平罗县、利通区、青铜峡市、盐池县、沙坡头区、中宁县等地	清乾隆元年(1736)《甘肃通志》	宁夏府:鹿角胶
	银川市、永宁县、贺兰县、石嘴山市、平罗县、利通区、青铜峡市、灵武市、同心县、盐池县、沙坡头区、中宁县	清乾隆四十五年(1780)《宁夏府志》	鹿
	灵武市	清嘉庆三年(1798)《灵州志》	鹿

注：* 表示详见正文。* * 表示同前文。

5 梅花鹿在20世纪的分布

5.1 华北

尽管分布地锐减，但在20世纪，华北各省级政区仍有梅花鹿栖息。

5.1.1 河北

河北省在此阶段还有少量地方有梅花鹿分布。

唐山市称，随着人类活动范围的扩大和乱捕滥猎，野生动物资源惨遭破坏，早在二十世纪三四十年代，虎、豹、黑熊、鹿、猴子等野生动物先后绝迹[①]。表明在唐山市、遵化市、迁安市、滦县、滦南县、乐亭县、迁西县、玉田县、唐海县等地曾有梅花鹿分布。

《围场满族自治县志》追记(围场满族自治县地方志编纂委员会,1997):

木兰围场建立后，每秋狩时期都围猎狍、鹿数千计。清代皇帝139年围猎，使野生动物减少。20世纪初，尽放围荒后，林木采伐殆尽，鸟兽逐渐稀少。

按：该志称“兽类”有马鹿，但之前有梅花鹿，且此地马鹿、梅花鹿重叠分布，表明曾有梅花鹿，并延续到20世纪前半叶。

《迁西县志》(迁西县地方志编纂委员会,1991)记述：

明清时期，境内兽类有：东北虎、黑熊、金钱豹、梅花鹿、猞猁(俗称野猫)、麝、獐[麝]、狍、驼鹿(堪达罕)、貉(狗獾)、紫貂、獾(猪獾)、沙獾、黄羊、野猪、赤狐等……早在本世纪三四十年代，东北虎、黑熊、金钱豹、梅花鹿、猴子等多种野生动物先后绝迹。

按：据此反映，当地梅花鹿延续到20世纪前半叶。

《丰宁满族自治县志》记述(丰宁满族自治县

①唐山市. http://baike. baidu. com/link? url=QYaUtoIzM2rUJ6jiLQIfch4Mt50vZe43KPwQ2Ot3qh6F-gM4UuOFDzqa--k28SQWklR3S4lJ8Cl4HgvtZ2Mj9-l96CDg9ErUd3DcZx-B64G

志编纂委员会，1994）：

梅花鹿：属哺乳纲鹿科。体长约1.5米，毛色栗，冬褐，有斑似的梅花。是国家一级保护动物，在苏家店乡曾发现过。

按：说明确有梅花鹿分布。

《中国哺乳动物分布》记载，梅花鹿在“兴隆”（张荣祖，1997）。说明兴隆县有梅花鹿。

5.1.2 山西

此时，山西省还有一些地方栖息有梅花鹿。

《穿越陕甘：1908～1909年克拉克考察队华北行纪》记述（罗伯特等，2010）：

10月3日……从米峪镇开始，道路沿着山谷向南迤逦而去……

考察队在这一区域停留了将近两周之久。看到许多鹿出没，为此我们组织了几次捕猎活动。

按：所称“米峪镇”，在今娄烦县西南。虽仅寥寥数语，却记录下当时有不少梅花鹿分布的事实。

《中国哺乳动物分布》记载，梅花鹿在“太原、宁武、岢岚、忻州”（张荣祖，1997）。说明太原市、忻府区、宁武县、岢岚县有梅花鹿。

《雁门关地区哺乳动物多样性的调查研究》称：“自2004年以来，查明该区哺乳动物6目18科43属53种”，据名录看，有梅花鹿等。所称“雁门关地区”，共涉及5市、30个县区：大同市（大同市、左云县、大同县、浑源县、灵丘县、广灵县、阳高县、天镇县）、朔州市（怀仁县、应县、右玉县、山阴县、朔州市）、忻州市（河曲县、保德县、偏关县、神池县、五寨县、岢岚县、静乐县、宁武县、代县、繁峙县、五台县）、吕梁市（兴县、岚县、方山县）（邹波等，2008）。如此大范围内仍有梅花鹿存在，值得进一步查证，故暂将其作为20世纪分布。

5.1.3 内蒙古

内蒙古自治区在此阶段仍有一些地方有梅花鹿分布。

民国九年（1920）《布特哈志略》记载：

努敏、格尼、阿伦等河一带屯所，因处于山林，野兽丰富，围猎狍，鹿，灰鼠，猞猁，狐，貉，豺，狼。赴山围猎，必须报官，缴纳照费大洋一元，领取进山营业执照，持证前进。

按：说明当时还有梅花鹿等多种野生动物，但捕猎需要经过准许。

民国二十一年《黑龙江志稿》集解：

东女真善射，多牛、鹿。其人常作鹿鸣呼鹿而射之。统和九年，女真进唤鹿人《辽史》。好喇，即各色鹿，女真出《明一统志》。……黑龙江有麋，无鹿。清时行猎，春夏谓之青草围，秋日哨鹿围，冬日大围；进贡则有汤鹿、毛鹿合、子鹿及肠、肚、舌、尾。夏秋贡乾腌从及茸角筋皮《黑龙江外纪》。鹿，牡者有角，夏至则解；角初茁时，形如紫茄，渐长分歧，所谓鹿茸也。有麋似鹿而色青黑，亦有角，仲冬则解，所谓麋茸也。梅花鹿壮嫩，其茸为最上品《呼兰府志》。

附鹿角：《礼·月令》：仲冬，麋角解；仲夏，鹿角解。今考麋鹿俱于夏至解角。角可煎膏、入药，亦有用骨作胶者《盛京通志》。牡鹿有角，夏至则解；牝鹿无角。宗奭云：鹿茸以如紫茄者为上，然此太嫩，血气未具，其实少力；坚者又太老，惟长数寸，破之肌如朽木，茸端如玛瑙红玉者最善。人有以麋角伪为者，不可不察麋角顶根上有黄毛若金线兼旁生小尖色苍白；麋鹿茸、角今人罕能分别陈自明；以小者为鹿茸，大者为麋茸，亦臆见也。不若亲视其采取时为有准《本草纲目》。

按：此处多种鹿科物种混述，其中有梅花鹿。

《巴林右旗志》记载（《巴林右旗志》编纂委员会，1990）：

鹿：旗北部各大山，中部巴彦套白山、达尔罕山、南部巴彦汉山都有。旗内的鹿种分为梅花鹿和马鹿。梅花鹿，当地称小羊鹿，较少，唯于旗北部赛汗罕乌拉发现。

按：据此反映，当地梅花鹿与马鹿重叠分布。

《乌拉特前旗志》记载（乌拉特前旗志编纂委员会，1995）：

清以前，乌拉山栖息野生动物种类很多，曾有虎、豹、狼、鹿、团羊、青羊、扫雪、黄羊、石羊、狐狸、野狸、野兔等，常常成群出没。发生森林火灾后[①]，虎、豹、鹿已不见。

按：说明当地梅花鹿等野生动物延续到20世纪后半叶。

《内蒙古珍稀濒危动物图谱》（凤凌飞，1991）

梅花鹿　蒙名：孝—包格。别名：花鹿。

---

①似指1987年5月6日至6月2日在黑龙江省大兴安岭地区发生特大火灾。

分布：东北、华北、华东、华南、四川和甘肃等地。内蒙古除巴彦淖尔盟的贺兰山上还能见到少量的个体外，基本上没有野生种类了。

按：据此说明，在阿拉善左旗有梅花鹿分布。

5.1.4　方志记载

方志记载虽较简略，却可反映20世纪华北多地的梅花鹿分布情况（表24.8）。

表24.8　　方志记载20世纪华北的梅花鹿情况

省级政区	今地点	文献	内容	新方志出处
北京	房山区	民国十七年(1928)《房山县志》	鹿	
	平谷区	民国二十三年(1934)《平谷县志》	鹿	
天津	蓟县	民国(1912～1949)《北京市志稿》	鹿(《盘山志》：鹿，盘山处处有之)	
河北	易县	民国二十八年(1939)《易县志稿》	鹿	
	围场满族自治县	1997年《围场满族自治县志》	鹿*	围场满族自治县地方志编纂委员会，1997
	迁西县	1991年《迁西县志》	梅花鹿*	迁西县地方志编纂委员会，1991
	丰宁满族自治县	1994年《丰宁满族自治县志》	梅花鹿*	丰宁满族自治县志编纂委员会，1994
	青龙满族自治县	1997年《青龙满族自治县志》	鹿	青龙满族自治县志编纂委员会，1997
	赞皇县	1998年《赞皇县志》	鹿	河北省赞皇县地方志编纂委员会，1998
山西	昔阳县	民国三年(1914)《昔阳县志》	鹿	
	朔州市	民国七年(1918)《马邑县志》	鹿	
	翼城县	民国十八年(1929)《翼城县志》	鹿	
	介休市	民国十九年(1930)《介休县志》	鹿	
	安泽县	民国二十一年(1932)《安泽县志》	鹿	
	陵川县	民国二十二年(1933)《陵川县志》	鹿	
	尧都区	民国二十二年(1933)《临汾县志》	鹿	
	灵石县	民国二十三年(1934)《灵石县志》	鹿	
	浮山县	民国二十四年(1935)《浮山县志》	鹿	
	城区	1997年《晋城县志》	旧志记载有：虎、鹿、獐[麞]、豪猪等，但现已绝迹	晋城县志编纂委员会，1997
	灵石县	1992年《灵石县志》	鹿	山西省灵石县志编纂委员会，1992
	兴县	1993年《兴县志》	梅花鹿[(训)[驯]养]	贾维桢等，1993
	方山县	1993年《方山县志》	鹿	方山县志编纂委员会，1993

（续表）

省级政区	今 地 点	文 献	内 容	新方志出处
	阳城县	1994年《阳城县志》	麝和金钱豹、鹿、橙足鼯鼠分布在境南及西南部大山密林中	阳城县志编纂委员会，1994
	文水县	1994年《文水县志》	鹿（俗名毛鹿）	李培信，1994
	盂县	1995年《盂县志》	鹿	盂县史志编纂委员会，1995
	盐湖区、永济市、芮城县、闻喜县、夏县、绛县、平陆县、垣曲县、宁武县、岢岚县、五寨县	1996年《山西通志》	梅花鹿（【地理分布】中条山、管涔山）	山西省史志研究院，1996
	平顺县	1997年《平顺县志》	鹿	平顺县志编纂委员会，1997
	绛县	1997年《绛县志》	鹿	绛县志编纂委员会，1997
	阳泉市、平定县、盂县	1998年《阳泉市志》	《阳泉常见陆栖脊椎动物名录·哺乳纲》：梅花鹿	阳泉市地方志编纂委员会，1998
	夏县	1998年《夏县志》	鹿	夏县地方志编纂委员会，1998
	阳曲县	1999年《阳曲县志》	原鹿（分布在县西山边缘森林中，数量极少，为国家二类保护动物）	阳曲县地方志编纂办公室，1999
	娄烦县	1999年《娄烦县志》	梅花鹿	山西省娄烦县地方志编纂委员会，1999
	城区、高平市、泽州县、沁水县、阳城县、陵川县	1999年《晋城市志》	梅花鹿	晋城市地方志编纂委员会，1999
	忻府区、原平市、定襄县、五台县、代县、繁峙县、宁武县、静乐县、神池县、五寨县、岢岚县、河曲县、保德县、偏关县	1999年《忻州地区志》	梅花鹿（【栖息生境】针阔混交林、山地草原和林缘【栖息海拔高度（米）】1100～2700【分布范围】管（岑）[涔]山【备注】可能绝灭）	《忻州地区志》编纂委员会，1999
内蒙古	扎兰屯市	民国九年(1920)《布特哈志略》	鹿*	
	呼和浩特市、托克托县、清水河县、土默特左旗、和林格尔县、武川县、土默特右旗	清光绪三十三年(1907)《土默特志》	鹿	
	海拉尔区、满洲里市、牙克石市、根河市、额尔古纳市、新巴尔虎右旗、新巴尔虎左旗、陈巴尔虎旗、鄂温克族自治旗、鄂伦春自治旗、扎兰屯市、阿荣旗、莫力达瓦达斡尔族自治旗等地	民国二十一年(1932)《黑龙江志稿》	鹿*	

（续表）

省级政区	今地点	文献	内容	新方志出处
	呼和浩特市	民国二十四年(1935)《归绥县志》	鹿	
	武川县	民国二十六年《绥远通志稿》	鹿	
	临河市	1997 年《临河市志》	30 年代，临河县有青山羊、狐、狼、獾、鹿等	《临河市志》编纂委员会，1997
	巴林右旗	1990 年《巴林右旗志》	鹿*	《巴林右旗志》编纂委员会，1990
	科尔沁右翼前旗	1991 年《科尔沁右翼前旗志》	梅花鹿	科尔沁右翼前旗志编纂委员会，1991
	克什克腾旗	1993 年《克什克腾旗志》	梅花鹿	克什克腾旗地方志编纂委员会，1993
	扎兰屯市	1993 年《扎兰屯市志》	梅花鹿	扎兰屯市史志编纂委员会，1993
	鄂温克族自治旗	1993 年《中国国情丛书：百县市经济社会调查：鄂温克卷》	鹿	丁伟志等，1993a
	凉城县	1993 年《凉城县志》	鹿	凉城县《凉城县志》编纂委员会，1993
	乌兰浩特市	1993 年《乌兰浩特市志》	1970 年后，鹿、黄羊、狍、野猪、丹顶鹤、鸥等基本绝迹	《乌兰浩特市志》编纂委员会，1993
	突泉县	1993 年《突泉县志》	梅花鹿	突泉县志编纂委员会，1993
	科尔沁右翼中旗	1993 年《科尔沁右翼中旗志》	鹿	科尔沁右翼中旗志编纂委员会，1993
	乌拉特前旗	1995 年《乌拉特前旗志》	鹿*	乌拉特前旗志编纂委员会，1995
	赤峰市	1996 年《赤峰市志》	梅花鹿	赤峰市地方志编纂委员会，1996
	牙克石市	1996 年《牙克石市志》	梅花鹿	牙克石市志编纂委员会，1996
	海拉尔区、扎兰屯市、牙克石市、根河市、额尔古纳市、陈巴尔虎旗、鄂伦春自治旗、鄂温克族自治旗、阿尔山市	1997 年《内蒙古自治区志：科学技术志》	80 年代，内蒙古大兴安岭林区内属于国家保护的野生动物有一类保护动物：丹顶鹤、梅花鹿	内蒙古自治区科学技术志编纂委员会，1997
	乌兰浩特市、阿尔山市、突泉县、科尔沁右翼前旗、科尔沁右翼中旗、扎赉特旗	1997 年《兴安盟志》	梅花鹿	兴安盟地方志编纂委员会，1997
	阿拉善左旗、阿拉善右旗、额济纳旗	1998 年《阿拉善盟志》	梅花鹿	阿拉善盟志编纂委员会，1998
	莫力达瓦达斡尔族自治旗	1998 年《莫力达瓦达斡尔族自治旗志》	鹿	莫力达瓦达斡尔族自治旗史志编纂委员会，1998

（续表）

省级政区	今 地 点	文 献	内 容	新方志出处
	镶黄旗	1999 年《镶黄旗志》	60～70 年代，鹿、羚羊、狍子、盘羊已绝迹	镶黄旗志编纂委员会，1999
	奈曼旗	2002 年《奈曼旗志》	鹿、黄羊、狍子等兽类及一些珍奇禽类已经绝迹	内蒙古自治区奈曼旗地方志编纂委员会，2002

注：* 表示详见正文。

5.2 东北

本阶段，东北梅花鹿分布地点虽锐减，但各省级政区仍皆有分布。

5.2.1 辽宁

辽宁省此时还有一些地方有梅花鹿分布记录。

民国十九年(1930)《开原县志》记述：

狍：……与之同类之鹿、獐［麝］等，近三十年，因围荒开垦殆皆绝迹。

按：据此表明，当地的梅花鹿延续到 20 世纪前半叶。

《抚顺县志》记载(杜景琴，1995)：

旧志记载，在县内已绝迹的兽类有：紫貂、梅花鹿(今均有人工饲养)。

按：今梅花鹿由人工饲养，说明曾有野生梅花鹿栖息，延续到 20 世纪。

辽阳市称，据记载，古代此地野生动物 200 种以上。300 年前境内仍有虎、熊、豹、罴、豺、狼、野猪、獐、狍、鹿、貉、水獭、黄羊、野马、野羊以及鸥鹭、鸳鸯、翡翠、丹顶鹤、白头翁、天鹅、大雁、雕、鸨、鹫、鹰等。20 世纪以来，随着生态环境不断遭到破坏，野生动物群的自下而上条件受到严重威胁，其种类和数量逐年减少，有的物种已经消失①。说明到 20 世纪，在辽阳市、灯塔市、辽阳县一带还有梅花鹿等野生动物分布。

5.2.2 吉林

吉林省此阶段仍有一些梅花鹿分布。

清宣统二年(1910)《长白汇征录》记述：

鹿：《释名》即斑龙。按《乾宁记》云：鹿与游龙相戏，必生异角。则鹿之称龙，或以此欤。马身羊尾，长颈高脚，性淫而乐。群食则相呼，行则同旅，居则环角外向，卧则口朝尾闾。喜食龟，能别良草。清洁自爱，不与恶畜伍。《埤雅》所谓仙兽者，是也。其贵在角。《本草》云：牡者有角，夏至则解。大如小马，黄质白斑，俗称马鹿。牝者无角，小而无斑，毛杂黄白色，俗称麀。鹿孕六月而生子。今人谓黄色白斑为梅花鹿，其茸角最佳。色苍无斑者，为马鹿，其茸角次之。统以近夏至日获之，为良。至于鹿胎，鹿尾，鹿鞭，均入药品，为用甚广。长白猎户岁入，以此为大宗计。终所获牝牡，价值四千余金。

按：据此说明，当地不仅分布有梅花鹿与马鹿，而且当时数量不少。

民国四年《辑安县乡土志》记述：

麋鹿：《月令》：仲冬，麋角解。仲夏，鹿角解。本二物，今通呼曰鹿，有花者曰梅花鹿，大者曰马鹿。

按：据此明确，当地所谓“麋鹿”，实际是鹿(包括梅花鹿与马鹿)，证明确有梅花鹿存在。

民国十六年(1927)《辉南县志》记述：

鹿：大者曰麋。考《通志》，盛京、吉林有麋，无鹿。按：大者曰麋，小者曰鹿，今俗通以鹿呼之。本产分马鹿、花鹿二种。马鹿高大，性驯。花鹿较小，牡皆有角，桠槎如枝。牝无之。遍体各有斑纹，灿烂可观。长颈，短尾，形相似也。

按：据此看来，当时所称“麋”，乃今马鹿；而“鹿”“花鹿”，则是今梅花鹿。其称“考《通志》，盛京、

①辽阳. http://baike. baidu. com/link? url = Fl6WBv4YxoLhxNzYkTco_StT3f5UzWqIUq7Msfj1woBmqFZOTEAbaYZEH6FBA1RPVm6igcnR0wbqR9k4GmR5FRp_2pCmsWU8joDTCDrobH_myoK2s6Z9WDU4FljDWRN3

吉林有麋，无鹿”，恰与前文《黑龙江述略》《黑龙江外记》相反，故窃以为，两物种皆有，只是比例不同而已。

《中国东北地区珍稀濒危动物志》记述（赵正阶，1999）：

吉林省梅花鹿调查组（1979）在吉林东部汪清县发现野生梅花鹿有两种类型，不仅指出两种类型间个体大小不同，在毛色、花斑、臀斑等形态特征上亦明显不同，因而［曾经］提出重新考虑它们在分类上的地位问题。

按：说明当时在汪清县有梅花鹿存在。

《中国哺乳动物分布》记载，梅花鹿在“安图、长白山”（张荣祖，1997）。说明抚松县、长白朝鲜族自治县、和龙市、安图县等地有梅花鹿。

《中国重点陆生野生动物资源调查》称：“梅花鹿曾广泛分布的汪清、桦甸、舒兰、和龙、集安、通化、靖宇县（市）已经绝迹。”（国家林业局，2008）即当时在桦甸市、舒兰市、通化市、集安市、通化县、靖宇县、和龙市、汪清县有梅花鹿分布。

5.2.3　黑龙江

黑龙江省此阶段依然有梅花鹿分布记录。

民国九年（1920）《瑷珲县志》记述：

麋：似鹿而色青黑，亦有角，仲冬则解，所谓麋茸也。均应俟其未解时，取之。麋茸皆药剂上品。鹿茸青毛多，黄毛少。以麋花鹿壮嫩之茸为最上品。

按：据此看来，此处将麋鹿与梅花鹿相混，而当地的麋鹿其时应已绝迹。

清宣统二年（1910）《呼兰府志》记述：

麋：似鹿而色青黑，亦有角，仲冬则解。所谓麋茸也。均应俟其未解时，取之。麋茸，鹿茸皆药剂上品。鹿茸青毛多，黄毛少，以梅花鹿壮嫩之茸为最上品。

按：此处的“麋”虽以麋鹿为主，但同时含有梅花鹿。

民国八年（1919）《方正县志》称：

鹿：分二种：一曰马鹿，尖喙，长颈，其性最驯，高三尺余，长五尺余；一曰梅花鹿……

按：据此说明，当地将梅花鹿与马鹿混称为“鹿”。

民国九年（1920）《瑷珲县志》称：

麋：似鹿而色青黑，亦有角，仲冬则解，所谓麋茸也。均应俟其未解时，取之。麋茸［，鹿茸］皆药剂上品。鹿茸青毛多，黄毛少。以麋花鹿壮嫩之茸为最上品。

按：此与《呼兰府志》略有差异。

民国十三年（1924）《宁安县志》记述：

麋鹿：鹿大，麋小。《礼·月令》：仲冬，麋角解；仲夏，鹿角解。今考麋、鹿，俱于夏至解角。盛京、吉林有麋，无鹿，见《御制鹿角解诗》。后说，凡猎，春夏谓之青草围，秋曰哨鹿围，冬曰大围。进贡则有汤鹿、毛鹿、合子鹿及肠、舌、尾。夏秋贡干腌肉及茸、角、筋、皮。《新唐书·渤海传》俗所贵者，扶余之鹿。扶余即今开原以北地，正为田猎之所。鹿分两种：一种花鹿（满语：松不长），一马鹿（满语：不长）。

按：此处前部似沿袭《盛京通志》之说，存有些许瑕疵；后提及“鹿分两种：一种花鹿”，反映其中含有梅花鹿。

民国十七年（1928）《桦川县志》记述：

麋鹿：大者为麋，小者为鹿，肢细长，性温顺。雄者生有肢之角，每年脱换，年增一枝。老则否。壮时，茶褐色，有白星斑纹，俗称梅花鹿。雌者无角，毛色较淡，分为二种：一花鹿，满语曰松不长。一马鹿，满语曰不长。有养以供负载者。茸、角、筋、皮、肠、肚、舌、尾，清代皆入贡。鹿角初生如芽，有皮覆之，皮上有肿处，状如[redacted]盖之未开者，谓之鹿茸，可煎膏，或为胶入药，为吾国特产，东三省著名。

按：可将此与《宁安县志》比较，纠正谬误，同时证明当地有梅花鹿。

《黑龙江省兽类志》记载（马逸清等，1986）：

梅花鹿（别名：花鹿）：东北梅花鹿，目前仅见于长白山区、张广才岭、老爷岭和完达山。据1976年调查资料，黑龙江省还见于东宁、宁安、海林、林口、尚志、延寿等县。

按：据此反映，当时在尚志市、延寿县、海林市、宁安市、东宁县、林口县等地还有梅花鹿栖息。

《黑龙江省志·地理志》记载有梅花鹿分布记录，摘录如下（黑龙江省地方志编纂委员会，1998）：

【哺乳纲】现代生存在黑龙江省的哺乳动物见有6目、19科、90种……在全省分布较广的动

物主要有……梅花鹿

梅花鹿(花鹿;东部山地)

"东部山地亚区(长白山亚区北段)"划分3个动物地理省:一、"小兴安岭省"位于松花江以北、黑龙江以南、三江平原以西的大片山林地区,包括伊春林区以及绥棱、庆安、木兰、通河、汤原、鹤岗、(罗)[萝]北等县市的山林地带……梅花鹿在小兴安岭省地区尚有分布……二、"东南山地省"主要位于松花江南岸,包括牡丹江、穆棱河流域的张广才岭、老爷岭及完达山等山地,在行政区划上包括尚志、延寿、依兰、勃利、密山、东宁、五常等20多个市县的全部或部分土地……有……梅花鹿……东南山地动物省划分为3个动物州:(一)张广才岭州:位于牡丹江以西,包括海林、五常、尚志、延寿、方正、宾县、林口、依兰等县的全部或部分土地……野生动物主要有……梅花鹿……老爷岭州:位于牡丹江以东,倭肯河以南,包括东宁、穆棱、宁安、鸡东、鸡西、林口、勃利、依兰、牡丹江市等市县的全部或部分土地……栖息的动物主要有梅花鹿。

【毛皮动物资源】"黑龙江省毛皮兽种类及地理分布表"……31 梅花鹿(花鹿;松花江①、牡丹江、合江②)。

【保护区和狩猎场·自然保护区】十二、洪河自然保护区(位于抚远县和同江县交界处……属于国家保护的动物有梅花鹿。

【黑龙江省森工国有林区的保护野生动物名录】一级保护动物有东北虎、金钱豹、梅花鹿。

按:其中自然、行政等名称交织或重复,整理后约为哈尔滨市、尚志市、五常市、依兰县、方正县、宾县、巴彦县、木兰县、通河县、延寿县、伊春市、鹤岗市、萝北县、绥滨县、佳木斯市、同江市、富锦市、桦南县、桦川县、汤原县、抚远县、集贤县、宝清县、饶河县、勃利县、鸡西市、虎林市、密山市、鸡东县、牡丹江市、穆棱市、海林市、宁安市、东宁县、林口县、庆安县、绥棱县等地,反映当时仍有梅花鹿分布。

5.2.4 方志记载

方志记载虽较简略,却可反映20世纪东北多地的梅花鹿分布情况(表24.9)。

表 24.9　　**方志记载20世纪东北的梅花鹿情况**

省级政区	今地点	文献	内容	新方志出处
	新宾满族自治县	民国十四年(1925)《兴京县志》	鹿(分麋鹿①、马鹿二种)	
	开原市	民国十九年(1930)《开原县志》	鹿*	
	台安县	1981年《台安县志》	鹿	《台安县志》纂委员会,1981
	沈阳市、新民市、辽中县、康平县、法库县	1989年《沈阳市志》	梅花鹿	沈阳市人民政府地方志编纂办公室,1989
辽宁	岫岩满族自治县	1989年《岫岩县志》	鹿(已绝迹)	岫岩县志编辑部,1989
	灯塔市	1990年《灯塔县志》	鹿	灯塔县志办公室,1990
	岫岩满族自治县、丹东市、东港市、凤城市、宽甸满族自治县	1993年《丹东市志》	梅花鹿	丹东市地方志办公室,1993
	抚顺市	1993年《中国国情丛书:百县市经济社会调查:抚顺卷》	鹿茸、家养的有鹿(马鹿、梅花鹿)	丁伟志等,1993b

①此处仅按黑龙江省省内的"东流松花江段":经肇源、哈尔滨、巴彦、木兰、通河、方正、依兰、汤原、佳木斯、桦川、绥滨、富锦、同江,于同江市东北约7 km处由右岸注入黑龙江。

②现称处于黑龙江省的"合江"主要有二:"黑龙江省合江林业管理局"与合江省(存在于1945～1949年);按后者,约辖今佳木斯市、鹤岗市、依兰县、桦川县、绥滨县、抚远县、富锦市、勃利县、汤原县、萝北县、桦南县、集贤县、宝清县、密山市、鸡西市、虎林市、林口县、饶河县、同江市等地。

（续表）

省级政区	今地点	文献	内容	新方志出处
	抚顺县	1995 年《抚顺县志》	梅花鹿*	杜景琴，1995
	海城市	1995 年《中国国情丛书：百县市经济社会调查：海城卷》	鹿	丁伟志等，1995
吉林	白山市、临江市、抚松县、长白朝鲜族自治县、和龙市、安图县	清宣统二年(1910)《长白汇征录》	鹿*	
	双辽市	民国三年(1914)《双山县乡土志》	麋鹿	
	集安市	民国四年(1915)《辑安县乡土志》	麋鹿*	
	辉南县	民国十六年(1927)《辉南县志》	鹿*	
	安图县	民国十八年(1929)《安图县志》	鹿**	
	抚松县	民国十九年(1930)《抚松县志》	鹿(……本境多产之有梅花鹿、马鹿两种……)	
	永吉县	1991 年《永吉县志》	梅花鹿	永吉县志编纂委员会，1991
	柳河县	1991 年《柳河县志》	鹿	柳河县志编纂委员会，1991
	白山市、临江市、抚松县、靖宇县、长白朝鲜族自治县	1994 年《浑江市志》	梅花鹿	浑江市地方志编纂委员会，1994
	抚松县	1994 年《抚松县志》	梅花鹿	抚松县地方志编纂委员会，1994
	延吉市	1994 年《延吉市志》	梅花鹿	吉林省延吉市地方志编纂委员会，1994
	长春市、德惠市、九台市、榆树市、农安县	1995 年《长春市志：自然地理志》	梅花鹿	长春市地方志编纂委员会，1995
	辽源市	1995 年《辽源市志》	梅花鹿(21 只)	辽源市地方志编纂委员会，1995
	延吉市、图们市、敦化市、珲春市、龙井市、和龙市、汪清县、安图县	1996 年《延边朝鲜族自治州志》	梅花鹿	延边朝鲜族自治州地方志编纂委员会，1996
	通化县	1996 年《通化县志》	梅花鹿	通化县地方志编纂委员会，1996
	四平市	1998 年《中国国情丛书：百县市经济社会调查：四平卷》	梅花鹿	丁伟志等，1998a
	梅河口市	1999 年《梅河口市志》	梅花鹿	梅河口市地方志编纂委员会，1999

（续表）

省级政区	今地点	文献	内容	新方志出处
黑龙江	哈尔滨市、巴彦县、木兰县、兰西县	清宣统二年（1910）《呼兰府志》	麋*	
	方正县	民国八年（1919）《方正县志》	鹿*	
	爱辉区	民国九年（1920）《瑷珲县志》	麋*	
	依兰县	民国十年（1921）《依兰县志》	鹿［分两种。一花鹿（满语：松不长）、马鹿（满语：不长）］	
	宁安市	民国十三年（1924）《宁安县志》	麋鹿*	
	桦川县	民国十七年（1928）《桦川县志》	麋鹿*	
	属尚志市	民国十八年（1929）《珠河县志》	鹿（按：鹿有花鹿、马鹿之别）	
	爱辉区、逊克县、孙吴县、嘉荫县、萝北县、大兴安岭地区、呼玛县、塔河县、漠河县、讷河市、嫩江县、哈尔滨、巴彦县、齐齐哈尔市、龙江县、依安县、甘南县、富裕县、克山县、克东县、拜泉县、北安市、五大连池市、伊春市、铁力市、北林区、海伦市、望奎县、兰西县、青冈县、庆安县、明水县、绥棱县等地	民国二十一年（1932）《黑龙江志稿》	鹿**	
	绥棱县	1988年《绥棱县志》	梅花鹿	绥棱县志编纂委员会，1988
	东宁县	1989年《东宁县志》	梅花鹿(体(形)[型]小)	东宁县志办公室，1989
	宾县	1991年《宾县志》	鹿（……一是马鹿……二是花鹿，亦称梅花鹿）	宾县地方志办公室，1991
	双鸭山市	1991年《双鸭山市志》	梅花鹿	双鸭山市地方志编纂委员会办公室，1991
	海林市	1991年《中国国情丛书：百县市经济社会调查：海林卷》	梅花鹿	丁伟志等，1991
	萝北县	1992年《萝北县志》	梅花鹿	萝北县地方志编纂委员会，1992
	七台河市	1992年《七台河市志》	鹿	七台河市地方志编纂委员会办公室，1992
	密山市	1993年《密山县志》	鹿	密山县志编纂委员会，1993
	北安市	1994年《北安市志》	鹿	北安市地方志办公室，1994
	五大连池市	1994年《德都县志》	梅花鹿	德都县地方志办公室，1994

（续表）

省级政区	今地点	文献	内容	新方志出处
	伊春市、铁力市、嘉荫县	1995 年《伊春市志》	梅花鹿	伊春市地方志编纂委员会，1995
	哈尔滨市、尚志市、五常市、依兰县、方正县、宾县、巴彦县、木兰县、通河县、延寿县、伊春市、鹤岗市、萝北县、绥滨县、佳木斯市、同江市、富锦市、桦南县、桦川县、汤原县、抚远县、集贤县、宝清县、饶河县、勃利县、鸡西市、虎林市、密山市、鸡东县、牡丹江市、穆棱市、海林市、宁安市、东宁县、林口县、庆安县、绥棱县	1998 年《黑龙江省志·地理志》	梅花鹿*	黑龙江省地方志编纂委员会，1998

注：* 表示详见正文。* * 表示同前文。* * * 表示本省级政区已有类似记录。①即梅花鹿别称。

5.3 华东

华东虽然 20 世纪前半叶各省级政区仍有梅花鹿存在，但已然不多，有些到后半叶则消失了。

5.3.1 江苏

江苏省分布的梅花鹿在此阶段已经不多。

《滨海县志》记述（滨海县地方志编纂委员会，1998）：

解放前荒滩多未开垦，野生兽类较多，有獐、鹿、狼、野猪、貂等，因土地开垦，现已绝迹。

按：说明梅花鹿延续到 20 世纪后半叶已消失了。

《中国哺乳动物分布》记载，梅花鹿在“太湖、靖江、南京”（张荣祖，1997）。说明南京市、靖江市、无锡市、宜兴市、苏州市等地有梅花鹿。

5.3.2 浙江

浙江省分布的梅花鹿在 20 世纪前半叶尚较多，到后半叶则已屈指可数。

民国十四年(1925)《平阳县志》记述：

鹿：……毛褐色，间有白色斑点，尾甚短；雄者头上有叉角，每年脱落复生。

按：据“间有白色斑点”看，就是梅花鹿。

《浙江动物志：兽类》记载（浙江动物志编辑委员会，1989）：

梅花鹿(别名 花鹿)：仅分布于浙西北临安县西部山区。标本采自临安、桐庐。据 Allen 报道，舟山曾有记录。

按：据此反映，当时在临安市、桐庐县尚有梅花鹿，而舟山市的梅花鹿存在则是 20 世纪前半叶(Allen，1938)。

《中国哺乳动物分布》记载，梅花鹿在“杭州河、富春河、舟山、临安、桐庐”（张荣祖，1997）。说明杭州市、临安市、富阳市、建德市、桐庐县、舟山市等地有梅花鹿。

5.3.3 安徽

安徽省尚有一些梅花鹿延续下来。

《中国哺乳动物分布》记载，梅花鹿在“潜山、贵池、宁国、歙县、南陵、泾县、旌德、绩溪、祁门、黟县、太平、青阳”（张荣祖，1997）。说明南陵县、潜山县、黄山市、歙县、黟县、祁门县、贵池区、青阳县、宁国市、泾县、旌德县、绩溪县等地有梅花鹿。

繁昌县称：“境内梅花鹿、野山羊已绝迹”①。虽未见确切时间，但从记载情况推断，约在 20 世纪。

5.3.4 福建

福建省虽然还有一些梅花鹿分布，但数量下降十分显著。

福清市称，当地哺乳动物数量最多，分布也

①繁昌县. http://baike.baidu.com/link? url=tXxfQqHLIVHVlJ5XGWcIC3p_lCljM4Btm-hlT6jO2qoANoF9LXPY4ee_K59PV4sK

广。鹿、狼犬、山狗、狸、獐、狐、大小香菇狼、青猺、黄猺、白鼻猸、刺猬、山猪、獾和野兔，主要分布在山丘林间草丛①。似为20世纪分布情况。

长乐市记载，哺乳类主要有猫、狸、狐、穿山甲、野兔、松鼠、竹鼬、豪猪、猹、黄鼬、野猪、山羊、山犬、刺猬、田鼠、家鼠、蝙蝠、海豚、虎、赤豹、钱文豹、黑豹、鹿、麂、獐、狼等，但少见②。值得注意的是，所谓“但少见”，似指“海豚”之后部分物种，包括梅花鹿。

闽侯县称，境内有丰富的绿色植物和密布的河网，为野生动物提供营养和能量。县内哺乳类野生动物主要有：虎、豹、豺、狼、鹿、獐、麂、野猪、野山羊、豪猪、野兔、狐、狸、山猫、猴、黄鼠狼和水獭等兽类③。说明还有梅花鹿存在。

5.3.5 江西

江西省还有一些梅花鹿存在。

《中国哺乳动物分布》记载，梅花鹿在“彭泽、永修、九江、景德镇”（张荣祖，1997）。说明九江市、九江县、永修县、彭泽县、景德镇市等地有梅花鹿。

5.3.6 台湾

台湾在20世纪初仍有梅花鹿存在。

《日本哺乳动物志》对台湾的梅花鹿有所记述（黑田长礼，1957）：

台湾梅花鹿 *Cervus Taiouanus* Blyth(1860)

分布：多产于台湾岛的平地上。目前，几乎捕捉净了。因此，其确实产地根据鹿野氏的叙述，只知为东海岸大庄和凤林附近的原生林。后被移入火烧岛（1880年移入）和小琉球屿（1881年移入）饲养。近来，被移入伊豆大岛。

形态：与产于日本内地的日本鹿酷似，在它的冬毛上也有与夏毛同样的明显的白斑分布着，这白斑在背面的两侧约有20个并列着，其他的斑点散布着。面部短，吻尖，四肢短。体躯比产于日本内地的稍长一些。夏毛为淡栗色，后颈为深红色，体躯上有大白斑。冬毛上的白斑少。沿着背部正中线纵行着的黑条纹稍为显著。臀部的白镜斑周围的黑色部分，其上方形成显著的条纹，尾部中央的黑条纹比产于日本内地的宽，蹠部腺不白。角自第三年起增加一叉，到第五年形成3叉（4尖）。

按：这是目前所见较早用现代动物学语言描述的梅花鹿。

日据时期，台北市的景美、木栅、乌来一带仍有族群式的梅花鹿群沿水源而栖④。

《桃园县志》记述（郭薰风等，1956）：

鹿：属反刍偶蹄类。体长一公尺余，四肢细长，前二趾踏地有蹄。尾短。毛色冬季茶褐，夏季栗色，有白斑，牡者有角，呈树枝形。性温顺。听觉敏锐，不易猎捕。肉甘美可食，皮供制革及装饰用，角内之茸可为药。

按：据此表明，确是梅花鹿。

《台南县志》记述（洪波浪等，1960）：

花鹿：*Cervus Taiomanus*（Blyht）⑤　体瘦弱，四肢细长，趾有蹄，尾短，眼耳皆大，耳壳能转动，牡者有枝角一对，牝者无之，毛色至夏赤褐，有淡色白斑，是谓鹿斑，至冬概灰褐，角不空，呈紫褐色，由皮肤下层所变化而发达者，初为瘤状，呈紫褐色蔽褐色密毛，是为鹿茸，富有血管，拊之甚温，迨鹿茸渐长，乃磨于树干脱去毛皮，此时其营养盛而血管破裂流血，乃见真角，每年早春则脱，当年初生者无角，至两岁生无枝之角，三岁呈叉状，其后每年增生一枝，至四枝止，性温顺善走，肉可食，皮可制革，角可雕刻及为滋补药用。

按：基本上是梅花鹿。

《宜兰县志》记述（卢世标等，1965）：

鹿：鹿属反刍偶蹄类，体长约二公尺，四肢细长，每肢前二趾有蹄踏地，尾短，眼耳皆大，毛色冬季灰褐，夏季赤褐，有白斑，牡者二岁生无枝角一对，牝者无之，角初生如嫩芽，中不空，有皮覆之，上蔽茸毛，呈紫褐色，谓之鹿茸，为珍贵药品，其角每年二月脱落，四月新生，至第五年角增生

---

①福州地情网. http://www.fzdqw.com/ShowText.asp? ToBook=1100&index=99&

②福州地情网. http://www.fzdqw.com/ShowText.asp? ToBook=1106&index=102&

③福州地情网. http://www.fzdqw.com/ShowText.asp? ToBook=1107&index=121&

④梅花鹿台湾亚种. http://baike.baidu.com/link? url=Uti5acZTI1hrUEvGWSkRbjpIL6hz5ahWM261-2mcfF8Wo-J2sgv3bmoDD9DHP6Zbs33dA_3wX-HJBykkU0ewCq

⑤应是：台湾梅花鹿 *Cervus nippon taiomanus*

一枝，成叉状，第六第七两年二叉，第八年三叉乃止，栖息山林中，性温顺，听觉敏锐，不易猎捕，肉甘美可供食用，筋亦珍肴，皮可制革，角可供药用。鹿，本县山中有产。

按：不仅就是梅花鹿，而且明确当地仍有。

《嘉义县志》记述（赖子清等，1982）：

鹿：山无虎①，故鹿最繁，昔年近山皆为番鹿场，今则汉人垦种，极目良田，遂多于内山捕猎。

按：指出台湾的梅花鹿由于天敌少，曾繁衍颇多；后因垦殖侵占梅花鹿栖息地，梅花鹿退居内山。

《台湾脊椎动物志》记述（陈兼善等，1986）：

花鹿；亦名梅花鹿。昔日数量甚多，现今野生者可能已灭绝，故确实产地不明。但高雄、小硫球及绿岛均有饲养者。

按：一般认为台湾纯野生梅花鹿已经灭绝。

5.3.7 方志记载

方志记载虽较简略，却可反映20世纪华东多地的梅花鹿分布情况（表24.10）。

表24.10 方志记载20世纪华东的梅花鹿情况

省级政区	今地点	文献	内容	新方志出处
上海	闵行区	民国七年(1918)《上海县续志》	鹿	
江苏	句容市	清光绪二十七年(1901)《句容县志》	白鹿	
	属江都市	民国十年(1921)《甘泉县续志》	鹿	
	属江都市	民国十五年(1926)《甘泉县续志》	鹿	
	睢宁县	民国十八年(1929)《睢宁县旧志》	鹿	
	滨海县	1998年《滨海县志》	鹿*	滨海县地方志编纂委员会，1998
	如皋市	1995年《如皋县志》	梅花鹿	如皋市地方志编纂委员会，1995
	赣榆县	1997年《赣榆县志》	鹿	赣榆县地方志编纂委员会，1997
	盐城市、东台市、大丰市、射阳县、阜宁县、滨海县、响水县、建湖县	1998年《盐城市志》	梅花鹿	盐城市地方志编纂委员会，1998
浙江	宁海县	清光绪二十八年(1902)《宁海县志》	鹿（大者为麈，其产甚繁）	
	仙居县	清光绪二十八年(1902)《仙居志》	鹿	
	桐庐县	清光绪三十二年(1906)《分水县志》	鹿	
	属杭州市	清光绪三十三年(1906)《余杭县志稿》	鹿	
	富阳市	清光绪三十三年(1906)《富阳县志》	鹿（不常有）	
	浦江县	清光绪(1875～1908)《浦江县志》	鹿（间有）	
	临安市	清宣统二年(1910)《临安县志》	鹿	
	乐清县	民国元年(1912)《乐清县志》	鹿	
	天台县	民国四年(1915)《天台县志稿》	鹿	
	嵊州市	民国七年(1918)《嵊县志》	鹿	

①并非绝对“无虎”，详见本书第17章虎。

（续表）

省级政区	今地点	文献	内容	新方志出处
	建德市	民国八年(1919)《建德县志》	鹿	
	新昌县	民国八年(1919)《新昌县志》	鹿	
	属桐庐县	民国八年(1919)《新登县志》	鹿	
	龙游县	民国十年(1921)《龙游县志》	鹿	
	杭州市、富阳市、临安市、海宁市	民国十一年(1922)《杭州府志》	鹿	
	属富阳市	民国十一年(1922)《新登县志》	鹿	
	德清县	民国十二年(1923)《德清县志》	鹿(似獐而有梅花点，能食毒蛇，今少见)	
	属宁波市	民国十二年(1923)《镇海县志》	鹿	
	属临安市	民国十三年(1924)《昌化县志》	鹿	
	平阳县	民国十四年(1925)《平阳县志》	鹿	
	龙游县	民国十四年(1925)《龙游县志》	鹿	
	象山县	民国十五年(1926)《象山县志》	鹿	
	金华市	民国十五年(1926)《汤溪县志》	鹿	
	武义县	民国十五年(1926)《宣平县志》	鹿	
	属三门县	民国十九年(1930)《南田县志》	鹿	
	金华市	民国二十年(1931)《汤溪县志》	鹿	
	嵊州市	民国二十二年(1933)《嵊县志》	鹿	
	分属莲都区、武义县	民国二十三年(1934)《宣平县志》	鹿(……今罕有之)	
	属杭州市	民国二十四(1935)《萧山县志稿》	鹿	
	临海市	民国二十四(1935)《临海县志稿》	鹿	
	宁海县、台州市、临海市、温岭市、玉环县、天台县、仙居县、三门县	民国二十五年(1936)《台州府志》	鹿	
	越城区	民国二十五年(1936)《会稽县志稿》	鹿	
	青田县	1990年《青田县志》	梅花鹿	青田县志编纂委员会，1990
	永康市	1991年《永康县志》	鹿(已绝迹)	永康县地方志编纂委员会，1991
	东阳市	1993年《东阳市志》	鹿	东阳市地方志编纂委员会，1993
	平阳县	1993年《平阳县志》	鹿	平阳县志编纂委员会，1993
	杭州市	1994年《杭州志》	天门山：梅花鹿	《中国城市综合实力五十强丛书·杭州市》编委会，1994
	杭州市、临安市、富阳市、建德市、桐庐县、淳安县	1995年《杭州市志》	梅花鹿	杭州市地方志编纂委员会，1995

（续表）

省级政区	今地点	文献	内容	新方志出处
	宁波市、慈溪市、余姚市、奉化市、宁海县、象山县	1995年《宁波市志》	梅花鹿	宁波市地方志编纂委员会，1995
	温州市、瑞安市、乐清市、永嘉县、文成县、平阳县、泰顺县、洞头县、苍南县	1998年《温州市志》	鹿（偶见于西部山区幽僻丛林中）	温州市志编纂委员会，1998
	湖州市	1999年《湖州市志》	梅花鹿	湖州市地方志编纂委员会，1999
安徽	霍山县	清光绪三十一年(1905)《霍山县志》	鹿	
	黄山市	清光绪三十四年(1908)《太平县志》	鹿	
	南陵县	清宣统三年(1911)《南陵县志》	鹿	
	全椒县	民国九年(1920)《全椒县志》	白鹿	
	宿松县	民国十年(1921)《宿松县志》	鹿	
	太湖县	民国十一年(1922)《太湖县志》	鹿	
	南陵县	民国十三年(1924)《南陵县志》	鹿	
	宁国市	民国二十五年(1936)《宁国县志》	鹿	
	歙县	民国二十六年(1937)《歙县志》	鹿	
	黄山市、歙县、休宁县、黟县	1988年《黄山志》	梅花鹿	《黄山志》编纂委员会，1988
	黟县	1988年《黟县志》	鹿	黟县地方志编纂委员会，1988
	休宁县	1990年《休宁县志》	梅花鹿	休宁县地方志编纂委员会，1990
	祁门县	1990年《祁门县志》	梅花鹿	祁门县地方志编纂委员会办公室，1990
	谯城区	1993年《中国国情丛书：百县市经济社会调查：亳州卷》	鹿	丁伟志等，1993c
	潜山县	1993年《潜山县志》	梅花鹿	潜山县地方志编纂委员会，1993
	霍山县	1993年《霍山县志》	草鹿	霍山县地方志编纂委员会，1993
	安庆市、桐城市、怀宁县、枞阳县、潜山县、太湖县、宿松县、望江县、岳西县、贵池区、东至县	1995年《安庆地区志》	梅花鹿	安庆地区地方志编纂委员会，1995
	歙县	1995年《歙县志》	梅花鹿	歙县地方志编纂委员会，1995
	广德县	1996年《广德县志》	鹿	广德县地方志编纂委员会，1996
	泾县	1996年《泾县志》	梅花鹿	泾县地方志编纂委员会，1996
	郎溪县	1998年《郎溪县志》	鹿	郎溪县地方志编纂委员会，1998
	绩溪县	1998年《绩溪县志》	梅花鹿	绩溪县地方志编纂委员会，1998

（续表）

省级政区	今地点	文献	内容	新方志出处
福建	浦城县	清光绪二十六年(1900)《浦城县志》	鹿(林兽曰鹿,水兽曰麋)	
	长乐市	民国六年(1917)《长乐县志》	鹿	
	政和县	民国八年(1919)《政和县志》	鹿	
	新罗区	民国九年(1920)《龙岩县志》	鹿	
	延平区	民国九年(1920)《南平县志》	鹿	
	屏南县	民国九年(1920)《屏南县志》	鹿	
	闽清县	民国十年(1921)《闽清县志》	鹿	
	永泰县	民国十一年(1922)《永泰县志》	鹿	
	宁化县	民国十五年(1926)《宁化县志》	鹿	
	尤溪县	民国十六年(1927)《尤溪县志》	鹿	
	德化县	民国十六年(1927)《德化县志》	鹿	
	南安市	民国十六年(1927)《南安县志》	鹿(少见,近闻有自台湾者致)	
	沙县	民国十七年(1928)《沙县志》	鹿(……牡有角,夏至而解)	
	属厦门市	民国十八年(1929)《同安县志》	鹿	
	建阳市	民国十八年(1929)《建阳县志》	鹿	
	大田县	民国二十年(1931)《大田县志》	鹿	
	顺昌县	民国二十五年(1936)《顺昌县志》	鹿	
	邵武市	民国二十六年(1937)《邵武县志》	鹿	
	连城县	民国二十七年(1938)《连城县志》	鹿	
	长汀县	民国三十年(1941)《长汀县志》	鹿(鹿之种类甚多,……邑所产者仅少数之山鹿耳)	
	诏安县	民国三十一年(1942)《诏安县志》	鹿	
	莆田市	民国三十四年(1945)《莆田县志》	鹿	
	云霄县	民国三十六年(1947)《云霄县志》	鹿	
	清流县	民国三十六年(1947)《清流县志》	鹿	
	尤溪县	1987年《尤溪县志》	鹿	尤溪县志编纂委员会,1987
	永春县	1990年《永春县志》	鹿(山鹿)	永春县地方志编纂委员会,1990
	永泰县	1992年《永泰县志》	鹿	永泰县地方志编纂委员会,1992
	新罗区、漳平市、长汀县、永定县、上杭县、武平县、连城县	1992年《龙岩地区志》	梅花鹿	龙岩地区地方志编纂委员会,1992
	德化县	1992年《德化县志》	鹿	德化县地方志编纂委员会,1992

（续表）

省级政区	今地点	文献	内容	新方志出处
	闽清县	1993年《闽清县志》	鹿	闽清县地方志编纂委员会,1993
	武平县	1993年《武平县志》	黄鹿?	武平县地方志编纂委员会,1993
	连城县	1993年《连城县志》	梅花鹿	连城县地方志编纂委员会,1993
	周宁县	1993年《周宁县志》	鹿	周宁县地方志编纂委员会,1993
	建瓯市	1994年《建瓯县志》	鹿	建瓯县地方志编纂委员会,1994
	永安市	1994年《永安市志》	山鹿	永安市地方志编纂委员会,1994
	永定县	1994年《永定县志》	鹿	永定县地方志编纂委员会,1994
	政和县	1994年《政和县志》	鹿	政和县地方志编纂委员会,1994
	仙游县	1995年《仙游县志》	鹿	仙游县地方志编纂委员会,1995
	将乐县	1998年《将乐县志》	梅花鹿	将乐县地方志编纂委员会,1998
江西	宜丰县	民国六年(1917)《盐乘县志》	鹿	
	德兴市	民国八年(1919)《德兴县志》	鹿	
	属吉安市	民国九年(1920)《庐陵县志》	鹿	
	南丰县	民国十年(1921)《南丰县志》	鹿	
	婺源县	民国十四年(925)《婺源县志》	鹿(喜林,群居,性警,善走;夏至解角)	
	南昌县	民国二十四年(1935)《南昌县志》	白鹿	
	袁州区	民国二十九年(1940)《宜春县志》	鹿(亦不常见)	
	宁都县	1986年《宁都县志》	鹿(已多年无人发现)	宁都县志编辑委员会,1986
	高安市	1988年《高安县志》	鹿	江西省高安县史志编纂委员会,1988
	崇义县	1989年《崇义县志》	南方花鹿	江西省崇义县编史修志委员会,1989
	安义县	1990年《安义县志》	鹿	江西省安义县志编纂领导小组,1990
	新干县	1990年《新干县志》	野鹿	江西省新干县志编纂委员会,1990
	星子县	1990年《星子县志》	鹿	江西省星子县志编纂委员会,1990
	赣县	1991年《赣县志》	野鹿(多年未发现)	江西省赣县志编纂委员会,1991
	上犹县	1992年《上犹县志》	山鹿	江西省上犹县志编纂委员会,1992
	瑞金市	1993年《瑞金县志》	山鹿	瑞金县志编纂委员会,1993
	德兴市	1993年《德兴县志》	鹿	江西省德兴市地方志编纂委员会,1993
	泰和县	1993年《泰和县志》	山鹿	泰和县地方志编纂委员会,1993
	高安市	1994年《中国国情丛书:百县市经济社会调查:高安卷》	鹿	丁伟志等,1994a
	吉安县	1994年《吉安县志》	野鹿	吉安县志编纂委员会,1994
	全南县	1995年《全南县志》	山鹿	江西省全南县志编纂委员会,1995
	属井冈山市	1995年《宁冈县志》	山鹿	宁冈县地方志编纂委员会,1995
	景德镇市	1996年《中国国情丛书:百县市经济社会调查:景德镇卷》	梅花鹿	丁伟志等,1996a

（续表）

省级政区	今地点	文献	内容	新方志出处
	兴国县	1996年《中国国情丛书：百县市经济社会调查：兴国卷》	山鹿	丁伟志等，1996b
	寻乌县	1996年《中国国情丛书：百县市经济社会调查：寻乌卷》	鹿	丁伟志等，1996c
	贵溪县	1996年《贵溪县志》	梅花鹿	贵溪县志编纂委员会，1996
	遂川县	1996年《遂川县志》	小鹿	遂川县地方志编纂委员会，1996
	资溪县	1997年《资溪县志》	梅花鹿	资溪县地方志编纂委员会，1997
	浮梁县	1998年《浮梁县志》	梅花鹿	浮梁县地方志编纂委员会，1998
山东	属烟台市	民国二十五年(1936)《牟平县志》	获白鹿	
	文登市	1996年《文登市志》	鹿（明时县内诸山有野鹿，文庙丁祭用之；清时绝迹。80年代，昆嵛山中少数驯养鹿逃逸成野鹿）	山东省文登市地方史志编纂委员会，1996
	荣成市	1999年《荣成市志》	梅花鹿（系崖西镇大山口村养殖的逃逸到伟德山区繁衍成群）	山东省荣成市地方史志编纂委员会，1999
台湾	桃园县	1956年《桃园县志》	鹿*	郭薰风等，1956
	台南县	1960年《台南县志》	花鹿*	洪波浪等，1960
	宜兰县	1965年《宜兰县志》	鹿*	卢世标等，1965
	嘉义县	1982年《嘉义县志》	鹿*	赖子清等，1982

注：*表示详见正文。

5.4 中南

本阶段，中南地区除海南省外，香港与澳门特别行政区也未再见梅花鹿分布。

5.4.1 河南

河南省仍有一些地方有梅花鹿分布记录。

民国二十五年(1936)《光山县志约稿》记载：

《旧志》载有虎、鹿、麞、麂、猴、猿各种，今皆绝迹。

按：说明当地的梅花鹿在20世纪前半叶已经绝迹。

《信阳地区志》记载（信阳地区地方史志编纂委员会，1992）：

梅花鹿：信阳、固始人工饲养。

按：此处虽称“人工饲养”，但《新县志》称有“鹿”，反映之前似有梅花鹿。

《河南省野生动植物资源调查与保护》中《河南省兽类名录》列举兽79种，其中鹿科6种（小鹿、原麝、林麝、梅花鹿、河麂、狍）（甘雨等，2004）。说明有梅花鹿，只是缺乏分布地点。

5.4.2 湖北

湖北省还有一些梅花鹿分布记录。

《郧西县志》记述（湖北省郧西县地方志编纂委员会办公室，1995）：

据老年人反映：清中后期，六斗、吴家朳一带皆为深山老林，人迹罕逢，野鹿遍地，人称“鹿都”

……【兽类】鹿(有牛鹿、羊鹿、马鹿、梅花鹿、青鹿5种,多生长黄龙山,今已少见)。

按:据此反映,到清中后期,当地还有不少鹿,就是到20世纪后半叶,也还有梅花鹿等①存在。

5.4.3 湖南

湖南省在本阶段还有一些梅花鹿分布。

《安仁县志》追记(安仁县志编委会,1996):

清代、民国时期,境内常见野兽有虎、豹、狐、狼、狸、貉、獐、麂、鹿。

按:据此表明,到20世纪前半叶,当地梅花鹿等还是常见野兽。

据史籍记载,双牌县历史上野生动物较多,陆栖动物亚洲象、犀牛、熊、猿、猴、梅花鹿、华南虎历史上都有分布。由于人为滥捕滥猎和森林植被不断遭到破坏,栖息环境逐渐恶化,野生动物数量日趋减少,有些种类已经绝迹,如亚洲象、犀牛、熊、猿、猴、梅花鹿、华南虎等陆栖动物均已绝迹②。虽所述珍稀动物灭绝时间不详,但从其他地方情况看,梅花鹿似延续到20世纪后半叶。

《中国哺乳动物分布》记载,梅花鹿在"宜章、新宁、绥宁"(张荣祖,1997)。说明宜章县、绥宁县、新宁县等地有梅花鹿。

5.4.4 广东

广东省在此阶段还有一些地方有梅花鹿存在。

民国二十六年(1937)《西宁县志》记载:

草鹿:形略似麖,四肢细长,角短,惟牡者角生枝与麖异,毛或淡茶色,或黄麻,肉食甚美,大社诸山往往有之《采访册》。

按:由于之前该县多有"鹿"分布记录,故虽此梅花鹿特征不显著,但仍认为有梅花鹿存在。

《广东省保护动物的种类及数量分布》记载(余斯绵等,1985):

江南梅花鹿目前数量十分稀少,仅零星分散于粤北的乳源、英德、始兴、曲江、仁化等县境内,至今仍未发现有数量较多的栖息地,很难划定保护区。

按:据此表明,在英德市、韶关市、始兴县、仁化县、乳源瑶族自治县等地曾有梅花鹿栖息。

《中国哺乳动物分布》记载,梅花鹿在"连平、九连山、和平、南雄、仁化、英德、阳山、连州、怀集"(张荣祖,1997)。说明英德市、连州市、阳山县、南雄市、仁化县、翁源县、新丰县、连平县、和平县、怀集县等地有梅花鹿。

5.4.5 广西

广西壮族自治区此阶段依然有一些地方有梅花鹿存在。

《宁明县志》记载(宁明县志编纂委员会,1988):

鹿:清光绪期间,山区村民常捕得取茸出售。正二月捕得小鹿,让黄母牛或母羊喂奶,与牛羊合群,长成后取茸。今已绝。

按:证实当地确有梅花鹿。

《博白县志》追记(博白县志编纂委员会,1994):

据旧志记载,当时主要哺乳类动物有乌猿、猴、虎、豹、鹿、山马、獐、黄猄、山猪、豪猪、白鼻猪、龙猪、铃猪、石羊、豺狗、龙狗(狐狸)、飞狐、猫狸、闲狸、松鼠、水獭等。

按:据此看来,20世纪前半叶当地还有梅花鹿等野兽。

《广西珍贵动物》记载:"梅花鹿:仅桂南的大新、崇左、隆安交界地区有少量分布"(申兰田等,1981),即在隆安县、江州区、大新县等地有梅花鹿栖息。

《隆安县志》记述(隆安县志编纂委员会,1993):

梅花鹿:1962年3月,陆川县20多人的狩猎队来屏山区打猎,捕去梅花鹿30多只。据国营万岭林场职工观察,今屏山乡境内尚有梅花鹿存活。

按:据此表明,当地仍有梅花鹿分布。

《中国哺乳动物分布》记载,梅花鹿在"龙州、大新、崇左、扶绥、隆安"(张荣祖,1997)。说明隆安县、江州区、扶绥县、大新县、龙州县等地有梅花鹿。

《南宁市志》追记(南宁市地方志编纂委员会,1998):

---

①所称"牛鹿、羊鹿、马鹿、青鹿"究竟是何物种,待查证。因现生马鹿也未在湖北省分布,而我尚未进行该物种分布变迁研究。

②双牌新闻网. http://www.spxw.gov.cn/zjsp/wczy.html

20世纪60年代，南宁市西部大明山一带有小群梅花鹿活动。
按：证实当时确有梅花鹿分布。

5.4.6 方志记载

方志记载虽较简略，却可反映20世纪中南多地的梅花鹿分布情况（表24.11）。

表24.11　　方志记载20世纪中南的梅花鹿情况

省级政区	今地点	文献	内容	新方志出处
河南	魏都区、许昌县	民国十二年(1923)《许昌县志》	白鹿	
	确山县	民国二十年(1931)《确山县志》	鹿	
	禹州市	民国二十年(1931)《禹县志》	白鹿	
	修武县	民国二十年(1931)《修武县志》	鹿	
	属灵宝市	民国二十一年(1932)《阌乡县志》	白鹿	
	灵宝市	民国二十四年(1935)《灵宝县志》	鹿	
	陕县	民国二十五年(1936)《陕县志》	鹿不常见	
	光山县	民国二十五年(1936)《光山县志约稿》	鹿*	
	陕县	1988年《陕县志》	鹿（是县内稀有的珍贵动物）	陕县地方史志编纂委员会，1988
	嵩县	1990年《嵩县志》	鹿	河南省嵩县志编纂委员会，1990
	西峡县	1990年《淅川县志》	草鹿	西峡县志编纂委员会，1990
	淅川县	1990年《西峡县志》	草鹿、鹿	淅川县地方史志编纂委员会，1990
	新县	1990年《新县志》	鹿	新县志编纂委员会，1990
	渑池县	1991年《渑池县志》	鹿	渑池县志编纂委员会，1991
	洛宁县	1991年《洛宁县志》	鹿	洛宁县志编纂委员会，1991
	信阳市、息县、淮滨县、潢川县、光山县、固始县、商城县、罗山县、新县	1992年《信阳地区志》	梅花鹿*	信阳地区地方史志编纂委员会，1992
	灵宝市	1992年《灵宝县志》	鹿	灵宝县地方史志编纂委员会，1992
	方城县	1992年《方城县志》	鹿（今已绝迹）	方城县地方史志编纂委员会，1992
	确山县	1993年《确山县志》	鹿	确山县志编纂委员会，1993
	南阳市、邓州市、南召县、方城县、西峡县、镇平县、内乡县、淅川县、社旗县、唐河县、新野县、桐柏县	1994年《南阳地区志》	梅花鹿	南阳地区地方史志编纂委员会，1994
	栾川县	1994年《栾川县志》	鹿	栾川县地方史志编纂委员会，1994

（续表）

省级政区	今地点	文　献	内　容	新方志出处
	平顶山市	1994 年《平顶山市志》	小鹿（黄鹿）	平顶山市地方史志编纂委员会，1994
	鲁山县	1994 年《鲁山县志》	鹿	鲁山县地方史志编纂委员会，1994
	内乡县	1994 年《内乡县志》	草鹿	内乡县地方史志编纂委员会，1994
	南召县	1995 年《南召县志》	草鹿	南召县史志编纂委员会，1995
	汝阳县	1995 年《汝阳县志》	草鹿	汝阳县地方史志编纂委员会，1995
	宜阳县	1996 年《宜阳县志》	鹿	河南省宜阳县地方志编纂委员会，1996
	南阳市、邓州市、南召县、方城县、西峡县、镇平县、内乡县、淅川县、社旗县、唐河县、新野县、桐柏县	1996 年《南阳地区志：1986～1994》	梅花鹿	南阳地区地方史志编纂委员会，1996
湖北	枣阳市	民国十二年（1923）《枣阳县志》	鹿（山兽）	
	郧西县	民国二十五年（1936）《郧西县志》	梅鹿	
	通城县	1985 年《通城县志》	鹿	通城县志编纂委员会，1985
	钟祥县	1990 年《钟祥县志》	鹿	湖北省钟祥县县志编纂委员会，1990
	咸丰县	1990 年《咸丰县志》	鹿	咸丰县志编纂委员会，1990
	谷城县	1991 年《谷城县志》	梅花鹿	湖北省谷城县地方志编纂委员会，1991
	秭归县	1991 年《秭归县志》	梅花鹿	湖北省秭归县地方志编纂委员会，1991
	丹江口市	1993 年《丹江口市志》	鹿	湖北省丹江口市地方志编纂委员会，1993
	属宜昌市	1993 年《宜昌县志》	野鹿	湖北省宜昌县地方志编纂委员会，1993
	襄樊市、老河口市、枣阳市、南漳县、谷城县、保康县、曾都区	1994 年《襄樊市志》	梅花鹿	湖北省襄樊市地方志编纂委员会，1994
	洪湖市	1994 年《中国国情丛书：百县市经济社会调查：洪湖卷》	小鹿	丁伟志等，1994b
	郧西县	1995 年《郧西县志》	鹿	湖北省郧西县地方志编纂委员会办公室，1995
	宣恩县	1995 年《宣恩县志》	鹿	宣恩县志编纂委员会，1995
	神农架林区	1996 年《神农架志》	梅花鹿	湖北省神农架林区地方志编纂委员会，1996
湖南	邵阳市、邵阳县	清光绪三十三年（1907）《邵阳县乡土志》	鹿身有斑点，丛山密林间一值之	
	江永县	清光绪三十三年（1907）《永明县志》	鹿	
	靖州苗族侗族自治县	清光绪三十四年（1908）《靖州乡土志》	鹿	
	永顺县	民国十九年（1930）《永顺县志》	鹿	
	道县	民国二十年（1931）《道县志》	鹿	

（续表）

省级政区	今地点	文　献	内　容	新方志出处
	汝城县	民国二十一年(1932)《汝城县志》	鹿	
	蓝山县	民国二十二年(1933)《蓝山县图志》	鹿	
	安仁县	1996 年《安仁县志》	鹿*	安仁县志编委会,1996
	娄星区	1997 年《娄底市志》	民国末期境内发现有狼、鹿	娄底市志编纂委员会,1997
	凤凰县	1988 年《凤凰县志》	鹿茸	凤凰县志编纂委员会,1988
	汉寿县	1993 年《汉寿县志》	鹿	汉寿县志编纂委员会,1993
	澧县	1993 年《澧县志》	鹿(已经绝迹)	澧县地方志编纂办公室,1993
	茶陵县	1993 年《茶陵县志》	鹿	湖南省茶陵县地方志编纂委员会,1993
	湘乡市	1993 年《湘乡县志》	鹿(曾有)	湘乡县志编纂委员会编.1993
	耒阳市	1993 年《耒阳市志》	梅花鹿(已绝迹)	耒阳市志编纂委员会编.1993
	祁阳县	1993 年《祁阳县志》	梅花鹿(已经绝迹)	《祁阳县志》编纂委员会,1993
	溆浦县	1993 年《溆浦县志》	梅花鹿	溆浦县县志编纂委员会,1993
	芷江侗族自治县	1993 年《芷江县志》	鹿	芷江侗族自治县志编纂委员会,1993
	花垣县	1993 年《花垣县志》	鹿	湖南省花垣县地方志编纂委员会,1993
	平江县	1994 年《平江县志》	鹿	湖南省平江县志编纂委员会,1994
	会同县	1994 年《会同县志》	黄鹿	湖南省会同县志编纂委员会,1994
	靖州苗族侗族自治县	1994 年《靖州县志》	鹿	靖州苗族侗族自治县县志编纂委员会,1994
	湘潭市、湘潭县	1995 年《湘潭县志》	鹿(已经绝迹)	湘潭县地方志编纂委员会,1995
	蓝山县	1995 年《蓝山县志》	山鹿	蓝山县志编纂委员会,1995
	新宁县	1995 年《新宁县志》	小鹿	新宁县县志编委会,1995
	新化县	1996 年《新化县志》	鹿	新化县志编纂委员会,1996
	汝城县	1997 年《汝城县志》	鹿	汝城县志编委会,1997
	武冈县	1997 年《武冈县志》	小鹿	武冈县志编委会,1997
	绥宁县	1997 年《绥宁县志》	梅花鹿	湖南省绥宁县志编纂委员会,1997
	衡阳市、耒阳市、常宁市、衡阳县、衡东县、衡山县、衡南县、祁东县	1998 年《衡阳市志》	小鹿	衡阳市地方志编纂委员会,1998
	通道侗族自治县	1999 年《通道县志》	黄鹿	湖南省通道侗族自治县县志编纂委员会,1999
广东	属佛山市	清宣统二年(1910)《南海县志》	白鹿	
	徐闻县	清宣统三年(1911)《徐闻县志》	鹿皮	
	连山壮族瑶族自治县	民国四年(1915)《连山县志》	鹿	

（续表）

省级政区	今地点	文　献	内　容	新方志出处
	怀集县	民国五年(1916)《怀集县志》	鹿	
	东莞市	民国十年(1921)《东莞县志》	鹿	
	增城市	民国十年(1921)《增城县志》	鹿	
	属广州市	民国十三年(1924)《花县志》	鹿	
	四会市	民国十四年(1925)《四会县志》	鹿(不多见)	
	江城区	民国十四年(1925)《阳江志》	鹿	
	始兴县	民国十五年(1926)《始兴县志》	鹿	
	仁化县	民国二十年(1931)《仁化县志》	鹿	
	乐昌市	民国二十年(1931)《乐昌县志》	鹿(……毛草褐色,有白星斑纹,俗称梅花鹿)	
	恩平县	民国二十三年(1934)《恩平县志》	鹿	
	云城区	民国二十四年(1935)《罗定县志》	鹿	
	龙门县	民国二十五年(1936)《龙门县志》	鹿	
	郁南县	民国二十六年(1937)《西宁县志》	草鹿*	
	高要市	民国二十七年(1938)《高要县志》	鹿	
	阳山县	民国二十七年(1938)《阳山县志》	鹿	
	阳春市	民国三十年(1941)《阳春县志》	野鹿	
	属珠海市	2001年《斗门县志》	50年代初:鹿	斗门县地方志编纂委员会,2001
	兴宁市	1992年《兴宁县志》	山鹿	兴宁县地方志编纂委员会,1992
	平远县	1993年《平远县志》	山鹿	平远县地方志编纂委员会,1993
	信宜市	1993年《信宜县志》	鹿	信宜县地方志编纂委员会,1993
	乐昌市	1994年《乐昌市志》	梅花鹿	乐昌市地方志编纂委员会,1994
	紫金县	1994年《紫金县志》	鹿	紫金县地方志编纂委员会,1994
	属广州市	1995年《花县志》	鹿(已绝迹)	花县地方志编纂委员会,1995
	增城市	1995年《增城县志》	鹿	增城市地方志编纂委员会,1995
	连南瑶族自治县	1996年《连南瑶族自治县县志》	山鹿	连南瑶族自治县地方志编纂委员会,1996
	始兴县	1997年《始兴县志》	梅花鹿	始兴县志办公室,1997
	乳源瑶族自治县	1997年《乳源瑶族自治县志》	梅花鹿	乳源瑶族自治县地方志编纂委员会,1997
广西	属罗城仫佬族自治县	清光绪末年(—1908)《天河县乡土志》	鹿角(有茸,可入药材)	
广西	桂平市	民国九年(1920)《桂平县志》	野鹿	
广西	陆川县	民国十三年(1924)《陆川县志》	鹿	
广西	灵川县	民国十八年(1929)《灵川县志》	鹿(产一五两区)	
广西	富川瑶族自治县	民国二十一年(1932)《富川县志》	鹿	
广西	钟山县	民国二十二年(1933)《钟山县志》	鹿	

（续表）

省级政区	今地点	文献	内容	新方志出处
	属扶绥县	民国二十二年(1933)《同正县志》	鹿	
	八步区	民国二十三年(1934)《贺县志》	鹿	
	昭平县	民国二十三年(1934)《昭平县志》	鹿	
	属鹿寨县	民国二十三年(1934)《雒容县志》	鹿	
	属兴宾区	民国二十四年(1935)《迁江县志》	鹿脯(俗称马鹿。各乡间有之)	
	罗城仫佬族自治县	民国二十四年(1935)《罗城县志》	鹿	
	阳朔县	民国二十五年(1936)《阳朔县志》	马鹿	
	属鹿寨县	民国二十六年(1937)《榴江县志》	鹿	
	江州区	民国二十六年(1937)《崇善县志》	鹿	
	属南宁市	民国二十六年(1937)《邕宁县志》	鹿	
	属环江毛南族自治县	民国二十六年(1937)《宜北县志》	鹿	
	柳城县	民国二十九年(1940)《柳城县志》	鹿	
	三江侗族自治县	民国三十五年(1946)《三江县志》	鹿	
	宾阳县	民国三十七年(1948)《宾阳县志》	鹿	
	博白县	1994年《博白县志》	鹿*	博白县志编纂委员会,1994
	宁明县	1988年《宁明县志》	鹿*	宁明县志编纂委员会,1988
	扶绥县	1989年《扶绥县志》	野鹿	扶绥县志编纂委员会,1989
	大新县	1989年《大新县志》	梅花鹿	大新县志编纂委员会,1989
	隆安县	1993年《隆安县志》	梅花鹿*	隆安县志编纂委员会,1993
	富川瑶族自治县	1993年《富川瑶族自治县志》	鹿	富川瑶族自治县志编纂委员会,1993
	江州区	1994年《崇左县志》	鹿	崇左县志编纂委员会,1994
	灌阳县	1995年《灌阳县志》	鹿	灌阳县地方志编委办公室,1995
	武宣县	1995年《武宣县志》	鹿	武宣县志编纂委员会,1995
	临桂县	1996年《临桂县志》	角鹿	临桂县志编纂委员会,1996
	永福县	1996年《永福县志》	鹿	永福县志编纂委员会,1996
	田林县	1996年《田林县志》	斑鹿	田林县地方志编纂委员会,1996
	灵川县	1997年《灵川县志》	鹿	灵川县地方志编纂委员会,1997
	南宁市、武鸣县	1998年《南宁市志》	梅花鹿*	南宁市地方志编纂委员会,1998
	兴安县	1998年《中国国情丛书:百县市经济社会调查:兴安卷》	鹿	丁伟志等,1998b
	融水苗族自治县	1998年《融水苗族自治县志》	野鹿	广西融水苗族自治县地方志编纂委员会,1998

注：* 表示详见正文。

5.5 西南

此阶段，西南除西藏自治区外，其余4个省级政区皆有梅花鹿。

5.5.1 四川

四川省仍有梅花鹿生息繁衍。

民国二十二年(1933)《灌县志》集解：

鹿：《尔雅·释兽》：鹿：牡麚，牝麀，其子麛。其迹远，绝有力麉。《埤雅》：雄者有角。鹿性驯。状时，毛茶褐色，有白斑。雌者色较淡。

按：据此表明，就是梅花鹿。

民国三十一年(1942)《西昌县志》记述：

鹿：县属山岳中产之，间亦至平原，唯产量不多。民国十四年，双龙乡董家堡曾猎毙一条。

按：证实确有梅花鹿存在。

民国三十三年(1944)《汶川县志》记述：

鹿：茶褐色，性善惊。头生肉角。在伏日猎者为贵，至秋则老，唯牡鹿有之。

按：对照《灌县志》，当是梅花鹿。

南部县称，至1950年代初期，县境西北部升钟、双峰一带时有虎、豹、熊、鹿出没①。即有梅花鹿。

《四川资源动物志》记载：四川梅花鹿(*Cervus nippon szechuanius* Guo, Chen et wang)分布于"若尔盖、红原"(《四川资源动物志》编辑委员会，1982)，即在若尔盖县与红原县有残存。

罗佳(1986)1982～1985年对横断山东部地区考察，认为阿坝县、若尔盖县、红原县皆有梅花鹿分布，并记述：

考察中，一次即见集群的梅花鹿13只。据当地反映，仅崇尔公社②就有200多只，说明近年来梅花鹿数量有所增加。

"崇尔是座神山，神山里养了神鹿，如果谁要胆敢伤害它们，那天将下冰雹，牛马羊等牲畜将死掉，人将患病闯祸……"这虽属无稽之谈，但对梅花鹿的保护却不无裨益。

5.5.2 贵州

贵州省此阶段残存的梅花鹿锐减。

民国十八年(1929)《桐梓县志》记述：

鹿：仙人山近洞一鹿如山羊大，皆梅花纹。其茸亦嫩而肥。惜未大张罗网一发洩其宝藏。

按：证实确有梅花鹿。

《贵州省的贵珍兽类》记述(罗蓉等，1985)：

梅花鹿在贵州原无记载。1976年在桐梓调察时，有群众反映在野外见到该兽活动。1981年在遵义地区毛皮仓库查看野生动物皮张时，从调出皮张的账单中得知，1980年曾调出梅花鹿皮三张。1981年11月，在兴义县外贸站收购到一张来自该县一个区的不甚完整的梅花鹿皮，其特征有别于贵州饲养的东北梅花鹿。

按：据此反映，在今桐梓县与兴义市曾有梅花鹿分布。

锦屏县1960年代后森林逐渐减少，动物活动范围缩小，加上遭到大量捕捉，哺乳动物逐渐减少。及至近年，除各地浅山中尚存少量野猪，文斗乡南包溪、乌斗溪等小范围原始残次林中尚存小群猕猴外，虎、豹、豺、狼、野牛、野鹿等大型动物已基本绝迹③。说明梅花鹿尚延续到20世纪末。

5.5.3 云南

此阶段，云南省仍有较多梅花鹿。

民国十四年(1925)《禄劝县志》记述：

仙鹿：在雪山。其身洁白，行于雪岩，如不见物。人罕见之。

按：此虽沿袭旧记载，但说明还有梅花鹿。

5.5.4 方志记载

方志记载虽较简略，却可反映20世纪西南多地的梅花鹿分布情况(表24.12)。

---

①南部县人民政府. http://www.scnanbu.gov.cn/a/detail/97.html

②今为崇尔乡，是若尔盖县辖乡。

③锦屏县. http://baike.baidu.com/view/189088.htm

表 24.12　方志记载 20 世纪西南的梅花鹿情况

省级政区	今地点	文献	内容	新方志出处
重庆	涪陵区	民国十七年(1928)《涪州志》	鹿	
	南川区	1991 年《南川县志》	梅花鹿(三泉;引种家养)①	四川省南川县志编纂委员会,1991
	垫江县	1993 年《垫江县志》	鹿子	四川省垫江县志编纂委员会,1993
	武隆县	1994 年《武隆县志》	鹿	四川省武隆县志编纂委员会,1994
四川	属康定县	清光绪(1875～1908)《打箭炉厅志》	鹿茸	
	荥经县	民国四年(1915)《荥经县志》	鹿入城(民国元年十月)	
	峨边彝族自治县	民国四年(1915)《峨边县志》	鹿	
	松潘县	民国十三年(1924)《松潘县志》	鹿	
	康定县、泸定县、丹巴县、九龙县、雅江县、道孚县、炉霍县、甘孜县、新龙县、德格县、白玉县、石渠县、色达县、理塘县、巴塘县、乡城县、稻城县、得荣县等地	民国十四年(1925)《西藏志》	鹿(西康各处均产)	
	剑阁县	民国十六年(1927)《剑阁县续志》	鹿	
	什邡市	民国十八年(1929)《什邡县志》	鹿	
	金川县	民国初年(20 世纪 20 年代)《绥靖屯志》	鹿	
	属小金县	民国初年(20 世纪 20 年代)《抚边屯志略草案》	鹿	
	康定县	民国初年(20 世纪 20 年代)《康定县图志》	鹿	
	炉霍县	民国初年(20 世纪 20 年代)《炉霍县图志》	鹿茸、鹿胎、鹿角	
	甘孜县	民国初年(20 世纪 20 年代)《甘孜县图志》	鹿	
	新龙县	民国初年(20 世纪 20 年代)《瞻化县图志》	鹿茸	
	白玉县	民国初年(20 世纪 20 年代)《白玉县图志》	鹿茸、鹿角	
	德格县	民国初年(20 世纪 20 年代)《德格县图志》	鹿茸、鹿角	

（续表）

省级政区	今地点	文献	内容	新方志出处
	石渠县	民国初年(20世纪20年代)《石渠县图志》	鹿	
	分属德格、石渠县	民国初年(20世纪20年代)《邓科县图志》	鹿茸	
	泸定县	民国初年(20世纪20年代)《泸定县图志》	鹿茸、鹿胎	
	雅江县	民国初年(20世纪20年代)《雅江县图志》	鹿	
	道孚县	民国初年(20世纪20年代)《道孚县图志》	鹿茸	
	理塘县	民国初年(20世纪20年代)《理化县图志》	鹿	
	稻城县	民国初年(20世纪20年代)《稻城县图志》	鹿茸、鹿胎、鹿筋、鹿尾	
	巴塘县	民国初年(20世纪20年代)《巴安县图志》	鹿	
	得荣县	民国初年(20世纪20年代)《得荣县图志》	鹿茸、鹿胎	
	宣汉县	民国二十年(1931)《宣汉县志》	鹿子(不常见)	
	万源市	民国二十一年(1932)《万源县志》	鹿	
	都江堰市	民国二十二年(1933)《灌县志》	鹿*	
	乐山市	民国二十三年(1934)《乐山县志》	鹿	
	夹江县	民国二十四年(1935)《夹江县志》	鹿	
	犍为县	民国二十六年(1937)《犍为县志》	鹿(……县西大富顶一带深山中间或有之)	
	广元市	民国二十九年(1940)《广元县志稿》	鹿(角可供雕刻及药用，肉可食，皮可用。不常获)	
	汉源县	民国三十年(1941)《汉源县志》	鹿(山中向有之，近未见也)	
	西昌市	民国三十一年(1942)《西昌县志》	鹿*	
	汶川县	民国三十三年(1944)《汶川县志》	鹿*	
	木里藏族自治县	1985年《木里藏族自治县概况》	鹿	《木里藏族自治县概况·物产资源》编写组，1985
	夹江县	1989年《夹江县志》	黑熊(狗熊)	四川省夹江县编史修志委员会，1989

(续表)

省级政区	今地点	文献	内容	新方志出处
	峨眉山市	1991 年《峨眉县志》	属于国家一级保护动物的有野鹿	四川省峨眉县志编纂委员会,1991
	大邑县	1992 年《大邑县志》	鹿	四川省大邑县志编纂委员会,1992
	自贡市	1992 年《自贡市志》	黄鹿	自贡市地方志编纂委员会,1992
	喜德县	1992 年《喜德县志》	鹿	四川省喜德县志编纂委员会,1992
	峨边彝族自治县	1994 年《峨边彝族自治县志》	鹿	峨边彝族自治县志编纂委员会,1994
	金川县	1994 年《金川县志》	鹿	金川县地方志编纂委员会,1994
	冕宁县	1994 年《冕宁县志》	梅花鹿	四川省冕宁县志编纂委员会,1994
	珙县	1995 年《珙县志》	鹿	四川省珙县志编纂委员会,1995
	北川羌族自治县	1996 年《北川县志》	梅花鹿	北川县志编纂委员会,1996
	万源市	1996 年《万源县志》	鹿	四川省万源县志编纂委员会,1996
	红原县	1996 年《红原县志》	梅花鹿	四川省红原县志编纂委员会,1996
	西昌市	1996 年《西昌市志》	鹿	四川省西昌市志编纂委员会,1996
	洪雅县	1997 年《洪雅县志》	黄鹿	洪雅县地方志编纂委员会,1997
	色达县	1997 年《色达县志》	鹿	四川省色达县志编纂委员会,1997
	泸州市、泸县、合江县、叙永县、古蔺县	1998 年《泸州市志》	属国家一级保护:野鹿	泸州市地方志编纂委员会,1998
	叙永县	1998 年《叙永县志》	黄鹿	叙永县地方志编纂委员会,1998
	江油市	1999 年《江油县志》	鹿	江油市地方志编纂委员会,1999
	石棉县	1999 年《石棉县志》	小鹿	石棉县地方志编纂委员会,1999
	甘孜县	1999 年《甘孜县志》	鹿	甘孜县地方志编纂委员会,1999
贵州	桐梓县	民国十八年(1929)《桐梓县志》	鹿*	
	沿河土家族自治县	民国三十二年(1943)《沿河县志》	鹿(有三四种)	
	六枝特区	民国(1912～1949)《郎岱县访稿》	鹿	
	黎平县	1989 年《黎平县志》	小鹿	贵州省黎平县志编纂委员会,1989
	福泉市	1992 年《福泉县志》	鹿(已灭绝)	贵州省福泉县地方志编纂委员会,1992

（续表）

省级政区	今地点	文献	内容	新方志出处
	天柱县	1993年《天柱县志》	野鹿	贵州省天柱县志编纂委员会，1993
	水城县	1994年《水城县(特区)志》	鹿	水城县地方志编纂委员会，1994
	剑河县	1994年《剑河县志》	鹿	贵州省剑河县志编纂委员会，1994
	台江县	1994年《台江县志》	野鹿(已经稀少)	贵州省台江县志编纂委员会，1994
	锦屏县	1995年《锦屏县志》	野鹿(已基本绝迹)	贵州省锦屏县志编纂委员会，1995
	毕节县	1996年《毕节县志》	鹿子	毕节县地方志编纂委员会，1996
	桐梓县	1997年《桐梓县志》	梅花鹿(属国家一级保护动物，罕见)	桐梓县地方志编纂委员会，1997
	遵义市	1998年《遵义市志》	梅花鹿	遵义市志编纂委员会，1998
	榕江县	1999年《榕江县志》	小鹿	贵州省榕江县地方志编纂委员会，1999
云南	华宁县	清光绪二十九年(1903)《黎县旧志》	有鹿入平原擒之	
	昌宁县、澜沧拉祜族自治县、西盟佤族自治县、孟连傣族拉祜族佤族自治县、临翔区、凤庆县、云县、双江拉祜族佤族布朗族傣族自治县、沧源佤族自治县、耿马傣族佤族自治县	清光绪三十年(1904)《顺宁府志》	鹿茸(采访顺郡鹿茸产所属土司地者，佳)	
	大理市	民国五年(1916)《大理县志稿》	鹿	
	龙陵县	民国六年(1917)《龙陵县志》	鹿	
	巍山彝族回族自治县	民国八年(1919)《蒙化志稿》	鹿	
	宜良县	民国十年(1921)《宜良县志》	鹿	
	景东彝族自治县	民国十一年(1922)《景东县志稿》	鹿	
	元江哈尼族彝族傣族自治县	民国十一年(1922)《元江志稿》	鹿	
	盈江县	民国十一年(1922)《盏达地志资料》	鹿	
	瑞丽市	民国十一年(1922)《勐卯地志》	鹿	
	威信县	民国十三年(1924)《威信行政区地志资料》	鹿	
	金平苗族瑶族自治县	民国十三年(1924)《金河行政委员区域地志资料册》	鹿	

（续表）

省级政区	今地点	文献	内容	新方志出处
	禄劝彝族苗族自治县	民国十四年(1925)《禄劝县志》	仙鹿*	
	马关县	民国二十一年(1932)《马关县志》	鹿	
	泸水县	民国二十一年(1932)《泸水志》	鹿	
	金平苗族瑶族自治县	民国二十一年(1932)《云南省金河设治区通志资料》	鹿	
	新平彝族傣族自治县	民国二十二年(1933)《新平县志》	鹿	
	勐腊县	民国二十七年(1938)《镇越县志》	鹿	
	腾冲县、瑞丽市、梁河县、盈江县、陇川县	民国二十七年(1938)《腾龙边区开发方案》	鹿茸、鹿胎	
	巧家县	民国三十一年(1942)《巧家县志》	鹿	
	昌宁县	1990年《昌宁县志》	鹿	云南省昌宁县志编纂委员会，1990
	呈贡县	1992年《呈贡县志》	鹿	云南省呈贡县志编纂委员会，1992
	镇康县	1992年《镇康县志》	梅鹿	云南省镇康县志编纂委员会，1992
	宁蒗彝族自治县	1993年《宁蒗彝族自治县志》	鹿子	云南省宁蒗彝族自治县志编纂委员会，1993
	思茅区	1993年《思茅县志》	鹿	思茅县志编纂委员会，1993
	临翔区	1993年《临沧县志》	鹿	临沧县志编纂委员会，1993
	巍山彝族回族自治县	1993年《巍山彝族回族自治县志》	鹿	云南省巍山彝族回族自治县志编纂委员会，1993
	江川县	1994年《江川县志》	野生鹿	云南省江川县史志编纂委员会，1994
	绥江县	1994年《绥江县志》	鹿子	绥江县志编纂委员会，1994
	鲁甸县	1995年《鲁甸县志》	鹿	云南省鲁甸县志编纂委员会，1995
	水富县	1996年《水富县志》	梅花鹿	水富县志编纂委员会，1996
	瑞丽市	1996年《瑞丽市志》	梅花鹿	云南省瑞丽市志编纂委员会，1996
	洱源县	1996年《洱源县志》	鹿	云南省洱源县志编纂委员会，1996
	马关县	1996年《马关县志》	鹿	云南省马关县地方志编纂委员会，1996

（续表）

省级政区	今 地 点	文 献	内 容	新方志出处
	施甸县	1997 年《施甸县志》	鹿	云南省施甸县志编纂委员会，1997
	大关县	1998 年《大关县志》	鹿	云南省大关县地方志编纂委员会，1998
	大理市	1998 年《大理市志》	鹿	大理市志编纂委员会，1998
	个旧市	1998 年《个旧市志》	鹿	个旧市志编纂委员会，1998
	文山县	1999 年《文山县志》	鹿	云南省文山县志编纂委员会，1999
	寻甸回族彝族自治县	1999 年《寻甸回族彝族自治县志》	鹿（曾有）	云南省寻甸回族彝族自治县志编纂委员会，1999
	屏边苗族自治县	1999 年《屏边苗族自治县志》	小鹿	屏边苗族自治县县志编纂委员会，1999
	丘北县	1999 年《丘北县志》	鹿	云南省丘北县地方志编纂委员会，1999

注：* 表示详见正文。①之前似有野生种。

5.6 西北

西北除新疆维吾尔自治区外，其余省级政区仍皆有梅花鹿存在。

5.6.1 陕西

陕西省此阶段依然有梅花鹿生息繁衍。

清光绪三十一年《浦城县新志》记载：

国朝……康熙……五十四年，孝廉王静斋于西郊外获梅花鹿。

按：此虽是清初事件，但反映当地确有梅花鹿并延续下来。

清光绪三十四年《镇安县乡土志》记述：

鹿：山人猎获甚多，唯不能生捕取茸，亦不能制配药料。多被鄂贩购去。

按：此亦沿袭旧说，但反映其时仍有梅花鹿。

《穿越陕甘：1908～1909 年克拉克考察队华北行纪》记述（罗伯特等，2010）：

当晚我们在宜君县城住下，此处距离中部县城 70 华里。

第二天，我们经过了一片极佳的狩猎区，新落下的皑皑白雪覆盖着大地，更显出风景之美。最初八英里的行程，我们一直沿着高大页岩构造山脉的一道狭长山脊行进。从路上望去，能看到许多鹿。

按：据此考察记录，反映当时在今宜君县一带尚有不少梅花鹿栖息。

《白水县志》记述（白水县县志编纂委员会，1989）：

羊鹿：分布县西北山林中，以阳坡较多。食野草、野果、小树幼枝，听觉、视觉、嗅觉很灵敏，肉可食。

按：据其习性，当是梅花鹿。

《山阳县志》记述（山阳县地方志编纂委员会，1991）：

鹿：清代初期，蜀僧超古卓锡天柱山，写有“构篱藤自结，开境鹿频过”诗句，可见当时鹿量之多。民国后逐渐减少。现有少量草鹿，主要分布在鹘岭、流岭浅山地带。

按：虽数量锐减，但其时仍有梅花鹿分布。

《麟游县志》记述（麟游县地方志编纂委员会，1993）：

野鹿：多在页岭及南部山中，草食动物，其雄性新生嫩角称鹿茸，为珍贵滋补药品。

按：此乃梅花鹿。

《丹凤县志》记述（丹凤县志编纂委员会，1994）：

梅花鹿：古联有"渭水有鱼堪垂钓，商山无鹿不衔芝"。清代知县赵应会《商州赋》云"青狼白麝"（麝，小鹿），"呦鹿鸣兮"。民国时犹有梅花鹿进宅乃添福、添寿、添禄之说。今境内梅花鹿已绝迹，唯岩谷间尚见草鹿。

按：据此，表明有梅花鹿分布。

《宝鸡县志》（《宝鸡县志》编纂委员会，1996）：

鹿：毛短、灰色、体瘦、退长，性可驯服，行动敏捷。角有杈，产鹿茸，名贵药材。肉可食。西部浅山区常有三五成群出没。

按：此是梅花鹿，在当地仍有存在。

5.6.2 甘肃

甘肃省此阶段也还有一些梅花鹿分布。

民国三十二年《临泽县志》记述：

鹿：牡曰麚，牝曰麀，子曰麛。案《本草》称曰：鹿，一名斑鹿。马身羊尾，牡者头生双角，黄质白斑。牝者无角，小而无斑，毛杂黄白或青。

按：此乃梅花鹿的常见诠释。

《通渭县志》（《通渭县志》编纂委员会，1990）：

鹿：清代前，鹿鹿山多鹿，其他山区亦有出没。民国中期，今陇川乡史家沟和陇山乡大寺顶仍有鹿。清代和民国时期，一些富户亦有饲养。现绝迹。

按：据此，说明曾有梅花鹿分布。

《中国哺乳动物分布》记载梅花鹿，在"迭部、岷县"（张荣祖，1997）。说明岷县、迭部县等地有梅花鹿。

5.6.3 青海

此阶段，青海省仍有少量梅花鹿残存。

民国八年《大通县志》：

王安石《字说》云：鹿则（比）[此]类。环居，角外向以自防。

按：此乃指梅花鹿。

5.6.4 宁夏

宁夏回族自治区此阶段也还有梅花鹿残存。

民国十五年《朔方道志》记述：

鹿：牡曰麚，牝曰麀，子曰麛。黄质白斑。（牡）[牝]者无角，小而无斑，毛杂黄色。

按：此乃梅花鹿之诠释。

《内蒙古珍稀濒危动物图谱》认为在贺兰山还能见到梅花鹿少量个体（凤凌飞，1991），反映在贺兰山东侧的银川市、永宁县、贺兰县、石嘴山市、平罗县、青铜峡市等地也曾有梅花鹿生息繁衍。

5.6.5 方志记载

方志记载虽较简略，却可反映20世纪西北多地的梅花鹿分布情况（表24.13）。

表 24.13　方志记载 20 世纪西北的梅花鹿情况

省级政区	今地点	文献	内容	新方志出处
陕西	蒲城县	清光绪三十一年（1905）《蒲城县新志》	梅花鹿*	
	镇安县	清光绪三十四年（1908）《镇安县乡土志》	鹿*	
	岚皋县	清光绪三十四年(1908)《砖坪县志》	鹿	
	洛南县	清光绪(—1908)《雒南县乡土志》	鹿	
	南郑县	民国十年（1921）《南郑县志》	鹿	
	宝鸡市	民国十一年（1922）《宝鸡县志》	白鹿	
	周至县	民国十四年（1925）《盩厔县志》	鹿	
	淳化县	民国二十三年（1934）《淳化县志》	鹿、兔皆不乏，间有获	

（续表）

省级政区	今地点	文献	内容	新方志出处
	岐山县	民国二十四年(1935)《岐山县志》	鹿	
	山阳县	民国二十五年(1936)《山阳县志点释》	鹿(阳兽也……)	山阳县地方志办公室,1985
	洋县	民国二十六年(1937)《洋县志》	白鹿	
	洛川县	民国三十三年(1944)《洛川县志》	鹿(……近不易得矣)	
	宜川县	民国三十三年(1944)《宜川县志》	鹿(各乡均有。体形小,俗称羊鹿)	
	凤县	民国(1912～1949)《凤县志民国时期资料汇编》	鹿	陕西省凤县地方志编纂委员会,1986
	白水县	1989年《白水县志》	羊鹿*	白水县县志编纂委员会,1989
	勉县	1989年《勉县志》	草鹿、秦岭鹿	勉县志编纂委员会,1989
	凤翔县	1991年《凤翔县志》	草鹿(分布于北部山区,时有所见)	陕西省凤翔县地方志编纂委员会,1991
	山阳县	1991年《山阳县志》	鹿*	山阳县地方志编纂委员会,1991
	潼关县	1992年《潼关县志》	鹿	潼关县志编纂委员会,1992
	略阳县	1992年《略阳县志》	鹿	略阳县志编纂委员会,1992
	周至县	1993年《周至县志》	鹿	《周至县志》编纂委员会,1993
	陇县	1993年《陇县志》	梅花鹿	陇县地方志编纂委员会,1993
	麟游县	1993年《麟游县志》	野鹿*	麟游县地方志编纂委员会,1993
	商州区	1993年《中国国情丛书:百县市经济社会调查:商州卷》	草鹿	丁伟志等,1993d
	凤县	1994年《凤县志》	鹿	凤县志编纂委员会,1994
	丹凤县	1994年《丹凤县志》	梅花鹿*	丹凤县志编纂委员会,1994
	华阴市	1995年《华阴县志》	草鹿	华阴市地方志编纂委员会,1995
	黄陵县	1995年《黄陵县志》	小鹿	黄陵县志编纂委员会,1995
	太白县	1995年《太白县志》	鹿	太白县地方志编纂委员会,1995
	镇安县	1995年《镇安县志》	鹿	镇安县志编纂委员会,1995
	志丹县	1996年《志丹县志》	鹿	志丹县志编纂委员会,1996
	宝鸡市	1996年《宝鸡县志》	鹿*	《宝鸡县志》编纂委员会,1996
	潼关县	1997年《中国国情丛书:百县市经济社会调查:潼关卷》	草鹿	丁伟志等,1997
	宝鸡市、凤翔县、岐山县、扶风县、眉县、陇县、千阳县、麟游县、凤县、太白县	1998年《宝鸡市志》	小鹿	宝鸡市地方志编纂委员会,1998
	商州区	1998年《商州市志》	梅花鹿	商州市地方志编纂委员会,1998
	柞水县	1998年《柞水县志》	鹿	柞水县志编纂委员会,1998

(续表)

省级政区	今地点	文献	内容	新方志出处
甘肃	临潭县、卓尼县	清光绪三十三年(1907)《洮州厅志》	鹿茸、鹿角	
	渭源县	民国十五年(1926)《渭源县志》	鹿	
	永登县	民国初年(约20世纪20年代)《永登县志》	鹿	
	和政县	民国十九年(1930)《和政县志》	鹿	
	华亭县	民国二十二年(1933)《华亭县志》	鹿(大如羊。六月生。(牡)[牝]无角)	
	夏河县	民国二十四年(1935)《夏河县志》	鹿	
	崆峒区	民国二十四年(1935)《隆德县志》	鹿(每只三元至五元,平凉)	
	灵台县	民国二十四年(1935)《灵台县志》	鹿(仅有羊大者,名为草鹿)	
	临泽县	民国三十二年(1943)《临泽县志》	鹿*	
	宁县	1988年《宁县志》	鹿	《宁县志》编纂委员会,1988
	通渭县	1990年《通渭县志》	鹿*	《通渭县志》编纂委员会,1990
	金塔县	1992年《金塔县志》	鹿	金塔县地方志编纂委员会,1992
	临夏市、临夏县、康乐县、永靖县、广河县、和政县、东乡族自治县、积石山保安族东乡族撒拉族自治县	1993年《临夏回族自治州志》	鹿	临夏回族自治州志编纂委员会,1993
	静宁县	1993年《静宁县志》	鹿	静宁县县志编纂委员会,1993
	和政县	1993年《和政县志》	鹿	和政县志编纂委员会,1993
	敦煌市	1994年《敦煌市志》	鹿(今不见)	敦煌市志编纂委员会,1994
	卓尼县	1994年《卓尼县志》	梅花鹿	卓尼县志编纂委员会,1994
	宕昌县	1995年《宕昌县志》	鹿	宕昌县县志编纂委员会,1995
	临夏县	1995年《临夏县志》	鹿	临夏县志编纂委员会,1995
	康乐县	1995年《康乐县志》	鹿	甘肃省康乐县地方志编纂委员会,1995
	崆峒区	1996年《平凉市志》	草鹿	平凉市志编纂委员会,1996
	民乐县	1996年《民乐县志》	鹿	民乐县县志编纂委员会,1996
	华亭县	1996年《华亭县志》	梅花鹿(国家一级保护动物。见于关山林区)	华亭县志编纂委员会,1996
	西和县	1997年《西和县志》	梅花鹿	西和县志编纂委员会,1997
	榆中县、临洮县	1998年《兰州市志·林业志》	鹿(草鹿;马衔山)	兰州市地方志编纂委员会等,1998b
	凉州区	1998年《武威市志》	梅花鹿	武威市市志编纂委员会,1998

（续表）

省级政区	今地点	文　献	内　容	新方志出处
	武都区	1998年《武都县志》	梅花鹿	武都县地方志编纂委员会。1998
	迭部县	1998年《迭部县志》	梅花鹿	迭部县志编纂委员会，1998
	白银市	1999年《白银市志》	鹿	白银市地方志编纂委员会，1999
	合作市、临潭县、卓尼县、舟曲县、迭部县、玛曲县、碌曲县、夏河县	1999年《甘南州志》	梅花鹿	甘南藏族自治州地方史志编纂委员会，1999
	秦安县	2001年《秦安县志》	鹿（已灭绝）	秦安县志编纂委员会，2001
青海	大通县	清末（—1911）《采录大通县乘帙稿》	鹿	
	玉树县	民国四年（1915）《玉树县志稿》	鹿	
	大通县	民国八年（1919）《大通县志》	鹿*	
	互助土族自治县	1993年《互助土族自治县志》	鹿	互助土族自治县志编纂委员会，1993
	河南蒙古族自治县	1996年《河南县志》	梅花鹿	河南蒙古族自治县方志编纂委员会，1996
宁夏	属海原县	清光绪三十四年（1908）《海城县志》	鹿	
	原州区	清宣统元年（1909）《固原州志》	鹿	
	同心县	民国十四年（1925）《豫旺县志》	鹿	
	银川市、灵武市、永宁县、贺兰县、石嘴山市、平罗县、利通区、青铜峡市、沙坡头区	民国十五年（1926）《朔方道志》	鹿*	
	原州区	1993年《固原县志》	鹿	固原县志编纂委员会，1993
	永宁县	1995年《永宁县志》	在头关以北的贺兰山中的乔灌木丛中，有梅花鹿	永宁县志编纂委员会，1995
	彭阳县	1996年《彭阳县志》	鹿	彭阳县志编纂委员会，1996

注：* 表示详见正文。

6　梅花鹿的现今分布

6.1　华北

华北现今除天津市外，其他省级政区虽有残存，但也是今非昔比。

6.1.1　北京

北京市现今仅见一地有梅花鹿残存。

平谷区的四座楼风景区是一处以松林为主，同时兼有古代文化的景点，因山顶有四座明代长城敌楼而得名。保护区内有陆生脊椎动物300多种，其中国家级重点保护动物6种。2003年，在四座楼林区内发现了野生梅花鹿。

6.1.2　河北

河北省现存梅花鹿分布地屈指可数。

《安新县志》记载："梅花鹿（多属驯养）"（安新县地方志编纂委员会，2000），说明仍有少量野生梅花鹿。

《河北动物志：两栖、爬行、哺乳动物类》记载，梅花鹿分布在“兴隆、围场坝上地区”（吴跃峰等，2009）。说明兴隆县与围场满族蒙古族自治县仍有梅花鹿存在。

围场满族蒙古族自治县称，已查明的脊椎动物计5纲28目78科183属323种，其中哺乳纲6目15科35属51种，属国家一级保护的动物有金钱豹、梅花鹿①。

6.1.3 山西

山西省虽南北7个市级政区有梅花鹿存在，但也是岌岌可危。

● 太原市：娄烦县境内西北部群山环绕，东北部丘陵起伏，山脊与毗邻地成为天然分界线，地势西南高、东北低。地属温带大陆性气候区，总的特征是气候干旱，雨量较少，气温较低，风力较小，光照充足，湿热同季。野生动物资源中属国家一级保护的动物有褐马鸡、梅花鹿、鹿麝（原麝）、豹、黑鹤、白天鹅等②。

● 晋城市：泽州县东、西、南三面环山，山岭陡峻，倾向中央，北中部为丘陵地带；黄土高原和褶皱山板相间分布，具有山地、丘陵、平川等多种地貌类型，构成了北高南低波浪式的地貌景观。大陆性季风气候明显，四季分明。境内野生动物主要有爬行类、水生类、鸟类和兽类等100余种。兽类动物主要有狼、豹、獾、狐、猴、野猪、野兔、山羊、黄鼠狼、山猫、松鼠、刺猬、山鹿、麝等，药用动物主要有蟾蜍、山鹿、麝、豹、山羊、麻雀、蛇、大壁虎、含沔鸟等③。所谓“山鹿”，似即梅花鹿。

● 晋中市：寿阳县四周环山，山脉向内延伸，整个地形西北部、北部较高，向东南逐渐倾斜，呈阶梯状分布。地属大陆性气候区，是寒温干燥区和寒温半干燥区，特点是春秋季短暂不明显，夏季凉爽不炎热，冬季长而寒冷。截至2007年，当地兽类有：狐狸、草兔、狼、金钱豹、山猪、梅花鹿等④。

● 临汾市：隰县属黄土高原残垣沟壑区，境内垣面高阔残缺，沟壑纵横交错，山峦连绵，丘陵起伏。地属暖温带大陆性季风气候区。截止到2008年，境内已发现陆栖动物66种，其中哺乳动物16种，大型动物有金钱豹、梅花鹿、狼、野猪、黄羊等⑤。

● 运城市：《垣曲县志》记载，当地“国家一级保护动物有：虎、梅花鹿、黑鹳、金钱豹、金雕等”（垣曲县地方志编纂委员会，2001），说明仍有梅花鹿存在。该县地势西北高、东南低，境内北部高峻，南部低缓，西、北、东三面环山，南临黄河，中部为山间盆地，呈北宽南窄的葫芦形。野生脊椎动物有74科256种，国家一级保护动物有虎、梅花鹿、黑鹳、金钱豹、金雕等⑥。

6.1.4 内蒙古

内蒙古自治区现今还有10余地有梅花鹿分布。

内蒙古大兴安岭林区东连黑龙江，西接呼伦贝尔大草原，南至吉林洮儿河，北部和西部与俄罗斯、蒙古国毗邻，地跨呼伦贝尔市、兴安盟中的9个旗市，是我国最大的集中连片的国有林区。大兴安岭原始森林茂密，是中国重要的林业基地之一，森林覆盖率达74.1%，在绿色中繁衍生息着寒温带马鹿、驯鹿、驼鹿（犴达犴）、梅花鹿、棕熊、紫貂、飞龙、野鸡、棒鸡、天鹅、獐（原麝）、野猪、乌鸡、雪兔、狍子（矮鹿、野羊）等各种珍禽异兽400余种⑦。

● 赤峰市：赤峰市有野生动物551种，其中兽类46种、野生禽类253种，被列入国家一级保护的动物有：梅花鹿、丹顶鹤、白鹤、白鹳（东方白

---

①围场满族蒙古族自治县. http://baike. baidu. com/link? url = 9u3X3ykSaEDASei9m2Yft6094T2q28IveNW0geoVQc1J _ vclfhw4Wkob9blp84lnaEEqqmJaFtRRwKmikBRE _

②娄烦县. http://baike. baidu. com/view/337927. htm

③中国·泽州. http://www. zezhou. cn/34/2012-12-13/42@97363. htm

④寿阳县. http://baike. baidu. com/link? url=y8XzQ4WN606BF-BRB03_5V4MtY3QWV-W99S0mhzYbxKRsXJIaTx8DJ ojYETN-foygQGnqH7HrAuqdABKHKr2MD_#reference-[7]-726117-wrap

⑤隰县. http://baike. baidu. com/link? url=G5PmwKjYwuuZT6wc4XnYYBFwC2eykwk9imN4Ayva9RA_elT8j5iXWOlMMi_mdZno

⑥垣曲县. http://baike. baidu. com/link? url = _X7rG6Hq55LVRIdaDsEt0qTwA1kXfCLIhfNDER0vdWFE2mZ8f8Pd3451ERGbjNrB4giALJ3Kpqc7dtatNYzolq

⑦内蒙古大兴安岭林区. http://baike. baidu. com/link? url = eXodGT6Qw8sYhSY6NGlZey _ X0gUSZiRuBYssIFR3 _ 0nkwcfuDxEWQG5xkl2wmT8ZE8LqNQQNwBdeqZj0WoU2yd6OBCu3iDcEHNpj0N0GemgJGj0yErEF1CncQ2OBuEhrLGQQClQYqQssI3Ci6A1R1ChGxKeFwPAZ5EyPovrGl3QxxGnoSICkJEJ8GYfZ-lCn

鹳)、黑鹳等5种[①]。地级赤峰市辖3区7旗2县,今仍有梅花鹿分布的似仅个别地方。

喀喇沁旗地势由西南向东北倾斜,形成中低山地、丘陵漫岗和河谷平原三种地貌类型。地属中温带大陆性季风气候区,春季风大干燥,夏季多雨高温,秋季霜冻较早,冬季寒冷少雪,四季分明。境内食草类动物有鹿、狍、兔等,其中狍、兔分布较广[②]。所称"鹿",似即梅花鹿。

● 通辽市:通辽市野生动物繁多,有国家一级保护动物丹顶鹤、白鹳、鸨、梅花鹿、紫貂5种[③]。地级通辽市辖1区1市1县5旗,今仍有梅花鹿分布的似仅个别地方。

霍林郭勒市地处大兴安岭南段西翼脊部,地势四周高、中间低,地形分为丘陵山地、堆积台地和冲积平原。丘陵山地是霍林郭勒地形的主要特征,冲积平原主要分布在霍林河及其各支流宽阔流域,境内山脉多为中低山,西北—东南走向。地属典型的半干旱大陆性气候区,冬季漫长寒冷,夏季短促凉爽。野生动物主要有黄羊、鹿、野兔、狼、狐狸、狍子、旱獭、獾、百灵鸟、野鸡、沙半鸡、水鸭、猫头鹰、草原鹰、雕等[④]。所称"鹿",似指梅花鹿。

● 呼伦贝尔市:牙克石市地处大兴安岭中脊中段西坡,属大陆性寒温带气候,春季干旱多风,夏季温凉短促,秋季降温急剧,冬季寒冷漫长。境内栖息着323种动物,有驼鹿、梅花鹿、猞猁、白狐、紫貂、雪兔、银鼠、榛鸡、灰天鹅、兴安鸳鸯等16种国家重点保护动物[⑤]。

阿荣旗位于大兴安岭东麓,临近松嫩平原;全境为中低山—丘陵漫岗地貌,地势由西北向东南呈阶梯式下降。地属温带大陆性半湿润气候区,由于受地势及植被的影响,温度自南向北逐渐递减。境内原始森林郁郁葱葱,古木参天,野生动物繁多,有马鹿、驼鹿、梅花鹿、棕熊、野猪、狍子、黄羊、猞猁、紫貂等70余种野兽在这里繁衍[⑥]。

新巴尔虎左旗位于呼伦贝尔草原西南腹地,大兴安岭北麓;东南部为山地丘陵,中部为高平原,北部海拉尔河一带为低山丘陵,南部为大兴安岭北麓山林区。地属中温带大陆性季风气候区,特点是冬季漫长严寒,春季干旱多大风,夏季温和雨水集中,秋季气温急降。据称,2011年,境内栖居的野生动物兽类有鹿、狍子、黑熊、黄羊、野猪、狐狸、沙狐狸、猞猁、獾子、刺猬、草兔、旱獭、水貂、松鼠等46余种[⑦]。所谓"鹿",似指梅花鹿。

莫力达瓦达斡尔族自治旗位于大兴安岭东麓中段、嫩江西岸;全境地势由西北向东南倾斜,为浅山区;有山丘、丘陵、平原三大地貌。据称,全旗已发现野生动物93种,鱼类60余种。主要野生动物有梅花鹿、狍子、野猪、猞猁、紫貂、飞龙、鹌鹑、驼鹿、黑熊、丹顶鹤等[⑧]。

● 乌兰察布市:卓资县地处内蒙古高原阴山山脉东南麓,是个多丘陵、少平川地区。地处中温带气候区,具有明显的大陆性气候特点,四季温差较大;北部海拔较高,天寒霜早,三春少花,四季少暖,昼夜温差大;西部靠近土默川平原,海拔较低,气候较暖,光照日长,惠风和畅,雨水较多,春来较早。境内自然资源丰富,野生动物主要出没在上高台林场、保安林场和淖尔梁、灰腾梁草原。兽类有狍子、狐狸、狼、獾子、青羊、黄

①赤峰市. http://baike. baidu. com/view/5442. htm? fromId=128662

②喀喇沁旗. http://baike. baidu. com/link? url=zKZbFz-NmOnp0l2yslqGeI0uYlZE6d2ggIUIwADEg6rH-a61-PmRgSJomkjgvseh

③通辽市. http://baike. baidu. com/link? url = CGtCaZHr4uN1Vc9FSNa9PStL6KvsHzcCDEOF447ORwS9OlWDy20BDqp-Ior5P-a0UylnknlYEclPEwtsDHzsEK

④霍林郭勒. http://baike. baidu. com/link? url = vf9MpdE98GJsFD644w15z-shIeijGf92fM019GWvRD9Jg7QvYFjLqYSLLVux-NAa6dL4zJsgaqUmxvkqCKnqYJumgpYDeXGCGP2xYaUddukPcFgLpTWIHtR-70TK92oGH-_aisWTLUwbj9a6soTqQAHw07Q2FbbwsBONmNhS94z5Pmp3Rf-jezLO1d5IuRCz

⑤牙克石. http://baike. baidu. com/link? url = Wy0MRNBOruqRl9BoHZyQ-qEolwYlIzCTYs _ jGdplZx3KycdfgW1nPNAFqpYfJ87N01nsZkk9OwSutCt3mrjFga

⑥阿荣旗. http://baike. baidu. com/link? url=mvJo3AcRK3Tu79BsZV5UC4BZBqw13MsA4fBTMmR1lVOhyJVxtNH418oH2zUn6Yde

⑦新巴尔虎左旗. http://baike. baidu. com/link? url = 67rx1MlrR5epxpz52v-NT8tGgC7hE-lBP20bC8yCfJnDKlpRbuPw5Aeq3O6FCj1x-6jYCWmrGvaFXbhXEiLHza

⑧莫力达瓦达斡尔族自治旗. http://www. cnr. cn/zhuanti1/hlbe/gk/t20050706_504082560. html

羊、鹿、豹子、松鼠、野兔等[①]。所谓“鹿”，似指梅花鹿。

● 兴安盟：科尔沁右翼前旗北部是大兴安岭山脉，其余大都是浅山丘陵，地属大陆性季风气候区。大兴安岭山地横贯旗境西北部，其海拔由南向北升高，呈现出明显的“立体气候”特征。据2008年6月称，野生动物种类达百余种，其中有国家一级保护动物珍禽黑鹤、丹顶鹤等，二级保护动物鹿[②]、盘羊、猞猁等[③]。

● 锡林郭勒盟：西乌珠穆沁旗位于大兴安岭北麓，地势由东南向西北倾斜，山地占24.9%，多分布在东部地区；低山丘陵和波状高平原分别占27.7%和40.5%，相间分布在中北部地区；固定和半固定沙丘占6.9%，呈带状、东西向横穿中部。地处中纬度内陆地区，大陆性气候明显，冬春寒冷漫长，夏秋雨热同步，阳光充足。境内有百灵、野鸡、斗鸡、天鹅、狍、鹿、黄羊、旱獭等数十种珍禽野兽[④]。所谓“鹿”，似即指梅花鹿。

● 阿拉善盟：阿拉善左旗地势东南高、西北低，主要为荒漠、半荒漠草原。地属温带荒漠干旱区，为典型的大陆性气候，以风沙大、干旱少雨、日照充足、蒸发强烈为主要特点。境内有黄羊、野驴、马鹿、梅花鹿、青羊、盘羊、旱獭、白天鹅、獐（麝）、黑斑蛙、中国林蛙、灰鹤、兰马鸡、秃鹫等珍奇野生动物[⑤]。

6.2 东北

东北各省级政区都有梅花鹿存在。

6.2.1 辽宁

辽宁省现今仅有少数地方有梅花鹿分布。

● 抚顺市：抚顺市称，据初步调查，抚顺山区有经济价值的野生植物有8类273种之多，獾、狍、野鸡、熊、鹿、白鹭等珍禽异兽近200种[⑥]。据此看来，似在抚顺市、抚顺县还有梅花鹿分布。

桓仁满族自治县地势自西北向东南倾斜，地属温带大陆性湿润季风气候区，四季分明。野生动物有獐（麝）、狍、熊、鹿、山兔、刺猬和各种鸟、蛇、鱼等[⑦]。所称“鹿”，似指梅花鹿。

● 大连市：盖州市的雪帽山位于九寨镇，山峻林密，古朴原始，风光秀丽。山上土质肥沃，植被丰富，生长着几十个种类、近千亩的阔叶林，以及上百种中草药和野菜，一年四季花开不断。这里还生活着几十种野生动物，随时可见松鼠、山鸡跳跃山间，野鹿、狍子、獾、狐等穿行林中[⑧]。所称“野鹿”，似指梅花鹿。

● 葫芦岛市：建昌县大黑山层峦叠嶂，林木葱郁，奇峰嶙峋。山上处处是宝，有雉鸡、狐狸、梅花鹿等珍稀动物[⑨]。

6.2.2 吉林

吉林省是现存梅花鹿较多的省级政区之一。

《中国长白山动物》记载，梅花鹿在“和龙、安图、长白、抚松、白山、靖宇等县（市）一带”（高玮等，2002），即在白山市、抚松县、靖宇县、长白朝鲜族自治县、和龙市、安图县还有栖息。

《中国重点陆生野生动物资源调查》称（国家林业局，2008）：

20世纪40年代，吉林东部的大面积红松针阔叶混交林是东北地区梅花鹿的理想栖息环境。随着森林资源大面积开发，原始森林逐渐减少，林相发生显著变化。目前在长白山自然保护区周围的安图、抚松和长白县，仅存很小面积的原始森林，其他地区的原始森林已不复存在。

本次调查，梅花鹿见于……吉林（珲春、长白山自然保护区、敦化、安图、抚松、长白）。

按：说明在抚松县、长白朝鲜族自治县、敦化市、

---

①卓资县. http://baike. baidu. com/link? url=J5lXKncWYq-3Qs4P0BVYLx2N2wljEwfN-atSCdlIOr_NjPvbq0iuGtCA4fjSL073

②《科尔沁右翼前旗志》就误将梅花鹿定为“二类保护动物”（科尔沁右翼前旗志编纂委员会，1991）。

③科尔沁右翼前旗电子政务综合门户网站. http://www. kyqq. gov. cn/mxlyz/lygk/13780. htm

④西乌珠穆沁旗. http://baike. baidu. com/link? url=uJeZVw71Vp8K7RRm7_9ThBILvixQri7fgvN8zVD3DCqcZ2mwUFM9CeuVx2Niksh2

⑤阿拉善左旗. http://baike. baidu. com/link? url=IcoP_Rv10ze1Ep-AiTbFxqKB1NKUXj1L_Poz2oScho79noL9z2SvKpfYqxmK6rbv

⑥抚顺市. http://baike. baidu. com/link? url = wVHseSkm8ikhbKAQwfuxK6eWwMXA57O1wDqkH9D0DOYBzeAhtqHEq5SbH49CFSv87J0ALCabHHTRFLeIbzyK_KdA5WLxcvfDHKH1d-BOg9ARrnB4HH4oQsDVGq0EshFi

⑦桓仁满族自治县. http://baike. baidu. com/link? url = J_50ZWJY4mA47vhNpykw2NoU-cKLlRKpiQJuYyzY3uYiQTBY_iC02ZkuMJxT5rf8EfTFS12xJA7dy0ijUNQ3F_

⑧盖州. http://baike. baidu. com/subview/20378/10804942. htm? fr=aladdin

⑨建昌县. http://baike. baidu. com/link? url=Ujd1lYn2SmZ0P8jU8g-ewBRHAWSzA6q06OmuMm41ReWqr0EJp8bJKao_8ouWU-fw

珲春市、安图县等地仍有梅花鹿存在。

● 吉林市：蛟河市地处长白山西麓，松花湖畔，森林覆盖率为59.36%。境内动物有200余种，现存经济价值较高的野生动物有20余种，主要有黑熊、野猪、狐狸、梅花鹿、紫貂、狍子、山鸡、树鸡、青鼬、黄鼬等，国家重点保护动物东北虎经常出现在该市境内①。

● 辽源市：东丰县地处长白山余脉向松辽平原过渡的地带，气候、土壤条件良好，适合林木和多种植物生长。现有哺乳类野生动物17种，其中毛皮类14种，有狼、狍子、狐狸、貉子、猞猁、黄鼬、麝鼠、豹猫、青鼠、蒙古兔、松鼠、花鼠；药用类有麝、狗、獾、梅花鹿（家鹿跑到野外）②。

● 通化市：集安市梅花鹿栖息于混交林、山地草原和森林边缘附近，在茂密的大森林中或多岩石的地方较多。冬季多在山地的南坡、低洼地或雪覆盖较少之处；春季在旷野、少树的地方；夏季常在较密的林子里，晨昏在较开阔的田野，并常到有积水及潮湿的环境，有时迁移到高山草原，以青草、树叶、树皮、苔藓等为食③。

《辉南县志》记载："野生动物主要有：狍子、野猪、马鹿、梅花鹿、黑熊、狐狸、貉子、狗獾、黄鼬、青鼬、豹猫、狼、水獭、松鼠"等兽类（辉南县县志编纂委员会，2000），说明仍有梅花鹿存在。

● 白山市：白山市古老茂密的原始森林为野生动植物提供了优越的繁衍生息条件，是东北"三宝"——人参、貂皮、鹿茸角的产地。境内野生动物350余种，其中国家规定的保护动物有东北虎、棕熊、马鹿、猞猁、香獐等珍禽异兽37种之多④。既有"鹿茸角"，又有"马鹿"，其中似有梅花鹿⑤。说明在白山市、临江市、抚松县、靖宇县、长白朝鲜族自治县等地皆有分布。

临江市位于长白山腹地，鸭绿江畔，森林覆盖率达83%以上。野生动物有鹿、貂、黑熊等250余种⑥。所称"鹿"，当是梅花鹿。

抚松县位于松花江上游，长白山西北麓；境内总地势由东南向西北逐渐倾斜。地属中国东北部山区寒温带湿润气候区，大体可划分为5个区域，即沿江温和区、山地温凉区、山地冷凉区、山地冷冻区、山地极寒区。气温随海拔增高而递减，自西向东和自南向北递减的变化趋势明显。境内有野生动物3 010种，其中大型兽类主要有东北虎、金钱豹、马鹿、梅花鹿、黑熊、棕熊、野猪等⑦。

长白朝鲜族自治县位于长白山南麓，鸭绿江上游右岸；地势东北高、西南低，逐渐倾斜。地处中纬度，地势偏高，属亚温带大陆性季风气候，气温由西向东和由南向北递减，冬寒夏暖，四季分明。春季冷暖不匀，空气干燥，多是偏西大风；夏季温热多雨，酷热天气少，降水集中；秋季温度逐日下降，冷空气不断侵袭，出现霜冻；冬季严寒，长达5个多月。境内野兽有东北虎、野猪、黑熊、马鹿、梅花鹿、狍子、紫貂、松鼠、黄鼠狼、狗獾、东北兔、香獐子、狼、狐狸等30余种⑧。

● 延边州：敦化市是长白山脉的东部山区，四周高、中部低。地属中温带冷凉气候区，山区气候特点明显。自然资源十分丰富，是国家重点林区之一。主要珍稀动物有东北虎、梅花鹿、紫貂、黑熊、水獭等⑨。

龙井市位于长白山东麓，地属中温带大陆性季风气候区，一年四季分明，冬冷夏热。野生经济动物有梅花鹿、黑熊、豹子、獾子等，生产的鹿茸、熊胆、獾油、哈什蚂油等都是名贵药材⑩。

和龙市地处长白山东麓，图们江上游北岸；

---

①蛟河. http://baike. baidu. com/link? url＝JchwEHMzSwM53nx2iju3ZEV90gsX9_fs1h656SX3fg4lDjggLiNC4fKSMYghGGWMg7yfb9b9c4oAF8l4UwB5Fq

②中国·东丰. http://www. dongfeng. gov. cn/Index. html

③吉林·集安. http://www. jilinja. gov. cn/jatc2. asp

④白山. http://baike. baidu. com/link? url ＝ YIkqrocNYAggI0C0L93Cye7lm-x45T0pveiL5gQ3c9nL4fNO-uBTp3PllRYWVz6ZcaP7PvcYWxH5LT2ju1uSmMG2gW8Tg_zzVevIESeWgc3

⑤《抚松县志》有明确有"马鹿、梅花鹿"（抚松县地方志编纂委员会，1994）。

⑥临江. http://baike. baidu. com/view/245390. htm? fromId＝288967

⑦抚松县. http://baike. baidu. com/view/287446. htm

⑧长白朝鲜族自治县人民政府. http://cb. cbs. gov. cn/BsWebCms/site/cbcms/list/nP_11_26_2_4List1. html? xxlb＝P_11_26_1_4

⑨敦化. http://baike. baidu. com/view/6787. htm? fromId＝999790

⑩龙井市. http://www. baike. com/wiki/龙井市

地貌类型复杂多样，西部多高山峻岭，西高东低，南岗山脉横亘中部，中北部为河谷盆地；地貌类型分为山区、丘陵、台地、谷地、河谷平原。地属中温带季风半湿润气候区，可划分为四个气候区：温和半湿润气候区、温凉半湿润气候区、温冷湿润气候区、冷凉湿润气候区。境内已查明并具有一定经济价值的野生动物近 300 科 600 多种，有兽类 20 余科 100 余种，其中有梅花鹿等多种国家一级珍稀保护动物①。

汪清县位于长白山东麓，属山区。地属大陆性中温带多风气候区，冬长夏短，四季分明，垂直变化较大。有野生动物 157 种，名贵中药材有鹿茸、麝香、熊胆、田鸡油、山参等②。“鹿茸”，当出自梅花鹿。

安图县地处长白山北麓，境内群山起伏，沟壑纵横，长白山脉由南向北延伸，使全县地势呈现南高北低、东高西低、南北长东西窄的特点。地属温带季风气候区，由南向北气温逐步升高，降水逐步减少；横亘中北部的荒沟岭为县内天然地域分界线，将安图县显著地分成两个气候区。境内栖息着东北虎、金钱豹、黑熊、水獭、紫貂、梅花鹿、野猪等野生动物 550 余种，其中有野鸡、飞龙等 200 多种鸟类③。

6.2.3　黑龙江

黑龙江省也是现存梅花鹿较多的省级政区之一。

《中国重点陆生野生动物资源调查》称（国家林业局，2008）：

在黑龙江，野生梅花鹿仅残存于东部山地老爷岭南部的绥阳—穆棱（东宁县与穆棱县境内）森工国有林区。其分布面积约 1 000 km^2。与 1992 年全省森工国有林区调查结果相比，其分布区已由原来的绥阳、穆棱、东京城林区（总面积为 2 000 km^2）缩小为目前的绥阳—穆棱林区（分布面积缩小 50%）。种群数量仅为 30 只左右。

本次调查，梅花鹿见于“黑龙江”（绥阳、穆棱）。

按：即在穆棱市、东宁县等地仍有梅花鹿存在。

● 哈尔滨市：据哈尔滨市报道，当地有梅花鹿④，似表明哈尔滨市、双城市、尚志市、五常市、依兰县、方正县、宾县、巴彦县、木兰县、通河县、延寿县等地有分布。

尚志市地处张广才岭西麓，地势东高西低；其中山地、丘陵占总面积的 80%，平原、漫坡、甸子地占总面积的 15%，水库、沼泽、河流占总面积的 5%，大致呈八山、半水、分半田的结构。地属温带大陆性季风气候区。境内山深林密，野生动物资源种类繁多，哺乳类动物有东北虎（现已难见到踪迹）、熊、马鹿、梅花鹿、狍子、狼、貂、狐、貉、獾、兔、野猪、紫貂、水獭、水鼠、鼬鼠、刺猬等几十种⑤。

五常市东靠张广才岭，西、北接连松嫩平原；地势东南部较高，层峦叠嶂，多森林；中部丘陵起伏，多沟壑；西北部属平原地带。地属中温带大陆性季风气候区。森林资源丰富，森林覆盖率 42%。境内野生动物有东北虎、紫貂、鹿、熊、狍子等和鸟类共 200 余种⑥。所谓“鹿”，似包括梅花鹿。

木兰县，小兴安岭余脉从东北入境，蒙古山脉从西入境；东南部为丘陵，西南部为平原，大体呈北高南低的地势走向。地属中温带大陆性季风气候区。森林覆盖率达 57.9%。境内有獐（麝）、鹿、丹顶鹤、雁类等珍稀野生动物百余种⑦。所称“鹿”，似含有梅花鹿。

通河县北部为山区，属小兴安岭山脉；中部为丘陵和浅山区，山势平缓，峡谷开阔；南部与山前台地紧紧相连，分布在山区外围，是丘陵，属宽阔小平原。山林中野生动物资源有：野猪、黑熊、梅花鹿、狍子、狐狸、貂、水獭、艾虎、雪兔、香鼠、

①和龙. http://www.helong.gov.cn/user/index.xhtml? menu_id=528

②中国·汪清. http://www.wangqing.gov.cn/danye.asp? action=wangqinggaikuang

③安图政务信息网. http://www.antu.gov.cn/info.aspx? id=5124

④中国哈尔滨. http://www.harbin.gov.cn/zjhrb/sqgl/csgk/zrdl.htm

⑤尚志. http://baike.baidu.com/link? url=1tjBwclOuJoKXvk1eK5BRTGHjyarcbkDagOiHFG4usvIQYqP_ZEMFQfFfaW8Mphw_XSc5yEllDRDFMRytCypAlxTkUnBLab02FiPDVFKz7q

⑥中国·五常. http://www.hljwch.gov.cn/template/wcgkzyzk.html

⑦黑龙江·木兰. http://www.mulan.gov.cn/zjml/zrzy/2005/10/4200.htm

飞龙、野鸡、沙鸡、苏雀、山鹊、喜鹊等①。

● 齐齐哈尔市：据了解，目前拜泉县的仙洞山野生梅花鹿自然保护区有300多只野生梅花鹿在保护区内栖息繁衍，是我国暨东北亚最大的野生梅花鹿种群。虽然觅食的鹿群行踪不定，但在保护区工作人员的努力下，顺利发现六群数量均在10只以上的梅花鹿群。在不惊扰鹿群的前提下，大家尽量靠近鹿群，进行了详细的摄录登记②。

克东县地处小兴安岭向松嫩平原过渡的地带，地势丘陵起伏。地属中温带典型大陆性季风气候区，冬季漫长、干燥、严寒；夏季温和多雨；早春低温多雨雪易涝，暮春少雨易干旱；秋季降温迅速，常有冻害发生。境内野生动物主要有鹿、狐、貉、猞猁等③。其中"鹿"，当是梅花鹿。

● 黑河市：孙吴县地处小兴安岭北麓，属于低山丘陵区；地势南部和西部高，北部和东部低，由西南向东北逐渐倾斜；地貌分区较明显，西部为低山沟谷区，中部为丘陵河谷区，东北部为沿江平原。地处中高纬度，属寒温带大陆性季风气候，早晚温差大，春季风大，夏季温和多雨，秋季凉爽，冬季较长。境内各类野生动物有300余种，有熊、野猪、鹿、狍子、獾、猞猁、黄鼠、水獭、银鼠等。所称"鹿"，当是梅花鹿。

● 大庆市：肇源县境内多低地平原、沼泽和河川。地属北温带大陆性气候区，四季分明，光照条件好，冬季寒冷干燥，温差悬殊。当地野生动植物繁多，狐、貉、鹿等野生动物达200多种④。此"鹿"，似指梅花鹿。

● 鹤岗市：鹤岗市称境内国家一级保护野生动物有：东北虎、棕熊、白鹳、黑鹳、金雕、紫貂、中华秋沙鸭、梅花鹿，二级保护野生动物有：黑熊、驼鹿、水獭、猞猁、麝、马鹿、天鹅、鸳鸯、花尾榛鸡、灰鹤、苍鹰、鸟鹰、松雀鹰⑤。反映似在鹤岗市、萝北县、绥滨县梅花鹿与马鹿重叠分布。

● 佳木斯市：桦川县位于三江平原腹地，松花江下游南岸，属于低山丘陵平原区。地属大陆性寒温带季风气候区，冬季严寒干燥。野生动物有鹿、貂、狍、天鹅、野鸡、大雁等40余种⑥。此"鹿"，当是梅花鹿。

汤原县位于三江平原西部边缘，北依小兴安岭千里群山，南邻松花江、汤旺河两大水系；西北部山地丘陵与东南部沿江平原构成"三山一水四分田，一草一路与庄园"的地貌格局。地属中温带大陆季风气候区，四季分明，天气多变，夏季暖热多雨，冬季寒冷干燥，雨热同季，冬夏气温变幅很大。林区栖息着獐（麝）、狍、鹿、熊、野猪、狐狸、獾、香鼠、野鸡、蛇、兔等多种野生动物⑦。所称"鹿"，似指梅花鹿。

● 双鸭山市：友谊县地处三江平原腹地，境内地势平坦低洼，西南为丘陵，东北为低洼地，由西南向东北倾斜。地属中温带大陆气候，冬季严寒，夏季炎热，四季分明，雨热同季，常年以偏西风为主，最大风速出现在春季。境内野生动物有国家一、二级保护动物梅花鹿、飞龙、黑熊、马鹿、雪兔、天鹅、鸳鸯、狍子以及山鸡、田鸡、沙半鸡、狼、林蛙、黄鼬等十几种⑧。

宝清县是三江平原核心，北大荒腹地；县域三面环山，东、南、西部为山区和半山区，北部为平原区；有山地、丘陵、平原、沼泽、河川五种地形，山地占41.6%，丘陵占21.7%，平原占15.2%，沼泽、河川占21.3%。地属寒温带大陆性气候区。当地八五二农场生态良好，资源富集，林中生活着虎、熊、鹿、狍、野猪等珍贵野生动物及各种珍奇禽鸟⑨。

迎春林业局地处虎林市、宝清县和饶河县，野生动物有东北虎、梅花鹿、马鹿、猞猁、水獭、狐狸、黑熊、野猪、狍子、獐子（麝）、松鼠、雪兔等，是

①通河县. http://baike. baidu. com/link? url=SbyBd0fnBCL2i9TQn-ECfqGN_6FfV-3Nl1ejJJU8hTpQFjahjA2xnUQNouyX69Dc
②王辉. 拜泉：保护野生梅花鹿打造"生态王牌". http://heilongjiang. dbw. cn/system/2016/01/21/057051132. shtml
③克东县. http://baike. baidu. com/link? url=ory90Fzqz7MqqWF-OiZMtCfSryYoxrrk4mGVk6Uzd8Kku_9BXml0bH3vDVGO6FPp
④肇源县. http://baike. baidu. com/link? url=5uJuhxBVqVCElHQcR-7LL5h9tk1OU_0V7_e12WRkPjlsrGS9dn85wj9s_2H133w-#3
⑤鹤岗市. http://www. zwbk. org/MyLemmaShow. aspx? lid=107293
⑥桦川县. http://baike. baidu. com/link? url=_35HUvwhCrr3qJsW5XyBukhquAeeqobvQO4dU2cUAFpru_mO9l7w5j5NaYHhCvzf
⑦汤原县. http://baike. baidu. com/link? url=BF1p-_ZcwFZJeHmG8Q94oWIkwoPULKwptidhTlFcUXeFGnMVwgOw-OCDC3PIFWfs
⑧友谊县. http://baike. baidu. com/link? url=PuHX6a5NJ5pGP0cVOL4l6pXn7ZDdCXLTiWDxpDmExA9eHqacKKvt56xKT71_PSR0
⑨八五二农场概况. http://852. nkhxl. com/ncgk/Articles/20140625072034. html

珍贵动植物繁衍生息的基地①。

● 七台河市：七台河市位于张广才岭与完达山脉两大山系衔接地带，属低山丘陵区；按地形变化，可划分为低山丘陵、漫岗地、河滩地和山间谷地四个地貌类型；总地势为东南高、西北低，由东南向西北逐渐倾斜。地属中温带湿润气候区，四季分明，降水各季分布不均；冬季长而干燥寒冷，夏季短而湿热多雨，春、秋两季气候多变，春季回暖快、风大而少雨干旱，秋季降温快，来霜早。当地有鹿、熊、狍、雉鸡等珍稀野生动物，长年栖息在密林中②。

勃利县东、南、西三面环山，属于低山丘陵平原区；西部山区属老爷岭山系，东部山区属完达山系，中部丘陵区为完达山向三江平原倾斜的过渡型地貌，西北部平原是松花江水系倭肯河的冲积平原。地属大陆性季风气候区，四季分明。截至2012年，该县还有野猪、黑熊、狍子、狼、松鼠、刺猬、獐子、狐狸、山狸、鹿等野生动物③。所称“鹿”，似为梅花鹿。

● 鸡西市：密山市北部为完达山脉，南部为长白山脉，中部为穆棱河冲积平原，地貌特征为“三山二水五分田”。地属中温带大陆性季风气候区，四季气候变化明显：春季易干旱多大风，夏热短促雨水集中，秋季寒潮降温，常有冻害发生，冬季寒冷漫长且干燥。熊、鹿、野猪、獐子（麝）、猞猁、麋鹿、野兔、山鸡等野生动物种类繁多④。其中“鹿”，应是梅花鹿。

鸡东县地形地貌复杂多样，为“七山半水二分半田”。地处中纬度，属大陆性季风气候。在广阔葱茏的山林中，有鹿、狍子、野猪、熊、狼、狐狸、紫貂、貉子、野鸡等野生动物⑤。此“鹿”，似含有梅花鹿。

● 牡丹江市：穆棱市地势南高北低，东西两侧高，中部低；山脉属长白山系老爷岭山脉，呈西南一东北走向；地域内山多水阔，具有“九山半水半分田”的地貌特征。地属中纬度北温带大陆性季风气候区，冬季漫长寒冷干燥，夏季较湿热多雨，春秋季风交替，气温变化剧烈，秋天常见早霜。当地六峰湖是天然的动物园，林区内植物资源丰富，自然环境好，为野生动物创造了良好的生存条件，这里有天鹅、水獭等国家二级保护动物5种，还有东北虎、梅花鹿等国家一级保护动物⑥。

海林市地处长白山支脉张广才岭东麓，地貌特征为“九山半水半分田”。森林覆盖率达72.4%。境内主要有虎、鹿、熊、貂、獭、獐、鹭等野生动物⑦。所谓“鹿”，当是梅花鹿。

宁安市地势西南高、东北低，四周高、中间低，属于低山丘陵区；西部与北部为张广才岭，东部和南部为老爷岭；从西南向东北形成了山地、丘陵漫岗、沿江平原三种地形。境内野兽有27种，被列为国家保护的有东北虎、梅花鹿、马鹿、紫貂等，野生禽类有300多种⑧。

林口县地处张广才岭、老爷岭和完达山脉交接处，大部分属山区；境内山多林密，江河纵横；地势四周高，中间低，西部山势险峻，东部渐趋平缓。地属寒温带大陆性季风气候区，处于西风环流控制，季节显著，四季分明。春秋季短，气候多变；夏季温热多雨；冬季漫长，寒冷干燥。由于全县属中低山丘陵漫岗地带，地形复杂，山区局部小气候比较明显。境内兽类中，有东北虎、金钱豹、梅花鹿、马鹿、狐狸、紫貂、猞猁、狍子、獾子、

---

①春林业局. http://baike. baidu. com/view/2015667. htm? fr=Aladdin

②七台河. http://baike. baidu. com/link? url=nDKjV-Vn_3Pggl8uhi3NXf73ZHgDk0eo4y9yQiTXf2kea5g5a4kbZTdb9TJJBWkKbVORALvR1LRhV8EWbk7Aja

③勃利县. http://baike. baidu. com/link? url=i7V-XvQhMNuZthbB5KTcqBbmO1JneosWzi2o6ufkjiPvGbXEuqyPAaQDwGQcWJtPwPvRaZEstOqUXGTVkc3vxq

④密山市. http://www. baike. com/wiki/密山市

⑤鸡东县. http://baike. baidu. com/link? url=4_1IOSjFlkA7cvuWxhdp9D16BzlzocxHXf9PEi9w5_CFviztwkq1wfNSYNuCqSx8

⑥穆棱林业局. http://baike. baidu. com/link? url = _XDp-HUueCQvLXKR6u34p4exRpPQSaLukKL_63xq9iX-2H3brXj6c7vlOCzGQnucKHlZLeoNKTJiJA89or5x5K

⑦海林. http://baike. baidu. com/link? url = dyb0PEvDxAFv8A8SXAU70KNvvElARZS1d-zhRkNLNBdMbzCOa1ePKhdmg8pr6eyqb1Kgb9EK-ME4_q5k_5Km7q

⑧中国·宁安. http://www. ningan. gov. cn/view. php? id=3354#viewtop

黑熊、野猪、山兔、水獭、狼、貉、刺猬、松鼠、黄鼬等①。

● 绥化市：绥棱县的绥棱农场坐落在小兴安岭西南麓、努敏河畔。境内耕地、草原、林地、荒地、风景区、河流纵横交错，地貌复杂多样。野生动植物资源非常丰富，主要有飞龙、猞猁、梅花鹿、熊、貉、猴头、蘑菇、黄花菜、蕨菜等②。

● 大兴安岭地区：据称，加格达奇区野生动物种类繁多，有鹿、野猪、山鸡、飞龙等珍奇野生动物③。新林区野生资源繁多，浩瀚的林海中栖息着马鹿、梅花鹿、驼鹿、獐子（麝）、飞龙等98种野生动物④。证明依然有梅花鹿栖息。

6.3 华东

华东现今仅上海市与江苏省未见有梅花鹿分布记录，其余各省级政区仍有存在。

《中国重点陆生野生动物资源调查》称："本次调查，梅花鹿……江苏已绝迹"（国家林业局，2008）。

6.3.1 浙江

浙江省现今仍有少数地方有梅花鹿存在。

《中国重点陆生野生动物资源调查》称："本次调查，梅花鹿见于""浙江（临安）"（国家林业局，2008）。即在临安仍有梅花鹿存在。

6.3.2 安徽

安徽省是华东现存梅花鹿最多的省级政区。

《中国重点陆生野生动物资源调查》称："本次调查，梅花鹿……安徽（宁国、泾县、旌德、绩溪、歙县、黄山、祁门、石台、贵池、青阳、南陵）有分布⑤，但数量不详"（国家林业局，2008）。即在皖南的南陵县、黄山市、歙县、祁门县、贵池区、石台县、青阳县、宁国市、泾县、旌德县、绩溪县等地仍有梅花鹿存在。

● 芜湖市：南陵县地处皖南山区向沿江平原过渡的地带；西部边缘以低山、丘陵地貌组合为主，中部丘陵、台地和平原地貌结构占主导地位，东部则以圩区平原和洼地平原为主。地属北亚热带湿润性季风气候区，东亚季风盛行，冷暖空气频繁交替。气候特征表现为：温暖湿润，雨水充沛；四季分明，季风明显；光照充足，雨热同季。全县森林覆盖率22.2%。当地水热条件优越，利于动植物繁衍栖息，生物资源十分富饶。有多种珍稀动物，如扬子鳄、梅花鹿、金钱豹、穿山甲、鬣羚和白鹇等⑥。

● 铜陵市：铜陵县位于长江下游平原与皖南山区交接地带，总地势南高北低，中部为南北过渡地带，形成低山、丘陵、山涧河谷、波状起伏的岗地和沿江冲积平原。地属北亚热带季风过渡区，四季分明，全年气候温和，雨量适中，湿度较大，日照充足，无霜期长，季风气候显著。由于气候的过渡性，冷暖空气交替频繁，冬夏温差显著，降水年际变化较大，常有旱、涝、风、雹等灾害性天气出现。境内动植物资源丰富多样，其中列入国家保护的动物有梅花鹿、金钱豹、猫头鹰、江豚、穿山甲、苏门羚等7种⑦。

● 黄山市：黄山市位于皖南山区，以山地为主。地处中亚热带北缘，属亚热带季风湿润气候区。据称黄山市动物种类300多种，其中属于国家保护的珍贵鸟兽有20多种，属于国家一级保护的动物有梅花鹿等多种⑧。

● 池州市：贵池区地势南高北低，依山傍水，分山区、丘陵、圩区，呈阶梯形分布；南部为中低山区，群山起伏，绿树如云；中部为丘陵区，岗垄相间，田园平整；北部为沿江洲圩区。地处暖温带向亚热带过渡的地带，属亚热季风性湿润气候区，气候温和，雨量适中，光照充足；全年冬寒、夏

---

①林口县. http://baike. baidu. com/link? url＝UlJFdRCgBHEtfnmXGl1p-WAMZwvSaTox-BcHuz_v1uVzhdkCLd9lvynhL8z23Ax4dgdyoT6BmRa1Y7F42kQHQK

②绥棱农场. http://baike. baidu. com/link? url＝DzgcMfcIKY0pMOWaoi1TY4iaYNsHmCvFK-leuf4M3pOD7gaOqXcCBrH1IHCHkpnufVIBygQwm2mkQD70JYHWFa

③加格达奇区. http://baike. soso. com/v10181220. htm

④新林区. http://baike. baidu. com/link? url＝ZJEVNIKmfF4Sni4mXGLNM0w9k6-RoggI9eSqxJq8OnqeRT7N63_PSmzwHjzEh3Kr

⑤《安徽省陆生野生动植物资源》记载情况与此相似（安徽省林业厅，2006）

⑥南陵县. http://baike. baidu. com/subview/282227/7964034. htm? fr＝aladdin

⑦铜陵县. http://baike. baidu. com/link? url＝-MuSeU0IPmTssWSjTk1iGhI2UnpuLJ0c2S7AM5v4c9v1OuYUEXBKUb4nK8ML2iRo

⑧黄山. http://baike. baidu. com/link? url＝TXz6VdTD2MLNIyAN4Xf0ruJeJQ4_oOksw5h-AumU9oJ7Gtrm48rD_WApD85I8CBLPwuBriSnOyK15GiaT6tY085V7UBi8zb2beUSIeo6LPe#3_3

热、春暖、秋凉，四季分明，季风明显，无霜期长。山地植被以常绿阔叶林为主，全区森林覆盖率为48.8%。境内兽类有：梅花鹿、猕猴、短尾猴、虎、豹、豺、狼、獐、麂、兔、野猪、小熊猫、金猫、斑狗、松鼠、狗尾狸、白面、刺猬、穿山甲、箭猫、猪獾、鸡爪猪、野猫、香灵猫、黄鼠狼、狐狸、云豹等①。

石台县位于皖南山区西部，县内地貌低山、高丘分布最广，约占全县总面积的82%；东南部黄山北行千脉盘结，西北部是九华山脉的南端，形成南、北高，东、西低的地势，境内山峦起伏，沟壑纵横。属于中亚热带湿润气候区，光照充足，四季分明，且冬夏长，春秋短。境内野兽有梅花鹿、金钱豹、龟纹豹、云豹、乌麂、鬣羚、山羊、苏门羚、猕猴、短尾猴、毛冠鹿、大灵猫、小灵猫、花松鼠、黄鼬、白猸、黄摇、豹猫、黄麂、果子狸、野猪、豪猪、班狗、水獭、穿山甲、貉、灌、獐、狼、豺、刺猬、野兔等②。

● 宣城市：旌德县位于皖南山区，地处黄山北麓；海拔自中部向东北和西南呈阶梯状上升，四面环山，中北部较低。地属北亚热带湿润季风气候区，气候温和，雨量充沛，光照适中，季风明显。由于地形差异，县内各地入季时间不一。全县野生动物绝大部分繁衍栖息在地形复杂、雨量充沛、植被茂密和人为活动稀少的中低山地带。至2003年，已被人们认识的野兽达51种，有：梅花鹿与刺猬、灰麝鼩、缺齿鼹、蝙蝠、家伏翼、猕猴、短尾猴、穿山甲、华南兔、赤腹松鼠、隐纹花松鼠、岩松鼠、长吻松鼠、黑腹绒鼠、小家鼠、黑线姬鼠、中华姬鼠、黄胸鼠、褐家鼠、社鼠、针毛鼠、大足鼠、青毛鼠、豪猪、狼、红狐、貉、豺、青鼬、黄腹鼬、黄鼬、鼬獾、狗獾、猪獾、水獭、大灵猫、小灵猫、花面狸、果子狸、食蟹獴、豹猫、云豹、金钱豹、野猪、獐（麝）、黄麂、黑麂、毛冠鹿、鬣羚、青羊等③。

6.3.3 福建

福建省现存梅花鹿栖息地还有数个。

● 三明市：地处三明市西南30 km的格氏栲森林公园有格氏栲森林1万亩，已有200多年历史，是世界上最大的格氏栲天然林区之一。林中还栖息着小鹿、黑熊、果子狸、飞鼠、白鹇、长尾雉、足鸡等珍禽异兽④。此“小鹿”，似指梅花鹿。

宁德市：泰宁县位于武夷山脉支脉杉岭东南，是山区县。地属中亚热带季风山地气候区，夏季受海洋性气候影响，盛行东南风，冬季受西北冷空气侵袭，又具有大陆性气候特征；夏季无酷热，冬季无严寒，四季温和湿润，光照充足，雨量充沛。山多林密，适宜各种野兽栖息和繁衍。常见的兽类有刺猬、麝、梅花鹿、黑麂、山羊、短尾猴等37种。因森林砍伐过量和乱猎滥捕，生态平衡受到破坏，有的珍贵动物越来越少，如虎、豹、鹿等⑤。

6.3.4 江西

江西省依然有梅花鹿存在。

《中国重点陆生野生动物资源调查》称：“本次调查，梅花鹿见于……江西”（国家林业局，2008）。说明该省仍有梅花鹿存在。

● 九江市：修水县居幕阜山脉和九岭山脉之间，是个比较典型的山区县，以山为主，素有“八山半水一分田，半分道路和庄园”的说法。地属亚热带湿润季风气候区，四季分明，热量丰富，无霜期长，光照较充足，雨量充沛。各地气候差异大，立体气候明显。境内哺乳类主要有金钱豹、梅花鹿、獐、山獾、黄麂、南狐、貂、水獭等⑥。

● 新余市：分宜县地势南部略高，中部较低平；境南为低山区，北部丘陵，袁河横贯中部，间以平原岗地。地属亚热带湿润性气候区，雨量充沛，阳光充足，气候温和，无霜期长。当地野兽有：鹿与野猪、山羊、山牛、穿山甲、野兔、獐、麂、虎、狼等⑦。其中“鹿”，当是梅花鹿。

● 赣州市：崇义县地貌以山地丘陵为主，大致可分为中山、低山、高丘陵、河谷阶地四种类

---

①中国·贵池. http://www.ahgc.gov.cn/content/55844.html

②石台县. http://baike.baidu.com/link? url=WvpMTJ_Cx-FAApa4W4i1PCmWv8z84O5ctg44S-gcmg9oCqJ7IlClf9vBtom1MBt1#4_2

③中国·旌德. http://www.ahjd.gov.cn/ReadNews.asp? NewsID=1297

④三明格氏栲国家森林公园. http://baike.baidu.com/view/480998.htm? fromId=1629803

⑤泰宁县. http://baike.baidu.com/subview/681431/8049376.htm? fr=aladdin

⑥修水县. http://baike.baidu.com/link? url=KvypVUIBQPITq_oaqEZf7dtQKogHuo5SKVT0sPvJk8niZkMj0Dunq8RUPT0pMUte#8_5

⑦分宜县. http://baike.baidu.com/link? url=1WKrJYcRpy9YQcfzrQLW9LB4_HINgj2OgsnCGVW3WUGjBDu6XBza53r_FtQqXajw#4_5

型；山地占土地总面积的47.67%，高丘占45.06%，低丘及河谷阶地占7.27%。属中亚热带季风湿润区，冬夏两季盛行季风，全年热量丰富，四季分明，雾日多，日照偏少，雨量充沛，空气湿度大，无霜期长。由于地形复杂，垂直高度差异大，山上山下、向阳面和背阳面气候差异十分明显。境内国家一级保护动物有金钱豹、南方花鹿、蟒、黄腹角雉等，国家二级保护动物有金猫、獐、鹰、猫头鹰、苏门羚、毛冠鹿、山黑鹿、水黑鹿、穿山甲、水獭、小灵猫、大灵猫、白鹇、红腹锦鸡、娃娃鱼15种[①]。

● 宜春市：靖安县以山区为主，地势东西长、南北窄，四周环山，中部山地间杂丘陵，唯东南偶有少量河谷平原。地属北亚热带湿润气候区，春季回暖迟，有春寒，夏季炎热时间长，秋季凉得快，冬季较寒冷，四季分明；气候温和，气温东西相差大。境内野兽有野鹿与猴、鹿、獐、狐、獭、香狸（箭猫）、中尾狸、九节狸、小黑熊、青猺、黄猺、野兔、野猪、野牛、野猫、野马（水鹿?）、山羊、刺猬、黄鼬、山（田）鼠、松鼠等[②]。所谓"野鹿"，似为梅花鹿。

铜鼓县地处罗霄山脉北端东部，修河上游；地势由西南向东北倾斜，地形西宽东窄，境内山丘连绵起伏，属典型的山区，其中山地占87%，丘陵盆地占13%。地属中亚热带北部湿润气候区，气候温润，冬无严寒，夏少酷暑，四季分明，雨量充沛，光照充足，无霜期长。全县森林覆盖率高达87.4%。当地野兽有：虎、豹、鹿、獐、麂、猴等。随着生态环境的变化，昔日曾为贡品的野鹿近年少有发现[③]。可见"鹿""野鹿"皆指梅花鹿。

● 吉安市：吉水县地形兼有山地、丘陵、平原三大类，以丘陵为主；东、北、南三面地势稍高，西与西北稍低，由东向西倾斜形成一个半开口的盆地。地属中亚热带区域，气候温和，雨量充沛，光照充足，四季分明，具有东亚季风湿润气候特征。当地常见野兽有野猪、野兔、獐、鹿、狼、狐、獾、黄鼠狼、水獭、刺猬、松鼠、田鼠等，稀有珍贵动物有华南虎、南山豹（金钱豹）、苏门羚、马鹿、穿山甲等[④]。我国南方未见马鹿分布，故所称"鹿"与"马鹿"，似指梅花鹿。

6.3.5　山东

山东省仍有几个梅花鹿残存地方。

《中国重点陆生野生动物资源调查》称："本次调查，梅花鹿见于……山东（荣成）"（国家林业局，2008）。即在荣成市仍有梅花鹿存在。

6.3.6　台湾

台湾现今虽有梅花鹿，但是野放的物种。

位于屏东县的垦丁国家公园20余年前实施过复育野放计划，目前经过多次野放及定期调查，公园野生梅花鹿总数已经过200只，且有持续上升之势，这也引起野放在其他原栖地的重视。

台东县的绿岛所栖息的梅花鹿则是由以前岛民饲养后跑出的个体组成的野生族群，总数也已经超过200只。

台湾梅花鹿纯种族群的母群来自台北市立动物园，该园曾将梅花鹿赠送给金门农畜所，故全台湾纯种梅花鹿饲养的地方目前有台北市立动物园以及金门[⑤]。

6.4　中南

中南现存梅花鹿的省级政区还有河南省、湖北省、湖南省、广东省、广西壮族自治区。

6.4.1　河南

尽管《中国重点陆生野生动物资源调查》未提及河南省的梅花鹿调查情况（国家林业局，2008），但该省还是有梅花鹿残存记录。

栾川县地势西南高、东北低，地貌起伏跌宕，形成中山、低山和河谷三种类型。地属暖温带大陆性季风气候区，但地形使县境气候差异明显，形成东北部热温带、中南部温凉湿润带、西部寒冷湿润带三个小气候带。森林覆盖率83.3%。该县龙峪湾国家森林公园内有各种野生动物400余种，其中国家一、二级保护动物有48种，如

①崇义县. http://baike. baidu. com/view/173779. htm

②中国・靖安. http://www. jxjaxzf. gov. cn/Item/1354. aspx

③铜鼓县人民政府. http://www. tonggu. gov. cn/list. aspx? id=374419503170

④吉水县. http://baike. baidu. com/link? url=I3yxQ96nKhO7csQo5eVqOeD67HMngOdbNxsrR0N-FflV67oHmx6UZxfGxnQSCA2t#5_2

⑤梅花鹿台湾亚种. http://baike. baidu. com/link? url = Uti5acZTI1hrUEvGWSkRbjpIL6hz5ahWM261-2mcfF8Wo-J2sgv3bmoDD9DHP6Zbs33dA_3wX-HJBykkU0ewCq

金钱豹、红腹锦鸡、獐狍、梅花鹿、大鲵等①。

宜阳县地处豫西浅山丘陵区，北部属秦岭余脉，南部属熊耳山系；地貌特征为“三山六陵一分川，南山北岭中为滩，洛河东西全境穿”。地属暖温带大陆性季风气候区，春温、夏热、秋凉、冬寒。该县的花果山位于县西南部的穆册乡境内，森林覆盖率达92.4%。林中珍禽异兽比比皆是，金钱豹、香獐[麝]、金雕、银狐、大灵猫、小灵猫、鹿、相思鸟等1 000余种②。所称“鹿”，似为梅花鹿。

6.4.2 湖北

湖北省现今一些地方还有梅花鹿分布记录。

《中国长江三峡动物大全》记载有梅花鹿（刘先新，2010），保守看，反映巴东县、秭归县等地还有梅花鹿。

● 十堰市：《竹山县志》记述（竹山县地方志编纂委员会，2002）：

随着山区日益开发，森林植被面积日渐缩小，县域内野生动物活动区日窄，加之肆意捕杀、贩卖，许多珍贵动物逐年减少，如虎、豹、梅花鹿等濒临绝迹。

按：据此说明，当地还有梅花鹿等濒危物种。

竹山县最近仍称，常见野生动物有23目33科300余种。除习见的动物外，还有花鹿与短尾猴、驴头狼、野牛、野马、白明鬃羊、白獐子、白鹿子、白熊等③。

房县地势西高东低，南陡北缓，中为河谷平坝；境内平坝、丘陵占17.1%，而高山占44.4%，高山区占38.5%。地属北亚热带季风气候区，冬长夏短，春秋相近，四季分明；垂直差异变化大，具有立体气候特征。该县森林覆盖率67.8%。望佛山位于县西部，珍禽异兽多，如梅花鹿、獐子、麂子、野猪、豹子、猪獾子、猴子等④。

● 黄石市：《黄石市志》列举的“走兽类”有：鹿与虎、豹、野猪、豪猪、野狗、红毛狗、野猫、野兔、猪獾、狗獾、麂、獐、水獭、麝、刺猬、黄鼠狼等（黄石市志编纂委员会，2001）。说明还有梅花鹿存在。

阳新县地处长江中游南岸，幕阜山脉北麓，属鄂东南低山丘陵区，位于幕阜山向长江冲积平原过渡地带；西北、西南、东南部多低山，且向东、中部倾斜，构成不完整山间盆地。地属北亚热带气候区。森林覆盖率为43%。该县野兽有豺、狼、豹、野猪、獐（麝）、鹿、刺猬、野兔等30余种⑤，亦即还有梅花鹿。

● 宜昌市：当阳市地处沮漳河中下游，大巴山脉东麓，荆山山脉以南，是鄂西山地向江汉平原过渡的地带。地属亚热带季风气候区，四季分明，雨热同季，气候温和，日照充足。该县森林覆盖率为39.53%。境内野生动物有大鲵（娃娃鱼）、水獭、鹿、獐（麝）、麂、虎、野猪、松鼠、蜈蚣等⑥。反映还有梅花鹿栖息。

6.4.3 湖南

湖南省依然还有梅花鹿分布。

《中国重点陆生野生动物资源调查》称：“本次调查，梅花鹿……湖南……未调查”（国家林业局，2008）。

● 衡阳市：衡南县位于南岳衡山之南，为一凹字形丘陵盆地。花桥镇位于县东部，据称，獐（麝）、鹿、穿山甲、水獭等珍禽异兽栖息于山中⑦。说明还有梅花鹿存在。

衡东县位于湘江中游的衡阳盆地与醴攸盆地之间，地形以丘陵为主，兼有平原和山地；地势东南高，西北低。地属亚热带季风温润气候区。该县森林覆盖率达到51%。境内野生动物有獐（麝）、鹿、兔、麂、猴面鹰、云豹等20余种⑧。

● 郴州市：汝城县地势西北高，东南低；地貌主要以山地为主，四面环山，丘冈盆地相间。地属亚热带季风湿润气候区，但由于境内山岭陡

①龙峪湾国家森林公园. http://baike. baidu. com/link? url=rZsVWE3slFCRfSiMU8rjrKKQcOl99C8DZbvfgted0UVbO-pWpYCS-dg4MVNflzIoi

②宜阳县. http://baike. baidu. com/link? url=BdgITlQQyIUPYfhraxQap6cd_efYttyn6Mfw-1fqyx7xU_oIbVhPZD02TLm22lHe

③竹山县. http://baike. baidu. com/view/17835. htm

④房县. http://baike. baidu. com/link? url=1qp973fZGJyoDCx2cVTtX05eOKjJ4cVQrSDUmIWvLgCAJ1LoqHhtDv9ZidFpPe8Y＃5_4

⑤阳新县. http://baike. baidu. com/link? url=ck1zV97CdZilmScOclspArJA6KKFu3BfIn6I92sMF-ZWPJW_MusTdJQg2pNlSgVU＃4_4

⑥当阳县. http://baike. baidu. com/view/1576772. htm

⑦衡南花桥镇. http://www. baike. com/wiki/衡南花桥镇

⑧衡东县. http://baike. baidu. com/link? url=NgdfRll9AlGpUPo-f46oXefo4aUF-eIrY71F5lpTqmT4kweL3Hf_5sCeoE52d7sV＃7

峻，气候的垂直变化和地域差异比较明显，具有立体气候特征。汝城森林覆盖率73.69%。境内野兽有：水鹿（山牛）、鹿、刺猬、獐（麝）、水獭、野山羊、穿山甲等。2002年在与广东交界的杨东山上发现了华南虎的踪迹[①]。反映仍有梅花鹿栖息。

● 永州市：永州市称，境内野兽有：梅花鹿与刺猬、蝙蝠、黄猴、猕猴、黑猴、短尾猴、华南兔、黑线姬、沟鼠、米鼠子、黄毛鼠、东方田鼠、喜马拉雅水鼠、花松鼠、红松鼠、媚鼠、猎獾、水獭、黄鼠狼、鼠、狼、豺狗、貂、华南虎、云豹、金钱豹、野猫、黑熊、花面狸、大灵猫、小灵猫、穿山甲、鲮、鹿、麝、黑鹿、赤鹿、毛冠鹿、青羊、苏门羚、野猪、豪猪等[②]。然而，地级永州市现今仍有梅花鹿似仅在个别地方。

新田县境内四面环山，地势西北高，东南低，呈向南开口的狭长盆地状；地貌特征为“五分山丘、三分岗地、二分平原和水面”。地处中亚热带大陆性季风湿润气候区，气温较高，严寒期短，夏热期短，春温多变，寒潮频繁，夏季多雨，秋季干旱，光照充足，无霜期长，四季分明。当地野生动物有700余种，其中野兽有：鹿与蝙蝠、穿山甲、松鼠、豪猪、褐家鼠、小家鼠、刺猬、黑线鼠、猪獾、华南兔、水獭、果子狸、中华竹鼠、聋猪、野羊、獐（麝）等[③]。表明还有梅花鹿栖息。

6.4.4　广东

广东省现今还有梅花鹿栖息。

《中国重点陆生野生动物资源调查》称：“本次调查，梅花鹿……广东……未调查”（国家林业局，2008）。

● 广州市：从化市处于珠江三角洲向粤北山区过渡地带，地势自北向南倾斜，东北高，西南低，地形呈阶梯状。地属亚热带季风气候区，气候温和，雨量充沛。当地森林覆盖率67.2%。境内野生动物资源丰富，较珍贵的有金钱龟、蟒蛇、南狐、果子狸、穿山甲、鹿等[④]。表明仍有梅花鹿分布。

● 韶关市：新丰县地势中间高，向东西倾斜；东部属低山地带，西南部为丘陵地带，中北部为中山地带。地属南亚热带季风气候区，季风明显，气候类型多样。境内列入国家一、二级保护的野生动物有画眉、金钱豹、金猫、穿山甲、鹿、猿、麝、猴、水獭、果狸、猫头鹰、山牛、蟒蛇、娃娃鱼、杜鹃、喜鹊、长尾凤、白鹤、燕子、啄木鸟、白鹇等[⑤]。反映仍有梅花鹿生息繁衍。

乳源瑶族自治县地处南岭山脉骑田岭南麓；地处中亚热带山地，溶蚀高原地貌显著，多峡谷。地属中亚热带湿润季风气候区，由于县境内地形复杂，海拔悬殊，形成明显的区间小气候。境内多达1 500种野生动物，其中陆栖兽类共25科8目86种，一级保护动物有：华南虎、云豹、山瑞、黄黑鹿等，二级保护动物有：短尾猴、黑熊、穿山甲、梅花鹿、水鹿、青羊、东南毛冠鹿、苏门羚、金猫、灵猫、麝香等[⑥]。虽保护等级有瑕疵，但还是可以证明当地有梅花鹿存在。

● 河源市：连平县地处粤北九连山区，地形复杂，起伏较大，地势自北向东南和西南方向倾斜；地貌大致可分为北、中部山地区，西南部丘陵区和东南部盆地区及内莞喀斯特地形区。地属中亚热带季风气候区，主要特征是夏冬长、春秋短，气候温和，四季分明，光照充足，热量丰富，雨量充沛，降水季节明显。当地野兽有：山鹿与狼、豺狗、野猪、狐狸、獭、豪猪、果子狸、野兔、鼠、黄鼠狼、穿山甲、狸猫、猪獾、野牛、黄猄、赤鹿、山羊、大灵猫、小灵猫、苏门羚、蝙蝠等50多种[⑦]。

● 茂名市：《电白县志》记述（广东省电白县地方志编纂委员会，2000）：

兽类主要有：山猪、山狗、箭猪、白面猪、野山羊、乌獐、狐、野兔、田鼠、蝙蝠、黄猄、果子狸、豹狸、豹猫、鹿、猿、猴、獭等。

---

①汝城县. http://baike. baidu. com/view/748363. htm

②永州市人民政府网站. http://www. yzcity. gov. cn/col/col16888/index. html

③新田县. http://baike. baidu. com/link? url=_OSpMhgIDxXklkOlGEtfUKWhDE0YfhLlDpCtSBn5SfjCplZn0BdhLVLNqtBBqViT＃5_2

④从化市. http://baike. baidu. com/view/77295. htm? fromId=1033537

⑤新丰县. http://baike. baidu. com/link? url=Gb1O37tD4SQWSnYITLpil0fc7lQIwi4KfSUAJhjy0pvwuklA9nZlxxNp8kEdfQBL＃3_3

⑥乳源瑶族自治县. http://baike. baidu. com/link? url=PdAAArTrX9Y6vLTu_8_XdG1kj6_mmWrnaAXNcCtmnXYrfR8TLCBiqPnesK5aZir1F50pbiEEKXvRcJE0JlBq＃3_3

⑦连平县人民政府网站. http://www. lianping. gov. cn/publicfiles/business/htmlfiles/gdlp/pzrzy/index. htm

按：所称“鹿”，乃梅花鹿，说明仍有残存。

6.4.5 广西

广西壮族自治区依然有梅花鹿分布。

《中国重点陆生野生动物资源调查》称：“本次调查，梅花鹿……广西……未调查”（国家林业局，2008），但还是有梅花鹿分布记录。

● 桂林市：《兴安县志》列举（兴安县地方志编纂委员会，2002）：

哺乳类：虎、豹、狼、狐狸、野兔、獐、鹿、猴、獭、狗熊、野猪、野山羊、黄鼠狼、松鼠、野猫、箭猪、鬣羚、穿山甲、竹鼠、果子狸、大灵猫、小灵猫、鼬獾、麂子、黄猄。

按：所称“鹿”，乃梅花鹿。

兴安县地形多样而复杂，西北和东南为山地，山峦重叠，沟谷溪流纵横；西北部为越城岭山系，逐渐向西南倾斜；东南部是都庞岭的海洋山系，并逐渐向东北倾斜；两大山系之间的狭长谷地称为“湘桂走廊”，其间有土岭、石山、河谷平原。地属中亚热带湿润季风气候区，气温适宜，雨量充沛，日照时间长，积温多，霜期短。县内常见的动物共127种，其中哺乳类有：鹿与虎、豹、狼、狐狸、野兔、獐（麝）、猴、獭、狗熊、野猪、野山羊、黄鼠狼、松鼠、野猫、箭猪、鬣羚、穿山甲、竹鼠、果子狸、大灵猫、小灵猫、鼬獾、麂子、黄猄①。

龙胜各族自治县地处越城岭山脉西南麓的湘桂边陲，东、南、北三面高而西部低；越城岭自东北迤逦而来，向西南延绵而去，崇山万叠，峭壁千寻，河谷幽深，水流湍急，气势磅礴，地貌万千，地貌特征为“万山环峙，五水分流”。地处亚热带，属季风性气候，雨量充沛，气候宜人。山地植被丰富，森林覆盖面广，如今尚存的原始森林有花坪和西江坪两处。境内野兽主要有：鹿与狗熊、黑熊、岩羊、鹿、麝、貂、獭、猴、野猪、豪猪、野兔、黄鼬、竹鼠、灵猫、大鲵、穿山甲、果子狸等②。说明还有梅花鹿。

● 梧州市：蒙山县四周群山环抱，境内丘陵起伏，地势东北高，西南低；县境西连大瑶山，西北部的莺山属萌诸岭山脉。地属亚热带季风气候区，气候温和，雨量充沛；雨热同季，夏季长，酷热；冬季短，严寒期短，无霜期长。境内野生动物中较为珍贵的有：鹿与山猪、果子狸、穿山甲、竹鼠、獐、獭、蜕、相思鸟、翡翠、鹤鸽、春丝鸟等③。反映还有梅花鹿等栖息。

● 百色市：乐业县地处云贵高原东南麓。地属亚热带季风气候区，气候温和，夏无酷暑，冬无严寒。境内珍稀动物有猕猴、穿山甲、鹿等④。表明还有梅花鹿分布。

田林县地处广西丘陵向云贵高原过渡的地带；全境东北、西北、西南和中部较高，向东南、向北逐步倾斜；地貌以山地为主，由土山（砂岩与页岩）和石山两类组成。地属亚热带季风气候区，因处于低纬度，太阳辐射较强，温度较高，热量丰富，雨量适中，气候温暖，大部分地区夏长冬短，霜期短，雨热同季。但随着海拔的升高，地貌各异，气候的地域性和季节性差异较大，形成许多不同的小气候。境内动物资源丰富，野生动物有108种，属于国家二、三级保护的动物有班鹿（斑鹿）、大鲵、猕猴、林麝、大小灵猫、金猫、苏门羚、云豹、金钱豹、华南虎、穿山甲、南蛇、原鸡、角雉、白鹇、锦鸡、猫头鹰、山瑞、鹰嘴龟、青蛙等20多种⑤。证实还有梅花鹿。

● 河池市志：金城江区系云贵高原余脉地带，地势自西北向东南倾斜。地跨中亚热带向南亚热带过渡的气候带，日照充足，气候温和，雨量充沛。境内动物种类较多，列为国家二级保护的动物有穿山甲、猕猴、羚羊、鹿、小灵猫、原鸡等⑥。此处虽动物保护等级略有瑕疵，但反映有梅花鹿存在。

6.5 西南

现今，西南除西藏自治区外，其余省级政区

---

①兴安县人民政府．http://www.xazf.gov.cn/html/2012/zrdl_0426/52.html

②龙胜各族自治县林业基本情况．http://www.gx.xinhuanet.com/dtzx/guilin/longsheng/jjly1.htm

③蒙山县．http://baike.baidu.com/link? url=zOIDBvHXsIEBGfeimY8gs5Figx5ZkAM2NB7PcAUf5qXuKGPUz2i3R68vIHZdgId4LeJRhRdn24pYKAm5ujM30RzDAeMig4bGrUpGkNz9SCu

④乐业县电视台简介．http://www.admaimai.com/tv/tvDetail9_2426.htm

⑤田林概要．http://map.mapbar.com/a_baise_tianlin_map/；田林县．http://baike.baidu.com/view/395066.htm

⑥河池市金城江区人民政府网．http://www.jcj.gov.cn/zjjc/content.php? c=003005

皆有梅花鹿分布记录。

6.5.1 重庆

《中国重点陆生野生动物资源调查》未提及重庆市(国家林业局,2008),但还是有梅花鹿分布记录。

《中国长江三峡动物大全》记载有梅花鹿(刘先新,2010),保守看,反映奉节县、巫山县等地还有梅花鹿。

万州区境内山丘起伏,低山、丘陵面积约占1/4,低中山和山间平地面积约占1/4,少平坝和台地,且零星散布。地属亚热带季风湿润气候区,四季分明,日照充足,雨量充沛,无霜期长,霜雪稀少。区内的潭獐峡由于多水潭,常有獐子出没,故称潭獐峡。据称,峡中野生动物种类繁多,有锦鸡、白鹊、獐子(麝)、鹿、九节狸、水獭、刺猬、猴子等①。说明还有梅花鹿栖息。

城口县属米仓山、大巴山中山区,地势南、东偏高,北、西偏低。地属北亚热带山地气候区,具有山区立体气候的特征。现有兽类52种,主要有鹿与华南虎、豹、熊、野猪、豪猪(俗名刺猪)、土猪(俗名拱猪)、苏门羚(俗名明鬃羊)、斑羚、岩羊、麂、獐(麝)、猴、狐狸(俗称毛狗)、豺、狼、狗獾、马豹(俗名神狗儿、掏狗儿)、金猫、大灵猫、小灵猫、野猫、白米子、穿山甲、水獭、野兔、飞虎、黄鼠狼、松鼠、田鼠等②。即仍有梅花鹿等。

巫山县的巫峡山脉位于重庆与湖北交界处,自巫山县起,经奉节县、建始县、恩施市等,北与大巴山相连,主峰在奉节县境内的乌云顶,海拔2 400 m。境内有大量珍稀动植物,其中珍稀动物有金丝猴、鬣羚、牛羚、白唇鹿、鸳鸯、大鲵、红腹角雉、白尾椎红雉、绿尾红雉、猕猴、穿山甲、水獭、大灵猫、小灵猫、猞猁、獐(麝)、马鹿、斑羚、白冠长毛雉、锦鸡,有各种野鸟100余种,有豺、狼、熊、野猪、鹿等走兽50余种③。反映还有梅花鹿分布。

6.5.2 四川

四川省是现存梅花鹿的主要省级政区之一。《中国重点陆生野生动物资源调查》称:"本次调查,梅花鹿见于""四川(若尔盖、九寨沟、红原)"(国家林业局,2008)。即在九寨沟县、若尔盖县、红原县等地仍有梅花鹿存在。

● 乐山市:峨边彝族自治县地处四川盆地向云贵高原过渡的地带,境内群山耸峙、山峦重叠、沟壑纵横。地属亚热带湿润季风气候区,气温随海拔而变化,垂直差异明显,形成"一山分四季,十里不同天;山顶戴雪帽,山脚百花鲜"的小凉山区气象景观。该县森林覆盖率为67%。据2007年称,境内珍稀动物和各类禽兽繁衍多,主要有鹿与大熊猫、小熊猫、羚羊、虎、豹、獐(麝)、黑熊、红猴、水獭、野牛、野猪、土猪、豪猪、狐狸、野猫、鼠(竹牛)、野兔、狼、松鼠等④。反映还有梅花鹿等栖息。

● 自贡市:叙永县位于四川盆地南缘,为中山、低山地貌,地势由东南向西北倾斜。地属亚热带湿润性季风气候区。位于县城东北40 km处的国家级自然生态保护区画稿溪有150多种动物,其中有猕猴、黑熊、穿山甲、云豹、豺、野鹿、水獭、金猫、林麝、大鲵、岩羊、獐子(麝)、红腹角雉等数十种国家级保护动物⑤。证明仍有梅花鹿生息繁衍。

● 阿坝州:马尔康县位于青藏高原南缘,在四川盆地西北部,北靠阿坝、红原大草原;属高原峡谷区,地势由东北向西南逐渐降低。地属低纬度、高海拔的特殊地理与高山峡谷立体气候区,冬干夏湿,雨热同季,日照充足,昼夜温差大。该县森林覆盖率为52.26%,林草综合覆盖率95.32%。截至2013年,马尔康县境内野生动物主要有金钱豹、白唇鹿、梅花鹿、扭角羚等⑥。

小金县地处青藏高原东部边缘,地形狭长,地势东北高、西南低。地属亚热带季风气候区,冬寒夏凉,常年干燥,雨量稀少,气温变化剧烈,四季不甚明显。该县深山密林中栖息着扭角羚、

①万州区. http://baike.baidu.com/link? url=BTbRhvsnjzIIIMgQY_Trqq1EjwdBI9gxEho5J0RjZAihaa-tsYioRPFwQ8fpgXIB
②城口县. http://baike.baidu.com/link? url=g8ngvyNeW9LAI_jJOfiBEL0PuFUl4SyO0yuEKJrep8h6euQP7ZVMrr-PKLN4JNG2#6
③巫山. http://baike.baidu.com/link? url=m-F087XduZ5uO0OBhxx5LkpEbIYkF8Y3S-mpL9IA7rhVmOgSbJgpvqmAYyxcHezm#5_2
④中国·峨边. http://www.eb.gov.cn/HTML/NewsView.asp? ID=3202
⑤"桫椤金三角"叙永画稿溪. http://sichuan.kaiwind.com/dfmssy/201310/31/t20131031_1180303.shtml
⑥马尔康县. http://baike.baidu.com/view/163486.htm? fr=aladdin

苏门羚、鹿、小熊猫、雪豹、角雉、藏马鸡等珍稀动物①。反映依然有梅花鹿存在。

黑水县位于青藏高原东南缘，横断山脉中段北端的岷江上游，岷山与邛崃山脉交汇处；地势由西北向东南倾斜，群山屹立，山峦起伏，雪峰对峙，河谷深切。境内动物有兽类 88 种，有鹿与苏门羚、金丝猴、小熊猫、林麝、水獭等②。说明还有梅花鹿栖息。

壤塘县地处青藏高原东南边缘，大渡河上游；地形以丘状高原为主，河谷平地和高山相间，有较大的山 74 座。地属高原季风气候区，昼夜温差大；从河谷到高山有明显的气候垂直变化，多为小区域气候。香拉东吉圣山风景区距县城 29 km，栖息着许多珍稀野生动物，有岩羊、狍、原羚、草鹿、麂子、黑鹿、野驴、马鹿、麝、黑熊、棕熊、猕猴、野猪、狐狸、金钱豹、雪豹、猞猁、兔、水獭、狼、豺狗、旱獭、兰马鸡（蓝马鸡）、白马鸡、喜鹊、杜鹃鸟、藏雪鸡、猫头鹰、天鹅、黄鸭等③。证明还有梅花鹿等分布。

若尔盖县地处青藏高原东北边缘，境内地形复杂，黄河与长江流域的分水岭将全县划分为两个截然不同的地理单元和自然经济区：中西部和南部为典型丘状高原，占全县总面积的 69%，地势由南向北倾斜；北部和东南部山地系秦岭西部迭山余脉和岷山北部尾端，境内山高谷深，地势陡峭。地属高原寒温带湿润季风气候区，常年无夏。境内栖息着黑颈鹤、藏鸳鸯、白鹳、梅花鹿、小熊猫等珍禽异兽④。据报道，2014 年 11 月，3 名甘肃男子凌晨潜入该县冻列乡卡机岗村和崇尔乡交界处的一片林地，枪杀了 2 只梅花鹿⑤。

红原县地处青藏高原东部，地势由东南向西北倾斜，地貌具有山原向丘状高原过渡的典型特征；县境中部的查真梁子是南北山原与丘状高原的天然分界线，是长江、黄河流域分水岭；县境内珠串状盆地和小盆地广泛分布。地属大陆性高原寒温带季风气候区，无明显四季界线，气候偏冷，春秋短促，长冬无夏，热量低。境内动物有 200 余种，主要有梅花鹿、马鹿、天鹅、盘羊、苏门羚、藏马鸡、猞猁、斑羚、喜马拉雅山旱獭、藏狐、灰毛兔、鹰、狼、豹、豺、林蛙、黄河条鳅、厚唇鱼、水獭、牦牛等⑥。

● 甘孜州：雅江县位于青藏高原边缘、横断山脉中段、大雪山脉与沙鲁里山脉之间的山原地带，地势北高南低；地处川西北丘状高原山区，地势北高南低；西南部是极高山地貌，中部为河谷地貌，东北和西北部为山原地貌；山原占 92.5%，极高山占 5%，平坝占 2.5%。地属青藏高原亚湿润气候区。境内珍贵动物有鹿、獐（麝）、盘羊、熊等，名贵中药材有麝香、鹿茸、虫草、贝母、大黄、黄芪等⑦。说明还有梅花鹿等栖息。

炉霍县地势西北高、东南低，山脉、河流走向多是由西北向东南。地属青藏高原亚湿润气候区，夏季温暖，冬春寒冷，空气干燥，风沙较大。境内主要动物资源有鹿、猴、磐羊（盘羊）、白唇鹿、林麝等⑧。反映还有梅花鹿等。

甘孜县属青藏高原的一部分，地处横断山脉东北边缘，是丘原向山原的过渡地带；境内群峦起伏，北有巴颜喀拉山，东有果拉狼山，沙鲁里山屹立西南，形成一个大大的“川”字。地属高山寒温带气候区，冬长夏短；县城一带属高原河谷气候区，寒冷干燥，日照多，辐射强。该县动植物资源丰富，有獐（麝）、鹿、黄羊、狐、猴、熊、豹、马鸡等 20 多种野生动物，主要药材有鹿茸、麝香、虫草、贝母、甘松、大黄、秦艽、羌活、赤勺等⑨。表明

---

①小金县. http://baike. baidu. com/link? url = gcUDavmm0sJC4Ny2IdSYu3pk6CIw9QTBAPU3gPqmytsDwoAeWfHd-TKarF4i8W0F#3_2

②黑水县. http://baike. baidu. com/link? url=yuBRdhCIMJw80Xl09cupddMeGgeLfj5za802T2zn3_udZ6c38MeoDJoKa-ubZW7S#7_2

③香拉东吉圣山风景区. http://www. bytravel. cn/Landscape/27/xiangladongjishengshanfengjingqu. html

④若尔盖县. http://baike. baidu. com/link? url = 0o1eYPjVilSOjBlr1wnrRHbBTFk7iICjRxkdf-eoJOOWnBWlIBUTXcyxcYo_-gy-WSrgDt63UYLx_0F1EdxVrKK

⑤刘佩佩. 3 名甘肃男子为吃野味枪杀 2 只梅花鹿. http://news. hainan. net/photo/guoneiguoji/xiaotu/2015/02/07/2248526. shtml

⑥红原县. http://baike. baidu. com/view/991951. htm

⑦雅江县. http://baike. soso. com/v20325. htm

⑧炉霍县. http://baike. baidu. com/link? url = ukj9IS-XpIXgl1JL4X1VB_nQqvWiUJ-4e4y-Dajrrj6kvEfAm7gK9Vo6pGzTTIJVWYkGT1T6yXhgUooSzLSiTq

⑨甘孜县. http://baike. baidu. com/view/399468. htm

有梅花鹿等分布。

《巴塘县志：续编》列举（四川省巴塘县地方志编纂委员会，2001）：

有属国家三级保护动物的马麝、林麝、马鹿、白臀鹿、山鹿、岩羊、水獭、旱獭、猞猁、兔狲……

按：不仅动物保护级别有误，而且在明确马鹿、白臀鹿后出现“山鹿”，看来后者似指梅花鹿。

得荣县全境属青藏高原东南边缘地带，地势北高南低。地属亚热带干旱河谷气候区，是西南干旱河谷中心，日照充足，大气干燥，降水稀少。境内有熊、豹、獐（麝）、鹿、羚羊等50多种珍稀动物[①]。反映有梅花鹿等栖息。

● 凉山州：西昌市位于川西高原安宁河平原腹地，地形以中山为主，中山占全市总面积的78.9%；高山、低山分别占1.1%和3.4%；河谷平坝面积占16.4%，是四川省第二大河谷平原；山地分布在安宁河东西两侧。地属热带高原季风气候区，具有冬暖夏凉、四季如春，雨量充沛、降雨集中、日照充足、光热资源丰富等特点。境内高山区动物主要有熊、麂、鹿、羚羊、岩羊、野牛、豹、狼、豪猪、野猪、穿山甲、狐、兔、飞鼠、扭角羚、猴、林麝、水獭、野猫、金猫、大灵猫、小灵猫、小熊猫、松鼠、黄鼬、鼹鼠、褐马鸡、红腹锦鸡、白腹锦鸡、绿尾红鸡、红腹角鸡、野鸡、啄木鸟、鹦鹉等[②]。也有梅花鹿栖息。

《盐源县志》记载（盐源县志编纂委员会，2000）：

二三十年前还有大量存在的淮鹅、野鸭、鹦鹉、野猪、老熊、獐[麝]、鹿、兔以及筒筒鱼、裂鳆鱼已大量减少。

按：说明仅短短二三十年，梅花鹿等就由“大量存在”到极度濒危，真是天壤之别。

金阳县属凉山山原地貌向西南山地地貌过渡的区域，整个地势西高东低，北高南低，由西北向东南倾斜；以波洛梁子为界，分为两大山原地貌区：界北为凉山山原地貌区，相对高度差较小；界南为西南山地地貌区，岭谷高差大，呈内陆型幽谷地貌，其间有平坝、台地、低山、低中山、中山、高山、山原、丘状高原八种微型地貌。地属亚洲大陆东部季风区域中亚热带的云南高原—察隅气候区。县内野生动物种类较多，主要野兽有熊、鹿、岩羊、麝、金丝猴、猞猁、刺猬等30余种[③]。也有梅花鹿等残存。

6.5.3 贵州

贵州省仍有少数梅花鹿栖息。

● 遵义市：绥阳县位于大娄山脉中段，山高谷深，地形破碎。地属亚热带季风气候区，水热同季；春季多阴雨低温，盛夏多伏旱和洪涝，秋季多连阴雨天气，较高地区常年有秋风，冬季以阴天为主，无霜期长。该县的天门山由于人迹罕至，林木茂盛，是野生动物理想的栖息地。主要动物有山鹿、猕猴、野猪、狐狸、山羊、米猴（猕猴）、穿山甲等数十种[④]。所谓“山鹿”，似指梅花鹿。

● 安顺市：《关岭布依族苗族自治县志》列举（关岭布依族苗族自治县地方志编纂委员会，2002）：

哺乳纲：有野猪、獐（麝）、狸子（花面狸）、野兔、水獭、獾、松鼠、鹿、猴、刺猬、蝙蝠、穿山甲、黄羊……狼、貉、豺、狈、褐家鼠、黄鼠等。

按：其中“鹿”似指梅花鹿，说明仍有。

● 毕节地区：《赫章县志》列举（贵州省赫章县地方志编纂委员会，2001）：

哺乳纲：虎（华南虎）、豹（金钱豹）、花面狸（果子狸）、野猫、小灵猫、豺、狼（野狗）、狐狸（红狐、黄狐）、狗獾、岩羊（野山羊）、黄鹿、青鹿、野兔、野猪、猪獾、拱猪、黄鼬（黄鼠狼）、猸子（山獾）、水獭、竹溜、麝（香獐、牙獐）、刺猬（豪猪）、穿山甲、大青猴、黄猴[猕猴]、短尾猴、松鼠……

按：所谓“黄鹿”，似指梅花鹿。

6.5.4 云南

云南省现今仍有一些梅花鹿分布。

● 昆明市：禄劝彝族苗族自治县境内地势东北高、西南低，自东北向西南呈阶梯状缓降；境内地形复杂多样，地貌千姿百态。绵亘耸立的群山

---

①得荣县. http://baike.baidu.com/link? url=4p3ojkzn-Ff5ViFq2yEej8L4RI9kaP3DcVkQjM8Mk09iKuxrOk3PmxT6BQCunOw7

②西昌. http://baike.baidu.com/view/5868.htm

③凉山金阳县简介. http://www.114huoche.com/zhengfu_LiangShan/JinYangXian/

④绥阳太白天门山“红旗渠”缩影. http://mt.sohu.com/20150805/n418191046.shtml

与纵横交错的江河溪涧相间，地表被江河切割，南部相对完整，北部和中部较为破碎。地属亚热带季风气候区，呈明显的立体气候特征。该县的则黑乡位于县境东北部金沙江与普渡河交汇的三角地带，乡境内现有原始森林 580 公顷，有鹿子、猕猴、穿山甲、锦鸡等多种珍稀动物，野鸡、野兔等更是漫山遍野，随处可见①。反映有梅花鹿等栖息。

● 曲靖市：马龙县属乌蒙山系，四面环山，多山谷河槽；境内山峦起伏，河流纵横，地势东南高峻，中部隆起向西北倾斜，呈阶梯形下降；具有山区、丘陵、河谷等地貌。地属低纬度高原季风气候区，冬春干旱，夏秋湿润，季节干湿分明，雨量充沛，夏无酷暑，冬无严寒。境内有梅花鹿与穿山甲、水獭、斑头雁、白腹锦鸡、白花蛇等野生动物②。

● 保山市：龙陵县是一个山区县，地处怒江、龙川江两江之间，高黎贡山山脉由北向南伸入县境；地势呈中部高而东西倾斜之势，全境崇山峻岭，丘陵起伏，河流纵横。兼具低纬度、季风和山原地势气候特征，形成四季温差小、干湿季分明、垂直变异突出的亚热带山原季风气候；西南受印度洋暖湿气流的影响，西面迎风坡多雨，夏无酷热；东部背风，雨量适中，无寒暑剧变。境内野兽有：虎、金钱豹、狗熊、马熊、马鹿、山驴、岩羊、野猪、豪猪、狼、豺狗、狐狸、黄鼠狼、九节狸、野猫、鹿、樟（麝）、野兔③。既有明确的“马鹿”，又出现“鹿”，似表明有梅花鹿栖息。

● 昭通市：《昭通市志》列举（昭通市志编纂委员会，2000）：

兽纲：云豹、虎、藏酋猴、林麝、狼、红豺、鹿、兔、野猪、豪猪、鼠、松鼠、黄鼠狼、岩羊、狐、獭猫、金钱豹、黑熊、小灵猫、金猫、斑羚。

按：其中“鹿”似指梅花鹿，反映在今昭阳区仍有分布。

水富县地处金沙江与横江汇合处夹角地带，属四川盆地南缘、云贵高原的起点，南接乌蒙山麓末端；地势东北低、西南高；西南部多山地，中部为二半山区和深丘陵区域，北部和东部多河谷平坝和矮丘陵。地属亚热带季风气候区，冬暖，春早，夏热，雨量充沛，秋多绵雨，无霜期长，日照少，冬春有寒潮，春夏旱频繁，兼有伏旱、暴雨、冰雹的气候特征。截止到 2014 年，水富县森林覆盖率达 45.1%。境内野生动物有 100 多种，属国家一、二级保护的动物有豹、熊、野猪、獐（麝）、猴、獾、鹿、雉、中华鲟、白鲟、江团、水鼻子、鲵、鲢等 20 多种④，亦即还有梅花鹿分布。

● 普洱市：宁洱哈尼族彝族自治县地处横断山脉南段，无量山脉纵贯南北，形成分水岭；地势北高南低，全境皆山，地貌纵横交错，地质构造属喀斯特地貌。地属南亚热带山地季风气候区，兼有热带、中亚热带、南温带等气候类型。截止到 2014 年，境内野生动物种类有猕猴、长臂猿、金丝猴、黑熊、鹿、野猪、豹、岩羊、穿山甲、蟒蛇、灵猫、绿孔雀、锦鸡等国家一、二级保护动物⑤。反映还有梅花鹿等珍稀动物。

墨江哈尼族自治县地处云贵高原西南边缘、横断山系纵谷区东南段，即哀牢山脉中段；地势自西北向东南倾斜，境内山高谷深，河流纵横；境内山区、半山区占 99.8%，丘陵谷地仅占 0.1%，地貌类型复杂多样。地处低纬度高海拔地区，属南亚热带半湿润山地季风气候，四季冷暖不太分明，四季如春，干湿季明显。据称，1949 年前，境内野兽主要有虎、豹、熊、豺、狼、破脸狗（果子狸）、獐（麝）、鹿、麂（水鹿?）、猿、猴、麂子、岩羊、狐狸、刺猬、豪猪、野猪、野牛、野猫、野兔、野狗、水獭、旱獭、大灵猫、穿山甲、松鼠、山鼠、银鼠、蝙蝠等。1949 年后，虎、野牛已绝迹，熊、豹、豺、狼、

①则黑乡概况. http://mudedi. 59706. com/XZ034120. html

②马龙县. http://baike. baidu. com/link? url = XA-5d32-jTsRupROxwUuyhTCMlDcWVR7s8nSRsMa70Ct2fEUCx1pQDBFPUu2yR2O536NU26bC8bWxhsaIucU3_

③龙陵县. http://baike. baidu. com/link? url=GV5f5pEllDi8L8fIhYR9dy_mOn-1LgUCCDuzvoW_2PUilSdkqOfAjNeACRRwxFQ-IeMhThKONHWfULzkdRZDJa

④水富县. http://baike. baidu. com/link? url = Vp9EzV-ftSB91AePX_bSWxY_7J-83YJxVp7yC_nJyW214y2CuJrBLKLYVVZtWFkT1CRKDCRgpNZNpLvg2eNkGq

⑤宁洱哈尼族彝族自治县. http://baike. baidu. com/link? url = a-OOgOWWRo4Sy2X4mm0kGCvFnyV7zJL1DGPQb9yv74sN9TPtjtJuvn-T-8fpRrI_

水獭等也很少见，其他各种野兽数量大大减少[①]。表明还有梅花鹿等残存。

景东彝族自治县位于横断山脉南端，地形北窄南阔，由低到高分布着谷地、丘陵、山地，属深切割中山地貌，岭高、坡陡、谷深是其基本特点。地属亚热带季风气候区，具有垂直变化明显、冬无严寒、夏无酷暑、雨量集中、干湿分明、雨热同季、干凉同步的特点。在县西部的无量山原始森林中有虎、豹、熊、鹿、野猪、猴、山驴、岩羊、獐（麝）、孔雀、白鹇等动物[②]。反映仍有梅花鹿等栖息。

江城哈尼族彝族自治县地处横断山脉，在无量山尾端：地形起伏大，切割深，形成中低山地貌；地势西北高，东南低。地属亚热带湿润气候区，冬夏两季短，春秋两季长。境内有虎、熊、豹、鹿、野猪、麂子、刺猪、穿山甲、蛇类、鸟类、鱼类等动物上百种[③]。似有梅花鹿等存在。

西盟佤族自治县地处怒山山脉南段，属中高山峡谷地带；主要有西盟山脉、拉斯龙山脉、盘龙山脉，均为南北走向，地形复杂。受孟加拉湾西南暖湿气流影响，属亚热带海洋性季风气候。由于地形影响，立体气候明显，降水量丰富。境内野生动物有虎、熊、鹿、懒猴、穿山甲、孔雀等[④]。其中似有梅花鹿。

● 怒江州：福贡县地处滇西北横断山脉中段碧罗雪山和高黎贡山之间的怒江峡谷，属高山峡谷地貌；地势北高南低，怒江由北向南纵贯全境，形成一个从北向南狭长的“V”字形谷地。气候垂直变化显著，从南到北有南、中、北亚热带和南温带等气候类型；受印度洋季风气候和太平洋季风气候双重影响，形成了春季和夏秋间两个雨季的独特气候环境。当地动物有豹、羚羊、小熊猫、野牛、岩羊、滇金丝猴、小熊猫、猕猴、鹿、麂、飞鼠、水獭、黑熊、尾梢红雉、灰角雉环颈雉等国家一级、二级、三级保护动物39种[⑤]。似依然有梅花鹿栖息。

● 大理州：云龙县地处滇西澜沧江纵谷区，怒山山脉、云岭支脉和澜沧江、沘江（澜沧江主要支流）由北向南纵贯全境，怒江绕西部边境而过；属山区地形，山区占该县面积的90%以上。地属大陆性亚热带高原季风气候区，但因特殊的地理位置和复杂的地貌，光、热、水等气候要素在组合和分配方面，突出表现为在水平方向和垂直方向相互交叉，且垂直方向更为明显，形成复杂多变的“复合型立体气候”，可谓“一山分四秀，一地分四带，十里不同天”。境内生息繁衍有滇金丝猴、白臂叶猴、小熊猫、金钱豹、穿山甲、梅花鹿、孟加拉虎、黑熊、岩羊、狐狸等数百种野生动物[⑥]。

《漾濞彝族自治县志》（漾濞彝族自治县地方志编纂委员会，2000）：

野兽：目前已知者有下列各种：猴（有猕猴、熊猴、短尾猴、灰叶猴）、穿山甲、狼、狐（有赤狐、黄狐、黑狐）、豺、貉、黑熊、小猫熊（小熊猫）、青鼬（黄猺）、鼬（有黄鼬、纹鼬、黄腹鼬）、狗獾、猪獾、鼬獾、水獭、獐（麝）、麂（有赤、黑等色）、鹿、麝、大灵猫（九节狸）、小灵猫（香狸）、斑林狸、排子狸、果子狸（青猺）、熊狸、全蟹獴（石䶄）、丛林猫（草猫）、金猫（红春豹）、豹猫（山猫）、豹（有龟纹、金钱）、虎、鼯鼠（飞鼠）、松鼠（有……巨型等）……野猪、苏门羚、斑羚、灰岩羚、刺猬。

按：其中“鹿”，似指梅花鹿。

南涧彝族自治县地处云南省西部横断山系纵谷区，在云岭余脉的无量山、哀牢山结合部，地势由中南部向东北、西南逐步降低。地属热带海陆季风区域，气候随海陆季风的进退有明显的季节性变化，从而形成干湿季节分明、四季气候不明显、雨热同季的低纬山地季风气候。受地形和高大山脉走向影响，光、热、水等气象要素在垂直

①墨江哈尼族自治县. http://baike. baidu. com/link? url=7dwkfgTOF-rEFFjk-8pX_JI-tjK82xvBbpkfidTbQChD7ljSc57zKV dMkX-oKI-IImRplJsIWmZO3RODHE4Y9e_#5_2

②景东彝族自治县. http://baike. baidu. com/link? url=6JRg-HXekgB5lzw0u00sSLApcUTljDblC1onGPGSoFJzzd9Uy2fjsMTmKlU-xRpN

③江城哈尼族彝族自治县. http://baike. baidu. com/link? url=-OSJ2tVPqloYW471-O2q76Y4FAqD4HxOkM-M7 IrDqQSdkOX-OVaoWFPUg1qjFJQCDWgrEO-o7qlaMSStc6oiY1a

④普洱西盟佤族自治县简介. http://www. 114huoche. com/zhengfu/PuEr-XiMengWaZuZiZhiXian

⑤福贡县. http://baike. baidu. com/link? url=zIuy4iKP45y6z_xMvi3w-JggoX44iUt5RM-3CwFMDNyW_4CaJAzN6fJksAeokDHQ

⑥云龙县 http://baike. baidu. com/link? url = tYwk2HcoagGnJcPgNScs68guPKrmciIyLDMDNYLlsQX1XSwCGpilrlJ9PYENM3haFuryDaqd1A71tmpx-0I9lK

方向和水平方向上产生再分配，呈现出“一山分四季，隔里不同天”的立体气候和区域气候。在该县与景东彝族自治县共有的无量山国家级自然保护区分布有国家一级保护动物黑长臂猿、蜂猴、金丝猿、灰猴、孟加拉虎、野牛、黑颈长尾雉，二级保护动物有獐（麝）、青羊、鬣羚、白鹇、原鸡、铜鸡，经济动物有狗熊、赤鹿、猸子、黄猺、黄鼬、西狐、果子狸、野猫、鼬獾、小鹿、松鼠、竹鼠、白腹锦鸡、竹鸡、杜鹃等数十种①。此处动物保护等级似存瑕疵，所称“小鹿”似为梅花鹿。

● 文山州：文山壮族苗族自治州称，境内野生动物有豹、野猪、狼、鹿、麂、猴、岩羊、蛤蚧、穿山甲、蛇、蟒、猫头鹰、长尾雉、野鸡、鹦鹉等 40 多种②。似可验证文山县、砚山县、马关县、丘北县、广南县等地仍有梅花鹿。

砚山县地处滇东南岩溶高原中部，地势西北高、东南低，有山地、丘陵、盆地等类型。属低纬北亚热带高原季风气候，四季不明显，干湿分明，立体气候明显，具有冬无严寒、夏无酷暑、春暖秋凉、四季温和的特点。境内野生珍稀动物有鹿子、獐子（麝）、穿山甲、水獭、锦鸡、眼镜蛇等③。反映还有梅花鹿等分布。

广南县地势由西南向东北呈阶梯状倾斜，南北走向，山岭互相切割，形成山区、半山区、丘陵、平坝、峰林交错的地貌。地属中亚热带高原季风气候区，冬无严寒、夏无酷暑。境内野生动物有豹、野猪、狼、鹿、麂、猴、岩羊、蛤蚧、穿山甲、蛇、蟒、猫头鹰、长尾雉、野鸡、鹦鹉等 40 多种④。表明还有梅花鹿等栖息。

6.6 西北

西北除新疆维吾尔自治区外，现今宁夏回族自治区未有野生梅花鹿报道，其余 3 个省级政区仍有梅花鹿分布。

6.6.1 陕西

陕西省还有一些梅花鹿存在。

《陕西省志·地理志》记述（陕西省地方志编纂委员会，2000）：

马鹿和梅花鹿是珍贵的药用动物。本省原不产这两种鹿，省内榆林、黄龙、子长、志丹、延长、延川、永寿、兴平、扶风、镇巴、岚皋、渭南、韩城、蒲城、长安、周至、宝鸡等县养鹿场所饲养的种鹿，分别由新疆和东北引进，后逐年扩大发展。

按：据历史与现今记载看，此部分内容值得商榷。

● 西安市：户县地势南高北低，南邻秦岭山地，北部为渭河阶地，中部为黄土台原、洪积扇及扇缘洼地。地属暖热带半湿润大陆性季风气候区，四季冷暖干湿分明。当地野兽有羚牛、草兔、松鼠、羚牛、黄鼠、豺狼、狐、黑熊、鹿、黄、獾、豹、林麝、青羊、苏门羚、野猪、刺猬、猴等⑤。此“鹿”似为梅花鹿。

● 延安市：黄陵县为黄土高原沟壑区，地势西北高、东南低，略倾斜，分为西部梁峁、川道河谷、东部塬面三个地貌单元。地属中温带大陆性气候区。全县森林覆盖率达 70% 以上。境内野兽有：大耳猬、林猬、达吾尔鼠、西藏鼠、兔、崖杜鼠、花鼠、达吾耳黄鼠、中华鼢分鼠、狼、狐、豹、黄鼠鼬、艾虎、虎鼬、狗獾、水獭、花面狸、豹猫、猞猁、野猪、小鹿、狍（羊鹿子）等⑥。所谓“小鹿”，似指梅花鹿。

● 渭南市：白水县属黄土高原沟壑区，境内沟壑纵横，地形破碎，山少沟多；地貌类型可分为基岩中低山区、山前洪积扇裙、黄土塬和河谷阶地四种类型。地属暖温带湿润气候区，冬季寒冷漫长，干燥多风；春季升温快，干燥，多冷空气活

---

①无量山国家级自然保护区. http://baike. baidu. com/view/1429931. htm

②文山壮族苗族自治州. http://baike. baidu. com/link? url = VZzfmywT1cnLWC3u61Yr _ yOyMj48aCRpaXDMR3dk8rmoSXZLZYLNPdUFbm_sEl1_QcxpQkF2O9NABs1bbFWdB-ApbutAKLkhFzak10arrQNQqlT1ubH-Hma8NGTKrtOjyF8e8LMVa4dLAa06J6JbFSV3MLZjgcs5nDsX _ XMmNq7iE9d2 _ D3HTDypST9i2s1fVOcI6KB2eZLDg8IbaZqK _ b1I4kVDfzKRY0jysChSCxbw0kgCOHdUfhGiRBrnqdGndCOKct-wd1_UE7rzNBjHK

③砚山县. http://baike. baidu. com/link? url = KMTTMk8gw _ cX0q3nxyhJCU22Js9gK-4Psk8hMBoQJ-_ HKCvi49ctZsyLn10inVBLpN9Qw0LvDyhTAI1xzvpuIa

④广南县. http://baike. baidu. com/link? url = y9SqZSEUUth98klQKtfgFWvNIKsUkZioyPJEraQprjhOdT3pOpA-zg7uyar5VbHGhwuq_11D2Or53NfkurAKLq

⑤户县. http://baike. baidu. com/view/91087. htm

⑥黄陵县. http://baike. baidu. com/link? url=csh8ct7bE6aRhCgDiBklyy6oqqEOOxeRZxmlpm59DxhzAs0YvHIWUouoYok72Rle

动；夏季气温高，湿度大，多阵雨性降水；秋季降温快，阴雨潮湿。境内野兽有：貂、野兔、豺、羊鹿、野猪、狐、金钱豹、水獭、獾、豹猫、蝙蝠、刺猬等①。其中“羊鹿”，似为梅花鹿。

● 咸阳市：永寿县地处渭北旱塬南缘丘陵沟壑区，是黄土台原与陕北高原的过渡地带。地属暖温带大陆性气候区，冬季长而干寒，夏季短而温和。该县森林覆盖率31.4%。境内野兽有：豹、狐、豺、狼、鹿、野猪、黄羊、鼠、鼬、鼹、野兔、蝙蝠等②。反映似仍有梅花鹿栖息。

《长武县志》记载（长武县志编纂委员会，2000）：

鹿：南塬与麟游交界山区少量可见。

按：据此可见，当地还有梅花鹿残存。

● 宝鸡市：岐山县位于陕西省关中平原西部，南接秦岭，北枕千山，中为广阔平原；地势自西北向东南倾斜，南北狭长，东西较窄；境内山、川、塬皆有，渭河、韦水河穿境而过，形成了“两山夹一川，两水分三塬”的地形地貌特征。地属暖温带大陆性季风半湿润气候区。境内有国家二级保护动物金钱豹、云豹、斑羚（青羊）、水獭，三级保护动物麝（獐子）、石貂（俗名帚雪）、豹猫（山猫），还有狐狸、鹿、狼、獾、野猪、野兔、狗熊、黄鼬（俗称黄鼠狼）③。其中“鹿”，似指梅花鹿。

眉县位于秦岭主峰太白山脚下，北跨渭河，属秦岭北麓半丘陵地带，可分为秦岭山地、黄土梁原、山前洪积平原、渭河冲积平原、渭北黄土台原五种地貌类型，总体呈现“七河九原一面坡，六山一水三分田”的地貌特征。地属暖温带大陆性半湿润气候区。当地野兽主要有：黑熊、云豹、金毛扭角羚、麝、鹿、野猪、刺猬、獾、豺狼、岩羊、狐狸、山兔、松鼠、黄鼠、各种蛇类等，多分布于秦岭山地和太白山中④。所谓“鹿”，似为梅花鹿。

● 汉中市：西乡县位于汉中盆地东部，地处秦岭巴山之间；其中山区占64.79%，丘陵占28.35%，平川占6.86%。地属北亚热带湿润季风气候区，全年气候温和。当地有国家一级保护动物梅花鹿、羚牛、白鹤，国家二级保护动物猕猴、青猴、金钱豹、羚羊、獐（麝）、白冠长尾雉、大鲵，国家三级保护动物青羊、崖羊、大灵猫、苏门羚、锦鸡、血雉、虎纹蛙等⑤。此处明确有梅花鹿，但动物的保护等级有瑕疵。

略阳县位于秦岭南麓，汉中盆地西缘；地形由西北向东南倾斜；境内3座中山主峰形成三角对峙，其间以河流为走向，嵌镶成三个浅山地段，即出现三高三低互相交错的6个不同自然区域。地处内陆腹地，受大陆性气候和海洋性气候的影响，四季分明，属大陆性过渡气候。由于地势高差大，立体气候明显。五龙洞森林公园位于县城北部48 km处，森林覆盖率为94.3%，栖息着羚羊、金雕、鹿、豺、猞猁、大鲵等国家级一、二级保护珍禽异兽20余种⑥。似有梅花鹿。

《留坝县志》记载（陕西省留坝县地方志编纂委员会，2002）：

落叶阔叶林带（在海拔1200米以下）：……有野猪、猪獾、鹿、獐[麝]、麂、狐、豺、狼、刺猪（豪猪）……黄鼬、竹鼠等哺乳动物。

按：据此说明，仍有梅花鹿等栖息。

● 安康市：旬阳县地处秦巴山地，汉江河谷自西向东横贯中部，将县境天然分割为南北两大自然区；境内重峦叠嶂，沟壑密布；地势南北高、中部低，南北向地形剖面呈“V”形；地貌特征是：以中山为主，兼有低山、丘陵、河谷地形。地处亚热带北缘，秦岭屏障阻住南下的冷空气，截挡溯汉江河谷上行的暖湿气流，境内气候温暖湿润，四季分明。当地野兽有：草兔、中华竹鼠、猪獾、狗獾、花面猫、黑熊、林麝、小鹿、野猪、貉、狐、青鼬、黄鼬等⑦。所谓“小鹿”，似为梅花鹿。

---

①白水县. http://baike. baidu. com/link? url=wxk-DwI7KLFfrWWC6GWZbELbjMB11HOK6j0rH3u4RL15wMKds28rLk5IalhitN3p#4_3

②永寿县. http://baike. baidu. com/link? url=P9bpJh2DK3HIagji0DLmiwyi2QADm0v7UPY1e5R0QCBR6zG9dCYyoDeXWQuTIThC

③岐山县. http://baike. baidu. com/link? url=WQ6DJX5rOjB5QjzNPPRABnrHcKpbiwhlSFTGQ6lBrgyCC4rAkwBYDI6Aj0G50Jyv#4_4

④眉县. http://baike. baidu. com/link? url=gt2bKYM4OWexhLqCT4AvnJbhkXfuWChIPPWa0dYmoF2PLZkEEuK1xHqoye0-UbpS#3_4

⑤西乡县. http://baike. baidu. com/link? url = kHRXsZe502Smkk3ObnCJT3NY8BSbHU8GolHLrLdT0bTHdLX8-xVE6wRWwdUGmdlzQ7ff7-UyiIPkHLsCgnL8vWjEyKZY6D9gMm3K4U2zzQW

⑥五龙洞森林公园. http://0dk. mergao. cn/

⑦旬阳县. http://baike. baidu. com/link? url = yE1eJX3OzYrf6ZXChGe7Ze2f_fgLlUsH_vtsTFtBs2BOINxGw6zsR9XsWj_uZkG04irlGCn2bW_995116RSnDK

白河县地势南高北低，山脉与沟相间，无一处百亩平地。气温的垂直差异、阴阳坡差异十分明显。境内野兽有：虎、金钱豹、云豹、豹猫、猕猴、野猪、狼、狐、貉、草鹿、毛冠鹿、林麝、扭角羚、豪猪、刺猬、猪獾、青猺、大灵狸、黄鼬、水獭、青羊、褐家鼠、小家鼠、黑线姬鼠、岩松鼠、鼯鼠、蝙蝠等①。所谓“草鹿”，似指梅花鹿。

● 商洛市：商南县地处秦岭东段南麓，属长江流域汉江水系丹江中游地区；地势西南部和北部较高，东南部和中部较低；是一个结构复杂、以低山丘陵为主体的山区，低山、丘陵占总面积的77%，基本状况是“八山一水一分田”。地处中纬度偏南地带，北部和西北部属暖温带气候区，占49.3%；中部和南部属于北亚热带气候区，占50.7%。野生动物种类多，野兽有：豹（金钱豹）、獾、金毛扭角羚（大白羊）、麝（香子）、狐、青羊、鬃羊、彪（虎彪、草彪）、野猪、兔、松鼠、果子狸、猞猁、鹿、麂、豹、貉、豪猪。狼、刺猬、大灵猫、水獭等②。反映有梅花鹿。

6.6.2 甘肃

甘肃省现今依然有梅花鹿栖息。

《中国重点陆生野生动物资源调查》称：“本次调查，梅花鹿见于”“甘肃（天水、张家川、徽县、漳县）”（国家林业局，2008）。即在天水市、张家川回族自治县、漳县、徽县仍有梅花鹿存在。

● 天水市：天水市称，境内栖息着30多种野生动物，国家一级保护动物有羚牛、梅花鹿、金猫、云豹等；二级保护动物有羚麝、马麝、白臀鹿、斑羚、石貂、水獭、猞猁、猕猴、红腹角雉、兰马鸡、红腹锦鸡、大鲵、暗腹雪鸡、淡腹雪鸡、勺鸟、血雉、黑熊、秦岭红鳞鲑等③。只是现今地级天水市似仅个别地方还有梅花鹿。

甘谷县属黄土高原地区，南部山区为秦岭山脉西延，北部山区为六盘山余脉；境内梁、峁、沟、壑起伏纵横，湾、坪、川、滩交错。地处大陆腹地，属东亚季风区，为大陆性季风气候；四季分明，冬干夏湿，光照充足，雨量偏少，夏热无酷暑，冬冷无严寒。该县的尖山寺又称灵风山，位于尖山之上，林中有梅花鹿、金钱豹，锦鸡等10余种国家保护野生动物④。

● 平凉市：崇信县属黄土高原丘陵沟壑区，地势西南高，东北低。属暖温带半干旱大陆性气候区。境内野兽有：麝（香子）、金钱豹、梅花鹿、土豹、豺、狼、狐狸、狸（狸猫、野猫）、獾、野猪、青羊、土鹿、水獭、旱獭、獐子（麝）、黄鼬（黄鼠狼）、野兔、刺猬、松鼠、鼢鼠（秦胎子）、鼹鼠（瞎瞎）、蝙蝠等。其中国家三级保护动物有麝、金钱豹、梅花鹿、獐子（麝）、水獭⑤。此处动物保护等级显然有误。

庄浪县属黄土高原丘陵沟壑区，境内群山起伏，地势东高西低，六盘山耸峙于东，余脉分六支回环盘绕，贯穿全境。地属大陆性季风区，县境南北气温差异大。位于县城东部25 km的云崖寺国家级森林公园主要动物有金钱豹、鹿、麝、狍、野猪、红腹锦鸡、环颈雉等国家级保护动物⑥。其中“鹿”，似指梅花鹿。

● 陇南市：陇南市称，市内有各类野生动物350多种，属于国家重点保护的稀有珍禽异兽达20多种，包括金丝猴、羚牛、褐马鸡和藏羚、梅花鹿、毛冠鹿、雪豹、大鲵、角雉、蓝马鸡、白马鸡、雪鸡、绿尾虹雉等⑦。但地级陇南市现今似仅部分地方有梅花鹿。

武都区位于白龙江中游地带，地处秦岭与岷山之间，秦巴山系结合部；境内高山、河谷、溶洞、丘陵、盆地交错，峰峦叠嶂，沟壑纵横。地属北亚热带半湿润气候区，垂直差异明显，具有亚热带、暖温带、寒温带三种气候特征。境内野兽有：大熊猫、金丝猴、金钱豹、震羚（鬣羚）、石貂、岩羊、

①白河县. http://baike. baidu. com/link? url = VzbQbIXjRwVjexIfUCDwxFYEjFlUZRXjEjfTBIUdyHCECVk87OUYRwRAYP1IK8zelTqqYHPks89A4ke_Rnz2ga

②商南县. http://baike. baidu. com/link? url=BFIgf7QfCE16L7Uu5vxSB9D5dz15zU4YWCPK_mNMGq1xjQGbwSSgWg2AxSv6agT#4_3

③天水. http://baike. baidu. com/link? url = 2nkUAjeqj1dmmh6gwpH1-mgPPKsu0xTJ9MZqt9ssVJo01vDicSx-xQ465EuDWibZRYJ-efvgqvq4Me6RdeT2t_

④甘谷县. http://baike. baidu. com/link? url=9Kn6qJ3CRK2EYOQ-BQSkYaoKZ_Ck85Y1UwHWZNx1UEjzhUOJipez3Ex5xlJWNRry

⑤甘肃・崇信・自然资源. http://www. chongxin. gansu. gov. cn/contents/99/21508. html

⑥庄浪县. http://baike. baidu. com/link? url=bq1XuW4BJbL1rs_pqqoKRE8d-2HxoMNoYbpSOxFIUX28OuRdxcYpWNsQaYNZPNLf

⑦陇南. http://baike. baidu. com/view/18217. htm

豹猫、鹿、熊康(黑熊?)等动物,还生长着美丽的锦鸡、蓝马鸡、娃娃鱼、团鱼、水獭、穿山甲、称猴(猕猴?)、金丝猴、梅花鹿、黑鹤、白鹤、白鹤、金雕等①。

成县地处秦岭山脉南麓丘陵河谷地带,境内多高山峡谷,地势西北高东南低;南北为山地,中部为丘陵。地属暖温带半湿润气候区,四季分明,冷暖适度。当地野生动物有梅花鹿、豹、熊、画眉、红腹锦鸡等 10 余种珍稀动物②。

两当县地处陕甘川交界的秦岭山区,属长江上游嘉陵江水系;地势南北高,中部低,呈马蹄形。地属暖温带大陆性季风气候区,光热丰富,雨量充沛,差异显著,四季分明;冬季干冷而无严寒,夏季湿热而无酷暑。境内有羚羊、獐子(麝)、水獭、大鲵、麝、锦鸡等珍稀动物,出产鹿茸、麝香、猪苓、五灵脂、天麻、杜仲、黄姜等中药材 400 多种③。值得注意的是,该县有“鹿茸”出产,虽未见明确的梅花鹿,但其与礼县、徽县接壤,似也有梅花鹿存在。

徽县地处秦岭南麓、嘉陵江上游的徽成盆地,呈现三个明显较大的地貌构造单元:南部地形地貌复杂,峰峦叠嶂,峡谷幽深,沟壑纵横,河流发育,河谷深切;中部为丘陵地貌;北部坡面平缓,河谷浅切,山间开阔。地属北亚热带向暖温带过渡的大陆季风气候区。境内野兽有:羚牛、红腹锦鸡、白唇鹿、长臂猿(?)、梅花鹿、娃娃鱼等珍稀动物 10 多种④。

● 甘南州:合作市地处青藏高原东南端,东北部为夷平面区,南部为低山峡谷区,耕地主要分布于河谷地和中南部山岳阳坡,地块零碎,坡度较大。地属高寒湿润气候区,冷季长,暖季短。在广阔的林间草地栖息着鹿、麝、狐、猞、青羊、黄羊、苏门羚、马鸡、雪鸡、红腹角雉等⑤。即还有梅花鹿等分布。

临潭县地处青藏高原东北边缘,属高山丘陵地区,地形西高东低,由西南向东北倾斜;境内多低山深谷,峰峦叠嶂,地形复杂,沟壑纵横。大部分属高寒干旱区,寒冷、阴湿、四季不分明,降水东北多西南少,旱涝雹冻频繁;具有长冬无夏、春秋相连、冬长冬冷而不寒、春季回暖慢、秋季降温快、冬干秋湿的高原气候特色。该县八角乡与冶力关乡交界处有一高山湖泊,称为冶海,民间又称常爷池,有豹、鹿、獐(林麝)、麝、黄羊、榛鸡、兰马鸡、雉鸡等多种珍禽异兽⑥。反映有梅花鹿等栖息。

玛曲县位于青藏高原东端,黄河第一弯曲部;昆仑山系之阿尼玛卿雪山(积石山)从西向东横贯县境中部,西秦岭山系之西倾山从北向南绵延进入县境北部,形成玛曲西北高、东南低,由西北向东南高度递减的地势;东南为黄河二级阶地,地表平坦。地属明显的高原大陆性高寒湿润区,高寒多风雨(雪),无四季之分,仅有冷暖之别。该县的河曲马场位于县城东南 20 km 处的乔科草原东北部,是黄河首曲最大的一块生态湿地,也是珍禽异兽黑颈鹤、白天鹅、黄鸭、黄羊,藏原羚和梅花鹿栖息的乐园⑦。

6.6.3　青海

青海省现今还有个别地方有梅花鹿栖息记录。

● 海东地区:乐都县地处湟水中游南侧,湟水河自西向东流经全境;地势南高北低,由西南向东北倾斜。地属半高原大陆性气候区。境内野生动物有鹿、麝、岩羊、白唇鹿、山鸡、雪鸡等⑧。下北山林场位于县东北部 45 km,属于祁连山地大坂山山脉,野生动物有:国家级保护动物蓝马鸡、梅花鹿,省级保护动物旱獭、猞猁、锦鸡、柳

---

①陇南市武都区的自然资源. http://www.0939.net/article/article_2630.html

②成县. http://baike.baidu.com/link? url=4fKRlrDioMxfKzoIkMxVYnDrtBE48_h168RpV5R5M_LcS-drGn51ca8cKAyyWpaM

③两当县. http://baike.baidu.com/link? url=VEOiI9NWE6LbxuN9eJDw3aEnyv_I0_7WUc-JWLzfyKC1E2iE0wYejjizmpeJ2hRO

④徽县. http://baike.baidu.com/link? url=HnEbYDMXg8XQNzihdEFbM-F9FPibvvBeh-NtAycZ7_bhTJ-0eV8wvl3pnwkKBJH1

⑤合作. http://baike.baidu.com/subview/183582/5063862.htm#viewPageContent

⑥临潭县. http://baike.baidu.com/link? url=_7kAeMhaFNeSZUVOJCV_HQmx9fJGbXNI8MXcw7cFW6cPn9xTwJDZUxqwAIDFTNcB

⑦玛曲县. http://baike.baidu.com/link? url=eAKF3uDRzlJ6a7NgLife6k5aepdbkX7cNudQgYO2Fx3gOynKZQcpayZ1U61i8UaP

⑧乐都县概况. http://wenku.baidu.com/link? url = zx0f-ycpo6-tzrj9h6e1YU00DHw_nYnAgM1W7ztTGOViAiuasHO0KBdcoZK2vOVc_BNvDPEou_2qS4gBHQgAVFJzovcyNgvu0e564qIfkOG

鸡、麝、高山雪鸡、石鸡等①。

民和回族土族自治县为黄土高原向青藏高原过渡地带，祁连山系的达坂山和拉脊山余脉构成县境地架；地势西北高，东南低，西南部多高山；境内沟壑纵横，山峦重叠，地形复杂，特征大致可概括为“八条大沟九道山，两大谷地三大垣”。地属高原大陆性干旱气候区。该县的野花山（又名野狐山）位于县境西南西沟乡，有梅花鹿、野羊、狐狸等十多种野生动物，有马鸡、石鸡、血雀、百灵等多种珍贵飞禽②。

● 黄南州：同仁县地势南高北低；东、西部山区地形连绵起伏，山峦重叠，中部为隆务河河谷地区；依地形，全县可分为河谷川地、低山沟壑浅山地、中高山脑山地、高山牧场四个区域。地属大陆性高原凉温、冷温半干旱气候区，温度垂直变化明显，地区差异显著，气温日差较大，光照充足，日照强，降水变化大，雨热同季，有冷温季和干湿季之分。境内珍稀动物有鹿、香獐（麝）、羚羊、石羊、黄羊、熊③。说明还有梅花鹿等存在。

尖扎县境内的山脉属西倾山余脉；地势西高东低，河谷、低山丘陵和中高山地域垂直差异明显。地属高原大陆性气候区，为青藏高原特殊型气候区。县西北部的坎布拉国家森林公园与李家峡水电站紧密相连，在林间草丛中经常出没珍禽异兽，如鹿、石羊、麝香、锦雉、盘羊、百灵、画眉、马鸡、夏季南来的布谷鸟等④。反映还有梅花鹿等栖息。

● 海西州：天峻县位于青海湖西北部，柴达木盆地东部；地形可概括为“六大水、五大山、丘陵沟谷间平原，大小河四十三，湖泊沼泽连冰川；中部高，两头低，东南宽西北窄，形似楔”。地属高原大陆性气候区，气温低，降水时间不均匀。气候寒冷，无绝对无霜期。截至2010年，该县野生动物有百余种，主要珍稀动物有牦牛、鹿、麝、雪鸡、猞猁、雪豹、野驴、岩羊、黄羊、羚羊、熊、盘羊等⑤。反映有梅花鹿等栖息。

6.7 保护区

现有梅花鹿栖息的自然保护区（图24.64、表24.14）可以表明它们依然存在。其特点有：

● 现分布有梅花鹿的自然保护区达到69个，总面积达3.88万km^2。

● 拥有保护区数量情况按地区排序：东北（19个），华东（16个），西南与西北（皆10个），中南（8个），华北（6个）。

● 拥有保护区数量较多的情况按省级政区排序：黑龙江省（12个），甘肃省（8个），安徽省（7个），四川省（6个），吉林省（5）。

● 一地有多个保护区的，仅有黑龙江省同江市（3个）。

● 保护区的建立时间虽在1964～2011年间，但主要还是1980年代以来建立的。

● 保护区的等级情况：4级皆有，比率约为省级占42%、国家级占41%。

● 主管部门林业占绝对优势（高达87%），环保是其余中较多的（约占12%）。

● 按保护区所在政区看，达到83个（不含重复）。

● 拥有保护区的政区数量情况按地区排序是：东北（23个），华东（19个），西南（12个），华北（11个）。

● 拥有保护区的政区数量情况按省级政区排序是：黑龙江省（12个），安徽省与甘肃省（皆8个），福建省（6个），内蒙古自治区与云南省（皆5个）。

● 栖息有梅花鹿的保护区，面积最大的是松花江三湖省级自然保护区（吉林省，1 029 458 hm^2），面积最小的是内伶仃岛—福田国家级自然保护区（广东省，面积815 hm^2），相差超过1 263倍。

①2015.10.17.徒步青海海东市乐都马营沟. http://360.mafengwo.cn/travels/info_weibo.php? id=3547270

②民和县概况. http://www.docin.com/p-649780149.html

③同仁县. http://baike.baidu.com/link? url=tHwIWhTy1KfyVQjBa2_Jv074KYUpiNOkt6fWEzvX8t7ys06ecXbqm4uGW5vyU8eZ

④坎布拉国家森林公园. http://baike.baidu.com/link? url=maAMG4s0mpSJA2ki_isKdbMLpIC-qzXwTyQREnabUMqo_G5JUg8RRFvkzboQkj33m7sbWDsMJAgY5AV-_AoezU0e0cCfHe-cntAK2VjoJhee1FtqCior8P7z2Ek4tIaKIt3k40nmiPLrOkNVn31gZTLvAjAQzw4kDMPz1s8GITy

⑤天峻县. http://baike.baidu.com/link? url=__CeplCB01rK9f5J3XxC1mgrr6A9EoDgGL27jpurHeA6la0gIo-3ru0wkSa2cSowGew2fbxIn5y3uDGkYxlxoq

● 现有保护区所覆盖的梅花鹿栖息地仅达35％，尚有不少省级政区（如台湾、广西壮族自治区、青海省等）残存的梅花鹿得不到保护区（不含其他保护机构）庇护。

● 梅花鹿在我国的濒危程度高，需要加强调查，落实保护区庇护。

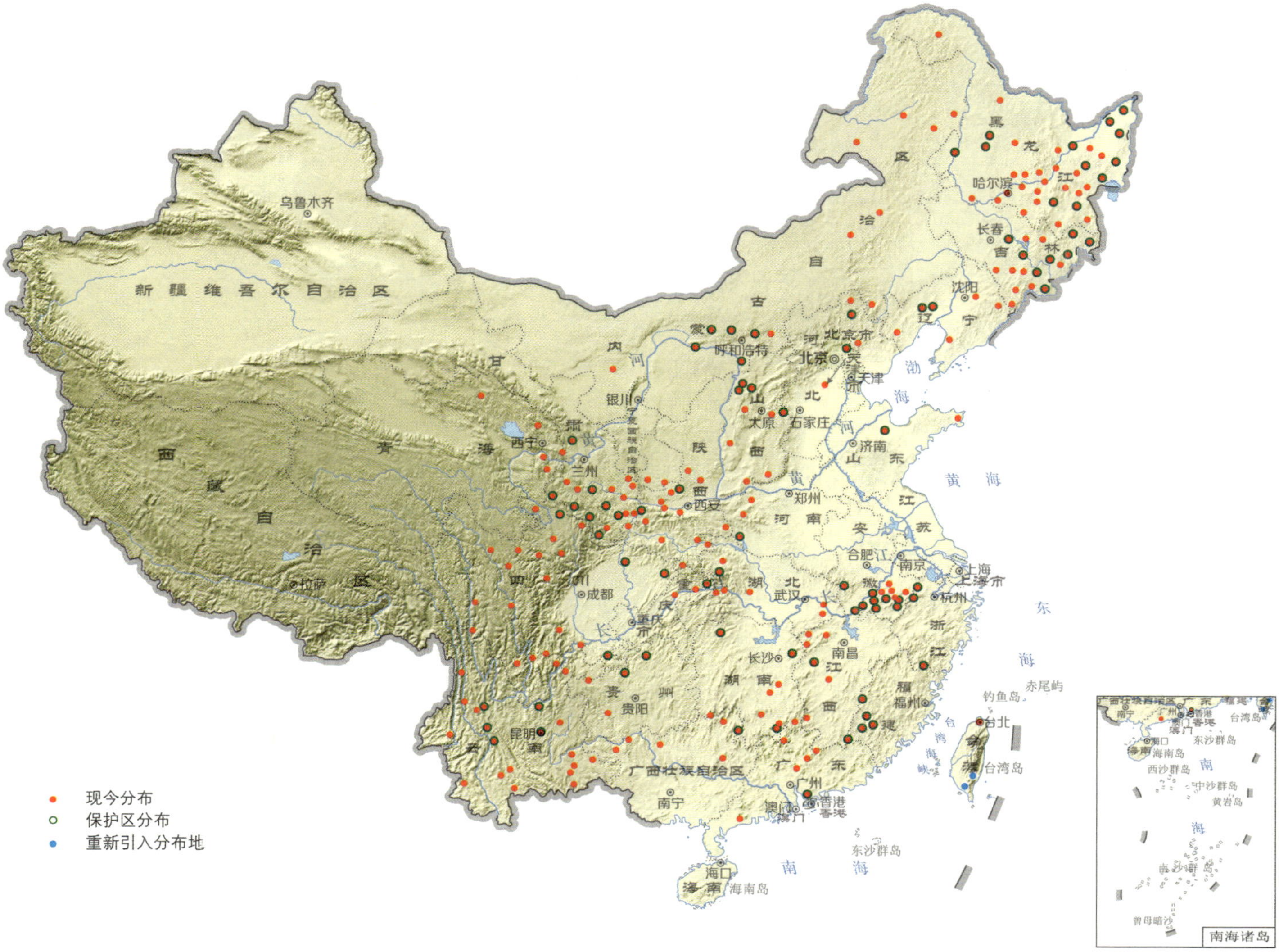

图 24.64　现有梅花鹿栖息地与其栖息的自然保护区分布图

表 24.14　　栖息有梅花鹿的自然保护区概况

地区	省级政区	保护区名称	所处地点	面积（hm^2）	级别	建立时间	主管部门
华北	北京	四座楼	平谷区	19 997	省级	20021229	林业
	河北	茅荆坝	隆化县	40 038	国家级	20020529	林业
	山西	芦芽山	宁武县、岢岚县、五寨县	21 453	国家级	19801218	林业
		药林寺冠山	平定县	11 017	省级	20020620	林业
	内蒙古	内蒙古大青山	武川县、包头市、固阳县、卓资县	388 577	国家级	19961216	林业
		摇林沟	清水河县	5 170	市级	19971001	林业

（续表）

地区	省级政区	保护区名称	所处地点	面积（hm²）	级别	建立时间	主管部门
东北	辽宁	医巫闾山	义县、北镇市	11 459	国家级	19810909	林业
		白清寨	沈阳市	4 267	市级	20020601	林业
	吉林	吉林长白山	安图县、抚松县、长白朝鲜族自治县	196 465	国家级	19600401	林业
		松花江三湖省级	吉林市、桦甸市	1 029 458	省级	19900213	林业
		天佛指山	龙井市	77 317	国家级	19960513	林业
		珲春东北虎	珲春市	108 700	国家级	20011022	林业
		汪清	汪清县	42 756	省级	20021201	林业
	黑龙江	洪河	抚远县、同江市	21 835	国家级	19880111	环保
		南大肚子沟	桦川县	1 330	市级	19921001	林业
		大佳河	饶河县	72 604	省级	20040901	林业
		三江	抚远县、同江市	198 089	国家级	19940919	林业
		铁西	密山市	7 235	省级	19961113	环保
		六峰湖	穆棱市	6 591	省级	19961113	环保
		海林莲花湖	海林市	190 000	省级	19971226	其他
		羊鼻山	双鸭山市	4 417	市级	19981225	林业
		八岔岛	同江市	32 014	国家级	19991001	环保
		东方红湿地	虎林市	31 516	国家级	20050419	林业
		仙洞山	拜泉县	2 450	省级	20090407	环保
		鹿角湖梅花鹿	齐齐哈尔市、克东县	7 678	省级	20111223	林业
华东	浙江	临安清凉峰	临安市	10 800	国家级	19850801	林业
		龙王山	安吉县	1 242	省级	19850807	林业
	安徽	古牛绛（牯牛降）	祁门县、石台县	6 713	国家级	19821028	林业
		鹞落坪	岳西县	12 300	国家级	19911229	环保
		安徽清凉峰	绩溪县、歙县	7 811	国家级	19790101	国家级
		紫石塔	东至县	6 670	县级	19980801	林业
		天湖	黄山市	4 500	省级	20000318	林业
		老山	贵池区	16 909	省级	20010406	林业
		查湾	祁门县	1 600	省级	20010601	林业
	福建	三明格氏栲	三明市	1 106	省级	19640801	林业
		梅花山	上杭县、连城县、新罗区	22 168	国家级	19850402	林业
		牙梳山	宁化县	5 250	省级	19960501	林业
		杨梅州大鲵	寿宁县	19 610	县级	20070411	林业
	江西	桃红岭梅花鹿	彭泽县	12 500	国家级	19810816	林业
		大岗山	分宜县	1 200	县级	20050520	林业
	山东	原山	淄博市	13 914	市级	19860629	林业

（续表）

地区	省级政区	保护区名称	所处地点	面积(hm^2)	级别	建立时间	主管部门
中南	河南	丹江湿地	淅川县	64 027	国家级	20010810	林业
	湖北	大九湖湿地	神农架林区	9 320	县级	20060101	林业
	湖南	莽山	宜章县	19 833	国家级	19820101	林业
		浏阳大围山	浏阳市	5 220	省级	19820401	林业
		江永源口	江永县	5 527	省级	19820527	林业
		天门山	张家界市	3 037	县级	19860501	林业
	广东	内伶仃岛—福田	深圳市	815	国家级	19840409	林业
		龙文—黄田	平远县	7 961	省级	19850301	林业
西南	重庆	五里坡	巫山县	35 277	省级	20000901	林业
	四川	铁布	若尔盖县	20 000	省级	19650101	林业
		若尔盖湿地	若尔盖县	166 571	国家级	19941118	林业
		画稿溪	叙永县	23 827	国家级	19980101	环保
		百里峡	宣汉县	26 260	省级	19990101	环保
		苍溪九龙山	苍溪县	8 048	省级	20030501	林业
	贵州	宽阔水	绥阳县	26 231	国家级	19891201	林业
		冷水河	金沙县	8 133	县级	19920901	林业
	云南	无量山	景东彝族自治县、南涧彝族自治县、大理市	30 938	国家级	19860320	林业
		轿子山	昆明市、禄劝彝族苗族自治县	16 456	国家级	19940331	林业
西北	陕西	紫柏山	凤县	17 472	国家级	20030101	林业
		爷台山	淳化县	10 000	市级	20030101	林业
	甘肃	尕海—则岔	碌曲县	247 431	国家级	19820902	林业
		贵清山	漳县	1 114	省级	19920601	林业
		礼县香山	礼县	11 330	省级	19920703	林业
		连城	永登县	47 930	国家级	20010401	林业
		白龙江阿夏	迭部县	135 536	省级	20040912	林业
		鸡峰山	成县	52 441	省级	20050101	林业
		插岗梁	舟曲县	114 361	省级	20050609	林业
		博峪河	文县、舟曲县	91 712	省级	20061121	林业

注：①本表参考多方面信息综合而成，个别误差进行更正。②本表据全国自然保护区名录. http://sts. mep. gov. cn/zrbhq/zrbhq/201208/t20120824_235172. htm；四座楼. http://www. baike. com/wiki/%E5%9B%9B%E5%BA%A7%E6%A5%BC；河北茅荆坝国家级自然保护区. http://baike. baidu. com/link? url=0UB_sh-mGFrlGJZ6JnTcqVH2U1YnDRGU9ywbUKWBAxlaWgvcJP3KAwchRlSp0cgGyowsoKXBtby7KPNWmuZeiK；河北茅荆坝国家级自然保护区. http://baike. baidu. com/view/5519950. htm；芦芽山自然保护区. http://www. sxcnt. com/lygg/lyszrbhq. htm；山西省药林寺冠山自然保护区. http://baike. baidu. com/view/9108484. htm；大青山国家级自然保护区. http://baike. soso. com/v9833645. htm；关于上报《内蒙古大青山国家级自然保护区总体规划》(2008～2015年)的报告. http://www. nmglyt. gov. cn/zwgk/tfwj/10061. shtml；辽宁医巫闾山国家级自然保护区. http://baike. baidu. com/link? url=gZF-VFsgGuBh_RkjNZXNdA_-0BE9Qj_ns-lbJht-61s9iXhtVFsULYY769OFz-Y4h0IeXm_gMwtT2BMJL69XVB4Y5rB1viRNJr-J229TQTH7EtDaCH5UWwT8Ufpx8hzgn3YCtcRvibOP3gje0CwiTDCPaMPo4K

83e4H4Hf9VNjEx0wsUX7i1fm7T6eGph29jvqyPEBkWQpgl4YcFN4vxD-cTf7Vznc343uo48cBs-yXSUZZ84wbFqvuaAG6Q0Mnm4QX6calLrz8Gwc2qBLIyH_；白清寨乡. http://baike. baidu. com/view/2304381. htm；国家林业局，2008；吉林长白山国家级自然保护区. http://baike. baidu. com/view/90326. htm；吉林松花江三湖自然保护区介绍. http://wenku. baidu. com/view/f5118b757fd5360cba1adbb0. html；天佛指山自然保护区. http://baike. baidu. com/view/5453652. htm；珲春东北虎国家级自然保护区. http://baike. baidu. com/view/1520569. htm；吉林汪清监控到约 6 只东北豹全世界仅 50 只. http://news. sohu. com/20131221/n392157507. shtml；黑龙江洪河国家级自然保护区. http://baike. baidu. com/view/146456. htm? fromId＝246973；高龙. 生机盎然的大佳河湿地. http://shuangyashan. dbw. cn/system/2014/10/31/056093044. shtml；三江国家级自然保护区. http://baike. baidu. com/view/5484380. htm? fromId＝110203；铁西自然保护区. http://baike. baidu. com/view/827695. htm；六峰湖自然保护区. http://baike. baidu. com/link? url＝icrWIO8E5TUAXIP--8HWUdmVQj_0lYoZTjwDMgWN3V3SpWvswNJ2nFYN3nH0Egjd；海林莲花湖保护区 http://www. baike. com/wiki/%E6%B5%B7%E6%9E%97%E8%8E%B2%E8%8A%B1%E6%B9%96%E4%BF%9D%E6%8A%A4%E5%8C%BA；观林羊鼻山. http://shuangyashan. dbw. cn/system/2006/07/04/050454158. shtml；八岔岛国家级自然保护区. http://baike. baidu. com/view/1094445. htm? subLemmaId＝1094445&fromenter＝%B0%CB%B2%ED%B5%BA%D7%D4%C8%BB%B1%A3%BB%A4%C7%F8；黑龙江东方红湿地国家级自然保护区. http://baike. baidu. com/view/2940831. htm；龙王山自然保护区. http://www. huzhou. gov. cn/art/2008/11/26/art_66_7323. html；安徽省自然保护区简介. http://www. ahly. gov. cn/main/model/newinfo/newinfo. do? infoId＝14166；老山自然保护区. http://app. travel. ifeng. com/scenery_info-482. html；三明格氏栲国家森林公园. http://baike. baidu. com/view/480998. htm? fromId＝1629803；福建梅花山国家级自然保护区. http://baike. baidu. com/view/321967. htm? fromId＝248802；牙梳山自然保护区. http://www. 51yala. com/Html/20061110144629-1. html；杨梅州. http://baike. soso. com/v34087854. htm；大岗山. http://baike. baidu. com/view/1208983. htm；原山. http://baike. soso. com/v56157341. htm；丹江湿地保护区. http://www. baike. com/wiki/%E4%B8%B9%E6%B1%9F%E6%B9%BF%E5%9C%B0%E4%BF%9D%E6%8A%A4%E5%8C%BA；大九湖湿地自然保护区. http://baike. baidu. com/view/8913858. htm；莽山国家级自然保护区. http://baike. baidu. com/view/481726. htm? fromId＝248733；大围山. http://baike. baidu. com/view/55200. htm；永州市人民政府网站. http://www. yzcity. gov. cn/col/col16888/index. html；零陵地区地方志编纂委员会，2001；张家界—天门山自然保护区. http://bbs. rednet. cn/thread-1361654-1-1. html；内伶仃岛—福田自然保护区. http://www. 51yala. com/html/20061028213532-1. html；广东平远龙文—黄田省级自然保护区简介. http://www. pylyj. net/E_ReadNews. asp? NewsID＝411；弋静. 看看巫山五里坡自然保护区的野生动物照片. http://cq. qq. com/a/20120213/000130. htm；四川若尔盖湿地自然保护区. http://baike. baidu. com/view/472790. htm? fromId＝472803；"桫椤金三角"叙永画稿溪. http://sichuan. kaiwind. com/dfmssy/201310/31/t20131031_1180303. shtml；宣汉县百里峡省级自然保护区. http://www. zwbk. org/MyLemmaShow. aspx? lid＝224930；四川九龙山自然保护区. http://baike. baidu. com/view/7146790. htm；神山国际——宽阔水国家级自然保护区. http://baike. baidu. com/link? url＝gXXvu4CeCs7qgIZDRVP57Z9IMqswNZWOjEI2TSE4BKMJsQqE8rxOpp5ZRGsVCNZuHXbi3wUWMrgewzaB7DXxohpOOzen5vTfZOMCoIwYBUH-PKCi1kVmHs3QUn0W Hw5cHxdJXfJopkIyhBb9ZJ0OaGU_dWKy7ogobk1yHXBf_vDAK23_ZKQskr9CQRpZnYYHptfvsrYgHwpe_USGcUsQKN_APcWTOvhmlJfnYqjNthEQ9RXLb3HBV20-DdPBSF0LvpzU584JoHiGd73fwMa4Va；冷水河自然保护区. http://baike. baidu. com/view/2664875. htm；无量山国家级自然保护区. http://baike. baidu. com/view/1429931. htm? fromId＝248391；轿子山. http://baike. baidu. com/view/472469. htm；紫柏山简介. http://www. sxzbs. cn/Url. Aspx? CID＝bc3cc3b5-ea9a-4fbd-aa6d-873f72b09002；陕西省新增 3 个国家级自然保护区. http://travel. hsw. cn/system/2012/02/01/051228125. shtml；爷台山自然保护区. http://www. xyslyj. gov. cn/show_news. asp? id＝32&n_id＝243&subs_type＝4&subs_id＝134；甘肃尕海-则岔国家级自然保护区简介. http://www. ghzczrbhq. com/second. asp? classid＝46&classidx＝86；甘肃尕海则岔国家级自然保护区. http://zhanyou. shidi. org/；漳县贵清山. http://baike. baidu. com/view/468696. htm；香山自然保护区. http://baike. baidu. com/view/1632039. htm；香山自然保护区. http://baike. baidu. com/link? url＝y2ePF1GSyC8jQ10IGrD6mnkhucpcPU3oaxARkbHaQA3abgTIE9EvBsAX9F76l7166bTFXtyryaAb8CDpTjtiba；连城自然保护区. http://www. baike. com/wiki/%E8%BF%9E%E5%9F%8E%E8%87%AA%E7%84%B6%E4%BF%9D%E6%8A%A4%E5%8C%BA；刘鹏. 2010. 浅析阿夏自然保护区的管理现状与建设对策. http://www. doc88. com/p-0093992185414. html；插岗梁大熊猫自然保护区. http://baike. baidu. com/view/848231. htm；白水江林业局博峪林场简介. http://gn. gansudaily. com. cn/system/2012/06/18/012544560. shtml

7 梅花鹿的分布变迁大势

历史时期，梅花鹿的分布变迁颇大（图 24.65、表 24.15），表现为：

● 历史上，除海南省、西藏自治区、新疆维吾尔自治区这 3 个省级政区一般认为无梅花鹿外，其他省级政区皆有梅花鹿分布。

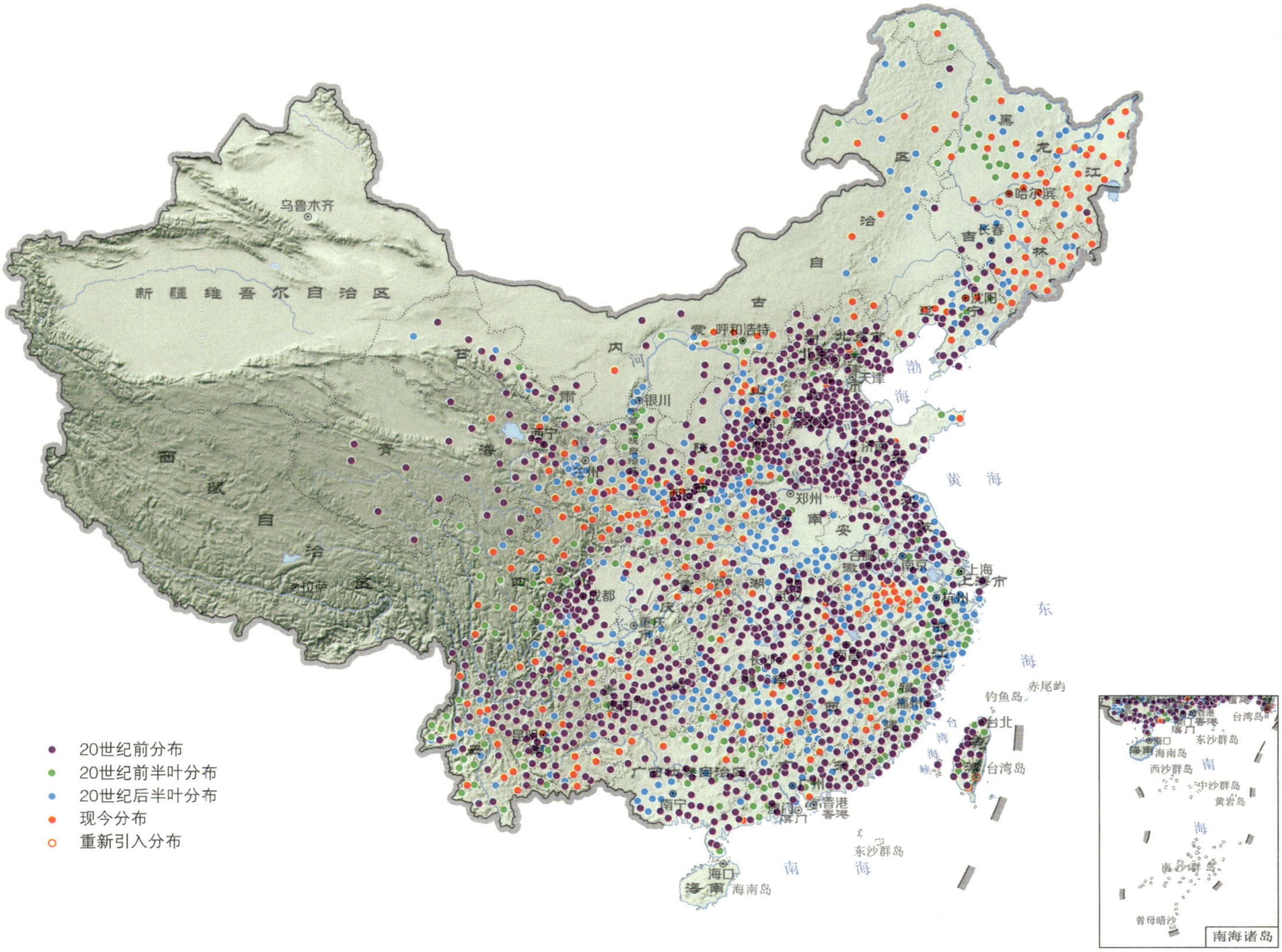

图 24.65　历史时期梅花鹿分布变迁图

● 历史上，我国梅花鹿分布的县级及其以上政区最大数量超过 1 840 地，约占全国政区的 77%。

● 历史上，我国梅花鹿分布的县级及其以上政区数量按地区排序为：华东（450 个），中南（399 个），西南（348 个），华北（269 个），西北（219 个），东北（158 个）。

● 梅花鹿遍布辖区的，除香港特别行政区与澳门特别行政区外，还有山西省、福建省、江西省、台湾、湖北省、湖南省、广东省、贵州省、云南省、青海省、宁夏回族自治区，反映曾经广泛分布。

● 分布有梅花鹿的县级及其以上政区的绝对数较高的省级政区排序为：四川省（128 个），河北省（101 个），陕西省（82 个），山东省（81 个），甘肃省（79 个），广西壮族自治区（67 个）。

● 分布有梅花鹿的县级及其以上政区占本省级政区 60%以上的省级政区排名为：甘肃省（98%），江苏省（95%），安徽省（76%），河北省（69%）。

● 到 20 世纪前半叶，梅花鹿分布地消失剧烈（当然时间较长），其中超过 50 个的省级政区排序为：河北省（92 个），山东省（77 个），云南省（68 个），四川省（66 个），贵州省（64 个），山西省与湖南省（皆 60 个），江西省（56 个），湖北省（54 个），广东省（51 个）。

● 到20世纪后半叶，梅花鹿分布地消失超过10个的省级政区排序为：四川省（22个），云南省（20个），黑龙江省与浙江省（皆17个），福建省与广西壮族自治区（皆14个），广东省（12个）。

● 到现今，梅花鹿分布地消失超过15个的省级政区排序为：山西省（31个），河南省（29个），湖南省与甘肃省（皆26个），浙江省（24个），江西省（22个），四川省（21个），福建省与广东省（18个），云南省与陕西省（皆17个），内蒙古自治区（16个），反映此阶段梅花鹿消失较剧烈。

● 现有梅花鹿分布地绝对数超过13个的省级政区排序为：黑龙江省（36个），云南省（21个），四川省与甘肃省（皆19个），吉林省（17个），陕西省（15个），内蒙古自治区与安徽省（皆14个）。

● 现存梅花鹿的县级及其以上政区仅为历史上最高数的4.5%，反映其在珍稀野生动物中变化剧烈。

● 梅花鹿分布地消失较早的省级政区排序：香港特别行政区与澳门特别行政区（到20世纪），天津市与上海市（到20世纪前半叶），江苏省与宁夏回族自治区（到20世纪后半叶）。

表24.15 **历史时期梅花鹿的分布变迁概况**

地区	省级政区	20世纪前分布地点	20世纪前半叶分布地点	20世纪后半叶分布地点	现今分布地点
华北	北京	西城区、宣武区、丰台区、石景山区、海淀区、门头沟区、房山区、顺义区、昌平区、大兴区、平谷区、延庆县、密云县	房山区、平谷区	平谷区	平谷区
	天津	武清区、蓟县	蓟县		
	河北	辛集市、井陉县、栾城县、深泽县、高邑县、赞皇县、平山县、元氏县、赵县、张家口市、宣化县、张北县、康保县、沽源县、尚义县、蔚县、阳原县、怀安县、万全县、怀来县、涿鹿县、赤城县、崇礼县、承德市、承德县、兴隆县、平泉县、滦平县、隆化县、丰宁满族自治县、宽城满族自治县、围场满族蒙古族自治县、秦皇岛市、昌黎县、抚宁县、卢龙县、青龙满族自治县、唐山市、遵化市、迁安市、滦县、滦南县、乐亭县、迁西县、玉田县、唐海县、廊坊市、三河市、保定市、安国市、高碑店市、满城县、清苑县、易县、徐水县、涞源县、定兴县、顺平县、唐县、望都县、涞水县、高阳县、安新县、雄县、容城县、博野县、蠡县、沧州市、泊头市、任丘市、黄骅市、河间市、沧县、青县、东光县、海兴县、盐山县、肃宁县、南皮县、吴桥县、献县、孟村回族自治县、桃城区、冀州市、枣强县、武邑县、武强县、故城县、阜城县、南宫市、临城县、柏乡县、宁晋县、新河县、威县、武安市、成安县、大名县、涉县、磁县、魏县	赞皇县、兴隆县、隆化县、丰宁满族自治县、围场满族蒙古族自治县、青龙满族自治县、迁西县、易县、安新县	赞皇县、兴隆县、隆化县、丰宁满族自治县、围场满族蒙古族自治县、青龙满族自治县、安新县	兴隆县、隆化县、围场满族蒙古族自治县、安新县

（续表）

地区	省级政区	20 世纪前分布地点	20 世纪前半叶分布地点	20 世纪后半叶分布地点	现今分布地点
	山西	太原市、古交市、清徐县、阳曲县、娄烦县、大同市、阳高县、天镇县、广灵县、灵丘县、浑源县、左云县、大同县、朔州市、山阴县、应县、右玉县、怀仁县、阳泉市、平定县、盂县、长治市、潞城市、长治县、襄垣县、屯留县、平顺县、黎城县、壶关县、长子县、武乡县、沁县、沁源县、城区、高平市、泽州县、沁水县、阳城县、陵川县、忻府区、原平市、定襄县、五台县、代县、繁峙县、宁武县、静乐县、神池县、五寨县、岢岚县、河曲县、保德县、偏关县、榆次区、介休市、榆社县、左权县、和顺县、昔阳县、寿阳县、太谷县、祁县、平遥县、灵石县、尧都区、侯马市、霍州市、曲沃县、翼城县、襄汾县、洪洞县、古县、安泽县、浮山县、吉县、乡宁县、蒲县、大宁县、永和县、隰县、汾西县、盐湖区、永济市、河津市、芮城县、临猗县、万荣县、新绛县、稷山县、闻喜县、夏县、绛县、平陆县、垣曲县、离石区、孝义市、汾阳市、文水县、中阳县、兴县、临县、方山县、柳林县、岚县、交口县、交城县、石楼县	阳曲县、娄烦县、朔州市、阳泉市、平定县、盂县、平顺县、城区、高平市、泽州县、沁水县、阳城县、陵川县、忻府区、原平市、定襄县、五台县、代县、繁峙县、宁武县、静乐县、神池县、五寨县、岢岚县、河曲县、保德县、偏关县、介休市、昔阳县、寿阳县、灵石县、尧都区、翼城县、安泽县、浮山县、隰县、盐湖区、永济市、芮城县、闻喜县、夏县、绛县、平陆县、垣曲县、文水县、兴县、方山县	阳曲县、娄烦县、阳泉市、平定县、盂县、平顺县、城区、高平市、泽州县、沁水县、阳城县、陵川县、忻府区、原平市、定襄县、五台县、代县、繁峙县、宁武县、静乐县、神池县、五寨县、岢岚县、河曲县、保德县、偏关县、寿阳县、灵石县、隰县、盐湖区、永济市、芮城县、闻喜县、夏县、绛县、平陆县、垣曲县、文水县、兴县、方山县	娄烦县、平定县、泽州县、宁武县、五寨县、岢岚县、寿阳县、隰县、垣曲县
	内蒙古	呼和浩特市、托克托县、武川县、和林格尔县、清水河县、土默特左旗、包头市、固阳县、土默特右旗、赤峰市、巴林右旗、克什克腾旗、喀喇沁旗、霍林郭勒市、海拉尔区、满洲里市、扎兰屯市、牙克石市、根河市、额尔古纳市、阿荣旗、新巴尔虎右旗、新巴尔虎左旗、陈巴尔虎旗、鄂伦春自治旗、鄂温克族自治旗、莫力达瓦达斡尔族自治旗、东胜区、准格尔旗、伊金霍洛旗、卓资县、凉城县、察哈尔右翼前旗、临河区、磴口县、乌拉特前旗、乌拉特中旗、乌拉特后旗、乌兰浩特市、阿尔山市、突泉县、科尔沁右翼前旗、科尔沁右翼中旗、西乌珠穆沁旗、阿拉善左旗	呼和浩特市、托克托县、武川县、和林格尔县、清水河县、土默特左旗、包头市、固阳县、土默特右旗、赤峰市、巴林右旗、克什克腾旗、喀喇沁旗、霍林郭勒市、海拉尔区、满洲里市、扎兰屯市、牙克石市、根河市、额尔古纳市、阿荣旗、新巴尔虎右旗、新巴尔虎左旗、陈巴尔虎旗、鄂伦春自治旗、鄂温克族自治旗、莫力达瓦达斡尔族自治旗、卓资县、凉城县、察哈尔右翼前旗、临河区、乌拉特前旗、乌兰浩特市、阿尔山市、突泉县、科尔沁右翼前旗、科尔沁右翼中旗、西乌珠穆沁旗、阿拉善左旗	武川县、清水河县、包头市、固阳县、赤峰市、巴林右旗、克什克腾旗、喀喇沁旗、霍林郭勒市、海拉尔区、扎兰屯市、牙克石市、根河市、额尔古纳市、阿荣旗、新巴尔虎左旗、陈巴尔虎旗、鄂伦春自治旗、鄂温克族自治旗、莫力达瓦达斡尔族自治旗、卓资县、凉城县、察哈尔右翼前旗、乌拉特前旗、乌兰浩特市、阿尔山市、突泉县、科尔沁右翼前旗、科尔沁右翼中旗、西乌珠穆沁旗、阿拉善左旗	武川县、清水河县、包头市、固阳县、喀喇沁旗、霍林郭勒市、牙克石市、阿荣旗、新巴尔虎左旗、莫力达瓦达斡尔族自治旗、卓资县、察哈尔右翼前旗、西乌珠穆沁旗、阿拉善左旗

（续表）

地区	省级政区	20世纪前分布地点	20世纪前半叶分布地点	20世纪后半叶分布地点	现今分布地点
东北	辽宁	沈阳市、新民市、辽中县、康平县、法库县、铁岭市、调兵山市、开原市、铁岭县、西丰县、昌图县、抚顺市、抚顺县、新宾满族自治县、清原满族自治县、本溪市、本溪满族自治县、桓仁满族自治县、辽阳市、灯塔市、辽阳县、鞍山市、海城市、台安县、岫岩满族自治县、丹东市、凤城市、东港市、宽甸满族自治县、大连市、瓦房店市、普兰店市、庄河市、长海县、营口市、大石桥市、盖州市、盘锦市、大洼县、盘山县、锦州市、凌海市、北镇市、黑山县、义县、葫芦岛市、兴城市、绥中县、建昌县	沈阳市、新民市、辽中县、康平县、法库县、开原市、抚顺市、抚顺县、新宾满族自治县、桓仁满族自治县、辽阳市、灯塔市、辽阳县、海城市、台安县、岫岩满族自治县、丹东市、凤城市、东港市、宽甸满族自治县、盖州市、北镇市、义县、建昌县	沈阳市、新民市、辽中县、康平县、法库县、抚顺市、抚顺县、桓仁满族自治县、灯塔市、海城市、台安县、岫岩满族自治县、丹东市、凤城市、东港市、宽甸满族自治县、盖州市、北镇市、义县、建昌县	沈阳市、抚顺市、抚顺县、桓仁满族自治县、盖州市、北镇市、义县、建昌县
	吉林	长春市、德惠市、九台市、榆树市、农安县、宁江区、扶余县、吉林市、磐石市、蛟河市、桦甸市、舒兰市、永吉县、四平市、双辽市、公主岭市、伊通满族自治县、辽源市、东丰县、东辽县、通化市、梅河口市、集安市、通化县、辉南县、柳河县、白山市、临江市、抚松县、靖宇县、长白朝鲜族自治县、延吉市、图们市、敦化市、珲春市、龙井市、和龙市、汪清县、安图县	长春市、德惠市、九台市、榆树市、农安县、吉林市、蛟河市、桦甸市、舒兰市、永吉县、四平市、辽源市、东丰县、通化市、梅河口市、集安市、通化县、辉南县、柳河县、白山市、临江市、抚松县、靖宇县、长白朝鲜族自治县、延吉市、图们市、敦化市、珲春市、龙井市、和龙市、汪清县、安图县	长春市、德惠市、九台市、榆树市、农安县、吉林市、蛟河市、桦甸市、舒兰市、永吉县、四平市、辽源市、东丰县、通化市、梅河口市、集安市、通化县、辉南县、柳河县、白山市、临江市、抚松县、靖宇县、长白朝鲜族自治县、延吉市、图们市、敦化市、珲春市、龙井市、和龙市、汪清县、安图县	吉林市、蛟河市、桦甸市、东丰县、集安市、辉南县、白山市、临江市、抚松县、靖宇县、长白朝鲜族自治县、敦化市、珲春市、龙井市、和龙市、汪清县、安图县
	黑龙江	哈尔滨市、双城市、尚志市、五常市、依兰县、方正县、宾县、巴彦县、木兰县、通河县、延寿县、齐齐哈尔市、讷河市、龙江县、依安县、甘南县、富裕县、克山县、克东县、拜泉县、爱辉区、北安市、五大连池市、嫩江县、逊克县、孙吴县、肇源县、伊春市、铁力市、嘉荫县、鹤岗市、萝北县、绥滨县、佳木斯市、同江市、富锦市、桦南县、桦川县、汤原县、抚远县、双鸭山市、集贤县、友谊县、宝清县、饶河县、七台河市、勃利县、鸡西市、虎林市、密山市、鸡东县、牡丹江市、穆棱市、绥芬河市、海林市、宁安市、东宁县、林口县、北林区、海伦市、望奎县、兰西县、青冈县、庆安县、明水县、绥棱县、大兴安岭地区、呼玛县、塔河县、漠河县	哈尔滨市、双城市、尚志市、五常市、依兰县、方正县、宾县、巴彦县、木兰县、通河县、延寿县、齐齐哈尔市、讷河市、龙江县、依安县、甘南县、富裕县、克山县、克东县、拜泉县、爱辉区、北安市、五大连池市、嫩江县、逊克县、孙吴县、肇源县、伊春市、铁力市、嘉荫县、鹤岗市、萝北县、绥滨县、佳木斯市、同江市、富锦市、桦南县、桦川县、汤原县、抚远县、双鸭山市、集贤县、友谊县、宝清县、饶河县、七台河市、勃利县、鸡西市、虎林市、密山市、鸡东县、牡丹江市、穆棱市、海林市、宁安市、东宁县、林口县、北林区、海伦市、望奎县、兰西县、青冈县、庆安县、明水县、绥棱县、大兴安岭地区、呼玛县、塔河县、漠河县	哈尔滨市、双城市、尚志市、五常市、依兰县、方正县、宾县、巴彦县、木兰县、通河县、延寿县、齐齐哈尔市、克东县、拜泉县、北安市、五大连池市、孙吴县、肇源县、伊春市、铁力市、嘉荫县、鹤岗市、萝北县、绥滨县、佳木斯市、同江市、富锦市、桦南县、桦川县、汤原县、抚远县、双鸭山市、集贤县、友谊县、宝清县、饶河县、七台河市、勃利县、鸡西市、虎林市、密山市、鸡东县、牡丹江市、穆棱市、海林市、宁安市、东宁县、林口县、庆安县、绥棱县、大兴安岭地区	哈尔滨市、双城市、尚志市、五常市、依兰县、方正县、宾县、巴彦县、木兰县、通河县、延寿县、齐齐哈尔市、克东县、拜泉县、孙吴县、肇源县、同江市、桦川县、汤原县、抚远县、双鸭山市、友谊县、宝清县、饶河县、七台河市、勃利县、虎林市、密山市、鸡东县、穆棱市、海林市、宁安市、东宁县、林口县、绥棱县、大兴安岭地区

（续表）

地区	省级政区	20世纪前分布地点	20世纪前半叶分布地点	20世纪后半叶分布地点	现今分布地点
东北	上海	闵行区	闵行区		
	江苏	南京市、溧水县？高淳县？徐州市、邳州市、新沂市、铜山县、睢宁县、沛县、丰县、连云港市、赣榆县、灌云县、东海县、灌南县、宿迁市、沭阳县、泗阳县、泗洪县、淮安市、金湖县、盱眙县？洪泽县、涟水县、盐城市、东台市、大丰市、射阳县、阜宁县、滨海县、响水县、建湖县、扬州市、仪征市、江都市、高邮市、宝应县、泰州市、靖江市、泰兴市？姜堰市、兴化市、南通市、海门市、启东市？通州市、如皋市、如东县？海安县、镇江市、扬中市、丹阳市、句容市、常州市、金坛市、溧阳市？无锡市、江阴市、宜兴市、苏州市、常熟市、张家港市？	南京市、睢宁县、赣榆县、盐城市、东台市、大丰市、射阳县、阜宁县、滨海县、响水县、建湖县、江都市、靖江市、如皋市、句容市、无锡市、宜兴市、苏州市	南京市、赣榆县、盐城市、东台市、大丰市、射阳县、阜宁县、滨海县、响水县、建湖县、靖江市、如皋市、无锡市、宜兴市、苏州市	
	浙江	杭州市、临安市、富阳市、建德市、桐庐县、淳安县、湖州市、长兴县、德清县、安吉县、平湖市、海宁市、舟山市、岱山县、嵊泗县、宁波市、慈溪市、余姚市、奉化市、宁海县、象山县、越城区、诸暨市？上虞市、嵊州市、绍兴县？新昌县、衢州市、江山市、常山县、开化县、龙游县、金华市、兰溪市、永康市、义乌市、东阳市、武义县、浦江县、磐安县、台州市、临海市、温岭市、三门县、天台县、仙居县、玉环县、温州市、瑞安市、乐清市、永嘉县、文成县、平阳县、泰顺县、洞头县、苍南县、莲都区、龙泉市、缙云县、青田县、云和县、遂昌县、松阳县、庆元县、景宁畲族自治县	杭州市、临安市、富阳市、建德市、桐庐县、淳安县、湖州市、德清县、安吉县、海宁市、舟山市、宁波市、慈溪市、余姚市、奉化市、宁海县、象山县、越城区、嵊州市、新昌县、龙游县、金华市、永康市、东阳市、武义县、浦江县、台州市、临海市、温岭市、三门县、天台县、仙居县、玉环县、温州市、瑞安市、乐清市、永嘉县、文成县、平阳县、泰顺县、洞头县、苍南县、莲都区、青田县	杭州市、临安市、富阳市、建德市、桐庐县、淳安县、湖州市、安吉县、舟山市、宁波市、慈溪市、余姚市、奉化市、宁海县、象山县、永康市、东阳市、温州市、瑞安市、乐清市、永嘉县、文成县、平阳县、泰顺县、洞头县、苍南县、青田县	临安市、安吉县
	安徽	合肥市、肥东县、肥西县、埇桥区、砀山县、萧县、灵璧县、泗县、濉溪县、阜阳市、谯城区、固镇县、来安县、全椒县、定远县、凤阳县、马鞍山市、当涂县、芜湖市、芜湖县、繁昌县、南陵县、铜陵市、铜陵县、安庆市、桐城市、怀宁县、枞阳县、潜山县、太湖县、宿松县、望江县、岳西县、黄山市、歙县、休宁县、黟县、祁门县、六安市、霍邱县、舒城县、金寨县？霍山县、居巢区、庐江县、无为县、含山县、和县、贵池区、东至县、石台县、青阳县、宣州区、宁国市、郎溪县、广德县、泾县、旌德县、绩溪县	谯城区、全椒县、南陵县、铜陵县、安庆市、桐城市、怀宁县、枞阳县、潜山县、太湖县、宿松县、望江县、岳西县、黄山市、歙县、休宁县、黟县、祁门县、霍山县、贵池区、东至县、石台县、青阳县、宁国市、郎溪县、广德县、泾县、旌德县、绩溪县	谯城区、南陵县、铜陵县、安庆市、桐城市、怀宁县、枞阳县、潜山县、太湖县、宿松县、望江县、岳西县、黄山市、歙县、休宁县、黟县、祁门县、霍山县、贵池区、东至县、石台县、青阳县、宁国市、郎溪县、广德县、泾县、旌德县、绩溪县	南陵县、铜陵县、岳西县、黄山市、歙县、祁门县、贵池区、东至县、石台县、青阳县、宁国市、泾县、旌德县、绩溪县

（续表）

地区	省级政区	20世纪前分布地点	20世纪前半叶分布地点	20世纪后半叶分布地点	现今分布地点
	福建	福州市、福清市、长乐市、闽侯县、连江县、罗源县、闽清县、永泰县、平潭县、延平区、邵武市、武夷山市、建瓯市、建阳市、顺昌县、浦城县、光泽县、松溪县、政和县、三明市、永安市、明溪县、清流县、宁化县、大田县、尤溪县、沙县、将乐县、泰宁县、建宁县、莆田市、仙游县、泉州市、石狮市、晋江市、南安市、惠安县、安溪县、永春县、德化县、金门县、厦门市、漳州市、龙海市、云霄县、漳浦县、诏安县、长泰县、东山县、南靖县、平和县、华安县、新罗区、漳平市、长汀县、永定县、上杭县、武平县、连城县、蕉城区、福安市、福鼎市、寿宁县、霞浦县、柘荣县、屏南县、古田县、周宁县	福清市、长乐市、闽侯县、闽清县、永泰县、延平区、邵武市、建瓯市、建阳市、顺昌县、浦城县、政和县、三明市、永安市、清流县、宁化县、大田县、尤溪县、沙县、将乐县、莆田市、仙游县、南安市、永春县、德化县、厦门市、云霄县、诏安县、新罗区、漳平市、长汀县、永定县、上杭县、武平县、连城县、寿宁县、屏南县、周宁县	福清市、长乐市、闽侯县、闽清县、永泰县、建瓯市、政和县、三明市、永安市、宁化县、尤溪县、将乐县、仙游县、永春县、德化县、新罗区、漳平市、长汀县、永定县、上杭县、武平县、连城县、寿宁县、周宁县	三明市、宁化县、新罗区、上杭县、连城县、寿宁县
	江西	南昌市、南昌县、新建县、安义县、进贤县、九江市、瑞昌市、九江县、武宁县、修水县、永修县、德安县、星子县、都昌县、湖口县、彭泽县、景德镇市、乐平市、浮梁县、月湖区、贵溪市、余江县、渝水区、分宜县、萍乡市、莲花县、上栗县、芦溪县？章贡区、瑞金市、南康市、赣县、信丰县、大余县、上犹县、崇义县、安远县、龙南县、定南县、全南县、宁都县、于都县、兴国县、会昌县、寻乌县、石城县、信州区、德兴市、上饶县、广丰县、玉山县、铅山县、横峰县、弋阳县、余干县、鄱阳县、万年县、婺源县、临川区、南城县、黎川县、南丰县、崇仁县、乐安县、宜黄县、金溪县、资溪县、东乡县、广昌县、袁州区、丰城市、樟树市、高安市、奉新县、万载县、上高县、宜丰县、靖安县、铜鼓县、吉安市、井冈山市、吉安县、吉水县、峡江县、新干县、永丰县、泰和县、遂川县、万安县？安福县？永新县	南昌县、安义县、九江市、九江县、永修县、星子县、彭泽县、景德镇市、浮梁县、贵溪市、分宜县、瑞金市、赣县、上犹县、崇义县、全南县、宁都县、兴国县、寻乌县、德兴市、婺源县、南丰县、资溪县、袁州区、高安市、宜丰县、靖安县、铜鼓县、吉安市、井冈山市、吉安县、吉水县、新干县、泰和县、遂川县	安义县、九江市、九江县、永修县、星子县、彭泽县、景德镇市、浮梁县、贵溪市、分宜县、瑞金市、赣县、上犹县、崇义县、全南县、宁都县、兴国县、寻乌县、德兴市、资溪县、高安市、靖安县、铜鼓县、井冈山市、吉安县、吉水县、新干县、泰和县、遂川县	修水县、彭泽县、分宜县、崇义县、靖安县、铜鼓县、吉水县
	山东	济南市、章丘市、平阴县、济阳县、商河县、阳谷县、东阿县、德城区、乐陵市、禹城市、陵县、平原县、宁津县、庆云县、东营市、垦利县、利津县、广饶县、淄博市、桓台县、沂源县、安丘市、青州市、诸城市、寿光市、临朐县、昌乐县、烟台市、荣成市、文登市、青岛市、胶州市、即墨市、日照市、五莲县、莒县、临沂市、郯城县、苍山县、莒南县、沂水县、蒙阴县、平邑县、费县、沂南县、临沭县、枣庄市、滕州市、济宁市、曲阜市、兖州市、邹城市、微山县、鱼台县、金乡县、嘉祥县、汶上县、泗水县、梁山县、泰安市、新泰市、肥城市、宁阳县、东平县、莱芜市、滨城区、惠民县、阳信县、无棣县、沾化县、博兴县、邹平县、牡丹区、曹县、定陶县、成武县、单县、巨野县、郓城县、甄城县、东明县	淄博市、烟台市、荣成市、文登市	淄博市、荣成市、文登市	淄博市、荣成市

（续表）

地区	省级政区	20世纪前分布地点	20世纪前半叶分布地点	20世纪后半叶分布地点	现今分布地点
	台湾	台北市、基隆市、高雄市、台南市、台中市、新竹市、嘉义市、台北县、高雄县、台南县、台中县、新竹县、嘉义县、屏东县*、台东县*、花莲县、宜兰县、桃园县、苗栗县、彰化县、南投县、云林县、澎湖县	台南县、嘉义县、屏东县*、台东县*、宜兰县、桃园县	屏东县*、台东县*	屏东县*、台东县*
中南	河南	登封市、巩义市、灵宝市、渑池县、陕县、卢氏县、洛阳市、偃师市、孟津县、新安县、栾川县、嵩县、汝阳县、宜阳县、洛宁县、伊川县、修武县、新乡市、辉县市、新乡县、长垣县、浚县、安阳市、林州市、安阳县、滑县、内黄县、华龙区、清丰县、南乐县、濮阳县、魏都区、禹州市、许昌县、舞阳县、平顶山市、舞钢市？汝州市、宝丰县、叶县、鲁山县、郏县、南阳市、邓州市、南召县、方城县、西峡县、镇平县、内乡县、淅川县、社旗县、唐河县、新野县、桐柏县、信阳市、息县、淮滨县、潢川县、光山县、固始县、商城县、罗山县、新县、鹿邑县、确山县	灵宝市、渑池县、陕县、栾川县、嵩县、汝阳县、宜阳县、洛宁县、修武县、魏都区、禹州市、许昌县、平顶山市、鲁山县、南阳市、邓州市、南召县、方城县、西峡县、镇平县、内乡县、淅川县、社旗县、唐河县、新野县、桐柏县、信阳市、息县、淮滨县、潢川县、光山县、固始县、商城县、罗山县、新县、确山县	灵宝市、渑池县、陕县、栾川县、嵩县、汝阳县、宜阳县、洛宁县、平顶山市、鲁山县、南阳市、邓州市、南召县、方城县、西峡县、镇平县、内乡县、淅川县、社旗县、唐河县、新野县、桐柏县、信阳市、息县、淮滨县、潢川县、光山县、固始县、商城县、罗山县、新县、确山县	栾川县、宜阳县、淅川县
	湖北	武汉市、十堰市、丹江口市、郧县、竹山县、房县、郧西县、竹溪县、襄樊市、老河口市、枣阳市、宜城市、南漳县、谷城县、保康县、荆门市、钟祥市、沙洋县？京山县、孝南区、应城市、安陆市、汉川市、孝昌县？大悟县、云梦县、黄州区、麻城市、武穴市、红安县、罗田县、英山县？浠水县、蕲春县、黄梅县、团风县、鄂州市、黄石市、大冶市、阳新县、咸安区、赤壁市、嘉鱼县、通城县、崇阳县？通山县？荆州市、石首市、洪湖市、松滋市、江陵县、公安县、监利县、宜昌市、枝江市、宜都市、当阳市、远安县、兴山县、秭归县、长阳土家族自治县、五峰土家族自治县、曾都区、广水市、仙桃市、天门市、潜江市、神农架林区、恩施市、利川市？建始县、巴东县、宣恩县、咸丰县、来凤县、鹤峰县	丹江口市、房县、郧西县、襄樊市、老河口市、枣阳市、南漳县、谷城县、保康县、钟祥市、黄石市、阳新县、通城县、洪湖市、宜昌市、当阳市、秭归县、曾都区、神农架林区、巴东县、宣恩县、咸丰县	丹江口市、房县、郧西县、襄樊市、老河口市、枣阳市、南漳县、谷城县、保康县、钟祥市、黄石市、阳新县、通城县、洪湖市、宜昌市、当阳市、秭归县、曾都区、神农架林区、巴东县、宣恩县、咸丰县	房县、黄石市、阳新县、当阳市、秭归县、神农架林区、巴东县

（续表）

地区	省级政区	20世纪前分布地点	20世纪前半叶分布地点	20世纪后半叶分布地点	现今分布地点
	湖南	长沙市、浏阳市、长沙县、望城县、宁乡县、张家界市、慈利县、桑植县、常德市、津市市、安乡县、汉寿县、澧县、临澧县、桃源县、石门县、益阳市、沅江市、南县、桃江县、安化县、岳阳市、汨罗市、临湘市、岳阳县、华容县、湘阴县、平江县、株洲市、醴陵市、株洲县、攸县、茶陵县、炎陵县、湘潭市、湘乡市、韶山市、湘潭县、衡阳市、常宁市、耒阳市、衡阳县、衡南县、衡山县、衡东县、祁东县、郴州市、资兴市、桂阳县、永兴县、宜章县、嘉禾县?临武县、汝城县、桂东县、安仁县、永州市、东安县、道县、宁远县、江永县、蓝山县、新田县、双牌县、祁阳县、江华瑶族自治县、邵阳市、武冈市、邵东县、邵阳县、新邵县、隆回县、洞口县、绥宁县、新宁县、城步苗族自治县、鹤城区、洪江市、沅陵县、辰溪县、溆浦县、中方县、会同县、麻阳苗族自治县、新晃侗族自治县、芷江侗族自治县、靖州苗族侗族自治县、通道侗族自治县、娄星区、冷水江市、涟源市、双峰县、新化县、吉首市、泸溪县、凤凰县、花垣县、保靖县、古丈县、永顺县、龙山县	浏阳市、张家界市、汉寿县、澧县、平江县、茶陵县、湘潭市、湘乡市、湘潭县、衡阳市、常宁市、耒阳市、衡阳县、衡南县、衡山县、衡东县、祁东县、宜章县、汝城县、安仁县、道县、江永县、蓝山县、新田县、祁阳县、邵阳市、武冈市、邵阳县、绥宁县、新宁县、溆浦县、会同县、芷江侗族自治县、靖州苗族侗族自治县、通道侗族自治县、娄星区、新化县、凤凰县、花垣县、永顺县	浏阳市、张家界市、汉寿县、澧县、平江县、茶陵县、湘潭市、湘乡市、湘潭县、衡阳市、常宁市、耒阳市、衡阳县、衡南县、衡山县、衡东县、祁东县、宜章县、汝城县、江永县、蓝山县、新田县、祁阳县、武冈市、绥宁县、新宁县、溆浦县、会同县、芷江侗族自治县、靖州苗族侗族自治县、通道侗族自治县、新化县、凤凰县、花垣县	浏阳市、张家界市、衡南县、衡东县、宜章县、汝城县、江永县、新田县
	广东	广州市、增城市、从化市、清城区、英德市、连州市、佛冈县、阳山县、清新县、连山壮族瑶族自治县、连南瑶族自治县、韶关市、乐昌市、南雄市、始兴县、仁化县、翁源县、新丰县、乳源瑶族自治县、源城区、紫金县、龙川县、连平县、和平县、东源县、梅江区、兴宁市、梅县、大埔县、丰顺县、五华县、平远县、蕉岭县、湘桥区、潮安县、饶平县、汕头市、南澳县、榕城区、普宁市、揭东县、揭西县、惠来县、城区、陆丰市、海丰县、陆河县、惠州市、博罗县、惠东县、龙门县、东莞市、深圳市、珠海市、中山市、江门市、恩平市、台山市、开平市、鹤山市、佛山市、肇庆市、高要市、四会市、广宁县、怀集县、封开县、德庆县、云城区、罗定市、云安县、新兴县、郁南县、江城区、阳春市、阳西县、阳东县、茂名市、化州市、信宜市、高州市、电白县、湛江市、吴川市、廉江市、雷州市、遂溪县、徐闻县	广州市、增城市、从化市、英德市、连州市、阳山县、连山壮族瑶族自治县、连南瑶族自治县、韶关市、乐昌市、南雄市、始兴县、仁化县、翁源县、新丰县、乳源瑶族自治县、紫金县、连平县、和平县、兴宁市、平远县、龙门县、东莞市、深圳市、珠海市、恩平市、佛山市、高要市、四会市、怀集县、云城区、郁南县、江城区、阳春市、信宜市、电白县、徐闻县	广州市、增城市、从化市、英德市、连州市、阳山县、连南瑶族自治县、韶关市、乐昌市、南雄市、始兴县、仁化县、翁源县、新丰县、乳源瑶族自治县、紫金县、连平县、和平县、兴宁市、平远县、深圳市、珠海市、怀集县、信宜市、电白县	从化市、新丰县、乳源瑶族自治县、连平县、平远县、深圳市、电白县

（续表）

地区	省级政区	20 世纪前分布地点	20 世纪前半叶分布地点	20 世纪后半叶分布地点	现今分布地点
	广西	南宁市、武鸣县、横县、宾阳县、上林县、隆安县、马山县、桂林市？阳朔县、临桂县、灵川县、全州县、兴安县、永福县、灌阳县、资源县？平乐县、龙胜各族自治县、恭城瑶族自治县、柳州市、柳江县？柳城县、鹿寨县、融安县？三江侗族自治县、融水苗族自治县、梧州市、岑溪市、苍梧县、藤县、蒙山县、桂平市、兴业县、容县、陆川县、博白县、钦州市、灵山县、浦北县、北海市、合浦县、防城港市、东兴市、上思县、江州区、凭祥市？扶绥县、大新县、宁明县、龙州县、右江区、平果县、乐业县、西林县、田林县、金城江区、巴马瑶族自治县、都安瑶族自治县、罗城仫佬族自治县、环江毛南族自治县、兴宾区、合山市、武宣县、八步区、昭平县、钟山县、富川瑶族自治县	南宁市、武鸣县、宾阳县、隆安县、阳朔县、临桂县、灵川县、兴安县、永福县、灌阳县、龙胜各族自治县、柳城县、鹿寨县、三江侗族自治县、融水苗族自治县、蒙山县、桂平市、陆川县、博白县、江州区、扶绥县、大新县、宁明县、龙州县、乐业县、田林县、金城江区、罗城仫佬族自治县、环江毛南族自治县、兴宾区、武宣县、八步区、昭平县、钟山县、富川瑶族自治县	南宁市、武鸣县、隆安县、临桂县、灵川县、兴安县、永福县、灌阳县、龙胜各族自治县、融水苗族自治县、蒙山县、江州区、扶绥县、大新县、宁明县、龙州县、乐业县、田林县、金城江区、武宣县、富川瑶族自治县	兴安县、龙胜各族自治县、蒙山县、乐业县、田林县、金城江区
	香港	香港			
	澳门	澳门			
西南	重庆	万州区、涪陵区、南川区、綦江县、垫江县、武隆县、城口县、梁平县、开县、巫溪县、巫山县、奉节县、云阳县	万州区、涪陵区、南川区、垫江县、武隆县、城口县、巫山县、奉节县	万州区、南川区、垫江县、武隆县、城口县、巫山县、奉节县	万州区、城口县、巫山县、奉节县
西南	四川	成都市、都江堰市、彭州市、邛崃市、崇州市、金堂县、双流县、郫县、大邑县、蒲江县、新津县、广元市、旺苍县？青川县、剑阁县、苍溪县、绵阳市、江油市、安县、北川羌族自治县、平武县、旌阳区、什邡市、绵竹市、罗江县、阆中市？南部县、岳池县、邻水县、内江市、威远县、资中县、乐山市、峨眉山市、犍为县、井研县、夹江县、沐川县、峨边彝族自治县、马边彝族自治县、自贡市、荣县、富顺县？泸州市、泸县、合江县、叙永县、古蔺县、高县、筠连县？珙县、兴文县、屏山县、攀枝花市、米易县、盐边县、巴州区？通江县、南江县？通川区、万源市、达县？宣汉县、开江县、雁江区、简阳市、东坡区、仁寿县、彭山县、洪雅县、丹棱县、青神县、雨城区、名山县、荥经县、汉源县、石棉县、天全县、芦山县、宝兴县、马尔康县、汶川县、理县、茂县、松潘县、九寨沟县、金川县、小金县、黑水县、壤塘县、阿坝县、若尔盖县、红原县、康定县、泸定县、丹巴县、九龙县、雅江县、道孚县、炉霍县、甘孜县、新龙县、德格县、白玉县、石渠县、色达县、理塘县、巴塘县、乡城县、稻城县、得荣县、西昌市、盐源县、德昌县、会理县、会东县、宁南县、普格县、布拖县、金阳县、昭觉县、喜德县、冕宁县、越西县、甘洛县、美姑县、雷波县、木里藏族自治县	都江堰市、大邑县、广元市、剑阁县、苍溪县、江油市、北川羌族自治县、什邡市、南部县、乐山市、峨眉山市、犍为县、夹江县、峨边彝族自治县、自贡市、泸州市、泸县、合江县、叙永县、古蔺县、珙县、万源市、宣汉县、洪雅县、荥经县、汉源县、石棉县、马尔康县、汶川县、松潘县、九寨沟县、金川县、小金县、黑水县、壤塘县、阿坝县、若尔盖县、红原县、康定县、泸定县、丹巴县、九龙县、雅江县、道孚县、炉霍县、甘孜县、新龙县、德格县、白玉县、石渠县、色达县、理塘县、巴塘县、乡城县、稻城县、得荣县、西昌市、盐源县、金阳县、喜德县、冕宁县、木里藏族自治县	大邑县、苍溪县、江油市、北川羌族自治县、南部县、峨眉山市、夹江县、峨边彝族自治县、自贡市、泸州市、泸县、合江县、叙永县、古蔺县、珙县、万源市、宣汉县、洪雅县、石棉县、马尔康县、九寨沟县、金川县、小金县、黑水县、壤塘县、阿坝县、若尔盖县、红原县、雅江县、炉霍县、甘孜县、色达县、巴塘县、得荣县、西昌市、盐源县、金阳县、喜德县、冕宁县、木里藏族自治县	苍溪县、峨边彝族自治县、叙永县、宣汉县、马尔康县、九寨沟县、小金县、黑水县、壤塘县、若尔盖县、红原县、雅江县、炉霍县、甘孜县、巴塘县、得荣县、西昌市、盐源县、金阳县

（续表）

地区	省级政区	20世纪前分布地点	20世纪前半叶分布地点	20世纪后半叶分布地点	现今分布地点
	贵州	贵阳市、清镇市、开阳县、修文县、息烽县、钟山区、盘县、六枝特区、水城县、遵义市、赤水市、仁怀市、遵义县、桐梓县、绥阳县、正安县、凤冈县、湄潭县、余庆县、习水县、道真仡佬族苗族自治县、务川仡佬族苗族自治县、西秀区、平坝县、普定县、关岭布依族苗族自治县、镇宁布依族苗族自治县、紫云苗族布依族自治县、毕节市、大方县、黔西县、金沙县、织金县、纳雍县、赫章县、威宁彝族回族苗族自治县、铜仁市、江口县、石阡县、思南县、德江县、玉屏侗族自治县、印江土家族苗族自治县、沿河土家族自治县、松桃苗族自治县、万山特区、凯里市、黄平县、施秉县、三穗县、镇远县、岑巩县、天柱县、锦屏县、剑河县、台江县、黎平县、榕江县、从江县、雷山县、麻江县、丹寨县、都匀市、福泉市、荔波县、贵定县、瓮安县、独山县、平塘县、罗甸县、长顺县、龙里县、惠水县、三都水族自治县、兴义市、兴仁县、普安县、晴隆县、贞丰县、望谟县、册亨县、安龙县	六枝特区、水城县、遵义市、桐梓县、绥阳县、关岭布依族苗族自治县、毕节市、金沙县、赫章县、沿河土家族自治县、天柱县、锦屏县、剑河县、台江县、黎平县、榕江县、福泉市、兴义市	水城县、遵义市、桐梓县、绥阳县、关岭布依族苗族自治县、毕节市、金沙县、赫章县、天柱县、锦屏县、剑河县、台江县、黎平县、榕江县、福泉市、兴义市	绥阳县、关岭布依族苗族自治县、金沙县、赫章县
	云南	昆明市、安宁市、呈贡县、晋宁县、富民县、宜良县、嵩明县、石林彝族自治县、禄劝彝族苗族自治县、寻甸回族彝族自治县、麒麟区、宣威市、马龙县、沾益县、富源县、罗平县、师宗县、陆良县、会泽县、红塔区、江川县、澄江县、通海县、华宁县、易门县、峨山彝族自治县、新平彝族傣族自治县、元江哈尼族彝族傣族自治县、隆阳区、施甸县、腾冲县、龙陵县、昌宁县、昭阳区、鲁甸县、巧家县、盐津县、大关县、永善县、绥江县、镇雄县、彝良县、威信县、水富县、古城区、永胜县、华坪县、玉龙纳西族自治县、宁蒗彝族自治县、思茅区、宁洱哈尼族彝族自治县、墨江哈尼族自治县、景东彝族自治县、景谷傣族彝族自治县、镇沅彝族哈尼族拉祜族自治县、江城哈尼族彝族自治县、孟连傣族拉祜族佤族自治县、澜沧拉祜族自治县、西盟佤族自治县、临翔区、凤庆县、云县、永德县、镇康县、双江拉祜族佤族布朗族傣族自治县、耿马傣族佤族自治县、沧源佤族自治县、潞西市、瑞丽市、梁河县、盈江县、陇川县、泸水县、福贡县、贡山独龙族怒族自治县、兰坪白族普米族自治县、香格里拉县、德钦县、维西傈僳族自治县、大理市、祥云县、宾川县、弥渡县、永平县、云龙县、洱源县、剑川县、鹤庆县、漾濞彝族自治县、南涧彝族自治县、巍山彝族回族自治县、楚雄市、双柏县、牟定县、南华县、姚安县、大姚县、永仁县、元谋县、武定县、禄丰县、蒙自县、个旧市、开远市、绿春县、建水县、石屏县、弥勒县、泸西县、元阳县、红河县、金平苗族瑶族自治县、河口瑶族自治县、屏边苗族自治县、文山县、砚山县、西畴县、麻栗坡县、马关县、丘北县、广南县、富宁县、景洪市、勐海县、勐腊县	昆明市、呈贡县、宜良县、禄劝彝族苗族自治县、寻甸回族彝族自治县、马龙县、江川县、华宁县、新平彝族傣族自治县、元江哈尼族彝族傣族自治县、施甸县、腾冲县、龙陵县、昌宁县、昭阳区、鲁甸县、巧家县、大关县、绥江县、威信县、水富县、宁蒗彝族自治县、思茅区、宁洱哈尼族彝族自治县、墨江哈尼族自治县、景东彝族自治县、江城哈尼族彝族自治县、孟连傣族拉祜族佤族自治县、澜沧拉祜族自治县、西盟佤族自治县、临翔区、凤庆县、云县、镇康县、双江拉祜族佤族布朗族傣族自治县、耿马傣族佤族自治县、沧源佤族自治县、瑞丽市、梁河县、盈江县、陇川县、泸水县、福贡县、大理市、云龙县、洱源县、漾濞彝族自治县、南涧彝族自治县、巍山彝族回族自治县、个旧市、金平苗族瑶族自治县、屏边苗族自治县、文山县、砚山县、马关县、丘北县、广南县、勐腊县	昆明市、呈贡县、禄劝彝族苗族自治县、寻甸回族彝族自治县、马龙县、江川县、施甸县、龙陵县、昌宁县、昭阳区、鲁甸县、大关县、绥江县、水富县、宁蒗彝族自治县、思茅区、宁洱哈尼族彝族自治县、墨江哈尼族自治县、景东彝族自治县、江城哈尼族彝族自治县、西盟佤族自治县、临翔区、镇康县、瑞丽市、福贡县、大理市、云龙县、洱源县、漾濞彝族自治县、南涧彝族自治县、巍山彝族回族自治县、个旧市、屏边苗族自治县、文山县、砚山县、马关县、丘北县、广南县	昆明市、禄劝彝族苗族自治县、马龙县、龙陵县、昭阳区、水富县、宁洱哈尼族彝族自治县、墨江哈尼族自治县、景东彝族自治县、江城哈尼族彝族自治县、西盟佤族自治县、福贡县、大理市、云龙县、漾濞彝族自治县、南涧彝族自治县、文山县、砚山县、马关县、丘北县、广南县

（续表）

地区	省级政区	20世纪前分布地点	20世纪前半叶分布地点	20世纪后半叶分布地点	现今分布地点
西北	陕西	西安市、蓝田县、周至县、户县、高陵县、宝塔区、延长县、志丹县、甘泉县、富县？洛川县、宜川县、黄龙县？黄陵县、铜川市、宜君县、临渭区、华阴市、韩城市、华县？潼关县、大荔县、蒲城县、澄城县？白水县、合阳县、富平县、咸阳市、兴平市、三原县、泾阳县、乾县？礼泉县、永寿县、彬县？长武县、旬邑县？淳化县、武功县、宝鸡市、凤翔县、岐山县、扶风县、眉县、陇县、千阳县、麟游县、凤县、太白县、汉台区？南郑县、城固县？洋县、西乡县、勉县、宁强县、略阳县、镇巴县？留坝县、佛坪县？榆阳区、神木县、府谷县、横山县？靖边县、汉滨区、汉阴县、石泉县、宁陕县、紫阳县、岚皋县、平利县、镇坪县、旬阳县、白河县、商州区、洛南县、丹凤县、商南县、山阳县、镇安县、柞水县	周至县、户县、志丹县、洛川县、宜川县、黄陵县、华阴市、潼关县、蒲城县、白水县、永寿县、长武县、淳化县、宝鸡市、凤翔县、岐山县、扶风县、眉县、陇县、千阳县、麟游县、凤县、太白县、南郑县、洋县、西乡县、勉县、略阳县、留坝县、岚皋县、旬阳县、白河县、商州区、洛南县、丹凤县、商南县、山阳县、镇安县、柞水县	周至县、户县、志丹县、黄陵县、华阴市、潼关县、白水县、永寿县、长武县、淳化县、宝鸡市、凤翔县、岐山县、扶风县、眉县、陇县、千阳县、麟游县、凤县、太白县、西乡县、勉县、略阳县、留坝县、旬阳县、白河县、商州区、丹凤县、商南县、山阳县、镇安县、柞水县	户县、黄陵县、白水县、永寿县、长武县、淳化县、岐山县、眉县、凤县、西乡县、略阳县、留坝县、旬阳县、白河县、商南县
	甘肃	兰州市、永登县、皋兰县、榆中县、嘉峪关市、金川区？永昌县？白银市、靖远县、会宁县、景泰县？天水市、清水县、秦安县、甘谷县、武山县、张家川回族自治县、凉州区、民勤县？古浪县？天祝藏族自治县、肃州区、玉门市？敦煌市、金塔县、瓜州县？甘州区、民乐县、临泽县、高台县、山丹县、肃南裕固族自治县、西峰区、庆城县、环县、华池县、合水县、正宁县、宁县、镇原县？崆峒区、泾川县？灵台县、崇信县、华亭县、庄浪县、静宁县、安定区、通渭县、临洮县、漳县、岷县、渭源县、陇西县、武都区、成县、宕昌县、康县、文县、西和县、礼县、两当县、徽县、临夏市、临夏县、康乐县、永靖县、广河县、和政县、东乡族自治县、积石山保安族东乡族撒拉族自治县、合作市、临潭县、卓尼县、舟曲县、迭部县、玛曲县、碌曲县、夏河县	永登县、榆中县、白银市、天水市、秦安县、甘谷县、张家川回族自治县、凉州区、敦煌市、金塔县、民乐县、临泽县、宁县、崆峒区、灵台县、崇信县、华亭县、庄浪县、静宁县、通渭县、临洮县、漳县、岷县、渭源县、武都区、成县、宕昌县、文县、西和县、礼县、两当县、徽县、临夏市、临夏县、康乐县、永靖县、广河县、和政县、东乡族自治县、积石山保安族东乡族撒拉族自治县、合作市、临潭县、卓尼县、舟曲县、迭部县、玛曲县、碌曲县、夏河县	永登县、榆中县、白银市、天水市、秦安县、甘谷县、张家川回族自治县、凉州区、敦煌市、金塔县、民乐县、宁县、崆峒区、崇信县、华亭县、庄浪县、静宁县、通渭县、临洮县、漳县、岷县、武都区、成县、宕昌县、文县、西和县、礼县、两当县、徽县、临夏市、临夏县、康乐县、永靖县、广河县、和政县、东乡族自治县、积石山保安族东乡族撒拉族自治县、合作市、临潭县、卓尼县、舟曲县、迭部县、玛曲县、碌曲县、夏河县	永登县、天水市、甘谷县、张家川回族自治县、崇信县、庄浪县、漳县、武都区、成县、文县、礼县、两当县、徽县、合作市、临潭县、舟曲县、迭部县、玛曲县、碌曲县
	青海	西宁市、大通回族自治县、湟源县、湟中县、平安县、乐都县、民和回族土族自治县、互助土族自治县志、化隆回族自治县、循化撒拉族自治县、海晏县、祁连县、刚察县、门源回族自治县、共和县、同德县、贵德县、兴海县、贵南县、同仁县、尖扎县、泽库县、河南蒙古族自治县、玛沁县、班玛县？甘德县、达日县、久治县？玛多县、玉树县、杂多县、称多县、治多县、囊谦县、曲麻莱县、德令哈市、格尔木市、乌兰县、都兰县、天峻县	大通回族自治县、乐都县、民和回族土族自治县、门源回族自治县、同仁县、尖扎县、河南蒙古族自治县、玉树县、天峻县	乐都县、民和回族土族自治县、门源回族自治县、同仁县、尖扎县、河南蒙古族自治县、天峻县	乐都县、民和回族土族自治县、同仁县、尖扎县、天峻县

（续表）

地区	省级政区	20世纪前分布地点	20世纪前半叶分布地点	20世纪后半叶分布地点	现今分布地点
	宁夏	银川市、灵武市、永宁县、贺兰县、石嘴山市、平罗县、利通区、青铜峡市、盐池县、同心县、原州区、西吉县？隆德县、泾源县？彭阳县、沙坡头区、中宁县、海原县	银川市、灵武市、永宁县、贺兰县、石嘴山市、平罗县、利通区、青铜峡市、同心县、原州区、彭阳县、沙坡头区、海原县	银川市、永宁县、贺兰县、石嘴山市、平罗县、青铜峡市、原州区、彭阳县	

注：* 表示当地原野生梅花鹿灭绝后，又重新分布。

8 存疑

诚然，历史时期，梅花鹿在我国的分布变迁巨大，但也反映出其是广布型物种。现代，人们一般认为在海南省、西藏自治区与新疆维吾尔自治区没有梅花鹿分布，而文献记载中却似有其存在的截然相反观点，尚待进一步研究，故暂作为存疑保留。

8.1 海南省疑似梅花鹿

历史时期，海南省有疑似梅花鹿记录，值得注意。

8.1.1 疑似梅花鹿记录

方志中（表24.16）有疑似梅花鹿的记载。

清咸丰七年（1815）《琼山县志》记述：

鹿：牡为麚，牝为麀，其子为麛。其茸嫩者如字茄，长三四寸，红鲜可爱，然不逾时末渍而本干，剖之有如坚木者，所谓柴茸，不如蜀产《郡志》。

【药属】鹿茸：分歧如马鞍形者有力。《本草》云：茸不可嗅，能伤人鼻《旧志》。

按：据此看来，与梅花鹿无异。

清光绪二十六年（1900）《崖州志》记述：

鹿：俗名坡鹿，形似山牛而稍小。《释名》：山兽也。《埤雅》：仙兽也。牡者有角，角曲而多枝。《尔雅》：鹿，牡为麚，牝为麀，子为麛；夏至角解，白露后出角；初出，最柔嫩，皮上有细毛，白色茸。茸继精血满足，色转紫，映日红如玛瑙，故名紫茸；未几，即老成角，坚如格木。切片，研末，或熬胶，食之大有补益。老角熬胶亦佳。《本草》曰：班龙顶上珠，即此物也。茸头硬骨，食之令人遗精。

按：此乃较早出现的“坡鹿”名称，然而细观内容，颇多是诠释梅花鹿。

民国二十年（1931）《感恩县志》记述：

鹿：俗名坡鹿，形似山牛而稍小。《释名》：山兽也。《埤雅》：仙兽也。牡者有角，角曲多枝。《尔雅》：鹿，牡为麚，牝为麀，子为麛。夏至角解，白露后出角。初出最柔嫩，皮上有细毛、白色茸。茸继精血满足，色转紫，映日红如玛瑙，故名紫茸；未几，即老成角，坚实如格木。去毛，切片，研末，或熬胶，食之大有补益。老角熬胶，亦佳。《本草》曰：斑鹿顶上珠，即此物也。茸头硬骨，食之令人遗精。县属中南区素少鹿，唯北区间或见之。

按：此说与《崖州志》类似，进一步证实当地有此物。

民国二十二年（1933）《海南岛志》记述：

鹿：鹿栖息山林，于九十月间游食原野。猎者乃结集同伴，寻踪追击。又或分驱牛车，伏枪车内。鹿闻轮声，举头张望，乃枪击之。取其稚角，是为鹿茸，富有血管，拊之甚温，熬之成胶，曰鹿胶，每对值三四百元。鹿肉可食，皮可制革，角供药用。以儋、昌、定、崖四属出产为多。

按：此处没有明确“坡鹿”，故有可能是梅花鹿与坡鹿并存，前者很快便绝迹。另外，该志还提及有山马（即水鹿、黑鹿、春鹿，*Cervus unicolor*，*Ru-*

sa unicolor)①与黄麂(即赤麂、黄猄、吠鹿、印度麂等,*Muntiacus muntjak*),可为佐证。此外,所称"以儋、昌、定、崖四属出产为多",说明今儋州市、定安县、昌江黎族自治县、乐东黎族自治县4地数量更多。

民国二十四年(1935)《儋县志》记述:

鹿:牡为麚,牝为麀,其子为麑出《尔雅》。或又云:万州六连岭有鹿市。崖州左右旷野亦多鹿。鹿,其茸嫩者如紫茄,长三四寸,红鲜可爱。然不逾时,未溃而本干,剖之有如坚木者,所谓柴茸,不如蜀产。

按:此与《琼山县志》记述相似,是梅花鹿。

表 24.16 方志记载的海南省疑似梅花鹿情况

今地点	文献	内容
海口市、三亚市、文昌市、琼海市、万宁市、五指山市、东方市、儋州市、临高县、澄迈县、定安县、屯昌县、昌江黎族自治县、白沙黎族自治县、琼中黎族苗族自治县、陵水黎族自治县、保亭黎族苗族自治县、乐东黎族自治县	明正德六年(1511)《琼台志》	鹿(麚,牡也。麀,牝也。麑,其子也)
海口市、三亚市、文昌市、琼海市、万宁市、五指山市、东方市、儋州市、临高县、澄迈县、定安县、屯昌县、昌江黎族自治县、白沙黎族自治县、琼中黎族苗族自治县、陵水黎族自治县、保亭黎族苗族自治县、乐东黎族自治县等地	明万历二十九年(1601)《广东通志》	琼州府:有鹿
东方市	民国二十年(1931)《感恩县志》	白鹿(明丁巳神宗万历四十五年,大雅山白鹿,见《府志》)
海口市、三亚市、文昌市、琼海市、万宁市、五指山市、东方市、儋州市、临高县、澄迈县、定安县、屯昌县、昌江黎族自治县、白沙黎族自治县、琼中黎族苗族自治县、陵水黎族自治县、保亭黎族苗族自治县、乐东黎族自治县	明万历四十六年(1618)《琼州府志》	鹿
儋州市	明万历四十六年(1618)《儋州志》	鹿(牡为麚,牝为麀,其子为麑。取其角为鹿茸)
属琼海市	清康熙八年(1669)《乐会县志》	鹿
属海口市	清康熙四十七年(1708)《琼山县志》	鹿
陵水黎族自治县	清乾隆五十七年(1792)《陵水县志》	鹿***
属琼海市	清嘉庆二十四年(1819)《会同县志》	鹿
属琼海市	清嘉庆二十五年(1820)《琼东县志》	鹿
万宁市	清道光八年(1828)《万州志》	鹿

①据中山大学生物系周宇垣回忆,1960年他到兴隆地区(即今万宁市兴隆华侨农场)考察时常发现水鹿,但仅仅一年后,他再回去考察就很少看到了。"这是因为黑鹿被看成害兽,被当地猎人不断捕杀的结果。"(单憬岗等.百年海南野生动植物调查史.http://hnrb.hinews.cn/html/2012-11/05/content_544501.htm)

（续表）

今地点	文献	内容
海口市、三亚市、文昌市、琼海市、万宁市、五指山市、东方市、儋州市、临高县、澄迈县、定安县、屯昌县、昌江黎族自治县、白沙黎族自治县、琼中黎族苗族自治县、陵水黎族自治县、保亭黎族苗族自治县、乐东黎族自治县	清道光二十一年(1841)《琼州府志》	鹿***
属海口市	清咸丰七年(1857)《琼山县志》	鹿*
定安县	清光绪四年(1878)《定安县志》	鹿(出黎山。亦有驯养于家者)
临高县	清光绪十八年(1892)《临高县志》	鹿
三亚市、保亭黎族苗族自治县、乐东黎族自治县	清光绪二十六年(1900)《崖州志》	鹿*
澄迈县	清光绪三十四年(1908)《澄迈县志》	鹿***
1 属琼海市	清宣统三年(1911)《乐会县志》	鹿茸擅奇药
属海口市	民国六年(1917)《琼山县志》	鹿***
属东方市	民国二十年(1931)《感恩县志》	鹿*
海口市、三亚市、文昌市、琼海市、万宁市、五指山市、东方市、儋州市、临高县、澄迈县、定安县、屯昌县、昌江黎族自治县、白沙黎族自治县、琼中黎族苗族自治县、陵水黎族自治县、保亭黎族苗族自治县、乐东黎族自治县	民国二十二年(1933)《海南岛志》	鹿*
儋州市	民国二十四年(1935)《儋县志》	鹿*

注：* 表示详见正文。*** 表示本省级政区已有类似记录。

琼海市西南面距离琼海市 20 多 km 的石壁镇，背靠巍巍南牛山脉，面朝悠悠万泉河。数得出的珍奇动物有猴子、野鹿、黄猄、山猪、穿山甲、刺猬、蟒蛇、四脚蛇、金钱龟乃至山鹰、天鹅等[①]。此“野鹿”值得探究。

万宁市称，当地野生动物种类繁多，其中珍贵品种有大洲金丝燕、梅花鹿、熊、豹、长臂猿、黄猄、蟒蛇、毛鸡、金钱龟、鹧鸪、野兔等[②]。

五指山市指出，境内野生动物 524 种，在山中游览还可看到长臂猿、梅花鹿等珍贵动物[③]。

琼中黎族苗族自治县报道，该县动物资源十分丰富，种类繁多，稀有珍贵野生动物主要有黑熊、长臂猿、猕猴、金钱豹、金钱龟、山鹿、孔雀雉、穿山甲、蟒蛇、毛鸡、原鸡、鹦鹉等[④]。所谓“山鹿”，疑似梅花鹿。

8.1.2 讨论

在海南省，与梅花鹿同是鹿科鹿属，且相似的物种是坡鹿(图 24.66～图 24.74)，其在我国现生种仅分布于海南省。

坡鹿(*Cervus eldii*)，别称眉杈鹿、眉角鹿、泽鹿、海南坡鹿等。坡鹿体态近似梅花鹿，虽不似梅花鹿般外形华丽，却很清秀而自然。体毛一般为赤褐色或黄褐色，背部颜色较深，背中央由颈部至尾巴的基部有一条纵行的黑褐色脊带纹，带

①风行石壁之风水宝地赤面岭：琼海文化之旅. http://www.qionghaifc.com/news/201506/21/25506.html

②万宁. http://baike.baidu.com/link? url＝NAMbNzEC8YTGSYLRtna01bBSspoWtTOS0SR9Pyd3PlTbxA6eU9zVojaNyNltm7jPzOltCGIHwvzqftif9qqrASBSVhyf658yIEgnWemQ7BdZpbFlD3l5CQbxZShMsjkO57d6QmwJOlx7Lo6yoszGW0Wkyv0shIbPRxLfBDo9873

③五指山市政府网. http://www.wzs.gov.cn/wzsgl/msgj/200805/t20080528_674275.html

④琼中黎族苗族自治县. http://baike.baidu.com/link? url＝s__vIV06qZ9Vu8foHnizm6jIVbs27m2HFyXq_NNtetLpi-thBwsZfIju-VML0DEqpFoaAdnaXIVUamIs9m3NR2K

纹两侧点缀着白色花形斑点，每个斑点如铜钱般大小，间距为 3 cm 左右。此外，在臀部也有少许白色斑点。雄兽的毛色比雌兽的深，特别是在发情交配季节，显得更为浓艳。到了秋末冬初，全身便都换成长而浓密的冬毛，背中线黑褐色，背脊两侧各有一列白色斑点，白色的斑点也都褪去，几乎完全消失，一直到翌年春天，这些斑点才又逐渐显现。体侧及四肢外侧的体色较淡，腹部和四肢内侧则为灰白色。颜面部及耳朵的背面为黄褐色，耳缘带有黑色，耳内为白色。尾巴的背面为栗棕色，腹面为白色或淡褐色。雄鹿头上有一对美丽而奇特的犄角：角的主干和眉枝由根部呈钝角前后分开，眉枝向前方伸出后再稍向上弯曲；主干先向后伸长，再向上前弯曲，呈弯弓形，上端生有 3～6 个长短不一、又尖又细的小尖，整个角的形状像"C"且平行倾向前方，这是坡鹿区别于其他鹿科动物的主要标志。

图 24.66　坡鹿（雄）侧身正面①

图 24.67　坡鹿（雌）侧身正面②

图 24.68　坡鹿雌雄（侧视其角）③

图 24.69　坡鹿雌性群④

①http://www.kidblog.cn/space.php?uid=2795989&do=blog&id=1899455
②http://tieba.baidu.com/p/723780913
③http://tieba.baidu.com/p/481961516?pid=4835313822&cid=0
④http://www.photofans.cn/album/showpic.php?picid=162407&year=2013

图 24.70　静卧的雄坡鹿（新茸尚未成角）①

图 24.71　后视回首雌坡鹿②

图 24.72　进食③

图 24.73　狂奔④

图 24.74　跳跃⑤

①http://baike.baidu.com/pic/坡鹿/1474755/0/0dd7912397dda144b2f91447b2b7d0a20df48656?fr=lemma&ct=single#aid=13633880&pic=cc11728b4710b912f9c557c2c0fdfc0392452281

②http://tieba.baidu.com/p/723780913

③http://tieba.baidu.com/p/723780913

④http://www.photofans.cn/album/showpic.php?year=2013&picid=162412

⑤http://www.photofans.cn/album/showpic.php?picid=162407&year=2013

● 形态：将梅花鹿与坡鹿的形态图认真比较，不难看出二者在犄角、尾部及白斑等多方面有显著差异。

● 生态：台湾与海南皆是处于我国南部的海岛，生态环境相似程度较高。例如，人们曾误认为两地皆无虎，而虎遗存与历史文献记载表明两个海岛都有过虎分布，只是灭绝时间早晚不同。既然台湾曾有梅花鹿广泛分布，那么与其生态较接近的海南就不曾有过梅花鹿栖息？

● 实际：海南同样适宜梅花鹿栖息。据报道，屯昌县木色木库三面临水的半岛上有目前我国南方最大的综合性养鹿场——枫木鹿场。1960 年代，该场兴建；1972 年，共收购野生水鹿 237 只；1971 年，从吉林购进 31 只梅花鹿饲养；至今已有 700 多只坡鹿、水鹿、马鹿、梅花鹿、麂鹿、黄鹿栖息①。海口市琼山区的海南省鹿场创建于 1985 年，现饲有梅花鹿、海南水鹿、云南甜鹿等共 1 000 多只②。

● 称谓："坡鹿"似在清末才出现，之前海南的鹿科只称"鹿"，甚至也有"白鹿"记载。从前文大量例证可见，古人所称的"鹿"是对梅花鹿的默认。更何况，现今还有梅花鹿分布的报道。

《海南岛的鸟兽》记述(广东省昆虫研究所动物室等，1983)：

海南坡鹿【别名】坡鹿、"梅花鹿"、泽鹿、眉角鹿。

【鉴别特征】体型似梅花鹿，但仅在脊旁和臀部有花形白斑；雄鹿具角，眉叉与主干几乎成弯弓形。

【地理分布】反复调查，目前仅分布于本岛西部和西南部局部丘陵地带，即白沙邦溪、东方大田和乐东千家地区。

文献记载和查访，分布地点有：那大、南丰、昌江(十月田)、东方(板桥、中沙)、乐东(尖峰、山荣)、崖县(荔枝沟)、万宁(三更罗)、琼中(和平)、屯昌(南坤)等。

按：据此可证实两点：①能够证实有坡鹿分布的仅三亚市、万宁市、东方市、儋州市、屯昌县、昌江黎族自治县、白沙黎族自治县、琼中黎族苗族自治县、乐东黎族自治县等地，约占今海南省县级及其以上政区的 50%。②别名中出现罕见的带引号称谓("梅花鹿")，不知何故③。

历史时期是一个相当长阶段，窃以为，不能以现代状况取代过去。只要存在相应的生态环境，又有该物种曾经存在的蛛丝马迹，就有可能找到并证明其曾经分布过。

8.2　西藏自治区疑似梅花鹿

历史时期，西藏自治区也有疑似梅花鹿记录，值得注意。

8.2.1　疑似梅花鹿记录

方志中(表 24.17)有疑似梅花鹿的记载。

表 24.17　　方志记载的西藏自治区疑似梅花鹿情况

今地点	文献	内容
类乌齐县	清光绪十二年(1886)《西藏图考》	类伍齐：鹿
属芒康县	清宣统(1909～1911)《盐井乡土志》	鹿
嘉黎县、昌都县、江达县、贡觉县、类乌齐县、丁青县、察雅县、八宿县、左贡县、芒康县、洛隆县、边坝县、林芝县、工布江达县、米林县、墨脱县、波密县、察隅县等地	民国十四年(1925)《西藏志》	鹿(类伍齐土所宜出者)，鹿(西康各处均产)
工布江达县	民国初年(约 20 世纪 20 年代)《太昭县志》	鹿

①枫木鹿场. http://www.jiangbeishuicheng.com/goods.php? province=21&id=3565

②海南鹿场. http://baike.baidu.com/link? url=h5B6D7CMIqkMbh-ot_Bd7AFik-b12bPJq8OzlK5VwqsyRwjEL5sxeRXEEeKPx-qOHzu8atbaQQVh3Hu1SmcbTK

③因为在动物称谓中，同物异名或同名异物现象并不罕见，没有必要如此表示。而如要将古人默认的"梅花鹿"修正为坡鹿，那么，只要在地理分布中将涉及到地名列入即可(却又未如此)。当然，还有一些曾有坡鹿分布地遗漏，如定安县、保亭黎族苗族自治县等。

（续表）

今地点	文献	内容
嘉黎县	民国初年（约20世纪20年代）《嘉黎县志》	鹿茸
昌都县	民国初年（约20世纪20年代）《昌都县志》	鹿
贡觉县	民国初年（约20世纪20年代）《贡县志》	鹿
属贡觉县	民国初年（约20世纪20年代）《武成县志》	鹿
察隅县	民国初年（约20世纪20年代）《察隅县志》	鹿
属芒康县	民国初年（约20世纪20年代）《盐井县志》	鹿
波密县	民国初年（约20世纪20年代）《波密县志》	鹿
属丁青县	民国初年（约20世纪20年代）《冬九县志》	与波密县同①
类乌齐县	民国初年（约20世纪20年代）《恩达县志》	鹿
属洛隆县	民国初年（约20世纪20年代）《硕督县志》	鹿
芒康县	民国初年（约20世纪20年代）《宁静县志》	鹿茸、鹿胎

注：①亦即有鹿。

现今，也有不少疑似梅花鹿的报道，按地（市）梳理。

● 拉萨市：拉萨市称，野生动物主要有野牦牛、野驴、黄羊、藏羚羊、野马、鹿、黑颈鹤、天鹅、藏雪鸡等①。

林周县称，主要野生动植物资源有：鹿、獐子（麝）、黑颈鹤、雪鸡、灰鸭、野鸡、黄羊②。

曲水县指出，野生动物资源主要有：岩羊、野鸡、獐子（麝）、金钱豹、狗熊、鹿等③。

堆龙德庆区境内野生动植物资源有：獐子（麝）、鹿、水獭、棕熊、豹子、黑颈鹤、藏马鸡、虫草、贝母、雪莲花等④。

墨竹工卡县报道，野生动物有：獐（麝）、兔、盘羊、旱獭、水獭、狐狸、野鸡、麻鸡、野鹿、狗熊、野羊、黑颈鹤等⑤。

● 那曲地区：嘉黎县野生动物有羚羊、黄羊、岩羊、盘羊、狼、野兔、狐狸、猞猁、豺、豹子、鹿、獐子（麝）、猴子、马熊、狗熊、獾等⑥。

比如县指出，境内野生动物有藏羚羊、盘羊、黑颈鹤、獐子（麝）、鹿、熊、豹、黄羊、岩羊、狐狸、狼、藏马鸡、藏雪鸡、秃鹫、鱼类等⑦。

索县称，野生动植物资源主要有獐子（麝）、鹿、豹、狗熊、猴、岩羊、黄羊、水獭及多种鸟类、虫草、贝母、知母、黄连、雪莲花、茯苓、党参等⑧。

● 昌都地区：昌都县有：岩鹿、草鹿、樟子（麝）、马熊、豹子、猪翻（猪獾？）、狐狸、马猴、虫草、贝母、知母、雪莲、黄连、当归等⑨。

贡觉县境内动物种类繁多，兽类有5目12科35种，鸟类有37种，爬行类有4种，两栖类有1种，鱼类10属，类群复杂。列为国家一级保护的有豹、鹿、白鹤、金雕、黑颈鹤、贝母鸡；列为国家二级保护的有林麝、黑熊、马熊、水狸、马鹿、盘羊、岩羊、（藏西猴）（藏酋猴）、棕熊、草狐狸、豺、

①拉萨市. http://www. baike. com/wiki/拉萨市

②林周县. http://baike. baidu. com/link? url=Wr1E7wbxXK9eNZ-CbnXJ7Jjm_1fY2k5a8m54tqOoXc7VXQcJv6-TDyAG8AvVUf7f

③曲水县. http://baike. baidu. com/link? url=HAzmjBOlEBjY7SRl6Rhwl8DjCacM226JiFcp_oSmDFMvAty421Rgj_y3vXZuoZWt

④堆龙德庆县. http://baike. baidu. com/link? url=DA4sLBuk3aCENXwqDkfuMUbsEKxQs2EJDRTo_uBiPSC295W7pqY8CzPJjoEspRDT

⑤墨竹工卡县. http://baike. baidu. com/link? url=ImfueAJGmWRt0X8Byjv1MsfHSIgI-rjM6qoaxOWBLLAKRA_G7KxC3A5T3D-tbeR6hA7a4nmXBGH_FL1ZEVDjLa

⑥嘉黎县. http://baike. baidu. com/link? url=u0rajRuoyZhzGsQ8Iv6s2X-q0dNDtE0XL7gQ_zuNFE0vdS6JEXbyvvt-1XkP_qiP

⑦比如县. http://baike. baidu. com/link? url=37Te0zogW0WJxbsVGDSHD3433LwhLFGzZ_5KALvh_8gllaZfhhHbXYyl3ufxUf_E

⑧索县. http://baike. baidu. com/link? url=IFcd_Utgp6_PafXNUYzvM2BIWxaufc9xWfIENEYxGkpaB8li5fLiUoc9CMM1ie-i

⑨西藏旅游]旅游区域及重要旅游城镇. http://club. news. sohu. com/rikeze/thread/！ ee8227d844cc9a14

猞猁、锦鸡、藏马鸡、雪鸡、鹦鹉、高山秃鹫[①]。

芒康县称，野生动物主要有雕、鹫、鹿、獐(麝)、鹞子、黄猴、野猪、狐狸、猞猁、狗熊、金钱豹、苏门羚、小熊猫、大青猴、滇金丝猴等[②]。

洛隆县野生动物资源主要有：獐子(麝)、野牛、熊、鹿、豹、猴、岩羊、盘羊、狼、狐狸、猞狸、雪鸡等几十种[③]。截至 2014 年底，洛隆县境内分布有：金钱豹、马鹿、獐子(麝)、岩羊、盘羊、棕熊、猕猴、贝母鸡、野牛、鹿、豹、猴、狼、狐狸、猞狸、雪鸡等国家一、二级重点保护野生动物 20 余种[④]。既有“马鹿”，又有“鹿”。

● 林芝地区：墨脱县野生动植物主要有鹿、樟子(麝)、盘羊、羚羊、小熊猫、狗熊、雪豹、豹子、雪鸡、赤斑羚、狐狸、天麻、虫草、贝母、三七、大黄、党参、灵芝、雪莲等[⑤]。

波密县野生动物 80 余种，其中被国家列为重点保护的动物的有：獐子(麝)、梅花鹿、熊、罴、金丝猴、豹、羚羊、小熊猫、小獭、黑颈鹤等 20 余种[⑥]。

朗县报道，境内野生动物资源有野牛、黄羊、羚羊、盘羊、樟子(麝)、鹿、豹、猴、熊、猞猁、水獭、野猪和鸟类等[⑦]。

● 山南地区：乃东县现有国家一级保护动物白唇鹿，国家二级保护动物麝、鹿、黑熊、岩羊、水獭、藏马鸡、猞猁等。

扎囊县动植物资源主要有：羚羊、黑颈鹤、马鸡、熊、天鹅、灰鹤、斑头雁、四脚蛇、棒子(獐子；麝)、梅花鹿、黄羊、拾荆、旱獭、雪猪、雪鸡、贝母、雪莲花等[⑧]。

曲松县现如今香獐(麝)、野鹿、水獭、贝母、虫草等珍贵动植物也很多[⑨]。

● 日喀则地区：亚东县野生动物资源主要有小熊猫、金钱豹、长尾叶猴、孟加拉虎、獐子(麝)、鹿、野驴、猞猁、熊、水獭、狐狸、黑颈鹤、黄白鸭等[⑩]。

以上约 20 地记载的野生动物中出现的鹿、野鹿、草鹿等，似指梅花鹿，何况还出现有明确的“梅花鹿”。

8.2.2 讨论

如果说海南省由于现代野外调查所见主要珍稀野生鹿科动物是坡鹿，而认为当地没有梅花鹿，那么 20 世纪后半叶以来，野外调查西藏自治区分布的鹿科动物见有赤鹿(吠鹿)、菲氏鹿、毛冠鹿(簇鹿、黑鹿)、水鹿、白唇鹿(白鼻鹿、扁角鹿)、马鹿(鹿子、红鹿)、狍等(中国科学院青藏高原综合科学考察队，1986；张荣祖等，1997)，可否也认为西藏自古没有梅花鹿分布?

窃以为不能如此断定。因为与西藏毗邻的四川省与云南省现今仍有梅花鹿栖息，在与周边生态环境相当的西藏地带，历史上有可能也曾有梅花鹿栖息，况且现今还有一些地方疑似有梅花鹿存在，值得核查。

8.3 新疆维吾尔自治区疑似梅花鹿

新疆维吾尔自治区发现一些疑似梅花鹿记录。

阿合奇县库兰萨日墓地出土有战国—西汉时期的鹰鹿搏斗纹金器(图 24.75)[⑪]，从鸟兽的比例、鹿的大体形态看，似为梅花鹿。鹿发现鹰，惊恐地竖直双耳而奔跑，多叉的鹿角(并非幼鹿)向后延伸，呈现动态效果。鹿的背脊上停立着一只雄鹰，其头颈部硕大，喙呈弯钩形状，具有猛禽特征；坚利的鹰爪攫持梅花鹿，扇动双翼，正待腾空而起，鹿则拼命挣扎。

---

①贡觉县. http://baike. baidu. com/link? url=ABJ2FlAfKDNQeU_mNuLfRM3OQK0bzkUa4VFkCTw2MMhTXM56X07SlvRFQmsOLpA9

②芒康县. http://baike. baidu. com/link? url=EWV3p7VulgsgkWuILQgyF6uloVhCeAnGO0i7DO8bJptQ5AEdUN0G1IG05NGyw5y4

③洛隆县. http://www. baike. com/wiki/洛隆县

④洛隆县. http://baike. baidu. com/link? url=0Q4cEfVoByLrMV1Jh73xwUTdTVoZ4mWknKwEw78mpKUpWhHp5dl7rDFyAWE_GmE9J6t4_4zcZ75FvcSaD4OYe_

⑤全县耕地面积 18 万亩 · 林芝概要 · 墨脱概要. http://www. tubaobei. com/show-392d32d2-0-b9058516. html

⑥波密县. http://baike. baidu. com/link? url=np7NGcwpR5cG3e1Ih0GJdxtgpsYyutMaEFMduBUDnAR_eLj-kJKScQHTt6SDFd8s

⑦朗县. http://baike. baidu. com/link? url=NtncWkMq-842xX7O6irEwZkSBbUpA0IxDsmpc8oyjRhIYp5XodqwaWw-w_gmD06Y

⑧扎囊县. http://baike. baidu. com/link? url=tr-1bqDHgekl8-3bIzFTEA533eCw_QyuimpIBGY-eEHA4GBSFM8nf9npOOOf_dNg; 全县耕地面积 18 万亩 · 山南概要 · 扎囊概要. http://www. tubaobei. com/show-392d32d2-0-b9058516. html

⑨曲松县. http://baike. baidu. com/link? url=gd3d8O5YHgzwaLXHg_YbIMT-bB0WvBw9MmVggjzjMpTzTELNsOn64fsBjv0dQpho

⑩亚东县. http://baike. baidu. com/link? url=drO5EzKqbEF8U-cb8S1qPYFm-j5TC3c0okEJ4Zl2y34p3zPhb85n4xcMCLl-oYCs

⑪吴艳春. 鹿一鸟组合图像探析. http://www. dfdaily. com/html/8759/2015/9/9/1300143. shtml

图 24.75　鹰鹿搏斗纹金器（战国—西汉）

图 24.76　铜质鎏金卧鹿（汉代）

若羌县米兰古城遗址发现了汉代铜质鎏金卧鹿（图 24.76），王炳华（2002）描述：

卧鹿左前腿前曲，右前腿后曲压在了身体之下，与同样前曲的后腿相接，鹿角向后伸张，卧姿安适自然。这类鎏金铜鹿，在内蒙古鄂尔多斯草原上，曾多有所见，是战国至西汉时期匈奴人的作品，也是匈奴武士们缩祈望带给他们安宁和幸福的吉祥物。不知是一场怎样的变故，也使它失落在了伊循屯地的草丛中。

按：此卧鹿是梅花鹿形象。

伊吾县城北 35 km 的东汉苇子峡墓出土有立鹿铜镜（图 24.77），但是具体属种的特征不是很显著。

图 24.77　立鹿铜镜（东汉）①

图 24.78　骨雕鹿头（汉代）②

1994 年，在吐鲁番市交河故城沟北 1 号台地 28 号墓出土的汉代骨雕鹿头（图 24.78），体现出西域人对鹿的认识。

8.3.1　疑似梅花鹿记录

方志中（表 24.18）有疑似梅花鹿的记载。

清光绪三十三年（1907）《温宿府乡土志》

① 千古探秘—考古与发现. http://blog.sina.com.cn/s/blog_7e6181510100yftt.html

② http://www.duitang.com/blog/? id=298693718

记述：

【物产】动物：查本境属阿瓦堤庄，与巴楚州毗连，间产鹿茸，豹皮，狐皮，从无取而制造者。惟鹿茸有乡民取之，为数无几。

【商务】查产鹿茸，在本城市镇销售，岁约四五架。

按：据此看来，似为梅花鹿。

清光绪《温宿府乡土志》记述：

本境属阿瓦堤庄与巴楚州昆连间产鹿茸、豹皮、狐皮。从无取而制造辄，惟鹿茸有乡民取之，为数无几。

按：此似为梅花鹿。

清光绪三十四年(1908)《奇台县乡土志》记述：

鹿及羚羊各兽，均产于深山穷谷人迹罕到之处，间有蒙民猎取之者。每岁约出鹿茸一百余架。

按：难以区分是不是梅花鹿。

清光绪三十四年(1908)《精河直隶厅乡土志》记述：

鹿，南山产之，但无有能取之而制造者。惟鹿茸有博罗塔拉蒙民取之，每年约出十余架。

按：似为梅花鹿。

清光绪三十四年(1908)《昌吉县乡土志》记述：

本境南山草木丛杂，虎、豹、狼、鹿、黄羊、大头羊无一不产。

按：此似为梅花鹿。

《库尔喀喇乌苏直隶厅乡土志》(不详)记述：

本境虎，豹，豺狼，獐[麝]，狍，兔，鹿，南山内均产，无有能取之而制造者。唯鹿茸有蒙民取之，年中约数十架不等，至城北关市镇销售。

按：难以区分是不是梅花鹿。

《绥来县乡土志》(不详)记述：

鹿及狐，猫等物，均产于南山深邃之处，惜无有取而制造之者，唯鹿茸有蒙民取之，而销于本境者每岁约十数架，销售于四川、山西外商民者甚伙。

按：难以区分是不是梅花鹿。

民国七年(1918)《新疆小正》记述：

鹿角解：马兰开花之时，鹿角发痒，以头相触，角坠落，堆于一处。猎者往往于深山中得一堆至百余架。脱后，新茸五六日即生岔。此时，茸最佳，获一架者，可得善价。

猎人出：北疆多彪虎、封豕、麋鹿之属。冬时，猎者多鬻于市。

按：此说难以判别是否是梅花鹿。

表 24.18　方志记载的新疆维吾尔自治区疑似梅花鹿情况

今地点	文献	内容	新方志出处
库车县、博乐市、温泉县、伊宁市、伊宁县、霍城县、巩留县、新源县、昭苏县、特克斯县、尼勒克县、察布查尔锡伯自治县	清乾隆四十二年(1777)《西域总志》	伊犁列传：各山多鹿，库车列传：山多野羊、獭、鹿	
乌鲁木齐市、乌鲁木齐县、克拉玛依市、石河子市、阿拉尔市、图木舒克市、五家渠市、博乐市、精河县、温泉县、昌吉市、阜康市、呼图壁县、玛纳斯县、奇台县、吉木萨尔县、木垒哈萨克自治县、伊宁市、奎屯市、伊宁县、霍城县、巩留县、新源县、昭苏县、特克斯县、尼勒克县、察布查尔锡伯自治县、塔城市、乌苏市、额敏县、沙湾县、托里县、裕民县、和布克赛尔蒙古自治县、阿勒泰市、布尔津县、富蕴县、福海县、哈巴河县、青河县、吉木乃县、喀什市、疏附县、疏勒县、英吉沙县、泽普县、莎车县、叶城县、麦盖提县、岳普湖县、伽师县、巴楚县、塔什库尔干塔吉克自治县、阿克苏市、温宿县、库车县、沙雅县、新和县、拜城县、乌什县、阿瓦提县、柯坪县、和田市、和田县、墨玉县、皮山县、洛浦县、策勒县、于田县、民丰县、吐鲁番市、鄯善县、托克逊县、哈密市、伊吾县、巴里坤哈萨克自治县、阿图什市、阿克陶县、阿合奇县、乌恰县、库尔勒市、轮台县、尉犁县、若羌县、且末县、和静县、和硕县、博湖县、焉耆回族自治县	清乾隆四十七年(1782)《皇舆西域图志》	准噶尔部：多鹿(鹿名布古)，回部：鹿(名布辉)、牝鹿(名玛喇勒)	

（续表）

今 地 点	文 献	内 容	新方志出处
喀什市、疏附县、疏勒县、英吉沙县、泽普县、莎车县、叶城县、麦盖提县、岳普湖县、伽师县、巴楚县、塔什库尔干塔吉克自治县、阿克苏市、温宿县、库车县、沙雅县、新和县、拜城县、乌什县、阿瓦提县、柯坪县、和田市、和田县、墨玉县、皮山县、洛浦县、策勒县、于田县、民丰县、吐鲁番市、鄯善县、托克逊县、哈密市、伊吾县、巴里坤哈萨克自治县、阿图什市、阿克陶县、阿合奇县、乌恰县、库尔勒市、轮台县、尉犁县、若羌县、且末县、和静县、和硕县、博湖县、焉耆回族自治县	清嘉庆九年(1804)《回疆通志》	鹿	
乌鲁木齐市、乌鲁木齐县、克拉玛依市、石河子市、五家渠市、吐鲁番市、鄯善县、托克逊县、哈密市、昌吉市、阜康市、呼图壁县、玛纳斯县、吉木萨尔县、沙湾县、喀什市、疏附县、疏勒县、英吉沙县、泽普县、莎车县、叶城县、麦盖提县、岳普湖县、伽师县、巴楚县、塔什库尔干塔吉克自治县、阿克苏市、温宿县、库车县、沙雅县、新和县、拜城县、乌什县、阿瓦提县、柯坪县、和田市、和田县、墨玉县、皮山县、洛浦县、策勒县、于田县、民丰县、伊吾县、巴里坤哈萨克自治县、阿图什市、阿克陶县、阿合奇县、乌恰县、库尔勒市、轮台县、尉犁县、若羌县、且末县、和静县、和硕县、博湖县、焉耆回族自治县	清嘉庆十年(1805)《三州辑略》	鹿(伊犁围场得者，佳。乌鲁木齐亦多，易获。南路回城皆有)	
哈密市	清道光二十六年(1846)《哈密志》	鹿	
阿克苏市、温宿县、拜城县、阿瓦提县、柯坪县	清光绪三十三年(1907)《温宿府乡土志》	鹿茸*	
属霍城县	清光绪三十四年(1908)《绥定县乡土志》	鹿	
阿克苏市、温宿县、拜城县、阿瓦提县、柯坪县	清光绪(1875～1908)《温宿府乡土志》	鹿茸*	
阜康县	清光绪三十四年(1908)《阜康县乡土志》	鹿	
奇台县	清光绪三十四年(1908)《奇台县乡土志》	鹿*	
霍城县	清光绪三十四年(1908)《绥定县乡土志》	鹿	
伊宁市、伊宁县	清光绪三十四年(1908)《宁远县乡土志》	鹿	
精河县	清光绪三十四年(1908)《精河直隶厅乡土志》	鹿*	

（续表）

今 地 点	文 献	内 容	新方志出处
温宿县	清光绪三十四年(1908)《温宿县乡土志》	鹿茸(所产无几)	
库尔勒市、轮台县、尉犁县、和静县、和硕县、博湖县、焉耆回族自治县	清光绪三十四年(1908)《焉耆府乡土志》	鹿茸	
库车县、沙雅县、新和县	清光绪三十四年(1908)《库车直隶州乡土志》	去城益远，则雪山奇寒不可居处，多野牛，獭，鹿	
巴楚县	清光绪三十四年(1908)《巴楚州乡土志》	鹿	
轮台县	清光绪三十四年(1908)《轮台县乡土志》	鹿(出本境北山一带，猎获无多，实为特产)	
博乐市、温泉县、伊宁市、伊宁县、霍城县、巩留县、新源县、昭苏县、特克斯县、尼勒克县、察布查尔锡伯自治县	清光绪三十四年(1908)《伊犁府乡土志》	鹿	
昌吉市	清光绪三十四年(1908)《昌吉县乡土志》	鹿*	
哈密市、伊吾县	清光绪三十四年(1908)《哈密直隶厅乡土志》	东山地方产黄羊，雪鸡，鹿茸	
巴里坤县	清光绪三十四年(1908)《镇西厅乡土志》	鹿	
和田市、和田县、墨玉县、皮山县、洛浦县、策勒县	民国三年(1914)《新疆地理志》	鹿时则产于和阗、叶[尔]羌之南山中	
乌鲁木齐县	不详(1885～1949?)《迪化县乡土志》	鹿	
哈密市、伊吾县	不详(—1949?)《哈密直隶厅乡土志》	鹿茸(山民与其王纳贡，岁有成例)	
乌苏市、奎屯市	不详(—1949?)《库尔喀喇乌苏直隶厅乡土志》	鹿*	
塔城市	不详(—1949?)《塔城直隶厅乡土志》	达尔达木图河上游两岸，苇柳交生，产野豕，鹿，兔，水獭等物	
昌吉市	不详(—1949?)《昌吉县乡土志》	野有鹿	
玛纳斯县	不详(—1949?)《绥来县乡土志》	鹿*	
阿图什市	1996年《阿图什市志》	鹿	阿图什市地方志编纂委员会，1996
属乌鲁木齐市	1998年《米泉县志》	梅花鹿	米泉县地方志编纂委员会，1998
塔城市、额敏县、托里县、裕民县	2000年《农九师志》	草鹿	农九师史志编纂委员会，2000

注：* 表示详见正文。①另记载有“野马鹿”。

石河子市称，垦区野生动植物繁多。主要飞禽有鹰、雁、野鸭、天鹅、喜鹊等 20 多种，已有天鹅、仙鹤（丹顶鹤）、白鹭等候鸟在蘑菇湖水库栖息；走兽有鹿、黄羊、狐狸、狼等 20 多种①。

富蕴县指出，境内主要野生动物兽类有野驴、赛加羚羊、北山羊、鹅喉羚（长尾黄羊）、旱獭、河狸、熊、貂、鹿、狼、狐狸等②。

现今的物种名称多为专指，此称“鹿”，疑似指梅花鹿。

8.3.2 讨论

对于历史上是否有梅花鹿分布，新疆维吾尔自治区比起海南省与西藏自治区更有充分证据。

● 实证：乌鲁木齐市西侧的妖魔山（雅玛里克山）南坡仓房沟砂石场出土的晚更新世斑鹿化石，证实这一带在史前就有梅花鹿生息繁衍。

● 生态：我国东北地区与新疆虽地处国土的东西两边，但北疆生态环境与黑龙江省、吉林省、内蒙古东北部一带比较相似，如泰加林带在中国主要分布于内蒙古大兴安岭北部和新疆阿勒泰地区。比较两边的动植物，有不少同种。东北是我国现生梅花鹿主要保存地之一，历史上新疆怎能毫无踪迹。

● 现实：20 世纪后半叶以来，新疆分布的鹿科动物有马鹿（赤鹿）、狍、驼鹿等，据称还有梅花鹿（系从东北引进的饲养梅花鹿种群）③（张荣祖等，1997；阿布力米提，2003）。据此表明，在新疆不少地方依然具备适宜梅花鹿栖息的环境。

● 称谓：不仅历史上多有“鹿”的称谓，就是现今也还有明确的梅花鹿存在记录。

8.4 共性问题

观此 3 个省级政区，皆存在以下共性问题：

古今皆存在适宜梅花鹿分布的生态环境；当地皆有疑似梅花鹿的称谓；尽管现今是否确有梅花鹿待核查，但历史上分布的鹿科动物中似有梅花鹿。

参考文献

阿布力米提·阿布都卡迪尔编著. 2003. 新疆哺乳动物的分类与分布. 北京：科学出版社

阿拉善盟志编纂委员会编. 1998. 阿拉善盟志. 北京：方志出版社

阿图什市地方志编纂委员会编. 1996. 阿图什市志. 乌鲁木齐：新疆大学出版社

安达市地方志办公室编. 1992. 安达县志. 哈尔滨：黑龙江人民出版社

安徽省林业厅主编. 2006. 安徽省陆生野生动植物资源. 合肥：合肥工业大学出版社

安家瑗，陈洪海. 2010. 宗日文化遗址动物骨骸的研究//河南省文物考古研究所编. 动物考古. 第 1 辑. 北京：文物出版社

安庆地区地方志编纂委员会编. 1995. 安庆地区志. 合肥：黄山书社

安仁县志编委会编. 1996. 安仁县志. 北京：中国社会出版社

安新县地方志编纂委员会编. 2000. 安新县志. 北京：新华出版社

安志敏，吴汝祚. 1957. 陕西朝邑大荔沙苑地区的石器时代遗存. 考古学报，(3)：1～12

《巴林右旗志》编纂委员会编. 1990. 巴林右旗志. 呼和浩特：内蒙古人民出版社

白水县县志编纂委员会主编. 1989. 白水县志. 西安：西安地图出版社

白银市地方志编纂委员会编. 1999. 白银市志. 北京：中华书局

蚌埠市地方志编纂委员会编. 1995. 蚌埠市志. 北京：方志出版社

宝鸡市地方志编纂委员会编. 1998. 宝鸡市志. 西安：三秦出版社

宝鸡市考古工作队，陕西省考古研究所. 1993. 宝鸡福临

①石河子. http://baike. baidu. com/link? url = i7-BA8osAbZfPOdyoZenRnrEKAeIknUGgKAkrTCgFcbn7NaEDyDdiUDMbxoioO0GN0vRXuvfPA_A9BSBFuFOaq

②富蕴县. http://baike. baidu. com/link? url = n7cUGncJumQDz0ljkDCidNjGkhQCpNCUa7VBsPFjT6R2S5TozYR-pXvPaUrzY-wTRC-gpdE_pfjJ8EDTuoxRqK_

③新疆梅花鹿饲养场建立于阿勒泰、布尔津、哈巴河。此外，乌鲁木齐、昌吉、石河子、奎屯、博乐、（伊犁）[伊宁市?]、塔城、哈密、伊吾、库尔勒、尉犁、阿克苏、库车等地也有少量试验饲养（阿布力米提，2003）。

堡一新石器时代遗址发掘报告.北京:文物出版社
《宝鸡县志》编纂委员会编.1996.宝鸡县志.西安:陕西人民出版社
北安市地方志办公室编.1994.北安市志.北安:北安市地方志办公室
北川县志编纂委员会编纂.1996.北川县志.北京:方志出版社
北京大学考古学系.2003.华县泉护村.北京:科学出版社
毕节县地方志编纂委员会编.1996.毕节县志.贵阳:贵州人民出版社
宾县地方志办公室编.1991.宾县志.哈尔滨:黑龙江人民出版社
滨海县地方志编纂委员会编.1998.滨海县志.北京:方志出版社
博白县志编纂委员会编.1994.博白县志.南宁:广西人民出版社
长春市地方志编纂委员会编.1995.长春市志:自然地理志.长春:吉林文史出版社
长武县志编纂委员会编.2000.长武县志.西安:陕西人民出版社
陈恩志编著.1992.中国化石古人类和旧石器文化考古发现与研究(1901～1990):西北地区卷.北京:科学出版社
陈恩志编著.2004.中国化石古人类和旧石器文化考古发现与研究:1901～2000:东北地区卷.北京:科学出版社
陈方吉.1975.北京东郊发现全新世化石地点.古脊椎动物与古人类.13(3):封3
陈兼善著;于名振增订.1986.台湾脊椎动物志.2次增订.台北:台湾商务印书馆
陈全家,等.2004.清江流域古动物遗存研究.北京:科学出版
陈全家.2003.长春地区(99)发现的动物化石和旧石器.北方文物,(2):1～9
陈全家.2009.03JYM0540出土的动物骨骼遗存研究//吉林省文物考古研究所编著.吉林集安高句丽墓葬报告集.北京:科学出版社
陈铁梅.1984.用Brainerd-Robinson方法比较华北地区几个主要晚更新世化石动物群的年代顺序.人类学学报,2(2):196～202
陈醒斌.1986.湖南省第四纪哺乳动物化石新材料.古脊椎动物学报,24(3):242～244
赤峰市地方志编纂委员会编.1996.赤峰市志.呼和浩特:内蒙古人民出版社
崇左县志编纂委员会编.1994.崇左县志.南宁:广西人民出版社
大理市志编纂委员会编.1998.大理市志.北京:中华书局
大荔县志编纂委员会编.1994.大荔县志.西安:陕西人民出版社
大新县志编纂委员会编.1989.大新县志.上海:上海古籍出版社
丹东市地方志办公室编.1993.丹东市志.沈阳:辽宁科学技术出版社
丹凤县志编纂委员会编.1994.丹凤县志.西安:陕西人民出版社
宕昌县县志编纂委员会编.1995.宕昌县志.兰州:甘肃文化出版社
德都县地方志办公室编.1994.德都县志.合肥:黄山书社
德化县地方志编纂委员会编.1992.德化县志.北京:新华出版社
德日进,杨钟健.1936.安阳殷墟之哺乳动物群.中国古生物学志(丙种),12(1):1～78
灯塔县志办公室编.1990.灯塔县志.沈阳:辽宁人民出版社
迭部县志编纂委员会.1998.迭部县志.兰州:兰州大学出版社
丁伟志[总]主编;亳州市情调查组.1993c.中国国情丛书:百县市经济社会调查:亳州卷.北京:中国大百科全书出版社
丁伟志[总]主编;鄂温克旗情调查组.1993a.中国国情丛书:百县市经济社会调查:鄂温克卷.北京:中国大百科全书出版社
丁伟志[总]主编;抚顺市情调查组.1993b.中国国情丛书:百县市经济社会调查:抚顺卷.北京:中国大百科全书出版社
丁伟志[总]主编;高安市情调查组.1994a.中国国情丛书:百县市经济社会调查:高安卷.北京:中国大百科全书出版社
丁伟志[总]主编;海城市情调查组.1995.中国国情丛书:百县市经济社会调查:海城卷.北京:中国大百科全书出版社
丁伟志[总]主编;海林县情调查组.1991.中国国情丛书:百县市经济社会调查:海林卷.北京:中国大百科全书出版社
丁伟志[总]主编;洪湖县情调查组.1994b.中国国情丛书:百县市经济社会调查:洪湖卷.北京:中国大百科全书出版社
丁伟志[总]主编;景德镇市情调查组.1996a.中国国情丛书:百县市经济社会调查:景德镇卷.北京:中国大百科全书出版社
丁伟志[总]主编;商州市情调查组.1993d.中国国情丛书:百县市经济社会调查:商州卷.北京:中国大百科全书出版社
丁伟志[总]主编;四平市情调查组.1998a.中国国情丛书:百县市经济社会调查:四平卷.北京:中国大百科全书出版社

丁伟志[总]主编；潼关县情调查组. 1997. 中国国情丛书：百县市经济社会调查：潼关卷. 北京：中国大百科全书出版社
丁伟志[总]主编；兴安县情调查组编. 1998b. 中国国情丛书：百县市经济社会调查：兴安卷. 北京：中国大百科全书出版社
丁伟志[总]主编；兴国县情调查组. 1996b. 中国国情丛书：百县市经济社会调查：兴国卷. 北京：中国大百科全书出版社
丁伟志[总]主编；寻乌县情调查组. 1996c. 中国国情丛书：百县市经济社会调查：寻乌卷. 北京：中国大百科全书出版社
东宁县志办公室编. 1989. 东宁县志. 哈尔滨：黑龙江人民出版社
东阳市地方志编纂委员会编. 1993. 东阳市志. 上海：汉语大词典出版社
董为，等. 2006. 安徽芜湖金盆洞旧石器遗址的偶蹄类. 人类学学报，25(2)：161～171
董为，等. 2009. 辽宁朝阳龙城马山洞哺乳动物群的性质及时代探讨. 人类学学报，28(1)：95～109
董頠，姜鹏. 记吉林集安仙人洞的鹿类化石，兼述我国斑鹿化石的分类. 古脊椎动物学报，1993. 31（2）：117～131
动物考古课题组. 2011. 中华文明形成时期的动物考古学研究//中国社会科学院考古研究所科技考古中心编. 科技考古. 第三辑. 北京：科学出版社
斗门县地方志编纂委员会编. 2001. 斗门县志. 北京：中华书局
杜景琴主编. 1995. 抚顺县志. 沈阳：辽宁人民出版社
敦煌市志编纂委员会编. 1994. 敦煌市志. 北京：新华出版社
峨边彝族自治县志编纂委员会编. 1994. 峨边彝族自治县志. 成都：四川辞书出版社
范雪春，郑国珍. 2006. 福建第四纪哺乳动物化石考古发现与研究. 北京：科学出版社
[美]范约翰著；吴子翔述. 1899. 百兽集说图考. 上海：上海美华书馆
方城县地方志编纂委员会编. 1992. 方城县志. 郑州：中州古籍出版社
方山县志编纂委员会编. 1993. 方山县志. 太原：山西人民出版社
丰宁满族自治县志编纂委员会编. 1994. 丰宁满族自治县志. 北京：中国和平出版社
凤凰县志编纂委员会编. 1988. 凤凰县志. 长沙：湖南人民出版社
凤凌飞主编. 1991. 内蒙古珍稀濒危动物图谱. 北京：中国农业科技出版社
凤县志编纂委员会编. 1994. 凤县志. 西安：陕西人民出版社
弗辽罗夫. 1957. 鹿总科在其进化过程中的形态学和生态学. 古生物学译报，(1～2)：2～16
扶绥县志编纂委员会编. 1989. 扶绥县志. 南宁：广西人民出版社
浮梁县地方志编纂委员会编. 1998. 浮梁县志. 北京：方志出版社
抚松县地方志编纂委员会编. 1994. 抚松县志. 北京：中华书局
傅仁义，等. 2009. 辽宁朝阳马山洞的食肉类化石. 人类学学报，29(3)：293～302
傅仁义. 1984. 大连郭家村遗址的动物遗骨. 考古学报，(3)：331～334
傅仁义. 1995. 从哺乳动物的演变看我国东北第四纪古气候的变化. 辽海文物学刊，(1)：4～5
傅仁义. 2006. 辽宁新发现的第四纪哺乳动物群地点//董为主编. 第十届中国古脊椎动物学学术年会论文集. 北京：海洋出版社
傅勇. 2000. 陕西扶风案板遗址动物遗存研究//扶风案板遗址发掘报告. 北京：科学出版社
富川瑶族自治县志编纂委员会编. 1993. 富川瑶族自治县志. 南宁：广西人民出版社
甘南藏族自治州地方史志编纂委员会编. 1999. 甘南州志. 兰州：甘肃民族出版社
甘肃省康乐县地方志编纂委员会编. 1995. 康乐县志. 北京：生活・读书・新知三联书店
甘肃省文物考古研究所. 1998. 敦煌佛爷庙湾西晋画像砖墓. 北京：文物出版社
甘雨，方保华主编. 2004. 河南省野生动植物资源调查与保护. 郑州：黄河水利出版社
甘孜县地方志编纂委员会编纂. 1999. 甘孜县志. 成都：四川科学技术出版社
赣榆县地方志编纂委员会编. 1997. 赣榆县志. 北京：中华书局
[日]冈元凤. 1985. 毛诗品物图考. 北京：北京市中国书店
高玮，盛连喜主编. 2002. 中国长白山动物. 延吉：延边人民出版社；北京：北京科学技术出版社
高星，侯亚梅编. 2002. 中国科学院古脊椎动物与古人类研究所 20 世纪旧石器时代考古学研究. 北京：文物出版社
个旧市志编纂委员会编. 1998. 个旧市志. 昆明：云南人民出版社
固原县志编纂委员会编. 1993. 固原县志. 银川：宁夏人民出版社
顾玉珉，等. 1982. 安徽灵壁全新世人骨及兽骨的观察. 人类学学报，1(2)：197～198

关岭布依族苗族自治县地方志编纂委员会编. 2002. 关岭布依族苗族自治县志. 贵阳:贵州人民出版社
灌阳县地方志编委办公室编. 1995. 灌阳县志. 北京:新华出版社
广德县地方志编纂委员会编. 1996. 广德县志. 北京:方志出版社
广东省电白县地方志编纂委员会编. 2000. 电白县志. 北京:中华书局
广东省昆虫研究所动物室,中山大学生物系著. 1983. 海南岛的鸟兽. 北京:科学出版社
广西融水苗族自治县地方志编纂委员会编. 1998. 融水苗族自治县志. 北京:生活·读书·新知三联书店
贵溪县志编纂委员会编. 1996. 贵溪县志. 北京:中国科学技术出版社
贵州省福泉县地方志编纂委员会编. 1992. 福泉县志. 贵阳:贵州人民出版社
贵州省赫章县地方志编纂委员会编. 2001. 赫章县志. 贵阳:贵州人民出版社
贵州省剑河县志编纂委员会编. 1994. 剑河县志. 贵阳:贵州人民出版社
贵州省金沙县地方志编纂委员会编. 1997. 金沙县志. 北京:方志出版社
贵州省锦屏县志编纂委员会编. 1995. 锦屏县志. 贵阳:贵州人民出版社
贵州省黎平县志编纂委员会编. 1989. 黎平县志. 成都:四川巴蜀书社
贵州省榕江县地方志编纂委员会编. 1999. 榕江县志. 贵阳:贵州人民出版社
贵州省台江县志编纂委员会编. 1994. 台江县志. 贵阳:贵州人民出版社
贵州省天柱县志编纂委员会编. 1993. 天柱县志. 贵阳:贵州人民出版社
桂林市地方志编纂委员会编. 1997. 桂林市志. 北京:中华书局
郭薰风主修;石璋如,等纂. 1956. 桃园县志. 台北:成文出版社
郭延蜀,郑惠珍. 2000. 中国梅花鹿地史分布、种和亚种的划分及演化历史. 兽类学报,20(3):168～179
国家林业局主编. 2008. 中国重点陆生野生动物资源调查. 北京:中国林业出版社
韩康信. 2003. 宁夏海原菜园村林子梁新石器时代遗址动物骨骼鉴定//宁夏文物考古研究所,中国历史博物馆考古部编著. 宁夏菜园:新石器时代遗址、墓葬发掘报告. 北京:科学出版社
韩立刚,郑龙亭. 2008. 蚌埠双墩新石器时代遗址动物遗存鉴定简报//安徽省文物考古研究所,蚌埠市博物馆编著. 蚌埠双墩:新石器时代遗址发掘报告. 北京:科学出版社
韩立刚. 2006. 安徽旧石器文化演变与环境气候变化关系//董为主编. 第十届中国古脊椎动物学学术年会论文集. 北京:海洋出版社
汉寿县志编纂委员会编. 1993. 汉寿县志. 北京:人民出版社
杭州市地方志编纂委员会编. 1995. 杭州市志. 北京:中华书局
和政县志编纂委员会. 1993. 和政县志. 兰州:兰州大学出版社
河北省栾城县地方志编纂委员会编. 1995. 栾城县志. 北京:新华出版社
河北省唐县地方志编纂委员会编. 1999. 唐县志. 石家庄:河北人民出版社
河北省赞皇县地方志编纂委员会编. 1998. 赞皇县志. 北京:方志出版社
河南蒙古族自治县方志编纂委员会编. 1996. 河南县志. 兰州:甘肃人民出版社
河南省嵩县志编纂委员会编. 1990. 嵩县志. 郑州:河南人民出版社
河南省文物考古研究所编著. 1999. 舞阳贾湖. 北京:科学出版社
河南省宜阳县地方志编纂委员会编. 1996. 宜阳县志. 北京:生活·读书·新知三联书店
河南文物考古研究所等. 1989. 淅川下王岗. 北京:文物出版社
黑龙江省地方志编纂委员会编. 1998. 黑龙江省志·地理志. 哈尔滨:黑龙江省人民出版社
黑田长礼著,孟祥镕译. 1957. 日本哺乳动物志//北京动物园译丛. 7. 北京:北京动物园
衡阳市地方志编纂委员会编. 1998. 衡阳市志. 长沙:湖南人民出版社
洪波浪,等. 1960. 台南县志. 台北:成文出版社
洪雅县地方志编纂委员会编. 1997. 洪雅县志. 成都:电子科技大学出版社
胡海松. 2003. 华县泉护村遗址动物遗存分析//北京大学考古学系中国社会科学院考古研究所. 华县泉护村. 北京:文物出版社
胡绍锦. 1977. 云南呈贡县发现旧石器. 古脊椎动物与古人类,15(3):225～228
胡松海,等. 2007. 宝鸡关桃园遗址动物环境考古研究. 西北大学学报(自然科学版),37(1):115～118
胡松梅. 2007. 榆林火石梁遗址动物遗存研究. 人类学学报,27(3):233～248
胡振祺. 1960. 山西忻定新发现的鹿类化石. 古脊椎动物与古人类,2(2):190
湖北省丹江口市地方志编纂委员会编. 1993. 丹江口市志. 北京:新华出版社

湖北省谷城县地方志编纂委员会编.1991.谷城县志.北京:新华出版社
湖北省清江隔河岩考古队,湖北省文物考古研究所编著;王善才主编.2004.建始人遗址.北京:科学出版社
湖北省神农架林区地方志编纂委员会编.1996.神农架志.武汉:湖北科学技术出版社
湖北省襄樊市地方志编纂委员会编.1994.襄樊市志.北京:中国城市出版社
湖北省宜昌县地方志编纂委员会编.1993.宜昌县志.北京:冶金工业出版社
湖北省郧西县地方志编纂委员会办公室编.1995.郧西县志.武汉:武汉测绘科技大学出版社
湖北省钟祥县县志编纂委员会编纂.1990.钟祥县志.武汉:湖北人民出版社
湖北省秭归县地方志编纂委员会编.1991.秭归县志.北京:中国大百科全书出版社
湖南省茶陵县地方志编纂委员会编.1993.茶陵县志.北京:文史出版社
湖南省花垣县地方志编纂委员会编.1993.花垣县志.北京:生活·读书·新知三联书店
湖南省会同县志编纂委员会编.1994.会同县志.北京:生活·读书·新知三联书店
湖南省平江县志编纂委员会编.1994.平江县志.北京:国防大学出版社
湖南省绥宁县志编纂委员会编.1997.绥宁县志.北京:方志出版社
湖南省通道侗族自治县县志编纂委员会编.1999.通道县志.北京:民族出版社
湖州市地方志编纂委员会编.1999.湖州市志.北京:昆仑出版社
互助土族自治县志编纂委员会编.1993.互助土族自治县志.西宁:青海人民出版社
花县地方志编纂委员会编.1995.花县志.广州:广东人民出版社
华亭县志编纂委员会编.1996.华亭县志.兰州:甘肃人民出版社
华阴市地方志编纂委员会编.1995.华阴县志.北京:作家出版社
黄陵县志编纂委员会编.1995.黄陵县志.西安:西安地图出版社
《黄山志》编纂委员会编.1988.黄山志.合肥:黄山书社
黄石市志编纂委员会编.2001.黄石市志.北京:中华书局
黄万波,等.1981.安徽和县龙潭洞发现的猿人头盖骨的观察.科学通报,(24):1 508～1 510
黄万波,等.1981.安徽和县猿人化石及其动物群的初步观察.江淮论坛,(4):117～121
黄万波,等.1982.安徽和县猿人化石及有关问题的初步研究.古脊椎动物与古人类,20(3):248～255
黄万波,计宏祥,1963.江西万年仙人洞全新世洞穴堆积.古脊椎动物与古人类,7(3):263～277
黄万波.1979.华南洞穴动物群的性质和时代.古脊椎动物与古人类,17(4):327～142
黄象洪,曹克清.1978.上海马桥、嵩泽新石器时代遗址中的动物遗骸.古脊椎动物与古人类,16(1):60～65
辉南县县志编纂委员会编.2000.辉南县志.长春:吉林人民出版社
浑江市地方志编纂委员会编.1994.浑江市志.北京:中华书局
霍山县地方志编纂委员会编.1993.霍山县志.合肥:黄山书社
H.D.卡尔克,周本雄.1961.周口店第一地点下部各层的地层、古生物学观察及第一地点的时代.古脊椎动物与古人类,3(3):211～233
绩溪县地方志编纂委员会编.1998.绩溪县志.合肥:黄山书社
吉安县志编纂委员会编.1994.吉安县志.北京:新华出版社
吉林省延吉市地方志编纂委员会编.1994.延吉市志.北京:新华出版社
计宏祥.1974.陕西蓝田涝池河晚更新世哺乳动物化石.古脊椎动物与古人类,12(3):222～227
计宏祥.1976.陕西蓝田涝池河中更新世哺乳动物化石.古脊椎动物与古人类,14(1):59～65
贾兰坡,等.1959.周口店附近新发现的哺乳动物化石地点.古脊椎动物与古人类,1(1):47～51
贾兰坡,等.1977.北京东郊泥炭层中的动物遗骸和角制工具.古脊椎动物与古人类,15(2):150～156
贾兰坡,等.1979.许家窑旧石器时代文化遗址 1976 年发掘报告.古脊椎动物与古人类,17(4):277～288
贾兰坡,翟人杰.1957.河北赤城第四纪哺乳动物化石.古脊椎动物学报,1(1):47～51
贾兰坡,张振标.1977.河南淅川下王岗遗址中的动物群.文物,(6):41～49
贾兰坡.1957.长阳人化石及共生的哺乳动物群.古脊椎动物学报,1(3):247～252
贾维桢,等主编.1993.兴县志.北京:中国大百科全书出版社
建瓯县地方志编纂委员会编.1994.建瓯县志.北京:中华书局
江西省安义县志编纂领导小组编纂.1990.安义县志.海口:南海出版公司
江西省崇义县编史修志委员会编.1989.崇义县志.海口:海南人民出版社
江西省德兴市地方志编纂委员会编.1993.德兴县志.北

京:光明日报出版社
江西省赣县志编纂委员会编.1991.赣县志.北京:新华出版社
江西省高安县史志编纂委员会编纂.1988.高安县志.南昌:江西人民出版社
江西省全南县志编纂委员会编纂.1995.全南县志.南昌:江西人民出版社
江西省上犹县志编纂委员会编.1992.上犹县志.上犹:上犹印刷厂
江西省新干县志编纂委员会编.1990.新干县志.北京:中国世界语出版社
江西省星子县志编纂委员会编纂.1990.星子县志.南昌:江西人民出版社
江油市地方志编纂委员会编.1999.江油县志.成都:四川人民出版社
姜鹏.1975.吉林安图晚更新世洞穴堆积.古脊椎动物与古人类,13(3):197~198
姜鹏.1982.吉林安图人化石.古脊椎动物与古人类,20(1):65~70
将乐县地方志编纂委员会编.1998.将乐县志.北京:方志出版社
绛县志编纂委员会编.1997.绛县志.西安:陕西人民出版社
颉光普,等.1994.甘肃榆中晚更新世哺乳动物化石.古脊椎动物学报,32(4):297~306
金川县地方志编纂委员会编.1994.金川县志.北京:民族出版社
金牛山联合发掘队.1976.辽宁营口金牛山发现的第四纪哺乳动物群及其意义.古脊椎动物与古人类,14(2):120~127
金塔县地方志编纂委员会编.1992.金塔县志.兰州:甘肃人民出版社
金州区地方志编纂委员会办公室编.1989.金县志.沈阳:大连出版社
晋城市地方志编纂委员会编.1999.晋城市志.北京:中华书局
晋城县志编纂委员会编.1997.晋城县志.太原:山西古籍出版社
泾县地方志编纂委员会编.1996.泾县志.北京:方志出版社
靖州苗族侗族自治县县志编纂委员会编.1994.靖州县志.北京:生活·读书·新知三联书店
静宁县县志编纂委员会编.1993.静宁县志.兰州:甘肃人民出版社
考古研究所河南调查团.1951.河南渑池的史前遗址.科学通报,2(9)
科尔沁右翼前旗志编纂委员会编.1991.科尔沁右翼前旗志.呼和浩特:内蒙古人民出版社
科尔沁右翼中旗志编纂委员会编.1993.科尔沁右翼中旗志.呼和浩特:内蒙古人民出版社
克什克腾旗地方志编纂委员会编.1993.克什克腾旗志.呼和浩特:内蒙古人民出版社
孔庆生.2000.前埠下新石器时代遗址中的动物遗骸//山东潍坊前埠下遗址发掘报告.附录//山东省高速公路考古报告集:1997.北京:科学出版社
赖子清,赖明初,等纂修.1982.嘉义县志.台北:成文出版社
兰州市地方志编纂委员会,兰州市林业志编纂委员会编纂.1998.兰州市志.第二卷,地理志.兰州:兰州大学出版社
兰州市地方志编纂委员会,兰州市林业志编纂委员会编纂.1998b.兰州市志.第二十六卷,林业志.兰州:兰州大学出版社
蓝山县志编纂委员会编.1995.蓝山县志.北京:中国社会出版社
郎溪县地方志编纂委员会编.1998.郎溪县志.北京:方志出版社
乐昌市地方志编纂委员会编.1994.乐昌市志.广州:广东人民出版社
耒阳市志编纂委员会编.1993.耒阳市志.北京:中国社会出版社
李传令,薛祥煦.1999.陕西蓝田锡水洞遗址大型哺乳动物保存特征与古人类行为分析.人类学学报,18(4):282~290
李培信主编.1994.文水县志.太原:山西人民出版社
李炎贤,等.1974.湖北大冶石龙头旧石器时代遗址发掘报告.古脊椎动物与古人类,12(2):139~157
李意愿,等.2013.湖南道县后背山福岩洞2011年发掘报告.人类学学报,32(2):133~143
李有恒,韩德芬.1959.陕西西安半坡新石器时代遗址中之兽类骨骼.古脊椎动物与古人类
李有恒,韩德芬.1963.半坡新石器时代遗址中之兽类骨骼//中国科学院考古研究所,陕西省西安半坡博物馆编.西安半坡.北京:文物出版社
李有恒,韩德芬.1978.广西桂林甑皮岩遗址动物群.古脊椎动物与古人类,16(4):244~254
李有恒.1961.云南丽江盆地一个第四纪哺乳类化石地点.古脊椎动物与古人类,(2):143~149
李有恒.1974.大汶口墓群的兽骨及其他动物骨骼//山东省文物管理处,济南市博物馆编.大汶口:新石器时代墓葬发掘报告.北京:文物出版社
李占扬,董为.2007.河南许昌灵井旧石器遗址哺乳动物群的性质及时代探讨.人类学学报,26(4):345~360
澧县地方志编纂办公室编.1993.澧县志.北京:社会科学

文献出版社
连城县地方志编纂委员会编.1993.连城县志.北京:群众出版社
连南瑶族自治县地方志编纂委员会编.1996.连南瑶族自治县县志.广州:广东人民出版社
凉城县《凉城县志》编纂委员会编.1993.凉城县志.呼和浩特:内蒙古人民出版社
辽源市地方志编纂委员会编.1995.辽源市志.长春:吉林人民出版社
临沧县志编纂委员会编.1993.临沧县志.昆明:云南人民出版社
临桂县志编纂委员会编.1996.临桂县志.北京:方志出版社
《临河市志》编纂委员会编.1997.临河市志.呼和浩特:内蒙古人民出版社
临夏回族自治州志编纂委员会编.1993.临夏回族自治州志.兰州:甘肃人民出版社
临夏县志编纂委员会.1995.临夏县志.兰州:兰州大学出版社
麟游县地方志编纂委员会编.1993.麟游县志.西安:陕西人民出版社
灵宝县地方史志编纂委员会编.1992.灵宝县志.郑州:中州古籍出版社
灵川县地方志编纂委员会编.1997.灵川县志.南宁:广西人民出版社
零陵地区地方志编纂委员会编.2001.零陵地区志.长沙:湖南人民出版社
刘昌芝.1962.粤北第四纪哺乳动物化石调查简报.古脊椎动物与古人类,6(2):202～203
刘金毅,等.2006.芜湖金盆洞旧石器遗址的食肉类.人类学学报,25(3):227～241
刘莉,等.2001.陕西临潼康家龙山文化遗址1990年发掘动物遗存.华夏考古(1):4
刘先新主编.2010.中国长江三峡动物大全.北京:科学出版社
柳河县志编纂委员会编.1991.柳河县志.长春:吉林文史出版社
龙进.1987.阴山岩画中的动物.化石,(2):23～24
龙虬庄遗址考古队编著.1999.龙虬庄:江淮东部新石器时代遗址发掘报告.北京:科学出版社
龙岩地区地方志编纂委员会编.1992.龙岩地区志.上海:上海人民出版社
隆安县志编纂委员会编.1993.隆安县志.南宁:广西人民出版社
陇县地方志编纂委员会编.1993.陇县志.西安:陕西人民出版社
娄底市志编纂委员会编.1997.娄底市志.北京:中国社会出版社
卢浩泉,周才武.1990.山东泗水尹家城遗址出土动、植物标本鉴定报告//泗水尹家城.附录一.北京:文物出版社
卢浩泉.1990.西吴寺遗址兽骨鉴定报告//兖州西吴寺.附录二.北京:文物出版社
卢世标总纂;陈芳草,等纂.1965.宜兰县志.台北:成文出版社
泸州市地方志编纂委员会编.1998.泸州市志.北京:方志出版社
鲁山县地方史志编纂委员会编.1994.鲁山县志.郑州:中州古籍出版社
栾川县地方史志编纂委员会编.1994.栾川县志.北京:生活·读书·新知三联书店
略阳县志编纂委员会编.1992.略阳县志.西安:陕西人民出版社
罗伯特·斯特林·克拉克,阿瑟·德·卡尔·索尔比著;C.H.切普梅尔编;史红帅译.2010.穿越陕甘:1908～1909年克拉克考察队华北行纪.上海:上海科学技术文献出版社
罗佳.1986.四川省三县动物资源及其保护.野生动物,(5):16～18,25
罗蓉,辜永河.1985.贵州省的贵珍兽类.野生动物,(3):37～39
萝北县地方志编纂委员会编.1992.萝北县志.北京:中国人事出版社
洛宁县志编纂委员会编.1991.洛宁县志.北京:生活·读书·新知三联书店
洛阳市文物工作队编.2002.洛阳皂角树:1992～1993年洛阳皂角树二里头文化聚落遗址发掘报告.北京:科学出版社
马安成,汤虎良.1992.浙江金华全新世大熊猫～剑齿象动物群的发现及其意义.古脊椎动物学报,30(4):295～312
马逸清,等.1986.黑龙江省兽类志.哈尔滨:黑龙江科学技术出版
马逸清,等编著.1986.黑龙江省兽类志.哈尔滨:黑龙江科学技术出版社
梅河口市地方志编纂委员会编.1999.梅河口市志.长春:吉林人民出版社
米泉县地方志编纂委员会编.1998.米泉县志.乌鲁木齐:新疆人民出版社
密山县志编纂委员会编.1993.密山县志.北京:中国标准出版社
勉县志编纂委员会主编.1989.勉县志.北京:地震出版社
民乐县县志编纂委员会编.1996.民乐县志.兰州:甘肃人民出版社

闽清县地方志编纂委员会编. 1993. 闽清县志. 北京：群众出版社

莫力达瓦达斡尔族自治旗史志编纂委员会编. 1998. 莫力达瓦达斡尔族自治旗志. 呼和浩特：内蒙古人民出版社

《木里藏族自治县概况·物产资源》编写组编. 1985. 木里藏族自治县概况. 成都：四川民族出版社

内蒙古自治区科学技术志编纂委员会编. 1997. 内蒙古自治区志：科学技术志. 呼和浩特：内蒙古人民出版社

内蒙古自治区奈曼旗地方志编纂委员会编. 2002. 奈曼旗志. 北京：方志出版社

内蒙古自治区文物考古研究所编著. 2004. 白音长汗：新石器时代遗址发掘报告. 北京：科学出版

内乡县地方史志编纂委员会编. 1994. 内乡县志. 北京：生活·读书·新知三联书店

南宁市地方志编纂委员会编. 1998. 南宁市志：综合卷. 南宁：广西人民出版社

南阳地区地方史志编纂委员会编. 1994. 南阳地区志. 郑州：河南人民出版社

南阳地区地方史志编纂委员会编. 1996. 南阳地区志：1986～1994. 郑州：中州古籍出版社

南召县史志编纂委员会编. 1995. 南召县志. 郑州：中州古籍出版社

宁波市地方志编纂委员会编. 1995. 宁波市志. 北京：中华书局

宁都县志编辑委员会编. 1986. 宁都县志. 宁都(江西)：编者

宁冈县地方志编纂委员会编. 1995. 宁冈县志. 北京：中共中央党校出版社

宁明县志编纂委员会编. 1988. 宁明县志. 北京：中央民族学院出版社

宁夏固原博物馆编著. 2004. 固原历史文物. 北京：科学出版社

《宁县志》编纂委员会编. 1988. 宁县志. 兰州：甘肃人民出版社

农九师史志编纂委员会编. 2000. 农九师志. 北京：中华书局

裴文中，邱中郎. 1957. 浙江杭州留下洞穴哺乳动物化石. 古脊椎动物与古人类，(1)：42～46

裴文中. 1956. 河南新蔡的第四纪哺物类动物化石. 古生物学报，4(1)：77～99

彭锦华. 1988. 沙市周梁玉桥商代遗址动物骨骸的鉴定与研究. 农业考古(2)

彭阳县志编纂委员会编. 1996. 彭阳县志. 银川：宁夏人民出版社

平顶山市地方史志编纂委员会编. 1994. 平顶山市志. 郑州：河南人民出版社

平凉市志编纂委员会编. 1996. 平凉市志. 北京：中华书局

平顺县志编纂委员会编. 1997. 平顺县志. 北京：海潮出版社

平阳县志编纂委员会编. 1993. 平阳县志. 上海：汉语大词典出版社

平远县地方志编纂委员会编. 1993. 平远县志. 广州：广东人民出版社

屏边苗族自治县县志编纂委员会编. 1999. 屏边苗族自治县志. 北京：新华出版社

七台河市地方志编纂委员会办公室编. 1992. 七台河市志. 北京：档案出版社

祁国琴. 1977. 福建闽侯昙石山新石器时代遗址中出土的兽骨. 古脊椎动物与古人类，15(4)：301～306

祁国琴. 1988. 姜寨新石器时代遗址动物群的分析//西安半坡博物馆等. 姜寨. 北京：文物出版社，504～538

祁国琴. 1989. 中国北方第四纪哺乳动物群：兼论原始人类生活环境. 中国远古人类. 北京：科学出版社. 277～337

祁门县地方志编纂委员会办公室编. 1990. 祁门县志. 合肥：安徽人民出版社

《祁阳县志》编纂委员会编. 1993. 祁阳县志. 北京：社会科学文献出版社

迁西县地方志编纂委员会编. 1991. 迁西县志. 北京：中国科学技术出版社

潜山县地方志编纂委员会编. 1993. 潜山县志. 北京：社会科学文献出版社

秦安县志编纂委员会编. 2001. 秦安县志. 兰州：甘肃人民出版社

青龙满族自治县志编纂委员会编纂. 1997. 青龙满族自治县志. 北京：中国城市出版社

青田县志编纂委员会编. 1990. 青田县志. 杭州：浙江人民出版社

邱中郎，等. 1973. 周口店新发现的北京猿人化石及文化遗物. 古脊椎动物与古人类，11(2)：109～131

确山县志编纂委员会编. 1993. 确山县志. 北京：生活·读书·新知三联书店

如皋市地方志编纂委员会编. 1995. 如皋县志. 香港：新亚洲出版社

汝城县志编委会编. 1997. 汝城县志. 长沙：湖南出版社

汝阳县地方史志编纂委员会编. 1995. 汝阳县志. 北京：生活·读书·新知三联书店

乳源瑶族自治县地方志编纂委员会编. 1997. 乳源瑶族自治县志. 广州：广东人民出版社

瑞金县志编纂委员会编. 1993. 瑞金县志. 北京：中央文献出版社

山东省荣成市地方史志编纂委员会编. 1999. 荣成市志. 济南：齐鲁书社

山东省文登市地方史志编纂委员会编. 1996. 文登市志.

北京：中国城市出版社
山西省灵石县志编纂委员会编．1992．灵石县志．北京：中国社会科学出版社
山西省娄烦县地方志编纂委员会编．1999．娄烦县志．北京：中华书局
山西省史志研究院编．1996．山西通志．第二卷，地理志．北京：中华书局
山阳县地方志编纂委员会编．1991．山阳县志．西安：陕西人民出版社
陕西省地方志编纂委员会编．2000．陕西省志．第三卷，地理志．西安：陕西人民出版社
陕西省凤县地方志编纂委员会．1986．凤县志民国时期资料汇编．（陕西）凤县：凤县地方志编纂委员会
陕西省凤翔县地方志编纂委员会编．1991．凤翔县志．西安：陕西人民出版社
陕西省考古研究所．2004．临潼零口村．西安：三秦出版社
陕西省考古研究院，宝鸡市考古工作队．2007．宝鸡关桃园．北京：文物出版社
陕西省考古研究院，商洛市博物馆编著．2011．东龙山遗址动物遗存分析/商洛东龙山．北京：科学出版社，312～421
陕西省考古研究院，西北大学文化遗产与考古学研究中心．2010．高陵东营：新石器时代遗址发掘报告．北京：科学出版社
陕西省留坝县地方志编纂委员会编．2002．留坝县志．西安：陕西人民出版社
陕县地方史志编纂委员会编．1988．陕县志．郑州：河南人民出版社
商州市地方志编纂委员会编．1998．商州市志．北京：中华书局
申兰田，李汉华编著．1981．广西珍贵动物．南宁：广西人民出版社
沈阳市人民政府地方志编纂办公室编．1989．沈阳市志．沈阳：沈阳出版社
渑池县志编纂委员会编．1991．渑池县志．上海：汉语大词典出版社
盛和林，等著．1992．中国鹿类动物．上海：华东师范大学出版社
石棉县地方志编纂委员会编．1999．石棉县志．成都：四川辞书出版社
始兴县志办公室编．1997．始兴县志．广州：广东人民出版社
双鸭山市地方志编纂委员会办公室编．1991．双鸭山市志．北京：中国展望出版社
水城县地方志编纂委员会编．1994．水城县（特区）志．贵阳：贵州人民出版社
水富县志编纂委员会编．1996．水富县志．昆明：云南人民出版社
思茅县志编纂委员会编．1993．思茅县志．北京：生活·读书·新知三联书店
斯信强，等．1993．盘县大洞发掘简报．人类学学报，12(2)：113～119
四川省巴塘县地方志编纂委员会编．2001．巴塘县志：续编．北京：方志出版社
四川省大邑县志编纂委员会编．1992．大邑县志．成都：四川人民出版社
四川省垫江县志编纂委员会编．1993．垫江县志．成都：四川人民出版社
四川省峨眉县志编纂委员会编纂．1991．峨眉县志．成都：四川人民出版社
四川省珙县志编纂委员会编纂．1995．珙县志．成都：四川人民出版社
四川省红原县志编纂委员会编纂．1996．红原县志．成都：四川人民出版社
四川省夹江县编史修志委员会编纂．1989．夹江县志．成都：四川人民出版社
四川省冕宁县志编纂委员会编纂．1994．冕宁县志．成都：四川人民出版社
四川省南川县志编纂委员会编．1991．南川县志．成都：四川人民出版社
四川省色达县志编纂委员会编．1997．色达县志．成都：四川人民出版社
四川省万源县志编纂委员会编纂．1996．万源县志．成都：四川人民出版社
四川省武隆县志编纂委员会编．1994．武隆县志．成都：四川人民出版社
四川省西昌市志编纂委员会编纂．1996．西昌市志．成都：四川人民出版社
四川省喜德县志编纂委员会编．1992．喜德县志．成都：电子科技大学出版社
《四川资源动物志》编辑委员会主编．1982．四川资源动物志．第一卷，总论．2版．成都：四川人民出版社
宋方义，黄志高．1985．马坝人化石地点发现石器．人类学学报．4(2)：195～196
宋艳波，等．2011．鲁北地区殷墟时期遗址出土的动物遗存//山东省文物考古研究所编．2011．海岱考古．第4辑．北京：科学出版社
宋艳波，王青．2012．河南博爱哺乳动物遗存分析//山东大学东方考古研究中心．东方考古．第8集．北京：科学出版社
宋艳波，谢光茂．2010．广西革新桥新石器遗址动物遗骸的鉴定与研究//河南省文物考古研究所编．动物考古．第1辑，2007年中国郑州动物考古国际学术研讨会论文集．北京：文物出版社

宋艳波.2008.山东济南大辛庄1984年发掘动物遗存分析//东方考古.第5集.北京:科学出版社
绥江县志编纂委员会编.1994.绥江县志.成都:四川辞书出版社
绥棱县志编纂委员会编.1988.绥棱县志.哈尔滨:黑龙江省人民出版社
遂川县地方志编纂委员会编.1996.遂川县志.南昌:江西人民出版社
《台安县志》纂委员会编.1981.台安县志.台安:台安县印刷厂
太白县地方志编纂委员会编.1995.太白县志.西安:三秦出版社
泰和县地方志编纂委员会编.1993.泰和县志.北京:中共中央党校出版社
田林县地方志编纂委员会编.1996.田林县志.南宁:广西人民出版社
通城县志编纂委员会编.1985.通城县志.通城:通城县印刷厂
通化县地方志编纂委员会编.1996.通化县志.长春:吉林人民出版社
《通渭县志》编纂委员会编.1990.通渭县志.兰州:兰州大学出版社
同号文,等.2004.周口店田园洞大中型哺乳动物记述.人类学学报,23(3):213～223
同号文,等.2006.周口店田园洞古人类化石点地层学研究及与山顶洞的对比.人类学学报,25(1):68～81
同号文,等.2008.北京房山十渡西太平洞晚更新世哺乳动物化石.古脊椎动物学报,46(1):51～70
桐梓县地方志编纂委员会编.1997.桐梓县志.北京:方志出版社
潼关县志编纂委员会编.1992.潼关县志.西安:陕西人民出版社
突泉县志编纂委员会编.1993.突泉县志.呼和浩特:内蒙古人民出版社
《土默特右旗志》编纂委员会编.1994.土默特右旗志.呼和浩特:内蒙古人民出版社
土默特左旗《土默特志》编纂委员会编.1997.土默特志.呼和浩特:内蒙古人民出版社
王炳华著.2002.沧桑楼兰:罗布淖尔考古大发现.杭州:浙江文艺出版社
王华,等.2014.仰韶时代人类狩猎梅花鹿的策略:以铜川瓦窑沟遗址为案例.人类学学报,33(1):90～100
王将克.1978.广东西樵山亚洲象一新亚种头骨的记述.古脊椎动物与古人类,16(2):123～128
围场满族自治县地方志编纂委员会编纂.1997.围场满族自治县志.沈阳:辽海出版社
卫奇,等.1984.丽江木家桥新发现的旧石器.人类学学报,3(3):225～233
魏海波,刘彦红.2010.试论东北更新世哺乳动物群与自然环境的变迁//董为主编.2010.第十二届中国古脊椎动物学学术年会论文集.北京:海洋出版社
魏海波.1986.辽宁本溪发现更新世晚期哺乳动物化石.古脊椎动物学报,24(4):320
温州市志编纂委员会编.1998.温州市志.北京:中华书局
乌拉特前旗志编纂委员会编.1995.乌拉特前旗志.呼和浩特:内蒙古人民出版社
《乌兰浩特市志》编纂委员会编.1993.乌兰浩特市志.呼和浩特:内蒙古人民出版社
吴家炎.1993.福临堡遗址动物群研究初探//宝鸡市考古工作队,陕西省考古研究所宝鸡工作站.宝鸡福临堡一新石器时代发掘报告.北京:文物出版社:224
吴汝康.1959.广西柳江发现的人类化石.古脊椎动物与古人类,1(3):97～103
吴新智,等.1966.陕西蓝田公王岭猿人地点1965年发掘报告.古脊椎动物与古人类,10(1):23～28
吴跃峰,等编著.2009.河北动物志:两栖、爬行、哺乳动物类.石家庄:河北科学技术出版社
武都县地方志编纂委员会编.1998.武都县志.北京:生活·读书·新知三联书店
武冈县志编委会编.1997.武冈县志.北京:中华书局
武平县志编纂委员会编.1993.武平县志.北京:中国大百科全书出版社
武威市市志编纂委员会.1998.武威市志.兰州:兰州大学出版社
武仙竹.1998.神农架犀牛洞旧石器时代遗址发掘报告.人类学学报,17(2):121～136
武宣县志编纂委员会编.1995.武宣县志.南宁:广西人民出版社
西安半坡博物馆.1985.陕西临潼康家遗址第一、二次试掘简报.史前研究,(1):56～67
西安半坡博物馆等.1988.姜寨.北京:文物出版社
西北大学文化遗产与考古研究中心.2006.旬邑下魏洛.北京:科学出版社
西和县志编纂委员会编.1997.西和县志.西安:陕西人民出版社
西峡县志编纂委员会编.1990.西峡县志.郑州:河南人民出版社
淅川县地方史志编纂委员会编.1990.淅川县志.郑州:河南人民出版社
歙县地方志编纂委员会编.1995.歙县志.北京:中华书局
夏县地方志编纂委员会编.1998.夏县志.北京:人民出版社
仙游县地方志编纂委员会编.1995.仙游县志.北京:方志出版社

咸丰县志编纂委员会编. 1990. 咸丰县志. 武汉：武汉大学出版社

湘潭县地方志编纂委员会编. 1995. 湘潭县志. 长沙：湖南出版社

湘乡县志编纂委员会编. 1993. 湘乡县志. 长沙：湖南出版社

镶黄旗志编纂委员会编. 1999. 镶黄旗志. 呼和浩特：内蒙古人民出版社

《忻州地区志》编纂委员会编. 1999. 忻州地区志. 太原：山西古籍出版社

新化县志编纂委员会编. 1996. 新化县志. 长沙：湖南出版社

新宁县县志编委会编. 1995. 新宁县志. 长沙：湖南出版社

新县志编纂委员会编. 1990. 新县志. 郑州：河南人民出版社

信阳地区地方史志编纂委员会编. 1992. 信阳地区志. 北京：生活·读书·新知三联书店

信宜县地方志编纂委员会编. 1993. 信宜县志. 广州：广东人民出版社

兴安盟地方志编纂委员会编. 1997. 兴安盟志. 呼和浩特：内蒙古人民出版社

兴安县地方志编纂委员会编. 2002. 兴安县志. 南宁：广西人民出版社

兴宁县地方志编纂委员会编. 1992. 兴宁县志. 广州：广东人民出版社

休宁县地方志编纂委员会编. 1990. 休宁县志. 合肥：安徽教育出版社

岫岩县志编辑部编. 1989. 岫岩县志. 沈阳：辽宁大学出版社

徐钦琦，尤玉柱. 1984. 和县动物群与深海沉积物的对比. 人类学学报，3(1)：26～67

徐钦琦，张宏，许汉奎. 1997. 关于徐州白云洞与南京汤山第1地点的哺乳动物化石. 古脊椎动物学报，35(3)：217～223

叙永县地方志编纂委员会编. 1998. 叙永县志. 北京：方志出版社

溆浦县县志编纂委员会编. 1993. 溆浦县志. 北京：社会科学文献出版社

宣恩县志编纂委员会编. 1995. 宣恩县志. 武汉：武汉工业大学出版社

牙克石市志编纂委员会编. 1996. 牙克石市志. 呼和浩特：内蒙古人民出版社

延边朝鲜族自治州地方志编纂委员会编. 1996. 延边朝鲜族自治州志. 北京：中华书局

盐城市地方志编纂委员会编. 1998. 盐城市志. 南京：江苏科学技术出版社

盐源县志编纂委员会编. 2000. 盐源县志. 成都：四川民族出版社

阳城县志编纂委员会编. 1994. 阳城县志. 北京：海潮出版社

阳曲县地方志编纂办公室编. 1999. 阳曲县志. 太原：山西古籍出版社

阳泉市地方志编纂委员会编. 1998. 阳泉市志. 北京：当代中国出版社

阳原县地方志编纂委员会编. 1997. 阳原县志. 北京：中国大百科全书出版社

杨肇清. 1999. 试论淅川下王岗仰韶文化时期的生产经济状况. 见：徐钦琦等主编. 史前考古学新进展：庆祝贾兰坡院士九十华诞国际学术讨论会文集. 北京：科学出版社，98～102

杨钟健，刘东生. 1949. 安阳殷墟之哺乳动物群补遗. 中国考古学报，(4)：145～153

漾濞彝族自治县地方志编纂委员会编. 2000. 漾濞彝族自治县志. 昆明：云南人民出版社

叶元正，阎德发. 1975. 皖南铜山第四纪哺乳动物化石新地点. 古脊椎动物与古人类，13(3)：195～198

伊春市地方志编纂委员会编. 1995. 伊春市志. 哈尔滨：黑龙江人民出版社

黟县地方志编纂委员会编. 1988. 黟县志. 北京：光明日报出版社

易县地方志编纂委员会编. 2000. 易县志. 北京：中央编译出版社

永安市地方志编纂委员会编. 1994. 永安市志. 北京：中华书局

永春县地方志编纂委员会编. 1990. 永春县志. 北京：语文出版社

永定县地方志编纂委员会编. 1994. 永定县志. 北京：中国科学技术出版社

永福县志编纂委员会编. 1996. 永福县志. 北京：新华出版社

永吉县志编纂委员会编. 1991. 永吉县志. 长春：长春出版社

永康县地方志编纂委员会编. 1991. 永康县志. 杭州：浙江人民出版社

永宁县志编纂委员会编. 1995. 永宁县志. 银川：宁夏人民出版社

永泰县地方志编纂委员会编. 1992. 永泰县志. 北京：新华出版社

尤溪县志编纂委员会编. 1987. 尤溪县志. 福州：福建省地图出版社

尤玉柱，蔡保全. 1995. 台湾海峡西部海域哺乳动物化石. 古脊椎动物学报，33(3)：231～237

尤玉柱，蔡保全. 1996. 福建更新世地层，哺乳动物与生态环境. 人类学学报，15(4)：335～346

尤玉柱，等. 1989. 福建清流发现的人类牙齿化石. 人类学学报，8(3)：197～202
于汇历，董为. 2011. 黑龙江阿城交界洞穴遗址的哺乳动物群. 第四纪研究(4)
余斯绵，徐龙辉. 1985. 广东省保护动物的种类及数量分布. 野生动物，(6)：39～41
盂县史志编纂委员会编. 1995. 盂县志. 北京：方志出版社
垣曲县地方志编纂委员会编. 2001. 垣曲县志：1991～2000. 北京：中华书局
袁复礼，杜恒俭著. 1984. 中国新时代地层学. 北京：地质出版社
袁杰主编；故宫博物院编. 2014. 清宫兽谱. 北京：故宫出版社
袁靖，李君. 2010. 河北徐水南庄头遗址出土动物遗存研究报告//河北省文物研究所等. 1997 年河北徐水南庄头遗址发掘报告. 考古学报(3)
袁靖，杨梦菲. 2003. 甑皮岩遗址各期出土的水陆生动物//中国社会科学院考古研究所等编. 桂林甑皮岩. 北京：文物出版社，541～645
袁靖，杨梦菲. 2005. 前掌大遗址出土动物骨骼研究报告//滕州前掌大墓地. 北京：文物出版社
袁靖. 2001. 垣曲古城东关遗址出土动物骨骼研究报告//中国历史博物馆考古部等编著. 垣曲古城东关. 北京：科学出版社
云南省昌宁县志编纂委员会编. 1990. 昌宁县志. 潞西市：德宏民族出版社
云南省呈贡县志编纂委员会编. 1992. 呈贡县志. 太原：山西人民出版社
云南省大关县地方志编纂委员会编. 1998. 大关县志. 昆明：云南人民出版社
云南省洱源县志编纂委员会编. 1996. 洱源县志. 昆明：云南人民出版社
云南省江川县史志编纂委员会编. 1994. 江川县志. 昆明：云南人民出版社
云南省鲁甸县志编纂委员会编. 1995. 鲁甸县志. 昆明：云南人民出版社
云南省马关县地方志编纂委员会编. 1996. 马关县志. 北京：生活・读书・新知三联书店
云南省宁蒗彝族自治县志编纂委员会编. 1993. 宁蒗彝族自治县志. 昆明：云南民族出版社
云南省丘北县地方志编纂委员会编. 1999. 丘北县志. 北京：中华书局
云南省瑞丽市志编纂委员会编. 1996. 瑞丽市志. 成都：四川辞书出版社
云南省施甸县志编纂委员会编. 1997. 施甸县志. 北京：新华出版社
云南省巍山彝族回族自治县志编纂委员会编. 1993. 巍山彝族回族自治县志. 昆明：云南人民出版社
云南省文山县志编纂委员会编. 1999. 文山县志. 昆明：云南民族出版社
云南省寻甸回族彝族自治县志编纂委员会编. 1999. 寻甸回族彝族自治县志. 昆明：云南人民出版社
云南省镇康县志编纂委员会编. 1992. 镇康县志. 成都：四川民族出版社
增城市地方志编纂委员会编. 1995. 增城县志. 广州：广东人民出版社
扎兰屯市史志编纂委员会编. 1993. 扎兰屯市志. 天津：百花文艺出版社
张明华. 1981. 罗家角遗址的动物群. 浙江省文物考古所学刊
张荣祖，等著. 1997. 中国哺乳动物分布. 北京中国林业出版社
张兴永，等. 1978. 云南昆明晚更新世人类牙齿化石. 古脊椎动物与古人类，16(4)：288～289
张玉光，等. 2009. 陕西华县泉护村遗址发现的全新世猛禽类及其意义. 地质通报，28(6)：756
张云翔. 2006. 旬邑下魏洛遗址动物遗骸鉴定报告//西北大学文化遗产与考古学研究中心，陕西省考古研究所. 旬邑下魏洛. 北京：科学出版社，546～548
张镇洪，等. 1980. 辽阳安平化石哺乳动物群的发现. 古脊椎动物与古人类，18(2)：154～161
张镇洪，等. 1985. 辽宁海城小孤山遗址发掘简报. 人类学学报，4(1)：70～79
张镇洪，等. 1997. 贵州盘县大洞遗址动物群的研究. 人类学学报，16(3)：209～220
张镇洪. 1981. 辽宁地区远古人类及其文化的初步研究. 古脊椎动物与古人类，19(2)：184～192
昭通市志编纂委员会编. 2000. 昭通市志. 昆明：云南人民出版社
赵莹，陈全家. 2010. 堰台遗址出土的动物骨骼研究报告//安徽省文物考古研究所编著. 霍邱堰台：淮河流域周代聚落发掘报告. 北京：科学出版社
赵正阶主编. 1999. 中国东北地区珍稀濒危动物志. 北京：中国林业出版社
赵资奎，李炎贤. 1960. 中国猿人化石产地 1959 年发掘报告. 古脊椎动物与古人类，2(1)：97～9
浙江动物志编辑委员会. 1989. 浙江动物志：兽类. 杭州：浙江科学技术出版社
浙江省博物馆自然组. 1978. 河姆渡遗址动植物遗存的鉴定研究. 考古学报，(1)：95～107
浙江省文物考古研究所，萧山博物馆. 2004. 跨湖桥. 北京：文物出版社；蒋乐平著. 2014. 跨湖桥文化研究. 北京：科学出版社
浙江省文物考古研究所编. 2009. 浙江考古新纪元. 北京：

科学出版社

镇安县志编纂委员会编. 1995. 镇安县志. 西安：陕西人民教育出版社

郑州大学历史文化遗产保护研究中心编著；韩国河，张继华主编. 2014. 登封南洼：2004～2006年田野考古报告. 北京：科学出版社

郑州市博物馆. 1979. 郑州大河村遗址发掘报告. 考古学报(3)

政和县地方志编纂委员会编. 1994. 政和县志. 北京：中华书局

芷江侗族自治县志编纂委员会编. 1993. 芷江县志. 北京：生活·读书·新知三联书店

志丹县志编纂委员会编. 1996. 志丹县志. 西安：陕西人民出版社

《中国城市综合实力五十强丛书·杭州市》编委会编. 1994. 杭州志. 北京：中国城市出版社

中国科学院古脊椎动物与古人类研究所《中国脊椎动物化石手册》编写组编. 1979. 中国脊椎动物化石手册：增订版. 北京：科学出版社

中国科学院青藏高原综合科学考察队编. 1986. 西藏哺乳类. 北京：科学出版社

中国社会科学院考古研究所编著. 1999. 胶东半岛贝丘遗址环境考古. 北京：社会科学文献出版社

钟蓓. 2007. 滕州西公桥遗址中出土的动物骨骼//山东省文物考古研究所编. 海岱考古. 第2辑. 北京：科学出版社

钟蓓. 2010. 济宁玉皇顶遗址中的动物遗骸//山东省文物考古研究所编. 2010. 海岱考古. 第3辑. 北京：科学出版社

周本雄. 1981. 河北武安磁山遗址的动物骨骸. 考古学报，(3)：339～347

周本雄. 1985. 山东潍县鲁家口遗址动物遗骸//潍县鲁家口新石器时代遗址. 附录. 考古学报(3)

周明镇. 1964. 陕西蓝田中更新世哺乳类化石. 古脊椎动物与古人类，8(3)：301～311

周明镇. 1965. 蓝田猿人动物群的性质和时代. 科学通报，(6)：482～487

周明镇. 1965. 同蓝田猿人共同生的动物化石. 科学大众(中学版)，(7)：10～11

周宁县地方志编纂委员会编. 1993. 周宁县志. 北京：中国科学技术出版社

周信学，等. 1984. 古龙山动物群的时代及其对比. 古脊椎动物学报，22(2)：151～155

《周至县志》编纂委员会编. 1993. 周至县志. 西安：三秦出版社

竹山县地方志编纂委员会编. 2002. 竹山县志. 北京：方志出版社

卓尼县志编纂委员会编. 1994. 卓尼县志. 兰州：甘肃民族出版社

资溪县地方志编纂委员会编. 1997. 资溪县志. 北京：方志出版社

紫金县地方志编纂委员会编. 1994. 紫金县志. 广州：广东人民出版社

自贡市地方志编纂委员会编. 1992. 自贡市志. 成都：四川人民出版社

宗冠福，黄学诗. 1985. 四川炉霍县虾拉沱晚更新世哺乳类化石. 骨脊椎动物学报，23(4)：287～294

邹波，等. 2008. 雁门关地区哺乳动物多样性的调查研究. 山西农业科学，36(12)：114～116

遵义市志编纂委员会编. 1998. 遵义市志. 北京：中华书局

柞水县志编纂委员会编. 1998. 柞水县志. 西安：陕西人民出版社

Allen, G. M. 1938. The Mammals of China and Mongolia. New York: Amer. Mus. Nat. Hist. 11(1), 1940. 11(2)

Young CC. 1932. On the Artiodactyla from the Sinanthropus site at Choukoutien. Palaeontol Sin, ser C, 8(2)：1～100

第二十五章

麋鹿的分布变迁

麋鹿(*Elaphurus davidianus*)在动物分类中,是哺乳纲 Mammalia 偶蹄目 Artiodactyla 鹿科 Cervidae 麋鹿属 *Elaphurus* 唯一种,别称麋、四不像等。

麋鹿是我国的原产野生动物,不仅体形独特,而且身世也极其富有传奇色彩,因此成为世界著名的稀有动物之一,在世界动物学史上占有极特殊的一页。我国已将此失而复得的珍稀野生动物列为国家一级保护动物。

1 麋鹿的概况

麋鹿(图 25.1～图 25.16)是大型鹿科动物,肩高达 122～137 cm,尾长 45～75 cm。成年公鹿体形较大,体长 180～216 cm,体重 200～250 kg;成年母鹿体形略小,体长 140～200 cm,体重 100～200 kg。因其"蹄似牛而非牛,头似马而非马,尾似驴而非驴,角似鹿而非鹿(梅花鹿)"而俗称"四不像"。实际上,仅雄性麋鹿头上有犄角,形状特殊,没有眉叉,角干在角基上方分为前后两支:前支向上延伸,然后再分为前后两支,每个小支上再长出一些小叉;后支平直向后伸展,末端有时也长出一些小叉,最长的角可达 80 cm;每年"冬至"前后,鹿角自行脱落,随后长出新茸,5 月开始脱茸,形成坚硬的骨质角。雌性麋鹿并无角。麋鹿的头大,吻部狭长,鼻端裸露部分宽大,眼小,眶下腺显著;四肢粗壮,主蹄宽大、多肉、能分开,趾间有皮腱膜,有很发达的悬蹄,也可着地;尾是鹿科中最长者,末端有丛毛,尾垂长可达后肢的踝关节,呈灰黑色,腹面为黄白色,末端为黑褐色。夏季体毛为赤锈色,颈背上有一条黑色的纵纹,腹部和臀部为棕白色;四肢下段皆浅色;9 月以后,体毛被较长而厚的灰色冬毛所取代。初生幼仔毛色橘红,并带有白色斑点。

麋鹿喜爱温暖湿润的气候,是温带平原沼泽型野生动物。它们的蹄宽大,适宜在沼泽地上行走,指(趾)关节发出哒、哒、哒的响声;奔跑速度较快,时速为 80～100 km,但持续的时间较短,每次 10～15 分钟。其长尾便于驱赶沼泽地到处滋生的吸血毒虫。

图 25.1　麋鹿(雄)①

①http://www.ce.cn/kjwh/lm/zrkj/dlzrbwg/zp/200708/08/W020070808666508890852.jpg

图 25.2　麋鹿（雌）①

图 25.3　秀恩爱②

图 25.4　小家庭③

图 25.5　俯视（角、蹄）④

图 25.6　侧俯视（角、尾、蹄）⑤

图 25.7　角上挂草⑥

①http://blog.sina.com.cn/s/blog_674c3eb101018luo.html
②http://blog.sina.com.cn/s/blog_70a3b4f501012t18.htm
③http://news.xhby.net/system/2015/04/20/024427917_01.shtml
④http://image.baidu.com/i?ct=503316480&z=0&tn=baiduimagedetail&word=%F7%E7%C2%B9&in=24226&cl
⑤http://www.mafengwo.cn/i/1033897.html
⑥http://www.google.com.hk/imgres?q=%E9%BA%8B%E9%B9%BF%E7%9A%84%E5%9B%BE%E7%89%87&hl

图 25.8　水中甩尾①

图 25.9　嬉戏②

图 25.10　亲昵③

图 25.11　产仔④

图 25.12　哺乳⑤

图 25.13　凝视⑥

①http://www.guokr.com/article/4101/

②http://wjcjdj.blog.163.com/blog/static/4959377120123257123389/

③http://toms868.banzhu.com/article/toms868-5-1100892.html

④http://www.google.com.hk/imgres?q=%E5%88%9D%E7%94%9F%E9%BA%8B%E9%B9%BF&hl

⑤http://img.zhongsou.com/i/85/171541.html

⑥http://image.baidu.com/i?ct=503316480&z=&tn=baiduimagedetail&word=%B3%F5%C9%FA%F7%E7%C2%B9&in

图 25.14　依偎①

图 25.15　迁移②

图 25.16　泅渡③

麋鹿好合群，雌雄共处；它们不畏惧泥沼，在水畔生活，善游泳，遇到敌害可以逃到河流、湖泊或沼泽中躲避。麋鹿食性狭窄，主要采食水生和陆生的禾本科及豆科植物。

麋鹿求偶发情始于 6 月底，持续 6 周左右，7 月中下旬达到高潮。雄兽性情突然变得暴躁，不仅发出阵阵叫声，还以角挑地，射尿，翻滚，将从眶下腺分泌的液体涂抹在树干上。雄兽之间时常发生对峙、角斗现象。麋鹿寿命约 20 岁。

雌兽的怀孕期为 270 天左右，是鹿类中怀孕期最长的，一般 4～5 月产仔，通常每胎 1 仔（盛和林等，1992）。

初生的幼仔体重大约 12 kg，6～8 周后，毛中的白斑消失，出生 3 个月后体重将达到 70 kg。麋鹿 2 岁时性成熟，长角分叉；直到 6 岁，叉角才发育完全④。

---

①http://roll.sohu.com/20110402/n305290749.shtml

②http://www.qinlake.com/article/youlanqinhu/shengtaijingdian/20101031125341535.htmlm

③http://yancheng.alltrip.cn/jingdian/31112/pic/85405

④麋鹿属. http://baike.sogou.com/v62925597.htm;jsessionid=A5B9FF9FCD313DCAF7BD7E22083A91E5.n2；麋鹿. http://baike.baidu.com

2 麋鹿的遗存分布

梳理我国出土的早更新世—全新世麋鹿遗存，可以看出麋鹿的起源与扩散大势。

据麋鹿遗存分布(图 25.17、表 25.1)，可以看出：

● 迄今出土麋鹿遗存约 103 地，超过 150 点；自早更新世，经中更新世、晚更新世，至全新世皆有，可与文献记载衔接；这种成序列的分布状况可以反映古今麋鹿分布变迁。

● 麋鹿遗存虽在六大区范围内皆有发现，但仅在 16 个省级政区中有，且多寡并不平衡。

● 麋鹿遗存在大区分布情况，华北(仅内蒙古自治区未见)与华东(仅江西省未见)最多，中南次之，东北、西南、西北实际上仅 1 个省级政区出土麋鹿遗存。

● 从时序看，最早的早更新世麋鹿遗存在河北省、山西省、台湾、陕西省出土，反映麋鹿主要先在华北出现；主要是向东、向南扩散，随环境变迁，也向东北扩散。

● 麋鹿遗存在省级政区分布排序为：江苏省(25 地)，山东省(16 地)，安徽省(9 地)，河北省、河南省(皆 8 地)，浙江省(7 地)。

● 全新世麋鹿遗存大量出现在上海市、江苏省、浙江省、安徽省、山东省、河南省一带，反映当时我国中东部有较多麋鹿分布。

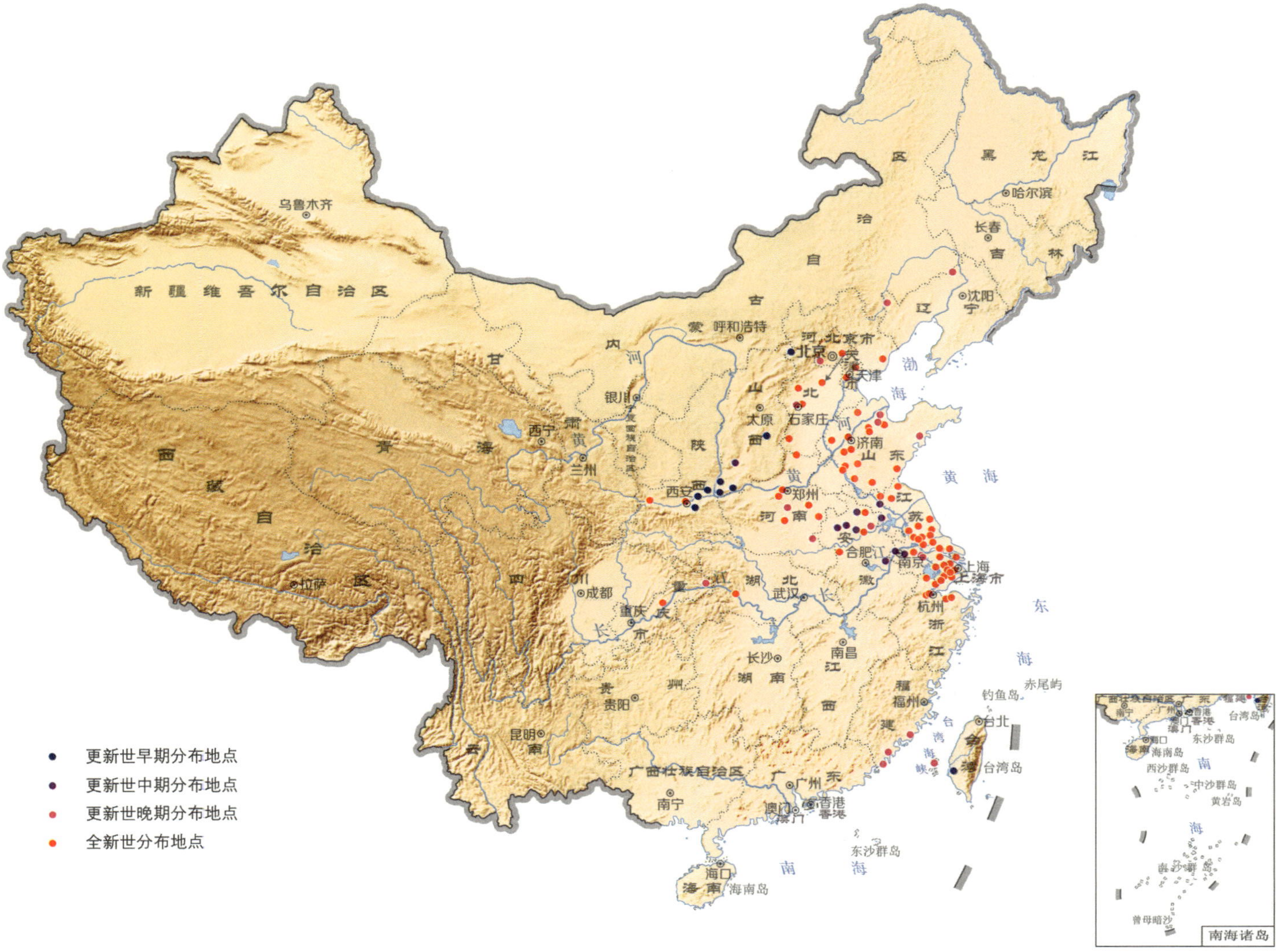

图 25.17 麋鹿遗存分布图

表 25.1　　麋鹿遗存分布概况

地区	省级政区	市、县、区	遗存地点	时期	资料来源
华北	北京	房山区		晚更新世	北京市房山区地方志编纂委员会，1999
		通州区	尹各庄	全新世	陈方吉，1975；贾兰坡等，1977；计宏祥，1985
	天津	西青区	梨园头	全新世	曹克清，1982
		宁河县	田庄坨、七里海（表口、潘庄、淮淀）及毗邻（东棘坨、大龙湾、忠兴沽村）	全新世	曹克清，1982；网络
	河北	石家庄市	市区	晚更新世晚期	董明星等，2011
				全新世	曹克清，1978；计宏祥，1985
		藁城市	台西村遗址	全新世	李有恒. 1979；曹克清，1982
		阳原县	泥河湾	早更新世	计宏祥，1985
		昌黎县		全新世	计宏祥，1985
		三河市	燕郊	全新世	陈方吉，1975；贾兰坡等，1977；计宏祥，1985
		安新县		全新世	曹克清，1978；计宏祥，1985
		曲阳县		全新世	曹克清，1978；计宏祥，1985
		武安市	磁山遗址	全新世	周本雄，1981
	山西	武乡县	丰州镇张家沟	早更新世	计宏祥，1985
		襄汾县	丁村	中更新世	周明镇等，1965；计宏祥，1985
			柴庄	晚更新世	周明镇等，1965
		芮城县	西侯度	早更新世	计宏祥，1985
		临猗县		早更新世	周明镇等，1959；计宏祥，1985
		平陆县	张村镇张裕后沟	早更新世	计宏祥，1985
东北	辽宁	康平县		晚更新世	周明镇等，1958；计宏祥，1985
		建平县		晚更新世	周明镇等，1958
华东	上海	闵行区	马桥镇	全新世	曹克清，1975；计宏祥，1985
		嘉定区	黄渡镇顾家村、方泰乡新民村、安亭镇先锋村	全新世	曹克清，1982
		金山区	金山卫镇	全新世	曹克清，1975；计宏祥，1985
		松江区	新五乡、新佘山镇	全新世	曹克清，1982
		青浦区	练塘镇、赵巷镇崧泽村、金泽镇、凤溪镇	全新世	曹克清，1975；曹克清，1982；计宏祥，1985
		崇明县	新河镇	全新世	曹克清，1982
	江苏	南京市		更新世中期	曹克清，1978
		新沂市		全新世	曹克清，1978；计宏祥，1985
		连云港市	南城区大村、海州区白鸽涧	全新世	曹克清，1982
		赣榆县	朱堵乡	全新世	高立保等，1980；曹克清，1982；计宏祥，1985
		宿迁市	总六塘河	更新世晚期	曹克清，1978
		沭阳县		全新世	计宏祥，1985

（续表）

地区	省级政区	市、县、区	遗存地点	时期	资料来源
		泗洪县		更新世中期	曹克清，1978
				全新世	曹克清，1978；计宏祥，1985
		东台市		全新世	计宏祥，1985
		大丰市	草堰镇、新团、大龙、三圩等地	全新世	网络[②]
		江都市	仙女庙	全新世	曹克清，1978；计宏祥，1985；唐锡阳，1992
		高邮市	龙虬镇	全新世	曹克清，1982；计宏祥，1985；龙虬庄遗址考古队，1999
		泰州市	市区、红旗农场、周山河街区	全新世	曹克清，1982；计宏祥，1985
		泰兴市	黄桥镇、溪桥镇	全新世	曹克清，1982；网络[③]
		姜堰市	戚庄、西夏、蒋垛镇蒋垛村、桥头镇、溱潼镇、天目山商周遗址、溱湖风景区等处	全新世	曹克清，1982；网络[④]
		兴化市		全新世	曹克清，1982；计宏祥，1985
		南通市		全新世	曹克清，1982；计宏祥，1985
		海门市		全新世	曹克清，1982；计宏祥，1985
		如皋市	马塘乡、建设乡、司马港	全新世	曹克清，1982；计宏祥，1985
		海安县	曲塘镇章郭，南莫镇新村、青墩	全新世	南通博物馆，1979；曹克清，1982；计宏祥，1985
		丹阳市	皇塘镇、埤城镇	全新世	曹克清，1982；计宏祥，1985
		句容市	观音台	中更新世晚期	张祖方等，1980
				全新世	曹克清，1982；计宏祥，1985
		常州市	武进区上渎村	晚更新世	常州市博物馆，1973；曹克清，1978；计宏祥，1985
			武进区滆湖、戚墅堰区	全新世	曹克清，1982；计宏祥，1985
		苏州市	吴中区，吴江区平望镇、黎里镇、梅堰社区、八都镇，苏州工业园区唯亭街道，横塘镇	全新世	曹克清，1975；曹克清，1982；计宏祥，1985
		昆山市		全新世	曹克清，1982
		常熟市	任阳、福山	全新世	曹克清，1982；计宏祥，1985
	浙江	杭州市	萧山区跨湖桥遗址	全新世	浙江省文物考古研究所等，2004；蒋乐平，2014
		湖州市	南浔区、双林镇	全新世	曹克清，1982
		嘉兴市	马家浜	全新世	曹克清，1982；计宏祥，1985
		嘉善县		全新世	曹克清，1982；计宏祥，1985
		桐乡市	罗家角	全新世	曹克清，1982；计宏祥，1985
		余姚市	河姆渡	全新世	浙江省博物馆自然组，1978；曹克清，1982；计宏祥，1985
		上虞市		全新世	曹克清，1982

(续表)

地区	省级政区	市、县、区	遗存地点	时期	资料来源
	安徽	埇桥区	焦山	中更新世	刘嘉龙,1961;计宏祥,1985
		灵璧县	县城西关	全新世	顾玉珉等,1982;计宏祥,1985
		蒙城县		更新世中期	曹克清,1978
		利辛县		更新世中期	曹克清,1978
		蚌埠市	淮上区双墩遗址	全新世	韩立刚等,2008
		怀远县		中更新世	曹克清,1978;计宏祥,1985
		五河县	戚嘴、西尤遗址	晚更新世	杨钟健,1955;曹克清,1978;计宏祥,1985;韩立刚,2006
		霍邱县	石店镇堰台遗址	全新世	赵莹等,2010
		和县	龙潭洞	中更新世	黄万波等,1982;徐钦琦等,1984;计宏祥,1985
	福建	石狮市	台湾海峡中线以东	更新世晚期	范雪春等,2006
		漳浦县	兄弟岛周围的海底	更新世晚期	范雪春等,2006
		东山县	台湾海峡西部海域	更新世晚期	尤玉柱等,1995;范雪春等,2006
	山东	济南市	历城区大辛庄遗址	全新世	宋艳波,2008
		茌平县	乐平镇教场铺遗址	全新世	动物考古课题组,2011
		东营市	支脉河(支脉沟)南展工程	晚更新世	网络[5]
		广饶县	南河崖商周制盐遗址、广北农场一分场南河崖村	晚更新世	宋艳波等,2011a;网络[5]
		淄博市	临淄区桐林遗址	全新世	黄蕴平,2010
		桓台县	鲁家口遗址、唐山镇唐山遗址、前埠遗址	全新世	周本雄,1985;宋艳波等,2011b
		寿光市	羊口镇双王城盐业遗址	全新世	宋艳波等,2011b
		即墨市	马山镇、南泉镇	晚更新世早期	网络[6]
		苍山县	县城、磨山镇	全新世	曹克清,1982
		滕州市	官桥镇前掌大遗址、西公桥遗址	全新世	袁靖等,2005;钟蓓,2007
		济宁市	任城区玉皇顶遗址	全新世	钟蓓,2010
		兖州市	西吴寺遗址	全新世	卢浩泉,1990
		泗水县	尹家城遗址	全新世	卢浩泉等,1990
		泰安市	大汶口	全新世	曹克清,1982;计宏祥,1985
		肥城市		全新世	曹克清,1982;计宏祥,1985
		阳信县	水落坡乡李屋遗址	全新世	宋艳波等,2011b
	台湾	台南县	左镇区菜寮溪	早更新世	计宏祥,1985
		澎湖县	海底	晚更新世	计宏祥,1985

（续表）

地区	省级政区	市、县、区	遗存地点	时期	资料来源
中南	河南	郑州市		全新世	曹克清，1978；计宏祥，1985
		新密市	新砦遗址	全新世	黄蕴平，2010
		安阳市	殷墟、花园庄	全新世	德日进等，1936；杨钟健等，1949；袁靖等，2000
		许昌县	灵井镇	晚更新世早期	李占扬等，2007
		舞阳县	北舞渡镇贾湖遗址	全新世	河南省文物考古研究所，1999
		太康县		全新世	曹克清，1978
		郸城县		全新世	曹克清，1982；计宏祥，1985
		新蔡县	练村镇练村集	晚更新世	裴文中，1965；曹克清，1978；计宏祥，1985
	湖北	宜昌市	伍相庙、原柘坪乡桅杆坪遗址	全新世	中国考古学会，1985；陈全家等，2004；湖北省清江隔河岩考古队等，2004
西南	重庆	巫山县	抱龙镇马坪村的迷宫洞	晚更新世晚期	网络⑦
		忠县	㽏井沟中坝遗址	全新世	付罗文等，2006
西北	陕西	西安市	临潼区零口村	全新世	陕西省考古研究所，2004
		蓝田县	金山九浪沟	早更新世	计宏祥，1985
		临渭区	阳郭镇	早更新世	计宏祥，1985
		大荔县	段家乡后河村	早更新世	汪洪，1988
		宝鸡市	关桃园遗址	全新世	陕西省考古研究院等，2007；胡松海等，2007

注：①七里海国家湿地公园. http://baike. baidu. com/link? url＝geZLExUZ3hdPCevQRXi0Y6qS14SKDtQfhU2vDRTklm7-pAJscghj9PP46X17wWCNJBS_TkEHJV9GbFaijBtmzq②周汉明. 草堰发现一较完整麋鹿角亚化石. http://cyz. dafeng. gov. cn/xwdt/zxbd/132364. shtml③刘华. "游子"回乡话麋鹿. http://rwtz. t56. net/index. php? m＝content&c＝index&a＝show&catid＝6&id＝4106④蒋垛 3 农民挖到 3 块"老树根"原是 2000 年前麋鹿角亚化石. http://www. tznews. cn/2013/news/shehui/2014/09/2014-09-25213958. html⑤两万年前的麋鹿角化石. http://www. wtoutiao. com/p/12abszo. html⑥即墨挖出 10 万年前麋鹿头骨化石佐证青岛"前生". http://3g. 163. com/news/10/0507/09/662PQVE6000146BD. html；即墨发现麋鹿头盖骨化石. http://blog. sina. com. cn/s/blog_64b122d30100ie7e. html⑦研究称三峡地区万年前是中国动物"诺亚方舟". http://news. ifeng. com/a/20150204/43091086_0. shtml

3 古人对麋鹿的认识

自古以来，麋鹿的别称不少，有麋、鹿、山牛、泽兽、沙鹿、马鹿、水鹿、麋子、四不象、四不像、大卫鹿等，有的与其他物种同名异物。

《夏小正》记述：

十一月：王狩，陈筋甲，啬人不从，陨麋角。

按：亦可作为夏历十一月的物候指示有：适宜王侯率众冬猎；借冬猎之机，展示武器（筋乃制弓原料，甲胄乃护卫器具），显示军事威力；啬人是农官，可不参加与其无关的狩猎活动；此时正是麋角脱落时节。

《逸周书·世俘解》记载：

武王狩，禽虎二十有二，猫二，糜五千二百三十五，犀十有二，氂七百二十有一，熊百五十有一，罴百一十有八，豕三百五十有二，貉十有八，麈十有六，麝五十，糜三十，鹿三千五百有八。

按：此处记载周武王经牧野之战破殷并一举攻克殷都朝歌（今淇县）后，在商地（似在今河南北部）进行狩猎的成果。猎获的野兽主要有虎、麋鹿、犀牛、野牛（?）、黑熊、棕熊、野猪、貉、麝、梅花鹿等，其中麋鹿数量特别多，约占猎物总数的 52%，反映这一带麋鹿数量颇多。

《周礼·天官·兽人》记述:“冬献狼,夏献麋”;注:狼膏聚,麋膏散,聚则温,散则凉。反映当时麋鹿是主要野味之一。

《庄子·齐物论》云:“麋、鹿食荐”,“麋与鹿交”,“麋、鹿,见之决骤”。将麋鹿与梅花鹿分为同类两物,皆是吃草、快速奔跑的动物。

《尔雅·释兽》诠释:麋:牡麔,牝麎,其子麇,其迹躔,绝有力狄。疏:此释麋之种类也。当时对常见或主要野兽——麋鹿赋予更为详细的称谓:雄麋称为“麔”,雌麋称为“麎”,幼麋称为“麇”。

《礼记·月令》称:

仲夏之月,鹿角解;仲冬之月,麋角解。

《礼记集说》诠释:

麋为阴兽,情淫而游泽,冬至解角,从阴退之象。鹿为阳兽,情淫而游山,夏至角解,从阳退之象。说者多家,皆无明据,故略论焉。若节气早,则麋角十一月解;故《夏小正》云:十二月麋角陨坠,是也。若节气晚,则十二月麋角解;故《[夏]小正》云:十二月陨麋角。按熊氏曰:……鹿是山兽,故夏至得阴气而解角;麋是泽兽,故冬至得阳气而解角。

按:古人往往用阴阳论解释万物变化,包括梅花鹿角与麋鹿角脱落的差异。这与现代科学解释是相通的。

《说文解字·鹿部》说明:“麋:鹿属。从鹿,米声。麋:冬至解其角。”反映古人对麋鹿的认识,进而对其文字的形、声以及习性皆有阐释。

(汉)《名医别录·麋脂》记载:(麋)“生南山及淮海边泽中,十月取。”此“南山”,似指秦岭;而“淮海”,似指西汉徐州刺史部(约今山东省东南部和江苏省长江以北地区),反映此地区当时分布的麋鹿较著名。

《魏略》记载:魏“文帝将受禅,有白麋见。”尽管所见史籍记载难以企及“白鹿”(白化梅花鹿),但说明麋鹿也存在白化现象。

(宋)陆佃(1042—1102)《埤雅》诠释:

又北方戎狄中有麋鹿、驼鹿,极大而色苍,尻黄而无斑,亦鹿之类。角大而有文,坚莹如玉,其茸亦可用①。

按:明确将麋鹿与驼鹿区分开。

(宋)罗愿《尔雅翼》,宋淳熙元年(1174)成书,其中记述:

麋:麋与鹿相反,鹿是阳兽,情淫而游山,夏至得阴气而解角,从阳之象。麋是阴兽,情淫而游泽,冬至得阳气而解角,从阴之象。今海陵最多,千百为群,多牝少牡。人言,一牡輙交十余牝,又与鹿交。

麋之为言迷也,盖牝兽之淫者。

麋之性黠,《战国(防)[策]》陈轸曰:今山泽之兽,无黠于麋。麋知猎者张网而驱已也,因还走,而冒人至数。猎者知其诈伪,提网而进之,麋因得矣。

许慎云:古礼执羔、麋、鹿,取其跪乳,群而不党。按:鹿子曰麛,麋子曰防。羊既用羔,则麋、鹿亦当用麛、防,为物既小,可得而扰也。

《后汉志》:广陵东阳县多麋。注:《博物志》曰:十千为群,掘食草根。其处成泥,名曰麋畯。民人随此畯种稻,不耕而获。然则古谓水泽之地,如孟诸之麋者,岂此地类也。

麈:麈,大鹿也。其字从主,若鹿之主焉。麈之所在,众从之。其尾可用为拂,谈者执之以挥,言其谈论所指,众不能易也。

《汉书》:粤地山多麈、麖。麈似鹿而大,麖似鹿而小。其尾能留红色,妇人以寘蒨帛,中经十余年色不退。以拂毡,则毡不蠹。

按:汇集古人对麋鹿的一些认识。

(明)《本草纲目·兽部·麋》记述:

时珍曰:麋,鹿属也。牡者有角。鹿喜山而属阳,故夏至解角;麋喜泽而属阴,故冬至解角。麋似鹿而色青黑,大如小牛,肉蹄,目下有二窍为

①此当引自(宋)沈括(1031—1095)《梦溪笔谈·药议》:

按《月令》:“冬至麋角解,夏至鹿角解”。阴阳相反如此。今人用麋、鹿茸作一种,殆疏也。又(的)[得]刺麋、鹿血以代茸,云“茸亦血耳”,此大误也。窃详古人之意,凡含血之物,肉差易长,其次筋难长,最后骨难长。故人自胚胎至成人,二十年骨髓方坚。唯麋角自生至坚,无两月之久,大者乃重二十余斤,其坚如石。计一昼夜须生数两。凡骨之顿成生长,神速无甚于此。虽草木至易生者,亦无能及之。此骨血之至强者,所以能补骨血,坚阳道,强精髓也。头者诸阳之会,众阳之聚,上钟于角,岂可与凡血为比哉!麋茸利补阳,鹿茸利补阴。凡用茸,无乐大嫩。世谓之“茄子茸”,但珍其难得耳,其实少力。坚者又太老。唯长数寸,破之肌如朽木,茸端如玛瑙、红玉者,最善。又北方戎狄中有麋、麖、麈。驼鹿极大而色苍,尻黄而无斑,亦鹿之类。角大而有文,莹莹如玉,其茸亦可用。

夜目。故《淮南子》云：孕女见麋而子[四目]。其鹿所息处，谓之鹿场也。今猎人多不分别，往往以麋为鹿，牡者犹可以角退为辨，牝者通目为鹿矣。

按：此处略存瑕疵，然指出麋鹿“喜泽”“冬至解角”等特征，同时指出“今猎人多不分别”鹿与麋鹿。反映其时麋鹿数量已经锐减，不多见。

（清）《尔雅义疏》称：

麋：似鹿，青黑色，肉蹶，目下有两孔。

按：此处所谓“肉蹶”，似指麋鹿蹄子较大，并在两趾之间有皮腱膜。“目下有两孔”，似据《淮南子》（见麋而子四目）[1]与《〈急就篇〉注》（目上有眉）[2]。但麋鹿目下的两孔为泪腺，而郝懿行（1757—1825）此说非但不是麋鹿显著特征，反而引发古人将泪腺更为发达的水鹿（*Rusa unicolor*）误作麋鹿。

位于大兴区的南海子，历史上是北京最大湿地，也是辽、金、元、明、清五朝皇家猎场和明、清两朝皇家苑囿。美国纽约大都会艺术博物馆仍存有清乾隆朝绘制的《麋角图》（图 25.18）；北京南海子麋鹿苑珍藏有乾隆题《麋角解说》的麋角（图 25.19）[3]。

在南海子麋鹿苑的展室中，有一只弥足珍贵的刻有乾隆皇帝御笔《麋角解说》的麋鹿角。麋角主干的腹面隐现嵌涂着石绿的蝇头楷书汉字，题为《麋角解说》手记，下款署的是：“乾隆三十二年岁在丁亥仲冬日上浣御制”。全文为：

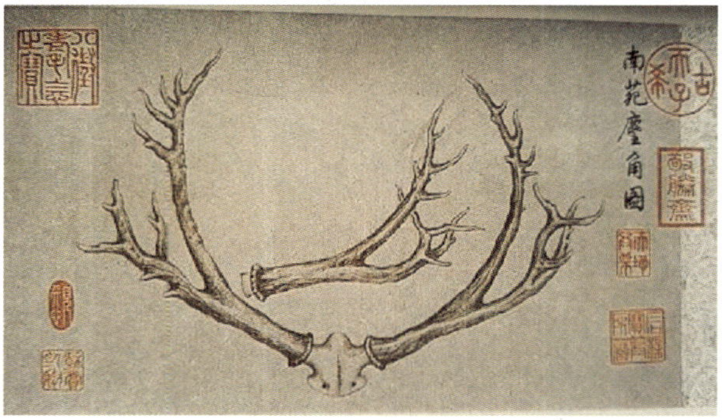

图 25.18 《麋角图》

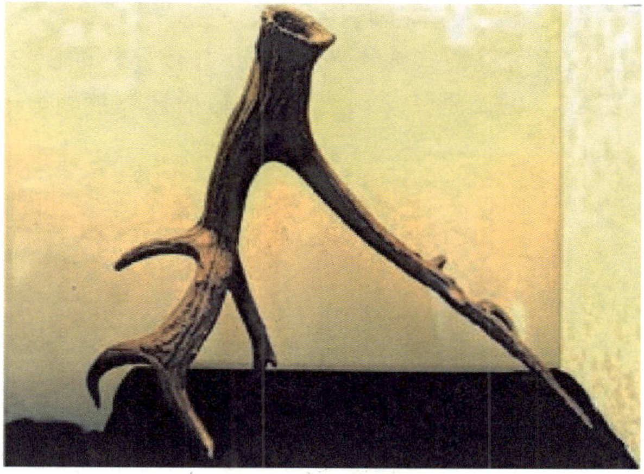
图 25.19 乾隆题《麋角解说》的麋角

壬午为《鹿角记》[4]，既辨明鹿与麋皆解角于夏不于冬。然《月令》既有其言而未究其故，常耿耿焉。昨过冬至，陡忆南苑有谓麈者或解角于冬，亦未可知。遣人视之，则正值其候。有已落地者，有尚在脑骨或双落其一者，持其已解者以归。乃爽然自失曰：天下之理不易穷，而物不易格，有如是乎！使不悉麈之解角于冬，将谓《月令》遂误，而不知吾之误，更有甚《月令》者矣。然则《月令》遂不误乎？曰《月令》之误，误在以麈为麋，而不在冬之有解角之兽也。盖鹿之与麈，北人能辨之，而南人则有所弗能。麋之与麈，亦如是而已耳。且《说文》训麈，有“麋属”之言；而《名苑》则又曰：“鹿大者曰麈，群鹿随之，视尾所转而往。”夫鹿也，麋也，麈也，迥然不同，亦不相共群而处，实今人所知者，而古人乃不悉其孰为鹿，孰为麋，孰为麈。则《月令》不云夏至麋角解，冬至鹿角解，为幸矣，而又何怪乎其误麈为麋也耶？

既释此疑，因为说以识之。《月令》古书不必易，灵台时宪则命正讹，以示信四海焉。

按：此乃乾隆三十二年丁亥（1767）所作，乾隆虽承认以往误解“麋鹿冬至解角”之说，但又怪《月

[1]《淮南子·说山训》：“孕妇见兔而子缺唇，见麋而子四目。”
[2]（唐）颜师古注《急就篇》道：“麋：似鹿而大，冬至解角，目上有眉，因以为名也。”
[3]首创下午茶的英国公爵家族同中华文明的情缘. http://news.beiww.com/2015/1014/article_195189.html
[4]乾隆壬午年（1762）作《鹿角记》。

令》将麋鹿与麈作为同物异名[1]，岂不成蛇足？

《清宫兽谱》（袁杰等，2014）中有“麋”的图文（图 25.20）。据文字内容看，确是描述麋鹿，而绘制的图则主要是梅花鹿（可对照前文与上一章“梅花鹿”）。

图 25.20　麋（麋鹿文与似梅花鹿）图

《清宫兽谱》（袁杰等，2014）中有“麈”的图文（图 25.21）。据文字内容看，似描述麋鹿；而绘制的图则是传说中瑞兽的想象图，绘制出夸张的长尾，在现生鹿科动物中只有麋鹿与其接近。

图 25.21　麈图

①清人亦清楚此事，如：

《清实录》称：

（乾隆）昨因时值长至（即冬至），偶忆南苑内乡有驯育之麈，俗名长尾鹿者……则蜕角或双或只，正与节候相叶。

（清）段玉裁《说文解字注 · 麈》注：

纯皇帝（指乾隆）……敕改《时宪书》“麋角解”之麋为麈。臣因知今所谓“麈”，正古所谓“麋也”。

《康熙字典·麈》集注：

《说文》：麋属。《埤雅》：麈：似鹿而大，其尾辟麈。《名苑》：鹿大者曰麈，群鹿随之，视麈尾所转而往。古之谈者挥焉。《恩平郡谱》：麈，谓之荒；鹿，谓之㹢。《华阳国志》：郪县宣君山出麈尾。《司马相如·上林赋》：沉牛麈麋。

按：此处汇集前人对"麈"的一些认识。

(清)段玉裁《说文解字注·鹿部·麈》称：

麋属。《说文》自麋至麈，皆说麋属。乾隆三十一年，纯皇帝目验御园麈角于冬至皆解，而麋角不解。敕改《时宪书》"麋角解"之麋为麈。臣因知今所谓"麈"，正古所谓"麋"也。《吴都赋》注云：旄麈有尾，故翦之。

按：段玉裁心知乾隆只知其一，但迫于淫威，不得已隐晦指出。

(清)董邦达绘制长卷《解角图》[①]，全图上有围墙，反映是南海子皇家麋鹿苑。从此局部图(图 25.22)也可看出："冬至"时节，麋鹿苑中的麋鹿解角情况。干枯的树枝显示已是仲冬。主画面上的 3 只麋鹿，虽皆有长尾，但非驴尾而略有夸张；它们或低头采食干草，或卧地仰望，而一只麋鹿正碰撞解角，一角已经脱落在地。

图 25.22 《解角图》(清，局部)

4　20 世纪前的麋鹿分布

文献记载反映，历史时期麋鹿虽在六大区生息繁衍，但宁夏回族自治区与新疆维吾尔自治区未见。

4.1　华北

20 世纪前，华北各省级政区皆有麋鹿分布。

4.1.1　北京

本阶段，北京市有麋鹿分布记录，主要在南部。

(元)熊梦祥《析津志·物产·兽之品》列举有：

狮、象、豹、虎、安答海、黄羊、骆驼、骡、驴、羚羊、獐、麂、麋、鹿、兔、野豕、包香子、獾、狼、豺(在所山谷俱于不述)。

按：所谓"麋"，即是麋鹿。虽具体产地不详，但据《析津志辑佚》看，主要在今北京市西部与南部一带[②]，其中有麋鹿分布的似朝阳区、丰台区、石景山区、房山区、大兴区等地。

4.1.2　天津

天津市在 20 世纪前也有少量麋鹿分布记录。

《宁河县志》追记(宁河县地方志编修委员会，1991)：

①http://www.gucn.com/Service_CurioCheck_Show.asp? Id=102993

②《析津志辑佚》中所列"属县"有：宛平县、大兴县、固安县、顺义县、昌平县、东安县等。另，今北京西城区、丰台区、门头沟区、房山区、海淀区，石景山区之全部或大部都曾为原宛平县辖。

商周时期（公元前602年），黄河（即传说中的禹河）北迁到今宁河县境之南入海。宁河地居海口，其南部黄土高地，就是黄河三角形冲积扇的北翼。这时宁河大部呈现洼淀棋布，麋鹿、野驴出没的荒凉景象。

按：据此反映，当地早期曾有麋鹿等野生动物栖息。

据称，法国猎手寇驰斯（M. Coutris）在1868年曾告诉谭微道[①]，在天津西边的湿地有几只麋鹿（四不像），他本人甚至在那里打死过这种动物（David，1949；罗桂环，1996）。

按：此处所谓“天津西边的湿地”，虽位置比较含糊，但查看地图（参见“京津地区相关位置图”[②]），麋鹿最后消失地南海子[③]在北京市大兴区（图中红圈处），与天津市接壤的恰是武清区（图中绿圈处），故作为分布有麋鹿的暂定地。

4.1.3　河北

河北省历史上有麋鹿分布记录。

《北齐书·李浑传》记述：

使还，拜平南将军、高阳内史。郡境旧有猛兽，民常患之。绘欲修槛，遂因斗俱死……河间守崔谋恃其弟暹势，从绘乞麋角鸰羽。绘答书曰：“鸰有六翮，飞则冲天，麋有四足，走便入海。下官肤体疏懒，手足迟钝，不能逐飞追走，远事佞人。”

按：李绘，字敬文，赵郡柏人（今隆尧县）人，北齐大臣李浑之弟。北齐王萧宝夤（503～530）引李绘为主簿记室，兼散骑常侍，出使南梁；还拜平南将军、高阳郡（今高阳县）内史，转司徒长史。天平年间，卒于任，赠南青州刺史。河间太守崔谋恃其弟崔暹势力，从绘乞麋角鸰羽。李绘答书道：“鸰有六翮，飞则冲天；麋有四足，走便入海。下官肤体疏懒，手足迟钝，不能逐飞追走，远事佞人。”由此，可反映当时在今高阳一带有麋鹿生息繁衍。

（元）熊梦祥《析津志》列举有“麋”，即是麋鹿。据《析津志辑佚》看，包括今河北省的廊坊市、固安县等地。

清乾隆四十六年《热河志》记述：

鹿：塞山产鹿最盛，其角自两（乂）[叉]，四（乂）[叉]，六（乂）[叉]，至八（乂）[叉]。年久，则数至八（乂）[叉]以外。蒙古谓鹿，为布古。今围场中地及府属州县内之山多有称布古图者，皆以有鹿处得名。每岁行围时，获鹿不可胜计。山庄内孳息更蕃，有驯鹿坡之胜。

御制诗《寻鹿六韵（己卯）》：园内富麋鹿，寻踪遵躔逵。步行常十里，手铳那双施（一枪即中，不须再也）。大泽深山处，习劳奋武为。无虞自可耳，同往且卑之。所育戒多取（原来系园中育物，亦不多伤物命也），图餐岂藉斯。绳先具深义，乐此不为疲。

按：此处记述的“鹿”实际上有多种。从雄鹿角区分，梅花鹿（*Cervus nippon*）一般达到4叉；马鹿（*Cervus elaphus*）一般分为6叉，最多8个叉；麋鹿的小叉较多。从御制诗看，不仅有“园内富麋鹿”，而且有“大泽深山处”，还有“系园中育物”注释，可见确有麋鹿生息繁衍。

清光绪十三年《承德府志》记述：

麋：牡，麐。牝，麎。其子，麇，其迹躔，绝有力狄《尔雅·释麋》。鹿属也。冬至解其角《说文》。与鹿相似，毛作梅花斑者为麋。围场内多鹿、麀，而少有麋。迤南，始有之《钦定热河志》。

按：此处前引《尔雅》与《说文》的麋鹿诠释，尤其是提到：“冬至解其角”最确切，而后提到“毛作梅花斑者为麋”，显然是梅花鹿，并非麋鹿。

4.1.4　山西

古籍记载山西省有麋鹿分布，主要与晋南多地出土的麋鹿遗存一脉相承。

《山海经·北山经》记载：

县雍之山，其上多玉，其下多铜，其兽多闾、麋，其鸟多白翟、白䳓。晋水出焉，而东南流注于汾水。

①（法）戴维（Pere Armand David）神甫，或被译为阿芒（爱蒙）大卫、大为、谭卫道、谭微道等，是近代法国来华进行生物收集、自然探察人士，也是最早发现大熊猫、麋鹿等的西方人士。

②据天地图. http://map.tianditu.com/. 此图因故不得已删除，有兴趣的读者可以根据所列出处查看原图。该图显示，据空间位置与地形特征，可以推断法国猎手寇驰斯（M. Coutris）所谓“天津西边的湿地”约指今武清区一带。

③位于今北京市大兴区的南海子历史上是北京最大湿地，是辽、金、元、明、清五朝皇家猎场和明、清两朝皇家苑囿。

按：所谓“县瓮山”，在今太原市西南晋祠，一名悬瓮山、龙山；多“麋”，说明当时多麋鹿等野生动物栖息。

（汉）刘向《新序》记述：

晋文公逐麋而失之，问农夫古老。古老以足指曰：“如是往。”公问其故，对曰：“虎豹厌闲而近人，故得；鱼鳖厌深而之浅，故得。诸侯厌众而亡其国。”文公惧，归，有悦色。栾贞子问焉，公曰：“今日逐麋，失之；而得善言，故忻也。”

按：此处记述晋文公即位后，有一次追猎一只麋鹿，却跟丢了，便问路边农夫老古，获得颇有哲理的规劝。晋国鼎盛时期，地域囊括今山西省以及河南、河北的大部分，山东、陕西和内蒙古的一部分。晋文公（前636～前628）在位9年，狩猎逐麋似在国都曲沃（今曲沃县）一带。反映当时有麋鹿分布。

清乾隆二十五年《赵城县志》集解：

麋：《说文》：麋至冬至解其角。《尔雅·释兽》：麋：牡麔，牝麎，其子䴠，其迹躔，绝有力狄。《周礼·天官》：兽入冬献狼，夏献麋。

按：据此反映，当时当地有麋鹿分布。

4.1.5 内蒙古

内蒙古自治区历史上有麋鹿分布记录。

早在公元5世纪时，内蒙古自治区乌拉特前旗、乌拉特后旗、乌拉特中旗、磴口县境内的阴山岩画就被北魏地理学家郦道元发现。他在著名的《水经注》中作了详细的记述。选出的具有代表性的1 400幅岩画，通过初步鉴定，可以确认的动物竟达40种之多，包括虎、豹、狼、狐、黑熊、野马、野驴、家马、家犬、岩羊、盘羊、北山羊、羚羊、藏羚、绵羊、黄羊、梅花鹿、马鹿、麋鹿、驼鹿、大角鹿、狍子、野猪、家牛、野牛、双峰驼、单峰驼、野兔、鸵鸟、龟、蛇、鹰、螺等，另外还有骆驼、马、牛的足印以及难以分辨的其他偶蹄类足印等（龙进，1987）。我们可以从图中看到先民绘制的麋鹿形象：图25.23右侧中部的大“鹿”与图25.24中部的2只大“鹿”都有十分醒目的多叉角与长尾，是麋鹿的显著特征。反映当时有麋鹿等分布。

图 25.23 阴山岩画中的麋鹿（一）①

图 25.24 阴山岩画中的麋鹿（二）②

①http://image.baidu.com/search/detail? ct=503316480&z=0&ipn=d&word=阴山岩画 &pn=100&spn=0&di=114814230190&pi

②在内蒙巴彦淖尔看阴山岩画. http://beijingdavid.blog.sohu.com/94650255.html

4.1.6 方志记载

方志记载可反映20世纪前华北多地的麋鹿分布情况（表25.2）。

表25.2　　方志记载20世纪前华北的麋鹿情况

省级政区	今地点	文献	内容	新方志出处
北京	大兴区等地	元《析津志》	麋*	
	大兴区等地	清康熙二十五年(1686)《日下旧闻》	麋(《析津志》)	
	大兴区等地	清乾隆五十二年(1787)《日下旧闻考》	麋(《析津志》)	
天津	宁河县	1991年《宁河县志》	麋鹿*	宁河县地方志编修委员会，1991
河北	廊坊市、固安县等地	元《析津志》	麋**	
	秦皇岛市	明嘉靖十四年(1535)《山海关志》	麋	
	涿州市	明嘉靖二十六年(1547)《涿州志》	麋	
	高阳县	明天启(1621～1627)《高阳县志》	麋	
	秦皇岛市	清康熙九年(1670)《山海关志》	麋	
	廊坊市、固安县等地	清康熙二十五年(1686)《日下旧闻》	麋(《析津志》)	
	辛集市	民国二十六年(1937)《束鹿县志》	《乾隆束鹿县志》清……雍正三年，城南麋见	
	高阳县	清雍正六年(1728)《古今图书集成·方舆汇编·职方典·保定府物产考》	麋(出高阳县)	
	高阳县	清雍正八年(1730)《高阳县志》	麋	
	张北县、康保县、沽源县、尚义县、崇礼县等地	清乾隆二十三年(1758)《口北三厅志》	麋	
	承德市、承德县、兴隆县、平泉县、滦平县、隆化县、丰宁满族自治县、宽城满族自治县、围场满族蒙古族自治县等地	清乾隆四十六年(1781)《热河志》	麋鹿*	
	遵化市	清光绪十二年(1886)《遵化通志》	麋(州境沿边亦多)	
	廊坊市、固安县等地	清乾隆五十二年(1787)《日下旧闻考》	麋(《析津志》)	
	承德市、承德县、兴隆县、平泉县、滦平县、隆化县、丰宁满族自治县、宽城满族自治县、围场满族蒙古族自治县等地	清光绪十三年(1887)《承德府志》	麋*	
山西	盐湖区	明嘉靖四年(1525)《解州志》	麋	
	稷山县	明万历四十年(1612)《稷山县志》	麋	

（续表）

省级政区	今地点	文献	内容	新方志出处
	尧都区、侯马市、霍州市、曲沃县、翼城县、襄汾县、洪洞县、古县、安泽县、浮山县、吉县、乡宁县、蒲县、大宁县、永和县、隰县、汾西县、盐湖区、永济市、河津市、芮城县、临猗县、万荣县、新绛县、稷山县、闻喜县、夏县、绛县、平陆县、垣曲县	清顺治(1644～1661)《河东运司志》	麋	
	尧都区	清康熙十二年(1673)《临汾县志》	麋	
	稷山县	清康熙十二年(1673)《稷山县志》	麋	
	离石区	清康熙四十一年(1702)《永宁州志》	麋鹿	
	尧都区	清雍正七年(1729)《临汾县志》	麋	
	洪洞县	清乾隆二十五年(1760)《赵城县志》	麋*	
	稷山县	清乾隆三十年(1765)《稷山县志》	麋	
	尧都区	清乾隆四十四年(1779)《长子县志》	麋	
	太原市	清道光六年(1826)《太原县志书》	麋	
内蒙古	土默特左旗	1997年《土默特志》	明末清初野兽有：麋鹿	土默特左旗《土默特志》编纂委员会，1997
内蒙古	海拉尔区、满洲里市、扎兰屯市、牙克石市、根河市、额尔古纳市、阿荣旗、新巴尔虎右旗、新巴尔虎左旗、陈巴尔虎旗、鄂伦春自治旗、鄂温克族自治旗、莫力达瓦达斡尔族自治旗等地	清乾隆元年(1736)《盛京通志》	麋鹿*	
内蒙古	海拉尔区、满洲里市、扎兰屯市、牙克石市、根河市、额尔古纳市、阿荣旗、新巴尔虎右旗、新巴尔虎左旗、陈巴尔虎旗、鄂伦春自治旗、鄂温克族自治旗、莫力达瓦达斡尔族自治旗等地	清乾隆四十四年(1779)《盛京通志》	麋鹿***	

注：*表示详见正文。**表示同前文。***表示本省级政区已有类似记录。

4.2　东北

20世纪前，东北3个省级政区皆有麋鹿分布记录。

4.2.1　辽宁

辽宁省历史上有麋鹿分布记录。

清乾隆元年《盛京通志》记述：

麋鹿：《月令》：仲冬，麋角解。仲夏，鹿角解。本二物，今通呼曰鹿。凡猎，春夏谓之青草围，秋日曰哨鹿围，冬日曰大围。进贡则有汤鹿，毛鹿，合子鹿及肠肚舌尾。夏秋贡干腌肉及茸角，筋，皮。按《渤海传》：俗所贵者，扶余之鹿。扶余，即今开原以北地，正为田猎之所。又外蕃鄂罗春，其棱地方不产牛马，多役鹿以供负载，性甚驯。

鹿大，麋小。《礼·月令》：仲冬，麋角解。仲夏，鹿角解。今考麋鹿，俱于夏至解角。盛京，吉林有麋，无鹿见《御制鹿角解诗》。

按：此处"麋鹿"介绍中有"鹿大，麋小"[①]等说法，似混杂多种鹿科物种。"仲冬，麋角解"，显然是指麋鹿；"外蕃鄂罗春""多役鹿以供负载"，当是指驯鹿；"俱于夏至解角"者，包括梅花鹿。反映其中含有麋鹿。

驯鹿是文献记载中易与麋鹿混淆的物种之一。驯鹿（*Rangifer tarandus*），又名角鹿、四不像等（图 25.25～图 25.30），是鹿科驯鹿属的唯一物种。其体长 100～125 cm，肩高 100～120 cm。雌雄皆有角，角的分支繁复（有超过30 叉者）是其外观上的重要特征；蹄子宽大，悬蹄发达，尾巴极短。现生驯鹿在我国只见于大兴安岭东北部林区，鄂温克族使用驯鹿作为交通工具[②]。

图 25.25　驯鹿（夏）[③]

图 25.26　驯鹿（冬）[④]

图 25.27　驯鹿（春）[⑤]

图 25.28　驯鹿（秋）[⑥]

①实际上与此说恰相反的是：麋鹿是大型鹿，梅花鹿是中型鹿；即使是东北一带分布的马鹿、驼鹿，也皆属大型鹿。

②驯鹿. http://baike. baidu. com/link? url＝Nmy_3FHKAKNvezGhPspRIm96MIueLW56iRHD3csGRaQxmFs8Wvn5Wj5FDL29k-73Xn8GUob4WeSd73GiCSOIo0sogpPb6cyFK1JKZPt1OjK；驯鹿. http://baike. sogou. com/v134082. htm

③驯鹿. http://baike. baidu. com/link? url＝Nmy_3FHKAKNvezGhPspRIm96MIueLW56iRHD3csGRaQxmFs8Wvn5Wj5FDL29k-73Xn8GUob4WeSd73GiCSOIo0sogpPb6cyFK1JKZPt1OjK

④驯鹿. http://baike. baidu. com/link? url＝Nmy_3FHKAKNvezGhPspRIm96MIueLW56iRHD3csGRaQxmFs8Wvn5Wj5FDL29k-73Xn8GUob4WeSd73GiCSOIo0sogpPb6cyFK1JKZPt1OjK

⑤http://yyanyh. blog. 163. com/blog/static/79249902201

⑥http://www. photohn. com/bbs/forum. php? mod＝viewthread&ordertype＝1&tid＝275420

图 25.29 决斗①

图 25.30 携仔②

4.2.2 吉林

吉林省在历史上也有麋鹿栖息记录。

清光绪十七年《吉林通志》集解：

麋：似鹿而色青黑，大如小牛，肉蹄，目下有二窍为夜目《本草纲目》五十一。麋角与鹿角不同：麋角如驼骨，通身可车却无纹。鹿顶骨有纹，上下无之，亦可熏成纹《松漠纪闻》。麋角顶根上有黄毛若金线，兼旁生小尖，色苍白。麋、鹿茸角今人罕能分别，陈自明：以小者为鹿茸，大者为麋茸，亦臆见也。不若亲视其采取时为有准《本草纲目》五十一。人之服药。盖有同等药物而阴阳实相反者。又有一体气血而功用之不同者，如麋茸，鹿茸是也。二者之性原自有异：麋茸补阳利于男子。鹿茸补阴利于妇人。《月令》：仲夏日，鹿角解。仲冬日，麋角解。鹿以夏至陨角，而应阴。麋以冬至陨角，而应阳。故知，二者阴阳之性不同。鹿肉暖，以阳为体。麋肉寒，以阴为体。以阳为体者，以阴为末。以阴为体者，以阳为末。末者，角也。其本末之功用，又不同也《野客丛书》。

按：此处选引的文献基本上就是麋鹿，反映其时还有麋鹿分布。

4.2.3 方志记载

方志记载可反映 20 世纪前东北多地的麋鹿分布情况（表 25.3）。

表 25.3 方志记载 20 世纪前东北的麋鹿情况

省级政区	今地点	文献	内容
辽宁	盖州市	清康熙二十年（1681）《盖平县志》	麋鹿
	沈阳市、新民市、辽中县、法库县、彰武县、铁岭市、调兵山市、开原市、铁岭县、西丰县、昌图县、抚顺市、抚顺县、新宾满族自治县、清原满族自治县、本溪市、本溪满族自治县、桓仁满族自治县、辽阳市、灯塔市、辽阳县、鞍山市、海城市、台安县、岫岩满族自治县、丹东市、凤城市、东港市、宽甸满族自治县、大连市、瓦房店市、普兰店市、庄河市、长海县、营口市、大石桥市、盖州市、盘锦市、大洼县、盘山县、锦州市、凌海市、北镇市、黑山县、义县、葫芦岛市、兴城市、绥中县等地	清乾隆元年（1736）《盛京通志》	麋鹿**
	沈阳市、新民市、辽中县、法库县、彰武县、铁岭市、调兵山市、开原市、铁岭县、西丰县、昌图县、抚顺市、抚顺县、新宾满族自治县、清原满族自治县、本溪市、本溪满族自治县、桓仁满族自治县、辽阳市、灯塔市、辽阳县、鞍山市、海城市、台安县、岫岩满族自治县、丹东市、凤城市、东港市、宽甸满族自治县、大连市、瓦房店市、普兰店市、庄河市、长海县、营口市、大石桥市、盖州市、盘锦市、大洼县、盘山县、锦州市、凌海市、北镇市、黑山县、义县、葫芦岛市、兴城市、绥中县等地	乾隆四十四年（1779）《盛京通志》	麋鹿***

①http://ugc.qpic.cn/baikepic2/0/ori-20160107174336-1257081186.jpg/800
②驯鹿. http://baike.sogou.com/v134082.htm

（续表）

省级政区	今地点	文献	内容
	桓仁满族自治县等地	清光绪十七年(1891)《吉林通志》	麋*
吉林	延吉市、图们市、敦化市、珲春市、龙井市、和龙市、汪清县、长春市、德惠市、九台市、宁江区、吉林市、磐石市、蛟河市、桦甸市、舒兰市、永吉县、公主岭市、伊通满族自治县、辽源市、东丰县、东辽县、通化市、梅河口市、集安市、通化县、辉南县、柳河县、白山市、临江市、抚松县、靖宇县、长白朝鲜族自治县、安图县、榆树市、扶余县等地	清光绪十七年(1891)《吉林通志》	麋*
黑龙江	哈尔滨市、双城市、尚志市、五常市、依兰县、方正县、宾县、巴彦县、木兰县、通河县、延寿县、齐齐哈尔市、讷河市、龙江县、依安县、甘南县、富裕县、克山县、克东县、拜泉县、爱辉区、北安市、五大连池市、嫩江县、逊克县、孙吴县、伊春市、铁力市、嘉荫县、鹤岗市、萝北县、绥滨县、佳木斯市、同江市、富锦市、桦南县、桦川县、汤原县、抚远县、双鸭山市、集贤县、友谊县、宝清县、饶河县、七台河市、勃利县、鸡西市、虎林市、密山市、鸡东县、牡丹江市、穆棱市、绥芬河市、海林市、宁安市、东宁县、林口县、北林区、海伦市、望奎县、兰西、青冈县、庆安县、明水县、绥棱县、大兴安岭地区、呼玛县、塔河县、漠河县等地	清乾隆元年(1736)《盛京通志》	麋鹿*
	哈尔滨市、双城市、尚志市、五常市、依兰县、方正县、宾县、巴彦县、木兰县、通河县、延寿县、齐齐哈尔市、讷河市、龙江县、依安县、甘南县、富裕县、克山县、克东县、拜泉县、爱辉区、北安市、五大连池市、嫩江县、逊克县、孙吴县、伊春市、铁力市、嘉荫县、鹤岗市、萝北县、绥滨县、佳木斯市、同江市、富锦市、桦南县、桦川县、汤原县、抚远县、双鸭山市、集贤县、友谊县、宝清县、饶河县、七台河市、勃利县、鸡西市、虎林市、密山市、鸡东县、牡丹江市、穆棱市、绥芬河市、海林市、宁安市、东宁县、林口县、北林区、海伦市、望奎县、兰西、青冈县、庆安县、明水县、绥棱县、大兴安岭地区、呼玛县、塔河县、漠河县等地	乾隆四十四年(1779)《盛京通志》	麋鹿***
	爱辉区、逊克县、孙吴县、嘉荫县、萝北县、大兴安岭地区、呼玛县、塔河县、漠河县、讷河市、嫩江县、哈尔滨、巴彦县、齐齐哈尔市、龙江县、依安县、甘南县、富裕县、克山县、克东县、拜泉县、北安市、五大连池市、伊春市、铁力市、北林区、海伦市、望奎县、兰西县、青冈县、庆安县、明水县、绥棱县等地	清光绪二十年(1894)《黑龙江外记》	梅鹿即麋，出吉林，鹿茸亦然①

注：*表示详见正文。**表示同前文。***表示本省级政区已有类似记录。①其中含有麋鹿。

4.3 华东

20世纪前，华东是麋鹿主要分布区，各省级政区皆有麋鹿分布记录。

4.3.1 上海

上海市早期有麋鹿生息繁衍。

《云间志》记载：

旧《图经》云："吴王猎场在华亭谷。东吴陆逊生此，子孙尝所游猎，后人呼为陆茸"……按陆龟蒙《吴中书事诗》云："五茸春早稚媒娇"。注谓：五茸者，吴王猎所，茸各有名。

按：《云间志》是一部专门记载南宋及较早时期今上海淞南地区的方志，约涉及今普陀区、闸北区、虹口区、杨浦区。所谓"茸"，乃麋鹿苑代称，进而反映之前这一带曾有麋鹿分布。

4.3.2 江苏

江苏省有较多麋鹿分布记录。

《海安县志》追记(《海安县志》编纂委员会，1997)：

早在6 000年前，这里草木茂密，麋鹿成群。境内双楼镇亚洲象化石的发现，对海安地区6 000多年成陆史做出了佐证。王垛乡出土大型麋鹿角为国内罕见，特别是1978年青墩新石器时代遗址发掘……出土麋鹿角枝上，还发现清晰可辨的刻纹，史学家们将这些有规律的符号视为是中国易卦发展的早期形式。

《苏州市志》记述（苏州市地方志编纂委员会，1995）：

吴江县梅堰镇北袁家埭村，1958～1959年，新石器时代良渚文化和马家浜文化层兽骨，动物遗骸可知当时这一带有水牛、斑鹿、麋鹿、野猪、狗以及鼋、麻龟、蚌、鱼等动物。

按：反映苏州市在全新世时有麋鹿等野生动物栖息。

（晋）张华《博物志》描述：

海陵县扶江接海，多麋鹿，千百为群，掘食草根，其处成泥，名曰麋畯。民人随此而略，种稻不耕而获其利，所收百倍。

按：所谓海陵县，属泰州市；“多麋鹿，千百为群”，其数量之多不言而喻。

《晋书·隐逸·郭文列传》记载：

王导闻其名，遣人迎之，文不肯就船车，荷担徒行。既至，导置之西园，园中果木成林，又有鸟兽麋鹿，因以居文焉。

按：此中之“文”，乃指郭文；王导的西园，乃今南京市博物馆（在南京市）[①]。反映东晋时尚有麋鹿栖息。

《南通县志》追记（通州市地方志编纂委员会，1996）：

据文献记载，明万历间（1590年左右）主要有狼、鹿、麋、狸等野兽。

按：反映当时有麋鹿等分布。

清乾隆（1736～1795）《州乘一览》：

廖角咀，一名料角咀，在州东吕四场。……地产仙草。遇晴明，渔人每见海岛中麋鹿浮水至，衔其草，缠置角上而去。

按：所谓“廖角嘴”“吕四场”，皆在今启东市；渔人亲见麋鹿浮水衔草，可见清初这一带还有麋鹿分布。

清嘉庆十三年《如皋县志》

麋：陶宏景云：海陵最多，千百为群。《吕志》谓：如皋，海陵故地。而今绝少。岂地气变迁耶？然海滨之麋是鲨鱼所化，即有之与北方殊性矣。

按：虽存无稽之谈，但反映曾有众多麋鹿分布。

清嘉庆十五年《扬州府志》记述：

东阳县多麋：《博物记》曰：十千为群，掘食草根，其处成泥，名曰麋畯。民人随此畯种稻，不耕而获其收百倍《后汉书·郡国志》注。案《博物记》，即张华《博物志》也。今本有此一则脱落不祥。通泰盐池，麋食艾生茸入药，故人极力捕猎以邀善价周辉《清波杂志》上。

按：此处虽突出“东阳县”[②]，却不属江苏，但可由此反映这一带皆有麋鹿。

清嘉庆二十二年《东台县志》记述：

麋：陶宏景云：海陵最多，千百为群，多牡少牝。今海滨尚间有之。

按：反映麋鹿延续到其时，仍有分布。

清嘉庆（1796～1820）《海曲拾遗·物产》记述：

麋鹿善居泽，鹿因与居，亦善济水。里老云：每见北堤外有越海来者，非牟肩泅于波面，即昂首抱足仰卧，乘流而渡。两角载海藻为裹粮，逢洲沚可憩，即捎下食之。又或衔草至町场栖止。

按：《海曲拾遗》乃今南通市志；而所称“北堤外有越海来者”，则似在今海门市，反映还有麋鹿。

清光绪八年《宜兴荆溪县志》：

鹿：如鹿而大曰麋。牡角，牝童。与鹿相似目上有眉，故称麋。麋，眉，古通。目下有二窍为夜目。麋角岐少于鹿，与鹿角皆以夏至解。冬至解角者，乃麋属之麈也。今《时宪书》已改正。

按：此处存有瑕疵，但所称“麈”乃麋鹿。

《泰县志》追记（泰县县志编纂委员会，1993）：

麋：即麋鹿。食草动物，高3尺许，毛色淡褐。公多母少，公性有角，性温驯。据《麋鹿生境考察》（英·牛津大学：玛娅·博伊德等）载，县里下河地区曾是麋鹿的故乡。后因捕猎和生活环境剧烈变化，逐步减少，约在100～120年前绝迹。1984年，曾在桥头乡西河村等处挖掘到麋鹿角化石。

按：反映当地麋鹿一直延续到清末才绝迹。

---

①南京名胜朝天宫历史．http://www.njrd.gov.cn/jlzg/201405/t20140507_2816529.html

②秦置，今盱眙市。其时属安徽。

4.3.3 浙江

浙江省曾有较多麋鹿分布记录。

《水经注·浙江水》记述：

（长）湖北有三小山，谓之鹿野山，在县南六里。按《吴越春秋》：越之麋苑也。……湖北有射堂及诸邸舍连衍相属，又于湖中筑塘直指南山。北即大越之国，秦改为山阴县，会稽郡治也。

按："长湖"，即镜湖，又名鉴湖，在会稽山北麓，唐以后逐渐淤浅；"会稽山"，在今绍兴市越城区；"山阴县"，即今绍兴市越城区。反映在春秋战国时期，这一带有豢养的麋鹿。

《晋书·隐逸·郭文列传》记载：

郭文，字文举，河内轵人也。……洛阳陷，乃步担入吴兴余杭大辟山中穷谷无人之地，倚木于树，苫覆其上而居焉，亦无壁障。时猛兽为暴，入屋害人，而文独宿十余年，卒无患害。……有猛兽杀大麋鹿于庵侧，文以语人，人取卖之，分钱与文。文曰："我若须此，自当卖之。所以相语，正以不须故也。"闻者皆嗟叹之。猎者时往寄宿，文夜为担水而无倦色。余杭令顾飏与葛洪共造之，而携与俱归。

按：所谓"余杭"，乃余杭县，今属杭州市。据此反映，东晋时当地还有麋鹿栖息。

清光绪二十五年《慈溪县志》：

麋：《天启志》。《埤雅》：麋四目，其二夜目也。所谓目下窍夜即能视，故《淮南子》曰：孕妇见麋而子四目。

麈：《成化府志》。《祖庭事苑》：鹿之大者曰麈，群鹿随之，唯其所往，麈尾旋转为准。于文，从鹿主。古之谈者挥焉。

按：此"麋"与"麈"皆是麋鹿。

《浦江县志》追记（浦江县志编纂委员会，1990）：

明清时，境内森林茂密，东山岭上古木参天……井坑岭一带万木争荣，麋鹿出没。

按：反映当时有麋鹿分布。

4.3.4 安徽

安徽省在20世纪前也有麋鹿分布记录。

《山海经·中山经》记载：

美山，其兽多野牛，多闾、麈，多豕、鹿。

按：此"美山"似为大别山的第二高峰——天堂寨，在金寨县。提及较多数量的野兽有麋鹿等。

《滁州市志》追记（滁州市（县级）地方志编纂委员会，1998）：

宋代，因滁城西南峻岭碧障，草木蔚然，适宜生息麋鹿，故"岁有贡鹿翳止扰"。南宋以后，战乱频仍，植被渐疏，又因北民南迁，本地民居稠密，麋鹿渐少，至嘉泰四年，滁州军州事林嵘奏免。

按：据此表明，当地曾有麋鹿栖息。

明嘉靖二十八年《宁国县志》记载：

鹿其大者曰麋，麋之大者曰麈，行速，性急。宁国山间有之。

按：表明"鹿"中含有麋鹿。

清道光七年《徽州府志》记载：

嘉庆……五年正月，绩溪大雪连四五日，平地三尺，山中高至丈余，麋鹿、野豕毙者无数……《绩溪县志》。

按：此处记载清嘉庆五年（1800）连日大雪，有麋鹿、野猪等野兽冻死。虽强调今绩溪县一地，但其范围显然要大于此一县之地。

4.3.5 福建

20世纪前，福建省也有麋鹿分布记录。

清乾隆十七年《汀州府志》记述：

鹿：性惊防。分背而食，食则相呼。群居则环其角外向，以防物之害己也。《说文》曰：解角兽。《尔雅翼》曰：鹿与麋为友。鹿，阳兽，夏至得阴气而解角。麋，阴兽，冬至得阳气而解角。《诗》注：牝鹿为麀。

按：据此看，当地所谓"鹿"中含有麋鹿。

清乾隆三十年《将乐县志》记述：

麋：《朱注》：麋，鹿之大者。或曰，鹿，阳兽。麋，阴兽。故麋角以冬至解。然则麋与鹿实有二，但鲜能分者。将向多山鹿，亦百余斤。闻台湾及辽海者皆数百斤，千百为群。相传悉海鱼所变，以天地化生之理推之，或不尽诬欤。

按：此处虽存瑕疵，但特指出今台湾与辽宁省东南部一带麋鹿多且大，表明皆有麋鹿，并可相互印证。

清同治八年《宁化县志》记述：

麋：鹿属也。牡者有角。今猎人多不分别，往往以麋为鹿，牡者犹可以角退为辨。牝者通目为麀鹿矣。《左传》曰：泽有介麋。无偶，曰介。

麋，阴兽，情淫而游泽，一牡能乘十牝，以冬至陨角而应阳。鹿，阳兽，游山，以夏至解角而应阴。《淮南子》曰：日至而麋鹿解。是也。鹿角挟阴之阳，故应阴而陨。麋角挟阳之阴，故应阳而陨。鹿肉暖，以阳为体。麋肉寒，以阴为体。以阳为体者，以阴为末。以阴为体者，以阳为末。角，末也。故应阴阳。如此，《埤雅》麋性述惑，故其迹缠而不解。

按：据此看，与麋鹿吻合，反映有麋鹿分布。

清光绪五年《长汀县志》记述：

麋：鹿属也。牡者有角。《尔雅》云：麋，牡麔，牝麎，其子麇。性最迷惑，极有气力。盖凡人骨髓二十年方坚，麋角一生即坚如石。计一日夜须生数两，神速如此。此所以能补骨血，坚阳强精也。又考《尔雅翼》曰：鹿与麋为友。鹿，阳兽，游山，夏至得阴气而解角，从阳退之象。麋，阴兽，游泽，冬至得阳气而解角，从阴退之象也。

麈：《埤雅》曰：似鹿而大。其尾辟尘，[以]置[蒨]帛中，[能]令岁久红色不黦。又以拂毡，令毡不蠹。(故蝇点)[盖蝇防]变白，麈尾留红。(谈者执之以挥)[古之谈者挥焉良为]。

按：此"麋"与"麈"皆指麋鹿。

《宁化县志》记载(宁化县志编纂委员会，1992)：

明清县志记载的丹顶鹤、鸥、青鸾、鸡鶒、貂、狼、鹿、麋已不复见。

按：表明当时有麋鹿等野生动物栖息。

4.3.6 江西

江西省历史上有麋鹿分布记录。

《山海经·五藏山经》记载：

柴桑之山，其上多银，其下多碧，多汵石、赭，其木多柳、芑、楮、桑，其兽多麋、鹿，多白蛇、飞蛇。

按：所谓"柴桑山"，在今九江市西南；"多麋"，反映当时多有麋鹿栖息。

(唐)柳宗元在《临江之麋》中记述道："临江之人畋得麋麑，畜之"。此虽是讽刺散文，但所谓"临江"，乃今樟树市；所称猎人捕获麋鹿幼仔畜养，也是可行的。反映当时当地有麋鹿分布。

(宋)《太平御览》摘引：

《宣验记》曰：吴唐，庐陵人也。少好驱媒猎射，发无不中，家以致富。后春月，将儿出射，正值麋鹿将麑。[鹿]母觉有人气，呼麑渐去。麑不知所畏，迳前就媒。唐射麑，即死。鹿母惊还悲鸣。唐乃自藏于草中，出麑致净地。鹿母直来地，俯仰顿伏，绝而复起。唐又射鹿母，应弦而倒。至前场，复逢一鹿，上弩将放，忽发箭反激还中其子。唐掷弩抱儿，抚膺而哭，闻空中呼曰："吴唐，鹿之爱子与汝何异?"唐惊听，不知所在。

按：此"庐陵"，在今吉安市与吉安县一带；记述吴唐先射幼麋，再射雌麋，最后殃及其子，反映确有麋鹿栖息。

南昌县的南宋嘉定二年(1209)陈氏墓出土有釉下彩绘跃鹿纹盖罐(图 25.31)，绘有跃鹿一只，口衔瑞草，四足腾空跃起，身旁点缀小草两株。值得注意的是，该"鹿"不仅有多叉角，而且有飘逸的长尾，显然是麋鹿。

图 25.31 跃鹿纹盖罐(南宋)①

①吉州窑精品鉴赏之二. http://bbs.sssc.cn/viewthread.php? tid=492743

吉州窑位于吉安市永和镇，始建于晚唐，兴于五代、北宋，极盛于南宋，衰于元代末年。从该窑宋元时期多种不同制式瓷器上显示的各种形态麋鹿(图 25.32～图 25.36)看，反映当时在今吉安市一带多有麋鹿栖息。

清同治十一年《安远县志》记述：

鹿：不常有，或数年而一遇。今乡间另有二种：曰麂，曰麋；麋比鹿而较大，俱鹿属。

按：说明当地还有麋鹿等存在。

清同治十二年《玉山县志》：

老农常述：乾隆初，怀玉开山，树木丛杂竹菁蒙密，有麋、鹿成群游卧道旁。

按：反映在清初，当地麋鹿不少。

图 25.32　开窗奔鹿纹香炉(南宋)①

图 25.33　黑彩奔鹿纹长颈瓶(元)②

图 25.34　彩绘海水奔鹿纹执壶(元)③

①吉州窑彩绘开窗奔鹿纹香炉. http://www.gucn.com/Service_CurioStall_Show.asp? Id=7826794

②元代吉州窑黑彩奔鹿纹长颈瓶. http://bbs.artron.net/thread-3355562-1-1.html

③元代吉州窑彩绘海水奔鹿纹执壶. http://bbs.sssc.cn/thread-1543108-1-1.html

图 25.35　三奔鹿斗笠盏①

图 25.36　卷草开光奔鹿罐②

4.3.7　山东

山东省早期有麋鹿分布记录。

《春秋·庄公十七年》云"冬，多麋。"杜预注："周之冬夏之秋也，麋多则害五稼，故以灾书。"

按：麋鹿乃草食性动物，在农耕时代，其数量多，未免伤害庄稼，造成灾害。此记载反映春秋时期鲁庄公十七年（前 677）鲁国发生的麋鹿灾害，鲁国在今山东省西部，国都曲阜（今曲阜市）。反映在今鲁西南一带颇多麋鹿。

《左传·僖二十八年》记述：

楚子玉自为琼弁玉缨，未之服也。先战，梦河神谓己曰："畀余，余赐女孟诸之麋。"

又《哀十四年》记述：

宋桓魋之宠害于公……公知之，告皇野曰："余长魋也，今将祸余，请即救。"司马子仲曰："有臣不顺，神之所恶也，而况人乎？敢不承命！不得左师不可，请以君命召之。"……公曰："可矣！"以乘车往，曰："迹人来告曰：'逢泽有介麋焉。'公曰：'虽魋未来，得左师，吾与之田，若何？'"

按：前者记述春秋时期鲁僖公二十八年（前 632）晋、楚城濮之战，楚国令尹子玉自己制作了用玉装饰的马冠和以玉串成的缨子，但没有给马佩戴上。战争发生前，他梦见黄河神对他说："你把这些马冠、马缨给我，我赐给你孟诸泽中的麋。"后者记述鲁哀公十四年（前 481），宋景公追杀反叛的向魋之事。宋景公得知向魋阴谋，向皇野（字子仲，时任司马）求助，皇野奉宋景公命乘着兵车去见左师向巢（向魋之兄，时任左师），说："负责寻找野兽足迹的官吏前来报告说：'遇到孟诸泽有零散的麋鹿。'国君说：'虽然桓魋没有来，左师能来，我跟他一起打猎，怎么样？'"此两条史实皆表明孟诸泽有麋鹿。所谓"孟诸"，乃孟渚泽，又作孟诸、望诸、盟诸、明都，居中国九大古泽之首，地处今鲁豫交界处，位于今山东省单县西南。沼泽乃麋鹿最佳栖息地，其记载不谬。

值得注意的是，鲁庄公十七年（前 677），鲁国麋鹿成灾；到鲁僖公二十八年（前 632），黄河神托梦愿将孟诸泽中的麋鹿相赠（亦即麋鹿数量仍多）；至鲁哀公十四年（前 481），孟诸泽中麋鹿已零星分布。前者间隔约半个世纪，后者相距约一个半世纪，麋鹿数量变化如此之大。

4.3.8　台湾

台湾在 20 世纪前有麋鹿生息繁衍。

清康熙五十六年《诸罗县志》集解：

麋：鹿之大者。《左传》：泽有介麋。《尔雅翼》：麋，阴兽，游泽，冬至得阳气而解角，从阴退之象。

按：此乃所见台湾地区最早诠释麋鹿的记载（虽为集注），据有麋鹿遗存看，当是孑遗物种。

清乾隆十二年《台湾府志》记述：

麋茸：鹿之大者。鹿茸补阳，麋茸补阴。

①宋吉州窑剪纸贴三奔鹿斗笠盏. http://www.gucn.com/Service_CurioStall_Show.asp? Id=10510629

②宋代吉州窑卷草开光奔鹿罐子. http://www.gucn.com/Service_CurioStall_Show.asp? ID=10241939

麋：孙元衡有《巨蛇吞鹿歌》云：一岛三千麋鹿场，甡甡出谷如牛羊。台山不生白额虎，族类无忧牙爪伤。野有修蛇大如斗，飕飕草木腥风走。气腾火焰喷黄云，八尺斑龙入巨口。九岐璚角横其喉，昂宵下咽膏涎流。狞蕃豥兽不相贼，犇窜林莽争逃钩。我闻巴蛇吞象不烦齩，三岁化骨何阴狡。尔鹿尔鹿甚微细，此蛇得之应未饱《赤嵌集》。

按：不仅明确“麋”乃鹿之大者，而且引用曾任台湾同知的孙元衡撰的《赤坎集》中“一岛三千麋鹿场”。可见清初，麋鹿还颇多。

清咸丰二年《噶玛兰厅志》引注：

麋茸：《药谱》云：九女春①。鹿茸补阳，麋茸补阴。

麋：《尔雅翼》：鹿，阳兽，游山，夏至得阴气而解角，从阳退之象。麋，阴兽，游泽，冬至得阳气而解角，从阴退之象。

按：从引注看，就是麋鹿。

4.3.9 方志记载

方志记载可反映20世纪前华东多地的麋鹿分布情况（表25.4）。

表 25.4　　方志记载20世纪前华东的麋鹿情况

省级政区	今地点	文献	内容	新方志出处
江苏	海安县	1997年《海安县志》	6 000年前麋鹿*	《海安县志》编纂委员会，1997
	吴江市	1995年《苏州市志》	新石器时代麋鹿*	苏州市地方志编纂委员会，1995
	南通市、海门市	明嘉靖九年(1530)《通州志》	麋	
	通州市	1996年《南通县志》	明万历间：麋*	通州市地方志编纂委员会，1996
	赣榆县	清康熙十二年(1673)《赣榆志》	麋	
	属南京市	清康熙二十二年(1683)《江宁县志》	麋	
	涟水县	清雍正五年(1727)《安东县志》	麋	
	金湖县、东台市、大丰市、扬州市、仪征市、江都市、高邮市、宝应县、泰州市、姜堰市、兴化市、海安县	清雍正十一年(1733)《扬州府志》	麋	
	如皋市	清乾隆十五年(1750)《如皋县志》	麋(如皋为海陵故地。而今绝少，岂地气变迁耶?)	
	泰兴市、南通市、通州市、如皋市、如东县	清乾隆二十年(1755)《直隶通州志》	麋	
	连云港市	清乾隆三十七年(1772)《云台山志》	鹿(有角鹿、麋鹿二种)	
	如皋市	清嘉庆十三年(1808)《如皋县志》	麋*	
	金湖县、东台市、大丰市、扬州市、仪征市、江都市、高邮市、宝应县、泰州市、姜堰市、兴化市、海安县	清嘉庆十五年(1810)《扬州府志》	东阳县多麋*	
	赣榆县	清嘉庆十六年(1811)《海州直隶州志》	赣榆县：麋	

①(宋)陶谷《清异录·药谱》："九女春，鹿茸。"

（续表）

省级政区	今地点	文献	内容	新方志出处
	东台市	清嘉庆二十二年(1817)《东台县志》	麋*	
	连云港市	清道光十七年(1837)《云台新志》	鹿(角鹿、麋鹿二种)	
	泰兴市、南通市、通州市、如皋市、如东县	清光绪元年(1875)《通州直隶州志》	麋	
	宜兴市	清光绪八年(1882)《宜兴荆溪县志》	鹿*	
	姜堰市	1993年《泰县志》	麋*	泰县县志编纂委员会,1993
	如皋市	1995年《如皋县志》	麋(远古多产,今绝迹)	如皋市地方志编纂委员会,1995
浙江	宁波市	民国十三年(1924)《定海县志》	案:《前志》言:翁州周环五百里多麋鹿[①]	
	杭州市、临安市、富阳市、海宁市	明万历七年(1579)《杭州府志》	麋	
	上虞市	明万历三十四年(1606)《上虞县志》	麋	
	属杭州市	明万历三十七年(1609)《钱塘县志》	麋	
	慈溪市	明天启四年(1624)《慈溪县志》	麋	
	入莲都区、松阳县、武义县	清顺治十二年(1655)《宣平县志》	麋	
	嵊州市	清康熙十年(1671)《嵊县志》	鹿(大者为麋)	
	上虞市	清康熙十年(1671)《上虞县志》	麋	
	金华市、兰溪市、义乌市、东阳市、永康市、武义县、浦江县、磐安县	清康熙二十二年(1683)《金华府志》	麋	
	属杭州市	清康熙二十六年(1687)《仁和县志》	麋	
	杭州市、富阳市、临安市、海宁市	清康熙三十三年(1694)《杭州府志》	麋	
	属杭州市	清康熙五十七年(1718)《钱塘县志》	麋(鹿角以夏至解,以应阴。麋角以冬至,以应阳)	
	慈溪市	清雍正八年(1730)《慈溪县志》	麋	
	属淳安县	清乾隆十八年(1753)《遂安县志》	麋	
	象山县	清乾隆二十四年(1759)《象山县志》	麋	
	东阳市	清道光十一年(1831)《东阳县志》	麈、麋	
	泰顺县	清同治四年(1865)《泰顺分疆录》	麋	
	嵊州市	清同治九年(1870)《嵊县志》	麋(在山为鹿,在泽为麋。鹿性阳,麋性阴)	
	缙云县	清光绪二年(1876)《缙云县志》	麋	
	舟山市	清光绪三年(1877)《定海厅志》	鹿(翁州周环五百里多麋鹿《元和郡县图志》)	
	慈溪市	清光绪十四年(1888)《慈溪县志》	麋	
	慈溪市	清光绪二十五年(1899)《慈溪县志》	麋*、麈*	

（续表）

省级政区	今地点	文献	内容	新方志出处
	属淳安县	民国十九年(1930)《遂安县志》	虎、豹、麋、鹿(上五种殊不概见)	
	浦江县	1990年《浦江县志》	明清时，麋鹿*	浦江县志编纂委员会，1990
安徽	滁州市	1998年《滁州市志》	宋代，麋鹿*	滁州市(县级)地方志编纂委员会，1998
	宁国市	明嘉靖二十八年(1549)《宁国县志》	鹿*	
	东至县	明万历三年(1575)《东流县志》	麋	
	定远县	1995年《定远县志》	清以前猎物有：麋鹿	定远县地方志编纂委员会，1995
	太湖县	清顺治十年(1653)《太湖县志》	麋	
	怀宁县	清康熙十二年(1673)《怀宁县志》	麋	
	太湖县	清康熙十四年(1675)《太湖县志》	麋	
	含山县、和县	清雍正六年(1728)《古今图书集成·方舆汇编·职方典·和州物产考》	麋(州通产)	
	黄山市、歙县、休宁县、黟县、祁门县、绩溪县等地	清道光七年(1827)《徽州府志》	麋鹿*	
福建	福清市	明嘉靖二十六年(1547)《福清县志》	麋	
	永安市	明万历二十二年(1594)《永安县志》	麋	
	福清市	清康熙六年(1667)《福清县志》	麋	
	泰宁县	清康熙二十五年(1686)《泰宁县志》	麋	
	延平区	清康熙五十八年(1719)《南平县志》	麋	
	永安市	清雍正十年(1732)《永安县志》	麋	
	明溪县、宁化县、清流县、长汀县、武平县、上杭县、永定县、连城县	清乾隆十七年(1752)《汀州府志》	鹿*	
	蕉城区、福安市、福鼎市、寿宁县、霞浦县、柘荣县、周宁县	清乾隆二十七年(1762)《福宁府志》	麋	
	延平区、顺昌县、三明市、永安市、将乐县、沙县、尤溪县	清乾隆三十年(1765)《延平府志》	麋(鹿之大者)	
	将乐县	清乾隆三十年(1765)《将乐县志》	麋*	
	福鼎市	清嘉庆十一年(1806)《福鼎县志》	麋	
	宁化县	清同治八年(1869)《宁化县志》	麋*	
	长汀县	清光绪五年(1879)《长汀县志》	麋*、麈*	
	邵武市、光泽县、建宁县、泰宁县	清光绪二十四年(1898)《邵武府志》	麋	

（续表）

省级政区	今地点	文献	内容	新方志出处
	宁化县	1992年《宁化县志》	明清县志记载:麋*	宁化县志编纂委员会,1992
	惠安县	1998年《惠安县志》	旧志记载的鹿、麋、麞、狐、熊等,今已绝迹	惠安县地方志编纂委员会,1998
	永定县	1994年《永定县志》	许多珍稀动植物消失,尤其是林间动物,如:黄麋	永定县地方志编纂委员会,1994
江西	高安市、宜丰县、上高县	明正德六年(1511)《瑞州府志》	鹿(大曰麋,茸可入药)	
	修水县	明嘉靖二十二年(1543)《宁州志》	麋	
	南昌市、南昌县、新建县、进贤县、武宁县、丰城市、奉新县、靖安县	明万历十六年(1588)《南昌府志》	麋(俗名山牛)	
	新建县	清康熙十九年(1680)《新建县志》	麋	
	新建县	清道光二十九年(1849)《新建县志》	麋	
	武宁县	清同治九年(1870)《武宁县志》	麋	
	新建县	清同治十年(1871)《新建县志》	麋	
	贵溪县	清同治十年(1871)《贵溪县志》	鹿、麋(鹿类也,差大耳)	
	安远县	清同治十一年(1872)《安远县志》	鹿*	
	高安市、宜丰县、上高县	清同治十二年(1873)《瑞州府志》	鹿(大曰麋,茸可入药)	
	玉山县	清同治十二年(1873)《玉山县志》	麋*	
	修水县	清同治十二年(1873)《义宁州志》	麋	
	吉水县	清光绪元年(1875)《吉水县志》	麋	
山东	平阴县、阳谷县、东阿县、临沂市、郯城县、苍山县、平邑县、费县、临沭县、枣庄市、滕州市、济宁市、曲阜市、兖州市、邹城市、微山县、鱼台县、金乡县、嘉祥县、汶上县、泗水县、梁山县、宁阳县、东平县、牡丹区、曹县、定陶县、成武县、单县、巨野县、郓城县	明嘉靖十二年(1533)《山东通志》	兖州府:庄公……十有七年冬,多麋	
	平阴县、阳谷县、东阿县、临沂市、郯城县、苍山县、平邑县、费县、临沭县、枣庄市、滕州市、济宁市、曲阜市、兖州市、邹城市、微山县、鱼台县、金乡县、嘉祥县、汶上县、泗水县、梁山县、宁阳县、东平县、牡丹区、曹县、定陶县、成武县、单县、巨野县、郓城县	明万历元年(1573)《兖州府志》	有麋(麋冬至角解)	
	诸城县	清康熙十二年(1673)《诸城县志》	明正德九年……县东北境多麋,人捕食之	

（续表）

省级政区	今地点	文献	内容	新方志出处
台湾	台北市、基隆市、高雄市、台南市、台中市、新竹市、嘉义市、台北县、高雄县、台南县、台中县、新竹县、嘉义县、屏东县、台东县、花莲县、宜兰县、桃园县、苗栗县、彰化县、南投县、云林县、澎湖县	清康熙三十年(1691)《台湾府志》	麋鹿（大曰麋，小曰鹿）	
	台北市、基隆市、高雄市、台南市、台中市、新竹市、嘉义市、台北县、高雄县、台南县、台中县、新竹县、嘉义县、屏东县、台东县、花莲县、宜兰县、桃园县、苗栗县、彰化县、南投县、云林县、澎湖县	清康熙三十四年(1695)《台湾府志》	麋鹿（大曰麋，小曰鹿）	
	嘉义县	清康熙五十六年(1717)《诸罗县志》	麋*	
	台南市	清康熙五十九年(1720)《台湾县志》	麋茸（性能滋阳，以大者为佳）	
	台北市、基隆市、高雄市、台南市、台中市、新竹市、嘉义市、台北县、高雄县、台南县、台中县、新竹县、嘉义县、屏东县、台东县、花莲县、宜兰县、桃园县、苗栗县、彰化县、南投县、云林县、澎湖县	清乾隆十二年(1747)《台湾府志》	麋茸* 麋*	
	台中县	清乾隆十九年(1754)《台湾县志》	麋（鹿之大者）	
	高雄县	清乾隆二十九年(1764)《凤山县志》	麋（鹿之大者）	
	台中县	清嘉庆十二年(1807)《台湾县志》	麋	
	台南市	清道光元年(1821)《台湾县志》	麋鹿（旧盛产，今取之既尽，甚为难得，必求之番管）	
	彰化县	清道光十四年(1834)《彰化县志》	麋***	
	宜兰县	清咸丰二年(1852)《噶玛兰厅志》	麋茸*、麋*	
	新竹县	清同治十年(1871)《淡水厅志》	麋	
	苗栗县	清光绪十七年(1891)《苗栗县志》	麋（色淡青）	
	台北市、基隆市、高雄市、台南市、台中市、新竹市、嘉义市、台北县、高雄县、台南县、台中县、新竹县、嘉义县、屏东县、台东县、花莲县、宜兰县、桃园县、苗栗县、彰化县、南投县、云林县、澎湖县	清光绪二十年(1894)《台湾通志》	麋***	
	台东县	清光绪二十年(1894)《台东州采访册》	麋	

注：*表示详见正文。***表示本省级政区已有类似记录。①(唐)《元和郡县图志》翁洲，入海二百里，即春秋所谓甬东地也。……其洲周环五百里，有良田湖水，多麋鹿。

4.4 中南

20世纪前，中南各省级政区皆有麋鹿分布记录。

4.4.1 河南

历史上，河南省曾有麋鹿分布记录。

前文提及春秋时期，地处今鲁豫交界处的孟诸泽有麋鹿，孟诸泽位于今河南省的商丘市东北、虞城县西北。

《左传·僖公三十三年》记载：

郑之有原圃，犹秦之有具囿也。君子取其麋、鹿以间蔽邑，若何？

按：鲁僖公三十三年（前627），郑国皇武子巧对企图偷袭的秦国将领提及："郑国有原圃，就如同秦国有具圃，大夫们可自己猎取麋鹿，使敝邑得有闲空，怎么样？"此处所谓"原圃"与"具囿"，分别是当时郑国与秦国畜养动物的狩猎场，"原圃"在今中牟县西，反映其中有麋鹿。

《左传·宣公十二年》记述：

夏六月，晋师救郑。荀林父将中军，先縠佐之……

晋师在敖、鄗之间。郑皇戌使如晋师……

楚子又使求成于晋，晋人许之，盟有日矣。楚许伯御乐伯，摄叔为右，以致晋师。……晋人逐之，左右角之。乐伯左射马而右射人，角不能进，矢一而已。麋兴于前，射麋丽龟。晋鲍癸当其后，（乐伯）使摄叔奉麋献焉，曰："以岁之非时，献禽之未至，敢膳诸从者。"鲍癸止之，曰："其左善射，其右有辞，君子也。"既免。

晋魏錡求公族未得，而怒，欲败晋师。请致师，弗许。请使，许之。遂往，请战而还。楚潘党逐之，及（荧）[荥]泽，见六麋，射一麋以顾献曰："子有军事，兽人无乃不给于鲜，敢献于从者。"叔党命去之。

按：此乃公元前597年，晋楚"两棠之役"[①]中的射麋纪事。晋师驻扎在敖山与鄗山之间，皆在今荥阳市西北。纪事一大意为：楚庄王派使者向晋国求和，晋国人答应了，约定了结盟的日期。楚国的许伯替乐伯驾战车，摄叔作为车右，向晋军单车挑战……晋国人追赶他们，左右两面夹攻。乐伯左边射马，右边射人，使晋军左右翼不能前进。箭只剩下一支时，有麋鹿出现在前面，乐伯射麋鹿正中背部。晋国的鲍癸正在后面，乐伯让摄叔拿着麋鹿献给他，说："由于今年还不到时令，应当奉献的禽兽没有来，谨把它奉献给您的随从作为膳食。"于是鲍癸阻止部下，不再追赶，说："他们的车左善于射箭，车右善于辞令，都是君子啊。"因此许伯等三人都免于被俘。纪事二大意为：晋国的魏锜请求做公族大夫，没有达到目的，因而发怒，想要使晋军失败。魏锜先请求单车挑战楚军，未被批准；再请求为使向楚求和，虽得到允许，但他却向楚军挑拨与晋交战而回。楚国的潘党追杀他到荥泽，魏锜看到六只麋鹿，便射杀一只麋鹿献给潘党，说："您有军事在身，打猎的人恐怕不能供给新鲜的野兽吧？谨以此奉献给您的随从人员。"这才得以脱身。据此纪事看来，今荥阳市一带当时有麋鹿分布。

《孟子·梁惠王[②]下》记载：

臣闻郊关之内有囿方四十里，杀其麋鹿者如杀人之罪。

孟子见梁惠王。王立于沼上，顾鸿雁麋鹿，曰："贤者亦乐此乎？"

按：此似梁惠王（前369～前319）迁都大梁（今开封市）后的事，反映其时在今开封市的苑囿中畜养有麋鹿。

《史记·三十世家·魏世家》记述：

魏王以秦救之故，欲亲秦而伐韩，以求故地。无忌谓魏王曰："……异日者，秦在河西晋，国去梁千里，有河山以阑之，有周韩以间之。从林乡军以至于今，秦七攻魏，五入囿中，边城尽拔，文台堕，垂都焚，林木伐，麋鹿尽，而国继以围。"

按：魏安釐王十一年（前266），信陵君魏无忌想要亲近秦国，攻伐韩国，以便收回原来的土地，其中提及："从前，秦国在河西晋国故地，离大梁有千里之远，既有黄河及高山阻挡，又有韩国可以把它隔开。自从林乡一战到现在，秦国七次进攻魏

①因泌水入荥阳称"蒗荡渠"，可写作"两棠"，故称为"两棠之役"；况出现的地名多在今荥阳市一带。而见有称"邲之战"者，"邲"在今郑州市东，位置有误，故不妥。

②魏惠王（魏罃，前369～前319年在位）。魏惠王六年（前364），把都城从安邑（今山西省夏县西北禹王村）迁至大梁（今河南省开封市东南），因此在《孟子》一书中又称为梁惠王。

国，五次攻入囿中，边境城邑都被攻陷，文台被毁，垂都被烧，林木被砍伐，麋鹿被猎尽，国都接着被围。”魏国疆域约包括今山西南部、河南北部和陕西、河北的部分地区；当时其西邻秦国，西南与韩国接壤；始都安邑（今山西夏县），后迁都大梁（今开封市），此后魏国亦称梁国。据此反映，在这一带当时有不少麋鹿分布。

《安阳市志》追记（河南省安阳市地方史志编纂委员会，1998）：

《战国策·信陵君说魏王》：秦十攻魏，五入囿中，边城尽，垂都堕，林木伐，麋鹿尽。

按：此虽与《史记》记载的内容略有出入，但皆反映曾有麋鹿分布。

《山海经·中山经》记载：

中次二经济山之首，曰煇诸之山，其上多桑，其兽多闾、麋。

女几之山……其兽多豹虎，多闾、麋、麖、麂。

朝歌之山，潕水出焉，东南流注于荥，其中多人鱼。其上多梓、枏，其兽多麢、麋。

即谷之山，多美玉，多玄豹，多闾、麈，多麢。

按：所谓“煇诸山”，似指今济源市一带的王屋山；“女几山”，似在宜阳县，又名花果山；“朝歌山”，似在今舞钢市与方城县一带；“即谷山”，似指今信阳市的鸡公山。所列举的野兽中多“麋”或“麈”，反映皆有不少麋鹿栖息。

《三国志·魏书·高柔传》记载：

明帝即位，封柔延寿亭侯……是时，杀禁地鹿者身死，财产没官，有能觉告者厚加赏赐。柔上疏曰：“……中间已来，百姓供给众役，亲田者既减，加顷复有猎禁，群鹿犯暴，残食生苗，处处为害，所伤不赀。民虽障防，力不能御。至如荥阳左右，周数百里，岁略不收，元元之命，实可矜伤。方今天下生财者甚少，而麋鹿之损者甚多。”

按：此乃魏明帝曹叡（226～239）间事。“禁地”，乃曹魏狩猎苑囿，在今荥阳市，“周数百里”（广轮且千余里），有颇多麋鹿①等动物。

4.4.2 湖北

湖北省历史上曾有麋鹿分布记录。

《墨子·公输》：“荆有云梦，犀、兕、麋、鹿满之”。按：既称“满之”，说明印度犀、苏门犀、麋鹿、梅花鹿等数量颇多；其地域，据谭其骧（1998）考证，是当时楚国云梦游猎区，范围大致包括整个江汉平原及东、西、北三面一部分丘陵山峦，南则限于江北；大致在今武汉市、襄樊市、南漳县、荆门市、钟祥市、沙洋县、京山县、孝南区、应城市、安陆市、汉川市、孝昌县、云梦县、麻城市、红安县、鄂州市、荆州市、石首市、洪湖市、松滋市、公安县、监利县、枝江市、当阳市、远安县、曾都区、仙桃市、天门市、潜江市一带。

《山海经·中山经》记载：

荆山……其中多牦牛，多豹、虎，其木多松、柏，其草多竹，多橘、櫾。漳水出焉，而东南流注于睢，其中多黄金，多鲛鱼，其兽多闾、麋。

纶山，其木多梓枏，多桃枝，多柤、栗、橘、櫾，其兽多闾、麈、麢。

按：此“荆山”在今南漳县；所谓“纶山”，似为今京山县的大洪山。此外，还有前文提及的“美山”（大别山脉的天堂寨），处于此处的则是罗田县。野兽中多“麋”或“麈”，说明有不少麋鹿生息繁衍。

清同治五年《来凤县志》记述：

麋、鹿：《旧志》载有此物。鹿，阳兽，喜居山；麋，阴兽，喜居泽。

按：反映当地曾有麋鹿栖息。

4.4.3 湖南

湖南省在20世纪前曾有麋鹿分布。

《山海经·中山经》记载：

暴山……其上多黄金玉，其下多文石铁，其兽多麋、鹿、麔。

按：所谓“暴山”，似今平江县的幕阜山，属罗霄山脉；称数量多的野兽有麋鹿、梅花鹿、麂子等。

---

①《魏名臣奏》载柔上疏曰：

臣窃以为今鹿但有日耗，终无从得多也。何以知之？今禁地广轮且千余里，臣下计无虑其中有虎大小六百头，狼有五百头，狐万头。使大虎一头三日食一鹿，一虎一岁百二十鹿，是为六百头虎一岁食七万二千头鹿也。使十狼日共食一鹿，是为五百头狼一岁共食万八千头鹿。鹿子始生，未能善走，使十狐一日共食一子，比至健走一月之间，是为万狐一月共食鹿子三万头也。大凡一岁所食十二万头。其雕鹗所害，臣置不计。以此推之，终无从得多，不如早取之为便也。

清同治七年《石门县志》记述：

麋：性淫迷。牡曰麔，牝曰麎，子曰麇，鹿属也。鹿喜山，属阳，故夏至解角。麋喜泽，属阴，故冬至解角。群食泽草，践处成泥曰麋畯。

按：据此反映就是麋鹿。

清同治八年《澧州直隶州志》集解：

麋：大于鹿。《月令》：冬至，麋角解。陆佃曰：鹿以阳为体，以阴为末。麋以阴为体，以阳为末。角，末也，故应而解。《博物志》：南方麋千百为群，食泽草，践处成泥，名曰麋畯。民随之种稻，收百倍。《格物论》：麋目下有二窍，为夜目，夜能视。《周礼》：兽人冬献狼，夏献麋。

按：反映当地有麋鹿栖息。

4.4.4 广东

20 世纪前，广东省曾有麋鹿分布记录。

民国十年《东莞县志》：

麋：鹿是山兽，麋是泽兽《礼记疏》。按：邑近并无有。

按：明确是麋鹿，虽称当地“并无有”，但还是反映曾有麋鹿分布。

4.4.5 广西

广西壮族自治区历史上曾有麋鹿分布。

清乾隆二十九年《柳州县志》与《马平县志》追记：

顺治……十八年辛丑，教场有野麋立于梓潼阁。似鹿较大，腮有二窍。知府刘永清令人执至府前。士民环睹，有书吏钟姓者来视麋，麋忽以角触之，扶归即死。

按：此乃清顺治十八年(1661)发生的野生麋鹿进城顶人而亡纪事，说明当地有野生麋鹿分布；此两县今皆为柳州市，故都有记载。

4.4.6 海南

海南省历史上也有麋鹿分布记录。

《汉书·地理志》记述：

自合浦徐闻南入海，得大州，东西南北方千里，武帝元封元年略以为儋耳、珠厓郡。民皆服布如单被，穿中央为贯头。男子耕农，种禾稻、纻麻，女子桑蚕织绩。亡马与虎，民有五畜，山多麈、麖。

按：据此看，当是指今海南省而非“粤地”(《尔雅翼》)；“山多麈”，说明多麋鹿。

(宋)丁谓(966—1037)曾谪居崖州(今属三亚市)五年，留下大量诗句，其《有感》道：

今到崖州事可嗟，梦中常若在京华。
程途何啻一万里，户口都无三百家。
夜听猿啼孤树远，晓看潮上瘴烟斜。
吏人不见朝中礼，麋鹿时时到县衙。

按：曾辅佐宋太宗、真宗、仁宗三朝的宰相丁谓被贬崖州司户参军，此诗中崖州与京城的天壤之别的朴实景象赫然呈现，由于人烟稀少，野生麋鹿时时拜访县衙便不足为奇。

明正德六年《琼台志》记述：

鹿：麚，牡也。麀，牝也。麑，其子也。

山马：似鹿大，如马，苍褐色。土人疑为麋，但角亦午月解。

麖：小者为鹿，《汉书·地里志》：山多麈、麖。按：师古曰：麈似鹿而大；又《说文》：麈色白，群鹿随之，皆视所往为准。今琼无。

麖皮：小为麂皮。西路多。贡。鹿皮。

按：其中提及多种鹿科动物，所谓“麈”，当是麋鹿；“今琼无”，表明已然罕见。

1869 年，斯云和(Swinhoe，R.)在海南岛搜集到 2 张幼鹿皮，收藏在英国自然博物馆①。1965 年，经道布鲁罗卡(Dobroruka，L. J.)对它们进行研究，认为是麋鹿皮(Dobroruka，1970；景存义等，1992)。证实海南省确曾有麋鹿分布。

明万历四十六年《儋州志》记述：

麈：即麋。俗呼山马。其角午月解。按《汉[书]·地理志》：山多麈、麖。师古曰：麈似鹿而大。《说文》：麈色褐。曰，群鹿随之，皆视所往为准。

按：将其与《琼台志》对照，不难看出此时已将“麈”“麋”“山马”混杂，尤其是“其角午月解”，说明并非麋鹿(*Elaphurus davidianus*)，而主要是

①另有称，1869 年，史温侯记录到海南岛的鹿科动物，把一种鹿正确地指称为赤麂，写明这种鹿的前脚强烈地渲染着黑色，而后脚差不多一律赭色。至今，伦敦不列颠自然历史博物馆里还保留着史温侯 1870 年在海南岛收集的两张麋鹿皮标本。因此，有人推测当时海南岛还可能有野生麋鹿，并且可以将麋鹿的分布区由北纬 29°向南移至北纬 18°。(单憬岗等. 百年海南野生动植物调查史. http://hnrb.hinews.cn/html/2012-11/05/content_544501.htm)

指水鹿(*Rusa unicolor*)。其后我们所见的海南方志中基本上皆如此，尽管标本等证实海南麋鹿延续到20世纪初，但从方志中已难以区分出麋鹿。

水鹿(*Rusa unicolor*)是热带、亚热带地区体形最大的鹿类(图25.37～图25.42)，体形粗壮接近马鹿。成年雄鹿肩高120～140 cm，体长140～260 cm，体重200～250 kg，最大的可达300多kg；雌鹿较矮小。面部稍长，鼻吻部裸露，鼻镜黑色，耳朵大而直立；眼睛较大，眶下腺特别发达，尤其是在发怒或惊恐时，可以膨胀到与眼睛一样大。雄鹿有角，分叉少，一般三叉角；雌鹿则无。颈毛较长，尾端部密生蓬松的黑色长毛。背呈浅棕色或黑褐色，雌鹿略带红色；冬毛深灰色；有黑棕色背线，臀周围呈锈棕色，无白色臀斑；颌下、腹部、四肢内侧、尾巴底下为黄白色[①]。我国现生水鹿基本上分布在长江以南。

图25.37　水鹿(雄)[②]

图25.38　水鹿(雌)[③]

图25.39　头部[④]

图25.40　侧视[⑤]

①水鹿. http://baike.baidu.com/link?url=wCu0_xjHr6h1Jv9yaqmvKImBamjkMEstbr_lTahlbPL_KzceNWEOYdNbADGiVIyKecaglAW2jUw0m6p7xs8eMa

②http://www.quanjing.com/share/min785149.html

③http://www.quanjing.com/share/rob-748-474.html

④水鹿. http://baike.baidu.com/link?url=wCu0_xjHr6h1Jv9yaqmvKImBamjkMEstbr_lTahlbPL_KzceNWEOYdNbADGiVIyKecaglAW2jUw0m6p7xs8eMa

⑤http://dp.pconline.com.cn/photo/3558281_3.html

图 25.41　后视①

图 25.42　小家庭②

4.4.7　方志记载

方志记载可反映 20 世纪前中南多地的麋鹿分布情况(表 25.5)。

表 25.5　**方志记载 20 世纪前中南的麋鹿情况**

省级政区	今地点	文献	内容	新方志出处
河南	安阳市、林州市、安阳县、汤阴县、滑县、内黄县	1998 年《安阳市志》	《战国策》:麋鹿*	河南省安阳市地方史志编纂委员会,1998
	汝阳县	清顺治十七年(1660)《汝阳县志》	麋	
	信阳市、罗山县、确山县、遂平县、西平县、上蔡县、汝南县、平舆县、新蔡县、正阳县	清康熙元年(1662)《汝宁府志志》	麋	
	鲁山县	清乾隆八年(1743)《鲁山县志》	麋	
	舞阳县	清乾隆十年(1745)《舞阳县志》	麋	
湖北	黄州区	明弘治十三年(1500)《黄州府志》	黄冈县:麋	
	兴山县、秭归县、巴东县	明嘉靖四十三年(1564)《归州志》	麋	
	兴山县、秭归县、巴东县	明万历三十七年(1609)《归州志》	麋	

①水鹿. http://baike.baidu.com/link? url = wCu0_xjHr6h1Jv9yaqmvKImBamjkMEstbr_lTahlbPL_KzceNWEOYdNbADGiVIyKecaglAW2jUw0m6p7xs8eMa

②水鹿. http://baike.baidu.com/link? url = wCu0_xjHr6h1Jv9yaqmvKImBamjkMEstbr_lTahlbPL_KzceNWEOYdNbADGiVIyKecaglAW2jUw0m6p7xs8eMa

（续表）

省级政区	今地点	文献	内容	新方志出处
	丹江口市、襄樊市、老河口市、枣阳市、宜城市、南漳县、谷城县	清顺治九年(1652)《襄阳府志》	麇	
	通城县	清康熙十一年(1672)《通城县志》	麇	
	丹江口市	清康熙十二年(1673)《均州志》	麇	
	巴东县	清康熙二十二年(1683)《巴东县志》	麇	
	宜城市	清康熙二十二年(1683)《宜城县志》	麇	
	宜都市	清康熙三十六年(1697)《宜都县志》	麇	
	十堰市、丹江口市、郧县、竹山县、房县、郧西县、竹溪县、襄樊市、老河口市、枣阳市、宜城市、南漳县、谷城县、保康县	清乾隆五年(1740)《下荆南道志》	麇	
	英山县	清乾隆二十一年(1756)《英山县志》	麇	
	丹江口市、襄樊市、老河口市、枣阳市、宜城市、南漳县、谷城县	清乾隆二十五年(1760)《襄阳府志》	麇	
	枣阳市	清乾隆二十七年(1762)《枣阳县志》	麇	
	竹山县	清乾隆五十年(1785)《竹山县志》	麇	
	巴东县	清乾隆五十年(1785)《巴东县志》	麇	
	嘉鱼县	清乾隆五十五年(1790)《嘉鱼县志》	麇	
	枣阳市	清同治四年(1865)《枣阳县志》	麇	
	南漳县	清同治四年(1865)《南漳县志》	麇	
	巴东县	清同治五年(1866)《巴东县志》	麇	
	宜都市	清同治五年(1866)《宜都县志》	麇	
	嘉鱼县	清同治五年(1866)《嘉鱼县志》	麇	
	来凤县	清同治五年(1866)《来凤县志》	麇	
	通城县	清同治六年(1867)《通城县志》	麇	
	竹山县	清同治六年(1867)《竹山县志》	麇	
	谷城县	清同治六年(1867)《谷城县志》	麇	
	英山县	清同治九年(1870)《英山县志》	鹿	
	五峰土家族自治县	清光绪元年(1875)《长乐县志》	麇	
	巴东县	清光绪六年(1880)《巴东县志》	麇	
	孝南区	清光绪八年(1882)《孝感县志》	麇	
湖南	平江县	明天顺五年(1461)《明一统志·岳州府》	平江县:麇	
湖南	张家界市、慈利县、桑植县、安乡县、澧县、临澧县、石门县、南县、岳阳市、临湘市、岳阳县、华容县、平江县	明弘治元年(1488)《岳州府志》	麇	
湖南	郴州市、资兴市、宜章县、汝城县、桂东县、永兴县	明万历四年(1576)《郴州志》	麇	

（续表）

省级政区	今地点	文献	内容	新方志出处
	吉首市	清乾隆四年(1739)《乾州志》	麋	
	张家界市、慈利县、津市市、安乡县、澧县、临澧县、石门县、南县	清乾隆十五年(1750)《直隶澧州志林》	麋（目下有二窍为二目，能夜视）	
	衡阳市、衡阳县	清乾隆二十六年(1761)《衡阳县志》	麋	
	属衡阳市	清乾隆二十八年(1763)《清泉县志》	麋	
	祁阳县	清乾隆三十六年(1771)《祁阳县志》	麋	
	石门县	清同治七年(1868)《石门县志》	麋*	
	属张家界市	清同治八年(1869)《永定县志》	麋	
	张家界市、慈利县、津市市、安乡县、澧县、临澧县、石门县、南县	清同治八年(1869)《澧州直隶州志》	麋*	
	益阳市	清同治十三年(1874)《益阳县志》	山牛（即麋）	
	资兴市	清光绪元年(1875)《兴宁县志》	麋	
	新宁县	清光绪十九年(1893)《新宁县志》	麋	
	湘潭市、湘潭县	1995年《湘潭县志》	根据调查，已经绝迹的野生动物有：麈、麋	湘潭县地方志编纂委员会，1995
广东	广州市、增城市、从化市、清城区、佛冈县、新丰县、龙门县、东莞市、深圳市、珠海市、中山市、江门市、台山市、佛山市等地	元八年(1304)《南海志》	麋、麈	
	广州市、东莞市、佛山市	《元一统志·江西等处行中书省·广州路》	麋（番禺，南海，东莞出）	
	东莞市	明天顺八年(1464)《东莞县志》	麋	
	增城市	明嘉靖十七年(1538)《增城县志》	麋	
	新丰县、源城区、紫金县、龙川县、连平县、和平县、东源县、兴宁市、五华县、城区、陆丰市、海丰县、陆河县、惠州市、博罗县、惠东县	明嘉靖二十一年(1542)《惠州府志》	麋	
	江门市	明万历三十七年(1609)《新会县志》	麋	
	阳山县	清顺治十五年(1658)《阳山县志》	麋	
	五华县	清康熙二年(1663)《长乐县志》	麋	
	乳源瑶族自治县	清康熙二年(1663)《乳源县志》	麋	
	乐昌市	清康熙五年(1666)《乐昌县志》	麋	
	连州市	清康熙十二年(1673)《连州志》	麋	
	属韶关市	清康熙十二年(1673)《曲江县志》	麋	
	乳源瑶族自治县	清康熙二十六年(1687)《乳源县新志》	麋	
	云城区、罗定市、云安县、郁南县	清康熙二十六年(1687)《罗定州志》	麋	
	从化市	清康熙四十九年(1710)《从化县志》	麋	

（续表）

省级政区	今地点	文献	内容	新方志出处
	从化市	清雍正八年(1730)《从化县新志》	麋	
	源城区、连平县、和平县	清雍正八年(1730)《连平州志》	麋	
	源城区	清乾隆十一年(1746)《河源县志》	麋	
	鹤山市、恩平市、开平市、佛山市、肇庆市、高要市、四会市、广宁县、德庆县、封开县、新兴县、江城区、阳春市、阳西县、阳东县	清道光十三年(1833)《肇庆府志》	麋	
	连州市、阳山县、连南瑶族自治县	清同治九年(1870)《连州志》	麋	
	源城区	清同治十三年(1874)《河源县志》	麋	
	中山市	清光绪五年(1879)《香山县志》	麋	
	东莞市	民国十年(1921)《东莞县志》	麋*	
广西	宾阳县、上林县、兴宾区	明万历十五年(1587)《宾州志》	麋	
	灵山县	清雍正十一年(1733)《灵山县志》	麋	
	梧州市、岑溪市、苍梧县、藤县、容县等地	清乾隆十年(1745)《梧州府志》	麋	
	柳州市	清乾隆二十九年(1764)《柳州县志》	野麋*	
	属柳州市	清乾隆二十九年(1764)《马平县志》	野麋*	
	凌云县、乐业县、西林县、田林县、隆林各族自治县	清嘉庆六年(1801)《广西通志》	泗城府：麋（州县俱出。每十月取其脂炼而藏之）	
	藤县	清同治七年(1868)《藤县志》	麋	
	象州县	清同治九年(1870)《象州志》	山多麈、麋	
	梧州市、岑溪市、苍梧县、藤县、容县等地	清同治十二年(1873)《梧州府志》	麋	
	天等县、德保县、靖西县、那坡县	清光绪十八年(1892)《镇安府志》	麋（州县俱出，每十月取其脂，炼而藏之《采访册》）	
海南	海口市、三亚市、文昌市、琼海市、万宁市、五指山市、东方市、儋州市、临高县、澄迈县、定安县、屯昌县、昌江黎族自治县、白沙黎族自治县、琼中黎族苗族自治县、陵水黎族自治县、保亭黎族苗族自治县、乐东黎族自治县	明正德六年(1511)《琼台志》	麈*	
香港	香港等地	元八年(1304)《南海志》	麋、麈	
澳门	澳门等地	元八年(1304)《南海志》	麋、麈	

注：* 表示详见正文。

4.5 西南

20 世纪前，西南各省级政区皆有麋鹿分布记录。

4.5.1 重庆

重庆市历史上曾有麋鹿栖息。

《山海经·中山经》记载：

风雨之山……宣余之水出焉，东流注于江，

其中多蛇，其兽多闾、麋，多麈、豹、虎。

按：此"风雨之山"，似为鄂渝交界的巫山，主要在今巫山县；列举的野兽中多"麋"与"麈"，说明当时当地有较多麋鹿分布。

（唐）杜甫《晓望》道：

白帝更声尽，阳台曙色分。
高峰寒上日，叠岭宿霾云。
地坼江帆隐，天清木叶闻。
荆扉对麋鹿，应共尔为群。

按：此乃唐大历二年（767）秋，杜甫流寓夔州（治今奉节县）所作。白帝城，在奉节县瞿塘峡口的长江北岸；"地坼江帆隐"，更进一步证实这一地理环境。"荆扉对麋鹿，应共尔为群"，字面意为与麋鹿为邻，与麋鹿为友。反映其时当地还有麋鹿分布。

4.5.2　四川

四川省历史上也曾有麋鹿记录。

《华阳国志》记载：

郪县：有山原田，富国盐井，濮疑当重濮字出好枣。宜君山出麋顾观光校作麈，尾特好，入贡。

按：郪县，在今三台县；"麈"是古人对麋鹿的别称之一，以尾长著称；此特注明"入贡"。反映到晋代或之前，不仅曾有麋鹿分布，而且较著名。

《郫县志》追记（四川省郫县志编纂委员会，1989）：

（汉）扬雄《蜀都赋》和（晋）常璩《华阳国志》中，动物有：虎、豹、犀、麋、牛、马等走兽。

按：所谓"蜀都"，通常指今成都市；而《华阳国志》记载有"麋"，出自《蜀志》。《郫县志》将其引为当地早期有麋鹿分布的佐证，从历史时期动物分布角度看不无道理；但汉、晋间"蜀郡"范围多次变动，暂以较小的晋"蜀郡"（成都市、邛崃市、郫县、大邑县）略扩展为麋鹿至晋代①的分布地点。

清嘉庆二十三年《邛州直隶州志》记述：

麋：鹿属。牡者有角。今人往往以麋为鹿。鹿，阳兽，以夏至解角。而麋，阴兽。《淮南子》曰：日至而麋鹿解角也。

按：反映当地有麋鹿栖息。

4.5.3　云南

20世纪前，云南省有麋鹿分布记录。

清嘉庆十三年（1808）《滇系·赋产·常产》列举：

毛之属：獐[麝]、鹿、兔、麂、麋、猿、猴、虎、豹、熊、豺、狼、獭、狐、狸、麢羊[羚羊]、野猪、蝟、鼠。

按：此"麋"，当是麋鹿。尽管是"常产"之一，但其在鹿科动物排列较靠后，距今仅200余年，可佐证的资料不多，尚不宜作为全省皆有分布的动物。

4.5.4　方志记载

方志记载可反映20世纪前西南多地的麋鹿分布情况（表25.6）。

表25.6　方志记载20世纪前西北的麋鹿情况

省级政区	今地点	文献	内容	新方志出处
重庆	涪陵区	清同治九年（1870）《涪州志》	麋	
	巫山县	清光绪十九年（1893）《巫山县志》	麋鹿（鹿，山兽，阳类也；麋，泽类也，鹿之大者）	
	梁平县	清光绪二十年（1894）《梁山县志》	鹿、麇、麂、麐	
四川	郫县	1989年《郫县志》	《蜀都赋》和《华阳国志》：麋*	四川省郫县志编纂委员会，1989
	邛崃市、蒲江县、大邑县	清嘉庆二十三年（1818）《邛州直隶州志》	麋*	
	高县	清同治五年（1866）《高县志》	麋	
贵州	正安县	清光绪三年（1877）《正安州志》	麋	
	盘县	清光绪十五年（1889）《普安直隶厅志》	麋鹿（鹿之类，今无）	

①据考证，《华阳国志》由常璩撰写于晋永和四年至永和十年（348～354）。

(续表)

省级政区	今地点	文献	内容	新方志出处
云南	永胜县、华坪县、宁蒗彝族自治县	清乾隆三十年(1765)《永北府志》	麋	
	宣威市	清道光二十四年(1844)《宣威州志》	麋	
	腾冲县、瑞丽市、梁河县、盈江县、陇川县	清光绪十三年(1887)《腾越厅志稿》	麋	
	鹤庆县	1991年《鹤庆县志》	据旧志记载,境内过去还有虎、麋,现已绝迹	云南省鹤庆县志编纂委员会,1991

注:* 表示详见正文。①疑似"麋"。

4.6 西北

20世纪前,西北仅3个省级政区有较确切的麋鹿分布记录。

4.6.1 陕西

陕西省是西北历史上麋鹿主要分布地之一。

《孟子·梁惠王》称:

文王以民力为台,为沼,而民欢乐之。谓其台,曰灵台;谓其沼,曰灵沼。乐其有麋、鹿、鱼、鳖。

按:周文王六年(前1093),周灭崇而建立丰邑(今西安市长安区沣河西岸),筑灵台、灵沼,将周的都城由岐山周原东迁渭水平原,称丰京。可见当时在今西安市就有畜养麋鹿、梅花鹿等动物。

前文《左传·僖公三十三年》记载中提及的"具囿",乃当时秦国畜养动物的狩猎场,在今凤翔县境内,反映其中有麋鹿。

《史记·田叔列传》:

任安,荥阳人也。……武功,扶风西界小邑也,谷口蜀刬道近山。安以为武功小邑,无豪,易高也,安留,代人为求盗亭父。后为亭长。邑中人民俱出猎,任安常为人分麋、鹿、雉、兔,部署老小当壮剧易处,众人皆喜。

按:任安,字少卿,荥阳(今河南荥阳市)人;曾任益州刺史、北军使者护军,终被武帝杀死。据此述看,当是记载其在武功(今武功县)任亭长时常为人分猎物,其中就有麋鹿与梅花鹿。据此反映,在汉初当地还有麋鹿生息繁衍。

(汉)司马相如《上林赋》中有:"沉牛麈麋"之句。按:"麈、麋",皆指麋鹿。上林苑秦朝始建,汉武帝建元三年(前138)扩建,地跨长安、咸阳、周至、户县、蓝田五县(亦即今西安市、蓝田县、周至县、户县、咸阳市),纵横150 km。据《汉书·旧仪》载:"苑中养百兽,天子春秋射猎苑中,取兽无数。其中离宫七十所,容千骑万乘。"可见,其中放养有麋鹿不足为奇。

《三国志·魏书·张鲁传》记载:

建安二十年,太祖乃自散关出武都征之,至阳平关。鲁欲举汉中降,其弟卫不肯,率众数万人拒关坚守。……夜有野麋数千突坏卫营,军大惊。

按:此指建安二十年(215)曹操(魏太祖)至阳平关(今属宁强县)与张鲁(据汉中近30年)交锋,因其弟张卫初不肯降,而用数千野生麋鹿冲营之事。反映在今渝陕交界一带有麋鹿分布。

《太平御览》摘录:

戴延之《西征记》曰:徽音殿西南,姚兴起波若台,有逍遥园。西去三百步有鹿子苑,羌王养麋、鹿数百头。

按:此处记载后秦皇帝姚兴(393～416)在长安(今西安市西北)修建的居所逍遥园,并有鹿子苑放养麋鹿与梅花鹿数百只。

杜甫(712—770)《三川观水涨二十韵》中有:

我经华原来,不复见平陆。
北上唯土山,连山走穷谷。
火云无时出,飞电常在目。
自多穷岫雨,行潦相豗蹙。
蓊匌川气黄,群流会空曲。
清晨望高浪,忽谓阴崖踣。
恐泥窜蛟龙,登危聚麋鹿。
枯查卷拔树,礧磈共充塞。

按：此乃杜甫盛夏（“火云无时出”）从华原（唐县名，在今铜川市耀州区）到三川（唐县名，在今洛川县西）观洛河①在暴雨后洪发情景。由于杜甫是从关中盆地和陕北高原的交接地带铜川市来到沟壑纵横的洛川县，故不再见平原，而只是黄土沟壑连绵的荒山野岭；雷电交加，暴雨倾盆，引发滔天洪水，浊浪排空，土坡滑落，水中携泥带石，浮木杂物……别有一番情趣。尤其是提及麋鹿登高避险，反映当地有此物种存在。

清乾隆十八年《镇安县志》记述：

麋：鹿之大者，尾长似马。山民呼鹿为麋，呼麋为马鹿。冬至角解，其取茸之法与鹿同。

按：此“麋”，疑似“麋”之误。尽管此处出现“马鹿”称谓，但有明确的“冬至解角”，当是麋鹿。

清乾隆四十四年《西安府志》记述：

麋：《上林赋注》：似水牛。《西京赋注》：麋子，曰麇。《名医别录》：生南山山谷。《兴平志》：顺治五年，兴平河得一物，色青黑，头角如鹿，尾如马之秃者，目下别有二窍，深寸余，夜能视物。识者云，麋也。

麈：《上林赋注》：似鹿而大。《名苑》：鹿之大者曰麈，群鹿随之，皆视麈尾所转为准。《马志》：出终南诸山。

按：此处所谓“麋”与“麈”，皆指麋鹿。

4.6.2 甘肃

甘肃省也有麋鹿分布记录。

《平凉市志》追记（平凉市志编纂委员会，1996）：

旧志记载今已绝迹的有虎、麋、麐［麝］、猴等。

按：所谓“麋”，即麋鹿。由此反映当地曾有麋鹿等动物分布。

4.6.3 方志记载

方志记载可反映20世纪前西北多地的麋鹿分布情况（表25.7）。

表25.7 方志记载20世纪前西北的麋鹿情况

省级政区	今地点	文献	内容	新方志出处
陕西	山阳县	清康熙三十三年（1694）《山阳县志》	麋	
	商州区、洛南县、丹凤县、商南县、山阳县、镇安县	清乾隆九年《直隶商州志》	麋	
	镇安县	清乾隆十八年（1753）《镇安县志》	麋*	
	宝鸡市	清乾隆二十九年（1764）《宝鸡县志》	麋	
	西安市、蓝田县、周至县、户县、高陵县、铜川市、临渭区、富平县、咸阳市、兴平市、三原县、泾阳县、礼泉县、宁陕县、柞水县	清乾隆四十四年（1779）《西安府志》	麋*、麈*	
	甘泉县	清嘉庆七年（1802）《延安府志》	甘泉县：麋	
	石泉县	清道光二十九年（1849）《石泉县志》	麋	
	城固县	清同治三年（1864）《城固县乡土志》	麋	
	凤县	清光绪十八年（1892）《凤县志》	麋	
甘肃	华亭县	明嘉靖三十九年（1560）《平凉府志》	华亭县：麋	
	兰州市、榆中县、临洮县、渭源县、临夏市、临夏县、康乐县、永靖县、广河县、和政县、东乡族自治县、积石山保安族东乡族撒拉族自治县、夏河县等地	明万历三十三年（1605）《临洮府志》	麋	

①洛河，又称北洛河，由北向南流经洛川县，又有来自西北方在交口河附近注入的葫芦河。

（续表）

省级政区	今地点	文献	内容	新方志出处
	嘉峪关市、肃州区、金塔县、高台县、肃南裕固族自治县	清顺治十四年（1657）《肃镇志》	麋	
	凉州区	清乾隆十四年（1749）《五凉全志》	武威县：麋	
	临洮县	清乾隆二十八年（1763）《狄道州志》	麋	
	甘州区、民乐县、山丹县、临泽县等地	清乾隆四十四年（1779）《甘州府志》	麋	
	崆峒区	清嘉庆二十四年（1819）《崆峒山志》	麋	
	靖远县	清道光十三年（1833）《靖远县志》	麋	
	岷县	清同治四年（1865）《岷州志》	麋	
	通渭县	清光绪十九年（1893）《通渭县新志》	麋	
	崆峒区	1996 年《平凉市志》	麋*	平凉市志编纂委员会，1996
青海	循化撒拉族自治县、贵德县、贵南县、同仁县、尖扎县等地	明万历三十三年（1605）《临洮府志》	麋	
	西宁市、大通县、湟源县、湟中县、平安县、乐都县、民和回族土族自治县、互助土族自治县志、化隆回族自治县、循化撒拉族自治县、门源回族自治县、贵德县、尖扎县等地	清乾隆二十七年（1762）《西宁府新志》	麋	

注：* 表示详见正文。①"麋"疑似"麋"。

5　麋鹿在 20 世纪的分布

20 世纪，麋鹿在我国灭绝后又重新引入。

5.1　华北

此阶段，华北仅北京、山西、内蒙古 3 个省级政区尚有麋鹿存在，原生物种似延续到 1930 年代。

《北京市房山区志》追记（北京市房山区地方志编纂委员会，1999）：

麋：历来为人类猎杀对象，至民国年间志书，已无记载。其消失当在清或民国初。

按：此处证实曾有麋鹿分布，只是"消失"的时间略有误，因民国十七年（1928）《房山县志》还有记载。

"南苑"从辽代就成为狩猎场，也是明、清两代皇家苑囿（现仅存遗址），位于永定河冲积扇中部（范围包括今大兴区旧宫镇、瀛海镇、亦庄镇，西红门镇的全部或大部分地区，丰台区南苑镇，朝阳区小红门镇部分地区），曾是河湖广布、草木葱郁之地。元代始建时，称"下马飞放泊"，是元朝贵族狩猎处。明永乐年间扩大，修以围垣，周长 60 km，谓之"南海子"；周辟四门，内建衙署，设总提督一人、提督四人负责管理，统辖海户 400 人；苑内设立二十四园，养育禽兽，种植果蔬，供帝王公贵族打猎享乐。清代继续经营，修建 4 处行宫、若干庙宇，一部分作为操兵练武之所，筑晾鹰台作为检阅台，清帝多次在此校阅八旗军队；苑内多獐子（麝）、野兔、麋鹿（四不像），并圈养老虎，作为狩猎之用。1865 年，法国戴维①

①前文遵原文献，称其"谭微道"。

(Pere Armand David)神甫就是在这里发现的麋鹿，并将一部分标本运回法国巴黎自然博物馆。1890年永定河洪水泛滥，使得苑内部分麋鹿走失；1900年八国联军入侵北京，随日军闯入苑中焚毁建筑、射杀动物，终使苑内麋鹿消失（张林源，2005）。

1985年8月与1987年9月，英国乌邦寺公园2次赠送的麋鹿（20只，18只）落户到现存麋鹿模式标本产地南海子麋鹿苑。在旧皇家猎苑遗址的核心地区尚存一个地势低洼、杨柳拂岸、芦苇丛生的南海子，这里仍然保存当年麋鹿生息所需要的湿地环境。今北京麋鹿苑处于南海子郊野公园的核心区域，亦即大兴区瀛海镇，既是北京麋鹿苑博物馆，又是北京麋鹿生态实验中心、北京生物多样性保护研究中心①。

5.2 东北

20世纪，东北3个省级政区皆有麋鹿残存，原生物种似也延续到1930年代。

5.2.1 吉林

此阶段前期，吉林省麋鹿正处濒临绝迹之际。

清宣统二年（1910）《长白汇征录》记述：

麋：鹿属也。《本草》云：麋似鹿而色青黑，大如小牛，肉蹄，目下有二窍，为夜目；南方、淮海边最多，千百为群；牡者有角，十月取之。鹿喜山而属阳，故夏至解角；麋喜泽而属阴，故冬至解角。按：日本调查，谓满州出麋。本境猎户则不知有十月取之说。

按：此处诠释的基本上就是麋鹿。至于“冬至解角”与“十月取之”，只是采用不同历法的差异。且该志“药品·鸟兽部”中还有“鹿、鹿茸、麋（附茸角）”，可见曾确有麋鹿分布。

民国四年（1915）《辑安县乡土志》记述：

麋鹿：《月令》：仲冬，麋角解。仲夏，鹿角解。本二物，今通呼曰鹿，有花者曰梅花鹿，大者曰马鹿。

按：此处诠释看似颇矛盾：前称有麋鹿（“麋角解”），后又称“本二物”“有花者曰梅花鹿，大者曰马鹿”。但参见民国十六年（1927）《辉南县志》“鹿”的记述②可知，“鹿”主要指现今仍有的梅花鹿与马鹿。而之所以此用“麋鹿”，似乃麋鹿绝迹前后，加以清末对“麋鹿”称谓的混用（如前文就有“鹿大，麋小”之误论）。

5.2.2 黑龙江

黑龙江省在20世纪前半叶还有麋鹿分布记录。

清宣统二年（1910）《呼兰府志》记述：

麋：似鹿而色青黑，亦有角，仲冬则解。所谓麋茸也，均应俟其未解时取之。麋茸、鹿茸皆药剂上品。鹿茸青毛多，黄毛少，以梅花鹿壮嫩之茸为最上品。

按：此处明确“仲冬则解”，显然就是麋鹿。

民国十三年（1924）《宁安县志》称：

麋鹿：鹿大，麋小。《礼·月令》：仲冬，麋角解；仲夏，鹿角解。今考麋、鹿，俱于夏至解角。盛京、吉林有麋，无鹿见《御制鹿角解诗》。后说，凡猎，春夏谓之青草围，秋曰哨鹿围，冬曰大围。进贡则有汤鹿、毛鹿、合子鹿及肠、舌、尾。夏秋贡干腌肉及茸、角、筋、皮。《新唐书·渤海传》：俗所贵者，扶余之鹿。扶余即今开原以北地，正为田猎之所。鹿分两种：一种花鹿满语松不长，一马鹿满语不长。

按：基本上沿袭《盛京通志》之讹误（可参见前文），但还是可反映麋鹿灭绝前后的混乱。

民国十七年（1928）《桦川县志》记述：

麋鹿：大者为麋，小者为鹿，肢细长，性温顺。雄者生有枝之角，每年脱换，年增一枝。老则否。壮时，茶褐色，有白星斑纹，俗称梅花鹿。雌者无

---

①北京麋鹿苑博物馆. http://baike.baidu.com/link? url=J-fHzRQvb3kar-_Z7KGgj5YlsysVbIW9_sqohOcKL-igyhAOzEnipJ-hwD-LYvcHB6FB0wcaTdDV859Nm2G48Zq；北京南海子郊野公园. http://baike.baidu.com/link? url=_nK7b8iZ4pw1sgh5bzv1xhVMlFNrpDfnDbDfz_JV2oHZ956SZPKJC09fawp_AKkh2ed2vS5y_19JkuqK8KWbpIw-R4xng1oB3l9N6dXjMiNcDlb4sOnP798YOAD7vf-91MhtzeMetgTPkPj3k2kCqvKATSLKiUTw-NeFH7QKCMSCcmXGtfTdPDU8xSEp8uVn

②民国十六年《辉南县志》记述：

鹿：大者曰麋。考《通志》，盛京、吉林有麋，无鹿。按：大者曰麋，小者曰鹿，今俗通以鹿呼之。本产分马鹿、花鹿二种。马鹿高大，性驯。花鹿较小，牡皆有角，桠槎如枝。牝无之。遍体各有斑纹，灿烂可观。长颈，短尾，形相似也。

角，毛色较淡，分为二种：一花鹿，满语曰松不长。一马鹿，满语曰不长。有养以供负载者。茸、角、筋、皮、肠、肚、舌、尾，清代皆入贡。鹿角初生如芽，有皮覆之，皮上有肿处，状如■盖之未开者，谓之鹿茸，可煎膏，或为胶入药，为吾国特产，东三省著名。

按：此处对梅花鹿与马鹿的说明较准确，但仍采用“麋鹿”称谓，似反映麋鹿绝迹前后状况。

民国十八年（1929）《珠河县志》记载：

鹿（按：鹿有花鹿、马鹿之别。马鹿，亦曰八叉鹿……）、麋（鹿之小者）

按：此处不同之前一些方志的是将“麋鹿”分解为“鹿”与“麋”，但讹误仍在（如将“鹿之小者”作为“麋”），似主要处于麋鹿绝迹前后。

民国二十一年（1932）《黑龙江志稿》集解：

麋：似鹿而色青，大如小牛，肉蹄，目下有二窍为夜目《本草纲目》。黑龙江有麋，无鹿。清时行猎，春夏谓之青草围，秋曰哨鹿围，冬曰大围；进贡则有汤鹿、毛鹿合、子鹿及肠、肚、舌、尾。夏秋贡乾腌从及茸角筋皮《黑龙江外纪》。鹿，牡者有角，夏至则解；角初茁时，形如紫茄，渐长分歧，所谓鹿茸也。有麋：似鹿而色青黑，亦有角，仲冬则解，所谓麋茸也。梅花鹿壮嫩，其茸为最上品《呼兰府志》。

附鹿角：《礼·月令》：仲冬，麋角解；仲夏，鹿角解。今考麋鹿俱于夏至解角。角可煎膏、入药，亦有用骨作胶者《盛京通志》。牡鹿有角，夏至则解；牝鹿无角。宗奭云：鹿茸以如紫茄者为上，然此太嫩，血气未具，其实少力；坚者又太老，惟长数寸，破之肌如朽木，茸端如玛瑙红玉者最善。人有以麋角伪为者，不可不察麋角顶根上有黄毛若金线兼旁生小尖色苍白；麋鹿茸、角今人罕能分别陈自明；以小者为鹿茸，大者为麋茸，亦臆见也。不若亲视其采取时为有准《本草纲目》。

按：其中混杂“今考麋鹿俱于夏至解角”，似未鉴别乾隆早期的误解。

5.3 华东

本阶段，华东仅山东省与台湾未见有麋鹿存在记录。

5.3.1 上海

上海市还有麋鹿残存。

1930 年代前后，上海市郊区曾捕获一只麋鹿（图 25.43），制成标本后一直收藏在上海自然博物馆（曹克清，1985）。该馆证实有麋鹿标本①，只是更具体地点待查。

图 25.43　麋鹿标本②

5.3.2 江苏

江苏省的原生麋鹿在 20 世纪前即已灭绝，现有的则是引进回归的物种。

在世界野生生物基金会和伦敦动物学会的支持下，1986 年 8 月，江苏省从英国引进 39 只③麋鹿投放到黄海之滨大丰市鸭儿荡、现大丰麋鹿

①上海自然博物馆. http://www.artyi.net/news_museum_9479.html

②四不像麋鹿标本. http://www.dianping.com/photos/7438747

③有称：“1986 年 8 月 13 日上午，从英国伦敦以 8 箱分装麋鹿 42 头（雄性 13 头，雌性 29 头）空运广州，换机飞上海，再用汽车转运大丰保护区放养”；又称：“封神台高 39 米，象征了当年回归的 39 头麋鹿”，“听嗷坡：这座墓碑是为麋鹿而建的，这里安息着 1986 年回归中国的 39 头麋鹿”（江苏大丰麋鹿国家级自然保护区. http://baike.baidu.com/link? url=6E7ADtuIKfjGqsoTLWgTkfQhdnP2XLrRIdf7PQWWfDoI0D4LtJt69DkC6sSeu2Wc9usOxbhn_LSM1aN9FFP7Zz9VaN2V46wORE64-_TQco2pMtxuAyd0AdbNyHCKDi7C-qlZh7Zp1d2UUQbxoD0hxdcTTomwzNzsmIJGIk5k9HDgl8UZYuvxHpEK4V0wY3rcs4Yj4NtUbmwR0IcTgmgVuT9cKRFU-5BdvnQL23VSCLLki62wXwTpd2YKAPxRTg3Rr5SoUSWNQBcYt7G9ZvIh6q）。

国家级自然保护区内（唐锡阳，1992）。据称，现已是世界占地面积最大的麋鹿自然保护区，拥有世界最大的野生麋鹿种群，建立了世界最大的麋鹿基因库①。

5.3.3　浙江省

浙江省此阶段也还有麋鹿残存记录。

民国十五年（1926）《象山县志》引述：

麋：《乾隆志》。案《尔雅》：麋：牡麔，牝麎，其子麇，其迹躔，绝有力狄。《说文》：麋，鹿属。冬至解其角。其兽似鹿，青黑色，肉蹄，目下有两孔，俗说能夜视。

按：此处似引旧志，反映当地麋鹿已然极度濒危。

5.3.4　福建

福建省仍有较多麋鹿残存记录。

民国十五年《宁化县志》集解：

麋：鹿属也。牡者有角。今猎人多不分别，往往以麋为鹿，牡者犹可以角退为辨；牝者通目为麀鹿矣。《左传》曰：泽有介麋。无偶，曰介。麋，阴兽，情淫而游泽。一牡能乘十牝，以冬至陨角而应阳。鹿，阳兽，游山，以夏至解角而应阴。《淮南子》曰：日至而麋鹿解，是也。鹿角挟阴之阳，故应阴而陨。麋角挟阳之阴，故应阳而陨。鹿肉暖，以阳为体。麋肉寒，以阴为体。以阳为体者，以阴为末。以阴为体者，以阳为末。角，末也。故应阴阳如此。《埤雅》：麋，性迷惑，故其迹躔而不解。//凡人骨髓，二十年方坚。麋角自生至坚，无两月之久，大者乃重二十余斤，其坚如石。计一日夜须生数两，神速如此。此骨血之至强者，所以能补骨血，坚阳强精也。

按：此处皆有关麋鹿诠释，反映仍有麋鹿栖息。

民国三十一年（1933）《诏安县志》记述：

麋：《朱注》：麋，鹿之大者。或曰，鹿，阳兽。麋，阴兽。故鹿角夏至解，麋角以冬至解。然则麋与鹿实二物也。闻台湾及辽海者皆数百斤，千百为群。相传悉海鲨所变，以天地化生之理推之，或不尽诬欤。但此二物，诏产不恒有，如有在深山中，亦罕见耳。

按：此处最后指出当地麋鹿“产不恒有，如有在深山中，亦罕见耳”。

民国三十四年《莆田县志》记述：

麋：……今猎人多不分别，往往以麋为鹿。《宁化志》云：麋，阴兽，游泽，以冬至陨角而应阳；鹿，阳兽，游山，以夏至陨角而应阴。鹿肉暖，麋肉寒。南方之鹿多麋类耳，皮青色，无圜纹，药物中之青毛茸即麋茸也。

按：所述基本上是麋鹿。

5.3.5　江西

江西省还有少量麋鹿残存记录。

民国十四年（1925）《婺源县志》记述：

鹿：喜林，群居，性警，善走；夏至解角；大者为麋，冬至解角。

按：后者当是麋鹿，说明其“鹿”中包括麋鹿。

《星子县志》追记（江西省星子县志编纂委员会，1990）：

1951年曾捕获“四不象”奇兽一头。

按：称“四不象”者，有多种野兽，包括南方并不罕见的鬣羚。尽管从形态、生态、分布等不难与麋鹿区分（略见下文），但若单纯依赖名称则不易辨别。因此记录代表年代较晚，暂疑似麋鹿。

鬣羚（*Capricornis sumatraensis*），别称：苏门羚，明鬃羊，山驴子，岩驴，四不像，天马，牧羊等（图25.44、图25.45），属牛科，典型林栖兽类。它的角像鹿不是鹿、蹄像牛不是牛、头像羊不是羊、尾像驴不是驴，人们据此将其与驯鹿、驼鹿和麋鹿等称为“四不像”。

鬣羚外形似羊，略比斑羚大，雄兽和雌兽之间的大小差别不显著。它的肩高86～110 cm，体长140～190 cm，尾长9～16 cm，体重50～100 kg。两只耳朵特别狭长，似驴，可达19～21 cm，端部较尖；雌雄均有一对短而尖的黑角，短而光滑，介于两耳之间，距离较远，形状较为简单。自角基至颈背有长十几厘米的灰白色鬣毛，甚为明显；

---

①江苏大丰麋鹿国家级自然保护区. http://baike. baidu. com/link? url=6E7ADtuIKfjGqsoTLWgTkfQhdnP2XLrRIdf7PQWWfDoI0D4LtJt69DkC6sSeu2Wc9usOxbhn_LSM1aN9FFP7Zz9VaN2V46wORE64-_TQco2pMtxuAyd0AdbNyHCKDi7C-qlZh7Zp1d2UUQbxoD0hxdcTTomwzNzsmIJGIk5k9HDgl8UZYuvxHpEK4V0wY3rcs4Yj4NtUbmwR0IcTgmgVuT9cKRFU-5BdvnQL23VSCLLki62wXwTpd2YKAPxRTg3Rr5SoUSWNQBcYt7G9ZvIh6q；麋鹿. http://www. chazidian. com/cidian/910921/；四不像. http://baike. baidu. com/link? url=ORWQCb7Dd3UAVMCD5vd5pDtc83vFlqkxFaC81i7PQx8ZXatf7cHec57nPSMwcUWar8SOO5zx9lHeEY49SiuJm9EKJlg-pjbAhP0PqI2BbbC

颈背有鬃毛；吻鼻部黑色，吻端裸露，唇的周围有髭毛；有明显的球囊状眶下腺，其开口处有一撮丛毛。

图 25.44　鬣羚（右视）①

图 25.45　鬣羚（左视）②

鬣羚主要活动于海拔 1 000～4 400 m 的针阔混交林、针叶林或多岩石的杂灌林，以各种杂草、树叶为食。性情比较孤独，除了雄兽总是单独活动以外，雌兽和幼仔最多结成 4～5 只的小群，从不见较大的群体。

鬣羚在我国现今在西部分布于秦岭和青海的湟水河谷一带及以南，东部则处于长江以南地区③。

5.4　中南

本阶段，中南原生麋鹿残存的省级政区未见河南、香港与澳门。

5.4.1　湖南

湖南省尚有少数地方有原生麋鹿，且延续较长久。

清光绪三十四年（1908）《靖州乡土志》记述：

麋：《说文》：麋，鹿属。《礼记·月令》：仲冬，麋角解。孔疏引熊氏云：鹿是山兽，夏至得阴气而解角。麋是泽兽，冬至得阳气而解角似鹿而色青黑，大如小牛。牡者有角，冬至解角长茸。土人于冬至前后取之。

按：明确“土人于冬至前后取之”麋角，确定为麋鹿当无误。

《通道县志》记载（湖南省通道侗族自治县县志编纂委员会，1999）：

全县供销部门统计：1950～1962 年收购兽皮 7 288 张，品种有……麋。

按：有麋皮为证，当是麋鹿。

5.4.2　广东

广东省尚有一些地方有麋鹿残存。

民国二十年（1931）《乐昌县志》记述：

麋：似鹿而大。牡青黑色，牝褐色。牡角有枝，每年脱换，年增一枝，其枝末分簇并与鹿同。目下有两孔，能夜视。《虫荟》谓：即今之沙鹿④。

按：邑人谓之水鹿。往往夜出，伤禾稼，山人苦之。

①http://www.topnews9.com/article_20140227_34074_5.html

②http://p.ifeng.com/4g/pic/tech/pdetail? aid=90275110&vt=5&backok=1&mid=

③鬣羚. http://baike.baidu.com/link? url=rB8-SYc1nnrnnDDgeLgy-CWpzUME3OqS02XsEXCEtMMmKuqGCLS46iXKNSYRAY1mL7dcv4-sW1aw0XQAwfUTga

④查《虫荟·麋》，略有瑕疵，主要还是麋鹿：

《博物志》：麋生南方，恒千百为群，食泽草。其践处成泥，名曰麋畯，种稻可收百倍。○旭按：此即今之沙鹿也。状与鹿无异，但目下有两孔能夜视。其毛带青黑色，牡者亦有两角，夏至角解。

《淮南子》：孕妇见麋而子四目。

按：此处出现"水鹿"称谓，似乃麋鹿。

《连山壮族瑶族自治县志》记载（连山壮族瑶族自治县志编纂委员会，1997）：

在野生动物中，虎、豹、麋（四不象）、鹿、猴、獭、豺狗、马鹿、人熊等50年代还常有出没，今已罕见。

按：据此反映，当地原生麋鹿延续到1950年代。

5.4.3 广西

广西壮族自治区乃中南此阶段残存原生麋鹿最多的省级政区。

民国二十五年（1936）《来宾县志》记述：

麋鹿当清同治、光绪间东山及长顺团山中最多，近日渐少。

按：说明当地在清末麋鹿尚多，短短几十年便已渐少了。

5.4.4 海南

海南省仍有麋鹿残存。

1904年，汤姆斯（Thomas，O.）曾向英国伦敦动物学家展示过一位日本艺术家在海南岛绘制的一幅写生画，画的是一只麋鹿（曹克清等，1990；景存义等，1992）。只是更具体地点待查。

5.5 西南

此阶段，西南的重庆市与贵州省已不见麋鹿分布记录，即使残存的麋鹿也仅延续到前半叶。

5.5.1 四川

四川省尚有少数地方有麋鹿栖息。

民国十三年（1924）《松潘县志》记述：

鹿：……又一名麋，亦生茸，不甚贵。麋角冬至解，鹿角夏至解。

按：现生鹿科动物中，仅麋鹿"冬至"解角。故反映当地存在的"鹿"中含有麋鹿。

民国二十二年（1933）《灌县志》记述：

麋：似鹿而大，牡青黑色，有角；牝褐色，目下有两孔，能夜视。

按：据此表明，当地仍有麋鹿存在。

5.5.2 云南

此阶段，云南省仍有麋鹿分布的地方据西南之首。

据称，1949年前，墨江哈尼族自治县境内野兽主要有虎、豹、熊、豺、狼、破脸狗（果子狸）、獐、鹿、麋、猿、猴、麂子、岩羊、狐狸、刺猬、豪猪、野猪、野牛、野猫、野兔、野狗、水獭、旱獭、大灵猫、穿山甲、松鼠、山鼠、银鼠、蝙蝠等①。其中"麋"乃麋鹿。

5.6 西北

在20世纪，西北仅陕西省与青海省仍有麋鹿残存。

5.6.1 陕西

此阶段，陕西省还有麋鹿残存，并延续到前半叶。

清光绪三十四年（1908）《镇安县乡土志》记述：

麋：鹿之大者，尾长似马。山民呼鹿曰麋鹿，呼麋曰马鹿。冬至角解，间有拾得。生者罕见。

按：据称，尽管出现"马鹿"称谓，然其乃麋鹿（*Elaphurus davidianus*），"冬至解角"。

5.6.2 青海

青海省此时仍有麋鹿记录，但已罕见。

民国八年（1919）《大通县志》记述：

鹿：见"药类"，麋"释名"。李时珍曰：陵。佃曰：鹿，喜音声。班固云：麋性淫迷，则麋之名义取乎。《尔雅》云：牡曰麔音咎，牝曰麎音辰，其子曰麆。

按：虽个别内容待核查，但还是有较吻合的麋鹿内容，反映其中含有麋鹿。

5.7 方志记载

方志记载虽较简略，却可反映20世纪各地麋鹿分布情况（表25.8）。

①墨江哈尼族自治县. http://baike.baidu.com/link? url=7dwkfgTOF-rEFFjk-8pX_JI-tjK82xvBbpkfidTbQChD7ljSc57zKVdMkXoKI-IImRplJsIWmZO3RODHE4Y9e_#5_2

表 25.8　　方志记载 20 世纪麋鹿情况

地区	省级政区	今地点	文献	内容	新方志出处
华北	北京	房山区	民国十七年(1928)《房山县志》	麋	
		房山区	1999 年《北京市房山区志》	麋*	北京市房山区地方志编纂委员会，1999
	山西	闻喜县	民国八年(1919)《闻喜县志》	麋（民国三年获一头）	
	内蒙古	海拉尔区、满洲里市、牙克石市、根河市、额尔古纳市、新巴尔虎右旗、新巴尔虎左旗、陈巴尔虎旗、鄂温克族自治旗、鄂伦春自治旗、扎兰屯市、阿荣旗、莫力达瓦达斡尔族自治旗等地	清光绪二十年(1894)《黑龙江外记》	梅鹿*	
		海拉尔区、满洲里市、牙克石市、根河市、额尔古纳市、新巴尔虎右旗、新巴尔虎左旗、陈巴尔虎旗、鄂温克族自治旗、鄂伦春自治旗、扎兰屯市、阿荣旗、莫力达瓦达斡尔族自治旗等地	民国二十一年(1932)《黑龙江志稿》	鹿*	
		呼和浩特市	民国二十四年(1935)《归绥县志》	麋	
东北	辽宁	新宾满族自治县	民国十四年(1925)《兴京县志》	鹿（分麋鹿、马鹿二种）	
	吉林	白山市、临江市、抚松县、长白朝鲜族自治县、和龙市、安图县	清宣统二年(1910)《长白汇征录》	麋*	
		双辽市	民国三年(1914)《双山县乡土志》	麋鹿	
		集安市	民国四年(1915)《辑安县乡土志》	麋鹿*	
	黑龙江	哈尔滨市、巴彦县、木兰县、兰西县	清宣统二年(1910)《呼兰府志》	麋*	
		爱辉区	民国九年(1920)《瑷珲县志》	麋***	
		宁安市	民国十三年(1924)《宁安县志》	麋鹿*	
		桦川县	民国十七年(1928)《桦川县志》	麋鹿*	
		属尚志市	民国十八年(1929)《珠河县志》	鹿*	
		爱辉区、逊克县、孙吴县、嘉荫县、萝北县、大兴安岭地区、呼玛县、塔河县、漠河县、讷河市、嫩江县、哈尔滨、巴彦县、齐齐哈尔市、龙江县、依安县、甘南县、富裕县、克山县、克东县、拜泉县、北安市、五大连池市、伊春市、铁力市、北林区、海伦市、望奎县、兰西县、青冈县、庆安县、明水县、绥棱县等地	民国二十一年(1932)《黑龙江志稿》	麋*	

（续表）

地区	省级政区	今地点	文献	内容	新方志出处
华东	江苏	大丰市	1989年《大丰县志》	麋鹿	大丰县地方志编纂委员会，1989
		大丰市（似仅此）	1998年《盐城市志》	麋鹿	盐城市地方志编纂委员会，1998
	浙江	嵊州市	民国七年（1918）《嵊县志》	鹿、麋（在山为鹿，在泽为麋；鹿性阳，麋性阴）	
		象山县	民国十五年（1926）《象山县志》	麋*	
		属淳安县	民国十九年（1930）《遂安县志》	麋	
		嵊州市	民国二十二年（1933）《嵊县志》	麋**	
	安徽	歙县	民国二十六年（1937）《歙县志》	麋（似鹿，无斑纹，亦称沙鹿）	
	福建	浦城县	清光绪二十六年（1900）《浦城县志》	鹿（林兽曰鹿，水兽曰麋）	
		延平区	民国九年（1920）《南平县志》	麋（麋性淫迷，故名麋）	
		屏南县	民国九年（1920）《屏南县志》	麋	
		宁化县	民国十五年（1926）《宁化县志》	麋*	
		邵武市	民国二十六年（1937）《邵武县志》	麋	
		连城县	民国二十七年（1938）《连城县志》	麋	
		长汀县	民国三十年（1941）《长汀县志》	鹿（鹿之种类甚多，曰麋鹿，曰獐，曰麂，近已罕见）	
		诏安县	民国三十一年（1942）《诏安县志》	麋*	
		莆田市	民国三十四年（1945）《莆田县志》	麋*	
	江西	婺源县	民国十四年（1925）《婺源县志》	鹿*	
		星子县	1990年《星子县志》	"四不象"*	江西省星子县志编纂委员会，1990
		泰和县	1993年《泰和县志》	麋鹿、梅花鹿，建国前时常可见，今基本绝迹	泰和县地方志编纂委员会，1993
中南	湖北	枣阳市	民国十二年（1923）《枣阳县志》	麋（泽兽）	
	湖南	城步苗族自治县	清光绪三十二年（1906）《城步县乡土志》	麋	
		邵阳市、邵阳县	清光绪三十三年（1907）《邵阳县乡土志》	麋（麋本鹿之大者）	
		靖州苗族侗族自治县	清光绪三十四年（1908）《靖州乡土志》	麋*	

（续表）

地区	省级政区	今地点	文献	内容	新方志出处
		通道侗族自治县	1999 年《通道县志》	麋*	湖南省通道侗族自治县县志编纂委员会，1999
	广东	连山壮族瑶族自治县	民国四年（1915）《连山县志》	麋	
		怀集县	民国五年（1916）《怀集县志》	麋	
		始兴县	民国十五年（1926）《始兴县志》	麋（秋至角解，可取茸）[①]	
		乐昌市	民国二十年（1931）《乐昌县志》	麋*	
		龙门县	民国二十五年（1936）《龙门县志》	麋（俗呼为水鹿）	
		阳山县	民国二十七年（1938）《阳山县志》	麋	
		连山壮族瑶族自治县	1997 年《连山壮族瑶族自治县志》	麋（四不象）*	连山壮族瑶族自治县志编纂委员会，1997
	广西	陆川县	民国十三年（1924）《陆川县志》	麋	
		灵川县	民国十八年（1929）《灵川县志》	麋（俗呼山牛）	
		八步区	民国二十三年（1934）《贺县志》	麋	
		兴宾区	民国二十五年（1936）《来宾县志》	麋鹿*	
		属鹿寨县	民国二十六年（1937）《榴江县志》	麋	
		江州区	民国二十六年（1937）《崇善县志》	麋	
		柳城县	民国二十九年（1940）《柳城县志》	麋	
		凌云县	民国三十一年（1942）《凌云县志》	麋	
西南	四川	松潘县	民国十三年（1924）《松潘县志》	鹿*	
		什邡市	民国十八年（1929）《什邡县志》	麋	
		属小金县	民国初年（20 世纪 20 年代）《抚边屯志略草案》	麋	
		都江堰市	民国二十二年（1933）《灌县志》	麋*	
		广元市	民国二十九年（1940）《广元县志稿》	麋	
		汶川县	民国三十三年（1944）《汶川县志》	麋***	
	云南	昆明市	清光绪二十七年（1901）《昆明县志》	麋	
		马龙县	民国五年（1916）《马龙县志》	麋	
		宜良县	民国十年（1921）《宜良县志》	麋	
		元江哈尼族彝族傣族自治县	民国十一年（1922）《元江志稿》	麋	
		昭阳区	民国十三年（1924）《昭通县志》	麋鹿（高山大菁间亦有之）	
		马关县	民国二十一年（1932）《马关县志》	麋	
		昭阳区	民国二十五年（1936）《昭通县志稿》	麋鹿**	

（续表）

地区	省级政区	今地点	文献	内容	新方志出处
	西藏	察隅县	民国初年（约20世纪20年代）《察隅县志》	大概与盐井县相同②	
		属芒康县	民国初年（约20世纪20年代）《盐井县志》	麋	
		波密县	民国初年（约20世纪20年代）《波密县志》	与盐井各县相同②	
		属丁青县	民国初年（约20世纪20年代）《冬九县志》	与波密县同②	
西北	陕西	镇安县	清光绪三十四年（1908）《镇安县乡土志》	麋*	
		周至县	民国十四年（1925）《盩厔县志》	麋	
		山阳县	民国二十五年（1936）《山阳县志点释》	麋（一名马鹿，阴兽也；山中少）	山阳县地方志办公室，1985
		洛川县	民国三十三年（1944）《洛川县志》	麋子（一名马鹿）	
		凤县	民国（1912～1949）《凤县志民国时期资料汇编》	麋	陕西省凤县地方志编纂委员会，1986
	青海	大通回族自治县	民国八年（1919）《大通县志》	鹿*	

注：*表示洋见正文。**表示同前文。***表示本省级政区已有类似记录。①经查2套书皆如此；既是“麋”，当是“冬至”解角。②亦即有麋。

6　麋鹿的现今分布

现今我国存在的麋鹿皆是重新回归的麋鹿。尽管绝大部分麋鹿采取圈养方式，但我们忽略主要用于展出观赏的麋鹿①，只涉及自然野化种群及放养、半放养种群的分布。

6.1　华北

迄今，华北有3个省级政区有麋鹿分布。

6.1.1　北京

北京市依然有放养的麋鹿存在。

位于大兴区的北京麋鹿苑博物馆（又名北京麋鹿生态实验中心、北京生物多样性保护研究中心）是回归麋鹿首放地，也是麋鹿种源主要基地之一（图25.46～图25.49）。据2015年10月报道，馆内有麋鹿130余只。馆内还有白唇鹿、马鹿、梅花鹿、狍子等其他鹿科动物和普氏野马等，另有灰椋鸟、大斑啄木鸟等鸟类②。自1985年后，该馆不断向各地扩散麋鹿，截至2003年，各地麋鹿有半数来自该馆（杨戎生等，2003）。

①因其更多处于人为环境，与麋鹿放野恢复野生状态相去甚远。另据2003年统计，我国有53处麋鹿分布种群（杨戎生等，2003）。从麋鹿原引入与其时存栏的绝对数量比较：麋鹿数量增加的占49%，麋鹿数量保持原状的占23%，麋鹿数量较少甚至消失的占23%，还有少数不详者。

②特色出游，赏金秋北京好风光. http://economy.gmw.cn/2015-10/16/content_17370679.htm

图 25.46　携仔涉水①

图 25.47　携仔涉水②

图 25.48　觅食丰草③

图 25.49　“泾渭分明”④

①春游麋鹿苑. http://www.mafengwo.cn/i/3039125.html

②春游麋鹿苑. http://www.mafengwo.cn/i/3039125.html

③http://dp.pconline.com.cn/public/photo/source_photo.jsp? id=7364253&photoId=1926186

④http://dp.pconline.com.cn/public/photo/source_photo.jsp? id=7364253&photoId=1926186

6.1.2 天津

天津市也有麋鹿放养地。

位于宁河区境内的七里海国家湿地公园是古海岸与湿地国家级自然保护区的组成部分，也是天津最大的天然湿地，津京唐三角地带极其难得的一片绿洲。前些年，在七里海区域内的表口、潘庄、淮淀及毗邻的东棘坨、大龙湾、忠兴沽村发掘出大量麋鹿角。经^{14}C测定，距今3 000～3 400年，说明3 000年前七里海为退海后的沼泽地，适宜麋鹿繁衍栖息(图25.50)。据了解，麋鹿园预计繁衍麋鹿40～50只，将逐步再现远古时期麋鹿成群、觅食嬉戏景象①。

图25.50 七里海湿地(宁河县)的麋鹿群②

七里海湿地麋鹿园自2011年9月底从北京麋鹿苑引进10只麋鹿自然放养后，陆续添丁进口。据2016年5月报道，日前又有4只可爱的麋鹿宝宝以自然的繁殖方式降生，园区麋鹿总数达到21只③。

6.1.3 河北

河北省现今也有麋鹿放养。

位于围场满族蒙古族自治县的滦河上游国家级自然保护区自2008年进行麋鹿野生驯化实验以来，麋鹿种群数量由最初的10只发展到2011年的14只(图25.51)④。2014年底存栏20只，种群最大数量达到26只，其中6只于2010年放归自然进行试验，个体状况一直良好，为麋鹿在该区域的驯养积累了宝贵经验。不料2015年3月以来，保护区的麋鹿不断发生死亡事件，共有15只麋鹿死亡，目前保护区内麋鹿还存活5只(图25.52)⑤。

图25.51 兴盛时之麋鹿

图25.52 劫后之麋鹿

①七里海国家湿地公园. http://baike.baidu.com/link?url=geZLExUZ3hdPCevQRXi0Y6qS14SKDtQfhU2vDRTklm7-pAJscghj9PP46X17wWCNJBS_TkEHJV9GbFaijBtmzq

②天津七里海—湿地麋鹿. http://www.yaoyouke.com/scene/120601/1765/photos106462.html

③刘长海. 七里海麋鹿园再添“新丁”园区麋鹿总数达21只. http://www.jwb.com.cn/bd/201605/t20160504_4623591.html

④王民. 珍稀动物麋鹿在河北滦河野生状态下成功繁殖. http://www.he.xinhuanet.com/news/2011-06/14/content_23004120.htm

⑤曹国厂，高博. 河北滦河上游麋鹿群体死亡原因查明. http://news.xinhuanet.com/local/2015-05/28/c_1115437586.htm

6.2 东北

东北现今也有回归放养的麋鹿，也是回归麋鹿分布最北地。

6.2.1 辽宁

辽宁省在当地麋鹿消失近 90 年后，重新引入麋鹿放养。

据 2012 年 3 月报道，北京麋鹿生态中心向地处辽阳县兰家镇的辽阳呈龙科技有限公司输出了 20 只麋鹿，使麋鹿回到了曾经最北方的故乡。尽管不幸的是，其中一只麋鹿在途中因踩踏死亡[①]，但毕竟是麋鹿重返东北故乡。

6.2.2 质疑黑龙江发现麋鹿

麋鹿在黑龙江省消失近 80 年后，多家媒体报道重新发现“麋鹿”并附图片信息（图 25.53、图 25.54）[②]，颇吸引人们眼球。

图 25.53　重现“麋鹿”（侧身）

图 25.54　重现“麋鹿”（头部）

据 2015 年 6 月报道：

××网 6 月 3 日讯　5 月 29 日上午，黑龙江省农垦八五九农场十二作业站出现一只野生动物“四不像”，学名麋鹿，居民李宝林在第一时间报了警，农场公安分局联合林业部门来到现场，并联系洪河自然保护区救助站的工作人员，对这只麋鹿进行救治，东北农业大学野生动物学院教授×××，也连夜从哈尔滨赶来对它进行鉴定。

专家介绍，麋鹿是国家二级保护动物，这只麋鹿年龄在两岁左右，有可能是从俄罗斯越境而来，鹿茸的损伤属于自然脱落，救治后可放生野外。专家还嘱咐洪河救助站的工作人员回去应及时进行传染病的检疫工作[③]。

按：此报道有明确的时间、地点、图片，但是存在一些明显的矛盾，令人疑惑：①尽管农垦八五九农场位于抚远县境内，在我国最东北尖端，与俄罗斯接壤，但是野生麋鹿在我国早已灭绝，国外也都是圈养麋鹿，怎会出现从俄罗斯越境的可能？②麋鹿早已列入国家一级保护动物，而此却称“麋鹿是国家二级保护动物”。③虽图片显示其头部似马，尾部未见，初茸未成角，但其蹄不具备麋鹿特征（主蹄宽大、多肉、能分开，趾间有皮腱膜）。经向东北林业大学有蹄类专家张明海教授请教，证实：

照片初步看像驼鹿。东北地区通常把驼鹿（也有的地区把驯鹿）称作“四不像”。（而）把马鹿说成麋鹿的，多见于央视一些像《野性俄罗斯》节目，或外行翻译的错误。（其原因之一）主要源于“elk”这个英文单词，在《新英汉词典》（中）把 elk 译为“麋”；北美及俄罗斯学者把马鹿英文为 elk。中国学者（则将马鹿）通常译为“red deer”（以作区分）。

---

①麋鹿历史昭示国家兴衰. http://blog.sina.com.cn/s/blog_62d710070102e205.html；朱佳伟. 北京麋鹿生态中心在辽阳建立麋鹿迁地种群. http://cache.baiducontent.com/c? m=9f65cb4a8c8507ed4fece763105392230e54f7336484915368d4e41bc2735b36163afec1617d4e19a0853a3c50f11e41eaf23572350320b286cb8c4dddb8852858d2616b2e08c31c528516&p=81769a478d9113ee40bd9b7e0e00&newp=9b3b89118ed012a05abd9b7e0e5492695803ed6038d0da01298ffe0cc4241a1a1a3aecbf27281103d5c07b6306ad4e5ce1f33d78350834f1f689df08d2ecce7e&user=baidu

②“四不像”现身八五九农场. http://www.china859.com/html/12867.html

③“四不像”现身八五九农场专家鉴定为麋鹿. http://bdh.dbw.cn/system/2015/06/03/000979209.shtml

6.3 华东

现今，华东地区江苏省、浙江省、江西省、山东省皆有放养的麋鹿存在。

6.3.1 江苏

江苏省现有 2 处麋鹿放养地。

地处大丰市的大丰麋鹿国家级自然保护区依托 1986 年从英国引进的 39 只麋鹿，在黄海滩涂上，经过 2 年“引种扩群”和 10 年“行为再塑”两个阶段后，从 1998 年开始实施拯救工程的第三个阶段(“野生放归”)：10 年间 4 次放归 53 只麋鹿，野生麋鹿每年递增 13.2%，形成了 118 只的野生种群，基本脱离了种群发展的“危险期”。截至 2013 年 9 月，麋鹿总数达到 2 027 只。在其他国家麋鹿数量没有明显变化的情况下，大丰麋鹿种群数量已增长了 25 倍，成为世界麋鹿种群扩大的先锋。为此，麋鹿已从“红皮书”中退出，被列为珍稀物种。野生麋鹿在南黄海湿地顺利完成了第二个繁衍周期，种群中已出现了重孙辈①。

1996 年，地处姜堰市的溱湖湿地国家公园迎来 4 只麋鹿(2 雄，2 雌)，先在观赏区圈养；2007 年底，新添了散养区，目前散养区面积已发展到 40 多公顷，完全是原生态的环境，河流、草地、树木到处都是。麋鹿(图 25.55、图 25.56)在这里自由采食、活动，繁殖能力也逐年提升。2012 年，仅近一个月，就有 14 只小鹿降生。据 2015 年 4 月报道，该园繁育的麋鹿已超过 100 只②。

图 25.55 雌雄杂处

图 25.56 麋鹿大家庭

6.3.2 浙江

浙江省也有 2 处麋鹿放养地。

据 2010 年 6 月报道，地处慈溪市的杭州湾国家湿地公园从北京引进 20 只麋鹿(图 25.57)③。又据 2016 年 3 月报道，现在该园还有 19 只麋鹿(6 只公鹿，13 只母鹿)，并有 6 只母麋鹿将产仔，是引进麋鹿以来麋鹿宝宝出生最多的一年④。

图 25.57 杭州湾国家湿地公园麋鹿

①江苏大丰麋鹿国家级自然保护区. http://baike.baidu.com/link? url=ZVUQ0prn38HOjqHpPFEvJWLxbYy05dfzOyifW8ZW8A4HNhvQCrMvhjQ2WQNPy9tcuOIrKpZYD_ QngvmlIPI1-ujevKIO5XRWlU5INKzUElqotSf _ 3H9w35YvEjrYcLgi1 _ bqJWoW7u8txl8Z51-URSFcX7rPrQDg20bHoYGhZrHCJsi _ FXIsD153vJ4gZSYcwodFdXyWsgS5UjG5Nh1dxrMdpTpk2BZ5pibriYtgoKHqwKBoPeYXyGQr7Oo8AgX8XpdURo3B-MZDd3DAjWhi7_

②溱湖湿地一个月降生 14 只小麋鹿总数达 80 多只. http://www.qinlake.com/article/jinquzhixun/jingqudongtai/20120508180541912.html；刘林. 泰州溱湖湿地公园添新丁麋鹿园降生四小鹿. http://www.jshb.gov.cn/jshbw/xwdt/sxxx/201504/t20150423_301358.html；溱湖湿地麋鹿繁养逾百头. http://js.xhby.net/system/2015/04/20/024427910.shtml

③麋鹿安家慈溪杭州湾湿地中心. http://lyj.cixi.gov.cn/art/2010/6/12/art_15797_420842.html

④邹洪珊等. 宁波杭州湾湿地公园今年将迎 6 只麋鹿宝宝. http://cxnews.cnnb.com.cn/system/2016/03/23/011371469.shtml

据2012年3月报道，位于临安市板桥乡的临安麋鹿基地拥有87只麋鹿（图25.58）。据称，经考察，麋鹿在长江下游地区生长繁衍良好①。

图25.58 临安麋鹿基地麋鹿群④

6.3.3 江西

江西省也有放养麋鹿存在。

地处鄱阳县境内的鄱阳湖国家湿地公园2014年从北京引进了10只麋鹿（图25.59、图25.60）②，2016年4月报道，该园5只母麋鹿相继生了5只小麋鹿③。

图25.59 齐奔跑

图25.60 同注视

6.3.4 山东

山东省现今也有麋鹿栖息。

据2011年8月报道，3只大丰麋鹿（1雄，2雌；图25.61）已经落户威海湾内的刘公岛国家森林公园（属环翠区），刘公岛地势北陡南缓，全岛植被茂密，与大丰麋鹿保护区的气候相似；台湾同胞赠送的长鬃山羊和梅花鹿也落户在刘公岛。这既是对麋鹿种群迁地保护课题研究进行的一次新的尝试，也为今后麋鹿回归台湾岛积累经验⑤。麋鹿在此得到精心呵护（张玉稳等，2013）。又据2013年4月报道，其中一只雌麋鹿顺利产仔（图25.62），取得初步成功⑥。

图25.61 登岛麋鹿⑦

①程志斌，张鹏骞．北京麋鹿生态实验中心赴浙江杭州湾湿地和临安麋鹿基地调查．http://www.bjast.ac.cn/Html/Article/20120329/16755.html

②麋鹿苑．http://www.poyanghu.cc/comcontent_detailwh/&i=44&comContentId=44.html

③廉瑞琴，马宝红．鄱阳湖国家湿地公园5只母麋鹿相继生了5只小麋鹿．http://jx.people.com.cn/n2/2016/0406/c337939-28088930.html

④http://image.baidu.com/search/detail? ct=503316480&z=0&ipn=d&word=临安麋鹿基地

⑤于从文等．江苏大丰3只麋鹿移居刘公岛为回归台湾岛做尝试．http://www.chinanews.com/tw/2011/08-05/3237570.shtml

⑥实拍刘公岛麋鹿生产全过程幼崽出生半小时能站立．http://news.iqilu.com/shandong/yuanchuang/2013/0426/1516127.shtml

⑦http://blog.163.com/zhouxing8@126/blog/static/785494702012678423928 8/

图 25.62 母子情深①

6.4 中南

现今中南不仅河南省、湖北省与湖南省有放养的麋鹿种群,而且产生野生麋鹿群。

6.4.1 河南

河南省是国内四大麋鹿繁育基地之一。

2004 年 6 月报道,据位于原阳县林场的原阳县麋鹿散养基地称,2003 年,该基地的 6 只麋鹿顺利产下 6 只幼鹿;2004 年 4 月,5 只幼鹿再次在这里降生,成活率均达到 100%。2002 年 11 月,北京国家麋鹿研究中心②一次性为该基地调拨 30 只麋鹿(图 25.63、图 25.64),使这里成为我国第二个麋鹿散养基地③。在近两年的时间内,该基地由最初的 30 只麋鹿已发展到 41 只(30 只成年麋鹿,11 只幼鹿)④。据 2012 年 3 月报道,这里的麋鹿种群数量一度达到了 50 多只⑤。

图 25.63 栖息泥沼边

图 25.64 小憩草地上

又据 2015 年 9 月报道,作为国内四大麋鹿繁育基地之一,目前原阳麋鹿散养基地的麋鹿数量已由 3 年前的 28 只增长为 41 只,种群整体发展态势良好。民间所说没有见到麋鹿,实为麋鹿种群聚集,且警惕性高,在基地外围很难看到⑥。只是此报道的数字不知与之前报道是否巧合。

6.4.2 湖北与湖南

重新分布于湖北省与湖南省的麋鹿在鄂湘毗邻地带形成新分布区[参见“鄂湘毗邻地带麋鹿分布图(宋玉成等,2015)”⑦]。

1985 年重新引入中国的麋鹿在迁移到石首市后,1998 年遭遇长江自 1954 年以来第二次全流域特大洪灾,导致部分麋鹿个体从石首麋鹿国家级自然保护区围栏内外溢,当年大洪水退去后,保护区工作人员曾试图捉回出走的麋鹿。然而,由于麋鹿生性机敏,捉鹿计划落空。“一是很难找到,二是找到了也很难捉住。”不料计划失败竟造就了今天三地三大亚群的自然形成。麋鹿野外生长之地处于长江、洞庭湖水涨水落区域,很多地区属于行洪区,人口较江汉平原其他地区

---

①高杰. 刘公岛一只麋鹿当妈妈. http://www.whnews.cn/weihai/node/2013-04/24/content_5664778.htm

②应是北京麋鹿苑博物馆,或北京麋鹿生态实验中心、北京生物多样性保护研究中心。

③称其为“我国第二个麋鹿散养基地”,似欠准确。

④郝军等. 麋鹿落户黄河滩两年产崽 11 只成活率达 100%. http://www.ha.xinhuanet.com/add/hnnews/2004-06/25/content_2381743.htm

⑤专家谈河南原阳麋鹿基地困境建议改善湿地环境. http://news.sina.com.cn/c/2012-03-15/133324120364.shtml

⑥李岩文. 原阳林场麋鹿灭绝传言引关注原来只是怕见人. http://henan.people.com.cn/n/2015/0928/c351638-26557456.html

⑦此图因故不得已删除,有兴趣的读者可以根据所列出处查看原图。该图具体而形象地显示,现存野生麋鹿分布于长江南岸的“岳阳市”(当指市辖区)—岳阳县—汨罗市—临湘市—沅江市—汉寿县—华容县这一闭合圈内。

相对较少。同时，当地植被茂盛，适宜麋鹿生存。更重要的是，在保护区的多年引导下，三大麋鹿亚种群活跃地区的居民已养成保护意识，形成了麋鹿迁徙的走廊，全部实现了自然放养，恢复了麋鹿的野生习性，成为目前世界上最大的完全摆脱对人类依赖、可自我维持的野生种群，最终主要在洞庭湖区（部分属江汉平原）形成自然野化种群。经长期监测，4 个麋鹿亚群（2010 年初约达 400 只）较稳定地在湖北省的石首市与监利县，湖南省的岳阳市、岳阳县与华容县等地栖息（宋玉成等，2015）。据称，仅 2014 年前 5 个月，即新添 100 余只新生麋鹿。昔日云梦泽麋鹿等"满之"风采正部分复原（图 25.65～图 25.67）①。

图 25.65　麋鹿狂奔

图 25.66　追随威武者

图 25.67　注视新一代

6.4.3　海南

海南省也有放养麋鹿分布。

位于屯昌县枫木镇的枫木养鹿场西依牛血岭，面临木色湖，湖光山色，水草丰盛，风景秀丽。鹿场占地 13.3 万 km^2，放养有麋鹿、海南坡鹿以及海南水鹿、梅花鹿、马鹿等 700 多只②。

6.5　保护区

现有麋鹿栖息的自然保护区（图 25.68、表 25.9）可以表明它们依然存在。

由于回归的麋鹿不同于一般原生野生动物，是人们根据其历史上的分布地有选择地投放，基本上皆处于人类保护或监测中，保护区也是对它们实施庇护的较大特殊环境。

①刘舒. 野生麋鹿. http://mp. weixin. qq. com/s? biz＝MzA4ODI0MjUxNA＝＝&mid＝200418789&idx＝1&sn＝ddcb6324a2517a4efb672ec9e6d380df

②枫木鹿场. http://baike. soudb. com/index. php? doc-view-6986. html；枫木鹿场. http://baike. baidu. com/link? url＝l0EwK1Np1zFtu-2v0ALx19V5GdSF4LJtkwQe9AKUEjWMg3hmRTlUFPy2jFyQOPUS40X0BnG_AU_MSVKI7L1HVK

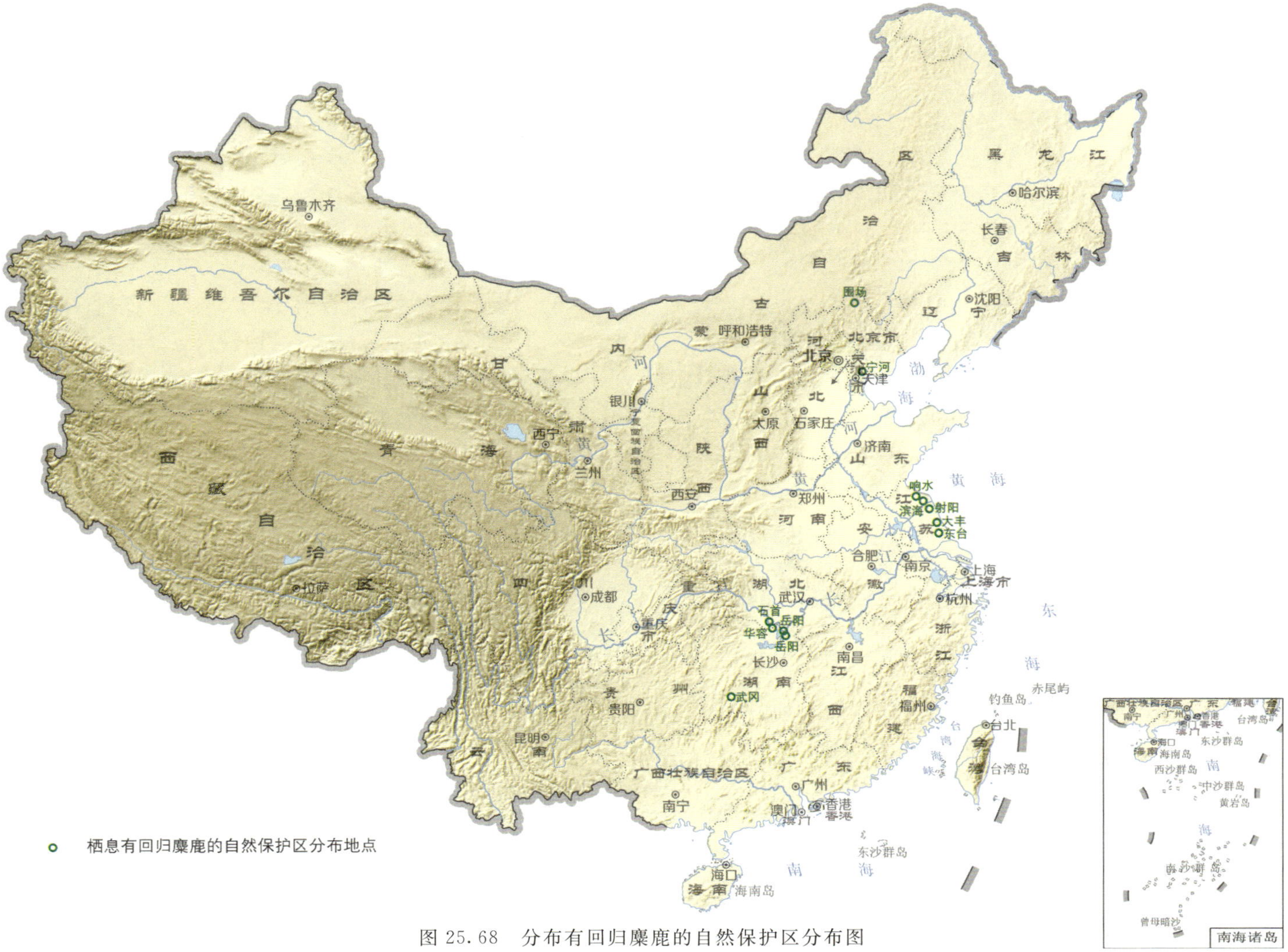

图 25.68 分布有回归麋鹿的自然保护区分布图

表 25.9 **栖息有回归麋鹿的自然保护区概况**

地区	省级政区	保护区名称	所处地点	面积（hm^2）	级别	建立时间	主管部门
华北	天津	古海岸与湿地	宁河县*	35 913	国家级	19841201	海洋
	河北	滦河上游	围场满族蒙古族自治县	50 637	国家级	20020626	林业
华东	江苏	盐城湿地珍禽	东台市、大丰市、射阳县、滨海县、响水县	284 179	国家级	19830225	环保
		大丰麋鹿	大丰市	2 667	国家级	19860208	林业
中南	湖北	石首麋鹿	石首市	1 567	国家级	19911101	环保
	湖南	武冈云山	武冈市	952	省级	19820401	林业
		东洞庭湖	岳阳市、华容县、岳阳县	190 000	国家级	19841101	林业
		集成麋鹿	华容县	2 460	省级	20001001	环保

注：* 目前麋鹿仅在"七里海"部分。①本表参考多方面信息综合而成，个别误差进行更正。②本表据全国自然保护区名录. http://sts. mep. gov. cn/zrbhq/zrbhq/201208/t20120824_235172. htm；天津七里海—湿地麋鹿. http://www. yaoyouke. com/scene/120601/1765/photos106462. html；曹国厂，高博. 河北滦河上游麋鹿群体死亡原因查明. http://news. xinhuanet. com/local/2015-05/28/c_1115437586. htm；江苏盐城湿地珍禽国家级自然保护区. http://baike. baidu. com/link? url＝Yy9cMog8Av02w2Ho8pY_BIJjDw-2ZU33_mvI_7vMZyhG3-ciHSAWLgX09DI0FytQRUCmnBYTcRaM92GWiefXSq；武冈云山. http://baike. soso. com/v24331812. htm；宋玉成等，2015

7　麋鹿的分布变迁大势

麋鹿的古今分布变化巨大（图 25.69、图 25.70；表 25.10），表现为：

● 历史上，我国除宁夏回族自治区与新疆维吾尔自治区未见麋鹿记录外，其他省级政区皆有麋鹿分布，反映其乃广布型物种。

● 我国麋鹿分布在县级及其以上政区最大数量超过 720 地，约占全国政区的 30%。

● 历史上，我国梅花鹿分布的县级及其以上政区数量按地区排序为：中南（199 个），华东（184 个），东北（152 个），华北（78 个），西北（71 个），西南（39 个）。

● 麋鹿遍布辖区的，除香港特别行政区与澳门特别行政区外，仅见台湾与海南省；从分布区域看，麋鹿主要分布在我国东部低平湿地地带，这与其栖息环境相吻合。

● 有麋鹿的县级及其以上政区的绝对数较高的省级政区排名为：黑龙江省（69 个），广东省（55 个），辽宁省（48 个），湖北省（45 个），吉林省（35 个），湖南省（34 个），福建省与山东省（皆 33 个），山西省（32 个）。

● 分布有麋鹿的县级及其以上政区占本省级政区 60% 以上的省级政区为：黑龙江省（90%），辽宁省（83%），吉林省（73%），广东省（63%），湖北省（59%），福建省（49%）。

● 到 20 世纪前半叶，麋鹿分布地消失剧烈（当然时间较长），残存麋鹿超过 7 个的省级政区排序为：黑龙江省（37 个），内蒙古自治区（12 个），云南省（11 个），福建省（9 个），吉林省与广西壮族自治区（皆 8 个）。

● 到 20 世纪后半叶，原生麋鹿分布地仅存 4 个，可以说野生麋鹿延续到 1950 年代灭绝。

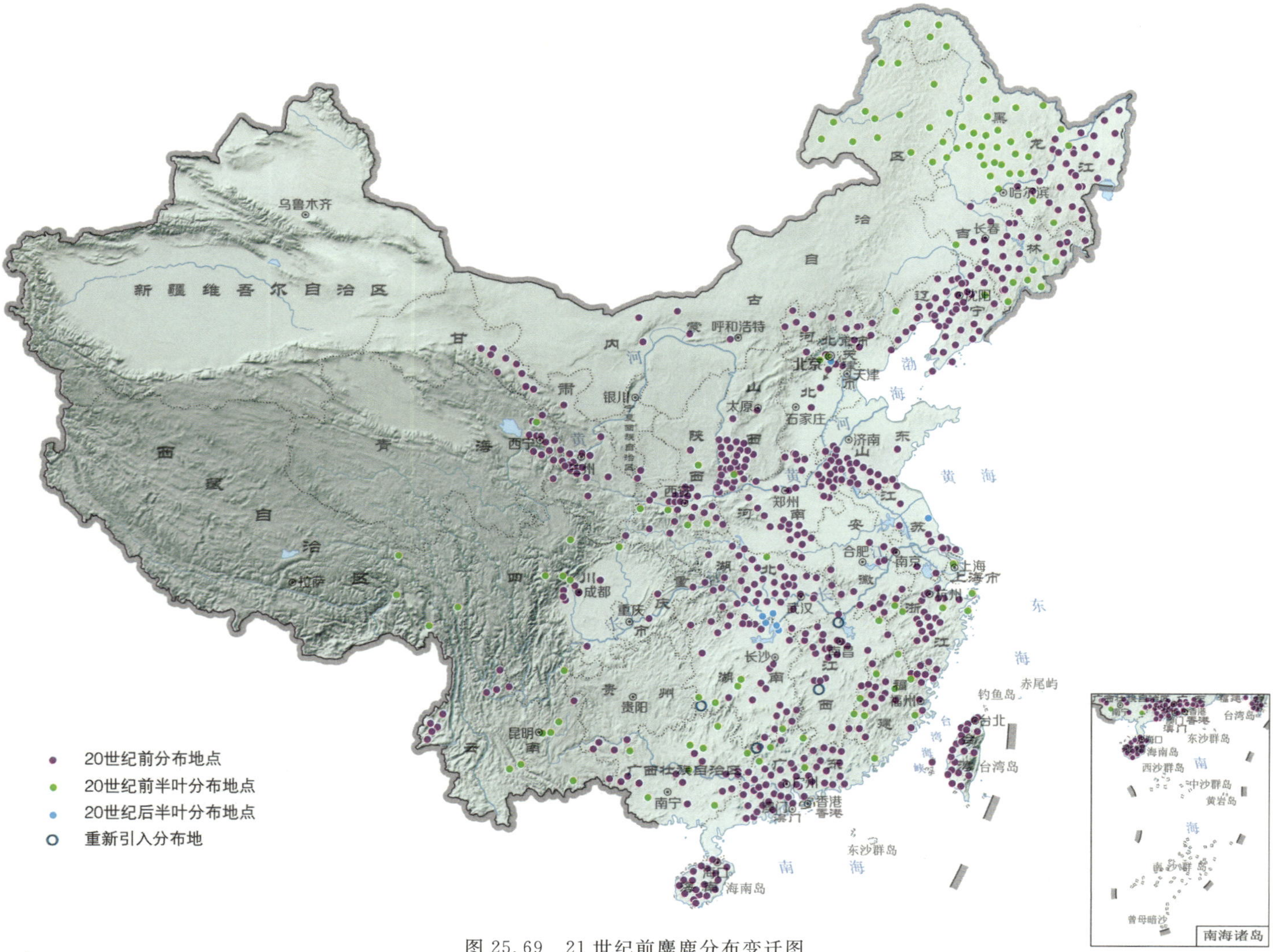

图 25.69　21 世纪前麋鹿分布变迁图

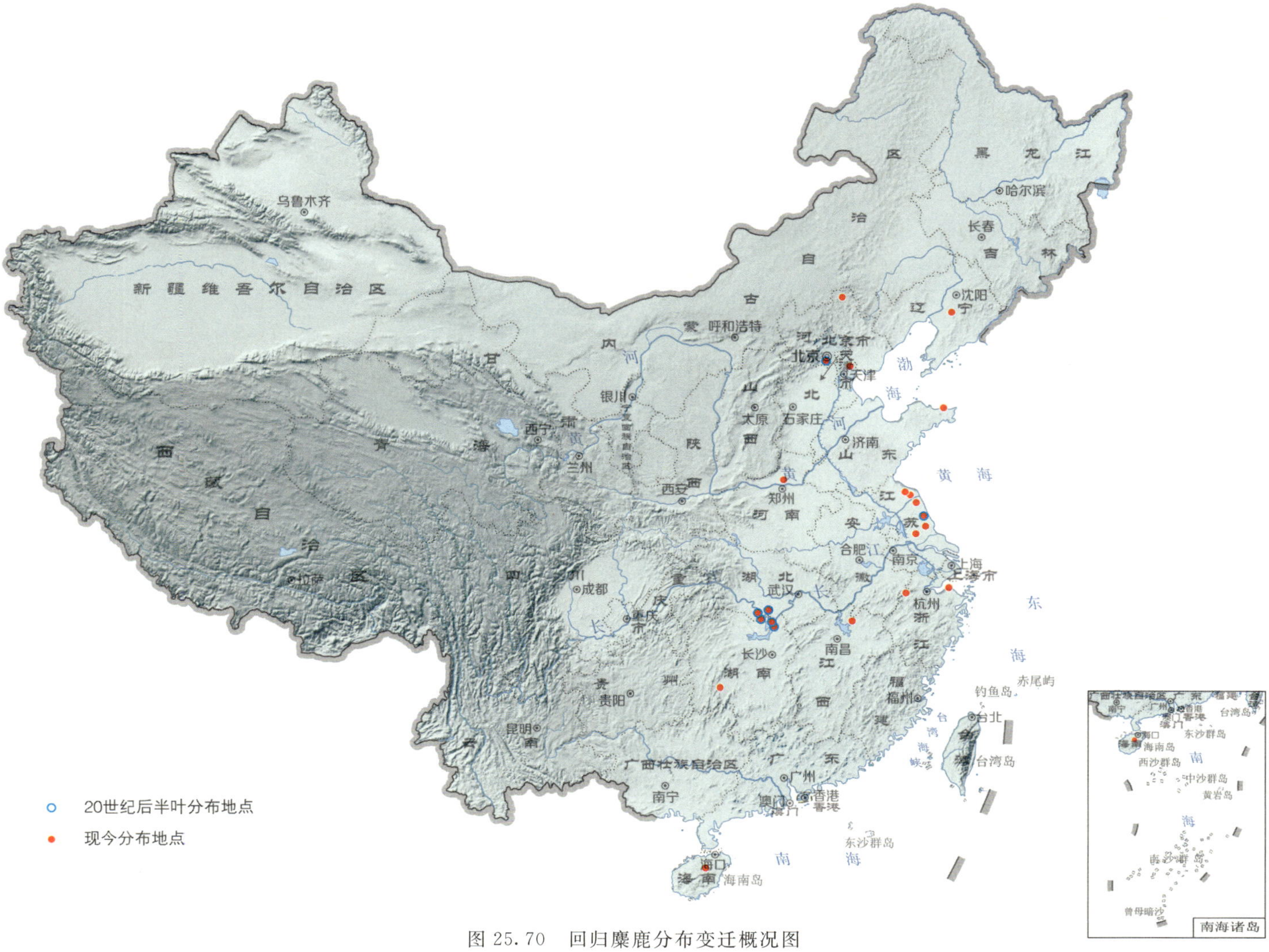

图 25.70　回归麋鹿分布变迁概况图

● 1980 年代以来，回归的麋鹿重新分布到其往日的分布地；20 世纪后半叶，在 7 地栖息。

● 现有麋鹿分布地已超过 20 地。

● 根据麋鹿历史分布的广泛程度看，虽然现今回归的种群已在南端投放，向北正在试验，但往西尚未展开，即在麋鹿分布方面还有较大的扩展空间。

麋鹿从兴盛到衰亡、灭绝，又经重新引入直至扩散，脱离濒危状态，走出一条保护、恢复珍稀濒危物种的成功道路。

表 25.10　　**历史时期麋鹿的分布变迁概况**

地区	省级政区	20 世纪前分布地点	20 世纪前半叶分布地点	20 世纪后半叶分布地点	现今分布地点
华北	北京	朝阳区、丰台区、石景山区、房山区、大兴区	朝阳区、丰台区、房山区	大兴区*	大兴区
	天津	武清区、宁河县			宁河县
	河北	辛集市、张北县、康保县、沽源县、尚义县、涿鹿县、崇礼县、承德市、承德县、兴隆县、平泉县、滦平县、隆化县、丰宁满族自治县、宽城满族自治县、围场满族蒙古族自治县、秦皇岛市、遵化市、廊坊市、固安县、高阳县			围场满族蒙古族自治县

（续表）

地区	省级政区	20 世纪前分布地点	20 世纪前半叶分布地点	20 世纪后半叶分布地点	现今分布地点
	山西	太原市、尧都区、侯马市、霍州市、曲沃县、翼城县、襄汾县、洪洞县、古县、安泽县、浮山县、吉县、乡宁县、蒲县、大宁县、永和县、隰县、汾西县、盐湖区、永济市、河津市、芮城县、临猗县、万荣县、新绛县、稷山县、闻喜县、夏县、绛县、平陆县、垣曲县、离石区	闻喜县		
	内蒙古	土默特左旗、海拉尔区、满洲里市、扎兰屯市、牙克石市、根河市、额尔古纳市、阿荣旗、新巴尔虎右旗、新巴尔虎左旗、陈巴尔虎旗、鄂伦春自治旗、鄂温克族自治旗、莫力达瓦达斡尔族自治旗、磴口县、乌拉特前旗、乌拉特中旗、乌拉特后旗	海拉尔区、满洲里市、扎兰屯市、牙克石市、根河市、额尔古纳市、阿荣旗、新巴尔虎右旗、新巴尔虎左旗、陈巴尔虎旗、鄂伦春自治旗、鄂温克族自治旗、莫力达瓦达斡尔族自治旗		
东北	辽宁	沈阳市、新民市、辽中县、法库县、彰武县、铁岭市、调兵山市、开原市、铁岭县、西丰县、昌图县、抚顺市、抚顺县、新宾满族自治县、清原满族自治县、本溪市、本溪满族自治县、桓仁满族自治县、辽阳市、灯塔市、辽阳县、鞍山市、海城市、台安县、岫岩满族自治县、丹东市、凤城市、东港市、宽甸满族自治县、大连市、瓦房店市、普兰店市、庄河市、长海县、营口市、大石桥市、盖州市、盘锦市、大洼县、盘山县、锦州市、凌海市、北镇市、黑山县、义县、葫芦岛市、兴城市、绥中县	新宾满族自治县		辽阳县
	吉林	长春市、德惠市、九台市、宁江区、吉林市、磐石市、蛟河市、桦甸市、舒兰市、永吉县、双辽市、公主岭市、伊通满族自治县、辽源市、东丰县、东辽县、通化市、梅河口市、集安市、通化县、辉南县、柳河县、白山市、临江市、抚松县、靖宇县、长白朝鲜族自治县、延吉市、图们市、敦化市、珲春市、龙井市、和龙市、汪清县、安图县	双辽市、集安市、白山市、临江市、抚松县、长白朝鲜族自治县、和龙市、安图县		
	黑龙江	哈尔滨市、双城市、尚志市、五常市、依兰县、方正县、宾县、巴彦县、木兰县、通河县、延寿县、齐齐哈尔市、讷河市、龙江县、依安县、甘南县、富裕县、克山县、克东县、拜泉县、爱辉区、北安市、五大连池市、嫩江县、逊克县、孙吴县、伊春市、铁力市、嘉荫县、鹤岗市、萝北县、绥滨县、佳木斯市、同江市、富锦市、桦南县、桦川县、汤原县、抚远县、双鸭山市、集贤县、友谊县、宝清县、饶河县、七台河市、勃利县、鸡西市、虎林市、密山市、鸡东县、牡丹江市、穆棱市、绥芬河市、海林市、宁安市、东宁县、林口县、北林区、海伦市、望奎县、兰西县、青冈县、庆安县、明水县、绥棱县、大兴安岭地区、呼玛县、塔河县、漠河县	哈尔滨市、尚志市、巴彦县、木兰县、齐齐哈尔市、讷河市、龙江县、依安县、甘南县、富裕县、克山县、克东县、拜泉县、爱辉区、北安市、五大连池市、嫩江县、逊克县、孙吴县、伊春市、铁力市、嘉荫县、萝北县、桦川县、宁安市、北林区、海伦市、望奎县、兰西县、青冈县、庆安县、明水县、绥棱县、大兴安岭地区、呼玛县、塔河县、漠河县		

（续表）

地区	省级政区	20 世纪前分布地点	20 世纪前半叶分布地点	20 世纪后半叶分布地点	现今分布地点
华东	上海	普陀区、闸北区、虹口区、杨浦区	?		
	江苏	南京市、连云港市、赣榆县、金湖县、涟水县、东台市、大丰市、射阳县、滨海县、响水县、扬州市、仪征市、江都市、高邮市、宝应县、泰州市、泰兴市、姜堰市、兴化市、南通市、海门市、启东市、通州市、如皋市、如东县、海安县、宜兴市、吴江市		大丰市*	东台市、大丰市、射阳县、滨海县、响水县、姜堰市
	浙江	杭州市、临安市、富阳市、淳安县、海宁市、舟山市、宁波市、慈溪市、象山县、越城区、上虞市、嵊州市、金华市、兰溪市、永康市、义乌市、东阳市、武义县、浦江县、磐安县、泰顺县、莲都区、缙云县、松阳县	淳安县、象山县、嵊州市		临安市、慈溪市
	安徽	滁州市、定远县、怀宁县、太湖县、黄山市、歙县、休宁县、黟县、祁门县、金寨县、含山县、和县、东至县、宁国市、绩溪县	歙县		
	福建	福州市、福清市、延平区、邵武市、顺昌县、浦城县、光泽县、三明市、永安市、明溪县、清流县、宁化县、尤溪县、沙县、将乐县、泰宁县、建宁县、莆田市、惠安县、诏安县、长汀县、永定县、上杭县、武平县、连城县、蕉城区、福安市、福鼎市、寿宁县、霞浦县、柘荣县、屏南县、周宁县	延平区、邵武市、浦城县、宁化县、莆田市、诏安县、长汀县、连城县、屏南县		
	江西	南昌市、南昌县、新建县、进贤县、九江市、武宁县、修水县、星子县？贵溪市、安远县、玉山县、鄱阳县、婺源县、丰城市、樟树市、高安市、奉新县、上高县、宜丰县、靖安县、吉安市、吉安县、吉水县、泰和县	星子县？婺源县、泰和县	星子县？泰和县	鄱阳县
	山东	平阴县、阳谷县、东阿县、诸城市、环翠区、临沂市、郯城县、苍山县、平邑县、费县、临沭县、枣庄市、滕州市、济宁市、曲阜市、兖州市、邹城市、微山县、鱼台县、金乡县、嘉祥县、汶上县、泗水县、梁山县、宁阳县、东平县、牡丹区、曹县、定陶县、成武县、单县、巨野县、郓城县			环翠区
	台湾	台北市、基隆市、高雄市、台南市、台中市、新竹市、嘉义市、台北县、高雄县、台南县、台中县、新竹县、嘉义县、屏东县、台东县、花莲县、宜兰县、桃园县、苗栗县、彰化县、南投县、云林县、澎湖县			
中南	河南	荥阳市、中牟县、汝阳县、宜阳县、原阳县、安阳市、林州市、安阳县、汤阴县、滑县、内黄县、开封市、商丘市、虞城县、舞阳县、舞钢市、鲁山县、方城县、信阳市、罗山县、确山县、遂平县、西平县、上蔡县、汝南县、平舆县、新蔡县、正阳县、济源市			原阳县
	湖北	武汉市、丹江口市、竹山县、襄樊市、老河口市、枣阳市、宜城市、南漳县、谷城县、荆门市、钟祥市、沙洋县、京山县、孝南区、应城市、安陆市、汉川市、孝昌县、云梦县、黄州区、麻城市、红安县、英山县、鄂州市、嘉鱼县、通城县、荆州市、石首市、洪湖市、松滋市、公安县、监利县、枝江市、宜都市、当阳市、远安县、兴山县、秭归县、五峰土家族自治县、曾都区、仙桃市、天门市、潜江市、巴东县、来凤县	枣阳市	石首市*、监利县*	石首市、监利县

（续表）

地区	省级政区	20 世纪前分布地点	20 世纪前半叶分布地点	20 世纪后半叶分布地点	现今分布地点
	湖南	张家界市、慈利县、桑植县、津市市、安乡县、澧县、临澧县、石门县、益阳市、南县、岳阳市、临湘市、岳阳县、华容县、平江县、湘潭市、湘潭县、衡阳市、衡阳县、郴州市、资兴市、永兴县、宜章县、汝城县、桂东县、祁阳县、邵阳市、武冈市、邵阳县、新宁县、城步苗族自治县、靖州苗族侗族自治县、通道侗族自治县、吉首市	邵阳市、邵阳县、城步苗族自治县、靖州苗族侗族自治县、通道侗族自治县	岳阳市*、岳阳县*、华容县*、通道侗族自治县	岳阳市、岳阳县、华容县、武冈市
	广东	广州市、增城市、从化市、清城区、连州市、佛冈县、阳山县、连山壮族瑶族自治县、连南瑶族自治县、乐昌市、始兴县、新丰县、乳源瑶族自治县、源城区、紫金县、龙川县、连平县、和平县、东源县、兴宁市、五华县、城区、陆丰市、海丰县、陆河县、惠州市、博罗县、惠东县、龙门县、东莞市、深圳市、珠海市、中山市、江门市、恩平市、台山市、开平市、鹤山市、佛山市、肇庆市、高要市、四会市、广宁县、怀集县、封开县、德庆县、云城区、罗定市、云安县、新兴县、郁南县、江城区、阳春市、阳西县、阳东县	阳山县、连山壮族瑶族自治县、乐昌市、始兴县、龙门县、怀集县	连山壮族瑶族自治县	
	广西	宾阳县、上林县、灵川县、柳州市、柳城县、鹿寨县、梧州市、岑溪市、苍梧县、藤县、容县、陆川县、灵山县、江州区、天等县、德保县、靖西县、那坡县、凌云县、乐业县、西林县、田林县、隆林各族自治县、兴宾区、象州县、八步区	灵川县、柳城县、鹿寨县、陆川县、江州区、凌云县、兴宾区、八步区		
	海南	海口市、三亚市、文昌市、琼海市、万宁市、五指山市、东方市、儋州市、临高县、澄迈县、定安县、屯昌县、昌江黎族自治县、白沙黎族自治县、琼中黎族苗族自治县、陵水黎族自治县、保亭黎族苗族自治县、乐东黎族自治县	?		屯昌县
	香港	香港			
	澳门	澳门			
西南	重庆	涪陵区、梁平县、巫山县、奉节县			
	四川	成都市、都江堰市、邛崃市、郫县、大邑县、蒲江县、广元市、三台县、高县、汶川县、松潘县、小金县	都江堰市、广元市、汶川县、松潘县、小金县		
	贵州	盘县、正安县			
	云南	昆明市、宜良县、宣威市、马龙县、元江哈尼族彝族傣族自治县、腾冲县、昭阳区、永胜县、华坪县、宁蒗彝族自治县、墨江哈尼族自治县、瑞丽市、梁河县、盈江县、陇川县、鹤庆县、马关县	昆明市、宜良县、马龙县、元江哈尼族彝族傣族自治县、昭阳区、墨江哈尼族自治县、马关县		
	西藏	丁青县、芒康县、波密县、察隅县	丁青县、芒康县、波密县、察隅县		

（续表）

地区	省级政区	20 世纪前分布地点	20 世纪前半叶分布地点	20 世纪后半叶分布地点	现今分布地点
西北	陕西	西安市、蓝田县、周至县、户县、高陵县、甘泉县、洛川县、铜川市、临渭区、富平县、咸阳市、兴平市、三原县、泾阳县、礼泉县、武功县、宝鸡市、凤翔县、凤县、城固县、宁强县、石泉县、宁陕县、商州区、洛南县、丹凤县、商南县、山阳县、镇安县、柞水县	周至县、洛川县、凤县、山阳县、镇安县		
	甘肃	兰州市、榆中县、嘉峪关市、靖远县、凉州区、肃州区、金塔县、甘州区、民乐县、临泽县、高台县、山丹县、肃南裕固族自治县、崆峒区、华亭县、通渭县、临洮县、岷县、渭源县、临夏市、临夏县、康乐县、永靖县、广河县、和政县、东乡族自治县、积石山保安族东乡族撒拉族自治县、夏河县			
	青海	西宁市、大通回族自治县、湟源县、湟中县、平安县、乐都县、民和回族土族自治县、互助土族自治县志、化隆回族自治县、循化撒拉族自治县、门源回族自治县、贵德县、尖扎县	大通回族自治县		

注："20 世纪后半叶"中加 * 号者，指回归的麋鹿。

参考文献

北京市房山区地方志编纂委员会. 1999. 北京市房山区志. 北京：北京出版社

曹克清. 1975. 上海附近全新世四不像鹿亚化石的发现以及我国这属动物的地史地理分布. 古脊椎动物与古人类，13(1)：48～57

曹克清. 1978. 野生麋鹿绝灭时间初探. 动物学报，24(3)：289～291

曹克清. 1982. 野生麋鹿绝灭地区的初步探讨. 动物学研究，3(4)：475～477

曹克清. 1985. 关于野生麋鹿回归中国放养地点选择的意见. 四川动物，(2)：31～33

曹克清，等. 1990. 中国的麋鹿. 上海：学林出版社

常州市博物馆. 1973. 江苏五进县上渎村晚更新世哺乳动物化石. 古脊椎动物与古人类. 11(1)

陈方吉. 1975. 北京东郊发现全新世化石地点. 古脊椎动物与古人类(3)

陈全家，等. 2004. 清江流域古动物遗存研究. 北京：科学出版

滁州市(县级)地方志编纂委员会编. 1998. 滁州市志. 北京：方志出版社

大丰县地方志编纂委员会编. 1989. 大丰县志. 南京：江苏人民出版社

德日进，杨钟健. 1936. 安阳殷墟之哺乳动物群. 中国古生物学志(丙种)，12(1)：1～78

定远县地方志编纂委员会编. 1995. 定远县志. 合肥：黄山书社

董明星，等. 2011. 河北省石家庄地区晚更新世晚期古菱齿象—披毛犀动物群及其古气候. 古地理学报，13(4)：419～425

动物考古课题组. 2011. 中华文明形成时期的动物考古学研究//中国社会科学院考古研究所科技考古中心编. 科技考古. 第三辑. 北京：科学出版社

付罗文，袁靖. 2006. 重庆忠县中坝遗址动物遗存的研究. 考古，(1)：79～88

高立保，张传藻. 1980. 江苏赣榆朱堵公社出土大量鹿角. 古脊椎动物与古人类，18(3)：258

顾玉珉，等. 1982. 安徽灵璧全新世人骨及兽骨的观察. 人类学学报，1(2)：197～198

《海安县志》编纂委员会编. 1997. 海安县志. 上海：上海社会科学院出版社

韩立刚，郑龙亭. 2008. 蚌埠双墩新石器时代遗址动物遗存鉴定简报//安徽省文物考古研究所，蚌埠市博物馆编著. 蚌埠双墩：新石器时代遗址发掘报告. 北京：科学出版社

韩立刚.2006.安徽旧石器文化演变与环境气候变化关系//董为主编.第十届中国古脊椎动物学学术年会论文集.北京:海洋出版社
河南省安阳市地方史志编纂委员会编.1998.安阳市志.郑州:中州古籍出版社
河南省文物考古研究所编著.1999.舞阳贾湖.北京:科学出版社
胡松海,等.2007.宝鸡关桃园遗址动物环境考古研究.西北大学学报(自然科学版),37(1):115～118
湖北省清江隔河岩考古队,湖北省文物考古研究所编著;王善才主编.2004.建始人遗址.北京:科学出版社
湖南省通道侗族自治县县志编纂委员会编.1999.通道县志.北京:民族出版社
黄万波,等.1982.安徽和县猿人化石及有关问题的初步研究.古脊椎动物与古人类,20(3):248～255
黄蕴平.2010.动物骨骼数量分析和家畜驯化发展初探//河南省文物考古研究所编.动物考古.第1辑,2007年中国郑州动物考古国际学术研讨会论文集.北京:文物出版社
惠安县地方志编纂委员会编.1998.惠安县志.北京:方志出版社
计宏祥.1985.四不象鹿属地理分布的变迁.古脊椎动物学报,23(3):214～222
贾兰坡,等.1977.北京东郊泥炭层中的动物遗骸和角制工具.古脊椎动物与古人类,15(2):150～156
江西省星子县志编纂委员会编纂.1990.星子县志.南昌:江西人民出版社
蒋乐平著.2014.跨湖桥文化研究.北京:科学出版社
景存义,等.1992.海南岛引进麋鹿的可行性研究.南京师大学报(自然科学版),15(2):92～96
李有恒.1979.河北藁城台西村遗址动物群中发现狍.古脊椎动物与古人类,17(4):343
李占扬,董为.2007.河南许昌灵井旧石器遗址哺乳动物群的性质及时代探讨.人类学学报,26(4):345～360
连山壮族瑶族自治县志编纂委员会编.1997.连山壮族瑶族自治县志.北京:生活·读书·新知三联书店
刘嘉龙.1961.安徽北部更新世哺乳动物化石新产地.古脊椎动物与古人类,(4):386～388
龙进.1987.阴山岩画中的动物.化石,(2):23～24
龙虬庄遗址考古队编著.1999.龙虬庄:江淮东部新石器时代遗址发掘报告.北京:科学出版社
卢浩泉,周才武.1990.山东泗水尹家城遗址出土动、植物标本鉴定报告//泗水尹家城.附录一.北京:文物出版社
卢浩泉.1990.西吴寺遗址兽骨鉴定报告//兖州西吴寺.附录二.北京:文物出版社
罗桂环.1996.我国三种珍稀动物西流考.中国科技史料,17(2):28～3
南通博物馆.1979.从麋鹿找到了一处新石器时代遗址.化石(3)
宁河县地方志编修委员会编著.1991.宁河县志.天津:天津社会科学院出版社
宁化县志编纂委员会编.1992.宁化县志.福州:福建人民出版社
裴文中.1965.河南新蔡的第四纪哺乳动物.古脊椎动物与古人类.4(1)
平凉市志编纂委员会编.1996.平凉市志.北京:中华书局
浦江县志编纂委员会编.1990.浦江县志.杭州:浙江人民出版社
如皋市地方志编纂委员会编.1995.如皋县志.香港:新亚洲出版社
山阳县地方志办公室.1985.山阳县志点释.山阳:山阳县地方志办公室
陕西省凤县地方志编纂委员会.1986.凤县志民国时期资料汇编.(陕西)凤县:凤县地方志编纂委员会
陕西省考古研究所.2004.临潼零口村.西安:三秦出版社
陕西省考古研究院,宝鸡市考古工作队.2007.宝鸡关桃园.北京:文物出版社
盛和林,等著.1992.中国鹿类动物.上海:华东师范大学出版社
四川省郫县志编纂委员会编纂.1989.郫县志.成都:四川人民出版社
宋艳波.2008.山东济南大辛庄1984年发掘动物遗存分析//东方考古.第5集.北京:科学出版社
宋艳波,等.2011a.山东广饶南河崖遗址2008年出土动物遗存分析//山东大学东方考古研究中心.东方考古.第7集.北京:科学出版社
宋艳波,等.2011b.鲁北地区殷墟时期遗址出土的动物遗存//山东省文物考古研究所编.2011.海岱考古.第4辑.北京:科学出版社
宋玉成,等.2015.洞庭湖区自然野化麋鹿种群的偏性扩散行为.生态学报,35(13):4 416～4 424
苏州市地方志编纂委员会编.1995.苏州市志.南京:江苏人民出版社
泰和县地方志编纂委员会编.1993.泰和县志.北京:中共中央党校出版社
泰县县志编纂委员会编.1993.泰县志.南京:江苏古籍出版社

谭其骧. 1998. 云梦与云梦泽//中国科学技术文库：院士卷. 3. 北京：科学技术文献出版社，2 569～2 574

唐锡阳. 1992. 乌邦寺的“华侨”：麋鹿. 野生动物，(6)：44～46

通州市地方志编纂委员会编. 1996. 南通县志. 南京：江苏人民出版社

土默特左旗《土默特志》编纂委员会编. 1997. 土默特志. 呼和浩特：内蒙古人民出版社

汪洪. 1988. 陕西大荔一早更新世哺乳动物群. 古脊椎动物学报，26(1)：59～72

湘潭县地方志编纂委员会编. 1995. 湘潭县志. 长沙：湖南出版社

徐钦琦，尤玉柱. 1984. 和县动物群与深海沉积物的对比. 人类学学报，3(1)：26～67

盐城市地方志编纂委员会编. 1998. 盐城市志. 南京：江苏科学技术出版社

杨戎生，等. 2003. 中国麋鹿种群现状调查. 动物学杂志，38(2)：76～81

杨钟健，刘东生. 1949. 安阳殷墟之哺乳动物群补遗. 中国考古学报，(4)：145～153

杨钟健. 1955. 记安徽泗洪县下草湾发现的巨河狸化石并在五河戚咀发现的哺乳动物化石. 古生物学报. 3(1)

永定县地方志编纂委员会编. 1994. 永定县志. 北京：中国科学技术出版社

尤玉柱，蔡保全. 1995. 台湾海峡西部海域哺乳动物化石. 古脊椎动物学报，33(3)：231～237

袁杰主编；故宫博物院编. 2014. 清宫兽谱. 北京：故宫出版社

袁靖，唐际根. 2000. 河南安阳市洹北花园遗址出土动物骨骼研究报告. 考古，(11)：75～81

袁靖，杨梦菲. 2005. 前掌大遗址出土动物骨骼研究报告//滕州前掌大墓地. 北京：文物出版社

云南省鹤庆县志编纂委员会编. 1991. 鹤庆县志. 昆明：云南人民出版社

张林源. 2005. 麋鹿与北京南海子. 大自然，(4)：38～39

张玉稳，等. 2013. 刘公岛麋鹿非季节性脱毛的研究与分析. 野生动物，34(2)：75～78

张祖方，李文明. 1980. 江苏省古人类和旧石器时代的考古工作. 南京博物院集刊(2)

赵莹，陈全家. 2010. 堰台遗址出土的动物骨骼研究报告//安徽省文物考古研究所编著. 霍邱堰台：淮河流域周代聚落发掘报告. 北京：科学出版社

浙江省博物馆自然组. 1978. 河姆渡遗址动植物遗存的鉴定研究. 考古学报，(1)：95～107

浙江省文物考古研究所，萧山博物馆. 2004. 跨湖桥. 北京：文物出版社

中国考古学会编. 1985. 中国考古学年鉴：1985. 北京：文物出版社：180

钟蓓. 2007. 滕州西公桥遗址中出土的动物骨骼//山东省文物考古研究所编. 海岱考古. 第 2 辑. 北京：科学出版社

钟蓓. 2010. 济宁玉皇顶遗址中的动物遗骸//山东省文物考古研究所编. 2010. 海岱考古. 第 3 辑. 北京：科学出版社

周本雄. 1981. 河北武安磁山遗址的动物骨骸. 考古学报，(3)：339～347

周本雄. 1985. 山东潍县鲁家口遗址动物遗骸//潍县鲁家口新石器时代遗址. 附录. 考古学报(3)

周明镇，薛祥煦. 1958. 辽宁建平及康平几种更新世晚期哺乳动物化石. 古生物学报. 6(1)

周明镇，等. 1965. 晋西南几个晚新生代地层剖面的观察. 古脊椎动物与古人类，9(3)：256～269

David，A. 1949. Abbe David's Dtary: Being an Account of the French Naturaliat's Journeys and Observaions in China in the Years 1866 to 1869 (translated by H. M. Fox). Harvard Univ. Press-Cambridge: 5, 153

Dobroruka, L. J. 1970. To the Supposed Formerly Occurens of David's Dccr, Elaphurus davidingus Milnc-Edwards, 1866. In Hainan Mammalia，34(1)：162～164

附录一

附录一

本书涉及的珍稀野生动物名录索引

1　中文学名排序

中文学名	中文别名	拉丁学名	英文名	中国保护级别
白鹳	送子鸟	*Ciconia ciconia*	white stork	Ⅰ
白颊猕猴	白颊猴	*Macaca leucogenys*	white-cheeked macaque	新发现
白颊长臂猿	撩猴、料猴、囊妮(傣)、南里(傣)、白脸猴、长臂猴、北白颊长臂猿	*Nomascus leucogenys*	northern white-cheeked gibbon, white-cheeked gibbon	Ⅰ
白臀仰鼻猴	雪猴、飞猴、滇金丝猴、滇仰鼻猴、黑金丝猴、云南金丝猴、白廓仰鼻猴、	*Rhinopithecus bieti*, *Pygathrix bieti*	black snub-nosed monkey, Yunnan snub-nosed monkey	Ⅰ
白掌长臂猿	南尼、僚棒猴、白手长臂猿	*Hylobates lar*	lar gibbon, white-handed gibbon, common gibbon	Ⅰ
豹	色(藏)、钱豹、文豹、豹狗、狗豹、山豹、豹子、斑豹、马彪、小豹、大猫、大貘、黑豹、日诺(彝)、金钱豹、银钱豹、金钱花、铜钱花、印度豹、黑豹则、豹虎子、远东豹(亚种)、东北豹(亚种)	*Panthera pardus*	leopard	Ⅰ
豹类			some species of feline	
藏酋猴	青猴、马猴、黑猴、阿哈(藏)、女诺(彝)、短尾猴、藏猕猴、大青猴、红面猴、四川猴、毛面猴、治乌阿格(藏)毛面短尾猴、黄山短尾猴、大卫短尾猴	*Macaca thibetana*	Tibetan macaque, stump-tailed macaque	Ⅱ
穿山甲	鲮、鲤、甲、鲮豸、鳞鲤、鲮狸、鲮鱼、陵鲤、绫鲤、鲮鲤、鲢鲤、连理、鳞裡、鳞离、鲢鲢、全鳞、地鳞、鳞甲、山甲、鲮甲、鲑鲑、鼍龙、龙鲤、麒麟、土鲮甲、钱鲤甲、钱鳞甲、陵鲤甲、石鲮鱼、土鲤鱼、山鲤鱼、土地鱼、穿山狸、川山甲、食蚁兽	*Manis pentadactyla*	pangolin, manis pentadactyla	Ⅱ

（续表）

中文学名	中文别名	拉丁学名	英文名	中国保护级别
大鲵	鰕、鲵、鲇、鳑、鳎、鲵、人鱼、狗鱼、鳕鱼、脚鱼、啼鱼、腊狗、婴鱼、龙鱼、王鲔、孩儿鱼、四足鱼、娃娃鱼、呱呱鱼、海狗鱼、水和尚、四脚鱼、山槵鱼、大山椒鱼	*Andrias davidianus*	giant salamander	Ⅱ
大天鹅	鹄、白鹅、黄鹄、鸿鹄、白天鹅、白鸿鹤、咳声天鹅、喇叭天鹅、黄嘴天鹅	*Cygnus cygnus*	whooper swan	Ⅱ
大熊猫	貘、狛、貊、獏、貊、貔、黑豹、玄豹、玄貘、白豹、白狐、银狗、白熊、白罴、猛豹、白虎、花熊、文罴、驺虞、白彪、竹熊、啮铁、执夷、挚兽、貊兽、貊貊、貔貅、皮裘、酋耳、花头熊、黑白熊、食铁兽、猛氏兽	*Ailuropoda melanoleuca*	panda, giant panda	Ⅰ
丹顶鹤	鹤、仙鹤、仙禽、仙骥、仙子、胎仙、露禽、阴羽、白鹤、鶤鷞、胎禽、黄鹤、元鹤、沈尚书、红顶鹤、日本鹤、蓬莱羽士	*Grus japonensis*	red-crowned crane, Japanese crane, manchurian crane	Ⅰ
东部白眉长臂猿	黑猴、呼猴、呼猿、长手猴、呼洛克猿、白眉长臂猿	*Hoolock leuconedys*	eastern hoolock gibbon, eastern hoolock	Ⅰ
东部黑冠长臂猿	东黑冠长臂猿、黑长臂猿越北亚种	*Nomascus nasutus*	Cao-vit crested gibbon, Cao-vit black crested gibbon, eastern black crested gibbon	Ⅰ
东方白鹳	白鹳、老鹳、白老、洼子、黑尻、皂裙、皂君、负金、负釜、藋儿、旱群、老等、灰鹤、水老老、鸳鸯鸭、缩脖鸟、信天翁、大嘴鸟、捞鱼鹳、红脚鹳、乌童鹳、瓦亭仙	*Ciconia boyciana*	oriental white stork	Ⅰ
短尾猴	黑猴、泥猴、人熊、红面猴、短尾猴、大青猴、桩尾猴、截尾猕猴、红面短尾猴、红面断尾猴、华南断尾猴	*Macaca arctoides*	stumptail macaque, bear macaque, macaca brunneus, macaca harmandi, macaca melanotus, macaca melli, macaca rufescens, macaca speciosus, macaca ursinus	Ⅱ
鹳属		Ciconia	storks	
海南黑冠长臂猿	海南长臂猿、黑长臂猿海南亚种	*Nomascus hainanus*	Hainan gibbon, Hainan crested gibbon, Hainan black gibbon, Hainan black crested gibbon	Ⅰ
河麂	獐、麕、麇、牙獐、獐子、草獐、车獐、黄麇、河鹿、水麂、山羊、老角麂、獐呒郎、羊獐子、中国水鹿	*Hydropotes inermis*	Chinese river deer	Ⅱ
黑冠长臂猿	猿、潦猿、吼猴、乌猿、料猴、风猴、黑猴、长手猴、擦梆猴、西黑冠长臂猿、黑长臂猿指名亚种、黑长臂猿滇西亚种、黑长臂猿景东亚种	*Nomascus concolor*	western black crested gibbon	Ⅰ

（续表）

中文学名	中文别名	拉丁学名	英文名	中国保护级别
黑鹳	乌鹳、褐鹳、老鹳、锅鹳、阳乌、红鹳、油鹳、苍鹳、麻啄、青鹳、青桩、青庄、豆文、黑巨鸡、青椿乌、黑老鹳、黑鹳鹤	*Ciconia nigra*	black stork	Ⅰ
黑麝	褐麝、黑獐、褐鹿、獐子、香獐、麻鹿、黑獐子、黑拉瓦（藏）	*Moschus fuscus*	black musk deer, tawny musk deer	Ⅰ
黑熊	董（藏语）、狗熊、狗驼、扒岩、黑子、老熊、中熊、狮熊、猪熊、豖熊、敖宜（满语）、黑瞎子、熊瞎子、乌黑子、月牙熊、狗驼子、黑娃子、欧木虾（门巴语）、敖宜木戈（满语）、敖木宜戈（满语）、喜马拉雅熊、哈日一巴吰勃盖（蒙语）	*Selenarctos thibetanus*	black bear	Ⅱ
黑仰鼻猴	喷嚏猴、怒江金丝猴、缅甸金丝猴、喷嚏塌鼻猴	*Rhinopithecus strykeri*	Myanmar snub-nosed monkey, Burmese snub-nosed monkey, Stryker's snub-nosed monkey	新发现
虎	貙、虤、虒、虝、武、兽、虪、玄虎、寅兽、寅客、于虢、于菟、於䖘、於菟、于檡、山君、虦猫、委虒、酋耳、驺吾、开明、穷奇、马复、罗罗、乌䖘、波罗、虥猫、北都、波卢、斑子、巴尔、兽君、狸儿、戾虫、猛兽、搙于、皋比、山猫、李耳、大猫、大虫、老虎、李父、伯都、白额侯、白额虎、扁担花、王斑虎、约勒巴尔斯	*Panthera tigris*	tiger	Ⅰ
虎阿尔泰亚种	阿尔泰虎	*Panthera tigris altaica*	Altai tiger	
虎东北亚种	东北虎、满洲虎、朝鲜虎、乌苏里虎、阿穆尔虎	*Panthera tigris altaica*	North-east China tiger, Siberian tiger, Amur tiger, Manchurian tiger, Ussuri tiger	
虎海南亚种	海南虎		Hainan tiger	
虎华北亚种	华北虎	*Panthera tigris coreensis*	North China tiger	
虎华南亚种	华南虎、中国虎、厦门虎、中华虎、南中国虎	*Panthera tigris amoyensis*	South China tiger	
虎塔里木亚种	新疆虎、西亚虎、波斯虎、中亚虎、图兰虎、塔里木虎、罗布泊虎、里海亚种、高加索虎	*Panthera tigris virgate*, *Panthera tigris lecoqui*	Tarim tiger	
虎台湾亚种	台湾虎		Taiwan tiger	
虎印支亚种	印支虎、东南亚虎、印度支那虎、印度支那亚种	*Panthera tigris corbetti*	Indo-Chinese tiger	
虎指名亚种	印度虎、孟加拉虎	*Panthera tigris tigris*	Bengal tiger	

（续表）

中文学名	中文别名	拉丁学名	英文名	中国保护级别
灰仰鼻猴	线狨、牛尾猴、灰金丝猴、黔金丝猴、黔仰鼻猴、白肩仰鼻猴	*Rhinopithecus brelichi*, *Pygathrix brelichi*	grey snub-nosed monkey, gray golden monkey	Ⅰ
金仰鼻猴	狨、线子、线绒、马绒、果然、金丝猴、金线绒、金绒猴、蓝面猴、狮子鼻猴、长尾子、果然兽、果然绒、喜或嘉（藏）、川金丝猴、川仰鼻猴、洛克安娜猴	*Rhinopithecus roxellana*, *Pygathrix roxellana*	golden snub-nosed monkey	Ⅰ
林麝	獐、勒（彝）、獐子、樟子、香獐、林獐、香子、牙香、麝鹿、香驴、麝羊、香羊、野羊、石羊、林律、南麝、麻鹿、土猪、牛麂、黑獐子、山驴子、麝香羊、香猬子、麝香鹿、线牙獐、麝包子、灰拉瓦（藏）	*Moschus berezovskii*	Chinese forest musk deer, forest musk deer, dwarf musk deer	Ⅰ
马来鳄	马来长吻鳄	*Tomistoma schlegelii*	Malaysia crocodile	已灭绝
马来熊	魋、狗熊、赤熊、董穷、小狗熊、小黑熊、太阳熊、耐力喀苏（藏语）、康儿拉欧木虾（门巴语）	*Helarctos malayanus*	sun bear, Malayan sun bear	Ⅰ
马麝	藏马獐、香獐、獐子、草獐、獐鹿、香子、西麝、拉瓦（藏）、贡拉（藏）、草坪獐、香獐子、黄獐子、板牙獐、高山麝、拉嘎儿（门巴）	*Moschus sifanicus*	alpine musk deer	Ⅰ
马属		Equus	horse	
猫科		Felidae	cats	
梅花鹿	鹿、麋、哈（藏）、班龙、斑鹿、马鹿、羊鹿、花鹿、梅鹿、黄鹿、角鹿、草鹿、仙鹿、毛鹿、山鹿、野鹿、鹿子、小鹿、红獐羊、小羊鹿、麋花鹿、松不长（满）、孝一包格（蒙）	*Cervus nippon*	sika deer	Ⅰ
蒙古野驴	野驴、蒙驴、骞驴、野马、胡楞（蒙）、库兰（维）、库郎（哈萨克）、饿驴子、什麻特（维）、亚洲野驴、蒙新野驴、准噶尔野驴	*Equus hemionus*	Asiatic wild ass, Kulan, Asian wild ass	Ⅰ
猕猴	折（藏）、猴子、马骝、黄猴、沐猴、猢猴、苋猴、恒河猴、广西猴、孟加拉猴	*Macaca mulatta*	Rhesus macaque	Ⅱ
猕猴属		Macaca	macaque	
麋鹿	麋、鹿、山牛、泽兽、沙鹿、马鹿、水鹿、麋子、四不象、四不像、大卫鹿	*Elaphurus davidianus*, *Elaphurus davidiensis*, *Cervus davidianus*	Pere David's deer, Père David's deer, milu	Ⅰ
南部白犀	白犀牛、方吻犀、宽吻犀	*Ceratotherium simum simum*	the southern white rhinoceros, white rhinoceros, square-lipped rhinoceros	引进外来种

（续表）

中文学名	中文别名	拉丁学名	英文名	中国保护级别
猞猁	豹、西伦、舒伦、乌伦、土豹、舍利、失利、失刺、猞狸、猞猁、天鼠、天鹿、令斯、猎狻、书龙（满语）、舍利孙、舍里孙、舍利狲、失利孙、失刺孙、捨里孙、猞猁孙、猞猁狲、大野猫、草猞猁狲、威呼肯孤尔孤（满语）	*Felis lynx*	Eurasian lynx	Ⅱ
麝科（麝属）		Moschidae，Moschus	musk deer	
苏门答腊犀牛	苏门犀、双角犀	Didermocerus sumatrensis	Sumatran rhinoceros	已灭绝
台湾猴	黑肢猴、台湾猕猴、岩栖猕猴	*Macaca cyclopis*	Formosan rock macaque，Taiwanese macaque	Ⅰ
天鹅属		Cygnus	swan	
豚尾猴	猪猴、猪尾猴、平顶猴、大独猴、北豚尾猴	*Macaca nemestrina*	Burmese pig-tailed monkey，pig-tailed macaque	Ⅰ
西部白眉长臂猿	白眉长臂猿	*Hoolock hoolock*	hoolock gibbon，western hoolock	新发现
西藏野驴	江（藏）、野驴、野马、康驴、藏驴、库郎（哈萨克）、什麻特（维）、亚洲野驴、	*Equus kiang*	Kiang，Tibet wild ass	Ⅰ
犀科	兕、犀、㹀、仓光、苍雉、犀渠、奴角、食角、竭伽、猫牛、犘牛、㸲牛、竹牛、犨牛、山牛、鼻角兽	Rhinocerotidae，Dicerorhinus	rhino branch，rhinos	
喜马拉雅麝	香獐	*Moschus chrysogaster*	Himalayan musk deer，white-bellied musk deer	Ⅰ
小天鹅	鹄、白鹅、食鹅、啸天鹅、苔原天鹅、短嘴天鹅、短嘴黑鼻鸭	*Cygnus columbianus*	histling swan，cygnet	Ⅱ
熊猴	蓉猴、大青猴、阿萨姆猴、山地猕猴、喜马拉雅猴、阿萨姆猴短尾猴	*Macaca assamensis*	Assamese macaque，Assam macaque	Ⅰ
熊科		Ursidae	bears	
雪豹	豹、草豹、马豹、白豹、土豹、艾叶豹、荷叶豹、土豹子、铁钱豹、狗豹子、打马热（藏）、伊白克斯（维、哈）、查干一伊日布斯（蒙）	*Panthera uncia*，*Uncia uncia*	snow leopard，ounce	Ⅰ
亚洲象	象、豫、大象、老象、大客、那先、野象、印度象、大笨象、长鼻子	Elephas maximus	Indian elephant ，Asian elephant	Ⅰ
扬子鳄	鼍、它、鱓、鳝、鼍、鼍龙、鮀鱼、土龙、中华鼍、中华鳄、猪婆龙	*Alligator sinensis*	Chinese alligator，yangtzi alligator	Ⅰ

（续表）

中文学名	中文别名	拉丁学名	英文名	中国保护级别
仰鼻猴属		Rhinopithecus	snub-nosed monkey ，snub-nosed langur，golden monkey	
野骆驼	驼、橐驼、橐他、橐它、駝驼、骆驮、名特们、名图噶，野驼、封牛、安答海、安塔哈、哈巴特尔嘎	*Camelus ferus*，*Camelus bactrianus*	bactrian camel	Ⅰ
野马	踏嘿(蒙)、普氏马、普氏野马、准噶尔野马、蒙古野马、牙瓦阿特(维)	*Equus przewalskii*	Przewalski's horse，Asian wild horse，Mongolian wild horse，wild horse，jughead，fury horse	Ⅰ
印度犀牛	印度犀、大独角犀	*Rhinoceros unicornis*	Indian rhinocero	待引进
疣鼻天鹅	瘤鹄、丹鹄、白鹅、无声天鹅、哑声天鹅、虎鼻天鹅、赤嘴天鹅、瘤鼻天鹅	*Cygnus olor*	white swan，mute swan	Ⅱ
鸳鸯	匹鸟、鸂鶒、官鸭、文禽、文鸟、黄鸭、红鸭、青鹤、鸂鹜、鸂鸭、相思鸟、双双鸟、邓木鸟、锦鸳鸯、紫鸳鸯、水鸳鸯、鸳鸯鸟、花鸭子、油瘩档、乌仁哈钦、五彩鸳鸯、红雁戈者	*Aix galericulata*	mandarin duck	Ⅱ
原麝	麝、麝鹿、香獐、香子、獐子、北麝、香獐子、山驴子、呼德日(蒙)、乌支克(满)	*Moschus moschiferus*	Siberian musk deer，taiga musk deer，musk deer	Ⅰ
云豹	什豹、文豹、南豹、猫豹、狗豹、草豹、云虎、樟豹(台)、石豹(台)、小豹子、乌云豹、荷叶豹、柳叶豹、榔叶豹、龟纹豹、龟纹豹、铁钱豹	*Neofelis nebulosa*	clouded leopard	Ⅰ
长臂猿科		Hylobatidae	gibbon	
爪哇犀牛	爪哇犀、小独角犀	*Rhinoceros sondaicus*	Javan rhinoceros	已灭绝
朱鹮	鹮、鹄、朱鹭、旋目、红鹤、鳗目、翾翾、鹮鹭、红鹭、红牙、红鹅、鴸鸖、灰鹤、灰鹅、鹮朱鹭、红鸭儿、日本凤头鹮	*Nipponia nippon*	crested ibis，Asian crested ibis，Japanese crested ibis	Ⅰ
棕熊（包括马熊）	罴、熊、人熊、马熊、狗熊、灰熊、红熊、雪熊、马驼、哈熊、藏熊、猳熊、昂宜(满语)、折蒙(藏语)、折冬(门巴语)、藏马熊、豺狗儿、爱伊克(南疆)、昂宜肤戈(满语)、昂那宜戈(满语)、呼仁一巴戗勃盖(蒙语)、哈喇古啰苏(北疆)	*Ursus arctos* (*U. a. pruinosus*)	brown bear，grizzly bear	Ⅱ

2　拉丁文学名排序

拉丁学名	中文学名	中文别名	英文名	中国保护级别
Ailuropoda melanoleuca	大熊猫	貘、狛、貊、獏、貊、貔、黑豹、玄豹、玄貘、白豹、白狐、银狗、白熊、白罴、猛豹、白虎、花熊、文罴、驺虞、白彪、竹熊、啮铁、执夷、挚兽、貊兽、貊貊、貔貅、皮裘、酋耳、花头熊、黑白熊、食铁兽、猛氏兽	panda, giant panda	Ⅰ
Aix galericulata	鸳鸯	匹鸟、鸂鶒、官鸭、文禽、文鸟、黄鸭、红鸭、青鹤、鸂鹙、鸂鸭、相思鸟、双双鸟、邓木鸟、锦鸳鸯、紫鸳鸯、水鸳鸯、鸳鸯鸟、花鸭子、油瘩档、乌仁哈钦、五彩鸳鸯、红雁戈者	mandarin duck	Ⅱ
Alligator sinensis	扬子鳄	鼍、它、鱓、鳝、鼍、鼍龙、鮀鱼、土龙、中华鼍、中华鳄、猪婆龙	Chinese alligator, yangtzi alligator	Ⅰ
Andrias davidianus	大鲵	鰕、鲵、鲇、鳑、鳎、魶、人鱼、狗鱼、鳕鱼、脚鱼、啼鱼、腊狗、婴鱼、龙鱼、王鲔、孩儿鱼、四足鱼、娃娃鱼、呱呱鱼、海狗鱼、水和尚、四脚鱼、山樵鱼、大山椒鱼	giant salamander	Ⅱ
Camelus ferus, *Camelus bactrianus*	野骆驼	驼、橐驼、橐他、橐它、馲驼、骆驮、名特们、名图噶，野驼、封牛、安答海、安塔哈、哈巴特尔嘎	bactrian camel	Ⅰ
Ceratotherium simum simum	南部白犀	白犀牛、方吻犀、宽吻犀	the southern white rhinoceros, white rhinoceros, square-lipped rhinoceros	引进外来种
Cervus nippon	梅花鹿	鹿、麋、哈（藏）、班龙、斑鹿、马鹿、羊鹿、花鹿、梅鹿、黄鹿、角鹿、草鹿、仙鹿、毛鹿、山鹿、野鹿、鹿子、小鹿、红羱羊、小羊鹿、麋花鹿、松不长（满）、孝一包格（蒙）	sika deer	Ⅰ
Ciconia	鹳属		storks	
Ciconia boyciana	东方白鹳	白鹳、老鹳、白老、洼子、黑尻、皂裙、皂君、负金、负釜、雚儿、旱群、老等、灰鹤、水老老、鸳鸯鸭、缩脖鸟、信天翁、大嘴鸟、捞鱼鹳、红脚鹳、乌童鹳、瓦亭仙	oriental white stork	Ⅰ
Ciconia ciconia	白鹳	送子鸟	white stork	Ⅰ
Ciconia nigra	黑鹳	乌鹳、褐鹳、老鹳、锅鹳、阳乌、红鹳、油鹳、苍鹳、麻啄、青鹳、青桩、青庄、豆文、黑巨鸡、青椿鸟、黑老鹳、黑鹳鹤	black stork	Ⅰ
Cygnus	天鹅属		swan	

（续表）

拉丁学名	中文学名	中文别名	英文名	中国保护级别
Cygnus columbianus	小天鹅	鹄、白鹅、食鹅、啸天鹅、苔原天鹅、短嘴天鹅、短嘴黑鼻鸭	histling swan，cygnet	Ⅱ
Cygnus cygnus	大天鹅	鹄、白鹅、黄鹄、鸿鹄、白天鹅、白鸿鹤、咳声天鹅、喇叭天鹅、黄嘴天鹅	whooper swan	Ⅱ
Cygnus olor	疣鼻天鹅	瘤鹄、丹鹄、白鹅、无声天鹅、哑声天鹅、虎鼻天鹅、赤嘴天鹅、瘤鼻天鹅	white swan，mute swan	Ⅱ
Didermocerus sumatrensis	苏门答腊犀牛	苏门犀、双角犀	Sumatran rhinoceros	已灭绝
Elaphurus davidianus，*Elaphurus davidiensis*，*Cervus davidianus*	麋鹿	麋、鹿、山牛、泽兽、沙鹿、马鹿、水鹿、麋子、四不象、四不像、大卫鹿	Pere David's deer，Père David's deer，milu	Ⅰ
Elephas maximus	亚洲象	象、豫、大象、老象、大客、那先、野象、印度象、大笨象、长鼻子	Indian elephant ，Asian elephant	Ⅰ
Equus	马属		horse	
Equus hemionus	蒙古野驴	野驴、蒙驴、骞驴、野马、胡楞（蒙）、库兰（维）、库郎（哈萨克）、饿驴子、什麻特（维）、亚洲野驴、蒙新野驴、准噶尔野驴	Asiatic wild ass，Kulan，Asian wild ass	Ⅰ
Equus kiang	西藏野驴	江（藏）、野驴、野马、康驴、藏驴、库郎（哈萨克）、什麻特（维）、亚洲野驴、	Kiang，Tibet wild ass	Ⅰ
Equus przewalskii	野马	踏嘿（蒙）、普氏马、普氏野马、准噶尔野马、蒙古野马、牙瓦阿特（维）	Przewalski's horse，Asian wild horse，Mongolian wild horse，wild horse，jughead，fury horse	Ⅰ
Felidae	猫科		cats	
Felis lynx	猞猁	豹、西伦、舒伦、乌伦、土豹、舍利、失利、失剌、猞狸、猞猁、天鼠、天鹿、令斯、猎狻、书龙（满语）、舍利孙、舍里孙、舍利狲、失利孙、失剌孙、捨里孙、猞猁孙、猞猁狲、大野猫、草猞猁狲、威呼肯孤尔孤（满语）	Eurasian lynx	Ⅱ
Grus japonensis	丹顶鹤	鹤、仙鹤、仙禽、仙骥、仙子、胎仙、露禽、阴羽、白鹤、鶴鶇、胎禽、黄鹤、元鹤、沈尚书、红顶鹤、日本鹤、蓬莱羽士	red-crowned crane，Japanese crane，manchurian crane	Ⅰ
Helarctos malayanus	马来熊	魋、狗熊、赤熊、董穷、小狗熊、小黑熊、太阳熊、耐力喀苏（藏语）、康儿拉欧木虾（门巴语）	sun bear，Malayan sun bear	Ⅰ
Hoolock hoolock	西部白眉长臂猿	白眉长臂猿	hoolock gibbon，western hoolock	新发现

（续表）

拉丁学名	中文学名	中文别名	英文名	中国保护级别
Hoolock leuconedys	东部白眉长臂猿	黑猴、呼猴、呼猿、长手猴、呼洛克猿、白眉长臂猿	eastern hoolock gibbon, eastern hoolock	Ⅰ
Hydropotes inermis	河麂	獐、麕、麇、牙獐、獐子、草獐、车獐、黄麇、河鹿、水鹿、山羊、老角鹿、獐呒郎、羊獐子、中国水鹿	Chinese river deer	Ⅱ
Hylobates lar	白掌长臂猿	南尼、僚棒猴、白手长臂猿	lar gibbon, white-handed gibbon, common gibbon	Ⅰ
Hylobatidae	长臂猿科		gibbon	
Macaca	猕猴属		macaque	
Macaca arctoides	短尾猴	黑猴、泥猴、人熊、红面猴、短尾猴、大青猴、桩尾猴、截尾猕猴、红面短尾猴、红面断尾猴、华南断尾猴	stumptail macaque, bear macaque, macaca brunneus, macaca harmandi, macaca melanotus, macaca melli, macaca rufescens, macaca speciosus, macaca ursinus	Ⅱ
Macaca assamensis	熊猴	蓉猴、大青猴、阿萨姆猴、山地猕猴、喜马拉雅猴、阿萨姆猴短尾猴	Assamese macaque, Assam macaque	Ⅰ
Macaca cyclopis	台湾猴	黑肢猴、台湾猕猴、岩栖猕猴	Formosan rock macaque, Taiwanese macaque	Ⅰ
Macaca leucogenys	白颊猕猴	白颊猴	white-cheeked macaque	新发现
Macaca mulatta	猕猴	折（藏）、猴子、马骝、黄猴、沐猴、猢猴、苋猴、恒河猴、广西猴、孟加拉猴	Rhesus macaque	Ⅱ
Macaca nemestrina	豚尾猴	猪猴、猪尾猴、平顶猴、大独猴、北豚尾猴	Burmese pig-tailed monkey, pig-tailed macaque	Ⅰ
Macaca thibetana	藏酋猴	青猴、马猴、黑猴、阿哈（藏）、女诺（彝）、短尾猴、藏猕猴、大青猴、红面猴、四川猴、毛面猴、治乌阿格（藏）毛面短尾猴、黄山短尾猴、大卫短尾猴	Tibetan macaque, stump-tailed macaque	Ⅱ
Manis pentadactyla	穿山甲	鲮、鲤、甲、鲮豸、鳞鲤、鲮狸、鲮鱼、陵鲤、绫鲤、鲮鲤、鲢鲤、连理、鳞裡、鳞离、鲢鲢、全鳞、地鳞、鳞甲、山甲、鲮甲、鲑鲑、鼍龙、龙鲤、麒麟、土鲮甲、钱鲤甲、钱鳞甲、陵鲤甲、石鲮鱼、土鲤鱼、山鲤鱼、土地鱼、穿山狸、川山甲、食蚁兽	pangolin, manis pentadactyla	Ⅱ
Moschidae, Moschus	麝科（麝属）		musk deer	
Moschus berezovskii	林麝	獐、勒（彝）、獐子、樟子、香獐、林獐、香子、牙香、麝鹿、香驴、麝羊、香羊、野羊、石羊、林律、南麝、麻鹿、土猪、牛鹿、黑獐子、山驴子、麝香羊、香狷子、麝香鹿、线牙獐、麝包子、灰拉瓦（藏）	Chinese forest musk deer, forest musk deer, dwarf musk deer	Ⅰ

（续表）

拉丁学名	中文学名	中文别名	英文名	中国保护级别
Moschus chrysogaster	喜马拉雅麝	香獐	Himalayan musk deer, white-bellied musk deer	Ⅰ
Moschus fuscus	黑麝	褐麝、黑獐、褐鹿、獐子、香獐、麻鹿、黑獐子、黑拉瓦（藏）	black musk deer, tawny musk deer	Ⅰ
Moschus moschiferus	原麝	麝、麝鹿、香獐、香子、獐子、北麝、香獐子、山驴子、呼德日（蒙）、乌支克（满）	Siberian musk deer, taiga musk deer, musk deer	Ⅰ
Moschus sifanicus	马麝	藏马獐、香獐、獐子、草獐、獐鹿、香子、西麝、拉瓦（藏）、贡拉（藏）、草坪獐、香獐子、黄獐子、板牙獐、高山麝、拉嘎儿（门巴）	alpine musk deer	Ⅰ
Neofelis nebulosa	云豹	什豹、文豹、南豹、猫豹、狗豹、草豹、云虎、樟豹（台）、石豹（台）、小豹子、乌云豹、荷叶豹、柳叶豹、榭叶豹、龟纹豹、龟纹豹、铁钱豹	clouded leopard	Ⅰ
Nipponia nippon	朱鹮	鹮、鴇、朱鹭、旋目、红鹤、鱞目、翿翿、鹮鹭、红鹭、红牙、红鹅、鴹鸖、灰鹤、灰鹅、鹮朱鹭、红鸭儿、日本凤头鹤	crested ibis, Asian crested ibis, Japanese crested ibis	Ⅰ
Nomascus concolor	黑冠长臂猿	猿、潦猿、吼猴、乌猿、料猴、风猴、黑猴、长手猴、撩梯猴、西黑冠长臂猿、黑长臂猿指名亚种、黑长臂猿滇西亚种、黑长臂猿景东亚种	western black crested gibbon	Ⅰ
Nomascus hainanus	海南黑冠长臂猿	海南长臂猿、黑长臂猿海南亚种	Hainan gibbon, Hainan crested gibbon, Hainan black gibbon, Hainan black crested gibbon	Ⅰ
Nomascus leucogenys	白颊长臂猿	撩猴、料猴、囊妮（傣）、南里（傣）、白脸猴、长臂猴、北白颊长臂猿	northern white-cheeked gibbon, white-cheeked gibbon	Ⅰ
Nomascus nasutus	东部黑冠长臂猿	东黑冠长臂猿、黑长臂猿越北亚种	Cao-vit crested gibbon, Cao-vit black crested gibbon, eastern black crested gibbon	Ⅰ
Panthera pardus	豹	色（藏）、钱豹、文豹、豹狗、狗豹、山豹、豹子、斑豹、马彪、小豹、大猫、大貘、黑豹、日诺（彝）、金钱豹、银钱豹、金钱花、铜钱花、印度豹、黑豹则、豹虎子、远东豹（亚种）、东北豹（亚种）	leopard	Ⅰ
Panthera tigris	虎	貙、甝、虒、鼩、武、兽、虪、玄虎、寅兽、寅客、于觥、于菟、於觥、於菟、于檡、山君、虦猫、委虒、酋耳、驺吾、开明、穷奇、马复、罗罗、乌貔、波罗、虥猫、北都、波卢、斑子、巴尔、兽君、狸儿、戾虫、猛兽、揜于、皋比、山猫、李耳、大猫、大虫、老虎、李父、伯都、白额侯、白额虎、扁担花、王斑虎、约勒巴尔斯	tiger	Ⅰ

（续表）

拉丁学名	中文学名	中文别名	英文名	中国保护级别
Panthera tigris altaica	虎阿尔泰亚种	阿尔泰虎	Altai tiger	
Panthera tigris altaica	虎东北亚种	东北虎、满洲虎、朝鲜虎、乌苏里虎、阿穆尔虎	North-east China tiger, Siberian tiger, Amur tiger, Manchurian tiger, Ussuri tiger	
Panthera tigris amoyensis	虎华南亚种	华南虎、中国虎、厦门虎、中华虎、南中国虎	South China tiger	
Panthera tigris corbetti	虎印支亚种	印支虎、东南亚虎、印度支那虎、印度支那亚种	Indo-Chinese tiger	
Panthera tigris coreensis	虎华北亚种	华北虎	North China tiger	
Panthera tigris tigris	虎指名亚种	印度虎、孟加拉虎	Bengal tiger	
Panthera tigris virgate, *Panthera tigris lecoqui*	虎塔里木亚种	新疆虎、西亚虎、波斯虎、中亚虎、图兰虎、塔里木虎、罗布泊虎、里海亚种、高加索虎	Tarim tiger	
Panthera uncia, *Uncia uncia*	雪豹	豹、草豹、马豹、白豹、土豹、艾叶豹、荷叶豹、土豹子、铁钱豹、狗豹子、打马热(藏)、伊白克斯(维、哈)、查干一伊日布斯(蒙)	snow leopard, ounce	Ⅰ
Rhinoceros sondaicus	爪哇犀牛	爪哇犀、小独角犀	Javan rhinoceros	已灭绝
Rhinoceros unicornis	印度犀牛	印度犀、大独角犀	Indian rhinocero	待引进
Rhinocerotidae, Dicerorhinus	犀科	兕、犀、犉、仓光、苍雉、犀渠、奴角、食角、竭伽、猫牛、摩牛、犞牛、竹牛、犨牛、山牛、鼻角兽	rhino branch, rhinos	
Rhinopithecus	仰鼻猴属		snub-nosed monkey ，snub-nosed langur, golden monkey	
Rhinopithecus bieti, *Pygathrix bieti*	白臀仰鼻猴	雪猴、飞猴、滇金丝猴、滇仰鼻猴、黑金丝猴、云南金丝猴、白臀仰鼻猴、	black snub-nosed monkey, Yunnan snub-nosed monkey	Ⅰ
Rhinopithecus brelichi, *Pygathrix brelichi*	灰仰鼻猴	线狨、牛尾猴、灰金丝猴、黔金丝猴、黔仰鼻猴、白肩仰鼻猴	grey snub-nosed monkey, gray golden monkey	Ⅰ
Rhinopithecus roxellana, *Pygathrix roxellana*	金仰鼻猴	狨、线子、线绒、马绒、果然、金丝猴、金线绒、金绒猴、蓝面猴、狮子鼻猴、长尾子、果然兽、果然绒、喜或嘉(藏)、川金丝猴、川仰鼻猴、洛克安娜猴	golden snub-nosed monkey	Ⅰ
Rhinopithecus strykeri	黑仰鼻猴	喷嚏猴、怒江金丝猴、缅甸金丝猴、喷嚏塌鼻猴	Myanmar snub-nosed monkey, Burmese snub-nosed monkey, Stryker's snub-nosed monkey	新发现

（续表）

拉丁学名	中文学名	中文别名	英文名	中国保护级别
Selenarctos thibetanus	黑熊	董（藏语）、狗熊、狗驼、扒岩、黑子、老熊、中熊、狮熊、猪熊、豕熊、敖宜（满语）、黑瞎子、熊瞎子、乌黑子、月牙熊、狗驼子、黑娃子、欧木虾（门巴语）、敖宜木戈（满语）、敖木宜戈（满语）、喜马拉雅熊、哈日一巴吱勃盖（蒙语）	black bear	Ⅱ
Tomistoma schlegelii	马来鳄	马来长吻鳄	Malaysia crocodile	已灭绝
Ursidae	熊科		bears	
Ursus arctcs (*U. a. pruinosus*)	棕熊（包括马熊）	罴、熊、人熊、马熊、狗熊、灰熊、红熊、雪熊、马驼、哈熊、藏熊、貂熊、昂宜（满语）、折蒙（藏语）、折冬（门巴语）、藏马熊、豺狗儿、爱伊克（南疆）、昂宜肤戈（满语）、昂那宜戈（满语）、呼仁一巴吱勃盖（蒙语）、哈喇古啰苏（北疆）	brown bear, grizzly bear	Ⅱ
	豹类		some species of feline	
	虎海南亚种	海南虎	Hainan tiger	
	虎台湾亚种	台湾虎	Taiwan tiger	

3　英文名称排序

英文名	拉丁学名	中文学名	中文别名	中国保护级别
alpine musk deer	*Moschus sifanicus*	马麝	藏马獐、香獐、獐子、草獐、獐鹿、香子、西麝、拉瓦（藏）、贡拉（藏）、草坪獐、香獐子、黄獐子、板牙獐、高山麝、拉嘎儿（门巴）	Ⅰ
Altai tiger	*Panthera tigris altaica*	虎阿尔泰亚种	阿尔泰虎	
Asiatic wild ass, Kulan, Asian wild ass	*Equus hemionus*	蒙古野驴	野驴、蒙驴、骞驴、野马、胡楞（蒙）、库兰（维）、库郎（哈萨克）、饿驴子、什麻特（维）、亚洲野驴、蒙新野驴、准噶尔野驴	Ⅰ
Assamese macaque, Assam macaque	*Macaca assamensis*	熊猴	蓉猴、大青猴、阿萨姆猴、山地猕猴、喜马拉雅猴、阿萨姆猴短尾猴	Ⅰ
bactrian camel	*Camelus ferus*, *Camelus bactrianus*	野骆驼	驼、橐驼、橐他、橐它、馲驼、骆驮、名特们、名图噶，野驼、封牛、安答海、安塔哈、哈巴特尔嘎	Ⅰ
bears	Ursidae	熊科		
Bengal tiger	*Panthera tigris tigris*	虎指名亚种	印度虎、孟加拉虎	

（续表）

英文名	拉丁学名	中文学名	中文别名	中国保护级别
black bear	*Selenarctos thibetanus*	黑熊	董（藏语）、狗熊、狗驼、扒岩、黑子、老熊、中熊、狮熊、猪熊、豕熊、敖宜（满语）、黑瞎子、熊瞎子、乌黑子、月牙熊、狗驼子、黑娃子、欧木虾（门巴语）、敖宜木戈（满语）、敖木宜戈（满语）、喜马拉雅熊、哈日一巴戎勃盖（蒙语）	Ⅱ
black musk deer, tawny musk deer	*Moschus fuscus*	黑麝	褐麝、黑獐、褐鹿、獐子、香獐、麻鹿、黑獐子、黑拉瓦（藏）	Ⅰ
black snub-nosed monkey, Yunnan snub-nosed monkey	*Rhinopithecus bieti*, *Pygathrix bieti*	白臀仰鼻猴	雪猴、飞猴、滇金丝猴、滇仰鼻猴、黑金丝猴、云南金丝猴、白臀仰鼻猴	Ⅰ
black stork	*Ciconia nigra*	黑鹳	乌鹳、褐鹳、老鹳、锅鹳、阳乌、红鹳、油鹳、苍鹳、麻啄、青鹳、青桩、青庄、豆文、黑巨鸡、青椿鸟、黑老鹳、黑鹳鹤	Ⅰ
brown bear, grizzly bear	*Ursus arctos* (*U. a. pruinosus*)	棕熊（包括马熊）	罴、熊、人熊、马熊、狗熊、灰熊、红熊、雪熊、马驼、哈熊、藏熊、猳熊、昂宜（满语）、折蒙（藏语）、折冬（门巴语）、藏马熊、豺狗儿、爱伊克（南疆）、昂宜肤戈（满语）、昂那宜戈（满语）、呼仁一巴戎勃盖（蒙语）、哈喇古啰苏（北疆）	Ⅱ
Burmese pig-tailed monkey, pig-tailed macaque	*Macaca nemestrina*	豚尾猴	猪猴、猪尾猴、平顶猴、大独猴、北豚尾猴	Ⅰ
Cao-vit crested gibbon, Cao-vit black crested gibbon, eastern black crested gibbon	*Nomascus nasutus*	东部黑冠长臂猿	东黑冠长臂猿、黑长臂猿越北亚种	Ⅰ
cats	Felidae	猫科		
Chinese alligator, yangtzi alligator	*Alligator sinensis*	扬子鳄	鼍、它、鲤、鳝、鼍、鼍龙、鮀鱼、土龙、中华鼍、中华鳄、猪婆龙	Ⅰ
Chinese forest musk deer, forest musk deer, dwarf musk deer	*Moschus berezovskii*	林麝	獐、勒（彝）、獐子、樟子、香獐、林獐、香子、牙香、麝鹿、香驴、麝羊、香羊、野羊、石羊、林律、南麝、麻鹿、土猪、牛鹿、黑獐子、山驴子、麝香羊、香涓子、麝香鹿、线牙獐、麝包子、灰拉瓦（藏）	Ⅰ
Chinese river deer	*Hydropotes inermis*	河麂	獐、麕、麇、牙獐、獐子、草獐、车獐、黄麇、河鹿、水鹿、山羊、老角鹿、獐呒郎、羊獐子、中国水鹿	Ⅱ
clouded leopard	*Neofelis nebulosa*	云豹	什豹、文豹、南豹、猫豹、狗豹、草豹、云虎、樟豹（台）、石豹（台）、小豹子、乌云豹、荷叶豹、柳叶豹、槲叶豹、龟纹豹、龟纹豹、铁钱豹	Ⅰ
crested ibis, Asian crested ibis, Japanese crested ibis	*Nipponia nippon*	朱鹮	鹮、鹄、朱鹭、旋目、红鹤、鳏目、翾翾、鹮鹭、红鹭、红牙、红鹅、鸫鹳、灰鹤、灰鹅、鹮朱鹭、红鸭儿、日本凤头鹳	Ⅰ

（续表）

英文名	拉丁学名	中文学名	中文别名	中国保护级别
eastern hcolock gibbon, eastern hoolock	*Hoolock leuconedys*	东部白眉长臂猿	黑猴、呼猴、呼猿、长手猴、呼洛克猿、白眉长臂猿	Ⅰ
Eurasian lynx	*Felis lynx*	猞猁	豹、西伦、舒伦、乌伦、土豹、舍利、失利、失刺、猞狸、猞猁、天鼠、天鹿、令斯、猎狻、书龙（满语）、舍利孙、舍里孙、舍利狲、失利孙、失刺孙、捨里孙、猞猁孙、猞猁狲、大野猫、草猞猁狲、威呼肯孤尔孤（满语）	Ⅱ
Formosan rock macaque, Taiwanese macaque	*Macaca cyclopis*	台湾猴	黑肢猴、台湾猕猴、岩栖猕猴	Ⅰ
giant salamander	*Andrias davidianus*	大鲵	鰕、鲵、鲇、鰟、鳎、魶、人鱼、狗鱼、鳕鱼、脚鱼、啼鱼、腊狗、婴鱼、龙鱼、王鲔、孩儿鱼、四足鱼、娃娃鱼、呱呱鱼、海狗鱼、水和尚、四脚鱼、山樵鱼、大山椒鱼	Ⅱ
gibbon	Hylobatidae	长臂猿科		
golden snub-nosed monkey	*Rhinopithecus roxellana*, *Pygathrix roxellana*	金仰鼻猴	狨、线子、线绒、马绒、果然、金丝猴、金线绒、金绒猴、蓝面猴、狮子鼻猴、长尾子、果然兽、果然绒、喜或嘉（藏）、川金丝猴、川仰鼻猴、洛克安娜猴	Ⅰ
grey snub-nosed monkey, gray golden monkey	*Rhinopithecus brelichi*, *Pygathrix brelichi*	灰仰鼻猴	线狨、牛尾猴、灰金丝猴、黔金丝猴、黔仰鼻猴、白肩仰鼻猴	Ⅰ
Hainan gibbon, Hainan crested gibbon, Hainan black gibbon, Hainan black crested gibbon	*Nomascus hainanus*	海南黑冠长臂猿	海南长臂猿、黑长臂猿海南亚种	Ⅰ
Hainan tiger		虎海南亚种	海南虎	
Himalayan musk deer, white-bellied musk deer	*Moschus chrysogaster*	喜马拉雅麝	香獐	Ⅰ
histling swan, cygnet	*Cygnus columbianus*	小天鹅	鹄、白鹅、食鹅、啸天鹅、苔原天鹅、短嘴天鹅、短嘴黑鼻鸭	Ⅱ
hoolock gibbon, western hoolock	*Hoolock hoolock*	西部白眉长臂猿	白眉长臂猿	新发现
horse	Equus	马属		
Indian elephant ,Asian elephant	*Elephas maximus*	亚洲象	象、豫、大象、老象、大客、那先、野象、印度象、大笨象、长鼻子	Ⅰ
Indian rhinocero	*Rhinoceros unicornis*	印度犀牛	印度犀、大独角犀	待引进
Indo-Chinese tiger	*Panthera tigris corbetti*	虎印支亚种	印支虎、东南亚虎、印度支那虎、印度支那亚种	

（续表）

英文名	拉丁学名	中文学名	中文别名	中国保护级别
Javan rhinoceros	*Rhinoceros sondaicus*	爪哇犀牛	爪哇犀、小独角犀	已灭绝
Kiang, Tibet wild ass	*Equus kiang*	西藏野驴	江(藏)、野驴、野马、康驴、藏驴、库郎(哈萨克)、什麻特(维)、亚洲野驴、	Ⅰ
lar gibbon, white-handed gibbon, common gibbon	*Hylobates lar*	白掌长臂猿	南尼、僚棒猴、白手长臂猿	Ⅰ
leopard	*Panthera pardus*	豹	色(藏)、钱豹、文豹、豹狗、狗豹、山豹、豹子、斑豹、马彪、小豹、大猫、大貘、黑豹、日诺(彝)、金钱豹、银钱豹、金钱花、铜钱花、印度豹、黑豹则、豹虎子、远东豹(亚种)、东北豹(亚种)	Ⅰ
macaque	Macaca	猕猴属		
Malaysia crocodile	*Tomistoma schlegelii*	马来鳄	马来长吻鳄	已灭绝
mandarin duck	*Aix galericulata*	鸳鸯	匹鸟、鸂鶒、官鸭、文禽、文鸟、黄鸭、红鸭、青鹤、鸂鹜、鸂鸭、相思鸟、双双鸟、邓木鸟、锦鸳鸯、紫鸳鸯、水鸳鸯、鸳鸯鸟、花鸭子、油瘩档、乌仁哈钦、五彩鸳鸯、红雁戈者	Ⅱ
musk deer	Moschidae, Moschus	麝科(麝属)		
Myanmar snub-nosed monkey, Burmese snub-nosed monkey, Stryker's snub-nosed monkey	*Rhinopithecus strykeri*	黑仰鼻猴	喷嚏猴、怒江金丝猴、缅甸金丝猴、喷嚏塌鼻猴	新发现
North China tiger	*Panthera tigris coreensis*	虎华北亚种	华北虎	
North-east China tiger, Siberian tiger, Amur tiger, Manchurian tiger, Ussuri tiger	*Panthera tigris altaica*	虎东北亚种	东北虎、满洲虎、朝鲜虎、乌苏里虎、阿穆尔虎	
northern white-cheeked gibbon, white-cheeked gibbon	*Nomascus leucogenys*	白颊长臂猿	撩猴、料猴、囊妮(傣)、南里(傣)、白脸猴、长臂猴、北白颊长臂猿	Ⅰ
oriental white stork	*Ciconia boyciana*	东方白鹳	白鹳、老鹳、白老、洼子、黑尻、皂裙、皂君、负金、负釜、藋儿、旱群、老等、灰鹤、水老老、鸳鸯鸭、缩脖鸟、信天翁、大嘴鸟、捞鱼鹳、红脚鹳、乌童鹳、瓦亭仙	Ⅰ
panda, giant panda	*Ailuropoda melanoleuca*	大熊猫	貘、貊、貃、貘、貊、貔、黑豹、玄豹、玄貘、白豹、白狐、银狗、白熊、白罴、猛豹、白虎、花熊、文罴、驺虞、白彪、竹熊、啮铁、执夷、挚兽、貊兽、貊貊、貔貅、皮裘、酋耳、花头熊、黑白熊、食铁兽、猛氏兽	Ⅰ

（续表）

英文名	拉丁学名	中文学名	中文别名	中国保护级别
pangolin, manis pentadactyla	*Manis pentadactyla*	穿山甲	鲮、鲤、甲、鲮豸、鳞鲤、鲮狸、鲮鱼、陵鲤、绫鲤、鲮鲤、鲢鲤、连理、鳞裡、鳞离、鲢鲢、全鳞、地鳞、鳞甲、山甲、鲮甲、鲑鲑、鼍龙、龙鲤、麒麟、土鲮甲、钱鲤甲、钱鳞甲、陵鲤甲、石鲮鱼、土鲤鱼、山鲤鱼、土地鱼、穿山狸、川山甲、食蚁兽	Ⅱ
Pere David's deer, Père David's deer, milu	*Elaphurus davidianus*, *Elaphurus davidiensis*, *Cervus davidianus*	麋鹿	麋、鹿、山牛、泽兽、沙鹿、马鹿、水鹿、麋子、四不象、四不像、大卫鹿	Ⅰ
Przewalski's horse, Asian wild horse, Mongolian wild horse, wild horse, jughead, fury horse	*Equus przewalskii*	野马	踏嘿(蒙)、普氏马、普氏野马、准噶尔野马、蒙古野马、牙瓦阿特(维)	Ⅰ
red-crowned crane, Japanese crane, manchurian crane	*Grus japonensis*	丹顶鹤	鹤、仙鹤、仙禽、仙骥、仙子、胎仙、露禽、阴羽、白鹤、覨鶇、胎禽、黄鹤、元鹤、沈尚书、红顶鹤、日本鹤、蓬莱羽士	Ⅰ
Rhesus macaque	*Macaca mulatta*	猕猴	折(藏)、猴子、马骝、黄猴、沐猴、猢猴、苋猴、恒河猴、广西猴、孟加拉猴	Ⅱ
rhino branch, rhinos	Rhinocerotidae, Dicerorhinus	犀科	兕、犀、犲、仓光、苍犨、犀渠、奴角、食角、朅伽、猫牛、犀牛、犻牛、竹牛、犨牛、山牛、鼻角兽	
Siberian musk deer, taiga musk deer, musk deer	*Moschus moschiferus*	原麝	麝、麝鹿、香獐、香子、獐子、北麝、香獐子、山驴子、呼德日(蒙)、乌支克(满)	Ⅰ
sika deer	*Cervus nippon*	梅花鹿	鹿、麋、哈(藏)、班龙、斑鹿、马鹿、羊鹿、花鹿、梅鹿、黄鹿、角鹿、草鹿、仙鹿、毛鹿、山鹿、野鹿、鹿子、小鹿、红猏羊、小羊鹿、麋花鹿、松不长(满)、孝一包格(蒙)	Ⅰ
snow leopard, ounce	*Panthera uncia*, *Uncia uncia*	雪豹	豹、草豹、马豹、白豹、土豹、艾叶豹、荷叶豹、土豹子、铁钱豹、狗豹子、打马热(藏)、伊白克斯(维、哈)、查干一伊日布斯(蒙)	Ⅰ
snub-nosed monkey , snub-nosed langur, golden monkey	Rhinopithecus	仰鼻猴属		
some species of feline		豹类		
South China tiger	*Panthera tigris amoyensis*	虎华南亚种	华南虎、中国虎、厦门虎、中华虎、南中国虎	
storks	Ciconia	鹳属		
stumptail macaque, bear macaque, macaca brunneus, macaca harmandi, macaca melanotus, macaca melli, macaca rufescens, macaca speciosus, macaca ursinus	*Macaca arctoides*	短尾猴	黑猴、泥猴、人熊、红面猴、短尾猴、大青猴、桩尾猴、截尾猕猴、红面短尾猴、红面断尾猴、华南断尾猴	Ⅱ

（续表）

英文名	拉丁学名	中文学名	中文别名	中国保护级别
Sumatran rhinoceros	*Didermocerus sumatrensis*	苏门答腊犀牛	苏门犀、双角犀	已灭绝
sun bear, Malayan sun bear	*Helarctos malayanus*	马来熊	魋、狗熊、赤熊、董穷、小狗熊、小黑熊、太阳熊、耐力喀苏（藏语）、康儿拉欧木虾（门巴语）	Ⅰ
swan	Cygnus	天鹅属		
Taiwan tiger		虎台湾亚种	台湾虎	
Tarim tiger	*Panthera tigris virgate*, *Panthera tigris lecoqui*	虎塔里木亚种	新疆虎、西亚虎、波斯虎、中亚虎、图兰虎、塔里木虎、罗布泊虎、里海亚种、高加索虎	
the southern white rhinoceros, white rhinoceros, square-lipped rhinoceros	*Ceratotherium simum simum*	南部白犀	白犀牛、方吻犀、宽吻犀	引进外来种
Tibetan macaque, stump-tailed macaque	*Macaca thibetana*	藏酋猴	青猴、马猴、黑猴、阿哈（藏）、女诺（彝）、短尾猴、藏猕猴、大青猴、红面猴、四川猴、毛面猴、治乌阿格（藏）毛面短尾猴、黄山短尾猴、大卫短尾猴	Ⅱ
tiger	*Panthera tigris*	虎	貙、鼩、虒、虪、武、兽、虪、玄虎、寅兽、寅客、于䖘、于菟、於䖘、於菟、于檡、山君、虪猫、委虒、酋耳、驺吾、开明、穷奇、马复、罗罗、乌䖘、波罗、虥猫、北都、波卢、斑子、巴尔、兽君、狸儿、戾虫、猛兽、揜于、皋比、山猫、李耳、大猫、大虫、老虎、李父、伯都、白额侯、白额虎、扁担花、王斑虎、约勒巴尔斯	Ⅰ
western black crested gibbon	*Nomascus concolor*	黑冠长臂猿	猿、潦猿、吼猴、乌猿、料猴、风猴、黑猴、长手猴、撩梆猴、西黑冠长臂猿、黑长臂猿指名亚种、黑长臂猿滇西亚种、黑长臂猿景东亚种	Ⅰ
white stork	*Ciconia ciconia*	白鹳	送子鸟	Ⅰ
white swan, mute swan	*Cygnus olor*	疣鼻天鹅	瘤鹄、丹鹄、白鹅、无声天鹅、哑声天鹅、虎鼻天鹅、赤嘴天鹅、瘤鼻天鹅	Ⅱ
white-cheeked macaque	*Macaca leucogenys*	白颊猕猴	白颊猴	新发现
whooper swan	*Cygnus cygnus*	大天鹅	鹄、白鹅、黄鹄、鸿鹄、白天鹅、白鸿鹤、咳声天鹅、喇叭天鹅、黄嘴天鹅	Ⅱ

附录二

历史时期中国珍稀野生动物之名称对照

1　野生动物名称(分类排序)

中文学名	中文别名	拉丁学名	英文名	中国保护级别
隐腮鲵科【两栖纲】		Cryptobranchidae【Amphibia】		
大鲵	鰕、鲵、鲇、鳑、鳎、魶、人鱼、狗鱼、鳕鱼、脚鱼、啼鱼、腊狗、婴鱼、龙鱼、王鲔、孩儿鱼、四足鱼、娃娃鱼、呱呱鱼、海狗鱼、水和尚、四脚鱼、山樵鱼、大山椒鱼	*Andrias davidianus*	giant salamander	Ⅱ
短吻鳄属【爬行纲】		Alligator【Reptilia】		
扬子鳄	鼉、它、鱓、鳝、鼍、鼍龙、鮀鱼、土龙、中华鼍、中华鳄、猪婆龙	*Alligator sinensis*	Chinese alligator, yangtzi alligator	Ⅰ
马来假食鱼鳄属【爬行纲】		Tomistoma【Reptilia】		
马来鳄	马来长吻鳄	*Tomistoma schlegelii*	Malaysia crocodile	已灭绝
鹳属【鸟纲】		Ciconia【Aves】	storks	
东方白鹳	白鹳、老鹳、白老、洼子、黑尻、皂裙、皂君、负金、负釜、藋儿、旱群、老等、灰鹤、水老老、鸳鸯鸭、缩脖鸟、信天翁、大嘴鸟、捞鱼鹳、红脚鹳、乌童鹳、瓦亭仙	*Ciconia boyciana*	oriental white stork	Ⅰ
白鹳	送子鸟	*Ciconia ciconia*	white stork	Ⅰ
黑鹳	乌鹳、褐鹳、老鹳、锅鹳、阳乌、红鹳、油鹳、苍鹳、麻啄、青鹳、青桩、青庄、豆文、黑巨鸡、青椿鸟、黑老鹳、黑鹳鹤	*Ciconia nigra*	black stork	Ⅰ

(续表)

中文学名	中文别名	拉丁学名	英文名	中国保护级别
朱鹮属【鸟纲】		Nipponia【Aves】		
朱鹮	鹮、鹄、朱鹭、旋目、红鹤、鸒目、翾翾、鹮鹭、红鹭、红牙、红鹅、鸫鹳、灰鹤、灰鹅、鹮朱鹭、红鸭儿、日本凤头鹳	*Nipponia nippon*	crested ibis, Asian crested ibis, Japanese crested ibis	Ⅰ
天鹅属【鸟纲】		Cygnus【Aves】	swan	
大天鹅	鹄、白鹅、黄鹄、鸿鹄、白天鹅、白鸿鹤、咳声天鹅、喇叭天鹅、黄嘴天鹅	*Cygnus cygnus*	whooper swan	Ⅱ
小天鹅	鹄、白鹅、食鹅、啸天鹅、苔原天鹅、短嘴天鹅、短嘴黑鼻鸭	*Cygnus columbianus*	histling swan, cygnet	Ⅱ
疣鼻天鹅	瘤鹄、丹鹄、白鹅、无声天鹅、哑声天鹅、虎鼻天鹅、赤嘴天鹅、瘤鼻天鹅	*Cygnus olor*	white swan, mute swan	Ⅱ
鸳鸯属【鸟纲】		Aix【Aves】		
鸳鸯	匹鸟、鸂鶒、官鸭、文禽、文鸟、黄鸭、红鸭、青鹤、鸂鹜、鸂鸭、相思鸟、双双鸟、邓木鸟、锦鸳鸯、紫鸳鸯、水鸳鸯、鸳鸯鸟、花鸭子、油痞档、乌仁哈钦、五彩鸳鸯、红雁戈者	*Aix galericulata*	mandarin duck	Ⅱ
鹤属【鸟纲】		Grus【Aves】		
丹顶鹤	鹤、仙鹤、仙禽、仙骥、仙子、胎仙、露禽、阴羽、白鹤、鶤鹏、胎禽、黄鹤、元鹤、沈尚书、红顶鹤、日本鹤、蓬莱羽士	*Grus japonensis*	red-crowned crane, Japanese crane, manchurian crane	Ⅰ
猕猴属【哺乳纲】		Macaca【Mammalia】	macaque	
短尾猴	黑猴、泥猴、人熊、红面猴、短尾猴、大青猴、桩尾猴、截尾猕猴、红面短尾猴、红面断尾猴、华南断尾猴	*Macaca arctoides*	stumptail macaque, bear macaque, macaca brunneus, macaca harmandi, macaca melanotus, macaca melli, macaca rufescens, macaca speciosus, macaca ursinus	Ⅱ
熊猴	蓉猴、大青猴、阿萨姆猴、山地猕猴、喜马拉雅猴、阿萨姆猴短尾猴	*Macaca assamensis*	Assamese macaque, Assam macaque	Ⅰ
台湾猴	黑肢猴、台湾猕猴、岩栖猕猴	*Macaca cyclopis*	Formosan rock macaque, Taiwanese macaque	Ⅰ
猕猴	折(藏)、猴子、马骝、黄猴、沐猴、猢猴、苋猴、恒河猴、广西猴、孟加拉猴	*Macaca mulatta*	Rhesus macaque	Ⅱ

（续表）

中文学名	中文别名	拉丁学名	英文名	中国保护级别
豚尾猴	猪猴、猪尾猴、平顶猴、大独猴、北豚尾猴	*Macaca nemestrina*	Burmese pig-tailed monkey, pig-tailed macaque	Ⅰ
藏酋猴	青猴、马猴、黑猴、阿哈(藏)、女诺(彝)、短尾猴、藏猕猴、大青猴、红面猴、四川猴、毛面猴、治乌阿格(藏)毛面短尾猴、黄山短尾猴、大卫短尾猴	*Macaca thibetana*	Tibetan macaque, stump-tailed macaque	Ⅱ
白颊猕猴	白颊猴	*Macaca leucogenys*	white-cheeked macaque	新发现
仰鼻猴属【哺乳纲】		Rhinopithecus【Mammalia】	snub-nosed monkey, snub-nosed langur, golden monkey	
金仰鼻猴	狨、线子、线绒、马绒、果然、金丝猴、金线绒、金绒猴、蓝面猴、狮子鼻猴、长尾子、果然兽、果然绒、喜或嘉(藏)、川金丝猴、川仰鼻猴、洛克安娜猴	*Rhinopithecus roxellana*, *Pygathrix roxellana*	golden snub-nosed monkey	Ⅰ
灰仰鼻猴	线狨、牛尾猴、灰金丝猴、黔金丝猴、黔仰鼻猴、白肩仰鼻猴	*Rhinopithecus brelichi*, *Pygathrix brelichi*	grey snub-nosed monkey, gray golden monkey	Ⅰ
白臀仰鼻猴	雪猴、飞猴、滇金丝猴、滇仰鼻猴、黑金丝猴、云南金丝猴、白臀仰鼻猴	*Rhinopithecus bieti*, *Pygathrix bieti*	black snub-nosed monkey, Yunnan snub-nosed monkey	Ⅰ
黑仰鼻猴	喷嚏猴、怒江金丝猴、缅甸金丝猴、喷嚏塌鼻猴	*Rhinopithecus strykeri*	Myanmar snub-nosed monkey, Burmese snub-nosed monkey, Stryker's snub-nosed monkey	新发现
长臂猿科【哺乳纲】		Hylobatidae【Mammalia】	gibbon	
白掌长臂猿	南尼、僚棒猴、白手长臂猿	*Hylobates lar*	lar gibbon, white-handed gibbon, common gibbon	Ⅰ
黑冠长臂猿	猿、潦猿、吼猴、乌猿、料猴、风猴、黑猴、长手猴、撩梆猴、西黑冠长臂猿、黑长臂猿指名亚种、黑长臂猿滇西亚种、黑长臂猿景东亚种	*Nomascus concolor*	western black crested gibbon	Ⅰ
海南黑冠长臂猿	海南长臂猿、黑长臂猿海南亚种	*Nomascus hainanus*	Hainan gibbon, Hainan crested gibbon, Hainan black gibbon, Hainan black crested gibbon	Ⅰ
白颊长臂猿	撩猴、料猴、囊妮(傣)、南里(傣)、白脸猴、长臂猴、北白颊长臂猿	*Nomascus leucogenys*	northern white-cheeked gibbon, white-cheeked gibbon	Ⅰ
东部黑冠长臂猿	东黑冠长臂猿、黑长臂猿越北亚种	*Nomascus nasutus*	Cao-vit crested gibbon, Cao-vit black crested gibbon, eastern black crested gibbon	Ⅰ

（续表）

中文学名	中文别名	拉丁学名	英文名	中国保护级别
东部白眉长臂猿	黑猴、呼猴、呼猿、长手猴、呼洛克猿、白眉长臂猿	*Hoolock leuconedys*	eastern hoolock gibbon, eastern hoolock	Ⅰ
西部白眉长臂猿	白眉长臂猿	*Hoolock hoolock*	hoolock gibbon, western hoolock	新发现
穿山甲属【哺乳纲】		Manis【Mammalia】		
穿山甲	鲮、鲤、甲、鲮豸、鳞鲤、鲮狸、鲮鱼、陵鲤、绫鲤、鯪鲤、鲢鲤、连理、鳞裡、鳞离、鲢鲢、全鳞、地麟、鳞甲、山甲、鲮甲、鲑鲑、鼍龙、龙鲤、麒麟、土鲮甲、钱鲤甲、钱鳞甲、陵鲤甲、石鲮鱼、土鲤鱼、山鲤鱼、土地鱼、穿山狸、川山甲、食蚁兽	*Manis pentadactyla*	pangolin, manis pentadactyla	Ⅱ
熊科【哺乳纲】		Ursidae【Mammalia】	bears	
棕熊（包括马熊）	罴、熊、人熊、马熊、狗熊、灰熊、红熊、雪熊、马驼、哈熊、藏熊、猳熊、昂宜（满语）、折蒙（藏语）、折冬（门巴语）、藏马熊、豺狗儿、爱伊克（南疆）、昂宜肤戈（满语）、昂那宜戈（满语）、呼仁一巴吱勃盖（蒙语）、哈喇古啰苏（北疆）	*Ursus arctos*（*U. a. pruinosus*）	brown bear, grizzly bear	Ⅱ
黑熊	董（藏语）、狗熊、狗驼、扒岩、黑子、老熊、中熊、狮熊、猪熊、豕熊、敖宜（满语）、黑瞎子、熊瞎子、乌黑子、月牙熊、狗驼子、黑娃子、欧木虾（门巴语）、敖宜木戈（满语）、敖木宜戈（满语）、喜马拉雅熊、哈日一巴吱勃盖（蒙语）	*Selenarctos thibetanus*	black bear	Ⅱ
马来熊	魋、狗熊、赤熊、董穷、小狗熊、小黑熊、太阳熊、耐力喀苏（藏语）、康儿拉欧木虾（门巴语）	*Helarctos malayanus*	sun bear, Malayan sun bear	Ⅰ
熊猫属【哺乳纲】		Ailuropoda【Mammalia】		
大熊猫	貘、貊、貊、獏、貊、貔、黑豹、玄豹、玄貘、白豹、白狐、银狗、白熊、白罴、猛豹、白虎、花熊、文罴、驺虞、白彪、竹熊、啮铁、执夷、挚兽、貊兽、貊貊、貔貅、皮裘、酋耳、花头熊、黑白熊、食铁兽、猛氏兽	*Ailuropoda melanoleuca*	panda, giant panda	Ⅰ
猞猁属【哺乳纲】		Lynx【Mammalia】	cats	

（续表）

中文学名	中文别名	拉丁学名	英文名	中国保护级别
猞猁	豹、西伦、舒伦、乌伦、土豹、舍利、失利、失剌、猞狸、猞猁、天鼠、天鹿、令斯、猎狻、书龙（满语）、舍利孙、舍里孙、舍利狲、失利孙、失剌孙、捨里孙、猞猁孙、猞猁狲、大野猫、草猞猁狲、威呼肯孤尔孤（满语）	*Lynx lynx*，*Felis lynx*	Eurasian lynx	Ⅱ
豹类【哺乳纲】		【Mammalia】	some species of feline	
云豹	什豹、文豹、南豹、猫豹、狗豹、草豹、云虎、樟豹（台）、石豹（台）、小豹子、乌云豹、荷叶豹、柳叶豹、獬叶豹、龟纹豹、黾纹豹、铁钱豹	*Neofelis nebulosa*	clouded leopard	Ⅰ
豹	色（藏）、钱豹、文豹、豹狗、狗豹、山豹、豹子、斑豹、马彪、小豹、大猫、大貘、黑豹、日诺（彝）、金钱豹、银钱豹、金钱花、铜钱花、印度豹、黑豹则、豹虎子、远东豹（亚种）、东北豹（亚种）	*Panthera pardus*	leopard	Ⅰ
雪豹	豹、草豹、马豹、白豹、土豹、艾叶豹、荷叶豹、土豹子、铁钱豹、狗豹子、打马热（藏）、伊白克斯（维、哈）、查干一伊日布斯（蒙）	*Panthera uncia*，*Uncia uncia*	snow leopard，ounce	Ⅰ
虎	貙、䶂、虒、䖘、武、兽、𪊽、玄虎、寅兽、寅客、于䖘、于菟、於䖘、於菟、于檡、山君、䖘猫、委虒、酉耳、驺吾、开明、穷奇、马复、罗罗、乌䖘、波罗、䖘猫、北都、波卢、斑子、巴尔、兽君、狸儿、戾虫、猛兽、搶于、皋比、山猫、李耳、大猫、大虫、老虎、李父、伯都、白额侯、白额虎、扁担花、王斑虎、约勒巴尔斯	*Panthera tigris*	tiger	Ⅰ
虎华北亚种	华北虎	*Panthera tigris coreensis*	North China tiger	Ⅰ
虎东北亚种	东北虎、满洲虎、朝鲜虎、乌苏里虎、阿穆尔虎	*Panthera tigris altaica*	North-east China tiger，Siberian tiger，Amur tiger，Manchurian tiger，Ussuri tiger	Ⅰ
虎塔里木亚种	新疆虎、西亚虎、波斯虎、中亚虎、图兰虎、塔里木虎、罗布泊虎、里海亚种、高加索虎	*Panthera tigris virgate*，*Panthera tigris lecoqui*	Tarim tiger	?
虎阿尔泰亚种	阿尔泰虎	*Panthera tigris altaica*	Altai tiger	已灭绝
虎华南亚种	华南虎、中国虎、厦门虎、中华虎、南中国虎	*Panthera tigris amoyensis*	South China tiger	Ⅰ
虎印支亚种	印支虎、东南亚虎、印度支那虎、印度支那亚种	*Panthera tigris corbetti*	Indo-Chinese tiger	Ⅰ
虎指名亚种	印度虎、孟加拉虎	*Panthera tigris tigris*	Bengal tiger	Ⅰ

（续表）

中文学名	中文别名	拉丁学名	英文名	中国保护级别
虎台湾亚种	台湾虎		Taiwan tiger	已灭绝
虎海南亚种	海南虎		Hainan tiger	已灭绝
亚洲象属【哺乳纲】		Elephas【Mammalia】		
亚洲象	象、豫、大象、老象、大客、那先、野象、印度象、大笨象、长鼻子	*Elephas maximus*	Indian elephant, Asian elephant	Ⅰ
马属【哺乳纲】		Equus【Mammalia】	horse	
野马	踏嘿(蒙)、普氏马、普氏野马、准噶尔野马、蒙古野马、牙瓦阿特(维)	*Equus przewalskii*	Przewalski's horse, Asian wild horse, Mongolian wild horse, wild horse, jughead, fury horse	Ⅰ
蒙古野驴	野驴、蒙驴、骞驴、野马、胡楞(蒙)、库兰(维)、库郎(哈萨克)、饿驴子、什麻特(维)、亚洲野驴、蒙新野驴、准噶尔野驴	*Equus hemionus*	Asiatic wild ass, Kulan, Asian wild ass	Ⅰ
西藏野驴	江(藏)、野驴、野马、康驴、藏驴、库郎(哈萨克)、什麻特(维)、亚洲野驴	*Equus kiang*	Kiang, Tibet wild ass	Ⅰ
犀科【哺乳纲】	兕、犀、犉、仓光、苍雉、犀渠、奴角、食角、煱伽、猫牛、犘牛、犻牛、竹牛、犨牛、山牛、鼻角兽	Rhinocerotidae, Dicerorhinus【Mammalia】	rhino branch, rhinos	
苏门答腊犀牛	苏门犀、双角犀	*Didermocerus sumatrensis*	Sumatran rhinoceros	已灭绝
印度犀牛	印度犀、大独角犀	*Rhinoceros unicornis*	Indian rhinocero	待引进
爪哇犀牛	爪哇犀、小独角犀	*Rhinoceros sondaicus*	Javan rhinoceros	已灭绝
南部白犀	白犀牛、方吻犀、宽吻犀	*Ceratotherium simum simum*	the southern white rhinoceros, white rhinoceros, square-lipped rhinoceros	引进外来种
骆驼属【哺乳纲】		Camelus【Mammalia】		
野骆驼	驼、橐驼、橐他、橐它、馲驼、骆驮、名特们、名图噶,野驼、封牛、安答海、安塔哈、哈巴特尔嘎	*Camelus ferus*, *Camelus bactrianus*	bactrian camel	Ⅰ
麝科(麝属)【哺乳纲】		Moschidae, Moschus【Mammalia】	musk deer	
原麝	麝、麝鹿、香獐、香子、獐子、北麝、香獐子、山驴子、呼德日(蒙)、乌支克(满)	*Moschus moschiferus*	Siberian musk deer, taiga musk deer, musk deer	Ⅰ

（续表）

中文学名	中文别名	拉丁学名	英文名	中国保护级别
林麝	獐、勒(彝)、獐子、樟子、香獐、林獐、香子、牙香、麝鹿、香驴、麝羊、香羊、野羊、石羊、林律、南麝、麻鹿、土猪、牛鹿、黑獐子、山驴子、麝香羊、香獐子、麝香鹿、线牙獐、麝包子、灰拉瓦(藏)	*Moschus berezovskii*	Chinese forest musk deer, forest musk deer, dwarf musk deer	Ⅰ
马麝	藏马獐、香獐、獐子、草獐、獐鹿、香子、西麝、拉瓦(藏)、贡拉(藏)、草坪獐、香獐子、黄獐子、板牙獐、高山麝、拉嘎儿(门巴)	*Moschus sifanicus*	alpine musk deer	Ⅰ
黑麝	褐麝、黑獐、褐鹿、獐子、香獐、麻鹿、黑獐子、黑拉瓦(藏)	*Moschus fuscus*	black musk deer, tawny musk deer	Ⅰ
喜马拉雅麝	香獐	*Moschus chrysogaster*	Himalayan musk deer, white-bellied musk deer	Ⅰ
鹿科【哺乳纲】		Camelidae【Mammalia】		
河鹿	獐、麕、麇、牙獐、獐子、草獐、车獐、黄麇、河鹿、水鹿、山羊、老角鹿、獐呒郎、羊獐子、中国水鹿	Hydropotes inermis	Chinese river deer	Ⅱ
梅花鹿	鹿、麋、哈(藏)、班龙、斑鹿、马鹿、羊鹿、花鹿、梅鹿、黄鹿、角鹿、草鹿、仙鹿、毛鹿、山鹿、野鹿、鹿子、小鹿、红類羊、小羊鹿、麋花鹿、松不长(满)、孝一包格(蒙)	Cervus nippon	sika deer	Ⅰ
麋鹿	麋、鹿、山牛、泽兽、沙鹿、马鹿、水鹿、麋子、四不象、四不像、大卫鹿	*Elaphurus davidianus*, *Elaphurus davidiensis*, *Cervus davidianus*	Pere David's deer, Père David's deer, milu	Ⅰ

2 中、拉、英野生动物名称对照

中文学名	中文别名	拉丁学名	英文名	中国保护级别
大鲵	鰕、鲵、鲇、鳑、鳎、鲄、人鱼、狗鱼、鳕鱼、脚鱼、啼鱼、腊狗、婴鱼、龙鱼、王鲔、孩儿鱼、四足鱼、娃娃鱼、呱呱鱼、海狗鱼、水和尚、四脚鱼、山樵鱼、大山椒鱼	*Andrias davidianus*	giant salamander	Ⅱ
扬子鳄	鼍、它、鳣、鳝、鼍、鼍龙、鮀鱼、土龙、中华鼍、中华鳄、猪婆龙	*Alligator sinensis*	Chinese alligator, yangtzi alligator	Ⅰ
马来鳄	马来长吻鳄	*Tomistoma schlegelii*	Malaysia crocodile	已灭绝

（续表）

中文学名	中文别名	拉丁学名	英文名	中国保护级别
东方白鹳	白鹳、老鹳、白老、洼子、黑尻、皂裙、皂君、负金、负釜、雚儿、旱群、老等、灰鹤、水老老、鸳鸯鸭、缩脖鸟、信天翁、大嘴鸟、捞鱼鹳、红脚鹳、乌童鹳、瓦亭仙	*Ciconia boyciana*	oriental white stork	Ⅰ
白鹳	送子鸟	*Ciconia ciconia*	white stork	Ⅰ
黑鹳	乌鹳、褐鹳、老鹳、锅鹳、阳乌、红鹳、油鹳、苍鹳、麻啄、青鹳、青桩、青庄、豆文、黑巨鸡、青椿鸟、黑老鹳、黑鹳鹤	*Ciconia nigra*	black stork	Ⅰ
朱鹮	鹮、鹄、朱鹭、旋目、红鹤、鸔目、翢翢、鹮鹭、红鹭、红牙、红鹅、鸫鹳、灰鹤、灰鹅、鹮朱鹭、红鸭儿、日本凤头鹳	*Nipponia nippon*	crested ibis, Asian crested ibis, Japanese crested ibis	Ⅰ
大天鹅	鹄、白鹅、黄鹄、鸿鹄、白天鹅、白鸿鹤、咳声天鹅、喇叭天鹅、黄嘴天鹅	*Cygnus cygnus*	whooper swan	Ⅱ
小天鹅	鹄、白鹅、食鹅、啸天鹅、苔原天鹅、短嘴天鹅、短嘴黑鼻鸭	*Cygnus columbianus*	histling swan, cygnet	Ⅱ
疣鼻天鹅	瘤鹄、丹鹄、白鹅、无声天鹅、哑声天鹅、虎鼻天鹅、赤嘴天鹅、瘤鼻天鹅	*Cygnus olor*	white swan, mute swan	Ⅱ
鸳鸯	匹鸟、鸂鶒、官鸭、文禽、文鸟、黄鸭、红鸭、青鹤、鸂鹜、鸂鸭、相思鸟、双双鸟、邓木鸟、锦鸳鸯、紫鸳鸯、水鸳鸯、鸳鸯鸟、花鸭子、油瘩档、乌仁哈钦、五彩鸳鸯、红雁戈者	*Aix galericulata*	mandarin duck	Ⅱ
丹顶鹤	鹤、仙鹤、仙禽、仙骥、仙子、胎仙、露禽、阴羽、白鹤、鶴鶴、胎禽、黄鹤、元鹤、沈尚书、红顶鹤、日本鹤、蓬莱羽士	*Grus japonensis*	red-crowned crane, Japanese crane, manchurian crane	Ⅰ
短尾猴	黑猴、泥猴、人熊、红面猴、短尾猴、大青猴、桩尾猴、截尾猕猴、红面短尾猴、红面断尾猴、华南断尾猴	*Macaca arctoides*	stumptail macaque, bear macaque, macaca brunneus, macaca harmandi, macaca melanotus, macaca melli, macaca rufescens, macaca speciosus, macaca ursinus	Ⅱ
熊猴	蓉猴、大青猴、阿萨姆猴、山地猕猴、喜马拉雅猴、阿萨姆猴短尾猴	*Macaca assamensis*	Assamese macaque, Assam macaque	Ⅰ
台湾猴	黑肢猴、台湾猕猴、岩栖猕猴	*Macaca cyclopis*	Formosan rock macaque, Taiwanese macaque	Ⅰ
猕猴	折(藏)、猴子、马骝、黄猴、沐猴、猢猴、苋猴、恒河猴、广西猴、孟加拉猴	*Macaca mulatta*	Rhesus macaque	Ⅱ
豚尾猴	猪猴、猪尾猴、平顶猴、大独猴、北豚尾猴	*Macaca nemestrina*	Burmese pig-tailed monkey, pig-tailed macaque	Ⅰ

（续表）

中文学名	中文别名	拉丁学名	英文名	中国保护级别
藏酋猴	青猴、马猴、黑猴、阿哈（藏）、女诺（彝）、短尾猴、藏猕猴、大青猴、红面猴、四川猴、毛面猴、治乌阿格（藏）毛面短尾猴、黄山短尾猴、大卫短尾猴	*Macaca thibetana*	Tibetan macaque, stump-tailed macaque	Ⅱ
白颊猕猴	白颊猴	*Macaca leucogenys*	white-cheeked macaque	新发现
金仰鼻猴	狨、线子、线绒、马绒、果然、金丝猴、金线绒、金绒猴、蓝面猴、狮子鼻猴、长尾子、果然兽、果然绒、喜或嘉（藏）、川金丝猴、川仰鼻猴、洛克安娜猴	*Rhinopithecus roxellana*, *Pygathrix roxellana*	golden snub-nosed monkey	Ⅰ
灰仰鼻猴	线狨、牛尾猴、灰金丝猴、黔金丝猴、黔仰鼻猴、白肩仰鼻猴	*Rhinopithecus brelichi*, *Pygathrix brelichi*	grey snub-nosed monkey, gray golden monkey	Ⅰ
白臀仰鼻猴	雪猴、飞猴、滇金丝猴、滇仰鼻猴、黑金丝猴、云南金丝猴、白臀仰鼻猴	*Rhinopithecus bieti*, *Pygathrix bieti*	black snub-nosed monkey, Yunnan snub-nosed monkey	Ⅰ
黑仰鼻猴	喷嚏猴、怒江金丝猴、缅甸金丝猴、喷嚏塌鼻猴	*Rhinopithecus strykeri*	Myanmar snub-nosed monkey, Burmese snub-nosed monkey, Stryker's snub-nosed monkey	新发现
白掌长臂猿	南尼、僚棒猴、白手长臂猿	*Hylobates lar*	lar gibbon, white-handed gibbon, common gibbon	Ⅰ
黑冠长臂猿	猿、潦猿、吼猴、乌猿、料猴、风猴、黑猴、长手猴、撩梆猴、西黑冠长臂猿、黑长臂猿指名亚种、黑长臂猿滇西亚种、黑长臂猿景东亚种	*Nomascus concolor*	western black crested gibbon	Ⅰ
海南黑冠长臂猿	海南长臂猿、黑长臂猿海南亚种	*Nomascus hainanus*	Hainan gibbon, Hainan crested gibbon, Hainan black gibbon, Hainan black crested gibbon	Ⅰ
白颊长臂猿	撩猴、料猴、囊妮（傣）、南里（傣）、白脸猴、长臂猴、北白颊长臂猿	*Nomascus leucogenys*	northern white-cheeked gibbon, white-cheeked gibbon	Ⅰ
东部黑冠长臂猿	东黑冠长臂猿、黑长臂猿越北亚种	*Nomascus nasutus*	Cao-vit crested gibbon, Cao-vit black crested gibbon, eastern black crested gibbon	Ⅰ
东部白眉长臂猿	黑猴、呼猴、呼猿、长手猴、呼洛克猿、白眉长臂猿	*Hoolock leuconedys*	eastern hoolock gibbon, eastern hoolock	Ⅰ
西部白眉长臂猿	白眉长臂猿	*Hoolock hoolock*	hoolock gibbon, western hoolock	新发现
穿山甲	鲮、鲤、甲、鲮豸、鳞鲤、鲮狸、鲮鱼、陵鲤、绫鲤、鲮鲤、鲢鲤、连理、鳞裡、鳞离、鲢鲢、全鳞、地麟、鳞甲、山甲、鲮甲、鲑鲑、鼍龙、龙鲤、麒麟、土鲮甲、钱鲤甲、钱鳞甲、陵鲤甲、石鲮鱼、土鲤鱼、山鲤鱼、土地鱼、穿山狸、川山甲、食蚁兽	*Manis pentadactyla*	pangolin, manis pentadactyla	Ⅱ

（续表）

中文学名	中文别名	拉丁学名	英文名	中国保护级别
棕熊（包括马熊）	罴、熊、人熊、马熊、狗熊、灰熊、红熊、雪熊、马驼、哈熊、藏熊、猳熊、昂宜（满语）、折蒙（藏语）、折冬（门巴语）、藏马熊、豺狗儿、爱伊克（南疆）、昂宜肤戈（满语）、昂那宜戈（满语）、呼仁一巴吱勃盖（蒙语）、哈喇古啰苏（北疆）	*Ursus arctos*（*U. a. pruinosus*）	brown bear, grizzly bear	Ⅱ
黑熊	董（藏语）、狗熊、狗驼、扒岩、黑子、老熊、中熊、狮熊、猪熊、豕熊、敖宜（满语）、黑瞎子、熊瞎子、乌黑子、月牙熊、狗驼子、黑娃子、欧木虾（门巴语）、敖宜木戈（满语）、敖木宜戈（满语）、喜马拉雅熊、哈日一巴吱勃盖（蒙语）	*Selenarctos thibetanus*	black bear	Ⅱ
马来熊	魋、狗熊、赤熊、董穷、小狗熊、小黑熊、太阳熊、耐力喀苏（藏语）、康儿拉欧木虾（门巴语）	*Helarctos malayanus*	sun bear, Malayan sun bear	Ⅰ
大熊猫	貘、狛、貊、獏、貃、貔、黑豹、玄豹、玄貘、白豹、白狐、银狗、白熊、白罴、猛豹、白虎、花熊、文罴、驺虞、白彪、竹熊、啮铁、执夷、挚兽、貊兽、貊貊、貔貅、皮裘、酉耳、花头熊、黑白熊、食铁兽、猛氏兽	*Ailuropoda melanoleuca*	panda, giant panda	Ⅰ
猞猁	豹、西伦、舒伦、乌伦、土豹、舍利、失利、失刺、猞狸、猞猁、天鼠、天鹿、令斯、猎狻、书龙（满语）、舍利孙、舍里孙、舍利猻、失利孙、失刺孙、捨里孙、猞猁孙、猞猁猻、大野猫、草猞猁猻、威呼肯孤尔孤（满语）	*Lynx lynx*, *Felis lynx*	Eurasian lynx	Ⅱ
云豹	什豹、文豹、南豹、猫豹、狗豹、草豹、云虎、樟豹（台）、石豹（台）、小豹子、乌云豹、荷叶豹、柳叶豹、槲叶豹、龟纹豹、龟纹豹、铁钱豹	*Neofelis nebulosa*	clouded leopard	Ⅰ
豹	色（藏）、钱豹、文豹、豹狗、狗豹、山豹、豹子、斑豹、马彪、小豹、大猫、大貘、黑豹、日诺（彝）、金钱豹、银钱豹、金钱花、铜钱花、印度豹、黑豹则、豹虎子、远东豹（亚种）、东北豹（亚种）	*Panthera pardus*	leopard	Ⅰ
雪豹	豹、草豹、马豹、白豹、土豹、艾叶豹、荷叶豹、土豹子、铁钱豹、狗豹子、打马热（藏）、伊白克斯（维、哈）、查干一伊日布斯（蒙）	*Panthera uncia*, *Uncia uncia*	snow leopard, ounce	Ⅰ
虎	貙、䖘、虒、彪、武、兽、虪、玄虎、寅兽、寅客、于鯱、于菟、於巍、於菟、于檡、山君、虦猫、委虒、酉耳、驺吾、开明、穷奇、马复、罗罗、乌巍、波罗、虥猫、北都、波卢、斑子、巴尔、兽君、狸儿、戾虫、猛兽、擒于、皋比、山猫、李耳、大猫、大虫、老虎、李父、伯都、白额侯、白额虎、扁担花、王斑虎、约勒巴尔斯	*Panthera tigris*	tiger	Ⅰ

（续表）

中文学名	中文别名	拉丁学名	英文名	中国保护级别
虎华北亚种	华北虎	*Panthera tigris coreensis*	North China tiger	Ⅰ
虎东北亚种	东北虎、满洲虎、朝鲜虎、乌苏里虎、阿穆尔虎	*Panthera tigris altaica*	North-east China tiger, Siberian tiger, Amur tiger, Manchurian tiger, Ussuri tiger	Ⅰ
虎塔里木亚种	新疆虎、西亚虎、波斯虎、中亚虎、图兰虎、塔里木虎、罗布泊虎、里海亚种、高加索虎	*Panthera tigris virgate*, *Panthera tigris lecoqui*	Tarim tiger	?
虎阿尔泰亚种	阿尔泰虎	*Panthera tigris altaica*	Altai tiger	已灭绝
虎华南亚种	华南虎、中国虎、厦门虎、中华虎、南中国虎	*Panthera tigris amoyensis*	South China tiger	Ⅰ
虎印支亚种	印支虎、东南亚虎、印度支那虎、印度支那亚种	*Panthera tigris corbetti*	Indo-Chinese tiger	Ⅰ
虎指名亚种	印度虎、孟加拉虎	*Panthera tigris tigris*	Bengal tiger	Ⅰ
虎台湾亚种	台湾虎		Taiwan tiger	已灭绝
虎海南亚种	海南虎		Hainan tiger	已灭绝
亚洲象	象、豫、大象、老象、大客、那先、野象、印度象、大笨象、长鼻子	*Elephas maximus*	Indian elephant ,Asian elephant	Ⅰ
野马	踏嘿（蒙）、普氏马、普氏野马、准噶尔野马、蒙古野马、牙瓦阿特（维）	*Equus przewalskii*	Przewalski's horse, Asian wild horse, Mongolian wild horse, wild horse, jughead, fury horse	Ⅰ
蒙古野驴	野驴、蒙驴、骞驴、野马、胡楞（蒙）、库兰（维）、库郎（哈萨克）、饿驴子、什麻特（维）、亚洲野驴、蒙新野驴、准噶尔野驴	*Equus hemionus*	Asiatic wild ass, Kulan, Asian wild ass	Ⅰ
西藏野驴	江（藏）、野驴、野马、康驴、藏驴、库郎（哈萨克）、什麻特（维）、亚洲野驴	*Equus kiang*	Kiang, Tibet wild ass	Ⅰ
苏门答腊犀牛	苏门犀、双角犀	*Didermocerus sumatrensis*	Sumatran rhinoceros	已灭绝
印度犀牛	印度犀、大独角犀	*Rhinoceros unicornis*	Indian rhinocero	待引进
爪哇犀牛	爪哇犀、小独角犀	*Rhinoceros sondaicus*	Javan rhinoceros	已灭绝
南部白犀	白犀牛、方吻犀、宽吻犀	*Ceratotherium simum simum*	the southern white rhinoceros, white rhinoceros, square-lipped rhinoceros	引进外来种
野骆驼	驼、橐驼、橐他、橐它、駞驼、骆驮、名特们、名图噶，野驼、封牛、安答海、安塔哈、哈巴特尔嘎	*Camelus ferus*, *Camelus bactrianus*	bactrian camel	Ⅰ

（续表）

中文学名	中文别名	拉丁学名	英文名	中国保护级别
原麝	麝、麝鹿、香獐、香子、獐子、北麝、香獐子、山驴子、呼德日（蒙）、乌支克（满）	*Moschus moschiferus*	Siberian musk deer, taiga musk deer, musk deer	Ⅰ
林麝	獐、勒（彝）、獐子、樟子、香獐、林獐、香子、牙香、麝鹿、香驴、麝羊、香羊、野羊、石羊、林律、南麝、麻鹿、土猪、牛麂、黑獐子、山驴子、麝香羊、香狷子、麝香鹿、线牙獐、麝包子、灰拉瓦（藏）	*Moschus berezovskii*	Chinese forest musk deer, forest musk deer, dwarf musk deer	Ⅰ
马麝	藏马獐、香獐、獐子、草獐、獐鹿、香子、西麝、拉瓦（藏）、贡拉（藏）、草坪獐、香獐子、黄獐子、板牙獐、高山麝、拉嘎儿（门巴）	*Moschus sifanicus*	alpine musk deer	Ⅰ
黑麝	褐麝、黑獐、褐鹿、獐子、香獐、麻鹿、黑獐子、黑拉瓦（藏）	*Moschus fuscus*	black musk deer, tawny musk deer	Ⅰ
喜马拉雅麝	香獐	*Moschus chrysogaster*	Himalayan musk deer, white-bellied musk deer	Ⅰ
河鹿	獐、麕、麇、牙獐、獐子、草獐、车獐、黄麇、河鹿、水鹿、山羊、老角麂、獐呒郎、羊獐子、中国水鹿	*Hydropotes inermis*	Chinese river deer	Ⅱ
梅花鹿	鹿、麇、哈（藏）、班龙、斑鹿、马鹿、羊鹿、花鹿、梅鹿、黄鹿、角鹿、草鹿、仙鹿、毛鹿、山鹿、野鹿、鹿子、小鹿、红豝羊、小羊鹿、麋花鹿、松不长（满）、孝一包格（蒙）	*Cervus nippon*	sika deer	Ⅰ
麋鹿	麋、鹿、山牛、泽兽、沙鹿、马鹿、水鹿、麋子、四不象、四不像、大卫鹿	*Elaphurus davidianus*, *Elaphurus davidiensis*, *Cervus davidianus*	Pere David's deer, Père David's deer, milu	Ⅰ

3　拉、中、英野生动物名称对照

拉丁学名	中文学名	中文别名	英文名	中国保护级别
Ailuropoda melanoleuca	大熊猫	貘、狛、貊、貘、貃、貔、黑豹、玄豹、玄貘、白豹、白狐、银狗、白熊、白罴、猛豹、白虎、花熊、文罴、驺虞、白彪、竹熊、啮铁、执夷、挚兽、貊兽、貊貊、貔貅、皮裘、酋耳、花头熊、黑白熊、食铁兽、猛氏兽	panda, giant panda	Ⅰ
Aix galericulata	鸳鸯	匹鸟、鸂鶒、官鸭、文禽、文鸟、黄鸭、红鸭、青鹤、鸂鹜、鸂鸭、相思鸟、双双鸟、邓木鸟、锦鸳鸯、紫鸳鸯、水鸳鸯、鸳鸯鸟、花鸭子、油瘩裆、乌仁哈钦、五彩鸳鸯、红雁戈者	mandarin duck	Ⅱ

（续表）

拉丁学名	中文学名	中文别名	英文名	中国保护级别
Alligator sinensis	扬子鳄	鼍、它、鱓、鳝、鼍、鼍龙、鮀鱼、土龙、中华鼍、中华鳄、猪婆龙	Chinese alligator, yangtzi alligator	Ⅰ
Andrias davidianus	大鲵	鰕、鲵、鲇、鳑、鳎、魶、人鱼、狗鱼、鳕鱼、脚鱼、啼鱼、腊狗、婴鱼、龙鱼、王鲔、孩儿鱼、四足鱼、娃娃鱼、呱呱鱼、海狗鱼、水和尚、四脚鱼、山樵鱼、大山椒鱼	giant salamander	Ⅱ
Camelus ferus, Camelus bactrianus	野骆驼	驼、橐驼、橐他、橐它、馲驼、骆驮、名特们、名图噶，野驼、封牛、安答海、安塔哈、哈巴特尔嘎	bactrian camel	Ⅰ
Ceratotherium simum simum	南部白犀	白犀牛、方吻犀、宽吻犀	the southern white rhinoceros, white rhinoceros, square-lipped rhinoceros	引进外来种
Cervus nippon	梅花鹿	鹿、麋、哈（藏）、班龙、斑鹿、马鹿、羊鹿、花鹿、梅鹿、黄鹿、角鹿、草鹿、仙鹿、毛鹿、山鹿、野鹿、鹿子、小鹿、红羱羊、小羊鹿、麋花鹿、松不长（满）、孝一包格（蒙）	sika deer	Ⅰ
Ciconia boyciana	东方白鹳	白鹳、老鹳、白老、洼子、黑尻、皂裙、皂君、负金、负釜、藋儿、旱群、老等、灰鹤、水老老、鸳鸯鸭、缩脖鸟、信天翁、大嘴鸟、捞鱼鹳、红脚鹳、乌童鹳、瓦亭仙	oriental white stork	Ⅰ
Ciconia ciconia	白鹳	送子鸟	white stork	Ⅰ
Ciconia nigra	黑鹳	乌鹳、褐鹳、老鹳、锅鹳、阳乌、红鹳、油鹳、苍鹳、麻啄、青鹳、青桩、青庄、豆文、黑巨鸡、青椿鸟、黑老鹳、黑鹳鹤	black stork	Ⅰ
Cygnus columbianus	小天鹅	鹄、白鹅、食鹅、啸天鹅、苔原天鹅、短嘴天鹅、短嘴黑鼻鸭	histling swan, cygnet	Ⅱ
Cygnus cygnus	大天鹅	鹄、白鹅、黄鹄、鸿鹄、白天鹅、白鸿鹤、咳声天鹅、喇叭天鹅、黄嘴天鹅	whooper swan	Ⅱ
Cygnus olor	疣鼻天鹅	瘤鹄、丹鹄、白鹅、无声天鹅、哑声天鹅、虎鼻天鹅、赤嘴天鹅、瘤鼻天鹅	white swan, mute swan	Ⅱ
Didermocerus sumatrensis	苏门答腊犀牛	苏门犀、双角犀	Sumatran rhinoceros	已灭绝
Elaphurus davidianus, Elaphurus davidiensis, Cervus davidianus	麋鹿	麋、鹿、山牛、泽兽、沙鹿、马鹿、水鹿、麋子、四不象、四不像、大卫鹿	Pere David's deer, Père David's deer, milu	Ⅰ

（续表）

拉丁学名	中文学名	中文别名	英文名	中国保护级别
Elephas maximus	亚洲象	象、豫、大象、老象、大客、那先、野象、印度象、大笨象、长鼻子	Indian elephant ,Asian elephant	Ⅰ
Equus hemionus	蒙古野驴	野驴、蒙驴、骞驴、野马、胡楞（蒙）、库兰（维）、库郎（哈萨克）、饿驴子、什麻特（维）、亚洲野驴、蒙新野驴、准噶尔野驴	Asiatic wild ass, Kulan, Asian wild ass	Ⅰ
Equus kiang	西藏野驴	江（藏）、野驴、野马、康驴、藏驴、库郎（哈萨克）、什麻特（维）、亚洲野驴	Kiang,Tibet wild ass	Ⅰ
Equus przewalskii	野马	踏嘿（蒙）、普氏马、普氏野马、准噶尔野马、蒙古野马、牙瓦阿特（维）	Przewalski's horse, Asian wild horse,Mongolian wild horse,wild horse, jughead,fury horse	Ⅰ
Grus japonensis	丹顶鹤	鹤、仙鹤、仙禽、仙骥、仙子、胎仙、露禽、阴羽、白鹤、鶴鷎、胎禽、黄鹤、元鹤、沈尚书、红顶鹤、日本鹤、蓬莱羽士	red-crowned crane, Japanese crane, manchurian crane	Ⅰ
Helarctos malayanus	马来熊	魋、狗熊、赤熊、董穷、小狗熊、小黑熊、太阳熊、耐力喀苏（藏语）、康儿拉欧木虾（门巴语）	sun bear,Malayan sun bear	Ⅰ
Hoolock hoolock	西部白眉长臂猿	白眉长臂猿	hoolock gibbon,western hoolock	新发现
Hoolock leuconedys	东部白眉长臂猿	黑猴、呼猴、呼猿、长手猴、呼洛克猿、白眉长臂猿	eastern hoolock gibbon, eastern hoolock	Ⅰ
Hydropotes inermis	河麂	獐、麢、麇、牙獐、獐子、草獐、车獐、黄麇、河麂、水麂、山羊、老角麂、獐呒郎、羊獐子、中国水麂	Chinese river deer	Ⅱ
Hylobates lar	白掌长臂猿	南尼、僚棒猴、白手长臂猿	lar gibbon, white-handed gibbon, common gibbon	Ⅰ
Lynx lynx,*Felis lynx*	猞猁	豹、西伦、舒伦、乌伦、土豹、舍利、失利、失刺、猞狸、猞猁、天鼠、天鹿、令斯、猎狻、书龙（满语）、舍利孙、舍里孙、舍利狲、失利孙、失刺孙、捨里孙、猞猁孙、猞猁狲、大野猫、草猞猁狲、威呼肯孤尔孤（满语）	Eurasian lynx	Ⅱ
Macaca arctoides	短尾猴	黑猴、泥猴、人熊、红面猴、短尾猴、大青猴、桩尾猴、截尾猕猴、红面短尾猴、红面断尾猴、华南断尾猴	stumptail macaque, bear macaque, macaca brunneus,macaca harmandi, macaca melanotus, macaca melli, macaca rufescens, macaca speciosus, macaca ursinus	Ⅱ
Macaca assamensis	熊猴	蓉猴、大青猴、阿萨姆猴、山地猕猴、喜马拉雅猴、阿萨姆猴短尾猴	Assamese macaque, Assam macaque	Ⅰ

（续表）

拉丁学名	中文学名	中文别名	英文名	中国保护级别
Macaca cyclopis	台湾猴	黑肢猴、台湾猕猴、岩栖猕猴	Formosan rock macaque，Taiwanese macaque	Ⅰ
Macaca leucogenys	白颊猕猴	白颊猴	white-cheeked macaque	新发现
Macaca mulatta	猕猴	折（藏）、猴子、马骝、黄猴、沐猴、猢猴、苋猴、恒河猴、广西猴、孟加拉猴	Rhesus macaque	Ⅱ
Macaca nemestrina	豚尾猴	猪猴、猪尾猴、平顶猴、大独猴、北豚尾猴	Burmese pig-tailed monkey，pig-tailed macaque	Ⅰ
Macaca thibetana	藏酋猴	青猴、马猴、黑猴、阿哈（藏）、女诺（彝）、短尾猴、藏猕猴、大青猴、红面猴、四川猴、毛面猴、治乌阿格（藏）毛面短尾猴、黄山短尾猴、大卫短尾猴	Tibetan macaque，stump-tailed macaque	Ⅱ
Manis pentadactyla	穿山甲	鲮、鲤、甲、鲮豸、鳞鲤、鲮狸、鲮鱼、陵鲤、绫鲤、鲮鲤、鲢鲤、连理、鳞裡、鳞离、鲢鲢、全鳞、地麟、鳞甲、山甲、鲮甲、鲑鲑、鼍龙、龙鲤、麒麟、土鲮甲、钱鲤甲、钱鳞甲、陵鲤甲、石鲮鱼、土鲤鱼、山鲤鱼、土地鱼、穿山狸、川山甲、食蚁兽	pangolin，manis pentadactyla	Ⅱ
Moschus berezovskii	林麝	獐、勒（彝）、獐子、樟子、香獐、林獐、香子、牙香、麝鹿、香驴、麝羊、香羊、野羊、石羊、林律、南麝、麻鹿、土猪、牛麂、黑獐子、山驴子、麝香羊、香猸子、麝香鹿、线牙獐、麝包子、灰拉瓦（藏）	Chinese forest musk deer，forest musk deer，dwarf musk deer	Ⅰ
Moschus chrysogaster	喜马拉雅麝	香獐	Himalayan musk deer，white-bellied musk deer	Ⅰ
Moschus fuscus	黑麝	褐麝、黑獐、褐鹿、獐子、香獐、麻鹿、黑獐子、黑拉瓦（藏）	black musk deer，tawny musk deer	Ⅰ
Moschus moschiferus	原麝	麝、麝鹿、香獐、香子、獐子、北麝、香獐子、山驴子、呼德日（蒙）、乌支克（满）	Siberian musk deer，taiga musk deer，musk deer	Ⅰ
Moschus sifanicus	马麝	藏马獐、香獐、獐子、草獐、獐鹿、香子、西麝、拉瓦（藏）、贡拉（藏）、草坪獐、香獐子、黄獐子、板牙獐、高山麝、拉嘎儿（门巴）	alpine musk deer	Ⅰ
Neofelis nebulosa	云豹	什豹、文豹、南豹、猫豹、狗豹、草豹、云虎、樟豹（台）、石豹（台）、小豹子、乌云豹、荷叶豹、柳叶豹、龌叶豹、龟纹豹、黾纹豹、铁钱豹	clouded leopard	Ⅰ
Nipponia nippon	朱鹮	鹮、鹄、朱鹭、旋目、红鹤、鱞目、翾翾、鹮鹭、红鹭、红牙、红鹅、鹩鹳、灰鹤、灰鹅、鹮朱鹭、红鸭儿、日本凤头鹳	crested ibis，Asian crested ibis，Japanese crested ibis	Ⅰ

（续表）

拉丁学名	中文学名	中文别名	英文名	中国保护级别
Nomascus concolor	黑冠长臂猿	猿、潦猿、吼猴、乌猿、料猴、风猴、黑猴、长手猴、撩梆猴、西黑冠长臂猿、黑长臂猿指名亚种、黑长臂猿滇西亚种、黑长臂猿景东亚种	western black crested gibbon	Ⅰ
Nomascus hainanus	海南黑冠长臂猿	海南长臂猿、黑长臂猿海南亚种	Hainan gibbon, Hainan crested gibbon, Hainan black gibbon, Hainan black crested gibbon	Ⅰ
Nomascus leucogenys	白颊长臂猿	撩猴、料猴、囊妮（傣）、南里（傣）、白脸猴、长臂猴、北白颊长臂猿	northern white-cheeked gibbon, white-cheeked gibbon	Ⅰ
Nomascus nasutus	东部黑冠长臂猿	东黑冠长臂猿、黑长臂猿越北亚种	Cao-vit crested gibbon, Cao-vit black crested gibbon, eastern black crested gibbon	Ⅰ
Panthera pardus	豹	色（藏）、钱豹、文豹、豹狗、狗豹、山豹、豹子、斑豹、马彪、小豹、大猫、大貘、黑豹、日诺（彝）、金钱豹、银钱豹、金钱花、铜钱花、印度豹、黑豹则、豹虎子、远东豹（亚种）、东北豹（亚种）	leopard	Ⅰ
Panthera tigris	虎	貙、甝、虒、䖘、武、兽、虪、玄虎、寅兽、寅客、于䖘、于菟、於䖘、於菟、于檡、山君、虦猫、委虒、酋耳、驺吾、开明、穷奇、马复、罗罗、乌䖘、波罗、戲猫、北都、波卢、斑子、巴尔、兽君、狸儿、戾虫、猛兽、揜于、皋比、山猫、李耳、大猫、大虫、老虎、李父、伯都、白额侯、白额虎、扁担花、王斑虎、约勒巴尔斯	tiger	Ⅰ
Panthera tigris altaica	虎阿尔泰亚种	阿尔泰虎	Altai tiger	已灭绝
Panthera tigris altaica	虎东北亚种	东北虎、满洲虎、朝鲜虎、乌苏里虎、阿穆尔虎	North-east China tiger, Siberian tiger, Amur tiger, Manchurian tiger, Ussuri tiger	Ⅰ
Panthera tigris amoyensis	虎华南亚种	华南虎、中国虎、厦门虎、中华虎、南中国虎	South China tiger	Ⅰ
Panthera tigris corbetti	虎印支亚种	印支虎、东南亚虎、印度支那虎、印度支那亚种	Indo-Chinese tiger	Ⅰ
Panthera tigris coreensis	虎华北亚种	华北虎	North China tiger	Ⅰ
Panthera tigris tigris	虎指名亚种	印度虎、孟加拉虎	Bengal tiger	Ⅰ

（续表）

拉丁学名	中文学名	中文别名	英文名	中国保护级别
Panthera tigris virgate, Panthera tigris lecoqui	虎塔里木亚种	新疆虎、西亚虎、波斯虎、中亚虎、图兰虎、塔里木虎、罗布泊虎、里海亚种、高加索虎	Tarim tiger	?
Panthera uncia, Uncia uncia	雪豹	豹、草豹、马豹、白豹、土豹、艾叶豹、荷叶豹、土豹子、铁钱豹、狗豹子、打马热(藏)、伊白克斯(维、哈)、查干一伊日布斯(蒙)	snow leopard, ounce	Ⅰ
Rhinoceros sondaicus	爪哇犀牛	爪哇犀、小独角犀	Javan rhinoceros	已灭绝
Rhinoceros unicornis	印度犀牛	印度犀、大独角犀	Indian rhinocero	待引进
Rhinopithecus bieti, Pygathrix bieti	白臀仰鼻猴	雪猴、飞猴、滇金丝猴、滇仰鼻猴、黑金丝猴、云南金丝猴、白臀仰鼻猴	black snub-nosed monkey, Yunnan snub-nosed monkey	Ⅰ
Rhinopithecus brelichi, Pygathrix brelichi	灰仰鼻猴	线狨、牛尾猴、灰金丝猴、黔金丝猴、黔仰鼻猴、白肩仰鼻猴	grey snub-nosed monkey, gray golden monkey	Ⅰ
Rhinopithecus roxellana, Pygathrix roxellana	金仰鼻猴	狨、线子、线绒、马绒、果然、金丝猴、金线绒、金绒猴、蓝面猴、狮子鼻猴、长尾子、果然兽、果然绒、喜或嘉(藏)、川金丝猴、川仰鼻猴、洛克安娜猴	golden snub-nosed monkey	Ⅰ
Rhinopithecus strykeri	黑仰鼻猴	喷嚏猴、怒江金丝猴、缅甸金丝猴、喷嚏塌鼻猴	Myanmar snub-nosed monkey, Burmese snub-nosed monkey, Stryker's snub-nosed monkey	新发现
Selenarctos thibetanus	黑熊	董(藏语)、狗熊、狗驼、扒岩、黑子、老熊、中熊、狮熊、猪熊、豕熊、敖宜(满语)、黑瞎子、熊瞎子、乌黑子、月牙熊、狗驼子、黑娃子、欧木虾(门巴语)、敖宜木戈(满语)、敖木宜戈(满语)、喜马拉雅熊、哈日一巴吱勃盖(蒙语)	black bear	Ⅱ
Tomistoma schlegelii	马来鳄	马来长吻鳄	Malaysia crocodile	已灭绝
Ursus arctos (U. a. pruinosus)	棕熊(包括马熊)	罴、熊、人熊、马熊、狗熊、灰熊、红熊、雪熊、马驼、哈熊、藏熊、猳熊、昂宜(满语)、折蒙(藏语)、折冬(门巴语)、藏马熊、豺狗儿、爱伊克(南疆)、昂宜肤戈(满语)、昂那宜戈(满语)、呼仁一巴吱勃盖(蒙语)、哈喇古啰苏(北疆)	brown bear, grizzly bear	Ⅱ
	虎海南亚种	海南虎	Hainan tiger	已灭绝
	虎台湾亚种	台湾虎	Taiwan tiger	已灭绝

4　英、中、拉野生动物名称对照

英文名	中文学名	中文别名	拉丁学名	中国保护级别
alpine musk deer	马麝	藏马獐、香獐、獐子、草獐、獐鹿、香子、西麝、拉瓦（藏）、贡拉（藏）、草坪獐、香獐子、黄獐子、板牙獐、高山麝、拉嘎儿（门巴）	*Moschus sifanicus*	Ⅰ
Altai tiger	虎阿尔泰亚种	阿尔泰虎	*Panthera tigris altaica*	已灭绝
Asiatic wild ass, Kulan, Asian wild ass	蒙古野驴	野驴、蒙驴、骞驴、野马、胡楞（蒙）、库兰（维）、库郎（哈萨克）、饿驴子、什麻特（维）、亚洲野驴、蒙新野驴、准噶尔野驴	*Equus hemionus*	Ⅰ
Assamese macaque, Assam macaque	熊猴	蓉猴、大青猴、阿萨姆猴、山地猕猴、喜马拉雅猴、阿萨姆猴短尾猴	*Macaca assamensis*	Ⅰ
bactrian camel	野骆驼	驼、橐驼、橐他、橐它、馲驼、骆驮、名特们、名图噶,野驼、封牛、安答海、安塔哈、哈巴特尔嘎	*Camelus ferus*, *Camelus bactrianus*	Ⅰ
Bengal tiger	虎指名亚种	印度虎、孟加拉虎	*Panthera tigris tigris*	Ⅰ
black bear	黑熊	董（藏语）、狗熊、狗驼、扒岩、黑子、老熊、中熊、狮熊、猪熊、豕熊、敖宜（满语）、黑瞎子、熊瞎子、乌黑子、月牙熊、狗驼子、黑娃子、欧木虾（门巴语）、敖宜木戈（满语）、敖木宜戈（满语）、喜马拉雅熊、哈日一巴吱勃盖（蒙语）	*Selenarctos thibetanus*	Ⅱ
black musk deer, tawny musk deer	黑麝	褐麝、黑獐、褐鹿、獐子、香獐、麻鹿、黑獐子、黑拉瓦（藏）	*Moschus fuscus*	Ⅰ
black snub-nosed monkey, Yunnan snub-nosed monkey	白臀仰鼻猴	雪猴、飞猴、滇金丝猴、滇仰鼻猴、黑金丝猴、云南金丝猴、白臀仰鼻猴	*Rhinopithecus bieti*, *Pygathrix bieti*	Ⅰ
black stork	黑鹳	乌鹳、褐鹳、老鹳、锅鹳、阳乌、红鹳、油鹳、苍鹳、麻啄、青鹳、青桩、青庄、豆文、黑巨鸡、青椿鸟、黑老鹳、黑鹳鹤	*Ciconia nigra*	Ⅰ
brown bear, grizzly bear	棕熊（包括马熊）	罴、熊、人熊、马熊、狗熊、灰熊、红熊、雪熊、马驼、哈熊、藏熊、貔熊、昂宜（满语）、折蒙（藏语）、折冬（门巴语）、藏马熊、犲狗儿、爱伊克（南疆）、昂宜肤戈（满语）、昂那宜戈（满语）、呼仁一巴吱勃盖（蒙语）、哈喇古啰苏（北疆）	*Ursus arctos* (*U. a. pruinosus*)	Ⅱ
Burmese pig-tailed monkey, pig-tailed macaque	豚尾猴	猪猴、猪尾猴、平顶猴、大独猴、北豚尾猴	*Macaca nemestrina*	Ⅰ
Cao-vit crested gibbon, Cao-vit black crested gibbon, eastern black crested gibbon	东部黑冠长臂猿	东黑冠长臂猿、黑长臂猿越北亚种	*Nomascus nasutus*	Ⅰ

（续表）

英文名	中文学名	中文别名	拉丁学名	中国保护级别
Chinese alligator, yangtzi alligator	扬子鳄	鼍、它、鳣、鳝、鼍、鼍龙、鮀鱼、土龙、中华鼍、中华鳄、猪婆龙	*Alligator sinensis*	Ⅰ
Chinese forest musk deer, forest musk deer, dwarf musk deer	林麝	獐、勒(彝)、獐子、樟子、香獐、林獐、香子、牙香、麝鹿、香驴、麝羊、香羊、野羊、石羊、林律、南麝、麻鹿、土猪、牛麂、黑獐子、山驴子、麝香羊、香狷子、麝香鹿、线牙獐、麝包子、灰拉瓦(藏)	*Moschus berezovskii*	Ⅰ
Chinese river deer	河麂	獐、麕、麇、牙獐、獐子、草獐、车獐、黄麇、河麂、水麂、山羊、老角麂、獐呒郎、羊獐子、中国水麂	*Hydropotes inermis*	Ⅱ
clouded leopard	云豹	什豹、文豹、南豹、猫豹、狗豹、草豹、云虎、樟豹(台)、石豹(台)、小豹子、乌云豹、荷叶豹、柳叶豹、檞叶豹、龟纹豹、黾纹豹、铁钱豹	*Neofelis nebulosa*	Ⅰ
crested ibis, Asian crested ibis, Japanese crested ibis	朱鹮	鹮、鹄、朱鹭、旋目、红鹤、鬟目、翾翾、鹮鹭、红鹭、红牙、红鹅、鸖鹤、灰鹤、灰鹅、鹮朱鹭、红鸭儿、日本凤头鹳	*Nipponia nippon*	Ⅰ
eastern hoolock gibbon, eastern hoolock	东部白眉长臂猿	黑猴、呼猴、呼猿、长手猴、呼洛克猿、白眉长臂猿	*Hoolock leuconedys*	Ⅰ
Eurasian lynx	猞猁	豹、西伦、舒伦、乌伦、土豹、舍利、失利、失刺、猞狸、猞猁、天鼠、天鹿、令斯、猎狻、书龙(满语)、舍利孙、舍里孙、舍利狲、失利孙、失刺孙、捨里孙、猞猁孙、猞猁狲、大野猫、草猞猁狲、威呼肯孤尔孤(满语)	*Lynx lynx*, *Felis lynx*	Ⅱ
Formosan rock macaque, Taiwanese macaque	台湾猴	黑肢猴、台湾猕猴、岩栖猕猴	*Macaca cyclopis*	Ⅰ
giant salamander	大鲵	鰕、鲵、鲇、鳑、鳎、魶、人鱼、狗鱼、鳕鱼、脚鱼、啼鱼、腊狗、婴鱼、龙鱼、王鲔、孩儿鱼、四足鱼、娃娃鱼、呱呱鱼、海狗鱼、水和尚、四脚鱼、山樵鱼、大山椒鱼	*Andrias davidianus*	Ⅱ
golden snub-nosed monkey	金仰鼻猴	狨、线子、线绒、马绒、果然、金丝猴、金线绒、金绒猴、蓝面猴、狮子鼻猴、长尾子、果然兽、果然绒、喜或嘉(藏)、川金丝猴、川仰鼻猴、洛克安娜猴	*Rhinopithecus roxellana*, *Pygathrix roxellana*	Ⅰ
grey snub-nosed monkey, gray golden monkey	灰仰鼻猴	线狨、牛尾猴、灰金丝猴、黔金丝猴、黔仰鼻猴、白肩仰鼻猴	*Rhinopithecus brelichi*, *Pygathrix brelichi*	Ⅰ
Hainan gibbon, Hainan crested gibbon, Hainan black gibbon, Hainan black crested gibbon	海南黑冠长臂猿	海南长臂猿、黑长臂猿海南亚种	*Nomascus hainanus*	Ⅰ

（续表）

英文名	中文学名	中文别名	拉丁学名	中国保护级别
Hainan tiger	虎海南亚种	海南虎		已灭绝
Himalayan musk deer, white-bellied musk deer	喜马拉雅麝	香獐	*Moschus chrysogaster*	Ⅰ
histling swan, cygnet	小天鹅	鹄、白鹅、食鹅、啸天鹅、苔原天鹅、短嘴天鹅、短嘴黑鼻鸭	*Cygnus columbianus*	Ⅱ
hoolock gibbon, western hoolock	西部白眉长臂猿	白眉长臂猿	*Hoolock hoolock*	新发现
Indian elephant ,Asian elephant	亚洲象	象、豫、大象、老象、大客、那先、野象、印度象、大笨象、长鼻子	*Elephas maximus*	Ⅰ
Indian rhinocero	印度犀牛	印度犀、大独角犀	*Rhinoceros unicornis*	待引进
Indo-Chinese tiger	虎印支亚种	印支虎、东南亚虎、印度支那虎、印度支那亚种	*Panthera tigris corbetti*	Ⅰ
Javan rhinoceros	爪哇犀牛	爪哇犀、小独角犀	*Rhinoceros sondaicus*	已灭绝
Kiang, Tibet wild ass	西藏野驴	江（藏）、野驴、野马、康驴、藏驴、库郎（哈萨克）、什麻特（维）、亚洲野驴	*Equus kiang*	Ⅰ
lar gibbon, white-handed gibbon, common gibbon	白掌长臂猿	南尼、僚棒猴、白手长臂猿	*Hylobates lar*	Ⅰ
leopard	豹	色（藏）、钱豹、文豹、豹狗、狗豹、山豹、豹子、斑豹、马彪、小豹、大猫、大貘、黑豹、日诺（彝）、金钱豹、银钱豹、金钱花、铜钱花、印度豹、黑豹则、豹虎子、远东豹（亚种）、东北豹（亚种）	*Panthera pardus*	Ⅰ
Malaysia crocodile	马来鳄	马来长吻鳄	*Tomistoma schlegelii*	已灭绝
mandarin duck	鸳鸯	匹鸟、鸂鶒、官鸭、文禽、文鸟、黄鸭、红鸭、青鹤、鸂鹜、鸂鸭、相思鸟、双双鸟、邓木鸟、锦鸳鸯、紫鸳鸯、水鸳鸯、鸳鸯鸟、花鸭子、油痞档、乌仁哈钦、五彩鸳鸯、红雁戈者	*Aix galericulata*	Ⅱ
Myanmar snub-nosed monkey, Burmese snub-nosed monkey, Stryker's snub-nosed monkey	黑仰鼻猴	喷嚏猴、怒江金丝猴、缅甸金丝猴、喷嚏塌鼻猴	*Rhinopithecus strykeri*	新发现
North China tiger	虎华北亚种	华北虎	*Panthera tigris coreensis*	Ⅰ
North-east China tiger, Siberian tiger, Amur tiger, Manchurian tiger, Ussuri tiger	虎东北亚种	东北虎、满洲虎、朝鲜虎、乌苏里虎、阿穆尔虎	*Panthera tigris altaica*	Ⅰ

（续表）

英文名	中文学名	中文别名	拉丁学名	中国保护级别
northern white-cheeked gibbon, white-cheeked gibbon	白颊长臂猿	撩猴、料猴、囊妮(傣)、南里(傣)、白脸猴、长臂猴、北白颊长臂猿	*Nomascus leucogenys*	Ⅰ
oriental white stork	东方白鹳	白鹳、老鹳、白老、洼子、黑尻、皂裙、皂君、负金、负釜、雚儿、旱群、老等、灰鹤、水老老、鸳鸯鸭、缩脖鸟、信天翁、大嘴鸟、捞鱼鹳、红脚鹳、乌童鹳、瓦亭仙	*Ciconia boyciana*	Ⅰ
panda, giant panda	大熊猫	貘、狛、貊、貘、貊、貔、黑豹、玄豹、玄貘、白豹、白狐、银狗、白熊、白罴、猛豹、白虎、花熊、文罴、驺虞、白彪、竹熊、啮铁、执夷、挚兽、貊兽、貊貊、貔貅、皮裘、酋耳、花头熊、黑白熊、食铁兽、猛氏兽	*Ailuropoda melanoleuca*	Ⅰ
pangolin, manis pentadactyla	穿山甲	鲮、鲤、甲、鲮豸、鳞鲤、鲮狸、鲮鱼、陵鲤、绫鲤、鲮鲤、鲢鲤、连理、鳞裡、鳞离、鲑鲑、全鳞、地麟、鳞甲、山甲、鲮甲、鲑鲑、鼍龙、龙鲤、麒麟、土鲮甲、钱鲤甲、钱鳞甲、陵鲤甲、石鲮鱼、土鲤鱼、山鲤鱼、土地鱼、穿山狸、川山甲、食蚁兽	*Manis pentadactyla*	Ⅱ
Pere David's deer, Père David's deer, milu	麋鹿	麋、鹿、山牛、泽兽、沙鹿、马鹿、水鹿、麋子、四不象、四不像、大卫鹿	*Elaphurus davidianus*, *Elaphurus davidiensis*, *Cervus davidianus*	Ⅰ
Przewalski's horse, Asian wild horse, Mongolian wild horse, wild horse, jughead, fury horse	野马	踏嘿(蒙)、普氏马、普氏野马、准噶尔野马、蒙古野马、牙瓦阿特(维)	*Equus przewalskii*	Ⅰ
red-crowned crane, Japanese crane, manchurian crane	丹顶鹤	鹤、仙鹤、仙禽、仙骥、仙子、胎仙、露禽、阴羽、白鹤、鶤鷄、胎禽、黄鹤、元鹤、沈尚书、红顶鹤、日本鹤、蓬莱羽士	*Grus japonensis*	Ⅰ
Rhesus macaque	猕猴	折(藏)、猴子、马骝、黄猴、沐猴、猢猴、苋猴、恒河猴、广西猴、孟加拉猴	*Macaca mulatta*	Ⅱ
Siberian musk deer, taiga musk deer, musk deer	原麝	麝、麝鹿、香獐、香子、獐子、北麝、香獐子、山驴子、呼德日(蒙)、乌支克(满)	*Moschus moschiferus*	Ⅰ
sika deer	梅花鹿	鹿、麋、哈(藏)、班龙、斑鹿、马鹿、羊鹿、花鹿、梅鹿、黄鹿、角鹿、草鹿、仙鹿、毛鹿、山鹿、野鹿、鹿子、小鹿、红臃羊、小羊鹿、麋花鹿、松不长(满)、孝一包格(蒙)	*Cervus nippon*	Ⅰ
snow leopard, ounce	雪豹	豹、草豹、马豹、白豹、土豹、艾叶豹、荷叶豹、土豹子、铁钱豹、狗豹子、打马热(藏)、伊白克斯(维、哈)、查干一伊日布斯(蒙)	*Panthera uncia*, *Uncia uncia*	Ⅰ
South China tiger	虎华南亚种	华南虎、中国虎、厦门虎、中华虎、南中国虎	*Panthera tigris amoyensis*	Ⅰ

（续表）

英文名	中文学名	中文别名	拉丁学名	中国保护级别
stumptail macaque，bear macaque，macaca brunneus，macaca harmandi，macaca melanotus，macaca melli，macaca rufescens，macaca speciosus，macaca ursinus	短尾猴	黑猴、泥猴、人熊、红面猴、短尾猴、大青猴、桩尾猴、截尾猕猴、红面短尾猴、红面断尾猴、华南断尾猴	*Macaca arctoides*	Ⅱ
Sumatran rhinoceros	苏门答腊犀牛	苏门犀、双角犀	*Didermocerus sumatrensis*	已灭绝
sun bear，Malayan sun bear	马来熊	魋、狗熊、赤熊、董穷、小狗熊、小黑熊、太阳熊、耐力喀苏（藏语）、康儿拉欧木虾（门巴语）	*Helarctos malayanus*	Ⅰ
Taiwan tiger	虎台湾亚种	台湾虎		已灭绝
Tarim tiger	虎塔里木亚种	新疆虎、西亚虎、波斯虎、中亚虎、图兰虎、塔里木虎、罗布泊虎、里海亚种、高加索虎	*Panthera tigris virgate*，*Panthera tigris lecoqui*	?
the southern white rhinoceros，white rhinoceros，square-lipped rhinoceros	南部白犀	白犀牛、方吻犀、宽吻犀	*Ceratotherium simum simum*	引进外来种
Tibetan macaque，stump-tailed macaque	藏酋猴	青猴、马猴、黑猴、阿哈（藏）、女诺（彝）、短尾猴、藏猕猴、大青猴、红面猴、四川猴、毛面猴、治乌阿格（藏）毛面短尾猴、黄山短尾猴、大卫短尾猴	*Macaca thibetana*	Ⅱ
tiger	虎	貙、䖘、虒、䖙、武、兽、虪、玄虎、寅兽、寅客、于菟、于菟、於䖘、於菟、于檡、山君、虦猫、委虒、酋耳、驺吾、开明、穷奇、马复、罗罗、乌䖘、波罗、虥猫、北都、波卢、斑子、巴尔、兽君、狸儿、戾虫、猛兽、拚于、皋比、山猫、李耳、大猫、大虫、老虎、李父、伯都、白额侯、白额虎、扁担花、王斑虎、约勒巴尔斯	*Panthera tigris*	Ⅰ
western black crested gibbon	黑冠长臂猿	猿、潦猿、吼猴、乌猿、料猴、风猴、黑猴、长手猴、撩梆猴、西黑冠长臂猿、黑长臂猿指名亚种、黑长臂猿滇西亚种、黑长臂猿景东亚种	*Nomascus concolor*	Ⅰ
white stork	白鹳	送子鸟	*Ciconia ciconia*	Ⅰ
white swan，mute swan	疣鼻天鹅	瘤鹄、丹鹄、白鹅、无声天鹅、哑声天鹅、虎鼻天鹅、赤嘴天鹅、瘤鼻天鹅	*Cygnus olor*	Ⅱ
white-cheeked macaque	白颊猕猴	白颊猴	*Macaca leucogenys*	新发现
whooper swan	大天鹅	鹄、白鹅、黄鹄、鸿鹄、白天鹅、白鸿鹤、咳声天鹅、喇叭天鹅、黄嘴天鹅	*Cygnus cygnus*	Ⅱ

附录三

中华人民共和国行政区划(简表)*

大区	省级政区	市级政区	县级政区
华北	北京市		东城区、西城区、朝阳区、丰台区、石景山区、海淀区、门头沟区、房山区、通州区、顺义区、昌平区、大兴区、怀柔区、平谷区、密云区、延庆区
	天津市		河西区、和平区、河东区、南开区、河北区、红桥区、东丽区、西青区、津南区、北辰区、武清区、宝坻区、滨海新区、宁河区、静海区、蓟县
	河北省	石家庄市	石家庄市*(长安区、桥西区、新华区、井陉矿区、裕华区、藁城区、鹿泉区、栾城区)、辛集市、晋州市、新乐市、井陉县、正定县、行唐县、灵寿县、高邑县、深泽县、赞皇县、无极县、平山县、元氏县、赵县
		唐山市	唐山市*(路北区、路南区、古冶区、开平区、丰南区、丰润区、曹妃甸区)、遵化市、迁安市、滦县、滦南县、乐亭县、迁西县、玉田县
		秦皇岛市	秦皇岛市*(海港区、山海关区、北戴河区、抚宁区)、昌黎县、卢龙县、青龙满族自治县
		邯郸市	邯郸市*(丛台区、邯山区、复兴区、峰峰矿区)、武安市、邯郸县、临漳县、成安县、大名县、涉县、磁县、肥乡县、永年县、邱县、鸡泽县、广平县、馆陶县、魏县、曲周县
		邢台市	邢台市*(桥东区、桥西区)、南宫市、沙河市、邢台县、临城县、内丘县、柏乡县、隆尧县、任县、南和县、宁晋县、巨鹿县、新河县、广宗县、平乡县、威县、清河县、临西县
		保定市	保定市*(竞秀区、莲池区、满城区、清苑区、徐水区)、涿州市、定州市、安国市、高碑店市、涞水县、阜平县、定兴县、唐县、高阳县、容城县、涞源县、望都县、安新县、易县、曲阳县、蠡县、顺平县、博野县、雄县
		张家口市	张家口市*(桥西区、桥东区、宣化区、下花园区)、张北县、康保县、沽源县、尚义县、蔚县、阳原县、怀安县、万全县、怀来县、涿鹿县、赤城县、崇礼县
		承德市	承德市*(双桥区、双滦区、鹰手营子矿区)、承德县、兴隆县、平泉县、滦平县、隆化县、丰宁满族自治县、宽城满族自治县、围场满族蒙古族自治县
		沧州市	沧州市*(运河区、新华区)、泊头市、任丘市、黄骅市、河间市、沧县、青县、东光县、海兴县、盐山县、肃宁县、南皮县、吴桥县、献县、孟村回族自治县

* 本表依据:中华人民共和国民政部编. 中华人民共和国行政区划简册:2016. 北京:中国地图出版社,2016;中国地图出版社编著. 中国地图册. 北京:中国地图出版社,2014(2017 重印)编制。

（续表）

大区	省级政区	市级政区	县级政区
		廊坊市	廊坊市*（广阳区、安次区）、霸州市、三河市、固安县、永清县、香河县、大城县、文安县、大厂回族自治县
		衡水市	桃城区、冀州市、深州市、枣强县、武邑县、武强县、饶阳县、安平县、故城县、景县、阜城县
	山西省	太原市	太原市*（杏花岭区、小店区、迎泽区、尖草坪区、万柏林区、晋源区）、古交市、清徐县、阳曲县、娄烦县
		大同市	大同市*（城区、矿区、南郊区、新荣区）、阳高县、天镇县、广灵县、灵丘县、浑源县、左云县、大同县
		阳泉市	阳泉市*（城区、矿区、郊区）、平定县、盂县
		长治市	长治市*（城区、郊区）、潞城市、长治县、襄垣县、屯留县、平顺县、黎城县、壶关县、长子县、武乡县、沁县、沁源县
		晋城市	城区、高平市、泽州县、沁水县、阳城县、陵川县
		朔州市	朔州市*（朔城区、平鲁区）、山阴县、应县、右玉县、怀仁县
		晋中市	榆次区、介休市、榆社县、左权县、和顺县、昔阳县、寿阳县、太谷县、祁县、平遥县、灵石县
		运城市	盐湖区、永济市、河津市、临猗县、万荣县、闻喜县、稷山县、新绛县、绛县、垣曲县、夏县、平陆县、芮城县
		忻州市	忻府区、原平市、定襄县、五台县、代县、繁峙县、宁武县、静乐县、神池县、五寨县、岢岚县、河曲县、保德县、偏关县
		临汾市	尧都区、侯马市、霍州市、曲沃县、翼城县、襄汾县、洪洞县、古县、安泽县、浮山县、吉县、乡宁县、蒲县、大宁县、永和县、隰县、汾西县
		吕梁市	离石区、孝义市、汾阳市、文水县、交城县、兴县、临县、柳林县、石楼县、岚县、方山县、中阳县、交口县
	内蒙古自治区	呼和浩特市	呼和浩特市*（新城区、回民区、玉泉区、赛罕区）、托克托县、和林格尔县、清水河县、武川县、土默特左旗
		包头市	包头市*（昆都仑区、东河区、青山区、石拐区、白云鄂博矿区、九原区）、固阳县、土默特右旗、达尔罕茂明安联合旗
		乌海市	乌海市*（海勃湾区、海南区、乌达区）
		赤峰市	赤峰市*（红山区、元宝山区、松山区）、林西县、宁城县、阿鲁科尔沁旗、巴林左旗、巴林右旗、克什克腾旗、翁牛特旗、喀喇沁旗、敖汉旗
		通辽市	科尔沁区、霍林郭勒市、开鲁县、科尔沁左翼中旗、科尔沁左翼后旗、库伦旗、奈曼旗、扎鲁特旗
		鄂尔多斯市	东胜区、达拉特旗、准格尔旗、鄂托克前旗、鄂托克旗、杭锦旗、乌审旗、伊金霍洛旗
		呼伦贝尔市	呼伦贝尔市*（海拉尔区、扎赉诺尔区）、满洲里市、牙克石市、扎兰屯市、额尔古纳市、根河市、阿荣旗、陈巴尔虎旗、新巴尔虎左旗、新巴尔虎右旗、莫力达瓦达斡尔族自治旗、鄂伦春自治旗、鄂温克族自治旗
		巴彦淖尔市	临河区、五原县、磴口县、乌拉特前旗、乌拉特中旗、乌拉特后旗、杭锦后旗

(续表)

大区	省级政区	市级政区	县级政区
		乌兰察布市	集宁区、丰镇市、卓资县、化德县、商都县、兴和县、凉城县、察哈尔右翼前旗、察哈尔右翼中旗、察哈尔右翼后旗、四子王旗
		兴安盟	乌兰浩特市、阿尔山市、突泉县、科尔沁右翼前旗、科尔沁右翼中旗、扎赉特旗
		锡林郭勒盟	锡林浩特市、二连浩特市、多伦县、阿巴嘎旗、苏尼特左旗、苏尼特右旗、东乌珠穆沁旗、西乌珠穆沁旗、太仆寺旗、镶黄旗、正镶白旗、正蓝旗
		阿拉善盟	阿拉善左旗、阿拉善右旗、额济纳旗
东北	辽宁省	沈阳市	沈阳市*(浑南区、沈河区、和平区、大东区、皇姑区、铁西区、苏家屯区、沈北新区、于洪区)、新民市、辽中县、康平县、法库县
		大连市	大连市*(西岗区、中山区、沙河口区、甘井子区、旅顺口区、金州区、普兰店区)、瓦房店市、庄河市、长海县
		鞍山市	鞍山市*(铁东区、铁西区、立山区、千山区)、海城市、台安县、岫岩满族自治县
		抚顺市	抚顺市*(顺城区、新抚区、东洲区、望花区)、抚顺县、新宾满族自治县、清原满族自治县
		本溪市	本溪市*(平山区、溪湖区、明山区、南芬区)、本溪满族自治县、桓仁满族自治县
		丹东市	丹东市*(振兴区、元宝区、振安区)、东港市、凤城市、宽甸满族自治县
		锦州市	锦州市*(太和区、古塔区、凌河区)、凌海市、北镇市、黑山县、义县
		营口市	营口市*(站前区、西市区、鲅鱼圈区、老边区)、盖州市、大石桥市
		阜新市	阜新市*(细河区、海州区、新邱区、太平区、清河门区)、彰武县、阜新蒙古族自治县
		辽阳市	辽阳市*(白塔区、文圣区、宏伟区、弓长岭区、太子河区)、灯塔市、辽阳县
		盘锦市	盘锦市*(兴隆台区、双台子区)、大洼县、盘山县
		铁岭市	铁岭市*(银州区、清河区)、调兵山市、开原市、铁岭县、西丰县、昌图县
		朝阳市	朝阳市*(双塔区、龙城区)、北票市、凌源市、朝阳县、建平县、喀喇沁左翼蒙古族自治县
		葫芦岛市	葫芦岛市*(龙港区、连山区、南票区)、兴城市、绥中县、建昌县
	吉林省	长春市	长春市*(南关区、宽城区、朝阳区、二道区、绿园区、双阳区、九台区)、榆树市、德惠市、农安县
		吉林市	吉林市*(船营区、昌邑区、龙潭区、丰满区)、蛟河市、桦甸市、舒兰市、磐石市、永吉县
		四平市	四平市*(铁西区、铁东区)、公主岭市、双辽市、梨树县、伊通满族自治县
		辽源市	辽源市*(龙山区、西安区)、东丰县、东辽县
		通化市	通化市*(东昌区、二道江区)、梅河口市、集安市、通化县、辉南县、柳河县
		白山市	白山市*(浑江区、江源区)、临江市、抚松县、靖宇县、长白朝鲜族自治县
		松原市	宁江区、扶余市、长岭县、乾安县、前郭尔罗斯蒙古族自治县
		白城市	洮北区、洮南市、大安市、镇赉县、通榆县
		延边朝鲜族自治州	延吉市、图们市、敦化市、珲春市、龙井市、和龙市、汪清县、安图县

（续表）

大区	省级政区	市级政区	县级政区
	黑龙江省	哈尔滨市	哈尔滨市*（松北区、道里区、南岗区、道外区、平房区、香坊区、呼兰区、阿城区、双城区）、尚志市、五常市、依兰县、方正县、宾县、巴彦县、木兰县、通河县、延寿县
		齐齐哈尔市	齐齐哈尔市*（建华区、龙沙区、铁锋区、昂昂溪区、富拉尔基区、碾子山区、梅里斯达斡尔族区）、讷河市、龙江县、依安县、泰来县、甘南县、富裕县、克山县、克东县、拜泉县
		鸡西市	鸡西市*（鸡冠区、恒山区、滴道区、梨树区、城子河区、麻山区）、虎林市、密山市、鸡东县
		鹤岗市	鹤岗市*（向阳区、工农区、南山区、兴安区、东山区、兴山区）、萝北县、绥滨县
		双鸭山市	双鸭山市*（尖山区、岭东区、四方台区、宝山区）、集贤县、友谊县、宝清县、饶河县
		大庆市	大庆市*（萨尔图区、龙凤区、让胡路区、红岗区、大同区）、肇州县、肇源县、林甸县、杜尔伯特蒙古族自治县
		伊春市	伊春市*（伊春区、南岔区、友好区、西林区、翠峦区、新青区、美溪区、金山屯区、五营区、乌马河区、汤旺河区、带岭区、乌伊岭区、红星区、上甘岭区）
		佳木斯市	佳木斯市*（伊春区、南岔区、友好区、西林区、翠峦区、新青区、美溪区、金山屯区、五营区、乌马河区、汤旺河区、带岭区、乌伊岭区、红星区、上甘岭区）、同江市、富锦市、桦南县、桦川县、汤原县、抚远县
		七台河市	七台河市*（桃山区、新兴区、茄子河区）、勃利县
		牡丹江市	牡丹江市*（东安区、阳明区、爱民区、西安区）、绥芬河市、海林市、宁安市、穆棱市、东宁市、林口县
		黑河市	爱辉区、北安市、五大连池市、嫩江县、逊克县、孙吴县
		绥化市	北林区、安达市、肇东市、海伦市、望奎县、兰西县、青冈县、庆安县、明水县、绥棱县
		大兴安岭地区	大兴安岭地区、呼玛县、塔河县、漠河县
华东	上海市		黄浦区、徐汇区、长宁区、静安区、普陀区、虹口区、杨浦区、闵行区、宝山区、嘉定区、浦东新区、金山区、松江区、青浦区、奉贤区、崇明县
	江苏省	南京市	南京市*（玄武区、秦淮区、建邺区、鼓楼区、浦口区、栖霞区、雨花台区、江宁区、六合区、溧水区、高淳区）
		无锡市	无锡市*（梁溪区、锡山区、惠山区、滨湖区、新吴区）、江阴市、宜兴市
		徐州市	徐州市*（云龙区、鼓楼区、贾汪区、泉山区、铜山区）、新沂市、邳州市、丰县、沛县、睢宁县
		常州市	常州市*（新北区、天宁区、钟楼区、武进区、金坛区）、溧阳市
		苏州市	苏州市*（姑苏区、虎丘区、吴中区、相城区、吴江区）、常熟市、张家港市、昆山市、太仓市
		南通市	南通市*（崇川区、港闸区、通州区）、启东市、如皋市、海门市、海安县、如东县
		连云港市	连云港市*（海州区、连云区、赣榆区）、东海县、灌云县、灌南县
		淮安市	淮安市*（清河区、淮安区、淮阴区、清浦区）、涟水县、洪泽县、盱眙县、金湖县
		盐城市	盐城市*（亭湖区、盐都区、大丰区）、东台市、响水县、滨海县、阜宁县、射阳县、建湖县
		扬州市	扬州市*（邗江区、广陵区、江都区）、仪征市、高邮市、宝应县
		镇江市	镇江市*（京口区、润州区、丹徒区）、丹阳市、扬中市、句容市
		泰州市	泰州市*（海陵区、高港区、姜堰区）、兴化市、靖江市、泰兴市
		宿迁市	宿迁市*（宿城区、宿豫区）、沭阳县、泗阳县、泗洪县

（续表）

大区	省级政区	市级政区	县级政区
	浙江省	杭州市	杭州市*（拱墅区、上城区、下城区、江干区、西湖区、滨江区、萧山区、余杭区、富阳区）、建德市、临安市、桐庐县、淳安县
		宁波市	宁波市*（海曙区、江东区、江北区、北仑区、镇海区、鄞州区）、余姚市、慈溪市、奉化市、象山县、宁海县
		温州市	温州市*（鹿城区、龙湾区、瓯海区、洞头区）、瑞安市、乐清市、永嘉县、平阳县、苍南县、文成县、泰顺县
		嘉兴市	嘉兴市*（南湖区、秀洲区）、海宁市、平湖市、桐乡市、嘉善县、海盐县
		湖州市	湖州市*（吴兴区、南浔区）、德清县、长兴县、安吉县
		绍兴市	绍兴市*（越城区、柯桥区、上虞区）、诸暨市、嵊州市、新昌县
		金华市	金华市*（婺城区、金东区）、兰溪市、义乌市、东阳市、永康市、武义县、浦江县、磐安县
		衢州市	衢州市*（柯城区、衢江区）、江山市、常山县、开化县、龙游县
		舟山市	舟山市*（定海区、普陀区）、岱山县、嵊泗县
		台州市	台州市*（椒江区、黄岩区、路桥区）、温岭市、临海市、玉环县、三门县、天台县、仙居县
		丽水市	莲都区、龙泉市、青田县、缙云县、遂昌县、松阳县、云和县、庆元县、景宁畲族自治县
	安徽省	合肥市	合肥市*（蜀山区、瑶海区、庐阳区、包河区）、巢湖市、长丰县、肥东县、肥西县、庐江县
		芜湖市	芜湖市*（鸠江区、镜湖区、弋江区、三山区）、芜湖县、繁昌县、南陵县、无为县
		蚌埠市	蚌埠市*（蚌山区、龙子湖区、禹会区、淮上区）、怀远县、五河县、固镇县
		淮南市	淮南市*（田家庵区、大通区、谢家集区、八公山区）、凤台县、寿县
		马鞍山市	马鞍山市*（雨山区、花山区、博望区）、当涂县、含山县、和县
		淮北市	淮北市*（相山区、杜集区、烈山区）、濉溪县
		铜陵市	铜陵市*（铜官区、义安区、郊区）、枞阳县
		安庆市	安庆市*（大观区、迎江区、宜秀区）、桐城市、怀宁县、潜山县、太湖县、宿松县、望江县、岳西县
		黄山市	黄山市*（屯溪区、黄山区、徽州区）、歙县、休宁县、黟县、祁门县
		滁州市	滁州市*（琅琊区、南谯区）、天长市、明光市、来安县、全椒县、定远县、凤阳县
		阜阳市	阜阳市*（颍州区、颍东区、颍泉区）、界首市、临泉县、太和县、阜南县、颍上县
		宿州市	埇桥区、砀山县、萧县、灵璧县、泗县
		六安市	六安市*（金安区、裕安区、叶集区）、霍邱县、舒城县、金寨县、霍山县
		亳州市	谯城区、涡阳县、蒙城县、利辛县
		池州市	贵池区、东至县、石台县、青阳县
		宣城市	宣州区、宁国市、郎溪县、广德县、泾县、绩溪县、旌德县
	福建省	福州市	福州市*（鼓楼区、台江区、仓山区、马尾区、晋安区）、福清市、长乐市、闽侯县、连江县、罗源县、闽清县、永泰县、平潭县
		厦门市	厦门市*（思明区、海沧区、湖里区、集美区、同安区、翔安区）
		莆田市	莆田市*（城厢区、涵江区、荔城区、秀屿区）、仙游县

（续表）

大区	省级政区	市级政区	县级政区
		三明市	三明市*（梅列区、三元区）、永安市、明溪县、清流县、宁化县、大田县、尤溪县、沙县、将乐县、泰宁县、建宁县
		泉州市	泉州市*（丰泽区、鲤城区、洛江区、泉港区）、石狮市、晋江市、南安市、惠安县、安溪县、永春县、德化县、金门县
		漳州市	漳州市*（龙文区、芗城区）、龙海市、云霄县、漳浦县、诏安县、长泰县、东山县、南靖县、平和县、华安县
		南平市	南平市*（建阳区、延平区）、邵武市、武夷山市、建瓯市、顺昌县、浦城县、光泽县、松溪县、政和县
		龙岩市	龙岩市*（新罗区、永定区）、漳平市、长汀县、上杭县、武平县、连城县
		宁德市	蕉城区、福安市、福鼎市、霞浦县、古田县、屏南县、寿宁县、周宁县、柘荣县
	江西省	南昌市	南昌市*（东湖区、西湖区、青云谱区、湾里区、青山湖区、新建区）、南昌县、安义县、进贤县
		景德镇市	景德镇市*（昌江区、珠山区）、乐平市、浮梁县
		萍乡市	萍乡市*（安源区、湘东区）、莲花县、上栗县、芦溪县
		九江市	九江市*（浔阳区、庐山区）、瑞昌市、共青城市、九江县、武宁县、修水县、永修县、德安县、星子县、都昌县、湖口县、彭泽县
		新余市	渝水区、分宜县
		鹰潭市	月湖区、贵溪市、余江县
		赣州市	赣州市*（章贡区、南康区）、瑞金市、赣县、信丰县、大余县、上犹县、崇义县、安远县、龙南县、定南县、全南县、宁都县、于都县、兴国县、会昌县、寻乌县、石城县
		吉安市	吉安市*（吉州区、青原区）、井冈山市、吉安县、吉水县、峡江县、新干县、永丰县、泰和县、遂川县、万安县、安福县、永新县
		宜春市	袁州区、丰城市、樟树市、高安市、奉新县、万载县、上高县、宜丰县、靖安县、铜鼓县
		抚州市	临川区、南城县、黎川县、南丰县、崇仁县、乐安县、宜黄县、金溪县、资溪县、东乡县、广昌县
		上饶市	上饶市*（信州区、广丰区）、德兴市、上饶县、玉山县、铅山县、横峰县、弋阳县、余干县、鄱阳县、万年县、婺源县
	山东省	济南市	济南市*（市中区、历下区、槐荫区、天桥区、历城区、长清区）、章丘市、平阴县、济阳县、商河县
		青岛市	青岛市*（市南区、市北区、黄岛区、崂山区、李沧区、城阳区）、胶州市、即墨市、平度市、莱西市
		淄博市	淄博市*（张店区、淄川区、博山区、临淄区、周村区）、桓台县、高青县、沂源县
		枣庄市	枣庄市*（薛城区、市中区、峄城区、台儿庄区、山亭区）、滕州市
		东营市	东营市*（东营区、河口区）、垦利县、利津县、广饶县
		烟台市	烟台市*（莱山区、芝罘区、福山区、牟平区）、龙口市、莱阳市、莱州市、蓬莱市、招远市、栖霞市、海阳市、长岛县
		潍坊市	潍坊市*（奎文区、潍城区、寒亭区、坊子区）、青州市、诸城市、寿光市、安丘市、高密市、昌邑市、临朐县、昌乐县

（续表）

大区	省级政区	市级政区	县级政区
		济宁市	济宁市*（任城区、兖州区）、曲阜市、邹城市、微山县、鱼台县、金乡县、嘉祥县、汶上县、泗水县、梁山县
		泰安市	泰安市*（泰山区、岱岳区）、新泰市、肥城市、宁阳县、东平县
		威海市	威海市*（环翠区、文登区）、荣成市、乳山市
		日照市	日照市*（东港区、岚山区）、五莲县、莒县
		莱芜市	莱芜市*（莱城区、钢城区）
		临沂市	临沂市*（兰山区、罗庄区、河东区）、沂南县、郯城县、沂水县、兰陵县、费县、平邑县、苍山县、莒南县、蒙阴县、临沭县
		德州市	德州市*（德城区、陵城区）、乐陵市、禹城市、宁津县、庆云县、临邑县、齐河县、平原县、夏津县、武城县
		聊城市	东昌府区、临清市、阳谷县、莘县、茌平县、东阿县、冠县、高唐县
		滨州市	滨州市*（滨城区、沾化区）、惠民县、阳信县、无棣县、博兴县、邹平县
		菏泽市	牡丹区、曹县、单县、成武县、巨野县、郓城县、鄄城县、定陶县、东明县
	台湾地区	台北市	
		新北市、桃园市、台中市、台南市、高雄市	
			基隆市、新竹市、嘉义市、新竹县、苗栗县、彰化县、南投县、云林县、嘉义县、屏东县、台东县、花莲县、宜兰县、澎湖县
中南	河南省	郑州市	郑州市*（中原区、二七区、管城回族区、金水区、上街区、惠济区）、巩义市、荥阳市、新密市、新郑市、登封市、中牟县
		开封市	开封市*（鼓楼区、龙亭区、顺河回族区、禹王台区、祥符区）、杞县、通许县、尉氏县、兰考县
		洛阳市	洛阳市*（西工区、老城区、瀍河回族区、涧西区、吉利区、洛龙区）、偃师市、孟津县、新安县、栾川县、嵩县、汝阳县、宜阳县、洛宁县、伊川县
		平顶山市	平顶山市*（新华区、卫东区、石龙区、湛河区）、舞钢市、汝州市、宝丰县、叶县、鲁山县、郏县
		安阳市	安阳市*（北关区、文峰区、殷都区、龙安区）、林州市、安阳县、汤阴县、滑县、内黄县
		鹤壁市	鹤壁市*（淇滨区、鹤山区、山城区）、浚县、淇县
		新乡市	新乡市*（卫滨区、红旗区、凤泉区、牧野区）、卫辉市、辉县市、新乡县、获嘉县、原阳县、延津县、封丘县、长垣县
		焦作市	焦作市*（解放区、中站区、马村区、山阳区）、沁阳市、孟州市、修武县、博爱县、武陟县、温县
		濮阳市	华龙区、清丰县、南乐县、范县、台前县、濮阳县
		许昌市	魏都区、禹州市、长葛市、许昌县、鄢陵县、襄城县
		漯河市	漯河市*（郾城区、源汇区、召陵区）、舞阳县、临颍县

（续表）

大区	省级政区	市级政区	县级政区
		三门峡市	三门峡市*（湖滨区、陕州区）、义马市、灵宝市、渑池县、卢氏县
		南阳市	南阳市*（卧龙区、宛城区）、邓州市、南召县、方城县、西峡县、镇平县、内乡县、淅川县、社旗县、唐河县、新野县、桐柏县
		商丘市	商丘市*（梁园区、睢阳区）、永城市、民权县、睢县、宁陵县、柘城县、虞城县、夏邑县
		信阳市	信阳市*（浉河区、平桥区）、罗山县、光山县、新县、商城县、固始县、潢川县、淮滨县、息县
		周口市	川汇区、项城市、扶沟县、西华县、商水县、沈丘县、郸城县、淮阳县、太康县、鹿邑县
		驻马店市	驿城区、西平县、上蔡县、平舆县、正阳县、确山县、泌阳县、汝南县、遂平县、新蔡县
			济源市**
	湖北省	武汉市	武汉市*（江岸区、江汉区、硚口区、汉阳区、武昌区、青山区、洪山区、东西湖区、汉南区、蔡甸区、江夏区、黄陂区、新洲区）
		黄石市	黄石市*（下陆区、黄石港区、西塞山区、铁山区）、大冶市、阳新县
		十堰市	十堰市*（茅箭区、张湾区、郧阳区）、丹江口市、郧西县、竹山县、竹溪县、房县
		宜昌市	宜昌市*（西陵区、伍家岗区、点军区、猇亭区、夷陵区）、宜都市、当阳市、枝江市、远安县、兴山县、秭归县、长阳土家族自治县、五峰土家族自治县
		襄阳市	襄阳市*（襄城区、樊城区、襄州区）、老河口市、枣阳市、宜城市、南漳县、谷城县、保康县
		鄂州市	鄂州市*（鄂城区、梁子湖区、华容区）
		荆门市	荆门市*（东宝区、掇刀区）、钟祥市、京山县、沙洋县
		孝感市	孝南区、应城市、安陆市、汉川市、孝昌县、大悟县、云梦县
		荆州市	荆州市*（沙市区、荆州区）、石首市、洪湖市、松滋市、公安县、监利县、江陵县
		黄冈市	黄州区、麻城市、武穴市、团风县、红安县、罗田县、英山县、浠水县、蕲春县、黄梅县
		咸宁市	咸安区、赤壁市、嘉鱼县、通城县、崇阳县、通山县
		随州市	曾都区、广水市、随县
		恩施土家族苗族自治州	恩施市、利川市、建始县、巴东县、宣恩县、咸丰县、来凤县、鹤峰县
			仙桃市**
			天门市**
			潜江市**
			神农架林区**
	湖南省	长沙市	长沙市*（岳麓区、芙蓉区、天心区、开福区、雨花区、望城区）、浏阳市、长沙县、宁乡县
		株洲市	株洲市*（天元区、荷塘区、芦淞区、石峰区）、醴陵市、株洲县、攸县、茶陵县、炎陵县
		湘潭市	湘潭市*（岳塘区、雨湖区）、湘乡市、韶山市、湘潭县
		衡阳市	衡阳市*（蒸湘区、珠晖区、雁峰区、石鼓区、南岳区）、耒阳市、常宁市、衡阳县、衡南县、衡山县、衡东县、祁东县

（续表）

大区	省级政区	市级政区	县级政区
		邵阳市	邵阳市*（大祥区、双清区、北塔区）、武冈市、邵东县、新邵县、邵阳县、隆回县、洞口县、绥宁县、新宁县、城步苗族自治县
		岳阳市	岳阳市*（岳阳楼区、云溪区、君山区）、汨罗市、临湘市、岳阳县、华容县、湘阴县、平江县
		常德市	常德市*（武陵区、鼎城区）、津市市、安乡县、汉寿县、澧县、临澧县、桃源县、石门县
		张家界市	张家界市*（永定区、武陵源区）、慈利县、桑植县
		益阳市	益阳市*（赫山区、资阳区）、沅江市、南县、桃江县、安化县
		郴州市	郴州市*（北湖区、苏仙区）、资兴市、桂阳县、宜章县、永兴县、嘉禾县、临武县、汝城县、桂东县、安仁县
		永州市	永州市*（冷水滩区、零陵区）、祁阳县、东安县、双牌县、道县、江永县、宁远县、蓝山县、新田县、江华瑶族自治县
		怀化市	鹤城区、洪江市、中方县、沅陵县、辰溪县、溆浦县、会同县、麻阳苗族自治县、新晃侗族自治县、芷江侗族自治县、靖州苗族侗族自治县、通道侗族自治县
		娄底市	娄星区、冷水江市、涟源市、双峰县、新化县
		湘西土家族苗族自治州	吉首市、泸溪县、凤凰县、花垣县、保靖县、古丈县、永顺县、龙山县
	广东省	广州市	广州市*（越秀区、荔湾区、海珠区、天河区、白云区、黄浦区、番禺区、花都区、南沙区、从化区、增城区）
		韶关市	韶关市*（浈江区、武江区、曲江区）、乐昌市、南雄市、始兴县、仁化县、翁源县、新丰县、乳源瑶族自治县
		深圳市	深圳市*（福田区、罗湖区、南山区、宝安区、龙岗区、盐田区）
		珠海市	珠海市*（香洲区、斗门区、金湾区）
		汕头市	汕头市*（金平区、龙湖区、濠江区、潮阳区、潮南区、澄海区）、南澳县
		佛山市	佛山市*（禅城区、南海区、顺德区、三水区、高明区）
		江门市	江门市*（蓬江区、江海区、新会区）、台山市、开平市、鹤山市、恩平市
		湛江市	湛江市*（赤坎区、霞山区、坡头区、麻章区）、廉江市、雷州市、吴川市、遂溪县、徐闻县
		茂名市	茂名市*（茂南区、电白区）、高州市、化州市、信宜市
		肇庆市	肇庆市*（端州区、鼎湖区、高要区）、四会市、广宁县、怀集县、封开县、德庆县
		惠州市	惠州市*（惠城区、惠阳区）、博罗县、惠东县、龙门县
		梅州市	梅州市*（梅江区、梅县区）、兴宁市、大埔县、丰顺县、五华县、平远县、蕉岭县
		汕尾市	城区、陆丰市、海丰县、陆河县
		河源市	源城区、紫金县、龙川县、连平县、和平县、东源县
		阳江市	阳江市*（江城区、阳东区）、阳春市、阳西县

（续表）

大区	省级政区	市级政区	县级政区
		清远市	清远市*(清城区、清新区)、英德市、连州市、佛冈县、阳山县、连山壮族瑶族自治县、连南瑶族自治县
		潮州市	潮州市*(湘桥区、潮安区)、饶平县
		揭阳市	揭阳市*(榕城区、揭东区)、普宁市、揭西县、惠来县
		云浮市	云浮市*(云城区、云安区)、罗定市、新兴县、郁南县
	广西壮族自治区	南宁市	南宁市*(青秀区、兴宁区、江南区、西乡塘区、良庆区、武鸣区)、隆安县、马山县、上林县、宾阳县、横县
		柳州市	柳州市*(柳北区、城中区、鱼峰区、柳南区)、柳江县、柳城县、鹿寨县、融安县、融水苗族自治县、三江侗族自治县
		桂林市	桂林市*(临桂区、秀峰区、叠彩区、象山区、七星区、雁山区)、阳朔县、灵川县、全州县、兴安县、永福县、灌阳县、资源县、平乐县、荔浦县、龙胜各族自治县、恭城瑶族自治县
		梧州市	梧州市*(长洲区、万秀区、龙圩区)、岑溪市、苍梧县、藤县、蒙山县
		北海市	北海市*(海城区、银海区、铁山港区)、合浦县
		防城港市	防城港市*(港口区、防城区)、东兴市、上思县
		钦州市	钦州市*(钦南区、钦北区)、灵山县、浦北县
		贵港市	贵港市*(港北区、港南区、覃塘区)、桂平市、平南县
		玉林市	玉林市*(玉州区、福绵区)、北流市、容县、陆川县、博白县、兴业县
		百色市	右江区、靖西市、田阳县、田东县、平果县、德保县、那坡县、凌云县、乐业县、田林县、西林县、隆林各族自治县
		贺州市	八步区、昭平县、钟山县、富川瑶族自治县
		河池市	金城江区、宜州市、南丹县、天峨县、凤山县、东兰县、罗城仫佬族自治县、环江毛南族自治县、巴马瑶族自治县、都安瑶族自治县、大化瑶族自治县
		来宾市	兴宾区、合山市、忻城县、象州县、武宣县、金秀瑶族自治县
		崇左市	江州区、凭祥市、扶绥县、宁明县、龙州县、大新县、天等县
	海南省	海口市	海口市*(龙华区、秀英区、琼山区、美兰区)
		三亚市	三亚市*(吉阳区、海棠区、天涯区、崖州区)
			五指山市**
			琼海市**
			文昌市**
			万宁市**
			东方市**

(续表)

大区	省级政区	市级政区	县级政区
			定安县**
			屯昌县**
			澄迈县**
			临高县**
			白沙黎族自治县**
			昌江黎族自治县**
			乐东黎族自治县**
			陵水黎族自治县**
			保亭黎族苗族自治县**
			琼中黎族苗族自治县**
	香港特别行政区		
	澳门特别行政区		
西南	重庆市		渝中区、万州区、涪陵区、大渡口区、江北区、沙坪坝区、九龙坡区、南岸区、北碚区、綦江区、大足区、渝北区、巴南区、黔江区、长寿区、江津区、合川区、永川区、南川区、璧山区、铜梁区、潼南区、荣昌区、梁平县、城口县、丰都县、垫江县、武隆县、忠县、开县、云阳县、奉节县、巫山县、巫溪县、石柱土家族自治县、秀山土家族苗族自治县、酉阳土家族苗族自治县、彭水苗族土家族自治县
	四川省	成都市	成都市*(武侯区、锦江区、青羊区、金牛区、成华区、龙泉驿区、青白江区、新都区、温江区、双流区)、都江堰市、彭州市、邛崃市、崇州市、金堂县、郫县、大邑县、蒲江县、新津县
		自贡市	自贡市*(自流井区、贡井区、大安区、沿滩区)、荣县、富顺县
		攀枝花市	攀枝花市*(东区、西区、仁和区)、米易县、盐边县
		泸州市	泸州市*(江阳区、纳溪区、龙马潭区)、泸县、合江县、叙永县、古蔺县
		德阳市	旌阳区、广汉市、什邡市、绵竹市、罗江县、中江县
		绵阳市	绵阳市*(涪城区、游仙区)、江油市、三台县、盐亭县、安县、梓潼县、平武县、北川羌族自治县
		广元市	广元市*(利州区、昭化区、朝天区)、旺苍县、青川县、剑阁县、苍溪县
		遂宁市	遂宁市*(船山区、安居区)、蓬溪县、射洪县、大英县
		内江市	内江市*(市中区、东兴区)、威远县、资中县、隆昌县
		乐山市	乐山市*(市中区、沙湾区、五通桥区、金河口区)、峨眉山市、犍为县、井研县、夹江县、沐川县、峨边彝族自治县、马边彝族自治县
		南充市	南充市*(顺庆区、高坪区、嘉陵区)、阆中市、南部县、营山县、蓬安县、仪陇县、西充县
		眉山市	眉山市*(东坡区、彭山区)、仁寿县、洪雅县、丹棱县、青神县

（续表）

大区	省级政区	市级政区	县级政区
		宜宾市	宜宾市*（翠屏区、南溪区）、宜宾县、江安县、长宁县、高县、珙县、筠连县、兴文县、屏山县
		广安市	广安市*（广安区、前锋区）、华蓥市、岳池县、武胜县、邻水县
		达州市	达州市*（通川区、达川区）、万源市、宣汉县、开江县、大竹县、渠县
		雅安市	雅安市*（雨城区、名山区）、荥经县、汉源县、石棉县、天全县、芦山县、宝兴县
		巴中市	巴中市*（巴州区、恩阳区）、通江县、南江县、平昌县
		资阳市	雁江区、简阳市、乐至县、安岳县
		阿坝藏族羌族自治州	马尔康市、汶川县、理县、茂县、松潘县、九寨沟县、金川县、小金县、黑水县、壤塘县、阿坝县、若尔盖县、红原县
		甘孜藏族自治州	康定市、泸定县、丹巴县、九龙县、雅江县、道孚县、炉霍县、甘孜县、新龙县、德格县、白玉县、石渠县、色达县、理塘县、巴塘县、乡城县、稻城县、得荣县
		凉山彝族自治州	西昌市、盐源县、德昌县、会理县、会东县、宁南县、普格县、布拖县、金阳县、昭觉县、喜德县、冕宁县、越西县、甘洛县、美姑县、雷波县、木里藏族自治县
	贵州省	贵阳市	贵阳市*（观山湖区、南明区、云岩区、白云区、乌当区、花溪区）、清镇市、开阳县、息烽县、修文县
		六盘水市	钟山区、水城县、盘县、六枝特区
		遵义市	遵义市*（汇川区、红花岗区）、赤水市、仁怀市、遵义县、桐梓县、绥阳县、正安县、凤冈县、湄潭县、余庆县、习水县、道真仡佬族苗族自治县、务川仡佬族苗族自治县
		安顺市	安顺市*（西秀区、平坝区）、普定县、镇宁布依族苗族自治县、关岭布依族苗族自治县、紫云苗族布依族自治县
		毕节市	七星关区、大方县、黔西县、金沙县、织金县、纳雍县、赫章县、威宁彝族回族苗族自治县
		铜仁市	铜仁市*（碧江区、万山区）、江口县、石阡县、思南县、德江县、玉屏侗族自治县、印江土家族苗族自治县、沿河土家族自治县、松桃苗族自治县
		黔西南布依族苗族自治州	兴义市、兴仁县、普安县、晴隆县、贞丰县、望谟县、册亨县、安龙县
		黔东南苗族侗族自治州	凯里市、黄平县、施秉县、三穗县、镇远县、岑巩县、天柱县、锦屏县、剑河县、台江县、黎平县、榕江县、从江县、雷山县、麻江县、丹寨县
		黔南布依族苗族自治州	都匀市、福泉市、荔波县、贵定县、瓮安县、独山县、平塘县、罗甸县、长顺县、龙里县、惠水县、三都水族自治县
	云南省	昆明市	昆明市*（呈贡区、五华区、盘龙区、官渡区、西山区、东川区）、安宁市、晋宁县、富民县、宜良县、嵩明县、石林彝族自治县、禄劝彝族苗族自治县、寻甸回族彝族自治县
		曲靖市	麒麟区、宣威市、马龙县、陆良县、师宗县、罗平县、富源县、会泽县、沾益县
		玉溪市	玉溪市*（红塔区、江川区）、澄江县、通海县、华宁县、易门县、峨山彝族自治县、新平彝族傣族自治县、元江哈尼族彝族傣族自治县

(续表)

大区	省级政区	市级政区	县级政区
		保山市	隆阳区、腾冲市、施甸县、龙陵县、昌宁县
		昭通市	昭阳区、鲁甸县、巧家县、盐津县、大关县、永善县、绥江县、镇雄县、彝良县、威信县、水富县
		丽江市	古城区、永胜县、华坪县、玉龙纳西族自治县、宁蒗彝族自治县
		普洱市	思茅区、宁洱哈尼族彝族自治县、墨江哈尼族自治县、景东彝族自治县、景谷傣族彝族自治县、镇沅彝族哈尼族拉祜族自治县、江城哈尼族彝族自治县、孟连傣族拉祜族佤族自治县、澜沧拉祜族自治县、西盟佤族自治县
		临沧市	临翔区、凤庆县、云县、永德县、镇康县、双江拉祜族佤族布朗族傣族自治县、耿马傣族佤族自治县、沧源佤族自治县
		楚雄彝族自治州	楚雄市、双柏县、牟定县、南华县、姚安县、大姚县、永仁县、元谋县、武定县、禄丰县
		红河哈尼族彝族自治州	蒙自市、个旧市、开远市、弥勒市、建水县、石屏县、泸西县、元阳县、红河县、绿春县、屏边苗族自治县、金平苗族瑶族傣族自治县、河口瑶族自治县
		文山壮族苗族自治州	文山市、砚山县、西畴县、麻栗坡县、马关县、丘北县、广南县、富宁县
		西双版纳傣族自治州	景洪市、勐海县、勐腊县
		大理白族自治州	大理市、祥云县、宾川县、弥渡县、永平县、云龙县、洱源县、剑川县、鹤庆县、漾濞彝族自治县、南涧彝族自治县、巍山彝族回族自治县
		德宏傣族景颇族自治州	芒市、瑞丽市、梁河县、盈江县、陇川县
		怒江傈僳族自治州	泸水县、福贡县、贡山独龙族怒族自治县、兰坪白族普米族自治县
		迪庆藏族自治州	香格里拉市、德钦县、维西傈僳族自治县
	西藏自治区	拉萨市	拉萨市*(城关区、堆龙德庆区)、林周县、当雄县、尼木县、曲水县、达孜县、墨竹工卡县
		日喀则市	桑珠孜区、南木林县、江孜县、定日县、萨迦县、拉孜县、昂仁县、谢通门县、白朗县、仁布县、康马县、定结县、仲巴县、亚东县、吉隆县、聂拉木县、萨嘎县、岗巴县
		昌都市	卡若区、江达县、贡觉县、类乌齐县、丁青县、察雅县、八宿县、左贡县、芒康县、洛隆县、边坝县
		林芝市	巴宜区、工布江达县、米林县、墨脱县、波密县、察隅县、朗县
		山南地区	乃东县、扎囊县、贡嘎县、桑日县、琼结县、曲松县、措美县、洛扎县、加查县、隆子县、错那县、浪卡子县
		那曲地区	那曲县、嘉黎县、比如县、聂荣县、安多县、申扎县、索县、班戈县、巴青县、尼玛县、双湖县
		阿里地区	噶尔县、普兰县、札达县、日土县、革吉县、改则县、措勤县

（续表）

大区	省级政区	市级政区	县级政区
西北	陕西省	西安市	西安市*（未央区、新城区、碑林区、莲湖区、灞桥区、雁塔区、阎良区、临潼区、长安区、高陵区）、蓝田县、周至县、户县
		铜川市	铜川市*（耀州区、王益区、印台区）、宜君县
		宝鸡市	宝鸡市*（金台区、渭滨区、陈仓区）、凤翔县、岐山县、扶风县、眉县、陇县、千阳县、麟游县、凤县、太白县
		咸阳市	咸阳市*（秦都区、杨陵区、渭城区）、兴平市、三原县、泾阳县、乾县、礼泉县、永寿县、彬县、长武县、旬邑县、淳化县、武功县
		渭南市	渭南市*（临渭区、华州区）、韩城市、华阴市、潼关县、大荔县、合阳县、澄城县、蒲城县、白水县、富平县
		延安市	宝塔区、延长县、延川县、子长县、安塞县、志丹县、吴起县、甘泉县、富县、洛川县、宜川县、黄龙县、黄陵县
		汉中市	汉台区、南郑县、城固县、洋县、西乡县、勉县、宁强县、略阳县、镇巴县、留坝县、佛坪县
		榆林市	榆林市*（榆阳区、横山区）、神木县、府谷县、靖边县、定边县、绥德县、米脂县、佳县、吴堡县、清涧县、子洲县
		安康市	汉滨区、汉阴县、石泉县、宁陕县、紫阳县、岚皋县、平利县、镇坪县、旬阳县、白河县
		商洛市	商州区、洛南县、丹凤县、商南县、山阳县、镇安县、柞水县
	甘肃省	兰州市	兰州市*（城关区、七里河区、西固区、安宁区、红古区）、永登县、皋兰县、榆中县
		金昌市	金川区、永昌县
		白银市	白银市*（白银区、平川区）、靖远县、会宁县、景泰县
		天水市	天水市*（秦州区、麦积区）、清水县、秦安县、甘谷县、武山县、张家川回族自治县
		武威市	凉州区、民勤县、古浪县、天祝藏族自治县
		张掖市	甘州区、民乐县、临泽县、高台县、山丹县、肃南裕固族自治县
		平凉市	崆峒区、泾川县、灵台县、崇信县、华亭县、庄浪县、静宁县
		酒泉市	肃州区、玉门市、敦煌市、金塔县、瓜州县、肃北蒙古族自治县、阿克塞哈萨克族自治县
		庆阳市	西峰区、庆城县、环县、华池县、合水县、正宁县、宁县、镇原县
		定西市	安定区、通渭县、陇西县、渭源县、临洮县、漳县、岷县
		陇南市	武都区、成县、文县、宕昌县、康县、西和县、礼县、徽县、两当县
		临夏回族自治州	临夏市、临夏县、康乐县、永靖县、广河县、和政县、东乡族自治县、积石山保安族东乡族撒拉族自治县
		甘南藏族自治州	合作市、临潭县、卓尼县、舟曲县、迭部县、玛曲县、碌曲县、夏河县

（续表）

大区	省级政区	市级政区	县级政区
	青海省	西宁市	西宁市*（城中区、城东区、城西区、城北区）、湟中县、湟源县、大通回族土族自治县
		海东市	海东市*（乐都区、平安区）、民和回族土族自治县、互助土族自治县、化隆回族自治县、循化撒拉族自治县
		海北藏族自治州	海晏县、祁连县、刚察县、门源回族自治县
		黄南藏族自治州	同仁县、尖扎县、泽库县、河南蒙古族自治县
		海南藏族自治州	共和县、同德县、贵德县、兴海县、贵南县
		果洛藏族自治州	玛沁县、班玛县、甘德县、达日县、久治县、玛多县
		玉树藏族自治州	玉树市、杂多县、称多县、治多县、囊谦县、曲麻莱县
		海西蒙古族藏族自治州	德令哈市、格尔木市、乌兰县、都兰县、天峻县
	宁夏回族自治区	银川市	银川市*（金凤区、兴庆区、西夏区）、灵武市、永宁县、贺兰县
		石嘴山市	石嘴山市*（大武口区、惠农区）、平罗县
		吴忠市	吴忠市*（利通区、红寺堡区）、青铜峡市、盐池县、同心县
		固原市	原州区、西吉县、隆德县、泾源县、彭阳县
		中卫市	沙坡头区、中宁县、海原县
	新疆维吾尔自治区	乌鲁木齐市	乌鲁木齐市*（天山区、沙依巴克区、新市区、水磨沟区、头屯河区、达坂城区、米东区）、乌鲁木齐县
		克拉玛依市	克拉玛依市*（克拉玛依区、独山子区、白碱滩区、乌尔禾区）
		吐鲁番市	高昌区 、鄯善县、托克逊县
		哈密地区	哈密市、伊吾县、巴里坤哈萨克自治县
		阿克苏地区	阿克苏市、温宿县、库车县、沙雅县、新和县、拜城县、乌什县、阿瓦提县、柯坪县
		喀什地区	喀什市、疏附县、疏勒县、英吉沙县、泽普县、莎车县、叶城县、麦盖提县、岳普湖县、伽师县、巴楚县、塔什库尔干塔吉克自治县
		和田地区	和田市、和田县、墨玉县、皮山县、洛浦县、策勒县、于田县、民丰县
		昌吉回族自治州	昌吉市、阜康市、呼图壁县、玛纳斯县、奇台县、吉木萨尔县、木垒哈萨克自治县
		博尔塔拉蒙古自治州	博乐市、阿拉山口市、精河县、温泉县
		巴音郭楞蒙古自治州	库尔勒市、轮台县、尉犁县、若羌县、且末县、和静县、和硕县、博湖县、焉耆回族自治县

（续表）

大区	省级政区	市级政区	县级政区
		克孜勒苏柯尔克孜自治州	阿图什市、阿克陶县、阿合奇县、乌恰县
		伊犁哈萨克自治州	伊宁市、奎屯市、霍尔果斯市、伊宁县、霍城县、巩留县、新源县、昭苏县、特克斯县、尼勒克县、察布查尔锡伯自治县
		塔城地区	塔城市、乌苏市、额敏县、沙湾县、托里县、裕民县、和布克赛尔蒙古自治县
		阿勒泰地区	阿勒泰市、布尔津县、富蕴县、福海县、哈巴河县、青河县、吉木乃县
			石河子市**
			阿拉尔市**
			图木舒克市**
			五家渠市**
			北屯市**
			铁门关市**
			双河市**
			可克达拉市**

注：① * 指含有 2 个及其以上市辖区的地级市(俗称)。

② ** 指省级政府直辖行政单位。

③“()”内为市辖区。

④虽然现“大兴安岭地区”取消了原辖政企合一的 4 个区，但其地跨内蒙古与黑龙江二省级地域，具有特殊性，故特将其视为俗称“地级市”。

后 记

《中国珍稀野生动物分布变迁(续)》(以下简称《续集》)是《中国珍稀野生动物分布变迁》(山东科学技术出版社,2009)(以下简称《变迁》)的续集,二者体例基本相同,但《续集》并非一般意义上的延续、扩展,当然最显著的不同是《续集》的篇幅有较大幅度增加。除此之外,实事求是地说,《续集》从研究的广度与深度方面皆有提升,主要表现在以下几方面:

● 囊括物种增加。《变迁》中仅有兽纲 11 个属 27 个种,《续集》则涵盖了除鱼类之外的所有脊椎动物纲一级的分类单元,涉及物种达 56 个。

● 考证更加深入。《变迁》中有的动物是按"科"或"属"论述的,《续集》则细化到"种",个别甚至到"亚种";《变迁》出版后新发现的物种也增补论述,既论述原生物种,又将灭绝后重新引进(或回归)的物种、受到人工干预的放飞物种等进行区分并论述。

● 尽可能完整展现物种的地理分布与变迁。除鸟纲少数物种(如鹳、天鹅、丹顶鹤等)发现遗存外,两栖纲、爬行纲、兽纲皆有遗存发现(但迄今,中国报道的穿山甲遗存仅一处)。《续集》则全程研究了它们的遗存直至现今的地理分布与变迁。

● 反映古人对动物属(种)的认识。除了《变迁》中记述过的动物之外,《续集》中皆有对动物属(种)的认识,既客观反映古人与现代人认识的异同,又作为当时该属(种)地理分布的依据之一。

● 实事求是鉴别物种。除了单一物种的科(属)动物可以确定外,《续集》坚持按照人们的认识水平与鉴别状况,根据客观情况,按综合科(属)设置,明确物种的不同阶段。

● 不强求分布变迁的一致性。尽管历史时期中国珍稀野生动物的地理分布与变迁呈现分布地域由广到稀、数量由多到少,甚至灭绝的实际情况,但是目前也出现有少数重新引进(回归)、恢复等现象,《续集》按照具体情况,有区分地反映其实际情况。

● 物种的再研究。《变迁》中研究过的物种,经过多年再搜集资料,提升认识,在《续集》中再度研究(包括改变方式,增加新证据,获得新认识等),在避免内容重复的同时,获得较好效果。

● 坚持真理,观点明确。对一些问题的认识,既不人云亦云,也不避而不谈,而是有理有据地表明自己的观点;即使是面对某些权威专家的"定论",只要有悖于客观实际,也勇于提出商榷。对于不当的认识、作法、行为,敢于提出整改意见或建议。

● 分布变迁图的改进。在出版社的支持下,此次各物种的地理分布与变迁图通过与制图专家充分磋商,反复研究,将史料、资料中的信息转化成科学数据,再以地图元素的方式展现动物与自然环境的密切关系。

● 存疑。对于某些疑难问题,限于各种主客观条件,目前自己尚不能认定,也能够明确提出,留待方家，或今后再释疑解难。

《续集》的准备与撰写，是一个长期渐进的过程。当初，我向贾兰坡院士请教时，贾老就提议用“珍稀野生动物”，亦即并不仅限于《变迁》所论述的兽纲物种，当然，那是一次“试水”。实际上，资料的搜集，文稿的构思、准备等在当时就已同步进行，只是在取得更充分、更成熟一些的物种研究成果之后，才敢选择其中一些再在此次呈现给读者。

在我长期进行历史自然地理研究的过程中，陈桥驿、陈述彭、关君蔚、侯仁之、贾兰坡、刘东生、马世骏、施雅风、孙儒泳、谭其骧、魏辅文、吴新智、吴征镒、吴中伦、阳含熙、张广学、章申、郑度、周成虎、邹逸麟等院士、资深教授，安志敏、曹江雄、陈昌笃、陈传康、陈文芳、邸香平、范正一、方慧、冯绳武、高德、葛全胜、桂文庄、何凡能、何林、何业恒、贺庆棠、胡秉华、胡长康、胡厚宣、胡善美、胡振宇、华林甫、黄盛璋、黄向阳、黄祝坚、江应梁、孔昭宸、李明、李润田、李拴科、李欣海、廖克、林日杖、刘浩龙、刘某承、刘宗弼、陆巍、吕春朝、马逸清、牟重行、钮仲勋、祁国琴、乔盛西、卿建华、全国强、盛福尧、石泉、史念海、司锡明、宋正海、孙成权、孙惠南、孙坦、汪松、王贵海、王守春、吴宏岐、吴绍洪、先义杰、解焱、辛德勇、徐启平、徐钦琦、徐兆奎、许平、杨奇森、杨思谅、杨毅芬、姚岁寒、叶麟伟、印嘉佑、于希贤、翟乾祥、曾昭璇、张家诚、张建勇、张钧成、张明海、张荣祖、张雨霁、张知彬、张忠、赵千钧、郑景云、郑平、周宁丽、周序鸿、朱江户、朱士光等专家学者给予我颇多支持、帮助，值得我永远感谢。尽管岁月无情，一些先生已然驾鹤西行，但滴水之恩，没齿难忘。

记得，当年在《变迁》进一步完善文稿时，责编张波编审就考虑到所选用的较长历史时期的物种地理分布变迁，内容广泛，十分难得，不能按照一般著作限制篇幅，于是他曾鼓励我对篇幅不要有顾虑，并给予宽松的创作条件。故此次我还是抱定，只要不是冗文赘句，就应当采用多种方式，简洁地充分利用千辛万苦搜集到的资料，多方面反映中国珍稀野生动物分布变迁，力求通过现代科学理念发掘中华传统文化中对野生动物的分布记载，既注意科学性，又兼顾保持原记载风貌与现代规范，便于现代人参考利用。这样，在文稿完成多半，篇幅已然大大超过《变迁》，我不由又为《续集》这样的大部头能否顺利出版而担忧（因为山东科学技术出版社已经为我出版过两部出版基金著作）。在一次与张波编审见面交谈中，我提及此事，不料他当即表示有兴趣。故此，我不能不对山东科学技术出版社与张波编审表示由衷的感谢。当然，也正是他们为《续集》争取到 2017 年度国家出版基金资助。就规模而言，山东科学技术出版社在全国排名并不靠前，竟然能够在出版学术著作万难的 1988 年，开风气之先，在全国率先设立了“泰山科技专著出版基金”，为全国的出版界带了一个好头，并独自资助我出版了《中国珍稀野生动物分布变迁》，又配合国家出版基金资助我出版了《中国古代野生动物地理分布》。此次，他们又在申报国家出版基金之前内定“无论如何也要资助出版《续集》”的打算。我以为这不仅仅是对我个人的支持，而且更重要的是对历史动物地理学乃至学术界的鼎力支持。在频繁的书稿问题交往中，张波编审的亲力亲为，多角度审校，坚持质量第一的严谨态度，笔者更有深刻的体会。

毋庸讳言，历史动物地理学是研究难度非同一般的新兴分支学科，故令相当部分学者浅尝辄止。尤其是我 30 年来的研究工作被视为体制外的个人行为，没有享受到种种优惠与资助。值得称道的是，国家出版基金管理委员会并未因此书是体制外的成果而打入另册，而是客观、公正地根据成果的质量情况，再次给予资助，这明确表明了国家对发掘与利用已然传承数千年的中华文明且为创新性成果的重视与支持力度。对我们作者来说，正是雪中送炭。

《续集》完稿后，十分荣幸地获得邱占祥院士（著名古哺乳动物学及地层学家，中国科学院院士，中国科学院古脊椎动物与古人类研究所研究员，中国第四纪委员会常务理事）与葛剑雄教授（著名历史地理学家，复旦大学资深教授、中国历史地理研究所所长，全国政协常委，中央文史研究馆馆员）鼎力推荐。

又蒙李文华院士（著名生态学家，中国工程院院士，国际欧亚科学院院士。现任中国科学院地理科学与资源研究所研究员，自然与文化遗产研究中心主任；兼任农业部全球/中国重要农业文化遗产专家委员会主任，中国农业生态环境保护协会副理事长）欣然接受我之请，拨冗为《续集》撰写序言。

《续集》的地图根据本书涉及的珍稀动物地理分布与变迁的不同情况、现代制图技术与印刷水平等设计，与制图专家充分磋商后，由中国地图出版社制作，前后经过十余次修改，终以比较直观、简洁、静态与动态相结合的可视化形式呈献出来。受一些条件限制，仍有些许遗憾，相信在已经展开的《中国珍稀野生动物分布变迁地图集》中会有所补救。

本书的英文翻译部分特蒙哈佛大学医学院（Harvard University Medical School）常保林（以往作"常宝林"）研究员认真审校。

常宝珍、文晋京也为我提前顺利完成书稿，助力颇多。

我还得到中国科学院文献情报中心同仁的各种形式的帮助。

还应提到的是，本书从网上下载了一些资料（在文中皆注明出处），目的是更恰当地反映珍稀野生动物的形象，也在此表示感谢。由于不少资料是辗转现身的，难以找到原始出处，故特此说明：如有经济要求者，敬请与我联系（中国科学院文献情报中心，北京，100190），我将按照有关规定办理。

还应提到的是邢丽华等，虽然处于平凡的排版工作岗位上，但她们的精心设计、具体操作与反复调试，使本书增色不少。尤其是她们在经数月常加班加点、千辛万苦初排好版后，却因故不得不进行大幅度改动，但她们毫无怨言地出色完成任务，主动参与审校，精湛的技术与良好的工作态度，我皆有深切感受。

总之，《中国珍稀野生动物分布变迁（续）》最后完稿得益于多方的帮助。

尽管我已为此书的问世尽了力，但此书涉及多学科领域，终因自己非科班出身，加以学识与能力所限，定有不尽如人意之处，甚至差错出现，恳请专家、学者不吝赐教。

文榕生